# 芽胞杆菌

## 第四卷
## 芽胞杆菌脂肪酸组学

刘　波　王阶平　刘国红
陈倩倩　张海峰　喻子牛　等　著

科学出版社
北　京

# 内 容 简 介

"芽胞杆菌"系列丛书是基于科学研究的专业学术著作。本书是"芽胞杆菌"丛书的第四卷，共分为八章。第一章绪论，介绍了微生物脂肪酸组、微生物和芽胞杆菌脂肪酸组学研究进展。第二章芽胞杆菌脂肪酸组测定与分析，介绍了芽胞杆菌脂肪酸组测定方法、脂肪酸组比较、测定条件的影响、脂肪酸数值分析等。第三章芽胞杆菌脂肪酸组生物学特性，介绍了芽胞杆菌脂肪酸组与其生长繁殖、酸碱适应、温度适应、盐分适应、生理生化特征的相关性。第四章芽胞杆菌脂肪酸组生态学特性，阐述了基于脂肪酸组的养猪发酵床垫料、猪肠道、堆肥发酵芽胞杆菌群落动态及芽胞杆菌种群分化多样性。第五章芽胞杆菌脂肪酸组分类学特性，论述了芽胞杆菌脂肪酸组分布特性、分群方法及其在系统分类、系统进化、系统发育、新种鉴定中的应用。第六章芽胞杆菌脂肪酸组属内分群，阐述了芽胞杆菌属、类芽胞杆菌属、短芽胞杆菌属脂肪酸群的划分。第七章芽胞杆菌脂肪酸组种下分型，阐述了 30 种芽胞杆菌脂肪酸组种下分型。第八章芽胞杆菌脂肪酸组鉴定图谱，展示了 4 科 14 属 133 种芽胞杆菌脂肪酸组鉴定图谱。书后列出了 1772 篇参考文献供读者查阅。

本书可供农业、工业、环境、医学、生态等微生物相关领域的科研人员、企业技术人员、高校教师和研究生等参考。

**图书在版编目（CIP）数据**

芽胞杆菌.第四卷，芽胞杆菌脂肪酸组学/刘波等著. —北京：科学出版社, 2019.1

ISBN 978-7-03-058880-7

Ⅰ.①芽… Ⅱ.①刘… Ⅲ.①芽胞杆菌属–脂肪酸–研究 Ⅳ.①Q939.11

中国版本图书馆 CIP 数据核字(2018)第 214916 号

责任编辑：李秀伟 岳漫宇 / 责任校对：樊雅琼 杜子昂 彭珍珍
责任印制：肖 兴 / 封面设计：刘新新

科 学 出 版 社 出版
北京东黄城根北街 16 号
邮政编码: 100717
http://www.sciencep.com

中国科学院印刷厂 印刷

科学出版社发行 各地新华书店经销

*

2019 年 1 月第 一 版 开本：787×1092 1/16
2019 年 1 月第一次印刷 印张：91 1/2 插页：1
字数：2 170 000

**定价：698.00 元**

# 芽胞杆菌

## 第四卷
## 芽胞杆菌脂肪酸组学

刘　波　王阶平　刘国红
陈倩倩　张海峰　喻子牛　等　著

科学出版社
北　京

# 内 容 简 介

“芽胞杆菌”系列丛书是基于科学研究的专业学术著作。本书是“芽胞杆菌”丛书的第四卷，共分为八章。第一章绪论，介绍了微生物脂肪酸组、微生物和芽胞杆菌脂肪酸组学研究进展。第二章芽胞杆菌脂肪酸组测定与分析，介绍了芽胞杆菌脂肪酸组测定方法、脂肪酸组比较、测定条件的影响、脂肪酸数值分析等。第三章芽胞杆菌脂肪酸组生物学特性，介绍了芽胞杆菌脂肪酸组与其生长繁殖、酸碱适应、温度适应、盐分适应、生理生化特征的相关性。第四章芽胞杆菌脂肪酸组生态学特性，阐述了基于脂肪酸组的养猪发酵床垫料、猪肠道、堆肥发酵芽胞杆菌群落动态及芽胞杆菌种群分化多样性。第五章芽胞杆菌脂肪酸组分类学特性，论述了芽胞杆菌脂肪酸组分布特性、分群方法及其在系统分类、系统进化、系统发育、新种鉴定中的应用。第六章芽胞杆菌脂肪酸组属内分群，阐述了芽胞杆菌属、类芽胞杆菌属、短芽胞杆菌属脂肪酸群的划分。第七章芽胞杆菌脂肪酸组种下分型，阐述了30种芽胞杆菌脂肪酸组种下分型。第八章芽胞杆菌脂肪酸组鉴定图谱，展示了4科14属133种芽胞杆菌脂肪酸组鉴定图谱。书后列出了1772篇参考文献供读者查阅。

本书可供农业、工业、环境、医学、生态等微生物相关领域的科研人员、企业技术人员、高校教师和研究生等参考。

**图书在版编目（CIP）数据**

芽胞杆菌.第四卷，芽胞杆菌脂肪酸组学/刘波等著. —北京：科学出版社, 2019.1

ISBN 978-7-03-058880-7

Ⅰ.①芽… Ⅱ.①刘… Ⅲ.①芽胞杆菌属–脂肪酸–研究 Ⅳ.①Q939.11

中国版本图书馆CIP数据核字(2018)第214916号

责任编辑：李秀伟 岳漫宇 / 责任校对：樊雅琼 杜子昂 彭珍珍
责任印制：肖 兴 / 封面设计：刘新新

科学出版社 出版
北京东黄城根北街16号
邮政编码: 100717
http://www.sciencep.com

中国科学院印刷厂 印刷

科学出版社发行 各地新华书店经销

*

2019年1月第 一 版 开本：787×1092 1/16
2019年1月第一次印刷 印张：91 1/2 插页：1
字数：2 170 000

**定价：698.00元**

(如有印装质量问题，我社负责调换)

# BACILLUS

## Volume IV：Fatty Acid Lipidomics of Bacillus

Edited by

Liu Bo，Wang Jieping，Liu Guohong，

Chen Qianqian，Zhang Haifeng，Yu Ziniu，et al.

Science Press

Beijing

# Summary

*BACILLUS* is the book series based on scientific study of the professional academic works. The present book is *BACILLUS* Volume IV: *Fatty Acid Lipidomics of Bacillus*, which is divided into eight chapters. The first chapter is "Introduction", introducing fatty acid lipidomic characteristics of microorganisms, and reviewing some research progresses in fatty acid lipidomics of microorganisms and the *Bacillus*-like bacteria. The second chapter is "Measurement and analysis of the *Bacillus* fatty acid lipidome", including measurement methods of the *Bacillus* fatty acid lipidome, comparison of fatty acid lipidome, effects of measurement conditions, numerical analysis of fatty acid lipidome, etc. The third chapter is "Biological characteristics of the *Bacillus* fatty acid lipidome", discussing the correlation of the *Bacillus* fatty acid lipidome with growth and reproduction, acid-base adaptation, temperature adaptation, salinity adaptation, and physiology and biochemistry characteristics of the *Bacillus*-like bacteria. The fourth chapter is "Ecological characteristics of the *Bacillus* fatty acid lipidome", elaborating community dynamics, population differentiation and diversity of the *Bacillus*-like bacteria in the fermentation bed for pig raising, pig intestine, and composts based on fatty acid lipidomic data. The fifth chapter is "Taxonomic characteristics of the *Bacillus* fatty acid lipidome", discussing fatty acid lipidomic clustering methods, systematic taxonomy, evolution, phylogenesis, and new species identification of the *Bacillus*-like bacteria. The sixth chapter is "Intragenus typing of the *Bacillus* fatty acid lipidome", introducing fatty acid group partition of the genera *Bacillus*, *Paenibacillus*, and *Brevibacillus*. The seventh chapter is "Intraspecific typing of the *Bacillus* fatty acid lipidome", elaborating the intraspecific typing of 30 *Bacillus*-like species based on the fatty acid lipidome. The eighth chapter is "Identification spectra of the *Bacillus* fatty acid lipidome", including the fatty acid lipidomic spectra of 133 *Bacillus*-like species belonging to 14 genera within 4 families. A total number of 1772 references are cited in the book.

The book series can be references for scientific research personnel, enterprise technical personnel, teachers and graduate students, etc. who are engaging in microbiology related fields such as agricultural microbiology industrial microbiology, environmental microbiology, medical microbiology, and ecological microbiology and so on.

# 作 者 简 介

**个人简历**：刘波，男，汉族，1957年生，福建惠安人，中共党员，博士、二级研究员。1987 年获福建农学院（现福建农林大学）博士学位，1992～1994 年在德国波恩大学从事博士后研究，1994 年底至 1995 年初在美国密歇根大学做短期访问学者，1996～2006 年在德国波恩大学每年 1～3 个月做短期合作研究访问学者。2009～2017 年曾任福建省农业科学院院长；现任福建省农业科学院学术委员会主任、福建省科学技术协会副主席、福建省政协委员、农业部科学技术委员会委员、中国农学会高新技术农业应用专业委员会副理事长、中国微生物学会常务理事、中国植物病理学会理事、福建省农业工程学会理事长、福建省农学会副会长、福建省微生物学会副理事长、福建省生物化学与分子生物学学会副理事长等；《中国农业科学》《农业环境科学学报》《中国生物防治学报》《植物保护》《食品安全质量检测学报》《生物技术进展》《亚热带植物科学》等期刊编委；《福建农业学报》《东南园艺》等期刊主编；德国波恩大学植物病理研究所博士生导师，福建农林大学博士生导师，福州大学、福建师范大学硕士生导师，中德生防合作研究、中美柑橘黄龙病合作研究、中以示范农场合作项目等中方首席科学家。

**研究经历**：长期从事农业微生物生物技术、芽胞杆菌系统发育、农业生物药物（微生物农药、微生物肥料、微生物保鲜、微生物降解、动物益生菌、环境益生菌等）、微生物脂肪酸生态学、微机测报网络、设施农业等研究。主持中德国际合作项目、中美国际合作项目、中以国际合作项目、国家自然科学基金项目、国家 863 计划项目、国家 973 计划前期项目、国家科技支撑计划项目、福建省重大科技攻关项目等科研课题 150 多个。建立了福建省农业科学院农业微生物创新团队，先后组建了国际合作平台（中德生防合作研究实验室、中美园艺植物病害综合治理合作研究实验室、中以示范农场等）、国家级科研平台［国家发展和改革委员会（以下简称国家发展改革委）微生物菌剂开发与应用国家地方联合工程研究中心、科技部海西农业微生物菌剂国际合作基地、农业部东南区域农业微生物资源利用科学观测实验站、农业部福州热带作物科学观测实验站］、省级科研平台（福建省科技厅福建省农业生物药物工程技术研究中心、福建省发展和改革委员会福建省生物农药工程研究中心、福建省财政厅福建省芽胞杆菌资源保藏中心）、院级科研平台（微生物发酵床大栏养猪生产性工程化实验室、芽胞杆菌生产性工程化实验室、生物基质生产性工程化实验室、智能化种苗繁育生产性工程化实验室等）。以芽胞杆菌资源采集、收集、保存、筛选、鉴定、分类、物质组、脂肪酸组、基因组等研究为主线，进行农业生物药物（农业微生物制剂）研发，开发杀虫微生物、防病微生物、微生物发酵菌种、免疫抗病植物疫苗、微生物发酵床、饲用益生菌、粪污降解菌、动物病害生防菌、果蔬微生物保鲜、植物蛋白乳酸菌发酵菌种等农业微生物菌剂、技术、工艺和装备。创办内刊《菌剂工程》（1999 年创刊《生物毒素》，2016 年更名为《菌剂工程》）。

**1987～1991 年**：1987 年底博士毕业，1988 年来到福建省农业科学院植物保护研究所，创立了电脑测报研究室；作为生物防治研究的博士，从事害虫天敌的研究，应用昆虫生态学知识，设计病虫电脑测报网络，研究害虫和天敌的相互关系，达到保护天敌、控制害虫的目的。结合留学德国的后续研究，作为第二作者，与德国波恩大学 Sengonca 教授一起，在德国用英文出版了《柑橘粉虱寄生蜂生物学》（ISBN 3-89873-983-X）著作，在昆虫学研究上留下足迹。

**1992～1994 年**：在德国波恩大学从事博士后研究，起初从事昆虫天敌研究，后来接触到昆虫病理学的研究领域，开始了生物农药——苏云金芽胞杆菌的研究，提出了生物毒素生物藕合技术（bioconjugation technique），利用基团偶联剂（conjugator），将苏云金芽胞杆菌杀虫毒素与阿维菌素进行体外生物藕合，形成单体双毒素结构的 BtA，以拓宽生物农药的杀虫谱和提高杀虫速率，降低害虫抗药性。作为第一作者与德国波恩大学 Sengonca 教授合作，在德国用英文出版了《新型生物农药 BtA 生物藕合技术的研究》（ISBN 3-86537-288-0）著作，进入生物农药研究领域。

**1994～2003 年**：1994 年从德国回来，随后前往美国做短期访问学者，1995 年从美国返回。1996 年调入福建省农业科学院生物技术中心工作，创立了农业环保技术研究室（Laeptb）。建立了与德国波恩大学植物病理研究所 20 多年（1996～2016 年）的合作关系，在国内建立了中德生防合作研究实验室，联合申请到三轮的德国科学基金（Deutsche Forschungemeinschaft，DFG）和德国国际合作基金（Deutsche Gesellschaft für Technische Zusammenarbeit，GTZ），并承担了国家自然科学基金项目、国家 863 计划项目、国家科技支撑计划项目等，在继续研究生物藕合技术的基础上，拓展了生物农药的研究领域，从以芽胞杆菌作为生物杀虫剂的研究进入以芽胞杆菌作为生物杀菌剂的研究领域，在研究作物青枯病生物杀菌剂——蜡样芽胞杆菌 ANTI-8098A 的过程中，发现了芽胞杆菌对青枯雷尔氏菌的致弱作用，进行了致弱机理和致弱物质的研究，出版了《青枯雷尔氏菌多态性研究》（ISBN 7-5335-2553-1）著作，进入植病生防研究领域。

**2004～2007 年**：2004 年，福建省农业科学院微生物、动物、植物生物技术三大学科合并，组建了生物技术研究所，在微生物生物技术研究领域成立了生物毒素研究室和生物发酵技术与生物反应器研究室，组合形成生物农药研究中心，承担了福建省生物农药工程研究中心的建设；在原有生物农药研究的基础上，拓展了芽胞杆菌作为饲用益生素的研究领域，利用绿色荧光蛋白基因标记致病大肠杆菌，通过感染小白鼠和小白鼠服用益生素抗病的相互关系研究，建立了益生素作用模型；进行芽胞杆菌作为化学农药降污菌剂的研究；系统收集芽胞杆菌资源，对其进行保存、鉴定和利用，出版了 380 多万字的《芽胞杆菌文献研究》（ISBN 7-80653-754-6）著作；随着研究的深入，开始了对植物免疫特性的研究，进行了青枯雷尔氏菌无致病力菌株免疫抗病特性的研究。与作者的博士后周涵韬一起出版了《基因克隆的研究与应用》（ISBN 7-5023-4920-0）、《生化物质分析方法咨询手册》（第一卷　气相色谱法；第二卷　液相色谱法；第三卷　紫外分光光度法）（ISBN 7-5640-0622-6）著作，进入了农业微生物生物技术研究领域。

**2008～2010 年**：2008 年，根据福建省农业科学院研究所结构调整，成立了福建省农业科学院农业生物资源研究所，将生物农药研究中心改为农业微生物研究中心。2008 年作为福建省农业科学院农业微生物学科的首席专家，组建了福建省农业科学院农业微生物科技创新团队，从事微生物基础生物学及农业生物药物的研究与应用。建立了微生物资源采集、筛选、保存、鉴定、分类平台，组建了微生物形态、生理、生态、分子生物学、基因组学、脂肪酸生态学研究平台，打造了微生物发酵技术、活性物质分析、功能微生物筛选研究平台。注重生物藕合技术、生物致弱机理、免疫抗病机理、植物内生菌、抗病物质分析、脂肪酸生态学、基因组学等研究。开发生物农药、生物肥药、植物疫苗、生物饲料、生物保鲜、生物降污、生物转化等农业生物药物（农业微生物制剂）。在这个时期出版了《微生物发酵床零污染养猪技术的研究与应用》（ISBN 978-7-8023-3876-0）、《植物饮品原料研究文献学》（ISBN 978-7-1220-7149-1）等著作。

**2011～2014 年**：深入研究芽胞杆菌的资源采集、系统分类、生物学、脂肪酸组学、基因组学、物质组学、酶学、发酵工艺学等，研发生物农药、生物肥料、生物保鲜、生物降污、益生菌、生物转化等农业生物药物产品，组建了芽胞杆菌生产性工程化实验室。在这个时期出版了《微生物脂肪酸生态学》（ISBN 978-7-5116-0360-9）、《农药残留微生物降解技术》（ISBN 978-7-5335-3953-5）、《尖孢镰刀菌生物学及其生物防治》（ISBN 978-7-03-038346-4）等著作。

**2015～2017 年**：系统地开展了芽胞杆菌新资源挖掘及其生防菌剂的创制工作，针对我国实施化学农药与肥料双减、生态保护和食品安全等发展战略，围绕芽胞杆菌资源挖掘、生防机理、菌剂创制与应用等方面开展研究。系统开展了芽胞杆菌资源的多样性调查，采集了中国包括台湾在内 32 个省份的土壤等芽胞杆菌资源材料 15 800 多份，分离菌株 34 892 株；完成了 105 种芽胞杆菌基因组的首次测序，占全球同类研究总量（320 种）的 32.8%，新发现了 3 个杀虫基因 *cry2Ab30*、*vip3Aa60* 和 *vip3Ad5*；完成了对 98 种 300 多株芽胞杆菌的 2400 多个物质的测定，首次发现羟苯乙酯等 6 个具有免疫抗病活性的物质；测定了 4800 株芽胞杆菌脂肪酸组，出版了《微生物脂肪酸生态学》；发表芽胞杆菌新种 12 个，如兵马俑芽胞杆菌（*Bacillus bingmayongensis* sp. nov. Liu et al. 2014）、仙草芽胞杆菌（*Bacillus mesonae* sp. nov. Liu et al. 2014）、慈湖芽胞杆菌（*Bacillus cihuensis* sp. nov. Liu et al. 2014）、武夷山芽胞杆菌（*Bacillus wuyishanensis* sp. nov. Liu et al. 2015）、台湾芽胞杆菌（*Bacillus taiwanensis* sp. nov. Liu et al. 2015）、茄科芽胞杆菌（*Bacillus solani* sp. nov. Liu et al. 2015）、戈壁芽胞杆菌（*Bacillus gobiensis* sp. nov. Liu et al. 2016）、高山杜鹃芽胞杆菌（*Bacillus loiseleuriae* sp. nov. Liu et al. 2016）、喜湿芽胞杆菌（*Bacillus mesophilus* sp. nov. Zhou et al. 2016）、茄科类芽胞杆菌（*Paenibacillus solani* sp. nov. Liu et al. 2016)、五大连池芽胞杆菌（*Bacillus wudalianchiensis* sp. nov. Liu et al. 2017）、稻田芽胞杆菌（*Bacillus praedii* sp. nov. Liu et al. 2017）。成功筛选到一批芽胞杆菌高效生防菌株，创新了适合不同用途的微生物菌剂生产工艺和产品，与企业合作创制出 15 个芽胞杆菌微生物菌剂（肥料）产品和四大类 17 个功能性生物基质产品，获得相关产品登记证 15 个，示范推广面积 973 万亩（1 亩≈666.7 $m^2$）。

在我国养殖污染治理方面进行了深入的研究，提出了原位和异位发酵床养殖污染微生物治理的新思路，研发了微生物发酵床健康养殖与污染治理菌种、技术与装备，广泛推广应用于牛、羊、鸡、鸭等畜禽养殖，大幅提高健康养殖、污染治理、节本增效和资源循环利用的水平，实现养殖污染治理的无臭味、零排放、广适应、低成本。成功地筛选出一批粪污降解菌、饲用益生菌，揭示其作用机理，研发出菌剂产品，应用于微生物发酵床，阐明了发酵床促进猪群生长和增强猪群免疫力的机理，提出了养猪发酵床管理新措施，制定了微生物发酵床大栏养猪地方标准，在福建、山东、江苏、安徽等省饲养猪、羊、牛、兔、鸡、鸭等的 100 多个养殖场中大面积推广应用。创新了发酵床垫料资源化利用技术与装备，成功研制出机器人堆垛自发热隧道式固体发酵功能性生物基质自动化生产线，提出了“分段发酵—整体配伍”的新工艺，创制出四大类（育苗基质、栽培基质、修复基质、园艺基质）17 个功能性生物基质新产品，推广面积 308.3 万亩，取得了良好的社会、经济、生态效益。

在这个时期出版了“芽胞杆菌”系列专著 3 部，《芽胞杆菌·第一卷 中国芽胞杆菌研究进展》概括介绍了细菌的分类系统、芽胞杆菌的分类地位、芽胞杆菌的种类数量、芽胞杆菌的应用和中国学者在芽胞杆菌上的研究概况。《芽胞杆菌·第二卷 芽胞杆菌分类学》阐述了芽胞杆菌的分类学、系统发育、发展趋势，描述了芽胞杆菌 5 科 71 属 752 种的分类学特性，规范了 752 个芽胞杆菌的中文学名。《芽胞杆菌·第三卷 芽胞杆菌生物学》阐述了芽胞杆菌的形态学特性、生物学特性、酶学特性、生态学特性、分子生物学特性等；阐明了芽胞杆菌活性功能作用机理，包括芽胞杆菌对青枯雷尔氏菌的致弱机理、芽胞杆菌杀虫毒素生物藕合机理、芽胞杆菌果品保鲜机理、芽胞杆菌动物益生菌作用机理、微生物发酵床猪病生物防治机理、芽胞杆菌环境益生菌作用机理等。

**研究成果**：完成了“蚜茧蜂人工大量繁殖技术”“稻飞虱综合治理”“数据库自动编程系统”“水稻病虫微机测报网络”“生物杀虫剂 BtA 的研究与应用”“生物杀菌剂 ANTI-8098A 的研究与应用”“尖孢镰刀菌生物学及其生物防治”“农业科技推广互联网的建立与应用”“茶叶病虫系统调控技术的研究”“微生物发酵床健康养猪技术”“微生物脂肪酸生态学”“微生物保鲜技术研究”“作物病害植物疫苗研究”等课题。在德国博士后工作期间，发明了新型昆虫嗅觉仪，提高了昆虫利他素的测定精度和效率。研究成果“植物生长调节剂”“苏云金杆菌培养基”“气升式发酵生物反应器”“生物杀虫剂 BtA 的藕合技术”“微生物发酵床大栏养猪技术”“微生物保鲜剂”“植物蛋白乳酸芽胞杆菌饮品”等获国家专利 40 多项。获国家科学技术进步奖二等奖 1 项［排名第三：细菌农药新资源及产业化新技术新工艺研究（2015 年）］，农业部中华农业科技奖一等奖 1 项［主持：重要土传病害生防菌剂创制与应用（2013 年）］；获福建省科学技术奖一等奖 1

项［主持：芽胞杆菌新资源挖掘及其生防菌剂的创制（2016年）］，福建省科学技术奖（专利贡献）二等奖6项［主持：作物病虫微机网络测报技术（1996年）、生物农药BtA生物耦合技术（2000年）、青枯生防菌剂ANTI-8098A（2004年）、微生物发酵床养猪工程化技术（2008年）、龙眼微生物保鲜技术（2010年）、一种判别养猪微生物发酵床垫料发酵程度的方法（2015年）］、三等奖3项［主持：蚜茧蜂人工大量繁殖技术（1992年）、计算机管理模块自动编程系统（1994年）、线虫生防菌淡紫拟青霉的研究与应用（2015年）］；获中国青年科技奖（1992年）、全国优秀留学回国人员奖（1996年）、福建省省级优秀专家（1997年）、福建省五一劳动奖章（1999年、2010年），享受国务院政府特殊津贴（1997年），国家"百千万人才工程"第一、第二层次人选（1997年）和福建省杰出科技人才（2009年）。在国内外学术刊物上发表论文600多篇，其中SCI期刊论文60多篇；出版专著18本（其中英文专著2本）。

目前，作为中德国际合作项目、中美国际合作项目、中以国际合作项目、国家自然科学基金项目、国家科技重点研发计划项目、农业部行业科技专项、国家引智办项目、福建省农业重点项目等的主持人或子项目主持人，从事农业微生物生物技术、芽胞杆菌分类、农业生物药物、环保农业技术的研究和应用。围绕绿色农业中种植业和养殖业的生物药物研发应用问题，研究用于生猪健康养殖的芽胞杆菌，包括饲用益生菌、猪粪降解菌和猪病抑制菌，建立新型微生物发酵床生猪养殖体系，利用饲用益生菌替代抗生素促进猪的生长，利用猪粪降解菌分解猪粪防止养殖污染和除去养殖臭味，将猪病抑制菌接入生猪健康养殖的微生物防治床用于防控猪病，在养猪过程中采用原位发酵技术，使得猪粪成为优质的微生物肥料。利用养猪生成的微生物肥料，接入防病功能微生物，形成用于植物病害生物防治的生物肥药，如芽胞杆菌防治作物青枯病和枯萎病、淡紫拟青霉防治作物线虫病、木霉防治作物根腐病等土传病害。利用Tn5插入和芽胞杆菌致弱方法构建青枯雷尔氏菌无致病力菌株，通过导入尖孢镰刀菌无毒基因构建尖孢镰刀菌无致病力菌株，研制用于植物免疫抗病的植物疫苗，对茄科、瓜类、香蕉等作物进行种苗接种和移栽接种，产生抗病作用，替代化学药剂和补充种苗的嫁接技术。筛选具有果品采后保鲜和蔬菜种苗保鲜功能的芽胞杆菌，进行果蔬采后保鲜和种苗调运中的保鲜，替代化学保鲜剂。筛选乳杆菌发酵植物蛋白，研发植物蛋白乳酸菌饮品。从产前、产中、产后环节考虑，农业生物药物的研究为整个绿色农业中的产业链提供了系统的农业微生物制剂研制与应用模式，并紧密地结合农业龙头企业，将农业微生物制剂（农业生物药物）的研究成果直接应用于农业生产。

# 《芽胞杆菌·第四卷　芽胞杆菌脂肪酸组学》
# 著 者 名 单

（按姓氏汉语拼音排序）


| | | |
|---|---|---|
| 曹　宜 | 硕士、助理研究员 | 福建省农业科学院农业生物资源研究所 |
| 车建美 | 博士、副研究员 | 福建省农业科学院农业生物资源研究所 |
| 陈　峥 | 博士、助理研究员 | 福建省农业科学院农业生物资源研究所 |
| 陈德局 | 博士、副研究员 | 福建省农业科学院农业生物资源研究所 |
| 陈梅春 | 博士、实习研究员 | 福建省农业科学院农业生物资源研究所 |
| 陈倩倩 | 博士、实习研究员 | 福建省农业科学院农业生物资源研究所 |
| 陈燕萍 | 硕士、助理研究员 | 福建省农业科学院农业生物资源研究所 |
| 葛慈斌 | 硕士、副研究员 | 福建省农业科学院农业生物资源研究所 |
| 黄素芳 | 副研究员 | 福建省农业科学院农业生物资源研究所 |
| 蓝江林 | 博士、研究员 | 福建省农业科学院农业生物资源研究所 |
| 林抗美 | 研究员 | 福建省农业科学院农业生物资源研究所 |
| 林营志 | 博士、副研究员 | 福建省农业科学院数字农业研究所 |
| 刘　波 | 博士、研究员 | 福建省农业科学院农业生物资源研究所 |
| 刘　芸 | 硕士、助理研究员 | 福建省农业科学院农业生物资源研究所 |
| 刘国红 | 博士、实习研究员 | 福建省农业科学院农业生物资源研究所 |
| 潘志针 | 硕士、实习研究员 | 福建省农业科学院农业生物资源研究所 |
| 阮传清 | 博士、副研究员 | 福建省农业科学院农业生物资源研究所 |
| 史　怀 | 硕士、副研究员 | 福建省农业科学院农业生物资源研究所 |
| 苏明星 | 硕士、副研究员 | 福建省农业科学院农业生物资源研究所 |
| 陶天申 | 教授 | 武汉大学生命科学学院 |
| 王阶平 | 博士、研究员 | 福建省农业科学院农业生物资源研究所 |
| 肖荣凤 | 硕士、副研究员 | 福建省农业科学院农业生物资源研究所 |
| 喻子牛 | 教授 | 华中农业大学微生物农药国家工程研究中心 |
| 张海峰 | 研究员 | 福建省农业科学院农业生物资源研究所 |
| 郑梅霞 | 硕士、实习研究员 | 福建省农业科学院农业生物资源研究所 |
| 郑雪芳 | 博士、副研究员 | 福建省农业科学院农业生物资源研究所 |
| 朱育菁 | 博士、研究员 | 福建省农业科学院农业生物资源研究所 |
| Cetin Sengonca | Ph D、Professor | University of Bonn，Germany |
| Yongping Duan | Ph D、Professor | USDA Horticultural Research Laboratory，Florida，USA |

# 研 究 机 构

1. 福建省农业科学院农业生物资源研究所
2. 微生物菌剂开发与应用国家地方联合工程研究中心（国家发展和改革委员会）
3. 海西农业微生物菌剂国际合作基地（科技部）
4. 东南区域农业微生物资源利用科学观测实验站（农业部）
5. 国家引进外国智力成果示范推广基地（国家外国专家局）
6. 福州热带作物科学观测实验站（农业部）
7. 福建省农业生物药物工程技术研究中心（福建省科技厅）
8. 福建省生物农药工程研究中心（福建省发展和改革委员会）
9. 福建省芽胞杆菌资源保藏中心（福建省财政厅）
10. 中德生防合作研究实验室（福建省农业科学院/德国波恩大学植物病理研究所）
11. 中美园艺植物病害综合治理合作研究实验室（福建省农业科学院/美国佛罗里达园艺实验室）
12. 中以示范农场（福建省农业科学院/以色列工贸部）
13. 芽胞杆菌生产性工程化实验室（福建省农业科学院）
14. 微生物发酵床大栏养猪生产性工程化实验室（福建省农业科学院）
15. 生物基质生产性工程化实验室（福建省农业科学院）
16. 福建省农业科学院农业微生物科技创新团队（福建省农业科学院）
17. 智能化种菌繁育生产性工程化实验室（福建省农业科学院）

# 资 助 项 目

“芽胞杆菌”系列丛书得到国家、福建省等部门科技项目的资助，特表衷心感谢。主要项目如下。

**（1）国际合作项目**

[1] 中国东南部柑橘粉虱的生物防治技术研究，德国 DFG & GTZ，1995～1998 年。

[2] 新型生物农药 BtA 的研制及其在中国东南部蔬菜害虫上的应用，德国 DFG SE 425/4-1，2000～2004 年。

[3] 柑橘黄龙病传播媒介柑橘木虱的生防防治(6618-22320-001-37S)，美国 618-22320-001-37S，2011～2004 年。

[4] 中以示范农场的建设，以色列工贸部，2012～2015 年。

**（2）国家级科研项目**

[1] 新型生物杀虫剂 BtA 的藕合机理的研究（国家自然科学基金项目），30471175，2004～2007 年。

[2] 生防菌对青枯雷尔氏菌致弱机理的研究（国家自然科学基金项目），30871667，2009～2011 年。

[3] 中国芽胞杆菌属资源分类及其系统发育研究（国家自然科学基金项目），31370059，2014～2017 年。

[4] 多位点杀虫毒素 BtA 新型藕合体系的构建及靶标害虫抗药性延缓机理的研究（国家自然科学基金项目），31371999，2014～2017 年。

[5] 芽胞杆菌种质资源多样性及其生态保护功能基础研究（国家 973 前期），2011CB111607，2011～2012 年。

[6] 茄科作物青枯病和枯萎病生防菌剂的研究与应用——芽胞菌工程菌的构建及生防菌剂的创制（国家 863 计划项目），2006AA10A211，2007～2011 年。

[7] 生物杀虫剂研究和创制（国家 863 计划项目），2006AA10A212，2007～2011 年。

[8] 植物源微生物功能胶高产高效菌株的引进、创制与应用（国家 863 计划项目），2014-Z48，2014～2014 年。

[9] 设施蔬菜病虫害生物-化学协同控制技术研究（国家 863 计划项目），2002AA244031，2002～2005 年。

[10] 茄科作物青枯病防控技术研究与示范（国家 863 计划项目），201303015-3，2013 年 1 月至 2017 年 12 月。

[11] 东南地区农田秸秆菌业循环生产技术集成研究与示范（国家科技支撑计划项目），2007BAD89B13，2007～2009 年。

[12] 华南村镇塘坝地表饮用水安全保障适用技术研究与示范宁德示范点（国家科技支撑计划项目），2008ZX07425-002，2008～2010 年。

[13] 闽东南外向型社会主义新农村建设（国家科技支撑计划项目），2008BAD96B07，2008～2010 年。

[14] 高效新型微生物资源引进与创新（农业部 948 计划项目），2011-G25，2011～2015 年。

[15] 功能性微生物制剂在农业副产物资源化利用中的研究与示范（农业部行业专项），201303094，2013～2017 年。

[16] 由尖孢镰刀菌引起的茄科等作物土传病害综合防控技术研究（农业部行业专项），200903049-08，2009～2013 年。

[17] 入境台湾果蔬危险性有害生物防控新技术研究与示范（农业部行业专项），200903034，2009～2013 年。

**（3）省级科研项目**

[1] 果蔬微生物保鲜加工增值关键技术的研究与应用（福建省重大科技专项），2015NZ0003，2015～2017年。

[2] 线虫生防菌的研究与应用（福建省发展和改革委员会专项），闽计投资[2003]170号，2003～2005年。

[3] 青枯病生防菌的研究与应用（福建省发展和改革委员会专项），2002～2005年。

[4] 高效生物杀虫剂BtA在蔬菜上的推广应用（福建省发展和改革委员会专项），2001～2002年。

[5] 青枯病生防菌的研究与应用（福建省财政专项），闽计农经[2002]48号，2002～2003年。

[6] 福建省生物农药工程研究中心（福建省发展和改革委员会专项），闽计高技[2002]153号，2002～2005年。

[7] 利用猪粪资源固体发酵微生物菌剂产品的研究与应用（福建省发展和改革委员会专项），闽发改投资[2016]482号，2016～2017年。

[8] 远程监控秾窠微生物发酵舍零污染养猪法示范推广（福建省省长基金），Sbxd0902，2009～2010年。

[9] 福建省农业生物药物工程技术研究中心（福建省科技厅），2013～2017年。

# 序

芽胞杆菌作为微生物的重要成员，广泛分布于土壤、水、空气、动物肠道、植物体内等处。芽胞杆菌的特性包括：①繁殖快速：代谢快、繁殖快，4 h 增殖 10 万倍。②生命力强：无湿状态可耐低温–60℃、耐高温 280℃，耐强酸、耐强碱、耐高压、耐高盐、耐高氧（嗜氧繁殖）、耐低氧（厌氧繁殖）。③菌体积大：体积比一般病原菌细胞大 4 倍，占据空间优势，抑制有害菌的生长繁殖。

芽胞杆菌与人类关系密切，如炭疽芽胞杆菌引起人、畜的炭疽病；蜡样芽胞杆菌引起食物中毒。对人有利的芽胞杆菌有枯草芽胞杆菌，产生工业或医疗用的蛋白酶、淀粉酶；丙酮丁醇梭菌用于生产丙酮丁醇；多黏芽胞杆菌用于生产多黏菌素；地衣芽胞杆菌用于生产杆菌肽；著名的细菌杀虫剂——苏云金芽胞杆菌能杀死 100 多种鳞翅目的农林害虫，现已扩大到杀蚊、蝇幼虫；日本甲虫芽胞杆菌、幼虫芽胞杆菌和缓病芽胞杆菌可用于防治蛴螬等地下害虫。芽胞杆菌分解有机物能力强，在自然界的元素循环中起重要作用。有些种如多黏芽胞杆菌有固氮的能力。

芽胞杆菌的突出生态功能包括：①保湿能力强，形成强度极为优良的天然材料聚谷氨酸，为土壤的保护膜，防止肥分及水分流失；②分解能力强，增殖的同时，会释放出高活性的分解酶（酵素），将难分解的大分子物质分解成可利用的小分子物质；③代谢能力强，合成多种有机酸、酶、生理活性物质等，以及其他多种容易被利用的养分；④抑菌能力强，具有占据空间优势，抑制有害菌、病原菌等有害微生物生长繁殖的作用；⑤除臭能力强，可以分解产生恶臭气体的有机物质、有机硫化物、有机氮等，大大改善场所的环境。

芽胞杆菌由于产生芽胞具有较强的抵抗外界环境压力的能力，能够抵抗其生存环境中干燥、高热、高盐、高碱、高酸、高紫外线辐射所造成的伤害，便于工业化生产，被广泛应用于生物农药、生物肥料、生物保鲜、生物降污、益生菌、酶制剂、生化物质等产品的生产。可应用于：①生物肥料制作，用于发酵有机肥、农家肥、复合肥和化肥添加，如多黏芽胞杆菌具有固定分子态氮的能力等；②生物农药生产，如苏云金芽胞杆菌用于防治鳞翅目害虫等；③土壤污染修复，降解土壤有机废弃物、钝化土壤重金属、降解土壤农药和化肥残留等；④生物保鲜剂生产，利用短短芽胞杆菌制作龙眼果实保鲜剂等；⑤城市垃圾处理，利用芽胞杆菌降解居家垃圾、处理厨余垃圾、净化城市污水等；⑥饲用益生菌生产，制作动物饲料添加剂、水产环境水质净化剂等，如枯草芽胞杆菌可用于畜牧水产饲料添加剂，地衣芽胞杆菌用于水产水环境净化等；⑦生化物质生产，芽胞杆菌可用于酶类如脂肪酶、蛋白酶、植酸酶等生产，用于氨基酸、丁二醇、抗生素等生产。芽胞杆菌各属拥有各自的生物学特性，通过基因选育等生物工程学，可以将自然界的菌种人工选育出特定功能强势的菌种，应用于工农业生产各个方面。在抗生素污染问题越来越严重的今天，有益的芽胞杆菌的应用研究，可能是解决抗生素问题的一个有效方案。

刘波研究团队几年来完成了对 17 个国家（地区）15 800 多份土样采集与保存，分离保存了 34 800 多株芽胞杆菌；收集引进了 260 多个芽胞杆菌标准菌株；测定了芽胞杆菌 62 个属 105 种的全基因组测序，开展了芽胞杆菌属 120 多个种的物质组的测定，完成了芽胞杆菌 6800 多个菌株脂肪酸组的测定，实施了芽胞杆菌属 120 多个种 10 种酶的测定；鉴定出芽胞杆菌潜在新种资源 140 多种（将陆续发表），发表了芽胞杆菌 14 个新种。出版了“芽胞杆菌”系列专著，包括《芽胞杆菌·第一卷 中国芽胞杆菌研究进展》、《芽胞杆菌·第二卷 芽胞杆菌分类学》、《芽胞杆菌·第三卷 芽胞杆菌生物学》。

此次出版的是“芽胞杆菌”系列专著的第四卷——《芽胞杆菌·第四卷 芽胞杆菌脂肪酸组学》。脂肪酸几乎是所有芽胞杆菌活体细胞壁的主要成分，含量相对恒定，且不受质粒丢失或增加的影响。不同种类的芽胞杆菌细胞壁中脂肪酸含量和结构具有种属特征或与其分类位置密切相关，能够指示某一类或某种特定芽胞杆菌的存在。脂肪酸结构与种类的多样性对环境因素敏感，它既是菌株基因组差异的外在表现，同时也反映了菌株对外界环境条件的不同反应。作者在测定了 6800 多株芽胞杆菌脂肪酸组的基础上，分析芽胞杆菌脂肪酸组与其生物学、生态学、分类学的关系，著述了《芽胞杆菌脂肪酸组学》，全书共分八章。第一章，绪论，介绍了微生物脂肪酸组、微生物和芽胞杆菌脂肪酸组学研究进展；第二章，芽胞杆菌脂肪酸组测定与分析，分析了芽胞杆菌脂肪酸组测定方法、脂肪酸组比较、测定条件影响、脂肪酸组数值分析等；第三章，芽胞杆菌脂肪酸组生物学特性，介绍了芽胞杆菌脂肪酸组与其生长繁殖、酸碱适应、温度适应、盐分适应、生理生化适应的相关性；第四章，芽胞杆菌脂肪酸组生态学特性，阐述了基于脂肪酸组的养猪发酵床、猪肠道、堆肥发酵芽胞杆菌群落动态及其芽胞杆菌种群分化多样性；第五章，芽胞杆菌脂肪酸组分类学特性，论述了芽胞杆菌脂肪酸组的分群方法及其在系统分类、系统进化、系统发育、新种鉴定中的应用；第六章，芽胞杆菌脂肪酸组属内分群，阐述了芽胞杆菌属、类芽胞杆菌属、短芽胞杆菌属脂肪酸群划分；第七章，芽胞杆菌脂肪酸组种下分型，阐述了 30 种芽胞杆菌脂肪酸组种下分型；第八章，芽胞杆菌脂肪酸组鉴定图谱，展示了 4 个科 15 个属 133 种芽胞杆菌脂肪酸组鉴定图谱。本书试图全面展现芽胞杆菌脂肪酸组学的概貌，为芽胞杆菌研究提供新的手段和方法。

《芽胞杆菌脂肪酸组学》利用脂肪酸生物标记研究芽胞杆菌生态学的科学问题、理论体系和研究技术，特别是作者通过收集芽胞杆菌 4 个科 15 个属 133 种 6800 多菌株的脂肪酸组测定作为实验支撑，不仅有理论而且有实践，是一本真正意义上的芽胞杆菌脂肪酸组学的奠基之作。

前几年，他的大作《微生物脂肪酸生态学》出版，他力邀我在付梓之前为之写上几句序言，我当时的真实心情是作为相识相知多年的业界朋友，难辞其诚！近年来，他佳作不断，可谓等身，在感其勤奋之余真的为其“咬定青山不放松”的韧劲所叹服！

精彩的生命世界中任何一个类群都有其各自的精彩！刘波把一个微小的芽胞杆菌做成一份如此之大的事业，成为名副其实的世界之最，这才是实力！我们需要核武器，需要大飞机，需要高铁、大桥！需要超级稻、超级豆！我们也同样需要小小的细菌！强国之梦包括了方方面面，也包括不入常人法眼的菌类！

刘波“千磨万击还坚韧，任尔东南西北风”的执着，使他在这片热土上真正的“大鹏一日同风起，扶摇直上九万里”！创造出了微生物研究领域的一座丰碑！

李　玉

中国工程院院士

2018年11月26日

# 前　言

1872 年，德国微生物学家科恩（Cohn）命名了芽胞杆菌属（*Bacillus*），将枯草芽胞杆菌（*Bacillus subtilis*）作为芽胞杆菌属的模式种。芽胞杆菌的芽胞是休眠体，不是繁殖体，所以芽胞杆菌采用“胞”字而不是用“孢”字。绝大多数芽胞杆菌是一个菌体仅形成一个芽胞位于菌体内，由核心、皮层、芽胞壳和外壁组成。核心是芽胞的原生质体，内含 DNA、RNA、可能与 DNA 相联系的特异芽胞蛋白质，以及合成蛋白质和产生能量的系统。此外，还有大量的吡啶二羧酸（DPA）布满整个芽胞，占芽胞干重的 10%～15%，但一般不存在于不产芽胞的细菌中。DPA 在芽胞中以钙盐的形态存在于内层的细胞壁和外层芽胞壳（spore coat）间的皮层中。皮层处于核心和芽胞壳之间，含有丰富的肽聚糖。芽胞壳主要由蛋白质组成，此外，还有少量的碳水化合物和类脂类，可能还有大量的磷。最外层是外壁，其主要成分是蛋白质、一定量的葡萄糖和类脂。由于芽胞具有厚而含水量低的多层结构，所以折光性强、对染料不易着色，芽胞对热、干燥、辐射、化学消毒剂和其他理化因素有较强的抵抗力，这可能与芽胞独具的高含量吡啶二羧酸有关。在分类地位上，芽胞杆菌隶属于厚壁菌门（Phylum Firmicutes）芽胞杆菌纲（Class Bacilli）芽胞杆菌目（Order Bacillales）的 7 个科，即芽胞杆菌科（Family Bacillaceae）、脂环酸芽胞杆菌科（Family Alicyclobacillaceae）、类芽胞杆菌科（Family Paenibacillaceae）、巴斯德柄菌科（Family Pasteuriaceae）、动球菌科（Family Planococcaceae）、芽胞乳杆菌科（Family Sporolactobacillaceae）、嗜热放线菌科（Family Thermoactinomycetaceae）。

芽胞杆菌系统发育研究发展迅速，1923～1939 年出版的第一至第五版《伯杰氏鉴定细菌学手册》（*Bergey's Manual of Determinative Bacteriology*），都将芽胞杆菌归为一个属，即芽胞杆菌属（*Bacillus*）。1948～1974 年出版的第六至第八版《伯杰氏鉴定细菌学手册》，芽胞杆菌出现了近缘属的分化。1984～1986 年，《伯杰氏鉴定细菌学手册》更名为《伯杰氏系统细菌学手册》（*Bergey's Manual of Systematic Bacteriology*）。第一版《伯杰氏系统细菌学手册》于 1984 年起分 4 卷出版；将芽胞杆菌类细菌分为 35 个属，收录了芽胞杆菌属及其近缘属在内的芽胞杆菌共 409 种，其中有 91 个种是同物异名。第二版《伯杰氏系统细菌学手册》于 2001 年起分 5 卷出版，收录了芽胞杆菌属及其近缘属 26 个、359 种芽胞杆菌，这些种中不包括同物异名。随着微生物研究技术、方法的改进和发展，越来越多的芽胞杆菌种类被发现。20 世纪 90 年代开始有许多新的芽胞杆菌近缘属被建立，特别是 2000 年之后，被鉴定的新种和新属的数量显著增多。2001 年，韩延平和杨瑞馥的综述《需氧芽孢杆菌分类学研究进展》中报道了 13 个属 130 余种。2004 年出版的第九版《伯杰氏系统细菌学手册：原核生物分类纲要》（第二次修订版）（*Taxonomic Outline of the Prokaryotes Bergey's Manual of Systematic Bacteriology* [Second edition Release 5.0 May 2004]），将芽胞杆菌类细菌分为 35 个属，记述了芽胞杆菌属及其近缘属在内的芽胞杆菌共 409 种。2005 年《细菌名称确认目录》(*Approved Lists of Bacterial names*)记载的芽胞杆菌种名有 175 个,2006 年 NCBI 数据库上收集的芽胞杆菌属(*Bacillus*)的种名有 182 个,2006 年德国微生物菌种保藏中心(DSMZ)收集的芽胞杆菌属(*Bacillus*)的种名有 171 个,刘波(2006)在出版的《芽胞杆菌文献研究》中将芽胞杆菌归为一个属(*Bacillus*),共 244 种。刘波等(2015)发表的《芽胞杆菌属及其近缘属种名目录》中整理了截至 2014 年 12 月底已报道的芽胞杆菌种类,共计多达 71 属 752 种,并赋予中文学名。王阶平等(2017)发表的"芽胞杆菌系统分类研究最新进展"综述了 2016 年后芽胞杆菌新种发表的概况,截至 2016 年 12 月底,芽胞杆菌目至少包括 8 科,即芽胞杆菌科(69 属 604 种)、脂环酸芽胞杆菌科(6 属 46 种)、类芽胞杆菌科(10 属 321 种)、巴斯德柄菌科(1 属 4 种)、动球菌科(15 属 49 种)、芽胞乳杆菌科(6 属 20 种)、嗜热放线菌科(17 属 36 种)和 1 个待建立的科(1 属 2 种)。其中,有 13 个属的种类不能形成芽胞,因此,芽胞杆菌目中能形成芽胞的种类,共计 8 科,112 属 1078 种。仅两年(2015~2016 年)世界芽胞杆菌新种就增加了 326 种,表明芽胞杆菌资源丰富,挖掘潜力巨大。

作者研究团队在芽胞杆菌研究与应用中付出大量艰辛的工作。①芽胞杆菌新资源挖掘:从 17 个国家(地区)采集了 15 800 多份芽胞杆菌土样,分离保存了 34 800 多株芽胞杆菌;发现中国新种资源 140 多种,发表新种 14 种;查明中国芽胞杆菌已知种类 487 种,发现中国新纪录种 254 种,占比国内已知种类的 52%;筛选出芽胞杆菌属 120 多个种高产蛋白酶、脂肪酶和纤维素酶等 10 种酶的功能菌株 213 株;测定了 6800 株芽胞杆菌脂肪酸组,建立了芽胞杆菌属的脂肪酸组分群系统;测定了 120 种芽胞杆菌基因组序列,占全球已测序种的 21.6%,克隆并被国际认证 3 个杀虫新基因。②芽胞杆菌生防菌剂作用机理研究:围绕芽胞杆菌生防菌剂的促长、免疫、抑菌、抗病、杀虫的新机制开展作用机理研究,测定了芽胞杆菌属 120 多个种的物质组,首次发现了羟苯乙酯等 18 个具有免疫抗病的功能物质和 3 个新型抑菌脂肽。揭示了芽胞杆菌"内生抑菌"的作用机理,阐明了芽胞杆菌"挥发性物质抑菌作用"新机制,发现了芽胞杆菌"致弱作用"抑菌新途径,建立了芽胞杆菌"生物耦合"杀虫毒素修饰新方法,提出了芽胞杆菌"双向酶活调节"果蔬采后病害防控新机制,为芽胞杆菌生防菌剂生物肥料化与生物基质化产品的研发奠定科学基础。③芽胞杆菌生防菌剂生物肥料化与生物基质化产品的创制:创建了生防芽胞杆菌快速筛选体系,效率提高 300%。获得了 8 个适用于不同气候、土壤、季节和作物的高效生防菌株,建立了芽胞杆菌诱变育种体系,将菌株有效成分(羟苯乙酯)产量提高 419.45%;创新了"可溶性高密度液体发酵"和"袋装灭菌固体发酵"工艺,节约成本 45%,缩短发酵周期 57.14%,提高产率 75%以上;创立了"分段发酵-整体配伍"的生防菌剂生物肥料化与生物基质化产品工业化生产工艺;研发了机器人堆垛自发热隧道式固体发酵微生物菌剂自动化生产线投入应用,降低成本 50%,综合效率提高 20%,实现合作企业菌剂的产业化生产。④"芽胞杆菌"系列专著出版,包括了《芽胞杆菌·第一卷 中国芽胞杆菌研究进展》、《芽胞杆菌·第二卷 芽胞杆菌分类学》、《芽胞杆菌·第三卷 芽胞杆菌生物学》。

此次出版的是“芽胞杆菌”系列专著的第四卷——《芽胞杆菌·第四卷　芽胞杆菌脂肪酸组学》。芽胞杆菌脂肪酸组存在于芽胞杆菌细胞壁，具有种类遗传稳定性，作为芽胞杆菌感应生态环境传感器，影响着芽胞杆菌生存、生长、发育、进化，以及生态功能的发挥。全书共分八章。第一章，绪论，介绍了微生物脂肪酸组、微生物和芽胞杆菌脂肪酸组学研究进展；第二章，芽胞杆菌脂肪酸组测定与分析，分析了芽胞杆菌脂肪酸组测定方法、脂肪酸组比较、测定条件影响、脂肪酸组数值分析等；第三章，芽胞杆菌脂肪酸组生物学特性，介绍了芽胞杆菌脂肪酸组与其生长繁殖、酸碱适应、温度适应、盐分适应、生理生化适应的相关性；第四章，芽胞杆菌脂肪酸组生态学特性，阐述了基于脂肪酸组的养猪发酵床、猪肠道、堆肥发酵芽胞杆菌群落动态及其芽胞杆菌种群分化多样性；第五章，芽胞杆菌脂肪酸组分类学特性，论述了芽胞杆菌脂肪酸组的分群方法及其在系统分类、系统进化、系统发育、新种鉴定中的应用；第六章，芽胞杆菌脂肪酸组属内分群，阐述了芽胞杆菌属、类芽胞杆菌属、短芽胞杆菌属脂肪酸群划分；第七章，芽胞杆菌脂肪酸组种下分型，阐述了 30 种芽胞杆菌脂肪酸组种下分型；第八章，芽胞杆菌脂肪酸组鉴定图谱，展示了 4 个科 15 个属 133 种芽胞杆菌脂肪酸组鉴定图谱。本书试图全面展现芽胞杆菌脂肪酸组学的概貌，为芽胞杆菌研究提供新的手段和方法。

《芽胞杆菌·第四卷　芽胞杆菌脂肪酸组学》的相关研究起始于 2000 年，得到了许多专家学者的支持和帮助，福建农林大学林乃铨博士、教授，关雄博士、教授，张绍升教授，尤民生博士、教授为研究方法讨论提供了许多帮助；中国科学院微生物研究所姚一建博士、研究员为芽胞杆菌的采集提供许多支持；中国农业科学院植物保护研究所万方浩博士、研究员为脂肪酸分析讨论提供许多帮助。吉林农业大学李玉院士、福建省农业科学院谢华安院士、福建农林大学谢联辉院士、中国农业科学院吴孔明院士、浙江省农业科学院陈剑平院士、贵州大学宋宝安院士、华中农业大学陈焕春院士、江西农业大学黄路生院士等对研究团队芽胞杆菌研究与应用给予极大的支持和帮助。由于学术水平和编写时间的限制，书中不足之处在所难免，望国内同行批评指正，与之共勉。

著　者

2017 年 8 月 30 日于福州

# 目　　录

# 第一章　绪　　论

## 第一节　微生物脂肪酸组

### 一、微生物脂质组

#### 1. 脂质组学的发展

（1）脂质组学的定义。脂质组（lipidome）是细胞中全部脂质的总称，包括脂肪酸。脂质与蛋白质、糖类、核酸一起构成生命体的四大物质基础。脂质结构的多样性赋予了脂质多种重要的生物功能。脂质不仅参与调节多种生命活动过程，包括能量转换、物质运输、信息识别与传递、细胞发育和分化以及细胞凋亡，而且脂质的异常代谢还与某些疾病的发生发展密切相关，如动脉硬化症、糖尿病、肥胖症、阿尔茨海默病及肿瘤（Dennis et al.，2010；Quehenberger and Dennis，2011）。图 1-1-1 展示了脂质组与基因组、转录组、蛋白质组和代谢组之间的关系，脂质组是在蛋白质组作用下产生的代谢组的成员之一，是细胞代谢的初级和次级代谢产物，同时，许多脂质对基因表达和蛋白质发挥功能具有调控作用。脂质组学（lipidomics）是对生物体、组织或细胞中的脂质以及与其相互作用的分子进行全面系统的分析、鉴定，了解脂质的结构和功能，进而揭示脂质代谢与细胞、器官乃至机体的生理、病理过程之间关系的一门学科（Wenk，2005），属于代谢组学（metabonomics）的分支。

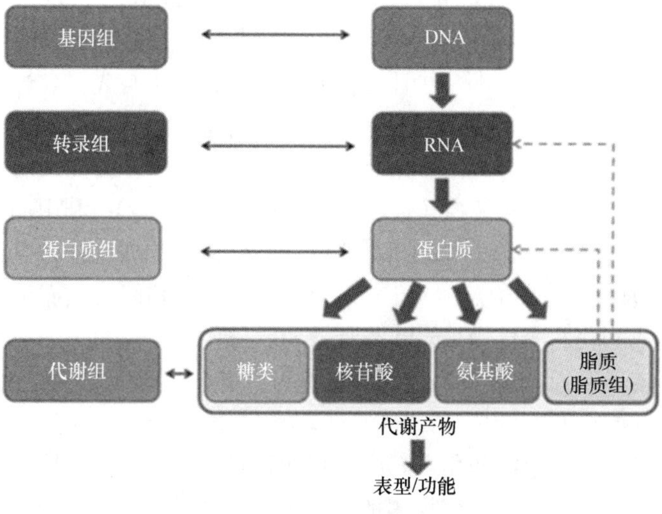


图 1-1-1　脂质组与基因组、转录组、蛋白质组和代谢组之间的关系（Wenk，2005）

（2）脂质组类型。脂质是自然界中存在的一大类极易溶解于有机溶剂、在化学成分及结构上非均一的化合物，主要包括脂肪酸及其衍生物（如酯或胺）等。研究表明，哺乳动物细胞含有 1000～2000 种脂质，而且随着新技术、新方法的不断发展，各种新的脂质分子还在不断地被发现。美国国立卫生研究院（NIH）于 2003 年投入 3500 万美元设立“脂质代谢物和代谢途径研究计划（LIPID Metabolites and Pathways Strategy，LIPID MAPS）”联合项目（http://www.lipidmaps.org），每年召开学术会议。该项目最重要的成果之一是国际脂质分类与命名委员会（International Lipids Classification and Nomenclature Committee，ILCNC）提出的脂质分类系统（the LIPID MAPS lipid classification system），将脂质分为八大类：①脂肪酸类（fatty acids）；②甘油脂类（glycerolipids）；③甘油磷脂类（glycerophospholipids）；④鞘脂类（sphingolipids）；⑤固醇脂类（sterol lipids）；⑥异戊烯醇脂类（prenol lipids）；⑦糖脂类（saccharolipids）；⑧聚酮类（polyketides）（Fahy et al.，2009）。

（3）脂质组学的建立。随着 20 世纪基因组学、蛋白质组学、代谢组学等规模性、整体性、系统性“组学”概念的兴起，2003 年国际上正式提出了脂质组学这一新的前沿研究领域。第一篇文献是 Han X L，Gross R W. Global analyses of cellular lipidomes directly from crude extracts of biological samples by ESI mass spectrometry: a bridge to lipidomics. J Lipid Res, 2003, 44(6): 1071-1079。第一作者和通讯作者是华人学者韩贤林（Xianlin Han）。由于脂质分子结构的多样性、复杂性，以及相应分析手段的滞后，阻碍了人们对生命体的整体脂质及其复杂的代谢网络和功能调控进行规模性、整体性的系统研究，因此脂质组学研究稍落后于其他“组学”。近年来，通过先进的高通量质谱等技术方法和生物信息学分析的运用，脂质组学研究取得了一系列重大进展。例如，2010 年报道了第一个完整的细胞脂质组——小鼠巨噬细胞脂质组（Dennis et al.，2010）；酿酒酵母（*Saccharomyces cerevisiae*）的脂质组完成了 95%的覆盖度（Ejsing et al.，2009）；在人的血浆中鉴定出 600 多种脂质（Quehenberger and Dennis，2011）。

（4）脂质组学的研究范畴。①脂质及其代谢物分析鉴定：通过改进脂质样品提取制备方法和发展新的分析鉴定技术，并且将脂质样品制备技术与先进仪器设备（如各种质谱仪）联合应用，实现对脂质及其代谢物的快速、高通量的分析与鉴定。结合计算工具和生物信息学手段，建立大型的标准化脂质数据库，为进一步的深入研究与应用提供平台与基础。②脂质功能与代谢调控（包括关键基因/蛋白质/酶）：利用脂质组学技术，并结合基因组学、蛋白质组学等技术进行脂质功能与代谢调控研究，补充并丰富系统生物学研究。利用细胞模型、动物模型，研究不同情况下脂质功能与代谢调控相关的关键蛋白质复合物的组成和动态变化规律，以及脂质功能与代谢调控相关的关键蛋白质的功能调控和重要信号转导途径。结合临床疾病进行脂质功能与代谢调控研究也是脂质功能与代谢调控方面研究的核心目标之一，有助于阐明脂质的功能与代谢调控及其相关关键蛋白质在重大疾病发生发展中的作用。③脂质代谢途径及网络：在脂质及其代谢物分析鉴定和脂质功能与代谢调控方面工作积累的基础上，整合基因组学、蛋白质组学、代谢组学的研究结果，尝试建立不同条件下脂质的代谢途径，从而不断完善生命体复杂脂质代谢途径及网络的绘制。

（5）脂质组学的研究对象。①确定生命体、组织、细胞或亚细胞器中所有脂质的种类及其化学结构；②全面理解脂质的功能与代谢的动态变化和调控；③明确脂质与其他生物大分子（如脂质-蛋白质）的相互作用，基因表达调控，膜结构组成，细胞信号转导，细胞之间、细胞与病原体、细胞乃至生命体与环境变化等的复杂关系，进而揭示生命体或细胞的脂质组代谢调控的异常变化与许多重要疾病（如胆固醇和三酰甘油导致心血管疾病、肥胖、脂肪肝、糖尿病及肿瘤等）的发生发展之间的关系（Quehenberger and Dennis，2011）。

（6）脂质组学的研究机构团队。①NIH 资助的 LIPID MAPS；②欧盟资助的 LipidomicNet（http://www. lipidomicnet.org）；③日本政府资助的 LipidBank（http://www. lipidbank.jp/）；④华盛顿大学（圣路易斯）医学院的 Daniel S. Ory 团队；⑤堪萨斯州立大学的脂质组学研究中心；⑥英国南安普顿大学医学院的南安普顿脂质组学研究团队（Southampton Lipidomics Research Group）；⑦格拉茨大学、奥地利科学院及格拉茨技术大学等研究机构共同成立的格拉茨脂质组学研究中心（Lipidomics Research Center Graz，LRCGraz）；⑧新加坡国立大学 Markus R. Wenk 教授的 Lipid Profiles 课题组（脂质组学研究中心）；⑨中国科学院（以下简称中科院）大连化学物理研究所；⑩中科院遗传与发育生物学研究所；⑪中国人民解放军军事医学科学院；⑫北京大学；⑬清华大学；⑭中国农业科学院等。

（7）脂质组学的分析工具与数据库。脂质组学研究中分析和鉴定脂质最常用、最成熟的技术是质谱，目前，已经研发出多种基于脂质质谱数据的脂质组学研究软件。这些软件可以划分为 3 类：①可免费获得的软件（free software）；②开放源码软件（open-source software），其源码可以被公众使用，并且此软件的使用、修改和分发也不受许可证的限制；③需要购买的商业软件。日本知识产业株式会社和东京大学玄一图书馆共同开发的 LipidNavigator（http://lipidsearch.jp/LipidNavigator.htm）是目前使用较多的免费的脂质组学分析软件，它是一个高通量网页工具，可利用各种类型的原始脂质质谱数据库进行磷脂的自动分析（王涛等，2010）。另一个免费软件是 TriglyAPCI，它是 Cvačka 等（2006）基于 Microsoft Visual Basic 6.0 开发的，可以用来解析三酰甘油的大气压化学电离质谱（APCI-MS）谱图，先对液相层析串联质谱（LC-MS）获得的谱图进行分析，获得碎片或是分子加合物，然后再提供与之可能相关联的三酰甘油的结构信息。开放源码软件 SECD（分析从色谱数据获得的谱图）和 LIMSA（脂质质谱分析）可以进行基于正离子和负离子模式的数据分析，也可以进行基于串联质谱（MS/MS）谱图的数据分析（Haimi et al.，2006）。Katajamaa 等（2006）开发了基于 Java 的另一个软件 MZmine，可以进行数据处理和制图，并且可以通过演算法进行波谱过滤、峰采集、二维图形可视化、校正和规范化等。需要付费购买的软件有 Lipid Profiler，它是由 MDS Sciex 开发的，已经应用到脂质组学的许多研究中。脂质组学数据库及相关网站包括：①LMSD，http://www.lipidmaps.org/data/structure/index.html（美国），主要用于脂质分类和脂质组学研究；②LipidBank，http://lipidbank.jp/（日本），用于脂质分类，并提供脂质实验数据；③LIPIDAT，http://www.lipidat.tcd.ie（美国），提供脂质的热力学、相位图和分子结构信息；④Cyberlipid Center，http://www.cyberlipid.org/（法国），提供脂质结构信息和分析方法；⑤SphinGOMAP，http://sphingolab.biology.gatech.edu（美国），侧重于研究鞘脂类的生化合成途径；⑥Lipid Library，http://www.lipidlibrary.aocs.org（英国），收集了脂质化学、生物和分析等信息；⑦KEGG，http://www.genome.jp/kegg（日本），不是脂质组学方面的专门数据库，但收集了脂肪酸的合成和降解、胆固醇和磷脂的代谢途径等；⑧GOLD，http://gold.uni-graz.at（奥地利），专门收集与脂质紊乱相关的基因信息；⑨SOFA，http://sofa.mri.bund.de（德国），专门收集植物油及其脂质组成的信息（王涛等，2010；Wenk，2010）。

## 2. 微生物脂质组学研究

杨宇等（2014）综述了脂质组学在微生物领域中的研究进展。与哺乳动物的脂质组学研究相比，微生物脂质组学研究有以下优势：①脂质组相对简单，微生物细胞中的脂肪酸种类较哺乳动物少，没有多不饱和脂肪酸；②微生物培养时间短，培养过程相对简单；③通过基因敲除技术产生大量突变体，可以研究脂质代谢途径中的相关基因，也可以研究脂质参与的细胞代谢调控及其作用机理等（Gaspar et al.，2007；杨宇等，2014）。近年来，脂质组学在微生物领域的研究得到了快速的发展。Lattif 等（2011）比较了白色念珠菌（*Candida albicans*）浮游型和被膜型细胞在发育早期和成熟期的脂质组，结果发现被膜型细胞中的磷脂和鞘磷脂含量明显高于浮游型细胞；而且在发育早期，被膜型细胞中大多数种类的脂质含量均高于浮游型细胞；但被膜型细胞 2 个时期的卵磷脂/磷脂酰乙醇胺的值均低于浮游型细胞；磷脂的不饱和程度随发育时间延长而降低，其中被膜型细胞更明显；通过基因敲除干扰鞘磷脂的合成后，白色念珠菌不能形成被膜。Singh 和 Prasad（2011）研究了对氮唑类（azoles）药物敏感和具抗性的临床白色念珠菌菌株的比较脂质组学，共鉴定到 200 种脂质；发现氮唑类抗性水平相似的菌株有明显不同的脂质组成，磷脂酰丝氨酸、甘露糖肌醇磷脂酰神经酰胺和固醇酯的持续波动有助于维持抗性菌株的脂质平衡，因此破坏菌株的脂质功能有望成为克服临床药物抗性问题的一个新策略。此外，在新加坡石斑鱼虹彩病毒（Singapore grouper iridovirus，SGIV）中鉴定到 220 种脂质和 5 个脂质结合蛋白；用磷脂酶和鞘磷脂酶处理病毒后，病毒衣壳蛋白能保持完整，但病毒致病性明显降低，表明病毒的传染性与脂质有关（Wu et al.，2010）。微生物细胞脂肪酸组成因种类不同而异，因此多年来被用作微生物分类的生物标记物（Cherniavskaia and Vasiurenko，1983；Vasiurenko et al.，1984；Guinebretière et al.，2013）。但是，微生物细胞膜的脂肪酸组成变化取决于环境条件，这是因为脂肪酸组成在微生物适应环境变化中起着主导作用（Sinensky，1971；Yano et al.，1998；de Sarrau et al.，2012），而且外源性脂肪酸已被证明能影响微生物的生长能力。例如，因环境条件变化，外源性脂肪酸可能造成蜡样芽胞杆菌死亡（Lee et al.，2002）或改善细菌的生长（de Sarrau et al.，2013）。在过去的 10 年中，关于微生物脂肪酸合成、代谢、运输等的基因调控有过许多报道（Schujman et al.，2003；Pech-Canul et al.，2011），并且发现了脂肪酸代谢的调控机制（Dirusso and Black，2004）。快速、高通量和高灵敏度分析方法的发展，特别是软电离和高分辨率质谱的应用，极大地促进了脂质组学在微生物领域的发展；随着脂质组学的快速发展，越来越多的研究机构参与到脂质组学的研究中，促进了脂质相关数据库的建立（杨宇等，2014）。

然而，与基因组学、蛋白质组学相比，脂质组学还处于发展阶段，同时仍面临很多挑战，如脂质结构的多样性，使得没有统一的脂质提取标准，会造成对结果解释的差异；生物信息学软件及数据库的不完善；人们对脂质组学的重视程度还不够等（杨宇等，2014）。但脂质组学的巨大发展潜力是不容忽视的。随着新的技术方法在脂质研究中的应用，脂质组学的发展将会得到极大的促进，如成像质谱（imaging mass spectrometry，IMS）能对脂质定位，提供脂质的空间分布；氘交换质谱（deuterium exchange mass spectrometry，DXMS）是研究与脂质和细胞膜有关的蛋白质及酶的位置和方向的一个强大的工具（Yoon et al.，2012）。与此同时，将脂质组学数据与蛋白质组学和基因组学数据联系起来，覆盖整个系统生物学，能让我们进一步了解脂质的变化及其功能，为生物标记物的发现和药物的研发提供更好的平台，从而促进生命科学、农业、工业、医药领域的发展（杨宇等，2014）。

### 3. 微生物脂质组结构与功能

脂质是一类化学结构多样的代谢物，其结构的多样性赋予了脂质多种重要的生物学功能。①脂质是细胞中多种膜结构的重要成分，而且不同膜结构中的脂质种类不同。例如，细胞膜的脂质双分子层主要由甘油磷脂、鞘磷脂和甾醇酯组成，线粒体内、外膜的主要脂质是心磷脂，内含体中的脂质主要是磷酸肌醇和单酰/双酰甘油磷酸（Wenk，2010）。②脂质是细胞重要的能源物质。有些脂质（如三酰甘油）在必要时可氧化供能，在能量过剩时又可作为能量储存物质，对细胞的物质和能量代谢具有调控功能。③有些脂质可通过氧化代谢、能量调节及线粒体电子传递链来调控细胞功能（Gross and Han，2011）。④脂质参与细胞信号转导。有些脂质小分子可以充当信号分子，如磷脂酰肌醇-4,5-双磷酸与膜转运和钙调控信号途径有关（Wenk，2005）；脂质还可以与蛋白质相互作用形成脂筏，在多种信号转导过程中发挥重要作用（Simons and Toomre，2000）。

微生物细胞膜主要由蛋白质、脂类和糖类组成（Beaman et al.，1974；Bishop et al.，1976），其中，甘油磷脂（glycerophospholipid）是主要脂质成分，占 90%（Neidhardt，1996）。细胞膜对于微生物细胞的生命活动至关重要（Parsons and Rock，2013），它是防止细胞外物质自由进入细胞的屏障，它保证了细胞内环境的相对稳定，使各种生化反应能够有序运行（Weber and de Bont，1996；Ramos et al.，2001）。在适应各种各样的环境时，微生物有能力控制细胞膜的生物物理属性，如细胞膜的流动性（包括膜脂的流动性和膜蛋白的运动性），使得微生物在不同环境中得以生长和存活（Esser and Souza，1974；Zhang and Rock，2008；de Sarrau et al.，2012；Murínová et al.，2014）。

### 4. 微生物脂质组学的应用领域

（1）微生物系统进化研究。研究一个物种的进化历史以及与其他物种间的关系的学科称为系统发育学（phylogeny）。研究生物进化史的方法很多，包括基因组、蛋白质组、脂质组等生物大分子分析。而脂质组是构成微生物细胞壁的重要成分，具有种类特异性和环境适应性，能反映微生物种类与功能的统一性。因此，通过微生物种类间脂质组的比较，分析生物进化的关系，建立亲缘关系树，结合微生物种类史、表现型分类法和遗传分类学等，可以了解微生物进化的主要事件，总结出微生物进化时间表。其中，脂肪酸作为细胞的组分，是细菌系统发育研究中的一个重要指标，其组成和相对含量具有很好的种属特异性，而且利用脂肪酸差异来研究微生物的系统发育已取得了一系列进展。

（2）生物标记物的发现。微生物的多种应激反应伴随着紊乱的脂质代谢，因此脂类生物标记物的寻找对于微生物的研究具有重要意义。在酿酒酵母（*Saccharomyces cerevisiae*）发酵生产乙醇的过程中，糠醛（furfural）、苯酚（phenol）和乙酸（acetic acid）会起到抑制作用，对亲本（SC）、耐糠醛（SCF）、耐苯酚（SCP）和耐乙酸（SCA）4个菌株进行比较脂质组学研究后发现：磷脂酰胆碱（phosphatidylcholine）、磷脂酰肌醇（phosphatidylinositol）和磷脂酸（phosphatidic acid）可以分别作为3个耐受菌株的生物标记物，将它们一一区分开来；而且，磷脂酰肌醇是可以区分4个菌株的生物标记物（Xia and Yuan，2009）。临床观察发现，肠道和饮食因子能使自闭症谱系障碍（autism spectrum disorder，ASD）患者的行为症状瞬时恶化（少数能改善），经深入分析表明：肠道内的短链脂肪酸可能是ASD的环境诱因，它们的作用机理可能是通过三羧酸循环和肉毒碱代谢改变线粒体功能，或对ASD相关基因进行了表观修饰，因此是有用的ASD相关的临床生物标记物（MacFabe，2015）。

（3）药物靶点及新药研发中的应用。麦角林碱类（ergoline alkaloids）物质是由真菌和植物产生的化合物，在临床上广泛用于抗真菌和帕金森病等的治疗，高分辨率的化学基因组学研究发现，抗真菌药物NGx04的作用靶标是脂质转运蛋白Sec14p（Filipuzzi et al.，2016）。研究表明，宿主的胆固醇是结核分枝杆菌（*Mycobacterium tuberculosis*）在潜伏感染期的关键碳源，胆固醇代谢产生大量的丙酰-CoA 正是病原菌合成脂质毒素的前体物质；结核分枝杆菌基因组含有一个较大的胆固醇代谢基因的调节子（regulon），因此这些相关基因是新药研发的很好的靶点，目前已经筛选出一些胆固醇代谢关键酶的抑制剂（Abuhammad，2017）。单甘油酯脂肪酶（monoglyceride lipase）水解单酰甘油产生甘油和脂肪酸，而甘油进一步转化为信号分子花生四烯酰甘油（2-arachidonoyl glycerol，2-AG），2-AG 参与人体许多重要的生理和病理过程，因此单甘油酯脂肪酶是癌症、神经退行性疾病和炎症性疾病等的理想药物靶点（Grabner et al.，2017）。

## 二、微生物脂肪酸组概述

脂肪酸是微生物生物体内不可缺少的能量和营养物质，是生物体的基本结构成分之一，在细胞中绝大部分脂肪酸以结合形式存在，构成具有重要生理功能的脂类。它是构成生物膜的重要物质，是有机体代谢所需燃料的贮存形式；作为细胞表面物质，与细胞识别、物种特异性和细胞免疫等密切相关（张国赏等，2000）；具有结构多样性和高的生物学特异性，是特别有效的生物标记物（杜宗敏和杨瑞馥，2003）。

### 1. 早期脂肪酸研究

微生物脂肪酸最早研究的是结核分枝杆菌，起始于20世纪40年代；芽胞杆菌脂肪酸研究也较早，始于 20 世纪 50 年代。例如，Bergstrom 等（1946）第一次分析了脂肪酸对结核分枝杆菌氧摄取的影响；Davis（1948）研究了培养基中的脂肪酸摄取量对结核分枝杆菌生长的影响；Dubos（1948）研究了鞘磷脂对结核分枝杆菌生长的影响。进入 20 世纪 50 年代，结核分枝杆菌的长链脂肪酸的固有特性和短链脂肪酸（小于 20 个碳原子）的复杂性分别被揭示（Agre and Cason，1959），发现了该菌细胞内的 β-羟基丁酸（Blackwood and Epp，1957），分别分析了肺结核型、无毒性、抗链霉菌素的结核分枝杆菌菌株的脂肪酸组（Cason and Sumrell，1951；Cason et al.，1956；Chandrasekhar et al.，1958），而且开启了利用气相色谱分离鉴定结核分枝杆菌脂肪酸组的方法（Cason and Tavs，1959）。在芽胞杆菌方面，Laser（1951）分析了顺式十八碳烯酸（*cis*-vaccenic acid）对枯草芽胞杆菌呼吸和生长的影响。

## 2. 现代脂肪酸分析技术形成

Abel 等（1963）首次评价了利用气相色谱技术（gas chromatography，GC）测定细菌脂肪酸并应用于细菌分类的可行性。White 等（1979）将磷脂含量作为河口和海底沉积物中微生物生物量的一个表征指标，他们从样品中提取脂质后，萃取出缩醛磷脂（plasmalogen）、二酰基磷脂（diacyl phospholipid）、磷酸脂（phosphonolipid）和不可水解的磷脂 4 个组分，他们认为脂类物质的组成可以界定微生物群落结构。例如，样品不含多烯脂肪酸，表明底栖真核微生物较少；而样品中缩醛磷脂含量高，表明在有氧的沉积物层面也存在大量厌氧的梭菌。Bobbie 和 White（1980）建立了微生物脂肪酸甲酯（fatty acid methyl ester，FAME）的气相色谱-质谱联用技术（gas chromatography-mass spectrometry，GC-MS），将样品注射入玻璃毛细管气相色谱柱，经分离后的各组分通过质谱进行鉴定，该技术具有可重复性、高灵敏度、可定量等优点。Odham 等（1985）利用气相色谱-质谱联用技术分别分析了人尿液和海洋样品中的微生物脂肪酸谱，他们的检测限可以达到飞摩尔（femtomolar，fM）水平，即大约 600 个大肠杆菌细胞。Sasser（1990）建立了目前被广泛采用的标准的细菌脂肪酸提取方法。

## 3. 芽胞杆菌脂肪酸谱图分析

脂肪酸甲酯（FAME）谱图分析法是鉴于脂肪酸可作为生物标记物而发展起来的分析技术。在提取微生物细胞脂肪酸时，首先通过皂化反应，使脂肪酸游离出来，再加入盐酸和甲醇进行甲酯化而形成性质稳定的 FAME，因此脂肪酸谱图分析实质上是 FAME 谱图。FAME 谱图分析方法是在细胞组分水平上研究微生物的重要技术，通过分析微生物细胞膜上磷脂脂肪酸（phospholipid fatty acid，PLFA）的组分来鉴定微生物的种属、分析微生物多样性，是一种简便、可靠的分析方法。由于用于 FAME 谱图分析的脂肪酸多为磷脂脂肪酸（PLFA），因此该方法又称为 PLFA 谱图分析法。

PLFA 是几乎所有活体细胞膜的主要成分，周转速率极快且随细胞死亡而迅速降解（Hill et al.，1993），脂肪酸结构与种类多样，对环境因素敏感，分析结果重复性较好（Bossio et al.，1998）。既可用简单试剂和设备测定由 PLFA 转化的磷酸盐以确定微生物总量，也可以根据不同菌群的特定脂肪酸碳链长度、饱和度及羟基等取代基位置差异研究特殊功能菌群（Hill et al.，1993）。在比较微生物生理指标和利用 PLFA 谱图测定土壤中真菌/细菌值时，发现 PLFA 谱图分析法与微生物生物量碳（MBC）、底物诱导呼吸（SIR）及 ATP 等生理测定方法所得结果十分吻合（Bååth and Anderson，2003），因此 PLFA 谱图分析法是土壤微生物学研究的有效方法。

对 PLFA 的鉴定，通常用 MIDI sherlock 全自动微生物鉴定系统（以下简称 MIDI 系统）、气相色谱-质谱联用（GC-MS）和高效液相色谱-电喷雾离子化质谱联用（high performance liquid chromatography-electrospray ionization-mass spectrometry，HPLC-ESI-MS）等方法（Karlsson et al.，1996；Salomonová et al.，2003）。通常分析 PLFA 有两个途径和目的（Zelles，1999）：①分析单一菌种组成以便比较或评价不同菌种特征性磷脂，提高 PLFA 数据库的多相分类能力；②分析自然环境或实验室中培养的个别微生物类群的磷脂成分，研究特定功能菌群的结构变化和代谢途径。目前，PLFA 技术已被用于分析细菌对外界胁迫的应答、根系排泄物对根际微生物的影响、农田土壤微生物区系特征及诱导植物抗病性等领域（Eroshin and Dedyukhina，2002）。

### 4. 芽胞杆菌脂肪酸组的功能

芽胞杆菌能适应高度多样化的生境，在环境中广泛分布，少数芽胞杆菌种类还具有致病性，而芽胞杆菌的细胞膜脂肪酸组成也是其适应环境的必要条件之一（Diomandé et al.，2015）。脂肪酸组成谱中的一部分在芽胞杆菌各种类中是相同的，而有些脂肪酸可用于识别芽胞杆菌的特定种类并能与其生态位对应起来；而且，芽胞杆菌能通过改变它们的脂肪酸组成谱来适应各种各样的环境变化，包括培养基、温度、pH 等培养条件的变化。和许多其他革兰氏阳性菌一样，芽胞杆菌具备脂肪酸 II 型合成系统和降解途径，因而能满足并平衡细胞对脂肪酸的需要。外源和内源脂肪酸能影响特定条件下芽胞杆菌营养细胞的存活和生长以及芽胞的萌发，因此可以利用外源脂肪酸抑制某些食源性芽胞杆菌致病菌，起到防止食物污染的作用（Diomandé et al.，2015）。

## 三、微生物脂肪酸组特性

### 1. 脂肪酸的种类

（1）微生物脂肪酸。微生物脂肪酸是指一端含有一个羧基的长的脂肪族碳氢链的有机化合物，直链饱和脂肪酸的分子式是 $C_nH_{2n+1}COOH$。根据其碳链的长短，习惯上分为低级脂肪酸（碳原子数在 10 个以下）与高级脂肪酸两类。低级脂肪酸是无色液体，有刺激性气味，高级脂肪酸是蜡状固体，无明显的气味。脂肪酸主要由碳、氢、氧 3 种元素组成，脂肪酸在有充足氧供给的情况下，可氧化分解为 $CO_2$ 和 $H_2O$，释放大量能量，因此脂肪酸是机体的主要能量来源之一。

（2）微生物脂肪酸类型。目前已发现的脂肪酸有 1000 多种（Tunlid and White，1992），依极性强弱可分为磷脂脂肪酸（PLFA）、糖脂脂肪酸（glycolipid fatty acid，GLFA）和中性脂肪酸（neutral lipid fatty acid，NLFA）。磷脂脂肪酸是细胞膜的主要成分，是由甘油第 3 位羟基被磷酸化、其他羟基被脂肪酸酯化而形成的，其磷酸基团部分为极性头部，两条碳氢链为非极性尾部。

（3）芽胞杆菌支链脂肪酸。芽胞杆菌属的突出特点是含有丰富的支链脂肪酸（Kaneda，1977；Kämpfer，1994），最高含量可达98%（Kaneda，1967），尤其富含C12～C17 iso-和anteiso-脂肪酸，其中15:0 anteiso、15:0 iso、16:0 iso、17:0 iso和17:0 anteiso脂肪酸是芽胞杆菌的主要脂肪酸（Kämpfer，1994）。支链脂肪酸也包括ω-alicyclic（脂环族）修饰的脂肪酸。支链脂肪酸的熔点比直链脂肪酸低，因此它们的存在有利于增加细胞膜的流动性（Kaneda，1977）。

（4）芽胞杆菌不饱和脂肪酸。不含双键的脂肪酸称为饱和脂肪酸，含有双键的是不饱和脂肪酸。不饱和脂肪酸根据双键个数的不同，分为单不饱和脂肪酸和多不饱和脂肪酸。Kaneda（1977）的研究表明微生物不饱和脂肪酸的比例在最佳生长条件下为0～28%，而且芽胞杆菌菌株在最佳生长温度下，其不饱和脂肪酸几乎完全为单不饱和脂肪酸。

（5）芽胞杆菌复杂脂肪酸。有些芽胞杆菌含有复杂的脂肪酸，它们一般含有羟基、氨基或环氧基团等。例如，β-羟基脂肪酸或β-氨基脂肪酸与多肽一起形成脂肽类的表面活性剂和抗菌物质（Ongena and Jacques，2008；Baindara et al.，2013；Mondol et al.，2013；Romano et al.，2013）。有些芽胞杆菌可以产生由一个或两个环氧基团构成的环氧脂肪酸，具有抗菌特性（Celik et al.，2005；Hou，2005）。与分支脂肪酸和不饱和脂肪酸不同，这些复杂脂肪酸不存在于芽胞杆菌细胞膜上。

## 2. 脂肪酸的结构

（1）脂肪酸分子结构。结构通式为 $CH_3(CH_2)_nCOOH$，脂肪酸的命名用碳的数目、不饱和键的数目、不饱和键的位置来表示。脂肪酸通常被分成6类：直链、直链顺式单烯、直链反式单烯、支链饱和、环状及多烯脂肪酸（这些脂肪酸优先与甘油磷脂骨架中间的碳原子键合）。脂肪酸经甲酯化后形成脂肪酸甲酯（FAME），它们又可分为：羟基取代的OH-FAME、酯连接羟基取代的EL-OH-FAME、非酯连接羟基取代的NEL-NY-FAME、饱和的SA-FAME、单不饱和的MU-FAME、酯连接多聚不饱和的PU-FAME和非酯连接不饱和的UNS-FAME（Zelles，1999）。

（2）脂肪酸碳链长度。脂肪酸根据碳链长度的不同又可将其分为短链脂肪酸（short-chain fatty acid，SCFA），其碳链上的碳原子数小于6个，也称为挥发性脂肪酸（volatile fatty acid，VFA）；中链脂肪酸（mid-chain fatty acid，MCFA），指碳链上碳原子数为6～12个的脂肪酸，主要成分是辛酸（C8）和癸酸（C10）；长链脂肪酸（long-chain fatty acid，LCFA），其碳链上碳原子数大于12个。微生物含有的脂肪酸碳原子数为C9～C20。

（3）脂肪酸饱和特性。脂肪酸根据碳氢链的双键有无及其数目可分为3类：饱和脂肪酸（saturated fatty acid，SFA），其碳氢链上无双键；单不饱和脂肪酸（monounsaturated fatty acid，MUFA），其碳氢链有一个双键；多不饱和脂肪酸（polyunsaturated fatty acid，PUFA），其碳氢链有两个或两个以上的双键。富含单不饱和脂肪酸和多不饱和脂肪酸的脂肪在室温下呈液态，大多为植物油，如花生油、玉米油、豆油、坚果油（即阿甘油）、菜籽油等。以饱和脂肪酸为主组成的脂肪在室温下呈固态，多为动物脂肪，如牛油、羊油、猪油等。但也有例外，如深海鱼油虽然是动物脂肪，但它富含多不饱和脂肪酸，如二十碳五烯酸（EPA）和二十二碳六烯酸（DHA），因而在室温下呈液态。高等动植物最丰富的脂肪酸含 16 个或 18 个碳原子，如棕榈酸（软脂酸）、油酸、亚油酸和硬脂酸。细菌脂肪酸很少有双键，常被羟基化，或含有支链，或含有环丙烷的环状结构，不饱和脂肪酸必有一个双键在 C9 和 C10 之间（从羧基碳原子数起）。脂肪酸的双键几乎总是顺式几何构型，这使得不饱和脂肪酸的烃链约有 30°的弯曲，干扰它们堆积时有效地填满空间，结果降低了范德瓦耳斯力，使脂肪酸的熔点随其不饱和度增加而降低。脂质的流动性随其脂肪酸成分的不饱和度增加而相应增加，这个现象对膜的性质有重要影响。饱和脂肪酸是非常柔韧的分子，理论上围绕每个 C—C 键都能相对自由地旋转，因而有的构象范围很广。但是，其充分伸展的构象具有的能量最小，也最稳定；因为这种构象在毗邻的亚甲基间的位阻最小。和大多数物质一样，饱和脂肪酸的熔点随分子质量的增加而增加。

（4）脂肪酸分子构象。像其他革兰氏阳性菌一样，将芽胞杆菌脂肪酸组分为 3 类：支链脂肪酸、直链脂肪酸和复杂脂肪酸（如氨基、羟基或环氧脂肪酸）（Diomandé et al.，2015），其分子构象示意图见图 1-1-2。

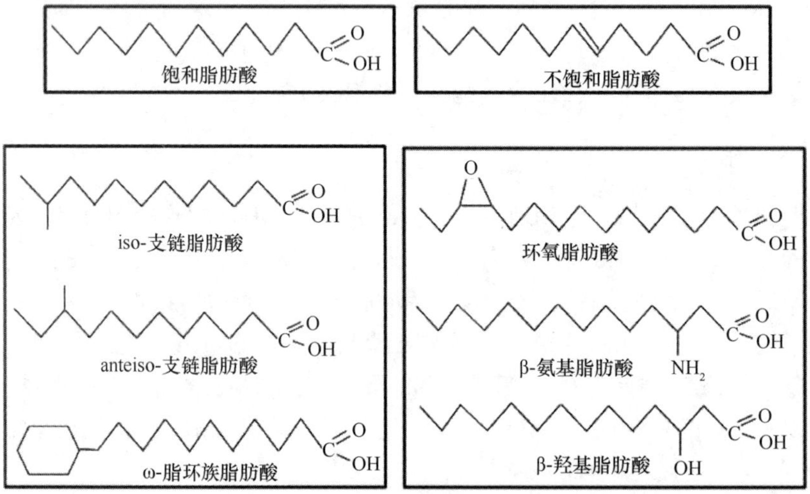


图 1-1-2 芽胞杆菌不同类型脂肪酸的结构（Diomandé et al.，2015）

（5）脂肪酸同质性。与其他革兰氏阳性菌（如微球菌属、梭菌属、棒杆菌属）相比，芽胞杆菌属内源脂肪酸组具有相对的同质性（Moss and Lewis，1967）。目前，未发现仅有支链或直链脂肪酸的芽胞杆菌菌株。直链饱和脂肪酸，如 C14:0 或 C16:0，是绝大多数微生物的主要脂肪酸，而在芽胞杆菌中是次要脂肪酸（Kaneda，1977）。芽胞杆菌的另一个特征是含有三大极性磷脂物质，即磷脂酰乙醇胺（phosphatidyl ethanolamine）、磷脂酰甘油（phosphatidyl glycerol）、双磷脂酰甘油（diphosphatidyl glycerol）（Bishop et al.，1976；Zhai et al.，2012；Seiler et al.，2013；Yu et al.，2013；Choi and Cha，2014；Jiang et al.，2014；Kosowski et al.，2014）。然而，也发现某些芽胞杆菌的细胞膜含有氨基磷脂（amino phospholipid）（Bishop et al.，1976；Kang et al.，2013；Seiler et al.，2013；Choi and Cha，2014）。

## 3. 脂肪酸的命名

（1）饱和脂肪酸的命名：脂肪酸是选择含有羧基的最长碳链作为主链，根据主链碳原子的数目称为某酸。有侧链或取代基时，从羧基碳原子开始用阿拉伯数字对主链进行编号，也常用希腊字母，把与羧基直接相连的碳原子的位置定为 α 位，依次为 β、γ、δ 等，如果有取代基，则将取代基位次、数目和名称写于“某酸”之前（图 1-1-3，图 1-1-4）。为书写和统计分析方便，本书中支链脂肪酸的书写方式为 15:0 anteiso、15:0 iso、16:0 iso、17:0 iso、17:0 anteiso；直链脂肪酸的书写方式为 C15:0、C17:0 等。

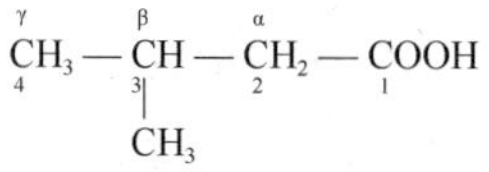


图 1-1-3 3-甲基丁酸（β-甲基丁酸）

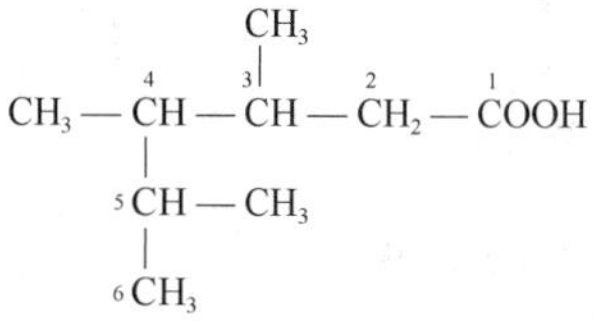


图 1-1-4 3,4,5-三甲基己酸

（2）不饱和脂肪酸的命名：需要标示碳原子数和双键的位置。不饱和脂肪酸的碳原子编号定位有两套不同的系统：ω 或 n 编码系统，从离羧基最远端的甲基碳开始计算碳原子顺序，按字母编号依次为 ω1、ω2、ω3 等，也可用 n 来代替 ω，如 ω3 就是 n3；Δ 编号系统，从羧基碳开始计算碳原子顺序。因此，对于 $CH_3—(CH_2)_5—CH═CH—(CH_2)_7—COOH$ 来说，ω 或 n 编码系统的名称为十六碳-ω7-烯酸，而 Δ 编号系统的名称则为十六碳-$\Delta^9$-烯酸。微生物脂肪酸的命名通常采用 ω 编码系统，如油酸为 18:1ω9，表示含 18 个碳原子，一个不饱和键，第一个双键从甲基端数起，在 C9 与 C10 之间；亚麻酸为 18:3ω3，表示含 18 个碳原子，3 个不饱和键，第一个双键从甲基端数起，在 C3 与 C4 之间（Lobb，1992）。

（3）芽胞杆菌脂肪酸的命名与书写。脂肪酸构型可用简单的符号表示，如顺式（*cis-*）（双键两侧—H 在同侧）与反式（*trans-*）（双键两侧—H 在异侧）分别用 c-与 t-表示；支链脂肪酸中，a-与 i-分别代表异型（anteiso-2）（甲基在 C 端第 3 位 C 原子上）和同型（iso-2）（甲基在 C 端第 2 位碳原子上），br-表示未知甲基支链的位置；10 Me-表示从羧基起第 10 个碳原子的甲基；cy-代表环丙烷脂肪酸；α-与 β-分别代表羟基脂肪酸的—OH 分别在第 2、第 3 位 C 原子上。因此，脂肪酸的名称常以一系列数目与字母来书写。

例如，16:1ω7t 中 16 指有 16 个 C 原子，1 指有一个双键，ω7 指双键距甲基端 7 个 C 原子，t 为反式构型脂肪酸；C16:0 指含有 16 个 C 原子 0 个双键的直链十六碳脂肪酸，也称为棕榈酸，同样，C10:0 也称为癸酸、C12:0 也称为月桂酸、C14:0 也称为肉豆蔻酸、C18:0 也称为硬脂酸、C20:0 也称为花生酸等；16:1ω9c 指 16 个 C 原子，一个双键，双键距甲基端 9 个 C 原子，c 为—H 在双键的同侧，为顺式构型脂肪酸；13:0 anteiso 指的是含有 13 个 C 原子的甲基在 C 端第 3 位 C 原子上的异型脂肪酸；13:0 iso 指的是含有 13 个 C 原子的甲基在 C 端第 2 位碳原子上的同型脂肪酸。

而 feature 7 | cy19:0 ω10c/19ω6 | 19:1ω6c/ω7c/cy19:0 | 19:1ω7c/19:1ω6c 代表复合脂肪酸；unknown 15.669 代表未知脂肪酸。

脂肪酸分子书写格式也有差异，如在文献中写成脂肪酸 iso-C15:0、anteiso-C15:0、iso-C17:0、anteiso-C17:0、C16:0、C18:1ω7c；也有写成下标的，如 iso-$C_{15:0}$、anteiso-$C_{15:0}$、iso-$C_{17:0}$、anteiso-$C_{17:0}$、$C_{16:0}$、$C_{18:1}$ω7c；也有写成括号形式的，如 iso-C(15:0)、anteiso-C(15:0)、iso-C(17:0)、anteiso-C(17:0)、C(16:0)、C(18:1)ω7c；也有写成大写的，如 ISO-C15:0、ANTEISO-C15:0、ISO-C17:0、ANTEISO-C17:0、C16:0、C18:1ω7C；也有写成小写的，如 c15:0 iso、c15:0 anteiso、c17:0 iso、c17:0 anteiso、c16:0、c18:1ω7c 等。在本书中，脂肪酸的写法约定如下形式：15:0 iso、15:0 anteiso、17:0 iso、17:0 anteiso、c16:0、18:1ω7c，即支链脂肪酸不加“c”，直链脂肪酸加“c”；有些分析软件和作图软件没有“ω”，且无法区分字母大小写，因此部分图片中用“w”替代“ω”，同时字母大写，如 15:0 ISO、15:0 ANTEISO、17:0 ISO、17:0 ANTEISO、C16:0、18:1W7C。

### 4. 脂肪酸的合成

（1）三羧酸循环的合成机制：已发现在细菌中有几十种脂肪酸，但每一种细菌一般只含有几种脂肪酸。大多数细菌的脂肪酸含有偶数碳原子，脂肪酸链长度为 $C_{14}$～$C_{18}$。在脂肪酸合成过程中，一种对热与酸都稳定的酰基载体蛋白（ACP—SH）参与了脂肪酸合成的全过程（冯赛祥等，2008）。丙酮酸代谢进入三羧酸循环的第一个产物是乙酰-CoA，乙酰-CoA 和其他酰基-CoA 与酰基载体蛋白反应产生 CoA 和酰基—S—ACP，进入脂肪酸合成途径。

（2）磷脂的合成：磷脂是细胞膜的主要成分，是由脂肪酸和糖酵解的中间产物——磷酸二羟丙酮合成的，其合成过程见图 1-1-5。脂肪酸主要以磷脂形式存在，而磷脂酸（phosphatidic acid，PtdOH）是甘油磷脂（glycerophospholipid）的结构基础。磷脂酸实际上是两分子脂肪酸结合到甘油-3-磷酸（glycerol-3-phosphate，G3P）的两个羟基上而被酯化的产物。G3P 是一种三碳糖甘油醛的磷酸酯，细菌中唯一已知的从头合成 G3P 的途径是 GpsA（G3P 脱氢酶）催化磷酸二羟丙酮的还原（Kito and Pizer，1969；Cronan and Bell，1974；Ray and Cronan，1987；Beijer et al.，1993；Morbidoni et al.，1995）。PtdOH 的生物合成从 G3P 的酰化形成 1-酰基-甘油-3-磷酸（1-acyl-G3P）开始，与大多数革兰氏阳性菌相同，枯草芽胞杆菌中完成第一步酰化反应的是由两个酶组成的复合物，即酰基-ACP:磷酸酰基转移酶（acyl-ACP: phosphate transacylase，PlsX）和甘油-3-磷酸酰基转移酶（glycerol-3-phosphate acyltransferase，PlsY）（Lu et al.，2007；Yoshimura et al.，2007）（图 1-1-5）。细胞质中的 PlsX 首先将酰基-ACP（acyl-ACP）上携带的酰基转移给磷酸而形成酰基磷酸（acyl-phosphate），然后膜蛋白 PlsY 再将酰基磷酸上的酰基转移给甘油-3-磷酸而形成 1-酰基-甘油-3-磷酸（1-acyl-G3P）（Lu et al.，2007）。1-酰基-甘油-3-磷酸第 2 位的酰化反应由膜蛋白 1-酰基-甘油-3-磷酸酰基转移酶（1-acylglycerol-phosphate acyltransferase，PlsC）催化，细菌中该反应的酰基供体主要是酰基- ACP，少数 PlsC 利用酰基-CoA 作为酰基供体。事实上，从环境中吸收的脂肪酸可能被转化为酰基-CoA 而被整合到细菌的膜上（Fulco，1972；Krulwich et al.，1987；Lu et al.，2007）。

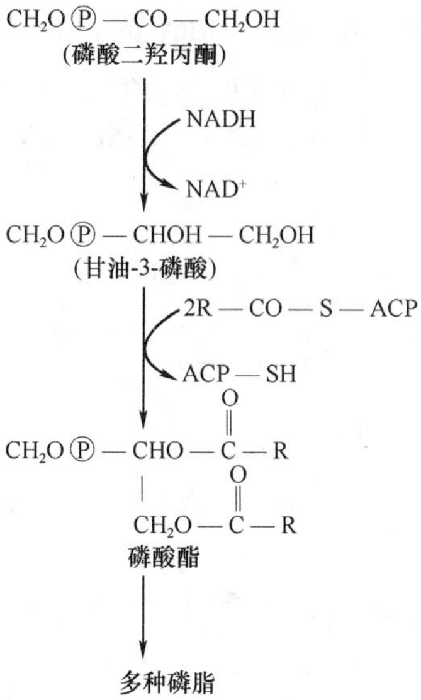


图 1-1-5 磷脂合成的机制

（3）聚-β-羟基丁酸的合成：在许多原核微生物中，以聚-β-羟基丁酸作为能量和碳源贮藏库。它是脂肪代谢过程中形成的β-羟基丁酸聚合生成的（图 1-1-6）。

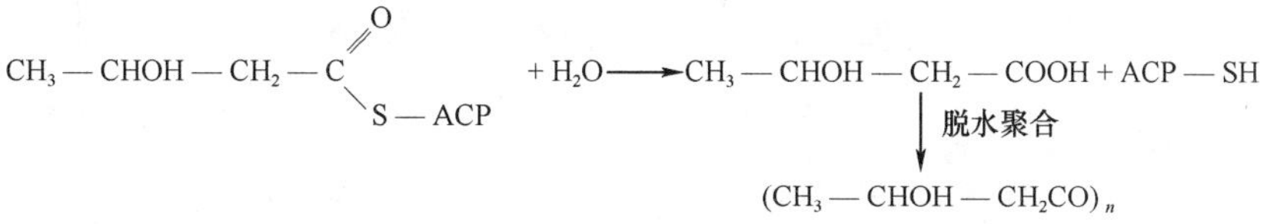


图 1-1-6 聚-β-羟基丁酸的合成

（4）芽胞杆菌饱和脂肪酸的合成：在生物体中，脂肪酸合成（fatty acid synthesis，FAS）由一个重复循环的反应完成，包括缩合、还原、脱水和还原。高等真核生物的脂肪酸合成途径称为 FAS I 型途径，由一个大型的多功能蛋白质组成（Chirala et al.，1997）。在细菌、植物叶绿体、原生动物镰状疟原虫（*Plasmodium falciparum*）中，脂肪酸合成是由 FAS II 型途径实现的，该途径的每一步反应是由不同的酶催化的（Marrakchi et al.，2002；van Schaijk et al.，2014），而且两个（或更多的）同工酶可以催化同一步反应，这些同工酶的底物特异性可能不同，因而其发挥的生理功能可能也不同（Rock and Cronan，1996）。

革兰氏阴性模式生物——大肠杆菌和革兰氏阳性模式生物——枯草芽胞杆菌的 FAS II 型途径研究得较为透彻，这也为研究其他细菌的 FAS II 型系统提供了理论模型。研究表明，所有细菌的脂肪酸生物合成循环的基本步骤是相同的，相关酶的编码基因在进化上和结构上通常也是保守的（Marrakchi et al.，2002）。

图 1-1-7 上方显示了芽胞杆菌 FAS II 型途径的起始模块，也称为脂肪酸合成途径的外循环。起始模块是多亚基的乙酰辅酶 A 羧化酶系（acetyl-CoA carboxylase，ACC），由 AccA、AccB、AccC 和 AccD 组成。该酶系催化脂肪酸合成的关键一步，即将乙酰辅

酶 A（acetyl-CoA）羧化成丙酰辅酶 A（malonyl-CoA）。之后，丙酰辅酶 A 在丙酰辅酶 A:ACP 酰基转移酶（malonyl-CoA:ACP transacylase，FabD）的作用下转移给 ACP 而形成丙酰-ACP（malonyl-ACP）（Marrakchi et al.，2002；White et al.，2005）。

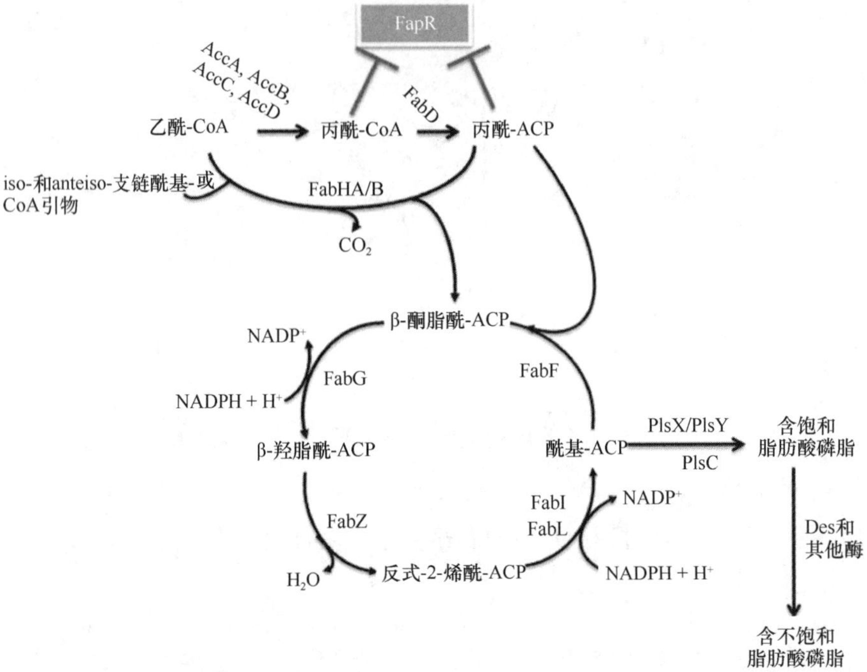


图 1-1-7 芽胞杆菌的脂肪酸生物合成 II 型途径（Diomandé et al.，2015）

然后，开启了图 1-1-7 中部所示的脂肪酸合成大循环。第一步是缩合反应，由 β-酮脂酰-ACP 合成酶 III（β-ketoacyl-ACP synthase III，FabH）催化，将乙酰-CoA 的乙酰基与丙酰-ACP 缩合而形成增加两个 C 原子的 β-酮基丁酰-ACP（β-ketobutyryl-ACP）和一分子 $CO_2$。其中，丙酰-ACP 起到引物（primer）的作用，而乙酰-CoA 是二碳单位的受体。缩合反应实现了脂肪酸碳链的延伸，每次循环均增加两个碳单位，直至形成饱和脂肪酸的终产物。第二步是 NADPH-依赖型还原反应，即在 β-酮脂酰-ACP 还原酶（β-ketoacyl-ACP reductase，FabG）的作用下，将 β-酮脂酰-ACP 还原成 β-羟脂酰-ACP（β-hydroxyacyl-ACP）。第三步是脱水反应，由 β-羟脂酰-ACP 脱水酶（β-hydroxyacyl-ACP dehydratase，FabZ）催化 β-羟脂酰-ACP 脱水产生反式-2-烯酰-ACP（*trans*-2-enoyl-ACP）。循环的最后一步是反式-2-烯酰-ACP 中双键的 NAD(P)H-依赖型还原反应，形成酰基-ACP（acyl-ACP，第一个循环的产物是丁酰-ACP，此后每个循环增加两个碳原子），这一步反应由烯酰-ACP 还原酶（enoyl-ACP reductase）催化，烯酰-ACP 还原酶包括 FabI（烯酰-ACP 还原酶 I）和 FabL（烯酰-ACP 还原酶 III）两种同工酶。紧接着开始第二个延伸循环，其第一步缩合反应是由 β-酮脂酰-ACP 合成酶 II（β-ketoacyl-ACP synthase II，FabF）催化的，而不是第一个循环中的 FabH，二碳单位的供体和受体分别是丙酰-ACP 和酰基-ACP。事实上，枯草芽胞杆菌中除了 FabF 外，同工酶 FabF(b)也参与该缩合反应，且参与真菌毒素抗性响应（Schujman et al.，2001）。

（5）芽胞杆菌支链脂肪酸的合成：芽胞杆菌属所有种类的脂肪酸组均以支链脂肪酸为主。合成支链脂肪酸使用与直链脂肪酸相同的脂肪酸合成酶，只是底物来源有所不同。枯草芽胞杆菌的 FabH 有 2 个同工酶，即 FabHA 和 FabHB，它们在脂肪酸合成的起始缩合反应中，既可以利用乙酰-CoA 作为底物，也可以利用 iso-和 anteiso-支链酰基-CoA 作为底物（图 1-1-7），而且它们均优先利用支链酰基-CoA。利用乙酰-CoA 时合成直链脂肪酸，而利用支链酰基-CoA 时可以合成 iso-和 anteiso-支链脂肪酸（Choi et al.，2000）。研究发现，支链脂肪酸可以来自支链氨基酸（branched-chain amino acid，BCAA）的代谢（Willecke and Pardee，1971；Kaneda，1991），BCAA 包括缬氨酸、亮氨酸、异亮氨酸。BCAA 代谢主要产生短支链酰基-CoA，如异丁酸-CoA、异戊酸-CoA 和 2-甲基丁酸-CoA，这些短支链酰基-CoA 均可作为 II 型脂肪酸合成的底物（Choi et al.，2000；He and Reynolds，2002）。其中，异亮氨酸是 anteiso-支链脂肪酸的合成前体，而缬氨酸和亮氨酸则是 iso-支链脂肪酸的合成底物（Kaneda，1977，1991）。因此，缩合酶 FabH 的底物特异性是合成支链脂肪酸的决定性因素（Choi et al.，2000）。FabHA 和 FabHB 分别对 anteiso-支链酰基-CoA 和 iso-支链酰基-CoA 前体具有轻微的偏好性。支链 α-酮酸脱羧酶被证明是支链脂肪酸合成必不可少的酶，它能够催化由 BCAA 代谢产生的支链 α-酮酸脱去羧基而形成支链酰基-CoA 底物（Willecke and Pardee，1971；Lu et al.，2004）。在枯草芽胞杆菌中，该酶编码基因的突变会导致来自异亮氨酸、缬氨酸、亮氨酸的支链脂肪酸前体的营养缺陷型，也证明了支链 α-酮酸脱羧酶在支链脂肪酸合成中的重要性（Willecke and Pardee，1971；Boudreaux et al.，1981）。

（6）芽胞杆菌不饱和脂肪酸的生物合成：在大肠杆菌中，因为不需要氧气分子，FAS II 型途径在耗氧和厌氧条件下均能进行不饱和脂肪酸的合成（Scheuerbrandt et al.，1961；Cronan and Vagelos，1972），而且 FabA 和 FabB 参与不饱和脂肪酸的合成。但是，芽胞杆菌均没有 *fabA* 和 *fabB* 基因，并且在所有报道的研究中，不饱和脂肪酸的合成均需要氧气（Beranová et al.，2010；de Sarrau et al.，2012）。枯草芽胞杆菌含有一个酰基-脂质氧依赖性去饱和酶（acyl-lipid oxygen-dependent desaturase），即 Des（Aguilar et al.，1998），Des 在膜磷脂酰基链的 Δ5 位置插入一个顺式-双键。Δ5-去饱和酶也存在于巨大芽胞杆菌和蜡样芽胞杆菌中（Chazarreta-Cifré et al.，2013）。铁氧还蛋白和两个黄素氧还蛋白（flavodoxin）（YkuN 和 YkuP）是去饱和反应的电子供体，被确定为 Δ5-去饱和酶氧化还原反应的伙伴分子（partner）（Chazarreta-Cifré et al.，2011）。因此，这 3 个蛋白质在芽胞杆菌的不饱和脂肪酸合成过程中发挥生理作用。另外，在一些芽胞杆菌种类如蜡样芽胞杆菌中，还存在一个 Δ10-去饱和酶，可以在膜磷脂酰基链的 Δ10 位置插入一个顺式-双键（Chazarreta-Cifré et al.，2013）。

### 5. 脂肪酸的代谢

芽胞杆菌中的脂肪酸组是三方面综合作用的结果，即脂肪酸的生物合成、脂肪酸整合到膜磷脂上和脂肪酸的降解。脂肪酸的生物合成是高耗能的过程，因此细胞内的脂肪酸合成量受到严格调控，根据细胞的确切需求来满足膜磷脂的供应。研究也表明，磷脂合成受到抑制后，导致脂肪酸合成速率迅速下降，以及酰基化的 ACP 衍生物的大量积累（Rock and Jackowski，1982；Heath and Rock，1996）。在芽胞杆菌的最优生长条件下或响应环境改变时，脂肪酸组分受到严格调控以维持细胞膜的动态平衡。图 1-1-8 示意了枯草芽胞杆菌脂肪酸代谢调控的关键途径。

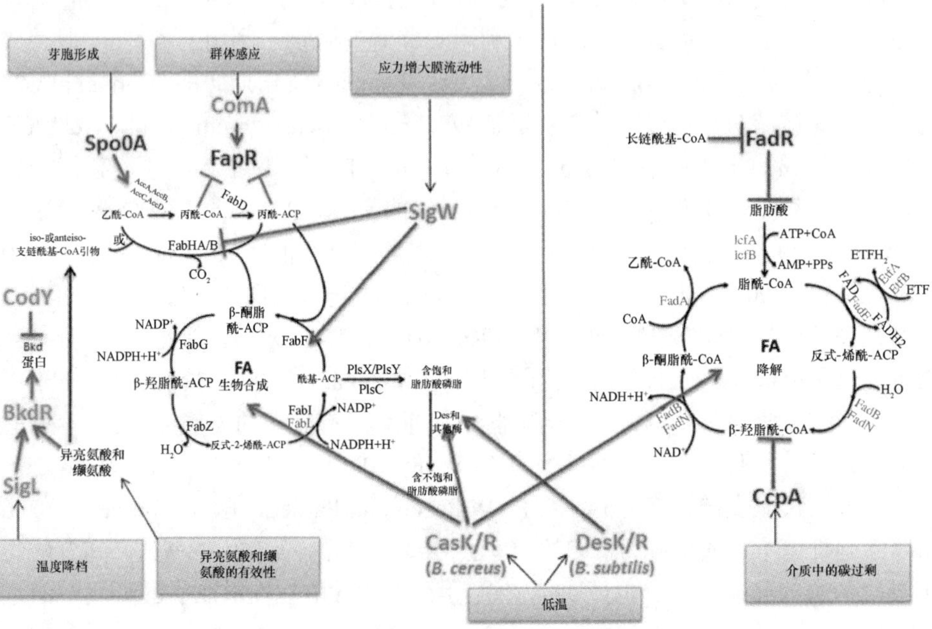


图 1-1-8　枯草芽胞杆菌脂肪酸代谢调控（Diomandé et al.，2015）

## 四、微生物脂肪酸组应用

### 1. 脂肪酸组在微生物系统分类中的应用

脂肪酸已被用于微生物的化学分类。化学分类方法的产生和发展是细菌分类和鉴定技术的一大进步，可用于化学分类的物质种类很多，如极性脂（Coorevits et al.，2011）、呼吸醌（Zhai et al.，2012）、脂肪酸（Márquez et al.，2011）等。不同生物具有不同的脂肪酸成分，可以根据脂肪酸种类和含量的差异进行细菌分类。研究表明：微生物细胞结构中普遍含有的脂肪酸成分与微生物 DNA 之间具有高度的相关性，各种微生物具有特征性的脂肪酸指纹图。脂肪酸组成和含量在不同种微生物之间有较大的差异，这与微生物的遗传变异、耐药性等有极为密切的关系。大多数革兰氏阳性菌中支链 15:0 脂肪酸丰度很高，而在大多数革兰氏阴性菌中 c16:0 丰度较高（王秋红等，2007）。

目前，脂肪酸系统发育分析已成为芽胞杆菌分类鉴定的一种重要手段，通过脂肪酸成分分析可以将未知菌快速地鉴定到种属。目前，脂肪酸的鉴定分析主要采用商业系统软件。美国 MIDI 公司研制开发了一套 Sherlock 全自动微生物鉴定系统分析软件，该系统根据微生物中特定链长的脂肪酸（C9～C20）的种类和含量进行微生物鉴定，该软件可以适用于 Agilent 公司的 6890 型和 7890 型气相色谱仪，通过对气相色谱获得的短链脂肪酸的种类和含量的谱图进行比对，从而快速准确地对微生物种类进行鉴定。

Abel 等（1963）首次发现脂肪酸可用于细菌的鉴定。Kämpfer（1994）首次在芽胞杆菌属范围内研究脂肪酸，总结出脂肪酸生物标记具有遗传稳定性，具有作为芽胞杆菌属种类鉴定的潜在性能。刘波（2011）在《微生物脂肪酸生态学》中，比较了脂肪酸鉴定与 16S rDNA 分子鉴定的相关性，发现 98%的芽胞杆菌种类的脂肪酸鉴定结果与 16S rDNA 分子鉴定结果相同，这表明脂肪酸可以用于芽胞杆菌的快速鉴定。特别是当 16S rDNA 序列同源性很高而无法区分种类时，脂肪酸鉴定表现出其独特的优越性（Li et al.，2010）。利用脂肪酸进行芽胞杆菌种类的系统发育研究，发现分类结果存在着异质性，表明脂肪酸分群存在着特殊的生物学意义（Connor et al.，2010；刘波，2011），这是 16S rDNA 等分子系统发育分析所不具有的。Sikorski 等（2008）研究以色列“进化谷（evolution canyon）”中简单芽胞杆菌（*Bacillus simplex*）的进化关系时，证明不同系统发育分支的菌株之间存在多种脂肪酸成分、基因和细胞膜变化。邝玉斌等（2000）通过气相色谱对芽胞杆菌属 10 个种的模式菌株的脂肪酸组分及其含量进行分析，研究表明脂肪酸组分可以作为芽胞杆菌化学分类的重要指征。宋亚军等（2001）对若干需氧芽胞杆菌的芽胞脂肪酸成分进行了系统分类分析，为需氧芽胞杆菌的分类研究提供了新的分类参考指标。Ehrhardt 等（2010）研究表明利用脂肪酸成分可以区分生长在 10 种不同培养基上的蜡样芽胞杆菌的芽胞。在其他细菌方面，张晓霞等（2009）利用脂肪酸成分对不动杆菌进行鉴定，结果表明脂肪酸鉴定结果具有很高的可靠性，在种水平上利用 16S rDNA 基因的系统发育分析结果与脂肪酸组分分析结果可互为补充，相互印证。Diogo 等（1999）研究发现利用脂肪酸可区分军团菌属（*Legionella*）的大部分种类，并利用脂肪酸成分建立了该属准确的细菌自动鉴定系统。Whittaker 等（2007）发现脂肪酸分析可以快速灵敏地鉴定图莱里弗朗西斯氏菌（*Francisella tularensis*）。蓝江林等（2010）利用脂肪酸鉴定技术证明芭蕉属植物内生细菌及其磷脂脂肪酸生物标记存在多样性。

## 2. 脂肪酸组在流行病学研究中的应用

脂肪酸谱图能够定量地描述整个微生物群落，应用相关生物统计软件如 SPSS 等可以对不同菌株的脂肪酸主成分数据进行聚类分析，从而判断菌株间的亲缘关系。这在确定传染源、明确传播途径、预测传染病流行趋势等方面具有重要意义。Rebecca 等（1995）报道了一起金黄色葡萄球菌甲氧西林抗性菌株引起的医院内感染暴发事件，他们发现抗性菌株与敏感菌株的形态和抗生素敏感性谱相似，因此它们同时应用 MIDI 公司的 MIDI 系统和脉冲场凝胶电泳（PFGE）方法进行了流行病学分析，结果显示：这两种方法得到的结果具有高度的一致性，表明 MIDI 系统可以作为一种更简便、更经济的流行病学分型手段，首先利用 MIDI 系统排除非相关菌株，然后再利用 PFGE 对相似度高的菌株进行确证，从而有效地提高感染控制能力。Odumeru 等（1999）对 Sherlock MIS 系统在食源性病原菌鉴定中的敏感性、特异性和重复性进行了研究。通过气相色谱脂肪酸分析鉴别表型非常相近的类鼻疽伯克氏菌（*Burkholderia pseudomallei*）和非致病的泰国伯克氏菌（*B. thailandensis*），脂肪酸谱图显示 95%的类鼻疽伯克氏菌的菌株中存在 14:0 2OH，而泰国伯克氏菌菌株中未发现 14:0 2OH，由此认为 14:0 2OH 可作为鉴别两类菌的重要生物标记物。

## 3. 脂肪酸组在微生物多样性研究中的应用

生物多样性是当今国际上共同关注的问题，它也因此日益成为学术界的热点研究领域之一。生物多样性包括物种多样性、遗传（基因）多样性和生态系统多样性。近年来，基于现代生物化学技术发展起来的 FAME 谱图分析方法和传统的基于培养的微生物分离技术，以及生理生化方法、分子生物学方法相比，具有以下优点：①FAME 不用考虑不可培养的问题，亦能直接有效地提供微生物群落信息，适合跟踪研究微生物群落的动态变化；②对细胞生理活性没有特殊要求，获得的信息基本上由样品中所有微生物提供；③脂肪酸成分不受质粒丢失或增加的影响，实验结果更为客观、可靠；④试验条件要求低、操作难度小、价格相对较低，并且测试功能多。因此该方法在微生物多样性的研究中得到了越来越多的应用。虽然它不能在种属和株系的水平鉴别出微生物的种类，但是能够依靠脂肪酸谱图定量描述整个微生物群落，是一种快捷、可靠的测定方法。

土壤是微生物生存的大本营，微生物种类丰富多样。土壤微生物是土壤分解系统的基本组成部分，在生物地化循环中有极其重要的作用，丰富多样的微生物种类不仅是维持土壤健康的重要因素，微生物多样性的变化也是监测土壤质量变化的敏感指标，因此土壤微生物多样性一直是微生物生态学研究的重要内容。目前在地上部植物和动物的多样性方面开展了大量的研究，但在土壤生物多样性，特别是土壤微生物多样性方面的研究仍较薄弱。其中一个重要原因就是在土壤微生物多样性的研究方法方面还存在着较大的缺陷，很多方法还不能全面、准确地研究土壤微生物多样性状况。磷脂存在于所有活体细胞膜中，随菌体死亡而迅速降解，因而它是标记生物量的重要信号。通过脂肪酸分析可以确定土壤微生物总量，也可以根据不同菌群的特定脂肪酸碳链长度、饱和度及羟基等取代基位置差异来研究特殊功能菌群。分析土壤微生物群落的脂肪酸组成，可以反映土壤修复过程中各时期的细微差异。近年来基于生物化学技术发展起来的 FAME 谱图分析方法对土壤微生物多样性的研究产生了极大的促进作用（王秋红等，2007）。例如，刘波等（2008）利用脂肪酸技术对零排放猪场基质垫层微生物群落脂肪酸生物标记多样性进行了分析；郑雪芳等（2009）利用磷脂脂肪酸生物标记法分析猪舍基质垫层微生物亚群落的分化；Mummey 等（2002）发现真菌与细菌脂肪酸组成丰度的相对变化可用于评价遭受不同程度破坏的土壤生态系统的恢复状况；Piotrowska 等（2005）运用 MIDI 系统鉴定了重金属污染土壤中的抗性细菌；Oka 等（2000）对 MIDI 系统在鉴定土壤或根际微生物中的效果也予以肯定。

FAME 谱图中某些特征脂肪酸分别对细菌、真菌和放线菌是特异的，且大多数情况下磷脂脂肪酸的某个专一类型在某一土壤微生物分类群中占优势，至今已经积累了大量关于微生物的脂肪酸组成的数据。一般来说，生物细胞膜中所含的 PLFA 具有以下规律：大多数真菌含有多个不饱和键，如 18:2ω6c、18:3ω6c 等，可作为真菌生物量的统计指标（FAME fungi）；细菌往往不含有具多个不饱和键的脂肪酸，而主要是链长为奇数的、带支链的、主链上含有环丙基或羟基的脂肪酸，如 15:0 iso、c15:0、16:0 iso、16:1ω7t、c17:0、cy17:0、cy19:0、18:1ω7c 的含量可作为细菌生物量的统计指标（FAME bacteria)；10 Me 18:0 代表放线菌统计指标；革兰氏阳性菌（$G^+$）含有较大比例的支链脂肪酸；革兰氏阴性菌（$G^-$）含有较大比例的羟基脂肪酸。

磷脂脂肪酸的提取是 FAME 谱图分析的关键步骤，其提取主要采用简单提取、扩展提取和 MIDI 系统提取等方法。简单提取方法是取一定量的待分析土壤样品（0.5 g 左右的新鲜土壤或 2～10 g 干土），加氯仿/甲醇/柠檬酸（1∶2∶0.8，*V*/*V*）缓冲液直接抽提样品的总 PLFA，提取的 PLFA 经硅胶柱分离为中性脂肪酸、糖脂肪酸和磷脂酸。磷脂酸溶于甲醇/甲苯（1∶1，*V*/*V*）溶液中，然后加 0.2 mol/L KOH，37℃酯化 15 min 后，用 GC 或 GC-MS 分析酯链-脂肪酸甲酯（EL-FAME）。这种方法不能将非酯链-脂肪酸甲酯（NEL-FAME）从脂类中解离和提取出来。扩展提取方法是在简单提取方法的基础上改进的，可用于提取包括 EL-FAME 和 NEL-FAME 在内的全部 FAME。首先用与简单提取方法相同的操作酯化磷脂酸后，然后用氨丙基键合，固相萃取柱（SPE 柱）分离，得到 EL-FAME 和未皂化脂，未皂化脂经酸水解后，用 SPE-$NH_2$ 柱分离，可得到 NEL-FAME，得到的 EL-FAME 和 NEL-FAME 进一步用 GC 或 GC-MS 进行定性和定量分析。采用这种方法可使多数类型的脂肪酸根据它们形成脂类的基本情况（酯链、非酯链）而得到分离，测定结果用多变量统计方法加以分析。除上述方法外，还可以用 MIDI 系统提供的方法来提取和分析脂肪酸（Kaur et al.，2005），其操作方法包括用皂化/裂解液将脂肪酸从脂类中裂解出来，加入甲醇盐酸溶液，使脂肪酸甲基化后形成 FAME，用有机溶剂萃取 FAME，进行 GC 分析等，最后用 MIDI 公司提供的自动分析软件对 FAME 进行分析。

大量研究表明，FAME 谱图分析方法是一种快速、可靠且可重现的分析土壤微生物群落结构的方法，可用于表征在数量上占优势的土壤微生物群落，包括不可培养微生物。该方法最适合用作总微生物群落分析，而不是专一的微生物种类的研究。但应用脂肪酸分析方法时首先应尽可能地提取脂肪酸，否则可能失去一些重要的信息。同时在选择提取方法时必须注意避免非目标生物脂肪酸的释放，并避免偏重于那些普遍存在的脂肪酸。为了更加准确地鉴定微生物的种类，进行主成分分析（principal component analysis，PCA）是非常必要的。另外值得注意的是因为不同属甚至不同科的微生物的脂肪酸可能重叠，所以以磷脂脂肪酸组成来鉴定和区分关系较远的微生物存在一定的困难，在将来还需要寻求更加可靠的分析方法，以及和其他土壤微生物多样性研究方法结合起来使用，方可得到有关土壤微生物多样性较为全面的信息。

FAME 谱图分析方法除广泛地用于土壤微生物多样性的分析外，还应用于沉积物、地下水，以及与水处理相关的生物膜和菌胶团等微生物群落结构和功能的研究中（Salomonová et al.，2003）。Findlay 等（1989）用 FAME 谱图分析方法测定了深海沉积物中的微生物生物量，为人们提供了一种分析沉积物样品生物多样性的简便方法。FAME 谱图分析可以用来指示地下水中的微生物在各种环境压力下的生理状况（潘响亮等，2003）。

随着生物技术的不断发展和计算机技术的运用，FAME 谱图分析方法越来越多地引起了人们的重视。在现代微生物学领域研究中，FAME 谱图分析方法主要是用于微生物的测定、鉴定和微生物多样性分析。但由于其自身存在不足，在进行微生物鉴定和微生物多样性研究中，应该和其他方法结合起来使用，以便获得更充足的信息。随着 FAME 谱图分析方法的应用日趋广泛，其自身也在不断改进和发展，必将对微生物学研究产生极大的推动作用。

# 第二节 微生物脂肪酸组学研究进展

## 一、脂肪酸组学在亚热带植被土壤微生物群落研究中的应用

### 1. 米槠天然林土壤微生物群落脂肪酸组多样性

为了解土壤微生物群落的结构，采用磷脂脂肪酸谱图分析方法对武夷山和建瓯的米槠（*Castanopsis carlesii*）天然林土壤微生物群落的结构多样性进行了研究。结果表明，两地米槠天然林的土壤微生物群落组成十分丰富，多样性指数、丰富度指数和均匀度指数分别为 2.92～3.01、25.84～28.23 和 0.88～0.90。0～10 cm 土层的磷脂脂肪酸总量、细菌特征脂肪酸、真菌特征脂肪酸、放线菌特征脂肪酸、革兰氏阳性菌和革兰氏阴性菌特征脂肪酸含量均高于 10～20 cm 土层，且建瓯万木林自然保护区高于武夷山国家级自然保护区。10～20 cm 土层的革兰氏阳性菌与革兰氏阴性菌之比高于 0～10 cm 土层；细菌特征脂肪酸含量显著高于真菌，表明细菌在土壤微生物群落结构中处于优势地位。主成分分析（PCA）表明，土壤微生物群落结构的差异主要是由采样地点的生态环境不同引起的（韩世忠等，2015a）。

### 2. 罗浮栲天然林土壤微生物群落脂肪酸组多样性

利用磷脂脂肪酸生物标记法分析了中亚热带地区罗浮栲（*Castanopsis fabri*）天然林和相邻的杉木人工林土壤微生物群落结构特点。结果表明，两种植被类型中 0～10 cm 土层的磷脂脂肪酸总量、细菌特征脂肪酸、真菌特征脂肪酸、放线菌特征脂肪酸、革兰氏阳性菌和革兰氏阴性菌特征脂肪酸含量均高于 10～20 cm 土层，而且罗浮栲天然林高于杉木人工林。在两种植被类型的两个土层中，细菌 PLFA 含量均显著高于真菌 PLFA 含量。两种植被类型中，细菌 PLFA 含量占 PLFA 总量的 44%～52%，而真菌仅占 6%～8%，表明细菌在该地区两种植被类型土壤中均处于优势地位。主成分分析表明，土壤微生物群落结构差异主要由植被类型差异引起，土层深度的影响相对较小。冗余分析（redundancy analysis，RDA）显示，革兰氏阴性菌、革兰氏阳性菌及细菌的 PLFA 含量与 pH 呈显著负相关，与含水量呈显著正相关；土壤微生物主要类群 PLFA 含量与总氮、有机碳、C/N 和铵态氮均呈显著正相关（韩世忠等，2015b）。

### 3. 固氮树林土壤微生物群落脂肪酸组多样性

采用氯仿熏蒸浸提法和磷脂脂肪酸生物标记法研究了我国南亚热带地区非固氮树种红锥（*Castanopsis hystrix*）和固氮树种格木（*Erythrophleum fordii*）人工幼龄林土壤微生物生物量与微生物群落结构特征。结果表明，在旱季和雨季，红锥幼龄林土壤微生物总 PLFA 量、细菌 PLFA 量、放线菌 PLFA 量及丛枝菌根真菌 PLFA 量均大于格木幼

龄林。红锥幼龄林土壤 PLFA 的香农多样性指数（Shannon index）在旱季和雨季均大于格木幼龄林。主成分分析表明，土壤微生物群落结构组成受到林分类型和季节的双重影响。冗余分析表明，土壤硝态氮含量、土壤含水量、pH 及土壤微生物生物量氮与特征磷脂脂肪酸之间呈显著相关关系。以上结果表明固氮树种格木与非固氮树种红锥人工幼龄林对土壤微生物生物量和群落结构的影响存在显著差异（洪丕征等，2016）。

### 4. 桉树人工林土壤微生物群落脂肪酸组多样性

桉树（*Eucalyptus* spp.）人工林是中国南方大面积种植的一类人工林，在桉树人工林迅速发展给社会带来巨大经济效益的同时，不合理的经营管理也带来一系列的生态问题。土壤呼吸即土壤表面 $CO_2$ 的排放，其排放量在决定生态系统作为碳源或碳汇方面起着重要作用。揭示土壤有机碳的输入和释放动态变化及其调控机制对全球碳收支的描述和估算都具有重要意义，然而，目前有关人工林的经营管理对土壤碳固持的影响存在相当的不确定性。黄雪蔓（2013）在广西壮族自治区中国林业科学研究院（以下简称中国林科院）热带林业实验中心选取了位置相邻、具有相似立地条件的南亚热带 4 种桉树人工林类型：桉树一代纯林（PP1）、桉树一代/马占相思混交林（MP1）、桉树二代纯林（PP2）、桉树二代/降香黄檀混交林（MP2）。采用常规理化实验分析方法、Li-Cor-8100 土壤碳通量测量系统红外气体分析仪法、磷脂脂肪酸生物标记法和酶底物法，研究了：①不同连栽的桉树纯林及其混交林不同土壤呼吸组分的季节变化和影响因子；②不同连栽的桉树纯林及其混交林土壤年累积呼吸的差异及其相关因子；③不同连栽的桉树纯林及其混交林土壤微生物群落结构的季节变化及其生物和非生物影响因子；④不同连栽的桉树纯林及其混交林土壤酶活性的季节变化和环境影响因子。目的是揭示固氮树种对南亚热带桉树人工林土壤碳固持潜力的影响及其微生物机制，为我国高碳汇桉树人工林的经营提供科学依据。其中，磷脂脂肪酸的研究结果表明：PP1 和 MP1 土壤微生物生物量和群落结构均存在显著差异，具体表现在评估微生物生物量指标的总磷脂脂肪酸量（total PLFA）不同。在旱季和雨季，MP1 的微生物生物量比 PP1 分别高出 27.56%和 21.86%，均差异显著。MP1 和 MP2 混交林的细菌、放线菌、丛枝菌根真菌均显著高于对应的 PP1 和 PP2 纯林，而真菌刚好相反，混交林的真菌生物量均低于相对应的纯林，MP1 的总土壤微生物生物量显著高于 PP1，但 MP2 的土壤总微生物生物量没有显著提高。马占相思与桉树一代混交 8 年后，显著提高了总细菌、革兰氏阴性菌、丛枝菌根真菌的相对丰富度和显著降低了真菌的相对丰富度；而降香黄檀与桉树二代混交 4 年后，显著提高了细菌的相对丰富度和显著降低了真菌的相对丰富度。冗余分析（RDA）提示，造成微生物群落结构变化的原因可能是引入固氮树种后，改变了凋落物的数量和质量，影响土壤理化性质，特别是增加了土壤氮含量及其有效性，是驱动桉树人工林土壤微生物生物量和群落结构变化的主要因素。

为了探究固氮树种对我国南方亚热带地区第二代桉树人工林土壤微生物生物量和结构的影响及其机制，采用磷脂脂肪酸生物标记法分别在旱季和雨季研究了第二代桉树纯林和第二代桉树/固氮树种混交林的土壤微生物群落生物量和结构。结果表明：与纯林相比，混交林土壤（0～10 cm）的有机碳含量、铵态氮、硝态氮、总氮、凋落物生物量分别提高了 17.77%、41.62%、85.59%、25.38%、19.12%，除土壤有机碳外，其他在统计学上均达到了显著性差异（$P<0.05$）；混交林的细菌生物量显著增加，但其真菌生物量显著减少；同时，混交林的总细菌、革兰氏阳性菌的相对百分含量在旱季显著提高，真菌的相对百分含量却显著降低；但在雨季，除总细菌外，其他微生物群落结构没有显著差异。主成分分析（PCA）表明：第二主成分轴能明显把第二代桉树混交林和纯林的土壤微生物群落区分开来（$P<0.05$），这种差异主要体现在混交林具有较高的细菌相对百分含量和相对较低的真菌相对百分含量。冗余分析（RDA）表明：凋落物生物量、凋落物 C/N、铵态氮、有机碳含量是驱动我国南方第二代桉树人工林土壤微生物群落结构发生变化的主要因子。此外，壕沟切根试验表明根系及其分泌物可能是第二代桉树人工林土壤微生物的重要碳源（黄雪蔓等，2014）。

## 5. 番石榴林土壤微生物群落脂肪酸组多样性

研究人员采用氯仿熏蒸浸提法和磷脂脂肪酸生物标记法分析了福州市番石榴（*Psidium guajava*）片林及与其毗邻的马尼拉草坪土壤微生物种群数量和群落结构的差异特征。结果表明，0～10 cm 土层中番石榴片林和马尼拉草坪的微生物生物量碳（MBC）含量分别为 289.88 mg/kg 和 326.89 mg/kg；10～20 cm 土层中番石榴片林和马尼拉草坪的 MBC 含量分别为 229.62 mg/kg 和 269.62 mg/kg。番石榴片林与马尼拉草坪的土壤微生物群落结构存在显著差异（$P<0.05$），土层深度对微生物群落结构影响不显著。番石榴片林与马尼拉草坪的各类微生物种类的相对丰度差异不大。此外，番石榴片林土壤的革兰氏阳性菌的相对丰度高于马尼拉草坪，革兰氏阴性菌的相对丰度则相反。研究认为，在城市绿地的建设中，应注意城市片林与城市草坪各自特有的优势，合理安排城市片林与草坪的布局与种植面积，有利于构建更好、更稳定的城市土壤生态系统（柯心然等，2015）。

## 6. 混交林土壤微生物群落脂肪酸组多样性

人工林正逐步成为世界森林资源的关键组分，并在整个森林可持续经营管理过程中发挥着重要作用。然而，长期以来为了片面追求经济效益，国内外人工林都存在诸如生物多样性丧失、土壤肥力退化、生态系统稳定性降低等问题。在我国亚热带，为了减少低效人工林带来的负面影响，促进人工林的多目标经营，提高人工林的生态功能和经济价值，许多乡土珍贵阔叶树种（包括固氮树种）逐渐被用于亚热带人工林营建的生产实践中。多年来，有关该地区不同森林经营措施对人工林影响的研究主要集中在林分生产力的经济效益方面。然而，由于不同人工林的凋落叶、根系的数量和质量，以及冠层结构等的差异都将导致土壤环境特征、理化性质及土壤生物化学过程的不同，因此从生态功能的角度深入探索不同营林模式对人工林生态系统碳、氮特征的影响变得十分必要。全球 $CO_2$ 浓度和温度升高、氮沉降、物候变化和干旱胁迫等都可能导致森林枯落物输入量发生变化，因此，在研究森林土壤碳、氮动态变化过程中考虑枯落物输入改变的影响变得非常重要。

为此，罗达（2014）在南亚热带的广西壮族自治区凭祥市中国林科院热带林业实验中心选取了林龄相同、立地条件相似、位置邻近的 3 种幼龄人工林类型[格木

（*Erythrophleum fordii*）纯林、马尾松（*Pinus massoniana*）纯林、格木与马尾松混交林]为研究对象，同时结合凋落物输入的控制试验，采用常规理化分析法、气压过程分离技术（BaPS）和磷脂脂肪酸技术，研究了：①不同树种人工林生态系统碳、氮储量及其空间分布特征；②不同树种人工林土壤呼吸、总硝化速率及微生物群落结构的季节变异；③人工林土壤呼吸、总硝化速率及微生物群落结构对凋落物输入改变的响应；④环境因子与土壤呼吸和总硝化速率之间的相关关系，以期为南亚热带人工林经营过程中的树种选择及合理的营林方式提供数据参考和科学依据。其中，磷脂脂肪酸的研究结果表明：3 种人工林旱季平均土壤微生物 PLFA 总量、细菌 PLFA 量、真菌 PLFA 量、放线菌 PLFA 量及丛枝菌根真菌 PLFA 量分别比雨季高 170.1%、182.1%、152.1%、232.5%和 185.2%（$P<0.05$）。不同人工林中，马尾松林旱季土壤微生物的 PLFA 总量、细菌 PLFA 量、真菌 PLFA 量、放线菌 PLFA 量均为最高，混交林次之，格木林最低；而雨季格木人工林土壤微生物 PLFA 总量、细菌 PLFA 量、真菌 PLFA 量、丛枝菌根真菌 PLFA 量显著高于马尾松林（$P<0.05$）。主成分分析结果表明，土壤微生物群落结构组成受林分类型和季节的双重影响。冗余分析表明，土壤温湿度、pH、全氮及铵态氮含量与单个特征磷脂脂肪酸之间呈显著相关关系（$P<0.05$），这表明不同人工林营建改变了土壤微环境条件、凋落叶和根系基质数量及质量，以及土壤的理化性质，特别是土壤氮含量，从而进一步直接或间接驱动土壤微生物群落结构的改变。此外，全年（旱季和雨季）水平上，混交林土壤真菌/细菌值（分别为 0.27 和 0.31）始终高于马尾松林（分别为 0.26 和 0.28）和格木林（分别为 0.22 和 0.26）（$P<0.05$），表明格木与马尾松混交更有利于提高土壤生态系统的稳定性（罗达等，2014）。

田倩等（2011）采用磷脂脂肪酸生物标记法分析了广东鹤山两种人工林——针叶林和木荷（*Schima superba*）林不同土层（0～20 cm、20～40 cm、40～60 cm）的土壤微生物群落结构。结果表明，两种人工林 0～20 cm 土层的磷脂脂肪酸总量、细菌特征脂肪酸、真菌特征脂肪酸，以及革兰氏阳性菌和革兰氏阴性菌特征脂肪酸的含量均为最高；木荷林的 PLFA 总量高于针叶林，但这种差异随土壤深度增加而递减，且与土壤有机碳、全氮含量呈正相关。在相同土层，细菌 PLFA 含量均显著高于真菌 PLFA 含量。主成分分析表明，土壤微生物多样性及其丰富度受林型和土层综合作用的影响；单一的 PLFA 中，13:0 iso、13:0 anteiso、c17:0、cy17:0 和 c16:0 等脂肪酸对第一主成分的贡献较大；16:0 iso、cy19:0、18:1ω9c、15:0 iso、18:2ω6c 和 17:0 anteiso 等脂肪酸对第二主成分的贡献较大。

万晓华等（2016）通过在亚热带杉木（*Cunninghamia lanceolata*）和米老排（*Mytilaria laosensis*）人工林中设置互换凋落物、去除凋落物、去除凋落物+去除根系和对照处理来分析改变地上、地下碳输入对人工林土壤微生物生物量和群落组成的影响。结果显示，改变地上、地下碳输入对土壤微生物生物量碳、氮的影响因树种而异。在米老排林中，土壤微生物生物量不受碳源的限制；而在杉木林中，加入米老排凋落物、去除凋落物和去除凋落物+去除根系 3 种处理中土壤微生物生物量碳、氮具有明显增加的趋势。磷脂脂肪酸分析结果显示，杉木林中，添加米老排凋落物后，革兰氏阳性菌、革兰氏阴性菌、丛枝菌根真菌、放线菌和真菌群落生物量分别显著增加了 24%、24%、53%、25%、28%，革兰氏阴性菌和丛枝菌根真菌的相对丰度均显著增加。与对照相比，杉木林中去除凋落物后革兰氏阳性菌、革兰氏阴性菌、丛枝菌根真菌、放线菌和真菌群落生物量分别显著增加了22%、29%、44%、25%、52%，真菌/细菌值显著增加了21%。但是，去除凋落物+去除根系处理对两个树种人工林土壤微生物群落组成均无显著影响。米老排和杉木林土壤微生物生物量碳、氮的季节变化格局不同，土壤养分有效性可能是驱动土壤微生物生物量季节变化的主要因子。

## 7. 纯林和混交林土壤微生物群落脂肪酸组多样性

杨君珑等（2015）采用磷脂脂肪酸生物标记法研究了江西省九连山国家级自然保护区杉木纯林、马尾松纯林、杉木阔叶混交林、马尾松阔叶混交林与天然常绿阔叶林的土壤微生物群落结构特征，探讨植被特征和土壤理化特征对土壤微生物群落的影响。结果表明：①杉木阔叶混交林土壤细菌、放线菌和总微生物生物量最高，分别为7.77 nmol/g、1.74 nmol/g和18.21 nmol/g，而马尾松纯林均最低。②针阔混交显著提高了土壤微生物生物量及其丰富度。土壤微生物生物量及其丰富度均与土壤含水率、*w*(AN)（AN为有效氮）、*w*(TC)、*w*(TN)呈显著正相关（*R*为0.426～0.701），而与C/N[*w*(TC)/*w*(TN)]（TC和TN为总碳和总氮）呈显著负相关（*R*分别为–0.447、–0.518）。③*w*(AN)对土壤微生物群落结构的解释率达55.8%。尽管林下灌木、草本层生物量对土壤微生物生物量影响不大，但对微生物群落结构有一定影响，解释率分别为5.5%和6.3%。灌草层丰富度与土壤微生物生物量及其丰富度呈显著正相关（*R*为0.369～0.452）。可见，阔叶树种和林下灌草层能够显著影响土壤微生物群落组成。

由于受到植被、土壤、微生物及气候等因素的综合影响，土壤碳固持是一个极其复杂的过程。尤业明（2014）从揭示土壤碳转化过程及其微生物调控机制的目标出发，以典型的亚热带-温带过渡区森林为研究对象，采用野外过程监测和控制试验相结合的方法，利用磷脂脂肪酸和土壤酶活性分别表征土壤微生物群落的结构和功能，并结合微环境因子，重点探究：①环境因子、微生物群落结构与其在调控土壤碳转化功能之间的关联；②不同林分类型和林龄的微环境、微生物生物量、群落结构和功能的变化特征；③土壤微环境、微生物生物量、群落结构和功能对不同碳输入方式的响应。主要研究结果如下：①土壤含水量（SWC%）、土壤温度（Tsoil10）、土壤碳含量（SOC）、细根生物量（FR）、土壤黏粒（%Clay）和土壤C/N（C/Nsoil）是影响该区域森林土壤微生物群落结构的最主要因子；这六类生物或非生物因子的联合效应能解释土壤微生物群落结构变异的54%。②革兰氏阴性菌（$G^-$）、腐生真菌（Sap）和放线菌（Actino）是参与调控土壤碳转化的土壤酶活性的最主要微生物类群；这三类微生物类群的联合效应能解释所评估的5种专一土壤酶活性变异的65%；细菌与驱动土壤碳转化的水解酶活性呈正相关，但腐生真菌与驱动土壤碳氧化的氧化酶活性呈负相关；初步揭示了植物特性、微环境、土壤物理和化学性质之间复杂的直接和间接效应对土壤碳转化的微生物调控路径。③所测的环境因子、土壤微生物生物量碳（MBC）、微生物生物量氮（MBN）、微生物C/N（C/Nmic）、微生物代谢熵（$qCO_2$）和专一土壤酶活性在不同林分类型之间的差异性显著，但在不同林龄的锐齿栎林之间，它们均无显著性差异（MBC和SWC%除外）；不同林分类型中特殊的微生物类群和专一土壤酶活性之间不存在固定的对应关系。

④微生物生物量、群落结构和土壤酶活性对不同植物碳输入方式的响应不同，壕沟处理对 MBC、MBN、微生物群落结构和土壤酶活性的影响程度高于移除或加倍地表凋落物处理。微生物生物量、群落结构和土壤酶活性对植物碳输入的响应程度在不同林龄的锐齿栎林之间也存在差异；此外，试验的 3 种处理对土壤含水量和温度均没有显著影响。

我国东南部的热带和亚热带红壤总面积为 113.3 万 $km^2$，占全国总面积的 11.8%，供给着全国 22.5%的人口。红壤具有低 pH、低养分含量、氮相对富集、硝化与反硝化活性低、$N_2O$ 排放量较大的特点，红壤的分布具有明显的地域特征，而土地利用方式的变化可能引起该地区的土壤肥力及土壤功能发生变化甚至衰退。因此，研究该地区农业、林地等不同利用方式对红壤微生物特性及氮转化作用的影响对维持我国红壤的可持续发展具有重要的科学意义。于涌杰（2012）以我国东南部热带和亚热带地区典型利用方式的红壤为研究对象，选取了海南琼中香蕉林（BAN）、桉树林（EUC）、橡胶林（RUB）和天然次生林（NSF）4 种利用方式土壤，福建建瓯万木林自然保护区内观光木（TSO）、细柄蕈树（ALG）、罗浮栲（CAF）、浙江桂（CIC）4 种天然林和杉木（CUL）、橘园（ORG）2 种人工种植林土壤，以及江西鹰潭市周边地区花岗岩（G）、古近纪和新近纪红砂岩（R）和第四纪红黏土（Q）3 种母质和阔叶林（B）、针叶林（C）、灌丛（S）、农用地（U/F）4 种利用方式红壤。测定了土壤微生物生物量碳、氮，土壤酶活性；硝化势（NP）、硝化回复势（RNP）；用淹水厌氧密闭培养-乙炔抑制法测定了反硝化势（DNP）及其气态产物；利用实时荧光定量 PCR（real-time quantitative PCR，RT-qPCR）测定了氨氧化细菌（AOB）和氨氧化古菌（AOA）的 *amoA* 基因拷贝数，反硝化功能基因即硝酸盐还原酶基因（*narG*）、亚硝酸还原酶基因（*nirK*）、一氧化氮还原酶基因（*norB*）和氧化亚氮还原酶基因（*nosZ*）的拷贝数，以及细菌 16S rDNA 基因拷贝数；采用聚合酶链反应-变性梯度凝胶电泳（PCR-DGGE）技术研究了土壤中细菌的群落结构差异；采用磷脂脂肪酸生物标记法分析了土壤微生物群落多样性。结果表明：土壤微生物生物量及土壤酶活性在不同利用方式土壤中有显著差异，海南、福建和江西 3 个地区农用地中微生物生物量碳和氮、土壤脲酶和脱氢酶活性均低于天然林等其他利用方式土壤，相关性分析显示不同利用方式对土壤营养因子（土壤有机碳、全氮、水解氮、速效钾等）的改变是引起土壤微生物生物量和土壤酶活性变化的关键因素。对于福建不同土地利用方式对微生物群落多样性的影响研究发现，天然林（CIC、CAF、ALG、TSO）的年落叶量、土壤养分含量、微生物群落多样性指标显著高于两种种植园土壤（CUL、ORG），不同土地利用方式对土壤微生物群落多样性有显著影响；天然林改造成为农用经济林地后减少了土壤微生物多样性；年落叶量、土壤有机碳和总氮等是引起天然林和种植园土壤微生物多样性差异的关键因素。对于硝化微生物和硝化作用的研究发现，江西天然林的 NP 显著低于福建与海南地区土壤的 NP，所有调查地区农用地土壤的 NP 较天然林大，说明人为管理提高了土壤硝化活性；AOA 和 AOB 对于红壤硝化作用的相对贡献率在不同地区不同并且受不同利用方式的影响，qPCR 结果与 NP 的相关性分析显示福建和海南地区 NP 可能主要由 AOB 承担，而江西鹰潭地区 NP 可能主要由 AOA 承担；土壤 RNP 对于抗生素的敏感性实验显示，海南地区 BAN、EUC、RUB，福建地区 CIC、CUL、ORG 6 种土壤的 NP 可能主要由 AOB 承担，而海南的 NSF、福建的 ALG、江西的 RB、

RC、RS 和 RU 土壤的 NP 主要由 AOA 承担。对于反硝化微生物、反硝化作用及其气态产物的研究表明，不同母质和不同利用方式土壤的反硝化势和气态产物中氮氧化物的比例差异较大：不同土壤的反硝化势顺序为 GF［0.120 mg/(kg·h)］>GS［0.056 mg/(kg·h)］>GC［0.052 mg/(kg·h)］>QF［0.018 mg/(kg·h)］>QC［0.010 mg/(kg·h)］>QS［0.009 mg/(kg·h)］；红黏土的 NO 占反硝化气体比例较花岗岩大，而 $N_2O$ 是针叶林与灌丛土壤反硝化的主要产物；而农用地土壤反硝化的主要产物是 $N_2$；农用地的反硝化作用高于针叶林与灌丛，pH 是影响亚热带红壤的主要因子；在 4 种编码反硝化酶的基因 *narG*、*nirK*、*norB* 和 *nosZ* 中，*norB* 基因是引起不同土地利用方式土壤之间反硝化势和反硝化气态产物组成差异的关键因子。

## 8. 气候变化对土壤微生物群落脂肪酸组多样性的影响

针对气候变化的背景研究农田土壤微生物对气候变化的响应机制是调控农田土壤养分循环的理论基础。汪峰等（2014）基于设置在 3 个气候带（冷温带海伦、暖温带封丘和中亚热带鹰潭）的潮土移置试验，利用磷脂脂肪酸分析方法研究了移置第 6 年土壤微生物群落的变化特征。结果表明，在 3 种气候条件下潮土移置 6 年后土壤部分理化性质发生了显著变化，土壤有机质含量表现为冷温带最高而中亚热带最低；在种植玉米的不同施肥处理中，土壤中微生物总 PLFA 量，革兰氏阳性菌、革兰氏阴性菌、细菌和放线菌 PLFA 含量均表现为海伦>封丘>鹰潭，真菌/细菌值在冷温带最低；PLFA 谱图的主成分分析显示气候条件显著影响了土壤微生物的群落结构，海伦和封丘位于 PC1 正轴，而鹰潭位于负轴，受气候影响较大的特征 PLFA 包括 18:1ω7c、16:1ω5c、c16:0、c18:0 和 18:2ω(6,9)c；逐步回归分析显示温度、降水和土壤有机质是影响微生物群落的主要因子。总体上，气候条件的变化在短期内（6 年）改变了土壤微生物的群落结构，可以影响农田生态系统的生物地球化学循环。

20 世纪 80 年代，在我国热带和亚热带地区发起了大规模的造林运动，对退化荒坡进行生态恢复。然而在造林恢复过程中，普遍存在着人工针叶纯林所占比重较大，由此引起生态稳定性较差、生态服务功能低、易受病虫害的攻击等一系列的问题。为了减少这些针叶人工纯林所带来的不利影响，将许多不同功能型的阔叶树种（如速生树种和乡土珍贵树种、固氮树种和非固氮树种等）用于改造人工林经营模式已成为我国该地区人工林经营的发展趋势。关于不同功能型乡土珍贵阔叶树种，人们更多的是关注其木材收益，缺乏对其人工林生态系统碳、氮特征的研究。王卫霞（2013）以中国林科院热带林业实验中心为研究地点，选取立地条件、林龄和经营历史相似的南亚热带不同树种人工林（格木、红锥和马尾松），采用常规理化实验分析方法、气压过程分离技术、磷脂脂肪酸生物标记法和凋落物分解袋法，研究了：①不同树种人工林生态系统不同组分碳、氮储量及其分配格局；②不同树种人工林土壤碳、氮元素转化的基本规律及其环境响应；③不同树种人工林土壤微生物群落结构组成及其对土壤碳、氮转化的影响；④不同树种凋落物叶和细根分解特征及其相关关系。其中，磷脂脂肪酸研究结果表明：不同树种人工林林分间土壤微生物生物量和土壤碳、氮转化存在显著差异，土壤有机碳、全氮含量较高的乡土阔叶树种红锥林和格木林下土壤微生物生物量及 PLFA 总量也较高，固氮树种格木林下土壤碳、氮转化速率最高，且由于格木林下土壤较低的 C/N 值和 pH，格木林下土壤真菌生物量显著低于其他两种林分。产生这种差异的主要原因是不同树种由于自身凋落物组分和质量的差异而改变土壤的化学性质、土壤微生物特征，从而影响土壤碳、氮转化速率。从季节变化来看，不同林分下土壤微生物生物量均表现为旱季大于雨季，而土壤碳、氮转化速率却表现为雨季最大，造成这种格局的主要原因是雨季（植物生长的旺盛期）植物对土壤养分的大量需求限制了土壤微生物对养分的可利用性，因此减少了微生物生物量的固持。这也暗示了植物生长对养分的吸收与土壤微生物对体内养分的保持具有同步性。

近 200 年来，人类活动导致的以全球变暖为主要特征的气候变化正在改变全球降水格局和水循环，极端降水事件频发，总体上全球呈干旱化的趋势，对陆地生态系统碳循环过程产生重大影响。森林生态系统是陆地生态系统的主体，在调节全球陆地生态系统碳平衡和减缓气候变化方面发挥着不可替代的重要作用，探讨降水格局变化对森林生态系统碳库/源汇效应的影响正逐步成为当前国际全球变化生态学研究的前沿和热点问题。我国南方人工林分布面积大，人工造林增加碳汇已成为积极应对全球气候变化的主要手段。降水格局变化对人工林生态系统碳的固持和土壤碳的稳定性影响存在相当的不确定性。因此，研究气候变化背景下我国人工林生态系统碳循环关键过程的响应规律及其内在机理，有助于科学评价我国人工林生态系统在全球气候变化影响下碳循环变化及其碳汇发展潜力。徐嘉（2014）在中国林科院热带林业实验中心选取具有相同林龄及相似立地条件的红锥（*C. hystrix*）和马尾松（*P. massoniana*）人工林为研究对象，开展原位林下穿透雨减水的控制试验，采用常规理化分析法、土钻法、氯仿熏蒸法、土壤 $CO_2$ 通量红外气体分析法、磷脂脂肪酸生物标记法等多种方法，研究了：①控制减水试验对两种人工林土壤碳储量和土壤理化性质的影响；②两种人工林土壤呼吸对降水减少的响应方式及其影响因子；③降水减少影响下土壤微生物群落的变化规律。其中，磷脂脂肪酸研究结果表明：减水处理对土壤微生物 PLFA 量存在明显影响，但其影响程度在不同季节、不同人工林中存在差异。减水处理对红锥人工林土壤微生物群落 PLFA 量的影响表现为雨季增加而旱季减少。而减水处理对马尾松人工林土壤微生物群落 PLFA 量总体表现为雨季减少，而在旱季影响不明显。在雨季，减水处理只对少数菌群的相对丰度产生显著影响，而在旱季对大部分菌群的相对丰度均产生明显影响。总体上，减水处理显著降低了丛枝菌根真菌的相对丰度及真菌/细菌值，而提高了细菌、革兰氏阳性菌的相对丰度及革兰氏阳性菌/革兰氏阴性菌值。土壤 pH、温度、湿度和铵态氮与土壤微生物群落结构变化显著相关。同时，微生物胁迫指数与上述指标存在明显的线性相关关系。减水处理造成土壤水热状况、pH 及氮素（全氮、铵态氮和硝态氮）等因子的变化，对土壤微生物群落产生的选择压力是造成土壤微生物变化的重要原因之一。

## 9. 典型人工林土壤微生物群落脂肪酸组多样性

王卫霞等（2013）以我国南亚热带格木、红锥和马尾松人工林为研究对象，采用氯仿熏蒸浸提法和磷脂脂肪酸生物标记法分析了林地土壤微生物生物量和微生物群落结构组成。结果表明：林分和季节因素均显著影响土壤微生物生物量、PLFA 总量、细菌 PLFA 量和真菌 PLFA 量，且旱季林分下的土壤微生物生物量、PLFA 总量、各个种类单个 PLFA 量均大于雨季。红锥人工林土壤微生物生物量碳（MBC）和 PLFA 总量最高，而格木人工林土壤微生物生物量氮（MBN）最高。土壤 pH 对土壤丛枝菌根真菌（16:1ω5c）的影响达到极显著正相关水平。土壤 PLFA 总量、革兰氏阳性菌及腐生真菌[18:2ω(6,9)c]、革兰氏阳性菌/革兰氏阴性菌值与土壤有机碳、全氮和全磷显著相关，表明土壤有机碳、全氮、全磷含量是影响该地区土壤微生物数量和种类的重要因素。外生菌根真菌（18:1ω9c）和丛枝菌根真菌与土壤 C/N 值呈极显著相关。

吴溪玭（2015）通过对南亚热带 5 种典型人工林（马尾松、杉木、米老排、红锥和火力楠）林下植物群落和土壤微生物群落结构、物种-环境关系的研究，重点探讨环境变量对林下植物群落、土壤微生物群落的影响。土壤微生物群落的研究结果表明：在 5 种人工林中，针叶林土壤微生物生物量极显著高于阔叶林；细菌、放线菌、原生生物的生物量，针叶林显著高于阔叶林。阔叶林的细菌群落、革兰氏阴性菌群落、真菌群落、原生生物群落的磷脂脂肪酸百分比含量高于针叶林。影响土壤微生物群落组成的主要因子有林分类型、林分每公顷断面积、叶面积指数、平均叶倾角、透射系数、土壤 C/N 值、土壤速效钾、土壤含水量、细根生物量。5 种不同林分类型中，生物变量对微生物群落组成的影响远高于生境变量，且生物因子与生境因子的交互作用占的比例较高。

韩文炎（2012）选择以我国浙江绿茶产区为主的代表性茶园，包括不同理化性状、不同茶园管理水平和管理方式等典型土壤为研究材料，以不同生产力水平和植茶年限的茶园，以及附近森林和蔬菜土壤为重点，采用田间调查与实验室培养相结合，综合运用传统和现代微生物分析技术，对茶园土壤微生物生物量、硝化作用强度、硝化微生物的种类及 $N_2O$ 释放特点等进行了系统全面的研究。其中，土壤微生物方面的研究结果表明：浙江 75 个茶园土壤微生物生物量碳为 38.1～607.2 mg/kg，平均为 208.1 mg/kg；微生物生物量碳占总有机碳的比例为 0.21%～4.55%，平均为 1.25%。微生物生物量氮（茚三酮反应态氮）为 1.76～76.14 mg/kg，平均为 20.67 mg/kg；微生物生物量氮占全氮的比例为 0.26%～9.09%，平均为 1.80%。微生物生物量磷为 0～60.07 mg/kg，平均为 14.93 mg/kg；微生物生物量磷占全磷的比例为 0～10.20%，平均为 3.06%。与多数耕地或森林土壤相比，茶园土壤微生物生物量碳和氮，以及微生物生物量碳占总有机碳的比例和微生物生物量氮占全氮的比例均偏低，但微生物生物量磷与其他土壤相当，微生物生物量磷占全磷的比例高于其他土壤。茶园土壤微生物生物量受生产力水平、植茶年限、pH、施肥量和茶树种植模式的显著影响。随着茶园生产力水平和植茶年限的提高，土壤 pH 明显降低，有机碳、全氮、全磷和有效态营养元素含量显著提高。微生物碳、氮和 PLFA 含量表现为森林>低产茶园>高产茶园>中产茶园；土壤微生物生物量碳和 ATP 含量表现为 50 年生茶园>9 年生茶园>森林>90 年生茶园；微生物生物量氮及微生物生物量氮占全氮量的比例表现为森林≥9 年生茶园>50 年生茶园>90 年生茶园。茶园土壤 pH 低是导致微生物生物量少和生长代谢弱的最重要原因之一，除微生物生物量磷外，微生物生物量碳和氮、微生物熵、土壤基础呼吸速率和代谢熵均与 pH 呈极显著正相关。适量施磷有利于提高土壤微生物生物量磷，但过量施氮降低微生物生物量碳和氮的含量；随着茶园施氮量的提高，土壤微生物生物量碳、氮和磷均呈极显著降低的趋势。对磷脂脂肪酸的分析表明：茶园土壤微生物群落结构随着茶园生产力水平的提高和树龄的增加呈连续有规律的变化；PLFA 标记革兰氏阳性菌的数量显著高于革兰氏阴性菌和真菌的数量；茶园土壤 PLFA 标记真菌和细菌的比例显著高于森林土壤，且 PLFA 标记真菌与细菌比例与代谢熵呈显著负相关（$R^2$=0.93，$P$<0.05）。茶园由常规种植向有机种植转换有利于提高土壤 pH 和有机碳含量，有机茶种植年限越长，pH 和有机碳含量越高。茶园有机种植方式能明显提高土壤微生物生物量碳、氮和磷的含量及微生物生物量碳、氮和磷的比例，改善茶园土壤质量。导致酸性茶园土壤具有较强硝化活性的主要微生物是氨氧化古菌（AOA），而非氨氧化细菌（AOB）。传统培养法没有测定到高生产力水平茶园土壤氨氧化细菌。DNA 测定表明茶园土壤中 AOA *amoA* 基因拷贝数为 $5.5\times10^4$～$2.4\times10^7$/g，平均为 $1.36\times10^7$/g，茶园土壤明显高于森林土壤；AOB *amoA* 基因拷贝数为 0～$4.40\times10^6$/g，平均为 $1.20\times10^6$/g。土壤硝化势与 AOA *amoA* 基因拷贝数呈极显著正相关（$P$<0.001），但与 AOB *amoA* 基因拷贝数的相关性不明显；土壤 pH 与 AOA *amoA* 基因拷贝数的相关性不明显，但与 AOB *amoA* 基因拷贝数却呈极显著正相关（$P$<0.001）；AOA 与 AOB *amoA* 基因拷贝数之比随土壤 pH 的降低呈指数曲线显著提高，表明 AOA 是酸性茶园土壤硝化作用的主要微生物。茶园土壤 AOA 和 AOB 群落组成随土壤 pH 和施氮量发生变化，不同石灰施用量茶园土壤间 AOA 群落组成、高氮与低氮施肥土壤间 AOB 群落组成有显著区别。不同基因型的 AOA 和 AOB 种类对土壤 pH 和施氮量具有不同的要求，说明不同种类的 AOA 和 AOB 对土壤生态环境具有不同的要求。

### 10. 外源抗生素对茶园土壤微生物群落脂肪酸组多样性的影响

徐晨光等（2014）采用室内恒温培养，通过向茶园土壤中分别添加 2 种典型抗生素（青霉素和四环素）溶液的方法研究了不同质量分数的外源抗生素对茶园土壤微生物生态特性的影响，以评价其环境生态效应。结果表明：外源青霉素的添加对茶园土壤细菌、放线菌和真菌均有一定的抑制作用，随着青霉素质量分数的增加，抑制作用也增加。当青霉素质量分数为 100 mg/kg 时，培养 3 周后与对照相比，细菌、真菌和放线菌的数量分别减少了 80%、50%和 50%。四环素在低质量分数下即可显著抑制茶园土壤中细菌和放线菌的生长，但对真菌没有明显的抑制作用。培养 4 周时，青霉素和四环素的抑制作用减弱。磷脂脂肪酸分析结果表明，用不同质量分数的青霉素或四环素处理的茶园土壤中微生物群落结构发生明显变化。青霉素或四环素处理后 $G^-/G^+$值都升高，表明青霉素和四环素对于茶园土壤中革兰氏阳性菌的抑制作用强于革兰氏阴性菌。四环素处理后磷脂脂肪酸 c20:0 的含量最丰富，表明磷脂脂肪酸 c20:0 表征的微生物可能是茶园土壤产生四环素耐性菌的主要类群。

### 11. 林木凋落物分解过程中土壤微生物群落脂肪酸组多样性

凋落物分解是陆地生态系统养分循环的关键过程，明确凋落物多样性如何影响土壤微生物群落构成和多度，继而潜在地改变凋落物分解的微生物学机制有助于认识生物多样性和森林生态系统功能的关系。张圣喜等（2011）通过小盆模拟试验研究了南方红壤丘陵区典型阔叶树种香樟、白栎和青冈的凋落物分解过程中土壤微生物群落结构的异同。结果表明：①凋落物含氮量为白栎>香樟>青冈；碳、木质素的含量及碳氮比、木质素与氮之比为青冈>香樟>白栎；分解速率为白栎>香樟>青冈；②随着凋落物分解的进程，土壤微生物群落的 c16:0、c15:0、16:0 iso、17:0 anteiso、c17:0、18:2ω(6,9)c 和 10 Me 18:0 含量上升，c18:0、c14:0、16:1ω7c、18:1ω7c、cy19:0、19:0 iso 和 10 Me 19:0 含量下降，饱和直链脂肪酸/单不饱和脂肪酸值、革兰氏阳性菌/革兰氏阴性菌值及 cy19:0/18:1ω7c 的值都显著上升；③两个时期白栎凋落物处理土壤的 c16:0、c15:0、15:0 anteiso、16:0 iso、17:0 anteiso、c17:0、cy19:0、18:2ω(6,9)c、18:1ω9c 和 10 Me 18:0 含量，以及细菌、真菌的磷脂脂肪酸含量和磷脂脂肪酸总量均显著高于香樟和青冈凋落物处理的土壤。随着阔叶凋落物的分解，变化的土壤环境对土壤微生物群落的胁迫增强，土壤微生物群落结构发生显著变化。与香樟和青冈凋落物相比，白栎凋落物 C/N 值和木质素/N 值低、分解快，能显著改善土壤微生物群落结构，更有利于土壤肥力的提高和生态系统养分循环的改善。

陈法霖等（2011a）通过小盆模拟试验，将我国南方红壤丘陵区典型物种马尾松和湿地松的凋落物分别与白栎和青冈的凋落物混合，应用磷脂脂肪酸谱图的方法分析单一针叶凋落物与针阔混合凋落物分解过程中土壤微生物群落结构的变化差异。结果显示：①针阔混合凋落物分解时土壤微生物群落磷脂脂肪酸总量低于单一针叶处理，细菌和放线菌的相对丰度高于单一针叶处理，真菌则相反，真菌/细菌值低于单一针叶处理，土壤微生物生物量的差异主要来自于真菌；②主成分分析表明，针阔混合凋落物分解与单一针叶凋落物分解的土壤微生物群落结构差异显著，两个时期（分解 9 个月和 18 个月）第一主成分分别解释了 65.74%和 89.63%的变异，第一主成分主要包括 18:2ω(6,9)c、18:1ω9c、c17:0 和 10 Me 18:0 等磷脂脂肪酸；③土壤微生物群落结构受凋落物初始 C/N 值和木质素/N 值调控，土壤微生物群落细菌的相对丰度与凋落物初始 C/N 值和木质素/N 值呈显著负相关，真菌则与凋落物初始 C/N 值和木质素/N 值呈显著正相关，群落真菌/细菌值与凋落物初始 C/N 值和木质素/N 值呈显著正相关。结果提示：针阔混合凋落物分解通过改变凋落物 C/N 值和木质素/N 值，为分解者提供了更为有利的微环境。

陈法霖等（2011b）通过凋落物袋+小盆模拟试验研究，分两个时期（分解 5 个月和 18 个月）比较了外来种湿地松与本地种马尾松的凋落物对土壤微生物群落结构（磷脂脂肪酸）和功能（碳代谢）的影响，结果表明：①外来种湿地松凋落物的 C/N 值高于本地种马尾松；②两个时期，湿地松凋落物处理土壤细菌和放线菌的磷脂脂肪酸含量均低于马尾松，18 个月时湿地松凋落物处理土壤真菌含量和群落真菌/细菌值显著高于马尾松处理；③湿地松凋落物影响下土壤微生物群落功能多样性显著低于马尾松；④土壤微生物群落的结构显著影响微生物的活性和功能多样性：土壤微生物群落碳源代谢的强度、多样性及丰富度与细菌磷脂脂肪酸含量呈极显著正相关，细菌特征脂肪酸 c14:0、c15:0、15:0 anteiso、16:0 iso、16:1ω7c、17:0 anteiso 和 cy19:0 的含量显著影响土壤微生物群落的碳代谢功能。上述结果表明：与本地种马尾松相比，引进种湿地松的凋落物显著改变了土壤微生物群落结构，降低了微生物群落的功能。

## 12. 中亚热带毛竹林土壤微生物群落脂肪酸组多样性

周赛等（2015）针对我国中亚热带毛竹林主要分布区，在福建、浙江、湖南、江西沿经度和纬度设置 2 个采样带，从 5 个县（市）采集了 15 个表层（0～20 cm）土样和 15 个土壤剖面（0～60 cm），利用磷脂脂肪酸生物标记和聚合酶链反应-变性梯度凝胶电泳（PCR-DGGE）方法研究毛竹林土壤微生物群落空间分布特征与剖面分布特征。结果表明：毛竹林表层土壤微生物生物量和细菌 α 多样性指数的地带性变化趋势不显著，但不同地点的土壤微生物群落结构存在显著差异；气候因子和土壤理化性质共同影响了土壤微生物的群落结构，但气候因子的影响随土壤剖面深度增加而减弱。毛竹林土壤细菌 β 多样性指数与距离之间存在显著的衰减关系，表层（0～20 cm）土壤细菌群落结构相似度（β 多样性指数）随空间距离的衰减速率低于亚表层（20～40 cm）土壤，这可能与毛竹林根系的影响有关。总体上，环境选择和扩散限制共同影响了毛竹林土壤微生物的空间分布状况。

王雪芹（2011）以毛竹林生态系统土壤碳、氮养分转化研究为目的，通过野外林地试验、室内测定及相关数据分析相结合的研究方法，探讨了毛竹林外源养分供给、土壤养分释放、地表养分迁移之间的相互关系，系统地研究了毛竹林土壤养分的动态变化及微生物生态特征变化。对毛竹高生长期间土壤碳、氮养分及微生物群落的动态变化的研究结果表明：毛竹高生长期间，土壤各形态氮（全氮、碱解氮、铵态氮、硝态氮）和各形态碳［总有机碳、20℃可溶性有机碳（DOC）、80℃ DOC］的含量均有不同程度的降低，其中土壤全氮和有机碳含量变化较为明显，降幅分别达到了 21%和 18%，两者呈显著正相关（$R^2$=0.89）。说明随着毛竹的高速生长，土壤中的碳、氮含量发生了明显变化。同时还发现土壤微生物生物量碳含量随毛竹生长大幅度降低，降幅达到了 261 mg/kg。采用磷脂脂肪酸生物标记法对供试土壤磷脂脂肪酸的分析结果表明，随着毛竹快速生长对土壤养分的消耗，土壤中细菌标记性 PLFA 含量和总磷脂脂肪酸含量减少，但真菌标记性 PLFA 含量增加，说明土壤养分的变化明显影响了毛竹林土壤中特征性微生物的群落结构。不同施肥处理［对照不施肥（CK）、农民常规高产栽培（FFP）与科学施肥（SSNM）］对毛竹林土壤养分迁移及微生物群落结构影响的研究结果表明，铵态氮、硝态氮和速效磷含量在不同施肥处理中均呈现出 FFP>SSNM>CK 的规律。FFP 中微生物生物量碳、氮含量均高于 SSNM，且 FFP 中 C/N 值高达 34，降低了土壤的供肥能力。对试验地地表流失形态氮的分析发现，颗粒态氮（PN）和可溶性氮（DN）都是毛竹林土壤氮素流失的主要形态，而对水体造成污染的主要是 DN，不同施肥处理间 DN 流失量呈 FFP>SSNM>CK 的变化规律。采用磷脂脂肪酸生物标记法分析不同施肥处理下土壤微生物群落结构的变化，结果发现各个单体磷脂脂肪酸的 PLFA 谱图之间差别很大，具有多样性。不同施肥处理之间土壤微生物群落结构表现出一定的差异，能够表征真菌和细菌的 PLFA 总量均呈现出 FFP>SSNM>CK 的规律，而 $G^+/G^-$ 值则呈现出 CK>FFP>SSNM 的规律。

## 二、脂肪酸组学在湿地土壤微生物群落研究中的应用

### 1. 沿江湿地土壤微生物群落脂肪酸组多样性

边玉（2014）以黑龙江省富锦市松花江下游沿江湿地为研究对象，通过对不同水文和不同土地利用方式下土壤微生物群落结构和活性特性及其主要影响因子的研究，揭示湿地退化过程的驱动机制，为退化湿地的恢复提供理论依据；筛选湿地土壤健康评价微生物学指标，为湿地土壤退化与修复评价指标与指标体系的完善提供科学依据与基础数据。主要结论如下：磷脂脂肪酸（PLFA）分析研究发现，松花江下游沿江退化湿地土壤中磷脂脂肪酸以单不饱和脂肪酸、直链饱和脂肪酸和支链饱和脂肪酸为主，羟基脂肪酸、环丙烷脂肪酸和多不饱和脂肪酸含量较少；微生物群落结构中细菌占明显优势（44.8%～52.6%），其次是真菌（5.3%～8.2%），放线菌最少（1.9%～5.6%）；在不同水文条件和不同土地利用方式下，微生物 PLFA 总量和功能类群的特征 PLFA 几乎都呈现显著差异性。在不同退化湿地中，微生物生物量碳、蔗糖酶、脲酶和磷酸酶都呈现出不同程度的差异性。土壤水分和养分条件对微生物活性具有重要的影响。在不同水分条件的自然湿地中，影响土壤微生物群落结构和活性的主要土壤环境因子有土壤水分、总磷、总氮、速效磷和速效钾，但是在利用方式不同的湿地中则主要包括土壤水分、有机碳、速效磷和速效钾。因此，PLFA 总量、细菌和微生物生物量碳可作为湿地土壤健康评价的微生物学指标。

张燕等（2013）研究了冬季北运河（通州段）沿岸人工湿地植物的根际土壤微生物群落结构。选择千屈菜、香蒲、鸢尾、芦苇等 4 种植物作为研究对象，采用磷脂脂肪酸生物标记法对其根际土壤微生物群落结构进行分析。结果发现，4 种湿地植物根际微生物 PLFA 总量存在明显的差异，千屈菜的 PLFA 总量最低，且多样性最小；与香蒲和鸢尾相比，芦苇根际土壤微生物的均匀度与多样性都较小。对根际土壤各类群微生物比例进行分析发现，不同植物根际土壤各类群微生物的含量呈现出显著差异，其中鸢尾根际土壤厌氧微生物比例最高，不利于冬季有机污染物的好氧分解。综合考虑各种因素，与千屈菜、鸢尾和芦苇相比，种植香蒲更有利于寒冷地区人工湿地的实际运行。主成分分析的结果表明，千屈菜和香蒲对根际土壤微生物群落结构影响的差异显著，鸢尾和芦苇差异不明显。

### 2. 水稻田湿地土壤微生物群落脂肪酸组多样性

水稻生产具有独特的种植模式，其种植区域通常水系丰富，包括具有重要生态价值的池塘、湖泊、湿地等。目前农药在稻田周边水域检出的报道日益增多，对典型稻田-池塘生态系统具有潜在的风险。为指导规范用药，在保障生产的同时降低农药使用对稻田生态系统的生态风险，对稻田土壤、周边水体、池塘沉积物中农药时空动态分布进行监测是基础。同时微生物在土壤、沉积物生境中广泛分布，其多样性是反映生态系统受干扰后生物群落变化的重点监测因子。

付岩（2015）研究了田间不同时期调查和监测毒死蜱、三唑酮、丁草胺、丙草胺、

甲氰菊酯、戊唑醇、氰氟草酯、高效氯氰菊酯、氰戊菊酯、苯醚甲环唑、苄嘧磺隆、多菌灵、吡虫啉、甲基托布津、噻嗪酮、叶枯唑等农药在稻田土壤、稻田沟渠、池塘水、池塘沉积物中的分布，并采用室内培养和稻田-池塘模拟生态系统相结合的方式，以田间高检出率的噻嗪酮、三唑酮、丙草胺，以及在生态风险方面广受关注的叶枯唑为研究对象，以土壤酶活性、微生物群落结构和细菌遗传多样性为指标，研究典型农药品种对稻田-池塘生态系统的影响。其中，磷脂脂肪酸的研究结果表明：培养初期革兰氏阴性菌与革兰氏阳性菌生物量的比值（$G^+/G^-$）和细菌与真菌生物量的比值（B/F）均出现明显下降。噻嗪酮、三唑酮、丙草胺、叶枯唑对细菌生物量的最大抑制率分别为 24.6%、31.5%、24.9%、43.6%，对真菌的最大抑制率分别为 23.0%、23.6%、10.5%、2.2%。稻田土壤和池塘沉积物中真菌生物量受噻嗪酮、丙草胺、叶枯唑影响较小或受抑制，但在培养 28 d 时已经恢复。噻嗪酮对非淹水土壤、淹水土壤、沉积物中的细菌作用不同，在非淹水土壤中表现为促进作用，而在淹水土壤、沉积物中表现为抑制作用。三唑酮、丙草胺、叶枯唑处理组细菌被显著抑制（$P<0.05$）。叶枯唑和丙草胺对革兰氏阴性菌（$G^-$）的抑制作用大于革兰氏阳性菌（$G^+$）。噻嗪酮和三唑酮对 $G^-$的抑制作用大于 $G^+$。

五氯酚（pentachlorophenol，PCP）是环境中普遍存在的一类持久性有机污染物，在我国曾被大量用于杀灭钉螺以控制血吸虫病传播。由于其性质稳定、难以降解，严重危害土壤的生产力、生态功能、农产品质量和人类健康。因此，有关 PCP 在土壤中的环境行为及其修复技术已经成为土壤学、环境科学等相关学科领域的研究热点。水稻田是世界上最大的人工湿地，由于稻田管理的需求，水稻土中氧化还原的波动控制了微生物群落结构的功能及短期的生物地球化学过程。林加奖（2013）以 PCP 为目标污染物，研究其在不同土壤，特别是水稻土土-水界面的特异消减行为，主要包括土壤类型（包括旱地土壤、水稻土）、氧化还原状态（含水量差异）、淹水水稻土剖面（毫米级微域）、外源电子供体与受体对土壤剖面 PCP 消减及微生物群落结构的影响。其中，基于磷脂脂肪酸谱图分析技术，研究了 PCP 胁迫、电子受体和电子供体的添加对黄斑田土壤剖面中微生物生物量和微生物群落结构的影响及其与 PCP 消减的相关关系。磷脂脂肪酸主成分分析结果表明，在培养试验中，土层深度是影响微生物群落结构变异的首要因子，而外源电子供体和受体添加占次要位置。PLFA 总量在 0～10 mm 土层最高并随土层深度的增加有降低的趋势。真菌、好氧菌、蓝细菌、环丙烷脂肪酸的前体脂肪酸、革兰氏阴性菌、饱和脂肪酸和单不饱和脂肪酸均在 0～10 mm 土层最高，但随土层深度增加而降低，而细菌、放线菌、厌氧菌、革兰氏阳性菌、硫酸盐还原菌、iso-和 anteiso-脂肪酸则相反。土壤中添加秸秆可使这些特征脂肪酸剖面梯度差异变小甚至消失。然而，与其他任一处理相比，添加秸秆处理饱和脂肪酸/单不饱和脂肪酸（S/M）值随土层深度增加而递增。PCP 残留量与代表革兰氏阳性菌的 14:0 iso 呈极显著负相关（$P<0.01$），3,4,5-三氯酚（3,4,5-TCP）含量与代表硫酸盐还原菌、放线菌的 10 Me 16:0 和 10 Me 17:0，以及代表厌氧菌的 cy17:0 和 cy19:0 均呈极显著负相关（$P<0.01$）。

### 3. 崇明岛环岛湿地土壤微生物群落脂肪酸组多样性

湿地是陆地生态系统的重要碳库之一，被认为是重要的碳汇，同时也是碳源。由于全球气候变化，湿地生态系统中的$CO_2$、$CH_4$等温室气体也受到了关注。湿地碳循环在全球气候变化中扮演着非常重要的角色，气候变化也以不同方式影响着湿地的水文系统和生态功能。湿地土壤微生物是湿地生态系统中的重要组成部分，其性质和功能特征影响着整个湿地生态系统。因此，研究湿地土壤微生物的性质具有实际意义，为后续的湿地科学研究提供参考。黄秋雨（2012）以崇明岛环岛湿地为研究区域，通过实验测定描述该岛潮间带湿地土壤的物理化学性质、微生物生物量碳、微生物生物量氮、土壤呼吸作用及土壤酶活性的分布特征，同时采用磷脂脂肪酸谱图分析技术对庙港西三号坝湿地进行微生物群落结构分析，反映湿地土壤微生物的性质特征。其中，脂肪酸组的分析结果显示：土壤深度为10～20 cm时微生物脂肪酸的总含量最高，其微生物群落总含量最高。3 个土层的湿地土壤微生物群落均以革兰氏阳性菌为主，即革兰氏阳性菌含量>革兰氏阴性菌含量。18:1ω5c 指示着真菌，在 3 个土层中均有分布且含量均最高。

土壤微生物在生态系统营养物质循环过程，特别是碳、氮循环过程中扮演着重要的角色。上海市崇明岛位于长江入海口，因其土壤发育时间较短、土地利用历史背景清晰、土壤本底均一，不同围垦年代的土壤代表了土壤发育年代的不同时期。以空间变化代替时间变化，对崇明岛稻田和旱地6个不同围垦年代土壤的磷脂脂肪酸指纹图研究表明，湿地滩涂围垦16年后土壤微生物总PLFA、细菌PLFA、革兰氏阳性菌（$G^+$）PLFA和革兰氏阴性菌（$G^-$）PLFA含量显著降低。随着围垦时间的逐步增加，PLFA含量逐步上升。经过长时间的农业种植，$G^+$ PLFA在围垦120年和300年稻田及旱地土壤中没有显著性差异；而总PLFA、细菌PLFA和$G^-$ PLFA在围垦75年、120年和300年的土壤中含量趋于稳定且没有显著性差异。围垦16年和40年稻田土壤中总PLFA和$G^+$ PLFA显著高于旱地土壤；围垦40年稻田土壤中细菌PLFA和$G^-$ PLFA显著高于旱地土壤。不同围垦年代土壤总PLFA、细菌PLFA与土壤总氮、黏土含量呈显著的正相关关系。河口湿地围垦后微生物数量的变化与土壤营养含量存在极强的相关关系，提示土壤围垦及演替过程中微生物与土壤肥力之间的紧密关系，对探讨土壤演替过程中微生物群落的变化具有重要意义（林黎等，2014）。

## 4. 湖泊湿地土壤微生物群落脂肪酸组多样性

气候暖化对全球生态系统产生了广泛影响，尤其是对与水质安全和水质演变密切相关的湿地磷素生物地球化学循环系统。李津津（2010）以长江三角洲（长三角）南区6种磷库与碳库具有显著差异的湿地［绍兴镜湖（JH）、德清下渚湖（XZ）、桐乡养鸭塘（YT）、杭州西溪湿地（XX）、长兴包漾河（BY）、嘉兴石臼漾湿地（SJ）］为研究对象，自行设计微宇宙湿地研究平台（Microcosm）模拟气候暖化背景下的湿地土-水生境。以自然温度为对照组（CK），以自然温度上升（5±2）℃为处理组（UP 5℃），应用现代分析技术研究磷素在沉积物、水和微生物等界面的生物地球化学循环规律及其机制。通过模拟气候变暖微宇宙实验，6处湿地对照组和处理组沉积物中Ca-P含量差异均不显著，其他形态磷只有少数差异显著。JH、XZ和SJ上覆水总磷（TP）和可溶性磷（DRP）浓度处理组显著高于对照组，且均出现在冬季。气候暖化对层间水中TP和DRP浓度的影响明显大于上覆水，以XZ和XX最为显著。上覆水TP和DRP浓度的季节性变化较明显，夏季明显高于冬季。在高有机磷、高铁结合态磷、高铝结合态磷的沉积物中，随着温度的升高，上覆水中和层间水中 DRP 浓度会随之增加。通过磷脂脂肪酸特征谱技术分析 6 种供试湿地沉积物磷脂脂肪酸种类，JH、XZ、XX、SJ 以 c16:0 为主，YT 和 BY 以 16:1ω7c/15 iso 2OH 为主。温度升高使百分含量大于 0.1%磷脂脂肪酸的种类增加，YT 除外。PLFA 总量处理组高于对照组，增幅达到 11%～67%；细菌量增幅达到 6%～83%，YT 除外；真菌量达到 40%～168%，BY 除外；放线菌无明显变化规律。温度升高会促使湿地沉积物中真菌丰度增加而细菌丰度降低，改变湿地沉积物中微生物的群落分布，有利于促进磷酸酶分泌。通过对沉积物中主成分分析发现，随着温度升高，不同湿地磷脂脂肪酸的均匀度发生改变，变异减少。通过酶学方法在湿地沉积物中的应用，以及活性有机质的测定，结果表明气候暖化提高了含磷量较低的湿地沉积物中性磷酸酶和碱性磷酸酶的活性，促进有机磷降解及磷素迁移活性增强；而高磷沉积物由于其高含量有机质的络合和高浓度 DRP 抑制，可能使其活性较低。高活性有机质和中活性有机质对照组高于处理组，而低活性有机质处理组高于对照组，说明微生物可利用有机质主要以高活性和中活性有机质为主，总的活性有机质处理组高于对照组，说明气候暖化湿地生态系统在短期内仍以碳汇为主。

王爱丽（2013）以天津大学校内两个相邻的小型湖泊（青年湖和爱晚湖）为研究区域，通过采样分析，利用磷脂脂肪酸和聚合酶链反应-变性梯度凝胶电泳（PCR-DGGE）分析技术，研究了湿地植物种类［芦苇（*Phragmites australis*）和东方香蒲（*Typha orientalis*）］及生长方式（单生和混生）对根际微生物生物量和群落结构的影响。磷脂脂肪酸分析结果表明，植物根际微生物生物量大于非根际（爱晚湖芦苇除外）；植物种间的差异较大，东方香蒲根际沉积物中微生物生物量大于芦苇根际；种内根际微生物受植物生长状况的影响较大，采样期间两个湖泊中东方香蒲的生长状况（株高）相似，根际微生物生物量相差不大，而爱晚湖芦苇由于与东方香蒲共生，受到东方香蒲的抑制，使得根际微生物生物量明显低于单独生长的芦苇；革兰氏阳性菌的数量少于革兰氏阴性菌的数量，且根际的革兰氏阳性菌与革兰氏阴性菌的比值小于非根际。沉积物中的细菌群落结构主要与植物种类有关，同一种植物的根际细菌群落结构差异较小（这些根际细菌聚为一类）；不同植物的根际细菌群落结构差异较大。

### 5. 低纬度高寒湿地土壤微生物群落脂肪酸组多样性

土壤水分含量的空间异质性是引起湿地生态系统结构和功能空间变异的关键因素。目前有关低纬度高寒湿地土壤水分对微生物群落结构影响的研究较少。牛佳等（2011）于 2007 年 4 月（冷季）和 8 月（暖季）采集若尔盖高寒湿地常年淹水和无淹水两种水分条件的土壤样品，利用磷脂脂肪酸生物标记法分析其微生物群落结构。结果表明，土壤微生物总生物量、细菌生物量、革兰氏阳性菌及革兰氏阴性菌生物量均表现为常年淹水土壤高于无淹水土壤，且 4 月高于 8 月；与土壤通气量关系密切的真菌、放线菌，其生物量表现为无淹水土壤显著高于常年淹水土壤；反映群落组成的真菌/细菌磷脂脂肪酸值也表现为无淹水土壤显著高于常年淹水土壤。磷脂脂肪酸的主成分分析表明，水分条件不同的两种土壤中微生物群落结构显著不同，季节变化并未引起土壤微生物群落结构的改变。

斯贵才等（2014）选取青藏高原念青唐古拉山地处不同海拔的高寒沼泽土壤作为研究对象，测定土壤理化指标，以及土壤酚氧化酶、脲酶、过氧化物酶、蛋白酶、L-天冬酰胺酶和碱性磷酸酶活性，测定土壤微生物磷脂脂肪酸量，得到土壤微生物生物量，研究沼泽土壤微生物群落和土壤酶活性随着海拔增加的变化特征，探讨土壤微生物群落和土壤酶活性与环境因子之间的关系。结果表明，高寒沼泽土壤理化指标、土壤酶活性和土壤微生物生物量都随海拔增加而明显减小。相关性分析与典范对应分析结果显示，年平均气温与大多数土壤物理化学指标、土壤酶活性和土壤微生物生物量显著正相关。年平均气温是影响念青唐古拉山地高寒沼泽生态系统土壤微生物群落结构和土壤酶活性变化的重要因子。

## 6. 氧调控下复合垂直流人工湿地微生物群落脂肪酸组多样性

陶敏等（2012）运用磷脂脂肪酸技术研究了氧调控下复合垂直流人工湿地（IVCW）微生物群落结构及活性变化，结果表明，不曝气 IVCW 基质表层以好氧微生物为优势种群，但绝大部分微生物都集中在 0～20 cm 基质层，系统的净化空间受到限制；氧调控下微生物群落向基质纵深发展，表征好氧微生物的单不饱和脂肪酸的含量显著增加，曝气系统下行池表层各类群微生物生物量为不曝气系统的 2～6 倍，表征微生物活性的 PLFA 总不饱和度水平也明显升高；革兰氏阴性菌成为曝气 IVCW 基质微生物群落的优势种群，群落具有更高的活性和专一性，提高了污染物的去除效果。因此，进一步研究微生物的这种适应机制可以为优化湿地系统提供一定的理论基础。

## 7. 化合物影响人工湿地微生物群落脂肪酸组多样性

杨惠珍（2013）基于双因素方差原理，将植物多样性和零价铁综合应用于微宇宙之中。在湿地运行 4 个月后，对植物地上、地下部分和基质进行取样，分别测定植物地上和地下生物量，并采用磷脂脂肪酸指纹技术对基质微生物群落结构进行分析。双因素方差分析表明：植物多样性、零价铁，以及它们的共同作用对植物地上和地下生物量影响不显著（$P>0.05$）；革兰氏阳性菌总量、革兰氏阴性菌总量、真菌含量、原生动物脂肪酸含量均与植物多样性呈现不同程度的相关性（$P<0.05$），但与零价铁含量相关性不显著（$P>0.05$）；除 17:1 iso I/anteiso B 外，各类脂肪酸含量与植物多样性和零价铁共同作用的相关性不显著（$P>0.05$）。植物多样性能显著改善人工湿地微生物群落的结构，而零价铁对此作用不显著。

多环芳烃（polycyclic aromatic hydrocarbon，PAH）是一类普遍存在于大气和土壤中的持久性有机污染物，因其具有致畸、致癌、致突变的“三致”效应而受到广泛关注。随着经济发展和全球化进程，土壤环境中多环芳烃的浓度急剧上升，而红树林湿地的土壤中富含有机物和腐殖质，且颗粒极细，多环芳烃很容易在其中滞留和累积。如何修复被多环芳烃污染及破坏的土壤环境特别是红树林湿地环境是当今的热点和难点之一。杨骏达（2015）利用盆栽试验研究了两种代表性多环芳烃——菲和芘的混合物（浓度各为 100 mg/kg），在为期 60 d 的试验中，对两种红树植物——秋茄（*Kandelia obovata*）和桐花树（*Aegiceras corniculatum*）的生长及生理水平的影响，并分析了土壤理化指标、土壤酶活性及土壤微生物脂肪酸谱图，同时监测了该过程中多环芳烃的去除率。其中，脂肪酸分析结果表明：添加多环芳烃的土壤中总脂肪酸、细菌脂肪酸、真菌脂肪酸及放线菌脂肪酸相对含量均显著高于未添加土壤，说明添加多环芳烃对土壤中微生物数量有刺激作用。添加多环芳烃的土壤中革兰氏阴性菌的相对含量显著高于未添加土壤，说明革兰氏阴性菌在多环芳烃的去除过程中占据重要地位。另外，添加多环芳烃的土壤中18:1ω9t/18:1ω9c 值显著高于未添加土壤，说明添加多环芳烃的土壤更适合某些特定微生物生长。

沉积物中木栓酮作为指示被子植物的生物标记物，可追溯地球古环境和古植被的历史变化。董红云（2014）对土壤木栓酮的来源、积累途径和稳定性，以及其对土壤微生物群落组成和结构的影响进行分析，并选取全国 34 个典型森林和农田生态系统样点进行研究，探索土壤木栓酮的分布特征，以及土壤木栓酮在森林和农田生态系统的生态指示作用。研究结果显示，木栓酮在我国不同植被区常见植物中普遍存在，并具有种属特异性，主要经由凋落物途径进入土壤，在土壤中较稳定，半衰期 $t_{1/2}$=54 d（$K$=0.013，$Y=0.218+4.62e^{-0.013}t$，$R^2$=0.993）。木栓酮对土壤活性有显著影响，通过平板计数法和磷脂脂肪酸生物标记法发现木栓酮对土壤微生物群落组成和结构均有显著影响。分析森林和农田土壤木栓酮与土壤理化性质和土壤微生物群落组成及结构的相关性，发现较小空间尺度下土壤木栓酮仅与土壤真菌存在显著相关性，森林土壤与土壤全氮显著相关，而农田土壤有机质和土壤微生物生物量碳显著相关。综合分析森林和农田生态系统土壤木栓酮与植被、空间位置、气候因子、土壤因子及土地利用方式等环境因子的关联性，发现土壤木栓酮对人为干扰具有生态指示作用，因此土壤木栓酮可作为生物标记物对生态系统脆弱度和恢复程度做出有效评估。

## 8. 污水处理人工湿地微生物群落脂肪酸组多样性

受市政基础设施建设能力的限制，我国多数城镇污水处理能力十分有限，大部分生活污水未经处理直接排放进入受纳水体，导致地表和地下水污染问题日趋严重。对于我国这种人均淡水资源短缺的国家，开发和应用经济高效的污水处理工艺显得尤为重要。人工湿地处理工艺具有便于操作和维护、污染物净化效果显著及观赏价值高等特点而被广泛应用。人工湿地净化效果受温度等因素的影响较大，因此开展北方寒区人工湿地对生活污水的净化研究对于人工湿地在北方地区的推广和应用具有重要意义。于婧（2015）开展了不同植物和基质组合水平潜流人工湿地对生活污水中氮、磷、化学需氧量（COD）的净化效果研究，探讨了不同污染负荷对人工湿地净化效果的影响，阐明了寒区季节性温度变化下不同配置人工湿地脱氮除磷的特性，并初步分析了人工湿地土壤酶活性及微生物群落结构随环境温度的变化特征。对人工湿地土壤酶活性及微生物群落结构研究发现：人工湿地土壤脲酶活性随温度的下降而降低，蔗糖酶活性在一定温度范围内呈现出先下降后上升的趋势；以砾石与美人蕉和千屈菜混种的人工湿地土壤中单不饱和脂肪酸、直链饱和脂肪酸及支链饱和脂肪酸含量丰富，而多不饱和脂肪酸、环丙烷脂肪酸和羟基脂肪酸含量相对较少；群落结构中细菌占优势（42.7%～50.8%），其次是真菌（14.2%～17.1%），而放线菌最少（1.1%～1.9%）。

张洪敏等（2015）为改善汉江水电站库区水质，考察了跌水式人工湿地应用于合流制排水系统雨季溢流污染的治理情况，以维护附近生态环境平衡。通过与普通湿地的比较，发现 3 级跌水式湿地对 COD、氨氮、总氮及总磷的去除率均高于普通湿地，分别高 13.1%、7.9%、6.1%和 6.0%。跌水式湿地具有较好的溶解氧梯度，而普通湿地末端容易形成厌氧环境。Biolog 微平板试验的结果表明，跌水式湿地中的微生物对糖类及其衍生物、氨基酸及其衍生物、脂肪酸及脂类、代谢中间产物及次生代谢物的利用程度更高。PCR-DGGE 分子图谱技术分析表明，跌水式湿地的微生物种群普遍比普通湿地的微生物群落结构组成丰富，且特有的功能微生物与污染物去除相关。

人工湿地广泛用于处理生活污水和控制农业面源污染。湿地植物是人工湿地系统的重要组成部分，植物根系具有发达的通气组织，能将大气中的和光合作用产生的氧气运送到根部，在根系与土壤界面形成微氧化区域，使植物根表形成铁氧化物胶膜。铁膜的形成不仅影响根际土壤中物质的迁移和转化，而且影响植物对矿质元素的吸收利用。因此，研究湿地植物根表铁膜对磷和铅迁移、转化及植物有效性的影响，对深入了解湿地植物净化水质的内在机理有着积极的意义。钟顺清（2009）通过调查采样研究了不同湿地植物在自然条件下形成根表铁膜的差异性及其对磷吸附的特征，探讨了根表铁膜形成对景观湿地植物不定根生长和根系活力的影响，同时也分析了湿地植物土壤微生物群落结构对外源铅、铁的响应。土壤微生物群落结构对外源铅、铁的响应表现为：磷脂脂肪酸（PFLA）表征的微生物总量根际高于非根际，香农多样性指数（Shannon index，*H*）在 500 mg/kg 铁处理水平下，非根际土壤中微生物群落结构多样性随铅浓度的增加呈上升趋势，而根际土壤中 *H* 指数在高浓度铅（500 mg/kg、1000 mg/kg）处理时高于低铅处理。聚类分析表明根际土壤中微生物群落结构主要受铁的影响，而非根际土壤中铅起主导作用。

## 三、脂肪酸组学在施肥影响土壤微生物群落研究中的应用

### 1. 施用磷肥对土壤微生物群落脂肪酸组多样性的影响

自全国第二次土壤普查以来，随着对磷肥施用的重视，至 20 世纪末水稻土中磷素大多有不同程度的积累，某些地区甚至出现了盈余过大的现象，生产上表现为磷肥对当季作物增产效果大多不明显，且连续在高磷水平土壤上施用水溶性磷肥有因磷素流失引起水体富营养化的风险。为了维持土壤有效磷水平和使植物达到最大产量和最佳品质，合理的磷肥施用是必可不少的。因此，寻找既能维持原有的土地生产力，又能降低农田磷损失风险的磷源，作为水溶性磷肥的补充或替代有着重要的意义。大量研究表明，在大多数热带和亚热带地区酸性土壤上施用磷矿粉能够获得与水溶性磷肥相当的效果。从创造可持续性和环境友好型农业生产系统出发，深入开展将磷矿粉作为高磷水稻土维持性磷肥的研究，就显得很有必要。郭海超（2009）应用磷脂脂肪酸生物标记法研究了不同施磷处理对土壤微生物群落的影响。研究发现，种植黑麦草促使含有 c20:4 特征磷脂脂肪酸的丛枝菌根真菌与其产生了共生作用。高量磷矿粉和水溶性磷肥施用显著增加了

土壤微生物生物量。土壤真菌对磷肥施用的反映最为灵敏，$KPR_{50}$（云南昆阳磷矿，50 mg P/kg）、$KPR_{250}$（云南昆阳磷矿，250 mg P/kg）和 $MCP_{50}$（水溶性磷肥，50 mg P/kg）处理土壤真菌生物量比不施磷肥处理分别增加了 72%、106%和 71%。施用水溶性磷肥的土壤微生物群落明显不同于施用磷矿粉和不施磷肥处理。磷肥的有效性及其改善土壤磷素有效性的能力可能是推动其微生物群落显著改变的一个因素。

## 2. 施用有机肥对土壤微生物群落脂肪酸组多样性的影响

张奇春等（2010）采用室内恒温培养方法，研究了不同施肥处理对水稻长期肥料试验中不施肥区（CK）和全肥区（NPK）土壤酶活性及微生物群落结构的变化。结果表明，施肥处理（单施化肥、施猪粪和施秸秆）可以显著提高土壤的微生物生物量碳及脲酶、酸性磷酸酶的活性，施用有机肥的效果明显大于单施化肥；有机肥在无肥区（CK）的施用效果与在全肥区（NPK）的效果接近。磷脂脂肪酸分析表明，施肥使无肥区（CK）土壤微生物群落结构发生了显著的变化，施用有机肥显著增加了土壤微生物群落结构的多样性。与不施肥和单施化肥相比，施用有机肥主要增加了细菌和真菌的特征脂肪酸如不饱和脂肪酸、环状脂肪酸 cy19:0 等的相对含量，而降低了放线菌标记性脂肪酸 10 Me 18:0 的相对含量。

微生物群落结构是土壤生态系统变化的预警及敏感指标，可用于表征土壤质量及其生态功能变化。张焕军等（2011）用磷脂脂肪酸生物标记法研究了有机肥和 NPK 肥料长期施用对华北平原潮土微生物群落结构的影响及其变化特征。结果表明：长期施用有机肥也改变了土壤微生物的群落结构，提高了细菌数量，降低了放线菌含量，而对真菌数量没有明显影响，导致真菌/细菌值下降。主成分分析表明，在长期施用有机肥的土壤中，微生物以含 19:0 anteiso、br14:0、16:1ω5c 和 17:1ω9c 的细菌，以及含 18:1ω10c 的真菌为优势种群，NPK 处理的土壤中以含 18:1ω7c、19:0 iso、br18:0、16:1ω7t 和 15:0 anteiso 的细菌为优势种群，CK 处理中没有明显的优势种群。

了解施肥与土壤培肥和作物真菌病害的关系，可为烤烟科学施肥、保持农业生产的长期可持续发展积累资料。陈丹梅等（2014）利用云南省烟草农业科学研究院的长期肥料定位试验，设置长期不施肥（CK）、纯施化肥（CF）和有机无机肥配施（MCF）等处理，采用常规磷脂脂肪酸分析方法和 454 高通量测序技术，分别就施肥对植烟土壤有机质、养分和微生物群落结构的影响进行分析。结果表明：施肥显著增加微生物标记性磷脂脂肪酸（PLFA）的种类和总量，尤以 MCF 最为显著，说明施肥尤其是 MCF 显著增加了土壤中微生物种群和数量。但是，在 CF 处理的土壤中，异养性微生物——真菌的 PLFA 占微生物总量的比例是 MCF 的 2.52 倍，真菌种群数（OTU）比 MCF 提高 25.91%，真菌群落的多样性、均匀度和优势度指数也显著高于 CK 和 MCF，说明施用化肥改变了土壤生态环境，有益于真菌的生长繁殖，使真菌种群增加，密度增大，优势种群突出，导致土壤真菌化。土壤真菌群落由子囊菌门、担子菌门、接合菌门、壶菌门和尚待鉴定的真菌等构成，子囊菌门占绝大多数。前 20 种优势菌株的丰富度高达 33.01%～49.28%，其中 CK 和 MCF 有 15 种相同，CK 和 CF 仅 6 种一致。长期持续施用化肥可提高作物真菌病害的发生概率，降低土壤有机质含量；土壤特性是影响真菌种群的重要因素之一，MCF 对土壤优势真菌的影响较小，而 CF 显著改变了土壤真菌的种群结构。

陈晓芬等（2015）利用磷脂脂肪酸分析法和微平板测定法研究将红壤荒地开垦为水田耕种 20 年后，不同施肥处理条件下土壤微生物群落结构和功能多样性的变化，并分析土壤微生物学指标与土壤养分含量变化的关系。结果表明，与对照相比，施用磷肥和施用有机肥处理的微生物总磷脂脂肪酸（PLFA）含量提高了 13.6%～68.9%。磷肥和有机肥的施用也提高了各菌群微生物的 PLFA 含量。不同施肥处理土壤微生物群落平均吸光度（平均每孔颜色变化率，average well color development，AWCD）值、香农多样性指数、辛普森优势度指数和 McIntosh 指数分别为 0.17～0.30、2.79～3.03、0.93～0.94 和 1.46～2.27。磷肥和有机肥的施用提高了微生物群落的 AWCD 值和功能多样性指数。主成分分析表明，施用磷肥和施用有机肥的处理中微生物群落结构和碳源利用方式明显区别于对照、单施氮肥和施用氮、钾肥的处理。逐步回归分析显示，有机碳、全磷、全氮和速效磷是影响土壤微生物群落结构和功能多样性的关键因素。磷肥和有机肥的施用有利于土壤微生物活性和多样性，提高土壤生物功能和生产力。

海藻是生长在海洋中的低等隐花植物，由于其特殊的生长环境，营养成分与陆生植物存在很大的不同，海藻中含有一般陆生植物无法比拟的丰富的矿物元素及维生素等。目前海藻及其相关产品已被应用于多个领域。海藻可作为生物促生剂及肥料应用于有机农业中。李智卫（2010）以山东青岛岸边丰富的海带（*Laminaria japonica*）及浒苔（*Enteromorpha prolifera*）为原材料，研究了海藻液态提取物对根际促生菌（plant growth promoting rhizobacteria，PGPR）生长的影响，结果表明，添加海藻提取液对有机磷细菌的生长无显著影响，可以促进自生固氮菌、无机磷细菌、解钾菌的生长，不同海藻提取液添加量对自生固氮菌和无机磷细菌的生长促进作用无显著差异，1/1000 的海藻提取液添加量即可收到很好的促生效果。海藻提取液对解钾菌的促生作用随海藻提取液添加量的增大而增强，以 1/100 的添加量效果最好。以山东青岛岸边的海带和浒苔为原料，通过高温发酵制作海藻有机肥，对山东烟台 10 年树龄的苹果园进行施肥试验，2008 年秋季施肥，两种肥料的施肥量一致，分别以 7.5 kg/株、15 kg/株、22.5 kg/株 3 种不同的量在秋季施入果园中，正常管理，同时设不施有机肥的对照。为保持果树的产量，所有处理均施用等量化肥。次年的 5 月和 10 月采集土样。通过平板培养、测定土壤酶活性、构建微生物群落脂肪酸甲酯（FAME）谱图的方法研究海藻有机肥对土壤微生物数量、活性及种群结构的影响。结果表明，施用海带有机肥及浒苔有机肥可以显著提高果园土壤有机质、全氮、速效磷、速效钾含量，提高土壤 pH，改良酸性土壤。海带肥的效果优于浒苔肥。在 5 月的采样测定表明，海带有机肥及浒苔有机肥均可显著增加土壤中可培养细菌及放线菌的数量，细菌数量为对照土壤的 2.81～9.30 倍，放线菌数量为对照土壤的 1.95～18.62 倍。施用海带有机肥及浒苔有机肥对可培养真菌数量无显著影响。对微生物脂肪酸甲酯的分析表明，施用海带有机肥及浒苔有机肥均可显著提高微生物生物量，FAME 总量为对照土壤的 1.60～2.64 倍。施用海带有机肥和浒苔有机肥可增加土壤微生物中单不饱和脂肪酸的含量比例，为对照土壤的 1.14～1.64 倍。对 FAME 数据的主成分分析表明，海带有机肥及 22.5 kg/株浒苔有机肥处理对土壤微生物种群结构的改变较大，而 7.5 kg/株及 15 kg/株浒苔有机肥对微生物种群结构的影响较小。在 10 月的采样测定中，两种肥料对土壤微生物的影响已减弱。这些结果表明，施用海带有机肥和浒苔有机肥会对果园土壤质量产生有益的影响。

### 3. 施用氮肥影响土壤微生物群落脂肪酸组多样性

土壤微生物在维持地球生态系统平衡上起着重要作用，但是由于人类对土地资源的不当利用，微生物群落已发生明显变化。黄梦青（2013）以中亚热带细柄蕈树和米槠天然林、杉木人工林及橘园为研究对象，运用磷脂脂肪酸生物标记方法探讨了不同土地利用方式及施氮措施对山地土壤微生物生物量和群落结构的影响。研究结果表明：土地利用方式显著改变了土壤微生物群落生物量及其结构组成。米槠和细柄蕈树天然林及杉木人工林不同土层土壤微生物脂肪酸总量，总细菌、革兰氏阳性菌（$G^+$）、革兰氏阴性菌（$G^-$）、放线菌和真菌脂肪酸季度均值显著高于橘园土壤，说明天然林和人工林土壤微生物群落生物量显著高于橘园。不同土层土壤真菌/细菌（F/B）脂肪酸季度平均值从高到低依次为天然林>人工林>橘园，革兰氏阳性菌/革兰氏阴性菌（$G^+/G^-$）、饱和脂肪酸/单不饱和脂肪酸（sat/mono）与环丙烷/前体脂肪酸（cy/pre）季度平均值依次为天然林<人工林<橘园，且天然林和橘园土壤各脂肪酸比值基本达到显著性差异水平，表明随着人为干扰程度的增加，土壤微生物群落结构改变，人为干扰最少的天然林土壤微生物群落具有最高的稳定性。除杉木土壤 $G^+/G^-$及细柄蕈树低氮肥（LN）处理土壤 sat/mono 值外，施氮对土壤微生物群落生物量和结构组成基本无显著影响。施氮对微生物群落生物量的影响随土地利用方式、施氮量和具体微生物类群而异。与对照相比，细柄蕈树天然林低氮处理土壤微生物脂肪酸总量，总细菌、$G^+$、$G^-$和放线菌特征性脂肪酸季度均值提高 2%～11%，高氮处理降低 11%～21%；杉木人工林 LN 处理土壤微生物脂肪酸总量及总细菌、$G^+$、$G^-$、放线菌和真菌特征性脂肪酸季度均值降低 1%～13%，高氮肥（HN）处理微生物脂肪酸总量、$G^-$和真菌特征性脂肪酸季度均值降低 2%～15%，总细菌、$G^+$和放线菌特征性脂肪酸季度均值增加 6%～21%；施氮后橘园土壤微生物脂肪酸总量及各类群微生物脂肪酸含量下降，LN 处理降低了 2%～6%，HN 处理降低了 7%～10%。施氮增加了细菌/真菌（F/B）、革兰氏阳性菌/革兰氏阴性菌（$G^+/G^-$）、饱和直链/单不饱和脂肪酸（sat/mono）、反式/顺式脂肪酸（*trans*/*cis*）与环丙烷/前体脂肪酸（cy/pre）值，表明施氮后土壤微生物群落稳定性下降。中亚热带山地土壤微生物生物量和群落结构对施氮的响应可能与施用时间长短、施用量、土壤本身有效氮含量、土地利用类型、管理措施和具体微生物种群差异有关。

土壤硝化作用是微生物主导的氮素转化过程，联系着氮矿化-生物固持、反硝化等作用。自养氨氧化是硝化作用最基本的步骤，也是将 $NH_3$ 氧化为 $NO_3^-$过程中的限速步骤，这一过程对植物养分的供应和全球氮循环具有重要意义。设施栽培蔬菜地是高度集约化利用的种植模式，投入的化肥、农药等农业化学品长期处于较高水平。不合理施肥，特别是大量施用氮肥已造成设施栽培蔬菜土壤酸化和次生盐渍化，降低了氮肥利用效率，并引发了地下水 $NO_3^-$污染的风险。夏季休闲或种植填闲作物可以缓解土壤酸化和次生盐渍化，减少氮淋洗损失，防止地下水 $NO_3^-$污染。然而，目前氮肥用量、夏季休闲及种植填闲作物对设施栽培蔬菜土壤微生物群落和多样性的影响仍不清楚，对氮循环关键微生物及其过程的影响尚不明确。卞碧云（2013）选取处于太湖地区的宜兴市设施栽培蔬菜地，以大棚蔬菜番茄、甜玉米、黄瓜和芹菜的轮作土壤为主要研究对象，施氮量是以当地农户传统用量为基础，试验设 5 个处理：①NO，不施化肥氮；②N348，根据农民传统施氮（纯 N，下同）量减少 60%，番茄、甜玉米、黄瓜和芹菜的施氮量分别为 120 $kg/hm^2$、0、108 $kg/hm^2$ 和 120 $kg/hm^2$；③N522，根据农民传统施氮量减少 40%，番茄、甜玉米、黄瓜和芹菜的施氮量分别为 180 $kg/hm^2$、0、162 $kg/hm^2$ 和 180 $kg/hm^2$；④N696，根据农民传统施氮量减少 20%，番茄、甜玉米、黄瓜和芹菜的施氮量分别为 240 $kg/hm^2$、0、216 $kg/hm^2$ 和 240 $kg/hm^2$；⑤N870，对照处理，根据试验所在地农户的平均施氮水平确定，番茄、甜玉米、黄瓜和芹菜的施氮量分别为 300 $kg/hm^2$、0、270 $kg/hm^2$ 和 300 $kg/hm^2$。采用磷脂脂肪酸生物标记法和群落水平生理图谱（CLPP）方法分析了不同氮肥用量下夏季休闲及种植填闲作物对土壤微生物群落结构和功能多样性的影响；通过室内培养试验优化了氨氧化势（potential ammonia oxidation）测定条件，分析了不同氮肥用量对土壤氨氧化势的影响，利用实时荧光定量 PCR（qPCR）分析了不同氮肥用量下土壤氨氧化细菌（AOB）和氨氧化古菌（AOA）的 *amoA* 基因拷贝数；通过微宇宙培养试验，采用 $^{13}C$ 稳定性同位素技术（DNA-SIP）及 454 高通量测序技术研究了 AOB 与 AOA 对氮素转化的贡献和机理。磷脂脂肪酸的分析结果显示，不同氮肥用量对土壤微生物群落结构没有明显影响，较高氮肥用量（N696 和 N870）明显降低了土壤微生物功能多样性。夏季休闲及种植填闲作物甜玉米能缓解土壤酸化和次生盐渍化，降低氮淋洗损失，改善土壤微生物群落结构和功能多样性，这可能与夏季休闲期间揭棚进行雨水淋洗去除部分 $NO_3^-$及填闲作物吸收部分 $NO_3^-$有关。

农业活动引起的温室气体排放对全球变暖的影响日益得到关注，其中施肥是影响农田温室气体排放的重要因素。郭腾飞（2015）为了探明稻麦轮作体系下施肥对温室气体排放规律的影响和对土壤的培肥机制，在田间试验中设置等氮量施肥和优化施肥两个大田试验。等氮量施肥为：①不施氮肥（CK）；②单施尿素（Urea）；③尿素配施有机肥（Urea+OM）；④尿素配合秸秆还田（Urea+SR）；⑤尿素配施缓控释肥（Urea+CR）。优化施肥为：①不施氮肥（CK）；②农民习惯施肥（FP）；③FP 基础上减氮 25%，配施有机肥和缓控释肥（OPT1）；④OPT1 基础上加秸秆还田（OPT2）；⑤OPT2 基础上减氮 20%，根区施肥（OPT3），运用静态箱和分子生态学方法研究了施肥对农田温室气体排放和微生物群落结构的影响。磷脂脂肪酸分析表明，稻田土壤主要以革兰氏阳性菌和放线菌为主。等氮量施肥处理中，Urea+OM 处理能够显著提高土壤微生物总磷脂脂肪酸的含量，同时提高真菌/细菌值，降低 $G^+/G^-$值，表明以 20%有机肥替代化肥能够改善微生物栖息环境，提高稻田土壤的生态缓冲能力，改善其养分状况。不同优化施肥处理中，与 CK 和 FP 处理相比，OPT3 不仅显著提高了稻田土壤微生物磷脂脂肪酸的总量，同时提高了真菌/细菌的比例，提高了土壤的生态缓冲能力。主成分分析表明，不同施肥管理影响了土壤微生物群落结构，OPT3 处理影响较大的是革兰氏阳性菌和放线菌，而 OPT2 处理对革兰氏阴性菌和真菌影响较大。

在稻田生态系统中，水分管理和氮肥供应是影响水稻高产和高效的主要可调控因子。合理的灌溉和施肥是提高氮肥利用率、增加水稻产量、节省灌溉用水的有效途径。李亚娟（2012）通过柱栽模拟试验和培养试验，结合 $^{15}N$ 同位素示踪技术、离子交换树脂技术和磷脂脂肪酸分析技术，研究不同水氮管理对水稻氮素吸收利用效率的影响效应，以及不同水氮管理对水稻土氮素供应能力和微生物特性的影响效应，从土壤氮素供应能力及土壤微生物学特征的角度探讨了其影响机制，以期为稻田水分管理和施氮量的合理调控提供理论依据和技术支撑。应用磷脂脂肪酸分析技术研究了柱栽模拟试验中不同水分状况和供氮水平对水稻分蘖期、灌浆期和成熟期的土壤微生物群落结构的影响。结果表明，水稻不同生育期的土壤微生物特征具有显著差异，从分蘖期到灌浆期再到成熟期，以磷脂脂肪酸总量表征的土壤微生物生物量及细菌和真菌量均呈现出先升高后降低的趋势，而土壤放线菌量则呈现逐渐下降的趋势。水分模式对土壤微生物的影响主要表现在灌浆期，这一时期控水灌溉处理（WCI）的土壤微生物生物量显著高于淹水灌溉处理（WLI）。WCI 处理的土壤真菌 PLFA 含量在 3 个生育期均显著高于 WLI 处理。3 个施氮处理的土壤磷脂脂肪酸总量显著高于无氮对照，说明氮肥施用有利于促进土壤微生物的生长繁殖，但值得注意的是，3 个施氮水平间，尤其是施氮水平 2 和 3（N2 和 N3）处理之间的差异并未达到 0.05 显著水平，说明过量施用氮肥对土壤微生物生长的促进作用并不明显。综上所述，综合考虑水稻产量、氮肥吸收利用率、土壤氮素流失风险、土壤微生物特性，以及水分和氮肥的经济效益，在本试验条件下的 8 个水氮管理组合中，75%的常规施氮量（N2：157.5 kg $N/hm^2$）和控水灌溉（WCI）组合为最佳的水氮管理措施。

## 4. 施用炭基肥影响土壤微生物群落脂肪酸组多样性

雷海迪等（2016）以福建建瓯万木林自然保护区内的杉木人工林土壤为研究对象，设置单独添加生物炭、单独添加凋落物及混合添加凋落物和生物炭处理，进行一年的室内培养试验，研究不同添加物处理对土壤性质及微生物群落结构的影响。结果表明：与对照（S）相比，单独添加凋落物与混合添加凋落物和生物炭均使土壤磷脂脂肪酸（PLFA）总量、真菌丰度及真菌/细菌值显著增加；单独添加生物炭与混合添加凋落物和生物炭均使革兰氏阳性菌/革兰氏阴性菌值显著增加。混合添加凋落物和生物炭处理的放线菌丰度显著高于单独添加凋落物处理。主成分分析表明，不同添加物处理的土壤微生物群落结构存在显著差异；典范对应分析表明，不同添加物处理通过改变土壤 pH、全碳、全氮、C/N、可溶性有机碳（DOC）和可溶性有机氮（DON）等性质，进而影响土壤微生物群落结构。

土壤有机碳矿化作为陆地生态系统碳循环的重要环节，是受微生物驱动的关键生物地球化学过程，其动态特性和作用机理与土壤质量变化密切相关。李忠佩等（2015）依托布置在红壤水稻土上的 20 年长期田间小区试验，重点研究了不同施肥处理的土壤团聚体有机碳矿化和微生物群落多样性变化特征；同时，通过布置室内培育试验，观测了添加生物质炭对红壤水稻土有机碳矿化和微生物多样性的影响。结果可为阐明土壤有机碳循环过程机制、制订土壤质量和有机资源科学管理措施提供理论依据。长期田间小区试验共设 9 个处理：对照（不施肥，CK）、有机质循环（C）、化学氮肥（N）、氮肥+有机质循环（NC）、化学氮磷肥（NP）、化学氮磷钾肥（NPK）、氮磷钾肥+循环（NPKC）、化学氮钾肥（NK）和化学氮磷钾肥+1/2 秸秆回田（NPKS）。结果表明，施肥对土壤微生物群落多样性产生显著影响，不同施肥处理土壤微生物群落组成和微生物对碳源的代谢模式发生明显改变。与对照相比，施用磷肥和有机肥的处理中土壤微生物总 PLFA 含量提高了 13.6%～68.9%，各菌群 PLFA 含量也有不同程度的提高。磷肥和有机肥的施用也提高了微生物群落的 AWCD 值和功能多样性指数。研究人员选取 4 个处理（CK、C、NPK 和 NPKC）研究了土壤和团聚体细菌群落结构变化。结果显示，红壤水稻土细菌的优势类群为放线菌门、绿弯菌门和厚壁菌门，不同施肥处理细菌群落结构差异较大。粒级大小和施肥处理显著影响团聚体微生物群落组成和功能多样性。微生物总 PLFA 含量和各菌群 PLFA 含量随着团聚体粒级的减小而降低，施肥显著提高了 2 mm 团聚体的总 PLFA 含量（分别提高 26.8%、28.7%和 33.1%）和各菌群 PLFA 含量。2 mm 和 0.053～0.25 mm 团聚体微生物群落 AWCD 值最高，AWCD 值最低的是 0.053 mm 团聚体。NPKC 处理各粒级团聚体微生物群落 AWCD 值和功能多样性指数显著高于其他处理。粒级大小和施肥处理也显著影响团聚体细菌群落结构，不同施肥处理土壤团聚体细菌的优势类群是变形菌门、绿弯菌门、放线菌门和厚壁菌门。典范对应分析或冗余分析的结果表明，影响团聚体微生物群落组成的主导因素是有机碳，碳氮比是影响团聚体微生物群落碳源代谢模式和细菌群落结构的最主要因素。将土壤养分、有机碳组分和微生物学指标与有机碳的累积矿化量进行相关性分析，结果显示，土壤有机碳矿化强度的高低是土壤中能被微生物利用的底物的多少和微生物代谢活性大小及环境因素综合作用的结果。研究人员采用标记水稻秸秆炭进行室内培育试验，结合稳定同位素磷脂脂肪酸技术（$^{13}$C-PLFA）分析得出，生物质炭在 1%添加量下并没有促进红壤水稻土原有有机碳的矿化分解，其对土壤释放 $CO_2$ 的贡献率远低于相同添加量的水稻秸秆和根系。短时期内，外源物料的添加均可以提高水稻土的 pH 和改善土壤肥力。培养结束时，添加生物质炭（RB）处理土壤微生物生物量碳（MBC）含量与对照（CK）无显著差异，而添加水稻秸秆（RS）和水稻根系（RR）处理 MBC 含量分别比 CK 增加 31.9%和 44.2%；$^{13}$C-MBC 分析结果表明，生物质炭的碳组分进入 MBC 的比例远远低于秸秆和根系物料，如培养至 360 d，MBC 中来源于 RB、RS 和 RR 的比例分别为 0.6%、20.6%和 13.2%，添加 RB 对土壤 PLFA 总量无显著影响，而 RS 和 RR 均可以增加总 PLFA 和各类 PLFA 量。平均值离差（MD）分析得出，添加 3 种有机物料均引起微生物 PLFA 丰度值的显著增加，且 RS 和 RR 处理的变化程度显著高于 RB 处理。$^{13}$C-PLFA 分析表明，参与不同化学组成物料分解的微生物群体结构具有差异；且在不同培养时期，起主要分解作用的微生物类群也不同。冗余分析结果表明，外源物料添加引起的土壤性质如有机碳、pH、速效磷和速效钾等的变化与土壤微生物群落结构组成的变化显著相关。

## 5. 复合施肥对土壤微生物群落脂肪酸组多样性的影响

土壤微生物群落被认为是土壤生态系统变化的预警及敏感指标，指示着土壤质量的变化。佀国涵等（2013）利用 3 年定位试验，通过测定磷脂脂肪酸（PLFA）的含量，分析了连年绿肥和化肥配施对植烟土壤微生物群落结构的影响。研究结果表明：施肥明显提高了土壤中 PLFA 的种类和总量；在绿肥和化肥配施处理中，在翻压 15 000 kg/hm$^2$ 绿肥的基础上施用大于85%常规化肥时，明显提高了土壤中细菌、丛枝菌根真菌及微生物总 PLFA 含量；而当化肥的施用量减至常规施肥的 70%时，对土壤细菌、真菌及微生物总 PLFA 含量的积累产生不利影响。从不同处理的主成分分析和聚类分析的结果可知，不同绿肥和化肥配施比例对土壤微生物群落结构变化有明显影响。经相关性分析表明，磷脂脂肪酸生物标记方法和氯仿熏蒸法之间具有很好的一致性，且土壤速效钾和速效磷含量与革兰氏阴性菌的 PLFA 含量呈显著相关，而与土壤真菌 PLFA 含量则无明显的相关性。

由于施肥和除草剂的大量施用，高产区农田是生产力降低、生物多样性降低和土壤环境恶化严重的地区。土壤微生物和线虫作为土壤生物，参与土壤碳、氮、磷、硫循环，对土壤肥力起着重要作用，常被认为是测定土壤属性变化的敏感标记。而且微生物和线虫群落构成可以用来评定土壤肥力和健康水平。孙锋等（2015）采用磷脂脂肪酸生物标记法来评估施肥和杂草多样性对冬小麦土壤微生物群落结构的影响。实验采用裂区设计，施肥作为主因素，杂草多样性作为次因素。设化肥和有机肥两个施肥处理，在两个施肥处理中进行杂草多样性设置，实验盆中心种植作物（冬小麦 8 株），四周种植杂草（8 株），杂草种类选择野燕麦、苜蓿、菊苣、播娘蒿。杂草多样性处理设为 0 种、1 种、2 种、4 种杂草处理，0 种杂草处理仅种植作物，有 6 盆；1 种杂草处理为每盆种 1 种杂草，有 12 盆；2 种杂草处理为每盆种 2 种杂草，有 12 盆；4 种杂草处理为每盆种 4 种杂草，有 6 盆。结果表明：在两种施肥处理中，增加杂草多样性显著增加了土壤碳氮比和 pH，碳氮比都是在 4 种杂草处理中最高。施化肥处理中，增加杂草多样性显著影响真菌/细菌值，真菌/细菌值在 4 种杂草处理中最大，显著高于 0 种、1 种、2 种杂草处理。在施有机肥处理中，增加杂草多样性显著影响 $G^+/G^-$，$G^+/G^-$ 在 0 种杂草处理中最低，显著低于 1 种、2 种、4 种杂草处理。在两个施肥处理中，土壤碳氮比与各类群微生物生物量显著相关，杂草多样性通过改变土壤碳氮比来改变微生物群落构成，并且微生物群落结构的转变方式不同。

目前，全球气候变化的大背景，以及我国现阶段的国情迫切需要发展兼顾经济效益与生态环境和谐发展的可持续农业的模式。与常规农业相比，有机农业在固碳减排方面具有较大的优势和潜力。汪润池（2011）在有机农场定位研究的基础上结合实验室模拟培养试验，对比有机、常规不同种植方式下土壤有机碳和微生物动态变化的差异及两者之间的相关性，并着重分析了有机种植过程中不同施肥条件下土壤有机碳积累与微生物动态变化的关系。有机农场定位研究表明，不同种植方式对于微生物群落结构的影响不同，有机种植方式下可培养真菌、放线菌菌落数显著高于常规种植方式；采用土壤磷脂脂肪酸生物标记法得到的有机、常规种植方式下土壤细菌生物量分别为 12.64 nmol/g、7.29 nmol/g，并且差异显著（$P<0.05$）。同时，采用主成分分析法（PCA）对于不同种植系统中的多个土壤生物学特性指标进行综合分析，结果显示细菌生物量和土壤酶活性对于特征值的提取贡献最大；有机种植系统中土壤微生物特性的 PCA 综合评分高于常规种植系统。

微生物是土壤生态系统中的重要生物组成部分，是土壤有机物循环和利用的主要驱动力。土壤团聚体是由矿物质、有机质和生物质相互作用形成的重要土壤结构体，不同团聚体中养分分配、通气和水分等特性均存在很大差别，这种土壤微域生境的差异直接影响其中的微生物群落组成和物质能量的转化功能。因此，从团聚体角度研究土壤微生物的群落多样性和功能的分异，能够更加客观地反映土壤环境中的微生物群落演替过程。土壤团聚体中的微生物受土壤类型、质地、矿物质及耕作措施等因素的影响，而关于长期不同的施肥措施对土壤团聚体中微生物的群落及其多样性影响的研究还较少。因此，王丹（2011）以太湖地区水稻土长期肥料试验田为研究对象，采用低能量超声波物理分散法分离土壤团聚体，研究长期不同施肥处理下（化肥与秸秆配施、化肥与猪粪配施、单施化肥和不施肥）原状土及不同粒径团聚体细菌、真菌的微生物群落组成和多样性差异，以期为探讨农田管理措施对土壤微域环境的生物学过程的影响提供理论依据。微生物群落磷脂脂肪酸（PLFA）测定结果表明，有机肥和化肥配合施用显著提高土壤PLFA总量。团聚体中<2 μm的粒组，PLFA总量较高，施用秸秆和猪粪则显著提高2000～200 μm粒组的PLFA总量，化肥的施用显著降低该粒组中PLFA总量，而施肥对其他粒组PLFA总含量没有显著改变。不同团聚体粒组细菌和真菌PLFA的结果显示，秸秆还田显著提高土壤真菌、细菌的数量。有机肥配施化肥显著提高土壤真菌的生物量及真菌和细菌的比例。不同粒组间相比较，<2 μm粒组中细菌PLFA含量最高，猪粪、秸秆和化肥配施可提高2000～20 μm粒组细菌和2000～200 μm粒组真菌的PLFA含量，但<2 μm粒组细菌的PLFA含量受施肥措施的影响较小。由此可见，2000～200 μm粒组对施肥措施最为敏感。

## 6. 施用缓释肥对土壤微生物群落脂肪酸组多样性的影响

缓控释肥料作为一类新型肥料已成为近年来的研究热点，但关于其对土壤微生物群落多样性影响规律的研究甚少。王菲等（2015）采用磷脂脂肪酸生物标记法分析缓释复合肥（SRF）、化肥（CF）和普通复合肥（CCF）分别施入酸性土和微碱性土恒温培养10 d、30 d、60 d和90 d后的微生物群落结构多样性。结果表明，缓释复合肥等肥料施入2种土壤恒温培养（10～90 d）后测定到多种细菌（c13:0、14:0 iso、c14:0、15:0 iso、15:0 anteiso、16:0 iso、16:1 2OH、16:1ω5c、c16:0、17:0 iso、17:0 anteiso、cy17:0、17:0 2OH、18:0 iso、c18:0、cy19:0ω8c），2种放线菌（10 Me 17:0和10 Me 18:0）和1种真菌（18:1ω9c）。SRF在酸性土壤培养前期（10 d和30 d）较CF分别显著增加真菌PLFA含量8.3%和6.8%，在培养后期（60 d和90 d）较CCF分别显著增加真菌PLFA含量22.7%和17.1%；SRF较CF和CCF显著增加微碱性土壤在整个恒温培养期（30 d除外）土壤细菌、真菌和革兰氏阳性菌PLFA含量。酸性土壤培养30 d和90 d时一般饱和脂肪酸/单烯不饱和脂肪酸PLFA值以SRF显著高于不施肥（CK）、CF和CCF，而在微碱性土壤上SRF仅在恒温培养60 d时显著高于CK、CF和CCF；SRF较CCF显著降低酸性土壤（30～90 d）和微碱性土壤（10～60 d）异构PLFA/反异构PLFA值。从2种土壤PLFA种类、含量及相对度等可知，缓释复合肥较化肥和普通复合肥提高了土壤微生物PLFA种类和含量，减弱了对微生物生存环境的胁迫，缓释复合肥在2种土壤中尤其对酸性土的作用明显。通过研究缓释复合肥对土壤微生物群落结构多样性的影响，以期为农业生产上广泛施用缓释复合肥提供科学依据。

### 7. 施用农家肥对土壤微生物群落脂肪酸组多样性的影响

随着我国规模化畜禽养殖业的迅速发展，畜禽粪便排放量急剧增加。畜禽粪便由于含有丰富的有机质和氮、磷等养分，在改良土壤结构、提高土壤肥力和提供作物营养等方面具有重要的作用。但是，近年来的研究表明，大量施用有机肥在满足作物氮素营养需要的同时，其供磷量常常远超过作物的需磷量而导致土壤磷素积累，进而增加由于地表径流、土壤侵蚀、淋溶等途径造成的水体污染风险。虽然关于施用有机肥后土壤磷素形态、含量和转化特征已有不少的研究报道，但是关于农艺措施和环境条件对石灰性土壤磷素迁移转化和流失风险的影响尚缺乏系统的研究。薛巧云（2013）以石灰性土壤为研究对象，采用室内模拟试验与田间原位观测方法相结合，运用化学测试和微生物分子生态学技术，较系统地研究了长期施用有机肥对石灰性土壤磷素积累、转化和迁移的影响，降水强度和有机肥用量对休闲期石灰性土壤磷素淋失的影响，石灰性土壤磷素吸附特性及其与流失风险的关系，不同磷源对石灰性土壤磷素有效性及其微生物群落结构的影响，以及长期冻融交替循环对石灰性土壤磷素形态转化及其微生物群落结构的影响。采用室内培养方法，研究了不同磷源（猪粪、堆肥和化肥）对石灰性土壤供磷水平的影响及其机制。结果表明，施用3种磷源均显著提高土壤速效磷含量和土壤磷素释放能力，化肥处理尤为显著。随着培养时间的延长，施用化肥的土壤速效磷水平显著下降，施用猪粪和堆肥的土壤速效磷水平却没有显著变化。施用猪粪可显著提高土壤真菌、细菌特征脂肪酸和总磷脂脂肪酸含量、真菌特征脂肪酸/细菌特征脂肪酸值及磷酸酶活性，但对放线菌特征脂肪酸含量没有影响；施用堆肥显著提高土壤总磷脂脂肪酸含量和碱性磷酸单酯酶活性，但对土壤真菌、细菌和放线菌特征脂肪酸含量，以及酸性磷酸单酯酶和磷酸二酯酶活性均没有影响；施用化肥对真菌、细菌和放线菌特征脂肪酸，以及总磷脂脂肪酸的含量没有影响，显著降低土壤磷酸酶活性。因此，不同磷源均可提高土壤供磷水平，但化肥处理显著高于猪粪和堆肥处理，化肥处理显著降低土壤磷酸酶活性，对土壤微生物群落结构没有明显影响；但猪粪和堆肥可通过提高土壤磷酸酶活性或磷脂脂肪酸含量以促进有机磷水解，保证土壤磷素的持续供应。采用室内培养方法，研究了长期冻融交替循环（53个循环，共计424 d）对石灰性土壤磷素形态转化、释放特征的影响及其机制。结果显示，长期冻融交替处理下，土壤微生物生物量碳和生物量磷及土壤细菌特征脂肪酸含量显著降低，土壤磷酸二酯酶活性显著提高，而真菌特征脂肪酸和放线菌特征脂肪酸含量及磷酸单酯酶活性的响应特征同时受土壤磷水平的影响；土壤活性磷含量及其占全磷比例显著提高，土壤中有机磷含量及其占全磷比例却显著降低；土壤磷素的释放受到显著抑制，且以高磷土壤尤为明显。因此，释放土壤微生物生物量磷、改变微生物群落结构及提高土壤磷酸酶活性从而促进有机磷水解是冻融交替循环提高土壤活性磷水平的主要机制。

## 四、脂肪酸组学在耕作方式影响土壤微生物群落研究中的应用

### 1. 烟草土壤微生物群落脂肪酸组多样性

微生物是土壤的重要组成，与土壤养分转化供应密切相关。杨宇虹等（2014）利用

12 年肥料定位试验研究了云南植烟土壤可培养微生物数量、微生物生物量碳和氮、标记性磷脂脂肪酸（PLFA）、微生物种群特征及有益微生物的变化。试验设置不施肥（CK）、单施化肥（CF）和化肥配施有机肥（CFM）处理，在烟株旺长期，采集 0～20 cm 耕作层土壤，测定了微生物生物量碳、氮含量，微生物标记性磷脂脂肪酸（PLFA）含量和可培养微生物数量；鉴定自生固氮菌、磷细菌和钾细菌的数量；根据 PLFA 计算了微生物种群特征值。有机肥、无机肥配施处理的土壤中，可培养细菌比不施肥土壤增加了 6.14 倍、真菌增加了 2.30 倍、放线菌增加了 1.56 倍，增幅显著高于化肥处理；施肥显著提高土壤微生物生物量碳、氮量。化肥和有机肥、无机肥配合处理土壤的微生物生物量碳分别比 CK 增加了 71.8%和 246%；不同施肥处理土壤微生物生物量碳/氮值显著不同，分别为 14.8（CK）、13.3（CF）和 11.2（CFM）。微生物标记性 PLFA 含量以化肥配施有机肥处理最高，化肥处理次之，CK 最低。化肥处理、化肥配施有机肥处理土壤细菌 PLFA 比对照分别增加了 25.41%和 87.66%，真菌 PLFA 分别增加了 15.59%和 39.24%，化肥处理代表放线菌的 PLFA 降低了 24.63%，化肥配施有机肥处理增加了 83.86%，表明施肥尤其是化肥配施有机肥改善了土壤环境，促进了微生物的生长繁殖，并改变了土壤微生物种群结构；施肥处理土壤中微生物群落多样性指数上升，化肥处理还提高了微生物的优势度指数，说明施肥有益于增加微生物的种群数量，化肥配施有机肥处理显著提高了无机磷细菌和钾细菌的数量，两者分别比对照增加了 1.15 倍和 1.02 倍，化肥处理则相反，自生固氮菌和无机磷细菌数量分别比 CK 降低了 56.69%和 41.30%；化肥配施有机肥处理土壤中的自生固氮菌、磷细菌和钾细菌共有 20 个属，CK 土壤有 19 个属，化肥处理土壤仅有 16 个属。CFM 促进微生物生长繁殖，增加种群多样性，有益于微生物固氮、溶磷、解钾，对于提高肥料利用率和保持土壤健康有重要意义。

## 2. 牧草土壤微生物群落脂肪酸组多样性

张莉等（2012）以放牧为对照，应用磷脂脂肪酸生物标记法分析研究了放牧、连续 6 年围封及围封内连续 6 年施肥后高寒草甸土壤微生物群落结构的变化。结果表明：围封和围封内施肥对不同土层各菌群和微生物总量均有显著影响，其对 0～10 cm 土层微生物的影响大于 10～20 cm 土层，不同土层的 PLFA 种类发生显著变化。围封和围封内施肥处理不同土层的革兰氏阴性菌（$G^-$）含量均低于放牧；放牧 0～10 cm 土层中总细菌、真菌、革兰氏阳性菌（$G^+$）、微生物总量大于围封和围封内施肥处理，但其放线菌生物量均低于围封和围封内施肥处理；在 10～20 cm 土层中，各样地土壤中的 $G^+$无显著差异，围封土壤中的细菌、真菌、放线菌、微生物总量显著高于放牧，而围封内施肥后各菌群生物量及微生物总量明显下降。围封和围封内施肥不同土层的细菌/真菌值均高于放牧；一般饱和脂肪酸/单不饱和脂肪酸（sat/mono）和革兰氏阳性菌/革兰氏阴性菌（$G^+/G^-$）值，围封处理均低于放牧，围封内施肥处理均高于放牧。连续围封和围封内施肥后降低了土壤微生物活性和土壤生态系统的稳定性。

## 3. 水稻土壤微生物群落脂肪酸组多样性

氮肥在稻田易损失，其当季利用率低。施用缓控释肥是提高稻田氮肥利用率的有效途径，然而适宜的缓控释肥料种类少。张文学（2014）以脲酶抑制剂（*N*-丁基硫代磷酰三胺，NBPT）和硝化抑制剂（3,4-二甲基吡唑磷酸盐，DMPP）为实验对象，采用 $^{15}N$ 示踪的微区试验研究了生化抑制剂对稻田氮素损失的影响；采用田间试验研究了添加脲酶抑制剂时稻田氮肥的减施潜力、稻田适宜的脲酶抑制剂施用比例、脲酶抑制剂与硝化抑制剂配施下的土壤氮素供应特征；采用分子生态学方法研究了脲酶抑制剂与硝化抑制剂对土壤微生物群落结构及功能微生物多样性的影响。磷脂脂肪酸（PLFA）分析表明，添加 NBPT 或 DMPP 显著减少了分蘖期土壤 PLFA 总量，以及部分饱和脂肪酸和羟基脂肪酸含量，其中包括部分细菌的标记脂肪酸；然而在孕穗期，NBPT 和 DMPP 的这种生化抑制作用不明显，而且 NBPT 与 DMPP 配施处理的 PLFA 总量显著高于其余处理，可见两种生化抑制剂对微生物的影响主要集中在孕穗期之前。

### 4. 蔬菜土壤微生物群落脂肪酸组多样性

蔬菜是一种年复种指数高、需肥多、投入大、产出高的一种经济作物。施肥是蔬菜生产中一项关键的农艺措施，但是过量偏施氮肥已成为当前蔬菜施肥中最突出的问题之一。不合理的施肥和管理易导致菜园土壤质量退化、土壤养分失调、土壤微生物群落多样性降低、蔬菜产量品质下降等。氮是蔬菜作物生长发育过程中最重要的大量元素之一。国内外关于环境因素对土壤氮素转化的影响已有不少报道，但大多针对水分或温度单一因子进行，较少考虑水分和温度的相互作用对土壤氮素转化的影响，而且常把水分处理设置为恒定含水量，这与农业生产中土壤水分波动的实际情况有明显差异。因此，章燕平（2010）以典型菜地土壤为研究对象，针对集约化蔬菜生产中频繁灌溉和气候变化等造成干湿交替和低温胁迫的实际问题，采用室内培养试验研究了水分、温度等环境因子对菜地土壤氮素转化的影响及其生物学机制，旨在为发挥养分与环境要素的协同效应、提高肥料利用率提供理论依据和技术支撑。研究采用碳素利用法（BIOLOG）和磷脂脂肪酸生物标记法比较了 3 种水分状况［恒干（维持 30% WHC）、恒湿（维持 75% WHC）、干湿交替（30%～75% WHC）］对不同类型菜地土壤（潮土、小粉土、青紫泥）微生物群落多样性的影响。BIOLOG 的结果表明，不同类型土壤微生物群落平均吸光度（AWCD）值在时间响应上存在明显的差异，潮土、小粉土和青紫泥的 AWCD 值分别在 48 h、96 h 和 60 h 之后才随着培养时间的延长而逐渐升高；除了小粉土的 AWCD 值表现为干湿交替（DW）>恒湿（CWC）>恒干（CDC）外，潮土和青紫泥都表现为在培养初期 DW>CWC，但培养后期则为 CWC>DW；恒湿有利于维持微生物群落丰富度及均匀度；干湿交替提高了潮土微生物对酚类混合物、糖类和胺类的利用，而促进了青紫泥的微生物对氨基酸类、羧酸类和聚合物的利用。磷脂脂肪酸分析结果发现，干湿交替能显著提高表征真菌和细菌的特征磷脂脂肪酸的相对含量，表明水分状况显著影响微生物群落功能多样性和结构多样性，其影响因土壤类型的不同而异。采用碳素利用法和磷脂脂肪酸生物标记法研究了温度（30℃和 5℃）、水分［恒湿（维持 75% WHC）和干湿交替（30%～75% WHC）］及不同施肥处理（对照、尿素、猪粪）对河北潮土的微生物群落功能多样性和结构多样性的影响。BIOLOG 的结果表明，低温处理提高 AWCD 值，表明低温提高了微生物的活性；AWCD 值、丰富度（*S*）、香农多样性指数（*H*）、均匀度指数（*J*）均表现为施有机肥处理>不施肥对照>尿素处理；PLFA 与 BIOLOG 有类似的趋势，5℃培养土壤 PLFA 含量明显高于 30℃培养土壤的 PLFA 含量；施肥明显提高各类 PLFA 含量，增加土壤 PLFA 的丰富度；主成分分析的结果表明，施猪粪提高土壤革兰氏阳性菌、真菌及放线菌的含量；而施尿素的土壤微生物群落以低碳原子数的微生物为优势种群，不施肥对照处理没有明显的优势种群。在相同温度下，干湿交替处理不利于维持微生物群落的丰富度和均匀度，降低了多不饱和脂肪酸含量，但增加了 PLFA 总量，表征真菌、细菌和放线菌的脂肪酸含量，以及革兰氏阳性菌（$G^+$）、革兰氏阴性菌（$G^-$）、总饱和脂肪酸、羟基脂肪酸和环丙基脂肪酸 cy17:0 的含量。可见，施肥、温度和水分及其相互作用对供试土壤微生物活性、群落结构和功能多样性有显著的影响。

## 5. 棉花土壤微生物群落脂肪酸组多样性

盐渍化荒地是耕地的后备土地资源，合理开发盐渍化荒地而不造成环境风险成为保障耕地面积的可行性途径之一，新疆棉花产区存在大量盐渍化土壤，淡水资源不足严重限制新疆盐渍化土地的开垦和利用，同时众多限制因子制约着盐渍化农田的改良和利用，包括根际土壤磷有效性、土壤盐渍化程度和 pH、根层土壤温度及土壤微生物活性等，这些因子相互制约，消除这些限制因子、改善根系生长环境、提高根际土壤磷有效性是提高棉花养分吸收效率、促进棉花增产的有效途径。刘盛林（2015）利用多种微生物细胞特异性大分子化合物测定方法定性和定量研究了新疆盐渍化土地开垦和利用过程中土壤盐分、养分含量及微生物群落的变化，原位条件下定量研究了盐渍化土壤中土著丛枝菌根真菌对作物生长、养分吸收和耐盐性的贡献，并研究了节水滴灌模式下改善栽培措施和肥料调控技术对棉花生长和养分吸收的影响。磷脂脂肪酸的分析结果表明，盐渍化农田中，土壤盐分、养分含量和微生物群落显著受土地利用方式和利用年限的影响。将盐渍化荒地开垦为农田后，土壤盐分显著降低，盐渍化荒地开垦后的 pH 由 8.9 降至 7.9，土壤有机碳和养分含量均显著增加，土地利用方式转变在一定程度上抑制土壤微生物生长，土壤细菌（胞壁酸）和真菌（氨基葡萄糖）生物量都降低 30%，磷脂脂肪酸呈现相同趋势。将土地转化为棉田后，土壤盐分、养分含量和微生物生物量经历 2 个阶段，棉田种植前 3 年为快速改良阶段，棉田产量快速增加，盐分快速降低，土壤养分含量和微生物生物量均快速增加，真菌所占比例和革兰氏阴性菌和革兰氏阳性菌比值增加，盐分是此阶段的主要限制因子；棉田种植 5 年后为稳定阶段，土壤盐分、养分含量和微生物生物量均保持稳定，探寻棉花生长限制因子是棉花增产的可行途径。磷脂脂肪酸的主成分分析结果表明，土地利用方式和利用年限对微生物群落结构无显著影响。

## 6. 毛竹土壤微生物群落脂肪酸组多样性

毛竹（*Phyllostachys edulis*）是我国重要的森林资源，在我国南方广泛分布，是笋材两用型竹种，具有经济效益、生态价值高等优点，是广大林区农民增收的主要途径之一。由于农民经营理念和管理方式不当，掠夺式的经营造成了毛竹林经营效益差、竹林生产力下降、林地土壤肥力严重衰退等问题。维持毛竹林高产、稳产、优质的经营目标是毛竹林经营管理所急需解决的问题。关于毛竹林养分管理方面的研究已经广泛地展开，但由于毛竹鞭根一体的生长特点，很难做到植株与土壤的一一对应，因此竹类根际领域研究较少，缺乏对根际微域系统生态过程的研究。刘顺（2014）以江西省永丰县官山林场4种不同施肥处理（45%矿渣肥、39%矿渣肥、毛竹专用肥和对照）毛竹林为研究对象，应用常规方法与磷脂脂肪酸生物标记法相结合的手段，以空间代替时间的方法，研究了：①施肥对不同林龄毛竹根际和非根际土壤养分含量和酶活性的影响；②施肥对不同林龄毛竹根际和非根际土壤微生物群落结构的影响；③施肥对不同林龄毛竹根际和非根际土壤微生物群落多样性的影响；④施肥对不同林龄毛竹根际土壤富集作用的影响及相关性；⑤毛竹根际和非根际土壤微生物群落与养分和酶活性的关系。脂肪酸组的研究结果表明，毛竹根际和非根际土壤磷脂脂肪酸种类测定出碳链长度12～20的脂肪酸结构共有80种，土壤微生物PLFA生物标记有31种，表征细菌的有22种、真菌有4种、放线菌有4种、原生动物有1种。毛竹根际土壤平均总PLFA含量以39%矿渣肥处理最高（10 892.62 ng/g土），毛竹专用肥处理次之（9256.03 ng/g土），其次分别为45%矿渣肥处理（8976.53 ng/g土）和对照处理（6945.15 ng/g土），非根际土壤总PLFA表现为45%矿渣肥处理>39%矿渣肥处理>毛竹专用肥处理>对照处理。根际土壤和非根际土壤三大菌群（细菌、真菌和放线菌）PLFA含量以细菌最高，真菌和放线菌PLFA含量相差不大；革兰氏阳性菌的PLFA含量大于革兰氏阴性菌。通过系统聚类分析和主成分分析可将不同施肥处理的毛竹根际和非根际土壤微生物群落磷脂脂肪酸结构分为3类，45%矿渣肥处理根际土壤微生物群落结构及毛竹专用肥处理根际和非根际土壤微生物群落结构在系统聚类中归为一类，39%矿渣肥根际和非根际土壤磷脂脂肪酸结构及对照处理根际和非根际土壤微生物群落结构可分别归为一类，主成分分析中主成分1（PC1）解释了变量方差87.6%的差异，主成分2（PC2）解释了变量方差5.5%的差异。由此可以看出，不同肥料种类对毛竹根际土壤微生物群落结构影响较大。对土壤磷脂脂肪酸进行主成分分析中主成分1（PC1）和2（PC2）分别达到土壤微生物群落结构组成的73.4%和13.6%，合计达到87.0%，可以较好地反映土壤微生物群落结构组成。根际土壤养分富集率对根际土壤酶活性和微生物富集有促进作用。根际微生物和养分富集率间较高的相关性主要是由根际土壤有机质和细菌富集密切相关引起的，也说明土壤根际有机质的富集对土壤根际细菌的富集有较大的影响。根际土壤微生物和酶活性富集率较高的相关性主要是由总PLFA富集及蔗糖酶和脲酶富集相关密切引起的，也说明根际土壤蔗糖酶和脲酶富集对土壤总PLFA富集具有一定的影响。根际土壤养分和酶活性富集率较高的相关性主要是由全钾和磷酸酶富集密切相关引起的，也说明根际土壤全钾富集对磷酸酶富集具有一定的影响。土壤微生物各菌群与土壤养分和酶活性的关系在根际和非根际土壤中结果相似，全钾对毛竹根际和非根际土壤微生物群落均具有较大的影响，土壤微生物各菌群均与有机质具有较高的相关性，其次为碱解氮，全钾和速效钾与土壤微生物各菌群间表现为负相关关系。测定各养分指标中只有全磷与微生物菌群的相关性在根际和非根际土壤中表现不同，在根际土壤中表现为较弱的负相关性，而在非根际土壤中表现为一定的正相关性。在根际和非根际土壤中蔗糖酶、磷酸酶、脲酶和过氧化氢酶均与土壤各菌群存在一定的正相关关系，蛋白酶与各菌群的相关性较差。在根际土壤中脲酶与各菌群的相关性较高，而在非根际土壤中以蔗糖酶与各菌群的相关性较高。

孙棣棣（2010）以磷脂脂肪酸分析技术为切入点，以土壤微生物群落结构为主线，探讨了毛竹林纯自然生长、在不同经营方式下、毛竹入侵天然林自然生长过程中，以及外加不同比例竹叶培养后土壤微生物群落结构变化规律。结果表明，天然马尾松林改种毛竹后，短期（5 年）微生物生物量和多样性下降，而随着毛竹栽培历史的增加逐渐恢复，林龄达 30 年时可恢复到改造前（马尾松林）的水平。统计分析结果显示，针对土壤微生物磷脂脂肪酸组成，马尾松林与毛竹林差异明显，2002 年种植毛竹林与其他毛竹林的脂肪酸组成差异也较大；相对于其他毛竹林而言，2002 年种植毛竹林土壤微生物群落结构与马尾松林更相似。在天目山国家级自然保护区，毛竹入侵天然林土壤微生物磷脂脂肪酸总量和群落结构发生变化，但土壤三大类微生物区系相对稳定。毛竹入侵针叶林后，微生物生物量先减少后增加，最终增加 38.99%；毛竹入侵阔叶林后，微生物生物量保持增加，共增加了 65.73%。总体上，纯林最后被毛竹林替代后，土壤微生物脂肪酸总量多于原来的纯林，并且最终的毛竹林群落结构是相似的。毛竹的集约经营去除了林下灌木、杂草，并连年施用化肥，使土壤微生物脂肪酸总量呈下降趋势，并随着经营时间延长，下降明显，30 年间下降了 67.8%。集约经营后，土壤微生物群落结构也发生了明显变化。阔叶林土壤外加竹叶培养试验表明，外加竹叶短期内（2 周）微生物被激发而大量繁殖，且激发效应随着竹叶量的增加而扩大，对真菌的影响最大；激发作用在 20 周基本消失，培养 52 周与 20 周相比差异不大，说明培养 20 周后土壤微生物活性趋于稳定；未加竹叶和培养 2 周的土壤微生物群落结构明显不同于培养 20 周和 52 周，但多样性指数和均匀度指数没有显著差异，外加竹叶多的土壤略高于少的。外加大量竹叶后长时间培养对土壤微生物群落结构有影响，因此长期集约经营最终可能导致土壤微生物群落结构的改变。

## 五、脂肪酸组学在长期定位观察站土壤微生物群落多样性研究中的应用

### 1. 杭嘉湖平原长期定位观察站土壤微生物群落脂肪酸组多样性

郐奇峰等（2015）为了阐明长期不同施肥方式对土壤养分与微生物群落的影响及影响机理，以杭嘉湖平原典型稻麦轮作区长期定位施肥试验土壤为对象，采用磷脂脂肪酸分析方法，研究了施用化肥（NPK）、秸秆（StraW）、栏肥（Manure）、化肥与秸秆配施（S+NPK）、化肥与栏肥配施（M+NPK）5 种不同施肥方式对土壤主要养分指标与微生物生物量及微生物群落结构的影响，试验以不施肥处理为对照。结果表明，所有施肥处理均提高了土壤有机碳，其中化肥与秸秆配施、栏肥无论是单独施用还是与化肥配施所提高的有机碳含量与对照相比均达到显著水平；施用化肥、栏肥、秸秆+化肥及栏肥+化肥均可在一定程度上增加土壤氮、磷、钾养分。施用秸秆和栏肥显著提高了土壤中总 PLFA、细菌、真菌、放线菌等含量，以及微生物群落香农多样性指数（$P<0.05$），但施用化肥可引起土壤微生物生物量和多样性指数的下降。相关分析结果表明，土壤微生物 PLFA 含量及香农多样性指数与土壤碳氮比呈显著正相关（$P<0.05$）。典范对应分析结果表明，土壤有机碳含量（$F=2.18$，$P=0.027$）是影响微生物群落结构的主要环境因子。

因此，长期秸秆还田或施用栏肥可显著提高土壤微生物生物量并改变其群落结构，土壤有机碳含量及碳氮比对于土壤质量和肥力的提高具有至关重要的作用。

## 2. 江西红壤长期定位观测站土壤微生物群落脂肪酸组多样性

土壤微生物是气候和土壤环境的敏感指示者，土壤质量的改变也会对土壤微生物产生重要影响。施肥是农田土壤重要的日常管理措施，它能有效改善土壤营养元素的利用率、有机质含量、阳离子交换率（CEC）、持水量（WHC）、pH 和氧化还原电位（Eh）等，从而对土壤微生物群落产生影响。红壤是一种典型的亚热带土壤，广泛分布于我国东南部地区（长江以南，云贵高原以东），覆盖陆地面积 113.3 万 $km^2$，约占我国陆地总面积的 11.8%，供养的人口总数达到国家人口总数的 22.5%。红壤的风化和淋溶作用强烈，低 pH 和 N、P 供应不足是其显著特点。研究长期施肥对红壤具碳、氮转化功能微生物及其功能的影响，可为农业生产中科学施肥、提高作物产量和环境保护提供理论依据。徐婷婷（2013）以不同施肥、地下水位管理稻田红壤为研究对象，通过分析磷脂脂肪酸（PLFA）研究了不同施肥、地下水位管理对土壤微生物多样性的影响。试验地设置了 6 种处理：高地下水位化肥（HCF）、低地下水位化肥（LCF）、高地下水位常量有机肥（HNOM）、低地下水位常量有机肥（LNOM）、高地下水位高量有机肥（HHOM）和低地下水位高量有机肥（LHOM）。从供试土壤样品中共测定出 44 种 PLFA 类型，其中 32 种细菌 PLFA、3 种真菌 PLFA 和 3 种放线菌 PLFA。不同施肥、地下水位管理土壤 PLFA 总量无显著差异（$P>0.05$）。不同处理土样的总细菌和革兰氏阴性菌 PLFA 量存在差异，LHOM 处理最高，而 HNOM 处理最低，且两个处理间差异显著（$P<0.05$），不同处理土样的真菌和放线菌 PLFA 量无显著差异。不同施肥土壤处理的厌氧菌 PLFA/好氧菌 PLFA 的值存在差异，施化肥的处理均低于施有机肥的处理，其中 LCF 与 LHOM 这两个处理的厌氧菌与好氧菌 PLFA 含量的比值差异显著（$P<0.05$）。双因素方差分析显示，地下水位的高低显著影响了各处理土壤 PLFA 类型、总 PLFA 含量、细菌 PLFA 含量，而施肥和地下水位的协同作用显著影响了真菌 PLFA 含量。

夏昕等（2015）以位于江西省红壤研究所内长期定位试验的水稻土（始于 1981 年）为研究对象，运用磷脂脂肪酸和 BIOLOG 分析技术研究了不施肥（CK）、单施化肥（NPK）及有机肥与化肥混施（NPKM）3 种施肥方式对土壤微生物群落结构的影响。结果表明：长期施化肥和有机肥与化肥混施处理的 PLFA 总量均高于未施肥处理，两者分别较未施肥处理高 91%和 309%；PLFA 主成分分析（PCA）显示施肥促进了土壤微生物群落结构的变化，其中 NPKM 处理增加了革兰氏阴性菌、真菌、放线菌和原生动物的数量，NPK 处理增加了革兰氏阳性菌的数量，不施肥处理较施肥处理提高了真菌与细菌的比例，CK 和 NPK 处理的微生物群落结构更为相似；各施肥处理间土壤的 AWCD 值表明，NPKM 处理能够促进土壤微生物群落对碳源的利用能力，进而增加土壤中微生物的整体活性，而 NPK 处理减弱了土壤微生物的活性。同时代谢功能多样性分析表明，NPKM 处理增加了微生物群落的多样性，而 NPK 处理使土壤微生物的多样性降低；土壤 PLFA 与土壤养分的相关性分析显示，土壤 PLFA 总量与土壤有机质和全氮含量呈极显著相关（$P<0.01$），与速效养分含量的相关性不大。

## 3. 湖南桃源长期定位观测站土壤微生物群落脂肪酸组多样性

研究不同耕地利用方式对土壤微生物群落结构的影响，对维持土壤稳定和提高土壤质量具有重要意义。陈晓娟等（2013）以湖南省桃源县长期定位试验为平台，采用磷脂脂肪酸和 MicroResp$^{TM}$ 方法，研究了稻田、水旱轮作地和旱地这 3 种不同耕地利用方式下土壤微生物数量、群落结构特征及活性。磷脂脂肪酸分析结果表明，细菌、真菌及总 PLFA 量均表现为稻田>水旱轮作地>旱地，细菌 PLFA/真菌 PLFA 值则表现为水旱轮作>旱地>稻田，革兰氏阳性菌（$G^+$）PLFA/革兰氏阴性菌（$G^-$）PLFA 为稻田显著高于水旱轮作地和旱地，但水旱轮作与旱地土壤的差异不显著。PLFA 主成分分析和特征磷脂脂肪酸的平均摩尔分数表明，稻田中真菌及 $G^-$的相对含量显著高于水旱轮作地和旱地，而水旱轮作地中 $G^+$的相对含量高于旱地和稻田，3 种不同耕地利用方式下土壤微生物群落结构特征具有明显差异。土壤 PLFA 与土壤养分相关性分析表明，土壤微生物生物量与土壤有机碳（SOC）、全氮（TN）、土壤微生物生物量碳（MBC）均达到极显著正相关，与阳离子交换量（CEC）无显著相关性。MicroResp$^{TM}$ 结果表明，3 种不同耕地利用方式下土壤微生物对碳源的平均利用效率为稻田最高，其次是水旱轮作地，旱地最低，其结果也显示大部分碳源增强了微生物的呼吸作用，但不同碳源的利用效率不相同。因此，耕地利用方式的不同明显导致了土壤微生物活性和群落结构的差异。

## 4. 东部典型地带性土壤微生物群落脂肪酸组多样性

土壤微生物是生态系统的分解者，对于维持生态系统的平衡起着至关重要的作用。然而由于土壤微生物种类的多样性、数量的庞大性和土壤环境的复杂性，人们对于土壤微生物的认识还非常有限。吴愉萍（2009）以磷脂脂肪酸（PLFA）分析技术为切入点，以土壤微生物群落结构为主线，探讨了土壤微生物群落的分布规律及其多样性对生态功能的影响。研究结果表明：①在国内首次确定了应用磷脂脂肪酸分析技术对土壤纯培养细菌菌株鉴定的方法和土壤 PLFA 的提取测定方法，并分别对这两种试验方法的试验条件进行了优化。②采集了我国东部自北到南的 14 个典型地带性土壤，对土壤微生物 PLFA 进行了提取和测定。首次发现我国地带性土壤中微生物同动植物一样，具有地带性分布规律，表现在北方温带土壤中含有较多的革兰氏阳性菌 PLFA，而南方热带及亚热带土壤中真菌和革兰氏阴性菌 PLFA 含量较高，年降水量和土壤 pH 为影响微生物地带性分布的最主要因子。③以黑龙江黑土、江苏黄棕壤和广西红壤为研究对象，研究了温度和水分对土壤微生物生物量和群落结构分布的影响，结果表明，土壤微生物对于温度的响应与采样地气候条件有关，表现在黑土土壤微生物群落结构对较高温度（35℃）的响应明显，而红壤中微生物群落结构的变化不大；在 40%～80% WHC 条件下，土壤微生物生物量和群落结构没有明显变化。④采集了英国洛桑研究所 Highfield 长期定位试验上具有约 60 年不同管理措施的休闲地、农耕地和草地土壤，研究了这 3 种土壤对于两种不同类型底物（较容易被利用的酵母菌提取物和较难被利用的黑麦草粉末）的矿化作用及土壤微生物生物量和群落结构的变化。结果表明，3 种长期不同管理措施下的土壤微生物生物量和群落结构有显著差异，但外源添加的底物在这些土壤中的矿化，以及相对应的土壤微生物生物量的响应差异不大。土壤有机质的矿化主要取决于底物类型。土壤微生物生物量和群落结构与土壤微生物代谢土壤有机质的生态功能并没有直接联系。

## 5. 福建黄泥长期定位观测站土壤微生物群落脂肪酸组多样性

黄泥田是中国南方稻作区主要的中低产田之一。土壤微生物和团聚体组分是影响黄泥田土壤肥力及生产力的重要因素，研究长期施肥对其影响为黄泥田土壤肥力评价与培肥技术提供了理论依据。李清华等（2015）以福建省黄泥田 28 年长期定位施肥试验为基础，设 4 个处理：对照（不施肥，CK）、氮磷钾肥（NPK）、氮磷钾肥+牛粪（NPKM）、氮磷钾肥+秸秆还田（NPKS）。采集 0～20 cm 耕层土壤样品，利用磷脂脂肪酸分析技术研究了土壤微生物群落结构，并用湿筛法测定了水稳性团聚体组分特征。研究结果显示，与 CK 相比，施肥使土壤微生物磷脂脂肪酸种类数增加了 16.67%～38.89%，土壤微生物总量提高了 26.71%～47.30%，其中细菌、真菌和放线菌等数值差异均达显著水平；长期不施肥（CK）易导致土壤中放线菌缺乏而 NPKM 更有利于提高土壤微生物菌群的种类与数量。土壤磷脂脂肪酸第一和第二主成分分析综合了 89.80%的方差贡献率，提取出 17:0ω8c（$G^-$）、c12:0（细菌）、cy19:0ω8c（伯克氏菌）、c17:0（节杆菌）、18:1ω7c（假单胞菌）、10Me 17:0（放线菌）等 6 种主要变异信息。此外，NPKM 与 NPKS 可使大小为 0.25～2.0 mm 水稳性团聚体数量增加 4.74%～8.47%，各施肥处理下该粒径团聚体 C、N 含量分别提高 1.63%～32.58%和 3.82%～13.74%。NPKS 有利于促进>0.25 mm 大团粒结构形成而 NPKM 更有利于提高不同粒径团聚体 C、N 含量。细菌、放线菌和微生物总量与水稳性团聚体 0.25～2.0 mm 粒径呈显著正相关（$P<0.05$），与水稳性团聚体<0.25 mm 粒径呈显著负相关；细菌、微生物总量与不同粒径碳含量均呈极显著正相关。黄泥田的合理施肥可显著提高土壤微生物群落数量及含量，促进>0.25 mm 团聚体形成，增加不同粒径团聚体 C、N 含量，其中 NPKM 对黄泥田培肥地力的效果最好。

林新坚等（2013）以闽东地区红黄壤茶园定位试验地为研究对象，通过测定 6 种不同施肥处理下土壤微生物学群落特征，研究不同培肥对土壤微生物群落特征和生物化学过程的影响，阐明各指标间的相互关系。结果表明，除了单施无机肥处理外，半量化肥+半量有机肥、全量有机肥、全量化肥+豆科绿肥，以及半量化肥+半量有机肥+豆科绿肥等的培肥方式均不同程度地提高了土壤有机质，可培养微生物数量，微生物生物量碳、氮含量及土壤酶活性，尤以半量无机肥+半量有机肥+豆科绿肥的培肥模式增幅更为明显，而单施无机肥不利于微生物的生长、酶活性的提高和维持生态系统的稳定性。微生物群落磷脂脂肪酸（PLFA）主成分分析显示，各种不同施肥方式使微生物群落结构发生改变。相关分析表明，微生物生物量与可培养微生物数量、微生物磷脂脂肪酸含量之间的相关性明显高于微生物生物量与各种酶活性之间的相关性，说明微生物数量大小对微生物群落结构的影响大于对酶活性功能的影响。研究也表明土壤各微生物指标能从不同方面反映土壤的肥力水平，所以采用各种不同的方法能更客观地评价闽东地区茶园红黄壤质量的优劣。

低产黄泥田在南方稻区广泛分布，其障碍因素是土壤熟化度低，施用有机肥料是改良黄泥田的重要措施。荣勤雷（2014）为了探明不同有机肥处理下低产黄泥田土壤的培肥机理，在田间试验中设置 5 个处理［不施肥（CK），单施化肥（NPK），化肥+绿肥（NPKG），化肥+猪粪（NPKM），化肥+秸秆（NPKS）］研究施入有机碳源对黄泥田水稻产量、土壤理化性质、土壤胞外酶活性、土壤有机碳组分、磷脂脂肪酸组成及土壤微生物多样性的影响。微生物多样性分析结果表明：有机培肥影响黄泥田土壤微生物群落结构。施肥对真菌的影响大于对细菌和放线菌的影响。化肥不同程度地降低细菌、真菌和放线菌的含量；猪粪提高了真菌的摩尔百分比含量，显著降低了细菌/真菌值；施用秸秆和绿肥则显著降低了放线菌的摩尔百分比含量。主成分分析表明，施用绿肥和猪粪处理对微生物群落结构的影响较为相似，而且有机培肥改变了微生物的多样性。通过 PCR-DGGE 指纹技术对黄泥田土壤细菌和真菌微生物遗传多样性研究的结果表明，化肥和有机肥对真菌的影响大于细菌。土壤容重与土壤细菌遗传多样性变化显著相关，土壤速效钾含量与土壤真菌的遗传多样性变化显著相关（$P<0.05$）。真菌的优势菌群为长孢被孢霉真菌和踝节菌属真菌，细菌为变形菌门的鞘氨醇单胞菌。施用化肥使细菌和真菌的多样性降低，施用绿肥和秸秆降低了细菌的多样性，但有利于提高真菌的多样性。

## 6. 石灰性潮土长期定位观测站土壤微生物群落脂肪酸组多样性

微生物有机体，尤其是细菌和真菌，在提供植物养分中起着重要作用，因此微生物群落的变化可以用来指示土壤质量。由于某些土壤生物学参数如微生物生物量和水解酶活性只能用于粗略地指示微生物特性，一些生物化学和分子生态学方法如表征微生物功能多样性的磷脂脂肪酸（PLFA）组成，以及用于指示微生物结构多样性的 DNA 指纹技术（包括聚合酶链反应-变性梯度凝胶电泳，PCR-DGGE）的应用备受重视。裴雪霞（2010）选择了 3 个长期定位施肥试验，包括河北省辛集市石灰性潮土定位施肥（始于 1979 年，冬小麦-夏玉米轮作制度）、湖北省武汉市黄棕壤性水稻土定位施肥（始于 1981 年，冬小麦-水稻轮作制度）和江西省进贤县的红壤性水稻土定位施肥（始于 1981 年，双季稻连作制度），研究了长期施肥对土壤微生物生物量、水解酶活性和微生物群落多样性的影响。3 个定位施肥试验处理均为：①CK（不施肥）；②单施氮肥（N）；③氮磷肥配施（NP）；④氮磷钾肥配施（NPK）；⑤单施有机肥（M）；⑥有机肥与 NPK 配施（NPKM）。应用 PLFA 谱图法和 PCR-DGGE 指纹技术进行了土壤微生物群落多样性分析。其中，磷脂脂肪酸组成分析结果表明，PLFA 总含量表现为红壤性水稻土>黄棕壤性水稻土>石灰性潮土，3 种土壤中 PLFA 总含量均表现为 NPKM、M>NPK、NP、N、CK。红壤性水稻土真菌含量和真菌/细菌值均高于黄棕壤性水稻土和石灰性潮土。M 和 NPKM 处理提高了黄棕壤性水稻土和石灰性潮土细菌脂肪酸 16:0 iso 和 19:0 iso、真菌脂肪酸 18:1ω9c 和丛枝菌根真菌 16:1ω11c 的含量，红壤性水稻土仅提高了细菌脂肪酸 c16:0 和丛枝菌根真菌 16:1ω11c 的含量；NP 和 NPK 处理提高了 3 种土壤 $G^-$18:1ω5c 和放线菌 10 Me 17:0 的含量。主成分分析也证明，有机肥和化肥对土壤微生物群落结构的影响显著不同。PLFA 总量与土壤有机质、全磷和速效磷含量间呈显著正相关，真菌/细菌值与水稻土速效钾含量间呈显著正相关，而且 DNA 含量和香农多样性指数（$H$）均表现为黄棕壤性水稻土>石灰性潮土>红壤性水稻土。与单施化肥和 CK 相比，NPKM 和 M

处理提高了 3 种土壤细菌和氨氧化细菌的多样性。

根际碳、氮循环对土壤养分转化及植物养分有效性具有重要影响。利用肥料长期定位试验可确切认识不同施肥制度下根际微生物参与土壤碳、氮转化的机制，其阐明施肥的效应是短期试验所不能比拟的。艾超（2015）以华北石灰性潮土长达 36 年的肥料长期定位试验为基础，利用变性梯度凝胶电泳（DGGE）、磷脂脂肪酸分析、稳定同位素探针（SIP）、定量 PCR、454 高通量测序、Illumina MiSeq 测序等现代分子生态学技术，结合大田与盆栽试验，研究长期施用有机肥料和无机肥料条件下作物（小麦和玉米）根际微生物群落结构与酶学特性、根际碳沉积转化过程、根际氨氧化过程及根际反硝化过程。其中，磷脂脂肪酸分析结果表明，根际土壤 PLFA 总量较非根际平均增加 84%，而 $G^+/G^-$、细菌/真菌和放线菌/真菌值均低于非根际土壤。长期施用有机肥显著提高了土壤 PLFA 总量，其含量是 CK 的 1.7～2.0 倍，微生物群落结构也显著不同于化肥处理。根际土壤中，$G^+/G^-$值受有机肥影响较大，增幅为 34.3%～36.9%，而细菌、真菌和放线菌丰度在化肥和有机肥处理间差异不显著。有机碳、氮素和 pH 是影响 PLFA 总量和群落结构变异的重要因子。

## 六、脂肪酸组学在入侵生物影响土壤微生物群落研究中的应用

### 1. 入侵植物紫茎泽兰对土壤微生物群落脂肪酸组学多样性的影响

植物与土壤微生物互作及其反馈影响自然界植物群落的竞争性演替。肖博等（2014）为了明确土壤微生物在我国恶性入侵植物紫茎泽兰（*Ageratina adenophora*）传入定植后迅速竞争性扩张中的作用，通过接种植物根际微生物［将紫茎泽兰和本地植物的根际土壤分别进行灭菌处理、添加杀真菌剂处理和无处理（对照）］的盆栽法，比较了土壤微生物对紫茎泽兰和 2 种本地植物（林泽兰和狗尾草）的生长反馈效应。结果显示，根际土壤微生物对 3 种植物的生长均产生正反馈，紫茎泽兰、林泽兰和狗尾草在添加杀真菌剂处理或灭菌处理的生物量均比对照显著下降。林泽兰和狗尾草的根系丛枝菌根真菌（AMF）侵染率在对照的紫茎泽兰土壤和本地植物土壤中没有显著差异；但在添加杀真菌剂处理后，林泽兰和狗尾草的根系 AMF 侵染率在紫茎泽兰土壤中比在本地植物土壤中分别高出 81.02%和 89.7%，说明紫茎泽兰土壤真菌具有更强的正反馈作用。磷脂脂肪酸（PLFA）分析土壤微生物群落多样性和功能微生物丰度的结果显示，入侵植物紫茎泽兰和本地植物土壤微生物群落间存在显著差异。综合推断认为，紫茎泽兰入侵后改变了土壤微生物群落结构，从而产生更有利于自身生长的正反馈，进而进一步促进了竞争性扩张。

土壤微生物是影响外来植物入侵力和生态系统可入侵性的一个重要因素，在外来植物的入侵进程中起到十分重要的作用。外来植物入侵引起入侵地土壤微生物群落结构和功能的变化，这种变化反过来对入侵植物的生长及入侵植物与当地植物的竞争产生影响，这是外来植物入侵的一种新机制——土壤微生物学反馈机制。外来入侵植物与土壤微生物群落之间的互作及反馈与外来植物的入侵机制联系紧密，目前已成为外来植物入侵生物学研究的重要内容和国际研究热点。周文（2012）从土壤微生物对外来植物的反

馈作用入手，以紫茎泽兰、豚草、三叶鬼针草和黄顶菊等多种入侵菊科植物为研究对象，分析本地植物土壤微生物、外来植物入侵后改变的土壤微生物群落，以及不同微生物类群对入侵植物和本地植物的生长及竞争的反馈影响，以入侵植物-土壤微生物-本地植物的互作关系为主线，综合阐述土壤微生物对外来植物入侵的反馈，分析反馈作用与入侵植物的物种差异性、土壤异质性之间的关联及规律。研究结果表明：通过施用紫茎泽兰入侵土壤和本地植物土壤，采用湿热灭菌处理或添加杀真菌剂处理的方法，以此验证入侵植物土壤和本地植物土壤微生物对植物生长的反馈差异。结果发现紫茎泽兰入侵土壤的微生物群落相比于本地植物土壤的微生物群落对植物的生物量有更明显的促进作用，紫茎泽兰入侵土壤中的真菌群落对植物的有利反馈作用更强，土壤中的 AMF 群落侵染也更为有效。对紫茎泽兰入侵土壤和本地植物土壤及杀真菌剂处理后两种土壤的土壤微生物群落结构进行磷脂脂肪酸分析的结果表明，杀真菌剂处理能有效地抑制土壤中的丛枝菌根真菌和真菌类群含量，同时紫茎泽兰入侵土壤和本地植物土壤及两者添加杀真菌剂后的土壤微生物群落结构明显不同，紫茎泽兰入侵土壤中的丛枝菌根真菌含量比本地植物土壤中的丛枝菌根真菌含量增加了 24.4%，真菌含量增加了 12.5%。通过灭菌处理、添加杀真菌剂或杀细菌剂抑制紫茎泽兰重度入侵土壤中的真菌或细菌群落，以此探究紫茎泽兰入侵土壤中各微生物类群对于紫茎泽兰生长及竞争的反馈功能。研究发现，紫茎泽兰入侵土壤真菌群落对紫茎泽兰的光合作用具有促进作用，添加杀真菌剂后紫茎泽兰的光合作用下降了 28.5%，而紫茎泽兰重度入侵土壤中的真菌和细菌群落对本地植物香茶菜的光合作用均具有明显的抑制作用，经杀真菌剂和杀细菌剂处理后，香茶菜的光合作用分别上升了 42.5%和 45.6%。

肖博（2014）以我国恶性入侵植物紫茎泽兰为研究对象，以紫茎泽兰-土壤微生物互作关系为主线，分析了紫茎泽兰入侵后对土壤理化特性及土壤微生物群落结构与功能的影响，以及土壤微生物群落［尤其是特定功能微生物丛枝菌根真菌（AMF）］的改变对紫茎泽兰生长与本地植物竞争的反馈效应，阐释了紫茎泽兰入侵土壤的微生物学机制。其中，PLFA 分析结果表明，野外自然林下生境、林下边缘生境和路边生境 3 种生境下的紫茎泽兰入侵土壤和本地植物土壤相比，微生物群落结构存在明显差异，可以明显分为两大类群；前者比后者的土壤微生物磷脂脂肪酸生物标记的含量和种类均显著提高，如土壤革兰氏阳性菌和 AMF 磷脂脂肪酸生物标记含量显著提高。土壤功能微生物类群与土壤肥力因子、植物根系 AMF 侵染率的相关性分析发现，紫茎泽兰入侵土壤微生物群落特征与土壤肥力因子（有机质、全氮、全磷和全钾）存在显著相关关系，紫茎泽兰叶片的生态化学计量学特征（C/NP）亦与土壤中特定功能微生物 AMF 存在极显著的相关关系，而在本地植物生长区却没有发现，这极有可能是因为紫茎泽兰自身营养物质吸收代谢快，养分含量、土壤肥力、土壤微生物之间存在联动关系。紫茎泽兰生长小区的土壤微生物 PLFA 生物标记含量和种类均显著高于香茶菜小区，土壤微生物类群和多样性指数也显著高于后者，说明紫茎泽兰小区内土壤微生物物种更丰富，分布更均匀。土壤微生态环境的改变必然会对植物生长和发育产生不同反馈。紫茎泽兰小区土壤和香茶菜小区土壤对紫茎泽兰和香茶菜种子萌发率的反馈试验的结果显示，紫茎泽兰小区土壤和香茶菜小区土壤灭菌后，紫茎泽兰和和香茶菜的发芽率都显著降低，表明土壤微生物在紫茎泽兰和香茶菜种子萌发中的促进作用；未灭菌的紫茎泽兰入侵土壤对紫茎泽兰种子萌发产生一定的促进作用，而对香茶菜种子萌发产生一定的抑制作用，表明紫茎泽兰入侵后改变了土壤微生物群落，进而促进了自生种子萌发且抑制了本地植物香茶菜种子的萌发，从而增强自身的竞争力。

贾伟（2010）利用磷脂脂肪酸和 DGGE 技术，针对紫茎泽兰、豚草和黄顶菊 3 种典型的菊科入侵植物不同入侵阶段根际土壤中的微生物群落进行了研究，从菊科入侵植物对土壤微生物群落影响方面来讨论入侵植物可能的入侵机制。其中，磷脂脂肪酸分析结果表明，紫茎泽兰的入侵导致土壤中真菌数量显著减少，显著提高了土壤中泡囊丛枝菌根真菌（vesicular-arbuscular mycorrhiza fungi，VAM）和放线菌的数量。其中云南重度入侵土壤中真菌含量降低了 27.7%，VAM 和放线菌含量分别增加了 43.2%和 12.1%。随着紫茎泽兰入侵的加重，cy19:0/18:1ω7c 值显著降低，而真菌/细菌和 $G^-/G^+$值却显著升高。云南重度入侵土壤 cy19:0/18:1ω7c 值降低了 31.6%；四川重度入侵土壤真菌/细菌和 $G^-/G^+$值分别增加了 20%和 55.3%。豚草的入侵降低了土壤中真菌和放线菌的数量，但辽宁豚草的入侵提高了土壤中 VAM 数量，江苏豚草对 VAM 的影响趋势与之相反。江苏重度入侵土壤中真菌含量降低了 33.8%，辽宁重度入侵土壤中放线菌含量降低了 20.8%；辽宁重度入侵土壤中 VAM 量增加了 96.7%，江苏重度入侵土壤中 VAM 量降低了 34.1%。随着豚草的入侵加重，cy19:0/18:1ω7c、真菌/细菌和 $G^-/G^+$值均逐渐降低。辽宁重度入侵土壤 cy19:0/18:1ω7c 值、江苏重度入侵土壤真菌/细菌和 $G^-/G^+$值分别降低了 57.8%、31.5%和 27.2%。黄顶菊的入侵导致土壤中真菌和放线菌数量显著减少，VAM 数量显著增加。保定重度入侵土壤中真菌含量降低了 46.9%，VAM 量增加了 223%；衡水重度入侵土壤中放线菌含量降低了 26.8%。两地真菌/细菌和 $G^-/G^+$值均随黄顶菊入侵程度的加重而增加，但 cy19:0/18:1ω7c 值却随之降低。保定重度入侵土壤 cy19:0/18:1ω7c 值降低了 49.1%；真菌/细菌和 $G^-/G^+$值分别升高了 59.8%和 62%。

李会娜（2009）以我国典型的入侵菊科植物紫茎泽兰、豚草和黄顶菊为研究对象，在其入侵地野外调查取样研究的基础上，探讨了外来菊科植物入侵对入侵地土壤微生物群落结构的影响，以及由此引起的对外来植物和伴生植物生长的反馈作用，并通过同质园模拟试验，解析了 3 种入侵菊科植物与土壤微生物的互作关系。其中，磷脂脂肪酸指纹图表明，豚草不但显著改变了入侵地的土壤微生物 PLFA 含量，而且能显著改变微生物群落结构，尤其是显著降低了真菌的含量。温室盆栽灭菌试验发现豚草入侵地的土壤微生物群落抑制了伴生植物的生长，显著增强了豚草的生长和竞争能力。采用磷脂脂肪酸生物标记法比较了黄顶菊不同入侵地土壤微生物群落，结果显示，黄顶菊显著改变了入侵地的土壤微生物群落结构，尤其是提高了表征菌根真菌的 16:1ω5c 脂肪酸的含量。黄顶菊与本地植物小藜及马唐的同质园基地竞争模拟试验结果显示，马唐与黄顶菊竞争时的生物量仅为马唐单独生长时的 61%，说明黄顶菊的存在显著抑制了马唐的生长，同时黄顶菊与小藜的竞争对小藜生长的抑制作用也达到了显著水平。

为比较入侵植物与本地植物对土壤微生态影响的差异，探索外来植物入侵的土壤微生物学机制，李会娜等（2011）通过同质园试验，比较分析了 2 种入侵菊科植物（紫茎泽兰、黄顶菊）和 2 种本地植物（马唐、猪毛菜）对土壤肥力和微生物群落的影响，并通过盆栽反馈试验验证入侵植物改变后的土壤微生物对本地植物旱稻生长的反馈作用。同质园试验结果表明：2 种入侵植物和 2 种本地植物分别对土壤微生态产生了不同的影响，尤其是紫茎泽兰显著提高了土壤有效氮、有效磷和有效钾含量，紫茎泽兰根际土壤中有效氮含量为 39.80 mg/kg，有效磷含量为 48.52 mg/kg。磷脂脂肪酸指纹图结果表明，2 种入侵植物与 2 种本地植物相比，较显著增加了土壤中的放线菌数量，而紫茎泽兰比其他 3 种植物显著增加了细菌和真菌数量。盆栽结果表明：黄顶菊生长过的土壤灭菌后比灭菌前旱稻的株高增加 113%，紫茎泽兰也使旱稻的株高增加 17%。由以上结果可知，紫茎泽兰和黄顶菊可能通过改变入侵地土壤的微环境，形成利于其自身生长扩散的微生态环境从而实现其成功入侵。

万欢欢（2010）在综述国内外外来植物入侵的化感作用机理和紫茎泽兰种群扩张研究的基础上，以入侵植物的化感作用为主线，基于化感作用影响与土壤生态调节互作的理论，以紫茎泽兰为研究对象，以叶片凋落物作为切入点，在前期研究的基础上，进一步研究外来植物化感作用、土壤生态变化、本地植物之间的互作及响应。一方面，通过室内化感生测和温室盆栽模拟，以验证紫茎泽兰叶片凋落物的化感作用；另一方面，通过温室盆栽模拟结合室内分析测定，研究了叶片凋落物对入侵地土壤微生物、酶活性和化学性质的影响及反馈；最后，通过室内降解模拟试验研究了紫茎泽兰和本地植物根际土壤微生物对凋落物水提液化感作用的影响；旨在明确紫茎泽兰叶片凋落物的化感作用，阐明其对入侵地生态过程的影响，以及这种影响引起的对紫茎泽兰入侵力和本地植物生长的反馈，对土壤中凋落物化感作用的调控，最终探究叶片凋落物化感作用对外来植物入侵的反馈及其机制。其中，土壤微生物的传统培养平板计数和 PLFA 分析结果表明：叶片凋落物在土壤中降解后，显著增加了土壤细菌、真菌、放线菌、自身固氮菌、无机磷细菌和解钾菌的菌落数量，和对照相比，添加 5%凋落物后，6 种土壤微生物类群的菌落数量依次增加了 8.4 倍、6.5 倍、4.0 倍、5.4 倍、3.8 倍和 6.1 倍；PLFA 分析结果显示，不同浓度凋落物处理中各功能微生物类群之间脂肪酸含量差异显著，其中真菌的脂肪酸含量在 5%凋落物处理中是对照的 1.8 倍。$G^-/G^+$及真菌/细菌值随凋落物浓度的提高而增加；聚类分析和主成分分析结果表明，高浓度凋落物处理、低浓度和中浓度凋落物处理、对照之间土壤微生物群落结构存在显著差异，而低、中浓度凋落物处理间差异较小，二者存在交叉现象。土壤酶活性和化学性质的室内化学分析结果显示：叶片凋落物在土壤中降解后，土壤蔗糖酶、酸性磷酸酶和脲酶的活性得到显著提高，凋落物添加的浓度越大，各种酶活性提高的程度越大，其中蔗糖酶在 1.6%凋落物处理中是对照的 1.5 倍，酸性磷酸酶和脲酶在 5%凋落物的处理中分别是对照的 1.9 倍和 3.3 倍。土壤有效氮、磷和钾的含量都显著增加，土壤未灭菌时，添加凋落物的处理和对照相比，三者的含量最高分别增加了 1.4 倍、2.8 倍、2.0 倍，而且土壤微生物、酶活性和化学性质的改变存在相关性，三者的相互作用反馈调节紫茎泽兰的入侵力。温室盆栽模拟反馈试验结果表明，叶片凋落物在土壤中降解后，显著增加了紫茎泽兰的单株生物量，却显著降低了伴生植物白三叶的单株生物量。土壤未灭菌时，紫茎泽兰的单株生物量在 1.6%凋落物处理中是对照的 2.5 倍，而白三叶在 5%凋落物处理中仅为对照的 30%。紫茎泽兰分别与白三叶和多年生黑麦草混种时，在添加 1.6%凋落物的处理中，其相对优势度都显著提高，分别是对照的 1.21 倍和 1.16 倍。

### 2. 入侵植物红毛草对土壤微生物群落脂肪酸组多样性的影响

植物可通过根系分泌物及地上凋落物等方式为土壤环境提供微生物所需的营养，故不同植物可能有不同的土壤微生物群落，研究不同入侵程度下土壤微生物群落结构及差异性，可进一步认识外来种入侵过程中的生态作用及其与土壤微生物的互作，对于揭示外来种的入侵机制具有重要意义。红毛草（*Rhynchelytrum repens*）为禾本科多年生草本植物，原产于热带南非，后作为观赏植物和牧草引进中国，逃逸为野生种。由于其具有较强的耐热性、种子快速萌发等特性，近几年成为我国东南部重度入侵植物。张丽娜等（2016）采用磷脂脂肪酸分析法比较了红毛草非入侵区、轻度入侵区和重度入侵区土壤微生物群落结构的差异，并对不同程度入侵区土壤部分理化指标的差异进行比较；在此基础上，对土壤中不同类型微生物含量与部分理化指标的相关性进行分析。结果表明：在不同程度入侵区土壤中共检测到 37 种微生物，包括 28 种细菌、4 种放线菌、4 种真菌和 1 种原生动物，其中，细菌含量最高。6 种微生物的 PLFA 含量较高，且它们在 3 类入侵区均有分布；27 种微生物的 PLFA 含量较低，且它们在 3 类入侵区也均有分布；4 种微生物的 PLFA 含量较低，且它们仅分布在个别入侵区。随着红毛草入侵程度的加剧，土壤中细菌、真菌和原生动物的含量均逐渐升高，且它们在重度入侵区土壤中的含量分别较非入侵区增加 11.34%、19.60%和 13.95%；并且，土壤中的微生物种类也逐渐增加。随着红毛草入侵程度的加剧，土壤的过氧化氢酶活性逐渐下降，蔗糖酶和脲酶活性及 pH 和含水量均逐渐升高，而纤维素酶活性变化较小；与非入侵区相比，重度入侵区土壤的过氧化氢酶活性下降 59.27%，而蔗糖酶和脲酶活性及 pH 和含水量分别升高 73.71%、68.60%、15.09%和 32.95%。相关性分析结果表明：土壤中的细菌含量与过氧化氢酶、蔗糖酶、脲酶活性及 pH 和含水量均存在极显著相关性（$P<0.01$），相关系数分别为–0.909、0.864、0.868、0.836 和 0.889；土壤中的真菌含量与过氧化氢酶活性存在显著负相关（$P<0.05$），与蔗糖酶活性和 pH 存在极显著正相关，相关系数分别为–0.739、0.868 和 0.832。研究结果显示：红毛草能够改变土壤的微生物群落结构及理化性质，使土壤条件更利于红毛草的生长。

### 3. 入侵植物空心莲子草对土壤微生物群落脂肪酸组多样性的影响

空心莲子草原产于南美，多年生宿根、草本。1892 年进入我国，后来迅速蔓延，成为入侵植物，对生态环境造成危害。王志勇（2010）通过测定微生物数量和群落结构的变化，并结合土壤酶活与理化性质的变化，确定空心莲子草入侵对土壤微生物的影响，探讨空心莲子草的入侵机制，为空心莲子草的防控提供科学依据。其中，磷脂脂肪酸分析结果显示，空心莲子草入侵后土壤细菌和真菌的数量增加。活菌计数结果显示可培养细菌和真菌的数量显著增加（$P<0.05$）。非培养的微生物脂肪酸分析显示，空心莲子草入侵土样的微生物总量增加，其中仙桃土样 $G^+$和真菌量显著增加（$P<0.05$），武汉土样 $G^-$、放线菌和 AM 真菌量显著增加（$P<0.05$）。

空心莲子草是我国 2003 年公布的第一批外来入侵物种。为了进一步了解该植物的入侵机制，王志勇等（2011）采集湖北咸宁、仙桃和武汉三地的土样，采用土壤脂肪酸甲酯谱图分析的方法探讨该植物入侵对土壤微生物的影响。结果显示：空心莲子草入侵后土壤可培养细菌、真菌的数量显著增加，而放线菌的数量显著下降。磷脂脂肪酸分析表明土壤微生物群落结构发生了一定程度的改变，但其变化因土壤的不同而有差异。

## 七、脂肪酸组学在养殖发酵床微生物群落研究中的应用

### 1. 微生物发酵床垫料的微生物群落脂肪酸组多样性

随着畜禽业生产规模的日益扩大，产生的废弃物成为许多城市和农村的新兴污染源，已成为一个亟待解决的新问题。近几年兴起的发酵床养殖技术，是根据微生态理论，借助于发酵床垫层中微生物的作用，分解畜禽排泄物，大大减少了污染，在生产中得到迅速推广、应用，生态效益显著。栗丰（2011）采用传统平板分离法，结合磷脂脂肪酸（PLFA）分析，对高温季节下微生物发酵床养猪基质垫层的微生物群落结构进行研究分析，结果如下：①分离结果表明，各样品中含量最高的为细菌（$\times10^5$ CFU/g），其次是放线菌（$\times10^4$ CFU/g），真菌含量最少（$\times10^3$ CFU/g）；根据微生物在各样品中的含量可分为 3 个类群，类群 I 的特征为细菌含量大于 $70.00\times10^5$ CFU/g，真菌含量大于 $70.00\times10^3$ CFU/g，放线菌含量大于 $70.00\times10^4$ CFU/g；类群 II 的特征为细菌含量为 $(30.00\sim70.00)\times10^5$ CFU/g，真菌含量为 $(30.00\sim70.00)\times10^3$ CFU/g，放线菌含量为 $(30.00\sim70.00)\times10^4$ CFU/g；类群 III 的特征为细菌含量小于 $30.00\times10^5$ CFU/g，真菌含量小于 $30.00\times10^3$ CFU/g，放线菌含量小于 $30.00\times10^4$ CFU/g。在 30 个采样点中，细菌的平均空间分布由高至低依次为类群 II（40.67%）、类群 I（30.67%）和类群 III（28.67%）；真菌的空间分布平均比例由高至低依次是类群 III（66.00%）、类群 II（21.33%）和类群 I（12.67%）；放线菌的空间分布平均比例由高至低依次是类群 III（67.33%）、类群 II（28.00%）和类群 I（4.67%）。②微生物的数量-时间变化曲线可分为前峰型、中峰型、后峰型、双峰型等类型，细菌数量的时间变化曲线包含的类型主要是中峰型和后峰型，真菌的数量变化曲线包括了全部 4 种类型，放线菌的数量变化曲线类型主要是前锋型和后峰型；细菌的平均含量随时间变化呈现先升高后下降的趋势，真菌的平均含量则基本呈现下降趋势，而放线菌的平均含量变化平缓。③以微生物发酵床基质垫层中 3 类微生物平均含量之间的相互比值作为衡量微生物结构比例变化的指数，细菌/真菌以 B/F 表示，细菌/放线菌以 B/A 表示，真菌/放线菌以 F/A 表示。分析表明，5 栏、6 栏、7 栏的细菌/真菌（B/F）值的变化范围（0.32～8.73、1.29～4.10、0.26～6.89）比较小，细菌与真菌结构比例比较稳定；1 栏、4 栏、8 栏和 10 栏的细菌/真菌（B/F）值的变化范围（0.64～55.60、2.68～79.53、0.49～53.35、0.69～64.47）很大；其余 2 栏、3 栏和 9 栏的变化范围（0.63～16.71、0.13～19.78、0.55～14.64）介于中间。2 栏、3 栏、5 栏、6 栏四栏的细菌/放线菌（B/A）值的变化范围（0.74～6.16、0.18～4.88、0.54～4.13、0.55～8.94）比较小，细菌与放线菌结构比例比较稳定。1 栏、4 栏、7 栏、8 栏、9 栏、10 栏等六栏 B/A 值的范围较大，变化范围最大的是 10 栏（1.48～88.39），细菌与放线菌结构比例变化较大。真菌/放线菌（F/A）值分析表明，10 个栏的真菌/放线菌（F/A）值都比较

小（F/A 值<10），其中 4 栏的 F/A 值变化范围最小（0.3～1.11），60 d 时 10 个栏的 F/A 值<1。④根据聚集度指数负二项分布的 *K* 指标分析，细菌的聚集指数总体降低，由随机分布转变为聚集分布，且聚集分布的程度逐渐减弱，之后保持比较稳定的聚集分布程度；真菌属于聚集分布且聚集分布程度逐渐降低，但变化平缓；放线菌聚集指数变化比较大，由聚集分布转变为随机分布，之后又转变为聚集分布；在 30～60 d 时细菌、真菌、放线菌聚集度指数 *K* 值都变化不大，趋于稳定，放线菌比细菌和真菌偏高，表明细菌、真菌、放线菌均处于比较稳定的聚集分布状态，放线菌的聚集分布程度比细菌和真菌偏高。⑤不同栏位不同时间 PLFA 总量的比较结果表明：PLFA 总量随时间变化呈相同的变化趋势“升—降—升—降”，其中 2 栏在 15～45 d 时的变化范围（2 227 359.33～12 464 370.33）较大，10 栏的变化范围（4 581 140.67～8 981 641.33）较小；在第 1 天时各栏微生物的 PLFA 总量相近（1 358 607.33～3 345 488.00），第 60 天时各栏微生物的 PLFA 总量也很相近（1 458 257.33～3 078 114.00）。PLFA 特征标识分析表明：PLFA 细菌特征标识 c16:0、真菌特征标识 18:1ω9c、放线菌特征标识 10 Me 18:0 TBSA 和原生动物特征标识 20:4ω(6,9,12,15)c 数量随时间变化均呈现“降—升—降”的变化趋势，原生动物特征标识 20:4ω(6,9,12,15)c 数量较少，变化范围（16 155.93～129 881.93）较其他三者小，变化平缓。

## 2. 微生物群落脂肪酸组多样性统计方法研究

磷脂脂肪酸（PLFA）是一个良好的生物标记物，可应用于土壤微生物群落多样性的定性和定量分析。为提高研究分析效率，林营志等（2009）编写了生物标记辅助分析程序 PLFAEco，提供基于 PLFA 的微生物群落分析功能。基于 MIDI 公司的 Sherlock 脂肪酸微生物鉴定系统，采用 Perl 为编程语言。程序 PLFAEco 可计算样品的微生物群落特性，包括香农多样性指数（Shannon index，$H_1$）、Brillouin 指数（$H_2$）、McIntosh 多样性指数（$H_3$）、丰富度指数（$S$）、均匀度指数（Pielou evenness index，$J$）、辛普森优势度指数（Simpson dominance index，$D$），执行聚类分析、主成分分析；计算对象可分别为样品或 PLFA，也可依用户设定以 PLFA 组合代替单一 PLFA 为计算单元，便于比较真菌、放线菌、细菌等微生物类群之间的关系；根据样品重复、处理信息进行均值和标准差计算；计算结果以包含图表的网页形式显示，提供 CSV 格式的数据文件供其他软件使用。程序 PLFAEco 扩展了 Sherlock 系统在微生物群落分析方面的功能，避免了人工利用该系统所带来的磷脂脂肪酸数据提取、数据矩阵构建、统计计算等复杂而繁重的工作，具有操作方便、速度快的特点，能满足大多数情况下的需求，已在烟田土壤、发酵床养猪场垫料的微生物群落分析中得到了验证。程序及手册、示例请参见 http://www.dagri.org。

## 3. 微生物发酵床垫料的微生物群落脂肪酸组动态研究

生猪疫病一直是困扰养猪业的一道难题，猪舍的不良环境是许多疾病的诱因，只有为猪提供舒适、干净的生活环境才能减少生猪疫病的发生，提高生猪的生产能力。微生物发酵床养猪作为近年我国引进的一种新兴养猪模式，实现了养猪无臭味、零排放的目的。利用发酵床养猪最大的好处是为猪在其生态环境中创造了一道益生菌抵抗有害菌的天然防线，提高了动物的免疫水平，大大降低了发病率、死亡率。卢舒娴（2011）采用平板分离法和磷脂脂肪酸（PLFA）生物标记法对微生物发酵床养猪猪舍基质垫层的微生物群落结构多样性、病原菌分布动态进行研究，结果如下：①通过系统调查发现，发酵床猪舍基质垫层中含有丰富的微生物种群，从基质垫层中分离的细菌经鉴定属于 22 个不同属。②微生物发酵床中的细菌是优势菌，分布数量达到了 $10^8$ 数量级，其群落动态呈现先上升后下降的趋势，而真菌和放线菌的分布数量相对于细菌低 3～4 个数量级。③基质垫层有一定量的大肠杆菌和沙门氏菌分布，但是垫料使用一段时间后，其分布数量呈现不断下降趋势，至第 5 个月，降至极低水平。大肠杆菌的分布数量与细菌呈显著负相关（$R$=–0.47），与放线菌呈显著正相关（$R$=0.48）。沙门氏菌的分布数量与细菌呈显著负相关（$R$=–0.62），与真菌（$R$=0.67）和放线菌（$R$=0.58）呈极显著正相关。④发酵床技术使用的先导菌短短芽胞杆菌（*Brevibacillus brevis*）在基质垫料中以优势菌稳定存在，并对大肠杆菌和沙门氏菌有明显的抑制作用。通过抑菌圈实验发现，基质垫层中有些细菌对大肠杆菌和沙门氏菌有明显的抑制作用，能有效抑制病原微生物的生长。其中发酵床基质垫料中的芽胞杆菌属细菌在生猪疫病防治中起主要作用。⑤采用磷脂脂肪酸生物标记法，分析不同使用时间发酵床基质垫层中微生物群落结构的动态变化，结果从不同使用时间发酵床基质垫层中共检测出了 41 个脂肪酸生物标记，表明基质垫层中含有大量不同的微生物类型；分析垫料使用过程中多样性指数的变化，发现各个多样性指数变化不大，表明发酵床垫料群落结构相对稳定。

## 4. 养猪垫料发酵微生物肥料脂肪酸组的研究

欧阳江华（2010）以使用 2 年的微生物发酵床猪舍基质垫料为发酵原料，分别添加 7 种不同的生防菌剂，即无致病力尖孢镰刀菌、淡紫拟青霉、无致病力铜绿假单胞菌、凝结芽胞杆菌菌株 LPF-1、短短芽胞杆菌菌株 JK-2-GFP、无致病力青枯雷尔氏菌和蜡样芽胞杆菌菌株 ANTI-8098A，进行垫料好氧发酵试验。在发酵的第 2 天、第 4 天、第 8 天、第 16 天、第 32 天，以固体发酵堆肥为材料，研究生防菌剂在养猪垫料中的生长特性；通过形态学观察、*gfp* 基因检测和 16S rDNA 分子鉴定检测接入的生防菌剂在垫料中的存活状况；利用磷脂脂肪酸（PLFA）和常规培养相结合的方法研究了生防菌剂对养猪垫料微生物群落结构的影响；同时研究了生防菌剂对养猪垫料理化性质的影响；并研究生物肥药的发酵工艺。主要研究结果如下：①接入生防菌剂后，堆肥温度明显上升，并且比对照的堆肥温度要高。其中接种蜡样芽胞杆菌菌株 ANTI-8098A 对堆肥的发酵温度影响最大，同时在添加蜡样芽胞杆菌 ANTI-8098A 菌剂后，生物肥料中速效氮的含量迅速降低。与对照相比，pH 变化差异不明显。②经形态学观察、*gfp* 基因检测和 16S rDNA 分子鉴定表明，无致病力尖孢镰刀菌、无致病力铜绿假单胞菌、短短芽胞杆菌菌株 JK-2-GFP、无致病力青枯雷尔氏菌和蜡样芽胞杆菌菌株 ANTI-8098A 能够在养猪垫料中存活，其中短短芽胞杆菌菌株 JK-2-GFP 在垫料中生长最好，在发酵的第 4 天数量达到了 $6.23\times10^7$ CFU/g。③添加生防菌剂改变了生物肥料的微生物群落结构。养猪垫料中的微生物群落非常丰富。不同类型的微生物在养猪垫料中有不同的分布。接种生防菌剂后，生防菌对细菌和真菌的影响较大，而对放线菌的影响较小。添加不同菌剂的生物肥料中共测定 52 个磷脂脂肪酸生物标记，不同的磷脂脂肪酸生物标记在不同处理的生物肥料中分布差异显著，可分为完全分布和不完全分布两种类型。④淡紫拟青霉是一株可以杀死植物线虫的生防菌。结果显示，它在不灭菌、不添加外来物质的养猪垫料中不能存活；而一旦在养猪垫料中添加速效碳源蔗糖，淡紫拟青霉生长迅速，并且可迅速达到微生物肥料的孢子含量标准 $10^8$ CFU/g。

## 第三节 芽胞杆菌脂肪酸组学研究进展

### 一、脂肪酸组学在芽胞杆菌系统分类上的应用

#### 1. 基于脂肪酸组的芽胞杆菌系统发育分析

刘波等（2014）通过测定芽胞杆菌属 90 种（亚种）的脂肪酸成分，构建了芽胞杆菌属脂肪酸系统发育分类体系。利用脂肪酸微生物鉴定系统（MIDI 系统）分析供试芽胞杆菌种类脂肪酸生物标记，根据脂肪酸生物标记分布特性，选取 10 种脂肪酸参数即 16:0 iso、c16:0、17:0 iso、17:0 anteiso、15:0 iso、15:0 anteiso、15:0 iso/15:0 anteiso、17:0 iso/17:0 anteiso，以及香农多样性指数（*H*）和均匀度指数（*J*）构建芽胞杆菌属种类的脂肪酸系统发育分类体系，从芽胞杆菌属 90 个种（亚种）中共测定到 29 个脂肪酸生物标记，脂肪酸碳链长度为 10～20，前 6 个相对百分比含量总和最大的脂肪酸是 15:0 anteiso、15:0 iso、17:0 anteiso、c16:0、17:0 iso 和 16:0 iso；在测定的 90 种（亚种）的脂肪酸组成中，15:0 anteiso 和 15:0 iso 属于高含量完全分布，17:0 anteiso、c16:0、17:0 iso 和 16:0 iso 属于中含量不完全分布，其余 23 个标记属于低含量不完全分布。可将 90 种（亚种）芽胞杆菌分为 5 个脂肪酸群，分别为第 I 群窄温芽胞杆菌脂肪酸群、第 II 群广温芽胞杆菌脂肪酸群、第 III 群嗜碱芽胞杆菌脂肪酸群、第 IV 群嗜酸芽胞杆菌脂肪酸群、第 V 群嗜温芽胞杆菌脂肪酸群。通过芽胞杆菌属的脂肪酸生物标记系统发育分析，可将其划分为 5 个类群，且各类群的特性与芽胞杆菌的生长特性和生理生化特征紧密相关，这是其他分类方法所不具有的，有望成为一种新的分类体系。

#### 2. 基于脂肪酸组的芽胞杆菌种类鉴定

刘国红等（2013a）选取 10 种芽胞杆菌模式菌株，分别进行不同重复测定次数的脂肪酸鉴定。从脂肪酸鉴定结果、相似性指数（similarity index，SI）、脂肪酸含量和聚类分析 4 个角度研究了芽胞杆菌属种类脂肪酸鉴定的可靠性。通过脂肪酸鉴定，10 种芽胞杆菌可以被准确地鉴定到种。鉴定出 SI 与脂肪酸含量具有相关性，与重复测定次数无关，可得出脂肪酸鉴定指数重复性较好。芽胞杆菌属种类的脂肪酸组成和含量基本无变化或者变化很小，聚类分析发现重复测定次数对芽胞杆菌种的分类地位无影响。研究结果表明芽胞杆菌脂肪酸鉴定具有较好的可靠性。

脂肪酸是细菌细胞膜的重要组成物质，受细胞膜上遗传物质的控制，具有灵敏度高、

成分高度保守和含量稳定等特点，其碳链长度、双键位置和功能团组合的不同使其成为有效的分类标记。在细菌培养和脂肪酸提取阶段，芽胞杆菌属种类的脂肪酸鉴定结果受到皂化时间和脂肪酸提取试剂量的影响。刘国红等（2015a）以球形赖氨酸芽胞杆菌为例，分析了皂化时间、皂化试剂量和甲基化试剂量对脂肪酸鉴定结果的影响。研究结果表明：皂化时间在 25～30 min 的测定效果较好；皂化试剂量为 1.0 mL、甲基化试剂量为 1.5 mL 时，球形赖氨酸芽胞杆菌的脂肪酸鉴定效果较好。

脂环酸芽胞杆菌菌体细胞膜的主要脂肪酸成分是含 6 个或 7 个 ω 环状脂肪酸，将其转化为脂肪酸甲酯，通过皂化、甲基化后提取脂肪酸甲基酯，用气相色谱质谱仪测定脂肪酸的类型及含量，试验结果与利用 PCR 方法和核糖体基因分型结果相一致，可在实践中应用脂肪酸测定法鉴定脂环酸芽胞杆菌（李儒等，2013）。林营志等（2011）从我国不同地区采集土样，共分离到 300 余株芽胞杆菌，通过平板对峙生长法从中筛选到 4 株对香蕉枯萎病原菌有明显拮抗作用的菌株。经 16S rDNA 序列分析，将这 4 株生防芽胞杆菌鉴定为多黏类芽胞杆菌。4 株菌的生物学特性基本一致，其主要脂肪酸类型为 15:0 anteiso，分析发现生防菌对病原菌的抑菌作用与生防菌的脂肪酸类型具有相关性。从菌量、温度、pH 及紫外线照射时间对 4 株生防菌的抑菌特性进行了研究，结果表明：4 株菌的抑菌效果随着浓度的降低而降低，当菌液稀释 100 倍时只有菌株 FJAT-4539 具有较强的抑菌作用；4 株菌的抑菌作用对温度敏感，加热会导致其抑菌活性丧失；4 株菌均在 pH 为 9 时对病原菌具有强的抑菌作用；4 株菌对紫外线的耐受力强。综合所有试验结果，菌株 FJAT-4539 对香蕉枯萎病的抑菌效果最强。

刘国红等（2012）基于转录间隔区（ITS）序列和脂肪酸鉴定方法对从土壤中分离得到的 16 株芽胞杆菌进行分类研究，与分子鉴定结果相比，脂肪酸的鉴定准确率可达到 99%以上。通过生物软件 SPSS 和 Mega 分别对 16 株菌进行聚类分析，结果表明，脂肪酸比 ITS 更适合于芽胞杆菌的分类研究，根据脂肪酸成分可以将 16 株芽胞杆菌准确聚在一起，而 ITS 则不能。芽胞杆菌特征性脂肪酸为 15:0 anteiso 和 15:0 iso，但不同种芽胞杆菌中该类脂肪酸含量不同。对芽胞杆菌三大类菌群主要特征性脂肪酸的含量比例（15:0 iso/15:0 anteiso）进行了分析，其中比较特殊的为蜡样芽胞杆菌类群，蜡样芽胞杆菌主要脂肪酸为 15:0 iso，其次为 13:0 iso，而 15:0 anteiso 的含量很低，而且不是主要类型，15:0iso/15:0 anteiso 值为 5.6～7.9。简单芽胞杆菌类群的主要脂肪酸为 15:0 anteiso 和 15:0 iso，15:0 iso/15:0 anteiso 值约为 1/6。巨大芽胞杆菌类群的主要脂肪酸 15:0 iso 和 15:0 anteiso 含量相近，其余脂肪酸的含量远远低于这 2 种主要脂肪酸。巨大芽胞杆菌的 15:0 iso/15:0 anteiso 值为 4/5～5/4，菌株 FJAT-4500 为短小芽胞杆菌，其 15:0 iso/15:0 anteiso 值约为 2。短小芽胞杆菌和巨大芽胞杆菌归为一类是因为其脂肪酸类型相近，但含量并不同。枯草芽胞杆菌类群的主要脂肪酸 15:0 iso 的含量小于 15:0 anteiso，15:0 iso/15:0 anteiso 值为 1/3～2/3。

周方等（1987）利用细胞脂肪酸毛细管柱气相色谱图的绘制方法，对所得细菌细胞脂肪酸气相色谱图中的某些组分用气相色谱-质谱-计算机联用技术进行了分析鉴定，并借助电子计算机对细菌脂肪酸模式进行了聚类分析。用上述方法分别对 24 株（5 种）芽胞杆菌、14 株（3 种）无芽胞杆菌、3 种弧菌和 2 株临床分离的类霍乱弧菌进行鉴别，均得到满意的结果，为微生物的分类鉴定、生理生化研究提供了一种现代分析方法。

## 二、脂肪酸组学在工业芽胞杆菌种类鉴定中的应用

### 1. 甲胺磷降解芽胞杆菌鉴定

官雪芳等（2009）对福建省福农生化有限公司不同生境中的甲胺磷降解细菌进行分离，用磷脂脂肪酸分析方法对其进行鉴定，同时对降解细菌的生境特征进行分析。结果表明：对甲胺磷有降解作用的细菌共有 22 属 28 种 67 株菌株；在排污口底泥中分离到的降解细菌有 8 属 12 种 35 株菌株，其种类和数量多于其他生境；而在各类降解细菌中，芽胞杆菌属和假单胞菌属分别有 21 株和 19 株，占分离到的细菌总量的 59.7%，其中蜡样芽胞杆菌（*Bacillus cereus*）和恶臭假单胞菌（*Pseudomonas putida*）在以上 3 种生境中大量存在。为了筛选高效的有机磷农药乐果的降解菌，马丽娜等（2008）采集福建省福农生化有限公司排污口、沟口及草坪土壤进行乐果降解菌的分离鉴定。经含乐果的培养基分离培养、脂肪酸鉴定，总共得到 17 属 23 株细菌，对这些细菌通过消解试验进行复筛，得到 4 株对乐果有较好降解能力的菌株，即沙门氏菌、阴沟肠杆菌、铜绿假单胞菌和枯草芽胞杆菌，在乐果浓度为 1000 mg/L 时，48 h 的降解率分别为 27.3%、26.6%、22.9%和 18.1%。因此，对乐果有降解作用的菌株存在种类多样性的特点。

### 2. 降解原油芽胞杆菌鉴定

徐宝刚等（2013）从 30 个土样中筛选出 3 株高效原油降解菌株，它们为 DCH-16、DCH-19 和 DCH-20，7 d 后降油率分别为 75.6%、80.3%和 73.2%。经鉴定，分别属于脂环酸芽胞杆菌属（*Alicyclobacillus*）、产孢肥肠状菌属（*Sporotomaculum*）和喜盐芽胞杆菌属（*Halobacillus*）。将此 3 株高效原油降解菌在原油培养基中进行复合实验，结果表明，在相同条件下复合菌降油效果优于单菌；菌株 DCH-19 与 DCH-20 复合的最佳原油降解条件为：接种量比为 1∶1（总接种量为 10%），pH 为 7.5，底物浓度为 20 mg/mL，温度 35℃，原油降解时间为 7 d。将实验复筛所得部分降油菌用于胜华炼油厂污水处理，效果最好的是菌株 DCH-19 和 DCH-20 的复合，处理 2 d 后降油率达到 80.2%，表明复合菌株 DCH-19 和 DCH-20 有很强的适应能力。

### 3. 沼气工程沼液芽胞杆菌鉴定

刘超奇等（2013）从现代牧业集团塞北牧场的规模化沼气工程沼液中分离得到 10 株芽胞杆菌，其中 3 株可以促进沼气产生，通过实验室模拟沼气发酵试验，发现其中菌株 LAM-CQ-3 可以明显促进沼气的产生，沼气产量比对照提高 126.72%。通过形态特征、生理生化特征、G+C mol%含量及 16S rDNA 序列分析等鉴定该菌为弯曲芽胞杆菌（*Bacillus flexus*）。菌株 LAM-CQ-3 的特征为菌体杆状，革兰氏染色阳性，最适生长温度为 35℃，最适生长 pH 为 7.5，最适生长盐浓度为 5%，与弯曲芽胞杆菌菌株 IFO15715$^{T}$ 的相似性为 99.58%，G+C mol%含量为 46.6%，主要脂肪酸组成为 15:0 anteiso（30.35%）、

15:0 iso（22.59%）、17:0 anteiso（16.74%）、17:0 iso（10.24%）、c16:0（5.20%）。以 16S rDNA 序列为基础构建了包括 16 株邻近种属细菌在内的系统发育树，其中 LAM-CQ-3 与弯曲芽胞杆菌模式菌株的同源性最高。

### 4. 活性污泥芽胞杆菌鉴定

谢凤行等（2012）采用富集培养及摇瓶实验从污染河沟底质活性污泥中分离筛选到 1 株对亚硝态氮有较强转化能力的菌株 HN。经形态特征、生理生化特性、16S rDNA 基因序列分析、细胞脂肪酸组成及 BIOLOG 全自动微生物鉴定系统分析，鉴定菌株 HN 为解淀粉芽胞杆菌（*Bacillus amyloliquefaciens*），并在 3 种模拟水体环境中对菌株 HN 的水质净化效果进行了初步研究。结果表明，该菌株在实验第 4 天能将高浓度模拟污水（水样 I）、鲫养殖废水（水样 II）、鲤和对虾养殖废水（水样 III）中初始浓度分别为 6.47 mg/L、1.20 mg/L 和 4.50 mg/L 的亚硝态氮去除 100%、46%和 100%，而对照的转化率分别为–10.4%、–800%和 16.0%，同时对硝态氮也表现出较强的去除能力且基本不累积氨氮。环境耐受性试验表明，该菌株在 20～45℃、pH 5.0～10.0、海盐浓度 0.5%～3.0%时都能正常生长。研究认为，解淀粉芽胞杆菌菌株 HN 能显著降低水体中亚硝态氮和硝态氮的含量，且环境耐受力强，有望将其开发成高效的水产养殖水体净化微生态制剂。徐成斌等（2012）在高盐度（1% NaCl）条件下，从某制药厂曝气池的活性污泥中驯化、分离得到 1 株以硝基苯为唯一碳源的高效降解菌株 N18，并通过菌体形态、生理生化反应特性、全细胞脂肪酸组分分析及 16S rDNA 基因序序分析对其进行初步鉴定。结果表明，菌株 N18 为蜡样芽胞杆菌（*Bacillus cereus*）。该菌株利用硝基苯生长的最佳条件为接种量为 10%、生长温度为 30℃、pH 为 7。外加葡萄糖或乙酸钠可使硝基苯降解率由 72.70%分别提高到 82.62%或 79.25%（硝基苯初始浓度为 200 mg/L，72 h）。在盐度为 1%～3%时，硝基苯的降解情况基本不变，甚至在盐度为 10%时仍能降解硝基苯，说明菌株 N18 为中度耐盐细菌。当 150 mg/L 苯酚或 75 mg/L 苯胺与 200 mg/L 硝基苯共存时，菌株仍能有效降解硝基苯。菌株对硝基苯的最大耐受浓度为 400 mg/L。

## 三、脂肪酸组学在作物内生芽胞杆菌种类鉴定中的应用

### 1. 水稻内生芽胞杆菌鉴定

为探讨水稻茎部内生细菌和根际细菌群落结构组成及其与水稻品种特性的关系，胡桂萍等（2010）于 2008 年 7 月从 5 个水稻品种茎部和根际土壤分离内生细菌和根际土壤细菌，并进行脂肪酸鉴定。结果表明，内生细菌有 13 种，隶属于 9 属，根际细菌有 13 种，隶属于 10 属，两群落的优势菌均为蜡样芽胞杆菌。以品种为样本，以根际细菌、内生细菌和水稻生物学特征参数为变量，进行相关性分析，得到根际细菌和内生细菌与水稻穗粒数、千粒重、亩产存在正相关，与有效穗呈负相关。李斌等（2006）于 1998～2004 年对采自浙江、江苏、福建和云南的 756 份稻株和稻种样本进行了革兰氏阳性菌的分离、鉴定研究。被分离的 1015 个菌株经致病性测定、菌落形态及部分细菌学特征（革

兰氏染色、KMB 培养基上的荧光色素及芽胞的染色镜检等）测定后，选出代表菌株 74 个，连同 5 个对照菌株用 BIOLOG 及脂肪酸分析法进行测试，鉴定出芽胞杆菌属 5 种及短芽胞杆菌属、微杆菌属和短杆菌属三属的革兰氏阳性菌，并发现枯草芽胞杆菌和巨大芽胞杆菌菌株具有很好的纹枯病和恶苗病拮抗能力，但来自短小芽胞杆菌和巨大芽胞杆菌的极少数菌株在条件适宜时能与其他病原菌一起引起水稻褐斑，从这些种中筛选生防菌株时应充分考虑其风险。

## 2. 胡杨茎秆内生芽胞杆菌鉴定

努斯热提古丽·安外尔等（2015）从胡杨茎秆液中分离得到 1 株菌株 ML-64，对其进行微生物学特性的分析。通过细菌培养和染色的方法进行了形态和培养特征的测定，使用多相分类学方法测定菌株的各项生理生化指标、脂肪酸组分、醌组分、极性脂类型、16S rDNA 基因系统发育分析、G+C mol%含量的测定和 DNA-DNA 杂交分析。菌株 ML-64 为革兰氏阳性菌，杆状，产生芽胞。菌落为圆形，淡黄色，表面光滑。菌株生长温度为 10～45℃（最适 37℃），pH 为 7.0～9.0（最适 pH 7.0），NaCl 浓度为 0～6%（*m*/*V*）（最适 0～2%）。菌株 ML-64 的脂酶、精氨酸双水解酶、脲酶活性和 V-P 实验为阳性。在 API 50CH 酶活性测定实验中菌株不能发酵任何糖类。可利用的碳源有 L-丝氨酸、丙酮酸甲酯、α-酮基丁酸、乙酰乙酸。对多黏菌素 B（30 μg）、新生霉素（30 μg）、青霉素 G（10 U）不敏感。16S rDNA 基因序列分析结果表明，菌株 ML-64$^T$ 与清国酱赖氨酸芽胞杆菌（*Lysinibacillus chungkukjangi*）2RL3-2$^T$ 和新头里赖氨酸芽胞杆菌（*Lysinibacillus sinduriensis*）BLB-1$^T$ 有较近的亲缘关系，同源性分别为 100%和 99.1%，与它们之间的 DNA-DNA 杂交（DDH）值分别为 82%和 50.9%。基因组 DNA G+C mol%含量为 36.8%。菌株 ML-64 的优势脂肪酸类型为 15:0 iso（55.05%）和 15:0 anteiso（20.70%），醌组分类型是 MK-7。基于表型特征、遗传型特征和系统发育分析，将菌株 ML-64 定为清国酱赖氨酸芽胞杆菌的新变种。胡杨内生菌 ML-64 的基因组结构已与清国酱赖氨酸芽胞杆菌的最近缘菌株产生了较大的分化，选择性地适应了胡杨内生环境。

## 3. 水葫芦内生芽胞杆菌鉴定

蓝江林等（2008）采用 20 种不同培养基分离水葫芦内生细菌，利用细菌脂肪酸鉴定技术对水葫芦的内生细菌进行鉴定，研究了水葫芦内生细菌的种类及群落结构。结果表明，共得到 32 属 56 株内生细菌，种类最多的是微杆菌属（*Microbacterium*），共有 9 种细菌；其次为假单胞菌属（*Pseudomonas*），共有 7 种细菌；芽胞杆菌属（*Bacillus*）有 5 种细菌；23 属均有 1 种。利用优势度指数分析各培养基分离到内生细菌的多样性，10 号葡萄糖、酵母、淀粉琼脂培养基的优势度指数为 0.1607，分离得到的内生细菌种类最多为 9 种；其次是 4 号根瘤菌培养基和 11 号 NA 培养基的优势度指数为 0.1250，分离得到的内生菌种类均为 7 种；16 号黄豆芽汁培养基（pH 7.2～7.4）和 20 号醋酸菌培养基的优势度指数为 0.0893，分离获得的内生细菌均为 5 种。

## 四、脂肪酸组学在土壤环境芽胞杆菌鉴定中的应用

### 1. 果园土壤脂环酸芽胞杆菌鉴定

为了解脂环酸芽胞杆菌在果园土壤中的分布情况，袁亚宏等（2012）对陕西果园土壤进行研究。以酸化的 YSG 培养基分离培养脂环酸芽胞杆菌，观察菌株形态，测定生理生化特性，应用 API 50CHB 及 API ZYM 系统测定糖酵解和酶反应，以气相色谱（GC）分析脂肪酸组成，并以 16S rDNA 基因序列分析法构建系统发育树。分离菌株与标准菌株的形态基本一致，酶谱有很大的相似性但糖酵解反应差异较大；16S rDNA 基因序列分析显示，分离菌株与标准菌株属于同一属的不同种，分离菌株与污染脂环酸芽胞杆菌（*Alicyclobacillus contaminans*）的同源性达到 99%。结果表明，采用国际通用的脂环酸芽胞杆菌的分离方法，结合 API 系统、脂肪酸组成分析及 16S rDNA 基因序列分析，可以快速地将分离菌鉴定到种；脂环酸芽胞杆菌在果园土壤中确有分布，可能对果汁质量造成威胁。

### 2. 番茄根际芽胞杆菌鉴定

黎志坤等（2010）采用根系分泌物培养基筛选到 1 株番茄根际优势细菌 YPP-9。分析测定该菌株对植物病原菌青枯雷尔氏菌的拮抗作用和控病能力，以及其在番茄根际的定植能力，并系统分析该菌株的分类学地位。以平板双重培养法和温室盆栽试验分别测定菌株对病原菌的拮抗能力和对番茄青枯病的控病能力；利用变性梯度凝胶电泳技术分析菌株在番茄根际的定植能力；以形态学、生理生化特性及 16S rDNA 基因序列分析确定菌株的分类地位。菌株 YPP-9 对青枯雷尔氏菌 SSF-4 的平板抑菌带宽为 5 mm，其盆栽控制番茄青枯病的效果达 63.7%。菌株 YPP-9 在番茄根际具有较好的定植能力。该菌株培养 24 h 后菌落呈奶酪色，革兰氏染色阳性，菌体杆状、大小为（1.8～4.1）μm ×（0.9～1.1）μm，形成芽胞，芽胞中生或偏端生且为近似柱形，胞囊不膨大，无伴胞晶体，侧生鞭毛。菌株生长 pH 为 5.5～8.5 且最适生长 pH 为 6.0，生长温度为 20～45℃且最适生长温度为 30℃。BIOLOG GP2 结果显示该菌为芽胞杆菌属。16Sr RNA 基因序列分析显示该菌株与喷气孔芽胞杆菌（*Bacillus fumarioli*）的亲缘关系最近且序列同源性为 97%，其序列号为 FJ231500。该菌株的 G+C mol%为 41.9%，甲基萘醌主要类型为 MK-7，细胞壁脂肪酸的主要种类为 14:0 iso、15:0 iso、16:0 iso 及 16:1ω7c alcohol 且含量分别为 28.27%、19.59%、12.93%和 10.88%。菌株 YPP-9 对青枯雷尔氏菌具有良好的拮抗作用和盆栽控病能力，且能良好地定植于番茄根际。分类学上，该菌株归入芽胞杆菌属，并可能是一个新种。

### 3. 红树林根际土壤芽胞杆菌鉴定

刘冰等（2013）根据菌体的形态、生理生化特征及 16S rDNA 基因序列分析结果，将 1 株分离自中国海南东寨港红树林保护区红海榄根际土壤的细菌菌株 DH-11 鉴定为芽胞杆菌属的短小芽胞杆菌（*Bacillus pumilus*）菌株 DH-11。菌株 DH-11 是一种革兰氏阳

性短杆菌，大小为（0.5～0.6）μm×（0.7～1.5）μm，卵圆形芽胞侧端生。其细胞中的主要脂肪酸为 15:0 iso 和 15:0 anteiso，它们的含量分别占菌体总脂肪酸含量的 47.49%和 26.21%，其他脂肪酸还包括 17:1 iso（7.27%）、17:0 anteiso（6.92%）、16:1N alcohol（3.45%）及 c16:0（2.33%）等。与已报道的短小芽胞杆菌菌株 ATCC 7061$^T$ 的不同之处在于：菌株 DH-11 不能利用木糖和甘露醇产酸，且硝酸盐还原呈阳性。进一步的研究显示：菌株 DH-11 在改良马铃薯培养基中培养时，获得的培养液及其提取浸膏不能抑制革兰氏阴性菌大肠杆菌（*Escherichia coli*）和铜绿假单胞菌（*Pseudomonas aeruginosa*）的生长，但对革兰氏阳性菌表皮葡萄球菌（*Staphylococcus epidermidis*）、金黄色葡萄球菌（*Staphylococcus aureus*）、枯草芽胞杆菌（*Bacillus subtilis*）和藤黄微球菌（*Micrococcus luteus*）的生长具有一定的抑制作用。其中，发酵液浸膏 1 和浸膏 2 对上述菌株的最低抑菌浓度（MIC）分别为 500 μg/mL 和 250 μg/mL，浸膏 2 还可抑制真菌白色念珠菌（*Candida albicans*）的生长，其 MIC 为 500 μg/mL。

## 4. 东海海泥芽胞杆菌鉴定

为筛选海洋微生物来源的抗生素资源，杨桥等（2009）从我国东海海泥中分离到 1 株可产大环内酯抗生素（macrolactin A，MLA）的海洋细菌，经形态特征、生理生化特性及 16S rDNA 测序及比对、细胞脂肪酸成分分析等多项指标测定，鉴定并将其命名为解淀粉芽胞杆菌（*Bacillus amyloliquefaciens*）菌株 JY-863。利用 Plackett-Burman 设计及响应面分析法对影响该菌株发酵产 MLA 的主要因素进行了优化。确立其最适发酵条件为：初始 pH 为 6，温度为 29.9℃，装液量为 52.3%，转速为 130 r/min，接种量为 10%，培养时间为 7 d，在优化发酵培养条件下，产生的 MLA 量提高了 5 倍，达到 18.5 μg/mL。张科嘉等（2013）对 1 株产多不饱和脂肪酸（PUFA）的海洋细菌进行筛选及鉴定。以东海海域采集的鲭、鮟鱇、小黄鱼和虾的肠道为样品，从中筛选产 PUFA 的海洋细菌，并对其进行生理生化试验和 16S rDNA 序列分析。试验共筛选出 8 株菌株，其中菌株 P4 的 PUFA 产率较高。常规生理生化试验和 16S rDNA 序列分析结果显示，菌株 P4 是芽胞杆菌属的 1 个种。菌株 P4 具有高产 PUFA 性质，可用于 PUFA 的提取和开发利用。

## 5. 西藏土样芽胞杆菌鉴定

冯玮等（2016）对来自西藏土样分离的菌株 T61 进行鉴定和紫外线（UV）辐射抗性分析。对菌株 T61 进行形态和生理生化鉴定；对 16S rDNA 基因进行克隆和测序，构建系统进化树；测定脂肪酸成分和 G+C 含量，将菌株 T61 与最相近种进行 DNA-DNA 杂交；测定菌株 T61 的 UV 辐射抗性曲线。菌株 T61 细胞杆状，长度约为 2 μm，直径约为 1 μm，革兰氏阳性，可产生内生孢子。G+C 含量为 38.02 mol%。脂肪酸主要成分是 14:0 iso、15:0 iso 和 15:0 anteiso。16S rDNA 基因与阿氏芽胞杆菌菌株 B8W22$^T$ 和巨大芽胞杆菌菌株 IAM13418$^T$ 的同源性最高，分别达到 99.93%和 99.53%。DNA-DNA 杂交分析表明，菌株 T61 与阿氏芽胞杆菌菌株 B8W22$^T$ 的同源性为 81.4%，而与巨大芽胞杆菌菌株 IAM13418$^T$ 的同源性只有 50.3%。UV 辐射抗性分析显示，菌株 T61 的辐射剂量（$D_{10}$）为 100 J/m$^2$，远高于辐射敏感的大肠杆菌菌株 K12 和枯草芽胞杆菌等菌株。

菌株 T61 是 1 株阿氏芽胞杆菌，命名为阿氏芽胞杆菌（*Bacillus aryabhattai*）菌株 T61，其对 UV 辐射具有较强的抗性。

### 6. 高寒草甸根围芽胞杆菌鉴定

谢永丽和高学文（2012）通过平板对峙法分别从青海日月山及达日地区高寒草甸根围分离的菌株中筛选到 8 株对油菜菌核病病原菌——核盘菌（*Sclerotinia sclerotiorum*）及水稻白叶枯病病原菌——水稻黄单胞菌水稻变种（*Xanthomonas oryzae* pv. *oryzae*）均具有明显拮抗效果的芽胞杆菌菌株 RYS41、RYS42、RYS43、RYS44、DR1、DR2、DR3 及 DR20。生理生化、脂肪酸甲酯、16S rDNA 及 *gyrB* 基因测序等分析结果表明，菌株 RYS41、RYS42、RYS43、RYS44 为解淀粉芽胞杆菌（*Bacillus amyloliquefaciens*）；菌株 DR1、DR2、DR3、DR20 为短小芽胞杆菌（*Bacillus pumilus*）。基质辅助激光解吸电离-飞行时间质谱（MALDI-TOF-MS）分析结果表明，菌株 RYS41 产生脂肽类化合物表面活性肽（surfactin）、杆菌霉素（bacillomycins D）和丰原素（fengycin），菌株 DR20 产生脂肽类化合物表面活性肽、伊枯草菌素（iturinA）和丰原素，推断可能与其对油菜菌核病病原菌及水稻白叶枯病病原菌的拮抗作用有关。

### 7. 黄棕土壤芽胞杆菌鉴定

何琳燕等（2003）从南京地区黄棕壤中分离的 1 株好氧、革兰氏阴性、产芽胞的硅酸盐细菌菌株 NBT，能产生较厚的荚膜，具有鞭毛，能水解淀粉、产生吲哚、液化明胶，全细胞脂肪酸为硬脂酸 c16:0、软脂酸 c18:1（Δ9）和 15:0 anteiso，DNA 的 G+C mol% 为 53.7%。16S rDNA 基因测序和系统发育学分析的结果表明，该菌株与胶质芽胞杆菌（*Bacillus mucilaginosus*）菌株 B7519、陆地芽胞杆菌（*Bacillus edaphicus*）菌株 B7517 的亲缘关系最近。该菌株与陆地芽胞杆菌菌株 B7517 的 DNA-DNA 杂交关联度为 69%，在形态、生理生化特征上有差异，故可把菌株 NBT 定为陆地芽胞杆菌［注：已被重分类为陆地类芽胞杆菌（*Paenibacillus edaphicus*）］的一个亚种。

### 8. 长白山温泉中嗜热芽胞杆菌鉴定

刘东来等（2008）对长白山温泉中嗜热微生物进行分离鉴定，并了解其生理生化特性。采用橄榄油富集培养基，通过稀释平板涂布法对长白山温泉样品进行分离得到 1 株嗜热菌菌株 CBS-5；在电子和光学显微镜下观察菌体形态和芽胞；应用生理生化试验、16S rDNA 序列分析及 G+C mol%含量等方法对菌株特性进行鉴定。菌株 CBS-5 为革兰氏阳性菌，无鞭毛，产端生芽胞，最适生长温度为 65℃，最适 pH 为 7.7 左右，能以蔗糖、麦芽糖和乳糖等作为唯一碳源生长，具有酯酶和过氧化氢酶活性，对卡那霉素、红霉素和硫酸新霉素等抗生素均无抗性。$T_m$ 法测定该菌的 G+C mol%含量为 41.9%。脂肪酸成分分析表明在菌株 CBS-5 中 15:0 iso 的含量最高，为 24.20%，与无氧芽胞杆菌属成员一致。以该菌的 16S rDNA 序列为基础构建了系统发育树；16S rDNA 序列同源性比对结果表明该菌与无氧芽胞杆菌属各种之间的同源性为 95.1%～98.5%。菌株 CBS-5（=JCM15484）是 1 株嗜热无氧芽胞杆菌，具有产酶活性，对于研究和开发化工、食品和环境保护方面的工业用酶具有重要价值。

## 五、脂肪酸组学在植物病害芽胞杆菌生防菌鉴定中的应用

### 1. 南方根结线虫生防菌芽胞杆菌鉴定

梁建根等（2011）为了明确生防菌株 K-8 对南方根结线虫的防效及其分类地位，采用亚甲蓝染色法测定了生防菌株 K-8 的发酵液对南方根结线虫 2 龄幼虫存活的影响，考察了其对南方根结线虫的防效，对其鉴定采用生理生化法、表型培养观察法、脂肪酸分析并结合 16S rDNA 序列分析法。击倒试验发现，生防菌株 K-8 发酵液对南方根结线虫 2 龄幼虫有一定的杀伤作用，其矫正死亡率为 70.8%，与化学药剂 200 g/L 克线丹的 69.4%相近。菌株 K-8 对南方根结线虫温室盆栽防治效果为 47.8%，明显高于对照 200 g/L 克线丹的防治效果（41.3%）。菌株 K-8 的形态与生理生化特性与巨大芽胞杆菌很接近，根据相似性指数（SI）和差值、脂肪酸分析可以将其鉴定为巨大芽胞杆菌；由 16S rDNA 序列分析的系统发育树发现，菌株 K-8 的序列与巨大芽胞杆菌构成 1 个分支，进化上的距离最近，进一步确定其为巨大芽胞杆菌。综合 3 种鉴定方法，最后将菌株 K-8 鉴定为巨大芽胞杆菌。

### 2. 青枯病生防菌芽胞杆菌鉴定

刘国红等（2013b）从福建省长泰县采集的土壤样本中筛选到了 1 株对青枯雷尔氏菌强致病菌株具有强拮抗作用的芽胞杆菌，其编号为菌株 FJAT-B。抑菌圈实验表明该菌株对青枯雷尔氏菌具有较稳定的抑菌效果。经过形态特征、生理生化特征、16S rDNA 和 ITS 鉴定及全细胞脂肪酸分析表明该生防菌芽胞杆菌 FJAT-B 为解淀粉芽胞杆菌（*Bacillus amyloliquefaciens*）。该生防菌的最佳生长 pH 为 7～8，培养 36 h 达到对数生长期，随着盐浓度增加生长速度逐渐降低。为了更好地利用生防菌控制青枯病危害，苏婷等（2010）从不同地区的土壤中分离到 569 株细菌菌株，筛选到 3 株对 5 种不同生化型青枯雷尔氏菌（*Ralstonia solanacearum*）具有较强拮抗活性的菌株，其中菌株 BS2004 的拮抗活性最强。以 BS2004 的菌悬液为对照，分别测定无菌滤液、蛋白酶 K 及高温热处理后拮抗物质抑菌活性的变化。结果显示，蛋白酶 K 及高温热处理后，该菌的抑菌活性显著降低，表明其主要抑菌成分为蛋白质类物质。在设施栽培条件下用生防菌 BS2004 菌悬液处理番茄植株，能有效控制番茄青枯病的发生，防治效果达 66.75%，同时还发现，重新分离得到的青枯菌菌体数明显受到生防菌的抑制。通过对菌株 BS2004 的形态、生理生化特征、脂肪酸鉴定、16S rDNA 序列等进行分析，该菌株被鉴定为解淀粉芽胞杆菌。烟草青枯病危害严重，以拮抗菌进行防病的生物防治手段成为研究热点。夏艳等（2014）从不同烟田分离纯化出 238 株细菌菌株，首先经牙签接种初筛，选取对青枯病病原菌抑制效果较好的菌株制备其抑菌物质的粗提物，以牛津杯法复筛，最终获得 3 株对烟草青枯病病原菌有明显抑制作用的拮抗细菌。全细胞脂肪酸、16S rDNA 及 *gyrB* 基因测序等分析结果表明，菌株 H19、Y6 为解淀粉芽胞杆菌，菌株 H34 为甲基营养型芽胞杆菌（*Bacillus methylotrophicus*）。3 株拮抗菌经 CAS 测定平板法和 Salkowski 比色法，

发现均具有产铁载体和吲哚-3-乙酸（IAA）的能力，以菌株H19能力最强。温室促生试验结果表明，3株拮抗菌能显著提高烟草株高、鲜重及干重等指标，与对照相比，平均增长率分别达到70%～115%、40%～49%和32%～42%。温室控病试验结果表明，菌株H19、H34和Y6明显降低烟草青枯病的发病率，防治效果达76.57%、60.98%和69.83%，稍逊于农用链霉素处理的78.66%。

陈亮等（2012）采用系列稀释法和平板涂布法从黔江烟区土壤中分离得到细菌菌株87株，经平板对峙法初筛得到1株对烟草青枯病病原菌有强烈拮抗作用的细菌，再通过滤纸片法验证其提取物对烟草青枯病病原菌有强烈的抑制作用，对该菌株进行全细胞脂肪酸分析，初步判断该菌为芽胞杆菌。16S rDNA分析结果表明，该菌为解淀粉芽胞杆菌。董昆明等（2011）对1株抑烟草青枯病生防菌进行筛选、鉴定和活性物质研究。采用系列稀释法和平板涂布法从黔江烟区土壤中分离得到菌株，并通过薄层层析、硅胶柱层析、HPLC等手段对其活性物质进行研究。分离得到1株编号为5B18的菌株，其对烟草青枯病病原菌（青枯雷尔氏菌）有强烈的拮抗作用。全细胞脂肪酸及16S rDNA分析结果表明，该菌为解淀粉芽胞杆菌。对该菌提取物分析表明，该提取物为13种不同的化合物组成的混合物。

### 3. 玉米叶斑病病原菌芽胞杆菌鉴定

司鲁俊等（2011）对采自浙江东阳市的玉米细菌性叶斑病标样进行分离和鉴定。结果表明，菌株YB125-2、YB125-3和YB184具有致病性。对这3个菌株进行培养、形态特征鉴别、常规生理生化性状测定、全细胞脂肪酸分析和16S rDNA序列分析的多种鉴定，鉴定为巨大芽胞杆菌（*Bacillus megaterium*）。这些巨大芽胞杆菌菌株能够侵染玉米并引起叶斑病。

### 4. 香蕉枯萎病生防菌芽胞杆菌鉴定

赵更峰等（2014）依据传统形态学、16S rDNA基因序列及脂肪酸谱图鉴定，将1株对香蕉镰刀枯萎病病原菌有很好抑制效果的菌株HJX1鉴定为枯草芽胞杆菌。采用细菌的通用引物P0和P6扩增16S rDNA基因片段，得到1521 bp的DNA片段，其序列与枯草芽胞杆菌的序列的同源性高达99%；细胞组分脂肪酸的含量同枯草芽胞杆菌最接近，其相似度为0.724。与病原真菌对峙培养的结果表明，该菌株对供试的10个植物病原真菌均有很好的抑制作用。

## 六、脂肪酸组学在物质转化芽胞杆菌鉴定中的应用

### 1. 浓香型白酒大曲芽胞杆菌鉴定

王勇等（2015）采用传统微生物分离方法从浓香型白酒大曲中筛选出8株优势芽胞杆菌，通过形态特征观察并结合细菌脂肪酸鉴定技术（MIDI系统）对其进行鉴定。结果表明，从大曲中分离筛选得到8株芽胞杆菌分属于5个种，分别为巨大芽胞杆菌（*Bacillus megaterium*）、浸麻类芽胞杆菌（*Paenibacillus macerans*）、短小芽胞杆菌（*Bacillus pumilus*）、萎缩芽胞杆菌（*Bacillus atrophaeus*）和地衣芽胞杆菌（*Bacillus licheniformis*）。

## 2. 樟树籽仁废渣芽胞杆菌鉴定

筛选和应用产中性蛋白酶能力强、产脂肪酶能力很弱的耐中碳链脂肪酸型菌株，是提高水酶法提取樟树籽仁油产品得率及质量的关键。肖彦骏等（2015）使用樟树籽仁粕粉平板富集，脱脂奶平板法、油脂平板法初筛，福林酚法、樟树籽仁培养基摇瓶复筛等方法，自樟树籽仁油生产废渣中筛选出产中性蛋白酶活力达 4536.5 U/mL、产脂肪酶活力只有 0.088 U/mL、适用于水酶法提取樟树籽仁油等中碳链油脂的菌株 Z16。经过形态学、生理生化特征及 16S rDNA 分子生物学鉴定，确定菌株 Z16 为解淀粉芽胞杆菌（*Bacillus amyloliquefaciens*）。解淀粉芽胞杆菌菌株 Z16 所产中性蛋白酶在 50℃温度下的酶活力最高，$Mn^{2+}$对其有明显的激活作用，其适宜酶解温度为 40～45℃、适宜酶解 pH 为 7.0。

## 3. 微生物燃料电池芽胞杆菌鉴定

冯玉杰等（2010）利用兼性滚管法分离了折流板空气阴极微生物燃料电池（BAFMFC）A、B 两格室的阳极生物膜，共获得 19 株纯菌。将菌株投加至无菌立方型反应器中，检验其产电特性。利用交流阻抗法测量各纯菌电池的内阻，结果显示 38 个电池的内阻为 25 Ω±5 Ω，说明各电池的产电差异来源于菌株本身的活性。其他运行条件均保持不变，在 1000 Ω 外阻下，7 株纯菌电池的输出电压在 200 mV 以上。其中，A 格室产电活性最高的菌株（A2）产生的最大电压为 328 mV，输出的最大功率密度为 165.1 $m\Omega/m^2$，B 格室产电活性最高的菌株（B1）产生的最大电压为 241 mV，最大功率密度为 214.4 $m\Omega/m^2$。原子力显微镜和脂肪酸快速鉴定表明，A2 为肠杆菌科的细菌，B1 为厚壁菌门的芽胞杆菌。

## 4. 氨氮去除芽胞杆菌鉴定

邓斌等（2013）通过测定菌株 ABT01 在不同初始氮浓度、pH、C/N、温度和溶氧条件下对氨氮的去除效果，获得该菌株的最佳应用条件。实验结果表明，当初始氨氮浓度低于 40 mg/L 时，该菌株的氨氮去除率高达 85%以上。该菌株最适脱氨氮条件均为：pH 5.0～7.0、C/N 为 5、35℃、摇床转速 150 r/min（溶解氧 5.1 mg/L），氨氮去除率最高达 96.8%。同时，该菌株经 16S rDNA 测序、细胞脂肪酸组成等鉴定，确定为枯草芽胞杆菌（*Bacillus subtilis*）。研究表明，枯草芽胞杆菌菌株 ABT01 具有较好的氨氮去除能力，对水产养殖的水质调控有潜在的应用价值。

## 5. 木质素降解芽胞杆菌鉴定

李红亚等（2014）分离、筛选产芽胞的高效木质素降解细菌，并进一步研究其对木质素的降解作用，为木质素微生物降解规模化应用提供理论依据。采用苯胺蓝（azure-B）变色圈法，结合木质素降解酶活力测定从牛粪中分离筛选出产芽胞的木质素降解菌。通过形态特征观察、生理生化试验、16S rDNA 及 *gyrB* 基因序列分析对其中活性最强的菌株进行种属鉴定。利用菌株进行玉米秸秆堆积发酵，监测发酵过程中木质素过氧化物酶（LiP）活力、锰过氧化酶（MnP）活力及玉米秸秆中木质素含量的变化，考察菌株对玉米秸秆木质素的降解作用。利用气相色谱-质谱联用（GC-MS）方法对菌株发酵后玉米秸秆中的木质素降解产物进行分析，推测菌株对木质素的降解机制。研究分离筛选到1株活性较高的产芽胞的木质素降解细菌MN-8，经形态特征观察、生理生化试验及16S rDNA序列分析，鉴定菌株MN-8属于芽胞杆菌属（*Bacillus*）。利用16S rDNA序列分析发现MN-8菌株与地衣芽胞杆菌（*Bacillus licheniformis*）和解淀粉芽胞杆菌（*Bacillus amyloliquefaciens*）的同源性均高于99%。而基于*gyrB*基因序列构建的系统发育树显示，该菌株与解淀粉芽胞杆菌的同源性最高，为99%。因此确定菌株MN-8为解淀粉芽胞杆菌。在玉米秸秆堆积发酵16 d后木质素降解率可达24%；发酵的6～8 d及10～12 d两个阶段内，分别出现MnP活力及LiP的产酶高峰期，相对应两个阶段内秸秆木质素的降解最为显著；GC-MS分析显示菌株MN-8可将玉米秸秆中的木质素降解成4-羟基-3,5二甲氧基苯乙酮等芳香族类化合物及短链脂肪酸类等小分子物质。高效木质素降解菌解淀粉芽胞杆菌菌株MN-8可以通过断裂木质素单体之间的连接键β-*O*-4，将秸秆木质素高效降解为小分子芳香族化合物等物质，且其对秸秆木质素的降解依赖于LiP及MnP的产生。

### 6. 产甲基肉豆蔻酸芽胞杆菌鉴定

12-甲基豆蔻酸（12-MTA，15:0 anteiso）具有显著的抗肿瘤活性。李宏彬和陈三凤（2012）以重度盐碱土中分离的产芽胞细菌X1为研究对象，通过16S rDNA系统发育分析和表型特征确定其分类地位，通过细胞裂解、脂肪皂化、盐酸催化的甲酯化和萃取等步骤制备X1菌体总脂肪酸甲酯衍生物，利用GC-MS分析其组成，结合称重法测定X1菌体总脂肪酸甲酯衍生物净重。结果表明：菌株X1为芽胞杆菌属（*Bacillus*）的成员，其16S rDNA相似性数据显示其为芽胞杆菌属内的一个新种。GC-MS分析确定X1菌体主要含有14:0 iso、c14:0、15:0 iso和15:0 anteiso 4种脂肪酸，其中15:0 anteiso（12-MTA）比例占到X1菌体总脂肪酸含量的76.2%，含量占X1菌体干重的4.47%。

## 七、脂肪酸组学在芽胞杆菌发酵研究中的应用

### 1. 杆菌肽芽胞杆菌发酵

鲍帅帅等（2014）研究了发酵过程中添加谷氨酸对菌体代谢和杆菌肽合成的影响。摇瓶发酵过程中添加0.03 g/L谷氨酸，杆菌肽产量增加13.4%，而10 L发酵罐发酵16 h添加0.03 g/L谷氨酸，杆菌肽效价在36 h达到峰值。发酵16～26 h以3 mg/(L·h)流加谷氨酸，杆菌肽16～34 h的合成速率是34.0 U/(mL·h)，比对照组提高了55.3%；同时，生物量16～30 h增长速率是20.2 μg/(mL·h)，比对照组提高了17.4%，但是菌体自溶时间比对照提前了6 h。$NO_2^-$浓度在18～32 h高于对照组11.4%～154.9%，挥发性脂肪酸（VFA）浓度在22～32 h低于对照组10.3%～94.8%，说明流加谷氨酸起到了调控因子的作用，通过生成$NO_2^-$增加了NADH的消耗，降低了VFA的生成，刺激了菌体在发酵中前期的生长；谷氨酸同时也参与杆菌肽的合成，加快了杆菌肽的积累。

曾新年等（2013）在研究地衣芽胞杆菌浊液发酵生产杆菌肽过程中发现存在发酵前期溶氧为零、发酵中期菌体自溶及二次生长现象，而 $H_2O_2$ 是一种携氧剂，可释放 $O_2$ 及不影响产物分离，因此在 10 L 罐上，考察了流加 $H_2O_2$ 对地衣芽胞杆菌浊液发酵合成杆菌肽的影响。在发酵 24 h 时以速率为 3 mmol/(mL·h)的恒速流加 $H_2O_2$ 至 34 h，菌体生物量在 34 h 达到最大值，为 $73.5\times10^9$ CFU/mL，比对照最大值高 6.5%（对照最高值为 $69\times10^9$ CFU/mL），自溶时间延后了 8 h，而且细胞自溶后的菌数最小值为 42 h 的 $62.1\times10^9$ CFU/mL，比对照自溶后最低值高了 77%。24～34 h 的挥发性脂肪酸（VFA）最高值为 12.8 g/L，比对照减少了 11%，糖耗速率是 0.36 g/(mL·h)，比对照提高了 3%。杆菌肽在 24～34 h 的合成速率为 44.9 U/(mL·h)，比对照高 12%，杆菌肽最终效价为 1021 U/mL，比对照提高了 9.9%，说明适量流加 $H_2O_2$ 不仅改善了细胞的生长环境，还能促进杆菌肽的生物合成效率。

## 2. 脂肽类抗生素芽胞杆菌发酵

枯草芽胞杆菌菌株 JA 产生的抗生素对植物病原真菌具有广谱抗性，明确抗生素的种类是进一步研究的基础。陈华等（2008）用 6 mol/L 盐酸沉淀菌株 JA 的去菌体培养基，再用甲醇抽提获得抗生素的粗提物。利用反相 HPLC 系统，将粗提物过 Diamonsil $C_{18}$ 柱，收集有抗小麦赤霉病等病原真菌活性的化合物 1、2。运用电喷雾质谱法（ESI/MS）测得其分子质量分别为 1042.4 Da 和 1056.5 Da。再利用碰撞诱导解离（CID）技术获得化合物的典型结构特征离子碎片，结果表明分子质量为 1042.4 Da 的化合物一级结构为 Pro-Asn-Tyr-βAA- Asn-Tyr-Asn-Gln（βAA 为 14 个碳原子的氨基脂肪酸），属于伊枯草菌素（iturin A）。化合物 1、2 为相差一个亚甲基（—$CH_2$）的伊枯草菌素同系物。研究结果提供了一种从枯草芽胞杆菌发酵液中快速分离纯化和鉴定脂肽类抗生素伊枯草菌素的新方法。

王吉等（2009）用常压反相色谱对从短短芽胞杆菌菌株 HOB1 发酵液中提取到的脂肽类生物表面活性剂进行了分离纯化，并用 HPLC 制备了其中的一个化合物。经电喷雾质谱分析得到该化合物的分子质量为 1035.7 Da，GC/MS 的分析结果显示其脂肪酸部分为 $C_{15}$ β-羟基脂肪酸，由异硫氰酸苯酯（PITC）柱前衍生法测得该化合物的氨基酸组成比例为 Asp∶Glu∶Val∶Leu =1∶1∶1∶4。结果显示该脂肽的结构与表面活性素（$C_{15}$ surfactin）类似。实验表明，除芽胞杆菌属外，表面活性肽系列脂肽还能由短芽胞杆菌属产生。

赵秀香等（2008）为明确生防菌株枯草芽胞杆菌 SN-02 产生的抑菌物质的种类和组成，对其进行分离、纯化及结构测定。发酵滤液经盐酸沉淀、有机溶剂提取、薄层层析显色分析，初步确定该活性物质是一种具有闭合肽键的脂肽类物质。经 Pharmadex LH-20 精制后得到纯度为 95.7%的淡黄色结晶状物质，液质联用测定到活性成分是分子质量为 1080 Da、1035 Da 和 1021 Da 的生物表面活性素。紫外吸收光谱表明该物质在 210 nm 处有吸收峰，红外吸收光谱证实该分子的亲水基是一条肽链，疏水基部分是脂肪酸分子，且为一种环状脂肽类物质。氨基酸分析表明该活性物质由 4 种氨基酸组成，且 4 种氨基酸的物质的量比为 Glu∶Leu∶Val∶Asp=1∶4∶1∶1。

### 3. 大豆芽胞杆菌发酵

陈继超等（2009）研究了经枯草芽胞杆菌菌株 DC-12 一步发酵所得发酵大豆 I（FBB I）和经曲霉前发酵、DC-12 后发酵两步发酵所得发酵大豆 II（FBB II）中含氮成分、含糖成分、脂类成分、异黄酮苷元含量及豆豉纤溶酶活力的变化。结果表明：FBB II 中非蛋白氮含量为黑豆的 8.0 倍，为 FBB I 的 2.0 倍；氨基酸态氮含量为黑豆的 6.4 倍，为 FBB I 的 2.1 倍；游离脂肪酸含量为黑豆的 63.2 倍，为 FBB I 的 14.0 倍；还原糖和总糖含量均低于 FBB I；异黄酮类组分大豆苷元和染料木素含量分别为黑豆中的 25.6 倍和 15.5 倍，为 FBB I 的 3.2 倍和 1.9 倍；豆豉纤溶酶产量略低于 FBB I。两步发酵法所得产品优于一步发酵法。

### 4. 腐乳芽胞杆菌发酵

陈忠杰和胡燕（2013）考察了不同温度条件下枯草芽胞杆菌在腐乳中的生长情况，并对腐乳在发酵过程中的蛋白质、脂肪、游离脂肪酸、氨基态氮的含量变化进行了研究。结果表明：枯草芽胞杆菌在 35℃左右生长良好，2 d 左右即可生长成熟。腐乳后酵 7 周后，蛋白质含量由后酵起始的 25.7 g/100 g 缓慢降解到 20.1 g/100 g；脂肪含量先是缓慢上升，后酵 2 周后稳定到 24.5 g/100 g 左右；游离脂肪酸含量总体呈降低趋势，达到 6.4 g/100 g；游离氨基酸含量后酵 5 周就可达到 1.51 g/100 g，达到腐乳成熟的标准。

### 5. 白酒糟生物饲料芽胞杆菌发酵

为了筛选生产白酒糟生物饲料的最佳菌种组合，郭素环等（2012）用未发酵白酒糟培养基作为对照组，以班图酒香酵母、枯草芽胞杆菌、绿色木霉、嗜酸乳杆菌进行不同的组合添加发酵酒糟培养基作为实验组，进行有氧固态发酵，观察各组第 7 天蛋白酶、淀粉酶、脂肪酶、纤维素酶活性浓度，发酵前及发酵第 10 天其中常规营养成分、氨基酸、脂肪酸的含量。结果筛选出以 4 种菌按相等比例一起添加组为最佳组合，该组酶的分泌全面，蛋白酶、淀粉酶、脂肪酶、纤维素酶各酶活浓度分别为 317.38 U/g、350.48 U/g、89.71 U/g、116.79 U/g，与对照组相比有显著提高（$P<0.05$）；其常规营养成分中：干物质达到 95.31%，粗蛋白质为 23.20%，粗灰分达 11.15%，分别比对照组提高 2.80%、50.90%、90.30%；酸性洗涤纤维、中性洗涤纤维为 6.37%、12.53%，分别比对照组降低了 50.2%、41.2%；脂肪酸中二十二碳六烯酸（DHA）的含量最高，比对照组提高了 11.50%，多不饱和脂肪酸之和占总脂肪酸的 31.86%，比对照组提高了 4.90%；总氨基酸含量、总必需氨基酸含量、总鲜味氨基酸含量分别为 18.31%、8.15%、7.27%。

何志勇等（2014）采用脂肪酶 NOV435 催化麦芽糖醇，分别与 4 种脂肪酸（月桂酸、辛酸、油酸和硬脂酸）反应合成相应的麦芽糖醇脂肪酸酯，并经分离纯化制备获得高纯度的单酯产品，测定了它们在 0.0625～6 mg/mL 质量浓度下对不同细菌和酵母的抑菌率及最低抑菌浓度（MIC）。结果表明，麦芽糖醇脂肪酸单酯具有良好的抑菌性能，对枯草芽胞杆菌和变异链球菌显示出很强的抑制作用，对大肠杆菌有较好的抑制效果，对酵母菌也有一定的抑制能力。比较不同脂肪酸酰基麦芽糖醇单酯的抑菌性发现，月桂酸单酯抑菌能力强，辛酸单酯和油酸单酯次之，硬脂酸单酯较弱。麦芽糖醇月桂酸单酯对大肠杆菌、枯草芽胞杆菌和变异链球菌的 MIC 值分别为 2.0 mg/mL、0.5 mg/mL 和 0.25 mg/mL，具有比麦芽糖和蔗糖等亲水基月桂酸单酯更好的抑菌性。

## 6. 污泥芽胞杆菌厌氧发酵

刘和等（2009）通过对污泥厌氧发酵 pH 进行调控，研究挥发性脂肪酸的累积、产酸微生物种群变化及产氢产乙酸菌群对乙酸产生的贡献。测定不同 pH 条件下污泥厌氧发酵过程中挥发性脂肪酸的累积；分别应用末端限制性片段长度多态性（T-RFLP）和荧光原位杂交技术（FISH）分析产酸系统中微生物种群结构的变化及产氢产乙酸菌的数量。pH 为 10.0 时，有机酸和乙酸的产率在发酵结束时分别达到 652.6 mg COD/g-VS 和 322.4 mg COD/g-VS，显著高于其他 pH 条件。T-RFLP 结果表明，pH 为 12.0 时，产酸优势菌为颗粒链菌属（*Granulicatella*）；pH 依次降为 10.0、7.0 和 5.0 时，优势菌分别为消化链球菌属（*Peptostreptococcus*）、梭菌属（*Clostridium*）和芽胞杆菌属（*Bacillus*）。FISH 检测结果表明，中性条件下产氢产乙酸细菌数量高于酸性条件。pH 为 10.0 时，产氢产乙酸细菌的丰度仅为总细菌的 0.01%以下。pH 不仅影响了挥发性脂肪酸和乙酸的产率，并且显著改变了厌氧发酵微生物菌群结构。碱性 pH 条件下，乙酸的累积主要由水解发酵产酸菌完成，但在中性和酸性 pH 条件下，产氢产乙酸菌发挥了更大的作用。

## 7. 秸秆芽胞杆菌厌氧发酵

秦韦子等（2013）将马氏甲烷八叠球菌、地衣芽胞杆菌、施氏假单胞菌、谢氏丙酸杆菌接种于秸秆厌氧发酵体系中，考察添加柠檬酸盐对沼气产量、纤维素降解率和木质素降解率的影响。研究发现：添加 3 g/L 柠檬酸盐（添加组）提高了体系的产气效率，沼气产量比对照提高了 1 倍，其总固体（TS）、挥发性固体（VS）含量分别比对照降低了 11.2%和 5.1%。对照挥发性脂肪酸（VFA）浓度在 84 h 达最大值，为 7.07 g/L，仅为添加组的 80%，其平均积累速率为 51.6 mg/(L·h)，比添加组 69.2 mg/(L·h)降低了 25.4%，说明添加柠檬酸盐提高了厌氧发酵体系 TS、VS 的利用率，促进了厌氧体系乙酸和丙酸、丁酸等 VFA 的合成。同时发现：秸秆厌氧发酵体系的纤维素降解率普遍高于木质素降解率的 7.5%左右，说明多菌耦合厌氧发酵产沼气体系降解纤维素的能力高于降解木质素的能力。

## 8. 糟鱼芽胞杆菌发酵

裘迪红和李改燕（2011）采用化学分析法和气相色谱法对发酵过程中糟鱼的非挥发性物质进行测定，结果显示：氯化钠随发酵时间的延长而下降，最后达到动态平衡；总糖含量与还原糖含量随着发酵时间的延长而增加，之后达到动态平衡；有机酸含量随发酵时间的延长而增加；蛋白质含量和盐溶性蛋白含量随发酵时间的延长而下降，之后达到动态平衡；氨基氮含量随发酵时间的延长先增加后下降，最后达到动态平衡。脂肪含量随发酵时间的延长而下降；脂肪酸含量随发酵时间的延长而增加；饱和脂肪酸含量随发酵时间的延长而下降，不饱和脂肪酸含量随发酵时间的延长而增加。利用 SPSS 软件对非挥发性物质与优势菌的变化进行相关性分析，得出芽胞杆菌和乳酸菌数与氨基氮含量呈显著正相关；葡萄球菌数和酵母菌与游离脂肪酸含量呈极显著正相关；芽胞杆菌具有产蛋白酶特性，可以代谢生成氨基态氮；葡萄球菌和酵母菌可以代谢生成游离脂肪酸。

## 9. 油酸芽胞杆菌发酵

吴立新和吴祖芳（2011）利用 1 株具有转化油酸进行羟基化的短小芽胞杆菌（*B. pumilus*）突变株 M-F641 发酵生产具有重要功能的ω-羟基脂肪酸。以细胞生长、NADPH 生成及油酸转化产物为测定指标，研究了培养基的最佳碳源及其发酵工艺条件；在单因素实验的基础上，采用响应面分析法，以油酸转化率作为指标，优化了发酵工艺条件，并对优化后的发酵条件进行了验证。结果表明，最佳碳源为葡萄糖，其最佳初始质量浓度为 20 g/L，最佳发酵条件为温度 30℃、pH 7.4、装液量 60 mL/250 mL。在此条件下油酸转化率为 74.58%，ω-羟基脂肪酸产率达 22.3%。在优化的发酵条件下羟基脂肪酸生产效率得到了显著提高。

## 10. 豆豉芽胞杆菌发酵

吴拥军等（2010）采用发酵风味突出的枯草芽胞杆菌菌株 BJ3-2，以氨基态氮为指标，通过单因素和正交试验，确定细菌型豆豉生产的最佳前发酵工艺，并测定了豆豉发酵各阶段的酶活力及化学成分含量。结果表明，BJ3-2 最佳前发酵条件为：泡豆水 pH 8.0，泡豆水温 37℃，豆量（g）：水量为 1∶4，泡豆时间 10 h，接种量 4%，大豆装载量 20%，发酵温度 37℃，发酵时间 2.5 d；发酵豆豉的粗蛋白质、游离脂肪酸、总酸和还原糖含量分别为 35%、14.2%、1.8%和 0.51%；蛋白酶（酸性、中性和碱性）、α-淀粉酶、脂肪酶及豆豉纤溶酶的最大酶活力分别为 10.79 U/g、25.04 U/g、20.36 U/g、1.25 mg/g、2.15 U/g 及 862.5 U/mL。该研究为菌株 BJ3-2 的进一步工业化应用奠定了基础。

## 11. 秸秆畜粪芽胞杆菌发酵

秸秆畜粪体系厌氧发酵过程发生了基质酸化，其 pH 为 5.2～5.5，虽然接种兼性氨化菌（粪产碱菌/苏云金芽胞杆菌）后体系的 pH 提高了 2.9%～13.6%，但仍在 6.0 以下。同时添加硝酸钾（2 g/L）和氨化菌（接种体积比例为 1∶2）厌氧发酵 168 h 的产气量、pH 和挥发性脂肪酸（VFA）浓度分别为 350 mL、7.12 和 2.54 g/L，比对照组（只添加氨化菌）分别提高了 62.8%、22.8%和降低了 13.0%。表明硝酸钾对秸秆畜粪厌氧发酵体系 pH 的影响极为显著，当培养环境中硝酸盐的可获得性不足时，氨化菌并不能被诱导并表现出硝酸盐呼吸的功能，因而其单独使用缓冲 pH 的效果并不明显。硝酸钾的加入改变了厌氧条件发酵的碳代谢途径，体系 VFA 的降低显著缓冲了体系的 pH，提高了体系 pH 和厌氧菌系的代谢活性，提高了有机物向沼气转化的效率。同时也说明秸秆畜粪厌氧体系产沼气的限制性因子不是体系 VFA 的生成效率，而是 VFA 积累到临界浓度以上所造成的过低 pH。该研究为解决秸秆畜粪体系厌氧条件下因“基质酸化”而使沼气产量降低的矛盾提供了一种易行策略（谢婷等，2013a）。

### 12. 生物表面活性剂芽胞杆菌发酵

从热嗜油地芽胞杆菌（*Geobacillus thermoleovorans*）菌株 str 5366 以正十六烷为碳源于 55℃培养的发酵液中分离获得了一种生物乳化剂，经鉴定为糖-肽-脂复合物。该乳化剂中糖类、肽类、脂类的含量分别为 29.4%、15.8%和 35.8%。利用肽水解结合氨基酸分析、糖醇乙酰化结合 GC-MS、脂肪酸甲酯化结合 GC-MS 等技术手段鉴定乳化剂中的糖类主要为 D-甘露糖；主要氨基酸为谷氨酸、天冬氨酸、丙氨酸；构成脂类的主要脂肪酸为棕榈酸、十八烯酸和硬脂酸。该菌及其代谢产生的乳化剂的乳化性能良好，具有高温条件下应用的潜力（薛峰和刘瑾，2009）。

张翠竹等（2000）从大港炼油厂污水中分离到 1 株地衣芽胞杆菌（*Bacillus licheniformis*）。其发酵上清液具有高表面活性，可将水的表面张力由 76.6 mN/m 降至 35.5 mN/m。发酵上清液经酸化沉淀并纯化后得到浅黄色固体物，其临界胶束浓度（critical micelle concentration，CMC）为 30.0 mg/L。该产物经聚丙烯酰胺凝胶电泳显示两条带；红外光谱分析表明该物质含有肽键、内酯键及脂肪族侧链等官能团；GC-MS 和纸层析（PC）分析表明，其疏水基半分子为 β-甲基十四碳脂肪酸及 β-羟基十八碳脂肪酸；亲水基半分子含 Asp、Glu、Ile、Val、Lys 等氨基酸。该产物是一种由脂肪酸和肽组成的脂肽类生物表面活性剂，它可以耐受高温和高盐（尤其钙离子），pH 适应范围较广，对原油具有较强的乳化、增溶、脱附和降黏作用。

赵伟伟等（2012）从山东及河北沿海分离到 1 株产絮凝剂细菌（编号 200903091102，简称 1102），分别用细菌全脂肪酸气相色谱法和 16S rDNA 序列分析比对法对该菌进行鉴定，两种方法的鉴定结果均显示细菌 1102 为 1 种芽胞杆菌（*Bacillus* sp.）。系统发育分析显示，细菌 1102 与枯草芽胞杆菌（*Bacillus subtilis*）、特基拉芽胞杆菌（*Bacillus tequilensis*）等亲缘关系最近。应用高氏一号培养基培养细菌 1102，提取其絮凝剂进行絮凝力测定，结果显示，该菌所产絮凝剂的絮凝率达到 80.19%。发酵 72 h 时，絮凝剂得率最高达 19.5 g/L；分别采用凝胶渗透色谱法、苯酚-硫酸法及氨基酸自动分析仪对所得絮凝剂的相对分子质量、多糖含量及氨基酸含量进行分析，结果显示絮凝剂的重均分子质量为 7063 Da，多糖质量分数占 58.58%，氨基酸质量分数占 2.49%。提示该菌在海水养殖中具有较高的开发价值，旨在为海水养殖废水的生物净化提供科学依据。

## 八、脂肪酸组学在芽胞杆菌物质代谢研究中的应用

### 1. 芽胞杆菌脂肪酸代谢

在工程大肠杆菌生产羟基脂肪酸的基础上，为解决构建的以葡萄糖为底物合成羟基脂肪酸（HFA）代谢途径中存在的细胞内还原力（NADPH）不平衡的问题，王相伟等（2016）克隆了来源于巨大芽胞杆菌葡萄糖脱氢酶（GDH）的基因，构建了胞内 HFA 和 NADPH 联产的工程菌株；实验结果表明该重组大肠杆菌合成 HFA 的产量得到显著提高，摇瓶条件下 HFA 产量达到 173.9 mg/L，具有较好的工业化开发前景。

郝瑞霞等（2002）从油藏中分离出的枯草芽胞杆菌（*Bacillus subtilis*）菌株 SP4 为运动的、产芽胞的革兰氏阳性杆状细菌。细菌的生长温度范围比较广，最高生长温度为 58℃，最佳生长温度为 32～48℃。细菌可在 7% NaCl 溶液中生长，在 pH 为 5.5～8.5 时生长良好。菌株 SP4 能够使多种碳水化合物发酵产酸，兼性厌氧生长；能够产生挥发性脂肪酸、有机酸、酮、醚、酯和生物表面活性物质等代谢产物。菌株 SP4 能够转化和降解不同原油的芳烃、非烃和沥青质组分，以及极性有机硫化合物和有机氮化合物，降低原油的重质馏分含量，改善原油的物理化学性质。将该细菌应用于油田，有利于提高原油采收率。

## 2. 芽胞杆菌降解高碳链饱和烷烃

黄学等（2006）研究了短短芽胞杆菌和蜡样芽胞杆菌两株微生物采油菌作用于石油烃的机理。原油经两株菌种作用以后，高碳链饱和烃的相对含量降低，低碳链饱和烃的相对含量则相应增加，$\sum nC_{21}^{-}/\sum nC_{22}^{+}$ 值由原来的 1.35 分别升高到 1.73 和 1.87；Pr/$nC_{27}$ 与 Ph/$nC_{28}$ 值分别增加 19.0%、17.9%和 9.5%、23.1%，而姥鲛烷/正十七烷（Pr/$nC_{17}$）与植烷/正十八烷（Ph/$nC_{18}$）值在微生物作用前后几乎没有变化。表明短短芽胞杆菌和蜡样芽胞杆菌作用于原油烃时只降解高碳链饱和烷烃，同时无低碳链饱和烷烃的生成。微生物作用前后原油中非烃的红外光谱分析也同样表明，有一定量的羧酸生成。采用气相色谱-质谱方法，对油样提取物中微生物产生的酸、醇、酮等物质进行了分析研究，两株菌产酸以饱和烷基酸为主，尤其以直链饱和烷基酸居多，同时也生成一定量的环烷、烯基酸和少量的芳基酸。可以推断，短短芽胞杆菌和蜡样芽胞杆菌对大庆原油的降解以氧化降解为主要途径，存在一种非常规的次末端氧化，同时兼有末端氧化和双末端氧化，生成单脂肪酸、羟基脂肪酸和二羧酸。

## 3. 芽胞杆菌葡聚糖代谢

季超等（2015）以燕麦 β-葡聚糖为唯一碳源，研究地衣芽胞杆菌代谢的最优条件及代谢产物的种类。通过 Design Expert 8.0 软件的 Box-Behnken 设计模型，选取了燕麦 β-葡聚糖、酵母提取物、接种量和培养时间 4 个影响因素的最佳水平为自变量，培养液的酸碱变化为响应量，对地衣芽胞杆菌代谢燕麦 β-葡聚糖的条件进行优化。通过 GC-MS 测定最优条件下代谢产生短链脂肪酸的种类。结果表明，培养的最优条件为 β-葡聚糖 0.7 mg/mL、酵母提取物 11 mg/mL、接种量 25 μL、培养时间 13 h，经过多次反复验证，实验得到 pH 为 5.80，与预测值没有显著差异，且通过 GC-MS 测定出 19 种脂肪酸类物质，其中乙酸、丙酸及丁酸是最主要的短链脂肪酸。

## 4. 芽胞杆菌抗生素代谢

巨大芽胞杆菌（*Bacillus megaterium*）菌株 B196 产生的拮抗物质对水稻纹枯病病原菌（立枯丝核菌）（*Rhizoctonia solani*）的生长具有较强的抑制作用，明确该菌产生拮抗物质的种类是进一步研究该菌的抑菌机制及其应用的基础。廖庭等（2014）采用盐酸沉淀菌株 B196 的去菌体培养液，再用甲醇抽提获得拮抗物质的粗提物。利用反相 HPLC

系统，将粗提物过 $C_{18}$ 柱，收集有抑制水稻纹枯病病原菌生长作用的活性化合物。运用质谱测得其分子质量为 1042.5927 Da，再利用碰撞诱导解离（CID）技术获得化合物的典型结构特征离子碎片，结果表明其一级结构为 Pro-Asn-Ser-βAA-Asn-Tyr-Asn-Gln（βAA 为 14 个碳原子的氨基脂肪酸）。综合以上信息将该化合物鉴定为 iturin A2。

为了寻找结构新颖、高效的农用抗菌活性物质，曲田丽等（2015）以药用植物合欢叶为试验材料，分离筛选出 1 株内生细菌 H8。采用对峙培养法与琼脂扩散法进行抑菌试验，结果表明：H8 菌株、发酵液、无菌发酵液及其活性组分对苹果腐烂病病原菌、苹果轮纹病病原菌等 6 种供试植物病原菌均具有较强的抑菌活性，抑菌带宽度可达 20.5～34.5 mm。经形态观察、生理生化试验和 16S rDNA 系统进化分析，鉴定其为死谷芽胞杆菌（*Bacillus vallismortis*）。采用液-液萃取、薄层层析及硅胶柱层析，对内生菌 H8 的代谢液提取分离，得到 6 个组分，对抑菌活性高的 2 个组分进行硅烷化衍生后，经 GC-MS 测定，确定代谢液中有脂肪酸、芳香酸、环二肽等 28 种活性化合物。

## 5. 芽胞杆菌表面活性物质代谢

王凤兰和王晓东（2007）采用丙酮抽提、高压液相分离纯化等技术从嗜热菌热嗜油地芽胞杆菌（*Geobacillus thermoleovorans*）以正十六烷为碳源培养的发酵液中分离获得性能突出的表面活性物质。利用甲酯化、乙酰化衍生技术结合 GC-MS、MS（ESI）等鉴定该表面活性物质为单脂肪酸甘油酯。实验条件下，该表面活性物质使水的表面张力降低到 32.7 mN/m，测定其临界胶束浓度为 41 mg/L。

伍晓林等（2005）利用以石油烃为唯一碳源的微生物菌种短短芽胞杆菌菌株 HT 和蜡样芽胞杆菌菌株 HP，在大庆油田朝阳沟低渗透油藏进行了微生物采油矿场试验。采用生化分析方法和手段，对室内及现场试验进行了评价、监测。结果表明，所筛选的微生物能够较好地在油层条件下生长、繁殖，通过降解重质石油烃使原油黏度由作用前的 101 mPa·s 降低到作用后的 56.9 mPa·s，降低了 43.7%，含蜡量平均下降 32.6%，含胶量平均下降 31%，微生物产生的脂肪酸等活性物质能有效降低油水间界面张力；通过气相色谱分析，发现原油中烷烃组分发生变化，正构烷烃碳数分布曲线向轻组分方向移动。现场试验结果表明，该微生物采油方法能够有效地提高低渗透油层的原油采收率，增加原油产量，降低含水率。

## 6. 芽胞杆菌胞外溶藻活性物质代谢

为了探讨芽胞杆菌菌株 B1 分泌的胞外溶藻活性物质对球形棕囊藻的溶藻特性和藻毒素物质脂肪酸的影响，杨秋婵等（2015）比较了模拟自然水体中叶绿素 a、pH、溶解氧（DO）、高锰酸盐指数和营养元素 N、P 浓度在溶藻前后的变化，并利用 GC-MS 测定了球形棕囊藻脂肪酸的成分和含量。用体积比 1∶100 的芽胞杆菌菌株 B1 胞外活性物质处理模拟水体 14 d，发现水体中叶绿素 a、pH 和高锰酸盐指数随处理时间的增加而降低，DO 和 N、P 浓度随处理时间的增加而增加。在第 14 天时，处理组水体中 pH 由 8.50 降低到 7.51，叶绿素 a 降低了 82.3%（$P<0.05$），DO 增加了 29.5%（$P<0.05$），高锰酸盐指数降低了 55.2%（$P<0.01$）。$NH_4^+$-N、$NO_2^-$-N、$NO_3^-$-N 和 $PO_4^{3-}$-P 浓度分别增加了 0.46

倍、1.50 倍、6.24 倍和 1.30 倍。投加活性物质处理 14 d 后，球形棕囊藻藻毒素中的主要 3 种脂肪酸 18:2ω(9,12)c、c16:0 和 18:1ω7c 分别降低了 100%、97.7%和 85.4%（$P<0.01$），总脂肪酸含量降低了 83.4%（$P<0.01$）。结果表明，芽胞杆菌菌株 B1 胞外溶藻活性物质在模拟自然水体中能有效抑制球形棕囊藻的生长，并降低藻毒素脂肪酸的含量，研究结果为芽胞杆菌菌株 B1 胞外活性物质的生态安全性应用提供了理论基础。

# 第二章　芽胞杆菌脂肪酸组测定与分析

## 第一节　芽胞杆菌脂肪酸组测定方法

### 一、芽胞杆菌脂肪酸组测定原理

#### 1. 微生物脂肪酸组的主要特性

磷脂脂肪酸是几乎所有微生物活体细胞膜的主要成分，含量相对恒定，且不受质粒损失或增加的影响。不同微生物体细胞膜中磷脂脂肪酸的含量和结构具有种属特征或与其分类位置密切相关，能够标志某一类或某种特定微生物的存在。脂肪酸结构种类多样，对环境因素敏感，它既是菌株基因组差异的外在表现，同时也反映了菌株对外界环境条件的不同反应。

脂肪酸分析技术是通过皂化、甲基化、萃取、碱洗涤等步骤，将样品中的脂肪酸转化成脂肪酸甲酯（FAME），通过气相色谱等得到样品的脂肪酸甲酯谱图，根据谱图中脂肪酸甲酯的多样性，利用相关数据库和相关计算机分析软件，鉴定样品中微生物的种类或得到样品中微生物群落结构组成多样性、比例及微生物生物量等方面信息。气相色谱技术应用于微生物的鉴定和分类起始于 20 世纪 60 年代初，Abel 等（1963）首先利用气相色谱分析肠杆菌细胞脂肪酸的组分，进行细菌鉴定、分类的研究。其后这种分析技术应用于假单胞菌、分枝杆菌、链球菌、芽胞杆菌、梭菌等不同属的菌种鉴定研究的报道日益增多。我国在这方面的研究起步较晚，1987 年才见到周方等（1987）用细胞脂肪酸气相色谱图鉴别一些芽胞杆菌、布氏杆菌、弧菌、莫拉氏菌、军团菌的研究报道。90 年代美国 MIDI 公司成功开发了微生物自动化鉴定系统（Sherlock MIS），该系统有一套完整的标准化程序，备有谱图识别软件和迄今为止微生物鉴定系统中最大的数据库资源，大大提高了脂肪酸分析方法的准确性和重复性，且操作简便、分析周期短，这使得该项技术在微生物领域的研究中得到更广泛的应用。

微生物脂肪酸组中，细菌脂肪酸组最为丰富。细菌的鉴定依赖于菌株分离及其生物学特征的鉴定，包括依靠外膜结构的血清群（型）的分析、生化反应、其他特定大分子的鉴定及基因水平的特殊鉴定等。不同微生物的脂肪酸在组成和含量上有较大差异，它和微生物的遗传变异、耐药性等有极为密切的关系。大多数革兰氏阳性菌中直链 c15:0 脂肪酸丰度很高，而在大多数革兰氏阴性菌中 c16:0 丰度较高。一些细菌如考克斯氏体属（*Coxiella*）、弗朗西斯氏菌属（*Francisella*）、假单胞菌属（*Pseudomonas*）和分枝杆菌属（*Mycobacterium*）细菌有其特殊的脂类，可经磷脂脂肪酸分析实现鉴定。菌体脂肪酸组成相对稳定，不受生化反应变异及质粒丢失等因素的影响。根据细胞脂肪酸的组成，一般可通过单次试验比较准确地完成微生物鉴定。

### 2. 微生物脂肪酸组的分析原理

磷脂脂肪酸是一类最常见的微生物生物标记物（杜宗敏和杨瑞馥，2003；Ibekwe and Kennedy，1999）。但是古生菌不能使用 FAME 谱图进行分析，因为它的极性脂质是以醚而不是酯键的形式出现的（Sundh et al.，1997）。此外，磷脂不能作为细胞的贮存物质，一旦生物细胞死亡，其中的磷脂化合物就会马上消失，因此磷脂脂肪酸可以代表微生物群落中"存活"的那部分群体（张家恩等，2004）。

### 3. 微生物脂肪酸组的分析流程

FAME 谱图分析首先要提取出磷脂脂肪酸，即利用有机溶剂将样品中的脂肪酸浸提出来，然后进行分离纯化，将磷脂脂肪酸甲基化转化成脂肪酸甲酯，最后利用标记脂肪酸，通过气相色谱等仪器分析，得到样品的磷脂脂肪酸组成谱图，进而得到不同脂肪酸的含量和种类，即所谓的 FAME 谱图（图 2-1-1）。根据谱图中脂肪酸甲酯的多样性，利用相关的数据库和相关的计算机分析软件，便可鉴定出样品中微生物的种类或得到样品中微生物群落结构组成多样性、比例及微生物生物量等方面的信息。目前，主要是通过气相色谱（GC）及气相色谱-质谱（GC-MS）联用来实现脂肪酸的鉴定，由于脂肪酸本身挥发性较小，因此要将脂肪酸甲基化转化成脂肪酸甲酯以增加脂肪酸的挥发性，供 GC 或 GC-MS 分析利用。

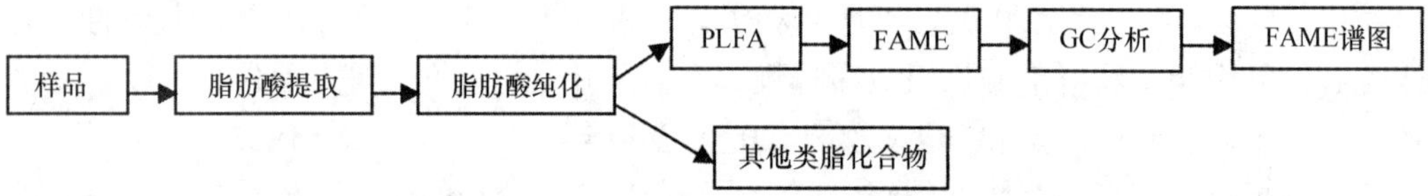


图 2-1-1　脂肪酸 FAME 谱图分析的一般流程

FAME 谱图的形成源于样品中微生物的组成和生物量的多少，细胞中磷脂的含量通常可认为相对恒定（杜宗敏和杨瑞馥，2003）。不过，磷脂含量并非绝对不变，如温度的变化就会影响膜脂。温度的增加会带来磷脂双分子层流动性的增加，这会导致形成磷脂非双分子层相，进而影响细胞膜的渗透性。磷脂脂肪酸成分发生适应性变化以改变膜的流动性变化是生物体内消除这些影响的机制之一，在细菌中常常通过增加不饱和脂肪酸的含量来调节膜脂的变相温度以维持膜脂的流动性（翟中和等，2011）。营养状况的变化也有可能改变磷脂的含量，有学者对此进行了相关研究（Guckert et al.，1986），不过目前还很少见到这方面的报道。总之，脂肪酸是一种可随着培养环境的变化发生改变的细胞成分，因此分析过程的条件选择和质量控制显得非常重要。

## 二、芽胞杆菌脂肪酸组测定

### 1. 供试芽胞杆菌菌株

实验选取了芽胞杆菌属具有代表性的 90 种（亚种）芽胞杆菌标准菌株，运用 Sherlock

MIS 微生物鉴定系统，以常规的方案提取和测定各种的脂肪酸组成含量，用于后续分析。所有供试菌株来自于福建省农业科学院农业生物资源研究所福建省芽胞杆菌资源保藏中心、德国微生物菌种保藏中心（DSMZ）、美国典型培养物保藏中心（ATCC）和瑞典哥德堡大学菌物保藏中心（Culture Collection，University of Göteborg，CCUG），具体见表 2-1-1。

**表 2-1-1　供试菌株信息**

| 库存菌株编号 | 原始菌株编号 | 种名 | 中文名称 |
|---|---|---|---|
| [1] FJAT-14221 | DSM 18954 | *Bacillus acidiceler* | 酸快生芽胞杆菌 |
| [2] FJAT-14829 | DSM 14745 | *Bacillus acidicola* | 酸居芽胞杆菌 |
| [3] FJAT-14209 | DSM 23148 | *Bacillus acidiproducens* | 产酸芽胞杆菌 |
| [4] FJAT-10013 | DSM 8721 | *Bacillus agaradhaerens* | 黏琼脂芽胞杆菌 |
| [5] FJAT-276 | ATCC 27647 | *Bacillus alcalophilus* | 嗜碱芽胞杆菌 |
| [6] FJAT-2286 | DSM 16976 | *Bacillus alkalitelluris* | 碱土芽胞杆菌 |
| [7] FJAT-10025 | DSM 21631 | *Bacillus altitudinis* | 高地芽胞杆菌 |
| [8] FJAT-8754 | CCUG 28519 | *Bacillus amyloliquefaciens* | 解淀粉芽胞杆菌 |
| [9] FJAT-14220 | DSM 21047 | *Bacillus aryabhattai* | 阿氏芽胞杆菌 |
| [10] FJAT-8755 | CCUG 28524 | *Bacillus atrophaeus* | 萎缩芽胞杆菌 |
| [11] FJAT-8757 | CCUG 7412 | *Bacillus badius* | 栗褐芽胞杆菌 |
| [12] FJAT-10043 | DSM 15601 | *Bacillus bataviensis* | 巴达维亚芽胞杆菌 |
| [13] FJAT-14214 | DSM 19037 | *Bacillus beijingensis* | 北京芽胞杆菌 |
| [14] FJAT-14268 | DSM 17376 | *Bacillus boroniphilus* | 嗜硼芽胞杆菌 |
| [15] FJAT-14236 | DSM 18926 | *Bacillus butanolivorans* | 食丁酸芽胞杆菌 |
| [16] FJAT-10029 | DSM 17613 | *Bacillus carboniphilus* | 嗜碳芽胞杆菌 |
| [17] FJAT-10015 | DSM 2522 | *Bacillus cellulosilyticus* | 解纤维素芽胞杆菌 |
| [18] FJAT-8760 | CCUG 7414 | *Bacillus cereus* | 蜡样芽胞杆菌 |
| [19] FJAT-14272 | DSM 16189 | *Bacillus cibi* | 食物芽胞杆菌 |
| [20] FJAT-8761 | CCUG 7416 | *Bacillus circulans* | 环状芽胞杆菌 |
| [21] FJAT-8762 | CCUG 47262 | *Bacillus clausii* | 克劳氏芽胞杆菌 |
| [22] FJAT-520 | AS1. 2009 | *Bacillus coagulans* | 凝结芽胞杆菌 |
| [23] FJAT-10017 | DSM 2528 | *Bacillus cohnii* | 科恩芽胞杆菌 |
| [24] FJAT-14222 | DSM 17725 | *Bacillus decisifrondis* | 腐叶芽胞杆菌 |
| [25] FJAT-14274 | DSM 14890 | *Bacillus decolorationis* | 脱色芽胞杆菌 |
| [26] FJAT-10044 | DSM 15600 | *Bacillus drentensis* | 钻特省芽胞杆菌 |
| [27] FJAT-10010 | DSM 13796 | *Bacillus endophyticus* | 内生芽胞杆菌 |
| [28] FJAT-274 | ATCC 29313 | *Bacillus fastidiosus* | 苛求芽胞杆菌 |
| [29] FJAT-8765 | CCUG 28525 | *Bacillus flexus* | 弯曲芽胞杆菌 |
| [30] FJAT-10032 | DSM 16014 | *Bacillus fordii* | 福氏芽胞杆菌 |
| [31] FJAT-10033 | DSM 16012 | *Bacillus fortis* | 强壮芽胞杆菌 |
| [32] FJAT-8766 | CCUG 28888 | *Bacillus fusiformis* | 纺锤形芽胞杆菌 |
| [33] FJAT-10034 | DSM 15595 | *Bacillus galactosidilyticus* | 解半乳糖苷芽胞杆菌 |
| [34] FJAT-10035 | DSM 15865 | *Bacillus gelatini* | 明胶芽胞杆菌 |

续表

| 库存菌株编号 | 原始菌株编号 | 种名 | 中文名称 |
| --- | --- | --- | --- |
| [35] FJAT-14270 | DSM 18134 | *Bacillus ginsengihumi* | 人参土芽胞杆菌 |
| [36] FJAT-519 | ATCC 23301 | *Bacillus globisporus* | 球胞芽胞杆菌 |
| [37] FJAT-10037 | DSM 16731 | *Bacillus hemicellulosilyticus* | 解半纤维素芽胞杆菌 |
| [38] FJAT-14233 | DSM 6951 | *Bacillus horikoshii* | 堀越氏芽胞杆菌 |
| [39] FJAT-14211 | DSM 16318 | *Bacillus humi* | 土地芽胞杆菌 |
| [40] FJAT-14212 | DSM 15820 | *Bacillus indicus* | 印度芽胞杆菌 |
| [41] FJAT-14252 | DSM 21046 | *Bacillus isronensis* | 印空研芽胞杆菌 |
| [42] FJAT-14210 | DSM 16467 | *Bacillus koreensis* | 韩国芽胞杆菌 |
| [43] FJAT-14240 | DSM 17871 | *Bacillus kribbensis* | 韩研所芽胞杆菌 |
| [44] FJAT-14213 | DSM 19099 | *Bacillus lehensis* | 列城芽胞杆菌 |
| [45] FJAT-275 | ATCC 14707 | *Paenibacillus lentimorbus* | 慢病类芽胞杆菌 |
| [46] FJAT-8771 | CCUG 7422 | *Bacillus licheniformis* | 地衣芽胞杆菌 |
| [47] FJAT-14206 | DSM 18845 | *Bacillus luciferensis* | 路西法芽胞杆菌 |
| [48] FJAT-14248 | DSM 16346 | *Bacillus macyae* | 马氏芽胞杆菌 |
| [49] FJAT-14235 | DSM 16204 | *Bacillus marisflavi* | 黄海芽胞杆菌 |
| [50] FJAT-8773 | CCUG 49529 | *Bacillus massiliensis* | 马赛芽胞杆菌 |
| [51] FJAT-8774 | CCUG 1817 | *Bacillus megaterium* | 巨大芽胞杆菌 |
| [52] FJAT-10005 | DSM 9205 | *Bacillus mojavensis* | 莫哈维沙漠芽胞杆菌 |
| [53] FJAT-14208 | DSM 16288 | *Bacillus muralis* | 壁画芽胞杆菌 |
| [54] FJAT-14258 | DSM 19154 | *Bacillus murimartini* | 马丁教堂芽胞杆菌 |
| [55] FJAT-8775 | DSM 2048 | *Bacillus mycoides* | 蕈状芽胞杆菌 |
| [56] FJAT-14216 | DSM 15077 | *Bacillus nealsonii* | 尼氏芽胞杆菌 |
| [57] FJAT-14217 | DSM 17723 | *Bacillus niabensis* | 农研所芽胞杆菌 |
| [58] FJAT-14202 | DSM 2923 | *Bacillus niacini* | 烟酸芽胞杆菌 |
| [59] FJAT-14227 | DSM 15603 | *Bacillus novalis* | 休闲地芽胞杆菌 |
| [60] FJAT-14201 | DSM 18869 | *Bacillus odysseyi* | 奥德赛芽胞杆菌 |
| [61] FJAT-2235 | DSM 23308 | *Bacillus okhensis* | 奥哈芽胞杆菌 |
| [62] FJAT-14823 | DSM 13666 | *Bacillus okuhidensis* | 奥飞弹温泉芽胞杆菌 |
| [63] FJAT-14224 | DSM 9356 | *Bacillus oleronius* | 蔬菜芽胞杆菌 |
| [64] FJAT-2285 | DSM 19096 | *Bacillus panaciterrae* | 人参地块芽胞杆菌 |
| [65] FJAT-10053 | ATCC 14576 | *Virgibacillus pantothenticus* | 泛酸枝芽胞杆菌 |
| [66] FJAT-14218 | DSM 16117 | *Bacillus patagoniensis* | 巴塔哥尼亚芽胞杆菌 |
| [67] FJAT-14237 | DSM 8725 | *Bacillus pseudalcaliphilus* | 假嗜碱芽胞杆菌 |
| [68] FJAT-14225 | DSM 12442 | *Bacillus pseudomycoides* | 假蕈状芽胞杆菌 |
| [69] FJAT-8778 | CCUG 28882 | *Bacillus psychrosaccharolyticus* | 冷解糖芽胞杆菌 |
| [70] FJAT-14255 | DSM 11706 | *Psychrobacillus psychrotolerans* | 耐冷嗜冷芽胞杆菌 |
| [71] FJAT-8779 | CCUG 26016 | *Bacillus pumilus* | 短小芽胞杆菌 |
| [72] FJAT-14825 | DSM 17057 | *Bacillus ruris* | 农庄芽胞杆菌 |
| [73] FJAT-14260 | DSM 19292 | *Bacillus safensis* | 沙福芽胞杆菌 |
| [74] FJAT-14262 | DSM 18680 | *Bacillus selenatarsenatis* | 硒砷芽胞杆菌 |

续表

| 库存菌株编号 | 原始菌株编号 | 种名 | 中文名称 |
|---|---|---|---|
| [75] FJAT-14261 | DSM 15326 | *Bacillus selenitireducens* | 还原硒酸盐芽胞杆菌 |
| [76] FJAT-14231 | DSM 16464 | *Bacillus seohaeanensis* | 西岸芽胞杆菌 |
| [77] FJAT-14257 | DSM 18868 | *Bacillus shackletonii* | 沙氏芽胞杆菌 |
| [78] FJAT-2295 | DSM 30646 | *Bacillus simplex* | 简单芽胞杆菌 |
| [79] FJAT-14822 | DSM 13140 | *Bacillus siralis* | 青贮窖芽胞杆菌 |
| [80] FJAT-14232 | DSM 15604 | *Bacillus soli* | 土壤芽胞杆菌 |
| [81] FJAT-14256 | DSM 13779 | *Bacillus sonorensis* | 索诺拉沙漠芽胞杆菌 |
| [82] FJAT-9 | FJAT-9 | *Lysinibacillus sphaericus* | 球形赖氨酸芽胞杆菌 |
| [83] FJAT-8784 | CCUG163 | *Bacillus subtilis* | 枯草芽胞杆菌 |
| [84] FJAT-14251 | DSM 22148 | *Bacillus subtilis* subsp. *inaquosorum* | 枯草芽胞杆菌干燥亚种 |
| [85] FJAT-14250 | DSM 15029 | *Bacillus subtilis* subsp. *spizizenii* | 枯草芽胞杆菌斯氏亚种 |
| [86] FJAT-14254 | DSM 10 | *Bacillus subtilis* subsp. *subtilis* | 枯草芽胞杆菌枯草亚种 |
| [87] FJAT-14 | FJAT-14 | *Bacillus thuringiensis* | 苏云金芽胞杆菌 |
| [88] FJAT-14844 | DSM 11031 | *Bacillus vallismortis* | 死谷芽胞杆菌 |
| [89] FJAT-14842 | DSM 9768 | *Bacillus vedderi* | 威氏芽胞杆菌 |
| [90] FJAT-14850 | DSM 18898 | *Bacillus vietnamensis* | 越南芽胞杆菌 |

### 2. 脂肪酸测定的实验材料及仪器

培养基：TSB 培养基（BD 公司，货号 81125）。试剂：甲醇，正己烷甲基叔丁基乙醚（Fisher 公司），盐酸，氢氧化钠（优级纯），脂肪酸混合标样（C9～C20），去离子水。仪器：气相色谱仪（安捷伦 6890，检测器 FID），水浴锅等。

### 3. 脂肪酸提取前处理试剂配制

试剂 1：NaOH 45 g+甲醇（HPLC 级）150 mL+去离子蒸馏水 150 mL，水和甲醇混合后加入 NaOH 中，同时搅拌至完全溶解。试剂 2：6.0 mol/L 盐酸 325 mL+甲醇（HPLC 级）275 mL，把盐酸加入甲醇中，并不断搅拌。试剂 3：正己烷（HPLC 级）200 mL+甲基叔丁基醚（MTBE）（HPLC 级）200 mL，把 MTBE 加入正己烷中，并搅拌均匀。试剂 4：NaOH 10.8 g+去离子蒸馏水 900 mL。

### 4. 芽胞杆菌菌株的培养

将菌株采用图 2-1-2 所示的四区划线法在 TSBA 平板上画线，置于 30℃暗培养箱培养 24 h（可通过四区不同密度的菌体来确认是否纯化，最佳获菌区为第三区，此区必须有菌落并且量要足够多）。

### 5. 芽胞杆菌脂肪酸测定前处理

获菌：用接种环挑取 3～5 环（约 40 mg）湿重的菌落置于清洁干燥的有螺旋盖的试管（13 mm×100 mm）底部。皂化：在装有菌体的试管内加入（1.0±0.1）mL 试剂 1，锁

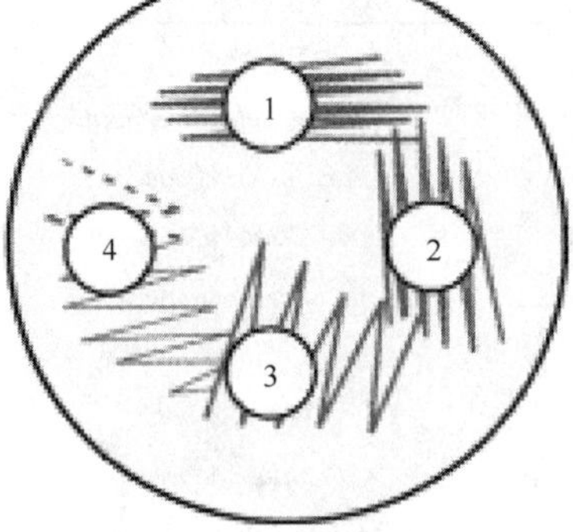


图 2-1-2　四区划线式样

紧盖子，振荡试管 5～10 s，95～100℃水浴 5 min，从沸水中移开试管并稍微冷却，振荡 5～10 s，再水浴 25 min，取出室温冷却。甲基化（甲基化转换脂肪酸成甲基酯脂肪酸，增加脂肪酸的挥发性以供 GC 分析）：加入（2.0±0.1）mL 试剂 2，拧紧盖子，振荡 5～10 s，80℃水浴 10 min，移开且快速用流动自来水冷却至室温。萃取（甲基酯脂肪酸从酸性水相移出并转移到一个有机相的萃取过程）：加入（1.25±0.1）mL 试剂 3 萃取溶剂，盖紧盖子，温和混合旋转 10 min，打开管盖，利用干净的移液管取出下层似水部分，弃去。基本洗涤（从有机相中移去游离的脂肪酸）：加入（3.0±0.21）mL 试剂 4，拧紧盖子，温和混合旋转 5 min，打开盖子，利用干净的移液管移出约 2/3 体积的上层有机相到干净的 GC 检体小瓶（此过程要小心，宁可少取有机相，绝不可吸入水相，否则会损坏细菌鉴定仪的色谱柱。）

## 6. 芽胞杆菌样品脂肪酸成分测定

脂肪酸甲酯混合物标样和待检样本的气相色谱测定条件为：二阶程序升高柱温，170℃起始，经 5℃/min 升至 260℃，然后经 40℃/min 升至 310℃，维持 90 s；气化室温度 250℃；测定器温度 300℃；载气为 $H_2$（2 mL/min），进样模式为分流进样，分流比为 100∶1；辅助气为空气（350 mL/min）、$H_2$（30 mL/min）；尾吹气为 $N_2$（30 mL/min）；柱前压 10.00 psi[①]；进样量 1 μL。

## 7. 芽胞杆菌脂肪酸成分分析

软件系统根据各组分保留时间计算等链长（ECL）值来确定目标组分的存在，采用峰面积归一化法计算各组分的相对含量，再将二者与系统谱库中的标准菌株数值匹配计算相似性指数（similarity index，SI），从而给出一种或几种可能的菌种鉴定结果。一般以最高 SI 的菌种名称作为鉴定结果，但当其报告的几个菌种的 SI 比较接近时，则根据色谱图特征及菌落生长特性进行综合判断。以脂肪酸混合标样校正保留时间。

① 1 psi= 6.895 kPa

## 8. 芽胞杆菌脂肪酸数据比对分析

芽胞杆菌主要脂肪酸聚类分析：以供试的芽胞杆菌菌种为指标，以测定出的主要脂肪酸的百分含量为样本，构建矩阵；数据进行中心化（可选），以欧氏距离（可选）为聚类尺度，用类平均法（可选）进行系统聚类分析。

## 9. 芽胞杆菌脂肪酸组分析结果解析

目前，脂肪酸系统发育分析已成为芽胞杆菌分类鉴定的一种重要手段，通过脂肪酸成分分析可以将未知菌快速地鉴定到属种，但脂肪酸是一种可随着培养条件变化而发生改变的细胞组分，并且气相色谱、质谱等是高精密度的分析仪器，因此分析过程的条件选择和质量控制则显得非常重要，必须对培养基成分、微生物培养条件、微生物纯化、菌龄、色谱条件等实验条件进行标准化，否则会严重影响方法的准确度和重复性。目前已有一种商业化的微生物FAME气相色谱分析系统，即Sherlock MIS微生物鉴定系统（美国 MIDI 公司开发），该系统根据微生物中特定脂肪酸（C9～C20）的种类和含量进行微生物鉴定，该系统可以应用于 Agilent 公司的 6890 型和 7890 型气相色谱，通过对气相色谱获得的短链脂肪酸的种类和含量的谱图进行比对，从而快速准确地对微生物种类进行鉴定。Sherlock MIS 微生物鉴定系统从微生物的培养、菌落的收集、微生物细胞皂化释放脂肪酸、脂肪酸甲基化、脂肪酸甲酯的萃取和洗涤，到最后的鉴定、结果的判断都有一套完整的标准化程序，可以避免上述不利条件的影响。微生物在标准的培养条件下培养和收获，经过氢氧化钠和甲醇试剂的皂化和甲基化，通过正己烷和叔丁基乙醚的萃取，再经氢氧化钠洗涤后，注入 GC 系统中分析。Sherlock MIS 微生物鉴定系统分析的脂肪酸的碳原子数为 9～20 个，对于碳原子数小于 9 个或者大于 20 个的脂肪酸该系统不能分析。Sherlock MIS 微生物鉴定系统具有分析周期短、操作简单、准确度高等优点，目前国内外已将 Sherlock MIS 广泛应用于微生物鉴定中（Ozbek and Aktas，2003；吴愉萍等，2006）。

表 2-1-2 和图 2-1-3 给出的是 Sherlock MIS 微生物鉴定系统测定某一未知细菌脂肪酸的实验结果和脂肪酸色谱图。实验结果给出了每种脂肪酸的保留时间（RT）、面积峰高比（Ar/Ht）、等链长（ECL）、脂肪酸命名（peak name）、百分比（percent）等信息。除第一个溶剂波峰外，其余每一个波峰代表一种脂肪酸，系统给出的菌种鉴定结果以细菌 *Ralstonia*（*Burkholderia*，*Pseudomonas*）*solanacearum*，即青枯雷尔氏菌为例，SI=0.780。从图 2-1-3 中可以看出，青枯雷尔氏菌脂肪酸含量较高的 6 种脂肪酸及其 RT 分别为：c14:0，7.550 min；14:0 3OH/16:1 iso I，9.965 min；16:1ω7c/15:0 iso 2OH，10.525 min；c16:0，10.832 min；18:1ω7c，14.060 min；18:1 2OH，16.304 min。通过 Sherlock MIS 微生物鉴定系统，不仅能确定某一未知微生物的属种，而且可以测定出微生物具体的脂肪酸组成及其百分含量，具有广阔的应用前景。

表 2-1-2 Sherlock MIS 实验结果

| 保留时间/min | 响应时间/min | 面积峰高比 | 重采样比率 | 等链长 | 脂肪酸命名 | 百分比/% | 注释 | 备注 |
|---|---|---|---|---|---|---|---|---|
| 1.668 | 3.919E+8* | 0.027 | | 7.023 | | | < min rt | |
| 2.256 | 659 | 0.022 | | 8.130 | | | < min rt | |
| 3.921 | 332 | 0.023 | 1.165 | 10.919 | feature 2 | 0.26 | ECL deviates 0.005 | c12:0 aldehyde ? |
| 4.454 | 501 | 0.032 | | 11.494 | | | | |
| 7.550 | 5 861 | 0.038 | 0.984 | 13.999 | c14:0 | 3.88 | ECL deviates –0.001 | Reference –0.002 |
| 9.965 | 12 188 | 0.042 | 0.937 | 15.490 | feature 2 | 7.68 | ECL deviates 0.002 | 14:0 3OH/16:1 iso I |
| 10.525 | 48 949 | 0.041 | 0.929 | 15.819 | feature 3 | 30.59 | ECL deviates –0.003 | 16:1ω7c/15 iso 2OH |
| 10.832 | 44 130 | 0.042 | 0.925 | 16.000 | c16:0 | 27.46 | ECL deviates 0.000 | Reference –0.002 |
| 12.397 | 2 675 | 0.047 | 0.908 | 16.890 | cy17:0 | 1.63 | ECL deviates 0.002 | Reference 0.000 |
| 12.680 | 3 927 | 0.049 | 0.905 | 17.050 | 16:1 2OH | 2.39 | ECL deviates 0.002 | |
| 13.013 | 1 008 | 0.037 | 0.902 | 17.237 | 16:0 2OH | 0.61 | ECL deviates 0.004 | |
| 14.060 | 33 420 | 0.046 | 0.894 | 17.824 | 18:1ω7c | 20.10 | ECL deviates 0.001 | |
| 14.373 | 1 397 | 0.042 | 0.892 | 17.998 | c18:0 | 0.84 | ECL deviates –0.002 | Reference 0.003 |
| 16.304 | 7 707 | 0.048 | 0.879 | 19.092 | 18:1 2OH | 4.56 | ECL deviates 0.003 | |

*标记的数据中的 3.919E+8 表示 $3.919\times10^8$；表格中的空白表示此处无相应数据；<min rt 表示小于最小限度的保留时间；Reference 为参考波峰，用来调整保留时间，分析其他的波峰；feature 为一种混合成分；cy 为环状；ECL deviates 为等链长的标准误差，其后的数字为标准误差值；I 为一种异构体；全书同

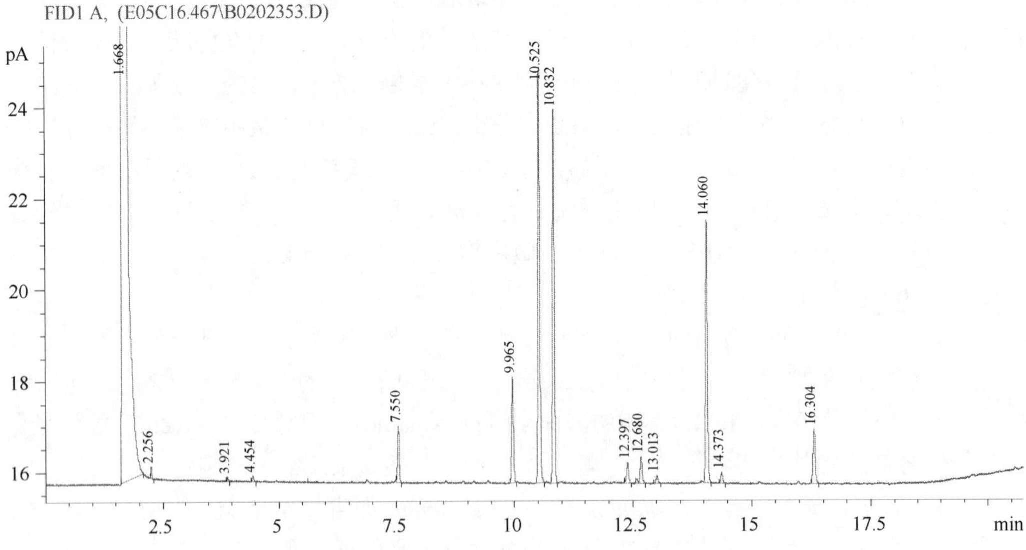


图 2-1-3 Sherlock MIS 脂肪酸气相色谱模式图

横坐标表示色谱分析时间（min），纵坐标表示色谱峰高值；第一个色谱峰为溶剂波峰

## 三、典型芽胞杆菌脂肪酸组测定

### 1. 萎缩芽胞杆菌脂肪酸组测定

萎缩芽胞杆菌（*Bacillus atrophaeus*）也称深褐芽胞杆菌，其脂肪酸成分见表 2-1-3，特征生物标记有：15:0 anteiso（48.83%）、17:0 anteiso（19.45%）、15:0 iso（12.23%）、

17:0 iso（6.47%）。

**表 2-1-3　萎缩芽胞杆菌（*Bacillus atrophaeus*）的脂肪酸成分**

| 保留时间/min | 响应时间/min | 面积峰高比 | 重采样比率 | 等链长 | 脂肪酸命名 | 百分比/% | 注释 |
|---|---|---|---|---|---|---|---|
| 1.531 | 195 011 | 0.014 | | 6.966 | | | < min rt |
| 1.561 | 4.501E+8 | 0.026 | | 7.027 | 溶剂峰 | | < min rt |
| 1.661 | 8 802 | 0.023 | | 7.230 | | | < min rt |
| 1.915 | 667 | 0.026 | | 7.749 | | | < min rt |
| 2.102 | 3 173 | 0.021 | | 8.130 | | | < min rt |
| 5.291 | 169 | 0.024 | 1.000 | 12.614 | 13:0 iso | 0.07 | ECL deviates 0.000 |
| 6.562 | 2 133 | 0.034 | 0.973 | 13.618 | 14:0 iso | 0.89 | ECL deviates –0.001 |
| 7.080 | 374 | 0.035 | 0.965 | 14.001 | c14:0 | 0.15 | ECL deviates 0.001 |
| 8.029 | 29 944 | 0.036 | 0.955 | 14.623 | 15:0 iso | 12.23 | ECL deviates 0.000 |
| 8.167 | 119 670 | 0.035 | 0.954 | 14.714 | 15:0 anteiso | 48.83 | ECL deviates 0.001 |
| 8.603 | 290 | 0.031 | | 15.000 | c15:0 | | ECL deviates 0.000 |
| 9.243 | 2 463 | 0.037 | 0.946 | 15.388 | 16:1ω7c alcohol | 1.00 | ECL deviates 0.001 |
| 9.638 | 8 305 | 0.037 | 0.945 | 15.626 | 16:0 iso | 3.36 | ECL deviates –0.001 |
| 9.854 | 1 969 | 0.035 | 0.944 | 15.758 | 16:1ω11c | 0.80 | ECL deviates 0.001 |
| 10.254 | 4 819 | 0.037 | 0.943 | 16.000 | c16:0 | 1.94 | ECL deviates 0.000 |
| 10.920 | 4 383 | 0.040 | 0.942 | 16.388 | 17:1 iso ω10c | 1.77 | ECL deviates 0.000 |
| 11.074 | 5 852 | 0.040 | 0.941 | 16.477 | feature 4 | 2.36 | ECL deviates 0.001 |
| 11.337 | 16 051 | 0.040 | 0.941 | 16.630 | 17:0 iso | 6.47 | ECL deviates 0.000 |
| 11.496 | 48 279 | 0.041 | 0.942 | 16.723 | 17:0 anteiso | 19.45 | ECL deviates 0.000 |
| 13.720 | 667 | 0.036 | 0.948 | 18.000 | c18:0 | 0.27 | ECL deviates 0.000 |
| 14.175 | 1 029 | 0.039 | 0.950 | 18.262 | 17:0 2OH | 0.42 | ECL deviates 0.008 |
| | 5 852 | | | | feature 4 | 2.36 | 17:1 iso I/anteiso B |

注：I、B 为一种异构体，全书同

## 2. 蜡样芽胞杆菌脂肪酸组测定

蜡样芽胞杆菌（*Bacillus cereus*）脂肪酸成分见表 2-1-4，特征生物标记有：15:0 iso（29.94%）、17:0 iso（10.67%）、13:0 iso（7.45%）、17:1 iso ω5c（6.15%）、16:0 iso（5.85%）、c16:0（4.77%）、15:0 anteiso（4.36%）。

**表 2-1-4　蜡样芽胞杆菌（*Bacillus cereus*）的脂肪酸成分**

| 保留时间/min | 响应时间/min | 面积峰高比 | 重采样比率 | 等链长 | 脂肪酸命名 | 百分比/% | 注释 |
|---|---|---|---|---|---|---|---|
| 1.522 | 61 687 | 0.013 | | 6.967 | | | < min rt |
| 1.551 | 3.612E+8 | 0.027 | | 7.027 | 溶剂峰 | | < min rt |
| 1.646 | 9 355 | 0.021 | | 7.221 | | | < min rt |
| 1.904 | 157 | 0.017 | | 7.750 | | | < min rt |
| 2.089 | 1 769 | 0.020 | | 8.130 | | | < min rt |
| 2.424 | 333 | 0.023 | | 8.816 | | | < min rt |
| 4.118 | 198 | 0.027 | | 11.495 | | | |

续表

| 保留时间/min | 响应时间/min | 面积峰高比 | 重采样比率 | 等链长 | 脂肪酸命名 | 百分比/% | 注释 |
|---|---|---|---|---|---|---|---|
| 4.221 | 650 | 0.026 | 1.016 | 11.610 | 12:0 iso | 0.55 | ECL deviates　0.001 |
| 4.570 | 262 | 0.029 | 1.004 | 12.000 | c12:0 | 0.22 | ECL deviates　0.000 |
| 5.262 | 9 003 | 0.029 | 0.988 | 12.614 | 13:0 iso | 7.45 | ECL deviates　0.000 |
| 5.362 | 1 209 | 0.032 | 0.986 | 12.702 | 13:0 anteiso | 1.00 | ECL deviates　0.000 |
| 6.530 | 4 243 | 0.031 | 0.969 | 13.618 | 14:0 iso | 3.44 | ECL deviates　–0.001 |
| 7.043 | 4 294 | 0.043 | 0.964 | 13.999 | c14:0 | 3.47 | ECL deviates　–0.001 |
| 7.214 | 534 | 0.033 | 0.963 | 14.112 | 13:0 iso 3OH | 0.43 | ECL deviates　0.003 |
| 7.306 | 271 | 0.024 | | 14.172 | | | |
| 7.686 | 1 256 | 0.046 | 0.960 | 14.422 | 15:1 iso F | 1.01 | ECL deviates　0.007 |
| 7.992 | 37 281 | 0.036 | 0.959 | 14.623 | 15:0 iso | 29.94 | ECL deviates　0.000 |
| 8.129 | 5 429 | 0.036 | 0.958 | 14.713 | 15:0 anteiso | 4.36 | ECL deviates　0.000 |
| 9.203 | 950 | 0.039 | 0.956 | 15.388 | 16:1ω7c alcohol | 0.76 | ECL deviates　0.001 |
| 9.361 | 3 494 | 0.039 | 0.955 | 15.484 | feature 2 | 2.80 | ECL deviates　0.004 |
| 9.462 | 692 | 0.041 | 0.955 | 15.545 | 16:0 N alcohol | 0.55 | ECL deviates　–0.005 |
| 9.598 | 7 312 | 0.042 | 0.955 | 15.628 | 16:0 iso | 5.85 | ECL deviates　0.001 |
| 9.977 | 10 052 | 0.039 | 0.955 | 15.857 | feature 3 | 8.04 | ECL deviates　0.005 |
| 10.212 | 5 965 | 0.040 | 0.955 | 16.000 | c16:0 | 4.77 | ECL deviates　0.000 |
| 10.580 | 1 202 | 0.037 | 0.956 | 16.214 | 15:0 2OH | 0.96 | ECL deviates　–0.005 |
| 10.878 | 4 215 | 0.041 | 0.956 | 16.388 | 17:1 iso ω10c | 3.38 | ECL deviates　0.000 |
| 11.004 | 7 673 | 0.044 | 0.957 | 16.462 | 17:1 iso ω5c | 6.15 | ECL deviates　0.001 |
| 11.144 | 1 624 | 0.041 | 0.957 | 16.544 | 17:1 anteiso A | 1.30 | ECL deviates　0.004 |
| 11.294 | 13 304 | 0.039 | 0.957 | 16.631 | 17:0 iso | 10.67 | ECL deviates　0.001 |
| 11.452 | 2 807 | 0.040 | 0.958 | 16.723 | 17:0 anteiso | 2.25 | ECL deviates　0.000 |
| 13.090 | 194 | 0.025 | 0.965 | 17.722 | feature 5 | 0.16 | ECL deviates　0.002 |
| 13.674 | 603 | 0.032 | 0.967 | 17.999 | c18:0 | 0.49 | ECL deviates　–0.001 |
| 14.923 | 738 | 0.036 | | 18.718 | | | |
| 16.637 | 1 634 | 0.044 | | 19.708 | | | |
| 18.277 | 2 329 | 0.034 | | 20.660 | | | > max rt |
| | 3 494 | | | | feature 2 | 2.80 | 12:0 aldehyde ? |
| | | | | | | | 16:1 iso I/14:0 3OH |
| | 10 052 | | | | feature 3 | 8.04 | 16:1ω7c/16:1ω6c |
| | 194 | | | | feature 5 | 0.16 | 18:2ω(6,9)c/18:0 anteiso |

注：>max rt 表示大于最大保留时间；F、A 为一种异构体；全书同

## 3. 克劳氏芽胞杆菌脂肪酸组测定

克劳氏芽胞杆菌（*Bacillus clausii*）脂肪酸成分见表 2-1-5，特征生物标记有：15:0 iso（32.70%）、15:0 anteiso（18.24%）、17:0 iso（15.58%）、17:0 anteiso（10.20%）、c16:0（8.14%）。

**表 2-1-5 克劳氏芽胞杆菌（*Bacillus clausii*）的脂肪酸成分**

| 保留时间/min | 响应时间/min | 面积峰高比 | 重采样比率 | 等链长 | 脂肪酸命名 | 百分比/% | 注释 |
|---|---|---|---|---|---|---|---|
| 1.539 | 158 840 | 0.014 | | 6.967 | | | < min rt |
| 1.569 | 5.091E+8 | 0.026 | | 7.028 | 溶剂峰 | | < min rt |
| 1.926 | 813 | 0.029 | | 7.752 | | | < min rt |
| 2.112 | 3 780 | 0.021 | | 8.133 | | | < min rt |
| 3.032 | 195 | 0.021 | 1.103 | 10.000 | c10:0 | 0.10 | ECL deviates 0.000 |
| 4.614 | 523 | 0.030 | 1.013 | 11.998 | c12:0 | 0.24 | ECL deviates –0.002 |
| 5.313 | 456 | 0.026 | 0.995 | 12.615 | 13:0 iso | 0.20 | ECL deviates 0.001 |
| 6.586 | 4 741 | 0.034 | 0.972 | 13.619 | 14:0 iso | 2.06 | ECL deviates 0.000 |
| 7.102 | 2 292 | 0.035 | 0.966 | 14.000 | c14:0 | 0.99 | ECL deviates 0.000 |
| 8.053 | 76 482 | 0.036 | 0.958 | 14.623 | 15:0 iso | 32.70 | ECL deviates 0.000 |
| 8.190 | 42 696 | 0.036 | 0.957 | 14.713 | 15:0 anteiso | 18.24 | ECL deviates 0.000 |
| 8.265 | 507 | 0.026 | | 14.762 | | | |
| 8.629 | 2 776 | 0.038 | | 15.000 | c15:0 | | ECL deviates 0.000 |
| 9.268 | 3 986 | 0.039 | 0.952 | 15.387 | 16:1ω7c alcohol | 1.69 | ECL deviates 0.000 |
| 9.664 | 8 209 | 0.038 | 0.951 | 15.627 | 16:0 iso | 3.48 | ECL deviates 0.000 |
| 9.880 | 7 144 | 0.040 | 0.950 | 15.758 | 16:1ω11c | 3.03 | ECL deviates 0.001 |
| 10.280 | 19 200 | 0.038 | 0.950 | 15.999 | c16:0 | 8.14 | ECL deviates –0.001 |
| 10.949 | 1 548 | 0.036 | 0.950 | 16.389 | 17:1 iso ω10c | 0.66 | ECL deviates 0.001 |
| 11.103 | 1 297 | 0.038 | 0.950 | 16.478 | feature 4 | 0.55 | ECL deviates 0.002 |
| 11.364 | 36 740 | 0.040 | 0.950 | 16.630 | 17:0 iso | 15.58 | ECL deviates 0.000 |
| 11.524 | 24 043 | 0.042 | 0.950 | 16.723 | 17:0 anteiso | 10.20 | ECL deviates 0.000 |
| 12.002 | 1 391 | 0.037 | 0.951 | 17.000 | c17:0 | 0.59 | ECL deviates 0.000 |
| 13.111 | 408 | 0.040 | 0.954 | 17.633 | 18:0 iso | 0.17 | ECL deviates 0.001 |
| 13.752 | 2 338 | 0.041 | 0.956 | 17.999 | c18:0 | 1.00 | ECL deviates –0.001 |
| 14.860 | 671 | 0.042 | 0.961 | 18.635 | 19:0 iso | 0.29 | ECL deviates 0.001 |
| 15.024 | 268 | 0.032 | 0.962 | 18.729 | 19:0 anteiso | 0.12 | ECL deviates –0.002 |
| 18.193 | 916 | 0.038 | | 20.565 | | | > max rt |
| | 1 297 | | | | feature 4 | 0.55 | 17:1 iso I/anteiso B |

## 4. 坚强芽胞杆菌脂肪酸组测定

坚强芽胞杆菌（*Bacillus firmus*）脂肪酸成分见表 2-1-6，特征生物标记有：15:0 anteiso（40.01%）、15:0 iso（19.54%）、17:0 anteiso（13.26%）、17:0 iso（9.47%）、16:0 iso（6.32%）。

## 5. 弯曲芽胞杆菌脂肪酸组测定

弯曲芽胞杆菌（*Bacillus flexus*）脂肪酸成分见表 2-1-7，特征生物标记有：15:0 anteiso（33.06%）、15:0 iso（29.17%）、17:0 anteiso（7.85%）、17:0 iso（4.83%）、16:1ω11c（4.39%）、c16:0 （4.06%）。

**表 2-1-6　坚强芽胞杆菌（*Bacillus firmus*）的脂肪酸成分**

| 保留时间/min | 响应时间/min | 面积峰高比 | 重采样比率 | 等链长 | 脂肪酸命名 | 百分比/% | 注释 |
|---|---|---|---|---|---|---|---|
| 1.521 | 207 337 | 0.014 | | 6.972 | | | < min rt |
| 1.551 | 4.869E+8 | 0.026 | | 7.033 | 溶剂峰 | | < min rt |
| 1.652 | 12 838 | 0.021 | | 7.240 | | | < min rt |
| 1.903 | 1 162 | 0.039 | | 7.755 | | | < min rt |
| 2.089 | 3 349 | 0.021 | | 8.135 | | | < min rt |
| 5.285 | 235 | 0.026 | 0.994 | 12.612 | 13:0 iso | 0.21 | ECL deviates –0.002 |
| 5.362 | 389 | 0.047 | 0.992 | 12.704 | 13:0 anteiso | 0.35 | ECL deviates 0.002 |
| 5.549 | 372 | 0.029 | | 12.869 | | | |
| 6.532 | 2 138 | 0.034 | 0.975 | 13.620 | 14:0 iso | 1.88 | ECL deviates 0.001 |
| 7.043 | 655 | 0.043 | 0.970 | 13.999 | c14:0 | 0.57 | ECL deviates –0.001 |
| 7.993 | 22 445 | 0.035 | 0.963 | 14.623 | 15:0 iso | 19.54 | ECL deviates 0.000 |
| 8.130 | 45 991 | 0.036 | 0.963 | 14.713 | 15:0 anteiso | 40.01 | ECL deviates 0.000 |
| 9.203 | 937 | 0.032 | 0.959 | 15.386 | 16:1ω7c alcohol | 0.81 | ECL deviates –0.001 |
| 9.599 | 7 301 | 0.039 | 0.958 | 15.627 | 16:0 iso | 6.32 | ECL deviates 0.000 |
| 9.812 | 758 | 0.029 | 0.958 | 15.756 | 16:1ω11c | 0.66 | ECL deviates –0.001 |
| 10.212 | 4 228 | 0.039 | 0.957 | 15.999 | c16:0 | 3.66 | ECL deviates –0.001 |
| 10.880 | 1 750 | 0.039 | 0.957 | 16.388 | 17:1 iso ω10c | 1.51 | ECL deviates 0.000 |
| 11.032 | 1 251 | 0.038 | 0.957 | 16.478 | feature 4 | 1.08 | ECL deviates 0.002 |
| 11.295 | 10 940 | 0.040 | 0.958 | 16.631 | 17:0 iso | 9.47 | ECL deviates 0.001 |
| 11.453 | 15 313 | 0.042 | 0.958 | 16.723 | 17:0 anteiso | 13.26 | ECL deviates 0.000 |
| 13.675 | 756 | 0.030 | 0.962 | 18.000 | c18:0 | 0.66 | ECL deviates 0.000 |
| | 1 251 | | | | feature 4 | 1.08 | 17:1 iso I/anteiso B |

**表 2-1-7　弯曲芽胞杆菌（*Bacillus flexus*）的脂肪酸成分**

| 保留时间/min | 响应时间/min | 面积峰高比 | 重采样比率 | 等链长 | 脂肪酸命名 | 百分比/% | 注释 |
|---|---|---|---|---|---|---|---|
| 1.528 | 108 752 | 0.014 | | 6.964 | | | < min rt |
| 1.557 | 3.934E+8 | 0.027 | | 7.022 | 溶剂峰 | | < min rt |
| 1.655 | 35 344 | 0.023 | | 7.224 | | | < min rt |
| 1.911 | 748 | 0.030 | | 7.748 | | | < min rt |
| 2.097 | 2 753 | 0.025 | | 8.128 | | | < min rt |
| 2.432 | 284 | 0.021 | | 8.812 | | | < min rt |
| 5.278 | 366 | 0.030 | 0.975 | 12.614 | 13:0 iso | 0.19 | ECL deviates 0.000 |
| 6.549 | 7 687 | 0.034 | 0.958 | 13.619 | 14:0 iso | 3.93 | ECL deviates 0.000 |
| 7.063 | 2 175 | 0.035 | 0.954 | 14.000 | c14:0 | 1.11 | ECL deviates 0.000 |
| 8.011 | 57 453 | 0.035 | 0.951 | 14.623 | 15:0 iso | 29.17 | ECL deviates 0.000 |
| 8.149 | 65 141 | 0.037 | 0.951 | 14.713 | 15:0 anteiso | 33.06 | ECL deviates 0.000 |
| 9.224 | 4 251 | 0.039 | 0.951 | 15.387 | 16:1ω7c alcohol | 2.16 | ECL deviates 0.000 |
| 9.620 | 5 456 | 0.037 | 0.952 | 15.627 | 16:0 iso | 2.77 | ECL deviates 0.000 |
| 9.834 | 8 625 | 0.040 | 0.952 | 15.757 | 16:1ω11c | 4.39 | ECL deviates 0.000 |

续表

| 保留时间/min | 响应时间/min | 面积峰高比 | 重采样比率 | 等链长 | 脂肪酸命名 | 百分比/% | 注释 |
|---|---|---|---|---|---|---|---|
| 10.233 | 7 981 | 0.040 | 0.954 | 15.999 | c16:0 | 4.06 | ECL deviates –0.001 |
| 10.900 | 5 832 | 0.038 | 0.957 | 16.388 | 17:1 iso ω10c | 2.98 | ECL deviates 0.000 |
| 11.053 | 5 408 | 0.040 | 0.958 | 16.478 | feature 4 | 2.77 | ECL deviates 0.002 |
| 11.316 | 9 435 | 0.041 | 0.960 | 16.631 | 17:0 iso | 4.83 | ECL deviates 0.001 |
| 11.475 | 15 299 | 0.041 | 0.961 | 16.724 | 17:0 anteiso | 7.85 | ECL deviates 0.001 |
| 13.051 | 451 | 0.037 | 0.974 | 17.630 | 18:0 iso | 0.23 | ECL deviates –0.002 |
| 13.699 | 936 | 0.040 | 0.980 | 18.001 | c18:0 | 0.49 | ECL deviates 0.001 |
| 16.661 | 412 | 0.034 | | 19.709 | | | |
| 18.304 | 748 | 0.041 | | 20.662 | | | > max rt |
| | 5 408 | | | | feature 4 | 2.77 | 17:1 iso I/anteiso B |

## 6. 地衣芽胞杆菌脂肪酸组测定

地衣芽胞杆菌（*Bacillus licheniformis*）脂肪酸成分见表 2-1-8，特征生物标记有：15:0 iso（29.94%）、17:0 iso（10.67%）、13:0 iso（7.45%）、17:1 iso ω5c（6.15%）、16:0 iso（5.85%）、c16:0（4.77%）、15:0 anteiso（4.36%）。

**表 2-1-8　地衣芽胞杆菌（*Bacillus licheniformis*）的脂肪酸成分**

| 保留时间/min | 响应时间/min | 面积峰高比 | 重采样比率 | 等链长 | 脂肪酸命名 | 百分比/% | 注释 |
|---|---|---|---|---|---|---|---|
| 1.522 | 61 687 | 0.013 | | 6.967 | | | < min rt |
| 1.551 | 3.612E+8 | 0.027 | | 7.027 | 溶剂峰 | | < min rt |
| 1.646 | 9 355 | 0.021 | | 7.221 | | | < min rt |
| 1.904 | 157 | 0.017 | | 7.750 | | | < min rt |
| 2.089 | 1 769 | 0.020 | | 8.130 | | | < min rt |
| 2.424 | 333 | 0.023 | | 8.816 | | | < min rt |
| 4.118 | 198 | 0.027 | | 11.495 | | | |
| 4.221 | 650 | 0.026 | 1.016 | 11.610 | 12:0 iso | 0.55 | ECL deviates 0.001 |
| 4.570 | 262 | 0.029 | 1.004 | 12.000 | c12:0 | 0.22 | ECL deviates 0.000 |
| 5.262 | 9 003 | 0.029 | 0.988 | 12.614 | 13:0 iso | 7.45 | ECL deviates 0.000 |
| 5.362 | 1 209 | 0.032 | 0.986 | 12.702 | 13:0 anteiso | 1.00 | ECL deviates 0.000 |
| 6.530 | 4 243 | 0.031 | 0.969 | 13.618 | 14:0 iso | 3.44 | ECL deviates –0.001 |
| 7.043 | 4 294 | 0.043 | 0.964 | 13.999 | c14:0 | 3.47 | ECL deviates –0.001 |
| 7.214 | 534 | 0.033 | 0.963 | 14.112 | 13:0 iso 3OH | 0.43 | ECL deviates 0.003 |
| 7.306 | 271 | 0.024 | | 14.172 | | | |
| 7.686 | 1 256 | 0.046 | 0.960 | 14.422 | 15:1 iso F | 1.01 | ECL deviates 0.007 |
| 7.992 | 37 281 | 0.036 | 0.959 | 14.623 | 15:0 iso | 29.94 | ECL deviates 0.000 |
| 8.129 | 5 429 | 0.036 | 0.958 | 14.713 | 15:0 anteiso | 4.36 | ECL deviates 0.000 |
| 9.203 | 950 | 0.039 | 0.956 | 15.388 | 16:1ω7c alcohol | 0.76 | ECL deviates 0.001 |
| 9.361 | 3 494 | 0.039 | 0.955 | 15.484 | feature 2 | 2.80 | ECL deviates 0.004 |

续表

| 保留时间/min | 响应时间/min | 面积峰高比 | 重采样比率 | 等链长 | 脂肪酸命名 | 百分比/% | 注释 |
|---|---|---|---|---|---|---|---|
| 9.462 | 692 | 0.041 | 0.955 | 15.545 | 16:0 N alcohol | 0.55 | ECL deviates –0.005 |
| 9.598 | 7 312 | 0.042 | 0.955 | 15.628 | 16:0 iso | 5.85 | ECL deviates 0.001 |
| 9.977 | 10 052 | 0.039 | 0.955 | 15.857 | feature 3 | 8.04 | ECL deviates 0.005 |
| 10.212 | 5 965 | 0.040 | 0.955 | 16.000 | c16:0 | 4.77 | ECL deviates 0.000 |
| 10.580 | 1 202 | 0.037 | 0.956 | 16.214 | 15:0 2OH | 0.96 | ECL deviates –0.005 |
| 10.878 | 4 215 | 0.041 | 0.956 | 16.388 | 17:1 iso ω10c | 3.38 | ECL deviates 0.000 |
| 11.004 | 7 673 | 0.044 | 0.957 | 16.462 | 17:1 iso ω5c | 6.15 | ECL deviates 0.001 |
| 11.144 | 1 624 | 0.041 | 0.957 | 16.544 | 17:1 anteiso A | 1.30 | ECL deviates 0.004 |
| 11.294 | 13 304 | 0.039 | 0.957 | 16.631 | 17:0 iso | 10.67 | ECL deviates 0.001 |
| 11.452 | 2 807 | 0.040 | 0.958 | 16.723 | 17:0 anteiso | 2.25 | ECL deviates 0.000 |
| 13.190 | 194 | 0.025 | 0.965 | 17.722 | feature 5 | 0.16 | ECL deviates 0.002 |
| 13.674 | 603 | 0.032 | 0.967 | 17.999 | c18:0 | 0.49 | ECL deviates –0.001 |
| 14.923 | 738 | 0.036 | | 18.718 | | | |
| 16.637 | 1 634 | 0.044 | | 19.708 | | | |
| 18.277 | 2 329 | 0.034 | | 20.660 | | | > max rt |
| | 3 494 | | | | feature 2 | 2.80 | 12:0 aldehyde ? |
| | | | | | | | 16:1 iso I/14:0 3OH |
| | 10 052 | | | | feature 3 | 8.04 | 16:1ω7c/16:1ω6c |
| | 194 | | | | feature 5 | 0.16 | 18:2 ω(6,9)c/18:0 anteiso |

## 7. 巨大芽胞杆菌脂肪酸组测定

巨大芽胞杆菌（*Bacillus megaterium*）脂肪酸成分见表 2-1-9，特征生物标记有：15:0 anteiso（42.31%）、15:0 iso（32.9%）、14:0 iso（9.42%）。

**表 2-1-9 巨大芽胞杆菌（*Bacillus megaterium*）的脂肪酸成分**

| 保留时间/min | 响应时间/min | 面积峰高比 | 重采样比率 | 等链长 | 脂肪酸命名 | 百分比/% | 注释 |
|---|---|---|---|---|---|---|---|
| 1.522 | 91 045 | 0.014 | | 6.966 | | | < min rt |
| 1.552 | 3.936E+8 | 0.026 | | 7.027 | 溶剂峰 | | < min rt |
| 1.650 | 27 497 | 0.023 | | 7.228 | | | < min rt |
| 1.903 | 206 | 0.033 | | 7.747 | | | < min rt |
| 2.089 | 1 174 | 0.022 | | 8.129 | | | < min rt |
| 2.176 | 319 | 0.022 | | 8.307 | | | < min rt |
| 2.422 | 835 | 0.026 | | 8.812 | | | < min rt |
| 5.263 | 1 132 | 0.027 | 1.005 | 12.614 | 13:0 iso | 0.63 | ECL deviates 0.000 |
| 5.363 | 301 | 0.025 | 1.002 | 12.703 | 13:0 anteiso | 0.17 | ECL deviates 0.001 |
| 6.352 | 17 447 | 0.032 | 0.975 | 13.618 | 14:0 iso | 9.42 | ECL deviates –0.001 |
| 7.044 | 2 491 | 0.033 | 0.966 | 13.999 | c14:0 | 1.33 | ECL deviates –0.001 |
| 7.994 | 62 221 | 0.035 | 0.955 | 14.624 | 15:0 iso | 32.90 | ECL deviates 0.001 |

续表

| 保留时间/min | 响应时间/min | 面积峰高比 | 重采样比率 | 等链长 | 脂肪酸命名 | 百分比/% | 注释 |
|---|---|---|---|---|---|---|---|
| 8.131 | 80 133 | 0.036 | 0.953 | 14.714 | 15:0 anteiso | 42.31 | ECL deviates 0.001 |
| 8.567 | 1 181 | 0.029 | | 15.001 | c15:0 | | ECL deviates 0.001 |
| 9.202 | 1 484 | 0.034 | 0.945 | 15.386 | 16:1ω7c alcohol | 0.78 | ECL deviates –0.001 |
| 9.599 | 4 599 | 0.039 | 0.942 | 15.627 | 16:0 iso | 2.40 | ECL deviates 0.000 |
| 9.812 | 1 637 | 0.030 | 0.941 | 15.756 | 16:1ω11c | 0.85 | ECL deviates –0.001 |
| 10.213 | 8 346 | 0.040 | 0.939 | 16.000 | c16:0 | 4.34 | ECL deviates 0.000 |
| 10.817 | 311 | 0.030 | 0.937 | 16.383 | 17:1 iso ω10c | 0.16 | ECL deviates –0.005 |
| 11.037 | 383 | 0.032 | 0.937 | 16.480 | feature 4 | 0.20 | ECL deviates 0.004 |
| 11.293 | 2 374 | 0.039 | 0.937 | 16.630 | 17:0 iso | 1.23 | ECL deviates 0.000 |
| 11.453 | 5 587 | 0.038 | 0.936 | 16.723 | 17:0 anteiso | 2.90 | ECL deviates 0.000 |
| 13.676 | 719 | 0.035 | 0.938 | 18.000 | c18:0 | 0.37 | ECL deviates 0.000 |
| 17.183 | 4 221 | 0.121 | | 20.025 | | | > max ar/ht |
| | 383 | | | | feature 4 | 0.20 | 17:1 iso I/anteiso B |

注：>max ar/ht 表示大于最大面积峰高比，全书同

## 8. 蕈状芽胞杆菌脂肪酸组测定

蕈状芽胞杆菌（*Bacillus mycoides*）脂肪酸成分见表 2-1-10，特征生物标记有：15:0 iso（22.51%）、17:0 iso（11.01%）、c16:0（10.04%）、13:0 iso（9.54%）、17:1 iso ω10c（6.86%）、16:0 iso（6.82%）。

**表 2-1-10 蕈状芽胞杆菌（*Bacillus mycoide*）的脂肪酸成分**

| 保留时间/min | 响应时间/min | 面积峰高比 | 重采样比率 | 等链长 | 脂肪酸命名 | 百分比/% | 注释 |
|---|---|---|---|---|---|---|---|
| 1.527 | 82 481 | 0.014 | | 6.967 | | | < min rt |
| 1.557 | 3.752E+8 | 0.027 | | 7.027 | 溶剂峰 | | < min rt |
| 1.654 | 22 283 | 0.021 | | 7.226 | | | < min rt |
| 1.911 | 938 | 0.043 | | 7.752 | | | < min rt |
| 2.097 | 2 016 | 0.021 | | 8.132 | | | < min rt |
| 2.431 | 1 821 | 0.021 | | 8.815 | | | < min rt |
| 4.129 | 398 | 0.031 | | 11.493 | | | |
| 4.233 | 1 631 | 0.027 | 1.005 | 11.609 | 12:0 iso | 1.11 | ECL deviates 0.000 |
| 4.585 | 822 | 0.028 | 0.994 | 12.000 | c12:0 | 0.55 | ECL deviates 0.000 |
| 5.277 | 14 355 | 0.029 | 0.979 | 12.614 | 13:0 iso | 9.54 | ECL deviates 0.000 |
| 5.377 | 2 712 | 0.030 | 0.977 | 12.702 | 13:0 anteiso | 1.80 | ECL deviates 0.000 |
| 6.422 | 352 | 0.036 | | 13.526 | | | |
| 6.548 | 4 351 | 0.032 | 0.963 | 13.619 | 14:0 iso | 2.84 | ECL deviates 0.000 |
| 7.061 | 6 088 | 0.039 | 0.959 | 13.999 | c14:0 | 3.96 | ECL deviates –0.001 |
| 7.227 | 572 | 0.040 | 0.958 | 14.109 | 13:0 iso 3OH | 0.37 | ECL deviates 0.000 |
| 7.700 | 1 712 | 0.048 | 0.956 | 14.420 | 15:1 iso F | 1.11 | ECL deviates 0.005 |

续表

| 保留时间/min | 响应时间/min | 面积峰高比 | 重采样比率 | 等链长 | 脂肪酸命名 | 百分比/% | 注释 |
|---|---|---|---|---|---|---|---|
| 8.0811 | 34 718 | 0.035 | 0.955 | 14.624 | 15:0 iso | 22.51 | ECL deviates　0.001 |
| 8.146 | 6 050 | 0.035 | 0.955 | 14.713 | 15:0 anteiso | 3.92 | ECL deviates　0.000 |
| 8.592 | 343 | 0.027 | | 15.005 | c15:0 | | ECL deviates　0.005 |
| 9.223 | 2 102 | 0.036 | 0.955 | 15.388 | 16:1ω7c alcohol | 1.36 | ECL deviates　0.001 |
| 9.381 | 1 196 | 0.031 | 0.955 | 15.483 | feature 2 | 0.78 | ECL deviates　0.003 |
| 9.617 | 10 514 | 0.045 | 0.955 | 15.626 | 16:0 iso | 6.82 | ECL deviates　–0.001 |
| 9.834 | 2 759 | 0.032 | 0.956 | 15.758 | 16:1ω11c | 1.79 | ECL deviates　0.001 |
| 9.998 | 10 759 | 0.041 | 0.956 | 15.857 | feature 3 | 6.98 | ECL deviates　0.005 |
| 10.233 | 15 460 | 0.039 | 0.957 | 16.000 | c16:0 | 10.04 | ECL deviates　0.000 |
| 10.605 | 705 | 0.038 | 0.958 | 16.217 | 15:0 2OH | 0.46 | ECL deviates　–0.002 |
| 10.900 | 10 532 | 0.039 | 0.960 | 16.389 | 17:1 iso ω10c | 6.86 | ECL deviates　0.001 |
| 11.303 | 3 111 | 0.045 | 0.960 | 16.465 | 17:1 iso ω5c | 2.03 | ECL deviates　0.004 |
| 11.160 | 835 | 0.035 | 0.961 | 16.540 | 17:1 anteiso A | 0.54 | ECL deviates　0.000 |
| 11.316 | 16 879 | 0.041 | 0.961 | 16.631 | 17:0 iso | 11.01 | ECL deviates　0.001 |
| 11.471 | 4 070 | 0.044 | 0.962 | 16.723 | 17:0 anteiso | 2.66 | ECL deviates　0.000 |
| 13.214 | 218 | 0.022 | 0.973 | 17.723 | feature 5 | 0.14 | ECL deviates　0.003 |
| 13.698 | 1 209 | 0.037 | 0.977 | 17.999 | c18:0 | 0.80 | ECL deviates　–0.001 |
| 16.254 | 559 | 0.039 | | 19.472 | | | |
| 16.660 | 1 527 | 0.045 | | 19.707 | | | |
| 18.299 | 1 814 | 0.037 | | 20.658 | | | > max rt |
| | 1 196 | | | | feature 2 | 0.78 | 12:0 aldehyde ? |
| | | | | | | | 16:1 iso I/14:0 3OH |
| | 10 759 | | | | feature 3 | 6.98 | 16:1ω7c/16:1ω6c |
| | 218 | | | | feature 5 | 0.14 | 18:2ω(6,9)c/18:0 anteiso |

## 9. 短小芽胞杆菌脂肪酸组测定

短小芽胞杆菌（*Bacillus pumilus*）脂肪酸成分见表 2-1-11，特征生物标记有：15:0 iso（46.24%）、15:0 anteiso（29.08%）、17:0 iso（7.13%）、17:0 anteiso（4.79%）、16:0 iso（4.09%）。

**表 2-1-11　短小芽胞杆菌（*Bacillus pumilus*）的脂肪酸成分**

| 保留时间/min | 响应时间/min | 面积峰高比 | 重采样比率 | 等链长 | 脂肪酸命名 | 百分比/% | 注释 |
|---|---|---|---|---|---|---|---|
| 1.546 | 36 969 | 0.013 | | 6.963 | | | < min rt |
| 1.576 | 4.939E+8 | 0.026 | | 7.023 | 溶剂峰 | | < min rt |
| 1.677 | 9 957 | 0.022 | | 7.228 | | | < min rt |
| 1.932 | 958 | 0.057 | | 7.743 | | | < min rt |
| 2.122 | 1 532 | 0.021 | | 8.128 | | | < min rt |
| 2.209 | 241 | 0.022 | | 8.304 | | | < min rt |

续表

| 保留时间/min | 响应时间/min | 面积峰高比 | 重采样比率 | 等链长 | 脂肪酸命名 | 百分比/% | 注释 |
|---|---|---|---|---|---|---|---|
| 5.328 | 2 957 | 0.029 | 0.993 | 12.612 | 13:0 iso | 0.78 | ECL deviates –0.002 |
| 5.433 | 514 | 0.027 | 0.991 | 12.704 | 13:0 anteiso | 0.13 | ECL deviates 0.002 |
| 6.605 | 7 656 | 0.033 | 0.973 | 13.618 | 14:0 iso | 1.97 | ECL deviates –0.001 |
| 7.122 | 2 776 | 0.034 | 0.968 | 13.999 | c14:0 | 0.71 | ECL deviates –0.001 |
| 8.077 | 181 870 | 0.036 | 0.962 | 14.625 | 15:0 iso | 46.24 | ECL deviates 0.002 |
| 8.214 | 114 436 | 0.035 | 0.961 | 14.714 | 15:0 anteiso | 29.08 | ECL deviates 0.001 |
| 8.652 | 1 784 | 0.036 | | 15.001 | c15:0 | | ECL deviates 0.001 |
| 9.291 | 1 852 | 0.038 | 0.957 | 15.387 | 16:1ω7c alcohol | 0.47 | ECL deviates 0.000 |
| 9.687 | 16 170 | 0.038 | 0.956 | 15.627 | 16:0 iso | 4.09 | ECL deviates 0.000 |
| 9.901 | 1 564 | 0.035 | 0.956 | 15.756 | 16:1ω11c | 0.40 | ECL deviates –0.001 |
| 10.304 | 12 025 | 0.040 | 0.956 | 16.000 | c16:0 | 3.04 | ECL deviates 0.000 |
| 10.972 | 3 135 | 0.041 | 0.956 | 16.388 | 17:1 iso ω10c | 0.79 | ECL deviates 0.000 |
| 11.129 | 798 | 0.037 | 0.956 | 16.480 | feature 4 | 0.20 | ECL deviates 0.004 |
| 11.388 | 28 184 | 0.040 | 0.956 | 16.630 | 17:0 iso | 7.13 | ECL deviates 0.000 |
| 11.547 | 18 941 | 0.040 | 0.956 | 16.722 | 17:0 anteiso | 4.79 | ECL deviates –0.001 |
| 13.777 | 715 | 0.035 | 0.962 | 18.000 | c18:0 | 0.18 | ECL deviates 0.000 |
| 18.131 | 497 | 0.038 | | 20.514 | | | > max rt |
| 18.275 | 273 | 0.031 | | 20.598 | | | > max rt |
| | 798 | | | | feature 4 | 0.20 | 17:1 iso I/anteiso B |

## 10. 简单芽胞杆菌脂肪酸组测定

简单芽胞杆菌（*Bacillus simplex*）脂肪酸成分见表 2-1-12，特征生物标记有：15:0 anteiso（54.97%）、15:0 iso（10.47%）、14:0 iso（4.91%）、16:0 iso（3.67%）。

**表 2-1-12　简单芽胞杆菌（*Bacillus simplex*）的脂肪酸成分**

| 保留时间/min | 响应时间/min | 面积峰高比 | 重采样比率 | 等链长 | 脂肪酸命名 | 百分比/% | 注释 |
|---|---|---|---|---|---|---|---|
| 1.576 | 4.922E+8 | 0.023 | | 7.022 | 溶剂峰 | | < min rt |
| 1.674 | 5 368 | 0.024 | | 7.222 | | | < min rt |
| 1.934 | 836 | 0.036 | | 7.747 | | | < min rt |
| 2.121 | 1 868 | 0.022 | | 8.127 | | | < min rt |
| 2.208 | 492 | 0.029 | | 8.303 | | | < min rt |
| 2.459 | 655 | 0.030 | | 8.811 | | | < min rt |
| 4.548 | 75 | 0.007 | | 11.909 | | | < min ar/ht |
| 4.630 | 192 | 0.016 | 1.009 | 11.999 | c12:0 | | < min ar/ht |
| 5.429 | 1 175 | 0.029 | 0.991 | 12.702 | 13:0 anteiso | 0.32 | ECL deviates 0.000 |
| 6.606 | 18 600 | 0.032 | 0.973 | 13.619 | 14:0 iso | 4.91 | ECL deviates 0.000 |
| 6.806 | 438 | 0.031 | | 13.766 | | | |
| 7.122 | 10 576 | 0.035 | 0.968 | 13.999 | c14:0 | 2.78 | ECL deviates –0.001 |

续表

| 保留时间/min | 响应时间/min | 面积峰高比 | 重采样比率 | 等链长 | 脂肪酸命名 | 百分比/% | 注释 |
|---|---|---|---|---|---|---|---|
| 7.297 | 245 | 0.018 | 0.967 | 14.114 | 13:0 iso 3OH | 0.06 | ECL deviates 0.005 |
| 7.766 | 1 555 | 0.070 | 0.963 | 14.421 | 15:1 iso F | 0.41 | ECL deviates 0.006 |
| 7.923 | 329 | 0.035 | 0.962 | 14.524 | 15:1 anteiso A | 0.09 | ECL deviates –0.003 |
| 8.075 | 40 152 | 0.035 | 0.962 | 14.623 | 15:0 iso | 10.47 | ECL deviates 0.000 |
| 8.215 | 210 997 | 0.036 | 0.961 | 14.715 | 15:0 anteiso | 54.97 | ECL deviates 0.002 |
| 8.651 | 4 481 | 0.039 | | 15.000 | c15:0 | | ECL deviates 0.000 |
| 9.292 | 4 705 | 0.038 | 0.957 | 15.387 | 16:1ω7c alcohol | 1.22 | ECL deviates 0.000 |
| 9.688 | 14 163 | 0.038 | 0.956 | 15.627 | 16:0 iso | 3.67 | ECL deviates 0.000 |
| 9.904 | 11 921 | 0.039 | 0.956 | 15.757 | 16:1ω11c | 3.09 | ECL deviates 0.000 |
| 10.000 | 910 | 0.034 | 0.956 | 15.816 | feature 3 | 0.24 | ECL deviates –0.006 |
| 10.158 | 513 | 0.032 | 0.956 | 15.911 | 16:1ω5c | 0.13 | ECL deviates 0.002 |
| 10.303 | 38 977 | 0.039 | 0.956 | 15.999 | c16:0 | 10.10 | ECL deviates –0.001 |
| 10.972 | 862 | 0.032 | 0.956 | 16.388 | 17:1 iso ω10c | 0.22 | ECL deviates 0.000 |
| 11.044 | 747 | 0.033 | 0.956 | 16.430 | feature 9 | 0.19 | ECL deviates –0.002 |
| 11.125 | 1 836 | 0.037 | 0.956 | 16.477 | feature 4 | 0.48 | ECL deviates 0.001 |
| 11.389 | 4 163 | 0.040 | 0.956 | 16.630 | 17:0 iso | 1.08 | ECL deviates 0.000 |
| 11.547 | 10 077 | 0.040 | 0.956 | 16.722 | 17:0 anteiso | 2.61 | ECL deviates –0.001 |
| 11.829 | 521 | 0.033 | 0.957 | 16.886 | cy17:0 | 0.14 | ECL deviates –0.002 |
| 12.028 | 537 | 0.029 | 0.957 | 17.002 | c17:0 | 0.14 | ECL deviates 0.002 |
| 13.129 | 479 | 0.033 | 0.960 | 17.631 | 18:0 iso | 0.12 | ECL deviates –0.001 |
| 13.290 | 1 728 | 0.040 | 0.960 | 17.723 | feature 5 | 0.45 | ECL deviates 0.003 |
| 13.720 | 2 660 | 0.041 | 0.961 | 17.770 | 18:1ω9c | 0.69 | ECL deviates 0.001 |
| 13.467 | 1 654 | 0.039 | 0.961 | 17.824 | feature 8 | 0.43 | ECL deviates 0.001 |
| 13.775 | 2 818 | 0.038 | 0.962 | 18.000 | c18:0 | 0.74 | ECL deviates 0.000 |
| 15.348 | 952 | 0.042 | 0.968 | 18.904 | cy19:0ω8c | 0.25 | ECL deviates 0.002 |
| 16.737 | 782 | 0.038 | | 19.706 | | | |
| 18.258 | 1 132 | 0.035 | | 20.647 | | | > max rt |
| | 910 | | | | feature 3 | 0.24 | 16:1ω7c/16:1ω6c |
| | 1 836 | | | | feature 4 | 0.48 | 17:1 iso I/anteiso B |
| | 1 728 | | | | feature 5 | 0.45 | 18:2ω(6,9)c/18:0 anteiso |
| | 1 654 | | | | feature 8 | 0.43 | 18:1ω7c |
| | 747 | | | | feature 9 | 0.19 | 17:1 iso ω9c |

## 11. 枯草芽胞杆菌脂肪酸组测定

枯草芽胞杆菌（*Bacillus subtilis*）脂肪酸成分见表 2-1-13，特征生物标记有：15:0 anteiso（38.04%）、15:0 iso（19%）、17:0 anteiso（13.27%）、17:0 iso（12.61%）。

表 2-1-13　枯草芽胞杆菌（*Bacillus subtilis*）的脂肪酸成分

| 保留时间/min | 响应时间/min | 面积峰高比 | 重采样比率 | 等链长 | 脂肪酸命名 | 百分比/% | 注释 |
|---|---|---|---|---|---|---|---|
| 1.546 | 40 905 | 0.013 | | 6.974 | | | < min rt |
| 1.576 | 4.871E+8 | 0.027 | | 7.035 | 溶剂峰 | | < min rt |
| 1.675 | 5 389 | 0.022 | | 7.236 | | | < min rt |
| 1.934 | 978 | 0.056 | | 7.760 | | | < min rt |
| 2.121 | 1 829 | 0.022 | | 8.138 | | | < min rt |
| 2.207 | 576 | 0.038 | | 8.312 | | | < min rt |
| 4.625 | 214 | 0.025 | 1.009 | 11.998 | c12:0 | 0.11 | ECL deviates –0.002 |
| 5.328 | 339 | 0.026 | 0.993 | 12.618 | 13:0 iso | 0.17 | ECL deviates 0.004 |
| 6.605 | 2 504 | 0.032 | 0.973 | 13.622 | 14:0 iso | 1.25 | ECL deviates 0.003 |
| 7.109 | 1 536 | 0.045 | 0.968 | 13.993 | c14:0 | 0.76 | ECL deviates –0.007 |
| 7.182 | 962 | 0.048 | | 14.042 | | | |
| 7.291 | 753 | 0.038 | 0.967 | 14.113 | 13:0 iso 3OH | 0.37 | ECL deviates 0.004 |
| 7.385 | 407 | 0.039 | | 14.174 | | | |
| 7.766 | 1 529 | 0.058 | 0.963 | 14.423 | 15:1 iso F | 0.76 | ECL deviates 0.008 |
| 7.842 | 370 | 0.034 | 0.963 | 14.473 | feature 1 | 0.18 | ECL deviates –0.005 |
| 7.922 | 258 | 0.032 | 0.962 | 14.525 | 15:1 anteiso A | 0.13 | ECL deviates –0.002 |
| 8.074 | 38 528 | 0.036 | 0.962 | 14.625 | 15:0 iso | 19.00 | ECL deviates 0.002 |
| 8.213 | 77 203 | 0.037 | 0.961 | 14.715 | 15:0 anteiso | 38.04 | ECL deviates 0.002 |
| 8.652 | 513 | 0.031 | | 15.002 | c15:0 | | ECL deviates 0.002 |
| 9.294 | 841 | 0.038 | 0.957 | 15.390 | 16:1ω7c alcohol | 0.41 | ECL deviates 0.003 |
| 9.687 | 9 288 | 0.038 | 0.956 | 15.627 | 16:0 iso | 4.56 | ECL deviates 0.000 |
| 9.905 | 1 347 | 0.032 | 0.956 | 15.759 | 16:1ω11c | 0.66 | ECL deviates 0.002 |
| 10.303 | 10 869 | 0.037 | 0.956 | 16.000 | c16:0 | 5.33 | ECL deviates 0.000 |
| 10.973 | 2 061 | 0.038 | 0.956 | 16.389 | 17:1 iso ω10c | 1.01 | ECL deviates 0.001 |
| 11.122 | 1 284 | 0.035 | 0.956 | 16.475 | feature 4 | 0.63 | ECL deviates –0.001 |
| 11.389 | 25 721 | 0.040 | 0.956 | 16.631 | 17:0 iso | 12.61 | ECL deviates 0.001 |
| 11.547 | 27 042 | 0.042 | 0.956 | 16.722 | 17:0 anteiso | 13.27 | ECL deviates –0.001 |
| 13.777 | 1 506 | 0.039 | 0.962 | 18.000 | c18:0 | 0.74 | ECL deviates 0.000 |
| 15.024 | 837 | 0.042 | | 18.716 | | | |
| 16.738 | 1 314 | 0.040 | | 19.703 | | | |
| 18.357 | 1 994 | 0.034 | | 20.641 | | | > max rt |
| | 370 | | | | feature 1 | 0.18 | 15:1 iso H/13:0 3OH |
| | 1 284 | | | | feature 4 | 0.63 | 17:1 iso I/anteiso B |

注：H 为一种异构体，全书同

## 12. 茹氏短芽胞杆菌脂肪酸组测定

茹氏短芽胞杆菌（*Brevibacillus reuszeri*）脂肪酸成分见表 2-1-14，特征生物标记有：15:0 anteiso（47.80%）、15:0 iso（24.06%）、14:0 iso（8.61%）、16:0 iso（6.48%）。

表 2-1-14　茹氏短芽胞杆菌（*Brevibacillus reuszeri*）的脂肪酸成分

| 保留时间/min | 响应时间/min | 面积峰高比 | 重采样比率 | 等链长 | 脂肪酸命名 | 百分比/% | 注释 | 备注 |
|---|---|---|---|---|---|---|---|---|
| 0.7004 | 711 275 | 0.004 | | 6.6328 | | | < min rt | |
| 0.7081 | 1.331E+9 | 0.017 | | 6.6845 | 溶剂峰 | | < min rt | |
| 1.2023 | 577 | 0.010 | 1.130 | 9.9983 | c10:0 | 0.16 | ECL deviates –0.002 | Reference –0.013 |
| 1.6249 | 979 | 0.010 | 1.029 | 12.0041 | c12:0 | 0.24 | ECL deviates 0.004 | Reference –0.005 |
| 1.7899 | 2 743 | 0.009 | 1.006 | 12.6230 | 13:0 iso | 0.67 | ECL deviates 0.000 | Reference –0.009 |
| 1.8141 | 1 354 | 0.009 | 1.003 | 12.7140 | c13:0 | 0.33 | ECL deviates 0.000 | Reference –0.009 |
| 2.0742 | 36 274 | 0.008 | 0.977 | 13.6273 | 14:0 iso | 8.61 | ECL deviates –0.001 | Reference –0.010 |
| 2.1831 | 2 209 | 0.009 | 0.969 | 13.9986 | c14:0 | 0.52 | ECL deviates –0.001 | Reference –0.010 |
| 2.2428 | 530 | 0.009 | | 14.1922 | | | | |
| 2.2711 | 744 | 0.010 | | 14.2839 | | | | |
| 2.3787 | 103 525 | 0.009 | 0.957 | 14.6320 | 15:0 iso | 24.06 | ECL deviates 0.000 | Reference –0.009 |
| 2.4075 | 205 961 | 0.009 | 0.956 | 14.7253 | 15:0 anteiso | 47.80 | ECL deviates 0.000 | Reference –0.009 |
| 2.4924 | 1 221 | 0.009 | | 15.0000 | c15:0 | | ECL deviates 0.000 | |
| 2.6238 | 7 367 | 0.009 | 0.947 | 15.4136 | 16:1ω7c alcohol | 1.69 | ECL deviates 0.000 | |
| 2.6934 | 28 236 | 0.009 | 0.945 | 15.6325 | 16:0 iso | 6.48 | ECL deviates 0.000 | Reference –0.011 |
| 2.7408 | 2 268 | 0.010 | 0.944 | 15.7817 | 16:1ω11c | 0.52 | ECL deviates 0.000 | |
| 2.7590 | 855 | 0.016 | 0.943 | 15.8388 | feature 3 | 0.20 | ECL deviates –0.001 | 16:1ω7c/16:1ω6c |
| 2.8100 | 6 947 | 0.010 | 0.942 | 15.9993 | c16:0 | 1.59 | ECL deviates –0.001 | Reference –0.011 |
| 2.9264 | 599 | 0.011 | | 16.3648 | | | | |
| 2.9420 | 3 080 | 0.009 | 0.940 | 16.4140 | 17:1 iso ω10c | 0.70 | ECL deviates 0.000 | |
| 2.9719 | 2 116 | 0.010 | 0.940 | 16.5079 | feature 4 | 0.48 | ECL deviates –0.004 | 17:1 anteiso B/iso I |
| 3.0129 | 9 806 | 0.009 | 0.939 | 16.6366 | 17:0 iso | 2.24 | ECL deviates 0.000 | Reference –0.012 |
| 3.0435 | 15 256 | 0.009 | 0.939 | 16.7327 | c17:0 | 3.48 | ECL deviates 0.000 | Reference –0.012 |
| 3.4444 | 962 | 0.010 | 0.941 | 18.0012 | c18:0 | 0.22 | ECL deviates 0.001 | Reference –0.012 |
| | 855 | | | | feature 3 | 0.20 | 16:1ω7c/16:1ω6c | 16:1ω6c/16:1ω7c |
| | 2 116 | | | | feature 4 | 0.48 | 17:1 iso I/anteiso B | 17:1 anteiso B/iso I |

## 13. 海洋咸海鲜芽胞杆菌脂肪酸组测定

海洋咸海鲜芽胞杆菌（*Jeotgalibacillus marinus*）脂肪酸成分见表 2-1-15，特征生物标记有：15:0 anteiso（61.97%）、17:0 anteiso（8.19%）、16:0 iso（6.56%）、15:0 iso（5.81%）。

表 2-1-15　海洋咸海鲜芽胞杆菌（*Jeotgalibacillus marinus*）的脂肪酸成分

| 保留时间/min | 响应时间/min | 面积峰高比 | 重采样比率 | 等链长 | 脂肪酸命名 | 百分比/% | 注释 |
|---|---|---|---|---|---|---|---|
| 1.522 | 105 555 | 0.014 | | 6.964 | | | < min rt |
| 1.551 | 3.925E+8 | 0.027 | | 7.024 | 溶剂峰 | | < min rt |
| 2.090 | 795 | 0.020 | | 8.128 | | | < min rt |
| 2.180 | 169 | 0.018 | | 8.313 | | | < min rt |
| 5.364 | 332 | 0.021 | 1.002 | 12.703 | 13:0 anteiso | 0.12 | ECL deviates 0.001 |
| 6.532 | 5 556 | 0.031 | 0.975 | 13.618 | 14:0 iso | 1.87 | ECL deviates –0.001 |

续表

| 保留时间/min | 响应时间/min | 面积峰高比 | 重采样比率 | 等链长 | 脂肪酸命名 | 百分比/% | 注释 |
|---|---|---|---|---|---|---|---|
| 6.912 | 394 | 0.026 | 0.968 | 13.900 | 14:1ω5c | 0.13 | ECL deviates –0.001 |
| 7.045 | 4 759 | 0.033 | 0.966 | 13.999 | c14:0 | 1.59 | ECL deviates –0.001 |
| 7.771 | 1 001 | 0.029 | 0.957 | 14.477 | feature 1 | 0.33 | ECL deviates –0.001 |
| 7.993 | 17 605 | 0.035 | 0.955 | 14.623 | 15:0 iso | 5.81 | ECL deviates 0.000 |
| 8.133 | 187 982 | 0.036 | 0.953 | 14.715 | 15:0 anteiso | 61.97 | ECL deviates 0.002 |
| 8.348 | 378 | 0.029 | 0.951 | 14.856 | 15:1ω6c | 0.12 | ECL deviates 0.000 |
| 8.567 | 1 661 | 0.034 | | 15.000 | c15:0 | | ECL deviates 0.000 |
| 9.321 | 5 870 | 0.039 | 0.944 | 15.458 | 16:1 iso H | 1.92 | ECL deviates –0.003 |
| 9.600 | 20 136 | 0.039 | 0.942 | 15.627 | 16:0 iso | 6.56 | ECL deviates 0.000 |
| 9.913 | 6 744 | 0.038 | 0.941 | 15.817 | feature 3 | 2.19 | ECL deviates –0.005 |
| 10.214 | 15 746 | 0.040 | 0.939 | 15.999 | c16:0 | 5.12 | ECL deviates –0.001 |
| 10.378 | 1 064 | 0.035 | | 16.096 | | | |
| 10.931 | 738 | 0.028 | 0.937 | 16.418 | feature 9 | 0.24 | ECL deviates 0.002 |
| 11.114 | 9 832 | 0.041 | 0.937 | 16.525 | 17:1 anteiso ω9c | 3.19 | ECL deviates 0.001 |
| 11.297 | 1 591 | 0.037 | 0.937 | 16.632 | 17:0 iso | 0.52 | ECL deviates 0.002 |
| 11.453 | 25 300 | 0.041 | 0.936 | 16.723 | 17:0 anteiso | 8.19 | ECL deviates 0.000 |
| 13.674 | 384 | 0.030 | 0.938 | 17.999 | c18:0 | 0.12 | ECL deviates –0.001 |
| | 1 001 | | | | feature 1 | 0.33 | 15:1 iso H/13:0 3OH |
| | 6 744 | | | | feature 3 | 2.19 | 16:1ω7c/16:1ω6c |
| | 738 | | | | feature 9 | 0.24 | 17:1 iso ω9c |

## 14. 缓慢类芽胞杆菌属脂肪酸组测定

缓慢类芽胞杆菌（*Paenibacillus lentus*）脂肪酸成分见表 2-1-16，特征生物标记有：15:0 iso（41.16%）、17:0 iso（11.50%）、c16:0（7.42%）、13:0 iso（6.27%）、17:1 iso ω5c（4.83%）、16:0 iso（4.37%）、15:0 anteiso（3.58%）。

**表 2-1-16　缓慢类芽胞杆菌（*Paenibacillus lentus*）的脂肪酸成分**

| 保留时间/min | 响应时间/min | 面积峰高比 | 重采样比率 | 等链长 | 脂肪酸命名 | 百分比/% | 注释 |
|---|---|---|---|---|---|---|---|
| 1.522 | 121 298 | 0.014 | | 6.966 | | | < min rt |
| 1.552 | 3.972E+8 | 0.026 | | 7.027 | 溶剂峰 | | < min rt |
| 1.643 | 2 859 | 0.027 | | 7.213 | | | < min rt |
| 2.089 | 999 | 0.021 | | 8.129 | | | < min rt |
| 2.177 | 290 | 0.025 | | 8.309 | | | < min rt |
| 2.425 | 265 | 0.019 | | 8.817 | | | < min rt |
| 4.575 | 193 | 0.020 | 1.029 | 12.002 | c12:0 | 0.32 | ECL deviates 0.002 |
| 5.263 | 3 843 | 0.030 | 1.005 | 12.613 | 13:0 iso | 6.27 | ECL deviates –0.001 |
| 5.360 | 270 | 0.025 | 1.002 | 12.699 | 13:0 anteiso | 0.44 | ECL deviates –0.003 |
| 6.532 | 1 515 | 0.032 | 0.975 | 13.619 | 14:0 iso | 2.40 | ECL deviates 0.000 |

续表

| 保留时间/min | 响应时间/min | 面积峰高比 | 重采样比率 | 等链长 | 脂肪酸命名 | 百分比/% | 注释 |
|---|---|---|---|---|---|---|---|
| 7.045 | 1 894 | 0.033 | 0.966 | 14.000 | c14:0 | 2.97 | ECL deviates 0.000 |
| 7.992 | 26 573 | 0.037 | 0.955 | 14.624 | 15:0 iso | 41.16 | ECL deviates 0.001 |
| 8.129 | 2 318 | 0.037 | 0.953 | 14.714 | 15:0 anteiso | 3.58 | ECL deviates 0.001 |
| 9.360 | 1 273 | 0.038 | 0.944 | 15.483 | feature 2 | 1.95 | ECL deviates 0.003 |
| 9.589 | 2 861 | 0.036 | 0.942 | 15.628 | 16:0 iso | 4.37 | ECL deviates 0.001 |
| 9.977 | 4 683 | 0.038 | 0.940 | 15.858 | feature 3 | 7.15 | ECL deviates 0.006 |
| 10.212 | 4 870 | 0.041 | 0.939 | 16.000 | c16:0 | 7.42 | ECL deviates 0.000 |
| 10.879 | 1 038 | 0.033 | 0.937 | 16.389 | 17:1 iso ω10c | 1.58 | ECL deviates 0.001 |
| 11.005 | 3 179 | 0.041 | 0.937 | 16.462 | 17:1 iso ω5c | 4.83 | ECL deviates 0.001 |
| 11.138 | 608 | 0.030 | 0.937 | 16.540 | 17:1 anteiso A | 0.92 | ECL deviates 0.000 |
| 11.293 | 7 566 | 0.039 | 0.937 | 16.630 | 17:0 iso | 11.50 | ECL deviates 0.000 |
| 11.451 | 1 059 | 0.032 | 0.936 | 16.722 | 17:0 anteiso | 1.61 | ECL deviates –0.001 |
| 13.677 | 1 004 | 0.039 | 0.938 | 18.000 | c18:0 | 1.53 | ECL deviates 0.000 |
| | 1 273 | | | | feature 2 | 1.95 | 12:0 aldehyde ? |
| | | | | | | | 16:1 iso I/14:0 3OH |
| | 4 683 | | | | feature 3 | 7.15 | 16:1ω7c/16:1ω6c |

## 15. 解硫胺素类芽胞杆菌脂肪酸组测定

解硫胺素类芽胞杆菌（*Paenibacillus thiaminolyticus*）脂肪酸成分见表 2-1-17，特征生物标记有：15:0 anteiso（43.6%）、17:0 anteiso（14.2%）、16:0 iso（6.35%）、15:0 iso（5.86%）。

**表 2-1-17　解硫胺素类芽胞杆菌（*Paenibacillus thiaminolyticus*）的脂肪酸成分**

| 保留时间/min | 响应时间/min | 面积峰高比 | 重采样比率 | 等链长 | 脂肪酸命名 | 百分比/% | 注释 |
|---|---|---|---|---|---|---|---|
| 1.539 | 227 266 | 0.015 | | 6.964 | | | < min rt |
| 1.568 | 5.245E+8 | 0.026 | | 7.024 | 溶剂峰 | | < min rt |
| 1.924 | 1 101 | 0.036 | | 7.748 | | | < min rt |
| 2.112 | 3 814 | 0.021 | | 8.133 | | | < min rt |
| 2.432 | 336 | 0.022 | | 8.782 | | | < min rt |
| 3.032 | 219 | 0.022 | 1.098 | 10.000 | c10:0 | 0.08 | ECL deviates 0.000 |
| 4.614 | 1 022 | 0.025 | 1.011 | 11.999 | c12:0 | 0.35 | ECL deviates –0.001 |
| 5.313 | 248 | 0.026 | 0.993 | 12.615 | 13:0 iso | 0.08 | ECL deviates 0.001 |
| 5.412 | 421 | 0.026 | 0.991 | 12.703 | 13:0 anteiso | 0.14 | ECL deviates 0.001 |
| 6.585 | 3 200 | 0.032 | 0.971 | 13.618 | 14:0 iso | 1.06 | ECL deviates –0.001 |
| 7.100 | 6 960 | 0.032 | 0.965 | 13.999 | c14:0 | 2.29 | ECL deviates –0.001 |
| 8.052 | 17 915 | 0.036 | 0.958 | 14.622 | 15:0 iso | 5.86 | ECL deviates –0.001 |
| 8.191 | 133 516 | 0.036 | 0.957 | 14.714 | 15:0 anteiso | 43.60 | ECL deviates 0.001 |

续表

| 保留时间/min | 响应时间/min | 面积峰高比 | 重采样比率 | 等链长 | 脂肪酸命名 | 百分比/% | 注释 |
|---|---|---|---|---|---|---|---|
| 8.628 | 3 463 | 0.036 | | 15.000 | c15:0 | | ECL deviates 0.000 |
| 9.266 | 1 429 | 0.036 | 0.952 | 15.387 | 16:1ω7c alcohol | 0.46 | ECL deviates 0.000 |
| 9.663 | 19 558 | 0.037 | 0.951 | 15.627 | 16:0 iso | 6.35 | ECL deviates 0.000 |
| 9.879 | 10 820 | 0.039 | 0.951 | 15.758 | 16:1ω11c | 3.51 | ECL deviates 0.001 |
| 10.278 | 44 843 | 0.039 | 0.951 | 16.000 | c16:0 | 14.55 | ECL deviates 0.000 |
| 10.945 | 2 305 | 0.037 | 0.951 | 16.388 | 17:1 iso ω10c | 0.75 | ECL deviates 0.000 |
| 11.100 | 3 929 | 0.040 | 0.951 | 16.478 | feature 4 | 1.28 | ECL deviates 0.002 |
| 11.363 | 13 686 | 0.041 | 0.951 | 16.631 | 17:0 iso | 4.44 | ECL deviates 0.001 |
| 11.522 | 43 734 | 0.041 | 0.951 | 16.724 | 17:0 anteiso | 14.20 | ECL deviates 0.001 |
| 12.000 | 1 235 | 0.035 | 0.952 | 17.002 | c17:0 | 0.40 | ECL deviates 0.002 |
| 13.100 | 405 | 0.029 | 0.956 | 17.630 | 18:0 iso | 0.13 | ECL deviates –0.002 |
| 13.346 | 317 | 0.034 | 0.957 | 17.770 | 18:1ω9c | 0.10 | ECL deviates 0.001 |
| 13.749 | 1 055 | 0.033 | 0.959 | 18.000 | c18:0 | 0.35 | ECL deviates 0.000 |
| 17.424 | 2 597 | 0.094 | | 20.120 | | | > max rt |
| 18.336 | 526 | 0.035 | | 20.650 | | | > max rt |
| | 3 929 | | | | feature 4 | 1.28 | 17:1 iso I/anteiso B |

# 第二节　芽胞杆菌脂肪酸组比较

## 一、芽胞杆菌脂肪酸组差异

### 1. 芽胞杆菌脂肪酸组差异分析

脂肪酸鉴定已逐步成为细菌分类鉴定的一种快速有效的方法，在许多菌株中都曾得到应用。在细菌中已经发现了 300 种以上的脂肪酸，链长的不同、双键的位置、连接的功能团是脂肪酸作为分类学研究的主要标志。美国 MIDI 系统的数据库中有 40 多种芽胞杆菌的脂肪酸数据，所有芽胞杆菌共有的脂肪酸成分是 c16:0、16:0 iso、15:0 iso、15:0 anteiso、17:0 iso 和 17:0 anteiso，这些成分也包含在本实验测定的菌株的共有成分中。作者利用 MIDI 系统测定了芽胞杆菌属 100 多种（亚种）的脂肪酸成分，使得 MIDI 系统 MIS 数据库芽胞杆菌种类数量从 40 多种增加到 100 多种；共检测到了 120 多个脂肪酸标记，表明芽胞杆菌属种类具有丰富的脂肪酸生物标记。Kämpfer（1994）研究证明芽胞杆菌属种类的脂肪酸主要为支链，主要的特征脂肪酸为 15:0 anteiso 和 15:0 iso，这与本实验的研究结果一致。

通过脂肪酸生物标记聚类分析，可将供试芽胞杆菌分为五大类，16S rDNA 聚类分组中蜡样芽胞杆菌、蕈状芽胞杆菌、苏云金芽胞杆菌的同源性达 99%以上，在脂肪酸聚类分组中同属于 Group V；16S rDNA 聚类分组中的简单芽胞杆菌与嗜冷芽胞杆菌的同源性为 100%，在脂肪酸聚类分组中同属于 Group III，因此脂肪酸组的聚类与 16S rDNA 聚类具有较好的一致性。

## 2. 芽胞杆菌脂肪酸组指纹图

芽胞杆菌属 90 种的脂肪酸组指纹图如图 2-2-1 所示。不同的芽胞杆菌种类，其脂肪酸组指纹图不同，差异表现在峰的种类、数量、结构、分布上，每个种的脂肪酸组指纹图具有遗传稳定性，能够很好地相互区别，可作为谱图鉴定的模式。

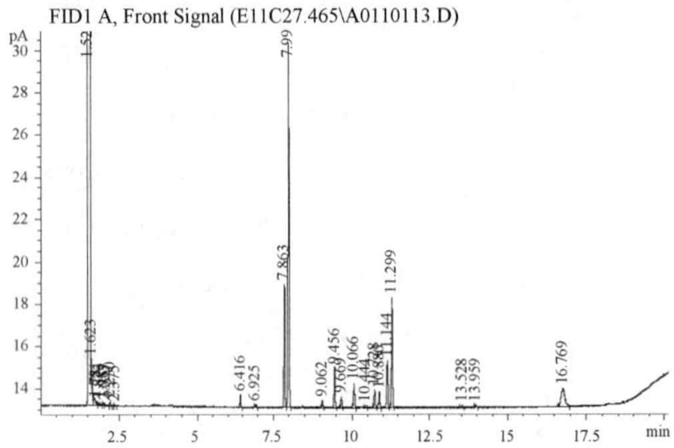


莫哈维沙漠芽胞杆菌(*Bacillus mojavensis*)的脂肪酸谱图

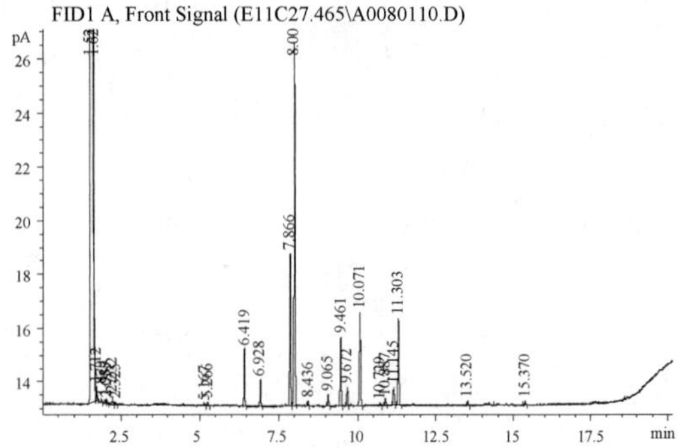


内生芽胞杆菌(*Bacillus endophyticus*)的脂肪酸谱图

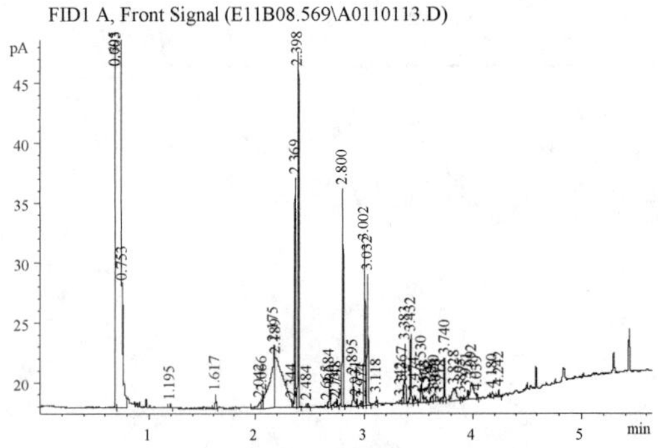


黏琼脂芽胞杆菌(*Bacillus agaradhaerens*)的脂肪酸谱图

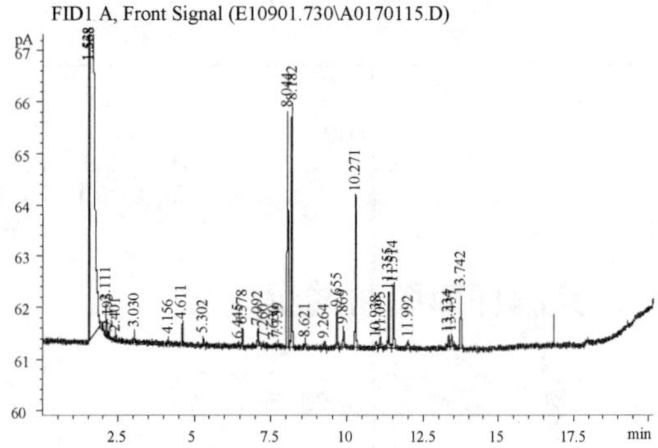


解纤维芽胞杆菌(*Bacillus cellulosilyticus*)的脂肪酸谱图

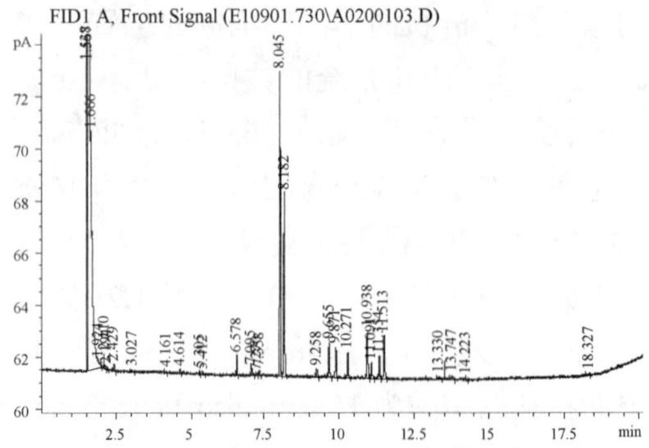


科恩芽胞杆菌(*Bacillus cohnii*)的脂肪酸谱图

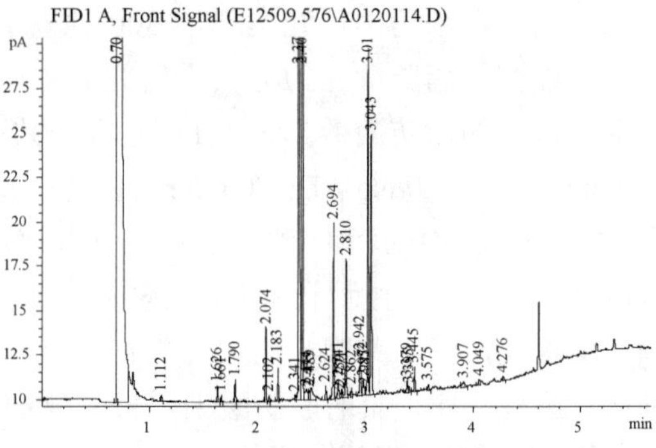


高地芽胞杆菌(*Bacillus altitudinis*)的脂肪酸谱图

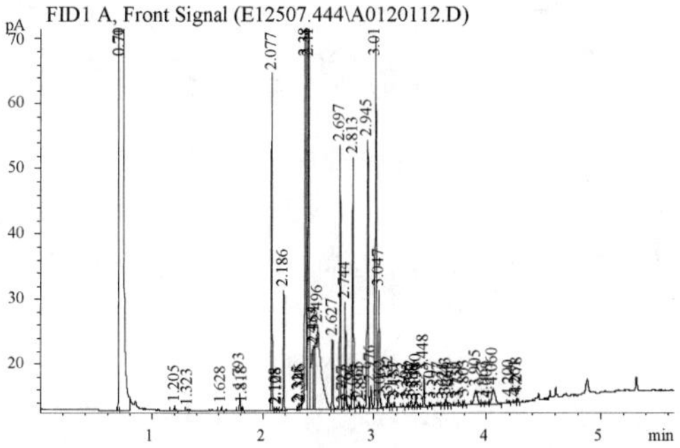

嗜碳芽胞杆菌(*Bacillus carboniphilus*)的脂肪酸谱图

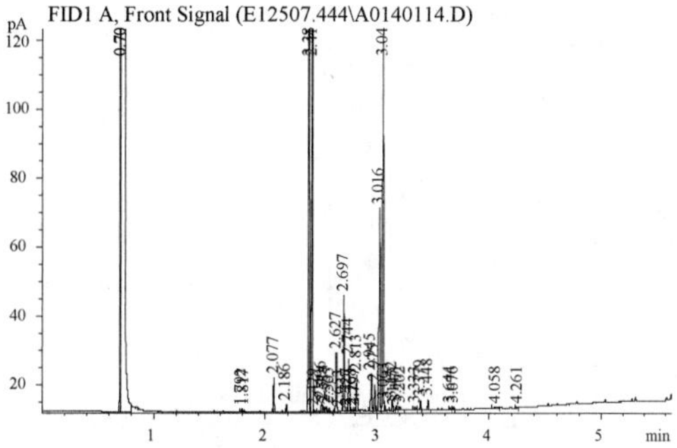

福氏芽胞杆菌(*Bacillus fordii*)的脂肪酸谱图

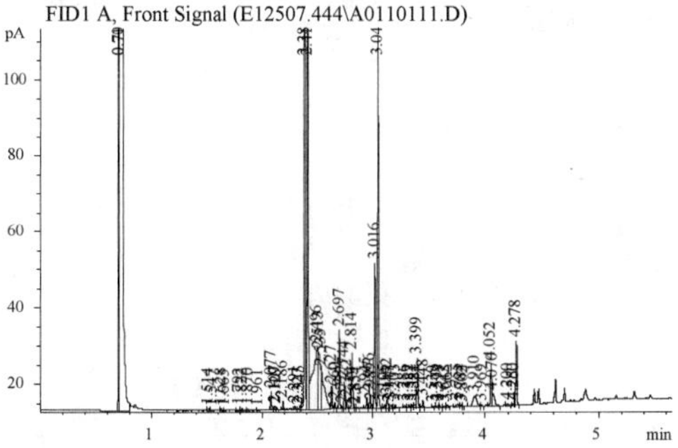

解半乳糖苷芽胞杆菌(*Bacillus galactosidilyticus*)的脂肪酸谱图

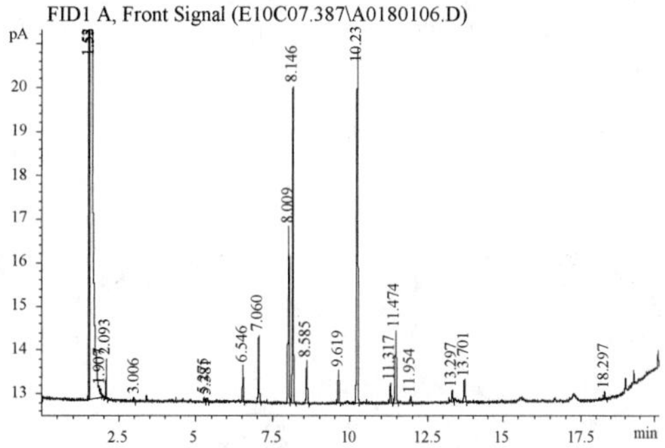

强壮芽胞杆菌(*Bacillus fortis*)的脂肪酸谱图

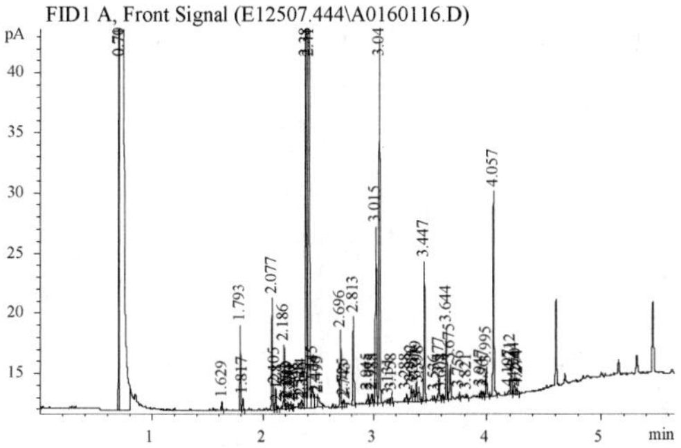

明胶芽胞杆菌(*Bacillus gelatini*)的脂肪酸谱图

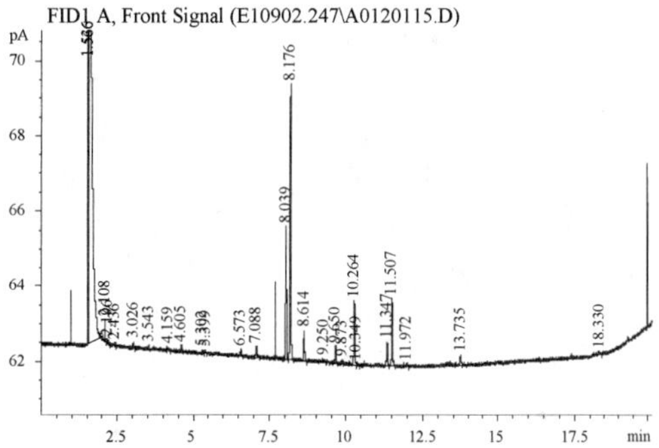

解半纤维素芽胞杆菌(*Bacillus hemicellulosilyticus*)的脂肪酸谱图

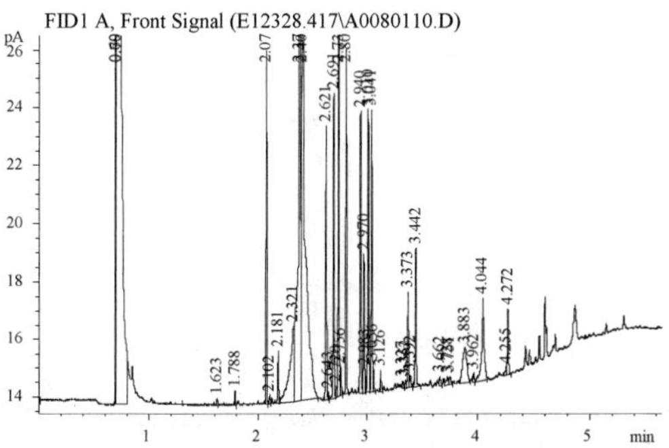

巴达维亚芽胞杆菌(*Bacillus bataviensis*)的脂肪酸谱图

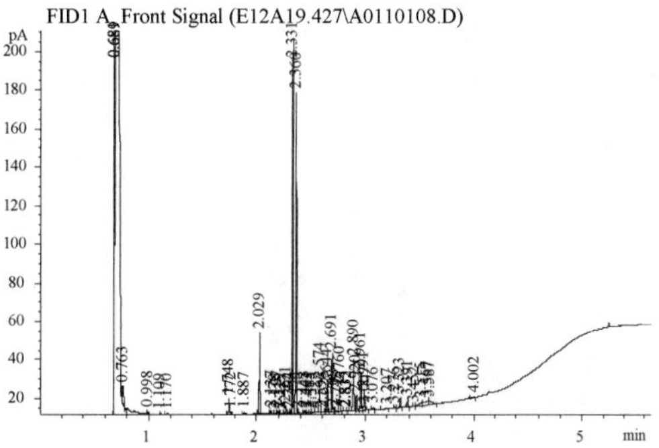

钻特省芽胞杆菌(*Bacillus drentensis*)的脂肪酸谱图

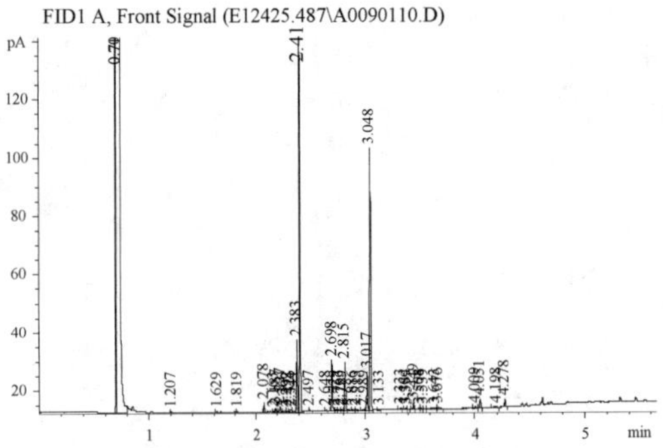


泛酸枝芽胞杆菌(*Virgiacillus pantothenticus*)的脂肪酸谱图

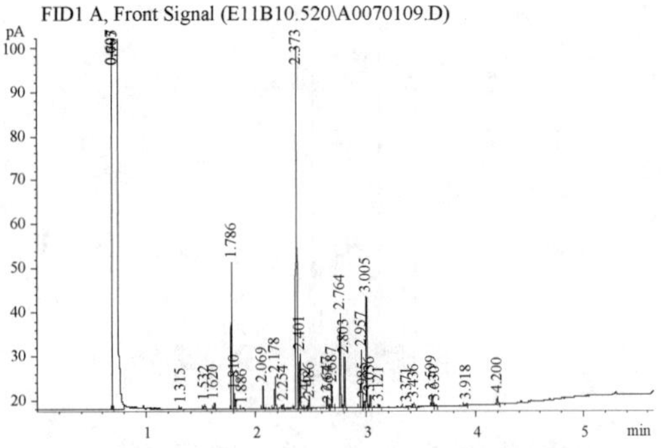


苏云金芽胞杆菌(*Bacillus thuringiensis*)的脂肪酸谱图

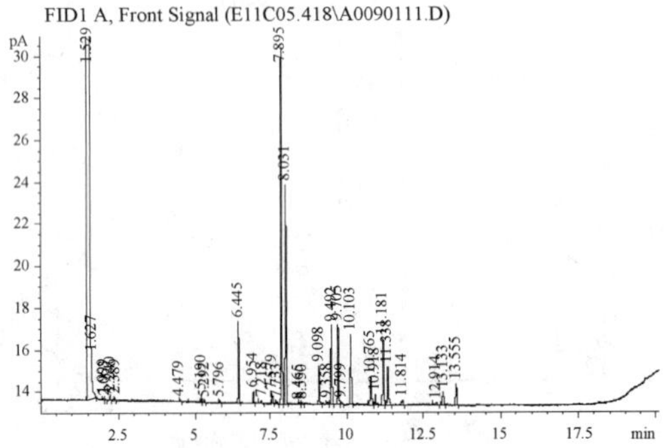


烟酸芽胞杆菌(*Bacillus niacini*)的脂肪酸谱图

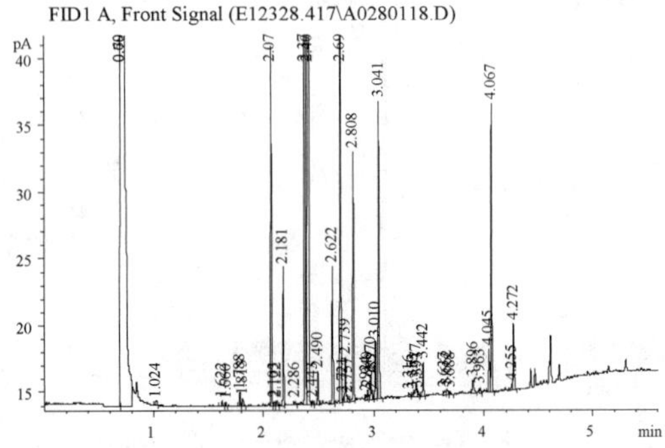


路西法芽胞杆菌(*Bacillus luciferensis*)的脂肪酸谱图

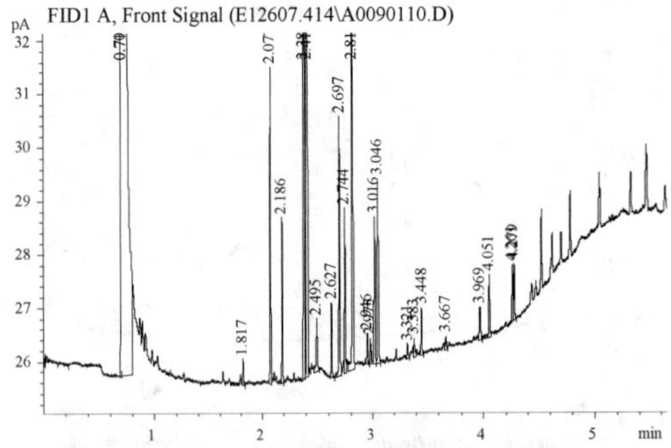


壁画芽胞杆菌(*Bacillus muralis*)的脂肪酸谱图

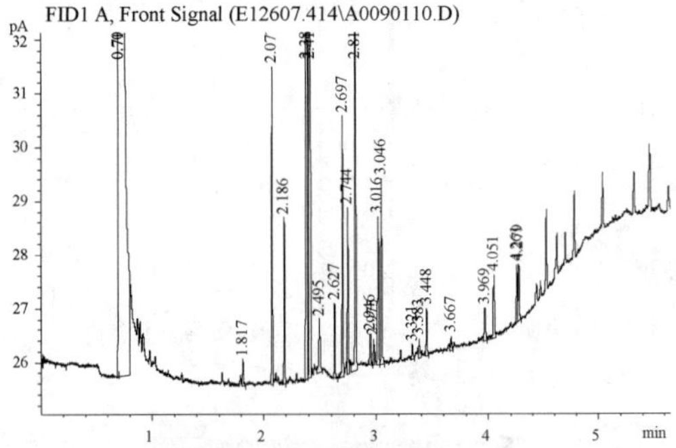


产酸芽胞杆菌(*Bacillus acidiproducens*)的脂肪酸谱图

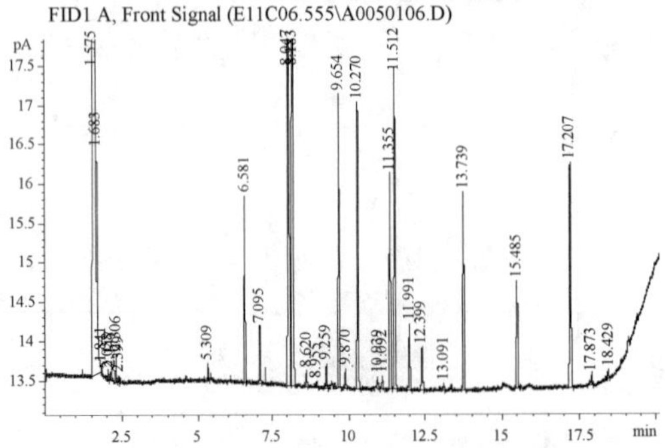


韩国芽胞杆菌(*Bacillus koreensis*)的脂肪酸谱图

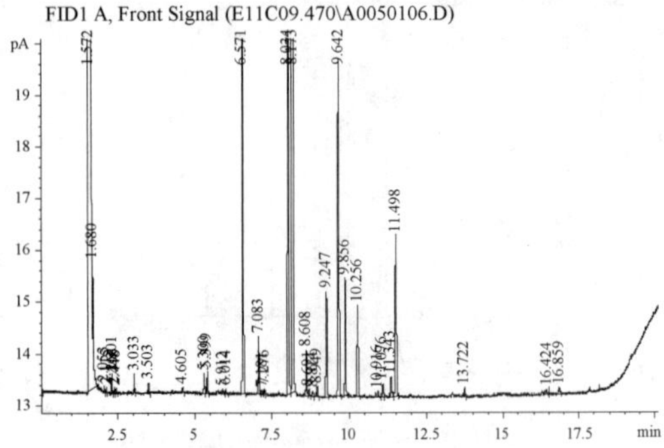


土地芽胞杆菌(*Bacillus humi*)的脂肪酸谱图

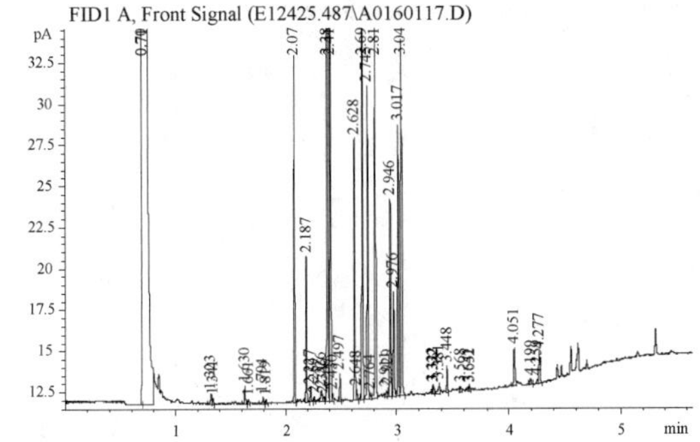


印度芽胞杆菌(*Bacillus indicus*)的脂肪酸谱图

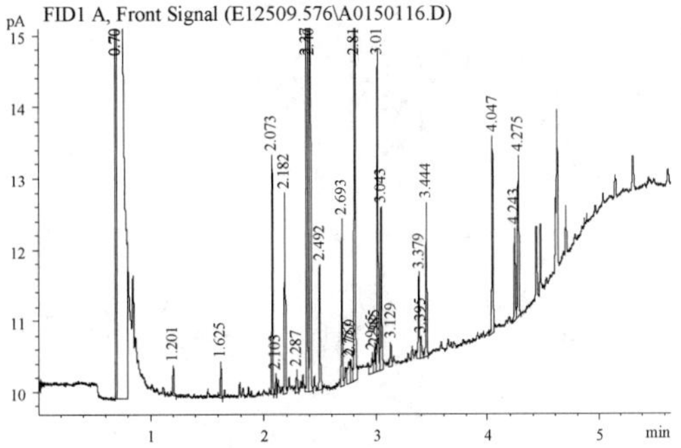


列城芽胞杆菌(*Bacillus lehensis*)的脂肪酸谱图

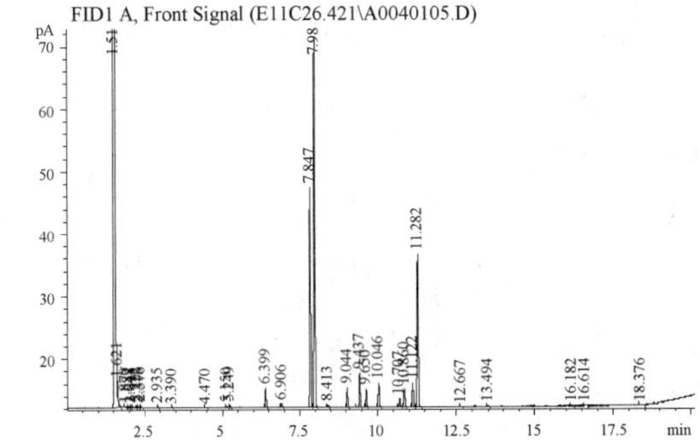


北京芽胞杆菌(*Bacillus beijingensis*)的脂肪酸谱图

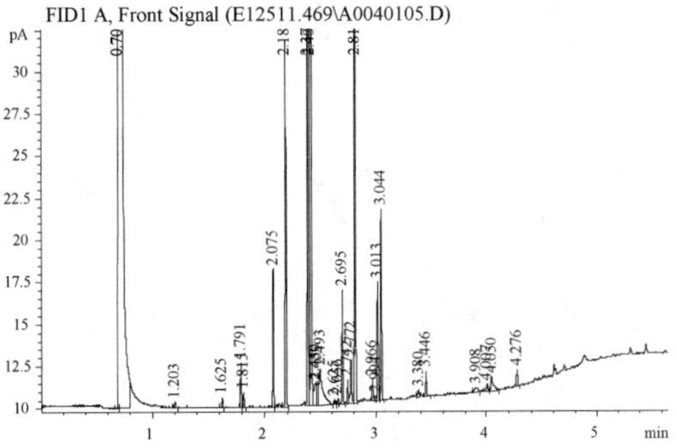


尼氏芽胞杆菌(*Bacillus nealsonii*)的脂肪酸谱图

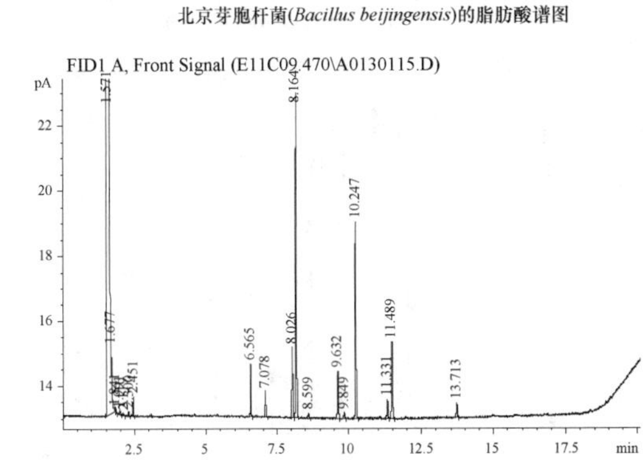


农研所芽胞杆菌(*Bacillus niabensis*)的脂肪酸谱图

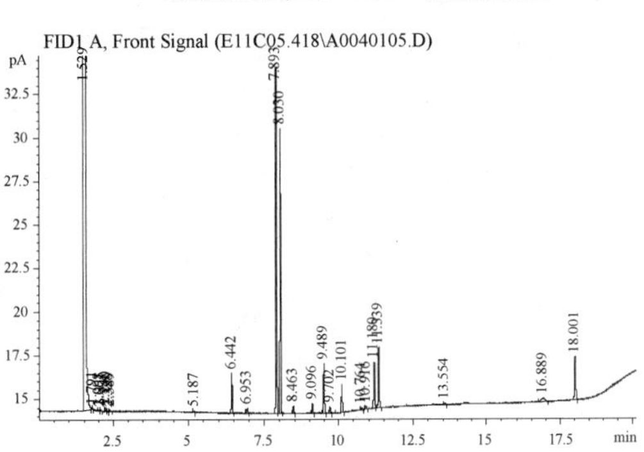


巴塔哥尼亚芽胞杆菌(*Bacillus patagoniensis*)的脂肪酸谱图

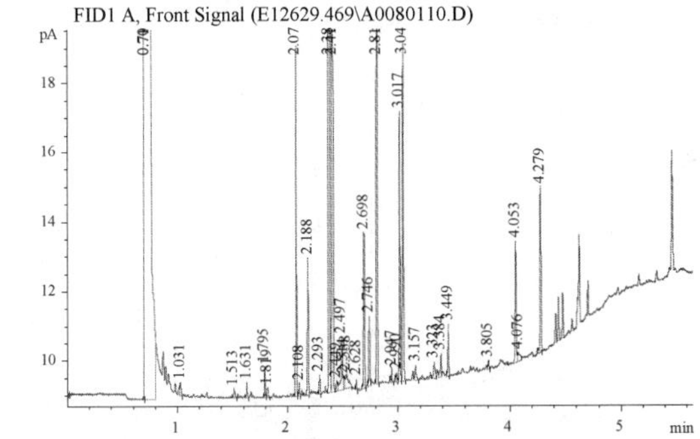


阿氏芽胞杆菌(*Bacillus aryabhattai*)的脂肪酸谱图

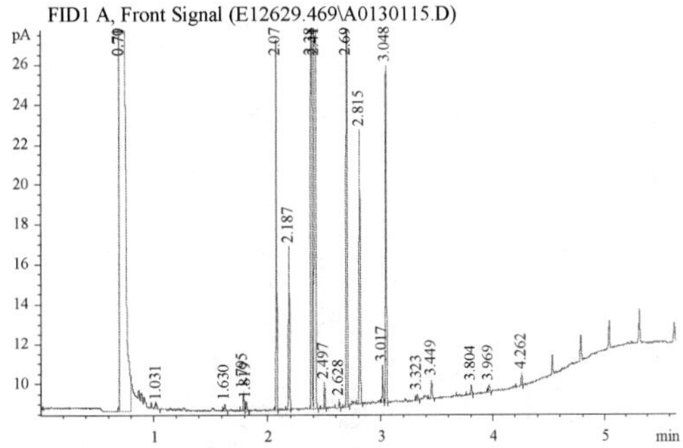


酸快生芽胞杆菌(*Bacillus acidiceler*)的脂肪酸谱图

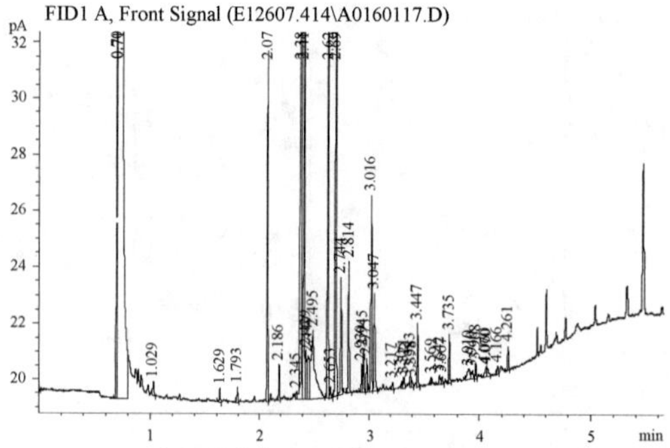

腐叶芽胞杆菌(*Bacillus decisifrondis*)的脂肪酸谱图

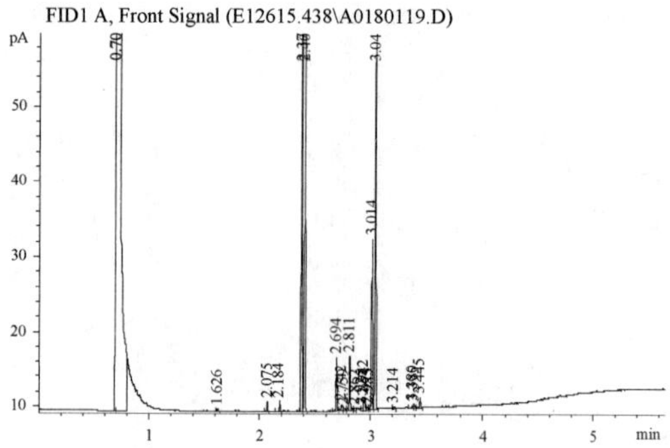

蔬菜芽胞杆菌(*Bacillus oleronius*)的脂肪酸谱图

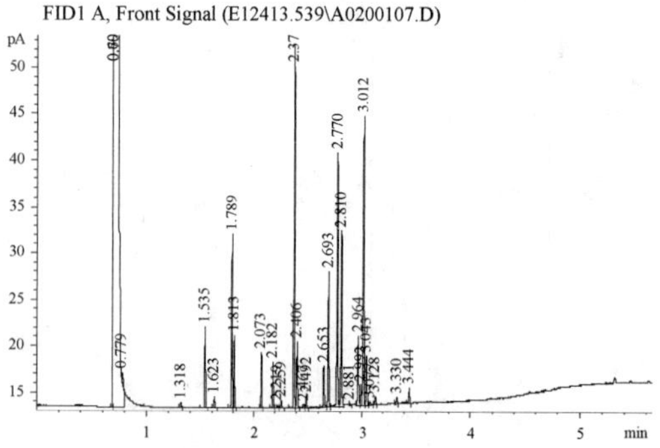

假蕈状芽胞杆菌(*Bacillus pseudomycoides*)的脂肪酸谱图

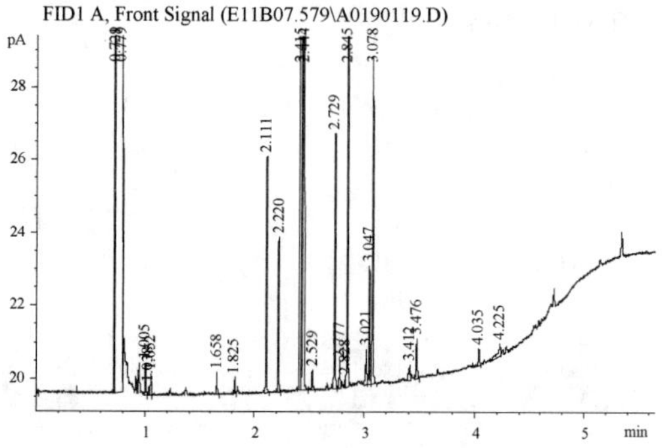

休闲地芽胞杆菌(*Bacillus novalis*)的脂肪酸谱图

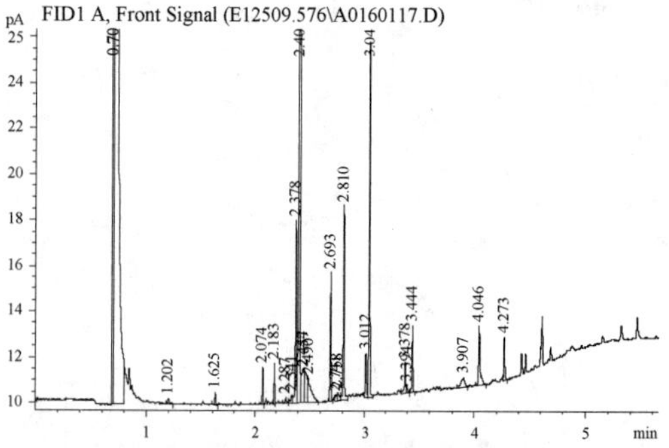

西岸芽胞杆菌(*Bacillus seohaeanensis*)的脂肪酸谱图

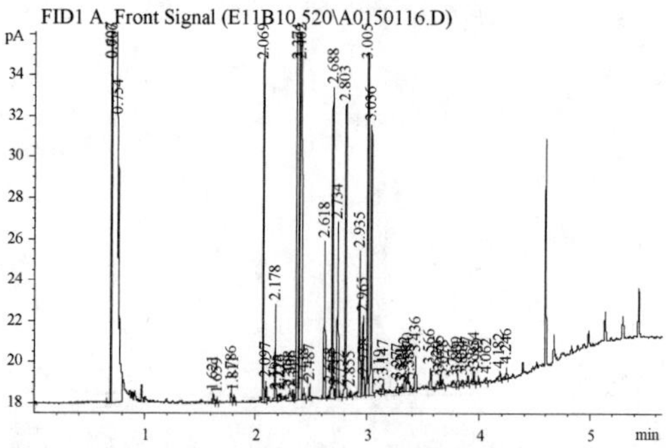

土壤芽胞杆菌(*Bacillus soli*)的脂肪酸谱图

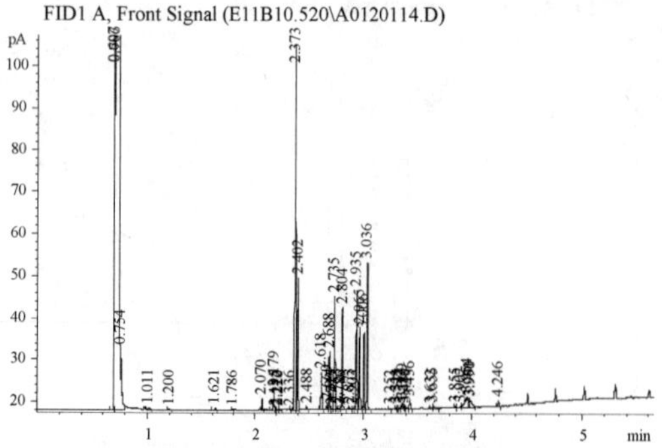

堀越氏芽胞杆菌(*Bacillus horikoshii*)的脂肪酸谱图

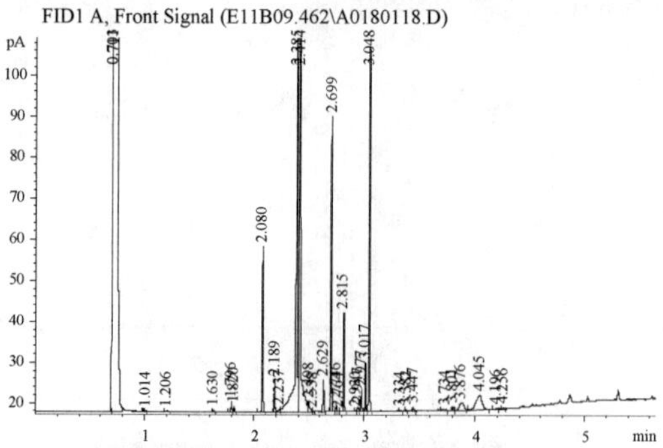

黄海芽胞杆菌(*Bacillus marisflavi*)的脂肪酸谱图

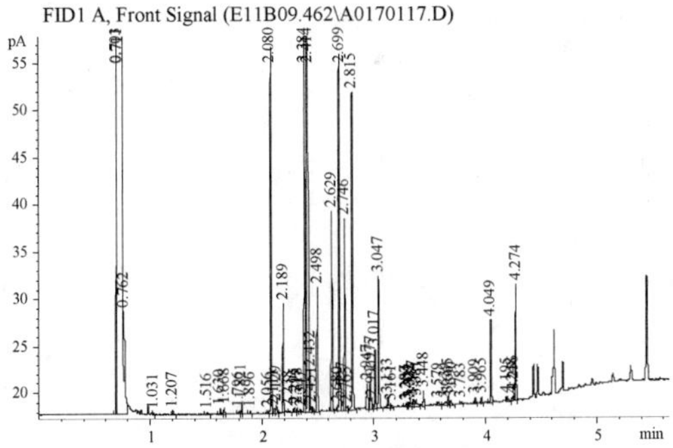

食丁酸芽胞杆菌(*Bacillus butanolivorans*)的脂肪酸谱图

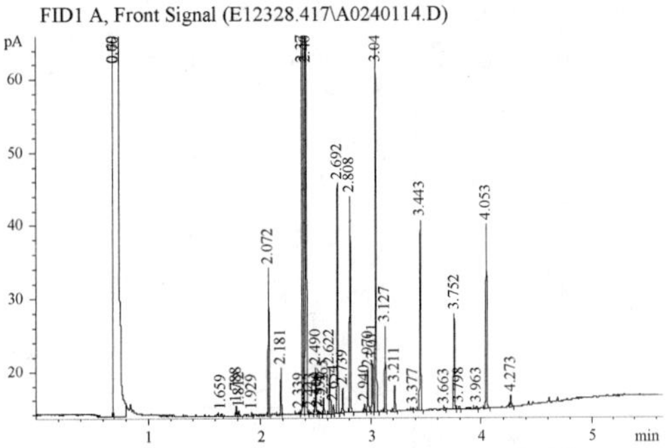

假嗜碱芽胞杆菌(*Bacillus pseudalcaliphilus*)的脂肪酸谱图

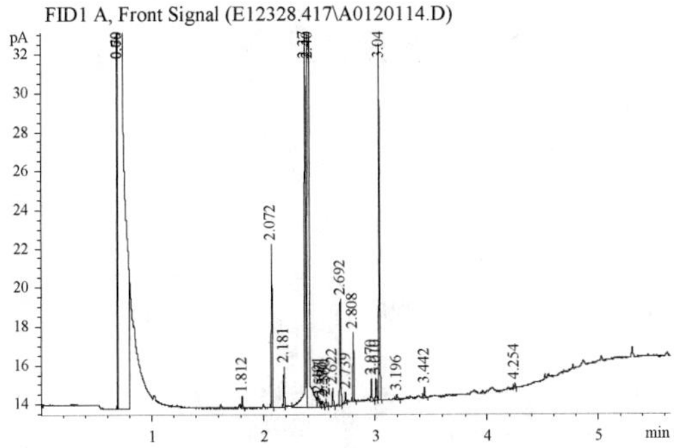

韩研所芽胞杆菌(*Bacillus kribbensis*)的脂肪酸谱图

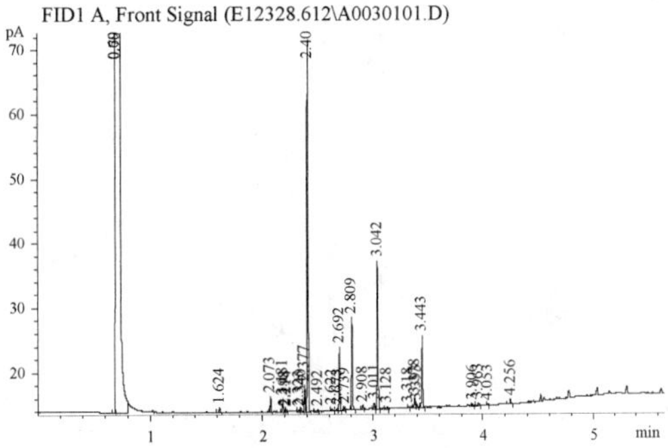

马氏芽胞杆菌(*Bacillus macyae*)的脂肪酸谱图

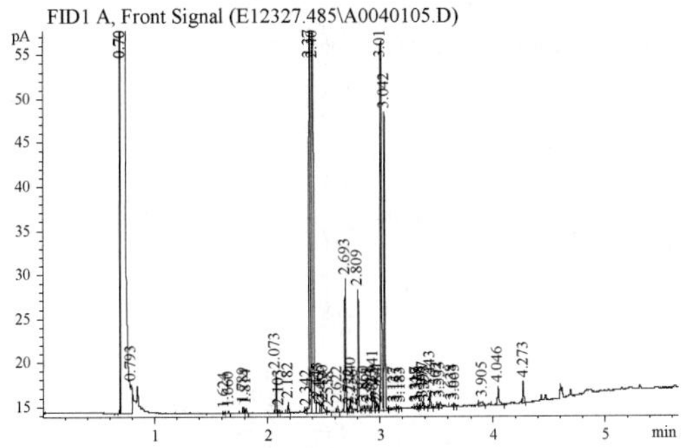

枯草芽胞杆菌干燥亚种(*Bacillus subtilis* subsp. *inaquosorum*)的脂肪酸谱图

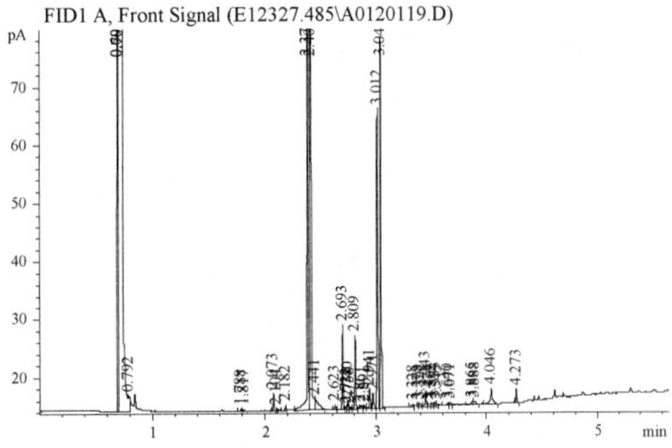

枯草芽胞杆菌斯氏亚种(*Bacillus subtilis* subsp. *spizizenii*)的脂肪酸谱图

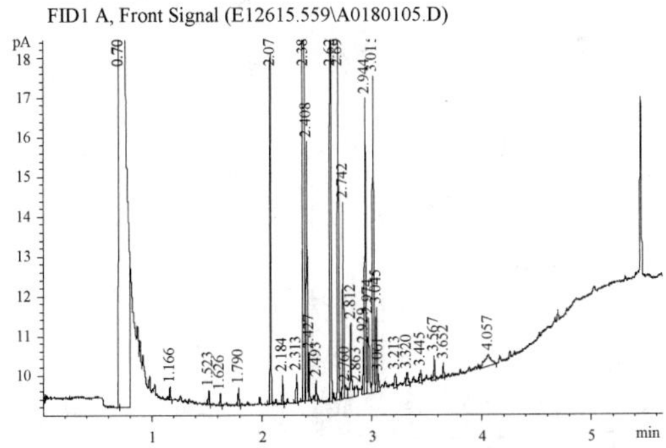

印空研芽胞杆菌(*Bacillus isronensis*)的脂肪酸谱图

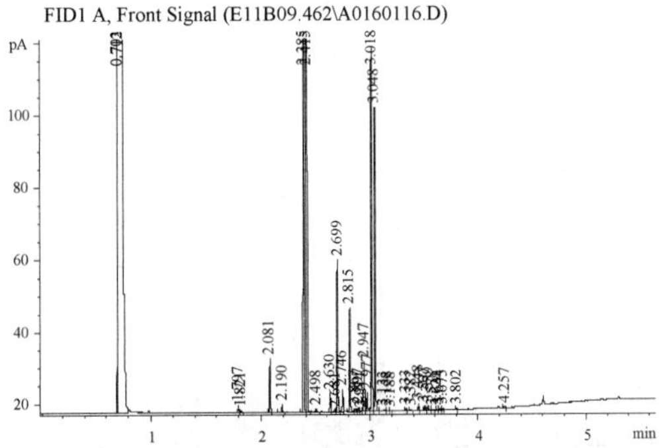

枯草芽胞杆菌枯草亚种(*Bacillus subtilis* subsp. *subtilis*)的脂肪酸谱图

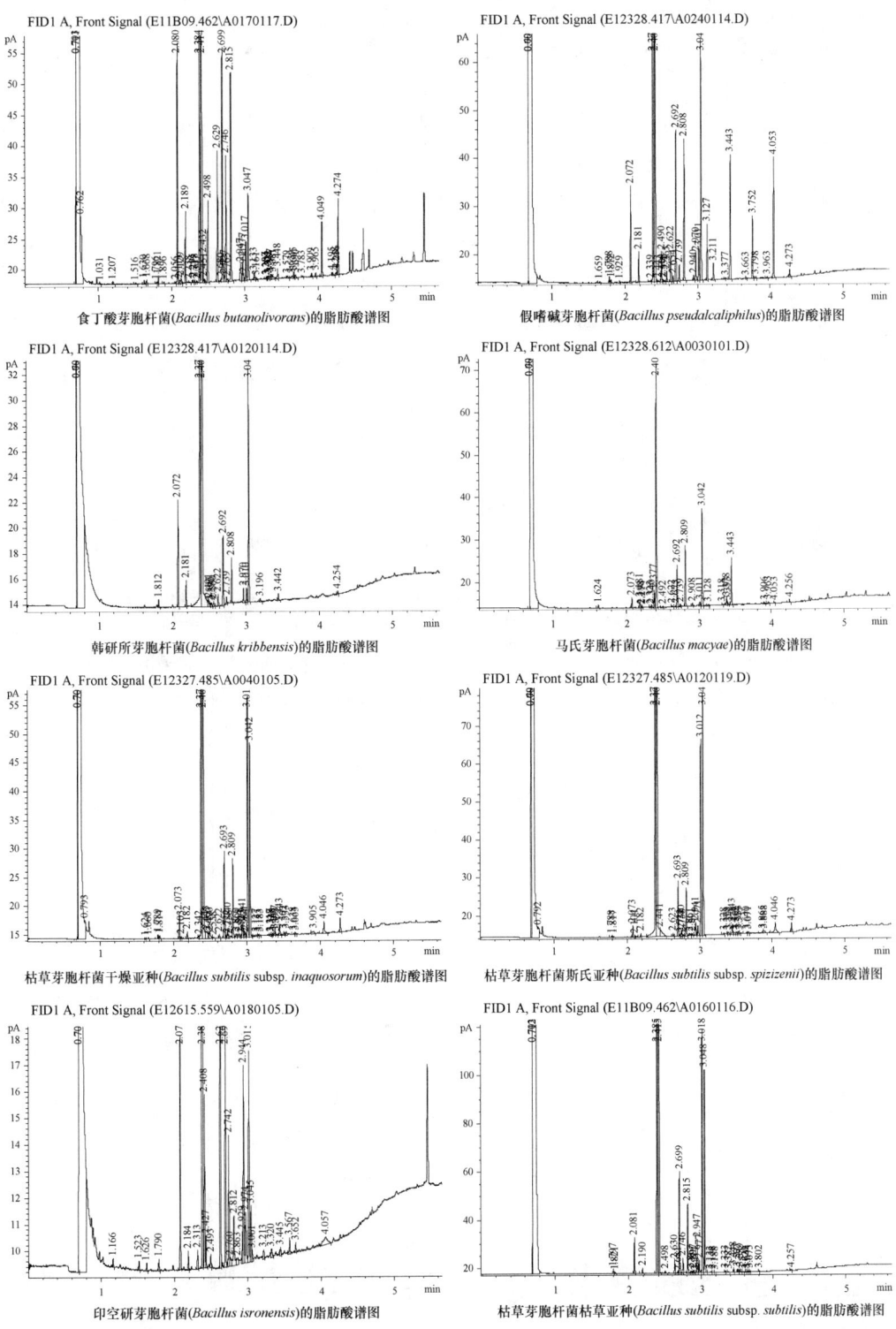

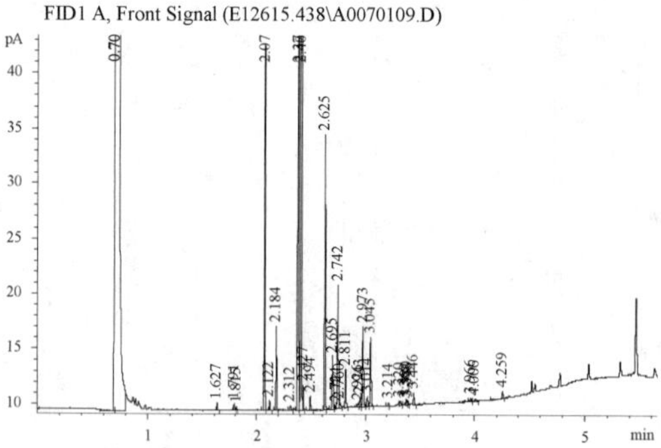


耐冷嗜冷芽胞杆菌(*Psychroacillus psychrotolerans*)的脂肪酸谱图

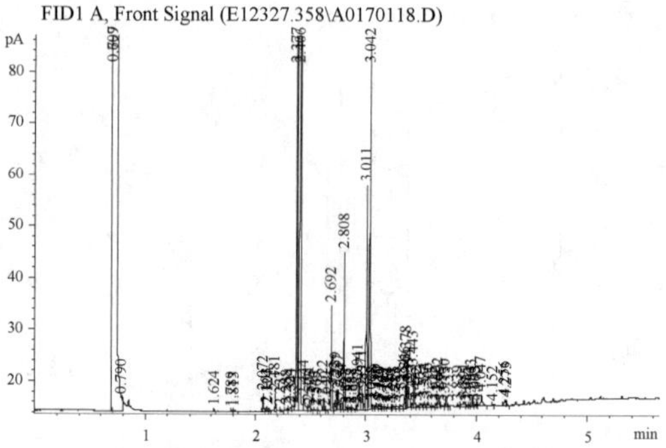


索诺拉沙漠芽胞杆菌(*Bacillus sonorensis*)的脂肪酸谱图

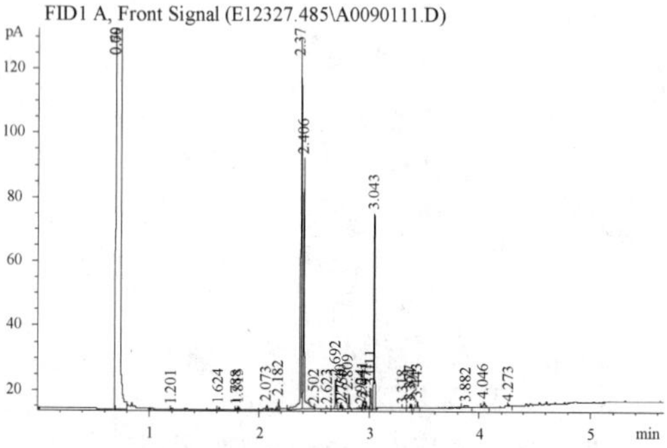


沙氏芽胞杆菌(*Bacillus shackletonii*)的脂肪酸谱图

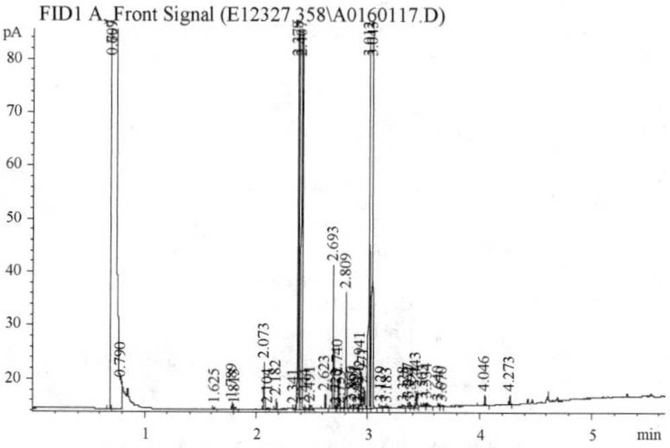


马丁教堂芽胞杆菌(*Bacillus murimartini*)的脂肪酸谱图

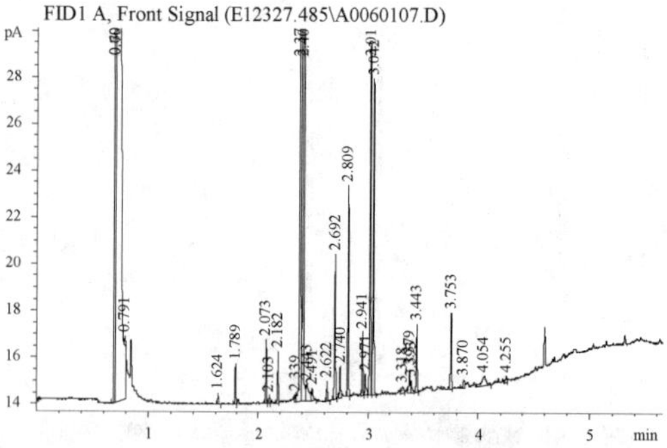


沙福芽胞杆菌(*Bacillus safensis*)的脂肪酸谱图

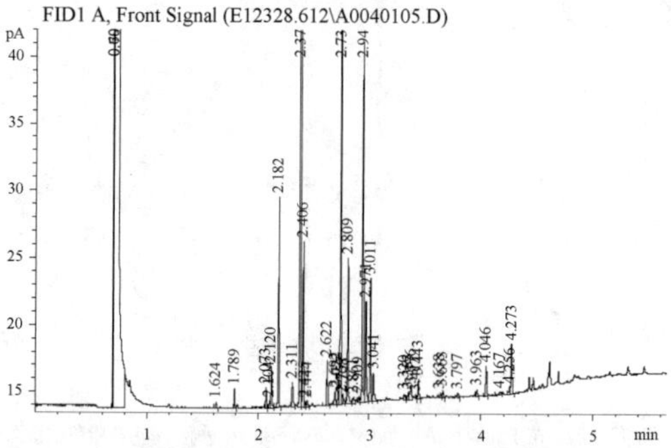


还原硒酸盐芽胞杆菌(*Bacillus selenitireducens*)的脂肪酸谱图

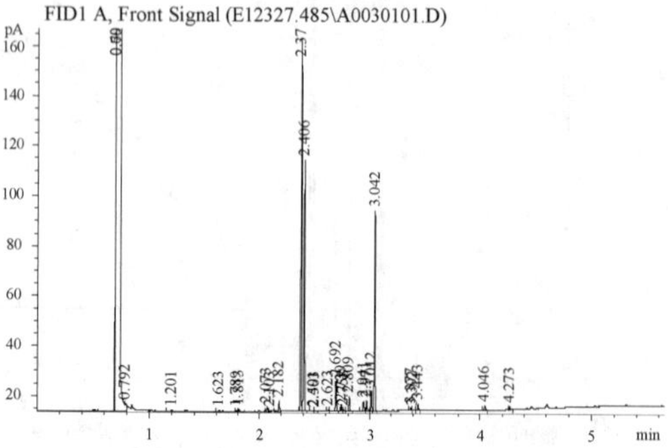


硒砷芽胞杆菌(*Bacillus selenatarsenatis*)的脂肪酸谱图

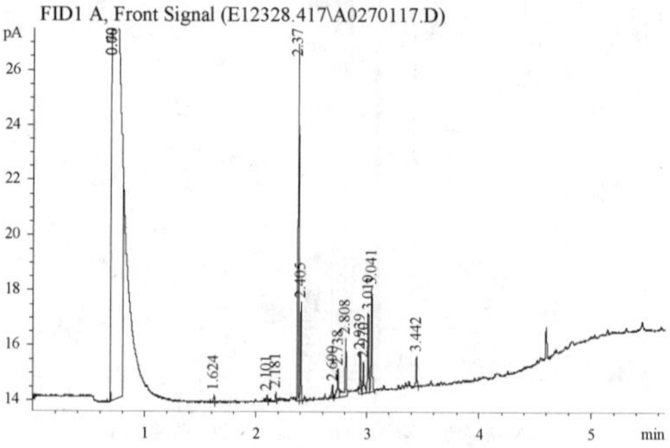


嗜硼芽胞杆菌(*Bacillus boroniphilus*)的脂肪酸谱图

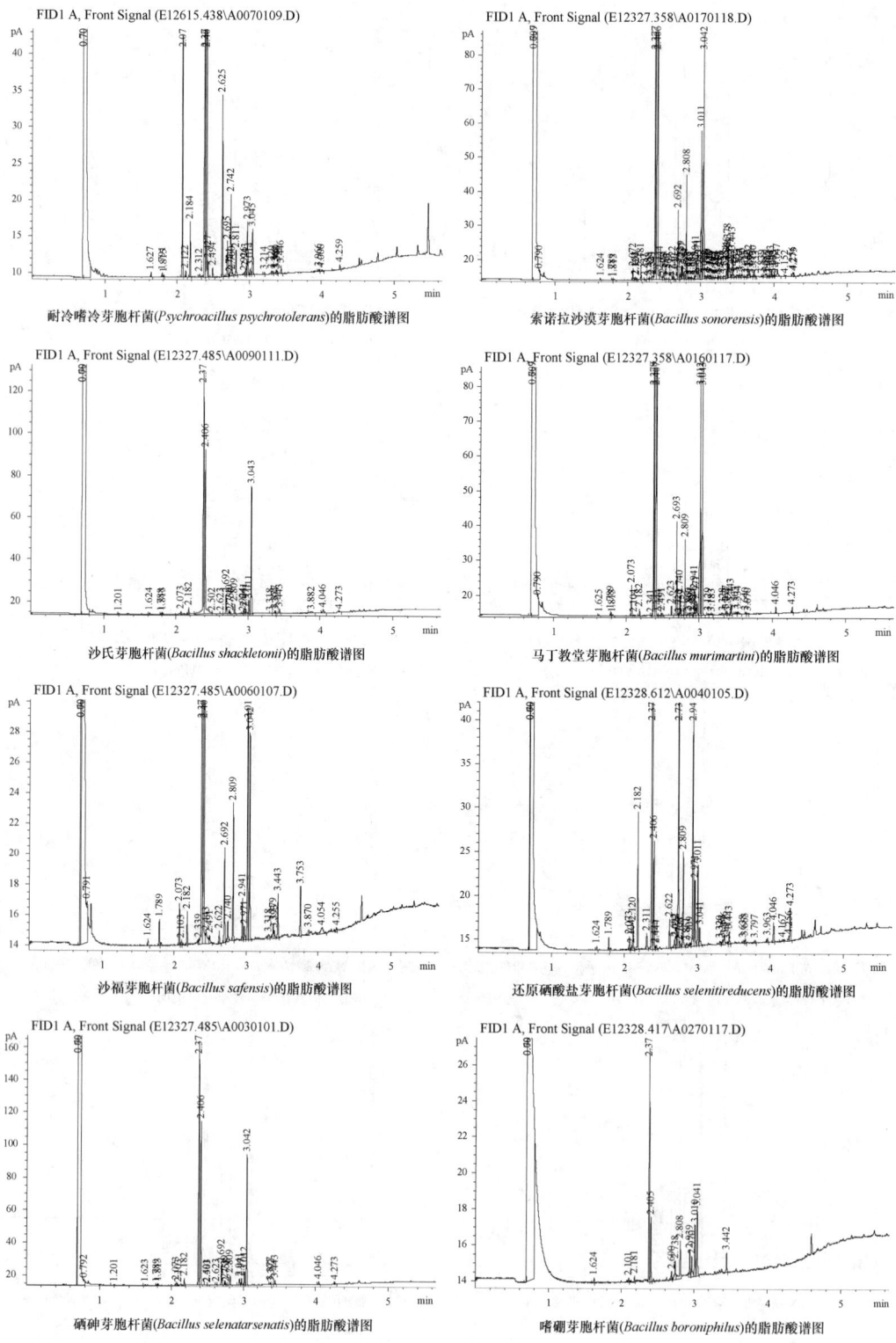

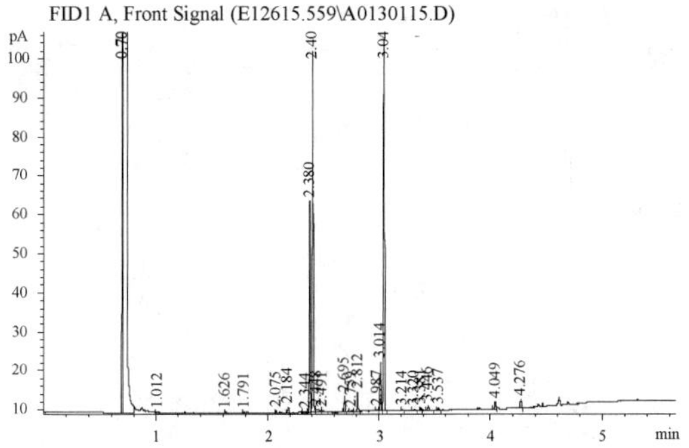


人参土芽胞杆菌(*Bacillus ginsengihumi*)的脂肪酸谱图

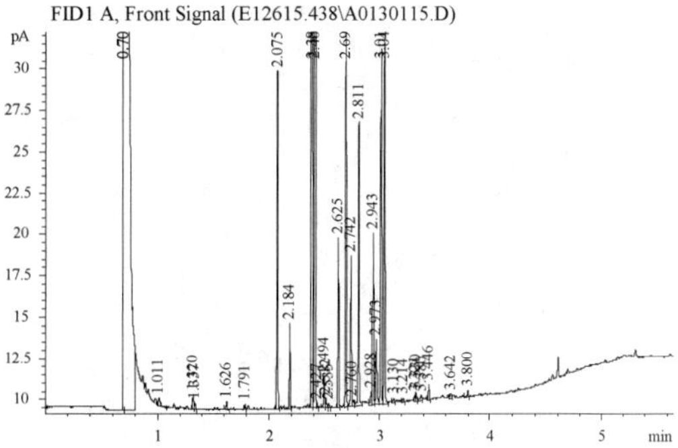


食物芽胞杆菌(*Bacillus cibi*)的脂肪酸谱图

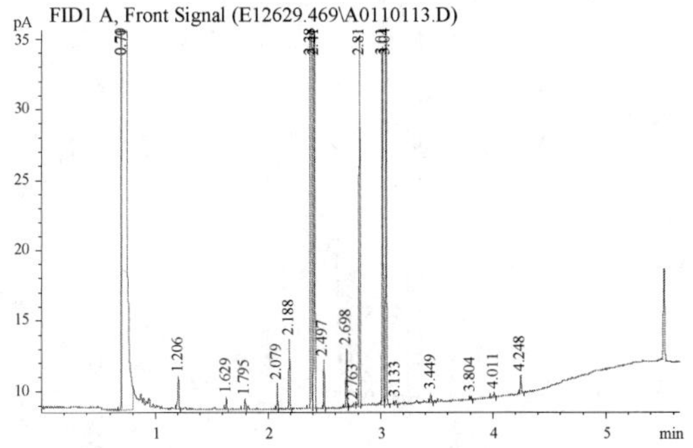


脱色芽胞杆菌(*Bacillus decolorationis*)的脂肪酸谱图

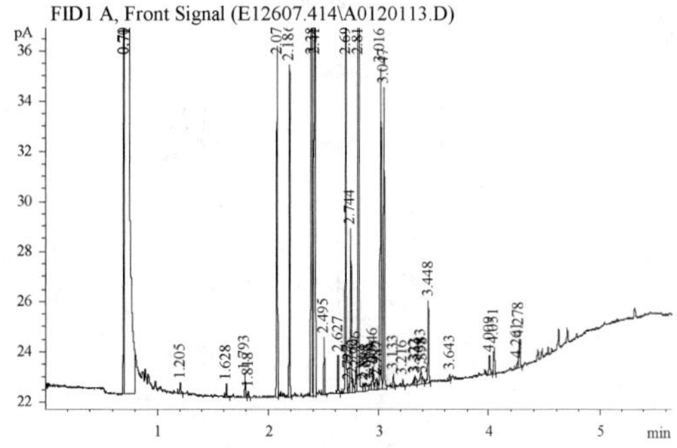


青贮窖芽胞杆菌(*Bacillus siralis*)的脂肪酸谱图

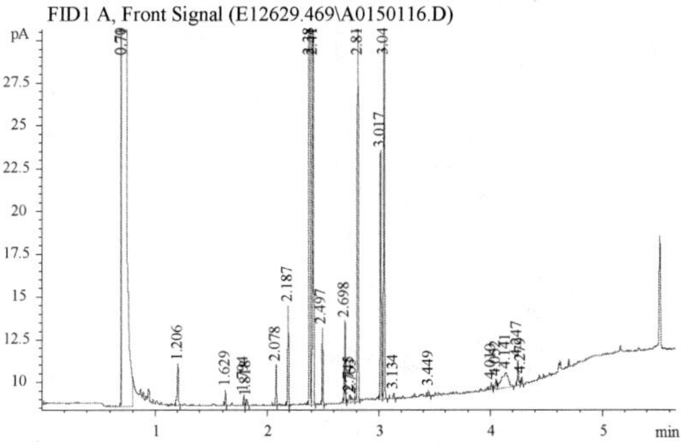


奥飞弹温泉芽胞杆菌(*Bacillus okuhidensis*)的脂肪酸谱图

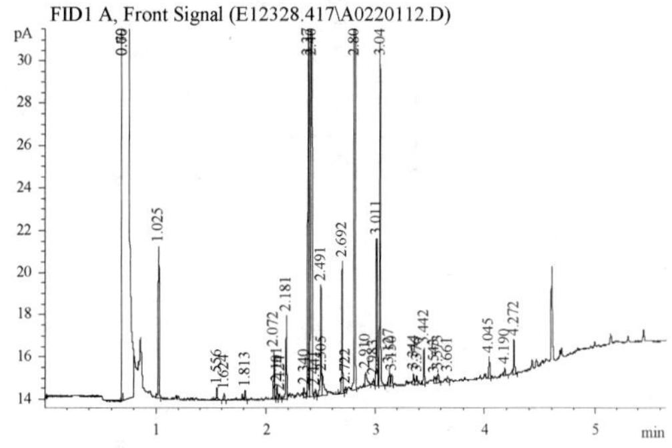


农庄芽胞杆菌(*Bacillus ruris*)的脂肪酸谱图

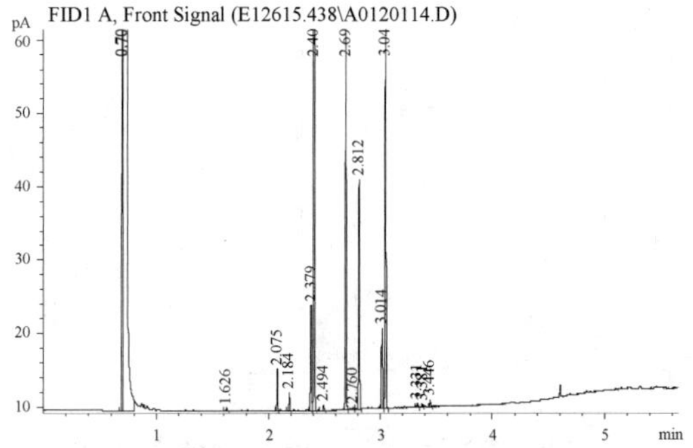


酸居芽胞杆菌(*Bacillus acidicola*)的脂肪酸谱图

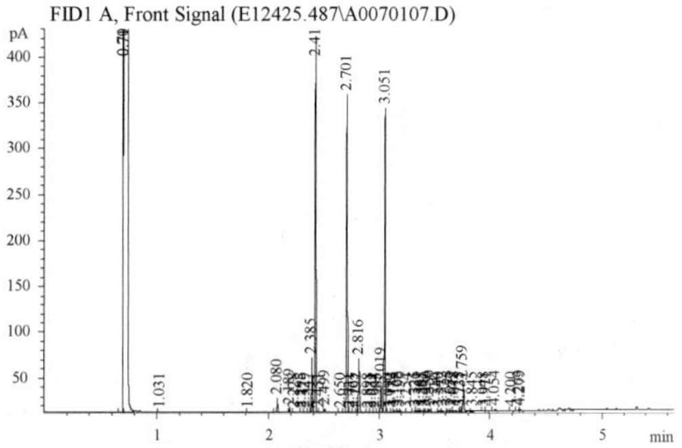


威氏芽胞杆菌(*Bacillus vedderi*)的脂肪酸谱图

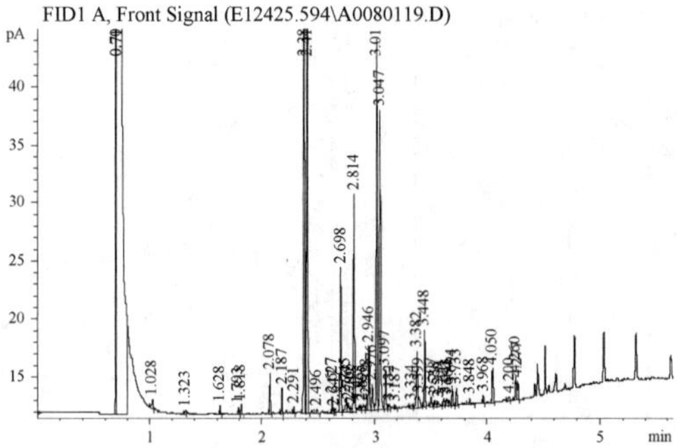


死谷芽胞杆菌(*Bacillus vallismortis*)的脂肪酸谱图

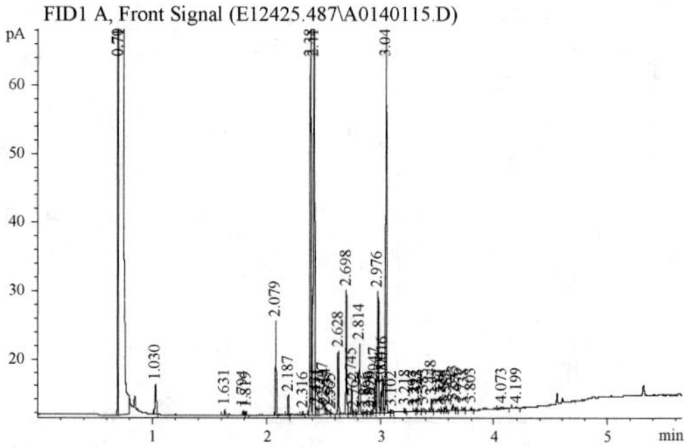


越南芽胞杆菌(*Bacillus vietnamensis*)的脂肪酸谱图

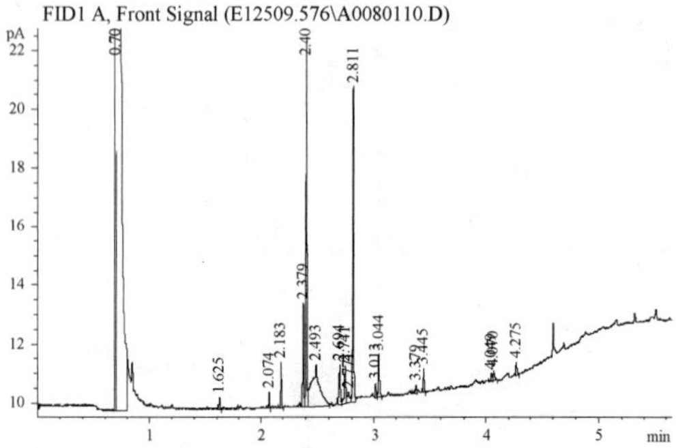


奥哈芽胞杆菌(*Bacillus okhensis*)的脂肪酸谱图

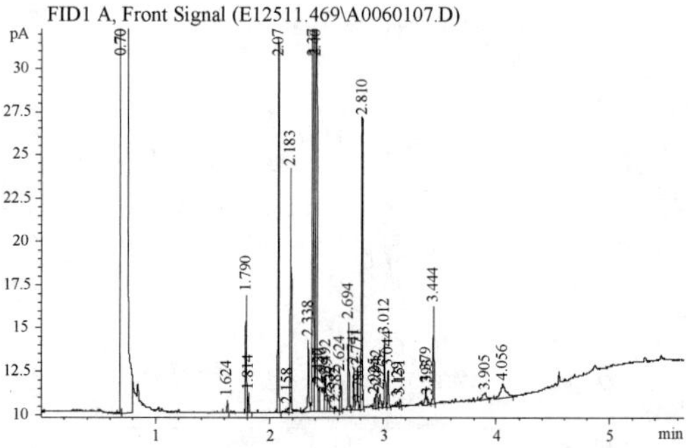


人参土块芽胞杆菌(*Bacillus panaciterrae*)的脂肪酸谱图

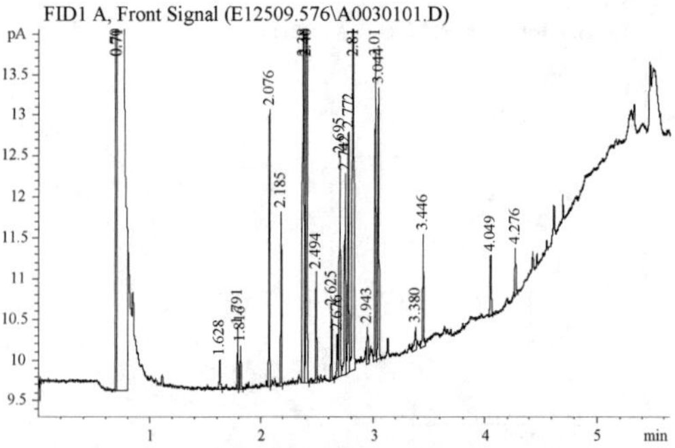


碱土芽胞杆菌(*Bacillus alkalitelluris*)的脂肪酸谱图

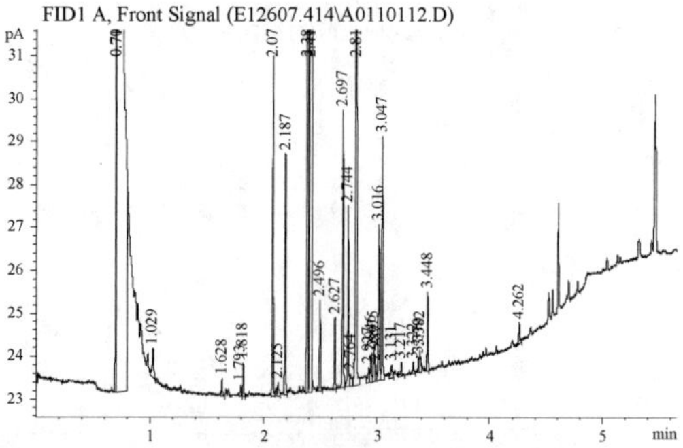


简单芽胞杆菌(*Bacillus simplex*)的脂肪酸谱图

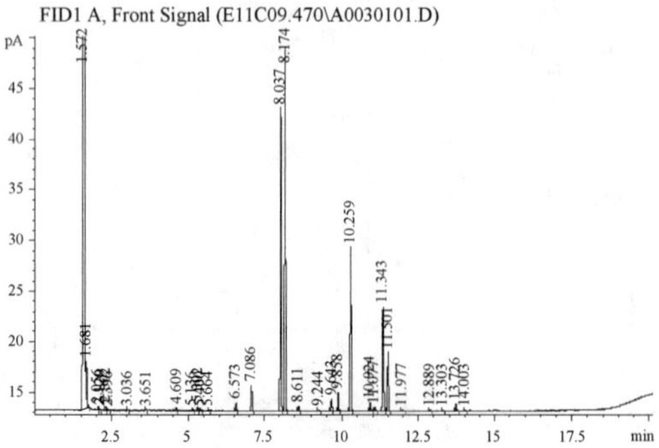


苛求芽胞杆菌(*Bacillus fastidiosus*)的脂肪酸谱图

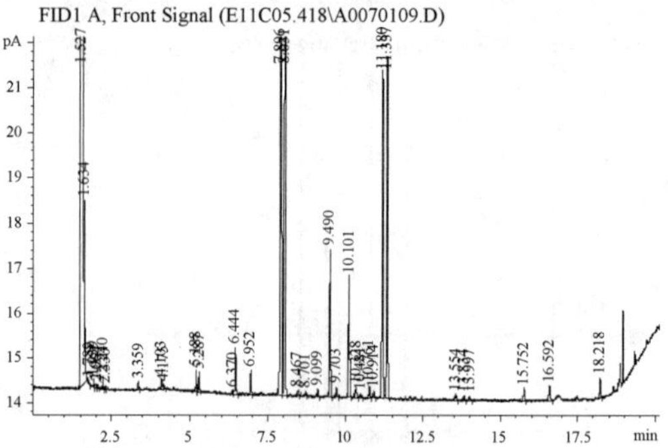


慢病类芽胞杆菌(*Paeniacillus lentimorbus*)的脂肪酸谱图

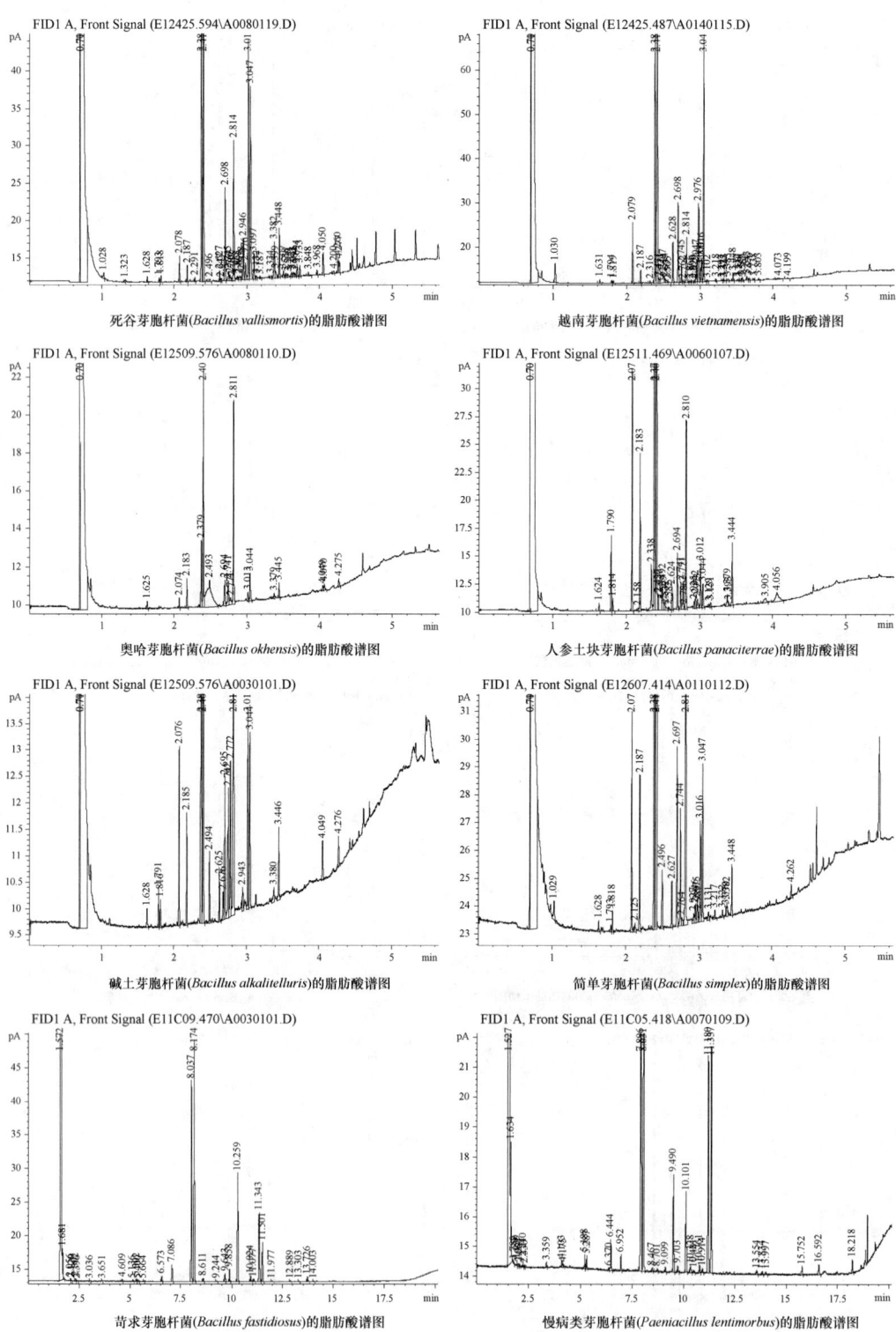

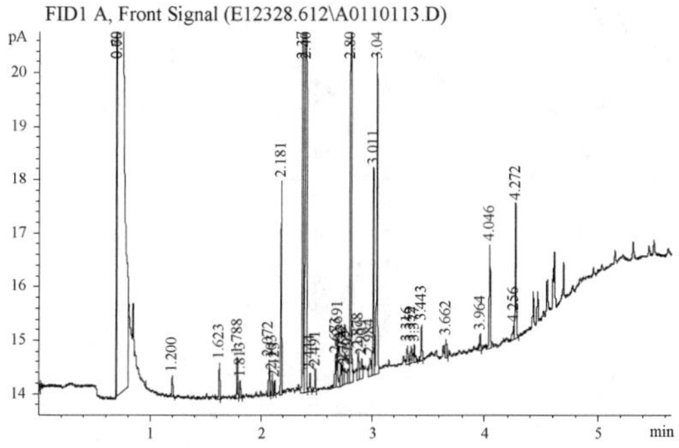


嗜碱芽胞杆菌(*Bacillus alacalphilus*)的脂肪酸谱图

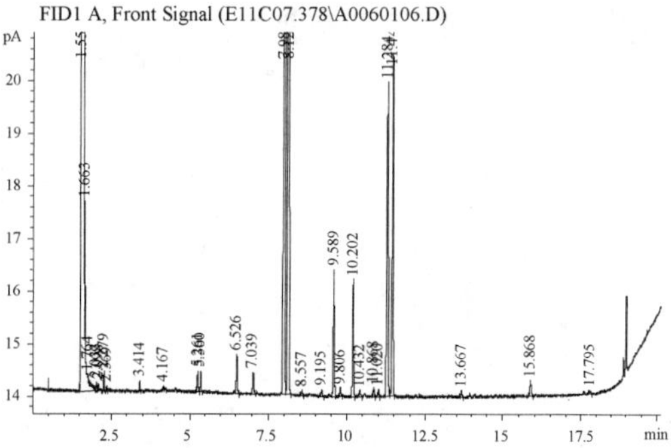


球胞芽胞杆菌(*Bacillus globisporus*)的脂肪酸谱图

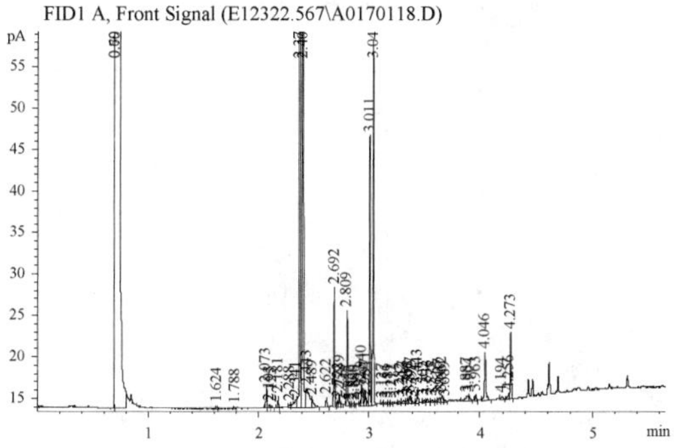


凝结芽胞杆菌(*Bacillus coagulans*)的脂肪酸谱图

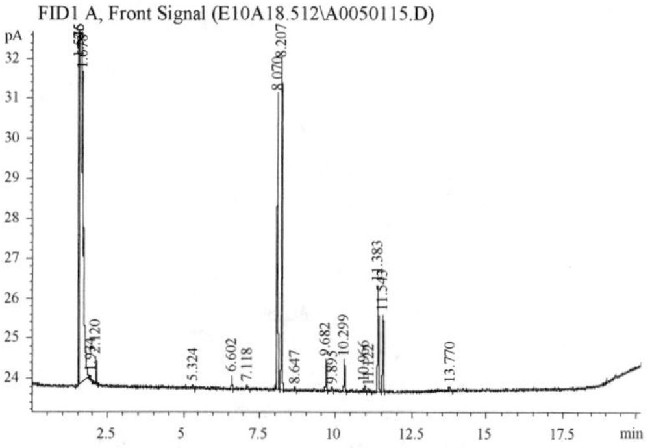


解淀粉芽胞杆菌(*Bacillus amyloliquefaciens*)的脂肪酸谱图

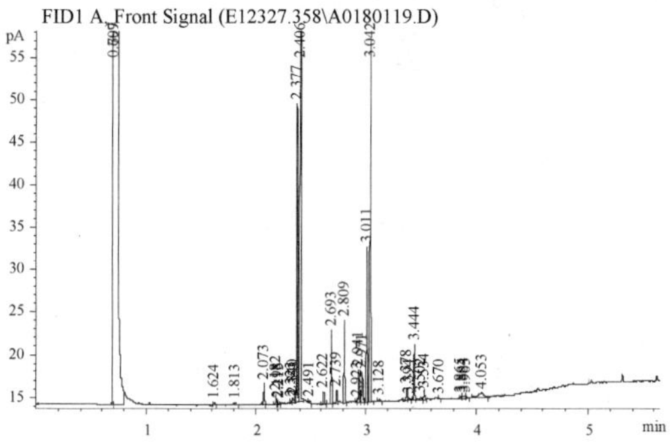


萎缩芽胞杆菌(*Bacillus atrophaeus*)的脂肪酸谱图

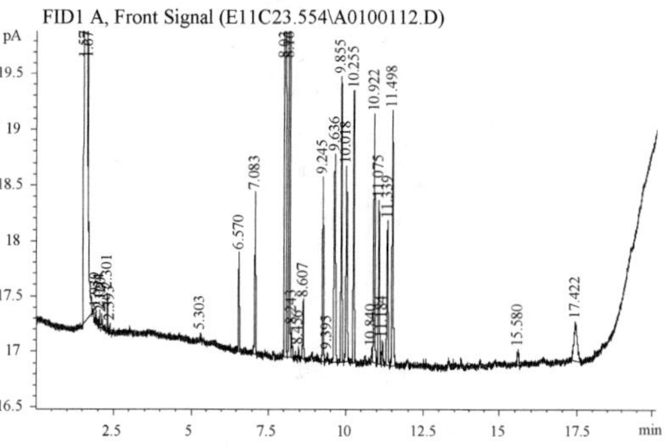


栗褐芽胞杆菌(*Bacillus badius*)的脂肪酸谱图

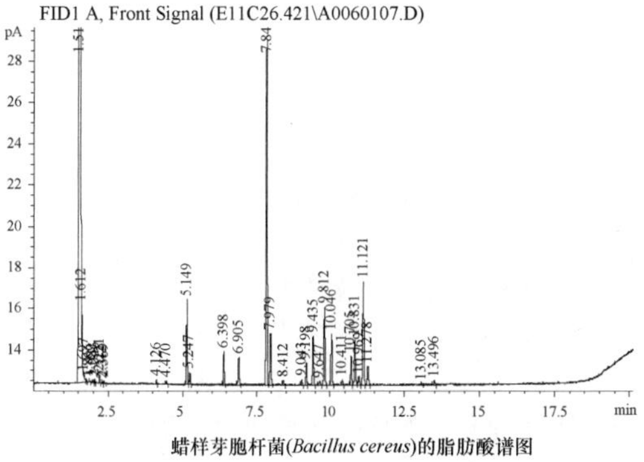


蜡样芽胞杆菌(*Bacillus cereus*)的脂肪酸谱图

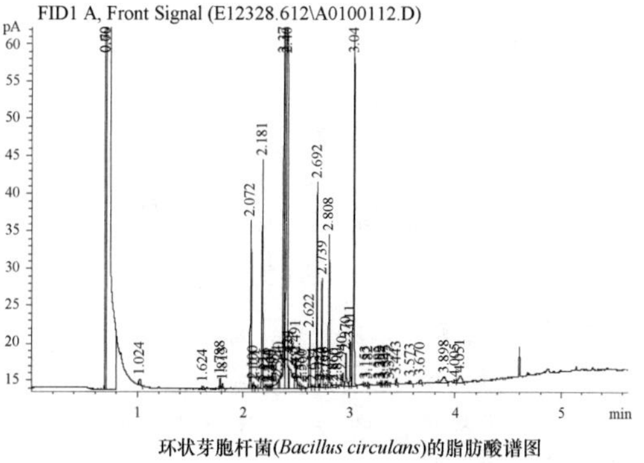


环状芽胞杆菌(*Bacillus circulans*)的脂肪酸谱图

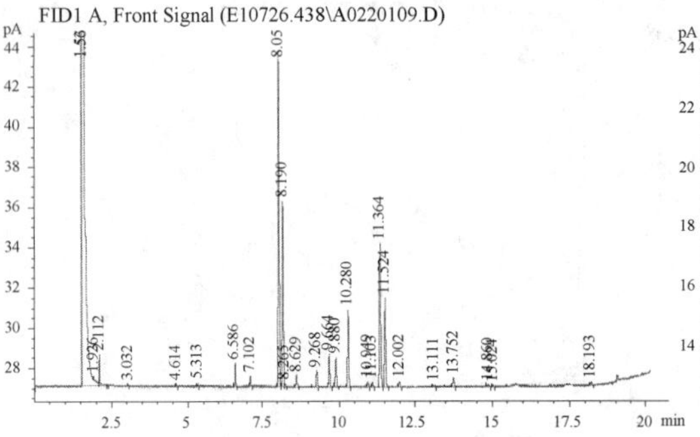


克劳氏芽胞杆菌(*Bacillus clausii*)的脂肪酸谱图

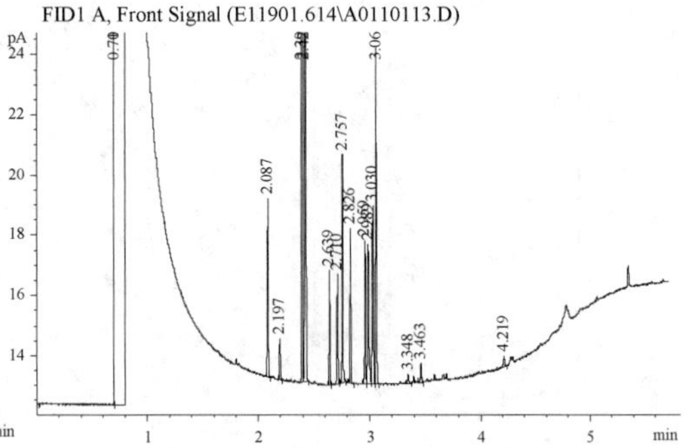


弯曲芽胞杆菌(*Bacillus flexus*)的脂肪酸谱图

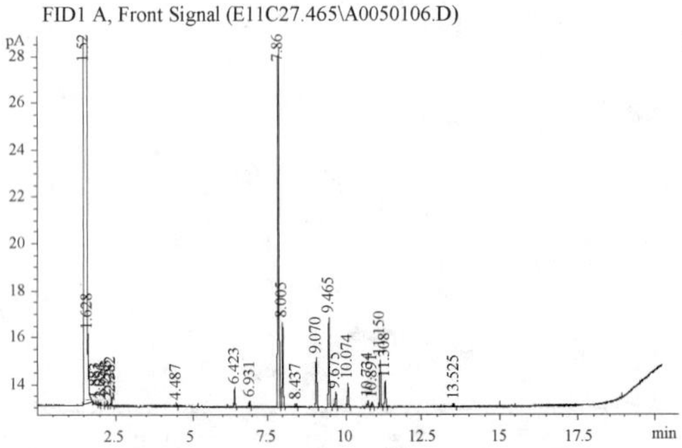


纺锤形芽胞杆菌(*Bacillus fusiformis*)的脂肪酸谱图

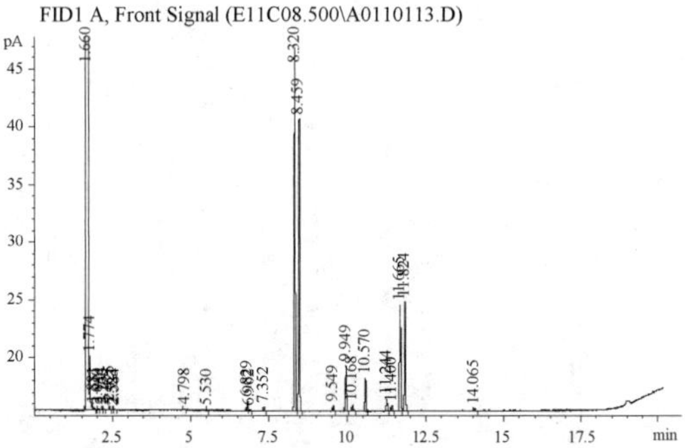


地衣芽胞杆菌(*Bacillus licheniformis*)的脂肪酸谱图

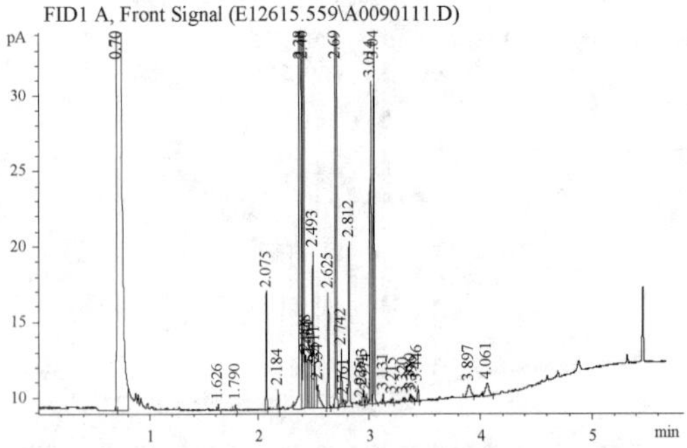


马赛芽胞杆菌(*Bacillus massiliensis*)的脂肪酸谱图

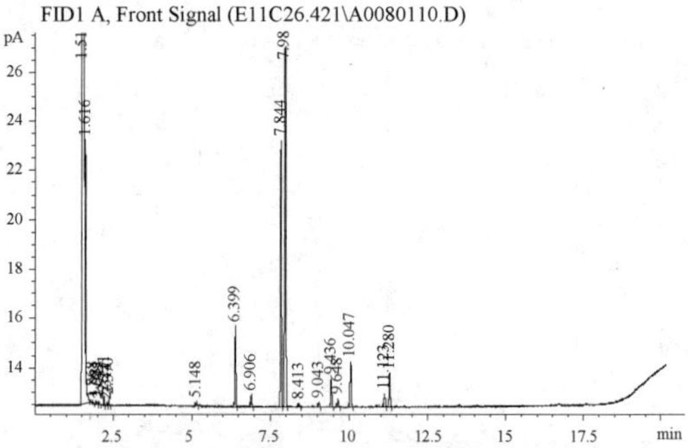


巨大芽胞杆菌(*Bacillus megaterium*)的脂肪酸谱图

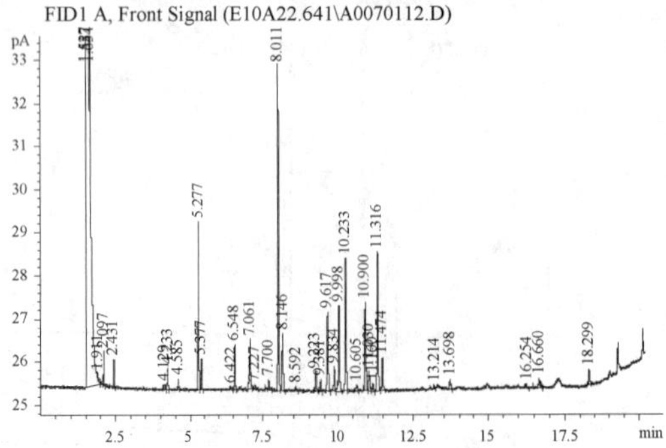


蕈状芽胞杆菌(*Bacillus mycoides*)的脂肪酸谱图

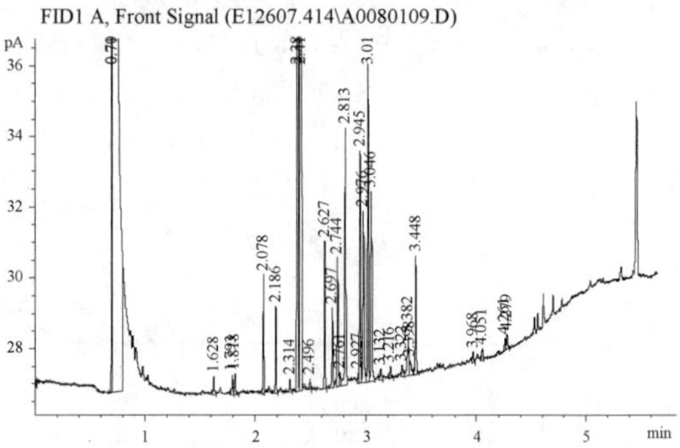


冷解糖芽胞杆菌(*Bacillus psychrosaccharolyticus*)的脂肪酸谱图

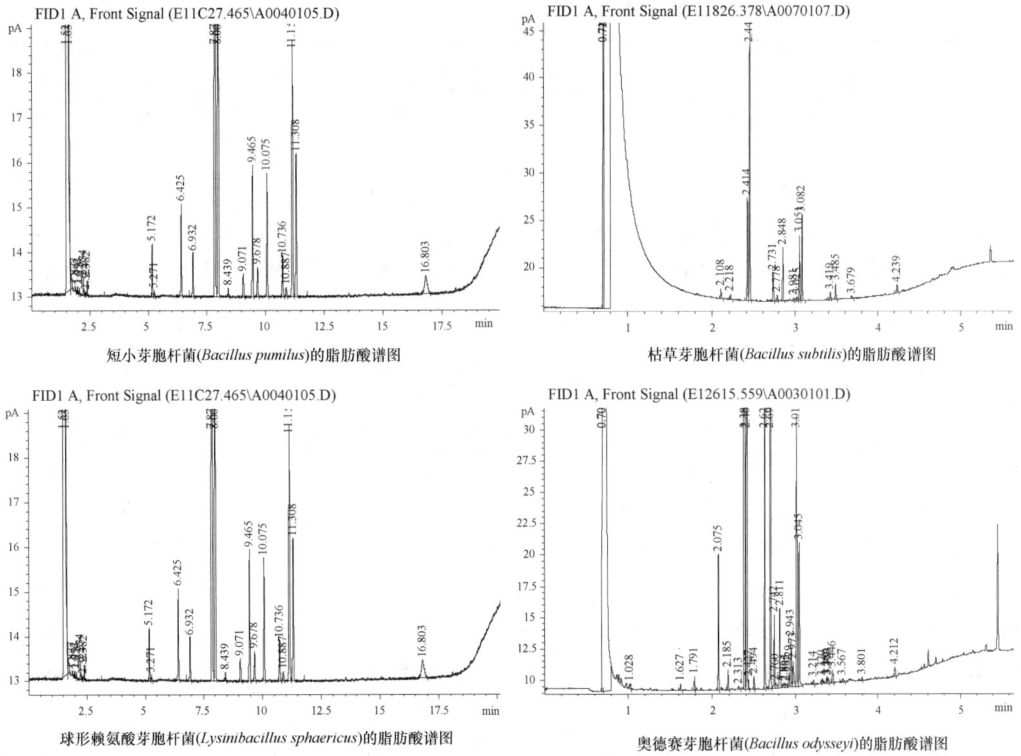


短小芽胞杆菌(*Bacillus pumilus*)的脂肪酸谱图　枯草芽胞杆菌(*Bacillus subtilis*)的脂肪酸谱图

球形赖氨酸芽胞杆菌(*Lysinibacillus sphaericus*)的脂肪酸谱图　奥德赛芽胞杆菌(*Bacillus odysseyi*)的脂肪酸谱图

图 2-2-1　典型芽胞杆菌脂肪酸组指纹图

## 3. 芽胞杆菌脂肪酸组数据比较

芽胞杆菌包含着不同的脂肪酸生物标记，研究测定了 90 种芽胞杆菌的脂肪酸组（表 2-2-1），共检测到高频率出现 30 个脂肪酸生物标记，碳链长度为 10～20；其中，支链脂肪酸 17 个，即 12:0 iso（0.06%）、13:0 anteiso（0.13%）、13:0 iso（0.59%）、14:0 iso（2.71%）、15:0 anteiso（30.85%）、15:0 iso（28.44%）、16:0 iso（5.02%）、16:1ω11c（1.47%）、16:1ω7c alcohol（1.33%）、17:0 anteiso（8.63%）、17:0 iso（5.25%）、17:0 iso 3OH（0.04%）、17:1 anteiso A（0.04%）、17:1 iso ω10c（1.17%）、17:1 iso ω5c（0.15%）、18:1ω9c（0.21%）、19:0 iso（0.03%）；直链脂肪酸 8 个，即 c10:0（0.07%）、c12:0（0.13%）、c14:0（1.55%）、c16:0（6.82%）、c17:0（0.08%）、c18:0（0.88%）、c19:0（0.10%）、c20:0（0.16%），直链脂肪酸中，除了 c16:0（细菌的特征脂肪酸）在所有的种类均有分布外，c10:0、c12:0、c14:0、c17:0、c18:0、c19:0、c20:0 在芽胞杆菌种中分布较少；复合脂肪酸 5 个，即 feature 1（0.02%）、feature 2（0.07%）、feature 3（0.58%）、feature 4（0.69%）、feature 8（0.13%）。

**表 2-2-1　芽胞杆菌 90 种脂肪酸组比较**　（%）

| 芽胞杆菌种名 | 15:0 anteiso | 15:0 iso | 17:0 anteiso | c16:0 | 17:0 iso | 16:0 iso | 14:0 iso | c14:0 | 16:1 ω11c | 16:1ω7c alcohol |
|---|---|---|---|---|---|---|---|---|---|---|
| *Bacillus acidiceler* | 57.49 | 15.13 | 5.19 | 4.67 | 0.00 | 9.35 | 4.08 | 2.23 | 0.00 | 0.00 |
| *B. acidicola* | 47.89 | 4.07 | 14.43 | 9.01 | 3.19 | 17.96 | 1.59 | 0.00 | 0.00 | 0.00 |
| *B. acidiproducens* | 53.85 | 6.35 | 13.06 | 9.64 | 0.00 | 7.56 | 4.01 | 3.74 | 0.00 | 0.00 |

续表

| 芽胞杆菌种名 | 15:0 anteiso | 15:0 iso | 17:0 anteiso | c16:0 | 17:0 iso | 16:0 iso | 14:0 iso | c14:0 | 16:1 ω11c | 16:1ω7c alcohol |
|---|---|---|---|---|---|---|---|---|---|---|
| *B. agaradhaerens* | 23.37 | 15.73 | 9.49 | 15.08 | 11.09 | 1.59 | 1.71 | 0.00 | 0.00 | 0.00 |
| *B. alcalophilus* | 35.73 | 28.09 | 6.23 | 13.15 | 3.82 | 1.05 | 0.64 | 3.71 | 0.53 | 0.00 |
| *B. alkalitelluris* | 34.26 | 20.54 | 3.01 | 20.37 | 3.42 | 2.67 | 2.98 | 2.00 | 2.52 | 0.00 |
| *B. altitudinis* | 25.75 | 52.01 | 4.52 | 2.40 | 6.15 | 3.10 | 1.26 | 0.00 | 0.00 | 0.00 |
| *B. amyloliquefaciens* | 35.19 | 31.35 | 9.44 | 3.79 | 12.66 | 3.60 | 1.26 | 0.48 | 0.39 | 0.00 |
| *B. aryabhattai* | 36.03 | 38.68 | 4.07 | 6.59 | 3.34 | 1.88 | 4.13 | 1.65 | 0.88 | 0.13 |
| *B. atrophaeus* | 45.13 | 13.13 | 16.34 | 3.83 | 6.93 | 3.43 | 1.03 | 0.51 | 0.73 | 0.57 |
| *B. badius* | 10.67 | 45.47 | 5.19 | 5.06 | 2.88 | 4.89 | 1.59 | 2.69 | 5.34 | 3.35 |
| *B. bataviensis* | 33.12 | 35.21 | 2.85 | 3.35 | 2.80 | 2.95 | 3.38 | 0.53 | 4.33 | 2.62 |
| *B. beijingensis* | 39.09 | 23.12 | 18.05 | 2.70 | 2.91 | 3.69 | 1.94 | 0.42 | 2.05 | 2.18 |
| *B. boroniphilus* | 10.11 | 35.93 | 12.56 | 9.00 | 9.14 | 2.01 | 0.00 | 1.29 | 4.78 | 0.00 |
| *B. butanolivorans* | 43.47 | 12.05 | 3.24 | 6.91 | 1.37 | 7.56 | 7.67 | 2.38 | 4.12 | 4.32 |
| *B. carboniphilus* | 17.92 | 47.05 | 1.96 | 4.16 | 6.08 | 4.29 | 5.38 | 1.92 | 1.76 | 1.15 |
| *B. cellulosilyticus* | 23.18 | 22.09 | 6.85 | 15.40 | 5.85 | 3.68 | 1.71 | 2.52 | 2.38 | 0.81 |
| *B. cereus* | 4.40 | 29.19 | 2.11 | 6.11 | 11.84 | 5.99 | 2.97 | 2.38 | 0.00 | 0.00 |
| *B. cibi* | 14.66 | 45.00 | 5.70 | 4.43 | 5.39 | 8.32 | 4.77 | 1.27 | 2.31 | 2.43 |
| *B. circulans* | 44.83 | 14.02 | 9.85 | 4.25 | 1.33 | 5.58 | 4.54 | 6.33 | 3.07 | 1.56 |
| *B. clausii* | 18.24 | 32.70 | 10.20 | 8.14 | 15.58 | 3.48 | 2.06 | 0.99 | 3.03 | 1.69 |
| *B. coagulans* | 31.20 | 32.07 | 12.30 | 3.45 | 9.23 | 3.91 | 0.00 | 0.00 | 0.00 | 0.00 |
| *B. cohnii* | 23.44 | 38.11 | 6.29 | 3.52 | 3.25 | 4.64 | 2.24 | 1.22 | 4.01 | 1.13 |
| *B. decisifrondis* | 6.13 | 53.52 | 1.42 | 1.70 | 2.63 | 11.27 | 4.33 | 0.49 | 1.60 | 12.54 |
| *B. decolorationis* | 27.60 | 38.29 | 9.10 | 9.40 | 8.79 | 1.54 | 0.00 | 1.71 | 0.00 | 0.00 |
| *B. drentensis* | 59.16 | 5.47 | 13.89 | 1.69 | 0.00 | 10.52 | 1.04 | 1.36 | 0.00 | 0.00 |
| *B. endophyticus* | 38.68 | 16.09 | 10.64 | 10.83 | 2.16 | 7.76 | 5.59 | 2.72 | 2.17 | 1.29 |
| *B. fastidiosus* | 32.29 | 26.73 | 5.91 | 15.73 | 10.41 | 1.22 | 0.67 | 2.05 | 1.72 | 0.08 |
| *B. flexus* | 33.28 | 26.42 | 8.02 | 3.69 | 4.29 | 2.66 | 3.97 | 0.96 | 5.64 | 2.62 |
| *B. fordii* | 24.35 | 33.17 | 16.03 | 1.59 | 8.47 | 4.81 | 1.35 | 0.31 | 2.20 | 2.43 |
| *B. fortis* | 28.12 | 36.89 | 14.39 | 2.21 | 5.67 | 3.09 | 0.00 | 0.00 | 1.09 | 0.00 |
| *B. fusiformis* | 11.08 | 47.35 | 3.71 | 3.51 | 6.98 | 12.79 | 2.36 | 0.71 | 2.12 | 6.99 |
| *B. galactosidilyticus* | 27.10 | 16.07 | 5.85 | 34.24 | 1.27 | 2.08 | 2.82 | 6.54 | 0.00 | 0.00 |
| *B. gelatini* | 54.64 | 13.91 | 6.86 | 1.61 | 3.23 | 1.46 | 1.97 | 1.16 | 0.00 | 0.00 |
| *B. ginsengihumi* | 33.59 | 19.92 | 35.29 | 2.07 | 4.70 | 1.61 | 0.00 | 0.00 | 0.00 | 0.00 |
| *B. globisporus* | 33.93 | 35.46 | 9.34 | 3.34 | 8.77 | 3.44 | 1.02 | 0.00 | 0.00 | 0.00 |
| *B. hemicellulosilyticus* | 42.45 | 20.13 | 11.67 | 10.94 | 3.98 | 2.85 | 0.88 | 2.16 | 0.00 | 0.25 |
| *B. horikoshii* | 9.85 | 28.03 | 10.38 | 8.13 | 5.35 | 3.96 | 0.00 | 1.61 | 8.64 | 2.84 |
| *B. humi* | 51.24 | 16.45 | 3.27 | 1.74 | 0.39 | 6.29 | 13.43 | 0.98 | 2.20 | 1.97 |
| *B. indicus* | 15.41 | 39.57 | 5.19 | 5.48 | 3.77 | 8.56 | 5.22 | 1.96 | 4.42 | 4.02 |
| *B. isronensis* | 3.68 | 50.17 | 1.40 | 3.34 | 3.92 | 4.94 | 4.17 | 0.00 | 2.62 | 14.77 |

续表

| 芽胞杆菌种名 | 15:0 anteiso | 15:0 iso | 17:0 anteiso | c16:0 | 17:0 iso | 16:0 iso | 14:0 iso | c14:0 | 16:1 ω11c | 16:1ω7c alcohol |
|---|---|---|---|---|---|---|---|---|---|---|
| *B. koreensis* | 33.66 | 37.27 | 5.44 | 4.67 | 3.48 | 4.92 | 3.56 | 0.00 | 0.00 | 0.00 |
| *B. kribbensis* | 66.28 | 9.35 | 10.72 | 2.98 | 0.00 | 3.90 | 3.47 | 1.50 | 0.00 | 0.00 |
| *B. lehensis* | 17.59 | 33.07 | 4.22 | 13.39 | 8.90 | 3.85 | 4.13 | 3.72 | 0.00 | 0.00 |
| *Paenibacillus lentimorbus* | 34.00 | 37.74 | 8.67 | 2.96 | 8.33 | 3.59 | 1.09 | 0.51 | 0.24 | 0.17 |
| *B. licheniformis* | 29.35 | 37.28 | 10.56 | 3.09 | 10.72 | 4.56 | 0.95 | 0.37 | 0.55 | 0.55 |
| *B. luciferensis* | 39.46 | 30.44 | 5.43 | 4.23 | 2.16 | 8.28 | 3.97 | 1.43 | 0.00 | 1.00 |
| *B. macyae* | 42.27 | 3.11 | 17.66 | 11.08 | 0.77 | 7.51 | 1.88 | 1.59 | 0.40 | 0.40 |
| *B. marisflavi* | 36.88 | 28.27 | 11.18 | 2.79 | 1.69 | 8.41 | 5.27 | 0.00 | 0.00 | 0.50 |
| *B. massiliensis* | 12.94 | 53.62 | 5.97 | 2.98 | 5.37 | 12.26 | 1.85 | 0.31 | 1.02 | 1.85 |
| *B. megaterium* | 41.72 | 30.72 | 4.31 | 5.82 | 1.79 | 3.53 | 8.66 | 1.37 | 1.00 | 0.64 |
| *B. mojavensis* | 44.86 | 15.35 | 15.39 | 3.17 | 6.36 | 5.26 | 1.40 | 0.31 | 1.43 | 0.90 |
| *B. muralis* | 54.62 | 18.42 | 2.48 | 7.22 | 1.94 | 3.48 | 4.02 | 2.13 | 2.32 | 0.93 |
| *B. murimartini* | 36.58 | 28.63 | 10.17 | 3.23 | 9.88 | 3.93 | 1.29 | 0.00 | 0.00 | 0.00 |
| *B. mycoides* | 3.92 | 22.51 | 2.66 | 10.04 | 11.01 | 6.82 | 2.84 | 3.96 | 1.79 | 1.36 |
| *B. nealsonii* | 32.60 | 20.39 | 4.81 | 12.85 | 2.46 | 4.09 | 5.99 | 10.24 | 0.00 | 0.00 |
| *B. niabensis* | 38.08 | 8.13 | 9.90 | 24.26 | 2.46 | 5.90 | 5.61 | 2.80 | 0.00 | 0.00 |
| *B. niacini* | 18.28 | 30.14 | 4.04 | 6.60 | 6.24 | 7.11 | 6.37 | 0.96 | 7.38 | 3.63 |
| *B. novalis* | 38.59 | 39.89 | 3.74 | 6.70 | 1.35 | 2.97 | 2.63 | 1.73 | 0.32 | 0.00 |
| *B. odysseyi* | 10.90 | 51.63 | 3.17 | 1.78 | 5.62 | 10.80 | 2.61 | 0.38 | 1.53 | 7.73 |
| *B. okhensis* | 33.75 | 9.72 | 4.47 | 28.58 | 1.61 | 4.25 | 1.43 | 4.17 | 4.72 | 0.00 |
| *B. okuhidensis* | 34.32 | 31.42 | 8.75 | 10.63 | 5.84 | 2.02 | 1.00 | 2.36 | 0.33 | 0.00 |
| *B. oleronius* | 19.39 | 40.48 | 20.48 | 2.94 | 9.44 | 2.43 | 0.00 | 0.00 | 0.00 | 0.00 |
| *B. panaciterrae* | 22.57 | 39.03 | 2.08 | 7.03 | 2.73 | 2.76 | 7.29 | 5.45 | 0.92 | 0.64 |
| *Virgibacillus pantothenticus* | 41.32 | 9.16 | 28.89 | 5.73 | 4.94 | 5.32 | 1.08 | 0.00 | 0.00 | 0.00 |
| *B. patagoniensis* | 31.56 | 38.32 | 7.39 | 3.38 | 5.77 | 5.96 | 4.11 | 0.00 | 0.00 | 1.23 |
| *B. pseudalcaliphilus* | 26.97 | 20.65 | 10.42 | 6.01 | 1.40 | 6.41 | 3.99 | 1.29 | 0.00 | 1.30 |
| *B. pseudomycoides* | 3.31 | 17.64 | 2.59 | 8.82 | 14.78 | 6.86 | 2.70 | 2.33 | 0.00 | 0.00 |
| *B. psychrosaccharolyticus* | 40.74 | 30.82 | 2.70 | 3.63 | 4.18 | 1.13 | 1.48 | 1.17 | 1.75 | 1.82 |
| *Psychrobacillus psychrotolerans* | 32.22 | 30.29 | 2.28 | 1.23 | 0.34 | 1.77 | 11.02 | 2.61 | 3.98 | 8.64 |
| *B. pumilus* | 26.35 | 51.48 | 3.58 | 2.93 | 6.31 | 3.02 | 1.87 | 0.92 | 0.70 | 0.54 |
| *B. ruris* | 38.00 | 10.60 | 8.91 | 28.15 | 4.02 | 3.37 | 1.21 | 2.19 | 0.00 | 0.00 |
| *B. safensis* | 27.81 | 51.43 | 5.04 | 1.97 | 5.57 | 3.67 | 1.06 | 0.00 | 0.00 | 0.00 |
| *B. selenatarsenatis* | 26.22 | 38.65 | 21.25 | 1.62 | 2.08 | 3.41 | 0.48 | 1.15 | 0.72 | 0.16 |
| *B. selenitireducens* | 3.93 | 50.93 | 0.86 | 3.84 | 3.10 | 0.00 | 0.00 | 5.02 | 14.11 | 1.15 |
| *B. seohaeanensis* | 55.80 | 7.26 | 14.46 | 7.18 | 1.82 | 5.23 | 1.46 | 1.44 | 0.00 | 0.00 |
| *B. shackletonii* | 28.61 | 39.29 | 19.17 | 1.67 | 2.04 | 2.95 | 0.00 | 1.02 | 0.00 | 0.00 |
| *B. simplex* | 56.97 | 14.78 | 2.76 | 8.37 | 1.74 | 2.93 | 3.34 | 2.50 | 2.05 | 0.00 |

续表

| 芽胞杆菌种名 | 15:0 anteiso | 15:0 iso | 17:0 anteiso | c16:0 | 17:0 iso | 16:0 iso | 14:0 iso | c14:0 | 16:1 ω11c | 16:1ω7c alcohol |
|---|---|---|---|---|---|---|---|---|---|---|
| *B. siralis* | 17.54 | 31.85 | 3.77 | 21.49 | 4.00 | 5.75 | 4.23 | 4.01 | 2.11 | 0.00 |
| *B. soli* | 34.16 | 39.48 | 3.05 | 3.09 | 3.44 | 3.21 | 3.59 | 1.02 | 1.80 | 1.64 |
| *B. sonorensis* | 29.42 | 24.70 | 12.36 | 5.52 | 7.60 | 3.62 | 0.00 | 0.00 | 0.00 | 0.00 |
| *Lysinibacillus sphaericus* | 9.63 | 57.73 | 2.14 | 1.71 | 3.78 | 6.64 | 2.11 | 0.42 | 1.71 | 9.17 |
| *B. subtilis* | 39.76 | 21.38 | 10.71 | 3.78 | 12.21 | 5.09 | 1.83 | 0.35 | 0.89 | 0.00 |
| *B. subtilis* subsp. *inaquosorum* | 34.85 | 25.93 | 10.14 | 4.06 | 12.41 | 4.40 | 1.34 | 0.40 | 0.54 | 0.00 |
| *B. subtilis* subsp. *spizizenii* | 38.55 | 19.94 | 15.47 | 3.15 | 12.32 | 3.60 | 1.00 | 0.27 | 0.43 | 0.00 |
| *B. subtilis* subsp. *subtilis* | 35.84 | 29.24 | 9.19 | 3.09 | 11.15 | 4.54 | 1.61 | 0.29 | 0.67 | 0.00 |
| *B. thuringiensis* | 5.09 | 34.15 | 1.24 | 4.75 | 10.74 | 2.18 | 2.08 | 3.16 | 0.00 | 0.00 |
| *B. vallismortis* | 29.69 | 23.12 | 9.22 | 6.13 | 10.53 | 4.17 | 1.17 | 0.00 | 0.00 | 0.00 |
| *B. vedderi* | 31.08 | 4.48 | 25.81 | 4.41 | 2.07 | 26.14 | 1.06 | 0.00 | 0.00 | 0.00 |
| *B. vietnamensis* | 46.82 | 19.24 | 11.88 | 2.37 | 1.27 | 3.93 | 2.92 | 0.00 | 0.00 | 1.93 |

| 芽胞杆菌种名 | 17:1 iso ω10c | c18:0 | feature 4 | 13:0 iso | feature 3 | 18:1ω9c | c20:0 | 17:1 iso ω5c | feature 8 | c12:0 |
|---|---|---|---|---|---|---|---|---|---|---|
| *B. acidiceler* | 0.00 | 0.00 | 0.00 | 0.00 | 0.00 | 0.00 | 0.00 | 0.00 | 0.00 | 0.00 |
| *B. acidicola* | 0.00 | 0.00 | 0.00 | 0.00 | 0.00 | 0.00 | 0.00 | 0.00 | 0.00 | 0.00 |
| *B. acidiproducens* | 0.00 | 1.22 | 0.00 | 0.00 | 0.00 | 0.00 | 0.00 | 0.00 | 0.00 | 0.00 |
| *B. agaradhaerens* | 0.00 | 5.05 | 0.00 | 0.00 | 0.00 | 1.73 | 0.00 | 0.00 | 4.45 | 1.37 |
| *B. alcalophilus* | 0.00 | 0.69 | 0.00 | 0.79 | 0.70 | 0.48 | 0.00 | 0.00 | 0.00 | 0.84 |
| *B. alkalitelluris* | 0.00 | 1.49 | 0.00 | 0.00 | 2.88 | 0.00 | 0.00 | 0.00 | 0.00 | 0.00 |
| *B. altitudinis* | 0.00 | 0.00 | 0.00 | 0.00 | 0.00 | 0.00 | 0.00 | 0.00 | 0.00 | 0.00 |
| *B. amyloliquefaciens* | 0.70 | 0.49 | 0.28 | 0.39 | 0.00 | 0.00 | 0.00 | 0.00 | 0.00 | 0.00 |
| *B. aryabhattai* | 0.17 | 0.65 | 0.00 | 0.37 | 0.00 | 0.37 | 0.00 | 0.00 | 0.00 | 0.21 |
| *B. atrophaeus* | 1.50 | 2.68 | 1.51 | 0.00 | 0.00 | 0.75 | 0.00 | 0.00 | 0.20 | 0.20 |
| *B. badius* | 4.85 | 0.00 | 3.30 | 0.12 | 3.84 | 0.00 | 0.00 | 0.00 | 0.00 | 0.00 |
| *B. bataviensis* | 2.81 | 1.50 | 1.40 | 0.00 | 0.00 | 1.07 | 0.00 | 0.00 | 0.00 | 0.00 |
| *B. beijingensis* | 1.00 | 0.00 | 2.24 | 0.00 | 0.00 | 0.00 | 0.00 | 0.00 | 0.00 | 0.00 |
| *B. boroniphilus* | 4.99 | 3.32 | 4.92 | 0.00 | 0.00 | 0.00 | 0.00 | 0.00 | 0.00 | 0.00 |
| *B. butanolivorans* | 0.59 | 0.37 | 0.80 | 0.08 | 0.11 | 0.34 | 1.89 | 0.00 | 0.00 | 0.18 |
| *B. carboniphilus* | 4.49 | 0.58 | 0.46 | 0.29 | 0.09 | 0.27 | 0.00 | 0.00 | 0.04 | 0.07 |
| *B. cellulosilyticus* | 0.61 | 5.82 | 1.11 | 0.64 | 0.00 | 1.16 | 0.00 | 0.00 | 1.68 | 1.49 |
| *B. cereus* | 4.61 | 0.50 | 0.00 | 6.62 | 8.43 | 0.00 | 0.00 | 5.53 | 0.00 | 0.00 |
| *B. cibi* | 2.61 | 0.00 | 1.13 | 0.00 | 0.00 | 0.00 | 0.00 | 0.00 | 0.00 | 0.00 |
| *B. circulans* | 0.47 | 0.21 | 1.15 | 0.29 | 0.16 | 0.13 | 0.00 | 0.00 | 0.00 | 0.11 |
| *B. clausii* | 0.66 | 1.00 | 0.55 | 0.20 | 0.00 | 0.00 | 0.00 | 0.00 | 0.00 | 0.24 |
| *B. coagulans* | 0.00 | 0.00 | 0.00 | 0.00 | 0.00 | 0.00 | 0.00 | 0.00 | 0.00 | 0.00 |
| *B. cohnii* | 6.95 | 0.76 | 2.56 | 0.16 | 0.00 | 0.61 | 0.00 | 0.00 | 0.00 | 0.45 |
| *B. decisifrondis* | 0.57 | 0.86 | 0.47 | 0.22 | 0.00 | 0.25 | 0.24 | 0.00 | 0.14 | 0.20 |
| *B. decolorationis* | 0.00 | 0.00 | 0.00 | 0.00 | 0.00 | 0.00 | 0.00 | 0.00 | 0.00 | 0.00 |
| *B. drentensis* | 0.00 | 0.00 | 0.00 | 0.00 | 0.00 | 0.00 | 0.00 | 0.00 | 1.97 | 0.00 |

续表

| 芽胞杆菌种名 | 17:1 iso ω10c | c18:0 | feature 4 | 13:0 iso | feature 3 | 18:1ω9c | c20:0 | 17:1 iso ω5c | feature 8 | c12:0 |
|---|---|---|---|---|---|---|---|---|---|---|
| *B. endophyticus* | 0.28 | 0.54 | 0.74 | 0.20 | 0.00 | 0.00 | 0.00 | 0.00 | 0.00 | 0.00 |
| *B. fastidiosus* | 0.83 | 0.75 | 0.39 | 0.35 | 0.00 | 0.00 | 0.00 | 0.00 | 0.00 | 0.22 |
| *B. flexus* | 3.60 | 0.54 | 3.98 | 0.00 | 0.00 | 0.00 | 0.00 | 0.00 | 0.00 | 0.00 |
| *B. fordii* | 1.69 | 0.45 | 1.16 | 0.11 | 0.12 | 0.44 | 0.18 | 0.00 | 0.00 | 0.00 |
| *B. fortis* | 0.00 | 0.00 | 0.00 | 0.00 | 0.00 | 0.00 | 0.00 | 0.00 | 1.98 | 0.00 |
| *B. fusiformis* | 0.89 | 0.49 | 0.78 | 0.00 | 0.00 | 0.00 | 0.00 | 0.00 | 0.00 | 0.24 |
| *B. galactosidilyticus* | 0.00 | 1.79 | 0.00 | 0.00 | 0.00 | 0.00 | 0.00 | 0.00 | 0.00 | 0.00 |
| *B. gelatini* | 0.00 | 2.53 | 0.00 | 1.49 | 0.00 | 0.00 | 4.24 | 0.00 | 0.00 | 0.00 |
| *B. ginsengihumi* | 0.00 | 0.00 | 0.00 | 0.00 | 0.00 | 0.00 | 0.00 | 0.00 | 0.00 | 0.00 |
| *B. globisporus* | 0.00 | 0.00 | 0.00 | 0.00 | 0.00 | 0.00 | 0.00 | 0.00 | 0.00 | 0.00 |
| *B. hemicellulosilyticus* | 0.00 | 1.46 | 0.00 | 0.50 | 0.00 | 0.00 | 0.00 | 0.00 | 0.00 | 0.69 |
| *B. horikoshii* | 9.69 | 0.00 | 6.64 | 0.00 | 0.00 | 0.00 | 0.00 | 0.00 | 0.00 | 0.00 |
| *B. humi* | 0.15 | 0.17 | 0.26 | 0.29 | 0.00 | 0.00 | 0.00 | 0.00 | 0.00 | 0.07 |
| *B. indicus* | 2.96 | 0.00 | 1.65 | 0.00 | 0.00 | 0.00 | 0.00 | 0.00 | 0.00 | 0.00 |
| *B. isronensis* | 3.73 | 0.00 | 0.00 | 0.00 | 0.00 | 0.00 | 0.00 | 0.00 | 0.00 | 0.00 |
| *B. koreensis* | 0.00 | 1.24 | 0.00 | 0.00 | 0.00 | 0.00 | 1.50 | 0.00 | 0.00 | 0.00 |
| *B. kribbensis* | 0.00 | 0.00 | 0.00 | 0.00 | 0.00 | 0.00 | 0.00 | 0.00 | 0.00 | 0.00 |
| *B. lehensis* | 0.00 | 3.12 | 0.00 | 0.00 | 1.02 | 1.65 | 0.00 | 0.00 | 0.00 | 0.00 |
| *Paenibacillus lentimorbus* | 0.30 | 0.16 | 0.17 | 0.40 | 0.00 | 0.00 | 0.00 | 0.00 | 0.00 | 0.00 |
| *B. licheniformis* | 1.21 | 0.00 | 0.62 | 0.00 | 0.00 | 0.00 | 0.19 | 0.00 | 0.00 | 0.00 |
| *B. luciferensis* | 0.00 | 0.00 | 0.00 | 0.00 | 0.00 | 0.00 | 0.00 | 0.00 | 0.00 | 0.00 |
| *B. macyae* | 0.00 | 8.69 | 0.00 | 0.00 | 0.00 | 1.59 | 0.32 | 0.00 | 0.67 | 0.70 |
| *B. marisflavi* | 0.00 | 0.00 | 0.00 | 0.00 | 0.00 | 0.00 | 0.00 | 0.00 | 0.00 | 0.00 |
| *B. massiliensis* | 0.30 | 0.32 | 0.23 | 0.11 | 0.19 | 0.14 | 0.00 | 0.00 | 0.08 | 0.11 |
| *B. megaterium* | 0.00 | 0.00 | 0.00 | 0.44 | 0.00 | 0.00 | 0.00 | 0.00 | 0.00 | 0.00 |
| *B. mojavensis* | 2.57 | 0.28 | 2.17 | 0.00 | 0.00 | 0.00 | 0.00 | 0.00 | 0.00 | 0.00 |
| *B. muralis* | 0.42 | 0.74 | 0.35 | 0.00 | 0.00 | 0.29 | 0.00 | 0.00 | 0.00 | 0.00 |
| *B. murimartini* | 1.05 | 0.00 | 0.00 | 0.00 | 0.00 | 0.00 | 0.00 | 0.00 | 0.00 | 0.00 |
| *B. mycoides* | 6.86 | 0.80 | 0.00 | 9.54 | 6.98 | 0.00 | 0.00 | 2.03 | 0.00 | 0.55 |
| *B. nealsonii* | 0.00 | 0.00 | 0.00 | 1.63 | 0.00 | 0.00 | 0.00 | 0.00 | 0.00 | 0.00 |
| *B. niabensis* | 0.00 | 2.01 | 0.00 | 0.00 | 0.00 | 0.00 | 0.00 | 0.00 | 0.00 | 0.00 |
| *B. niacini* | 3.17 | 2.15 | 0.97 | 0.61 | 0.31 | 0.00 | 0.00 | 0.00 | 0.00 | 0.00 |
| *B. novalis* | 0.00 | 0.52 | 0.00 | 0.19 | 0.00 | 0.28 | 0.00 | 0.00 | 0.00 | 0.29 |
| *B. odysseyi* | 1.02 | 0.31 | 0.68 | 0.29 | 0.19 | 0.15 | 0.00 | 0.00 | 0.14 | 0.15 |
| *B. okhensis* | 0.00 | 2.20 | 0.00 | 0.00 | 2.43 | 1.40 | 0.00 | 0.00 | 0.00 | 1.29 |
| *B. okuhidensis* | 0.00 | 0.18 | 0.00 | 0.26 | 0.25 | 0.00 | 0.00 | 0.00 | 0.00 | 0.43 |
| *B. oleronius* | 0.00 | 0.00 | 0.00 | 0.00 | 0.00 | 0.00 | 0.00 | 0.00 | 0.00 | 0.00 |
| *B. panaciterrae* | 0.36 | 1.24 | 0.38 | 2.00 | 1.38 | 0.75 | 0.00 | 0.00 | 0.27 | 0.28 |
| *Virgibacillus pantothenticus* | 0.00 | 0.00 | 0.00 | 0.00 | 0.00 | 0.00 | 0.00 | 0.00 | 0.00 | 0.00 |
| *B. patagoniensis* | 0.00 | 0.00 | 0.00 | 0.00 | 0.00 | 0.00 | 0.00 | 0.00 | 0.00 | 0.00 |

续表

| 芽胞杆菌种名 | 17:1 iso ω10c | c18:0 | feature 4 | 13:0 iso | feature 3 | 18:1ω9c | c20:0 | 17:1 iso ω5c | feature 8 | c12:0 |
|---|---|---|---|---|---|---|---|---|---|---|
| *B. pseudalcaliphilus* | 0.00 | 5.53 | 1.22 | 0.00 | 0.00 | 0.00 | 6.19 | 0.00 | 0.00 | 0.00 |
| *B. pseudomycoides* | 0.00 | 0.93 | 0.00 | 8.81 | 13.37 | 0.00 | 0.00 | 0.00 | 0.00 | 0.67 |
| *B. psychrosaccharolyticus* | 3.00 | 1.67 | 2.47 | 0.00 | 0.00 | 0.00 | 0.00 | 0.00 | 0.00 | 0.00 |
| *Psychrobacillus psychrotolerans* | 0.30 | 0.41 | 2.65 | 0.27 | 0.26 | 0.20 | 0.00 | 0.00 | 0.13 | 0.27 |
| *B. pumilus* | 1.01 | 0.00 | 0.24 | 0.96 | 0.00 | 0.00 | 0.00 | 0.00 | 0.00 | 0.00 |
| *B. ruris* | 0.00 | 0.95 | 0.00 | 0.00 | 0.00 | 0.33 | 0.00 | 0.00 | 0.00 | 0.22 |
| *B. safensis* | 0.00 | 0.00 | 0.00 | 0.00 | 0.00 | 0.00 | 0.00 | 0.00 | 0.00 | 0.00 |
| *B. selenatarsenatis* | 1.01 | 0.74 | 1.06 | 0.11 | 0.11 | 0.44 | 0.00 | 0.00 | 0.20 | 0.12 |
| *B. selenitireducens* | 9.14 | 0.00 | 2.83 | 0.00 | 0.00 | 0.00 | 0.00 | 0.00 | 0.00 | 0.00 |
| *B. seohaeanensis* | 0.00 | 1.31 | 0.00 | 0.00 | 0.00 | 0.00 | 0.00 | 0.00 | 0.00 | 0.00 |
| *B. shackletonii* | 0.87 | 0.00 | 0.00 | 0.00 | 0.00 | 0.00 | 0.00 | 0.00 | 0.00 | 0.00 |
| *B. simplex* | 0.00 | 0.00 | 0.00 | 0.00 | 0.00 | 0.00 | 0.00 | 0.00 | 0.00 | 0.00 |
| *B. siralis* | 0.00 | 1.14 | 0.00 | 0.00 | 0.00 | 0.00 | 0.00 | 0.00 | 0.00 | 0.00 |
| *B. soli* | 1.55 | 0.00 | 0.00 | 0.00 | 0.00 | 0.00 | 0.00 | 0.00 | 0.00 | 0.00 |
| *B. sonorensis* | 1.36 | 1.50 | 0.00 | 0.00 | 0.00 | 1.69 | 0.00 | 0.00 | 0.00 | 0.00 |
| *Lysinibacillus sphaericus* | 1.41 | 0.32 | 1.02 | 0.00 | 0.00 | 0.00 | 0.00 | 0.00 | 0.00 | 0.23 |
| *B. subtilis* | 1.45 | 0.35 | 0.69 | 0.00 | 0.00 | 0.00 | 0.00 | 0.00 | 0.00 | 0.00 |
| *B. subtilis* subsp. *inaquosorum* | 1.00 | 0.70 | 0.33 | 0.00 | 0.00 | 0.00 | 0.00 | 0.00 | 0.00 | 0.00 |
| *B. subtilis* subsp. *spizizenii* | 1.03 | 0.88 | 0.80 | 0.00 | 0.00 | 0.00 | 0.00 | 0.00 | 0.00 | 0.00 |
| *B. subtilis* subsp. *subtilis* | 1.50 | 0.22 | 0.63 | 0.00 | 0.00 | 0.00 | 0.00 | 0.00 | 0.00 | 0.00 |
| *B. thuringiensis* | 0.00 | 0.00 | 0.00 | 14.56 | 9.15 | 0.00 | 0.00 | 5.74 | 0.00 | 0.00 |
| *B. vallismortis* | 1.92 | 2.30 | 1.05 | 0.00 | 0.00 | 2.06 | 0.00 | 0.00 | 0.00 | 0.00 |
| *B. vedderi* | 0.00 | 0.00 | 0.00 | 0.00 | 0.00 | 0.00 | 0.00 | 0.00 | 0.00 | 0.00 |
| *B. vietnamensis* | 0.00 | 0.00 | 4.00 | 0.00 | 0.00 | 0.00 | 0.00 | 0.00 | 0.00 | 0.00 |

| 芽胞杆菌种名 | 13:0 anteiso | c19:0 | c17:0 | c10:0 | feature 2 | 12:0 iso | 17:0 iso 3OH | 17:1 anteiso A | 19:0 iso | feature 1 |
|---|---|---|---|---|---|---|---|---|---|---|
| *B. acidiceler* | 0.00 | 0.00 | 0.00 | 0.00 | 0.00 | 0.00 | 0.00 | 0.00 | 0.00 | 0.00 |
| *B. acidicola* | 0.00 | 0.00 | 0.00 | 0.00 | 0.00 | 0.00 | 0.00 | 0.00 | 0.00 | 0.00 |
| *B. acidiproducens* | 0.00 | 0.00 | 0.00 | 0.00 | 0.00 | 0.00 | 0.00 | 0.00 | 0.00 | 0.00 |
| *B. agaradhaerens* | 0.00 | 3.17 | 0.00 | 0.00 | 0.00 | 0.00 | 0.00 | 0.00 | 0.00 | 0.00 |
| *B. alcalophilus* | 0.41 | 0.00 | 0.00 | 0.52 | 0.00 | 0.00 | 0.00 | 0.00 | 0.00 | 0.00 |
| *B. alkalitelluris* | 0.00 | 0.00 | 0.00 | 0.00 | 0.00 | 0.00 | 0.00 | 0.00 | 0.00 | 0.00 |
| *B. altitudinis* | 0.00 | 0.00 | 0.00 | 0.00 | 0.00 | 0.00 | 0.00 | 0.00 | 0.00 | 0.00 |
| *B. amyloliquefaciens* | 0.00 | 0.00 | 0.00 | 0.00 | 0.00 | 0.00 | 0.00 | 0.00 | 0.00 | 0.00 |
| *B. aryabhattai* | 0.13 | 0.00 | 0.00 | 0.00 | 0.00 | 0.00 | 0.00 | 0.00 | 0.00 | 0.00 |
| *B. atrophaeus* | 0.15 | 0.00 | 0.13 | 0.00 | 0.00 | 0.00 | 0.00 | 0.00 | 0.00 | 0.00 |
| *B. badius* | 0.00 | 0.00 | 0.00 | 0.00 | 0.00 | 0.00 | 0.00 | 0.50 | 0.00 | 0.00 |
| *B. bataviensis* | 0.00 | 0.00 | 0.00 | 0.00 | 0.00 | 0.00 | 0.00 | 0.00 | 0.00 | 0.00 |
| *B. beijingensis* | 0.00 | 0.00 | 0.00 | 0.00 | 0.00 | 0.00 | 0.00 | 0.00 | 0.00 | 0.00 |
| *B. boroniphilus* | 0.00 | 0.00 | 0.00 | 0.00 | 0.00 | 0.00 | 0.00 | 0.00 | 0.00 | 0.00 |

续表

| 芽胞杆菌种名 | 13:0 anteiso | c19:0 | c17:0 | c10:0 | feature 2 | 12:0 iso | 17:0 iso 3OH | 17:1 anteiso A | 19:0 iso | feature 1 |
|---|---|---|---|---|---|---|---|---|---|---|
| *B. butanolivorans* | 0.27 | 0.00 | 0.30 | 0.12 | 0.00 | 0.00 | 0.00 | 0.00 | 0.17 | 0.10 |
| *B. carboniphilus* | 0.07 | 0.12 | 0.21 | 0.13 | 0.00 | 0.00 | 0.00 | 0.00 | 0.16 | 0.00 |
| *B. cellulosilyticus* | 0.00 | 0.00 | 0.80 | 0.86 | 0.00 | 0.00 | 0.00 | 0.00 | 0.00 | 0.00 |
| *B. cereus* | 0.00 | 0.00 | 0.00 | 0.00 | 2.39 | 0.00 | 0.00 | 1.06 | 0.00 | 0.00 |
| *B. cibi* | 0.00 | 0.00 | 0.00 | 0.00 | 0.00 | 0.00 | 0.00 | 0.00 | 0.00 | 0.00 |
| *B. circulans* | 0.16 | 0.00 | 0.00 | 0.00 | 0.09 | 0.00 | 0.00 | 0.00 | 0.00 | 0.00 |
| *B. clausii* | 0.00 | 0.00 | 0.59 | 0.10 | 0.00 | 0.00 | 0.00 | 0.00 | 0.29 | 0.00 |
| *B. coagulans* | 0.00 | 0.00 | 0.00 | 0.00 | 0.00 | 0.00 | 0.00 | 0.00 | 0.00 | 0.00 |
| *B. cohnii* | 0.16 | 0.00 | 0.00 | 0.30 | 0.00 | 0.00 | 0.00 | 0.00 | 0.00 | 0.00 |
| *B. decisifrondis* | 0.00 | 0.00 | 0.00 | 0.00 | 0.00 | 0.00 | 0.00 | 0.00 | 0.21 | 0.00 |
| *B. decolorationis* | 0.00 | 0.00 | 0.00 | 1.33 | 0.00 | 0.00 | 0.00 | 0.00 | 0.00 | 0.00 |
| *B. drentensis* | 0.00 | 0.00 | 0.00 | 0.00 | 0.00 | 0.00 | 0.00 | 0.00 | 0.00 | 0.00 |
| *B. endophyticus* | 0.32 | 0.00 | 0.00 | 0.00 | 0.00 | 0.00 | 0.00 | 0.00 | 0.00 | 0.00 |
| *B. fastidiosus* | 0.11 | 0.00 | 0.16 | 0.05 | 0.00 | 0.00 | 0.00 | 0.00 | 0.00 | 0.00 |
| *B. flexus* | 0.00 | 0.00 | 0.00 | 0.00 | 0.00 | 0.00 | 0.00 | 0.00 | 0.00 | 0.00 |
| *B. fordii* | 0.07 | 0.00 | 0.40 | 0.00 | 0.00 | 0.00 | 0.00 | 0.00 | 0.11 | 0.00 |
| *B. fortis* | 0.00 | 0.00 | 0.00 | 0.00 | 0.00 | 0.00 | 0.00 | 0.00 | 0.00 | 0.00 |
| *B. fusiformis* | 0.00 | 0.00 | 0.00 | 0.00 | 0.00 | 0.00 | 0.00 | 0.00 | 0.00 | 0.00 |
| *B. galactosidilyticus* | 0.00 | 0.00 | 0.00 | 0.00 | 0.00 | 0.00 | 0.00 | 0.00 | 0.00 | 0.00 |
| *B. gelatini* | 0.00 | 0.00 | 0.00 | 0.00 | 0.00 | 0.00 | 0.00 | 0.00 | 1.39 | 0.00 |
| *B. ginsengihumi* | 0.00 | 0.00 | 0.00 | 0.00 | 0.00 | 0.00 | 0.00 | 0.00 | 0.00 | 0.00 |
| *B. globisporus* | 0.00 | 0.00 | 0.00 | 0.00 | 0.00 | 0.00 | 0.00 | 0.00 | 0.00 | 0.00 |
| *B. hemicellulosilyticus* | 0.32 | 0.00 | 0.00 | 0.74 | 0.00 | 0.00 | 0.00 | 0.00 | 0.00 | 0.00 |
| *B. horikoshii* | 0.00 | 0.00 | 0.00 | 0.00 | 0.00 | 0.00 | 0.00 | 0.00 | 0.00 | 0.00 |
| *B. humi* | 0.33 | 0.00 | 0.00 | 0.24 | 0.00 | 0.00 | 0.00 | 0.00 | 0.00 | 0.00 |
| *B. indicus* | 0.00 | 0.00 | 0.00 | 0.00 | 0.00 | 0.00 | 0.00 | 0.00 | 0.00 | 0.00 |
| *B. isronensis* | 0.00 | 0.00 | 0.00 | 0.00 | 0.00 | 0.00 | 0.00 | 0.00 | 0.00 | 0.00 |
| *B. koreensis* | 0.00 | 0.00 | 0.00 | 0.00 | 0.00 | 0.00 | 0.00 | 0.00 | 0.00 | 0.00 |
| *B. kribbensis* | 0.00 | 0.00 | 0.00 | 0.00 | 0.00 | 0.00 | 0.00 | 0.00 | 0.00 | 0.00 |
| *B. lehensis* | 0.00 | 0.00 | 0.00 | 0.00 | 0.00 | 0.00 | 0.00 | 0.00 | 0.00 | 0.00 |
| *Paenibacillus lentimorbus* | 0.39 | 0.00 | 0.00 | 0.00 | 0.00 | 0.10 | 0.00 | 0.00 | 0.00 | 0.00 |
| *B. licheniformis* | 0.00 | 0.00 | 0.00 | 0.00 | 0.00 | 0.00 | 0.00 | 0.00 | 0.00 | 0.00 |
| *B. luciferensis* | 0.00 | 0.00 | 0.00 | 0.00 | 0.00 | 0.00 | 0.00 | 0.00 | 0.00 | 0.00 |
| *B. macyae* | 0.00 | 0.00 | 0.40 | 0.00 | 0.00 | 0.00 | 0.00 | 0.00 | 0.00 | 0.00 |
| *B. marisflavi* | 0.00 | 0.00 | 0.00 | 0.00 | 0.00 | 0.00 | 0.00 | 0.00 | 0.00 | 0.00 |
| *B. massiliensis* | 0.00 | 0.00 | 0.17 | 0.00 | 0.00 | 0.00 | 0.00 | 0.00 | 0.00 | 0.00 |
| *B. megaterium* | 0.00 | 0.00 | 0.00 | 0.00 | 0.00 | 0.00 | 0.00 | 0.00 | 0.00 | 0.00 |
| *B. mojavensis* | 0.00 | 0.00 | 0.00 | 0.00 | 0.00 | 0.00 | 0.00 | 0.00 | 0.00 | 0.00 |
| *B. muralis* | 0.38 | 0.00 | 0.00 | 0.00 | 0.00 | 0.00 | 0.00 | 0.00 | 0.00 | 0.00 |
| *B. murimartini* | 0.00 | 0.00 | 0.00 | 0.00 | 0.00 | 0.00 | 0.00 | 0.00 | 0.00 | 0.00 |

续表

| 芽胞杆菌种名 | 13:0 anteiso | c19:0 | c17:0 | c10:0 | feature 2 | 12:0 iso | 17:0 iso 3OH | 17:1 anteiso A | 19:0 iso | feature 1 |
|---|---|---|---|---|---|---|---|---|---|---|
| *B. mycoides* | 1.80 | 0.00 | 0.00 | 0.00 | 0.00 | 1.11 | 0.00 | 0.54 | 0.00 | 0.00 |
| *B. nealsonii* | 0.00 | 0.00 | 0.00 | 0.00 | 0.00 | 0.00 | 0.00 | 0.00 | 0.00 | 0.00 |
| *B. niabensis* | 0.00 | 0.00 | 0.00 | 0.00 | 0.00 | 0.00 | 0.00 | 0.00 | 0.00 | 0.00 |
| *B. niacini* | 0.12 | 0.00 | 0.52 | 0.00 | 0.00 | 0.00 | 0.00 | 0.00 | 0.00 | 0.00 |
| *B. novalis* | 0.00 | 0.00 | 0.00 | 0.00 | 0.00 | 0.00 | 0.00 | 0.00 | 0.00 | 0.00 |
| *B. odysseyi* | 0.00 | 0.00 | 0.00 | 0.00 | 0.00 | 0.00 | 0.00 | 0.00 | 0.00 | 0.00 |
| *B. okhensis* | 0.00 | 0.00 | 0.00 | 0.00 | 0.00 | 0.00 | 0.00 | 0.00 | 0.00 | 0.00 |
| *B. okuhidensis* | 0.16 | 0.00 | 0.15 | 1.65 | 0.00 | 0.00 | 0.00 | 0.00 | 0.00 | 0.00 |
| *B. oleronius* | 0.00 | 0.00 | 0.00 | 0.00 | 0.00 | 0.00 | 0.00 | 0.00 | 0.00 | 0.00 |
| *B. panaciterrae* | 0.47 | 0.00 | 0.12 | 0.00 | 0.00 | 0.00 | 0.00 | 0.00 | 0.00 | 1.50 |
| *Virgibacillus pantothenticus* | 0.00 | 0.00 | 0.00 | 0.00 | 0.00 | 0.00 | 0.00 | 0.00 | 0.00 | 0.00 |
| *B. patagoniensis* | 0.00 | 0.00 | 0.00 | 0.00 | 0.00 | 0.00 | 0.00 | 0.00 | 0.00 | 0.00 |
| *B. pseudalcaliphilus* | 0.00 | 2.85 | 2.38 | 0.00 | 0.00 | 0.00 | 0.00 | 0.00 | 0.00 | 0.00 |
| *B. pseudomycoides* | 3.72 | 0.00 | 0.53 | 0.00 | 2.24 | 4.51 | 3.81 | 1.10 | 0.00 | 0.00 |
| *B. psychrosaccharolyticus* | 0.00 | 0.00 | 0.00 | 0.00 | 0.00 | 0.00 | 0.00 | 0.00 | 0.00 | 0.00 |
| *Psychrobacillus psychrotolerans* | 0.13 | 0.00 | 0.00 | 0.00 | 0.00 | 0.00 | 0.00 | 0.00 | 0.00 | 0.00 |
| *B. pumilus* | 0.11 | 0.00 | 0.00 | 0.00 | 0.00 | 0.00 | 0.00 | 0.00 | 0.00 | 0.00 |
| *B. ruris* | 0.29 | 0.00 | 0.51 | 0.00 | 0.00 | 0.00 | 0.00 | 0.00 | 0.00 | 0.00 |
| *B. safensis* | 0.00 | 0.00 | 0.00 | 0.00 | 0.00 | 0.00 | 0.00 | 0.00 | 0.00 | 0.00 |
| *B. selenatarsenatis* | 0.17 | 0.00 | 0.00 | 0.21 | 0.00 | 0.00 | 0.00 | 0.00 | 0.00 | 0.00 |
| *B. selenitireducens* | 0.00 | 0.00 | 0.00 | 0.00 | 0.00 | 0.00 | 0.00 | 0.00 | 0.00 | 0.00 |
| *B. seohaeanensis* | 0.00 | 0.00 | 0.00 | 0.00 | 0.00 | 0.00 | 0.00 | 0.00 | 0.00 | 0.00 |
| *B. shackletonii* | 0.00 | 0.00 | 0.00 | 0.00 | 0.00 | 0.00 | 0.00 | 0.00 | 0.00 | 0.00 |
| *B. simplex* | 0.00 | 0.00 | 0.00 | 0.00 | 0.00 | 0.00 | 0.00 | 0.00 | 0.00 | 0.00 |
| *B. siralis* | 0.00 | 0.00 | 0.00 | 0.00 | 0.00 | 0.00 | 0.00 | 0.00 | 0.00 | 0.00 |
| *B. soli* | 0.00 | 0.00 | 0.00 | 0.00 | 0.00 | 0.00 | 0.00 | 0.00 | 0.00 | 0.00 |
| *B. sonorensis* | 0.00 | 0.00 | 0.00 | 0.00 | 0.00 | 0.00 | 0.00 | 0.00 | 0.00 | 0.00 |
| *Lysinibacillus sphaericus* | 0.00 | 0.00 | 0.00 | 0.00 | 0.00 | 0.00 | 0.00 | 0.00 | 0.00 | 0.00 |
| *B. subtilis* | 0.00 | 0.00 | 0.00 | 0.00 | 0.00 | 0.00 | 0.00 | 0.00 | 0.00 | 0.00 |
| *B. subtilis* subsp. *inaquosorum* | 0.00 | 0.00 | 0.00 | 0.00 | 0.00 | 0.00 | 0.00 | 0.00 | 0.00 | 0.00 |
| *B. subtilis* subsp. *spizizenii* | 0.00 | 0.00 | 0.00 | 0.00 | 0.00 | 0.00 | 0.00 | 0.00 | 0.00 | 0.00 |
| *B. subtilis* subsp. *subtilis* | 0.00 | 0.00 | 0.00 | 0.00 | 0.00 | 0.00 | 0.00 | 0.00 | 0.00 | 0.00 |
| *B. thuringiensis* | 1.56 | 0.00 | 0.00 | 0.00 | 1.29 | 0.00 | 0.00 | 0.00 | 0.00 | 0.00 |
| *B. vallismortis* | 0.00 | 0.00 | 0.00 | 0.00 | 0.00 | 0.00 | 0.00 | 0.00 | 0.00 | 0.00 |
| *B. vedderi* | 0.00 | 2.44 | 0.00 | 0.00 | 0.00 | 0.00 | 0.00 | 0.00 | 0.00 | 0.00 |
| *B. vietnamensis* | 0.00 | 0.00 | 0.00 | 0.00 | 0.00 | 0.00 | 0.00 | 0.00 | 0.00 | 0.00 |

注：feature 1，13:0 3OH 和/或 15:1 iso H；feature 2，14:0 3OH 和/或 16:1 iso I/14:0 3OH；feature 3，16:1ω6c 和/或 16:1ω7c；feature 4，17:1 anteiso B 和/或 17:1 iso I；feature 8，18:1ω6c 和/或 18:1ω7c

15:0 anteiso、15:0 iso、17:0 anteiso、17:0 iso、16:0 iso、c16:0、14:0 iso、c14:0 等 8 个脂肪酸含量较高，存在于大部分的芽胞杆菌种类中，分布概率在 95%以上，其余 9 个脂肪酸生物标记的含量较低，在芽胞杆菌种类中分布极不均匀。不同的芽胞杆菌种类含量最高的脂肪酸生物标记不同，如 15:0 anteiso 在韩研所芽胞杆菌（*B. kribbensis*）中含量最高，为 66.28%；15:0 iso 在球形赖氨酸芽胞杆菌（*Lysinibacillus sphaericus*）中含量最高，为 57.73%；17:0 anteiso 在人参土芽胞杆菌（*Bacillus ginsengihumi*）中含量最高，为 35.29%；c16:0 在解半乳糖苷芽胞杆菌（*Bacillus galactosidilyticus*）中含量最高，为 34.24%；17:0 iso 在克劳氏芽胞杆菌（*B. clausii*）中含量最高，为 15.58%。

## 二、芽胞杆菌脂肪酸组统计

### 1. 芽胞杆菌脂肪酸生物标记统计

芽胞杆菌不同脂肪酸生物标记在不同菌株中存在显著差异。利用表 2-2-1 的数据，对 90 种芽胞杆菌脂肪酸生物标记进行平均值统计，结果见表 2-2-2。按平均值大小排列，大于 1%的脂肪酸生物标记排列顺序为 15:0 anteiso（30.8492%）、15:0 iso（28.4431%）、17:0 anteiso（8.6319%）、c16:0（6.8150%）、17:0 iso（5.2532%）、16:0 iso（5.0218%）、14:0 iso（2.7090%）、c14:0（1.5536%）、16:1ω11c（1.4673%）、16:1ω7c alcohol（1.3291%）、17:1 iso ω10c（1.1690%）；小于 1%的脂肪酸生物标记排序为 c18:0（0.8757%）、feature 4（0.6893%）、13:0 iso（0.5921%）、feature 3（0.5775%）、18:1ω9c（0.2063%）、c20:0（0.1639%）、17:1 iso ω5c（0.1478%）、feature 8（0.1328%）、c12:0（0.1321%）、13:0 anteiso（0.1311%）、c19:0（0.0953%）、c17:0（0.0819%）、c10:0（0.0694%）、feature 2（0.0668%）、12:0 iso（0.0636%）、17:0 iso 3OH（0.0423%）、17:1 anteiso A（0.0356%）、19:0 iso（0.0259%）、feature 1（0.0178%）。

**表 2-2-2　90 种芽胞杆菌脂肪酸生物标记统计**

| 脂肪酸组 | 种类数 | 均值/% | 方差 | 标准差 | 中位数/% | 最小值/% | 最大值/% | Wilks 系数 | *P* |
|---|---|---|---|---|---|---|---|---|---|
| 15:0 anteiso | 90 | 30.85 | 207.44 | 14.40 | 32.86 | 3.31 | 66.28 | 0.98 | 0.11 |
| 15:0 iso | 90 | 28.44 | 185.00 | 13.60 | 29.22 | 3.11 | 57.73 | 0.98 | 0.12 |
| 17:0 anteiso | 90 | 8.63 | 40.42 | 6.36 | 7.13 | 0.86 | 35.29 | 0.87 | 0.00 |
| c16:0 | 90 | 6.82 | 40.46 | 6.36 | 4.33 | 1.23 | 34.24 | 0.73 | 0.00 |
| 17:0 iso | 90 | 5.25 | 14.52 | 3.81 | 4.01 | 0.00 | 15.58 | 0.93 | 0.00 |
| 16:0 iso | 90 | 5.02 | 13.66 | 3.70 | 3.93 | 0.00 | 26.14 | 0.76 | 0.00 |
| 14:0 iso | 90 | 2.71 | 5.73 | 2.39 | 1.96 | 0.00 | 13.43 | 0.85 | 0.00 |
| c14:0 | 90 | 1.55 | 3.02 | 1.74 | 1.17 | 0.00 | 10.24 | 0.80 | 0.00 |
| 16:1ω11c | 90 | 1.47 | 4.96 | 2.23 | 0.61 | 0.00 | 14.11 | 0.68 | 0.00 |
| 16:1ω7c alcohol | 90 | 1.33 | 6.97 | 2.64 | 0.11 | 0.00 | 14.77 | 0.56 | 0.00 |
| 17:1 iso ω10c | 90 | 1.17 | 3.92 | 1.98 | 0.30 | 0.00 | 9.69 | 0.65 | 0.00 |
| c18:0 | 90 | 0.88 | 2.06 | 1.44 | 0.39 | 0.00 | 8.69 | 0.63 | 0.00 |
| feature 4 | 90 | 0.69 | 1.45 | 1.20 | 0.00 | 0.00 | 6.64 | 0.64 | 0.00 |
| 13:0 iso | 90 | 0.59 | 4.56 | 2.14 | 0.00 | 0.00 | 14.56 | 0.30 | 0.00 |

续表

| 脂肪酸组 | 种类数 | 均值/% | 方差 | 标准差 | 中位数/% | 最小值/% | 最大值/% | Wilks 系数 | *P* |
|---|---|---|---|---|---|---|---|---|---|
| feature 3 | 90 | 0.58 | 4.33 | 2.08 | 0.00 | 0.00 | 13.37 | 0.31 | 0.00 |
| 18:1ω9c | 90 | 0.21 | 0.21 | 0.46 | 0.00 | 0.00 | 2.06 | 0.52 | 0.00 |
| c20:0 | 90 | 0.16 | 0.67 | 0.82 | 0.00 | 0.00 | 6.19 | 0.21 | 0.00 |
| 17:1 iso ω5c | 90 | 0.15 | 0.74 | 0.86 | 0.00 | 0.00 | 5.74 | 0.16 | 0.00 |
| feature 8 | 90 | 0.13 | 0.33 | 0.58 | 0.00 | 0.00 | 4.45 | 0.25 | 0.00 |
| c12:0 | 90 | 0.13 | 0.09 | 0.29 | 0.00 | 0.00 | 1.49 | 0.52 | 0.00 |
| 13:0 anteiso | 90 | 0.13 | 0.22 | 0.47 | 0.00 | 0.00 | 3.72 | 0.30 | 0.00 |
| c19:0 | 90 | 0.10 | 0.26 | 0.51 | 0.00 | 0.00 | 3.17 | 0.18 | 0.00 |
| c17:0 | 90 | 0.08 | 0.08 | 0.29 | 0.00 | 0.00 | 2.38 | 0.31 | 0.00 |
| c10:0 | 90 | 0.07 | 0.07 | 0.26 | 0.00 | 0.00 | 1.65 | 0.30 | 0.00 |
| feature 2 | 90 | 0.07 | 0.13 | 0.37 | 0.00 | 0.00 | 2.39 | 0.18 | 0.00 |
| 12:0 iso | 90 | 0.06 | 0.24 | 0.49 | 0.00 | 0.00 | 4.51 | 0.11 | 0.00 |
| 17:0 iso 3OH | 90 | 0.04 | 0.16 | 0.40 | 0.00 | 0.00 | 3.81 | 0.08 | 0.00 |
| 17:1 anteiso A | 90 | 0.04 | 0.03 | 0.18 | 0.00 | 0.00 | 1.10 | 0.20 | 0.00 |
| 19:0 iso | 90 | 0.03 | 0.02 | 0.15 | 0.00 | 0.00 | 1.39 | 0.16 | 0.00 |
| feature 1 | 90 | 0.02 | 0.03 | 0.16 | 0.00 | 0.00 | 1.50 | 0.09 | 0.00 |

中位数大于 0 的脂肪酸生物标记有 15:0 anteiso（32.8600%）、15:0 iso（29.2150%）、17:0 anteiso（7.1250%）、c16:0（4.3300%）、17:0 iso（4.0100%）、16:0 iso（3.9300%）、14:0 iso（1.9550%）、c14:0（1.1650%）、16:1ω11c（0.6100%）、16:1ω7c alcohol（0.1050%）、17:1 iso ω10c（0.3000%）、c18:0（0.3900%）等 12 个，表明这些脂肪酸在 90 种芽胞杆菌的大部分种类中有分布。

## 2. 基于芽胞杆菌种类的脂肪酸生物标记聚类分析

以表 2-2-1 的数据为矩阵，以芽胞杆菌种类为指标，以脂肪酸生物标记为样本，以马氏距离为尺度，用可变类平均法进行系统聚类，分析结果见表 2-2-3 和图 2-2-2。可将脂肪酸生物标记分为 3 组，第 I 组为高含量脂肪酸，包含了 5 个生物标记，即 15:0 anteiso、15:0 iso、17:0 anteiso、c16:0、17:0 iso，到中心的马氏距离分别为 189.2102、175.6017、88.8148、107.7538、109.7725；第 II 组为中含量脂肪酸，包含了 7 个生物标记，即 16:0 iso、c14:0、16:1ω11c、16:1ω7c alcohol、17:1 iso ω10c、c18:0、feature 4，到中心的马氏距离分别为 44.5551、17.4338、15.8754、20.7453、15.5513、17.8189、14.0972；第 III 组为低含量脂肪酸，包含了 18 个生物标记，即 14:0 iso、13:0 iso、feature 3、18:1ω9c、c20:0、17:1 iso ω5c、feature 8、c12:0、13:0 anteiso、c19:0、c17:0、c10:0、feature 2、12:0 iso、17:0 iso 3OH、17:1 anteiso A、19:0 iso、feature 1，到中心的马氏距离分别为 31.4687、17.4297、16.8310、5.5637、8.0202、6.6252、6.4404、4.1670、3.1465、5.8592、4.3767、4.8684、3.2277、4.2592、4.1777、3.6409、4.5389、4.5034。

表 2-2-3　基于芽胞杆菌种类的脂肪酸生物标记聚类分析

| 类别 | 脂肪酸生物标记 | 到中心距离 |
|---|---|---|
| 1 | 15:0 anteiso | 189.2102 |
| 1 | 15:0 iso | 175.6017 |
| 1 | 17:0 anteiso | 88.8148 |
| 1 | c16:0 | 107.7538 |
| 1 | 17:0 iso | 109.7725 |
| 第 I 组高含量脂肪酸 5 个标记 | 平均值 | RMSTD = 9.0455 |
| 2 | 16:0 iso | 44.5551 |
| 2 | c14:0 | 17.4338 |
| 2 | 16:1ω11c | 15.8754 |
| 2 | 16:1ω7c alcohol | 20.7453 |
| 2 | 17:1 iso ω10c | 15.5513 |
| 2 | c18:0 | 17.8189 |
| 2 | feature 4 | 14.0972 |
| 第 II 组中含量脂肪酸 7 个标记 | 平均值 | RMSTD = 1.4394 |
| 3 | 14:0 iso | 31.4687 |
| 3 | 13:0 iso | 17.4297 |
| 3 | feature 3 | 16.8310 |
| 3 | 18:1ω9c | 5.5637 |
| 3 | c20:0 | 8.0202 |
| 3 | 17:1 iso ω5c | 6.6252 |
| 3 | feature 8 | 6.4404 |
| 3 | c12:0 | 4.1670 |
| 3 | 13:0 anteiso | 3.1465 |
| 3 | c19:0 | 5.8592 |
| 3 | c17:0 | 4.3767 |
| 3 | c10:0 | 4.8684 |
| 3 | feature 2 | 3.2277 |
|  | 12:0 iso | 4.2592 |
| 3 | 17:0 iso 3OH | 4.1777 |
| 3 | 17:1 anteiso A | 3.6409 |
| 3 | 19:0 iso | 4.5389 |
| 3 | feature 1 | 4.5034 |
| 第 III 组低含量脂肪酸 18 个标记 | 平均值 | RMSTD = 6.2034 |

## 3. 基于脂肪酸组的芽胞杆菌组类别平均值

根据表 2-2-3 的脂肪酸生物标记的分组，即第 I 组高含量脂肪酸 5 个标记（15:0 anteiso、15:0 iso、17:0 anteiso、c16:0、17:0 iso）、第 II 组中含量脂肪酸 7 个标记（16:0 iso、c14:0、16:1ω11c、16:1ω7c alcohol、17:1 iso ω10c、c18:0、feature 4）、第 III 组低含量脂肪酸 18 个标记（14:0 iso、13:0 iso、feature 3、18:1ω9c、c20:0、17:1 iso ω5c、feature 8、c12:0、13:0 anteiso、c19:0、c17:0、c10:0、feature 2、12:0 iso、17:0 iso 3OH、17:1 anteiso A、19:0 iso、feature 1），对每个芽胞杆菌种类进行平均数统计，统计结果列于表 2-2-4。结果表明，第 I 组高含量脂肪酸平均值为 9.43%～19.11%，第 II 组中含量脂肪酸平均值为

0.23%～4.77%，第 III 组低含量脂肪酸平均值为 0～2.30%；第 I 组脂肪酸平均值占总体脂肪酸的 72.99%～96.6%。

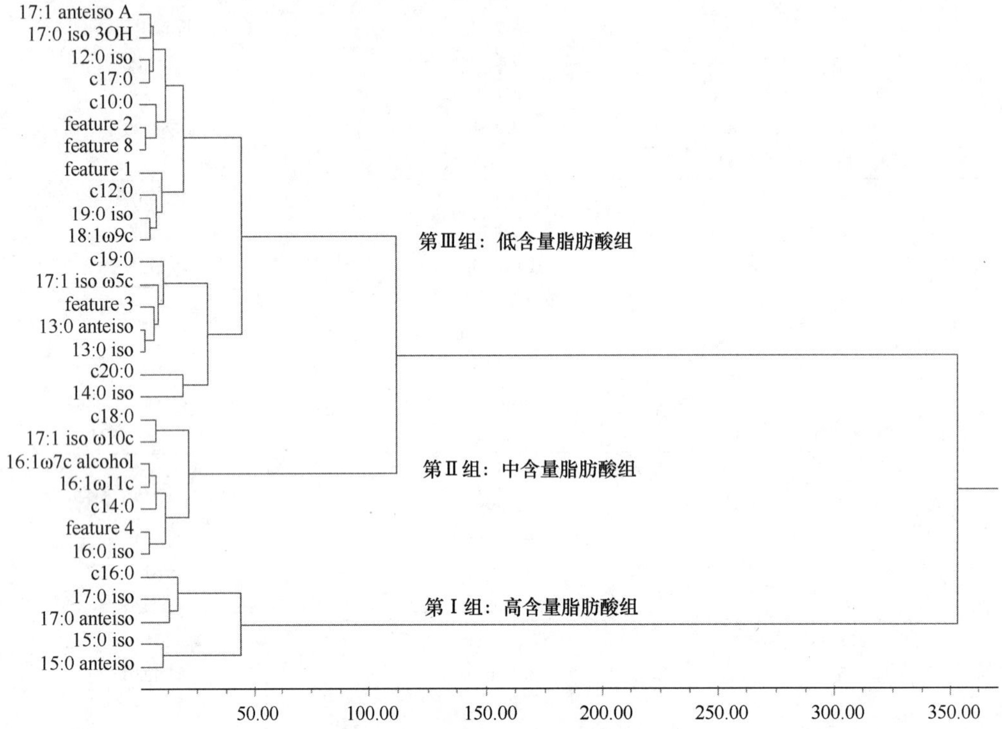


图 2-2-2　基于芽胞杆菌种类的脂肪酸生物标记聚类分析（马氏距离）

**表 2-2-4　基于脂肪酸组的芽胞杆菌组类别平均值统计**　　（%）

| 芽胞杆菌种类 | 第 I 组高含量脂肪酸<br>5 个标记<br>平均值 1 | 第 II 组中含量脂肪酸<br>7 个标记<br>平均值 2 | 第 III 组低含量脂肪酸<br>18 个标记<br>平均值 3 |
|---|---|---|---|
| *Becillus ginsengihumi* | 19.11 | 0.23 | 0.00 |
| *B. decolorationis* | 18.64 | 0.46 | 0.07 |
| *B. oleronius* | 18.55 | 0.35 | 0.00 |
| *B. amyloliquefaciens* | 18.49 | 0.85 | 0.09 |
| *B. safensis* | 18.36 | 0.52 | 0.06 |
| *Paenibacillus lentimorbus* | 18.34 | 0.73 | 0.11 |
| *B. fastidiosus* | 18.21 | 1.01 | 0.09 |
| *B. licheniformis* | 18.20 | 1.12 | 0.06 |
| *B. okuhidensis* | 18.19 | 0.70 | 0.22 |
| *B. altitudinis* | 18.17 | 0.44 | 0.07 |
| *B. globisporus* | 18.17 | 0.49 | 0.06 |
| *B. shackletonii* | 18.16 | 0.69 | 0.00 |
| *B. pumilus* | 18.13 | 0.92 | 0.16 |
| *B. novalis* | 18.05 | 0.79 | 0.19 |
| *Virgibacillus pantothenticus* | 18.01 | 0.76 | 0.06 |

续表

| 芽胞杆菌种类 | 第 I 组高含量脂肪酸<br>5 个标记<br>平均值 1 | 第 II 组中含量脂肪酸<br>7 个标记<br>平均值 2 | 第 III 组低含量脂肪酸<br>18 个标记<br>平均值 3 |
|---|---|---|---|
| *B. selenatarsenatis* | 17.96 | 1.18 | 0.10 |
| *B. ruris* | 17.94 | 0.93 | 0.14 |
| *B. subtilis* subsp. *spizizenii* | 17.89 | 1.00 | 0.06 |
| *B. kribbensis* | 17.87 | 0.77 | 0.19 |
| *B. hemicellulosilyticus* | 17.83 | 0.96 | 0.17 |
| *B. aryabhattai* | 17.74 | 0.77 | 0.29 |
| *B. murimartini* | 17.70 | 0.71 | 0.07 |
| *B. subtilis* subsp. *subtilis* | 17.70 | 1.12 | 0.09 |
| *B. coagulans* | 17.65 | 0.56 | 0.00 |
| *B. subtilis* | 17.57 | 1.26 | 0.10 |
| *B. subtilis* subsp. *inaquosorum* | 17.48 | 1.05 | 0.07 |
| *B. fortis* | 17.46 | 0.60 | 0.11 |
| *B. alcalophilus* | 17.40 | 0.85 | 0.24 |
| *B. seohaeanensis* | 17.30 | 1.14 | 0.08 |
| *B. patagoniensis* | 17.28 | 1.03 | 0.23 |
| *B. beijingensis* | 17.17 | 1.65 | 0.11 |
| *B. atrophaeus* | 17.07 | 1.56 | 0.14 |
| *B. mojavensis* | 17.03 | 1.85 | 0.08 |
| *B. clausii* | 16.97 | 1.63 | 0.19 |
| *B. muralis* | 16.94 | 1.48 | 0.26 |
| *B. simplex* | 16.92 | 1.07 | 0.19 |
| *B. galactosidilyticus* | 16.91 | 1.49 | 0.16 |
| *B. koreensis* | 16.90 | 0.88 | 0.28 |
| *B. megaterium* | 16.87 | 0.93 | 0.51 |
| *B. fordii* | 16.72 | 1.86 | 0.15 |
| *B. soli* | 16.64 | 1.32 | 0.20 |
| *B. acidiproducens* | 16.58 | 1.79 | 0.22 |
| *B. niabensis* | 16.57 | 1.53 | 0.31 |
| *B. acidiceler* | 16.49 | 1.65 | 0.23 |
| *B. psychrosaccharolyticus* | 16.41 | 1.86 | 0.08 |
| *B. luciferensis* | 16.34 | 1.53 | 0.22 |
| *B. alkalitelluris* | 16.32 | 1.24 | 0.33 |
| *B. vietnamensis* | 16.32 | 1.41 | 0.16 |
| *B. massiliensis* | 16.18 | 2.33 | 0.15 |
| *B. marisflavi* | 16.16 | 1.27 | 0.29 |
| *B. gelatini* | 16.05 | 0.74 | 0.50 |
| *B. drentensis* | 16.04 | 1.70 | 0.17 |
| *B. sonorensis* | 15.92 | 0.93 | 0.09 |
| *B. vallismortis* | 15.74 | 1.35 | 0.18 |

续表

| 芽胞杆菌种类 | 第 I 组高含量脂肪酸<br>5 个标记<br>平均值 1 | 第 II 组中含量脂肪酸<br>7 个标记<br>平均值 2 | 第 III 组低含量脂肪酸<br>18 个标记<br>平均值 3 |
|---|---|---|---|
| *B. siralis* | 15.73 | 1.86 | 0.23 |
| *B. acidicola* | 15.72 | 2.57 | 0.09 |
| *B. endophyticus* | 15.68 | 2.21 | 0.34 |
| *B. okhensis* | 15.63 | 2.19 | 0.36 |
| *B. bataviensis* | 15.47 | 2.31 | 0.25 |
| *B. carboniphilus* | 15.43 | 2.09 | 0.38 |
| *B. lehensis* | 15.43 | 1.53 | 0.38 |
| *B. boroniphilus* | 15.35 | 3.04 | 0.00 |
| *B. flexus* | 15.14 | 2.86 | 0.22 |
| *B. cibi* | 15.04 | 2.58 | 0.26 |
| *Lysinibacillus sphaericus* | 15.00 | 2.96 | 0.13 |
| *B. macyae* | 14.98 | 2.66 | 0.31 |
| *B. agaradhaerens* | 14.95 | 0.95 | 0.69 |
| *B. cohnii* | 14.92 | 3.04 | 0.22 |
| *B. circulans* | 14.86 | 2.62 | 0.30 |
| *B. panaciterrae* | 14.69 | 1.68 | 0.78 |
| *B. cellulosilyticus* | 14.67 | 2.42 | 0.46 |
| *B. humi* | 14.62 | 1.72 | 0.80 |
| *B. nealsonii* | 14.62 | 2.05 | 0.42 |
| *B. odysseyi* | 14.62 | 3.21 | 0.20 |
| *B. fusiformis* | 14.53 | 3.54 | 0.14 |
| *B. indicus* | 13.88 | 3.37 | 0.29 |
| *B. badius* | 13.85 | 3.49 | 0.34 |
| *B. vedderi* | 13.57 | 3.73 | 0.19 |
| *B. butanolivorans* | 13.41 | 2.88 | 0.62 |
| *Psychrobacillus psychrotolerans* | 13.27 | 2.91 | 0.68 |
| *B. pseudalcaliphilus* | 13.09 | 2.25 | 0.86 |
| *B. decisifrondis* | 13.08 | 3.97 | 0.31 |
| *B. niacini* | 13.06 | 3.62 | 0.44 |
| *B. selenitireducens* | 12.53 | 4.61 | 0.00 |
| *B. isronensis* | 12.50 | 3.72 | 0.23 |
| *B. horikoshii* | 12.35 | 4.77 | 0.00 |
| *B. thuringiensis* | 11.19 | 0.76 | 1.91 |
| *B. cereus* | 10.73 | 1.93 | 1.50 |
| *B. mycoides* | 10.03 | 3.08 | 1.41 |
| *B. pseudomycoides* | 9.43 | 1.45 | 2.30 |

注：平均值 1（15:0 anteiso、15:0 iso、17:0 anteiso、c16:0、17:0 iso）；平均值 2（16:0 iso、c14:0、16:1ω11c、16:1ω7c alcohol、17:1 iso ω10c、c18:0、feature 4）；平均值 3（14:0 iso、13:0 iso、feature 3、18:1ω9c、c20:0、17:1 iso ω5c、feature 8、c12:0、13:0 anteiso、c19:0、c17:0、c10:0、feature 2、12:0 iso、17:0 iso 3OH、17:1 anteiso A、19:0 iso、feature 1）

## 4. 基于脂肪酸组的芽胞杆菌组类别平均值聚类分析

以表 2-2-4 的数据为矩阵，以芽胞杆菌种类为指标，以脂肪酸生物标记为样本，以马氏距离为尺度，用可变类平均法进行系统聚类，分析结果见表 2-2-5 和图 2-2-3。根据 3 个脂肪酸组的平均值可将 90 种芽胞杆菌分为 3 个型。

**表 2-2-5　基于脂肪酸组的芽胞杆菌组类别平均值聚类分析**　（%）

| 型 | 芽胞杆菌种类 | 第 I 组脂肪酸平均值 | 第 II 组脂肪酸平均值 | 第 III 组脂肪酸平均值 |
|---|---|---|---|---|
| I | *Bacillus ginsengihumi* | 19.11 | 0.23 | 0.00 |
| I | *B. decolorationis* | 18.64 | 0.46 | 0.07 |
| I | *B. oleronius* | 18.55 | 0.35 | 0.00 |
| I | *B. amyloliquefaciens* | 18.49 | 0.85 | 0.09 |
| I | *B. safensis* | 18.36 | 0.52 | 0.06 |
| I | *Paenibacillus lentimorbus* | 18.34 | 0.73 | 0.11 |
| I | *B. fastidiosus* | 18.21 | 1.01 | 0.09 |
| I | *B. licheniformis* | 18.20 | 1.12 | 0.06 |
| I | *B. okuhidensis* | 18.19 | 0.70 | 0.22 |
| I | *B. altitudinis* | 18.17 | 0.44 | 0.07 |
| I | *B. globisporus* | 18.17 | 0.49 | 0.06 |
| I | *B. shackletonii* | 18.16 | 0.69 | 0.00 |
| I | *B. pumilus* | 18.13 | 0.92 | 0.16 |
| I | *B. novalis* | 18.05 | 0.79 | 0.19 |
| I | *Virgibacillus pantothenticus* | 18.01 | 0.76 | 0.06 |
| I | *B. selenatarsenatis* | 17.96 | 1.18 | 0.10 |
| I | *B. ruris* | 17.94 | 0.93 | 0.14 |
| I | *B. subtilis* subsp. *spizizenii* | 17.89 | 1.00 | 0.06 |
| I | *B. kribbensis* | 17.87 | 0.77 | 0.19 |
| I | *B. hemicellulosilyticus* | 17.83 | 0.96 | 0.17 |
| I | *B. aryabhattai* | 17.74 | 0.77 | 0.29 |
| I | *B. murimartini* | 17.70 | 0.71 | 0.07 |
| I | *B. subtilis* subsp. *subtilis* | 17.70 | 1.12 | 0.09 |
| I | *B. coagulans* | 17.65 | 0.56 | 0.00 |
| I | *B. subtilis* | 17.57 | 1.26 | 0.10 |
| I | *B. subtilis* subsp. *inaquosorum* | 17.48 | 1.05 | 0.07 |
| I | *B. fortis* | 17.46 | 0.60 | 0.11 |
| I | *B. alcalophilus* | 17.40 | 0.85 | 0.24 |
| I | *B. seohaeanensis* | 17.30 | 1.14 | 0.08 |
| I | *B. patagoniensis* | 17.28 | 1.03 | 0.23 |
| I | *B. beijingensis* | 17.17 | 1.65 | 0.11 |
| I | *B. atrophaeus* | 17.07 | 1.56 | 0.14 |
| I | *B. mojavensis* | 17.03 | 1.85 | 0.08 |
| I | *B. clausii* | 16.97 | 1.63 | 0.19 |

续表

| 型 | 芽胞杆菌种类 | 第 I 组脂肪酸平均值 | 第 II 组脂肪酸平均值 | 第 III 组脂肪酸平均值 |
|---|---|---|---|---|
| I | *B. muralis* | 16.94 | 1.48 | 0.26 |
| I | *B. simplex* | 16.92 | 1.07 | 0.19 |
| I | *B. galactosidilyticus* | 16.91 | 1.49 | 0.16 |
| I | *B. koreensis* | 16.90 | 0.88 | 0.28 |
| I | *B. megaterium* | 16.87 | 0.93 | 0.51 |
| I | *B. fordii* | 16.72 | 1.86 | 0.15 |
| I | *B. soli* | 16.64 | 1.32 | 0.20 |
| I | *B. acidiproducens* | 16.58 | 1.79 | 0.22 |
| I | *B. niabensis* | 16.57 | 1.53 | 0.31 |
| I | *B. acidiceler* | 16.49 | 1.65 | 0.23 |
| I | *B. luciferensis* | 16.34 | 1.53 | 0.22 |
| I | *B. alkalitelluris* | 16.32 | 1.24 | 0.33 |
| I | *B. massiliensis* | 16.18 | 2.33 | 0.15 |
| I | *B. gelatini* | 16.05 | 0.74 | 0.50 |
| I | *B. endophyticus* | 15.68 | 2.21 | 0.34 |
| I | *B. okhensis* | 15.63 | 2.19 | 0.36 |
| I | *B. carboniphilus* | 15.43 | 2.09 | 0.38 |
| | 第 I 型 51 种的平均值 | 17.39 | 1.12 | 0.17 |
| II | *B. psychrosaccharolyticus* | 16.41 | 1.86 | 0.08 |
| II | *B. vietnamensis* | 16.32 | 1.41 | 0.16 |
| II | *B. marisflavi* | 16.16 | 1.27 | 0.29 |
| II | *B. drentensis* | 16.04 | 1.70 | 0.17 |
| II | *B. sonorensis* | 15.92 | 0.93 | 0.09 |
| II | *B. vallismortis* | 15.74 | 1.35 | 0.18 |
| II | *B. siralis* | 15.73 | 1.86 | 0.23 |
| II | *B. acidicola* | 15.72 | 2.57 | 0.09 |
| II | *B. bataviensis* | 15.47 | 2.31 | 0.25 |
| II | *B. lehensis* | 15.43 | 1.53 | 0.38 |
| II | *B. boroniphilus* | 15.35 | 3.04 | 0.00 |
| II | *B. flexus* | 15.14 | 2.86 | 0.22 |
| II | *B. cibi* | 15.04 | 2.58 | 0.26 |
| II | *Lysinibacillus sphaericus* | 15.00 | 2.96 | 0.13 |
| II | *B. macyae* | 14.98 | 2.66 | 0.31 |
| II | *B. agaradhaerens* | 14.95 | 0.95 | 0.69 |
| II | *B. cohnii* | 14.92 | 3.04 | 0.22 |
| II | *B. circulans* | 14.86 | 2.62 | 0.30 |
| II | *B. panaciterrae* | 14.69 | 1.68 | 0.78 |
| II | *B. cellulosilyticus* | 14.67 | 2.42 | 0.46 |

续表

| 型 | 芽胞杆菌种类 | 第 I 组脂肪酸平均值 | 第 II 组脂肪酸平均值 | 第 III 组脂肪酸平均值 |
|---|---|---|---|---|
| II | *B. humi* | 14.62 | 1.72 | 0.80 |
| II | *B. nealsonii* | 14.62 | 2.05 | 0.42 |
| II | *B. thuringiensis* | 11.19 | 0.76 | 1.91 |
| | 第 II 型 23 种的平均值 | 15.17 | 2.01 | 0.37 |
| III | *B. odysseyi* | 14.62 | 3.21 | 0.20 |
| III | *B. fusiformis* | 14.53 | 3.54 | 0.14 |
| III | *B. indicus* | 13.88 | 3.37 | 0.29 |
| III | *B. badius* | 13.85 | 3.49 | 0.34 |
| III | *B. vedderi* | 13.57 | 3.73 | 0.19 |
| III | *B. butanolivorans* | 13.41 | 2.88 | 0.62 |
| III | *Psychrobacillus psychrotolerans* | 13.27 | 2.91 | 0.68 |
| III | *B. pseudalcaliphilus* | 13.09 | 2.25 | 0.86 |
| III | *B. decisifrondis* | 13.08 | 3.97 | 0.31 |
| III | *B. niacini* | 13.06 | 3.62 | 0.44 |
| III | *B. selenitireducens* | 12.53 | 4.61 | 0.00 |
| III | *B. isronensis* | 12.50 | 3.72 | 0.23 |
| III | *B. horikoshii* | 12.35 | 4.77 | 0.00 |
| III | *B. cereus* | 10.73 | 1.93 | 1.50 |
| III | *B. mycoides* | 10.03 | 3.08 | 1.41 |
| III | *B. pseudomycoides* | 9.43 | 1.45 | 2.30 |
| | 第 III 型 16 种的平均值 | 12.75 | 3.28 | 0.59 |

注：第 I 组脂肪酸（15:0 anteiso、15:0 iso、17:0 anteiso、c16:0、17:0 iso）；第 II 组脂肪酸（16:0 iso、c14:0、16:1ω11c、16:1ω7c alcohol、17:1 iso ω10c、c18:0、feature 4）；第 III 组脂肪酸（14:0 iso、13:0 iso、feature 3、18:1ω9c、c20:0、17:1 iso ω5c、feature 8、c12:0、13:0 anteiso、c19:0、c17:0、c10:0、feature 2、12:0 iso、17:0 iso 3OH、17:1 anteiso A、19:0 iso、feature 1）

第 I 型定义为枯草芽胞杆菌型，包含了 51 种，特征为 3 组脂肪酸的平均值分别如下：第 I 组脂肪酸（15:0 anteiso、15:0 iso、17:0 anteiso、c16:0、17:0 iso）的平均值为 17.39%，第 II 组脂肪酸（16:0 iso、c14:0、16:1ω11c、16:1ω7c alcohol、17:1 iso ω10c、c18:0、feature 4）的平均值为 1.12%，第 III 组脂肪酸（14:0 iso、13:0 iso、feature 3、18:1ω9c、c20:0、17:1 iso ω5c、feature 8、c12:0、13:0 anteiso、c19:0、c17:0、c10:0、feature 2、12:0 iso、17:0 iso 3OH、17:1 anteiso A、19:0 iso、feature 1）的平均值为 0.17%。

第 II 型定义为冷解糖嗜冷芽胞杆菌型，包含了 23 种，特征为 3 组脂肪酸的平均值分别如下：第 I 组脂肪酸（同上）的平均值为 15.17%，第 II 组脂肪酸（同上）的平均值为 2.01%，第 III 组脂肪酸（同上）的平均值为 0.37%。

第 III 型定义为蜡样芽胞杆菌型，包含了 16 种，特征为 3 组脂肪酸的平均值分别如下：第 I 组脂肪酸（同上）的平均值为 12.75%，第 II 组脂肪酸（同上）的平均值为 3.28%，第 III 组脂肪酸（同上）的平均值为 0.59%。

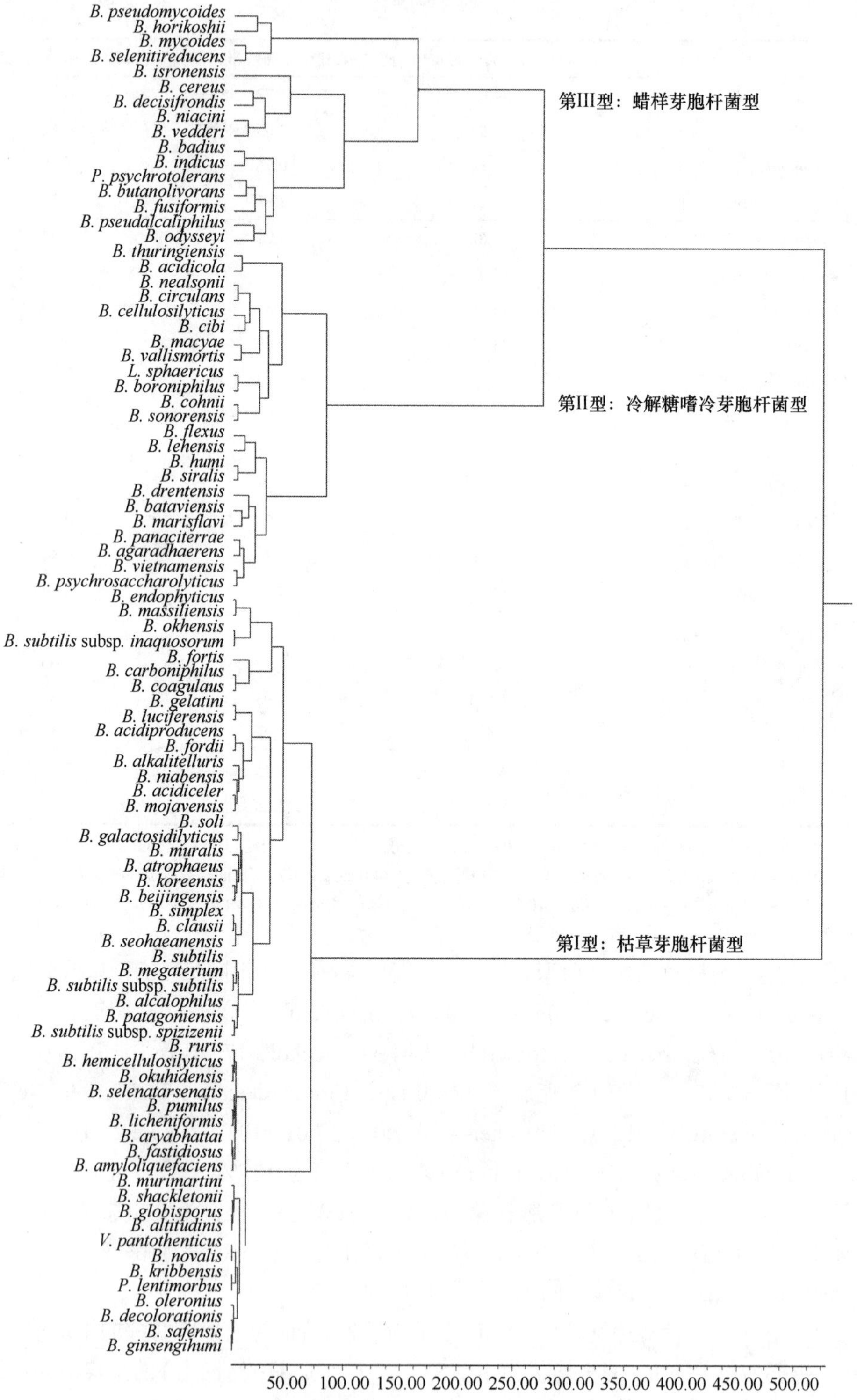


图 2-2-3 基于脂肪酸组的芽胞杆菌组类别平均值聚类分析（马氏距离）

## 三、典型芽胞杆菌脂肪酸组分区特征

### 1. 芽胞杆菌的脂肪酸组的分区概述

大多数芽胞杆菌含有 14:0 iso、c14:0、15:0 iso、15:0 anteiso、16:1ω7c alcohol、16:0 iso、16:1ω11c、c16:0、17:0 iso、17:0 anteiso，但含量不同（图 2-2-4）。总体来说，芽胞杆菌脂肪酸生物标记的分布从左到右可以分为 4 个区 A、B、C、D；A 区以 14:0 iso 为特征，B 区以 15:0 iso 和 15:0 anteiso 为特征，C 区以 16:0 iso 和 17:1 iso ω10c 为特征，D 区以 17:0 iso 和 17:0 anteiso 为特征。B 区为属特征区，含有 15:0 iso 和 15:0 anteiso 2 个脂肪酸生物标记，为芽胞杆菌属的分类特征，标记的含量和它们之间的比值在不同的芽胞杆菌种类之间差异很大。D 区为种特征区，含有 17:0 iso 和 17:0 anteiso 2 个脂肪酸生物标记，为芽胞杆菌种的分类特征，标记的含量和它们之间的比值代表了芽胞杆菌种的差异。A 区和 C 区为生态适应区，脂肪酸生物标记表现出芽胞杆菌种的特异性，不同的种在该区内的脂肪酸生物标记的类型、数量、含量差异很大（图 2-2-4）。

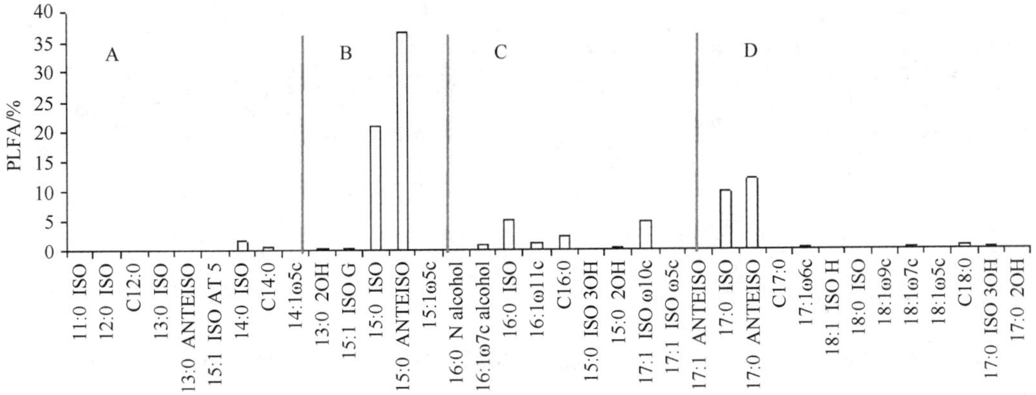


图 2-2-4　枯草芽胞杆菌（*Bacillus subtilis*）脂肪酸生物标记模式

### 2. 枯草芽胞杆菌脂肪酸组分区特征

枯草芽胞杆菌（*Bacillus subtilis*）主要脂肪酸生物标记为 15:0 anteiso（36.59%）、15:0 iso（20.86%）、17:0 iso（9.49%）、17:0 anteiso（11.85%）（图 2-2-5）。B 区标记含量高，15:0 iso 低于 15:0 anteiso；D 区标记含量中等，17:0 iso 稍低于 17:0 anteiso。

萎缩芽胞杆菌（*Bacillus atrophaeus*）又称枯草芽胞杆菌黑色变种、深褐芽胞杆菌，主要脂肪酸生物标记为 15:0 anteiso（43.55%）、15:0 iso（20.15%）、17:0 anteiso（10.76%）、17:0 iso（7.41%）、c16:0（3.98%）、16:0 iso（5.54%）、c14:0（0.39%）、14:0 iso（1.64%）。萎缩芽胞杆菌与枯草芽胞杆菌比较，其 A、B、C、D 区的脂肪酸生物标记分布的比例相似，不同的是各脂肪酸生物标记的含量（图 2-2-6）。

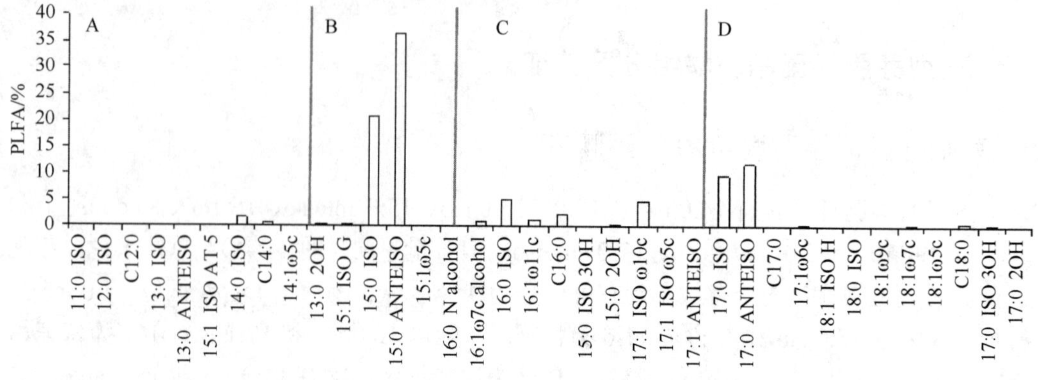


图 2-2-5　枯草芽胞杆菌（*Bacillus subtilis*）脂肪酸生物标记

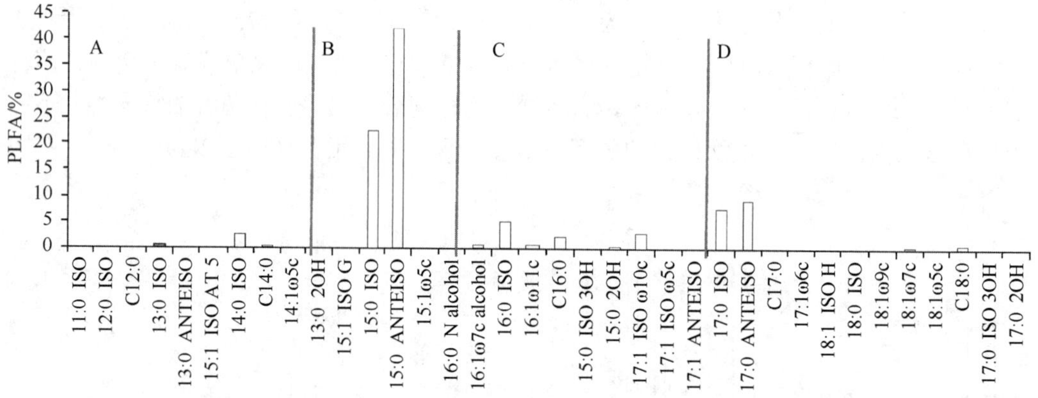


图 2-2-6　萎缩芽胞杆菌（*Bacillus atrophaeus*）脂肪酸生物标记

## 3. 巨大芽胞杆菌脂肪酸组分区特征

巨大芽胞杆菌（*Bacillus megaterium*）主要脂肪酸生物标记为 15:0 iso（41.21%）、15:0 anteiso（33.83%）、17:0 anteiso（3.50%）、17:0 iso（2.21%）、c16:0（2.60%）、16:0 iso（1.11%）、c14:0（1.52%）、14:0 iso（6.87%）。巨大芽胞杆菌的脂肪酸生物标记特征是 B 区标记含量高，15:0 iso 高于 15:0 anteiso；D 区标记含量较低，17:0 iso 稍低于 17:0 anteiso（图 2-2-7）。

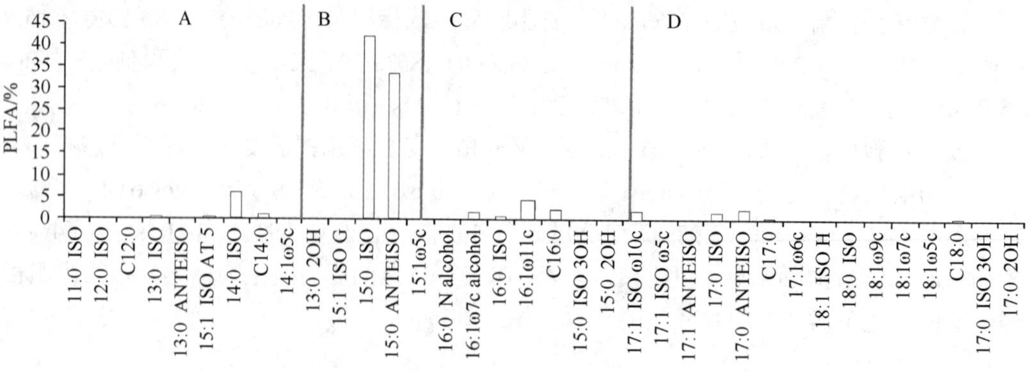


图 2-2-7　巨大芽胞杆菌（*Bacillus megaterium*）脂肪酸生物标记

## 4. 地衣芽胞杆菌脂肪酸组分区特征

地衣芽胞杆菌（*Bacillus licheniformis*）主要脂肪酸生物标记为 15:0 iso（39.91%）、15:0 anteiso（31.18%）、17:0 iso（10.14%）。地衣芽胞杆菌的脂肪酸生物标记特征是 B 区 15:0 anteiso 和 15:0 iso 的含量较高，且 15:0 iso 高于 15:0 anteiso；D 区标记含量中等，17:0 iso 高于 17:0 anteiso（图 2-2-8）。

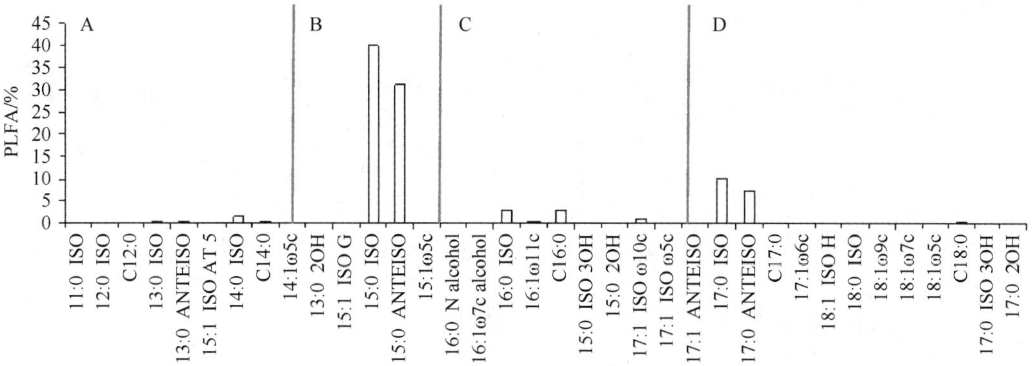


图 2-2-8 地衣芽胞杆菌（*Bacillus licheniformis*）脂肪酸生物标记

## 5. 简单芽胞杆菌脂肪酸组分区特征

简单芽胞杆菌（*Bacillus simplex*）主要脂肪酸生物标记为 15:0 iso（9.07%）、15:0 anteiso（61.47%）、16:1ω11c（6.75%）。简单芽胞杆菌的脂肪酸生物标记特征是 B 区 15:0 anteiso 比 15:0 iso 的含量高了 8 倍以上；D 区标记含量较低，17:0 iso 略低于 17:0 anteiso（图 2-2-9）。

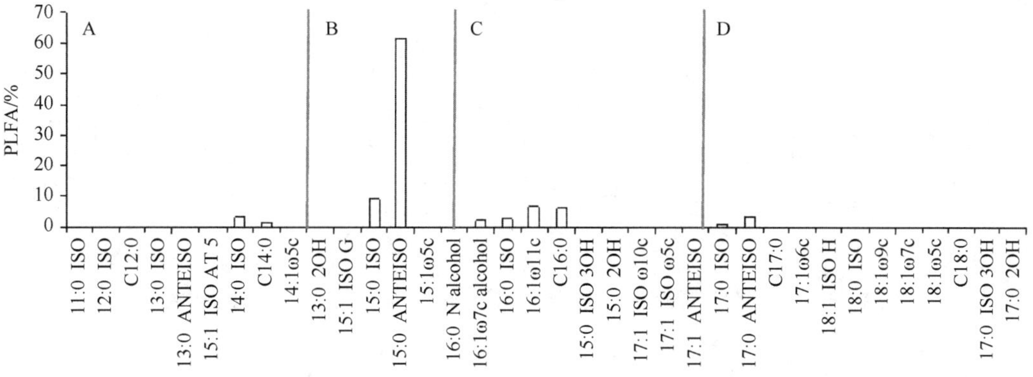


图 2-2-9 简单芽胞杆菌（*Bacillus simplex*）脂肪酸生物标记

## 6. 多黏类芽胞杆菌脂肪酸组分区特征

多黏类芽胞杆菌（*Paenibacillus polymyxa*）主要脂肪酸生物标记为 15:0 iso（6.92%）、15:0 anteiso（61.10%）、c16:0（7.28%）。多黏类芽胞杆菌的脂肪酸生物标记特征是 B 区

15:0 anteiso 比 15:0 iso 的含量高了近 10 倍；D 区标记含量较低，17:0 iso 略低于 17:0 anteiso（图 2-2-10）。

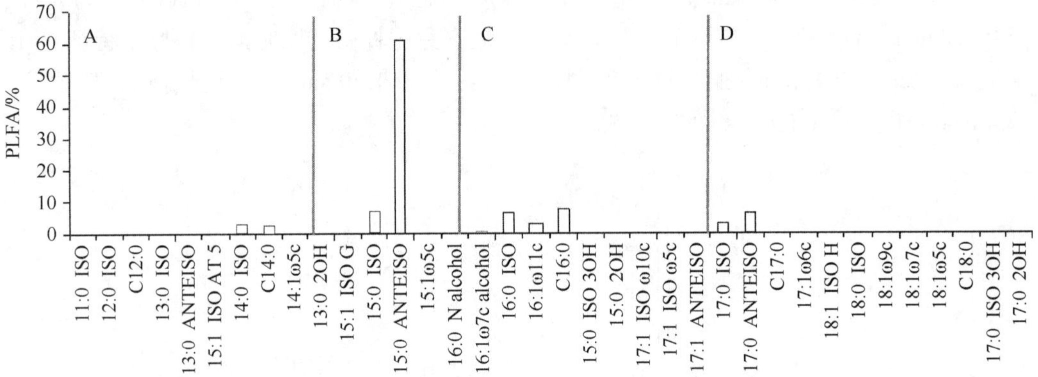


图 2-2-10　多黏类芽胞杆菌（*Paenibacillus polymyxa*）脂肪酸生物标记

## 7. 球形赖氨酸芽胞杆菌脂肪酸组分区特征

球形赖氨酸芽胞杆菌（*Lysinibacillus sphaericus*）主要脂肪酸生物标记为 15:0 iso（30.58%）、15:0 anteiso（10.45%）、16:1ω7c alcohol（19.11%）、16:0 iso（17.13%），与枯草芽胞杆菌相比，球形赖氨酸芽胞杆菌脂肪酸生物标记特征是 B 区标记含量较高，且 15:0 iso 高于 15:0 anteiso；D 区标记含量较低，17:0 iso 和 17:0 anteiso 相近；在 C 区 16:1ω7c alcohol（19.11%）和 16:0 iso（17.13%）含量很高（图 2-2-11）。

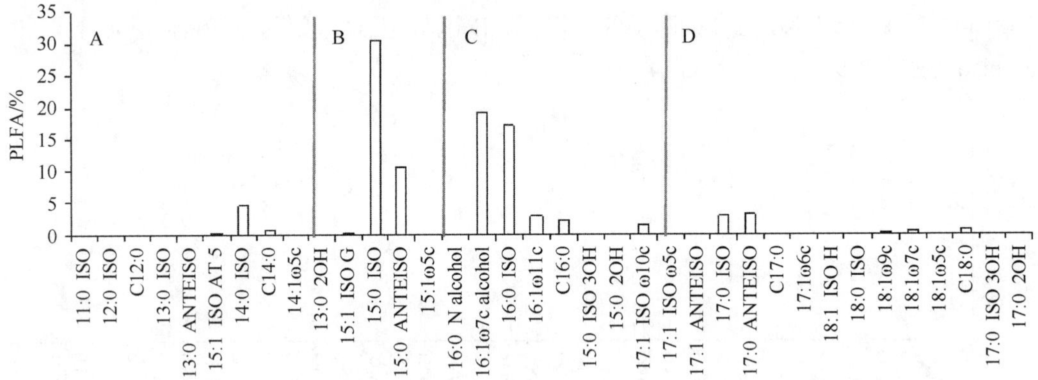


图 2-2-11　球形赖氨酸芽胞杆菌（*Lysinibacillus sphaericus*）脂肪酸生物标记

## 8. 短小芽胞杆菌脂肪酸组分区特征

短小芽胞杆菌（*Bacillus pumilus*）主要脂肪酸生物标记为 15:0 iso（56.15%）、15:0 anteiso（23.90%）。短小芽胞杆菌的脂肪酸生物标记特征是 B 区标记含量较高，且 15:0 iso 比 15:0 anteiso 的含量高 1 倍；D 区标记含量较低，17:0 iso 略高于 17:0 anteiso（图 2-2-12）。

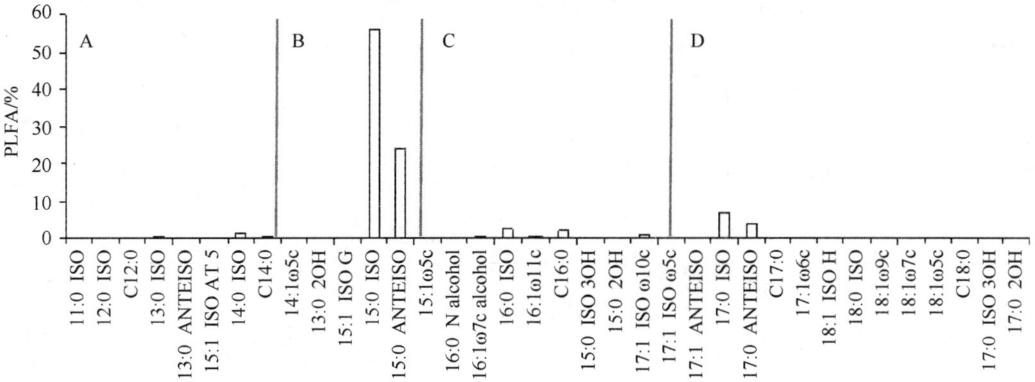


图 2-2-12　短小芽胞杆菌（*Bacillus pumilus*）脂肪酸生物标记

## 9. 蜡样芽胞杆菌脂肪酸组分区特征

蜡样芽胞杆菌（*Bacillus cereus*）主要脂肪酸生物标记为 13:0 iso（12.35%）、15:0 iso（27.51%）、17:0 iso（8.24%）。蜡样芽胞杆菌脂肪酸生物标记特征是 B 区标记含量较高，且 15:0 iso 比 15:0 anteiso 高了近 10 倍；D 区标记含量较高，17:0 iso 比 17:0 anteiso 也高了近 10 倍。同时在 A 区出现一条含量较高的生物标记 13:0 iso（12.35%）；C 区 c16:0 和 16:0 iso 脂肪酸生物标记含量较高（图 2-2-13）。

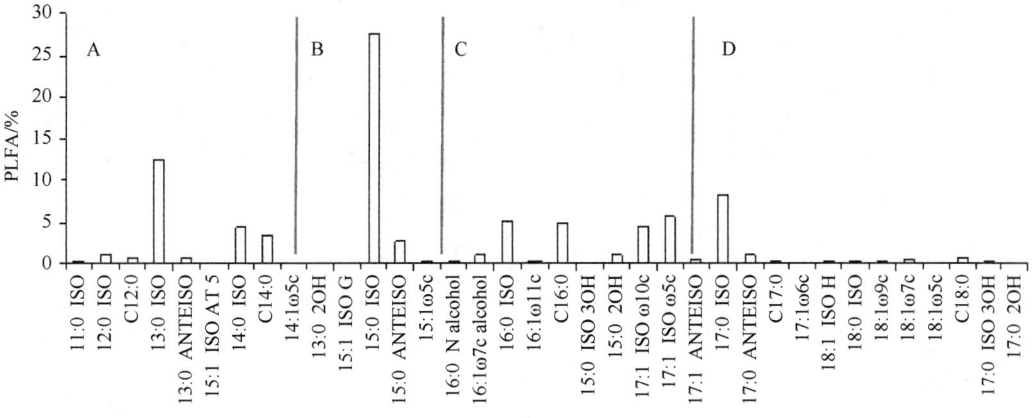


图 2-2-13　蜡样芽胞杆菌（*Bacillus cereus*）脂肪酸生物标记

## 10. 蕈状芽胞杆菌脂肪酸组分区特征

蕈状芽胞杆菌（*Bacillus mycoides*）主要脂肪酸生物标记为 13:0 iso（16.62%）、15:0 iso（22.31%）、c16:0（10.28%），17:0 iso（7.68%）。蕈状芽胞杆菌脂肪酸生物标记特征是 B 区标记含量中等，15:0 iso 比 15:0 anteiso 高了近 10 倍；D 区标记含量中等，17:0 iso 比 17:0 anteiso 高了近 10 倍。同时在 A 区出现一条新的标记 13:0 iso（16.62%），含量很高，这个特性和蜡样芽胞杆菌比较相似，而且蕈状芽胞杆菌在 C 区 c16:0 和 16:0 iso 脂肪酸生物标记含量较高（图 2-2-14）。

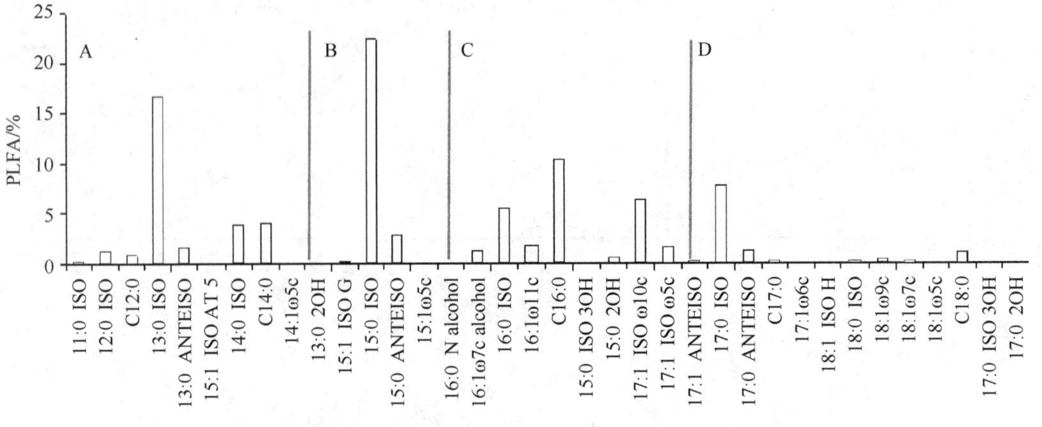


图 2-2-14　蕈状芽胞杆菌（*Bacillus mycoides*）脂肪酸生物标记

# 第三节　测定条件对芽胞杆菌脂肪酸测定的影响

## 一、提取条件对芽胞杆菌脂肪酸测定的影响

### 1. 概述

脂肪酸是细菌细胞膜上含量较高、相对稳定的化学组分，不同种类的细菌中含有的脂肪酸种类和含量都会有很大的区别。根据微生物细胞中脂肪酸成分的组成，人们可以对未知菌株进行鉴定和近缘关系分析等。细菌脂肪酸组成成分分析可分为细菌培养、脂肪酸提取和测定 3 个步骤。尽管细菌脂肪酸的组成具备种的特异性，测量的结果却会受到分析条件的影响。在细菌培养阶段，培养基成分、培养温度、培养时间都会影响菌种中的脂肪酸组成分布；在脂肪酸的提取阶段，使用的菌体数量、试剂用量、处理时间都会影响到测定结果；而脂肪酸的测定方法则影响着脂肪酸的测定范围、测定精度和工作效率。为了提高准确性，有必要建立一套统一的测定方案，本部分针对脂肪酸提取过程的皂化时间、皂化试剂用量和甲基化试剂用量，研究对芽胞杆菌脂肪酸测定的影响，并确立芽胞杆菌脂肪酸提取方案用于后续的研究。

### 2. 研究方法

供试菌株：球形赖氨酸芽胞杆菌（*Lysinibacillus sphaericus*）菌株 FJAT-9。试剂和仪器：皂化试剂（试剂 I）：150 mL 去离子水和 150 mL 甲醇混匀，加入 45 g NaOH，同时搅拌至完全溶解。甲基化试剂（试剂 II）：325 mL 6 mol/L 的盐酸加入 275 mL 甲醇中，混合均匀。萃取试剂（试剂 III）：加 200 mL 甲基叔丁基醚到 200 mL 正己烷中，混合均匀。洗涤试剂（试剂 IV）：在 900 mL 去离子水中加入 10.8 g NaOH，搅拌至完全溶解。饱和 NaCl 溶液：在 100 mL 去离子水中加入 40 g NaCl。以上所有有机试剂均为色谱(HPLC)级，购于 Sigma 公司，无机试剂均为优级纯。安捷伦 7890 N 型气相色谱、Sherlock MIS、振荡器、水浴锅、10 mL 带盖试管、玻璃量筒等。所有的玻璃器皿均须烘干后使用。TSBA 培养基：胰蛋白胨大豆肉汤（TSB）30 g、15 g 琼脂和 1 L 去离子水，其中 TSB 购于 BD 公司。

脂肪酸的提取方法：供试菌株在 TSBA 培养基上培养。菌株的培养和脂肪酸的提取参照文献描述（Sasser，1990）的方法。新鲜培养的待测菌株按四区划线法接种至新鲜的 TSBA 培养基上，28℃培养 24 h。在第三区刮取约 40 mg 菌体，置于试管中，加入试剂 I，沸水浴 5 min，振荡 5～10 s，然后接着沸水浴。冷却至室温后加入试剂 II，混匀后 80℃水浴 10 min。迅速冷却，加入 1.25 mL 试剂 III，振荡 10 min，吸弃下层溶液。之后加入 3 mL 试剂 IV 及几滴饱和 NaCl 溶液，振荡 5 min。静置，待溶液分层后，吸取上层液体于 GC 样品管中待测。皂化时间的优化：以标准时间 25 min 为基点，左右各取两个值，分别为 10 min、20 min、25 min、30 min 和 35 min，其他步骤与文献描述一致。皂化试剂量的优化：以标准试剂量 1.0 mL 为基点进行设计，分别为 0.5 mL、1.0 mL、2.0 mL、3.0 mL、4.0 mL，皂化时间以已优化好的为标准，其他步骤与文献描述一致。甲基化试剂量的优化：以标准试剂量 2.0 mL 为基点进行设计，分别为 1.0 mL、1.5 mL、2.0 mL、2.5 mL、3.0 mL，皂化时间和皂化试剂量以已优化好的为标准，其他步骤与文献描述一致。

脂肪酸的数据分析：芽胞杆菌的脂肪酸数据文件利用林营志等（2009）编写的软件处理后提取出脂肪酸数据，然后利用生物统计软件 SPSS 16.0 进行统计分析，脂肪酸树状图采用欧氏距离进行构建。脂肪酸含量分布图采用 Excel 进行分析。

### 3. 皂化时间对芽胞杆菌脂肪酸鉴定的影响

皂化时间对球形赖氨酸芽胞杆菌脂肪酸鉴定的影响统计见表 2-3-1。由表 2-3-1 可以看出，球形赖氨酸芽胞杆菌的鉴定结果准确率非常高，第一匹配值和第二匹配值都为球形赖氨酸芽胞杆菌，除皂化时间为 10 min 的重复 I 和 35 min 的重复 I 外，其他鉴定指数都在 0.5～0.9。由图 2-3-1 可以看出，皂化时间对球形赖氨酸芽胞杆菌的鉴定结果影响很大，皂化 10 min、20 min 和 35 min 时，球形赖氨酸芽胞杆菌鉴定结果的重复性较差，而 25 min 和 30 min 时鉴定结果较好。由以上分析可知，芽胞杆菌脂肪酸提取时皂化时间在 25～30 min 时对其鉴定结果无影响，因此选择 25 min 作为后续测定条件（图 2-3-1）。

### 4. 皂化试剂用量对芽胞杆菌脂肪酸鉴定的影响

皂化试剂用量对球形赖氨酸芽胞杆菌鉴定结果的影响见表 2-3-2。皂化试剂对芽胞杆菌脂肪酸的测定结果影响较大，在 0.5～3.0 mL 时鉴定结果的相似性指数（SI）为 0.507～0.813，均在 0.5 以上。当皂化试剂量为 4.0 mL 时，鉴定失败，无相应匹配结果。将皂化试剂用量和相似性指数利用 SPSS 16.0 作图分析可得图 2-3-2，可知不同皂化试剂用量条件下球形赖氨酸芽胞杆菌鉴定结果的重复性较好。当皂化试剂用量为 1.0 mL 时，鉴定效果最好，当试剂用量在 3.0 mL 以上时较差或鉴定失败。根据以上分析可以得出：芽胞杆菌脂肪酸提取时皂化试剂用量为 0.5～3.0 mL 时对其鉴定结果影响不大，最佳量为 1.0 mL。

**表 2-3-1　皂化时间对芽胞杆菌脂肪酸鉴定的影响**

| 皂化时间/min | 重复次数 | 相似性指数（SI） | 鉴定结果 |
|---|---|---|---|
| 10 | I | 0.183 | *Lysinibacillus sphaericus* |
| | II | 0.587 | *Lysinibacillus sphaericus* |
| | III | 0.602 | *Lysinibacillus sphaericus* |
| 20 | I | 0.568 | *Lysinibacillus sphaericus* |
| | II | 0.811 | *Lysinibacillus sphaericus* |
| | III | 0.822 | *Lysinibacillus sphaericus* |
| 25（标准） | I | 0.695 | *Lysinibacillus sphaericus* |
| | II | 0.753 | *Lysinibacillus sphaericus* |
| | III | 0.766 | *Lysinibacillus sphaericus* |
| 30 | I | 0.731 | *Lysinibacillus sphaericus* |
| | II | 0.818 | *Lysinibacillus sphaericus* |
| | III | 0.815 | *Lysinibacillus sphaericus* |
| 35 | I | 0.235 | *Lysinibacillus sphaericus* |
| | II | 0.603 | *Lysinibacillus sphaericus* |
| | III | 0.738 | *Lysinibacillus sphaericus* |

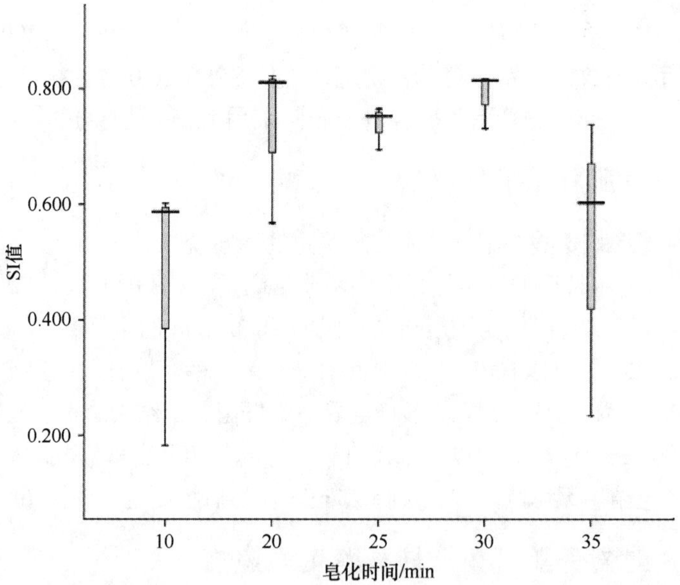


图 2-3-1　皂化时间与相似性指数（SI）的关系

**表 2-3-2　皂化试剂用量对芽胞杆菌鉴定的影响**

| 皂化试剂/mL | 重复次数 | 相似性指数（SI） | 鉴定结果 |
|---|---|---|---|
| 0.5 | I | 0.666 | *Lysinibacillus sphaericus* |
| | II | 0.738 | *Lysinibacillus sphaericus* |
| | III | 0.688 | *Lysinibacillus sphaericus* |
| 1.0 | I | 0.772 | *Lysinibacillus sphaericus* |
| | II | 0.788 | *Lysinibacillus sphaericus* |
| | III | 0.813 | *Lysinibacillus sphaericus* |

续表

| 皂化试剂/mL | 重复次数 | 相似性指数（SI） | 鉴定结果 |
|---|---|---|---|
| 2.0 | I | 0.791 | *Lysinibacillus sphaericus* |
| | II | 0.753 | *Lysinibacillus sphaericus* |
| | III | 0.764 | *Lysinibacillus sphaericus* |
| 3.0 | I | 0.466 | *Lysinibacillus sphaericus* |
| | II | 0.518 | *Lysinibacillus sphaericus* |
| | III | 0.507 | *Lysinibacillus sphaericus* |
| 4.0 | I | — | 未尝试匹配 |
| | II | — | 未尝试匹配 |
| | III | — | 未尝试匹配 |

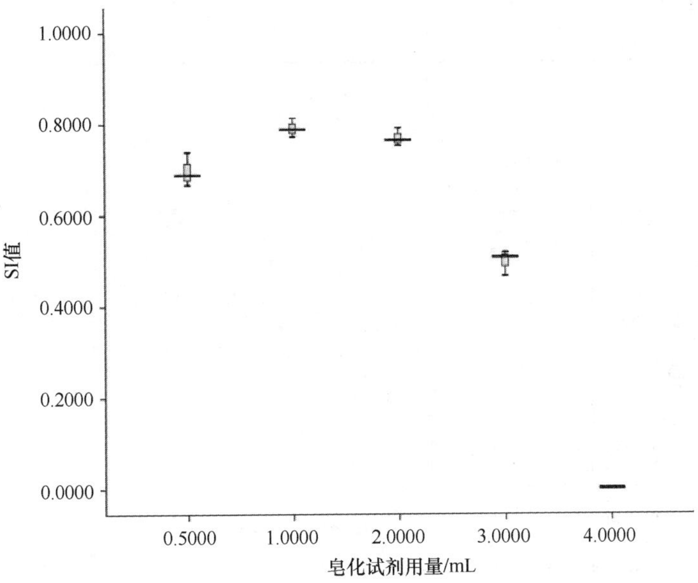


图 2-3-2　皂化试剂用量与相似性指数（SI）的关系

## 5. 甲基化试剂用量对芽胞杆菌鉴定的影响

甲基化试剂用量对球形赖氨酸芽胞杆菌脂肪酸鉴定的影响统计见表 2-3-3，可以看出不同甲基化试剂用量的脂肪酸鉴定结果重复性很高，且都可准确地鉴定到种。甲基化试剂用量为 1.5～2.5 mL 时，脂肪酸相似性指数（SI）变化范围很小（0.823～0.894），当试剂用量为 3.0 mL 时，测定结果变得很差。根据甲基化试剂用量和相似性指数利用 SPSS 软件作图分析得出图 2-3-3，可以看出甲基化试剂用量对脂肪酸测定结果影响较大，当试剂用量为 1.5 mL 时，芽胞杆菌的鉴定效果最好，当试剂用量为 2.0～2.5 mL 时测定结果较好，3.0 mL 以上时结果很差或者失败。由以上分析可以得出，甲基化试剂用量为 1.5～2.5 mL 时，芽胞杆菌脂肪酸的鉴定结果较好，最佳试剂用量为 1.5 mL（图 2-3-3）。

**表 2-3-3　甲基化试剂用量对芽胞杆菌鉴定的影响**

| 甲基化试剂/mL | 重复次数 | 相似性指数（SI） | 鉴定结果 |
|---|---|---|---|
| 1.0 | I | 0.817 | *Lysinibacillus sphaericus* |
| 1.5 | I | 0.894 | *Lysinibacillus sphaericus* |
| | II | 0.884 | *Lysinibacillus sphaericus* |
| | III | 0.884 | *Lysinibacillus sphaericus* |
| 2.0 | I | 0.878 | *Lysinibacillus sphaericus* |
| | II | 0.878 | *Lysinibacillus sphaericus* |
| | III | 0.823 | *Lysinibacillus sphaericus* |
| 2.5 | I | 0.852 | *Lysinibacillus sphaericus* |
| | II | 0.844 | *Lysinibacillus sphaericus* |
| | III | 0.877 | *Lysinibacillus sphaericus* |
| 3.0 | I | 0.466 | *Lysinibacillus sphaericus* |
| | II | 0.470 | *Lysinibacillus sphaericus* |
| | III | — | — |

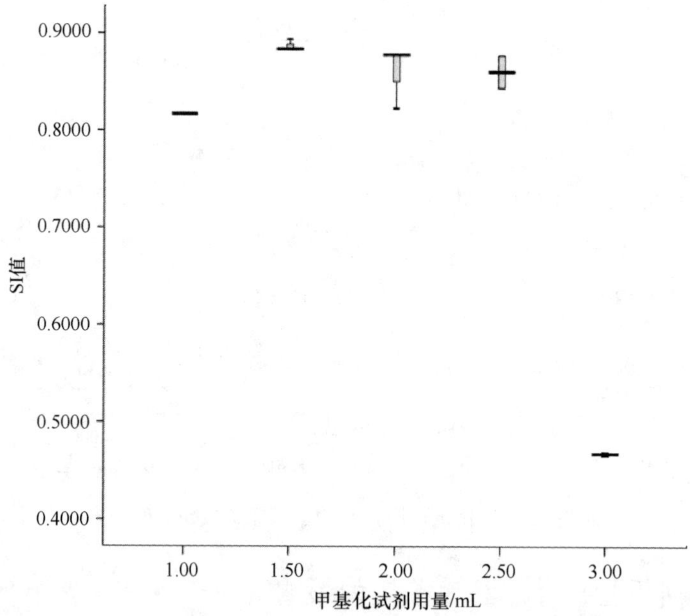


图 2-3-3　甲基化试剂用量与相似性指数（SI）的关系

## 6. 讨论

细菌细胞中的脂肪酸主要以酯化形式存在，因此需要先使脂肪酸游离出来。但是游离状态的脂肪酸的沸点一般都很高，而气相色谱仪只能分析低沸点的挥发性物质，故在分析前需要将游离脂肪酸转变成更易挥发的脂肪酸甲酯。脂肪酸能否成功地全部呈游离状态与提取时的皂化时间和添加的皂化试剂量紧密相关。而游离状态的脂肪酸能否全部转变成易挥发性的物质与提取时所用的甲基化试剂关系密切。研究探讨了皂化时间、皂化试剂用量和甲基化试剂用量对芽胞杆菌脂肪酸测定结果的影响。结果表明皂化时间控制在 25～30 min 的脂肪酸鉴定效果较好，皂化试剂用量为 0.5～3.0 mL 时测定结果无明显变化，最佳试剂用量为 1 mL。甲基化试剂用量在 1.5～2.5 mL 时测定结果较好，最佳试剂用量为 1.5 mL。

## 二、获菌量对芽胞杆菌脂肪酸测定的影响

### 1. 概述

进行芽胞杆菌脂肪酸种类鉴定时，要进行芽胞杆菌培养物的脂肪酸提取，而芽胞杆菌菌体含量（获菌量）对脂肪酸的提取有较大的影响。芽胞杆菌浓度太低或太高，对脂肪酸提取和种类鉴定都有影响，芽胞杆菌浓度太低，主要脂肪酸的检测会发生缺漏，影响到种类鉴定模型的判别；芽胞杆菌浓度太高，次要脂肪酸的检测灵敏度提高，也会影响到种类鉴定模型的判别，而且不同种芽胞杆菌的这种变化存在差异。本研究以多个芽胞杆菌种类为对象，分析获菌量对芽胞杆菌鉴定结果的影响，确定适合芽胞杆菌脂肪酸测定的获菌量范围。

### 2. 研究方法

供试菌株：选取 10 种芽胞杆菌属的种类作为研究对象，具体信息见表 2-3-4。所有供试菌株均在 TSBA 培养基上培养。菌株的培养和脂肪酸的提取参照文献描述（Sasser，1990）的方法进行。新鲜培养的待测菌株按四区划线法接种至新鲜的 TSBA 培养基上，28℃培养 24 h。在第三区刮取菌体，获菌量分别为 20 mg、30 mg、40 mg、50 mg 和 60 mg 时进行脂肪酸提取并测定，置于已写好标记的试管中，加入 1 mL 试剂 I，沸水浴 5 min，振荡 5～10 s，然后水浴 25 min。冷却至室温后加入 1.5 mL 试剂 II，混匀后 80℃水浴 10 min。迅速冷却，加入 1.25 mL 试剂 III，振荡 10 min，吸弃下层溶液。之后加入 3 mL 试剂 IV 及几滴饱和 NaCl 溶液，振荡 5 min。静置，待溶液分层后，吸取上层液体于 GC 样品管中待测。

**表 2-3-4　供试菌株信息**

| 序号 | 库存菌株编号 | 原始菌株编号 | 种名 | 中文名称 |
|---|---|---|---|---|
| 1 | FJAT-8754 | CCUG 28519 | *Bacillus amyloliquefaciens* | 解淀粉芽胞杆菌 |
| 2 | FJAT-8755 | CCUG 28524 | *Bacillus atrophaeus* | 萎缩芽胞杆菌 |
| 3 | FJAT-8757 | CCUG 7412 | *Bacillus badius* | 栗褐芽胞杆菌 |
| 4 | FJAT-8779 | CCUG 26016 | *Bacillus pumilus* | 短小芽胞杆菌 |
| 5 | FJAT-8774 | CCUG 1817 | *Bacillus megaterium* | 巨大芽胞杆菌 |
| 6 | FJAT-9 | FJAT-9 | *Lysinibacillus sphaericus* | 球形赖氨酸芽胞杆菌 |
| 7 | FJAT-8771 | CCUG 7422 | *Bacillus licheniformis* | 地衣芽胞杆菌 |
| 8 | FJAT-8760 | CCUG 7414 | *Bacillus cereus* | 蜡样芽胞杆菌 |
| 9 | FJAT-8775 | DSM 2408 | *Bacillus mycoides* | 蕈状芽胞杆菌 |
| 10 | FJAT-8784 | CCUG 163 | *Bacillus subtilis* | 枯草芽胞杆菌 |

### 3. 获菌量对芽胞杆菌脂肪酸鉴定结果的影响

不同获菌量下芽胞杆菌的脂肪酸鉴定结果统计见表 2-3-5。解淀粉芽胞杆菌在 20～40 mg 时能准确地鉴定到种，枯草芽胞杆菌在 20～50 mg 时能鉴定到种，其他种类（栗褐芽胞杆菌、蜡样芽胞杆菌、蕈状芽胞杆菌、短小芽胞杆菌、地衣芽胞杆菌、巨大芽胞

**表 2-3-5　不同获菌量下芽胞杆菌的鉴定结果**

| 种名 | 20 mg | | 30 mg | | 40 mg | | 50 mg | | 60 mg | |
|---|---|---|---|---|---|---|---|---|---|---|
| | SI | 匹配结果 | SI | 匹配结果 | SI | 匹配结果 | SI | 匹配结果 | SI | 匹配结果 |
| *L. sphaericus* | 0.871 | *L. sphaericus* | 0.879 | *L. sphaericus* | 0.871 | *L. sphaericus* | 0.929 | *L. sphaericus* | 0.619 | *L. sphaericus* |
| *B. badius* | 0.284 | *B. badius* | 0.348 | *B. badius* | 0.447 | *B. badius* | 0.458 | *B. badius* | 0.489 | *B. badius* |
| *B. cereus* | 0.797 | *B. cereus* | 0.807 | *B. cereus* | 0.798 | *B. cereus* | 0.880 | *B. cereus* | 0.822 | *B. cereus* |
| *B. mycoides* | 0.508 | *B. mycoides* | 0.255 | *B. mycoides* | 0.338 | *B. mycoides* | 0.432 | *B. mycoides* | 0.222 | *B. cereus* |
| *B. pumilus* | 0.770 | *B. pumilus* | 0.806 | *B. pumilus* | 0.774 | *B. pumilus* | 0.779 | *B. pumilus* | 0.768 | *B. pumilus* |
| *B. licheniformis* | 0.824 | *B. licheniformis* | 0.790 | *B. licheniformis* | 0.846 | *B. licheniformis* | 0.858 | *B. licheniformis* | 0.854 | *B. licheniformis* |
| *B. megaterium* | 0.454 | *B. megaterium* | 0.474 | *B. megaterium* | 0.542 | *B. megaterium* | 0.451 | *B. megaterium* | 0.474 | *B. megaterium* |
| *B. amyloliquefaciens* | 0.804 | *B. amyloliquefaciens* | 0.691 | *B. amyloliquefaciens* | 0.368 | *B. amyloliquefaciens* | 0.709 | *B. subtilis* | 0.689 | *B. subtilis* |
| *B. atrophaeus* | 0.824 | *B. licheniformis* | 0.825 | *B. atrophaeus* | 0.835 | *B. atrophaeus* | 0.861 | *B. atrophaeus* | 0.739 | *B. atrophaeus* |
| *B. subtilis* | 0.656 | *B. subtilis* | 0.763 | *B. subtilis* | 0.819 | *B. subtilis* | 0.755 | *B. subtilis* | 0.108 | *B. alcalophilus* |

杆菌、球形赖氨酸芽胞杆菌、萎缩芽胞杆菌）在 30～50 mg 时几乎都能准确地鉴定到种。

## 4. 获菌量对芽胞杆菌脂肪酸鉴定相似性指数（SI）的影响

除了栗褐芽胞杆菌和巨大芽胞杆菌之外，其他种类的相似性指数（SI）都在 0.5 以上。随着获菌量的增加 SI 呈现 3 类变化趋势。

第 I 类，SI 随着获菌量的增加而增加，该类包含栗褐芽胞杆菌和球形赖氨酸芽胞杆菌。随着获菌量的增加，球形赖氨酸芽胞杆菌的 SI 呈上升趋势（60 mg 菌量除外）（图 2-3-4）。球形赖氨酸芽胞杆菌的获菌量为 20～50 mg 时，均能准确地鉴定到种且 SI 很高（0.87～0.93）。不同获菌量下栗褐芽胞杆菌的 SI 都低于 0.5。

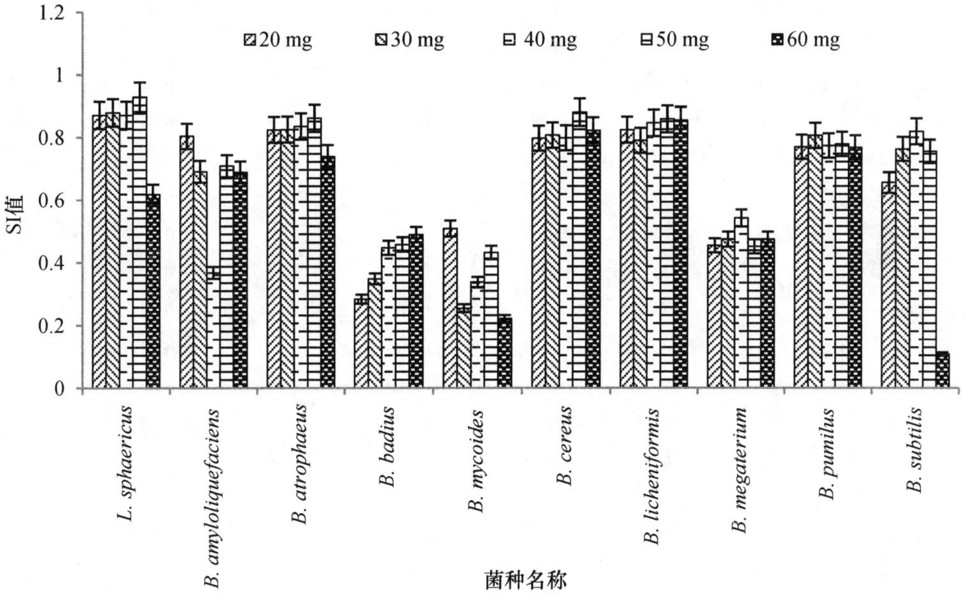


图 2-3-4　不同获菌量下芽胞杆菌鉴定结果的比较

第 II 类，SI 随着获菌量的增加先增加后降低，该类包含短小芽胞杆菌、枯草芽胞杆菌、地衣芽胞杆菌、萎缩芽胞杆菌和蜡样芽胞杆菌。短小芽胞杆菌获菌量为 20～60 mg 时，相应的 SI 为 0.76～0.80，皆大于 0.5，30 mg 时 SI 达到最大值。枯草芽胞杆菌、地衣芽胞杆菌、萎缩芽胞杆菌和蜡样芽胞杆菌的脂肪酸 SI 随着获菌量的增加先升高后降低，均在 50 mg 时 SI 达到最大，其中枯草芽胞杆菌在获菌量 60 mg 时鉴定结果不准确。

第 III 类，SI 随着获菌量的增加而降低，该类包含解淀粉芽胞杆菌和蕈状芽胞杆菌。解淀粉芽胞杆菌和蕈状芽胞杆菌在 20 mg 时 SI 最大。随着获菌量的增加而降低，当获菌量为 60 mg 时不能准确地鉴定到种，只能鉴定为蜡样芽胞杆菌。结合鉴定结果和 SI，解淀粉芽胞杆菌脂肪酸鉴定的获菌量范围为 20～40 mg，枯草芽胞杆菌的为 20～50 mg，巨大芽胞杆菌的为 20～60 mg；短小芽胞杆菌的为 20～60 mg；萎缩芽胞杆菌的为 20～50 mg；地衣芽胞杆菌的为 20～60 mg；蜡样芽胞杆菌的为 20～60 mg；蕈状芽胞杆菌的为 20～50 mg。

综上所述，在获菌量 20～40 mg 时芽胞杆菌的脂肪酸测定结果较好，选择 20 mg 作为芽胞杆菌属种类脂肪酸测定的获菌量。

## 5. 获菌量对芽胞杆菌脂肪酸组的影响

芽胞杆菌脂肪酸成分统计见表 2-3-6 和图 2-3-5～图 2-3-14。随着获菌量的增加，芽胞杆菌脂肪酸标记的变化可分为 3 类。

**表 2-3-6　不同获菌量下测定的芽胞杆菌脂肪酸含量**　（%）

| | 17:0 iso | 17:1 iso ω5c | 12:0 iso | 14:0 iso | 14:0 anteiso | c16:0 |
|---|---|---|---|---|---|---|
| *B. amyloliquefaciens*_20 mg | 10.16 | 0.00 | 0.00 | 2.41 | 0.00 | 5.16 |
| *B. amyloliquefaciens*_30 mg | 11.04 | 0.00 | 0.00 | 1.99 | 0.00 | 4.76 |
| *B. amyloliquefaciens*_40 mg | 12.66 | 0.00 | 0.00 | 1.26 | 0.00 | 3.79 |
| B. *amyloliquefaciens*_50 mg | 12.26 | 0.00 | 0.00 | 2.06 | 0.00 | 3.95 |
| *B. amyloliquefaciens*_60 mg | 9.77 | 0.00 | 0.00 | 2.16 | 0.00 | 3.20 |
| 标准差（SD） | 1.27 | 0.00 | 0.00 | 0.43 | 0.00 | 0.78 |
| *B. atrophaeus*_20 mg | 7.33 | 0.00 | 0.00 | 1.26 | 0.00 | 3.03 |
| *B. atrophaeus*_30 mg | 7.48 | 0.00 | 0.00 | 0.94 | 0.00 | 2.90 |
| *B. atrophaeus*_40 mg | 7.54 | 0.00 | 0.00 | 1.13 | 0.00 | 2.00 |
| *B. atrophaeus*_50 mg | 8.02 | 0.00 | 0.00 | 1.12 | 0.00 | 2.10 |
| *B. atrophaeus*_60 mg | 6.63 | 0.00 | 0.00 | 1.19 | 0.00 | 2.01 |
| 标准差（SD） | 0.50 | 0.00 | 0.00 | 0.12 | 0.00 | 0.51 |
| *B. badius*_20 mg | 3.63 | 0.00 | 0.00 | 1.48 | 0.00 | 6.01 |
| *B. badius*_30 mg | 2.78 | 0.00 | 0.00 | 1.58 | 0.00 | 4.99 |
| *B. badius*_40 mg | 2.70 | 0.00 | 0.00 | 2.10 | 0.00 | 4.43 |
| *B. badius*_50 mg | 2.66 | 0.00 | 0.00 | 1.70 | 0.00 | 4.72 |
| *B. badius*_60 mg | 2.99 | 0.00 | 0.00 | 2.03 | 0.00 | 4.44 |
| 标准差（SD） | 0.40 | 0.00 | 0.00 | 0.27 | 0.00 | 0.65 |
| *B. cereus*_20 mg | 11.18 | 5.29 | 0.54 | 3.76 | 0.00 | 6.47 |
| *B. cereus*_30 mg | 11.80 | 5.43 | 0.59 | 3.66 | 0.00 | 6.10 |
| *B. cereus*_40 mg | 11.50 | 6.93 | 0.48 | 3.49 | 0.00 | 5.22 |
| *B. cereus*_50 mg | 9.85 | 6.29 | 0.59 | 4.10 | 0.00 | 4.95 |
| *B. cereus*_60 mg | 11.44 | 6.47 | 0.53 | 3.49 | 0.00 | 5.24 |
| 标准差（SD） | 0.76 | 0.70 | 0.05 | 0.25 | 0.00 | 0.65 |
| *B. licheniformis*_20 mg | 9.97 | 0.00 | 0.00 | 1.07 | 0.00 | 3.03 |
| *B. licheniformis*_30 mg | 10.51 | 0.00 | 0.00 | 0.94 | 0.00 | 2.87 |
| *B. licheniformis*_40 mg | 9.59 | 0.00 | 0.00 | 0.93 | 0.00 | 2.69 |
| *B. licheniformis*_50 mg | 9.35 | 0.00 | 0.00 | 0.98 | 0.00 | 2.79 |
| *B. licheniformis*_60 mg | 8.91 | 0.00 | 0.00 | 1.08 | 0.00 | 2.78 |
| 标准差（SD） | 0.61 | 0.00 | 0.00 | 0.07 | 0.00 | 0.13 |

续表

| | 17:0 iso | 17:1 iso ω5c | 12:0 iso | 14:0 iso | 14:0 anteiso | c16:0 |
|---|---|---|---|---|---|---|
| *B. megaterium*_20 mg | 0.00 | 0.00 | 0.00 | 6.61 | 0.00 | 10.26 |
| *B. megaterium*_30 mg | 1.26 | 0.00 | 0.00 | 8.44 | 0.00 | 7.28 |
| *B. megaterium*_40 mg | 1.45 | 0.00 | 0.00 | 7.09 | 0.00 | 8.21 |
| *B. megaterium*_50 mg | 1.52 | 0.00 | 0.00 | 7.99 | 0.00 | 7.61 |
| *B. megaterium*_60 mg | 1.39 | 0.00 | 0.00 | 7.73 | 0.00 | 7.36 |
| 标准差（SD） | 0.64 | 0.00 | 0.00 | 0.73 | 0.00 | 1.24 |
| *B. pumilus*_20 mg | 6.31 | 0.00 | 0.00 | 1.87 | 0.00 | 2.93 |
| *B. pumilus*_30 mg | 7.89 | 0.00 | 0.00 | 1.60 | 0.00 | 3.30 |
| *B. pumilus*_40 mg | 7.02 | 0.00 | 0.00 | 1.68 | 0.00 | 2.48 |
| *B. pumilus*_50 mg | 6.72 | 0.00 | 0.00 | 1.74 | 0.00 | 2.57 |
| *B. pumilus*_60 mg | 6.23 | 0.00 | 0.00 | 1.73 | 0.00 | 2.26 |
| 标准差（SD） | 0.67 | 0.00 | 0.00 | 0.10 | 0.00 | 0.41 |
| *B. subtilis*_20 mg | 13.30 | 0.00 | 0.00 | 1.55 | 0.00 | 4.42 |
| *B. subtilis*_30 mg | 14.08 | 0.00 | 0.00 | 1.42 | 0.00 | 4.54 |
| *B. subtilis*_40 mg | 12.96 | 0.00 | 0.00 | 1.51 | 0.00 | 4.18 |
| *B. subtilis*_50 mg | 13.79 | 0.00 | 0.00 | 1.49 | 0.00 | 4.49 |
| 标准差（SD） | 0.50 | 0.00 | 0.00 | 0.05 | 0.00 | 0.16 |
| *L. sphaericus*_20 mg | 5.07 | 0.00 | 0.00 | 2.48 | 0.00 | 1.99 |
| *L. sphaericus*_30 mg | 4.24 | 0.00 | 0.00 | 3.15 | 0.00 | 1.45 |
| *L. sphaericus*_40 mg | 4.53 | 0.00 | 0.00 | 2.49 | 0.00 | 1.24 |
| *L. sphaericus*_50 mg | 4.40 | 0.00 | 0.00 | 2.64 | 0.00 | 1.17 |
| *L. sphaericus*_60 mg | 4.52 | 0.00 | 0.00 | 5.53 | 1.81 | 1.61 |
| 标准差（SD） | 0.31 | 0.00 | 0.00 | 1.30 | 0.81 | 0.33 |
| *B. mycoides*_20 mg | 10.29 | 2.42 | 1.02 | 2.95 | 0.17 | 10.67 |
| *B. mycoides*_30 mg | 8.06 | 0.00 | 1.66 | 3.80 | 0.00 | 14.76 |
| *B. mycoides*_40 mg | 8.04 | 0.00 | 1.46 | 3.40 | 0.33 | 13.72 |
| *B. mycoides*_50 mg | 8.30 | 0.00 | 1.39 | 3.37 | 0.00 | 12.84 |
| *B. mycoides*_60 mg | 5.38 | 0.00 | 2.16 | 4.03 | 0.00 | 14.12 |
| 标准差（SD） | 1.75 | 1.08 | 0.42 | 0.42 | 0.15 | 1.59 |

| | 16:0 iso | 16:1ω11c | 17:0 2OH | c18:0 | 15:0 iso 3OH |
|---|---|---|---|---|---|
| *B. amyloliquefaciens*_20 mg | 5.34 | 0.00 | 0.00 | 0.00 | 0.00 |
| *B. amyloliquefaciens*_30 mg | 6.50 | 0.00 | 0.00 | 0.00 | 0.00 |
| *B. amyloliquefaciens*_40 mg | 3.60 | 0.39 | 0.00 | 0.49 | 0.00 |
| B. *amyloliquefaciens*_50 mg | 6.37 | 0.59 | 0.00 | 0.59 | 0.00 |
| *B. amyloliquefaciens*_60 mg | 5.67 | 0.44 | 0.00 | 0.00 | 0.00 |
| 标准差（SD） | 1.16 | 0.27 | 0.00 | 0.30 | 0.00 |
| *B. atrophaeus*_20 mg | 4.89 | 0.61 | 0.00 | 0.00 | 0.00 |
| *B. atrophaeus*_30 mg | 4.26 | 0.00 | 0.00 | 0.00 | 0.00 |
| *B. atrophaeus*_40 mg | 3.71 | 0.52 | 0.54 | 0.00 | 0.00 |
| *B. atrophaeus*_50 mg | 3.97 | 0.47 | 0.54 | 0.00 | 0.00 |
| *B. atrophaeus*_60 mg | 3.81 | 0.46 | 0.58 | 0.00 | 0.00 |
| 标准差（SD） | 0.47 | 0.24 | 0.30 | 0.00 | 0.00 |

续表

| | 16:0 iso | 16:1ω11c | 17:0 2OH | c18:0 | 15:0 iso 3OH |
|---|---|---|---|---|---|
| *B. badius*_20 mg | 5.42 | 4.84 | 0.00 | 1.35 | 0.00 |
| *B. badius*_30 mg | 4.79 | 5.56 | 0.00 | 0.00 | 0.00 |
| *B. badius*_40 mg | 5.67 | 5.40 | 0.00 | 0.00 | 0.00 |
| *B. badius*_50 mg | 5.12 | 5.51 | 0.00 | 0.00 | 0.00 |
| *B. badius*_60 mg | 5.74 | 5.18 | 0.00 | 0.00 | 0.00 |
| 标准差（SD） | 0.40 | 0.29 | 0.00 | 0.60 | 0.00 |
| *B. cereus*_20 mg | 6.07 | 0.00 | 0.00 | 1.44 | 0.00 |
| *B. cereus*_30 mg | 6.29 | 0.00 | 0.00 | 0.70 | 0.00 |
| *B. cereus*_40 mg | 5.86 | 0.00 | 0.00 | 0.00 | 0.00 |
| *B. cereus*_50 mg | 5.57 | 0.00 | 0.00 | 0.00 | 0.00 |
| *B. cereus*_60 mg | 5.79 | 0.00 | 0.00 | 0.52 | 0.00 |
| 标准差（SD） | 0.27 | 0.00 | 0.00 | 0.60 | 0.00 |
| *B. licheniformis*_20 mg | 4.46 | 0.66 | 0.00 | 0.00 | 0.00 |
| *B. licheniformis*_30 mg | 4.55 | 0.49 | 0.00 | 0.00 | 0.00 |
| *B. licheniformis*_40 mg | 4.67 | 0.54 | 0.00 | 0.00 | 0.00 |
| *B. licheniformis*_50 mg | 4.47 | 0.49 | 0.00 | 0.00 | 0.00 |
| *B. licheniformis*_60 mg | 4.40 | 0.52 | 0.00 | 0.00 | 0.00 |
| 标准差（SD） | 0.10 | 0.07 | 0.00 | 0.00 | 0.00 |
| *B. megaterium*_20 mg | 3.33 | 0.00 | 0.00 | 0.00 | 0.00 |
| *B. megaterium*_30 mg | 3.36 | 1.16 | 0.00 | 0.00 | 0.00 |
| *B. megaterium*_40 mg | 3.54 | 1.25 | 0.00 | 0.00 | 0.00 |
| *B. megaterium*_50 mg | 3.68 | 0.97 | 0.00 | 0.47 | 0.00 |
| *B. megaterium*_60 mg | 3.60 | 1.03 | 0.00 | 0.00 | 0.00 |
| 标准差（SD） | 0.15 | 0.51 | 0.00 | 0.21 | 0.00 |
| *B. pumilus*_20 mg | 3.02 | 0.70 | 0.00 | 0.00 | 0.00 |
| *B. pumilus*_30 mg | 3.11 | 0.67 | 0.00 | 0.34 | 0.00 |
| *B. pumilus*_40 mg | 3.19 | 0.66 | 0.00 | 0.00 | 0.00 |
| *B. pumilus*_50 mg | 2.97 | 0.67 | 0.00 | 0.27 | 0.00 |
| *B. pumilus*_60 mg | 2.86 | 0.74 | 0.00 | 0.12 | 0.00 |
| 标准差（SD） | 0.13 | 0.03 | 0.00 | 0.16 | 0.00 |
| *B. subtilis*_20 mg | 5.16 | 1.35 | 0.00 | 0.67 | 0.00 |
| *B. subtilis*_30 mg | 5.17 | 1.23 | 0.00 | 0.56 | 0.20 |
| *B. subtilis*_40 mg | 4.89 | 1.20 | 0.00 | 0.37 | 0.25 |
| *B. subtilis*_50 mg | 5.22 | 1.14 | 0.00 | 0.64 | 0.19 |
| 标准差（SD） | 0.15 | 0.09 | 0.00 | 0.13 | 0.11 |
| *L. sphaericus*_20 mg | 12.70 | 1.46 | 0.00 | 0.00 | 0.00 |
| *L. sphaericus*_30 mg | 14.51 | 1.46 | 0.00 | 0.00 | 0.00 |
| *L. sphaericus*_40 mg | 11.61 | 1.58 | 0.00 | 0.00 | 0.00 |
| *L. sphaericus*_50 mg | 11.41 | 1.49 | 0.00 | 0.00 | 0.00 |
| *L. sphaericus*_60 mg | 16.99 | 2.10 | 0.00 | 0.00 | 0.00 |
| 标准差（SD） | 2.33 | 0.27 | 0.00 | 0.00 | 0.00 |

续表

| | 16:0 iso | 16:1ω11c | 17:0 2OH | c18:0 | 15:0 iso 3OH |
|---|---|---|---|---|---|
| *B. mycoides*_20 mg | 6.75 | 2.06 | 0.00 | 1.32 | 0.00 |
| *B. mycoides*_30 mg | 6.43 | 4.69 | 0.00 | 1.13 | 0.00 |
| *B. mycoides*_40 mg | 6.62 | 4.53 | 0.00 | 1.25 | 0.00 |
| *B. mycoides*_50 mg | 6.88 | 4.38 | 0.00 | 1.02 | 0.00 |
| *B. mycoides*_60 mg | 5.84 | 4.74 | 0.00 | 1.16 | 0.00 |
| 标准差（SD） | 0.41 | 1.14 | 0.00 | 0.12 | 0.00 |

| | 13:0 anteiso | c14:0 | 17:1 anteiso A | 17:0 anteiso | 17:1 iso ω10c |
|---|---|---|---|---|---|
| *B. amyloliquefaciens*_20 mg | 0.00 | 0.00 | 0.00 | 8.37 | 0.00 |
| *B. amyloliquefaciens*_30 mg | 0.00 | 0.00 | 0.00 | 11.54 | 1.10 |
| *B. amyloliquefaciens*_40 mg | 0.00 | 0.48 | 0.00 | 9.44 | 0.70 |
| *B. amyloliquefaciens*_50 mg | 0.00 | 0.00 | 0.00 | 11.41 | 1.13 |
| *B. amyloliquefaciens*_60 mg | 0.00 | 0.00 | 0.00 | 10.28 | 0.88 |
| 标准差（SD） | 0.00 | 0.21 | 0.00 | 1.34 | 0.46 |
| *B. atrophaeus*_20 mg | 0.00 | 0.00 | 0.00 | 20.19 | 0.89 |
| *B. atrophaeus*_30 mg | 0.00 | 0.00 | 0.00 | 20.19 | 0.98 |
| *B. atrophaeus*_40 mg | 0.00 | 0.00 | 0.00 | 17.43 | 1.10 |
| *B. atrophaeus*_50 mg | 0.00 | 0.00 | 0.00 | 18.11 | 1.08 |
| *B. atrophaeus*_60 mg | 0.00 | 0.00 | 0.00 | 16.76 | 1.02 |
| 标准差（SD） | 0.00 | 0.00 | 0.00 | 1.58 | 0.08 |
| *B. badius*_20 mg | 0.00 | 2.27 | 0.00 | 5.36 | 4.99 |
| *B. badius*_30 mg | 0.00 | 3.12 | 0.36 | 4.95 | 4.78 |
| *B. badius*_40 mg | 0.00 | 2.89 | 0.00 | 3.93 | 4.44 |
| *B. badius*_50 mg | 0.00 | 2.76 | 0.00 | 4.24 | 4.69 |
| *B. badius*_60 mg | 0.00 | 2.55 | 0.00 | 4.05 | 4.74 |
| 标准差（SD） | 0.00 | 0.32 | 0.16 | 0.62 | 0.20 |
| *B. cereus*_20 mg | 1.07 | 2.68 | 0.90 | 1.85 | 3.07 |
| *B. cereus*_30 mg | 1.20 | 2.68 | 1.01 | 1.73 | 3.32 |
| *B. cereus*_40 mg | 0.98 | 2.76 | 1.00 | 1.41 | 3.14 |
| *B. cereus*_50 mg | 1.24 | 2.91 | 0.99 | 1.37 | 2.90 |
| *B. cereus*_60 mg | 1.05 | 2.72 | 0.78 | 1.56 | 2.95 |
| 标准差（SD） | 0.11 | 0.10 | 0.10 | 0.21 | 0.17 |
| *B. licheniformis*_20 mg | 0.00 | 0.00 | 0.00 | 11.23 | 1.04 |
| *B. licheniformis*_30 mg | 0.00 | 0.41 | 0.00 | 11.45 | 0.99 |
| *B. licheniformis*_40 mg | 0.00 | 0.29 | 0.00 | 11.04 | 0.98 |
| *B. licheniformis*_50 mg | 0.00 | 0.36 | 0.00 | 10.45 | 0.92 |
| *B. licheniformis*_60 mg | 0.00 | 0.42 | 0.00 | 10.07 | 0.88 |
| 标准差（SD） | 0.00 | 0.17 | 0.00 | 0.57 | 0.06 |
| *B. megaterium*_20 mg | 0.00 | 2.13 | 0.00 | 5.72 | 0.00 |
| *B. megaterium*_30 mg | 0.00 | 1.81 | 0.00 | 4.97 | 0.00 |
| *B. megaterium*_40 mg | 0.00 | 1.82 | 0.00 | 5.60 | 0.00 |

续表

| | 13:0 anteiso | c14:0 | 17:1 anteiso A | 17:0 anteiso | 17:1 iso ω10c |
|---|---|---|---|---|---|
| *B. megaterium*_50 mg | 0.00 | 1.76 | 0.00 | 5.35 | 0.00 |
| *B. megaterium*_60 mg | 0.00 | 1.87 | 0.00 | 5.52 | 0.00 |
| 标准差（SD） | 0.00 | 0.15 | 0.00 | 0.29 | 0.00 |
| *B. pumilus*_20 mg | 0.11 | 0.92 | 0.00 | 3.58 | 1.01 |
| *B. pumilus*_30 mg | 0.00 | 0.93 | 0.00 | 4.50 | 1.17 |
| *B. pumilus*_40 mg | 0.00 | 0.84 | 0.00 | 4.05 | 1.23 |
| *B. pumilus*_50 mg | 0.14 | 0.91 | 0.00 | 3.80 | 1.08 |
| *B. pumilus*_60 mg | 0.10 | 0.84 | 0.00 | 3.61 | 1.28 |
| 标准差（SD） | 0.07 | 0.04 | 0.00 | 0.38 | 0.11 |
| *B. subtilis*_20 mg | 0.00 | 0.33 | 0.00 | 11.83 | 1.68 |
| *B. subtilis*_30 mg | 0.00 | 0.32 | 0.00 | 13.00 | 1.45 |
| *B. subtilis*_40 mg | 0.00 | 0.32 | 0.00 | 11.79 | 1.44 |
| *B. subtilis*_50 mg | 0.00 | 0.37 | 0.00 | 12.72 | 1.44 |
| 标准差（SD） | 0.00 | 0.02 | 0.00 | 0.62 | 0.12 |
| *L. sphaericus*_20 mg | 0.00 | 0.59 | 0.00 | 2.87 | 1.21 |
| *L. sphaericus*_30 mg | 0.00 | 0.48 | 0.00 | 2.29 | 1.07 |
| *L. sphaericus*_40 mg | 0.00 | 0.53 | 0.00 | 2.96 | 1.23 |
| *L. sphaericus*_50 mg | 0.00 | 0.46 | 0.00 | 2.43 | 1.08 |
| *L. sphaericus*_60 mg | 0.00 | 2.23 | 0.00 | 2.44 | 1.52 |
| 标准差（SD） | 0.00 | 0.77 | 0.00 | 0.30 | 0.18 |
| *B. mycoides*_20 mg | 1.84 | 2.91 | 0.72 | 1.92 | 10.33 |
| *B. mycoides*_30 mg | 4.31 | 3.51 | 0.37 | 3.39 | 6.30 |
| *B. mycoides*_40 mg | 3.51 | 3.50 | 0.42 | 3.31 | 6.88 |
| *B. mycoides*_50 mg | 3.07 | 3.46 | 0.42 | 2.58 | 7.74 |
| *B. mycoides*_60 mg | 5.37 | 4.17 | 0.00 | 2.78 | 5.34 |
| 标准差（SD） | 1.32 | 0.45 | 0.26 | 0.60 | 1.90 |

| | 13:0 iso | 16:1ω7c alcohol | 15:0 iso | 15:0 anteiso |
|---|---|---|---|---|
| *B. amyloliquefaciens*_20 mg | 0.00 | 0.00 | 29.03 | 39.53 |
| *B. amyloliquefaciens*_30 mg | 0.00 | 0.00 | 23.99 | 39.07 |
| *B. amyloliquefaciens*_40 mg | 0.39 | 0.00 | 31.35 | 35.19 |
| *B. amyloliquefaciens*_50 mg | 0.00 | 0.41 | 24.06 | 37.17 |
| *B. amyloliquefaciens*_60 mg | 0.00 | 0.00 | 25.59 | 42.02 |
| 标准差（SD） | 0.17 | 0.18 | 3.26 | 2.57 |
| *B. atrophaeus*_20 mg | 0.00 | 0.67 | 11.08 | 49.07 |
| *B. atrophaeus*_30 mg | 0.00 | 0.00 | 11.93 | 50.27 |
| *B. atrophaeus*_40 mg | 0.00 | 0.54 | 13.67 | 50.75 |
| *B. atrophaeus*_50 mg | 0.00 | 0.50 | 13.55 | 49.55 |
| *B. atrophaeus*_60 mg | 0.00 | 0.50 | 13.15 | 52.95 |
| 标准差（SD） | 0.00 | 0.26 | 1.13 | 1.51 |

续表

| | 13:0 iso | 16:1ω7c alcohol | 15:0 iso | 15:0 anteiso |
|---|---|---|---|---|
| *B. badius*_20 mg | 0.00 | 3.34 | 45.49 | 8.90 |
| *B. badius*_30 mg | 0.00 | 2.76 | 46.64 | 11.02 |
| *B. badius*_40 mg | 0.00 | 3.56 | 48.14 | 10.23 |
| *B. badius*_50 mg | 0.00 | 3.44 | 48.26 | 10.22 |
| *B. badius*_60 mg | 0.00 | 3.89 | 48.55 | 9.30 |
| 标准差（SD） | 0.00 | 0.41 | 1.31 | 0.84 |
| *B. cereus*_20 mg | 8.21 | 0.63 | 29.94 | 4.53 |
| *B. cereus*_30 mg | 8.22 | 0.87 | 30.34 | 4.68 |
| *B. cereus*_40 mg | 8.00 | 0.68 | 31.89 | 3.84 |
| *B. cereus*_50 mg | 9.72 | 0.69 | 31.77 | 4.31 |
| *B. cereus*_60 mg | 8.28 | 0.66 | 31.86 | 4.10 |
| 标准差（SD） | 0.70 | 0.09 | 0.94 | 0.33 |
| *B. licheniformis*_20 mg | 0.00 | 0.71 | 35.57 | 32.28 |
| *B. licheniformis*_30 mg | 0.00 | 0.50 | 35.37 | 31.32 |
| *B. licheniformis*_40 mg | 0.00 | 0.53 | 35.37 | 32.73 |
| *B. licheniformis*_50 mg | 0.00 | 0.52 | 36.30 | 32.80 |
| *B. licheniformis*_60 mg | 0.10 | 0.50 | 36.43 | 33.36 |
| 标准差（SD） | 0.04 | 0.09 | 0.52 | 0.76 |
| *B. megaterium*_20 mg | 0.00 | 0.00 | 19.11 | 52.84 |
| *B. megaterium*_30 mg | 0.00 | 0.00 | 17.74 | 53.98 |
| *B. megaterium*_40 mg | 0.00 | 0.00 | 17.62 | 53.43 |
| *B. megaterium*_50 mg | 0.00 | 0.40 | 17.94 | 52.32 |
| *B. megaterium*_60 mg | 0.00 | 0.00 | 17.70 | 53.81 |
| 标准差（SD） | 0.00 | 0.18 | 0.62 | 0.69 |
| *B. pumilus*_20 mg | 0.96 | 0.54 | 51.48 | 26.35 |
| *B. pumilus*_30 mg | 0.88 | 0.52 | 48.50 | 26.41 |
| *B. pumilus*_40 mg | 0.95 | 0.54 | 50.80 | 26.27 |
| *B. pumilus*_50 mg | 0.96 | 0.49 | 51.14 | 26.18 |
| *B. pumilus*_60 mg | 0.95 | 0.62 | 51.96 | 26.41 |
| 标准差（SD） | 0.03 | 0.05 | 0.13 | 0.10 |
| *B. subtilis*_20 mg | 0.00 | 0.65 | 19.97 | 35.51 |
| *B. subtilis*_30 mg | 0.14 | 0.56 | 19.71 | 36.88 |
| *B. subtilis*_40 mg | 0.20 | 0.56 | 20.67 | 38.66 |
| *B. subtilis*_50 mg | 0.20 | 0.59 | 19.48 | 37.02 |
| 标准差（SD） | 0.09 | 0.04 | 0.52 | 1.29 |
| *L. sphaericus*_20 mg | 0.00 | 11.67 | 49.74 | 8.81 |
| *L. sphaericus*_30 mg | 0.00 | 12.62 | 49.44 | 8.39 |
| *L. sphaericus*_40 mg | 0.00 | 11.29 | 50.63 | 10.90 |
| *L. sphaericus*_50 mg | 0.00 | 11.56 | 52.81 | 9.70 |
| *L. sphaericus*_60 mg | 0.00 | 13.58 | 38.88 | 5.73 |
| 标准差（SD） | 0.00 | 0.95 | 5.43 | 1.92 |

续表

| | 13:0 iso | 16:1ω7c alcohol | 15:0 iso | 15:0 anteiso |
|---|---|---|---|---|
| *B. mycoides*_20 mg | 10.03 | 1.75 | 16.66 | 3.69 |
| *B. mycoides*_30 mg | 10.39 | 1.73 | 14.47 | 6.68 |
| *B. mycoides*_40 mg | 9.90 | 1.89 | 15.86 | 6.18 |
| *B. mycoides*_50 mg | 10.05 | 2.02 | 16.44 | 5.52 |
| *B. mycoides*_60 mg | 12.35 | 1.76 | 14.60 | 7.71 |
| 标准差（SD） | 1.03 | 0.12 | 1.02 | 1.50 |

| | c12:0 | 18:1ω9c | 15:0 2OH | feature 2 |
|---|---|---|---|---|
| *B. amyloliquefaciens*_20 mg | 0.00 | 0.00 | 0.00 | 0.00 |
| *B. amyloliquefaciens*_30 mg | 0.00 | 0.00 | 0.00 | 0.00 |
| *B. amyloliquefaciens*_40 mg | 0.00 | 0.00 | 0.00 | 0.28 |
| *B. amyloliquefaciens*_50 mg | 0.00 | 0.00 | 0.00 | 0.00 |
| *B. amyloliquefaciens*_60 mg | 0.00 | 0.00 | 0.00 | 0.00 |
| 标准差（SD） | 0.00 | 0.00 | 0.00 | 0.13 |
| *B. atrophaeus*_20 mg | 0.00 | 0.00 | 0.00 | 0.98 |
| *B. atrophaeus*_30 mg | 0.00 | 0.00 | 0.00 | 1.04 |
| *B. atrophaeus*_40 mg | 0.00 | 0.00 | 0.00 | 1.08 |
| *B. atrophaeus*_50 mg | 0.00 | 0.00 | 0.00 | 1.01 |
| *B. atrophaeus*_60 mg | 0.00 | 0.00 | 0.00 | 0.93 |
| 标准差（SD） | 0.00 | 0.00 | 0.00 | 0.06 |
| *B. badius*_20 mg | 0.00 | 0.00 | 0.00 | 2.96 |
| *B. badius*_30 mg | 0.00 | 0.00 | 0.00 | 2.93 |
| *B. badius*_40 mg | 0.00 | 0.00 | 0.00 | 2.71 |
| *B. badius*_50 mg | 0.00 | 0.00 | 0.00 | 2.86 |
| *B. badius*_60 mg | 0.00 | 0.00 | 0.00 | 2.81 |
| 标准差（SD） | 0.00 | 0.00 | 0.00 | 0.10 |
| *B. cereus*_20 mg | 0.00 | 0.00 | 0.68 | 0.00 |
| *B. cereus*_30 mg | 0.00 | 0.00 | 0.00 | 0.00 |
| *B. cereus*_40 mg | 0.00 | 0.00 | 1.01 | 0.00 |
| *B. cereus*_50 mg | 0.00 | 0.00 | 0.86 | 0.00 |
| *B. cereus*_60 mg | 0.00 | 0.00 | 0.84 | 0.00 |
| 标准差（SD） | 0.00 | 0.00 | 0.40 | 0.00 |
| *B. licheniformis*_20 mg | 0.00 | 0.00 | 0.00 | 0.00 |
| *B. licheniformis*_30 mg | 0.00 | 0.00 | 0.00 | 0.60 |
| *B. licheniformis*_40 mg | 0.00 | 0.00 | 0.00 | 0.64 |
| *B. licheniformis*_50 mg | 0.00 | 0.00 | 0.00 | 0.56 |
| *B. licheniformis*_60 mg | 0.00 | 0.00 | 0.00 | 0.54 |
| 标准差（SD） | 0.00 | 0.00 | 0.00 | 0.26 |
| *B. megaterium*_20 mg | 0.00 | 0.00 | 0.00 | 0.00 |
| *B. megaterium*_30 mg | 0.00 | 0.00 | 0.00 | 0.00 |
| *B. megaterium*_40 mg | 0.00 | 0.00 | 0.00 | 0.00 |

续表

| | c12:0 | 18:1ω9c | 15:0 2OH | feature 2 |
|---|---|---|---|---|
| *B. megaterium*_50 mg | 0.00 | 0.00 | 0.00 | 0.00 |
| *B. megaterium*_60 mg | 0.00 | 0.00 | 0.00 | 0.00 |
| 标准差（SD） | 0.00 | 0.00 | 0.00 | 0.00 |
| *B. pumilus*_20 mg | 0.00 | 0.00 | 0.00 | 0.24 |
| *B. pumilus*_30 mg | 0.00 | 0.00 | 0.00 | 0.00 |
| *B. pumilus*_40 mg | 0.00 | 0.00 | 0.00 | 0.28 |
| *B. pumilus*_50 mg | 0.00 | 0.00 | 0.00 | 0.25 |
| *B. pumilus*_60 mg | 0.00 | 0.00 | 0.00 | 0.29 |
| 标准差（SD） | 0.00 | 0.00 | 0.00 | 0.12 |
| *B. subtilis*_20 mg | 0.00 | 0.00 | 0.00 | 0.76 |
| *B. subtilis*_30 mg | 0.00 | 0.00 | 0.00 | 0.73 |
| *B. subtilis*_40 mg | 0.00 | 0.00 | 0.28 | 0.71 |
| *B. subtilis*_50 mg | 0.00 | 0.00 | 0.25 | 0.72 |
| 标准差（SD） | 0.00 | 0.00 | 0.15 | 0.02 |
| *L. sphaericus*_20 mg | 0.00 | 0.00 | 0.00 | 0.99 |
| *L. sphaericus*_30 mg | 0.00 | 0.00 | 0.00 | 0.90 |
| *L. sphaericus*_40 mg | 0.00 | 0.00 | 0.00 | 1.01 |
| *L. sphaericus*_50 mg | 0.00 | 0.00 | 0.00 | 0.86 |
| *L. sphaericus*_60 mg | 0.00 | 0.00 | 0.00 | 1.00 |
| 标准差（SD） | 0.00 | 0.00 | 0.00 | 0.07 |
| *B. mycoides*_20 mg | 0.61 | 0.83 | 1.24 | 0.00 |
| *B. mycoides*_30 mg | 0.96 | 0.61 | 0.00 | 1.37 |
| *B. mycoides*_40 mg | 0.78 | 0.82 | 0.30 | 1.49 |
| *B. mycoides*_50 mg | 0.73 | 1.04 | 0.32 | 1.59 |
| *B. mycoides*_60 mg | 1.33 | 1.03 | 0.00 | 1.29 |
| 标准差（SD） | 0.28 | 0.18 | 0.51 | 0.65 |

| | feature 3 | feature 4 | feature 8 | 标准差（SD）均值 |
|---|---|---|---|---|
| *B. amyloliquefaciens*_20 mg | 0.00 | 0.00 | 0.00 | |
| *B. amyloliquefaciens*_30 mg | 0.00 | 0.00 | 0.00 | |
| *B. amyloliquefaciens*_40 mg | 0.00 | 0.00 | 0.00 | |
| *B. amyloliquefaciens*_50 mg | 0.00 | 0.00 | 0.00 | |
| *B. amyloliquefaciens*_60 mg | 0.00 | 0.00 | 0.00 | |
| 标准差（SD） | 0.00 | 0.00 | 0.00 | 0.46 |
| *B. atrophaeus*_20 mg | 0.00 | 0.00 | 0.00 | |
| *B. atrophaeus*_30 mg | 0.00 | 0.00 | 0.00 | |
| *B. atrophaeus*_40 mg | 0.00 | 0.00 | 0.00 | |
| *B. atrophaeus*_50 mg | 0.00 | 0.00 | 0.00 | |
| *B. atrophaeus*_60 mg | 0.00 | 0.00 | 0.00 | |
| 标准差（SD） | 0.00 | 0.00 | 0.00 | 0.25 |

续表

| | feature 3 | feature 4 | feature 8 | 标准差（SD）均值 |
|---|---|---|---|---|
| *B. badius*_20 mg | 0.00 | 3.95 | 0.00 | |
| *B. badius*_30 mg | 0.00 | 3.73 | 0.00 | |
| *B. badius*_40 mg | 0.00 | 3.80 | 0.00 | |
| *B. badius*_50 mg | 0.00 | 3.81 | 0.00 | |
| *B. badius*_60 mg | 0.00 | 3.73 | 0.00 | |
| 标准差（SD） | 0.00 | 0.09 | 0.00 | 0.25 |
| *B. cereus*_20 mg | 0.00 | 8.65 | 2.52 | |
| *B. cereus*_30 mg | 0.00 | 8.69 | 2.68 | |
| *B. cereus*_40 mg | 0.00 | 9.01 | 2.81 | |
| *B. cereus*_50 mg | 0.00 | 9.07 | 2.81 | |
| *B. cereus*_60 mg | 0.00 | 9.03 | 2.67 | |
| 标准差（SD） | 0.00 | 0.20 | 0.12 | 0.25 |
| *B. licheniformis*_20 mg | 0.00 | 0.00 | 0.00 | |
| *B. licheniformis*_30 mg | 0.00 | 0.00 | 0.00 | |
| *B. licheniformis*_40 mg | 0.00 | 0.00 | 0.00 | |
| *B. licheniformis*_50 mg | 0.00 | 0.00 | 0.00 | |
| *B. licheniformis*_60 mg | 0.00 | 0.00 | 0.00 | |
| 标准差（SD） | 0.00 | 0.00 | 0.00 | 0.13 |
| *B. megaterium*_20 mg | 0.00 | 0.00 | 0.00 | |
| *B. megaterium*_30 mg | 0.00 | 0.00 | 0.00 | |
| *B. megaterium*_40 mg | 0.00 | 0.00 | 0.00 | |
| *B. megaterium*_50 mg | 0.00 | 0.00 | 0.00 | |
| *B. megaterium*_60 mg | 0.00 | 0.00 | 0.00 | |
| 标准差（SD） | 0.00 | 0.00 | 0.00 | 0.20 |
| *B. pumilus*_20 mg | 0.00 | 0.00 | 0.00 | |
| *B. pumilus*_30 mg | 0.00 | 0.00 | 0.00 | |
| *B. pumilus*_40 mg | 0.00 | 0.00 | 0.00 | |
| *B. pumilus*_50 mg | 0.00 | 0.00 | 0.00 | |
| *B. pumilus*_60 mg | 0.00 | 0.00 | 0.00 | |
| 标准差（SD） | 0.00 | 0.00 | 0.00 | 0.14 |
| *B. subtilis*_20 mg | 2.43 | 0.00 | 0.00 | |
| *B. subtilis*_30 mg | 0.00 | 0.00 | 0.00 | |
| *B. subtilis*_40 mg | 0.00 | 0.00 | 0.00 | |
| *B. subtilis*_50 mg | 0.00 | 0.00 | 0.00 | |
| 标准差（SD） | 1.22 | 0.00 | 0.00 | 0.20 |
| *L. sphaericus*_20 mg | 0.00 | 0.00 | 0.00 | |
| *L. sphaericus*_30 mg | 0.00 | 0.00 | 0.00 | |
| *L. sphaericus*_40 mg | 0.00 | 0.00 | 0.00 | |
| *L. sphaericus*_50 mg | 0.00 | 0.00 | 0.00 | |
| *L. sphaericus*_60 mg | 0.00 | 0.00 | 0.00 | |
| 标准差（SD） | 0.00 | 0.00 | 0.00 | 0.55 |

续表

| | feature 3 | feature 4 | feature 8 | 标准差（SD）均值 |
|---|---|---|---|---|
| *B. mycoides*_20 mg | 0.00 | 7.49 | 0.84 | |
| *B. mycoides*_30 mg | 0.00 | 4.68 | 0.32 | |
| *B. mycoides*_40 mg | 0.00 | 4.84 | 0.35 | |
| *B. mycoides*_50 mg | 0.00 | 5.65 | 0.45 | |
| *B. mycoides*_60 mg | 0.00 | 4.83 | 0.00 | |
| 标准差（SD） | 0.00 | 1.18 | 0.30 | 0.68 |

注：feature 2，14:0 3OH 和/或 16:1 iso I/14:0 3OH；feature 3，16:1ω6c 和/或 16:1ω7c；feature 4，17:1 anteiso B 和/或 iso I；feature 8，18:1ω6c 和/或 18:1ω7c

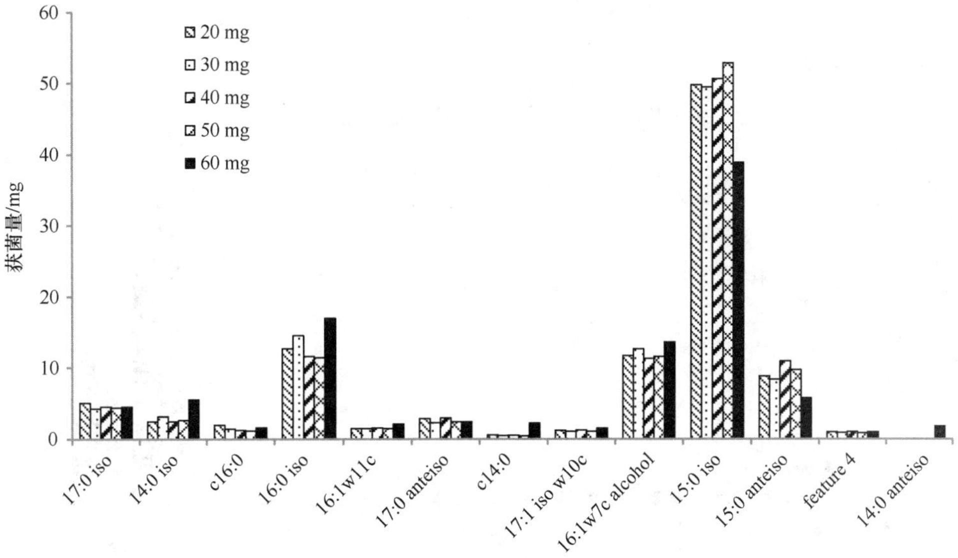


图 2-3-5　球形赖氨酸芽胞杆菌的脂肪酸成分

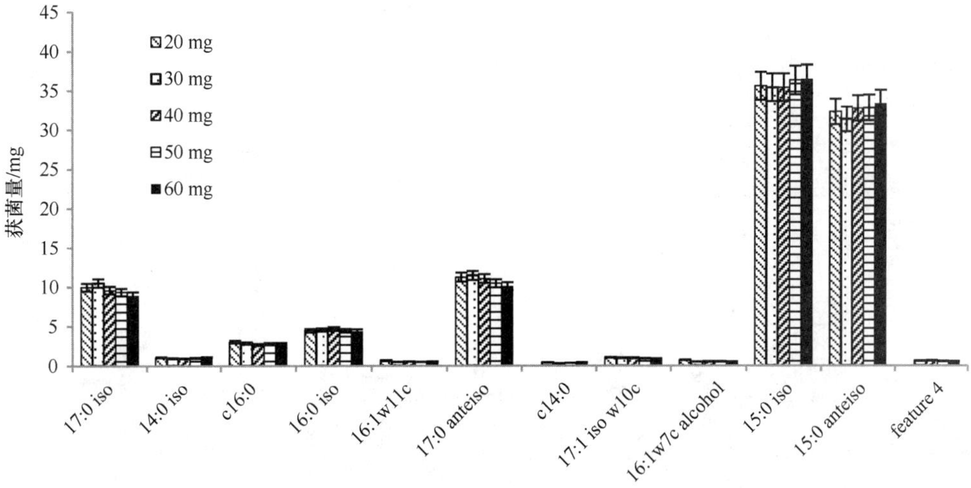


图 2-3-6　地衣芽胞杆菌的脂肪酸成分

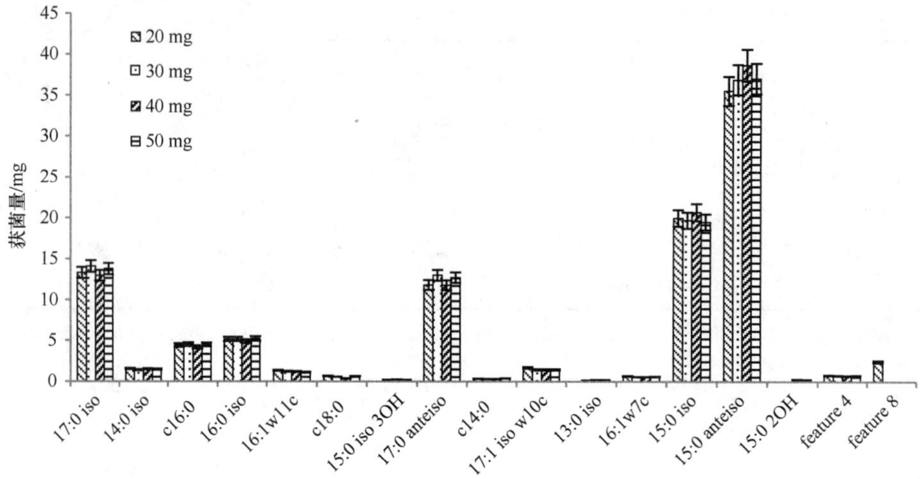


图 2-3-7　枯草芽胞杆菌的脂肪酸成分

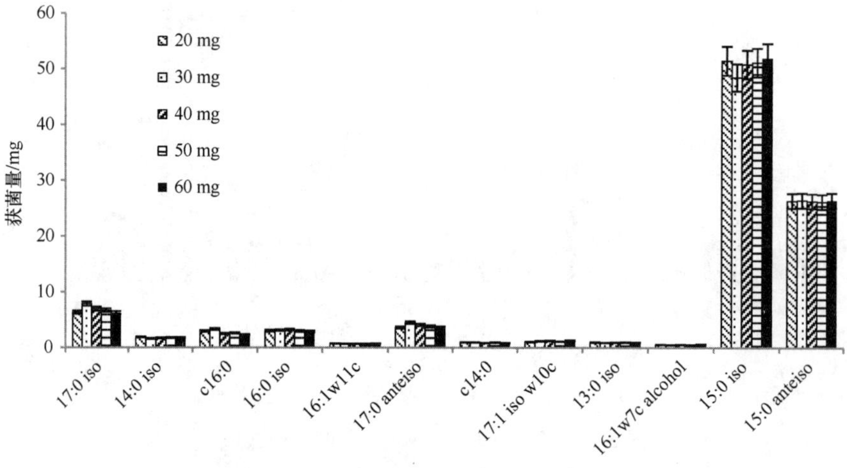


图 2-3-8　短小芽胞杆菌的脂肪酸成分

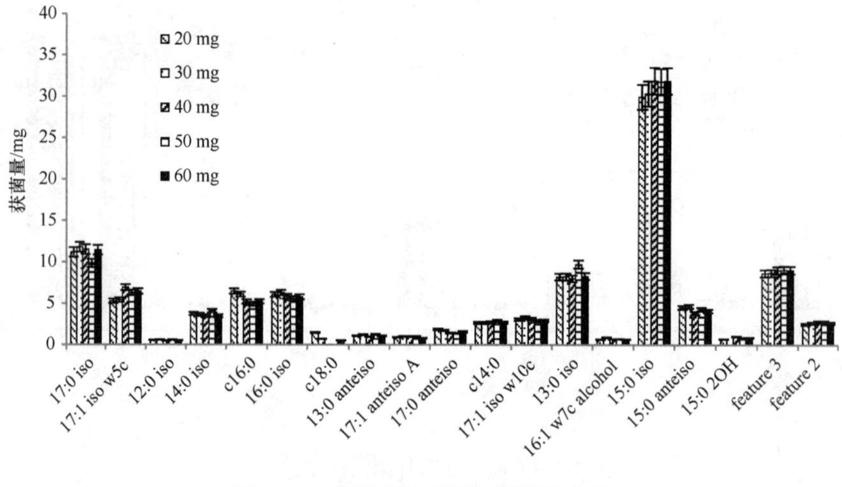


图 2-3-9　蜡样芽胞杆菌的脂肪酸成分

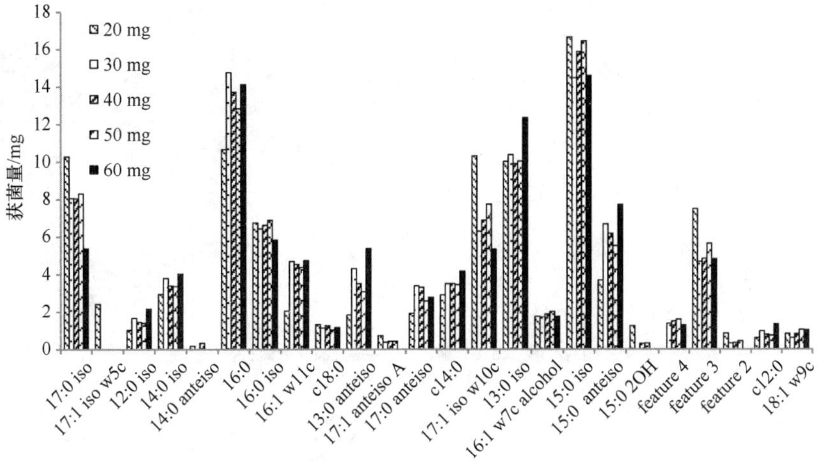


图 2-3-10　蕈状芽胞杆菌的脂肪酸成分

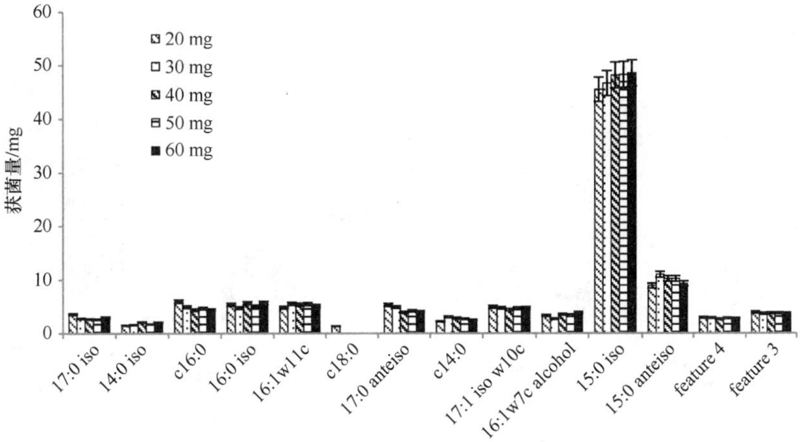


图 2-3-11　栗褐芽胞杆菌的脂肪酸成分

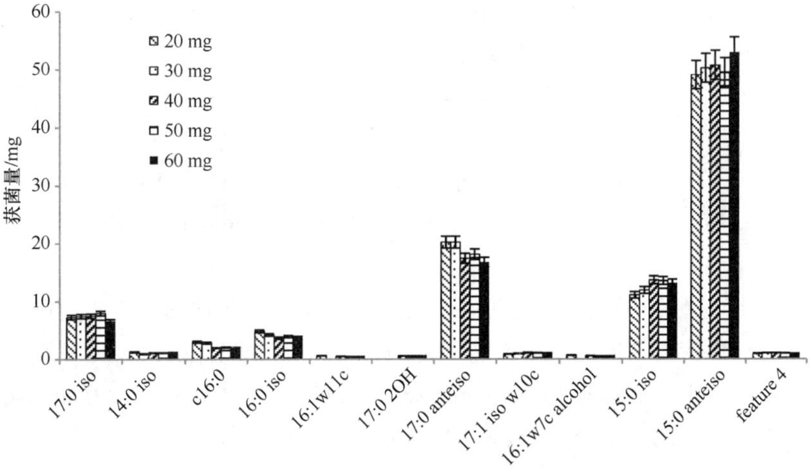


图 2-3-12　萎缩芽胞杆菌的脂肪酸成分

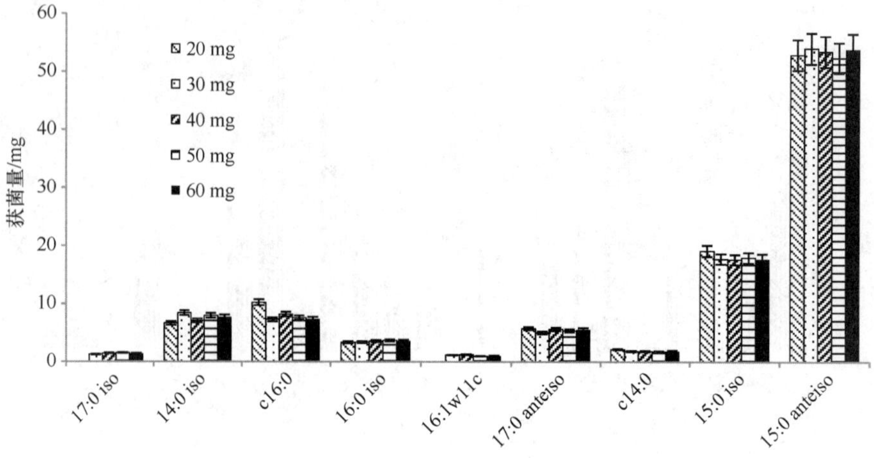


图 2-3-13　巨大芽胞杆菌的脂肪酸成分

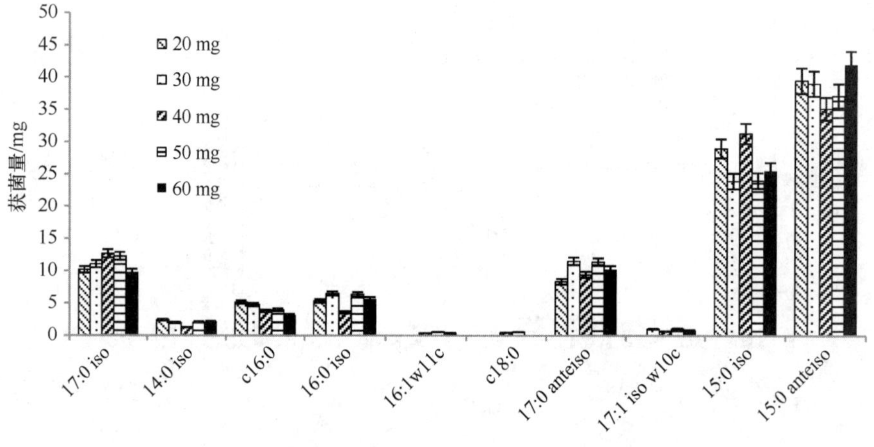


图 2-3-14　解淀粉芽胞杆菌的脂肪酸成分

第 I 类，脂肪酸种类不变，脂肪酸含量变化较小，标准差（SD）均值小于 0.2。该类包含地衣芽胞杆菌和短小芽胞杆菌。地衣芽胞杆菌主要脂肪酸（含量大于 9%）为 15:0 iso、15:0 anteiso、17:0 iso 和 17:0 anteiso。15:0 iso 和 15:0 anteiso 含量随获菌量的增加总体上呈上升趋势，而 17:0 iso 和 17:0 anteiso 的含量变化则与之相反，其他脂肪酸含量在 5%以内，受获菌量的影响较小。短小芽胞杆菌主要脂肪酸为 15:0 iso 和 15:0 anteiso，其他脂肪酸含量都在 10%以下。获菌量对短小芽胞杆菌 15:0 anteiso 和 15:0 iso 的含量基本无影响。

第 II 类，脂肪酸种类增加，脂肪酸含量变化中等，SD 均值为 0.2～0.5。该类包含枯草芽胞杆菌、解淀粉芽胞杆菌、萎缩芽胞杆菌、栗褐芽胞杆菌、巨大芽胞杆菌和蜡样芽胞杆菌，该类的主要脂肪酸为 15:0 anteiso、15:0 iso、17:0 iso 和 17:0 anteiso。枯草芽胞杆菌的 4 种脂肪酸的含量随着获菌量的增加先增加后下降，总体呈上升趋势。萎缩芽胞杆菌的 15:0 anteiso 和 15:0 iso 的含量总体呈上升趋势，17:0 anteiso 呈下降趋势。巨大芽胞杆菌 15:0 anteiso 的含量呈上升趋势，15:0 iso 呈下降趋势。解淀粉芽胞杆菌的 15:0

anteiso、15:0 iso 和 17:0 iso 的含量随着获菌量增加并没有呈现出特定的变化规律。栗褐芽胞杆菌只在获菌量为 20 mg 时测定到 c18:0，15:0 iso 和 15:0 anteiso 的含量总体呈上升趋势。蜡样芽胞杆菌的 15:0 iso 呈上升趋势，15:0 anteiso 呈下降趋势。

第 III 类，脂肪酸种类减少，脂肪酸含量变化较大，SD 均值大于 0.5。该类包含球形赖氨酸芽胞杆菌和蕈状芽胞杆菌，该类的主要脂肪酸为 15:0 iso 和 16:0 iso。球形赖氨酸芽胞杆菌主要脂肪酸为 15:0 iso、16:0 iso 和 16:1ω7c alcohol，15:0 iso 含量随着获菌量的增加先上升后下降，50 mg 时达到最大值。蕈状芽胞杆菌 17:1 iso ω5c 仅在获菌量 20 mg 时存在，主要脂肪酸为 c16:0、13:0 iso、15:0 iso 和 17:0 iso，c16:0 和 13:0 iso 的含量随着获菌量的增加呈先下降后上升趋势，而 15:0 iso 和 17:0 iso 呈下降趋势。

## 6. 获菌量对芽胞杆菌系统分类的影响

利用 SPSS 16.0 软件，采用类平均法和欧氏距离对不同获菌量下测定得到的芽胞杆菌属种类的脂肪酸进行聚类分析（图 2-3-15），由图 2-3-15 可知，获菌量对芽胞杆菌属种类的分类地位基本没有影响。解淀粉芽胞杆菌的脂肪酸测定受获菌量的影响，获菌量 40 mg 时未能和其他 4 种获菌量的测定结果聚为一起。其他芽胞杆菌属种类的脂肪酸测定均不受获菌量影响，不同获菌量下同种芽胞杆菌的脂肪酸测定结果聚为一类。

## 7. 讨论

不同获菌量对芽胞杆菌种类脂肪酸测定的影响不同，有的芽胞杆菌对获菌量要求比较严格，如解淀粉芽胞杆菌在 20～40 mg 时才能准确地鉴定到种；有的芽胞杆菌获菌量范围较大，如枯草芽胞杆菌在 20～50 mg 时能鉴定到种；有的芽胞杆菌对获菌量要求不严格，如栗褐芽胞杆菌、蜡样芽胞杆菌、蕈状芽胞杆菌、短小芽胞杆菌、地衣芽胞杆菌、巨大芽胞杆菌、解淀粉芽胞杆菌、萎缩芽胞杆菌在 30～50 mg 时几乎都能准确地鉴定到种。

获菌量对芽胞杆菌脂肪酸鉴定的相似性指数（SI）存在影响，除了栗褐芽胞杆菌和巨大芽胞杆菌之外，其他种类的 SI 都在 0.5 以上。随着获菌量的增加 SI 呈现 3 种变化趋势，即第 1 种，SI 随着获菌量的增加而增加，该类包含栗褐芽胞杆菌和球形赖氨酸芽胞杆菌。第 2 种，SI 随着获菌量的增加先增加后降低，如短小芽胞杆菌、枯草芽胞杆菌、地衣芽胞杆菌、萎缩芽胞杆菌和蜡样芽胞杆菌。第 3 种，SI 随着获菌量的增加而降低，如解淀粉芽胞杆菌和蕈状芽胞杆菌。

通过分析获菌量对脂肪酸测定结果的影响，确定芽胞杆菌属种类脂肪酸测定所需的获菌量范围。获菌量为 20～40 mg 时芽胞杆菌的脂肪酸测定结果较好。有些芽胞杆菌种类生长量很少，或者菌落稀薄，难以获取足够的菌体进行研究。因此，选择 20 mg 作为芽胞杆菌属种类脂肪酸测定的获菌量。黄朱梁和裘迪红（2011）分析了获菌量对蜡样芽胞杆菌脂肪酸测定结果的影响，与本研究的结果一致。脂肪酸分析结合统计方法如聚类分析，可以直接看出种类之间的亲缘关系。通过聚类分析发现，获菌量对芽胞杆菌属种类的分类地位基本无影响。

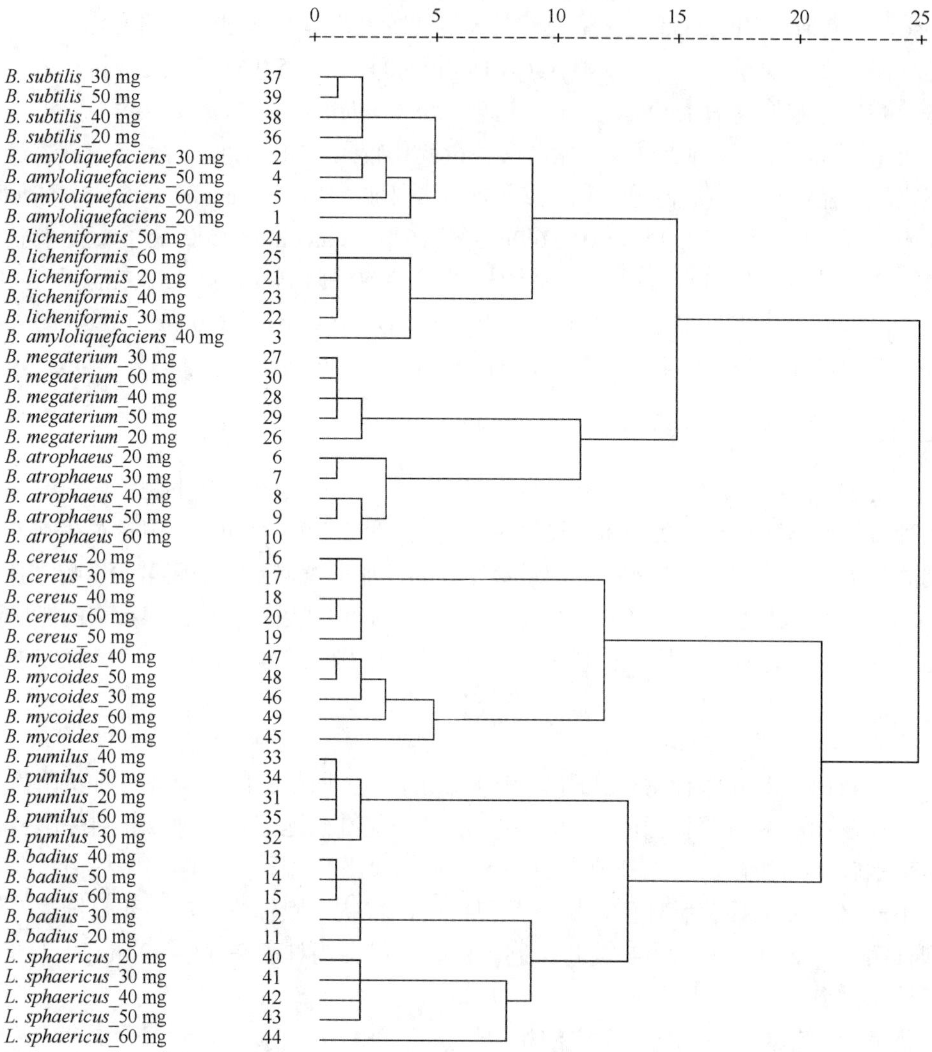


图 2-3-15　不同获菌量下对芽胞杆菌属种类的聚类分析

## 三、培养温度对芽胞杆菌脂肪酸测定的影响

### 1. 概述

培养温度对微生物脂肪酸组有较大影响，国内外已有培养条件对细菌脂肪酸变化的研究报道（Könneke and Widdel，2003；叶芳挺等，2005）。关于芽胞杆菌属的种类在不同培养温度下的脂肪酸变化也有不少报道，Weerkamp 和 Heinen（1972）报道了极端温度对 2 个芽胞杆菌 *Bacillus caldolyticus* 和 *Bacillus caldotenax*（注：均未合格化）脂肪酸组成的影响；de Rosa 等（1974）研究了温度和 pH 对酸热芽胞杆菌（*Bacillus acidocaldarius*，已重分类为 *Alicyclobacillus acidocaldarius*）脂肪酸组成的影响；Eisenberg 和 Corner（1978）报道了生长温度对巨大芽胞杆菌（*Bacillus megaterium*）细胞膜形成的影响；Paton 等（1978）进行了培养温度对解淀粉芽胞杆菌（*Bacillus amyloliquefaciens*）

脂肪酸组成及其对冷休克敏感性的研究；Mulks 等（1980）研究了极端温度对嗜热噬脂肪地芽胞杆菌（*Bacillus stearothermophilus*，已重分类为 *Geobacillus stearothermophilus*）脂肪酸组成及其细胞壁形成的影响。本研究分析芽胞杆菌在不同培养温度下脂肪酸种类与主要特征脂肪酸的变化，为芽胞杆菌属种类的脂肪酸鉴定和分类研究提供一定的理论依据。

## 2. 研究方法

供试菌株：选取 10 种芽胞杆菌属的种类为研究对象，供试菌株信息见表 2-3-4。所有供试菌株均在 TSBA 培养基上培养。菌体的获取和脂肪酸的提取参照文献描述（Sasser，1990）的方法进行。新鲜培养的待测菌株按四区划线法接种至新鲜的 TSBA 培养基上，分别在 20℃、28℃（标准条件）和 37℃培养 24 h。在第三区刮取 20 mg 菌体，置于试管，加入 1 mL 试剂 I，沸水浴 5 min，振荡 5～10 s，然后沸水浴 25 min。冷却至室温后加入 1.5 mL 试剂 II，混匀后 80℃水浴 10 min。迅速冷却，加入 1.25 mL 试剂 III。振荡 10 min，吸弃下层溶液。之后加入 3 mL 试剂 IV 及几滴饱和 NaCl 溶液，振荡 5 min。静置，待溶液分层后，吸取上层液体于 GC 样品管中待测。

## 3. 培养温度对芽胞杆菌脂肪酸鉴定结果的影响

结果显示，培养温度对芽胞杆菌脂肪酸鉴定有影响，由表 2-3-7 可知，培养温度对芽胞杆菌属种类的脂肪酸鉴定匹配结果的影响可以分为 3 类：第 I 类，3 种培养温度下匹配结果都准确，该类包含球形赖氨酸芽胞杆菌、栗褐芽胞杆菌、蜡样芽胞杆菌、短小芽胞杆菌和巨大芽胞杆菌。第 II 类，2 种培养温度下匹配结果准确，该类包含蕈状芽胞杆菌、地衣芽胞杆菌、解淀粉芽胞杆菌和萎缩芽胞杆菌，28℃和 37℃时脂肪酸鉴定匹配结果准确。第 III 类，1 种培养温度下匹配结果准确，该类包含枯草芽胞杆菌，仅在 28℃时脂肪酸鉴定匹配结果准确。

**表 2-3-7　不同培养温度下芽胞杆菌属种类的脂肪酸鉴定结果比较**

| 种名 | 20℃ | | 28℃ | | 37℃ | |
|---|---|---|---|---|---|---|
| | SI | 匹配结果 | SI | 匹配结果 | SI | 匹配结果 |
| *Lysinibacillus sphaericus* | 0.271 | *L. sphaericus* | 0.860 | *L. sphaericus* | 0.871 | *L. sphaericus* |
| *Bacillus badius* | 0.384 | *B. badius* | 0.409 | *B. badius* | 0.599 | *B. badius* |
| *B. cereus* | 0.715 | *B. cereus* | 0.878 | *B. cereus* | 0.703 | *B. cereus* |
| *B. mycoides* | 0.204 | *B. cereus* | 0.508 | *B. mycoides* | 0.360 | *B. mycoides* |
| *B. pumilus* | 0.683 | *B. pumilus* | 0.675 | *B. pumilus* | 0.624 | *B. pumilus* |
| *B. licheniformis* | 0.627 | *B. subtilis* | 0.812 | *B. licheniformis* | 0.598 | *B. licheniformis* |
| *B. megaterium* | 0.813 | *B. megaterium* | 0.492 | *B. megaterium* | 0.397 | *B. megaterium* |
| *B. amyloliquefaciens* | 0.854 | *B. subtilis* | 0.807 | *B. amyloliquefaciens* | 0.307 | *B. amyloliquefaciens* |
| *B. atrophaeus* | 0.777 | *B. licheniformis* | 0.825 | *B. atrophaeus* | 0.741 | *B. atrophaeus* |
| *B. subtilis* | 0.711 | *B. atrophaeus* | 0.771 | *B. subtilis* | 0.652 | *B. amyloliquefaciens* |

## 4. 培养温度对芽胞杆菌脂肪酸鉴定相似性指数的影响

不同培养温度下，芽胞杆菌脂肪酸鉴定相似性指数（SI）存在差异。随着培养温度的升高，芽胞杆菌属种类的脂肪酸鉴定 SI 变化可以分为 3 类。第 I 类，SI 逐渐增大，该类包含球形赖氨酸芽胞杆菌和栗褐芽胞杆菌。第 II 类，SI 逐渐变小，该类包含短小芽胞杆菌、巨大芽胞杆菌和解淀粉芽胞杆菌。第 III 类，SI 先增大后减小，该类包含蜡样芽胞杆菌、蕈状芽胞杆菌、地衣芽胞杆菌、萎缩芽胞杆菌和枯草芽胞杆菌，都在 28℃时 SI 最大（图 2-3-16）。结合脂肪酸鉴定 SI 值和匹配结果，确定枯草芽胞杆菌、球形赖氨酸芽胞杆菌、栗褐芽胞杆菌、蜡样芽胞杆菌、短小芽胞杆菌、地衣芽胞杆菌和巨大芽胞杆菌的脂肪酸鉴定温度为 20～37℃，蕈状芽胞杆菌、解淀粉芽胞杆菌和萎缩芽胞杆菌的脂肪酸鉴定温度为 28～37℃。为便于试验操作，选择 28℃作为芽胞杆菌属种类的脂肪酸测定的培养温度。

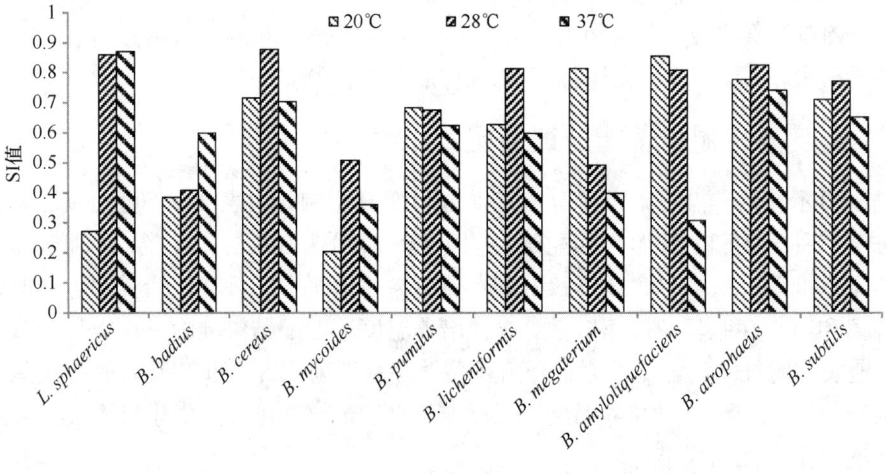


图 2-3-16　不同培养温度下芽胞杆菌属种类的脂肪酸鉴定相似性指数（SI）的比较

## 5. 培养温度对芽胞杆菌脂肪酸组的影响

不同培养温度下的芽胞杆菌脂肪酸标记统计见表 2-3-8，脂肪酸标记含量见表 2-3-9。培养温度对芽胞杆菌属种类脂肪酸标记的影响可分为 3 类。

**表 2-3-8　培养温度对芽胞杆菌主要脂肪酸生物标记的影响**

| 菌株编号 | 温度/℃ | 14:0 iso/% | c14:0/% | c16:0/% | 16:0 iso/% | 17:0 iso/% | 15:0 iso/% | 17:0 anteiso/% | 15:0 anteiso/% |
|---|---|---|---|---|---|---|---|---|---|
| *Bacillus amyloliquefaciens* | 20/28 | 1.33 | 0.94 | 1.17 | 1.21 | 0.77 | 0.70 | 1.18 | 1.14 |
| | 37/28 | 1.89 | 0.71 | 0.60 | 1.12 | 0.95 | 1.23 | 0.62 | 0.92 |
| *B. atrophaeus* | 20/28 | 1.21 | 2.26 | 1.62 | 1.01 | 0.64 | 0.76 | 0.96 | 1.03 |
| | 37/28 | 0.98 | 0.00 | 1.02 | 0.94 | 1.23 | 1.06 | 1.07 | 0.99 |
| *B. licheniformis* | 20/28 | 1.08 | 1.58 | 1.01 | 0.83 | 0.53 | 0.76 | 1.07 | 1.35 |
| | 37/28 | 0.86 | 0.72 | 0.87 | 1.01 | 1.12 | 1.11 | 0.91 | 0.88 |

续表

| 菌株编号 | 温度/℃ | 14:0 iso/% | c14:0/% | c16:0/% | 16:0 iso/% | 17:0 iso/% | 15:0 iso/% | 17:0 anteiso/% | 15:0 anteiso/% |
|---|---|---|---|---|---|---|---|---|---|
| *B. megaterium* | 20/28 | 0.70 | 0.99 | 0.92 | 0.58 | 1.04 | 0.89 | 1.11 | 1.04 |
| | 37/28 | 1.25 | 0.92 | 1.00 | 1.31 | 1.32 | 1.27 | 0.88 | 0.87 |
| *B. subtilis* | 20/28 | 0.82 | 1.86 | 1.42 | 0.72 | 0.72 | 0.93 | 0.94 | 1.06 |
| | 37/28 | 1.13 | 1.11 | 0.89 | 0.91 | 1.11 | 1.46 | 0.74 | 0.89 |
| *B. pumilus* | 20/28 | 0.98 | 0.97 | 0.98 | 1.02 | 1.02 | 1.00 | 1.01 | 1.00 |
| | 37/28 | 0.87 | 0.42 | 1.00 | 1.99 | 2.03 | 0.98 | 1.45 | 0.90 |
| *B. badius* | 20/28 | 1.14 | 1.03 | 0.80 | 0.94 | 0.72 | 1.03 | 0.64 | 0.97 |
| | 37/28 | 1.82 | 0.86 | 0.89 | 1.30 | 1.24 | 1.09 | 0.82 | 0.88 |
| *Lysinibacillus sphaericus* | 20/28 | 1.85 | 1.42 | 1.47 | 1.48 | 0.54 | 0.65 | 1.44 | 1.70 |
| | 37/28 | 1.29 | 1.61 | 1.27 | 1.49 | 0.95 | 0.91 | 1.11 | 1.14 |
| *B. cereus* | 20/28 | 1.65 | 0.91 | 1.13 | 1.30 | 0.69 | 0.76 | 0.86 | 1.35 |
| | 37/28 | 0.96 | 1.04 | 1.22 | 1.16 | 1.10 | 1.14 | 1.64 | 1.22 |
| *B. mycoides* | 20/28 | 1.48 | 1.08 | 1.07 | 0.72 | 0.59 | 0.81 | 0.77 | 1.27 |
| | 37/28 | 0.74 | 0.85 | 1.05 | 1.22 | 1.41 | 1.42 | 2.23 | 1.17 |

**表 2-3-9　芽胞杆菌属种类的脂肪酸含量**　（%）

| | 17:0 iso | 14:0 iso | 16:0 iso | c16:0 | 17:0 anteiso | c14:0 | 15:0 iso | 15:0 anteiso | 17:1 iso ω5c | 18:1 ω9c | 12:0 iso |
|---|---|---|---|---|---|---|---|---|---|---|---|
| *Bacillus amyloliquefaciens*_20℃ | 9.81 | 1.68 | 4.34 | 4.42 | 11.17 | 0.45 | 21.80 | 40.00 | 0.00 | 0.00 | 0.00 |
| *B. amyloliquefaciens*_28℃ | 12.66 | 1.26 | 3.60 | 3.79 | 9.44 | 0.48 | 31.35 | 35.19 | 0.00 | 0.00 | 0.00 |
| *B. amyloliquefaciens*_37℃ | 12.06 | 2.38 | 4.02 | 2.27 | 5.83 | 0.34 | 38.61 | 32.35 | 0.00 | 0.00 | 0.00 |
| *B. atrophaeus*_20℃ | 4.92 | 1.52 | 3.83 | 3.21 | 14.84 | 0.43 | 12.04 | 51.40 | 0.00 | 0.00 | 0.00 |
| *B. atrophaeus*_28℃ | 7.71 | 1.26 | 3.78 | 1.98 | 15.39 | 0.19 | 15.77 | 50.08 | 0.00 | 0.00 | 0.00 |
| *B. atrophaeus*_37℃ | 9.48 | 1.24 | 3.57 | 2.02 | 16.42 | 0.00 | 16.64 | 49.38 | 0.00 | 0.00 | 0.00 |
| *B. licheniformis*_20℃ | 5.27 | 1.09 | 3.60 | 2.76 | 11.29 | 0.68 | 27.97 | 43.33 | 0.00 | 0.00 | 0.00 |
| *B. licheniformis*_28℃ | 9.95 | 1.01 | 4.36 | 2.74 | 10.59 | 0.43 | 37.04 | 32.03 | 0.00 | 0.00 | 0.00 |
| *B. licheniformis*_37℃ | 11.19 | 0.87 | 4.40 | 2.39 | 9.61 | 0.31 | 41.08 | 28.17 | 0.00 | 0.00 | 0.00 |
| *B. megaterium*_20℃ | 1.19 | 6.47 | 1.93 | 5.55 | 5.14 | 1.94 | 16.07 | 56.77 | 0.00 | 0.00 | 0.00 |
| *B. megaterium*_28℃ | 1.14 | 9.30 | 3.35 | 6.01 | 4.61 | 1.96 | 18.07 | 54.75 | 0.00 | 0.00 | 0.00 |
| *B. megaterium*_37℃ | 1.51 | 11.60 | 4.39 | 5.99 | 4.04 | 1.80 | 22.94 | 47.40 | 0.00 | 0.00 | 0.00 |
| *B. subtilis*_20℃ | 8.48 | 1.57 | 3.69 | 5.56 | 10.19 | 0.65 | 19.11 | 42.27 | 0.00 | 0.18 | 0.00 |
| *B. subtilis*_28℃ | 11.84 | 1.91 | 5.09 | 3.91 | 10.86 | 0.35 | 20.55 | 39.80 | 0.00 | 0.00 | 0.60 |
| *B. subtilis*_37℃ | 13.14 | 2.15 | 4.61 | 3.47 | 8.09 | 0.39 | 29.96 | 35.56 | 0.00 | 0.13 | 0.00 |
| *B. pumilus*_20℃ | 4.84 | 1.63 | 2.03 | 2.18 | 3.44 | 1.06 | 50.75 | 29.59 | 0.00 | 0.00 | 0.00 |
| *B. pumilus*_28℃ | 4.74 | 1.66 | 1.99 | 2.22 | 3.42 | 1.09 | 51.00 | 29.70 | 0.00 | 0.00 | 0.00 |
| *B. pumilus*_37℃ | 9.62 | 1.44 | 3.96 | 2.23 | 4.97 | 0.46 | 50.01 | 26.63 | 0.00 | 0.00 | 0.00 |
| *B. badius*_20℃ | 2.16 | 2.03 | 5.07 | 3.82 | 2.81 | 2.82 | 48.56 | 8.97 | 0.00 | 0.00 | 0.00 |
| *B. badius*_28℃ | 3.02 | 1.78 | 5.41 | 4.78 | 4.42 | 2.74 | 47.34 | 9.25 | 0.00 | 0.00 | 0.00 |
| *B. badius*_37℃ | 3.74 | 3.24 | 7.01 | 4.27 | 3.64 | 2.37 | 51.62 | 8.16 | 0.00 | 0.00 | 0.00 |
| *Lysinibacillus sphaericus*_20℃ | 2.98 | 3.10 | 12.06 | 2.43 | 4.31 | 0.47 | 36.05 | 14.46 | 0.00 | 1.09 | 0.00 |
| *L. sphaericus*_28℃ | 5.54 | 1.68 | 8.23 | 1.64 | 3.00 | 0.33 | 55.84 | 8.53 | 0.00 | 0.00 | 0.00 |

续表

| | 17:0 iso | 14:0 iso | 16:0 iso | c16:0 | 17:0 anteiso | c14:0 | 15:0 iso | 15:0 anteiso | 17:1 iso ω5c | 18:1 ω9c | 12:0 iso |
|---|---|---|---|---|---|---|---|---|---|---|---|
| *L. sphaericus*_37℃ | 5.24 | 2.16 | 10.46 | 2.45 | 3.33 | 0.53 | 50.72 | 9.71 | 0.00 | 0.39 | 0.00 |
| *B. cereus*_20℃ | 7.40 | 5.44 | 6.58 | 5.00 | 1.16 | 2.83 | 26.00 | 5.20 | 3.48 | 0.00 | 1.08 |
| *B. cereus*_28℃ | 10.65 | 3.29 | 5.05 | 4.42 | 1.35 | 3.11 | 34.09 | 3.84 | 6.39 | 0.00 | 0.51 |
| *B. cereus*_37℃ | 11.74 | 3.16 | 5.86 | 5.40 | 2.21 | 3.22 | 38.78 | 4.67 | 3.90 | 0.00 | 0.44 |
| *B. mycoides*_20℃ | 6.12 | 4.37 | 7.21 | 7.70 | 1.48 | 3.14 | 13.45 | 4.70 | 1.93 | 1.27 | 1.91 |
| *B. mycoides*_28℃ | 10.29 | 2.95 | 6.75 | 10.67 | 1.92 | 2.91 | 16.66 | 3.69 | 2.42 | 0.83 | 1.02 |
| *B. mycoides*_37℃ | 14.55 | 2.17 | 7.06 | 13.01 | 4.28 | 2.46 | 23.67 | 4.31 | 1.49 | 0.62 | 0.76 |

| | 16:1 ω11c | c18:0 | 13:0 anteiso | 17:1 anteiso A | c12:0 | 17:1 iso ω10c | 13:0 iso | 16:1 ω7c alcohol | 15:0 2OH | feature 4 | feature 3 | feature 2 |
|---|---|---|---|---|---|---|---|---|---|---|---|---|
| *B. amyloliquefaciens*_20℃ | 1.56 | 0.63 | 0.00 | 0.00 | 0.00 | 1.34 | 0.28 | 0.65 | 0.51 | 0.73 | 0.00 | 0.00 |
| *B. amyloliquefaciens*_28℃ | 0.39 | 0.49 | 0.00 | 0.00 | 0.00 | 0.70 | 0.39 | 0.00 | 0.00 | 0.28 | 0.00 | 0.00 |
| *B. amyloliquefaciens*_37℃ | 0.00 | 0.00 | 0.00 | 0.00 | 0.00 | 0.57 | 0.63 | 0.00 | 0.35 | 0.00 | 0.00 | 0.00 |
| *B. atrophaeus*_20℃ | 2.22 | 0.00 | 0.00 | 0.00 | 0.00 | 1.74 | 0.00 | 1.59 | 0.00 | 2.25 | 0.00 | 0.00 |
| *B. atrophaeus*_28℃ | 0.64 | 0.13 | 0.00 | 0.00 | 0.00 | 0.97 | 0.09 | 0.51 | 0.00 | 0.88 | 0.00 | 0.00 |
| *B. atrophaeus*_37℃ | 0.00 | 0.00 | 0.00 | 0.00 | 0.00 | 0.76 | 0.00 | 0.00 | 0.00 | 0.49 | 0.00 | 0.00 |
| *B. licheniformis*_20℃ | 0.94 | 0.00 | 0.00 | 0.00 | 0.00 | 1.10 | 0.00 | 0.83 | 0.00 | 1.15 | 0.00 | 0.00 |
| *B. licheniformis*_28℃ | 0.45 | 0.00 | 0.00 | 0.00 | 0.00 | 0.89 | 0.00 | 0.00 | 0.00 | 0.52 | 0.00 | 0.00 |
| *B. licheniformis*_37℃ | 0.31 | 0.00 | 0.00 | 0.00 | 0.00 | 0.82 | 0.00 | 0.42 | 0.00 | 0.43 | 0.00 | 0.00 |
| *B. megaterium*_20℃ | 3.67 | 0.00 | 0.00 | 0.00 | 0.00 | 0.00 | 0.00 | 1.26 | 0.00 | 0.00 | 0.00 | 0.00 |
| *B. megaterium*_28℃ | 0.81 | 0.00 | 0.00 | 0.00 | 0.00 | 0.00 | 0.00 | 0.00 | 0.00 | 0.00 | 0.00 | 0.00 |
| *B. megaterium*_37℃ | 0.00 | 0.00 | 0.00 | 0.00 | 0.00 | 0.00 | 0.32 | 0.00 | 0.00 | 0.00 | 0.00 | 0.00 |
| *B. subtilis*_20℃ | 2.51 | 1.03 | 0.00 | 0.00 | 0.19 | 1.42 | 0.31 | 0.75 | 0.29 | 0.99 | 0.00 | 0.00 |
| *B. subtilis*_28℃ | 0.99 | 0.38 | 0.00 | 0.00 | 0.00 | 1.54 | 0.21 | 0.67 | 0.27 | 0.72 | 0.00 | 0.00 |
| *B. subtilis*_37℃ | 0.19 | 0.78 | 0.00 | 0.00 | 0.16 | 0.34 | 0.30 | 0.00 | 0.29 | 0.00 | 0.00 | 0.00 |
| *B. pumilus*_20℃ | 0.96 | 0.00 | 0.00 | 0.00 | 0.00 | 1.24 | 1.35 | 0.55 | 0.00 | 0.37 | 0.00 | 0.00 |
| *B. pumilus*_28℃ | 1.04 | 0.00 | 0.00 | 0.00 | 0.00 | 1.21 | 1.36 | 0.58 | 0.00 | 0.00 | 0.00 | 0.00 |
| *B. pumilus*_37℃ | 0.00 | 0.00 | 0.00 | 0.00 | 0.00 | 0.14 | 0.54 | 0.00 | 0.00 | 0.00 | 0.00 | 0.00 |
| *B. badius*_20℃ | 8.86 | 0.00 | 0.00 | 0.00 | 0.00 | 4.87 | 0.00 | 4.07 | 0.00 | 3.40 | 2.57 | 0.00 |
| *B. badius*_28℃ | 5.99 | 0.00 | 0.00 | 0.35 | 0.00 | 5.06 | 0.10 | 3.41 | 0.00 | 2.68 | 3.51 | 0.00 |
| *B. badius*_37℃ | 3.11 | 0.00 | 0.00 | 0.00 | 0.00 | 3.37 | 0.00 | 2.72 | 0.00 | 1.83 | 4.52 | 0.00 |
| *L. sphaericus*_20℃ | 2.78 | 0.64 | 0.00 | 0.00 | 0.00 | 2.51 | 0.00 | 13.75 | 0.00 | 2.64 | 0.00 | 0.00 |
| *L. sphaericus*_28℃ | 1.81 | 0.24 | 0.00 | 0.00 | 0.17 | 1.56 | 0.00 | 9.09 | 0.00 | 1.09 | 0.20 | 0.00 |
| *L. sphaericus*_37℃ | 1.78 | 0.25 | 0.00 | 0.00 | 0.00 | 1.16 | 0.15 | 9.68 | 0.00 | 0.88 | 0.00 | 0.00 |
| *B. cereus*_20℃ | 0.60 | 0.33 | 2.06 | 0.77 | 0.36 | 4.18 | 12.32 | 1.38 | 0.91 | 0.00 | 10.37 | 2.56 |
| *B. cereus*_28℃ | 0.00 | 0.36 | 1.04 | 0.86 | 0.28 | 2.69 | 8.95 | 0.56 | 0.69 | 0.00 | 9.31 | 2.56 |
| *B. cereus*_37℃ | 0.00 | 0.29 | 0.97 | 0.99 | 0.34 | 1.61 | 7.79 | 0.37 | 0.00 | 0.00 | 6.48 | 1.78 |
| *B. mycoides*_20℃ | 2.53 | 1.21 | 3.45 | 0.64 | 1.01 | 7.86 | 14.56 | 1.83 | 0.83 | 0.00 | 10.46 | 0.97 |
| *B. mycoides*_28℃ | 2.06 | 1.32 | 1.84 | 0.72 | 0.61 | 10.33 | 10.03 | 1.75 | 1.24 | 0.00 | 7.49 | 0.84 |
| *B. mycoides*_37℃ | 1.73 | 1.28 | 1.62 | 0.59 | 0.42 | 5.43 | 7.01 | 0.96 | 0.24 | 0.00 | 4.66 | 0.41 |

注：feature 2，14:0 3OH 和/或 16:1 iso；feature 3，16:1ω6c 和/或 16:1ω7c；feature 4，17:1 anteiso B 和/或 17:1 iso

第 I 类，脂肪酸种类不变，该类包含蕈状芽胞杆菌。培养温度 20℃时，蕈状芽胞杆菌中的 15:0 anteiso、14:0 iso、c14:0、13:0 anteiso、13:0 iso、16:1ω11c、18:1ω9c 和 12:0 iso 的含量高于 28℃和 37℃时的含量，而 17:0 anteiso、15:0 iso、17:0 iso、c16:0、c18:0 低于 28℃和 37℃时的含量。

第 II 类，脂肪酸种类减少，该类包含枯草芽胞杆菌、解淀粉芽胞杆菌、地衣芽胞杆菌、萎缩芽胞杆菌、巨大芽胞杆菌、短小芽胞杆菌和蜡样芽胞杆菌。培养温度为 20℃时，枯草芽胞杆菌的 15:0 anteiso、c16:0 和 c14:0 的含量明显高于 28℃和 37℃时的含量，而 15:0 iso、14:0 iso、17:0 anteiso、17:0 iso、16:0 iso 低于 28℃和 37℃（17:0 anteiso 除外）时的含量，但 17:0 anteiso 的含量远高于 37℃的；巨大芽胞杆菌的 15:0 anteiso、17:0 anteiso 和 17:0 iso（除外）高于 28℃和 37℃时的含量，但 17:0 iso 低于 37℃时的含量，15:0 iso、14:0 iso、c16:0 和 16:0 iso 低于 28℃和 37℃时的含量；地衣芽胞杆菌的 15:0 anteiso、17:0 anteiso、14:0 iso、c14:0、c16:0 高于 28℃和 37℃时的含量，15:0 iso、16:0 iso 和 17:0 iso 的含量低于 28℃和 37℃时的含量；萎缩芽胞杆菌的 14:0 iso、c14:0、c16:0、16:0 iso、15:0 anteiso、16:1ω11c、17:1 iso ω10c、feature 4 高于 28℃和 37℃时的含量，17:0 anteiso、15:0 iso、和 17:0 iso 的含量低于 28℃和 37℃时的含量；解淀粉芽胞杆菌的 14:0 iso、16:0 iso、c16:0、17:0 anteiso、15:0 anteiso、16:1ω11c 和 17:1 iso ω10c 的含量高于 28℃和 37℃的含量，17:0 iso、14:0 iso、15:0 iso 和 13:0 iso 低于 37℃的含量。短小芽胞杆菌的 14:0 iso、15:0 anteiso 和 17:1 iso ω10c 高于 28℃和 37℃时的含量，17:0 iso、16:0 iso、17:0 anteiso 的含量低于 28℃和 37℃时的含量，c16:0 和 15:0 anteiso 的含量基本不变；蜡样芽胞杆菌的 15:0 anteiso、13:0 anteiso、13:0 iso、16:0 iso、c16:0、17:1 iso ω10c、16:1ω7c alcohol 和 14:0 iso 的含量高于 28℃和 37℃时的含量，而 17:0 iso、17:0 anteiso、15:0 iso 和 c14:0 低于 28℃和 37℃时的含量。

第 III 类，脂肪酸种类增加，28℃时脂肪酸种类最多，该类包含栗褐芽胞杆菌和球形赖氨酸芽胞杆菌。培养温度为 20℃时，球形赖氨酸芽胞杆菌 15:0 anteiso、17:0 anteiso、16:0 iso、c16:0、14:0 iso、c14:0、16:1ω11c、16:1ω7c alcohol 和 17:1 iso ω10c 的含量高于 28℃和 37℃时的含量，而 15:0 iso 和 17:0 iso 低于 28℃和 37℃时的含量；栗褐芽胞杆菌的 15:0 iso、14:0 iso、16:1ω11c、16:1ω7c alcohol 和 c14:0 的含量高于 28℃和 37℃时的含量，15:0 anteiso 和 17:0 anteiso 的含量低于 28℃但高于 37℃时的含量，17:0 iso、16:0 iso 和 c16:0 低于 28℃和 37℃时的含量。

通过以上分析，20℃时，16:1ω11c、16:1ω7c alcohol、c14:0 和 15:0 anteiso 的含量较高，iso-脂肪酸含量相对降低。37℃时，与之相反。因此，iso-可以作为芽胞杆菌属种类的耐高温脂肪酸类型，而 anteiso-、直链及不饱和脂肪酸为耐低温脂肪酸类型。

图 2-3-17 和图 2-3-18 显示了芽胞杆菌种类在 20℃和 28℃、37℃和 28℃培养条件下主要脂肪酸变化特性，总体表明培养温度不同，脂肪酸生物标记的种类、含量发生变化，温度升高，脂肪酸种类增加，含量上升，反之亦然。

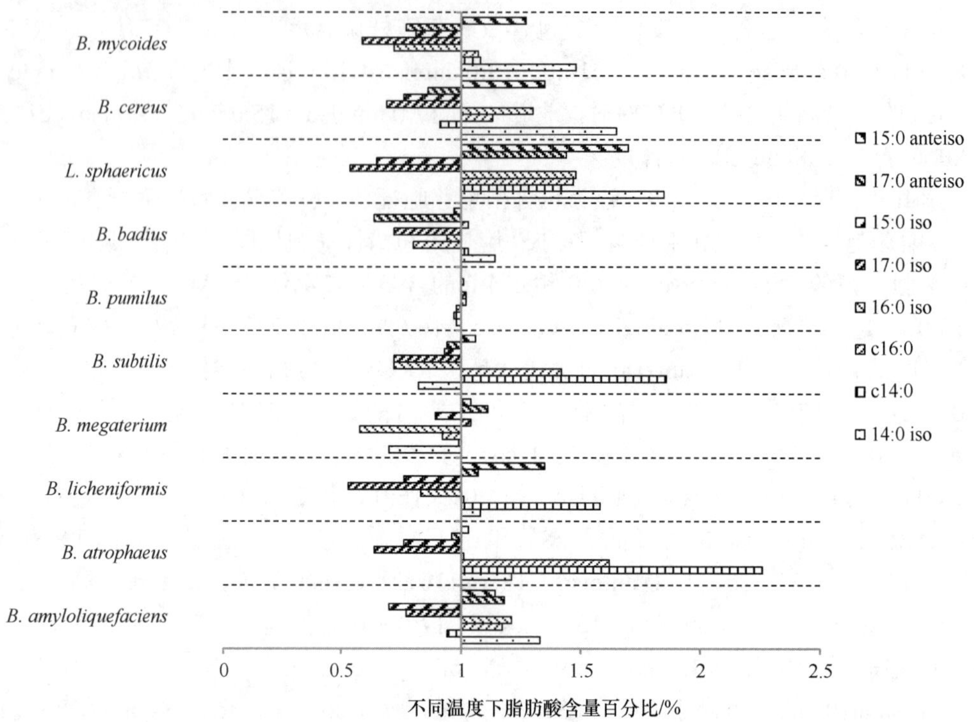


图 2-3-17　芽胞杆菌种类脂肪酸含量 20℃和 28℃的比较分析

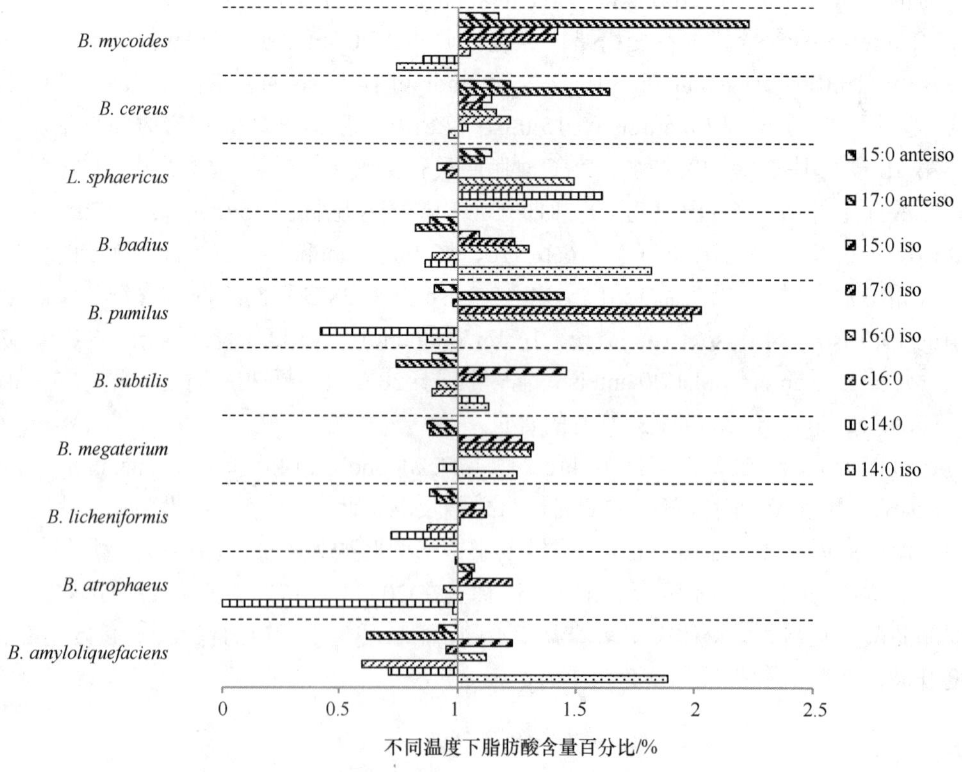


图 2-3-18　芽胞杆菌种类脂肪酸含量 37℃和 28℃的比较分析

## 6. 培养温度对芽胞杆菌脂肪酸系统分类的影响

培养温度对芽胞杆菌属种类的脂肪酸测定结果的影响见图2-3-19。由图2-3-19可知，蕈状芽胞杆菌、蜡样芽胞杆菌、短小芽胞杆菌、巨大芽胞杆菌、栗褐芽胞杆菌和萎缩芽胞杆菌的脂肪酸测定结果不受培养温度的影响，3种培养温度下同种的脂肪酸测定结果可以聚为一类。其余4种芽胞杆菌的脂肪酸受培养温度的影响。虽然培养温度对芽胞杆菌脂肪酸有一定的影响，但是对芽胞杆菌类群的分类地位没有影响。

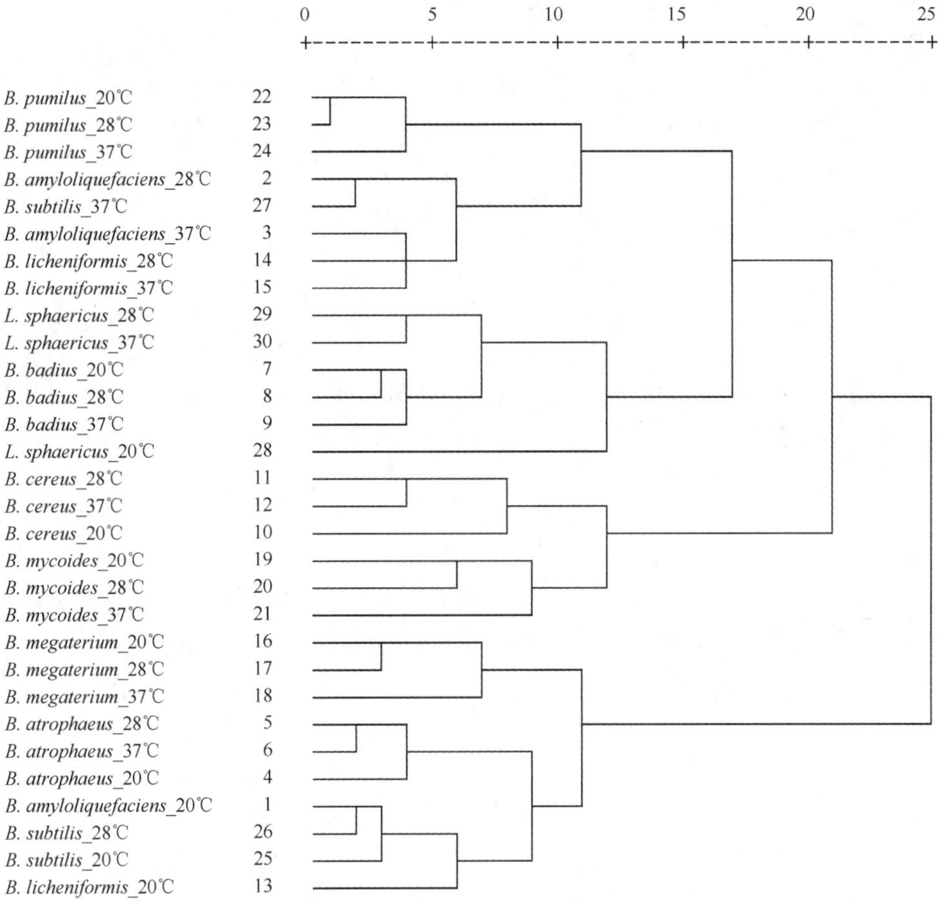


图2-3-19　不同培养温度下芽胞杆菌种类脂肪酸系统分类的聚类分析

## 7. 讨论

前人研究表明细胞膜的组成与生长阶段、培养温度等有很大的相关性。细胞膜中不饱和脂肪酸的熔点比饱和脂肪酸的熔点低，不饱和脂肪酸含量的增加会导致细胞膜相变温度的下降，增大了细胞膜的流动性。细胞膜流动性的增强有助于提高细胞对压力胁迫等的应急反应。朱育菁等（2009）研究发现培养温度的改变会影响青枯雷尔氏菌脂肪酸的组成，经聚类分析表明培养温度和培养时间对青枯雷尔氏菌脂肪酸的影响大于pH和培养基。

研究分析了培养温度对芽胞杆菌脂肪酸测定结果的影响，表明培养温度对芽胞杆菌属种类的脂肪酸测定结果有一定的影响，但对芽胞杆菌的分类地位并无影响。芽胞杆菌属种类的 iso-脂肪酸随温度的升高而升高，anteiso-、直链和不饱和脂肪酸随着温度的升高而降低。李宗军（2005）报道了在对数期和稳定期大肠杆菌（*Escherichia coli*）细胞膜脂中不饱和脂肪酸的组成随温度的上升而下降。Sikorski 等（2008）研究了以色列“进化谷”中简单芽胞杆菌的进化关系，报道了不同温度下简单芽胞杆菌（*Bacillus simplex*）的脂肪酸含量变化，结果表明 iso-脂肪酸为耐高温型脂肪酸，anteiso-脂肪酸为耐低温型脂肪酸，与本研究中的 10 种芽胞杆菌脂肪酸含量随温度变化趋势基本一致。20℃时不饱和脂肪酸和 anteiso-脂肪酸含量明显高于 37℃，而 37℃时 iso-脂肪酸则相应地远远高于 20℃时的含量。通过分析培养温度对芽胞杆菌属种类脂肪酸测定结果的影响，确定芽胞杆菌脂肪酸测定的培养温度范围，为芽胞杆菌的准确鉴定提供了理论依据。

## 四、培养时间对芽胞杆菌脂肪酸测定的影响

### 1. 概述

细菌脂肪酸作为生物膜的重要组成成分，其含量和组成与细菌生命状态有关，为了消除培养时间对测定结果的影响，实验以芽胞杆菌属种类的模式菌株为对象，以脂肪酸测定结果和聚类分析为参考，比较培养时间对测定结果的影响，并综合测定效率而确定统一的培养时间。

### 2. 研究方法

供试菌株：选取 10 种芽胞杆菌属种类为研究对象，供试菌株信息见表 2-3-4。所有供试菌株都在 TSBA 培养基上培养。菌株的培养和脂肪酸的提取参照文献描述（Sasser, 1990）的方法进行。新鲜培养的待测菌株按四区划线法接种至新鲜的 TSBA 培养基上，28℃培养，培养时间分别为 18 h、24 h、36 h、48 h、72 h。在第三区刮取 20 mg 菌体，置于试管，加入 1 mL 试剂 I，沸水浴 5 min，振荡 5～10 s，然后沸水浴 25 min。冷却至室温后加入 1.5 mL 试剂 II，混匀后 80℃水浴 10 min。迅速冷却，加入 1.25 mL 试剂 III。振荡 10 min，吸弃下层溶液。之后加入 3 mL 试剂 IV 及几滴饱和 NaCl 溶液，振荡 5 min。静置，待溶液分层后，吸取上层液体于 GC 样品管中待测。

### 3. 培养时间对芽胞杆菌脂肪酸鉴定结果的影响

由表 2-3-10 可知，萎缩芽胞杆菌、地衣芽胞杆菌、枯草芽胞杆菌、栗褐芽胞杆菌、蜡样芽胞杆菌和蕈状芽胞杆菌在培养 18～72 h 时脂肪酸匹配结果均准确；解淀粉芽胞杆菌在 18 h 和 24 h 时脂肪酸鉴定匹配结果准确，36～72 h 错误；巨大芽胞杆菌在培养 18～24 h 和 48～72 h 时脂肪酸匹配结果准确；短小芽胞杆菌在培养 18～48 h 时脂肪酸匹配结果准确；球形赖氨酸芽胞杆菌在培养 24～72 h 时匹配结果准确，18 h 时未匹配到任何结果。

表 2-3-10　不同培养时间培养菌株的鉴定结果

| 种名 | 18 h | | 24 h | | 36 h | | 48 h | | 72 h | |
|---|---|---|---|---|---|---|---|---|---|---|
| | SI | 匹配结果 | SI | 匹配结果 | SI | 匹配结果 | SI | 匹配结果 | SI | 匹配结果 |
| *Bacillus amyloliquefaciens* | 0.763 | *B. amyloliquefaciens* | 0.804 | *B. amyloliquefaciens* | 0.593 | *B. subtilis* | 0.444 | *B. atrophaeus* | 0.623 | *B. subtilis* |
| *B. atrophaeus* | 0.559 | *B. atrophaeus* | 0.790 | *B. atrophaeus* | 0.795 | *B. atrophaeus* | 0.514 | *B. atrophaeus* | 0.600 | *B. atrophaeus* |
| *B. licheniformis* | 0.811 | *B. licheniformis* | 0.906 | *B. licheniformis* | 0.759 | *B. licheniformis* | 0.803 | *B. licheniformis* | 0.668 | *B. licheniformis* |
| *B. megaterium* | 0.663 | *B. megaterium* | 0.509 | *B. megaterium* | 0.721 | *Brevibacillus reuszeri* | 0.711 | *B. megaterium* | 0.555 | *B. megaterium* |
| *B. subtilis* | 0.709 | *B. subtilis* | 0.771 | *B. subtilis* | 0.814 | *B. subtilis* | 0.764 | *B. subtilis* | 0.903 | *B. subtilis* |
| *B. badius* | 0.255 | *B. badius* | 0.458 | *B. badius* | 0.380 | *B. badius* | 0.511 | *B. badius* | 0.125 | *B. badius* |
| *B. pumilus* | 0.824 | *B. pumilus* | 0.700 | *B. pumilus* | 0.633 | *B. pumilus* | 0.510 | *B. pumilus* | 0.615 | *B. megaterium* |
| *Lysinibacillus sphaericus* | 0.302 | | 0.860 | *L. sphaericus* | 0.862 | *L. sphaericus* | 0.914 | *L. sphaericus* | 0.663 | *L. sphaericus* |
| *B. cereus* | 0.838 | *B. cereus* | 0.872 | *B. cereus* | 0.856 | *B. cereus* | 0.923 | *B. cereus* | 0.825 | *B. cereus* |
| *B. mycoides* | 0.249 | *B. mycoides* | 0.508 | *B. mycoides* | 0.745 | *B. mycoides* | 0.651 | *B. mycoides* | 0.596 | *B. mycoides* |

## 4. 培养时间对芽胞杆菌脂肪酸鉴定相似性指数（SI）的影响

培养时间对芽胞杆菌的脂肪酸鉴定的影响统计结果见表 2-3-10 和图 2-3-20。随着培养时间的延长，芽胞杆菌属种类的脂肪酸鉴定相似性指数（SI）的变化可以分为 3 类。

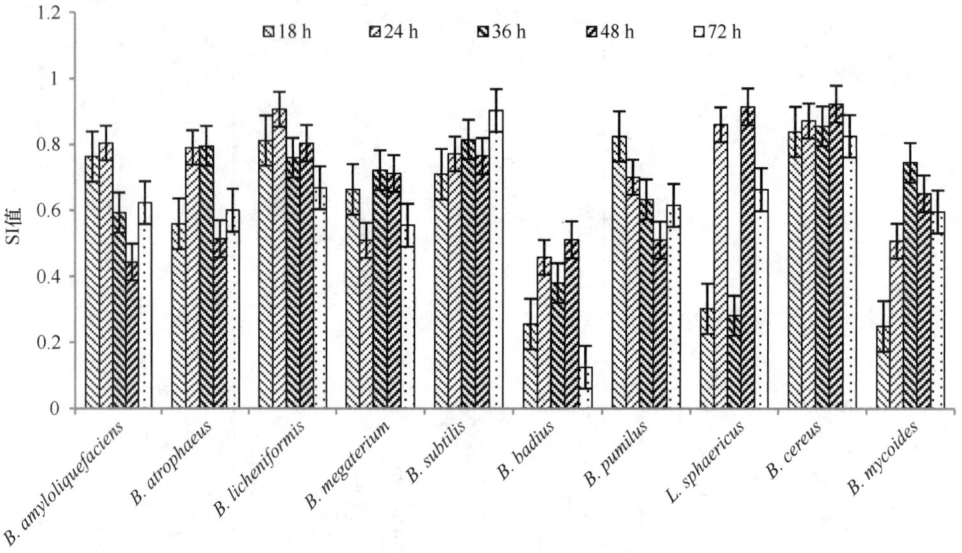


图 2-3-20　培养时间对芽胞杆菌脂肪酸鉴定相似性指数（SI）的影响

第 I 类，SI 逐渐增大，该类包含枯草芽胞杆菌。枯草芽胞杆菌 5 种培养时间下的脂肪酸鉴定 SI 皆在 0.7 以上，72 h 时 SI 最高。

第 II 类，SI 逐渐变小（72 h 有例外趋势），该类包含短小芽胞杆菌，SI 均在 0.5 以上，18 h 时 SI 最高，为 0.824。

第 III 类，SI 先增大后减小，该类包含其余 8 种芽胞杆菌。解淀粉芽胞杆菌在培养 24 h 时 SI 最大。巨大芽胞杆菌培养 36 h 时脂肪酸 SI 最高，不同培养时间的 SI 均大于 0.5。栗褐芽胞杆菌培养 48 h 时，脂肪酸 SI 最高（为 0.511），72 h 时最低（为 0.125）。球形赖氨酸芽胞杆菌脂肪酸 SI 除了 18 h 和 36 h 之外，其他 3 种培养时间下的 SI 很高，SI 为 0.6～0.9。蜡样芽胞杆菌的脂肪酸鉴定 SI 在 0.8 以上，培养 48 h 时 SI 最高达 0.923，72 h 时最低（为 0.825）。蕈状芽胞杆菌的脂肪酸 18 h 时 SI 最低，36 h 时最高（为 0.745），SI 范围为 0.249～0.745。结合脂肪酸鉴定 SI 值和匹配结果可以得出，芽胞杆菌属种类脂肪酸测定的合适培养时间为 24 h。

## 5. 培养时间对芽胞杆菌脂肪酸组的影响

培养时间对芽胞杆菌脂肪酸标记的影响统计结果见表 2-3-11、图 2-3-21～图 2-3-23。随着培养时间的延长，芽胞杆菌属种类脂肪酸含量的变化可以分为 3 类。

表 2-3-11 芽胞杆菌的脂肪酸含量 （%）

| | 17:0 iso | 18:0 2OH | 17:1 iso ω5c | 18:1 ω9c | 12:0 iso | 14:0 iso | c16:0 | c17:0 | 14:0 anteiso | c20:0 | 16:0 iso | 16:1 ω11c | 15:1 ω5c | 10:0 2OH | 17:0 2OH |
|---|---|---|---|---|---|---|---|---|---|---|---|---|---|---|---|
| *B. amyloliquefaciens*_18 h | 8.96 | 0.00 | 0.00 | 0.00 | 0.00 | 2.38 | 2.64 | 0.00 | 0.00 | 0.00 | 4.00 | 1.40 | 0.00 | 0.00 | 0.00 |
| *B. amyloliquefaciens*_24 h | 12.66 | 0.00 | 0.00 | 0.00 | 0.00 | 1.26 | 3.79 | 0.00 | 0.00 | 0.00 | 3.60 | 0.39 | 0.00 | 0.00 | 0.00 |
| *B. amyloliquefaciens*_36 h | 7.56 | 0.00 | 0.00 | 0.00 | 0.00 | 2.65 | 1.99 | 0.00 | 0.00 | 0.00 | 4.81 | 0.45 | 0.00 | 0.00 | 0.00 |
| *B. amyloliquefaciens*_48 h | 5.66 | 0.00 | 0.00 | 0.00 | 0.00 | 2.21 | 2.09 | 0.00 | 0.00 | 2.23 | 5.58 | 0.00 | 0.00 | 0.00 | 0.00 |
| *B. amyloliquefaciens*_72 h | 8.33 | 0.00 | 0.00 | 0.00 | 0.00 | 1.73 | 3.52 | 0.00 | 1.33 | 0.00 | 3.68 | 0.72 | 0.00 | 0.00 | 0.00 |
| *B. atrophaeus*_18 h | 4.73 | 0.00 | 0.00 | 0.00 | 0.00 | 1.63 | 2.82 | 0.00 | 0.00 | 0.00 | 3.74 | 1.23 | 0.00 | 0.00 | 0.40 |
| *B. atrophaeus*_24 h | 7.36 | 0.00 | 0.00 | 0.00 | 0.00 | 1.48 | 1.71 | 0.00 | 0.00 | 0.00 | 3.61 | 0.59 | 0.00 | 0.00 | 0.41 |
| *B. atrophaeus*_36 h | 6.51 | 0.00 | 0.00 | 0.00 | 0.00 | 1.27 | 1.50 | 0.00 | 0.00 | 0.00 | 3.65 | 0.52 | 0.00 | 0.00 | 0.47 |
| *B. atrophaeus*_48 h | 4.69 | 0.00 | 0.00 | 0.00 | 0.00 | 1.10 | 1.33 | 0.00 | 0.00 | 0.00 | 2.76 | 0.00 | 0.00 | 0.00 | 1.15 |
| *B. atrophaeus*_72 h | 5.24 | 0.00 | 0.00 | 0.00 | 0.00 | 0.88 | 1.07 | 0.00 | 0.00 | 0.00 | 2.17 | 0.43 | 0.00 | 0.00 | 0.71 |
| *B. badius*_18 h | 1.97 | 0.00 | 0.00 | 0.00 | 0.00 | 1.59 | 4.34 | 0.00 | 0.00 | 0.00 | 4.75 | 7.57 | 0.00 | 0.00 | 0.00 |
| *B. badius*_24 h | 3.02 | 0.00 | 0.00 | 0.00 | 0.00 | 2.01 | 4.42 | 0.00 | 0.00 | 0.00 | 5.78 | 5.40 | 0.00 | 0.00 | 0.00 |
| *B. badius*_36 h | 2.47 | 0.00 | 0.00 | 0.00 | 0.00 | 4.23 | 3.37 | 0.28 | 0.00 | 0.00 | 7.63 | 4.25 | 0.49 | 0.00 | 0.00 |
| *B. badius*_48 h | 2.42 | 0.00 | 0.00 | 0.00 | 0.00 | 4.32 | 3.36 | 0.00 | 0.00 | 0.00 | 6.95 | 4.04 | 0.40 | 0.00 | 0.00 |
| *B. badius*_72 h | 1.57 | 0.00 | 0.00 | 0.00 | 0.00 | 4.50 | 5.85 | 2.24 | 0.00 | 5.09 | 6.70 | 3.67 | 0.31 | 0.00 | 0.00 |
| *B. cereus*_18 h | 8.67 | 0.00 | 4.02 | 0.00 | 1.06 | 4.55 | 5.13 | 0.00 | 0.00 | 0.00 | 5.85 | 0.40 | 0.00 | 0.00 | 0.00 |
| *B. cereus*_24 h | 10.04 | 0.00 | 5.87 | 0.00 | 0.65 | 3.67 | 5.23 | 0.00 | 0.00 | 0.00 | 5.42 | 0.30 | 0.00 | 0.00 | 0.00 |
| *B. cereus*_36 h | 10.97 | 0.00 | 5.59 | 0.00 | 0.42 | 3.35 | 6.17 | 0.00 | 0.00 | 0.00 | 4.85 | 0.00 | 0.00 | 0.00 | 0.00 |
| *B. cereus*_48 h | 8.78 | 0.00 | 0.00 | 0.00 | 0.60 | 3.57 | 5.95 | 0.00 | 0.00 | 0.00 | 4.46 | 0.41 | 0.00 | 0.00 | 0.00 |
| *B. cereus*_72 h | 8.65 | 0.00 | 4.52 | 0.00 | 0.49 | 3.46 | 3.99 | 0.00 | 0.00 | 0.00 | 4.87 | 0.72 | 0.00 | 0.00 | 0.00 |
| *B. licheniformis*_18 h | 6.64 | 0.00 | 0.00 | 0.00 | 0.00 | 1.09 | 3.82 | 0.00 | 0.00 | 0.00 | 3.85 | 1.04 | 0.00 | 0.00 | 0.00 |
| *B. licheniformis*_24 h | 8.62 | 0.00 | 0.00 | 0.00 | 0.00 | 1.06 | 2.79 | 0.00 | 0.00 | 0.00 | 4.16 | 0.82 | 0.00 | 0.00 | 0.00 |
| *B. licheniformis*_36 h | 7.94 | 0.00 | 0.00 | 0.00 | 0.00 | 1.10 | 2.08 | 0.00 | 0.00 | 0.00 | 4.27 | 0.50 | 0.00 | 0.00 | 0.00 |
| *B. licheniformis*_48 h | 8.37 | 0.00 | 0.00 | 0.00 | 0.00 | 0.94 | 2.13 | 0.00 | 0.00 | 0.00 | 3.99 | 0.42 | 0.00 | 0.00 | 0.00 |
| *B. licheniformis*_72 h | 7.02 | 0.00 | 0.00 | 0.00 | 0.00 | 0.76 | 1.41 | 0.00 | 0.00 | 0.67 | 3.24 | 0.63 | 0.00 | 0.00 | 0.06 |
| *B. megaterium*_18 h | 1.22 | 0.00 | 0.00 | 0.00 | 0.00 | 7.81 | 6.10 | 0.00 | 0.00 | 0.00 | 2.85 | 2.16 | 0.00 | 0.00 | 0.00 |
| *B. megaterium*_24 h | 1.36 | 0.00 | 0.00 | 0.00 | 0.00 | 7.12 | 7.75 | 0.00 | 0.00 | 0.00 | 2.86 | 1.84 | 0.00 | 0.00 | 0.00 |
| *B. megaterium*_36 h | 1.11 | 0.00 | 0.00 | 0.00 | 0.00 | 9.70 | 4.70 | 0.00 | 0.00 | 0.00 | 3.00 | 1.07 | 0.00 | 0.00 | 0.00 |
| *B. megaterium*_48 h | 1.34 | 0.00 | 0.00 | 0.15 | 0.00 | 9.71 | 3.86 | 0.00 | 0.00 | 0.00 | 2.54 | 1.69 | 0.00 | 0.00 | 0.00 |
| *B. megaterium*_72 h | 3.60 | 1.27 | 0.00 | 0.00 | 0.00 | 0.80 | 1.47 | 0.00 | 0.00 | 0.00 | 2.41 | 0.00 | 0.00 | 0.00 | 0.12 |
| *B. mycoides*_18 h | 8.96 | 0.00 | 0.00 | 0.88 | 1.77 | 3.50 | 13.45 | 0.00 | 0.00 | 0.00 | 6.69 | 2.79 | 0.96 | 0.00 | 0.00 |
| *B. mycoides*_24 h | 10.29 | 0.00 | 0.00 | 0.83 | 1.02 | 2.95 | 10.67 | 0.18 | 0.17 | 0.00 | 6.75 | 2.06 | 0.00 | 0.00 | 0.00 |
| *B. mycoides*_36 h | 9.18 | 0.00 | 0.00 | 0.48 | 1.35 | 4.21 | 7.95 | 0.00 | 0.00 | 0.00 | 6.66 | 1.61 | 0.00 | 0.00 | 0.00 |
| *B. mycoides*_48 h | 11.26 | 0.00 | 0.00 | 0.56 | 1.10 | 3.04 | 10.38 | 0.23 | 0.00 | 0.00 | 6.16 | 1.56 | 0.00 | 0.00 | 0.00 |
| *B. mycoides*_72 h | 7.43 | 0.00 | 0.00 | 0.00 | 1.25 | 3.40 | 11.89 | 0.00 | 0.00 | 0.00 | 5.58 | 2.33 | 0.00 | 0.00 | 0.00 |
| *B. pumilus*_18 h | 8.64 | 0.00 | 0.00 | 0.00 | 0.00 | 1.31 | 6.61 | 0.00 | 0.00 | 0.00 | 2.67 | 0.56 | 0.00 | 0.00 | 0.00 |
| *B. pumilus*_24 h | 5.31 | 0.00 | 0.00 | 0.00 | 0.00 | 1.81 | 2.26 | 0.00 | 0.00 | 0.00 | 2.38 | 0.68 | 0.00 | 0.00 | 0.00 |
| *B. pumilus*_36 h | 4.55 | 0.00 | 0.00 | 0.00 | 0.00 | 1.64 | 1.70 | 0.00 | 0.00 | 0.00 | 2.21 | 0.51 | 0.00 | 0.00 | 0.00 |
| *B. pumilus*_48 h | 4.83 | 0.31 | 0.00 | 1.38 | 0.00 | 1.72 | 3.34 | 0.42 | 0.00 | 0.00 | 2.32 | 0.39 | 0.00 | 1.10 | 0.00 |
| *B. pumilus*_72 h | 3.60 | 0.00 | 0.00 | 0.00 | 0.00 | 1.49 | 1.10 | 0.00 | 0.00 | 0.00 | 1.73 | 0.43 | 0.00 | 0.27 | 0.00 |

续表

| | 17:0 iso | 18:0 2OH | 17:1 iso ω5c | 18:1 ω9c | 12:0 iso | 14:0 iso | c16:0 | c17:0 | 14:0 anteiso | c20:0 | 16:0 iso | 16:1 ω11c | 15:1 ω5c | 10:0 2OH | 17:0 2OH |
|---|---|---|---|---|---|---|---|---|---|---|---|---|---|---|---|
| *B. subtilis*_18 h | 13.11 | 0.00 | 0.00 | 0.00 | 0.00 | 1.90 | 4.79 | 0.00 | 0.00 | 0.00 | 5.83 | 0.63 | 0.00 | 0.00 | 0.00 |
| *B. subtilis*_24 h | 11.84 | 0.00 | 0.00 | 0.00 | 0.00.6 | 1.91 | 3.91 | 0.00 | 0.00 | 0.00 | 5.09 | 0.99 | 0.00 | 0.00 | 0.00 |
| *B. subtilis*_36 h | 10.75 | 0.00 | 0.00 | 0.00 | 0.00 | 1.65 | 2.60 | 0.00 | 0.00 | 0.00 | 4.13 | 0.67 | 0.00 | 0.00 | 0.00 |
| *B. subtilis*_48 h | 12.40 | 0.00 | 0.00 | 0.00 | 0.00 | 2.16 | 2.46 | 0.00 | 0.00 | 0.00 | 5.24 | 0.74 | 0.00 | 0.00 | 0.00 |
| *B. subtilis*_72 h | 11.79 | 0.00 | 0.00 | 0.00 | 0.00 | 1.26 | 2.65 | 0.00 | 0.00 | 0.00 | 4.19 | 0.55 | 0.00 | 0.00 | 0.00 |
| *L. sphaericus*_18 h | 3.15 | 0.00 | 0.00 | 0.00 | 0.00 | 2.67 | 2.82 | 0.00 | 0.00 | 0.00 | 8.68 | 4.52 | 7.15 | 0.00 | 0.00 |
| *L. sphaericus*_24 h | 5.54 | 0.00 | 0.00 | 0.00 | 0.00 | 1.68 | 1.64 | 0.00 | 0.00 | 0.00 | 8.23 | 1.81 | 0.00 | 0.00 | 0.00 |
| *L. sphaericus*_36 h | 2.74 | 0.00 | 0.00 | 0.00 | 0.00 | 5.89 | 1.21 | 0.00 | 0.00 | 0.00 | 9.42 | 1.60 | 0.00 | 0.00 | 0.00 |
| *L. sphaericus*_48 h | 4.24 | 0.00 | 0.00 | 0.00 | 0.00 | 2.96 | 1.67 | 0.00 | 0.00 | 0.00 | 11.10 | 2.06 | 0.00 | 0.00 | 0.00 |
| *L. sphaericus*_72 h | 4.05 | 0.00 | 0.00 | 0.6 | 0.00 | 3.27 | 3.17 | 0.21 | 0.00 | 0.00 | 13.25 | 1.65 | 0.00 | 0.00 | 0.00 |

| | c18:0 | 17:0 anteiso | c14:0 | 17:1 iso ω10c | 13:0 iso | 16:1ω7c alcohol | 15:0 iso | 15:0 anteiso | 15:0 2OH | feature 4 | feature 3 | feature 2 |
|---|---|---|---|---|---|---|---|---|---|---|---|---|
| *B. amyloliquefaciens*_18 h | 0.00 | 6.34 | 0.37 | 1.78 | 0.44 | 0.88 | 33.14 | 36.95 | 0.00 | 0.72 | 0.00 | 0.00 |
| *B. amyloliquefaciens*_24 h | 0.49 | 9.44 | 0.48 | 0.70 | 0.39 | 0.00 | 31.35 | 35.19 | 0.00 | 0.28 | 0.00 | 0.00 |
| *B. amyloliquefaciens*_36 h | 0.00 | 6.91 | 0.35 | 1.12 | 0.35 | 0.48 | 31.28 | 41.32 | 0.23 | 0.49 | 0.00 | 0.00 |
| *B. amyloliquefaciens*_48 h | 0.00 | 10.97 | 0.00 | 0.78 | 0.00 | 0.52 | 19.08 | 50.17 | 0.00 | 0.71 | 0.00 | 0.00 |
| *B. amyloliquefaciens*_72 h | 0.00 | 8.16 | 0.00 | 2.43 | 0.00 | 0.77 | 28.05 | 40.15 | 0.00 | 1.13 | 0.00 | 0.00 |
| *B. atrophaeus*_18 h | 0.31 | 13.36 | 0.35 | 1.16 | 0.13 | 0.89 | 12.02 | 50.30 | 0.00 | 1.45 | 0.00 | 0.00 |
| *B. atrophaeus*_24 h | 0.00 | 14.12 | 0.00 | 1.25 | 0.13 | 0.52 | 17.30 | 50.42 | 0.00 | 0.94 | 0.00 | 0.00 |
| *B. atrophaeus*_36 h | 0.13 | 16.00 | 0.14 | 1.51 | 0.08 | 0.52 | 14.31 | 51.81 | 0.00 | 1.22 | 0.00 | 0.00 |
| *B. atrophaeus*_48 h | 0.00 | 15.74 | 0.00 | 1.25 | 0.00 | 0.51 | 13.28 | 56.90 | 0.00 | 1.30 | 0.00 | 0.00 |
| *B. atrophaeus*_72 h | 0.00 | 12.44 | 0.16 | 1.85 | 0.18 | 0.42 | 18.85 | 53.60 | 0.00 | 1.55 | 0.00 | 0.00 |
| *B. badius*_18 h | 0.00 | 4.19 | 3.26 | 4.97 | 0.00 | 3.51 | 45.41 | 11.40 | 0.00 | 3.67 | 3.37 | 0.00 |
| *B. badius*_24 h | 0.00 | 4.25 | 2.39 | 4.98 | 0.00 | 3.44 | 47.90 | 9.13 | 0.00 | 3.08 | 3.77 | 0.00 |
| *B. badius*_36 h | 0.00 | 2.82 | 2.33 | 3.71 | 0.00 | 4.79 | 48.72 | 7.50 | 0.00 | 2.19 | 4.24 | 0.36 |
| *B. badius*_48 h | 0.00 | 2.58 | 2.52 | 3.56 | 0.00 | 5.05 | 51.24 | 7.61 | 0.00 | 2.12 | 3.46 | 0.37 |
| *B. badius*_72 h | 4.63 | 2.18 | 2.10 | 2.76 | 0.06 | 4.73 | 38.19 | 5.67 | 0.07 | 1.72 | 3.03 | 0.66 |
| *B. cereus*_18 h | 0.00 | 1.32 | 2.73 | 3.28 | 12.49 | 0.93 | 29.68 | 4.63 | 0.74 | 0.00 | 9.10 | 2.50 |
| *B. cereus*_24 h | 0.62 | 1.57 | 2.97 | 2.75 | 9.58 | 0.67 | 31.35 | 4.16 | 0.77 | 0.00 | 9.18 | 2.53 |
| *B. cereus*_36 h | 1.03 | 1.45 | 3.32 | 2.68 | 9.00 | 0.00 | 34.95 | 4.45 | 0.00 | 0.00 | 8.13 | 1.79 |
| *B. cereus*_48 h | 0.69 | 1.29 | 3.85 | 3.43 | 10.00 | 0.65 | 33.91 | 3.92 | 0.90 | 0.00 | 8.89 | 1.98 |
| *B. cereus*_72 h | 0.31 | 2.82 | 2.78 | 3.37 | 8.74 | 0.90 | 37.00 | 6.10 | 0.45 | 0.00 | 6.85 | 1.84 |
| *B. licheniformis*_18 h | 0.00 | 10.86 | 0.59 | 1.40 | 0.00 | 0.90 | 31.55 | 37.16 | 0.00 | 1.08 | 0.00 | 0.00 |
| *B. licheniformis*_24 h | 0.00 | 9.88 | 0.45 | 1.30 | 0.00 | 0.74 | 36.11 | 33.25 | 0.00 | 0.82 | 0.00 | 0.00 |
| *B. licheniformis*_36 h | 0.00 | 9.28 | 0.27 | 0.87 | 0.10 | 0.59 | 39.78 | 32.63 | 0.00 | 0.61 | 0.00 | 0.00 |
| *B. licheniformis*_48 h | 0.00 | 10.57 | 0.30 | 1.06 | 0.00 | 0.59 | 36.30 | 34.56 | 0.00 | 0.76 | 0.00 | 0.00 |
| *B. licheniformis*_72 h | 0.41 | 8.63 | 0.16 | 1.53 | 0.08 | 0.83 | 42.33 | 30.81 | 0.00 | 1.09 | 0.00 | 0.00 |
| *B. megaterium*_18 h | 0.00 | 5.00 | 1.86 | 0.00 | 0.00 | 0.95 | 16.51 | 55.55 | 0.00 | 0.00 | 0.00 | 0.00 |
| *B. megaterium*_24 h | 0.00 | 5.26 | 1.96 | 0.00 | 0.00 | 0.59 | 17.61 | 53.65 | 0.00 | 0.00 | 0.00 | 0.00 |
| *B. megaterium*_36 h | 0.00 | 3.62 | 1.75 | 0.00 | 0.54 | 0.77 | 25.35 | 48.39 | 0.00 | 0.00 | 0.00 | 0.00 |

续表

| | c18:0 | 17:0 anteiso | c14:0 | 17:1 iso ω10c | 13:0 iso | 16:1ω7c alcohol | 15:0 iso | 15:0 anteiso | 15:0 2OH | feature 4 | feature 3 | feature 2 |
|---|---|---|---|---|---|---|---|---|---|---|---|---|
| *B. megaterium*_48 h | 0.21 | 3.40 | 1.41 | 0.25 | 0.47 | 1.12 | 29.54 | 43.77 | 0.00 | 0.31 | 0.00 | 0.00 |
| *B. megaterium*_72 h | 0.00 | 5.44 | 0.35 | 0.22 | 0.63 | 0.00 | 47.07 | 35.20 | 0.14 | 0.00 | 0.00 | 0.00 |
| *B. mycoides*_18 h | 1.88 | 3.51 | 3.53 | 5.37 | 9.97 | 1.34 | 13.25 | 6.49 | 0.34 | 1.49 | 5.81 | 0.48 |
| *B. mycoides*_24 h | 1.32 | 1.92 | 2.91 | 10.33 | 10.03 | 1.75 | 16.66 | 3.69 | 1.24 | 0.00 | 7.49 | 0.84 |
| *B. mycoides*_36 h | 0.64 | 1.50 | 3.98 | 7.54 | 12.33 | 1.65 | 23.58 | 3.46 | 0.70 | 0.00 | 7.02 | 1.08 |
| *B. mycoides*_48 h | 1.07 | 1.60 | 3.53 | 8.31 | 11.74 | 1.27 | 19.97 | 3.18 | 0.92 | 0.00 | 7.32 | 0.80 |
| *B. mycoides*_72 h | 1.06 | 1.27 | 5.32 | 6.16 | 13.12 | 1.29 | 23.29 | 3.13 | 0.00 | 0.00 | 8.34 | 0.66 |
| *B. pumilus*_18 h | 0.77 | 4.78 | 1.59 | 0.00 | 0.88 | 0.00 | 44.34 | 27.84 | 0.00 | 0.00 | 0.00 | 0.00 |
| *B. pumilus*_24 h | 0.00 | 3.18 | 1.04 | 0.84 | 1.42 | 0.39 | 52.27 | 28.03 | 0.00 | 0.23 | 0.00 | 0.00 |
| *B. pumilus*_36 h | 0.00 | 2.89 | 0.85 | 0.85 | 1.12 | 0.39 | 54.24 | 28.62 | 0.00 | 0.27 | 0.00 | 0.00 |
| *B. pumilus*_48 h | 2.20 | 3.00 | 0.75 | 0.78 | 1.16 | 0.39 | 49.36 | 26.34 | 0.00 | 0.22 | 0.00 | 0.00 |
| *B. pumilus*_72 h | 0.35 | 2.67 | 0.61 | 0.74 | 1.17 | 0.49 | 55.27 | 29.82 | 0.00 | 0.25 | 0.00 | 0.00 |
| *B. subtilis*_18 h | 0.46 | 11.86 | 0.40 | 0.83 | 0.16 | 0.33 | 19.90 | 38.76 | 0.36 | 0.41 | 0.00 | 0.00 |
| *B. subtilis*_24 h | 0.38 | 10.86 | 0.35 | 1.54 | 0.21 | 0.67 | 20.55 | 39.80 | 0.27 | 0.72 | 0.00 | 0.00 |
| *B. subtilis*_36 h | 0.27 | 9.51 | 0.28 | 1.27 | 0.22 | 0.55 | 25.92 | 40.88 | 0.21 | 0.63 | 0.00 | 0.00 |
| *B. subtilis*_48 h | 0.00 | 9.57 | 0.00 | 1.73 | 0.20 | 0.79 | 27.01 | 36.94 | 0.00 | 0.77 | 0.00 | 0.00 |
| *B. subtilis*_72 h | 0.21 | 12.50 | 0.19 | 1.25 | 0.14 | 0.49 | 22.94 | 40.51 | 0.32 | 0.74 | 0.00 | 0.00 |
| *L. sphaericus*_18 h | 0.85 | 3.52 | 0.71 | 1.56 | 0.00 | 9.39 | 39.14 | 13.67 | 0.00 | 1.55 | 0.00 | 0.00 |
| *L. sphaericus*_24 h | 0.24 | 3.00 | 0.33 | 1.56 | 0.00 | 9.09 | 55.84 | 8.53 | 0.00 | 1.09 | 0.20 | 0.00 |
| *L. sphaericus*_36 h | 0.00 | 1.03 | 0.50 | 1.14 | 0.38 | 11.32 | 58.00 | 5.76 | 0.00 | 0.66 | 0.00 | 0.00 |
| *L. sphaericus*_48 h | 0.36 | 2.14 | 0.46 | 1.82 | 0.20 | 13.43 | 50.88 | 6.88 | 0.00 | 1.06 | 0.00 | 0.00 |
| *L. sphaericus*_72 h | 2.02 | 2.32 | 0.57 | 1.55 | 0.00 | 11.95 | 47.47 | 6.11 | 0.00 | 1.06 | 0.00 | 0.00 |

注：feature 2，14:0 3OH 和/或 16:1 iso I/14:0 3OH；feature 3，16:1ω6c 和/或 16:1ω7c；feature 4，17:1 anteiso B 和/或 iso I

第 I 类，主要脂肪酸含量变化不一致，该类包含枯草芽胞杆菌、地衣芽胞杆菌、萎缩芽胞杆菌、解淀粉芽胞杆菌和巨大芽胞杆菌。枯草芽胞杆菌在不同培养时间下产生的脂肪酸种类相同，主要脂肪酸为 15:0 iso、15:0 anteiso、17:0 iso 和 17:0 anteiso，15:0 iso 和 15:0 anteiso 的含量随着培养时间的增加呈逐步升高趋势，17:0 iso 和 17:0 anteiso 的含量随着培养时间的增加先降低后上升。地衣芽胞杆菌的主要脂肪酸 15:0 anteiso 的含量随着培养时间的增加而降低，15:0 iso 的含量随着培养时间的增加呈上升趋势。萎缩芽胞杆菌主要脂肪酸为 15:0 iso 和 15:0 anteiso，其含量随着培养时间的增加呈逐步升高趋势，17:0 iso 和 17:0 anteiso 随着培养时间的增加先降低后上升。萎缩芽胞杆菌在 18 h 时还产生 c19:0，其他培养时间无该脂肪酸。解淀粉芽胞杆菌的主要脂肪酸 15:0 iso 和 15:0 anteiso 的含量随着培养时间的增加而降低，17:0 iso 和 17:0 anteiso 的含量随着培养时间的增加而增加。巨大芽胞杆菌主要脂肪酸 15:0 iso 的含量随着培养时间的增加而增加，15:0 anteiso 的含量随着培养时间的增加而降低。

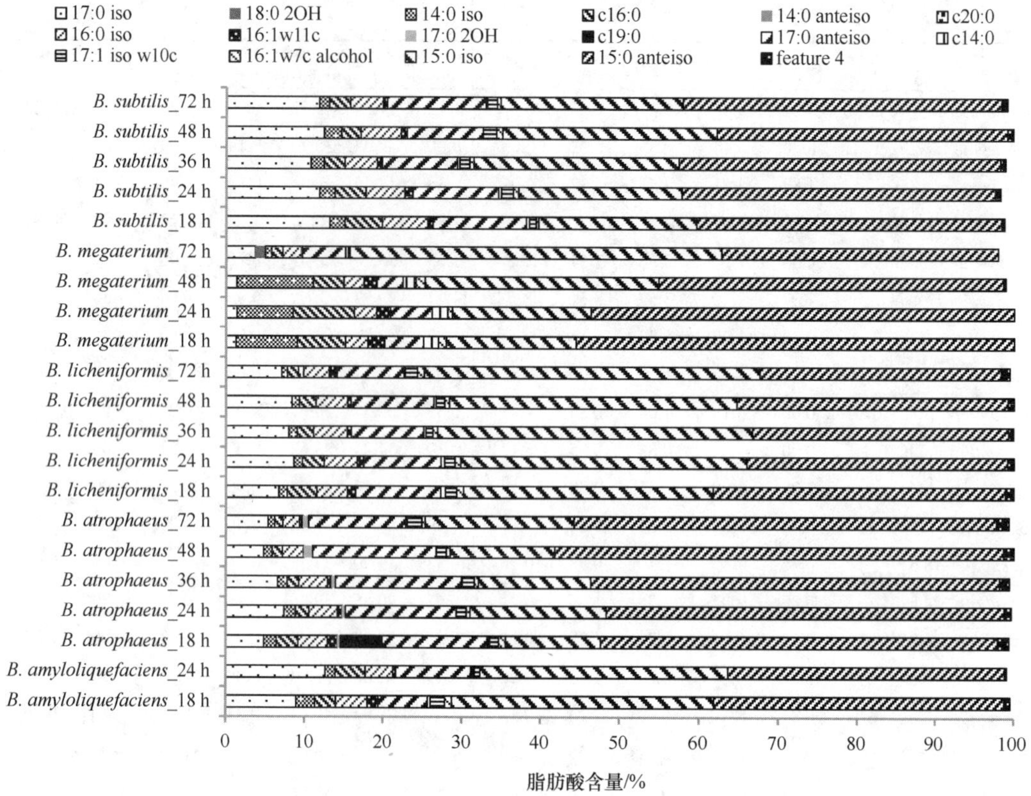


图 2-3-21　枯草芽胞杆菌分类群的脂肪酸分布图

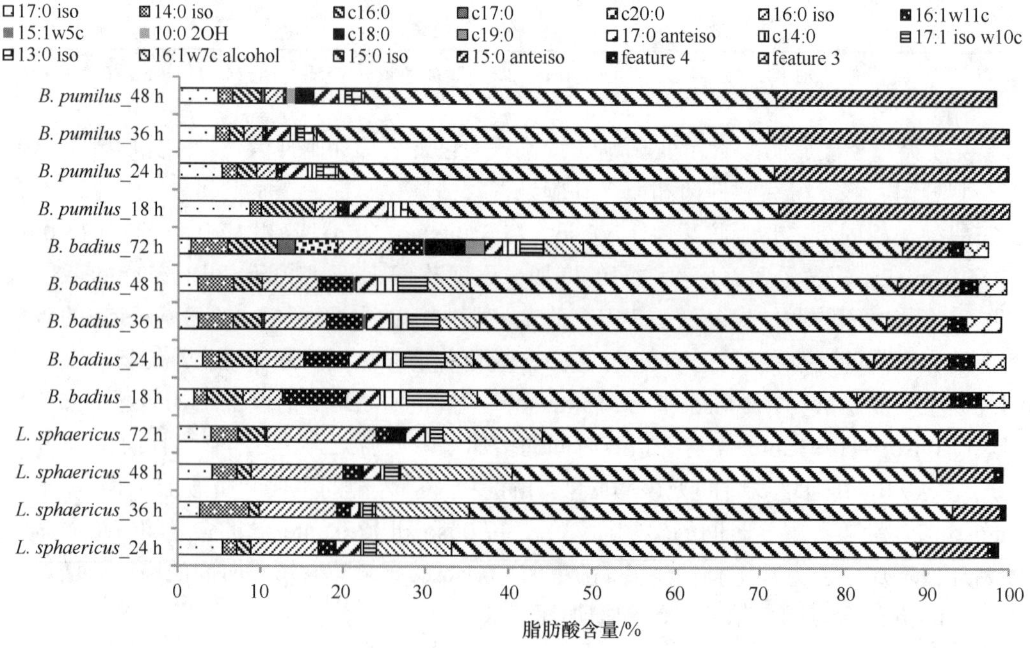


图 2-3-22　短小芽胞杆菌、栗褐芽胞杆菌和球形赖氨酸芽胞杆菌的脂肪酸分布图

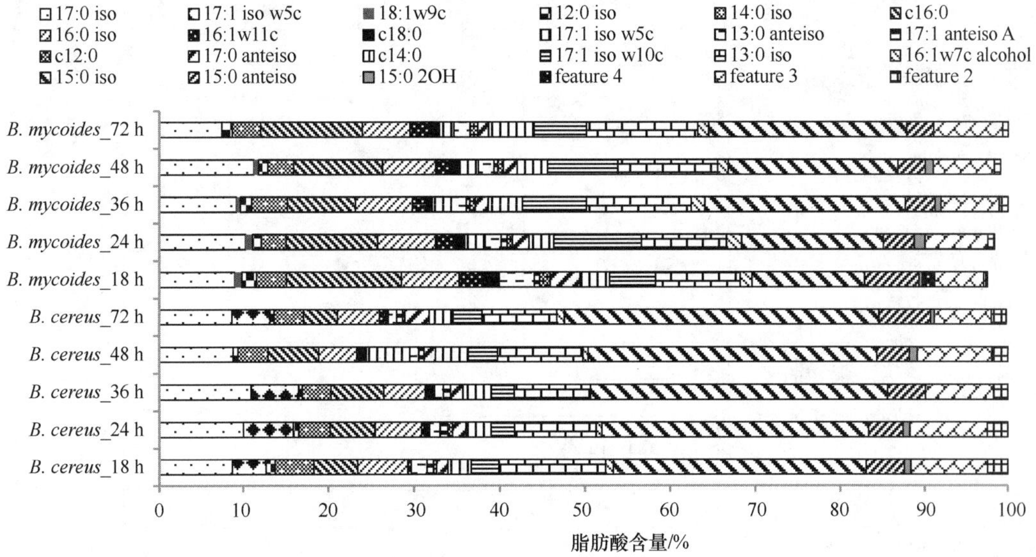


图 2-3-23　蜡样芽胞杆菌和蕈状芽胞杆菌的脂肪酸分布图

第 II 类，主要脂肪酸含量逐渐降低，该类包含栗褐芽胞杆菌、短小芽胞杆菌和球形赖氨酸芽胞杆菌。栗褐芽胞杆菌主要脂肪酸 15:0 anteiso 的含量随着培养时间的增加而降低，栗褐芽胞杆菌 18 h 和 24 h 时产生的脂肪酸种类最少，72 h 时产生的种类最多。短小芽胞杆菌的主要脂肪酸 15:0 iso 和 15:0 anteiso 的含量随着培养时间的增加呈先升高后降低趋势，48 h 时产生的脂肪酸种类最多，18 h、24 h 和 36 h 时脂肪酸种类相同，产生了少量的 10:0 2OH 和 c18:0。球形赖氨酸芽胞杆菌的主要脂肪酸为 15:0 iso 和 15:0 anteiso，随着培养时间的增加而降低，16:1ω7c alcohol 随着培养时间的增加呈增加趋势，16:0 iso 的含量随着培养时间的增加而增加。球形赖氨酸芽胞杆菌培养 72 h 时产生的脂肪酸种类最多。

第 III 类，主要脂肪酸含量逐渐增加，该类包含蕈状芽胞杆菌和蜡样芽胞杆菌。蕈状芽胞杆菌主要脂肪酸 15:0 iso 和 13:0 iso 的含量随着培养时间的增加而增加。蕈状芽胞杆菌 72 h 时产生的脂肪酸种类最少，不产生 18:1ω9c 和 15:0 2OH。蜡样芽胞杆菌的主要脂肪酸 15:0 iso 的含量随着培养时间的增加而增加。

## 6. 培养时间对芽胞杆菌脂肪酸系统分类的影响

培养时间对芽胞杆菌属种类的聚类分析结果的影响见图 2-3-24。由图可知，枯草芽胞杆菌、萎缩芽胞杆菌、短小芽胞杆菌、蜡样芽胞杆菌和蕈状芽胞杆菌的脂肪酸测定结果不受培养时间的影响。解淀粉芽胞杆菌受培养时间的影响较大。培养 18 h 时，地衣芽胞杆菌和球形赖氨酸芽胞杆菌的脂肪酸测定结果与其他 4 种培养时间的差异较大；培养 72 h 时，栗褐芽胞杆菌和巨大芽胞杆菌与其余 4 种培养时间的脂肪酸测定结果差异较大。培养时间对芽胞杆菌属某些种类的分类地位有一定的影响，但对芽胞杆菌属类群的分类无影响。

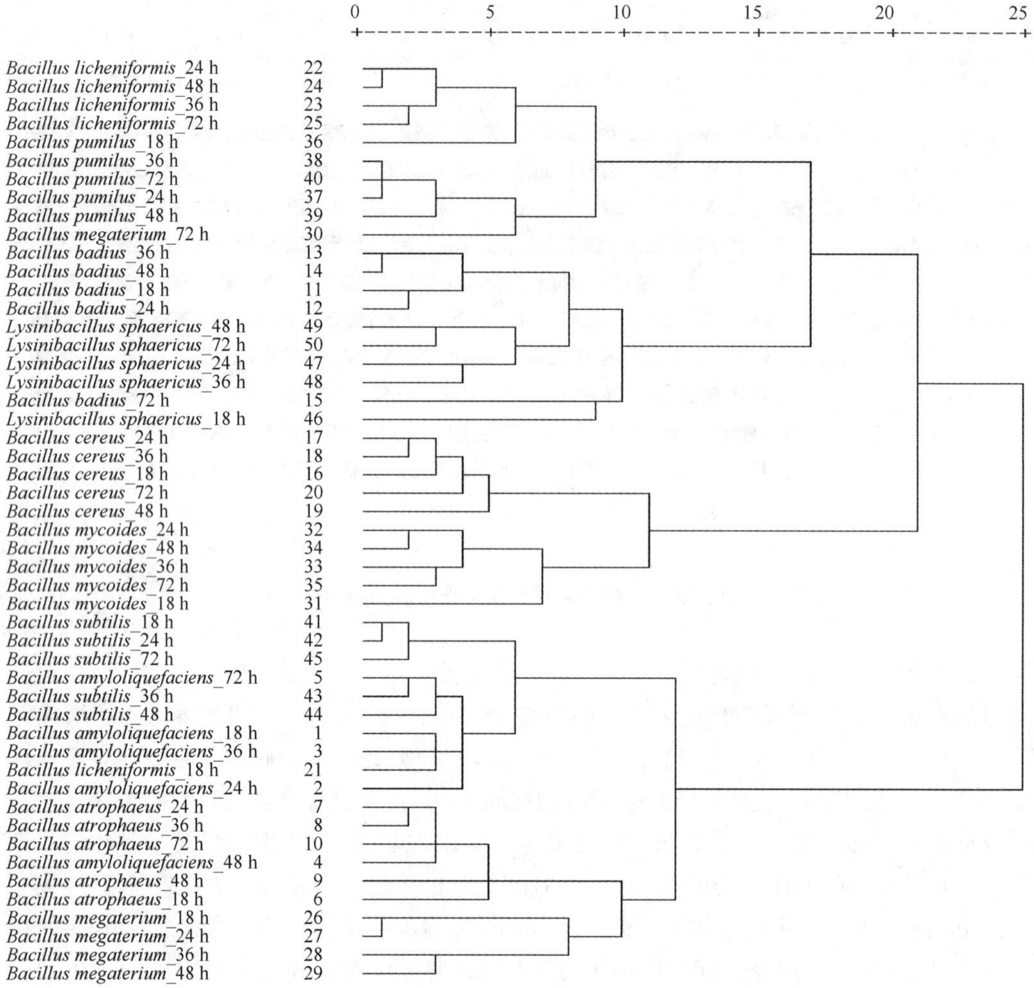


图 2-3-24　芽胞杆菌属种类脂肪酸的聚类分析

## 7. 讨论

已有研究表明，培养时间对细胞脂肪酸含量和成分有一定的影响。例如，温少红和王长海（2000）研究发现不同生长时期的紫球藻脂肪酸组成不同；朱路英等（2007）发现不同生长时期内裂殖壶菌的总脂含量和脂肪酸组成不同，在培养到第 4～5 天时，细胞的生物量、总脂及 DHA 产量均最高。

以芽胞杆菌属种类的模式菌株为研究对象，分析了 5 种培养时间（18 h、24 h、36 h、48 h 和 72 h）对芽胞杆菌脂肪酸测定结果的影响。芽胞杆菌脂肪酸相似性指数（SI）大多在 18～36 h 达到最大值，匹配结果在 18～48 h 较好。芽胞杆菌的不饱和脂肪酸 16:1ω11c 和 c16:0 随着培养时间的增加总体上呈减少趋势。而且，枯草芽胞杆菌脂肪酸含量随培养时间的变化与 Ibragimova 等（2012）研究中的结果一致。

## 五、培养基对芽胞杆菌脂肪酸测定的影响

### 1. 概述

芽胞杆菌普遍存在的支链脂肪酸（iso-奇数链、iso-偶数链和 anteiso-）（Lechevalier，1977；O'Leary and Wilkinson，1988）的相对比例主要依赖氨基酸前体的比值和培养基中相应的 α-酮酸的存在（Daron，1973；Kaneda，1977，1991；Kreuzer-Martin et al.，2003）。同样，复杂的添加剂和蛋白质也会影响芽胞杆菌的脂肪酸组成。例如，据报道，酵母提取物、牛肉膏和水解酪素能改变蜡样芽胞杆菌 iso 和 anteiso 的比值（Kaneda，1967，1971）。BHI 培养基也有相同的效果，能改变 *Bacillus caldolyticus*（注：未合格化）支链脂肪酸的比值（Weerkamp and Heinen，1972）。

为了确定不同培养基对芽胞杆菌脂肪酸测定结果的影响，以 6 种芽胞杆菌模式菌株为研究对象，选取了 5 种不同培养基，由于大量的变量和生物合成期间产生的不同脂肪酸结构间的复杂关系（Kaneda，1991），脂肪酸成分分析是复杂的，因此采用非参数多变量统计和聚类分析两种技术，探讨培养基对芽胞杆菌脂肪酸测定结果的影响。

### 2. 研究方法

供试菌株与培养基：选取 6 个芽胞杆菌的模式菌株（表 2-3-12）和 5 种培养基（表 2-3-13）进行脂肪酸提取试验。

**表 2-3-12　供试菌株信息**

| 序号 | 库存菌株编号 | 原始菌株编号 | 种名 | 中文名称 |
|---|---|---|---|---|
| 1 | FJAT-8754 | CCUG 28519 | *Bacillus amyloliquefaciens* | 解淀粉芽胞杆菌 |
| 2 | FJAT-8755 | CCUG 28524 | *Bacillus atrophaeus* | 萎缩芽胞杆菌 |
| 3 | FJAT-8760 | CCUG 7414 | *Bacillus cereus* | 蜡样芽胞杆菌 |
| 4 | FJAT-8771 | CCUG 7422 | *Bacillus licheniformis* | 地衣芽胞杆菌 |
| 5 | FJAT-8775 | DSM 2048 | *Bacillus mycoides* | 蕈状芽胞杆菌 |
| 6 | FJAT-9 | FJAT-9 | *Lysinibacillus sphaericus* | 球形赖氨酸芽胞杆菌 |

**表 2-3-13　芽胞杆菌培养的培养基种类信息**

| 序号 | 培养基名称 | 培养基缩写 | 培养基成分（每升含量） |
|---|---|---|---|
| 1 | 营养琼脂培养基 | NA | 3 g 牛肉膏、10 g 蛋白胨、15 g 琼脂，pH 7.0 |
| 2 | 营养琼脂培养基 | GLU | 3 g 牛肉膏、10 g 蛋白胨、10 g 葡萄糖、15 g 琼脂，pH 7.0 |
| 3 | 营养琼脂培养基 | NaCl | 3 g 牛肉膏、10 g 蛋白胨、5 g NaCl、15 g 琼脂，pH 7.0 |
| 4 | Luria-Bertani 培养基 | LB | 5 g 酵母提取物、10 g 胰蛋白胨、10 g NaCl、15 g 琼脂，pH 7.0 |
| 5 | 胰蛋白胨大豆肉汤培养基 | TSBA | TSB 30 g、15 g 琼脂，pH 7.0 |

注：GLU 培养基中增加了葡萄糖，NaCl 培养基中增加了 NaCl，特此命名，全书同

所有供试菌株都在 TSBA 培养基上培养。菌体的获取和脂肪酸的提取参照文献描述（Sasser，1990）的方法进行。新鲜培养的待测菌株按四区划线法接种至新鲜的以上 5 种

培养基平板上，28℃培养 24 h。在第三区刮取 20 mg 菌体，置于试管，加入 1 mL 试剂 I，沸水浴 5 min，振荡 5～10 s，然后沸水浴 25 min。冷却至室温后加入 1.5 mL 试剂 II，混匀后 80℃水浴 10 min。迅速冷却，加入 1.25 mL 试剂 III，振荡 10 min，吸弃下层溶液。之后加入 3 mL 试剂 IV 及几滴饱和 NaCl 溶液，振荡 5 min。静置，待溶液分层后，吸取上层液体于 GC 样品管中待测。

脂肪酸的数据分析。测定出的所有脂肪酸种类利用 Sherlock MIS 软件进行变量定义来统计分析，所有变量的值表示脂肪酸种类成分的百分比。为了进行比较分析，将芽胞杆菌属种类脂肪酸变量归为 4 类，在表 2-3-14 中标记为"branched-odd""branched-even""anteiso"和"normal"（Kaneda，1971）。这些变量标记每一类的相对丰富度直接受氨基酸浓度决定者——培养基的影响（Kaneda，1977，1991）。MDS 分析：芽胞杆菌属种类脂肪酸成分多变量差异采用非度量多维定标法（nMDS）分析。这两种技术由 Primer v6 软件完成（Primer-E Ltd.，Plymouth，United Kingdom），采用 Bray-Curtis 相似性生成 nMDS 矩阵，二维（2D）图参数为 Kruskal fit 和 50 restarts，对芽胞杆菌属种类培养基的脂肪酸成分进行 nMDS 比较分析。聚类分析：芽胞杆菌的脂肪酸数据文件利用林营志等（2009）编写的软件处理后提取出脂肪酸数据，然后利用生物统计软件 SPSS 16.0 进行聚类分析，采用组间连接法和欧氏距离模型构建聚类树。

**表 2-3-14 脂肪酸类型划分**

| branched-odd（奇数碳） | | branched-even（偶数碳） | anteiso | | normal | |
|---|---|---|---|---|---|---|
| 13:0 iso | 17:0 iso 3OH | 18:1 iso H | 14:0 anteiso | 15:1 anteiso A | c12:0 | 17:0 2OH |
| 15:0 iso | 17:1 iso ω5c | 12:0 iso | 16:0 anteiso | 17:1 anteiso A | c14:0 | 16:0 3OH |
| 17:0 iso | 15:1 iso ω9c | 14:0 iso | 19:0 anteiso | 17:1 anteiso ω9c | c16:0 | 18:1ω9c |
| 19:0 iso | 15:1 iso F | 16:0 iso | 15:0 anteiso | | c17:0 | 16:1ω11c |
| 15:1 iso G | 17:1 iso ω10c | 18:0 iso | 17:0 anteiso | | c18:0 | 15:1ω5c |
| 15:0 iso 3OH | | | 13:0 anteiso | | c20:0 | 20:1ω7c |
| | | | | | 15:0 2OH | 16:1ω7c alcohol |
| | | | | | 16:0 2OH | |

注："odd""even"表示脂肪酸碳链的数目为奇数或偶数（来自 Kaneda，1977）

## 3. 培养基对芽胞杆菌脂肪酸鉴定结果的影响

不同培养基上芽胞杆菌属种类的脂肪酸鉴定结果见表 2-3-15。结果显示，不同培养基上芽胞杆菌属种类的脂肪酸鉴定匹配结果可以分为 4 类：1 种培养基上鉴定准确，解淀粉芽胞杆菌仅在 TSBA 培养基上匹配准确；2 种培养基上鉴定准确，蕈状芽胞杆菌在 TSBA 和 GLU 培养基上匹配结果准确；4 种培养基上鉴定准确，地衣芽胞杆菌在 TSBA、LB、NA 和 NaCl 培养基上匹配结果准确，蜡样芽胞杆菌在 TSBA、NA、NaCl 和 GLU 上匹配结果准确；5 种培养基上鉴定准确，萎缩芽胞杆菌和球形赖氨酸芽胞杆菌在 5 种培养基上脂肪酸鉴定匹配结果都准确。

**表 2-3-15　芽胞杆菌属种类的脂肪酸鉴定结果**

| 种名 | TSBA | | LB | | NA | | GLU | | NaCl | |
|---|---|---|---|---|---|---|---|---|---|---|
| | SI | 匹配结果 | SI | 匹配结果 | SI | 匹配结果 | SI | 匹配结果 | SI | 匹配结果 |
| *Bacillus amyloliquefaciens* | 0.81 | *B. amyloliquefaciens* | 0.63 | *B. atrophaeus* | 0.62 | *B. subtilis* | 0.46 | *B. atrophaeus* | 0.61 | *B. subtilis* |
| *B. atrophaeus* | 0.89 | *B. atrophaeus* | 0.67 | *B. atrophaeus* | 0.75 | *B. atrophaeus* | 0.73 | *B. atrophaeus* | 0.78 | *B. atrophaeus* |
| *B. licheniformis* | 0.61 | *B. licheniformis* | 0.56 | *B. licheniformis* | 0.50 | *B. licheniformis* | 0.55 | *B. gordonae* | 0.55 | *B. licheniformis* |
| *B. cereus* | 0.82 | *B. cereus* | 0.74 | *B. thuringiensis* | 0.51 | *B. cereus* | 0.65 | *B. cereus* | 0.62 | *B. cereus* |
| *B. mycoides* | 0.63 | *B. mycoides* | 0.27 | *B. cereus* | 0.47 | *B. cereus* | 0.35 | *B. mycoides* | 0.42 | *B. cereus* |
| *Lysinibacillus sphaericus* | 0.87 | *L. sphaericus* | 0.47 | *L. sphaericus* | 0.79 | *L. sphaericus* | 0.73 | *L. sphaericus* | 0.78 | *L. sphaericus* |

## 4. 培养基对芽胞杆菌脂肪酸鉴定相似性指数（SI）的影响

由表 2-3-15 和图 2-3-25 可知，芽胞杆菌在 5 种培养基上的脂肪酸鉴定相似性指数（SI）均为 TSBA 培养基上最高。根据脂肪酸匹配结果只分析匹配结果准确的培养基上 SI 的变化。其余 4 种培养基上芽胞杆菌属种类脂肪酸鉴定的 SI 变化分别为：萎缩芽胞杆菌，NaCl>NA>GLU>LB，范围为 0.67～0.78；球形赖氨酸芽胞杆菌，NA>NaCl>GLU>LB，范围为 0.47～0.79；地衣芽胞杆菌，TSBA>LB>NA，范围为 0.5～0.56；蜡样芽胞杆菌，LB>GLU>NaCl>NA，范围为 0.5～0.74。蕈状芽胞杆菌的相似性指数（SI）在 GLU 培养基上为 0.35。

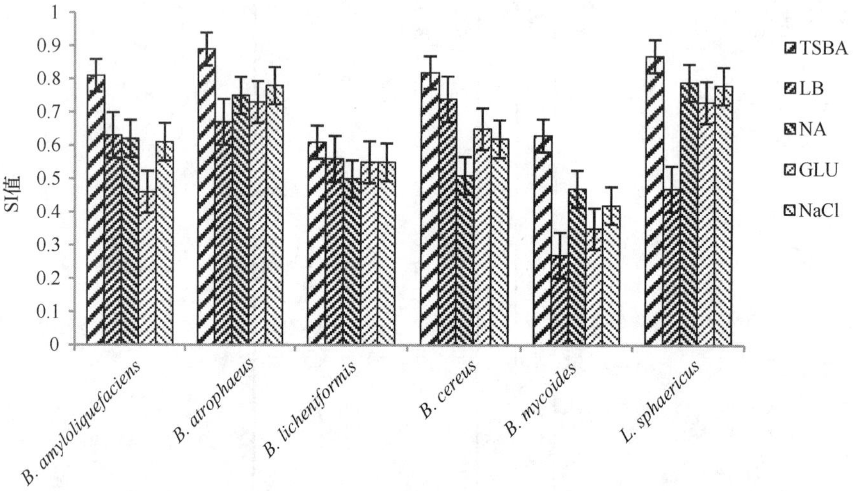


图 2-3-25　5 种培养基上芽胞杆菌属种类的脂肪酸相似性指数（SI）

以上分析结果表明，解淀粉芽胞杆菌可在 TSBA 培养基上进行脂肪酸鉴定，球形赖氨酸芽胞杆菌和萎缩芽胞杆菌可在 5 种培养基上进行脂肪酸鉴定，地衣芽胞杆菌可以在 TSBA、LB、NA 和 NaCl 上进行脂肪酸鉴定，蜡样芽胞杆菌和蕈状芽胞杆菌在 TSBA 和 GLU 培养基上脂肪酸鉴定结果均准确。因此，这些结果表明 TSBA 培养基可以作为芽胞杆菌属种类脂肪酸测定的培养基。

## 5. 培养基对芽胞杆菌脂肪酸组的影响

各芽胞杆菌在不同培养基中的脂肪酸组成见表 2-3-16。4 种类型的脂肪酸的相对含量见图 2-3-26。培养基对芽胞杆菌属种类脂肪酸的影响可以分为 4 类。

第 I 类，培养基对 anteiso 型脂肪酸含量的影响。解淀粉芽胞杆菌 anteiso 型脂肪酸在 5 种培养基上产生的含量为 GLU>LB>NA=NaCl>TSBA，范围为 44%～51%。蕈状芽胞杆菌在 5 种培养基上产生的 anteiso 型脂肪酸含量均较少，低于总脂肪酸含量的 10%，5 种培养基间的差异较小，为 5%～9%。蜡样芽胞杆菌 anteiso 型脂肪酸的含量为 GLU>NA> NaCl>TSBA>LB，LB 产生的 anteiso 量最少，约为 GLU 的一半，范围为 7%～13%。地衣芽胞杆菌 anteiso 型脂肪酸的含量为 GLU>LB>TSBA>NA>NaCl，范围为 37%～

57%。萎缩芽胞杆菌 anteiso 型脂肪酸的含量为 GLU>TSBA>LB>NA>NaCl，范围为 55%～69%。球形赖氨酸芽胞杆菌 anteiso 型脂肪酸的含量为 TSBA>NaCl>LB>GLU>NA，范围为 7%～12%。

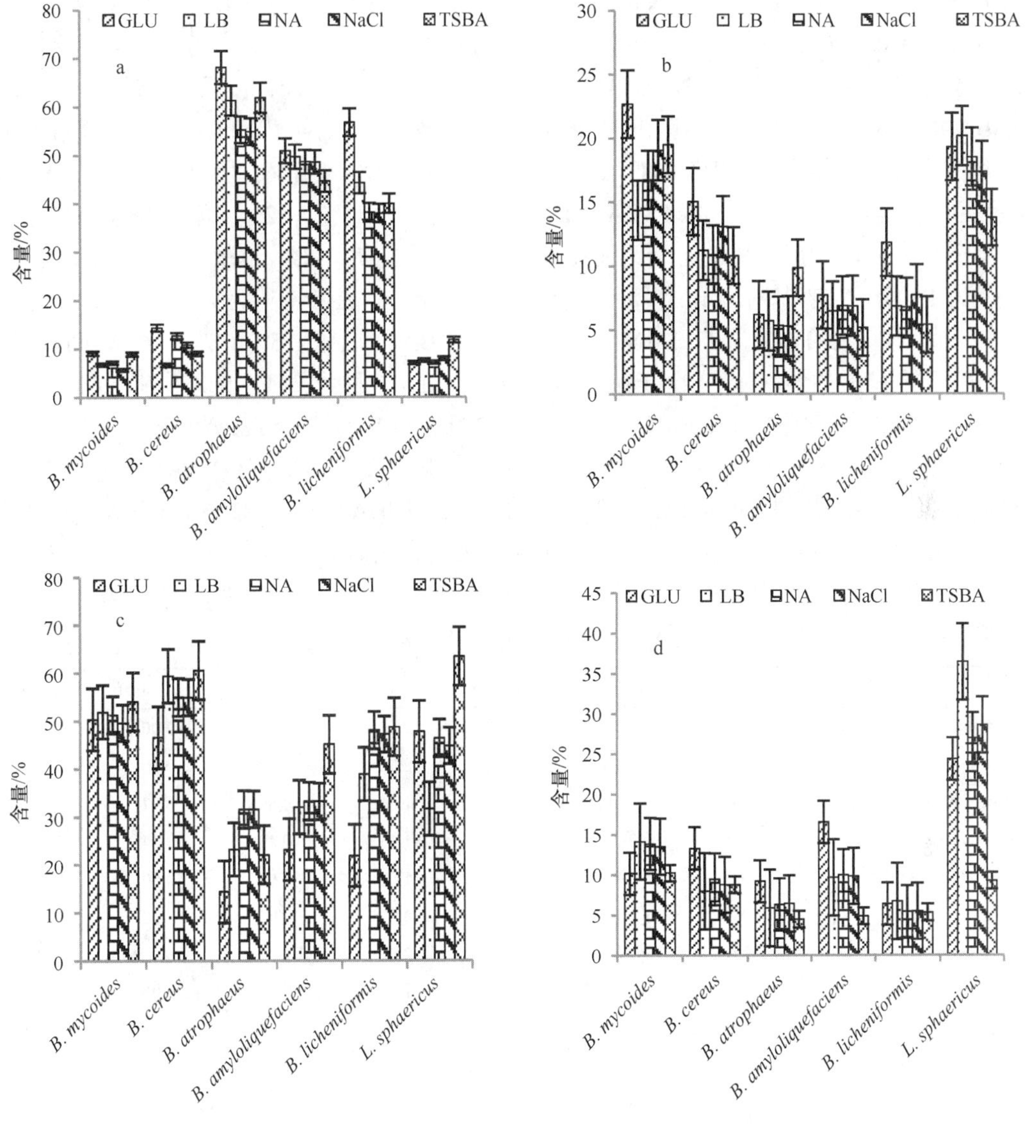


图 2-3-26　芽胞杆菌属种类在不同培养基上脂肪酸成分的比较

a. anteiso 型脂肪酸；b. normal 型脂肪酸；c. branched-odd 型脂肪酸；d. branched-even 型脂肪酸

第 II 类，培养基对 branched-even 型脂肪酸含量的影响。解淀粉芽胞杆菌 branched-even 型脂肪酸的含量为 GLU>NA>NaCl>LB>TSBA，范围为 4%～17%。蕈状芽胞杆菌 branched-even 型脂肪酸在 TSBA 上产生的量与 GLU 相当，小于 LB、NA 和 NaCl 的，后三者产生的量基本相当，范围为 10%～14%。蜡样芽胞杆菌 branched-even 型脂肪酸的含量为 GLU>NA>NaCl=TSBA>LB，范围为 8%～14%。地衣芽胞杆菌 branched-even 型脂肪酸的含量为 LB>GLU>NA=NaCl>TSBA，范围为 5%～7%。萎缩芽胞杆菌 branched-even

型脂肪酸的含量变化为 GLU>NA=NaCl>LB>TSBA，范围为 4%～10%。球形赖氨酸芽胞杆菌 branched-even 型脂肪酸的含量为 LB>NaCl>NA>GLU>TSBA，范围为 9%～37%。

第 III 类，培养基对 branched-odd 型脂肪酸含量的影响。解淀粉芽胞杆菌 branched-odd 型脂肪酸的含量为 TSBA>NaCl=NA>LB>GLU，范围为 23%～45%。蕈状芽胞杆菌 branched-odd 型脂肪酸在 TSBA 培养基上产生的量大于其他 4 种培养基，不同培养基间的含量差异不大，范围为 49%～54%。蜡样芽胞杆菌 branched-odd 型脂肪酸的含量为 TSBA>LB>NaCl=NA>GLU，范围为 46%～60%。地衣芽胞杆菌 branched-odd 型脂肪酸的含量为 TSBA>NA>NaCl>LB>GLU，范围为 20%～48%。萎缩芽胞杆菌 branched-odd 型脂肪酸的含量为 NaCl>NA>TSBA=LB>GLU，范围为 14%～32%。球形赖氨酸芽胞杆菌 branched-odd 型脂肪酸的含量为 TSBA>GLU>NA>NaCl>LB，范围为 30%～64%。

第 IV 类，培养基对 normal 型脂肪酸含量的影响。解淀粉芽胞杆菌 normal 型脂肪酸在 5 种培养基上的含量为 GLU>NA=NaCl>LB>TSBA，范围为 5%～8%。蕈状芽胞杆菌 normal 型脂肪酸的含量为 GLU>TSBA>NaCl>NA>LB，5 种培养基间的差异很大，范围为 14%～23%。蜡样芽胞杆菌 normal 型脂肪酸的含量为 GLU>NaCl>TSBA>LB>NA，范围为 10%～15%。地衣芽胞杆菌 normal 型脂肪酸的含量为 GLU>NaCl>LB>NA>TSBA，范围为 5%～12%。萎缩芽胞杆菌 normal 型脂肪酸的含量为 TSBA>GLU>LB>NaCl=NA，范围为 5%～10%。球形赖氨酸芽胞杆菌 normal 型脂肪酸的含量为 LB>GLU>NA>NaCl>TSBA，范围为 13%～20%。

**表 2-3-16 芽胞杆菌属种类的脂肪酸成分含量** (%)

| | 14:0 anteiso | 15:0 anteiso | 17:0 anteiso | 13:0 anteiso | 17:1 anteiso A | 18:1 iso H | 12:0 iso |
|---|---|---|---|---|---|---|---|
| *Bacillus mycoides* GLU | 0.11 | 3.95 | 2.07 | 2.51 | 0.45 | 0.00 | 1.37 |
| *B. mycoides* LB | 0.46 | 2.98 | 0.52 | 2.12 | 0.48 | 0.10 | 2.84 |
| *B. mycoides* NA | 0.64 | 2.99 | 0.99 | 1.66 | 0.60 | 0.27 | 1.90 |
| *B. mycoides* NaCl | 0.81 | 2.23 | 0.84 | 1.13 | 0.49 | 0.24 | 1.64 |
| *B. mycoides* TSBA | 0.06 | 3.86 | 2.71 | 1.53 | 0.66 | 0.00 | 0.76 |
| *B. cereus* TSBA | 0.00 | 5.01 | 2.08 | 0.97 | 0.95 | 0.00 | 0.37 |
| *B. cereus* GLU | 0.00 | 7.87 | 2.73 | 2.66 | 1.07 | 0.00 | 1.38 |
| *B. cereus* LB | 0.15 | 3.49 | 1.01 | 1.10 | 0.89 | 0.00 | 0.69 |
| *B. cereus* NA | 0.00 | 6.90 | 3.06 | 1.34 | 1.37 | 0.00 | 0.48 |
| *B. cereus* NaCl | 0.75 | 4.96 | 2.52 | 1.04 | 1.28 | 0.24 | 0.47 |
| *B. amyloliquefaciens* GLU | 0.22 | 39.88 | 10.41 | 0.16 | 0.00 | 0.00 | 0.00 |
| *B. amyloliquefaciens* LB | 0.59 | 39.51 | 9.16 | 0.19 | 0.00 | 0.72 | 0.00 |
| *B. amyloliquefaciens* NA | 0.00 | 38.22 | 10.29 | 0.11 | 0.00 | 0.00 | 0.00 |
| *B. amyloliquefaciens* NaCl | 0.85 | 37.84 | 9.35 | 0.14 | 0.00 | 0.26 | 0.00 |
| *B. amyloliquefaciens* TSBA | 0.00 | 35.19 | 9.44 | 0.00 | 0.00 | 0.00 | 0.00 |
| *B. atrophaeus* TSBA | 0.00 | 45.13 | 16.34 | 0.15 | 0.00 | 0.00 | 0.00 |
| *B. atrophaeus* GLU | 0.45 | 45.08 | 22.16 | 0.11 | 0.00 | 0.00 | 0.00 |
| *B. atrophaeus* LB | 0.00 | 50.43 | 10.72 | 0.18 | 0.00 | 0.00 | 0.00 |
| *B. atrophaeus* NA | 0.18 | 45.29 | 9.43 | 0.19 | 0.00 | 0.00 | 0.00 |
| *B. atrophaeus* NaCl | 0.18 | 44.41 | 10.17 | 0.16 | 0.00 | 0.00 | 0.00 |

续表

| | 14:0 anteiso | 15:0 anteiso | 17:0 anteiso | 13:0 anteiso | 17:1 anteiso A | 18:1 iso H | 12:0 iso |
|---|---|---|---|---|---|---|---|
| *B. licheniformis* GLU | 0.75 | 47.65 | 7.42 | 0.29 | 0.00 | 0.82 | 0.00 |
| *B. licheniformis* LB | 0.30 | 30.74 | 12.96 | 0.05 | 0.00 | 0.11 | 0.00 |
| *B. licheniformis* NA | 0.00 | 27.34 | 10.73 | 0.00 | 0.00 | 0.00 | 0.00 |
| *B. licheniformis* NaCl | 0.00 | 27.72 | 10.17 | 0.00 | 0.00 | 0.00 | 0.00 |
| *B. licheniformis* TSBA | 0.00 | 28.40 | 11.59 | 0.00 | 0.00 | 0.00 | 0.00 |
| *Lysinibacillus sphaericus* GLU | 0.41 | 5.17 | 1.28 | 0.00 | 0.00 | 0.12 | 0.00 |
| *L. sphaericus* LB | 0.00 | 6.08 | 1.43 | 0.00 | 0.00 | 0.00 | 0.00 |
| *L. sphaericus* NA | 0.00 | 6.01 | 1.13 | 0.00 | 0.00 | 0.00 | 0.00 |
| *L. sphaericus* NaCl | 0.11 | 6.48 | 1.23 | 0.00 | 0.00 | 0.00 | 0.00 |
| *L. sphaericus* TSBA | 0.00 | 9.21 | 2.58 | 0.00 | 0.00 | 0.00 | 0.00 |

| | 14:0 iso | 16:0 iso | 18:0 iso | 16:0 2OH | 18:1ω9c | c16:0 | c17:0 |
|---|---|---|---|---|---|---|---|
| *B. mycoides* GLU | 2.68 | 5.76 | 0.36 | 0.20 | 0.93 | 12.24 | 0.22 |
| *B. mycoides* LB | 5.16 | 6.06 | 0.00 | 0.18 | 0.30 | 3.33 | 0.00 |
| *B. mycoides* NA | 4.30 | 7.40 | 0.00 | 0.14 | 0.42 | 6.28 | 0.19 |
| *B. mycoides* NaCl | 4.30 | 7.36 | 0.00 | 0.13 | 0.84 | 7.39 | 0.26 |
| *B. mycoides* TSBA | 2.48 | 6.71 | 0.29 | 0.00 | 0.50 | 11.27 | 0.13 |
| *B. cereus* TSBA | 3.05 | 5.34 | 0.00 | 0.00 | 0.13 | 5.57 | 0.00 |
| *B. cereus* GLU | 5.53 | 6.40 | 0.00 | 0.12 | 0.17 | 8.48 | 0.40 |
| *B. cereus* LB | 3.33 | 3.83 | 0.12 | 0.08 | 0.67 | 3.43 | 0.10 |
| *B. cereus* NA | 3.38 | 5.35 | 0.23 | 0.05 | 0.20 | 5.02 | 0.25 |
| *B. cereus* NaCl | 3.11 | 4.96 | 0.00 | 0.00 | 0.59 | 5.30 | 0.21 |
| *B. amyloliquefaciens* GLU | 4.41 | 11.63 | 0.51 | 0.11 | 0.36 | 3.38 | 0.00 |
| *B. amyloliquefaciens* LB | 2.50 | 6.43 | 0.00 | 0.14 | 0.88 | 2.63 | 0.00 |
| *B. amyloliquefaciens* NA | 2.48 | 7.23 | 0.23 | 0.00 | 0.10 | 3.26 | 0.19 |
| *B. amyloliquefaciens* NaCl | 2.75 | 6.81 | 0.00 | 0.11 | 0.17 | 2.87 | 0.08 |
| *B. amyloliquefaciens* TSBA | 1.26 | 3.60 | 0.00 | 0.00 | 0.00 | 3.79 | 0.00 |
| *B. atrophaeus* TSBA | 1.03 | 3.43 | 0.00 | 0.00 | 0.75 | 3.83 | 0.13 |
| *B. atrophaeus* GLU | 1.34 | 6.44 | 1.42 | 0.33 | 0.50 | 2.46 | 0.19 |
| *B. atrophaeus* LB | 1.53 | 3.93 | 0.42 | 0.11 | 0.49 | 2.17 | 0.06 |
| *B. atrophaeus* NA | 1.90 | 4.30 | 0.10 | 0.09 | 0.19 | 2.28 | 0.10 |
| *B. atrophaeus* NaCl | 2.05 | 4.38 | 0.00 | 0.18 | 0.20 | 2.02 | 0.14 |
| *B. licheniformis* GLU | 1.64 | 3.92 | 0.00 | 0.00 | 1.52 | 5.63 | 0.00 |
| *B. licheniformis* LB | 1.00 | 5.60 | 0.00 | 0.06 | 0.76 | 3.29 | 0.08 |
| *B. licheniformis* NA | 0.83 | 4.42 | 0.17 | 0.00 | 0.15 | 2.84 | 0.07 |
| *B. licheniformis* NaCl | 0.86 | 4.35 | 0.26 | 0.05 | 0.29 | 3.29 | 0.07 |
| *B. licheniformis* TSBA | 0.80 | 4.52 | 0.00 | 0.00 | 0.00 | 3.58 | 0.00 |
| *L. sphaericus* GLU | 8.82 | 15.42 | 0.00 | 0.10 | 0.17 | 1.47 | 0.20 |
| *L. sphaericus* LB | 9.11 | 27.16 | 0.16 | 0.06 | 0.78 | 2.57 | 0.09 |
| *L. sphaericus* NA | 9.85 | 16.96 | 0.12 | 0.07 | 0.16 | 2.14 | 0.22 |
| *L. sphaericus* NaCl | 11.27 | 17.33 | 0.00 | 0.08 | 0.20 | 1.91 | 0.14 |
| *L. sphaericus* TSBA | 1.66 | 7.58 | 0.00 | 0.13 | 0.20 | 1.50 | 0.00 |

续表

| | 20:1 ω7c | c12:0 | 15:0 2OH | 16:1ω7c alcohol | 17:0 iso | 19:0 iso | 15:1 iso G | 15:0 iso 3OH | 16:1 ω11c | 15:1 ω5c | 16:0 3OH | c18:0 | c14:0 |
|---|---|---|---|---|---|---|---|---|---|---|---|---|---|
| *B. mycoides* GLU | 0.31 | 0.75 | 0.29 | 0.80 | 13.56 | 0.24 | 0.00 | 0.00 | 3.41 | 0.00 | 0.00 | 1.40 | 2.12 |
| *B. mycoides* LB | 0.20 | 1.39 | 1.17 | 1.58 | 3.59 | 0.13 | 0.33 | 0.00 | 1.14 | 0.18 | 0.00 | 0.34 | 4.43 |
| *B. mycoides* NA | 0.49 | 0.98 | 1.00 | 1.50 | 6.82 | 0.17 | 0.21 | 0.00 | 1.12 | 0.16 | 0.00 | 0.65 | 3.63 |
| *B. mycoides* NaCl | 0.19 | 1.24 | 0.91 | 1.17 | 9.22 | 0.26 | 0.00 | 0.03 | 0.93 | 0.13 | 0.00 | 1.53 | 4.13 |
| *B. mycoides* TSBA | 0.00 | 0.40 | 0.43 | 1.26 | 13.16 | 0.27 | 0.00 | 0.00 | 1.77 | 0.00 | 0.00 | 0.91 | 2.84 |
| *B. cereus* TSBA | 0.00 | 0.28 | 0.50 | 0.65 | 11.52 | 0.00 | 0.00 | 0.00 | 0.39 | 0.00 | 0.00 | 0.57 | 2.72 |
| *B. cereus* GLU | 0.15 | 0.54 | 0.28 | 0.36 | 10.15 | 0.00 | 0.00 | 0.00 | 0.37 | 0.13 | 0.00 | 1.19 | 2.84 |
| *B. cereus* LB | 0.20 | 0.71 | 0.78 | 0.42 | 6.87 | 0.24 | 0.00 | 0.00 | 0.16 | 0.29 | 0.00 | 0.64 | 3.75 |
| *B. cereus* NA | 0.10 | 0.44 | 0.53 | 0.26 | 12.43 | 0.49 | 0.00 | 0.00 | 0.08 | 0.16 | 0.00 | 0.93 | 2.84 |
| *B. cereus* NaCl | 0.21 | 0.64 | 0.71 | 0.36 | 10.59 | 0.32 | 0.29 | 0.00 | 0.13 | 0.21 | 0.00 | 1.71 | 3.01 |
| *B. amyloliquefaciens* GLU | 0.00 | 0.36 | 0.47 | 1.39 | 7.22 | 0.31 | 0.00 | 0.32 | 0.69 | 0.00 | 0.00 | 0.50 | 0.34 |
| *B. amyloliquefaciens* LB | 0.00 | 0.27 | 0.19 | 0.72 | 8.23 | 0.00 | 0.00 | 0.15 | 0.51 | 0.00 | 0.00 | 0.62 | 0.26 |
| *B. amyloliquefaciens* NA | 0.00 | 0.13 | 0.18 | 1.10 | 10.06 | 0.10 | 0.00 | 0.16 | 1.08 | 0.00 | 0.00 | 0.42 | 0.27 |
| *B. amyloliquefaciens* NaCl | 0.00 | 0.44 | 0.17 | 1.08 | 9.11 | 0.24 | 0.00 | 0.15 | 0.95 | 0.00 | 0.00 | 0.45 | 0.34 |
| *B. amyloliquefaciens* TSBA | 0.00 | 0.00 | 0.00 | 0.00 | 12.66 | 0.00 | 0.00 | 0.00 | 0.39 | 0.00 | 0.00 | 0.49 | 0.48 |
| *B. atrophaeus* TSBA | 0.00 | 0.20 | 0.00 | 0.57 | 6.93 | 0.00 | 0.16 | 0.00 | 0.73 | 0.00 | 0.00 | 2.68 | 0.51 |
| *B. atrophaeus* GLU | 0.00 | 0.16 | 0.00 | 0.57 | 6.80 | 0.18 | 0.00 | 0.00 | 0.64 | 0.00 | 0.35 | 0.58 | 0.16 |
| *B. atrophaeus* LB | 0.00 | 0.31 | 0.07 | 0.66 | 5.16 | 0.06 | 0.00 | 0.00 | 0.69 | 0.00 | 0.00 | 0.70 | 0.25 |
| *B. atrophaeus* NA | 0.00 | 0.36 | 0.00 | 0.80 | 7.20 | 0.09 | 0.00 | 0.00 | 0.73 | 0.00 | 0.00 | 0.25 | 0.32 |
| *B. atrophaeus* NaCl | 0.00 | 0.11 | 0.06 | 0.79 | 7.78 | 0.05 | 0.00 | 0.07 | 0.93 | 0.00 | 0.19 | 0.20 | 0.25 |
| *B. licheniformis* GLU | 0.00 | 0.40 | 0.00 | 0.62 | 2.94 | 0.00 | 0.00 | 0.00 | 1.04 | 0.00 | 0.00 | 1.50 | 1.11 |
| *B. licheniformis* LB | 0.07 | 0.21 | 0.00 | 0.87 | 9.94 | 0.12 | 0.00 | 0.08 | 0.64 | 0.00 | 0.00 | 0.38 | 0.30 |
| *B. licheniformis* NA | 0.06 | 0.06 | 0.00 | 1.29 | 11.51 | 0.08 | 0.00 | 0.00 | 1.67 | 0.00 | 0.14 | 0.17 | 0.25 |
| *B. licheniformis* NaCl | 0.14 | 0.13 | 0.00 | 1.10 | 10.94 | 0.08 | 0.00 | 0.00 | 1.59 | 0.00 | 0.21 | 0.43 | 0.33 |
| *B. licheniformis* TSBA | 0.00 | 0.00 | 0.00 | 0.54 | 11.49 | 0.00 | 0.00 | 0.00 | 0.58 | 0.00 | 0.00 | 0.31 | 0.38 |
| *L. sphaericus* GLU | 0.08 | 0.22 | 0.00 | 13.50 | 2.29 | 0.00 | 0.00 | 0.00 | 2.63 | 0.00 | 0.06 | 0.16 | 0.70 |
| *L. sphaericus* LB | 0.12 | 0.22 | 0.00 | 14.14 | 1.99 | 0.00 | 0.00 | 0.00 | 1.21 | 0.00 | 0.07 | 0.51 | 0.38 |
| *L. sphaericus* NA | 0.00 | 0.14 | 0.00 | 11.95 | 2.05 | 0.00 | 0.00 | 0.10 | 2.77 | 0.00 | 0.00 | 0.37 | 0.68 |
| *L. sphaericus* NaCl | 0.06 | 0.17 | 0.00 | 11.09 | 2.01 | 0.00 | 0.00 | 0.00 | 2.61 | 0.00 | 0.04 | 0.33 | 0.74 |
| *L. sphaericus* TSBA | 0.00 | 0.14 | 0.00 | 9.16 | 5.28 | 0.00 | 0.00 | 0.00 | 1.80 | 0.00 | 0.00 | 0.20 | 0.39 |

| | 17:0 iso 3OH | 17:1 iso ω5c | 15:1 iso ω9c | 17:1 iso ω10c | 13:0 iso | 15:0 iso | feature 5 | feature 4 | feature 8 | feature 3 | feature 2 | feature 1 |
|---|---|---|---|---|---|---|---|---|---|---|---|---|
| *B. mycoides* GLU | 0.00 | 1.52 | 0.00 | 5.72 | 13.22 | 16.07 | 0.00 | 0.00 | 0.00 | 6.98 | 0.33 | 0.13 |
| *B. mycoides* LB | 0.17 | 2.04 | 0.00 | 5.16 | 18.41 | 22.08 | 0.58 | 0.00 | 0.99 | 9.08 | 1.36 | 0.41 |
| *B. mycoides* NA | 0.37 | 2.66 | 0.00 | 6.17 | 13.52 | 21.34 | 0.00 | 0.00 | 0.00 | 9.30 | 1.32 | 0.00 |
| *B. mycoides* NaCl | 0.09 | 2.88 | 0.00 | 5.93 | 11.46 | 19.76 | 0.00 | 0.00 | 0.33 | 9.43 | 1.34 | 0.35 |
| *B. mycoides* TSBA | 0.10 | 2.02 | 0.00 | 7.09 | 8.41 | 23.00 | 0.00 | 0.00 | 0.08 | 6.07 | 0.69 | 0.00 |
| *B. cereus* TSBA | 0.00 | 5.46 | 0.00 | 3.21 | 7.04 | 33.33 | 0.00 | 0.00 | 0.00 | 8.58 | 2.29 | 0.00 |
| *B. cereus* GLU | 0.10 | 2.29 | 0.00 | 1.03 | 10.88 | 22.12 | 0.00 | 0.00 | 0.24 | 7.94 | 1.44 | 0.00 |
| *B. cereus* LB | 0.20 | 6.60 | 0.00 | 2.06 | 11.05 | 32.39 | 0.80 | 0.00 | 0.83 | 9.85 | 2.84 | 0.18 |

续表

| | 17:0 iso 3OH | 17:1 iso ω5c | 15:1 iso ω9c | 17:1 iso ω10c | 13:0 iso | 15:0 iso | feature 5 | feature 4 | feature 8 | feature 3 | feature 2 | feature 1 |
|---|---|---|---|---|---|---|---|---|---|---|---|---|
| *B. cereus* NA | 0.14 | 6.21 | 0.00 | 1.65 | 6.66 | 27.41 | 0.00 | 0.00 | 0.00 | 9.42 | 2.28 | 0.00 |
| *B. cereus* NaCl | 0.46 | 5.83 | 0.00 | 1.77 | 7.21 | 28.47 | 0.00 | 0.00 | 0.28 | 9.27 | 2.49 | 0.37 |
| *B. amyloliquefaciens* GLU | 0.00 | 0.00 | 0.00 | 1.15 | 0.16 | 13.99 | 0.00 | 0.75 | 0.16 | 0.28 | 0.00 | 0.13 |
| *B. amyloliquefaciens* LB | 0.18 | 0.00 | 0.00 | 1.22 | 0.22 | 21.86 | 0.00 | 0.62 | 1.06 | 0.16 | 0.00 | 0.22 |
| *B. amyloliquefaciens* NA | 0.16 | 0.00 | 0.00 | 2.12 | 0.17 | 20.49 | 0.00 | 1.07 | 0.00 | 0.00 | 0.00 | 0.00 |
| *B. amyloliquefaciens* NaCl | 0.15 | 0.00 | 0.00 | 1.89 | 0.20 | 21.20 | 0.00 | 0.98 | 0.08 | 0.00 | 0.00 | 0.36 |
| *B. amyloliquefaciens* TSBA | 0.00 | 0.00 | 0.00 | 0.70 | 0.39 | 31.35 | 0.00 | 0.28 | 0.00 | 0.00 | 0.00 | 0.00 |
| *B. atrophaeus* TSBA | 0.39 | 0.00 | 0.00 | 1.50 | 0.00 | 13.13 | 0.00 | 1.51 | 0.20 | 0.00 | 0.00 | 0.00 |
| *B. atrophaeus* GLU | 0.00 | 0.00 | 0.00 | 0.97 | 0.00 | 6.33 | 0.00 | 1.18 | 0.34 | 0.00 | 0.00 | 0.13 |
| *B. atrophaeus* LB | 0.15 | 0.00 | 0.00 | 1.58 | 0.12 | 16.19 | 0.96 | 1.21 | 1.36 | 0.20 | 0.00 | 0.00 |
| *B. atrophaeus* NA | 0.16 | 0.00 | 0.00 | 2.04 | 0.22 | 21.87 | 0.00 | 1.08 | 0.08 | 0.00 | 0.00 | 0.00 |
| *B. atrophaeus* NaCl | 0.16 | 0.00 | 0.00 | 1.94 | 0.22 | 21.37 | 0.00 | 1.20 | 0.19 | 0.00 | 0.00 | 0.07 |
| *B. licheniformis* GLU | 0.00 | 0.00 | 0.00 | 0.49 | 0.00 | 18.16 | 0.00 | 0.66 | 0.83 | 0.00 | 0.00 | 0.39 |
| *B. licheniformis* LB | 0.11 | 0.00 | 0.00 | 1.40 | 0.05 | 27.03 | 0.45 | 1.06 | 0.70 | 0.77 | 0.00 | 0.13 |
| *B. licheniformis* NA | 0.06 | 0.00 | 0.00 | 3.04 | 0.06 | 33.27 | 0.00 | 1.52 | 0.00 | 0.00 | 0.00 | 0.00 |
| *B. licheniformis* NaCl | 0.07 | 0.00 | 0.00 | 2.61 | 0.06 | 33.44 | 0.00 | 1.33 | 0.12 | 0.07 | 0.00 | 0.00 |
| *B. licheniformis* TSBA | 0.00 | 0.00 | 0.00 | 1.31 | 0.08 | 35.82 | 0.00 | 0.61 | 0.00 | 0.00 | 0.00 | 0.00 |
| *L. sphaericus* GLU | 0.00 | 0.00 | 0.13 | 0.74 | 0.20 | 44.22 | 0.00 | 0.69 | 0.00 | 0.00 | 0.00 | 0.13 |
| *L. sphaericus* LB | 0.00 | 0.00 | 0.00 | 0.48 | 0.08 | 28.91 | 0.92 | 0.38 | 1.15 | 1.47 | 0.00 | 0.00 |
| *L. sphaericus* NA | 0.00 | 0.00 | 0.00 | 0.55 | 0.19 | 43.40 | 0.00 | 0.69 | 0.00 | 0.00 | 0.00 | 0.00 |
| *L. sphaericus* NaCl | 0.00 | 0.00 | 0.10 | 0.44 | 0.23 | 41.97 | 0.00 | 0.54 | 0.07 | 0.00 | 0.00 | 0.08 |
| *L. sphaericus* TSBA | 0.00 | 0.00 | 0.11 | 1.52 | 0.00 | 56.50 | 0.00 | 1.12 | 0.00 | 0.21 | 0.00 | 0.00 |

注：feature 1，13:0 3OH 和/或 15:1 iso H；feature 2，14:0 3OH 和/或 16:1 iso I；feature 3，16:1ω6c 和/或 16:1ω7c；feature 4，17:1 anteiso B 和/或 17:1 iso I；feature 5，18:0 anteiso 和/或 18:2ω(6,9)c；feature 8，18:1ω6c 和/或 18:1ω7c

## 6. 培养基对芽胞杆菌脂肪酸系统分类的影响

由图 2-3-27 可知，当相似性指数约为 76%时，不同培养基下芽胞杆菌属种类的脂肪酸测定结果分为 3 类：第 I 类包含地衣芽胞杆菌、解淀粉芽胞杆菌和萎缩芽胞杆菌；第 II 类包含蜡样芽胞杆菌和蕈状芽胞杆菌；第 III 类包含球形赖氨酸芽胞杆菌。第 I 类的脂肪酸测定结果受培养基的影响，第 II 类和第 III 类不受培养基的影响。培养基对芽胞杆菌属种类脂肪酸影响的多维尺度（MDS）分析（图 2-3-28）和聚类分析结果相同，6 种芽胞杆菌分为 3 类。一般采用压力系数来评定所得到的多维构型与实际数据之间的适合度。压力系数越小，表示适合度越高。通过 MDS 分析发现，压力系数 Stress 值为 0.06，在 0.05～0.1，结果应为良（Good）。RSQ 值为 0.9548，非常接近 1，证明研究分析结果的可靠性。

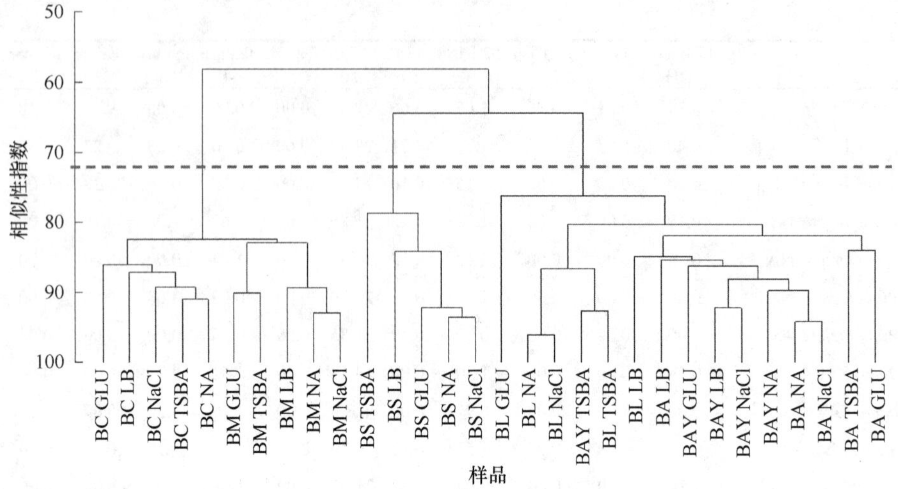


图 2-3-27 不同培养基下芽胞杆菌属种类脂肪酸的聚类分析

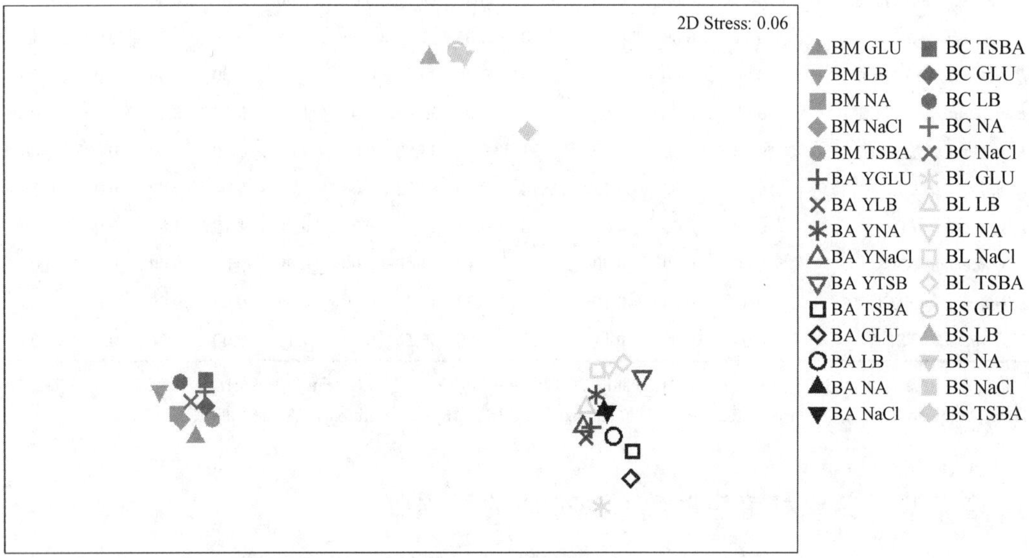


图 2-3-28 芽胞杆菌属种类脂肪酸的 MDS 分析

## 7. 讨论

已有研究表明，培养基成分会引起微生物细胞中脂肪酸成分的变化。例如，Daron（1973）研究了证明嗜热芽胞杆菌脂肪酸成分在不同营养成分培养基中的变化；朱育菁等（2009）研究证明培养基的改变使得青枯雷尔氏菌脂肪酸的成分发生了变化；叶芳挺等（2005）研究发现碳源会造成海绵附生的假单胞菌（*Pseudomonas* sp.）的脂肪酸含量出现差异。

本研究结果表明，芽胞杆菌在 TSBA 培养基上的脂肪酸测定结果最好。黄朱梁和裘迪红（2011）研究表明蜡样芽胞杆菌在 TSBA 和 NA 培养基上都可准确鉴定到种，研究结果与之相同。Ehrhardt 等（2010）对 10 种培养基上蜡样芽胞杆菌的脂肪酸成分进行比较分析，但没有对鉴定结果进行比较。

培养基与芽胞杆菌脂肪酸成分的比例有一定的相关性（Kaneda，1971，1977，1991）。芽胞杆菌 branched-odd 型脂肪酸在 TSBA 的含量高于其他培养基，而 branched-even 型脂肪酸在 TSBA 的含量最低。芽胞杆菌属种类在 TSBA 培养基上的相似性指数（SI）最大，可能与 branched-odd 型脂肪酸的含量有关。多维尺度（MDS）和聚类分析多用于生态多样性研究（刘乐冕等，2012；刘爱英等，2012）。因此，作者在对 6 种芽胞杆菌在 5 种培养基上测定到的脂肪酸进行聚类分析的基础上，为了验证聚类分析的可靠性，又进行了 MDS 分析，发现两者的分析结果一致。Ehrhardt 等（2010）采用 MDS 分析了 10 种培养基上蜡样芽胞杆菌脂肪酸的差异性，发现不同培养基间脂肪酸差异显著，与本研究的结果是一致的。

芽胞杆菌在 TSBA 培养基上的脂肪酸测定结果最好，但营养琼脂等其他培养基也可以用于部分芽胞杆菌属种类的脂肪酸测定。只要采取相同的测定条件，基于脂肪酸分析的芽胞杆菌分类地位就不会发生变化。

## 六、芽胞杆菌脂肪酸测定的可靠性

### 1. 概述

微生物自动鉴定系统（MIDI）已被广泛地应用在细菌的快速鉴定上。何木等（2015）综述了气相色谱在食品微生物鉴定中的研究应用，简明介绍了气相色谱微生物鉴定技术的原理及其在食品微生物鉴定中的应用，同时与其他鉴定方法进行了比较，探究了其在食品优势腐败菌鉴定中的优缺点。王勇等（2015）采用传统微生物分离方法从浓香型白酒大曲中筛选出 8 株优势芽胞杆菌，通过形态特征观察并结合细菌脂肪酸鉴定技术（MIDI 系统）对其进行鉴定。结果表明，从大曲中分离筛选得到的 8 株芽胞杆菌分属于 5 个种，分别为巨大芽胞杆菌（*Bacillus megaterium*）、浸麻类芽胞杆菌（*Paenibacillus macerans*）、短小芽胞杆菌（*Bacillus pumilus*）、萎缩芽胞杆菌（*Bacillus atrophaeus*）和地衣芽胞杆菌（*Bacillus licheniformis*）。

徐鸿斌等（2015）研究了红花根际微生物群落，采用磷脂脂肪酸（PLFA 生物标记法，检测红花根际土壤微生物 PLFA 的种类及含量。在红花根际土壤中共检测到 28 种 PLFA，其中 24 种在两个品种中皆有分布，裕民无刺品种特有 PLFA 为 15:1ω6c、16:0 anteiso、18:3ω(6,9,12)c、20:4ω(6,9,12,15)c；红花根际土壤中 PLFA 含量为细菌>真菌>放线菌；脂肪酸 18:1ω9c（真菌）在两品种间差异显著。红花根际土壤微生物的磷脂脂肪酸生物标记种类和含量丰富，代表细菌的 PLFA 种类和数量最多，说明细菌在根际土壤中占优势。徐鸿斌等（2014）还分析了新疆栽培红花根际土壤微生物群落磷脂脂肪酸生物标记的多样性。陈璐等（2014）研究了芭蕉属植物内生细菌的种群分布特征，从 4 种芭蕉属植物的 10 个不同部位组织中分离内生细菌，并用 Sherlock MIS 微生物自动鉴定系统进行脂肪酸鉴定，分析芭蕉属植物内生细菌种类及数量分布特性。结果表明不同种类芭蕉属植物内生细菌含量存在较大差别，其中威廉斯香蕉内生细菌含量最高，达 $8.809\times10^{8}$ CFU/g，而芭蕉和红花蕉含菌量最低，分别为 $2.022\times10^{5}$ CFU/g 和

$2.171\times10^5$ CFU/g。在同一种类的不同器官组织中，内生细菌的含量也有所不同。共分离得到 64 株内生细菌，可鉴定的菌株有 23 株，划分为 14 种，隶属于 11 属，数量最多、分离频率最高的 1 种内生细菌为伤寒沙门氏菌（*Salmonella typhi*）。

阮传清等（2013）分析了杨桃根际土壤理化性质及微生物群落特征，采用平板培养和磷脂脂肪酸（PLFA）分析方法，研究 20 年树龄的台湾软枝杨桃根际与非根际土壤的微生物群落差异及其与土壤理化性质的相关性。结果表明，杨桃根际土壤可培养真菌、细菌和放线菌的特征脂肪酸 10 Me 17:0 含量较同层次的非根际土壤多，土壤上层的可培养微生物及微生物特征脂肪酸 c16:0（细菌）、18:1ω9c（真菌）和 10 Me 17:0（放线菌）均比下层土壤的含量高。微生物 PLFA 与土壤有机质含量呈显著或极显著相关的有 23 种，包括 c16:0、18:1ω9c 和 10 Me 17:0；与土壤总氮、总磷、总钾相关的有 18～20 种；与 pH 和含水量相关的 PLFA 种类较少。李冬梅等（2012）综述了磷脂脂肪酸谱图分析方法及其在环境微生物学领域的应用。与传统的基于培养基的微生物分离技术、生理学方法和分子生物学方法相比，基于现代生物化学技术——脂肪酸作为生物标记物而发展起来的磷脂脂肪酸谱图分析方法具有不受培养体系影响，能够直接有效地提供微生物群落中的信息；脂肪酸成分不受质粒数量的影响，试验结果客观、可靠；试验条件要求低、操作难度小、测试功能多；由脂肪酸谱图可以对整个微生物群落进行定量描述等诸多优点，在环境微生物学领域的应用日趋广泛。

刘波等（2010）利用磷脂脂肪酸生物标记法分析水稻根际土壤微生物多样性，分析了 4 个以‘Ⅱ-32A’为母本和 3 个以‘制 5’为父本的系列杂交水稻组合在同等栽培条件下根际土壤的微生物群落结构，并探讨其与水稻特性的内在联系，以期为水稻育种和品种改良提供科学依据。结果表明，水稻根际土壤磷脂脂肪酸生物标记丰富，共检测到 38 种 PLFA，其中完全分布的生物标记有 23 种，不完全分布的有 15 种；水稻根际土壤中 PLFA 含量为细菌>真菌>放线菌。不同水稻材料根际土壤微生物磷脂脂肪酸生物标记的组成结构存在差异。王秋红等（2007）综述了脂肪酸甲酯谱图分析方法及其在微生物学领域的应用，包括在微生物检测、鉴定和微生物多样性研究中的应用。为进一步测试该方案的重复性，评估其可靠性，作者进行了芽胞杆菌脂肪酸鉴定的可靠性分析，试图为脂肪酸在芽胞杆菌分类鉴定方面的可靠性和稳定性提供科学依据。

## 2. 研究方法

供试菌株：选取 10 种芽胞杆菌属种类为研究对象，即解淀粉芽胞杆菌（*Bacillus amyloliquefaciens*）FJAT-8754、萎缩芽胞杆菌（*Bacillus atrophaeus*）FJAT-8755、栗褐芽胞杆菌（*Bacillus badius*）FJAT-8757、短小芽胞杆菌（*Bacillus pumilus*）FJAT-8779、巨大芽胞杆菌（*Bacillus megaterium*）FJAT-8774、弯曲芽胞杆菌（*Bacillus flexus*）FJAT-9、地衣芽胞杆菌（*Bacillus licheniformis*）FJAT-8771、蜡样芽胞杆菌（*Bacillus cereus*）FJAT-8760、蕈状芽胞杆菌（*Bacillus mycoides*）FJAT-8775、枯草芽胞杆菌（*Bacillus subtilis*）FJAT-8784。

试剂和仪器：皂化试剂（试剂 I），150 mL 去离子水和 150 mL 甲醇混合均匀，加入 45 g NaOH，同时搅拌至完全溶解；甲基化试剂（试剂 II），325 mL 6 mol/L 的盐酸加入

275 mL 甲醇中，混合均匀；萃取试剂（试剂 III），加 200 mL 甲基叔丁基醚到 200 mL 正己烷中，混合均匀；洗涤试剂（试剂 IV），在 900 mL 去离子水中加入 10.8 g NaOH，搅拌至完全溶解；饱和 NaCl 溶液，在 100 mL 去离子水中加入 40 g NaCl。以上所有有机试剂均为色谱（HPLC）级，购于 Sigma 公司，无机试剂均为优级纯。安捷伦 7890 N 型气相色谱、Sherlock MIS、振荡仪、水浴锅、10 mL 带盖试管、玻璃量筒等。所有的玻璃器皿均须烘干后使用。TSBA 培养基：胰蛋白胨大豆肉汤（TSB）30 g、15 g 琼脂和 1 L 去离子水，其中 TSB 购于 BD 公司。

10 种芽胞杆菌分别进行不同重复次数（2～4 次）的脂肪酸提取，按照 Sasser（1990）描述的方法提取。新鲜培养的待测菌株按四区划线法接种至新鲜的 TSBA 培养基上，28℃培养 24 h。在第三区刮取 20 mg 菌体，置于试管，加入 1 mL 试剂 I，沸水浴 5 min，振荡 5～10 s，然后沸水浴 25 min。冷却至室温后加入 1.5 mL 试剂 II，混匀后 80℃水浴 10 min。迅速冷却，加入 1.25 mL 试剂 III，振荡 10 min，吸弃下层溶液。之后加入 3 mL 试剂 IV 及几滴饱和 NaCl 溶液，振荡 5 min。静置，待溶液分层后，吸取上层液体于 GC 样品管中待测。

## 3. 芽胞杆菌脂肪酸种类鉴定的可靠性分析

芽胞杆菌属种类的脂肪酸鉴定结果见表 2-3-17。不同重复提取次数下，相似性指数（SI）为 0.253～0.946，10 种芽胞杆菌均准确地鉴定到种，表明芽胞杆菌脂肪酸鉴定结果的准确性和重复性都很好。

**表 2-3-17　芽胞杆菌脂肪酸鉴定结果**

| 种名 | 重复次数 | 相似性指数（SI） | 鉴定结果 | 准确鉴定（是/否） | |
|---|---|---|---|---|---|
| | | | | 属 | 种 |
| *B. amyloliquefaciens* | 1 | 0.807 | *B. amyloliquefaciens* | 是 | 是 |
| | 2 | 0.755 | *B. amyloliquefaciens* | | |
| *B. atrophaeus* | 1 | 0.769 | *B. atrophaeus* | 是 | 是 |
| | 2 | 0.946 | *B. atrophaeus* | | |
| | 3 | 0.858 | *B. atrophaeus* | | |
| *B. badius* | 1 | 0.291 | *B. badius* | 是 | 是 |
| | 2 | 0.253 | *B. badius* | | |
| *B. pumilus* | 1 | 0.770 | *B. pumilus* | 是 | 是 |
| | 2 | 0.762 | *B. pumilus* | | |
| *B. megaterium* | 1 | 0.710 | *B. megaterium* | 是 | 是 |
| | 2 | 0.687 | *B. megaterium* | | |
| *B. flexus* | 1 | 0.505 | *B. flexus* | 是 | 是 |
| | 2 | 0.595 | *B. flexus* | | |
| | 3 | 0.552 | *B. flexus* | | |
| *B. licheniformis* | 1 | 0.666 | *B. licheniformis* | 是 | 是 |
| | 2 | 0.611 | *B. licheniformis* | | |
| | 3 | 0.730 | *B. licheniformis* | | |

续表

| 种名 | 重复次数 | 相似性指数（SI） | 鉴定结果 | 准确鉴定（是/否） | |
|---|---|---|---|---|---|
| | | | | 属 | 种 |
| *B.cereus* | 1 | 0.672 | *B.cereus* | 是 | 是 |
| | 2 | 0.559 | *B.cereus* | | |
| | 3 | 0.697 | *B.cereus* | | |
| | 4 | 0.725 | *B.cereus* | | |
| | 5 | 0.729 | *B.cereus* | | |
| *B. mycoides* | 1 | 0.435 | *B. mycoides* | 是 | 是 |
| | 2 | 0.508 | *B. mycoides* | | |
| | 3 | 0.499 | *B. mycoides* | | |
| | 4 | 0.459 | *B. mycoides* | | |
| *B. subtilis* | 1 | 0.782 | *B. subtilis* | 是 | 是 |
| | 2 | 0.783 | *B. subtilis* | | |
| | 3 | 0.767 | *B. subtilis* | | |
| | 4 | 0.764 | *B. subtilis* | | |
| | 5 | 0.749 | *B. subtilis* | | |
| | 6 | 0.764 | *B. subtilis* | | |
| | 7 | 0.771 | *B. subtilis* | | |
| | 8 | 0.741 | *B. subtilis* | | |

## 4. 芽胞杆菌脂肪酸鉴定相似性指数（SI）的稳定性

不同重复次数得到的芽胞杆菌脂肪酸鉴定相似性指数（SI）统计见表 2-3-18。除了栗褐芽胞杆菌和蕈状芽胞杆菌，其余芽胞杆菌的脂肪酸鉴定 SI 都在 0.5 以上，栗褐芽胞杆菌的 SI 低于 0.3，蕈状芽胞杆菌的 SI 为 0.435～0.508，蜡样芽胞杆菌的 SI 为 0.559～0.729，枯草芽胞杆菌及近缘种的 SI 较高，在 0.7 以上，其中萎缩芽胞杆菌的 SI 最高达 0.946。

**表 2-3-18 芽胞杆菌不同重复次数的脂肪酸成分** （%）

| 种名 | 17:0 iso | 18:1ω9c | 12:0 iso | 14:0 iso | c16:0 | c17:0 | 16:0 iso | 19:0 iso |
|---|---|---|---|---|---|---|---|---|
| *B. amyloliquefaciens* | 12.66 | 0.00 | 0.00 | 1.26 | 3.79 | 0.00 | 3.60 | 0.00 |
| | 11.03 | 0.00 | 0.00 | 1.76 | 3.54 | 0.00 | 3.73 | 0.00 |
| 平均数（mean） | 11.85 | 0.00 | 0.00 | 1.51 | 3.67 | 0.00 | 3.67 | 0.00 |
| 标准差（SD） | 1.15 | 0.00 | 0.00 | 0.35 | 0.18 | 0.00 | 0.09 | 0.00 |
| *B. atrophaeus* | 8.28 | 0.00 | 0.00 | 0.88 | 2.43 | 0.00 | 4.53 | 0.00 |
| | 6.47 | 0.00 | 0.00 | 0.89 | 1.94 | 0.00 | 3.36 | 0.00 |
| | 6.93 | 0.75 | 0.00 | 1.03 | 3.83 | 0.13 | 3.43 | 0.00 |
| 平均数（mean） | 7.23 | 0.25 | 0.00 | 0.93 | 2.73 | 0.04 | 3.77 | 0.00 |
| 标准差（SD） | 0.94 | 0.43 | 0.00 | 0.08 | 0.98 | 0.08 | 0.66 | 0.00 |
| *B. badius* | 2.88 | 0.00 | 0.00 | 1.59 | 5.06 | 0.00 | 4.89 | 0.00 |
| | 2.62 | 0.00 | 0.00 | 1.61 | 5.61 | 0.00 | 4.83 | 0.00 |
| 平均数（mean） | 2.75 | 0.00 | 0.00 | 1.60 | 5.34 | 0.00 | 4.86 | 0.00 |
| 标准差（SD） | 0.18 | 0.00 | 0.00 | 0.01 | 0.39 | 0.00 | 0.04 | 0.00 |

续表

| 种名 | 17:0 iso | 18:1ω9c | 12:0 iso | 14:0 iso | c16:0 | c17:0 | 16:0 iso | 19:0 iso |
|---|---|---|---|---|---|---|---|---|
| *B. cereus* | 11.30 | 0.44 | 0.44 | 3.05 | 6.75 | 0.31 | 6.05 | 0.24 |
| | 13.38 | 0.33 | 0.38 | 2.82 | 6.29 | 0.21 | 6.28 | 0.21 |
| | 11.69 | 0.24 | 0.41 | 2.97 | 6.09 | 0.17 | 6.02 | 0.16 |
| | 11.77 | 0.30 | 0.39 | 2.82 | 5.41 | 0.18 | 5.57 | 0.17 |
| | 11.07 | 0.34 | 0.44 | 3.18 | 6.01 | 0.16 | 6.04 | 0.21 |
| 平均数（mean） | 11.84 | 0.33 | 0.41 | 2.97 | 6.11 | 0.21 | 5.99 | 0.20 |
| 标准差（SD） | 0.91 | 0.07 | 0.03 | 0.15 | 0.49 | 0.06 | 0.26 | 0.03 |
| *B. flexus* | 4.48 | 0.00 | 0.00 | 5.27 | 3.71 | 0.00 | 3.12 | 0.00 |
| | 4.29 | 0.00 | 0.00 | 3.97 | 3.69 | 0.00 | 2.66 | 0.00 |
| | 4.71 | 0.00 | 0.00 | 3.84 | 3.73 | 0.00 | 2.66 | 0.00 |
| 平均数（mean） | 4.49 | 0.00 | 0.00 | 4.36 | 3.71 | 0.00 | 2.81 | 0.00 |
| 标准差（SD） | 0.21 | 0.00 | 0.00 | 0.79 | 0.02 | 0.00 | 0.27 | 0.00 |
| *B. licheniformis* | 10.50 | 0.14 | 0.00 | 0.84 | 4.21 | 0.00 | 4.28 | 0.00 |
| | 11.49 | 0.00 | 0.00 | 0.80 | 3.58 | 0.00 | 4.52 | 0.00 |
| | 10.72 | 0.00 | 0.00 | 0.95 | 3.09 | 0.00 | 4.56 | 0.00 |
| 平均数（mean） | 10.90 | 0.05 | 0.00 | 0.86 | 3.63 | 0.00 | 4.45 | 0.00 |
| 标准差（SD） | 0.52 | 0.08 | 0.00 | 0.08 | 0.56 | 0.00 | 0.15 | 0.00 |
| *B. megaterium* | 1.23 | 0.00 | 0.00 | 9.42 | 4.34 | 0.00 | 2.40 | 0.00 |
| | 2.10 | 0.00 | 0.00 | 5.87 | 6.03 | 0.00 | 2.66 | 0.00 |
| 平均数（mean） | 1.67 | 0.00 | 0.00 | 7.65 | 5.19 | 0.00 | 2.53 | 0.00 |
| 标准差（SD） | 0.62 | 0.00 | 0.00 | 2.51 | 1.20 | 0.00 | 0.18 | 0.00 |
| *B. mycoides* | 9.86 | 0.87 | 1.16 | 3.07 | 10.99 | 0.00 | 6.65 | 0.24 |
| | 10.29 | 0.83 | 1.02 | 2.95 | 10.67 | 0.18 | 6.75 | 0.26 |
| | 10.07 | 0.80 | 1.07 | 3.01 | 11.10 | 0.12 | 6.59 | 0.25 |
| | 10.13 | 0.84 | 1.14 | 3.08 | 11.27 | 0.15 | 6.69 | 0.25 |
| 平均数（mean） | 10.09 | 0.84 | 1.10 | 3.03 | 11.01 | 0.11 | 6.67 | 0.25 |
| 标准差（SD） | 0.18 | 0.03 | 0.06 | 0.06 | 0.25 | 0.08 | 0.07 | 0.01 |
| *B. pumilus* | 6.31 | 0.00 | 0.00 | 1.87 | 2.93 | 0.00 | 3.02 | 0.00 |
| | 6.45 | 0.00 | 0.00 | 1.94 | 3.19 | 0.00 | 2.90 | 0.00 |
| 平均数（mean） | 6.38 | 0.00 | 0.00 | 1.91 | 3.06 | 0.00 | 2.96 | 0.00 |
| 标准差（SD） | 0.10 | 0.00 | 0.00 | 0.05 | 0.18 | 0.00 | 0.08 | 0.00 |
| *B. subtilis* | 12.21 | 0.00 | 0.00 | 1.83 | 3.78 | 0.00 | 5.09 | 0.00 |
| | 12.95 | 0.00 | 0.00 | 1.66 | 4.00 | 0.00 | 5.12 | 0.00 |
| | 11.84 | 0.00 | 0.00 | 1.83 | 3.98 | 0.00 | 5.12 | 0.00 |
| | 11.97 | 0.00 | 0.00 | 1.87 | 3.96 | 0.00 | 5.27 | 0.00 |
| | 12.55 | 0.00 | 0.40 | 1.79 | 4.40 | 0.00 | 5.44 | 0.00 |
| | 11.86 | 0.00 | 0.00 | 1.94 | 3.98 | 0.00 | 5.23 | 0.00 |
| | 11.84 | 0.00 | 0.60 | 1.91 | 3.91 | 0.00 | 5.09 | 0.00 |
| | 11.53 | 0.00 | 0.00 | 1.70 | 5.28 | 0.00 | 4.86 | 0.00 |
| 平均数（mean） | 12.09 | 0.00 | 0.13 | 1.82 | 4.16 | 0.00 | 5.15 | 0.00 |
| 标准差（SD） | 0.46 | 0.00 | 0.24 | 0.10 | 0.49 | 0.00 | 0.17 | 0.00 |

续表

| 种名 | 16:1ω11c | 15:1ω5c | c18:0 | 15:0 iso 3OH | 17:1 iso ω5c | 13:0 anteiso | 17:1 anteiso A |
|---|---|---|---|---|---|---|---|
| *B. amyloliquefaciens* | 0.39 | 0.00 | 0.49 | 0.00 | 0.00 | 0.00 | 0.00 |
| | 0.77 | 0.00 | 0.00 | 0.00 | 0.00 | 0.00 | 0.00 |
| 平均数（mean） | 0.58 | 0.00 | 0.25 | 0.00 | 0.00 | 0.00 | 0.00 |
| 标准差（SD） | 0.27 | 0.00 | 0.35 | 0.00 | 0.00 | 0.00 | 0.00 |
| *B. atrophaeus* | 0.00 | 0.00 | 0.00 | 0.00 | 0.00 | 0.00 | 0.00 |
| | 0.80 | 0.00 | 0.27 | 0.00 | 0.00 | 0.00 | 0.00 |
| | 0.73 | 0.00 | 2.68 | 0.00 | 0.00 | 0.15 | 0.00 |
| 平均数（mean） | 0.51 | 0.00 | 0.98 | 0.00 | 0.00 | 0.05 | 0.00 |
| 标准差（SD） | 0.44 | 0.00 | 1.48 | 0.00 | 0.00 | 0.09 | 0.00 |
| *B. badius* | 5.34 | 0.15 | 0.00 | 0.00 | 0.00 | 0.00 | 0.50 |
| | 5.26 | 0.16 | 0.73 | 0.00 | 0.00 | 0.00 | 0.43 |
| 平均数（mean） | 5.30 | 0.16 | 0.37 | 0.00 | 0.00 | 0.00 | 0.47 |
| 标准差（SD） | 0.06 | 0.01 | 0.52 | 0.00 | 0.00 | 0.00 | 0.05 |
| *B. cereus* | 0.46 | 0.17 | 1.28 | 0.00 | 5.27 | 0.82 | 1.06 |
| | 0.37 | 0.29 | 1.21 | 0.00 | 6.04 | 0.72 | 1.08 |
| | 0.46 | 0.44 | 0.72 | 0.00 | 5.41 | 0.80 | 1.06 |
| | 0.46 | 0.35 | 0.80 | 0.00 | 6.02 | 0.76 | 1.10 |
| | 0.48 | 0.17 | 0.85 | 0.00 | 4.90 | 0.85 | 1.00 |
| 平均数（mean） | 0.45 | 0.28 | 0.97 | 0.00 | 5.53 | 0.79 | 1.06 |
| 标准差（SD） | 0.04 | 0.12 | 0.25 | 0.00 | 0.50 | 0.05 | 0.04 |
| *B. flexus* | 5.16 | 0.00 | 0.57 | 0.00 | 0.00 | 0.00 | 0.00 |
| | 5.64 | 0.00 | 0.54 | 0.00 | 0.00 | 0.00 | 0.00 |
| | 5.37 | 0.00 | 0.50 | 0.00 | 0.00 | 0.00 | 0.00 |
| 平均数（mean） | 5.39 | 0.00 | 0.54 | 0.00 | 0.00 | 0.00 | 0.00 |
| 标准差（SD） | 0.24 | 0.00 | 0.04 | 0.00 | 0.00 | 0.00 | 0.00 |
| *B. licheniformis* | 0.59 | 0.00 | 0.78 | 0.00 | 0.00 | 0.00 | 0.00 |
| | 0.58 | 0.00 | 0.31 | 0.00 | 0.00 | 0.00 | 0.00 |
| | 0.55 | 0.00 | 0.00 | 0.00 | 0.00 | 0.00 | 0.00 |
| 平均数（mean） | 0.57 | 0.00 | 0.36 | 0.00 | 0.00 | 0.00 | 0.00 |
| 标准差（SD） | 0.02 | 0.00 | 0.39 | 0.00 | 0.00 | 0.00 | 0.00 |
| *B. megaterium* | 0.85 | 0.00 | 0.37 | 0.00 | 0.00 | 0.17 | 0.00 |
| | 1.05 | 0.00 | 0.00 | 0.00 | 0.00 | 0.00 | 0.00 |
| 平均数（mean） | 0.95 | 0.00 | 0.19 | 0.00 | 0.00 | 0.09 | 0.00 |
| 标准差（SD） | 0.14 | 0.00 | 0.26 | 0.00 | 0.00 | 0.12 | 0.00 |
| *B. mycoides* | 2.12 | 0.00 | 1.42 | 0.00 | 2.40 | 2.26 | 0.74 |
| | 2.06 | 0.00 | 1.32 | 0.00 | 2.42 | 1.84 | 0.72 |
| | 2.01 | 0.27 | 1.39 | 0.00 | 2.25 | 2.13 | 0.71 |
| | 2.06 | 0.00 | 1.38 | 0.00 | 2.35 | 2.19 | 0.73 |
| 平均数（mean） | 2.06 | 0.07 | 1.38 | 0.00 | 2.36 | 2.11 | 0.73 |
| 标准差（SD） | 0.05 | 0.14 | 0.04 | 0.00 | 0.08 | 0.18 | 0.01 |

续表

| 种名 | 16:1ω11c | 15:1ω5c | c18:0 | 15:0 iso 3OH | 17:1 iso ω5c | 13:0 anteiso | 17:1 anteiso A |
|---|---|---|---|---|---|---|---|
| *B. pumilus* | 0.70 | 0.00 | 0.00 | 0.00 | 0.00 | 0.11 | 0.00 |
| | 0.59 | 0.00 | 0.00 | 0.00 | 0.00 | 0.13 | 0.00 |
| 平均数（mean） | 0.65 | 0.00 | 0.00 | 0.00 | 0.00 | 0.12 | 0.00 |
| 标准差（SD） | 0.08 | 0.00 | 0.00 | 0.00 | 0.00 | 0.01 | 0.00 |
| *B. subtilis* | 0.89 | 0.00 | 0.35 | 0.22 | 0.00 | 0.00 | 0.00 |
| | 0.83 | 0.00 | 0.50 | 0.21 | 0.00 | 0.00 | 0.00 |
| | 0.93 | 0.00 | 0.38 | 0.27 | 0.00 | 0.11 | 0.00 |
| | 0.98 | 0.00 | 0.38 | 0.25 | 0.00 | 0.10 | 0.00 |
| | 0.94 | 0.00 | 0.52 | 0.25 | 0.00 | 0.00 | 0.00 |
| | 1.05 | 0.00 | 0.39 | 0.00 | 0.00 | 0.00 | 0.00 |
| | 0.99 | 0.00 | 0.38 | 0.23 | 0.00 | 0.10 | 0.00 |
| | 1.20 | 0.00 | 0.55 | 0.25 | 0.00 | 0.00 | 0.00 |
| 平均数（mean） | 0.98 | 0.00 | 0.43 | 0.21 | 0.00 | 0.04 | 0.00 |
| 标准差（SD） | 0.11 | 0.00 | 0.08 | 0.09 | 0.00 | 0.05 | 0.00 |

| 种名 | 18:0 iso | c12:0 | 17:0 anteiso | c14:0 | 17:1 iso ω10c | 13:0 iso | 16:1ω7c alcohol |
|---|---|---|---|---|---|---|---|
| *B. amyloliquefaciens* | 0.00 | 0.00 | 9.44 | 0.48 | 0.70 | 0.39 | 0.00 |
| | 0.00 | 0.00 | 7.66 | 0.43 | 1.02 | 0.36 | 0.40 |
| 平均数（mean） | 0.00 | 0.00 | 8.55 | 0.46 | 0.86 | 0.38 | 0.20 |
| 标准差（SD） | 0.00 | 0.00 | 1.26 | 0.04 | 0.23 | 0.02 | 0.28 |
| *B. atrophaeus* | 0.00 | 0.00 | 23.36 | 0.00 | 0.70 | 0.00 | 0.00 |
| | 0.00 | 0.00 | 19.45 | 0.15 | 1.77 | 0.07 | 1.00 |
| | 0.00 | 0.20 | 16.34 | 0.51 | 1.50 | 0.00 | 0.57 |
| 平均数（mean） | 0.00 | 0.07 | 19.72 | 0.22 | 1.32 | 0.02 | 0.52 |
| 标准差（SD） | 0.00 | 0.12 | 3.52 | 0.26 | 0.56 | 0.04 | 0.50 |
| *B. badius* | 0.00 | 0.00 | 5.19 | 2.69 | 4.85 | 0.12 | 3.35 |
| | 0.00 | 0.12 | 4.96 | 2.72 | 4.74 | 0.13 | 3.42 |
| 平均数（mean） | 0.00 | 0.06 | 5.08 | 2.71 | 4.80 | 0.13 | 3.39 |
| 标准差（SD） | 0.00 | 0.09 | 0.16 | 0.02 | 0.08 | 0.01 | 0.05 |
| *B. cereus* | 0.21 | 0.71 | 2.07 | 2.43 | 4.87 | 6.90 | 0.81 |
| | 0.43 | 0.25 | 2.16 | 2.25 | 4.19 | 6.19 | 0.71 |
| | 0.25 | 0.26 | 2.20 | 2.42 | 4.68 | 6.50 | 0.75 |
| | 0.25 | 0.23 | 1.90 | 2.40 | 4.41 | 6.82 | 0.75 |
| | 0.21 | 0.38 | 2.23 | 2.40 | 4.91 | 6.69 | 0.93 |
| 平均数（mean） | 0.27 | 0.37 | 2.11 | 2.38 | 4.61 | 6.62 | 0.79 |
| 标准差（SD） | 0.09 | 0.20 | 0.13 | 0.07 | 0.31 | 0.28 | 0.09 |
| *B. flexus* | 0.25 | 0.00 | 7.18 | 1.04 | 3.42 | 0.17 | 2.83 |
| | 0.33 | 0.00 | 8.02 | 0.96 | 3.60 | 0.00 | 2.62 |
| | 0.29 | 0.00 | 8.58 | 0.97 | 3.33 | 0.13 | 2.45 |
| 平均数（mean） | 0.29 | 0.00 | 7.93 | 0.99 | 3.45 | 0.10 | 2.63 |
| 标准差（SD） | 0.04 | 0.00 | 0.70 | 0.04 | 0.14 | 0.09 | 0.19 |

续表

| 种名 | 18:0 iso | c12:0 | 17:0 anteiso | c14:0 | 17:1 iso ω10c | 13:0 iso | 16:1ω7c alcohol |
|---|---|---|---|---|---|---|---|
| *B. licheniformis* | 0.00 | 0.17 | 10.80 | 0.50 | 1.28 | 0.10 | 0.56 |
| | 0.00 | 0.00 | 11.59 | 0.38 | 1.31 | 0.08 | 0.54 |
| | 0.00 | 0.00 | 10.56 | 0.37 | 1.21 | 0.00 | 0.55 |
| 平均数（mean） | 0.00 | 0.06 | 10.98 | 0.42 | 1.27 | 0.06 | 0.55 |
| 标准差（SD） | 0.00 | 0.10 | 0.54 | 0.07 | 0.05 | 0.05 | 0.01 |
| *B. megaterium* | 0.00 | 0.00 | 2.90 | 1.33 | 0.16 | 0.63 | 0.78 |
| | 0.00 | 0.00 | 5.30 | 1.52 | 0.00 | 0.38 | 0.45 |
| 平均数（mean） | 0.00 | 0.00 | 4.10 | 1.43 | 0.08 | 0.51 | 0.62 |
| 标准差（SD） | 0.00 | 0.00 | 1.70 | 0.13 | 0.11 | 0.18 | 0.23 |
| *B. mycoides* | 0.47 | 0.69 | 1.86 | 2.91 | 9.76 | 10.66 | 1.70 |
| | 0.42 | 0.61 | 1.92 | 2.91 | 10.33 | 10.03 | 1.75 |
| | 0.40 | 0.59 | 2.06 | 2.88 | 9.45 | 10.20 | 1.68 |
| | 0.41 | 0.57 | 1.94 | 2.92 | 9.73 | 10.55 | 1.73 |
| 平均数（mean） | 0.43 | 0.62 | 1.95 | 2.91 | 9.82 | 10.36 | 1.72 |
| 标准差（SD） | 0.03 | 0.05 | 0.08 | 0.02 | 0.37 | 0.29 | 0.03 |
| *B. pumilus* | 0.00 | 0.00 | 3.58 | 0.92 | 1.01 | 0.96 | 0.54 |
| | 0.00 | 0.00 | 3.51 | 1.10 | 0.91 | 1.12 | 0.43 |
| 平均数（mean） | 0.00 | 0.00 | 3.55 | 1.01 | 0.96 | 1.04 | 0.49 |
| 标准差（SD） | 0.00 | 0.00 | 0.05 | 0.13 | 0.07 | 0.11 | 0.08 |
| *B. subtilis* | 0.00 | 0.15 | 10.71 | 0.35 | 1.45 | 0.26 | 0.60 |
| | 0.00 | 0.16 | 11.34 | 0.33 | 1.47 | 0.23 | 0.60 |
| | 0.00 | 0.00 | 10.80 | 0.41 | 1.49 | 0.28 | 0.63 |
| | 0.16 | 0.00 | 11.17 | 0.35 | 1.47 | 0.26 | 0.63 |
| | 0.00 | 0.28 | 11.52 | 0.40 | 1.40 | 0.20 | 0.63 |
| | 0.00 | 0.00 | 10.89 | 0.37 | 1.71 | 0.25 | 0.76 |
| | 0.00 | 0.00 | 10.86 | 0.35 | 1.54 | 0.21 | 0.67 |
| | 0.00 | 0.00 | 12.22 | 0.43 | 1.27 | 0.23 | 0.55 |
| 平均数（mean） | 0.02 | 0.07 | 11.19 | 0.37 | 1.48 | 0.24 | 0.63 |
| 标准差（SD） | 0.06 | 0.11 | 0.50 | 0.04 | 0.12 | 0.03 | 0.06 |

| 种名 | 15:0 iso | 15:0 anteiso | 15:0 2OH | feature 4 | feature 3 | feature 2 |
|---|---|---|---|---|---|---|
| *B. amyloliquefaciens* | 31.35 | 35.19 | 0.00 | 0.28 | 0.00 | 0.00 |
| | 31.89 | 37.05 | 0.00 | 0.36 | 0.00 | 0.00 |
| 平均数（mean） | 31.62 | 36.12 | 0.00 | 0.32 | 0.00 | 0.00 |
| 标准差（SD） | 0.38 | 1.32 | 0.00 | 0.06 | 0.00 | 0.00 |
| *B. atrophaeus* | 11.18 | 47.79 | 0.00 | 0.84 | 0.00 | 0.00 |
| | 12.23 | 48.83 | 0.00 | 2.36 | 0.00 | 0.00 |
| | 13.13 | 45.13 | 0.00 | 1.51 | 0.00 | 0.00 |
| 平均数（mean） | 12.18 | 47.25 | 0.00 | 1.57 | 0.00 | 0.00 |
| 标准差（SD） | 0.98 | 1.91 | 0.00 | 0.76 | 0.00 | 0.00 |
| *B. badius* | 45.47 | 10.67 | 0.00 | 3.30 | 3.84 | 0.00 |
| | 44.83 | 10.69 | 0.00 | 3.45 | 3.69 | 0.00 |
| 平均数（mean） | 45.15 | 10.68 | 0.00 | 3.38 | 3.77 | 0.00 |
| 标准差（SD） | 0.45 | 0.01 | 0.00 | 0.11 | 0.11 | 0.00 |

续表

| 种名 | 15:0 iso | 15:0 anteiso | 15:0 2OH | feature 4 | feature 3 | feature 2 |
|---|---|---|---|---|---|---|
| *B. cereus* | 28.42 | 3.83 | 1.34 | 0.00 | 8.16 | 2.40 |
| | 27.97 | 3.91 | 1.05 | 0.00 | 8.77 | 2.49 |
| | 29.59 | 4.76 | 1.24 | 0.00 | 8.06 | 2.27 |
| | 30.28 | 4.08 | 1.16 | 0.00 | 9.18 | 2.48 |
| | 29.70 | 5.41 | 1.06 | 0.00 | 7.99 | 2.30 |
| 平均数（mean） | 29.19 | 4.40 | 1.17 | 0.00 | 8.43 | 2.39 |
| 标准差（SD） | 0.96 | 0.67 | 0.12 | 0.00 | 0.52 | 0.10 |
| *B. flexus* | 28.58 | 31.11 | 0.00 | 3.11 | 0.00 | 0.00 |
| | 26.42 | 33.28 | 0.00 | 3.98 | 0.00 | 0.00 |
| | 26.45 | 33.26 | 0.00 | 3.45 | 0.00 | 0.00 |
| 平均数（mean） | 27.15 | 32.55 | 0.00 | 3.51 | 0.00 | 0.00 |
| 标准差（SD） | 1.24 | 1.25 | 0.00 | 0.44 | 0.00 | 0.00 |
| *B. licheniformis* | 35.83 | 28.78 | 0.00 | 0.65 | 0.00 | 0.00 |
| | 35.82 | 28.40 | 0.00 | 0.61 | 0.00 | 0.00 |
| | 37.28 | 29.35 | 0.00 | 0.62 | 0.00 | 0.00 |
| 平均数（mean） | 36.31 | 28.84 | 0.00 | 0.63 | 0.00 | 0.00 |
| 标准差（SD） | 0.84 | 0.48 | 0.00 | 0.02 | 0.00 | 0.00 |
| *B. megaterium* | 32.90 | 42.31 | 0.00 | 0.20 | 0.00 | 0.00 |
| | 25.41 | 49.22 | 0.00 | 0.00 | 0.00 | 0.00 |
| 平均数（mean） | 29.16 | 45.77 | 0.00 | 0.10 | 0.00 | 0.00 |
| 标准差（SD） | 5.30 | 4.89 | 0.00 | 0.14 | 0.00 | 0.00 |
| *B. mycoides* | 15.38 | 4.17 | 1.37 | 0.00 | 8.02 | 0.86 |
| | 16.66 | 3.69 | 1.24 | 0.00 | 7.49 | 0.84 |
| | 16.18 | 4.55 | 1.05 | 0.00 | 7.45 | 0.83 |
| | 15.58 | 4.11 | 1.14 | 0.00 | 7.77 | 0.88 |
| 平均数（mean） | 15.95 | 4.13 | 1.20 | 0.00 | 7.68 | 0.85 |
| 标准差（SD） | 0.58 | 0.35 | 0.14 | 0.00 | 0.27 | 0.02 |
| *B. pumilus* | 51.48 | 26.35 | 0.00 | 0.24 | 0.00 | 0.00 |
| | 50.64 | 26.87 | 0.00 | 0.19 | 0.00 | 0.00 |
| 平均数（mean） | 51.06 | 26.61 | 0.00 | 0.22 | 0.00 | 0.00 |
| 标准差（SD） | 0.59 | 0.37 | 0.00 | 0.04 | 0.00 | 0.00 |
| *B. subtilis* | 21.38 | 39.76 | 0.26 | 0.69 | 0.00 | 0.00 |
| | 20.54 | 39.03 | 0.26 | 0.78 | 0.00 | 0.00 |
| | 20.65 | 40.09 | 0.34 | 0.66 | 0.00 | 0.00 |
| | 20.00 | 40.16 | 0.32 | 0.68 | 0.00 | 0.00 |
| | 19.94 | 38.40 | 0.27 | 0.67 | 0.00 | 0.00 |
| | 20.38 | 40.23 | 0.20 | 0.76 | 0.00 | 0.00 |
| | 20.55 | 39.80 | 0.27 | 0.72 | 0.00 | 0.00 |
| | 17.96 | 40.96 | 0.36 | 0.65 | 0.00 | 0.00 |
| 平均数（mean） | 20.18 | 39.80 | 0.29 | 0.70 | 0.00 | 0.00 |
| 标准差（SD） | 1.00 | 0.78 | 0.05 | 0.05 | 0.00 | 0.00 |

注：feature 2，14:0 3OH 和/或 16:1 iso I/14:0 3OH；feature 3，16:1ω6c 和/或 16:1ω7c；feature 4，17:1 anteiso B 和/或 iso I

利用 SPSS 16.0 统计分析可知，SI 与脂肪酸标记 17:0 iso、17:0 anteiso 和 15:0 anteiso 的含量呈正相关，与 c14:0、c16:0、12:0 iso、19:0 iso、16:1ω11c、13:0 anteiso、17:1 anteiso A、18:0 iso、c12:0、17:1 iso ω10c、13:0 iso、16:1ω7c alcohol、feature 4 和 feature 3 的含量呈负相关，后几种脂肪酸的含量较低且只有少数种类含有。SI 与 17:0 iso 的 SD（脂肪酸含量的标准差）呈正相关，和 17:1 anteiso A 的 SD 呈负相关，17:1 anteiso A 仅存在于栗褐芽胞杆菌、蕈状芽胞杆菌和蜡样芽胞杆菌中且占很小的比例，SI 与脂肪酸重复测定次数没有相关性，而与脂肪酸含量的高低有关。

## 5. 芽胞杆菌脂肪酸测定的重复性

重复测定得到的芽胞杆菌属种类脂肪酸含量见表 2-3-18。10 种芽胞杆菌共检测出 21 种脂肪酸标记。主要脂肪酸为 17:0 iso、c16:0、16:0 iso、15:0 iso、15:0 anteiso、17:0 anteiso，含量为 2%～60%，各重复满足脂肪酸种类判别的相似性指数（SI）>0.5 的条件基本一致，如蜡样芽胞杆菌 5 次重复的脂肪酸 SI 分别为 0.672、0.559、0.697、0.725、0.729，蕈状芽胞杆菌 4 次重复的脂肪酸 SI 分别为 0.435、0.508、0.499、0.459，枯草芽胞杆菌 8 次重复的脂肪酸 SI 分别为 0.782、0.783、0.767、0.764、0.749、0.764、0.771、0.741（表 2-3-17）；表明芽胞杆菌脂肪酸鉴定的重复性较好。

由图 2-3-29 可以看出，每种芽胞杆菌重复测定得到的脂肪酸种类和含量基本相同。说明脂肪酸的种类和含量不受重复测定次数的影响，如蕈状芽胞杆菌的 8 个脂肪酸 17:0 iso、18:1ω9c、12:0 iso、14:0 iso、c16:0、c17:0、16:0 iso、19:0 iso，在重复 1 中分别为 9.86%、0.87%、1.16%、3.07%、10.99%、0、6.65%、0.24%，在重复 2 中分别为 10.29%、0.83%、1.02%、2.95%、10.67%、0.18%、6.75%、0.26%，在重复 3 中分别为 10.07%、0.80%、1.07%、3.01%、11.10%、0.12%、6.59%、0.25%，在重复 4 中分别为 10.13%、0.84%、1.14%、3.08%、11.27%、0.15%、6.69%、0.25%；说明鉴定结果具有很高的重复性（图 2-3-29）。

## 6. 芽胞杆菌脂肪酸系统发育分析的一致性

在相对一致的脂肪酸提取条件下，利用脂肪酸数据进行芽胞杆菌系统发育分析，考察同个种重复测定的种类系统发育异质性。以表 2-3-18 数据为矩阵，以芽胞杆菌为样本，以脂肪酸组为指标，以欧氏距离为尺度，利用可变类平均法进行系统聚类，分析结果见图 2-3-30。由图可以看出，10 种芽胞杆菌的不同重复次数均聚在一个分支；同时可以看到，从系统发育的角度出发，相同类群的种类也聚为一类，如蜡样芽胞杆菌类群（蜡样芽胞杆菌、蕈状芽胞杆菌）和枯草芽胞杆菌类群（枯草芽胞杆菌、萎缩芽胞杆菌、简单芽胞杆菌、地衣芽胞杆菌和解淀粉芽胞杆菌），与分子分类的结果相似。由此表明，基于脂肪酸芽胞杆菌系统发育分析与其他方法具有较高的一致性，脂肪酸组分析是芽胞杆菌系统发育研究的一种有效手段。

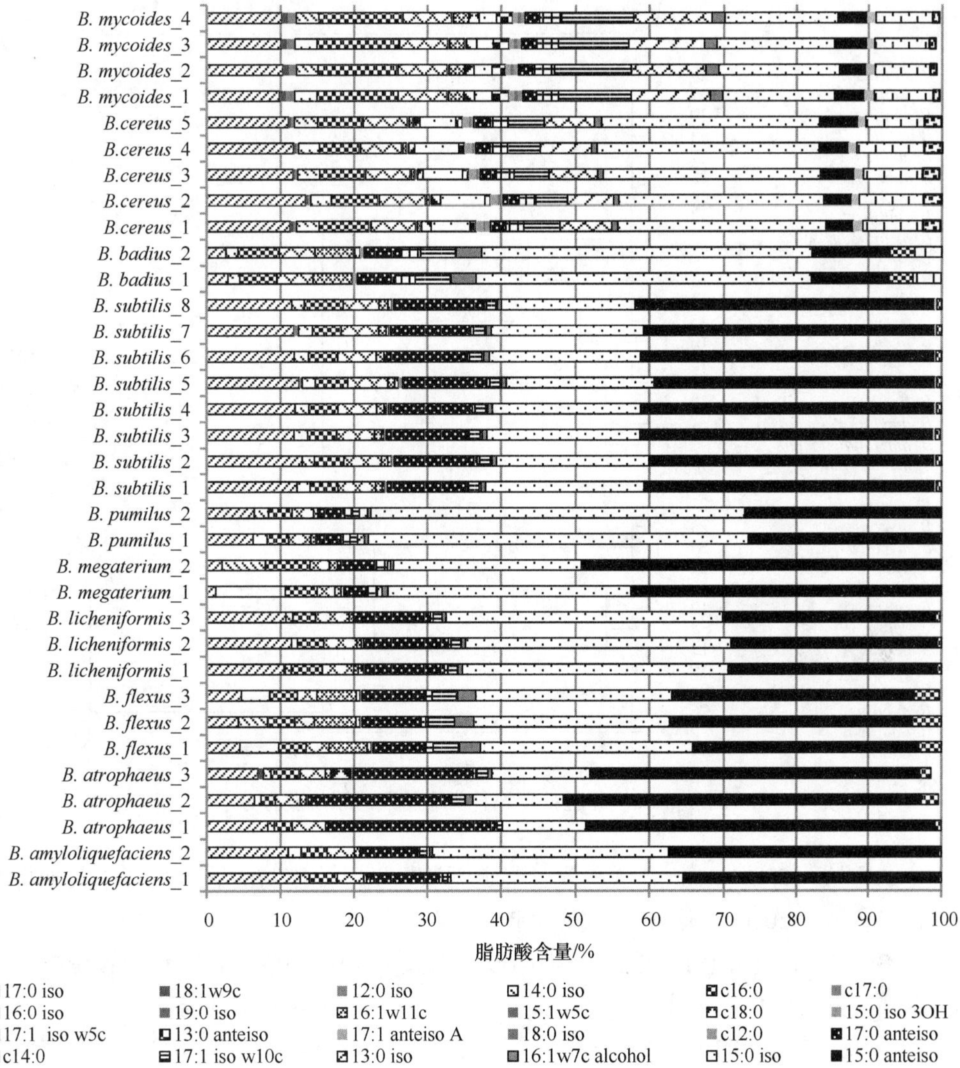

图 2-3-29　芽胞杆菌属种类脂肪酸组成分布图

## 7. 讨论

芽胞杆菌属的很多种类是重要的微生物资源，在各个领域皆有重要的价值。由于芽胞杆菌属种类繁多，许多种间相似性非常高，很难用分子手段准确鉴定到种。因此，这就需要一种新的分类鉴定系统来研究芽胞杆菌属的分类。

脂肪酸鉴定已发展成为一种相对成熟的鉴定方法，在许多细菌种类中都曾有应用案例。但也有不少研究者认为它可靠性不高。因此，本研究选取 10 种芽胞杆菌，进行不同重复次数的脂肪酸测定，评价芽胞杆菌脂肪酸测定的可靠性。结果表明，脂肪酸用于芽胞杆菌属的分类鉴定具有很高的可靠性。刘波（2011）出版的《微生物脂肪酸生态学》中，比较分析了微生物脂肪酸鉴定与 16S rDNA 分子鉴定的相关性，结果表明，98%的芽胞杆菌种类的脂肪酸鉴定结果与 16S rDNA 分子鉴定结果相同，可以作为芽胞杆菌快

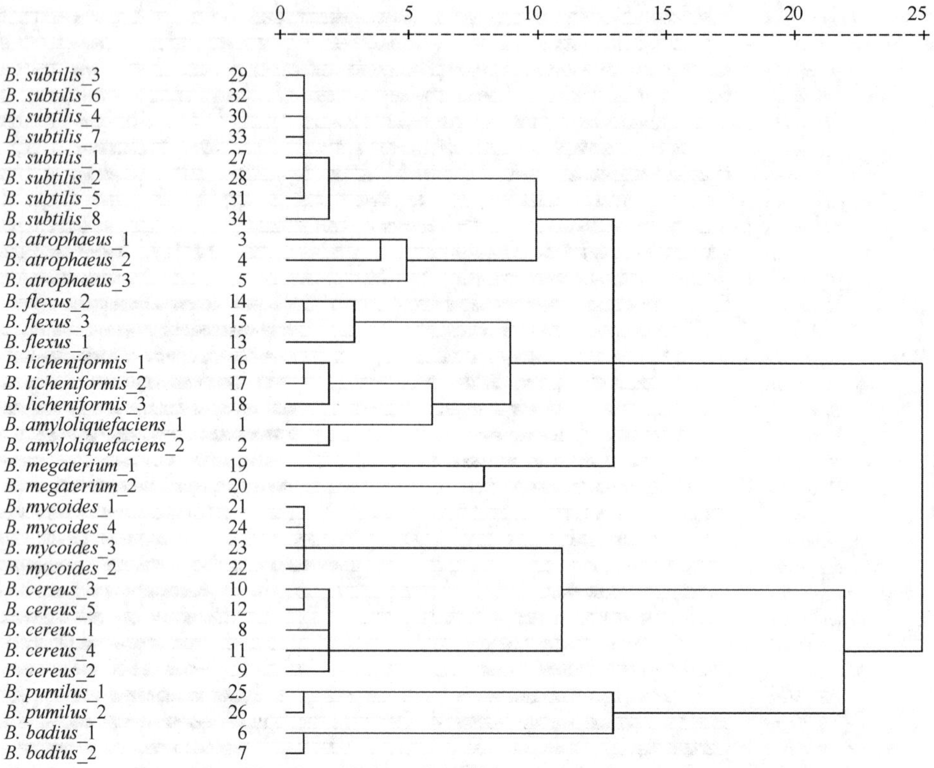


图 2-3-30 芽胞杆菌属种类脂肪酸的系统发育分析

速鉴定的方法，特别在 16S rDNA 分子鉴定无法区别时，脂肪酸鉴定表现出其独特的优越性（Li et al.，2010），这与本研究结果一致。

MIDI 系统的说明手册中指出，当相似性指数（SI）小于 0.3 时，认为该菌株不能匹配到存在于数据库中的种类，但软件会给出一个最相关的菌株。如若 SI 为 0.3～0.5，且第一选择和第二选择的 SI 差值大于 0.1，则表明第一选择与第二选择分开，鉴定可能成功，但是第一选择所列的菌种为非典型的菌株。当 SI 大于 0.5，且第一选择和第二选择的 SI 差值大于 0.1，则可以认为鉴定成功，鉴定结果为第一选择所列的菌种名。根据鉴定结果发现，10 种芽胞杆菌的鉴定指数基本在 0.5，第一与第二匹配间的 SI 差值大于 0.1，或者仅有一个匹配，且可靠性高。栗褐芽胞杆菌的脂肪酸鉴定 SI 低于 0.3，但仍能准确地鉴定到种，这说明 SI 不一定非达到 0.5 以上才可以准确鉴定到种水平。10 种芽胞杆菌的脂肪酸含量重复测定的 SD（标准误差范围）很小，受重复测定次数的影响很小，利用生物统计软件也证明脂肪酸用于芽胞杆菌鉴定具有很高的准确性和可靠性。邝玉斌等（2000）通过气相色谱对 10 种芽胞杆菌模式菌株的细胞脂肪酸组分及其含量进行分析，研究表明脂肪酸组分成为芽胞杆菌化学分类的重要指征。黄朱梁和裘迪红（2011）用 Sherlock MIS 微生物鉴定系统鉴定了从贻贝中分离的蜡样芽胞杆菌，并用生理生化鉴定和 PCR 鉴定验证了该方法的准确性。本研究中芽胞杆菌的脂肪酸聚类分析可以证明脂肪酸测定不受重复次数的影响。

# 第四节 芽胞杆菌脂肪酸数值分析

## 一、芽胞杆菌与非芽胞杆菌的脂肪酸特征分析

### 1. 概述

芽胞杆菌和非芽胞杆菌脂肪酸组成与结构差异显著，已有许多利用脂肪酸鉴定系统（MIDI 系统）对芽胞杆菌和非芽胞杆菌种类进行鉴定的报道。何蔚荭等（2015）应用 MIDI 系统测定了 1 株非芽胞杆菌——血液杆菌属的新菌种 *Haematobacter* sp. HNMC 11807 的细胞脂肪酸组成，探讨不同培养方法和条件对其细胞脂肪酸组成的影响。分析比较了不同的培养基组成、固液类型和培养时间条件下细胞脂肪酸检测结果中存在的差异。同时对比分析了仪器专用的两种检测体系，即常规标准和快速标准体系对样品脂肪酸测定结果的影响。结果发现，细胞脂肪酸组成与其培养条件密切相关，且差异显著。因此，在应用该系统进行微生物分类鉴定时，必须严格遵守特定的、统一的培养条件。刘波等（2009）研究了土壤甲胺磷抗性细菌种群特征脂肪酸生物标记，应用 MIDI 系统鉴定出 21 株细菌，分属芽胞杆菌和非芽胞杆菌的 13 个属。在这些甲胺磷抗性细菌中，共鉴定到 38 个脂肪酸生物标记（PLFA），这些生物标记分为 4 种类型：①高频次分布的生物标记，普遍存在于细菌类群中，属于细菌总体类群（bacteria in general）的生物标记；②中频次分布的生物标记，在细菌中出现概率中等，可以作为识别细菌属类群（bacterium genus）的生物标记；③低频次分布的生物标记，在细菌中的分布概率较小，可以用于指示特定细菌种间差异的生物标记；④微频次分布的生物标记，这种生物标记仅在一种细菌中出现，是细菌种的特征生物标记。蓝江林等（2009）分析了茄子内生细菌群落结构与多样性，利用细菌脂肪酸鉴定技术进行鉴定。共获得内生芽胞杆菌和非芽胞杆菌 18 属 28 种。健株和病株内生菌种类数量存在差异，健株共分离到内生细菌 15 属 23 种，含量为 $5.96\times10^5$ CFU/g；病株分离到内生细菌 14 属 16 种，含量为 $3.191\times10^8$ CFU/g。其中，青枯雷尔氏菌含量为 $3.187\times10^8$ CFU/g。植物不同部位内生菌种类数量存在差异，根部分离到的内生细菌最多，其次为茎部，叶部最少。不同种植地来源的茄子健株内生细菌的种类数量有较大差异，来自晋江的健株分离到 13 属 17 种，来自东洋的健株分离到 7 属 9 种，而来自福清的健株仅分离到 3 属 4 种。

为进一步了解芽胞杆菌和非芽胞杆菌脂肪酸的数值特征，通过测定 2 类微生物脂肪酸组，分析其脂肪酸分布特征，建立构建脂肪酸组来识别芽胞杆菌和非芽胞杆菌群落的方法。

### 2. 研究方法

选取两类微生物，21 种非芽胞杆菌，即[1]木糖氧化无色杆菌（*Achromobacter xylosoxidans*）、[2]鲍曼不动杆菌（*Acinetobacter baumannii*）、[3]豚鼠气单胞菌（*Aeromonas caviae*）、[4]皮氏产碱菌（*Alcaligenes piechaudii*）、[5]链格孢菌（*Alternaria alternata*）、[6]自养水螺菌（*Aquaspirillum autotrophicum*）、[7]唐昌蒲伯克氏菌（*Burkholderia gladioli*）、[8]戴氏西地西菌（*Cedecea davisae*）、[9]浅黄金色单胞菌（*Chryseomonas luteola*）、[10]弗

氏柠檬酸杆菌（*Citrobacter freundii*）、[11]阿氏肠杆菌（*Enterobacter asburiae*）、[12]粪肠球菌（*Enterococcus faecalis*）、[13]解淀粉欧文氏菌（*Erwinia amylovora*）、[14]美洲爱文氏菌（*Ewingella americana*）、[15]甄氏外瓶霉（*Exophiala jeanselmei*）、[16]水生拉恩氏菌（*Rahnella aquatilis*）、[17]皮氏雷尔氏菌（*Ralstonia pickettii*）、[18]矢野口鞘氨醇菌（*Sphingobium yanoikuyae*）、[19]血红鞘氨醇单胞菌（*Sphingomonas sanguinis*）、[20]嗜线虫致病杆菌（*Xenorhabdus nematophila*）、[21]阿氏耶尔森氏菌（*Yersinia aldovae*），7 个芽胞杆菌属及其近缘属种类，即[22]马阔里类芽胞杆菌（*Paenibacillus macquariensis*）、[23]多黏类芽胞杆菌（*Paenibacillus polymyxa*）、[24]茹氏短芽胞杆菌（*Brevibacillus reuszeri*）、[25]液化短杆菌（*Brevibacterium liquefaciens*）、[26]枯草芽胞杆菌（*Bacillus subtilis*）、[27]苏云金芽胞杆菌（*Bacillus thuringiensis*）、[28]泛酸枝芽胞杆菌（*Virgibacillus pantothenticus*），测定脂肪酸组；比较芽胞杆菌与非芽胞杆菌脂肪酸的含量特征、分布特性、生物标记聚类、系统发育聚类，阐明两类微生物脂肪酸组的差异。

## 3. 芽胞杆菌与非芽胞杆菌脂肪酸组的测定

不同种类的微生物，脂肪酸组的结构差异显著。为了解这种差异，选择了 7 种芽胞杆菌和 21 种非芽胞杆菌，分析其主要脂肪酸，见表 2-4-1。共检测到 43 个脂肪酸，其中主要脂肪酸 13 个，即 c16:0、18:1ω7c、15:0 anteiso、15:0 iso、17:0 anteiso、17:0 iso、cy17:0、18:2 cis (9,12)c/18:0 A、c14:0、c12:0、16:0 iso、18:1ω9c、14:0 iso，它们在 28 种微生物中各自的总和分别为 584.71、397.62、304.6、158.6、34.56、36.07、147.87、95.65、83.33、55.02、40.13、45.55、32.16。

**表 2-4-1　芽胞杆菌与非芽胞杆菌的主要脂肪酸**　（%）

| 种名序号 | c12:0 | 17:1 iso ω10c | 17:1 iso ω5c | 12:0 2OH | 17:1 iso ω9c | 12:0 3OH | 12:0 iso | 12:1 3OH | c13:0 | 13:0 anteiso | 13:0 iso |
|---|---|---|---|---|---|---|---|---|---|---|---|
| [1] | 3.70 | 0.00 | 0.00 | 0.00 | 0.00 | 0.00 | 0.00 | 0.00 | 0.00 | 0.00 | 0.00 |
| [2] | 4.96 | 0.00 | 0.00 | 1.85 | 0.00 | 3.38 | 0.00 | 0.00 | 0.00 | 0.00 | 0.00 |
| [3] | 5.23 | 0.00 | 0.00 | 0.00 | 1.42 | 0.00 | 0.00 | 0.00 | 0.00 | 0.00 | 0.79 |
| [4] | 1.93 | 0.00 | 0.00 | 2.92 | 0.00 | 1.62 | 0.00 | 0.00 | 0.00 | 0.00 | 0.00 |
| [5] | 0.00 | 0.00 | 0.00 | 0.00 | 0.00 | 0.00 | 0.00 | 0.00 | 0.00 | 0.00 | 0.00 |
| [6] | 3.97 | 0.00 | 0.00 | 3.22 | 0.00 | 3.74 | 0.00 | 1.04 | 0.00 | 0.00 | 0.58 |
| [7] | 0.70 | 0.00 | 0.00 | 0.00 | 0.00 | 0.00 | 0.00 | 0.00 | 0.00 | 0.00 | 0.00 |
| [8] | 4.04 | 0.00 | 0.00 | 0.53 | 0.00 | 0.00 | 0.00 | 0.00 | 0.00 | 0.00 | 0.00 |
| [9] | 4.92 | 0.00 | 0.00 | 3.77 | 0.00 | 5.80 | 0.00 | 0.00 | 0.00 | 0.00 | 0.00 |
| [10] | 3.79 | 0.00 | 0.00 | 0.00 | 0.00 | 0.00 | 0.00 | 0.00 | 0.00 | 0.00 | 0.00 |
| [11] | 2.60 | 0.00 | 0.00 | 0.00 | 0.00 | 0.00 | 0.00 | 0.00 | 1.02 | 0.00 | 0.00 |
| [12] | 0.00 | 0.00 | 0.00 | 0.00 | 0.00 | 0.00 | 0.00 | 0.00 | 0.00 | 0.00 | 0.00 |
| [13] | 4.20 | 0.00 | 0.00 | 0.00 | 0.00 | 0.00 | 0.00 | 0.00 | 0.00 | 0.00 | 0.00 |
| [14] | 1.86 | 0.00 | 0.00 | 0.00 | 0.00 | 0.00 | 0.00 | 0.00 | 0.00 | 0.00 | 0.00 |
| [15] | 0.00 | 0.00 | 0.00 | 0.00 | 0.00 | 0.00 | 0.00 | 0.00 | 0.00 | 0.00 | 0.00 |
| [16] | 2.74 | 0.00 | 0.00 | 0.00 | 0.00 | 0.00 | 0.00 | 0.00 | 0.00 | 0.00 | 0.00 |
| [17] | 0.00 | 0.00 | 0.00 | 0.00 | 0.00 | 0.00 | 0.00 | 0.00 | 0.00 | 0.00 | 0.00 |

续表

| 种名序号 | c12:0 | 17:1 iso ω10c | 17:1 iso ω5c | 12:0 2OH | 17:1 iso ω9c | 12:0 3OH | 12:0 iso | 12:1 3OH | c13:0 | 13:0 anteiso | 13:0 iso |
|---|---|---|---|---|---|---|---|---|---|---|---|
| [18] | 0.00 | 0.00 | 0.00 | 0.00 | 0.00 | 0.00 | 0.00 | 0.00 | 0.00 | 0.00 | 0.00 |
| [19] | 0.00 | 0.00 | 0.00 | 0.00 | 0.00 | 0.00 | 0.00 | 0.00 | 0.00 | 0.00 | 0.00 |
| [20] | 2.83 | 0.00 | 0.00 | 0.00 | 0.00 | 0.00 | 0.00 | 0.00 | 0.00 | 0.00 | 0.00 |
| [21] | 7.55 | 0.00 | 0.00 | 0.00 | 0.00 | 0.00 | 0.00 | 0.00 | 0.00 | 0.00 | 0.00 |
| [22] | 0.00 | 0.00 | 0.00 | 0.00 | 0.00 | 0.00 | 0.00 | 0.00 | 0.00 | 0.00 | 0.00 |
| [23] | 0.00 | 0.00 | 0.00 | 0.00 | 0.00 | 0.00 | 0.00 | 0.00 | 0.00 | 0.00 | 0.00 |
| [24] | 0.00 | 0.00 | 0.00 | 0.00 | 0.00 | 0.00 | 0.00 | 0.00 | 0.00 | 0.00 | 0.00 |
| [25] | 0.00 | 0.00 | 0.00 | 0.00 | 0.00 | 0.00 | 0.00 | 0.00 | 0.00 | 0.00 | 0.00 |
| [26] | 0.00 | 0.98 | 0.00 | 0.00 | 0.00 | 0.00 | 0.00 | 0.00 | 0.00 | 0.00 | 0.00 |
| [27] | 0.00 | 2.25 | 4.48 | 0.00 | 0.00 | 0.00 | 0.52 | 0.00 | 0.00 | 0.98 | 11.24 |
| [28] | 0.00 | 0.00 | 0.00 | 0.00 | 0.00 | 0.00 | 0.00 | 0.00 | 0.00 | 0.00 | 0.00 |

| 种名序号 | c14:0 | 14:0 2OH | 14:0 iso | 14:1ω5c | 10:0 3OH | 15:0 2OH | 15:0 anteiso | 15:0 iso | 15:0 iso 3OH | c16:0 | 16:0 2OH |
|---|---|---|---|---|---|---|---|---|---|---|---|
| [1] | 5.95 | 0.00 | 0.00 | 0.00 | 0.00 | 0.00 | 0.00 | 0.00 | 0.00 | 25.13 | 0.00 |
| [2] | 0.74 | 0.00 | 0.00 | 0.00 | 0.00 | 0.00 | 0.00 | 0.00 | 0.00 | 20.81 | 0.00 |
| [3] | 1.90 | 0.00 | 0.00 | 0.00 | 0.00 | 0.00 | 0.00 | 1.16 | 1.31 | 22.03 | 0.00 |
| [4] | 2.93 | 0.00 | 0.00 | 0.00 | 2.56 | 0.00 | 0.00 | 0.00 | 0.00 | 28.41 | 0.00 |
| [5] | 0.00 | 0.00 | 0.00 | 0.00 | 0.00 | 0.00 | 0.00 | 0.00 | 0.00 | 17.60 | 0.00 |
| [6] | 0.61 | 0.00 | 0.00 | 0.00 | 0.60 | 0.00 | 0.00 | 1.37 | 0.00 | 24.82 | 0.00 |
| [7] | 3.75 | 0.00 | 0.00 | 0.00 | 0.00 | 0.00 | 0.00 | 0.00 | 0.00 | 26.63 | 0.63 |
| [8] | 4.26 | 0.00 | 0.00 | 0.00 | 0.00 | 0.00 | 0.00 | 0.00 | 0.00 | 34.05 | 0.00 |
| [9] | 0.00 | 0.00 | 0.00 | 0.00 | 3.74 | 0.00 | 0.00 | 0.00 | 0.00 | 16.36 | 0.00 |
| [10] | 7.36 | 0.00 | 0.00 | 0.00 | 0.00 | 0.00 | 0.00 | 0.00 | 0.00 | 28.03 | 0.00 |
| [11] | 7.35 | 0.00 | 0.00 | 0.00 | 0.00 | 0.00 | 0.00 | 0.00 | 0.00 | 26.10 | 0.00 |
| [12] | 5.26 | 0.00 | 0.00 | 0.00 | 0.00 | 0.00 | 0.00 | 0.00 | 0.00 | 29.60 | 0.00 |
| [13] | 5.25 | 0.90 | 0.00 | 0.00 | 0.00 | 0.00 | 0.00 | 0.00 | 0.00 | 33.77 | 0.00 |
| [14] | 6.08 | 0.00 | 0.00 | 1.12 | 0.00 | 0.00 | 0.00 | 0.00 | 0.00 | 36.07 | 0.00 |
| [15] | 0.00 | 0.00 | 0.00 | 0.00 | 0.00 | 0.00 | 0.00 | 0.00 | 0.00 | 26.60 | 0.00 |
| [16] | 6.14 | 0.00 | 0.00 | 0.00 | 0.00 | 0.00 | 0.00 | 0.00 | 0.00 | 35.35 | 0.00 |
| [17] | 3.81 | 0.00 | 0.00 | 0.00 | 0.00 | 0.00 | 0.00 | 0.00 | 0.00 | 24.01 | 0.00 |
| [18] | 0.84 | 9.13 | 0.00 | 0.00 | 0.00 | 0.00 | 0.00 | 0.00 | 0.00 | 13.74 | 1.01 |
| [19] | 1.08 | 5.87 | 0.00 | 0.00 | 0.00 | 0.00 | 0.00 | 0.00 | 0.00 | 16.27 | 0.00 |
| [20] | 8.06 | 0.00 | 0.00 | 0.00 | 0.00 | 0.00 | 0.00 | 0.00 | 0.00 | 35.16 | 0.00 |
| [21] | 1.33 | 0.00 | 0.00 | 0.00 | 0.00 | 0.00 | 0.00 | 0.00 | 0.00 | 29.54 | 0.00 |
| [22] | 3.08 | 0.00 | 8.93 | 0.00 | 0.00 | 0.00 | 62.65 | 13.13 | 0.00 | 5.74 | 0.00 |
| [23] | 1.82 | 0.00 | 1.50 | 0.00 | 0.00 | 0.00 | 62.21 | 6.37 | 0.00 | 7.10 | 0.00 |
| [24] | 0.00 | 0.00 | 10.75 | 0.00 | 0.00 | 0.00 | 55.22 | 22.77 | 0.00 | 0.00 | 0.00 |
| [25] | 1.68 | 0.00 | 3.91 | 0.00 | 0.00 | 0.00 | 51.46 | 11.64 | 0.00 | 5.18 | 0.00 |
| [26] | 0.00 | 0.00 | 1.81 | 0.00 | 0.00 | 0.00 | 32.58 | 40.33 | 0.00 | 2.43 | 0.00 |
| [27] | 4.05 | 0.00 | 3.31 | 0.00 | 0.00 | 0.00.6 | 3.40 | 38.45 | 0.00 | 3.95 | 0.00 |
| [28] | 0.00 | 0.00 | 1.95 | 0.00 | 0.00 | 0.00 | 37.08 | 23.38 | 0.00 | 10.23 | 0.00 |

续表

| 种名序号 | 16:0 3OH | 16:0 iso | 16:1 2OH | 16:1ω11c | 16:1ω5c | 16:1ω7c alcohol | 16:1ω9c | c17:0 | 17:0 anteiso | cy17:0 | 17:0 iso |
|---|---|---|---|---|---|---|---|---|---|---|---|
| [1] | 0.00 | 0.00 | 0.00 | 0.00 | 0.00 | 0.00 | 0.00 | 1.20 | 0.00 | 4.31 | 0.00 |
| [2] | 0.00 | 0.00 | 0.00 | 0.00 | 0.00 | 0.00 | 0.62 | 2.43 | 0.00 | 0.00 | 0.00 |
| [3] | 0.00 | 0.00 | 0.00 | 0.00 | 0.00 | 0.00 | 0.00 | 0.00 | 0.00 | 0.00 | 2.02 |
| [4] | 0.00 | 0.00 | 0.00 | 0.00 | 0.00 | 0.00 | 0.00 | 0.00 | 0.00 | 13.59 | 0.00 |
| [5] | 0.00 | 0.00 | 0.00 | 0.00 | 0.00 | 0.00 | 0.00 | 0.00 | 0.00 | 0.00 | 0.00 |
| [6] | 0.00 | 0.00 | 0.00 | 0.00 | 0.00 | 0.00 | 0.00 | 0.00 | 0.00 | 6.04 | 0.00 |
| [7] | 5.16 | 0.00 | 0.83 | 0.00 | 0.00 | 0.00 | 0.00 | 0.00 | 0.00 | 8.92 | 0.00 |
| [8] | 0.00 | 0.00 | 0.00 | 0.00 | 0.00 | 0.00 | 0.00 | 0.62 | 0.00 | 9.07 | 0.00 |
| [9] | 0.00 | 0.00 | 0.00 | 0.00 | 0.00 | 0.00 | 0.00 | 0.00 | 0.00 | 0.00 | 0.00 |
| [10] | 0.00 | 0.00 | 0.00 | 0.00 | 0.00 | 0.00 | 0.00 | 0.00 | 0.00 | 2.48 | 0.00 |
| [11] | 0.00 | 0.00 | 0.00 | 0.00 | 0.00 | 0.00 | 0.00 | 3.98 | 0.00 | 12.22 | 0.00 |
| [12] | 0.00 | 0.00 | 0.00 | 0.00 | 0.00 | 0.00 | 0.00 | 0.00 | 0.00 | 0.00 | 0.00 |
| [13] | 0.00 | 0.00 | 0.00 | 0.00 | 0.00 | 0.00 | 0.00 | 0.00 | 0.00 | 4.62 | 0.00 |
| [14] | 0.00 | 0.00 | 0.00 | 0.00 | 0.00 | 0.00 | 0.00 | 0.00 | 0.00 | 26.7 | 0.00 |
| [15] | 0.00 | 0.00 | 0.00 | 0.00 | 0.00 | 0.00 | 0.00 | 0.00 | 0.00 | 0.00 | 0.00 |
| [16] | 0.00 | 0.00 | 0.00 | 0.00 | 0.00 | 0.00 | 0.00 | 1.92 | 0.00 | 22.74 | 0.00 |
| [17] | 0.00 | 0.00 | 2.64 | 0.00 | 0.00 | 0.00 | 0.00 | 0.54 | 0.00 | 4.03 | 0.00 |
| [18] | 0.00 | 0.00 | 0.00 | 0.00 | 1.52 | 0.00 | 0.00 | 0.00 | 0.00 | 0.00 | 0.00 |
| [19] | 0.00 | 0.00 | 0.00 | 0.00 | 0.58 | 0.00 | 0.00 | 0.00 | 0.00 | 0.00 | 0.00 |
| [20] | 0.00 | 0.00 | 0.00 | 0.00 | 0.00 | 0.00 | 0.00 | 0.00 | 0.00 | 30.27 | 0.00 |
| [21] | 0.00 | 0.00 | 0.00 | 0.00 | 0.00 | 0.00 | 0.00 | 0.79 | 0.00 | 2.88 | 0.00 |
| [22] | 0.00 | 4.51 | 0.00 | 0.00 | 0.00 | 0.00 | 0.00 | 0.00 | 1.96 | 0.00 | 0.00 |
| [23] | 0.00 | 5.36 | 0.00 | 1.33 | 0.00 | 0.00 | 0.00 | 0.00 | 8.49 | 0.00 | 3.58 |
| [24] | 0.00 | 0.00 | 0.00 | 4.93 | 0.00 | 6.34 | 0.00 | 0.00 | 0.00 | 0.00 | 0.00 |
| [25] | 0.00 | 17.15 | 0.00 | 0.00 | 0.00 | 0.00 | 0.00 | 0.00 | 7.79 | 0.00 | 1.19 |
| [26] | 0.00 | 3.41 | 0.00 | 0.54 | 0.00 | 0.00 | 0.00 | 0.00 | 5.88 | 0.00 | 10.48 |
| [27] | 0.00 | 3.75 | 0.00 | 0.00 | 0.00 | 0.72 | 0.00 | 0.00 | 0.74 | 0.00 | 7.10 |
| [28] | 0.00 | 5.95 | 0.00 | 0.00 | 0.00 | 0.00 | 0.00 | 0.00 | 9.70 | 0.00 | 11.70 |

| 种名序号 | 17:1 anteiso A | 17:1ω8c | c18:0 | 18:1 2OH | 18:1ω5c | 18:1ω7c | 18:1ω9c | cy19:0ω8c | 19:0 iso | 18:2 cis (9,12)c/18:0 A |
|---|---|---|---|---|---|---|---|---|---|---|
| [1] | 0.00 | 0.00 | 0.74 | 0.00 | 0.00 | 12.53 | 0.00 | 0.00 | 0.00 | 0.00 |
| [2] | 0.00 | 2.70 | 1.23 | 0.00 | 0.00 | 0.82 | 43.04 | 0.00 | 0.00 | 0.00 |
| [3] | 0.00 | 0.00 | 0.00 | 0.00 | 0.00 | 15.25 | 0.00 | 0.00 | 0.00 | 0.00 |
| [4] | 0.00 | 0.00 | 0.61 | 0.00 | 0.00 | 14.16 | 0.00 | 2.67 | 0.00 | 0.00 |
| [5] | 0.00 | 0.00 | 7.72 | 0.00 | 0.00 | 0.00 | 0.00 | 0.00 | 0.00 | 51.91 |
| [6] | 0.00 | 0.00 | 0.00 | 0.00 | 0.00 | 14.64 | 0.00 | 0.00 | 0.00 | 0.00 |
| [7] | 0.00 | 0.00 | 1.99 | 1.42 | 0.00 | 22.94 | 0.00 | 3.86 | 0.00 | 0.00 |
| [8] | 0.00 | 0.00 | 1.22 | 0.00 | 0.00 | 16.68 | 0.00 | 0.00 | 0.00 | 0.00 |
| [9] | 0.00 | 0.00 | 0.65 | 0.00 | 0.00 | 42.05 | 0.00 | 0.00 | 0.00 | 0.00 |
| [10] | 0.00 | 0.00 | 0.00 | 0.00 | 0.00 | 18.11 | 0.00 | 0.00 | 0.00 | 0.00 |

续表

| 种名序号 | 17:1 anteiso A | 17:1ω8c | c18:0 | 18:1 2OH | 18:1ω5c | 18:1ω7c | 18:1ω9c | cy19:0ω8c | 19:0 iso | 18:2 cis (9,12)c/18:0 A |
|---|---|---|---|---|---|---|---|---|---|---|
| [11] | 0.00 | 0.60 | 0.00 | 0.00 | 0.00 | 16.76 | 0.00 | 0.00 | 0.00 | 0.00 |
| [12] | 0.00 | 0.00 | 4.07 | 0.00 | 0.00 | 31.51 | 1.62 | 17.05 | 0.00 | 0.00 |
| [13] | 0.00 | 0.00 | 0.73 | 0.00 | 0.00 | 10.46 | 0.00 | 0.00 | 0.00 | 0.00 |
| [14] | 0.00 | 0.00 | 1.29 | 0.00 | 0.00 | 7.39 | 0.00 | 3.34 | 0.74 | 0.00 |
| [15] | 0.00 | 0.00 | 4.67 | 0.00 | 0.00 | 0.00 | 0.00 | 0.00 | 0.00 | 43.74 |
| [16] | 0.00 | 0.00 | 0.00 | 0.00 | 0.00 | 9.93 | 0.00 | 0.00 | 0.00 | 0.00 |
| [17] | 0.00 | 0.00 | 1.00 | 5.01 | 0.00 | 23.05 | 0.00 | 0.00 | 0.00 | 0.00 |
| [18] | 0.00 | 0.00 | 1.79 | 0.00 | 0.00 | 53.26 | 0.89 | 0.00 | 0.00 | 0.00 |
| [19] | 0.00 | 0.00 | 0.65 | 0.00 | 0.97 | 68.76 | 0.00 | 0.00 | 0.00 | 0.00 |
| [20] | 0.00 | 0.00 | 0.00 | 0.00 | 0.00 | 3.51 | 0.00 | 3.84 | 0.00 | 0.00 |
| [21] | 0.00 | 0.00 | 0.00 | 0.00 | 0.00 | 15.81 | 0.00 | 0.00 | 0.00 | 0.00 |
| [22] | 0.00 | 0.00 | 0.00 | 0.00 | 0.00 | 0.00 | 0.00 | 0.00 | 0.00 | 0.00 |
| [23] | 0.00 | 0.00 | 0.00 | 0.00 | 0.00 | 0.00 | 0.00 | 0.00 | 0.00 | 0.00 |
| [24] | 0.00 | 0.00 | 0.00 | 0.00 | 0.00 | 0.00 | 0.00 | 0.00 | 0.00 | 0.00 |
| [25] | 0.00 | 0.00 | 0.00 | 0.00 | 0.00 | 0.00 | 0.00 | 0.00 | 0.00 | 0.00 |
| [26] | 0.00 | 0.00 | 0.00 | 0.00 | 0.00 | 0.00 | 0.00 | 0.00 | 0.00 | 0.00 |
| [27] | 0.61 | 0.00 | 0.00 | 0.00 | 0.00 | 0.00 | 0.00 | 0.00 | 0.00 | 0.00 |
| [28] | 0.00 | 0.00 | 0.00 | 0.00 | 0.00 | 0.00 | 0.00 | 0.00 | 0.00 | 0.00 |

注：种名序号[1]*Achromobacter xylosoxidans*、[2]*Acinetobacter baumannii*、[3]*Aeromonas caviae*、[4]*Alcaligenes piechaudii*、[5]*Alternaria alternata*、[6]*Aquaspirillum autotrophicum*、[7]*Burkholderia gladioli*、[8]*Cedecea davisae*、[9]*Chryseomonas luteola*、[10]*Citrobacter freundii*、[11]*Enterobacter asburiae*、[12]*Enterococcus faecalis*、[13]*Erwinia amylovora*、[14]*Ewingella americana*、[15]*Exophiala jeanselmei*、[16]*Rahnella aquatilis*、[17]*Ralstonia pickettii*、[18]*Sphingobium yanoikuyae*、[19]*Sphingomonas sanguinis*、[20]*Xenorhabdus nematophila*、[21]*Yersinia aldovae*、[22]*Paenibacillus macquariensis*、[23]*Paenibacillus polymyxa*、[24]*Brevibacillus reuszeri*、[25]*Brevibacterium liquefaciens*、[26]*Bacillus subtilis*、[27]*Bacillus thuringiensis*、[28]*Virgibacillus pantothenticus*

## 4. 芽胞杆菌与非芽胞杆菌脂肪酸含量的比较

芽胞杆菌与非芽胞杆菌脂肪酸含量比较结果见表 2-4-2。21 个非芽胞杆菌脂肪酸含量为 51.11%～94.18%。7 个芽胞杆菌脂肪酸含量为 86.15%～100.00%。用 MIDI 系统检测的微生物脂肪酸碳链长为 10～20，含量低于 100%则表明这些微生物种类中有部分脂肪酸生物的碳链长不在该范围内。从分析结果来看，芽胞杆菌有更多的脂肪酸碳链长在该范围内。

**表 2-4-2　芽胞杆菌与非芽胞杆菌的脂肪酸组比较**　（%）

| 微生物学名 | 脂肪酸含量 | 15:0 anteiso | 15:0 iso | 17:0 anteiso | 17:0 iso |
|---|---|---|---|---|---|
| [1] *Achromobacter xylosoxidans* | 53.56 | 0.00 | 0.00 | 0.00 | 0.00 |
| [2] *Acinetobacter baumannii* | 82.58 | 0.00 | 0.00 | 0.00 | 0.00 |
| [3] *Aeromonas caviae* | 51.11 | 0.00 | 1.16 | 0.00 | 2.02 |
| [4] *Alcaligenes piechaudii* | 71.40 | 0.00 | 0.00 | 0.00 | 0.00 |
| [5] *Alternaria alternata* | 77.23 | 0.00 | 0.00 | 0.00 | 0.00 |
| [6] *Aquaspirillum autotrophicum* | 60.63 | 0.00 | 1.37 | 0.00 | 0.00 |

续表

| 微生物学名 | 脂肪酸含量 | 15:0 anteiso | 15:0 iso | 17:0 anteiso | 17:0 iso |
|---|---|---|---|---|---|
| [7] *Burkholderia gladioli* | 76.83 | 0.00 | 0.00 | 0.00 | 0.00 |
| [8] *Cedecea davisae* | 70.47 | 0.00 | 0.00 | 0.00 | 0.00 |
| [9] *Chryseomonas luteola* | 77.29 | 0.00 | 0.00 | 0.00 | 0.00 |
| [10] *Citrobacter freundii* | 59.77 | 0.00 | 0.00 | 0.00 | 0.00 |
| [11] *Enterobacter asburiae* | 70.63 | 0.00 | 0.00 | 0.00 | 0.00 |
| [12] *Enterococcus faecalis* | 89.11 | 0.00 | 0.00 | 0.00 | 0.00 |
| [13] *Erwinia amylovora* | 59.93 | 0.00 | 0.00 | 0.00 | 0.00 |
| [14] *Ewingella americana* | 84.59 | 0.00 | 0.00 | 0.00 | 0.00 |
| [15] *Exophiala jeanselmei* | 75.01 | 0.00 | 0.00 | 0.00 | 0.00 |
| [16] *Rahnella aquatilis* | 78.82 | 0.00 | 0.00 | 0.00 | 0.00 |
| [17] *Ralstonia pickettii* | 64.09 | 0.00 | 0.00 | 0.00 | 0.00 |
| [18] *Sphingobium yanoikuyae* | 82.18 | 0.00 | 0.00 | 0.00 | 0.00 |
| [19] *Sphingomonas sanguinis* | 94.18 | 0.00 | 0.00 | 0.00 | 0.00 |
| [20] *Xenorhabdus nematophila* | 83.67 | 0.00 | 0.00 | 0.00 | 0.00 |
| [21] *Yersinia aldovae* | 57.90 | 0.00 | 0.00 | 0.00 | 0.00 |
| [22] *Paenibacillus macquariensis* | 100.00 | 62.65 | 13.13 | 1.96 | 0.00 |
| [23] *Paenibacillus polymyxa* | 97.76 | 62.21 | 6.37 | 8.49 | 3.58 |
| [24] *Brevibacillus reuszeri* | 100.01 | 55.22 | 22.77 | 0.00 | 0.00 |
| [25] *Brevibacterium liquefaciens* | 100.00 | 51.46 | 11.64 | 7.79 | 1.19 |
| [26] *Bacillus subtilis* | 98.44 | 32.58 | 40.33 | 5.88 | 10.48 |
| [27] *Bacillus thuringiensis* | 86.15 | 3.40 | 38.45 | 0.74 | 7.10 |
| [28] *Virgibacillus pantothenticus* | 99.99 | 37.08 | 23.38 | 9.70 | 11.70 |

## 5. 芽胞杆菌和非芽胞杆菌脂肪酸组的比较

根据表 2-4-1 统计的芽胞杆菌和非芽胞杆菌脂肪酸生物标记平均值见表 2-4-3。非芽胞杆菌中含量排在前 10 的脂肪酸为：c16:0（25.23%）、18:1ω7c（18.18%）、cy17:0（6.90%）、18:2 cis (9,12)c/18:0 A（4.55%）、c14:0（3.61%）、15:0 anteiso（2.73%）、c12:0（2.26%）、18:1ω9c（2.17%）、cy19:0ω8c（1.46%）、c18:0（1.35%）；芽胞杆菌含量排在前 13 的脂肪酸则为：15:0 anteiso（38.08%）、15:0 iso（19.51%）、c16:0（8.02%）、16:0 iso（5.02%）、17:0 anteiso（4.32%）、17:0 iso（4.26%）、14:0 iso（4.02%）、18:1ω7c（1.98%）、c14:0（1.50%）、13:0 iso（1.41%）、c12:0（0.94%）、16:1ω7c alcohol（0.88%）、16:1ω11c（0.85%）；两者的主要差异表现在：c16:0、18:1ω7c 在非芽胞杆菌中含量分别高达 25.23% 和 18.18%，而芽胞杆菌中仅为 8.02%和 1.98%；15:0 anteiso、15:0 iso、16:0 iso、17:0 anteiso、17:0 iso 在芽胞杆菌中含量分别高达 38.08%、19.51%、5.02%、4.32%、4.26%，而在非芽胞杆菌中含量低，分别为 2.73%、0.40%、0.41%、0.22%、0.16%。其中，柠檬色节杆菌（*Arthrobacter citreus*）属于革兰氏阳性菌，在分类学上为细菌界放线菌门放线菌纲放线菌亚纲放线菌目微球菌亚目微球菌科节杆菌属，其脂肪酸组（15:0 iso、15:0 anteiso、17:0 anteiso、17:0 iso）与芽胞杆菌相近。

**表 2-4-3　芽胞杆菌和非芽胞杆菌脂肪酸组比较**　(%)

| 微生物学名 | 非芽胞杆菌脂肪酸组 | 芽胞杆菌脂肪酸组 |
|---|---|---|
| [1] c16:0 | 25.23 | 8.02 |
| [2] 18:1ω7c | 18.18 | 1.98 |
| [3] cy17:0 | 6.90 | 0.36 |
| [4] 18:2 cis (9,12)c/18:0 A | 4.55 | 0.00 |
| [5] c14:0 | 3.61 | 1.50 |
| [6] 15:0 anteiso | 2.73 | 38.08 |
| [7] c12:0 | 2.26 | 0.94 |
| [8] 18:1ω9c | 2.17 | 0.00 |
| [9] cy19:0ω8c | 1.46 | 0.00 |
| [10] c18:0 | 1.35 | 0.00 |
| [11] 14:0 2OH | 0.76 | 0.00 |
| [12] 12:0 3OH | 0.69 | 0.00 |
| [13] 12:0 2OH | 0.59 | 0.00 |
| [14] c17:0 | 0.51 | 0.10 |
| [15] 16:0 iso | 0.41 | 5.02 |
| [16] 15:0 iso | 0.40 | 19.51 |
| [17] 10:0 3OH | 0.33 | 0.00 |
| [18] 14:0 iso | 0.31 | 4.02 |
| [19] 18:1 2OH | 0.31 | 0.00 |
| [20] 16:0 3OH | 0.25 | 0.00 |
| [21] 17:0 anteiso | 0.22 | 4.32 |
| [22] 16:1 2OH | 0.17 | 0.00 |
| [23] 17:0 iso | 0.16 | 4.26 |
| [24] 17:1ω8c | 0.16 | 0.00 |
| [25] 16:1ω5c | 0.10 | 0.00 |
| [26] 16:0 2OH | 0.08 | 0.00 |
| [27] 13:0 iso | 0.07 | 1.41 |
| [28] 17:1iso ω9c | 0.07 | 0.00 |
| [29] 15:0 iso 3OH | 0.06 | 0.00 |
| [30] 16:1ω11c | 0.05 | 0.85 |
| [31] 12:1 3OH | 0.05 | 0.00 |
| [32] 14:1ω5c | 0.05 | 0.00 |
| [33] 18:1ω5c | 0.05 | 0.00 |
| [34] c13:0 | 0.05 | 0.00 |
| [35] 19:0 iso | 0.04 | 0.00 |
| [36] 16:1ω9c | 0.03 | 0.00 |
| [37] 13:0 anteiso | 0.02 | 0.12 |
| [38] 16:1ω7c alcohol | 0.00 | 0.88 |
| [39] 17:1iso ω5c | 0.00 | 0.56 |
| [40] 17:1iso ω10c | 0.00 | 0.40 |
| [41] 15:0 2OH | 0.00 | 0.08 |
| [42] 17:1 anteiso A | 0.00 | 0.08 |
| [43] 12:0 iso | 0.00 | 0.07 |

根据表 2-4-3 整理出的芽胞杆菌与非芽胞杆菌主要脂肪酸分布见表 2-4-4。在 13 个脂肪酸生物标记中，同时分布于芽胞杆菌和非芽胞杆菌的标记有 2 个，即 c16:0 和 c14:0，含量总和在非芽胞杆菌和芽胞杆菌中分别为 29.65%和 6.47%；主要分布于非芽胞杆菌的标记有 5 个，即 c12:0、18:2 cis (9,12)c/18:0 A、18:1ω9c、18:1ω7c、cy17:0，含量总和在非芽胞杆菌和芽胞杆菌分别为 35.31%和 0；主要分布于芽胞杆菌的标记为 6 个，即 15:0 iso、15:0 anteiso、17:0 anteiso、17:0 iso、16:0 iso、14:0 iso，含量总和在非芽胞杆菌和芽胞杆菌分别为 0.22%和 85.93%；芽胞杆菌主要脂肪酸为 15:0 iso、15:0 anteiso、17:0 anteiso、17:0 iso，它们在非芽胞杆菌中含量很低。

**表 2-4-4　芽胞杆菌与非芽胞杆菌主要脂肪酸分布**　　(%)

| 脂肪酸生物标记 | 非芽胞杆菌 | 芽胞杆菌 |
|---|---|---|
| c16:0 | 26.19 | 4.95 |
| c14:0 | 3.46 | 1.52 |
| 整体分布脂肪酸生物标记小计 | 29.65 | 6.47 |
| c12:0 | 2.62 | 0.00 |
| 18:2 cis (9,12)c/18:0 A | 4.55 | 0.00 |
| 18:1ω9c | 2.17 | 0.00 |
| 18:1ω7c | 18.93 | 0.00 |
| cy17:0 | 7.04 | 0.00 |
| 主要分布在非芽胞杆菌中的脂肪酸生物标记小计 | 35.31 | 0.00 |
| 15:0 iso | 0.12 | 22.30 |
| 15:0 anteiso | 0.00 | 43.51 |
| 17:0 anteiso | 0.00 | 4.94 |
| 17:0 iso | 0.10 | 4.86 |
| 16:0 iso | 0.00 | 5.73 |
| 14:0 iso | 0.00 | 4.59 |
| 主要分布在芽胞杆菌中的脂肪酸生物标记小计 | 0.22 | 85.93 |

## 6. 芽胞杆菌和非芽胞杆菌脂肪酸生物标记的聚类分析

以表 2-4-1 为数据矩阵，以微生物种类为样本，以脂肪酸生物标记为指标，数据不转换，以欧氏距离为尺度，利用可变类平均法进行系统聚类，分析结果见图 2-4-1。

聚类结果表明，脂肪酸生物标记可以分为 3 组，第 I 组为芽胞杆菌主要脂肪酸，包含 10 个脂肪酸，即 16:1ω7c alcohol、16:1ω11c、15:0 anteiso、15:0 iso、c16:0、16:0 iso、17:0 anteiso、17:0 iso、14:0 iso、c12:0；第 II 组为非芽胞杆菌主要脂肪酸，包括 26 个脂肪酸，其中主要分布在非芽胞杆菌的脂肪酸有 18:2 cis (9,12)c/18:0 A、c18:0、cy19:0ω8c、16:0 3OH、18:1ω7c、cy17:0、c14:0、18:1ω9c 等；第 III 组为低含量脂肪酸，在两类微生物中含量均较低。

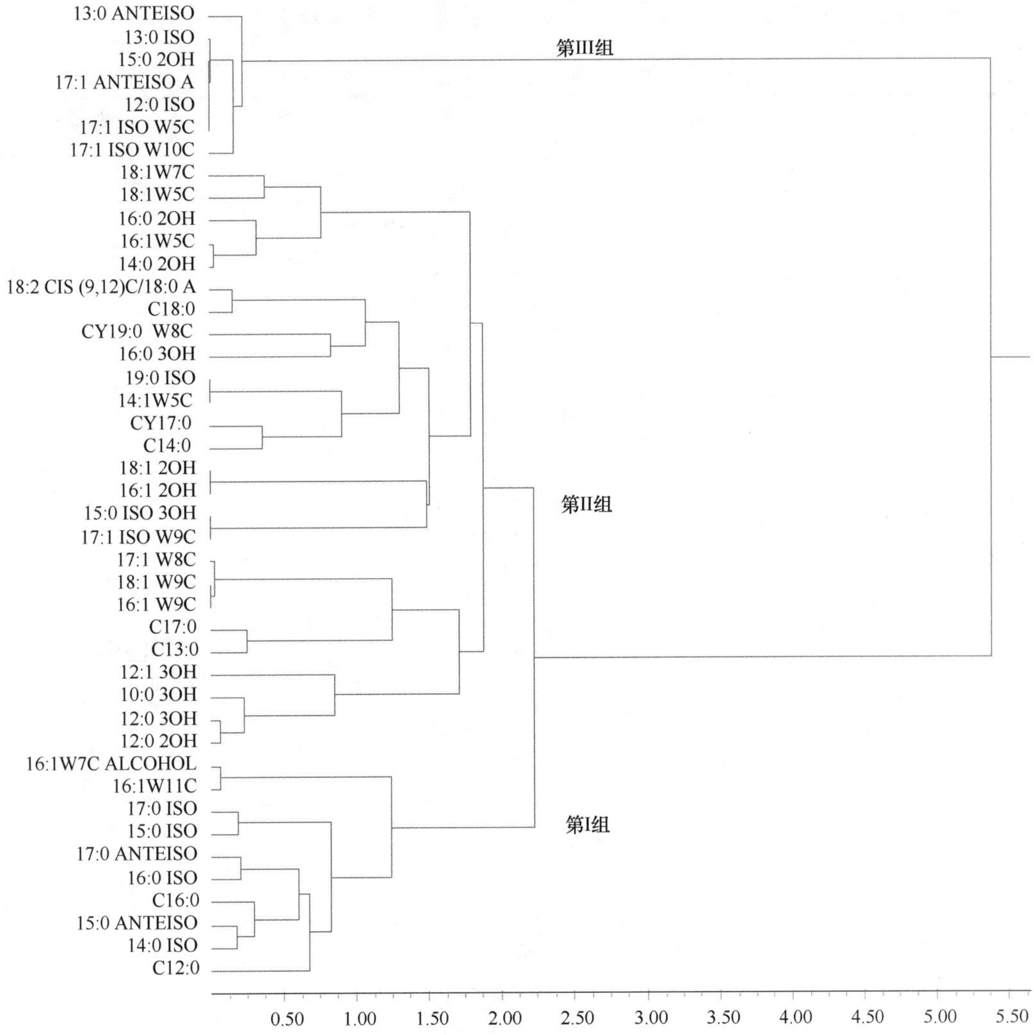


图 2-4-1　芽胞杆菌和非芽胞杆菌脂肪酸生物标记的聚类分析

## 7. 芽胞杆菌和非芽胞杆菌脂肪酸系统发育

以表 2-4-1 为数据矩阵，以微生物种类为样本，以脂肪酸生物标记为指标，数据不转换，以欧氏距离为尺度，利用可变类平均法进行系统聚类，分析结果见图 2-4-2 和表 2-4-5。根据主要脂肪酸组，可将微生物分为两类，第 I 类为非芽胞杆菌类，到中心的欧氏距离值为 19.7026，包括 21 种非芽胞杆菌，即木糖氧化无色杆菌、鲍曼不动杆菌、豚鼠气单胞菌、皮氏产碱菌、链格孢菌、自养水螺菌、唐昌蒲伯克氏菌、戴氏西地西菌、浅黄金色单胞菌、弗氏柠檬酸杆菌、阿氏肠杆菌、粪肠球菌、解淀粉欧文氏菌、美洲爱文氏菌、甄氏外瓶霉、水生拉恩氏菌、皮氏雷尔氏菌、矢野口鞘氨醇菌、血红鞘氨醇单胞菌、嗜线虫致病杆菌、阿氏耶尔森氏菌；第 II 类主要为芽胞杆菌类，到中心的欧氏距离值为 19.3412，包括 7 种芽胞杆菌，即马阔里类芽胞杆菌、多黏类芽胞杆菌、茹氏短芽胞杆菌、液化短杆菌、枯草芽胞杆菌、苏云金芽胞杆菌、泛酸枝芽胞杆菌。脂肪酸组可以清晰地划分出这些芽胞杆菌和非芽胞杆菌种类的系统发育关系。

**表 2-4-5　芽胞杆菌和非芽胞杆菌脂肪酸系统发育**

| 类别 | 种名 | 到中心的欧氏距离 |
|---|---|---|
| I | *Achromobacter xylosoxidans* | 9.3346 |
| I | *Acinetobacter baumannii* | 46.1848 |
| I | *Aeromonas caviae* | 11.3972 |
| I | *Alcaligenes piechaudii* | 10.5466 |
| I | *Alternaria alternata* | 52.8471 |
| I | *Aquaspirillum autotrophicum* | 8.9967 |
| I | *Burkholderia gladioli* | 9.1188 |
| I | *Cedecea davisae* | 10.1299 |
| I | *Chryseomonas luteola* | 27.8389 |
| I | *Citrobacter freundii* | 8.5389 |
| I | *Enterobacter asburiae* | 9.5271 |
| I | *Enterococcus faecalis* | 22.4241 |
| I | *Erwinia amylovora* | 13.0485 |
| I | *Ewingella americana* | 25.6391 |
| I | *Exophiala jeanselmei* | 44.5256 |
| I | *Rahnella aquatilis* | 21.2513 |
| I | *Ralstonia pickettii* | 9.7666 |
| I | *Sphingobium yanoikuyae* | 38.6766 |
| I | *Sphingomonas sanguinis* | 51.9616 |
| I | *Xenorhabdus nematophila* | 30.2330 |
| I | *Yersinia aldovae* | 9.9184 |
| 非芽胞杆菌 21 种 | 到中心的欧氏距离平均值 | RMSTD = 19.7026 |
| II | *Paenibacillus macquariensis* | 22.6113 |
| II | *Paenibacillus polymyxa* | 25.2241 |
| II | *Brevibacillus reuszeri* | 18.1703 |
| II | *Brevibacterium liquefaciens* | 18.2871 |
| II | *Bacillus subtilis* | 22.4390 |
| II | *Bacillus thuringiensis* | 44.9327 |
| II | *Virgibacillus pantothenticus* | 12.4275 |
| 芽胞杆菌 7 种 | 到中心的欧氏距离平均值 | RMSTD = 19.3412 |

## 8. 芽胞杆菌和非芽胞杆菌脂肪酸组的差异

芽胞杆菌和非芽胞杆菌脂肪酸组差异显著（表 2-4-6）。芽胞杆菌特有的脂肪酸有 15 个，即 15:0 anteiso、15:0 iso、17:0 anteiso、17:0 iso、16:0 iso、14:0 iso、13:0 iso、16:1ω7c alcohol、16:1ω11c、17:1 iso ω5c、17:1 iso ω10c、13:0 anteiso、17:1 anteiso A、15:0 2OH、12:0 iso，占了总脂肪酸的 91.01%；在非芽胞杆菌中，这些脂肪酸很少存在。芽胞杆菌和非芽胞杆菌共有的脂肪酸有 2 个，主要是直链脂肪酸，即 c16:0、c14:0，在非芽胞杆

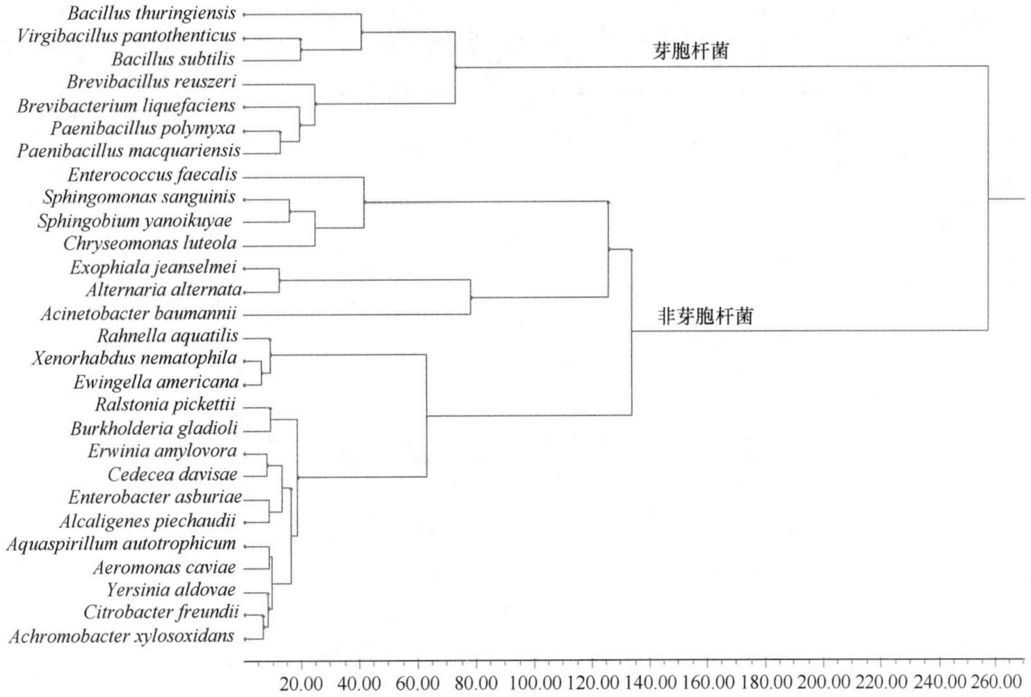


图 2-4-2　基于脂肪酸组芽胞杆菌与非芽胞杆菌的聚类分析（欧氏距离）

菌中占比为 29.65%，在芽胞杆菌中占比为 6.47%。非芽胞杆菌特有的脂肪酸有 26 个，即 18:1ω7c、cy17:0、18:2 cis (9,12)c/18:0 A、c12:0、18:1ω9c、cy19:0ω8c、c18:0、14:0 2OH、12:0 3OH、12:0 2OH、c17:0、10:0 3OH、18:1 2OH、16:0 3OH、19:0 iso、18:1ω5c、17:1ω8c、17:1 iso ω9c、16:1 2OH、16:1ω5c、16:1ω9c、16:0 2OH、15:0 iso 3OH、14:1ω5c、c13:0、12:1 3OH，占比为 42.51%，这些脂肪酸在芽胞杆菌中不存在。

**表 2-4-6　芽胞杆菌和非芽胞杆菌脂肪酸组差异**

| 脂肪酸组 | 非芽胞杆菌 21 种脂肪酸组平均值/% | 芽胞杆菌 7 种脂肪酸组平均值/% |
|---|---|---|
| 芽胞杆菌特有脂肪酸 | | |
| [1] 15:0 anteiso | 0.00 | 43.51 |
| [2] 15:0 iso | 0.12 | 22.30 |
| [3] 17:0 anteiso | 0.00 | 4.94 |
| [4] 17:0 iso | 0.10 | 4.86 |
| [5] 16:0 iso | 0.00 | 5.73 |
| [6] 14:0 iso | 0.00 | 4.59 |
| [7] 13:0 iso | 0.07 | 1.61 |
| [8] 16:1ω7c alcohol | 0.00 | 1.01 |
| [9] 16:1ω11c | 0.00 | 0.97 |
| [10] 17:1 iso ω5c | 0.00 | 0.64 |
| [11] 17:1 iso ω10c | 0.00 | 0.46 |
| [12] 13:0 anteiso | 0.00 | 0.14 |

续表

| 脂肪酸组 | 非芽胞杆菌 21 种<br>脂肪酸组平均值/% | 芽胞杆菌 7 种<br>脂肪酸组平均值/% |
|---|---|---|
| 芽胞杆菌特有脂肪酸 | | |
| [13] 17:1 anteiso A | 0.00 | 0.09 |
| [14] 15:0 2OH | 0.00 | 0.09 |
| [15] 12:0 iso | 0.00 | 0.07 |
| 合计 | 0.29 | 91.01 |
| 芽胞杆菌和非芽胞杆菌共有脂肪酸 | | |
| [1] c16:0 | 26.19 | 4.95 |
| [2] c14:0 | 3.46 | 1.52 |
| 合计 | 29.65 | 6.47 |
| 非芽胞杆菌特有脂肪酸 | | |
| [1] 18:1ω7c | 18.93 | 0.00 |
| [2] cy17:0 | 7.04 | 0.00 |
| [3] 18:2 cis (9,12)c/18:0 A | 4.55 | 0.00 |
| [4] c12:0 | 2.62 | 0.00 |
| [5] 18:1ω9c | 2.17 | 0.00 |
| [6] cy19:0ω8c | 1.46 | 0.00 |
| [7] c18:0 | 1.35 | 0.00 |
| [8] 14:0 2OH | 0.76 | 0.00 |
| [9] 12:0 3OH | 0.69 | 0.00 |
| [10] 12:0 2OH | 0.59 | 0.00 |
| [11] c17:0 | 0.55 | 0.00 |
| [12] 10:0 3OH | 0.33 | 0.00 |
| [13] 18:1 2OH | 0.31 | 0.00 |
| [14] 16:0 3OH | 0.25 | 0.00 |
| [15] 17:1ω8c | 0.16 | 0.00 |
| [16] 16:1 2OH | 0.17 | 0.00 |
| [17] 16:1ω5c | 0.10 | 0.00 |
| [18] 19:0 iso | 0.04 | 0.00 |
| [19] 18:1ω5c | 0.05 | 0.00 |
| [20] 17:1 iso ω9c | 0.07 | 0.00 |
| [21] 16:1ω9c | 0.03 | 0.00 |
| [22] 16:0 2OH | 0.08 | 0.00 |
| [23] 15:0 iso 3OH | 0.06 | 0.00 |
| [24] 14:1ω5c | 0.05 | 0.00 |
| [25] c13:0 | 0.05 | 0.00 |
| [26] 12:1 3OH | 0.05 | 0.00 |
| 合计 | 42.51 | 0.00 |

## 9. 讨论

MIDI 系统测定的脂肪酸碳链长为 10～20，能有效地鉴定芽胞杆菌和非芽胞杆菌种类；对于芽胞杆菌，MIDI 系统测定的脂肪酸组可达总脂肪酸的 86%～100%，表明芽胞杆菌主要脂肪酸可以通过 MIDI 系统测定出来；对于非芽胞杆菌，MIDI 系统测定的脂肪酸组可达 51%～99%，说明在部分非芽胞杆菌中，有近 50%的脂肪酸生物标记的碳链长不在这个范围内，因此 MIDI 系统对这些种类的检测精度有限。但是，这并不影响其分类鉴定，因为在 MIDI 系统检测范围内的脂肪酸生物标记具有显著的种的特征。

刘波等（2014）测定芽胞杆菌属 90 种（亚种）的脂肪酸成分，构建芽胞杆菌属脂肪酸系统发育分类体系。利用脂肪酸微生物鉴定系统（MIS）分析供试芽胞杆菌种类脂肪酸生物标记，根据脂肪酸生物标记的分布特性，选取 10 种脂肪酸标记即 16:0 iso、c16:0、17:0 iso、17:0 anteiso、15:0 iso、15:0 anteiso、15:0 iso/15:0 anteiso、17:0 iso/17:0 anteiso，以及香农多样性指数（*H*）和均匀度指数（*J*）构建芽胞杆菌属种类的脂肪酸系统发育分类体系，从芽胞杆菌属 90 种（亚种）共检测到 29 个脂肪酸生物标记，脂肪酸碳链长度为 10～20，前 6 个相对百分比含量总和最大的脂肪酸是 15:0 anteiso、15:0 iso、17:0 anteiso、c16:0、17:0 iso 和 16:0 iso；在测定的 90 种（亚种）的脂肪酸组成中，15:0 anteiso 和 15:0 iso 属于高含量完全分布，17:0 anteiso、c16:0、17:0 iso 和 16:0 iso 属于中含量不完全分布，其余 23 个标记属于低含量不完全分布。可将 90 种（亚种）芽胞杆菌分为 5 个脂肪酸群，分别为第 I 群窄温芽胞杆菌脂肪酸群、第 II 群广温芽胞杆菌脂肪酸群、第 III 群嗜碱芽胞杆菌脂肪酸群、第 IV 群嗜酸芽胞杆菌脂肪酸群、第 V 群嗜温芽胞杆菌脂肪酸群，而且基于脂肪酸生物标记划分的 5 个类群的特性与芽胞杆菌的生长特性和生理生化特性紧密相关，这是其他分类方法所不具有的，有望成为一种新的分类体系。张建丽等（2008）采用 MIDI 系统，分析测定了 4 株非芽胞杆菌——诺卡氏菌菌株的脂肪酸成分和含量，结果表明该法具有分辨率高、稳定、重现性好、简便易行等特点，在一定程度上与 16S rDNA 基因序列的分析结果比较一致，能在种及菌株水平上反映出放线菌的基因型、系统发育和分类关系，是一种较好的脂肪酸定量测定方法，尤其适用于分析大量的菌株或分离株，可应用于放线菌种水平的分类和快速鉴定。

芽胞杆菌和非芽胞杆菌的脂肪酸组总含量存在显著差异，MIDI 系统鉴定出的非芽胞杆菌脂肪酸含量一般为 51.11%～94.18%，芽胞杆菌脂肪酸含量为 86.15%～100.00%。非芽胞杆菌脂肪酸生物标记 c16:0 和 c14:0 含量（29.65%和 6.47%）远高于芽胞杆菌；非芽胞杆菌脂肪酸特征生物标记有 c12:0、18:2 cis (9,12)c/18:0 A、18:1ω9c、18:1ω7c、cy17:0，芽胞杆菌脂肪酸特征生物标记有 15:0 iso、15:0 anteiso、17:0 anteiso、17:0 iso 等。以脂肪酸组数值为基础，进行微生物系统发育聚类分析，可以明确地将芽胞杆菌及其近缘种与非芽胞杆菌有效地分开。

芽胞杆菌和非芽胞杆菌脂肪酸组差异显著，芽胞杆菌特有的脂肪酸有 15 个，占总脂肪酸的 91.01%；在非芽胞杆菌中，这些脂肪酸很少存在。芽胞杆菌和非芽胞杆菌共有的脂肪酸有 2 个，主要是直链脂肪酸，即 c16:0、c14:0，在非芽胞杆菌中占比为 29.65%，在芽胞杆菌中占比为 6.47%。非芽胞杆菌特有的脂肪酸有 26 个，这些脂肪酸在芽胞杆菌中不存在。这种差异可以用于对环境整体脂肪酸测定过程中芽胞杆菌含量的推算。

## 二、芽胞杆菌脂肪酸组比例与脂肪酸总量的关系

### 1. 概述

芽胞杆菌脂肪酸组的各个生物标记比例在各种类中是相对稳定的，具有遗传特征；尽管脂肪酸检测过程中选取的菌株浓度有所差异，但是在一定的菌株浓度范围内，脂肪酸组的结构比例在统计学上是稳定的，不依赖于测定菌株浓度的变化而产生脂肪酸结构比例的变化。这一特性可以用于评估脂肪酸总体测定的样本中特定细菌类群所占的比例。

为进一步了解芽胞杆菌脂肪酸比例与脂肪酸总量的关系，作者以解淀粉芽胞杆菌（*Bacillus amyloliquefaciens*）为例，测定分析了27株解淀粉芽胞杆菌，分析脂肪酸总量的变化与脂肪酸生物标记比例之间的相互关系。

### 2. 研究方法

选取27株解淀粉芽胞杆菌，利用MIDI系统测定脂肪酸组，统计分析脂肪酸总量与比例的变化；利用聚类分析，对具有不同脂肪酸总量的菌株的脂肪酸生物标记进行聚类；以脂肪酸为指标，以芽胞杆菌菌株为样本，聚类分析不同脂肪酸总量和比例的菌株；对菌株脂肪酸总量和比例进行相关性分析；阐明菌株脂肪酸总量与比例的相互关系。

### 3. 芽胞杆菌脂肪酸总量和比例测定

27株解淀粉芽胞杆菌脂肪酸总量和比例的测定结果见表2-4-7。结果表明，菌株脂肪酸总量为65 116～602 032，相差8.24倍；鉴定到17个脂肪酸生物标记，即17:0 iso、18:1ω9c、14:0 iso、c16:0、16:0 iso、16:1ω11c、c18:0、15:0 iso 3OH、17:0 anteiso、c14:0、17:1 iso ω10c、13:0 iso、16:1ω7c alcohol、15:0 anteiso、15:0 iso、15:0 2OH、13:0 iso 3OH，各菌株脂肪酸生物标记的比例总和达99.01%～100.00%。

**表2-4-7　解淀粉芽胞杆菌脂肪酸总量和生物标记比例测定**

| 芽胞杆菌种名 | 相似性指数 | 脂肪酸总量* | 17:0 iso | 18:1ω9c | 14:0 iso | c16:0 | 16:0 iso | 16:1ω11c |
|---|---|---|---|---|---|---|---|---|
| [1] *Bacillus amyloliquefaciens* | 0.797 | 167 327 | 9.45 | 0.00 | 1.40 | 4.42 | 2.90 | 1.65 |
| [2] *Bacillus amyloliquefaciens* | 0.834 | 151 372 | 10.64 | 0.00 | 1.13 | 3.95 | 2.89 | 1.16 |
| [3] *Bacillus amyloliquefaciens* | 0.848 | 466 428 | 11.79 | 0.00 | 1.13 | 3.92 | 2.99 | 1.08 |
| [4] *Bacillus amyloliquefaciens* | 0.729 | 93 021 | 8.62 | 0.47 | 1.30 | 5.48 | 2.79 | 1.69 |
| [5] *Bacillus amyloliquefaciens* | 0.760 | 255 343 | 12.51 | 0.00 | 0.76 | 7.55 | 1.56 | 1.85 |
| [6] *Bacillus amyloliquefaciens* | 0.803 | 358 005 | 10.50 | 0.00 | 1.19 | 3.77 | 2.84 | 1.16 |
| [7] *Bacillus amyloliquefaciens* | 0.883 | 496 511 | 13.09 | 0.00 | 1.07 | 3.44 | 2.94 | 0.87 |
| [8] *Bacillus amyloliquefaciens* | 0.803 | 602 032 | 11.10 | 0.00 | 1.16 | 2.86 | 2.85 | 0.75 |
| [9] *Bacillus amyloliquefaciens* | 0.776 | 287 367 | 10.67 | 0.27 | 1.33 | 5.08 | 3.09 | 1.05 |
| [10] *Bacillus amyloliquefaciens* | 0.814 | 226 339 | 10.55 | 0.23 | 1.19 | 4.91 | 3.06 | 1.50 |

续表

| 芽胞杆菌种名 | 相似性指数 | 脂肪酸总量* | 17:0 iso | 18:1ω9c | 14:0 iso | c16:0 | 16:0 iso | 16:1ω11c |
|---|---|---|---|---|---|---|---|---|
| [11] *Bacillus amyloliquefaciens* | 0.852 | 383 758 | 11.53 | 0.00 | 1.02 | 4.33 | 2.70 | 1.35 |
| [12] *Bacillus amyloliquefaciens* | 0.774 | 221 873 | 9.55 | 0.27 | 1.17 | 5.04 | 2.68 | 1.82 |
| [13] *Bacillus amyloliquefaciens* | 0.821 | 142 793 | 9.88 | 0.00 | 1.23 | 4.03 | 2.91 | 1.52 |
| [14] *Bacillus amyloliquefaciens* | 0.753 | 89 295 | 9.68 | 0.54 | 1.15 | 5.26 | 2.93 | 1.53 |
| [15] *Bacillus amyloliquefaciens* | 0.752 | 382 922 | 8.96 | 0.44 | 1.22 | 5.21 | 2.78 | 1.68 |
| [16] *Bacillus amyloliquefaciens* | 0.836 | 223 877 | 10.24 | 0.00 | 1.19 | 4.17 | 2.84 | 1.54 |
| [17] *Bacillus amyloliquefaciens* | 0.785 | 118 420 | 10.68 | 0.00 | 1.59 | 2.88 | 3.55 | 0.82 |
| [18] *Bacillus amyloliquefaciens* | 0.573 | 182 526 | 8.24 | 0.00 | 1.91 | 2.15 | 3.17 | 0.51 |
| [19] *Bacillus amyloliquefaciens* | 0.804 | 107 242 | 12.95 | 0.00 | 1.42 | 3.57 | 3.80 | 0.75 |
| [20] *Bacillus amyloliquefaciens* | 0.783 | 65 116 | 12.65 | 0.00 | 1.47 | 3.77 | 3.32 | 1.09 |
| [21] *Bacillus amyloliquefaciens* | 0.831 | 542 457 | 13.18 | 0.14 | 1.47 | 3.96 | 4.08 | 1.26 |
| [22] *Bacillus amyloliquefaciens* | 0.539 | 177 972 | 12.64 | 0.00 | 1.92 | 3.01 | 4.31 | 0.00 |
| [23] *Bacillus amyloliquefaciens* | 0.652 | 211 321 | 13.14 | 0.13 | 2.15 | 3.47 | 4.61 | 0.19 |
| [24] *Bacillus amyloliquefaciens* | 0.558 | 75 586 | 19.29 | 0.00 | 1.67 | 4.00 | 4.28 | 0.00 |
| [25] *Bacillus amyloliquefaciens* | 0.675 | 160 143 | 12.23 | 0.00 | 2.04 | 3.03 | 5.08 | 0.62 |
| [26] *Bacillus amyloliquefaciens* | 0.737 | 144 376 | 11.10 | 0.00 | 1.25 | 6.98 | 2.53 | 0.91 |
| [27] *Bacillus amyloliquefaciens* | 0.597 | 435 423 | 12.11 | 0.44 | 1.43 | 4.29 | 3.65 | 0.70 |

| 芽胞杆菌种名 | c18:0 | 15:0 iso 3OH | 17:0 anteiso | c14:0 | 17:1 iso ω10c | 13:0 iso | 16:1ω7c alcohol |
|---|---|---|---|---|---|---|---|
| [1] *Bacillus amyloliquefaciens* | 0.63 | 0.57 | 8.55 | 0.52 | 0.95 | 0.28 | 0.33 |
| [2] *Bacillus amyloliquefaciens* | 0.91 | 0.30 | 8.59 | 0.74 | 1.54 | 0.26 | 0.37 |
| [3] *Bacillus amyloliquefaciens* | 0.62 | 0.38 | 9.18 | 0.57 | 1.13 | 0.23 | 0.27 |
| [4] *Bacillus amyloliquefaciens* | 1.24 | 0.49 | 7.89 | 0.66 | 1.04 | 0.33 | 0.00 |
| [5] *Bacillus amyloliquefaciens* | 0.37 | 0.00 | 8.07 | 0.84 | 1.43 | 0.36 | 0.16 |
| [6] *Bacillus amyloliquefaciens* | 0.18 | 0.57 | 7.64 | 0.36 | 1.19 | 0.29 | 0.29 |
| [7] *Bacillus amyloliquefaciens* | 0.25 | 0.27 | 9.58 | 0.30 | 1.19 | 0.24 | 0.25 |
| [8] *Bacillus amyloliquefaciens* | 0.24 | 0.14 | 7.30 | 0.28 | 1.33 | 0.23 | 0.29 |
| [9] *Bacillus amyloliquefaciens* | 0.87 | 0.55 | 9.31 | 0.46 | 0.71 | 0.29 | 0.19 |
| [10] *Bacillus amyloliquefaciens* | 0.85 | 0.49 | 9.30 | 0.48 | 0.90 | 0.27 | 0.25 |
| [11] *Bacillus amyloliquefaciens* | 0.60 | 0.41 | 9.52 | 0.47 | 1.22 | 0.22 | 0.29 |
| [12] *Bacillus amyloliquefaciens* | 0.87 | 0.65 | 8.08 | 0.54 | 1.10 | 0.31 | 0.34 |
| [13] *Bacillus amyloliquefaciens* | 0.00 | 0.44 | 8.70 | 0.40 | 1.14 | 0.26 | 0.30 |
| [14] *Bacillus amyloliquefaciens* | 1.34 | 0.61 | 8.57 | 0.57 | 1.06 | 0.29 | 0.00 |
| [15] *Bacillus amyloliquefaciens* | 1.00 | 0.55 | 8.30 | 0.51 | 0.95 | 0.30 | 0.27 |
| [16] *Bacillus amyloliquefaciens* | 0.43 | 0.51 | 8.81 | 0.45 | 1.20 | 0.25 | 0.36 |
| [17] *Bacillus amyloliquefaciens* | 0.00 | 0.39 | 8.31 | 0.36 | 1.15 | 0.30 | 0.31 |
| [18] *Bacillus amyloliquefaciens* | 0.00 | 0.00 | 6.19 | 0.33 | 0.83 | 0.32 | 0.34 |
| [19] *Bacillus amyloliquefaciens* | 0.46 | 0.00 | 9.88 | 0.42 | 0.93 | 0.00 | 0.00 |
| [20] *Bacillus amyloliquefaciens* | 0.00 | 0.00 | 7.74 | 0.41 | 1.55 | 0.00 | 0.00 |
| [21] *Bacillus amyloliquefaciens* | 0.85 | 0.11 | 8.78 | 0.46 | 1.43 | 0.22 | 0.43 |
| [22] *Bacillus amyloliquefaciens* | 0.00 | 0.23 | 7.29 | 0.34 | 0.48 | 0.41 | 0.00 |

续表

| 芽胞杆菌种名 | c18:0 | 15:0 iso 3OH | 17:0 anteiso | c14:0 | 17:1 iso ω10c | 13:0 iso | 16:1ω7c alcohol |
|---|---|---|---|---|---|---|---|
| [23] *Bacillus amyloliquefaciens* | 0.78 | 0.28 | 8.09 | 0.39 | 0.34 | 0.30 | 0.00 |
| [24] *Bacillus amyloliquefaciens* | 0.00 | 0.69 | 9.56 | 0.50 | 0.00 | 0.47 | 0.00 |
| [25] *Bacillus amyloliquefaciens* | 0.00 | 0.00 | 7.74 | 0.30 | 1.10 | 0.27 | 0.40 |
| [26] *Bacillus amyloliquefaciens* | 0.59 | 0.00 | 7.53 | 1.24 | 0.78 | 0.36 | 0.00 |
| [27] *Bacillus amyloliquefaciens* | 1.83 | 0.60 | 8.01 | 0.46 | 1.52 | 0.29 | 0.37 |

| 芽胞杆菌种名 | 15:0 anteiso | 15:0 iso | 15:0 2OH | 13:0 iso 3OH | 总计 |
|---|---|---|---|---|---|
| [1] *Bacillus amyloliquefaciens* | 35.83 | 31.44 | 0.60 | 0.00 | 99.52 |
| [2] *Bacillus amyloliquefaciens* | 34.92 | 31.43 | 0.30 | 0.21 | 99.34 |
| [3] *Bacillus amyloliquefaciens* | 33.71 | 31.09 | 0.35 | 0.28 | 98.72 |
| [4] *Bacillus amyloliquefaciens* | 35.44 | 31.13 | 0.54 | 0.00 | 99.11 |
| [5] *Bacillus amyloliquefaciens* | 33.53 | 30.53 | 0.00 | 0.00 | 99.52 |
| [6] *Bacillus amyloliquefaciens* | 34.83 | 33.57 | 0.49 | 0.14 | 99.01 |
| [7] *Bacillus amyloliquefaciens* | 34.26 | 31.31 | 0.25 | 0.00 | 99.31 |
| [8] *Bacillus amyloliquefaciens* | 36.53 | 34.16 | 0.12 | 0.00 | 99.34 |
| [9] *Bacillus amyloliquefaciens* | 34.09 | 30.44 | 0.56 | 0.00 | 98.96 |
| [10] *Bacillus amyloliquefaciens* | 34.59 | 30.30 | 0.47 | 0.00 | 99.34 |
| [11] *Bacillus amyloliquefaciens* | 34.54 | 29.97 | 0.40 | 0.13 | 98.70 |
| [12] *Bacillus amyloliquefaciens* | 34.28 | 31.67 | 0.65 | 0.19 | 99.21 |
| [13] *Bacillus amyloliquefaciens* | 35.90 | 32.25 | 0.49 | 0.00 | 99.45 |
| [14] *Bacillus amyloliquefaciens* | 34.66 | 31.13 | 0.66 | 0.00 | 99.98 |
| [15] *Bacillus amyloliquefaciens* | 35.05 | 30.54 | 0.58 | 0.14 | 98.48 |
| [16] *Bacillus amyloliquefaciens* | 35.35 | 31.56 | 0.50 | 0.00 | 99.40 |
| [17] *Bacillus amyloliquefaciens* | 35.82 | 32.85 | 0.42 | 0.00 | 99.43 |
| [18] *Bacillus amyloliquefaciens* | 38.24 | 37.27 | 0.00 | 0.00 | 99.50 |
| [19] *Bacillus amyloliquefaciens* | 35.03 | 30.15 | 0.00 | 0.00 | 99.36 |
| [20] *Bacillus amyloliquefaciens* | 33.61 | 34.40 | 0.00 | 0.00 | 100.01 |
| [21] *Bacillus amyloliquefaciens* | 33.97 | 28.45 | 0.13 | 0.00 | 98.92 |
| [22] *Bacillus amyloliquefaciens* | 33.34 | 35.81 | 0.24 | 0.00 | 100.02 |
| [23] *Bacillus amyloliquefaciens* | 35.56 | 29.96 | 0.29 | 0.00 | 99.68 |
| [24] *Bacillus amyloliquefaciens* | 30.40 | 29.14 | 0.00 | 0.00 | 100.00 |
| [25] *Bacillus amyloliquefaciens* | 33.94 | 32.88 | 0.00 | 0.00 | 99.63 |
| [26] *Bacillus amyloliquefaciens* | 35.01 | 30.90 | 0.00 | 0.00 | 99.18 |
| [27] *Bacillus amyloliquefaciens* | 31.12 | 31.31 | 0.60 | 0.00 | 98.73 |

*脂肪酸总量为总响应值，无计量单位；生物标记比例单位为%，全文同

## 4. 芽胞杆菌的脂肪酸生物标记统计

解淀粉芽胞杆菌的脂肪酸生物标记统计见表 2-4-8，脂肪酸总量及其主要脂肪酸分布见图 2-4-3。统计结果表明，脂肪酸总量均值为 250 697.96，最大值为 602 032.00，最小值为 65 116.00，在 27 株菌株间的分布差异极显著（$P<0.01$）。脂肪酸生物标记均值大

于 1%的有 15:0 anteiso、15:0 iso、17:0 iso、17:0 anteiso、c16:0、16:0 iso、14:0 iso、16:1ω11c，平均值分别为 34.58%、31.69%、11.37%、8.39%、4.24%、3.23%、1.37%、1.08%；这些生物标记中，17:0 iso 和 16:0 iso 在菌株中分布差异极显著（*P*≤0.01），15:0 anteiso、15:0 iso、c16:0 分布差异显著（*P*≤0.05），其余标记在菌株中分布差异不显著（*P*>0.05）。

**表 2-4-8　解淀粉芽胞杆菌（*Bacillus amyloliquefaciens*）的脂肪酸生物标记统计**

| 变量 | 菌株数 | 均值 | 标准差 | 中位数 | 最小值 | 最大值 | Wilks 系数 | *P* |
|---|---|---|---|---|---|---|---|---|
| 脂肪酸总量 | 27 | 250 697.96 | 153 598.48 | 211 321.00 | 65 116.00 | 602 032.00 | 0.90 | 0.01 |
| 15:0 anteiso | 27 | 34.58* | 1.52 | 34.66 | 30.40 | 38.24 | 0.92 | 0.05 |
| 15:0 iso | 27 | 31.69 | 1.98 | 31.31 | 28.45 | 37.27 | 0.91 | 0.02 |
| 17:0 iso | 27 | 11.37 | 2.15 | 11.10 | 8.24 | 19.29 | 0.85 | 0.00 |
| 17:0 anteiso | 27 | 8.39 | 0.86 | 8.31 | 6.19 | 9.88 | 0.97 | 0.66 |
| c16:0 | 27 | 4.24 | 1.20 | 4.00 | 2.15 | 7.55 | 0.93 | 0.07 |
| 16:0 iso | 27 | 3.23 | 0.74 | 2.94 | 1.56 | 5.08 | 0.90 | 0.01 |
| 14:0 iso | 27 | 1.37 | 0.33 | 1.25 | 0.76 | 2.15 | 0.91 | 0.02 |
| 16:1ω11c | 27 | 1.08 | 0.53 | 1.09 | 0.00 | 1.85 | 0.95 | 0.22 |
| 17:1 iso ω10c | 27 | 0.78 | 0.54 | 0.95 | 0.00 | 1.54 | 0.81 | 0.00 |
| c18:0 | 27 | 0.55 | 0.48 | 0.59 | 0.00 | 1.83 | 0.92 | 0.03 |
| c14:0 | 27 | 0.49 | 0.20 | 0.46 | 0.28 | 1.24 | 0.79 | 0.00 |
| 15:0 iso 3OH | 27 | 0.34 | 0.24 | 0.39 | 0.00 | 0.69 | 0.90 | 0.01 |
| 15:0 2OH | 27 | 0.32 | 0.24 | 0.35 | 0.00 | 0.66 | 0.88 | 0.01 |
| 13:0 iso | 27 | 0.27 | 0.10 | 0.29 | 0.00 | 0.47 | 0.83 | 0.00 |
| 16:1ω7c alcohol | 27 | 0.22 | 0.15 | 0.27 | 0.00 | 0.43 | 0.83 | 0.00 |
| 18:1ω9c | 27 | 0.11 | 0.18 | 0.00 | 0.00 | 0.54 | 0.66 | 0.00 |
| 13:0 iso 3OH | 27 | 0.04 | 0.08 | 0.00 | 0.00 | 0.28 | 0.56 | 0.00 |

*脂肪酸生物标记比例，单位为%

## 5. 芽胞杆菌脂肪酸总量与生物标记的相关分析

以表 2-4-6 为数据矩阵，应用相关系数，统计解淀粉芽胞杆菌脂肪酸总量与生物标记的相关系数，分析结果见表 2-4-9。相关系数临界值为：当 *a*=0.05 时，相关系数 *R*=0.3809；当 *a*=0.01 时，*R*=0.4869；基于 27 株解淀粉芽胞杆菌脂肪酸总量与生物标记的统计，脂肪酸总量与脂肪酸标记之间的相关系数分别为：17:0 iso（0.01）、18:1ω9c（0.01）、14:0 iso（–0.32）、c16:0（–0.12）、16:0 iso（–0.14）、16:1ω11c（0.05）、c18:0（0.19）、15:0 iso 3OH（0.00）、17:0 anteiso（0.08）、c14:0（–0.23）、17:1 iso ω10c（0.09）、13:0 iso（–0.07）、16:1ω7c alcohol（0.50）、15:0 anteiso（–0.05）、15:0 iso（–0.13）、15:0 2OH（0.08）、13:0 iso 3OH（0.26），均未超过 0.3809，表明脂肪酸总量与脂肪酸生物标记之间无相关关系（*P*>0.05）。

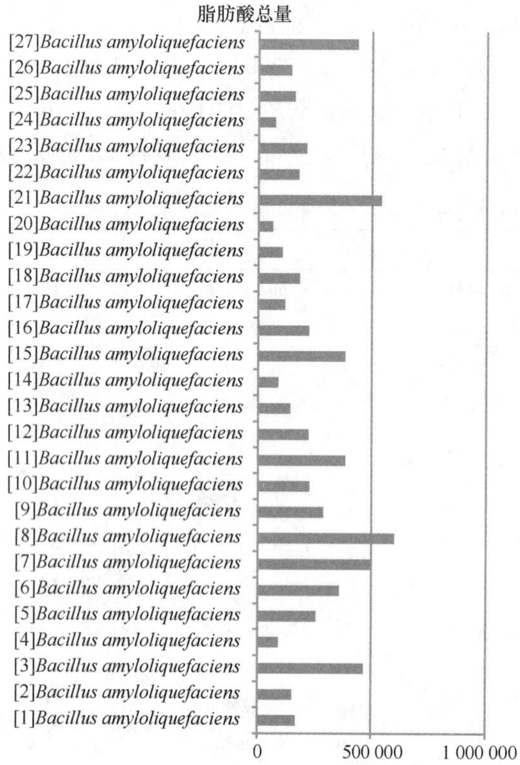


脂肪酸总量在菌株间的分布

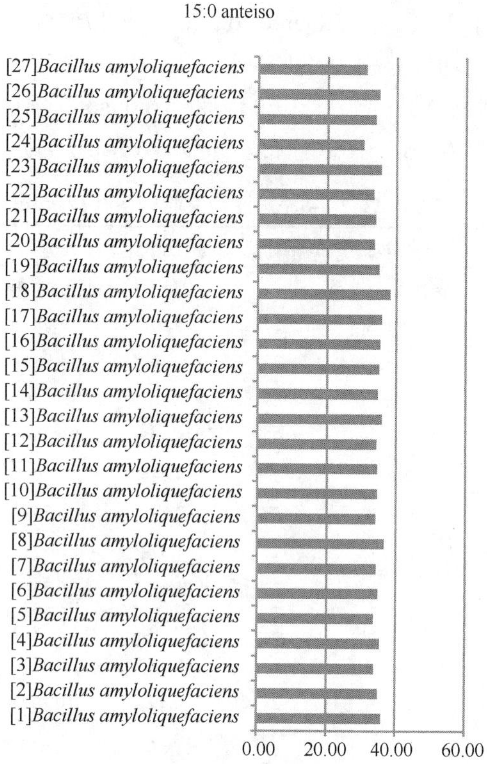


脂肪酸15:0 anteiso在菌株间的分布/%

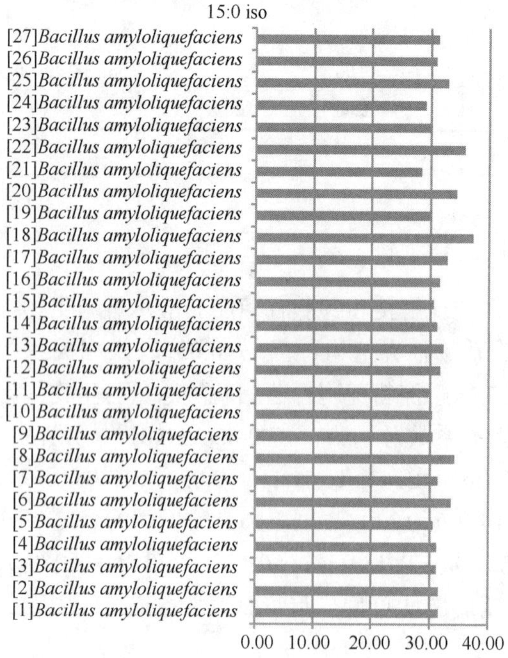


脂肪酸15:0 iso在菌株间的分布/%

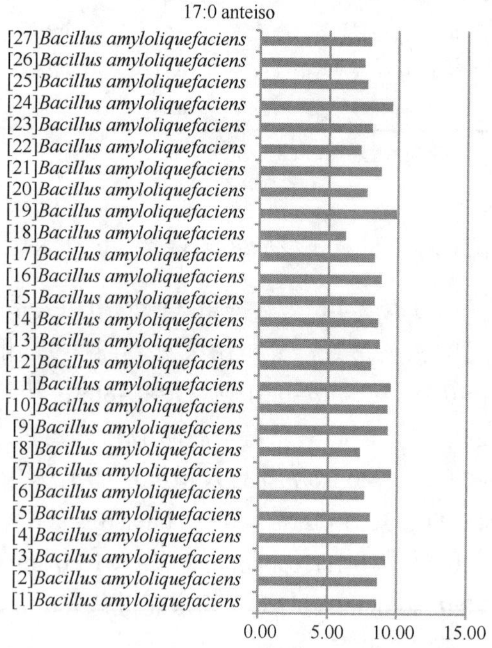


脂肪酸17:0 anteiso在菌株间的分布/%

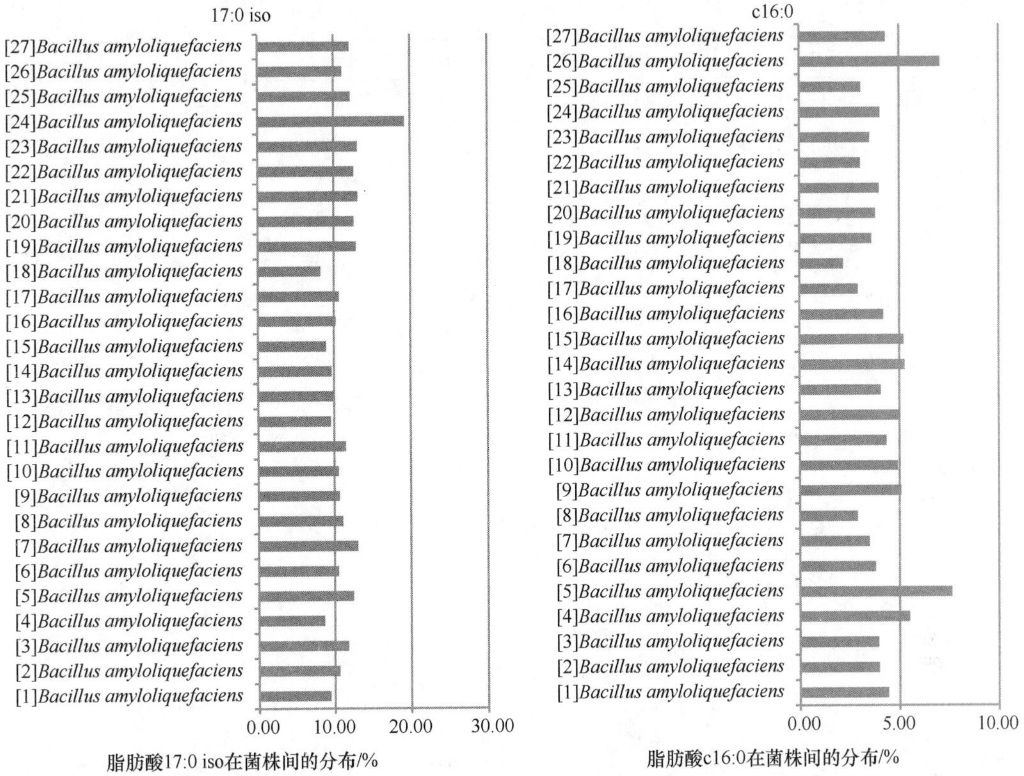


图 2-4-3　脂肪酸生物标记在解淀粉芽胞杆菌（*Bacillus amyloliquefaciens*）菌株间的分布

**表 2-4-9　解淀粉芽胞杆菌脂肪酸总量与生物标记的相关系数**

| 脂肪酸生物标记 | 脂肪酸总量 | 17:0 iso | 18:1ω9c | 14:0 iso | c16:0 | 16:0 iso |
|---|---|---|---|---|---|---|
| 脂肪酸总量 | 1.00 | 0.01 | 0.01 | –0.32 | –0.12 | –0.14 |
| 17:0 iso | 0.01 | 1.00 | –0.34 | 0.24 | –0.12 | 0.49 |
| 18:1ω9c | 0.01 | –0.34 | 1.00 | –0.12 | 0.37 | –0.09 |
| 14:0 iso | –0.32 | 0.24 | –0.12 | 1.00 | –0.59 | 0.87 |
| c16:0 | –0.12 | –0.12 | 0.37 | –0.59 | 1.00 | –0.61 |
| 16:0 iso | –0.14 | 0.49 | –0.09 | 0.87 | –0.61 | 1.00 |
| 16:1ω11c | 0.05 | –0.60 | 0.34 | –0.74 | 0.60 | –0.73 |
| c18:0 | 0.19 | –0.28 | 0.82 | –0.28 | 0.45 | –0.18 |
| 15:0 iso 3OH | 0.00 | –0.11 | 0.51 | –0.22 | 0.13 | –0.13 |
| 17:0 anteiso | 0.08 | 0.38 | 0.01 | –0.36 | 0.14 | –0.01 |
| c14:0 | –0.23 | –0.08 | 0.10 | –0.40 | 0.82 | –0.49 |
| 17:1 iso ω10c | 0.09 | 0.26 | 0.06 | 0.35 | –0.07 | 0.45 |
| 13:0 iso | –0.07 | 0.08 | 0.15 | 0.13 | 0.24 | –0.01 |
| 16:1ω7c alcohol | 0.50 | –0.33 | –0.12 | –0.16 | –0.27 | –0.09 |
| 15:0 anteiso | –0.05 | –0.72 | –0.15 | 0.02 | –0.22 | –0.27 |
| 15:0 iso | –0.13 | –0.34 | –0.28 | 0.33 | –0.51 | 0.04 |
| 15:0 2OH | 0.08 | –0.54 | 0.62 | –0.30 | 0.18 | –0.28 |
| 13:0 iso 3OH | 0.26 | –0.18 | –0.01 | –0.36 | 0.03 | –0.27 |

续表

| 脂肪酸生物标记 | 16:1ω11c | c18:0 | 15:0 iso 3OH | 17:0 anteiso | c14:0 | 17:1 iso ω10c |
|---|---|---|---|---|---|---|
| 脂肪酸总量 | 0.05 | 0.19 | 0.00 | 0.08 | −0.23 | 0.09 |
| 17:0 iso | −0.60 | −0.28 | −0.11 | 0.38 | −0.08 | 0.26 |
| 18:1ω9c | 0.34 | 0.82 | 0.51 | 0.01 | 0.10 | 0.06 |
| 14:0 iso | −0.74 | −0.28 | −0.22 | −0.36 | −0.40 | 0.35 |
| c16:0 | 0.60 | 0.45 | 0.13 | 0.14 | 0.82 | −0.07 |
| 16:0 iso | −0.73 | −0.18 | −0.13 | −0.01 | −0.49 | 0.45 |
| 16:1ω11c | 1.00 | 0.37 | 0.27 | 0.17 | 0.32 | −0.24 |
| c18:0 | 0.37 | 1.00 | 0.43 | 0.17 | 0.32 | 0.11 |
| 15:0 iso 3OH | 0.27 | 0.43 | 1.00 | 0.35 | −0.10 | −0.37 |
| 17:0 anteiso | 0.17 | 0.17 | 0.35 | 1.00 | −0.02 | −0.26 |
| c14:0 | 0.32 | 0.32 | −0.10 | −0.02 | 1.00 | 0.01 |
| 17:1 iso ω10c | −0.24 | 0.11 | −0.37 | −0.26 | 0.01 | 1.00 |
| 13:0 iso | −0.16 | 0.04 | 0.37 | −0.25 | 0.26 | −0.25 |
| 16:1 w7c alcohol | 0.29 | 0.03 | 0.12 | −0.03 | −0.28 | 0.03 |
| 15:0 anteiso | 0.23 | −0.19 | −0.26 | −0.37 | −0.10 | −0.40 |
| 15:0 iso | −0.28 | −0.50 | −0.31 | −0.75 | −0.36 | 0.04 |
| 15:0 2OH | 0.52 | 0.59 | 0.84 | 0.19 | −0.08 | −0.31 |
| 13:0 iso 3OH | 0.26 | 0.17 | 0.26 | 0.13 | 0.15 | −0.27 |

| 脂肪酸生物标记 | 13:0 iso | 16:1ω7c alcohol | 15:0 anteiso | 15:0 iso | 15:0 2OH | 13:0 iso 3OH |
|---|---|---|---|---|---|---|
| 脂肪酸总量 | −0.07 | 0.50 | −0.05 | −0.13 | 0.08 | 0.26 |
| 17:0 iso | 0.08 | −0.33 | −0.72 | −0.34 | −0.54 | −0.18 |
| 18:1ω9c | 0.15 | −0.12 | −0.15 | −0.28 | 0.62 | −0.01 |
| 14:0 iso | 0.13 | −0.16 | 0.02 | 0.33 | −0.30 | −0.36 |
| c16:0 | 0.24 | −0.27 | −0.22 | −0.51 | 0.18 | 0.03 |
| 16:0 iso | −0.01 | −0.09 | −0.27 | 0.04 | −0.28 | −0.27 |
| 16:1ω11c | −0.16 | 0.29 | 0.23 | −0.28 | 0.52 | 0.26 |
| c18:0 | 0.04 | 0.03 | −0.19 | −0.50 | 0.59 | 0.17 |
| 15:0 iso 3OH | 0.37 | 0.12 | −0.26 | −0.31 | 0.84 | 0.26 |
| 17:0 anteiso | −0.25 | −0.03 | −0.37 | −0.75 | 0.19 | 0.13 |
| c14:0 | 0.26 | −0.28 | −0.10 | −0.36 | −0.08 | 0.15 |
| 17:1 iso ω10c | −0.25 | 0.03 | −0.40 | 0.04 | −0.31 | −0.27 |
| 13:0 iso | 1.00 | −0.03 | −0.19 | −0.01 | 0.15 | −0.04 |
| 16:1ω7c alcohol | −0.03 | 1.00 | 0.19 | 0.07 | 0.25 | 0.31 |
| 15:0 anteiso | −0.19 | 0.19 | 1.00 | 0.40 | 0.06 | −0.04 |
| 15:0 iso | −0.01 | 0.07 | 0.40 | 1.00 | −0.18 | −0.08 |
| 15:0 2OH | 0.15 | 0.25 | 0.06 | −0.18 | 1.00 | 0.27 |
| 13:0 iso 3OH | −0.04 | 0.31 | −0.04 | −0.08 | 0.27 | 1.00 |

注：相关系数临界值，$a$=0.05 时，$R$=0.3809；$a$=0.01 时，$R$=0.4869

## 6. 芽胞杆菌的脂肪酸生物标记聚类分析

解淀粉芽胞杆菌的不同菌株的脂肪酸总量和生物标记分布存在差异，通过聚类分析，将关系密切的因子聚为一类，考察因子间的独立性。以表 2-4-6 为数据矩阵，以脂肪酸为样本，以解淀粉芽胞杆菌菌株为指标，以马氏距离为尺度，用可变类平均法进行系统聚类，分析结果见图 2-4-4。可将脂肪酸生物标记分为 3 组。

第 I 组 9 个指标，为低含量脂肪酸，包括了 17:0 iso、18:1ω9c、14:0 iso、c16:0、16:0 iso、16:1ω11c、c18:0、15:0 iso 3OH、17:0 anteiso；第 II 组 6 个指标，为中含量脂肪酸，包括了 c14:0、17:1 isoω10c、13:0 iso、16:1ω7c alcohol、15:0 2OH、13:0 iso 3OH；第 III 组 2 个指标，高含量脂肪酸，包括了 15:0 anteiso、15:0 iso。

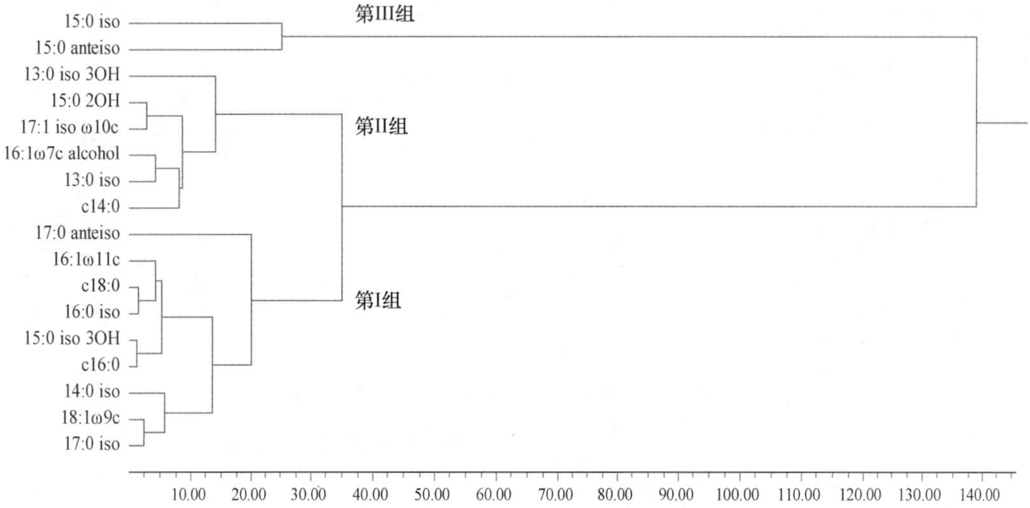


图 2-4-4　基于芽胞杆菌的脂肪酸生物标记聚类分析（马氏距离）

## 7. 基于脂肪酸的芽胞杆菌菌株聚类分析

相关分析结果表明解淀粉芽胞杆菌脂肪酸总量与脂肪酸生物标记不相关，聚类分析表明脂肪酸总量独立于其他脂肪酸生物标记；基于解淀粉芽胞杆菌脂肪酸组，可将菌株分为含有不同分布结构的脂肪酸组的类群。以表 2-4-6 为数据矩阵，以脂肪酸为指标，以解淀粉芽胞杆菌菌株为样本，以欧氏距离为尺度，用可变类平均法进行系统聚类，聚类分析结果见图 2-4-5，基于脂肪酸的解淀粉芽胞杆菌菌株分组见表 2-4-10，解淀粉芽胞杆菌菌株到中心的欧氏距离见表 2-4-11。

聚类结果可将解淀粉芽胞杆菌菌株分为 3 组。第 I 组为低脂肪酸总量组，到中心的欧氏距离为 RMSTD = 22 985.26，包括 13 个菌株，脂肪酸总量平均值为 128 860.69；第 II 组为高脂肪酸总量组，到中心的欧氏距离为 RMSTD = 49 323.06，脂肪酸总量平均值为 458 442.00；第 III 组为中脂肪酸总量组，到中心的欧氏距离为 RMSTD = 16 420.67。分析结果表明，解淀粉芽胞杆菌可根据脂肪酸总量分为不同的组，其脂肪酸生物标记结构比例相对恒定，体现种的特性，而脂肪酸总量的变化对脂肪酸生物标记结构比例的变化影响较小，体现了脂肪酸检测的芽胞杆菌菌体浓度的变化。

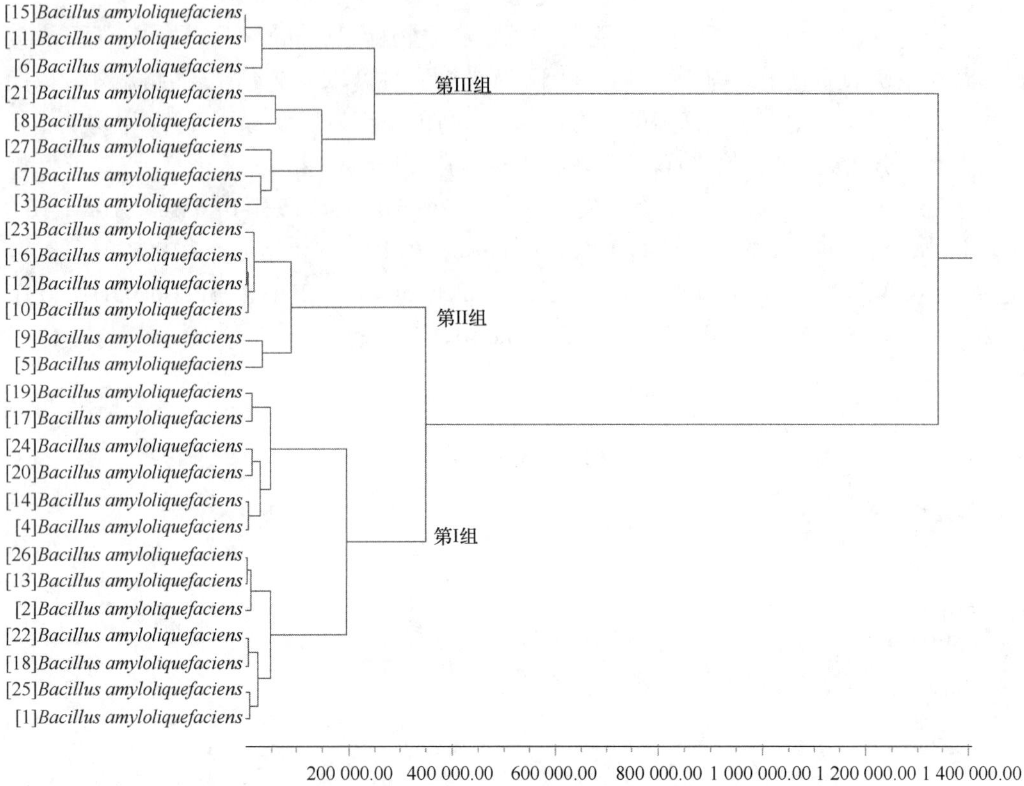


图 2-4-5 基于脂肪酸的解淀粉芽胞杆菌菌株聚类分析（欧氏距离）

**表 2-4-10 基于脂肪酸的解淀粉芽胞杆菌菌株分组**

| 脂肪酸生物标记 | 第 I 组 13 个菌株<br>平均值 | 第 II 组 8 个菌株<br>平均值 | 第 III 组 6 个菌株<br>平均值 |
|---|---|---|---|
| 脂肪酸总量 | 128 860.69 | 458 442.00 | 237 686.67 |
| 17:0 iso | 11.39* | 11.53 | 11.11 |
| 18:1ω9c | 0.08 | 0.13 | 0.15 |
| 14:0 iso | 1.50 | 1.21 | 1.30 |
| c16:0 | 4.04 | 3.97 | 5.04 |
| 16:0 iso | 3.42 | 3.10 | 2.97 |
| 16:1ω11c | 0.94 | 1.11 | 1.32 |
| c18:0 | 0.40 | 0.70 | 0.69 |
| 15:0 iso 3OH | 0.29 | 0.38 | 0.41 |
| 17:0 anteiso | 8.20 | 8.54 | 8.61 |
| c14:0 | 0.52 | 0.43 | 0.53 |
| 13:0 iso | 0.27 | 0.25 | 0.30 |
| 16:1ω7c alcohol | 0.16 | 0.31 | 0.22 |
| 15:0 anteiso | 34.78 | 34.25 | 34.57 |

续表

| 脂肪酸生物标记 | 第 I 组 13 个菌株<br>平均值 | 第 II 组 8 个菌株<br>平均值 | 第 III 组 6 个菌株<br>平均值 |
|---|---|---|---|
| 15:0 iso | 32.37 | 31.30 | 30.74 |
| 15:0 2OH | 0.25 | 0.36 | 0.41 |
| 13:0 iso 3OH | 0.02 | 0.09 | 0.03 |
| 17:1 iso ω10c | 0.66 | 0.88 | 0.89 |
| 到中心的欧氏距离 | RMSTD = 22 985.26 | RMSTD = 49 323.06 | RMSTD = 16 420.67 |

*脂肪酸生物标记比例，单位为%

**表 2-4-11　解淀粉芽胞杆菌菌株到中心的欧氏距离**

| 组别 | 菌株编号 | 到中心的欧氏距离 |
|---|---|---|
| I | [1] *Bacillus amyloliquefaciens* | 38 466.308 |
| I | [2] *Bacillus amyloliquefaciens* | 22 511.308 |
| I | [4] *Bacillus amyloliquefaciens* | 35 839.693 |
| I | [13] *Bacillus amyloliquefaciens* | 13 932.308 |
| I | [14] *Bacillus amyloliquefaciens* | 39 565.692 |
| I | [17] *Bacillus amyloliquefaciens* | 10 440.692 |
| I | [18] *Bacillus amyloliquefaciens* | 53 665.308 |
| I | [19] *Bacillus amyloliquefaciens* | 21 618.693 |
| I | [20] *Bacillus amyloliquefaciens* | 63 744.692 |
| I | [22] *Bacillus amyloliquefaciens* | 49 111.308 |
| I | [24] *Bacillus amyloliquefaciens* | 53 274.693 |
| I | [25] *Bacillus amyloliquefaciens* | 31 282.308 |
| I | [26] *Bacillus amyloliquefaciens* | 15 515.308 |
| 第 I 组 13 个菌株 | 平均值 | RMSTD = 2.298 526 139 951 68E+000 4 |
| II | [3] *Bacillus amyloliquefaciens* | 7 986.000 1 |
| II | [6] *Bacillus amyloliquefaciens* | 100 437 |
| II | [7] *Bacillus amyloliquefaciens* | 38 069 |
| II | [8] *Bacillus amyloliquefaciens* | 143 590 |
| II | [11] *Bacillus amyloliquefaciens* | 74 684 |
| II | [15] *Bacillus amyloliquefaciens* | 75 520 |
| II | [21] *Bacillus amyloliquefaciens* | 84 015 |
| II | [27] *Bacillus amyloliquefaciens* | 23 019 |
| 第 II 组 8 个菌株 | 平均值 | RMSTD = 4.932 306 952 816 69E+000 4 |
| III | [5] *Bacillus amyloliquefaciens* | 17 656.334 |
| III | [9] *Bacillus amyloliquefaciens* | 49 680.333 |
| III | [10] *Bacillus amyloliquefaciens* | 11 347.667 |
| III | [12] *Bacillus amyloliquefaciens* | 15 813.667 |
| III | [16] *Bacillus amyloliquefaciens* | 13 809.667 |
| III | [23] *Bacillus amyloliquefaciens* | 26 365.667 |
| 第 III 组 6 个菌株 | 平均值 | RMSTD = 1.642 067 503 339 84E+000 4 |

## 三、芽胞杆菌菌体浓度与脂肪酸总量的关系

### 1. 概述

测定的芽胞杆菌脂肪酸总量与各种类的脂肪酸生物标记结构比例的变化无相关性，脂肪酸的结构比例反映了芽胞杆菌种类的特性，不受脂肪酸总量检测高低的影响。那么，脂肪酸总量能否反映芽胞杆菌菌体浓度？如果能反映浓度，通过脂肪酸测定，不仅能鉴定出芽胞杆菌种类，同时能测定芽胞杆菌的含量，在研究中具有重要意义。以下选取枯草芽胞杆菌（*Bacillus subtilis*）作为例子，配置成不同的浓度，进行脂肪酸测定，研究不同浓度的芽胞杆菌对种类鉴定的影响、脂肪酸总量与芽胞杆菌浓度的相互关系。

### 2. 不同浓度枯草芽胞杆菌菌液脂肪酸总量的测定

配置不同浓度的枯草芽胞杆菌菌液，进行脂肪酸组测定，脂肪酸总量测定结果见表 2-4-12。分析结果表明，不同浓度菌液脂肪酸总量测定存在差异，有的测定组如枯草芽胞杆菌浓度为71.25×$10^8$ CFU/mL组的3个重复中，脂肪酸总量分别为568 431.0、157 294.0、591 775.0，差异显著；28.50×$10^8$ CFU/mL 组的 3 个重复中，脂肪酸总量分别为 282 559.0、277 481.0、213 858.0，差异不显著，表明脂肪酸总量测定与细胞的发育阶段存在着一定的关联；从总体上看，将各浓度的脂肪酸总量进行平均值统计，可以看出枯草芽胞杆菌细胞浓度与脂肪酸总量存在线性关系。

**表 2-4-12　不同浓度枯草芽胞杆菌菌液脂肪酸总量的测定**

| 菌体浓度/（×$10^8$CFU/mL） | 重复 | 样品编号 | 物种 | 相似性指数 | 脂肪酸总量 |
|---|---|---|---|---|---|
| 71.25 | 1 | 8784.2-1 | *Bacillus subtilis* | 0.840 0 | 568 431.000 0 |
| 71.25 | 2 | 8784.2-2 | *Bacillus subtilis* | 0.809 0 | 157 294.000 0 |
| 71.25 | 3 | 8784.2-3 | *Bacillus subtilis* | 0.880 0 | 591 775.000 0 |
| | | | 平均值 | 0.843 0 | 439 166.666 7 |
| 28.50 | 1 | 8784.5-1 | *Bacillus subtilis* | 0.803 0 | 282 559.000 0 |
| 28.50 | 2 | 8784.5-2 | *Bacillus subtilis* | 0.799 0 | 277 481.000 0 |
| 28.50 | 3 | 8784.5-3 | *Bacillus subtilis* | 0.821 0 | 213 858.000 0 |
| | | | 平均值 | 0.807 7 | 257 966.000 0 |
| 14.25 | 1 | 8784.10-1 | *Bacillus subtilis* | 0.857 0 | 154 889.000 0 |
| 14.25 | 2 | 8784.10-2 | *Bacillus subtilis* | 0.795 0 | 221 297.000 0 |
| 14.25 | 3 | 8784.10-3 | *Bacillus subtilis* | 0.766 0 | 176 273.000 0 |
| | | | 平均值 | 0.806 0 | 184 153.000 0 |
| 5.70 | 1 | 8784.25-1 | *Bacillus subtilis* | 0.760 0 | 76 684.000 0 |
| 5.70 | 2 | 8784.25-2 | *Bacillus subtilis* | 0.686 0 | 107 213.000 0 |
| 5.70 | 3 | 8784.25-3 | *Bacillus subtilis* | 0.712 0 | 100 787.000 0 |
| | | | 平均值 | 0.719 3 | 94 894.666 7 |

续表

| 菌体浓度/（×$10^8$CFU/mL） | 重复 | 样品编号 | 物种 | 相似性指数 | 脂肪酸总量 |
|---|---|---|---|---|---|
| 2.85 | 1 | 8784.50-1 | *Bacillus subtilis* | 0.733 0 | 77 144.000 0 |
| 2.85 | 2 | 8784.50-2 | *Bacillus subtilis* | 0.690 0 | 108 363.000 0 |
| 2.85 | 3 | 8784.50-3 | *Bacillus subtilis* | 0.600 0 | 105 554.000 0 |
| | | | 平均值 | 0.674 3 | 97 020.333 3 |
| 1.43 | 1 | 8784.100-1 | *Bacillus subtilis* | 0.496 0 | 68 663.000 0 |
| 1.43 | 2 | 8784.100-2 | *Bacillus subtilis* | 0.824 0 | 42 141.000 0 |
| | | | 平均值 | 0.660 0 | 55 402.000 0 |

## 3. 不同浓度枯草芽胞杆菌菌液脂肪酸组的相互关系

不同浓度的枯草芽胞杆菌菌液脂肪酸组见表 2-4-13。分析结果表明，不同浓度枯草芽胞杆菌的脂肪酸组结构比例的总和为 99%～100%，表明检测到了全部的脂肪酸生物标记；种类鉴定的相似性指数为 0.600～0.880，鉴定种类为枯草芽胞杆菌，鉴定准确度高。

**表 2-4-13　不同浓度枯草芽胞杆菌菌液脂肪酸组**

| 脂肪酸生物标记 | 枯草芽胞杆菌浓度/（CFU/mL） | | | | | |
|---|---|---|---|---|---|---|
| | 71.25×$10^8$ | 71.25×$10^8$ | 71.25×$10^8$ | 28.5×$10^8$ | 28.5×$10^8$ | 28.5×$10^8$ |
| 相似性指数（SI） | 0.840 | 0.809 | 0.880 | 0.803 | 0.799 | 0.821 |
| 脂肪酸总量 | 568 431 | 157 294 | 591 775 | 282 559 | 277 481 | 213 858 |
| 15:0 anteiso | 44.47 | 46.69 | 43.74 | 40.89 | 40.53 | 41.14 |
| 15:0 iso | 18.96 | 18.86 | 17.82 | 18.26 | 16.73 | 17.70 |
| 17:0 anteiso | 10.87 | 10.76 | 12.87 | 12.57 | 14.58 | 13.09 |
| 17:0 iso | 7.20 | 6.92 | 8.16 | 8.86 | 9.41 | 8.93 |
| 16:0 iso | 5.56 | 5.09 | 5.66 | 6.06 | 5.86 | 5.80 |
| c16:0 | 2.99 | 3.01 | 3.41 | 3.21 | 3.71 | 3.19 |
| c18:0 | 0.22 | 0.27 | 0.27 | 0.39 | 0.45 | 0.56 |
| 14:0 iso | 2.35 | 2.67 | 2.04 | 2.33 | 1.84 | 2.20 |
| 17:1 iso ω10c | 1.79 | 1.38 | 1.47 | 1.69 | 1.57 | 1.94 |
| 16:1ω11c | 1.51 | 1.29 | 1.31 | 1.35 | 1.24 | 1.47 |
| 18:1ω9c | 0.14 | 0.00 | 0.00 | 0.44 | 0.49 | 0.28 |
| feature 4 | 1.30 | 1.05 | 1.1 | 1.23 | 1.17 | 1.45 |
| 16:1ω7c alcohol | 1.44 | 1.23 | 1.09 | 1.34 | 1.09 | 1.48 |
| c14:0 | 0.28 | 0.35 | 0.28 | 0.28 | 0.25 | 0.27 |
| 20:1ω9c | 0.18 | 0.00 | 0.00 | 0.37 | 0.38 | 0.00 |
| feature 5 | 0.00 | 0.00 | 0.00 | 0.14 | 0.00 | 0.00 |
| 18:3ω(6,9,12)c | 0.00 | 0.00 | 0.00 | 0.00 | 0.00 | 0.00 |
| feature 8 | 0.00 | 0.00 | 0.00 | 0.00 | 0.00 | 0.00 |
| 13:0 iso | 0.19 | 0.26 | 0.17 | 0.18 | 0.14 | 0.17 |
| c17:0 | 0.00 | 0.00 | 0.00 | 0.00 | 0.00 | 0.00 |

续表

| 脂肪酸生物标记 | 枯草芽胞杆菌浓度/（CFU/mL） | | | | | |
|---|---|---|---|---|---|---|
| | 71.25×10^8 | 71.25×10^8 | 71.25×10^8 | 28.5×10^8 | 28.5×10^8 | 28.5×10^8 |
| 18:0 iso | 0.10 | 0.00 | 0.11 | 0.16 | 0.18 | 0.20 |
| 13:0 anteiso | 0.09 | 0.18 | 0.08 | 0.11 | 0.08 | 0.00 |
| 15:0 2OH | 0.11 | 0.00 | 0.13 | 0.14 | 0.00 | 0.15 |
| 17:0 2OH | 0.16 | 0.00 | 0.17 | 0.00 | 0.14 | 0.00 |
| 17:0 iso 3OH | 0.11 | 0.00 | 0.11 | 0.00 | 0.00 | 0.00 |
| 19:0 anteiso | 0.00 | 0.00 | 0.00 | 0.00 | 0.15 | 0.00 |
| 脂肪酸生物标记比例总和 | 100.02 | 100.01 | 99.99 | 100.00 | 99.99 | 100.02 |

| 脂肪酸生物标记 | 枯草芽胞杆菌浓度/（CFU/mL） | | | | | |
|---|---|---|---|---|---|---|
| | 14.25×10^8 | 14.25×10^8 | 14.25×10^8 | 5.7×10^8 | 5.7×10^8 | 5.7×10^8 |
| 相似性指数（SI） | 0.857 | 0.795 | 0.766 | 0.760 | 0.686 | 0.712 |
| 脂肪酸总量 | 154 889 | 221 297 | 176 273 | 76 684 | 107 213 | 100 787 |
| 15:0 anteiso | 43.14 | 40.56 | 39.82 | 40.18 | 38.73 | 39.21 |
| 15:0 iso | 18.40 | 17.49 | 17.23 | 16.69 | 15.96 | 16.14 |
| 17:0 anteiso | 11.93 | 13.88 | 13.99 | 15.14 | 15.37 | 15.37 |
| 17:0 iso | 8.04 | 9.55 | 9.62 | 10.00 | 10.08 | 10.13 |
| 16:0 iso | 5.72 | 5.93 | 5.84 | 6.12 | 5.80 | 5.80 |
| c16:0 | 3.13 | 3.45 | 3.71 | 3.80 | 4.63 | 3.97 |
| c18:0 | 0.27 | 0.48 | 0.75 | 0.92 | 1.02 | 0.80 |
| 14:0 iso | 2.30 | 1.99 | 1.95 | 1.75 | 1.62 | 1.76 |
| 17:1 iso ω10c | 1.96 | 1.93 | 1.90 | 1.45 | 1.60 | 1.47 |
| 16:1ω11c | 1.58 | 1.45 | 1.43 | 1.27 | 1.23 | 1.29 |
| 18:1ω9c | 0.00 | 0.18 | 0.43 | 0.00 | 1.35 | 0.00 |
| feature 4 | 1.47 | 1.40 | 1.30 | 1.21 | 1.28 | 1.33 |
| 16:1ω7c alcohol | 1.53 | 1.42 | 1.40 | 1.16 | 0.98 | 1.02 |
| c14:0 | 0.28 | 0.27 | 0.43 | 0.31 | 0.35 | 0.00 |
| 20:1ω9c | 0.00 | 0.00 | 0.00 | 0.00 | 0.00 | 1.71 |
| feature 5 | 0.00 | 0.00 | 0.00 | 0.00 | 0.00 | 0.00 |
| 18:3ω(6,9,12)c | 0.00 | 0.00 | 0.00 | 0.00 | 0.00 | 0.00 |
| feature 8 | 0.00 | 0.00 | 0.00 | 0.00 | 0.00 | 0.00 |
| 13:0 iso | 0.24 | 0.00 | 0.21 | 0.00 | 0.00 | 0.00 |
| c17:0 | 0.00 | 0.00 | 0.00 | 0.00 | 0.00 | 0.00 |
| 18:0 iso | 0.00 | 0.00 | 0.00 | 0.00 | 0.00 | 0.00 |
| 13:0 anteiso | 0.00 | 0.00 | 0.00 | 0.00 | 0.00 | 0.00 |
| 15:0 2OH | 0.00 | 0.00 | 0.00 | 0.00 | 0.00 | 0.00 |
| 17:0 2OH | 0.00 | 0.00 | 0.00 | 0.00 | 0.00 | 0.00 |
| 17:0 iso 3OH | 0.00 | 0.00 | 0.00 | 0.00 | 0.00 | 0.00 |
| 19:0 anteiso | 0.00 | 0.00 | 0.00 | 0.00 | 0.00 | 0.00 |
| 脂肪酸生物标记比例总和 | 99.99 | 99.98 | 100.01 | 100.00 | 100.00 | 100.00 |

续表

| 脂肪酸生物标记 | 枯草芽胞杆菌浓度/（CFU/mL） | | | | |
|---|---|---|---|---|---|
| | $2.85\times10^8$ | $2.85\times10^8$ | $2.85\times10^8$ | $1.43\times10^8$ | $1.43\times10^8$ |
| 相似性指数（SI） | 0.733 | 0.690 | 0.600 | 0.496 | 0.824 |
| 脂肪酸总量 | 77 144 | 108 363 | 105 554 | 68 663 | 42 141 |
| 15:0 anteiso | 39.54 | 38.52 | 37.83 | 37.01 | 41.62 |
| 15:0 iso | 16.97 | 16.72 | 16.25 | 15.95 | 17.85 |
| 17:0 anteiso | 12.87 | 13.96 | 12.63 | 12.04 | 13.36 |
| 17:0 iso | 8.97 | 9.61 | 8.64 | 8.18 | 9.28 |
| 16:0 iso | 5.84 | 5.74 | 5.44 | 5.37 | 5.79 |
| c16:0 | 4.67 | 4.51 | 5.55 | 5.39 | 4.08 |
| c18:0 | 1.15 | 1.03 | 1.94 | 1.76 | 0.00 |
| 14:0 iso | 1.95 | 1.86 | 1.92 | 1.98 | 2.05 |
| 17:1 iso ω10c | 1.80 | 1.90 | 1.87 | 1.76 | 1.69 |
| 16:1ω11c | 1.66 | 1.48 | 1.39 | 1.40 | 1.45 |
| 18:1ω9c | 1.34 | 1.57 | 2.17 | 3.20 | 0.00 |
| feature 4 | 1.44 | 1.41 | 1.63 | 1.45 | 1.43 |
| 16:1ω7c alcohol | 1.24 | 1.27 | 1.25 | 1.22 | 1.40 |
| c14:0 | 0.56 | 0.41 | 0.36 | 0.41 | 0.00 |
| 20:1ω9c | 0.00 | 0.00 | 1.14 | 2.88 | 0.00 |
| feature 5 | 0.00 | 0.00 | 0.00 | 0.00 | 0.00 |
| 18:3ω(6,9,12)c | 0.00 | 0.00 | 0.00 | 0.00 | 0.00 |
| feature 8 | 0.00 | 0.00 | 0.00 | 0.00 | 0.00 |
| 13:0 iso | 0.00 | 0.00 | 0.00 | 0.00 | 0.00 |
| c17:0 | 0.00 | 0.00 | 0.00 | 0.00 | 0.00 |
| 18:0 iso | 0.00 | 0.00 | 0.00 | 0.00 | 0.00 |
| 13:0 anteiso | 0.00 | 0.00 | 0.00 | 0.00 | 0.00 |
| 15:0 2OH | 0.00 | 0.00 | 0.00 | 0.00 | 0.00 |
| 17:0 2OH | 0.00 | 0.00 | 0.00 | 0.00 | 0.00 |
| 17:0 iso 3OH | 0.00 | 0.00 | 0.00 | 0.00 | 0.00 |
| 19:0 anteiso | 0.00 | 0.00 | 0.00 | 0.00 | 0.00 |
| 脂肪酸生物标记比例总和 | 100.00 | 99.99 | 100.01 | 100.00 | 100.00 |

注：feature 4，| 17:1 anteiso B/iso I | 17:1 iso I/anteiso B；feature 5，| 18:0 anteiso/18:2ω(6,9)c | 18:2ω(6,9)c/18:0 anteiso；feature 8，| 18:1ω6c | 18:1ω7c。脂肪酸总量为响应总值，无计量单位；表中各脂肪酸所对应的数值的单位为%，全文同

## 4. 枯草芽胞杆菌浓度与脂肪酸总量的统计模型

不同浓度枯草芽胞杆菌的脂肪酸总量统计平均值见表 2-4-14。枯草芽胞杆菌浓度分别设定 $71.25\times10^8$ CFU/mL、$28.5\times10^8$ CFU/mL、$14.25\times10^8$ CFU/mL、$5.70\times10^8$ CFU/mL、$2.85\times10^8$ CFU/mL、$1.43\times10^8$ CFU/mL 6 组，其脂肪酸总量分别为 439 166.66、257 966.00、184 153.00、94 894.66、97 020.33、55 402.00。将脂肪酸总量平均值（$y$）与菌体浓度（$x$）作图得到图 2-4-6，建立的线性回归方程为 $y = 5274.1x + 79\ 120$（$R^2 = 0.9693^*$），已知枯草

芽胞杆菌浓度时，带入方程可计算出脂肪酸总量，如已知菌体浓度为 $65\times10^8$ CFU/mL，则脂肪酸总量 $y$=5274.1×65 + 79 120=421 936.5；反之，已知脂肪酸总量（$y$），可以通过模型计算出菌体浓度（$x$）：$x$=($y$−79 120)/5274.1，如测定的 $71.25\times10^8$ CFU/mL 浓度组的枯草芽胞杆菌脂肪酸总量分别为 568 431.0、157 294.0、591 775.0，计算出菌体浓度分别为 $92.77\times10^8$ CFU/mL、$14.82\times10^8$ CFU/mL、$97.20\times10^8$ CFU/mL；这表明芽胞杆菌细胞浓度与脂肪酸总量呈线性关系，虽然配制的浓度是 $71.25\times10^8$ CFU/mL，而能够符合脂肪酸测定状态的细胞浓度则是上述浓度，配制浓度与计算浓度之间差异的机理将有待进一步研究，但方程提供了一种通过脂肪酸总量估计芽胞杆菌浓度的方法，使得测定脂肪酸后，可以了解适合脂肪酸测定部分的菌体浓度，而且对于通过脂肪酸总量估计菌体数量具有重要意义。

**表 2-4-14　不同浓度枯草芽胞杆菌与脂肪酸总量平均值**

| 菌体浓度/（$\times10^8$ CFU/mL） | 脂肪酸总量平均值 |
|---|---|
| 71.25 | 439 166.66 |
| 28.50 | 257 966.00 |
| 14.25 | 184 153.00 |
| 5.70 | 94 894.66 |
| 2.85 | 97 020.33 |
| 1.43 | 55 402.00 |

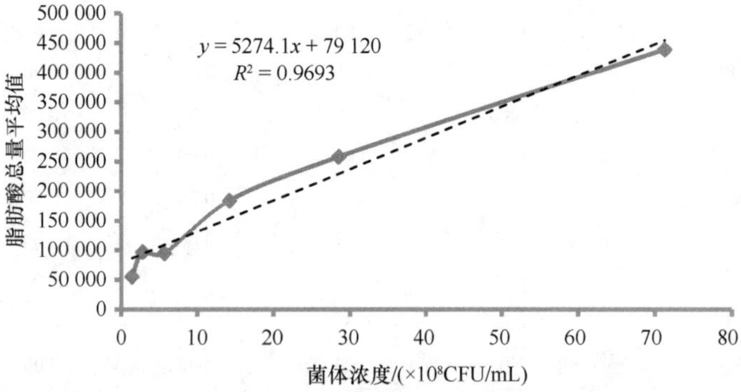


图 2-4-6　不同浓度枯草芽胞杆菌与脂肪酸总量的线性模型

## 5. 讨论

分析结果表明，不同浓度菌液的解淀粉芽胞杆菌脂肪酸总量测定存在差异，同一个浓度的不同重复，有的组脂肪酸总量差异显著，有的组脂肪酸总量差异不显著，这表明配制菌体浓度和符合脂肪酸检测的菌体浓度存在着差异，这种差异可以由具体细胞生长状态引起。从总体上看，解淀粉芽胞杆菌菌体浓度与脂肪酸总量成正比，在一定的浓度范围内，随着菌体浓度的提高，脂肪酸总量也逐渐提高，在（1.43～71.25）$\times10^8$ CFU/mL 浓度时，其相关模型为 $y$ = 5274.1$x$ +79 120（$R^2$ = 0.9693$^*$）；同样，由脂肪酸总量计算菌体浓度的方程为 $x$=($y$−79 120)/5274.1。本研究的意义在于，建立的方程提供了一种通过测定脂肪酸总量来估算样品中芽胞杆菌浓度的方法，使得测定脂肪酸后，可以了解不同样品中的菌体浓度。

## 四、芽胞杆菌主要脂肪酸占整体脂肪酸的比例

### 1. 概述

每一类的微生物存在着相对稳定的主要脂肪酸组，作为种类鉴定的根据。尽管检测脂肪酸组时菌体浓度差异很大，但是由于稳定的脂肪酸结构比例，菌体浓度对种类鉴定的误差减小到最小。在研究微生物群落动态时，通常进行整体脂肪酸测定，如土壤整体脂肪酸，得出的脂肪酸组混合了整体微生物的脂肪酸生物标记，可以用于指示不同状态、生态条件的脂肪酸生物标记的变化，但无法识别种类的变化。

李新等（2014）应用磷脂脂肪酸（PLFA）生物标记法分析了内蒙古河套灌区 3 种不同盐碱程度（盐土、强度盐化土、轻度盐化土）土壤细菌、真菌和原生动物等微生物多样性。结果表明：盐土土壤微生物的 PLFA 总量显著低于强度盐化土和轻度盐化土；3 种不同盐碱程度土壤中的微生物均以细菌为主，盐土的细菌 PLFA 含量较强度盐化土和轻度盐化土的细菌 PLFA 含量都显著降低；以 27 种 PLFA 含量为样本进行聚类分析，发现土壤盐碱化程度不同，土壤微生物结构必然发生变化；香农等多样性指数分析发现盐碱程度越大，主要土壤微生物 PLFA 标记物的多样性越单一，反之则越丰富。焦海华等（2013）利用磷脂脂肪酸生物标记法分析野生型牵牛（*Pharbitis nil*）根际土壤微生物群落结构，探讨牵牛生长对石油烃污染土壤微生物群落与石油烃降解的影响。结果表明，供试土壤微生物群落中，先后出现了 24 种 PLFA，包括标记细菌的饱和脂肪酸（SAT）、革兰氏阳性菌（$G^+$）的末端支链饱和脂肪酸（TBSAT）、革兰氏阴性菌（$G^-$）的单不饱和脂肪酸（MONO）和环丙脂肪酸（CYCLO）、真菌的多不饱和脂肪酸（PUFA）和放线菌的中间型支链饱和脂肪酸（MBSAT）等六大类型。

王志勇等（2011）为了进一步了解空心莲子蕈的入侵机制，采集湖北咸宁、仙桃和武汉三地的土样，采用土壤脂肪酸甲酯谱图分析的方法探讨该植物入侵对土壤微生物的影响。结果显示：空心莲子草入侵后土壤可培养细菌、真菌的数量显著增加，而放线菌的数量显著下降，脂肪酸分析表明土壤微生物群落结构发生了一定程度的改变。江雪飞等（2010）利用脂肪酸甲酯和活菌计数 2 种方法检测不同质量分数的氯磺隆对土壤微生物群落结构的影响。结果表明：土样经氯磺隆处理 1 d，只有放线菌受到抑制，而细菌和真菌没有变化，当处理 45 d 时，细菌和放线菌随氯磺隆质量分数的增加而表现为抑制（$P<0.05$），真菌没有显著变化。活菌计数与脂肪酸分析结果一致。因此，土壤微生物对氯磺隆的敏感程度是放线菌>细菌>真菌，细菌在一定时间内表现出对氯磺隆的耐受性。张秋芳等（2009）利用磷脂脂肪酸生物标记法，以烟田土壤为例，应用生态学评价方法，即丰富度指数（*S*）、均匀度指数（*J*）、辛普森优势度指数（*D*）、香农多样性指数（$H_1$）、Brillouin 指数（$H_2$）和 McIntosh 指数（$H_3$）多样性指数等测度方法，分析土壤中微生物群落 PLFA 生物标记的多样性。研究结果表明，供试土壤微生物群落中，先后出现了 43 种 PLFA。

刘波等（2008）利用磷脂脂肪酸生物标记法研究零排放猪舍基质垫层微生物群落多样性，从基质垫层微生物群落中检测出 37 个脂肪酸生物标记，构成微生物群落的指纹图，含量最高的前 4 个生物标记为：细菌 c16:0 含量为 431 260，细菌 18:1ω9c 含量为 413 075，厌氧细菌 18:1ω7c 含量为 101 368，耗氧细菌 i15:0 含量为 90 328。吴振斌等（2006）利用磷脂脂肪酸表征人工湿地微生物群落结构，研究了复合垂直流人工湿地基质剖面的微生物群落结构及其分布特征。结果表明，湿地 PLFA 组成以饱和脂肪酸、支链脂肪酸和单不饱和脂肪酸为主，多不饱和脂肪酸与环丙烷脂肪酸含量较少。特征脂肪酸的比值呈垂直分布。基质中好氧原核微生物为优势类群，其次为革兰氏阳性细菌及其他厌氧细菌，真核微生物所占比例最低。统计结果显示，好氧原核微生物的特征 PLFA 相对含量在上行池表层最高；革兰氏阳性细菌、硫酸盐还原细菌及其他厌氧细菌的特征 PLFA 相对含量在下行池中层显著高于其他位点，指示该区域为湿地系统主要的兼性厌氧功能区。

作者以芽胞杆菌为例，研究芽胞杆菌主要脂肪酸的独特特征、构成及其占整体脂肪酸的比例稳定性，之后提出模型，建立整体脂肪酸中芽胞杆菌含量的换算关系，对于已知种类特征的脂肪酸组，试图计算整体脂肪酸测定中已知种类的含量。

## 2. 研究方法

测定了 38 种芽胞杆菌 1799 个菌株的脂肪酸组，统计脂肪酸组总量和主要脂肪酸（15:0 anteiso、15:0 iso、17:0 anteiso、17:0 iso）的含量，利用回归模型，建立芽胞杆菌主要脂肪酸含量与脂肪酸总量的回归模型。

## 3. 芽胞杆菌主要脂肪酸组的测定

测定的 38 种芽胞杆菌中，平均每个种测定 47 个菌株，主要脂肪酸（15:0 anteiso、15:0 iso、17:0 anteiso、17:0 iso）的平均值和脂肪酸总量平均值见表 2-4-15。主要脂肪酸的总和为 6 361 919.17，整体脂肪酸的总和为 8 406 166.07，芽胞杆菌主要脂肪酸占整体脂肪酸的平均比例为 0.7639，即主要脂肪酸占整体脂肪酸的 76.39%。

**表 2-4-15　38 种芽胞杆菌 1799 个菌株主要脂肪酸总和与脂肪酸组总量***

| 芽胞杆菌种类 | 15:0 anteiso | 15:0 iso | 17:0 anteiso | 17:0 iso | 主要脂肪酸含量 | 脂肪酸组总量 |
|---|---|---|---|---|---|---|
| [1] *Bacillus agaradhaerens* | 165 604.00 | 136 958.00 | 30 490.00 | 53 686.00 | 386 738.00 | 493 026.00 |
| [2] *Bacillus alcalophilus* | 82 234.78 | 96 574.67 | 11 143.56 | 11 150.89 | 201 103.89 | 366 924.33 |
| [3] *Bacillus amyloliquefaciens* | 85 416.56 | 77 895.67 | 21 470.33 | 28 977.67 | 213 760.22 | 242 363.11 |
| [4] *Bacillus atrophaeus* | 87 649.32 | 33 207.56 | 28 204.89 | 15 010.13 | 164 071.90 | 192 658.70 |
| [5] *Bacillus cereus* | 9 434.23 | 69 847.28 | 3 717.12 | 23 807.03 | 106 805.67 | 228 091.98 |
| [6] *Bacillus clausii* | 26 946.50 | 41 944.50 | 11 498.75 | 16 704.25 | 97 094.00 | 129 791.25 |
| [7] *Bacillus coagulans* | 102 082.00 | 21 734.50 | 55 921.50 | 5 702.00 | 185 440.00 | 209 110.00 |
| [8] *Bacillus filicolonicus* | 39 310.75 | 24 487.75 | 7 822.25 | 1 979.75 | 73 600.50 | 106 004.75 |
| [9] *Bacillus flexus* | 60 371.67 | 48 820.00 | 14 633.33 | 8 239.00 | 132 064.00 | 178 602.33 |
| [10] *Bacillus laevolacticus* | 61 017.25 | 49 796.50 | 11 257.25 | 14 471.25 | 136 542.25 | 159 523.50 |
| [11] *Bacillus lentus* | 74 654.00 | 24 459.75 | 5 397.00 | 2 680.88 | 107 191.63 | 152 150.38 |

续表

| 芽胞杆菌种类 | 15:0 anteiso | 15:0 iso | 17:0 anteiso | 17:0 iso | 主要脂肪酸含量 | 脂肪酸组总量 |
|---|---|---|---|---|---|---|
| [12] *Bacillus licheniformis* | 108 824.88 | 121 970.77 | 32 941.90 | 30 134.77 | 293 872.33 | 325 754.00 |
| [13] *Bacillus luciferensis* | 79 826.00 | 32 946.00 | 3 536.67 | 2 193.33 | 118 502.00 | 143 241.67 |
| [14] *Bacillus marisflavi* | 190 580.25 | 110 078.25 | 52 663.75 | 6 894.25 | 360 216.50 | 451 774.00 |
| [15] *Bacillus megaterium* | 88 550.26 | 80 492.13 | 7 426.07 | 5 428.84 | 181 897.30 | 218 544.81 |
| [16] *Bacillus oleronius* | 52 682.68 | 77 984.77 | 24 848.09 | 28 297.73 | 183 813.27 | 340 627.32 |
| [17] *Bacillus psychrosaccharolyticus* | 176 451.00 | 52 619.50 | 6 410.50 | 3 121.00 | 238 602.00 | 271 721.50 |
| [18] *Bacillus simplex* | 88 311.09 | 141 534.02 | 13 038.76 | 16 654.28 | 259 538.15 | 290 519.64 |
| [19] *Bacillus subtilis* | 108 209.79 | 78 675.73 | 32 503.51 | 32 350.78 | 251 739.81 | 283 754.93 |
| [20] *Bacillus thuringiensis* | 6 713.48 | 58 979.86 | 1 677.57 | 10 549.00 | 77 919.90 | 150 399.48 |
| [21] *Bacillus viscosus* | 79 247.17 | 23 144.24 | 4 340.76 | 2 027.69 | 108 759.86 | 145 489.76 |
| [22] *Brevibacillus agri* | 53 805.00 | 103 295.00 | 4 641.50 | 4 799.75 | 166 541.25 | 201 816.75 |
| [23] *Brevibacillus choshinensis* | 96 111.37 | 15 836.32 | 4 760.37 | 963.16 | 117 671.21 | 143 873.74 |
| [24] *Brevibacillus parabrevis* | 101 694.62 | 48 685.22 | 6 008.22 | 3 394.92 | 159 782.97 | 194 321.05 |
| [25] *Brevibacillus reuszeri* | 142 839.50 | 59 346.07 | 7 350.50 | 3 006.93 | 212 543.00 | 279 714.36 |
| [26] *Geobacillus stearothermophilus* | 7 674.50 | 80 803.25 | 29 265.75 | 58 484.25 | 176 227.75 | 250 890.00 |
| [27] *Lysinibacillus sphaericus* | 23 688.65 | 140 109.70 | 7 284.37 | 14 416.21 | 185 498.92 | 278 155.89 |
| [28] *Paenibacillus chondroitinus* | 81 582.67 | 15 980.67 | 6 691.67 | 1 122.33 | 105 377.33 | 133 228.33 |
| [29] *Paenibacillus larvae* | 53 321.29 | 26 667.86 | 16 587.29 | 12 800.57 | 109 377.00 | 131 259.43 |
| [30] *Paenibacillus lautus* | 91 739.17 | 8 698.00 | 22 300.50 | 6 402.67 | 129 140.33 | 209 989.50 |
| [31] *Paenibacillus lentimorbus* | 66 555.45 | 71 594.82 | 9 037.73 | 15 638.09 | 162 826.09 | 211 693.18 |
| [32] *Paenibacillus macerans* | 62 563.92 | 35 723.50 | 17 143.83 | 17 777.92 | 133 209.17 | 166 879.25 |
| [33] *Paenibacillus macquariensis* | 93 581.77 | 19 682.13 | 5 512.90 | 2 532.77 | 121 309.57 | 150 953.87 |
| [34] *Paenibacillus pabuli* | 74 090.67 | 18 023.33 | 3 333.67 | 1 873.00 | 97 320.67 | 140 198.33 |
| [35] *Paenibacillus polymyxa* | 114 503.58 | 13 334.96 | 16 301.52 | 4 254.42 | 148 394.48 | 193 241.32 |
| [36] *Paenibacillus thiaminolyticus* | 90 454.10 | 13 557.10 | 26 873.70 | 8 175.40 | 139 060.30 | 203 979.60 |
| [37] *Paenibacillus validus* | 109 925.05 | 29 255.37 | 9 707.11 | 4 954.42 | 153 841.95 | 215 545.74 |
| [38] *Virgibacillus pantothenticus* | 95 160.88 | 41 283.68 | 22 592.44 | 5 487.00 | 164 524.00 | 220 352.29 |
| 总和 | 3 133 409.85 | 2 146 028.43 | 596 336.63 | 486 144.33 | 6 361 919.17 | 8 406 166.07 |

*表中的数值均为相应的响应值，无计量单位

## 4. 芽胞杆菌主要脂肪酸与整体脂肪酸计算模型

利用表 2-4-15 的数据，作图 2-4-7，以芽胞杆菌主要脂肪酸含量为自变量（$X$），以脂肪酸组总量为因变量（$Y$），建立计算模型：

$$Y_{\text{脂肪酸总量}} = 1.1281X_{\text{主要脂肪酸含量}} + 32\,349\ (R^2 = 0.8432^*)$$

表明芽胞杆菌主要脂肪酸（15:0 anteiso、15:0 iso、17:0 anteiso、17:0 iso）含量与芽胞杆菌脂肪酸组总量之间呈线性模型，相关系数平方值为 $R^2 = 0.8432$，表明模型具有极显著的相关性。对于一个已知的芽胞杆菌种类的主要脂肪酸含量（15:0 anteiso、15:0 iso、17:0 anteiso、17:0 iso），通过上述公式可以计算出芽胞杆菌脂肪酸组的总量；反之，已知脂肪酸组总量，也可以计算出主要脂肪酸含量。

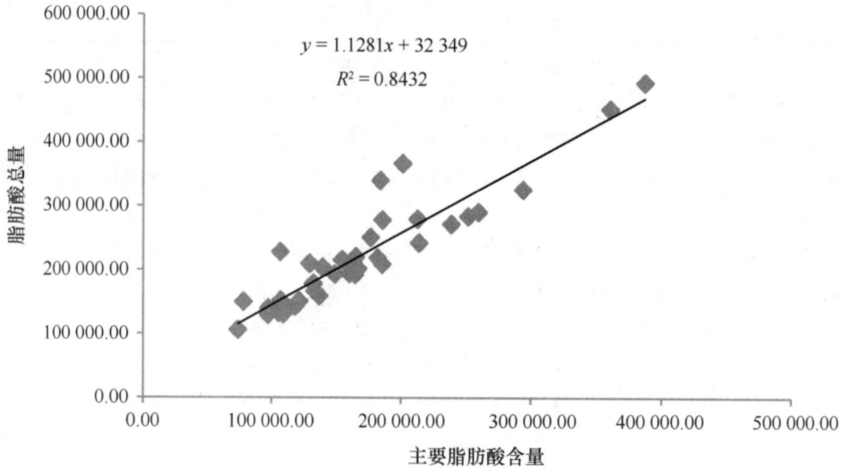


图 2-4-7　芽胞杆菌主要脂肪酸含量与脂肪酸总量统计模型

## 5. 讨论

本研究测定了 38 种芽胞杆菌 1799 个菌株的脂肪酸组，主要脂肪酸（15:0 anteiso、15:0 iso、17:0 anteiso、17:0 iso）含量和脂肪酸总量的比值为 0.7639，说明主要脂肪酸占整体脂肪酸的 76.39%。以芽胞杆菌主要脂肪酸含量为自变量（$X$）、以脂肪酸组总量为因变量（$Y$）的回归模型为 $Y_{脂肪酸总量} = 1.1281X_{主要脂肪酸含量} + 32\ 349$（$R^2 = 0.8432^*$）；反之，主要脂肪酸含量=（脂肪酸总量–32 349）/1.1281。

通过主要脂肪酸含量估计芽胞杆菌脂肪酸总量可以有两种方法：①利用比例计算，即脂肪酸总量=主要脂肪酸含量/0.7639；②$Y_{脂肪酸总量} = 1.1281X_{主要脂肪酸含量} + 32\ 349$。例如，表 2-4-16 中嗜热噬脂肪地芽胞杆菌（*Geobacillus stearothermophilus*）的主要脂肪酸含量为 176 227.75，则脂肪酸总量为 230 694.78，与实测 250 890.00 比较相差 20 195.22；用公式计算，脂肪酸总量=1.1281×176 227.75+32 349=231 151.53，与比例计算差异不大。同样，球形赖氨酸芽胞杆菌（*Lysinibacillus sphaericus*）的比例计算的脂肪酸总量=185 498.92/0.7639=242 831.42，实测为 278 155.89，通过公式计算脂肪酸总量=1.1281×185 498.92+32 349 =241 610.33，与比例计算的相近。软骨素类芽胞杆菌（*Paenibacillus chondroitinus*）的比例计算的脂肪酸总量=105 377.33/0.7639 =137 894.14，实测为 133 228.33，通过公式计算脂肪酸总量=1.1281×105 377.33+32 349 =151 225.17，与比例计算的相近。

**表 2-4-16　脂肪酸总量与主要脂肪酸含量举例**

| 芽胞杆菌菌株 | 15:0 anteiso | 15:0 iso | 17:0 anteiso | 17:0 iso | 主要脂肪酸含量 | 脂肪酸组总量 |
|---|---|---|---|---|---|---|
| [1] *Geobacillus stearothermophilus* | 7 674.50 | 80 803.25 | 29 265.75 | 58 484.25 | 176 227.75 | 250 890.00 |
| [2] *Lysinibacillus sphaericus* | 23 688.65 | 140 109.70 | 7 284.37 | 14 416.21 | 185 498.92 | 278 155.89 |
| [3] *Paenibacillus chondroitinus* | 81 582.67 | 15 980.67 | 6 691.67 | 1 122.33 | 105 377.33 | 133 228.33 |

注：表中的数值均为相应的响应值，无计量单位

# 第三章　芽胞杆菌脂肪酸组生物学特性

## 第一节　芽胞杆菌脂肪酸组与生物学特性的测定

### 一、概述

脂肪酸是所有活细胞的重要膜组分，且主要以磷脂脂肪酸（PLFA）形式存在，PLFA分别占真核生物和细菌细胞膜的约50%和98%（Bai et al.，2000），而且PLFA具有结构多样性和物种特异性。余永红等（2016）报道了细菌脂肪酸合成多样性的研究进展，与真核生物采用I型脂肪酸合成系统不同，细菌采用II型脂肪酸合成系统，每步反应都由独立的酶催化，在不同细菌中参与脂肪酸合成的酶都具有较高的多样性，而脂肪酸种类不同，合成方式也不尽相同。细菌除含有常见的直链脂肪酸外，如油酸或顺式异油酸[十八碳-11-烯酸（顺），简写为18:lω7]外，还含有一些独特的脂肪酸，如具有支链、β-羟基和环丙基的脂肪酸。支链脂肪酸在革兰氏阳性菌（如芽胞杆菌）中含量很高，而环丙基脂肪酸常见于革兰氏阴性和革兰氏阳性厌氧菌中。非酯链脂肪酸（NEL-PLFA）是鞘脂、缩醛磷脂和氨基磷脂等的重要成分。鞘脂存在于拟杆菌属（*Bacteroides*）、黄杆菌属（*Flavobacterium*）中。缩醛磷脂主要存在于梭菌属（*Clostridium*）等厌氧细菌中，只有少数的好氧和兼性厌氧细菌含有缩醛磷脂。在第10个碳上有甲基支链（10Me）的脂肪酸是放线菌所特有的。多不饱和脂肪酸（PUFA）只存在于蓝细菌（cyanobacteria）中（徐华勤等，2007）。真菌菌丝中已检测出存在长链非酯链羟基取代脂肪酸。

气相色谱是用于细菌脂肪酸分析的一种快速和有效的方法，为从分子水平探讨细菌的生物学性状提供了新的途径。王青等（1987）进行细菌细胞脂肪酸的气相色谱分析，指出细菌脂肪酸成分与种的进化、分类、遗传变异、毒力强弱，以及对抗生素的敏感性和抗性等生物学性状有着密切关系。张文君等（2006）利用脂肪酸组成分析鉴定海洋细菌，他们将9株具生物活性的海洋细菌按标准条件培养后测定其脂肪酸组成和含量，并结合了他人研究的5株假交替单胞菌属（*Pseudoalteromonas*）海洋细菌的脂肪酸测定结果，通过SPSS软件对这些细菌进行脂肪酸聚类分析，并与它们的16S rDNA序列聚类分析进行比较。结果表明，脂肪酸组成可以作为海洋细菌鉴定到属的依据之一，但仅依靠脂肪酸不能将海洋细菌鉴定到种。徐敏等（2013）利用气相色谱分析海洋细菌副溶血性弧菌VP-X-3的脂肪酸，以色谱峰的数量、色谱峰高及脂肪酸含量作为评价指标，探讨了不同的皂化和甲酯化条件对细菌细胞脂肪酸测定结果的影响。结果表明，皂化和甲酯化条件都对脂肪酸的组成和含量产生一定的影响；较低温度皂化处理有利于增加色谱峰数量和色谱峰高；甲酯化温度过高容易破坏脂肪酸，尤其是长链脂肪酸和不饱和脂肪酸的结构；高温甲酯化条件下，时间越长，甲酯化效果越差。综合实验结果，研究人员提出了气相色谱前处理的最佳条件：2 mol/L NaOH-甲醇溶液 2 mL，70℃水浴 10 min；10%（*V*/*V*）$H_2SO_4$-甲醇溶液 2 mL，70℃水浴 15 min。

细菌所处的环境条件和自身的生理状态都会影响细菌脂肪酸的组成与结构特性，因此细菌的脂肪酸组是响应和适应特定环境条件的产物与结果。邹丽洁和焦念志（2012）研究了环境因子对好氧不产氧光合细菌（AAPB）脂肪酸组成的影响，对来自赤杆菌属（*Erythrobacter*）、柠檬酸微菌属（*Citromicrobium*）和玫瑰杆菌属（*Roseobacter*）的 9 株 AAPB 的脂肪酸组成进行分析，并以 10 株非 AAPB 为参照，从脂肪酸角度考察光照、温度、营养等重要环境因子对 AAPB 脂肪酸的影响。结果显示，AAPB 的脂肪酸以 18:1ω7c 为主，该成分在玫瑰杆菌属分支中含量最高，不同种脂肪酸对环境因子的响应不同，低温和寡营养条件主要影响不饱和脂肪酸（UFA）；二羟基脂肪酸含量在寡营养和光照双重作用下有较明显的升高。嗜冷菌及耐冷菌是冷适应酶及生物活性物质的重要资源，李博等（2010）研究了内陆土壤冷适应细菌细胞膜脂肪酸的适冷机制，他们从内陆土壤筛得 33 株冷适应细菌，包括 6 株革兰氏阳性菌与 27 株革兰氏阴性菌。通过细胞膜脂肪酸分析表明，革兰氏阳性菌的细胞膜脂肪酸主要为分支脂肪酸，推测分支结构是阳性菌的主要膜脂适冷机制；而革兰氏阴性菌呈现出不饱和、支链、短链等多样的膜脂适冷调节方式。同时，他们利用脂肪酸组对 17 株嗜冷菌及耐冷菌进行了鉴定，发现它们分属于 11 个属，而且基于细胞膜脂肪酸组成的系统发育分析结果与基于 16S rDNA 的分析结果高度一致。

关于芽胞杆菌温度适应性的脂肪酸变化也有过许多报道。例如，Suutari 和 Laakso（1992）研究了枯草芽胞杆菌和巨大芽胞杆菌不饱和支链脂肪酸对温度的适应性；Herman 等（1994）利用荧光探针法研究了枯草芽胞杆菌脂肪酸变化的温度适应性；Klein 等（1999）发现枯草芽胞杆菌在低温条件下，脂肪酸的饱和度和链长没有明显变化，anteiso-支链脂肪酸含量增加而 iso-支链脂肪酸含量降低；但异亮氨酸缺陷型菌株在不添加异亮氨酸时，对低温很敏感，因此 anteiso-支链脂肪酸的含量变化与枯草芽胞杆菌的低温适应密切相关。蜡样芽胞杆菌表现出与枯草芽胞杆菌不同的低温适应机制，在低温条件下，蜡样芽胞杆菌中除了支链脂肪酸总量和 anteiso-/iso-支链脂肪酸的比例增加外，不饱和脂肪酸的含量也会明显增加（Haque and Russell，2004）。研究发现，芽胞杆菌对特定环境的适应性进化过程会在细胞脂肪酸组的变化上留下印迹。例如，Sikorski 等（2008）报道，从以色列“进化谷”的南坡和北坡分离的简单芽胞杆菌菌株，在相同温度下（20℃、28℃、40℃），分离自南坡的菌株会产生更多的所谓“耐高温”脂肪酸——iso-支链脂肪酸，相反，分离自北坡的菌株则产生更多的所谓“耐低温”脂肪酸——anteiso-支链脂肪酸和不饱和脂肪酸。同样的，芽胞杆菌 pH 的适应性也能在细胞脂肪酸组的变化上留下痕迹。de Rosa 等（1974）报道了温度和 pH 对酸热芽胞杆菌（*Bacillus acidocaldarius*，已重新分类为酸热脂环酸芽胞杆菌 *Alicyclobacillus acidocaldarius*）脂肪酸组成的影响，他们发现温度和 pH 对脂肪酸的影响是独立的：在低 pH（如 pH 为 2）条件下，温度上升会增加菌体中的 anteiso-和 iso-支链脂肪酸含量；而在高 pH（如 pH 为 5）条件下，温度上升则增加菌体中的脂环酸含量。Dunkley 等（1991）发现嗜碱芽胞杆菌适应高碱性环境与去饱和酶活性有关：在高碱性（pH 为 10.5）条件下，去饱和酶活性在专性嗜碱菌中很高，而在兼性嗜碱菌中则未检测出；专性嗜碱菌的长势在极高 pH 时强于兼性嗜碱菌，在近中性（pH 为 7.5）时弱于兼性嗜碱菌，而在 pH 9.0 时与兼性嗜碱菌相当；当提供不饱和脂肪酸作为培养基时，嗜碱芽胞杆菌缺乏脂肪酸去饱和酶活性，失去了在接近中性 pH 环境下生长的能力。

芽胞杆菌脂肪酸组的构成与其生理生化特性相关，也成为芽胞杆菌适应外界生长条件，如温度、pH、盐分等的指标。本章围绕芽胞杆菌脂肪酸组与其生物学特性的相互关系，测定了 90 种芽胞杆菌的生物学特性及其脂肪酸组，为分析温度、pH、盐分及生理生化指标的变化所表现出的脂肪酸表型的变化，也为阐明芽胞杆菌脂肪酸组的生物学特性提供了基础数据。

## 二、研究方法

### 1. 供试菌株

选取福建省芽胞杆菌资源保藏中心 90 种芽胞杆菌为研究对象（表 3-1-1），测定芽胞杆菌脂肪酸组，对脂肪酸组与酸碱适应性（pH）、温度适应性、盐分适应性、生理生化指标的相关性进行分析。

**表 3-1-1　90 种供试芽胞杆菌**

| 菌株编号 | 菌株来源 | 种名 | 中文学名 |
|---|---|---|---|
| [1] FJAT-14221 | DSM 18954 | *Bacillus acidiceler* | 酸快生芽胞杆菌 |
| [2] FJAT-14829 | DSM 14745 | *B. acidicola* | 酸居芽胞杆菌 |
| [3] FJAT-14209 | DSM 23148 | *B. acidiproducens* | 产酸芽胞杆菌 |
| [4] FJAT-10013 | DSM 8721 | *B. agaradhaerens* | 黏琼脂芽胞杆菌 |
| [5] FJAT-276 | ATCC 27647 | *B. alcalophilus* | 嗜碱芽胞杆菌 |
| [6] FJAT-2286 | DSM 16976 | *B. alkalitelluris* | 碱土芽胞杆菌 |
| [7] FJAT-10025 | DSM 21631 | *B. altitudinis* | 高地芽胞杆菌 |
| [8] FJAT-8754 | CCUG 28519 | *B. amyloliquefaciens* | 解淀粉芽胞杆菌 |
| [9] FJAT-14220 | DSM 21047 | *B. aryabhattai* | 阿氏芽胞杆菌 |
| [10] FJAT-8755 | CCUG 28524 | *B. atrophaeus* | 萎缩芽胞杆菌 |
| [11] FJAT-8757 | CCUG 7412 | *B. badius* | 栗褐芽胞杆菌 |
| [12] FJAT-10043 | DSM 15601 | *B. bataviensis* | 巴达维亚芽胞杆菌 |
| [13] FJAT-14214 | DSM 19037 | *B. beijingensis* | 北京芽胞杆菌 |
| [14] FJAT-14268 | DSM 17376 | *B. boroniphilus* | 嗜硼芽胞杆菌 |
| [15] FJAT-14236 | DSM 18926 | *B. butanolivorans* | 食丁酸芽胞杆菌 |
| [16] FJAT-10029 | DSM 17613 | *B. carboniphilus* | 嗜碳芽胞杆菌 |
| [17] FJAT-10015 | DSM 2522 | *B. cellulosilyticus* | 解纤维素芽胞杆菌 |
| [18] FJAT-8760 | CCUG 7414 | *B. cereus* | 蜡样芽胞杆菌 |
| [19] FJAT-14272 | DSM 16189 | *B. cibi* | 食物芽胞杆菌 |
| [20] FJAT-8761 | CCUG 7416 | *B. circulans* | 环状芽胞杆菌 |
| [21] FJAT-8762 | CCUG 47262 | *B. clausii* | 克劳氏芽胞杆菌 |

续表

| 菌株编号 | 菌株来源 | 种名 | 中文学名 |
|---|---|---|---|
| [22] FJAT-520 | AS1. 2009 | *B. coagulans* | 凝结芽胞杆菌 |
| [23] FJAT-10017 | DSM 2528 | *B. cohnii* | 科恩芽胞杆菌 |
| [24] FJAT-14222 | DSM 17725 | *B. decisifrondis* | 腐叶芽胞杆菌 |
| [25] FJAT-14274 | DSM 14890 | *B. decolorationis* | 脱色芽胞杆菌 |
| [26] FJAT-10044 | DSM 15600 | *B. drentensis* | 钻特省芽胞杆菌 |
| [27] FJAT-10010 | DSM 13796 | *B. endophyticus* | 内生芽胞杆菌 |
| [28] FJAT-274 | ATCC 29313 | *B. fastidiosus* | 苛求芽胞杆菌 |
| [29] FJAT-8765 | CCUG 28525 | *B. flexus* | 弯曲芽胞杆菌 |
| [30] FJAT-10032 | DSM 16014 | *B. fordii* | 福氏芽胞杆菌 |
| [31] FJAT-10033 | DSM 16012 | *B. fortis* | 强壮芽胞杆菌 |
| [32] FJAT-8766 | CCUG 28888 | *B. fusiformis* | 纺锤形芽胞杆菌 |
| [33] FJAT-10034 | DSM 15595 | *B. galactosidilyticus* | 解半乳糖苷芽胞杆菌 |
| [34] FJAT-10035 | DSM 15865 | *B. gelatini* | 明胶芽胞杆菌 |
| [35] FJAT-14270 | DSM 18134 | *B. ginsengihumi* | 人参土芽胞杆菌 |
| [36] FJAT-519 | ATCC 23301 | *B. globisporus* | 球胞芽胞杆菌 |
| [37] FJAT-10037 | DSM 16731 | *B. hemicellulosilyticus* | 解半纤维素芽胞杆菌 |
| [38] FJAT-14233 | DSM 6951 | *B. horikoshii* | 堀越氏芽胞杆菌 |
| [39] FJAT-14211 | DSM 16318 | *B. humi* | 土地芽胞杆菌 |
| [40] FJAT-14212 | DSM 15820 | *B. indicus* | 印度芽胞杆菌 |
| [41] FJAT-14252 | DSM 21046 | *B. isronensis* | 印空研芽胞杆菌 |
| [42] FJAT-14210 | DSM 16467 | *B. koreensis* | 韩国芽胞杆菌 |
| [43] FJAT-14240 | DSM 17871 | *B. kribbensis* | 韩研所芽胞杆菌 |
| [44] FJAT-14213 | DSM 19099 | *B. lehensis* | 列城芽胞杆菌 |
| [45] FJAT-275 | ATCC 14707 | *Paenibacillus lentimorbus* | 慢病类芽胞杆菌* |
| [46] FJAT-8771 | CCUG 7422 | *B. licheniformis* | 地衣芽胞杆菌 |
| [47] FJAT-14206 | DSM 18845 | *B. luciferensis* | 路西法芽胞杆菌 |
| [48] FJAT-14248 | DSM 16346 | *B. macyae* | 马氏芽胞杆菌 |
| [49] FJAT-14235 | DSM 16204 | *B. marisflavi* | 黄海芽胞杆菌 |
| [50] FJAT-8773 | CCUG 49529 | *B. massiliensis* | 马赛芽胞杆菌 |
| [51] FJAT-8774 | CCUG 1817 | *B. megaterium* | 巨大芽胞杆菌 |
| [52] FJAT-10005 | DSM 9205 | *B. mojavensis* | 莫哈维沙漠芽胞杆菌 |
| [53] FJAT-14208 | DSM 16288 | *B. muralis* | 壁画芽胞杆菌 |
| [54] FJAT-14258 | DSM 19154 | *B. murimartini* | 马丁教堂芽胞杆菌 |
| [55] FJAT-8775 | DSM 2048 | *B. mycoides* | 蕈状芽胞杆菌 |
| [56] FJAT-14216 | DSM 15077 | *B. nealsonii* | 尼氏芽胞杆菌 |
| [57] FJAT-14217 | DSM 17723 | *B. niabensis* | 农研所芽胞杆菌 |
| [58] FJAT-14202 | DSM 2923 | *B. niacini* | 烟酸芽胞杆菌 |
| [59] FJAT-14227 | DSM 15603 | *B. novalis* | 休闲地芽胞杆菌 |
| [60] FJAT-14201 | DSM 18869 | *B. odysseyi* | 奥德赛芽胞杆菌 |
| [61] FJAT-2235 | DSM 23308 | *B. okhensis* | 奥哈芽胞杆菌 |

续表

| 菌株编号 | 菌株来源 | 种名 | 中文学名 |
|---|---|---|---|
| [62] FJAT-14823 | DSM 13666 | *B. okuhidensis* | 奥飞弹温泉芽胞杆菌 |
| [63] FJAT-14224 | DSM 9356 | *B. oleronius* | 蔬菜芽胞杆菌 |
| [64] FJAT-2285 | DSM 19096 | *B. panaciterrae* | 人参地块芽胞杆菌 |
| [65] FJAT-10053 | ATCC 14576 | *Virgibacillus pantothenticus* | 泛酸枝芽胞杆菌* |
| [66] FJAT-14218 | DSM 16117 | *B. patagoniensis* | 巴塔哥尼亚芽胞杆菌 |
| [67] FJAT-14237 | DSM 8725 | *B. pseudalcaliphilus* | 假嗜碱芽胞杆菌 |
| [68] FJAT-14225 | DSM 12442 | *B. pseudomycoides* | 假蕈状芽胞杆菌 |
| [69] FJAT-8778 | CCUG 28882 | *B. psychrosaccharolyticus* | 冷解糖芽胞杆菌 |
| [70] FJAT-14255 | DSM 11706 | *Psychrobacillus psychrotolerans* | 耐冷嗜冷芽胞杆菌* |
| [71] FJAT-8779 | CCUG 26016 | *B. pumilus* | 短小芽胞杆菌 |
| [72] FJAT-14825 | DSM 17057 | *B. ruris* | 农庄芽胞杆菌 |
| [73] FJAT-14260 | DSM 19292 | *B. safensis* | 沙福芽胞杆菌 |
| [74] FJAT-14262 | DSM 18680 | *B. selenatarsenatis* | 硒砷芽胞杆菌 |
| [75] FJAT-14261 | DSM 15326 | *B. selenitireducens* | 还原硒酸盐芽胞杆菌 |
| [76] FJAT-14231 | DSM 16464 | *B. seohaeanensis* | 西岸芽胞杆菌 |
| [77] FJAT-14257 | DSM 18868 | *B. shackletonii* | 沙氏芽胞杆菌 |
| [78] FJAT-2295 | DSM 30646 | *B. simplex* | 简单芽胞杆菌 |
| [79] FJAT-14822 | DSM 13140 | *B. siralis* | 青贮窖芽胞杆菌 |
| [80] FJAT-14232 | DSM 15604 | *B. soli* | 土壤芽胞杆菌 |
| [81] FJAT-14256 | DSM 13779 | *B. sonorensis* | 索诺拉沙漠芽胞杆菌 |
| [82] FJAT-9 | FJAT-9 | *Lysinibacillus sphaericus* | 球形赖氨酸芽胞杆菌 |
| [83] FJAT-8784 | CCUG163 | *B. subtilis* | 枯草芽胞杆菌 |
| [84] FJAT-14251 | DSM 22148 | *B. subtilis* subsp. *inaquosorum* | 枯草芽胞杆菌干燥亚种 |
| [85] FJAT-14250 | DSM 15029 | *B. subtilis* subsp. *spizizenii* | 枯草芽胞杆菌斯氏亚种 |
| [86] FJAT-14254 | DSM 10 | *B. subtilis* subsp. *subtilis* | 枯草芽胞杆菌枯草亚种 |
| [87] FJAT-14 | FJAT-14 | *B. thuringiensis* | 苏云金芽胞杆菌 |
| [88] FJAT-14844 | DSM 11031 | *B. vallismortis* | 死谷芽胞杆菌 |
| [89] FJAT-14842 | DSM 9768 | *B. vedderi* | 威氏芽胞杆菌 |
| [90] FJAT-14850 | DSM 18898 | *B. vietnamensis* | 越南芽胞杆菌 |

*分类地位发生变化

## 2. 测定方法

芽胞杆菌脂肪酸测定见第二章。温度、pH 和 NaCl 浓度等芽胞杆菌生长条件的测定，文献中有做过实验的，分别取相应的最低值、平均值和最高值；文献中未研究的，自行测定。生理生化指标特征主要利用商业微生物鉴定试剂盒 API 50CH 测定，指标来源参考《伯杰氏系统细菌学手册》，包括好氧与厌氧，需盐性，运动性，淀粉、明胶液化，氧化酶，过氧化氢酶，V-P 反应，柠檬酸利用，阿拉伯糖、葡萄糖、甘油、木糖、水杨苷代谢，硝酸盐还原等 25 项指标，以阳性和阴性记录数据，将其数字化，即阳性记为“1”，阴性记为“0”。

## 3. 多样性指数分析方法

多样性测度选用香农多样性指数（$H_1$）、均匀度指数（$J$）、Brillouin 指数（$H_2$）、McIntosh 指数（$H_3$）、丰富度指数（$R'$）和辛普森优势度指数（$D$）等方法，其中对数计算以 2 为底数。采用 DPS 统计软件，以因子横表头为指标，以 90 个芽胞杆菌种（亚种）为样本，构建矩阵，进行多样性指数的计算。

（1）香农多样性指数（Shannon index，$H_1$）：香农多样性指数来源于信息理论。它的计算公式表明，群落中生物种类增多代表了群落的复杂程度增加，即 $H_1$ 值愈大，群落所含的信息量愈大。香农多样性指数（$H_1$）公式：$H_1=-\sum|(n_i/N)\ln(n_i/N)$；式中，$n_i$ 为第 $i$ 个种的个体数目；$N$ 为群落中所有种的个体总数；在脂肪酸分析中，脂肪酸生物标记类型代表物种，脂肪酸含量比例代表物种的量。公式亦可表示成：

$$H' = -\sum_{i=1}^{S} p_i \ln p_i \qquad (3\text{-}1\text{-}1)$$

（2）均匀度指数（Pielou evenness index，$J$）：均匀度指数为 1 个群落或生境中全部物种个体数目的分配状况，反映的是各个物种个体数目分配的均匀程度，与物种丰富度有关，用来描述种类的相对丰富度或所占比例。均匀度指数公式：$J=(-\sum p_i \ln p_i)/\ln S$，公式亦可表示成：

$$J = \frac{H'}{H'_{\max}} \qquad (3\text{-}1\text{-}2)$$

式中，$H'$为实际观察的物种香农多样性指数；$H'_{\max}$ 是 $H'$的最大值，即 $H'_{\max}=\ln S$（$S$ 为群落中的总物种数）。在脂肪酸分析中，脂肪酸生物标记类型代表物种，脂肪酸含量比例代表物种的量。

$$H'_{\max} = -\sum_{i=1}^{S} \frac{1}{S} \ln \frac{1}{S} = \ln S \qquad (3\text{-}1\text{-}3)$$

（3）辛普森优势度指数（Simpson dominance index，$D$）：辛普森优势度指数（$D$）用于表示 1 个种在群落中的地位与作用，反映各个种群数量的变化情况，指数越大，说明群落内优势种的地位越突出。辛普森优势度指数中稀有物种所起的作用较小，而普遍物种所起的作用较大。这种方法估计出的群落物种多样性需要较多的样本，Routledge（1980）指出如果样本数少于 30 时，会造成过低的估计。计算公式如下：

$$D = \sum \frac{(N_i - 1)N_i}{(N - 1)N} \qquad (3\text{-}1\text{-}4)$$

式中，$N_i$ 为第 $i$ 个种的个体数目；$N$ 为群落中所有种的个体总数。在脂肪酸分析中，脂肪酸生物标记类型代表物种，脂肪酸含量比例代表物种的量。

$$D = 1 - \sum_{i=1}^{S} (P_i)^2 \qquad (3\text{-}1\text{-}5)$$

式中，$S$ 为群落中的总物种数；$P_i$ 为群落中第 $i$ 种的个体比例。如第 $i$ 种个体数目为 $n_i$，总个体数目为 $N$。则 $P_i=n_i/N$。

（4）丰富度指数（Margalef richness index，$R'$）：丰富度指数指一个群落或环境中物种数目的多寡，亦表示生物群聚（或样品）中种类丰富程度的指数。

$$R'=(S-1)/\ln N \tag{3-1-6}$$

式中，$S$ 为群落中的总数目；$N$ 为观察到的个体总数。在脂肪酸分析中，脂肪酸生物标记类型代表物种，脂肪酸含量比例代表物种的量。

（5）Brillouin 指数（Brillouin index，$H_2$）：按照 Pielou（1966）的观点，许多群落抽样样本应该作为一个集合，而不应作为一个来自很大的生物群落的样本来对待。在任何情形下，群落数据应假定是来自一个有限的集合（collection），且是无放回抽样。因此合适的信息理论测度应是 Brillouin 指数（$H_2$）；计算公式如下：

$$H_2=\frac{1}{N}\mathrm{lb}\left[\frac{N!}{N_1!N_2!\cdots N_i!}\right] \tag{3-1-7}$$

式中，$N_1$ 为抽样中第 1 个物种的个体数量；$N_2$ 为抽样中第 2 个物种的个体数量；$N_3$ 为抽样中第 3 个物种的个体数量；依次类推，$N$ 为抽样中所有物种的个体总和，lb 是以 2 为底的对数。在脂肪酸分析中，脂肪酸生物标记类型代表物种，脂肪酸含量比例代表物种的量。

（6）McIntosh 指数（McIntosh index，$H_3$）：一个群落（集合）可看成是 $S$ 维空间的一个点，每一维坐标由一个物种的丰富度（即个体数）表示。这样由点到 $S$ 维坐标系原点的距离，可由欧氏距离表示，显然，对已知的物种个体总和 $N$，物种越多，$H_3$ 越小；因此 $H_3$ 是集合一致性的度量。当集合只含一个物种时，达到它的最大值，当每个个体都属于不同种时，达到最小值。因为多样性是一致性的互补，所以该多样性的度量公式为多样性指数。计算公式：

$$H_3=\frac{N-\sqrt{\sum N_i^2}}{N-N\sqrt{S}} \tag{3-1-8}$$

式中，$N_i$ 为抽样中第 $i$ 个物种的个体数量；$N$ 为抽样中所有物种的个体总和；$S$ 为物种数。在脂肪酸分析中，脂肪酸生物标记类型代表物种，脂肪酸含量比例代表物种的量。

## 三、芽胞杆菌脂肪酸组测定

### 1. 芽胞杆菌脂肪酸组检测

测定的 90 种芽胞杆菌脂肪酸组见表 3-1-2。共检测到 30 个脂肪酸生物标记，支链脂肪酸 17 个，占比 56.67%，包括 15:0 anteiso、15:0 iso、17:0 anteiso、17:0 iso、16:0 iso、14:0 iso、16:1ω11c、16:1ω7c alcohol、17:1 iso ω10c、13:0 iso、18:1ω9c、17:1 iso ω5c、13:0 anteiso、12:0 iso、17:1 anteiso A、19:0 iso；直链脂肪酸 8 个，占比 26.67%，包括了 c20:0、c19:0、c18:0、c17:0、c16:0、c14:0、c12:0、c10:0；复合脂肪酸 5 个，占比 16.67%，包括 feature 1、feature 2、feature 3、feature 4、feature 8。芽胞杆菌脂肪酸组以支链脂肪酸为主要脂肪酸。

### 2. 芽胞杆菌脂肪酸组统计

90 种芽胞杆菌脂肪酸生物标记统计结果见表 3-1-3。将高含量脂肪酸和中含量脂肪酸合并组成 14 个主要脂肪酸标记，均值为 0.59%～30.85%，标准差为 2.14～14.40；主要脂肪酸中，15:0 anteiso 和 15:0 iso 在 90 种芽胞杆菌中的分布差异不显著（$P$>0.05），其余 12 个主要脂肪酸标记在 90 种芽胞杆菌中的分布差异显著（$P$<0.05）。

**表 3-1-2　90 种芽胞杆菌脂肪酸组统计**

| 脂肪酸生物标记 | 90 种芽胞杆菌脂肪酸百分比总和 | 脂肪酸生物标记 | 90 种芽胞杆菌脂肪酸百分比总和 |
|---|---|---|---|
| [1] 12:0 iso | 5.72 | [18] c10:0 | 6.25 |
| [2] 13:0 anteiso | 11.80 | [19] c12:0 | 11.89 |
| [3] 13:0 iso | 53.29 | [20] c14:0 | 139.83 |
| [4] 14:0 iso | 243.81 | [21] c16:0 | 613.35 |
| [5] 15:0 anteiso | 2776.43 | [22] c17:0 | 7.37 |
| [6] 15:0 iso | 2559.88 | [23] c18:0 | 78.82 |
| [7] 16:0 iso | 451.96 | [24] c19:0 | 8.58 |
| [8] 16:1ω11c | 132.06 | [25] c20:0 | 14.75 |
| [9] 16:1ω7c alcohol | 119.62 | 直链脂肪酸小计 | 880.84 |
| [10] 17:0 anteiso | 776.87 | [26] feature 1 | 1.60 |
| [11] 17:0 iso | 472.79 | [27] feature 2 | 6.01 |
| [12] 17:0 iso 3OH | 3.81 | [28] feature 3 | 51.97 |
| [13] 17:1 anteiso A | 3.20 | [29] feature 4 | 62.04 |
| [14] 17:1 iso ω10c | 105.21 | [30] feature 8 | 11.95 |
| [15] 17:1 iso ω5c | 13.30 | 复合脂肪酸小计 | 133.57 |
| [16] 18:1ω9c | 18.57 | 总和 | 8765.06 |
| [17] 19:0 iso | 2.33 | | |
| 支链脂肪酸小计 | 7750.65 | | |

注：feature 1，13:0 3OH 和/或 15:1 iso H；feature 2，14:0 3OH 和/或 16:1 iso I/14:0 3OH；feature 3，16:1ω6c 和/或 16:1ω7c；feature 4，17:1 anteiso B 和/或 17:1 iso I；feature 8，18:1ω6c 和/或 18:1ω7c；下同

**表 3-1-3　90 种芽胞杆菌脂肪酸生物标记统计**

| 类别 | 脂肪酸生物标记 | 样本数 | 均值/% | 方差 | 标准差 | 中位数/% | 最小值/% | 最大值/% | Wilks 系数 | $P$ |
|---|---|---|---|---|---|---|---|---|---|---|
| 主要脂肪酸 | [1] 15:0 anteiso | 90 | 30.8492 | 207.4429 | 14.4029 | 32.8600 | 3.3100 | 66.2800 | 0.9770 | 0.1111 |
| | [2] 15:0 iso | 90 | 28.4431 | 185.0045 | 13.6016 | 29.2150 | 3.1100 | 57.7300 | 0.9773 | 0.1174 |
| | [3] 17:0 anteiso | 90 | 8.6319 | 40.4167 | 6.3574 | 7.1250 | 0.8600 | 35.2900 | 0.8734 | 0.0000 |
| | [4] c16:0 | 90 | 6.8150 | 40.4573 | 6.3606 | 4.3300 | 1.2300 | 34.2400 | 0.7309 | 0.0000 |
| | [5] 17:0 iso | 90 | 5.2532 | 14.5182 | 3.8103 | 4.0100 | 0.0000 | 15.5800 | 0.9288 | 0.0001 |
| | [6] 16:0 iso | 90 | 5.0218 | 13.6619 | 3.6962 | 3.9300 | 0.0000 | 26.1400 | 0.7598 | 0.0000 |
| | [7] 14:0 iso | 90 | 2.7090 | 5.7341 | 2.3946 | 1.9550 | 0.0000 | 13.4300 | 0.8510 | 0.0000 |
| | [8] c14:0 | 90 | 1.5536 | 3.0242 | 1.7390 | 1.1650 | 0.0000 | 10.2400 | 0.7978 | 0.0000 |
| | [9] 16:1ω11c | 90 | 1.4673 | 4.9630 | 2.2278 | 0.6100 | 0.0000 | 14.1100 | 0.6796 | 0.0000 |
| | [10] 16:1ω7c alcohol | 90 | 1.3291 | 6.9654 | 2.6392 | 0.1050 | 0.0000 | 14.7700 | 0.5568 | 0.0000 |
| | [11] 17:1 iso ω10c | 90 | 1.1690 | 3.9199 | 1.9799 | 0.3000 | 0.0000 | 9.6900 | 0.6459 | 0.0000 |
| | [12] c18:0 | 90 | 0.8757 | 2.0633 | 1.4364 | 0.3900 | 0.0000 | 8.6900 | 0.6326 | 0.0000 |
| | [13] feature 4 | 90 | 0.6893 | 1.4512 | 1.2046 | 0.0000 | 0.0000 | 6.6350 | 0.6361 | 0.0000 |
| | [14] 13:0 iso | 90 | 0.5921 | 4.5600 | 2.1354 | 0.0000 | 0.0000 | 14.5600 | 0.2979 | 0.0000 |

续表

| 类别 | 脂肪酸生物标记 | 样本数 | 均值/% | 方差 | 标准差 | 中位数/% | 最小值/% | 最大值/% | Wilks 系数 | $P$ |
|---|---|---|---|---|---|---|---|---|---|---|
| 次要脂肪酸 | [15] feature 3 | 90 | 0.5775 | 4.3263 | 2.0800 | 0.0000 | 0.0000 | 13.3700 | 0.3120 | 0.0000 |
| | [16] 18:1ω9c | 90 | 0.2063 | 0.2116 | 0.4600 | 0.0000 | 0.0000 | 2.0600 | 0.5190 | 0.0000 |
| | [17] c20:0 | 90 | 0.1639 | 0.6733 | 0.8206 | 0.0000 | 0.0000 | 6.1900 | 0.2061 | 0.0000 |
| | [18] 17:1 iso ω5c | 90 | 0.1478 | 0.7380 | 0.8591 | 0.0000 | 0.0000 | 5.7400 | 0.1636 | 0.0000 |
| | [19] feature 8 | 90 | 0.1328 | 0.3315 | 0.5758 | 0.0000 | 0.0000 | 4.4500 | 0.2471 | 0.0000 |
| | [20] c12:0 | 90 | 0.1321 | 0.0868 | 0.2947 | 0.0000 | 0.0000 | 1.4900 | 0.5168 | 0.0000 |
| | [21] 13:0 anteiso | 90 | 0.1311 | 0.2172 | 0.4661 | 0.0000 | 0.0000 | 3.7200 | 0.2975 | 0.0000 |
| | [22] c19:0 | 90 | 0.0953 | 0.2620 | 0.5119 | 0.0000 | 0.0000 | 3.1700 | 0.1804 | 0.0000 |
| | [23] c17:0 | 90 | 0.0819 | 0.0834 | 0.2888 | 0.0000 | 0.0000 | 2.3800 | 0.3099 | 0.0000 |
| | [24] c10:0 | 90 | 0.0694 | 0.0657 | 0.2564 | 0.0000 | 0.0000 | 1.6500 | 0.3043 | 0.0000 |
| | [25] feature 2 | 90 | 0.0668 | 0.1348 | 0.3672 | 0.0000 | 0.0000 | 2.3900 | 0.1768 | 0.0000 |
| | [26] 12:0 iso | 90 | 0.0636 | 0.2384 | 0.4883 | 0.0000 | 0.0000 | 4.5100 | 0.1131 | 0.0000 |
| | [27] 17:0 iso 3OH | 90 | 0.0423 | 0.1613 | 0.4016 | 0.0000 | 0.0000 | 3.8100 | 0.0814 | 0.0000 |
| | [28] 17:1 anteiso A | 90 | 0.0356 | 0.0310 | 0.1761 | 0.0000 | 0.0000 | 1.1000 | 0.2042 | 0.0000 |
| | [29] 19:0 iso | 90 | 0.0259 | 0.0232 | 0.1524 | 0.0000 | 0.0000 | 1.3900 | 0.1620 | 0.0000 |
| | [30] feature 1 | 90 | 0.0178 | 0.0251 | 0.1583 | 0.0000 | 0.0000 | 1.5000 | 0.0900 | 0.0000 |

## 3. 芽胞杆菌脂肪酸组聚类分析

以 90 种芽胞杆菌为指标，以脂肪酸生物标记为样本，构建矩阵，切比雪夫距离微尺度，用可变类平均法进行系统聚类，结果见图 3-1-1。可将脂肪酸生物标记分为 2 类，第 1 类为高含量脂肪酸组，包括 c16:0、15:0 anteiso、15:0 iso、16:0 iso、17:0 anteiso。

第 2 类为中低含量脂肪酸组，该类又可以分为 2 个亚类，即中含量脂肪酸组亚类，包括 9 个标记，即 13:0 iso、17:0 iso、feature 3、16:1ω7c alcohol、14:0 iso、17:1 iso ω10c、16:1ω11c、c14:0、c18:0；低含量脂肪酸组亚类，包括 16 个标记，即 c10:0、c12:0、c17:0、c19:0、c20:0、12:0 iso、13:0 anteiso、17:0 iso 3OH、17:1 anteiso A、17:1 iso ω5c、18:1ω9c、19:0 iso、feature 1、feature 2、feature 4、feature 8。

## 4. 芽胞杆菌主要脂肪酸组分析

芽胞杆菌脂肪酸统计量 Wilks 系数>0.5 的 13 个生物标记（表 3-1-3），构成主要脂肪酸组数据矩阵，列于表 3-1-4，按平均含量高低排列，即 15:0 anteiso、15:0 iso、17:0 anteiso、c16:0、17:0 iso、16:0 iso、14:0 iso、c14:0、16:1ω11c、16:1ω7c alcohol、17:1 iso ω10c、c18:0、feature 4，13 个脂肪酸仅占整体脂肪酸标记数的 43.3%，但其含量占了总脂肪酸组的 97.34%，可代表 90 种芽胞杆菌整体脂肪酸组。

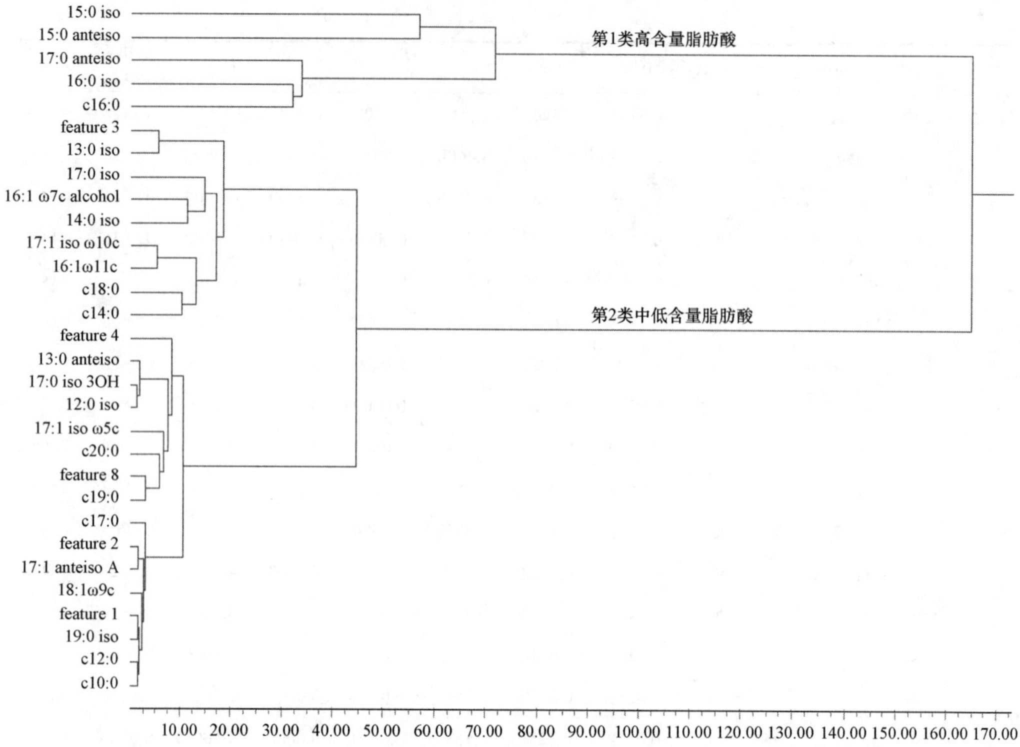


图 3-1-1　90 种芽胞杆菌脂肪酸生物标记聚类分析（切比雪夫距离）

**表 3-1-4　90 种芽胞杆菌脂肪酸 Wilks 系数>0.5 的 13 个生物标记**

| 芽胞杆菌种名 | 脂肪酸组/% | | | | | | |
|---|---|---|---|---|---|---|---|
| | 15:0 anteiso | 15:0 iso | 17:0 anteiso | c16:0 | 17:0 iso | 16:0 iso | 14:0 iso |
| [1] *Bacillus acidiceler* | 57.48 | 15.13 | 5.19 | 4.67 | 0.00 | 9.35 | 4.08 |
| [2] *B. acidicola* | 47.89 | 4.07 | 14.43 | 9.01 | 3.19 | 17.96 | 1.59 |
| [3] *B. acidiproducens* | 53.85 | 6.35 | 13.06 | 9.64 | 0.00 | 7.56 | 4.01 |
| [4] *B. agaradhaerens* | 23.37 | 15.73 | 9.49 | 15.08 | 11.09 | 1.59 | 1.71 |
| [5] *B. alcalophilus* | 35.73 | 28.09 | 6.23 | 13.15 | 3.82 | 1.05 | 0.64 |
| [6] *B. alkalitelluris* | 34.26 | 20.54 | 3.01 | 20.37 | 3.42 | 2.67 | 2.98 |
| [7] *B. altitudinis* | 25.75 | 52.01 | 4.52 | 2.40 | 6.15 | 3.10 | 1.26 |
| [8] *B. amyloliquefaciens* | 35.19 | 31.35 | 9.44 | 3.79 | 12.66 | 3.60 | 1.26 |
| [9] *B. aryabhattai* | 36.03 | 38.68 | 4.07 | 6.59 | 3.34 | 1.88 | 4.13 |
| [10] *B. atrophaeus* | 45.13 | 13.13 | 16.34 | 3.83 | 6.93 | 3.43 | 1.03 |
| [11] *B. badius* | 10.67 | 45.47 | 5.19 | 5.06 | 2.88 | 4.89 | 1.59 |
| [12] *B. bataviensis* | 33.12 | 35.21 | 2.85 | 3.35 | 2.80 | 2.95 | 3.38 |
| [13] *B. beijingensis* | 39.09 | 23.12 | 18.05 | 2.70 | 2.91 | 3.69 | 1.94 |
| [14] *B. boroniphilus* | 10.11 | 35.93 | 12.56 | 9.00 | 9.14 | 2.01 | 0.00 |
| [15] *B. butanolivorans* | 43.47 | 12.05 | 3.24 | 6.91 | 1.37 | 7.56 | 7.67 |
| [16] *B. carboniphilus* | 17.92 | 47.05 | 1.96 | 4.16 | 6.08 | 4.29 | 5.38 |
| [17] *B. cellulosilyticus* | 23.18 | 22.09 | 6.85 | 15.40 | 5.85 | 3.68 | 1.71 |
| [18] *B. cereus* | 4.40 | 29.19 | 2.11 | 6.11 | 11.84 | 5.99 | 2.97 |

续表

| 芽胞杆菌种名 | 脂肪酸组/% | | | | | | |
|---|---|---|---|---|---|---|---|
| | 15:0 anteiso | 15:0 iso | 17:0 anteiso | c16:0 | 17:0 iso | 16:0 iso | 14:0 iso |
| [19] *B. cibi* | 14.66 | 45.00 | 5.70 | 4.43 | 5.39 | 8.32 | 4.77 |
| [20] *B. circulans* | 44.83 | 14.02 | 9.85 | 4.25 | 1.33 | 5.58 | 4.54 |
| [21] *B. clausii* | 18.24 | 32.70 | 10.20 | 8.14 | 15.58 | 3.48 | 2.06 |
| [22] *B. coagulans* | 31.20 | 32.07 | 12.30 | 3.45 | 9.23 | 3.91 | 0.00 |
| [23] *B. cohnii* | 23.44 | 38.11 | 6.29 | 3.52 | 3.25 | 4.64 | 2.24 |
| [24] *B. decisifrondis* | 6.13 | 53.52 | 1.42 | 1.70 | 2.63 | 11.27 | 4.33 |
| [25] *B. decolorationis* | 27.60 | 38.29 | 9.10 | 9.40 | 8.79 | 1.54 | 0.00 |
| [26] *B. drentensis* | 59.16 | 5.47 | 13.89 | 1.69 | 0.00 | 10.52 | 1.04 |
| [27] *B. endophyticus* | 38.68 | 16.09 | 10.64 | 10.83 | 2.16 | 7.76 | 5.59 |
| [28] *B. fastidiosus* | 32.29 | 26.73 | 5.91 | 15.73 | 10.41 | 1.22 | 0.67 |
| [29] *B. flexus* | 33.28 | 26.42 | 8.02 | 3.69 | 4.29 | 2.66 | 3.97 |
| [30] *B. fordii* | 24.35 | 33.17 | 16.03 | 1.59 | 8.47 | 4.81 | 1.35 |
| [31] *B. fortis* | 28.12 | 36.89 | 14.39 | 2.21 | 5.67 | 3.09 | 0.00 |
| [32] *B. fusiformis* | 11.08 | 47.35 | 3.71 | 3.51 | 6.98 | 12.79 | 2.36 |
| [33] *B. galactosidilyticus* | 27.10 | 16.07 | 5.85 | 34.24 | 1.27 | 2.08 | 2.82 |
| [34] *B. gelatini* | 54.64 | 13.91 | 6.86 | 1.61 | 3.23 | 1.46 | 1.97 |
| [35] *B. ginsengihumi* | 33.59 | 19.92 | 35.29 | 2.07 | 4.70 | 1.61 | 0.00 |
| [36] *B. globisporus* | 33.93 | 35.46 | 9.34 | 3.34 | 8.77 | 3.44 | 1.02 |
| [37] *B. hemicellulosilyticus* | 42.45 | 20.13 | 11.67 | 10.94 | 3.98 | 2.85 | 0.88 |
| [38] *B. horikoshii* | 9.85 | 28.03 | 10.38 | 8.13 | 5.35 | 3.96 | 0.00 |
| [39] *B. humi* | 51.24 | 16.45 | 3.27 | 1.74 | 0.39 | 6.29 | 13.43 |
| [40] *B. indicus* | 15.41 | 39.57 | 5.19 | 5.48 | 3.77 | 8.56 | 5.22 |
| [41] *B. isronensis* | 3.68 | 50.17 | 1.40 | 3.34 | 3.92 | 4.94 | 4.17 |
| [42] *B. koreensis* | 33.66 | 37.27 | 5.44 | 4.67 | 3.48 | 4.92 | 3.56 |
| [43] *B. kribbensis* | 66.28 | 9.35 | 10.72 | 2.98 | 0.00 | 3.90 | 3.47 |
| [44] *B. lehensis* | 17.59 | 33.07 | 4.22 | 13.39 | 8.90 | 3.85 | 4.13 |
| [45] *Paenibacillus lentimorbus* | 34.00 | 37.74 | 8.67 | 2.96 | 8.33 | 3.59 | 1.09 |
| [46] *B. licheniformis* | 29.35 | 37.28 | 10.56 | 3.09 | 10.72 | 4.56 | 0.95 |
| [47] *B. luciferensis* | 39.46 | 30.44 | 5.43 | 4.23 | 2.16 | 8.28 | 3.97 |
| [48] *B. macyae* | 42.27 | 3.11 | 17.66 | 11.08 | 0.77 | 7.51 | 1.88 |
| [49] *B. marisflavi* | 36.88 | 28.27 | 11.18 | 2.79 | 1.69 | 8.41 | 5.27 |
| [50] *B. massiliensis* | 12.94 | 53.62 | 5.97 | 2.98 | 5.37 | 12.26 | 1.85 |
| [51] *B. megaterium* | 41.72 | 30.72 | 4.31 | 5.82 | 1.79 | 3.53 | 8.66 |
| [52] *B. mojavensis* | 44.86 | 15.35 | 15.39 | 3.17 | 6.36 | 5.26 | 1.40 |
| [53] *B. muralis* | 54.62 | 18.42 | 2.48 | 7.22 | 1.94 | 3.48 | 4.02 |
| [54] *B. murimartini* | 36.58 | 28.63 | 10.17 | 3.23 | 9.88 | 3.93 | 1.29 |
| [55] *B. mycoides* | 3.92 | 22.51 | 2.66 | 10.04 | 11.01 | 6.82 | 2.84 |
| [56] *B. nealsonii* | 32.60 | 20.39 | 4.81 | 12.85 | 2.46 | 4.09 | 5.99 |
| [57] *B. niabensis* | 38.08 | 8.13 | 9.90 | 24.26 | 2.46 | 5.90 | 5.61 |

续表

| 芽胞杆菌种名 | 脂肪酸组/% | | | | | | |
|---|---|---|---|---|---|---|---|
| | 15:0 anteiso | 15:0 iso | 17:0 anteiso | c16:0 | 17:0 iso | 16:0 iso | 14:0 iso |
| [58] *B. niacini* | 18.28 | 30.14 | 4.04 | 6.60 | 6.24 | 7.11 | 6.37 |
| [59] *B. novalis* | 38.59 | 39.89 | 3.74 | 6.70 | 1.35 | 2.97 | 2.63 |
| [60] *B. odysseyi* | 10.90 | 51.63 | 3.17 | 1.78 | 5.62 | 10.80 | 2.61 |
| [61] *B. okhensis* | 33.75 | 9.72 | 4.47 | 28.58 | 1.61 | 4.25 | 1.43 |
| [62] *B. okuhidensis* | 34.32 | 31.42 | 8.75 | 10.63 | 5.84 | 2.02 | 1.00 |
| [63] *B. oleronius* | 19.39 | 40.48 | 20.48 | 2.94 | 9.44 | 2.43 | 0.00 |
| [64] *B. panaciterrae* | 22.57 | 39.03 | 2.08 | 7.03 | 2.73 | 2.76 | 7.29 |
| [65] *Virgibacillus pantothenticus* | 41.32 | 9.16 | 28.89 | 5.73 | 4.94 | 5.32 | 1.08 |
| [66] *B. patagoniensis* | 31.56 | 38.32 | 7.39 | 3.38 | 5.77 | 5.96 | 4.11 |
| [67] *B. pseudalcaliphilus* | 26.97 | 20.65 | 10.42 | 6.01 | 1.40 | 6.41 | 3.99 |
| [68] *B. pseudomycoides* | 3.31 | 17.64 | 2.59 | 8.82 | 14.78 | 6.86 | 2.70 |
| [69] *B. psychrosaccharolyticus* | 40.74 | 30.82 | 2.70 | 3.63 | 4.18 | 1.13 | 1.48 |
| [70] *Psychrobacillus psychrotolerans* | 32.22 | 30.29 | 2.28 | 1.23 | 0.34 | 1.77 | 11.02 |
| [71] *B. pumilus* | 26.35 | 51.48 | 3.58 | 2.93 | 6.31 | 3.02 | 1.87 |
| [72] *B. ruris* | 38.00 | 10.60 | 8.91 | 28.15 | 4.02 | 3.37 | 1.21 |
| [73] *B. safensis* | 27.81 | 51.43 | 5.04 | 1.97 | 5.57 | 3.67 | 1.06 |
| [74] *B. selenatarsenatis* | 26.22 | 38.65 | 21.25 | 1.62 | 2.08 | 3.41 | 0.48 |
| [75] *B. selenitireducens* | 3.93 | 50.93 | 0.86 | 3.84 | 3.10 | 0.00 | 0.00 |
| [76] *B. seohaeanensis* | 55.80 | 7.26 | 14.46 | 7.18 | 1.82 | 5.23 | 1.46 |
| [77] *B. shackletonii* | 28.61 | 39.29 | 19.17 | 1.67 | 2.04 | 2.95 | 0.00 |
| [78] *B. simplex* | 56.97 | 14.78 | 2.76 | 8.37 | 1.74 | 2.93 | 3.34 |
| [79] *B. siralis* | 17.54 | 31.85 | 3.77 | 21.49 | 4.00 | 5.75 | 4.23 |
| [80] *B. soli* | 34.16 | 39.48 | 3.05 | 3.09 | 3.44 | 3.21 | 3.59 |
| [81] *B. sonorensis* | 29.42 | 24.70 | 12.36 | 5.52 | 7.60 | 3.62 | 0.00 |
| [82] *Lysinibacillus sphaericus* | 9.63 | 57.73 | 2.14 | 1.71 | 3.78 | 6.64 | 2.11 |
| [83] *B. subtilis* | 39.76 | 21.38 | 10.71 | 3.78 | 12.21 | 5.09 | 1.83 |
| [84] *B. subtilis* subsp. *inaquosorum* | 34.85 | 25.93 | 10.14 | 4.06 | 12.41 | 4.40 | 1.34 |
| [85] *B. subtilis* subsp. *spizizenii* | 38.55 | 19.94 | 15.47 | 3.15 | 12.32 | 3.60 | 1.00 |
| [86] *B. subtilis* subsp. *subtilis* | 35.84 | 29.24 | 9.19 | 3.09 | 11.15 | 4.54 | 1.61 |
| [87] *B. thuringiensis* | 5.09 | 34.15 | 1.24 | 4.75 | 10.74 | 2.18 | 2.08 |
| [88] *B. vallismortis* | 29.69 | 23.12 | 9.22 | 6.13 | 10.53 | 4.17 | 1.17 |
| [89] *B. vedderi* | 31.08 | 4.48 | 25.81 | 4.41 | 2.07 | 26.14 | 1.06 |
| [90] *B. vietnamensis* | 46.82 | 19.24 | 11.88 | 2.37 | 1.27 | 3.93 | 2.92 |

| 芽胞杆菌种名 | 脂肪酸组/% | | | | | |
|---|---|---|---|---|---|---|
| | c14:0 | 16:1ω11c | 16:1ω7c alcohol | 17:1 iso ω10c | c18:0 | feature 4 |
| [1] *B. acidiceler* | 2.23 | 0.00 | 0.00 | 0.00 | 0.00 | 0.00 |
| [2] *B. acidicola* | 0.00 | 0.00 | 0.00 | 0.00 | 0.00 | 0.00 |
| [3] *B. acidiproducens* | 3.74 | 0.00 | 0.00 | 0.00 | 1.22 | 0.00 |
| [4] *B. agaradhaerens* | 0.00 | 0.00 | 0.00 | 0.00 | 5.05 | 0.00 |
| [5] *B. alcalophilus* | 3.71 | 0.53 | 0.00 | 0.00 | 0.69 | 0.00 |
| [6] *B. alkalitelluris* | 2.00 | 2.52 | 0.00 | 0.00 | 1.49 | 0.00 |
| [7] *B. altitudinis* | 0.00 | 0.00 | 0.00 | 0.00 | 0.00 | 0.00 |
| [8] *B. amyloliquefaciens* | 0.48 | 0.39 | 0.00 | 0.70 | 0.49 | 0.28 |
| [9] *B. aryabhattai* | 1.65 | 0.88 | 0.13 | 0.17 | 0.65 | 0.00 |

续表

| 芽胞杆菌种名 | 脂肪酸组/% | | | | | |
|---|---|---|---|---|---|---|
| | c14:0 | 16:1ω11c | 16:1ω7c alcohol | 17:1 iso ω10c | c18:0 | feature 4 |
| [10] *B. atrophaeus* | 0.51 | 0.73 | 0.57 | 1.50 | 2.68 | 1.51 |
| [11] *B. badius* | 2.69 | 5.34 | 3.35 | 4.85 | 0.00 | 3.30 |
| [12] *B. bataviensis* | 0.53 | 4.33 | 2.62 | 2.81 | 1.50 | 1.40 |
| [13] *B. beijingensis* | 0.42 | 2.05 | 2.18 | 1.00 | 0.00 | 2.24 |
| [14] *B. boroniphilus* | 1.29 | 4.78 | 0.00 | 4.99 | 3.32 | 4.92 |
| [15] *B. butanolivorans* | 2.38 | 4.12 | 4.32 | 0.59 | 0.37 | 0.80 |
| [16] *B. carboniphilus* | 1.92 | 1.76 | 1.15 | 4.49 | 0.58 | 0.46 |
| [17] *B. cellulosilyticus* | 2.52 | 2.38 | 0.81 | 0.61 | 5.82 | 1.11 |
| [18] *B. cereus* | 2.38 | 0.00 | 0.00 | 4.61 | 0.50 | 0.00 |
| [19] *B. cibi* | 1.27 | 2.31 | 2.43 | 2.61 | 0.00 | 1.13 |
| [20] *B. circulans* | 6.33 | 3.07 | 1.56 | 0.47 | 0.21 | 1.15 |
| [21] *B. clausii* | 0.99 | 3.03 | 1.69 | 0.66 | 1.00 | 0.55 |
| [22] *B. coagulans* | 0.00 | 0.00 | 0.00 | 0.00 | 0.00 | 0.00 |
| [23] *B. cohnii* | 1.22 | 4.01 | 1.13 | 6.95 | 0.76 | 2.56 |
| [24] *B. decisifrondis* | 0.49 | 1.60 | 12.54 | 0.57 | 0.86 | 0.47 |
| [25] *B. decolorationis* | 1.71 | 0.00 | 0.00 | 0.00 | 0.00 | 0.00 |
| [26] *B. drentensis* | 1.36 | 0.00 | 0.00 | 0.00 | 0.00 | 0.00 |
| [27] *B. endophyticus* | 2.72 | 2.17 | 1.29 | 0.28 | 0.54 | 0.74 |
| [28] *B. fastidiosus* | 2.05 | 1.72 | 0.08 | 0.83 | 0.75 | 0.39 |
| [29] *B. flexus* | 0.96 | 5.64 | 2.62 | 3.60 | 0.54 | 3.98 |
| [30] *B. fordii* | 0.31 | 2.20 | 2.43 | 1.69 | 0.45 | 1.16 |
| [31] *B. fortis* | 0.00 | 1.09 | 0.00 | 0.00 | 0.00 | 0.00 |
| [32] *B. fusiformis* | 0.71 | 2.12 | 6.99 | 0.89 | 0.49 | 0.78 |
| [33] *B. galactosidilyticus* | 6.54 | 0.00 | 0.00 | 0.00 | 1.79 | 0.00 |
| [34] *B. gelatini* | 1.16 | 0.00 | 0.00 | 0.00 | 2.53 | 0.00 |
| [35] *B. ginsengihumi* | 0.00 | 0.00 | 0.00 | 0.00 | 0.00 | 0.00 |
| [36] *B. globisporus* | 0.00 | 0.00 | 0.00 | 0.00 | 0.00 | 0.00 |
| [37] *B. hemicellulosilyticus* | 2.16 | 0.00 | 0.25 | 0.00 | 1.46 | 0.00 |
| [38] *B. horikoshii* | 1.61 | 8.64 | 2.84 | 9.69 | 0.00 | 6.64 |
| [39] *B. humi* | 0.98 | 2.20 | 1.97 | 0.15 | 0.17 | 0.26 |
| [40] *B. indicus* | 1.96 | 4.42 | 4.02 | 2.96 | 0.00 | 1.65 |
| [41] *B. isronensis* | 0.00 | 2.62 | 14.77 | 3.73 | 0.00 | 0.00 |
| [42] *B. koreensis* | 0.00 | 0.00 | 0.00 | 0.00 | 1.24 | 0.00 |
| [43] *B. kribbensis* | 1.50 | 0.00 | 0.00 | 0.00 | 0.00 | 0.00 |
| [44] *B. lehensis* | 3.72 | 0.00 | 0.00 | 0.00 | 3.12 | 0.00 |
| [45] *Paenibacillus lentimorbus* | 0.51 | 0.24 | 0.17 | 0.30 | 0.16 | 0.17 |
| [46] *B. licheniformis* | 0.37 | 0.55 | 0.55 | 1.21 | 0.00 | 0.62 |
| [47] *B. luciferensis* | 1.43 | 0.00 | 1.00 | 0.00 | 0.00 | 0.00 |
| [48] *B. macyae* | 1.59 | 0.40 | 0.40 | 0.00 | 8.69 | 0.00 |
| [49] *B. marisflavi* | 0.00 | 0.00 | 0.50 | 0.00 | 0.00 | 0.00 |
| [50] *B. massiliensis* | 0.31 | 1.02 | 1.85 | 0.30 | 0.32 | 0.23 |
| [51] *B. megaterium* | 1.37 | 1.00 | 0.64 | 0.00 | 0.00 | 0.00 |

续表

| 芽胞杆菌种名 | 脂肪酸组/% | | | | | |
|---|---|---|---|---|---|---|
| | c14:0 | 16:1ω11c | 16:1ω7c alcohol | 17:1 iso ω10c | c18:0 | feature 4 |
| [52] *B. mojavensis* | 0.31 | 1.43 | 0.90 | 2.57 | 0.28 | 2.17 |
| [53] *B. muralis* | 2.13 | 2.32 | 0.93 | 0.42 | 0.74 | 0.35 |
| [54] *B. murimartini* | 0.00 | 0.00 | 0.00 | 1.05 | 0.00 | 0.00 |
| [55] *B. mycoides* | 3.96 | 1.79 | 1.36 | 6.86 | 0.80 | 0.00 |
| [56] *B. nealsonii* | 10.24 | 0.00 | 0.00 | 0.00 | 0.00 | 0.00 |
| [57] *B. niabensis* | 2.80 | 0.00 | 0.00 | 0.00 | 2.01 | 0.00 |
| [58] *B. niacini* | 0.96 | 7.38 | 3.63 | 3.17 | 2.15 | 0.97 |
| [59] *B. novalis* | 1.73 | 0.32 | 0.00 | 0.00 | 0.52 | 0.00 |
| [60] *B. odysseyi* | 0.38 | 1.53 | 7.73 | 1.02 | 0.31 | 0.68 |
| [61] *B. okhensis* | 4.17 | 4.72 | 0.00 | 0.00 | 2.20 | 0.00 |
| [62] *B. okuhidensis* | 2.36 | 0.33 | 0.00 | 0.00 | 0.18 | 0.00 |
| [63] *B. oleronius* | 0.00 | 0.00 | 0.00 | 0.00 | 0.00 | 0.00 |
| [64] *B. panaciterrae* | 5.45 | 0.92 | 0.64 | 0.36 | 1.24 | 0.38 |
| [65] *Virgibacillus pantothenticus* | 0.00 | 0.00 | 0.00 | 0.00 | 0.00 | 0.00 |
| [66] *B. patagoniensis* | 0.00 | 0.00 | 1.23 | 0.00 | 0.00 | 0.00 |
| [67] *B. pseudalcaliphilus* | 1.29 | 0.00 | 1.30 | 0.00 | 5.53 | 1.22 |
| [68] *B. pseudomycoides* | 2.33 | 0.00 | 0.00 | 0.00 | 0.93 | 0.00 |
| [69] *B. psychrosaccharolyticus* | 1.17 | 1.75 | 1.82 | 3.00 | 1.67 | 2.47 |
| [70] *Psychrobacillus psychrotolerans* | 2.61 | 3.98 | 8.64 | 0.30 | 0.41 | 2.65 |
| [71] *B. pumilus* | 0.92 | 0.70 | 0.54 | 1.01 | 0.00 | 0.24 |
| [72] *B. ruris* | 2.19 | 0.00 | 0.00 | 0.00 | 0.95 | 0.00 |
| [73] *B. safensis* | 0.00 | 0.00 | 0.00 | 0.00 | 0.00 | 0.00 |
| [74] *B. selenatarsenatis* | 1.15 | 0.72 | 0.16 | 1.01 | 0.74 | 1.06 |
| [75] *B. selenitireducens* | 5.02 | 14.11 | 1.15 | 9.14 | 0.00 | 2.83 |
| [76] *B. seohaeanensis* | 1.44 | 0.00 | 0.00 | 0.00 | 1.31 | 0.00 |
| [77] *B. shackletonii* | 1.02 | 0.00 | 0.00 | 0.87 | 0.00 | 0.00 |
| [78] *B. simplex* | 2.50 | 2.05 | 0.00 | 0.00 | 0.00 | 0.00 |
| [79] *B. siralis* | 4.01 | 2.11 | 0.00 | 0.00 | 1.14 | 0.00 |
| [80] *B. soli* | 1.02 | 1.80 | 1.64 | 1.55 | 0.00 | 0.00 |
| [81] *B. sonorensis* | 0.00 | 0.00 | 0.00 | 1.36 | 1.50 | 0.00 |
| [82] *Lysinibacillus sphaericus* | 0.42 | 1.71 | 9.17 | 1.41 | 0.32 | 1.02 |
| [83] *B. subtilis* | 0.35 | 0.89 | 0.00 | 1.45 | 0.35 | 0.69 |
| [84] *B. subtilis* subsp. *inaquosorum* | 0.40 | 0.54 | 0.00 | 1.00 | 0.70 | 0.33 |
| [85] *B. subtilis* subsp. *spizizenii* | 0.27 | 0.43 | 0.00 | 1.03 | 0.88 | 0.80 |
| [86] *B. subtilis* subsp. *subtilis* | 0.29 | 0.67 | 0.00 | 1.50 | 0.22 | 0.63 |
| [87] *B. thuringiensis* | 3.16 | 0.00 | 0.00 | 0.00 | 0.00 | 0.00 |
| [88] *B. vallismortis* | 0.00 | 0.00 | 0.00 | 1.92 | 2.30 | 1.05 |
| [89] *B. vedderi* | 0.00 | 0.00 | 0.00 | 0.00 | 0.00 | 0.00 |
| [90] *B. vietnamensis* | 0.00 | 0.00 | 1.93 | 0.00 | 0.00 | 4.00 |

## 5. 芽胞杆菌脂肪酸组多样性指数

利用芽胞杆菌脂肪酸中位数统计量≥0（表 3-1-3）的 14 个主要脂肪酸构成数据矩阵，统计芽胞杆菌种类多样性指数，分析结果见表3-1-5。香农多样性指数（Shannon index，$H_1$）指示着脂肪酸生物标记在芽胞杆菌中的含量和结构分布特征，脂肪酸含量越高，分布越均匀，香农多样性指数越大。按香农多样性指数大小排序，可将 90 种芽胞杆菌分为 3 类，称为香农多样性指数类。

**表 3-1-5　90 种芽胞杆菌脂肪酸多样性指数**

| 芽胞杆菌种名 | 脂肪酸标记数 | 含量/% | 丰富度（$R'$） | Simpson 指数（$D$） | Shannon 指数（$H_1$） | Pielou 指数（$J$） | Brillouin 指数（$H_2$） | McIntosh 指数（$H_3$） |
|---|---|---|---|---|---|---|---|---|
| [1] *Bacillus kribbensis* | 7 | 98.20 | 1.31 | 0.52 | 1.15 | 0.59 | 1.52 | 0.34 |
| [2] *B. drentensis* | 7 | 93.13 | 1.32 | 0.56 | 1.17 | 0.60 | 1.55 | 0.37 |
| [3] *B. safensis* | 7 | 96.55 | 1.31 | 0.63 | 1.27 | 0.65 | 1.68 | 0.43 |
| [4] *B. altitudinis* | 7 | 95.19 | 1.32 | 0.63 | 1.27 | 0.65 | 1.69 | 0.43 |
| [5] *B. gelatini* | 9 | 87.37 | 1.79 | 0.58 | 1.30 | 0.59 | 1.70 | 0.39 |
| [6] *B. acidiceler* | 7 | 98.13 | 1.31 | 0.62 | 1.34 | 0.69 | 1.78 | 0.42 |
| [7] *B. ginsengihumi* | 6 | 97.18 | 1.09 | 0.71 | 1.36 | 0.76 | 1.84 | 0.51 |
| [8] *B. simplex* | 9 | 95.44 | 1.75 | 0.61 | 1.39 | 0.63 | 1.82 | 0.42 |
| [9] *B. shackletonii* | 8 | 95.62 | 1.53 | 0.71 | 1.40 | 0.67 | 1.86 | 0.50 |
| [10] *B. seohaeanensis* | 9 | 95.96 | 1.75 | 0.63 | 1.41 | 0.64 | 1.84 | 0.43 |
| [11] *B. novalis* | 10 | 98.44 | 1.96 | 0.68 | 1.42 | 0.62 | 1.89 | 0.48 |
| [12] *B. vietnamensis* | 8 | 90.36 | 1.55 | 0.67 | 1.42 | 0.68 | 1.88 | 0.47 |
| [13] *B. pumilus* | 11 | 98.71 | 2.18 | 0.66 | 1.43 | 0.60 | 1.87 | 0.45 |
| [14] *B. oleronius* | 6 | 95.16 | 1.10 | 0.73 | 1.45 | 0.81 | 1.94 | 0.52 |
| [15] *B. fortis* | 7 | 91.46 | 1.33 | 0.72 | 1.45 | 0.74 | 1.93 | 0.52 |
| [16] *B. globisporus* | 7 | 95.30 | 1.32 | 0.72 | 1.47 | 0.75 | 1.96 | 0.52 |
| [17] *B. acidicola* | 7 | 98.14 | 1.31 | 0.70 | 1.47 | 0.76 | 1.97 | 0.50 |
| [18] *Virgibacillus pantothenticus* | 7 | 96.44 | 1.31 | 0.72 | 1.48 | 0.76 | 1.98 | 0.51 |
| [19] *B. selenitireducens* | 9 | 92.08 | 1.77 | 0.66 | 1.48 | 0.67 | 1.94 | 0.46 |
| [20] *B. thuringiensis* | 8 | 63.39 | 1.69 | 0.67 | 1.49 | 0.71 | 1.91 | 0.48 |
| [21] *Lysinibacillus sphaericus* | 12 | 96.77 | 2.41 | 0.62 | 1.49 | 0.60 | 1.94 | 0.42 |
| [22] *B. coagulans* | 6 | 92.16 | 1.11 | 0.74 | 1.49 | 0.83 | 2.00 | 0.54 |
| [23] *B. vedderi* | 7 | 95.05 | 1.32 | 0.75 | 1.49 | 0.77 | 2.00 | 0.54 |
| [24] *B. acidiproducens* | 8 | 99.43 | 1.52 | 0.67 | 1.50 | 0.72 | 2.01 | 0.47 |
| [25] *B. koreensis* | 8 | 94.24 | 1.54 | 0.71 | 1.50 | 0.72 | 2.00 | 0.51 |
| [26] *Paenibacillus lentimorbus* | 12 | 97.76 | 2.40 | 0.72 | 1.52 | 0.61 | 2.01 | 0.52 |
| [27] *B. humi* | 12 | 98.28 | 2.40 | 0.68 | 1.52 | 0.61 | 1.99 | 0.48 |
| [28] *B. muralis* | 12 | 98.72 | 2.40 | 0.66 | 1.52 | 0.61 | 1.97 | 0.45 |
| [29] *B. selenatarsenatis* | 12 | 97.49 | 2.40 | 0.73 | 1.53 | 0.62 | 2.02 | 0.52 |
| [30] *B. decolorationis* | 7 | 96.43 | 1.31 | 0.74 | 1.53 | 0.79 | 2.07 | 0.54 |
| [31] *B. aryabhattai* | 12 | 98.20 | 2.40 | 0.71 | 1.54 | 0.62 | 2.03 | 0.50 |
| [32] *B. massiliensis* | 12 | 98.79 | 2.39 | 0.67 | 1.54 | 0.62 | 2.01 | 0.47 |
| [33] *B. decisifrondis* | 12 | 97.06 | 2.40 | 0.66 | 1.55 | 0.62 | 2.05 | 0.46 |

续表

| 芽胞杆菌种名 | 脂肪酸标记数 | 含量/% | 丰富度（$R'$） | Simpson 指数（$D$） | Shannon 指数（$H_1$） | Pielou 指数（$J$） | Brillouin 指数（$H_2$） | McIntosh 指数（$H_3$） |
|---|---|---|---|---|---|---|---|---|
| [34] *B. marisflavi* | 8 | 94.99 | 1.54 | 0.74 | 1.56 | 0.75 | 2.07 | 0.54 |
| [35] *B. murimartini* | 8 | 94.76 | 1.54 | 0.74 | 1.56 | 0.75 | 2.08 | 0.54 |
| [36] *B. luciferensis* | 9 | 96.40 | 1.75 | 0.73 | 1.57 | 0.71 | 2.06 | 0.52 |
| [37] *B. soli* | 11 | 96.03 | 2.19 | 0.70 | 1.57 | 0.65 | 2.06 | 0.50 |
| [38] *B. patagoniensis* | 8 | 97.72 | 1.53 | 0.73 | 1.57 | 0.75 | 2.09 | 0.53 |
| [39] *B. megaterium* | 10 | 99.56 | 1.96 | 0.72 | 1.57 | 0.68 | 2.09 | 0.52 |
| [40] *B. alcalophilus* | 10 | 93.64 | 1.98 | 0.74 | 1.59 | 0.69 | 2.12 | 0.54 |
| 第 I 类平均值 | 8.80 | 95.14 | 1.71 | 0.68 | 1.46 | 0.68 | 1.93 | 0.48 |
| [1] *B. isronensis* | 10 | 92.74 | 1.99 | 0.68 | 1.60 | 0.69 | 2.09 | 0.47 |
| [2] *B. psychrosaccharolyticus* | 12 | 94.09 | 2.42 | 0.71 | 1.60 | 0.64 | 2.09 | 0.50 |
| [3] *B. okuhidensis* | 10 | 96.85 | 1.97 | 0.75 | 1.61 | 0.70 | 2.13 | 0.55 |
| [4] *B. ruris* | 9 | 97.40 | 1.75 | 0.75 | 1.62 | 0.74 | 2.15 | 0.55 |
| [5] *B. odysseyi* | 12 | 97.48 | 2.40 | 0.69 | 1.63 | 0.65 | 2.15 | 0.49 |
| [6] *B. amyloliquefaciens* | 11 | 99.35 | 2.17 | 0.75 | 1.63 | 0.68 | 2.16 | 0.55 |
| [7] *B. hemicellulosilyticus* | 10 | 96.77 | 1.97 | 0.74 | 1.63 | 0.71 | 2.15 | 0.54 |
| [8] *B. licheniformis* | 11 | 99.19 | 2.18 | 0.75 | 1.63 | 0.68 | 2.18 | 0.55 |
| [9] *B. subtilis* subsp. *subtilis* | 11 | 97.34 | 2.18 | 0.76 | 1.65 | 0.69 | 2.20 | 0.55 |
| [10] *B. subtilis* subsp. *spizizenii* | 11 | 96.64 | 2.19 | 0.76 | 1.66 | 0.69 | 2.19 | 0.56 |
| [11] *B. sonorensis* | 8 | 86.08 | 1.57 | 0.78 | 1.66 | 0.80 | 2.23 | 0.58 |
| [12] *B. beijingensis* | 11 | 97.15 | 2.19 | 0.75 | 1.66 | 0.69 | 2.19 | 0.55 |
| [13] *B. atrophaeus* | 12 | 95.81 | 2.41 | 0.73 | 1.68 | 0.67 | 2.21 | 0.53 |
| [14] *B. galactosidilyticus* | 9 | 97.76 | 1.75 | 0.77 | 1.68 | 0.77 | 2.24 | 0.57 |
| [15] *B. macyae* | 11 | 95.36 | 2.19 | 0.75 | 1.68 | 0.70 | 2.24 | 0.55 |
| [16] *B. mojavensis* | 12 | 97.28 | 2.40 | 0.74 | 1.69 | 0.68 | 2.20 | 0.53 |
| [17] *B. subtilis* subsp. *inaquosorum* | 11 | 95.77 | 2.19 | 0.77 | 1.70 | 0.71 | 2.24 | 0.57 |
| [18] *B. subtilis* | 11 | 97.80 | 2.18 | 0.76 | 1.70 | 0.71 | 2.24 | 0.56 |
| [19] *Psychrobacillus psychrotolerans* | 12 | 95.09 | 2.42 | 0.77 | 1.71 | 0.69 | 2.25 | 0.57 |
| [20] *B. alkalitelluris* | 10 | 93.26 | 1.98 | 0.77 | 1.72 | 0.75 | 2.28 | 0.57 |
| [21] *B. bataviensis* | 12 | 95.45 | 2.41 | 0.74 | 1.72 | 0.69 | 2.27 | 0.54 |
| [22] *B. carboniphilus* | 12 | 96.74 | 2.41 | 0.72 | 1.73 | 0.69 | 2.25 | 0.52 |
| [23] *B. panaciterrae* | 12 | 92.10 | 2.43 | 0.75 | 1.73 | 0.70 | 2.26 | 0.55 |
| [24] *B. fastidiosus* | 12 | 98.39 | 2.40 | 0.79 | 1.74 | 0.70 | 2.31 | 0.59 |
| [25] *B. niabensis* | 9 | 99.15 | 1.74 | 0.78 | 1.75 | 0.80 | 2.33 | 0.58 |
| [26] *B. okhensis* | 10 | 94.90 | 1.98 | 0.77 | 1.75 | 0.76 | 2.32 | 0.57 |
| [27] *B. fusiformis* | 12 | 98.98 | 2.39 | 0.74 | 1.75 | 0.71 | 2.31 | 0.53 |
| [28] *B. vallismortis* | 9 | 88.25 | 1.79 | 0.79 | 1.77 | 0.81 | 2.35 | 0.60 |
| [29] *B. circulans* | 12 | 96.04 | 2.41 | 0.74 | 1.77 | 0.71 | 2.33 | 0.54 |
| [30] *B. nealsonii* | 8 | 93.43 | 1.54 | 0.80 | 1.78 | 0.85 | 2.37 | 0.60 |
| [31] *B. fordii* | 12 | 96.85 | 2.41 | 0.79 | 1.79 | 0.72 | 2.35 | 0.59 |
| 第 II 类平均值 | 10.77 | 95.79 | 2.14 | 0.75 | 1.69 | 0.72 | 2.23 | 0.55 |

续表

| 芽胞杆菌种名 | 脂肪酸标记数 | 含量/% | 丰富度（$R'$） | Simpson 指数（$D$） | Shannon 指数（$H_1$） | Pielou 指数（$J$） | Brillouin 指数（$H_2$） | McIntosh 指数（$H_3$） |
|---|---|---|---|---|---|---|---|---|
| [1] *B. badius* | 11 | 91.98 | 2.21 | 0.73 | 1.80 | 0.75 | 2.35 | 0.53 |
| [2] *B. cibi* | 11 | 96.89 | 2.19 | 0.75 | 1.81 | 0.75 | 2.37 | 0.55 |
| [3] *B. butanolivorans* | 12 | 94.05 | 2.42 | 0.75 | 1.82 | 0.73 | 2.38 | 0.55 |
| [4] *B. agaradhaerens* | 8 | 83.11 | 1.58 | 0.83 | 1.82 | 0.88 | 2.43 | 0.64 |
| [5] *B. cereus* | 10 | 70.10 | 2.12 | 0.78 | 1.83 | 0.79 | 2.36 | 0.59 |
| [6] *B. cohnii* | 12 | 95.56 | 2.41 | 0.77 | 1.83 | 0.74 | 2.39 | 0.57 |
| [7] *B. siralis* | 10 | 95.89 | 1.97 | 0.80 | 1.85 | 0.80 | 2.45 | 0.61 |
| [8] *B. lehensis* | 9 | 91.99 | 1.77 | 0.80 | 1.85 | 0.84 | 2.45 | 0.61 |
| [9] *B. pseudomycoides* | 9 | 59.96 | 1.95 | 0.82 | 1.86 | 0.85 | 2.42 | 0.65 |
| [10] *B. pseudalcaliphilus* | 10 | 83.97 | 2.03 | 0.81 | 1.87 | 0.81 | 2.46 | 0.62 |
| [11] *B. endophyticus* | 12 | 98.75 | 2.40 | 0.79 | 1.88 | 0.75 | 2.49 | 0.60 |
| [12] *B. flexus* | 12 | 95.69 | 2.41 | 0.79 | 1.89 | 0.76 | 2.50 | 0.60 |
| [13] *B. boroniphilus* | 10 | 93.13 | 1.99 | 0.80 | 1.90 | 0.83 | 2.51 | 0.61 |
| [14] *B. clausii* | 12 | 97.77 | 2.40 | 0.82 | 1.92 | 0.77 | 2.53 | 0.62 |
| [15] *B. indicus* | 11 | 96.56 | 2.19 | 0.79 | 1.94 | 0.81 | 2.54 | 0.59 |
| [16] *B. cellulosilyticus* | 12 | 90.90 | 2.44 | 0.84 | 2.02 | 0.81 | 2.66 | 0.66 |
| [17] *B. horikoshii* | 10 | 88.48 | 2.01 | 0.85 | 2.04 | 0.89 | 2.70 | 0.67 |
| [18] *B. niacini* | 12 | 96.07 | 2.41 | 0.84 | 2.11 | 0.85 | 2.77 | 0.66 |
| [19] *B. mycoides* | 12 | 74.57 | 2.55 | 0.85 | 2.12 | 0.85 | 2.75 | 0.68 |
| 第 III 类平均值 | 10.79 | 89.23 | 2.18 | 0.80 | 1.90 | 0.80 | 2.50 | 0.61 |

第 I 类香农多样性指数 $1.15 \leqslant D < 1.60$：脂肪酸标记数、含量、丰富度（$R'$）、Simpson 指数（$D$）、Shannon 指数（$H_1$）、Pielou 指数（$J$）、Brillouin 指数（$H_2$）、McIntosh 指数（$H_3$）分别为 8.8、95.14、1.71、0.68、1.46、0.68、1.93、0.48；包括 40 种芽胞杆菌，即[1]韩研所芽胞杆菌（*Bacillus kribbensis*）、[2]钴特省芽胞杆菌（*Bacillus drentensis*）、[3]沙福芽胞杆菌（*Bacillus safensis*）、[4]高地芽胞杆菌（*Bacillus altitudinis*）、[5]明胶芽胞杆菌（*Bacillus gelatini*）、[6]酸快生芽胞杆菌（*Bacillus acidiceler*）、[7]人参土芽胞杆菌（*Bacillus ginsengihumi*）、[8]简单芽胞杆菌（*Bacillus simplex*）、[9]沙氏芽胞杆菌（*Bacillus shackletonii*）、[10]西岸芽胞杆菌（*Bacillus seohaeanensis*）、[11]休闲地芽胞杆菌（*Bacillus novalis*）、[12]越南芽胞杆菌（*Bacillus vietnamensis*）、[13]短小芽胞杆菌（*Bacillus pumilus*）、[14]蔬菜芽胞杆菌（*Bacillus oleronius*）、[15]强壮芽胞杆菌（*Bacillus fortis*）、[16]球胞芽胞杆菌（*Bacillus globisporus*）、[17]酸居芽胞杆菌（*Bacillus acidicola*）、[18]泛酸枝芽胞杆菌（*Virgibacillus pantothenticus*）、[19]还原硒酸盐芽胞杆菌（*Bacillus selenitireducens*）、[20]苏云金芽胞杆菌（*Bacillus thuringiensis*）、[21]球形赖氨酸芽胞杆菌（*Lysinibacillus sphaericus*）、[22]凝结芽胞杆菌（*Bacillus coagulans*）、[23]威氏芽胞杆菌（*Bacillus vedderi*）、[24]产酸芽胞杆菌（*Bacillus acidiproducens*）、[25]韩国芽胞杆菌（*Bacillus koreensis*）、[26]慢病类芽胞杆菌（*Paenibacillus lentimorbus*）、[27]土地芽胞杆菌（*Bacillus humi*）、[28]壁画芽胞杆菌（*Bacillus muralis*）、[29]硒砷芽胞杆菌（*Bacillus selena-*

*tarsenatis*）、[30]脱色芽胞杆菌（*Bacillus decolorationis*）、[31]阿氏芽胞杆菌（*Bacillus aryabhattai*）、[32]马赛芽胞杆菌（*Bacillus massiliensis*）、[33]腐叶芽胞杆菌（*Bacillus decisifrondis*）、[34]黄海芽胞杆菌（*Bacillus marisflavi*）、[35]马丁教堂芽胞杆菌（*Bacillus murimartini*）、[36]路西法芽胞杆菌（*Bacillus luciferensis*）、[37]土壤芽胞杆菌（*Bacillus soli*）、[38]巴塔哥尼亚芽胞杆菌（*Bacillus patagoniensis*）、[39]巨大芽胞杆菌（*Bacillus megaterium*）、[40]嗜碱芽胞杆菌（*Bacillus alcalophilus*）（表 3-1-5）。

第 II 类香农多样性指数 1.60≤$D$<1.80：脂肪酸标记数、含量、丰富度（$R'$）、Simpson 指数（$D$）、Shannon 指数（$H_1$）、Pielou 指数（$J$）、Brillouin 指数（$H_2$）、McIntosh 指数（$H_3$）分别为 10.77、95.79、2.14、0.75、1.69、0.72、2.23、0.55；包括 31 种芽胞杆菌，即[1]印空研芽胞杆菌（*Bacillus isronensis*）、[2]冷解糖芽胞杆菌（*Bacillus psychrosaccharolyticus*）、[3]奥飞弹温泉芽胞杆菌（*Bacillus okuhidensis*）、[4]农庄芽胞杆菌（*Bacillus ruris*）、[5]奥德赛芽胞杆菌（*Bacillus odysseyi*）、[6]解淀粉芽胞杆菌（*Bacillus amyloliquefaciens*）、[7]解半纤维素芽胞杆菌（*Bacillus hemicellulosilyticus*）、[8]地衣芽胞杆菌（*Bacillus licheniformis*）、[9]枯草芽胞杆菌枯草亚种（*Bacillus subtilis* subsp. *subtilis*）、[10]枯草芽胞杆菌斯氏亚种（*Bacillus subtilis* subsp. *spizizenii*）、[11]索诺拉沙漠芽胞杆菌（*Bacillus sonorensis*）、[12]北京芽胞杆菌（*Bacillus beijingensis*）、[13]萎缩芽胞杆菌（*Bacillus atrophaeus*）、[14]解半乳糖苷芽胞杆菌（*Bacillus galactosidilyticus*）、[15]马氏芽胞杆菌（*Bacillus macyae*）、[16]莫哈维沙漠芽胞杆菌（*Bacillus mojavensis*）、[17]枯草芽胞杆菌干燥亚种（*Bacillus subtilis* subsp. *inaquosorum*）、[18]枯草芽胞杆菌（*Bacillus subtilis*）、[19]耐冷嗜冷芽胞杆菌（*Psychrobacillus psychrotolerans*）、[20]碱土芽胞杆菌（*Bacillus alkalitelluris*）、[21]巴达维亚芽胞杆菌（*Bacillus bataviensis*）、[22]嗜碳芽胞杆菌（*Bacillus carboniphilus*）、[23]人参地块芽胞杆菌（*Bacillus panaciterrae*）、[24]苛求芽胞杆菌（*Bacillus fastidiosus*）、[25]农研所芽胞杆菌（*B. niabensis*）、[26]奥哈芽胞杆菌（*B. okhensis*）、[27]纺锤形芽胞杆菌（*B. fusiformis*）、[28]死谷芽胞杆菌（*B. vallismortis*）、[29]环状芽胞杆菌（*B. circulans*）、[30]尼氏芽胞杆菌（*B. nealsonii*）、[31]福氏芽胞杆菌（*B. fordii*）（表 3-1-5）。

第 III 类香农多样性指数 1.80<$D$≤2.12：脂肪酸标记数、含量、丰富度（$R'$）、Simpson 指数（$D$）、Shannon 指数（$H_1$）、Pielou 指数（$J$）、Brillouin 指数（$H_2$）、McIntosh 指数（$H_3$）分别为 10.79、89.23、2.18、0.80、1.90、0.80、2.50、0.61；包括 19 种芽胞杆菌，即[1]栗褐芽胞杆菌（*Bacillus badius*）、[2]食物芽胞杆菌（*Bacillus cibi*）、[3]食丁酸芽胞杆菌（*Bacillus butanolivorans*）、[4]黏琼脂芽胞杆菌（*Bacillus agaradhaerens*）、[5]蜡样芽胞杆菌（*Bacillus cereus*）、[6]科恩芽胞杆菌（*Bacillus cohnii*）、[7]青贮窖芽胞杆菌（*Bacillus siralis*）、[8]列城芽胞杆菌（*Bacillus lehensis*）、[9]假蕈状芽胞杆菌（*Bacillus pseudomycoides*）、[10]假嗜碱芽胞杆菌（*Bacillus pseudalcaliphilus*）、[11]内生芽胞杆菌（*Bacillus endophyticus*）、[12]弯曲芽胞杆菌（*Bacillus flexus*）、[13]嗜硼芽胞杆菌（*Bacillus boroniphilus*）、[14]克劳氏芽胞杆菌（*Bacillus clausii*）、[15]印度芽胞杆菌（*Bacillus indicus*）、[16]解纤维素芽胞杆菌（*Bacillus cellulosilyticus*）、[17]堀越氏芽胞杆菌（*Bacillus horikoshii*）、[18]烟酸芽胞杆菌（*Bacillus niacini*）、[19]蕈状芽胞杆菌（*Bacillus mycoides*）（表 3-1-5）。

芽胞杆菌香农多样性指数类多样性指数及其脂肪酸组平均值见表 3-1-6。可以看出根据脂肪酸多样性指数分类的芽胞杆菌脂肪酸组特点为：第 I 类 15:0 anteiso 平均值为 35.55%，15:0 anteiso/15:0 iso=35.55%/30.19%=1.1775，比值中等；第 II 类 15:0 anteiso 平均值为 32.20%，15:0 anteiso/15:0 iso=32.20%/26.13%=1.2323，比值较高；第 III 类 15:0 anteiso 平均值为 18.76%，15:0 anteiso/15:0 iso=18.76%/28.54%=0.6573，比值较低。

**表 3-1-6 芽胞杆菌香农多样性指数类多样性指数与脂肪酸组平均值**

| 因子 | 第 I 类平均值 | 第 II 类平均值 | 第 III 类平均值 |
|---|---|---|---|
| 脂肪酸标记数 | 8.80 | 10.77 | 10.79 |
| 含量/% | 95.14 | 95.79 | 89.23 |
| 丰富度（$R'$） | 1.71 | 2.14 | 2.18 |
| Simpson 指数（$D$） | 0.68 | 0.75 | 0.80 |
| Shannon 指数（$H_1$） | 1.46 | 1.69 | 1.90 |
| Pielou 指数（$J$） | 0.68 | 0.72 | 0.80 |
| Brillouin 指数（$H_2$） | 1.93 | 2.23 | 2.50 |
| McIntosh 指数（$H_3$） | 0.48 | 0.55 | 0.61 |
| 15:0 anteiso | 35.55* | 32.20 | 18.76 |
| 15:0 iso | 30.19 | 26.13 | 28.54 |
| 17:0 anteiso | 9.74 | 8.51 | 6.50 |
| 17:0 iso | 4.00 | 5.95 | 6.75 |
| c16:0 | 4.31 | 8.81 | 8.85 |
| 16:0 iso | 5.41 | 4.31 | 5.36 |
| 14:0 iso | 2.46 | 2.63 | 3.36 |
| c14:0 | 1.07 | 1.90 | 2.01 |
| 16:1ω11c | 0.81 | 1.34 | 3.06 |
| 16:1ω7c alcohol | 0.89 | 1.72 | 1.62 |
| 17:1 iso ω10c | 0.45 | 1.12 | 2.76 |
| c18:0 | 0.29 | 1.15 | 1.66 |

*表中各脂肪酸所对应的数值单位均为%

## 四、芽胞杆菌 pH 适应范围测定

### 1. 芽胞杆菌 pH 适应范围检测

测定 90 种芽胞杆菌 pH 适应范围数据列于表 3-1-7。从表中可知，被测的这些芽胞杆菌 pH 适应性差异显著，芽胞杆菌可以适应的 pH 跨度大，从 pH 3.5 到 pH 11.0。适应最低 pH 的种类为酸居芽胞杆菌（*Bacillus acidicola*）（pH 3.5），适应最高 pH 的种类为解半纤维素芽胞杆菌（*Bacillus hemicellulosilyticus*）（pH 11.0），适应范围最大的种类为北京芽胞杆菌（*Bacillus beijingensis*）（pH 5.5～11.0）。同一个种不同亚种的芽胞杆菌，pH 的适应范围也存在差异，如枯草芽胞杆菌干燥亚种（*Bacillus subtilis* subsp. *inaquosorum*）适应最高 pH 为 8.0，而枯草芽胞杆菌斯氏亚种（*Bacillus subtilis* subsp. *spizizeni*）适应最高 pH 达 9.0。按芽胞杆菌 pH 平均值排序，可将芽胞杆菌 pH 适应性分为 3 组，即酸性组（pH 5～6）、中性组（pH 7～8）、碱性组（pH 9～10）。酸性组包括 5 种芽胞杆菌，即酸居芽胞杆菌（*Bacillus acidicola*）、球胞芽胞杆菌（*Bacillus globisporus*）、慢病类芽胞杆菌（*Paenibacillus lentimorbus*）、泛酸枝芽胞杆菌（*Virgibacillus pantothenticus*）、冷解糖芽胞杆菌（*Bacillus psychrosaccharolyticus*）；碱性组包括 15 种芽胞杆菌，即黏琼脂芽胞杆菌（*Bacillus agaradhaerens*）、嗜碱芽胞杆菌（*Bacillus alcalophilus*）、解纤维素芽胞杆菌（*Bacillus cellulosilyticus*）、苛求芽胞杆菌（*Bacillus fastidiosus*）、列城芽胞杆菌（*Bacillus lehensis*）、马丁教堂芽胞杆菌（*Bacillus murimartini*）、奥哈芽胞杆菌（*Bacillus okhensis*）、巴塔哥尼亚芽胞杆菌（*Bacillus patagoniensis*）、假嗜碱芽胞杆菌（*Bacillus pseudalcaliphilus*）、农庄芽胞杆菌（*Bacillus ruris*）、还原硒酸盐芽胞杆菌（*Bacillus selenitireducens*）、越南芽胞杆菌（*Bacillus vietnamensis*）、科恩芽胞杆菌（*Bacillus cohnii*）、解半纤维素芽胞杆菌（*Bacillus hemicellulosilyticus*）、威氏芽胞杆菌（*Bacillus vedderi*）；其余 70 种芽胞杆菌属于中性组。酸性组和碱性组的芽胞杆菌对酸碱适应性范围较窄，仅能分别适应酸性和碱性环境；但中性组的芽胞杆菌对酸碱适应性范围较宽，生长适应性的跨度为 pH 5～10。

**表 3-1-7　90 种芽胞杆菌 pH 适应范围**

| 芽胞杆菌种名 | 平均 pH | 最低 pH | 最高 pH | 芽胞杆菌种名 | 平均 pH | 最低 pH | 最高 pH |
|---|---|---|---|---|---|---|---|
| *Bacillus acidicola* | 5.00 | 3.50 | 7.00 | *B. luciferensis* | 7.00 | 6.00 | 8.00 |
| *B. globisporus* | 6.00 | 6.00 | 7.00 | *B. marisflavi* | 7.00 | 5.00 | 9.00 |
| *Paenibacillus lentimorbus* | 6.00 | 5.50 | 6.50 | *B. megaterium* | 7.00 | 6.00 | 7.00 |
| *Virgibacillus pantothenticus* | 6.00 | 5.00 | 7.00 | *B. mojavensis* | 7.00 | 6.00 | 7.00 |
| *B. psychrosaccharolyticus* | 6.00 | 5.00 | 7.00 | *B. novalis* | 7.00 | 5.00 | 9.00 |
| 酸性组平均值 | 5.80 | 5.00 | 6.90 | *B. oleronius* | 7.00 | 6.00 | 8.00 |
| *B. acidiceler* | 7.00 | 5.60 | 8.50 | *B. panaciterrae* | 7.00 | 5.00 | 8.00 |
| *B. acidiproducens* | 7.00 | 6.00 | 7.50 | *B. pseudomycoides* | 7.00 | 5.00 | 9.00 |
| *B. altitudinis* | 7.00 | 5.00 | 8.00 | *Psychrobacillus psychrotolerans* | 7.00 | 6.00 | 8.00 |
| *B. amyloliquefaciens* | 7.00 | 6.00 | 8.00 | *B. seohaeanensis* | 7.00 | 5.00 | 8.00 |
| *B. badius* | 7.00 | 6.00 | 8.00 | *B. shackletonii* | 7.00 | 5.00 | 9.00 |
| *B. butanolivorans* | 7.00 | 6.00 | 8.80 | *B. siralis* | 7.00 | 5.00 | 9.00 |
| *B. carboniphilus* | 7.00 | 6.00 | 7.00 | *B. soli* | 7.00 | 5.00 | 8.00 |
| *B. cibi* | 7.00 | 5.50 | 8.00 | *B. sonorensis* | 7.00 | 5.00 | 8.00 |
| *B. decolorationis* | 7.00 | 7.00 | 8.00 | *B. subtilis* | 7.00 | 6.00 | 8.00 |
| *B. endophyticus* | 7.00 | 6.00 | 8.00 | *B. subtilis* subsp. *inaquosorum* | 7.00 | 6.00 | 8.00 |
| *B. flexus* | 7.00 | 5.00 | 9.00 | *B. subtilis* subsp. *spizizenii* | 7.00 | 5.60 | 9.00 |
| *B. gelatini* | 7.00 | 5.00 | 9.00 | *B. subtilis* subsp. *subtilis* | 7.00 | 6.00 | 8.00 |
| *B. ginsengihumi* | 7.00 | 6.00 | 7.00 | *B. vallismortis* | 7.00 | 5.00 | 8.00 |
| *B. indicus* | 7.00 | 6.00 | 7.00 | *B. alkalitelluris* | 8.00 | 7.00 | 11.00 |
| *B. koreensis* | 7.00 | 4.50 | 9.00 | *B. aryabhattai* | 8.00 | 6.00 | 10.00 |
| *B. kribbensis* | 7.00 | 4.00 | 9.50 | *B. atrophaeus* | 8.00 | 6.00 | 10.00 |
| *B. licheniformis* | 7.00 | 6.00 | 7.00 | *B. bataviensis* | 8.00 | 6.00 | 9.00 |

续表

| 芽胞杆菌种名 | 平均 pH | 最低 pH | 最高 pH | 芽胞杆菌种名 | 平均 pH | 最低 pH | 最高 pH |
|---|---|---|---|---|---|---|---|
| *B. beijingensis* | 8.00 | 5.50 | 11.00 | *B. pumilus* | 8.00 | 6.00 | 9.00 |
| *B. boroniphilus* | 8.00 | 6.50 | 9.00 | *B. safensis* | 8.00 | 6.00 | 9.00 |
| *B. cereus* | 8.00 | 6.00 | 10.00 | *B. selenatarsenatis* | 8.00 | 7.50 | 9.00 |
| *B. circulans* | 8.00 | 6.00 | 9.00 | *B. simplex* | 8.00 | 6.00 | 9.00 |
| *B. clausii* | 8.00 | 6.00 | 9.00 | *Lysinibacillus sphaericus* | 8.00 | 6.00 | 10.00 |
| *B. coagulans* | 8.00 | 5.00 | 10.00 | *B. thuringiensis* | 8.00 | 6.00 | 10.00 |
| *B. decisifrondis* | 8.00 | 7.00 | 9.00 | 中性组平均值 | 7.49 | 5.84 | 8.78 |
| *B. drentensis* | 8.00 | 6.00 | 9.00 | *B. agaradhaerens* | 9.00 | 8.00 | 10.00 |
| *B. fordii* | 8.00 | 6.00 | 9.00 | *B. alcalophilus* | 9.00 | 8.00 | 9.00 |
| *B. fortis* | 8.00 | 6.00 | 9.00 | *B. cellulosilyticus* | 9.00 | 8.00 | 10.00 |
| *B. fusiformis* | 8.00 | 6.00 | 10.00 | *B. fastidiosus* | 9.00 | 8.00 | 9.00 |
| *B. galactosidilyticus* | 8.00 | 6.00 | 10.00 | *B. lehensis* | 9.00 | 7.00 | 11.00 |
| *B. horikoshii* | 8.00 | 7.00 | 9.00 | *B. murimartini* | 9.00 | 7.00 | 10.00 |
| *B. humi* | 8.00 | 6.00 | 9.00 | *B. okhensis* | 9.00 | 7.00 | 10.00 |
| *B. isronensis* | 8.00 | 6.00 | 10.00 | *B. patagoniensis* | 9.00 | 7.00 | 10.00 |
| *B. macyae* | 8.00 | 7.00 | 8.40 | *B. pseudalcaliphilus* | 9.00 | 8.00 | 10.00 |
| *B. massiliensis* | 8.00 | 6.00 | 9.00 | *B. ruris* | 9.00 | 6.00 | 11.00 |
| *B. muralis* | 8.00 | 6.00 | 9.00 | *B. selenitireducens* | 9.00 | 8.00 | 10.00 |
| *B. mycoides* | 8.00 | 6.00 | 10.00 | *B. vietnamensis* | 9.00 | 7.00 | 10.00 |
| *B. nealsonii* | 8.00 | 6.00 | 10.00 | *B. cohnii* | 10.00 | 9.00 | 10.00 |
| *B. niabensis* | 8.00 | 6.00 | 9.00 | *B. hemicellulosilyticus* | 10.00 | 8.00 | 11.00 |
| *B. niacini* | 8.00 | 7.00 | 8.00 | *B. vedderi* | 10.00 | 9.00 | 10.00 |
| *B. odysseyi* | 8.00 | 6.00 | 10.00 | 碱性组平均值 | 9.20 | 7.67 | 10.07 |
| *B. okuhidensis* | 8.00 | 6.00 | 10.00 | | | | |

## 2. 芽胞杆菌 pH 适应范围总体脂肪酸组统计

芽胞杆菌 pH 适应范围和脂肪酸因子统计见表 3-1-8。结果表明 90 种芽胞杆菌的测定因子分别为：平均 pH（7.68）、最低 pH（6.10）、最高 pH（8.89）、15:0 anteiso（30.85%）、15:0 iso（28.44%）、17:0 anteiso（8.63%）、c16:0（6.82%）、17:0 iso（5.25%）、16:0 iso（5.02%）、14:0 iso（2.71%）、c14:0（1.55%）、16:1ω11c（1.47%）、16:1ω7c alcohol（1.33%）、17:1 iso ω10c（1.17%）、c18:0（0.88%）、feature 4（0.69%）。

**表 3-1-8　90 种芽胞杆菌 pH 适应范围与脂肪酸生物标记平均值统计**

| 因子 | 样本数 | 均值 | 方差 | 标准差 | 中位数 | 最小值 | 最大值 | Wilks 系数 | *P* |
|---|---|---|---|---|---|---|---|---|---|
| 平均 pH | 90 | 7.68 | 0.85 | 0.92 | 8.00 | 5.00 | 10.00 | 0.89 | 0.00 |
| 最低 pH | 90 | 6.10 | 0.99 | 1.00 | 6.00 | 3.50 | 9.00 | 0.89 | 0.00 |
| 最高 pH | 90 | 8.89 | 1.23 | 1.11 | 9.00 | 6.50 | 11.00 | 0.93 | 0.00 |
| 15:0 anteiso | 90 | 30.85* | 207.44 | 14.40 | 32.86 | 3.31 | 66.28 | 0.98 | 0.11 |
| 15:0 iso | 90 | 28.44 | 185.00 | 13.60 | 29.22 | 3.11 | 57.73 | 0.98 | 0.12 |

续表

| 因子 | 样本数 | 均值 | 方差 | 标准差 | 中位数 | 最小值 | 最大值 | Wilks 系数 | *P* |
|---|---|---|---|---|---|---|---|---|---|
| 17:0 anteiso | 90 | 8.63 | 40.42 | 6.36 | 7.13 | 0.86 | 35.29 | 0.87 | 0.00 |
| c16:0 | 90 | 6.82 | 40.46 | 6.36 | 4.33 | 1.23 | 34.24 | 0.73 | 0.00 |
| 17:0 iso | 90 | 5.25 | 14.52 | 3.81 | 4.01 | 0.00 | 15.58 | 0.93 | 0.00 |
| 16:0 iso | 90 | 5.02 | 13.66 | 3.70 | 3.93 | 0.00 | 26.14 | 0.76 | 0.00 |
| 14:0 iso | 90 | 2.71 | 5.73 | 2.39 | 1.96 | 0.00 | 13.43 | 0.85 | 0.00 |
| c14:0 | 90 | 1.55 | 3.02 | 1.74 | 1.17 | 0.00 | 10.24 | 0.80 | 0.00 |
| 16:1ω11c | 90 | 1.47 | 4.96 | 2.23 | 0.61 | 0.00 | 14.11 | 0.68 | 0.00 |
| 16:1ω7c alcohol | 90 | 1.33 | 6.97 | 2.64 | 0.11 | 0.00 | 14.77 | 0.56 | 0.00 |
| 17:1 iso ω10c | 90 | 1.17 | 3.92 | 1.98 | 0.30 | 0.00 | 9.69 | 0.65 | 0.00 |
| c18:0 | 90 | 0.88 | 2.06 | 1.44 | 0.39 | 0.00 | 8.69 | 0.63 | 0.00 |
| feature 4 | 90 | 0.69 | 1.45 | 1.20 | 0.00 | 0.00 | 6.64 | 0.64 | 0.00 |

*表中各脂肪酸所对应的数值单位均为%

## 3. 芽胞杆菌 pH 适应范围分组的主要脂肪酸统计

90 种芽胞杆菌 pH 适应范围与脂肪酸生物标记分组统计见表 3-1-9。可以看出根据 pH 均值分类的芽胞杆菌脂肪酸组特点如下。

**表 3-1-9　90 种芽胞杆菌 pH 适应范围与脂肪酸生物标记分组统计**

| 因子 | 酸性组平均值 | 中性组平均值 | 碱性组平均值 |
|---|---|---|---|
| 平均 pH | 5.80 | 7.49 | 9.20 |
| 最低 pH | 5.00 | 5.84 | 7.67 |
| 最高 pH | 6.90 | 8.78 | 10.07 |
| 15:0 anteiso | 29.78* | 28.42 | 30.20 |
| 15:0 iso | 24.43 | 28.55 | 25.44 |
| 17:0 anteiso | 8.70 | 8.31 | 9.90 |
| c16:0 | 11.15 | 7.72 | 8.42 |
| 17:0 iso | 5.09 | 5.60 | 3.70 |
| 16:0 iso | 4.86 | 4.87 | 6.17 |
| 14:0 iso | 1.87 | 2.54 | 2.06 |
| c14:0 | 1.87 | 1.72 | 1.58 |
| 16:1ω11c | 1.83 | 1.60 | 2.13 |
| 16:1ω7c alcohol | 0.53 | 1.48 | 0.87 |
| 17:1 iso ω10c | 1.24 | 1.24 | 1.80 |
| c18:0 | 1.76 | 1.10 | 1.21 |
| feature 4 | 0.81 | 0.71 | 1.18 |

*表中各脂肪酸所对应的数值单位均为%

（1）酸性组 15:0 anteiso/15:0 iso 值较高，为 1.2190；主要脂肪酸含量分布为：15:0 anteiso（29.78%）、15:0 iso（24.43%）、17:0 anteiso（8.7%）、c16:0（11.15%）、17:0 iso（5.09%）、16:0 iso（4.86%）、14:0 iso（1.87%）、c14:0（1.87%）、16:1ω11c（1.83%）、

16:1ω7c alcohol（0.53%）、17:1 iso ω10c（1.24%）、c18:0（1.76%）、feature 4（0.81%）。

（2）中性组 15:0 anteiso/15:0 iso 值较低，为 0.9954；主要脂肪酸含量分布为：15:0 anteiso（28.42%）、15:0 iso（28.55%）、17:0 anteiso（8.31%）、c16:0（7.72%）、17:0 iso（5.6%）、16:0 iso（4.87%）、14:0 iso（2.54%）、c14:0（1.72%）、16:1ω11c（1.6%）、16:1ω7c alcohol（1.48%）、17:1 iso ω10c（1.24%）、c18:0（1.1%）、feature 4（0.71%）。

（3）碱性组 15:0 anteiso/15:0 iso 值中等，为 1.1871；主要脂肪酸含量分布为：15:0 anteiso（30.2%）、15:0 iso（25.44%）、17:0 anteiso（9.9%）、c16:0（8.42%）、17:0 iso（3.7%）、16:0 iso（6.17%）、14:0 iso（2.06%）、c14:0（1.58%）、16:1ω11c（2.13%）、16:1ω7c alcohol（0.87%）、17:1 iso ω10c（1.8%）、c18:0（1.21%）、feature 4（1.18%）。

## 五、芽胞杆菌温度适应范围测定

### 1. 芽胞杆菌温度适应范围检测

收集 90 种芽胞杆菌温度适应性数据列于表 3-1-10；从表中可知，测定的芽胞杆菌温度适应性差异显著，温度适应在 0～55℃。适应最低温度的种类为球胞芽胞杆菌（*Bacillus globisporus*）（0℃），适应最高温度的种类为明胶芽胞杆菌（*Bacillus gelatini*）（55℃），温度适应性范围最大的种类为食丁酸芽胞杆菌（*Bacillus butanolivorans*）（5～45℃）。按芽胞杆菌适应温度平均值排序，可将芽胞杆菌温度适应性分为 3 组，即低温组（15～20℃）、中温组（21～30℃）、高温组（31～46.5℃）。各温度组包含的芽胞杆菌种类如下。

**表 3-1-10　90 种芽胞杆菌温度适应范围**　（℃）

| 芽胞杆菌种名 | 平均温度 | 最低温度 | 最高温度 | 芽胞杆菌种名 | 平均温度 | 最低温度 | 最高温度 |
|---|---|---|---|---|---|---|---|
| *Bacillus globisporus* | 15.00 | 0.00 | 25.00 | *B. indicus* | 25.00 | 20.00 | 30.00 |
| *B. psychrosaccharolyticus* | 17.50 | 5.00 | 30.00 | *B. marisflavi* | 25.00 | 10.00 | 40.00 |
| *Psychrobacillus psychrotolerans* | 17.50 | 5.00 | 30.00 | *B. niacini* | 25.00 | 10.00 | 40.00 |
| *B. fordii* | 20.00 | 10.00 | 30.00 | *B. patagoniensis* | 25.00 | 10.00 | 40.00 |
| *B. murimartini* | 20.00 | 10.00 | 30.00 | *B. pseudalcaliphilus* | 25.00 | 10.00 | 40.00 |
| *B. isronensis* | 21.00 | 5.00 | 37.00 | *B. vietnamensis* | 25.00 | 10.00 | 40.00 |
| *B. decolorationis* | 22.50 | 5.00 | 40.00 | *B. beijingensis* | 26.00 | 7.00 | 45.00 |
| *B. aryabhattai* | 23.50 | 10.00 | 37.00 | *B. altitudinis* | 26.50 | 8.00 | 45.00 |
| *B. lehensis* | 23.50 | 10.00 | 37.00 | *B. alkalitelluris* | 27.50 | 15.00 | 40.00 |
| *B. agaradhaerens* | 25.00 | 10.00 | 40.00 | *B. cibi* | 27.50 | 10.00 | 45.00 |
| *B. alcalophilus* | 25.00 | 10.00 | 40.00 | *Paenibacillus lentimorbus* | 27.50 | 20.00 | 35.00 |
| *B. boroniphilus* | 25.00 | 16.00 | 37.00 | *B. pseudomycoides* | 27.50 | 15.00 | 40.00 |
| *B. butanolivorans* | 25.00 | 5.00 | 45.00 | *B. selenitireducens* | 27.50 | 20.00 | 35.00 |
| *B. cohnii* | 25.00 | 10.00 | 40.00 | *B. endophyticus* | 28.00 | 10.00 | 45.00 |
| *B. fastidiosus* | 25.00 | 10.00 | 40.00 | *B. acidiceler* | 30.00 | 20.00 | 40.00 |
| *B. flexus* | 25.00 | 20.00 | 30.00 | *B. acidicola* | 30.00 | 15.00 | 45.00 |
| *B. hemicellulosilyticus* | 25.00 | 10.00 | 40.00 | *B. amyloliquefaciens* | 30.00 | 20.00 | 40.00 |
| *B. horikoshii* | 25.00 | 20.00 | 40.00 | *B. atrophaeus* | 30.00 | 10.00 | 50.00 |

续表

| 芽胞杆菌种名 | 平均温度 | 最低温度 | 最高温度 | 芽胞杆菌种名 | 平均温度 | 最低温度 | 最高温度 |
|---|---|---|---|---|---|---|---|
| *B. badius* | 30.00 | 10.00 | 50.00 | *B. okhensis* | 32.50 | 25.00 | 40.00 |
| *B. carboniphilus* | 30.00 | 20.00 | 40.00 | *B. panaciterrae* | 32.50 | 20.00 | 45.00 |
| *B. cellulosilyticus* | 30.00 | 20.00 | 40.00 | *B. selenatarsenatis* | 32.50 | 25.00 | 40.00 |
| *B. cereus* | 30.00 | 10.00 | 50.00 | *B. seohaeanensis* | 32.50 | 15.00 | 50.00 |
| *B. circulans* | 30.00 | 30.00 | 50.00 | *B. clausii* | 35.00 | 20.00 | 50.00 |
| *B. fortis* | 30.00 | 20.00 | 40.00 | *B. coagulans* | 35.00 | 30.00 | 40.00 |
| *B. fusiformis* | 30.00 | 20.00 | 40.00 | *B. galactosidilyticus* | 35.00 | 30.00 | 40.00 |
| *B. humi* | 30.00 | 20.00 | 40.00 | *B. licheniformis* | 35.00 | 20.00 | 50.00 |
| *B. kribbensis* | 30.00 | 13.00 | 47.00 | *B. massiliensis* | 35.00 | 25.00 | 45.00 |
| *B. luciferensis* | 30.00 | 20.00 | 40.00 | *B. mycoides* | 35.00 | 30.00 | 40.00 |
| *B. macyae* | 30.00 | 20.00 | 40.00 | *B. odysseyi* | 35.00 | 20.00 | 50.00 |
| *B. megaterium* | 30.00 | 20.00 | 40.00 | *B. ruris* | 35.00 | 30.00 | 40.00 |
| *B. mojavensis* | 30.00 | 10.00 | 50.00 | *B. shackletonii* | 35.00 | 20.00 | 50.00 |
| *B. muralis* | 30.00 | 20.00 | 40.00 | *B. siralis* | 35.00 | 20.00 | 50.00 |
| *B. pumilus* | 30.00 | 20.00 | 40.00 | *B. soli* | 35.00 | 30.00 | 40.00 |
| *B. safensis* | 30.00 | 10.00 | 50.00 | *B. subtilis* subsp. *inaquosorum* | 35.00 | 15.00 | 55.00 |
| *B. simplex* | 30.00 | 20.00 | 40.00 | *B. vedderi* | 35.00 | 25.00 | 45.00 |
| *B. sonorensis* | 30.00 | 10.00 | 50.00 | *Virgibacillus pantothenticus* | 37.00 | 28.00 | 45.00 |
| *Lysinibacillus sphaericus* | 30.00 | 20.00 | 40.00 | *B. acidiproducens* | 40.00 | 25.00 | 55.00 |
| *B. subtilis* | 30.00 | 20.00 | 40.00 | *B. bataviensis* | 40.00 | 30.00 | 50.00 |
| *B. subtilis* subsp. *spizizenii* | 30.00 | 20.00 | 40.00 | *B. drentensis* | 40.00 | 30.00 | 50.00 |
| *B. subtilis* subsp. *subtilis* | 30.00 | 20.00 | 40.00 | *B. ginsengihumi* | 40.00 | 30.00 | 50.00 |
| *B. thuringiensis* | 30.00 | 20.00 | 40.00 | *B. novalis* | 40.00 | 30.00 | 50.00 |
| *B. vallismortis* | 30.00 | 10.00 | 50.00 | *B. oleronius* | 40.00 | 30.00 | 50.00 |
| *B. koreensis* | 31.50 | 15.00 | 48.00 | *B. nealsonii* | 42.50 | 30.00 | 55.00 |
| *B. decisifrondis* | 32.50 | 25.00 | 40.00 | *B. okuhidensis* | 42.50 | 30.00 | 55.00 |
| *B. niabensis* | 32.50 | 25.00 | 40.00 | *B. gelatini* | 46.50 | 40.00 | 55.00 |

（1）低温组包括 5 种芽胞杆菌，即球胞芽胞杆菌（*Bacillus globisporus*）、冷解糖芽胞杆菌（*Bacillus psychrosaccharolyticus*）、耐冷嗜冷芽胞杆菌（*Psychrobacillus psychrotolerans*）、福氏芽胞杆菌（*Bacillus fordii*）、马丁教堂芽胞杆菌（*Bacillus murimartini*）。

（2）中温组包括 55 种芽胞杆菌，即印空研芽胞杆菌（*Bacillus isronensis*）、脱色芽胞杆菌（*Bacillus decolorationis*）、阿氏芽胞杆菌（*Bacillus aryabhattai*）、列城芽胞杆菌（*Bacillus lehensis*）、黏琼脂芽胞杆菌（*Bacillus agaradhaerens*）、嗜碱芽胞杆菌（*Bacillus alcalophilus*）、嗜硼芽胞杆菌（*Bacillus boroniphilus*）、食丁酸芽胞杆菌（*Bacillus butanolivorans*）、科恩芽胞杆菌（*Bacillus cohnii*）、苛求芽胞杆菌（*Bacillus fastidiosus*）、弯曲芽胞杆菌（*Bacillus flexus*）、解半纤维素芽胞杆菌（*Bacillus hemicellulosilyticus*）、堀越氏芽胞杆菌（*Bacillus horikoshii*）、印度芽胞杆菌（*Bacillus indicus*）、黄海芽胞杆菌（*Bacillus marisflavi*）、烟酸芽胞杆菌（*Bacillus niacini*）、巴塔哥尼亚芽胞杆菌（*Bacillus patagoniensis*)、假嗜碱芽胞杆菌（*Bacillus pseudalcaliphilus*)、越南芽胞杆菌（*Bacillus vietnamensis*)、北京芽胞杆菌（*Bacillus beijingensis*)、高地芽胞杆菌（*Bacillus altitudinis*)、碱土芽胞杆菌（*Bacillus alkalitelluris*)、食物芽胞杆菌（*Bacillus cibi*)、慢病类芽胞杆菌（*Paenibacillus lentimorbus*)、假蕈状芽胞杆菌（*Bacillus pseudomycoides*)、还原硒酸盐芽胞杆菌（*Bacillus selenitireducens*)、内生芽胞杆菌（*Bacillus endophyticus*)、酸快生芽胞杆菌（*Bacillus acidiceler*)、酸居芽胞杆菌（*Bacillus acidicola*)、解淀粉芽胞杆菌（*Bacillus amyloliquefaciens*)、萎缩芽胞杆菌（*Bacillus atrophaeus*)、栗褐芽胞杆菌（*Bacillus badius*)、嗜碳芽胞杆菌（*Bacillus carboniphilus*)、解纤维素芽胞杆菌（*Bacillus cellulosilyticus*)、蜡样芽胞杆菌（*Bacillus cereus*)、环状芽胞杆菌（*Bacillus circulans*)、强壮芽胞杆菌（*Bacillus fortis*)、纺锤形芽胞杆菌（*Bacillus fusiformis*)、土地芽胞杆菌（*Bacillus humi*)、韩研所芽胞杆菌（*Bacillus kribbensis*)、路西法芽胞杆菌（*Bacillus luciferensis*)、马氏芽胞杆菌（*Bacillus macyae*)、巨大芽胞杆菌（*Bacillus megaterium*)、莫哈维沙漠芽胞杆菌（*Bacillus mojavensis*)、壁画芽胞杆菌（*Bacillus muralis*)、短小芽胞杆菌（*Bacillus pumilus*)、沙福芽胞杆菌（*Bacillus safensis*)、简单芽胞杆菌（*Bacillus simplex*)、索诺拉沙漠芽胞杆菌（*Bacillus sonorensis*)、球形赖氨酸芽胞杆菌（*Lysinibacillus sphaericus*)、枯草芽胞杆菌（*Bacillus subtilis*)、枯草芽胞杆菌斯氏亚种（*Bacillus subtilis* subsp. *spizizenii*)、枯草芽胞杆菌枯草亚种（*Bacillus subtilis* subsp. *subtilis*)、苏云金芽胞杆菌（*Bacillus thuringiensis*)、死谷芽胞杆菌（*Bacillus vallismortis*)。

（3）高温组包括 30 种芽胞杆菌，即韩国芽胞杆菌（*Bacillus koreensis*)、腐叶芽胞杆菌（*Bacillus decisifrondis*)、农研所芽胞杆菌（*Bacillus niabensis*)、奥哈芽胞杆菌（*Bacillus okhensis*)、人参地块芽胞杆菌（*Bacillus panaciterrae*)、硒砷芽胞杆菌（*Bacillus selenatarsenatis*)、西岸芽胞杆菌（*Bacillus seohaeanensis*)、克劳氏芽胞杆菌（*Bacillus clausii*)、凝结芽胞杆菌（*Bacillus coagulans*)、解半乳糖苷芽胞杆菌（*Bacillus galactosidilyticus*)、地衣芽胞杆菌（*Bacillus licheniformis*)、马赛芽胞杆菌（*Bacillus massiliensis*)、蕈状芽胞杆菌（*Bacillus mycoides*)、奥德赛芽胞杆菌（*Bacillus odysseyi*)、农庄芽胞杆菌（*Bacillus ruris*)、沙氏芽胞杆菌（*Bacillus shackletonii*)、青贮窖芽胞杆菌（*Bacillus siralis*)、土壤芽胞杆菌（*Bacillus soli*)、枯草芽胞杆菌干燥亚种（*Bacillus subtilis* subsp. *inaquosorum*)、威氏芽胞杆菌（*Bacillus vedderi*)、泛酸枝芽胞杆菌（*Virgibacillus pantothenticus*)、产酸芽胞杆菌（*Bacillus acidiproducens*)、巴达维亚芽胞杆菌（*Bacillus bataviensis*)、钻特省芽胞杆菌（*Bacillus drentensis*)、人参土芽胞杆菌（*Bacillus ginsengihumi*)、休闲地芽胞杆菌（*Bacillus novalis*)、蔬菜芽胞杆菌（*Bacillus oleronius*)、尼氏芽胞杆菌（*Bacillus nealsonii*)、奥飞弹温泉芽胞杆菌（*Bacillus okuhidensis*)、明胶芽胞杆菌（*Bacillus gelatini*)。

## 2. 芽胞杆菌温度适应范围的总体脂肪酸组统计

芽胞杆菌温度适应范围和脂肪酸因子统计见表 3-1-11。结果表明 90 种芽胞杆菌的测定因子分别为：平均温度（30.04℃）、最低温度（17.80℃）、最高温度（42.59℃）、15:0 anteiso（30.85%）、15:0 iso（28.44%）、17:0 anteiso（8.63%）、c16:0（6.82%）、17:0 iso（5.25%）、16:0 iso（5.02%）、14:0 iso（2.71%）、c14:0（1.55%）、16:1ω11c（1.47%）、

16:1ω7c alcohol（1.33%）、17:1 iso ω10c（1.17%）、c18:0（0.88%）、feature 4（0.69%）。

**表 3-1-11　90 种芽胞杆菌温度与脂肪酸生物标记平均值统计**

| 因子 | 样本数 | 均值 | 方差 | 标准差 | 中位数 | 最小值 | 最大值 | Wilks 系数 | *P* |
|---|---|---|---|---|---|---|---|---|---|
| 平均温度/℃ | 90 | 30.04 | 33.66 | 5.80 | 30.00 | 15.00 | 46.50 | 0.96 | 0.01 |
| 最低温度/℃ | 90 | 17.80 | 65.80 | 8.11 | 20.00 | 0.00 | 40.00 | 0.93 | 0.00 |
| 最高温度/℃ | 90 | 42.59 | 41.53 | 6.44 | 40.00 | 25.00 | 55.00 | 0.90 | 0.00 |
| 15:0 anteiso | 90 | 30.85* | 207.44 | 14.40 | 32.86 | 3.31 | 66.28 | 0.98 | 0.11 |
| 15:0 iso | 90 | 28.44 | 185.00 | 13.60 | 29.22 | 3.11 | 57.73 | 0.98 | 0.12 |
| 17:0 anteiso | 90 | 8.63 | 40.42 | 6.36 | 7.13 | 0.86 | 35.29 | 0.87 | 0.00 |
| c16:0 | 90 | 6.82 | 40.46 | 6.36 | 4.33 | 1.23 | 34.24 | 0.73 | 0.00 |
| 17:0 iso | 90 | 5.25 | 14.52 | 3.81 | 4.01 | 0.00 | 15.58 | 0.93 | 0.00 |
| 16:0 iso | 90 | 5.02 | 13.66 | 3.70 | 3.93 | 0.00 | 26.14 | 0.76 | 0.00 |
| 14:0 iso | 90 | 2.71 | 5.73 | 2.39 | 1.96 | 0.00 | 13.43 | 0.85 | 0.00 |
| c14:0 | 90 | 1.55 | 3.02 | 1.74 | 1.17 | 0.00 | 10.24 | 0.80 | 0.00 |
| 16:1ω11c | 90 | 1.47 | 4.96 | 2.23 | 0.61 | 0.00 | 14.11 | 0.68 | 0.00 |
| 16:1ω7c alcohol | 90 | 1.33 | 6.97 | 2.64 | 0.11 | 0.00 | 14.77 | 0.56 | 0.00 |
| 17:1 iso ω10c | 90 | 1.17 | 3.92 | 1.98 | 0.30 | 0.00 | 9.69 | 0.65 | 0.00 |
| c18:0 | 90 | 0.88 | 2.06 | 1.44 | 0.39 | 0.00 | 8.69 | 0.63 | 0.00 |
| feature 4 | 90 | 0.69 | 1.45 | 1.20 | 0.00 | 0.00 | 6.64 | 0.64 | 0.00 |

*表中各脂肪酸所对应的数值单位均为%

## 3. 芽胞杆菌温度适应范围分组的主要脂肪酸统计

90 种芽胞杆菌温度适应范围与脂肪酸生物标记分组统计见表 3-1-12，从中可以看出根据温度均值分类的芽胞杆菌脂肪酸组特点如下。

**表 3-1-12　90 种芽胞杆菌温度适应范围与脂肪酸生物标记分组统计**

| 因子 | 低温组平均值 | 中温组平均值 | 高温组平均值 |
|---|---|---|---|
| 平均温度/℃ | 18.00 | 27.70 | 36.33 |
| 最低温度/℃ | 6.00 | 14.62 | 25.60 |
| 最高温度/℃ | 29.00 | 41.36 | 47.10 |
| 15:0 anteiso | 33.56* | 30.44 | 31.16 |
| 15:0 iso | 31.67 | 28.88 | 27.11 |
| 17:0 anteiso | 8.10 | 7.58 | 10.64 |
| c16:0 | 2.60 | 6.21 | 8.63 |
| 17:0 iso | 6.33 | 5.51 | 4.61 |
| 16:0 iso | 3.02 | 4.88 | 5.61 |
| 14:0 iso | 3.23 | 2.87 | 2.33 |
| c14:0 | 0.82 | 1.42 | 1.93 |
| 16:1ω11c | 1.59 | 1.80 | 0.84 |
| 16:1ω7c alcohol | 2.58 | 1.38 | 1.03 |
| 17:1 iso ω10c | 1.21 | 1.47 | 0.61 |
| c18:0 | 0.51 | 0.98 | 0.75 |
| feature 4 | 1.26 | 0.91 | 0.19 |

*表中各脂肪酸所对应的数值单位均为%

（1）低温组：芽胞杆菌 15:0 anteiso 为 33.56%，15:0 anteiso/15:0 iso 值中等，为 1.0597。主要脂肪酸含量分布为：15:0 anteiso（33.56%）、15:0 iso（31.67%）、17:0 anteiso（8.1%）、c16:0（2.6%）、17:0 iso（6.33%）、16:0 iso（3.02%）、14:0 iso（3.23%）、c14:0（0.82%）、16:1ω11c（1.59%）、16:1ω7c alcohol（2.58%）、17:1 iso ω10c（1.21%）、c18:0（0.51%）、feature 4（1.26%）。

（2）中温组：15:0 anteiso 为 30.44%，15:0 anteiso/15:0 iso 值中等，为 1.0540。主要脂肪酸含量分布为：15:0 anteiso（30.44%）、15:0 iso（28.88%）、17:0 anteiso（7.58%）、c16:0（6.21%）、17:0 iso（5.51%）、16:0 iso（4.88%）、14:0 iso（2.87%）、c14:0（1.42%）、16:1ω11c（1.8%）、16:1ω7c alcohol（1.38%）、17:1 iso ω10c（1.47%）、c18:0（0.98%）、feature 4（0.91%）。

（3）高温组：15:0 anteiso 为 31.16%，15:0 anteiso/15:0 iso 值较高，为 1.1494。主要脂肪酸含量分布为：15:0 anteiso（31.16%）、15:0 iso（27.11%）、17:0 anteiso（10.64%）、c16:0（8.63%）、17:0 iso（4.61%）、16:0 iso（5.61%）、14:0 iso（2.33%）、c14:0（1.93%）、16:1ω11c（0.84%）、16:1ω7c alcohol（1.03%）、17:1 iso ω10c（0.61%）、c18:0（0.75%）、feature 4（0.19%）。

## 六、芽胞杆菌盐分适应范围测定

### 1. 芽胞杆菌盐分适应范围检测

收集 90 种芽胞杆菌盐分适应性数据列于表 3-1-13；从表中可知，测定的芽胞杆菌盐分适应性差异显著，按盐分平均值排序，可将芽胞杆菌盐分适应性分为 3 组，即低盐组（1%～2%）、中盐组（3%～4%）、高盐组（5%～7%），各组所含种类如下。

**表 3-1-13　90 种芽胞杆菌盐分适应范围**　（%）

| 芽胞杆菌种名 | 盐分适应浓度 | | | 芽胞杆菌种名 | 盐分适应浓度 | | |
|---|---|---|---|---|---|---|---|
| | 平均浓度 | 最低浓度 | 最高浓度 | | 平均浓度 | 最低浓度 | 最高浓度 |
| *Bacillus panaciterrae* | 0.50 | 0.00 | 1.00 | *B. sonorensis* | 1.00 | 0.00 | 2.00 |
| *B. acidicola* | 1.00 | 0.00 | 2.00 | *B. acidiceler* | 1.50 | 0.00 | 5.00 |
| *B. altitudinis* | 1.00 | 0.00 | 2.00 | *B. acidiproducens* | 1.50 | 0.00 | 3.00 |
| *B. coagulans* | 1.00 | 0.00 | 2.00 | *B. bataviensis* | 1.50 | 0.00 | 3.00 |
| *B. decisifrondis* | 1.00 | 0.00 | 2.00 | *B. drentensis* | 1.50 | 0.00 | 3.00 |
| *B. indicus* | 1.00 | 0.00 | 2.00 | *B. globisporus* | 1.50 | 0.00 | 3.00 |
| *Paenibacillus lentimorbus* | 1.00 | 0.00 | 2.00 | *B. koreensis* | 1.50 | 0.00 | 3.00 |
| *B. macyae* | 1.00 | 0.00 | 2.00 | *B. seohaeanensis* | 1.50 | 0.00 | 3.00 |
| *B. niacini* | 1.00 | 0.00 | 2.00 | *B. alkalitelluris* | 2.00 | 0.00 | 7.00 |
| *B. pseudomycoides* | 1.00 | 0.00 | 2.00 | *B. murimartini* | 2.00 | 0.00 | 4.00 |
| *B. psychrosaccharolyticus* | 1.00 | 0.00 | 2.00 | *B. novalis* | 2.00 | 0.00 | 4.00 |
| *Psychrobacillus psychrotolerans* | 1.00 | 0.00 | 7.00 | *B. pumilus* | 2.00 | 0.00 | 7.00 |
| *B. siralis* | 1.00 | 0.00 | 2.00 | *B. ruris* | 2.00 | 0.00 | 4.00 |

续表

| 芽胞杆菌种名 | 盐分适应浓度 | | | 芽胞杆菌种名 | 盐分适应浓度 | | |
|---|---|---|---|---|---|---|---|
| | 平均浓度 | 最低浓度 | 最高浓度 | | 平均浓度 | 最低浓度 | 最高浓度 |
| *B. amyloliquefaciens* | 2.50 | 0.00 | 5.00 | *B. subtilis* | 3.50 | 0.00 | 7.00 |
| *B. circulans* | 2.50 | 0.00 | 5.00 | *B. subtilis* subsp. *subtilis* | 3.50 | 0.00 | 7.00 |
| *B. cohnii* | 2.50 | 0.00 | 5.00 | *B. thuringiensis* | 3.50 | 0.00 | 7.00 |
| *B. fastidiosus* | 2.50 | 0.00 | 5.00 | *B. vedderi* | 3.50 | 0.00 | 7.00 |
| *B. fortis* | 2.50 | 0.00 | 7.00 | *B. vietnamensis* | 3.50 | 0.00 | 7.00 |
| *B. gelatini* | 2.50 | 0.00 | 5.00 | *B. cereus* | 4.00 | 0.00 | 8.00 |
| *B. kribbensis* | 2.50 | 0.00 | 5.00 | *B. subtilis* subsp. *spizizenii* | 4.00 | 0.00 | 8.00 |
| *B. massiliensis* | 2.50 | 0.00 | 5.00 | 中盐平均值 | 2.87 | 0.00 | 6.00 |
| *B. niabensis* | 2.50 | 0.00 | 5.00 | *B. agaradhaerens* | 5.00 | 0.00 | 10.00 |
| *B. odysseyi* | 2.50 | 0.00 | 5.00 | *B. clausii* | 5.00 | 0.00 | 10.00 |
| *B. oleronius* | 2.50 | 0.00 | 5.00 | *B. decolorationis* | 5.00 | 0.00 | 10.00 |
| *B. selenatarsenatis* | 2.50 | 0.00 | 5.00 | *B. endophyticus* | 5.00 | 0.00 | 10.00 |
| *B. shackletonii* | 2.50 | 0.00 | 5.00 | *B. flexus* | 5.00 | 0.00 | 10.00 |
| *B. simplex* | 2.50 | 0.00 | 5.00 | *B. ginsengihumi* | 5.00 | 0.00 | 10.00 |
| *Lysinibacillus sphaericus* | 2.50 | 0.00 | 5.00 | *B. marisflavi* | 5.00 | 0.00 | 2.00 |
| *B. butanolivorans* | 2.80 | 0.50 | 5.00 | *B. mojavensis* | 5.00 | 0.00 | 10.00 |
| *B. isronensis* | 2.90 | 0.00 | 5.80 | *B. okhensis* | 5.00 | 0.00 | 10.00 |
| 低盐平均值 | 1.80 | 0.01 | 3.93 | *B. okuhidensis* | 5.00 | 0.00 | 10.00 |
| *B. galactosidilyticus* | 3.00 | 0.00 | 6.00 | *Virgibacillus pantothenticus* | 5.00 | 0.00 | 10.00 |
| *B. luciferensis* | 3.00 | 0.00 | 6.00 | *B. pseudalcaliphilus* | 5.00 | 0.00 | 10.00 |
| *B. mycoides* | 3.00 | 0.00 | 6.00 | *B. safensis* | 5.00 | 0.00 | 10.00 |
| *B. alcalophilus* | 3.50 | 0.00 | 7.00 | *B. selenitireducens* | 5.00 | 0.00 | 10.00 |
| *B. atrophaeus* | 3.50 | 0.00 | 8.00 | *B. soli* | 5.00 | 0.00 | 10.00 |
| *B. badius* | 3.50 | 0.00 | 7.00 | *B. subtilis* subsp. *inaquosorum* | 5.00 | 0.00 | 10.00 |
| *B. boroniphilus* | 3.50 | 0.00 | 7.00 | *B. vallismortis* | 5.00 | 0.00 | 10.00 |
| *B. carboniphilus* | 3.50 | 0.00 | 7.00 | *B. aryabhattai* | 5.80 | 0.00 | 11.60 |
| *B. fordii* | 3.50 | 0.00 | 7.00 | *B. beijingensis* | 6.00 | 0.00 | 12.00 |
| *B. fusiformis* | 3.50 | 0.00 | 7.00 | *B. cellulosilyticus* | 6.00 | 0.00 | 12.00 |
| *B. horikoshii* | 3.50 | 0.00 | 7.00 | *B. cibi* | 6.00 | 0.00 | 12.00 |
| *B. humi* | 3.50 | 0.00 | 7.00 | *B. hemicellulosilyticus* | 6.00 | 0.00 | 12.00 |
| *B. licheniformis* | 3.50 | 0.00 | 7.00 | *B. lehensis* | 6.00 | 0.00 | 12.00 |
| *B. megaterium* | 3.50 | 0.00 | 7.00 | *B. patagoniensis* | 7.50 | 0.00 | 15.00 |
| *B. muralis* | 3.50 | 0.00 | 7.00 | 高盐平均值 | 5.35 | 0.00 | 10.36 |
| *B. nealsonii* | 3.50 | 0.00 | 7.00 | | | | |

（1）低盐组：包括 43 种芽胞杆菌，即人参地块芽胞杆菌（*Bacillus panaciterrae*）、酸居芽胞杆菌（*Bacillus acidicola*）、高地芽胞杆菌（*Bacillus altitudinis*）、凝结芽胞杆菌（*Bacillus coagulans*）、腐叶芽胞杆菌（*Bacillus decisifrondis*）、印度芽胞杆菌（*Bacillus *indicus*)、慢病类芽胞杆菌(*Paenibacillus lentimorbus*)、马氏芽胞杆菌(*Bacillus macyae*)、烟酸芽胞杆菌(*Bacillus niacini*)、假蕈状芽胞杆菌(*Bacillus pseudomycoides*)、冷解糖芽胞杆菌(*Bacillus psychrosaccharolyticus*)、耐冷嗜冷芽胞杆菌(*Psychrobacillus psychrotolerans*)、青贮窖芽胞杆菌(*Bacillus siralis*)、索诺拉沙漠芽胞杆菌(*Bacillus sonorensis*)、酸快生芽胞杆菌(*Bacillus acidiceler*)、产酸芽胞杆菌(*Bacillus acidiproducens*)、巴达维亚芽胞杆菌(*Bacillus bataviensis*)、钻特省芽胞杆菌(*Bacillus drentensis*)、球胞芽胞杆菌(*Bacillus globisporus*)、韩国芽胞杆菌(*Bacillus koreensis*)、西岸芽胞杆菌(*Bacillus seohaeanensis*)、碱土芽胞杆菌(*Bacillus alkalitelluris*)、马丁教堂芽胞杆菌(*Bacillus murimartini*)、休闲地芽胞杆菌(*Bacillus novalis*)、短小芽胞杆菌(*Bacillus pumilus*)、农庄芽胞杆菌(*Bacillus ruris*)、解淀粉芽胞杆菌(*Bacillus amyloliquefaciens*)、环状芽胞杆菌(*Bacillus circulans*)、科恩芽胞杆菌(*Bacillus cohnii*)、苛求芽胞杆菌(*Bacillus fastidiosus*)、强壮芽胞杆菌(*Bacillus fortis*)、明胶芽胞杆菌(*Bacillus gelatini*)、韩研所芽胞杆菌(*Bacillus kribbensis*)、马赛芽胞杆菌(*Bacillus massiliensis*)、农研所芽胞杆菌(*Bacillus niabensis*)、奥德赛芽胞杆菌(*Bacillus odysseyi*)、蔬菜芽胞杆菌(*Bacillus oleronius*)、硒砷芽胞杆菌(*Bacillus selenatarsenatis*)、沙氏芽胞杆菌(*Bacillus shackletonii*)、简单芽胞杆菌(*Bacillus simplex*)、球形赖氨酸芽胞杆菌(*Lysinibacillus sphaericus*)、食丁酸芽胞杆菌(*Bacillus butanolivorans*)、印空研芽胞杆菌(*Bacillus isronensis*)。

(2)中盐组:包括 23 种芽胞杆菌,即解半乳糖苷芽胞杆菌(*Bacillus galactosidilyticus*)、路西法芽胞杆菌(*Bacillus luciferensis*)、蕈状芽胞杆菌(*Bacillus mycoides*)、嗜碱芽胞杆菌(*Bacillus alcalophilus*)、萎缩芽胞杆菌(*Bacillus atrophaeus*)、栗褐芽胞杆菌(*Bacillus badius*)、嗜硼芽胞杆菌(*Bacillus boroniphilus*)、嗜碳芽胞杆菌(*Bacillus carboniphilus*)、福氏芽胞杆菌(*Bacillus fordii*)、纺锤形芽胞杆菌(*Bacillus fusiformis*)、堀越氏芽胞杆菌(*Bacillus horikoshii*)、土地芽胞杆菌(*Bacillus humi*)、地衣芽胞杆菌(*Bacillus licheniformis*)、巨大芽胞杆菌(*Bacillus megaterium*)、壁画芽胞杆菌(*Bacillus muralis*)、尼氏芽胞杆菌(*Bacillus nealsonii*)、枯草芽胞杆菌(*Bacillus subtilis*)、枯草芽胞杆菌枯草亚种(*Bacillus subtilis* subsp. *subtilis*)、苏云金芽胞杆菌(*Bacillus thuringiensis*)、威氏芽胞杆菌(*Bacillus vedderi*)、越南芽胞杆菌(*Bacillus vietnamensis*)、蜡样芽胞杆菌(*Bacillus cereus*)、枯草芽胞杆菌斯氏亚种(*Bacillus subtilis* subsp. *spizizenii*)。

(3)高盐组:包括 24 种芽胞杆菌,即黏琼脂芽胞杆菌(*Bacillus agaradhaerens*)、克劳氏芽胞杆菌(*Bacillus clausii*)、脱色芽胞杆菌(*Bacillus decolorationis*)、内生芽胞杆菌(*Bacillus endophyticus*)、弯曲芽胞杆菌(*Bacillus flexus*)、人参土芽胞杆菌(*Bacillus ginsengihumi*)、黄海芽胞杆菌(*Bacillus marisflavi*)、莫哈维沙漠芽胞杆菌(*Bacillus mojavensis*)、奥哈芽胞杆菌(*Bacillus okhensis*)、奥飞弹温泉芽胞杆菌(*Bacillus okuhidensis*)、泛酸枝芽胞杆菌(*Virgibacillus pantothenticus*)、假嗜碱芽胞杆菌(*Bacillus pseudalcaliphilus*)、沙福芽胞杆菌(*Bacillus safensis*)、还原硒酸盐芽胞杆菌(*Bacillus selenitireducens*)、土壤芽胞杆菌(*Bacillus soli*)、枯草芽胞杆菌干燥亚种(*Bacillus subtilis* subsp. *inaquosorum*)、死谷芽胞杆菌(*Bacillus vallismortis*)、阿氏芽胞杆菌(*Bacillus *aryabhattai*）、北京芽胞杆菌（*Bacillus beijingensis*）、解纤维素芽胞杆菌（*Bacillus cellulosilyticus*）、食物芽胞杆菌（*Bacillus cibi*）、解半纤维素芽胞杆菌（*Bacillus hemicellulosilyticus*）、列城芽胞杆菌（*Bacillus lehensis*）、巴塔哥尼亚芽胞杆菌（*Bacillus patagoniensis*）。

## 2. 芽胞杆菌盐分适应范围总体脂肪酸组统计

芽胞杆菌盐分和脂肪酸因子统计见表 3-1-14。结果表明 90 种芽胞杆菌的测定因子分别为：平均盐分（3.20%）、最低盐分（0.01%）、最高盐分（6.43%）、15:0 anteiso（30.85%）、15:0 iso（28.44%）、17:0 anteiso（8.63%）、c16:0（6.82%）、17:0 iso（5.25%）、16:0 iso（5.02%）、14:0 iso（2.71%）、c14:0（1.55%）、16:1ω11c（1.47%）、16:1ω7c alcohol（1.33%）、17:1 iso ω10c（1.17%）、c18:0（0.88%）、feature 4（0.69%）。

**表 3-1-14 90 种芽胞杆菌盐分与脂肪酸生物标记平均值统计**

| 因子 | 样本数 | 均值 | 方差 | 标准差 | 中位数 | 最小值 | 最大值 | Wilks 系数 | *P* |
|---|---|---|---|---|---|---|---|---|---|
| 平均盐分/% | 90 | 3.20 | 2.43 | 1.56 | 3.00 | 0.50 | 7.50 | 0.95 | 0.00 |
| 最低盐分/% | 90 | 0.01 | 0.00 | 0.05 | 0.00 | 0.00 | 0.50 | 0.08 | 0.00 |
| 最高盐分/% | 90 | 6.43 | 9.89 | 3.14 | 7.00 | 1.00 | 15.00 | 0.94 | 0.00 |
| 15:0 anteiso | 90 | 30.85* | 207.44 | 14.40 | 32.86 | 3.31 | 66.28 | 0.98 | 0.11 |
| 15:0 iso | 90 | 28.44 | 185.00 | 13.60 | 29.22 | 3.11 | 57.73 | 0.98 | 0.12 |
| 17:0 anteiso | 90 | 8.63 | 40.42 | 6.36 | 7.13 | 0.86 | 35.29 | 0.87 | 0.00 |
| c16:0 | 90 | 6.82 | 40.46 | 6.36 | 4.33 | 1.23 | 34.24 | 0.73 | 0.00 |
| 17:0 iso | 90 | 5.25 | 14.52 | 3.81 | 4.01 | 0.00 | 15.58 | 0.93 | 0.00 |
| 16:0 iso | 90 | 5.02 | 13.66 | 3.70 | 3.93 | 0.00 | 26.14 | 0.76 | 0.00 |
| 14:0 iso | 90 | 2.71 | 5.73 | 2.39 | 1.96 | 0.00 | 13.43 | 0.85 | 0.00 |
| c14:0 | 90 | 1.55 | 3.02 | 1.74 | 1.17 | 0.00 | 10.24 | 0.80 | 0.00 |
| 16:1ω11c | 90 | 1.47 | 4.96 | 2.23 | 0.61 | 0.00 | 14.11 | 0.68 | 0.00 |
| 16:1ω7c alcohol | 90 | 1.33 | 6.97 | 2.64 | 0.11 | 0.00 | 14.77 | 0.56 | 0.00 |
| 17:1 iso ω10c | 90 | 1.17 | 3.92 | 1.98 | 0.30 | 0.00 | 9.69 | 0.65 | 0.00 |
| c18:0 | 90 | 0.88 | 2.06 | 1.44 | 0.39 | 0.00 | 8.69 | 0.63 | 0.00 |
| feature 4 | 90 | 0.69 | 1.45 | 1.20 | 0.00 | 0.00 | 6.64 | 0.64 | 0.00 |

*表中各脂肪酸所对应的数值单位均为%

## 3. 芽胞杆菌盐分适应范围分组的主要脂肪酸统计

90 种芽胞杆菌盐分适应范围与脂肪酸生物标记分组统计见表 3-1-15，从中可以看出根据盐分均值分类的芽胞杆菌脂肪酸组特点如下。

（1）低盐组：15:0 anteiso/15:0 iso 值较高，为 1.1481。主要脂肪酸含量分布为：15:0 anteiso（32.94%）、15:0 iso（28.69%）、17:0 anteiso（8.07%）、c16:0（6.18%）、17:0 iso（4.3%）、16:0 iso（5.56%）、14:0 iso（2.91%）、c14:0（1.41%）、16:1ω11c（1.23%）、16:1 ω7c alcohol（1.85%）、17:1 iso ω10c（0.82%）、c18:0（0.84%）、feature 4（0.45%）。

**表 3-1-15　90 种芽胞杆菌盐分适应范围与脂肪酸生物标记分组统计**

| 因子 | 低盐组平均值 | 中盐组平均值 | 高盐组平均值 |
|---|---|---|---|
| 平均盐分/% | 1.84 | 3.44 | 5.36 |
| 最低盐分/% | 0.01 | 0.00 | 0.00 |
| 最高盐分/% | 3.65 | 7.00 | 10.72 |
| 15:0 anteiso | 32.94* | 28.27 | 30.04 |
| 15:0 iso | 28.69 | 28.35 | 28.12 |
| 17:0 anteiso | 8.07 | 8.04 | 10.30 |
| c16:0 | 6.18 | 6.96 | 7.79 |
| 17:0 iso | 4.30 | 6.09 | 6.00 |
| 16:0 iso | 5.56 | 5.25 | 3.81 |
| 14:0 iso | 2.91 | 2.82 | 2.22 |
| c14:0 | 1.41 | 1.89 | 1.42 |
| 16:1 ω11c | 1.23 | 1.55 | 1.80 |
| 16:1 ω7c alcohol | 1.85 | 1.01 | 0.77 |
| 17:1 iso ω10c | 0.82 | 1.78 | 1.09 |
| c18:0 | 0.84 | 0.58 | 1.28 |
| feature 4 | 0.45 | 1.01 | 0.75 |

*表中各脂肪酸所对应的数值单位均为%

（2）中盐组：15:0 anteiso/15:0 iso 值较低，为 0.9971。主要脂肪酸含量分布为：15:0 anteiso（28.27%）、15:0 iso（28.35%）、17:0 anteiso（8.04%）、c16:0（6.96%）、17:0 iso（6.09%）、16:0 iso（5.25%）、14:0 iso（2.82%）、c14:0（1.89%）、16:1ω11c（1.55%）、16:1ω7c alcohol（1.01%）、17:1 iso ω10c（1.78%）、c18:0（0.58%）、feature 4（1.01%）。

（3）高盐组：15:0 anteiso/15:0 iso 值中等，为 1.0682。主要脂肪酸含量分布为：15:0 anteiso（30.04%）、15:0 iso（28.12%）、17:0 anteiso（10.3%）、c16:0（7.79%）、17:0 iso（6%）、16:0 iso（3.81%）、14:0 iso（2.22%）、c14:0（1.42%）、16:1ω11c（1.8%）、16:1ω7c alcohol（0.77%）、17:1 iso ω10c（1.09%）、c18:0（1.28%）、feature 4（0.75%）。

## 七、芽胞杆菌生理生化指标测定

### 1. 芽胞杆菌生理生化指标检测

收集 90 种芽胞杆菌 16 个生理生化指标数据列于表 3-1-16；将测定阳性“+”的指标转化为 1，阴性“−”的指标转化为 0；从表中可知，测定的芽胞杆菌生理生化指标差异显著，芽胞杆菌中过氧化氢酶（0.98）、好氧（0.93）、运动性（0.88）等生理生化指标 88%以上的菌株呈阳性，明胶（0.63）、淀粉水解（0.57）、氧化酶（0.47）等指标 47%～63%呈阳性；V-P（0.28）、厌氧（0.24）、需盐性（0.03）等指标 75%以上为阴性；葡萄糖（0.74）75%呈阳性；硝酸盐还原（0.51）、木糖（0.4）、水杨苷（0.38）、阿拉伯糖（0.34）、甘油（0.32）、柠檬酸利用（0.26）等 50%以下的菌株呈阳性。

**表 3-1-16　芽胞杆菌属种类的生理生化特征**

| 芽胞杆菌种名 | 好氧 $X_{10}$ | 厌氧 $X_{11}$ | 需盐性 $X_{12}$ | 运动性 $X_{13}$ | 淀粉水解 $X_{14}$ | 明胶 $X_{15}$ | 氧化酶 $X_{16}$ | 过氧化氢酶 $X_{17}$ |
|---|---|---|---|---|---|---|---|---|
| *Bacillus acidiceler* | 0 | 1 | 0 | 1 | 0 | 1 | 1 | 1 |
| *B. acidicola* | 0 | 1 | 0 | 1 | 0 | 0 | 0 | 1 |
| *B. acidiproducens* | 0 | 1 | 0 | 1 | 0 | 0 | 0 | 1 |
| *B. agaradhaerens* | 1 | 0 | 1 | 1 | 1 | 1 | 0 | 1 |
| *B. alcalophilus* | 1 | 0 | 0 | 1 | 1 | 1 | 0 | 1 |
| *B. alkalitelluris* | 1 | 0 | 0 | 1 | 1 | 0 | 1 | 1 |
| *B. altitudinis* | 1 | 0 | 0 | 1 | 1 | 1 | 1 | 1 |
| *B. amyloliquefaciens* | 1 | 0 | 0 | 1 | 1 | 1 | 0 | 1 |
| *B. aryabhattai* | 1 | 0 | 0 | 1 | 1 | 1 | 1 | 1 |
| *B. atrophaeus* | 1 | 0 | 0 | 1 | 1 | 1 | 0 | 1 |
| *B. badius* | 1 | 0 | 0 | 1 | 0 | 1 | 1 | 1 |
| *B. bataviensis* | 1 | 1 | 0 | 1 | 0 | 1 | 0 | 1 |
| *B. beijingensis* | 1 | 0 | 0 | 0 | 0 | 1 | 1 | 1 |
| *B. boroniphilus* | 1 | 0 | 0 | 1 | 1 | 0 | 1 | 1 |
| *B. butanolivorans* | 1 | 0 | 1 | 1 | 0 | 0 | 1 | 1 |
| *B. carboniphilus* | 1 | 0 | 0 | 1 | 0 | 1 | 0 | 1 |
| *B. cellulosilyticus* | 1 | 0 | 1 | 1 | 1 | 0 | 0 | 1 |
| *B. cereus* | 1 | 0 | 0 | 1 | 1 | 1 | 0 | 1 |
| *B. cibi* | 1 | 0 | 0 | 1 | 1 | 0 | 1 | 1 |
| *B. circulans* | 1 | 1 | 0 | 1 | 1 | 1 | 1 | 1 |
| *B. clausii* | 1 | 0 | 0 | 1 | 1 | 1 | 1 | 1 |
| *B. coagulans* | 1 | 0 | 0 | 1 | 1 | 1 | 0 | 1 |
| *B. cohnii* | 1 | 0 | 0 | 1 | 1 | 1 | 1 | 1 |
| *B. decisifrondis* | 1 | 0 | 0 | 1 | 0 | 1 | 0 | 1 |
| *B. decolorationis* | 1 | 0 | 0 | 1 | 1 | 1 | 0 | 1 |
| *B. drentensis* | 1 | 1 | 0 | 1 | 0 | 0 | 0 | 1 |
| *B. endophyticus* | 1 | 0 | 0 | 1 | 0 | 0 | 1 | 1 |
| *B. fastidiosus* | 1 | 0 | 0 | 1 | 0 | 0 | 1 | 1 |
| *B. flexus* | 1 | 0 | 0 | 0 | 1 | 1 | 0 | 1 |
| *B. fordii* | 1 | 0 | 0 | 1 | 0 | 0 | 1 | 1 |
| *B. fortis* | 1 | 0 | 0 | 1 | 0 | 0 | 1 | 1 |
| *B. fusiformis* | 1 | 0 | 0 | 1 | 0 | 1 | 0 | 1 |
| *B. galactosidilyticus* | 1 | 1 | 0 | 1 | 1 | 0 | 0 | 1 |
| *B. gelatini* | 1 | 0 | 0 | 1 | 0 | 1 | 0 | 1 |
| *B. ginsengihumi* | 1 | 1 | 0 | 0 | 0 | 0 | 1 | 0 |
| *B. globisporus* | 1 | 0 | 0 | 1 | 0 | 0 | 1 | 1 |
| *B. hemicellulosilyticus* | 1 | 0 | 0 | 1 | 0 | 0 | 0 | 1 |
| *B. horikoshii* | 1 | 0 | 0 | 1 | 1 | 1 | 1 | 1 |
| *B. humi* | 1 | 0 | 0 | 1 | 0 | 0 | 1 | 1 |

续表

| 芽胞杆菌种名 | 好氧 $X_{10}$ | 厌氧 $X_{11}$ | 需盐性 $X_{12}$ | 运动性 $X_{13}$ | 淀粉水解 $X_{14}$ | 明胶 $X_{15}$ | 氧化酶 $X_{16}$ | 过氧化氢酶 $X_{17}$ |
|---|---|---|---|---|---|---|---|---|
| *B. indicus* | 1 | 0 | 0 | 0 | 1 | 1 | 1 | 1 |
| *B. isronensis* | 1 | 0 | 0 | 1 | 1 | 1 | 1 | 1 |
| *B. koreensis* | 1 | 0 | 0 | 1 | 1 | 0 | 0 | 1 |
| *B. kribbensis* | 1 | 0 | 0 | 1 | 0 | 1 | 0 | 1 |
| *B. lehensis* | 1 | 0 | 0 | 1 | 1 | 1 | 1 | 1 |
| *Paenibacillus lentimorbus* | 1 | 0 | 0 | 1 | 0 | 0 | 0 | 0 |
| *B. licheniformis* | 1 | 1 | 0 | 1 | 1 | 1 | 1 | 1 |
| *B. luciferensis* | 1 | 1 | 0 | 1 | 1 | 1 | 0 | 1 |
| *B. macyae* | 0 | 1 | 0 | 1 | 0 | 0 | 0 | 1 |
| *B. marisflavi* | 1 | 0 | 0 | 1 | 0 | 1 | 0 | 1 |
| *B. massiliensis* | 1 | 0 | 0 | 1 | 1 | 1 | 0 | 1 |
| *B. megaterium* | 1 | 0 | 0 | 1 | 1 | 1 | 1 | 1 |
| *B. mojavensis* | 1 | 0 | 0 | 1 | 1 | 1 | 1 | 1 |
| *B. muralis* | 1 | 0 | 0 | 1 | 1 | 0 | 0 | 1 |
| *B. murimartini* | 1 | 0 | 0 | 1 | 0 | 0 | 1 | 1 |
| *B. mycoides* | 1 | 0 | 0 | 0 | 1 | 1 | 0 | 1 |
| *B. nealsonii* | 1 | 1 | 0 | 1 | 0 | 0 | 0 | 1 |
| *B. niabensis* | 1 | 1 | 0 | 1 | 0 | 0 | 0 | 1 |
| *B. niacini* | 1 | 0 | 0 | 1 | 1 | 1 | 1 | 1 |
| *B. novalis* | 1 | 1 | 0 | 1 | 0 | 1 | 0 | 1 |
| *B. odysseyi* | 1 | 0 | 0 | 1 | 0 | 0 | 0 | 1 |
| *B. okhensis* | 1 | 1 | 0 | 1 | 1 | 1 | 0 | 1 |
| *B. okuhidensis* | 1 | 0 | 0 | 1 | 1 | 1 | 0 | 1 |
| *B. oleronius* | 1 | 0 | 0 | 0 | 0 | 1 | 1 | 1 |
| *B. panaciterrae* | 1 | 0 | 0 | 0 | 0 | 1 | 1 | 1 |
| *Virgibacillus pantothenticus* | 1 | 1 | 0 | 0 | 1 | 0 | 1 | 1 |
| *B. patagoniensis* | 1 | 0 | 0 | 1 | 1 | 1 | 1 | 1 |
| *B. pseudalcaliphilus* | 1 | 0 | 0 | 1 | 1 | 1 | 1 | 1 |
| *B. pseudomycoides* | 1 | 0 | 0 | 0 | 1 | 1 | 0 | 1 |
| *B. psychrosaccharolyticus* | 1 | 1 | 0 | 1 | 1 | 1 | 0 | 1 |
| *Psychrobacillus psychrotolerans* | 1 | 0 | 0 | 1 | 1 | 1 | 0 | 1 |
| *B. pumilus* | 1 | 0 | 0 | 1 | 0 | 1 | 1 | 1 |
| *B. ruris* | 1 | 1 | 0 | 1 | 0 | 0 | 0 | 1 |
| *B. safensis* | 1 | 0 | 0 | 1 | 1 | 1 | 1 | 1 |
| *B. selenatarsenatis* | 0 | 1 | 0 | 1 | 1 | 1 | 0 | 1 |
| *B. selenitireducens* | 0 | 1 | 0 | 0 | 0 | 1 | 0 | 1 |
| *B. seohaeanensis* | 1 | 0 | 0 | 0 | 0 | 0 | 1 | 1 |
| *B. shackletonii* | 1 | 0 | 0 | 1 | 0 | 0 | 1 | 1 |
| *B. simplex* | 1 | 0 | 0 | 1 | 1 | 0 | 0 | 1 |

续表

| 芽胞杆菌种名 | 好氧 $X_{10}$ | 厌氧 $X_{11}$ | 需盐性 $X_{12}$ | 运动性 $X_{13}$ | 淀粉水解 $X_{14}$ | 明胶 $X_{15}$ | 氧化酶 $X_{16}$ | 过氧化氢酶 $X_{17}$ |
|---|---|---|---|---|---|---|---|---|
| *B. siralis* | 1 | 0 | 0 | 1 | 0 | 0 | 1 | 1 |
| *B. soli* | 1 | 1 | 0 | 1 | 0 | 1 | 0 | 1 |
| *B. sonorensis* | 1 | 0 | 0 | 1 | 1 | 1 | 0 | 1 |
| *Lysinibacillus sphaericus* | 1 | 0 | 0 | 1 | 0 | 0 | 1 | 1 |
| *B. subtilis* | 1 | 0 | 0 | 1 | 1 | 1 | 0 | 1 |
| *B. subtilis* subsp. *inaquosorum* | 1 | 0 | 0 | 1 | 1 | 1 | 0 | 1 |
| *B. subtilis* subsp. *spizizenii* | 1 | 0 | 0 | 1 | 1 | 1 | 0 | 1 |
| *B. subtilis* subsp. *subtilis* | 1 | 0 | 0 | 1 | 1 | 1 | 0 | 1 |
| *B. thuringiensis* | 1 | 0 | 0 | 1 | 1 | 1 | 0 | 1 |
| *B. vallismortis* | 1 | 0 | 0 | 1 | 1 | 0 | 1 | 1 |
| *B. vedderi* | 1 | 1 | 0 | 1 | 1 | 1 | 1 | 1 |
| *B. vietnamensis* | 1 | 0 | 0 | 1 | 1 | 1 | 1 | 1 |
| 平均值 | 0.93 | 0.24 | 0.03 | 0.88 | 0.57 | 0.63 | 0.47 | 0.98 |

| 芽胞杆菌种名 | V-P $X_{18}$ | 柠檬酸利用 $X_{19}$ | 阿拉伯糖 $X_{20}$ | 葡萄糖 $X_{21}$ | 甘油 $X_{22}$ | 木糖 $X_{23}$ | 水杨苷 $X_{24}$ | 硝酸盐还原 $X_{25}$ |
|---|---|---|---|---|---|---|---|---|
| *B. acidiceler* | 1 | 0 | 0 | 1 | 1 | 0 | 0 | 1 |
| *B. acidicola* | 0 | 1 | 0 | 1 | 0 | 1 | 0 | 0 |
| *B. acidiproducens* | 1 | 0 | 1 | 1 | 0 | 1 | 0 | 0 |
| *B. agaradhaerens* | 0 | 0 | 1 | 1 | 1 | 1 | 0 | 0 |
| *B. alcalophilus* | 0 | 0 | 0 | 1 | 0 | 0 | 0 | 0 |
| *B. alkalitelluris* | 0 | 0 | 0 | 1 | 0 | 0 | 0 | 0 |
| *B. altitudinis* | 0 | 0 | 1 | 1 | 0 | 1 | 1 | 0 |
| *B. amyloliquefaciens* | 1 | 1 | 0 | 1 | 0 | 0 | 1 | 0 |
| *B. aryabhattai* | 1 | 1 | 0 | 1 | 1 | 0 | 1 | 1 |
| *B. atrophaeus* | 1 | 1 | 1 | 1 | 1 | 1 | 1 | 1 |
| *B. badius* | 0 | 1 | 0 | 0 | 0 | 0 | 0 | 0 |
| *B. bataviensis* | 0 | 0 | 1 | 1 | 0 | 1 | 0 | 1 |
| *B. beijingensis* | 0 | 1 | 0 | 1 | 1 | 0 | 1 | 1 |
| *B. boroniphilus* | 0 | 0 | 0 | 0 | 1 | 0 | 0 | 0 |
| *B. butanolivorans* | 0 | 0 | 0 | 0 | 0 | 0 | 0 | 1 |
| *B. carboniphilus* | 0 | 0 | 0 | 0 | 0 | 0 | 0 | 0 |
| *B. cellulosilyticus* | 0 | 0 | 0 | 1 | 1 | 0 | 0 | 1 |
| *B. cereus* | 1 | 1 | 0 | 1 | 0 | 0 | 0 | 1 |
| *B. cibi* | 0 | 0 | 0 | 1 | 1 | 1 | 1 | 0 |
| *B. circulans* | 0 | 0 | 1 | 1 | 1 | 1 | 1 | 1 |
| *B. clausii* | 0 | 0 | 0 | 0 | 1 | 1 | 0 | 1 |
| *B. coagulans* | 1 | 1 | 1 | 1 | 1 | 1 | 1 | 1 |
| *B. cohnii* | 0 | 0 | 0 | 0 | 0 | 0 | 1 | 1 |
| *B. decisifrondis* | 0 | 0 | 0 | 1 | 0 | 0 | 0 | 0 |

续表

| 芽胞杆菌种名 | V-P<br>$X_{18}$ | 柠檬酸利用<br>$X_{19}$ | 阿拉伯糖<br>$X_{20}$ | 葡萄糖<br>$X_{21}$ | 甘油<br>$X_{22}$ | 木糖<br>$X_{23}$ | 水杨苷<br>$X_{24}$ | 硝酸盐还原<br>$X_{25}$ |
|---|---|---|---|---|---|---|---|---|
| *B. decolorationis* | 0 | 0 | 0 | 1 | 0 | 0 | 0 | 1 |
| *B. drentensis* | 0 | 1 | 1 | 1 | 0 | 1 | 0 | 1 |
| *B. endophyticus* | 0 | 1 | 1 | 1 | 0 | 0 | 0 | 0 |
| *B. fastidiosus* | 0 | 0 | 1 | 1 | 0 | 1 | 1 | 0 |
| *B. flexus* | 0 | 0 | 0 | 1 | 1 | 0 | 1 | 0 |
| *B. fordii* | 0 | 0 | 0 | 0 | 0 | 0 | 0 | 0 |
| *B. fortis* | 0 | 0 | 0 | 0 | 0 | 0 | 0 | 0 |
| *B. fusiformis* | 0 | 0 | 0 | 0 | 0 | 0 | 0 | 0 |
| *B. galactosidilyticus* | 0 | 0 | 1 | 1 | 0 | 1 | 1 | 1 |
| *B. gelatini* | 0 | 0 | 0 | 1 | 0 | 1 | 0 | 0 |
| *B. ginsengihumi* | 0 | 0 | 1 | 1 | 0 | 1 | 0 | 0 |
| *B. globisporus* | 0 | 0 | 0 | 1 | 0 | 0 | 0 | 1 |
| *B. hemicellulosilyticus* | 0 | 0 | 1 | 1 | 0 | 0 | 1 | 0 |
| *B. horikoshii* | 0 | 0 | 0 | 1 | 1 | 0 | 1 | 0 |
| *B. humi* | 0 | 0 | 0 | 0 | 0 | 0 | 0 | 1 |
| *B. indicus* | 0 | 0 | 0 | 0 | 0 | 0 | 0 | 0 |
| *B. isronensis* | 0 | 0 | 0 | 0 | 0 | 0 | 0 | 1 |
| *B. koreensis* | 0 | 1 | 1 | 1 | 0 | 1 | 1 | 1 |
| *B. kribbensis* | 0 | 0 | 0 | 1 | 0 | 1 | 0 | 0 |
| *B. lehensis* | 0 | 0 | 1 | 0 | 1 | 1 | 0 | 1 |
| *Paenibacillus lentimorbus* | 0 | 0 | 0 | 1 | 0 | 0 | 0 | 1 |
| *B. licheniformis* | 1 | 0 | 0 | 1 | 1 | 0 | 0 | 1 |
| *B. luciferensis* | 1 | 1 | 1 | 1 | 1 | 1 | 1 | 1 |
| *B. macyae* | 0 | 0 | 0 | 1 | 0 | 0 | 0 | 1 |
| *B. marisflavi* | 1 | 0 | 0 | 1 | 0 | 0 | 1 | 1 |
| *B. massiliensis* | 1 | 1 | 0 | 0 | 0 | 0 | 0 | 0 |
| *B. megaterium* | 0 | 0 | 0 | 1 | 0 | 0 | 0 | 0 |
| *B. mojavensis* | 1 | 1 | 1 | 1 | 1 | 1 | 1 | 1 |
| *B. muralis* | 0 | 0 | 1 | 1 | 0 | 0 | 1 | 1 |
| *B. murimartini* | 0 | 0 | 0 | 0 | 0 | 0 | 0 | 1 |
| *B. mycoides* | 1 | 0 | 0 | 1 | 1 | 0 | 1 | 1 |
| *B. nealsonii* | 0 | 1 | 0 | 1 | 0 | 1 | 1 | 1 |
| *B. niabensis* | 0 | 0 | 1 | 1 | 0 | 1 | 1 | 1 |
| *B. niacini* | 0 | 0 | 0 | 1 | 1 | 1 | 0 | 1 |
| *B. novalis* | 0 | 0 | 0 | 1 | 0 | 0 | 1 | 0 |
| *B. odysseyi* | 0 | 0 | 0 | 0 | 0 | 0 | 0 | 0 |
| *B. okhensis* | 0 | 0 | 1 | 1 | 0 | 0 | 1 | 0 |
| *B. okuhidensis* | 0 | 1 | 0 | 0 | 0 | 1 | 0 | 0 |
| *B. oleronius* | 1 | 0 | 0 | 1 | 0 | 0 | 0 | 1 |

续表

| 芽胞杆菌种名 | V-P $X_{18}$ | 柠檬酸利用 $X_{19}$ | 阿拉伯糖 $X_{20}$ | 葡萄糖 $X_{21}$ | 甘油 $X_{22}$ | 木糖 $X_{23}$ | 水杨苷 $X_{24}$ | 硝酸盐还原 $X_{25}$ |
|---|---|---|---|---|---|---|---|---|
| *B. panaciterrae* | 0 | 1 | 0 | 0 | 0 | 1 | 1 | 0 |
| *Virgibacillus pantothenticus* | 0 | 0 | 1 | 1 | 1 | 1 | 0 | 0 |
| *B. patagoniensis* | 0 | 0 | 0 | 1 | 0 | 1 | 0 | 0 |
| *B. pseudalcaliphilus* | 0 | 0 | 0 | 0 | 0 | 0 | 0 | 0 |
| *B. pseudomycoides* | 1 | 0 | 0 | 1 | 0 | 0 | 0 | 1 |
| *B. psychrosaccharolyticus* | 0 | 0 | 0 | 1 | 0 | 0 | 0 | 0 |
| *Psychrobacillus psychrotolerans* | 0 | 0 | 1 | 1 | 0 | 1 | 0 | 0 |
| *B. pumilus* | 1 | 1 | 1 | 1 | 0 | 1 | 1 | 0 |
| *B. ruris* | 0 | 0 | 1 | 1 | 0 | 1 | 1 | 1 |
| *B. safensis* | 1 | 1 | 1 | 1 | 0 | 1 | 1 | 0 |
| *B. selenatarsenatis* | 0 | 0 | 0 | 1 | 1 | 1 | 1 | 1 |
| *B. selenitireducens* | 0 | 0 | 0 | 0 | 0 | 0 | 0 | 1 |
| *B. seohaeanensis* | 1 | 0 | 0 | 1 | 0 | 1 | 0 | 0 |
| *B. shackletonii* | 0 | 0 | 0 | 1 | 0 | 0 | 0 | 0 |
| *B. simplex* | 0 | 0 | 1 | 1 | 0 | 0 | 0 | 1 |
| *B. siralis* | 0 | 0 | 0 | 0 | 0 | 0 | 0 | 1 |
| *B. soli* | 0 | 0 | 1 | 0 | 1 | 0 | 0 | 1 |
| *B. sonorensis* | 1 | 0 | 0 | 1 | 1 | 0 | 0 | 1 |
| *Lysinibacillus sphaericus* | 0 | 0 | 0 | 0 | 0 | 0 | 0 | 0 |
| *B. subtilis* | 1 | 0 | 0 | 1 | 1 | 0 | 1 | 0 |
| *B. subtilis* subsp. *inaquosorum* | 1 | 1 | 1 | 1 | 1 | 0 | 1 | 1 |
| *B. subtilis* subsp. *spizizenii* | 1 | 1 | 1 | 1 | 1 | 1 | 1 | 1 |
| *B. subtilis* subsp. *subtilis* | 1 | 1 | 1 | 1 | 1 | 1 | 1 | 1 |
| *B. thuringiensis* | 1 | 1 | 0 | 1 | 0 | 0 | 1 | 1 |
| *B. vallismortis* | 1 | 0 | 0 | 1 | 1 | 0 | 0 | 1 |
| *B. vedderi* | 0 | 0 | 1 | 1 | 0 | 1 | 0 | 0 |
| *B. vietnamensis* | 0 | 0 | 0 | 1 | 1 | 0 | 0 | 0 |
| 平均值 | 0.28 | 0.26 | 0.34 | 0.74 | 0.32 | 0.40 | 0.38 | 0.51 |

## 2. 芽胞杆菌生理生化适应范围总体脂肪酸组统计

利用脂肪酸 13 个因子数据和芽胞杆菌 16 个生理生化指标，构建分析数据矩阵，对 29 个因子进行统计，结果见表 3-1-17。结果表明 13 个脂肪酸因子在不同生理生化指标的 90 种芽胞杆菌的平均值分别为：[1]15:0 anteiso（30.8492%）、[2]15:0 iso（28.4431%）、[3]17:0 anteiso（8.6319%）、[4]c16:0（6.8150%）、[5]17:0 iso（5.2532%）、[6]16:0 iso（5.0218%）、[7]14:0 iso（2.7090%）、[8]c14:0（1.5536%）、[9]16:1ω11c（1.4673%）、[10]16:1ω7c alcohol（1.3291%）、[11]17:1 iso ω10c（1.1690%）、[12]c18:0（0.8757%）、[13]feature 4（0.6893%）。

16 个生理生化指标可按其阴性和阳性出现的概率分为 3 种类型：①60%以上的芽胞杆菌种类为阳性的指标有[1]$X_{17}$（过氧化氢酶，0.9778）、[2]$X_{10}$（好氧，0.9333）、[3]$X_{13}$（运动性，0.8778）、[4]$X_{21}$（葡萄糖，0.7444）、[5]$X_{15}$（明胶，0.6333）；②阴性和阳性各占 50%左右种类的指标有[6]$X_{14}$（淀粉水解，0.5667）、[7]$X_{25}$（硝酸盐还原，0.5111）、[8]$X_{16}$（氧化酶，0.4667）、[9]$X_{23}$（木糖，0.4000）；③60%以上的芽胞杆菌种类为阴性的指标有[10]$X_{24}$（水杨苷，0.3778）、[11]$X_{20}$（阿拉伯糖，0.3444）、[12]$X_{22}$（甘油，0.3222）、[13]$X_{18}$（V-P，0.2778）、[14]$X_{19}$（柠檬酸利用，0.2556）、[15]$X_{11}$（厌氧，0.2444）、[16]$X_{12}$（需盐性，0.0333）。

**表 3-1-17　芽胞杆菌生理生化指标与脂肪酸组统计**

| 因子 | 平均值/% | 标准差 | 因子 | 平均值/% | 标准差 |
|---|---|---|---|---|---|
| [1] 15:0 anteiso | 30.8492 | 14.4029 | [16] $X_{12}$ 需盐性 | 0.0333 | 0.1805 |
| [2] 15:0 iso | 28.4431 | 13.6016 | [17] $X_{13}$ 运动性 | 0.8778 | 0.3294 |
| [3] 17:0 anteiso | 8.6319 | 6.3574 | [18] $X_{14}$ 淀粉水解 | 0.5667 | 0.4983 |
| [4] c16:0 | 6.8150 | 6.3606 | [19] $X_{15}$ 明胶 | 0.6333 | 0.4846 |
| [5] 17:0 iso | 5.2532 | 3.8103 | [20] $X_{16}$ 氧化酶 | 0.4667 | 0.5017 |
| [6] 16:0 iso | 5.0218 | 3.6962 | [21] $X_{17}$ 过氧化氢酶 | 0.9778 | 0.1482 |
| [7] 14:0 iso | 2.7090 | 2.3946 | [22] $X_{18}$ V-P | 0.2778 | 0.4504 |
| [8] c14:0 | 1.5536 | 1.7390 | [23] $X_{19}$ 柠檬酸利用 | 0.2556 | 0.4386 |
| [9] 16:1ω11c | 1.4673 | 2.2278 | [24] $X_{20}$ 阿拉伯糖 | 0.3444 | 0.4778 |
| [10] 16:1ω7c alcohol | 1.3291 | 2.6392 | [25] $X_{21}$ 葡萄糖 | 0.7444 | 0.4386 |
| [11] 17:1 iso ω10c | 1.1690 | 1.9799 | [26] $X_{22}$ 甘油 | 0.3222 | 0.4699 |
| [12] c18:0 | 0.8757 | 1.4364 | [27] $X_{23}$ 木糖 | 0.4000 | 0.4926 |
| [13] feature 4 | 0.6893 | 1.2046 | [28] $X_{24}$ 水杨苷 | 0.3778 | 0.4875 |
| [14] $X_{10}$ 好氧 | 0.9333 | 0.2508 | [29] $X_{25}$ 硝酸盐还原 | 0.5111 | 0.5027 |
| [15] $X_{11}$ 厌氧 | 0.2444 | 0.4322 | | | |

## 八、讨论

关于芽胞杆菌对培养条件（温度、pH、盐分等）的适应性有过许多研究。刘超齐等（2016）研究了一些益生菌对温度、pH 及抗生素的耐受性，结果表明，枯草芽胞杆菌和地衣芽胞杆菌不能耐受超过 90℃高温，可耐受 pH 3.0～10.0 的酸碱环境；啤酒酵母不能耐受 60℃及以上的高温，耐受 pH 3.0～10.0 的酸碱环境；干酪乳杆菌不耐受 50℃及以上的高温，在 pH 3.0～10.0 条件下生长良好；乳酸链球菌能够耐受 60℃高温，其存活率为 96%，且能够耐 pH 3.0 的酸性环境，但不耐受 pH≥4.0 的环境。陈琛等（2015）选取 5 株蜡样芽胞杆菌菌株的混合菌株作为研究对象，研究温度、pH、水活度对混合菌株生长概率的交互影响，获得的生长/非生长实验数据用逻辑回归方程拟合，建立了环境因子交互作用下蜡样芽胞杆菌生长/非生长界面模型。翟兴礼（2009）研究了苏云金芽胞杆菌 4 个亚种对温度和 pH 的耐受性，在温度方面，经 70℃、80℃和 90℃水浴 10 min 处理后，存活率分别为 95%～100%、45%～70%和 27%～40%，说明这 4 株苏云金芽胞杆菌对高温有较强的耐受力。在 pH 的耐受性方面，pH 3 时 4 个株菌都无法生长，pH 4 时 2 个菌株无法生长，pH 5 时 4 个亚种都能生长，pH 8 和 9 时 4 个亚种都旺盛生长，说明其在酸性环境中生长性能较差，在弱酸性和微碱性环境中生长较好。李卓佳等（2003）测定了几株有益芽胞杆菌对温度、制粒工艺及 pH 的耐受性，结果表明，5 株芽胞杆菌经 80℃水浴 40 min 后全部存活，90℃水浴 20 min 有 35%～70%存活，100℃水浴 10 min 仍有 30%～50%存活，显示所筛选的 5 株芽胞杆菌对高温有较强的耐受力；在对虾饲料中添加 5 株芽胞杆菌，经整个生产工艺流程后芽胞杆菌存活 95%，烘干后芽胞杆菌存活 93%，说明芽胞杆菌能够承受饲料制粒生产中压力、温度和水分的变化；当 pH 为 3.8、4.6、5.2 时，分别有 1 株、3 株、5 株菌能繁殖，pH 6.0～8.5 时，5 株菌的生长受到抑制。

不同培养条件对芽胞杆菌的生长与代谢有着深刻的影响。杨革等（2006）研究了溶氧及 pH 对地衣芽胞杆菌合成γ-聚谷氨酸的影响，结果表明，当葡萄糖浓度为 27.9 g/L 且通气量控制在 4 L/min 时，搅拌转速达到 300 r/min 即可满足细胞生长和γ-聚谷氨酸合成对溶解氧的需求。不同 pH 控制方式对γ-聚谷氨酸分批发酵的影响有较大差异：不控制 pH 时，细胞干重和γ-聚谷氨酸产量比控制 pH 为 5.5 的发酵分别低 26%和 94%。研究了将 pH 控制在 4.0、4.5、5.0、5.5、6.0 和 6.5 时γ-聚谷氨酸的分批发酵过程，发现在 pH 5.5 时γ-聚谷氨酸总产量最高，而且以溶氧水平作为甘油代谢指针来控制甘油限制性流加即可维持一定菌体生长。郭建锋等（2002）研究了 pH 对 D-核糖发酵的影响，发酵初期 pH 自然下降时有利于菌体生长，菌体生长的对数期较长，菌体质量浓度最高可达 15.3 g/L；发酵中后期 pH 控制在 7.0 时有利于 D-核糖的持续合成。张舟等（1998）研究了维生素 C 二步发酵中 $Na^+$、$Ca^{2+}$及 pH 对巨大芽胞杆菌生长作用的影响，200 mmol/L $Na^+$可导致巨大芽胞杆菌在对数生长末期发生自溶，而这种自溶作用能被 $Ca^{2+}$抑制；在对数生长后期，200 mmol/L $Na^+$可使菌体提前到达稳定期；在衰亡期，200 mmol/L $Na^+$能抑制菌体的衰亡。pH 6.0 可导致对数生长末期菌体的自溶，pH 6.0 或 pH 6.4 能明显抑制衰亡期菌体的衰亡。蔡全信等（1995）测定了温度和 pH 对球形赖氨酸芽胞杆菌菌株 C3-41 生长和毒力的影响，在 20～40℃条件下分别进行摇瓶发酵实验时，以 35℃条件下培养的发酵液菌体数量最高，杀蚊毒力最强，其生长周期最短；当将液体培养基 pH 分别调至 5、6、7、8、9、10 在 30℃以 220 r/min 进行摇瓶发酵时，发现在 pH 7 条件下培养的发酵液毒力最强。杨桥等（2009）进行了来自海洋的产大环内酰亚胺（macrolactin A）抗生素的解淀粉芽胞杆菌的鉴定及发酵条件优化。利用 Plackett-Burman 设计及响应面法对影响该菌株发酵产 MLA 的主要因素进行了优化。确立其最适发酵条件为：初始 pH 6，温度 29.9℃，装液量 52.3%，转速 130 r/min，接种量 10%，培养时间 7 d，在优化发酵培养条件下，产生的 MLA 含量提高了 5 倍，达到 18.5 μg/mL。吴立新和吴祖芳（2011）利用 1 株具有转化油酸进行羟基化的短小芽胞杆菌（*Bacillus pumilus*）突变株 M-F641 发酵生产具有重要功能的ω-羟基脂肪酸。以细胞生长、NADPH 生成及油酸转化产物为测定指标，研究了培养基的最佳碳源及其发酵工艺条件；在单因素实验的基础上，采用响应面分析法，以油酸转化率作为指标，优化了发酵工艺条件，并对优化后的发酵条件进行了验证。结果表明，最佳碳源为葡萄糖，其最佳初始质量浓度为 20 g/L，最佳发酵条件为：温度 30℃、pH 7.4、装液量 60 mL/250 mL。在此条件下油酸转化率为 74.58%，ω-羟基脂肪酸产率达 22.3%。在优化的发酵条件下羟基脂肪酸的生产效率得到了显著提高。

宋亚军等（2001）分析了 52 个需氧芽胞杆菌的芽胞脂肪酸成分，芽胞脂肪酸成分的重现性实验发现，芽胞的脂肪酸成分比较稳定。将脂肪酸百分含量编制成原始数据矩阵，以 Statistica 5.0 统计软件进行聚类分析，得到两张分别基于芽胞脂肪酸成分和菌体脂肪酸成分的实验菌株树状聚类图。通过对比这两张图可以得出一些有意义的结论，同时也说明芽胞脂肪酸分析可望成为需氧芽胞杆菌化学分类的新手段。

作者测定了 90 种芽胞杆菌的脂肪酸组，共检测到 30 种脂肪酸标记。可将脂肪酸生物标记分为 2 类：第 1 类为高含量脂肪酸组，包括 c16:0、15:0 anteiso、15:0 iso、16:0 iso、17:0 anteiso；第 2 类为中低含量脂肪酸组，该类又可以分为 2 个亚类，即中含量脂肪酸组亚类，包括 9 个标记，即 13:0 iso、17:0 iso、feature 3、16:1ω7c alcohol、14:0 iso、17:1 iso ω10c、16:1ω11c、c14:0、c18:0；低含量脂肪酸组亚类，包括 16 个标记，即 c10:0、c12:0、c17:0、c19:0、c20:0、12:0 iso、13:0 anteiso、17:0 iso 3OH、17:1 anteiso A、17:1 iso ω5c、18:1ω9c、19:0 iso、feature 1、feature 2、feature 4、feature 8。芽胞杆菌脂肪酸统计量 Wilks 系数>0.5 的有 13 个生物标记，即 15:0 anteiso、15:0 iso、17:0 anteiso、c16:0、17:0 iso、16:0 iso、14:0 iso、c14:0、16:1ω11c、16:1ω7c alcohol、17:1 iso ω10c、c18:0、feature 4。将这 13 个生物标记作为芽胞杆菌特征脂肪酸，其统计学基础更为合理。

研究测定了 90 种芽胞杆菌的 pH 适应范围，按芽胞杆菌适应的 pH 平均值排序，可将芽胞杆菌 pH 适应性分为 3 组，即酸性组（pH 5～6）、中性组（pH 7～8）、碱性组（pH 9～10）；酸性组包括 5 种芽胞杆菌，碱性组包括 15 种芽胞杆菌，中性组包括其余 70 种芽胞杆菌。在酸碱适应性范围方面，酸性组和碱性组均较窄，仅能分别适应酸性和碱性环境，但中性组较宽，能适应的 pH 跨度达到 pH 5～10。根据 pH 均值分类的芽胞杆菌脂肪酸组特点为：酸性组 15:0 anteiso 含量比 15:0 iso 高，比值为 1.2190；中性组 15:0 anteiso 与 15:0 iso 相近，其比值为 0.9954；碱性组 15:0 anteiso 含量比 15:0 iso 略高，其比值为 1.1871。

研究收集并部分测定了 90 种芽胞杆菌的温度适应范围，按芽胞杆菌适应的温度平均值排序，可将芽胞杆菌温度适应性分为 3 组，即低温组（15～20℃）、中温组（21～30℃）、高温组（31～46℃）；低温组包括 5 种芽胞杆菌；中温组包括 55 种芽胞杆菌，高温组包括 30 种芽胞杆菌。根据温度均值分类的芽胞杆菌脂肪酸组特点为：低温组和中温组的 15:0 anteiso/15:0 iso 值均中等，分别为 1.0596 和 1.0540，而高温组 15:0 anteiso/15:0 iso 值较高，为 1.1494。

研究收集并部分测定了 90 种芽胞杆菌的盐分适应范围，按芽胞杆菌适应的盐分平均值排序，可将芽胞杆菌盐分适应性分为 3 组，即低盐组（1%～2%）、中盐组（3%～4%）、高盐组（5%～7%）；低盐组包括 43 种芽胞杆菌，中盐组包括 23 芽胞杆菌，高盐组包括 24 芽胞杆菌。根据盐分均值分类的芽胞杆菌脂肪酸组特点为：低盐组 15:0 anteiso 含量比 15:0 iso 高，15:0 anteiso/15:0 iso=32.94%/28.69%=1.1481；中盐组 15:0 anteiso 含量比 15:0 iso 略低，15:0 anteiso/15:0 iso=28.27%/28.35%=0.9971；高盐组 15:0 anteiso 与 15:0 iso 含量相近，15:0 anteiso/15:0 iso=30.04%/28.12%=1.0682。

# 第二节　芽胞杆菌脂肪酸组与生长繁殖的相关性

## 一、概述

脂肪酸是生物体内不可缺少的能量和营养物质，是生物体的基本结构成分之一，在细胞中绝大部分脂肪酸以结合形式存在，构成具有重要生理功能的脂类，它是构成生物膜的重要物质；是机体代谢所需燃料的贮存形式；作为细胞表面物质，与细胞识别、种族特异性和细胞免疫等有密切关系；具有生物活性的某些维生素和激素，也是脂类物质。脂肪酸和细菌的遗传变异、毒力、耐药性等有极为密切的关系。现代微生物学研究表明：细菌的细胞结构中普遍含有的脂肪酸成分与细菌的 DNA 具有高度的同源性，各种细菌具有其特征性的细胞脂肪酸指纹图。LSZ9408 是福建省农业科学院农业生物资源研究所分离的、对多种鳞翅目具有高毒力的苏云金芽胞杆菌（*Bacillus thuringiensis*，Bt），以苏云金芽胞杆菌菌株 HD-1 和 LSZ9408 在不同温度下生长繁殖过程的脂肪酸变化来阐明芽胞杆菌脂肪酸组与生长繁殖的相互关系。

## 二、研究方法

### 1. 实验方法

将保存的 Bt 菌株 LSZ9408 和 HD-1 重新进行活化和纯化，采用在 TSB 平板上划线培养，然后分别研究不同温度［(20±1）℃、(25±1）℃、(30±1）℃、(35±1）℃和（40±1）℃，培养（24±2）h］和不同培养时间（120 h、96 h、72 h、48 h、24 h，培养温度为 30℃）对不同 Bt 菌株脂肪酸组的影响，各处理重复 3 次。

### 2. 分析方法

采用 DPS 统计平台，分析苏云金芽胞杆菌培养时间与脂肪酸标记的相关性，建立苏云金芽胞杆菌培养时间与脂肪酸生物标记的回归模型。用 Excel 分析不同培养温度条件下苏云金芽胞杆菌特征脂肪酸的动态方程。

## 三、芽胞杆菌脂肪酸组与培养时间的相关性

### 1. 苏云金芽胞杆菌不同培养时间脂肪酸组的测定

苏云金芽胞杆菌菌株 HD-1 不同培养时间的脂肪酸组测定结果见表 3-2-1。结果表明，不同培养时间的苏云金芽胞杆菌菌株 HD-1 脂肪酸组存在差异。培养 24 h、48 h、72 h、96 h、120 h 的菌体中，支链脂肪酸共有 42 条，占总脂肪酸组的比例分别为 67.59%、72.21%、72.51%、71.57%、76.5%，随着培养时间的增加，支链脂肪酸占比呈现升高趋势；直链脂肪酸共有 11 条，占总脂肪酸组的比例分别为 21.34%、19.14%、19.47%、18.32%、16.51%，随着培养时间的增加，直链脂肪酸占比逐渐下降；复合脂肪酸共有 6 条，占总

脂肪酸组的比例分别为 11.06%、8.66%、8.01%、10.10%、6.99%，随着培养时间的增加，复合脂肪酸占比呈现下降趋势。

**表 3-2-1　苏云金芽胞杆菌菌株 HD-1 不同培养时间的脂肪酸组测定**

| 项目 | SEQ.E06904434 B.004.rtf | SEQ.E06903646 B.011.rtf | SEQ.E06903646 B.004.rtf | SEQ.E06901398 B.035.rtf | SEQ.E06901398 B.030.rtf |
|---|---|---|---|---|---|
| 测定样本号 | tqr57 | tqω-51 | tqr-44 | TQR-38 | TQR-33 |
| 菌株编号 | BT12 | BT12 | BT12 | BT12 | BT12 |
| 培养时间/h | 24 | 48 | 72 | 96 | 120 |
| 支链脂肪酸 | | | | | |
| [1] 15:0 anteiso | 40.24* | 46.04 | 46.14 | 35.74 | 43.82 |
| [2] 16:1 2OH | 7.82 | 6.82 | 7.07 | 10.26 | 11.30 |
| [3] 14:0 iso | 3.07 | 3.58 | 3.90 | 7.75 | 7.72 |
| [4] 16:1ω7c alcohol | 3.91 | 5.16 | 4.09 | 4.40 | 3.09 |
| [5] 17:0 anteiso | 3.92 | 3.28 | 3.09 | 2.75 | 2.92 |
| [6] 14:1ω5c | 0.00 | 0.00 | 1.01 | 2.05 | 2.60 |
| [7] 12:0 iso | 3.97 | 3.89 | 2.29 | 3.62 | 1.96 |
| [8] 16:0 N alcohol | 1.35 | 1.32 | 1.32 | 2.05 | 1.66 |
| [9] 14:0 2OH | 1.32 | 1.03 | 1.36 | 2.09 | 1.43 |
| [10] 10:0 2OH | 0.00 | 0.00 | 0.00 | 0.00 | 0.00 |
| [11] 10:0 3OH | 0.00 | 0.00 | 0.00 | 0.00 | 0.00 |
| [12] 11:0 2OH | 0.00 | 0.00 | 0.00 | 0.00 | 0.00 |
| [13] 11:0 iso | 0.00 | 0.00 | 0.00 | 0.00 | 0.00 |
| [14] 12:0 3OH | 0.00 | 0.00 | 0.00 | 0.00 | 0.00 |
| [15] 13:0 anteiso | 1.06 | 0.00 | 0.81 | 0.00 | 0.00 |
| [16] 13:0 iso | 0.00 | 0.00 | 0.00 | 0.00 | 0.00 |
| [17] 13:0 iso 3OH | 0.00 | 0.00 | 0.00 | 0.00 | 0.00 |
| [18] 15:0 2OH | 0.00 | 0.00 | 0.00 | 0.00 | 0.00 |
| [19] 15:0 iso | 0.00 | 0.00 | 0.00 | 0.00 | 0.00 |
| [20] 15:0 iso 3OH | 0.00 | 0.00 | 0.00 | 0.00 | 0.00 |
| [21] 15:1 anteiso A | 0.00 | 0.00 | 0.00 | 0.00 | 0.00 |
| [22] 15:1 iso G | 0.00 | 0.00 | 0.00 | 0.00 | 0.00 |
| [23] 16:0 2OH | 0.00 | 0.00 | 0.00 | 0.00 | 0.00 |
| [24] 16:0 anteiso | 0.00 | 0.00 | 0.00 | 0.00 | 0.00 |
| [25] 16:0 iso | 0.00 | 0.00 | 0.00 | 0.00 | 0.00 |
| [26] 16:1ω11c | 0.00 | 0.00 | 0.00 | 0.00 | 0.00 |
| [27] 16:1ω5c | 0.00 | 0.00 | 0.00 | 0.00 | 0.00 |
| [28] 16:1ω9c | 0.00 | 0.00 | 0.00 | 0.00 | 0.00 |
| [29] 10Me 17:0 | 0.00 | 0.00 | 0.00 | 0.00 | 0.00 |
| [30] cy17:0 | 0.00 | 0.00 | 0.00 | 0.00 | 0.00 |
| [31] 17:0 iso | 0.00 | 0.00 | 0.00 | 0.00 | 0.00 |
| [32] 17:0 iso 3OH | 0.00 | 0.00 | 0.00 | 0.00 | 0.00 |
| [33] 17:1 anteiso A | 0.00 | 0.00 | 0.00 | 0.00 | 0.00 |

续表

| 项目 | SEQ.E06904434 B.004.rtf | SEQ.E06903646 B.011.rtf | SEQ.E06903646 B.004.rtf | SEQ.E06901398 B.035.rtf | SEQ.E06901398 B.030.rtf |
|---|---|---|---|---|---|
| 支链脂肪酸 | | | | | |
| [34] 17:1 iso ω10c | 0.00 | 0.00 | 0.00 | 0.00 | 0.00 |
| [35] 17:1 iso ω5c | 0.00 | 0.00 | 0.00 | 0.00 | 0.00 |
| [36] 17:1ω8c | 0.00 | 0.00 | 0.00 | 0.00 | 0.00 |
| [37] 18:0 iso | 0.00 | 0.00 | 0.00 | 0.00 | 0.00 |
| [38] 18:1ω7c | 0.93 | 1.09 | 0.57 | 0.86 | 0.00 |
| [39] 18:1ω9c | 0.00 | 0.00 | 0.00 | 0.00 | 0.00 |
| [40] 18:3ω(6,9,12)c | 0.00 | 0.00 | 0.86 | 0.00 | 0.00 |
| [41] cy19:0ω8c | 0.00 | 0.00 | 0.00 | 0.00 | 0.00 |
| [42] 20:4ω(6,9,12,15)c | 0.00 | 0.00 | 0.00 | 0.00 | 0.00 |
| 合计 | 67.59 | 72.21 | 72.51 | 71.57 | 76.50 |
| 直链脂肪酸 | | | | | |
| [1] c14:0 | 11.80 | 11.69 | 10.54 | 7.37 | 7.46 |
| [2] c9:0 | 4.44 | 3.78 | 4.75 | 3.34 | 4.86 |
| [3] c17:0 | 5.10 | 3.67 | 4.18 | 5.96 | 4.19 |
| [4] c10:0 | 0.00 | 0.00 | 0.00 | 0.00 | 0.00 |
| [5] c11:0 | 0.00 | 0.00 | 0.00 | 0.00 | 0.00 |
| [6] c12:0 | 0.00 | 0.00 | 0.00 | 0.00 | 0.00 |
| [7] c13:0 | 0.00 | 0.00 | 0.00 | 1.65 | 0.00 |
| [8] c16:0 | 0.00 | 0.00 | 0.00 | 0.00 | 0.00 |
| [9] c18:0 | 0.00 | 0.00 | 0.00 | 0.00 | 0.00 |
| [10] c19:0 | 0.00 | 0.00 | 0.00 | 0.00 | 0.00 |
| [11] c20:0 | 0.00 | 0.00 | 0.00 | 0.00 | 0.00 |
| 合计 | 21.34 | 19.14 | 19.47 | 18.32 | 16.51 |
| 复合脂肪酸 | | | | | |
| [1] feature 5 | 8.20 | 6.65 | 6.22 | 7.07 | 5.59 |
| [2] feature 4 | 2.86 | 2.01 | 1.79 | 1.63 | 1.40 |
| [3] feature 1 | 0.00 | 0.00 | 0.00 | 0.00 | 0.00 |
| [4] feature 2 | 0.00 | 0.00 | 0.00 | 0.00 | 0.00 |
| [5] feature 3 | 0.00 | 0.00 | 0.00 | 0.00 | 0.00 |
| [6] feature 7 | 0.00 | 0.00 | 0.00 | 1.40 | 0.00 |
| 合计 | 11.06 | 8.66 | 8.01 | 10.10 | 6.99 |

注：feature 1 | 13:0 3OH/15:1 iso I/H | 15:1 Iso H/13:0 3OH| 15:1 iso I/13:0 3OH；feature 2 | 12:0 aldehyde ? | 14:0 3OH/16:1 iso I | 16:1 iso I/14:0 3OH | unknown 10.928；feature 3 | 15:0 iso 2OH/16:1ω7c | 16:1ω7c/15 iso 2OH；feature 4 | 17:1 anteiso B/iso I | 17:1 iso I/anteiso B；feature 5 | 18:0 anteiso/18:2ω(6,9)c | 18:2ω(6,9)c/18:0 anteiso；feature 7 | cy19:0ω10c/19ω6 | 19:1ω6c/.846/19cy | unknown 18.846/19:1ω6c；N，正；全书同

*表中各脂肪酸所对应的数值单位均为%

在不同培养时间的苏云金芽胞杆菌菌株HD-1中，都存在8种共同的支链脂肪酸14:0 2OH、16:0 N alcohol、12:0 iso、17:0 anteiso、16:1ω7c alcohol、14:0 iso、16:1 2OH、15:0 anteiso。支链脂肪酸的差别在于培养120 h、96 h、72 h的菌体出现了14:1ω5c，而培养

48 h、24 h 的菌体则没有该脂肪酸；有些支链脂肪酸在特定的培养时间出现，如 18:3ω(6,9,12)c（0.86%）在培养 72 h 出现，18:1ω7c 在培养 96 h（0.86%）、72 h（0.57%）、48 h（1.09%）、24 h（0.93%）时出现，13:0 anteiso 在培养 72 h（0.81%）、24 h（1.06%）出现。对于直链脂肪酸，c9:0、c14:0、c17:0 在所有培养时间内出现，c13:0 仅在培养 96 h 出现。对于复合脂肪酸，feature 4、feature 5 在所有培养时间内出现，feature 7 仅在培养 96 h（1.4%）出现。

## 2. 苏云金芽胞杆菌培养时间与脂肪酸标记的相关性

将表 3-2-1 中测得的苏云金芽胞杆菌菌株 HD-1 不同培养时间的有效脂肪酸组进行统计，得到表 3-2-2 的数据。结果显示：在不同发酵时间，这些有效脂肪酸组的占比达 96%～100%，表明脂肪酸检测结果基本涵盖了供试菌株的脂肪酸组。

**表 3-2-2　苏云金芽胞杆菌菌株 HD-1 不同培养时间的脂肪酸组**

| 脂肪酸组 | 培养时间/h | | | | |
|---|---|---|---|---|---|
| | 120 | 96 | 72 | 48 | 24 |
| 1　15:0 anteiso | 43.82* | 35.74 | 46.14 | 46.04 | 40.24 |
| 2　16:1 2OH | 11.30 | 10.26 | 7.07 | 6.82 | 7.82 |
| 3　14:0 iso | 7.72 | 7.75 | 3.90 | 3.58 | 3.07 |
| 4　c14:0 | 7.46 | 7.37 | 10.54 | 11.69 | 11.80 |
| 5　feature 5 | 5.59 | 7.07 | 6.22 | 6.65 | 8.20 |
| 6　c9:0 | 4.86 | 3.34 | 4.75 | 3.78 | 4.44 |
| 7　c17:0 | 4.19 | 5.96 | 4.18 | 3.67 | 5.10 |
| 8　16:1ω7c alcohol | 3.09 | 4.40 | 4.09 | 5.16 | 3.91 |
| 9　17:0 anteiso | 2.92 | 2.75 | 3.09 | 3.28 | 3.92 |
| 10　14:1ω5c | 2.60 | 2.05 | 1.01 | 0.00 | 0.00 |
| 11　12:0 iso | 1.96 | 3.62 | 2.29 | 3.89 | 3.97 |
| 12　16:0 N alcohol | 1.66 | 2.05 | 1.32 | 1.32 | 1.35 |
| 13　14:0 2OH | 1.43 | 2.09 | 1.36 | 1.03 | 1.32 |
| 14　feature 4 | 1.40 | 1.63 | 1.79 | 2.01 | 2.86 |
| 合计 | 100.00 | 96.08 | 97.75 | 98.92 | 98.00 |

*表中各脂肪酸所对应的数值单位均为%

计算因子间相关系数见表 3-2-3。因子间相关系数大于 0.9 的有：16:1 2OH 与 c14:0（0.94）、14:1ω5c（0.90），14:0 iso 与 14:1ω5c（0.95）、*Y*（培养时间）（0.91），17:0 anteiso 与 feature 4（0.96），14:1ω5c 与 *Y*（培养时间）（0.97），16:0 N alcohol 与 14:0 2OH（0.92）等，有些因子间呈负相关（表 3-2-3）。

**表 3-2-3　苏云金芽胞杆菌菌株 HD-1 培养时间与脂肪酸组的相关系数**

| 相关系数 | 1 | 2 | 3 | 4 | 5 | 6 | 7 |
|---|---|---|---|---|---|---|---|
| 1　15:0 anteiso | 1.00 | | | | | | |
| 2　16:1 2OH | −0.50 | 1.00 | | | | | |
| 3　14:0 iso | −0.47 | 0.94 | 1.00 | | | | |
| 4　c14:0 | 0.47 | −0.92 | −0.99 | 1.00 | | | |

续表

| 相关系数 | 1 | 2 | 3 | 4 | 5 | 6 | 7 |
|---|---|---|---|---|---|---|---|
| 5 feature 5 | −0.53 | −0.35 | −0.48 | 0.49 | 1.00 | | |
| 6 c9:0 | 0.58 | 0.01 | −0.18 | 0.11 | −0.37 | 1.00 | |
| 7 c17:0 | −0.97 | 0.42 | 0.40 | −0.42 | 0.55 | −0.49 | 1.00 |
| 8 16:1ω7c alcohol | 0.06 | −0.65 | −0.44 | 0.49 | 0.30 | −0.73 | −0.09 |
| 9 17:0 anteiso | 0.12 | −0.56 | −0.80 | 0.82 | 0.72 | 0.24 | −0.10 |
| 10 14:1ω5c | −0.29 | 0.90 | 0.95 | −0.97 | −0.62 | 0.10 | 0.28 |
| 11 12:0 iso | −0.42 | −0.40 | −0.41 | 0.48 | 0.83 | −0.72 | 0.35 |
| 12 16:0 N alcohol | −0.79 | 0.80 | 0.89 | −0.88 | −0.09 | −0.52 | 0.73 |
| 13 14:0 2OH | −0.85 | 0.64 | 0.73 | −0.76 | 0.08 | −0.46 | 0.87 |
| 14 feature 4 | −0.10 | −0.57 | −0.77 | 0.78 | 0.88 | 0.01 | 0.13 |
| 15 *Y*（培养时间） | −0.11 | 0.82 | 0.91 | −0.93 | −0.77 | 0.10 | 0.08 |

| 相关系数 | 8 | 9 | 10 | 11 | 12 | 13 | 14 | 15 |
|---|---|---|---|---|---|---|---|---|
| 1 15:0 anteiso | | | | | | | | |
| 2 16:1 2OH | | | | | | | | |
| 3 14:0 iso | | | | | | | | |
| 4 c14:0 | | | | | | | | |
| 5 feature 5 | | | | | | | | |
| 6 c9:0 | | | | | | | | |
| 7 c17:0 | | | | | | | | |
| 8 16:1ω7c alcohol | 1.00 | | | | | | | |
| 9 17:0 anteiso | 0.07 | 1.00 | | | | | | |
| 10 14:1ω5c | −0.62 | −0.80 | 1.00 | | | | | |
| 11 12:0 iso | 0.69 | 0.50 | −0.66 | 1.00 | | | | |
| 12 16:0 N alcohol | −0.17 | −0.68 | 0.75 | −0.03 | 1.00 | | | |
| 13 14:0 2OH | −0.18 | −0.57 | 0.65 | −0.01 | 0.92 | 1.00 | | |
| 14 feature 4 | 0.21 | 0.96 | −0.82 | 0.67 | −0.53 | −0.37 | 1.00 | |
| 15 *Y*（培养时间） | −0.50 | −0.88 | 0.97 | −0.72 | 0.67 | 0.52 | −0.93 | 1.00 |

## 3. 苏云金芽胞杆菌培养时间与脂肪酸生物标记的回归模型

以脂肪酸组为自变量（$X_i$），培养时间为因变量（$Y$），利用逐步回归，将与培养时间相关性大的因子逐步地选入方程，从而识别培养时间对脂肪酸生物标记的影响。分析结果见表 3-2-4～表 3-2-6。培养时间（$Y$）与脂肪酸生物标记的回归方程为

$$Y_{(培养时间)}=104.80+23.47X_{1(14:1\omega5c)}-8.39X_{2(14:0\ 2OH)}-24.37X_{3(feature\ 4)} \quad (3\text{-}2\text{-}1)$$

复相关系数 $R$=0.999 735，决定系数 $R^2$=0.9994，剩余标准差 SSE=1.7474，调整相关系数 $R_a$=0.9989，调整决定系数 $R_a^2$=0.9978。

**表 3-2-4 苏云金芽胞杆菌菌株 HD-1 培养时间与脂肪酸的方差分析**

| 变异来源 | 平方和 | 自由度 | 均方 | *F* 值 | *P* |
|---|---|---|---|---|---|
| 回归 | 5756.9465 | 3 | 1918.9822 | 628.4506 | 0.0293 |
| 残差 | 3.0535 | 1 | 3.0535 | | |
| 总变异 | 5760 | 4 | | | |

表 3-2-5　苏云金芽胞杆菌菌株 HD-1 培养时间的回归方程检验

| 因子 | 回归系数 | 标准回归系数 | 偏相关 | $t$ 值 | $P$ |
|---|---|---|---|---|---|
| 14:1ω5c | 23.4718 | 0.7302 | 0.9973 | 13.7653 | 0.0461 |
| 14:0 2OH | −8.3905 | −0.0864 | −0.9360 | 2.6596 | 0.2289 |
| feature 4 | −24.3762 | −0.3607 | −0.9927 | 8.2787 | 0.0765 |

表 3-2-6　苏云金芽胞杆菌菌株 HD-1 培养时间的回归方程拟合

| 样本 | 观察值 | 拟合值 | 拟合误差 | 相对误差/% |
|---|---|---|---|---|
| 1 | 120 | 119.71 | 0.29 | 0.25 |
| 2 | 96 | 95.65 | 0.35 | 0.36 |
| 3 | 72 | 73.47 | −1.47 | 2.04 |
| 4 | 48 | 47.17 | 0.83 | 1.74 |
| 5 | 24 | 24.01 | −0.01 | 0.05 |

分析结果表明，脂肪酸生物标记 14:1ω5c、14:0 2OH、feature 4 与培养时间显著相关，其中，14:1ω5c 呈正相关，培养时间越长，该标记含量越高；14:0 2OH 和 feature 4 呈负相关，培养时间越长，这些标记含量越低。

## 四、芽胞杆菌脂肪酸组与培养温度的相关性

### 1. 不同培养温度条件下苏云金芽胞杆菌的脂肪酸指纹图

分别在 20℃、25℃、30℃、35℃、40℃温度下培养苏云金芽胞杆菌菌株 HD-1，培养时间为 24 h，然后分别测定脂肪酸组。脂肪酸组指纹图分析结果见图 3-2-1。

### 2. 不同培养温度条件下苏云金芽胞杆菌的特征脂肪酸变化

测定结果见表 3-2-7。苏云金芽胞杆菌菌株 HD-1 在 TSB 培养基上于 20℃、25℃、30℃、35℃和 40℃分别培养 24 h 后，可检测的脂肪酸种类为 19～23 种，高温（40℃）和低温（20℃）脂肪酸种类数分别为 19 种和 20 种，不利于脂肪酸产生；随着温度升高，检测的 4 种主要脂肪酸种类为 13:0 iso、15:0 anteiso、feature 1（15:0 iso 2OH/16:1ω7c）和 17:0 iso 的总和逐步升高，由 20℃的 66.18%上升到 35℃的 90.76%；随着培养温度由 20℃提高至 40℃，15:0 anteiso 含量显著升高，由 20℃的 20.36%增高至 40℃的 44.99%；17:0 iso 含量稍微增加，由 20℃的 6.48%增加至 40℃的 10.76%；13:0 iso 和 feature 1（15:0 iso 2OH/16:1ω7c）含量均下降，分别由 20℃的 9.12%和 10.22%下降至 6.66%和 5.47%。

### 3. 不同培养温度条件下苏云金芽胞杆菌特征脂肪酸的动态方程

根据表 3-2-7，对各脂肪酸不同温度下的变化建立模型，分析结果见图 3-2-2。

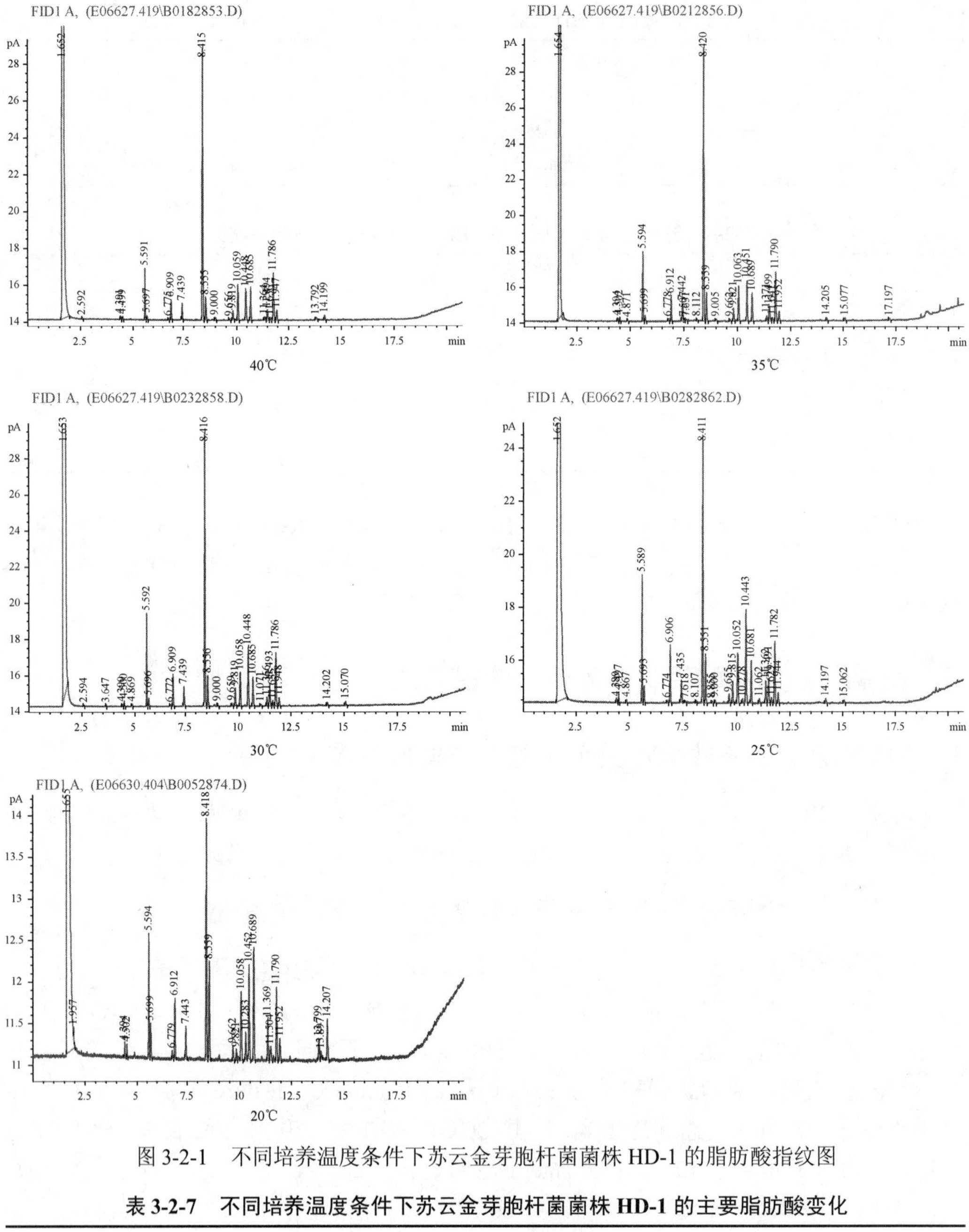


图 3-2-1　不同培养温度条件下苏云金芽胞杆菌菌株 HD-1 的脂肪酸指纹图

**表 3-2-7　不同培养温度条件下苏云金芽胞杆菌菌株 HD-1 的主要脂肪酸变化**

| 温度/℃ | 重复 | 可检测脂肪酸种类 | 主要脂肪酸含量/% | | | | 合计/% |
|---|---|---|---|---|---|---|---|
| | | | 13:0 iso | 15:0 anteiso | feature 1（15:0 iso 2OH /16:1ω7c） | 17:0 iso | |
| 40 | 5 | 19 | 6.66 | 44.99 | 5.47 | 10.76 | 86.88 |
| 35 | 5 | 23 | 8.54 | 43.55 | 6.66 | 9.01 | 90.76 |
| 30 | 5 | 22 | 10.35 | 37.33 | 9.13 | 8.31 | 87.12 |
| 25 | 5 | 23 | 10.82 | 26.97 | 10.53 | 8.86 | 80.18 |
| 20 | 5 | 20 | 9.12 | 20.36 | 10.22 | 6.48 | 66.18 |

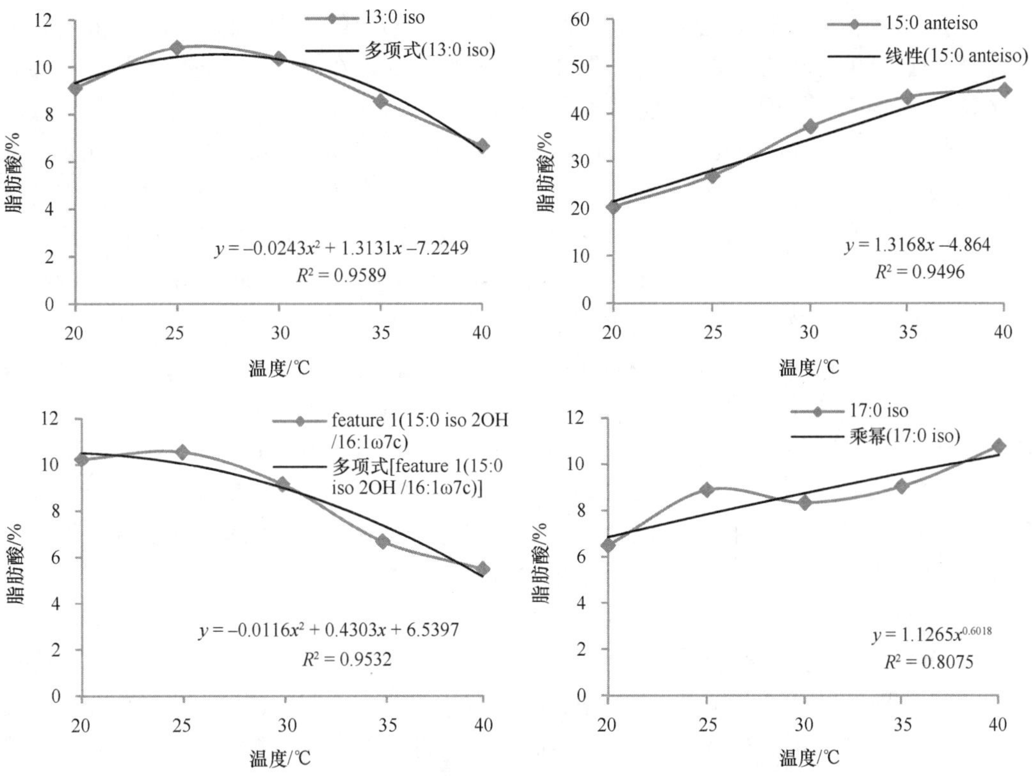


图 3-2-2　不同培养温度条件下苏云金芽胞杆菌菌株 HD-1 主要脂肪酸的动态方程

13:0 iso 随温度升高呈抛物线变化，从 20℃时的 9.12%上升到高峰 25℃时的 10.82%，方程为 $y$=−0.0243$x^2$+1.3131$x$−7.2249（$R^2$=0.9589）；15:0 anteiso 随温度升高呈线性变换，从20℃时的20.36%上升到40℃时的44.99%，方程为$y$=1.3168$x$−4.864（$R^2$=0.9496）；feature 1（15:0 iso 2OH/16:1ω7c）随温度升高呈抛物线变化，从 20℃时的 10.22%下降到 40℃时的 5.47%，方程为 $y$=−0.0116$x^2$+0.4303$x$+6.5397（$R^2$=0.9532）；17:0 iso 随温度升高呈幂指数变化，从 20℃时的 6.48%上升到 40℃时的 10.76%，方程为 $y$=1.1265$x^{0.6018}$（$R^2$=0.8075）。

## 五、讨论

对于苏云金芽胞杆菌的生长特性已经有许多研究。宋健等（2013）研究了磁处理水对苏云金芽胞杆菌生长的影响，用恒定磁场处理的磁化水配制液体培养基进行苏云金芽胞杆菌菌株的培养，结果表明，28～50 Gs 磁场强度处理的水可以提高菌株 G-02 的产芽胞量，G-02 在 43 Gs 磁场强度处理水配制的培养基中产芽胞量最大，达到 6.1×10$^8$ 芽胞/mL，比对照提高了 11%；7～43 Gs 磁场强度处理的水可以提高菌株 HD-1 的产芽胞量，14 Gs 产芽胞量最大，达到 6×10$^8$ 芽胞/mL，比对照提高了 28%。夏丽娟等（2009）在同等条件下，采用同一培养基的固态和液态两种环境，对苏云金芽胞杆菌中国标准菌株（BtCS$_{3ab\text{-}1991}$）的发酵质量进行了比较。结果表明：固态发酵培养的 Bt 芽胞平均长度为 0.028 mm，液态发酵的平均长度为 0.017 mm，含菌量在 28 h 分别为 0.88×10$^{10}$ CFU/L 和

$0.54 \times 10^{10}$ CFU/L。生长曲线显示，菌体浓度表现为固态发酵高于液态，固态培养可以缩短发酵时间 2 h，且接种量对固态发酵的影响也较小。而在虫害研究方面，取食含固态发酵的菌体的小菜蛾羽化率较液态降低 10%，死亡率差异显著。

但是，苏云金芽胞杆菌生长时间与生长温度对其脂肪酸组变化的影响未见报道。本研究结果表明，不同培养时间的苏云金芽胞杆菌 HD-1 菌体在脂肪酸数量和含量上发生了变化。不同培养时间的菌体都存在 8 种共同的支链脂肪酸（14:0 2OH、16:0 N alcohol、12:0 iso、17:0 anteiso、16:1ω7c alcohol、14:0 iso、16:1 2OH、15:0 anteiso），其差别在于这些支链脂肪酸在特定培养时间的菌体出现。例如，14:1ω5c 在培养 120 h、96 h、72 h 出现，而在培养 48 h、24 h 则没有该脂肪酸；18:3ω(6,9,12)c（0.86%）在培养 72 h 出现；18:1ω7c 在培养 96 h（0.86%）、72 h（0.57%）、48 h（1.09%）、24 h（0.93%）时出现；13:0 anteiso 在培养 72 h（0.81%）、24 h（1.06%）出现。直链脂肪酸中，c9:0、c14:0、c17:0 在所有培养时间的菌体中出现，c13:0 仅在培养 96 h 出现。复合脂肪酸 feature 4 和 feature 5 在所有培养时间内出现，feature 7 仅在培养 96 h（1.4%）出现。随着培养时间的增加，支链脂肪酸占比逐渐升高；直链脂肪酸和复合脂肪酸占比逐渐下降。

苏云金芽胞杆菌菌株 HD-1 在 5 种不同温度（20℃、25℃、30℃、35℃和 40℃）下培养，可检测的脂肪酸种类数为 19～23 种，高温（40℃）和低温（20℃）脂肪酸种类数较少，分别为 19 种和 20 种。主要脂肪酸种类是 13:0 iso、15:0 anteiso、feature 1（15:0 iso 2OH /16:1ω7c）和 17:0 iso，随着温度的升高，它们的总和逐步升高，由 20℃的 66.18%上升到 35℃的 90.76%；其中，15:0 anteiso 含量显著升高，由 20℃的 20.36%增高至 40℃的 44.99%；17:0 iso 含量稍微增加，由 20℃的 6.48%增高至 40℃的 10.76%；13:0 iso 和 feature 1（15:0 iso 2OH /16:1ω7c）含量均下降，分别由 20℃的 9.12%和 10.22%下降至 6.66%和 5.47%。

对各脂肪酸在不同温度下的变化建立模型可知，13:0 iso 随温度升高呈抛物线变化，从 20℃时的 9.12%上升到高峰 25℃时的 10.82%，方程为 $y=-0.0243x^2+1.3131x-7.2249$（$R^2=0.9589$）；15:0 anteiso 随温度升高呈线性变换，从 20℃时的 20.36%上升到 40℃时的 44.99%，方程为 $y=1.3168x-4.864$（$R^2=0.9496$）；feature 1（15:0 iso 2OH/16:1ω7c）随温度升高呈抛物线变化，从 20℃时的 10.22%下降到 40℃时的 5.47%，方程为 $y=-0.0116x^2+0.4303x+6.5397$（$R^2=0.9532$）；17:0 iso 随温度升高呈幂指数变化，从 20℃时的 6.48%上升到 40℃时的 10.76%，方程为 $y=1.1265x^{0.6018}$（$R^2=0.8075$）。

## 第三节　芽胞杆菌脂肪酸组与酸碱适应的相关性

### 一、概述

酸碱适应性（pH）对芽胞杆菌的生长具有重要的影响。刘涛等（2015）测定了基于 BP 神经网络的 pH 对解淀粉芽胞杆菌菌株 Q-426 发酵的影响，研究了在 3.7 L 发酵罐中 pH 对菌株 Q-426 发酵过程的影响。选取发酵时间、pH 作为自变量，以菌体浓度、底物浓度、发酵产物活性作为目标量，通过构建自变量矩阵和参考序列，构建了基于 BP 神经网络的菌株 Q-426 发酵过程的预测模型。通过运用 MATLAB 神经网络工具箱进行训练，得出优化网络模型，并根据建立的模型进行预测。将预测值与实测值对比，拟合及预测的平均相对误差均在 4%以内，说明该模型有较好的适用性。萨仁娜等（2006）对芽胞杆菌菌株 TS-01 低 pH 耐受性进行了研究，结果表明，在 pH 超过 4.0 的环境中，芽胞杆菌菌株 TS-01 的活菌数量基本不变，可保持较高的存活率。李卓佳等（2003）研究了几株有益芽胞杆菌对温度、制粒工艺及 pH 的耐受性，结果表明，当 pH 为 3.8、4.6、5.2 时，部分菌株（编号 1、3、5）能繁殖。蒋德保（1993）研究了 pH 和 $Na^+$对嗜碱性芽胞杆菌芽胞萌发的影响，发现嗜碱性芽胞杆菌菌株 NO.2b-2 芽胞萌发的最适 pH 大约为 10，NaCl（$Na^+$）明显刺激芽胞萌发，NaCl 的最适浓度约为 0.2 mol/L，其他阳离子，如 $K^+$、$NH_4^+$、$Rb^+$、$Cs^+$和 $Ca^{2+}$则对芽胞萌发无刺激作用。

关于芽胞杆菌脂肪酸组与酸碱适应相关性的研究未见报道。作者对 90 种芽胞杆菌菌株的脂肪酸组与酸碱适应性进行研究，利用相关分析、回归分析、聚类分析、判别分析以揭示芽胞杆菌脂肪酸组与酸碱适应性的相关性。

## 二、研究方法

采用第三章第一节的 90 种芽胞杆菌 Wilks 系数>0.5 的 13 个主要脂肪酸生物标记（表 3-1-4）和 90 种芽胞杆菌温度适应范围（表 3-1-10）数据，利用相关分析、回归分析、聚类分析、判别分析，研究芽胞杆菌脂肪酸组与温度适应的相关性，分析软件采用 DPS。

## 三、芽胞杆菌酸碱适应性相关分析

对 90 种芽胞杆菌的 pH 适应性及其脂肪酸组 14 个因子进行相关性分析，结果见表 3-3-1。相关系数临界值 $a$=0.05 时，$R$=0.2072；$a$=0.01 时，$R$=0.2702；在显著水平上的 pH 适应性与脂肪酸相关性的指标有：15:0 anteiso 与 pH 平均值存在显著的负相关（−0.22），也即支链脂肪酸 15:0 anteiso 值增加，pH 下降；c16:0 与 pH 平均值存在极显著的正相关（0.29），也即直链脂肪酸 c16:0 值增加，pH 增加；c18:0 与 pH 平均值存在极显著的正相关（0.28），也即直链脂肪酸 c18:0 值增加，pH 增加；其余脂肪酸（15:0 iso、17:0 anteiso、17:0 iso、16:0 iso、14:0 iso、c14:0、16:1ω11c、16:1ω7c alcohol、17:1 iso ω10c、feature 4）与 pH 适应性无显著的相关关系。

## 四、芽胞杆菌酸碱适应性回归分析

芽胞杆菌酸碱适应性与 pH 的多元回归分析，以 pH 平均值（$Y_i$）为因变量，13 个脂肪酸生物标记（$X_{ij}$）为自变量，对 90 种芽胞杆菌进行逐步回归建模。方程如下：

$$\begin{aligned} Y_{(\text{pH 平均值})}=&9.0814-0.022X_{1(15:0\ \text{anteiso})}-0.0115X_{2(15:0\ \text{iso})}\\ &-0.0203X_{3(17:0\ \text{anteiso})}+0.0162X_{4(\text{c}16:0)}-0.0561X_{5(17:0\ \text{iso})}\\ &-0.0838X_{6(14:0\ \text{iso})}+0.1084X_{7(\text{c}18:0)} \end{aligned} \tag{3-3-1}$$

表 3-3-1 90 种芽胞杆菌 pH 适应性及其脂肪酸组 14 个因子的相关系数

| 因子 | 15:0 anteiso | 15:0 iso | 17:0 anteiso | c16:0 | 17:0 iso | 16:0 iso | 14:0 iso |
|---|---|---|---|---|---|---|---|
| [1] 15:0 anteiso | 1.00 | −0.66 | 0.29 | −0.01 | −0.43 | −0.03 | 0.12 |
| [2] 15:0 iso | −0.66 | 1.00 | −0.40 | −0.39 | 0.21 | −0.16 | −0.06 |
| [3] 17:0 anteiso | 0.29 | −0.40 | 1.00 | −0.14 | 0.02 | 0.14 | −0.44 |
| [4] c16:0 | −0.01 | −0.39 | −0.14 | 1.00 | −0.08 | −0.12 | 0.00 |
| [5] 17:0 iso | −0.43 | 0.21 | 0.02 | −0.08 | 1.00 | −0.18 | −0.41 |
| [6] 16:0 iso | −0.03 | −0.16 | 0.14 | −0.12 | −0.18 | 1.00 | 0.12 |
| [7] 14:0 iso | 0.12 | −0.06 | −0.44 | 0.00 | −0.41 | 0.12 | 1.00 |
| [8] c14:0 | −0.05 | −0.19 | −0.34 | 0.53 | −0.27 | −0.17 | 0.29 |
| [9] 16:1ω11c | −0.35 | 0.22 | −0.29 | −0.01 | −0.12 | −0.12 | 0.11 |
| [10] 16:1ω7c alcohol | −0.40 | 0.42 | −0.32 | −0.25 | −0.17 | 0.21 | 0.31 |
| [11] 17:1 iso ω10c | −0.49 | 0.29 | −0.20 | −0.15 | 0.14 | −0.10 | −0.12 |
| [12] c18:0 | −0.01 | −0.30 | 0.04 | 0.36 | −0.01 | −0.09 | −0.04 |
| [13] feature 4 | −0.21 | 0.12 | 0.00 | −0.17 | −0.05 | −0.14 | −0.05 |
| [14] pH 平均值 | −0.22 | −0.01 | −0.10 | 0.29 | −0.04 | 0.00 | −0.10 |

| 因子 | c14:0 | 16:1ω11c | 16:1ω7c alcohol | 17:1 iso ω10c | c18:0 | feature 4 | pH 平均值 |
|---|---|---|---|---|---|---|---|
| [1] 15:0 anteiso | −0.05 | −0.35 | −0.40 | −0.49 | −0.01 | −0.21 | −0.22 |
| [2] 15:0 iso | −0.19 | 0.22 | 0.42 | 0.29 | −0.30 | 0.12 | −0.01 |
| [3] 17:0 anteiso | −0.34 | −0.29 | −0.32 | −0.20 | 0.04 | 0.00 | −0.10 |
| [4] c16:0 | 0.53 | −0.01 | −0.25 | −0.15 | 0.36 | −0.17 | 0.29 |
| [5] 17:0 iso | −0.27 | −0.12 | −0.17 | 0.14 | −0.01 | −0.05 | −0.04 |
| [6] 16:0 iso | −0.17 | −0.12 | 0.21 | −0.10 | −0.09 | −0.14 | 0.00 |
| [7] 14:0 iso | 0.29 | 0.11 | 0.31 | −0.12 | −0.04 | −0.05 | −0.10 |
| [8] c14:0 | 1.00 | 0.20 | −0.12 | 0.06 | 0.08 | −0.03 | 0.19 |
| [9] 16:1ω11c | 0.20 | 1.00 | 0.31 | 0.72 | −0.03 | 0.64 | 0.17 |
| [10] 16:1ω7c alcohol | −0.12 | 0.31 | 1.00 | 0.22 | −0.11 | 0.23 | 0.07 |
| [11] 17:1 iso ω10c | 0.06 | 0.72 | 0.22 | 1.00 | −0.07 | 0.66 | 0.12 |
| [12] c18:0 | 0.08 | −0.03 | −0.11 | −0.07 | 1.00 | 0.02 | 0.28 |
| [13] feature 4 | −0.03 | 0.64 | 0.23 | 0.66 | 0.02 | 1.00 | 0.09 |
| [14] pH 平均数 | 0.19 | 0.17 | 0.07 | 0.12 | 0.28 | 0.09 | 1.00 |

注：相关系数临界值，$a$=0.05 时，$R$=0.2072；$a$=0.01 时，$R$=0.2702

回归方程检验结果见表 3-3-2。复相关系数 $R$=0.466 325，决定系数 $R^2$=0.217 459，剩余标准差 SSE=0.8115，调整相关系数 $R_a$=0.388 146，调整决定系数 $R_a^2$=0.150 657。回归方程分析的检验结果为 $P$=0.0042<0.01，极显著（表 3-2-2）。可以看出，pH 与支链脂肪酸 15:0 anteiso、15:0 iso、17:0 anteiso、17:0 iso、14:0 iso 呈负相关，而与直链脂肪酸 c16:0、c18:0 呈正相关。

表 3-3-2 pH 平均值（$Y_i$）与 90 种芽胞杆菌脂肪酸生物标记（$X_{ij}$）回归方程的方差分析

| 变异来源 | 平方和 | 自由度 | 均方 | $F$ 值 | $P$ |
|---|---|---|---|---|---|
| 回归 | 15.0072 | 7 | 2.1439 | 3.2553 | 0.0042 |
| 残差 | 54.0043 | 82 | 0.6586 | | |
| 总变异 | 69.0115 | 89 | | | |

回归方程偏相关分析见表 3-3-3。pH 平均值与脂肪酸 15:0 anteiso 显著正相关，$P$=0.0226<0.05；pH 平均值与脂肪酸 17:0 iso 显著正相关，$P$=0.0512≈0.05；也即当脂肪酸 15:0 anteiso 含量上升，芽胞杆菌对 pH 适应性下降，适应酸性环境能力增加（图 3-3-1）。芽胞杆菌酸碱适应性从 pH 5 上升到 pH 9 时，15:0 anteiso 从 47.89%下降到 24.00%；而 17:0 iso 从 3.19%上升到 4.96%。

**表 3-3-3　pH 平均值（$Y_i$）与 90 种芽胞杆菌脂肪酸生物标记（$X_{ij}$）回归方程的偏相关分析**

| 因子 | 回归系数 | 标准回归系数 | 偏相关 | $t$ 值 | $P$ |
|---|---|---|---|---|---|
| 15:0 anteiso | −0.0229 | −0.3740 | −0.2486 | 2.3239 | 0.0226 |
| 15:0 iso | −0.0116 | −0.1788 | −0.1046 | 0.9526 | 0.3436 |
| 17:0 anteiso | −0.0203 | −0.1466 | −0.1146 | 1.0449 | 0.2991 |
| c16:0 | 0.0162 | 0.1170 | 0.0982 | 0.8938 | 0.3741 |
| 17:0 iso | −0.0561 | −0.2428 | −0.2134 | 1.9784 | 0.0512 |
| 14:0 iso | −0.0838 | −0.2279 | −0.1886 | 1.7388 | 0.0858 |
| c18:0 | 0.1084 | 0.1769 | 0.1752 | 1.6114 | 0.1109 |

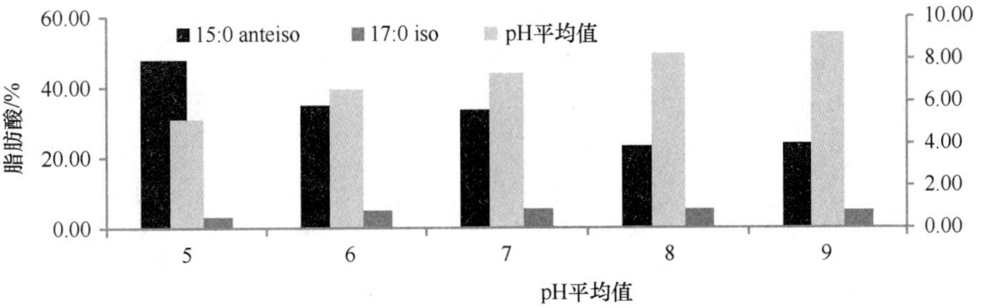


图 3-3-1　芽胞杆菌 pH 平均值与 15:0 anteiso、17:0 iso 的相关性

曲线拟合结果见表 3-3-4。90 种芽胞杆菌观察值和拟合值见图 3-3-2～图 3-3-4。拟合结果表明，芽胞杆菌 pH 适应范围在较酸性和较碱性条件下，拟合值误差较大，在靠近中性条件下误差较小；说明酸碱极端条件对芽胞杆菌脂肪酸合成的影响较大；大部分芽胞杆菌 pH 适应范围为 6～8，回归模型拟合值误差较小。

**表 3-3-4　pH 平均值（$Y_i$）与 90 种芽胞杆菌脂肪酸生物标记（$X_{ij}$）回归方程的拟合值**

| 样本号 | 芽胞杆菌种名 | 观察值 | 拟合值 | 拟合误差 | 相对误差/% |
|---|---|---|---|---|---|
| 1 | *Bacillus acidiceler* | 7.03 | 7.22 | −0.19 | 2.66 |
| 2 | *B. acidicola* | 5.17 | 7.48 | −2.31 | 44.78 |
| 3 | *B. acidiproducens* | 6.83 | 7.46 | −0.63 | 9.23 |
| 4 | *B. agaradhaerens* | 9.00 | 8.20 | 0.80 | 8.90 |
| 5 | *B. alcalophilus* | 8.67 | 7.83 | 0.83 | 9.62 |
| 6 | *B. alkalitelluris* | 8.67 | 8.05 | 0.62 | 7.12 |
| 7 | *B. altitudinis* | 6.67 | 7.39 | −0.72 | 10.81 |
| 8 | *B. amyloliquefaciens* | 7.00 | 7.02 | −0.02 | 0.30 |
| 9 | *B. aryabhattai* | 8.00 | 7.37 | 0.63 | 7.86 |
| 10 | *B. atrophaeus* | 8.00 | 7.44 | 0.56 | 6.96 |

续表

| 样本号 | 芽胞杆菌种名 | 观察值 | 拟合值 | 拟合误差 | 相对误差/% |
|---|---|---|---|---|---|
| 11 | *B. badius* | 7.00 | 7.99 | −0.99 | 14.19 |
| 12 | *B. bataviensis* | 7.67 | 7.64 | 0.03 | 0.41 |
| 13 | *B. beijingensis* | 8.17 | 7.27 | 0.90 | 10.96 |
| 14 | *B. boroniphilus* | 7.83 | 8.17 | −0.34 | 4.33 |
| 15 | *B. butanolivorans* | 7.27 | 7.31 | −0.05 | 0.66 |
| 16 | *B. carboniphilus* | 6.67 | 7.43 | −0.76 | 11.38 |
| 17 | *B. cellulosilyticus* | 9.00 | 8.57 | 0.43 | 4.83 |
| 18 | *B. cereus* | 8.00 | 7.84 | 0.16 | 2.00 |
| 19 | *B. cibi* | 6.83 | 7.48 | −0.65 | 9.45 |
| 20 | *B. circulans* | 7.67 | 7.33 | 0.34 | 4.38 |
| 21 | *B. clausii* | 7.67 | 7.27 | 0.39 | 5.15 |
| 22 | *B. coagulans* | 7.67 | 7.29 | 0.38 | 4.98 |
| 23 | *B. cohnii* | 9.67 | 7.75 | 1.92 | 19.87 |
| 24 | *B. decisifrondis* | 8.00 | 7.90 | 0.10 | 1.21 |
| 25 | *B. decolorationis* | 7.33 | 7.48 | −0.15 | 2.02 |
| 26 | *B. drentensis* | 7.67 | 7.32 | 0.34 | 4.47 |
| 27 | *B. endophyticus* | 7.00 | 7.44 | −0.44 | 6.27 |
| 28 | *B. fastidiosus* | 8.67 | 7.61 | 1.06 | 12.20 |
| 29 | *B. flexus* | 7.00 | 7.40 | −0.40 | 5.67 |
| 30 | *B. fordii* | 7.67 | 7.30 | 0.37 | 4.76 |
| 31 | *B. fortis* | 7.67 | 7.44 | 0.23 | 3.00 |
| 32 | *B. fusiformis* | 8.00 | 7.73 | 0.27 | 3.43 |
| 33 | *B. galactosidilyticus* | 8.00 | 8.60 | −0.60 | 7.48 |
| 34 | *B. gelatini* | 7.00 | 7.49 | −0.49 | 6.94 |
| 35 | *B. ginsengihumi* | 6.67 | 7.14 | −0.47 | 7.04 |
| 36 | *B. globisporus* | 6.33 | 7.18 | −0.85 | 13.40 |
| 37 | *B. hemicellulosilyticus* | 9.67 | 7.68 | 1.99 | 20.56 |
| 38 | *B. horikoshii* | 8.00 | 8.15 | −0.15 | 1.91 |
| 39 | *B. humi* | 7.67 | 6.55 | 1.11 | 14.54 |
| 40 | *B. indicus* | 6.67 | 7.61 | −0.94 | 14.08 |
| 41 | *B. isronensis* | 8.00 | 7.87 | 0.13 | 1.59 |
| 42 | *B. koreensis* | 6.83 | 7.49 | −0.65 | 9.56 |
| 43 | *B. kribbensis* | 6.83 | 7.00 | −0.16 | 2.40 |
| 44 | *B. lehensis* | 9.00 | 7.92 | 1.08 | 12.00 |
| 45 | *Paenibacillus lentimorbus* | 6.00 | 7.20 | −1.20 | 19.96 |
| 46 | *B. licheniformis* | 6.67 | 7.13 | −0.47 | 7.00 |
| 47 | *B. luciferensis* | 7.00 | 7.33 | −0.33 | 4.73 |
| 48 | *B. macyae* | 7.80 | 8.64 | −0.84 | 10.79 |
| 49 | *B. marisflavi* | 7.00 | 7.19 | −0.19 | 2.76 |
| 50 | *B. massiliensis* | 7.67 | 7.67 | 0.00 | 0.05 |

续表

| 样本号 | 芽胞杆菌种名 | 观察值 | 拟合值 | 拟合误差 | 相对误差/% |
|---|---|---|---|---|---|
| 51 | *B. megaterium* | 6.67 | 6.95 | −0.29 | 4.29 |
| 52 | *B. mojavensis* | 6.67 | 7.17 | −0.51 | 7.60 |
| 53 | *B. muralis* | 7.67 | 7.32 | 0.35 | 4.52 |
| 54 | *B. murimartini* | 8.67 | 7.10 | 1.57 | 18.11 |
| 55 | *B. mycoides* | 8.00 | 8.07 | −0.07 | 0.88 |
| 56 | *B. nealsonii* | 8.00 | 7.57 | 0.43 | 5.37 |
| 57 | *B. niabensis* | 7.67 | 7.92 | −0.25 | 3.28 |
| 58 | *B. niacini* | 7.67 | 7.69 | −0.02 | 0.29 |
| 59 | *B. novalis* | 7.00 | 7.53 | −0.53 | 7.58 |
| 60 | *B. odysseyi* | 8.00 | 7.70 | 0.30 | 3.77 |
| 61 | *B. okhensis* | 8.67 | 8.60 | 0.07 | 0.79 |
| 62 | *B. okuhidensis* | 8.00 | 7.54 | 0.46 | 5.80 |
| 63 | *B. oleronius* | 7.00 | 7.27 | −0.27 | 3.88 |
| 64 | *B. panaciterrae* | 6.67 | 7.56 | −0.89 | 13.33 |
| 65 | *Virgibacillus pantothenticus* | 6.00 | 7.17 | −1.17 | 19.49 |
| 66 | *B. patagoniensis* | 8.67 | 7.15 | 1.51 | 17.47 |
| 67 | *B. pseudalcaliphilus* | 9.00 | 8.30 | 0.70 | 7.80 |
| 68 | *B. pseudomycoides* | 7.00 | 7.94 | −0.94 | 13.39 |
| 69 | *B. psychrosaccharolyticus* | 6.00 | 7.62 | −1.62 | 27.00 |
| 70 | *Psychrobacillus psychrotolerans* | 7.00 | 7.07 | −0.07 | 0.99 |
| 71 | *B. pumilus* | 7.67 | 7.35 | 0.32 | 4.17 |
| 72 | *B. ruris* | 8.67 | 8.14 | 0.53 | 6.06 |
| 73 | *B. safensis* | 7.67 | 7.38 | 0.29 | 3.76 |
| 74 | *B. selenatarsenatis* | 8.17 | 7.55 | 0.61 | 7.52 |
| 75 | *B. selenitireducens* | 9.00 | 8.27 | 0.73 | 8.08 |
| 76 | *B. seohaeanensis* | 6.67 | 7.46 | −0.80 | 11.93 |
| 77 | *B. shackletonii* | 7.00 | 7.50 | −0.50 | 7.09 |
| 78 | *B. simplex* | 7.67 | 7.31 | 0.36 | 4.65 |
| 79 | *B. siralis* | 7.00 | 8.13 | −1.13 | 16.12 |
| 80 | *B. soli* | 6.67 | 7.34 | −0.67 | 10.07 |
| 81 | *B. sonorensis* | 6.67 | 7.70 | −1.03 | 15.46 |
| 82 | *Lysinibacillus sphaericus* | 8.00 | 7.82 | 0.18 | 2.21 |
| 83 | *B. subtilis* | 7.00 | 6.97 | 0.03 | 0.46 |
| 84 | *B. subtilis* subsp. *inaquosorum* | 7.00 | 7.11 | −0.11 | 1.59 |
| 85 | *B. subtilis* subsp. *spizizenii* | 7.20 | 7.03 | 0.17 | 2.41 |
| 86 | *B. subtilis* subsp. *subtilis* | 7.00 | 7.05 | −0.05 | 0.72 |
| 87 | *B. thuringiensis* | 8.00 | 7.84 | 0.16 | 1.94 |
| 88 | *B. vallismortis* | 6.67 | 7.61 | −0.94 | 14.11 |
| 89 | *B. vedderi* | 9.67 | 7.66 | 2.01 | 20.74 |
| 90 | *B. vietnamensis* | 8.67 | 7.27 | 1.40 | 16.12 |

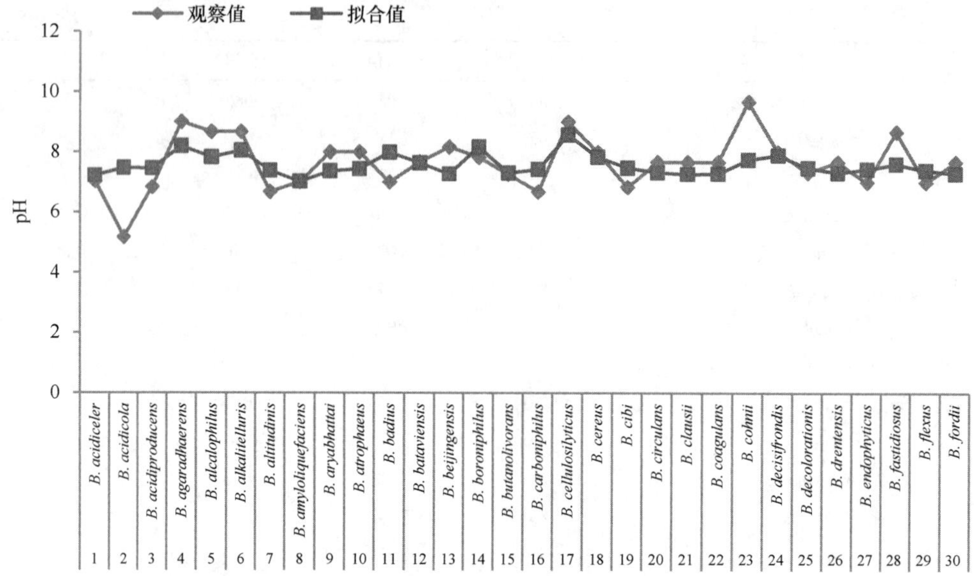


图 3-3-2 芽胞杆菌 pH 平均值适应性（I）

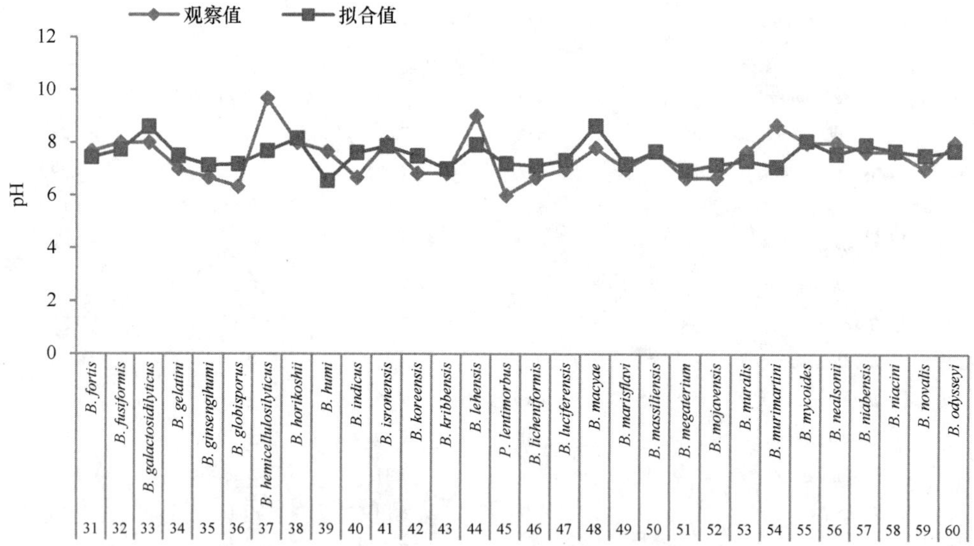


图 3-3-3 芽胞杆菌 pH 平均值适应性（II）

## 五、芽胞杆菌酸碱适应性聚类分析

以芽胞杆菌种类为样本，pH 平均值和主要脂肪酸等 14 个因子为指标，数据不转换，以欧氏距离为尺度，用可变类平均法进行系统聚类，分析结果见表 3-3-5。可将 90 种芽胞杆菌根据主要脂肪酸组和 pH 平均值分为 3 组。统计各组 pH 和主要脂肪酸的平均值见表 3-3-6。

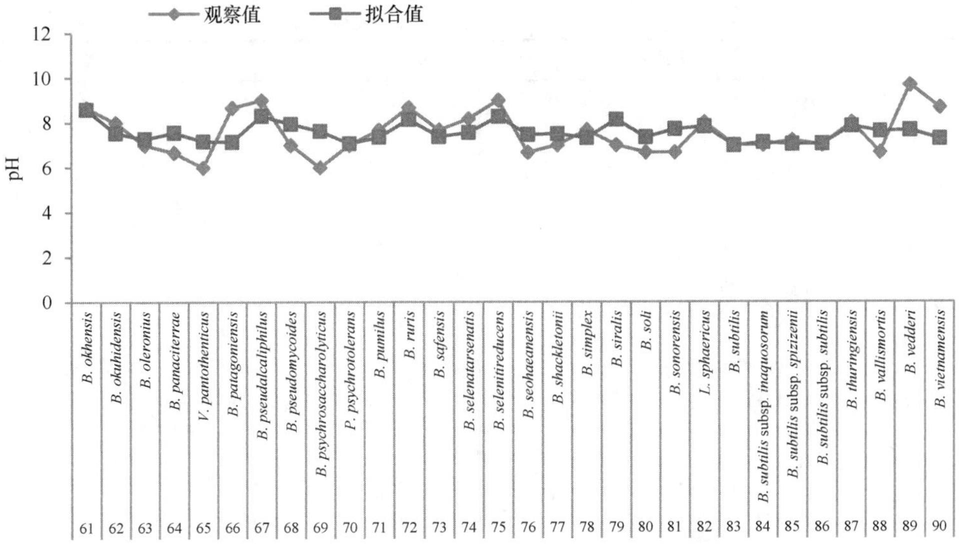


图 3-3-4　芽胞杆菌 pH 平均值适应性（III）

**表 3-3-5　基于脂肪酸的芽胞杆菌 pH 适应性分组**

| 组别 | 种名 | 组别 | 种名 |
|---|---|---|---|
| I | *Bacillus acidicola* | II | *B. amyloliquefaciens* |
| I | *B. seohaeanensis* | II | *B. endophyticus* |
| I | *B. acidiproducens* | II | *B. flexus* |
| I | *B. kribbensis* | II | *B. luciferensis* |
| I | *B. gelatini* | II | *B. marisflavi* |
| I | *B. acidiceler* | II | *B. novalis* |
| I | *B. drentensis* | II | *B. oleronius* |
| I | *B. humi* | II | *Psychrobacillus psychrotolerans* |
| I | *B. muralis* | II | *B. shackletonii* |
| I | *B. simplex* | II | *B. subtilis* |
| I | *B. macyae* | II | *B. subtilis* subsp. *inaquosorum* |
| 第 I 组 11 种 | 到中心的欧氏距离 RMSTD= 7.1961 | II | *B. subtilis* subsp. *subtilis* |
| II | *Paenibacillus lentimorbus* | II | *B. subtilis* subsp. *spizizenii* |
| II | *Virgibacillus pantothenticus* | II | *B. butanolivorans* |
| II | *B. psychrosaccharolyticus* | II | *B. decolorationis* |
| II | *B. globisporus* | II | *B. bataviensis* |
| II | *B. ginsengihumi* | II | *B. circulans* |
| II | *B. licheniformis* | II | *B. coagulans* |
| II | *B. megaterium* | II | *B. fordii* |
| II | *B. mojavensis* | II | *B. fortis* |
| II | *B. soli* | II | *B. niabensis* |
| II | *B. sonorensis* | II | *B. aryabhattai* |
| II | *B. vallismortis* | II | *B. atrophaeus* |
| II | *B. koreensis* | II | *B. galactosidilyticus* |

续表

| 组别 | 种名 | 组别 | 种名 |
|---|---|---|---|
| II | *B. nealsonii* | III | *B. badius* |
| II | *B. okuhidensis* | III | *B. pseudomycoides* |
| II | *B. beijingensis* | III | *B. siralis* |
| II | *B. selenatarsenatis* | III | *B. clausii* |
| II | *B. alcalophilus* | III | *B. massiliensis* |
| II | *B. alkalitelluris* | III | *B. niacini* |
| II | *B. fastidiosus* | III | *B. pumilus* |
| II | *B. murimartini* | III | *B. safensis* |
| II | *B. okhensis* | III | *B. boroniphilus* |
| II | *B. patagoniensis* | III | *B. cereus* |
| II | *B. ruris* | III | *B. decisifrondis* |
| II | *B. vietnamensis* | III | *B. fusiformis* |
| II | *B. agaradhaerens* | III | *B. horikoshii* |
| II | *B. cellulosilyticus* | III | *B. isronensis* |
| II | *B. pseudalcaliphilus* | III | *B. mycoides* |
| II | *B. hemicellulosilyticus* | III | *B. odysseyi* |
| II | *B. vedderi* | III | *Lysinibacillus sphaericus* |
| 第 II 组 53 种 | 到中心的欧氏距离 RMSTD= 9.6974 | III | *B. thuringiensis* |
| III | *B. altitudinis* | III | *B. lehensis* |
| III | *B. carboniphilus* | III | *B. selenitireducens* |
| III | *B. indicus* | III | *B. cohnii* |
| III | *B. panaciterrae* | 第 III 组 26 种 | 到中心的欧氏距离 RMSTD= 9.5591 |
| III | *B. cibi* | | |

第 I 组为低 pH 组（pH 6～7），指示着偏酸性环境，包含 11 种芽胞杆菌，即酸居芽胞杆菌（*Bacillus acidicola*）、西岸芽胞杆菌（*Bacillus seohaeanensis*）、产酸芽胞杆菌（*Bacillus acidiproducens*）、韩研所芽胞杆菌（*Bacillus kribbensis*）、明胶芽胞杆菌（*Bacillus gelatini*）、酸快生芽胞杆菌（*Bacillus acidiceler*）、钻特省芽胞杆菌（*Bacillus drentensis*）、土地芽胞杆菌（*Bacillus humi*）、壁画芽胞杆菌（*Bacillus muralis*）、简单芽胞杆菌（*Bacillus simplex*）、马氏芽胞杆菌（*Bacillus macyae*）；主要脂肪酸含量分布为：15:0 anteiso（54.5636%）、15:0 iso（10.3905%）、17:0 anteiso（9.5255%）、c16:0（5.9264%）、17:0 iso（1.1891%）；脂肪酸特征为 15:0 anteiso 高（54.5636%），15:0 iso 低（10.3905%）（表 3-3-6）。

第 II 组为中 pH 组（pH 6～8），指示着中性环境，包含 53 种芽胞杆菌，即慢病类芽胞杆菌（*Paenibacillus lentimorbus*）、泛酸枝芽胞杆菌（*Virgibacillus pantothenticus*）、冷解糖芽胞杆菌（*Bacillus psychrosaccharolyticus*）、球胞芽胞杆菌（*Bacillus globisporus*）、人参土芽胞杆菌（*Bacillus ginsengihumi*）、地衣芽胞杆菌（*Bacillus licheniformis*）、巨大芽胞杆菌（*Bacillus megaterium*）、莫哈维沙漠芽胞杆菌（*Bacillus mojavensis*）、土壤芽胞杆菌（*Bacillus soli*）、索诺拉沙漠芽胞杆菌（*Bacillus sonorensis*）、死谷芽胞杆菌（*Bacillus vallismortis*）、韩国芽胞杆菌（*Bacillus koreensis*）、解淀粉芽胞杆菌（*Bacillus amyloliquefaciens*）、

表 3-3-6　芽胞杆菌 pH 适应性与脂肪酸分组统计分析　（%）

| 因子 | 第 I 组（11 种）平均值 | 第 II 组（53 种）平均值 | 第 III 组（26 种）平均值 |
|---|---|---|---|
| 15:0 anteiso | 54.5636 | 34.4346 | 13.5074 |
| 15:0 iso | 10.3905 | 25.9674 | 41.1273 |
| 17:0 anteiso | 9.5255 | 10.5679 | 4.3073 |
| c16:0 | 5.9264 | 7.4689 | 5.8581 |
| 17:0 iso | 1.1891 | 5.4453 | 6.5812 |
| 16:0 iso | 6.9264 | 4.2606 | 5.7677 |
| 14:0 iso | 3.6627 | 2.4157 | 2.9035 |
| c14:0 | 1.6932 | 1.3968 | 1.8142 |
| 16:1ω11c | 0.6336 | 1.0036 | 2.7654 |
| 16:1ω7c alcohol | 0.3000 | 0.7423 | 2.9608 |
| 17:1 iso ω10c | 0.0518 | 0.6485 | 2.7027 |
| c18:0 | 1.3327 | 0.8740 | 0.6860 |
| feature 4 | 0.0555 | 0.6155 | 1.1079 |
| pH 平均值 | 7.0909 | 7.5780 | 7.7051 |

内生芽胞杆菌（*Bacillus endophyticus*）、弯曲芽胞杆菌（*Bacillus flexus*）、路西法芽胞杆菌（*Bacillus luciferensis*）、黄海芽胞杆菌（*Bacillus marisflavi*）、休闲地芽胞杆菌（*Bacillus novalis*）、蔬菜芽胞杆菌（*Bacillus oleronius*）、耐冷嗜冷芽胞杆菌（*Psychrobacillus psychrotolerans*）、沙氏芽胞杆菌（*Bacillus shackletonii*）、枯草芽胞杆菌（*Bacillus subtilis*）、枯草芽胞杆菌干燥亚种（*Bacillus subtilis* subsp. *inaquosorum*）、枯草芽胞杆菌枯草亚种（*Bacillus subtilis* subsp. *subtilis*）、枯草芽胞杆菌斯氏亚种（*Bacillus subtilis* subsp. *spizizenii*）、食丁酸芽胞杆菌（*Bacillus butanolivorans*）、脱色芽胞杆菌（*Bacillus decolorationis*）、巴达维亚芽胞杆菌（*Bacillus bataviensis*）、环状芽胞杆菌（*Bacillus circulans*）、凝结芽胞杆菌（*Bacillus coagulans*）、福氏芽胞杆菌（*Bacillus fordii*）、强壮芽胞杆菌（*Bacillus fortis*）、农研所芽胞杆菌（*Bacillus niabensis*）、阿氏芽胞杆菌（*Bacillus aryabhattai*）、萎缩芽胞杆菌（*Bacillus atrophaeus*）、解半乳糖苷芽胞杆菌（*Bacillus galactosidilyticus*）、尼氏芽胞杆菌（*Bacillus nealsonii*）、奥飞弹温泉芽胞杆菌（*Bacillus okuhidensis*）、北京芽胞杆菌（*Bacillus beijingensis*）、硒砷芽胞杆菌（*Bacillus selenatarsenatis*）、嗜碱芽胞杆菌（*Bacillus alcalophilus*）、碱土芽胞杆菌（*Bacillus alkalitelluris*）、苛求芽胞杆菌（*Bacillus fastidiosus*）、马丁教堂芽胞杆菌（*Bacillus murimartini*）、奥哈芽胞杆菌（*Bacillus okhensis*）、巴塔哥尼亚芽胞杆菌（*Bacillus patagoniensis*）、农庄芽胞杆菌（*Bacillus ruris*）、越南芽胞杆菌（*Bacillus vietnamensis*）、黏琼脂芽胞杆菌（*Bacillus agaradhaerens*）、解纤维素芽胞杆菌（*Bacillus cellulosilyticus*）、假嗜碱芽胞杆菌（*Bacillus pseudalcaliphilus*）、解半纤维素芽胞杆菌（*Bacillus hemicellulosilyticus*）、威氏芽胞杆菌（*Bacillus vedderi*）；主要脂肪酸含量分布为：15:0 anteiso（34.4346%）、15:0 iso（25.9674%）、17:0 anteiso（10.5679%）、c16:0（7.4689%）、17:0 iso（5.4453%）。脂肪酸特征为 15:0 anteiso 中等（34.4346%），15:0 iso 中等（25.9674%）（表 3-3-6）。

第III组为高pH组（pH 7～9），指示着碱性环境，包含26种芽胞杆菌，即高地芽胞杆菌（*Bacillus altitudinis*）、嗜碳芽胞杆菌（*Bacillus carboniphilus*）、印度芽胞杆菌（*Bacillus indicus*）、人参地块芽胞杆菌（*Bacillus panaciterrae*）、食物芽胞杆菌（*Bacillus cibi*）、栗褐芽胞杆菌（*Bacillus badius*）、假蕈状芽胞杆菌（*Bacillus pseudomycoides*）、青贮窖芽胞杆菌（*Bacillus siralis*）、克劳氏芽胞杆菌（*Bacillus clausii*）、马赛芽胞杆菌（*Bacillus massiliensis*）、烟酸芽胞杆菌（*Bacillus niacini*）、短小芽胞杆菌（*Bacillus pumilus*）、沙福芽胞杆菌（*Bacillus safensis*）、嗜硼芽胞杆菌（*Bacillus boroniphilus*）、蜡样芽胞杆菌（*Bacillus cereus*）、腐叶芽胞杆菌（*Bacillus decisifrondis*）、纺锤形芽胞杆菌（*Bacillus fusiformis*）、堀越氏芽胞杆菌（*Bacillus horikoshii*）、印空研芽胞杆菌（*Bacillus isronensis*）、蕈状芽胞杆菌（*Bacillus mycoides*）、奥德赛芽胞杆菌（*Bacillus odysseyi*）、球形赖氨酸芽胞杆菌（*Lysinibacillus sphaericus*）、苏云金芽胞杆菌（*Bacillus thuringiensis*）、列城芽胞杆菌（*Bacillus lehensis*）、还原硒酸盐芽胞杆菌（*Bacillus selenitireducens*）、科恩芽胞杆菌（*Bacillus cohnii*）；主要脂肪酸含量分布为：15:0 anteiso（13.5074%）、15:0 iso（41.1273%）、17:0 anteiso（4.3073%）、c16:0（5.8581%）、17:0 iso（6.5812%）；脂肪酸特征为15:0 anteiso低（13.5074%），15:0 iso高（41.1273%）（表3-3-6）。

## 六、芽胞杆菌酸碱适应性判别分析

芽胞杆菌酸碱适应性判别分析原理：不同的芽胞杆菌菌株具有不同的脂肪酸组构成，对生长环境的酸碱适应性存在差异，通过上述聚类分析，可将不同酸碱适应性的芽胞杆菌分为3类，利用逐步判别的方法（DPS软件），建立芽胞杆菌酸碱适应性类别判别模型，在建立模型的过程中可以了解各因子对类别划分的重要性。

数据矩阵。由90种芽胞杆菌特征脂肪酸组数据（表3-1-2）、pH适应性的平均值（表3-1-7）及其脂肪酸组聚类分析的类别（表3-3-5）构建矩阵，自变量$X_{ij}(i=1,\cdots,90;j=1,\cdots,14)$由90种芽胞杆菌的13个脂肪酸和pH平均值组成，因变量$Y_i(i=1,\cdots,90)$由90种芽胞杆菌聚类类别组成，采用贝叶斯逐步判别分析。

逐步判别。各类别自变量（$X_i$）脂肪酸平均值见表3-3-7；逐步判别模型因子入选筛选过程见表3-3-8；逐步判别过程两两分类间判别效果检验见表3-3-9；逐步判别模型预测效果见表3-3-10；逐步判别效果矩阵分析见表3-3-11。判别方程为

$$Y_1=-45.2552+1.4560X_1+0.2515X_3+0.7408X_6+2.6571X_{12} \quad (3\text{-}3\text{-}2)$$

$$Y_2=-19.0886+0.9227X_1+0.3054X_3+0.4021X_6+1.6761X_{12} \quad (3\text{-}3\text{-}3)$$

$$Y_3=-4.5936+0.3915X_1+0.0725X_3+0.5082X_6+0.9563X_{12} \quad (3\text{-}3\text{-}4)$$

式中，$X_1$为15:0 anteiso，$X_3$为17:0 anteiso，$X_6$为16:0 iso，$X_{12}$为c18:0；这4个入选因子的Wilks统计量分别为0.2059、0.8528、0.8867、0.9030，Wilks统计量越小的因子与芽胞杆菌酸碱适应性分类的关系越大，$P$值检验分别为0.0000、0.0012、0.0062、0.0134，表明芽胞杆菌酸碱适应性分类与因子作用大小顺序为：15:0 anteiso、17:0 anteiso、16:0 iso、c18:0。

**表 3-3-7　90 种芽胞杆菌各类别因子平均值　（%）**

| 因子 | | 第 1 类 | 第 2 类 | 第 3 类 | 总和 |
|---|---|---|---|---|---|
| $X_1$ | 15:0 anteiso | 54.5636 | 34.4346 | 13.5074 | 30.8492 |
| $X_2$ | 15:0 iso | 10.3905 | 25.9674 | 41.1273 | 28.4431 |
| $X_3$ | 17:0 anteiso | 9.5255 | 10.5679 | 4.3073 | 8.6319 |
| $X_4$ | c16:0 | 5.9264 | 7.4689 | 5.8581 | 6.8150 |
| $X_5$ | 17:0 iso | 1.1891 | 5.4453 | 6.5812 | 5.2532 |
| $X_6$ | 16:0 iso | 6.9264 | 4.2606 | 5.7677 | 5.0218 |
| $X_7$ | 14:0 iso | 3.6627 | 2.4157 | 2.9035 | 2.7090 |
| $X_8$ | c14:0 | 1.6932 | 1.3968 | 1.8142 | 1.5536 |
| $X_9$ | 16:1ω11c | 0.6336 | 1.0036 | 2.7654 | 1.4673 |
| $X_{10}$ | 16:1ω7c alcohol | 0.3000 | 0.7423 | 2.9608 | 1.3291 |
| $X_{11}$ | 17:1 iso ω10c | 0.0518 | 0.6485 | 2.7027 | 1.1690 |
| $X_{12}$ | c18:0 | 1.3327 | 0.8740 | 0.6860 | 0.8757 |
| $X_{13}$ | feature 4 | 0.0555 | 0.6155 | 1.1079 | 0.6893 |
| $X_{14}$ | pH 平均值 | 7.0909 | 7.5780 | 7.7051 | 7.5552 |

**表 3-3-8　逐步判别模型因子入选筛选过程**

| 因子 | | Wilks 统计量 | *F* 值 | df | *P* | 入选状态 |
|---|---|---|---|---|---|---|
| $X_1$ | 15:0 anteiso | 0.2059 | 162.0310 | 2，84 | 0.0000 | （已入选） |
| $X_2$ | 15:0 iso | 0.9672 | 1.4093 | 2，83 | 0.2501 | |
| $X_3$ | 17:0 anteiso | 0.8528 | 7.2469 | 2，84 | 0.0012 | （已入选） |
| $X_4$ | c16:0 | 0.9615 | 1.6612 | 2，83 | 0.1962 | |
| $X_5$ | 17:0 iso | 0.9890 | 0.4610 | 2，83 | 0.6323 | |
| $X_6$ | 16:0 iso | 0.8867 | 5.3672 | 2，84 | 0.0062 | （已入选） |
| $X_7$ | 14:0 iso | 0.9940 | 0.2499 | 2，83 | 0.7794 | |
| $X_8$ | c14:0 | 0.9972 | 0.1149 | 2，83 | 0.8916 | |
| $X_9$ | 16:1ω11c | 0.9762 | 1.0099 | 2，83 | 0.3687 | |
| $X_{10}$ | 16:1ω7c alcohol | 0.9969 | 0.1299 | 2，83 | 0.8784 | |
| $X_{11}$ | 17:1 iso ω10c | 0.9334 | 2.9600 | 2，83 | 0.0573 | |
| $X_{12}$ | c18:0 | 0.9030 | 4.5131 | 2，84 | 0.0134 | （已入选） |
| $X_{13}$ | feature 4 | 0.9576 | 1.8374 | 2，83 | 0.1656 | |
| $X_{14}$ | pH 平均值 | 0.9741 | 1.1052 | 2，83 | 0.3360 | |

注：共选入 4 个变量，卡方值=164.842，*P*=0.0000

**表 3-3-9　逐步判别过程两两分类间判别效果检验**

| 类别 | 类别 | 马氏距离 | *P* 值 | 自由度 $V_1$ | $V_2$ | *P* |
|---|---|---|---|---|---|---|
| 1 | 2 | 12.143 95 | 26.702 30 | 4 | 59 | 1.000 0E-07* |
| 1 | 3 | 46.007 73 | 85.841 10 | 4 | 32 | 1.000 0E-07 |
| 2 | 3 | 12.869 86 | 54.187 10 | 4 | 74 | 1.000 0E-07 |

*1.000 0E-07 为 $1\times10^{-7}$

**表 3-3-10　逐步判别模型预测效果**

| 序号 | 原分类 | 计算分类 | 后验概率 | 芽胞杆菌种名 | 序号 | 原分类 | 计算分类 | 后验概率 | 芽胞杆菌种名 |
|---|---|---|---|---|---|---|---|---|---|
| 1 | 1 | 1 | 0.9970 | *Bacillus acidiceler* | 40 | 3 | 3 | 0.9950 | *B. indicus* |
| 2 | 1 | 1 | 0.9571 | *B. acidicola* | 41 | 3 | 3 | 1.0000 | *B. isronensis* |
| 3 | 1 | 1 | 0.9825 | *B. acidiproducens* | 42 | 2 | 2 | 0.9960 | *B. koreensis* |
| 4 | 2 | 2 | 0.9867 | *B. agaradhaerens* | 43 | 1 | 1 | 0.9998 | *B. kribbensis* |
| 5 | 2 | 2 | 0.9988 | *B. alcalophilus* | 44 | 3 | 3 | 0.8352 | *B. lehensis* |
| 6 | 2 | 2 | 0.9966 | *B. alkalitelluris* | 45 | 2 | 2 | 0.9974 | *Paenibacillus lentimorbus* |
| 7 | 3 | 2* | 0.6501 | *B. altitudinis* | 46 | 2 | 2 | 0.9777 | *B. licheniformis* |
| 8 | 2 | 2 | 0.9987 | *B. amyloliquefaciens* | 47 | 2 | 2 | 0.9845 | *B. luciferensis* |
| 9 | 2 | 2 | 0.9980 | *B. aryabhattai* | 48 | 1 | 1 | 0.9928 | *B. macyae* |
| 10 | 2 | 2 | 0.6816 | *B. atrophaeus* | 49 | 2 | 2 | 0.9965 | *B. marisflavi* |
| 11 | 3 | 3 | 0.9994 | *B. badius* | 50 | 3 | 3 | 0.9986 | *B. massiliensis* |
| 12 | 2 | 2 | 0.9943 | *B. bataviensis* | 51 | 2 | 2 | 0.9892 | *B. megaterium* |
| 13 | 2 | 2 | 0.9986 | *B. beijingensis* | 52 | 2 | 2 | 0.9301 | *B. mojavensis* |
| 14 | 3 | 3 | 0.9648 | *B. boroniphilus* | 53 | 1 | 1 | 0.9593 | *B. muralis* |
| 15 | 2 | 2 | 0.8590 | *B. butanolivorans* | 54 | 2 | 2 | 0.9989 | *B. murimartini* |
| 16 | 3 | 3 | 0.9791 | *B. carboniphilus* | 55 | 3 | 3 | 1.0000 | *B. mycoides* |
| 17 | 2 | 2 | 0.9805 | *B. cellulosilyticus* | 56 | 2 | 2 | 0.9854 | *B. nealsonii* |
| 18 | 3 | 3 | 1.0000 | *B. cereus* | 57 | 2 | 2 | 0.9819 | *B. niabensis* |
| 19 | 3 | 3 | 0.9961 | *B. cibi* | 58 | 3 | 3 | 0.9120 | *B. niacini* |
| 20 | 2 | 2 | 0.9060 | *B. circulans* | 59 | 2 | 2 | 0.9966 | *B. novalis* |
| 21 | 3 | 3 | 0.7970 | *B. clausii* | 60 | 3 | 3 | 0.9997 | *B. odysseyi* |
| 22 | 2 | 2 | 0.9947 | *B. coagulans* | 61 | 2 | 2 | 0.9965 | *B. okhensis* |
| 23 | 3 | 2* | 0.5469 | *B. cohnii* | 62 | 2 | 2 | 0.9982 | *B. okuhidensis* |
| 24 | 3 | 3 | 1.0000 | *B. decisifrondis* | 63 | 2 | 2 | 0.7368 | *B. oleronius* |
| 25 | 2 | 2 | 0.9445 | *B. decolorationis* | 64 | 3 | 3 | 0.6703 | *B. panaciterrae* |
| 26 | 1 | 1 | 0.9987 | *B. drentensis* | 65 | 2 | 2 | 0.9958 | *Virgibacillus pantothenticus* |
| 27 | 2 | 2 | 0.9892 | *B. endophyticus* | 66 | 2 | 2 | 0.9831 | *B. patagoniensis* |
| 28 | 2 | 2 | 0.9942 | *B. fastidiosus* | 67 | 2 | 2 | 0.9963 | *B. pseudalcaliphilus* |
| 29 | 2 | 2 | 0.9971 | *B. flexus* | 68 | 3 | 3 | 1.0000 | *B. pseudomycoides* |
| 30 | 2 | 2 | 0.9370 | *B. fordii* | 69 | 2 | 2 | 0.9842 | *B. psychrosaccharolyticus* |
| 31 | 2 | 2 | 0.9849 | *B. fortis* | 70 | 2 | 2 | 0.9814 | *Psychrobacillus psychrotolerans* |
| 32 | 3 | 3 | 0.9997 | *B. fusiformis* | 71 | 3 | 2* | 0.6743 | *B. pumilus* |
| 33 | 2 | 2 | 0.9545 | *B. galactosidilyticus* | 72 | 2 | 2 | 0.9971 | *B. ruris* |
| 34 | 1 | 1 | 0.9821 | *B. gelatini* | 73 | 3 | 2* | 0.8550 | *B. safensis* |
| 35 | 2 | 2 | 1.0000 | *B. ginsengihumi* | 74 | 2 | 2 | 0.9949 | *B. selenatarsenatis* |
| 36 | 2 | 2 | 0.9975 | *B. globisporus* | 75 | 3 | 3 | 1.0000 | *B. selenitireducens* |
| 37 | 2 | 2 | 0.9655 | *B. hemicellulosilyticus* | 76 | 1 | 1 | 0.9866 | *B. seohaeanensis* |
| 38 | 3 | 3 | 0.9986 | *B. horikoshii* | 77 | 2 | 2 | 0.9962 | *B. shackletonii* |
| 39 | 1 | 1 | 0.8466 | *B. humi* | 78 | 1 | 1 | 0.9703 | *B. simplex* |

续表

| 序号 | 原分类 | 计算分类 | 后验概率 | 芽胞杆菌种名 | 序号 | 原分类 | 计算分类 | 后验概率 | 芽胞杆菌种名 |
|---|---|---|---|---|---|---|---|---|---|
| 79 | 3 | 3 | 0.9670 | *B. siralis* | 85 | 2 | 2 | 0.9973 | *B. subtilis* subsp. *spizizenii* |
| 80 | 2 | 2 | 0.9911 | *B. soli* | 86 | 2 | 2 | 0.9985 | *B. subtilis* subsp. *subtilis* |
| 81 | 2 | 2 | 0.9955 | *B. sonorensis* | 87 | 3 | 3 | 1.0000 | *B. thuringiensis* |
| 82 | 3 | 3 | 0.9998 | *Lysinibacillus sphaericus* | 88 | 2 | 2 | 0.9951 | *B. vallismortis* |
| 83 | 2 | 2 | 0.9935 | *B. subtilis* | 89 | 2 | 2 | 0.9735 | *B. vedderi* |
| 84 | 2 | 2 | 0.9987 | *B. subtilis* subsp. *inaquosorum* | 90 | 2 | 2 | 0.8889 | *B. vietnamensis* |

*表示判错

**表 3-3-11　逐步判别效果矩阵分析**

| 来自＼判为 | 第 1 类 | 第 2 类 | 第 3 类 | 小计 | 正确率 |
|---|---|---|---|---|---|
| 第 1 类 | 11 | 0 | 0 | 11 | 1 |
| 第 2 类 | 0 | 53 | 0 | 53 | 1 |
| 第 3 类 | 0 | 4 | 22 | 26 | 0.8462 |

注：判对的概率=0.95556

芽胞杆菌酸碱适应性逐步判别方程两两分类间判别效果检验结果表明（表 3-3-9），类别 1 和 2 的马氏距离为 12.143 95，$F$ 值检验为 26.702 30，显著性检验为极显著（$P$<0.01）；类别 1 和 3 的马氏距离为 46.007 73，$F$ 值检验为 85.841 10，显著性检验为极显著（$P$<0.01）；类别 2 和 3 的马氏距离为 12.869 86，$F$ 值检验为 54.187 10，显著性检验为极显著（$P$<0.01）。

逐步判别模型预测效果表明（表 3-3-10，表 3-3-11），第 1、第 2 类判别准确率为 100%，第 3 类 26 种芽胞杆菌，判对 22 种，判错 4 种，判别准确率为 84.62%；整个方程判对的概率为 95.56%，表明判别方程具有较高的实用性（表 3-3-10）。在应用时，测定供试芽胞杆菌脂肪酸组，分别将 $X_1$ 15:0 anteiso、$X_3$ 17:0 anteiso、$X_6$ 16:0 iso、$X_{12}$ c18:0 的脂肪酸百分比代入方程，计算 $Y$ 值，当 $Y_1<Y<Y_2$ 时，该芽胞杆菌酸碱适应性为第 1 类；当 $Y_2<Y<Y_3$ 时，属于第 2 类；当 $Y>Y_3$ 时，属于第 3 类。第 1 类 pH 平均值=7.0909，第 2 类 pH 平均值=7.5779，第 3 类 pH 平均值=7.7051，能够清楚地识别出特定芽胞杆菌的酸碱适应特性。

## 七、讨论

关于芽胞杆菌酸碱适应相关性的研究报道较少。郝飞等（2013）研究了枯草芽胞杆菌（*Bacillus subtilis*）发酵生产增香剂 3-羟基丁酮（acetoin）的 pH 调控策略，结果表明，pH 对菌株合成 3-羟基丁酮有显著的影响。pH 4.5 时有利于细胞合成 3-羟基丁酮，但是菌体生长的延迟期较长；pH 5.5 时菌株生长较快，但 3-羟基丁酮的产量偏低。因此，提出了两阶段 pH 控制策略：发酵前期（0～16 h），pH 5.5；发酵中后期（16～72 h），pH 4.5。通过此策略，菌株合成 3-羟基丁酮的能力得到进一步提高，其产量、产率和生产强度分别为 32.7 g/L、0.41 g/g 和 0.91 g/(L·h)。陈峥等（2012a）测定了 pH 条件对短短芽胞杆菌菌株 FJAT-0809-GLX 次生代谢物产生的影响，应用 GC-MS 对 10 种不同初始 pH 条件下发酵的 FJAT-0809-GLX 发酵液的丙酮萃取液进行初步成分鉴定，从这 10 种发酵液中得到匹配率≥90%的成分 11 种，各发酵液中的成分存在明显差异，其中共有成分 1 种，为六氢吡咯并[1,2-a]吡嗪-1,4-二酮。在匹配率≥90%的成分中，功能性成分按其功能可分为 2 类：一类为挥发性或芳香类物质，与该发酵液具有的特殊香气有关，包括 5-甲基呋喃醛、2-甲基-3-羟基-4-吡喃酮、苯乙醛、棕榈酸、顺式十八碳-9-烯酸、甲基环戊烯醇酮；另一类为防腐或抑菌类成分，包括 2-甲基-3-羟基-4-吡喃酮、2-呋喃甲醇、六氢-吡咯[1,2-a]吡嗪-1,4-二酮和 5-羟甲基糠醛。

作者完成的芽胞杆菌脂肪酸组与酸碱适应相关性研究表明：90 种芽胞杆菌的 pH 适应性及其脂肪酸组相关性表现在 15:0 anteiso 与 pH 平均值存在显著的负相关（−0.22），c16:0 与 pH 平均值存在显著的正相关（0.29），c18:0 与 pH 平均值存在显著的正相关（0.28）。回归分析表明，pH 平均值与 15:0 anteiso 显著正相关，$P$=0.00226 <0.05；pH 平均值与脂肪酸 17:0 iso 显著正相关，$P$=0.0512≈0.05；也即当脂肪酸 15:0 anteiso 含量上升，芽胞杆菌对 pH 适应性下降，适应酸性环境能力增加。从 pH 5 上升到 pH 9 时，15:0 anteiso 从 47.89%下降到 24.00%；而 17:0 iso 从 3.19%上升到 4.96%。

聚类分析结果将芽胞杆菌分为 3 类，第 I 组为低 pH 组（pH 6～7），指示着偏酸环境，包含 11 种芽胞杆菌，主要脂肪酸含量分布为：15:0 anteiso（54.5636%）、15:0 iso（10.3905%）、17:0 anteiso（9.5255%）、c16:0（5.9264%）、17:0 iso（1.1891%）；脂肪酸特征为 15:0 anteiso 高（54.5636%），15:0 iso 低（10.3905%）。第 II 组为中 pH 组（pH 6～8），指示着中性环境，包含 53 种芽胞杆菌，主要脂肪酸含量分布为：15:0 anteiso（34.4346%）、15:0 iso（25.9674%）、17:0 anteiso（10.5679%）、c16:0（7.4689%）、17:0 iso（5.4453%）。脂肪酸特征为 15:0 anteiso 中等（34.4346%），15:0 iso 中等（25.9674%）。第 III 组为高 pH 组（pH 7～9），指示着碱性环境，包含 26 种芽胞杆菌，主要脂肪酸含量分布为：15:0 anteiso（13.5074%）、15:0 iso（41.1273%）、17:0 anteiso（4.3073%）、c16:0（5.8581%）、17:0 iso（6.5812%）；脂肪酸特征为 15:0 anteiso 低（13.5074%），15:0 iso 高（41.1273%）。

判别分析利用聚类分析的类别作为判别的类别，通过逐步判别统计方法，建立的判别方程如下。在 13 个脂肪酸生物标记中入选 4 个，分别为 $X_1$ 15:0 anteiso、$X_3$ 17:0 anteiso、$X_6$ 16:0 iso、$X_{12}$ c18:0，表明这 4 个脂肪酸与芽胞杆菌的酸碱适应性具有较大的相关性；整个方程判对的概率为 95.56%，表明判别方程具有较高的实用性。在应用时，测定供试芽胞杆菌脂肪酸组，分别将 $X_1$ 15:0 anteiso、$X_3$ 17:0 anteiso、$X_6$ 16:0 iso、$X_{12}$ c18:0 的脂肪酸百分比代入方程，计算 $Y$ 值，当 $Y_1<Y<Y_2$ 时，该芽胞杆菌酸碱适应性为第 1 类；当 $Y_2<Y<Y_3$ 时，属于第 2 类；当 $Y>Y_3$ 时，属于第 3 类。

## 第四节　芽胞杆菌脂肪酸组与温度适应的相关性

### 一、概述

关于芽胞杆菌温度适应性研究有过许多报道。渠飞翔等（2016）报道了软烤贻贝中蜡样芽胞杆菌生长/非生长界面模型建立与评价，建立软烤贻贝中蜡样芽胞杆菌标准菌株

（ATCC 49064$^T$=DSM 4312$^T$）在不同贮藏温度（$T$）、pH、水活度（AW）下生长/非生长界面模型，对其拟合情况和来自软烤贻贝蜡样芽胞杆菌（YB001）的验证情况进行分析和评价，并与已建立的脑心浸出液肉汤培养基（BHI）中蜡样芽胞杆菌生长/非生长界面模型进行比较。所建模型总方程为 $\text{Lopit}(P)=-208.457-2.167T+35.304\text{pH}+705.573\text{AW}+1.117T\cdot\text{pH}-7.072T\cdot\text{AW}-174.946\text{pH}\cdot\text{AW}$，显示拟合度较高。刘京兰等（2014）进行了内生解淀粉芽胞杆菌菌株 CC09 产伊枯草菌素（iturin A）摇瓶发酵条件优化，优化培养基组成及发酵条件可以提高菌株 CC09 的生长速度及产伊枯草菌素的量，培养温度、装液量、培养液 pH 等也对菌株 CC09 产伊枯草菌素有显著影响。王金玲等（2013）研究了解磷巨大芽胞杆菌液体发酵培养条件，结果表明，该菌株的最佳培养条件为发酵温度 30℃、起始 pH 8.0、装液量 20 mL/250 mL 三角瓶、接种量 3%、摇床转速 250 r/min、培养时间 22 h。在此最优条件下培养，以平板涂布法计数，发酵液最终活菌数达到 $3.2\times10^9$ CFU/mL 以上。

韩永霞（2013）报道了 2 株芽胞杆菌产蛋白酶的最佳条件，地衣芽胞杆菌产酶的最适培养温度为 50℃、培养时间为 48 h、培养液 pH 9.0，反应温度为 60℃；嗜热噬脂肪地芽胞杆菌产酶的最适培养温度为 50℃、培养时间为 60 h、培养液 pH 7.5～8.0，反应温度为 70℃。王磊等（2012）研究了咪草烟降解菌 *Bacillus* sp. zx2 和 zx7 生长及降解特性，结果表明，zx2 和 zx7 均可在咪草烟初始浓度≤200 mg/L 的无机盐培养液中生长良好，zx2 在温度 25～35℃和 pH 4.0～7.0 时生长良好，而 zx7 适宜在温度 30～35℃和 pH 5.0～8.0 时生长，可见在适应性上二者互补。在最佳条件（温度 32℃、pH 6.0 和咪草烟初始浓度为 200 mg/L）下，zx2 和 zx7 在无机盐培养液中对咪草烟降解的动态均符合阻滞动力学，半衰期分别为 3.8 d 和 2.8 d。黄宇等（2007）研究了枯草芽胞杆菌的发酵条件，采用 Plackett-Burman 设计，从温度、pH、转速、接种量、蛋白胨、牛肉膏、NaCl 7 个影响因素中，筛选出牛肉膏、蛋白胨、温度和 pH 4 个主要因素。在此基础上，采用响应曲面法对以上 4 个主要因素作进一步研究，得到各因素的最优水平：当牛肉膏为 7.3 g/L、蛋白胨为 7.1 g/L、温度为 33.5℃、pH 为 6.1 时，菌体生长量最大。

芽胞杆菌脂肪酸组与温度适应的相关性研究报道很少。本研究测定 90 种已检测温度适应性的芽胞杆菌菌株的脂肪酸组，利用相关分析、回归分析、聚类分析、判别分析研究芽胞杆菌脂肪酸组与温度适应的相关性。

## 二、研究方法

采用第三章第一节的 90 种芽胞杆菌 Wilks 系数>0.5 的 13 个主要脂肪酸生物标记（表 3-1-4）和 90 种芽胞杆菌温度适应范围（表 3-1-7）数据，利用相关分析、回归分析、聚类分析、判别分析研究芽胞杆菌脂肪酸组与温度适应的相关性，分析软件采用 DPS。

## 三、芽胞杆菌温度适应性相关分析

对 90 种芽胞杆菌温度适应性及其主要脂肪酸组等 14 个因子进行相关性分析，结果见表 3-4-1。相关系数临界值 $a$=0.05 时，$R$=0.2072；$a$=0.01 时，$R$=0.2702。平均温度与脂肪酸 17:0 anteiso（0.22）、c14:0（0.21）存在显著的正相关，也即脂肪酸 17:0 anteiso

和 c14:0 含量上升时，菌株适应的平均温度升高；平均温度与 16:1ω7c alcohol（−0.21）、feature 4（−0.28）存在显著或极显著的负相关，也即 16:1ω7c alcohol 和 feature 4 含量增加时，菌株适应的平均温度下降。

**表 3-4-1 90 种芽胞杆菌温度适应性及其脂肪酸组 14 个因子的相关系数**

| 因子 | 15:0 anteiso | 15:0 iso | 17:0 anteiso | c16:0 | 17:0 iso | 16:0 iso | 14:0 iso |
|---|---|---|---|---|---|---|---|
| [1] 15:0 anteiso | 1.00 | −0.66 | 0.29 | −0.01 | −0.43 | −0.03 | 0.12 |
| [2] 15:0 iso | −0.66 | 1.00 | −0.40 | −0.39 | 0.21 | −0.16 | −0.06 |
| [3] 17:0 anteiso | 0.29 | −0.40 | 1.00 | −0.14 | 0.02 | 0.14 | −0.44 |
| [4] c16:0 | −0.01 | −0.39 | −0.14 | 1.00 | −0.08 | −0.12 | 0.00 |
| [5] 17:0 iso | −0.43 | 0.21 | 0.02 | −0.08 | 1.00 | −0.18 | −0.41 |
| [6] 16:0 iso | −0.03 | −0.16 | 0.14 | −0.12 | −0.18 | 1.00 | 0.12 |
| [7] 14:0 iso | 0.12 | −0.06 | −0.44 | 0.00 | −0.41 | 0.12 | 1.00 |
| [8] c14:0 | −0.05 | −0.19 | −0.34 | 0.53 | −0.27 | −0.17 | 0.29 |
| [9] 16:1ω11c | −0.35 | 0.22 | −0.29 | −0.01 | −0.12 | −0.12 | 0.11 |
| [10] 16:1ω7c alcohol | −0.40 | 0.42 | −0.32 | −0.25 | −0.17 | 0.21 | 0.31 |
| [11] 17:1 iso ω10c | −0.49 | 0.29 | −0.20 | −0.15 | 0.14 | −0.10 | −0.12 |
| [12] c18:0 | −0.01 | −0.30 | 0.04 | 0.36 | −0.01 | −0.09 | −0.04 |
| [13] feature 4 | −0.21 | 0.12 | 0.00 | −0.17 | −0.05 | −0.14 | −0.05 |
| [14] 平均温度 | 0.14 | −0.17 | 0.22 | 0.09 | −0.12 | 0.12 | −0.13 |

| 相关系数 | c14:0 | 16:1ω11c | 16:1ω7c alcohol | 17:1 iso ω10c | c18:0 | feature 4 | 平均温度 |
|---|---|---|---|---|---|---|---|
| [1] 15:0 anteiso | −0.05 | −0.35 | −0.40 | −0.49 | −0.01 | −0.21 | 0.14 |
| [2] 15:0 iso | −0.19 | 0.22 | 0.42 | 0.29 | −0.30 | 0.12 | −0.17 |
| [3] 17:0 anteiso | −0.34 | −0.29 | −0.32 | −0.20 | 0.04 | 0.00 | 0.22 |
| [4] c16:0 | 0.53 | −0.01 | −0.25 | −0.15 | 0.36 | −0.17 | 0.09 |
| [5] 17:0 iso | −0.27 | −0.12 | −0.17 | 0.14 | −0.01 | −0.05 | −0.12 |
| [6] 16:0 iso | −0.17 | −0.12 | 0.21 | −0.10 | −0.09 | −0.14 | 0.12 |
| [7] 14:0 iso | 0.29 | 0.11 | 0.31 | −0.12 | −0.04 | −0.05 | −0.13 |
| [8] c14:0 | 1.00 | 0.20 | −0.12 | 0.06 | 0.08 | −0.03 | 0.21 |
| [9] 16:1ω11c | 0.20 | 1.00 | 0.31 | 0.72 | −0.03 | 0.64 | −0.19 |
| [10] 16:1ω7c alcohol | −0.12 | 0.31 | 1.00 | 0.22 | −0.11 | 0.23 | −0.21 |
| [11] 17:1 iso ω10c | 0.06 | 0.72 | 0.22 | 1.00 | −0.07 | 0.66 | −0.17 |
| [12] c18:0 | 0.08 | −0.03 | −0.11 | −0.07 | 1.00 | 0.02 | −0.05 |
| [13] feature 4 | −0.03 | 0.64 | 0.23 | 0.66 | 0.02 | 1.00 | −0.28 |
| [14] 平均温度 | 0.21 | −0.19 | −0.21 | −0.17 | −0.05 | −0.28 | 1.00 |

注：相关系数临界值，$a$=0.05 时，$R$=0.2072；$a$=0.01 时，$R$=0.2702

## 四、芽胞杆菌温度适应性回归分析

芽胞杆菌温度适应性多元回归方程的建立：以温度适应性平均值（$Y_i$）为因变量，以 13 个脂肪酸生物标记（$X_{ij}$）为自变量，对 90 种芽胞杆菌进行逐步回归建模。方程如下：

$$Y_{(\text{平均温度})}=29.5048+0.2110X_{1(17:0\ \text{anteiso})}-0.1206X_{2(\text{c}16:0)}-0.1712X_{3(17:0\ \text{iso})}+0.1657X_{4(16:0\ \text{iso})}-0.5214X_{5(14:0\ \text{iso})}+1.3492X_{6(\text{c}14:0)}-1.4191X_{7(\text{feature 4})} \quad (3\text{-}4\text{-}1)$$

回归方程检验的复相关系数 $R$=0.505 678，决定系数 $R^2$=0.2557，剩余标准差 SSE=5.2872，调整相关系数 $R_a$=0.438 37，调整决定系数 $R_a^2$=0.1921。回归方程分析的检验结果为 $P$=0.0008<0.01，极显著（表 3-4-2）。

**表 3-4-2　温度平均值（$Y_i$）与 90 种芽胞杆菌脂肪酸生物标记（$X_{ij}$）回归方程的方差分析**

| 变异来源 | 平方和 | 自由度 | 均方 | $F$ 值 | $P$ |
|---|---|---|---|---|---|
| 回归 | 787.5259 | 7 | 112.5037 | 4.0246 | 0.0008 |
| 残差 | 2292.2275 | 82 | 27.9540 | | |
| 总变异 | 3079.7534 | 89 | | | |

回归方程偏相关分析结果见表 3-4-3。温度平均值与脂肪酸 17:0 anteiso 显著相关，$P$=0.0498<0.05，也即当脂肪酸 17:0 anteiso 含量上升时，芽胞杆菌的适应温度上升，适应高温环境能力增加。温度平均值与脂肪酸 c14:0 极显著正相关，$P$=0.0022<0.01，即 c14:0 含量上升时，芽胞杆菌适应的温度也随之上升；温度平均值与复合脂肪酸 feature 4 极显著负相关，$P$=0.0043<0.01，当 feature 4 上升时，芽胞杆菌的适应温度下降。

**表 3-4-3　温度平均值（$Y_i$）与 90 种芽胞杆菌脂肪酸生物标记（$X_{ij}$）回归方程的偏相关分析**

| 因子 | 回归系数 | 标准回归系数 | 偏相关 | $t$ 值 | $P$ |
|---|---|---|---|---|---|
| 17:0 anteiso | 0.2110 | 0.2281 | 0.2147 | 1.9907 | 0.0498 |
| c16:0 | −0.1206 | −0.1304 | −0.1225 | 1.1177 | 0.2669 |
| 17:0 iso | −0.1712 | −0.1109 | −0.1092 | 0.9952 | 0.3225 |
| 16:0 iso | 0.1657 | 0.1041 | 0.1116 | 1.0173 | 0.3120 |
| 14:0 iso | −0.5215 | −0.2123 | −0.1882 | 1.7354 | 0.0864 |
| c14:0 | 1.3492 | 0.3989 | 0.3296 | 3.1611 | 0.0022 |
| feature 4 | −1.4191 | −0.2906 | −0.3084 | 2.9358 | 0.0043 |

90 种芽胞杆菌适应的平均温度与显著偏相关的脂肪酸的相互关系见表 3-4-4。从表中可知，当平均温度从 16.11℃上升到 41.35℃时，17:0 anteiso 从 4.77%上升到 12.19%，c14:0 从 1.26%上升到 2.35%，feature 4 从 1.71%下降到 0.16%。

**表 3-4-4　90 种芽胞杆菌的平均温度与显著偏相关的脂肪酸的相互关系**

| 因子 | 10～19℃组 脂肪酸平均值 | 20～29℃组 脂肪酸平均值 | 30～39℃组 脂肪酸平均值 | 40～49℃组 脂肪酸平均值 |
|---|---|---|---|---|
| 17:0 anteiso/% | 4.77 | 7.69 | 8.77 | 12.19 |
| c14:0/% | 1.26 | 1.42 | 1.50 | 2.35 |
| feature 4/% | 1.71 | 1.22 | 0.41 | 0.16 |
| 平均温度/℃ | 16.11 | 25.09 | 31.94 | 41.35 |

曲线拟合结果见表 3-4-5。90 种芽胞杆菌的观察值和拟合值见图 3-4-1～图 3-4-3。大部分芽胞杆菌适应温度为 23～35℃。

**表 3-4-5　温度平均值（$Y_i$）与 90 种芽胞杆菌脂肪酸生物标记（$X_{ij}$）回归方程的拟合值**

| 样本号 | 芽胞杆菌种名 | 观察值/℃ | 拟合值/℃ | 拟合误差 | 相对误差/% |
|---|---|---|---|---|---|
| 1 | *Bacillus acidiceler* | 30.00 | 32.46 | −2.46 | 8.20 |
| 2 | *B. acidicola* | 30.00 | 33.06 | −3.06 | 10.22 |
| 3 | *B. acidiproducens* | 40.00 | 35.31 | 4.69 | 11.73 |
| 4 | *B. agaradhaerens* | 25.00 | 27.16 | −2.16 | 8.65 |
| 5 | *B. alcalophilus* | 25.00 | 33.43 | −8.43 | 33.70 |
| 6 | *B. alkalitelluris* | 27.50 | 28.68 | −1.18 | 4.31 |
| 7 | *B. altitudinis* | 26.50 | 28.97 | −2.47 | 9.33 |
| 8 | *B. amyloliquefaciens* | 30.00 | 29.06 | 0.94 | 3.13 |
| 9 | *B. aryabhattai* | 23.50 | 29.38 | −5.88 | 25.03 |
| 10 | *B. atrophaeus* | 30.00 | 29.88 | 0.12 | 0.40 |
| 11 | *B. badius* | 30.00 | 28.42 | 1.58 | 5.25 |
| 12 | *B. bataviensis* | 40.00 | 26.68 | 13.32 | 33.31 |
| 13 | *B. beijingensis* | 26.00 | 29.48 | −3.48 | 13.38 |
| 14 | *B. boroniphilus* | 26.00 | 24.60 | 1.40 | 5.40 |
| 15 | *B. butanolivorans* | 25.00 | 28.45 | −3.45 | 13.80 |
| 16 | *B. carboniphilus* | 30.00 | 28.22 | 1.78 | 5.94 |
| 17 | *B. cellulosilyticus* | 30.00 | 29.63 | 0.37 | 1.22 |
| 18 | *B. cereus* | 30.00 | 29.84 | 0.16 | 0.53 |
| 19 | *B. cibi* | 27.50 | 28.25 | −0.75 | 2.73 |
| 20 | *B. circulans* | 36.67 | 36.31 | 0.36 | 0.97 |
| 21 | *B. clausii* | 35.00 | 28.07 | 6.93 | 19.81 |
| 22 | *B. coagulans* | 35.00 | 30.75 | 4.25 | 12.14 |
| 23 | *B. cohnii* | 25.00 | 27.47 | −2.47 | 9.86 |
| 24 | *B. decisifrondis* | 32.50 | 28.75 | 3.75 | 11.53 |
| 25 | *B. decolorationis* | 22.50 | 31.35 | −8.85 | 39.33 |
| 26 | *B. drentensis* | 40.00 | 35.27 | 4.73 | 11.83 |
| 27 | *B. endophyticus* | 27.67 | 31.07 | −3.40 | 12.28 |
| 28 | *B. fastidiosus* | 25.00 | 29.14 | −4.14 | 16.55 |
| 29 | *B. flexus* | 25.00 | 24.04 | 0.96 | 3.86 |
| 30 | *B. fordii* | 20.00 | 30.11 | −10.11 | 50.55 |
| 31 | *B. fortis* | 30.00 | 31.82 | −1.82 | 6.05 |
| 32 | *B. fusiformis* | 30.00 | 29.41 | 0.59 | 1.97 |
| 33 | *B. galactosidilyticus* | 35.00 | 34.09 | 0.91 | 2.60 |
| 34 | *B. gelatini* | 47.17 | 30.99 | 16.18 | 34.31 |
| 35 | *B. ginsengihumi* | 40.00 | 36.16 | 3.84 | 9.59 |
| 36 | *B. globisporus* | 13.33 | 29.61 | −16.28 | 122.07 |
| 37 | *B. hemicellulosilyticus* | 25.00 | 32.89 | −7.89 | 31.58 |
| 38 | *B. horikoshii* | 28.33 | 23.21 | 5.12 | 18.08 |
| 39 | *B. humi* | 30.00 | 24.91 | 5.09 | 16.97 |
| 40 | *B. indicus* | 25.00 | 28.29 | −3.29 | 13.17 |
| 41 | *B. isronensis* | 21.00 | 27.37 | −6.37 | 30.33 |
| 42 | *B. koreensis* | 31.50 | 28.45 | 3.05 | 9.67 |
| 43 | *B. kribbensis* | 30.00 | 32.27 | −2.27 | 7.56 |
| 44 | *B. lehensis* | 23.50 | 30.76 | −7.26 | 30.89 |
| 45 | *Paenibacillus lentimorbus* | 27.50 | 30.02 | −2.52 | 9.18 |

续表

| 样本号 | 芽胞杆菌种名 | 观察值/℃ | 拟合值/℃ | 拟合误差 | 相对误差/% |
|---|---|---|---|---|---|
| 46 | *B. licheniformis* | 35.00 | 29.40 | 5.60 | 15.99 |
| 47 | *B. luciferensis* | 30.00 | 31.00 | −1.00 | 3.34 |
| 48 | *B. macyae* | 30.00 | 34.17 | −4.17 | 13.91 |
| 49 | *B. marisflavi* | 25.00 | 29.88 | −4.88 | 19.54 |
| 50 | *B. massiliensis* | 35.00 | 30.64 | 4.36 | 12.44 |
| 51 | *B. megaterium* | 30.00 | 27.32 | 2.68 | 8.92 |
| 52 | *B. mojavensis* | 30.00 | 28.76 | 1.24 | 4.13 |
| 53 | *B. muralis* | 30.00 | 29.68 | 0.32 | 1.06 |
| 54 | *B. murimartini* | 20.00 | 29.55 | −9.55 | 47.74 |
| 55 | *B. mycoides* | 35.00 | 31.96 | 3.04 | 8.68 |
| 56 | *B. nealsonii* | 42.50 | 39.92 | 2.58 | 6.07 |
| 57 | *B. niabensis* | 32.50 | 30.08 | 2.42 | 7.45 |
| 58 | *B. niacini* | 25.00 | 26.27 | −1.27 | 5.07 |
| 59 | *B. novalis* | 40.00 | 30.71 | 9.29 | 23.23 |
| 60 | *B. odysseyi* | 35.00 | 28.97 | 6.03 | 17.22 |
| 61 | *B. okhensis* | 32.50 | 32.31 | 0.19 | 0.58 |
| 62 | *B. okuhidensis* | 42.50 | 32.07 | 10.43 | 24.55 |
| 63 | *B. oleronius* | 40.00 | 32.26 | 7.74 | 19.35 |
| 64 | *B. panaciterrae* | 32.50 | 32.10 | 0.40 | 1.24 |
| 65 | *Virgibacillus pantothenticus* | 36.67 | 34.38 | 2.28 | 6.23 |
| 66 | *B. patagoniensis* | 25.00 | 28.51 | −3.51 | 14.05 |
| 67 | *B. pseudalcaliphilus* | 25.00 | 29.73 | −4.73 | 18.92 |
| 68 | *B. pseudomycoides* | 27.50 | 29.33 | −1.83 | 6.65 |
| 69 | *B. psychrosaccharolyticus* | 17.50 | 26.41 | −8.91 | 50.91 |
| 70 | *Psychrobacillus psychrotolerans* | 17.50 | 24.09 | −6.59 | 37.64 |
| 71 | *B. pumilus* | 30.00 | 29.25 | 0.75 | 2.49 |
| 72 | *B. ruris* | 35.00 | 30.18 | 4.82 | 13.76 |
| 73 | *B. safensis* | 30.00 | 29.43 | 0.57 | 1.89 |
| 74 | *B. selenatarsenatis* | 32.50 | 33.80 | −1.30 | 4.00 |
| 75 | *B. selenitireducens* | 27.50 | 31.45 | −3.95 | 14.36 |
| 76 | *B. seohaeanensis* | 32.50 | 33.43 | −0.93 | 2.85 |
| 77 | *B. shackletonii* | 35.00 | 34.86 | 0.14 | 0.39 |
| 78 | *B. simplex* | 30.00 | 30.90 | −0.90 | 2.99 |
| 79 | *B. siralis* | 35.00 | 31.18 | 3.82 | 10.91 |
| 80 | *B. soli* | 35.00 | 29.22 | 5.78 | 16.51 |
| 81 | *B. sonorensis* | 30.00 | 30.75 | −0.75 | 2.49 |
| 82 | *Lysinibacillus sphaericus* | 30.00 | 28.22 | 1.78 | 5.93 |
| 83 | *B. subtilis* | 30.00 | 28.60 | 1.40 | 4.66 |
| 84 | *B. subtilis* subsp. *inaquosorum* | 35.00 | 29.13 | 5.87 | 16.77 |
| 85 | *B. subtilis* subsp. *spizizenii* | 30.00 | 29.58 | 0.42 | 1.39 |
| 86 | *B. subtilis* subsp. *subtilis* | 30.00 | 28.57 | 1.43 | 4.76 |
| 87 | *B. thuringiensis* | 30.00 | 30.89 | −0.89 | 2.98 |
| 88 | *B. vallismortis* | 30.00 | 27.50 | 2.50 | 8.34 |
| 89 | *B. vedderi* | 35.00 | 37.84 | −2.84 | 8.13 |
| 90 | *B. vietnamensis* | 25.00 | 24.96 | 0.04 | 0.16 |

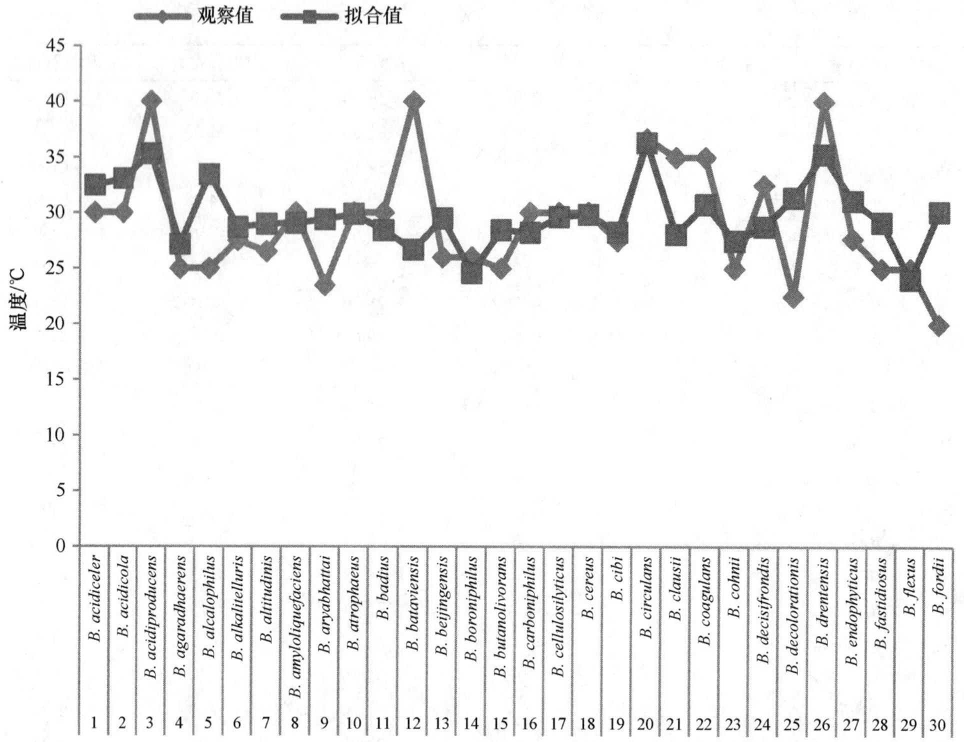


图 3-4-1　芽胞杆菌温度平均值适应性（I）

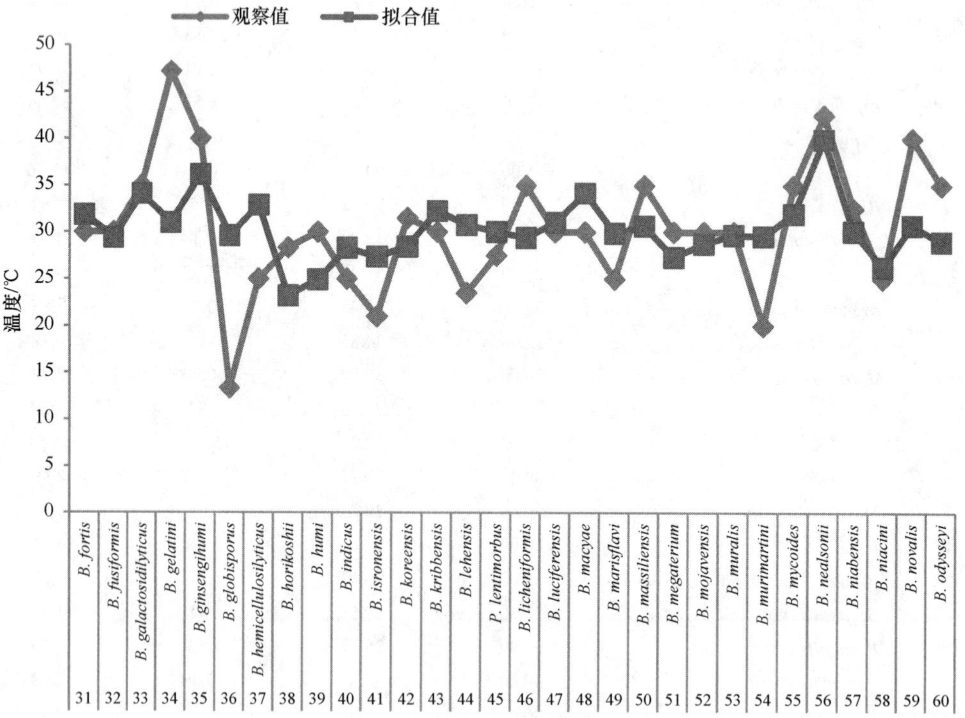


图 3-4-2　芽胞杆菌温度平均值适应性（II）

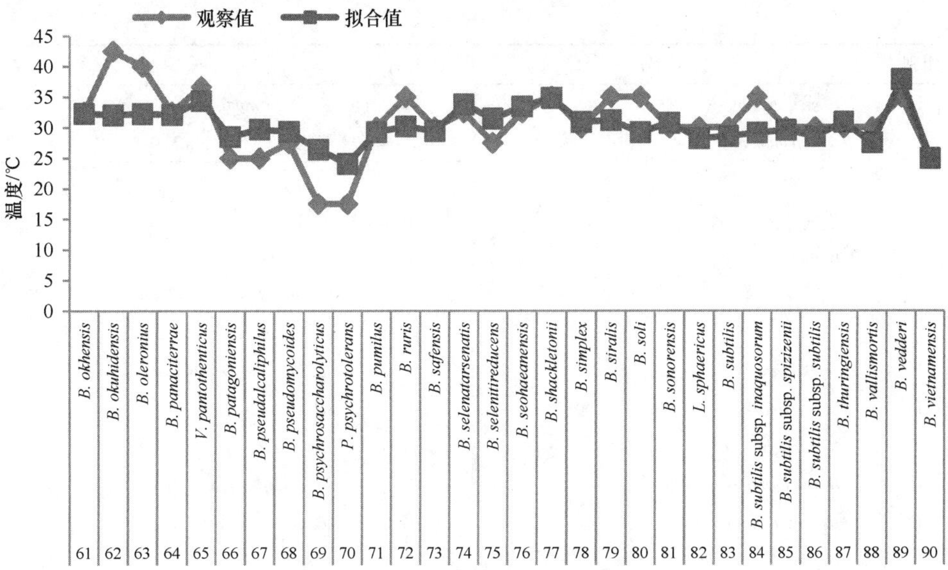


图 3-4-3　芽胞杆菌温度平均值适应性（III）

## 五、芽胞杆菌温度适应性聚类分析

芽胞杆菌温度适应性聚类分析：对 90 种芽胞杆菌的温度适应性及其主要脂肪酸组等 14 个因子进行聚类分析，以芽胞杆菌种类为样本，以 14 个因子为指标，数据不转换，以欧氏距离为尺度，用可变类平均法进行系统聚类，分析结果见表 3-4-6 和图 3-4-4。

**表 3-4-6　芽胞杆菌温度适应性分组**

| 组别 | 种名 | 组别 | 种名 |
|---|---|---|---|
| I | *Bacillus agaradhaerens* | I | *B. decolorationis* |
| I | *B. alcalophilus* | I | *B. fastidiosus* |
| I | *B. alkalitelluris* | I | *B. flexus* |
| I | *B. altitudinis* | I | *B. fordii* |
| I | *B. amyloliquefaciens* | I | *B. fortis* |
| I | *B. aryabhattai* | I | *B. fusiformis* |
| I | *B. badius* | I | *B. globisporus* |
| I | *B. bataviensis* | I | *B. horikoshii* |
| I | *B. boroniphilus* | I | *B. indicus* |
| I | *B. carboniphilus* | I | *B. isronensis* |
| I | *B. cellulosilyticus* | I | *B. koreensis* |
| I | *B. cereus* | I | *B. lehensis* |
| I | *B. cibi* | I | *Paenibacillus lentimorbus* |
| I | *B. clausii* | I | *B. licheniformis* |
| I | *B. coagulans* | I | *B. luciferensis* |
| I | *B. cohnii* | I | *B. marisflavi* |
| I | *B. decisifrondis* | I | *B. massiliensis* |

续表

| 组别 | 种名 | 组别 | 种名 |
|---|---|---|---|
| I | *B. megaterium* | I | *B. vallismortis* |
| I | *B. murimartini* | 第 I 组 64 种 | 温度平均值= 29.2370℃ |
| I | *B. mycoides* | II | *B. acidiceler* |
| I | *B. nealsonii* | II | *B. acidicola* |
| I | *B. niacini* | II | *B. acidiproducens* |
| I | *B. novalis* | II | *B. atrophaeus* |
| I | *B. odysseyi* | II | *B. beijingensis* |
| I | *B. okuhidensis* | II | *B. butanolivorans* |
| I | *B. oleronius* | II | *B. circulans* |
| I | *B. panaciterrae* | II | *B. drentensis* |
| I | *B. patagoniensis* | II | *B. endophyticus* |
| I | *B. pseudalcaliphilus* | II | *B. galactosidilyticus* |
| I | *B. pseudomycoides* | II | *B. gelatini* |
| I | *B. psychrosaccharolyticus* | II | *B. ginsengihumi* |
| I | *Psychrobacillus psychrotolerans* | II | *B. hemicellulosilyticus* |
| I | *B. pumilus* | II | *B. humi* |
| I | *B. safensis* | II | *B. kribbensis* |
| I | *B. selenatarsenatis* | II | *B. macyae* |
| I | *B. selenitireducens* | II | *B. mojavensis* |
| I | *B. shackletonii* | II | *B. muralis* |
| I | *B. siralis* | II | *B. niabensis* |
| I | *B. soli* | II | *B. okhensis* |
| I | *B. sonorensis* | II | *Virgibacillus pantothenticus* |
| I | *Lysinibacillus sphaericus* | II | *B. ruris* |
| I | *B. subtilis* | II | *B. seohaeanensis* |
| I | *B. subtilis* subsp. *inaquosorum* | II | *B. simplex* |
| I | *B. subtilis* subsp. *spizizenii* | II | *B. vedderi* |
| I | *B. subtilis* subsp. *subtilis* | II | *B. vietnamensis* |
| I | *B. thuringiensis* | 第 II 组 26 种 | 温度平均值= 32.3718℃ |

通过芽胞杆菌温度适应性分组，可将 90 种芽胞杆菌根据脂肪酸组和温度适应性分为 2 组。第 I 组定义为中温组，温度平均值=29.2370℃，包含 64 种芽胞杆菌，即黏琼脂芽胞杆菌（*Bacillus agaradhaerens*）、嗜碱芽胞杆菌（*Bacillus alcalophilus*）、碱土芽胞杆菌（*Bacillus alkalitelluris*）、高地芽胞杆菌（*Bacillus altitudinis*）、解淀粉芽胞杆菌（*Bacillus amyloliquefaciens*）、阿氏芽胞杆菌（*Bacillus aryabhattai*）、栗褐芽胞杆菌（*Bacillus badius*）、巴达维亚芽胞杆菌（*Bacillus bataviensis*）、嗜硼芽胞杆菌（*Bacillus boroniphilus*）、嗜碳芽胞杆菌（*Bacillus carboniphilus*）、解纤维素芽胞杆菌（*Bacillus cellulosilyticus*）、蜡样芽胞杆菌（*Bacillus cereus*）、食物芽胞杆菌（*Bacillus cibi*）、克劳氏芽胞杆菌（*Bacillus clausii*）、凝结芽胞杆菌（*Bacillus coagulans*）、科恩芽胞杆菌（*Bacillus cohnii*）、腐叶芽

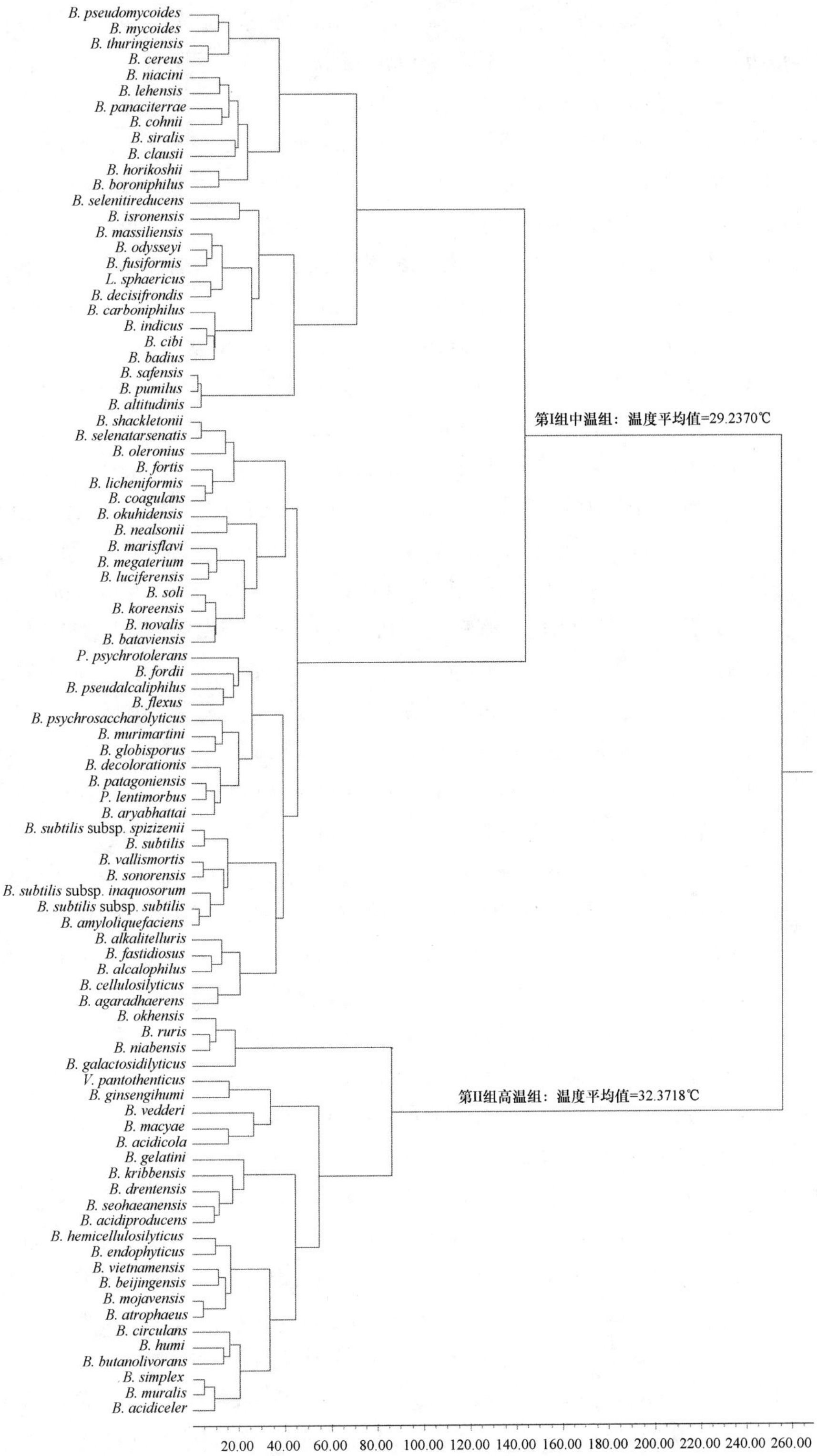


图 3-4-4　芽胞杆菌温度适应性分组聚类分析（欧氏距离）

胞杆菌（*Bacillus decisifrondis*）、脱色芽胞杆菌（*Bacillus decolorationis*）、苛求芽胞杆菌（*Bacillus fastidiosus*）、弯曲芽胞杆菌（*Bacillus flexus*）、福氏芽胞杆菌（*Bacillus fordii*）、强壮芽胞杆菌（*Bacillus fortis*）、纺锤形芽胞杆菌（*Bacillus fusiformis*）、球胞芽胞杆菌（*Bacillus globisporus*）、堀越氏芽胞杆菌（*Bacillus horikoshii*）、印度芽胞杆菌（*Bacillus indicus*）、印空研芽胞杆菌（*Bacillus isronensis*）、韩国芽胞杆菌（*Bacillus koreensis*）、列城芽胞杆菌（*Bacillus lehensis*）、慢病类芽胞杆菌（*Paenibacillus lentimorbus*）、地衣芽胞杆菌（*Bacillus licheniformis*）、路西法芽胞杆菌（*Bacillus luciferensis*）、黄海芽胞杆菌（*Bacillus marisflavi*）、马赛芽胞杆菌（*Bacillus massiliensis*）、巨大芽胞杆菌（*Bacillus megaterium*）、马丁教堂芽胞杆菌（*Bacillus murimartini*）、蕈状芽胞杆菌（*Bacillus mycoides*）、尼氏芽胞杆菌（*Bacillus nealsonii*）、烟酸芽胞杆菌（*Bacillus niacini*）、休闲地芽胞杆菌（*Bacillus novalis*）、奥德赛芽胞杆菌（*Bacillus odysseyi*）、奥飞弹温泉芽胞杆菌（*Bacillus okuhidensis*）、蔬菜芽胞杆菌（*Bacillus oleronius*）、人参地块芽胞杆菌（*Bacillus panaciterrae*）、巴塔哥尼亚芽胞杆菌（*Bacillus patagoniensis*）、假嗜碱芽胞杆菌（*Bacillus pseudalcaliphilus*）、假蕈状芽胞杆菌（*Bacillus pseudomycoides*）、冷解糖芽胞杆菌（*Bacillus psychrosaccharolyticus*）、耐冷嗜冷芽胞杆菌（*Psychrobacillus psychrotolerans*）、短小芽胞杆菌（*Bacillus pumilus*）、沙福芽胞杆菌（*Bacillus safensis*）、硒砷芽胞杆菌（*Bacillus selenatarsenatis*）、还原硒酸盐芽胞杆菌（*Bacillus selenitireducens*）、沙氏芽胞杆菌（*Bacillus shackletonii*）、青贮窖芽胞杆菌（*Bacillus siralis*）、土壤芽胞杆菌（*Bacillus soli*）、索诺拉沙漠芽胞杆菌（*Bacillus sonorensis*）、球形赖氨酸芽胞杆菌（*Lysinibacillus sphaericus*）、枯草芽胞杆菌（*Bacillus subtilis*）、枯草芽胞杆菌干燥亚种（*Bacillus subtilis* subsp. *inaquosorum*）、枯草芽胞杆菌斯氏亚种（*Bacillus subtilis* subsp. *spizizenii*）、枯草芽胞杆菌枯草亚种（*Bacillus subtilis* subsp. *subtilis*）、苏云金芽胞杆菌（*Bacillus thuringiensis*）、死谷芽胞杆菌（*Bacillus vallismortis*）。脂肪酸生物标记 15:0 anteiso、15:0 iso、17:0 anteiso、c16:0、17:0 iso、16:0 iso、14:0 iso、c14:0、16:1ω11c、16:1ω7c alcohol、17:1 iso ω10c、c18:0、feature 4 的值分别为：24.8122%、34.9120%、7.1236%、5.8706%、6.4427%、4.4850%、2.5678%、1.4167%、1.6687%、1.6144%、1.5348%、0.8073%、0.7627%（表 3-4-7）。

第 II 组定义为高温组，温度平均值=32.3718℃，包含 26 种芽胞杆菌，即酸快生芽胞杆菌（*Bacillus acidiceler*）、酸居芽胞杆菌（*Bacillus acidicola*）、产酸芽胞杆菌（*Bacillus acidiproducens*）、萎缩芽胞杆菌（*Bacillus atrophaeus*）、北京芽胞杆菌（*Bacillus beijingensis*）、食丁酸芽胞杆菌（*Bacillus butanolivorans*）、环状芽胞杆菌（*Bacillus circulans*）、钻特省芽胞杆菌（*Bacillus drentensis*）、内生芽胞杆菌（*Bacillus endophyticus*）、解半乳糖苷芽胞杆菌（*Bacillus galactosidilyticus*）、明胶芽胞杆菌（*Bacillus gelatini*）、人参土芽胞杆菌（*Bacillus ginsengihumi*）、解半纤维素芽胞杆菌（*Bacillus hemicellulosilyticus*）、土地芽胞杆菌（*Bacillus humi*）、韩研所芽胞杆菌（*Bacillus kribbensis*）、马氏芽胞杆菌（*Bacillus macyae*）、莫哈维沙漠芽胞杆菌（*Bacillus mojavensis*）、壁画芽胞杆菌（*Bacillus muralis*）、农研所芽胞杆菌（*Bacillus niabensis*）、奥哈芽胞杆菌（*Bacillus okhensis*）、泛酸枝芽胞杆菌（*Virgibacillus pantothenticus*）、农庄芽胞杆菌（*Bacillus ruris*）、西岸芽胞杆菌（*Bacillus seohaeanensis*）、简单芽胞杆菌（*Bacillus simplex*）、威氏芽胞杆菌（*Bacillus vedderi*）、越南芽胞杆菌（*Bacillus vietnamensis*）。脂肪酸生物标记 15:0 anteiso、15:0 iso、17:0 anteiso、c16:0、17:0 iso、16:0 iso、14:0 iso、c14:0、16:1ω11c、16:1ω7c alcohol、17:1 iso ω10c、c18:0、feature 4 的值分别为：44.7096%、12.5194%、12.3446%、9.1396%、2.3254%、6.3431%、3.0565%、1.8906%、0.9715%、0.6269%、0.2685%、1.0442%、0.5085%（表 3-4-7）。

**表 3-4-7　芽胞杆菌温度适应性分组因子分析**

| 脂肪酸组 | 第 I 组（64 种）<br>中温组平均值/% | 第 II 组（26 种）<br>高温组平均值/% |
|---|---|---|
| 15:0 anteiso | 24.8122 | 45.7096 |
| 15:0 iso | 34.9120 | 12.5194 |
| 17:0 anteiso | 7.1236 | 12.3446 |
| 17:0 iso | 6.4427 | 2.3254 |
| 16:0 iso | 4.4850 | 6.3431 |
| 14:0 iso | 2.5678 | 3.0565 |
| 16:1ω11c | 1.6687 | 0.9715 |
| 16:1ω7c alcohol | 1.6144 | 0.6269 |
| 17:1 iso ω10c | 1.5348 | 0.2685 |
| c16:0 | 5.8706 | 9.1396 |
| c14:0 | 1.4167 | 1.8906 |
| c18:0 | 0.8073 | 1.0442 |
| feature 4 | 0.7627 | 0.5085 |
| 平均温度 | 29.2370℃ | 32.3718℃ |

综上所述，中温组与高温组相比较，芽胞杆菌脂肪酸组成存在较大差异；对于支链脂肪酸，中温组 15:0 anteiso 平均值为 24.8122%，仅为高温组的（45.7096%）54.28%；中温组 15:0 iso 平均值为 34.9120%，是高温组的（12.5194%）2.79 倍，其余差异见表 3-4-7；对于直链脂肪酸，中温组比高温组低，如中温组 c16:0 平均值为 5.8706%，仅为高温组（9.1396%）的 64.23%。

## 六、芽胞杆菌温度适应性判别分析

芽胞杆菌温度适应性判别分析原理：不同的芽胞杆菌菌株具有不同的脂肪酸组构成，对生长环境的温度适应性存在差异，通过上述聚类分析，可将不同温度适应性的芽胞杆菌分为 2 类，利用逐步判别的方法（DPS 软件），建立芽胞杆菌温度适应性类别判别模型，在建立模型的过程中可以了解各因子对类别划分的重要性。

矩阵构建。由 90 种芽胞杆菌特征脂肪酸组数据（表 3-1-2）、温度适应性范围（表 3-1-10）及其脂肪酸组聚类分析的类别（表 3-4-6）构建矩阵，自变量 $X_{ij}$（$i$=1,…,90;$j$=1,…,14）由 90 种芽胞杆菌的 13 个脂肪酸和温度平均值组成（共 14 个因子），因变量 $Y_i$（$i$=1,…,90）由 90 种芽胞杆菌聚类类别组成，采用贝叶斯逐步判别分析。

逐步判别模型建立。各类别自变量（$X_i$）脂肪酸平均值见表 3-4-8；逐步判别模型因子入选筛选过程见表 3-4-9；逐步判别过程两两分类间判别效果检验见表 3-4-10；逐步判别模型预测效果见表 3-4-11；逐步判别效果矩阵分析见表 3-4-12。判别方程为

$$Y_1=-15.3962+0.6461X_2+1.0497X_5+1.8225X_{12} \quad (3\text{-}4\text{-}2)$$

$$Y_2=-2.6397+0.2588X_2+0.3921X_5+1.0798X_{12} \quad (3\text{-}4\text{-}3)$$

式中，$X_2$为 15:0 iso，$X_5$为 17:0 iso，$X_{12}$为 c18:0；这 3 个因子入选的 Wilks 统计量分别为 0.3964、0.7249、0.9388，Wilks 统计量越小的因子与芽胞杆菌温度适应性分类的关系越大，$P$ 值检验都为显著（$P<0.05$），表明芽胞杆菌温度适应性类别与因子作用大小顺序为 15:0 iso、17:0 iso、c18:0。

**表 3-4-8　90 种芽胞杆菌各类别因子平均值**

| | 因子 | 第 1 类/% | 第 2 类/% | 总和/% |
|---|---|---|---|---|
| $X_1$ | 15:0 anteiso | 24.8122 | 45.7096 | 30.8492 |
| $X_2$ | 15:0 iso | 34.9120 | 12.5194 | 28.4431 |
| $X_3$ | 17:0 anteiso | 7.1236 | 12.3446 | 8.6319 |
| $X_4$ | c16:0 | 5.8706 | 9.1396 | 6.8150 |
| $X_5$ | 17:0 iso | 6.4427 | 2.3254 | 5.2532 |
| $X_6$ | 16:0 iso | 4.4850 | 6.3431 | 5.0218 |
| $X_7$ | 14:0 iso | 2.5678 | 3.0565 | 2.7090 |
| $X_8$ | c14:0 | 1.4167 | 1.8906 | 1.5536 |
| $X_9$ | 16:1ω11c | 1.6688 | 0.9715 | 1.4673 |
| $X_{10}$ | 16:1ω7c alcohol | 1.6144 | 0.6269 | 1.3291 |
| $X_{11}$ | 17:1 iso ω10c | 1.5348 | 0.2685 | 1.1690 |
| $X_{12}$ | c18:0 | 0.8073 | 1.0442 | 0.8757 |
| $X_{13}$ | feature 4 | 0.7627 | 0.5085 | 0.6893 |
| $X_{14}$ | 温度平均值 | 29.237℃ | 32.3718℃ | 30.1426℃ |

**表 3-4-9　逐步判别模型因子入选筛选过程**

| | 因子 | Wilks 统计量 | $F$ 值 | df | $P$ | 入选状态 |
|---|---|---|---|---|---|---|
| $X_1$ | 15:0 anteiso | 0.9905 | 0.8174 | 1，85 | 0.3685 | |
| $X_2$ | 15:0 iso | 0.3964 | 130.9787 | 1，86 | 0.0000 | （已入选） |
| $X_3$ | 17:0 anteiso | 0.9616 | 3.3980 | 1，85 | 0.0688 | |
| $X_4$ | c16:0 | 0.9984 | 0.1395 | 1，85 | 0.7097 | |
| $X_5$ | 17:0 iso | 0.7249 | 32.6391 | 1，86 | 0.0000 | （已入选） |
| $X_6$ | 16:0 iso | 0.9954 | 0.3907 | 1，85 | 0.5336 | |
| $X_7$ | 14:0 iso | 0.9604 | 3.5021 | 1，85 | 0.0647 | |
| $X_8$ | c14:0 | 0.9682 | 2.7923 | 1，85 | 0.0984 | |
| $X_9$ | 16:1ω11c | 0.9966 | 0.2917 | 1，85 | 0.5906 | |
| $X_{10}$ | 16:1ω7c alcohol | 0.9826 | 1.5084 | 1，85 | 0.2228 | |
| $X_{11}$ | 17:1 iso ω10c | 0.9918 | 0.7003 | 1，85 | 0.4050 | |
| $X_{12}$ | c18:0 | 0.9388 | 5.6078 | 1，86 | 0.0199 | （已入选） |
| $X_{13}$ | feature 4 | 0.9976 | 0.2053 | 1，85 | 0.6516 | |
| $X_{14}$ | 温度平均值 | 0.9838 | 1.3961 | 1，85 | 0.2407 | |

注：共选入 3 个变量，卡方值=104.683，$P$=0.000 01

表 3-4-10　逐步判别过程两两分类间判别效果检验

| 类别 | 类别 | 马氏距离 | F 值 | 自由度 $V_1$ | $V_2$ | P |
|---|---|---|---|---|---|---|
| 1 | 2 | 11.2050 | 67.4866 | 3 | 86 | $1.0 \times 10^{-7}$ |

表 3-4-11　逐步判别模型预测效果

| 序号 | 原分类 | 计算分类 | 后验概率 | 芽胞杆菌种名 | 序号 | 原分类 | 计算分类 | 后验概率 | 芽胞杆菌种名 |
|---|---|---|---|---|---|---|---|---|---|
| 1 | 2 | 2 | 0.9975 | *Bacillus acidiceler* | 37 | 2 | 2 | 0.5883 | *B. hemicellulosilyticus* |
| 2 | 2 | 2 | 0.9997 | *B. acidicola* | 38 | 1 | 1 | 0.9255 | *B. horikoshii* |
| 3 | 2 | 2 | 0.9998 | *B. acidiproducens* | 39 | 2 | 2 | 0.9939 | *B. humi* |
| 4 | 1 | 1 | 0.9949 | *B. agaradhaerens* | 40 | 1 | 1 | 0.9974 | *B. indicus* |
| 5 | 1 | 1 | 0.8859 | *B. alcalophilus* | 41 | 1 | 1 | 1.0000 | *B. isronensis* |
| 6 | 1 | 2* | 0.6328 | *B. alkalitelluris* | 42 | 1 | 1 | 0.9970 | *B. koreensis* |
| 7 | 1 | 1 | 1.0000 | *B. altitudinis* | 43 | 2 | 2 | 0.9997 | *B. kribbensis* |
| 8 | 1 | 1 | 0.9999 | *B. amyloliquefaciens* | 44 | 1 | 1 | 0.9999 | *B. lehensis* |
| 9 | 1 | 1 | 0.9970 | *B. aryabhattai* | 45 | 1 | 1 | 0.9998 | *Paenibacillus lentimorbus* |
| 10 | 2 | 2 | 0.5553 | *B. atrophaeus* | 46 | 1 | 1 | 0.9999 | *B. licheniformis* |
| 11 | 1 | 1 | 0.9995 | *B. badius* | 47 | 1 | 1 | 0.7950 | *B. luciferensis* |
| 12 | 1 | 1 | 0.9913 | *B. bataviensis* | 48 | 2 | 2 | 0.9757 | *B. macyae* |
| 13 | 2 | 2 | 0.7285 | *B. beijingensis* | 49 | 1 | 1 | 0.5512 | *B. marisflavi* |
| 14 | 1 | 1 | 1.0000 | *B. boroniphilus* | 50 | 1 | 1 | 1.0000 | *B. massiliensis* |
| 15 | 2 | 2 | 0.9976 | *B. butanolivorans* | 51 | 1 | 1 | 0.7721 | *B. megaterium* |
| 16 | 1 | 1 | 1.0000 | *B. carboniphilus* | 52 | 2 | 2 | 0.8205 | *B. mojavensis* |
| 17 | 1 | 1 | 0.9924 | *B. cellulosilyticus* | 53 | 2 | 2 | 0.9476 | *B. muralis* |
| 18 | 1 | 1 | 0.9995 | *B. cereus* | 54 | 1 | 1 | 0.9968 | *B. murimartini* |
| 19 | 1 | 1 | 0.9999 | *B. cibi* | 55 | 1 | 1 | 0.9910 | *B. mycoides* |
| 20 | 2 | 2 | 0.9955 | *B. circulans* | 56 | 1 | 2* | 0.9122 | *B. nealsonii* |
| 21 | 1 | 1 | 1.0000 | *B. clausii* | 57 | 2 | 2 | 0.9963 | *B. niabensis* |
| 22 | 1 | 1 | 0.9987 | *B. coagulans* | 58 | 1 | 1 | 0.9960 | *B. niacini* |
| 23 | 1 | 1 | 0.9963 | *B. cohnii* | 59 | 1 | 1 | 0.9924 | *B. novalis* |
| 24 | 1 | 1 | 1.0000 | *B. decisifrondis* | 60 | 1 | 1 | 1.0000 | *B. odysseyi* |
| 25 | 1 | 1 | 0.9998 | *B. decolorationis* | 61 | 2 | 2 | 0.9955 | *B. okhensis* |
| 26 | 2 | 2 | 0.9999 | *B. drentensis* | 62 | 1 | 1 | 0.9865 | *B. okuhidensis* |
| 27 | 2 | 2 | 0.9782 | *B. endophyticus* | 63 | 1 | 1 | 1.0000 | *B. oleronius* |
| 28 | 1 | 1 | 0.9973 | *B. fastidiosus* | 64 | 1 | 1 | 0.9975 | *B. panaciterrae* |
| 29 | 1 | 1 | 0.8320 | *B. flexus* | 65 | 2 | 2 | 0.9937 | *Virgibacillus pantothenticus* |
| 30 | 1 | 1 | 0.9990 | *B. fordii* | 66 | 1 | 1 | 0.9989 | *B. patagoniensis* |
| 31 | 1 | 1 | 0.9979 | *B. fortis* | 67 | 1 | 1 | 0.7632 | *B. pseudalcaliphilus* |
| 32 | 1 | 1 | 1.0000 | *B. fusiformis* | 68 | 1 | 1 | 0.9954 | *B. pseudomycoides* |
| 33 | 2 | 2 | 0.9697 | *B. galactosidilyticus* | 69 | 1 | 1 | 0.9832 | *B. psychrosaccharolyticus* |
| 34 | 2 | 2 | 0.9216 | *B. gelatini* | 70 | 1 | 1 | 0.5998 | *Psychrobacillus psychrotolerans* |
| 35 | 2 | 2 | 0.7406 | *B. ginsengihumi* | 71 | 1 | 1 | 1.0000 | *B. pumilus* |
| 36 | 1 | 1 | 0.9995 | *B. globisporus* | 72 | 2 | 2 | 0.9879 | *B. ruris* |

续表

| 序号 | 原分类 | 计算分类 | 后验概率 | 芽胞杆菌种名 | 序号 | 原分类 | 计算分类 | 后验概率 | 芽胞杆菌种名 |
|---|---|---|---|---|---|---|---|---|---|
| 73 | 1 | 1 | 1.0000 | *B. safensis* | 82 | 1 | 1 | 1.0000 | *Lysinibacillus sphaericus* |
| 74 | 1 | 1 | 0.9935 | *B. selenatarsenatis* | 83 | 1 | 1 | 0.9911 | *B. subtilis* |
| 75 | 1 | 1 | 1.0000 | *B. selenitireducens* | 84 | 1 | 1 | 0.9990 | *B. subtilis* subsp. *inaquosorum* |
| 76 | 2 | 2 | 0.9990 | *B. seohaeanensis* | 85 | 1 | 1 | 0.9903 | *B. subtilis* subsp. *spizizenii* |
| 77 | 1 | 1 | 0.9910 | *B. shackletonii* | 86 | 1 | 1 | 0.9991 | *B. subtilis* subsp. *subtilis* |
| 78 | 2 | 2 | 0.9932 | *B. simplex* | 87 | 1 | 1 | 0.9998 | *B. thuringiensis* |
| 79 | 1 | 1 | 0.9813 | *B. siralis* | 88 | 1 | 1 | 0.9968 | *B. vallismortis* |
| 80 | 1 | 1 | 0.9967 | *B. soli* | 89 | 2 | 2 | 0.9998 | *B. vedderi* |
| 81 | 1 | 1 | 0.9786 | *B. sonorensis* | 90 | 2 | 2 | 0.9726 | *B. vietnamensis* |

*表示判错

**表 3-4-12 逐步判别效果矩阵分析**

| 来自 \ 判为 | 第 1 类 | 第 2 类 | 小计 | 正确率 |
|---|---|---|---|---|
| 第 1 类 | 62 | 2 | 64 | 0.9688 |
| 第 2 类 | 0 | 26 | 26 | 1 |

注：判对的概率=0.977 78

芽胞杆菌温度适应性逐步判别方程两两分类间判别效果检验结果表明（表 3-4-10），类别 1 和 2 的马氏距离为 11.2050，*F* 值检验为 67.4866，显著性检验极显著（$P<0.01$）。

逐步判别模型预测效果表明（表 3-4-11），第 1 类 64 种芽胞杆菌，判对 62 种，判错 2 种，判别准确率为 96.88%，第 2 类判别准确率为 100%；整个方程判对的概率为 97.778%，表明判别方程具有较高的实用性（表 3-4-12）。在应用时，测定供试芽胞杆菌脂肪酸组，分别将 $X_2$=15:0 iso、$X_5$=17:0 iso、$X_{12}$=c18:0 的脂肪酸百分比代入方程，计算 $Y$ 值，当 $Y \cong Y_1$ 时，该芽胞杆菌温度适应性为第 1 类；当 $Y \cong Y_2$ 时，属于第 2 类；第 1 类温度平均值=29.237℃，第 2 类温度平均值=32.3718℃；能够清楚地识别出特定芽胞杆菌的温度适应特性。

## 七、讨论

国际上，芽胞杆菌脂肪酸组与温度适应的相关性有过许多研究。例如，Weerkamp 和 Heinen（1972）研究了温度对嗜温芽胞杆菌（*Bacillus caldolyticus* 和 *Bacillus caldotenax*，均未合格化）脂肪酸组成的影响；de Rosa 等（1974）分析了温度和 pH 对酸热芽胞杆菌（*Bacillus acidocaldarius*，已重分类为 *Alicyclobacillus acidocaldarius*）组成的影响；Eisenberg 和 Corner（1978）发现了生长温度对巨大芽胞杆菌（*Bacillus megaterium*）脂肪酸组成的影响；Paton 等（1978）分析了解淀粉芽胞杆菌（*Bacillus amyloliquefaciens*）冷休克过程脂肪酸组的变化；Bezbaruah 等（1988）研究了生长温度和培养基对嗜热噬脂肪地芽胞杆菌（*Bacillus stearothermophilus*，已重分类为 *Geobacillus stearothermophilus*）脂肪酸组变化的影响。

在国内，芽胞杆菌脂肪酸组与温度适应相关性的研究较少，但是在其他细菌中有一些研究报道。窦京娇等（2013）从第 4 次北极科学考察采集的海冰样品中分离筛选得到 3 个菌株，通过 GC-MS 检测法研究了温度和盐度对菌株质膜脂肪酸组成的影响，并应用荧光偏振法测定了不同条件下质膜的流动性。这 3 株菌在低温培养时，细胞膜流动性无显著性变化，膜脂肪酸组分中总不饱和脂肪酸和支链脂肪酸的质量分数显著升高，表明菌株通过调节膜脂肪酸不饱和度和支链化程度来维持低温下质膜的流动性，增强对冷的耐受性；高盐条件下，3 株菌细胞膜流动性与对照组基本相同，支链组分显著升高，单不饱和脂肪酸 c16:1 质量分数显著升高。在低温、高盐环境下，海冰细菌可通过改变细胞膜脂肪酸组成来调节膜流动性和结构以适应环境的变化。

王静等（2011）利用气相色谱技术分析海洋细菌的脂肪酸组成，对哈维氏弧菌（*Vibrio harveyi*）、溶藻胶弧菌（*Vibrio alginolyticus*）和易损气单胞菌（*Aeromonas trota*）的种间差异进行比较，并以哈维氏弧菌为代表研究了培养条件对菌体脂肪酸组成的影响。3 种实验菌株存在脂肪酸成分和含量的种间差异，可以利用 c14:1/c14:0、c16:1/c16:0、c17:1/c17:0 和 c18:1/c18:0 的含量比进行种属区分。哈维氏弧菌在 28℃和 36℃条件下培养时，温度升高，饱和脂肪酸含量明显升高，不饱和脂肪酸则明显降低；pH 7～9 时，脂肪酸饱和度与 pH 变化的相关性不显著。王全富等（2007）研究了 1 株南极海冰细菌——科尔韦尔氏菌（*Colwellia* sp.）NJ341 的脂肪酸组等生理参数与低温适应性的相关性，结果表明，与 15℃相比，0℃时菌株 NJ341 的生长量和蛋白质含量处于较高值；不饱和脂肪酸 16:1ω9c 和 16:1ω7c 含量显著增加（$P<0.05$），而 c18:1 显著下降（$P<0.05$）；脂质过氧化的重要参数丙二醛（MDA）含量极显著增加（$P<0.01$），但在 4～5℃时变化幅度不大；谷胱甘肽 *S*-转移酶（GST）活力在 8～22℃时没有检测到，而在 4～5℃时其活力极显著增加（$P<0.01$）。这些重要生理参数的变化将有助于了解低温微生物在接近冰点温度下的适应机制。

本研究对 90 种芽胞杆菌温度适应性及其主要脂肪酸组进行相关性分析，结果表明平均温度与脂肪酸 17:0 anteiso（0.22）、c14:0（0.21）存在显著的正相关，也即脂肪酸 17:0 anteiso 和 c14:0 含量上升时，菌株适应的平均温度升高；平均温度与 16:1ω7c alcohol（−0.21）、feature 4（−0.28）存在显著或极显著的负相关，也即 16:1ω7c alcohol 和 feature 4 含量增加时时，菌株适应的平均温度下降。回归方程偏相关分析结果表明，温度平均值与脂肪酸 17:0 anteiso 极显著相关，$P=0.0498<0.05$，也即当脂肪酸 17:0 anteiso 含量上升时，芽胞杆菌适应的温度上升，适应高温环境能力增加。温度平均值与脂肪酸 c14:0 极显著正相关，$P=0.0022<0.01$，即 c14:0 含量上升时，芽胞杆菌适应的温度也随之上升；温度平均值与复合脂肪酸 feature 4 极显著负相关，$P=0.0043<0.01$，当 feature 4 上升时，芽胞杆菌的适应温度下降。偏回归分析结果表明，温度平均值与 16:1ω11c（−0.9523）和 feature 4（−0.9529）呈显著负相关，随着脂肪酸含量上升，温度适应的平均值下降，菌株更加适应低温环境；温度平均值与 c18:0（0.9529）呈显著正相关，随着脂肪酸含量上升，温度适应的平均值上升，菌株更加适应高温环境。

聚类分析将 90 种芽胞杆菌分为 2 组，第 I 组温度平均值=29.237℃，第 II 组温度平均值=32.3718℃，能够清楚地识别出特定芽胞杆菌的温度适应特性。中温组与高温组相比较，芽胞杆菌脂肪酸组成存在较大差异：对于支链脂肪酸，中温组 15:0 anteiso 平均值为 24.8122%，仅为高温组的（45.7096%）54.28%；中温组 15:0 iso 平均值为 34.9120%，是高温组的（12.5194%）2.79 倍，其余差异见表 3-4-7；对于直链脂肪酸，中温组比高温组低，如中温组 c16:0 平均值为 5.8706%，仅为高温组（9.1396%）的 64.23%。

根据聚类分析的2类，建立逐步判别方程为 $Y_1=-15.3962+0.6461X_2+1.0497X_5+1.8225X_{12}$；$Y_2=-2.6397+0.2588X_2+0.3921X_5+1.0798X_{12}$；其中：$X_2$ 为 15:0 iso，$X_5$ 为 17:0 iso，$X_{12}$ 为 c18:0；这 3 个因子入选的 Wilks 统计量分别为 0.3964、0.7249、0.9388，Wilks 统计量越小的因子与芽胞杆菌温度适应性分类的关系越大，$P$ 值检验都为显著（$P<0.05$），表明芽胞杆菌温度适应性分类与因子作用大小顺序为 15:0 iso、17:0 iso、c18:0。第 1 类 64 种芽胞杆菌，判对 62 种，判错 2 种，判别准确率为 96.88%，第 2 类判别准确率为 100%，整个方程判对的概率为 97.778%，表明判别方程具有较高的实用性。在应用时，测定供试芽胞杆菌脂肪酸组，将 $X_2$=15:0 iso、$X_5$=17:0 iso、$X_{12}$=c18:0 的脂肪酸百分比带入方程，计算 $Y$ 值，当 $Y \cong Y_1$ 时，该芽胞杆菌温度适应性为第 1 类；当 $Y \cong Y_2$ 时，属于第 2 类。

## 第五节 芽胞杆菌脂肪酸组与盐分适应的相关性

### 一、概述

盐分适应性是芽胞杆菌重要的生物学特性，嗜盐菌（halophiles）是在高盐浓度下生长的微生物，主要指中度嗜盐菌（最适生长盐度为 3%～15%）；而极端嗜盐菌（最适生长盐度为 15%～30%）通常生活在海洋、盐湖、盐土、盐场等盐域环境中。嗜盐菌近年来受到越来越多的重视，与此相关的研究也日益广泛和深入。嗜盐菌由于生理性质独特，其产生的很多酶在高盐浓度下保持稳定，称为嗜盐酶，通常具有极高的盐耐受性、较高的热耐受性和对有机溶剂的抗性，因而以嗜盐菌作为产酶资源已成为一个新的研究热点，应用于水产、化工、制药、石油、发酵等排放高浓度无机盐废水的治理中。对嗜盐菌的盐分适应性机理研究较多，如嗜盐菌紫膜及 $H^+$泵作用、高效的渗透压调节机制、菌体蛋白独特的嗜盐策略、基因组可能的进化机制等，而嗜盐菌产生的酶的特性也是其具有适盐性的重要原因。对嗜盐酶的分子结构研究可为筛选具有更高应用价值的嗜盐酶提供基础，促进嗜盐酶的工业应用。芽胞杆菌对盐分适应性很强，能有效地在高盐环境中生长繁殖，在这方面有过许多研究。易子霆等（2016）研究了耐盐枯草芽胞杆菌菌株 TGBio-1433 的发酵工艺。江绪文等（2016）分析了芽胞杆菌菌株 DY-3 提高烟草幼苗的耐盐性。牛舒琪等（2016）研究了枯草芽胞杆菌菌株 GB03 与保水剂互作对小花碱茅生长和耐盐性的影响。刘亢等（2016）研究了一株中度嗜盐芽胞杆菌（*Bacillus* sp. BZ-SZ-XJ39）的微生物学特性。刘阳等（2015）采用盐胁迫分析对枯草芽胞杆菌发酵代谢产物的影响。

芽胞杆菌盐分适应与脂肪酸组的相关性研究报道较少。徐敏等（2013）利用气象色谱测定了高盐环境下海洋细菌的脂肪酸组；王磊等（2010）进行了烟台海域一株中度嗜盐芽胞杆菌菌株 YTM-5 的鉴定及其耐盐机制研究；刘娟等（2009）研究了污水处理芽胞杆菌的抗盐诱变育种技术；李大力等（2007）分析了盐浓度对纳豆芽胞杆菌发酵产 γ-聚谷氨酸的影响；刘瑞杰等（2004）研究了枯草芽胞杆菌耐盐突变株 *proA* 基因克隆及 *proBA* 基因渗透压调节功能；李峰等（1999）进行了耐盐耐碱芽胞杆菌质粒的分离和电镜观察。

本研究测定 90 个已检测盐分适应性的芽胞杆菌菌株的脂肪酸组，利用相关分析、回归分析、聚类分析、判别分析研究芽胞杆菌脂肪酸组与盐分适应的相关性。

## 二、研究方法

采用第三章第一节的 90 种芽胞杆菌 Wilks 系数>0.5 的 13 个主要脂肪酸生物标记（表 3-1-4）和 90 种芽胞杆菌盐分适应范围（表 3-1-13）数据，利用相关分析、回归分析、聚类分析、判别分析研究芽胞杆菌脂肪酸组与盐分适应的相关性，分析软件采用 DPS。

## 三、芽胞杆菌盐分适应性相关分析

利用脂肪酸数据（表 3-1-2）和芽胞杆菌盐分适应性平均值（表 3-1-13）构建数据矩阵，对 90 种芽胞杆菌盐分适应性及其脂肪酸组的 14 个因子进行相关性分析，结果见表 3-5-1。相关系数临界值 $a$=0.05 时，$R$=0.2072，因子间显著相关；$a$=0.01 时，$R$=0.2702，因子间极显著相关；盐分平均值与 13 个脂肪酸的相关系数都小于 0.2072，表明它们之间的相关性都不显著；盐分平均值与 16:0 iso 的相关系数为−0.19，负相关性接近显著，表明它们存在一定的负相关性，当 16:0 iso 含量增加时，表现出菌种对盐分适应性下降；如腐叶芽胞杆菌（*Bacillus decisifrondis*）和酸居芽胞杆菌（*Bacillus acidicola*）的 16:0 iso 脂肪酸含量较高，分别为 11.27%和 17.96%，它们对盐分适应性较低，盐分平均值为 1.00%；脱色芽胞杆菌（*Bacillus decolorationis*）和黏琼脂芽胞杆菌（*Bacillus agaradhaerens*）的 16:0 iso 脂肪酸含量较低，分别为 1.54%和 1.59%，它们对盐分适应性较高，平均值为 5.00%。

**表 3-5-1　90 种芽胞杆菌盐分适应性及其主要脂肪酸组的相关系数**

| 因子 | 15:0 anteiso | 15:0 iso | 17:0 anteiso | c16:0 | 17:0 iso | 16:0 iso | 14:0 iso |
|---|---|---|---|---|---|---|---|
| [1] 15:0 anteiso | 1.00 | −0.66 | 0.29 | −0.01 | −0.43 | −0.03 | 0.12 |
| [2] 15:0 iso | −0.66 | 1.00 | −0.40 | −0.39 | 0.21 | −0.16 | −0.06 |
| [3] 17:0 anteiso | 0.29 | −0.40 | 1.00 | −0.14 | 0.02 | 0.14 | −0.44 |
| [4] c16:0 | −0.01 | −0.39 | −0.14 | 1.00 | −0.08 | −0.12 | 0.00 |
| [5] 17:0 iso | −0.43 | 0.21 | 0.02 | −0.08 | 1.00 | −0.18 | −0.41 |
| [6] 16:0 iso | −0.03 | −0.16 | 0.14 | −0.12 | −0.18 | 1.00 | 0.12 |
| [7] 14:0 iso | 0.12 | −0.06 | −0.44 | 0.00 | −0.41 | 0.12 | 1.00 |
| [8] c14:0 | −0.05 | −0.19 | −0.34 | 0.53 | −0.27 | −0.17 | 0.29 |
| [9] 16:1ω11c | −0.35 | 0.22 | −0.29 | −0.01 | −0.12 | −0.12 | 0.11 |
| [10] 16:1ω7c alcohol | −0.40 | 0.42 | −0.32 | −0.25 | −0.17 | 0.21 | 0.31 |
| [11] 17:1 iso ω10c | −0.49 | 0.29 | −0.20 | −0.15 | 0.14 | −0.10 | −0.12 |
| [12] c18:0 | −0.01 | −0.30 | 0.04 | 0.36 | −0.01 | −0.09 | −0.04 |
| [13] feature 4 | −0.21 | 0.12 | 0.00 | −0.17 | −0.05 | −0.14 | −0.05 |
| [14] NaCl | −0.06 | 0.01 | 0.13 | 0.05 | 0.15 | −0.19 | −0.06 |

续表

| 因子 | c14:0 | 16:1ω11c | 16:1ω7c alcohol | 17:1 iso ω10c | c18:0 | feature 4 | NaCl |
|---|---|---|---|---|---|---|---|
| [1] 15:0 anteiso | −0.05 | −0.35 | −0.40 | −0.49 | −0.01 | −0.21 | −0.06 |
| [2] 15:0 iso | −0.19 | 0.22 | 0.42 | 0.29 | −0.30 | 0.12 | 0.01 |
| [3] 17:0 anteiso | −0.34 | −0.29 | −0.32 | −0.20 | 0.04 | 0.00 | 0.13 |
| [4] c16:0 | 0.53 | −0.01 | −0.25 | −0.15 | 0.36 | −0.17 | 0.05 |
| [5] 17:0 iso | −0.27 | −0.12 | −0.17 | 0.14 | −0.01 | −0.05 | 0.15 |
| [6] 16:0 iso | −0.17 | −0.12 | 0.21 | −0.10 | −0.09 | −0.14 | −0.19 |
| [7] 14:0 iso | 0.29 | 0.11 | 0.31 | −0.12 | −0.04 | −0.05 | −0.06 |
| [8] c14:0 | 1.00 | 0.20 | −0.12 | 0.06 | 0.08 | −0.03 | 0.00 |
| [9] 16:1ω11c | 0.20 | 1.00 | 0.31 | 0.72 | −0.03 | 0.64 | 0.08 |
| [10] 16:1ω7c alcohol | −0.12 | 0.31 | 1.00 | 0.22 | −0.11 | 0.23 | −0.10 |
| [11] 17:1 iso ω10c | 0.06 | 0.72 | 0.22 | 1.00 | −0.07 | 0.66 | 0.07 |
| [12] c18:0 | 0.08 | −0.03 | −0.11 | −0.07 | 1.00 | 0.02 | 0.05 |
| [13] feature 4 | −0.03 | 0.64 | 0.23 | 0.66 | 0.02 | 1.00 | 0.13 |
| [14] NaCl | 0.00 | 0.08 | −0.10 | 0.07 | 0.05 | 0.13 | 1.00 |

注：相关系数临界值，$a$=0.05 时，$R$=0.2072；$a$=0.01 时，$R$=0.2702

## 四、芽胞杆菌盐分适应性回归分析

芽胞杆菌盐分适应性多元回归方程的构建：利用 90 种芽胞杆菌特征脂肪酸数据（表 3-1-2）和盐分适应性平均值（表 3-1-13）构建分析数据矩阵，以盐分平均值（$Y_i$）为因变量，以 13 个脂肪酸生物标记（$X_{ij}$）为自变量，对 90 种芽胞杆菌进行逐步回归建模。方程如下：

$$Y_{[盐分(\%)]}=1.4520+0.0132X_{1(15:0\ \mathrm{iso})}+0.0718X_{2(17:0\ \mathrm{anteiso})}+0.0379X_{3(\mathrm{c}16:0)}+0.0758X_{4(17:0\ \mathrm{iso})}-0.0668X_{5(16:0\ \mathrm{iso})}+0.1135X_{6(14:0\ \mathrm{iso})}+0.1788X_{7(\mathrm{feature}\ 4)} \quad (3\text{-}5\text{-}1)$$

芽胞杆菌盐分适应性回归方程检验结果表明，复相关系数 $R$=0.332 657，决定系数 $R^2$=0.110 661，剩余标准差 SSE=1.5305，调整相关系数 $R_a$=0.186 390，调整决定系数 $R_a^2$=0.034 741，方程显著性检验 $P$=0.1940>0.05，表明芽胞杆菌盐分适应性与脂肪酸之间回归方程的相关性较弱，特别是对偏离平均值的数据估计精确度不高，但是方程反映了接近盐分均值的预测值（表 3-5-2）。

**表 3-5-2 盐分平均值（$Y_i$）与 90 种芽胞杆菌脂肪酸生物标记（$X_{ij}$）回归方程的方差分析**

| 变异来源 | 平方和 | 自由度 | 均方 | $F$ 值 | $P$ |
|---|---|---|---|---|---|
| 回归 | 23.8997 | 7 | 3.4142 | 1.45761 | 0.1940 |
| 残差 | 192.0734 | 82 | 2.3424 | | |
| 总变异 | 215.9731 | 89 | | | |

回归方程偏相关分析结果见表 3-5-3。盐分平均值与脂肪酸 17:0 anteiso 显著相关，$P$=0.0500，也即当脂肪酸 17:0 anteiso 含量上升时，芽胞杆菌适应的盐分值上升，适应高

盐环境能力增加。盐分平均值与其他脂肪酸，如 15:0 iso、c16:0、17:0 iso、16:0 iso、14:0 iso、feature 4 的相关性不显著，偏相关值的大小反映了与盐分适应性关系的紧密程度。说明芽胞杆菌盐分适应性的可塑性较大，对盐分适应性没有确定性边界。

**表 3-5-3　盐分平均值（$Y_i$）与 90 种芽胞杆菌脂肪酸生物标记（$X_{ij}$）回归方程的偏相关分析**

| 因子 | 回归系数 | 标准回归系数 | 偏相关 | $t$ 值 | $P$ |
|---|---|---|---|---|---|
| 15:0 iso | 0.0132 | 0.1155 | 0.0893 | 0.8122 | 0.4190 |
| 17:0 anteiso | 0.0719 | 0.2933 | 0.2131 | 1.9749 | 0.0500 |
| c16:0 | 0.0380 | 0.1551 | 0.1321 | 1.2072 | 0.2308 |
| 17:0 iso | 0.0759 | 0.1856 | 0.1696 | 1.5586 | 0.1229 |
| 16:0 iso | −0.0669 | −0.1586 | −0.1557 | 1.4272 | 0.1573 |
| 14:0 iso | 0.1136 | 0.1746 | 0.1376 | 1.2581 | 0.2119 |
| feature 4 | 0.1788 | 0.1383 | 0.1398 | 1.2789 | 0.2045 |

芽胞杆菌盐分适应性回归方程曲线拟合结果见表 3-5-4。90 种芽胞杆菌观察值和拟合值见图 3-5-1～图 3-5-3。大部分芽胞杆菌盐分适应范围为 3%～4%，超出均值较远的范围方程拟合结果相对误差较大；预测方程误差在 30%以内的芽胞杆菌有 45 株，占 50%，误差在 31%～90%的有 32 株，占 35.6%，误差 100%以上的有 13 株，占 14.4%。方程对于盐分适应性不严格的芽胞杆菌的盐分预测仍具现实意义。

**表 3-5-4　盐分平均值（$Y_i$）与 90 种芽胞杆菌脂肪酸生物标记（$X_{ij}$）回归方程的拟合值**

| 样本号 | 芽胞杆菌种名 | 观察值/% | 拟合值/% | 拟合误差 | 相对误差/% |
|---|---|---|---|---|---|
| 1 | *Bacillus acidiceler* | 2.1667 | 2.0408 | 0.1259 | 5.8100 |
| 2 | *B. acidicola* | 1.0000 | 2.1072 | −1.1072 | 110.7188 |
| 3 | *B. acidiproducens* | 1.5000 | 2.7909 | −1.2909 | 86.0596 |
| 4 | *B. agaradhaerens* | 5.0000 | 3.8447 | 1.1553 | 23.1055 |
| 5 | *B. alcalophilus* | 3.5000 | 3.0634 | 0.4366 | 12.4730 |
| 6 | *B. alkalitelluris* | 3.0000 | 3.1335 | −0.1335 | 4.4516 |
| 7 | *B. altitudinis* | 1.0000 | 2.9587 | −1.9587 | 195.8699 |
| 8 | *B. amyloliquefaciens* | 2.5000 | 3.6025 | −1.1025 | 44.1008 |
| 9 | *B. aryabhattai* | 5.8000 | 3.1035 | 2.6965 | 46.4921 |
| 10 | *B. atrophaeus* | 3.8333 | 3.6293 | 0.2041 | 5.3239 |
| 11 | *B. badius* | 3.5000 | 3.2812 | 0.2188 | 6.2522 |
| 12 | *B. bataviensis* | 1.5000 | 2.8994 | −1.3994 | 93.2953 |
| 13 | *B. beijingensis* | 6.0000 | 3.7528 | 2.2472 | 37.4536 |
| 14 | *B. boroniphilus* | 3.5000 | 4.6112 | −1.1112 | 31.7472 |
| 15 | *B. butanolivorans* | 2.7667 | 2.7195 | 0.0472 | 1.7053 |
| 16 | *B. carboniphilus* | 3.5000 | 3.2412 | 0.2588 | 7.3930 |
| 17 | *B. cellulosilyticus* | 6.0000 | 3.4124 | 2.5876 | 43.1273 |
| 18 | *B. cereus* | 4.0000 | 3.0574 | 0.9426 | 23.5654 |
| 19 | *B. cibi* | 6.0000 | 3.2219 | 2.7781 | 46.3015 |
| 20 | *B. circulans* | 2.5000 | 2.9560 | −0.4560 | 18.2408 |

续表

| 样本号 | 芽胞杆菌种名 | 观察值/% | 拟合值/% | 拟合误差 | 相对误差/% |
|---|---|---|---|---|---|
| 21 | *B. clausii* | 5.0000 | 4.2091 | 0.7909 | 15.8188 |
| 22 | *B. coagulans* | 1.0000 | 3.3305 | −2.3305 | 233.0469 |
| 23 | *B. cohnii* | 2.5000 | 3.1906 | −0.6906 | 27.6251 |
| 24 | *B. decisifrondis* | 1.0000 | 2.3486 | −1.3486 | 134.8581 |
| 25 | *B. decolorationis* | 5.0000 | 3.5339 | 1.4661 | 29.3218 |
| 26 | *B. drentensis* | 1.5000 | 2.0016 | −0.5016 | 33.4425 |
| 27 | *B. endophyticus* | 5.0000 | 3.2534 | 1.7466 | 34.9328 |
| 28 | *B. fastidiosus* | 2.5000 | 3.6824 | −1.1824 | 47.2965 |
| 29 | *B. flexus* | 5.0000 | 3.8285 | 1.1715 | 23.4301 |
| 30 | *B. fordii* | 3.5000 | 3.7853 | −0.2853 | 8.1522 |
| 31 | *B. fortis* | 3.1667 | 3.2820 | −0.1153 | 3.6411 |
| 32 | *B. fusiformis* | 3.5000 | 2.5605 | 0.9395 | 26.8416 |
| 33 | *B. galactosidilyticus* | 3.0000 | 3.6636 | −0.6636 | 22.1215 |
| 34 | *B. gelatini* | 2.5000 | 2.5615 | −0.0615 | 2.4602 |
| 35 | *B. ginsengihumi* | 5.0000 | 4.5796 | 0.4204 | 8.4083 |
| 36 | *B. globisporus* | 1.5000 | 3.2707 | −1.7707 | 118.0498 |
| 37 | *B. hemicellulosilyticus* | 6.0000 | 3.1842 | 2.8158 | 46.9301 |
| 38 | *B. horikoshii* | 3.5000 | 4.2056 | −0.7056 | 20.1596 |
| 39 | *B. humi* | 3.5000 | 3.1515 | 0.3485 | 9.9569 |
| 40 | *B. indicus* | 1.0000 | 3.1584 | −2.1584 | 215.8419 |
| 41 | *B. isronensis* | 2.9000 | 2.7840 | 0.1160 | 3.9984 |
| 42 | *B. koreensis* | 1.5000 | 2.8530 | −1.3530 | 90.1970 |
| 43 | *B. kribbensis* | 2.5000 | 2.5927 | −0.0927 | 3.7091 |
| 44 | *B. lehensis* | 6.0000 | 3.5887 | 2.4113 | 40.1890 |
| 45 | *Paenibacillus lentimorbus* | 1.0000 | 3.2332 | −2.2332 | 223.3246 |
| 46 | *B. licheniformis* | 3.5000 | 3.5490 | −0.0490 | 1.4012 |
| 47 | *B. luciferensis* | 3.0000 | 2.4669 | 0.5331 | 17.7702 |
| 48 | *B. macyae* | 1.0000 | 2.9532 | −1.9532 | 195.3240 |
| 49 | *B. marisflavi* | 2.3333 | 2.9000 | −0.5667 | 24.2858 |
| 50 | *B. massiliensis* | 2.5000 | 2.5427 | −0.0427 | 1.7099 |
| 51 | *B. megaterium* | 3.5000 | 3.2726 | 0.2274 | 6.4959 |
| 52 | *B. mojavensis* | 5.0000 | 3.5597 | 1.4403 | 28.8060 |
| 53 | *B. muralis* | 3.5000 | 2.5820 | 0.9180 | 26.2293 |
| 54 | *B. murimartini* | 2.0000 | 3.3180 | −1.3180 | 65.9005 |
| 55 | *B. mycoides* | 3.0000 | 3.0246 | −0.0246 | 0.8206 |
| 56 | *B. nealsonii* | 3.5000 | 3.1492 | 0.3508 | 10.0221 |
| 57 | *B. niabensis* | 2.5000 | 3.6222 | −1.1222 | 44.8893 |
| 58 | *B. niacini* | 1.0000 | 3.2870 | −2.2870 | 228.6975 |
| 59 | *B. novalis* | 2.0000 | 2.7057 | −0.7057 | 35.2837 |
| 60 | *B. odysseyi* | 2.5000 | 2.5530 | −0.0530 | 2.1185 |

续表

| 样本号 | 芽胞杆菌种名 | 观察值/% | 拟合值/% | 拟合误差 | 相对误差/% |
|---|---|---|---|---|---|
| 61 | *B. okhensis* | 5.0000 | 2.9883 | 2.0117 | 40.2348 |
| 62 | *B. okuhidensis* | 5.0000 | 3.3222 | 1.6778 | 33.5561 |
| 63 | *B. oleronius* | 2.5000 | 4.1251 | −1.6251 | 65.0055 |
| 64 | *B. panaciterrae* | 0.5000 | 3.3035 | −2.8035 | 560.6950 |
| 65 | *Virgibacillus pantothenticus* | 5.0000 | 4.0091 | 0.9909 | 19.8170 |
| 66 | *B. patagoniensis* | 7.5000 | 3.1247 | 4.3753 | 58.3373 |
| 67 | *B. pseudalcaliphilus* | 5.0000 | 3.0514 | 1.9486 | 38.9711 |
| 68 | *B. pseudomycoides* | 1.0000 | 3.1764 | −2.1764 | 217.6355 |
| 69 | *B. psychrosaccharolyticus* | 1.0000 | 3.0432 | −2.0432 | 204.3208 |
| 70 | *Psychrobacillus psychrotolerans* | 2.6667 | 3.6962 | −1.0295 | 38.6073 |
| 71 | *B. pumilus* | 3.0000 | 3.0340 | −0.0340 | 1.1318 |
| 72 | *B. ruris* | 2.0000 | 3.5194 | −1.5194 | 75.9714 |
| 73 | *B. safensis* | 5.0000 | 2.8672 | 2.1328 | 42.6556 |
| 74 | *B. selenatarsenatis* | 2.5000 | 3.7261 | −1.2261 | 49.0433 |
| 75 | *B. selenitireducens* | 5.0000 | 3.0749 | 1.9251 | 38.5026 |
| 76 | *B. seohaeanensis* | 1.5000 | 2.8144 | −1.3144 | 87.6266 |
| 77 | *B. shackletonii* | 2.5000 | 3.3706 | −0.8706 | 34.8242 |
| 78 | *B. simplex* | 2.5000 | 2.4794 | 0.0206 | 0.8232 |
| 79 | *B. siralis* | 1.0000 | 3.3604 | −2.3604 | 236.0393 |
| 80 | *B. soli* | 5.0000 | 2.7651 | 2.2349 | 44.6983 |
| 81 | *B. sonorensis* | 1.0000 | 3.2116 | −2.2116 | 221.1618 |
| 82 | *Lysinibacillus sphaericus* | 2.5000 | 2.6995 | −0.1995 | 7.9794 |
| 83 | *B. subtilis* | 3.5000 | 3.5658 | −0.0658 | 1.8801 |
| 84 | *B. subtilis* subsp. *inaquosorum* | 5.0000 | 3.5370 | 1.4630 | 29.2609 |
| 85 | *B. subtilis* subsp. *spizizenii* | 4.0000 | 3.8983 | 0.1017 | 2.5425 |
| 86 | *B. subtilis* subsp. *subtilis* | 3.5000 | 3.4549 | 0.0451 | 1.2876 |
| 87 | *B. thuringiensis* | 3.5000 | 3.0790 | 0.4210 | 12.0293 |
| 88 | *B. vallismortis* | 5.0000 | 3.4945 | 1.5055 | 30.1108 |
| 89 | *B. vedderi* | 3.5000 | 2.0636 | 1.4364 | 41.0397 |
| 90 | *B. vietnamensis* | 3.5000 | 3.5310 | −0.0310 | 0.8856 |

## 五、芽胞杆菌盐分适应性聚类分析

利用脂肪酸数据（表 3-1-2）和芽胞杆菌盐分适应性平均值（表 3-1-13）构建分析数据矩阵，以 90 种芽胞杆菌种类为样本，以 14 个因子为指标，数据不转换，以欧氏距离为尺度，用可变类平均法进行系统聚类，分析结果见表 3-5-5 和图 3-5-4。

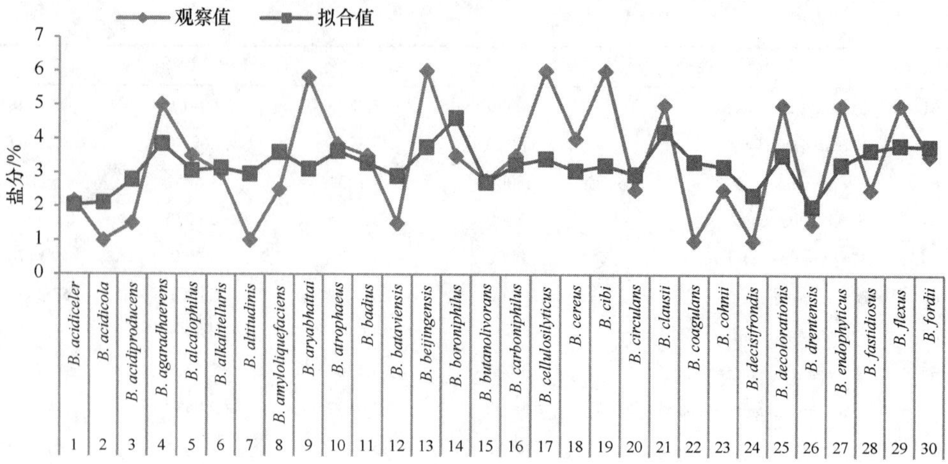


图 3-5-1　芽胞杆菌盐分平均值适应性（I）

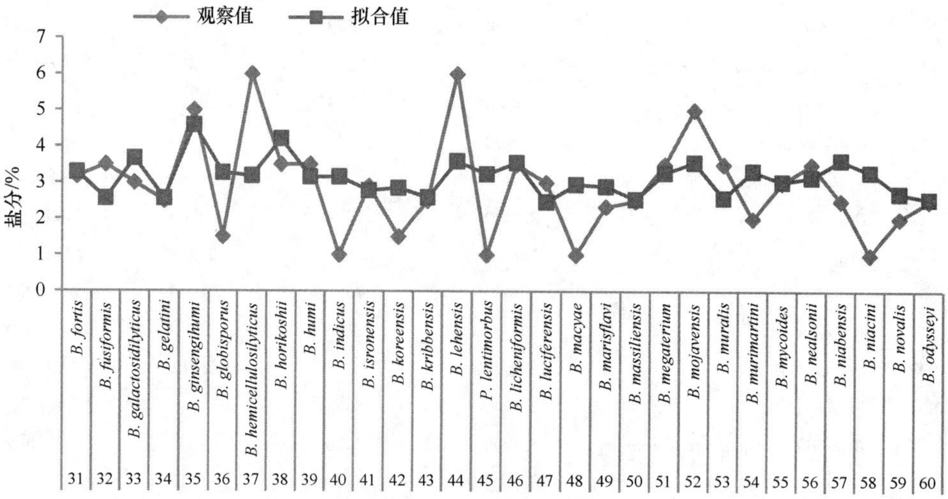


图 3-5-2　芽胞杆菌盐分平均值适应性（II）

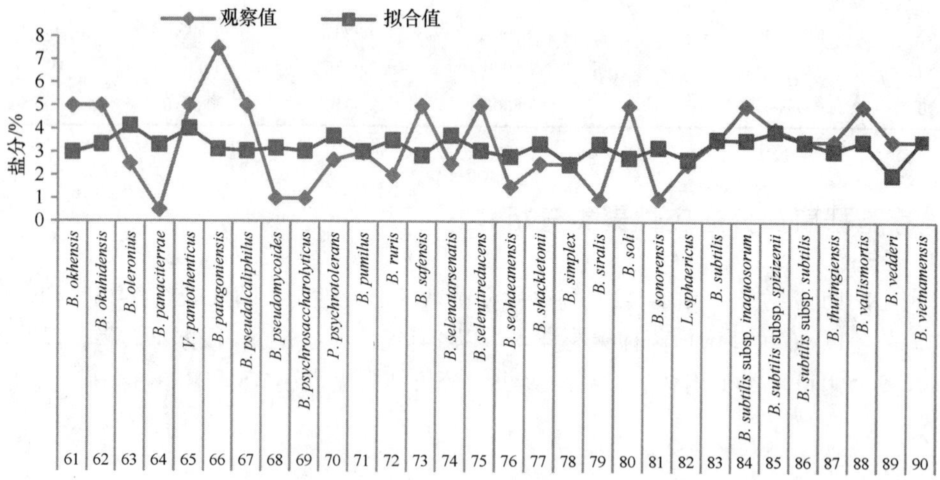


图 3-5-3　芽胞杆菌盐分平均值适应性（III）

**表 3-5-5　芽胞杆菌盐分适应性分组　（%）**

| 组别 | 芽胞杆菌种名 | 平均盐分 | 最低盐分 | 最高盐分 | 组别 | 芽胞杆菌种名 | 平均盐分 | 最低盐分 | 最高盐分 |
|---|---|---|---|---|---|---|---|---|---|
| I | *Bacillus panaciterrae* | 1.00 | 1.00 | 1.00 | II | *B. nealsonii* | 4.00 | 1.00 | 7.00 |
| I | *B. decisifrondis* | 1.50 | 1.00 | 2.00 | II | *B. vedderi* | 4.00 | 1.00 | 7.00 |
| I | *B. indicus* | 1.50 | 1.00 | 2.00 | II | *B. vietnamensis* | 4.00 | 1.00 | 7.00 |
| I | *B. niacini* | 1.50 | 1.00 | 2.00 | II | *B. atrophaeus* | 4.33 | 1.00 | 8.00 |
| I | *B. pseudomycoides* | 1.50 | 1.00 | 2.00 | II | *B. agaradhaerens* | 5.50 | 1.00 | 10.00 |
| I | *B. siralis* | 1.50 | 1.00 | 2.00 | II | *B. clausii* | 5.50 | 1.00 | 10.00 |
| I | *B. cohnii* | 3.00 | 1.00 | 5.00 | II | *B. decolorationis* | 5.50 | 1.00 | 10.00 |
| I | *B. massiliensis* | 3.00 | 1.00 | 5.00 | II | *B. endophyticus* | 5.50 | 1.00 | 10.00 |
| I | *B. odysseyi* | 3.00 | 1.00 | 5.00 | II | *B. ginsengihumi* | 5.50 | 1.00 | 10.00 |
| I | *Lysinibacillus sphaericus* | 3.00 | 1.00 | 5.00 | II | *B. mojavensis* | 5.50 | 1.00 | 10.00 |
| I | *B. isronensis* | 3.40 | 1.00 | 5.80 | II | *B. okhensis* | 5.50 | 1.00 | 10.00 |
| I | *B. mycoides* | 3.50 | 1.00 | 6.00 | II | *B. okuhidensis* | 5.50 | 1.00 | 10.00 |
| I | *B. badius* | 4.00 | 1.00 | 7.00 | II | *Virgibacillus pantothenticus* | 5.50 | 1.00 | 10.00 |
| I | *B. boroniphilus* | 4.00 | 1.00 | 7.00 | II | *B. pseudalcaliphilus* | 5.50 | 1.00 | 10.00 |
| I | *B. carboniphilus* | 4.00 | 1.00 | 7.00 | II | *B. beijingensis* | 6.50 | 1.00 | 12.00 |
| I | *B. fusiformis* | 4.00 | 1.00 | 7.00 | II | *B. cellulosilyticus* | 6.50 | 1.00 | 12.00 |
| I | *B. horikoshii* | 4.00 | 1.00 | 7.00 | II | *B. hemicellulosilyticus* | 6.50 | 1.00 | 12.00 |
| I | *B. thuringiensis* | 4.00 | 1.00 | 7.00 | II | *B. lehensis* | 6.50 | 1.00 | 12.00 |
| I | *B. cereus* | 4.50 | 1.00 | 8.00 | 第 II 组 37 种 | 平均值 | 4.10 | 1.01 | 7.24 |
| I | *B. selenitireducens* | 5.50 | 1.00 | 10.00 | III | *B. altitudinis* | 1.50 | 1.00 | 2.00 |
| I | *B. cibi* | 6.50 | 1.00 | 12.00 | III | *B. coagulans* | 1.50 | 1.00 | 2.00 |
| 第 I 组 21 种 | 平均值 | 3.23 | 1.00 | 5.47 | III | *Paenibacillus lentimorbus* | 1.50 | 1.00 | 2.00 |
| II | *B. acidicola* | 1.50 | 1.00 | 2.00 | III | *B. psychrosaccharolyticus* | 1.50 | 1.00 | 2.00 |
| II | *B. macyae* | 1.50 | 1.00 | 2.00 | III | *B. sonorensis* | 1.50 | 1.00 | 2.00 |
| II | *B. acidiproducens* | 2.00 | 1.00 | 3.00 | III | *B. bataviensis* | 2.00 | 1.00 | 3.00 |
| II | *B. drentensis* | 2.00 | 1.00 | 3.00 | III | *B. globisporus* | 2.00 | 1.00 | 3.00 |
| II | *B. seohaeanensis* | 2.00 | 1.00 | 3.00 | III | *B. koreensis* | 2.00 | 1.00 | 3.00 |
| II | *B. ruris* | 2.50 | 1.00 | 4.00 | III | *B. murimartini* | 2.50 | 1.00 | 4.00 |
| II | *B. acidiceler* | 2.67 | 1.00 | 5.00 | III | *B. novalis* | 2.50 | 1.00 | 4.00 |
| II | *B. circulans* | 3.00 | 1.00 | 5.00 | III | *B. marisflavi* | 2.83 | 1.00 | 2.00 |
| II | *B. fastidiosus* | 3.00 | 1.00 | 5.00 | III | *B. amyloliquefaciens* | 3.00 | 1.00 | 5.00 |
| II | *B. gelatini* | 3.00 | 1.00 | 5.00 | III | *B. oleronius* | 3.00 | 1.00 | 5.00 |
| II | *B. kribbensis* | 3.00 | 1.00 | 5.00 | III | *B. selenatarsenatis* | 3.00 | 1.00 | 5.00 |
| II | *B. niabensis* | 3.00 | 1.00 | 5.00 | III | *B. shackletonii* | 3.00 | 1.00 | 5.00 |
| II | *B. simplex* | 3.00 | 1.00 | 5.00 | III | *Psychrobacillus psychrotolerans* | 3.17 | 1.00 | 7.00 |
| II | *B. butanolivorans* | 3.27 | 1.50 | 5.00 | III | *B. luciferensis* | 3.50 | 1.00 | 6.00 |
| II | *B. alkalitelluris* | 3.50 | 1.00 | 7.00 | III | *B. pumilus* | 3.50 | 1.00 | 7.00 |
| II | *B. galactosidilyticus* | 3.50 | 1.00 | 6.00 | III | *B. fortis* | 3.67 | 1.00 | 7.00 |
| II | *B. alcalophilus* | 4.00 | 1.00 | 7.00 | III | *B. fordii* | 4.00 | 1.00 | 7.00 |
| II | *B. humi* | 4.00 | 1.00 | 7.00 | III | *B. licheniformis* | 4.00 | 1.00 | 7.00 |
| II | *B. muralis* | 4.00 | 1.00 | 7.00 | III | *B. megaterium* | 4.00 | 1.00 | 7.00 |

续表

| 组别 | 芽胞杆菌种名 | 平均盐分 | 最低盐分 | 最高盐分 | 组别 | 芽胞杆菌种名 | 平均盐分 | 最低盐分 | 最高盐分 |
|---|---|---|---|---|---|---|---|---|---|
| III | *B. subtilis* | 4.00 | 1.00 | 7.00 | III | *B. subtilis* subsp. *inaquosorum* | 5.50 | 1.00 | 10.00 |
| III | *B. subtilis* subsp. *subtilis* | 4.00 | 1.00 | 7.00 | III | *B. vallismortis* | 5.50 | 1.00 | 10.00 |
| III | *B. subtilis* subsp. *spizizenii* | 4.50 | 1.00 | 8.00 | III | *B. aryabhattai* | 6.30 | 1.00 | 11.60 |
| III | *B. flexus* | 5.50 | 1.00 | 10.00 | III | *B. patagoniensis* | 8.00 | 1.00 | 15.00 |
| III | *B. safensis* | 5.50 | 1.00 | 10.00 | 第III组32种 | 平均值 | 3.55 | 1.00 | 6.11 |
| III | *B. soli* | 5.50 | 1.00 | 10.00 | | | | | |

芽胞杆菌盐分适应性聚类分组结果表明，可将 90 种芽胞杆菌根据脂肪酸组和盐分适应性分为 3 组。第I组盐分平均值为 3.23%，盐分适应范围为 1%～5.47%，定义为盐分窄适应组（也称低盐组），包含 21 种芽胞杆菌，即人参地块芽胞杆菌（*Bacillus panaciterrae*）、腐叶芽胞杆菌（*Bacillus decisifrondis*）、印度芽胞杆菌（*Bacillus indicus*）、烟酸芽胞杆菌（*Bacillus niacini*）、假蕈状芽胞杆菌（*Bacillus pseudomycoides*）、青贮窖芽胞杆菌（*Bacillus siralis*）、科恩芽胞杆菌（*Bacillus cohnii*）、马赛芽胞杆菌（*Bacillus massiliensis*）、奥德赛芽胞杆菌（*Bacillus odysseyi*）、球形赖氨酸芽胞杆菌（*Lysinibacillus sphaericus*）、印空研芽胞杆菌（*Bacillus isronensis*）、蕈状芽胞杆菌（*Bacillus mycoides*）、栗褐芽胞杆菌（*Bacillus badius*）、嗜硼芽胞杆菌（*Bacillus boroniphilus*）、嗜碳芽胞杆菌（*Bacillus carboniphilus*）、纺锤形芽胞杆菌（*Bacillus fusiformis*）、堀越氏芽胞杆菌（*Bacillus horikoshii*）、苏云金芽胞杆菌（*Bacillus thuringiensis*）、蜡样芽胞杆菌（*Bacillus cereus*）、还原硒酸盐芽胞杆菌（*Bacillus selenitireducens*）、食物芽胞杆菌（*Bacillus cibi*）。

第II组盐分平均值为 4.10%，盐分适应范围为 1.01%～7.24%，定义为盐分广适应组（也称高盐组），包含 37 种芽胞杆菌，即酸居芽胞杆菌（*Bacillus acidicola*）、马氏芽胞杆菌（*Bacillus macyae*）、产酸芽胞杆菌（*Bacillus acidiproducens*）、钻特省芽胞杆菌（*Bacillus drentensis*）、西岸芽胞杆菌（*Bacillus seohaeanensis*）、农庄芽胞杆菌（*Bacillus ruris*）、酸快生芽胞杆菌（*Bacillus acidiceler*）、环状芽胞杆菌（*Bacillus circulans*）、苛求芽胞杆菌（*Bacillus fastidiosus*）、明胶芽胞杆菌（*Bacillus gelatini*）、韩研所芽胞杆菌（*Bacillus kribbensis*）、农研所芽胞杆菌（*Bacillus niabensis*）、简单芽胞杆菌（*Bacillus simplex*）、食丁酸芽胞杆菌（*Bacillus butanolivorans*）、碱土芽胞杆菌（*Bacillus alkalitelluris*）、解半乳糖苷芽胞杆菌（*Bacillus galactosidilyticus*）、嗜碱芽胞杆菌（*Bacillus alcalophilus*）、土地芽胞杆菌（*Bacillus humi*）、壁画芽胞杆菌（*Bacillus muralis*）、尼氏芽胞杆菌（*Bacillus nealsonii*）、威氏芽胞杆菌（*Bacillus vedderi*）、越南芽胞杆菌（*Bacillus vietnamensis*）、萎缩芽胞杆菌（*Bacillus atrophaeus*）、黏琼脂芽胞杆菌（*Bacillus agaradhaerens*）、克劳氏芽胞杆菌（*Bacillus clausii*）、脱色芽胞杆菌（*Bacillus decolorationis*）、内生芽胞杆菌（*Bacillus endophyticus*）、人参土芽胞杆菌（*Bacillus ginsengihumi*）、莫哈维沙漠芽胞杆菌（*Bacillus mojavensis*）、奥哈芽胞杆菌（*Bacillus okhensis*）、奥飞弹温泉芽胞杆菌（*Bacillus okuhidensis*）、泛酸枝芽胞杆菌（*Virgibacillus pantothenticus*）、假嗜碱芽胞杆菌（*Bacillus pseudalcaliphilus*）、北京芽胞杆菌（*Bacillus beijingensis*）、解纤维素芽胞杆菌（*Bacillus cellulosilyticus*）、解半纤维素芽胞杆菌（*Bacillus hemicellulosilyticus*）、列城芽胞杆菌（*Bacillus lehensis*）。

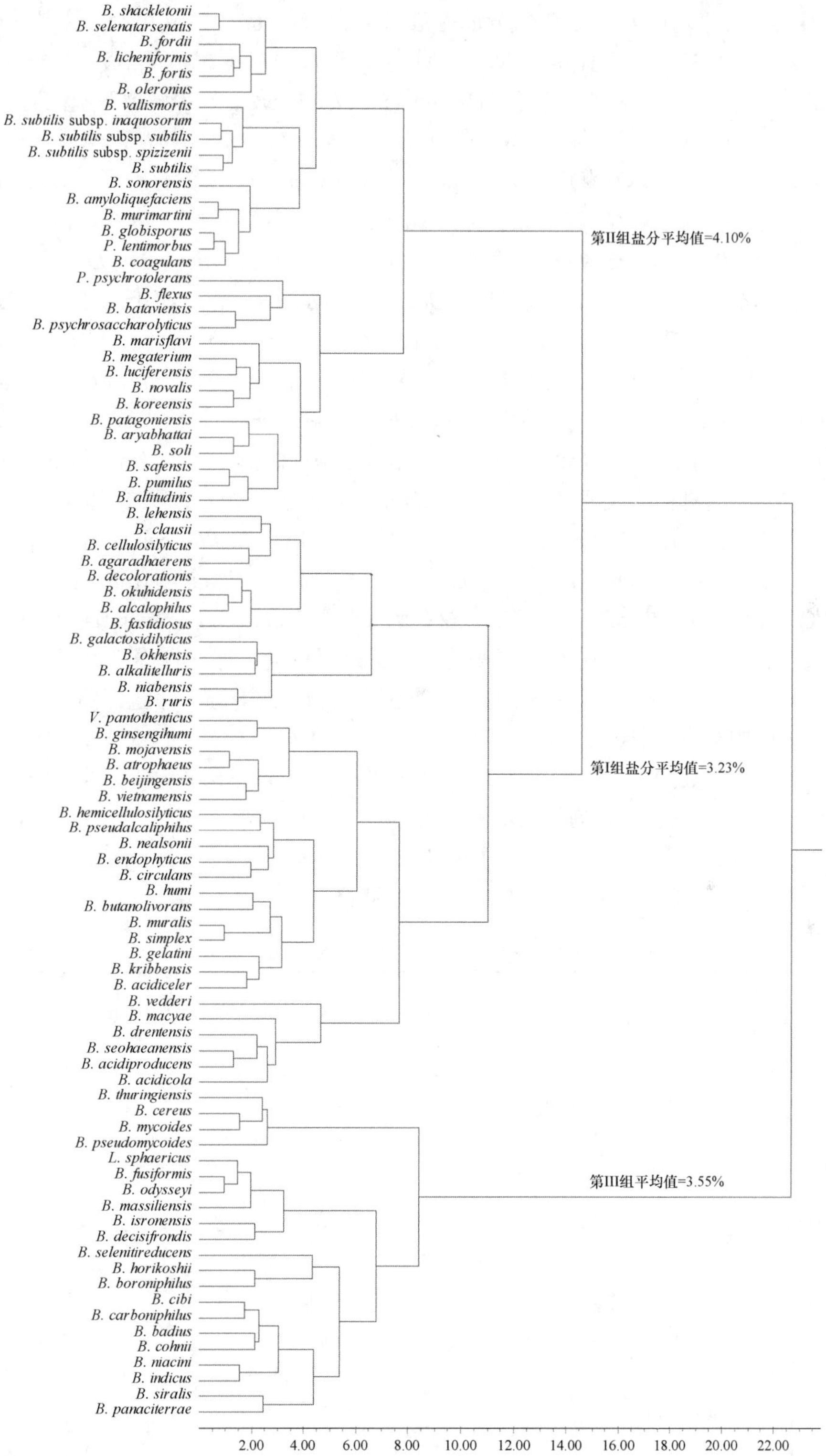


图 3-5-4　芽胞杆菌盐分适应性分组聚类分析（卡方距离）

第 III 组盐分平均值为 3.55%，盐分适应范围为 1.00%～6.11%，定义为盐分常适应组（也称中盐组），包含 32 种芽胞杆菌，即高地芽胞杆菌（*Bacillus altitudinis*）、凝结芽胞杆菌（*Bacillus coagulans*）、慢病类芽胞杆菌（*Paenibacillus lentimorbus*）、冷解糖芽胞杆菌（*Bacillus psychrosaccharolyticus*）、索诺拉沙漠芽胞杆菌（*Bacillus sonorensis*）、巴达维亚芽胞杆菌（*Bacillus bataviensis*）、球胞芽胞杆菌（*Bacillus globisporus*）、韩国芽胞杆菌（*Bacillus koreensis*）、马丁教堂芽胞杆菌（*Bacillus murimartini*）、休闲地芽胞杆菌（*Bacillus novalis*）、黄海芽胞杆菌（*Bacillus marisflavi*）、解淀粉芽胞杆菌（*Bacillus amyloliquefaciens*）、蔬菜芽胞杆菌（*Bacillus oleronius*）、硒砷芽胞杆菌（*Bacillus selenatarsenatis*）、沙氏芽胞杆菌（*Bacillus shackletonii*）、耐冷嗜冷芽胞杆菌（*Psychrobacillus psychrotolerans*）、路西法芽胞杆菌（*Bacillus luciferensis*）、短小芽胞杆菌（*Bacillus pumilus*）、强壮芽胞杆菌（*Bacillus fortis*）、福氏芽胞杆菌（*Bacillus fordii*）、地衣芽胞杆菌（*Bacillus licheniformis*）、巨大芽胞杆菌（*Bacillus megaterium*）、枯草芽胞杆菌（*Bacillus subtilis*）、枯草芽胞杆菌枯草亚种（*Bacillus subtilis* subsp. *subtilis*）、枯草芽胞杆菌斯氏亚种（*Bacillus subtilis* subsp. *spizizenii*）、弯曲芽胞杆菌（*Bacillus flexus*）、沙福芽胞杆菌（*Bacillus safensis*）、土壤芽胞杆菌（*Bacillus soli*）、枯草芽胞杆菌干燥亚种（*Bacillus subtilis* subsp. *inaquosorum*）、死谷芽胞杆菌（*Bacillus vallismortis*）、阿氏芽胞杆菌（*Bacillus aryabhattai*）、巴塔哥尼亚芽胞杆菌（*Bacillus patagoniensis*）。

将聚类分析分组，统计分组因子平均值，芽胞杆菌盐分适应性聚类分组因子统计分析结果见表 3-5-6。不同盐分适应组支链脂肪酸平均值差异显著，芽胞杆菌第 I 组盐分窄适应组（低盐组），15:0 iso 平均值为 38.30%，是第 II 组高盐组（14.52%）的 2.6 倍，比第 III 组中盐组（30.39%）略高；芽胞杆菌第 I 组 15:0 anteiso 平均值为 8.90%，仅为第 II 组（38.08%）的 23.37%，为第 III 组（30.39%）的 29.29%。不同盐分适应组直链脂肪酸平均值一般为高盐组<低盐组<中盐组，如 c16:0 高盐组（9.98%）<低盐组（5.65%）<中盐组（3.27%）；同样的现象也存在于 c14:0 和 c18:0 中。

**表 3-5-6　芽胞杆菌盐分适应性分组因子统计**

| 因子 | 第 I 组（21 种）<br>盐分窄适应组（低盐组）平均值 | 第 II 组（37 种）<br>盐分广适应组（高盐组）平均值 | 第 III 组（32 种）<br>盐分常适应组（中盐组）平均值 |
|---|---|---|---|
| 平均盐分/% | 3.23 | 4.10 | 3.55 |
| 最低盐分/% | 1.00 | 1.01 | 1.00 |
| 最高盐分/% | 5.47 | 7.24 | 6.11 |
| 15:0 iso | 38.30* | 14.52 | 32.14 |
| 15:0 anteiso | 8.90 | 38.08 | 30.39 |
| 16:0 iso | 7.33 | 6.31 | 4.83 |
| 17:0 iso | 7.12 | 4.73 | 7.44 |
| 16:1ω7c alcohol | 4.56 | 1.55 | 1.77 |
| 17:1 iso ω10c | 4.27 | 1.25 | 1.86 |
| 16:1ω11c | 4.25 | 1.97 | 1.88 |
| 17:0 anteiso | 4.16 | 10.95 | 9.28 |
| 14:0 iso | 4.10 | 3.82 | 3.32 |
| c16:0 | 5.65 | 9.98 | 3.27 |
| c14:0 | 2.98 | 3.16 | 1.58 |
| c18:0 | 1.65 | 2.37 | 1.45 |
| feature 4 | 2.33 | 1.45 | 1.55 |

*表中各脂肪酸所对应的数值单位为%

芽胞杆菌盐分适应性聚类分组因子的相关系数见表 3-5-7。结果表明，聚类分组的盐分平均值与 15:0 iso 呈负相关(−0.99)、与 15:0 anteiso 呈正相关(0.91)、与 17:0 anteiso 呈正相关（0.91）；也即当芽胞杆菌对盐分浓度适应提高时，脂肪酸 15:0 iso 含量下降，15:0 anteiso 和 17:0 anteiso 含量提高；反之亦然，当相应的脂肪酸生物标记值提高或下降时，其相应的盐分适应浓度也相应提高或下降。

**表 3-5-7 芽胞杆菌盐分适应性分组因子间的相关系数**

| 因子 | 盐分平均值（$x_1$） | 盐分最小值（$x_2$） | 盐分最大值（$x_3$） |
|---|---|---|---|
| 盐分平均值（$x_1$） | 1.00 | 0.93 | 1.00 |
| 盐分最小值（$x_2$） | 0.93 | 1.00 | 0.93 |
| 盐分最大值（$x_3$） | 1.00 | 0.93 | 1.00 |
| 15:0 iso | −0.99 | −0.97 | −0.99 |
| 15:0 anteiso | 0.91 | 0.70 | 0.91 |
| 16:0 iso | −0.26 | 0.11 | −0.26 |
| 17:0 iso | −0.89 | −0.99 | −0.89 |
| c16:0 | 0.75 | 0.94 | 0.75 |
| 16:1ω7c alcohol | −0.82 | −0.56 | −0.82 |
| 17:1 iso ω10c | −0.89 | −0.66 | −0.88 |
| 16:1ω11c | −0.76 | −0.47 | −0.75 |
| 17:0 anteiso | 0.91 | 0.69 | 0.90 |
| 14:0 iso | −0.21 | 0.16 | −0.20 |
| c14:0 | 0.25 | 0.59 | 0.26 |
| feature 4 | −0.84 | −0.59 | −0.84 |
| c18:0 | 0.84 | 0.98 | 0.84 |

## 六、芽胞杆菌盐分适应性判别分析

芽胞杆菌盐分适应性判别分析原理：不同的芽胞杆菌菌株具有不同的脂肪酸组构成，对生长环境的盐分适应性存在差异，通过上述聚类分析，可将不同盐分适应性的芽胞杆菌分为 3 类，利用逐步判别的方法（DPS 软件），建立芽胞杆菌盐分适应性类别判别模型，在建立模型的过程中可以了解各因子对类别划分的重要性。

芽胞杆菌盐分适应性判别分析矩阵构建。由 90 种芽胞杆菌特征脂肪酸组数据（表 3-1-2）、盐分适应性的平均值（表 3-1-13）及其脂肪酸组聚类分析的组别（表 3-5-5）构建矩阵，自变量 $X_{ij}$（$i$=1,…,90; $j$=1,…,14）由 90 种芽胞杆菌的 13 个脂肪酸生物标记组成，因变量 $Y_i$（$i$=1,…,90）由 90 种芽胞杆菌聚类组别组成，分成 3 类，采用贝叶斯逐步判别分析。

逐步判别分析。各组别自变量（$X_i$）平均值见表 3-5-8；逐步判别模型因子入选筛选过程见表 3-5-9；逐步判别过程两两分类间判别效果检验见表 3-5-10；逐步判别模型预测效果见表 3-5-11；逐步判别效果矩阵分析见表 3-5-12。分析结果判别方程为

$$Y_1=-28.8738+0.7036X_1+0.8209X_2+1.3961X_5+2.3668X_{11} \quad (3\text{-}5\text{-}2)$$

$$Y_2=-28.1470+1.0153X_1+0.6204X_2+1.5483X_5+1.0399X_{11} \quad (3\text{-}5\text{-}3)$$

$$Y_3=-38.6549+1.0757X_1+0.8740X_2+1.8495X_5+1.4844X_{11} \qquad (3\text{-}5\text{-}4)$$

式中，$X_1$ 为 15:0 anteiso，$X_2$ 为 15:0 iso，$X_5$ 为 17:0 iso，$X_{11}$ 为 17:1 iso ω10c；这 4 个因子入选的 Wilks 统计量分别为 0.5900、0.5997、0.8155、0.8183；Wilks 统计量越小的因子与芽胞杆菌盐分适应性分类的关系越大，$P$ 值检验都为极显著（$P<0.01$），表明芽胞杆菌盐分适应性分类与因子作用大小顺序为 15:0 anteiso、15:0 iso、17:0 iso、17:1 iso ω10c。

**表 3-5-8　90 种芽胞杆菌盐分适应性各类因子的平均值**

| 因子 | 脂肪酸生物标记 | 第 1 类/% | 第 2 类/% | 第 3 类/% | 平均/% |
|---|---|---|---|---|---|
| $X_1$ | 15:0 anteiso | 8.90 | 38.08 | 30.39 | 28.54 |
| $X_2$ | 15:0 iso | 38.30 | 14.52 | 32.14 | 26.33 |
| $X_3$ | 17:0 anteiso | 4.16 | 10.95 | 9.28 | 8.77 |
| $X_4$ | c16:0 | 5.65 | 9.98 | 3.27 | 6.59 |
| $X_5$ | 17:0 iso | 7.12 | 4.73 | 7.44 | 6.25 |
| $X_6$ | 16:0 iso | 7.33 | 6.31 | 4.83 | 6.02 |
| $X_7$ | 14:0 iso | 4.10 | 3.82 | 3.32 | 3.71 |
| $X_8$ | c14:0 | 2.98 | 3.16 | 1.58 | 2.55 |
| $X_9$ | 16:1ω11c | 4.25 | 1.97 | 1.88 | 2.47 |
| $X_{10}$ | 16:1ω7c alcohol | 4.56 | 1.55 | 1.77 | 2.33 |
| $X_{11}$ | 17:1 iso ω10c | 4.27 | 1.25 | 1.86 | 2.17 |
| $X_{12}$ | c18:0 | 1.65 | 2.37 | 1.45 | 1.88 |
| $X_{13}$ | feature 4 | 2.33 | 1.45 | 1.55 | 1.69 |

**表 3-5-9　逐步判别模型因子入选筛选过程**

| 因子 | 脂肪酸生物标记 | Wilks 统计量 | $F$ 值 | df | $P$ | 入选状态 |
|---|---|---|---|---|---|---|
| $X_1$ | 15:0 anteiso | 0.5900 | 29.1829 | 2，84 | 1.0000E-07 | （已入选） |
| $X_2$ | 15:0 iso | 0.5997 | 28.0396 | 2，84 | 1.0000E-07 | （已入选） |
| $X_3$ | 17:0 anteiso | 0.9245 | 3.3914 | 2，83 | 3.8391E-02 | |
| $X_4$ | c16:0 | 0.9100 | 4.1037 | 2，83 | 1.9976E-02 | |
| $X_5$ | 17:0 iso | 0.8155 | 9.5012 | 2，84 | 1.7453E-04 | （已入选） |
| $X_6$ | 16:0 iso | 0.8902 | 5.1162 | 2，83 | 8.0298E-03 | |
| $X_7$ | 14:0 iso | 0.9253 | 3.3492 | 2，83 | 3.9918E-02 | |
| $X_8$ | c14:0 | 0.9529 | 2.0500 | 2，83 | 1.3521E-01 | |
| $X_9$ | 16:1ω11c | 0.9754 | 1.0452 | 2，83 | 3.5619E-01 | |
| $X_{10}$ | 16:1ω7c alcohol | 0.9600 | 1.7298 | 2，83 | 1.8366E-01 | |
| $X_{11}$ | 17:1 iso ω10c | 0.8183 | 9.3259 | 2，84 | 2.0198E-04 | （已入选） |
| $X_{12}$ | c18:0 | 0.9624 | 1.6222 | 2，83 | 2.0366E-01 | |
| $X_{13}$ | feature 4 | 0.9865 | 0.5682 | 2，83 | 5.6872E-01 | |

注：选入 4 个变量，卡方值=155.348，$P$=0.0000

**表 3-5-10　逐步判别过程两两分类间判别效果检验**

| 类别 | 类别 | 马氏距离 | $F$ 值 | 自由度 $V_1$ | $V_2$ | $P$ |
|---|---|---|---|---|---|---|
| 1 | 2 | 17.5092 | 56.6185 | 4 | 53 | $1.0\times10^{-7}$ |
| 1 | 3 | 9.9350 | 30.4062 | 4 | 48 | $1.0\times10^{-7}$ |
| 2 | 3 | 5.0966 | 21.1096 | 4 | 64 | $1.0\times10^{-7}$ |

表 3-5-11　逐步判别模型预测效果

| 芽胞杆菌种名 | 原分类 | 计算分类 | 后验概率 | 芽胞杆菌种名 | 原分类 | 计算分类 | 后验概率 |
|---|---|---|---|---|---|---|---|
| *Bacillus panaciterrae* | 1 | 3* | 0.5811 | *B. vedderi* | 2 | 2 | 0.9989 |
| *B. decisifrondis* | 1 | 1 | 0.9928 | *B. vietnamensis* | 2 | 2 | 0.9236 |
| *B. indicus* | 1 | 1 | 0.9774 | *B. atrophaeus* | 2 | 2 | 0.8549 |
| *B. niacini* | 1 | 1 | 0.8924 | *B. agaradhaerens* | 2 | 2 | 0.8604 |
| *B. pseudomycoides* | 1 | 1 | 0.5559 | *B. clausii* | 2 | 3* | 0.9646 |
| *B. siralis* | 1 | 1 | 0.4769 | *B. decolorationis* | 2 | 3* | 0.9653 |
| *B. cohnii* | 1 | 1 | 0.9906 | *B. endophyticus* | 2 | 2 | 0.9672 |
| *B. massiliensis* | 1 | 1 | 0.7153 | *B. ginsengihumi* | 2 | 2 | 0.8888 |
| *B. odysseyi* | 1 | 1 | 0.9095 | *B. mojavensis* | 2 | 2 | 0.7155 |
| *Lysinibacillus sphaericus* | 1 | 1 | 0.9743 | *B. okhensis* | 2 | 2 | 0.9961 |
| *B. isronensis* | 1 | 1 | 0.9997 | *Virgibacillus okuhidensis* | 2 | 3* | 0.7708 |
| *B. mycoides* | 1 | 1 | 0.9999 | *B. pantothenticus* | 2 | 2 | 0.9863 |
| *B. badius* | 1 | 1 | 0.9993 | *B. pseudalcaliphilus* | 2 | 2 | 0.9518 |
| *B. boroniphilus* | 1 | 1 | 0.9952 | *B. beijingensis* | 2 | 2 | 0.7374 |
| *B. carboniphilus* | 1 | 1 | 0.9424 | *B. cellulosilyticus* | 2 | 2 | 0.7811 |
| *B. fusiformis* | 1 | 1 | 0.8496 | *B. hemicellulosilyticus* | 2 | 2 | 0.8474 |
| *B. horikoshii* | 1 | 1 | 1.0000 | *B. lehensis* | 2 | 3* | 0.7047 |
| *B. thuringiensis* | 1 | 1 | 0.8810 | *B. altitudinis* | 3 | 3 | 0.9852 |
| *B. cereus* | 1 | 1 | 0.9980 | *B. coagulans* | 3 | 3 | 0.9007 |
| *B. selenitireducens* | 1 | 1 | 1.0000 | *Paenibacillus lentimorbus* | 3 | 3 | 0.9750 |
| *B. cibi* | 1 | 1 | 0.9406 | *B. psychrosaccharolyticus* | 3 | 3 | 0.9037 |
| *B. acidicola* | 2 | 2 | 0.9967 | *B. sonorensis* | 3 | 3 | 0.5793 |
| *B. macyae* | 2 | 2 | 0.9991 | *B. bataviensis* | 3 | 3 | 0.8367 |
| *B. acidiproducens* | 2 | 2 | 0.9967 | *B. globisporus* | 3 | 3 | 0.9566 |
| *B. drentensis* | 2 | 2 | 0.9964 | *B. koreensis* | 3 | 3 | 0.8719 |
| *B. seohaeanensis* | 2 | 2 | 0.9920 | *B. murimartini* | 3 | 3 | 0.9111 |
| *B. ruris* | 2 | 2 | 0.9877 | *B. novalis* | 3 | 3 | 0.9051 |
| *B. acidiceler* | 2 | 2 | 0.9636 | *B. marisflavi* | 3 | 2* | 0.6617 |
| *B. circulans* | 2 | 2 | 0.9761 | *B. amyloliquefaciens* | 3 | 3 | 0.9738 |
| *B. fastidiosus* | 2 | 3* | 0.8382 | *B. oleronius* | 3 | 3 | 0.9255 |
| *B. gelatini* | 2 | 2 | 0.9417 | *B. selenatarsenatis* | 3 | 3 | 0.6735 |
| *B. kribbensis* | 2 | 2 | 0.9854 | *B. shackletonii* | 3 | 3 | 0.8066 |
| *B. niabensis* | 2 | 2 | 0.9958 | *Psychrobacillus psychrotolerans* | 3 | 2* | 0.6580 |
| *B. simplex* | 2 | 2 | 0.9463 | *B. luciferensis* | 3 | 3 | 0.5425 |
| *B. butanolivorans* | 2 | 2 | 0.9856 | *B. pumilus* | 3 | 3 | 0.9755 |
| *B. alkalitelluris* | 2 | 2 | 0.9059 | *B. fortis* | 3 | 3 | 0.8870 |
| *B. galactosidilyticus* | 2 | 2 | 0.9837 | *B. fordii* | 3 | 3 | 0.8594 |
| *B. alacalphilus* | 2 | 2 | 0.5365 | *B. licheniformis* | 3 | 3 | 0.9854 |
| *B. humi* | 2 | 2 | 0.9582 | *B. megaterium* | 3 | 3 | 0.5664 |
| *B. muralis* | 2 | 2 | 0.8631 | *B. safensis* | 3 | 3 | 0.9893 |
| *B. subtilis* | 3 | 3 | 0.8268 | *B. soli* | 3 | 3 | 0.9484 |
| *B. subtilis* subsp. *subtilis* | 3 | 3 | 0.9533 | *B. subtilis* subsp. *inaquosorum* | 3 | 3 | 0.9071 |
| *B. subtilis* subsp. *spizizenii* | 3 | 3 | 0.7254 | *B. vallismortis* | 3 | 3 | 0.7446 |
| *B. flexus* | 3 | 3 | 0.6551 | *B. aryabhattai* | 3 | 3 | 0.9212 |
| *B. nealsonii* | 2 | 2 | 0.9354 | *B. patagoniensis* | 3 | 3 | 0.9385 |

*表示判错

表 3-5-12　逐步判别效果矩阵分析

| 来自＼判为 | 第 1 类 | 第 2 类 | 第 3 类 | 小计 | 正确率 |
|---|---|---|---|---|---|
| 第 1 类 | 20 | 0 | 1 | 21 | 0.9524 |
| 第 2 类 | 0 | 32 | 5 | 37 | 0.8649 |
| 第 3 类 | 0 | 2 | 30 | 32 | 0.9375 |

注：判对的概率=0.9111

芽胞杆菌盐分适应性逐步判别方程两两分类间判别效果检验结果表明（表 3-5-10），类别 1 和 2 的马氏距离为 17.5092，类别 1 和 3 的马氏距离为 9.9350，类别 2 和 3 的马氏距离为 5.0966，$F$ 值显著性检验极显著（$P$<0.01）。

逐步判别预测效果表明（表 3-5-11），第 1 类 21 种芽胞杆菌，判对 20 种，判错 1 种，判别准确率为 95.24%；第 2 类 37 种芽胞杆菌，判对 32 种，判错 5 种，判别准确率为 86.49%；第 3 类 32 种芽胞杆菌，判对 30 种，判错 2 种，判别准确率为 93.75%；整个方程判对的概率为 91.11%，表明判别方程具有较高的实用性（表 3-5-12）。在应用时，测定供试芽胞杆菌脂肪酸组，将 $X_1$=15:0 anteiso、$X_2$=15:0 iso、$X_5$=17:0 iso、$X_{11}$=17:1 iso ω10c 的脂肪酸百分比代入方程，计算 $Y$ 值，当 $Y_1<Y<Y_2$ 时，该芽胞杆菌盐分适应性为第 1 类；当 $Y_2<Y<Y_3$ 时，属于第 2 类；当 $Y_3<Y$ 时，属于第 3 类；能够清楚地识别出特定芽胞杆菌的盐分适应特性。

## 七、讨论

芽胞杆菌生长对盐分具有严格要求。刘阳等（2015）研究了盐胁迫对枯草芽胞杆菌主要代谢产物的影响。利用氨基酸自动分析仪和顶空固相微萃取-气质联用技术，检测盐胁迫条件下主要理化指标、氨基酸和挥发性成分的变化情况。高盐胁迫下停滞期结束后，细胞残糖消耗速率最大但菌体生长缓慢，乳酸合成和消耗速率最快；天冬氨酸积累量增加而丝氨酸减少，组氨酸和苯丙氨酸浓度基本不变；中间盐浓度刺激下 3-羟基-丁酮积累量最大，其次为糠醛等小分子风味成分，乙酸乙烯酯、甲氧基异戊酸乙酯等仅在对照盐浓度发酵过程中被检测到，存在周期短且含量较低，2,5-二甲基吡嗪和苯甲醛仅在盐胁迫环境中产生。高盐胁迫下基质消耗主要用来进行产物合成而不是菌体生长，乳酸在细胞抗高渗胁迫过程中起重要作用。王磊等（2010）从山东烟台近海盐场泥样中分离得到菌株 YTM-5，该菌株能在 1%～15% NaCl 的培养基中生长，最适宜生长条件为：3% NaCl，温度为 37℃，pH 为 8。经过形态学观察、生理生化特性分析及 16S rDNA 序列测定，鉴定该菌株为芽胞杆菌属。高压液相色谱分析表明 YTM-5 菌体内含有相容性溶质四氢嘧啶，其含量随培养基内 NaCl 含量的增加而增加，当 NaCl 含量达到 7%以上时，一直维持较高的水平，以稳定此逆境下的渗透平衡。刘娟等（2009）对处理污水的芽胞杆菌 Y 进行抗盐诱变育种，分别采用紫外线照射、N-甲基-N-硝基-N-亚硝基胍（NTG）及 $^{60}$Co γ 射线等方法，选出最佳诱变方法为 NTG 900 μg/mL 与 $^{60}$Co γ 200 Gy 的复合处理。高海英等（2008）开展了养殖水体耐盐高效降解亚硝酸盐氮和氨氮芽胞杆菌的筛选与鉴定，从对虾养殖水体中分离筛选出 2 株分别对亚硝酸盐氮和氨氮具有较高降解能力的耐盐芽胞杆菌菌株 T905 和 T301。在模拟淡水和海水条件下，当亚硝酸盐氮和氨氮初始浓度分别为 44 mg/L 和 20 mg/L 时，3 d 后菌株 T905 对亚硝酸盐氮降解率分别达到 72.10%和 92.10%，菌株 T301 对氨氮降解率分别达到 55.18%和 52.00%。根据形态学特征和生理生化试验结果，鉴定 2 株菌为枯草芽胞杆菌。李大力等（2007）用增加 NaCl 浓度的方法提高发酵液的渗透压，研究了 NaCl 浓度对纳豆芽胞杆菌产 γ-聚谷氨酸的影响。结果表明，当 NaCl 浓度小于 50 mg/L 时，随发酵液渗透压的提高，纳豆芽胞杆菌单菌体 γ-聚谷氨酸产量有显著提高，所产 γ-聚谷氨酸的分子质量分布加大，但分子结构没有改变。

芽胞杆菌特征脂肪酸组与盐分适应相关性研究较少。作者对 90 种芽胞杆菌脂肪酸组和盐分适应性进行了测定，研究盐分适应性与脂肪酸组的关系。相关分析表明，盐分平均值与 16:0 iso 的相关系数为−0.19，负相关性接近显著，表明它们存在一定的负相关性，当 16:0 iso 含量增加时，表现出菌种对盐分适应性下降；如腐叶芽胞杆菌（*Bacillus decisifrondis*）和酸居芽胞杆菌（*Bacillus acidicola*）的 16:0 iso 脂肪酸含量较高，分别为 11.27%和 17.96%，它们对盐分适应性较低，盐分平均值为 1.00%；脱色芽胞杆菌（*Bacillus decolorationis*）和黏琼脂芽胞杆菌（*Bacillus agaradhaerens*）的 16:0 iso 脂肪酸含量较低，分别为 1.54%和 1.59%，它们对盐分适应性较高，平均值为 5.00%。

相关分析结果表明盐分适应性与脂肪酸组因子的相关性不密切，故建立的回归方程预测性较差。回归方程检验表明，复相关系数 $R$=0.332 657，决定系数 $R^2$=0.110 661，剩余标准差 SSE=1.5305，调整相关系数 $R_a$=0.186 390，调整决定系数 $R_a^2$=0.034 741，方程显著性检验 $P$=0.1940>0.05，表明芽胞杆菌盐分适应性与脂肪酸之间回归方程的相关性较弱，特别对偏离平均值的数据估计精确度不高，但是方程反映了接近盐分均值的预测值。大部分实验的芽胞杆菌盐分适应范围为 3%～4%，超出均值较远的范围方程拟合结果相对误差较大；预测方程误差在 30%以内的芽胞杆菌有 45 株，占 50%，误差在 31%～90%的有 32 株，占 35.6%，误差 100%以上的有 13 株，占 14.4%。方程对于盐分适应性不严格的芽胞杆菌的盐分预测仍具现实意义。

通过芽胞杆菌盐分适应性聚类分组，可将 90 种芽胞杆菌根据脂肪酸组和盐分适应性分为 3 组。第 I 组盐分平均值为 3.23%，盐分适应范围为 1%～5.4%，定义为盐分窄适应组（也称低盐组），包含 21 种芽胞杆菌；第 II 组盐分平均值为 4.10%，盐分适应范围为 1.01%～7.24%，定义为盐分广适应组（也称高盐组），包含 37 种芽胞杆菌；第 III 组盐分平均值为 3.55%，盐分适应范围为 1.00%～6.11%，定义为盐分常适应组（也称中盐组），包含 32 种芽胞杆菌；将聚类分析分组，统计分组因子平均值，结果见表 3-5-6。不同盐分适应组支链脂肪酸平均值差异显著，芽胞杆菌第 I 组盐分窄适应组（低盐组），15:0 iso 平均值为 38.30%，是第 II 组高盐组（14.52%）的 2.6 倍，比第 III 组中盐组（30.39%）略高；芽胞杆菌第 I 组 15:0 anteiso 平均值为 8.90%，仅为第 II 组高盐组（38.08%）的 23.37%，为第 III 组中盐组（30.39%）的 29.29%。不同盐分适应组直链脂肪酸平均值一般为高盐组<低盐组<中盐组，如 c16:0 高盐组（9.98%）<低盐组（5.65%）<中盐组（3.27%）；同样的现象也存在于 c14:0 和 c18:0 中。

利用聚类分析的类别，进行判别模型的建立。

结果表明芽胞杆菌盐分适应性分类与因子作用大小顺序为：15:0 anteiso、15:0 iso、17:0 iso、17:1 iso ω10c。逐步判别预测效果表明，第 1 类 21 种芽胞杆菌，判对 20 种，判错 1 种，判别准确率为 95.24%；第 2 类 37 种芽胞杆菌，判对 32 种，判错 5 种，判别准确率为 86.49%；第 3 类 32 种芽胞杆菌，判对 30 种，判错 2 种，判别准确率为 93.75%；整个方程判对的概率为 91.11%，表明判别方程具有较高的实用性。在应用时，测定供试芽胞杆菌脂肪酸组，将 $X_1$=15:0 anteiso、$X_2$=15:0 iso、$X_5$=17:0 iso、$X_{11}$=17:1 iso ω10c 的脂肪酸百分比带入方程，计算 $Y$ 值，当 $Y_1<Y<Y_2$ 时，该芽胞杆菌盐分适应性为第 1 类；当 $Y_2<Y<Y_3$ 时，属于第 2 类；当 $Y_3<Y$ 时，属于第 3 类；能够清楚地识别出特定芽胞杆菌的盐分适应特性。

## 第六节 芽胞杆菌脂肪酸组与生理生化的相关性

### 一、概述

微生物生理生化反应的多样性在自然界产生了两种结果：第一是使自然界的有机分子都有可能得到分解；第二是使不同微生物之间有了互相作用和互相依赖的基础。例如，一种微生物能利用另一种微生物所分解的产物，或者一种微生物的产物可以抑制或者杀死另一种微生物。由于微生物代谢类型多样，微生物在自然界的物质循环中起着重要作用，同时也为人类开发利用微生物资源提供更多的机会与途径。此外，微生物代谢类型的多样性具体表现在生化反应的多样性，因此在微生物的分类鉴定工作中，人们常利用其生化反应作为重要依据。

芽胞杆菌生理生化的研究有过许多报道。李晓舟（2015）测定了枯草芽胞杆菌菌株 B504 形态学及生理生化性状；倪鑫鑫等（2015）分析了芽胞杆菌生理生化特性；马顶虹等（2014）检测鉴定了萎缩芽胞杆菌生理生化特征；田佳等（2013）进行了枯草芽胞杆菌菌株 JN209 及其基因工程菌生理生化特性及抑菌谱比较；杜瑞英等（2012）研究了铅胁迫对节杆菌（*Arthrobacter* sp.）和芽胞杆菌（*Bacillus* sp.）生理生化特性的影响；赵艳等（2009）分析了不同土壤胶质芽胞杆菌生理生化特征及其解钾活性；居正英（2008）测定了茄子内生枯草芽胞杆菌菌株 29-12 防病促生及生理生化特性；冯波（2008）分析了一株蜀柏毒蛾的芽胞杆菌病原的生理生化特性。

根据《伯杰氏系统细菌学手册》和 *The Genus Bacillus* 中芽胞杆菌种鉴定所需的主要生理生化指标，我们选取了 16 种生理生化指标，结合 90 种芽胞杆菌脂肪酸组测定，并将生理生化数据进行转换，组成数据分析矩阵，分析芽胞杆菌脂肪酸组与其生理生化指标的相互关系，试图揭示芽胞杆菌的生理生化特性与其脂肪酸系统发育的相关性。

### 二、研究方法

采用第三章第一节的 90 种芽胞杆菌 Wilks 系数>0.5 的 13 个主要脂肪酸生物标记（表 3-1-4）和 90 种芽胞杆菌 16 个生理生化指标（表 3-1-16）数据，包括好氧、厌氧、需盐性、运动性、淀粉水解、明胶、氧化酶、过氧化氢酶、V-P、柠檬酸利用、阿拉伯糖、葡萄糖、甘油、木糖、水杨苷、硝酸盐还原等；利用相关分析、回归分析、聚类分析、判别分析研究芽胞杆菌脂肪酸组与生理生化指标的相关性，分析软件采用 DPS。

## 三、芽胞杆菌生理生化指标相关分析

利用脂肪酸数据（表 3-1-2）和芽胞杆菌生理生化指标（表 3-1-16）构建分析数据矩阵，对 90 种芽胞杆菌的 16 个生理生化指标与 13 个脂肪酸组因子进行相关性分析，结果见表 3-6-1。相关系数临界值 $a$=0.05 时，$R$=0.2072，因子间显著相关；$a$=0.01 时，$R$=0.2702，因子间极显著相关；16 个生理生化指标与 13 个脂肪酸的相关系数分析结果表明：$X_{14}$（好氧）与 17:0 iso 的正相关关系极显著，与其余脂肪酸生物标记的相关性不显著；$X_{15}$（厌氧）与 6 个脂肪酸即 15:0 anteiso、15:0 iso（负相关）、17:0 anteiso、c16:0、17:0 iso、c14:0 的相关关系显著或极显著；$X_{16}$（需盐性）仅与 c18:0 的相关性极显著；$X_{17}$（运动性）仅与 17:0 anteiso 的负相关性显著；$X_{18}$（淀粉水解）仅与 17:0 iso 存在极显著相关性；$X_{19}$（明胶）与 3 个脂肪酸即 15:0 anteiso、15:0 iso、c16:0 的相关性显著或极显著；$X_{22}$（V-P）与 3 个脂肪酸即与 c16:0、16:1ω11c、16:1ω7c alcohol 呈极显著负相关，与 17:0 iso 呈极显著正相关；$X_{24}$（阿拉伯糖）与 4 个脂肪酸即 15:0 anteiso、15:0 iso（负相关）、c16:0、17:1 iso ω10c（负相关）的相关性显著或极显著；$X_{25}$（葡萄糖）与 6 个脂肪酸即 15:0 anteiso、15:0 iso（负相关）、17:0 anteiso、16:1ω11c（负相关）、16:1ω7c alcohol（负相关）、17:1 iso ω10c（负相关）的相关性显著或极显著；$X_{26}$（甘油）与 1 个脂肪酸即 17:0 iso 的相关性极显著；$X_{27}$（木糖）与 5 个脂肪酸即 15:0 anteiso、15:0 iso（负相关）、17:0 anteiso、16:1ω11c（负相关）、17:1 iso ω10c（负相关）的相关性显著；$X_{28}$（水杨苷）与 1 个脂肪酸即 16:1ω7c alcohol（负相关）的相关性显著；$X_{20}$（氧化酶）、$X_{21}$（过氧化氢酶）、$X_{23}$（柠檬酸利用）、$X_{29}$（硝酸盐还原）与脂肪酸无相关性（表 3-6-1）。

**表 3-6-1　90 种芽胞杆菌生理生化指标与脂肪酸的相关系数**

| 脂肪酸 | 好氧 | 厌氧 | 需盐性 | 运动性 | 淀粉水解 | 明胶 | 氧化酶 | 过氧化氢酶 | V-P |
|---|---|---|---|---|---|---|---|---|---|
| | $X_{14}$ | $X_{15}$ | $X_{16}$ | $X_{17}$ | $X_{18}$ | $X_{19}$ | $X_{20}$ | $X_{21}$ | $X_{22}$ |
| [1] 15:0 anteiso | −0.1448 | 0.2670 | −0.0109 | 0.1604 | −0.1694 | −0.2263 | −0.0979 | −0.0310 | 0.0092 |
| [2] 15:0 iso | 0.1726 | −0.3372 | −0.1623 | 0.0422 | 0.0008 | 0.2849 | 0.1471 | −0.0043 | −0.0201 |
| [3] 17:0 anteiso | −0.1456 | 0.2394 | −0.0618 | −0.2341 | −0.0648 | −0.1893 | 0.1768 | −0.3183 | 0.0486 |
| [4] c16:0 | 0.0073 | 0.2463 | 0.1658 | 0.0828 | 0.0520 | −0.3016 | −0.1531 | 0.1025 | −0.2027 |
| [5] 17:0 iso | 0.2631 | −0.3884 | 0.0417 | −0.0511 | 0.3256 | 0.1909 | −0.0394 | −0.0502 | 0.4246 |
| [6] 16:0 iso | −0.1898 | 0.1918 | −0.0376 | 0.0858 | −0.0974 | −0.0520 | 0.0276 | 0.0993 | 0.0309 |
| [7] 14:0 iso | 0.0788 | −0.0736 | 0.0770 | 0.0470 | −0.0775 | −0.0076 | 0.0943 | 0.1370 | −0.1859 |
| [8] c14:0 | −0.1134 | 0.2904 | 0.0086 | −0.0873 | −0.0712 | −0.0971 | −0.1530 | 0.1132 | −0.1767 |
| [9] 16:1ω11c | −0.1292 | −0.0060 | 0.0586 | −0.1958 | 0.0272 | 0.1308 | 0.1140 | 0.0917 | −0.2986 |
| [10] 16:1ω7c alcohol | 0.1063 | −0.1807 | 0.0269 | 0.0343 | −0.0792 | 0.1044 | 0.0755 | 0.0715 | −0.2441 |
| [11] 17:1 iso ω10c | −0.0709 | −0.0857 | −0.0725 | −0.1906 | 0.1222 | 0.2323 | 0.0689 | 0.0780 | −0.0256 |
| [12] c18:0 | −0.1683 | 0.0404 | 0.3732 | 0.1143 | 0.1033 | −0.1235 | −0.1510 | 0.0840 | −0.1175 |
| [13] feature 4 | 0.0091 | −0.1216 | −0.0082 | −0.0991 | 0.1790 | 0.1726 | 0.1897 | 0.0760 | −0.1798 |

续表

| 脂肪酸 | 柠檬酸利用 $X_{23}$ | 阿拉伯糖 $X_{24}$ | 葡萄糖 $X_{25}$ | 甘油 $X_{26}$ | 木糖 $X_{27}$ | 水杨苷 $X_{28}$ | 硝酸盐还原 $X_{29}$ |
|---|---|---|---|---|---|---|---|
| [1] 15:0 anteiso | 0.0477 | 0.3157 | 0.3996 | 0.0032 | 0.2640 | 0.0686 | 0.0285 |
| [2] 15:0 iso | 0.0455 | −0.2932 | −0.4120 | −0.1110 | −0.2450 | −0.0169 | −0.1458 |
| [3] 17:0 anteiso | 0.0018 | 0.1721 | 0.2438 | 0.1998 | 0.2470 | −0.0434 | −0.0808 |
| [4] c16:0 | −0.1537 | 0.2142 | 0.1084 | −0.1098 | 0.0941 | 0.1486 | 0.0836 |
| [5] 17:0 iso | 0.1426 | −0.0715 | −0.0049 | 0.3227 | −0.0646 | 0.0722 | 0.1741 |
| [6] 16:0 iso | 0.0633 | −0.0229 | −0.0657 | −0.0965 | 0.0500 | −0.1833 | −0.1081 |
| [7] 14:0 iso | −0.0765 | −0.0466 | −0.1632 | −0.1392 | 0.0198 | −0.0588 | 0.0442 |
| [8] c14:0 | 0.0238 | 0.0343 | −0.0397 | −0.1519 | 0.0812 | 0.1766 | 0.1367 |
| [9] 16:1ω11c | −0.1857 | −0.1565 | −0.3159 | 0.0768 | −0.2158 | −0.0517 | −0.0154 |
| [10] 16:1ω7c alcohol | −0.1759 | −0.1887 | −0.3371 | −0.1136 | −0.1915 | −0.2215 | −0.1440 |
| [11] 17:1 iso ω10c | −0.0777 | −0.2490 | −0.2574 | 0.1936 | −0.2564 | 0.0580 | 0.0403 |
| [12] c18:0 | −0.1823 | 0.0131 | 0.0151 | 0.1150 | −0.0011 | −0.1215 | 0.0578 |
| [13] feature 4 | −0.0639 | −0.1758 | −0.1477 | 0.3087 | −0.1852 | 0.0591 | −0.1697 |

注：相关系数临界值 $a$=0.05 时，$R$=0.2072，因子间显著相关；$a$=0.01 时，$R$=0.2702，因子间极显著相关

## 四、芽胞杆菌生理生化指标聚类分析

利用 13 个脂肪酸数据（表 3-1-2）和芽胞杆菌 16 个生理生化指标（表 3-1-16）构建分析数据矩阵，以 90 种芽胞杆菌种类为样本，以脂肪酸组和生理生化为指标，数据不转换，以欧氏距离为尺度，用可变类平均法进行系统聚类，基于生理生化指标和脂肪酸的芽胞杆菌聚类分析结果见表 3-6-2 和图 3-6-1。

**表 3-6-2　基于脂肪酸和生理生化指标的芽胞杆菌分组**

| 组别 | 芽胞杆菌种名 | 组别 | 芽胞杆菌种名 |
|---|---|---|---|
| I | *Bacillus agaradhaerens* | I | *Paenibacillus lentimorbus* |
| I | *B. alcalophilus* | I | *B. licheniformis* |
| I | *B. alkalitelluris* | I | *B. luciferensis* |
| I | *B. amyloliquefaciens* | I | *B. marisflavi* |
| I | *B. aryabhattai* | I | *B. megaterium* |
| I | *B. bataviensis* | I | *B. murimartini* |
| I | *B. cellulosilyticus* | I | *B. nealsonii* |
| I | *B. coagulans* | I | *B. novalis* |
| I | *B. decolorationis* | I | *B. okuhidensis* |
| I | *B. fastidiosus* | I | *B. oleronius* |
| I | *B. flexus* | I | *B. patagoniensis* |
| I | *B. fordii* | I | *B. pseudalcaliphilus* |
| I | *B. fortis* | I | *B. psychrosaccharolyticus* |
| I | *B. globisporus* | I | *Psychrobacillus psychrotolerans* |
| I | *B. koreensis* | I | *B. selenatarsenatis* |

续表

| 组别 | 芽胞杆菌种名 | 组别 | 芽胞杆菌种名 |
|---|---|---|---|
| I | *B. shackletonii* | II | *B. thuringiensis* |
| I | *B. soli* | 第 II 组 26 种 | |
| I | *B. sonorensis* | III | *B. acidiceler* |
| I | *B. subtilis* subsp. *inaquosorum* | III | *B. acidicola* |
| I | *B. subtilis* subsp. *subtilis* | III | *B. acidiproducens* |
| I | *B. vallismortis* | III | *B. atrophaeus* |
| 第 I 组 36 种 | | III | *B. beijingensis* |
| II | *B. altitudinis* | III | *B. butanolivorans* |
| II | *B. badius* | III | *B. circulans* |
| II | *B. boroniphilus* | III | *B. drentensis* |
| II | *B. carboniphilus* | III | *B. endophyticus* |
| II | *B. cereus* | III | *B. galactosidilyticus* |
| II | *B. cibi* | III | *B. gelatini* |
| II | *B. clausii* | III | *B. ginsengihumi* |
| II | *B. cohnii* | III | *B. hemicellulosilyticus* |
| II | *B. decisifrondis* | III | *B. humi* |
| II | *B. fusiformis* | III | *B. kribbensis* |
| II | *B. horikoshii* | III | *B. macyae* |
| II | *B. indicus* | III | *B. mojavensis* |
| II | *B. isronensis* | III | *B. muralis* |
| II | *B. lehensis* | III | *B. niabensis* |
| II | *B. massiliensis* | III | *B. okhensis* |
| II | *B. mycoides* | III | *Virgibacillus pantothenticus* |
| II | *B. niacini* | III | *B. ruris* |
| II | *B. odysseyi* | III | *B. seohaeanensis* |
| II | *B. panaciterrae* | III | *B. simplex* |
| II | *B. pseudomycoides* | III | *B. subtilis* |
| II | *B. pumilus* | III | *B. subtilis* subsp. *spizizenii* |
| II | *B. safensis* | III | *B. vedderi* |
| II | *B. selenitireducens* | III | *B. vietnamensis* |
| II | *B. siralis* | 第 III 组 28 种 | |
| II | *Lysinibacillus sphaericus* | | |

聚类结果表明，可将 90 种芽胞杆菌根据脂肪酸组和生理生化指标分为 3 组。第 I 组包含 36 种芽胞杆菌，即黏琼脂芽胞杆菌（*Bacillus agaradhaerens*）、嗜碱芽胞杆菌（*Bacillus alcalophilus*）、碱土芽胞杆菌（*Bacillus alkalitelluris*）、解淀粉芽胞杆菌（*Bacillus amyloliquefaciens*）、阿氏芽胞杆菌（*Bacillus aryabhattai*）、巴达维亚芽胞杆菌（*Bacillus bataviensis*）、解纤维素芽胞杆菌（*Bacillus cellulosilyticus*）、凝结芽胞杆菌（*Bacillus coagulans*）、脱色芽胞杆菌（*Bacillus decolorationis*）、苛求芽胞杆菌（*Bacillus fastidiosus*）、

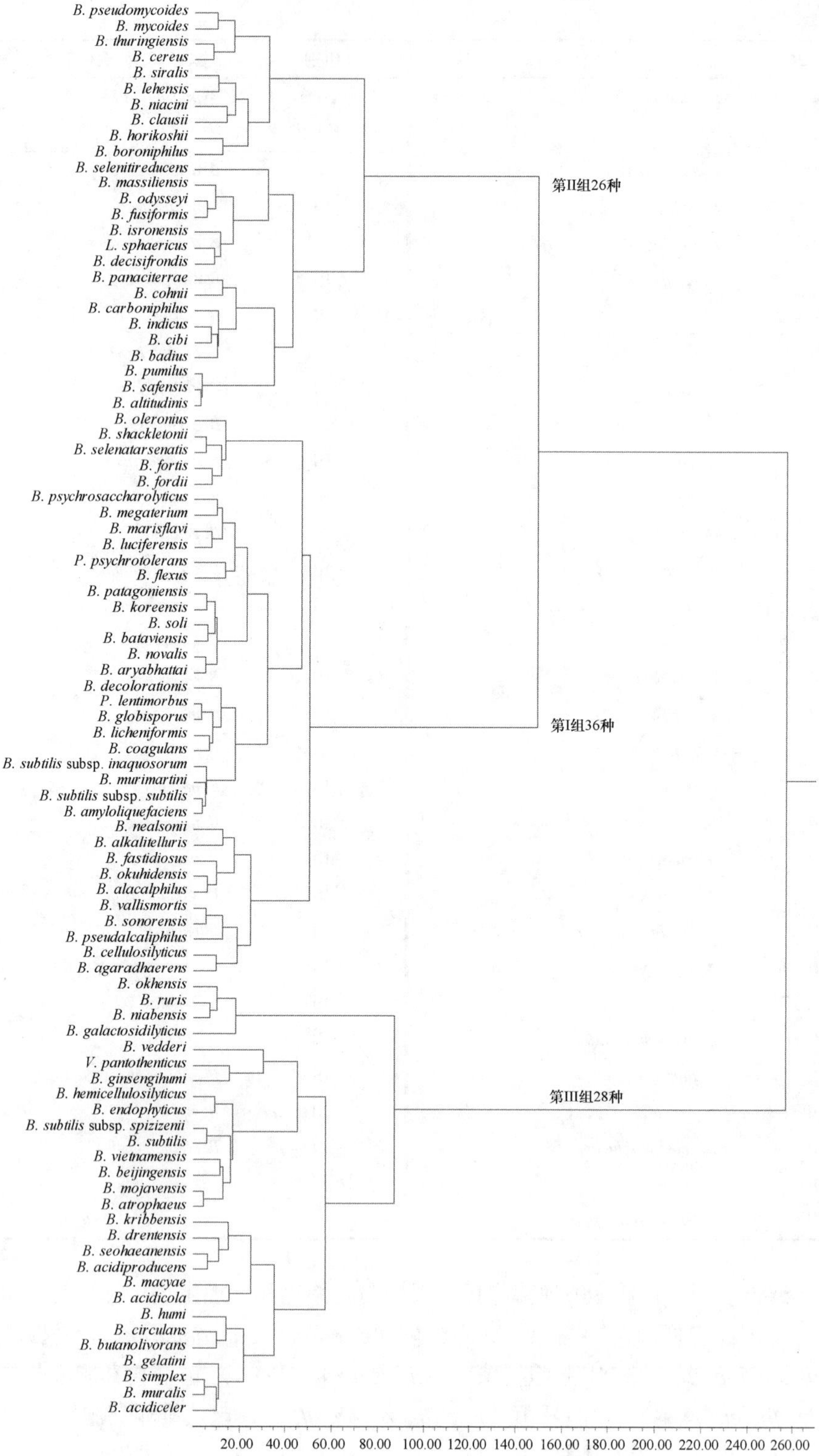


图 3-6-1 基于脂肪酸和生理生化适应性的芽胞杆菌分组聚类分析

弯曲芽胞杆菌（*Bacillus flexus*）、福氏芽胞杆菌（*Bacillus fordii*）、强壮芽胞杆菌（*Bacillus fortis*）、球胞芽胞杆菌（*Bacillus globisporus*）、韩国芽胞杆菌（*Bacillus koreensis*）、慢病类芽胞杆菌（*Paenibacillus lentimorbus*）、地衣芽胞杆菌（*Bacillus licheniformis*）、路西法芽胞杆菌（*Bacillus luciferensis*）、黄海芽胞杆菌（*Bacillus marisflavi*）、巨大芽胞杆菌（*Bacillus megaterium*）、马丁教堂芽胞杆菌（*Bacillus murimartini*）、尼氏芽胞杆菌（*Bacillus nealsonii*）、休闲地芽胞杆菌（*Bacillus novalis*）、奥飞弹温泉芽胞杆菌（*Bacillus okuhidensis*）、蔬菜芽胞杆菌（*Bacillus oleronius*）、巴塔哥尼亚芽胞杆菌（*Bacillus patagoniensis*）、假嗜碱芽胞杆菌（*Bacillus pseudalcaliphilus*）、冷解糖芽胞杆菌（*Bacillus psychrosaccharolyticus*）、耐冷嗜冷芽胞杆菌（*Psychrobacillus psychrotolerans*）、硒砷芽胞杆菌（*Bacillus selenatarsenatis*）、沙氏芽胞杆菌（*Bacillus shackletonii*）、土壤芽胞杆菌（*Bacillus soli*）、索诺拉沙漠芽胞杆菌（*Bacillus sonorensis*）、枯草芽胞杆菌干燥亚种（*Bacillus subtilis* subsp. *inaquosorum*）、枯草芽胞杆菌枯草亚种（*Bacillus subtilis* subsp. *subtilis*）、死谷芽胞杆菌（*Bacillus vallismortis*）。

第II组包含26种芽胞杆菌，即高地芽胞杆菌（*Bacillus altitudinis*）、栗褐芽胞杆菌（*Bacillus badius*）、嗜硼芽胞杆菌（*Bacillus boroniphilus*）、嗜碳芽胞杆菌（*Bacillus carboniphilus*）、蜡样芽胞杆菌（*Bacillus cereus*）、食物芽胞杆菌（*Bacillus cibi*）、克劳氏芽胞杆菌（*Bacillus clausii*）、科恩芽胞杆菌（*Bacillus cohnii*）、腐叶芽胞杆菌（*Bacillus decisifrondis*）、纺锤形芽胞杆菌（*Bacillus fusiformis*）、堀越氏芽胞杆菌（*Bacillus horikoshii*）、印度芽胞杆菌（*Bacillus indicus*）、印空研芽胞杆菌（*Bacillus isronensis*）、列城芽胞杆菌（*Bacillus lehensis*）、马赛芽胞杆菌（*Bacillus massiliensis*）、蕈状芽胞杆菌（*Bacillus mycoides*）、烟酸芽胞杆菌（*Bacillus niacini*）、奥德赛芽胞杆菌（*Bacillus odysseyi*）、人参地块芽胞杆菌（*Bacillus panaciterrae*）、假蕈状芽胞杆菌（*Bacillus pseudomycoides*）、短小芽胞杆菌（*Bacillus pumilus*）、沙福芽胞杆菌（*Bacillus safensis*）、还原硒酸盐芽胞杆菌（*Bacillus selenitireducens*）、青贮窖芽胞杆菌（*Bacillus siralis*）、球形赖氨酸芽胞杆菌（*Lysinibacillus sphaericus*）、苏云金芽胞杆菌（*Bacillus thuringiensis*）。

第III组包含28种芽胞杆菌，即酸快生芽胞杆菌（*Bacillus acidiceler*）、酸居芽胞杆菌（*Bacillus acidicola*）、产酸芽胞杆菌（*Bacillus acidiproducens*）、萎缩芽胞杆菌（*Bacillus atrophaeus*）、北京芽胞杆菌（*Bacillus beijingensis*）、食丁酸芽胞杆菌（*Bacillus butanolivorans*）、环状芽胞杆菌（*Bacillus circulans*）、钻特省芽胞杆菌（*Bacillus drentensis*）、内生芽胞杆菌（*Bacillus endophyticus*）、解半乳糖苷芽胞杆菌（*Bacillus galactosidilyticus*）、明胶芽胞杆菌（*Bacillus gelatini*）、人参土芽胞杆菌（*Bacillus ginsengihumi*）、解半纤维素芽胞杆菌（*Bacillus hemicellulosilyticus*）、土地芽胞杆菌（*Bacillus humi*）、韩研所芽胞杆菌（*Bacillus kribbensis*）、马氏芽胞杆菌（*Bacillus macyae*）、莫哈维沙漠芽胞杆菌（*Bacillus mojavensis*）、壁画芽胞杆菌（*Bacillus muralis*）、农研所芽胞杆菌（*Bacillus niabensis*）、奥哈芽胞杆菌（*Bacillus okhensis*）、泛酸枝芽胞杆菌（*Virgibacillus pantothenticus*）、农庄芽胞杆菌（*Bacillus ruris*）、西岸芽胞杆菌（*Bacillus seohaeanensis*）、简单芽胞杆菌（*Bacillus simplex*）、枯草芽胞杆菌（*Bacillus subtilis*）、枯草芽胞杆菌斯氏亚种（*Bacillus subtilis* subsp. *spizizenii*）、威氏芽胞杆菌（*Bacillus vedderi*）、越南芽胞杆菌

(*Bacillus vietnamensis*)。

芽胞杆菌分组脂肪酸与生理生化指标分组统计。根据聚类分析分组结果，统计分组因子平均值，结果见表 3-6-3；从表中可知，第 I 组（36 种）、第 II 组（26 种）、第 III 组(28 种)的重要脂肪酸分布差异显著，脂肪酸 15:0 anteiso 在 3 组分布分别为 32.1799%、13.5074%、45.2414%，15:0 iso 在 3 组分布分别为 31.2150%、41.1273%、13.1009%。第 I 组的 15:0 anteiso/15:0 iso 值=1.03，第 II 组为 0.33，第 III 组为 3.45，表现出显著差异。

**表 3-6-3 芽胞杆菌分组脂肪酸与生理生化指标平均值统计** (%)

| 脂肪酸与生理生化指标 | | 第 I 组 36 种 | 第 II 组 26 种 | 第 III 组 28 种 |
|---|---|---|---|---|
| $X_1$ | 15:0 anteiso | 32.1799 | 13.5074 | 45.2414 |
| $X_2$ | 15:0 iso | 31.2150 | 41.1273 | 13.1009 |
| $X_3$ | 17:0 anteiso | 8.8261 | 4.3073 | 12.3979 |
| $X_4$ | c16:0 | 6.0133 | 5.8581 | 8.7343 |
| $X_5$ | 17:0 iso | 6.0192 | 6.5812 | 3.0354 |
| $X_6$ | 16:0 iso | 3.5664 | 5.7677 | 6.2004 |
| $X_7$ | 14:0 iso | 2.3894 | 2.9035 | 2.9393 |
| $X_8$ | c14:0 | 1.1911 | 1.8142 | 1.7777 |
| $X_9$ | 16:1ω11c | 0.9328 | 2.7654 | 0.9493 |
| $X_{10}$ | 16:1ω7c alcohol | 0.7317 | 2.9608 | 0.5821 |
| $X_{11}$ | 17:1 iso ω10c | 0.7078 | 2.7027 | 0.3379 |
| $X_{12}$ | c18:0 | 0.9056 | 0.6860 | 1.0136 |
| $X_{13}$ | feature 4 | 0.5144 | 1.1079 | 0.5254 |
| $X_{14}$ | 好氧 | 0.9722 | 0.9615 | 0.8571 |
| $X_{15}$ | 厌氧 | 0.2222 | 0.0385 | 0.4643 |
| $X_{16}$ | 需盐性 | 0.0556 | 0.0000 | 0.0357 |
| $X_{17}$ | 运动性 | 0.9444 | 0.8077 | 0.8571 |
| $X_{18}$ | 淀粉水解 | 0.6389 | 0.6154 | 0.4286 |
| $X_{19}$ | 明胶 | 0.6667 | 0.8077 | 0.4286 |
| $X_{20}$ | 氧化酶 | 0.3889 | 0.6154 | 0.4286 |
| $X_{21}$ | 过氧化氢酶 | 0.9722 | 1.0000 | 0.9643 |
| $X_{22}$ | V-P | 0.3056 | 0.2692 | 0.2500 |
| $X_{23}$ | 柠檬酸利用 | 0.2500 | 0.2692 | 0.2500 |
| $X_{24}$ | 阿拉伯糖 | 0.2778 | 0.1538 | 0.6071 |
| $X_{25}$ | 葡萄糖 | 0.8333 | 0.4231 | 0.9286 |
| $X_{26}$ | 甘油 | 0.3611 | 0.2692 | 0.3214 |
| $X_{27}$ | 木糖 | 0.3333 | 0.3077 | 0.5714 |
| $X_{28}$ | 水杨苷 | 0.3611 | 0.3462 | 0.4286 |
| $X_{29}$ | 硝酸盐还原 | 0.5556 | 0.4231 | 0.5357 |

以芽胞杆菌分组为指标，以脂肪酸和生理生化指标为样本，以欧氏距离为尺度，利用可变类平均法进行系统聚类，基于芽胞杆菌分组的脂肪酸与生理生化因子聚类分析结果见图 3-6-2，结果表明，可将脂肪酸和生理生化指标依芽胞杆菌分组分为 3 组，第 I

组 2 个因子，为芽胞杆菌的高含量脂肪酸生物标记，包括 15:0 anteiso、15:0 iso；第 II 组 4 个因子，为芽胞杆菌中含量脂肪酸，包括 17:0 anteiso、c16:0、17:0 iso、16:0 iso；第 III 组 23 个因子，为低含量脂肪酸和生理生化指标，低含量脂肪酸包括 14:0 iso、c14:0、16:1ω11c、16:1ω7c alcohol、17:1 iso ω10c、c18:0、feature 4，生理生化指标包括好氧、厌氧、需盐性、运动性、淀粉水解、明胶、氧化酶、过氧化氢酶、V-P、柠檬酸利用、阿拉伯糖、葡萄糖、甘油、木糖、水杨苷、硝酸盐还原。

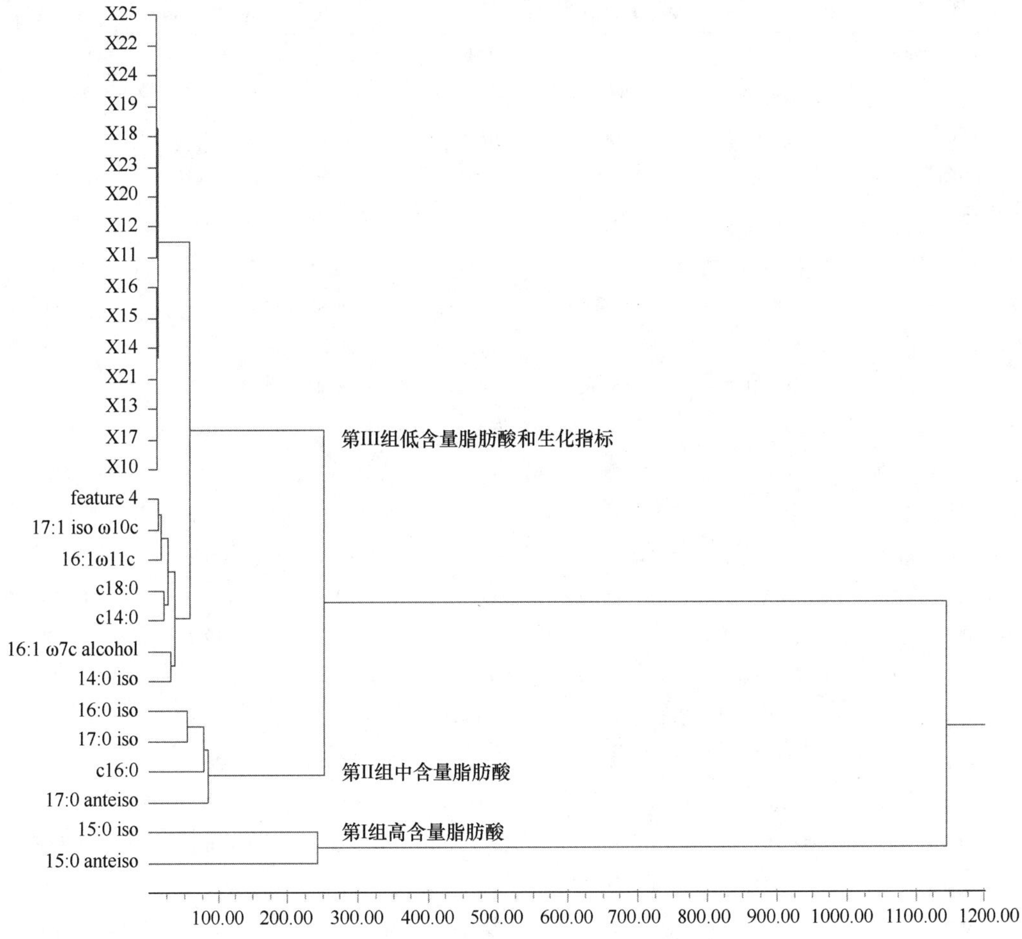


图 3-6-2　基于芽胞杆菌分组的脂肪酸与生理生化指标聚类分析（欧氏距离）

基于芽胞杆菌分组脂肪酸和生理生化因子间的相关性分析，将芽胞杆菌生理生化指标与脂肪酸因子间相关系数列于表 3-6-4。结果表明芽胞杆菌生理生化分组指标与脂肪酸组存在相关性，相关系数大于 0.99 时，指标间相关性显著。例如，$X_{14}$（好氧）与 $X_4$（c16:0）（−0.9913），$X_{19}$（明胶）与 $X_2$（15:0 iso）（0.9998），$X_{23}$（柠檬酸利用）与 $X_{10}$（16:1ω7c alcohol）（0.9984），$X_{24}$（阿拉伯糖）与 $X_2$（15:0 iso）（−0.9961）、$X_5$（17:0 iso）（−0.9928），$X_{25}$（葡萄糖）与 $X_{10}$（16:1ω7c alcohol）（−0.9925）、$X_{11}$（17:1 iso ω10c）（−0.9995），$X_{27}$（木糖）与 $X_4$（c16:0）（0.9992）、$X_5$（17:0 iso）（−0.9982），$X_{28}$（水杨苷）与 $X_4$（c16:0）

(0.9925)、$X_5$（17:0 iso）(−0.9997)，$X_{29}$（硝酸盐还原）与 $X_{13}$（feature 4）(−0.9924)，均存在极显著相关，有的是正相关，有的是负相关；其余生理生化指标与脂肪酸生物标记的相关性不显著。芽胞杆菌分组的指标间相关与芽胞杆菌单个种指标间相关的趋势存在较大差异，分组将同组的芽胞杆菌指标进行平均数统计后消除了单个种之间的差异，反映分组的特性。

**表 3-6-4 芽胞杆菌生理生化指标分组因子的相关系数**

| 因子 | $X_1$：15:0 anteiso | $X_2$：15:0 iso | $X_3$：17:0 anteiso | $X_4$：c16:0 | $X_5$：17:0 iso | $X_6$：16:0 iso |
|---|---|---|---|---|---|---|
| $X_1$：15:0 anteiso | 1.0000 | −0.9640 | 0.9994 | 0.8379 | −0.8882 | 0.0520 |
| $X_2$：15:0 iso | −0.9640 | 1.0000 | −0.9725 | −0.9529 | 0.9784 | −0.3157 |
| $X_3$：17:0 anteiso | 0.9994 | −0.9725 | 1.0000 | 0.8561 | −0.9034 | 0.0862 |
| $X_4$：c16:0 | 0.8379 | −0.9529 | 0.8561 | 1.0000 | −0.9950 | 0.5886 |
| $X_5$：17:0 iso | −0.8882 | 0.9784 | −0.9034 | −0.9950 | 1.0000 | −0.5050 |
| $X_6$：16:0 iso | 0.0520 | −0.3157 | 0.0862 | 0.5886 | −0.5050 | 1.0000 |
| $X_7$：14:0 iso | −0.0435 | −0.2237 | −0.0093 | 0.5088 | −0.4203 | 0.9954 |
| $X_8$：c14:0 | −0.1533 | −0.1149 | −0.1194 | 0.4109 | −0.3178 | 0.9789 |
| $X_9$：16:1ω11c | −0.9091 | 0.7656 | −0.8943 | −0.5344 | 0.6161 | 0.3687 |
| $X_{10}$：16:1ω7c alcohol | −0.9339 | 0.8052 | −0.9211 | −0.5873 | 0.6652 | 0.3085 |
| $X_{11}$：17:1 iso ω10c | −0.9622 | 0.8551 | −0.9523 | −0.6575 | 0.7294 | 0.2220 |
| $X_{12}$：c18:0 | 0.9957 | −0.9353 | 0.9920 | 0.7839 | −0.8420 | −0.0404 |
| $X_{13}$：feature 4 | −0.9056 | 0.7602 | −0.8905 | −0.5273 | 0.6095 | 0.3765 |
| $X_{14}$：好氧 | −0.7586 | 0.9046 | −0.7805 | −0.9913 | 0.9732 | −0.6901 |
| $X_{15}$：厌氧 | 0.9837 | −0.9961 | 0.9893 | 0.9224 | −0.9563 | 0.2307 |
| $X_{16}$：需盐性 | 0.7089 | −0.4959 | 0.6843 | 0.2091 | −0.3056 | −0.6675 |
| $X_{17}$：运动性 | 0.4499 | −0.1962 | 0.4190 | −0.1105 | 0.0107 | −0.8685 |
| $X_{18}$：淀粉水解 | −0.7469 | 0.8968 | −0.7692 | −0.9888 | 0.9689 | −0.7029 |
| $X_{19}$：明胶 | −0.9693 | 0.9998 | −0.9771 | −0.9464 | 0.9739 | −0.2961 |
| $X_{20}$：氧化酶 | −0.8328 | 0.6556 | −0.8133 | −0.3956 | 0.4853 | 0.5096 |
| $X_{21}$：过氧化氢酶 | −0.9781 | 0.8876 | −0.9704 | −0.7060 | 0.7732 | 0.1569 |
| $X_{22}$：V-P | −0.2427 | 0.4919 | −0.2758 | −0.7328 | 0.6612 | −0.9814 |
| $X_{23}$：柠檬酸利用 | −0.9123 | 0.7706 | −0.8978 | −0.5410 | 0.6222 | 0.3615 |
| $X_{24}$：阿拉伯糖 | 0.9368 | −0.9961 | 0.9482 | 0.9759 | −0.9928 | 0.3982 |
| $X_{25}$：葡萄糖 | 0.9705 | −0.8715 | 0.9617 | 0.6816 | −0.7512 | −0.1903 |
| $X_{26}$：甘油 | 0.6470 | −0.4210 | 0.6205 | 0.1260 | −0.2244 | −0.7278 |
| $X_{27}$：木糖 | 0.8591 | −0.9643 | 0.8762 | 0.9992 | −0.9982 | 0.5557 |
| $X_{28}$：水杨苷 | 0.8983 | −0.9828 | 0.9129 | 0.9925 | −0.9997 | 0.4855 |
| $X_{29}$：硝酸盐还原 | 0.8464 | −0.6744 | 0.8277 | 0.4186 | −0.5071 | −0.4878 |

续表

| 因子 | $X_7$: 14:0 iso | $X_8$: c14:0 | $X_9$: 16:1ω11c | $X_{10}$: 16:1ω7c alcohol | $X_{11}$: 17:1 iso ω10c | $X_{12}$: c18:0 | $X_{13}$: feature 4 |
|---|---|---|---|---|---|---|---|
| $X_1$: 15:0 anteiso | −0.0435 | −0.1533 | −0.9091 | −0.9339 | −0.9622 | 0.9957 | −0.9056 |
| $X_2$: 15:0 iso | −0.2237 | −0.1149 | 0.7656 | 0.8052 | 0.8551 | −0.9353 | 0.7602 |
| $X_3$: 17:0 anteiso | −0.0093 | −0.1194 | −0.8943 | −0.9211 | −0.9523 | 0.9920 | −0.8905 |
| $X_4$: c16:0 | 0.5088 | 0.4109 | −0.5344 | −0.5873 | −0.6575 | 0.7839 | −0.5273 |
| $X_5$: 17:0 iso | −0.4203 | −0.3178 | 0.6161 | 0.6652 | 0.7294 | −0.8420 | 0.6095 |
| $X_6$: 16:0 iso | 0.9954 | 0.9789 | 0.3687 | 0.3085 | 0.2220 | −0.0404 | 0.3765 |
| $X_7$: 14:0 iso | 1.0000 | 0.9939 | 0.4558 | 0.3979 | 0.3141 | −0.1356 | 0.4632 |
| $X_8$: c14:0 | 0.9939 | 1.0000 | 0.5511 | 0.4966 | 0.4168 | −0.2439 | 0.5580 |
| $X_9$: 16:1ω11c | 0.4558 | 0.5511 | 1.0000 | 0.9980 | 0.9882 | −0.9437 | 1.0000 |
| $X_{10}$: 16:1ω7c alcohol | 0.3979 | 0.4966 | 0.9980 | 1.0000 | 0.9960 | −0.9629 | 0.9974 |
| $X_{11}$: 17:1 iso ω10c | 0.3141 | 0.4168 | 0.9882 | 0.9960 | 1.0000 | −0.9832 | 0.9869 |
| $X_{12}$: c18:0 | −0.1356 | −0.2439 | −0.9437 | −0.9629 | −0.9832 | 1.0000 | −0.9409 |
| $X_{13}$: feature 4 | 0.4632 | 0.5580 | 1.0000 | 0.9974 | 0.9869 | −0.9409 | 1.0000 |
| $X_{14}$: 好氧 | −0.6179 | −0.5275 | 0.4183 | 0.4755 | 0.5524 | −0.6952 | 0.4106 |
| $X_{15}$: 厌氧 | 0.1368 | 0.0268 | −0.8194 | −0.8544 | −0.8975 | 0.9629 | −0.8146 |
| $X_{16}$: 需盐性 | −0.7355 | −0.8057 | −0.9383 | −0.9142 | −0.8743 | 0.7710 | −0.9411 |
| $X_{17}$: 运动性 | −0.9118 | −0.9515 | −0.7810 | −0.7395 | −0.6762 | 0.5304 | −0.7862 |
| $X_{18}$: 淀粉水解 | −0.6319 | −0.5426 | 0.4019 | 0.4597 | 0.5374 | −0.6823 | 0.3943 |
| $X_{19}$: 明胶 | −0.2036 | −0.0945 | 0.7787 | 0.8172 | 0.8656 | −0.9424 | 0.7734 |
| $X_{20}$: 氧化酶 | 0.5893 | 0.6748 | 0.9877 | 0.9757 | 0.9521 | −0.8803 | 0.9890 |
| $X_{21}$: 过氧化氢酶 | 0.2505 | 0.3556 | 0.9759 | 0.9878 | 0.9978 | −0.9931 | 0.9740 |
| $X_{22}$: V-P | −0.9586 | −0.9214 | −0.1835 | −0.1203 | −0.0308 | −0.1521 | −0.1917 |
| $X_{23}$: 柠檬酸利用 | 0.4488 | 0.5445 | 1.0000 | 0.9984 | 0.9894 | −0.9462 | 0.9999 |
| $X_{24}$: 阿拉伯糖 | 0.3088 | 0.2021 | −0.7058 | −0.7497 | −0.8060 | 0.9005 | −0.6999 |
| $X_{25}$: 葡萄糖 | −0.2831 | −0.3871 | −0.9827 | −0.9925 | −0.9995 | 0.9886 | −0.9811 |
| $X_{26}$: 甘油 | −0.7899 | −0.8527 | −0.9059 | −0.8769 | −0.8303 | 0.7147 | −0.9094 |
| $X_{27}$: 木糖 | 0.4739 | 0.3739 | −0.5679 | −0.6193 | −0.6872 | 0.8082 | −0.5610 |
| $X_{28}$: 水杨苷 | 0.3998 | 0.2964 | −0.6336 | −0.6818 | −0.7446 | 0.8539 | −0.6272 |
| $X_{29}$: 硝酸盐还原 | −0.5688 | −0.6560 | −0.9913 | −0.9809 | −0.9595 | 0.8920 | −0.9924 |

## 五、芽胞杆菌生理生化指标主成分分析

以芽胞杆菌种类为样本，主要脂肪酸和生理生化等 29 个因子为指标，进行主成分分析，芽胞杆菌生理生化指标与脂肪酸主成分分析的结果特征值见表 3-6-5，分析结果表明前 13 个主成分占总信息的 81%以上，说明因子的集中程度较低。其中 16 个生理生化指标所指示的因子占的特征值仅为 19%。

表 3-6-5　芽胞杆菌特征脂肪酸与生理生化指标主成分特征值

| 序号 | 指标特征 | 特征值 | 百分率/% | 累计百分率/% | $\chi^2$ | df | $P$ |
|---|---|---|---|---|---|---|---|
| 1 | 15:0 anteiso | 4.387 19 | 15.128 23 | 15.128 23 | 1103.043 10 | 434.000 00 | 0.000 00 |
| 2 | 15:0 iso | 3.334 06 | 11.496 76 | 26.624 99 | 935.715 77 | 405.000 00 | 0.000 00 |
| 3 | 17:0 anteiso | 2.517 78 | 8.681 99 | 35.306 98 | 808.937 19 | 377.000 00 | 0.000 00 |
| 4 | c16:0 | 2.162 65 | 7.457 42 | 42.764 40 | 720.119 88 | 350.000 00 | 0.000 00 |
| 5 | 17:0 iso | 1.944 59 | 6.705 47 | 49.469 88 | 642.894 72 | 324.000 00 | 0.000 00 |
| 6 | 16:0 iso | 1.589 96 | 5.482 61 | 54.952 48 | 569.402 92 | 299.000 00 | 0.000 00 |
| 7 | 14:0 iso | 1.544 42 | 5.325 57 | 60.278 06 | 514.009 00 | 275.000 00 | 0.000 00 |
| 8 | c14:0 | 1.206 12 | 4.159 03 | 64.437 08 | 452.019 52 | 252.000 00 | 0.000 00 |
| 9 | 16:1ω11c | 1.100 07 | 3.793 35 | 68.230 44 | 411.885 04 | 230.000 00 | 0.000 00 |
| 10 | 16:1ω7c alcohol | 1.044 88 | 3.603 04 | 71.833 48 | 374.705 78 | 209.000 00 | 0.000 00 |
| 11 | 17:1 iso ω10c | 0.981 73 | 3.385 26 | 75.218 74 | 335.962 59 | 189.000 00 | 0.000 00 |
| 12 | c18:0 | 0.891 41 | 3.073 81 | 78.292 55 | 296.250 40 | 170.000 00 | 0.000 00 |
| 13 | feature 4 | 0.805 58 | 2.777 85 | 81.070 39 | 258.848 72 | 152.000 00 | 0.000 00 |
| 14 | 好氧 | 0.629 37 | 2.170 24 | 83.240 64 | 224.023 93 | 135.000 00 | 0.000 00 |
| 15 | 厌氧 | 0.603 34 | 2.080 47 | 85.321 11 | 204.259 78 | 119.000 00 | 0.000 00 |
| 16 | 需盐性 | 0.569 91 | 1.965 22 | 87.286 32 | 183.216 92 | 104.000 00 | 0.000 00 |
| 17 | 运动性 | 0.516 10 | 1.779 65 | 89.065 98 | 161.482 84 | 90.000 00 | 0.000 01 |
| 18 | 淀粉水解 | 0.454 26 | 1.566 43 | 90.632 40 | 141.827 59 | 77.000 00 | 0.000 01 |
| 19 | 明胶 | 0.410 72 | 1.416 29 | 92.048 69 | 125.978 43 | 65.000 00 | 0.000 01 |
| 20 | 氧化酶 | 0.390 37 | 1.346 11 | 93.394 80 | 112.050 88 | 54.000 00 | 0.000 01 |
| 21 | 过氧化氢酶 | 0.377 18 | 1.300 63 | 94.695 43 | 96.774 76 | 44.000 00 | 0.000 01 |
| 22 | V-P | 0.283 97 | 0.979 20 | 95.674 63 | 77.948 15 | 35.000 00 | 0.000 04 |
| 23 | 柠檬酸利用 | 0.262 88 | 0.906 47 | 96.581 10 | 69.789 90 | 27.000 00 | 0.000 01 |
| 24 | 阿拉伯糖 | 0.229 57 | 0.791 63 | 97.372 74 | 61.707 94 | 20.000 00 | 0.000 00 |
| 25 | 葡萄糖 | 0.216 71 | 0.747 26 | 98.120 00 | 55.704 01 | 14.000 00 | 0.000 00 |
| 26 | 甘油 | 0.180 66 | 0.622 98 | 98.742 98 | 48.328 65 | 9.000 00 | 0.000 00 |
| 27 | 木糖 | 0.168 87 | 0.582 32 | 99.325 30 | 43.402 27 | 5.000 00 | 0.000 00 |
| 28 | 水杨苷 | 0.156 64 | 0.540 16 | 99.865 46 | 35.206 93 | 2.000 00 | 0.000 00 |
| 29 | 硝酸盐还原 | 0.039 02 | 0.134 54 | 100.000 00 | 0.000 00 | 0.000 00 | 1.000 00 |

主成分分析见图 3-6-3，根据脂肪酸和生理生化指标可将芽胞杆菌种类分为三大群，第 I 群以凝结芽胞杆菌为标志，第 II 群以蜡样芽胞杆菌为标志，第 III 群以枯草芽胞杆菌为标志，各群之间的脂肪酸分布和生理生化指标的阴阳性质存在着同质性。

## 六、芽胞杆菌生理生化指标判别分析

根据上述聚类分析 3 个群的结果，构成判别分析的 3 个类别；各类别的生物学特征可以从数据矩阵中挖掘，这里选择 15:0 anteiso、15:0 iso 及明胶（液化）等特征脂肪酸和生理生化指标进行分析，结果见表 3-6-6。各类别的分析，以明胶（液化）作为生理生化特

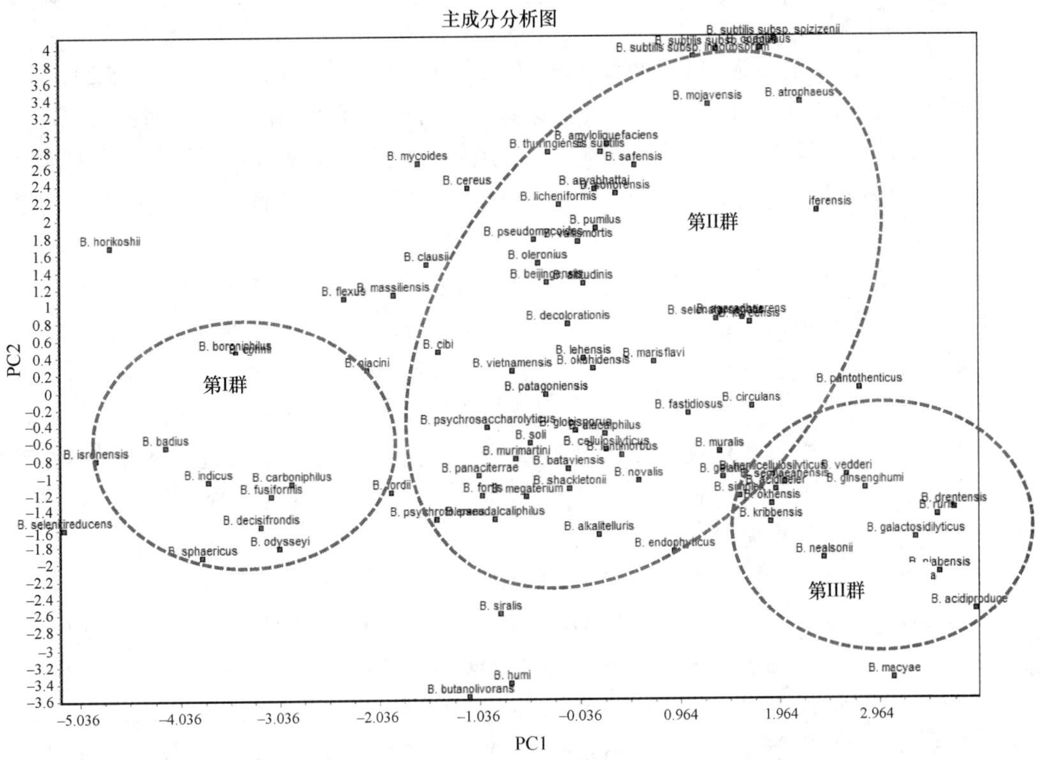


图 3-6-3　芽胞杆菌特征脂肪酸与生理生化指标主成分分析

**表 3-6-6　90 种芽胞杆菌分组脂肪酸与生理生化指标特征**　（%）

| 类别 | 第 1 类 | 第 2 类 | 第 3 类 | 平均 |
|---|---|---|---|---|
| 1:15:0 anteiso | 32.1799 | 13.5074 | 45.2414 | 30.3096 |
| 2:15:0 iso | 31.2150 | 41.1273 | 13.1009 | 28.4811 |
| 19:明胶 | 0.6667 | 0.8077 | 0.4286 | 0.6343 |

征指标，原理是利用某些芽胞杆菌可产生一种胞外酶——明胶酶，能使明胶（蛋白质）分解为氨基酸，从而失去凝固力，使得半固体的明胶培养基成为流动的液体；结合特征脂肪酸 15:0 anteiso 和 15:0 iso 的含量对各类进行分析，理解判别分析中芽胞杆菌所在类别的生物学特性。

第 1 类包括 36 种芽胞杆菌，脂肪酸分布特征为 15:0 anteiso 中含量，为 32.1799%；15:0 iso 中含量，为 31.215%。这类群的芽胞杆菌有 50%～60%菌株能使明胶液化，也即能使明胶液化和不能使明胶液化的菌株各占一半（明胶：0.6667%）。该类芽胞杆菌特征概括为产蛋白酶能力中等的类群，即能使明胶液化菌株占比中等（50%左右），特征脂肪酸（15:0 iso）含量中等。

第 2 类包括 26 种芽胞杆菌，脂肪酸分布特征为 15:0 anteiso 低含量，为 13.5074%；15:0 iso 高含量，为 41.1273%。这类群的芽胞杆菌有 80%以上菌株能使明胶液化（明胶：0.8077%），也即能使明胶液化菌株超过不能使明胶液化的菌株。该类芽胞杆菌特征概括为产蛋白酶能力较高的类群，即能使明胶液化菌株占比较高（>80%），特征脂肪酸

（15:0 iso）含量较高。

第3类包括28种芽胞杆菌，脂肪酸分布特征为15:0 anteiso高含量，为45.2414%；15:0 iso低含量，为13.1009%。这类群的芽胞杆菌有小于40%的菌株能使明胶液化，也即能使明胶液化的菌株少于不能使明胶液化的菌株（明胶：0.4286%）。该类芽胞杆菌特征概括为产蛋白酶能力较低的类群，即能使明胶液化菌株占比较低（<40%），特征脂肪酸（15:0 iso）含量较低。

芽胞杆菌生理生化指标判别分析：由90种芽胞杆菌特征脂肪酸组数据（表3-1-2）、芽胞杆菌生理生化指标数据（表3-1-16）及其脂肪酸组聚类分析的组别（表3-6-2）构建芽胞杆菌生理生化判别分析矩阵，自变量 $X_{ij}(i=1,\cdots,90;j=1,\cdots,29)$ 由90种芽胞杆菌的脂肪酸和生理生化指标共29个值组成，因变量 $Y_i(i=1,\cdots,90)$ 由90种芽胞杆菌聚类组别组成，分成3类，采用贝叶斯逐步判别分析。逐步判别模型因子入选筛选过程见表3-6-7；逐步判别过程两两分类间判别效果检验见表3-6-8；逐步判别模型预测效果见表3-6-9；逐步判别效果矩阵分析见表3-6-10。判别方程如下：

$$Y_1=-21.2310+0.7187X_1+0.4401X_2+0.6080X_3+0.3146X_{10} \quad (3\text{-}6\text{-}1)$$

$$Y_2=-15.7628+0.2759X_1+0.6416X_2+0.2710X_3+0.0819X_{10} \quad (3\text{-}6\text{-}2)$$

$$Y_3=-31.1758+1.0946X_1+0.0600X_2+0.9228X_3+1.0361X_{10} \quad (3\text{-}6\text{-}3)$$

式中，$X_1$ 为15:0 anteiso，$X_2$ 为15:0 iso，$X_3$ 为17:0 anteiso，$X_{10}$ 为16:1ω7c alcohol；这4个因子入选的Wilks统计量分别为0.3921、0.5694、0.7828、0.8631，Wilks统计量越小的因子与芽胞杆菌生理生化适应性分类的关系越大，$P$ 值检验都为极显著（$P<0.01$），表明芽胞杆菌生理生化适应性分类与因子作用大小顺序为15:0 anteiso、15:0 iso、17:0 anteiso、16:1ω7c alcohol。

**表3-6-7 逐步判别模型因子入选筛选过程**

| | 因子 | Wilks统计量 | $F$ 值 | df | $P$ | 入选状态 |
|---|---|---|---|---|---|---|
| $X_1$ | 15:0 anteiso | 0.3921 | 65.1249 | 2，84 | 0.0000 | （已入选） |
| $X_2$ | 15:0 iso | 0.5694 | 31.7589 | 2，84 | 0.0000 | （已入选） |
| $X_3$ | 17:0 anteiso | 0.7828 | 11.6551 | 2，84 | 0.0000 | （已入选） |
| $X_4$ | c16:0 | 0.8808 | 5.6183 | 2，83 | 0.0051 | |
| $X_5$ | 17:0 iso | 0.9618 | 1.6463 | 2，83 | 0.1990 | |
| $X_6$ | 16:0 iso | 0.9302 | 3.1157 | 2，83 | 0.0496 | |
| $X_7$ | 14:0 iso | 0.9872 | 0.5396 | 2，83 | 0.5850 | |
| $X_8$ | c14:0 | 0.9670 | 1.4170 | 2，83 | 0.2483 | |
| $X_9$ | 16:1ω11c | 0.9822 | 0.7531 | 2，83 | 0.4741 | |
| $X_{10}$ | 16:1ω7c alcohol | 0.8631 | 6.6600 | 2，84 | 0.0020 | （已入选） |
| $X_{11}$ | 17:1 iso ω10c | 0.9511 | 2.1330 | 2，83 | 0.1249 | |
| $X_{12}$ | c18:0 | 0.9709 | 1.2448 | 2，83 | 0.2933 | |
| $X_{13}$ | feature 4 | 0.9818 | 0.7699 | 2，83 | 0.4664 | |
| $X_{14}$ | 好氧 | 0.9825 | 0.7400 | 2，83 | 0.4803 | |
| $X_{15}$ | 厌氧 | 0.9551 | 1.9530 | 2，83 | 0.1483 | |
| $X_{16}$ | 需盐性 | 0.9479 | 2.2789 | 2，83 | 0.1088 | |

续表

| 因子 | | Wilks 统计量 | F值 | df | P | 入选状态 |
|---|---|---|---|---|---|---|
| $X_{17}$ | 运动性 | 0.9762 | 1.0140 | 2，83 | 0.3672 | |
| $X_{18}$ | 淀粉水解 | 0.9658 | 1.4690 | 2，83 | 0.2361 | |
| $X_{19}$ | 明胶 | 0.9878 | 0.5108 | 2，83 | 0.6019 | |
| $X_{20}$ | 氧化酶 | 0.9226 | 3.4838 | 2，83 | 0.0353 | |
| $X_{21}$ | 过氧化氢酶 | 0.9962 | 0.1583 | 2，83 | 0.8538 | |
| $X_{22}$ | V-P | 0.9988 | 0.0505 | 2，83 | 0.9508 | |
| $X_{23}$ | 柠檬酸利用 | 0.9894 | 0.4432 | 2，83 | 0.6435 | |
| $X_{24}$ | 阿拉伯糖 | 0.9466 | 2.3404 | 2，83 | 0.1026 | |
| $X_{25}$ | 葡萄糖 | 0.9490 | 2.2307 | 2，83 | 0.1139 | |
| $X_{26}$ | 甘油 | 0.9835 | 0.6970 | 2，83 | 0.5010 | |
| $X_{27}$ | 木糖 | 0.9404 | 2.6290 | 2，83 | 0.0782 | |
| $X_{28}$ | 水杨苷 | 0.9611 | 1.6807 | 2，83 | 0.1925 | |
| $X_{29}$ | 硝酸盐还原 | 0.9696 | 1.3001 | 2，83 | 0.2780 | |

**表 3-6-8 逐步判别过程两两分类间判别效果检验**

| 类别 | 类别 | 马氏距离 | F值 | 自由度 $V_1$ | $V_2$ | P |
|---|---|---|---|---|---|---|
| 1 | 2 | 11.2686 | 41.0632 | 4 | 57 | $1.0\times10^{-7}$ |
| 1 | 3 | 12.8122 | 48.7084 | 4 | 59 | $1.0\times10^{-7}$ |
| 2 | 3 | 45.2841 | 147.3614 | 4 | 49 | $1.0\times10^{-7}$ |

**表 3-6-9 逐步判别模型预测效果**

| 序号 | 原分类 | 计算分类 | 后验概率 | 种名 | 序号 | 原分类 | 计算分类 | 后验概率 | 种名 |
|---|---|---|---|---|---|---|---|---|---|
| 1 | 3 | 3 | 0.9993 | *Bacillus acidiceler* | 19 | 2 | 2 | 0.9947 | *B. cibi* |
| 2 | 3 | 3 | 1.0000 | *B. acidicola* | 20 | 3 | 3 | 0.9961 | *B. circulans* |
| 3 | 3 | 3 | 1.0000 | *B. acidiproducens* | 21 | 2 | 1* | 0.5435 | *B. clausii* |
| 4 | 1 | 1 | 0.9827 | *B. agaradhaerens* | 22 | 1 | 1 | 0.9971 | *B. coagulans* |
| 5 | 1 | 1 | 0.9950 | *B. alcalophilus* | 23 | 2 | 2 | 0.5153 | *B. cohnii* |
| 6 | 1 | 1 | 0.9839 | *B. alkalitelluris* | 24 | 2 | 2 | 0.9999 | *B. decisifrondis* |
| 7 | 2 | 2 | 0.9369 | *B. altitudinis* | 25 | 1 | 1 | 0.9190 | *B. decolorationis* |
| 8 | 1 | 1 | 0.9966 | *B. amyloliquefaciens* | 26 | 3 | 3 | 1.0000 | *B. drentensis* |
| 9 | 1 | 1 | 0.9880 | *B. aryabhattai* | 27 | 3 | 3 | 0.9248 | *B. endophyticus* |
| 10 | 3 | 3 | 0.9993 | *B. atrophaeus* | 28 | 1 | 1 | 0.9951 | *B. fastidiosus* |
| 11 | 2 | 2 | 0.9991 | *B. badius* | 29 | 1 | 1 | 0.9644 | *B. flexus* |
| 12 | 1 | 1 | 0.9817 | *B. bataviensis* | 30 | 1 | 1 | 0.9917 | *B. fordii* |
| 13 | 3 | 3 | 0.9510 | *B. beijingensis* | 31 | 1 | 1 | 0.9911 | *B. fortis* |
| 14 | 2 | 2 | 0.9752 | *B. boroniphilus* | 32 | 2 | 2 | 0.9990 | *B. fusiformis* |
| 15 | 3 | 3 | 0.9967 | *B. butanolivorans* | 33 | 3 | 1* | 0.9827 | *B. galactosidilyticus* |
| 16 | 2 | 2 | 0.9969 | *B. carboniphilus* | 34 | 3 | 3 | 0.9993 | *B. gelatini* |
| 17 | 1 | 1 | 0.9588 | *B. cellulosilyticus* | 35 | 3 | 3 | 0.9974 | *B. ginsengihumi* |
| 18 | 2 | 2 | 0.9998 | *B. cereus* | 36 | 1 | 1 | 0.9969 | *B. globisporus* |

续表

| 序号 | 原分类 | 计算分类 | 后验概率 | 种名 | 序号 | 原分类 | 计算分类 | 后验概率 | 种名 |
|---|---|---|---|---|---|---|---|---|---|
| 37 | 3 | 3 | 0.8770 | *B. hemicellulosilyticus* | 64 | 2 | 2 | 0.8970 | *B. panaciterrae* |
| 38 | 2 | 2 | 0.9066 | *B. horikoshii* | 65 | 3 | 3 | 1.0000 | *Virgibacillus pantothenticus* |
| 39 | 3 | 3 | 0.9949 | *B. humi* | 66 | 1 | 1 | 0.9798 | *B. patagoniensis* |
| 40 | 2 | 2 | 0.9736 | *B. indicus* | 67 | 1 | 1 | 0.9741 | *B. pseudalcaliphilus* |
| 41 | 2 | 2 | 0.9999 | *B. isronensis* | 68 | 2 | 2 | 0.9983 | *B. pseudomycoides* |
| 42 | 1 | 1 | 0.9834 | *B. koreensis* | 69 | 1 | 1 | 0.9879 | *B. psychrosaccharolyticus* |
| 43 | 3 | 3 | 1.0000 | *B. kribbensis* | 70 | 1 | 1 | 0.9311 | *Psychrobacillus psychrotolerans* |
| 44 | 2 | 2 | 0.9306 | *B. lehensis* | 71 | 2 | 2 | 0.9253 | *B. pumilus* |
| 45 | 1 | 1 | 0.9947 | *Paenibacillus lentimorbus* | 72 | 3 | 3 | 0.9461 | *B. ruris* |
| 46 | 1 | 1 | 0.9824 | *B. licheniformis* | 73 | 2 | 2 | 0.8167 | *B. safensis* |
| 47 | 1 | 1 | 0.9888 | *B. luciferensis* | 74 | 1 | 1 | 0.9969 | *B. selenatarsenatis* |
| 48 | 3 | 3 | 1.0000 | *B. macyae* | 75 | 2 | 2 | 1.0000 | *B. selenitireducens* |
| 49 | 1 | 1 | 0.9607 | *B. marisflavi* | 76 | 3 | 3 | 1.0000 | *B. seohaeanensis* |
| 50 | 2 | 2 | 0.9996 | *B. massiliensis* | 77 | 1 | 1 | 0.9975 | *B. shackletonii* |
| 51 | 1 | 1 | 0.9874 | *B. megaterium* | 78 | 3 | 3 | 0.9985 | *B. simplex* |
| 52 | 3 | 3 | 0.9982 | *B. mojavensis* | 79 | 2 | 2 | 0.9258 | *B. siralis* |
| 53 | 3 | 3 | 0.9917 | *B. muralis* | 80 | 1 | 1 | 0.9688 | *B. soli* |
| 54 | 1 | 1 | 0.9839 | *B. murimartini* | 81 | 1 | 1 | 0.9895 | *B. sonorensis* |
| 55 | 2 | 2 | 0.9988 | *B. mycoides* | 82 | 2 | 2 | 0.9999 | *Lysinibacillus sphaericus* |
| 56 | 1 | 1 | 0.9838 | *B. nealsonii* | 83 | 3 | 1* | 0.5010 | *B. subtilis* |
| 57 | 3 | 3 | 0.9844 | *B. niabensis* | 84 | 1 | 1 | 0.9770 | *B. subtilis* subsp. *inaquosorum* |
| 58 | 2 | 2 | 0.7143 | *B. niacini* | 85 | 3 | 3 | 0.8301 | *B. subtilis* subsp. *spizizenii* |
| 59 | 1 | 1 | 0.9943 | *B. novalis* | 86 | 1 | 1 | 0.9926 | *B. subtilis* subsp. *subtilis* |
| 60 | 2 | 2 | 0.9996 | *B. odysseyi* | 87 | 2 | 2 | 0.9999 | *B. thuringiensis* |
| 61 | 3 | 3 | 0.5509 | *B. okhensis* | 88 | 1 | 1 | 0.9912 | *B. vallismortis* |
| 62 | 1 | 1 | 0.9972 | *B. okuhidensis* | 89 | 3 | 3 | 0.9996 | *B. vedderi* |
| 63 | 1 | 1 | 0.8991 | *B. oleronius* | 90 | 3 | 3 | 0.9946 | *B. vietnamensis* |

*表示判错

**表 3-6-10 逐步判别效果矩阵分析**

| 来自 \ 判为 | 第 1 类 | 第 2 类 | 第 3 类 | 小计 | 正确率 |
|---|---|---|---|---|---|
| 第 1 类 | 36 | 0 | 0 | 36 | 1 |
| 第 2 类 | 1 | 25 | 0 | 26 | 0.9615 |
| 第 3 类 | 2 | 0 | 26 | 28 | 0.9286 |

注：判对的概率=0.966 67

逐步判别预测效果表明（表 3-6-9），第 1 类 36 种芽胞杆菌，判对 36 种，判别准确率为 100%；第 2 类 26 种芽胞杆菌，判对 25 种，判错 1 种，判别准确率为 96.15%；第 3 类 28 种芽胞杆菌，判对 26 种，判错 2 种，判别准确率为 92.86%；整个方程判对的概率为 96.667%，表明判别方程具有较高的实用性（表 3-6-10）。在应用时，测定供试芽胞杆菌脂肪酸组，将 $X_1$=15:0 anteiso、$X_2$=15:0 iso、$X_3$=17:0 anteiso、$X_{10}$=16:1ω7c alcohol 的脂肪酸百分比带入方程，计算 $Y$ 值，当 $Y_1<Y<Y_2$ 时，该芽胞杆菌生理生化适应性为第 1 类；当 $Y_2<Y<Y_3$ 时，属于第 2 类；当 $Y>Y_3$ 时，属于第 3 类；能够清楚地识别出特定芽胞杆菌的生理生化适应特性。

## 七、讨论

关于芽胞杆菌生理生化的研究有过许多的报道。李晓舟（2015）研究了枯草芽胞杆菌菌株 B504 形态学及生理生化性状。杜瑞英等（2016）将节杆菌和芽胞杆菌分别暴露于不同浓度的铅溶液中，并进行不同暴露时间的急性毒性试验。结果表明，20 mg/kg 的 Cd（II）处理会使节杆菌中还原型谷胱甘肽（GSH）质量浓度显著降低，细胞膜脂质过氧化产物——硫代巴比妥酸活性物质（TBARS）浓度显著升高；0.2 mg/kg 的 Cd（II）处理会使芽胞杆菌中 GSH 质量浓度、过氧化氢酶（CAT）活性显著降低。节杆菌的可溶性蛋白、可溶性糖质量浓度随暴露时间延长而减少，GSH 质量浓度、CAT 和超氧化物歧化酶（SOD）活性随暴露时间延长而增加，TBARS 浓度呈先减少后增加的变化趋势；芽胞杆菌的可溶性蛋白质量浓度、CAT 活性和 TBARS 浓度呈先增加后减少的变化趋势，可溶性糖、GSH 质量浓度和 SOD 活性呈先减少后增加的变化趋势。镉处理对节杆菌和芽胞杆菌具有一定的胁迫作用，两种菌通过启动不同的抗性系统来抵抗外界胁迫。赵艳等（2009）利用土壤矿物为钾源的硅酸盐细菌选择性培养基，从我国部分省市土壤中筛选到 30 株胶质芽胞杆菌（*Bacillus mucilaginosus*），以辽宁菌种保藏中心胶质芽胞杆菌 LICC 10201（编号 K31）为参照菌株，对其生理生化特性、耐盐性、耐酸碱性、温度敏感性及解钾能力等生物学特性进行了测定。结果表明，30 株胶质芽胞杆菌菌体均为杆状，产生椭圆至圆形芽胞。其中 K3、K9、K19、K31 为短杆状，30 株菌株均为 $G^-$。$NH_4^+$、$NO_3^-$为良好氮源，且能在无氮培养基上生长。王平宇和张树华（2001）通过一系列方法从采集的样品中分离出一株芽胞杆菌，并对其进行了形态特性、培养特性、生理生化特性的鉴定，确认该菌为一株硅酸盐细菌，并鉴定为胶质芽胞杆菌。研究发现这种硅酸盐细菌具有从玻璃中分解出水溶性钾的能力，在摇瓶培养 72 h 后，水溶性钾的含量比对照物提高了 77%。说明该菌株具有解钾的性能，可用于促进土壤中矿物性钾分解的微生物肥料的研制和生产。

芽胞杆菌生理生化特性与脂肪酸组存在着显著相关，不同种类、不同生境的芽胞杆菌，生理生化指标与脂肪酸组存在差异。例如，从伊朗阿明阿巴德（Aran-Bidgol）盐湖分离的好盐芽胞杆菌（*Bacillus salsus*）的主要脂肪酸为 15:0 anteiso 和 15:0 iso，过氧化氢酶和氧化酶阳性，盐分适应范围为 0.5%～7.5%，温度为 35℃，pH 8.0（Amoozegar et al.，2013）；从中国湖南森林土壤分离的湖南芽胞杆菌（*Bacillus hunanensis*），主要脂肪酸为 15:0 iso、15:0 anteiso 和 14:0 iso，过氧化氢酶和氧化酶阳性，盐分适应范围为 0.5%～15%，温度 5～40℃，pH 6.5～10.5（Chen et al.，2011a）。从同一个环境分离的芽胞杆菌，其生理生化和脂肪酸组也存在差异，形成不同的种类。例如，都是从南中国海牡蛎上分离的芽胞杆菌新种，湛江芽胞杆菌（*Bacillus zhanjiangensis* sp. nov.）主要脂肪酸为 15:0

anteiso、17:0 anteiso、15:0 iso 和 16:0 iso，过氧化氢酶和氧化酶阳性，盐分适应范围为 0～15%，温度为 10～45℃，pH 6.0～10.0（Chen et al.，2011b）；南海芽胞杆菌（*Bacillus nanhaiensis* sp. nov.）主要脂肪酸为 15:0 anteiso、17:0 anteiso、15:0 iso 和 16:0 iso，过氧化氢酶阳性和氧化酶阴性，盐分适应范围为 0～18%，温度为 15～45℃，pH 6.0～10.5（Chen et al.，2011c）；小溪芽胞杆菌（*Bacillus xiaoxiensis* sp. nov.）主要脂肪酸为 15:0 anteiso 和 15:0 iso，过氧化氢酶阳性和氧化酶阴性，盐分适应范围为 0.5%～20%，温度为 5～40℃，pH 6.0～10.5（Chen et al.，2011d）；雷州芽胞杆菌（*Bacillus neizhouensis* sp. nov.）主要脂肪酸为 15:0 anteiso 和 15:0 iso，过氧化氢酶和氧化酶阳性，盐分适应范围为 0.5%～10%，温度为 4～30℃，pH 6.5～10.0（Chen et al.，2009）。

利用脂肪酸数据和芽胞杆菌生理生化指标构建分析数据矩阵，对 90 种芽胞杆菌 16 个生理生化指标与 13 个脂肪酸因子进行相关性分析，结果表明：$X_{14}$（好氧）与 17:0 iso 相关关系极显著，与其余脂肪酸生物标记的相关性不显著；$X_{15}$（厌氧）与 6 个脂肪酸即 15:0 anteiso、15:0 iso（负相关）、17:0 anteiso、c16:0、17:0 iso、c14:0 的相关关系显著或极显著；$X_{16}$（需盐性）仅与 c18:0 的相关性极显著；$X_{17}$（运动性）仅与 17:0 anteiso 的负相关性显著；$X_{18}$（淀粉水解）仅与 17:0 iso 存在极显著相关性；$X_{19}$（明胶）与 3 个脂肪酸即 15:0 anteiso、15:0 iso、c16:0 的相关性显著或极显著；$X_{22}$（V-P）与 3 个脂肪酸即 c16:0、16:1ω11c、16:1ω7c alcohol 呈极显著负相关，与 17:0 iso 极显著正相关；$X_{24}$（阿拉伯糖）与 4 个脂肪酸即 15:0 anteiso、15:0 iso（负相关）、c16:0、17:1 iso ω10c（负相关）的相关性显著或极显著；$X_{25}$（葡萄糖）与 6 个脂肪酸即 15:0 anteiso、15:0 iso（负相关）、17:0 anteiso、16:1ω11c（负相关）、16:1ω7c alcohol（负相关）、17:1 iso ω10c（负相关）的相关性显著或极显著；$X_{26}$（甘油）与 1 个脂肪酸即 17:0 iso 的相关性极显著；$X_{27}$（木糖）与 5 个脂肪酸即 15:0 anteiso、15:0 iso（负相关）、17:0 anteiso、16:1ω11c（负相关）、17:1 iso ω10c（负相关）的相关性显著；$X_{28}$（水杨苷）与 1 个脂肪酸即 16:1ω7c alcohol（负相关）的相关性显著；$X_{20}$（氧化酶）、$X_{21}$（过氧化氢酶）、$X_{23}$（柠檬酸利用）、$X_{29}$（硝酸盐还原）与脂肪酸无相关性。

聚类结果表明，可将 90 种芽胞杆菌根据脂肪酸组和生理生化指标分为 3 类。第 1 组包含 36 种芽胞杆菌，以凝结芽胞杆菌为标志；脂肪酸分布特征为 15:0 anteiso 中含量，为 32.1799%，15:0 iso 中含量，为 31.215%，15:0 anteiso/15:0 iso=1.03；这类群的芽胞杆菌有 50%～60%菌株能使明胶液化，也即能使明胶液化和不能使明胶液化的菌株各占一半（明胶：0.6667%）；该类芽胞杆菌特征概括为产蛋白酶能力中等的类群，即能使明胶液化菌株占比中等（50%左右），特征脂肪酸（15:0 iso）含量中等。第 2 类包含 26 种芽胞杆菌，以蜡样芽胞杆菌为标志；脂肪酸分布特征为 15:0 anteiso 低含量，为 13.5074%，15:0 iso 高含量，为 41.1273%，15:0 anteiso/15:0 iso=0.32；这类群的芽胞杆菌有 80%以上菌株能使明胶液化（明胶：0.8077%），也即能使明胶液化菌株超过不能使明胶液化的菌株；该类芽胞杆菌特征概括为产蛋白酶能力较高的类群，即能使明胶液化菌株占比较高（>80%），特征脂肪酸（15:0 iso）含量较高。第 3 类包含 28 种芽胞杆菌，以枯草芽胞杆菌为标志；脂肪酸分布特征为 15:0 anteiso 高含量，为 45.2414%，15:0 iso 低含量，为 13.1009%，15:0 anteiso/15:0 iso=3.45；这类群的芽胞杆菌有小于 40%菌株能使明胶液化，也即能使明胶液化的菌株少于不能使明胶液化的菌株（明胶：0.4286%）；该类芽胞杆菌特征概括为产蛋白酶能力较低的类群，即能使明胶液化菌株占比较低（<40%），特征脂肪酸（15:0 iso）含量较低。芽胞杆菌生理生化适应性分类与因子作用大小顺序为 15:0 anteiso、15:0 iso、17:0 anteiso、16:1ω7c alcohol。判别方程的预测结果表明，第 1 类 36 种芽胞杆菌，判对 36 种，判别准确率为 100%；第 2 类 26 种芽胞杆菌，判对 25 种，判错 1 种，判别准确率为 96.15%；第 3 类 28 种芽胞杆菌，判对 26 种，判错 2 种，判别准确率为 92.86%；整个方程判对的概率为 96.667%，表明判别方程具有较高的实用性。在应用时，测定供试芽胞杆菌脂肪酸组，将 $X_1$=15:0 anteiso、$X_2$=15:0 iso、$X_3$=17:0 anteiso、$X_{10}$=16:1ω7c alcohol 的脂肪酸百分比带入方程，计算 $Y$ 值，当 $Y_1<Y<Y_2$ 时，该芽胞杆菌生理生化适应性为第 1 类；当 $Y_2<Y<Y_3$ 时，属于第 2 类；当 $Y>Y_3$ 时，属于第 3 类；能够清楚地识别出特定芽胞杆菌的生理生化适应特性。

# 第四章　芽胞杆菌脂肪酸组生态学特性

## 第一节　基于脂肪酸组微生物发酵床芽胞杆菌群落动态

### 一、概述

福建省农业科学院研制出“微生物发酵床大栏养猪”技术，对养猪污染的治理另辟新径，原位处理，利用微生物直接将粪便转化为有机肥料，实现了污染物无害化、资源化，污染物排放最小化，效益最大化，是规模化养猪模式的一场革命。微生物发酵床是在养猪舍内铺上谷壳、锯末和添加芽胞杆菌菌种等，生猪饲养在上面，其所排出的粪尿在猪舍内经微生物完全发酵迅速降解、消化，从而实现免冲洗、无臭味、无污染、无公害、零排放的环保养猪。根据刘波和朱昌雄（2009）的研究表明，微生物发酵床养猪方式可以显著减少氨、氧化亚氮、硫化氢、吲哚、3-甲基吲哚等臭味物质的产生和挥发。发酵床养猪还具有其他处理方式所不具备的特点，即缩短养殖周期、增强猪体免疫力、提高猪肉品质等，是一种较为先进的生态养殖模式。

为了研究芽胞杆菌在发酵床中的作用，作者利用脂肪酸组测定技术，对发酵床垫料进行整体脂肪酸测定；统计了 38 种芽胞杆菌 1799 个菌株的脂肪酸组数据，建立的芽胞杆菌整体脂肪酸与主要脂肪酸的统计方程为 $Y_{\text{整体脂肪酸}(y)}=1.1114X_{\text{主要脂肪酸}(x)}+36\ 000$；芽胞杆菌特征脂肪酸生物标记（15:0 anteiso、15:0 iso、17:0 anteiso、17:0 iso）占整体脂肪酸的比例为 76.39%；同时，这 4 个芽胞杆菌特征脂肪酸仅存在于厚壁菌门的革兰氏阳性菌，特别是芽胞杆菌之中，其他细菌较少存在。根据这一特点和利用这一比例，计算发酵床垫料整体脂肪酸中特征脂肪酸生物标记（15:0 anteiso、15:0 iso、17:0 anteiso、17:0 iso）所占比例，可以代表芽胞杆菌特征脂肪酸的相对含量，为研究芽胞杆菌种群在发酵床的空间分布与时间动态提供了数据和理论基础。

### 二、研究方法

#### 1. 采样方法

在福建省农业科学院农业工业化研究所福清微生物发酵床大栏养猪实验基地进行采样。从 3 月起，按照 1 次/月的频率采样，连续采样 5 个月。每次进行发酵床垫料不同空间和不同深度的采样。空间采样：将发酵床横向分为 10 行，纵向分为 3 列，共 30 个空间，每个空间用五点采样法，共采集 1000 g 样品；深度采样分 4 层进行，即第 1 层 0～20 cm，第 2 层 20～40 cm，第 3 层 40～60 cm，第 4 层 60～80 cm，每层用五点取样法，共取 1000 g 样品，并充分混合，−70℃保存，进行脂肪酸测定时，从各样品中取 10 g 进行测定。对于测定的整体脂肪酸组，用 15:0 anteiso+15:0 iso+17:0 anteiso+17:0 iso 代表芽胞杆菌特征脂肪酸，利用芽胞杆菌特征脂肪酸占比 76.39%的特性，统计芽胞杆菌整体脂肪酸相对含量，统计分析基于特征脂肪酸的微生物发酵床芽胞杆菌种群的空间分布和时间动态。

### 2. 分析方法

基于脂肪酸微生物发酵床芽胞杆菌空间分布型：基于微生物发酵床 3 列 10 行采集方案，构建脂肪酸数据矩阵，统计每行样本芽胞杆菌脂肪酸平均值和方差，利用聚集度指标和回归分析法，分析芽胞杆菌样方空间分布型，分析指标见表 4-1-1。

**表 4-1-1　微生物发酵床芽胞杆菌空间分布型指数**

| 聚集度指标 | 方程 | 注释 | 判别 |
|---|---|---|---|
| 平均拥挤度（$M^*$） | $M^*=x+\frac{s^2}{x}$ | $x$ 为平均数，$s^2$ 为方差 | |
| $I$ 指标 | $I=\frac{s^2}{x}-1$ | $x$ 为平均数，$s^2$ 为方差 | 当 $I<0$ 时为均匀分布，当 $I=0$ 时为随机分布，当 $I>0$ 时为聚集分布 |
| $M^*/M$ 指标 | $\frac{M^*}{M}=\frac{M^*}{x}$ | $M^*$为平均拥挤度，$x$ 为平均数 | 当 $M^*/M<1$ 时为均匀分布；当 $M^*/M=1$ 时为随机分布；当 $M^*/M>1$ 时为聚集分布 |
| $C_A$ 指标 | $C_A=\left(\frac{s^2}{x}-1\right)\Big/x$ | | 当 $C_A<0$ 时为均匀分布，当 $C_A=0$ 时为随机分布，当 $C_A>0$ 时为聚集分布 |
| 扩散系数（$C$） | $C=s^2/x$ | | 当 $C<1$ 时为均匀分布，当 $C=1$ 时为随机分布，$C>1$ 时为聚集分布 |
| 负二项分布 $K$ 指标 | $K=x^2/(s^2-x)$ | $s^2$ 为方差，$x$ 为平均数 | 当 $K<0$ 时为均匀分布，当 $K=0$ 时为随机分布，当 $K>0$ 时为聚集分布 |
| $M^*$-$M$ 回归分析法 | $M^*=\alpha+\beta x$ | | 当 $\beta<1$ 时为均匀分布；当 $\beta=1$ 时为随机分布；当 $\beta>1$ 时为聚集分布 |
| Talor 幂法则 | $\lg s^2=\lg\alpha+\beta\lg x$ | | 当 $\beta\to 0$ 时为均匀分布，$\beta=1$ 时为随机分布，$\beta>1$ 时为聚集分布 |

## 三、基于脂肪酸微生物发酵床芽胞杆菌种群空间分布

### 1. 芽胞杆菌特征脂肪酸的数量分布

微生物发酵床 10 行 3 列共 30 个空间的垫料微生物脂肪酸和芽胞杆菌特征脂肪酸（15:0 anteiso+15:0 iso+17:0 anteiso+17:0 iso）见表 4-1-2。根据芽胞杆菌特征脂肪酸占整体脂肪酸 76.39%的统计值，计算出芽胞杆菌整体脂肪酸含量及其占总体微生物脂肪酸的比例（表 4-1-3）。垫料微生物整体脂肪酸 3 列的总和分别为 17 347 910.00、16 653 662.00、17 282 236.00，最大值为 2 769 120.00，最小值为 348 197.00，前者是后者的 7.95 倍；垫料芽胞杆菌特征脂肪酸 3 列的平均值分别为 3 324 321.00、2 886 346.00、2 995 152.00，最大值为 569 621.00，最小值为 47 796.00，前者是后者的 11.9 倍。

统计的芽胞杆菌整体脂肪酸 3 列的总和分别为 4 374 106.59、3 797 823.68、3 940 989.46，最大值为 749 501.32，最小值为 62 889.47，前者是后者的 11.9 倍；3 列芽

胞杆菌占微生物比例平均值分别约为 24%、23%、22%，最大值为 31%，最小值为 16%，前者是后者的 1.94 倍。表明微生物发酵床垫料微生物和芽胞杆菌数量分布不均匀，芽胞杆菌类微生物占微生物总量的 16%～31%。

**表 4-1-2　微生物发酵床垫料微生物脂肪酸和芽胞杆菌特征脂肪酸**

| 行/列 | 垫料微生物整体脂肪酸（PLFA）（$X_1$） | | | 垫料芽胞杆菌特征脂肪酸（15:0 anteiso+15:0 iso+17:0 anteiso+17:0 iso）（$X_2$） | | |
|---|---|---|---|---|---|---|
| | 1 | 2 | 3 | 1 | 2 | 3 |
| 1 | 1 057 942.00 | 1 965 208.00 | 1 587 074.00 | 151 572.00 | 336 306.00 | 265 812.00 |
| 2 | 2 757 245.00 | 1 439 727.00 | 1 912 676.00 | 550 139.00 | 271 535.00 | 325 150.00 |
| 3 | 1 841 301.00 | 1 400 113.00 | 1 071 587.00 | 330 443.00 | 218 273.00 | 147 518.00 |
| 4 | 880 780.00 | 1 510 642.00 | 348 197.00 | 138 961.00 | 198 948.00 | 47 796.00 |
| 5 | 628 614.00 | 1 079 781.00 | 1 892 576.00 | 83 487.00 | 166 333.00 | 353 518.00 |
| 6 | 2 634 137.00 | 2 441 683.00 | 2 769 120.00 | 549 953.00 | 447 367.00 | 543 696.00 |
| 7 | 2 525 980.00 | 1 527 292.00 | 2 406 700.00 | 569 621.00 | 321 293.00 | 501 780.00 |
| 8 | 1 484 597.00 | 1 757 879.00 | 1 508 875.00 | 345 707.00 | 334 566.00 | 228 677.00 |
| 9 | 2 502 377.00 | 1 668 531.00 | 1 836 116.00 | 479 534.00 | 320 583.00 | 283 492.00 |
| 10 | 1 034 937.00 | 1 862 806.00 | 1 949 315.00 | 124 904.00 | 271 142.00 | 297 713.00 |
| 总和 | 17 347 910.00 | 16 653 662.00 | 17 282 236.00 | 3 324 321.00 | 2 886 346.00 | 2 995 152.00 |
| 平均值 | 1 734 791.00 | 1 665 366.00 | 1 728 224.00 | 332 432.10 | 288 634.60 | 299 515.20 |
| 最大值 | 2 757 245.00 | 2 441 683.00 | 2 769 120.00 | 569 621.00 | 447 367.00 | 543 696.00 |
| 最小值 | 628 614.00 | 1 079 781.00 | 348 197.00 | 83 487.00 | 166 333.00 | 47 796.00 |

**表 4-1-3　微生物发酵床垫料芽胞杆菌整体脂肪酸及其占总体微生物脂肪酸的比例**

| 行/列 | 芽胞杆菌整体脂肪酸计算（$X_3$）（$X_3$=$X_2$/0.76） | | | 芽胞杆菌占总体微生物脂肪酸的比例（$X_3$/$X_1$） | | |
|---|---|---|---|---|---|---|
| | 1 | 2 | 3 | 1 | 2 | 3 |
| 1 | 199 436.84 | 442 507.89 | 349 752.63 | 0.19 | 0.23 | 0.22 |
| 2 | 723 867.11 | 357 282.89 | 427 828.95 | 0.26 | 0.25 | 0.22 |
| 3 | 434 793.42 | 287 201.32 | 194 102.63 | 0.24 | 0.21 | 0.18 |
| 4 | 182 843.42 | 261 773.68 | 62 889.47 | 0.21 | 0.17 | 0.18 |
| 5 | 109 851.32 | 218 859.21 | 465 155.26 | 0.17 | 0.20 | 0.25 |
| 6 | 723 622.37 | 588 640.79 | 715 389.47 | 0.27 | 0.24 | 0.26 |
| 7 | 749 501.32 | 422 753.95 | 660 236.84 | 0.30 | 0.28 | 0.27 |
| 8 | 454 877.63 | 440 218.42 | 300 890.79 | 0.31 | 0.25 | 0.20 |
| 9 | 630 965.79 | 421 819.74 | 373 015.79 | 0.25 | 0.25 | 0.20 |
| 10 | 164 347.37 | 356 765.79 | 391 727.63 | 0.16 | 0.19 | 0.20 |
| 总和 | 4 374 106.59 | 3 797 823.68 | 3 940 989.46 | 2.36 | 2.27 | 2.18 |
| 平均值 | 437 410.66 | 379 782.37 | 3 940 98.95 | 0.24 | 0.23 | 0.22 |
| 最大值 | 749 501.32 | 588 640.79 | 715 389.47 | 0.31 | 0.28 | 0.27 |
| 最小值 | 109 851.32 | 218 859.21 | 62 889.47 | 0.16 | 0.17 | 0.18 |

## 2. 芽胞杆菌特征脂肪酸的空间分布

（1）整体微生物脂肪酸总量的空间分布。以表 4-1-1 中垫料微生物整体脂肪酸数据为矩阵，以发酵床舍的列为样本，统计整体脂肪酸空间分布聚集度指标，将 3 列 10 行分割的 30 个空间样本单元内的各芽胞杆菌数量按单元分别作总和统计，考察芽胞杆菌作为一个种群在发酵床的空间分布型，统计结果见表 4-1-4。空间分布型聚集度指标（平均拥挤度 $M^*$、$I$ 指标、$M^*/M$ 指标、$C_A$ 指标、扩散系数 $C$、$K$ 指标）分析表明微生物整体脂肪酸呈均匀分布，如 $M^*/M$ 指标分别为 1.22、1.05、1.15，大于 1；$C_A$ 指标分别为 0.22、0.05、0.15，小于 1；$K$ 指标分别为 4.48、20.01、6.61，大于 3。

**表 4-1-4　发酵床垫料微生物整体脂肪酸空间分布型**

| 列 | 平均拥挤度 $M^*$ | $I$ 指标 | $M^*/M$ 指标 | $C_A$ 指标 | 扩散系数 $C$ | $K$ 指标 |
|---|---|---|---|---|---|---|
| 1 | 2 121 914.93 | 387 123.93 | 1.22 | 0.22 | 387 124.93 | 4.48 |
| 2 | 1 748 584.16 | 83 217.96 | 1.05 | 0.05 | 83 218.96 | 20.01 |
| 3 | 1 989 829.32 | 261 605.72 | 1.15 | 0.15 | 261 606.72 | 6.61 |

研究平均拥挤度（$M^*$）与平均值（$M$）之间的关系，用 $M^*$-$M$ 回归分析法，建立 $M^*$-$M$ 回归式 $M^*=\alpha+\beta M$，结果表明，$M^*=-6\ 182\ 684.6553+4.7594M$（$R=0.9636$），$\alpha=-6\ 182\ 684.6553<0$，表明微生物个体群之间相互排斥，$\beta=4.7594>1$，表明芽胞杆菌的空间分布型为均匀分布。综上所述，养猪微生物发酵床微生物空间分布为聚集分布。

（2）芽胞杆菌特征脂肪酸的空间分布。以表 4-1-2 为数据矩阵，以发酵床的列为样本，统计芽胞杆菌特征脂肪酸（15:0 anteiso+15:0 iso+17:0 anteiso+17:0 iso）空间分布聚集度指标，将 3 列 10 行分割的 30 个空间样本单元内的各芽胞杆菌数量按单元分别作总和统计，考察芽胞杆菌作为一个种群在发酵床的空间分布型，统计结果见表 4-1-5。空间分布型聚集度指标（平均拥挤度 $M^*$、$I$ 指标、$M^*/M$ 指标、$C_A$ 指标、扩散系数 $C$、$K$ 指标）分析表明芽胞杆菌特征脂肪酸（15:0 anteiso+15:0 iso+17:0 anteiso+17:0 iso）呈均匀分布，如 $M^*/M$ 指标分别为 1.35、1.08、1.24，大于 1；$C_A$ 指标分别为 0.35、0.08、0.24，小于 1；$K$ 指标分别为 2.86、12.45、4.10，大于 2。

**表 4-1-5　发酵床垫料芽胞杆菌特征脂肪酸空间分布型**

| 列 | 平均拥挤度 $M^*$ | $I$ 指标 | $M^*/M$ 指标 | $C_A$ 指标 | 扩散系数 $C$ | $K$ 指标 |
|---|---|---|---|---|---|---|
| 1 | 590 442.88 | 153 032.22 | 1.35 | 0.35 | 153 033.22 | 2.86 |
| 2 | 410 281.91 | 30 499.54 | 1.08 | 0.08 | 30 500.54 | 12.45 |
| 3 | 490 251.58 | 96 152.63 | 1.24 | 0.24 | 96 153.63 | 4.10 |

研究平均拥挤度（$M^*$）与平均值（$M$）之间的关系，用 $M^*$-$M$ 回归分析法，建立 $M^*$-$M$ 回归式 $M^*=\alpha+\beta M$，结果表明，$M^*=-688\ 965.149\ 38+2.937\ 25M$（$R=0.9763$），$\alpha=-688\ 965.149\ 38<0$，表明微生物个体群之间相互排斥，$\beta=2.937\ 25>1$，表明芽胞杆菌特征脂肪酸（15:0 anteiso+15:0 iso+17:0 anteiso+17:0 iso）空间分布型为聚集分布。

（3）芽胞杆菌特征脂肪酸占比的空间分布。以表 4-1-2 中垫料芽胞杆菌占微生物比例数据为矩阵，以发酵床的列为样本，统计芽胞杆菌特征脂肪酸占比（芽胞杆菌特征脂肪酸 15:0 anteiso+15:0 iso+17:0 anteiso+17:0 iso 占整体脂肪酸的比例）的空间分布聚集度指标，将 3 列 10 行分割的 30 个空间样本单元内的各芽胞杆菌数量按单元分别作总和统计，考察芽胞杆菌作为一个种群在发酵床的空间分布型，统计结果见表 4-1-6。空间分布型聚集度指标（平均拥挤度 $M^*$、$I$ 指标、$M^*/M$ 指标、$C_A$ 指标、扩散系数 $C$、$K$ 指标）分析表明芽胞杆菌特征脂肪酸占比呈均匀分布，如 $M^*/M$ 指标分别为−3.19、−3.38、−3.57，小于 1；$C_A$ 指标分别为−4.19、−4.38、−4.57，小于 1；$K$ 指标分别为−0.24、−0.23、−0.22，小于 0。

**表 4-1-6 发酵床垫料芽胞杆菌特征脂肪酸占比空间分布型**

| 列 | 平均拥挤度 $M^*$ | $I$ 指标 | $M^*/M$ 指标 | $C_A$ 指标 | 扩散系数 $C$ | $K$ 指标 |
|---|---|---|---|---|---|---|
| 1 | −0.75 | −0.99 | −3.19 | −4.19 | 0.01 | −0.24 |
| 2 | −0.77 | −1.00 | −3.38 | −4.38 | 0.00 | −0.23 |
| 3 | −0.78 | −1.00 | −3.57 | −4.57 | 0.00 | −0.22 |

研究平均拥挤度（$M^*$）与平均值（$M$）之间的关系，用 $M^*$-$M$ 回归分析法，建立 $M^*$-$M$ 回归式 $M^*=\alpha+\beta M$，结果表明，$M^*=-1.077\ 86+1.374\ 22M$（$R=0.9894$），$\alpha=-1.077\ 86<0$，表明微生物个体群之间相互排斥，$\beta=2.937\ 25>1$，表明芽胞杆菌的空间分布型为聚集分布。综上所述，养猪微生物发酵床芽胞杆菌特征脂肪酸占比空间分布为聚集分布。

## 四、基于脂肪酸微生物发酵床芽胞杆菌群落时间动态

### 1. 微生物整体脂肪酸群落变化动态

不同时间取样的发酵床基质垫层不同层次的脂肪酸生物标记总量的统计结果见表 4-1-7。发酵床微生物群落呈抛物线下降，方程为 $y=-158\ 634x^2-113\ 351x+8\times10^6$（$R^2=0.8077$）。发酵床垫料微生物脂肪酸总和时间动态见图 4-1-1。微生物含量的顺序为第 2 个月（PLFA=7 795 715）>第 1 个月（PLFA=7 204 564）>第 4 个月（PLFA=5 411 461）>第 3 个月（PLFA=4 782 331）>第 5 个月（PLFA=3 070 918），垫料在使用前两个月微生物含量较大，第 2 个月时，微生物含量最多，第 3 个月以后开始下降，并逐渐稳定。

**表 4-1-7 不同时间发酵床基质垫层不同层次微生物群落变化动态**

| 使用时间 | 基质垫层不同层次微生物整体 PLFA 含量 | | | | 合计 |
|---|---|---|---|---|---|
| | 第 1 层 | 第 2 层 | 第 3 层 | 第 4 层 | |
| 第 1 个月 | 1 797 013 | 1 224 793 | 2 028 823 | 2 153 935 | 7 204 564 |
| 第 2 个月 | 1 642 401 | 2 177 392 | 1 787 144 | 2 188 778 | 7 795 715 |
| 第 3 个月 | 1 479 419 | 1 555 258 | 770 648 | 977 006 | 4 782 331 |
| 第 4 个月 | 1 746 260 | 1 568 226 | 1 447 958 | 649 017 | 5 411 461 |
| 第 5 个月 | 586 328 | 920 932 | 1 085 199 | 478 459 | 3 070 918 |
| 合计 | 7 251 421 | 7 446 601 | 7 119 772 | 6 447 195 | 28 264 989 |

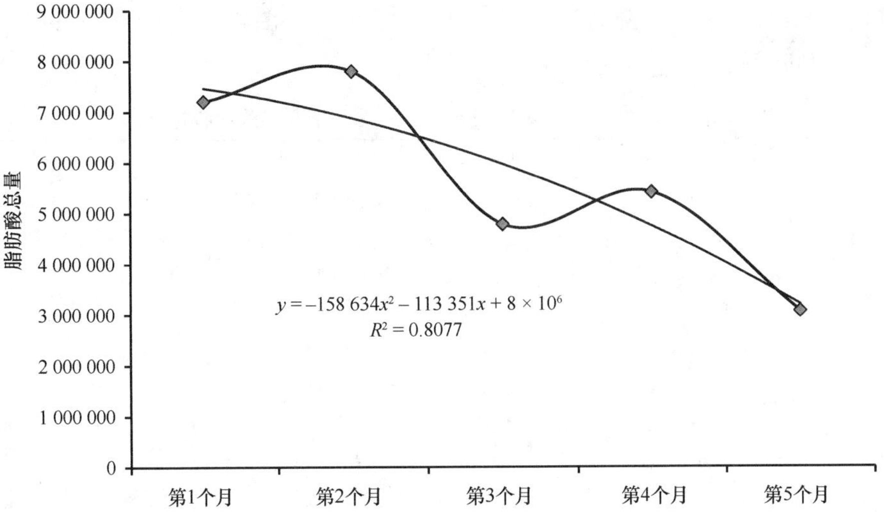


图 4-1-1　基于脂肪酸发酵床微生物群落变化动态

从垫料的层次上看，微生物含量的顺序为第 2 层（PLFA=7 446 601）>第 1 层（PLFA=7 251 421）>第 3 层（PLFA=7 119 772）>第 4 层（PLFA=6 447 195），第 4 层的微生物含量最少，第 1、2、3 层的差异不大（图 4-1-2）。

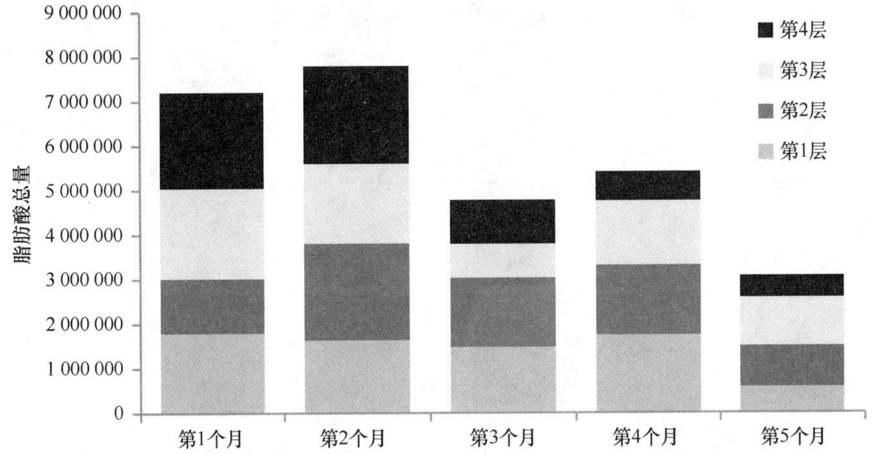


图 4-1-2　基于脂肪酸发酵床基质垫层微生物群落数量深度变化动态

## 2. 芽胞杆菌特征脂肪酸群落变化动态

不同时间不同垫层微生物发酵床芽胞杆菌特征脂肪酸（15:0 anteiso+15:0 iso+17:0 anteiso+17:0 iso）测定结果见表 4-1-8。从深度上看，芽胞杆菌群落数量在基质垫层的第 1 层、第 2 层、第 3 层、第 4 层的平均值分别为 189 417.8、184 083.2、145 513.6、162 649.6，垫料表层（第 1、2 层）群落数量大于底层（第 3、4 层）（图 4-1-3）。从时间上看，芽胞杆菌群落数量在第 1 个月、第 2 个月、第 3 个月、第 4 个月、第 5 个月分别为 158 160.5、277 761.5、142 717.8、166 506.3、106 934.3，表明芽胞杆菌群落数量随时间进程由低到高，而后逐渐下降，呈三次方程变化（表 4-1-9，图 4-1-4），方程为：$y$=14 274$x^3$–142 714$x^2$+400 994$x$–105 026（$R^2$=0.6275）。

**表 4-1-8　微生物发酵床基质垫层芽胞杆菌特征脂肪酸生物标记分析**

| 月次 | 脂肪酸 | 第 1 层 | 第 2 层 | 第 3 层 | 第 4 层 |
|---|---|---|---|---|---|
| 第 1 个月 | 15:0 anteiso | 50 810 | 30 645 | 11 773 | 59 253 |
| | 15:0 iso | 79 654 | 46 702 | 18 978 | 79 296 |
| | 17:0 anteiso | 34 022 | 24 429 | 6 919 | 71 232 |
| | 17:0 iso | 36 392 | 17 087 | 6 249 | 59 201 |
| 第 2 个月 | 15:0 anteiso | 41 579 | 59 170 | 48 261 | 65 966 |
| | 15:0 iso | 102 920 | 113 340 | 135 988 | 147 838 |
| | 17:0 anteiso | 23 348 | 41 513 | 31 473 | 54 607 |
| | 17:0 iso | 46 725 | 63 134 | 60 489 | 74 695 |
| 第 3 个月 | 15:0 anteiso | 88 099 | 71 809 | 20 437 | 15 059 |
| | 15:0 iso | 89 252 | 85 846 | 22 072 | 14 247 |
| | 17:0 anteiso | 27 420 | 35 988 | 14 694 | 11 950 |
| | 17:0 iso | 21 284 | 33 931 | 9 929 | 8 854 |
| 第 4 个月 | 15:0 anteiso | 81 957 | 57 298 | 50 377 | 21 101 |
| | 15:0 iso | 91 121 | 69 532 | 77 992 | 37 187 |
| | 17:0 anteiso | 26 940 | 22 734 | 20 597 | 9 554 |
| | 17:0 iso | 31 140 | 27 486 | 26 530 | 14 479 |
| 第 5 个月 | 15:0 anteiso | 18 666 | 30 515 | 34 551 | 16 023 |
| | 15:0 iso | 31 253 | 46 401 | 59 904 | 23 566 |
| | 17:0 anteiso | 11 848 | 19 813 | 30 558 | 10 865 |
| | 17:0 iso | 12 659 | 23 043 | 39 797 | 18 275 |

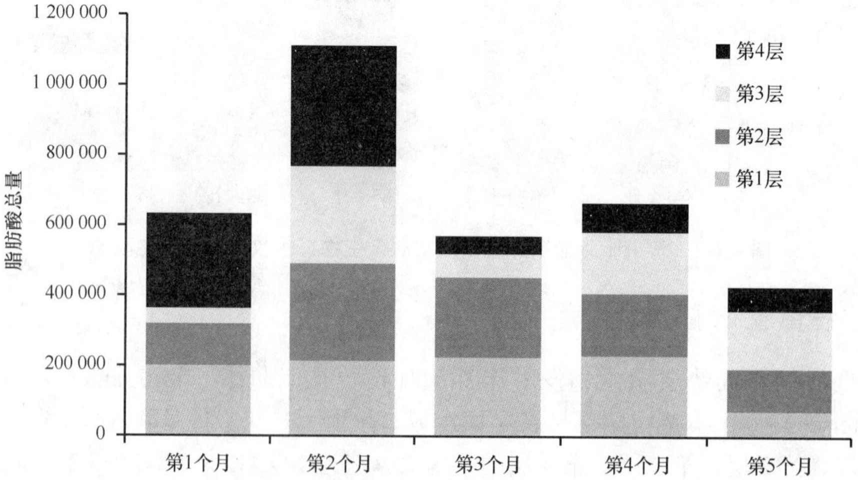


图 4-1-3　基于脂肪酸的微生物发酵床基质垫层芽胞杆菌群落数量深度变化动态

表 4-1-9　基于脂肪酸的微生物发酵床基质垫层芽胞杆菌群落变化动态

| 月次 | 第 1 层 | 第 2 层 | 第 3 层 | 第 4 层 | 平均值 |
|---|---|---|---|---|---|
| 第 1 个月 | 200 878 | 118 863 | 43 919 | 268 982 | 158 160.5 |
| 第 2 个月 | 214 572 | 277 157 | 276 211 | 343 106 | 277 761.5 |
| 第 3 个月 | 226 055 | 227 574 | 67 132 | 50 110 | 142 717.8 |
| 第 4 个月 | 231 158 | 177 050 | 175 496 | 82 321 | 166 506.3 |
| 第 5 个月 | 74 426 | 119 772 | 164 810 | 68 729 | 106 934.3 |
| 平均值 | 189 417.8 | 184 083.2 | 145 513.6 | 162 649.6 | |

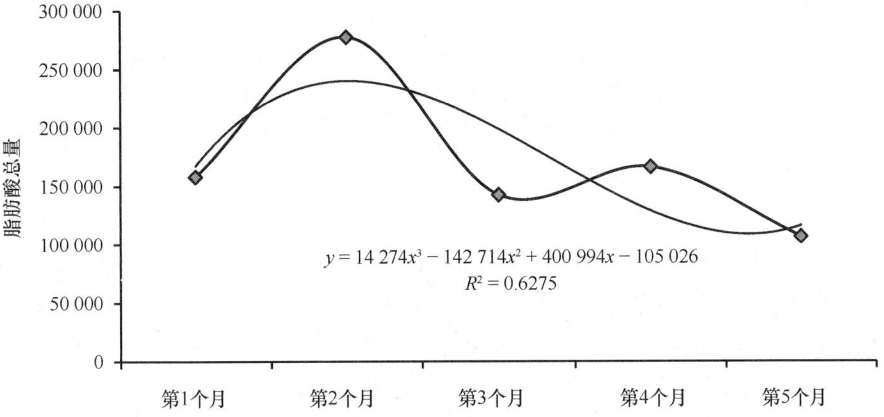


图 4-1-4　基于脂肪酸的微生物发酵床基质垫层芽胞杆菌群落数量变化动态

## 五、讨论

微生物发酵床是一个复杂的微生物体系，在垫料的使用过程中，由于环境的变化垫料微生物群落结构也随之发生相应的变化。利用磷脂脂肪酸（PLFA）生物标记法分析垫料使用过程中微生物群落结构的变化是一种非常有效的方法。脂肪酸生物标记也被广泛用于土壤微生物多样性的分析，沉积物、地下水，以及与水处理相关的生物膜和菌胶团等微生物群落结构和功能的研究。

利用脂肪酸研究微生物的生态学特性，常采用整体脂肪酸检测的方法，如对垫料进行整体脂肪酸测定，脂肪酸碳链长为 C10～C20，测定的脂肪酸只存在于活体微生物中，整体脂肪酸代表了垫料整体的活体微生物。由于芽胞杆菌具有特征脂肪酸 15:0 anteiso、15:0 iso、17:0 anteiso、17:0 iso，而且含量占芽胞杆菌种类整体脂肪酸的 76.39%，它们主要存在于厚壁菌门的革兰氏阳性芽胞杆菌中，能够很好地代表芽胞杆菌的存在；在其他细菌门的革兰氏阴性细菌特征脂肪酸（15:0 anteiso、15:0 iso、17:0 anteiso、17:0 iso）中含量很低或不存在；作者利用这一特性，统计整体脂肪酸中特征脂肪酸（15:0 anteiso、15:0 iso、17:0 anteiso、17:0 iso）的含量和比例，代表样本中芽胞杆菌群落的相对含量，分析其空间分布和时间动态，使得用整体脂肪酸检测方法分析芽胞杆菌相对含量的生态学特性成为可能。

研究结果表明，统计芽胞杆菌特征脂肪酸（15:0 anteiso+15:0 iso+17:0 anteiso+17:0 iso）

后，根据芽胞杆菌特征脂肪酸占整体脂肪酸 76.39%的统计值，可以计算出芽胞杆菌整体脂肪酸含量及其占总体微生物脂肪酸的比例。垫料微生物整体脂肪酸最大值为 2 769 120.00，最小值为 348 197.00，前者是后者的 7.95 倍；芽胞杆菌特征脂肪酸最大值为 569 621.00，最小值为 47 796.00，前者是后者的 11.9 倍；芽胞杆菌整体脂肪酸最大值为 749 501.32，最小值为 62 889.47，前者是后者的 11.9 倍；芽胞杆菌占微生物比例最大值为 31%，最小值为 16%，前者是后者的 1.94 倍。表明微生物发酵床垫料微生物和芽胞杆菌数量分布不均匀，芽胞杆菌类微生物占微生物总量的 16%～31%。

芽胞杆菌脂肪酸空间分布研究中，空间分布型聚集度指标（平均拥挤度 $M^*$、$I$ 指标、$M^*/M$ 指标、$C_A$ 指标、扩散系数 $C$、$K$ 指标）分析结果显示，$M^*/M$ 指标分别为 1.35、1.08、1.24，大于 1；$C_A$ 指标分别为 0.35、0.08、0.24，小于 1；$K$ 指标分别为 2.86、12.45、4.104，大于 2；表明芽胞杆菌特征脂肪酸（15:0 anteiso+15:0 iso+17:0 anteiso+17:0 iso）呈均匀分布。平均拥挤度（$M^*$）与平均值（$M$）之间的关系，用 $M^*$-$M$ 回归分析法，建立 $M^*$-$M$ 回归式 $M^*=\alpha+\beta M$，结果表明，$M^*=-688\ 965.149\ 38+2.937\ 25M$（$R=0.9763$），$\alpha=-688\ 965.149\ 38<0$，表明微生物个体群之间相互排斥，$\beta=2.937\ 25>1$，表明芽胞杆菌特征脂肪酸（15:0 anteiso+ 15:0 iso+17:0 anteiso+17:0 iso）空间分布型为聚集分布。

在芽胞杆菌脂肪酸占比空间分布研究中，空间分布型聚集度指标（平均拥挤度 $M^*$、$I$ 指标、$M^*/M$ 指标、$C_A$ 指标、扩散系数 $C$、$K$ 指标）分析结果显示，$M^*/M$ 指标分别为−3.19、−3.38、−3.57，小于 1；$C_A$ 指标分别为−4.19、−4.38、−4.57，小于 1；$K$ 指标分别为−0.24、−0.23、−0.22，小于 0；表明芽胞杆菌特征脂肪酸占比呈均匀分布。平均拥挤度（$M^*$）与平均值（$M$）之间的关系，用 $M^*$-$M$ 回归分析法，建立 $M^*$-$M$ 回归式 $M^*=\alpha+\beta M$，结果表明，$M^*=-1.077\ 86+1.374\ 22M$（$R=0.9894$），$\alpha=-1.077\ 86<0$，表明微生物个体群之间相互排斥，$\beta=2.937\ 25>1$，表明芽胞杆菌空间分布型为聚集分布。综上所述，养猪微生物发酵床芽胞杆菌特征脂肪酸占比空间分布为聚集分布。

## 第二节 基于脂肪酸组猪肠道芽胞杆菌群落动态

### 一、概述

#### 1. 动物肠道微生物研究

随着现代养殖业的快速集约化和规模化发展，对动物胃肠道微生物多样性的研究逐渐成为热点。然而，传统活菌计数法只能培养极少部分的肠道菌群，并且耗时长、特异性差、灵敏度低等，对研究肠道菌群多样性有一定的局限性。随着分子生物学技术的发展，基于 16S rDNA 的变性梯度凝胶电泳（DGGE）技术应运而生，其具有检测率高、分辨率高、重复性好、加样量小等特点，在揭示自然界微生物群落遗传多样性和种群差异方面具有独特的优越性，但 DGGE 也有其限制性，其在进行 PCR 时容易形成假阳性，可能过高地估计环境中的微生物多样性（Muyzer et al.，1993）。

### 2. 动物肠道微生物脂肪酸标记

磷脂脂肪酸（PLFA）生物标记法可以完整检测到样品中的微生物群落变化，如真菌、放线菌、耗氧细菌、厌氧细菌等。基于微生物体的 PLFA 组成和含量水平具有种属的特异性，直接估价微生物的生物量及其群落结构，是一种较为准确、有效的研究微生物多样性的方法（Saetre and Baath，2000）。目前还未见应用于仔猪肠道微生物多样性的研究。

### 3. 研究目的

本实验采用磷脂脂肪酸（PLFA）生物标记法研究不同添加量的芽胞杆菌益生菌剂对仔猪肠道微生物变化的影响，以探讨芽胞杆菌益生菌剂对仔猪肠道菌群多样性的影响，为芽胞杆菌益生菌剂在养殖业中的应用提供理论依据。

## 二、研究方法

### 1. 仔猪益生菌饲喂及其粪便采集

短短芽胞杆菌益生菌剂含量≥$1\times10^8$ CFU/mL，所用短短芽胞杆菌（*Brevibacillus brevis* FJAT-1501-BPA）由福建省农业科学院农业生物资源研究所筛选并经中国科学院微生物研究所鉴定。试验采用单因素随机试验设计，选用“杜×长×大”三元杂交健康仔猪75 头，30 日龄断奶，平均体重为（5.52±0.87）kg。将仔猪分成 5 组，各组体重均等、性别比例一致，每组 15 个重复，每组为一栏，进行试验。基础日粮配方参照美国国家科学研究委员会（NRC）营养标准仔猪营养配方，主要成分为可消化氨基酸模式配制玉米-豆粕型基础饲粮。饲喂过程中按基础日粮+短短芽胞杆菌益生菌剂，设置 5 个处理，即①对照组（CK）：饲喂基础日粮（不添加抗生素和益生菌）。②处理 1：饲喂基础日粮 1 kg+芽胞杆菌益生菌剂 100 mL。③处理 2：饲喂基础日粮 1 kg+芽胞杆菌益生菌剂 10 mL。④处理 3：饲喂基础日粮 1 kg+芽胞杆菌益生菌剂 1 mL。⑤处理 4：饲喂基础日粮 1 kg+芽胞杆菌益生菌剂 0.1 mL。试验第 0 天、第 7 天、第 14 天、第 21 天、第 28 天、第 35 天（即每个阶段结束时）早上，从每个处理组采集粪便，粪便样品冷藏，以供脂肪酸生物标记的提取。第 35 天取样作为喂饲不同浓度处理组分析的样本，从每个处理组采集粪便，形成对照、处理 1、处理 2、处理 3、处理 4 粪便样本，以供脂肪酸组分析比较。

### 2. 肠道微生物群落脂肪酸组提取和测定

PLFA 的提取按课题组建立的方法进行（郑雪芳等，2010；刘波等，2008），具体操作步骤为：①脂肪酸释放与甲基化，称取 10 g 新鲜粪便加到 50 mL 离心试管中，加入 20 mL 0.2 mol/L 的 KOH-甲醇溶液混合均匀，在 37℃下温育 1 h，样品每 10 min 涡旋 1 次；②中和溶液 pH，加入 3 mL 1.0 mol/L 的乙酸溶液，充分摇匀样品；③萃取，加 10 mL 正己烷，使 PLFA 转到有机相中，2000 r/min 离心 15 min 后，将上层正己烷转到干净试管中，在 $N_2$ 气流下挥发掉溶剂；④将 PLFA 溶解在 1 mL 体积比为 1∶1 的正己烷∶甲基丁基醚溶液中，用作 GC 分析。样品脂肪酸成分检测及成分分析参照 Margesin 等（2007）的文献，PLFA 的鉴定采用美国 MIDI 公司（MIDI，Newark，Delaware，USA）开发的基于细菌细胞脂肪酸成分鉴定的 Sherlock MIS 4.5 系统（sherlock microbial identification system）。

### 3. 猪肠道微生物群落脂肪酸组数据分析

引入香农多样性指数（Shannon index，$H_1$）、均匀度指数（Pielou evenness index，$J$）、辛普森优势度指数（Simpson dominance index，$D$）、Brillouin 指数（Brillouin index，$H_2$），分析不同处理组主要微生物群落脂肪酸生物标记的分布特性，统计方法参见第三章第一节研究方法，分析软件采用 DPS 数理统计平台。

## 三、饲喂芽胞杆菌益生菌猪肠道微生物群落脂肪酸总量变化

用脂肪酸生物标记总量比较猪肠道微生物群落动态，饲喂不同浓度的芽胞杆菌益生菌剂对断奶仔猪粪便中微生物脂肪酸生物标记总量的影响见图 4-2-1，各脂肪酸生物标记含量的总和代表着仔猪粪便中微生物的总量。

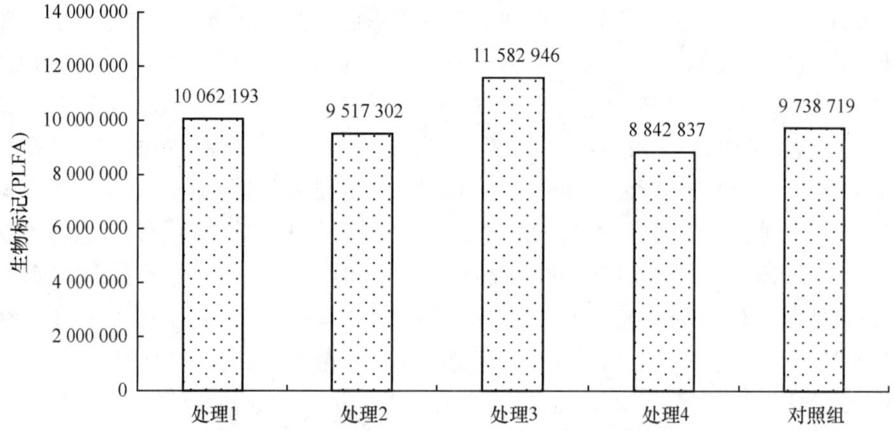


图 4-2-1 仔猪粪便中微生物脂肪酸生物标记总量比较

仔猪饲喂芽胞杆菌益生菌剂 35 d 后，各处理组粪便中脂肪酸生物标记（PLFA）的总量变化趋势相近，变化幅度为 8 842 837～11 582 946，处理 3（PLFA =11 582 946，1 mL 菌剂/1 kg 基础日粮）>处理 1（PLFA =10 062 193，100 mL 菌剂/1 kg 基础日粮）>对照组（PLFA =9 738 719，0 mL 菌剂/1 kg 基础日粮）>处理 2（PLFA =9 517 302，10 mL 菌剂/1 kg 基础日粮）>处理 4（PLFA =8 842 837，0.1 mL 菌剂/1 kg 基础日粮），表明在短时间内（35 d），总体差异不显著，短短芽胞杆菌不会破坏仔猪肠道微生物总量平衡。

## 四、饲喂芽胞杆菌益生菌猪肠道微生物群落脂肪酸生物标记分布

利用脂肪酸生物标记在各处理组的分布来分析猪肠道微生物群落分布。饲喂短短芽

胞杆菌益生菌剂对断奶仔猪粪便中微生物脂肪酸生物标记分布的影响见表 4-2-1。从不同处理组仔猪粪便中鉴定出 35 个生物标记，指示着不同类群的微生物，包括细菌、真菌、放线菌、原生动物等。饲用不同浓度的芽胞杆菌益生菌处理组间，脂肪酸总量差异

**表 4-2-1　仔猪粪便中微生物脂肪酸生物标记在各处理组的分布**

| 序号 | 生物标记 | 处理 1（100 mL） | 处理 2（10 mL） | 处理 3（1 mL） | 处理 4（0.1 mL） | 对照（0 mL） |
|---|---|---|---|---|---|---|
| 1 | c11:0 | 17 296 | 21 517 | 10 372 | 4 398 | 22 982 |
| 2 | c12:0 | 40 730 | 41 677 | 73 854 | 47 239 | 54 041 |
| 3 | c14:0 | 190 151 | 186 583 | 267 275 | 216 982 | 231 055 |
| 4 | c15:0 | 429 361 | 462 283 | 551 837 | 502 047 | 381 465 |
| 5 | c16:0 | 3 044 780 | 3 168 288 | 3 414 560 | 2 885 400 | 3 238 576 |
| 6 | c17:0 | 318 256 | 113 048 | 358 931 | 230 508 | 191 418 |
| 7 | c18:0 | 1 085 513 | 884 112 | 1 426 014 | 949 472 | 1 250 168 |
| 8 | c20:0 | 146 028 | 151 030 | 200 033 | 142 195 | 272 991 |
| | 直链脂肪酸小计 | 5 272 115 | 5 028 538 | 6 302 876 | 4 978 241 | 5 642 696 |
| | 直链脂肪酸占比 | 0.524 0 | 0.528 4 | 0.544 2 | 0.563 0 | 0.579 4 |
| 9 | 11:0 iso | 916 | 1 091 | 1 390 | 1 165 | 1 876 |
| 10 | 11:0 iso 3OH | 1 938 | 1 573 | 2 268 | 1 910 | 1 499 |
| 11 | 12:0 iso | 3 482 | 1 978 | 4 694 | 2 070 | 3 594 |
| 12 | 13:0 anteiso | 7 424 | 7 429 | 10 493 | 9 405 | 6 717 |
| 13 | 13:0 iso | 15 408 | 14 276 | 18 238 | 13 942 | 11 933 |
| 14 | 14:0 anteiso | 22 407 | 19 945 | 28 384 | 24 973 | 22 381 |
| 15 | 14:0 iso | 100 250 | 97 858 | 119 537 | 106 800 | 97 060 |
| 16 | 15:0 3OH | 95 723 | 23 251 | 21 120 | 14 825 | 17 804 |
| 17 | 15:0 anteiso | 613 090 | 647 940 | 764 608 | 732 203 | 605 667 |
| 18 | 15:0 iso | 309 420 | 253 399 | 257 534 | 313117 | 276 227 |
| 19 | 15:1ω6c | 9 545 | 22 128 | 8 678 | 9 711 | 7 340 |
| 20 | 16:0 3OH | 59 700 | 31 675 | 13 344 | 1 811 | 63 592 |
| 21 | 16:0 anteiso | 23 463 | 10 415 | 10 759 | 6 709 | 9 273 |
| 22 | 16:0 iso | 150 540 | 301 745 | 492 220 | 173 638 | 245 012 |
| 23 | 16:0 N alcohol | 185 320 | 187 186 | 234 131 | 194 802 | 166 121 |
| 24 | 16:1ω5c | 2 285 | 5 788 | 801 | 1 018 | 2 395 |
| 25 | 16:1ω9c | 68 226 | 46 425 | 65 430 | 56 067 | 73 343 |
| 26 | 10 Me 17:0 | 10 929 | 11 864 | 26 094 | 9 071 | 15 536 |
| 27 | 17:0 anteiso | 260 813 | 141 822 | 327 815 | 140 123 | 201 843 |
| 28 | cy17:0 | 134 442 | 14 273 | 93 459 | 5 755 | 30 547 |
| 29 | 17:0 iso | 278 397 | 189 319 | 396 557 | 251 697 | 224 925 |
| 30 | 17:1ω8c | 260 369 | 117 395 | 306 566 | 100 364 | 240 059 |
| 31 | 18:1ω5c | 160 360 | 24 843 | 66 433 | 55 364 | 57 572 |
| 32 | 18:1ω9c | 1 693 781 | 2 030 274 | 1 511 858 | 1 384 491 | 1 406 513 |
| 33 | 18:3ω(6,9,12)c | 263 040 | 200 385 | 302 667 | 178 618 | 264 143 |
| 34 | 20:1ω9c | 32 940 | 43 307 | 74 616 | 35 411 | 19 566 |
| 35 | 20:4ω(6,9,12,15)c | 25 870 | 41 180 | 120 376 | 39 536 | 23 485 |
| | 支链脂肪酸小计 | 4 790 078 | 4 488 764 | 5 280 070 | 3 864 596 | 4 096 023 |
| | 支链脂肪酸占比 | 0.476 0 | 0.471 6 | 0.455 8 | 0.437 0 | 0.420 6 |
| | 总和 | 10 062 193 | 9 517 302 | 11 582 946 | 8 842 837 | 9 738 719 |

不显著，各处理组的直链脂肪酸含量略高于支链脂肪酸，处理 1（100 mL）、处理 2（10 mL）、处理 3（1 mL）、处理 4（0.1 mL）、对照（0 mL）直链脂肪酸占总量的比例分别为 0.5240、0.5284、0.5442、0.5630、0.5794，处理间差异不显著，但指示不同微生物的脂肪酸生物标记之间差异显著，反映了微生物种类组成差异。

## 五、饲喂芽胞杆菌益生菌猪肠道微生物群落脂肪酸生物标记差异统计

仔猪粪便中微生物脂肪酸生物标记统计结果见表 4-2-2。利用 Wilks 统计量分析各个

**表 4-2-2　仔猪粪便中微生物脂肪酸生物标记统计**

| 变量 | 样本数 | 均值 | 标准差 | 中位数 | 最小值 | 最大值 | Wilks 系数 | *P* |
|---|---|---|---|---|---|---|---|---|
| 15:0 3OH | 5 | 34 544.60 | 34 349.94 | 21 120.00 | 14 825.00 | 95 723.00 | 0.64 | 0.00 |
| 15:1ω6c | 5 | 11 480.40 | 6 025.87 | 9 545.00 | 7 340.00 | 22 128.00 | 0.70 | 0.01 |
| 20:4ω(6,9,12,15)c | 5 | 50 089.40 | 40 079.08 | 39 536.00 | 23 485.00 | 120 376.00 | 0.72 | 0.02 |
| 16:0 anteiso | 5 | 12 123.80 | 6 534.66 | 10 415.00 | 6 709.00 | 23 463.00 | 0.77 | 0.05 |
| c20:0 | 5 | 182 455.40 | 55 769.79 | 151 030.00 | 142 195.00 | 272 991.00 | 0.80 | 0.09 |
| 18:1ω5c | 5 | 72 914.40 | 51 339.57 | 57 572.00 | 24 843.00 | 160 360.00 | 0.82 | 0.11 |
| 16:1ω5c | 5 | 2 457.40 | 1 996.37 | 2 285.00 | 801.00 | 5 788.00 | 0.83 | 0.15 |
| 14:0 iso | 5 | 104 301.00 | 9 337.23 | 100 250.00 | 97 060.00 | 119 537.00 | 0.84 | 0.16 |
| 10 Me 17:0 | 5 | 14 698.80 | 6 791.01 | 11 864.00 | 9 071.00 | 26 094.00 | 0.84 | 0.16 |
| c12:0 | 5 | 51 508.20 | 13 572.01 | 47 239.00 | 40 730.00 | 73 854.00 | 0.85 | 0.19 |
| 15:0 iso | 5 | 281 939.40 | 28 151.53 | 276 227.00 | 253 399.00 | 313 117.00 | 0.86 | 0.23 |
| 15:0 anteiso | 5 | 672 701.60 | 71 846.23 | 647 940.00 | 605 667.00 | 764 608.00 | 0.87 | 0.29 |
| 18:1ω9c | 5 | 1 605 383.40 | 267 131.08 | 1 511 858.00 | 1 384 491.00 | 2 030 274.00 | 0.87 | 0.27 |
| cy17:0 | 5 | 55 695.20 | 55 833.27 | 30 547.00 | 5 755.00 | 134 442.00 | 0.88 | 0.30 |
| 13:0 anteiso | 5 | 8 293.60 | 1 586.03 | 7 429.00 | 6 717.00 | 10 493.00 | 0.89 | 0.34 |
| 16:0 iso | 5 | 272 631.00 | 136 506.03 | 245 012.00 | 150 540.00 | 492 220.00 | 0.89 | 0.37 |
| 17:1ω8c | 5 | 204 950.60 | 91 150.74 | 240 059.00 | 100 364.00 | 306 566.00 | 0.89 | 0.34 |
| 12:0 iso | 5 | 3 163.60 | 1 143.50 | 3 482.00 | 1 978.00 | 4 694.00 | 0.90 | 0.43 |
| 16:0 N alcohol | 5 | 193 512.00 | 25 044.77 | 187 186.00 | 166 121.00 | 234 131.00 | 0.90 | 0.40 |
| 20:1ω9c | 5 | 41 168.00 | 20 559.87 | 35 411.00 | 19 566.00 | 74 616.00 | 0.90 | 0.43 |
| 16:0 3OH | 5 | 34 024.40 | 27 406.12 | 31 675.00 | 1 811.00 | 63 592.00 | 0.91 | 0.46 |
| 17:0 anteiso | 5 | 214 483.20 | 80 559.62 | 201 843.00 | 140 123.00 | 327 815.00 | 0.91 | 0.45 |
| 17:0 iso | 5 | 268 179.00 | 78 972.75 | 251 697.00 | 189 319.00 | 396 557.00 | 0.91 | 0.47 |
| c11:0 | 5 | 15 313.00 | 7 822.82 | 17 296.00 | 4 398.00 | 22 982.00 | 0.92 | 0.56 |
| c14:0 | 5 | 218 409.20 | 33 019.89 | 216 982.00 | 186 583.00 | 267 275.00 | 0.92 | 0.56 |
| 11:0 iso | 5 | 1 287.60 | 370.29 | 1 165.00 | 916.00 | 1 876.00 | 0.92 | 0.53 |
| 18:3ω(6,9,12)c | 5 | 241 770.60 | 50 897.70 | 263 040.00 | 178 618.00 | 302 667.00 | 0.92 | 0.55 |
| 11:0 iso 3OH | 5 | 1 837.60 | 310.33 | 1 910.00 | 1 499.00 | 2 268.00 | 0.93 | 0.61 |
| c18:0 | 5 | 1 119 055.80 | 221 639.41 | 1 085 513.00 | 884 112.00 | 1 426 014.00 | 0.95 | 0.76 |
| 14:0 anteiso | 5 | 23 618.00 | 3 203.06 | 22 407.00 | 19 945.00 | 28 384.00 | 0.95 | 0.72 |
| 16:1ω9c | 5 | 61 898.20 | 10 687.85 | 65 430.00 | 46 425.00 | 73 343.00 | 0.95 | 0.73 |
| 13:0 iso | 5 | 14 759.40 | 2 313.64 | 14 276.00 | 11 933.00 | 18 238.00 | 0.96 | 0.84 |
| c17:0 | 5 | 242 432.20 | 98 496.35 | 230 508.00 | 113 048.00 | 358 931.00 | 0.97 | 0.88 |
| c15:0 | 5 | 465 398.60 | 65 513.29 | 462 283.00 | 381 465.00 | 551 837.00 | 1.00 | 1.00 |
| c16:0 | 5 | 3 150 320.80 | 199 534.49 | 3 168 288.00 | 2 885 400.00 | 3 414 560.00 | 1.00 | 1.00 |

脂肪酸在不同处理间的差异。Wilks 统计量是组内平方和与总平方和之比，当所有观测组的均值相等时，Wilks 统计量值为 1；当组内变异小于总变异时，Wilks 统计量值接近于 0。因此，Wilks 统计量值大表示各个组的均值基本相等；Wilks 统计量越小表示组间差异越大。

根据 Wilks 统计量可以将脂肪酸生物标记组间差异大小分为 4 个类别：第 1 类 Wilks 统计量处于 0.6 量级，处理间差异大，仅有一个生物标记 15:0 3OH，Wilks 系数=0.64，最小值为 14 825.00，最大值为 95 723.00，最大值是最小值的 6.46 倍；第 2 类 Wilks 统计量处于 0.7 量级，为 0.70～0.77，处理间差异较大，包含脂肪酸生物标记 15:1ω6c、20:4ω(6,9,12,15)c、16:0 anteiso，最大值是最小值的 3.01～3.49 倍；第 3 类 Wilks 统计量处于 0.8 量级，为 0.80～0.89，处理间差异中等，最大值是最小值 1.91～3.05 倍，包含脂肪酸生物标记 c20:0、18:1ω5c、16:1ω5c、14:0 iso、10 Me 17:0、c12:0、15:0 iso、15:0 anteiso、18:1ω9c、cy17:0、13:0 anteiso、16:0 iso、17:1ω8c；第 4 类 Wilks 统计量>0.9 量级，为 0.90～1.00，处理间差异小，大部分的直链脂肪酸属于这类，最大值是最小值的 2.37～1.18 倍，包含脂肪酸生物标记 12:0 iso、16:0 N alcohol、20:1ω9c、16:0 3OH、17:0 anteiso、17:0 iso、c11:0、c14:0、11:0 iso、18:3ω(6,9,12)c、11:0 iso 3OH、c18:0、14:0 anteiso、16:1ω9c、13:0 iso、c17:0、c15:0、c16:0。指示芽胞杆菌的生物标记 15:0 iso、15:0 anteiso、17:0 anteiso、17:0 iso 在不同处理组粪便中分布较广，差异不显著（$P$>0.05）且分布较均匀，Wilks 统计量为 0.86～0.91，组间差异较小，芽胞杆菌在肠道微生物生长的各个阶段都起到一定的作用。

不同处理组粪便中微生物脂肪酸生物标记含量最高的前 3 个分别是 c16:0（指示总的细菌）、15:0 anteiso（指示芽胞杆菌）、11:0 iso 3OH（指示总的真菌），它们在不同处理组粪便中起主要作用，是优势群。从总体上看，3 个标记指示不同微生物类群的脂肪酸生物标记在不同处理组的分布趋势相近，三者均在处理 3 的粪便中分布量最大；c16:0（指示细菌）在处理 4 的粪便中分布量最小，15:0 anteiso（指示芽胞杆菌）在对照组的粪便中分布量最小（未饲喂芽胞杆菌组），11:0 iso 3OH（指示真菌）在处理 4 的粪便中分布量最小。此外，不同处理组细菌群落分布大于真菌群落分布，指示细菌的生物标记 c16:0 在不同处理组分布量最大，其中，指示芽胞杆菌的生物标记 15:0 anteiso 分布较少。其次是指示真菌的生物标记 11:0 iso 3OH。

## 六、饲喂芽胞杆菌益生菌猪肠道微生物群落脂肪酸生物标记聚类分析

对饲喂不同浓度芽胞杆菌益生菌处理组的仔猪肠道微生物群落脂肪酸生物标记进行聚类，以分离到的 35 种主要微生物脂肪酸生物标记为样本，以不同处理组为指标，构建矩阵，将数据进行标准化处理，以切比雪夫距离为聚类尺度，用可变类平均法对数据进行系统聚类分析，分析结果见表 4-2-3 和图 4-2-2。当 $\lambda$=5.87 时，可将 35 种主要微生物脂肪酸生物标记分为 3 个类群。

**表 4-2-3　基于饲喂芽胞杆菌益生菌的猪肠道微生物群落脂肪酸生物标记聚类分析**

| 组别 | 脂肪酸 | 处理 1（100 mL） | 处理 2（10 mL） | 处理 3（1 mL） | 处理 4（0.1 mL） | 对照（0 mL） | 到中心的距离 |
|---|---|---|---|---|---|---|---|
| I | c11:0 | −0.4615 | −0.3992 | −0.4969 | −0.4547 | −0.4226 | 0.0692 |
| I | c12:0 | −0.4214 | −0.3670 | −0.3985 | −0.3763 | −0.3711 | 0.0886 |
| I | 11:0 iso | −0.4894 | −0.4317 | −0.5109 | −0.4607 | −0.4575 | 0.1130 |
| I | 11:0 iso 3OH | −0.4877 | −0.4310 | −0.5095 | −0.4593 | −0.4581 | 0.1107 |
| I | 12:0 iso | −0.4851 | −0.4303 | −0.5057 | −0.4590 | −0.4546 | 0.1056 |
| I | 13:0 anteiso | −0.4783 | −0.4216 | −0.4968 | −0.4456 | −0.4495 | 0.0879 |
| I | 13:0 iso | −0.4647 | −0.4107 | −0.4847 | −0.4373 | −0.4408 | 0.0642 |
| I | 14:0 anteiso | −0.4527 | −0.4017 | −0.4690 | −0.4170 | −0.4235 | 0.0382 |
| I | 14:0 iso | −0.3198 | −0.2775 | −0.3277 | −0.2672 | −0.2999 | 0.2774 |
| I | 15:0 3OH | −0.3275 | −0.3964 | −0.4803 | −0.4356 | −0.4311 | 0.0984 |
| I | 15:1ω6c | −0.4747 | −0.3982 | −0.4996 | −0.4450 | −0.4484 | 0.0823 |
| I | 16:0 3OH | −0.3890 | −0.3830 | −0.4923 | −0.4595 | −0.3553 | 0.0876 |
| I | 16:0 anteiso | −0.4509 | −0.4169 | −0.4963 | −0.4505 | −0.4452 | 0.0706 |
| I | 16:1ω5c | −0.4871 | −0.4243 | −0.5118 | −0.4609 | −0.4566 | 0.1095 |
| I | 16:1ω9c | −0.3745 | −0.3595 | −0.4116 | −0.3601 | −0.3392 | 0.1214 |
| I | 10 Me 17:0 | −0.4723 | −0.4146 | −0.4726 | −0.4462 | −0.4349 | 0.0669 |
| I | cy17:0 | −0.2614 | −0.4107 | −0.3681 | −0.4522 | −0.4100 | 0.1832 |
| I | 18:1ω5c | −0.2171 | −0.3939 | −0.4100 | −0.3614 | −0.3653 | 0.2217 |
| I | 20:1ω9c | −0.4348 | −0.3644 | −0.3974 | −0.3979 | −0.4282 | 0.0708 |
| I | 20:4ω(6,9,12,15)c | −0.4468 | −0.3678 | −0.3264 | −0.3904 | −0.4217 | 0.1364 |
| 第 I 组 20 个标记平均值 | | −0.4198 | −0.3950 | −0.4533 | −0.4218 | −0.4157 | RMSTD=0.0732 |
| II | c14:0 | −0.1662 | −0.1360 | −0.0987 | −0.0653 | −0.0781 | 0.5055 |
| II | c15:0 | 0.2423 | 0.3035 | 0.3424 | 0.4568 | 0.1709 | 0.4820 |
| II | c17:0 | 0.0525 | −0.2533 | 0.0434 | −0.0406 | −0.1437 | 0.4493 |
| II | c18:0 | 1.3630 | 0.9759 | 1.6976 | 1.2764 | 1.6088 | 2.8838 |
| II | c20:0 | −0.2416 | −0.1927 | −0.2029 | −0.2023 | −0.0087 | 0.6644 |
| II | 15:0 anteiso | 0.5561 | 0.5994 | 0.6723 | 0.8784 | 0.5420 | 1.2310 |
| II | 15:0 iso | 0.0375 | −0.0295 | −0.1138 | 0.1108 | −0.0033 | 0.3388 |
| II | 16:0 iso | −0.2339 | 0.0475 | 0.2500 | −0.1447 | −0.0550 | 0.4628 |
| II | 16:0 N alcohol | −0.1745 | −0.1351 | −0.1501 | −0.1060 | −0.1856 | 0.6020 |
| II | 17:0 anteiso | −0.0456 | −0.2074 | −0.0048 | −0.2061 | −0.1265 | 0.5327 |
| II | 17:0 iso | −0.0155 | −0.1317 | 0.1017 | −0.0018 | −0.0883 | 0.3264 |
| II | 17:1ω8c | −0.0463 | −0.2463 | −0.0378 | −0.2790 | −0.0632 | 0.5864 |
| II | 18:3ω(6,9,12)c | −0.0418 | −0.1140 | −0.0438 | −0.1356 | −0.0234 | 0.4261 |
| 第 II 组 13 个标记平均值 | | 0.0989 | 0.0369 | 0.1889 | 0.1185 | 0.1189 | RMSTD=0.5908 |
| III | c16:0 | 4.7092 | 4.6172 | 4.7802 | 4.8225 | 4.9003 | 2.9185 |
| III | 18:1ω9c | 2.4018 | 2.8030 | 1.8306 | 2.0732 | 1.8676 | 2.9185 |
| 第 III 组 2 个标记平均值 | | 3.5555 | 3.7101 | 3.3054 | 3.4479 | 3.3840 | RMSTD=2.3829 |

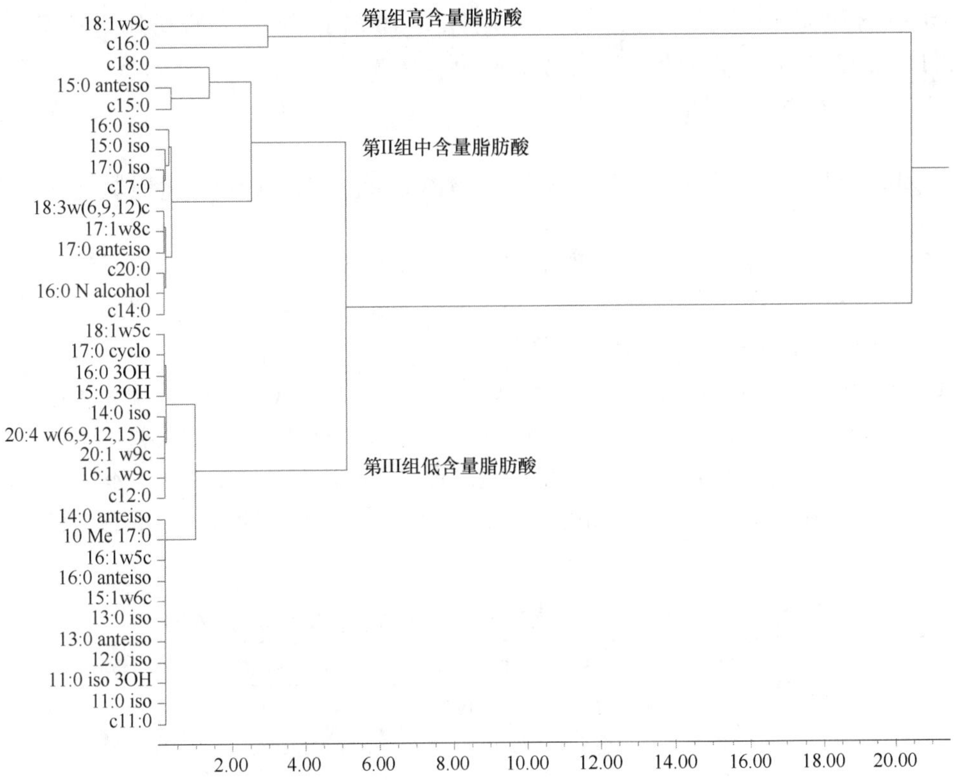


图 4-2-2　基于饲喂芽胞杆菌益生菌的猪肠道微生物群落脂肪酸生物标记聚类分析（切比雪夫距离）

第 I 组，特征为脂肪酸含量很低，各处理的数据标准化转换值的平均值分别为 −0.4198（处理 1）、−0.3950（处理 2）、−0.4533（处理 3）、−0.4218（处理 4）、−0.4157（对照组）；到中心的切比雪夫距离为 RMSTD=0.0732，包含 20 个脂肪酸生物标记，主要为支链脂肪酸，即 c11:0、c12:0、11:0 iso（革兰氏阳性菌）、11:0 iso 3OH、12:0 iso（革兰氏阳性菌）、13:0 anteiso（革兰氏阳性菌）、13:0 iso（革兰氏阳性菌）、14:0 anteiso（革兰氏阳性菌）、14:0 iso（革兰氏阳性菌）、15:0 3OH（好氧细菌）、15:1ω6c（革兰氏阴性菌）、16:0 3OH（好氧细菌）、16:0 anteiso（革兰氏阳性菌）、16:1ω5c（甲烷氧化菌）、16:1ω9c、10 Me 17:0（放线菌）、cy17:0（革兰氏阴性菌）、18:1ω5c（革兰氏阴性菌）、20:1ω9c（嗜热解氢杆菌）、20:4ω(6,9,12,15)c（原生生物）。

第 II 组为中含量脂肪酸组，特征为脂肪酸含量中等，各处理的数据标准化转换值的平均值分别为 0.0989（处理 1）、0.0369（处理 2）、0.1889（处理 3）、0.1185（处理 4）、0.1189（对照组），比第 I 组提高近 10 倍；到中心的切比雪夫距离为 RMSTD=0.5908，包含 13 个脂肪酸生物标记，即 c14:0、c15:0、c17:0（节杆菌）、c18:0、c20:0、15:0 anteiso（芽胞杆菌）、15:0 iso（芽胞杆菌）、16:0 iso、16:0 N alcohol（莫拉菌属）、17:0 anteiso（芽胞杆菌）、17:0 iso（芽胞杆菌）、17:1ω8c、18:3ω(6,9,12)c（真菌），直链脂肪酸大部分处于该组。

第 III 组为高含量脂肪酸组，特征为脂肪酸含量高，各处理的数据标准化转换值的平均值分别为 3.5555（处理 1）、3.7101（处理 2）、3.3054（处理 3）、3.4478（处理 4）、

3.3840（对照组），比第 II 组提高了 15%～100%；到中心的切比雪夫距离为 RMSTD=2.3829，包含 2 个脂肪酸生物标记，即 c16:0（总体细菌）、18:1ω9c（总体真菌），指示着总体细菌和总体真菌群落。

## 七、饲喂芽胞杆菌益生菌猪肠道微生物群落脂肪酸组多样性指数分析

多样性指数用于评价不同处理组的微生物群落多样性，统计结果见表 4-2-4。Maguran（1998）指出香农多样性指数（Shannon index）受群落物种丰富度影响较大，不同处理组间粪便中微生物多样性指数存在差异，不同处理组香农多样性指数分别为：对照组（0 mL）1.6245±0.1074，处理 1（100 mL）1.7136±0.0870，处理 2（10 mL）1.8742±0.0892，处理 3（1 mL）1.8615±0.1070，处理 4（0.1 mL）1.7051±0.1336，低浓度处理 4 与对照组无显著差异，其他浓度组比对照组高，差异显著；说明不添加或含量低短短芽胞杆菌益生菌的对照组和处理组 4 粪便中微生物多样性指数低于高浓度和中浓度的添加组。

**表 4-2-4 不同处理组粪便中微生物群落脂肪酸生物标记多样性**

| 处理组 | Simpson 指数 | Shannon 指数 | Pielou 指数 | Brillouin 指数 |
|---|---|---|---|---|
| 对照组（0 mL） | 0.6017±0.0361$^{c}$ | 1.6245±0.1074$^{c}$ | 0.7847±0.0427$^{c}$ | 1.6232±0.1074$^{c}$ |
| 处理 1（100 mL） | 0.6308±0.0269$^{b}$ | 1.7136±0.0870$^{b}$ | 0.8272±0.0305$^{b}$ | 1.7123±0.0870$^{b}$ |
| 处理 2（10 mL） | 0.6764±0.0262$^{a}$ | 1.8742±0.0892$^{a}$ | 0.8911±0.0222$^{a}$ | 1.8727±0.0891$^{a}$ |
| 处理 3（1 mL） | 0.6470±0.0315$^{b}$ | 1.8615±0.1070$^{a}$ | 0.8196±0.0313$^{b}$ | 1.8602±0.1069$^{a}$ |
| 处理 4（0.1 mL） | 0.6089±0.0443$^{c}$ | 1.7051±0.1336$^{b}$ | 0.7818±0.0539$^{c}$ | 1.7036±0.1335$^{b}$ |

注：同列数据肩标不同小写字母表示差异显著（$P$<0.05）；不同大写字母表示差异极显著（$P$<0.01）；相同字母或无字母标注表示差异不显著（$P$>0.05）。下同

辛普森优势度指数（Simpson dominance index）反映群落中常见的物种集中程度（Pielou，1975）。从表 4-2-4 可知，10 mL 处理 2 粪便中微生物群落的 Simpson 指数最高，为 0.6764±0.0262；其次是 1 mL 处理 3（0.6470±0.0315）、100 mL 处理 1（0.6308±0.0269）、0.1 mL 处理 4（0.6089±0.0443）、0 mL 对照组（0.6017±0.0361），说明添加与不添加益生菌会影响微生物优势度，添加浓度与微生物的优势度呈非线性关系，高浓度添加还会降低微生物的优势度，过低浓度的添加不影响微生物优势度；处理 2（中等浓度 10 mL）仔猪粪便中微生物优势度最高，优势种突出；对照组微生物优势度最低，物种的优势度不明显；从优势度角度看，益生菌添加浓度在 1～10 mL 比较适合。

均匀度指数（Pielou evenness index，$J$）表明微生物分布的均匀程度，一个群落或生境中全部物种个体数目的分配状况，反映的是各个物种个体数目分配的均匀程度，在同样数量物种条件下，分布越均匀，Pielou 指数越高；在不同数量物种条件下，物种数高，Pielou 指数就高，它与 Simpson 指数成正比。从表 4-2-4 可知，处理 2（10 mL）粪便中微生物 Pielou 指数最高，为 0.8911±0.0222，其次是 100 mL 处理 1（0.8272±0.0305）与 1 mL 处理 3（0.8196±0.0313），其 Pielou 指数相当；0 mL 对照组（0.7847±0.0427）与 0.1 mL 处

理 4（0.7818±0.0539）Pielou 指数相对较低；不同处理组粪便中微生物 Pielou 指数的明显差异说明，各处理组粪便微生物存在丰富的多样性，微生物在处理 2 中分布较均匀，与 Simpson 指数趋势相似。

Brillouin 指数与 Shannon 指数非常接近。从表 4-2-4 可知，处理 2（10 mL）粪便中微生物群落的 Brillouin 指数最高，为 1.8727±0.0891，其次是处理 3（1 mL）、处理 1（100 mL）、处理 4（0.1 mL）、对照组（0 mL），Brillouin 指数分别为 1.8602±0.1069、1.7123±0.0870、1.7036±0.1335、1.6232±0.1074。说明处理 2 的粪便中微生物种类最多，对照组的物种种类最少，Brillouin 指数与 Shannon 指数变化趋势非常接近。

## 八、饲喂芽胞杆菌益生菌猪肠道芽胞杆菌群落脂肪酸生物标记的变化动态

测定猪粪微生物脂肪酸组中芽胞杆菌特征脂肪酸生物标记（15:0 anteiso、15:0 iso、17:0 anteiso、17:0 iso）列于表 4-2-5，其总和作为芽胞杆菌主要脂肪酸；通过对 1799 个芽胞杆菌脂肪酸分析建立的芽胞杆菌脂肪酸统计方程 $Y_{\text{整体脂肪酸}(y)}=1.1114X_{\text{主要脂肪酸}(x)}+36\,000$，将主要脂肪酸代入方程计算芽胞杆菌整体脂肪酸，作为芽胞杆菌群落指标。饲喂处理猪肠道芽胞杆菌群落动态见图 4-2-3。处理 1（100 mL）、处理 2（10 mL）、处理 3（1 mL）、处理 4（0.1 mL）、对照组（0 mL）芽胞杆菌脂肪酸含量分别为 1 660 555.6、1 405 778.27、1 977 075.65、1 633 237.39、1 490 446.94。

表 4-2-5　基于脂肪酸组不同处理组粪便中芽胞杆菌群落动态

| 生物标记 | 处理 1（100 mL） | 处理 2（10 mL） | 处理 3（1 mL） | 处理 4（0.1 mL） | 对照组（0 mL） |
|---|---|---|---|---|---|
| 15:0 anteiso | 613 090 | 647 940 | 764 608 | 732 203 | 605 667 |
| 15:0 iso | 309 420 | 253 399 | 257 534 | 313 117 | 276 227 |
| 17:0 anteiso | 260 813 | 141 822 | 327 815 | 140 123 | 201 843 |
| 17:0 iso | 278 397 | 189 319 | 396 557 | 251 697 | 224 925 |
| 芽胞杆菌特征脂肪酸 | 1 461 720 | 1 232 480 | 1 746 514 | 1 437 140 | 1 308 662 |
| 芽胞杆菌群落脂肪酸含量 | 1 660 555.60 | 1 405 778.27 | 1 977 075.65 | 1 633 237.39 | 1 490 446.94 |
| 肠道微生物脂肪酸总量 | 10 062 193.00 | 9 517 302.00 | 11 582 946.00 | 8 842 837.00 | 9 738 719.00 |
| 芽胞杆菌占比 | 0.165 0 | 0.147 7 | 0.170 6 | 0.184 6 | 0.153 0 |

芽胞杆菌脂肪酸含量占微生物脂肪酸总量的比例，与微生物脂肪酸含量存在着不同步的现象，如处理 4（0.1 mL）芽胞杆菌脂肪酸含量达 1 633 237.39 时，微生物脂肪酸总量为 8 842 837.00，芽胞杆菌的占比最高，为 18.46%；处理 1（100 mL）、处理 2（10 mL）、处理 3（1 mL）、处理 4（0.1 mL）、对照组（0 mL）芽胞杆菌群落占整体微生物群落的比值分别为 16.50%、14.77%、17.06%、18.46%、15.30%；表明 0.1～1 mL 添加量使得猪肠道芽胞杆菌数量占比维持较高水平，芽胞杆菌脂肪酸指含量为 1 633 237.39～1 977 075.65，达到最高，添加过高浓度的芽胞杆菌反而会降低芽胞杆菌在肠道的占比。

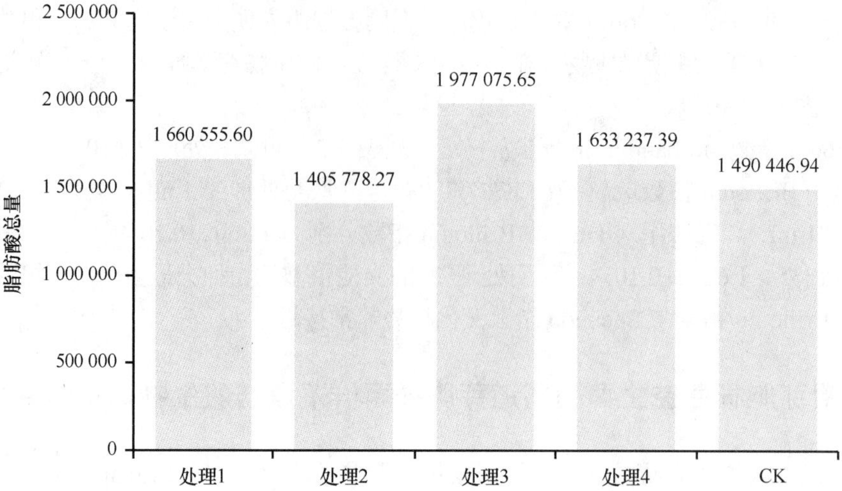


图 4-2-3　饲喂处理猪肠道芽胞杆菌群落动态

## 九、饲喂芽胞杆菌益生菌对仔猪肠道微生物群落结构及其生长性能的影响

饲喂芽胞杆菌益生菌不同处理组仔猪粪便中微生物脂肪酸生物标记统计见表 4-2-6。不同处理组 35 个脂肪酸生物标记的平均值存在差异，中位数反映了处理组微生物组成结构的平均水平，按中位值大小顺序排序：处理组 1（100 mL）为 100 250.00>处理组 3（1 mL）为 93 459.00>对照组（0 mL）为 63 592.00>处理组 4（0.1 mL）为 55 364.00>处理组 2（10 mL）为 43 307.00。各处理组的 Wilks 统计量在 0.46～0.53，说明尽管脂肪酸总量在各处理间差异不显著，但各处理组脂肪酸中位数指示的微生物结构存在极显著差异（$P<0.01$），与对照组（63 592.00）相比，高浓度处理组（100 mL）微生物中位数指示的特征量上调（100 250.00），随着饲喂浓度降低逐步下调，到浓度 0.1 mL 处理组达到最低（55 364.00）。

**表 4-2-6　饲用芽胞杆菌益生菌仔猪粪便中不同处理组微生物脂肪酸生物标记统计**

| 处理组 | 样本数 | 均值 | 标准差 | 中位数 | 最小值 | 最大值 | Wilks 系数 | *P* |
|---|---|---|---|---|---|---|---|---|
| 1（100 mL） | 35 | 287 491.23 | 585 508.65 | 100 250.00 | 916.00 | 3 044 780.00 | 0.50 | 0.0000 |
| 2（10 mL） | 35 | 271 922.91 | 627 299.83 | 43 307.00 | 1 091.00 | 3 168 288.00 | 0.46 | 0.0000 |
| 3（1 mL） | 35 | 330 941.31 | 645 082.06 | 93 459.00 | 801.00 | 3 414 560.00 | 0.53 | 0.0000 |
| 4（0.1 mL） | 35 | 252 652.49 | 545 933.32 | 55 364.00 | 1 018.00 | 2 885 400.00 | 0.49 | 0.0000 |
| 对照组（0 mL） | 35 | 278 249.11 | 604 109.17 | 63 592.00 | 1 499.00 | 3 238 576.00 | 0.47 | 0.0000 |

饲喂芽胞杆菌益生菌剂对断奶仔猪粪便微生物的影响见表 4-2-7。由表可知，试验 7 d、14 d，各处理组粪便中乳酸菌活菌数均小于对照组（$P<0.05$）；试验 21 d、28 d、35 d 处理组，粪便中乳酸菌活菌数均显著大于对照组（$P<0.05$）。试验 0 d、7 d、21 d，处理组 1 粪便中大肠杆菌活菌数均显著小于对照组（$P<0.05$）；试验 14 d，处理组 2、4 粪便中大肠杆菌活菌数均显著小于对照组（$P<0.05$）；试验 28 d、35 d，处理组 2、3 粪便中大肠杆菌活菌数均显著大于对照组（$P>0.05$）。试验 0 d、14 d、21 d，处理组 1 粪便中沙门氏菌活菌数均显著小于对照组（$P<0.05$）；试验 7 d，处理组 2 粪便中沙门氏菌活菌数小

于对照组且差异显著（$P<0.05$）；试验 28 d，各处理组粪便中沙门氏菌活菌数均小于对照组但差异不显著（$P>0.05$）；试验 35 d，处理组 2 粪便中沙门氏菌活菌数小于对照组（$P>0.05$）。整个试验期，处理组 1 粪便中乳酸菌活菌数显著大于对照组（$P<0.05$），大肠杆菌活菌数显著小于对照组（$P<0.05$），沙门氏菌活菌数小于对照组（$P>0.05$），处理组 1 粪便中乳酸菌活菌数比对照组提高了 32.70%（$P<0.05$），大肠杆菌比对照组降低了 65.37%（$P<0.05$），沙门氏菌比对照组降低了 14.60%（$P>0.05$）。

**表 4-2-7　芽胞杆菌益生菌剂对断奶仔猪肠道微生物的影响**

| 处理组 | 乳酸菌/（×10$^{8}$ CFU/g） | | | | | | |
|---|---|---|---|---|---|---|---|
| | 0 d | 7 d | 14 d | 21 d | 28 d | 35 d | 0～35 d |
| 1 | 7.67±0.97$^{a}$ | 4.07±0.66$^{ab}$ | 1.40±0.00$^{c}$ | 4.33±0.37$^{b}$ | 7.67±1.03$^{a}$ | 4.07±0.35$^{a}$ | 4.87±0.28$^{a}$ |
| 2 | 7.87±0.50$^{bc}$ | 2.87±0.41$^{ab}$ | 1.73±0.13$^{bc}$ | 6.60±0.31$^{a}$ | 3.27±0.29$^{b}$ | 3.73±0.55$^{a}$ | 3.87±0.20$^{b}$ |
| 3 | 3.80±0.42$^{c}$ | 2.60±0.31$^{b}$ | 2.60±0.70$^{ab}$ | 1.67±0.35$^{c}$ | 3.47±0.35$^{b}$ | 3.20±0.40$^{a}$ | 2.89±0.29$^{c}$ |
| 4 | 3.60±0.42$^{c}$ | 2.87±0.13$^{ab}$ | 1.87.18ab$^{c}$ | 1.40±0.53$^{c}$ | 2.93±0.16$^{c}$ | 3.07±0.24$^{a}$ | 2.27±0.11$^{c}$ |
| CK | 6.13±0.29$^{ab}$ | 4.60±0.83$^{a}$ | 2.87±0.07$^{a}$ | 2.33±0.24$^{c}$ | 4.00±0.61$^{b}$ | 2.07±0.48$^{b}$ | 3.67±0.03$^{b}$ |
| 处理组 | 大肠杆菌/（×10$^{5}$ CFU/g） | | | | | | |
| | 0 d | 7 d | 14 d | 21 d | 28 d | 35 d | 0～35 d |
| 1 | 2.07±0.18$^{b}$ | 0.13±0.07$^{c}$ | 7.87±1.58$^{b}$ | 0.60±0.42$^{d}$ | 0.07±0.07$^{d}$ | 0.47±0.13$^{c}$ | 1.87±0.37$^{c}$ |
| 2 | 1.93±0.24$^{b}$ | 6.07±0.68$^{a}$ | 0.33±0.07$^{d}$ | 6.80±1.06$^{c}$ | 44.40±1.22$^{a}$ | 13.87±2.40$^{a}$ | 12.23±0.80$^{a}$ |
| 3 | 1.60±0.12$^{b}$ | 3.93±0.87$^{ab}$ | 11.80±0.72$^{a}$ | 26.07±1.77$^{a}$ | 19.47±1.62$^{b}$ | 9.27±1.01$^{b}$ | 12.02±0.29$^{a}$ |
| 4 | 2.13±0.41$^{b}$ | 2.93±0.35$^{b}$ | 0.53±0.42$^{d}$ | 7.87±1.01$^{bc}$ | 5.27±0.29$^{c}$ | 0.07±0.06$^{c}$ | 3.13±0.24$^{c}$ |
| CK | 10.13±1.50$^{a}$ | 5.00±1.13$^{ab}$ | 4.13±0.87$^{c}$ | 10.80±0.99$^{b}$ | 1.80±0.42$^{d}$ | 0.53±0.13$^{c}$ | 5.40±0.74$^{b}$ |
| 处理组 | 沙门氏菌/（×10$^{4}$ CFU/g） | | | | | | |
| | 0 d | 7 d | 14 d | 21 d | 28 d | 35 d | 0～35 d |
| 1 | 2.81±0.33$^{b}$ | 35.40±2.90$^{b}$ | 0.23±0.02$^{d}$ | 16.67±2.90$^{b}$ | 4.47±1.15$^{a}$ | 4.60±0.64$^{ab}$ | 10.70±0.18$^{b}$ |
| 2 | 0.39±0.02$^{c}$ | 10.47±0.88$^{d}$ | 0.96±0.05$^{b}$ | 16.00±4.16$^{b}$ | 11.00±1.38$^{a}$ | 2.87±0.31$^{c}$ | 6.95±0.60$^{7c}$ |
| 3 | 0.39±0.04$^{c}$ | 86.93±5.38$^{a}$ | 0.09±0.02$^{d}$ | 34.67±4.67$^{a}$ | 7.07±1.18$^{a}$ | 5.00±0.18$^{a}$ | 22.36±1.16$^{a}$ |
| 4 | 0.08±0.09$^{c}$ | 13.47±0.29$^{cd}$ | 0.62±0.04$^{c}$ | 24.00±3.46$^{ab}$ | 4.07±12.19$^{a}$ | 3.27±0.41$^{bc}$ | 9.62±1.58$^{bc}$ |
| CK | 6.33±0.48$^{a}$ | 22.13±1.10$^{c}$ | 1.53±0.12$^{a}$ | 28.67±1.76$^{a}$ | 13.27±0.88$^{a}$ | 3.27±0.47$^{bc}$ | 12.53±0.17$^{b}$ |

饲喂芽胞杆菌益生菌剂对断奶仔猪生产性能的影响见表 4-2-8。试验结果表明，试验 0～7 d，不同处理组的仔猪平均日增重差异不显著（$P>0.05$），料肉比处理组 1 为 1.43，与处理组 3、4、CK 差异不显著（$P>0.05$）；试验 7～14 d，处理组 1 仔猪平均日增重为（0.65±0.12）kg/d，料肉比为 1.15，与处理组 2、3、4、CK 差异均显著（$P<0.05$）；试验 14～21 d，不同处理组的仔猪平均日增重差异不显著（$P>0.05$），料肉比处理组 CK 为 3.22，与处理组 1、2、3、4 差异显著（$P<0.05$）；试验 21～28 d，不同处理组的仔猪平均日增重差异不显著（$P>0.05$），处理组 1 料肉比为 1.65，与处理组 2、3、4、CK 差异显著（$P<0.05$）；试验 28～35 d，不同处理组的仔猪平均日增重差异不显著（$P>0.05$），处理组 1 料肉比为 2.10，与处理组 2、3、4、CK 差异显著（$P<0.05$）。整个试验期 0～35 d，处理组 1 用添加饲喂基础日粮 1 kg+短短芽胞杆菌制剂 100 mL 菌剂饲喂仔猪 35 d，处理组 1 仔猪平均日增重为（0.50±0.02）kg/d 及料肉比为 1.78，与

处理组 2、3、4、CK 差异显著（$P$<0.05），平均日增重比对照组提高了 72.41%（$P$<0.05），料重比降低了 37.10%（$P$<0.05）。

**表 4-2-8　芽胞杆菌益生菌剂对断奶仔猪生产性能的影响**

| 处理组 | 0～7 d 仔猪生产性能 | | | | |
|---|---|---|---|---|---|
| | 始重/kg | 末重/kg | 平均日增重/（kg/d） | 平均日采食量/（kg/d） | 料肉比 |
| CK | 5.34±0.40$^{a}$ | 8.10±0.57$^{a}$ | 0.40±0.06$^{a}$ | 0.54±0.03$^{a}$ | 1.36$^{b}$ |
| 1 | 5.48±0.41$^{a}$ | 8.17±0.81$^{a}$ | 0.38±0.11$^{a}$ | 0.55±0.03$^{a}$ | 1.43$^{b}$ |
| 2 | 5.49±0.40$^{a}$ | 7.72±0.38$^{a}$ | 0.32±0.07$^{a}$ | 0.55±0.02$^{a}$ | 1.73$^{a}$ |
| 3 | 5.21±0.13$^{a}$ | 7.78±0.40$^{a}$ | 0.37±0.06$^{a}$ | 0.54±0.03$^{a}$ | 1.48$^{b}$ |
| 4 | 6.01±0.39$^{a}$ | 8.61±0.59$^{a}$ | 0.37±0.07$^{a}$ | 0.54±0.01$^{a}$ | 1.45$^{b}$ |
| 处理组 | 7～14 d 仔猪生产性能 | | | | |
| | 始重/kg | 末重/kg | 平均日增重/（kg/d） | 平均日采食量/（kg/d） | 料肉比 |
| CK | 8.10±0.57$^{a}$ | 10.44±0.61$^{bc}$ | 0.33±0.07$^{b}$ | 0.72±0.04$^{a}$ | 2.16$^{b}$ |
| 1 | 8.17±0.81$^{a}$ | 12.74±0.35$^{a}$ | 0.65±0.12$^{a}$ | 0.75±0.03$^{a}$ | 1.15$^{c}$ |
| 2 | 7.72±0.38$^{a}$ | 10.25±0.14$^{bc}$ | 0.36±0.06$^{b}$ | 0.73±0.03$^{a}$ | 2.02$^{b}$ |
| 3 | 7.78±0.40$^{a}$ | 9.24±0.42$^{c}$ | 0.21±0.10$^{b}$ | 0.72±0.04$^{a}$ | 3.46$^{a}$ |
| 4 | 8.61±0.59$^{a}$ | 11.38±0.66$^{ab}$ | 0.40±0.09$^{ab}$ | 0.75±0.04$^{a}$ | 1.89$^{b}$ |
| 处理组 | 14～21 d 仔猪生产性能 | | | | |
| | 始重/kg | 末重/kg | 平均日增重/（kg/d） | 平均日采食量/（kg/d） | 料肉比 |
| CK | 10.44±0.61$^{bc}$ | 12.12±0.86$^{abc}$ | 0.24±0.11$^{a}$ | 0.77±0.01$^{a}$ | 3.22$^{d}$ |
| 1 | 12.74±0.35$^{a}$ | 14.24±1.13$^{a}$ | 0.21±0.14$^{a}$ | 0.79±0.02$^{a}$ | 3.69$^{c}$ |
| 2 | 10.25±0.14$^{bc}$ | 11.13±0.61$^{bc}$ | 0.13±0.08$^{a}$ | 0.78±0.01$^{a}$ | 6.16$^{a}$ |
| 3 | 9.24±0.42$^{c}$ | 10.44±0.73$^{c}$ | 0.17±0.07$^{a}$ | 0.78±0.01$^{a}$ | 4.55$^{b}$ |
| 4 | 11.38±0.66$^{ab}$ | 12.91±0.19$^{ab}$ | 0.22±0.08$^{a}$ | 0.77±0.01$^{a}$ | 3.55$^{c}$ |
| 处理组 | 21～28 d 仔猪生产性能 | | | | |
| | 始重/kg | 末重/kg | 平均日增重/（kg/d） | 平均日采食量/（kg/d） | 料肉比 |
| CK | 12.12±0.86$^{abc}$ | 12.92±0.97$^{b}$ | 0.11±0.21$^{a}$ | 0.91±0.01$^{b}$ | 7.97$^{a}$ |
| 1 | 14.24±1.13$^{a}$ | 18.51±1.31$^{a}$ | 0.61±0.12$^{a}$ | 1.01±0.02$^{a}$ | 1.65$^{e}$ |
| 2 | 11.13±0.61$^{bc}$ | 13.58±0.31$^{b}$ | 0.35±0.10$^{a}$ | 0.91±0.01$^{b}$ | 2.61$^{d}$ |
| 3 | 10.44±0.73$^{c}$ | 12.37±0.73$^{b}$ | 0.28±0.15$^{a}$ | 0.91±0.01$^{b}$ | 3.31$^{c}$ |
| 4 | 12.91±0.19$^{ab}$ | 14.37±0.90$^{b}$ | 0.21±0.14$^{a}$ | 0.91±0.01$^{b}$ | 4.37$^{b}$ |
| 处理组 | 28～35 d 仔猪生产性能 | | | | |
| | 始重/kg | 末重/kg | 平均日增重/（kg/d） | 平均日采食量/（kg/d） | 料肉比 |
| CK | 12.92±0.97$^{b}$ | 15.63±1.07$^{b}$ | 0.39±0.28$^{a}$ | 1.21±0.04$^{a}$ | 3.13$^{b}$ |
| 1 | 18.51±1.31$^{a}$ | 22.92±0.68$^{a}$ | 0.63±0.13$^{a}$ | 1.32±0.07$^{a}$ | 2.10$^{c}$ |
| 2 | 13.58±0.31$^{b}$ | 15.92±0.21$^{b}$ | 0.33±0.06$^{a}$ | 1.19±0.04$^{a}$ | 3.58$^{a}$ |
| 3 | 12.37±0.73$^{b}$ | 14.88±0.97$^{b}$ | 0.36±0.06$^{a}$ | 1.19±0.04$^{a}$ | 3.32$^{ab}$ |
| 4 | 14.37±0.90$^{b}$ | 16.79±1.40$^{b}$ | 0.35±0.18$^{a}$ | 1.19±0.04$^{a}$ | 3.44$^{ab}$ |
| 处理组 | 0～35 d 仔猪生产性能 | | | | |
| | 始重/kg | 末重/kg | 平均日增重/（kg/d） | 平均日采食量/（kg/d） | 料肉比 |
| CK | 5.34±0.40$^{a}$ | 15.63±1.07$^{b}$ | 0.29±0.03$^{b}$ | 0.83±0.02$^{a}$ | 2.83$^{b}$ |
| 1 | 5.48±0.41$^{a}$ | 22.92±0.68$^{a}$ | 0.50±0.02$^{a}$ | 0.88±0.03$^{a}$ | 1.78$^{c}$ |
| 2 | 5.49±0.40$^{a}$ | 15.92±0.21$^{b}$ | 0.30±0.01$^{b}$ | 0.83±0.02$^{a}$ | 2.80$^{b}$ |
| 3 | 5.21±0.13$^{a}$ | 14.88±0.97$^{b}$ | 0.28±0.03$^{b}$ | 0.83±0.02$^{a}$ | 3.00$^{a}$ |
| 4 | 6.01±0.39$^{a}$ | 16.79±1.40$^{b}$ | 0.31±0.42$^{b}$ | 0.83±0.02$^{a}$ | 2.70$^{b}$ |

## 十、讨论

哺乳动物肠道内栖息着复杂的微生物菌群，与动物的健康和疾病的发生密切相关，具有促进宿主脂肪积累、代谢复杂多糖产生短链脂肪酸、诱导黏膜免疫和调节黏膜免疫系统成熟等多种生理功能，因此揭示特定生理条件下的肠道微生物的多样性和动态性是研究的重要内容（Guarner and Malagelada，2003；Kelly and Conway，2005）。尽管对微生物多样性的研究较多，但采用磷脂脂肪酸生物标记的方法研究断奶仔猪粪便微生物群落多样性还未见报道。刘波等（2008）利用磷脂脂肪酸生物标记法研究零排放猪舍基质垫层微生物群落多样性，研究表明利用微生物群落脂肪酸生物标记总量，能够分析零排放猪舍基质垫层微生物群落的数量变化，思路可行，方法简便，可靠性高。

本研究从微生物群落脂肪酸生物标记总量的比较、微生物群落脂肪酸生物标记的检测和聚类分析、微生物群落脂肪酸生物标记多样性指数的分析方面，揭示短短芽胞杆菌对断奶仔猪粪便中微生物组成的影响。通过各处理组微生物群落脂肪酸生物标记总量的比较，表征了断奶仔猪粪便微生物脂肪酸生物标记的数量变化；通过各处理组微生物群落脂肪酸生物标记的检测和聚类分析，检测出断奶仔猪粪便中微生物脂肪酸生物标记35个，代表不同类型的微生物，有细菌、真菌、放线菌和原生生物；聚类分析结果将具有完全分布特性同时含量高的生物标记聚成一类，它们成为仔猪粪便中主要微生物的指示生物标记；通过对各处理组微生物群落脂肪酸生物标记多样性指数的分析，可以看出不同处理组多样性指数大小不同，各处理组的多样性指数均比对照组高。值得注意的是，11:0 iso 3OH（指示革兰氏阳性菌）、15:1ω6c（指示革兰氏阴性菌）、13:0 anteiso（指示革兰氏阳性菌）的磷脂脂肪酸生物标记在对照组中含量最低，至于具体原因尚不清楚，值得进一步探讨。

多样性指数用于评价不同处理组的微生物群落多样性，多样性指数值相对高的表明具有高的微生物群落多样性（薛冬等，2007）。在本试验条件下，不同处理组多样性指数大小不同，各处理组的多样性指数均比对照组高，说明芽胞杆菌益生菌剂能够显著增加仔猪肠道的总菌数和微生物群落多样性，有选择地促进肠道某些菌群的生长，从而改善肠道微生物菌群结构，使整个肠道微生物区系达到一个新的平衡。这与朱雯等（2011）利用变性梯度凝胶电泳（DGGE）研究小鼠肠道微生物区系的变化结果类似。因此，说明芽胞杆菌益生菌剂可以改善肠道微生态区系，在保证肠道固有菌群的基础上，增加细菌种类多样性，使肠道微生态更加趋于优化和平衡，从而保证肠道菌群的相对稳定，为揭示芽胞杆菌益生菌剂的促生长机制提供理论基础，但其促生长的生物学机制还有待进一步的研究。

但是，微生物群落磷脂脂肪酸生物标记的分析也具有一定的局限性。首先，PLFA是微生物细胞的结构物质，不是微生物本身；其次，从PLFA分析中只能分析出微生物群落的差异，无法分析这种差异具体由哪种微生物引起，因为同种微生物可以有不同的PLFA，而相同的PLFA也可以指示不同种的微生物。鉴于该方法的固有缺点，为获取芽胞杆菌益生菌剂对仔猪肠道微生物群落多样性的更多和更全面而完整的信息，后续试验可以联合使用多种微生物多样性研究方法，如 PCR-DGGE、RAPD、Biolog 微平板法等，综合分析比较磷脂脂肪酸生物标记与其他方法，为芽胞杆菌益生菌剂对仔猪肠道微生物群落的多样性及其作用机理提供更全面的理论基础。

动物肠道特定类型和数量的正常菌群，能够抑制有害菌的生长繁殖、改善肠道菌群的平衡、提高宿主健康水平、促进消化道内营养物质的消化吸收，但是肠道环境受饮食、抗生素治疗或应激的影响，会造成消化道内微生物区系紊乱，肠道内细菌过度繁殖，引起消化道疾病，影响仔猪的生长发育（吴毅芳等，2010）。利用微生态制剂饲喂断奶仔猪后，消化道内有益菌群得到了有效补充，通过优势竞争抑制有害菌的繁殖，调节肠道微生态平衡，提高仔猪营养物质吸收率及仔猪生产性能，从而达到促进生长和提高抵抗力的作用。与此同时，益生菌作用于动物肠道内，分泌有机酸、氨基酸、维生素、促生长因子、多种消化酶等多种营养物质，促进动物机体的新陈代谢（辛娜等，2011）。

芽胞杆菌益生菌对断奶仔猪的生产性能影响显著。目前，关于益生菌对断奶仔猪生产性能的报道较多，但短短芽胞杆菌益生菌剂对断奶仔猪的影响还未见报道。文静等（2011）研究表明，日粮中添加屎肠球菌（含量为 $1\times10^6$ CFU/g 饲料）能改善动物的生产性能，日增重比对照组提高了 11.46%（$P<0.05$），料肉比降低了 6.20%（$P<0.05$）；张常明等（2006）研究表明日粮中每头仔猪每天添加 60 mL 乳酸菌，可使仔猪平均日增重比对照组提高 29.6%，料肉比降低 17.9%。本试验结果表明，添加微生态制剂可以改善仔猪的生长性能，不同添加水平之间，在平均采食量、日增重、料肉比间存在差异，饲养过程中按基础日粮 1 kg+短短芽胞杆菌益生菌剂 100 mL 的比例饲喂断奶仔猪，可使其平均日增重比对照组提高 74.41%（$P<0.05$），料重比降低 37.10%（$P<0.05$）。对照本试验结果，说明芽胞杆菌益生菌剂对断奶仔猪生产性能的影响明显优于乳酸菌与屎肠球菌，可能的原因是芽胞杆菌益生菌剂包含的短短芽胞杆菌是兼性厌氧菌，在动物肠道生长繁殖过程中大量消耗肠道内的氧气，形成厌氧环境，利于厌氧菌的增殖，抑制病原菌的生长，改善健康状况，达到促进生长的目的（张常明等，2006）。这与朱五文等（2007）和黄雪泉（2010）研究发现枯草芽胞杆菌制剂能提高仔猪日增重、降低料重比的结果一致。

芽胞杆菌益生菌对断奶仔猪粪便微生物影响显著。断奶是仔猪饲养的关键阶段，断奶过程中仔猪受到各种应激影响。在应激条件下，肠道乳酸菌的数量减少，而肠杆菌的数量增加（Fuller，1989）。当正常肠道微生物菌群紊乱后，肠道菌成为潜在的病原菌（Chadwick et al.，1992）。大肠杆菌是仔猪断奶后引起腹泻的主要病原菌（Fairbrother et al.，2005）。本研究中，按基础日粮 1 kg+芽胞杆菌益生菌剂 100 mL 的比例饲喂断奶仔猪，乳酸菌比对照组提高了 32.70%（$P<0.05$），大肠杆菌比对照组降低了 65.37%（$P<0.05$），沙门氏菌比对照组降低了 14.60%（$P>0.05$），表明添加芽胞杆菌益生菌制能够抑制宿主肠道大肠杆菌、沙门氏菌的生长，促进乳酸菌的生长，这与陈文辉等（2007）的研究结果一致。他们研究证实在日粮中添加枯草芽胞杆菌、蜡样芽胞杆菌后，可以显著提高断奶仔猪胃肠道内乳酸菌的数量，减少大肠杆菌等有害菌数量，促进仔猪生长发育。相反，Giang 等（2010）报道日粮中添加芽胞杆菌没有影响生长育肥猪粪便中大肠杆菌的数量。产生上述不同研究结果的原因，可能与菌种的种类、组成及活菌数量、饲粮组成及营养水平、断奶仔猪的日龄和体重、饲养环境、管理水平等因素有关。

# 第三节　基于脂肪酸组堆肥发酵芽胞杆菌群落动态

## 一、概述

### 1. 微生物脂肪酸组成

PLFA 是磷脂的构成成分，它具有结构多样性和生物特异性，各种基质中 PLFA 的存在及其丰度可揭示特定生物或生物种群的存在及其丰度。PLFA 在细胞死亡后快速降解，厌氧条件下约需 2 d，而好氧条件下需 12～16 d，故用于表征微生物群落中“存活”的那部分群体。

从已有的研究结果可以发现，作为革兰氏阳性菌的 PLFA 标记主要有 14:0 iso、15:0 anteiso、l5:0 iso 等支链脂肪酸，以及 18:1ω9c；作为革兰氏阴细菌的 PLFA 标记主要有 cy17:0、cy19:0、16:1ω5c 等；作为真菌的 PLFA 标记主要有 18:1ω9c、18:3ω(6,9,12)c 等；作为放线菌的 PLFA 标记主要有 10Me 18:0。当然，这种划分并不是绝对的，而是根据它们在同类群微生物中的出现概率、专一性和稳定性的一个相对划分。生物标记物可分为通用生物标记物（general biomarker）和特定生物标记物（specific biomarker）两类。通用生物标记物可反映总生物量。例如，PLFA 中的酯链磷脂脂肪酸（EL-PLFA）总量可用于了解土壤微生物总生物量；革兰氏阳性和阴性菌中均含有单不饱和脂肪酸（MUFA），但在革兰氏阳性菌中它们对总 PLFA 的相对贡献很少（<20%），所以 MUFA 可用作革兰氏阴性菌的通用生物标记；甲烷营养细菌（甲烷氧化菌）特征性 PLFA(16:1ω5c) 的总量可被当作甲烷营养菌的相对生物量。

特定生物标记物表征特定微生物，PLFA 总谱中某些特征脂肪酸分别对细菌、真菌和放线菌是特异的。例如，直链脂肪酸广泛分布在微生物中，但是在芽胞杆菌中分布较少（<20%）。细菌除含有在其他生物中常见的直链脂肪酸外，还含有一些独特的脂肪酸，如含 β-羟基和环丙基的脂肪酸。单不饱和脂肪酸（MUFA）（特别是 18:1ω7c）是具有厌氧-去饱和酶途径的细菌的特征脂肪酸。支链脂肪酸主要被发现于革兰氏阳性菌和革兰氏阴性的硫酸盐还原菌（sulfate-reducing bacteria）、噬细胞菌属（*Cytophaga*）和黄杆菌属（*Flavobacterium*）中；而环丙基脂肪酸常见于革兰氏阴性菌和革兰氏阳性厌氧菌中。非酯链脂肪酸（NEL-PLFA）是鞘脂、缩醛磷脂和其他氨基磷脂的组分，鞘脂已被发现存在于拟杆菌属（*Bacteroides*）和黄杆菌属中。缩醛磷脂主要存在于梭状芽胞杆菌属等厌氧细菌中，只有很少数的好氧和兼性厌氧细菌含有缩醛磷脂。在第 10 个碳上有甲基支链的脂肪酸是放线菌所特有的。多不饱和脂肪酸（PUFA）只存在于蓝细菌（cyanobacteria）中（徐华勤等，2007），并被认为是原核生物的特征脂肪酸。真菌菌丝中已检测出存在长链非酯链羟基取代脂肪酸。

### 2. 堆肥发酵过程中微生物群落脂肪酸动态

研究人员最先利用 PLFA 生物标记法研究了河口沉积物中微生物群落的数量变化，

目前，该方法在堆肥样品、海河沉积物和土壤微生物研究中得到广泛应用（Puglisi et al.，2005；Medeiros et a1.，2006；Syakti et al.，2006）。接菌堆肥发酵过后的养猪垫料，利用传统的平板分离计数法来研究微生物群落动态的工作量繁重，并且分离鉴定的微生物只占 0.1%～10%（彭萍等，2007），因此很难全面了解微生物实际群落的变化。PLFA 生物标记法可以比较完整地检测出样品中的微生物群落变化，如真菌、放线菌、耗氧细菌、厌氧细菌等。它的主要原理是不同微生物具有不同的特征脂肪酸（彭萍等，2007）。Lei 和 Vandergheynst（2000）用 PLFA 生物标记法检测堆肥过程中接种菌剂和调节 pH 对微生物群落结构的影响，发现在出现温度高峰前接种微生物对堆肥微生物群落结构没有影响，但过程中调节温度和起始 pH 影响显著。White 等（1979）较早引入 FAME 谱图分析方法，研究微生物磷脂脂肪酸生物标记变化动态，以指示微生物群落的变化。FAME 谱图分析方法的原理是基于脂类几乎是所有生物细胞膜的重要组成部分（Vestal and White，1989），不同微生物体内往往具有不同的磷脂脂肪酸组成和含量水平，其含量和结构具有种属特征或与其分类位置密切相关，能够标识某一类或某种特定微生物的存在（Steger et al.，2003），是一类最常见的、有效的生物标记物（Zelles，1999；Ponder and Tadros，2001；Winding et al.，2005）。但是古生菌不能使用 FAME 谱图进行分析，因为它的极性脂质是以醚而不是酯键的形式出现的（Masood et al.，2005）。此外，磷脂不能作为细胞的贮存物质，一旦生物细胞死亡，其中的磷脂化合物就会马上消失，因此磷脂脂肪酸可以代表微生物群落中“存活”的那部分群体（Winding et al.，2005；Webster et al.，2006；Neufeld et al.，2007）。

### 3. 研究目的

本节利用生防菌种无致病力尖孢镰刀菌、淡紫拟青霉、凝结芽胞杆菌、短短芽胞杆菌、无致病力青枯雷尔氏菌、蜡样芽胞杆菌等进行猪粪堆肥发酵，生产生物肥料；研究应用 PLFA 生物标记法分析零排放猪舍基质垫层微生物群落磷脂脂肪酸生物标记特征，并结合香农多样性（$H_1$）和均匀度指数（$J$）等测度方法，进行微生物群落脂肪酸生物标记总量的比较、微生物群落脂肪酸生物标记的检测和聚类分析，以及微生物群落脂肪酸生物标记多样性指数的分析，旨在揭示养猪垫料在接种了外源微生物后，其微生物群落的动态变化情况。

## 二、研究方法

### 1. 堆肥发酵方法

选择作为土传病害生防菌的 7 个菌种，即无致病力尖孢镰刀菌（*Fusarium oxysporum*）FJAT-9290、淡紫拟青霉（*Paecilomyces lilacinus*）NH-PL-2003、无致病力铜绿假单胞菌（*Pseudomonas aeruginosa*）FJAT-346、凝结芽胞杆菌（*Bacillus coagulans*）LPF-1、短短芽胞杆菌（*Brevibacillus brevis*）JK-2（含有 *gfp* 基因）、无致病力青枯雷尔氏菌（*Ralstonia solanacearum*）FJAT-1458 和蜡样芽胞杆菌（*Bacillus cereus*）ANTI-8098A，进行种子培养，扩大培养的发酵液作为添加菌种进行堆肥发酵。养猪垫料购于福建省莆田市农业科

学研究所零排放发酵舍，垫料已利用 2 年。各取 2 L 发酵液（菌体浓度 $10^8$ CFU/mL），用纯水稀释 100 倍，然后与养猪垫料按重量比 1∶10 的比例混合均匀，含水量调节至 40%～50%。之后用塑料薄膜进行覆盖。对堆肥进行日常管理，适时补充水分。堆肥试验的第 2 天、第 4 天、第 8 天、第 16 天、第 32 天，每堆堆肥分 3 层取样，然后拿回实验室过筛处理后，把每堆 3 层的样本混合均匀，分别分成 3 份：第 1 份用于理化性质的测定，约 500 g，室温保存；第 2 份用于土壤微生物群落结构分析，约 20 g，−70℃保存；第 3 份用于可培养微生物类群分析，约 50 g，放于 4℃冰箱中保存，每份样本分成 3 个平行重复样品。

### 2. 脂肪酸测定方法

脂肪酸提取方法见第二章。在下述色谱条件下平行分析脂肪酸甲酯混合物标样和待检样本：二阶程序升高柱温，170℃起始，5℃/min 升至 260℃，而后 40℃/min 升温至 310℃，维持 90 s；气化室温度 250℃，检测器温度 300℃；载气为 $H_2$（2 mL/min），尾吹气为 $N_2$（30 mL/min）；柱前压 10.00 psi（1 psi=6.895 kPa）；进样量 1 μL，进样分流比 100∶1。磷脂脂肪酸的鉴定采用美国 MIDI 公司（MIDI，Newark，Delaware，USA）开发的基于细菌细胞脂肪酸成分鉴定的 Sherlock MIS 4.5 系统（Sherlock Microbial Identification System）。

同时进行细菌、真菌和放线菌的分离计数。细菌用 NA 培养基，真菌用 PDA 培养基，放线菌用高氏一号培养基；采用涂抹平板分离法培养的微生物在计算结果时，常按下列标准从接种后的 3 个稀释度中，选择 1 个合适的稀释度，求出每克菌剂中的活菌数：同一稀释度各个重复的菌数相差不大；细菌、放线菌以每皿 30～300 个菌落为宜，真菌以每皿 10～100 个菌落为宜。每克样品的活菌数=同一稀释度的菌落平均数×10×稀释倍数，得出计算结果后进行分析比较。

### 3. 统计分析方法

取发酵第 2 天、第 4 天、第 8 天、第 16 天接种不同菌种的猪粪垫料磷脂脂肪酸生物标记数据，统计整体脂肪酸总量，计算芽胞杆菌特征脂肪酸生物标记（15:0 anteiso、15:0 iso、17:0 anteiso、17:0 iso）含量，特征脂肪酸总和作为芽胞杆菌主要脂肪酸，通过对 1799 个芽胞杆菌脂肪酸分析建立的芽胞杆菌脂肪酸指数为 0.76，将芽胞杆菌主要脂肪酸除以 0.76，计算芽胞杆菌整体脂肪酸含量，作为芽胞杆菌群落指标。分析猪粪垫料发酵过程中芽胞杆菌群落变化动态，分析比较不同菌种接种猪粪垫料发酵过程中芽胞杆菌群落变化差异。

## 三、无致病力尖孢镰刀菌堆肥发酵组芽胞杆菌群落动态

制备无致病力尖孢镰刀菌 FJAT-9290 接种剂（浓度 $10^8$ CFU/mL），稀释 100 倍，添加到猪粪垫料中，湿度为 45%～55%，用堆肥的方式进行生防菌剂的生产，实验结果见表 4-3-1 和图 4-3-1。从堆肥不同发酵时间的养猪垫料中鉴定出 46 个脂肪酸生物标记，

指示着不同类群的微生物，包括细菌、真菌、放线菌、原生生物等。微生物脂肪酸总量在第 2 天、第 4 天、第 8 天、第 16 天分别为 3 932 598.00、811 685.00、1 711 141.00、687 306.00，脂肪酸总量动态方程为 $y=524\,270x^2-4\times10^6x+7\times10^6$（$R^2=0.7391$），随着发酵时间增加，脂肪酸总量逐渐减少，下降了 82.52%。

**表 4-3-1 无致病力尖孢镰刀菌（*Fusarium oxysporum*）FJAT-9290 堆肥发酵组芽胞杆菌群落动态**

| 项目 | 第 2 天 | 第 4 天 | 第 8 天 | 第 16 天 |
|---|---|---|---|---|
| 15:0 anteiso | 395 920.00 | 79 438.00 | 116 338.00 | 59 269.00 |
| 15:0 iso | 278 752.00 | 46 694.00 | 85 686.00 | 44 095.00 |
| 17:0 anteiso | 149 483.00 | 38 377.00 | 93 312.00 | 36 760.00 |
| 17:0 iso | 93 505.00 | 24 102.00 | 54 837.00 | 24 958.00 |
| 芽胞杆菌特征脂肪酸（76.39%） | 917 660.00 | 188 611.00 | 350 173.00 | 165 082.00 |
| 芽胞杆菌脂肪酸组（100%） | 1 207 447.37 | 248 172.37 | 460 753.95 | 217 213.16 |
| 微生物脂肪酸组 | 3 932 598.00 | 811 685.00 | 1 711 141.00 | 687 306.00 |
| 芽胞杆菌占微生物比例 | 0.31 | 0.31 | 0.27 | 0.32 |

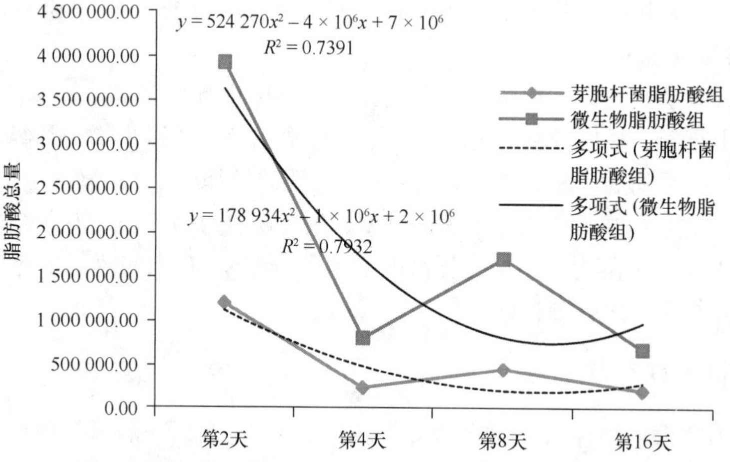


图 4-3-1 无致病力尖孢镰刀菌堆肥发酵组芽胞杆菌群落动态

相应时间的芽胞杆菌脂肪酸总量，通过主要脂肪酸（15:0 anteiso、15:0 iso、17:0 anteiso、17:0 iso）除以 0.76（平均占芽胞杆菌总脂肪酸的比例）计算，分别为 1 207 447.37、248 172.37、460 753.95、217 213.16，脂肪酸动态方程为 $y=178\,934x^2-1\times10^6x+2\times10^6$（$R^2=0.7932$），随着发酵时间增加，芽胞杆菌特征脂肪酸含量从第 2 天的 1 207 447.37 逐渐下降到第 16 天结束时的 217 213.16，下降了 82.01%。

接种尖孢镰刀菌后，从堆肥发酵养猪垫料中分离细菌、真菌、放线菌，结果表明，除第 2 天外，养猪垫料中细菌的数量要高于对照组 CK（图 4-3-2），并且在发酵的第 8 天二者数量相差非常明显，这与特征脂肪酸指示的芽胞杆菌数量变化趋势相同。而对于真菌数量而言，正好相反，CK 中真菌的数量明显高于接种尖孢镰刀菌处理组（图 4-3-3）。CK 和处理组放线菌的数量相差不大，而且数量呈交替大小变化（图 4-3-4）。由于尖孢镰刀菌对真菌具有很强的抑制作用，因此在接种了尖孢镰刀菌后，养猪垫料中的真菌生长受到了抑制，导致处理组明显少于 CK。

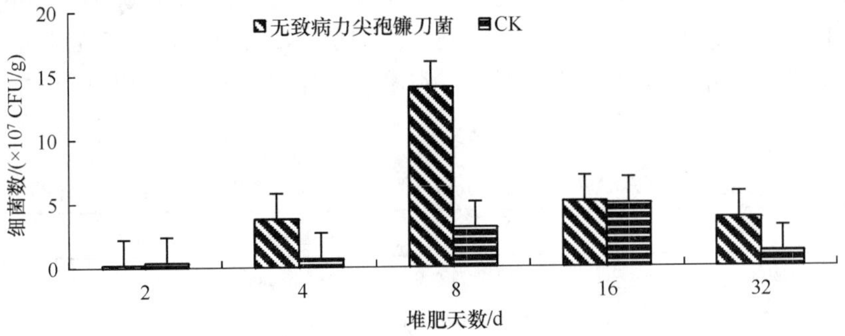


图 4-3-2　接种无致病力尖孢镰刀菌对养猪垫料中可培养细菌的影响

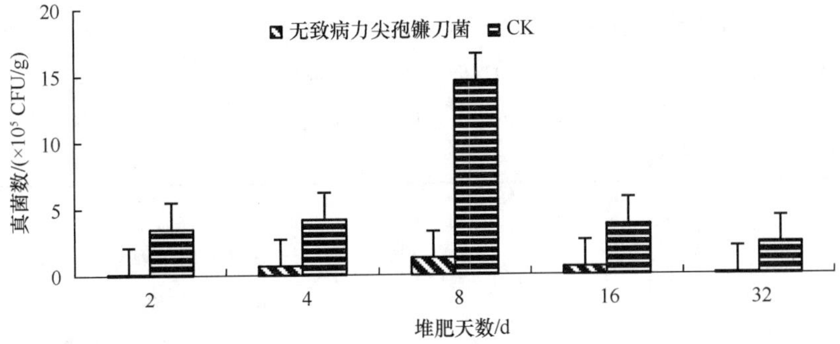


图 4-3-3　接种无致病力尖孢镰刀菌对养猪垫料中可培养真菌的影响

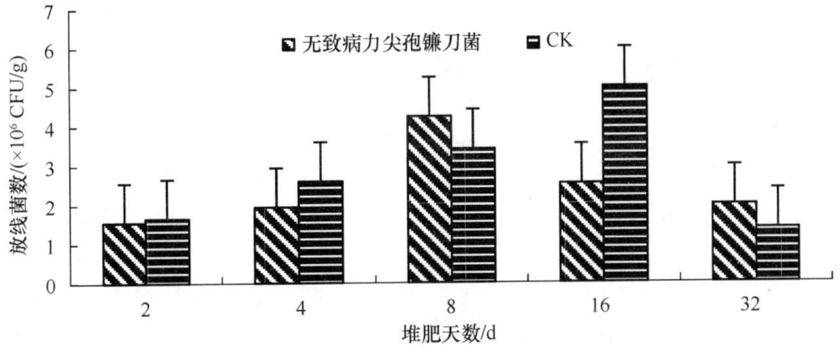


图 4-3-4　接种无致病力尖孢镰刀菌对养猪垫料中可培养放线菌的影响

## 四、淡紫拟青霉堆肥发酵组芽胞杆菌群落动态

制备淡紫拟青霉 NH-PL-2003 接种剂（浓度 $10^8$ CFU/mL），稀释 100 倍，添加到猪粪垫料中，湿度为 45%～55%，用堆肥的方式进行生防菌剂的生产，实验结果见表 4-3-2 和图 4-3-5。从堆肥不同发酵时间的养猪垫料中鉴定出 47 个脂肪酸生物标记，指示着不同类群的微生物，包括细菌、真菌、放线菌、原生生物等。微生物脂肪酸总量在第 2 天、

第 4 天、第 8 天、第 16 天分别为 3 428 357.00、2 828 090.00、1 519 057.00、477 799.00，脂肪酸动态方程为 $y=-1\times10^6x+5\times10^6$（$R^2=0.9817$），随着时间进程，脂肪酸数量逐渐下降；经计算，相应的芽胞杆菌脂肪酸总量分别为 951 655.26、607 050.00、560 665.79、182 942.11，脂肪酸动态方程为 $y=-235\ 252x+1\times10^6$（$R^2=0.9323$），随着时间进程，芽胞杆菌特征脂肪酸数量从第 2 天的 951 655.26 逐渐下降到第 16 天结束时的 182 942.11，下降了 80.78%。

**表 4-3-2 淡紫拟青霉（*Paecilomyces lilacinus*）NH-PL-2003 堆肥发酵组芽胞杆菌群落动态**

| 项目 | 第 2 天 | 第 4 天 | 第 8 天 | 第 16 天 |
|---|---|---|---|---|
| 15:0 anteiso | 222 249.00 | 143 636.00 | 151 486.00 | 54 699.00 |
| 15:0 iso | 154 859.00 | 97 865.00 | 109 588.00 | 36 976.00 |
| 17:0 anteiso | 199 954.00 | 150 805.00 | 105 630.00 | 31 001.00 |
| 17:0 iso | 146 196.00 | 69 052.00 | 59 402.00 | 16 360.00 |
| 芽胞杆菌特征脂肪酸（76.39%） | 723 258.00 | 461 358.00 | 426 106.00 | 139 036.00 |
| 芽胞杆菌脂肪酸组（100%） | 951 655.26 | 607 050.00 | 560 665.79 | 182 942.11 |
| 微生物脂肪酸组 | 3 428 357.00 | 2 828 090.00 | 1 519 057.00 | 477 799.00 |
| 芽胞杆菌占微生物比例 | 0.28 | 0.21 | 0.37 | 0.38 |

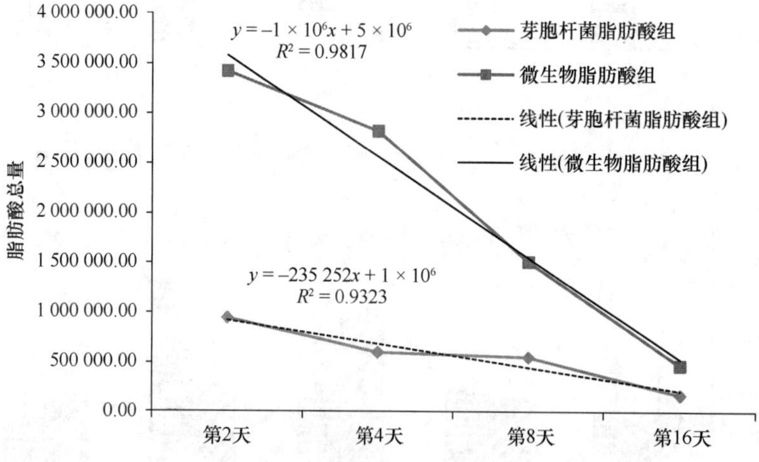


图 4-3-5 淡紫拟青霉堆肥发酵组芽胞杆菌群落动态

在接种了淡紫拟青霉后，从堆肥发酵养猪垫料中分离细菌、真菌、放线菌，结果表明，除第 2 天外，养猪垫料中细菌数量高于 CK，细菌数量在发酵的第 8 天达到最高，这与特征脂肪酸指示的芽胞杆菌数量变化趋势相同；而 CK 中细菌数量在发酵的第 16 天达到最高（图 4-3-6）。除发酵第 16 天外，处理组真菌数量都要低于 CK（图 4-3-7）。对于放线菌的数量而言，除发酵第 16 天外，处理组放线菌数量都要高于 CK（图 4-3-8）。通过对发酵养猪垫料中目标菌淡紫拟青霉的检测发现，养猪垫料中没有检测到淡紫拟青霉。

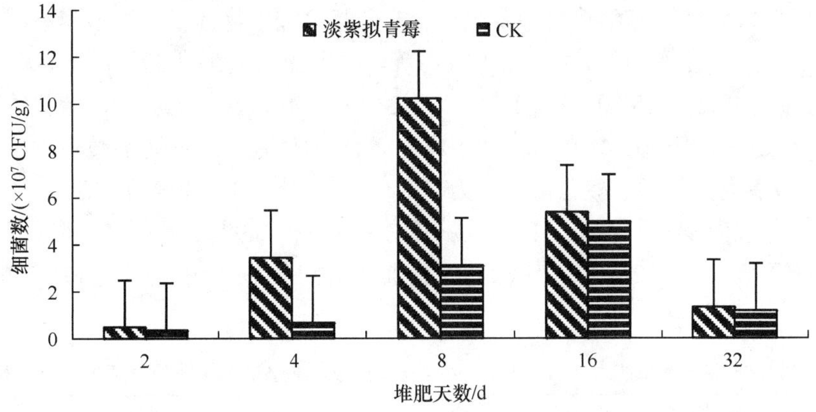


图 4-3-6　接种淡紫拟青霉对养猪垫料中可培养细菌的影响

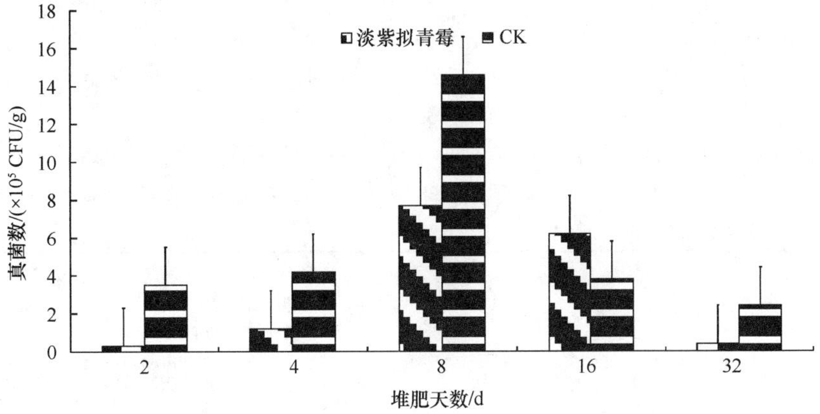


图 4-3-7　接种淡紫拟青霉对养猪垫料中可培养真菌的影响

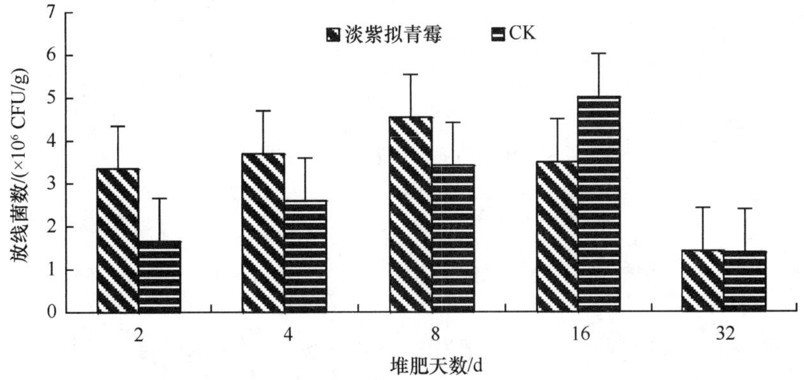


图 4-3-8　接种淡紫拟青霉对养猪垫料中可培养放线菌的影响

## 五、无致病力铜绿假单胞菌堆肥发酵组芽胞杆菌群落动态

制备无致病力铜绿假单胞菌 FJAT-346 接种剂（浓度 $10^8$ CFU/mL），稀释 100 倍，添加到猪粪垫料中，湿度为 45%～55%，进行堆肥发酵生产，实验结果见表 4-3-3 和图 4-3-9。

从堆肥不同发酵时间的养猪垫料中鉴定出 47 个脂肪酸生物标记，指示着不同类群的微生物，包括细菌、真菌、放线菌、原生生物等。微生物总量在第 2 天、第 4 天、第 8 天、第 16 天分别为 2 957 385.00、3 091 315.00、2 061 407.00、661 208.00，脂肪酸动态方程为 $y=-383\ 532x^2+1\times10^6x+2\times10^6$（$R^2=0.9916$），随着时间进程，脂肪酸数量逐渐下降；经计算，相应的芽胞杆菌脂肪酸总量分别为 778 621.05、773 214.47、470 210.53、170 889.47，脂肪酸动态方程为 $y=-73\ 479x^2+154\ 773x+712\ 390$（$R^2=0.982$），随着时间进程，芽胞杆菌特征脂肪酸数量从第 2 天的 778 621.05 逐渐下降到第 16 天结束时的 170 889.47，下降了 78.05%。

**表 4-3-3　无致病力铜绿假单胞菌（*Pseudomonas aeruginosa*）FJAT-346 堆肥发酵组芽胞杆菌群落动态**

| 项目 | 第 2 天 | 第 4 天 | 第 8 天 | 第 16 天 |
|---|---|---|---|---|
| 15:0 anteiso | 209 980.00 | 229 448.00 | 133 750.00 | 52 393.00 |
| 15:0 iso | 162 450.00 | 153 994.00 | 89 516.00 | 34 888.00 |
| 17:0 anteiso | 123 457.00 | 134 673.00 | 81 155.00 | 27 037.00 |
| 17:0 iso | 95 865.00 | 69 528.00 | 52 939.00 | 15 558.00 |
| 芽胞杆菌特征脂肪酸（76.39%） | 591 752.00 | 587 643.00 | 357 360.00 | 129 876.00 |
| 芽胞杆菌脂肪酸组（100%） | 778 621.05 | 773 214.47 | 470 210.53 | 170 889.47 |
| 微生物脂肪酸组 | 2 957 385.00 | 3 091 315.00 | 2 061 407.00 | 661 208.00 |
| 芽胞杆菌占微生物比例 | 0.26 | 0.25 | 0.23 | 0.26 |

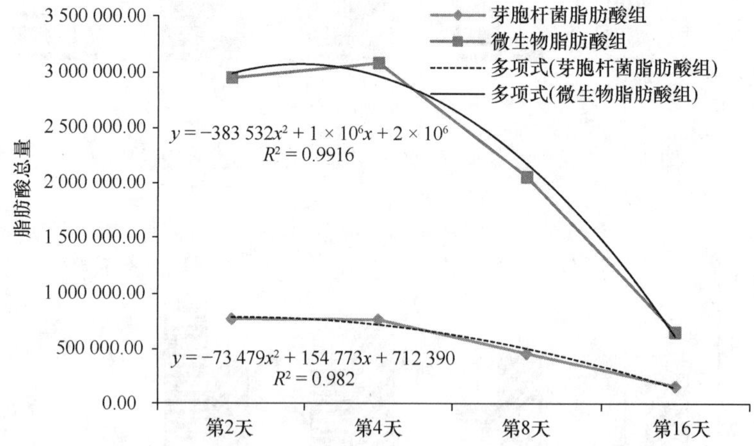


图 4-3-9　无致病力铜绿假单胞菌堆肥发酵组芽胞杆菌群落动态

在接种了铜绿假单胞菌后，对堆肥发酵养猪垫料分离细菌、真菌、放线菌，结果表明，养猪垫料中细菌数量除了在发酵的第 8 天外，其他发酵时间都要低于 CK（图 4-3-10），这与特征脂肪酸指示的芽胞杆菌数量变化趋势相同；在整个 32 d 的发酵过程中，接种铜绿假单胞菌养猪垫料中的真菌数量都要低于 CK（图 4-3-11）；放线菌的数量变化也呈现出与真菌相同的变化规律（图 4-3-12）；通过以上分析表明，铜绿假单胞菌对其他微生物的生长具有明显的抑制作用。

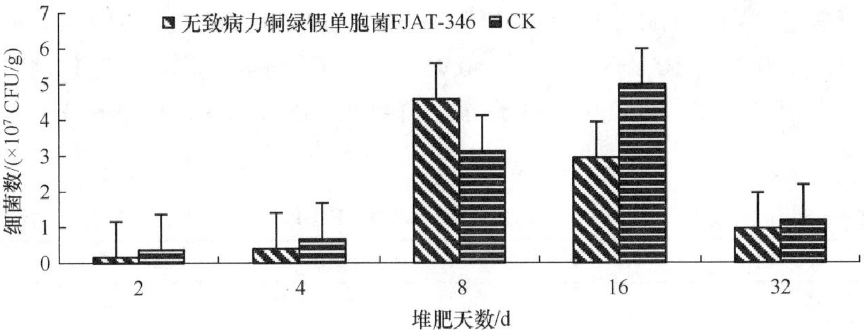


图 4-3-10　接种无致病力铜绿假单胞菌对养猪垫料中可培养细菌的影响

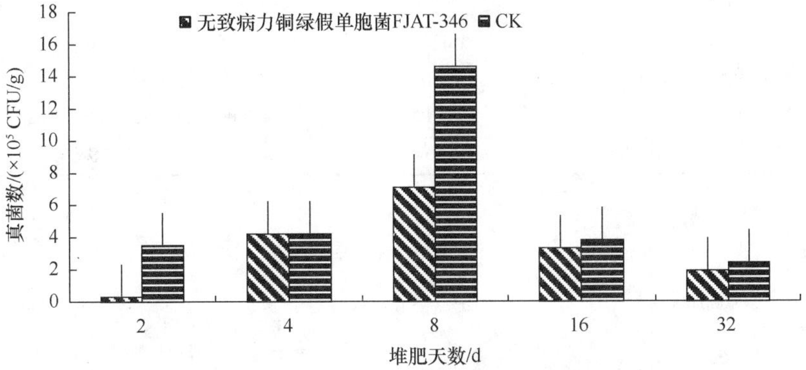


图 4-3-11　接种无致病力铜绿假单胞菌对养猪垫料中可培养真菌的影响

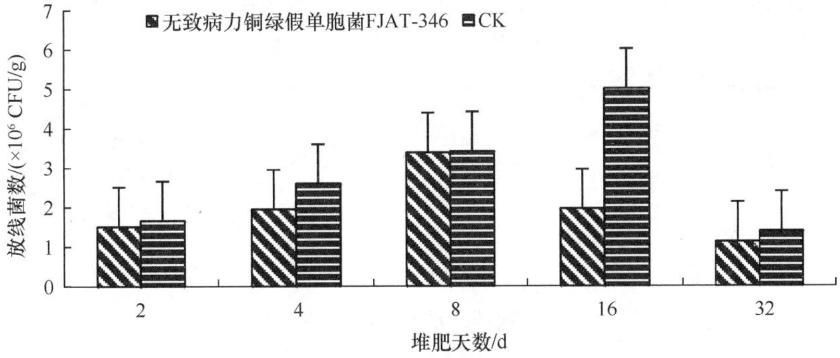


图 4-3-12　接种无致病力铜绿假单胞菌对养猪垫料中可培养放线菌的影响

## 六、凝结芽胞杆菌堆肥发酵组芽胞杆菌群落动态

制备凝结芽胞杆菌 LPF-1 接种剂（浓度 $10^8$ CFU/mL），稀释 100 倍，添加到猪粪垫料中，湿度为 45%～55%，进行堆肥发酵生产，实验结果见表 4-3-4 和图 4-3-13。从堆肥不同发酵时间的养猪垫料中鉴定出 52 个脂肪酸生物标记，指示着不同类群的微生物，包括细菌、真菌、放线菌、原生生物等。微生物脂肪酸总量在第 2 天、第 4 天、第 8 天、第 16 天分别为 5 311 038、3 835 413、672 284、1 621 946，脂肪酸动态方程为 $y$=606 322$x^2$−4×$10^6x$+9×$10^6$（$R^2$=0.8733），随着时间进程，指数数量逐渐下降；经计算，相应的芽胞

杆菌脂肪酸总量分别为 1 352 085.53、782 282.89、166 605.26、345 319.74，脂肪酸动态方程为 $y$=187 129$x^2$−1×$10^6x$+3×$10^6$（$R^2$=0.9578），随着时间进程，芽胞杆菌特征脂肪酸数量从第 2 天开始时的 1 352 085.53 逐渐下降到第 16 天结束时的 345 319.74，下降了 74.46%。

**表 4-3-4　凝结芽胞杆菌（*Bacillus coagulans*）LPF-1 堆肥发酵组芽胞杆菌群落动态**

| 项目 | 第 2 天 | 第 4 天 | 第 8 天 | 第 16 天 |
|---|---|---|---|---|
| 15:0 anteiso | 336 113 | 196 313 | 55 351 | 86 964 |
| 15:0 iso | 235 385 | 143 755 | 30 168 | 62 295 |
| 17:0 anteiso | 248 210 | 152 290 | 27 372 | 66 673 |
| 17:0 iso | 207 877 | 102 177 | 13 729 | 46 511 |
| 芽胞杆菌特征脂肪酸（76.39%） | 1 027 585 | 594 535 | 126 620 | 262 443 |
| 芽胞杆菌脂肪酸组（100%） | 1 352 085.53 | 782 282.89 | 166 605.26 | 345 319.74 |
| 微生物脂肪酸组 | 5 311 038.00 | 3 835 413.00 | 672 284.00 | 1 621 946.00 |
| 芽胞杆菌占微生物比例 | 0.254 6 | 0.204 0 | 0.247 8 | 0.212 9 |

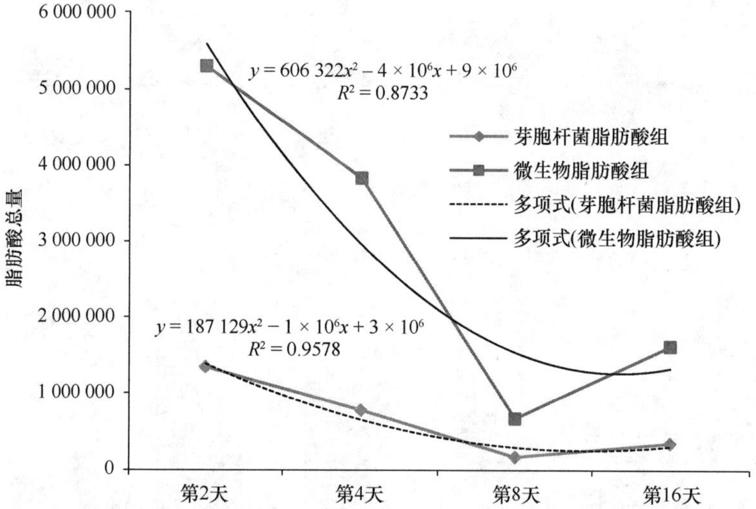


图 4-3-13　凝结芽胞杆菌堆肥发酵组芽胞杆菌群落动态

在接种凝结芽胞杆菌后，从堆肥发酵养猪垫料中分离细菌、真菌、放线菌，结果表明，在第 8 天细菌数量高于 CK（图 4-3-14）。在整个发酵过程中，真菌的数量（图 4-3-15）和放线菌的数量（图 4-3-16）都要低于 CK（第 32 天除外）。凝结芽胞杆菌对某些微生物具有抑制作用，所以导致在接种了凝结芽胞杆菌后，养猪垫料中的微生物数量偏低。这与特征脂肪酸指示的芽胞杆菌数量变化趋势相同。

## 七、短短芽胞杆菌堆肥发酵组芽胞杆菌群落动态

制备短短芽胞杆菌 JK-2 接种剂（浓度 $10^8$ CFU/mL），稀释 100 倍，添加到猪粪垫料中，湿度为 45%～55%，进行堆肥发酵生产，实验结果见表 4-3-5 和图 4-3-17。从不

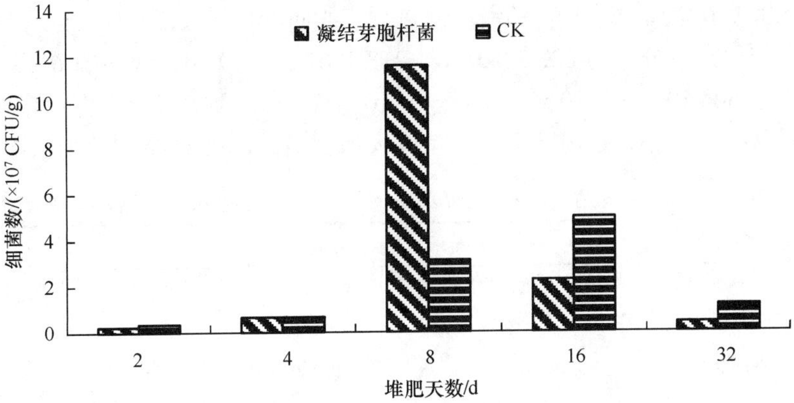


图 4-3-14　接种凝结芽胞杆菌对养猪垫料中可培养细菌的影响

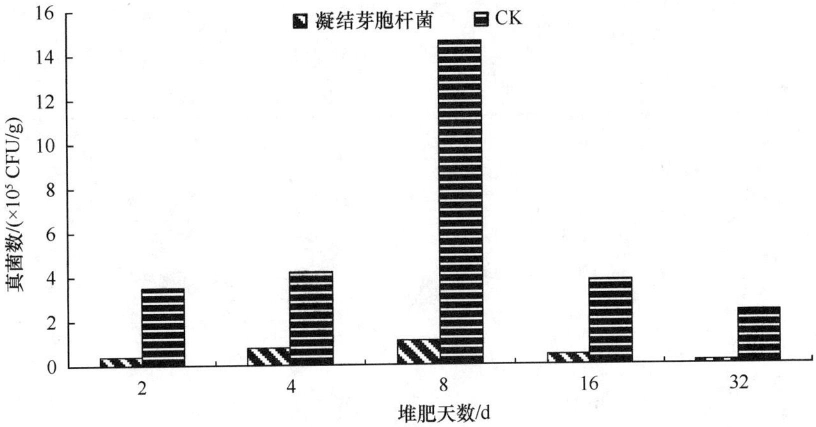


图 4-3-15　接种凝结芽胞杆菌对养猪垫料中可培养真菌的影响

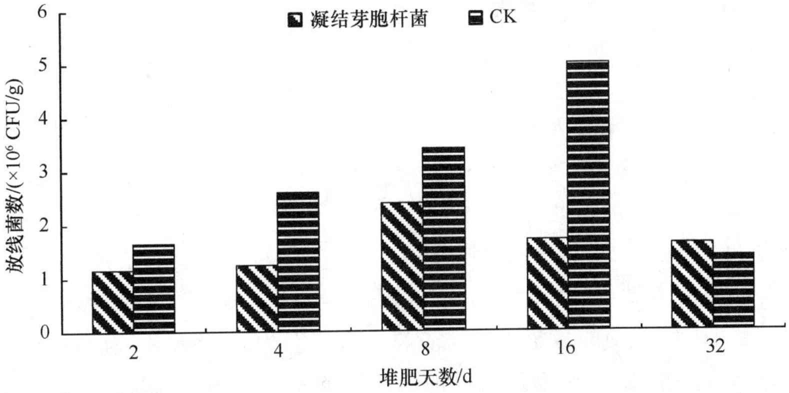


图 4-3-16　接种凝结芽胞杆菌对养猪垫料中可培养放线菌的影响

同发酵时间的养猪垫料中鉴定出 46 个脂肪酸生物标记，指示着不同类群的微生物，包括细菌、真菌、放线菌、原生生物等。微生物脂肪酸总量在第 2 天、第 4 天、第 8 天、第 16 天分别为 3 962 639、3 796 019、1 049 562、3 074 048，脂肪酸动态方程为 $y=1\times10^6x^3-$

$9\times10^6x^2+2\times10^7x-6\times10^6$（$R^2=1$），随着时间进程，脂肪酸数量逐渐下降；经计算，相应的芽胞杆菌脂肪酸总量分别为 622 325.00、1 218 426.32、309 000.00、921 601.32，脂肪酸动态方程为 $y=504\ 593x^3-4\times10^6x^2+8\times10^6x-5\times10^6$（$R^2=1$），随着时间进程，芽胞杆菌特征脂肪酸数量从第 2 天开始逐渐下降，到第 8 天达到最低，第 16 天结束时又有所上升。

**表 4-3-5 短短芽胞杆菌（*Brevibacillus brevis*）JK-2 堆肥发酵组芽胞杆菌群落动态**

| 微生物脂肪酸组 | 第 2 天 | 第 4 天 | 第 8 天 | 第 16 天 |
|---|---|---|---|---|
| 15:0 anteiso | 158 947 | 395 073 | 95 837 | 268 329 |
| 15:0 iso | 119 557 | 245 936 | 58 229 | 179 157 |
| 17:0 anteiso | 104 788 | 188 480 | 53 618 | 152 857 |
| 17:0 iso | 89 675 | 96 515 | 27 156 | 100 074 |
| 芽胞杆菌特征脂肪酸（76.39%） | 472 967 | 926 004 | 234 840 | 700 417 |
| 芽胞杆菌脂肪酸组（100%） | 622 325.00 | 1 218 426.32 | 309 000.00 | 921 601.32 |
| 微生物脂肪酸组 | 3 962 639 | 3 796 019 | 1 049 562 | 3 074 048 |
| 芽胞杆菌占微生物比例 | 0.157 0 | 0.321 0 | 0.294 4 | 0.299 8 |

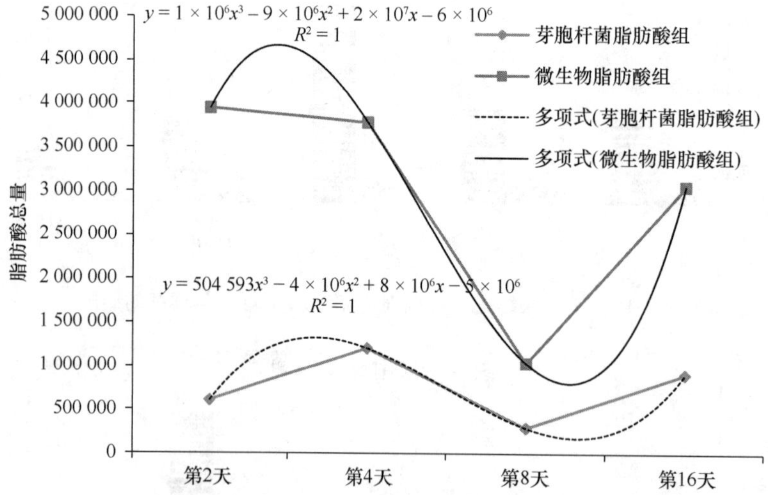


图 4-3-17 短短芽胞杆菌堆肥发酵组芽胞杆菌群落动态

在接种了外源微生物短短芽胞杆菌 JK-2 后，养猪垫料中细菌的数量高于 CK（除第 2 天外）（图 4-3-18）。处理组中真菌的数量要远远低于 CK（图 4-3-19）；除了在发酵第 32 天外，处理组中放线菌的数量也低于 CK（图 4-3-20）；JK-2 作为一种对其他微生物有强烈抑制作用的生防菌，可以抑制其他微生物的生长，所以在接种了 JK-2 后，真菌和放线菌的数量大大减少了，而总细菌的数量上升；第 8 天细菌数量达到高峰，但是，特征脂肪酸指示的芽胞杆菌数量下降到最低。

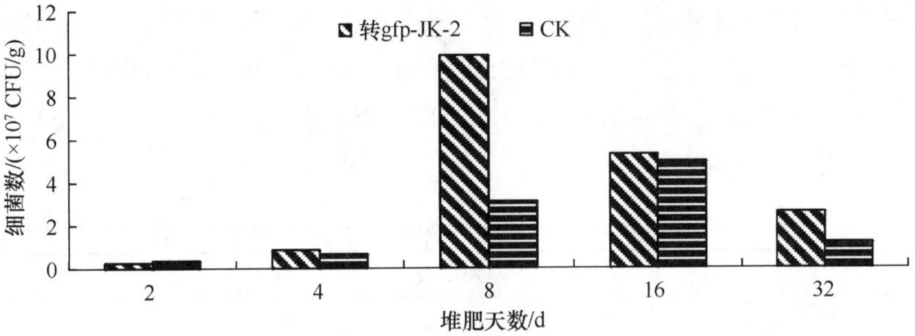


图 4-3-18　接种短短芽胞杆菌对养猪垫料中可培养细菌的影响

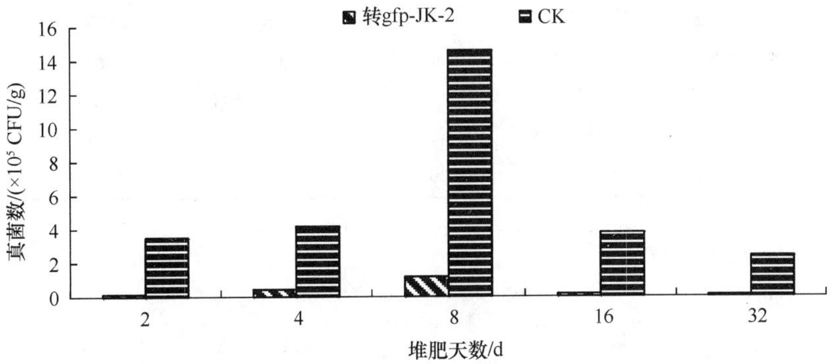


图 4-3-19　接种短短芽胞杆菌对养猪垫料中可培养真菌的影响

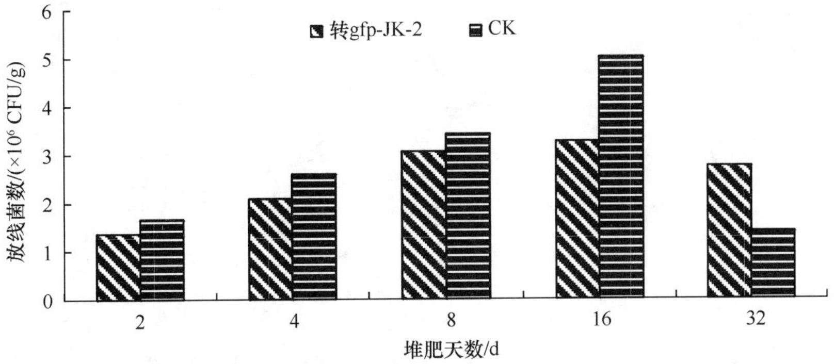


图 4-3-20　接种短短芽胞杆菌对养猪垫料中可培养放线菌的影响

## 八、无致病力青枯雷尔氏菌堆肥发酵组芽胞杆菌群落动态

制备无致病力青枯雷尔氏菌 FJAT-1458 接种剂（浓度 $10^8$ CFU/mL），稀释 100 倍，添加到猪粪垫料中，湿度为 45%～55%，进行堆肥发酵生产，实验结果见表 4-3-6 和图 4-3-21。从不同发酵时间的养猪垫料中鉴定出 46 个脂肪酸生物标记，指示着不同类群的微生物，包括细菌、真菌、放线菌、原生生物等。微生物脂肪酸总量在第 2 天、第 4 天、第 8 天、第 16 天分别为 4 213 046、1 596 871、384 167、968 353，脂肪酸动态方程为 $y$=800 090$x^2$−5×$10^6x$+9×$10^6$（$R^2$=0.9991），随着时间进程，脂肪酸数量逐渐下降；

经计算，相应的芽胞杆菌脂肪酸总量分别为 876 671.05、482 567.11、125 651.32、316 086.84，脂肪酸动态方程为 $y$=146 135$x^2$−934 541$x$+2×10$^6$（$R^2$=0.9575），随着时间进程，芽胞杆菌特征脂肪酸数量从第 2 天的 876 671.05 逐渐下降到第 16 天结束时的 316 086.84，下降了 63.94%。

**表 4-3-6　无致病力青枯雷尔氏菌（*Ralstonia solanacearum*）FJAT-1458 堆肥发酵组芽胞杆菌群落动态**

| 微生物脂肪酸组 | 第 2 天 | 第 4 天 | 第 8 天 | 第 16 天 |
|---|---|---|---|---|
| 15:0 anteiso | 243 429 | 114 489 | 42 071 | 84 541 |
| 15:0 iso | 162 158 | 83 995 | 21 542 | 52 354 |
| 17:0 anteiso | 165 121 | 109 935 | 23 107 | 61 366 |
| 17:0 iso | 95 562 | 58 332 | 8 775 | 41 965 |
| 芽胞杆菌特征脂肪酸（76.39%） | 666 270 | 366 751 | 95 495 | 240 226 |
| 芽胞杆菌脂肪酸组（100%） | 876 671.05 | 482 567.11 | 125 651.32 | 316 086.84 |
| 微生物脂肪酸组 | 4 213 046 | 1 596 871 | 384 167 | 968 353 |
| 芽胞杆菌占微生物比例 | 0.208 1 | 0.302 2 | 0.327 1 | 0.326 4 |

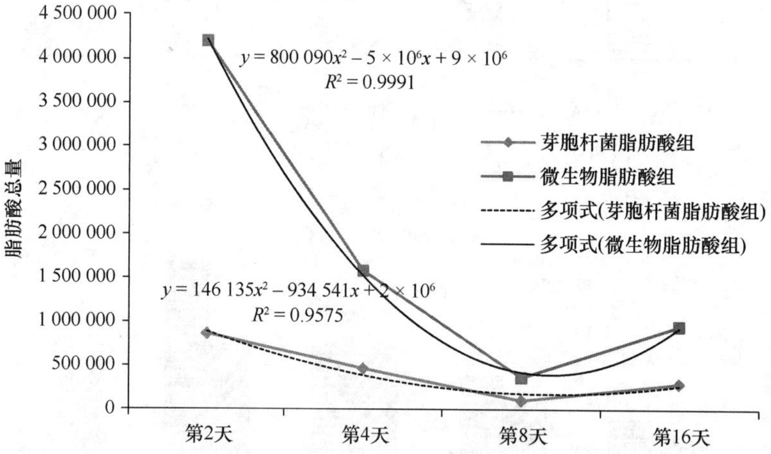


图 4-3-21　无致病力青枯雷尔氏菌堆肥发酵组芽胞杆菌群落动态

在接种无致病力青枯雷尔氏菌后，养猪垫料中细菌的数量在第 8 天达到了最大值，在发酵第 16 天时处理组与 CK 细菌数量大致相同（图 4-3-22）。除了在发酵的第 4 天外，CK 的真菌数量都要高于处理组（图 4-3-23）。对放线菌的数量而言，在发酵第 2 天、第 4 天、第 16 天时 CK 均高于处理组，第 8 天和第 32 天处理组和 CK 的数量大致相同（图 4-3-24）。

## 九、蜡样芽胞杆菌堆肥发酵组芽胞杆菌群落动态

制备蜡样芽胞杆菌 ANTI-8098A 接种剂（浓度 10$^8$ CFU/mL），稀释 100 倍，添加到猪粪垫料中，湿度为 45%～55%，进行堆肥发酵生产，实验结果见表 4-3-7 和图 4-3-25。从不同发酵时间的养猪垫料中鉴定出 50 个脂肪酸生物标记，指示着不同类群的微生物，

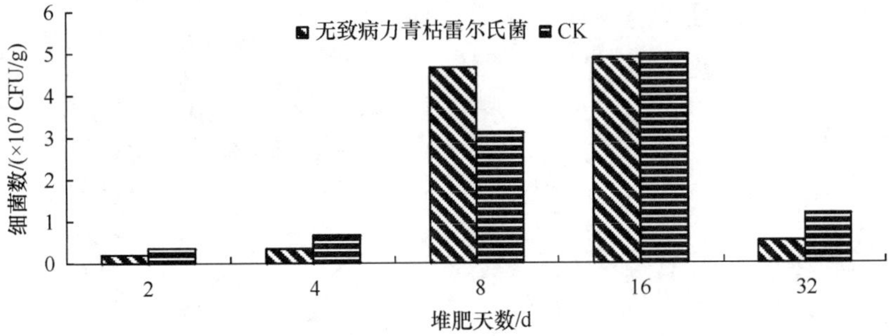


图 4-3-22　接种无致病力青枯雷尔氏菌对养猪垫料中可培养细菌的影响

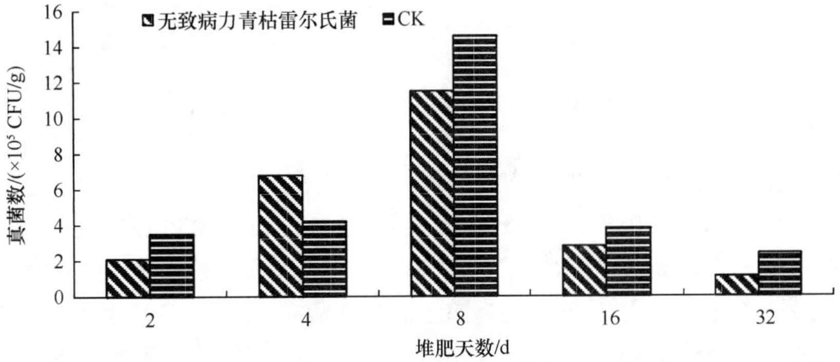


图 4-3-23　接种无致病力青枯雷尔氏菌对养猪垫料中可培养真菌的影响

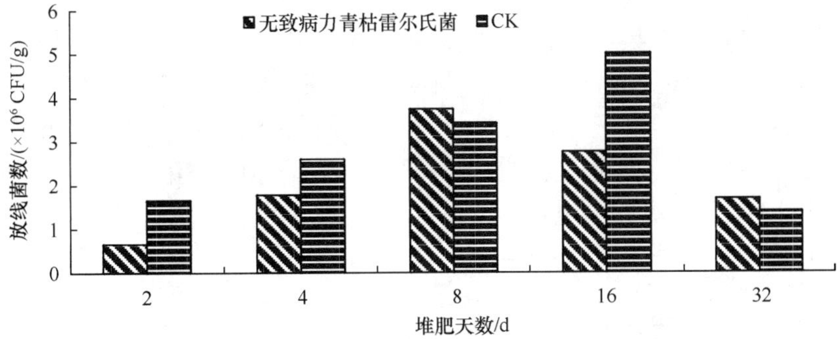


图 4-3-24　接种无致病力青枯雷尔氏菌对养猪垫料中可培养放线菌的影响

**表 4-3-7　蜡样芽胞杆菌（*Bacillus cereus*）ANTI-8098A:pCM20 堆肥发酵组芽胞杆菌群落动态**

| 微生物脂肪酸组 | 第 2 天 | 第 4 天 | 第 8 天 | 第 16 天 |
|---|---|---|---|---|
| 15:0 anteiso | 136 551 | 196 810 | 85 173 | 120 360 |
| 15:0 iso | 89 532 | 152 702 | 54 442 | 73 818 |
| 17:0 anteiso | 94 499 | 97 693 | 49 908 | 86 794 |
| 17:0 iso | 61 419 | 129 169 | 35 106 | 54 132 |
| 芽胞杆菌特征脂肪酸（76.39%） | 382 001 | 576 374 | 224 629 | 335 104 |
| 芽胞杆菌脂肪酸组（100%） | 502 632.89 | 758 386.84 | 295 564.47 | 440 926.32 |
| 微生物脂肪酸组 | 2 422 088 | 6 296 991 | 1 238 445 | 1 613 030 |
| 芽胞杆菌占微生物比例 | 0.207 5 | 0.120 4 | 0.238 7 | 0.273 4 |

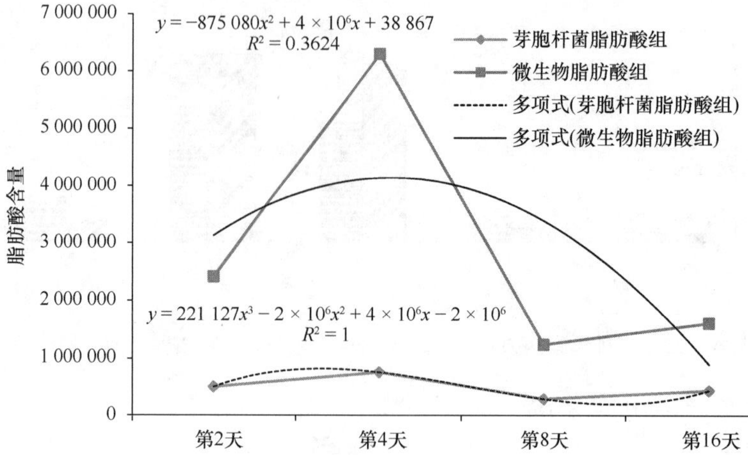


图 4-3-25　蜡样芽胞杆菌堆肥发酵组芽胞杆菌群落动态

包括细菌、真菌、放线菌、原生生物等。微生物脂肪酸总量在第 2 天、第 4 天、第 8 天、第 16 天分别为 2 422 088、6 296 991、1 238 445、1 613 030，脂肪酸动态方程为 $y$=−875 080$x^2$+4×10$^6x$+38 867（$R^2$=0.3624），随着时间进程，脂肪酸数量逐渐下降；经计算，相应的芽胞杆菌脂肪酸总量分别为 502 632.89、758 386.84、295 564.47、440 926.32，脂肪酸动态方程为 $y$=221 127$x^3$−2×10$^6x^2$+4×10$^6x$−2×10$^6$（$R^2$=1），随着时间进程，芽胞杆菌特征脂肪酸数量从第 2 天的 502 632.89 逐渐上升到第 4 天的高峰 758 386.84，而后下降到第 16 天结束时的 440 926.32。

实验结果表明，在接种蜡样芽胞杆菌后，养猪垫料中的细菌数达到了 $10^7$ CFU/g（图 4-3-26），放线菌数达到了 $10^6$ CFU/g（图 4-3-27），真菌数达到了 $10^5$ CFU/g（图 4-3-28），三大类可培养微生物群落正好各相差一个数量级。在整个发酵进程中，接种生防菌 ANTI-8098A:pCM20 后，养猪垫料的可培养细菌、可培养放线菌数量在发酵的第 8 天达到最高值且高于对照组。在整个发酵过程中，除了发酵的第 4 天外，对照组的真菌数都要高于处理组。

## 十、不接菌堆肥发酵组芽胞杆菌群落动态

堆肥发酵时不添加任何接种剂的堆肥发酵实验结果见表 4-3-8 和图 4-3-29。从不同

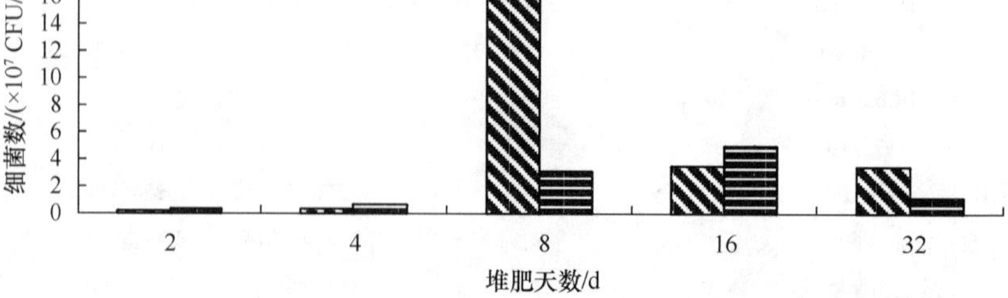


图 4-3-26　接种蜡样芽胞杆菌对养猪垫料中可培养细菌的影响

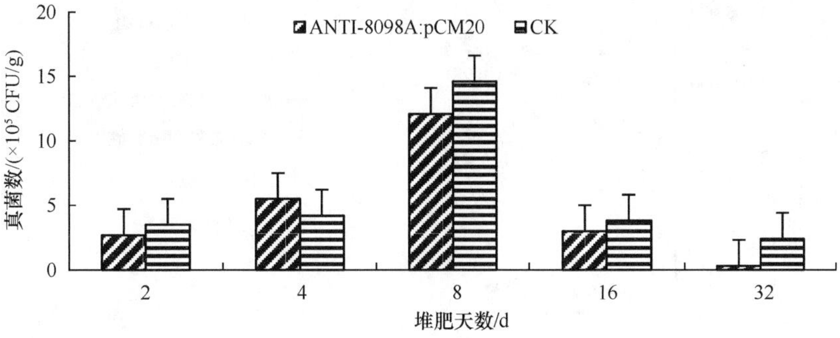


图 4-3-27　接种蜡样芽胞杆菌对养猪垫料中可培养真菌的影响

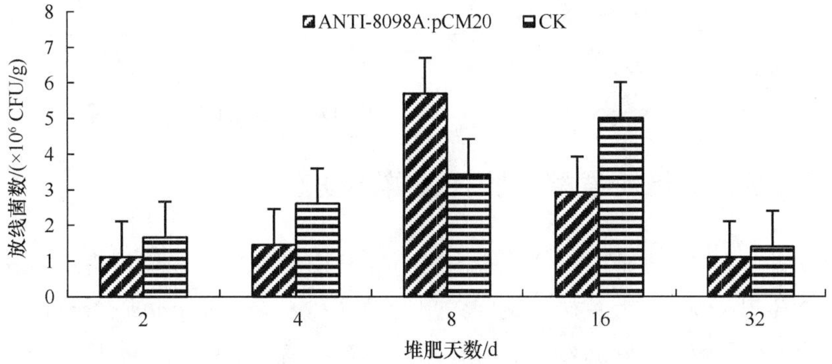


图 4-3-28　接种蜡样芽胞杆菌对养猪垫料中可培养放线菌的影响

**表 4-3-8　不接菌堆肥发酵组芽胞杆菌群落动态**

| 微生物脂肪酸组 | 第 2 天 | 第 4 天 | 第 8 天 | 第 16 天 |
|---|---|---|---|---|
| 15:0 anteiso | 165 158 | 65 874 | 120 011 | 92 427 |
| 15:0 iso | 92 920 | 59 990 | 63 651 | 60 501 |
| 17:0 anteiso | 102 357 | 80 305 | 68 599 | 56 044 |
| 17:0 iso | 75 625 | 42 411 | 35 880 | 38 659 |
| 芽胞杆菌特征脂肪酸（76.39%） | 436 060 | 248 580 | 288 141 | 247 631 |
| 芽胞杆菌脂肪酸组（100%） | 573 763.16 | 327 078.95 | 379 132.89 | 325 830.26 |
| 微生物脂肪酸组 | 2 566 273 | 1 870 686 | 1 490 853 | 1 386 730 |
| 芽胞杆菌占微生物比例 | 0.223 6 | 0.174 8 | 0.254 3 | 0.235 0 |

发酵时间的养猪垫料中鉴定出 47 个脂肪酸生物标记，指示着不同类群的微生物，包括细菌、真菌、放线菌、原生生物等。微生物脂肪酸总量在第 2 天、第 4 天、第 8 天、第 16 天分别为 2 566 273、1 870 686、1 490 853、1 386 730，脂肪酸动态方程为 $y=3\times10^6x^{-0.459}$（$R^2$=0.9918），随着时间进程，群落数量逐渐下降；经计算，相应的芽胞杆菌脂肪酸总量分别为 573 763.16、327 078.95、379 132.89、325 830.26，脂肪酸动态方程为 $y=524\ 600x^{-0.373}$（$R^2$=0.7059），随着时间进程，芽胞杆菌特征脂肪酸数量从第 2 天开始时的 573 763.16 逐渐下降到第 16 天结束时的 325 830.26，下降了 43.21%。

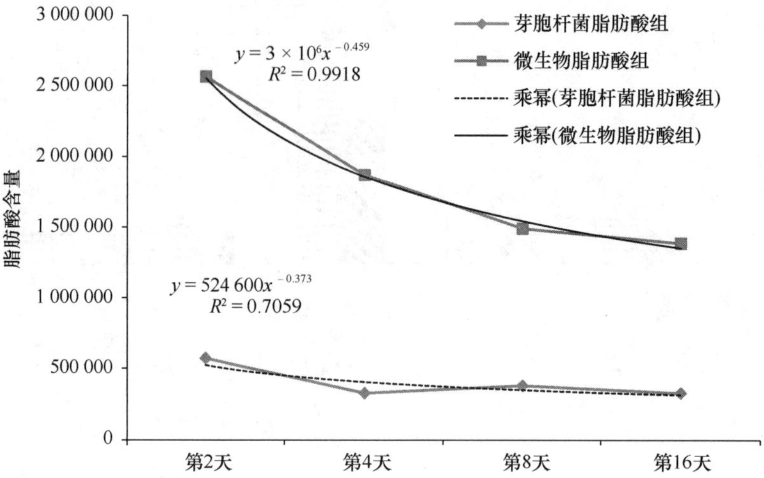


图 4-3-29　不接菌堆肥发酵组芽胞杆菌群落动态

## 十一、不同接种剂堆肥发酵芽胞杆菌群落动态比较

以无致病力尖孢镰刀菌（*Fusarium oxysporum*）FJAT-9290、淡紫拟青霉（*Paecilomyces lilacinus*）NH-PL-2003、无致病力铜绿假单胞菌（*Pseudomonas aeruginosa*）FJAT-346、凝结芽胞杆菌（*Bacillus coagulans*）LPF-1、短短芽胞杆菌（*Brevibacillus brevis*）JK-2、无致病力青枯雷尔氏菌（*Ralstonia solanacearum*）FJAT-1458 和蜡样芽胞杆菌（*Bacillus cereus*）ANTI-8098A 为接种剂，以不接种为对照，堆肥发酵养猪垫料，比较芽胞杆菌群落动态（表 4-3-9）。

**表 4-3-9　不同接种剂堆肥发酵芽胞杆菌群落脂肪酸动态比较**

| 接种剂 | 第 2 天 | 第 4 天 | 第 8 天 | 第 16 天 | 总和 | 与 CK 比值 |
|---|---|---|---|---|---|---|
| 不接菌种（对照） | 573 763.15 | 327 078.94 | 379 132.89 | 325 830.26 | 1 605 805.24 | 1.000 0 |
| 无致病力青枯雷尔氏菌 | 876 671.05 | 482 567.10 | 125 651.30 | 316 086.84 | 1 800 976.29 | 1.121 5 |
| 蜡样芽胞杆菌 | 502 632.89 | 758 386.84 | 295 564.47 | 440 926.31 | 1 997 510.51 | 1.243 9 |
| 无致病力尖孢镰刀菌 | 1 207 447.37 | 248 172.37 | 460 753.95 | 217 213.16 | 2 133 586.85 | 1.328 7 |
| 无致病力铜绿假单胞菌 | 778 621.05 | 773 214.47 | 470 210.53 | 170 889.47 | 2 192 935.52 | 1.365 6 |
| 淡紫拟青霉 | 951 655.26 | 607 050.00 | 560 665.79 | 182 942.11 | 2 302 313.16 | 1.433 7 |
| 凝结芽胞杆菌 | 1 352 085.52 | 782 282.89 | 166 605.26 | 345 319.73 | 2 646 293.40 | 1.648 0 |
| 短短芽胞杆菌 | 622 325.00 | 1 218 426.31 | 309 000.00 | 921 601.31 | 3 071 352.62 | 1.912 7 |

结果表明，不接种（对照）组的芽胞杆菌脂肪酸总和最小，仅为 1 605 805.24，最大值出现在短短芽胞杆菌处理组，高达 3 071 352.62。说明堆体中存在土著芽胞杆菌，而且除自身大量繁殖外接种短短芽胞杆菌能促进土著芽胞杆菌的生长。以不接种组为参照，按照比值大小排序，不同接种剂处理组的芽胞杆菌脂肪酸总和与不接种组的比值分别为：不接菌种（对照）（1.0000）<无致病力青枯雷尔氏菌（1.1215）<蜡样芽胞杆菌（1.2439）<无致病力尖孢镰刀菌（1.3287）<无致病力铜绿假单胞菌（1.3656）<淡紫拟

青霉（1.4337）<凝结芽胞杆菌（1.6480）<短短芽胞杆菌（1.9127）。

随着堆肥发酵的时间进程，不同微生物接种剂组在不同发酵时间的芽胞杆菌特征脂肪酸所占比例的差异显著，发酵第 2 天凝结芽胞杆菌接种组的芽胞杆菌脂肪酸总量占比最高，第 4 天短短芽胞杆菌接种组占比最高，第 8 天淡紫拟青霉接种组占比最高，第 16 天短短芽胞杆菌接种组占比最高（图 4-3-30）。

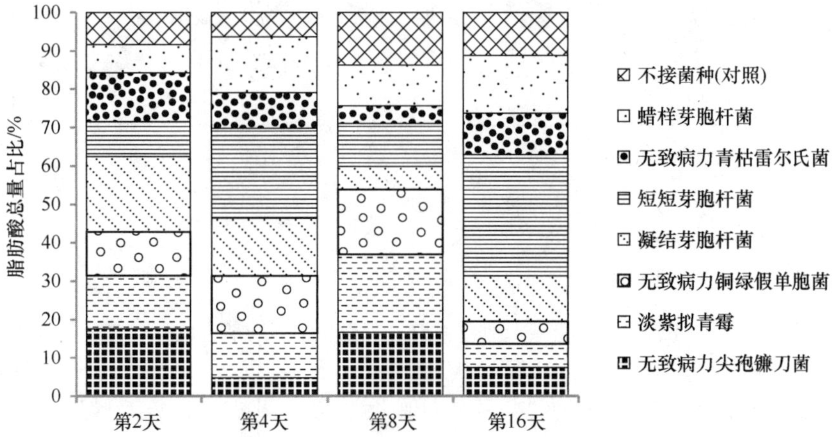


图 4-3-30　堆肥不同发酵时间芽胞杆菌群落脂肪酸总量占比变化动态

不同接种剂堆肥发酵不同时间的芽胞杆菌特征脂肪酸总量也存在显著差异（图 4-3-31），接种组均比对照组芽胞杆菌群落数量高，其中，短短芽胞杆菌接种组芽胞杆菌特征脂肪酸总量最高，其次为凝结芽胞杆菌接种组，最低的为无致病力青枯雷尔氏菌接种组。

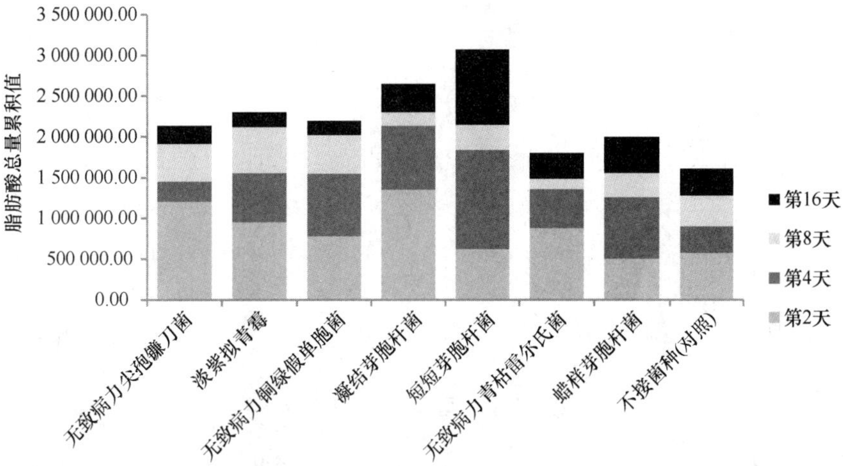


图 4-3-31　不同接种组堆肥发酵芽胞杆菌群落脂肪酸总量差异比较

## 十二、不同堆肥发酵组微生物群落脂肪酸总量累积值比较

不同微生物菌种处理组发酵过程微生物脂肪酸生物标记总量变化见图 4-3-32。

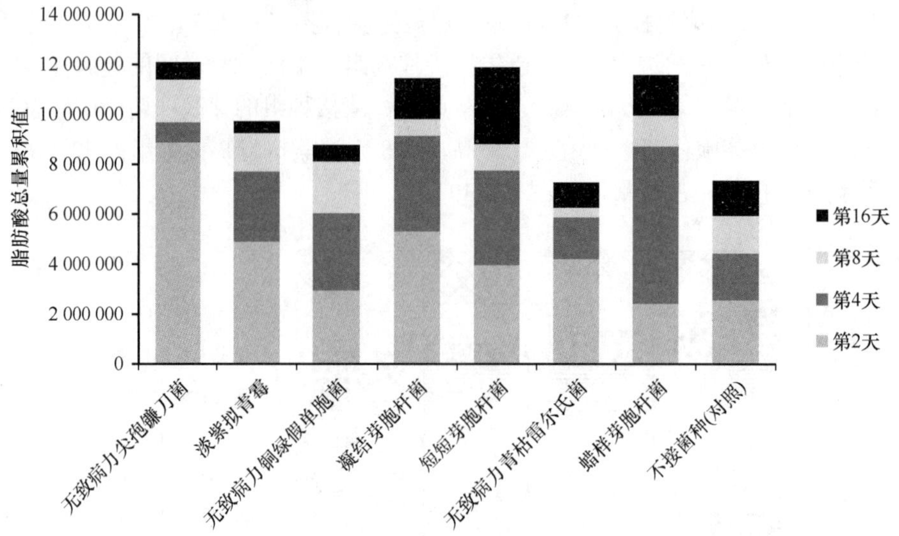


图 4-3-32　不同微生物菌种处理组发酵过程微生物脂肪酸生物标记总量变化

微生物脂肪酸总量的变化趋势与芽胞杆菌脂肪酸含量变化趋势差异显著；无致病力尖孢镰刀菌、凝结芽胞杆菌、短短芽胞杆菌和蜡样芽胞杆菌接种组，发酵过程微生物脂肪酸累积量较高，其次为淡紫拟青霉和无致病力铜绿假单胞菌接种组，最低的是不接种组（对照）和无致病力青枯雷尔氏菌接种组（图 4-3-32）。

若以发酵天数为单位，同一发酵时间下各接种组微生物脂肪酸总量累积值见图 4-3-33。可以看出，发酵初期（第 2 天），微生物脂肪酸累积量最大，随着时间进程，累积量逐渐下降，到第 16 天，累积量降到最低值；表明随着猪粪垫料发酵进程，腐熟程度越来越高，微生物总量越来越少（图 4-3-33）。

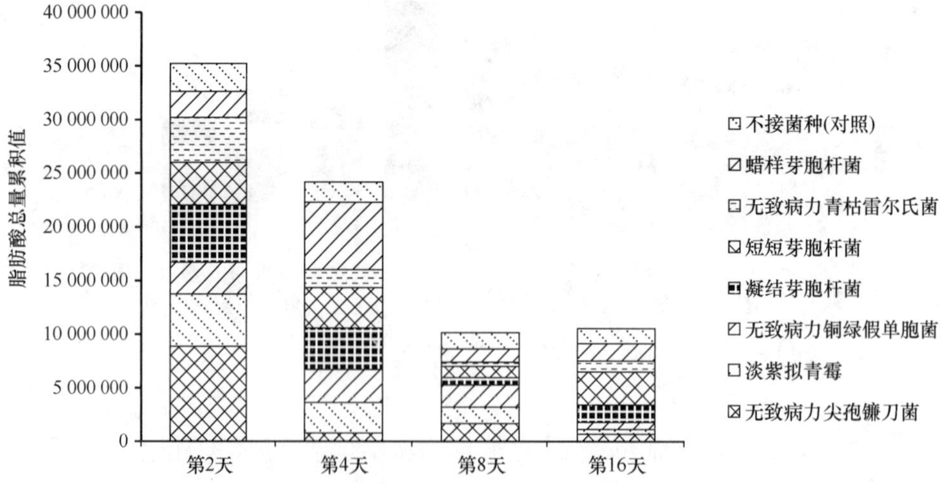


图 4-3-33　不同微生物菌种处理组脂肪酸生物标记总量累积值变化

## 十三、讨论

本研究以 7 株防治土传病害的生防菌，即无致病力尖孢镰刀菌 FJAT-9290、淡紫拟青霉 NH-PL-2003、无致病力铜绿假单胞菌 FJAT-346、凝结芽胞杆菌 LPF-1、短短芽胞杆菌 JK-2、无致病力青枯雷尔氏菌 FJAT-1458 和蜡样芽胞杆菌 ANTI-8098A 为菌种，以使用 2 年的微生物发酵床养猪垫料为基质，进行二级固体堆肥发酵，研发具有生防功能的微生物菌剂。通过堆肥发酵物的脂肪酸测定，分析微生物群落和芽胞杆菌群落脂肪酸含量的变化，分析接种物在堆肥发酵过程中的作用。

堆肥发酵是一个复杂的反应体系，在堆肥过程中，由于堆体环境的变化，微生物群落结构也随之发生相应的变化。利用磷脂脂肪酸生物标记法分析堆肥过程中微生物群落结构的变化是一种非常有效的方法。研究表明，接种不同微生物，猪粪垫料堆肥发酵过程中的微生物磷脂脂肪酸生物标记的数量存在差异，其中，无致病力尖孢镰刀菌、短短芽胞杆菌和无致病力青枯雷尔氏菌处理组均有 46 个标记、淡紫拟青霉和无致病力铜绿假单胞菌处理组均有 47 个标记、蜡样芽胞杆菌处理组有 50 个标记、凝结芽胞杆菌处理组有 52 个标记，而且相同堆肥天数时接种组均比对照组的磷脂脂肪酸生物标记数量多。从微生物总量来看，接种生物肥药菌种后，发酵初期与中期的微生物总量要高于对照，但在发酵后期，处理组与对照组基本上持平。

在堆肥发酵过程中的微生物总量（脂肪酸总量）方面，与对照组差异比较大的是芽胞杆菌接种组（蜡样芽胞杆菌、凝结芽胞杆菌、短短芽胞杆菌）；其他 4 种接种组（无致病力尖孢镰刀菌、淡紫拟青霉、无致病力铜绿假单胞菌、无致病力青枯雷尔氏菌）与对照组相差不大。可能的原因是，芽胞杆菌有较强的生存能力和竞争力，在堆肥发酵过程中处于优势地位。

在二次堆肥发酵 32 d 后分离初始添加菌种，并利用特异性引物进行菌种鉴定，结果表明，无致病力尖孢镰刀菌 FJAT-9290、无致病力铜绿假单胞菌 FJAT-346、短短芽胞杆菌 JK-2、无致病力青枯雷尔氏菌 FJAT-1458 和蜡样芽胞杆菌 ANTI-8098A 均能在堆体中存活，其中，短短芽胞杆菌达到了 $10^7$ CFU/g，无致病力青枯雷尔氏菌和蜡样芽胞杆菌达到了 $10^6$ CFU/g，无致病力尖孢镰刀菌孢子量为 $10^5$ CFU/g，而无致病力铜绿假单胞菌量较少；但是，淡紫拟青霉 NH-PL-2003 和凝结芽胞杆菌 LPF-1 未鉴定到，表明这两个菌株在堆体中消失了。

# 第四节　基于脂肪酸组芽胞杆菌种群分化多样性

## 一、概述

### 1. 脂肪酸在微生物种群分化研究中的应用

磷脂脂肪酸是活细胞膜的重要组成成分，它与细胞识别、种族特异性和细胞免疫等密切相关（王秋红等，2007）。微生物细胞结构中所含有的磷脂脂肪酸和它的 DNA 具有高度一致性，各种微生物具有其特征性细胞磷脂脂肪酸生物标记（Chen et al.，2008）。微生物死亡后，磷脂脂肪酸很快被分解，因此磷脂脂肪酸谱图法可以较好地反映土壤中存活的不同类群微生物生物量和总生物量（齐鸿雁等，2003；王曙光和侯彦林，2004；颜慧等，2006）。由于脂肪酸在微生物细胞中具有较高并且较稳定的含量，因此细胞中磷脂脂肪酸的种类和含量成为分类的一个重要依据。脂肪酸甲酯谱图法通过测定微生物细胞膜中磷脂脂肪酸的类型和含量可以达到种类鉴定和多样性分析等目的（江凌玲等，2011）。脂肪酸分析法在鉴定土壤微生物种类和识别微生物类群方面具有较高的准确性、稳定性和敏感性（张秋芳等，2009），但是由于目前还没有完全弄清楚土壤中所有微生物的特征脂肪酸，不同种类微生物的特征脂肪酸可能有重叠（张瑞娟等，2011），温度、生长阶段和营养状况等因素的变化会对分析结果产生影响（齐鸿雁等，2003；颜慧等，2006；江凌玲等，2011），并且古细菌的极性脂质以醚键存在，脂肪酸分析法也存在着一些不足之处；尽管如此，利用脂肪酸组分析芽胞杆菌地理分布多样性仍有其独特的作用。

## 2. 芽胞杆菌地理分布多样性

关于芽胞杆菌地理分布多样性有过许多的研究报道。芽胞杆菌由于其能产生抗高温、干燥、紫外线、电离辐射和有毒化学物质的芽胞而广泛分布于土壤、水体和动植物体表，在极端环境下（刘国红等，2011），如温泉（Yazdani et al.，2009）、沙漠（Köberl et al.，2011）、南极（Timmery et al.，2011）、盐田（Shi et al.，2011）、火山（Kim et al.，2011a）、矿藏（Valverde et al.，2011）、深海（Gartner et al.，2011）等都发现有芽胞杆菌分布。王子旋等（2012）对新疆 4 个地点土壤的芽胞杆菌进行调查，结果显示新疆芽胞杆菌较为丰富，不同采样地点芽胞杆菌的种类和数量都有较大差异。红壤生态系统下，林地的芽胞杆菌多样性程度最高，其次是旱地，再次是水田，最低是侵蚀地（张华勇等，2003）。

## 3. 苏云金芽胞杆菌地理分布多样性

近年来，关于苏云金芽胞杆菌地理分布的研究陆续有报道。苏云金芽胞杆菌在我国 13 个自然保护区森林土壤中广泛分布，其数量和分布与水热条件、土壤 pH、地理位置等密切相关（戴莲韵等，1993，1994）。对我国南北方 12 个省土壤中苏云金芽胞杆菌的调查显示，苏云金芽胞杆菌的丰富度由南向北呈逐渐增加趋势，苏云金芽胞杆菌的分布与植被类型没有特异的相关性（戴顺英等，1996）。我国西北干旱地区 11 个自然保护区土壤芽胞杆菌和苏云金芽胞杆菌分布的研究表明，芽胞杆菌广泛分布于森林土壤，数量和分布规律与环境水热、养分等综合生态因子有关（王学聘等，1999）。辽宁省苏云金芽胞杆菌资源丰富，检出率为大田作物覆盖的土壤最高，其次是林木，最少是花卉（曲慧东等，2005）。刘秀花等（2006）调查了河南省土壤中的芽胞杆菌资源，发现不同农作区的优势菌种类与地理条件和耕作制度相关。天津市土壤中苏云金芽胞杆菌的调查结果显示，苏云金芽胞杆菌适于在土质疏松、透气性好的林区土壤中生长，其杀虫特性受地域、气候等因素影响显著（魏雪生等，2006）。芽胞杆菌是成都市郊区土壤细菌中的主要类群，并且含有具有生防潜力的菌株（唐志燕等，2005；龚国淑等，2009）。谢月霞等（2008）和苏旭东等（2007）分别调查了河北省不同生态区的苏云金芽胞杆菌，结果表明河北省苏云金芽胞杆菌资源具有丰富的多样性，*cry* 基因类型复杂多样，产生的伴胞晶体形态各异。河北省大茂山地区的苏云金芽胞杆菌资源丰富，出菌量随海拔升高呈先升高后降低的规律，部分菌株对铜绿丽金龟幼虫具有极高毒力（宋健等，2011）。四川盆地土壤中含有丰富的苏云金芽胞杆菌资源，林土的苏云金芽胞杆菌出菌率高于农田土（周长梅等，2011）。河北省五岳寨国家森林公园的苏云金芽胞杆菌资源丰富，具有良好的多态性（代萌等，2013）。芽胞杆菌是滇池底泥中的主要优势种，并且分布特点与水质状况密切相关（樊竹青和叶华，2001）。

## 4. 武夷山生物多样性研究

福建武夷山国家级自然保护区位于福建省北部，处于武夷山、建阳、邵武和光泽四县市的交界处（27°35′N～27°54′N，117°27′E～117°51′E），面积为 565 $km^2$，拥有世界同纬度现存面积最大、保存最完整的中亚热带森林生态系统，以“生物模式标本”名扬海内外。保护区平均海拔为 1200 m，主峰为黄岗山，海拔为 2158 m。武夷山国家级自然保护区属于典型的中亚热带季风气候，年平均气温为 13～19℃，年均相对湿度为 82%～85%，年均降水量为 1600～2200 mm。主要的典型植被有中亚热带常绿阔叶林（200～1000 m）、针叶林（1200～1750 m）、亚高山矮曲林（1750～1900 m）、高山草甸（1700～2158 m）（汪家社等，2003）。保护区土壤属于亚热带酸性山地森林土壤类型，土壤分区属红黄壤区。海拔 700 m 以下为红壤，700～1050 m 为红黄壤，1050～1900 m 为黄壤，1900 m 以上为山地草甸土（雷寿平和黄梅玲，2005）。近年来，研究人员对武夷山生物多样性进行了大量的研究，多样性研究的对象包括植物（李振基等，2002；何健源等，2004；王良桂和徐晨，2010）、昆虫（汪家社，2006，2007）、贝类（周卫川等，2011）、微生物（庄铁成等，1997，1998）等。纵观前人的研究，关于武夷山芽胞杆菌分布多样性的研究较少，本研究从武夷山土壤中芽胞杆菌的种类、数量、分布及地理分化等角度进行调查，为了解芽胞杆菌的分布和发掘芽胞杆菌资源提供参考。

## 5. 台湾地区生物地理多样性

台湾位于中国东南沿海的大陆架上，地处 20°45′25″N～25°56′30″N，119°18′03″E～124°34′30″E。跨温带与热带之间，属于热带和亚热带气候。台湾是我国多雨的湿润地区之一，年平均降水量多在 2000 mm 以上。它四面环海，北临东海，东北接琉球群岛；东滨太平洋；南界巴士海峡，与菲律宾相邻；西隔台湾海峡与福建省相望，由 80 余个岛屿组成。受海洋性季风调节，台湾的年平均温度，除高山外在 22℃左右。台湾岛地形中间高、两侧低。以纵贯南北的中央山脉为分水岭，分别渐次地向东、西海岸跌落。台湾省台东为山地、台中为丘陵、西部为盆地，台西为平原。高山和丘陵面积占 2/3，平原面积不到 1/3。玉山山脉山顶终年积雪；阿里山脉山势则比较平缓，顶部平坦，是著名风景区，山地之中有不少盆地和狭窄的平原。此外，台湾还是一个多火山的岛，存在不少火山群。台北和台中盆地均为重要农业区。台西平原由西部滨海地带的冲积地所组成，为农业最发达、人口最密的地区。屏东平原为高屏溪的冲积平原，是台湾第二大平原。台湾森林覆盖面积占全省土地总面积的一半以上，因受气候垂直变化的影响，林木种类繁多，包括热带、亚热带、温带和寒带品系近 4000 种，是亚洲有名的天然植物园。台北的太平山、台中的八仙山、嘉义的阿里山是全省三大著名林区。这里有各类名贵树木，其中樟树是台湾一大特产，在医药和化学工业上用途很大。台湾现已探明的各种矿藏有 200 多种。因台湾四面环海，又处于暖流与寒流的交汇地，水产资源颇为丰富。台湾地区特殊的环境气候类型、地形特征和名贵资源的存在决定了台湾地区生态系统丰富而多样，因此可能存在丰富的芽胞杆菌资源。但目前对台湾地区芽胞杆菌多样性的研究仅局限于苏云金芽胞杆菌（Chak et al.，1994；Chen et al.，2004），对于各地区芽胞杆菌种类系统的分布尚未见报道。

### 6. 研究目的

本研究对武夷山地区和台湾地区土壤中芽胞杆菌种群脂肪酸分化进行研究，揭示芽胞杆菌种群分化多样性及其分布规律。

## 二、研究方法

### 1. 芽胞杆菌土样采集

（1）武夷山芽胞杆菌土样采集。在武夷山不同海拔、不同植被条件下，采用五点法采集 0～30 cm 土壤。采集的土样装入保鲜袋带回实验室；将采回的土样风干、装入土样保存塑料瓶中，备用。土壤样本采集信息见图 4-4-1 和表 4-4-1。

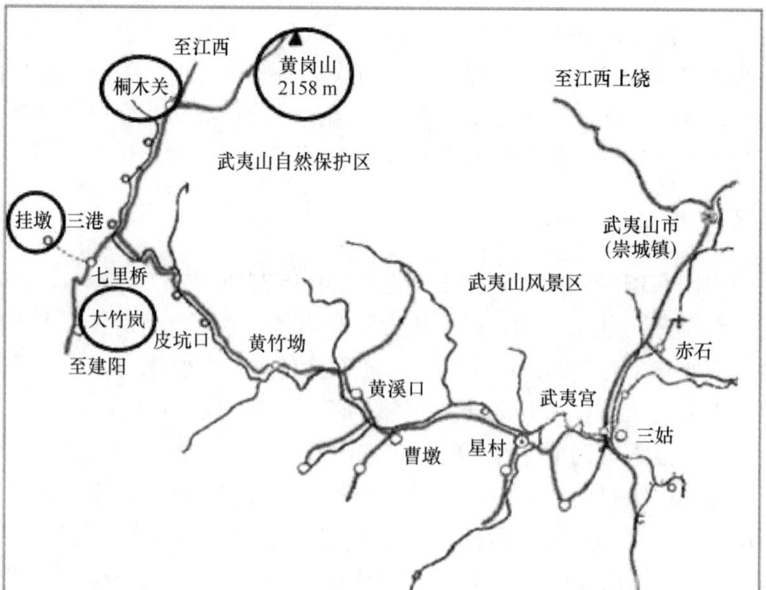


图 4-4-1　武夷山土壤样本采集地点示意图

表 4-4-1　武夷山芽胞杆菌分布多样性研究样本采集信息

| 土样编号 | 采集地点 | 土样信息 | 采集时间（年-月-日） |
|---|---|---|---|
| FJAT-5619 | 黄岗山山顶 | SJ-1 黄岗山山顶土壤 | 2012-6-19 |
| FJAT-5622 | | SJ-5 黄岗山山顶土壤 | 2012-6-19 |
| FJAT-5733 | | SJ-12 黄岗山边土壤 | 2012-6-19 |
| FJAT-5735 | | SJ-8 黄岗山松树根际土壤 | 2012-6-19 |
| FJAT-5738 | | SJ-13 黄岗山苔藓土壤 | 2012-6-19 |
| FJAT-5744 | | 黄岗山山顶杂草地土壤 | 2012-6-19 |
| FJAT-5745 | | 黄岗山山顶水塘边土壤 1# | 2012-6-19 |
| FJAT-5754 | | 黄岗山山顶岩石下土壤 | 2012-6-19 |
| FJAT-5755 | | 黄岗山山顶树下土壤 | 2012-6-19 |
| FJAT-5756 | | 黄岗山山顶矮松下土壤 | 2012-6-19 |
| FJAT-5762 | | 黄岗山山顶福建界碑下土壤 1# | 2012-6-19 |
| FJAT-5763 | | 黄岗山山顶江山界碑下土壤 | 2012-6-19 |
| FJAT-5765 | | 黄岗山山顶武夷山天下第一峰牌下土壤 1# | 2012-6-19 |
| FJAT-5766 | | 黄岗山山顶土壤③ | 2012-6-19 |
| FJAT-5768 | | 黄岗山山顶土壤⑤ | 2012-6-19 |
| FJAT-5818 | | SJ-2 黄岗山草地土壤 | 2012-6-19 |
| FJAT-5819 | | SJ-3 黄岗山草地土壤 | 2012-6-19 |
| FJAT-5820 | | SJ-7 黄岗山烂草根土壤 | 2012-6-19 |
| FJAT-5821 | | SJ-9 黄岗山石头旁边土壤 | 2012-6-19 |
| FJAT-5825 | | 黄岗山山顶草坪土壤⑩ | 2012-6-19 |
| FJAT-5626 | 黄岗山中部 | SJ-18 黄岗山中部土壤② | 2012-6-19 |
| FJAT-5627 | | SJ-22 树下土壤 | 2012-6-19 |
| FJAT-5654 | | SJ-59 树下土壤 | 2012-6-19 |
| FJAT-5668 | | SJ-19 苔藓地衣土壤 | 2012-6-19 |
| FJAT-5750 | | 黄岗山屋前草丛土壤 | 2012-6-19 |
| FJAT-5751 | | 黄岗山屋前地衣土壤 | 2012-6-19 |
| FJAT-5759 | | 黄岗山发射塔下土壤 2# | 2012-6-19 |
| FJAT-5764 | | 黄岗山石牌下土壤 | 2012-6-19 |
| FJAT-5726 | | 黄岗山水泥厂地土壤 1# | 2012-6-19 |
| FJAT-5748 | | 黄岗山墙角土壤 3# | 2012-6-19 |
| FJAT-5761 | | 黄岗山草丛边沙地土壤 1# | 2012-6-19 |
| FJAT-5826 | | 黄岗山发射塔下土壤 1# | 2012-6-19 |
| FJAT-5828 | | 黄岗山水塘边土壤② | 2012-6-19 |
| FJAT-5628 | 黄岗山山脚 | SJ-24 黄岗山土壤 3 | 2012-6-19 |
| FJAT-5629 | | SJ-27 黄岗山土壤 3 | 2012-6-19 |
| FJAT-5630 | | SJ-28 黄岗山土壤 3 | 2012-6-19 |
| FJAT-5631 | | SJ-29 黄岗山土壤 | 2012-6-19 |
| FJAT-5632 | | SJ-30 黄岗山土壤 3 | 2012-6-19 |
| FJAT-5633 | | SJ-31 水中沙土壤 | 2012-6-19 |
| FJAT-5634 | | SJ-32 黄岗山土壤 3 | 2012-6-19 |
| FJAT-5635 | 桐木关 | SJ-41 桐木关柳杉表面土壤 4 | 2012-6-19 |
| FJAT-5636 | | SJ-42 桐木关银杏烂树叶土壤 | 2012-6-19 |
| FJAT-5640 | | SJ-49 桐木关红豆杉洞内土壤 4 | 2012-6-19 |
| FJAT-5699 | | 桐峰茶丁志中红茶基地茶园土壤 1 | 2012-6-19 |
| FJAT-5700 | | 桐峰茶丁志枯木下土壤 | 2012-6-19 |

续表

| 土样编号 | 采集地点 | 土样信息 | 采集时间（年-月-日） |
| --- | --- | --- | --- |
| FJAT-5701 | 桐木关 | 桐峰茶丁志棕榈树下土壤 | 2012-6-19 |
| FJAT-5702 | | 桐峰茶丁志南方红豆杉树皮 2 | 2012-6-19 |
| FJAT-5703 | | 桐峰茶丁志大松树下土壤 1 | 2012-6-19 |
| FJAT-5704 | | 桐峰茶场溪边土壤 | 2012-6-19 |
| FJAT-5708 | | 桐木关城墙下土壤 2 | 2012-6-19 |
| FJAT-5709 | | 桐木关城门边土壤 1 | 2012-6-19 |
| FJAT-5710 | | 瀑布下土样 1# | 2012-6-19 |
| FJAT-5786 | 挂墩 | 中挂敦黄花菜边土壤 | 2012-6-20 |
| FJAT-5787 | | 挂敦路口斜坡上土壤 | 2012-6-20 |
| FJAT-5788 | | 挂敦路口朝阳坡上土壤 | 2012-6-20 |
| FJAT-5789 | | 挂敦路口土壤② | 2012-6-20 |
| FJAT-5790 | | 中挂敦路边石头边土壤 | 2012-6-20 |
| FJAT-5791 | | 挂敦路口土壤③ | 2012-6-20 |
| FJAT-5794 | | 中挂敦河边土壤 | 2012-6-20 |
| FJAT-5795 | | 挂敦路口土壤④ | 2012-6-20 |
| FJAT-5796 | | 中挂敦石头下土壤 | 2012-6-20 |
| FJAT-5798 | | 挂敦路口土壤⑥ | 2012-6-20 |
| FJAT-5802 | | 挂敦路口土壤⑤ | 2012-6-20 |
| FJAT-5804 | | 挂敦路口石头表面土壤⑦ | 2012-6-20 |
| FJAT-5805 | | 挂墩路口茶树根际土壤 | 2012-6-20 |
| FJAT-5806 | | 挂墩路口阴面土壤 | 2012-6-20 |
| FJAT-5568 | 大竹岚 | 大竹岚半山腰岩壁土壤 1# | 2012-6-20 |
| FJAT-5576 | | 大竹岚半山腰松树根系土壤 2#⑤ | 2012-6-20 |
| FJAT-5577 | | 大竹岚半山腰润兰科根系土壤 1# | 2012-6-20 |
| FJAT-5581 | | 大竹岚半山腰树下蘑菇根系土壤 | 2012-6-20 |
| FJAT-5583 | | 大竹岚半山腰沉积土壤 1# | 2012-6-20 |
| FJAT-5585 | | 大竹岚蕨类根系土壤 1# | 2012-6-20 |
| FJAT-5589 | | 大竹岚岩石下土壤 | 2012-6-20 |
| FJAT-5590 | | 大竹岚瞭望楼苔藓土壤 | 2012-6-20 |
| FJAT-5591 | | 大竹岚瞭望台周边土壤 1# | 2012-6-20 |
| FJAT-5594 | | 大竹岚米珍树下土壤 3# | 2012-6-20 |
| FJAT-5595 | | 大竹岚木兰属根系土壤 | 2012-6-20 |
| FJAT-5597 | | 大竹岚茶树根系土壤 1 | 2012-6-20 |
| FJAT-5601 | | 大竹岚土壤 17 | 2012-6-20 |
| FJAT-5605 | | 大竹岚竹子根系土壤 3# | 2012-6-20 |
| FJAT-5609 | | 大竹岚侧柏土样 14（上） | 2012-6-20 |
| FJAT-5610 | | 大竹岚牛藤土样（上） | 2012-6-20 |
| FJAT-5612 | | 大竹岚枫香根系土壤 1# | 2012-6-20 |
| FJAT-5613 | | 大竹岚银杏树下土壤 1# | 2012-6-20 |
| FJAT-5615 | | 大竹岚车前草边土壤 | 2012-6-20 |
| FJAT-5616 | | 大竹岚腐殖土壤 1# | 2012-6-20 |

注：土样信息中数字为土壤样品标注

（2）台湾地区芽胞杆菌土样采集。土样采集于台湾 9 个地区，采用五点采样法分别取 5～20 cm 深度的土壤，混合后装入采集袋，带回实验室进行分离。台湾地区土壤样品采集地信息详见表 4-4-2。

**表 4-4-2　台湾地区芽胞杆菌种群分化研究采集土样信息**

| 土样编号 | 台湾地区市县 | 采集地点 | 采集时间（年-月-日） |
|---|---|---|---|
| FJAT-4593 | 基隆市 | 台湾野柳地质公园 | 2011-8-29 |
| FJAT-4596 | | 台湾野柳地质公园 | 2011-8-29 |
| FJAT-4592 | | 台湾野柳地质公园 | 2011-8-29 |
| FJAT-4570 | 台北市 | 台湾台北阳明山花钟 | 2011-8-28 |
| FJAT-4569 | | 台湾台北阳明山蒋介石雕像下 | 2011-8-28 |
| FJAT-4568 | | 台湾台北士林官邸芭乐树下 | 2011-8-28 |
| FJAT-4566 | | 台湾台北士林官邸白千层树下 | 2011-8-28 |
| FJAT-4567 | | 台湾台北士林官邸草坪土 | 2011-8-28 |
| FJAT-4559 | 桃园市 | 台湾慈湖石像群 | 2011-8-27 |
| FJAT-4561 | | 台湾慈湖蒋陵 | 2011-8-27 |
| FJAT-4564 | | 台湾桃园大溪九里香 | 2011-8-27 |
| FJAT-4562 | | 台湾慈湖黄花槐 | 2011-8-27 |
| FJAT-4575 | | 台湾中坜高速休息区 | 2011-8-29 |
| FJAT-4574 | 新竹县 | 台湾新竹食品研究所 | 2011-8-29 |
| FJAT-4576 | 苗栗县 | 台湾西湖高速休息区 | 2011-8-30 |
| FJAT-4572 | 台中市 | 台湾大学农学院 | 2011-8-29 |
| FJAT-4582 | 南投县 | 台湾中台禅寺 | 2011-8-27 |
| FJAT-4577 | | 台湾日月潭日潭 | 2011-8-30 |
| FJAT-4579 | | 台湾日月潭宏观寺 | 2011-8-30 |
| FJAT-4583 | | 台湾台一农场 | 2011-8-31 |
| FJAT-4580 | 嘉义县 | 台湾嘉义大学草坪土 | 2011-8-31 |
| FJAT-4587 | 高雄市 | 台湾高雄农友种业 | 2011-9-1 |
| FJAT-4585 | | 台湾高雄农友种业 | 2011-9-1 |

## 2. 芽胞杆菌菌株分离

称取土样 10 g，加入装有 90 mL 无菌水的锥形瓶（150 mL）内，摇床振荡 20 min 后，80℃水浴 10～15 min，中间振荡 2 或 3 次，即制成土壤悬液原液。吸取 1 mL 土壤悬液原液至装有 9 mL 无菌水的试管，即配成 $10^{-2}$ 浓度，依次稀释配置成 $10^{-3}$、$10^{-4}$。超净台内，吸取稀释度为 $10^{-3}$、$10^{-4}$ 的土壤悬液 100 μL，加入 LB 培养基平板上，用无菌涂布棒涂布均匀，每个稀释度重复 2 次。将涂布均匀的培养基平板倒置放在 30℃恒温箱培养 1～2 d。统计平板上的菌落数，描述菌落形态、大小等，计算出每一稀释度菌落的平均数（菌落数计算公式：每克土样中微生物的数量=同一稀释度的菌落平均数×稀释倍数/含菌样品克数）。用平板划线法纯化菌株，用接种环在 NA 平板上挑取单菌落在新的平板上划线，放置在 30℃恒温箱中培养（可能需重复划线培养多次，直至得到纯化菌株）。对纯化后的菌株进行编号、拍照，于−80℃甘油中保存。

## 3. 芽胞杆菌种类鉴定

从武夷山地区和台湾地区不同地点、不同海拔采集的蕈状芽胞杆菌（*Bacillus mycoides*）、蜡样芽胞杆菌（*Bacillus cereus*）、解木糖赖氨酸芽胞杆菌（*Lysinibacillus xylanilyticus*）；苏云金芽胞杆菌（*Bacillus thuringiensis*）、巨大芽胞杆菌（*Bacillus megaterium*）等采用 16S rDNA 分子鉴定，对于蜡样芽胞杆菌群（*Bacillus cereus* Group）16S rDNA 无法确定的种类，继续用 *gyrB* 基因进行确认。鉴定结果见表 4-4-3～表 4-4-6。

**表 4-4-3　黄岗山不同海拔芽胞杆菌种类 16S rDNA 鉴定**

| 菌株编号 | 学名 | 中文名称 | 16S rDNA 登录号 | 同源性/% |
|---|---|---|---|---|
| FJAT-16157 | *Bacillus cereus* | 蜡样芽胞杆菌 | KF278146 | 99.86 |
| FJAT-16154 | *Bacillus mycoides* | 蕈状芽胞杆菌 | KF278143 | 100.00 |
| FJAT-16140 | *Lysinibacillus xylanilyticus* | 解木糖赖氨酸芽胞杆菌 | KF278134 | 100.00 |

**表 4-4-4　武夷山不同地点芽胞杆菌种类 16S rDNA 鉴定**

| 菌株编号 | 学名 | 中文名称 | 16S rDNA 登录号 | 同源性/% |
|---|---|---|---|---|
| FJAT-16178 | *Bacillus thuringiensis* | 苏云金芽胞杆菌 | KF278153 | 100.00 |
| FJAT-16140 | *Lysinibacillus xylanilyticus* | 解木糖赖氨酸芽胞杆菌 | KF278134 | 100.00 |

**表 4-4-5　台湾地区不同地点芽胞杆菌种类 16S rDNA 鉴定**

| 菌株编号 | 学名 | 中文名称 | 16S rDNA 登录号 | 同源性/% |
|---|---|---|---|---|
| FJAT-14537 | *Bacillus megaterium* | 巨大芽胞杆菌 | KC479328 | 99.39 |
| FJAT-14613 | *Bacillus cereus* | 蜡样芽胞杆菌 | KC013930 | 100.00 |

**表 4-4-6　蜡样芽胞杆菌群种类的 *gyrB* 基因鉴定结果**

| 菌株编号 | 16S rDNA 鉴定结果 | *gyrB* 基因鉴定结果 |
|---|---|---|
| FJAT-14445 | 炭疽芽胞杆菌 *B. anthracis* | 蜡样芽胞杆菌 *B. cereus* |
| FJAT-14478 | 苏云金芽胞杆菌 *B. thuringiensis* | 苏云金芽胞杆菌 *B. thuringiensis* |
| FJAT-14486 | 炭疽芽胞杆菌 *B.anthracis* | 苏云金芽胞杆菌 *B. thuringiensis* |
| FJAT-14502 | 苏云金芽胞杆菌 *B. thuringiensis* | 苏云金芽胞杆菌 *B. thuringiensis* |
| FJAT-14521 | 蜡样芽胞杆菌 *B. cereus* | 蜡样芽胞杆菌 *B. cereus* |
| FJAT-14529 | 蜡样芽胞杆菌 *B. cereus* | 苏云金芽胞杆菌 *B. thuringiensis* |
| FJAT-14541 | 蜡样芽胞杆菌 *B. cereus* | 蜡样芽胞杆菌 *B. cereus* |
| FJAT-14554 | 蜡样芽胞杆菌 *B. cereus* | 蜡样芽胞杆菌 *B. cereus* |
| FJAT-14560 | 炭疽芽胞杆菌 *B.anthracis* | 苏云金芽胞杆菌 *B. thuringiensis* |
| FJAT-14563 | 炭疽芽胞杆菌 *B.anthracis* | 蜡样芽胞杆菌 *B. cereus* |
| FJAT-14570 | 蕈状芽胞杆菌 *B. mycoides* | 韦氏芽胞杆菌 *B. weihenstephanensis* |
| FJAT-14572 | 假蕈状芽胞杆菌 *B. pseudomycoides* | 蜡样芽胞杆菌 *B. cereus* |
| FJAT-14577 | 蜡样芽胞杆菌 *B. cereus* | 蜡样芽胞杆菌 *B. cereus* |
| FJAT-14585 | 蜡样芽胞杆菌 *B. cereus* | 韦氏芽胞杆菌 *B. weihenstephanensis* |
| FJAT-14586 | 苏云金芽胞杆菌 *B. thuringiensis* | 蜡样芽胞杆菌 *B. cereus* |
| FJAT-14594 | 炭疽芽胞杆菌 *B. anthracis* | 蜡样芽胞杆菌 *B. cereus* |
| FJAT-14604 | 炭疽芽胞杆菌 *B. anthracis* | 苏云金芽胞杆菌 *B. thuringiensis* |
| FJAT-14606 | 蜡样芽胞杆菌 *B. cereus* | 蜡样芽胞杆菌 *B. cereus* |

### 4. 芽胞杆菌脂肪酸组测定

将采集的芽胞杆菌菌株采用四区划线法在 TSB 平板上划线，置于 28℃恒温暗培养箱培养 24 h。获菌：用接种环挑取 3～5 环（湿重约 40 mg）第三区的菌落置于清洁干燥的有螺旋盖的试管（13 mm×100 mm）底部。皂化（强烈的甲醇随着加热溶解细菌）：在装有菌体的试管内加入（1.0±0.1）mL 试剂 1，锁紧盖子，振荡试管 5～10 s，95～100℃水浴 5 min，从沸水中移开试管并轻微冷却，振荡 5～10 s，再水浴 25 min，取出冷却至室温。甲基化（甲基化转换脂肪酸成甲基酯脂肪酸以增加脂肪酸的挥发性，以供 GC 分析）：加入试剂（2.0±0.1）mL，拧紧盖子，振荡 5～10 s，80℃水浴 10 min，移开且迅速用流动自来水冷却至室温。萃取（甲基酯脂肪酸从酸性水相转移到一个有机相的萃取过程）：加入（1.25±0.1）mL 试剂 3 萃取溶剂，盖紧盖子，温和混合旋转 10 min，打开管盖，利用干净的移液管取出下层似水部分，弃去。基本洗涤（从有机相中移去游离的脂肪）：加入（3.0±0.21）mL 试剂 4，拧紧盖子，温和混合旋转 5 min，打开盖子，利用干净的移液管移出约 2/3 体积的上层有机相到干净的 GC 小瓶中。用气相色谱分析脂肪酸甲酯混合物标样和待检样本，具体检测、分析过程参照蓝江林等（2010）的文献。

### 5. 芽胞杆菌种群分化分析

基于脂肪酸组芽胞杆菌垂直分布和水平分布种群分化多样性分析方法：各采样地点采集同种芽胞杆菌 5 株以上，分别测定脂肪酸组，以采集地点为基准，统计芽胞杆菌脂肪酸生物标记平均值，比较不同海拔垂直分布、不同地点水平分布芽胞杆菌种群脂肪酸组的异质性。根据不同地理位置芽胞杆菌脂肪酸组，进行脂肪酸生物标记聚类分析，分析芽胞杆菌种群不同脂肪酸生物标记类别在不同地理位置的变化，通过 16S rDNA 序列变化比对，辅证芽胞杆菌地理种群的分化。

## 三、基于脂肪酸组芽胞杆菌垂直分布种群分化多样性

### 1. 黄岗山蕈状芽胞杆菌垂直分布种群分化

（1）脂肪酸组测定。选取从武夷山黄岗山山顶（海拔 2158 m）、中部（1700 m）、山脚（1100 m）采集并分离到的蕈状芽胞杆菌（*Bacillus mycoides*）各 5 株以上，测定脂肪酸组，以采集地为基点，统计脂肪酸生物标记的平均值（表 4-4-7）。各地理位置采集的蕈状芽胞杆菌脂肪酸总和大于 97.996%，基本涵盖了被测芽胞杆菌整体脂肪酸组。

**表 4-4-7　黄岗山蕈状芽胞杆菌（*Bacillus mycoides*）脂肪酸组测定**

| 脂肪酸生物标记 | 蕈状芽胞杆菌（*Bacillus mycoides*）脂肪酸/% | | | 标准差 | 显著性 |
|---|---|---|---|---|---|
| | 黄岗山山顶（2158 m） | 黄岗山中部（1700 m） | 黄岗山山脚（1100 m） | | |
| 15:0 iso | 19.834 | 20.620 | 17.730 | 2.865 | 0.438 |
| 15:0 anteiso | 3.800 | 3.659 | 4.160 | 0.729 | 0.683 |
| 17:0 iso | 9.591 | 10.051 | 8.670 | 2.849 | 0.820 |
| 17:0 anteiso | 2.027 | 1.974 | 1.975 | 0.584 | 0.974 |

续表

| 脂肪酸生物标记 | 蕈状芽胞杆菌（*Bacillus mycoides*）脂肪酸/% | | | 标准差 | 显著性 |
|---|---|---|---|---|---|
| | 黄岗山山顶（2158 m） | 黄岗山中部（1700 m） | 黄岗山山脚（1100 m） | | |
| 17:1 iso ω10c | 6.323 | 5.596 | 7.045 | 1.453 | 0.322 |
| 13:0 iso | 12.314 | 12.896 | 12.515 | 3.268 | 0.914 |
| c16:0 | 11.666 | 11.798 | 12.105 | 2.188 | 0.962 |
| 16:0 iso | 6.452 | 6.632 | 7.185 | 0.869 | 0.515 |
| feature 3 | 6.012 | 5.652 | 5.890 | 1.280 | 0.797 |
| 14:0 iso | 3.246 | 3.387 | 4.045 | 0.689 | 0.298 |
| c14:0 | 3.208 | 3.169 | 2.980 | 0.713 | 0.916 |
| 13:0 anteiso | 2.306 | 2.493 | 2.680 | 1.185 | 0.876 |
| 16:1ω11c | 2.205 | 1.960 | 2.535 | 0.602 | 0.406 |
| 12:0 iso | 1.546 | 1.786 | 1.930 | 0.796 | 0.676 |
| 16:1ω7c alcohol | 1.260 | 1.207 | 1.850 | 0.262 | 0.003 |
| 17:1 iso ω5c | 1.683 | 1.426 | 0.970 | 0.847 | 0.466 |
| c18:0 | 1.224 | 1.196 | 1.115 | 0.414 | 0.938 |
| c12:0 | 0.805 | 0.798 | 0.785 | 0.459 | 0.998 |
| feature 2 | 0.704 | 0.612 | 0.760 | 0.456 | 0.864 |
| 18:1ω9c | 0.553 | 0.617 | 0.705 | 0.284 | 0.718 |
| 15:0 2OH | 0.532 | 0.343 | 0.490 | 0.229 | 0.125 |
| 17:1ω9c | 0.573 | 0.252 | 0.000 | 1.113 | 0.673 |
| feature 4 | 0.132 | 0.000 | 0.630 | 0.384 | 0.107 |
| 总和 | 97.996 | 98.124 | 98.750 | | |

注：feature 2 | 12:0 aldehyde ? | 14:0 3OH/16:1 iso I | 16:1 iso I/14:0 3OH | unknown 10.9525；feature 3 | 16:1ω6c/16:1ω7c | 16:1ω7c/16:1ω6c；feature 4 | 17:1 anteiso B/iso I | 17:1 iso I/anteiso B

（2）脂肪酸生物标记聚类分析。以表 4-4-7 为数据矩阵，以黄岗山不同海拔为指标，以脂肪酸生物标记为样本，以马氏距离为尺度，用可变类平均法进行系统聚类，分析结果见表 4-4-8 和图 4-4-2。分析结果可将黄岗山蕈状芽胞杆菌脂肪酸生物标记分为 3 类。

**表 4-4-8 黄岗山蕈状芽胞杆菌（*Bacillus mycoides*）脂肪酸生物标记聚类分析** （%）

| 类别 | 脂肪酸 | 黄岗山山顶（2158 m） | 黄岗山中部（1700 m） | 黄岗山山脚（1100 m） |
|---|---|---|---|---|
| I | 15:0 iso | 19.83 | 20.62 | 17.73 |
| I | 13:0 iso | 12.31 | 12.90 | 12.52 |
| I | c16:0 | 11.67 | 11.80 | 12.11 |
| I | 17:0 iso | 9.59 | 10.05 | 8.67 |
| I | 16:0 iso | 6.45 | 6.63 | 7.19 |
| 第 I 类 5 个标记 | 平均值 | 11.97 | 12.40 | 11.64 |
| II | 17:1 iso ω10c | 6.32 | 5.60 | 7.05 |
| II | feature 3 | 6.01 | 5.65 | 5.89 |
| II | 15:0 anteiso | 3.80 | 3.66 | 4.16 |
| II | 14:0 iso | 3.25 | 3.39 | 4.05 |
| II | c14:0 | 3.21 | 3.17 | 2.98 |

续表

| 类别 | 脂肪酸 | 黄岗山山顶（2158 m） | 黄岗山中部（1700 m） | 黄岗山山脚（1100 m） |
|---|---|---|---|---|
| II | 13:0 anteiso | 2.31 | 2.49 | 2.68 |
| II | 16:1ω11c | 2.21 | 1.96 | 2.54 |
| II | 17:0 anteiso | 2.03 | 1.97 | 1.98 |
| 第 II 类 8 个标记 | 平均值 | 3.64 | 3.49 | 3.92 |
| III | 12:0 iso | 1.55 | 1.79 | 1.93 |
| III | 16:1ω7c alcohol | 1.26 | 1.21 | 1.85 |
| III | 17:1 iso ω5c | 1.68 | 1.43 | 0.97 |
| III | c18:0 | 1.22 | 1.20 | 1.12 |
| III | c12:0 | 0.81 | 0.80 | 0.79 |
| III | feature 2 | 0.70 | 0.61 | 0.76 |
| III | 18:1ω9c | 0.55 | 0.62 | 0.71 |
| III | 15:0 2OH | 0.53 | 0.34 | 0.49 |
| III | 17:1ω9c | 0.57 | 0.25 | 0.00 |
| III | feature 4 | 0.13 | 0.00 | 0.63 |
| 第 III 类 10 个标记 | 平均值 | 0.90 | 0.83 | 0.93 |

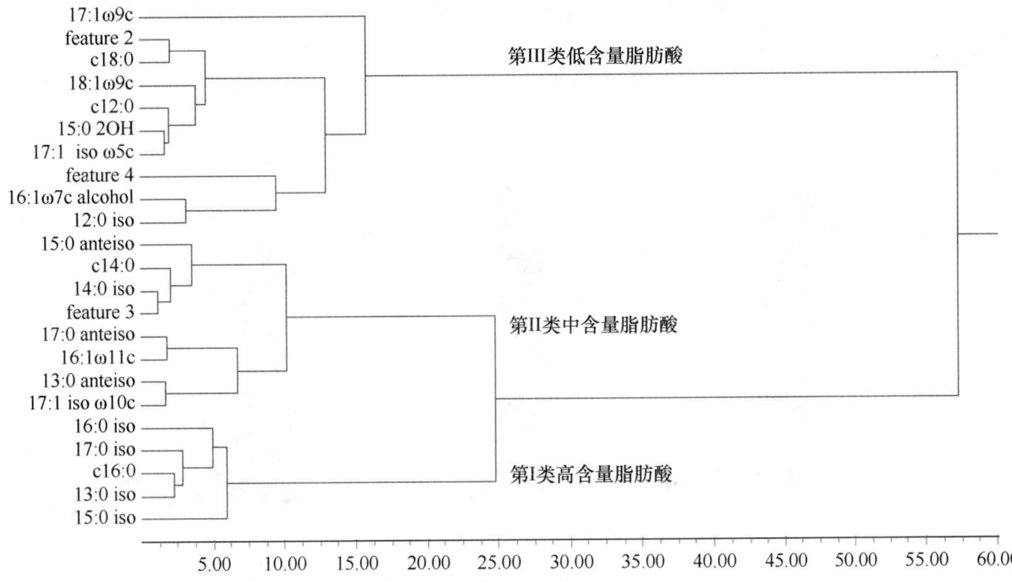


图 4-4-2　黄岗山蕈状芽胞杆菌（*Bacillus mycoides*）脂肪酸生物标记聚类分析

第 I 类为高含量脂肪酸，到中心的马氏距离为 RMSTD=4.7597，包括 5 个生物标记，即 15:0 iso、13:0 iso、c16:0、17:0 iso、16:0 iso；该类脂肪酸平均值在黄岗山不同海拔间存在差异，山顶（2158 m）、中部（1700 m）、山脚（1100 m）的第 I 类脂肪酸平均值分别为 11.97%、12.40%、11.64%，说明中海拔含量最高、低海拔和高海拔含量较低。

第 II 类为中含量脂肪酸，到中心的马氏距离为 RMSTD=1.6382，包括 8 个生物标记，即 17:1 iso ω10c、feature 3、15:0 anteiso、14:0 iso、c14:0、13:0 anteiso、16:1ω11c、17:0

anteiso；该类脂肪酸平均值在黄岗山不同海拔间存在差异，山顶（2158 m）、中部（1700 m）、山脚（1100 m）的第 II 类脂肪酸平均值分别为 3.64%、3.49%、3.92%，说明中海拔含量较低，而低海拔和高海拔含量较高。

第 III 类为低含量脂肪酸，到中心的马氏距离为 RMSTD=0.5542，包括 10 个生物标记，即 12:0 iso、16:1ω7c alcohol、17:1 iso ω5c、c18:0、c12:0、feature 2、18:1ω9c、15:0 2OH、17:1ω9c、feature 4；该类脂肪酸平均值在黄岗山不同海拔间存在差异，山顶（2158 m）、中部（1700 m）、山脚（1100 m）的第 II 类脂肪酸平均值分别为 0.90%、0.83%、0.93%，说明中海拔含量较低、低海拔和高海拔含量较高。

（3）花岗山蕈状芽胞杆菌种群分化。从黄岗山不同海拔采集的蕈状芽胞杆菌种群脂肪酸组存在差异（图 4-4-3），从蕈状芽胞杆菌种群各类脂肪酸平均值看，第 I 类脂肪酸平均值表现为黄岗山中部（1700 m）>黄岗山山顶（2158 m）>黄岗山山脚（1100 m），平均值分别为 12.40%、11.97%、11.64%；第 II 类脂肪酸平均值表现为黄岗山山脚（1100 m）>黄岗山山顶（2158 m）>黄岗山中部（1700 m），平均值分别为 3.92%、3.64%、3.49%；第 III 类脂肪酸平均值表现为黄岗山山脚（1100 m）>黄岗山山顶（2158 m）>黄岗山中部（1700 m），平均值分别为 0.93%、0.90%、0.83%；其中蕈状芽胞杆菌种群低含量脂肪酸在不同海拔黄岗山的变化比中含量和高含量的大，表明高含量脂肪酸作为种的稳定性成分，受海拔分布的影响较小，低含量脂肪酸作为适应不同海拔生理的生物标记表现出较大差异。

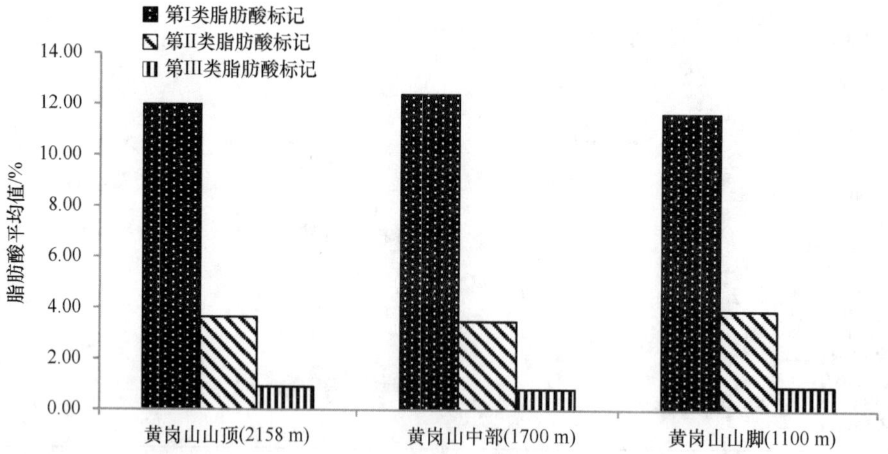


图 4-4-3　黄岗山不同海拔采集的蕈状芽胞杆菌种群 3 类脂肪酸生物标记平均值总和

第 I 类高含量脂肪酸 5 个生物标记平均值比较结果表明（图 4-4-4），蕈状芽胞杆菌种群脂肪酸变化最大的是 15:0 iso，在山顶（2158 m）、中部（1700 m）、山脚（1100 m）的平均值分别为 19.83%、20.62%、17.73%；其余脂肪酸变化较小。

第 II 类中含量脂肪酸 8 个生物标记平均值比较结果显示，蕈状芽胞杆菌种群的脂肪酸 17:1 iso ω10c、15:0 anteiso、14:0 iso 在不同海拔种群中含量差异显著，脂肪酸 17:1 iso ω10c 在山顶（2158 m）、中部（1700 m）、山脚（1100 m）的含量分别为 6.32%、5.60%、7.05%，脂肪酸 15:0 anteiso 分别为 3.80%、3.66%、4.16%，脂肪酸 14:0 iso 分别为 3.25%、

3.39%、4.05%。说明黄岗山山脚的种群脂肪酸含量高于山顶和中部（图 4-4-5）。

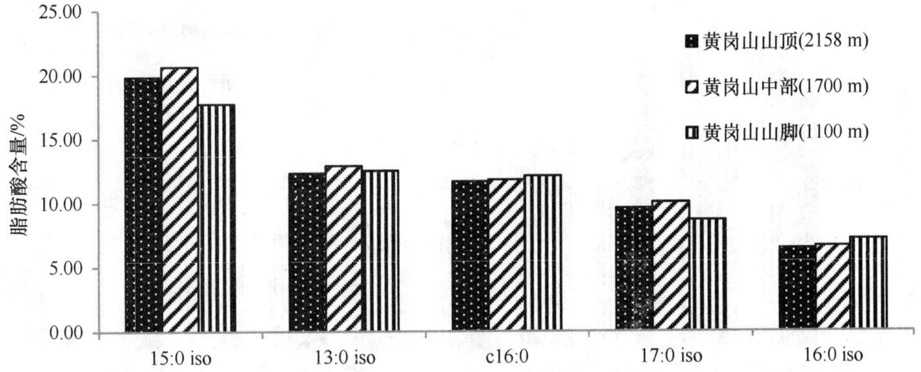


图 4-4-4 黄岗山不同海拔采集的蕈状芽胞杆菌种群第 I 类脂肪酸生物标记

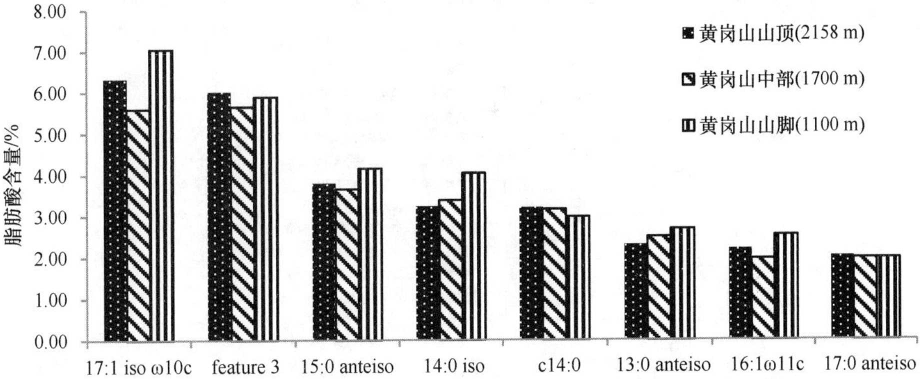


图 4-4-5 黄岗山不同海拔采集的蕈状芽胞杆菌种群第 II 类脂肪酸生物标记

第 III 类低含量脂肪酸 10 个生物标记平均值比较结果表明，蕈状芽胞杆菌种群的脂肪酸 12:0 iso、16:1ω7c alcohol、17:1 iso ω5c 在不同海拔种群中的含量差异显著，脂肪酸 12:0 iso 在山顶（2158 m）、中部（1700 m）、山脚（1100 m）的含量别为 1.55%、1.79%、1.93%，山脚种群含量高于山顶和中部；脂肪酸 16:1ω7c alcohol 含量分别为 1.26%、1.21%、1.85%，山脚种群含量明显高于山顶和中部；脂肪酸 17:1 iso ω5c 含量分别为 1.68%、1.43%、0.97%，山顶种群的含量高于中部和山脚（图 4-4-6）。

基于 16S rDNA 的黄岗山蕈状芽胞杆菌种群（*Bacillus mycoides*）的地理分化分析结果见图 4-4-7。可以将黄岗山蕈状芽胞杆菌种群分为 6 类，山顶、中部和山脚分离到的菌株没有各自聚在一起，表明蕈状芽胞杆菌种群在基因水平上的分化是较小的。16S rDNA 序列比较表明，蕈状芽胞杆菌种群在部分碱基上发生了变化（图 4-4-8），如类群 I 的 10 个菌株与蕈状芽胞杆菌标准菌株相比，16S rDNA 序列的 298 号上的 G 转变为 A。类群 II 的 10 个菌株 16S rDNA 序列的 298 号上的 G 转变为 A；黄岗山发射塔下土壤 2#中的 FJAT-16581 菌株 16S rDNA 序列的 685 号上的 G 转变为 C。类群Ⅲ、Ⅳ、Ⅴ、Ⅵ 中的 4 个菌株 16S rDNA 序列的 298 号上的 G 转变为 A。黄岗山不同海拔的蕈状芽胞杆菌种群 16S rDNA 出现了碱基差异，可能导致地理分化，这也表现在敏感的脂肪酸生物标记上。

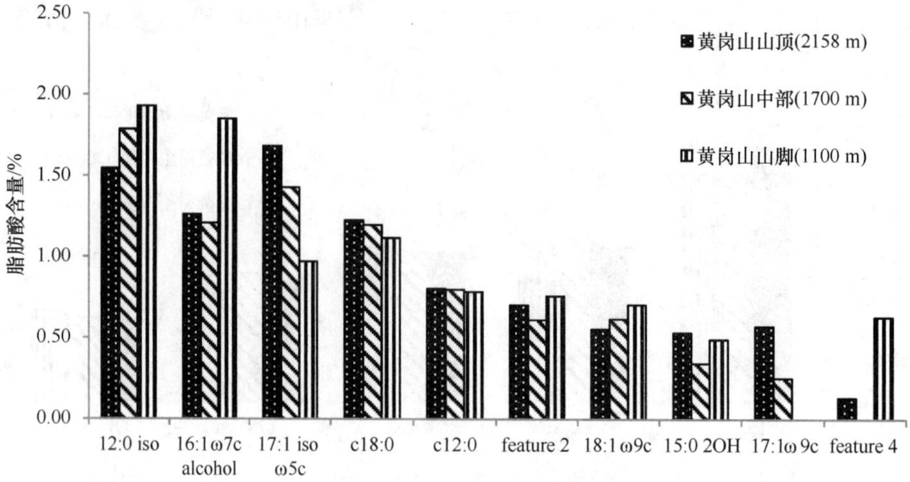


图 4-4-6　黄岗山不同海拔采集的蕈状芽胞杆菌种群第 III 类脂肪酸生物标记

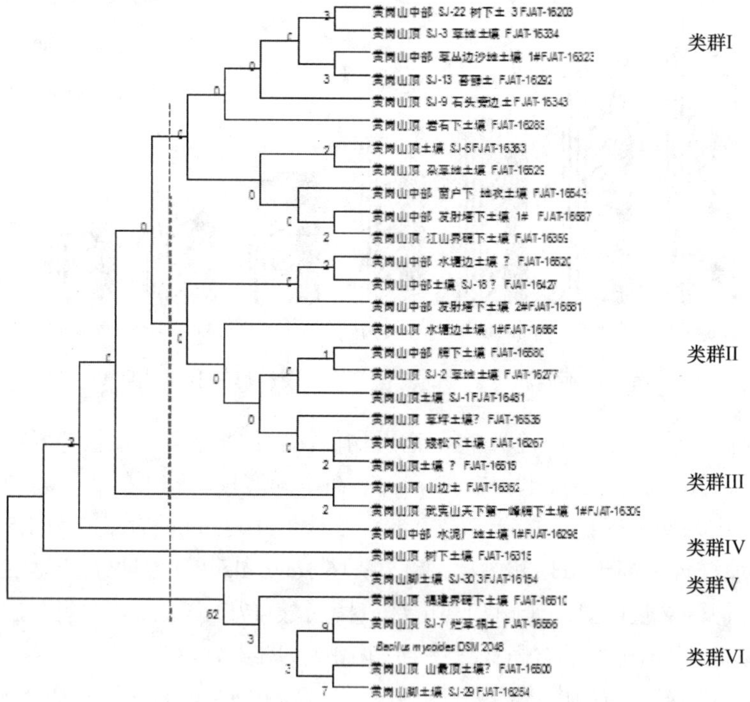


图 4-4-7　基于 16S rDNA 的黄岗山蕈状芽胞杆菌种群地理分化聚类

因此，黄岗山蕈状芽胞杆菌种群的主要脂肪酸成分分析结果与基于 16S rDNA 的地理分化分析结果是一致的，不同海拔的种群发生了地理分化，而且脂肪酸差异的显示度高于 16S rDNA 差异。

## 2. 黄岗山蜡样芽胞杆菌垂直分布种群分化

（1）脂肪酸组测定。从武夷山黄岗山山顶（海拔 2158 m）、黄岗山中部（1700 m）、黄岗山脚（1100 m）分别采集并分离蜡样芽胞杆菌（*Bacillus cereus*）各 5 株以上，测定脂肪酸组，以采集地为基点，统计脂肪酸生物标记的平均值（表 4-4-9）。各地理位置采集的蜡样芽胞杆菌脂肪酸总和大于 97.713%，基本涵盖了被测芽胞杆菌整体脂肪酸组。

类群 I
Bacillus mycoides DSM 2048　GTAACGGCTCACCAAGGCGA　280
黄岗山中部 SJ-22 树下土壤 3 FJAT-16203　GTAACGGCTCACCAAGGCAA　214
黄岗山山顶 SJ-3 草地土壤 FJAT-16334　GTAACGGCTCACCAAGGCAA　208
黄岗山中部 草丛边沙地土壤 1# FJAT-16323　GTAACGGCTCACCAAGGCAA　208
黄岗山山顶 SJ-13 苔藓土壤 FJAT-16292　GTAACGGCTCACCAAGGCAA　214
黄岗山山顶 SJ-9 石头旁边土壤 FJAT-16343　GTAACGGCTCACCAAGGCAA　206
黄岗山山顶 岩石下土壤 FJAT-16285　GTAACGGCTCACCAAGGCAA　226
黄岗山山顶土壤 SJ-5 FJAT-16363　GTAACGGCTCACCAAGGCAA　204
黄岗山山顶 杂草地土壤 FJAT-16529　GTAACGGCTCACCAAGGCAA　213
黄岗山中部屋前地衣土壤 FJAT-16543　GTAACGGCTCACCAAGGCAA　209
黄岗山中部 发射塔下土壤 1# FJAT-16587　GTAACGGCTCACCAAGGCAA　203
黄岗山山顶 江西界碑下土壤 FJAT-16359　GTAACGGCTCACCAAGGCAA　204
Consensus　gtaacggctcaccaaggc a
类群 II
Bacillus mycoides DSM 2048　GTAACGGCTCACCAAGGCGA　280
黄岗山中部 水塘边土壤 ② FJAT-16520　GTAACGGCTCACCAAGGCAA　209
黄岗山中部土壤 SJ-18 ② FJAT-16427　GTAACGGCTCACCAAGGCAA　230
黄岗山中部 发射塔下土壤 2# FJAT-16581　GTAACGGCTCACCAAGGCAA　212
黄岗山山顶 水塘边土壤 1# FJAT-16568　GTAACGGCTCACCAAGGCAA　216
黄岗山中部 牌下土壤 FJAT-16580　GTAACGGCTCACCAAGGCAA　208
黄岗山山顶 SJ-2 草地土壤 FJAT-16277　GTAACGGCTCACCAAGGCAA　224
黄岗山山顶土壤 SJ-1 FJAT-16481　GTAACGGCTCACCAAGGCAA　207
黄岗山山顶 草坪土壤 ⑩ FJAT-16535　GTAACGGCTCACCAAGGCAA　214
黄岗山山顶 矮松下土壤 FJAT-16267　GTAACGGCTCACCAAGGCAA　214
黄岗山山顶土壤 ③ FJAT-16515　GTAACGGCTCACCAAGGCAA　213
Consensus　gtaacggctcaccaaggc a
Bacillus mycoides DSM 2048　CAGAAGAGGAAAGTGGAATT　680
黄岗山中部 水塘边土壤 ② FJAT-16520　CAGAAGAGGAAAGTGGAATT　609
黄岗山中部土壤 SJ-18 ② FJAT-16427　CAGAAGAGGAAAGTGGAATT　630
黄岗山中部 发射塔下土壤 2# FJAT-16581　CAGAACAGGAAAGTGGAATT　612
黄岗山山顶 水塘边土壤 1# FJAT-16568　CAGAAGAGGAAAGTGGAATT　616
黄岗山中部 牌下土壤 FJAT-16580　CAGAAGAGGAAAGTGGAATT　608
黄岗山山顶 SJ-2 草地土壤 FJAT-16277　CAGAAGAGGAAAGTGGAATT　624
黄岗山山顶土壤 SJ-1 FJAT-16481　CAGAAGAGGAAAGTGGAATT　607
黄岗山山顶 草坪土壤 ⑩ FJAT-16535　CAGAAGAGGAAAGTGGAATT　614
黄岗山山顶 矮松下土壤 FJAT-16267　CAGAAGAGGAAAGTGGAATT　614
黄岗山山顶土壤 ③ FJAT-16515　CAGAAGAGGAAAGTGGAATT　613
Consensus　cagaa aggaaagtggaatt
类群 III、IV、V、VI
Bacillus mycoides DSM 2048　GTAACGGCTCACCAAGGCGA　280
黄岗山山顶 山边土壤 FJAT-16352　GTAACGGCTCACCAAGGCAA　208
黄岗山山顶 武夷山天下第一峰牌下土壤 1# FJAT-16309　GTAACGGCTCACCAAGGCAA　203
黄岗山中部 水泥厂地土壤 1# FJAT-16298　GTAACGGCTCACCAAGGCAA　223
黄岗山山顶 树下土壤 FJAT-16315　GTAACGGCTCACCAAGGCAA　224
Consensus　gtaacggctcaccaaggc a

图 4-4-8　黄岗山蕈状芽胞杆菌种群 16S rDNA 序列的碱基变异

（2）脂肪酸生物标记聚类分析。以表 4-4-9 为数据矩阵，以黄岗山不同海拔为指标，以脂肪酸生物标记为样本，以马氏距离为尺度，用可变类平均法进行系统聚类，分析结果见表 4-4-10 和图 4-4-9。分析结果可将黄岗山蜡样芽胞杆菌（*Bacillus cereus*）脂肪酸生物标记分为 3 类。

**表 4-4-9　黄岗山蜡样芽胞杆菌（*Bacillus cereus*）脂肪酸组测定**

| 脂肪酸生物标记 | 蜡样芽胞杆菌（*Bacillus cereus*）脂肪酸/% | | | 标准差 | 显著性 |
|---|---|---|---|---|---|
| | 黄岗山山顶（2158 m） | 黄岗山中部（1700 m） | 黄岗山山脚（1100 m） | | |
| 15:0 iso | 23.692 | 23.370 | 22.810 | 3.193 | 0.932 |
| 13:0 iso | 10.157 | 10.596 | 11.335 | 3.373 | 0.892 |
| c16:0 | 9.331 | 9.870 | 5.875 | 2.949 | 0.239 |
| 17:0 iso | 8.667 | 8.987 | 7.160 | 2.459 | 0.669 |
| feature 3 | 6.744 | 6.989 | 9.115 | 2.089 | 0.338 |
| 16:0 iso | 7.289 | 7.163 | 8.205 | 2.175 | 0.844 |
| 14:0 iso | 4.533 | 5.007 | 7.115 | 1.280 | 0.019 |
| 15:0 anteiso | 5.981 | 5.556 | 3.820 | 1.175 | 0.041 |
| 17:1 iso ω10c | 4.193 | 3.543 | 2.965 | 0.948 | 0.116 |
| c14:0 | 2.526 | 2.691 | 2.980 | 0.580 | 0.558 |
| 17:1 iso ω5c | 1.895 | 2.096 | 4.075 | 0.909 | 0.002 |
| feature 2 | 0.991 | 1.577 | 4.305 | 1.253 | 0.000 |
| 17:0 anteiso | 2.433 | 2.453 | 1.230 | 0.750 | 0.088 |
| 13:0 anteiso | 2.086 | 1.947 | 1.395 | 0.906 | 0.618 |
| 16:1ω7c alcohol | 2.430 | 0.981 | 1.200 | 4.118 | 0.745 |
| 12:0 iso | 1.103 | 1.346 | 1.895 | 0.577 | 0.167 |
| 16:1ω11c | 1.561 | 1.144 | 0.335 | 0.629 | 0.015 |
| c18:0 | 1.024 | 1.056 | 0.650 | 0.381 | 0.407 |
| 17:1 anteiso A | 0.513 | 0.509 | 0.715 | 0.181 | 0.331 |
| 15:0 2OH | 0.464 | 0.369 | 0.720 | 0.247 | 0.211 |
| c12:0 | 0.410 | 0.463 | 0.625 | 0.198 | 0.360 |
| 总和 | 98.023 | 97.713 | 98.525 | | |

注：feature 3 | 16:1ω6c/16:1ω7c | 16:1ω7c/16:1ω6c；feature 2 | 12:0 aldehyde ? | 14:0 3OH/16:1 iso I | 16:1 iso I/14:0 3OH | unknown 10.9525

**表 4-4-10　黄岗山蜡样芽胞杆菌（*Bacillus cereus*）脂肪酸生物标记聚类分析　（%）**

| 类别 | 脂肪酸生物标记 | 黄岗山山顶（2158 m） | 黄岗山中部（1700 m） | 黄岗山山脚（1100 m） |
|---|---|---|---|---|
| I | 15:0 iso | 23.69 | 23.37 | 22.81 |
| I | 13:0 iso | 10.16 | 10.60 | 11.34 |
| I | c16:0 | 9.33 | 9.87 | 5.88 |
| I | 17:0 iso | 8.67 | 8.99 | 7.16 |
| I | feature 3 | 6.74 | 6.99 | 9.12 |
| I | 16:0 iso | 7.29 | 7.16 | 8.21 |
| I | 15:0 anteiso | 5.98 | 5.56 | 3.82 |
| 第 I 类 7 个标记 | 平均值 | 10.27 | 10.36 | 9.76 |
| II | 14:0 iso | 4.53 | 5.01 | 7.12 |
| II | 17:1 iso ω5c | 1.90 | 2.10 | 4.08 |
| II | feature 2 | 0.99 | 1.58 | 4.31 |
| II | 17:1 iso ω10c | 4.19 | 3.54 | 2.97 |
| II | c14:0 | 2.53 | 2.69 | 2.98 |

续表

| 类别 | 脂肪酸生物标记 | 黄岗山山顶（2158 m） | 黄岗山中部（1700 m） | 黄岗山山脚（1100 m） |
|---|---|---|---|---|
| II | 17:0 anteiso | 2.43 | 2.45 | 1.23 |
| II | 13:0 anteiso | 2.09 | 1.95 | 1.40 |
| II | 12:0 iso | 1.10 | 1.35 | 1.90 |
| II | c18:0 | 1.02 | 1.06 | 0.65 |
| 第 II 类 9 个标记 | 平均值 | 2.31 | 2.41 | 2.96 |
| III | 16:1ω7c alcohol | 2.43 | 0.98 | 1.20 |
| III | 16:1ω11c | 1.56 | 1.14 | 0.34 |
| III | 17:1 anteiso A | 0.51 | 0.51 | 0.72 |
| III | 15:0 2OH | 0.46 | 0.37 | 0.72 |
| III | c12:0 | 0.41 | 0.46 | 0.63 |
| 第 III 类 5 个标记 | 平均值 | 1.07 | 0.69 | 0.72 |

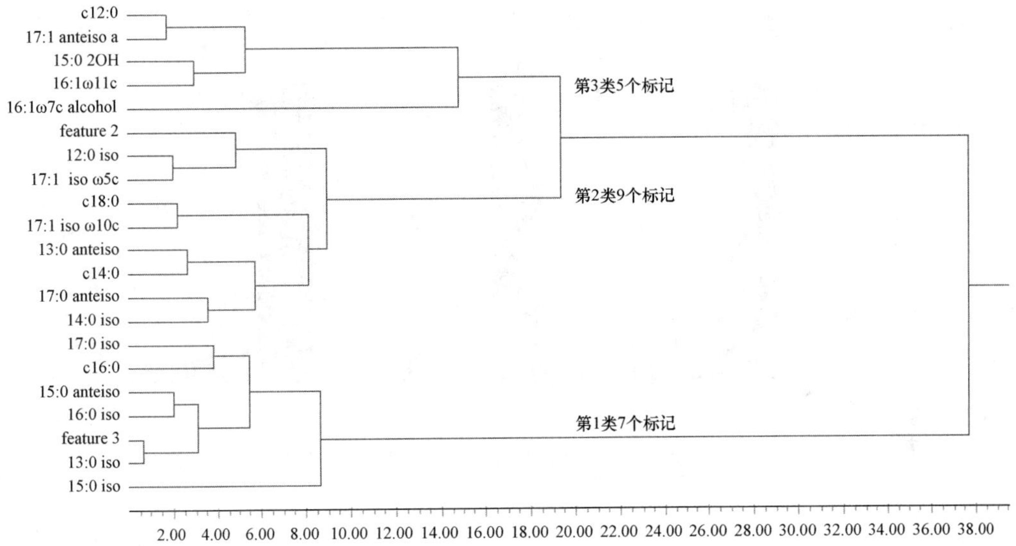


图 4-4-9　黄岗山蜡样芽胞杆菌（*Bacillus cereus*）脂肪酸生物标记聚类分析

第 I 类为高含量脂肪酸，到中心的马氏距离为 RMSTD= 6.1109，包括 7 个生物标记，即 15:0 iso、13:0 iso、c16:0、17:0 iso、feature 3、16:0 iso、15:0 anteiso；该类脂肪酸平均值在黄岗山不同海拔间存在差异，山顶（2158 m）、中部（1700 m）、山脚（1100 m）脂肪酸平均值分别为 10.275%、10.36%、9.76%，中海拔含量最高，低海拔含量较低。

第 II 类为中含量脂肪酸，到中心的马氏距离为 RMSTD=1.5536，包括 9 个生物标记，即 14:0 iso、17:1 iso ω5c、feature 2、17:1 iso ω10c、c14:0、13:0 anteiso、12:0 iso、17:0 anteiso、c18:0，该类脂肪酸平均值在黄岗山不同海拔间存在差异，山顶（2158 m）、中部（1700 m）、山脚（1100 m）脂肪酸平均值分别为 2.31%、2.41%、2.96%，低海拔含量较高，高海拔含量较低。

第 III 类为低含量脂肪酸，到中心的马氏距离为 RMSTD=0.5823，包括 5 个生物标记，即 16:1ω7c alcohol、16:1ω11c、17:1 anteiso A、15:0 2OH、c12:0，该类脂肪酸平均值在黄岗山不同海拔间存在差异，山顶（2158 m）、中部（1700 m）、山脚（1100 m）脂肪酸平均值分别为 1.07%、0.69%、0.72%，高海拔含量较高，低海拔和中海拔含量较低。

（3）花岗山蜡样芽胞杆菌种群分化。黄岗山不同海拔采集的蜡样芽胞杆菌脂肪酸组存在差异（图 4-4-10），从蜡样芽胞杆菌种群各类脂肪酸平均值看，第 I 类脂肪酸平均值表现为中部（1700 m）>山顶（2158 m）>山脚（1100 m），平均值分别为 10.36%、10.27%、9.76%，黄岗山山脚种群差异较大；第 II 类脂肪酸平均值表现为山脚（1100 m）>中部（1700 m）>山顶（2158 m），平均值分别为 2.96%、2.41%、2.31%；第 III 类脂肪酸平均值表现为山顶（2158 m）>山脚（1100 m）>中部（1700 m），平均值分别为 1.07%、0.72%、0.69%；其中蜡样芽胞杆菌种群低含量脂肪酸的含量在不同海拔黄岗山的变化较中含量和高含量的大。

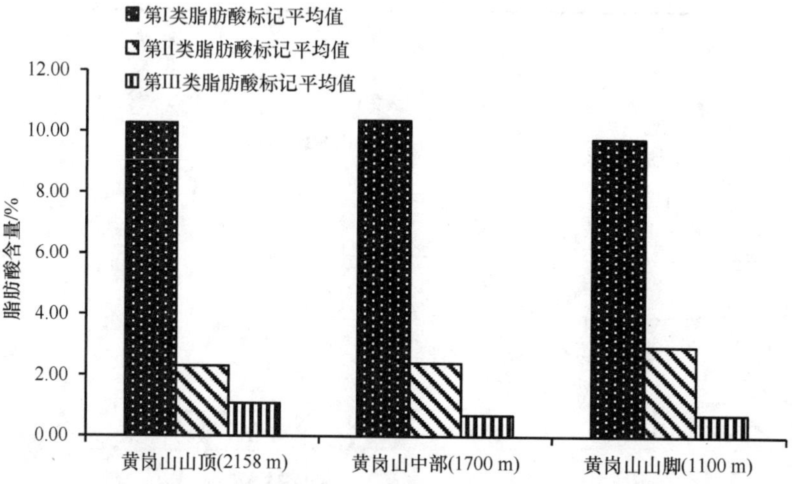


图 4-4-10　黄岗山不同海拔采集的蜡样芽胞杆菌种群 3 类脂肪酸生物标记平均值

第 I 类高含量脂肪酸 7 个生物标记平均值比较结果表明，蜡样芽胞杆菌种群脂肪酸变化最大的是 c16:0 和 feature 3，在山顶（2158 m）、中部（1700 m）、山脚（1100 m），脂肪酸 c16:0 平均值分别为 9.33%、9.87%、5.88%，山脚种群仅为山顶种群的 63.02%；脂肪酸 feature 3 平均值分别为 6.74%、6.99%、9.12%，山脚种群比山顶种群提高了 35.31%；其余脂肪酸变化较小（图 4-4-11）。

第 II 类高含量脂肪酸 9 个生物标记平均值比较结果表明，蜡样芽胞杆菌种群脂肪酸变化最大的是 14:0 iso、17:1 iso ω5c 和 feature 2，在山顶（2158 m）、中部（1700 m）、山脚（1100 m），脂肪酸 14:0 iso 平均值分别为 4.53%、5.01%、7.12%，山脚种群比山顶种群提高了 57.13%；17:1 iso ω5c 平均值分别为 1.90%、2.10%、4.08%，山脚种群比山顶种群提高了 114.74%；feature 2 平均值分别为 0.99%、1.58%、4.31%，山脚种群比山顶种群提高了 335.35%；其余脂肪酸变化较小（图 4-4-12）。

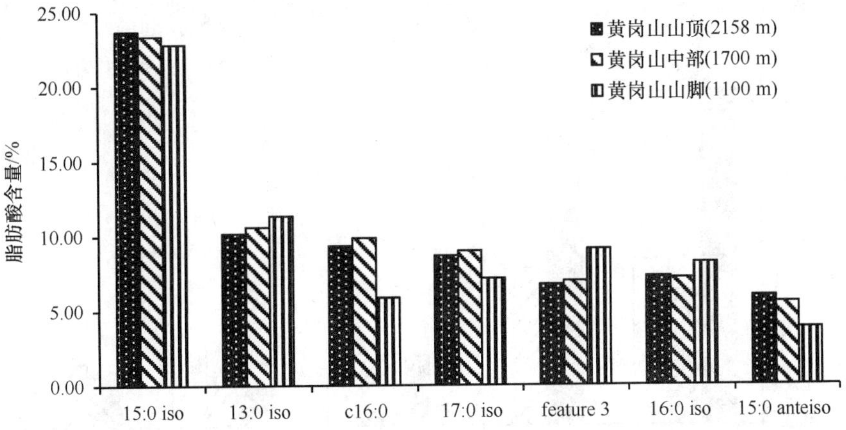


图 4-4-11　黄岗山不同海拔采集的蜡样芽胞杆菌（*Bacillus cereus*）种群第 I 类脂肪酸生物标记

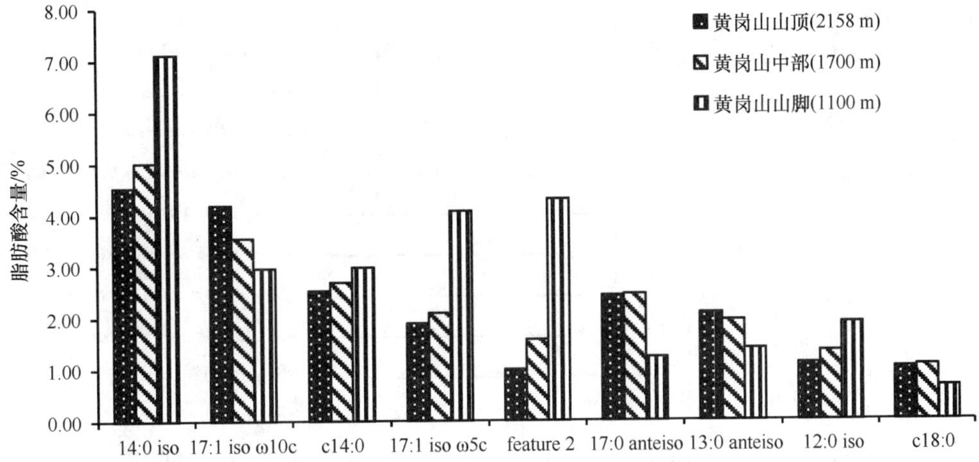


图 4-4-12　黄岗山不同海拔采集的蜡样芽胞杆菌（*Bacillus cereus*）种群第 II 类脂肪酸生物标记

第 III 类低含量脂肪酸 5 个生物标记平均值比较结果显示，蜡样芽胞杆菌种群的脂肪酸 16:1ω7c alcohol、16:1ω11c 在不同海拔种群中含量差异显著，脂肪酸 16:1ω7c alcohol 在山顶（2158 m）、中部（1700 m）、山脚（1100 m）含量别为 2.43%、0.98%、1.20%，山顶种群含量最高，中部种群含量最低；脂肪酸 16:1ω11c 含量分别为 1.56%、1.14%、0.34%，山顶种群比山脚种群高 3.59 倍；其余脂肪酸变化较小，差异不大（图 4-4-13）。

基于 16S rDNA 的黄岗山蜡样芽胞杆菌种群（*Bacillus cereus*）地理分化见图 4-4-14。可以将黄岗山蜡样芽胞杆菌种群分为 8 类，从山顶、中部和山脚分离到的蜡样芽胞杆菌菌株也没有各自聚在一起，但是与标准菌株比较都产生了一定的分化，因此蜡样芽胞杆菌种群在基因水平上的分化是较小的。16S rDNA 序列比较表明蜡样芽胞杆菌种群在部分碱基上发生了变化，如图 4-4-15 列出的 10 个菌株与蜡样芽胞杆菌标准菌株相比，16S rDNA 序列的 204 号上的 C 转变为 T。

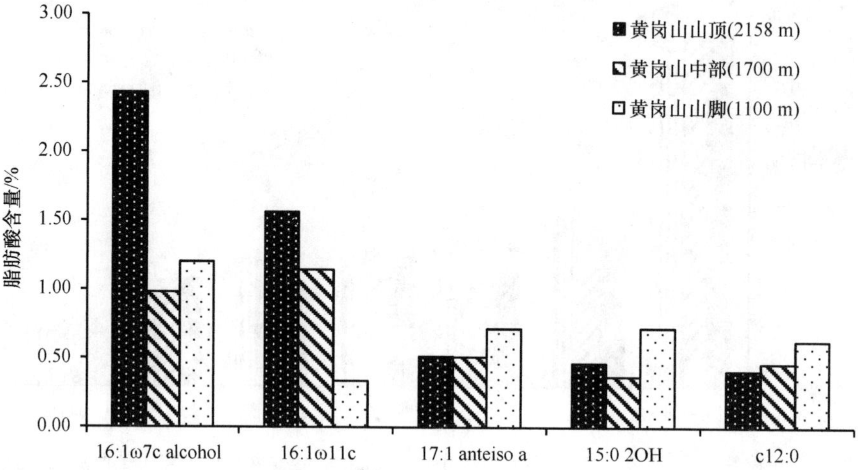


图 4-4-13　黄岗山不同海拔采集的蜡样芽胞杆菌（*Bacillus cereus*）种群第 III 类脂肪酸生物标记

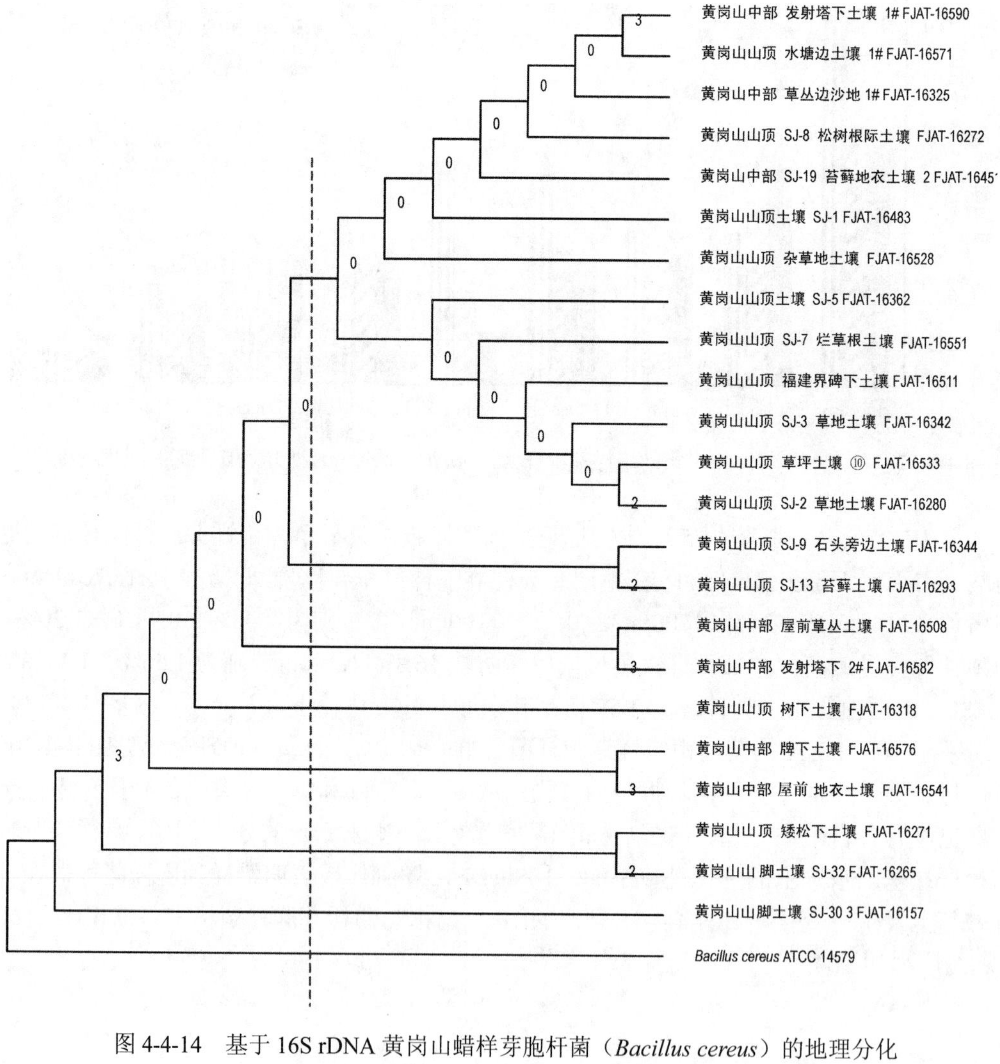


图 4-4-14　基于 16S rDNA 黄岗山蜡样芽胞杆菌（*Bacillus cereus*）的地理分化

Bacillus cereus ATCC 14579　GAACCGCATGGTTCGAAATT　200
黄岗山中部 发射塔下土壤1# FJAT-16590　GAACTGCATGGTTCGAAATT　123
黄岗山山顶 水塘边土壤 1# FJAT-16571　GAACTGCATGGTTCGAAATT　123
黄岗山中部 草丛边沙地 1# FJAT-16325　GAACTGCATGGTTCGAAATT　122
黄岗山山顶 SJ-8 松树根际土壤 FJAT-16272　GAACTGCATGGTTCGAAATT　128
黄岗山中部 SJ-19 苔藓地衣土壤 2 FJAT-16451　GAACTGCATGGTTCGAAATT　150
黄岗山山顶土壤 SJ-1 FJAT-16483　GAACTGCATGGTTCGAAATT　128
黄岗山山顶 杂草地土壤 FJAT-16528　GAACTGCATGGTTCGAAATT　134
黄岗山山顶土壤 SJ-5 FJAT-16362　GAACTGCATGGTTCGAAATT　127
黄岗山山顶 SJ-7 烂草根土壤 FJAT-16551　GAACTGCATGGTTCGAAATT　135
黄岗山山顶 福建界碑下土壤 FJAT-16511　GAACTGCATGGTTCGAAATT　127
黄岗山山顶 SJ-3 草地土壤 FJAT-16342　GAACTGCATGGTTCGAAATT　128
黄岗山山顶 草坪土壤 ⑩ FJAT-16533　GAACTGCATGGTTCGAAATT　134
黄岗山山顶 SJ-2 草地土壤 FJAT-16280　GAACTGCATGGTTCGAAATT　136
黄岗山山顶 SJ-9 石头旁边土壤 FJAT-16344　GAACTGCATGGTTCGAAATT　128
黄岗山山顶 SJ-13 苔藓土壤 FJAT-16293　GAACTGCATGGTTCGAAATT　132
黄岗山中部 屋前草丛土壤 FJAT-16508　GAACTGCATGGTTCGAAATT　127
黄岗山中部 发射塔下 2# FJAT-16582　GAACTGCATGGTTCGAAATT　134
黄岗山山顶 树下土壤 FJAT-16318　GAACTGCATGGTTCGAAATT　136
黄岗山中部 牌下土壤 FJAT-16576　GAACTGCATGGTTCGAAATT　124
黄岗山中部 屋前地衣土壤 FJAT-16541　GAACTGCATGGTTCGAAATT　129
黄岗山山顶 矮松下土壤 FJAT-16271　GAACTGCATGGTTCGAAATT　128
黄岗山山脚土壤 SJ-32 FJAT-16265　GAACTGCATGGTTCGAAATT　147
黄岗山山脚土壤 SJ-30 3 FJAT-16157　GAACTGCATGGTTCGAAATT　135
Consensus　gaac gcatggttcgaaatt

图 4-4-15　黄岗山蜡样芽胞杆菌（*Bacillus cereus*）种群 16S rDNA 序列的变异

研究结果表明，黄岗山蜡样芽胞杆菌种群的主要脂肪酸成分分析结果与基于 16S rDNA 的地理分化分析结果是一致的，不同海拔种群发生了地理分化，脂肪酸差异的敏感度高于 16S rDNA 差异。

## 3. 黄岗山解木糖赖氨酸芽胞杆菌垂直分布种群分化

（1）脂肪酸组测定。从武夷山黄岗山山顶（海拔 2158 m）、中部（1700 m）、山脚（1100 m）分别采集并分离解木糖赖氨酸芽胞杆菌（*Lysinibacillus xylanilyticus*）各 5 株以上，测定脂肪酸组，以采集地为基点，统计脂肪酸生物标记的平均值（表 4-4-11）。各地理位置采集的蕈状芽胞杆菌脂肪酸总和大于 97.187%，基本涵盖了被测芽胞杆菌整体脂肪酸组。

（2）脂肪酸生物标记聚类分析。以表 4-4-11 为数据矩阵，以黄岗山不同海拔为指标，以脂肪酸生物标记为样本，以马氏距离为尺度，用可变类平均法进行系统聚类，分析结果见表 4-4-12 和图 4-4-16。分析结果可将黄岗山解木糖赖氨酸芽胞杆菌脂肪酸生物标记分为 3 类。

第 I 类为高含量脂肪酸，到中心的马氏距离为 RMSTD=1.3811，包括 2 个生物标记，即 15:0 iso、16:1ω7c alcohol；该类脂肪酸平均值在黄岗山不同海拔间存在差异，山顶（2158 m）、中部（1700 m）、山脚（1100 m）第 I 类脂肪酸平均值分别为 26.54%、24.28%、28.55%，低海拔含量最高，中海拔含量较低。

第 II 类为中含量脂肪酸，到中心的马氏距离为 RMSTD=4.8774，包括 6 个生物标记，即 16:0 iso、15:0 anteiso、14:0 iso、17:0 iso、16:1ω11c、17:1 iso ω10c，该类脂肪酸平均值在黄岗山不同海拔间存在差异，山顶（2158 m）、中部（1700 m）、山脚（1100 m）第 II 类脂肪酸平均值分别为 5.91、6.91%、6.08%，中海拔含量较高，高海拔含量较低。

表 4-4-11　黄岗山解木糖赖氨酸芽胞杆菌（*Lysinibacillus xylanilyticus*）脂肪酸组测定

| 脂肪酸生物标记 | 脂肪酸/% | | | 标准差 | 显著性 |
|---|---|---|---|---|---|
| | 黄岗山山顶（2158 m） | 黄岗山中部（1700 m） | 黄岗山山脚（1100 m） | | |
| 15:0 iso | 37.352 | 33.258 | 37.958 | 6.715 | 0.547 |
| 16:1ω7c alcohol | 15.731 | 15.295 | 19.133 | 4.762 | 0.437 |
| 16:0 iso | 13.587 | 17.018 | 15.478 | 5.077 | 0.496 |
| 15:0 anteiso | 6.933 | 9.360 | 6.868 | 3.056 | 0.379 |
| 14:0 iso | 3.617 | 4.185 | 5.650 | 1.850 | 0.165 |
| 17:0 iso | 5.059 | 4.948 | 3.080 | 1.681 | 0.111 |
| 16:1ω11c | 2.915 | 4.095 | 3.380 | 1.255 | 0.27 |
| 17:1 iso ω10c | 3.314 | 1.805 | 2.040 | 1.883 | 0.278 |
| c16:0 | 2.521 | 2.563 | 1.525 | 2.136 | 0.723 |
| 17:0 anteiso | 2.130 | 2.820 | 1.335 | 1.181 | 0.212 |
| feature 4 | 1.448 | 1.218 | 1.188 | 0.575 | 0.667 |
| c14:0 | 0.768 | 0.55 | 0.653 | 0.702 | 0.869 |
| 13:0 iso | 0.858 | 0.113 | 0.185 | 2.000 | 0.759 |
| 17:1ω9c | 0.414 | 0.530 | 0.150 | 0.409 | 0.411 |
| feature 3 | 0.540 | 0.000 | 0.0280 | 1.408 | 0.737 |
| 总和 | 97.187 | 97.758 | 98.651 | | |

注：feature 3 | 16:1ω6c/16:1ω7c | 16:1ω7c/16:1ω6c；feature 4 | 17:1 anteiso B/iso I | 17:1 iso I/anteiso B

表 4-4-12　黄岗山解木糖赖氨酸芽胞杆菌（*Lysinibacillus xylanilyticus*）脂肪酸生物标记聚类分析（%）

| 类别 | 样本号 | 黄岗山山顶（2158 m） | 黄岗山中部（1700 m） | 黄岗山山脚（1100 m） |
|---|---|---|---|---|
| I | 15:0 iso | 37.35 | 33.26 | 37.96 |
| I | 16:1ω7c alcohol | 15.73 | 15.30 | 19.13 |
| 第 I 类 2 个样本 | 平均值 | 26.54 | 24.28 | 28.55 |
| II | 16:0 iso | 13.59 | 17.02 | 15.48 |
| II | 15:0 anteiso | 6.93 | 9.36 | 6.87 |
| II | 14:0 iso | 3.62 | 4.19 | 5.65 |
| II | 17:0 iso | 5.06 | 4.95 | 3.08 |
| II | 16:1ω11c | 2.92 | 4.10 | 3.38 |
| II | 17:1 iso ω10c | 3.31 | 1.81 | 2.04 |
| 第 II 类 6 个样本 | 平均值 | 5.91 | 6.91 | 6.08 |
| III | c16:0 | 2.52 | 2.56 | 1.53 |
| III | 17:0 anteiso | 2.13 | 2.82 | 1.34 |
| III | feature 4 | 1.45 | 1.22 | 1.19 |
| III | c14:0 | 0.77 | 0.55 | 0.65 |
| III | 13:0 iso | 0.86 | 0.11 | 0.19 |
| III | 17:1ω9c | 0.41 | 0.53 | 0.15 |
| III | feature 3 | 0.54 | 0.00 | 0.03 |
| 第 III 类 7 个样本 | 平均值 | 1.24 | 1.11 | 0.73 |

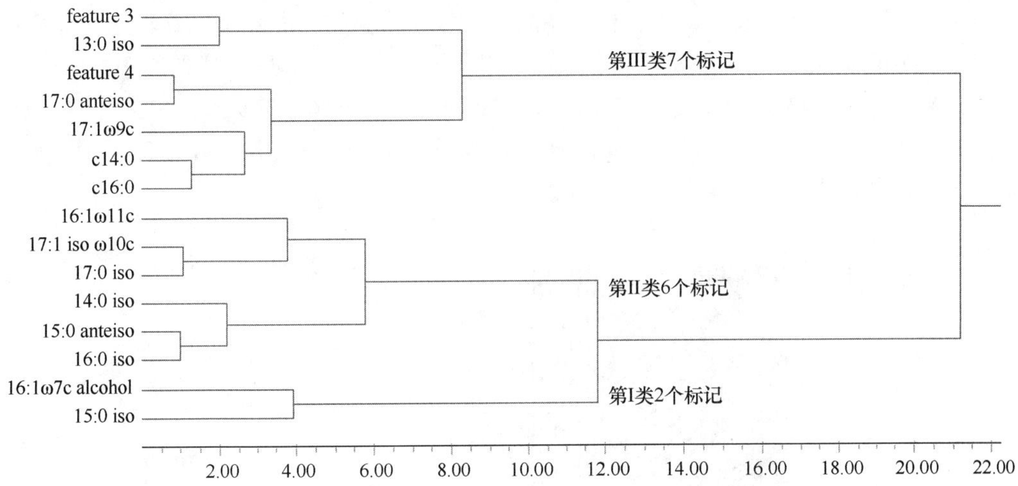


图 4-4-16　黄岗山解木糖赖氨酸芽胞杆菌（*Lysinibacillus xylanilyticus*）脂肪酸生物标记聚类分析

第 III 类为低含量脂肪酸，到中心的马氏距离为 RMSTD=0.8906，包括 7 个生物标记，即 c16:0、17:0 anteiso、feature 4、c14:0、13:0 iso、17:1ω9c、feature 3，该类脂肪酸平均值在黄岗山不同海拔间存在差异，山顶（2158 m）、中部（1700 m）、山脚（1100 m）第 III 类脂肪酸平均值分别为 1.24%、1.11%、0.73%，高海拔含量较高，低海拔含量较低。

（3）黄岗山解木糖赖氨酸芽胞杆菌种群分化。黄岗山不同海拔采集的解木糖赖氨酸芽胞杆菌脂肪酸组存在差异（图 4-4-17），从解木糖赖氨酸芽胞杆菌种群各类脂肪酸平均值看，黄岗山山顶（2158 m）种群，第 I、II、III 类脂肪酸平均值分别为 26.54%、5.91%、1.24%，山顶种群 3 类脂肪酸平均值总和 33.69%，分布特征为第 I 类中、第 II 类低、第 III 类高（中—低—高）；黄岗山中部（1700 m）种群，第 I、II、III 类脂肪酸平均值分别为 24.28%、6.91%、1.11%，中部种群 3 类脂肪酸平均值总和 32.30%，分布特征为第 I 类低、第 II 类高、第 III 类中（低—高—中）；黄岗山山脚（1100 m）种群，第 I、II、III 类脂肪酸平均值分别为 28.55%、6.08%、0.73%，山脚种群 3 类脂肪酸平均值总和为 35.36%，分布特征为第 I 类高、第 II 类中、第 III 类低（高—中—低）。

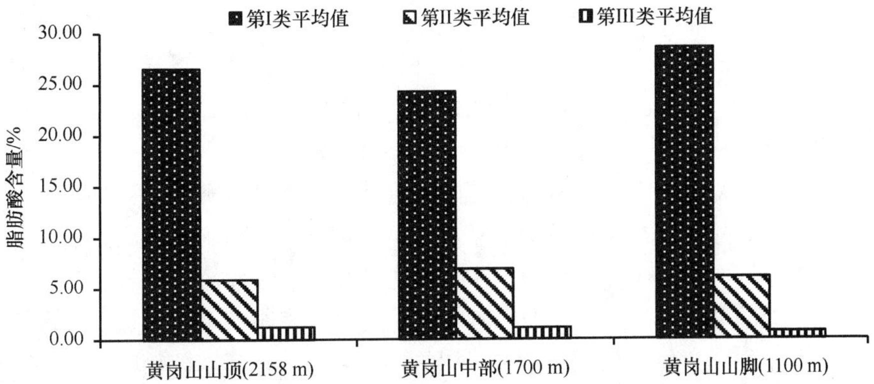


图 4-4-17　黄岗山不同海拔采集的解木糖赖氨酸芽胞杆菌种群 3 类脂肪酸生物标记平均值

第 I 类高含量脂肪酸 2 个生物标记平均值比较结果表明，解木糖赖氨酸芽胞杆菌种群中 15:0 iso 和 16:1ω7c alcohol 的变化均较大，在山顶（2158 m）、中部（1700 m）、山脚（1100 m），脂肪酸 15:0 iso 平均值分别为 37.35%、33.26%、37.96%，中部种群最低，山顶和山脚种群相近；脂肪酸 16:1ω7c alcohol 平均值分别为 15.73%、15.30%、19.13%，山脚种群最高，山顶和中部种群相近（图 4-4-18）。

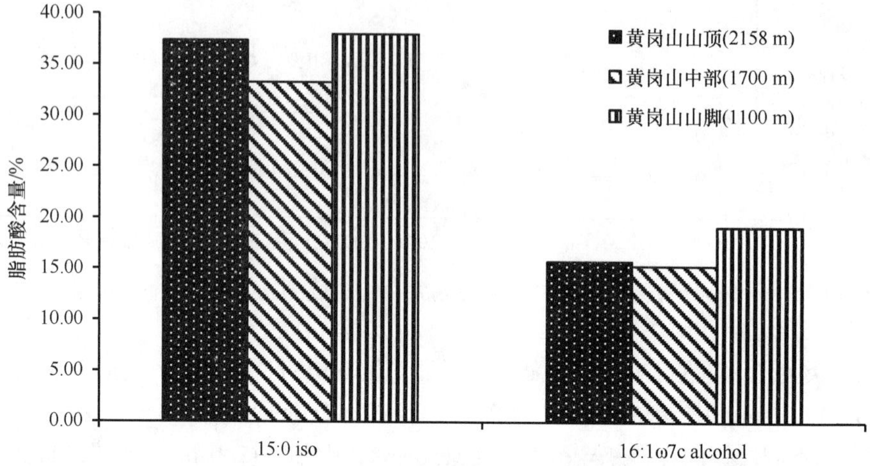


图 4-4-18 黄岗山不同海拔采集的解木糖赖氨酸芽胞杆菌种群第 I 类脂肪酸生物标记

第 II 类中含量脂肪酸 6 个生物标记平均值比较结果显示，解木糖赖氨酸芽胞杆菌种群中这 6 个脂肪酸变化都很大；在山顶（2158 m）、中部（1700 m）、山脚（1100 m），脂肪酸 16:0 iso 平均值分别为 13.59%、17.02%、15.48%，中部种群比山顶种群提高了 25.24%；15:0 anteiso 平均值分别为 6.93%、9.36%、6.87%，中部种群比山脚种群提高了 35.06%；14:0 iso 平均值分别为 3.62%、4.19%、5.65%，山脚种群比顶部种群提高了 56.08%；17:0 iso 平均值分别为 5.06%、4.95%、3.08%，顶部种群比山脚种群提高了 64.29%；16:1ω11c 平均值分别为 2.92%、4.10%、3.38%，中部种群比顶部种群提高了 40.41%（图 4-4-19）。

第 III 类低含量脂肪酸 7 个生物标记平均值比较结果表明，脂肪酸 c16:0 和 17:0 anteiso 在不同海拔种群中含量差异显著，脂肪酸 c16:0 在山顶（2158 m）、中部（1700 m）、山脚（1100 m）含量分别为 2.52%、2.56%、1.53%，中部种群含量最高，山脚种群含量最低；脂肪酸 17:0 anteiso 含量分别为 2.13%、2.82%、1.34%，中部种群比山脚种群高 1.10 倍；其余脂肪酸含量低，变化差异不大（图 4-4-20）。

基于 16S rDNA 的黄岗山解木糖赖氨酸芽胞杆菌种群地理分化见图 4-4-21。可以将黄岗山解木糖赖氨酸芽胞杆菌种群分为 2 类；从顶部、中部和山脚分离到的菌株没有各自聚在一起，但是与标准菌株比较都产生了一定的分化，因此解木糖赖氨酸芽胞杆菌种群在基因水平上的分化是较小的。16S rDNA 序列比较表明解木糖赖氨酸芽胞杆菌种群在部分碱基上发生了变化，如图 4-4-22 列出的 13 个菌株与解木糖赖氨酸芽胞杆菌标准菌株相比，16S rDNA 序列的 97 号上的 T 转变为 C；黄岗山山顶土壤 S-J-5 中的菌株 FJAT-16367 在 127 号上的 T 转变为 C。

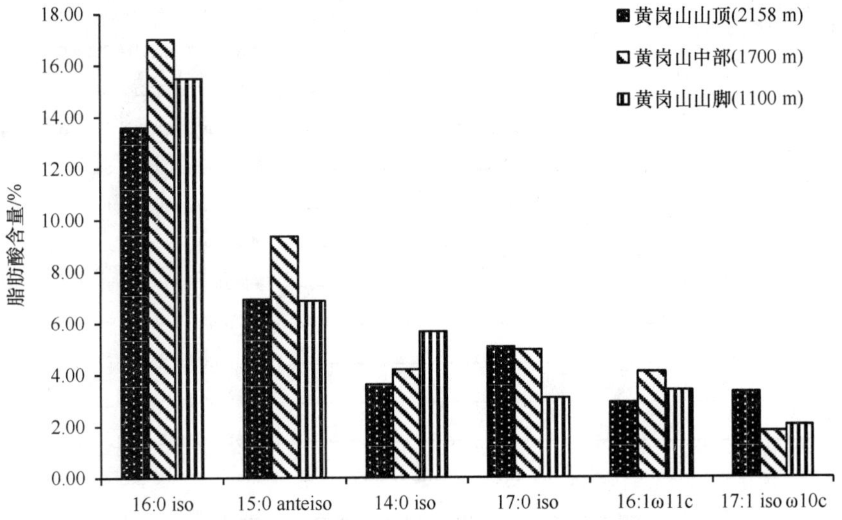


图 4-4-19　黄岗山不同海拔采集的解木糖赖氨酸芽胞杆菌种群第 II 类脂肪酸生物标记

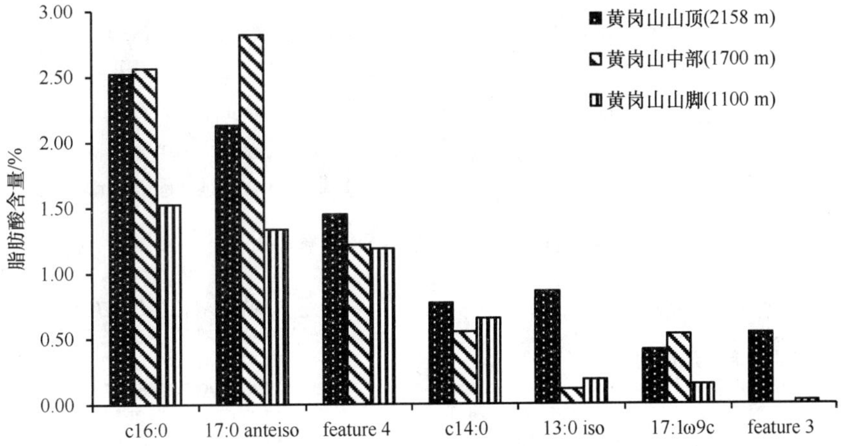


图 4-4-20　黄岗山不同海拔采集的解木糖赖氨酸芽胞杆菌种群第 III 类脂肪酸生物标记

从某种角度来看，黄岗山解木糖赖氨酸芽胞杆菌种群的主要脂肪酸成分分析结果与它们基于 16S rDNA 的地理分化分析结果是一致的，不同海拔的种群发生了地理分化，脂肪酸差异的敏感度高于 16S rDNA 差异。

## 四、基于脂肪酸组芽胞杆菌水平分布种群分化多样性

### 1. 武夷山苏云金芽胞杆菌水平分布种群分化

（1）脂肪酸组测定。从武夷山黄岗山、桐木关、挂墩、大竹岚等地分别采集苏云金芽胞杆菌（*Bacillus thuringiensis*）各 5 株以上，测定脂肪酸组，以采集地为基点，统计脂肪酸生物标记的平均值（表 4-4-13）。各地理位置采集的苏云金芽胞杆菌脂肪酸总和大于 98.33%，基本涵盖了被测芽胞杆菌整体脂肪酸组。

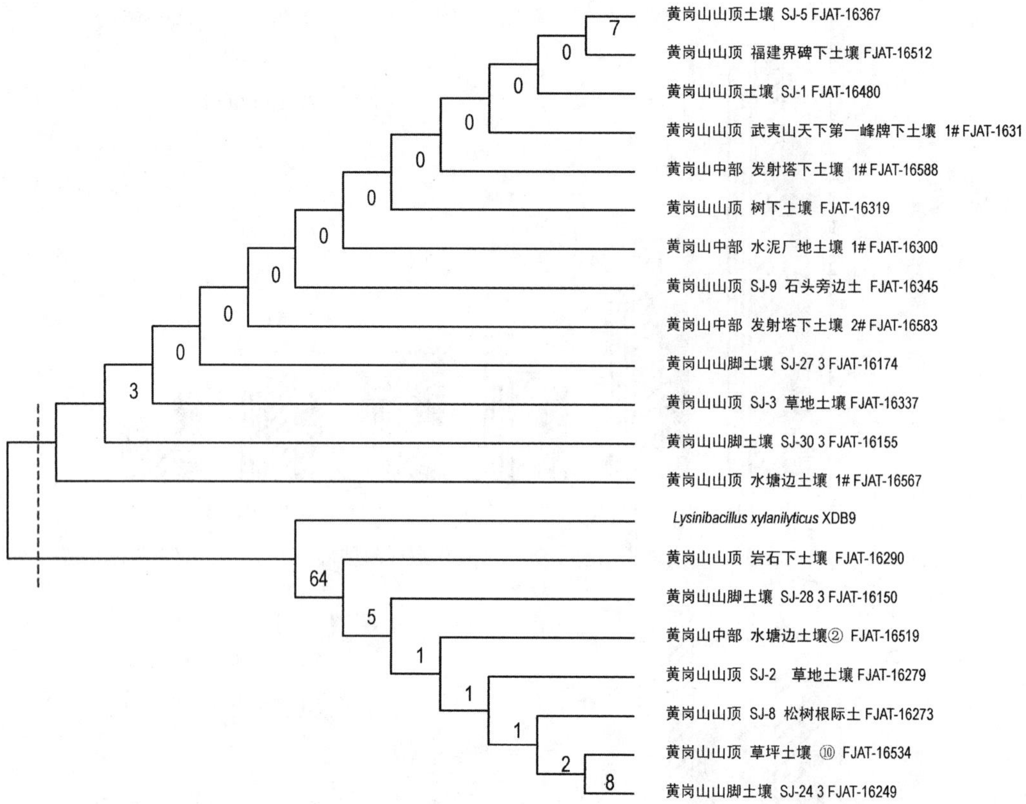


图 4-4-21 基于 16S rDNA 黄岗山解木糖赖氨酸芽胞杆菌种群地理分化

| | | |
|---|---|---|
| *Lysinbacillus xylanilyfcus* XDB9 | TAATCTATTTTACTTCATGG | 87 |
| 黄岗山山顶土壤 SJ-5 FJAT-16367 | TAATCTATTTCACTTCATGG | 119 |
| 黄岗山山顶 福建界碑下土壤 FJAT-16512 | TAATCTATTTCACTTCATGG | 128 |
| 黄岗山山顶土壤 SJ-1 FJAT-16480 | TAATCTATTTCACTTCATGG | 126 |
| 黄岗山山顶 武夷山天下第一峰牌下土壤 1# FJAT-16314 | TAATCTATTTCACTTCATGG | 139 |
| 黄岗山中部 发射塔下土壤 1# FJAT-16588 | TAATCTATTTCACTTCATGG | 114 |
| 黄岗山山顶 树下土壤 FJAT-16319 | TAATCTATTTCACTTCATGG | 120 |
| 黄岗山中部 水泥厂地土壤 1# FJAT-16300 | TAATCTATTTCACTTCATGG | 140 |
| 黄岗山山顶 SJ-9 石头旁边土壤 FJAT-16345 | TAATCTATTTCACTTCATGG | 119 |
| 黄岗山中部 发射塔下土壤 2# FJAT-16583 | TAATCTATTTCACTTCATGG | 115 |
| 黄岗山山脚土壤 SJ-27 3 FJAT-16174 | TAATCTATTTCACTTCATGG | 119 |
| 黄岗山山顶 SJ-3 草地土壤 FJAT-16337 | TAATCTATTTCACTTCATGG | 119 |
| 黄岗山山脚土壤 SJ-30 3 FJAT-16155 | TAATCTATTTCACTTCATGG | 120 |
| 黄岗山山顶 水塘边土壤 1# FJAT-16567 | TAATCTATTTCACTTCATGG | 126 |
| 黄岗山山顶 岩石下土壤 FJAT-16290 | TAATCTATTTTACTTCATGG | 131 |
| 黄岗山山脚土壤 SJ-28 3 FJAT-16150 | TAATCTATTTTACTTCATGG | 106 |
| 黄岗山中部 水塘边土壤 ② FJAT-16519 | TAATCTATTTTACTTCATGG | 120 |
| 黄岗山山顶 SJ-2 草地土壤 FJAT-16279 | TAATCTATTTTACTTCATGG | 134 |
| 黄岗山山顶 SJ-8 松树根际土壤 FJAT-16273 | TAATCTATTTTACTTCATGG | 135 |
| 黄岗山山顶 草坪土壤 ⑩ FJAT-16534 | TAATCTATTTTACTTCATGG | 126 |
| 黄岗山山顶土壤 SJ-24 3 FJAT-16249 | TAATCTATTTTACTTCATGG | 119 |
| Consensus | taatctattt acttcatgg | |

| | | |
|---|---|---|
| *Lysinbacillus xylanilyfcus* XDB9 | TGAAATACTGAAAGACGGTT | 107 |
| 黄岗山山顶土壤 SJ-5 FJAT-16367 | TGAAATACTGAAAGACGGTC | 139 |
| 黄岗山山顶 福建界碑下土壤 FJAT-16512 | TGAAATACTGAAAGACGGTT | 148 |
| 黄岗山山顶土壤 SJ-1 FJAT-16480 | TGAAATACTGAAAGACGGTT | 146 |
| 黄岗山山顶 武夷山天下第一峰牌下土壤 1# FJAT-16314 | TGAAATACTGAAAGACGGTT | 159 |
| 黄岗山中部 发射塔下土壤 1# FJAT-16588 | TGAAATACTGAAAGACGGTT | 134 |
| 黄岗山山顶 树下土壤 FJAT-16319 | TGAAATACTGAAAGACGGTT | 140 |
| 黄岗山中部 水泥厂地土壤 1# FJAT-16300 | TGAAATACTGAAAGACGGTT | 160 |
| 黄岗山山顶 SJ-9 石头旁边土壤 FJAT-16345 | TGAAATACTGAAAGACGGTT | 139 |
| 黄岗山中部 发射塔下土壤 2# FJAT-16583 | TGAAATACTGAAAGACGGTT | 135 |
| 黄岗山山脚土壤 SJ-27 3 FJAT-16174 | TGAAATACTGAAAGACGGTT | 139 |
| 黄岗山山顶 SJ-3 草地土壤 FJAT-16337 | TGAAATACTGAAAGACGGTT | 139 |
| 黄岗山山脚土壤 SJ-30 3 FJAT-16155 | TGAAATACTGAAAGACGGTT | 140 |
| 黄岗山山顶 水塘边土壤 1# FJAT-16567 | TGAAATACTGAAAGACGGTT | 146 |
| 黄岗山山顶 岩石下土壤 FJAT-16290 | TGAAATACTGAAAGACGGTT | 151 |
| 黄岗山山脚土壤 SJ-28 3 FJAT-16150 | TGAAATACTGAAAGACGGTT | 126 |
| 黄岗山中部 水塘边土壤② FJAT-16519 | TGAAATACTGAAAGACGGTT | 140 |
| 黄岗山山顶 SJ-2 草地土壤 FJAT-16279 | TGAAATACTGAAAGACGGTT | 154 |
| 黄岗山山顶 SJ-8 松树根际土壤 FJAT-16273 | TGAAATACTGAAAGACGGTT | 155 |
| 黄岗山山顶 草坪土壤⑩ FJAT-16534 | TGAAATACTGAAAGACGGTT | 146 |
| 黄岗山山顶土壤 SJ-24 3 FJAT-16249 | TGAAATACTGAAAGACGGTT | 139 |
| Consensus | tgaaatactgaaagacggt | |

图 4-4-22　黄岗山解木糖赖氨酸芽胞杆菌种群 16S rDNA 序列的变异

**表 4-4-13　武夷山苏云金芽胞杆菌（*Bacillus thuringiensis*）脂肪酸组测定**

| 脂肪酸生物标记 | 苏云金芽胞杆菌（*Bacillus thuringiensis*）脂肪酸/% | | | | 均值/% | 标准差 |
|---|---|---|---|---|---|---|
| | 黄岗山 | 桐木关 | 挂墩 | 大竹岚 | | |
| 15:0 iso | 24.65 | 23.08 | 23.45 | 25.13 | 24.08 | 0.97 |
| 13:0 iso | 11.17 | 11.51 | 9.77 | 10.88 | 10.83 | 0.76 |
| 17:0 iso | 8.52 | 8.41 | 8.49 | 8.77 | 8.55 | 0.16 |
| c16:0 | 7.85 | 8.78 | 8.37 | 6.97 | 7.99 | 0.78 |
| feature 3 | 7.38 | 7.84 | 7.39 | 8.03 | 7.66 | 0.33 |
| 16:0 iso | 7.02 | 7.18 | 8.69 | 7.02 | 7.48 | 0.81 |
| 14:0 iso | 5.15 | 5.37 | 5.54 | 5.17 | 5.31 | 0.18 |
| 15:0 anteiso | 4.91 | 4.14 | 4.34 | 4.16 | 4.39 | 0.36 |
| 17:1 iso ω10c | 4.09 | 4.45 | 4.28 | 4.09 | 4.23 | 0.17 |
| c14:0 | 3.17 | 3.26 | 2.97 | 3.48 | 3.22 | 0.21 |
| 17:1 iso ω5c | 2.45 | 2.53 | 2.71 | 3.56 | 2.81 | 0.51 |
| feature 2 | 1.52 | 1.76 | 1.95 | 2.17 | 1.85 | 0.28 |
| 13:0 anteiso | 1.70 | 1.86 | 1.64 | 1.65 | 1.71 | 0.10 |
| 17:0 anteiso | 1.68 | 1.68 | 1.67 | 1.67 | 1.68 | 0.01 |
| 16:1ω7c alcohol | 1.86 | 1.36 | 2.18 | 1.15 | 1.64 | 0.47 |
| 12:0 iso | 1.36 | 1.54 | 1.36 | 1.41 | 1.42 | 0.09 |
| 16:1ω11c | 1.16 | 1.16 | 1.07 | 0.62 | 1.00 | 0.26 |
| c18:0 | 0.82 | 1.03 | 0.95 | 0.75 | 0.89 | 0.12 |
| 15:0 2OH | 0.59 | 0.56 | 0.72 | 0.90 | 0.69 | 0.15 |
| 17:1 anteiso A | 0.46 | 0.47 | 0.57 | 0.58 | 0.52 | 0.07 |
| c12:0 | 0.52 | 0.61 | 0.37 | 0.47 | 0.49 | 0.10 |
| 18:1ω9c | 0.30 | 0.34 | 0.50 | 0.30 | 0.36 | 0.10 |
| 总和 | 98.33 | 98.92 | 98.98 | 98.93 | | |

注：feature 2 \| 12:0 aldehyde ? \| 14:0 3OH/16:1 iso I \| 16:1 iso I/14:0 3OH \| unknown 10.9525；feature 3 \| 16:1ω6c/16:1ω7c \| 16:1ω7c/16:1ω6c

（2）脂肪酸生物标记聚类分析。以表 4-4-13 为数据矩阵，以不同分布地点为指标，以脂肪酸生物标记为样本，以欧氏距离为尺度，用可变类平均法进行系统聚类，分析结果见表 4-4-14 和图 4-4-23。分析结果可将武夷山地区苏云金芽胞杆菌（*Bacillus thuringiensis*）脂肪酸生物标记分为 3 类。

**表 4-4-14　武夷山苏云金芽胞杆菌（*Bacillus thuringiensis*）种群脂肪酸生物标记聚类分析（%）**

| 类别 | 脂肪酸生物标记 | 黄岗山 | 桐木关 | 挂墩 | 大竹岚 |
|---|---|---|---|---|---|
| I | 15:0 iso | 24.65 | 23.08 | 23.45 | 25.13 |
| 第 I 类 1 个标记 | 平均值 | 24.65 | 23.08 | 23.45 | 25.13 |
| II | 13:0 iso | 11.17 | 11.51 | 9.77 | 10.88 |
| II | 17:0 iso | 8.52 | 8.41 | 8.49 | 8.77 |
| II | c16:0 | 7.85 | 8.78 | 8.37 | 6.97 |
| II | feature 3 | 7.38 | 7.84 | 7.39 | 8.03 |
| II | 16:0 iso | 7.02 | 7.18 | 8.69 | 7.02 |
| 第 II 类 5 个标记 | 平均值 | 8.39 | 8.74 | 8.54 | 8.33 |
| III | 14:0 iso | 5.15 | 5.37 | 5.54 | 5.17 |
| III | 15:0 anteiso | 4.91 | 4.14 | 4.34 | 4.16 |
| III | 17:1 iso ω10c | 4.09 | 4.45 | 4.28 | 4.09 |
| III | c14:0 | 3.17 | 3.26 | 2.97 | 3.48 |
| III | 17:1 iso ω5c | 2.45 | 2.53 | 2.71 | 3.56 |
| III | feature 2 | 1.52 | 1.76 | 1.95 | 2.17 |
| III | 13:0 anteiso | 1.70 | 1.86 | 1.64 | 1.65 |
| III | 17:0 anteiso | 1.68 | 1.68 | 1.67 | 1.67 |
| III | 16:1ω7c alcohol | 1.86 | 1.36 | 2.18 | 1.15 |
| III | 12:0 iso | 1.36 | 1.54 | 1.36 | 1.41 |
| III | 16:1ω11c | 1.16 | 1.16 | 1.07 | 0.62 |
| III | c18:0 | 0.82 | 1.03 | 0.95 | 0.75 |
| III | 15:0 2OH | 0.59 | 0.56 | 0.72 | 0.90 |
| III | 17:1 anteiso A | 0.46 | 0.47 | 0.57 | 0.58 |
| III | c12:0 | 0.52 | 0.61 | 0.37 | 0.47 |
| III | 18:1ω9c | 0.30 | 0.34 | 0.50 | 0.30 |
| 第 III 类 16 个标记 | 平均值 | 1.98 | 2.01 | 2.05 | 2.01 |

第 I 类为高含量脂肪酸，到中心的欧氏距离为 RMSTD=$4.819\times10^{-11}$，包括 1 个生物标记，即 15:0 iso；在武夷山不同地点的分布存在差异，黄岗山、桐木关、挂墩、大竹岚等地第 I 类脂肪酸平均值分别为 24.65%、23.08%、23.45%、25.13%，地理间的差异较小，大竹岚种群含量较高，桐木关种群含量较低。

第 II 类为中含量脂肪酸，到中心的欧氏距离为 RMSTD=1.7127，包括 5 个生物标记，即 13:0 iso、17:0 iso、c16:0、feature 3、16:0 iso，在武夷山不同地点的分布存在差异，黄岗山、桐木关、挂墩、大竹岚等地第 II 类脂肪酸平均值分别为 8.39%、8.74%、8.54%、8.33%，地理间的差异也较小，桐木关种群含量较高，大竹岚种群含量较低。

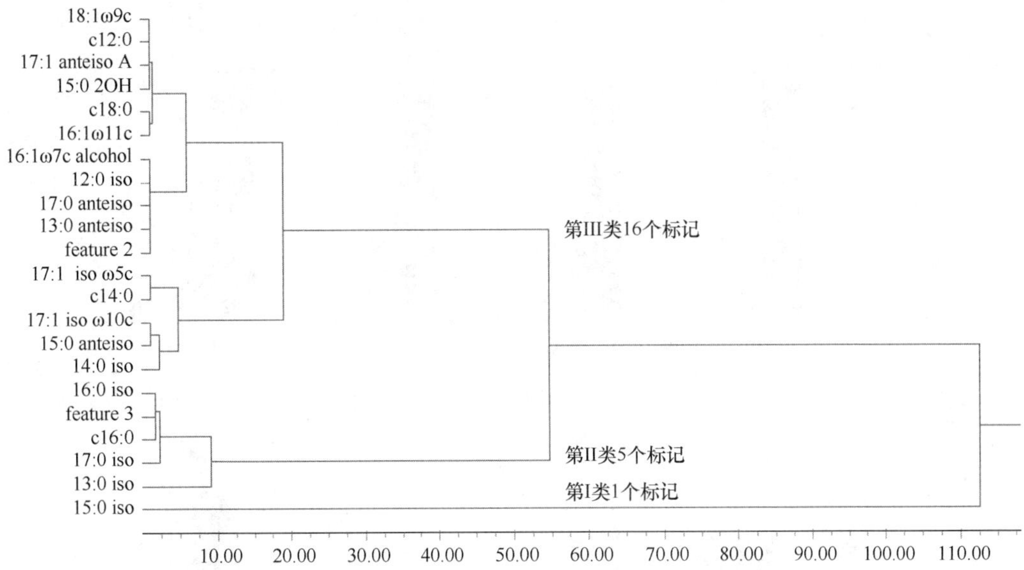


图 4-4-23　武夷山苏云金芽胞杆菌（*Bacillus thuringiensis*）种群脂肪酸生物标记聚类分析

第 III 类为低含量脂肪酸，到中心的欧氏距离为 RMSTD=1.7943，包括 16 个生物标记，即 14:0 iso、15:0 anteiso、17:1 iso ω10c、c14:0、17:1 iso ω5c、feature 2、13:0 anteiso、17:0 anteiso、16:1ω7c alcohol、12:0 iso、16:1ω11c、c18:0、15:0 2OH、17:1 anteiso A、c12:0、18:1ω9c，该类脂肪酸平均值在武夷山不同地点的分布存在差异，黄岗山、桐木关、挂墩、大竹岚等地第 III 类脂肪酸平均值分别为 1.98%、2.01%、2.05%、2.01%，地理间的差异较小，挂墩种群含量较高，黄岗山种群含量较低。

（3）武夷山苏云金芽胞杆菌（*Bacillus thuringiensis*）水平分布种群分化。武夷山地区采集的苏云金芽胞杆菌水平分布种群间的脂肪酸组存在差异（图 4-4-24），从苏云金芽胞杆菌种群各类脂肪酸平均值看，黄岗山种群第 I、II、III 类脂肪酸平均值分别为 24.65%、8.39%、1.98%，3 类脂肪酸平均值总和为 35.02%；桐木关种群第 I、II、III 类脂肪酸平均值分别为 23.08%、8.74%、2.01%，3 类脂肪酸平均值总和为 33.83%；挂墩种群第 I、II、III 类脂肪酸平均值分别为 23.45%、8.54%、2.05%，3 类脂肪酸平均值总和为 34.04%；大竹岚种群第 I、II、III 类脂肪酸平均值分别为 25.13%、8.33%、2.01%，3 类脂肪酸平均值总和为 35.47%。苏云金芽胞杆菌水平分布种群 3 类脂肪酸平均值总和大小排序为：大竹岚>黄岗山>挂墩>桐木关，表明存在种群分化，但分化程度不显著（图 4-4-24）。

第 I 类高含量脂肪酸生物标记平均值不同地点水平分布比较结果显示，苏云金芽胞杆菌种群中，脂肪酸 15:0 iso 在黄岗山、桐木关、挂墩、大竹岚等地的平均值分别为 24.65%、23.08%、23.45%、25.13%，黄岗山和大竹岚种群含量较高，桐木关和挂墩种群含量较低（图 4-4-25）。

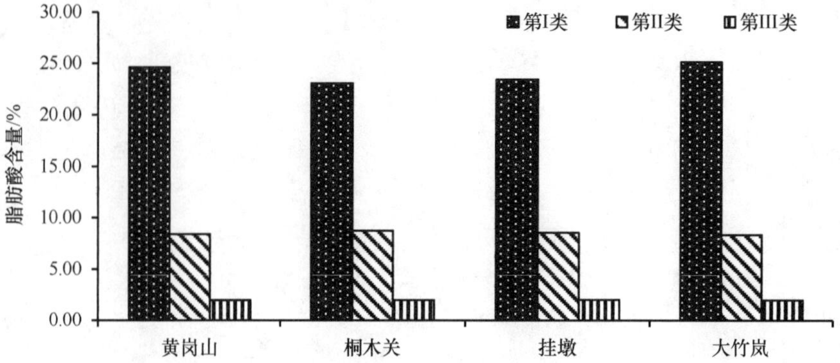


图 4-4-24 武夷山水平分布不同地点采集的苏云金芽胞杆菌种群 3 类脂肪酸生物标记平均值

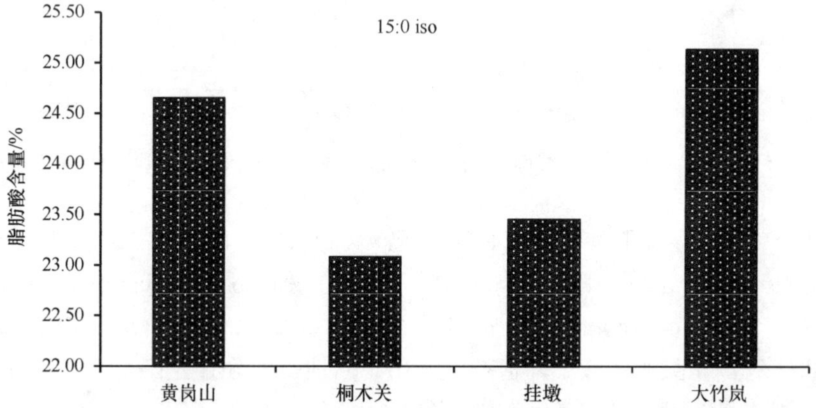


图 4-4-25 武夷山水平分布不同地点采集的苏云金芽胞杆菌种群第 I 类脂肪酸生物标记

第 II 类中含量脂肪酸 5 个生物标记平均值不同地点水平分布比较结果表明，苏云金芽胞杆菌种群中 13:0 iso、c16:0、16:0 iso 变化较大；脂肪酸 13:0 iso 在黄岗山、桐木关、挂墩、大竹岚等地的平均值分别为 11.17%、11.51%、9.77%、10.88%，桐木关种群最高，挂墩种群最低；c16:0 在上述各地的平均值分别为 7.85%、8.78%、8.37%、6.97%，桐木关种群最高，大竹岚种群最低；16:0 iso 在上述各地的平均值分别为 7.02%、7.18%、8.69%、7.02%，挂墩种群最高（图 4-4-26）。

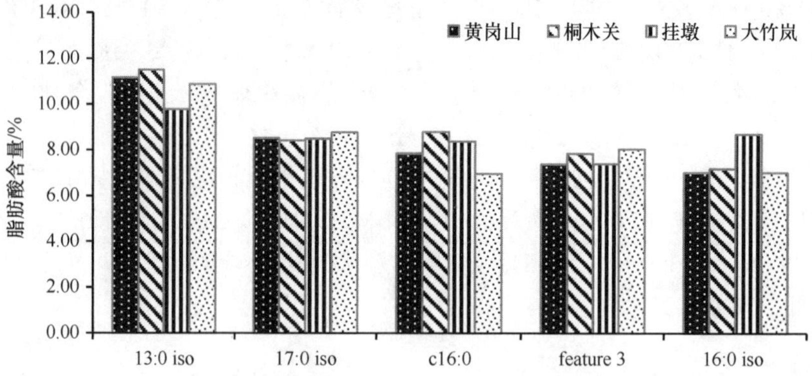


图 4-4-26 武夷山水平分布不同地点采集的苏云金芽胞杆菌种群第 I 类脂肪酸生物标记

第 III 类低含量脂肪酸 16 个生物标记平均值比较结果显示，苏云金芽胞杆菌种群第 III 类 16 个脂肪酸为 14:0 iso、15:0 anteiso、17:1 iso ω10c、c14:0、17:1 iso ω5c、feature 2、13:0 anteiso、17:0 anteiso、16:1ω7c alcohol、12:0 iso、16:1ω11c、c18:0、15:0 2OH、17:1 anteiso A、c12:0、18:1ω9c，在武夷山水平分布地理种群的含量存在差异，其中 3 个脂肪酸在不同地理种群中含量分布差异显著，脂肪酸 15:0 anteiso 在黄岗山、桐木关、挂墩、大竹岚种群含量分别为 4.91%、4.14%、4.34%、4.16%，黄岗山种群含量最高，桐木关种群含量最低；脂肪酸 17:1 iso ω5c 在上述种群含量分布分别为 2.45%、2.53%、2.71%、3.56%，大竹岚种群含量最高，黄岗山种群含量最低；脂肪酸 16:1ω7c alcohol 在上述种群含量分别为 1.86%、1.36%、2.18%、1.15%，挂墩种群含量最高，大竹岚种群含量最低（图 4-4-27）。

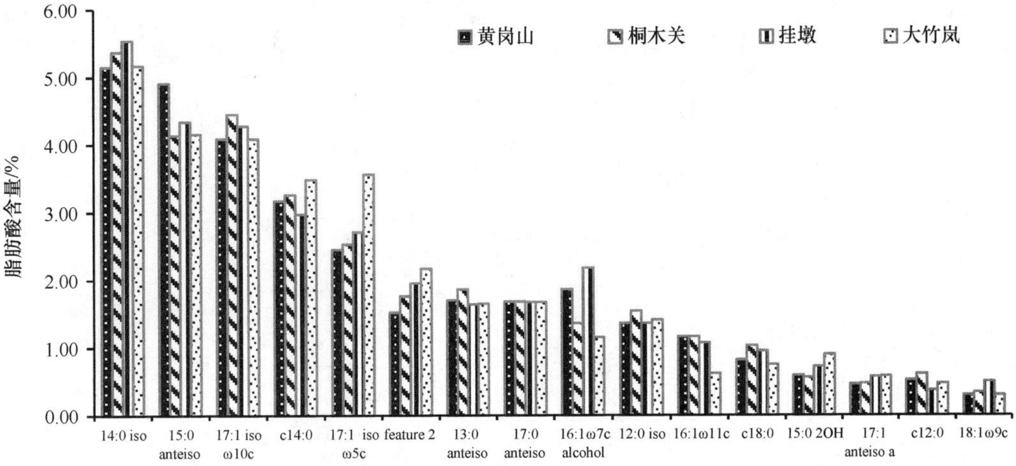


图 4-4-27 武夷山水平分布不同地点采集的苏云金芽胞杆菌种群第 III 类脂肪酸生物标记

选取武夷山国家级自然保护区水平分布的苏云金芽胞杆菌地理种群，测定 16S rDNA 序列，通过 Clustal X 软件对齐后，用软件 Mega 4.0 构建进化树，见图 4-4-28。由图可以看出，苏云金芽胞杆菌地理分化均不明显，同一个地区分离到的菌株没有明显聚在一起。武夷山苏云金芽胞杆菌地理种群大致聚为 6 类，用 DNAMAN 6.0.3.99 软件对苏云金芽胞杆菌地理种群的 16S rDNA 序列和标准菌株的序列分别进行比较，结果如图 4-4-29 所示，图中阴影部分表示不同分离株与参考菌株序列在该位点的差异碱基。与苏云金芽胞杆菌参考菌株 ATCC 10792 比较，武夷山苏云金芽胞杆菌地理种群的 16S rDNA 序列的变异主要在 175 位点发生 C/T 的转换，类群 I、II、III 的菌株均有这样的变异，类群 III 和 V 与参考菌株相比没有发现变异（图 4-4-29）。

因此，武夷山国家级自然保护区水平分布的苏云金芽胞杆菌地理种群的主要脂肪酸成分分析结果与基于 16S rDNA 的地理分化分析结果是一致的，不同水平分布的种群发生了地理分化，脂肪酸差异的敏感度高于 16S rDNA 差异。

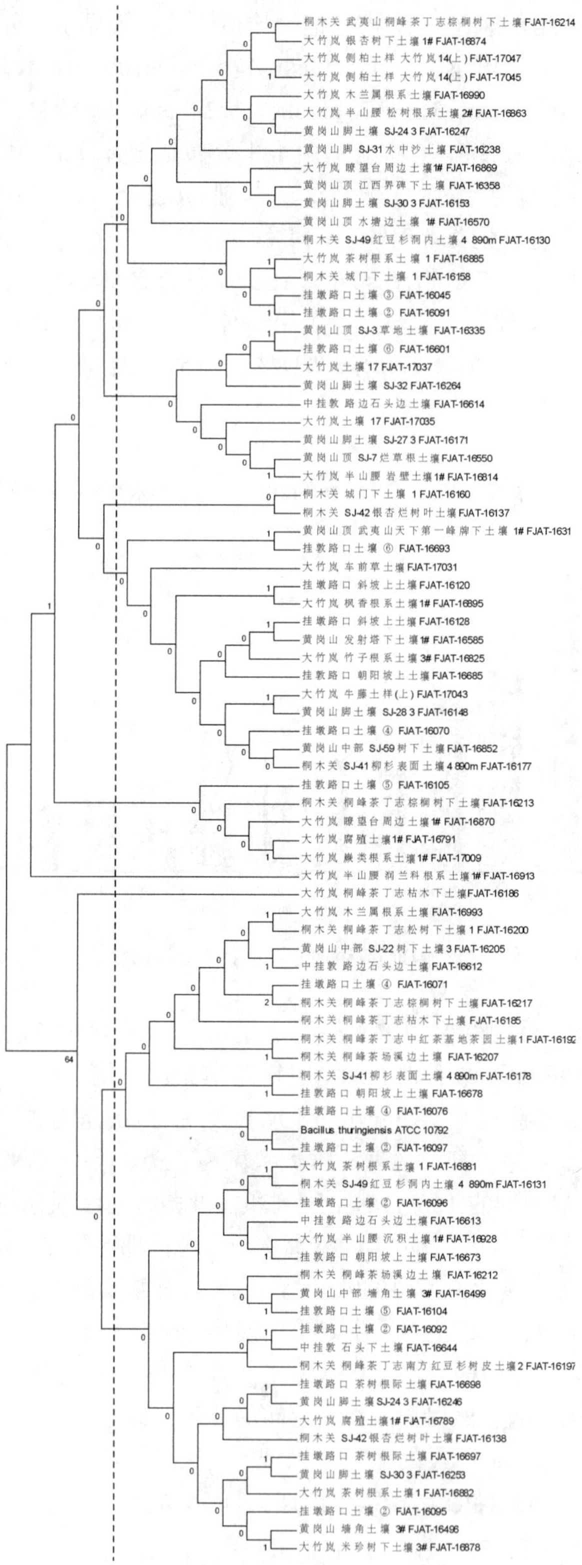


图 4-4-28 基于 16S rDNA 武夷山苏云金芽胞杆菌种群水平分布地理分化

类群 I

| | | |
|---|---|---|
| *Bacillus thuringiensis*. ATCC 10792 | CTAATACCGGATAACATTTT | 180 |
| 桐木关 武夷山桐峰茶丁志棕榈树下土壤 FJAT-16214 | CTAATACCGGATAATATTTT | 68 |
| 大竹岚 银杏树下土壤1# FJAT-16874 | CTAATACCGGATAATATTTT | 116 |
| 大竹岚 侧柏土样 大竹岚 14（上） FJAT-17047 | CTAATACCGGATAATATTTT | 106 |
| 大竹岚 侧柏土样 大竹岚 14（上） FJAT-17045 | CTAATACCGGATAATATTTT | 102 |
| 大竹岚 木兰属根系土壤 FJAT-16990 | CTAATACCGGATAATATTTT | 102 |
| 大竹岚 半山腰 松树根系土壤 2# FJAT-16863 | CTAATACCGGATAATATTTT | 75 |
| 黄岗山 山脚土壤 SJ-24 3 FJAT-16247 | CTAATACCGGATAATATTTT | 109 |
| 黄岗山 山脚 SJ-31 水中沙土壤 FJAT-16238 | CTAATACCGGATAATATTTT | 94 |
| 大竹岚 瞭望台周边土壤1# FJAT-16869 | CTAATACCGGATAATATTTT | 94 |
| 黄岗山 山顶 江西界碑下土壤 FJAT-16358 | CTAATACCGGATAATATTTT | 94 |
| 黄岗山 山脚土壤 SJ-30 3 FJAT-16153 | CTAATACCGGATAATATTTT | 117 |
| 黄岗山 山顶 水塘边土壤 1# FJAT-16570 | CTAATACCGGATAATATTTT | 113 |
| 桐木关 SJ-49 红豆杉洞内土壤 4 890m FJAT-16130 | CTAATACCGGATAATATTTT | 73 |
| 大竹岚 茶树根系土壤 1 FJAT-16885 | CTAATACCGGATAATATTTT | 94 |
| 桐木关 城门下土壤 1 FJAT-16158 | CTAATACCGGATAATATTTT | 95 |
| 挂墩路口土壤③ FJAT-16045 | CTAATACCGGATAATATTTT | 77 |
| 挂墩路口土壤② FJAT-16091 | CTAATACCGGATAATATTTT | 92 |
| 黄岗山山顶 SJ-3 草地土壤 FJAT-16335 | CTAATACCGGATAATATTTT | 80 |
| 挂墩路口土壤⑥ FJAT-16601 | CTAATACCGGATAATATTTT | 109 |
| 大竹岚土壤 17 FJAT-17037 | CTAATACCGGATAATATTTT | 90 |
| 黄岗山山脚土壤 SJ-32 FJAT-16264 | CTAATACCGGATAATATTTT | 112 |
| 中挂墩路边石头边土壤 FJAT-16614 | CTAATACCGGATAATATTTT | 111 |
| 大竹岚土壤 17 FJAT-17035 | CTAATACCGGATAATATTTT | 105 |
| 黄岗山山脚土壤 SJ-27 3 FJAT-16171 | CTAATACCGGATAATATTTT | 96 |
| 黄岗山山顶 SJ-7 烂草根土壤 FJAT-16550 | CTAATACCGGATAATATTTT | 115 |
| 大竹岚 半山腰 岩壁土壤1# FJAT-16814 | CTAATACCGGATAATATTTT | 128 |
| Consensus | ct aat accggat aa  atttt | |

类群 II

| | | |
|---|---|---|
| *Bacillus thuringiensis* ATCC 10792 | CTAATACCGGATAACATTTT | 180 |
| 桐木关 城门下土壤1 FJAT-16160 | CTAATACCGGATAATATTTT | 95 |
| 桐木关 SJ-42 银杏烂树叶土壤 FJAT-16137 | CTAATACCGGATAATATTTT | 116 |
| 黄岗山山顶武夷山天下第一峰牌下土壤 1# FJAT-16312 | CTAATACCGGATAATATTTT | 95 |
| 挂墩路口土壤⑥ FJAT-16693 | CTAATACCGGATAATATTTT | 130 |
| 大竹岚 车前草土壤 FJAT-17031 | CTAATACCGGATAATATTTT | 102 |
| 挂墩路口 斜坡上土壤 FJAT-16120 | CTAATACCGGATAATATTTT | 126 |
| 大竹岚 枫香根系土壤1# FJAT-16895 | CTAATACCGGATAATATTTT | 127 |
| 挂墩路口 斜坡上土壤 FJAT-16128 | CTAATACCGGATAATATTTT | 96 |
| 黄岗山 发射塔下土壤1# FJAT-16585 | CTAATACCGGATAATATTTT | 111 |
| 大竹岚 竹子根系土壤3# FJAT-16825 | CTAATACCGGATAATATTTT | 131 |
| 挂墩路口 朝阳坡上土壤 FJAT-16685 | CTAATACCGGATAATATTTT | 94 |
| 大竹岚 牛藤土样（上） FJAT-17043 | CTAATACCGGATAATATTTT | 102 |
| 黄岗山 山脚土壤 SJ-28 FJAT-16148 | CTAATACCGGATAATATTTT | 114 |
| 挂墩路 口土壤④ FJAT-16070 | CTAATACCGGATAATATTTT | 130 |
| 黄岗山中部 SJ-59 树下土壤 FJAT-16852 | CTAATACCGGATAATATTTT | 95 |
| 桐木关 SJ-41 柳杉表面土壤 4 890m FJAT-16177 | CTAATACCGGATAATATTTT | 72 |
| Consensus | ct aataccggataa  atttt | |

类群 III

| | | |
|---|---|---|
| *Bacillus thuringiensis* ATCC 10792 | CTAATACCGGATAACATTTT | 180 |
| FJAT-16105 挂墩路口土壤⑤ | CTAATACCGGATAATATTTT | 92 |
| FJAT-16213 桐木关 桐峰茶丁志棕榈树下土壤 | CTAATACCGGATAATATTTT | 93 |
| FJAT-16791 大竹岚 腐殖土壤1# | CTAATACCGGATAATATTTT | 93 |
| FJAT-17009 大竹岚 蕨类根系土壤 1# | CTAATACCGGATAATATTTT | 102 |
| FJAT-16870 大竹岚 瞭望台周边土壤 1# | CTAATACCGGATAATATTTT | 117 |
| Consensus | ct aat accggat aa  atttt | |

类群 IV、V

| | | |
|---|---|---|
| *Bacillus thuringiensis* ATCC 10792 | CTAATACCGGATAACATTTT | 180 |
| 大竹岚 半山腰 润兰科根系土壤 1# FJAT-16913 | CTAATACCGGATAATATTTT | 95 |
| 大竹岚 桐峰茶丁志枯木下土壤 FJAT-16186 | CTAATACCGGATAACATTTT | 95 |
| Consensus | ct aat accggat aa  atttt | |

图 4-4-29 武夷山国家级自然保护区苏云金芽胞杆菌种群 16S rDNA 序列的变异

## 2. 武夷山解木糖赖氨酸芽胞杆菌水平分布种群分化

（1）脂肪酸组测定。从武夷山地区黄岗山、桐木关、挂墩、大竹岚等地分别采集解木糖赖氨酸芽胞杆菌（*Lysinibacillus xylanilyticus*）各 5 株以上，测定脂肪酸组，以采集地为基点，统计脂肪酸生物标记的平均值（表 4-4-15）。各地理位置采集的解木糖赖氨酸芽胞杆菌脂肪酸总和大于 97.15%，基本涵盖了被测芽胞杆菌整体脂肪酸组。

**表 4-4-15　武夷山解木糖赖氨酸芽胞杆菌（*Lysinibacillus xylanilyticus*）脂肪酸组测定**

| 脂肪酸生物标记 | 解木糖赖氨酸芽胞杆菌（*Lysinibacillus xylanilyticus*）脂肪酸/% | | | | 均值/% | 标准差 |
|---|---|---|---|---|---|---|
| | 黄岗山 | 桐木关 | 挂墩 | 大竹岚 | | |
| 15:0 iso | 36.44 | 34.45 | 37.03 | 48.90 | 39.21 | 6.56 |
| 16:1ω7c alcohol | 15.50 | 18.08 | 16.31 | 11.52 | 15.35 | 2.77 |
| 16:0 iso | 14.10 | 17.91 | 16.18 | 7.16 | 13.84 | 4.72 |
| 15:0 anteiso | 7.23 | 6.57 | 7.29 | 6.84 | 6.98 | 0.34 |
| 17:0 iso | 5.05 | 4.23 | 4.88 | 5.14 | 4.83 | 0.41 |
| 14:0 iso | 4.12 | 3.95 | 3.33 | 2.41 | 3.45 | 0.78 |
| 16:1ω11c | 3.02 | 3.54 | 3.61 | 3.51 | 3.42 | 0.27 |
| 17:1 iso ω10c | 3.01 | 2.40 | 2.23 | 4.55 | 3.05 | 1.06 |
| c16:0 | 2.64 | 2.18 | 2.51 | 2.45 | 2.45 | 0.19 |
| 17:0 anteiso | 2.08 | 2.32 | 2.56 | 1.96 | 2.23 | 0.27 |
| feature 4 | 1.28 | 1.38 | 1.83 | 2.00 | 1.62 | 0.35 |
| c14:0 | 0.80 | 0.61 | 0.71 | 1.02 | 0.79 | 0.18 |
| c18:0 | 0.24 | 0.39 | 0.42 | 0.74 | 0.45 | 0.21 |
| 13:0 iso | 0.98 | 0.04 | 0.06 | 0.18 | 0.32 | 0.45 |
| feature 3 | 0.66 | 0.02 | 0.00 | 0.02 | 0.18 | 0.33 |
| 总和 | 97.15 | 98.07 | 98.95 | 98.40 | | |

注：feature 3 | 16:1ω6c/16:1ω7c | 16:1ω7c/16:1ω6c；feature 4 | 17:1 anteiso B/iso I | 17:1 iso I/anteiso B

（2）脂肪酸生物标记聚类分析。以表 4-4-15 为数据矩阵，以不同分布地点为指标，以脂肪酸生物标记为样本，以马氏距离为尺度，用可变类平均法进行系统聚类，分析结果见表 4-4-16 和图 4-4-30。分析结果可将武夷山地区解木糖赖氨酸芽胞杆菌脂肪酸生物标记分为 3 类。

第 I 类为高含量脂肪酸，到中心的马氏距离为 RMSTD=1.6953，包括 4 个生物标记，即 15:0 iso、16:1ω7c alcohol、16:0 iso、15:0 anteiso；在武夷山不同地点分布存在差异，黄岗山、桐木关、挂墩、大竹岚等地第 I 类脂肪酸平均值分别为 18.32%、19.25%、19.20%、18.60%，地理间的差异较小，桐木关种群含量较高，黄岗山种群含量较低。

第 II 类为中含量脂肪酸，到中心的马氏距离为 RMSTD=1.2418，包括 4 个生物标记，即 17:0 iso、14:0 iso、16:1ω11c、c16:0，在武夷山不同地点分布存在差异，黄岗山、桐木关、挂墩、大竹岚等地第 II 类脂肪酸平均值分别为 3.71%、3.47%、3.58%、3.38%，地理间的差异较小，黄岗山种群含量较高，大竹岚种群含量较低。

表 4-4-16　武夷山解木糖赖氨酸芽胞杆菌（*Lysinibacillus xylanilyticus*）种群脂肪酸生物标记聚类分析（%）

| 类别 | 脂肪酸生物标记 | 黄岗山 | 桐木关 | 挂墩 | 大竹岚 |
|---|---|---|---|---|---|
| I | 15:0 iso | 36.44 | 34.45 | 37.03 | 48.90 |
| I | 16:1ω7c alcohol | 15.50 | 18.08 | 16.31 | 11.52 |
| I | 16:0 iso | 14.10 | 17.91 | 16.18 | 7.16 |
| I | 15:0 anteiso | 7.23 | 6.57 | 7.29 | 6.84 |
| 第 I 类 4 个标记 | 平均值 | 18.32 | 19.25 | 19.20 | 18.60 |
| II | 17:0 iso | 5.05 | 4.23 | 4.88 | 5.14 |
| II | 14:0 iso | 4.12 | 3.95 | 3.33 | 2.41 |
| II | 16:1ω11c | 3.02 | 3.54 | 3.61 | 3.51 |
| II | c16:0 | 2.64 | 2.18 | 2.51 | 2.45 |
| 第 II 类 4 个标记 | 平均值 | 3.71 | 3.47 | 3.58 | 3.38 |
| III | 17:1 iso ω10c | 3.01 | 2.40 | 2.23 | 4.55 |
| III | 17:0 anteiso | 2.08 | 2.32 | 2.56 | 1.96 |
| III | feature 4 | 1.28 | 1.38 | 1.83 | 2.00 |
| III | c14:0 | 0.80 | 0.61 | 0.71 | 1.02 |
| III | c18:0 | 0.24 | 0.39 | 0.42 | 0.74 |
| III | 13:0 iso | 0.98 | 0.04 | 0.06 | 0.18 |
| III | feature 3 | 0.66 | 0.02 | 0.00 | 0.02 |
| 第 III 类 7 个标记 | 平均值 | 1.29 | 1.02 | 1.12 | 1.50 |

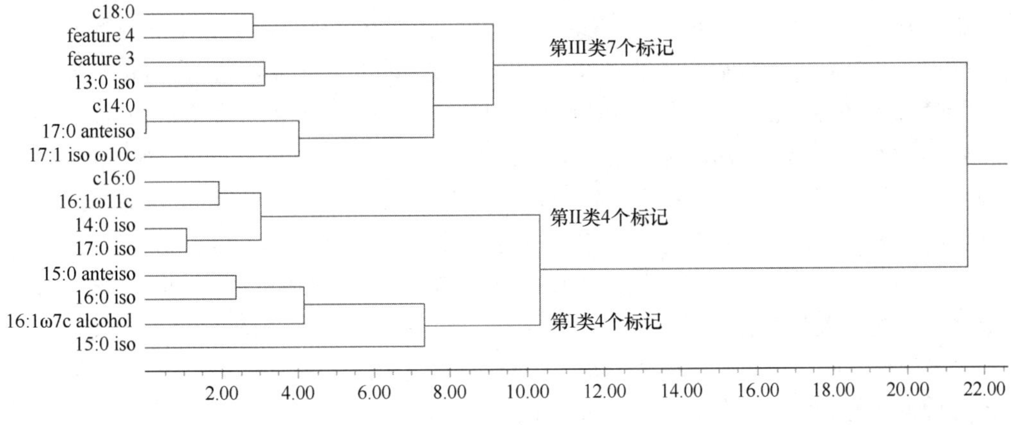


图 4-4-30　武夷山解木糖赖氨酸芽胞杆菌（*Lysinibacillus xylanilyticus*）种群脂肪酸生物标记聚类分析

第 III 类为低含量脂肪酸，到中心的马氏距离为 RMSTD=1.3543，包括 7 个生物标记，即 17:1 iso ω10c、17:0 anteiso、feature 4、c14:0、c18:0、13:0 iso、feature 3；在武夷山不同地点分布存在差异，黄岗山、桐木关、挂墩、大竹岚等地第 III 类脂肪酸平均值分别为 1.29%、1.02%、1.12%、1.50%，地理间的差异较小，大竹岚种群含量较高，桐木关种群含量较低。

（3）武夷山解木糖赖氨酸芽胞杆菌水平分布种群分化。武夷山地区不同水平分布的解木糖赖氨酸芽胞杆菌脂肪酸组存在差异（图 4-4-31），从解木糖赖氨酸芽胞杆菌种群各类脂肪酸平均值看，黄岗山种群第Ⅰ、Ⅱ、Ⅲ类脂肪酸平均值分别为 18.32%、3.71%、1.29%，3 类脂肪酸平均值总和为 23.32%；桐木关种群第Ⅰ、Ⅱ、Ⅲ类脂肪酸平均值分别为 19.25%、3.47%、1.02%，3 类脂肪酸平均值总和为 23.74%；挂墩种群第Ⅰ、Ⅱ、Ⅲ类脂肪酸平均值分别为 19.20%、3.58%、1.12%，3 类脂肪酸平均值总和为 23.90%；大竹岚种群第Ⅰ、Ⅱ、Ⅲ类脂肪酸平均值分别为 18.60%、3.38%、1.50%，3 类脂肪酸平均值总和为 23.48%。解木糖赖氨酸芽胞杆菌水平分布种群 3 类脂肪酸平均值总和大小排序为：挂墩>桐木关>大竹岚>黄岗山，表明种群分化存在差异，但分化差异不显著（图 4-4-31）。

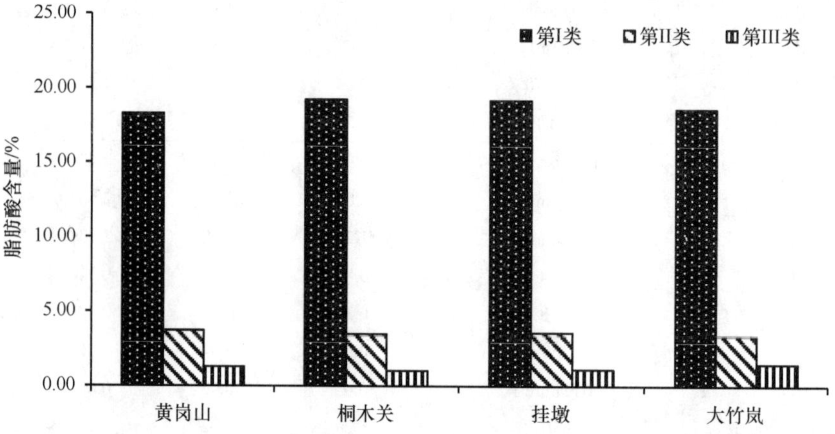


图 4-4-31　武夷山水平分布不同地点采集的解木糖赖氨酸芽胞杆菌种群 3 类脂肪酸生物标记平均值

第Ⅰ类高含量脂肪酸生物标记平均值不同地点水平分布比较：解木糖赖氨酸芽胞杆菌种群中，第Ⅰ类高含量脂肪酸 15:0 iso、16:1ω7c alcohol、16:0 iso、15:0 anteiso 差异明显；脂肪酸 15:0 anteiso 在黄岗山、桐木关、挂墩、大竹岚等地的平均值分别为 7.23%、6.57%、7.29%、6.84%，挂墩种群含量较高，桐木关种群含量较低；脂肪酸 15:0 iso 在黄岗山、桐木关、挂墩、大竹岚等地的平均值分别为 36.44%、34.45%、37.03%、48.90%，差异较大，大竹岚种群含量最高，桐木关种群含量最低；脂肪酸 16:1ω7c alcohol 在黄岗山、桐木关、挂墩、大竹岚等地的平均值分别为 15.50%、18.08%、16.31%、11.52%，差异较大，桐木关种群含量最高，大竹岚种群含量最低；脂肪酸 16:0 iso 在黄岗山、桐木关、挂墩、大竹岚等地的平均值分别为 14.10%、17.91%、16.18%、7.16%，差异较大，桐木关种群含量最高，大竹岚种群含量最低（图 4-4-32）。

第Ⅱ类中含量脂肪酸生物标记平均值不同地点水平分布比较：解木糖赖氨酸芽胞杆菌种群第Ⅱ类中含量脂肪酸 4 个，即 17:0 iso、14:0 iso、16:1ω11c5、c16:0；脂肪酸 17:0 iso 在黄岗山、桐木关、挂墩、大竹岚等地的平均值分别为 5.05%、4.23%、4.88%、5.14%，存在差异，大竹岚种群含量最高，桐木关种群含量最低；脂肪酸 14:0 iso 在黄岗山、桐木关、挂墩、大竹岚等地的平均值分别为 4.12%、3.95%、3.33%、2.41%，差异较大，黄岗山种群含量最高，大竹岚种群含量最低；脂肪酸 16:1ω11c 在黄岗山、桐木关、挂墩、大竹岚等地的平均值分别为 3.02%、3.54%、3.61%、3.51%，差异不大，挂墩种群含量较高，黄岗山种群含量较低；脂肪酸 c16:0 在黄岗山、桐木关、挂墩、大竹岚等地的平均值分别为 2.64%、2.18%、2.51%、2.45%，差异不大，黄岗山种群含量较高，桐木关种群含量较低（图 4-4-33）。

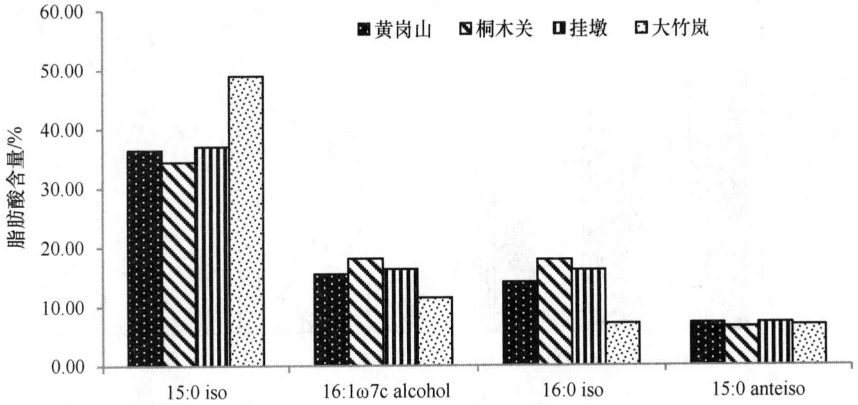


图 4-4-32　武夷山水平分布不同地点采集的解木糖赖氨酸芽胞杆菌种群第 I 类脂肪酸生物标记

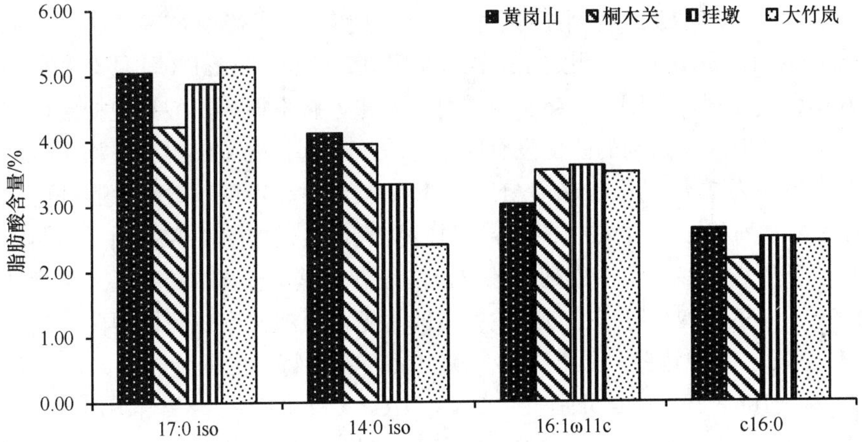


图 4-4-33　武夷山水平分布不同地点采集的解木糖赖氨酸芽胞杆菌种群第 II 类脂肪酸生物标记

第 III 类低含量脂肪酸生物标记平均值不同地点水平分布比较：解木糖赖氨酸芽胞杆菌种群第 III 类低含量脂肪酸 7 个，即 17:1 iso ω10c、17:0 anteiso、feature 4、c14:0、c18:0、13:0 iso、feature 3；脂肪酸 17:1 iso ω10c 在黄岗山、桐木关、挂墩、大竹岚等地的种群平均值分别为 3.01%、2.40%、2.23%、4.55%，大竹岚种群含量最高，挂墩种群含量最低；脂肪酸 17:0 anteiso 在黄岗山、桐木关、挂墩、大竹岚等地的平均值分别为 2.08%、2.32%、2.56%、1.96%，存在差异，挂墩种群含量最高，大竹岚种群含量最低；脂肪酸 feature 4 在黄岗山、桐木关、挂墩、大竹岚等地的平均值分别为 1.28%、1.38%、1.83%、2.00%，差异较大，大竹岚种群含量最高，黄岗山种群含量最低；其余脂肪酸含量较低（图 4-4-34）。

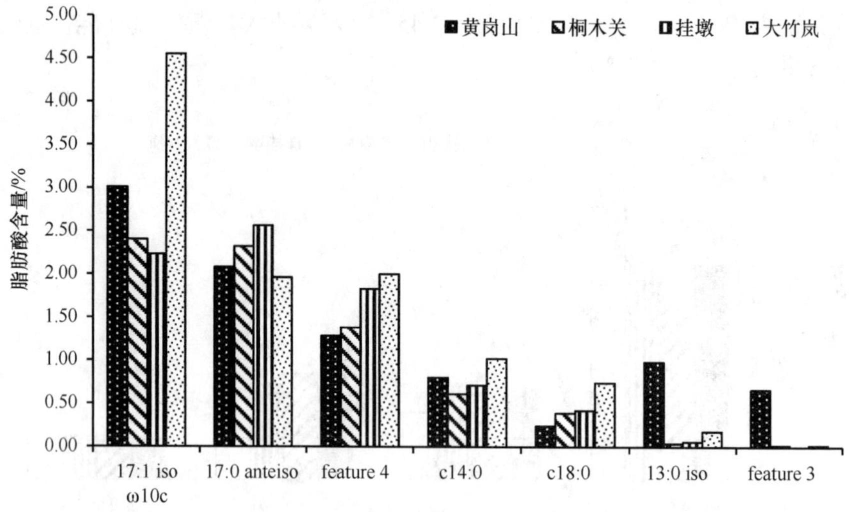


图 4-4-34 武夷山水平分布不同地点采集的解木糖赖氨酸芽胞杆菌种群第 III 类脂肪酸生物标记

选取武夷山国家级自然保护区水平分布的解木糖赖氨酸芽胞杆菌地理种群（*Lysinibacillus xylanilyticus*），测定 16S rDNA 序列，通过 Clustal X 软件对齐后，用软件 Mega 4.0 构建进化树，见图 4-4-35。由图可以看出，解木糖赖氨酸芽胞杆菌地理分化均不明显，同一个地区分离到的菌株没有明显地聚在一起。武夷山解木糖赖氨酸芽胞杆菌地理种群大致聚为 7 类，用 DNAMAN 6.0.3.99 软件对解木糖赖氨酸芽胞杆菌地理种群的 16S rDNA 序列和标准菌株的序列分别进行比较，结果如图 4-4-36 所示，图中阴影部分表示不同分离株与参考菌株序列在该位点的差异碱基。与解木糖赖氨酸芽胞杆菌参考菌株 XDB9 的 16S rDNA 序列比较，武夷山解木糖赖氨酸芽胞杆菌地理菌株的变异主要是在 78 位点发生 T/C 转换，此外，部分类群还有各自特有的差异。例如，类群 II 的部分菌株在 71、106、109 位点分别发生 T/C、T/C、C/T 的转换；类群 III 的 FJAT-16367 菌株在 107 位点发生 T/C 转换；类群 VII 在 25、79、81、123 位点分别发生 T/C 转换、A/T 颠换、T/C 转换、A/G 转换。

因此，武夷山国家级自然保护区水平分布的解木糖赖氨酸芽胞杆菌地理种群的主要脂肪酸成分分析结果与基于 16S rDNA 的地理分化分析结果是一致的，不同水平分布的种群发生了地理分化，脂肪酸差异的敏感度高于 16S rDNA 差异。

### 3. 台湾地区巨大芽胞杆菌水平分布种群分化

（1）脂肪酸组测定。从台湾基隆、台北、桃园、苗栗、台中、南投、高雄等地分别采集巨大芽胞杆菌（*Bacillus megaterium*）各 5 株以上，测定脂肪酸组，以采集地为基点，统计脂肪酸生物标记的平均值（表 4-4-17）。各地理位置采集的巨大芽胞杆菌脂肪酸总和大于 96.59%，基本涵盖了被测芽胞杆菌整体脂肪酸组。

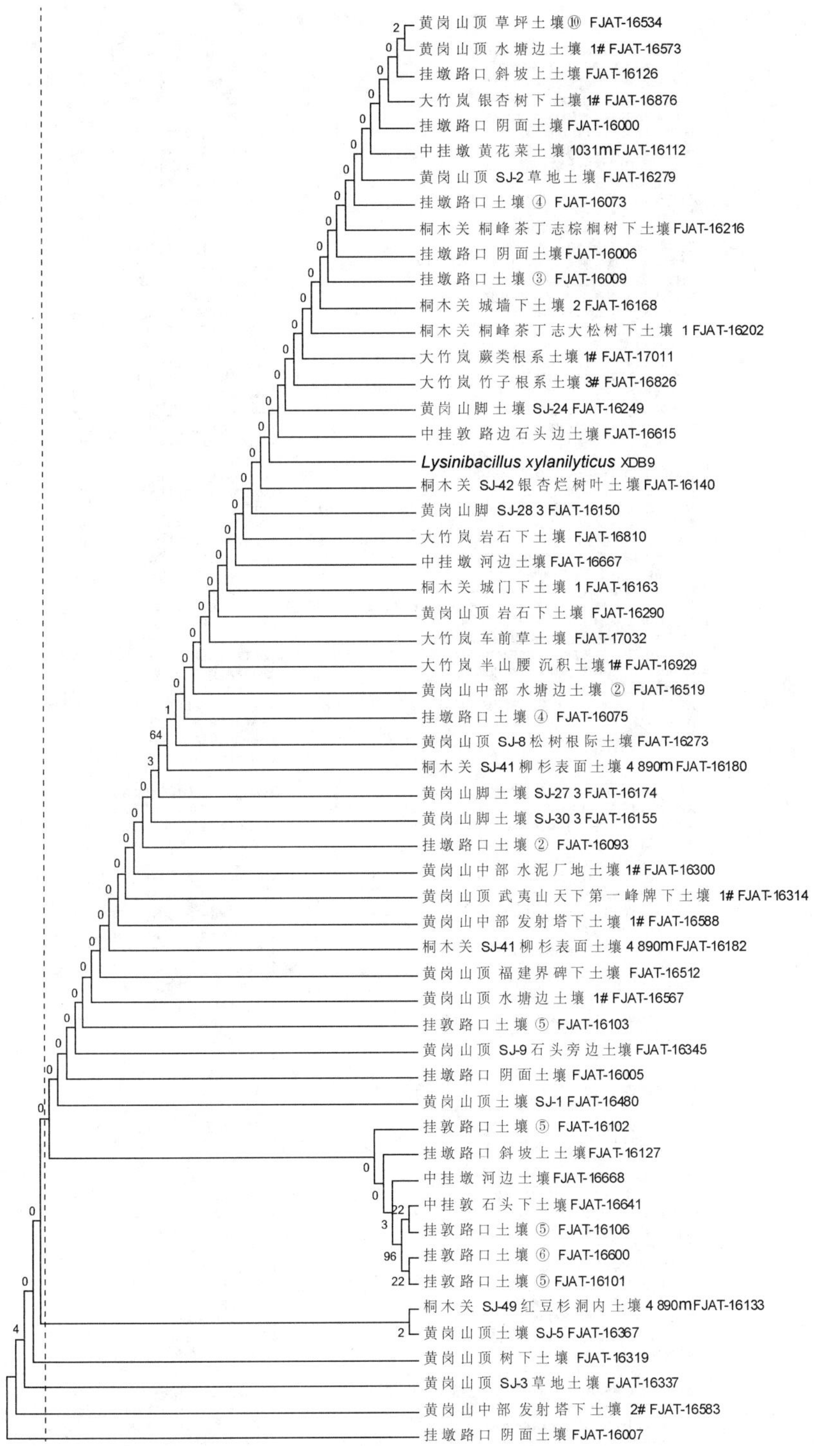


图 4-4-35　基于 16S rDNA 武夷山解木糖赖氨酸芽胞杆菌种群水平分布地理分化

**类群I**

| | | |
|---|---|---|
| *Lysinibacillus xylanilytious* XDB9 | GAATAATCTATTTTACTTCA | 84 |
| 黄岗山山顶草坪土壤 ⑩ FJAT-16534 | GAATAATCTATTTTACTTCA | 123 |
| 黄岗山山顶水塘边土壤1# FJAT-16573 | GAATAATCTATTTTACTTCA | 113 |
| 挂墩路口 斜坡上土壤1# FJAT-16126 | GAATAATCTATTTTACTTCA | 103 |
| 大竹岚 银杏树下土壤1# FJAT-16876 | GAATAATCTATTTTACTTCA | 128 |
| 挂墩路口 阴面土壤FJAT-16000 | GAATAATCTATTTTACTTCA | 81 |
| 中挂墩 黄花菜土壤 1031m FJAT-16112 | GAATAATCTATTTTACTTCA | 103 |
| 黄岗山顶 SJ-2 草地土壤 FJAT-16279 | GAATAATCTATTTTACTTCA | 131 |
| 挂墩路口土壤 ④ FJAT-16073 | GAATAATCTATTTTACTTCA | 130 |
| 桐木关 桐峰茶丁志棕榈树下土壤 FJAT-16216 | GAATAATCTATTTTACTTCA | 101 |
| 挂墩路口 阴面土壤 FJAT-16006 | GAATAATCTATTTTACTTCA | 79 |
| 挂墩路口土壤 ③ FJAT-16009 | GAATAATCTATTTTACTTCA | 116 |
| 桐木关 城墙下土壤 2 FJAT-16168 | GAATAATCTATTTTACTTCA | 117 |
| 桐木关 桐峰茶丁志大松树下土壤1 FJAT-16202 | GAATAATCTATTTTACTTCA | 102 |
| 大竹岚 蕨类根系土壤 1# FJAT-17011 | GAATAATCTATTTTACTTCA | 107 |
| 大竹岚 竹子根系土壤 3# FJAT-16826 | GAATAATCTATTTTACTTCA | 138 |
| 黄岗山脚土壤 SJ-24 FJAT-16249 | GAATAATCTATTTTACTTCA | 116 |
| 中挂墩 路边石头边土壤 FJAT-16615 | GAATAATCTATTTTACTTCA | 119 |
| 桐木关 SJ-42 银杏烂树叶土壤FJAT-16140 | GAATAATCTATTTTACTTCA | 127 |
| 黄岗山 山脚 SJ-28 3 FJAT-16150 | GAATAATCTATTTTACTTCA | 103 |
| 大竹岚 岩石下土壤 FJAT-16810 | GAATAATCTATTTTACTTCA | 140 |
| 中挂墩 河边土壤 FJAT-16667 | GAATAATCTATTTTACTTCA | 101 |
| 桐木关 城门下土壤 1 FJAT-16163 | GAATAATCTATTTTACTTCA | 116 |
| 黄岗山 山顶岩石下土壤 FJAT-16290 | GAATAATCTATTTTACTTCA | 128 |
| 大竹岚 车前草土壤 FJAT-17032 | GAATAATCTATTTTACTTCA | 111 |
| 大竹岚 半山腰沉积土壤1# FJAT-16929 | GAATAATCTATTTTACTTCA | 101 |
| 黄岗山中部 水塘边土壤 ② FJAT-16519 | GAATAATCTATTTTACTTCA | 117 |
| 挂墩路口土壤 ④ FJAT-16075 | GAATAATCTATTTTACTTCA | 124 |
| 黄岗山山顶 SJ-8 松树根际土壤FJAT-16273 | GAATAATCTATTTTACTTCA | 132 |
| 桐木关 SJ-41 柳杉表面土壤4890m FJAT-16180 | GAATAATCTATTTTACTTCA | 125 |
| 黄岗山山脚土壤 SJ-27 3 FJAT-16174 | GAATAATCTATTTCACTTCA | 116 |
| 黄岗山山脚土壤 SJ-30 3 FJAT-16155 | GAATAATCTATTTCACTTCA | 117 |
| 挂墩路口土壤 ② FJAT-16093 | GAATAATCTATTTCACTTCA | 116 |
| 黄岗山中部 水泥厂地土壤1# FJAT-16300 | GAATAATCTATTTCACTTCA | 137 |
| 黄岗山山顶 武夷山天下第一峰牌下土壤1# FJAT-16314 | GAATAATCTATTTCACTTCA | 136 |
| 黄岗山中部 发射塔下土壤1# FJAT-16588 | GAATAATCTATTTCACTTCA | 111 |
| 桐木关 SJ-41 柳杉表面土壤4890m FJAT-16182 | GAATAATCTATTTCACTTCA | 116 |
| 黄岗山山顶 福建界碑下土壤 FJAT 16512 | GAATAATCTATTTCACTTCA | 125 |
| 黄岗山山顶水塘边土壤1# FJAT-16567 | GAATAATCTATTTCACTTCA | 123 |
| 挂墩路口土壤 ⑤ FJAT-16103 | GAATAATCTATTTCACTTCA | 115 |
| 黄岗山山顶 SJ-9 石头旁边土壤 FJAT-16345 | GAATAATCTATTTCACTTCA | 116 |
| 挂墩路口 阴面土壤 FJAT-16005 | GAATAATCTATTTCACTTCA | 39 |
| 黄岗山山 顶土壤 SJ-1 FJAT-16480 | GAATAATCTATTTCACTTCA | 123 |
| Consensus | gaataatctattt acttca | |

| | | |
|---|---|---|
| *Lysinibacillus xylanilytious* XDB9 | TCACCAAGGCGACGATGCGT | 184 |
| 黄岗山山 顶草坪土壤 ⑩ FJAT-16534 | TCACCAAGGCAACGATGCGT | 223 |
| 黄岗山山 顶水塘边土壤1# FJAT-16573 | TCACCAAGGCGACGATGCGT | 213 |
| 挂墩路口 斜坡上土壤1# FJAT-16126 | TCACCAAGGCGACGATGCGT | 203 |
| 大竹岚 银杏树下土壤1# FJAT-16876 | TCACCAAGGCGACGATGCGT | 228 |
| 挂墩路口 阴面土壤 FJAT-16000 | TCACCAAGGCGACGATGCGT | 181 |
| 中挂墩 黄花菜土壤 1031m FJAT-16112 | TCACCAAGGCGACGATGCGT | 203 |
| 黄岗山山 顶SJ-2 草地土壤 FJAT-16279 | TCACCAAGGCGACGATGCGT | 231 |
| 挂墩路口土壤 ④ FJAT-16073 | TCACCAAGGCGACGATGCGT | 230 |
| 桐木关 桐峰茶丁志棕榈树下土壤FJAT-16216 | TCACCAAGGCGACGATGCGT | 201 |
| 挂墩路口 阴面土壤 FJAT-16006 | TCACCAAGGCGACGATGCGT | 179 |
| 挂墩路口土壤 ③ FJAT-16009 | TCACCAAGGCGACGATGCGT | 216 |
| 桐木关 城墙下土壤 2 FJAT-16168 | TCACCAAGGCGACGATGCGT | 217 |
| 桐木关 桐峰茶丁志大松树下土壤1 FJAT-16202 | TCACCAAGGCGACGATGCGT | 202 |
| 大竹岚 蕨类根系土壤1# FJAT-17011 | TCACCAAGGCGACGATGCGT | 207 |
| 大竹岚 竹子根系土壤3# FJAT-16826 | TCACCAAGGCGACGATGCGT | 238 |
| 黄岗山山脚土壤SJ-24 FJAT-16249 | TCACCAAGGCGACGATGCGT | 216 |
| 中挂墩 路边石头边土壤 FJAT-16615 | TCACCAAGGCGACGATGCGT | 219 |
| 桐木关 SJ-42 银杏烂树叶土壤 FJAT-16140 | TCACCAAGGCGACGATGCGT | 227 |
| 黄岗山 山脚SJ-28 3 FJAT-16150 | TCACCAAGGCGACGATGCGT | 203 |
| 大竹岚 岩石下土壤 FJAT-16810 | TCACCAAGGCGACGATGCGT | 240 |
| 中挂墩 河边土壤 FJAT-16667 | TCACCAAGGCGACGATGCGT | 201 |
| 桐木关 城门下土壤 1 FJAT-16163 | TCACCAAGGCGACGATGCGT | 216 |
| 黄岗山 山顶岩石下土壤 FJAT-16290 | TCACCAAGGCGACGATGCGT | 228 |
| 大竹岚 车前草土壤 FJAT-17032 | TCACCAAGGCGACGATGCGT | 211 |
| 大竹岚 半山腰沉积土1# FJAT-16929 | TCACCAAGGCGACGATGCGT | 201 |
| 黄岗山中部 水塘边土壤 ② FJAT-16519 | TCACCAAGGCGACGATGCGT | 217 |
| 挂墩路口土壤 ④ FJAT-16075 | TCACCAAGGCGACGATGCGT | 224 |
| 黄岗山山顶SJ-8 松树根际土壤FJAT-16273 | TCACCAAGGCGACGATGCGT | 232 |
| 桐木关 SJ-41 柳杉表面土壤4890m FJAT-16180 | TCACCAAGGCGACGATGCGT | 225 |
| 黄岗山山脚土壤SJ-27 3 FJAT-16174 | TCACCAAGGCGACGATGCGT | 216 |
| 黄岗山山脚土壤SJ-30 3 FJAT-16155 | TCACCAAGGCGACGATGCGT | 217 |
| 挂墩路口土壤 ② FJAT-16093 | TCACCAAGGCGACGATGCGT | 216 |
| 黄岗山中部 水泥厂地土壤1# FJAT-16300 | TCACCAAGGCGACGATGCGT | 237 |
| 黄岗山山顶武夷山天下第一峰牌下土壤1# FJAT-16314 | TCACCAAGGCGACGATGCGT | 236 |
| 黄岗山中部 发射塔下土壤1# FJAT-16588 | TCACCAAGGCGACGATGCGT | 211 |
| 桐木关 SJ-41 柳杉表面土壤4890m FJAT-16182 | TCACCAAGGCGACGATGCGT | 216 |
| 黄岗山山顶 福建界碑下土壤 FJAT-16512 | TCACCAAGGCGACGATGCGT | 225 |
| 黄岗山山顶 水塘边土壤1# FJAT-16567 | TCACCAAGGCGACGATGCGT | 223 |
| 挂墩路口土壤 ⑤ FJAT-16103 | TCACCAAGGCGACGATGCGT | 215 |
| 黄岗山山 顶SJ-9 石头旁边土壤FJAT-16345 | TCACCAAGGCGACGATGCGT | 216 |
| 挂墩路口 阴面土壤FJAT-16005 | TCACCAAGGCGACGATGCGT | 139 |
| 黄岗山山 顶土壤SJ-1 FJAT-16480 | TCACCAAGGCGACGATGCGT | 223 |
| Consensus | tcaccaaggc acgatgcgt | |

类群II

| | | |
|---|---|---|
| *Lysinibacillus xylanilytious* XDB9 | TCTATTTTACTTCATGGTGA | 90 |
| 挂墩路口土壤⑤ FJAT-16102 | TCTATTTCACTTCATGGTGA | 121 |
| 挂墩路口 斜坡上土壤 FJAT-16127 | TCTATTTCACTTCATGGTGA | 140 |
| 中挂墩 河边土壤 FJAT-16668 | TCTATTTCACTTCATGGTGA | 124 |
| 中挂墩 石头下土壤 FJAT-16641 | CCTATTTCACTTCATGGTGA | 123 |
| 挂墩路口土壤⑤ FJAT-16106 | CCTATTTCACTTCATGGTGA | 116 |
| 挂墩路口土壤⑥ FJAT-16600 | CCTATTTCACTTCATGGTGA | 122 |
| 挂墩路口 土壤⑤ FJAT-16101 | CCTATTTCACTTCATGGTGA | 116 |
| Consensus | ct attt actt cat ggt ga | |

| | | |
|---|---|---|
| *Lysinibacillus xylanilytious* XDB9 | AATACTGAAAGACGGTTTCG | 110 |
| 挂墩路口土壤⑤ FJAT-16102 | AATACTGAAAGACGGTTTCG | 141 |
| 挂墩路口 斜坡上土壤 FJAT-16127 | AATACTGAAAGACGGTTTCG | 160 |
| 中挂墩 河边土壤 FJAT-16668 | AATACTGAAAGACGGTTTCG | 144 |
| 中挂墩 石头下土壤 FJAT-16641 | AATACTGAAAGACGGCTTTG | 143 |
| 挂墩路口土壤⑤ FJAT-16106 | AATACTGAAAGACGGCTTTG | 136 |
| 挂墩路口土壤⑥ FJAT-16600 | AATACTGAAAGACGGCTTTG | 142 |
| 挂墩路口 土壤⑤ FJAT-16101 | AATACTGAAAGACGGCTTTG | 136 |
| Consensus | aat act gaaagacgg tt g | |

类群III、IV、V、VI、VII

| | | |
|---|---|---|
| *Lysinibacillus xylanilytious* XDB9 | TTATAGTTTGGGATAACTCC | 44 |
| 桐木关 SJ-49 红豆杉洞内土壤 4 890m FJAT-16133 | TTATAGTTTGGGATAACTCC | 87 |
| 黄岗山山顶土壤 SJ-5 FJAT-16367 | TTATAGTTTGGGATAACTCC | 76 |
| 黄岗山山顶 树下土壤 FJAT-16319 | TTATAGTTTGGGATAACTCC | 77 |
| 黄岗山山顶 SJ-3 草地土壤 FJAT-16337 | TTATAGTTTGGGATAACTCC | 76 |
| 黄岗山中部 发射塔下土壤 2# FJAT-16583 | TTATAGTTTGGGATAACTCC | 72 |
| 挂墩路口 阴面土壤 FJAT-16007 | CTATAGTTTGGGATAACTCC | 82 |
| Consensus | t at agt tt gggat aact cc | |

| | | |
|---|---|---|
| *Lysinibacillus xylanilytious* XDB9 | GGGAAACCGGGGCTAATACC | 64 |
| 桐木关 SJ-49 红豆杉洞内土壤 4 890m FJAT-16133 | GGGAAACCGGGGCTAATACC | 107 |
| 黄岗山山顶土壤 SJ-5 FJAT-16367 | GGGAAACCGGGGCTAATACC | 96 |
| 黄岗山山顶 树下土壤 FJAT-16319 | GGGAAACCGGGGCTAATACC | 97 |
| 黄岗山山顶 SJ-3 草地土壤 FJAT-16337 | GGGAAACCGGGGCTAATACC | 96 |
| 黄岗山中部 发射塔下土壤 2# FJAT-16583 | GGGAAACCGGGGCTAATACC | 92 |
| 挂墩路口 阴面土壤 FJAT-16007 | GGGAAACCGGGGCTAATACC | 102 |
| Consensus | gggaaaccggggct aat acc | |

| | | |
|---|---|---|
| *Lysinibacillus xylanilytious* XDB9 | GAATAATCTATTTTACTTCA | 84 |
| 桐木关 SJ-49 红豆杉洞内土壤 4 890m FJAT-16133 | GAATAATCTATTTCACTTCA | 127 |
| 黄岗山山顶土壤 SJ-5 FJAT-16367 | GAATAATCTATTTCACTTCA | 116 |
| 黄岗山山顶 树下土壤 FJAT-16319 | GAATAATCTATTTCACTTCA | 117 |
| 黄岗山山顶 SJ-3 草地土壤 FJAT-16337 | GAATAATCTATTTCACTTCA | 116 |
| 黄岗山中部 发射塔下土壤 2# FJAT-16583 | GAATAATCTATTTCACTTCA | 112 |
| 挂墩路口 阴面土壤 FJAT-16007 | GAATAATCTATTTCTCCTCA | 122 |
| Consensus | gaat aat ct att t c tca | |

| | | |
|---|---|---|
| *Lysinibacillus xylanilytious* XDB9 | TGGTGAAATACTGAAAGACG | 104 |
| 桐木关 SJ-49 红豆杉洞内土壤 4 890m FJAT-16133 | TGGTGAAATACTGAAAGACG | 147 |
| 黄岗山山顶土壤 SJ-5 FJAT-16367 | TGGTGAAATACTGAAAGACG | 136 |
| 黄岗山山顶 树下土壤 FJAT-16319 | TGGTGAAATACTGAAAGACG | 137 |
| 黄岗山山顶 SJ-3 草地土壤 FJAT-16337 | TGGTGAAATACTGAAAGACG | 136 |
| 黄岗山中部 发射塔下土壤 2# FJAT-16583 | TGGTGAAATACTGAAAGACG | 132 |
| 挂墩路口 阴面土壤 FJAT-16007 | TGGTGAAATACTGAAAGACG | 142 |
| Consensus | t ggt gaaat act gaaagacg | |

| | | |
|---|---|---|
| *Lysinibacillus xylanilytious* XDB9 | GTTTCGGCTGTCGCTATAAG | 124 |
| 桐木关 SJ-49 红豆杉洞内土壤 4 890m FJAT-16133 | GTTTCGGCTGTCGCTATAAG | 167 |
| 黄岗山山顶土壤 SJ-5 FJAT-16367 | GTCTCGGCTGTCGCTATAAG | 156 |
| 黄岗山山顶 树下土壤 FJAT-16319 | GTTTCGGCTGTCGCTATAAG | 157 |
| 黄岗山山顶 SJ-3 草地土壤 FJAT-16337 | GTTTCGGCTGTCGCTATAAG | 156 |
| 黄岗山中部 发射塔下土壤 2# FJAT-16583 | GTTTCGGCTGTCGCTATAAG | 152 |
| 挂墩路口 阴面土壤 FJAT-16007 | GTTTCGGCTGTCGCTATAGG | 162 |
| Consensus | gt tcggct gt cgct at a g | |

图 4-4-36 武夷山国家级自然保护区解木糖赖氨酸芽胞杆菌种群 16S rDNA 序列的变异

**表 4-4-17 台湾地区巨大芽胞杆菌（*Bacillus megaterium*）脂肪酸组测定**

| 脂肪酸生物标记 | 巨大芽胞杆菌（*Bacillus megaterium*）脂肪酸/% | | | | | | | 均值/% | 标准差 |
|---|---|---|---|---|---|---|---|---|---|
| | 基隆 | 台北 | 桃园 | 苗栗 | 台中 | 南投 | 高雄 | | |
| 15:0 iso | 30.82 | 31.44 | 35.54 | 32.67 | 33.28 | 39.51 | 33.34 | 33.80 | 2.94 |
| 15:0 anteiso | 18.38 | 11.34 | 15.76 | 37.85 | 21.39 | 16.22 | 27.19 | 21.16 | 8.88 |
| c16:0 | 5.85 | 6.43 | 6.06 | 6.28 | 8.05 | 4.47 | 8.61 | 6.54 | 1.39 |
| 17:0 iso | 5.59 | 8.91 | 6.98 | 3.12 | 6.27 | 9.44 | 4.70 | 6.43 | 2.24 |
| 16:0 iso | 8.36 | 6.44 | 6.25 | 2.52 | 4.25 | 7.52 | 4.03 | 5.62 | 2.09 |
| 14:0 iso | 5.34 | 7.08 | 3.89 | 4.28 | 4.33 | 1.96 | 3.73 | 4.37 | 1.57 |
| 17:0 anteiso | 3.47 | 2.54 | 3.01 | 4.90 | 3.03 | 6.52 | 4.15 | 3.95 | 1.38 |
| 13:0 iso | 4.80 | 5.44 | 4.82 | 0.35 | 3.70 | 2.13 | 0.40 | 3.09 | 2.14 |
| 16:1ω11c | 2.49 | 1.28 | 0.94 | 3.51 | 2.32 | 1.63 | 5.82 | 2.57 | 1.67 |
| feature 3 | 2.42 | 5.02 | 3.83 | 0.00 | 2.31 | 1.72 | 0.18 | 2.21 | 1.82 |
| c14:0 | 2.13 | 2.42 | 2.38 | 1.59 | 2.70 | 1.28 | 0.94 | 1.92 | 0.66 |
| 16:1ω7c alcohol | 1.97 | 1.18 | 1.64 | 0.68 | 0.46 | 2.41 | 0.90 | 1.32 | 0.71 |
| 17:1 iso ω10c | 1.13 | 1.93 | 0.94 | 0.60 | 1.07 | 1.64 | 1.58 | 1.27 | 0.46 |
| 17:1 iso ω5c | 1.34 | 2.34 | 2.02 | 0.00 | 1.42 | 0.62 | 0.00 | 1.11 | 0.93 |
| c18:0 | 0.65 | 0.96 | 1.11 | 0.65 | 1.30 | 0.47 | 1.57 | 0.96 | 0.40 |
| 13:0 anteiso | 0.39 | 0.76 | 0.58 | 0.00 | 0.39 | 0.19 | 0.10 | 0.34 | 0.27 |
| 18:1ω9c | 0.36 | 0.30 | 0.26 | 0.00 | 0.31 | 0.06 | 0.95 | 0.32 | 0.31 |
| 12:0 iso | 0.34 | 0.53 | 0.57 | 0.00 | 0.28 | 0.15 | 0.00 | 0.27 | 0.23 |
| c12:0 | 0.47 | 0.48 | 0.53 | 0.00 | 0.22 | 0.14 | 0.00 | 0.26 | 0.23 |
| 15:0 2OH | 0.21 | 0.37 | 0.17 | 0.00 | 0.17 | 0.12 | 0.00 | 0.15 | 0.13 |
| 18:0 iso | 0.00 | 0.24 | 0.00 | 0.00 | 0.12 | 0.06 | 0.12 | 0.08 | 0.09 |
| 15:1ω5c | 0.08 | 0.06 | 0.08 | 0.00 | 0.12 | 0.00 | 0.00 | 0.05 | 0.05 |
| 总和 | 96.59 | 97.49 | 97.36 | 99.00 | 97.49 | 98.26 | 98.31 | | |

（2）脂肪酸生物标记聚类分析。以表 4-4-17 为数据矩阵，以不同分布地点为指标，以脂肪酸生物标记为样本，以马氏距离为尺度，用可变类平均法进行系统聚类，分析结果见表 4-4-18 和图 4-4-37。分析结果可将台湾地区巨大芽胞杆菌脂肪酸生物标记分为 3 类。

第 I 类为高含量脂肪酸，到中心的马氏距离为 RMSTD=2.2263，包括 3 个生物标记，即 15:0 iso、15:0 anteiso、c16:0；基隆、台北、桃园、苗栗、台中、南投、高雄等地第 I 类脂肪酸平均值分别为 18.35%、16.40%、19.12%、25.60%、20.91%、20.07%、23.05%，地理种群间的差异较大，苗栗种群含量较高，台北种群含量较低。

第 II 类为中含量脂肪酸，到中心的马氏距离为 RMSTD=3.5688，包括 8 个生物标记，即 17:0 iso、16:0 iso、14:0 iso、17:0 anteiso、13:0 iso、16:1ω11c、c14:0、17:1 iso ω10c，基隆、台北、桃园、苗栗、台中、南投、高雄等地第 II 类脂肪酸平均值分别为 4.16%、4.51%、3.65%、2.61%、3.46%、4.02%、3.17%，地理间的差异较大，台北种群含量较高，苗栗种群含量较低。

**表 4-4-18　台湾地区巨大芽胞杆菌（*Bacillus megaterium*）种群脂肪酸生物标记聚类分析（%）**

| 类别 | 脂肪酸生物标记 | 基隆 | 台北 | 桃园 | 苗栗 | 台中 | 南投 | 高雄 |
|---|---|---|---|---|---|---|---|---|
| I | 15:0 iso | 30.82 | 31.44 | 35.54 | 32.67 | 33.28 | 39.51 | 33.34 |
| I | 15:0 anteiso | 18.38 | 11.34 | 15.76 | 37.85 | 21.39 | 16.22 | 27.19 |
| I | c16:0 | 5.85 | 6.43 | 6.06 | 6.28 | 8.05 | 4.47 | 8.61 |
| 第 I 类 3 个标记 | 平均值 | 18.35 | 16.40 | 19.12 | 25.60 | 20.91 | 20.07 | 23.05 |
| II | 17:0 iso | 5.59 | 8.91 | 6.98 | 3.12 | 6.27 | 9.44 | 4.70 |
| II | 16:0 iso | 8.36 | 6.44 | 6.25 | 2.52 | 4.25 | 7.52 | 4.03 |
| II | 14:0 iso | 5.34 | 7.08 | 3.89 | 4.28 | 4.33 | 1.96 | 3.73 |
| II | 17:0 anteiso | 3.47 | 2.54 | 3.01 | 4.90 | 3.03 | 6.52 | 4.15 |
| II | 13:0 iso | 4.80 | 5.44 | 4.82 | 0.35 | 3.70 | 2.13 | 0.40 |
| II | 16:1ω11c | 2.49 | 1.28 | 0.94 | 3.51 | 2.32 | 1.63 | 5.82 |
| II | c14:0 | 2.13 | 2.42 | 2.38 | 1.59 | 2.70 | 1.28 | 0.94 |
| II | 17:1 iso ω10c | 1.13 | 1.93 | 0.94 | 0.60 | 1.07 | 1.64 | 1.58 |
| 第 II 类 8 个标记 | 平均值 | 4.16 | 4.51 | 3.65 | 2.61 | 3.46 | 4.02 | 3.17 |
| III | feature 3 | 2.42 | 5.02 | 3.83 | 0.00 | 2.31 | 1.72 | 0.18 |
| III | 16:1ω7c alcohol | 1.97 | 1.18 | 1.64 | 0.68 | 0.46 | 2.41 | 0.90 |
| III | 17:1 iso ω5c | 1.34 | 2.34 | 2.02 | 0.00 | 1.42 | 0.62 | 0.00 |
| III | c18:0 | 0.65 | 0.96 | 1.11 | 0.65 | 1.30 | 0.47 | 1.57 |
| III | 13:0 anteiso | 0.39 | 0.76 | 0.58 | 0.00 | 0.39 | 0.19 | 0.10 |
| III | 18:1ω9c | 0.36 | 0.30 | 0.26 | 0.00 | 0.31 | 0.06 | 0.95 |
| III | 12:0 iso | 0.34 | 0.53 | 0.57 | 0.00 | 0.28 | 0.15 | 0.00 |
| III | c12:0 | 0.47 | 0.48 | 0.53 | 0.00 | 0.22 | 0.14 | 0.00 |
| III | 15:0 2OH | 0.21 | 0.37 | 0.17 | 0.00 | 0.17 | 0.12 | 0.00 |
| III | 18:0 iso | 0.00 | 0.24 | 0.00 | 0.00 | 0.12 | 0.06 | 0.12 |
| 第 III 类 10 个标记 | 平均值 | 0.82 | 1.22 | 1.07 | 0.13 | 0.70 | 0.59 | 0.38 |

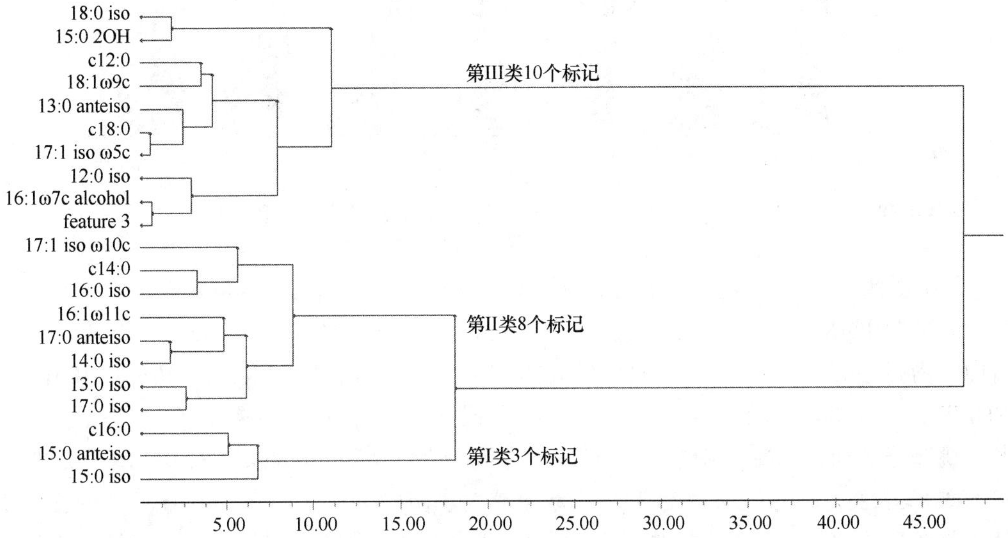


图 4-4-37　台湾地区巨大芽胞杆菌（*Bacillus megaterium*）种群脂肪酸生物标记聚类分析

第 III 类为低含量脂肪酸，到中心的马氏距离为 RMSTD=1.3873，包括 10 个生物标记，即 feature 3、16:1ω7c alcohol、17:1 iso ω5c、c18:0、13:0 anteiso、18:1ω9c、12:0 iso、c12:0、15:0 2OH、18:0 iso，基隆、台北、桃园、苗栗、台中、南投、高雄等地第 III 类脂肪酸平均值分别为 0.82%、1.22%、1.07%、0.13%、0.70%、0.59%、0.38%，地理间的差异较大，台北种群含量较高，苗栗种群含量较低。

（3）台湾地区巨大芽胞杆菌水平分布种群分化。台湾地区水平分布的巨大芽胞杆菌脂肪酸组存在差异（图 4-4-38），从巨大芽胞杆菌种群各类脂肪酸平均值看，第 I、II、III 类脂肪酸平均值基隆种群分别为 18.35%、4.16%、0.82%，总和为 23.33%，台北种群分别为 16.40%、4.51%、1.22%，总和为 22.13%；桃园种群分别为 19.12%、3.65%、1.07%，总和为 23.84%；苗栗种群分别为 25.60%、2.61%、0.13%，总和为 28.34%；台中种群分别为 20.91%、3.46%、0.70%，总和为 25.07%；南投种群分别为 20.07%、4.02%、0.59%，总和为 24.67%；高雄种群分别为 23.05%、3.17%、0.38%，总和为 26.60%。巨大芽胞杆菌水平分布种群的 3 类脂肪酸平均值总和大小排序为：苗栗>高雄>台中>南投>桃园>基隆>台北，表明种群分化差异显著，从脂肪酸组差异可区别出种群差异（图 4-4-38）。

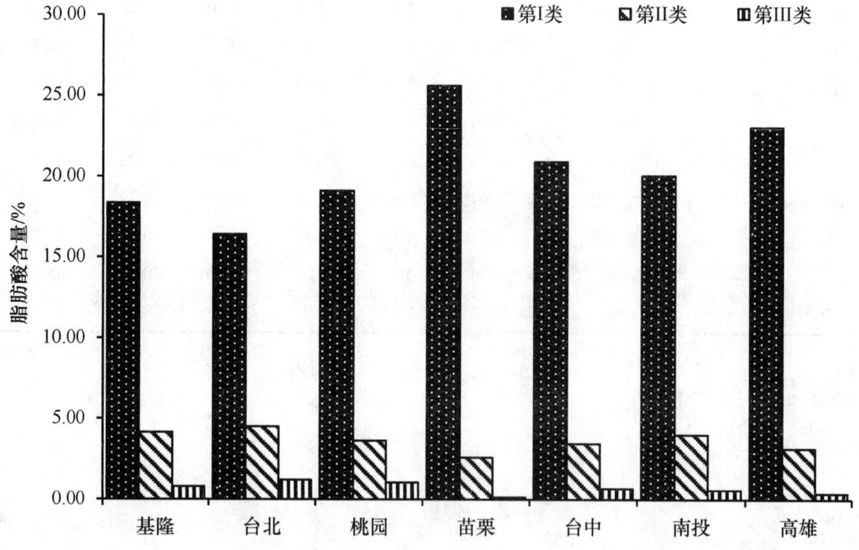


图 4-4-38　台湾地区水平分布不同地点采集的巨大芽胞杆菌种群 3 类脂肪酸生物标记平均值

第 I 类高含量脂肪酸生物标记平均值不同地点水平分布比较：巨大芽胞杆菌种群第 I 类高含量脂肪酸 3 个，即 15:0 iso、15:0 anteiso、c16:0，在基隆、台北、桃园、苗栗、台中、南投、高雄等地的平均值分别为 18.35%、16.40%、19.12%、25.60%、20.91%、20.07%、23.05%，苗栗种群含量较高，台北种群含量较低；脂肪酸 15:0 iso 在基隆、台北、桃园、苗栗、台中、南投、高雄等地的平均值分别为 30.82%、31.44%、35.54%、32.67%、33.28%、39.51%、33.34%，差异较大，南投种群含量最高，基隆种群含量最低；脂肪酸 15:0 anteiso 在基隆、台北、桃园、苗栗、台中、南投、高雄等地的平均值分别为 18.38%、11.34%、15.76%、37.85%、21.39%、16.22%、27.19%，差异较大，苗栗种群含量最高，台北种群含量最低；脂肪酸 c16:0 在基隆、台北、桃园、苗栗、台中、南投、高雄等地的平均值分别为 5.85%、6.43%、6.06%、6.28%、8.05%、4.47%、8.61%，差异较大，高雄种群含量最高，南投种群含量最低。不同的脂肪酸生物标记适应着不同的生态因子，为考察芽胞杆菌种群的地理分化提供了不同的指标（图 4-4-39）。

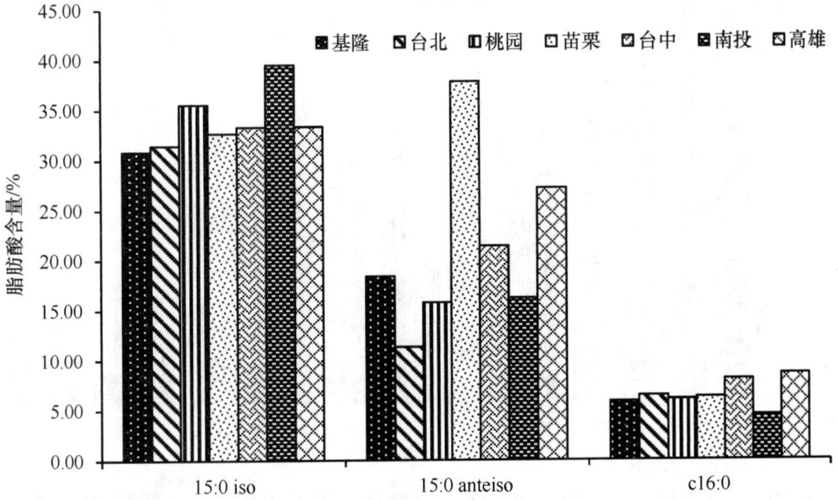


图 4-4-39　台湾地区水平分布不同地点采集的巨大芽胞杆菌种群第 I 类脂肪酸生物标记

第 II 类中含量脂肪酸生物标记平均值不同地点水平分布比较：巨大芽胞杆菌种群第 II 类中含量脂肪酸 8 个，即 17:0 iso、16:0 iso、14:0 iso、17:0 anteiso、13:0 iso、16:1ω11c、c14:0、17:1 iso ω10c，在基隆、台北、桃园、苗栗、台中、南投、高雄等地的平均值分别为 4.16%、4.51%、3.65%、2.61%、3.46%、4.02%、3.17%，台北种群含量较高，苗栗种群含量较低；脂肪酸 17:0 iso 在基隆、台北、桃园、苗栗、台中、南投、高雄等地的平均值分别为 5.59%、8.91%、6.98%、3.12%、6.27%、9.44%、4.70%，南投种群含量最高，苗栗种群含量最低。脂肪酸 16:0 iso 在基隆、台北、桃园、苗栗、台中、南投、高雄等地的平均值分别为 8.36%、6.44%、6.25%、2.52%、4.25%、7.52%、4.03%，基隆种群含量最高，苗栗种群含量最低。脂肪酸 14:0 iso 在基隆、台北、桃园、苗栗、台中、南投、高雄等地的平均值分别为 5.34%、7.08%、3.89%、4.28%、4.33%、1.96%、3.73%，台北种群含量最高，南投种群含量最低。脂肪酸 17:0 anteiso 在基隆、台北、桃园、苗栗、台中、南投、高雄等地的平均值分别为 3.47%、2.54%、3.01%、4.90%、3.03%、6.52%、4.15%，南投种群含量最高，台北种群含量最低。脂肪酸 13:0 iso 在基隆、台北、桃园、苗栗、台中、南投、高雄等地的平均值分别为 4.80%、5.44%、4.82%、0.35%、3.70%、2.13%、0.40%，台北种群含量最高，苗栗种群含量最低。脂肪酸 16:1ω11c 在基隆、台北、桃园、苗栗、台中、南投、高雄等地的平均值分别为 2.49%、1.28%、0.94%、3.51%、2.32%、1.63%、5.82%，高雄种群含量最高，桃园种群含量最低。脂肪酸 c14:0 在基隆、台北、桃园、苗栗、台中、南投、高雄等地的平均值分别为 2.13%、2.42%、

2.38%、1.59%、2.70%、1.28%、0.94%，台中种群含量最高，高雄种群含量最低。脂肪酸 17:1 iso ω10c 在基隆、台北、桃园、苗栗、台中、南投、高雄等地的平均值分别为 1.13%、1.93%、0.94%、0.60%、1.07%、1.64%、1.58%，台北种群含量最高，苗栗种群含量最低（图 4-4-40）。

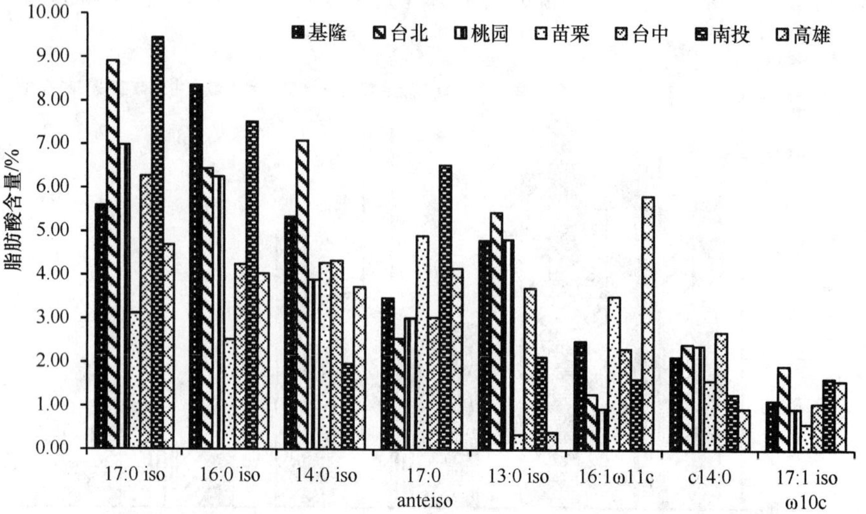


图 4-4-40　台湾地区水平分布不同地点采集的巨大芽胞杆菌种群第 II 类脂肪酸生物标记

第 III 类低含量脂肪酸生物标记平均值不同地点水平分布比较：巨大芽胞杆菌种群第 III 类低含量脂肪酸 10 个，即 feature 3、16:1ω7c alcohol、17:1 iso ω5c、c18:0、13:0 anteiso、18:1ω9c、12:0 iso、c12:0、15:0 2OH、18:0 iso，在基隆、台北、桃园、苗栗、台中、南投、高雄等地的平均值分别为 0.82%、1.22%、1.07%、0.13%、0.70%、0.59%、0.38%，台北种群含量较高，苗栗种群含量较低。

其中 4 个脂肪酸生物标记含量较高，变异较大；脂肪酸 feature 3 在基隆、台北、桃园、苗栗、台中、南投、高雄等地的种群平均值分别为 2.42%、5.02%、3.83%、0、2.31%、1.72%、0.18%，桃园种群最高，苗栗种群最低；脂肪酸 16:1ω7c alcohol 在基隆、台北、桃园、苗栗、台中、南投、高雄等地的种群平均值分别为 1.97%、1.18%、1.64%、0.68%、0.46%、2.41%、0.90%，基隆种群最高，台中种群最低；脂肪酸 17:1 iso ω5c 在基隆、台北、桃园、苗栗、台中、南投、高雄等地的种群平均值分别为 1.34%、2.34%、2.02%、0、1.42%、0.62%、0，台北种群最高，苗栗和高雄种群最低；脂肪酸 c18:0 在基隆、台北、桃园、苗栗、台中、南投、高雄等地的种群平均值分别为 0.65%、0.96%、1.11%、0.65%、1.30%、0.47%、1.57%，高雄种群最高，南投种群最低；其余脂肪酸含量较低，差异较小（图 4-4-41）。

（4）台湾地区巨大芽胞杆菌地理分布。以表 4-4-18 为数据矩阵，以地点为样本，以脂肪酸生物标记为指标，以切比雪夫距离为尺度，用可变类平均法进行系统聚类，分析结果见表 4-4-19 和图 4-4-42。可将地理分布聚为 3 类。

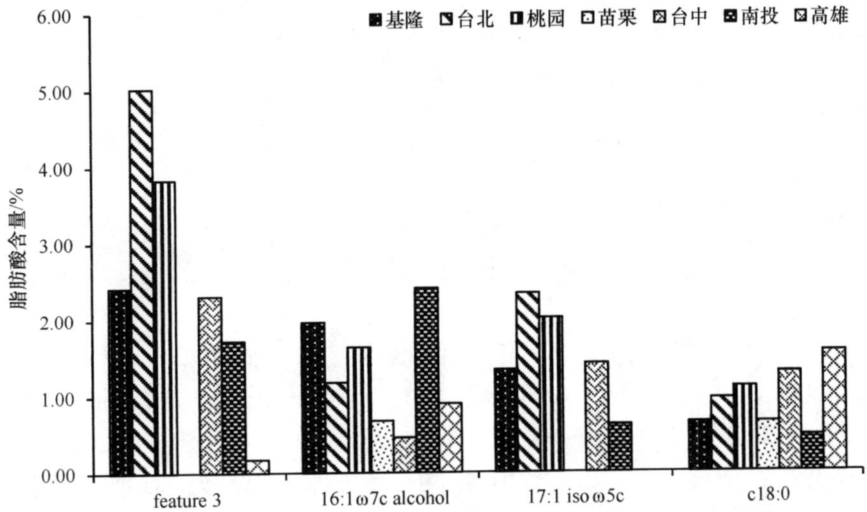


图 4-4-41　台湾地区水平分布不同地点采集的巨大芽胞杆菌种群第 III 类脂肪酸生物标记

**表 4-4-19　基于脂肪酸组台湾地区巨大芽胞杆菌（*Bacillus megaterium*）地理分布聚类分析（%）**

| 脂肪酸生物标记 | 第 I 类 3 个地点 | | | | 第 II 类 3 个地点 | | | | 第 III 类 1 个地点 | |
|---|---|---|---|---|---|---|---|---|---|---|
| | 基隆 | 台中 | 高雄 | 平均值 | 台北 | 桃园 | 南投 | 平均值 | 苗栗 | 平均值 |
| 15:0 iso | 30.82 | 33.28 | 33.34 | 32.48 | 31.44 | 35.54 | 39.51 | 35.50 | 32.67 | 32.67 |
| 15:0 anteiso | 18.38 | 21.39 | 27.19 | 22.32 | 11.34 | 15.76 | 16.22 | 14.44 | 37.85 | 37.85 |
| c16:0 | 5.85 | 8.05 | 8.61 | 7.50 | 6.43 | 6.06 | 4.47 | 5.65 | 6.28 | 6.28 |
| 高含量脂肪酸总和 | | | | 62.30 | | | | 55.59 | | 76.80 |
| 17:0 iso | 5.59 | 6.27 | 4.70 | 5.52 | 8.91 | 6.98 | 9.44 | 8.44 | 3.12 | 3.12 |
| 16:0 iso | 8.36 | 4.25 | 4.03 | 5.55 | 6.44 | 6.25 | 7.52 | 6.74 | 2.52 | 2.52 |
| 14:0 iso | 5.34 | 4.33 | 3.73 | 4.47 | 7.08 | 3.89 | 1.96 | 4.31 | 4.28 | 4.28 |
| 17:0 anteiso | 3.47 | 3.03 | 4.15 | 3.55 | 2.54 | 3.01 | 6.52 | 4.02 | 4.90 | 4.90 |
| 13:0 iso | 4.80 | 3.70 | 0.40 | 2.97 | 5.44 | 4.82 | 2.13 | 4.13 | 0.35 | 0.35 |
| 16:1ω11c | 2.49 | 2.32 | 5.82 | 3.54 | 1.28 | 0.94 | 1.63 | 1.28 | 3.51 | 3.51 |
| c14:0 | 2.13 | 2.70 | 0.94 | 1.92 | 2.42 | 2.38 | 1.28 | 2.03 | 1.59 | 1.59 |
| 17:1 iso ω10c | 1.13 | 1.07 | 1.58 | 1.26 | 1.93 | 0.94 | 1.64 | 1.50 | 0.60 | 0.60 |
| 中含量脂肪酸总和 | | | | 28.78 | | | | 32.46 | | 20.87 |
| feature 3 | 2.42 | 2.31 | 0.18 | 1.64 | 5.02 | 3.83 | 1.72 | 3.52 | 0.00 | 0.00 |
| 16:1ω7c alcohol | 1.97 | 0.46 | 0.90 | 1.11 | 1.18 | 1.64 | 2.41 | 1.74 | 0.68 | 0.68 |
| 17:1 iso ω5c | 1.34 | 1.42 | 0.00 | 0.92 | 2.34 | 2.02 | 0.62 | 1.66 | 0.00 | 0.00 |
| c18:0 | 0.65 | 1.30 | 1.57 | 1.17 | 0.96 | 1.11 | 0.47 | 0.85 | 0.65 | 0.65 |
| 13:0 anteiso | 0.39 | 0.39 | 0.10 | 0.29 | 0.76 | 0.58 | 0.19 | 0.51 | 0.00 | 0.00 |
| 18:1ω9c | 0.36 | 0.31 | 0.95 | 0.54 | 0.30 | 0.26 | 0.06 | 0.21 | 0.00 | 0.00 |
| 12:0 iso | 0.34 | 0.28 | 0.00 | 0.21 | 0.53 | 0.57 | 0.15 | 0.42 | 0.00 | 0.00 |
| c12:0 | 0.47 | 0.22 | 0.00 | 0.23 | 0.48 | 0.53 | 0.14 | 0.38 | 0.00 | 0.00 |
| 15:0 2OH | 0.21 | 0.17 | 0.00 | 0.13 | 0.37 | 0.17 | 0.12 | 0.22 | 0.00 | 0.00 |
| 18:0 iso | 0.00 | 0.12 | 0.12 | 0.08 | 0.24 | 0.00 | 0.06 | 0.10 | 0.00 | 0.00 |
| 低含量脂肪酸总和 | | | | 6.32 | | | | 9.61 | | 1.33 |

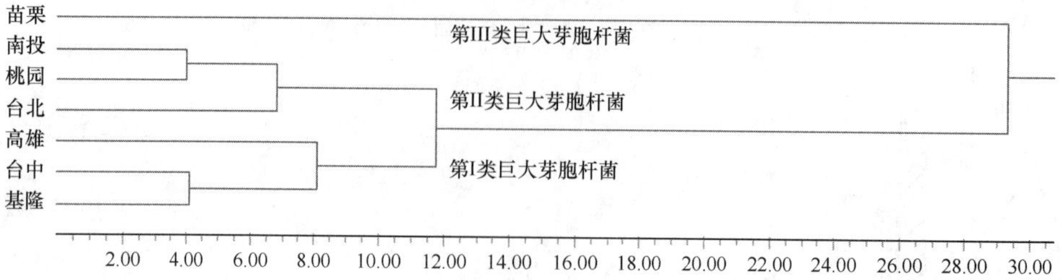


图 4-4-42 基于脂肪酸组台湾地区巨大芽胞杆菌（*Bacillus megaterium*）地理分布聚类分析

第 I 类巨大芽胞杆菌分布具有沿海地理特征，到中心的切比雪夫距离为 RMSTD=3.8788，包含 3 个地点，即基隆、台中、高雄，采样地点靠近沿海；脂肪酸特征为 15:0 iso=32.48%，15:0 anteiso=22.32%，15:0 iso/15:0 anteiso=1.4552。高含量脂肪酸总和为 62.3%，高于第 II 类，低于第 III 类；中含量脂肪酸总和为 28.78%，低于第 II 类，高于第 III 类；低含量脂肪酸总和为 6.32%，低于第 II 类，高于第 III 类。

第 II 类巨大芽胞杆菌分布具有北部内陆地理特征，到中心的切比雪夫距离为 RMSTD=3.9345，包含 3 个地点，即台北、桃园、南投，采样地点靠近北部内陆地区；脂肪酸特征为 15:0 iso=35.50%，15:0 anteiso=14.44%，15:0 iso/15:0 anteiso=2.4584。高含量脂肪酸总和为 55.59%，低于第 I 类和第 III 类；中含量脂肪酸总和为 32.45%，高于第 I 类和第 III 类；低含量脂肪酸总和为 9.61%，高于第 I 类和第 III 类。

第 III 类巨大芽胞杆菌分布具有中部内陆地理特征，到中心的切比雪夫距离为 RMSTD=$5.113\times10^{-11}$，包含 1 个地点，即苗栗，采样地点靠近中部内陆；脂肪酸特征为 15:0 iso=32.67%，15:0 anteiso=37.85%，15:0 iso/15:0 anteiso=0.8631。高含量脂肪酸总和为 76.80%，高于第 I 类和第 II 类；中含量脂肪酸总和为 20.87%，低于第 I 类和第 II 类；低含量脂肪酸总和为 1.33%，低于第 I 类和第 II 类。

## 4. 台湾地区蜡样芽胞杆菌水平分布种群分化

（1）脂肪酸组测定。从台湾地区基隆、台北、桃园、新竹、苗栗、台中、南投、嘉义、高雄等地分别采集蜡样芽胞杆菌（*Bacillus cereus*）各 5 株以上，测定脂肪酸组，以采集地为基点，统计脂肪酸生物标记的平均值（表 4-4-20）。各地理位置采集的巨大芽胞杆菌脂肪酸总和大于 90.23%，基本涵盖了被测芽胞杆菌整体脂肪酸组。

**表 4-4-20 台湾地区蜡样芽胞杆菌（*Bacillus cereus*）脂肪酸组测定**

| 脂肪酸生物标记 | 蜡样芽胞杆菌（*Bacillus cereus*）脂肪酸/% | | | | | | | | | 均值/% | 标准差 |
|---|---|---|---|---|---|---|---|---|---|---|---|
| | 基隆 | 台北 | 桃园 | 新竹 | 苗栗 | 台中 | 南投 | 嘉义 | 高雄 | | |
| 15:0 iso | 27.53 | 26.72 | 23.97 | 25.46 | 21.78 | 31.13 | 27.78 | 26.95 | 26.10 | 26.38 | 2.60 |
| 17:0 iso | 12.20 | 11.62 | 9.22 | 15.68 | 6.92 | 11.30 | 11.72 | 11.18 | 9.80 | 11.07 | 2.39 |
| 13:0 iso | 10.82 | 7.47 | 8.54 | 8.41 | 10.43 | 10.07 | 7.88 | 9.69 | 7.23 | 8.95 | 1.33 |
| c16:0 | 8.31 | 9.02 | 8.20 | 11.14 | 6.17 | 4.94 | 9.42 | 6.61 | 8.38 | 8.02 | 1.87 |
| feature 3 | 8.27 | 8.17 | 7.06 | 6.88 | 7.34 | 6.79 | 7.11 | 8.33 | 7.48 | 7.49 | 0.61 |
| 16:0 iso | 6.35 | 8.33 | 7.24 | 6.85 | 7.97 | 6.84 | 7.26 | 6.41 | 6.89 | 7.13 | 0.66 |

续表

| 脂肪酸生物标记 | 蜡样芽胞杆菌（*Bacillus cereus*）脂肪酸/% | | | | | | | | | 均值/% | 标准差 |
|---|---|---|---|---|---|---|---|---|---|---|---|
| | 基隆 | 台北 | 桃园 | 新竹 | 苗栗 | 台中 | 南投 | 嘉义 | 高雄 | | |
| 15:0 anteiso | 3.93 | 4.12 | 4.05 | 4.30 | 4.20 | 3.53 | 3.88 | 3.96 | 3.98 | 3.99 | 0.22 |
| 14:0 iso | 3.67 | 4.15 | 4.00 | 2.93 | 5.10 | 4.27 | 3.46 | 4.07 | 3.87 | 3.95 | 0.60 |
| c14:0 | 2.87 | 2.93 | 3.14 | 2.74 | 4.89 | 4.67 | 3.12 | 2.44 | 3.11 | 3.32 | 0.86 |
| 17:1 iso ω5c | 3.26 | 3.03 | 3.01 | 2.65 | 2.99 | 4.26 | 2.52 | 3.95 | 3.95 | 3.29 | 0.62 |
| 17:1 iso ω10c | 1.67 | 2.29 | 2.28 | 2.84 | 2.78 | 1.73 | 2.90 | 3.30 | 1.61 | 2.38 | 0.62 |
| 17:0 anteiso | 1.99 | 2.48 | 2.61 | 3.12 | 1.51 | 1.62 | 2.22 | 1.57 | 2.13 | 2.14 | 0.54 |
| 13:0 anteiso | 1.41 | 1.34 | 2.06 | 1.26 | 1.75 | 0.88 | 1.26 | 1.10 | 1.09 | 1.35 | 0.36 |
| c18:0 | 1.17 | 1.14 | 1.53 | 1.62 | 1.01 | 0.60 | 1.52 | 0.95 | 2.01 | 1.28 | 0.42 |
| 12:0 iso | 0.96 | 0.93 | 2.12 | 0.76 | 1.19 | 0.85 | 0.93 | 0.73 | 0.80 | 1.03 | 0.43 |
| c12:0 | 0.55 | 0.60 | 0.77 | 0.64 | 0.82 | 0.51 | 0.93 | 0.68 | 1.50 | 0.78 | 0.30 |
| 16:1ω7c alcohol | 0.36 | 0.71 | 0.70 | 0.60 | 0.99 | 0.59 | 0.92 | 0.92 | 0.68 | 0.72 | 0.20 |
| 16:1ω11c | 0.35 | 0.51 | 0.54 | 0.72 | 0.62 | 0.23 | 0.78 | 0.73 | 0.21 | 0.52 | 0.22 |
| 18:1ω9c | 0.18 | 0.22 | 0.80 | 0.00 | 1.08 | 0.00 | 0.38 | 0.37 | 0.71 | 0.42 | 0.37 |
| 15:0 2OH | 0.27 | 0.40 | 0.25 | 0.00 | 0.69 | 0.39 | 0.25 | 0.57 | 0.38 | 0.36 | 0.20 |
| 15:1ω5c | 0.15 | 0.06 | 0.10 | 0.00 | 0.00 | 0.23 | 0.09 | 0.15 | 1.41 | 0.24 | 0.44 |
| 18:0 iso | 0.09 | 0.33 | 0.11 | 0.00 | 0.00 | 0.22 | 0.10 | 0.25 | 0.16 | 0.14 | 0.11 |
| 总和 | 96.36 | 96.57 | 92.3 | 98.6 | 90.23 | 95.65 | 96.43 | 94.91 | 93.48 | | |

（2）脂肪酸生物标记聚类分析。以表 4-4-20 为数据矩阵，以不同分布地点为指标，以脂肪酸生物标记为样本，以马氏距离为尺度，用可变类平均法进行系统聚类，分析结果见表 4-4-21 和图 4-4-43。分析结果可将台湾地区蜡样芽胞杆菌脂肪酸生物标记分为 3 类。

**表 4-4-21　台湾地区蜡样芽胞杆菌（*Bacillus cereus*）种群脂肪酸生物标记聚类分析（%）**

| 类别 | 脂肪酸生物标记 | 基隆 | 台北 | 桃园 | 新竹 | 苗栗 | 台中 | 南投 | 嘉义 | 高雄 |
|---|---|---|---|---|---|---|---|---|---|---|
| I | 15:0 iso | 27.53 | 26.72 | 23.97 | 25.46 | 21.78 | 31.13 | 27.78 | 26.95 | 26.10 |
| 第 I 类 1 个标记 | 平均值 | 27.53 | 26.72 | 23.97 | 25.46 | 21.78 | 31.13 | 27.78 | 26.95 | 26.10 |
| II | 17:0 iso | 12.20 | 11.62 | 9.22 | 15.68 | 6.92 | 11.30 | 11.72 | 11.18 | 9.80 |
| II | 13:0 iso | 10.82 | 7.47 | 8.54 | 8.41 | 10.43 | 10.07 | 7.88 | 9.69 | 7.23 |
| II | c16:0 | 8.31 | 9.02 | 8.20 | 11.14 | 6.17 | 4.94 | 9.42 | 6.61 | 8.38 |
| II | feature 3 | 8.27 | 8.17 | 7.06 | 6.88 | 7.34 | 6.79 | 7.11 | 8.33 | 7.48 |
| II | 16:0 iso | 6.35 | 8.33 | 7.24 | 6.85 | 7.97 | 6.84 | 7.26 | 6.41 | 6.89 |
| 第 II 类 5 个标记 | 平均值 | 9.19 | 8.92 | 8.05 | 9.79 | 7.77 | 7.99 | 8.68 | 8.44 | 7.96 |
| III | 15:0 anteiso | 3.93 | 4.12 | 4.05 | 4.30 | 4.20 | 3.53 | 3.88 | 3.96 | 3.98 |
| III | 14:0 iso | 3.67 | 4.15 | 4.00 | 2.93 | 5.10 | 4.27 | 3.46 | 4.07 | 3.87 |
| III | c14:0 | 2.87 | 2.93 | 3.14 | 2.74 | 4.89 | 4.67 | 3.12 | 2.44 | 3.11 |
| III | 17:1 iso ω5c | 3.26 | 3.03 | 3.01 | 2.65 | 2.99 | 4.26 | 2.52 | 3.95 | 3.95 |
| III | 17:1 iso ω10c | 1.67 | 2.29 | 2.28 | 2.84 | 2.78 | 1.73 | 2.90 | 3.30 | 1.61 |
| III | 17:0 anteiso | 1.99 | 2.48 | 2.61 | 3.12 | 1.51 | 1.62 | 2.22 | 1.57 | 2.13 |

续表

| 类别 | 脂肪酸生物标记 | 基隆 | 台北 | 桃园 | 新竹 | 苗栗 | 台中 | 南投 | 嘉义 | 高雄 |
|---|---|---|---|---|---|---|---|---|---|---|
| III | 13:0 anteiso | 1.41 | 1.34 | 2.06 | 1.26 | 1.75 | 0.88 | 1.26 | 1.10 | 1.09 |
| III | c18:0 | 1.17 | 1.14 | 1.53 | 1.62 | 1.01 | 0.60 | 1.52 | 0.95 | 2.01 |
| III | 12:0 iso | 0.96 | 0.93 | 2.12 | 0.76 | 1.19 | 0.85 | 0.93 | 0.73 | 0.80 |
| III | c12:0 | 0.55 | 0.60 | 0.77 | 0.64 | 0.82 | 0.51 | 0.93 | 0.68 | 1.50 |
| III | 16:1ω7c alcohol | 0.36 | 0.71 | 0.70 | 0.60 | 0.99 | 0.59 | 0.92 | 0.92 | 0.68 |
| III | 16:1ω11c | 0.35 | 0.51 | 0.54 | 0.72 | 0.62 | 0.23 | 0.78 | 0.73 | 0.21 |
| III | 18:1ω9c | 0.18 | 0.22 | 0.80 | 0.00 | 1.08 | 0.00 | 0.38 | 0.37 | 0.71 |
| III | 15:0 2OH | 0.27 | 0.40 | 0.25 | 0.00 | 0.69 | 0.39 | 0.25 | 0.57 | 0.38 |
| III | 18:0 iso | 0.15 | 0.06 | 0.10 | 0.00 | 0.00 | 0.23 | 0.09 | 0.15 | 1.41 |
| 第III类15个标记 | 平均值 | 1.52 | 1.66 | 1.86 | 1.61 | 1.97 | 1.62 | 1.68 | 1.70 | 1.83 |

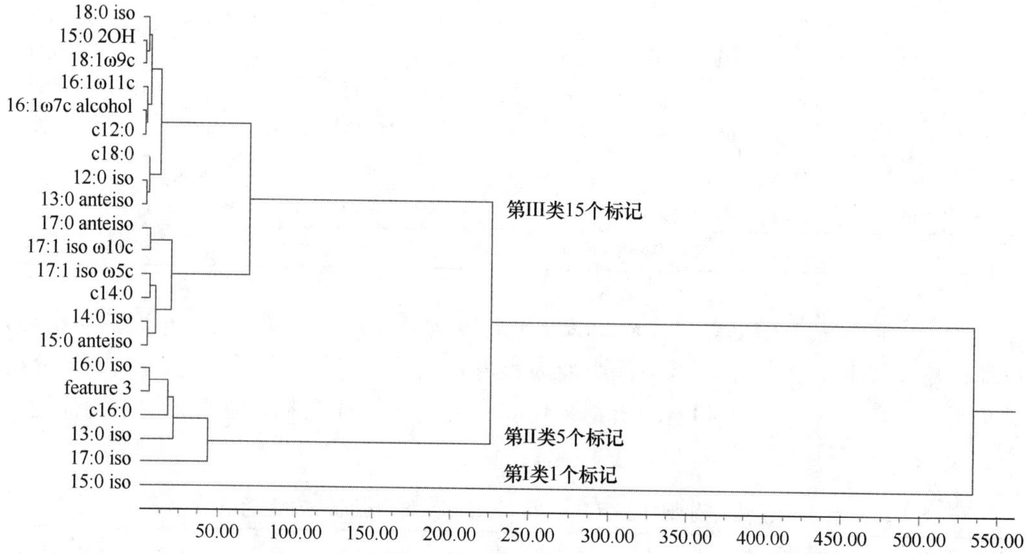


图 4-4-43　台湾地区蜡样芽胞杆菌（*Bacillus cereus*）种群脂肪酸生物标记聚类分析

第 I 类为高含量脂肪酸，到中心的马氏距离为 RMSTD=$7.949\times10^{-11}$，包括 1 个生物标记，即 15:0 iso；基隆、台北、桃园、新竹、苗栗、台中、南投、嘉义、高雄等地第 I 类脂肪酸平均值分别为 27.53%、26.72%、23.97%、25.46%、21.78%、31.13%、27.78%、26.95%、26.10%，地理种群间的差异较大，台中种群含量较高，苗栗种群含量较低。

第 II 类为中含量脂肪酸，到中心的马氏距离为 RMSTD=3.7123，包括 5 个生物标记，即 17:0 iso、13:0 iso、c16:0、feature 3、16:0 iso，基隆、台北、桃园、新竹、苗栗、台中、南投、嘉义、高雄等地第 II 类脂肪酸平均值分别为 9.19%、8.92%、8.05%、9.79%、7.77%、7.99%、8.68%、8.44%、7.96%，地理间的差异较大，新竹种群含量较高，苗栗种群含量较低。

第 III 类为低含量脂肪酸，到中心的马氏距离为 RMSTD=2.4606，包括 15 个生物标记，即 15:0 anteiso、14:0 iso、c14:0、17:1 iso ω5c、17:1 iso ω10c、17:0 anteiso、13:0 anteiso、 c18:0、12:0 iso、c12:0、16:1ω7c alcohol、16:1ω11c、18:1ω9c、15:0 2OH、18:0 iso，基隆、台北、桃园、新竹、苗栗、台中、南投、嘉义、高雄等地第 III 类脂肪酸平均值分别为 1.52%、1.66%、1.86%、1.61%、1.97%、1.62%、1.68%、1.70%、1.83%，地理间的差异较小，苗栗种群含量较高，基隆种群含量较低。

（3）台湾地区蜡样芽胞杆菌水平分布种群分化。台湾地区水平分布的蜡样芽胞杆菌脂肪酸组存在差异，从蜡样芽胞杆菌种群各类脂肪酸平均值看，第 I、II、III 类脂肪酸平均值的基隆种群分别为 27.53%、9.19%、1.52%，总和为 38.24%，台北种群分别为 26.72%、8.92%、1.66%，总和为 37.30%；桃园种群分别为 23.97%、8.05%、1.86%，总和为 33.88%；新竹种群分别为 25.46%、9.79%、1.61%，总和为 36.86%；苗栗种群分别为 21.78%、7.77%、1.97%，总和为 31.52%；台中种群分别为 31.13%、7.99%、1.62%，总和为 40.74%；南投种群分别为 27.78%、8.68%、1.68%，总和为 38.14%；嘉义种群分别为 26.95%、8.44%、1.70%，总和为 37.09%；高雄种群分别为 26.10%、7.96%、1.83%，总和为 35.89%。蜡样芽胞杆菌水平分布种群的 3 类脂肪酸平均值总和大小排序为：台中>基隆>南投>台北>嘉义>新竹>高雄>桃园>苗栗，表明种群分化差异显著，从脂肪酸组差异可区别出种群差异（图 4-4-44）。

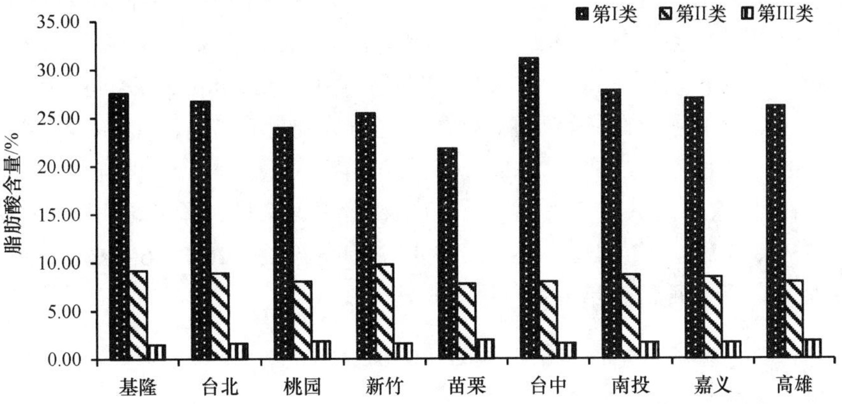


图 4-4-44　台湾地区水平分布不同地点采集的蜡样芽胞杆菌种群 3 类脂肪酸生物标记平均值

第 I 类高含量脂肪酸生物标记平均值不同地点水平分布比较：蜡样芽胞杆菌种群中 15:0 iso 在基隆、台北、桃园、新竹、苗栗、台中、南投、嘉义、高雄等地的平均值分别为 27.53%、26.72%、23.97%、25.46%、21.78%、31.13%、27.78%、26.95%、26.10%，台中种群含量较高，苗栗种群含量较低；不同的脂肪酸生物标记适应着不同的生态因子，为考察芽胞杆菌种群的地理分化提供了不同的指标（图 4-4-45）。

第 II 类中含量脂肪酸生物标记平均值不同地点水平分布比较：蜡样芽胞杆菌种群第 II 类高含量脂肪酸 5 个，即 17:0 iso、13:0 iso、c16:0、feature 3、16:0 iso，在基隆、台北、桃园、新竹、苗栗、台中、南投、嘉义、高雄等地的平均值分别为 9.19%、8.92%、8.05%、9.79%、7.77%、7.99%、8.68%、8.44%、7.96%，新竹种群含量较高，苗栗种群含量较低；脂肪酸 17:0 iso 在基隆、台北、桃园、新竹、苗栗、台中、南投、嘉义、高雄等地的平均值分别为 12.20%、11.62%、9.22%、15.68%、6.92%、11.30%、11.72%、

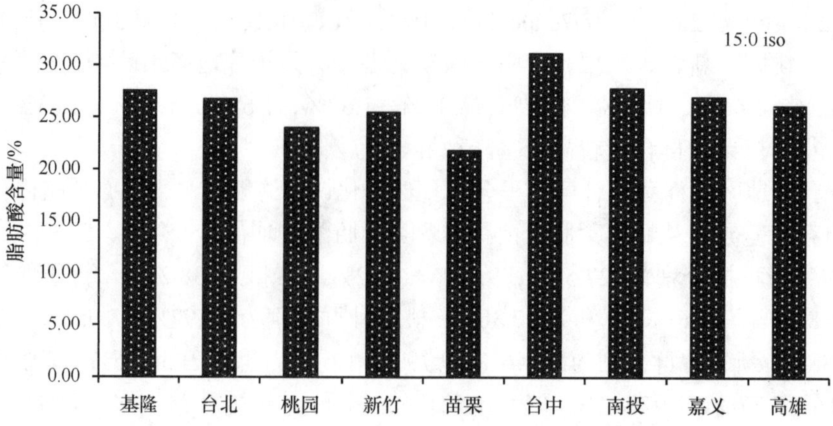


图 4-4-45　台湾地区水平分布不同地点采集的蜡样芽胞杆菌种群第 I 类脂肪酸生物标记

11.18%、9.80%，新竹种群含量最高，苗栗种群含量最低；脂肪酸 13:0 iso 在基隆、台北、桃园、新竹、苗栗、台中、南投、嘉义、高雄等地的平均值分别为 10.82%、7.47%、8.54%、8.41%、10.43%、10.07%、7.88%、9.69%、7.23%，基隆种群含量最高，高雄种群含量最低；脂肪酸 c16:0 在基隆、台北、桃园、新竹、苗栗、台中、南投、嘉义、高雄等地的平均值分别为 8.31%、9.02%、8.20%、11.14%、6.17%、4.94%、9.42%、6.61%、8.38%，新竹种群含量最高，台中种群含量最低；脂肪酸 feature 3 在基隆、台北、桃园、新竹、苗栗、台中、南投、嘉义、高雄等地的平均值分别为 8.27%、8.17%、7.06%、6.88%、7.34%、6.79%、7.11%、8.33%、7.48%，嘉义种群含量最高，台中种群含量最低；脂肪酸 16:0 iso 在基隆、台北、桃园、新竹、苗栗、台中、南投、嘉义、高雄等地的平均值分别为 6.35%、8.33%、7.24%、6.85%、7.97%、6.84%、7.26%、6.41%、6.89%，台北种群含量最高，基隆种群含量最低（图 4-4-46）。

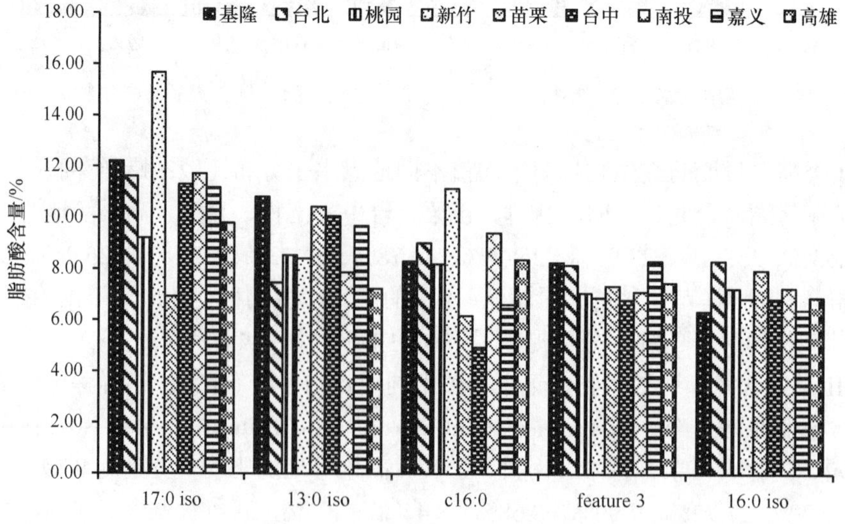


图 4-4-46　台湾地区水平分布不同地点采集的蜡样芽胞杆菌种群第 II 类脂肪酸生物标记

第 III 类低含量脂肪酸生物标记平均值不同地点水平分布比较：蜡样芽胞杆菌种群第 III 类低含量脂肪酸 15 个，即 15:0 anteiso、14:0 iso、c14:0、17:1 iso ω5c、17:1 iso ω10c、17:0 anteiso、13:0 anteiso、c18:0、12:0 iso、c12:0、16:1ω7c alcohol、16:1ω11c、18:1ω9c、15:0 2OH、18:0 iso，在基隆、台北、桃园、新竹、苗栗、台中、南投、嘉义、高雄等地的平均值分别为 1.52%、1.66%、1.86%、1.61%、1.97%、1.62%、1.68%、1.70%、1.83%，苗栗种群含量较高，基隆种群含量较低。

其中 6 个脂肪酸生物标记含量较高，变异较大；脂肪酸 15:0 anteiso 在基隆、台北、桃园、新竹、苗栗、台中、南投、嘉义、高雄等地的种群平均值分别为 3.93%、4.12%、4.05%、4.30%、4.20%、3.53%、3.88%、3.96%、3.98%，新竹种群最高，台中种群最低；脂肪酸 14:0 iso 在基隆、台北、桃园、新竹、苗栗、台中、南投、嘉义、高雄等地的种群平均值分别为 3.67%、4.15%、4.00%、2.93%、5.10%、4.27%、3.46%、4.07%、3.87%，苗栗种群最高，新竹种群最低；脂肪酸 c14:0 在基隆、台北、桃园、新竹、苗栗、台中、南投、嘉义、高雄等地的种群平均值分别为 2.87%、2.93%、3.14%、2.74%、4.89%、4.67%、3.12%、2.44%、3.11%，苗栗种群最高，嘉义种群最低；脂肪酸 17:1 iso ω5c 在基隆、台北、桃园、新竹、苗栗、台中、南投、嘉义、高雄等地的种群平均值分别为 3.26%、3.03%、3.01%、2.65%、2.99%、4.26%、2.52%、3.95%、3.95%，台中种群最高，南投种群最低；脂肪酸 17:1 iso ω10c 在基隆、台北、桃园、新竹、苗栗、台中、南投、嘉义、高雄等地的种群平均值分别为 1.67%、2.29%、2.28%、2.84%、2.78%、1.73%、2.90%、3.30%、1.61%，嘉义种群最高，高雄种群最低；脂肪酸 17:0 anteiso 在基隆、台北、桃园、新竹、苗栗、台中、南投、嘉义、高雄等地的种群平均值分别为 1.99%、2.48%、2.61%、3.12%、1.51%、1.62%、2.22%、1.57%、2.13%，新竹种群最高，苗栗种群最低；其余脂肪酸含量较低，差异较小（图 4-4-47）。

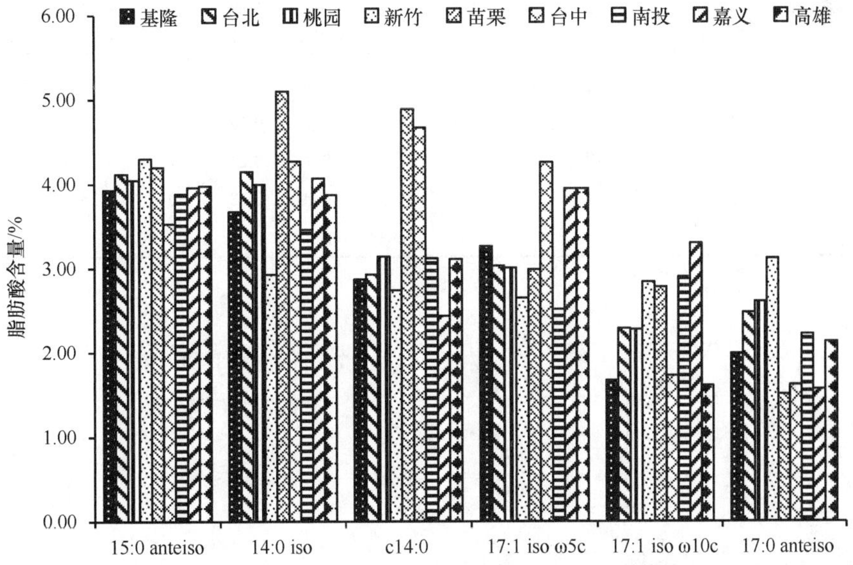


图 4-4-47　台湾地区水平分布不同地点采集的蜡样芽胞杆菌种群第 III 类脂肪酸生物标记

（4）台湾地区蜡样芽胞杆菌地理分布。以表 4-4-21 为数据矩阵，以地点为样本，以脂肪酸生物标记为指标，以马氏距离为尺度，用可变类平均法进行系统聚类，分析结果见表 4-4-22 和图 4-4-48。可将地理分布聚为 3 类。

**表 4-4-22 基于脂肪酸组台湾地区蜡样芽胞杆菌（*Bacillus cereus*）地理分布聚类分析**

| 脂肪酸生物标记 | 第 I 类 5 个地点 | | | | | | 第 II 类 2 个地点 | | | 第 III 类 2 个地点 | | |
|---|---|---|---|---|---|---|---|---|---|---|---|---|
| | 基隆 | 台北 | 桃园 | 新竹 | 南投 | 平均值 | 苗栗 | 台中 | 平均值 | 嘉义 | 高雄 | 平均值 |
| 15:0 iso | 27.53 | 26.72 | 23.97 | 25.46 | 27.78 | 26.29 | 21.78 | 31.13 | 26.46 | 26.95 | 26.10 | 26.53 |
| 高含量脂肪酸总和 | | | | | | 26.29 | | | 26.46 | | | 26.53 |
| 17:0 iso | 12.20 | 11.62 | 9.22 | 15.68 | 11.72 | 12.09 | 6.92 | 11.30 | 9.11 | 11.18 | 9.80 | 10.49 |
| 13:0 iso | 10.82 | 7.47 | 8.54 | 8.41 | 7.88 | 8.62 | 10.43 | 10.07 | 10.25 | 9.69 | 7.23 | 8.46 |
| c16:0 | 8.31 | 9.02 | 8.20 | 11.14 | 9.42 | 9.22 | 6.17 | 4.94 | 5.56 | 6.61 | 8.38 | 7.50 |
| feature 3 | 8.27 | 8.17 | 7.06 | 6.88 | 7.11 | 7.50 | 7.34 | 6.79 | 7.07 | 8.33 | 7.48 | 7.91 |
| 16:0 iso | 6.35 | 8.33 | 7.24 | 6.85 | 7.26 | 7.21 | 7.97 | 6.84 | 7.41 | 6.41 | 6.89 | 6.65 |
| 中含量脂肪酸总和 | | | | | | 44.64 | | | 39.40 | | | 41.01 |
| 15:0 anteiso | 3.93 | 4.12 | 4.05 | 4.30 | 3.88 | 4.06 | 4.20 | 3.53 | 3.87 | 3.96 | 3.98 | 3.97 |
| 14:0 iso | 3.67 | 4.15 | 4.00 | 2.93 | 3.46 | 3.64 | 5.10 | 4.27 | 4.69 | 4.07 | 3.87 | 3.97 |
| c14:0 | 2.87 | 2.93 | 3.14 | 2.74 | 3.12 | 2.96 | 4.89 | 4.67 | 4.78 | 2.44 | 3.11 | 2.78 |
| 17:1 iso ω5c | 3.26 | 3.03 | 3.01 | 2.65 | 2.52 | 2.89 | 2.99 | 4.26 | 3.63 | 3.95 | 3.95 | 3.95 |
| 17:1 iso ω10c | 1.67 | 2.29 | 2.28 | 2.84 | 2.90 | 2.40 | 2.78 | 1.73 | 2.26 | 3.30 | 1.61 | 2.46 |
| 17:0 anteiso | 1.99 | 2.48 | 2.61 | 3.12 | 2.22 | 2.48 | 1.51 | 1.62 | 1.57 | 1.57 | 2.13 | 1.85 |
| 13:0 anteiso | 1.41 | 1.34 | 2.06 | 1.26 | 1.26 | 1.47 | 1.75 | 0.88 | 1.32 | 1.10 | 1.09 | 1.10 |
| c18:0 | 1.17 | 1.14 | 1.53 | 1.62 | 1.52 | 1.40 | 1.01 | 0.60 | 0.81 | 0.95 | 2.01 | 1.48 |
| 12:0 iso | 0.96 | 0.93 | 2.12 | 0.76 | 0.93 | 1.14 | 1.19 | 0.85 | 1.02 | 0.73 | 0.80 | 0.77 |
| c12:0 | 0.55 | 0.60 | 0.77 | 0.64 | 0.93 | 0.70 | 0.82 | 0.51 | 0.67 | 0.68 | 1.50 | 1.09 |
| 16:1ω7c alcohol | 0.36 | 0.71 | 0.70 | 0.60 | 0.92 | 0.66 | 0.99 | 0.59 | 0.79 | 0.92 | 0.68 | 0.80 |
| 16:1ω11c | 0.35 | 0.51 | 0.54 | 0.72 | 0.78 | 0.58 | 0.62 | 0.23 | 0.43 | 0.73 | 0.21 | 0.47 |
| 18:1ω9c | 0.18 | 0.22 | 0.80 | 0.00 | 0.38 | 0.32 | 1.08 | 0.00 | 0.54 | 0.37 | 0.71 | 0.54 |
| 15:0 2OH | 0.27 | 0.40 | 0.25 | 0.00 | 0.25 | 0.23 | 0.69 | 0.39 | 0.54 | 0.57 | 0.38 | 0.48 |
| 15:1ω5c | 0.15 | 0.06 | 0.10 | 0.00 | 0.09 | 0.08 | 0.00 | 0.23 | 0.12 | 0.15 | 1.41 | 0.78 |
| 18:0 iso | 0.09 | 0.33 | 0.11 | 0.00 | 0.10 | 0.13 | 0.00 | 0.22 | 0.11 | 0.25 | 0.16 | 0.21 |
| 低含量脂肪酸总和 | | | | | | 25.14 | | | 27.15 | | | 26.70 |

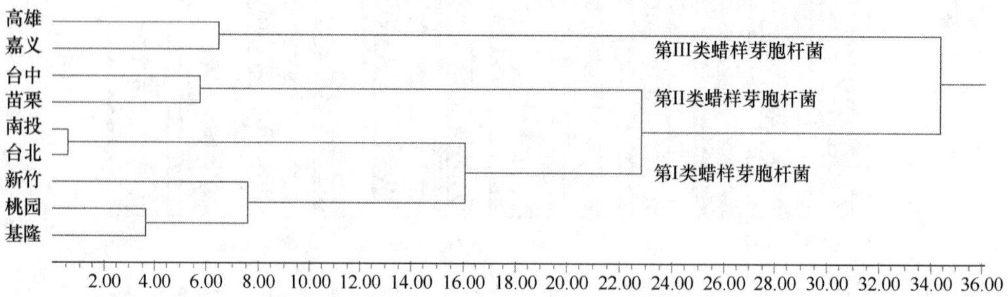


图 4-4-48 基于脂肪酸组台湾地区蜡样芽胞杆菌地理分布聚类分析

第I类蜡样芽胞杆菌分布具有北部地理特征，到中心的马氏距离为RMSTD=2.1181，包含5个地点，即基隆、台北、桃园、新竹、南投，采样地点靠近北部；脂肪酸特征为15:0 iso=26.29%，15:0 anteiso=4.06%，15:0 iso/15:0 anteiso=6.4754。高含量脂肪酸总和为26.29%，略低于第II类和第III类；中含量脂肪酸总和为44.64%，高于第II类和第III类；低含量脂肪酸总和为25.14%，低于第II类和第III类。

第II类蜡样芽胞杆菌分布具有中部地理特征，到中心的马氏距离为RMSTD=4.4073，包含2个地点，即台中和苗栗，采样地点靠近中部；脂肪酸特征为15:0 iso=26.46%，15:0 anteiso=3.87%，15:0 iso/15:0 anteiso=6.8372。高含量脂肪酸总和为26.46%，略高于第I类，略低于第III类；中含量脂肪酸总和为39.40%，低于第I类和第III类；低含量脂肪酸总和为27.15%，高于第I类和第III类。

第III类蜡样芽胞杆菌分布具有南部地理特征，到中心的马氏距离为RMSTD=1.8393，包含2个地点，即嘉义、高雄，采样地点靠近南部；脂肪酸特征为15:0 iso=26.53%，15:0 anteiso=3.97%，15:0 iso/15:0 anteiso=6.6826。高含量脂肪酸总和为26.53%，略高于第I类和第II类；中含量脂肪酸总和为41.01%，低于第I类，高于第II类；低含量脂肪酸总和为26.70%，高于第I类，低于第II类。

## 五、讨论

刘国红等（2017）研究养猪微生物发酵床芽胞杆菌空间分布多样性，采用五点取样法获得每个方格的样品。采用可培养法从32份样品中分离芽胞杆菌菌株，利用16S rDNA基因序列初步鉴定所分离获得的芽胞杆菌种类。利用聚集度指标和回归分析法，分析芽胞杆菌的样方空间分布型。通过香农多样性指数、辛普森优势度指数、Hill指数及丰富度指数分析，揭示微生物发酵床中芽胞杆菌的空间分布多样性。陈倩倩等（2015）研究了华重楼根际土壤芽胞杆菌多样性，结果表明，从华重楼根际共分离到17个形态差异的芽胞杆菌菌株；16S rDNA序列分析表明，17个菌株鉴定为8种，归属于4属：芽胞杆菌属（*Bacillus*）、赖氨酸芽胞杆菌属（*Lysinibacillus*）、类芽胞杆菌属（*Paenibacillus*）和绿芽胞杆菌属（*Viridibacillus*），其中芽胞杆菌属的种类和数量最多。经抑菌试验分析，芽胞杆菌属的特基拉芽胞杆菌菌株FJAT-43012对尖孢镰刀菌具有抑制作用。刘国红等（2015b）研究了仙草植物内生芽胞杆菌种群多样性，研究结果表明，同一组织内对16S rDNA序列及形态完全一样的菌株合并冗余，用Clustal X软件对分离得到的菌株16S rDNA进行排序，构建Neighbor-Joining系统进化树，并计算多样性指数。实验结果显示，共分离得到58株仙草内生芽胞杆菌（根29株、茎28株、叶1株），分属于芽胞杆菌属、类芽胞杆菌属和赖氨酸芽胞杆菌属，共3属11种。罗立津等（2015）分析了耐低温木质纤维素降解菌群的富集培养及其种群结构，分析表明其在15℃时能迅速生长，在72 h内使牛粪的失重率达48.28%，15℃培养菌液的羧甲基纤维素酶（carboxymethyl cellulose，CMCase）的酶活高于25℃培养的菌液，在120 h时达到42.37 U高峰。刘国红等（2014）报道了玉米根际土壤芽胞杆菌的多样性，结果表明，从10个玉米品种根际共分离到69个形态差异的芽胞杆菌菌株；16S rDNA序列分析表明，69

个菌株鉴定为 23 种，归属于 3 属：芽胞杆菌属、赖氨酸芽胞杆菌属和嗜冷芽胞杆菌属（*Psychrobacillus*），其中芽胞杆菌属的种类和数量最多。郑榕等（2013）分析了夏枯草内生菌及根际芽胞杆菌的种群结构，通过菌落形态特征观察及 16S rDNA 序列测定，将 27 株芽胞杆菌归入 14 种，包括阿氏芽胞杆菌、蜡样芽胞杆菌、炭疽芽胞杆菌、苏云金芽胞杆菌、甲基营养型芽胞杆菌、嗜气芽胞杆菌、地衣芽胞杆菌、假蕈状芽胞杆菌、简单芽胞杆菌、短短芽胞杆菌、球形赖氨酸芽胞杆菌等。

关于基于脂肪酸组芽胞杆菌垂直分布种群分化多样性的研究鲜见报道。作者对黄岗山山顶（海拔 2158 m）、中部（1700 m）、山脚（1100 m）不同海拔的蕈状芽胞杆菌种群脂肪酸分化研究结果表明，可将蕈状芽胞杆菌脂肪酸生物标记分为 3 类，即高含量、中含量、低含量脂肪酸。黄岗山不同海拔的蕈状芽胞杆菌种群脂肪酸组存在差异，从蕈状芽胞杆菌种群各类脂肪酸平均值看，第 I 类脂肪酸平均值表现为中部（1700 m）>山顶（2158 m）>山脚（1100 m），分别为 12.40%、11.97%、11.64%；第 II 类脂肪酸平均值表现为山脚（1100 m）>山顶（2158 m）>中部（1700 m），分别为 3.92%、3.64%、3.49%；第 III 类脂肪酸平均值表现为山脚（1100 m）>山顶（2158 m）>中部（1700 m），分别为 0.93%、0.90%、0.83%；其中，蕈状芽胞杆菌种群的低含量脂肪酸含量在不同海拔黄岗山的变化比中含量和高含量的大，表明高含量脂肪酸作为种的稳定性标记，受海拔分布的影响较小，低含量脂肪酸作为适应不同海拔的生理适应的生物标记则表现出差异。

黄岗山不同海拔分离的蜡样芽胞杆菌（*Bacillus cereus*）种群脂肪酸分化研究结果表明，可将蜡样芽胞杆菌脂肪酸生物标记分为 3 类，即高含量、中含量、低含量脂肪酸。黄岗山不同海拔的蜡样芽胞杆菌脂肪酸组存在差异，从蜡样芽胞杆菌种群各类脂肪酸平均值看，第 I 类脂肪酸平均值表现为中部（1700 m）>山顶（2158 m）>山脚（1100 m），分别为 10.36%、10.27%、9.76%，黄岗山山脚种群差异较大；第 II 类脂肪酸平均值表现为山脚（1100 m）>中部（1700 m）>山顶（2158 m），分别为 2.96%、2.41%、2.31%；第 III 类脂肪酸平均值表现为山顶（2158 m）>山脚（1100 m）>中部（1700 m），分别为 1.07%、0.72%、0.69%；其中，蜡样芽胞杆菌种群的低含量脂肪酸含量在不同海拔黄岗山的变化较中含量和高含量的大。

黄岗山不同海拔分离的解木糖赖氨酸芽胞杆菌（*Lysinibacillus xylanilyticus*）种群脂肪酸分化研究结果表明，可将解木糖赖氨酸芽胞杆菌脂肪酸生物标记分为 3 类，即高含量、中含量、低含量脂肪酸。黄岗山不同海拔的解木糖赖氨酸芽胞杆菌脂肪酸组存在差异，从解木糖赖氨酸芽胞杆菌种群各类脂肪酸平均值看，黄岗山山顶（2158 m）种群，第 I、II、III 类脂肪酸平均值分别为 26.54%、5.91%、1.24%，山顶种群 3 类脂肪酸平均值总和为 33.69%，分布特征为第 I 类中、第 II 类低、第 III 类高（中—低—高）；黄岗山中部（1700 m）种群，第 I、II、III 类脂肪酸平均值分别为 24.28%、6.91%、1.11%，中部种群 3 类脂肪酸平均值总和为 32.30%，分布特征为第 I 类低、第 II 类高、第 III 类中（低—高—中）；黄岗山山脚（1100 m）种群，第 I、II、III 类脂肪酸平均值分别为 28.55%、6.08%、0.73%，山脚种群 3 类脂肪酸平均值总和为 35.36%，分布特征为第 I 类高、第 II 类中、第 III 类低（高—中—低）。

因此，黄岗山蕈状芽胞杆菌、蜡样芽胞杆菌、解木糖赖氨酸芽胞杆菌种群的主要脂肪酸成分分析结果与基于 16S rDNA 的地理分化分析结果是一致的，不同海拔的种群发生了地理分化，脂肪酸差异的敏感度高于 16S rDNA 差异。

基于脂肪酸组芽胞杆菌水平分布种群分化多样性的研究未见报道。作者的研究发现，武夷山地区水平分布的苏云金芽胞杆菌脂肪酸组存在差异，从苏云金芽胞杆菌种群各类脂肪酸平均值看，黄岗山种群第 I、II、III 类脂肪酸平均值分别为 24.65%、8.39%、1.98%，3 类脂肪酸平均值总和为 35.02%；桐木关种群第 I、II、III 类脂肪酸平均值分别为 23.08%、8.74%、2.01%，3 类脂肪酸平均值总和为 33.83%；挂墩种群第 I、II、III 类脂肪酸平均值分别为 23.45%、8.54%、2.05%，3 类脂肪酸平均值总和为 34.04%；大竹岚种群第 I、II、III 类脂肪酸平均值分别为 25.13%、8.33%、2.01%，3 类脂肪酸平均值总和为 35.47%。苏云金芽胞杆菌水平分布种群 3 类脂肪酸平均值总和大小排序为大竹岚>黄岗山>挂墩>桐木关。这些结果表明存在种群分化，但分化程度不显著。

武夷山地区水平分布的解木糖赖氨酸芽胞杆菌脂肪酸组存在差异，从解木糖赖氨酸芽胞杆菌种群各类脂肪酸平均值看，黄岗山种群第 I、II、III 类脂肪酸平均值分别为 18.32%、3.71%、1.29%，3 类脂肪酸平均值总和为 23.32%；桐木关种群第 I、II、III 类脂肪酸平均值分别为 19.25%、3.47%、1.02%，3 类脂肪酸平均值总和为 23.74%；挂墩种群第 I、II、III 类脂肪酸平均值分别为 19.20%、3.58%、1.12%，3 类脂肪酸平均值总和为 23.90%；大竹岚种群第 I、II、III 类脂肪酸平均值分别为 18.60%、3.38%、1.50%，3 类脂肪酸平均值总和为 23.48%。解木糖赖氨酸芽胞杆菌水平分布种群的 3 类脂肪酸平均值总和大小排序为挂墩>桐木关>大竹岚>黄岗山。结果表明种群分化存在差异，但分化差异不显著。

台湾地区水平分布的巨大芽胞杆菌脂肪酸组存在差异，从巨大芽胞杆菌种群各类脂肪酸平均值看，第 I、II、III 类脂肪酸平均值基隆种群分别为 18.35%、4.16%、0.82%，总和为 23.33%，台北种群分别为 16.40%、4.51%、1.22%，总和为 22.13%；桃园种群分别为 19.12%、3.65%、1.07%，总和为 23.84%；苗栗种群分别为 25.60%、2.61%、0.13%，总和为 28.34%；台中种群分别为 20.91%、3.46%、0.70%，总和为 25.06%；南投种群分别为 20.07%、4.02%、0.59%，总和为 24.67%；高雄种群分别为 23.05%、3.17%、0.38%，总和为 26.60%。巨大芽胞杆菌水平分布种群 3 类脂肪酸平均值总和大小排序为苗栗>高雄>台中>南投>桃园>基隆>台北，表明种群分化差异显著，从脂肪酸组差异可区别出种群差异。聚类分析结果可将巨大芽胞杆菌（*Bacillus megaterium*）种群分为 3 类，第 I 类分布具有沿海地理特征，包含 3 个地点，即基隆、台中、高雄，采样地点靠近沿海；第 II 类分布具有北部内陆地理特征，包含 3 个地点，即台北、桃园、南投，采样地点靠近北部内陆地区；第 III 类分布具有中部内陆地理特征，包含 1 个地点，即苗栗，采样地点靠近中部内陆。

台湾地区水平分布的蜡样芽胞杆菌脂肪酸组存在差异，从蜡样芽胞杆菌种群各类脂肪酸平均值看，第 I、II、III 类脂肪酸平均值基隆种群分别为 27.53%、9.19%、1.52%，总和为 38.24%，台北种群分别为 26.72%、8.92%、1.66%，总和为 37.30%；桃园种群分别为 23.97%、8.05%、1.86%，总和为 33.88%；新竹种群分别为 25.46%、9.79%、1.61%，总和为 36.86%；苗栗种群分别为 21.78%、7.77%、1.97%，总和为 31.52%；台中种群分别为 31.13%、7.99%、1.62%，总和为 40.74%；南投种群分别为 27.78%、8.68%、1.68%，总和为 38.14%；嘉义种群分别为 26.95%、8.44%、1.70%，总和为 37.09%；高雄种群分别为 26.10%、7.96%、1.83%，总和为 35.89%。蜡样芽胞杆菌水平分布种群 3 类脂肪酸平均值总和大小排序为台中>基隆>南投>台北>嘉义>新竹>高雄>桃园>苗栗，表明种群分化差异显著，从脂肪酸组差异可区别出种群差异。对不同地理种群脂肪酸组聚类分析表明，可将蜡样芽胞杆菌种群分为 3 类，第 I 类分布具有北部地理特征，包含 5 个地点，即基隆、台北、桃园、新竹、南投，采样地点靠近北部；第 II 类分布具有中部地理特征，包含 2 个地点，即台中和苗栗，采样地点靠近中部；第 III 类分布具有南部地理特征，包含 2 个地点，即嘉义、高雄，采样地点靠近南部。

# 第五章　芽胞杆菌脂肪酸组分类学特性

## 第一节　芽胞杆菌脂肪酸组分布特性

### 一、概述

1. 芽胞杆菌脂肪酸测定

脂肪酸分析方法是一种较常用的微生物定量结构分析方法。脂肪酸是细胞膜上的独特组分，它也是群落结构的信号分子，环境样品中的脂肪酸模式可以用来分析群落多样性和群落组成。脂肪酸分析有两种方法：一种用甲醇将脂肪酸酯化后抽提，即脂肪酸甲酯（FAME）方法；另外一种是用固相抽提的方法抽提化合物中的磷脂，形成磷脂脂肪酸（PLFA）。

2. 芽胞杆菌脂肪酸稳定性

脂质分析方法是快速、高效的分析方法，不会像传统方法那样低估微生物多样性，对群落之间的相似和差异分析有帮助。微生物的类型不同，脂肪酸成分也有所不同，每种微生物都具有一种可以识别的脂肪酸模式。芽胞杆菌作为微生物中的重要类群，其脂肪酸识别模式具有特殊性。由于芽胞杆菌脂肪酸组的遗传稳定性，其可作为分类学特征。

3. 研究目的

本节通过大量数据分析不同种类芽胞杆菌脂肪酸组的组成、分布特性、芽胞杆菌种间脂肪酸组分群特性、芽胞杆菌属间分群特性及其与环境适应性相关的一般规律。

### 二、研究方法

1. 芽胞杆菌脂肪酸组分布特性的研究方法

选取 10 个芽胞杆菌属，包括解硫胺素芽胞杆菌属（*Aneurinibacillus*）、芽胞杆菌属（*Bacillus*）、短芽胞杆菌属（*Brevibacillus*）、地芽胞杆菌属（*Geobacillus*）、赖氨酸芽胞杆菌属（*Lysinibacillus*）、类芽胞杆菌属（*Paenibacillus*）、嗜冷芽胞杆菌属（*Psychrobacillus*）、土壤芽胞杆菌属（*Solibacillus*）、尿素芽胞杆菌属（*Ureibacillus*）、枝芽胞杆菌属（*Virgibacillus*）的 4987 株芽胞杆菌菌株，进行脂肪酸组的测定，统计直链脂肪酸、支链脂肪酸、复合脂肪酸、未知脂肪酸的数量和分布特征，分析脂肪酸生物标记的分布特性。

### 2. 芽胞杆菌种间脂肪酸组分群的研究方法

分析芽胞杆菌属 95 种 3809 株芽胞杆菌的脂肪酸组，分析芽胞杆菌种间脂肪酸生物标记的种类数量、分布特性，利用聚类分析对脂肪酸生物标记和芽胞杆菌种类进行分群。

### 3. 芽胞杆菌属间脂肪酸组分群的研究方法

测定了 10 属，即解硫胺素芽胞杆菌属（*Aneurinibacillus*）、芽胞杆菌属（*Bacillus*）、短芽胞杆菌属（*Brevibacillus*）、地芽胞杆菌属（*Geobacillus*）、赖氨酸芽胞杆菌属（*Lysinibacillus*）、类芽胞杆菌属（*Paenibacillus*）、嗜冷芽胞杆菌属（*Psychrobacillus*）、土壤芽胞杆菌属（*Solibacillus*）、尿素芽胞杆菌属（*Ureibacillus*）、枝芽胞杆菌属（*Virgibacillus*）代表种的芽胞杆菌脂肪酸组，分析芽胞杆菌属间脂肪酸生物标记的种类数量、分布特性，利用聚类分析对脂肪酸生物标记和芽胞杆菌种类进行分群。

### 4. 芽胞杆菌脂肪酸生物标记聚类分析方法

脂肪酸生物标记聚类分析、芽胞杆菌种间脂肪酸组聚类分析、基于脂肪酸组芽胞杆菌种间聚类分析、芽胞杆菌属间脂肪酸组聚类分析、基于脂肪酸组芽胞杆菌属间聚类分析等，采用 Q 型聚类分析，以纵坐标为样本，以横坐标为指标，以欧氏距离为尺度，用可变类平均法进行系统聚类；使用统计软件 SPSS 或 DPS。

## 三、芽胞杆菌脂肪酸组分布

### 1. 脂肪酸生物标记测定

10 属 4987 株芽胞杆菌菌株的脂肪酸组测定的分析统计结果见表 5-1-1。从 4987 株芽胞杆菌菌株中共测定到 128 个脂肪酸生物标记，脂肪酸生物标记含量百分比的总和为 498 623.48%，平均值为 99.9955%，最大值为 1072.75%、最小值为 0.83%。

**表 5-1-1　芽胞杆菌脂肪酸组中的生物标记**　（%）

| 脂肪酸生物标记 | 总和 | 平均值 | 最大值 | 最小值 |
|---|---|---|---|---|
| 支链脂肪酸 | | | | |
| [1] 9:0 3OH | 6.740 000 | 0.001 352 | 1.890 000 | 0.000 000 |
| [2] 10:0 iso | 11.190 000 | 0.002 244 | 1.260 000 | 0.000 000 |
| [3] 10:0 3OH | 20.740 000 | 0.004 159 | 5.040 000 | 0.000 000 |
| [4] 10:0 2OH | 4.140 000 | 0.000 830 | 1.100 000 | 0.000 000 |
| [5] 11:0 iso 3OH | 36.060 000 | 0.007 231 | 3.940 000 | 0.000 000 |
| [6] 11:0 iso | 135.530 000 | 0.027 177 | 5.960 000 | 0.000 000 |
| [7] 11:0 anteiso | 35.680 000 | 0.007 155 | 5.430 000 | 0.000 000 |
| [8] 11:0 3OH | 2.110 000 | 0.000 423 | 0.350 000 | 0.000 000 |
| [9] 11:0 2OH | 4.410 000 | 0.000 884 | 1.370 000 | 0.000 000 |

续表

| 脂肪酸生物标记 | 总和 | 平均值 | 最大值 | 最小值 |
|---|---|---|---|---|
| | | 支链脂肪酸 | | |
| [10] 12:0 iso 3OH | 12.620 000 | 0.002 531 | 2.360 000 | 0.000 000 |
| [11] 12:0 iso | 1 641.440 000 | 0.329 144 | 11.660 000 | 0.000 000 |
| [12] 12:0 anteiso | 6.000 000 | 0.001 203 | 0.530 000 | 0.000 000 |
| [13] 12:0 3OH | 52.540 000 | 0.010 535 | 10.650 000 | 0.000 000 |
| [14] 12:0 2OH | 26.450 000 | 0.005 304 | 9.680 000 | 0.000 000 |
| [15] 12:1 3OH | 2.890 000 | 0.000 580 | 1.130 000 | 0.000 000 |
| [16] 12:1 at 11-12 | 3.630 000 | 0.000 728 | 2.610 000 | 0.000 000 |
| [17] 13:1 at 12-13 | 10.840 000 | 0.002 174 | 2.860 000 | 0.000 000 |
| [18] 13:0 iso 3OH | 147.710 000 | 0.029 619 | 3.950 000 | 0.000 000 |
| [19] 13:0 iso | 13 369.550 000 | 2.680 880 | 22.370 000 | 0.000 000 |
| [20] 13:0 anteiso | 2 539.980 000 | 0.509 320 | 9.830 000 | 0.000 000 |
| [21] 13:0 2OH | 41.480 000 | 0.008 318 | 3.480 000 | 0.000 000 |
| [22] 14:0 iso 3OH | 70.360 000 | 0.014 109 | 6.860 000 | 0.000 000 |
| [23] 14:0 iso | 17 805.240 000 | 3.570 331 | 24.580 000 | 0.000 000 |
| [24] 14:0 anteiso | 332.600 000 | 0.066 693 | 10.750 000 | 0.000 000 |
| [25] 14:0 2OH | 27.730 000 | 0.005 560 | 3.030 000 | 0.000 000 |
| [26] 14:1ω5c | 16.750 000 | 0.003 359 | 3.220 000 | 0.000 000 |
| [27] 14:1 iso E | 6.700 000 | 0.001 343 | 3.790 000 | 0.000 000 |
| [28] 15:0 iso 3OH | 322.270 000 | 0.064 622 | 7.440 000 | 0.000 000 |
| [29] 15:0 iso | 139 570.900 000 | 27.986 946 | 73.100 000 | 0.830 000 |
| [30] 15:0 anteiso | 137 783.450 000 | 27.628 524 | 79.730 000 | 0.000 000 |
| [31] 15:0 3OH | 1.490 000 | 0.000 299 | 0.430 000 | 0.000 000 |
| [32] 15:0 2OH | 803.100 000 | 0.161 039 | 3.930 000 | 0.000 000 |
| [33] 15:1ω8c | 6.180 000 | 0.001 239 | 2.440 000 | 0.000 000 |
| [34] 15:1ω6c | 6.400 000 | 0.001 283 | 1.540 000 | 0.000 000 |
| [35] 15:1ω5c | 210.020 000 | 0.042 113 | 14.770 000 | 0.000 000 |
| [36] 15:1 iso ω9c | 100.890 000 | 0.020 231 | 1.710 000 | 0.000 000 |
| [37] 15:1 iso G | 78.730 000 | 0.015 787 | 3.500 000 | 0.000 000 |
| [38] 15:1 iso F | 105.680 000 | 0.021 191 | 5.830 000 | 0.000 000 |
| [39] 15:1 iso at 5 | 17.680 000 | 0.003 545 | 4.880 000 | 0.000 000 |
| [40] 15:1 anteiso A | 50.370 000 | 0.010 100 | 3.830 000 | 0.000 000 |
| [41] 16:0 N alcohol | 101.310 000 | 0.020 315 | 4.830 000 | 0.000 000 |
| [42] 16:0 iso 3OH | 39.480 000 | 0.007 917 | 2.550 000 | 0.000 000 |
| [43] 16:0 iso | 27 159.850 000 | 5.446 130 | 45.190 000 | 0.000 000 |
| [44] 16:0 anteiso | 148.700 000 | 0.029 818 | 2.880 000 | 0.000 000 |
| [45] 16:0 3OH | 48.130 000 | 0.009 651 | 3.250 000 | 0.000 000 |

续表

| 脂肪酸生物标记 | 总和 | 平均值 | 最大值 | 最小值 |
|---|---|---|---|---|
| | | 支链脂肪酸 | | |
| [46] 16:0 2OH | 54.210 000 | 0.010 870 | 1.590 000 | 0.000 000 |
| [47] 16:1ω9c | 25.410 000 | 0.005 095 | 14.420 000 | 0.000 000 |
| [48] 16:1ω7c alcohol | 9 646.450 000 | 1.934 319 | 23.790 000 | 0.000 000 |
| [49] 16:1ω5c | 104.080 000 | 0.020 870 | 4.750 000 | 0.000 000 |
| [50] 16:1ω11c | 7 905.370 000 | 1.585 196 | 22.260 000 | 0.000 000 |
| [51] 16:1 iso H | 56.370 000 | 0.011 303 | 4.260 000 | 0.000 000 |
| [52] 16:1 iso G | 10.490 000 | 0.002 103 | 1.550 000 | 0.000 000 |
| [53] 16:1 2OH | 49.080 000 | 0.009 842 | 2.200 000 | 0.000 000 |
| [54] 17:0 iso 3OH | 225.500 000 | 0.045 218 | 6.210 000 | 0.000 000 |
| [55] 17:0 iso | 30 545.800 000 | 6.125 085 | 28.600 000 | 0.000 000 |
| [56] cy17:0 | 129.940 000 | 0.026 056 | 7.800 000 | 0.000 000 |
| [57] 17:0 anteiso | 26 911.950 000 | 5.396 421 | 46.600 000 | 0.000 000 |
| [58] 17:0 3OH | 25.090 000 | 0.005 031 | 2.580 000 | 0.000 000 |
| [59] 17:0 2OH | 145.820 000 | 0.029 240 | 2.870 000 | 0.000 000 |
| [60] 10 Me 17:0 | 51.570 000 | 0.010 341 | 3.860 000 | 0.000 000 |
| [61] 17:1iso ω9c | 13.270 000 | 0.002 661 | 4.630 000 | 0.000 000 |
| [62] 17:1ω9c | 94.400 000 | 0.018 929 | 3.720 000 | 0.000 000 |
| [63] 17:1ω8c | 38.420 000 | 0.007 704 | 4.650 000 | 0.000 000 |
| [64] 17:1ω7c | 39.460 000 | 0.007 913 | 5.400 000 | 0.000 000 |
| [65] 17:1ω6c | 30.150 000 | 0.006 046 | 1.410 000 | 0.000 000 |
| [66] 17:1ω5c | 9.040 000 | 0.001 813 | 2.020 000 | 0.000 000 |
| [67] 17:1 iso ω10c | 7580.320 000 | 1.224 989 | 13.520 000 | 0.000 000 |
| [68] 17:1 anteiso ω9c | 246.990 000 | 0.048 376 | 7.960 000 | 0.000 000 |
| [69] 17:1 anteiso A | 745.350 000 | 0.149 459 | 6.980 000 | 0.000 000 |
| [70] 17:1 iso ω5c | 4294.890 000 | 0.459 747 | 10.770 000 | 0.000 000 |
| [71] 18:0 iso | 279.590 000 | 0.056 064 | 2.780 000 | 0.000 000 |
| [72] 18:0 3OH | 20.160 000 | 0.004 043 | 1.540 000 | 0.000 000 |
| [73] 18:0 2OH | 47.860 000 | 0.009 597 | 4.490 000 | 0.000 000 |
| [74] 10 Me 18:0 TBSA | 202.550 000 | 0.040 527 | 3.600 000 | 0.000 000 |
| [75] 18:1ω9c | 1 600.300 000 | 0.320 894 | 14.320 000 | 0.000 000 |
| [76] 11 Me 18:1ω7c | 12.650 000 | 0.002 537 | 1.270 000 | 0.000 000 |
| [77] 18:1ω7c | 384.890 000 | 0.077 179 | 11.360 000 | 0.000 000 |
| [78] 18:1ω6c | 2.710 000 | 0.000 543 | 0.600 000 | 0.000 000 |
| [79] 18:1ω5c | 65.390 000 | 0.013 112 | 11.040 000 | 0.000 000 |
| [80] 18:1 iso H | 105.430 000 | 0.021 141 | 2.810 000 | 0.000 000 |
| [81] 18:1 2OH | 72.610 000 | 0.014 560 | 3.460 000 | 0.000 000 |

续表

| 脂肪酸生物标记 | 总和 | 平均值 | 最大值 | 最小值 |
|---|---|---|---|---|
| | | 支链脂肪酸 | | |
| [82] 18:2 cis (9,12) c/18:0 A | 0.000 000 | 0.000 000 | 0.000 000 | 0.000 000 |
| [83] 18:3ω (6,9,12) c | 126.560 000 | 0.025 378 | 2.690 000 | 0.000 000 |
| [84] 19:0 iso | 330.120 000 | 0.066 196 | 10.330 000 | 0.000 000 |
| [85] cy 19:0 ω8c | 223.470 000 | 0.044 811 | 8.030 000 | 0.000 000 |
| [86] 19:0 anteiso | 49.440 000 | 0.009 914 | 3.370 000 | 0.000 000 |
| [87] 19:1 iso I | 9.260 000 | 0.001 857 | 2.650 000 | 0.000 000 |
| [88] 20:0 iso | 27.490 000 | 0.005 512 | 3.160 000 | 0.000 000 |
| [89] 20:1ω9c | 25.490 000 | 0.005 111 | 3.720 000 | 0.000 000 |
| [90] 20:1ω7c | 111.420 000 | 0.022 342 | 2.650 000 | 0.000 000 |
| [91] 20:4ω (6,9,12,15) c | 21.730 000 | 0.004 357 | 1.420 000 | 0.000 000 |
| [92] 20:2ω (6,9) c | 11.120 000 | 0.002 230 | 5.970 000 | 0.000 000 |
| 小计 | 435 632.53 | 87.353 627 | 787.74 | 0.83 |
| | | 直链脂肪酸 | | |
| [93] c9:0 | 12.060 000 | 0.002 421 | 0.810 000 | 0.000 000 |
| [94] c10:0 | 108.650 000 | 0.021 813 | 1.880 000 | 0.000 000 |
| [95] c11:0 | 5.130 000 | 0.001 030 | 2.710 000 | 0.000 000 |
| [96] c12:0 | 1 153.790 000 | 0.231 638 | 6.710 000 | 0.000 000 |
| [97] c13:0 | 37.550 000 | 0.007 539 | 3.070 000 | 0.000 000 |
| [98] c14:0 | 8 833.380 000 | 1.773 415 | 19.080 000 | 0.000 000 |
| [99] c16:0 | 29 724.930 000 | 5.967 663 | 38.490 000 | 0.000 000 |
| [100] c17:0 | 473.600 000 | 0.095 081 | 3.690 000 | 0.000 000 |
| [101] c18:0 | 3 950.730 000 | 0.793 160 | 10.660 000 | 0.000 000 |
| [102] c19:0 | 336.530 000 | 0.067 563 | 16.980 000 | 0.000 000 |
| [103] c20:0 | 276.870 000 | 0.055 585 | 12.270 000 | 0.000 000 |
| 小计 | 44 913.22 | 9.016 908 | 116.35 | 0.00 |
| | | 复合脂肪酸* | | |
| [104] feature 1-1 | 22.220 000 | 0.004 456 | 6.180 000 | 0.000 000 |
| [105] feature 1-2 | 26.480 000 | 0.005 310 | 5.550 000 | 0.000 000 |
| [106] feature 1-3 | 111.150 000 | 0.022 288 | 9.380 000 | 0.000 000 |
| [107] feature 2-1 | 746.580 000 | 0.149 705 | 8.120 000 | 0.000 000 |
| [108] feature 2-2 | 455.440 000 | 0.091 325 | 6.700 000 | 0.000 000 |
| [109] feature 2-3 | 1 510.970 000 | 0.302 982 | 11.130 000 | 0.000 000 |
| [110] feature 3-1 | 3 096.500 000 | 0.620 914 | 16.470 000 | 0.000 000 |
| [111] feature 3-2 | 7 436.770 000 | 1.491 231 | 17.280 000 | 0.000 000 |
| [112] feature 4-1 | 449.770 000 | 0.090 188 | 5.960 000 | 0.000 000 |
| [113] feature 4-2 | 2 992.350 000 | 0.600 030 | 11.690 000 | 0.000 000 |

续表

| 脂肪酸生物标记 | 总和 | 平均值 | 最大值 | 最小值 |
|---|---|---|---|---|
| 复合脂肪酸* | | | | |
| [114] feature 5 | 255.680 000 | 0.051 269 | 8.150 000 | 0.000 000 |
| [115] feature 6 | 57.800 000 | 0.011 590 | 9.490 000 | 0.000 000 |
| [116] feature 7-1 | 13.780 000 | 0.002 763 | 12.060 000 | 0.000 000 |
| [117] feature 7-2 | 90.830 000 | 0.018 213 | 11.080 000 | 0.000 000 |
| [118] feature 8 | 635.140 000 | 0.127 359 | 15.330 000 | 0.000 000 |
| [119] feature 9 | 124.710 000 | 0.025 007 | 6.510 000 | 0.000 000 |
| 小计 | 18 026.17 | 3.614 63 | 161.08 | 0.00 |
| 未知脂肪酸 | | | | |
| [120] unknown 9.531 | 0.480 000 | 0.000 096 | 0.480 000 | 0.000 000 |
| [121] unknown 15.669 | 7.620 000 | 0.001 528 | 1.700 000 | 0.000 000 |
| [122] unknown 14.959 | 7.600 000 | 0.001 524 | 2.260 000 | 0.000 000 |
| [123] unknown 14.502 | 3.540 000 | 0.000 710 | 0.800 000 | 0.000 000 |
| [124] unknown 14.263 | 0.220 000 | 0.000 044 | 0.220 000 | 0.000 000 |
| [125] unknown 13.565 | 0.420 000 | 0.000 084 | 0.220 000 | 0.000 000 |
| [126] unknown 12.484 | 0.320 000 | 0.000 064 | 0.260 000 | 0.000 000 |
| [127] unknown 11.799 | 3.170 000 | 0.000 636 | 1.110 000 | 0.000 000 |
| [128] unknown 11.543 | 28.190 000 | 0.005 653 | 0.530 000 | 0.000 000 |
| 小计 | 51.56 | 0.01 | 7.58 | 0.00 |
| 总计 | 498 623.48 | 99.995 5 | 1 072.75 | 0.83 |

*复合脂肪酸：feature 1-1 | 13:0 3OH/15:1 iso H | 15:1 iso H/13:0 3OH、feature 1-2 | 13:0 3OH/15:1 iso I/H | 15:1 iso H/13:0 3OH | 15:1 iso I/13:0 3OH、feature 1-3 | 13:0 3OH/15:1 iso H | 15:1 iso H/13:0 3OH、feature 2-1 | 12:0 aldehyde ? | 14:0 3OH/16:1 iso I | 16:1 iso I/14:0 3OH | unknown 10.928、feature 2-2 | 12:0 aldehyde ? | 14:0 3OH/16:1 iso I | 16:1 iso I/14:0 3OH| unknown 10.928、feature 2-3 | 12:0 aldehyde ? | 14:0 3OH/16:1 iso I | 16:1 iso I/14:0 3OH| unknown 10.9525、feature 3-1 | 15:0 iso 2OH/16:1ω7c | 16:1ω7c/15 iso 2OH、feature 3-2 | 16:1ω6c/16:1ω7c | 16:1ω7c/16:1ω6c、feature 4-1 | 17:1 anteiso B/ iso I | 17:1 iso I/anteiso B、feature 4-2 | 17:1 anteiso B/iso I | 17:1 iso I/anteiso B、feature 5 | 18:0 anteiso/18:2ω(6,9)c | 18:2ω(6,9)c/18:0 anteiso、feature 6 | 19:1ω11c/19:1 ω9c | 19:1ω9c/19:1ω11c、feature 7-1 | cy19:0 ω10c/19ω6 | 19:1ω6c/.846/19cy | unknown 18.846/19:1ω6c、feature 7-2 | cy19:0 ω10c/19ω6 | 19:1ω6c/ω7c/19cy | 19:1ω7c/19:1ω6c、feature 8 | 18:1ω6c | 18:1ω7c、feature 9 | 10 Me 16:0 | 17:1 iso ω9c

## 2. 不同类型脂肪酸组比例

分析结果见表 5-1-2。鉴定到 10 属 4987 株芽胞杆菌的整体脂肪酸生物标记 128 个，百分比的总和达 498 623.48%。其中，直链脂肪酸 11 个，包括 c9:0、c10:0、c11:0、c12:0、c13:0、c14:0、c16:0、c17:0、c18:0、c19:0、c20:0，总和为 44 913.22%，占整体脂肪酸的 9.01%。

**表 5-1-2　芽胞杆菌脂肪酸成分比例**

| 脂肪酸生物标记名称 | 数量 | 占比/% | 总和 | 最大值 | 最小值 |
|---|---|---|---|---|---|
| 直链脂肪酸小计 | 11 | 9.01 | 44 913.22 | 116.35 | 0.00 |
| 支链脂肪酸小计 | 92 | 87.37 | 435 632.53 | 787.74 | 0.83 |
| 复合脂肪酸小计 | 16 | 3.62 | 18 026.17 | 161.08 | 0.00 |
| 未知脂肪酸小计 | 9 | 0.01 | 51.56 | 7.58 | 0.00 |
| 总计 | 133 | 100.00 | 498 623.48 | 1 072.75 | 0.83 |

支链脂肪酸 92 个，包括 9:0 3OH、10:0 iso、10:0 3OH、10:0 2OH、11:0 iso 3OH、11:0 iso、11:0 anteiso、11:0 3OH、11:0 2OH、12:0 iso 3OH、12:0 iso、12:0 anteiso、12:0 3OH、12:0 2OH、12:1 3OH、12:1 at 11-12、13:1 at 12-13、13:0 iso 3OH、13:0 iso、13:0 anteiso、13:0 2OH、14:0 iso 3OH、14:0 iso、14:0 anteiso、14:0 2OH、14:1ω5c、14:1 iso E、15:0 iso 3OH、15:0 iso、15:0 anteiso、15:0 3OH、15:0 2OH、15:1ω8c、15:1ω6c、15:1ω5c、15:1 iso ω9c、15:1 iso G、15:1 iso F、15:1 iso at 5、15:1 anteiso A、16:0 N alcohol、16:0 iso 3OH、16:0 iso、16:0 anteiso、16:0 3OH、16:0 2OH、16:1ω9c、16:1ω7c alcohol、16:1ω5c、16:1ω11c、16:1 iso H、16:1 iso G、16:1 2OH、17:0 iso 3OH、17:0 iso、cy17:0、17:0 anteiso、17:0 3OH、17:0 2OH、10 Me 17:0、17:1 iso ω9c、17:1ω9c、17:1ω8c、17:1ω7c、17:1ω6c、17:1ω5c、17:1 iso ω10c、17:1 anteiso ω9c、17:1 anteiso A、17:1 iso ω5c、10 Me 18:0 TBSA、18:0 iso、18:0 3OH、18:0 2OH、18:1ω9c、11 Me 18:1ω7c、18:1ω7c、18:1ω6c、18:1ω5c、18:1 iso H、18:1 2OH、18:2 cis(9,12)c/18:0 A、18:3 ω(6,9,12)c、19:0 iso、cy19:0 ω8c、19:0 anteiso、19:1 iso I、20:0 iso、20:1ω9c、20:1ω7c、20:4ω(6,9,12,15)c、20:2ω(6,9)c，总和为 435 632.53%，占整体脂肪酸的 87.37%。

复合脂肪酸 16 个，包括 feature 1-1 | 13:0 3OH/15:1 iso H | 15:1 iso H/13:0 3OH、feature 1-2 | 13:0 3OH/15:1 iso I/H | 15:1 iso H/13:0 3OH | 15:1 iso I/13:0 3OH、feature 1-3 | 13:0 3OH/15:1 iso H | 15:1 iso H/13:0 3OH、feature 2-1 | 12:0 aldehyde ? | 14:0 3OH/16:1 iso I | 16:1 iso I/14:0 3OH | unknown 10.928、feature 2-2 | 12:0 aldehyde ? | 14:0 3OH/16:1 iso I | 16:1 iso I/14:0 3OH| unknown 10.928、feature 2-3 | 12:0 aldehyde ? | 14:0 3OH/16:1 iso I | 16:1 iso I/14:0 3OH| unknown 10.9525、feature 3-1 | 15:0 iso 2OH/16:1ω7c | 16:1ω7c/15 iso 2OH、feature 3-2 | 16:1ω6c/16:1ω7c | 16:1ω7c/16:1ω6c、feature 4-1 | 17:1 anteiso B/iso I | 17:1 iso I/anteiso B、feature 4-2 | 17:1 anteiso B/iso I | 17:1 iso I/anteiso B、feature 5 | 18:0 anteiso/18:2 ω(6,9)c | 18:2ω(6,9)c/18:0 anteiso、feature 6 | 19:1ω11c/19:1ω9c | 19:1ω9c/19:1ω11c、feature 7-1 | cy19:0 ω10c/19ω6 | 19:1ω6c/.846/19cy | unknown 18.846/19:1ω6c、feature 7-2 | cy19:0 ω10c/19ω6 | 19:1ω6c/ω7c/19cy | 19:1ω7c/19:1ω6c、feature 8 | 18:1ω6c | 18:1ω7c、feature 9 |10 Me 16:0 | 17:1 iso ω9c，总和为 18 026.17%，占整体脂肪酸的 3.62%。

未知脂肪酸 9 个，包括 unknown 9.531、unknown 15.669、unknown 14.959、unknown 14.502、unknown 14.263、unknown 13.565、unknown 12.484、unknown 11.799、unknown 11.543，总和为 51.56%，占整体脂肪酸的 0.01%。

芽胞杆菌含有较高的支链脂肪酸（87.37%），直链脂肪酸含量较低（9.01%），复合脂肪酸含量更低（3.62%），这是芽胞杆菌区别于其他许多微生物的脂肪酸分布特征。未知的脂肪酸占比很低（0.01%），表明芽胞杆菌脂肪酸测定可以涵盖大部分脂肪酸组。

## 3. 直链脂肪酸生物标记分布

通过对 4987 株芽胞杆菌菌株的脂肪酸组分析，表明芽胞杆菌直链脂肪酸生物标记有 11 个（图 5-1-1）；从链长为 c9:0 到 c20:0，但缺少 c15:0，总和为 5.13%（c11:0）～29 724.93%（c16:0）；直链脂肪酸占总脂肪酸组的 9.01%，以下 4 个为重要的直链脂肪酸，即 c16:0（29 724.93%）、c14:0（8833.38%）、c18:0（3950.73%）、c12:0（1153.79%），分别占直链脂肪酸组百分比总和 44 913.22%的 66.18%、19.67%、8.80%、2.57%，c16:0 和 c14:0 为芽胞杆菌重要的直链脂肪酸生物标记。直链脂肪酸中 c16:0 含量最高，这也是细菌中最常见的一种脂肪酸，用于标记细菌的存在。c15:0 也称十五碳（烷）酸，在微生物中少见，主要存在于动物和植物中。

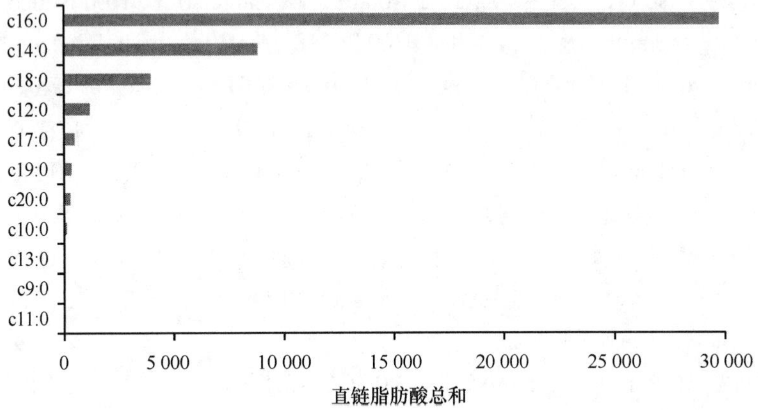


图 5-1-1 芽胞杆菌直链脂肪酸生物标记

## 4. 支链脂肪酸生物标记分布

在 10 属 4987 株芽胞杆菌中，共鉴定到 128 个脂肪酸生物标记，其中，支链脂肪酸有 92 个，百分比总和为 435 632.53%，占比为 87.35%，按占比大小排序作图 5-1-2。支链脂肪酸可以分为 3 类。

第 I 类为高含量支链脂肪酸：含量为 25%～28%，包含 2 个支链脂肪酸，即 15:0 iso 和 15:0 anteiso，占比达 55.64%，超过支链脂肪酸的一半，它们的不同比例搭配构成了芽胞杆菌属的分类特征。

第 II 类为中含量支链脂肪酸：含量为 1%～6%，包含 17:0 iso、16:0 iso、17:0 anteiso、14:0 iso、13:0 iso、16:1ω7c alcohol、16:1ω11c、17:1 iso ω10c 等 8 个脂肪酸，它们的类型、数量、比例的变化决定了芽胞杆菌种的特性。

第 III 类为低含量支链脂肪酸：含量在 1%以下，包含其余的 82 个脂肪酸，即 13:0 anteiso、17:1 iso ω5c、12:0 iso、18:1ω9c、15:0 2OH、17:1 anteiso A、18:1ω7c、14:0 anteiso、19:0 iso、15:0 iso 3OH、18:0 iso、17:1 anteiso ω9c、17:0 iso 3OH、cy19:0 ω8c、15:1ω5c、16:0 anteiso、13:0 iso 3OH、17:0 2OH、11:0 iso、cy17:0、18:3ω(6,9,12)c、20:1ω7c、15:1 iso F、18:1 iso H、16:1ω5c、16:0 N alcohol、15:1 iso ω9c、17:1ω9c、15:1 iso G、18:1 2OH、14:0 iso 3OH、18:1ω5c、16:1 iso H、16:0 2OH、12:0 3OH、10 Me 17:0、15:1 anteiso A、19:0 anteiso、16:1 2OH、16:0 3OH、18:0 2OH、13:0 2OH、16:0 iso 3OH、17:1ω7c、17:1ω8c、11:0 iso 3OH、11:0 anteiso、17:1ω6c、14:0 2OH、20:0 iso、12:0 2OH、20:1ω9c、16:1ω9c、

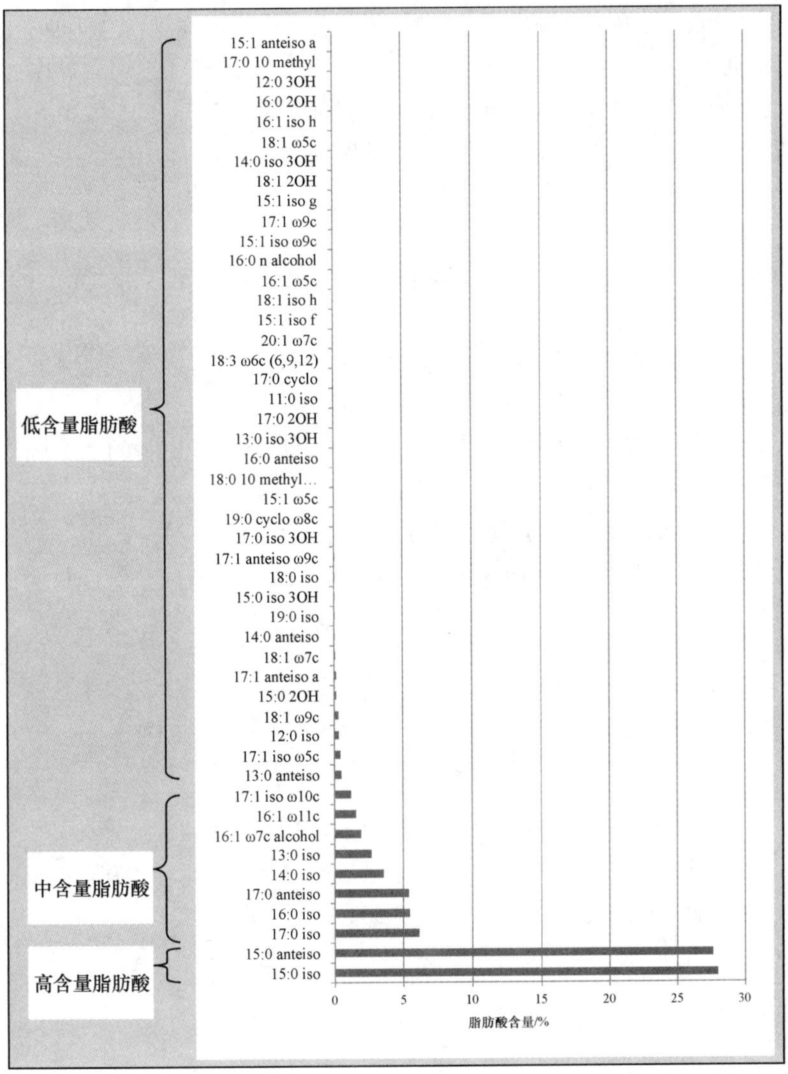


图 5-1-2　芽胞杆菌支链脂肪酸生物标记

17:0 3OH、20:4ω(6,9,12,15)c、10:0 3OH、18:0 3OH、15:1 iso at 5、14:1ω5c、iso17:1ω9c、11 Me 18:1ω7cc、12:0 iso 3OH、10:0 iso、20:2ω(6,9)c、13:1 at 12-13、16:1 iso G、19:1 iso I、17:1ω5c、9:0 3OH、14:1 iso E、15:1ω6c、15:1ω8c、12:0 anteiso、11:0 2OH、10:0 2OH、12:1 at 11-12、12:1 3OH、anteiso 17:1ω9c、18:1ω6c、11:0 3OH、15:0 3OH、10 Me 18:0 TBSA、18:2 cis(9,12)c/18:0 A。低含量支链脂肪酸决定了芽胞杆菌的生态适应性。

## 5. 脂肪酸生物标记聚类分析

以脂肪酸生物标记为样本，以芽胞杆菌菌株为指标，以欧氏距离为尺度，聚类结果表明，当 $\lambda=6$ 时，可将其分为 3 类。

第 I 类为芽胞杆菌属特征脂肪酸生物标记，它包括 2 个标记，即 15:0 iso，平均百分比为 27.9771%；15:0 anteiso，平均百分比为 27.6698%；反映了芽胞杆菌科的特征。

第 II 类为芽胞杆菌种特征脂肪酸生物标记，它包括 6 个标记，含有 1 个直链脂肪酸和 5 个支链脂肪酸，即 17:0 iso，平均百分比为 6.1223%；c16:0，平均百分比为 5.9813%；16:0 iso 平均百分比为 5.4414%；17:0 anteiso，平均百分比为 5.4079%；14:0 iso，平均百分比为 3.5715%；13:0 iso，平均百分比为 2.6689%；芽胞杆菌种的差异表现在该类脂肪酸生物标记的分布差异上。

第 III 类为芽胞杆菌菌株特征脂肪酸生物标记，该类分为 2 个亚类，第 I 亚类脂肪酸生物标记含量为 1%～2%，包括 5 个标记，即 16:1ω7c alcohol（1.9294%）、c14:0（1.7752%）、16:1ω11c（1.5835%）、feature 3-2（1.4840%）、17:1 iso ω10c（1.2232%），它们影响着芽胞杆菌种类对环境的适应性；第 II 亚类为其余低含量的脂肪酸生物标记，含量在 1%以下。

分析结果表明，芽胞杆菌特征脂肪酸生物标记可以包括第 I 类的 2 个标记和第 II 类的 6 个标记，即 15:0 iso（27.9771%）、15:0 anteiso（27.6698%）、17:0 iso（6.1223%）、c16:0（5.9813%）、16:0 iso（5.4414%）、17:0 anteiso（5.4079%）、14:0 iso（3.5715%）、13:0 iso（2.6689%），这 8 个脂肪酸占了总量的 84.8402%，代表了芽胞杆菌的主要脂肪酸组，在进行芽胞杆菌分类分析时，可采用这些主要脂肪酸作为指标。

## 四、芽胞杆菌种间脂肪酸组分群

### 1. 芽胞杆菌种间脂肪酸生物标记测定

选择芽胞杆菌属 95 种 3809 株芽胞杆菌菌株，分析脂肪酸生物标记，结果见表 5-1-3。95 种芽胞杆菌共测定到 122 个脂肪酸生物标记（不包括含量低于 0.000 01%的 5 个生物标记），其中支链脂肪酸 91 个，含量占比 87.33%；直链脂肪酸 11 个，占比 10.36%；复合脂肪酸 16 个，占比 2.30%；未知脂肪酸 4 个，占比 0.01%。

### 2. 芽胞杆菌种间脂肪酸生物标记聚类分析

以芽胞杆菌属 95 种的脂肪酸生物标记为数据矩阵，分析属内各芽胞杆菌种的脂肪酸组的聚类分析。以脂肪酸生物标记（128 个，包括含量低于 0.000 01%的 6 个生物标记）为样本，以芽胞杆菌种类（95 种）为指标，以欧氏距离为尺度，进行系统聚类，作图 5-1-3 和表 5-1-4。聚类结果表明，可将其分为 3 类。

第 I 类为高含量脂肪酸组，作为表征芽胞杆菌属的特征脂肪酸生物标记，它包括 2 个标记，即 15:0 iso，到中心的距离为 26.5229，平均百分比为 29.32%；15:0 anteiso，到中心的距离为 26.5229，平均百分比为 29.28%；该类到中心的平均距离为 26.5229，芽胞杆菌属的种类都含有这两个脂肪酸生物标记，同时含量较高。

第 II 类为中含量脂肪酸组，作为表征芽胞杆菌种的特征脂肪酸生物标记，共有 18 个脂肪酸生物标记；包括 c16:0（到中心的距离：19.7583）、17:0 anteiso（17.2874）、17:0 iso（10.3845）、16:0 iso（9.8891）、14:0 iso（7.9282）、13:0 iso（7.6323）、16:1ω7c alcohol（7.5151）、feature 3-2（7.0862）、c19:0（6.5848）、16:0 iso 3OH（6.0411）、17:1 iso ω10c（5.8485）、feature 3-1（5.7942）、16:1ω11c（5.3799）、12:0 iso（5.3701）、feature 4-2（5.1491）、

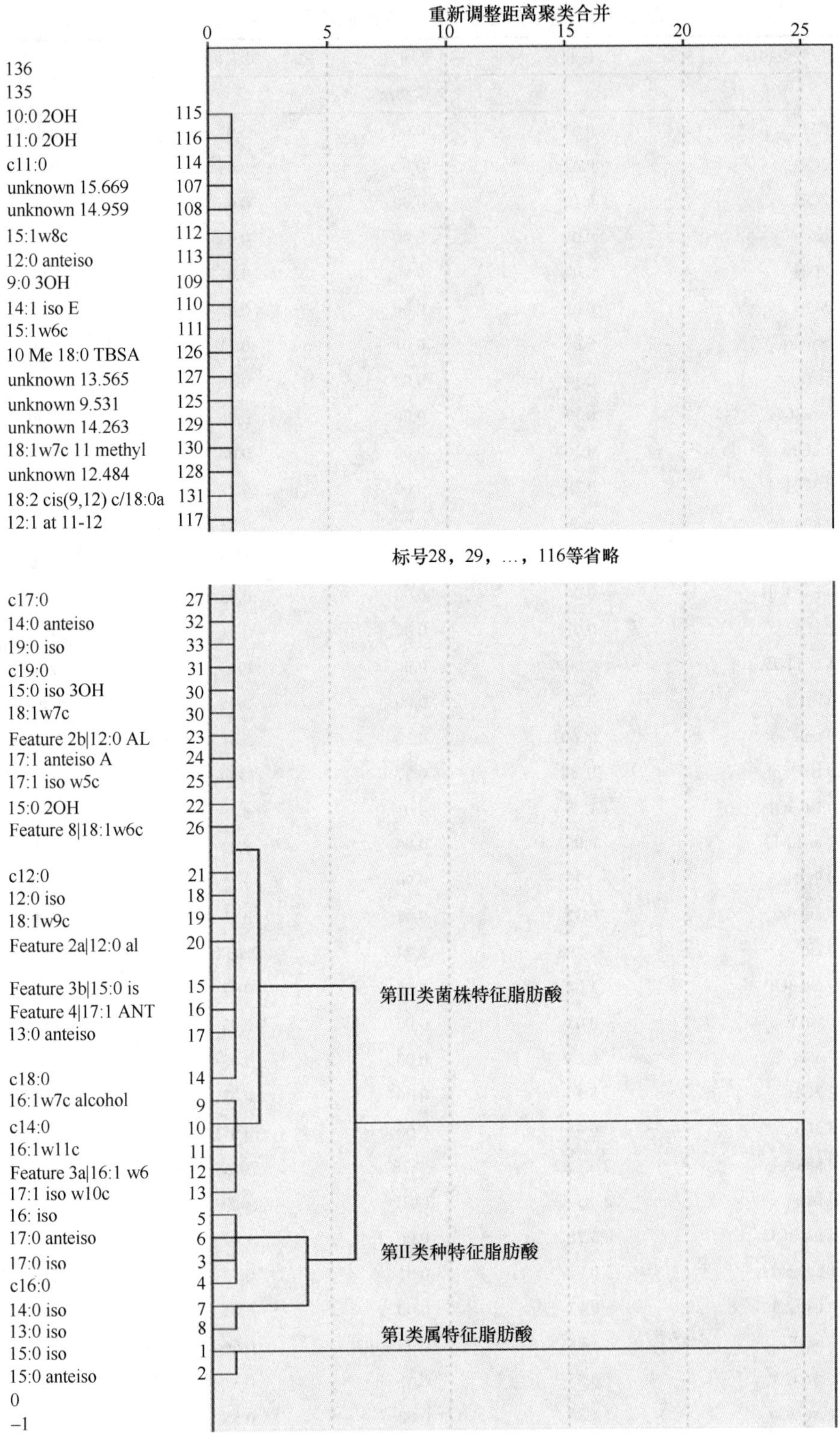


图 5-1-3　芽胞杆菌脂肪酸生物标记聚类分析

表 5-1-3 芽胞杆菌属 95 个种的脂肪酸生物标记 (%)

| 脂肪酸生物标记 | 总和 | 平均值 | 最大值 | 最小值 |
|---|---|---|---|---|
| 支链脂肪酸 | | | | |
| [1] 9:0 3OH | 0.03 | 0.00 | 0.01 | 0.00 |
| [2] 10:0 2OH | 0.02 | 0.00 | 0.01 | 0.00 |
| [3] 10:0 3OH | 0.10 | 0.00 | 0.06 | 0.00 |
| [4] 10:0 iso | 0.06 | 0.00 | 0.03 | 0.00 |
| [5] 11:0 2OH | 0.02 | 0.00 | 0.01 | 0.00 |
| [6] 11:0 3OH | 0.05 | 0.00 | 0.05 | 0.00 |
| [7] 11:0 anteiso | 0.67 | 0.01 | 0.11 | 0.00 |
| [8] 11:0 iso | 2.14 | 0.02 | 0.46 | 0.00 |
| [9] 11:0 iso 3OH | 0.17 | 0.00 | 0.06 | 0.00 |
| [10] 12:0 2OH | 0.16 | 0.00 | 0.08 | 0.00 |
| [11] 12:0 3OH | 0.29 | 0.00 | 0.22 | 0.00 |
| [12] 12:0 anteiso | 0.28 | 0.00 | 0.25 | 0.00 |
| [13] 12:0 iso | 12.40 | 0.13 | 5.42 | 0.00 |
| [14] 12:0 iso 3OH | 0.04 | 0.00 | 0.03 | 0.00 |
| [15] 12:1 3OH | 0.01 | 0.00 | 0.01 | 0.00 |
| [16] 12:1 at 11-12 | 0.00 | 0.00 | 0.00 | 0.00 |
| [17] 13:0 2OH | 0.30 | 0.00 | 0.05 | 0.00 |
| [18] 13:0 anteiso | 28.60 | 0.30 | 5.61 | 0.00 |
| [19] 13:0 iso | 91.88 | 0.97 | 13.68 | 0.00 |
| [20] 13:0 iso 3OH | 1.28 | 0.01 | 0.29 | 0.00 |
| [21] 13:1 at 12-13 | 0.05 | 0.00 | 0.03 | 0.00 |
| [22] 14:0 2OH | 0.27 | 0.00 | 0.11 | 0.00 |
| [23] 14:0 anteiso | 6.32 | 0.07 | 0.88 | 0.00 |
| [24] 14:0 iso | 354.98 | 3.74 | 15.54 | 0.00 |
| [25] 14:0 iso 3OH | 1.64 | 0.02 | 0.57 | 0.00 |
| [26] 14:1 iso E | 0.03 | 0.00 | 0.03 | 0.00 |
| [27] 14:1ω5c | 0.15 | 0.00 | 0.08 | 0.00 |
| [28] 15:0 2OH | 5.59 | 0.06 | 0.72 | 0.00 |
| [29] 15:0 3OH | 0.01 | 0.00 | 0.01 | 0.00 |
| [30] 15:0 anteiso | 2781.82 | 29.28 | 70.82 | 3.66 |
| [31] 15:0 iso | 2785.53 | 29.32 | 56.56 | 7.03 |
| [32] 15:0 iso 3OH | 5.78 | 0.06 | 1.07 | 0.00 |
| [33] 15:1 anteiso A | 0.51 | 0.01 | 0.13 | 0.00 |
| [34] 15:1 iso at 5 | 0.03 | 0.00 | 0.02 | 0.00 |
| [35] 15:1 iso F | 1.68 | 0.02 | 0.66 | 0.00 |
| [36] 15:1 iso G | 0.85 | 0.01 | 0.31 | 0.00 |
| [37] 15:1 iso ω9c | 1.86 | 0.02 | 0.55 | 0.00 |
| [38] 15:1ω5c | 3.08 | 0.03 | 1.94 | 0.00 |
| [39] 15:1ω6c | 0.08 | 0.00 | 0.06 | 0.00 |

续表

| 脂肪酸生物标记 | 总和 | 平均值 | 最大值 | 最小值 |
|---|---|---|---|---|
| | | 支链脂肪酸 | | |
| [40] 15:1ω8c | 0.05 | 0.00 | 0.05 | 0.00 |
| [41] 16:0 2OH | 1.62 | 0.02 | 0.30 | 0.00 |
| [42] 16:0 3OH | 0.92 | 0.01 | 0.22 | 0.00 |
| [43] 16:0 anteiso | 2.47 | 0.03 | 0.62 | 0.00 |
| [44] 16:0 iso | 464.82 | 4.89 | 21.36 | 0.90 |
| [45] 16:0 iso 3OH | 30.56 | 0.32 | 9.72 | 0.00 |
| [46] 16:0 N alcohol | 3.60 | 0.04 | 0.83 | 0.00 |
| [47] 16:1 2OH | 2.46 | 0.03 | 2.13 | 0.00 |
| [48] 16:1 iso G | 0.08 | 0.00 | 0.06 | 0.00 |
| [49] 16:1 iso H | 0.94 | 0.01 | 0.22 | 0.00 |
| [50] 16:1ω11c | 175.81 | 1.85 | 8.61 | 0.00 |
| [51] 16:1ω5c | 0.94 | 0.01 | 0.26 | 0.00 |
| [52] 16:1ω7c alcohol | 168.04 | 1.77 | 16.99 | 0.00 |
| [53] 16:1ω9c | 0.26 | 0.00 | 0.13 | 0.00 |
| [54] 10 Me 17:0 | 0.52 | 0.01 | 0.18 | 0.00 |
| [55] 17:0 2OH | 2.40 | 0.03 | 0.26 | 0.00 |
| [56] 17:0 3OH | 0.49 | 0.01 | 0.29 | 0.00 |
| [57] 17:0 anteiso | 679.67 | 7.15 | 32.66 | 0.85 |
| [58] cy17:0 | 3.13 | 0.03 | 2.16 | 0.00 |
| [59] 17:0 iso | 439.17 | 4.62 | 11.64 | 0.33 |
| [60] 17:0 iso 3OH | 2.65 | 0.03 | 0.41 | 0.00 |
| [61] 17:1 iso ω5c | 25.08 | 0.14 | 3.66 | 0.00 |
| [62] 17:1 anteiso A | 10.89 | 0.11 | 5.85 | 0.00 |
| [63] 17:1 anteiso ω9c | 5.31 | 0.05 | 0.66 | 0.00 |
| [64] 17:1 iso ω10c | 136.30 | 1.38 | 11.16 | 0.00 |
| [65] 17:1ω5c | 0.09 | 0.00 | 0.04 | 0.00 |
| [66] 17:1ω6c | 1.46 | 0.02 | 1.25 | 0.00 |
| [67] 17:1ω7c | 1.15 | 0.01 | 0.82 | 0.00 |
| [68] 17:1ω8c | 0.69 | 0.01 | 0.24 | 0.00 |
| [69] 17:1ω9c | 1.42 | 0.01 | 0.48 | 0.00 |
| [70] 17:1 iso ω9c | 0.16 | 0.00 | 0.14 | 0.00 |
| [71] 10 Me 18:0 TBSA | 3.34 | 0.04 | 0.65 | 0.00 |
| [72] 18:0 2OH | 1.12 | 0.01 | 0.36 | 0.00 |
| [73] 18:0 3OH | 0.47 | 0.00 | 0.12 | 0.00 |
| [74] 18:0 iso | 4.96 | 0.05 | 1.91 | 0.00 |
| [75] 18:1 2OH | 3.10 | 0.03 | 0.91 | 0.00 |
| [76] 18:1 iso H | 1.01 | 0.01 | 0.12 | 0.00 |

续表

| 脂肪酸生物标记 | 总和 | 平均值 | 最大值 | 最小值 |
|---|---|---|---|---|
| 支链脂肪酸 | | | | |
| [77] 18:1ω5c | 1.17 | 0.01 | 0.53 | 0.00 |
| [78] 18:1ω6c | 0.00 | 0.00 | 0.00 | 0.00 |
| [79] 18:1ω7c | 3.52 | 0.04 | 1.70 | 0.00 |
| [80] 11 Me 18:1ω7c | 0.07 | 0.00 | 0.06 | 0.00 |
| [81] 18:1ω9c | 32.60 | 0.34 | 2.06 | 0.00 |
| [82] 18:3ω(6,9,12)c | 4.02 | 0.04 | 0.70 | 0.00 |
| [83] 19:0 anteiso | 0.65 | 0.01 | 0.16 | 0.00 |
| [84] cy19:0 ω8c | 3.12 | 0.03 | 0.62 | 0.00 |
| [85] 19:0 iso | 5.43 | 0.06 | 0.71 | 0.00 |
| [86] 19:1 iso I | 0.02 | 0.00 | 0.01 | 0.00 |
| [87] 20:0 iso | 0.36 | 0.00 | 0.18 | 0.00 |
| [88] 20:1ω7c | 4.18 | 0.04 | 1.14 | 0.00 |
| [89] 20:1ω9c | 0.52 | 0.01 | 0.14 | 0.00 |
| [90] 20:2ω(6,9)c | 0.09 | 0.00 | 0.07 | 0.00 |
| [91] 20:4ω(6,9,12,15)c | 0.31 | 0.00 | 0.20 | 0.00 |
| 小计 | 8322.19 | 87.57 | 329.15 | 12.77 |
| 直链脂肪酸 | | | | |
| [92] c9:0 | 0.24 | 0.00 | 0.10 | 0.00 |
| [93] c10:0 | 8.72 | 0.09 | 1.33 | 0.00 |
| [94] c11:0 | 0.01 | 0.00 | 0.01 | 0.00 |
| [95] c12:0 | 22.27 | 0.23 | 1.78 | 0.00 |
| [96] c13:0 | 0.40 | 0.00 | 0.06 | 0.00 |
| [97] c14:0 | 185.66 | 1.95 | 10.60 | 0.00 |
| [98] c16:0 | 654.99 | 6.89 | 38.49 | 1.12 |
| [99] c17:0 | 10.81 | 0.11 | 1.42 | 0.00 |
| [100] c18:0 | 77.03 | 0.81 | 5.05 | 0.00 |
| [101] c19:0 | 21.74 | 0.23 | 13.97 | 0.00 |
| [102] c20:0 | 5.07 | 0.05 | 0.95 | 0.00 |
| 小计 | 986.94 | 10.36 | 73.76 | 1.12 |
| 复合脂肪酸* | | | | |
| [103] feature 1-1 | 0.05 | 0.00 | 0.04 | 0.00 |
| [104] feature 1-2 | 0.11 | 0.00 | 0.04 | 0.00 |
| [105] feature 1-3 | 2.59 | 0.03 | 1.36 | 0.00 |
| [106] feature 2-1 | 3.16 | 0.03 | 2.08 | 0.00 |
| [107] feature 2-2 | 4.58 | 0.05 | 1.12 | 0.00 |
| [108] feature 2-3 | 8.22 | 0.09 | 1.70 | 0.00 |

续表

| 脂肪酸生物标记 | 总和 | 平均值 | 最大值 | 最小值 |
|---|---|---|---|---|
| | | 复合脂肪酸* | | |
| [109] feature 3-1 | 13.34 | 0.14 | 7.64 | 0.00 |
| [110] feature 3-2 | 73.13 | 0.77 | 14.01 | 0.00 |
| [111] feature 4-1 | 4.89 | 0.05 | 2.39 | 0.00 |
| [112] feature 4-2 | 89.44 | 0.94 | 8.40 | 0.00 |
| [113] feature 5 | 2.57 | 0.03 | 0.58 | 0.00 |
| [114] feature 6 | 1.19 | 0.01 | 0.78 | 0.00 |
| [115] feature 7-1 | 0.09 | 0.00 | 0.09 | 0.00 |
| [116] feature 7-2 | 0.38 | 0.00 | 0.16 | 0.00 |
| [117] feature 8 | 14.97 | 0.16 | 4.45 | 0.00 |
| [118] feature 9 | 0.90 | 0.01 | 0.58 | 0.00 |
| 小计 | 219.61 | 2.31 | 45.42 | 0.00 |
| | | 未知脂肪酸 | | |
| [119] unknown 11.543 | 0.09 | 0.00 | 0.05 | 0.00 |
| [120] unknown 14.502 | 0.02 | 0.00 | 0.01 | 0.00 |
| [121] unknown 14.959 | 0.48 | 0.01 | 0.46 | 0.00 |
| [122] unknown 15.669 | 0.35 | 0.00 | 0.27 | 0.00 |
| 小计 | 0.94 | 0.01 | 0.79 | 0.00 |
| 总计 | 9529.68 | 100.25 | 449.12 | 13.89 |

*复合脂肪酸：feature 1-1 | 13:0 3OH/15:1 iso H | 15:1 iso H/13:0 3OH、feature 1-2 | 13:0 3OH/15:1 iso I/H | 15:1 iso H/13:0 3OH | 15:1 iso I/13:0 3OH、feature 1-3 | 13:0 3OH/15:1 iso H | 15:1 iso H/13:0 OH、feature 2-1 | 12:0 aldehyde ? | 14:0 3OH/16:1 iso I | 16:1 iso I/14:0 3OH | unknown 10.928、feature 2-2 | 12:0 aldehyde ? | 14:0 3OH/16:1 iso I | 16:1 iso I/14:0 3OH | unknown 10.928、feature 2-3 | 12:0 aldehyde ? | 14:0 3OH/16:1 iso I | 16:1 iso I/14:0 3OH| unknown 10.9525、feature 3-1 | 15:0 iso 2OH/16:1ω7c | 16:1ω7c/15 iso 2OH、feature 3-2 | 16:1ω6c/16:1ω7c | 16:1ω7c/16:1ω6c、feature 4-1 | 17:1 anteiso B/iso I | 17:1 iso I/anteiso B、feature 4-2 | 17:1 anteiso B/iso I | 17:1 iso I/anteiso B、feature 5 | 18:0 anteiso/18:2ω(6,9)c | 18:2ω(6,9)c/18:0 anteiso、feature 6 | 19:1ω11c/19:1ω9c | 19:1ω9c/19:1ω11c、feature 7-1 | cy19:0 ω10c/19ω6 | 19:1ω6c/.846/19cy | unknown 18.846/19:1ω6c、feature 7-2 | cy19:0 ω10c/19ω6 | 19:1ω6c/ω7c/19cy | 19:1ω7c/19:1ω6c、feature 8 | 18:1ω6c | 18:1ω7c、feature 9 | 10 Me 16:0 | 17:1 iso ω9c

**表 5-1-4　芽胞杆菌属种类脂肪酸组的欧氏距离测定**

| 类别 | 脂肪酸组 | 到中心的距离 | 类别 | 脂肪酸组 | 到中心的距离 |
|---|---|---|---|---|---|
| 第 I 类 2 个标记 | 15:0 anteiso | 26.5229 | | feature 3-1 | 5.7942 |
| | 15:0 iso | 26.5229 | | 16:1ω11c | 5.3799 |
| | 平均值 | 26.5229 | | 12:0 iso | 5.3701 |
| 第 II 类 18 个标记 | c16:0 | 19.7583 | | feature 4-2 | 5.1491 |
| | 17:0 anteiso | 17.2874 | | 13:0 anteiso | 5.0051 |
| | 17:0 iso | 10.3845 | | c14:0 | 4.4738 |
| | 16:0 iso | 9.8891 | | c18:0 | 4.1698 |
| | 14:0 iso | 7.9282 | | 平均值 | 7.8499 |
| | 13:0 iso | 7.6323 | 第 III 类 107 个标记 | 17:1 iso ω5c | 1.9593 |
| | 16:1ω7c alcohol | 7.5151 | | feature 8 | 1.5361 |
| | feature 3-2 | 7.0862 | | 18:1ω9c | 1.4218 |
| | c19:0 | 6.5848 | | 17:1 anteiso A | 1.4079 |
| | 16:0 iso 3OH | 6.0411 | | feature 2-3 | 1.0751 |
| | 17:1 iso ω10c | 5.8485 | | c12:0 | 0.9792 |

续表

| 类别 | 脂肪酸组 | 到中心的距离 | 类别 | 脂肪酸组 | 到中心的距离 |
|---|---|---|---|---|---|
| 第 III 类 107 个标记 | feature 4-1 | 0.5954 | | 13:0 iso 3OH | 0.1202 |
| | feature 2-1 | 0.5868 | | 16:0 3OH | 0.1202 |
| | c17:0 | 0.5335 | | 16:1 iso H | 0.1194 |
| | cy17:0 | 0.5055 | | 12:0 anteiso | 0.1170 |
| | c10:0 | 0.5006 | | 17:0 3OH | 0.1157 |
| | 18:1ω7c | 0.4912 | | unknown 15.669 | 0.1156 |
| | 16:1 2OH | 0.4869 | | 15:1 iso G | 0.1119 |
| | 18:0 iso | 0.4613 | | 19:0 anteiso | 0.1098 |
| | feature 2-2 | 0.4533 | | 20:1ω9c | 0.1094 |
| | 15:1ω5c | 0.4433 | | 17:1 iso ω9c | 0.1090 |
| | 14:0 anteiso | 0.3731 | | 16:1ω5c | 0.1084 |
| | feature 1-3 | 0.3537 | | 17:1ω8c | 0.1083 |
| | 17:1ω6c | 0.3520 | | 18:0 3OH | 0.1065 |
| | c20:0 | 0.3487 | | 15:1 ω6c | 0.1062 |
| | 19:0 iso | 0.3474 | | 11:0 anteiso | 0.1061 |
| | 15:0 2OH | 0.3398 | | 15:1 iso at 5 | 0.1058 |
| | 15:0 iso 3OH | 0.3358 | | 11 Me 18:1 ω7c | 0.1058 |
| | 16:0 N alcohol | 0.3025 | | 18:2 cis(9,12)c/18:0 A | 0.1058 |
| | 18:1 2OH | 0.3003 | | unknown 13.565 | 0.1058 |
| | 17:1 anteiso ω9c | 0.2876 | | unknown 14.263 | 0.1058 |
| | 20:1ω7c | 0.2759 | | unknown 11.543 | 0.1057 |
| | cy19:0ω8c | 0.2593 | | unknown 12.484 | 0.1057 |
| | 18:3ω(6,9,12)c | 0.2476 | | 12:1 at 11-12 | 0.1056 |
| | feature 6 | 0.2392 | | 15:0 3OH | 0.1055 |
| | 10 Me 18:0 TBSA | 0.2367 | | 18:1ω6c | 0.1055 |
| | 17:1ω7c | 0.2337 | | unknown 11.799 | 0.1055 |
| | 15:1 iso F | 0.2117 | | 11:0 3OH | 0.1053 |
| | feature 5 | 0.2051 | | c11:0 | 0.1053 |
| | 14:0 iso 3OH | 0.1963 | | 10:0 2OH | 0.1052 |
| | 11:0 iso | 0.1948 | | 10:0 iso | 0.1049 |
| | 16:0 anteiso | 0.1898 | | 15:1ω8c | 0.1049 |
| | feature 9 | 0.1759 | | 20:4ω(6,9,12,15)c | 0.1049 |
| | 15:1 iso ω9c | 0.1738 | | unknown 14.502 | 0.1048 |
| | 18:1ω5c | 0.1711 | | 11:0 2OH | 0.1045 |
| | 17:0 iso 3OH | 0.1704 | | 12:1 3OH | 0.1044 |
| | 17:1ω9c | 0.1661 | | 13:1 at 12-13 | 0.1042 |
| | 17:0 2OH | 0.1655 | | 9:0 3OH | 0.1040 |
| | 18:0 2OH | 0.1412 | | 19:1 iso I | 0.1039 |
| | unknown 14.959 | 0.1376 | | 20:2ω(6,9)c | 0.1029 |
| | 16:0 2OH | 0.1239 | | 14:1 iso E | 0.1028 |

续表

| 类别 | 脂肪酸组 | 到中心的距离 | 类别 | 脂肪酸组 | 到中心的距离 |
|---|---|---|---|---|---|
| 第 III 类 108 个标记 | 12:0 iso 3OH | 0.1025 | | 10:0 3OH | 0.0993 |
| | feature 1-2 | 0.1024 | | 16:1 iso G | 0.0991 |
| | 20:0 iso | 0.1022 | | feature 7-1 | 0.0990 |
| | c9:0 | 0.1017 | | 12:0 2OH | 0.0978 |
| | 17:1ω5c | 0.1016 | | 16:1ω9c | 0.0978 |
| | feature 1-1 | 0.1016 | | 10 Me 17:0 | 0.0963 |
| | 14:1ω5c | 0.1011 | | feature 7-2 | 0.0944 |
| | 12:0 3OH | 0.1009 | | 15:1 anteiso A | 0.0941 |
| | 14:0 2OH | 0.1005 | | 18:1 iso H | 0.0903 |
| | 11:0 iso 3OH | 0.0997 | | c13:0 | 0.0864 |
| | 13:0 2OH | 0.0994 | | 平均值 | 0.2615 |

13:0 anteiso(5.0051)、c14:0(4.4738)、c18:0(4.1698)。该类到中心的平均距离值为 7.8499，芽胞杆菌属的种类差异表现在该类脂肪酸生物标记分布差异上。

第 III 类为低含量脂肪酸组，作为表征芽胞杆菌种下分化的脂肪酸生物标记，共有 108 个脂肪酸生物标记。到中心的距离大于 0.5 的有 11 个，即 17:1 iso ω5c（到中心的距离：1.9593）、feature 8（1.5361）、18:1ω9c（1.4218）、17:1 anteiso A（1.4079）、feature 2-3（1.0751）、c12:0（0.9792）、feature 4-1（0.5954）、feature 2-1（0.5868）、c17:0（0.5335）、cy17:0（0.5055）、c10:0（0.5006）；该类到中心的平均距离值为 0.2615，芽胞杆菌属的种下分化差异表现在该类脂肪酸生物标记的分布差异上。

芽胞杆菌属的种间到中心的总距离总和为 223.8968，第 I 类高含量脂肪酸组占比 79.71%，第 II 类中含量脂肪酸组占比 19.40%，第 III 类低含量脂肪酸组占比 0.87%（表 5-1-4）。前两类脂肪酸组占比 99.11%。选择第 I 类 2 个脂肪酸和第 II 类 6 个脂肪酸，共 8 个脂肪酸即 15:0 iso（29.32%）、15:0 anteiso（29.28%）、17:0 anteiso（7.15%）、c16:0（6.89%）、16:0 iso（4.89%）、17:0 iso（4.62%）、14:0 iso（3.74%）、c14:0（1.95%），占总体脂肪酸组的 87.86%，可以代表芽胞杆菌属的主要脂肪酸，作为脂肪酸组分类学分析的生物标记。

### 3. 基于脂肪酸组芽胞杆菌种间聚类分析

统计芽胞杆菌属 95 种 3809 个菌株的脂肪酸组和温度适应范围，构建 95 种芽胞杆菌脂肪酸组及其温度数据矩阵，以脂肪酸生物标记为指标，以芽胞杆菌种类为样本，以欧氏距离为尺度，进行系统聚类，作图 5-1-4。列出芽胞杆菌种间聚类的主要脂肪酸 15:0 anteiso、15:0 iso、17:0 anteiso、17:0 iso、c16:0、16:0 iso、c14:0、14:0 iso 见表 5-1-5。

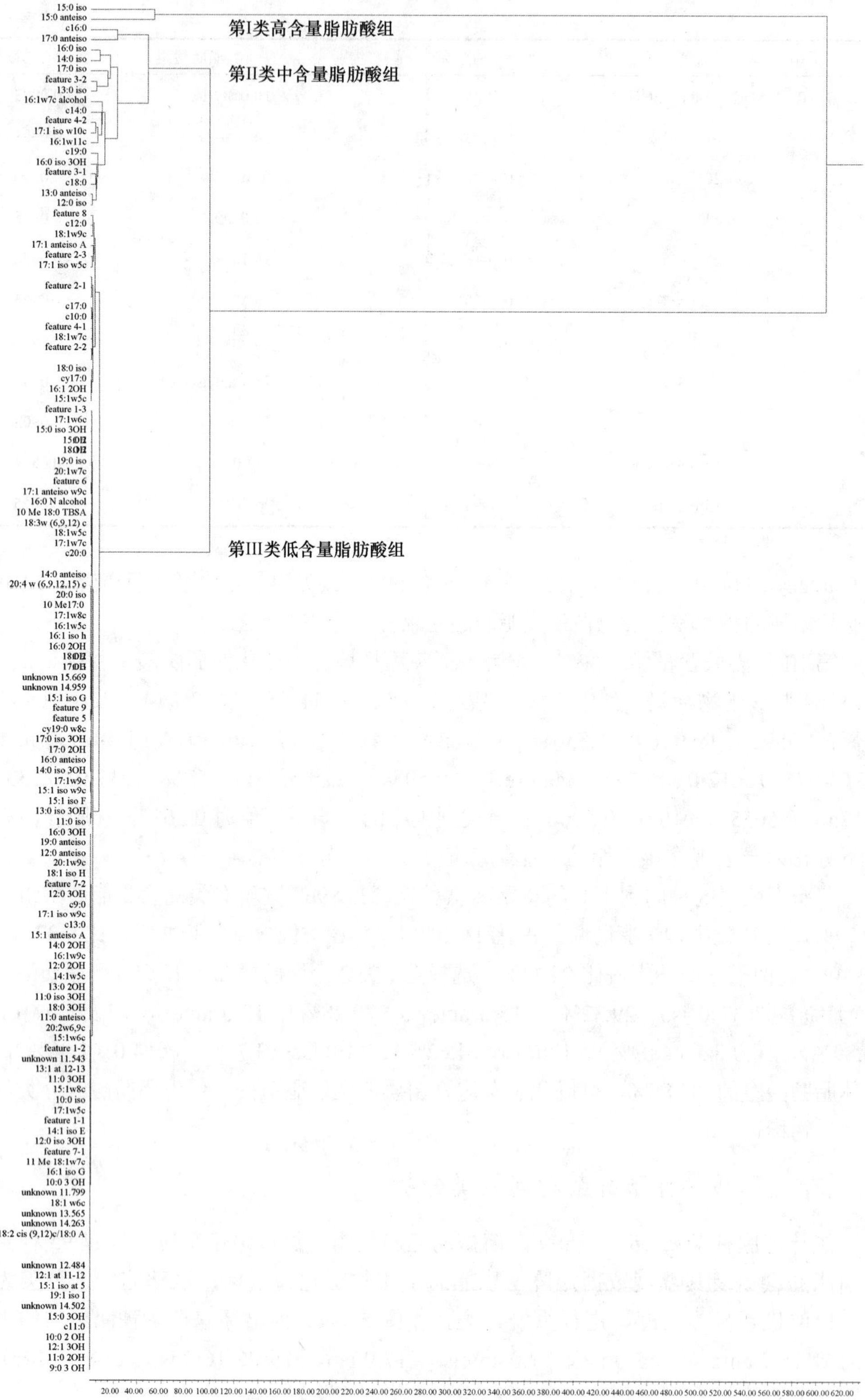


图 5-1-4　芽胞杆菌种间脂肪酸生物标记聚类分析

**表 5-1-5　芽胞杆菌种间聚类主要脂肪酸统计**

| 类别 | 种名 | 脂肪酸组/% | | | | | | | |
|---|---|---|---|---|---|---|---|---|---|
| | | 15:0 anteiso | 15:0 iso | 17:0 anteiso | 17:0 iso | c16:0 | 16:0 iso | c14:0 | 14:0 iso |
| 第Ⅰ类42个种 | *Bacillus agaradhaerens* | 23.37 | 15.73 | 9.49 | 11.09 | 15.08 | 1.59 | 0.00 | 1.71 |
| | *Bacillus alcalophilus* | 21.75 | 25.94 | 4.25 | 3.15 | 11.10 | 3.46 | 2.81 | 3.30 |
| | *Bacillus amyloliquefaciens* | 35.33 | 28.98 | 8.60 | 10.56 | 4.39 | 4.01 | 0.44 | 1.68 |
| | *Bacillus aryabhattai* | 36.31 | 39.47 | 3.86 | 3.19 | 6.28 | 1.84 | 1.60 | 4.21 |
| | *Bacillus azotoformans* | 23.76 | 21.05 | 1.45 | 0.77 | 19.05 | 5.41 | 7.85 | 12.30 |
| | *Bacillus bataviensis* | 29.38 | 34.12 | 2.00 | 1.75 | 2.91 | 2.18 | 0.86 | 4.15 |
| | *Bacillus boroniphilus* | 10.11 | 35.93 | 12.56 | 9.14 | 9.00 | 2.01 | 1.29 | 0.00 |
| | *Bacillus clausii* | 16.45 | 39.14 | 5.88 | 7.10 | 9.11 | 3.97 | 2.27 | 2.93 |
| | *Bacillus decolorationis* | 27.60 | 38.29 | 9.10 | 8.79 | 9.40 | 1.54 | 1.71 | 0.63 |
| | *Bacillus fastidiosus* | 30.12 | 28.12 | 5.61 | 11.06 | 14.11 | 1.46 | 1.85 | 0.80 |
| | *Bacillus flexus* | 30.82 | 27.24 | 7.57 | 3.75 | 4.46 | 2.81 | 1.24 | 3.93 |
| | *Bacillus fordii* | 20.04 | 34.43 | 10.63 | 7.58 | 2.48 | 5.63 | 0.79 | 2.41 |
| | *Bacillus freudenreichii* | 28.01 | 41.39 | 5.37 | 1.66 | 1.89 | 4.34 | 1.28 | 4.49 |
| | *Bacillus gelatini* | 19.89 | 43.81 | 16.05 | 6.41 | 3.80 | 3.52 | 1.04 | 0.88 |
| | *Bacillus gibsonii* | 30.11 | 32.44 | 1.68 | 4.65 | 15.32 | 3.07 | 4.16 | 2.97 |
| | *Bacillus gobiensis* | 22.12 | 24.27 | 11.10 | 7.61 | 6.67 | 10.03 | 1.53 | 4.71 |
| | *Bacillus halmapalus* | 17.99 | 33.66 | 6.34 | 4.84 | 4.12 | 3.02 | 0.85 | 1.54 |
| | *Bacillus hemicellulosilyticus* | 21.87 | 37.49 | 10.27 | 6.65 | 1.54 | 6.01 | 0.69 | 2.67 |
| | *Bacillus horikoshii* | 10.78 | 33.96 | 8.97 | 5.46 | 3.96 | 3.81 | 0.82 | 1.08 |
| | *Bacillus koreensis* | 35.77 | 39.18 | 5.21 | 3.31 | 4.50 | 4.94 | 1.28 | 3.96 |
| | *Bacillus laevolacticus* | 33.62 | 26.50 | 8.60 | 7.97 | 7.70 | 4.69 | 0.84 | 2.03 |
| | *Bacillus lehensis* | 17.59 | 33.07 | 4.22 | 8.90 | 13.39 | 3.85 | 3.72 | 4.13 |
| | *Paenibacillus lentimorbus* | 34.00 | 37.74 | 8.67 | 8.33 | 2.96 | 3.59 | 0.51 | 1.09 |
| | *Bacillus licheniformis* | 32.81 | 33.52 | 10.88 | 8.80 | 3.50 | 4.21 | 0.47 | 1.01 |
| | *Bacillus megaterium* | 41.21 | 33.83 | 3.50 | 2.21 | 4.60 | 2.11 | 1.52 | 4.87 |
| | *Bacillus mesonae* | 21.65 | 37.20 | 2.75 | 4.23 | 4.96 | 3.98 | 0.88 | 4.73 |
| | *Bacillus niacini* | 18.54 | 33.53 | 4.10 | 4.96 | 5.93 | 5.91 | 1.84 | 5.41 |
| | *Bacillus novalis* | 36.96 | 41.63 | 3.90 | 1.61 | 4.59 | 3.53 | 1.22 | 3.02 |
| | *Bacillus okuhidensis* | 31.62 | 35.06 | 8.60 | 6.14 | 8.25 | 2.12 | 1.83 | 1.48 |
| | *Bacillus panaciterrae* | 22.49 | 37.40 | 1.68 | 3.25 | 6.31 | 3.38 | 4.82 | 8.53 |
| | *Bacillus pseudalcaliphilus* | 20.21 | 37.87 | 8.75 | 7.09 | 6.21 | 0.90 | 0.92 | 0.52 |
| | *Bacillus pseudofirmus* | 15.43 | 42.94 | 6.47 | 7.19 | 3.79 | 2.97 | 0.62 | 2.17 |
| | *Bacillus selenatarsenatis* | 26.22 | 38.65 | 21.25 | 2.08 | 1.62 | 3.41 | 1.15 | 0.48 |
| | *Bacillus shackletonii* | 28.61 | 39.29 | 19.17 | 2.04 | 1.67 | 2.95 | 1.02 | 0.39 |
| | *Bacillus siralis* | 17.54 | 31.85 | 3.77 | 4.00 | 21.49 | 5.75 | 4.01 | 4.23 |
| | *Bacillus solani* | 26.09 | 35.09 | 6.83 | 1.89 | 4.57 | 7.77 | 1.47 | 4.99 |
| | *Bacillus soli* | 34.16 | 39.48 | 3.05 | 3.44 | 3.09 | 3.21 | 1.02 | 3.59 |
| | *Bacillus sonorensis* | 29.67 | 27.68 | 11.11 | 8.69 | 5.33 | 4.59 | 0.50 | 0.97 |
| | *Bacillus subtilis* | 37.38 | 26.05 | 11.01 | 10.57 | 3.95 | 4.04 | 0.35 | 1.36 |
| | *Bacillus vallismortis* | 29.69 | 23.12 | 9.22 | 10.53 | 6.13 | 4.17 | 0.71 | 1.17 |
| | *Bacillus vireti* | 27.15 | 30.01 | 5.89 | 3.15 | 3.92 | 2.59 | 0.44 | 1.21 |
| | *Bacillus wuyishanensis* | 29.84 | 35.68 | 4.73 | 0.85 | 1.48 | 9.96 | 1.32 | 9.87 |
| | 平均值 | 26.29 | 33.62 | 7.48 | 5.63 | 6.54 | 3.91 | 1.56 | 3.04 |

续表

| 类别 | 种名 | 脂肪酸组/% | | | | | | | |
| --- | --- | --- | --- | --- | --- | --- | --- | --- | --- |
| | | 15:0 anteiso | 15:0 iso | 17:0 anteiso | 17:0 iso | c16:0 | 16:0 iso | c14:0 | 14:0 iso |
| 第II类20个种 | *Bacillus altitudinis* | 18.14 | 46.29 | 3.56 | 8.21 | 3.61 | 3.80 | 1.36 | 1.78 |
| | *Bacillus badius* | 9.47 | 47.91 | 4.19 | 4.43 | 4.02 | 4.80 | 2.05 | 2.09 |
| | *Bacillus barbaricus* | 11.42 | 35.76 | 1.93 | 6.63 | 5.66 | 5.69 | 2.98 | 4.06 |
| | *Bacillus bingmayongensis* | 7.41 | 20.69 | 2.72 | 10.25 | 9.06 | 3.64 | 4.62 | 3.43 |
| | *Bacillus carboniphilus* | 16.50 | 56.56 | 1.32 | 5.42 | 1.85 | 2.80 | 1.15 | 5.03 |
| | *Bacillus cecembensis* | 4.59 | 28.25 | 0.85 | 1.52 | 3.16 | 21.36 | 1.38 | 15.54 |
| | *Bacillus cereus* | 4.15 | 27.84 | 1.55 | 9.56 | 7.06 | 6.57 | 3.23 | 4.59 |
| | *Bacillus cibi* | 14.66 | 45.00 | 5.70 | 5.39 | 4.43 | 8.32 | 1.27 | 4.77 |
| | *Bacillus decisifrondis* | 10.26 | 44.54 | 2.91 | 2.88 | 2.14 | 14.49 | 0.69 | 4.80 |
| | *Bacillus fengqiuensis* | 7.08 | 36.40 | 1.94 | 2.41 | 3.01 | 10.13 | 1.48 | 11.21 |
| | *Bacillus indicus* | 15.41 | 39.57 | 5.19 | 3.77 | 5.48 | 8.56 | 1.96 | 5.22 |
| | *Bacillus isronensis* | 3.66 | 50.54 | 1.53 | 4.41 | 2.31 | 4.93 | 0.58 | 4.05 |
| | *Bacillus macroides* | 11.82 | 45.31 | 4.31 | 5.07 | 4.99 | 7.65 | 1.63 | 2.99 |
| | *Bacillus massiliensis* | 8.98 | 52.68 | 3.45 | 3.69 | 2.12 | 17.56 | 0.27 | 4.09 |
| | *Bacillus mycoides* | 3.74 | 20.25 | 2.09 | 10.60 | 9.29 | 6.37 | 3.15 | 3.43 |
| | *Bacillus pseudomycoides* | 4.12 | 16.29 | 2.87 | 11.64 | 9.48 | 6.51 | 2.65 | 2.86 |
| | *Bacillus pumilus* | 25.52 | 51.55 | 4.42 | 6.32 | 2.84 | 3.00 | 0.78 | 1.40 |
| | *Bacillus safensis* | 27.69 | 52.73 | 4.26 | 4.19 | 2.57 | 2.22 | 0.58 | 0.92 |
| | *Bacillus taiwanensis* | 7.62 | 46.44 | 3.67 | 8.15 | 10.04 | 7.05 | 2.35 | 4.07 |
| | *Bacillus thuringiensis* | 4.50 | 38.64 | 1.12 | 7.09 | 3.80 | 4.19 | 3.53 | 3.92 |
| | 平均值 | 10.84 | 40.16 | 2.98 | 6.08 | 4.85 | 7.48 | 1.88 | 4.51 |
| 第III类33个种 | *Bacillus atrophaeus* | 43.55 | 16.15 | 14.76 | 7.41 | 3.98 | 5.54 | 0.39 | 1.64 |
| | *Bacillus beijingensis* | 39.09 | 23.12 | 18.05 | 2.91 | 2.70 | 3.69 | 0.42 | 1.94 |
| | *Bacillus butanolivorans* | 39.85 | 14.51 | 2.56 | 1.43 | 9.07 | 6.24 | 3.34 | 7.17 |
| | *Bacillus cihuensis* | 45.08 | 20.57 | 3.14 | 0.79 | 8.22 | 4.67 | 3.63 | 9.42 |
| | *Bacillus circulans* | 32.74 | 20.98 | 6.99 | 2.49 | 9.00 | 6.31 | 7.43 | 6.88 |
| | *Bacillus clarkii* | 47.39 | 13.78 | 11.83 | 3.14 | 3.20 | 5.01 | 0.92 | 3.11 |
| | *Bacillus coagulans* | 43.23 | 12.60 | 26.82 | 2.42 | 6.18 | 5.15 | 0.25 | 0.25 |
| | *Bacillus cohnii* | 44.49 | 19.83 | 12.20 | 6.98 | 2.39 | 4.62 | 0.27 | 1.57 |
| | *Bacillus drentensis* | 64.58 | 7.54 | 9.30 | 0.61 | 1.12 | 8.99 | 1.62 | 1.72 |
| | *Bacillus endophyticus* | 37.94 | 20.51 | 7.85 | 1.80 | 8.94 | 6.83 | 2.97 | 6.75 |
| | *Bacillus filicolonicus* | 37.11 | 22.52 | 13.97 | 1.76 | 2.73 | 9.63 | 0.72 | 5.76 |
| | *Bacillus firmus* | 34.70 | 20.06 | 6.04 | 1.73 | 11.24 | 3.68 | 4.83 | 4.94 |
| | *Bacillus galactosidilyticus* | 28.57 | 16.51 | 5.50 | 1.50 | 33.43 | 2.46 | 6.69 | 3.01 |
| | *Bacillus ginsengihumi* | 32.76 | 22.36 | 32.66 | 4.34 | 2.06 | 2.14 | 0.48 | 0.29 |
| | *Bacillus globisporus* | 49.80 | 18.98 | 9.89 | 4.31 | 3.20 | 2.88 | 2.61 | 1.98 |
| | *Bacillus halodurans* | 24.05 | 16.60 | 5.10 | 1.81 | 38.49 | 2.26 | 6.10 | 2.46 |
| | *Bacillus humi* | 47.73 | 16.80 | 3.33 | 0.49 | 3.50 | 7.34 | 1.31 | 13.77 |
| | *Bacillus kribbensis* | 70.82 | 11.02 | 7.79 | 0.46 | 1.52 | 2.24 | 0.90 | 3.47 |

续表

| 类别 | 种名 | 脂肪酸组/% | | | | | | | |
|---|---|---|---|---|---|---|---|---|---|
| | | 15:0 anteiso | 15:0 iso | 17:0 anteiso | 17:0 iso | c16:0 | 16:0 iso | c14:0 | 14:0 iso |
| 第III类33个种 | *Bacillus lentus* | 41.46 | 15.05 | 3.58 | 1.64 | 17.45 | 3.77 | 3.59 | 5.07 |
| | *Bacillus loiseleuriae* | 52.90 | 17.81 | 0.98 | 0.33 | 7.24 | 0.96 | 5.95 | 8.45 |
| | *Bacillus luciferensis* | 53.79 | 24.48 | 2.64 | 1.59 | 2.22 | 3.43 | 0.91 | 2.48 |
| | *Bacillus marisflavi* | 37.22 | 24.71 | 9.35 | 1.78 | 3.16 | 7.05 | 1.14 | 5.84 |
| | *Bacillus mojavensis* | 43.08 | 20.02 | 12.68 | 7.62 | 2.93 | 4.01 | 0.24 | 1.25 |
| | *Bacillus muralis* | 54.74 | 16.65 | 2.09 | 1.35 | 5.59 | 3.46 | 2.32 | 6.67 |
| | *Bacillus nealsonii* | 31.14 | 20.03 | 5.62 | 3.49 | 14.09 | 3.45 | 10.60 | 4.02 |
| | *Bacillus niabensis* | 38.08 | 8.13 | 9.90 | 2.46 | 24.26 | 5.90 | 2.80 | 5.61 |
| | *Bacillus oleronius* | 31.60 | 25.42 | 17.81 | 4.17 | 3.74 | 8.67 | 0.96 | 3.15 |
| | *Bacillus psychrosaccharolyticus* | 66.58 | 17.80 | 3.52 | 0.94 | 1.63 | 1.23 | 1.12 | 1.32 |
| | *Bacillus ruris* | 36.19 | 10.52 | 7.76 | 3.76 | 30.68 | 2.89 | 2.19 | 1.10 |
| | *Bacillus seohaeanensis* | 57.50 | 7.03 | 14.83 | 1.73 | 6.47 | 5.43 | 1.40 | 1.54 |
| | *Bacillus simplex* | 57.71 | 11.50 | 3.14 | 1.40 | 6.54 | 2.93 | 1.96 | 3.76 |
| | *Bacillus vietnamensis* | 46.82 | 19.24 | 11.88 | 1.27 | 2.37 | 3.93 | 0.63 | 2.92 |
| | *Bacillus viscosus* | 48.77 | 17.66 | 2.47 | 1.25 | 4.16 | 4.12 | 1.79 | 7.91 |
| | 平均值 | 44.27 | 17.29 | 9.27 | 2.46 | 8.59 | 4.57 | 2.50 | 4.16 |

聚类结果表明可将其分为 3 类（图 5-1-5），结合芽胞杆菌温度适应性分析，各种间类群的特性描述如下。

第 I 类定义为中温型（15:0 anteiso/15:0 iso 中比值）芽胞杆菌类，代表种类为枯草芽胞杆菌（*Bacillus subtilis*），适应生长的温度为 25～30℃，特征为脂肪酸生物标记 15:0 anteiso 和 15:0 iso 的平均值分别为 26.29%、33.62%，15:0 anteiso/15:0 iso 值为 0.7820。该类中有 42 个种，即黏琼脂芽胞杆菌（*Bacillus agaradhaerens*）、嗜碱芽胞杆菌（*Bacillus alcalophilus*）、解淀粉芽胞杆菌（*Bacillus amyloliquefaciens*）、阿氏芽胞杆菌（*Bacillus aryabhattai*）、产氮芽胞杆菌（*Bacillus azotoformans*）、巴达维亚芽胞杆菌（*Bacillus bataviensis*）、嗜硼芽胞杆菌（*Bacillus boroniphilus*）、克劳氏芽胞杆菌（*Bacillus clausii*）、脱色芽胞杆菌（*Bacillus decolorationis*）、苛求芽胞杆菌（*Bacillus fastidiosus*）、弯曲芽胞杆菌（*Bacillus flexus*）、福氏芽胞杆菌（*Bacillus fordii*）、费氏芽胞杆菌（*Bacillus freudenreichii*）、明胶芽胞杆菌（*Bacillus gelatini*）、吉氏芽胞杆菌（*Bacillus gibsonii*）、戈壁芽胞杆菌（*Bacillus gobiensis*）、盐敏芽胞杆菌（*Bacillus halmapalus*）、解半纤维素芽胞杆菌（*Bacillus hemicellulosilyticus*）、堀越氏芽胞杆菌（*Bacillus horikoshii*）、韩国芽胞杆菌（*Bacillus koreensis*）、乳酸芽胞杆菌（*Bacillus laevolacticus*）、列城芽胞杆菌（*Bacillus lehensis*）、慢病类芽胞杆菌（*Paenibacillus lentimorbus*）、地衣芽胞杆菌（*Bacillus licheniformis*）、巨大芽胞杆菌（*Bacillus megaterium*）、仙草芽胞杆菌（*Bacillus mesonae*）、烟酸芽胞杆菌（*Bacillus niacini*）、休闲地芽胞杆菌（*Bacillus novalis*）、奥飞弹温泉芽胞杆菌（*Bacillus okuhidensis*）、人参地块芽胞杆菌（*Bacillus panaciterrae*）、假嗜碱芽胞杆菌（*Bacillus pseudalcaliphilus*）、假坚强芽胞杆菌（*Bacillus pseudofirmus*）、硒砷芽胞杆

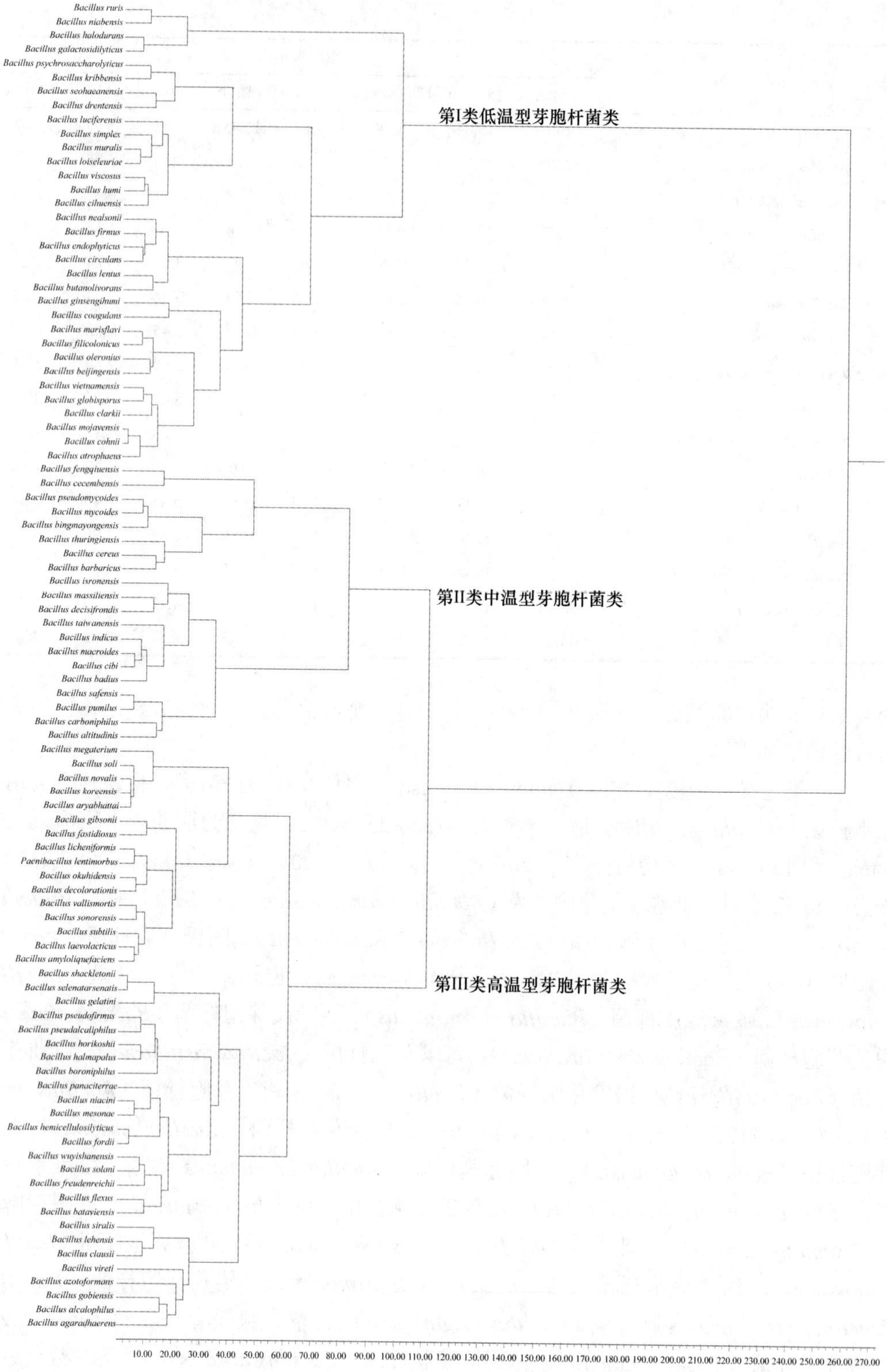


图 5-1-5　基于脂肪酸组芽胞杆菌种间聚类分析

菌（*Bacillus selenatarsenatis*）、沙氏芽胞杆菌（*Bacillus shackletonii*）、青贮窖芽胞杆菌（*Bacillus siralis*）、茄科芽胞杆菌（*Bacillus solani*）、土壤芽胞杆菌（*Bacillus soli*）、索诺拉沙漠芽胞杆菌（*Bacillus sonorensis*）、枯草芽胞杆菌（*Bacillus subtilis*）、死谷芽胞杆菌（*Bacillus vallismortis*）、原野芽胞杆菌（*Bacillus vireti*）、武夷山芽胞杆菌（*Bacillus wuyishanensis*）。

第 II 类定义为高温型（15:0 anteiso/15:0 iso 低比值）芽胞杆菌类，代表种类为蜡样芽胞杆菌（*Bacillus cereus*），适应生长的温度为 30～35℃，特征为脂肪酸生物标记 15:0 anteiso 和 15:0 iso 的平均值分别为 10.84%、40.16%，15:0 anteiso/15:0 iso 值为 0.2699。该类中有 20 个种，即高地芽胞杆菌（*Bacillus altitudinis*）、栗褐芽胞杆菌（*Bacillus badius*）、奇异芽胞杆菌（*Bacillus barbaricus*）、兵马俑芽胞杆菌（*Bacillus bingmayongensis*）、嗜碳芽胞杆菌（*Bacillus carboniphilus*）、科研中心芽胞杆菌（*Bacillus cecembensis*）、蜡样芽胞杆菌（*Bacillus cereus*）、食物芽胞杆菌（*Bacillus cibi*）、腐叶芽胞杆菌（*Bacillus decisifrondis*）、封丘芽胞杆菌（*Bacillus fengqiuensis*）、印度芽胞杆菌（*Bacillus indicus*）、印空研芽胞杆菌（*Bacillus isronensis*）、长芽胞杆菌（*Bacillus macroides*）、马赛芽胞杆菌（*Bacillus massiliensis*）、蕈状芽胞杆菌（*Bacillus mycoides*）、假蕈状芽胞杆菌（*Bacillus pseudomycoides*）、短小芽胞杆菌（*Bacillus pumilus*）、沙福芽胞杆菌（*Bacillus safensis*）、台湾芽胞杆菌（*Bacillus taiwanensis*）、苏云金芽胞杆菌（*Bacillus thuringiensis*）。

第 III 类定义为低温型（15:0 anteiso/15:0 iso 高比值）芽胞杆菌类，代表种类为科恩芽胞杆菌（*Bacillus cohnii*），适应生长的温度为 20～25℃，特征为脂肪酸生物标记 15:0 anteiso 和 15:0 iso 的平均值分别为 44.27%、17.29%，15:0 anteiso/15:0 iso 值为 2.5604。该类中有 33 个种，即萎缩芽胞杆菌（*Bacillus atrophaeus*）、北京芽胞杆菌（*Bacillus beijingensis*）、食丁酸芽胞杆菌（*Bacillus butanolivorans*）、慈湖芽胞杆菌（*Bacillus cihuensis*）、环状芽胞杆菌（*Bacillus circulans*）、克氏芽胞杆菌（*Bacillus clarkii*）、凝结芽胞杆菌（*Bacillus coagulans*）、科恩芽胞杆菌（*Bacillus cohnii*）、钻特省芽胞杆菌（*Bacillus drentensis*）、内生芽胞杆菌（*Bacillus endophyticus*）、丝状芽胞杆菌（*Bacillus filicolonicus*）、坚强芽胞杆菌（*Bacillus firmus*）、解半乳糖苷芽胞杆菌（*Bacillus galactosidilyticus*）、人参土芽胞杆菌（*Bacillus ginsengihumi*）、球胞芽胞杆菌（*Bacillus globisporus*）、耐盐芽胞杆菌（*Bacillus halodurans*）、土地芽胞杆菌（*Bacillus humi*）、韩研所芽胞杆菌（*Bacillus kribbensis*）、迟缓芽胞杆菌（*Bacillus lentus*）、高山杜鹃芽胞杆菌（*Bacillus loiseleuriae*）、路西法芽胞杆菌（*Bacillus luciferensis*）、黄海芽胞杆菌（*Bacillus marisflavi*）、莫哈维沙漠芽胞杆菌（*Bacillus mojavensis*）、壁画芽胞杆菌（*Bacillus muralis*）、尼氏芽胞杆菌（*Bacillus nealsonii*）、农研所芽胞杆菌（*Bacillus niabensis*）、蔬菜芽胞杆菌（*Bacillus oleronius*）、冷解糖芽胞杆菌（*Bacillus psychrosaccharolyticus*）、农庄芽胞杆菌（*Bacillus ruris*）、西岸芽胞杆菌（*Bacillus seohaeanensis*）、简单芽胞杆菌（*Bacillus simplex*）、越南芽胞杆菌（*Bacillus vietnamensis*）、稠性芽胞杆菌（*Bacillus viscosus*）。

### 4. 芽胞杆菌种间主要脂肪酸组分布特性

选择 95 种芽胞杆菌的主要脂肪酸 15:0 iso、15:0 anteiso、17:0 anteiso、17:0 iso、16:0

iso、c16:0、14:0 iso、c14:0，根据聚类分析结果统计芽胞杆菌脂肪酸组分布特性。不同类群的芽胞杆菌脂肪酸组分布特性见表 5-1-6。不同类群温度适应性的芽胞杆菌特征脂肪酸组成结构比例存在差异。不同类群的芽胞杆菌特征脂肪酸组比例见图 5-1-6。低温型芽胞杆菌特征脂肪酸生物标记为 15:0 anteiso（44.27%）、15:0 iso（17.29%）、17:0 anteiso（9.27%），以 15:0 anteiso 高含量为特征；中温型芽胞杆菌特征脂肪酸生物标记为 15:0 anteiso（26.29%）、15:0 iso（33.61%）、17:0 anteiso（7.48%），以 15:0 anteiso 中含量为特征；高温型芽胞杆菌特征脂肪酸生物标记为 15:0 anteiso（10.84%）、15:0 iso（40.16%）、16:0 iso（7.48%），以 15:0 anteiso 低含量为特征。

**表 5-1-6　芽胞杆菌种间类群脂肪酸组分布特性**　　（%）

| 类别 | 芽胞杆菌属类群 | 15:0 anteiso | 15:0 iso | 17:0 anteiso | 17:0 iso | c14:0 | c16:0 | 16:0 iso | 14:0 iso | 总和 |
|---|---|---|---|---|---|---|---|---|---|---|
| I | 低温型芽胞杆菌类 | 44.27 | 17.29 | 9.27 | 2.46 | 2.50 | 8.59 | 4.57 | 4.16 | 93.11 |
| II | 中温型芽胞杆菌类 | 26.29 | 33.61 | 7.48 | 5.63 | 1.56 | 6.54 | 3.91 | 3.04 | 88.06 |
| III | 高温型芽胞杆菌类 | 10.84 | 40.16 | 2.98 | 6.08 | 1.88 | 4.85 | 7.48 | 4.51 | 78.78 |

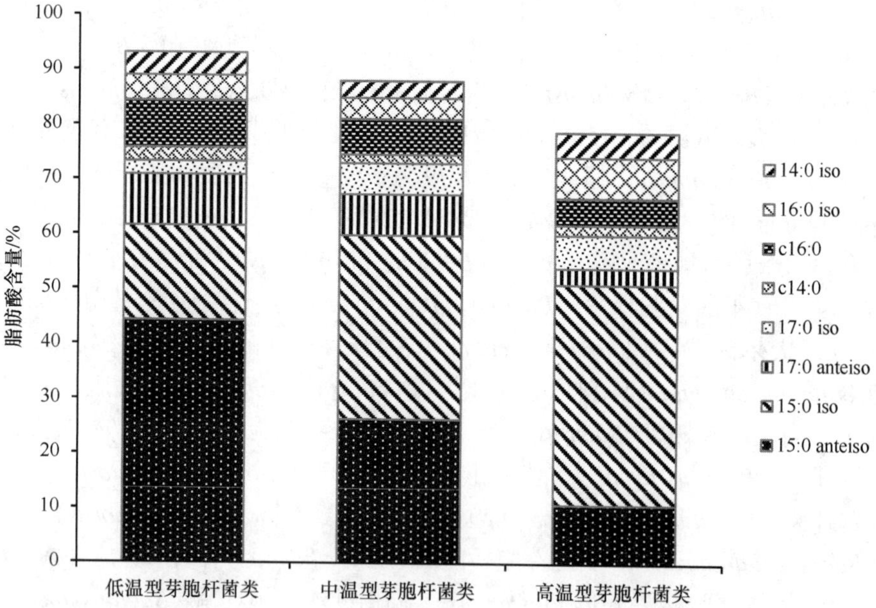


图 5-1-6　不同类群的芽胞杆菌种间主要脂肪酸比例

## 5. 芽胞杆菌主要脂肪酸与菌株温度适应性的相关性

不同类别的芽胞杆菌脂肪酸生物标记能灵敏地反映出温度适应性（图 5-1-7）。芽胞杆菌种类温度适应性与主要脂肪酸之间存在着相关关系，3 个类群的芽胞杆菌，即低温型芽胞杆菌类（15:0 anteiso/15:0 iso 值高）、中温型芽胞杆菌类（15:0 anteiso/15:0 iso 值中等）、高温型芽胞杆菌类（15:0 anteiso/15:0 iso 值低），随着温度适应性的升高，8 个主要脂肪酸生物标记的总和逐渐降低，分别为 93.11%、88.06%、78.78%。15:0 anteiso

和 17:0 anteiso 生物标记与温度成反比；15:0 iso 和 17:0 iso 标记与温度成正比。芽胞杆菌 8 个脂肪酸标记在低温、中温、高温群的含量变化动态方程如下：①15:0 anteiso 线性方程为 $y=-16.715x+60.563$（$R^2=-0.9981$），与温度成反比；②15:0 iso 线性方程为 $y=11.435x+7.4833$（$R^2=0.9427$），与温度成正比；③17:0 anteiso 线性方程为 $y=-3.145x+12.867$（$R^2=-0.9417$），与温度成反比；④17:0 iso 线性方程为 $y=-1.87x+10.4$（$R^2=-0.9969$），与温度成反比；⑤c14:0 线性方程为 $y=-0.31x+2.6$（$R^2=0.4208$），相关关系不显著；⑥c16:0 线性方程为 $y=-1.87x+10.4$（$R^2=0.9969$），与温度成反比；⑦16:0 iso 线性方程为 $y=1.455x+2.41$（$R^2=0.5867$），相关关系不显著；⑧14:0 iso 线性方程为 $y=0.175x+3.5533$（$R^2=0.0519$），相关关系不显著。

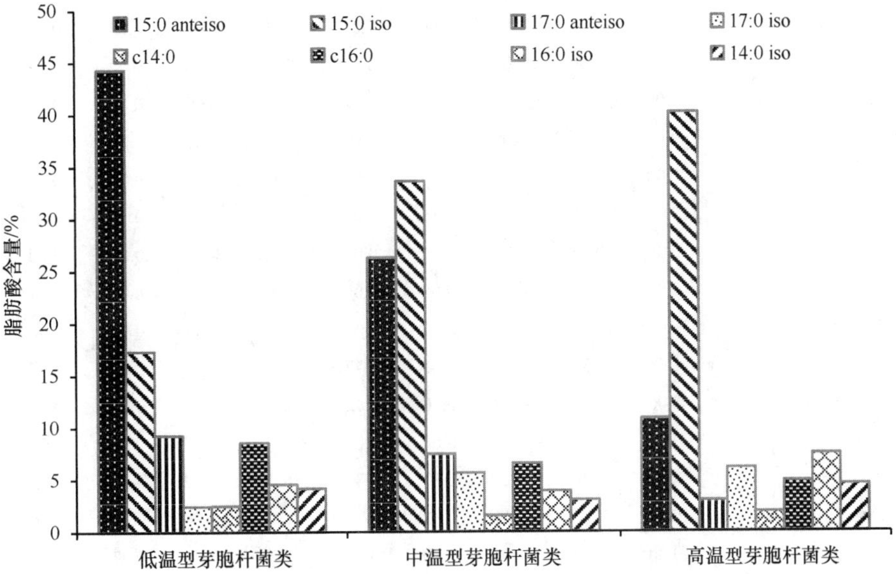


图 5-1-7　不同温度适应性类群的芽胞杆菌种间主要脂肪酸比例

## 五、芽胞杆菌属间脂肪酸组分群

### 1. 芽胞杆菌属间脂肪酸生物标记测定

分别选择芽胞杆菌 10 属的代表种，即硫胺素解硫胺素芽胞杆菌（*Aneurinibacillus aneurinilyticus*）、枯草芽胞杆菌（*Bacillus subtilis*）、短短芽胞杆菌（*Brevibacillus brevis*）、热脱氮地芽胞杆菌（*Geobacillus thermodenitrificans*）、球形赖氨酸芽胞杆菌（*Lysinibacillus sphaericus*）、多黏类芽胞杆菌（*Paenibacillus polymyxa*）、耐冷嗜冷芽胞杆菌（*Psychrobacillus psychrotolerans*）、森林土壤芽胞杆菌（*Solibacillus silvestris*）、热球状尿素芽胞杆菌（*Ureibacillus thermosphaericus*）、死海枝芽胞杆菌（*Virgibacillus marismortui*），测定脂肪酸组，分析结果见表 5-1-7。检测到芽胞杆菌属间脂肪酸生物标记共 88 个。其中，直链脂肪酸 9 个，平均占比 10.23%，高于芽胞杆菌种间分群直链脂肪酸占比（9.01%）；

支链脂肪酸 66 个，平均占比 75%，高于芽胞杆菌种间分群的支链脂肪酸占比（87.37%）；复合脂肪酸和未知脂肪酸共 13 个，平均占比 2.36%，低于芽胞杆菌种间分群的 3.63%。因此，支链脂肪酸生物标记在芽胞杆菌属间分群中占有绝对优势。

**表 5-1-7　10 个芽胞杆菌属代表种的脂肪酸组**　（%）

| 脂肪酸组 | 芽胞杆菌属 | | | | | | | | | |
|---|---|---|---|---|---|---|---|---|---|---|
| | ① | ② | ③ | ④ | ⑤ | ⑥ | ⑦ | ⑧ | ⑨ | ⑩ |
| 支链脂肪酸组 | | | | | | | | | | |
| [1] 11:0 anteiso | 0.00 | 0.00 | 0.00 | 0.00 | 0.00 | 0.07 | 0.00 | 0.00 | 0.00 | 0.00 |
| [2] 11:0 iso | 0.00 | 0.00 | 0.00 | 0.11 | 0.01 | 0.00 | 0.00 | 0.00 | 0.00 | 0.00 |
| [3] 11:0 iso 3OH | 0.00 | 0.00 | 0.00 | 0.00 | 0.00 | 0.00 | 0.00 | 0.00 | 0.00 | 0.00 |
| [4] 12:0 3OH | 0.00 | 0.00 | 0.00 | 0.00 | 0.00 | 0.00 | 0.00 | 0.00 | 0.00 | 0.00 |
| [5] 12:0 iso | 0.00 | 0.00 | 0.00 | 0.76 | 0.00 | 0.00 | 0.00 | 0.00 | 0.00 | 0.00 |
| [6] 12:0 iso 3OH | 0.00 | 0.00 | 0.00 | 0.00 | 0.01 | 0.00 | 0.00 | 0.00 | 0.00 | 0.00 |
| [7] 13:0 2OH | 0.00 | 0.00 | 0.00 | 0.00 | 0.00 | 0.01 | 0.00 | 0.00 | 0.00 | 0.00 |
| [8] 13:0 anteiso | 0.00 | 0.05 | 0.00 | 0.59 | 0.01 | 0.16 | 0.13 | 0.00 | 0.08 | 0.12 |
| [9] 13:0 iso | 0.00 | 0.19 | 0.00 | 7.16 | 0.09 | 0.05 | 0.27 | 0.15 | 0.17 | 0.16 |
| [10] 13:0 iso 3OH | 0.00 | 0.03 | 0.00 | 0.11 | 0.01 | 0.01 | 0.00 | 0.00 | 0.00 | 0.00 |
| [11] 14:0 2OH | 0.00 | 0.00 | 0.00 | 0.00 | 0.00 | 0.01 | 0.00 | 0.00 | 0.97 | 0.00 |
| [12] 14:0 anteiso | 0.00 | 0.03 | 0.00 | 0.00 | 0.06 | 0.03 | 0.00 | 0.00 | 0.00 | 0.00 |
| [13] 14:0 iso | 1.46 | 1.36 | 0.00 | 3.83 | 3.43 | 2.46 | 11.02 | 2.22 | 1.87 | 1.94 |
| [14] 14:0 iso 3OH | 0.00 | 0.02 | 0.00 | 0.00 | 0.02 | 0.00 | 0.00 | 0.00 | 0.00 | 0.00 |
| [15] 15:0 2OH | 0.00 | 0.26 | 0.00 | 0.60 | 0.00 | 0.02 | 0.00 | 0.00 | 0.00 | 0.00 |
| [16] 15:0 anteiso | 36.67 | 37.38 | 60.24 | 2.83 | 8.82 | 56.60 | 32.22 | 5.20 | 20.41 | 31.75 |
| [17] 15:0 iso | 23.66 | 26.05 | 9.78 | 27.20 | 46.32 | 6.77 | 30.29 | 52.63 | 25.35 | 29.32 |
| [18] 15:0 iso 3OH | 0.00 | 0.23 | 0.00 | 0.00 | 0.02 | 0.00 | 0.00 | 0.07 | 0.00 | 0.00 |
| [19] 15:1 anteiso A | 0.00 | 0.00 | 0.00 | 0.00 | 0.01 | 0.03 | 0.00 | 0.00 | 0.00 | 0.00 |
| [20] 15:1 iso F | 0.00 | 0.01 | 0.00 | 0.00 | 0.01 | 0.00 | 0.00 | 0.00 | 0.00 | 0.00 |
| [21] 15:1 iso G | 0.00 | 0.00 | 0.00 | 0.00 | 0.02 | 0.01 | 0.00 | 0.00 | 0.00 | 0.00 |
| [22] 15:1 iso ω9c | 0.00 | 0.00 | 0.00 | 0.00 | 0.04 | 0.00 | 0.22 | 0.52 | 0.00 | 0.00 |
| [23] 15:1ω5c | 0.00 | 0.00 | 0.00 | 0.18 | 0.05 | 0.00 | 0.00 | 0.00 | 0.09 | 0.00 |
| [24] 16:0 2OH | 0.00 | 0.01 | 0.00 | 0.00 | 0.01 | 0.00 | 0.14 | 0.18 | 1.16 | 0.09 |
| [25] 16:0 3OH | 0.00 | 0.00 | 0.00 | 0.00 | 0.05 | 0.00 | 0.00 | 0.00 | 0.00 | 0.00 |
| [26] 16:0 anteiso | 0.00 | 0.02 | 0.00 | 0.00 | 0.02 | 0.01 | 0.12 | 0.04 | 0.00 | 0.00 |
| [27] 16:0 iso | 5.17 | 4.04 | 1.90 | 8.10 | 12.29 | 7.69 | 1.77 | 3.63 | 4.49 | 4.81 |
| [28] 16:0 iso 3OH | 0.00 | 4.19 | 0.00 | 0.00 | 2.39 | 0.31 | 0.00 | 0.00 | 0.00 | 0.00 |
| [29] 16:0 N alcohol | 0.00 | 0.00 | 0.00 | 0.00 | 0.00 | 0.01 | 0.00 | 0.00 | 0.00 | 0.00 |
| [30] 16:1 2OH | 0.00 | 0.01 | 0.00 | 0.00 | 0.01 | 0.00 | 0.00 | 0.00 | 0.00 | 0.00 |
| [31] 16:1 iso H | 0.00 | 0.00 | 0.00 | 0.00 | 0.02 | 0.00 | 0.00 | 0.00 | 0.00 | 0.00 |
| [32] 16:1ω11c | 0.69 | 0.81 | 2.87 | 0.29 | 2.39 | 1.25 | 3.98 | 2.96 | 0.23 | 0.97 |
| [33] 16:1ω5c | 0.00 | 0.01 | 0.00 | 0.00 | 0.00 | 0.00 | 0.00 | 0.00 | 0.00 | 0.00 |
| [34] 16:1ω7c alcohol | 0.51 | 0.33 | 2.50 | 0.57 | 11.74 | 0.32 | 8.64 | 11.91 | 0.43 | 1.37 |

续表

| 脂肪酸组 | 芽胞杆菌属 | | | | | | | | | |
|---|---|---|---|---|---|---|---|---|---|---|
| | ① | ② | ③ | ④ | ⑤ | ⑥ | ⑦ | ⑧ | ⑨ | ⑩ |
| 支链脂肪酸组 | | | | | | | | | | |
| [35] 10 Me 17:0 | 0.00 | 0.00 | 0.00 | 0.00 | 0.01 | 0.00 | 0.00 | 0.00 | 0.00 | 0.00 |
| [36] 17:0 2OH | 0.00 | 0.08 | 0.00 | 0.00 | 0.00 | 0.00 | 0.00 | 0.00 | 0.00 | 0.00 |
| [37] 17:0 3OH | 0.00 | 0.00 | 0.00 | 0.00 | 0.00 | 0.00 | 0.00 | 0.00 | 0.00 | 0.00 |
| [38] 17:0 anteiso | 12.13 | 11.01 | 6.62 | 1.97 | 2.58 | 7.06 | 2.28 | 2.14 | 8.48 | 14.95 |
| [39] cy17:0 | 0.00 | 0.02 | 0.00 | 0.00 | 0.01 | 0.00 | 0.00 | 0.00 | 0.00 | 0.00 |
| [40] 17:0 iso | 10.74 | 10.57 | 2.51 | 12.44 | 4.40 | 2.77 | 0.34 | 5.57 | 4.27 | 7.72 |
| [41] 17:0 iso 3OH | 0.00 | 0.11 | 0.00 | 0.00 | 0.03 | 0.00 | 0.00 | 0.00 | 0.00 | 0.00 |
| [42] 17:1 iso ω5c | 0.00 | 0.00 | 0.00 | 6.07 | 0.02 | 0.00 | 0.00 | 0.00 | 0.00 | 0.00 |
| [43] 17:1 anteiso A | 0.00 | 0.00 | 0.00 | 0.72 | 0.00 | 0.00 | 0.00 | 0.00 | 0.00 | 0.00 |
| [44] 17:1 anteiso ω9c | 0.00 | 0.02 | 0.00 | 0.00 | 0.04 | 0.05 | 0.00 | 0.00 | 0.00 | 0.00 |
| [45] 17:1 iso ω10c | 0.97 | 1.14 | 1.92 | 2.03 | 1.89 | 0.20 | 0.30 | 6.29 | 0.14 | 0.96 |
| [46] 17:1ω6c | 0.00 | 0.00 | 0.00 | 0.00 | 0.00 | 0.00 | 0.00 | 0.00 | 0.00 | 0.00 |
| [47] 17:1ω7c | 0.00 | 0.00 | 0.00 | 0.14 | 0.00 | 0.00 | 0.00 | 0.00 | 0.00 | 0.00 |
| [48] 17:1ω8c | 0.00 | 0.00 | 0.00 | 0.00 | 0.00 | 0.00 | 0.00 | 0.00 | 0.00 | 0.00 |
| [49] 17:1ω9c | 0.00 | 0.00 | 0.00 | 0.00 | 0.10 | 0.00 | 0.00 | 0.13 | 0.00 | 0.00 |
| [50] 10 Me 18:0 TBSA | 0.00 | 0.02 | 0.00 | 0.00 | 0.09 | 0.00 | 0.00 | 0.37 | 0.00 | 0.00 |
| [51] 18:0 2OH | 0.00 | 0.00 | 0.00 | 0.00 | 0.00 | 0.00 | 0.00 | 0.00 | 0.00 | 0.00 |
| [52] 18:0 iso | 0.00 | 0.03 | 0.00 | 0.46 | 0.06 | 0.04 | 0.00 | 0.00 | 0.00 | 0.13 |
| [53] 18:1 2OH | 0.00 | 0.00 | 0.00 | 0.00 | 0.03 | 0.02 | 0.00 | 0.00 | 0.00 | 0.00 |
| [54] 18:1 iso H | 0.00 | 0.01 | 0.00 | 0.00 | 0.01 | 0.00 | 0.00 | 0.00 | 0.00 | 0.00 |
| [55] 18:1ω5c | 0.00 | 0.00 | 0.00 | 0.00 | 0.02 | 0.00 | 0.00 | 0.00 | 0.00 | 0.00 |
| [56] 18:1ω7c | 0.00 | 0.04 | 0.00 | 0.00 | 0.01 | 0.04 | 0.00 | 0.00 | 0.00 | 0.00 |
| [57] 18:1ω9c | 0.00 | 0.16 | 0.00 | 0.41 | 0.23 | 0.29 | 0.20 | 0.46 | 0.06 | 0.00 |
| [58] 18:3ω(6,9,12)c | 0.00 | 0.01 | 0.00 | 0.00 | 0.02 | 0.01 | 0.21 | 0.22 | 0.00 | 0.00 |
| [59] 19:0 anteiso | 0.00 | 0.02 | 0.00 | 0.00 | 0.00 | 0.00 | 0.00 | 0.00 | 0.00 | 0.00 |
| [60] cy19:0ω8c | 0.00 | 0.03 | 0.00 | 0.00 | 0.01 | 0.02 | 0.00 | 0.00 | 0.00 | 0.00 |
| [61] 19:0 iso | 0.00 | 0.03 | 0.00 | 0.29 | 0.02 | 0.01 | 0.00 | 0.07 | 0.00 | 0.00 |
| [62] 20:0 iso | 0.00 | 0.00 | 0.00 | 0.00 | 0.00 | 0.00 | 0.00 | 0.00 | 0.00 | 0.00 |
| [63] 20:1ω7c | 0.00 | 0.00 | 0.00 | 0.00 | 0.02 | 0.02 | 0.16 | 0.00 | 0.00 | 0.13 |
| [64] 20:1ω9c | 0.00 | 0.00 | 0.00 | 0.00 | 0.00 | 0.00 | 0.00 | 0.00 | 0.00 | 0.00 |
| 小计 | 92.00 | 98.33 | 88.34 | 76.86 | 97.45 | 86.35 | 92.29 | 94.76 | 68.20 | 94.42 |
| 直链脂肪酸 | | | | | | | | | | |
| [65] c10:0 | 0.00 | 0.00 | 0.00 | 0.00 | 0.00 | 0.07 | 0.00 | 0.00 | 0.00 | 0.16 |
| [66] c12:0 | 0.00 | 0.04 | 0.00 | 0.49 | 0.13 | 0.26 | 0.27 | 0.24 | 0.07 | 0.15 |
| [67] c13:0 | 0.00 | 0.00 | 0.00 | 0.00 | 0.00 | 0.00 | 0.00 | 0.00 | 0.38 | 0.00 |
| [68] c14:0 | 0.51 | 0.35 | 0.70 | 2.49 | 0.61 | 1.80 | 2.61 | 0.48 | 3.04 | 0.39 |

续表

| 脂肪酸组 | 芽胞杆菌属 | | | | | | | | | |
| --- | --- | --- | --- | --- | --- | --- | --- | --- | --- | --- |
| | ① | ② | ③ | ④ | ⑤ | ⑥ | ⑦ | ⑧ | ⑨ | ⑩ |
| 直链脂肪酸 | | | | | | | | | | |
| [68] c16:0 | 4.10 | 3.95 | 3.00 | 6.51 | 2.10 | 10.34 | 1.23 | 1.83 | 7.95 | 3.18 |
| [70] c17:0 | 0.00 | 0.03 | 0.00 | 0.31 | 0.07 | 0.17 | 0.00 | 0.11 | 3.08 | 0.00 |
| [71] c18:0 | 0.80 | 0.54 | 0.00 | 1.57 | 0.52 | 0.86 | 0.41 | 0.62 | 6.65 | 0.23 |
| [72] c19:0 | 1.92 | 0.04 | 0.00 | 0.00 | 0.04 | 0.01 | 0.00 | 0.00 | 3.26 | 0.00 |
| [73] c20:0 | 0.00 | 0.03 | 0.00 | 0.00 | 0.02 | 0.04 | 0.00 | 0.00 | 6.64 | 0.00 |
| 小计 | 7.33 | 4.98 | 3.70 | 11.37 | 3.49 | 13.55 | 4.52 | 3.28 | 31.07 | 4.11 |
| 复合脂肪酸*和未知脂肪酸 | | | | | | | | | | |
| [74] feature 1 | 0.00 | 0.01 | 0.00 | 0.00 | 0.01 | 0.01 | 0.00 | 0.00 | 0.00 | 0.00 |
| [75] feature 2-1 | 0.00 | 0.00 | 0.00 | 0.00 | 0.00 | 0.00 | 0.00 | 0.00 | 0.00 | 0.00 |
| [76] feature 2-2 | 0.00 | 0.00 | 0.00 | 3.84 | 0.00 | 0.00 | 0.00 | 0.00 | 0.51 | 0.00 |
| [77] feature 3-1 | 0.00 | 0.01 | 0.00 | 0.00 | 0.00 | 0.02 | 0.00 | 0.00 | 0.00 | 0.00 |
| [78] feature 3-2 | 0.00 | 0.03 | 0.00 | 7.84 | 0.08 | 0.03 | 0.26 | 0.21 | 0.00 | 0.10 |
| [79] feature 4-1 | 0.00 | 0.31 | 0.00 | 0.00 | 0.09 | 0.02 | 0.00 | 0.00 | 0.00 | 0.00 |
| [80] feature 4-2 | 0.66 | 0.28 | 7.95 | 0.00 | 1.10 | 0.21 | 2.65 | 1.73 | 0.24 | 1.37 |
| [81] feature 5 | 0.00 | 0.03 | 0.00 | 0.00 | 0.02 | 0.00 | 0.15 | 0.00 | 0.00 | 0.00 |
| [82] feature 6 | 0.00 | 0.00 | 0.00 | 0.00 | 0.01 | 0.00 | 0.00 | 0.00 | 0.00 | 0.00 |
| [83] feature 8 | 0.00 | 0.06 | 0.00 | 0.09 | 0.08 | 0.06 | 0.13 | 0.06 | 0.00 | 0.00 |
| [84] feature 9 | 0.00 | 0.02 | 0.00 | 0.00 | 0.01 | 0.01 | 0.00 | 0.00 | 0.00 | 0.00 |
| [85] unknown 11.543 | 0.00 | 0.05 | 0.00 | 0.00 | 0.00 | 0.00 | 0.00 | 0.00 | 0.00 | 0.00 |
| [86] unknown 15.669 | 0.00 | 0.01 | 0.00 | 0.00 | 0.00 | 0.00 | 0.00 | 0.00 | 0.00 | 0.00 |
| 小计 | 0.66 | 0.81 | 7.95 | 11.77 | 1.40 | 0.36 | 3.19 | 2.00 | 0.75 | 1.47 |
| 总计 | 99.99 | 104.12 | 99.99 | 100.00 | 102.34 | 100.26 | 100.00 | 100.04 | 100.02 | 100.00 |

注：①硫胺素解硫胺素芽胞杆菌属（*Aneurinibacillus*）、②芽胞杆菌属（*Bacillus*）、③短芽胞杆菌属（*Brevibacillus*）、④地芽胞杆菌属（*Geobacillus*）、⑤赖氨酸芽胞杆菌属（*Lysinibacillus*）、⑥类芽胞杆菌属（*Paenibacillus*）、⑦嗜冷芽胞杆菌属（*Psychrobacillus*）、⑧土壤芽胞杆菌属（*Solibacillus*）、⑨尿素芽胞杆菌属（*Ureibacillus*）、⑩枝芽胞杆菌属（*Virgibacillus*）

*复合脂肪酸：feature 1 | 13:0 3OH/15:1 iso H | 15:1 iso H/13:0 3OH、feature 2-1 | 12:0 aldehyde ? | 14:0 3OH/16:1 iso I | 16:1 iso I/14:0 3OH| unknown 10.928、feature 2-2 | 12:0 aldehyde ? | 14:0 3OH/16:1 iso I | 16:1 iso I/14:0 3OH| unknown 10.9525、feature 3-1 | 15:0 iso 2OH/16:1ω7c | 16:1ω7c/15 iso 2OH、feature 3-2 | 16:1ω6c/16:1ω7c | 16:1ω7c/16:1ω6c、feature 4-1 | 17:1 anteiso B/iso I | 17:1 iso I/anteiso B、feature 4-2 | 17:1 anteiso B/iso I | 17:1 iso I/anteiso B、feature 5 | 18:0 anteiso/18:2ω(6,9)c | 18:2ω(6,9)c/18:0 anteiso、feature 6 | 19:1ω11c/19:1ω9c | 19:1ω9c/19:1ω11c、feature 8 | 18:1ω6c | 18:1ω7c、feature 9 | 10 Me 16:0 | 17:1 iso ω9c

## 2. 芽胞杆菌属间脂肪酸生物标记聚类分析

芽胞杆菌 10 属的代表种脂肪酸生物标记分析：以表 5-1-7 为数据矩阵，以脂肪酸组为样本，以芽胞杆菌属间种类为指标，以欧氏距离为尺度，用可变类平均法进行系统聚类，分析结见图 5-1-8 和表 5-1-8。可将芽胞杆菌属间脂肪酸组分为 3 类。

第 I 类为高含量脂肪酸组，包括 2 个脂肪酸生物标记，即 15:0 anteiso 和 15:0 iso，它们在 10 个芽胞杆菌属的平均值分别为 30.17%、31.72%、35.01%、15.02%、27.57%、31.69%、31.26%、28.92%、22.88%、30.54%；在短芽胞杆菌属（短短芽胞杆菌 *Brevibacillus brevis*）中含量最高（35.01%），在地芽胞杆菌属（热脱氮地芽胞杆菌 *Geobacillus thermodenitrificans*）中含量最低（15.02%）（表 5-1-8）。

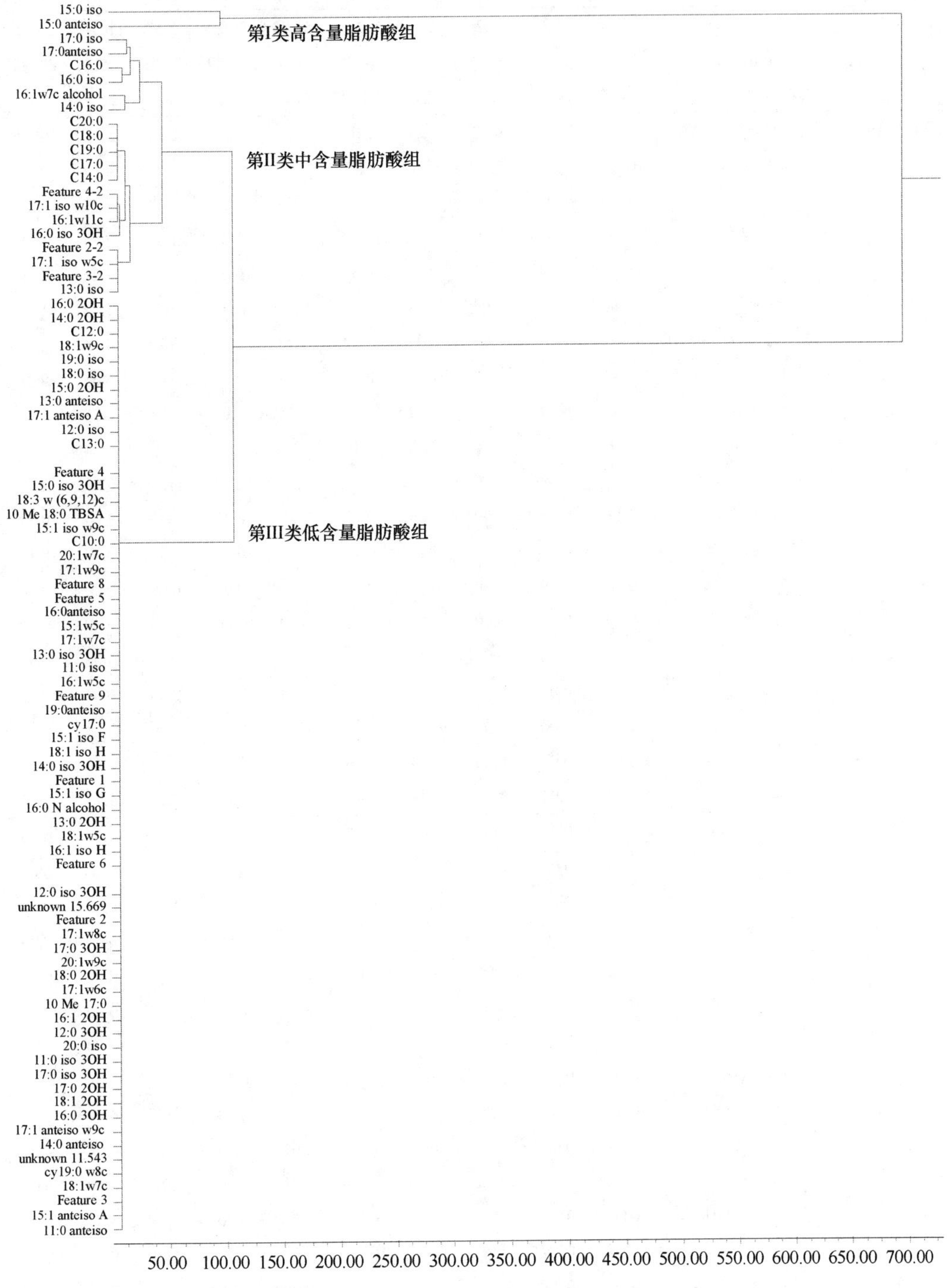


图 5-1-8　芽胞杆菌属间类群脂肪酸生物标记聚类分析

表 5-1-8　芽胞杆菌属间类群脂肪酸组统计值　　(%)

| 类别 | 脂肪酸组 | 芽胞杆菌属 | | | | | | | | | |
|---|---|---|---|---|---|---|---|---|---|---|---|
| | | ① | ② | ③ | ④ | ⑤ | ⑥ | ⑦ | ⑧ | ⑨ | ⑩ |
| 第I类2个标记 | 15:0 anteiso | 36.67 | 37.38 | 60.24 | 2.83 | 8.82 | 56.60 | 32.22 | 5.20 | 20.41 | 31.75 |
| | 15:0 iso | 23.66 | 26.05 | 9.78 | 27.20 | 46.32 | 6.77 | 30.29 | 52.63 | 25.35 | 29.32 |
| | 平均值 | 30.17 | 31.72 | 35.01 | 15.02 | 27.57 | 31.69 | 31.26 | 28.92 | 22.88 | 30.54 |
| 第II类19个标记 | 17:0 anteiso | 12.13 | 11.01 | 6.62 | 1.97 | 2.58 | 7.06 | 2.28 | 2.14 | 8.48 | 14.95 |
| | 17:0 iso | 10.74 | 10.57 | 2.51 | 12.44 | 4.40 | 2.77 | 0.34 | 5.57 | 4.27 | 7.72 |
| | 16:0 iso | 5.17 | 4.04 | 1.90 | 8.10 | 12.29 | 7.69 | 1.77 | 3.63 | 4.49 | 4.81 |
| | c16:0 | 4.10 | 3.95 | 3.00 | 6.51 | 2.10 | 10.34 | 1.23 | 1.83 | 7.95 | 3.18 |
| | c19:0 | 1.92 | 0.04 | 0.00 | 0.00 | 0.04 | 0.01 | 0.00 | 0.00 | 3.26 | 0.00 |
| | 14:0 iso | 1.46 | 1.36 | 0.00 | 3.83 | 3.43 | 2.46 | 11.02 | 2.22 | 1.87 | 1.94 |
| | 17:1 iso ω10c | 0.97 | 1.14 | 1.92 | 2.03 | 1.89 | 0.20 | 0.30 | 6.29 | 0.14 | 0.96 |
| | c18:0 | 0.80 | 0.54 | 0.00 | 1.57 | 0.52 | 0.86 | 0.41 | 0.62 | 6.65 | 0.23 |
| | 16:1ω11c | 0.69 | 0.81 | 2.87 | 0.29 | 2.39 | 1.25 | 3.98 | 2.96 | 0.23 | 0.97 |
| | feature 4-2 | 0.66 | 0.28 | 7.95 | 0.00 | 1.10 | 0.21 | 2.65 | 1.73 | 0.24 | 1.37 |
| | 16:1ω7c alcohol | 0.51 | 0.33 | 2.50 | 0.57 | 11.74 | 0.32 | 8.64 | 11.91 | 0.43 | 1.37 |
| | c14:0 | 0.51 | 0.35 | 0.70 | 2.49 | 0.61 | 1.80 | 2.61 | 0.48 | 3.04 | 0.39 |
| | 13:0 iso | 0.00 | 0.19 | 0.00 | 7.16 | 0.09 | 0.05 | 0.27 | 0.15 | 0.17 | 0.16 |
| | 16:0 iso 3OH | 0.00 | 4.19 | 0.00 | 0.00 | 2.39 | 0.31 | 0.00 | 0.00 | 0.00 | 0.00 |
| | 17:1 iso ω5c | 0.00 | 0.00 | 0.00 | 6.07 | 0.02 | 0.00 | 0.00 | 0.00 | 0.00 | 0.00 |
| | c17:0 | 0.00 | 0.03 | 0.00 | 0.31 | 0.07 | 0.17 | 0.00 | 0.11 | 3.08 | 0.00 |
| | c20:0 | 0.00 | 0.03 | 0.00 | 0.00 | 0.02 | 0.04 | 0.00 | 0.00 | 6.64 | 0.00 |
| | feature 2-2 | 0.00 | 0.00 | 0.00 | 3.84 | 0.00 | 0.00 | 0.00 | 0.00 | 0.51 | 0.00 |
| | feature 3-2 | 0.00 | 0.03 | 0.00 | 7.84 | 0.08 | 0.03 | 0.26 | 0.21 | 0.00 | 0.10 |
| | 平均值 | 2.09 | 2.01 | 1.58 | 3.42 | 2.40 | 1.87 | 1.88 | 2.10 | 2.71 | 2.01 |
| 第III类65个标记 | 11:0 anteiso | 0.00 | 0.00 | 0.00 | 0.00 | 0.00 | 0.07 | 0.00 | 0.00 | 0.00 | 0.00 |
| | 11:0 iso | 0.00 | 0.00 | 0.00 | 0.11 | 0.01 | 0.00 | 0.00 | 0.00 | 0.00 | 0.00 |
| | 11:0 iso 3OH | 0.00 | 0.00 | 0.00 | 0.00 | 0.00 | 0.00 | 0.00 | 0.00 | 0.00 | 0.00 |
| | 12:0 3OH | 0.00 | 0.00 | 0.00 | 0.00 | 0.00 | 0.00 | 0.00 | 0.00 | 0.00 | 0.00 |
| | 12:0 iso | 0.00 | 0.00 | 0.00 | 0.76 | 0.00 | 0.00 | 0.00 | 0.00 | 0.00 | 0.00 |
| | 12:0 iso 3OH | 0.00 | 0.00 | 0.00 | 0.00 | 0.01 | 0.00 | 0.00 | 0.00 | 0.00 | 0.00 |
| | 13:0 2OH | 0.00 | 0.00 | 0.00 | 0.00 | 0.00 | 0.01 | 0.00 | 0.00 | 0.00 | 0.00 |
| | 13:0 anteiso | 0.00 | 0.05 | 0.00 | 0.59 | 0.01 | 0.16 | 0.13 | 0.00 | 0.08 | 0.12 |
| | 13:0 iso 3OH | 0.00 | 0.03 | 0.00 | 0.11 | 0.01 | 0.01 | 0.00 | 0.00 | 0.00 | 0.00 |
| | 14:0 2OH | 0.00 | 0.00 | 0.00 | 0.00 | 0.00 | 0.01 | 0.00 | 0.00 | 0.97 | 0.00 |
| | 14:0 anteiso | 0.00 | 0.03 | 0.00 | 0.00 | 0.06 | 0.03 | 0.00 | 0.00 | 0.00 | 0.00 |
| | 14:0 iso 3OH | 0.00 | 0.02 | 0.00 | 0.00 | 0.02 | 0.00 | 0.00 | 0.00 | 0.00 | 0.00 |
| | 15:0 2OH | 0.00 | 0.26 | 0.00 | 0.60 | 0.00 | 0.02 | 0.00 | 0.00 | 0.00 | 0.00 |
| | 15:0 iso 3OH | 0.00 | 0.23 | 0.00 | 0.00 | 0.02 | 0.00 | 0.00 | 0.07 | 0.00 | 0.00 |
| | 15:1 anteiso A | 0.00 | 0.00 | 0.00 | 0.00 | 0.01 | 0.03 | 0.00 | 0.00 | 0.00 | 0.00 |
| | 15:1 iso F | 0.00 | 0.01 | 0.00 | 0.00 | 0.01 | 0.00 | 0.00 | 0.00 | 0.00 | 0.00 |

续表

| 类别 | 脂肪酸组 | 芽胞杆菌属 | | | | | | | | | |
|---|---|---|---|---|---|---|---|---|---|---|---|
| | | ① | ② | ③ | ④ | ⑤ | ⑥ | ⑦ | ⑧ | ⑨ | ⑩ |
| 第III类65个标记 | 15:1 iso G | 0.00 | 0.00 | 0.00 | 0.00 | 0.02 | 0.01 | 0.00 | 0.00 | 0.00 | 0.00 |
| | 15:1 iso ω9c | 0.00 | 0.00 | 0.00 | 0.00 | 0.04 | 0.00 | 0.22 | 0.52 | 0.00 | 0.00 |
| | 15:1ω5c | 0.00 | 0.00 | 0.00 | 0.18 | 0.05 | 0.00 | 0.00 | 0.00 | 0.09 | 0.00 |
| | 16:0 2OH | 0.00 | 0.01 | 0.00 | 0.00 | 0.01 | 0.00 | 0.14 | 0.18 | 1.16 | 0.09 |
| | 16:0 3OH | 0.00 | 0.00 | 0.00 | 0.00 | 0.05 | 0.00 | 0.00 | 0.00 | 0.00 | 0.00 |
| | 16:0 anteiso | 0.00 | 0.02 | 0.00 | 0.00 | 0.02 | 0.01 | 0.12 | 0.04 | 0.00 | 0.00 |
| | 16:0 N alcohol | 0.00 | 0.00 | 0.00 | 0.00 | 0.00 | 0.01 | 0.00 | 0.00 | 0.00 | 0.00 |
| | 16:1 2OH | 0.00 | 0.01 | 0.00 | 0.00 | 0.01 | 0.00 | 0.00 | 0.00 | 0.00 | 0.00 |
| | 16:1 iso H | 0.00 | 0.00 | 0.00 | 0.00 | 0.02 | 0.00 | 0.00 | 0.00 | 0.00 | 0.00 |
| | 16:1ω5c | 0.00 | 0.01 | 0.00 | 0.00 | 0.00 | 0.00 | 0.00 | 0.00 | 0.00 | 0.00 |
| | 10 Me 17:0 | 0.00 | 0.00 | 0.00 | 0.00 | 0.01 | 0.00 | 0.00 | 0.00 | 0.00 | 0.00 |
| | 17:0 2OH | 0.00 | 0.08 | 0.00 | 0.00 | 0.00 | 0.00 | 0.00 | 0.00 | 0.00 | 0.00 |
| | 17:0 3OH | 0.00 | 0.00 | 0.00 | 0.00 | 0.00 | 0.00 | 0.00 | 0.00 | 0.00 | 0.00 |
| | cy17:0 | 0.00 | 0.02 | 0.00 | 0.00 | 0.01 | 0.00 | 0.00 | 0.00 | 0.00 | 0.00 |
| | 17:0 iso 3OH | 0.00 | 0.11 | 0.00 | 0.00 | 0.03 | 0.00 | 0.00 | 0.00 | 0.00 | 0.00 |
| | 17:1 anteiso A | 0.00 | 0.00 | 0.00 | 0.72 | 0.00 | 0.00 | 0.00 | 0.00 | 0.00 | 0.00 |
| | 17:1 anteiso ω9c | 0.00 | 0.02 | 0.00 | 0.00 | 0.04 | 0.05 | 0.00 | 0.00 | 0.00 | 0.00 |
| | 17:1ω6c | 0.00 | 0.00 | 0.00 | 0.00 | 0.00 | 0.00 | 0.00 | 0.00 | 0.00 | 0.00 |
| | 17:1ω7c | 0.00 | 0.00 | 0.00 | 0.14 | 0.00 | 0.00 | 0.00 | 0.00 | 0.00 | 0.00 |
| | 17:1ω8c | 0.00 | 0.00 | 0.00 | 0.00 | 0.00 | 0.00 | 0.00 | 0.00 | 0.00 | 0.00 |
| | 17:1ω9c | 0.00 | 0.00 | 0.00 | 0.00 | 0.10 | 0.00 | 0.00 | 0.13 | 0.00 | 0.00 |
| | 10 Me 18:0 TBSA | 0.00 | 0.02 | 0.00 | 0.00 | 0.09 | 0.00 | 0.00 | 0.37 | 0.00 | 0.00 |
| | 18:0 2OH | 0.00 | 0.00 | 0.00 | 0.00 | 0.00 | 0.00 | 0.00 | 0.00 | 0.00 | 0.00 |
| | 18:0 iso | 0.00 | 0.03 | 0.00 | 0.46 | 0.06 | 0.04 | 0.00 | 0.00 | 0.00 | 0.13 |
| | 18:1 2OH | 0.00 | 0.00 | 0.00 | 0.00 | 0.03 | 0.02 | 0.00 | 0.00 | 0.00 | 0.00 |
| | 18:1 iso H | 0.00 | 0.01 | 0.00 | 0.00 | 0.01 | 0.00 | 0.00 | 0.00 | 0.00 | 0.00 |
| | 18:1ω5c | 0.00 | 0.00 | 0.00 | 0.00 | 0.02 | 0.00 | 0.00 | 0.00 | 0.00 | 0.00 |
| | 18:1ω7c | 0.00 | 0.04 | 0.00 | 0.00 | 0.01 | 0.04 | 0.00 | 0.00 | 0.00 | 0.00 |
| | 18:1ω9c | 0.00 | 0.16 | 0.00 | 0.41 | 0.23 | 0.29 | 0.20 | 0.46 | 0.06 | 0.00 |
| | 18:3ω(6,9,12)c | 0.00 | 0.01 | 0.00 | 0.00 | 0.02 | 0.01 | 0.21 | 0.22 | 0.00 | 0.00 |
| | 19:0 anteiso | 0.00 | 0.02 | 0.00 | 0.00 | 0.00 | 0.00 | 0.00 | 0.00 | 0.00 | 0.00 |
| | cy19:0ω8c | 0.00 | 0.03 | 0.00 | 0.00 | 0.01 | 0.02 | 0.00 | 0.00 | 0.00 | 0.00 |
| | 19:0 iso | 0.00 | 0.03 | 0.00 | 0.29 | 0.02 | 0.01 | 0.00 | 0.07 | 0.00 | 0.00 |
| | 20:0 iso | 0.00 | 0.00 | 0.00 | 0.00 | 0.00 | 0.00 | 0.00 | 0.00 | 0.00 | 0.00 |
| | 20:1ω7c | 0.00 | 0.00 | 0.00 | 0.00 | 0.02 | 0.02 | 0.16 | 0.00 | 0.00 | 0.13 |
| | 20:1ω9c | 0.00 | 0.00 | 0.00 | 0.00 | 0.00 | 0.00 | 0.00 | 0.00 | 0.00 | 0.00 |

续表

| 类别 | 脂肪酸组 | 芽胞杆菌属 | | | | | | | | | |
|---|---|---|---|---|---|---|---|---|---|---|---|
| | | ① | ② | ③ | ④ | ⑤ | ⑥ | ⑦ | ⑧ | ⑨ | ⑩ |
| 第III类65个标记 | c10:0 | 0.00 | 0.00 | 0.00 | 0.00 | 0.00 | 0.07 | 0.00 | 0.00 | 0.00 | 0.16 |
| | c12:0 | 0.00 | 0.04 | 0.00 | 0.49 | 0.13 | 0.26 | 0.27 | 0.24 | 0.07 | 0.15 |
| | c13:0 | 0.00 | 0.00 | 0.00 | 0.00 | 0.00 | 0.00 | 0.00 | 0.00 | 0.38 | 0.00 |
| | feature 1 | 0.00 | 0.01 | 0.00 | 0.00 | 0.01 | 0.01 | 0.00 | 0.00 | 0.00 | 0.00 |
| | feature 2 | 0.00 | 0.00 | 0.00 | 0.00 | 0.00 | 0.00 | 0.00 | 0.00 | 0.00 | 0.00 |
| | feature 3 | 0.00 | 0.01 | 0.00 | 0.00 | 0.00 | 0.02 | 0.00 | 0.00 | 0.00 | 0.00 |
| | feature 4 | 0.00 | 0.31 | 0.00 | 0.00 | 0.09 | 0.02 | 0.00 | 0.00 | 0.00 | 0.00 |
| | feature 5 | 0.00 | 0.03 | 0.00 | 0.00 | 0.02 | 0.00 | 0.15 | 0.00 | 0.00 | 0.00 |
| | feature 6 | 0.00 | 0.00 | 0.00 | 0.00 | 0.01 | 0.00 | 0.00 | 0.00 | 0.00 | 0.00 |
| | feature 8 | 0.00 | 0.06 | 0.00 | 0.09 | 0.08 | 0.06 | 0.13 | 0.06 | 0.00 | 0.00 |
| | feature 9 | 0.00 | 0.02 | 0.00 | 0.00 | 0.01 | 0.01 | 0.00 | 0.00 | 0.00 | 0.00 |
| | unknown 11.543 | 0.00 | 0.05 | 0.00 | 0.00 | 0.00 | 0.00 | 0.00 | 0.00 | 0.00 | 0.00 |
| | unknown 15.669 | 0.00 | 0.01 | 0.00 | 0.00 | 0.00 | 0.00 | 0.00 | 0.00 | 0.00 | 0.00 |
| | 平均值 | 0.00 | 0.04 | 0.00 | 0.07 | 0.02 | 0.02 | 0.03 | 0.04 | 0.04 | 0.01 |

注：各属的代表种①*Aneurinibacillus aneurinilyticus*、②*Bacillus subtilis*、③*Brevibacillus brevis*、④*Geobacillus thermodenitrificans*、⑤*Lysinibacillus sphaericus*、⑥*Paenibacillus polymyxa*、⑦*Psychrobacillus psychrotolerans*、⑧*Solibacillus silvestris*、⑨*Ureibacillus thermosphaericus*、⑩*Virgibacillus marismortui*

第 II 类为中含量脂肪酸组，包括 19 个脂肪酸生物标记；可分为 2 个亚类，第 I 亚类脂肪酸含量较高，包含 6 个脂肪酸生物标记，即 17:0 anteiso、17:0 iso、c16:0、16:0 iso、16:1ω7c alcohol、c14:0；第 II 亚类脂肪酸含量较低，包含 13 个脂肪酸生物标记，即 13:0 iso、14:0 iso、16:0 iso 3OH、16:1ω11c、17:1 iso ω5c、17:1 iso ω10c、c17:0、c18:0、c19:0、c20:0、feature 2-2、feature 3-2、feature 4-2。它们在 10 属的含量平均值为 1.58%～3.42%（表 5-1-8）。

第 III 类为低含量脂肪酸组，包括 65 个脂肪酸生物标记，即 11:0 anteiso、11:0 iso、11:0 iso 3OH、12:0 3OH、12:0 iso、12:0 iso 3OH、13:0 2OH、13:0 anteiso、13:0 iso 3OH、14:0 2OH、14:0 anteiso、14:0 iso 3OH、15:0 2OH、15:0 iso 3OH、15:1 anteiso A、15:1 iso F、15:1 iso G、15:1 iso ω9c、15:1ω5c、16:0 2OH、16:0 3OH、16:0 anteiso、16:0 N alcohol、16:1 2OH、16:1 iso H、16:1ω5c、10 Me 17:0、17:0 2OH、17:0 3OH、cy17:0、17:0 iso 3OH、17:1 anteiso A、17:1 anteiso ω9c、17:1ω6c、17:1ω7c、17:1ω8c、17:1ω9c、10 Me 18:0 TBSA、18:0 2OH、18:0 iso、18:1 2OH、18:1 iso H、18:1ω5c、18:1ω7c、18:1ω9c、18:3ω(6,9,12)c、19:0 anteiso、cy19:0ω8c、19:0 iso、20:0 iso、20:1ω7c、20:1ω9c、c10:0、c12:0、c13:0、feature 1、feature 2、feature 3、feature 4、feature 5、feature 6、feature 8、feature 9、unknown 11.543、unknown 15.669；它们在 10 个芽胞杆菌属的含量平均值为 0～0.07%。

从聚类分析结果看，第 I 类 2 个标记和第 II 类第 I 亚类 6 个标记，即 15:0 anteiso、15:0 iso、17:0 anteiso、17:0 iso、c16:0、16:0 iso、16:1ω7c alcohol 、c14:0，构成被测的各芽胞杆菌属的主要脂肪酸组，10 属的代表种分别为硫胺素解硫胺素芽胞杆菌

（*Aneurinibacillus aneurinilyticus*）、枯草芽胞杆菌（*Bacillus subtilis*）、短短芽胞杆菌（*Brevibacillus brevis*）、热脱氮地芽胞杆菌（*Geobacillus thermodenitrificans*）、球形赖氨酸芽胞杆菌（*Lysinibacillus sphaericus*）、多黏类芽胞杆菌（*Paenibacillus polymyxa*）、耐冷嗜冷芽胞杆菌（*Psychrobacillus psychrotolerans*）、森林土壤芽胞杆菌（*Solibacillus silvestris*）、热球状尿素芽胞杆菌属（*Ureibacillus thermosphaericus*）、死海枝芽胞杆菌（*Virgibacillus marismortui*）的主要脂肪酸总和分别为 95.85%、94.4%、84.05%、62.88%、79.98%、93.7%、79.15%、73.22%、76.08%、93.67%，占了整体脂肪酸组的大部分（平均值 83.30%），可作为芽胞杆菌属间脂肪酸分析的生物标记（图 5-1-8）。

## 3. 芽胞杆菌属间主要脂肪酸组分布特性

芽胞杆菌属间主要脂肪酸统计见表 5-1-9、次要脂肪酸统计见表 5-1-10。利用 8 个主要脂肪酸生物标记，即 15:0 anteiso、15:0 iso、17:0 anteiso、17:0 iso、c16:0、16:0 iso、16:1ω7c alcohol、c14:0，对 10 个芽胞杆菌属作图 5-1-9。从图 5-1-9 可知，芽胞杆菌的不同属，主要脂肪酸组的分布特性不同。硫胺素解硫胺素芽胞杆菌前 3 个高含量脂肪酸生物标记为 15:0 anteiso（36.67%）、15:0 iso（23.66%）、17:0 anteiso（12.13%）；枯草芽胞杆菌前 3 个高含量脂肪酸生物标记为 15:0 anteiso（37.37%）、15:0 iso（26.04%）、17:0 anteiso（11.01%）；短短芽胞杆菌前 3 个高含量脂肪酸生物标记为 15:0 anteiso（60.24%）、15:0 iso（9.78%）、17:0 anteiso（6.62%）；热脱氮地芽胞杆菌前 3 个高含量脂肪酸生物标记为 15:0 iso（27.20%）、17:0 iso（12.44%）、16:0 iso（8.10%）；球形赖氨酸芽胞杆菌前 3 个高含量脂肪酸生物标记为 15:0 iso（46.31%）、16:0 iso（12.28%）、16:1ω7c alcohol（11.74%）；多黏类芽胞杆菌前 3 个高含量脂肪酸生物标记为 15:0 anteiso（56.60%）、c16:0

**表 5-1-9　芽胞杆菌属间主要脂肪酸组**　（%）

| 类别 | 物种 | 15:0 anteiso | 15:0 iso | 17:0 anteiso | 17:0 iso | c16:0 | 16:0 iso | 16:1ω7c alcohol | c14:0 |
|---|---|---|---|---|---|---|---|---|---|
| 第 I 类 5 个中温型种 | *Aneurinibacillus aneurinilyticus* | 36.67 | 23.66 | 12.13 | 10.74 | 4.10 | 5.17 | 0.51 | 0.51 |
| | *Bacillus subtilis* | 37.38 | 26.05 | 11.01 | 10.57 | 3.95 | 4.04 | 0.33 | 0.35 |
| | *Psychrobacillus psychrotolerans* | 32.22 | 30.29 | 2.28 | 0.34 | 1.23 | 1.77 | 8.64 | 2.61 |
| | *Ureibacillus thermosphaericus* | 20.41 | 25.35 | 8.48 | 4.27 | 7.95 | 4.49 | 0.43 | 3.04 |
| | *Virgibacillus marismortui* | 31.75 | 29.32 | 14.95 | 7.72 | 3.18 | 4.81 | 1.37 | 0.39 |
| | 平均值 | 31.69 | 26.93 | 9.77 | 6.73 | 4.08 | 4.06 | 2.26 | 1.38 |
| 第 II 类 2 个高温型种 | *Brevibacillus brevis* | 60.24 | 9.78 | 6.62 | 2.51 | 3.00 | 1.90 | 2.50 | 0.70 |
| | *Paenibacillus polymyxa* | 56.60 | 6.77 | 7.06 | 2.77 | 10.34 | 7.69 | 0.32 | 1.80 |
| | 平均值 | 58.42 | 8.28 | 6.84 | 2.64 | 6.67 | 4.80 | 1.41 | 1.25 |
| 第 III 类 3 个低温型种 | *Geobacillus thermodenitrificans* | 2.83 | 27.20 | 1.97 | 12.44 | 6.51 | 8.10 | 0.57 | 2.49 |
| | *Lysinibacillus sphaericus* | 8.82 | 46.32 | 2.58 | 4.40 | 2.10 | 12.29 | 11.74 | 0.61 |
| | *Solibacillus silvestris* | 5.20 | 52.63 | 2.14 | 5.57 | 1.83 | 3.63 | 11.91 | 0.48 |
| | 平均值 | 5.62 | 42.05 | 2.23 | 7.47 | 3.48 | 8.01 | 8.07 | 1.19 |

表 5-1-10　芽胞杆菌属间次要脂肪酸组　（%）

| 类别 | 物种 | 13:0 iso | 14:0 iso | 16:1ω11c | 17:1 iso ω5c | 17:1 iso ω10c | c18:0 | feature 2-2 | feature 3-2 |
|---|---|---|---|---|---|---|---|---|---|
| 第 I 类 5 个中温型属 | *Aneurinibacillus aneurinilyticus* | 0.00 | 1.46 | 0.69 | 0.00 | 0.97 | 0.80 | 0.00 | 0.00 |
| | *Bacillus subtilis* | 0.19 | 1.36 | 0.81 | 0.00 | 0.53 | 0.54 | 0.00 | 0.03 |
| | *Psychrobacillus psychrotolerans* | 0.27 | 11.02 | 3.98 | 0.00 | 0.30 | 0.41 | 0.00 | 0.26 |
| | *Ureibacillus thermosphaericus* | 0.17 | 1.87 | 0.23 | 0.00 | 0.14 | 6.65 | 0.51 | 0.00 |
| | *Virgibacillus marismortui* | 0.16 | 1.94 | 0.97 | 0.00 | 0.96 | 0.23 | 0.00 | 0.10 |
| | 平均值 | 0.16 | 3.53 | 1.34 | 0.00 | 0.58 | 1.73 | 0.10 | 0.08 |
| 第 II 类 2 个高温型属 | *Brevibacillus brevis* | 0.00 | 0.00 | 2.87 | 0.00 | 1.92 | 0.00 | 0.00 | 0.00 |
| | *Paenibacillus polymyxa* | 0.05 | 2.46 | 1.25 | 0.00 | 0.19 | 0.86 | 0.00 | 0.03 |
| | 平均值 | 0.03 | 1.23 | 2.06 | 0.00 | 1.06 | 0.43 | 0.00 | 0.02 |
| 第 III 类 3 个低温型属 | *Geobacillus thermodenitrificans* | 7.16 | 3.83 | 0.29 | 6.07 | 2.03 | 1.57 | 3.84 | 7.84 |
| | *Lysinibacillus sphaericus* | 0.09 | 3.43 | 2.39 | 0.01 | 1.75 | 0.52 | 0.00 | 0.08 |
| | *Solibacillus silvestris* | 0.15 | 2.22 | 2.96 | 0.00 | 6.29 | 0.62 | 0.00 | 0.21 |
| | 平均值 | 2.47 | 3.16 | 1.88 | 2.03 | 3.36 | 0.90 | 1.28 | 2.71 |

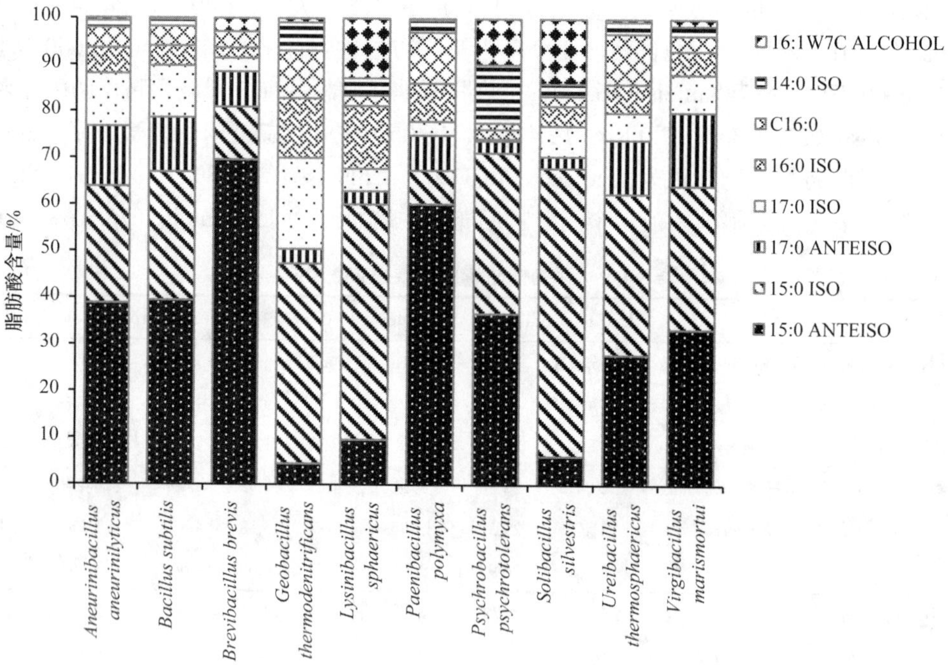


图 5-1-9　芽胞杆菌属间脂肪酸组分布特性

（10.34%）、16:0 iso（7.69%）；耐冷嗜冷芽胞杆菌前 3 个高含量脂肪酸生物标记为 15:0 anteiso（32.22%）、15:0 iso（30.29%）、14:0 iso（11.02%）；森林土地芽胞杆菌前 3 个高含量脂肪酸生物标记为 15:0 iso（52.63%）、16:1ω7c alcohol（11.91%）、17:0 iso（5.57%）；热球状尿素芽胞杆菌前 3 个高含量脂肪酸生物标记为 15:0 iso（25.35%）、15:0 anteiso（20.41%）、17:0 anteiso（8.48%）；死海枝芽胞杆菌前 3 个高含量脂肪酸生物标记为 15:0

anteiso（31.75%）、15:0 iso（29.32%）、17:0 anteiso（14.95%）。

## 4. 基于脂肪酸组芽胞杆菌属间聚类分析

以表 5-1-8 为数据矩阵，以主要脂肪酸组为指标，以芽胞杆菌属代表种类为样本，以欧氏距离为尺度，进行系统聚类，分析结果见表 5-1-11 和图 5-1-10。可将芽胞杆菌属间种类分为 3 类。第 I 类碱性环境适应型，生长 pH 平均值为 8.4，到中心的距离平均值为 7.4103，15:0 anteiso/15:0 iso=1.17；包含芽胞杆菌科、类芽胞杆菌科和动球菌科的 5 个属，即硫胺素芽胞杆菌属（*Aneurinibacillus*）、芽胞杆菌属（*Bacillus*）、嗜冷芽胞杆菌属（*Psychrobacillus*）、尿素芽胞杆菌属（*Ureibacillus*）、枝芽胞杆菌属（*Virgibacillus*）。第 II 类酸性环境适应型，生长 pH 平均值为 5.2，到中心的距离平均值为 5.6047，15:0 anteiso/15:0 iso=7.05；包含类芽胞杆菌科的 2 个属，即短芽胞杆菌属（*Brevibacillus*）、类芽胞杆菌属（*Paenibacillus*）。第 III 类中性环境适应型，生长 pH 平均值为 7.3，到中心的距离平均值为 1.0631，15:0 anteiso/15:0 iso=0.13，包含芽胞杆菌科和动球菌科的 3 个属，即地芽胞杆菌属（*Geobacillus*）、赖氨酸芽胞杆菌属（*Lysinibacillus*）、土壤芽胞杆菌属（*Solibacillus*）。

**表 5-1-11　基于脂肪酸组芽胞杆菌属间聚类分析**

| 类别 | 科 | 属、种 | 到中心的距离 |
|---|---|---|---|
| 第 I 类 5 个属 | 类芽胞杆菌科 | *Aneurinibacillus aneurinilyticus* | 8.48 |
| | 芽胞杆菌科 | *Bacillus subtilis* | 8.72 |
| | 芽胞杆菌科 | *Psychrobacillus psychrotolerans* | 15.36 |
| | 动球菌科 | *Ureibacillus thermosphaericus* | 15.14 |
| | 芽胞杆菌科 | *Virgibacillus marismortui* | 6.78 |
| | 平均值 | | RMSTD=7.4103 |
| 第 II 类 2 个属 | 类芽胞杆菌科 | *Brevibacillus brevis* | 6.86 |
| | 类芽胞杆菌科 | *Paenibacillus polymyxa* | 6.86 |
| | 平均值 | | RMSTD=5.6047 |
| 第 III 类 3 个属 | 芽胞杆菌科 | *Geobacillus thermodenitrificans* | 19.98 |
| | 芽胞杆菌科 | *Lysinibacillus sphaericus* | 9.82 |
| | 动球菌科 | *Solibacillus silvestris* | 13.51 |
| | 平均值 | | RMSTD=1.0631 |

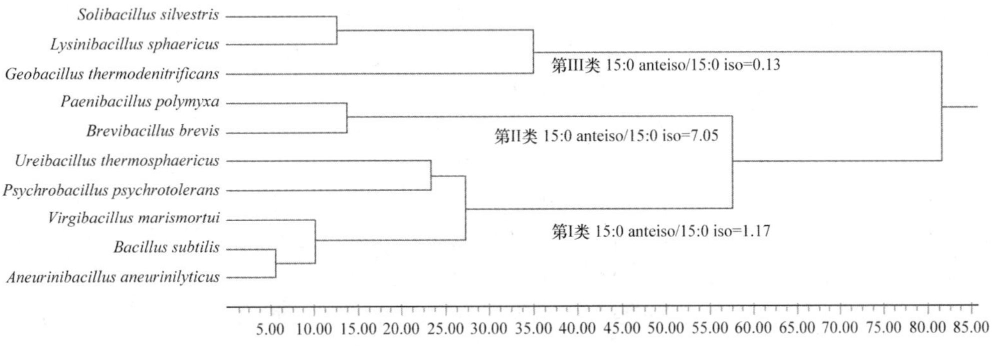


图 5-1-10　基于脂肪酸组芽胞杆菌属间聚类分析

## 5. 芽胞杆菌属间脂肪酸组与菌株环境适应相关性

芽胞杆菌属间环境适应因子温度（℃）、pH、NaCl（%）统计值见表 5-1-12。芽胞杆菌属间菌株对环境的适应性变化很大，所说的适应高温、高 pH、高盐生长特性，指的是芽胞杆菌可以适应这个环境生长，但在低指标环境因子条件下也可以生长。分析结果表明，第 I 类芽胞杆菌属适应在高温（47.5℃）、碱性环境（pH 8.4）、高盐（5.2%）条件下生长，第 II 类芽胞杆菌属适应在低温（27.5℃）、酸性环境（pH 5.2）、低盐（1.8%）条件下生长，第 III 类芽胞杆菌属适应在中温（38.5℃）、中性环境（pH 7.3）、中盐（3.5%）条件下生长。

**表 5-1-12　芽胞杆菌属间菌株环境因子**

| 类别 | 物种 | 温度/℃ | pH | NaCl/% |
|---|---|---|---|---|
| 第 I 类 5 个属 | *Aneurinibacillus aneurinilyticus* | 45.0（40～50） | 8.0（7～9） | 3.0（2～4） |
| | *Bacillus subtilis* | 50.0（45～55） | 7.5（6～9） | 8.5（7～10） |
| | *Psychrobacillus psychrotolerans* | 37.5（35～40） | 9.0（8～10） | 3.0（2～4） |
| | *Ureibacillus thermosphaericus* | 57.5（50～65） | 8.0（7～9） | 4.0（3～5） |
| | *Virgibacillus marismortui* | 47.5（45～50） | 9.5（8～11） | 7.5（5～10） |
| | 平均值 | 47.5 | 8.4 | 5.2 |
| 第 II 类 2 个属 | *Brevibacillus brevis* | 27.5（25～30） | 5.5（5～6） | 2.0（1～3） |
| | *Paenibacillus polymyxa* | 27.5（25～30） | 4.5（3～6） | 1.5（1～2） |
| | 平均值 | 27.5 | 5.0 | 1.8 |
| 第 III 类 3 个属 | *Geobacillus thermodenitrificans* | 42.5（35～50） | 7.0（6～8） | 2.5（2～3） |
| | *Lysinibacillus sphaericus* | 37.5（30～45） | 8.0（7～9） | 4.0（3～5） |
| | *Solibacillus silvestris* | 35.5（30～40） | 7.0（6～8） | 4.0（3～5） |
| | 平均值 | 38.5 | 7.3 | 3.5 |

将芽胞杆菌属间特征脂肪酸组（表 5-1-9）和环境因子（表 5-1-12）构建表 5-1-13，相关系数见表 5-1-14，进行相关分析。分析结果表明，相关系数统计临界值 $a$=0.05 时，$R$=0.6319，$a$=0.01 时，$R$=0.7646；芽胞杆菌属间脂肪酸生物标记与环境因子之间存在着

**表 5-1-13　芽胞杆菌属间主要脂肪酸生物标记和环境因子平均值**

| 物种 | 温度/℃ | pH | NaCl /% | 15:0 anteiso/% | 15:0 iso/% | 17:0 anteiso/% | 17:0 iso/% | c16:0 /% | 16:0 iso/% | 16:1ω7c alcohol/% | c14:0 /% |
|---|---|---|---|---|---|---|---|---|---|---|---|
| *Aneurinibacillus aneurinilyticus* | 45.0 | 8.0 | 3.0 | 36.67 | 23.66 | 12.13 | 10.74 | 4.10 | 5.17 | 0.51 | 0.51 |
| *Bacillus subtilis* | 50.0 | 7.5 | 8.5 | 37.38 | 26.05 | 11.01 | 10.57 | 3.95 | 4.04 | 0.33 | 0.35 |
| *Psychrobacillus psychrotolerans* | 37.5 | 9.0 | 3.0 | 32.22 | 30.29 | 2.28 | 0.34 | 1.23 | 1.77 | 8.64 | 2.61 |
| *Ureibacillus thermosphaericus* | 57.5 | 8.0 | 4.0 | 20.41 | 25.35 | 8.48 | 4.27 | 7.95 | 4.49 | 0.43 | 3.04 |
| *Virgibacillus marismortui* | 47.5 | 9.5 | 7.5 | 31.75 | 29.32 | 14.95 | 7.72 | 3.18 | 4.81 | 1.37 | 0.39 |
| *Brevibacillus brevis* | 27.5 | 5.5 | 2.0 | 60.24 | 9.78 | 6.62 | 2.51 | 3.00 | 1.90 | 2.50 | 0.70 |
| *Paenibacillus polymyxa* | 27.5 | 4.5 | 1.5 | 56.60 | 6.77 | 7.06 | 2.77 | 10.34 | 7.69 | 0.32 | 1.80 |
| *Geobacillus thermodenitrificans* | 42.5 | 7.0 | 2.5 | 2.83 | 27.20 | 1.97 | 12.44 | 6.51 | 8.10 | 0.57 | 2.49 |
| *Lysinibacillus sphaericus* | 37.5 | 8.0 | 4.0 | 8.82 | 46.32 | 2.58 | 4.40 | 2.10 | 12.29 | 11.74 | 0.61 |
| *Solibacillus silvestris* | 35.5 | 7.0 | 4.0 | 5.20 | 52.63 | 2.14 | 5.57 | 1.83 | 3.63 | 11.91 | 0.48 |

**表 5-1-14　芽胞杆菌属间特征脂肪酸组与环境因子的相关系数**

| 因子 | | 温度/℃ | pH | NaCl/% |
|---|---|---|---|---|
| | | $x_1$ | $x_2$ | $x_3$ |
| 15:0 anteiso | $x_4$ | 0.2777 | 0.1999 | 0.7094 |
| 15:0 iso | $x_5$ | 0.5621 | 0.1184 | 0.3867 |
| 17:0 anteiso | $x_6$ | 0.1784 | 0.5018 | 0.0959 |
| 17:0 iso | $x_7$ | 0.1529 | 0.6346 | 0.2593 |
| c16:0 | $x_8$ | 0.8244 | 0.1081 | 0.4031 |
| 16:0 iso | $x_9$ | 0.8947 | 0.7946 | 0.7661 |
| 16:1ω7c alcohol | $x_{10}$ | 0.3329 | 0.5686 | 0.7953 |
| c14:0 | $x_{11}$ | 0.6207 | 0.9680 | 0.1956 |

注：相关系数临界值 $a$=0.05 时，$R$=0.6319；$a$=0.01 时，$R$=0.7646

相关性；平均温度与 c16:0、16:0 iso 的相关系数分别为 0.8244、0.8947，极显著相关；pH 平均值与 16:0 iso、c14:0 的相关系数分别为 0.7946、0.9680，极显著相关，与 17:0 iso 的相关系数为 0.6346，显著相关；盐分平均值（NaCl）与 15:0 anteiso、16:0 iso、16:1ω7c alcohol 的相关系数分别为 0.7094、0.7661、0.7953，显著相关。

## 六、讨论

化学分类方法的产生和发展是细菌分类和鉴定技术的一大进步。不同生物具有不同的脂肪酸成分，可以根据脂肪酸种类和含量的差异进行细菌分类。研究表明，微生物细胞结构中普遍含有的脂肪酸成分与微生物 DNA 具有高度的同源性，各种微生物具有特征性的脂肪酸指纹图。脂肪酸组成和含量在不同种微生物之间有较大的差异，这与微生物的遗传变异、耐药性等有极为密切的关系。大多数革兰氏阳性菌中 c15:0 脂肪酸丰度很高，而在大多数革兰氏阴性菌中 c16:0 丰度较高（王秋红等，2007）。

目前，脂肪酸系统发育分析已成为芽胞杆菌分类鉴定的一种重要手段，通过脂肪酸成分分析可以将未知菌快速地鉴定到属、种。目前，脂肪酸的鉴定分析主要采用商业系统软件。美国 MIDI 公司研制开发了一套 Sherlock 微生物鉴定系统分析软件，该系统根据微生物中特定链长的脂肪酸（C9～C20）的种类和含量进行微生物鉴定，该软件适用于 Agilent 公司的 6890 型和 7890 型气相色谱，通过对气相色谱获得的脂肪酸种类和含量谱图进行比对，从而快速准确地对微生物进行种类鉴定。

Abel 等（1963）首次发现脂肪酸可用于细菌的鉴定。Kämpfer（1994）首次研究了芽胞杆菌属的脂肪酸，总结出脂肪酸生物标记具有遗传稳定性，具有作为芽胞杆菌属的种类鉴定的潜在性能。刘波（2011）在《微生物脂肪酸生态学》中比较了脂肪酸鉴定与 16S rDNA 分子鉴定结果，发现 98%的芽胞杆菌种类脂肪酸鉴定的结果与 16S rDNA 分子鉴定结果相同，这表明脂肪酸可以作为芽胞杆菌快速鉴定的方法，特别是当 16S rDNA 相似性很高，遇到无法区别的种类时，脂肪酸鉴定表现出其独特的优越性（Li et al.，2010）。利用脂肪酸进行芽胞杆菌种类的系统发育研究，发现分类结果存在异质性，表明脂肪酸分群存在着特殊的生物学意义（Connor et al.，2010；刘波，2011），这是分子系统发育研究所不具有的特性。邝玉斌等（2000）通过气相色谱对 10 种芽胞杆菌属模式菌株的细胞脂肪酸组分及其含量进行分析，研究表明脂肪酸组分可以作为芽胞杆菌化学分类的重要指征。宋亚军等（2001）对若干需氧芽胞杆菌的芽胞脂肪酸成分进行了系统分类分析，为需氧芽胞杆菌的分类研究提供了新的分类参考。Ehrhardt 等（2010）利用脂肪酸成分可以区分不同培养基上的蜡样芽胞杆菌的芽胞，证明脂肪酸是一种有效地研究芽胞杆菌营养条件系统发育的手段。其他细菌方面，张晓霞等（2009）利用脂肪酸成分对不动杆菌进行鉴定，结果表明脂肪酸鉴定结果具有很高的可靠性，在种水平上利用 16S rDNA 基因系统发育分析结果与脂肪酸组分分析结果可互为补充，相互印证。

脂肪酸作为细菌分类标记物。细菌作为生态系统中的重要成员，发挥着重要的生态功能。细菌的生长、繁殖、感应、识别形成了一套自我保护的机能，这种特性与存在于细菌细胞膜上的脂肪酸关系密切，脂肪酸的种类和结构依赖于细菌遗传特性，具有种的特异性，同时，脂肪酸作为细菌与外界交流的感应物质，起着信号物质的作用，传递着环境信息以适应生存。细菌对环境（温度、pH、盐分、压力等）的耐受也表现在细胞膜的脂肪酸组成和结构的变化上，既表现出遗传稳定性，又体现了对环境的适应能力，充分体现了细菌系统发育过程中结构与功能的统一（刘波，2011）。芽胞杆菌作为一类重要的细菌，其分类地位自建属以来经历过多次变更，分子分类系统（16S rDNA）的建立解决了部分分类学的稳定性问题，但是单纯依靠分子分类，无法详尽地表现细菌在环境中功能与结构的统一，分子分类经常把功能差异很大的种类聚集在一起，如同一个类群（属）的芽胞杆菌，可以是嗜酸、嗜碱、嗜盐、嗜温，无法体现出遗传稳定性与环境适应性的有机统一。结构与功能的统一是生物分类学的基本原则，芽胞杆菌属的很多种类亲缘关系密切，由于环境适应性的差异，无法单独使用分子手段进行准确划分。作为构成生物膜的重要物质，脂肪酸具有结构多样性和生物特异性，在细胞识别、种族标记和细胞免疫中发挥着重要作用，可作为有效的分类标记物（刘志辉等，2005）。近年来，随着分析微生物学的产生，以化学成分为依据的化学分类法得到迅速发展，用现代分析技术深入剖析菌体或亚细胞的组成成分是分子微生物学的重要标志之一。细菌脂肪酸成分与种的进化、分类、遗传变异、毒力强弱，以及对抗生素的敏感性和抗性等生物学性状有着密切关系。前人对细菌脂肪酸开展了大量的研究，Diogo 等（1999）报道利用脂肪酸能区分军团菌属（*Legionella*）的大部分种类，并建立了准确的该属细菌脂肪酸成分自动鉴定系统；Whittaker 等（2007）发现脂肪酸分析可以快速灵敏地鉴定图莱里弗朗西斯氏菌（*Francisella tularensis*）；Kämpfer（1994）的研究表明脂肪酸具备用于芽胞杆菌分类鉴定的潜质，但因选取的种类数量较少，代表性不够强，这些研究尚不能明确脂肪酸在芽胞杆菌属分类中的应用价值；商业化的 Sherlock MIS 数据库中也仅保存了 25 种芽胞杆菌的脂肪酸数据，这极大地限制了脂肪酸在芽胞杆菌分类鉴定中的应用。鉴于此，本研究将种类扩大到具有代表性的 90 种，在评估参数中增加了生态学分析指数，构建专属芽胞杆菌属种类的脂肪酸系统发育分类体系，并和前人研究相互比较，评估该体系在芽胞杆菌分类中的可行性。

芽胞杆菌脂肪酸分类系统（Kaneda's system）。细胞膜上的不饱和脂肪酸对于芽胞杆菌十分重要，不同的种类适应不同的环境，不饱和脂肪酸的组成与结构不同。Kaneda（1977）根据细胞壁不饱和脂肪酸的组成，将芽胞杆菌分为 3 个群（图 5-1-11）。第一群分为 4 个组（A、B、C、D），在这个群中的芽胞杆菌含有较低的不饱和脂肪酸，占比为 0～3%；这些种类的特点是生长在常温下，属于喜温种类，芽胞杆菌的喜温特性是指可以适应低温、中温和高温，但生长状态较好的是中温条件，如枯草芽胞杆菌、巨大芽胞杆菌、嗜热噬脂肪地芽胞杆菌和嗜酸热芽胞杆菌。进一步研究表明，在适合的温度下，枯草芽胞杆菌几乎不含不饱和脂肪酸（Bishop et al.，1976；Grau and de Mendoza，1993）。

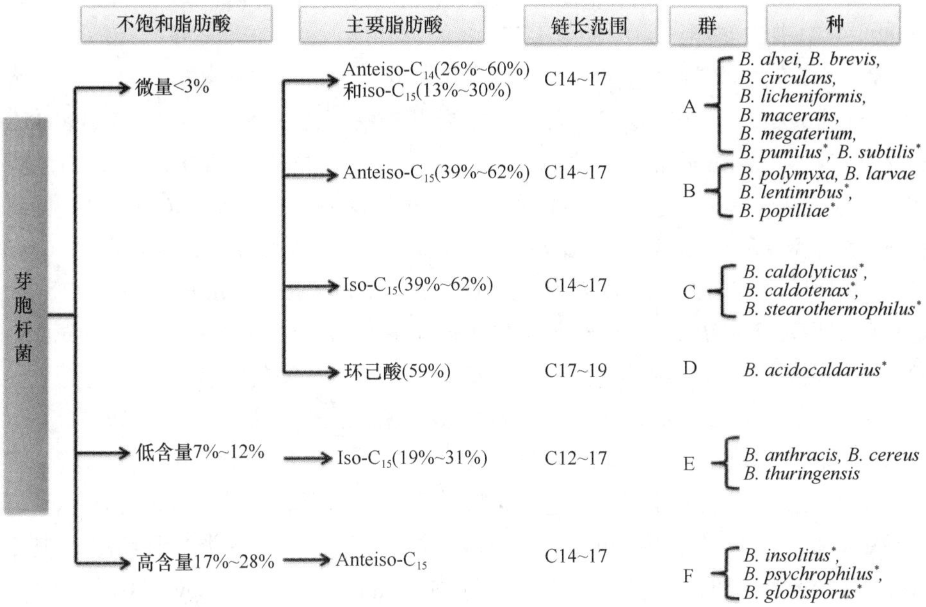


图 5-1-11　基于脂肪酸组的芽胞杆菌种类的分类系统（Kaneda，1977）

*指示芽胞杆菌种类已经移到其他的属

第二群含有 1 个组（E），含有中等含量的不饱和脂肪酸，占比 7%～12%；在这个群的种类有蜡样芽胞杆菌群的种类，除此之外，该组的一些种类，如韦氏芽胞杆菌（*Bacillus weihenstephanensis*）和蕈状芽胞杆菌（*Bacillus mycoides*），由于含有较多的不饱和脂肪酸，为蜡样芽胞杆菌群中的耐寒种类。

第三群含有 1 个组（F），含有较高的不饱和脂肪酸，占比为 17%～28%；包含了耐寒的种类，研究表明，耐寒种类含有较高的不饱和脂肪酸，如球胞芽胞杆菌（*Bacillus globisporus*）的不饱和脂肪酸占比为 26.1%，奇特芽胞杆菌（*Bacillus insolitus*）为 25.1%，嗜冷芽胞杆菌（*Bacillus sychrophilus*）为 18.4%（Kaneda et al.，1983）。

基于脂肪酸组，Kaneda（1977）进一步将芽胞杆菌属分为 6 组，采用特征脂肪酸占不同水平的不饱和脂肪酸的比例进行分析。在这个分类系统中，耐寒种类含有较高比例的不饱和脂肪酸，都属于 F 组。研究观察了耐寒种类，如球胞芽胞杆菌、嗜冷芽胞杆菌、奇特芽胞杆菌（Kaneda et al.，1983）和巴斯德芽胞杆菌（*Bacillus pasteurii*）（Yoon et al.，2001），证实主要脂肪酸为 15:0 anteiso。即使这些物种因重分类而归入另一个属，如芽胞八叠球菌属（*Sporosarcina*），脂肪酸生物标记 15:0 anteiso 仍作为标准用来描述这些芽胞杆菌的耐寒种类，如白令海芽胞杆菌（*Bacillus beringensis*）的 15:0 anteiso 和 15:0 iso 脂肪酸仍为主要脂肪酸（Yu et al.，2011）。蜡样芽胞杆菌群（*Bacillus cereus* sensu lato）包括蜡样芽胞杆菌（*Bacillus cereus*）、苏云金芽胞杆菌（*Bacillus thuringiensis*）和炭疽芽胞杆菌（*Bacillus anthracis*）等，含有较低的不饱和脂肪酸，同时以 15:0 iso 作为主要脂肪酸，归为 E 组（图 5-1-11），深入的研究进一步确定了这个结论（Brillard et al.，2010；de Sarrau et al.，2012）。此外，喜温的细胞毒芽胞杆菌（*Bacillus cytotoxicus*）属于蜡样芽胞杆菌群，以 15:0 iso 为主要脂肪酸（Guinebretière et al.，2013；Diomandé et al.，2015），与 Kaneda 分组中的 E 组一致（图 5-1-11）。

在 A 组中包含喜温芽胞杆菌如枯草芽胞杆菌（*Bacillus subtilis*）和巨大芽胞杆菌（*Bacillus megaterium*），它们以 15:0 iso 为主要脂肪酸（Kämpfer，1994；Cybulski et al.，2002），这些结论与 Kaneda 的研究相佐，他认为这组种类是以 14:0 anteiso 为主要脂肪酸，而不是 15:0 anteiso。在 B 组中包含耐冷的多黏芽胞杆菌（*B. polymyxa*），目前这个种已转移到了类芽胞杆菌属，即 *Paenibacillus polymyxa*（Ash et al.，1993）。在 C 组中包含嗜热芽胞杆菌，如嗜热噬脂肪地芽胞杆菌（*B. stearothermophilus*），目前已移到地芽胞杆菌属，即 *Geobacillus stearothermophilus*，其主要脂肪酸为 15:0 iso（Cho and Salton，1966）。一种耐热的细胞毒芽胞杆菌（*Bacillus cytotoxicus*）的主要脂肪酸也为 15:0 iso（Guinebretière et al.，2013），该种属于蜡样芽胞杆菌群，基于这一条件，它更靠近 Kaneda 的 E 组。然而，它比蜡样芽胞杆菌群中的其他种类含有低得多的不饱和脂肪酸，应该属于 Kaneda 的 C 组。在 D 组中的芽胞杆菌特征脂肪酸与环状脂肪酸（cyclohexyl）有关，也称为欧米伽脂环类（ω-alicyclic）脂肪酸，这些芽胞杆菌被分类为脂环酸芽胞杆菌属（*Alicyclobacillus*），具有嗜酸性和耐热性等特性（da Costa and Rainey，2009）。这样，根据 Kaneda（1977）提出的不饱和脂肪酸和主要脂肪酸建立的分类系统满足了分类学特性和温度适应性，但是，脂肪酸分析也有例外，如科研中心芽胞杆菌（*Bacillus cecembensis*），归为耐寒芽胞杆菌，它的主要脂肪酸是 15:0 iso 和 16:1 iso，而不是 15:0 anteiso（Reddy et al.，2008）；同样，一些脂环酸芽胞杆菌是嗜酸和耐寒的种类，不含有 ω-alicyclic 脂肪酸（da Costa and Rainey，2009）。与嗜温种类比较，在梭菌属的喜温和耐寒种类中也含有较高比例的不饱和脂肪酸，而一些来自于高温生境的嗜热梭菌种类含有不同的主要脂肪酸模式。

芽胞杆菌脂肪酸组分布特性的分析结果表明，测定的 10 属 4987 株芽胞杆菌，整体脂肪酸生物标记有 128 个，其中直链脂肪酸 11 个，含量占整体脂肪酸的 9.01%；支链脂肪酸 92 个，含量占整体脂肪酸的 87.37%；复合脂肪酸 16 个，含量占整体脂肪酸的 3.62%；未知脂肪酸 9 个，含量占整体脂肪酸的 0.01%。利用芽胞杆菌脂肪酸分析方法基本上可以完整地检测出脂肪酸生物标记，而且芽胞杆菌支链脂肪酸成为脂肪酸组的主要部分。

芽胞杆菌种间脂肪酸组分群。对 4987 株芽胞杆菌测定到的 128 个脂肪酸生物标记进行聚类分析表明，可将脂肪酸生物标记分为 3 类，第 I 类为芽胞杆菌属的特征脂肪酸生物标记，包括 15:0 iso，平均百分比为 27.9771%；15:0 anteiso，平均百分比为 27.6689%；反映了芽胞杆菌属的特征。第 II 类为芽胞杆菌种的特征脂肪酸生物标记，它包括 6 个标记，即 17:0 iso，平均百分比为 6.1223%；c16:0，平均百分比为 5.9813%；16:0 iso，平均百分比为 5.4414%；17:0 anteiso，平均百分比为 5.4079%；14:0 iso，平均百分比为 3.5715%；13:0 iso，平均百分比为 2.6689%；芽胞杆菌种的差异表现在该类脂肪酸生物标记的分布差异上。第 III 类为芽胞杆菌菌株的特征脂肪酸生物标记，含量为 1%～2%，影响着芽胞杆菌种类对环境的适应性。分析结果表明，芽胞杆菌特征脂肪酸生物标记可以包括第 I 类的 2 个标记和第 II 类的 6 个标记，即 15:0 iso（27.9771%）、15:0 anteiso（27.6698%）、17:0 iso（6.1223%）、c16:0（5.9813%）、16:0 iso（5.4414%）、17:0 anteiso（5.4079%）、14:0 iso（3.5715%）、13:0 iso（2.6689%），这 8 个脂肪酸占了总量的 84.8%，代表了芽胞杆菌的主要脂肪酸组，在进行芽胞杆菌分类分析时，可采用这些主要脂肪酸作为指标。芽胞杆菌种类温度适应性与主要脂肪酸之间存在着相关关系，3 个类型的芽胞杆菌，即低温型芽胞杆菌类、中温型芽胞杆菌类、高温型芽胞杆菌类，随着温度的升高，8 个主要脂肪酸生物标记的总和逐渐降低，分别为 93.11%、88.06%、78.78%。15:0 anteiso 和 17:0 anteiso 生物标记与温度成反比；15:0 iso 和 17:0 iso 生物标记与温度成正比。

芽胞杆菌属间脂肪酸组分群。测定了 10 属，即解硫胺素芽胞杆菌属（*Aneurinibacillus*）、芽胞杆菌属（*Bacillus*）、短芽胞杆菌属（*Brevibacillus*）、地芽胞杆菌属（*Geobacillus*）、赖氨酸芽胞杆菌属（*Lysinibacillus*）、类芽胞杆菌属（*Paenibacillus*）、嗜冷芽胞杆菌属（*Psychrobacillus*）、土壤芽胞杆菌属（*Solibacillus*）、尿素芽胞杆菌属（*Ureibacillus*）、枝芽胞杆菌属（*Virgibacillus*），代表种的芽胞杆菌脂肪酸组，测定到芽胞杆菌脂肪酸生物标记共 88 个。其中，直链脂肪酸 9 个，平均占比 8.74%，低于芽胞杆菌属的直链脂肪酸占比（10.36%）；支链脂肪酸 66 个，平均占比 88.9%，高于芽胞杆菌属的支链脂肪酸占比（87.36%）；复合脂肪酸和未知脂肪酸共 13 个，平均占比 3.03%，高于芽胞杆菌属的 2.32%。支链脂肪酸生物标记占有绝对优势。聚类分析可将芽胞杆菌属间脂肪酸组分为 3 类。第 I 类为高含量脂肪酸组，包括 2 个脂肪酸生物标记，含量平均值为 29%左右；第 II 类为中含量脂肪酸组，包括 19 个脂肪酸生物标记，含量平均值为 1.58%～2.71%。第 III 类为低含量脂肪酸组，包括 65 个脂肪酸生物标记，含量平均值为 0～0.07%。芽胞杆菌属间脂肪酸生物标记与环境因子之间存在着相关性；平均温度与 c16:0、16:0 iso 的相关系数分别为 0.8244、0.8947，极显著相关；pH 平均值与 16:0 iso、c14:0 的相关系数分别为 0.7946、0.9680，极显著相关，与 17:0 iso 的相关系数为 0.6346，显著相关；盐分平均值（NaCl）与 15:0 anteiso、16:0 iso、16:1ω7c alcohol 的相关系数分别为 0.7094、0.7661、0.7953，显著相关。

## 第二节　芽胞杆菌脂肪酸组分群方法

### 一、概述

基于脂肪酸组的芽胞杆菌分群是系统发育研究的重要方法，常用的方法为聚类分析。在聚类分析中，数据处理方法、距离选择及聚类方法影响着分析结果。同样一套数据，不同的数据转换、不同的距离尺度、不同的聚类方法，其结果也不相同。每一种聚类分析系统都有其解析分析的角度，选择适合于特定芽胞杆菌分群的聚类分析方法，应结合实际分群效果进行判断。为了了解聚类分析系统算法特性对分析结果的影响，本节尝试使用多种距离尺度和聚类算法对聚类分析结果进行比较，并在脂肪酸标记物的基础上，引入多样性指数的统计参数，构建不同的聚类树，以期确定芽胞杆菌脂肪酸聚类分析的最佳方法和最佳脂肪酸标记参数，为后续详尽分析提供基础。

## 二、研究方法

### 1. 芽胞杆菌脂肪酸分群生物标记选择方法

芽胞杆菌整体脂肪酸组包含了近百个生物标记，有的属于高含量脂肪酸，有的属于低含量脂肪酸，有的是稳定出现，有的是偶然出现。芽胞杆菌脂肪酸组选择的目的就是通过统计分析，选择那些对芽胞杆菌分群具有稳定影响的脂肪酸生物标记。研究方法为：利用林营志等（2009）编写的程序，将 Sherlock MIS 微生物菌种鉴定系统测得的芽胞杆菌属 95 个种的脂肪酸数据转换成种类-生物标记二维 Excel 文件，统计芽胞杆菌的支链脂肪酸、直链脂肪酸、复合脂肪酸、未知脂肪酸含量，分析各类占比。选择主要脂肪酸（12 个生物标记）和整体脂肪酸（120 个生物标记），应用聚类分析，比较两类脂肪酸 Q 型（种类聚类）的差异，阐明选择主要脂肪酸生物标记进行种类分群的合理性。

### 2. 芽胞杆菌脂肪酸组多样性指数分析方法

为研究芽胞杆菌脂肪酸的多样性指数，测定芽胞杆菌脂肪酸组，构建芽胞杆菌属 95 个种的 128 种脂肪酸生物标记（包含未知脂肪酸）的数据矩阵，选择香农多样性指数（Shannon index，$H_1$）、均匀度指数（Pielou evenness index，$J$）、辛普森优势度指数（Simpson dominance index，$D$）、丰富度指数（Margalef richness index，$R'$）、Brillouin 指数（Brillouin index，$H_2$）、McIntosh 指数（McIntosh index，$H_3$），计算方法见第三章第一节；对 95 种芽胞杆菌整体脂肪酸组进行统计，计算芽胞杆菌脂肪酸的多样性指数，包括脂肪酸丰富度指数（$R'$）、Simpson 指数（$D$）、Shannon 指数（$H_1$）、Pielou 指数（$J$）、Brillouin 指数（$H_2$）、McIntosh 指数（$H_3$）；比较芽胞杆菌种类脂肪酸的多样性指数，分析多样性指数之间的相关性，对多样性指数进行主成分分析，比较整体脂肪酸和脂肪酸多样性指数聚类分析的结果。

### 3. 芽胞杆菌脂肪酸分群数据转换方法比较

选择芽胞杆菌属种类的主要脂肪酸生物标记（c16:0、16:0 iso、15:0 iso、15:0 anteiso、17:0 iso 和 17:0 anteiso）的含量、15:0 iso/15:0 anteiso 和 17:0 iso/17:0 anteiso 的含量比值、脂肪酸生物标记 Shannon 指数（$H_1$）和 Pielou 指数（$J$）作为构建芽胞杆菌属种类的脂肪酸系统发育参数。其中 c16:0 代表细菌特征，15:0 iso 和 15:0 anteiso 代表芽胞杆菌属特征（Kämpfer，1994），15:0 iso/15:0 anteiso 值可反映种的分化；17:0 iso/17:0 anteiso 值代表种特征，可反映群的分化；脂肪酸生物标记 Shannon 指数（$H_1$）和 Pielou 指数（$J$）用于平衡脂肪酸生物标记歧义产生或测定误差。数据转换方法如下。

（1）对数转换 $x'=\ln(x)$。

（2）对数据矩阵进行平方根转换 $x'=\mathrm{sqrt}(x)$。

（3）数据中心化转换，中心化是一种标准化处理方法，即先求出每个变量的样本平均值，再从原始数据中减去该变量的均值，即 $x'_{ij}=x_{ij}-x_j$（$i=1,2,\cdots,n$；$j=1,2,\cdots,m$），$x_j=\sum x_{ij}/n$。变换的结果使每列数据之和均为 0，且每列数据的平方和是该列数据方差的 $n-1$ 倍，任何不同两列数据的交叉积是两列协方差的 $n-1$ 倍，其实这是一种计算方差-协方差的变换。

（4）规格化变换（极差正规化）。规格化变换是从数据矩阵的每一个变量中找出其最大值和最小值，两者之差称为极差，然后从每一个原始数据中减去该变量中的最小值，再除以极差，即：$x'_{ij}=\left[x_{ij}-\min\left(x_{ij}\right)\right]/\left[\max\left(x_{ij}\right)-\min\left(x_{ij}\right)\right]$；经变换后，每列的最大数据变为 1，最小数据变为 0，其余数据取值在 0～1。

## 4. 芽胞杆菌脂肪酸分群距离尺度选择比较

选择一组芽胞杆菌脂肪酸数据，利用生物统计软件 SPSS16.0 和 DPS，通过组间连接（between-groups linkage）法进行系统聚类，组间连接法是合并两类的结果使所有的两两项对之间的平均距离最小，项对的两个成员分属不同类。该方法使用的是各对之间的距离，既非最大距离，也非最小距离。采用 8 种距离模型构建芽胞杆菌脂肪酸聚类树进行比较。选取不同的聚类尺度包括欧氏距离（Euclidean distance）、平方欧氏距离（squared Euclidean distance）、余弦相似度（cosine similarity）、皮尔逊相关（Pearson correlation）、切比雪夫距离（Chebychev）、Block 距离、明科夫斯基距离（Minkowski）、Customized 距离等，制作聚类图，比较不同算法对芽胞杆菌系统发育聚类分析的影响。

研究变量或样本间亲疏程度的数量指标有两种：一种是相似系数，性质越接近的样品相似系数越接近于 1（或 1），而彼此无关的样品之间的相似系数则接近于 0，在进行聚类处理时，比较相似的样品归为一类，不相似的样品归为不同的类；另一种是距离，它是将每一个样品看成 $m$ 样本（$m$ 个变量，$i=1,\cdots,m$），$n$ 指标（$n$ 个指标，$j=1,\cdots,n$）构成的多维空间的一个点，在这 $m$ 维空间中定义距离，距离较近的点归为同一类，距离较远的点归为不同的类。综合各软件分析，距离模型的公式如下。

（1）欧氏距离：两个样本之间的欧氏距离是样本各个变量值之差的平方和的平方根，计算公式为

$$\mathrm{dist}(X,Y)=\sqrt{\sum_{i=1}^{n}(x_i-y_i)^2} \tag{5-2-1}$$

（2）平方欧氏距离：两个样本之间的欧氏距离平方是各样本每个变量值之差的平方和，计算公式如下：

$$d(x_a,x_b)=\sum_{i=1}^{p}(x_{ai}-x_{bi})^2 \tag{5-2-2}$$

（3）余弦相似度：余弦相似度用向量空间中两个向量夹角的余弦值作为衡量两个个体间差异的大小。相比距离度量，余弦相似度更加注重两个向量在方向上的差异，而非距离或长度上的差异。公式如下：

$$s(x_a,x_b)=\frac{\sum_{i=1}^{p}(x_{ai}x_{bi})}{\sqrt{(\sum_{i=1}^{p}x_{ai}^2)(\sum_{i=1}^{p}x_{bi}^2)}} \tag{5-2-3}$$

（4）皮尔逊相关：即利用样本的相关系数作为距离值，计算公式如下：

$$r=\frac{\sum XY-\frac{\sum X\sum Y}{N}}{\sqrt{(\sum X^2-\frac{(\sum X)^2}{N})(\sum Y^2-\frac{(\sum Y)^2}{N})}} \tag{5-2-4}$$

（5）切比雪夫距离：两个样本之间的 Chebychev 距离是各样本所有变量值之差绝对值中的最大值。若两个向量或两个点 $p$ 和 $q$，其坐标分别为 $p_i$ 及 $q_i$，则两者之间的切比雪夫距离定义如下：

$$D_{\text{Chebychev}}(p,q):=\max_i(|p_i-q_i|) \tag{5-2-5}$$

（6）Block 距离：两个样本之间的 Block 距离是各样本所有变量值之差绝对值的总和，计算公式为

$$d(a,b)=\sum_{i=1}^{n}|b_i-a_i| \tag{5-2-6}$$

（7）明科夫斯基距离：两个样本之间的 Minkowski 距离是各样本所有变量值之差绝对值的 $p$ 次方的总和，再求 $p$ 次方根。第 $i$ 个样品与第 $j$ 个样品间的明科夫斯基距离定义为

$$\text{dist}(X,Y)=(\sum_{i=1}^{n}|x_i-y_i|^p)^{1/p} \tag{5-2-7}$$

（8）Customized 距离：两个样本之间的 Customized 距离是各样本所有变量值之差绝对值的 $m$ 次方的总和，再求 $n$ 次方根。计算公式为

$$d(x_a,x_b)=\sqrt[n]{\sum_{i=1}^{p}|x_{ai}-x_{bi}|^m} \tag{5-2-8}$$

（9）绝对值距离（又称 Manhattan 度量或网格变量），是一种使用在几何度量空间的几何学用语，用以标明两个点在标准坐标系上的绝对轴距总和。计算公式为

$$d_y=\sum_{k=1}^{m}|x_{ik}-x_{jk}| \tag{5-2-9}$$

（10）兰氏距离：这是一个自身标准化的量。由于它对大的奇异值不敏感，故特别适合高度偏倚的数据。计算公式为

$$d=\sum_{k=1}^{m}|x_{ik}-x_{jk}|/(x_{ik}+x_{jk}) \tag{5-2-10}$$

（11）马氏距离表示数据的协方差距离，它是一种有效的计算两个未知样本集的相似度的方法，用来衡量两个服从同一分布并且其协方差矩阵为 Σ 的随机变量之间的差异程度。计算公式为

$$d_{ij}=(\boldsymbol{x}_{(i)}-\boldsymbol{x}_{(j)})\boldsymbol{S}^{-1}(\boldsymbol{x}_{(i)}-\boldsymbol{x}_{(j)}) \qquad (5\text{-}2\text{-}11)$$

式中，$\boldsymbol{x}_{(i)}$为样品 $x_i$ 的 $m$ 个指标所组成的向量（$i$=1,2,⋯,$n$）；$\boldsymbol{S}^{-1}$ 为样本协方差阵的逆矩阵。样本的协方差矩阵为

$$\boldsymbol{S}_{ij}=\left\{\sum_{k=1}^{m}(x_{ik}-x_j)(x_{jk}-x_j)\right\}/(n-1) \qquad (5\text{-}2\text{-}12)$$

（12）卡方距离可用来衡量两个个体之间的差异性。计算公式为

$$d=\sum_{k=1}^{m}\left\{(x_{ik}-e_{ijk})^2/e_{ijk}+(x_{jk}-e_{jik})^2 e_{jik}\right\} \qquad (5\text{-}2\text{-}13)$$

式中，$e_{jik}=(x_{ik}-x_{jk})T_i/T_{ij}$，$T_i=\sum_{k=1}^{m}x_{ik}, T_{ij}=T_i+T_j \quad (k=1,2,\cdots,m;\ i,j=1,2,\cdots,n)$。

卡方距离比欧氏距离等常用的距离系数有更强的分辨能力。目前已有大量的相似系数和距离，Moore（1972）曾列出 40 多种，但在数值分类中比较常用的却是少数。数据分析过程根据实际选择不同的距离进行聚类分析比较，分析软件可采用 SPSS 和 DPS 统计软件。

## 三、芽胞杆菌脂肪酸分群生物标记选择

### 1. 芽胞杆菌脂肪酸组数据矩阵

测定芽胞杆菌属 95 个种的脂肪酸组，构建数据矩阵，分析结构见表 5-2-1。整体脂肪酸有 120 个（不包括未知脂肪酸），其中平均含量在 1%以上的脂肪酸生物标记有 12 个，它们是 15:0 iso（29.2136%）、15:0 anteiso（29.4089%）、17:0 anteiso（7.2207%）、c16:0（6.8289%）、16:0 iso（5.0002%）、17:0 iso（4.4790%）、14:0 iso（3.8026%）、c14:0（1.9935%）、16:1ω11c（1.8937%）、16:1ω7c alcohol（1.8446%）、17:1 iso ω10c（1.4106%）、13:0 iso（0.9730%），占整体脂肪酸总量的 94.0693%，构成芽胞杆菌特征脂肪酸；其余 112 个含量低的脂肪酸，占总量的 6.1480%，为芽胞杆菌次要脂肪酸。

**表 5-2-1　芽胞杆菌属 95 种 120 个脂肪酸生物标记平均值**

| 脂肪酸生物标记 | 平均值/% | 脂肪酸生物标记 | 平均值/% |
|---|---|---|---|
| [1] 15:0 iso | 29.2136 | [11] 17:1 iso ω10c | 1.4106 |
| [2] 15:0 anteiso | 29.4089 | [12] 13:0 iso | 0.9730 |
| [3] 17:0 anteiso | 7.2207 | 主要脂肪酸：小计 | 94.0693 |
| [4] c16:0 | 6.8289 | [13] 10:0 2OH | 0.0001 |
| [5] 16:0 iso | 5.0002 | [14] 10:0 3OH | 0.0005 |
| [6] 17:0 iso | 4.4790 | [15] 10:0 iso | 0.0006 |
| [7] 14:0 iso | 3.8026 | [16] 11:0 2OH | 0.0001 |
| [8] c14:0 | 1.9935 | [17] 11:0 3OH | 0.0005 |
| [9] 16:1ω11c | 1.8937 | [18] 11:0 anteiso | 0.0070 |
| [10] 16:1ω7c alcohol | 1.8446 | [19] 11:0 iso | 0.0225 |

续表

| 脂肪酸生物标记 | 平均值/% | 脂肪酸生物标记 | 平均值/% |
|---|---|---|---|
| [20] 11:0 iso 3OH | 0.0012 | [60] cy17:0 | 0.0297 |
| [21] 12:0 2OH | 0.0008 | [61] 17:0 iso 3OH | 0.0247 |
| [22] 12:0 3OH | 0.0008 | [62] 17:1 iso ω5c | 0.1492 |
| [23] 12:0 anteiso | 0.0031 | [63] 17:1 anteiso A | 0.1180 |
| [24] 12:0 iso | 0.1358 | [64] 17:1 anteiso ω9c | 0.0491 |
| [25] 12:0 iso 3OH | 0.0001 | [65] 17:1ω5c | 0.0006 |
| [26] 12:1 3OH | 0.0000 | [66] 17:1ω6c | 0.0160 |
| [27] 13:0 2OH | 0.0027 | [67] 17:1ω7c | 0.0126 |
| [28] 13:0 anteiso | 0.3108 | [68] 17:1ω8c | 0.0061 |
| [29] 13:0 iso 3OH | 0.0127 | [69] 17:1ω9c | 0.0154 |
| [30] 13:1 at 12-13 | 0.0005 | [70] 17:1 iso ω9c | 0.0018 |
| [31] 14:0 2OH | 0.0019 | [71] 10 Me 18:0 TBSA | 0.0334 |
| [32] 14:0 anteiso | 0.0651 | [72] 18:0 2OH | 0.0111 |
| [33] 14:0 iso 3OH | 0.0167 | [73] 18:0 3OH | 0.0046 |
| [34] 14:1 iso E | 0.0000 | [74] 18:0 iso | 0.0538 |
| [35] 14:1ω5c | 0.0012 | [75] 18:1 2OH | 0.0319 |
| [36] 15:0 2OH | 0.0564 | [76] 18:1 iso H | 0.0098 |
| [37] 15:0 3OH | 0.0001 | [77] 18:1ω5c | 0.0104 |
| [38] 15:0 iso 3OH | 0.0588 | [78] 18:1ω7c | 0.0356 |
| [39] 15:1 anteiso A | 0.0052 | [79] 11 Me 18:1ω7c | 0.0001 |
| [40] 15:1 iso at 5 | 0.0003 | [80] 18:1ω9c | 0.3178 |
| [41] 15:1 iso F | 0.0172 | [81] 18:3ω(6,9,12)c | 0.0409 |
| [42] 15:1 iso G | 0.0089 | [82] 19:0 anteiso | 0.0071 |
| [43] 15:1 iso ω9c | 0.0205 | [83] cy19:0ω8c | 0.0277 |
| [44] 15:1ω5c | 0.0332 | [84] 19:0 iso | 0.0498 |
| [45] 15:1ω6c | 0.0009 | [85] 19:1 iso I | 0.0002 |
| [46] 15:1ω8c | 0.0005 | [86] 20:0 iso | 0.0031 |
| [47] 16:0 2OH | 0.0170 | [87] 20:1ω7c | 0.0415 |
| [48] 16:0 3OH | 0.0098 | [88] 20:1ω9c | 0.0046 |
| [49] 16:0 anteiso | 0.0245 | [89] 20:2ω(6,9)c | 0.0009 |
| [50] 16:0 iso 3OH | 0.2308 | [90] 20:4ω(6,9,12,15)c | 0.0028 |
| [51] 16:0 N alcohol | 0.0359 | [91] 9:0 3OH | 0.0002 |
| [52] 16:1 2OH | 0.0262 | [92] c10:0 | 0.0910 |
| [53] 16:1 iso G | 0.0003 | [93] c11:0 | 0.0001 |
| [54] 16:1 iso H | 0.0100 | [94] c12:0 | 0.2208 |
| [55] 16:1ω5c | 0.0076 | [95] c13:0 | 0.0039 |
| [56] 16:1ω9c | 0.0015 | [96] c17:0 | 0.1085 |
| [57] 10 Me 17:0 | 0.0044 | [97] c18:0 | 0.7522 |
| [58] 17:0 2OH | 0.0255 | [98] c19:0 | 0.1977 |
| [59] 17:0 3OH | 0.0051 | [99] c20:0 | 0.0444 |

续表

| 脂肪酸生物标记 | 平均值/% | 脂肪酸生物标记 | 平均值/% |
|---|---|---|---|
| [100] c9:0 | 0.0026 | [112] feature 6 | 0.0038 |
| [101] feature 1-1 | 0.0001 | [113] feature 7-1 | 0.0000 |
| [102] feature 1-2 | 0.0012 | [114] feature 7-2 | 0.0024 |
| [103] feature 1-3 | 0.0263 | [115] feature 8 | 0.1016 |
| [104] feature 2-1 | 0.0346 | [116] feature 9 | 0.0037 |
| [105] feature 2-2 | 0.0869 | [117] unknown 11.543 | 0.0007 |
| [106] feature 2-3 | 0.0437 | [118] unknown 14.502 | 0.0002 |
| [107] feature 3-1 | 0.1467 | [119] unknown 14.959 | 0.0053 |
| [108] feature 3-2 | 0.7580 | [120] unknown 15.669 | 0.0039 |
| [109] feature 4-1 | 0.0523 | 次要脂肪酸：小计 | 6.1480 |
| [110] feature 4-2 | 0.9810 | 合计 | 100.2173 |
| [111] feature 5 | 0.0222 | | |

注：feature 1-1 | 13:0 3OH/15:1 iso H | 15:1 iso H/13:0 3OH、feature 1-2 | 13:0 3OH/15:1 iso I/H | 15:1 iso H/13:0 3OH | 15:1 iso I/13:0 3OH、feature 1-3 | 13:0 3OH/15:1 iso H | 15:1 iso H/13:0 3OH、feature 2-1 | 12:0 aldehyde ? | 14:0 3OH/16:1 iso I | 16:1 iso I/14:0 3OH| unknown 10.928、feature 2-2 | 12:0 aldehyde ? | 14:0 3OH/16:1 iso I | 16:1 iso I/14:0 3OH| unknown 10.9525、feature 2-3 | 12:0 aldehyde ? | 14:0 3OH/16:1 iso I | 16:1 iso I/14:0 3OH| unknown 10.928、feature 3-1 | 15:0 iso 2OH/16:1ω7c | 16:1ω7c/15 iso 2OH、feature 3-2 | 16:1ω6c/16:1ω7c | 16:1ω7c/16:1ω6c、feature 4-1 | 17:1 anteiso B/iso I | 17:1 iso I/anteiso B、feature 4-2 | 17:1 anteiso B/iso I | 17:1 iso I/anteiso B、feature 5 | 18:0 anteiso/18:2ω(6,9)c | 18:2ω(6,9)c/18:0 anteiso、feature 6 | 19:1ω11c/19:1ω9c | 19:1ω9c/19:1ω11c、feature 7-1 | cy19:0ω10c/19ω6 | 19:1ω6c/.846/19cy | unknown 18.846/19:1ω6c、feature 7-2 | cy19:0ω10c/19ω6 | 19:1ω6c/ω7c/19cy | 19:1ω7c/19:1ω6c、feature 8 | 18:1ω6c | 18:1ω7c、feature 9 | 10 Me 16:0 | 17:1 iso ω9c

## 2. 芽胞杆菌整体脂肪酸和主要脂肪酸聚类结果比较

基于整体脂肪酸组与主要脂肪酸组芽胞杆菌聚类分析结果比较：选择整体脂肪酸组的 120 个生物标记和主要脂肪酸的 12 个生物标记，对 95 种芽胞杆菌进行聚类分析，比较分群差异。以 95 种芽胞杆菌为样本，分别以整体脂肪酸组和主要脂肪酸组为指标，数据不转换，以欧氏距离为尺度，用可变类平均法进行系统聚类，分析结果见图 5-2-1（120 个生物标记）和图 5-2-2（12 个生物标记）。两组数据都将 95 种芽胞杆菌分成 3 类，第 I 类定义为枯草芽胞杆菌群（*Bacillus subtilis*），第 II 类定义为蜡样芽胞杆菌群（*Bacillus cereus*），第 III 类定义为萎缩芽胞杆菌群（*Bacillus atrophaeus*）。

整体脂肪酸组（120 个标记）聚类结果将芽胞杆菌分为 3 类，第 I 类 42 个种，第 II 类 20 个种，第 III 类 33 个种。主要脂肪酸（12 个标记）聚类结果将芽胞杆菌分为 3 类，第 I 类 29 个种，第 II 类 33 个种，第 III 类 33 个种。两组数据的第 III 类聚类结果种类相同，第 I 和第 II 类聚类结果存在差异，整体脂肪酸组聚类第 I 类 42 个种，比主要脂肪酸聚类第 I 类结果多了 13 个种，同时，在第 II 类中，整体脂肪酸组聚类结果比主要脂肪酸聚类结果少了 13 个种（表 5-2-2）。整体脂肪酸组聚类得出的 13 个种为沙氏芽胞杆菌（*Bacillus shackletonii*）、硒砷芽胞杆菌（*Bacillus selenatarsenatis*）、假坚强芽胞杆菌（*Bacillus pseudofirmus*）、假嗜碱芽胞杆菌（*Bacillus pseudalcaliphilus*）、烟酸芽胞杆

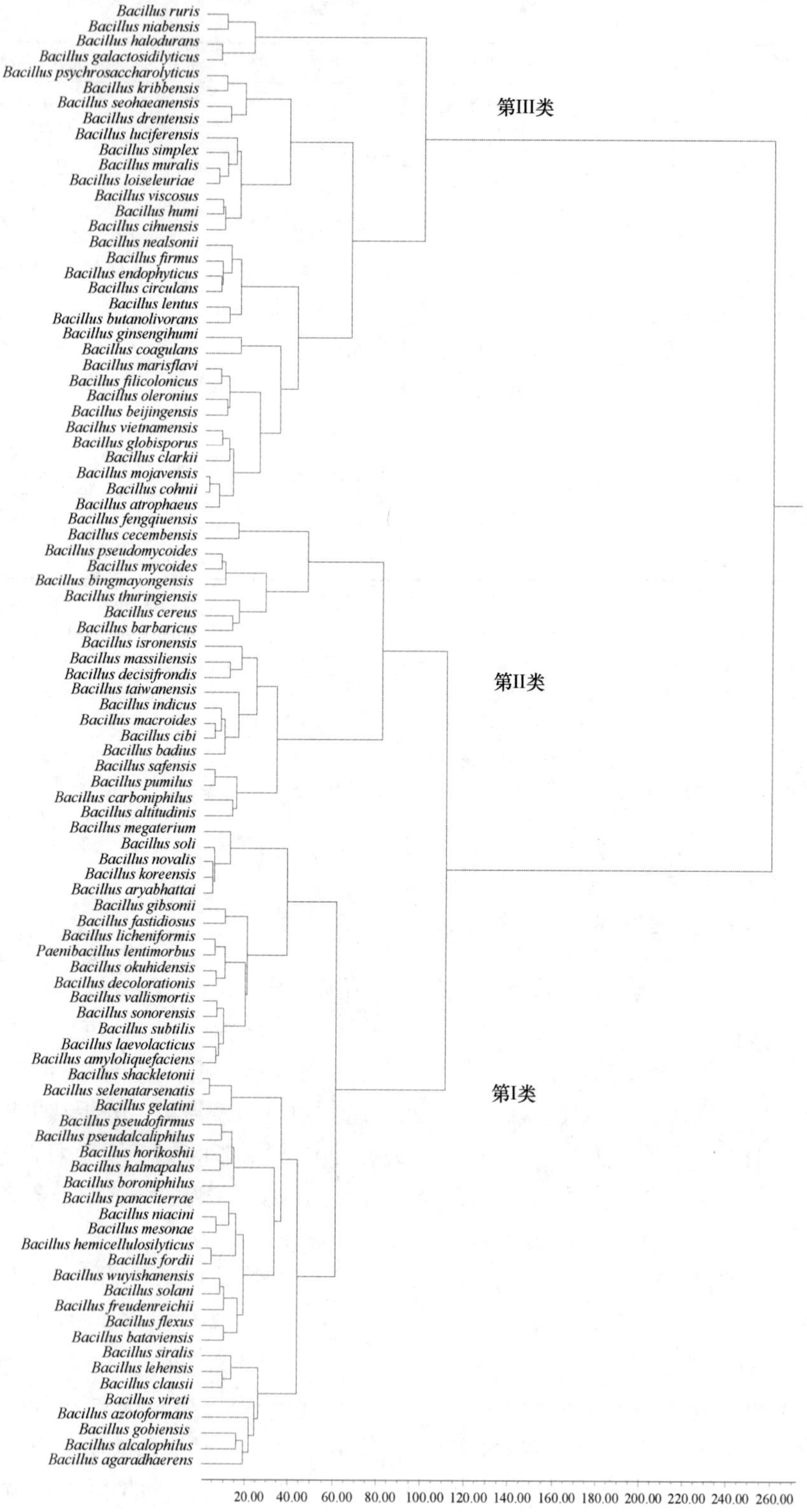


图 5-2-1 基于 120 个脂肪酸芽胞杆菌聚类分析

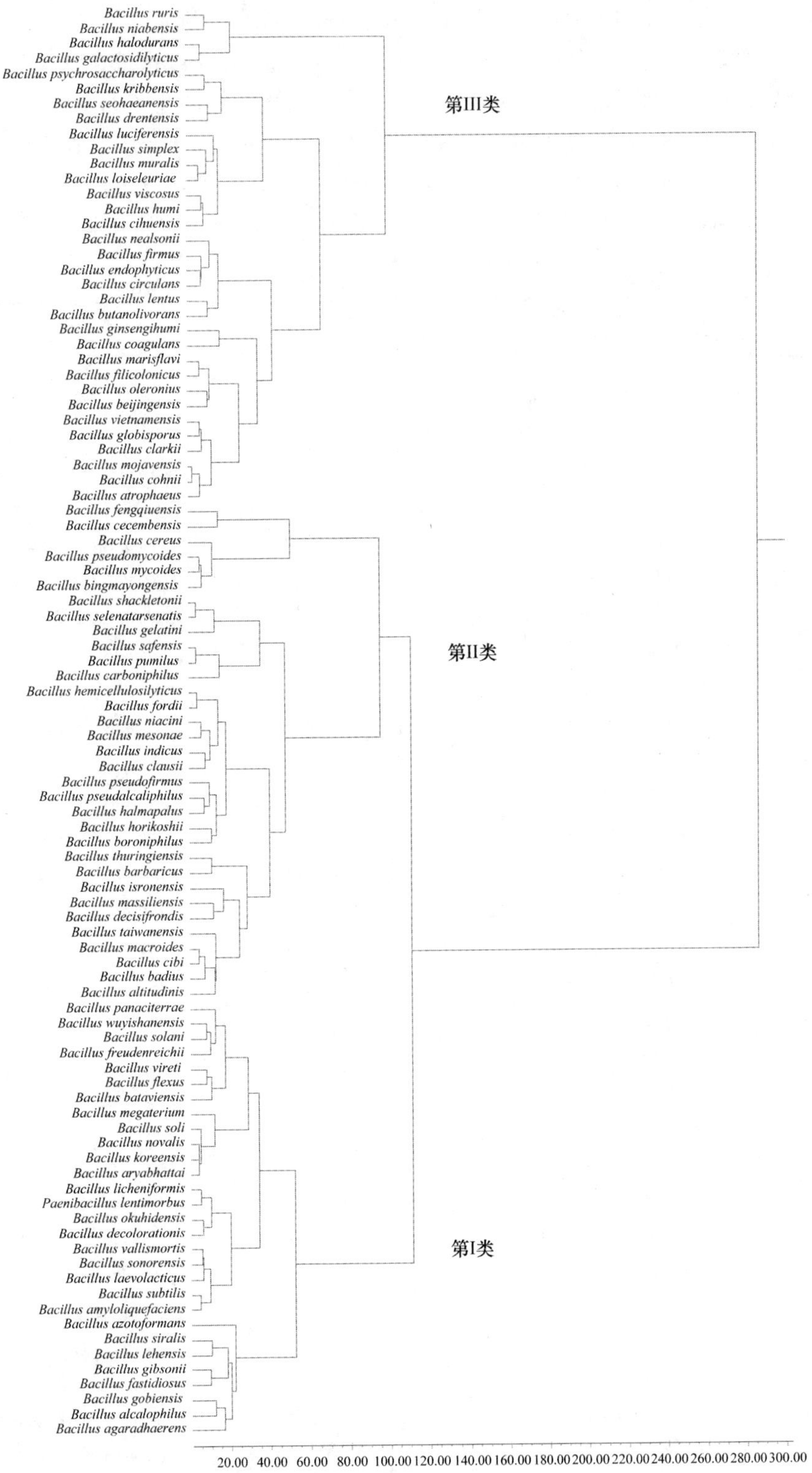


图 5-2-2　基于 12 个脂肪酸芽胞杆菌聚类分析

菌（*Bacillus niacini*）、仙草芽胞杆菌（*Bacillus mesonae*）、堀越氏芽胞杆菌（*Bacillus horikoshii*）、解半纤维素芽胞杆菌（*Bacillus hemicellulosilyticus*）、盐敏芽胞杆菌（*Bacillus halmapalus*）、明胶芽胞杆菌（*Bacillus gelatini*）、克劳氏芽胞杆菌（*Bacillus clausii*）、嗜硼芽胞杆菌（*Bacillus boroniphilus*）、福氏芽胞杆菌（*Bacillus fordii*），在主要脂肪酸聚类中属于第 II 类；从分子分类和生理分类结果看，这 13 个种更靠近蜡样芽胞杆菌群，故采用主要脂肪酸分群方法更为合理，避免了众多低含量脂肪酸的分群干扰。

**表 5-2-2 基于 120 个和 12 个脂肪酸芽胞杆菌分群结果**

| 基于 120 个脂肪酸芽胞杆菌聚类 | | 基于 12 个脂肪酸芽胞杆菌聚类 | |
|---|---|---|---|
| 类别 | 种名 | 类别 | 种名 |
| I | *Bacillus agaradhaerens* | I | *Bacillus agaradhaerens* |
| I | *Bacillus alcalophilus* | I | *Bacillus alcalophilus* |
| I | *Bacillus amyloliquefaciens* | I | *Bacillus amyloliquefaciens* |
| I | *Bacillus aryabhattai* | I | *Bacillus aryabhattai* |
| I | *Bacillus azotoformans* | I | *Bacillus azotoformans* |
| I | *Bacillus bataviensis* | I | *Bacillus bataviensis* |
| I | *Bacillus boroniphilus* | I | *Bacillus decolorationis* |
| I | *Bacillus clausii* | I | *Bacillus fastidiosus* |
| I | *Bacillus decolorationis* | I | *Bacillus flexus* |
| I | *Bacillus fastidiosus* | I | *Bacillus freudenreichii* |
| I | *Bacillus flexus* | I | *Bacillus gibsonii* |
| I | *Bacillus fordii* | I | *Bacillus gobiensis* |
| I | *Bacillus freudenreichii* | I | *Bacillus koreensis* |
| I | *Bacillus gelatini* | I | *Bacillus laevolacticus* |
| I | *Bacillus gibsonii* | I | *Bacillus lehensis* |
| I | *Bacillus gobiensis* | I | *Paenibacillus lentimorbus* |
| I | *Bacillus halmapalus* | I | *Bacillus licheniformis* |
| I | *Bacillus hemicellulosilyticus* | I | *Bacillus megaterium* |
| I | *Bacillus horikoshii* | I | *Bacillus novalis* |
| I | *Bacillus koreensis* | I | *Bacillus okuhidensis* |
| I | *Bacillus laevolacticus* | I | *Bacillus panaciterrae* |
| I | *Bacillus lehensis* | I | *Bacillus siralis* |
| I | *Paenibacillus lentimorbus* | I | *Bacillus solani* |
| I | *Bacillus licheniformis* | I | *Bacillus soli* |
| I | *Bacillus megaterium* | I | *Bacillus sonorensis* |
| I | *Bacillus mesonae* | I | *Bacillus subtilis* |
| I | *Bacillus niacini* | I | *Bacillus vallismortis* |
| I | *Bacillus novalis* | I | *Bacillus vireti* |
| I | *Bacillus okuhidensis* | I | *Bacillus wuyishanensis* |
| I | *Bacillus panaciterrae* | 第 I 类 29 种 | 枯草芽胞杆菌群 |
| I | *Bacillus pseudalcaliphilus* | II | *Bacillus altitudinis* |
| I | *Bacillus pseudofirmus* | II | *Bacillus badius* |

续表

| 基于 120 个脂肪酸芽胞杆菌聚类 | | 基于 12 个脂肪酸芽胞杆菌聚类 | |
|---|---|---|---|
| 类别 | 种名 | 类别 | 种名 |
| I | *Bacillus selenatarsenatis* | II | *Bacillus barbaricus* |
| I | *Bacillus shackletonii* | II | *Bacillus bingmayongensis* |
| I | *Bacillus siralis* | II | *Bacillus boroniphilus* |
| I | *Bacillus solani* | II | *Bacillus carboniphilus* |
| I | *Bacillus soli* | II | *Bacillus cecembensis* |
| I | *Bacillus sonorensis* | II | *Bacillus cereus* |
| I | *Bacillus subtilis* | II | *Bacillus cibi* |
| I | *Bacillus vallismortis* | II | *Bacillus clausii* |
| I | *Bacillus vireti* | II | *Bacillus decisifrondis* |
| I | *Bacillus wuyishanensis* | II | *Bacillus fengqiuensis* |
| 第 I 类 42 种 | 枯草芽胞杆菌群 | II | *Bacillus fordii* |
| II | *Bacillus altitudinis* | II | *Bacillus gelatini* |
| II | *Bacillus badius* | II | *Bacillus halmapalus* |
| II | *Bacillus barbaricus* | II | *Bacillus hemicellulosilyticus* |
| II | *Bacillus bingmayongensis* | II | *Bacillus horikoshii* |
| II | *Bacillus carboniphilus* | II | *Bacillus indicus* |
| II | *Bacillus cecembensis* | II | *Bacillus isronensis* |
| II | *Bacillus cereus* | II | *Bacillus macroides* |
| II | *Bacillus cibi* | II | *Bacillus massiliensis* |
| II | *Bacillus decisifrondis* | II | *Bacillus mesonae* |
| II | *Bacillus fengqiuensis* | II | *Bacillus mycoides* |
| II | *Bacillus indicus* | II | *Bacillus niacini* |
| II | *Bacillus isronensis* | II | *Bacillus pseudalcaliphilus* |
| II | *Bacillus macroides* | II | *Bacillus pseudofirmus* |
| II | *Bacillus massiliensis* | II | *Bacillus pseudomycoides* |
| II | *Bacillus mycoides* | II | *Bacillus pumilus* |
| II | *Bacillus pseudomycoides* | II | *Bacillus safensis* |
| II | *Bacillus pumilus* | II | *Bacillus selenatarsenatis* |
| II | *Bacillus safensis* | II | *Bacillus shackletonii* |
| II | *Bacillus taiwanensis* | II | *Bacillus taiwanensis* |
| II | *Bacillus thuringiensis* | II | *Bacillus thuringiensis* |
| 第 II 类 20 种 | 蜡样芽胞杆菌群 | 第 II 类 33 种 | 蜡样芽胞杆菌群 |
| III | *Bacillus atrophaeus* | III | *Bacillus atrophaeus* |
| III | *Bacillus beijingensis* | III | *Bacillus beijingensis* |
| III | *Bacillus butanolivorans* | III | *Bacillus butanolivorans* |
| III | *Bacillus cihuensis* | III | *Bacillus cihuensis* |
| III | *Bacillus circulans* | III | *Bacillus circulans* |
| III | *Bacillus clarkii* | III | *Bacillus clarkii* |
| III | *Bacillus coagulans* | III | *Bacillus coagulans* |

续表

| 基于 120 个脂肪酸芽胞杆菌聚类 | | 基于 12 个脂肪酸芽胞杆菌聚类 | |
|---|---|---|---|
| 类别 | 种名 | 类别 | 种名 |
| III | *Bacillus cohnii* | III | *Bacillus cohnii* |
| III | *Bacillus drentensis* | III | *Bacillus drentensis* |
| III | *Bacillus endophyticus* | III | *Bacillus endophyticus* |
| III | *Bacillus filicolonicus* | III | *Bacillus filicolonicus* |
| III | *Bacillus firmus* | III | *Bacillus firmus* |
| III | *Bacillus galactosidilyticus* | III | *Bacillus galactosidilyticus* |
| III | *Bacillus ginsengihumi* | III | *Bacillus ginsengihumi* |
| III | *Bacillus globisporus* | III | *Bacillus globisporus* |
| III | *Bacillus halodurans* | III | *Bacillus halodurans* |
| III | *Bacillus humi* | III | *Bacillus humi* |
| III | *Bacillus kribbensis* | III | *Bacillus kribbensis* |
| III | *Bacillus lentus* | III | *Bacillus lentus* |
| III | *Bacillus loiseleuriae* | III | *Bacillus loiseleuriae* |
| III | *Bacillus luciferensis* | III | *Bacillus luciferensis* |
| III | *Bacillus marisflavi* | III | *Bacillus marisflavi* |
| III | *Bacillus mojavensis* | III | *Bacillus mojavensis* |
| III | *Bacillus muralis* | III | *Bacillus muralis* |
| III | *Bacillus nealsonii* | III | *Bacillus nealsonii* |
| III | *Bacillus niabensis* | III | *Bacillus niabensis* |
| III | *Bacillus oleronius* | III | *Bacillus oleronius* |
| III | *Bacillus psychrosaccharolyticus* | III | *Bacillus psychrosaccharolyticus* |
| III | *Bacillus ruris* | III | *Bacillus ruris* |
| III | *Bacillus seohaeanensis* | III | *Bacillus seohaeanensis* |
| III | *Bacillus simplex* | III | *Bacillus simplex* |
| III | *Bacillus vietnamensis* | III | *Bacillus vietnamensis* |
| III | *Bacillus viscosus* | III | *Bacillus viscosus* |
| 第 III 类 33 种 | 萎缩芽胞杆菌群 | 第 III 类 33 种 | 萎缩芽胞杆菌群 |

## 3. 芽胞杆菌整体脂肪酸和主要脂肪酸聚类参数比较

基于整体脂肪酸组和主要脂肪酸的芽胞杆菌属聚类分析的参数平均值见表 5-2-3 和表 5-2-4。整体脂肪酸组（120 个）聚类第 I、II、III 类芽胞杆菌脂肪酸的总和分别为 100.4%、100.2%、100.1%（表 5-2-3）；采用主要脂肪酸组（12 个）聚类第 I、II、III 类芽胞杆菌脂肪酸的总和分别为 93.6%、91.7%、96.2%（表 5-2-4），后者较前者聚类的 3 类芽胞杆菌脂肪酸总和分别低 6.8 个百分点、8.5 个百分点、3.9 个百分点；主要脂肪酸组占整体脂肪酸组的 9.6%，聚类结果引起的种类聚类变动率为 10.48%，表明用不到 10%的脂肪酸组聚类，产生的差异在 10%左右，因此在统计学上可以接受用 12 个主要脂肪酸组替代 120 个整体脂肪酸进行种类的聚类分析。

**表 5-2-3 基于整体脂肪酸组芽胞杆菌属聚类分析**

| 脂肪酸组 | 第 I 类（42 种）平均值/% | 第 II 类（20 种）平均值/% | 第 III 类（33 种）平均值/% | 脂肪酸组 | 第 I 类（42 种）平均值/% | 第 II 类（20 种）平均值/% | 第 III 类（33 种）平均值/% |
|---|---|---|---|---|---|---|---|
| [1] 10:0 2OH | 0.00 | 0.00 | 0.00 | [40] 16:0 3OH | 0.01 | 0.02 | 0.01 |
| [2] 10:0 3OH | 0.00 | 0.00 | 0.00 | [41] 16:0 anteiso | 0.04 | 0.01 | 0.02 |
| [3] 10:0 iso | 0.00 | 0.00 | 0.00 | [42] 16:0 iso | 3.91 | 7.48 | 4.57 |
| [4] 11:0 2OH | 0.00 | 0.00 | 0.00 | [43] 16:0 iso 3OH | 0.44 | 0.29 | 0.19 |
| [5] 11:0 3OH | 0.00 | 0.00 | 0.00 | [44] 16:0 N alcohol | 0.07 | 0.00 | 0.01 |
| [6] 11:0 anteiso | 0.00 | 0.01 | 0.01 | [45] 16:1 2OH | 0.00 | 0.11 | 0.01 |
| [7] 11:0 iso | 0.01 | 0.08 | 0.00 | [46] 16:1 iso G | 0.00 | 0.00 | 0.00 |
| [8] 11:0 iso 3OH | 0.00 | 0.00 | 0.00 | [47] 16:1 iso H | 0.02 | 0.00 | 0.00 |
| [9] 12:0 2OH | 0.00 | 0.00 | 0.00 | [48] 16:1ω11c | 2.30 | 1.68 | 1.37 |
| [10] 12:0 3OH | 0.01 | 0.00 | 0.00 | [49] 16:1ω5c | 0.02 | 0.00 | 0.00 |
| [11] 12:0 anteiso | 0.00 | 0.00 | 0.01 | [50] 16:1ω7c alcohol | 1.25 | 4.14 | 1.00 |
| [12] 12:0 iso | 0.01 | 0.60 | 0.00 | [51] 16:1ω9c | 0.00 | 0.00 | 0.00 |
| [13] 12:0 iso 3OH | 0.00 | 0.00 | 0.00 | [52] 10 Me 17:0 | 0.01 | 0.00 | 0.00 |
| [14] 12:1 3OH | 0.00 | 0.00 | 0.00 | [53] 17:0 2OH | 0.03 | 0.00 | 0.03 |
| [15] 13:0 2OH | 0.00 | 0.00 | 0.00 | [54] 17:0 3OH | 0.01 | 0.00 | 0.00 |
| [16] 13:0 anteiso | 0.11 | 0.77 | 0.26 | [55] 17:0 anteiso | 7.48 | 2.98 | 9.27 |
| [17] 13:0 iso | 0.35 | 3.45 | 0.25 | [56] cy17:0 | 0.02 | 0.11 | 0.00 |
| [18] 13:0 iso 3OH | 0.01 | 0.03 | 0.01 | [57] 17:0 iso | 5.63 | 6.08 | 2.46 |
| [19] 13:1 at 12-13 | 0.00 | 0.00 | 0.00 | [58] 17:0 iso 3OH | 0.05 | 0.02 | 0.01 |
| [20] 14:0 2OH | 0.00 | 0.00 | 0.00 | [59] 17:1 iso ω5c | 0.03 | 0.57 | 0.02 |
| [21] 14:0 anteiso | 0.09 | 0.07 | 0.03 | [60] 17:1 anteiso A | 0.01 | 0.22 | 0.18 |
| [22] 14:0 iso | 3.04 | 4.51 | 4.16 | [61] 17:1 anteiso ω9c | 0.08 | 0.05 | 0.02 |
| [23] 14:0 iso 3OH | 0.02 | 0.01 | 0.02 | [62] 17:1 iso ω10c | 1.94 | 1.73 | 0.45 |
| [24] 14:1 iso E | 0.00 | 0.00 | 0.00 | [63] 17:1ω5c | 0.00 | 0.00 | 0.00 |
| [25] 14:1ω5c | 0.00 | 0.00 | 0.00 | [64] 17:1ω6c | 0.03 | 0.00 | 0.00 |
| [26] 15:0 2OH | 0.04 | 0.08 | 0.07 | [65] 17:1ω7c | 0.00 | 0.06 | 0.00 |
| [27] 15:0 3OH | 0.00 | 0.00 | 0.00 | [66] 17:1ω8c | 0.02 | 0.00 | 0.00 |
| [28] 15:0 anteiso | 26.29 | 10.84 | 44.27 | [67] 17:1ω9c | 0.02 | 0.02 | 0.00 |
| [29] 15:0 iso | 33.61 | 40.16 | 17.29 | [68] 17:1 iso ω9c | 0.00 | 0.00 | 0.00 |
| [30] 15:0 iso 3OH | 0.06 | 0.06 | 0.06 | [69] 10 Me 18:0 TBSA | 0.03 | 0.08 | 0.01 |
| [31] 15:1 anteiso A | 0.01 | 0.00 | 0.00 | [70] 18:0 2OH | 0.02 | 0.00 | 0.01 |
| [32] 15:1 iso at 5 | 0.00 | 0.00 | 0.00 | [71] 18:0 3OH | 0.00 | 0.01 | 0.01 |
| [33] 15:1 iso F | 0.03 | 0.01 | 0.00 | [72] 18:0 iso | 0.04 | 0.15 | 0.01 |
| [34] 15:1 iso G | 0.01 | 0.02 | 0.00 | [73] 18:1 2OH | 0.04 | 0.01 | 0.04 |
| [35] 15:1 iso ω9c | 0.01 | 0.03 | 0.03 | [74] 18:1 iso H | 0.02 | 0.01 | 0.01 |
| [36] 15:1ω5c | 0.00 | 0.15 | 0.00 | [75] 18:1ω5c | 0.01 | 0.03 | 0.00 |
| [37] 15:1ω6c | 0.00 | 0.00 | 0.00 | [76] 18:1ω7c | 0.05 | 0.01 | 0.04 |
| [38] 15:1ω8c | 0.00 | 0.00 | 0.00 | [77] 11 Me 18:1ω7c | 0.00 | 0.00 | 0.00 |
| [39] 16:0 2OH | 0.01 | 0.03 | 0.01 | [78] 18:1ω9c | 0.55 | 0.17 | 0.18 |

续表

| 脂肪酸组 | 第 I 类（42 种）平均值/% | 第 II 类（20 种）平均值/% | 第 III 类（33 种）平均值/% | 脂肪酸组 | 第 I 类（42 种）平均值/% | 第 II 类（20 种）平均值/% | 第 III 类（33 种）平均值/% |
|---|---|---|---|---|---|---|---|
| [79] 18:3ω(6,9,12)c | 0.04 | 0.08 | 0.03 | [101] feature 1-1 | 0.00 | 0.00 | 0.00 |
| [80] 19:0 anteiso | 0.01 | 0.00 | 0.01 | [102] feature 1-2 | 0.00 | 0.00 | 0.00 |
| [81] cy19:0ω8c | 0.05 | 0.01 | 0.03 | [103] feature 1-3 | 0.05 | 0.02 | 0.00 |
| [82] 19:0 iso | 0.09 | 0.05 | 0.02 | [104] feature 2-1 | 0.01 | 0.14 | 0.00 |
| [83] 19:1 iso I | 0.00 | 0.00 | 0.00 | [105] feature 2-2 | 0.02 | 0.34 | 0.01 |
| [84] 20:0 iso | 0.01 | 0.00 | 0.00 | [106] feature 2-3 | 0.01 | 0.14 | 0.04 |
| [85] 20:1ω7c | 0.05 | 0.01 | 0.06 | [107] feature 3-1 | 0.03 | 0.57 | 0.02 |
| [86] 20:1ω9c | 0.01 | 0.00 | 0.00 | [108] feature 3-2 | 0.27 | 2.75 | 0.21 |
| [87] 20:2ω (6,9) c | 0.00 | 0.00 | 0.00 | [109] feature 4-1 | 0.02 | 0.01 | 0.11 |
| [88] 20:4ω (6,9,12,15) c | 0.01 | 0.00 | 0.00 | [110] feature 4-2 | 1.20 | 0.61 | 0.82 |
| [89] 9:0 3OH | 0.00 | 0.00 | 0.00 | [111] feature 5 | 0.03 | 0.02 | 0.03 |
| [90] c10:0 | 0.15 | 0.01 | 0.07 | [112] feature 6 | 0.03 | 0.00 | 0.00 |
| [91] c11:0 | 0.00 | 0.00 | 0.00 | [113] feature 7-1 | 0.00 | 0.00 | 0.00 |
| [92] c12:0 | 0.27 | 0.30 | 0.15 | [114] feature 7-2 | 0.01 | 0.00 | 0.00 |
| [93] c13:0 | 0.00 | 0.01 | 0.00 | [115] feature 8 | 0.25 | 0.05 | 0.10 |
| [94] c14:0 | 1.56 | 1.88 | 2.50 | [116] feature 9 | 0.02 | 0.00 | 0.00 |
| [95] c16:0 | 6.54 | 4.85 | 8.59 | [117] unknown 11.543 | 0.00 | 0.00 | 0.00 |
| [96] c17:0 | 0.12 | 0.18 | 0.06 | [118] unknown 14.502 | 0.00 | 0.00 | 0.00 |
| [97] c18:0 | 1.03 | 0.54 | 0.70 | [119] unknown 14.959 | 0.00 | 0.00 | 0.01 |
| [98] c19:0 | 0.49 | 0.04 | 0.01 | [120] unknown 15.669 | 0.00 | 0.00 | 0.01 |
| [99] c20:0 | 0.07 | 0.02 | 0.06 | 总和 | 100.4 | 100.2 | 100.1 |
| [100] c9:0 | 0.00 | 0.01 | 0.00 | | | | |

注：feature 1-1 | 13:0 3OH/15:1 iso H | 15:1 iso H/13:0 3OH、feature 1-2 | 13:0 3OH/15:1 iso I/H | 15:1 iso H/13:0 3OH | 15:1 iso I/13:0 3OH、feature 1-3 | 13:0 3OH/15:1 iso H | 15:1 iso H/13:0 3OH、feature 2-1 | 12:0 aldehyde ? | 14:0 3OH/16:1 iso I | 16:1 iso I/14:0 3OH | unknown 10.928、feature 2-2 | 12:0 aldehyde ? | 14:0 3OH/16:1 iso I | 16:1 iso I/14:0 3OH | unknown 10.9525、feature 2-3 | 12:0 aldehyde ? | 14:0 3OH/16:1 iso I | 16:1 iso I/14:0 3OH | unknown 10.928、feature 3-1 | 15:0 iso 2OH/16:1ω7c | 16:1ω7c/15 iso 2OH、feature 3-2 | 16:1ω6c/16:1ω7c | 16:1ω7c/16:1ω6c、feature 4-1 | 17:1 anteiso B/iso I | 17:1 iso I/anteiso B、feature 4-2 | 17:1 anteiso B/iso I | 17:1 iso I/anteiso B、feature 5 | 18:0 anteiso/18:2ω(6,9)c | 18:2ω(6,9)c/18:0 anteiso、feature 6 | 19:1ω11c/19:1 ω9c | 19:1ω9c/19:1ω11c、feature 7-1 | cy19:0ω10c/19ω6 | 19:1ω6c/.846/19cy | unknown 18.846/19:1ω6c、feature 7-2 | cy19:0ω10c/19ω6 | 19:1ω6c/ω7c/19cy | 19:1ω7c/19:1ω6c、feature 8 | 18:1ω6c | 18:1ω7c、feature 9 | 10 Me 16:0 | 17:1 iso ω9c

**表 5-2-4　基于主要脂肪酸芽胞杆菌属聚类分析**

| 脂肪酸组 | 第 I 类（29 种）平均值/% | 第 II 类（33 种）平均值/% | 第 III 类（33 种）平均值/% |
|---|---|---|---|
| 15:0 iso | 31.86 | 39.13 | 17.29 |
| 15:0 anteiso | 29.53 | 14.08 | 44.27 |
| 17:0 anteiso | 6.24 | 5.84 | 9.27 |

续表

| 脂肪酸组 | 第 I 类（29 种）<br>平均值/% | 第 II 类（33 种）<br>平均值/% | 第 III 类（33 种）<br>平均值/% |
|---|---|---|---|
| c16:0 | 7.46 | 4.70 | 8.59 |
| 16:0 iso | 4.01 | 5.99 | 4.57 |
| 17:0 iso | 5.57 | 5.95 | 2.46 |
| 14:0 iso | 3.53 | 3.50 | 4.16 |
| c14:0 | 1.77 | 1.57 | 2.50 |
| 16:1ω11c | 1.51 | 2.63 | 1.37 |
| 16:1ω7c alcohol | 0.96 | 3.25 | 1.00 |
| 17:1 iso ω10c | 0.80 | 2.81 | 0.45 |
| 13:0 iso | 0.36 | 2.22 | 0.25 |
| 总和 | 93.6 | 91.7 | 96.2 |

## 四、芽胞杆菌脂肪酸组多样性指数

### 1. 芽胞杆菌脂肪酸组数据矩阵

95 种芽胞杆菌脂肪酸多样性指数的分析结果见表 5-2-5。共检测到脂肪酸生物标记 127 个（包含未知脂肪酸），其中支链脂肪酸 92 个，占比 87.6024%；直链脂肪酸 11 个，占比 10.3887%；复合脂肪酸 16 个，占比 2.3120%；未知脂肪酸 8 个，占比 0.0099%。在脂肪酸组中，15:0 anteiso 和 15:0 iso 在 95 种芽胞杆菌间的差异未达到显著性水平（$P$>0.05），表明它们在芽胞杆菌种属的稳定性，其余脂肪酸在种间差异均为极显著（$P$<0.05）。

**表 5-2-5　95 种芽胞杆菌脂肪酸组统计值**

| 脂肪酸生物标记 | 种数 | 均值/% | 方差 | 标准差 | 中位数/% | 最小值/% | 最大值/% | Wilks 系数 | $P$ |
|---|---|---|---|---|---|---|---|---|---|
| [1] 9:0 3OH | 95 | 0.0004 | 0.0000 | 0.0019 | 0.0000 | 0.0000 | 0.0149 | 0.1946 | 0.0000 |
| [2] 10:0 2OH | 95 | 0.0002 | 0.0000 | 0.0008 | 0.0000 | 0.0000 | 0.0054 | 0.2303 | 0.0000 |
| [3] 10:0 3OH | 95 | 0.0010 | 0.0000 | 0.0066 | 0.0000 | 0.0000 | 0.0559 | 0.1451 | 0.0000 |
| [4] 10:0 iso | 95 | 0.0006 | 0.0000 | 0.0035 | 0.0000 | 0.0000 | 0.0300 | 0.1714 | 0.0000 |
| [5] 11:0 2OH | 95 | 0.0002 | 0.0000 | 0.0012 | 0.0000 | 0.0000 | 0.0111 | 0.1195 | 0.0000 |
| [6] 11:0 3OH | 95 | 0.0006 | 0.0000 | 0.0047 | 0.0000 | 0.0000 | 0.0450 | 0.0988 | 0.0000 |
| [7] 11:0 anteiso | 95 | 0.0071 | 0.0004 | 0.0210 | 0.0000 | 0.0000 | 0.1100 | 0.3821 | 0.0000 |
| [8] 11:0 iso | 95 | 0.0225 | 0.0045 | 0.0674 | 0.0000 | 0.0000 | 0.4575 | 0.3881 | 0.0000 |
| [9] 11:0 iso 3OH | 95 | 0.0017 | 0.0001 | 0.0091 | 0.0000 | 0.0000 | 0.0630 | 0.1916 | 0.0000 |
| [10] 12:0 2OH | 95 | 0.0017 | 0.0001 | 0.0103 | 0.0000 | 0.0000 | 0.0838 | 0.1536 | 0.0000 |
| [11] 12:0 3OH | 95 | 0.0031 | 0.0005 | 0.0231 | 0.0000 | 0.0000 | 0.2180 | 0.1168 | 0.0000 |
| [12] 12:0 anteiso | 95 | 0.0030 | 0.0006 | 0.0251 | 0.0000 | 0.0000 | 0.2450 | 0.0947 | 0.0000 |
| [13] 12:0 iso | 95 | 0.1305 | 0.4277 | 0.6540 | 0.0000 | 0.0000 | 5.4213 | 0.2050 | 0.0000 |
| [14] 12:0 iso 3OH | 95 | 0.0004 | 0.0000 | 0.0033 | 0.0000 | 0.0000 | 0.0315 | 0.1187 | 0.0000 |

续表

| 脂肪酸生物标记 | 种数 | 均值/% | 方差 | 标准差 | 中位数/% | 最小值/% | 最大值/% | Wilks 系数 | *P* |
|---|---|---|---|---|---|---|---|---|---|
| [15] 12:1 3OH | 95 | 0.0001 | 0.0000 | 0.0013 | 0.0000 | 0.0000 | 0.0129 | 0.0906 | 0.0000 |
| [16] 12:1 at 11-12 | 95 | 0.0000 | 0.0000 | 0.0001 | 0.0000 | 0.0000 | 0.0009 | 0.1279 | 0.0000 |
| [17] 13:0 2OH | 95 | 0.0032 | 0.0001 | 0.0101 | 0.0000 | 0.0000 | 0.0544 | 0.3536 | 0.0000 |
| [18] 13:0 anteiso | 95 | 0.3010 | 0.5383 | 0.7337 | 0.0975 | 0.0000 | 5.6100 | 0.3977 | 0.0000 |
| [19] 13:0 iso | 95 | 0.9672 | 6.5292 | 2.5552 | 0.2500 | 0.0000 | 13.6844 | 0.3693 | 0.0000 |
| [20] 13:0 iso 3OH | 95 | 0.0134 | 0.0016 | 0.0401 | 0.0000 | 0.0000 | 0.2863 | 0.3870 | 0.0000 |
| [21] 13:1 at 12-13 | 95 | 0.0005 | 0.0000 | 0.0033 | 0.0000 | 0.0000 | 0.0300 | 0.1611 | 0.0000 |
| [22] 14:0 2OH | 95 | 0.0029 | 0.0002 | 0.0153 | 0.0000 | 0.0000 | 0.1133 | 0.1846 | 0.0000 |
| [23] 14:0 anteiso | 95 | 0.0665 | 0.0195 | 0.1396 | 0.0000 | 0.0000 | 0.8800 | 0.5239 | 0.0000 |
| [24] 14:0 iso | 95 | 3.7366 | 8.6743 | 2.9452 | 3.1509 | 0.0000 | 15.5400 | 0.8593 | 0.0000 |
| [25] 14:0 iso 3OH | 95 | 0.0173 | 0.0060 | 0.0772 | 0.0000 | 0.0000 | 0.5660 | 0.2350 | 0.0000 |
| [26] 14:1 iso E | 95 | 0.0003 | 0.0000 | 0.0029 | 0.0000 | 0.0000 | 0.0283 | 0.0865 | 0.0000 |
| [27] 14:1ω5c | 95 | 0.0015 | 0.0001 | 0.0088 | 0.0000 | 0.0000 | 0.0775 | 0.1701 | 0.0000 |
| [28] 15:0 2OH | 95 | 0.0588 | 0.0173 | 0.1317 | 0.0000 | 0.0000 | 0.7155 | 0.5202 | 0.0000 |
| [29] 15:0 3OH | 95 | 0.0001 | 0.0000 | 0.0008 | 0.0000 | 0.0000 | 0.0081 | 0.1122 | 0.0000 |
| [30] 15:0 anteiso | 95 | 29.2823 | 232.0492 | 15.2332 | 29.6675 | 3.6600 | 70.8200 | 0.9788 | 0.1264 |
| [31] 15:0 iso | 95 | 29.3213 | 138.2439 | 11.7577 | 28.2500 | 7.0300 | 56.5600 | 0.9762 | 0.0806 |
| [32] 15:0 iso 3OH | 95 | 0.0609 | 0.0184 | 0.1356 | 0.0000 | 0.0000 | 1.0700 | 0.4853 | 0.0000 |
| [33] 15:1 anteiso A | 95 | 0.0053 | 0.0003 | 0.0167 | 0.0000 | 0.0000 | 0.1300 | 0.3584 | 0.0000 |
| [34] 15:1 iso at 5 | 95 | 0.0003 | 0.0000 | 0.0021 | 0.0000 | 0.0000 | 0.0181 | 0.1241 | 0.0000 |
| [35] 15:1 iso F | 95 | 0.0177 | 0.0056 | 0.0752 | 0.0000 | 0.0000 | 0.6600 | 0.2432 | 0.0000 |
| [36] 15:1 iso G | 95 | 0.0089 | 0.0015 | 0.0387 | 0.0000 | 0.0000 | 0.3100 | 0.2415 | 0.0000 |
| [37] 15:1 iso ω9c | 95 | 0.0196 | 0.0049 | 0.0696 | 0.0000 | 0.0000 | 0.5475 | 0.3148 | 0.0000 |
| [38] 15:1ω5c | 95 | 0.0324 | 0.0404 | 0.2010 | 0.0000 | 0.0000 | 1.9400 | 0.1415 | 0.0000 |
| [39] 15:1ω6c | 95 | 0.0008 | 0.0000 | 0.0064 | 0.0000 | 0.0000 | 0.0618 | 0.1080 | 0.0000 |
| [40] 15:1ω8c | 95 | 0.0006 | 0.0000 | 0.0047 | 0.0000 | 0.0000 | 0.0460 | 0.0961 | 0.0000 |
| [41] 16:0 2OH | 95 | 0.0171 | 0.0020 | 0.0448 | 0.0000 | 0.0000 | 0.3000 | 0.4347 | 0.0000 |
| [42] 16:0 3OH | 95 | 0.0097 | 0.0008 | 0.0291 | 0.0000 | 0.0000 | 0.2200 | 0.3813 | 0.0000 |
| [43] 16:0 anteiso | 95 | 0.0260 | 0.0056 | 0.0750 | 0.0000 | 0.0000 | 0.6200 | 0.3709 | 0.0000 |
| [44] 16:0 iso | 95 | 4.8928 | 10.3191 | 3.2123 | 4.0080 | 0.9027 | 21.3600 | 0.7867 | 0.0000 |
| [45] 16:0 iso 3OH | 95 | 0.3217 | 1.4970 | 1.2235 | 0.0000 | 0.0000 | 9.7200 | 0.2895 | 0.0000 |
| [46] 16:0 N alcohol | 95 | 0.0379 | 0.0135 | 0.1162 | 0.0000 | 0.0000 | 0.8340 | 0.3718 | 0.0000 |
| [47] 16:1 2OH | 95 | 0.0259 | 0.0478 | 0.2186 | 0.0000 | 0.0000 | 2.1300 | 0.0949 | 0.0000 |
| [48] 16:1 iso G | 95 | 0.0009 | 0.0000 | 0.0060 | 0.0000 | 0.0000 | 0.0557 | 0.1308 | 0.0000 |
| [49] 16:1 iso H | 95 | 0.0099 | 0.0012 | 0.0348 | 0.0000 | 0.0000 | 0.2200 | 0.3217 | 0.0000 |
| [50] 16:1ω11c | 95 | 1.8507 | 4.0898 | 2.0223 | 1.0061 | 0.0000 | 8.6125 | 0.8215 | 0.0000 |
| [51] 16:1ω5c | 95 | 0.0099 | 0.0015 | 0.0389 | 0.0000 | 0.0000 | 0.2576 | 0.2792 | 0.0000 |
| [52] 16:1ω7c alcohol | 95 | 1.7688 | 9.2783 | 3.0460 | 0.6367 | 0.0000 | 16.9900 | 0.5619 | 0.0000 |
| [53] 16:1ω9c | 95 | 0.0028 | 0.0003 | 0.0163 | 0.0000 | 0.0000 | 0.1311 | 0.1656 | 0.0000 |
| [54] 10 Me 17:0 | 95 | 0.0055 | 0.0006 | 0.0241 | 0.0000 | 0.0000 | 0.1800 | 0.2447 | 0.0000 |

续表

| 脂肪酸生物标记 | 种数 | 均值/% | 方差 | 标准差 | 中位数/% | 最小值/% | 最大值/% | Wilks 系数 | P |
|---|---|---|---|---|---|---|---|---|---|
| [55] 17:0 2OH | 95 | 0.0253 | 0.0040 | 0.0631 | 0.0000 | 0.0000 | 0.2600 | 0.4621 | 0.0000 |
| [56] 17:0 3OH | 95 | 0.0052 | 0.0009 | 0.0305 | 0.0000 | 0.0000 | 0.2900 | 0.1562 | 0.0000 |
| [57] 17:0 anteiso | 95 | 7.1545 | 31.5481 | 5.6168 | 5.6050 | 0.8500 | 32.6600 | 0.8404 | 0.0000 |
| [58] cy17:0 | 95 | 0.0329 | 0.0514 | 0.2268 | 0.0000 | 0.0000 | 2.1600 | 0.1291 | 0.0000 |
| [59] 17:0 iso | 95 | 4.6229 | 9.7563 | 3.1235 | 3.7700 | 0.3300 | 11.6438 | 0.9238 | 0.0000 |
| [60] 17:0 iso 3OH | 95 | 0.0279 | 0.0049 | 0.0703 | 0.0000 | 0.0000 | 0.4100 | 0.4585 | 0.0000 |
| [61] 17:1 iso ω5c | 95 | 0.1424 | 0.3022 | 0.5497 | 0.0000 | 0.0000 | 3.6620 | 0.2886 | 0.0000 |
| [62] 17:1 anteiso A | 95 | 0.1146 | 0.3815 | 0.6177 | 0.0000 | 0.0000 | 5.8540 | 0.1739 | 0.0000 |
| [63] 17:1 anteiso ω9c | 95 | 0.0543 | 0.0123 | 0.1109 | 0.0000 | 0.0000 | 0.6600 | 0.5478 | 0.0000 |
| [64] 17:1 iso ω10c | 95 | 1.3777 | 4.4760 | 2.1157 | 0.6500 | 0.0000 | 11.1633 | 0.6559 | 0.0000 |
| [65] 17:1ω5c | 95 | 0.0009 | 0.0000 | 0.0050 | 0.0000 | 0.0000 | 0.0351 | 0.1790 | 0.0000 |
| [66] 17:1ω6c | 95 | 0.0154 | 0.0164 | 0.1282 | 0.0000 | 0.0000 | 1.2500 | 0.0957 | 0.0000 |
| [67] 17:1ω7c | 95 | 0.0121 | 0.0075 | 0.0864 | 0.0000 | 0.0000 | 0.8200 | 0.1249 | 0.0000 |
| [68] 17:1ω8c | 95 | 0.0073 | 0.0011 | 0.0339 | 0.0000 | 0.0000 | 0.2400 | 0.2267 | 0.0000 |
| [69] 17:1 iso ω9c | 95 | 0.0017 | 0.0002 | 0.0148 | 0.0000 | 0.0000 | 0.1436 | 0.0931 | 0.0000 |
| [70] 17:1ω9c | 95 | 0.0149 | 0.0035 | 0.0592 | 0.0000 | 0.0000 | 0.4830 | 0.2761 | 0.0000 |
| [71] 10 Me 18:0 TBSA | 95 | 0.0352 | 0.0096 | 0.0982 | 0.0000 | 0.0000 | 0.6500 | 0.4148 | 0.0000 |
| [72] 18:0 2OH | 95 | 0.0118 | 0.0028 | 0.0529 | 0.0000 | 0.0000 | 0.3600 | 0.2363 | 0.0000 |
| [73] 18:0 3OH | 95 | 0.0049 | 0.0004 | 0.0192 | 0.0000 | 0.0000 | 0.1200 | 0.2781 | 0.0000 |
| [74] 18:0 iso | 95 | 0.0522 | 0.0410 | 0.2026 | 0.0000 | 0.0000 | 1.9100 | 0.2352 | 0.0000 |
| [75] 18:1 2OH | 95 | 0.0327 | 0.0146 | 0.1206 | 0.0000 | 0.0000 | 0.9100 | 0.2888 | 0.0000 |
| [76] 18:1 iso H | 95 | 0.0106 | 0.0006 | 0.0239 | 0.0000 | 0.0000 | 0.1200 | 0.5175 | 0.0000 |
| [77] 18:1ω5c | 95 | 0.0124 | 0.0040 | 0.0631 | 0.0000 | 0.0000 | 0.5300 | 0.1976 | 0.0000 |
| [78] 18:1ω6c | 95 | 0.0000 | 0.0000 | 0.0003 | 0.0000 | 0.0000 | 0.0028 | 0.0782 | 0.0000 |
| [79] 18:1ω7c | 95 | 0.0371 | 0.0413 | 0.2032 | 0.0000 | 0.0000 | 1.6985 | 0.1813 | 0.0000 |
| [80] 11 Me 18:1ω7c | 95 | 0.0007 | 0.0000 | 0.0057 | 0.0000 | 0.0000 | 0.0553 | 0.1038 | 0.0000 |
| [81] 18:1ω9c | 95 | 0.3432 | 0.1897 | 0.4355 | 0.2100 | 0.0000 | 2.0600 | 0.7109 | 0.0000 |
| [82] 18:2 cis(9,12)c/18:0 A | 95 | 0.0000 | 0.0000 | 0.0000 | 0.0000 | 0.0000 | 0.0000 | 1.0000 | 1.0000 |
| [83] 18:3ω(6,9,12)c | 95 | 0.0423 | 0.0093 | 0.0964 | 0.0000 | 0.0000 | 0.7000 | 0.4775 | 0.0000 |
| [84] 19:0 anteiso | 95 | 0.0069 | 0.0005 | 0.0221 | 0.0000 | 0.0000 | 0.1600 | 0.3496 | 0.0000 |
| [85] cy19:0ω8c | 95 | 0.0328 | 0.0115 | 0.1074 | 0.0000 | 0.0000 | 0.6224 | 0.3435 | 0.0000 |
| [86] 19:0 iso | 95 | 0.0572 | 0.0142 | 0.1190 | 0.0000 | 0.0000 | 0.7100 | 0.5414 | 0.0000 |
| [87] 19:1 iso I | 95 | 0.0002 | 0.0000 | 0.0011 | 0.0000 | 0.0000 | 0.0079 | 0.1745 | 0.0000 |
| [88] 20:0 iso | 95 | 0.0038 | 0.0004 | 0.0203 | 0.0000 | 0.0000 | 0.1800 | 0.1830 | 0.0000 |
| [89] 20:1ω7c | 95 | 0.0440 | 0.0184 | 0.1357 | 0.0000 | 0.0000 | 1.1363 | 0.3517 | 0.0000 |
| [90] 20:1ω9c | 95 | 0.0055 | 0.0005 | 0.0230 | 0.0000 | 0.0000 | 0.1370 | 0.2542 | 0.0000 |
| [91] 20:2ω(6,9)c | 95 | 0.0010 | 0.0001 | 0.0071 | 0.0000 | 0.0000 | 0.0680 | 0.1167 | 0.0000 |

续表

| 脂肪酸生物标记 | 种数 | 均值/% | 方差 | 标准差 | 中位数/% | 最小值/% | 最大值/% | Wilks 系数 | *P* |
|---|---|---|---|---|---|---|---|---|---|
| [92] 20:4ω(6,9,12,15)c | 95 | 0.0033 | 0.0005 | 0.0215 | 0.0000 | 0.0000 | 0.2000 | 0.1410 | 0.0000 |
| 支链脂肪酸占比 | | 87.6024% | | | | | | | |
| [93] c9:0 | 95 | 0.0025 | 0.0001 | 0.0111 | 0.0000 | 0.0000 | 0.0967 | 0.2381 | 0.0000 |
| [94] c10:0 | 95 | 0.0918 | 0.0395 | 0.1987 | 0.0023 | 0.0000 | 1.3300 | 0.5188 | 0.0000 |
| [95] c11:0 | 95 | 0.0001 | 0.0000 | 0.0006 | 0.0000 | 0.0000 | 0.0053 | 0.1467 | 0.0000 |
| [96] c12:0 | 95 | 0.2344 | 0.0850 | 0.2916 | 0.1500 | 0.0000 | 1.7800 | 0.6988 | 0.0000 |
| [97] c13:0 | 95 | 0.0042 | 0.0002 | 0.0127 | 0.0000 | 0.0000 | 0.0600 | 0.3816 | 0.0000 |
| [98] c14:0 | 95 | 1.9543 | 3.4414 | 1.8551 | 1.3100 | 0.0000 | 10.6000 | 0.7748 | 0.0000 |
| [99] c16:0 | 95 | 6.8946 | 45.1010 | 6.7157 | 4.4950 | 1.1238 | 38.4900 | 0.6975 | 0.0000 |
| [100] c17:0 | 95 | 0.1138 | 0.0404 | 0.2010 | 0.0317 | 0.0000 | 1.4200 | 0.5997 | 0.0000 |
| [101] c18:0 | 95 | 0.8108 | 0.6092 | 0.7805 | 0.6684 | 0.0000 | 5.0500 | 0.7595 | 0.0000 |
| [102] c19:0 | 95 | 0.2288 | 2.1876 | 1.4790 | 0.0000 | 0.0000 | 13.9700 | 0.1408 | 0.0000 |
| [103] c20:0 | 95 | 0.0534 | 0.0186 | 0.1363 | 0.0000 | 0.0000 | 0.9450 | 0.4476 | 0.0000 |
| 直链脂肪酸占比 | | 10.3887% | | | | | | | |
| [104] feature 1-1 | 95 | 0.0005 | 0.0000 | 0.0040 | 0.0000 | 0.0000 | 0.0389 | 0.1169 | 0.0000 |
| [105] feature 1-2 | 95 | 0.0012 | 0.0000 | 0.0054 | 0.0000 | 0.0000 | 0.0357 | 0.2187 | 0.0000 |
| [106] feature 1-3 | 95 | 0.0273 | 0.0205 | 0.1432 | 0.0000 | 0.0000 | 1.3600 | 0.1767 | 0.0000 |
| [107] feature 2-1 | 95 | 0.0333 | 0.0507 | 0.2252 | 0.0000 | 0.0000 | 2.0822 | 0.1359 | 0.0000 |
| [108] feature 2-2 | 95 | 0.0482 | 0.0332 | 0.1823 | 0.0000 | 0.0000 | 1.1233 | 0.2928 | 0.0000 |
| [109] feature 2-3 | 95 | 0.0866 | 0.0955 | 0.3090 | 0.0000 | 0.0000 | 1.7038 | 0.3120 | 0.0000 |
| [110] feature 3-1 | 95 | 0.1404 | 0.7072 | 0.8409 | 0.0000 | 0.0000 | 7.6426 | 0.1607 | 0.0000 |
| [111] feature 3-2 | 95 | 0.7698 | 4.7506 | 2.1796 | 0.0900 | 0.0000 | 14.0070 | 0.3875 | 0.0000 |
| [112] feature 4-1 | 95 | 0.0515 | 0.0732 | 0.2706 | 0.0000 | 0.0000 | 2.3850 | 0.1881 | 0.0000 |
| [112] feature 4-2 | 95 | 0.9415 | 1.7723 | 1.3313 | 0.5160 | 0.0000 | 8.3967 | 0.6724 | 0.0000 |
| [114] feature 5 | 95 | 0.0271 | 0.0070 | 0.0835 | 0.0000 | 0.0000 | 0.5803 | 0.3663 | 0.0000 |
| [115] feature 6 | 95 | 0.0125 | 0.0067 | 0.0820 | 0.0000 | 0.0000 | 0.7800 | 0.1379 | 0.0000 |
| [116] feature 7-1 | 95 | 0.0010 | 0.0001 | 0.0093 | 0.0000 | 0.0000 | 0.0902 | 0.0788 | 0.0000 |
| [117] feature 7-2 | 95 | 0.0040 | 0.0003 | 0.0184 | 0.0000 | 0.0000 | 0.1642 | 0.2227 | 0.0000 |
| [118] feature 8 | 95 | 0.1576 | 0.2584 | 0.5083 | 0.0458 | 0.0000 | 4.4500 | 0.2952 | 0.0000 |
| [119] feature 9 | 95 | 0.0095 | 0.0039 | 0.0625 | 0.0000 | 0.0000 | 0.5753 | 0.1416 | 0.0000 |
| 复合脂肪酸占比 | | 2.3120% | | | | | | | |
| [120] unknown 11.543 | 95 | 0.0010 | 0.0000 | 0.0058 | 0.0000 | 0.0000 | 0.0466 | 0.1583 | 0.0000 |
| [121] unknown 11.799 | 95 | 0.0000 | 0.0000 | 0.0003 | 0.0000 | 0.0000 | 0.0033 | 0.0782 | 0.0000 |
| [122] unknown 12.484 | 95 | 0.0000 | 0.0000 | 0.0002 | 0.0000 | 0.0000 | 0.0018 | 0.0959 | 0.0000 |
| [123] unknown 13.565 | 95 | 0.0000 | 0.0000 | 0.0001 | 0.0000 | 0.0000 | 0.0006 | 0.1289 | 0.0000 |
| [124] unknown 14.263 | 95 | 0.0000 | 0.0000 | 0.0000 | 0.0000 | 0.0000 | 0.0004 | 0.0782 | 0.0000 |
| [125] unknown 14.502 | 95 | 0.0002 | 0.0000 | 0.0012 | 0.0000 | 0.0000 | 0.0112 | 0.1413 | 0.0000 |

续表

| 脂肪酸生物标记 | 种数 | 均值/% | 方差 | 标准差 | 中位数/% | 最小值/% | 最大值/% | Wilks 系数 | P |
|---|---|---|---|---|---|---|---|---|---|
| [126] unknown 14.959 | 95 | 0.0050 | 0.0022 | 0.0467 | 0.0000 | 0.0000 | 0.4550 | 0.0848 | 0.0000 |
| [127] unknown 15.669 | 95 | 0.0037 | 0.0008 | 0.0282 | 0.0000 | 0.0000 | 0.2650 | 0.1137 | 0.0000 |
| 未知脂肪酸占比 | | 0.0099% | | | | | | | |

## 2. 芽胞杆菌脂肪酸组多样性指数

选择丰富度指数（$R'$）、Simpson 指数（$D$）、Shannon 指数（$H_1$）、Pielou 指数（$J$）、Brillouin 指数（$H_2$）、McIntosh 指数（$H_3$）等 6 个多样性指数，对 95 种芽胞杆菌整体脂肪酸组进行统计，结果见表 5-2-6 和表 5-2-7。分析结果表明，95 种芽胞杆菌脂肪酸生物标记平均条数为 36.1 条（13～121 条），整体脂肪酸平均含量为 100.3%，表明包含了全部脂肪酸信息。

**表 5-2-6　95 种芽胞杆菌脂肪酸组多样性指数**

| 种名 | 条数 | 含量/% | 丰富度指数（$R'$） | Simpson 指数（$D$） | Shannon 指数（$H_1$） | Pielou 指数（$J$） | Brillouin 指数（$H_2$） | McIntosh 指数（$H_3$） |
|---|---|---|---|---|---|---|---|---|
| [1] *Bacillus agaradhaerens* | 25 | 100.46 | 5.2063 | 0.8796 | 2.3865 | 0.7414 | 3.0760 | 0.7116 |
| [2] *Bacillus alcalophilus* | 116 | 109.64 | 24.4826 | 0.8877 | 2.7973 | 0.5885 | 3.3793 | 0.7220 |
| [3] *Bacillus altitudinis* | 31 | 100.00 | 6.5145 | 0.7464 | 1.9346 | 0.5634 | 2.4619 | 0.5434 |
| [4] *Bacillus amyloliquefaciens* | 57 | 100.16 | 12.1561 | 0.7770 | 1.8841 | 0.4660 | 2.3876 | 0.5773 |
| [5] *Bacillus aryabhattai* | 20 | 100.01 | 4.1258 | 0.7106 | 1.6002 | 0.5342 | 2.0622 | 0.5061 |
| [6] *Bacillus atrophaeus* | 83 | 101.56 | 17.7464 | 0.7666 | 1.9264 | 0.4360 | 2.4405 | 0.5652 |
| [7] *Bacillus azotoformans* | 21 | 100.00 | 4.3429 | 0.8437 | 2.0191 | 0.6632 | 2.6371 | 0.6601 |
| [8] *Bacillus badius* | 42 | 100.00 | 8.9031 | 0.7531 | 2.0461 | 0.5474 | 2.5925 | 0.5506 |
| [9] *Bacillus barbaricus* | 35 | 100.00 | 7.3830 | 0.8438 | 2.3985 | 0.6746 | 3.0534 | 0.6602 |
| [10] *Bacillus bataviensis* | 27 | 100.01 | 5.6457 | 0.7913 | 2.0124 | 0.6106 | 2.5771 | 0.5939 |
| [11] *Bacillus beijingensis* | 20 | 99.99 | 4.1259 | 0.7639 | 1.7729 | 0.5918 | 2.3013 | 0.5626 |
| [12] *Bacillus bingmayongensis* | 46 | 100.08 | 9.7700 | 0.9040 | 2.5646 | 0.6698 | 3.2922 | 0.7510 |
| [13] *Bacillus boroniphilus* | 13 | 100.02 | 2.6057 | 0.8277 | 2.0769 | 0.8097 | 2.7293 | 0.6390 |
| [14] *Bacillus butanolivorans* | 37 | 100.00 | 7.8174 | 0.8032 | 2.1184 | 0.5867 | 2.6958 | 0.6083 |
| [15] *Bacillus carboniphilus* | 15 | 99.98 | 3.0402 | 0.6489 | 1.5534 | 0.5736 | 2.0037 | 0.4467 |
| [16] *Bacillus cecembensis* | 16 | 99.99 | 3.2573 | 0.8240 | 1.9344 | 0.6977 | 2.5572 | 0.6342 |
| [17] *Bacillus cereus* | 121 | 101.94 | 25.9496 | 0.8954 | 2.7542 | 0.5743 | 3.4463 | 0.7362 |
| [18] *Bacillus cibi* | 25 | 99.99 | 5.2116 | 0.7642 | 1.9569 | 0.6080 | 2.5006 | 0.5628 |
| [19] *Bacillus cihuensis* | 23 | 99.99 | 4.7773 | 0.7415 | 1.7683 | 0.5640 | 2.2903 | 0.5381 |
| [20] *Bacillus circulans* | 75 | 100.36 | 16.0565 | 0.8300 | 2.1639 | 0.5012 | 2.7177 | 0.6419 |
| [21] *Bacillus clarkii* | 20 | 100.00 | 4.1258 | 0.7398 | 1.8155 | 0.6060 | 2.3470 | 0.5363 |
| [22] *Bacillus clausii* | 74 | 100.27 | 15.8423 | 0.8071 | 2.1887 | 0.5085 | 2.7261 | 0.6129 |
| [23] *Bacillus coagulans* | 29 | 100.00 | 6.0801 | 0.7252 | 1.5858 | 0.4709 | 2.0707 | 0.5211 |

续表

| 种名 | 条数 | 含量/% | 丰富度指数（$R'$） | Simpson指数（$D$） | Shannon指数（$H_1$） | Pielou指数（$J$） | Brillouin指数（$H_2$） | McIntosh指数（$H_3$） |
|---|---|---|---|---|---|---|---|---|
| [24] *Bacillus cohnii* | 19 | 100.00 | 3.9086 | 0.7462 | 1.7688 | 0.6007 | 2.2974 | 0.5431 |
| [25] *Bacillus decisifrondis* | 31 | 100.00 | 6.5144 | 0.7574 | 1.8522 | 0.5394 | 2.3827 | 0.5554 |
| [26] *Bacillus decolorationis* | 16 | 100.00 | 3.2572 | 0.7592 | 1.6966 | 0.6119 | 2.2295 | 0.5573 |
| [27] *Bacillus drentensis* | 17 | 100.00 | 3.4744 | 0.5649 | 1.3390 | 0.4726 | 1.7539 | 0.3735 |
| [28] *Bacillus endophyticus* | 21 | 100.00 | 4.3429 | 0.7965 | 1.9455 | 0.6390 | 2.5530 | 0.6001 |
| [29] *Bacillus fastidiosus* | 34 | 100.06 | 7.1650 | 0.8020 | 1.9305 | 0.5475 | 2.4595 | 0.6067 |
| [30] *Bacillus fengqiuensis* | 22 | 100.00 | 4.5601 | 0.8236 | 2.1888 | 0.7081 | 2.8261 | 0.6337 |
| [31] *Bacillus filicolonicus* | 17 | 100.00 | 3.4744 | 0.7854 | 1.8391 | 0.6491 | 2.4235 | 0.5871 |
| [32] *Bacillus firmus* | 13 | 100.01 | 2.6057 | 0.8196 | 2.0253 | 0.7896 | 2.6614 | 0.6285 |
| [33] *Bacillus flexus* | 38 | 100.01 | 8.0343 | 0.8207 | 2.1182 | 0.5823 | 2.7230 | 0.6299 |
| [34] *Bacillus fordii* | 37 | 100.00 | 7.8172 | 0.8246 | 2.1711 | 0.6013 | 2.7732 | 0.6349 |
| [35] *Bacillus freudenreichii* | 18 | 99.99 | 3.6916 | 0.7470 | 1.8060 | 0.6248 | 2.3295 | 0.5440 |
| [36] *Bacillus galactosidilyticus* | 21 | 100.00 | 4.3430 | 0.7778 | 1.7566 | 0.5770 | 2.3010 | 0.5782 |
| [37] *Bacillus gelatini* | 15 | 99.99 | 3.0401 | 0.7428 | 1.7027 | 0.6288 | 2.2313 | 0.5395 |
| [38] *Bacillus gibsonii* | 14 | 100.00 | 2.8229 | 0.7816 | 1.8153 | 0.6879 | 2.3748 | 0.5827 |
| [39] *Bacillus ginsengihumi* | 23 | 100.00 | 4.7772 | 0.7405 | 1.5725 | 0.5015 | 2.0318 | 0.5371 |
| [40] *Bacillus globisporus* | 22 | 100.01 | 4.5600 | 0.7078 | 1.7172 | 0.5555 | 2.1951 | 0.5032 |
| [41] *Bacillus gobiensis* | 19 | 99.99 | 3.9087 | 0.8636 | 2.2486 | 0.7637 | 2.9302 | 0.6880 |
| [42] *Bacillus halmapalus* | 32 | 100.00 | 6.7316 | 0.8366 | 2.1927 | 0.6327 | 2.8405 | 0.6507 |
| [43] *Bacillus halodurans* | 22 | 100.00 | 4.5601 | 0.7662 | 1.7597 | 0.5693 | 2.2710 | 0.5651 |
| [44] *Bacillus hemicellulosilyticus* | 15 | 99.99 | 3.0401 | 0.7959 | 1.9433 | 0.7176 | 2.5517 | 0.5995 |
| [45] *Bacillus horikoshii* | 32 | 99.99 | 6.7317 | 0.8435 | 2.2086 | 0.6373 | 2.8564 | 0.6599 |
| [46] *Bacillus humi* | 21 | 100.01 | 4.3428 | 0.7235 | 1.6968 | 0.5573 | 2.1786 | 0.5192 |
| [47] *Bacillus indicus* | 29 | 100.00 | 6.0801 | 0.8055 | 2.0922 | 0.6213 | 2.6914 | 0.6110 |
| [48] *Bacillus isronensis* | 34 | 100.00 | 7.1658 | 0.7187 | 1.9210 | 0.5447 | 2.4298 | 0.5143 |
| [49] *Bacillus koreensis* | 16 | 100.00 | 3.2572 | 0.7157 | 1.5822 | 0.5707 | 2.0505 | 0.5113 |
| [50] *Bacillus kribbensis* | 13 | 99.99 | 2.6058 | 0.4829 | 1.1179 | 0.4359 | 1.4398 | 0.3084 |
| [51] *Bacillus laevolacticus* | 62 | 99.99 | 13.2464 | 0.8017 | 2.0236 | 0.4903 | 2.5829 | 0.6064 |
| [52] *Bacillus lehensis* | 21 | 100.00 | 4.3429 | 0.8342 | 2.1660 | 0.7115 | 2.8269 | 0.6474 |
| [53] *Paenibacillus lentimorbus* | 22 | 99.99 | 4.5602 | 0.7324 | 1.6396 | 0.5304 | 2.1182 | 0.5285 |
| [54] *Bacillus lentus* | 53 | 100.00 | 11.2917 | 0.7748 | 1.9417 | 0.4891 | 2.4786 | 0.5748 |
| [55] *Bacillus licheniformis* | 77 | 101.77 | 16.4406 | 0.7727 | 1.8519 | 0.4263 | 2.3699 | 0.5721 |
| [56] *Bacillus loiseleuriae* | 17 | 100.00 | 3.4744 | 0.6784 | 1.5651 | 0.5524 | 2.0191 | 0.4744 |
| [57] *Bacillus luciferensis* | 31 | 99.99 | 6.5145 | 0.6530 | 1.5815 | 0.4605 | 2.0030 | 0.4504 |
| [58] *Bacillus macroides* | 35 | 100.04 | 7.3823 | 0.7695 | 2.0209 | 0.5684 | 2.6032 | 0.5689 |

续表

| 种名 | 条数 | 含量/% | 丰富度指数（$R'$） | Simpson 指数（$D$） | Shannon 指数（$H_1$） | Pielou 指数（$J$） | Brillouin 指数（$H_2$） | McIntosh 指数（$H_3$） |
|---|---|---|---|---|---|---|---|---|
| [59] *Bacillus marisflavi* | 55 | 103.43 | 11.6408 | 0.8015 | 2.0761 | 0.5181 | 2.6383 | 0.6054 |
| [60] *Bacillus massiliensis* | 16 | 99.99 | 3.2573 | 0.6834 | 1.6058 | 0.5792 | 2.0979 | 0.4792 |
| [61] *Bacillus megaterium* | 102 | 101.32 | 21.8697 | 0.7228 | 1.7420 | 0.3767 | 2.2001 | 0.5182 |
| [62] *Bacillus mesonae* | 61 | 99.89 | 13.0320 | 0.8062 | 2.1567 | 0.5246 | 2.7080 | 0.6119 |
| [63] *Bacillus mojavensis* | 42 | 100.02 | 8.9026 | 0.7563 | 1.8221 | 0.4875 | 2.3660 | 0.5542 |
| [64] *Bacillus muralis* | 32 | 99.99 | 6.7317 | 0.6684 | 1.6452 | 0.4747 | 2.1079 | 0.4649 |
| [65] *Bacillus mycoides* | 95 | 100.38 | 20.3952 | 0.9175 | 2.8145 | 0.6181 | 3.5183 | 0.7746 |
| [66] *Bacillus nealsonii* | 21 | 100.00 | 4.3429 | 0.8323 | 2.0937 | 0.6877 | 2.7085 | 0.6449 |
| [67] *Bacillus niabensis* | 10 | 100.01 | 1.9543 | 0.7791 | 1.7834 | 0.7745 | 2.3656 | 0.5797 |
| [68] *Bacillus niacini* | 26 | 100.00 | 5.4287 | 0.8377 | 2.2150 | 0.6798 | 2.8725 | 0.6520 |
| [69] *Bacillus novalis* | 36 | 100.00 | 7.6001 | 0.6908 | 1.5649 | 0.4367 | 2.0000 | 0.4864 |
| [70] *Bacillus okuhidensis* | 34 | 100.02 | 7.1655 | 0.7657 | 1.8277 | 0.5183 | 2.3209 | 0.5646 |
| [71] *Bacillus oleronius* | 52 | 100.00 | 11.0744 | 0.7999 | 1.9101 | 0.4834 | 2.4579 | 0.6043 |
| [72] *Bacillus panaciterrae* | 29 | 100.01 | 6.0800 | 0.8000 | 2.0993 | 0.6234 | 2.6660 | 0.6044 |
| [73] *Bacillus pseudalcaliphilus* | 24 | 100.00 | 4.9944 | 0.7978 | 1.9563 | 0.6156 | 2.5389 | 0.6017 |
| [74] *Bacillus pseudofirmus* | 21 | 100.00 | 4.3429 | 0.7760 | 1.9407 | 0.6374 | 2.5109 | 0.5762 |
| [75] *Bacillus pseudomycoides* | 53 | 100.00 | 11.2917 | 0.9214 | 2.7240 | 0.6861 | 3.4447 | 0.7818 |
| [76] *Bacillus psychrosaccharolyticus* | 20 | 100.00 | 4.1258 | 0.5277 | 1.2513 | 0.4177 | 1.5923 | 0.3433 |
| [77] *Bacillus pumilus* | 94 | 103.45 | 20.0469 | 0.6888 | 1.6496 | 0.3631 | 2.0958 | 0.4838 |
| [78] *Bacillus ruris* | 22 | 100.00 | 4.5601 | 0.7621 | 1.7721 | 0.5733 | 2.3086 | 0.5605 |
| [79] *Bacillus safensis* | 23 | 100.01 | 4.7772 | 0.6468 | 1.4782 | 0.4715 | 1.8801 | 0.4447 |
| [80] *Bacillus selenatarsenatis* | 21 | 100.00 | 4.3429 | 0.7418 | 1.6533 | 0.5430 | 2.1288 | 0.5384 |
| [81] *Bacillus seohaeanensis* | 18 | 99.98 | 3.6917 | 0.6406 | 1.5364 | 0.5316 | 1.9668 | 0.4391 |
| [82] *Bacillus shackletonii* | 21 | 100.00 | 4.3429 | 0.7324 | 1.6188 | 0.5317 | 2.0899 | 0.5285 |
| [83] *Bacillus simplex* | 66 | 100.09 | 14.1118 | 0.6503 | 1.7154 | 0.4094 | 2.1467 | 0.4480 |
| [84] *Bacillus siralis* | 29 | 100.00 | 6.0801 | 0.8194 | 2.0592 | 0.6115 | 2.6212 | 0.6283 |
| [85] *Bacillus solani* | 27 | 100.01 | 5.6457 | 0.7995 | 2.0564 | 0.6239 | 2.6112 | 0.6038 |
| [86] *Bacillus soli* | 33 | 100.01 | 6.9486 | 0.7283 | 1.7843 | 0.5103 | 2.2403 | 0.5243 |
| [87] *Bacillus sonorensis* | 61 | 100.37 | 13.0183 | 0.8190 | 2.1586 | 0.5251 | 2.7125 | 0.6277 |
| [88] *Bacillus subtilis* | 110 | 104.18 | 23.4603 | 0.7900 | 1.9441 | 0.4136 | 2.4806 | 0.5915 |
| [89] *Bacillus taiwanensis* | 17 | 100.01 | 3.4743 | 0.7590 | 1.9542 | 0.6897 | 2.5180 | 0.5571 |
| [90] *Bacillus thuringiensis* | 36 | 100.00 | 7.6002 | 0.8190 | 2.2425 | 0.6258 | 2.8639 | 0.6279 |
| [91] *Bacillus vallismortis* | 35 | 99.98 | 7.3833 | 0.8396 | 2.2721 | 0.6391 | 2.8447 | 0.6547 |
| [92] *Bacillus vietnamensis* | 31 | 100.00 | 6.5144 | 0.7316 | 1.8234 | 0.5310 | 2.2915 | 0.5277 |
| [93] *Bacillus vireti* | 45 | 99.99 | 9.5547 | 0.8174 | 2.2037 | 0.5789 | 2.7077 | 0.6258 |

续表

| 种名 | 条数 | 含量/% | 丰富度指数（$R'$） | Simpson 指数（$D$） | Shannon 指数（$H_1$） | Pielou 指数（$J$） | Brillouin 指数（$H_2$） | McIntosh 指数（$H_3$） |
|---|---|---|---|---|---|---|---|---|
| [94] *Bacillus viscosus* | 79 | 100.36 | 16.9244 | 0.7266 | 1.8631 | 0.4264 | 2.3469 | 0.5224 |
| [95] *Bacillus wuyishanensis* | 30 | 99.97 | 6.2977 | 0.7684 | 1.8212 | 0.5355 | 2.3209 | 0.5675 |

**表 5-2-7　95 种芽胞杆菌脂肪酸组多样性指数统计值**

| 因子 | 平均值 | 标准差 |
|---|---|---|
| 脂肪酸生物标记条数 | 36.0737 | 24.7658 |
| 脂肪酸生物标记含量/% | 100.3125 | 1.2061 |
| 丰富度指数（$R'$） | 7.6025 | 5.3411 |
| Simpson 指数（$D$） | 0.7685 | 0.0748 |
| Shannon 指数（$H_1$） | 1.9252 | 0.3085 |
| Pielou 指数（$J$） | 0.5732 | 0.0937 |
| Brillouin 指数（$H_2$） | 2.4676 | 0.3794 |
| McIntosh 指数（$H_3$） | 0.5739 | 0.0825 |

脂肪酸丰富度指数（$R'$）平均值为 7.6025，最低值 1.9543 为农研所芽胞杆菌（*Bacillus niabensis*），最高值 25.9496 为蜡样芽胞杆菌（*Bacillus cereus*），最高值是最低值的 13.28 倍；脂肪酸 Simpson 指数（$D$）平均值为 0.7685，最低值 0.4829 为韩研所芽胞杆菌，最高值 0.9214 为假蕈状芽胞杆菌（*Bacillus pseudomycoides*），最高值是最低值的 1.91 倍；脂肪酸 Shannon 指数（$H_1$）平均值为 1.9252，最低值 1.1179 为韩研所芽胞杆菌，最高值 2.8145 为蕈状芽胞杆菌（*Bacillus mycoides*），最高值是最低值的 2.52 倍；脂肪酸 Pielou 指数（$J$）平均值为 0.5732，最低值 0.3631 为短小芽胞杆菌（*Bacillus pumilus*），最高值 0.8097 为嗜硼芽胞杆菌（*Bacillus boroniphilus*），最高值是最低值的 2.23 倍；脂肪酸 Brillouin 指数（$H_2$）平均值为 2.4676，最低值 1.4398 为韩研所芽胞杆菌，最高值 3.5183 为蕈状芽胞杆菌，最高值是最低值的 2.44 倍；脂肪酸 McIntosh 指数（$H_3$）平均值为 0.5739，最低值 0.3084 为韩研所芽胞杆菌，最高值 0.7818 为假蕈状芽胞杆菌，最高值是最低值的 2.54 倍。

### 3. 芽胞杆菌脂肪酸组多样性指数相关性分析

对 95 种芽胞杆菌脂肪酸条数、含量、丰富度指数（$R'$）、Simpson 指数（$D$）、Shannon 指数（$H_1$）、Pielou 指数（$J$）、Brillouin 指数（$H_2$）、McIntosh 指数（$H_3$）8 个指标统计相关系数，结果见表 5-2-8。分析表明，脂肪酸条数与其他 7 个指标之间呈极显著相关，其中脂肪酸条数与 Pielou 指数（$J$）呈极显著负相关，其余呈极显著正相关。脂肪酸平均含量与除 Simpson 指数（$D$）和 McIntosh 指数（$H_3$）外的其他 5 个指数呈显著相关，丰富度指数（$R'$）与其他 7 个指标呈极显著相关，Simpson 指数（$D$）与除脂肪酸含量外的其他 6 个指标呈极显著相关，Shannon 指数（$H_1$）、Pielou 指数（$J$）、Brillouin 指数（$H_2$）、McIntosh 指数（$H_3$）分别与其他 7 个指标呈极显著相关。

**表 5-2-8　95 种芽胞杆菌脂肪酸组多样性指标相关系数**

| 因子 | 脂肪酸条数 | 脂肪酸含量 | 丰富度指数($R'$) | Simpson 指数（$D$） | Shannon 指数（$H_1$） | Pielou 指数（$J$） | Brillouin 指数（$H_2$） | McIntosh 指数（$H_3$） |
|---|---|---|---|---|---|---|---|---|
| 脂肪酸条数 | 1.0000 | 0.6455 | 1.0000 | 0.2811 | 0.4512 | −0.4758 | 0.3884 | 0.3015 |
| 脂肪酸含量 | 0.6455 | 1.0000 | 0.6392 | 0.1668 | 0.2881 | −0.2074 | 0.2412 | 0.1821 |
| 丰富度指数（$R'$） | 1.0000 | 0.6392 | 1.0000 | 0.2812 | 0.4511 | −0.4771 | 0.3884 | 0.3016 |
| Simpson 指数（$D$） | 0.2811 | 0.1668 | 0.2812 | 1.0000 | 0.9073 | 0.5845 | 0.9294 | 0.9915 |
| Shannon 指数（$H_1$） | 0.4512 | 0.2881 | 0.4511 | 0.9073 | 1.0000 | 0.4789 | 0.9944 | 0.9344 |
| Pielou 指数（$J$） | −0.4758 | −0.2074 | −0.4771 | 0.5845 | 0.4789 | 1.0000 | 0.5455 | 0.5883 |
| Brillouin 指数（$H_2$） | 0.3884 | 0.2412 | 0.3884 | 0.9294 | 0.9944 | 0.5455 | 1.0000 | 0.9541 |
| McIntosh 指数（$H_3$） | 0.3015 | 0.1821 | 0.3016 | 0.9915 | 0.9344 | 0.5883 | 0.9541 | 1.0000 |

注：相关系数临界值，$a$=0.05 时，$R$=0.2017；$a$=0.01 时，$R$=0.2631

## 4. 芽胞杆菌脂肪酸多样性指数主成分分析

选择丰富度指数（$R'$）、Simpson 指数（$D$）、Shannon 指数（$H_1$）、Pielou 指数（$J$）、Brillouin 指数（$H_2$）、McIntosh 指数（$H_3$）6 个指标进行主成分分析（图 5-2-3）和聚类分析（图 5-2-4）。主成分分析结果表明，6 个指标分为 3 个区域，第 I 区域为 Shannon 指数（$H_1$）和 Brillouin 指数（$H_2$），第 II 区域为 Simpson 指数（$D$）、Pielou 指数（$J$）、McIntosh 指数（$H_3$），第 III 区域为丰富度（$R'$）；这一结果与聚类分析相似，即 6 个指标分为 3 类，第 I 类 Shannon 指数（$H_1$）和 Brillouin 指数（$H_2$）；第 II 类 Simpson 指数（$D$）、Pielou 指数（$J$）、McIntosh 指数（$H_3$）；第 III 类丰富度指数（$R'$）。同个区域（类）的指标具有同质性，在选择脂肪酸群落多样性指标时，可以从 3 个区域（类）中各选 1 个指标，即 Shannon 指数（$H_1$）、Simpson 指数（$D$）、丰富度指数（$R'$），作为脂肪酸分析的辅助因子。Shannon 指数（$H_1$）代表了整体脂肪酸组生物标记分布的数量特性和均匀特性，生物标记数值越大，在芽胞杆菌各个种中分布越均匀，该值越大；Simpson 指数（$D$）代表了脂肪酸生物标记分布的优势（集中）程度，某个生物标记在各个种中的分布越集中，该值就越大，它与 Pielou 指数（$J$）成反比；丰富度指数（$R'$）代表了脂肪酸数的多少，该数值越大，表明种类脂肪酸越丰富。

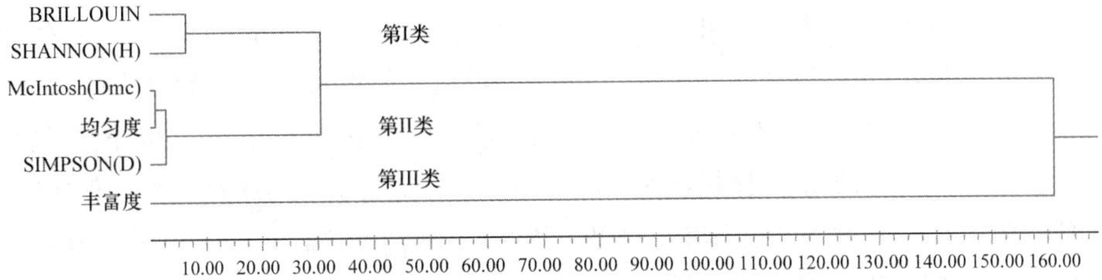


图 5-2-3　95 种芽胞杆菌脂肪酸群落多样性主要指标聚类分析

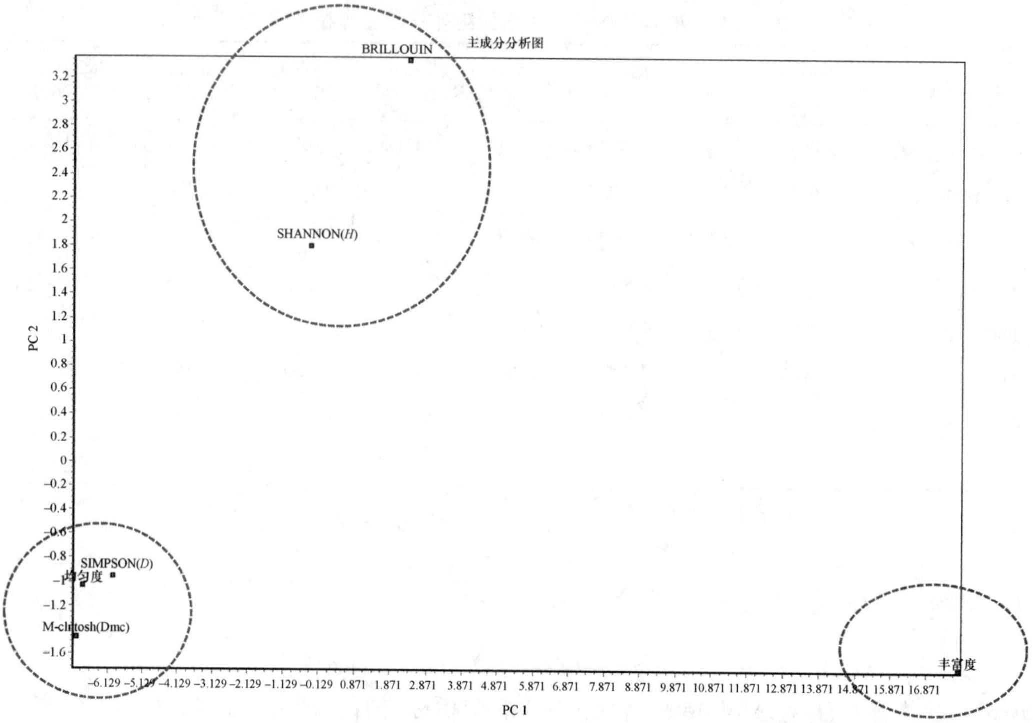


图 5-2-4 95 种芽胞杆菌脂肪酸群落多样性主要指标主成分分析

## 5. 基于整体脂肪酸组及其多样性指数的芽胞杆菌聚类比较

选择 95 种芽胞杆菌整体脂肪酸组（128 个生物标记）构成脂肪酸组数据矩阵，统计脂肪酸组多样性指数[丰富度指数（$R'$）、Simpson 指数（$D$）、Shannon 指数（$H_1$）、Pielou 指数（$J$）、Brillouin 指数（$H_2$）、McIntosh 指数（$H_3$）]构成多样性指数数据矩阵，对两个数据矩阵分别进行聚类分析。以芽胞杆菌为样本，以脂肪酸组（或多样性指数）为指标，数据不转换，以欧氏距离为尺度，采用可变类平均法进行聚类分析，分析结果见表 5-2-9 和图 5-2-5。分析结果表明采用整体脂肪酸组进行聚类分析的结果将芽胞杆菌分为 3 类，第 I 类 30 种，第 II 类 24 种，第 III 类 41 种；用脂肪酸组多样性指数进行聚类分析的结果也将芽胞杆菌分为 3 类，第 I 类 42 种，第 II 类 20 种，第 III 类 33 种；两个数据矩阵聚类的结果主体相近，表明两种数据聚类方法都可使用，而使用脂肪酸组多样性指数矩阵，考虑了脂肪酸的条数、含量、分布结构等因素，包含整体脂肪酸组的全部信息，使得数据转换的齐性具有较大优势，对测定的脂肪酸不会因个别脂肪酸的出现或含量的变化而影响聚类结果，也不用因选择不同的脂肪酸数据，造成每次分析的差异。在进行芽胞杆菌脂肪酸组聚类分析时，可以先对脂肪酸组的多样性指数[丰富度指数（$R'$）、Simpson 指数（$D$）、Shannon 指数（$H_1$）、Pielou 指数（$J$）、Brillouin 指数（$H_2$）、McIntosh 指数（$H_3$）]进行统计，然后利用脂肪酸组多样性指数进行种类的聚类分析。

**表 5-2-9　芽胞杆菌整体脂肪酸组及其多样性指数聚类比较**

| 整体脂肪酸组聚类分析 | | 脂肪酸组多样性指数聚类分析 | |
|---|---|---|---|
| 类别 | 种名 | 类别 | 种名 |
| I | *Bacillus agaradhaerens* | I | *Bacillus agaradhaerens* |
| I | *Bacillus altitudinis* | I | *Bacillus alcalophilus* |
| I | *Bacillus barbaricus* | I | *Bacillus amyloliquefaciens* |
| I | *Bacillus bataviensis* | I | *Bacillus aryabhattai* |
| I | *Bacillus butanolivorans* | I | *Bacillus azotoformans* |
| I | *Bacillus cibi* | I | *Bacillus bataviensis* |
| I | *Bacillus coagulans* | I | *Bacillus boroniphilus* |
| I | *Bacillus decisifrondis* | I | *Bacillus clausii* |
| I | *Bacillus fastidiosus* | I | *Bacillus decolorationis* |
| I | *Bacillus flexus* | I | *Bacillus fastidiosus* |
| I | *Bacillus fordii* | I | *Bacillus flexus* |
| I | *Bacillus halmapalus* | I | *Bacillus fordii* |
| I | *Bacillus horikoshii* | I | *Bacillus freudenreichii* |
| I | *Bacillus indicus* | I | *Bacillus gelatini* |
| I | *Bacillus isronensis* | I | *Bacillus gibsonii* |
| I | *Bacillus luciferensis* | I | *Bacillus gobiensis* |
| I | *Bacillus macroides* | I | *Bacillus halmapalus* |
| I | *Bacillus muralis* | I | *Bacillus hemicellulosilyticus* |
| I | *Bacillus niacini* | I | *Bacillus horikoshii* |
| I | *Bacillus novalis* | I | *Bacillus koreensis* |
| I | *Bacillus okuhidensis* | I | *Bacillus laevolacticus* |
| I | *Bacillus panaciterrae* | I | *Bacillus lehensis* |
| I | *Bacillus pseudalcaliphilus* | I | *Paenibacillus lentimorbus* |
| I | *Bacillus siralis* | I | *Bacillus licheniformis* |
| I | *Bacillus solani* | I | *Bacillus megaterium* |
| I | *Bacillus soli* | I | *Bacillus mesonae* |
| I | *Bacillus thuringiensis* | I | *Bacillus niacini* |
| I | *Bacillus vallismortis* | I | *Bacillus novalis* |
| I | *Bacillus vietnamensis* | I | *Bacillus okuhidensis* |
| I | *Bacillus wuyishanensis* | I | *Bacillus panaciterrae* |
| | 第 I 组 30 种 | I | *Bacillus pseudalcaliphilus* |
| II | *Bacillus alcalophilus* | I | *Bacillus pseudofirmus* |
| II | *Bacillus amyloliquefaciens* | I | *Bacillus selenatarsenatis* |
| II | *Bacillus atrophaeus* | I | *Bacillus shackletonii* |
| II | *Bacillus badius* | I | *Bacillus siralis* |
| II | *Bacillus bingmayongensis* | I | *Bacillus solani* |
| II | *Bacillus cereus* | I | *Bacillus soli* |
| II | *Bacillus circulans* | I | *Bacillus sonorensis* |
| II | *Bacillus clausii* | I | *Bacillus subtilis* |

续表

| 整体脂肪酸组聚类分析 | | 脂肪酸组多样性指数聚类分析 | |
|---|---|---|---|
| 类别 | 种名 | 类别 | 种名 |
| II | *Bacillus laevolacticus* | I | *Bacillus vallismortis* |
| II | *Bacillus lentus* | I | *Bacillus vireti* |
| II | *Bacillus licheniformis* | I | *Bacillus wuyishanensis* |
| II | *Bacillus marisflavi* | | 第 I 组 42 种 |
| II | *Bacillus megaterium* | II | *Bacillus altitudinis* |
| II | *Bacillus mesonae* | II | *Bacillus badius* |
| II | *Bacillus mojavensis* | II | *Bacillus barbaricus* |
| II | *Bacillus mycoides* | II | *Bacillus bingmayongensis* |
| II | *Bacillus oleronius* | II | *Bacillus carboniphilus* |
| II | *Bacillus pseudomycoides* | II | *Bacillus cecembensis* |
| II | *Bacillus pumilus* | II | *Bacillus cereus* |
| II | *Bacillus simplex* | II | *Bacillus cibi* |
| II | *Bacillus sonorensis* | II | *Bacillus decisifrondis* |
| II | *Bacillus subtilis* | II | *Bacillus fengqiuensis* |
| II | *Bacillus vireti* | II | *Bacillus indicus* |
| II | *Bacillus viscosus* | II | *Bacillus isronensis* |
| | 第 II 组 24 种 | II | *Bacillus macroides* |
| III | *Bacillus aryabhattai* | II | *Bacillus massiliensis* |
| III | *Bacillus azotoformans* | II | *Bacillus mycoides* |
| III | *Bacillus beijingensis* | II | *Bacillus pseudomycoides* |
| III | *Bacillus boroniphilus* | II | *Bacillus pumilus* |
| III | *Bacillus carboniphilus* | II | *Bacillus safensis* |
| III | *Bacillus cecembensis* | II | *Bacillus taiwanensis* |
| III | *Bacillus cihuensis* | II | *Bacillus thuringiensis* |
| III | *Bacillus clarkii* | | 第 II 组 20 种 |
| III | *Bacillus cohnii* | III | *Bacillus atrophaeus* |
| III | *Bacillus decolorationis* | III | *Bacillus beijingensis* |
| III | *Bacillus drentensis* | III | *Bacillus butanolivorans* |
| III | *Bacillus endophyticus* | III | *Bacillus cihuensis* |
| III | *Bacillus fengqiuensis* | III | *Bacillus circulans* |
| III | *Bacillus filicolonicus* | III | *Bacillus clarkii* |
| III | *Bacillus firmus* | III | *Bacillus coagulans* |
| III | *Bacillus freudenreichii* | III | *Bacillus cohnii* |
| III | *Bacillus galactosidilyticus* | III | *Bacillus drentensis* |
| III | *Bacillus gelatini* | III | *Bacillus endophyticus* |
| III | *Bacillus gibsonii* | III | *Bacillus filicolonicus* |

续表

| 整体脂肪酸组聚类分析 | | 脂肪酸组多样性指数聚类分析 | |
|---|---|---|---|
| 类别 | 种名 | 类别 | 种名 |
| III | *Bacillus ginsengihumi* | III | *Bacillus firmus* |
| III | *Bacillus globisporus* | III | *Bacillus galactosidilyticus* |
| III | *Bacillus gobiensis* | III | *Bacillus ginsengihumi* |
| III | *Bacillus halodurans* | III | *Bacillus globisporus* |
| III | *Bacillus hemicellulosilyticus* | III | *Bacillus halodurans* |
| III | *Bacillus humi* | III | *Bacillus humi* |
| III | *Bacillus koreensis* | III | *Bacillus kribbensis* |
| III | *Bacillus kribbensis* | III | *Bacillus lentus* |
| III | *Bacillus lehensis* | III | *Bacillus loiseleuriae* |
| III | *Paenibacillus lentimorbus* | III | *Bacillus luciferensis* |
| III | *Bacillus loiseleuriae* | III | *Bacillus marisflavi* |
| III | *Bacillus massiliensis* | III | *Bacillus mojavensis* |
| III | *Bacillus nealsonii* | III | *Bacillus muralis* |
| III | *Bacillus niabensis* | III | *Bacillus nealsonii* |
| III | *Bacillus pseudofirmus* | III | *Bacillus niabensis* |
| III | *Bacillus psychrosaccharolyticus* | III | *Bacillus oleronius* |
| III | *Bacillus ruris* | III | *Bacillus psychrosaccharolyticus* |
| III | *Bacillus safensis* | III | *Bacillus ruris* |
| III | *Bacillus selenatarsenatis* | III | *Bacillus seohaeanensis* |
| III | *Bacillus seohaeanensis* | III | *Bacillus simplex* |
| III | *Bacillus shackletonii* | III | *Bacillus vietnamensis* |
| III | *Bacillus taiwanensis* | III | *Bacillus viscosus* |
| | 第 III 组 41 种 | | 第 III 组 33 种 |

## 五、芽胞杆菌脂肪酸分群数据转换方法比较

### 1. 芽胞杆菌脂肪酸数据矩阵

选择 95 种芽胞杆菌的 12 个主要脂肪酸生物标记，即 15:0 iso、15:0 anteiso、17:0 anteiso、c16:0、16:0 iso、17:0 iso、14:0 iso、c14:0、16:1ω11c、16:1ω7c alcohol、17:1 iso ω10c、13:0 iso，以及 3 个主要脂肪酸群落多样性指数，即丰富度指数（$R'$）、Simpson 指数（$D$）、Shannon 指数（$H_1$），构建数据矩阵，以芽胞杆菌种类为样本，以主要脂肪酸生物标记和主要脂肪酸群落多样性指数为指标，以欧氏距离为尺度，用可变类平均法进行系统聚类；比较数据矩阵经过对数转换、平方根转换、中心化转换、规格化转换，与不转换进行比较，分析聚类差异。构建的脂肪酸数据矩阵见表 5-2-10。

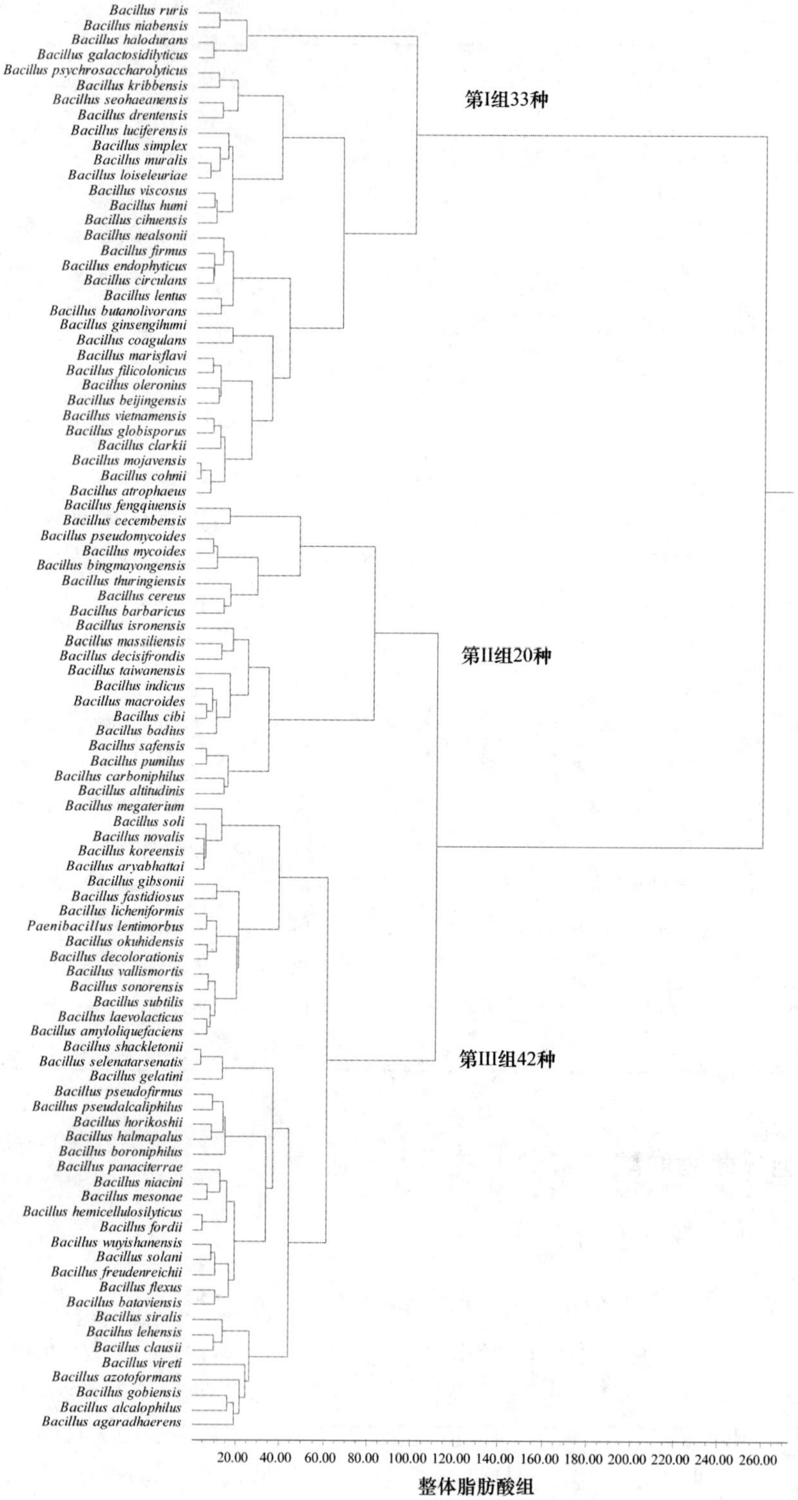
Bacillus ruris
Bacillus niabensis
Bacillus halodurans
Bacillus galactosidilyticus
Bacillus psychrosaccharolyticus
Bacillus kribbensis
Bacillus seohaeanensis
Bacillus drentensis
Bacillus luciferensis
Bacillus simplex
Bacillus muralis
Bacillus loiseleuriae
Bacillus viscosus
Bacillus humi
Bacillus cihuensis
Bacillus nealsonii
Bacillus firmus
Bacillus endophyticus
Bacillus circulans
Bacillus lentus
Bacillus butanolivorans
Bacillus ginsengihumi
Bacillus coagulans
Bacillus marisflavi
Bacillus filicolonicus
Bacillus oleronius
Bacillus beijingensis
Bacillus vietnamensis
Bacillus globisporus
Bacillus clarkii
Bacillus mojavensis
Bacillus cohnii
Bacillus atrophaeus
Bacillus fengqiuensis
Bacillus cecembensis
Bacillus pseudomycoides
Bacillus mycoides
Bacillus bingmayongensis
Bacillus thuringiensis
Bacillus cereus
Bacillus barbaricus
Bacillus isronensis
Bacillus massiliensis
Bacillus decisifrondis
Bacillus taiwanensis
Bacillus indicus
Bacillus macroides
Bacillus cibi
Bacillus badius
Bacillus safensis
Bacillus pumilus
Bacillus carboniphilus
Bacillus altitudinis
Bacillus megaterium
Bacillus soli
Bacillus novalis
Bacillus koreensis
Bacillus aryabhattai
Bacillus gibsonii
Bacillus fastidiosus
Bacillus licheniformis
Paenibacillus lentimorbus
Bacillus okuhidensis
Bacillus decolorationis
Bacillus vallismortis
Bacillus sonorensis
Bacillus subtilis
Bacillus laevolacticus
Bacillus amyloliquefaciens
Bacillus shackletonii
Bacillus selenatarsenatis
Bacillus gelatini
Bacillus pseudofirmus
Bacillus pseudalcaliphilus
Bacillus horikoshii
Bacillus halmapalus
Bacillus boroniphilus
Bacillus panaciterrae
Bacillus niacini
Bacillus mesonae
Bacillus hemicellulosilyticus
Bacillus fordii
Bacillus wuyishanensis
Bacillus solani
Bacillus freudenreichii
Bacillus flexus
Bacillus bataviensis
Bacillus siralis
Bacillus lehensis
Bacillus clausii
Bacillus vireti
Bacillus azotoformans
Bacillus gobiensis
Bacillus alcalophilus
Bacillus agaradhaerens
第I组33种
第II组20种
第III组42种
20.00 40.00 60.00 80.00 100.00 120.00 140.00 160.00 180.00 200.00 220.00 240.00 260.00
整体脂肪酸组

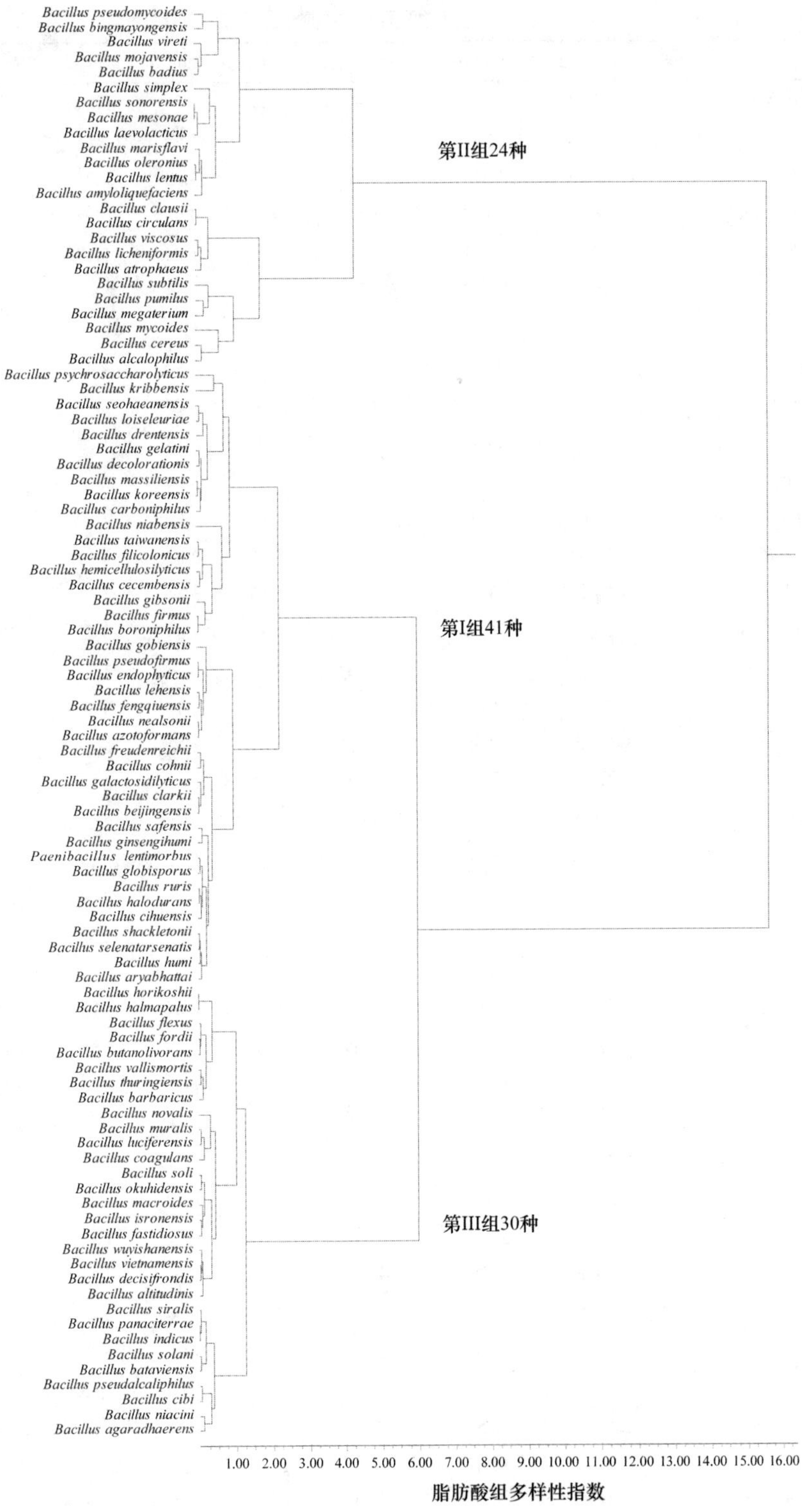


图 5-2-5　芽胞杆菌整体脂肪酸组及其多样性指数聚类分析比较

表 5-2-10　芽胞杆菌脂肪酸数据矩阵　(%)

| 芽胞杆菌种名 | 15:0 iso | 15:0 anteiso | 17:0 anteiso | c16:0 | 16:0 iso | 17:0 iso | 14:0 iso | c14:0 |
|---|---|---|---|---|---|---|---|---|
| *Bacillus agaradhaerens* | 15.73 | 23.37 | 9.49 | 15.08 | 1.59 | 11.09 | 1.71 | 0.00 |
| *Bacillus alcalophilus* | 25.94 | 21.75 | 4.25 | 11.10 | 3.46 | 3.15 | 3.30 | 2.81 |
| *Bacillus altitudinis* | 46.29 | 18.14 | 3.56 | 3.61 | 3.80 | 8.21 | 1.78 | 1.36 |
| *Bacillus amyloliquefaciens* | 28.98 | 35.33 | 8.60 | 4.39 | 4.01 | 10.56 | 1.68 | 0.44 |
| *Bacillus aryabhattai* | 39.47 | 36.31 | 3.86 | 6.28 | 1.84 | 3.19 | 4.21 | 1.60 |
| *Bacillus atrophaeus* | 16.15 | 43.55 | 14.76 | 3.98 | 5.54 | 7.41 | 1.64 | 0.39 |
| *Bacillus azotoformans* | 21.05 | 23.76 | 1.45 | 19.05 | 5.41 | 0.77 | 12.30 | 7.85 |
| *Bacillus badius* | 47.91 | 9.47 | 4.19 | 4.02 | 4.80 | 4.43 | 2.09 | 2.05 |
| *Bacillus barbaricus* | 35.76 | 11.42 | 1.93 | 5.66 | 5.69 | 6.63 | 4.06 | 2.98 |
| *Bacillus bataviensis* | 34.12 | 29.38 | 2.00 | 2.91 | 2.18 | 1.75 | 4.15 | 0.86 |
| *Bacillus beijingensis* | 23.12 | 39.09 | 18.05 | 2.70 | 3.69 | 2.91 | 1.94 | 0.42 |
| *Bacillus bingmayongensis* | 20.69 | 7.41 | 2.72 | 9.06 | 3.64 | 10.25 | 3.43 | 4.62 |
| *Bacillus boroniphilus* | 35.93 | 10.11 | 12.56 | 9.00 | 2.01 | 9.14 | 0.00 | 1.29 |
| *Bacillus butanolivorans* | 14.51 | 39.85 | 2.56 | 9.07 | 6.24 | 1.43 | 7.17 | 3.34 |
| *Bacillus carboniphilus* | 56.56 | 16.50 | 1.32 | 1.85 | 2.80 | 5.42 | 5.03 | 1.15 |
| *Bacillus cecembensis* | 28.25 | 4.59 | 0.85 | 3.16 | 21.36 | 1.52 | 15.54 | 1.38 |
| *Bacillus cereus* | 27.84 | 4.15 | 1.55 | 7.06 | 6.57 | 9.56 | 4.59 | 3.23 |
| *Bacillus cibi* | 45.00 | 14.66 | 5.70 | 4.43 | 8.32 | 5.39 | 4.77 | 1.27 |
| *Bacillus cihuensis* | 20.57 | 45.08 | 3.14 | 8.22 | 4.67 | 0.79 | 9.42 | 3.63 |
| *Bacillus circulans* | 20.98 | 32.74 | 6.99 | 9.00 | 6.31 | 2.49 | 6.88 | 7.43 |
| *Bacillus clarkii* | 13.78 | 47.39 | 11.83 | 3.20 | 5.01 | 3.14 | 3.11 | 0.92 |
| *Bacillus clausii* | 39.14 | 16.45 | 5.88 | 9.11 | 3.97 | 7.10 | 2.93 | 2.27 |
| *Bacillus coagulans* | 12.60 | 43.23 | 26.82 | 6.18 | 5.15 | 2.42 | 0.25 | 0.25 |
| *Bacillus cohnii* | 19.83 | 44.49 | 12.20 | 2.39 | 4.62 | 6.98 | 1.57 | 0.27 |
| *Bacillus decisifrondis* | 44.54 | 10.26 | 2.91 | 2.14 | 14.49 | 2.88 | 4.80 | 0.69 |
| *Bacillus decolorationis* | 38.29 | 27.60 | 9.10 | 9.40 | 1.54 | 8.79 | 0.63 | 1.71 |
| *Bacillus drentensis* | 7.54 | 64.58 | 9.30 | 1.12 | 8.99 | 0.61 | 1.72 | 1.62 |
| *Bacillus endophyticus* | 20.51 | 37.94 | 7.85 | 8.94 | 6.83 | 1.80 | 6.75 | 2.97 |
| *Bacillus fastidiosus* | 28.12 | 30.12 | 5.61 | 14.11 | 1.46 | 11.06 | 0.80 | 1.85 |
| *Bacillus fengqiuensis* | 36.40 | 7.08 | 1.94 | 3.01 | 10.13 | 2.41 | 11.21 | 1.48 |
| *Bacillus filicolonicus* | 22.52 | 37.11 | 13.97 | 2.73 | 9.63 | 1.76 | 5.76 | 0.72 |
| *Bacillus firmus* | 20.06 | 34.70 | 6.04 | 11.24 | 3.68 | 1.73 | 4.94 | 4.83 |
| *Bacillus flexus* | 27.24 | 30.82 | 7.57 | 4.46 | 2.81 | 3.75 | 3.93 | 1.24 |
| *Bacillus fordii* | 34.43 | 20.04 | 10.63 | 2.48 | 5.63 | 7.58 | 2.41 | 0.79 |
| *Bacillus freudenreichii* | 41.39 | 28.01 | 5.37 | 1.89 | 4.34 | 1.66 | 4.49 | 1.28 |
| *Bacillus galactosidilyticus* | 16.51 | 28.57 | 5.50 | 33.43 | 2.46 | 1.50 | 3.01 | 6.69 |
| *Bacillus gelatini* | 43.81 | 19.89 | 16.05 | 3.80 | 3.52 | 6.41 | 0.88 | 1.04 |
| *Bacillus gibsonii* | 32.44 | 30.11 | 1.68 | 15.32 | 3.07 | 4.65 | 2.97 | 4.16 |
| *Bacillus ginsengihumi* | 22.36 | 32.76 | 32.66 | 2.06 | 2.14 | 4.34 | 0.29 | 0.48 |
| *Bacillus globisporus* | 18.98 | 49.80 | 9.89 | 3.20 | 2.88 | 4.31 | 1.98 | 2.61 |

续表

| 芽胞杆菌种名 | 15:0 iso | 15:0 anteiso | 17:0 anteiso | c16:0 | 16:0 iso | 17:0 iso | 14:0 iso | c14:0 |
|---|---|---|---|---|---|---|---|---|
| *Bacillus gobiensis* | 24.27 | 22.12 | 11.10 | 6.67 | 10.03 | 7.61 | 4.71 | 1.53 |
| *Bacillus halmapalus* | 33.66 | 17.99 | 6.34 | 4.12 | 3.02 | 4.84 | 1.54 | 0.85 |
| *Bacillus halodurans* | 16.60 | 24.05 | 5.10 | 38.49 | 2.26 | 1.81 | 2.46 | 6.10 |
| *Bacillus hemicellulosilyticus* | 37.49 | 21.87 | 10.27 | 1.54 | 6.01 | 6.65 | 2.67 | 0.69 |
| *Bacillus horikoshii* | 33.96 | 10.78 | 8.97 | 3.96 | 3.81 | 5.46 | 1.08 | 0.82 |
| *Bacillus humi* | 16.80 | 47.73 | 3.33 | 3.50 | 7.34 | 0.49 | 13.77 | 1.31 |
| *Bacillus indicus* | 39.57 | 15.41 | 5.19 | 5.48 | 8.56 | 3.77 | 5.22 | 1.96 |
| *Bacillus isronensis* | 50.54 | 3.66 | 1.53 | 2.31 | 4.93 | 4.41 | 4.05 | 0.58 |
| *Bacillus koreensis* | 39.18 | 35.77 | 5.21 | 4.50 | 4.94 | 3.31 | 3.96 | 1.28 |
| *Bacillus kribbensis* | 11.02 | 70.82 | 7.79 | 1.52 | 2.24 | 0.46 | 3.47 | 0.90 |
| *Bacillus laevolacticus* | 26.50 | 33.62 | 8.60 | 7.70 | 4.69 | 7.97 | 2.03 | 0.84 |
| *Bacillus lehensis* | 33.07 | 17.59 | 4.22 | 13.39 | 3.85 | 8.90 | 4.13 | 3.72 |
| *Paenibacillus lentimorbus* | 37.74 | 34.00 | 8.67 | 2.96 | 3.59 | 8.33 | 1.09 | 0.51 |
| *Bacillus lentus* | 15.05 | 41.46 | 3.58 | 17.45 | 3.77 | 1.64 | 5.07 | 3.59 |
| *Bacillus licheniformis* | 33.52 | 32.81 | 10.88 | 3.50 | 4.21 | 8.80 | 1.01 | 0.47 |
| *Bacillus loiseleuriae* | 17.81 | 52.90 | 0.98 | 7.24 | 0.96 | 0.33 | 8.45 | 5.95 |
| *Bacillus luciferensis* | 24.48 | 53.79 | 2.64 | 2.22 | 3.43 | 1.59 | 2.48 | 0.91 |
| *Bacillus macroides* | 45.31 | 11.82 | 4.31 | 4.99 | 7.65 | 5.07 | 2.99 | 1.63 |
| *Bacillus marisflavi* | 24.71 | 37.22 | 9.35 | 3.16 | 7.05 | 1.78 | 5.84 | 1.14 |
| *Bacillus massiliensis* | 52.68 | 8.98 | 3.45 | 2.12 | 17.56 | 3.69 | 4.09 | 0.27 |
| *Bacillus megaterium* | 33.83 | 41.21 | 3.50 | 4.60 | 2.11 | 2.21 | 4.87 | 1.52 |
| *Bacillus mesonae* | 37.20 | 21.65 | 2.75 | 4.96 | 3.98 | 4.23 | 4.73 | 0.88 |
| *Bacillus mojavensis* | 20.02 | 43.08 | 12.68 | 2.93 | 4.01 | 7.62 | 1.25 | 0.24 |
| *Bacillus muralis* | 16.65 | 54.74 | 2.09 | 5.59 | 3.46 | 1.35 | 6.67 | 2.32 |
| *Bacillus mycoides* | 20.25 | 3.74 | 2.09 | 9.29 | 6.37 | 10.60 | 3.43 | 3.15 |
| *Bacillus nealsonii* | 20.03 | 31.14 | 5.62 | 14.09 | 3.45 | 3.49 | 4.02 | 10.60 |
| *Bacillus niabensis* | 8.13 | 38.08 | 9.90 | 24.26 | 5.90 | 2.46 | 5.61 | 2.80 |
| *Bacillus niacini* | 33.53 | 18.54 | 4.10 | 5.93 | 5.91 | 4.96 | 5.41 | 1.84 |
| *Bacillus novalis* | 41.63 | 36.96 | 3.90 | 4.59 | 3.53 | 1.61 | 3.02 | 1.22 |
| *Bacillus okuhidensis* | 35.06 | 31.62 | 8.60 | 8.25 | 2.12 | 6.14 | 1.48 | 1.83 |
| *Bacillus oleronius* | 25.42 | 31.60 | 17.81 | 3.74 | 8.67 | 4.17 | 3.15 | 0.96 |
| *Bacillus panaciterrae* | 37.40 | 22.49 | 1.68 | 6.31 | 3.38 | 3.25 | 8.53 | 4.82 |
| *Bacillus pseudalcaliphilus* | 37.87 | 20.21 | 8.75 | 6.21 | 0.90 | 7.09 | 0.52 | 0.92 |
| *Bacillus pseudofirmus* | 42.94 | 15.43 | 6.47 | 3.79 | 2.97 | 7.19 | 2.17 | 0.62 |
| *Bacillus pseudomycoides* | 16.29 | 4.12 | 2.87 | 9.48 | 6.51 | 11.64 | 2.86 | 2.65 |
| *Bacillus psychrosaccharolyticus* | 17.80 | 66.58 | 3.52 | 1.63 | 1.23 | 0.94 | 1.32 | 1.12 |
| *Bacillus pumilus* | 51.55 | 25.52 | 4.42 | 2.84 | 3.00 | 6.32 | 1.40 | 0.78 |
| *Bacillus ruris* | 10.52 | 36.19 | 7.76 | 30.68 | 2.89 | 3.76 | 1.10 | 2.19 |
| *Bacillus safensis* | 52.73 | 27.69 | 4.26 | 2.57 | 2.22 | 4.19 | 0.92 | 0.58 |
| *Bacillus selenatarsenatis* | 38.65 | 26.22 | 21.25 | 1.62 | 3.41 | 2.08 | 0.48 | 1.15 |

续表

| 芽胞杆菌种名 | 15:0 iso | 15:0 anteiso | 17:0 anteiso | c16:0 | 16:0 iso | 17:0 iso | 14:0 iso | c14:0 |
|---|---|---|---|---|---|---|---|---|
| *Bacillus seohaeanensis* | 7.03 | 57.50 | 14.83 | 6.47 | 5.43 | 1.73 | 1.54 | 1.40 |
| *Bacillus shackletonii* | 39.29 | 28.61 | 19.17 | 1.67 | 2.95 | 2.04 | 0.39 | 1.02 |
| *Bacillus simplex* | 11.50 | 57.71 | 3.14 | 6.54 | 2.93 | 1.40 | 3.76 | 1.96 |
| *Bacillus siralis* | 31.85 | 17.54 | 3.77 | 21.49 | 5.75 | 4.00 | 4.23 | 4.01 |
| *Bacillus solani* | 35.09 | 26.09 | 6.83 | 4.57 | 7.77 | 1.89 | 4.99 | 1.47 |
| *Bacillus soli* | 39.48 | 34.16 | 3.05 | 3.09 | 3.21 | 3.44 | 3.59 | 1.02 |
| *Bacillus sonorensis* | 27.68 | 29.67 | 11.11 | 5.33 | 4.59 | 8.69 | 0.97 | 0.50 |
| *Bacillus subtilis* | 26.05 | 37.38 | 11.01 | 3.95 | 4.04 | 10.57 | 1.36 | 0.35 |
| *Bacillus taiwanensis* | 46.44 | 7.62 | 3.67 | 10.04 | 7.05 | 8.15 | 4.07 | 2.35 |
| *Bacillus thuringiensis* | 38.64 | 4.50 | 1.12 | 3.80 | 4.19 | 7.09 | 3.92 | 3.53 |
| *Bacillus vallismortis* | 23.12 | 29.69 | 9.22 | 6.13 | 4.17 | 10.53 | 1.17 | 0.71 |
| *Bacillus vietnamensis* | 19.24 | 46.82 | 11.88 | 2.37 | 3.93 | 1.27 | 2.92 | 0.63 |
| *Bacillus vireti* | 30.01 | 27.15 | 5.89 | 3.92 | 2.59 | 3.15 | 1.21 | 0.44 |
| *Bacillus viscosus* | 17.66 | 48.77 | 2.47 | 4.16 | 4.12 | 1.25 | 7.91 | 1.79 |
| *Bacillus wuyishanensis* | 35.68 | 29.84 | 4.73 | 1.48 | 9.96 | 0.85 | 9.87 | 1.32 |

| 芽胞杆菌种名 | 16:1ω11c | 16:1ω7c alcohol | 17:1 iso ω10c | 13:0 iso | 丰富度指数（$R'$） | Simpson 指数（$D$） | Shannon 指数（$H_1$） |
|---|---|---|---|---|---|---|---|
| *Bacillus agaradhaerens* | 0.39 | 0.00 | 0.59 | 0.00 | 5.21 | 0.88 | 2.39 |
| *Bacillus alcalophilus* | 2.70 | 0.89 | 0.72 | 0.59 | 24.48 | 0.89 | 2.80 |
| *Bacillus altitudinis* | 0.31 | 0.37 | 1.65 | 3.08 | 6.51 | 0.75 | 1.93 |
| *Bacillus amyloliquefaciens* | 1.01 | 0.39 | 0.77 | 0.24 | 12.16 | 0.78 | 1.88 |
| *Bacillus aryabhattai* | 0.93 | 0.31 | 0.17 | 0.39 | 4.13 | 0.71 | 1.60 |
| *Bacillus atrophaeus* | 0.76 | 0.48 | 1.08 | 0.09 | 17.75 | 0.77 | 1.93 |
| *Bacillus azotoformans* | 5.58 | 0.94 | 0.19 | 0.47 | 4.34 | 0.84 | 2.02 |
| *Bacillus badius* | 4.75 | 4.07 | 4.54 | 0.08 | 8.90 | 0.75 | 2.05 |
| *Bacillus barbaricus* | 0.45 | 0.81 | 1.88 | 6.68 | 7.38 | 0.84 | 2.40 |
| *Bacillus bataviensis* | 7.83 | 3.96 | 3.65 | 0.19 | 5.65 | 0.79 | 2.01 |
| *Bacillus beijingensis* | 2.05 | 2.18 | 1.00 | 0.09 | 4.13 | 0.76 | 1.77 |
| *Bacillus bingmayongensis* | 0.00 | 0.00 | 0.00 | 10.14 | 9.77 | 0.90 | 2.56 |
| *Bacillus boroniphilus* | 4.78 | 0.00 | 4.99 | 0.00 | 2.61 | 0.83 | 2.08 |
| *Bacillus butanolivorans* | 6.38 | 3.68 | 0.69 | 0.11 | 7.82 | 0.80 | 2.12 |
| *Bacillus carboniphilus* | 1.35 | 1.22 | 5.52 | 0.47 | 3.04 | 0.65 | 1.55 |
| *Bacillus cecembensis* | 4.56 | 16.99 | 0.54 | 0.23 | 3.26 | 0.82 | 1.93 |
| *Bacillus cereus* | 0.40 | 0.68 | 1.99 | 10.37 | 26.17 | 0.90 | 2.75 |
| *Bacillus cibi* | 2.31 | 2.43 | 2.61 | 0.09 | 5.21 | 0.76 | 1.96 |
| *Bacillus cihuensis* | 0.65 | 0.64 | 0.00 | 0.49 | 4.78 | 0.74 | 1.77 |
| *Bacillus circulans* | 1.69 | 0.88 | 0.29 | 0.43 | 16.06 | 0.83 | 2.16 |
| *Bacillus clarkii* | 0.00 | 0.00 | 0.00 | 0.01 | 4.13 | 0.74 | 1.82 |
| *Bacillus clausii* | 3.35 | 1.63 | 1.74 | 0.34 | 15.84 | 0.81 | 2.19 |
| *Bacillus coagulans* | 0.00 | 0.00 | 0.00 | 0.01 | 6.08 | 0.73 | 1.59 |

续表

| 芽胞杆菌种名 | 16:1ω11c | 16:1ω7c alcohol | 17:1 iso ω10c | 13:0 iso | 丰富度指数（$R'$） | Simpson指数（$D$） | Shannon指数（$H_1$） |
|---|---|---|---|---|---|---|---|
| *Bacillus cohnii* | 1.17 | 0.83 | 2.79 | 0.14 | 3.91 | 0.75 | 1.77 |
| *Bacillus decisifrondis* | 2.21 | 12.33 | 0.42 | 0.12 | 6.51 | 0.76 | 1.85 |
| *Bacillus decolorationis* | 0.00 | 0.00 | 0.00 | 0.27 | 3.26 | 0.76 | 1.70 |
| *Bacillus drentensis* | 0.00 | 0.00 | 0.00 | 0.00 | 3.47 | 0.56 | 1.34 |
| *Bacillus endophyticus* | 2.43 | 1.33 | 0.19 | 0.51 | 4.34 | 0.80 | 1.95 |
| *Bacillus fastidiosus* | 2.00 | 0.12 | 1.14 | 0.36 | 7.17 | 0.80 | 1.93 |
| *Bacillus fengqiuensis* | 2.88 | 14.38 | 0.87 | 0.64 | 4.56 | 0.82 | 2.19 |
| *Bacillus filicolonicus* | 0.61 | 2.16 | 0.40 | 0.31 | 3.47 | 0.79 | 1.84 |
| *Bacillus firmus* | 6.46 | 2.20 | 0.00 | 0.00 | 2.61 | 0.82 | 2.03 |
| *Bacillus flexus* | 5.83 | 2.39 | 3.62 | 0.14 | 8.03 | 0.82 | 2.12 |
| *Bacillus fordii* | 3.16 | 3.72 | 2.49 | 0.85 | 7.82 | 0.82 | 2.17 |
| *Bacillus freudenreichii* | 1.74 | 4.59 | 1.45 | 0.39 | 3.69 | 0.75 | 1.81 |
| *Bacillus galactosidilyticus* | 0.03 | 0.00 | 0.00 | 0.36 | 4.34 | 0.78 | 1.76 |
| *Bacillus gelatini* | 1.10 | 0.51 | 1.13 | 0.13 | 3.04 | 0.74 | 1.70 |
| *Bacillus gibsonii* | 0.00 | 0.00 | 0.00 | 0.15 | 2.82 | 0.78 | 1.82 |
| *Bacillus ginsengihumi* | 0.00 | 0.00 | 0.00 | 0.15 | 4.78 | 0.74 | 1.57 |
| *Bacillus globisporus* | 0.11 | 0.09 | 0.13 | 0.21 | 4.56 | 0.71 | 1.72 |
| *Bacillus gobiensis* | 1.03 | 3.41 | 1.73 | 0.88 | 3.91 | 0.86 | 2.25 |
| *Bacillus halmapalus* | 4.96 | 3.55 | 9.47 | 0.17 | 6.73 | 0.84 | 2.19 |
| *Bacillus halodurans* | 0.13 | 0.00 | 0.00 | 0.37 | 4.56 | 0.77 | 1.76 |
| *Bacillus hemicellulosilyticus* | 3.76 | 4.35 | 2.22 | 0.18 | 3.04 | 0.80 | 1.94 |
| *Bacillus horikoshii* | 4.90 | 4.21 | 11.16 | 0.05 | 6.73 | 0.84 | 2.21 |
| *Bacillus humi* | 2.45 | 1.50 | 0.05 | 0.25 | 4.34 | 0.72 | 1.70 |
| *Bacillus indicus* | 4.42 | 4.02 | 2.96 | 0.11 | 6.08 | 0.81 | 2.09 |
| *Bacillus isronensis* | 2.66 | 14.90 | 4.02 | 0.24 | 7.17 | 0.72 | 1.92 |
| *Bacillus koreensis* | 0.20 | 0.48 | 0.12 | 0.36 | 3.26 | 0.72 | 1.58 |
| *Bacillus kribbensis* | 0.31 | 0.43 | 0.00 | 0.00 | 2.61 | 0.48 | 1.12 |
| *Bacillus laevolacticus* | 0.62 | 0.29 | 0.00 | 0.27 | 13.25 | 0.80 | 2.02 |
| *Bacillus lehensis* | 0.00 | 0.00 | 0.00 | 0.00 | 4.34 | 0.83 | 2.17 |
| *Paenibacillus lentimorbus* | 0.24 | 0.17 | 0.30 | 0.40 | 4.56 | 0.73 | 1.64 |
| *Bacillus lentus* | 2.12 | 0.74 | 0.14 | 0.20 | 11.29 | 0.77 | 1.94 |
| *Bacillus licheniformis* | 0.64 | 0.46 | 0.85 | 0.15 | 16.44 | 0.77 | 1.85 |
| *Bacillus loiseleuriae* | 2.20 | 0.47 | 0.00 | 1.07 | 3.47 | 0.68 | 1.57 |
| *Bacillus luciferensis* | 1.09 | 1.57 | 1.18 | 0.63 | 6.51 | 0.65 | 1.58 |
| *Bacillus macroides* | 4.59 | 4.11 | 2.76 | 0.03 | 7.38 | 0.77 | 2.02 |
| *Bacillus marisflavi* | 1.03 | 1.88 | 0.44 | 0.28 | 11.64 | 0.80 | 2.08 |
| *Bacillus massiliensis* | 0.65 | 4.70 | 0.36 | 0.26 | 3.26 | 0.68 | 1.61 |
| *Bacillus megaterium* | 2.10 | 0.81 | 0.43 | 0.39 | 21.87 | 0.72 | 1.74 |
| *Bacillus mesonae* | 7.31 | 1.88 | 3.27 | 0.61 | 13.03 | 0.81 | 2.16 |

续表

| 芽胞杆菌种名 | 16:1ω11c | 16:1ω7c alcohol | 17:1 iso ω10c | 13:0 iso | 丰富度指数（$R'$） | Simpson 指数（$D$） | Shannon 指数（$H_1$） |
|---|---|---|---|---|---|---|---|
| *Bacillus mojavensis* | 1.03 | 0.60 | 2.63 | 0.08 | 8.90 | 0.76 | 1.82 |
| *Bacillus muralis* | 1.98 | 1.65 | 0.25 | 0.07 | 6.73 | 0.67 | 1.65 |
| *Bacillus mycoides* | 1.01 | 0.77 | 3.03 | 11.60 | 20.40 | 0.92 | 2.81 |
| *Bacillus nealsonii* | 0.74 | 0.14 | 0.00 | 1.30 | 4.34 | 0.83 | 2.09 |
| *Bacillus niabensis* | 0.86 | 0.00 | 0.00 | 0.00 | 1.95 | 0.78 | 1.78 |
| *Bacillus niacini* | 8.61 | 3.01 | 2.59 | 0.53 | 5.43 | 0.84 | 2.21 |
| *Bacillus novalis* | 0.51 | 0.32 | 0.22 | 0.22 | 7.60 | 0.69 | 1.56 |
| *Bacillus okuhidensis* | 0.17 | 0.00 | 0.08 | 0.63 | 7.17 | 0.77 | 1.83 |
| *Bacillus oleronius* | 0.31 | 0.59 | 0.22 | 0.17 | 11.07 | 0.80 | 1.91 |
| *Bacillus panaciterrae* | 0.86 | 0.53 | 0.30 | 1.99 | 6.08 | 0.80 | 2.10 |
| *Bacillus pseudalcaliphilus* | 5.26 | 0.26 | 7.70 | 0.49 | 4.99 | 0.80 | 1.96 |
| *Bacillus pseudofirmus* | 4.41 | 1.19 | 9.48 | 0.55 | 4.34 | 0.78 | 1.94 |
| *Bacillus pseudomycoides* | 0.00 | 0.00 | 0.00 | 10.02 | 11.29 | 0.92 | 2.72 |
| *Bacillus psychrosaccharolyticus* | 0.52 | 1.01 | 0.81 | 0.41 | 4.13 | 0.53 | 1.25 |
| *Bacillus pumilus* | 0.62 | 0.45 | 0.70 | 0.47 | 20.05 | 0.69 | 1.65 |
| *Bacillus ruris* | 0.00 | 0.00 | 0.00 | 0.00 | 4.56 | 0.76 | 1.77 |
| *Bacillus safensis* | 0.48 | 0.28 | 0.69 | 0.45 | 4.78 | 0.65 | 1.48 |
| *Bacillus selenatarsenatis* | 0.72 | 0.16 | 1.01 | 0.11 | 4.34 | 0.74 | 1.65 |
| *Bacillus seohaeanensis* | 0.30 | 0.00 | 0.00 | 0.00 | 3.69 | 0.64 | 1.54 |
| *Bacillus shackletonii* | 0.66 | 0.12 | 0.87 | 0.10 | 4.34 | 0.73 | 1.62 |
| *Bacillus simplex* | 4.16 | 1.96 | 0.65 | 0.03 | 14.11 | 0.65 | 1.72 |
| *Bacillus siralis* | 2.11 | 0.48 | 0.35 | 0.30 | 6.08 | 0.82 | 2.06 |
| *Bacillus solani* | 0.85 | 2.57 | 0.43 | 0.27 | 5.65 | 0.80 | 2.06 |
| *Bacillus soli* | 1.80 | 1.64 | 1.55 | 0.19 | 6.95 | 0.73 | 1.78 |
| *Bacillus sonorensis* | 0.80 | 0.51 | 0.95 | 0.12 | 13.02 | 0.82 | 2.16 |
| *Bacillus subtilis* | 0.81 | 0.33 | 0.53 | 0.19 | 23.46 | 0.79 | 1.94 |
| *Bacillus taiwanensis* | 0.00 | 0.00 | 0.00 | 0.31 | 3.47 | 0.76 | 1.95 |
| *Bacillus thuringiensis* | 0.04 | 0.19 | 0.14 | 13.68 | 7.60 | 0.82 | 2.24 |
| *Bacillus vallismortis* | 0.64 | 0.45 | 1.92 | 0.20 | 7.38 | 0.84 | 2.27 |
| *Bacillus vietnamensis* | 0.89 | 1.93 | 0.91 | 0.15 | 6.51 | 0.73 | 1.82 |
| *Bacillus vireti* | 0.96 | 0.53 | 0.92 | 0.13 | 9.55 | 0.82 | 2.20 |
| *Bacillus viscosus* | 2.95 | 3.99 | 0.92 | 0.27 | 16.92 | 0.73 | 1.86 |
| *Bacillus wuyishanensis* | 1.47 | 1.26 | 0.37 | 0.64 | 6.30 | 0.77 | 1.82 |

数据检验见图 5-2-6。检验结果表明芽胞杆菌脂肪酸数据分布为正态分布，适合于聚类分析。雅克-贝拉统计量（Jarque-Bera statistic）=365.499 743，$P$=4.293×$10^{-80}$；夏皮洛-威尔克（Shapiro-Wilk）正态性检验，$W$=0.604 128，$P$=0.000 000；柯尔莫可洛夫-斯米洛夫检验（Kolmogorov-Smirnov），$D$=0.300 088，$P$=0.000 00；达戈斯提诺（D'Agostino）正态性检验，$D$=0.204 644，$P$<0.05；Epps_Pulley 正态性检验，TEP=6.130 183，$Z$=6.110 85，$P$=0.000 00。

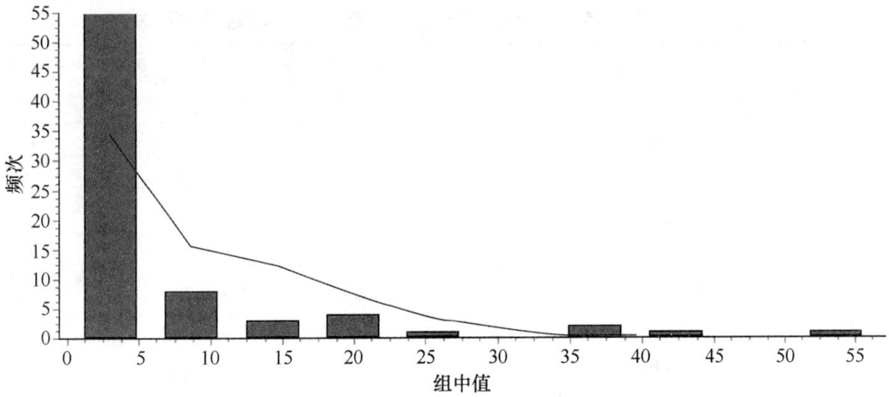


图 5-2-6　正态分布检验

利用脂肪酸组数据进行芽胞杆菌分群，要求数据组符合正态分布。如果对分群结果进行方差分析，就要进行方差齐性检验，即若组间方差不齐则不适用于方差分析。但可通过对数变换、平方根变换、倒数变换、平方根反正弦变换等方法变换后再进行方差齐性检验，若还不行只能进行非参数检验。除了对两个研究总体的平均数差异进行显著性检验以外，我们还需要对两个独立样本所属总体的总体方差的差异进行显著性检验，统计学上称为方差齐性（相等）检验。齐性检验时 $F$ 越小（$P$ 越大），证明没有差异，就说明齐，如 $F$=1.27，$P$>0.05，则齐，这与方差分析均数 $F$ 值判断正好相反。

数据预处理包括选择数量、类型和特征的标度，它依靠特征选择和特征抽取，特征选择是选择重要的特征，特征抽取是把输入的特征转化为一个新的显著特征，它们经常被用来获取一个合适的特征集，为避免“维数灾”进行聚类，数据预处理还包括将孤立点移出数据，孤立点是不依附于一般数据行为或模型的数据，因此孤立点经常会导致有偏差的聚类结果，为了得到正确的聚类，必须将它们剔除。

## 2. 数据不转换芽胞杆菌脂肪酸分群效果比较

以表 5-2-10 为芽胞杆菌脂肪酸数据矩阵，数据不转换，以芽胞杆菌为样本，以脂肪酸和多样性指数为指标，以欧氏距离为尺度，用可变类平均法进行聚类，分析结果见表 5-2-11、表 5-2-12 和图 5-2-7。第 I 类 14 种，即黏琼脂芽胞杆菌（*Bacillus agaradhaerens*）、嗜碱芽胞杆菌（*Bacillus alcalophilus*）、产氮芽胞杆菌（*Bacillus azotoformans*）、兵马俑芽胞杆菌（*Bacillus bingmayongensis*）、蜡样芽胞杆菌（*Bacillus cereus*）、解半乳糖苷芽胞杆菌（*Bacillus galactosidilyticus*）、吉氏芽胞杆菌（*Bacillus gobiensis*）、耐盐芽胞杆菌（*Bacillus halodurans*）、列城芽胞杆菌（*Bacillus lehensis*）、蕈状芽胞杆菌（*Bacillus mycoides*）、农研所芽胞杆菌（*Bacillus niabensis*）、假蕈状芽胞杆菌（*Bacillus pseudomycoides*）、农庄芽胞杆菌（*Bacillus ruris*）、青贮窖芽胞杆菌（*Bacillus siralis*）；第 II 类 16 种，即高地芽胞杆菌（*Bacillus altitudinis*）、栗褐芽胞杆菌（*Bacillus badius*）、奇异芽胞杆菌（*Bacillus barbaricus*）、嗜碳芽胞杆菌（*Bacillus carboniphilus*）、科研中心芽胞杆菌（*Bacillus cecembensis*）、食物芽胞杆菌（*Bacillus cibi*）、腐叶芽胞杆菌（*Bacillus decisifrondis*）、封丘芽胞杆菌（*Bacillus fengqiuensis*）、印度芽胞杆菌（*Bacillus indicus*）、

**表 5-2-11　芽胞杆菌脂肪酸和多样性指数数据矩阵不转换聚类效果**

| 指标 | 第 I 类 14 种<br>平均值 | 第 II 类 16 种<br>平均值 | 第 III 类 25 种<br>平均值 | 第 IV 类 29 种<br>平均值 | 第 V 类 11 种<br>平均值 |
|---|---|---|---|---|---|
| 15:0 iso | 20.62* | 44.89 | 21.98 | 36.56 | 15.35 |
| 15:0 anteiso | 19.46 | 12.33 | 38.15 | 25.46 | 56.38 |
| 17:0 anteiso | 5.12 | 3.15 | 11.50 | 7.48 | 4.84 |
| c16:0 | 17.75 | 3.88 | 5.76 | 5.25 | 4.38 |
| 16:0 iso | 4.76 | 7.91 | 4.82 | 3.67 | 4.07 |
| 17:0 iso | 6.22 | 4.97 | 4.80 | 4.88 | 0.99 |
| 14:0 iso | 4.06 | 4.75 | 3.10 | 2.90 | 5.50 |
| c14:0 | 3.67 | 1.50 | 1.86 | 1.41 | 2.08 |
| 16:1ω11c | 1.02 | 2.02 | 1.38 | 2.70 | 1.51 |
| 16:1ω7c alcohol | 0.51 | 5.08 | 0.92 | 1.50 | 1.20 |
| 17:1 iso ω10c | 0.61 | 1.85 | 0.65 | 2.50 | 0.35 |
| 13:0 iso | 3.22 | 1.68 | 0.23 | 0.37 | 0.29 |
| 丰富度指数（$R'$） | 9.39 | 6.57 | 9.64 | 6.00 | 6.43 |
| Simpson 指数（$D$） | 0.85 | 0.75 | 0.78 | 0.78 | 0.64 |
| Shannon 指数（$H_1$） | 2.26 | 1.93 | 1.91 | 1.92 | 1.55 |

*脂肪酸含量单位为%，后同

**表 5-2-12　芽胞杆菌脂肪酸和多样性指数数据矩阵不转换聚类的欧氏距离**

| 类别 | 芽胞杆菌种名 | 到中心的距离 | 类别 | 芽胞杆菌种名 | 到中心的距离 |
|---|---|---|---|---|---|
| I | *Bacillus agaradhaerens* | 12.11 | II | *Bacillus cibi* | 4.97 |
| I | *Bacillus alcalophilus* | 18.14 | II | *Bacillus decisifrondis* | 10.63 |
| I | *Bacillus azotoformans* | 14.27 | II | *Bacillus fengqiuensis* | 15.77 |
| I | *Bacillus bingmayongensis* | 17.18 | II | *Bacillus indicus* | 7.59 |
| I | *Bacillus cereus* | 27.64 | II | *Bacillus isronensis* | 15.06 |
| I | *Bacillus galactosidilyticus* | 20.47 | II | *Bacillus macroides* | 4.24 |
| I | *Bacillus gobiensis* | 16.08 | II | *Bacillus massiliensis* | 13.76 |
| I | *Bacillus halodurans* | 23.12 | II | *Bacillus pumilus* | 21.60 |
| I | *Bacillus lehensis* | 14.96 | II | *Bacillus safensis* | 19.51 |
| I | *Bacillus mycoides* | 23.41 | II | *Bacillus taiwanensis* | 10.94 |
| I | *Bacillus niabensis* | 25.56 | II | *Bacillus thuringiensis* | 17.42 |
| I | *Bacillus pseudomycoides* | 20.35 | | 第 II 类 16 个种平均值 | 13.44 |
| I | *Bacillus ruris* | 24.74 | III | *Bacillus amyloliquefaciens* | 10.58 |
| I | *Bacillus siralis* | 13.13 | III | *Bacillus atrophaeus* | 12.46 |
| | 第 I 类 14 个种平均值 | 19.37 | III | *Bacillus beijingensis* | 9.76 |
| II | *Bacillus altitudinis* | 9.96 | III | *Bacillus butanolivorans* | 14.75 |
| II | *Bacillus badius* | 7.71 | III | *Bacillus circulans* | 12.47 |
| II | *Bacillus barbaricus* | 12.07 | III | *Bacillus clarkii* | 14.02 |
| II | *Bacillus carboniphilus* | 15.18 | III | *Bacillus coagulans* | 19.53 |
| II | *Bacillus cecembensis* | 28.55 | III | *Bacillus cohnii* | 10.19 |

续表

| 类别 | 芽胞杆菌种名 | 到中心的距离 | 类别 | 芽胞杆菌种名 | 到中心的距离 |
|---|---|---|---|---|---|
| III | *Bacillus endophyticus* | 9.10 | IV | *Bacillus hemicellulosilyticus* | 7.91 |
| III | *Bacillus filicolonicus* | 9.88 | IV | *Bacillus horikoshii* | 17.83 |
| III | *Bacillus firmus* | 13.25 | IV | *Bacillus koreensis* | 12.03 |
| III | *Bacillus ginsengihumi* | 23.13 | IV | *Paenibacillus lentimorbus* | 10.58 |
| III | *Bacillus globisporus* | 13.72 | IV | *Bacillus mesonae* | 10.63 |
| III | *Bacillus laevolacticus* | 8.93 | IV | *Bacillus niacini* | 10.86 |
| III | *Bacillus lentus* | 16.73 | IV | *Bacillus novalis* | 14.01 |
| III | *Bacillus licheniformis* | 15.39 | IV | *Bacillus okuhidensis* | 8.52 |
| III | *Bacillus marisflavi* | 6.85 | IV | *Bacillus panaciterrae* | 10.11 |
| III | *Bacillus megaterium* | 19.56 | IV | *Bacillus pseudalcaliphilus* | 9.30 |
| III | *Bacillus mojavensis* | 7.55 | IV | *Bacillus pseudofirmus* | 14.35 |
| III | *Bacillus nealsonii* | 16.38 | IV | *Bacillus selenatarsenatis* | 15.25 |
| III | *Bacillus oleronius* | 10.87 | IV | *Bacillus shackletonii* | 13.91 |
| III | *Bacillus sonorensis* | 11.76 | IV | *Bacillus solani* | 6.53 |
| III | *Bacillus subtilis* | 15.86 | IV | *Bacillus soli* | 10.69 |
| III | *Bacillus vallismortis* | 11.14 | IV | *Bacillus vireti* | 8.79 |
| III | *Bacillus vietnamensis* | 10.97 | IV | *Bacillus wuyishanensis* | 12.35 |
| | 第 III 类 25 个种平均值 | 12.99 | | 第 IV 类 29 个种平均值 | 11.76 |
| IV | *Bacillus aryabhattai* | 12.73 | V | *Bacillus cihuensis* | 13.95 |
| IV | *Bacillus bataviensis* | 10.23 | V | *Bacillus drentensis* | 14.50 |
| IV | *Bacillus boroniphilus* | 18.15 | V | *Bacillus humi* | 12.86 |
| IV | *Bacillus clausii* | 14.45 | V | *Bacillus kribbensis* | 16.44 |
| IV | *Bacillus decolorationis* | 8.71 | V | *Bacillus loiseleuriae* | 9.25 |
| IV | *Bacillus fastidiosus* | 15.11 | V | *Bacillus luciferensis* | 10.58 |
| IV | *Bacillus flexus* | 11.64 | V | *Bacillus muralis* | 3.99 |
| IV | *Bacillus fordii* | 8.48 | V | *Bacillus psychrosaccharolyticus* | 12.35 |
| IV | *Bacillus freudenreichii* | 8.71 | V | *Bacillus seohaeanensis* | 14.28 |
| IV | *Bacillus gelatini* | 13.42 | V | *Bacillus simplex* | 9.77 |
| IV | *Bacillus gibsonii* | 14.41 | V | *Bacillus viscosus* | 13.97 |
| IV | *Bacillus halmapalus* | 11.31 | | 第 V 类 11 个种平均值 | 11.99 |

印空研芽胞杆菌（*Bacillus isronensis*）、长芽胞杆菌（*Bacillus macroides*）、马赛芽胞杆菌（*Bacillus massiliensis*）、短小芽胞杆菌（*Bacillus pumilus*）、沙福芽胞杆菌（*Bacillus safensis*）、台湾芽胞杆菌（*Bacillus taiwanensis*）、苏云金芽胞杆菌（*Bacillus thuringiensis*）；第 III 类 25 种，即解淀粉芽胞杆菌（*Bacillus amyloliquefaciens*）、萎缩芽胞杆菌（*Bacillus

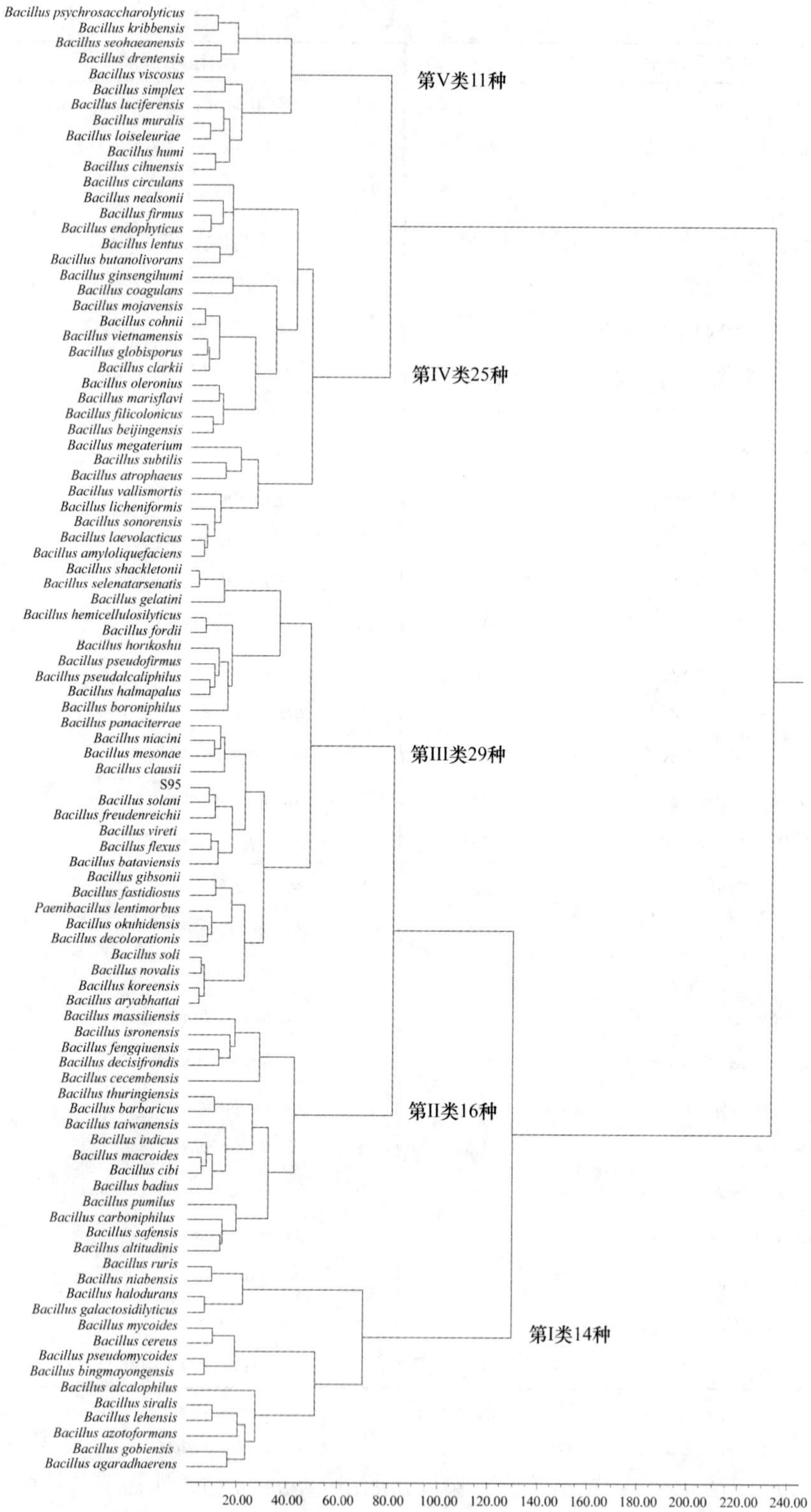


图 5-2-7　数据不转换芽胞杆菌脂肪酸分群效果

*atrophaeus*）、北京芽胞杆菌（*Bacillus beijingensis*）、食丁酸芽胞杆菌（*Bacillus butanolivorans*）、环状芽胞杆菌（*Bacillus circulans*）、克氏芽胞杆菌（*Bacillus clarkii*）、凝结芽胞杆菌（*Bacillus coagulans*）、科恩芽胞杆菌（*Bacillus cohnii*）、内生芽胞杆菌（*Bacillus endophyticus*）、丝状芽胞杆菌（*Bacillus filicolonicus*）、坚强芽胞杆菌（*Bacillus firmus*）、人参土芽胞杆菌（*Bacillus ginsengihumi*）、球胞芽胞杆菌（*Bacillus globisporus*）、乳酸芽胞杆菌（*Bacillus laevolacticus*）、迟缓芽胞杆菌（*Bacillus lentus*）、地衣芽胞杆菌（*Bacillus licheniformis*）、黄海芽胞杆菌（*Bacillus marisflavi*）、巨大芽胞杆菌（*Bacillus megaterium*）、莫哈维沙漠芽胞杆菌（*Bacillus mojavensis*）、尼氏芽胞杆菌（*Bacillus nealsonii*）、蔬菜芽胞杆菌（*Bacillus oleronius*）、索诺拉沙漠芽胞杆菌（*Bacillus sonorensis*）、枯草芽胞杆菌（*Bacillus subtilis*）、死谷芽胞杆菌（*Bacillus vallismortis*）、越南芽胞杆菌（*Bacillus vietnamensis*）；第 IV 类 29 种，即阿氏芽胞杆菌（*Bacillus aryabhattai*）、巴达维亚芽胞杆菌（*Bacillus bataviensis*）、嗜硼芽胞杆菌（*Bacillus boroniphilus*）、克劳氏芽胞杆菌（*Bacillus clausii*）、脱色芽胞杆菌（*Bacillus decolorationis*）、苛求芽胞杆菌（*Bacillus fastidiosus*）、弯曲芽胞杆菌（*Bacillus flexus*）、福氏芽胞杆菌（*Bacillus fordii*）、费氏芽胞杆菌（*Bacillus freudenreichii*）、明胶芽胞杆菌（*Bacillus gelatini*）、吉氏芽胞杆菌（*Bacillus gibsonii*）、盐敏芽胞杆菌（*Bacillus halmapalus*）、解半纤维素芽胞杆菌（*Bacillus hemicellulosilyticus*）、堀越氏芽胞杆菌（*Bacillus horikoshii*）、韩国芽胞杆菌（*Bacillus koreensis*）、慢病类芽胞杆菌（*Paenibacillus lentimorbus*）、仙草芽胞杆菌（*Bacillus mesonae*）、烟酸芽胞杆菌（*Bacillus niacini*）、休闲地芽胞杆菌（*Bacillus novalis*）、奥飞弹温泉芽胞杆菌（*Bacillus okuhidensis*）、人参地块芽胞杆菌（*Bacillus panaciterrae*）、假嗜碱芽胞杆菌（*Bacillus pseudalcaliphilus*）、假坚强芽胞杆菌（*Bacillus pseudofirmus*）、硒砷芽胞杆菌（*Bacillus selenatarsenatis*）、沙氏芽胞杆菌（*Bacillus shackletonii*）、茄科芽胞杆菌（*Bacillus solani*）、土壤芽胞杆菌（*Bacillus soli*）、原野芽胞杆菌（*Bacillus vireti*）、武夷山芽胞杆菌（*Bacillus wuyishanensis*）；第 V 类 11 种，即慈湖芽胞杆菌（*Bacillus cihuensis*）、钴特省芽胞杆菌（*Bacillus drentensis*）、土地芽胞杆菌（*Bacillus humi*）、韩研所芽胞杆菌（*Bacillus kribbensis*）、高山杜鹃芽胞杆菌（*Bacillus loiseleuriae*）、路西法芽胞杆菌（*Bacillus luciferensis*）、壁画芽胞杆菌（*Bacillus muralis*）、冷解糖芽胞杆菌（*Bacillus psychrosaccharolyticus*）、西岸芽胞杆菌（*Bacillus seohaeanensis*）、简单芽胞杆菌（*Bacillus simplex*）、稠性芽胞杆菌（*Bacillus viscosus*）；各类的 15:0 iso 平均值分别为 20.62%、44.89%、21.98%、36.56%、15.35%，其余参数见表 5-2-11。

### 3. 数据对数转换芽胞杆菌脂肪酸分群效果比较

对数据矩阵（表 5-2-10）进行对数转换 $x'=\ln(x)$，而后进行聚类分析，结果列于表 5-2-13、表 5-2-14 和图 5-2-8。大于 1 的值转换后为正数，小于 1 的值转换后为负数。转换后第 I 类 2 种、第 II 类 71 种、第 III 类 8 种、第 IV 类 4 种、第 V 类 10 种；15:0 iso 对数转换的平均值分别为 3.17、3.41、3.13、3.04、2.65，其余见表 5-2-13。与数据不转换的聚类效果差异很大，这与对数转换降低了数据的数量等级、使得类别差异被缩小有关，分群效果被打乱。

表 5-2-13　芽胞杆菌脂肪酸和多样性指数数据矩阵对数转换聚类分析结果

| 指标 | 第 I 类 2 种 | 第 II 类 71 种 | 第 III 类 8 种 | 第 IV 类 4 种 | 第 V 类 10 种 |
|---|---|---|---|---|---|
| | 平均值 | 平均值 | 平均值 | 平均值 | 平均值 |
| 15:0 iso | 3.17 | 3.41 | 3.13 | 3.04 | 2.65 |
| 15:0 anteiso | 2.73 | 3.15 | 2.91 | 3.68 | 3.61 |
| 17:0 anteiso | 2.39 | 1.62 | 1.92 | 1.25 | 2.00 |
| c16:0 | 2.46 | 1.43 | 1.93 | 2.19 | 2.33 |
| 16:0 iso | 0.58 | 1.50 | 1.34 | 1.07 | 1.26 |
| 17:0 iso | 2.31 | 1.28 | 1.76 | 0.50 | 0.70 |
| 14:0 iso | −8.94 | 1.09 | 0.35 | 1.62 | 0.94 |
| c14:0 | −9.08 | 0.18 | 0.39 | 1.32 | 0.97 |
| 16:1ω11c | 0.31 | 0.35 | −18.42 | −0.11 | −6.34 |
| 16:1ω7c alcohol | −18.42 | 0.14 | −18.42 | −1.10 | −14.74 |
| 17:1 iso ω10c | 0.54 | −0.07 | −18.42 | −18.42 | −16.84 |
| 13:0 iso | −18.42 | −1.21 | −1.34 | −0.42 | −13.14 |
| 丰富度指数（$R'$） | 1.30 | 1.96 | 1.62 | 1.72 | 1.31 |
| Simpson 指数（$D$） | −0.16 | −0.26 | −0.24 | −0.27 | −0.34 |
| Shannon 指数（$H_1$） | 0.80 | 0.66 | 0.66 | 0.62 | 0.52 |

表 5-2-14　数据对数转换与平方根转换芽胞杆菌聚类结果

| 对数转换聚类 | | 平方根转换聚类 | |
|---|---|---|---|
| 组别 | 芽胞杆菌种名 | 组别 | 芽胞杆菌种名 |
| I | *Bacillus agaradhaerens* | I | *Bacillus amyloliquefaciens* |
| I | *Bacillus boroniphilus* | I | *Bacillus atrophaeus* |
| 第 I 组 2 个样本 | 平均值 3.17 | I | *Bacillus beijingensis* |
| II | *Bacillus alcalophilus* | I | *Bacillus clarkii* |
| II | *Bacillus altitudinis* | I | *Bacillus coagulans* |
| II | *Bacillus amyloliquefaciens* | I | *Bacillus cohnii* |
| II | *Bacillus aryabhattai* | I | *Bacillus drentensis* |
| II | *Bacillus atrophaeus* | I | *Bacillus filicolonicus* |
| II | *Bacillus azotoformans* | I | *Bacillus gelatini* |
| II | *Bacillus badius* | I | *Bacillus ginsengihumi* |
| II | *Bacillus barbaricus* | I | *Bacillus globisporus* |
| II | *Bacillus bataviensis* | I | *Bacillus kribbensis* |
| II | *Bacillus beijingensis* | I | *Bacillus laevolacticus* |
| II | *Bacillus butanolivorans* | I | *Bacillus licheniformis* |
| II | *Bacillus carboniphilus* | I | *Bacillus marisflavi* |
| II | *Bacillus cecembensis* | I | *Bacillus mojavensis* |
| II | *Bacillus cereus* | I | *Bacillus oleronius* |
| II | *Bacillus cibi* | I | *Bacillus selenatarsenatis* |
| II | *Bacillus circulans* | I | *Bacillus seohaeanensis* |

续表

| 对数转换聚类 | | 平方根转换聚类 | |
|---|---|---|---|
| 组别 | 芽胞杆菌种名 | 组别 | 芽胞杆菌种名 |
| II | *Bacillus clausii* | I | *Bacillus shackletonii* |
| II | *Bacillus cohnii* | I | *Bacillus sonorensis* |
| II | *Bacillus decisifrondis* | I | *Bacillus subtilis* |
| II | *Bacillus endophyticus* | I | *Bacillus vallismortis* |
| II | *Bacillus fastidiosus* | I | *Bacillus vietnamensis* |
| II | *Bacillus fengqiuensis* | 第 I 组 24 个样本 | 平均值 4.69 |
| II | *Bacillus filicolonicus* | II | *Bacillus bingmayongensis* |
| II | *Bacillus flexus* | II | *Bacillus cereus* |
| II | *Bacillus fordii* | II | *Bacillus mycoides* |
| II | *Bacillus freudenreichii* | II | *Bacillus pseudomycoides* |
| II | *Bacillus gelatini* | II | *Bacillus thuringiensis* |
| II | *Bacillus globisporus* | 第 II 组 5 个样本 | 平均值 4.92 |
| II | *Bacillus gobiensis* | III | *Bacillus cecembensis* |
| II | *Bacillus halmapalus* | III | *Bacillus decisifrondis* |
| II | *Bacillus hemicellulosilyticus* | III | *Bacillus fengqiuensis* |
| II | *Bacillus horikoshii* | III | *Bacillus isronensis* |
| II | *Bacillus humi* | III | *Bacillus massiliensis* |
| II | *Bacillus indicus* | 第 III 组 5 个样本 | 平均值 6.48 |
| II | *Bacillus isronensis* | IV | *Bacillus agaradhaerens* |
| II | *Bacillus koreensis* | IV | *Bacillus alcalophilus* |
| II | *Paenibacillus lentimorbus* | IV | *Bacillus altitudinis* |
| II | *Bacillus lentus* | IV | *Bacillus aryabhattai* |
| II | *Bacillus licheniformis* | IV | *Bacillus badius* |
| II | *Bacillus luciferensis* | IV | *Bacillus barbaricus* |
| II | *Bacillus macroides* | IV | *Bacillus bataviensis* |
| II | *Bacillus marisflavi* | IV | *Bacillus boroniphilus* |
| II | *Bacillus massiliensis* | IV | *Bacillus carboniphilus* |
| II | *Bacillus megaterium* | IV | *Bacillus cibi* |
| II | *Bacillus mesonae* | IV | *Bacillus clausii* |
| II | *Bacillus mojavensis* | IV | *Bacillus decolorationis* |
| II | *Bacillus muralis* | IV | *Bacillus fastidiosus* |
| II | *Bacillus mycoides* | IV | *Bacillus flexus* |
| II | *Bacillus niacini* | IV | *Bacillus fordii* |
| II | *Bacillus novalis* | IV | *Bacillus freudenreichii* |
| II | *Bacillus oleronius* | IV | *Bacillus gibsonii* |
| II | *Bacillus panaciterrae* | IV | *Bacillus gobiensis* |
| II | *Bacillus pseudalcaliphilus* | IV | *Bacillus halmapalus* |
| II | *Bacillus pseudofirmus* | IV | *Bacillus hemicellulosilyticus* |
| II | *Bacillus psychrosaccharolyticus* | IV | *Bacillus horikoshii* |

续表

| 对数转换聚类 | | 平方根转换聚类 | |
|---|---|---|---|
| 组别 | 芽胞杆菌种名 | 组别 | 芽胞杆菌种名 |
| II | *Bacillus pumilus* | IV | *Bacillus indicus* |
| II | *Bacillus safensis* | IV | *Bacillus koreensis* |
| II | *Bacillus selenatarsenatis* | IV | *Bacillus lehensis* |
| II | *Bacillus shackletonii* | IV | *Paenibacillus lentimorbus* |
| II | *Bacillus simplex* | IV | *Bacillus macroides* |
| II | *Bacillus siralis* | IV | *Bacillus megaterium* |
| II | *Bacillus solani* | IV | *Bacillus mesonae* |
| II | *Bacillus soli* | IV | *Bacillus niacini* |
| II | *Bacillus sonorensis* | IV | *Bacillus novalis* |
| II | *Bacillus subtilis* | IV | *Bacillus okuhidensis* |
| II | *Bacillus thuringiensis* | IV | *Bacillus panaciterrae* |
| II | *Bacillus vallismortis* | IV | *Bacillus pseudalcaliphilus* |
| II | *Bacillus vietnamensis* | IV | *Bacillus pseudofirmus* |
| II | *Bacillus vireti* | IV | *Bacillus pumilus* |
| II | *Bacillus viscosus* | IV | *Bacillus safensis* |
| II | *Bacillus wuyishanensis* | IV | *Bacillus siralis* |
| 第 II 组 71 个样本 | 平均值 3.41 | IV | *Bacillus solani* |
| III | *Bacillus bingmayongensis* | IV | *Bacillus soli* |
| III | *Bacillus clarkii* | IV | *Bacillus taiwanensis* |
| III | *Bacillus coagulans* | IV | *Bacillus vireti* |
| III | *Bacillus decolorationis* | IV | *Bacillus wuyishanensis* |
| III | *Bacillus gibsonii* | 第 IV 组 42 个样本 | 平均值 6.08 |
| III | *Bacillus ginsengihumi* | V | *Bacillus azotoformans* |
| III | *Bacillus pseudomycoides* | V | *Bacillus butanolivorans* |
| III | *Bacillus taiwanensis* | V | *Bacillus cihuensis* |
| 第 III 组 8 个样本 | 平均值 3.13 | V | *Bacillus circulans* |
| IV | *Bacillus cihuensis* | V | *Bacillus endophyticus* |
| IV | *Bacillus laevolacticus* | V | *Bacillus firmus* |
| IV | *Bacillus loiseleuriae* | V | *Bacillus galactosidilyticus* |
| IV | *Bacillus nealsonii* | V | *Bacillus halodurans* |
| 第 IV 组 4 个样本 | 平均值 3.04 | V | *Bacillus humi* |
| V | *Bacillus drentensis* | V | *Bacillus lentus* |
| V | *Bacillus firmus* | V | *Bacillus loiseleuriae* |
| V | *Bacillus galactosidilyticus* | V | *Bacillus luciferensis* |
| V | *Bacillus halodurans* | V | *Bacillus muralis* |
| V | *Bacillus kribbensis* | V | *Bacillus nealsonii* |
| V | *Bacillus lehensis* | V | *Bacillus niabensis* |
| V | *Bacillus niabensis* | V | *Bacillus psychrosaccharolyticus* |
| V | *Bacillus okuhidensis* | V | *Bacillus ruris* |
| V | *Bacillus ruris* | V | *Bacillus simplex* |
| V | *Bacillus seohaeanensis* | V | *Bacillus viscosus* |
| 第 V 组 10 个样本 | 平均值 2.65 | 第 V 组 19 个样本 | 平均值 4.12 |

图 5-2-8　数据对数转换聚类分析

数据检验见图 5-2-9。检验结果表明芽胞杆菌脂肪酸数据分布为负二项分布。样方均值=4.4190，样本方差=18.3419，最大或然法估计参数 $F_{(0)}$=465.50，$k$=0.086 758，pi=9.374 588，卡方值 Chi=14.8870，df=3，$P$=0.0019。负二项分布不适合聚类分析。

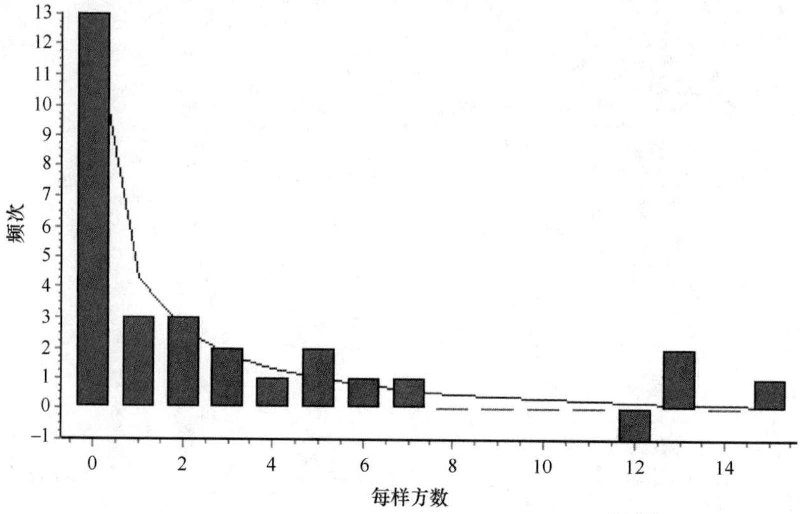


图 5-2-9 负二项分布检验

## 4. 数据平方根转换芽胞杆菌脂肪酸分群效果比较

对数据矩阵进行平方根转换 $x'$=sqrt($x$)，而后进行聚类分析，结果见表 5-2-15 和图 5-2-10。转换后的聚类结果是第 I 类 23 种、第 II 类 5 种、第 III 类 5 种、第 IV 类 43

**表 5-2-15 芽胞杆菌脂肪酸和多样性指数数据矩阵平方根转换聚类分析结果**

| 指标 | 第 I 类 23 种<br>平均值 | 第 II 类 5 种<br>平均值 | 第 III 类 5 种<br>平均值 | 第 IV 类 43 种<br>平均值 | 第 V 类 19 种<br>平均值 |
|---|---|---|---|---|---|
| 15:0 iso | 4.69 | 4.92 | 6.48 | 6.08 | 4.12 |
| 15:0 anteiso | 6.27 | 2.17 | 2.58 | 4.71 | 6.41 |
| 17:0 anteiso | 3.69 | 1.42 | 1.42 | 2.29 | 2.02 |
| c16:0 | 1.84 | 2.75 | 1.59 | 2.38 | 3.38 |
| 16:0 iso | 2.14 | 2.32 | 3.60 | 1.98 | 1.96 |
| 17:0 iso | 2.08 | 3.13 | 1.70 | 2.24 | 1.23 |
| 14:0 iso | 1.30 | 1.90 | 2.70 | 1.71 | 2.33 |
| c14:0 | 0.86 | 1.85 | 0.90 | 1.20 | 1.92 |
| 16:1ω11c | 0.71 | 0.37 | 1.55 | 1.35 | 1.31 |
| 16:1ω7c alcohol | 0.63 | 0.43 | 3.49 | 1.03 | 0.91 |
| 17:1 iso ω10c | 0.68 | 0.71 | 0.98 | 1.25 | 0.37 |
| 13:0 iso | 0.33 | 3.33 | 0.53 | 0.62 | 0.52 |
| 丰富度指数（$R'$） | 2.70 | 3.77 | 2.19 | 2.57 | 2.47 |
| Simpson 指数（$D$） | 0.86 | 0.94 | 0.87 | 0.88 | 0.86 |
| Shannon 指数（$H_1$） | 1.33 | 1.62 | 1.38 | 1.40 | 1.34 |

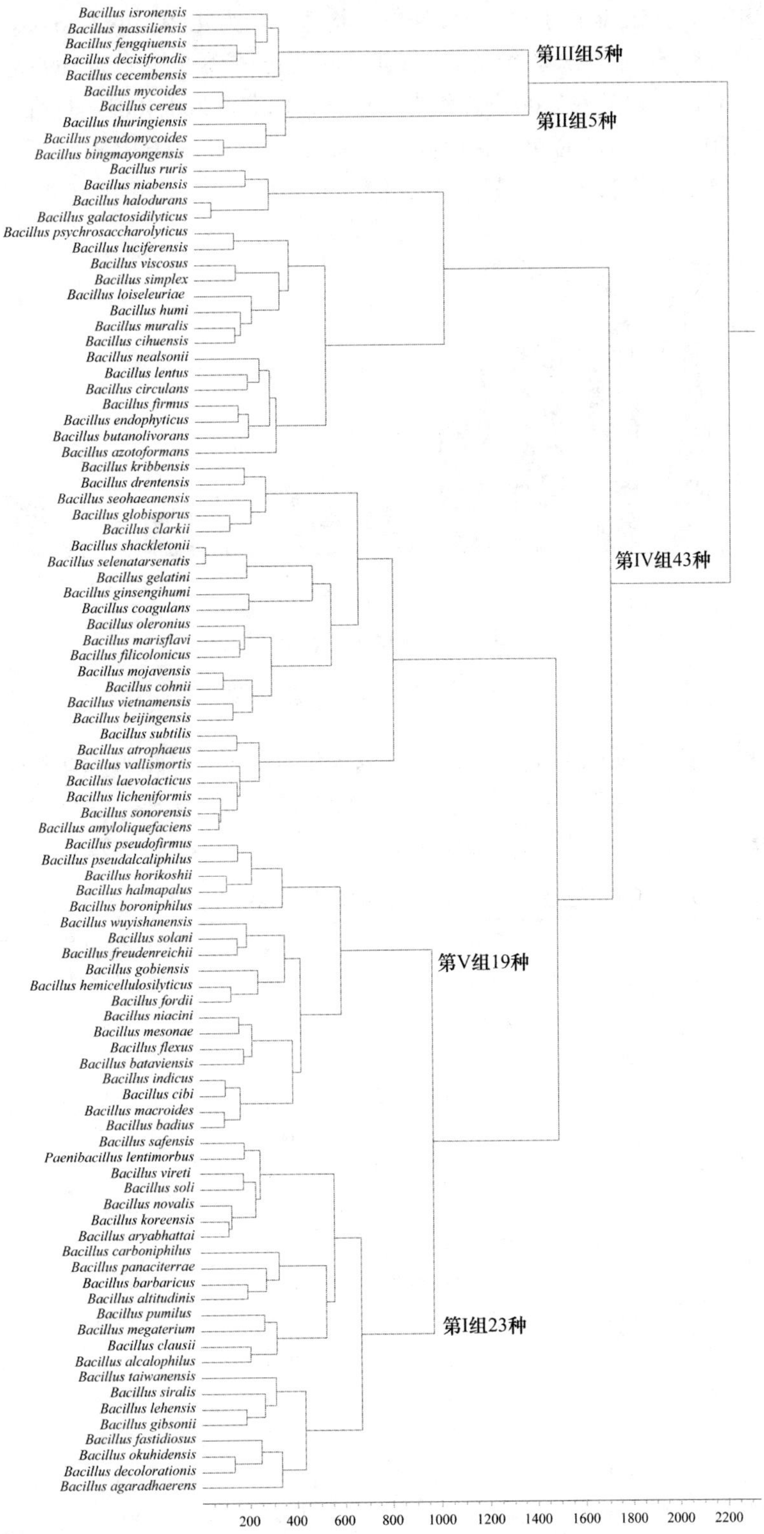


图 5-2-10　平方根转换聚类分析

种、第 V 类 19 种，15:0 iso 的平方根转换的平均值分别为 4.69、4.92、6.48、6.08、4.12。

数据检验见图 5-2-11。检验结果表明芽胞杆菌脂肪酸数据分布为 Beta 正态分布。平均偏差为 1.1032、极差为 6.1500、方差为 2.1906、标准差为 1.4801、标准误为 0.1709、变异系数为 0.7091、平均数的 95%置信区间为 1.7467～2.4277、99%置信区间为 1.6353～2.5391、卡方统计量为 25.1016、显著性 $P$ 值等于 0.0007。适合用于聚类分析。

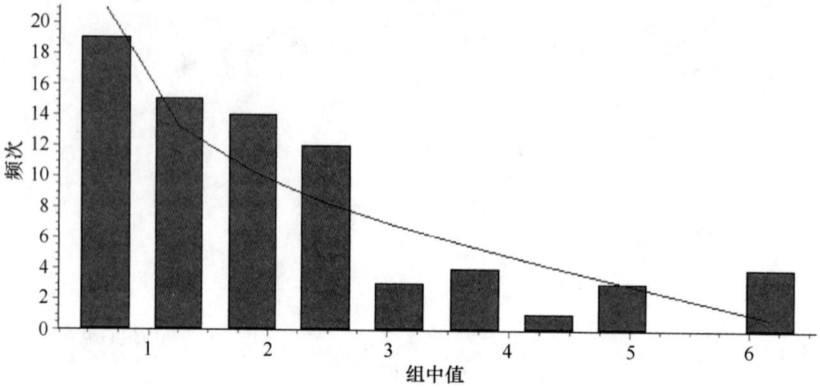


图 5-2-11 Beta 正态分布检验

## 5. 数据中心化转换芽胞杆菌脂肪酸分群效果比较

对数据矩阵进行中心化转换，而后进行聚类分析。分析结果见表 5-2-16、表 5-2-17 和图 5-2-12。转换后第 I 类 14 种、第 II 类 16 种、第 III 类 25 种、第 IV 类 29 种、第 V 类 11 种；15:0 iso 平均值分别为−8.70、15.56、−7.34、7.24、−13.97。

表 5-2-16 芽胞杆菌脂肪酸和多样性指数数据矩阵中心化转换聚类分析结果

| 指标 | 第 I 类 14 种 | 第 II 类 16 种 | 第 III 类 25 种 | 第 IV 类 29 种 | 第 V 类 11 种 |
|---|---|---|---|---|---|
| | 平均值 | 平均值 | 平均值 | 平均值 | 平均值 |
| 15:0 iso | −8.70 | 15.56 | −7.34 | 7.24 | −13.97 |
| 15:0 anteiso | −9.82 | −16.95 | 8.86 | −3.83 | 27.10 |
| 17:0 anteiso | −2.03 | −4.01 | 4.34 | 0.33 | −2.32 |
| c16:0 | 10.86 | −3.02 | −1.13 | −1.65 | −2.51 |
| 16:0 iso | −0.13 | 3.02 | −0.08 | −1.22 | −0.82 |
| 17:0 iso | 1.60 | 0.35 | 0.18 | 0.26 | −3.63 |
| 14:0 iso | 0.33 | 1.01 | −0.63 | −0.84 | 1.76 |
| c14:0 | 1.71 | −0.45 | −0.09 | −0.55 | 0.13 |
| 16:1ω11c | −0.83 | 0.17 | −0.48 | 0.85 | −0.34 |
| 16:1ω7c alcohol | −1.26 | 3.31 | −0.85 | −0.27 | −0.57 |
| 17:1 iso ω10c | −0.76 | 0.48 | −0.72 | 1.12 | −1.03 |
| 13:0 iso | 2.25 | 0.72 | −0.73 | −0.59 | −0.67 |
| 丰富度指数（$R'$） | 1.78 | −1.03 | 2.03 | −1.60 | −1.17 |
| Simpson 指数（$D$） | 0.08 | −0.02 | 0.01 | 0.01 | −0.13 |
| Shannon 指数（$H_1$） | 0.33 | 0.00 | −0.01 | −0.01 | −0.37 |

**表 5-2-17　数据中心化与规格化转换芽胞杆菌聚类结果比较**

| 中心化转换聚类 | | 规格化转换聚类 | |
|---|---|---|---|
| 类别 | 芽胞杆菌种名 | 类别 | 芽胞杆菌种名 |
| I | *Bacillus agaradhaerens* | I | *Bacillus agaradhaerens* |
| I | *Bacillus alcalophilus* | I | *Bacillus alcalophilus* |
| I | *Bacillus azotoformans* | I | *Bacillus altitudinis* |
| I | *Bacillus bingmayongensis* | I | *Bacillus amyloliquefaciens* |
| I | *Bacillus cereus* | I | *Bacillus atrophaeus* |
| I | *Bacillus galactosidilyticus* | I | *Bacillus clausii* |
| I | *Bacillus gobiensis* | I | *Bacillus decolorationis* |
| I | *Bacillus halodurans* | I | *Bacillus fastidiosus* |
| I | *Bacillus lehensis* | I | *Bacillus gelatini* |
| I | *Bacillus mycoides* | I | *Bacillus laevolacticus* |
| I | *Bacillus niabensis* | I | *Bacillus lehensis* |
| I | *Bacillus pseudomycoides* | I | *Paenibacillus lentimorbus* |
| I | *Bacillus ruris* | I | *Bacillus licheniformis* |
| I | *Bacillus siralis* | I | *Bacillus okuhidensis* |
| 第 I 类 14 种 | 平均值 8.70 | I | *Bacillus pumilus* |
| II | *Bacillus altitudinis* | I | *Bacillus sonorensis* |
| II | *Bacillus badius* | I | *Bacillus subtilis* |
| II | *Bacillus barbaricus* | I | *Bacillus taiwanensis* |
| II | *Bacillus carboniphilus* | I | *Bacillus vallismortis* |
| II | *Bacillus cecembensis* | 第 I 类 19 种 | 平均值 0.52 |
| II | *Bacillus cibi* | II | *Bacillus aryabhattai* |
| II | *Bacillus decisifrondis* | II | *Bacillus beijingensis* |
| II | *Bacillus fengqiuensis* | II | *Bacillus cihuensis* |
| II | *Bacillus indicus* | II | *Bacillus clarkii* |
| II | *Bacillus isronensis* | II | *Bacillus coagulans* |
| II | *Bacillus macroides* | II | *Bacillus cohnii* |
| II | *Bacillus massiliensis* | II | *Bacillus drentensis* |
| II | *Bacillus pumilus* | II | *Bacillus endophyticus* |
| II | *Bacillus safensis* | II | *Bacillus filicolonicus* |
| II | *Bacillus taiwanensis* | II | *Bacillus freudenreichii* |
| II | *Bacillus thuringiensis* | II | *Bacillus ginsengihumi* |
| 第 II 类 16 种 | 平均值 15.56 | II | *Bacillus globisporus* |
| III | *Bacillus amyloliquefaciens* | II | *Bacillus humi* |
| III | *Bacillus atrophaeus* | II | *Bacillus koreensis* |
| III | *Bacillus beijingensis* | II | *Bacillus kribbensis* |
| III | *Bacillus butanolivorans* | II | *Bacillus lentus* |
| III | *Bacillus circulans* | II | *Bacillus loiseleuriae* |
| III | *Bacillus clarkii* | II | *Bacillus luciferensis* |
| III | *Bacillus coagulans* | II | *Bacillus marisflavi* |

续表

| 中心化转换聚类 | | 规格化转换聚类 | |
|---|---|---|---|
| 类别 | 芽胞杆菌种名 | 类别 | 芽胞杆菌种名 |
| III | *Bacillus cohnii* | II | *Bacillus megaterium* |
| III | *Bacillus endophyticus* | II | *Bacillus mojavensis* |
| III | *Bacillus filicolonicus* | II | *Bacillus muralis* |
| III | *Bacillus firmus* | II | *Bacillus novalis* |
| III | *Bacillus ginsengihumi* | II | *Bacillus oleronius* |
| III | *Bacillus globisporus* | II | *Bacillus psychrosaccharolyticus* |
| III | *Bacillus laevolacticus* | II | *Bacillus safensis* |
| III | *Bacillus lentus* | II | *Bacillus selenatarsenatis* |
| III | *Bacillus licheniformis* | II | *Bacillus seohaeanensis* |
| III | *Bacillus marisflavi* | II | *Bacillus shackletonii* |
| III | *Bacillus megaterium* | II | *Bacillus simplex* |
| III | *Bacillus mojavensis* | II | *Bacillus solani* |
| III | *Bacillus nealsonii* | II | *Bacillus soli* |
| III | *Bacillus oleronius* | II | *Bacillus vietnamensis* |
| III | *Bacillus sonorensis* | II | *Bacillus vireti* |
| III | *Bacillus subtilis* | II | *Bacillus viscosus* |
| III | *Bacillus vallismortis* | II | *Bacillus wuyishanensis* |
| III | *Bacillus vietnamensis* | 第 II 类 36 种 | 平均值 0.36 |
| 第 III 类 25 种 | 平均值−7.34 | III | *Bacillus badius* |
| IV | *Bacillus aryabhattai* | III | *Bacillus bataviensis* |
| IV | *Bacillus bataviensis* | III | *Bacillus boroniphilus* |
| IV | *Bacillus boroniphilus* | III | *Bacillus carboniphilus* |
| IV | *Bacillus clausii* | III | *Bacillus cecembensis* |
| IV | *Bacillus decolorationis* | III | *Bacillus cibi* |
| IV | *Bacillus fastidiosus* | III | *Bacillus decisifrondis* |
| IV | *Bacillus flexus* | III | *Bacillus fengqiuensis* |
| IV | *Bacillus fordii* | III | *Bacillus flexus* |
| IV | *Bacillus freudenreichii* | III | *Bacillus fordii* |
| IV | *Bacillus gelatini* | III | *Bacillus gobiensis* |
| IV | *Bacillus gibsonii* | III | *Bacillus halmapalus* |
| IV | *Bacillus halmapalus* | III | *Bacillus hemicellulosilyticus* |
| IV | *Bacillus hemicellulosilyticus* | III | *Bacillus horikoshii* |
| IV | *Bacillus horikoshii* | III | *Bacillus indicus* |
| IV | *Bacillus koreensis* | III | *Bacillus isronensis* |
| IV | *Paenibacillus lentimorbus* | III | *Bacillus macroides* |
| IV | *Bacillus mesonae* | III | *Bacillus massiliensis* |
| IV | *Bacillus niacini* | III | *Bacillus mesonae* |
| IV | *Bacillus novalis* | III | *Bacillus niacini* |
| IV | *Bacillus okuhidensis* | III | *Bacillus pseudalcaliphilus* |

续表

| 中心化转换聚类 | | 规格化转换聚类 | |
|---|---|---|---|
| 类别 | 芽胞杆菌种名 | 类别 | 芽胞杆菌种名 |
| IV | *Bacillus panaciterrae* | III | *Bacillus pseudofirmus* |
| IV | *Bacillus pseudalcaliphilus* | 第 III 类 22 种 | 平均值 0.65 |
| IV | *Bacillus pseudofirmus* | IV | *Bacillus barbaricus* |
| IV | *Bacillus selenatarsenatis* | IV | *Bacillus bingmayongensis* |
| IV | *Bacillus shackletonii* | IV | *Bacillus cereus* |
| IV | *Bacillus solani* | IV | *Bacillus mycoides* |
| IV | *Bacillus soli* | IV | *Bacillus pseudomycoides* |
| IV | *Bacillus vireti* | IV | *Bacillus thuringiensis* |
| IV | *Bacillus wuyishanensis* | 第 IV 类 6 种 | 平均值 0.39 |
| 第 IV 类 29 种 | 平均值 7.24 | V | *Bacillus azotoformans* |
| V | *Bacillus cihuensis* | V | *Bacillus butanolivorans* |
| V | *Bacillus drentensis* | V | *Bacillus circulans* |
| V | *Bacillus humi* | V | *Bacillus firmus* |
| V | *Bacillus kribbensis* | V | *Bacillus galactosidilyticus* |
| V | *Bacillus loiseleuriae* | V | *Bacillus gibsonii* |
| V | *Bacillus luciferensis* | V | *Bacillus halodurans* |
| V | *Bacillus muralis* | V | *Bacillus nealsonii* |
| V | *Bacillus psychrosaccharolyticus* | V | *Bacillus niabensis* |
| V | *Bacillus seohaeanensis* | V | *Bacillus panaciterrae* |
| V | *Bacillus simplex* | V | *Bacillus ruris* |
| V | *Bacillus viscosus* | V | *Bacillus siralis* |
| 第 V 类 11 种 | 平均值−13.97 | 第 V 类 12 种 | 平均值 0.28 |

数据检验见图 5-2-13。检验结果表明芽胞杆菌脂肪酸数据中心化转换后的分布为正态分布。平均偏差为 2.6231、极差为 44.0500、方差为 28.2031、标准差为 5.3107、标准误为 0.6132、变异系数为−288.6230、平均数的 95%置信区间为−1.2403～1.2035、99%置信区间为−1.6397～1.6029；Jarque-Bera（JB）statistic=401.447 293、$P$=0.0000；Shapiro-Wilk：$W$=0.719 662、$P$=0.000 000；Kolmogorov-Smirnov：$D$=0.234 107、$P$=0.000 00；D'Agostino：$D$=0.209 089、$P$<0.05；Epps_Pulley：TEP=4.140 489、$Z$=6.110 85、$P$=0.000 00。适合用于聚类分析。

## 6. 数据规格化转换芽胞杆菌脂肪酸分群效果比较

对数据矩阵进行规格化转换，而后进行聚类分析。分析结果见表 5-2-18、表 5-2-17 和图 5-2-14。转换后第 I 类 19 种、第 II 类 36 种、第 III 类 22 种、第 IV 类 6 种、第 V 类 12 种；15:0 iso 平均值分别为 0.52、0.36、0.65、0.39、0.28。

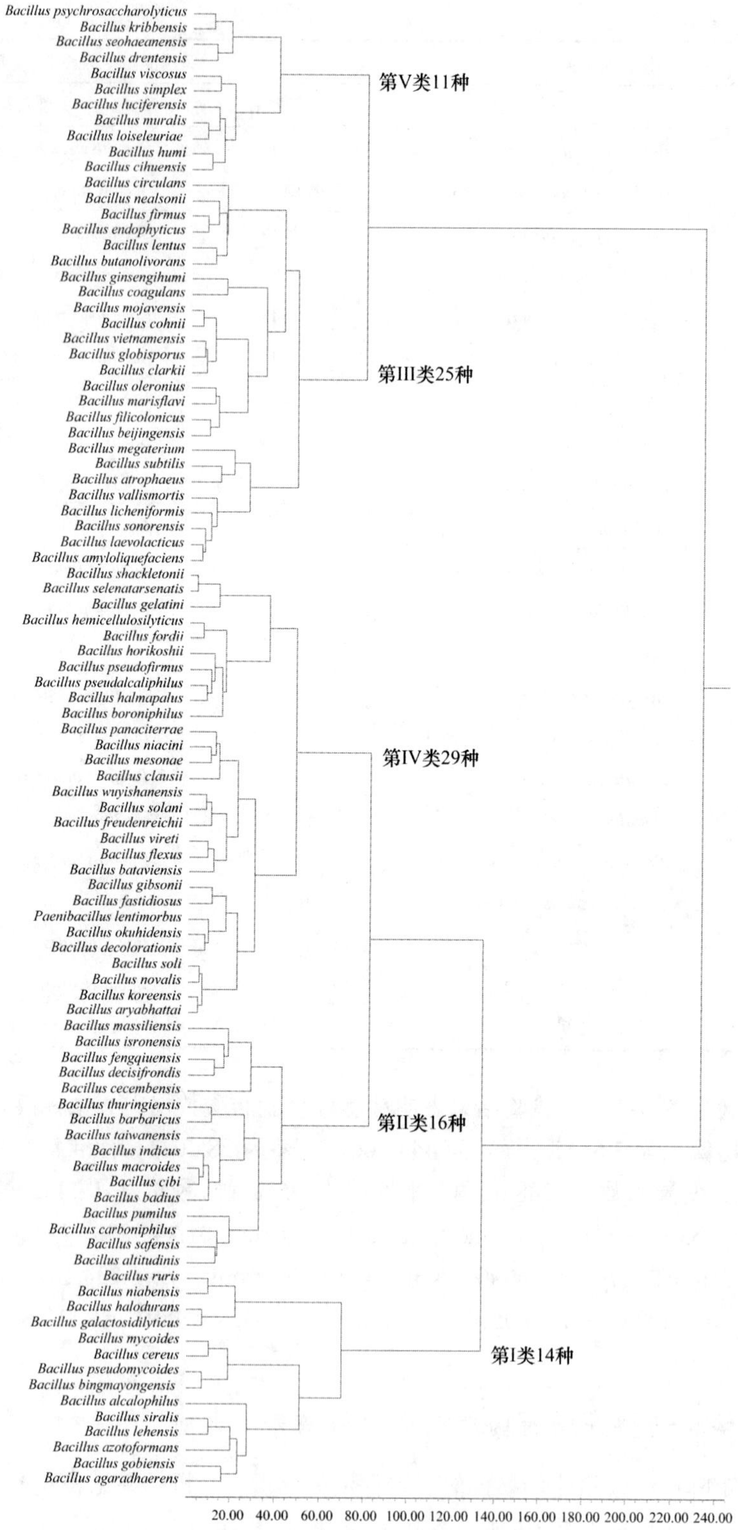


图 5-2-12　数据中心化转换聚类分析

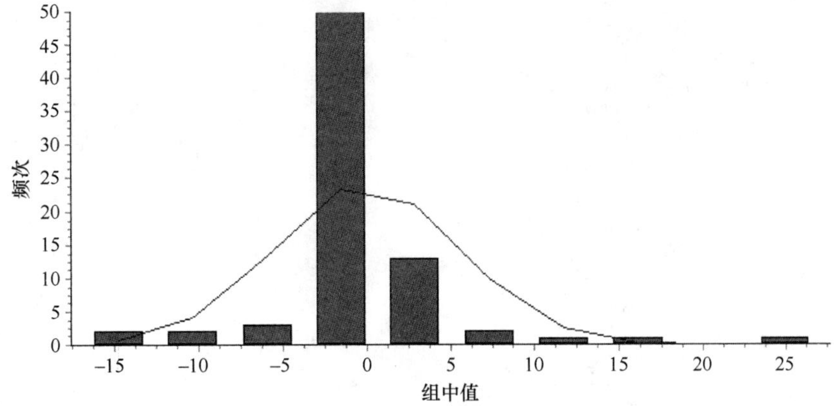


图 5-2-13　数据中心化转换正态分布检验

**表 5-2-18　芽胞杆菌脂肪酸和多样性指数数据矩阵规格化转换聚类分析结果**

| 指标 | 第 I 类 19 种<br>平均值 | 第 II 类 36 种<br>平均值 | 第 III 类 22 种<br>平均值 | 第 IV 类 6 种<br>平均值 | 第 V 类 12 种<br>平均值 |
|---|---|---|---|---|---|
| 15:0 iso | 0.52 | 0.36 | 0.65 | 0.39 | 0.28 |
| 15:0 anteiso | 0.35 | 0.58 | 0.18 | 0.03 | 0.39 |
| 17:0 anteiso | 0.23 | 0.26 | 0.15 | 0.04 | 0.13 |
| c16:0 | 0.17 | 0.08 | 0.08 | 0.17 | 0.49 |
| 16:0 iso | 0.14 | 0.17 | 0.29 | 0.22 | 0.16 |
| 17:0 iso | 0.71 | 0.18 | 0.41 | 0.79 | 0.20 |
| 14:0 iso | 0.12 | 0.25 | 0.27 | 0.24 | 0.34 |
| c14:0 | 0.12 | 0.14 | 0.11 | 0.32 | 0.51 |
| 16:1ω11c | 0.10 | 0.13 | 0.49 | 0.04 | 0.24 |
| 16:1ω7c alcohol | 0.02 | 0.06 | 0.30 | 0.02 | 0.04 |
| 17:1 iso ω10c | 0.07 | 0.05 | 0.35 | 0.10 | 0.01 |
| 13:0 iso | 0.03 | 0.02 | 0.02 | 0.76 | 0.03 |
| 丰富度指数（$R'$） | 0.37 | 0.19 | 0.16 | 0.49 | 0.14 |
| Simpson 指数（$D$） | 0.70 | 0.53 | 0.70 | 0.91 | 0.73 |
| Shannon 指数（$H_1$） | 0.52 | 0.35 | 0.53 | 0.86 | 0.49 |

数据检验见图 5-2-15。检验结果表明芽胞杆菌脂肪酸数据规格化转换后的分布为正态分布。平均偏差为 0.1915、极差为 0.9000、方差为 0.0545、标准差为 0.2335、标准误为 0.0270、变异系数为 0.8043、平均数的 95%置信区间为 0.2366～0.3440、99%置信区间为 0.2190～0.3615；卡方统计量为 11.4792，显著性 $P$ 值等于 0.1760。适合用于聚类分析。

## 六、芽胞杆菌脂肪酸分群距离尺度选择比较

### 1. 关于芽胞杆菌脂肪酸分群距离尺度选择

聚类与分类的不同在于，聚类所要求划分的类是未知的。聚类是将数据分类到不同

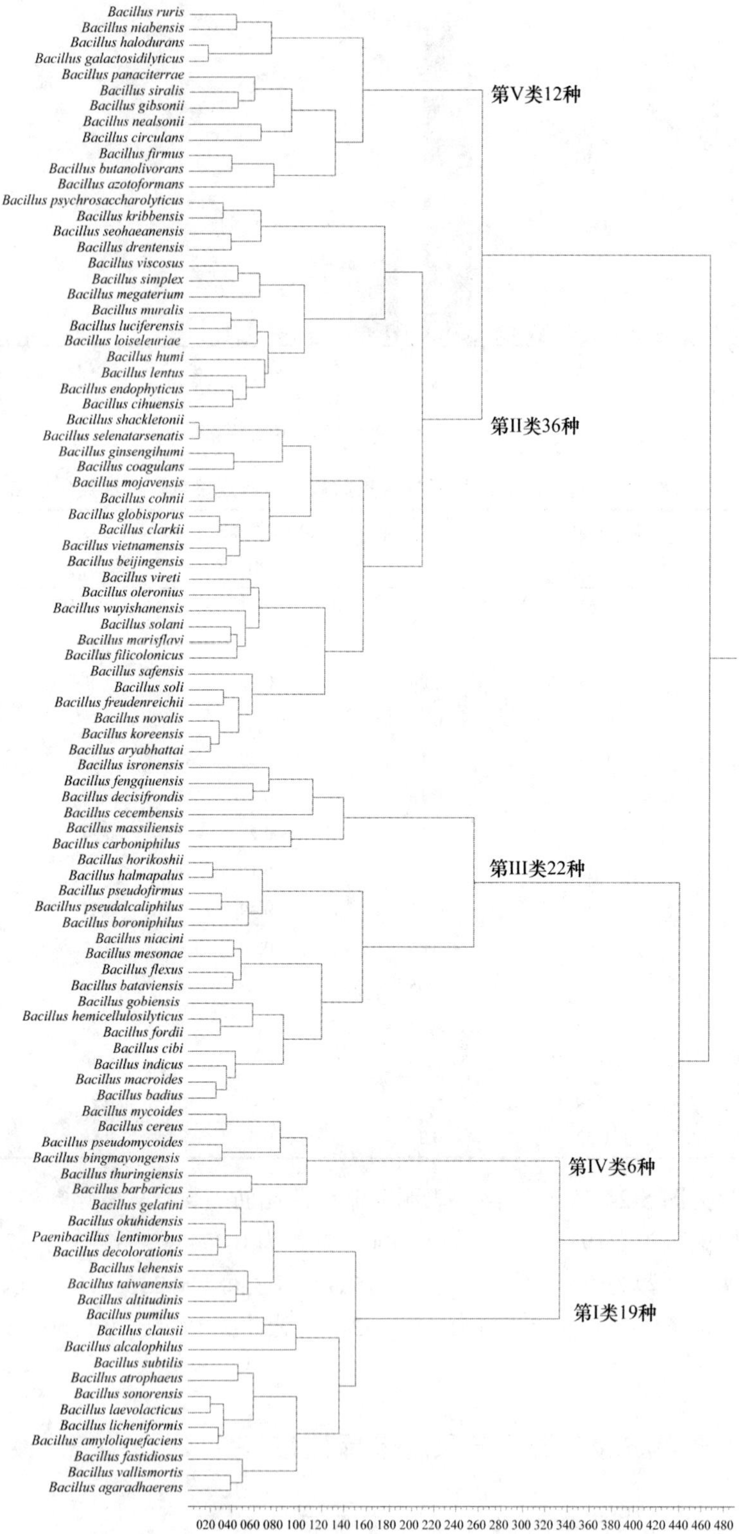


图 5-2-14　数据规格化转换聚类分析

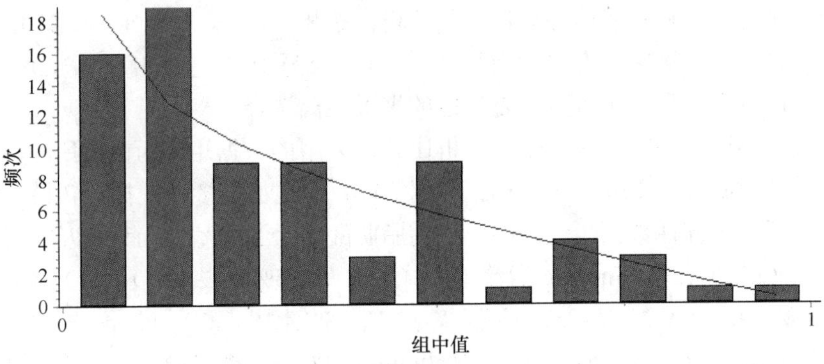


图 5-2-15　数据规格化转换 Bata 正态分布检验

的类或者簇的过程，所以同一个簇中的对象有很大的相似性，而不同簇间的对象有很大的相异性。从统计学的观点看，聚类分析是通过数据建模简化数据的一种方法。传统的统计聚类分析方法包括系统聚类法、分解法、加入法、动态聚类法、有序样品聚类、有重叠聚类和模糊聚类等。

从机器学习的角度讲，簇相当于隐藏模式。聚类是搜索簇的无监督学习过程。与分类不同，无监督学习不依赖预先定义的类或带类标记的训练实例，需要由聚类学习算法自动确定标记，而分类学习的实例或数据对象有类别标记。聚类是观察式学习，而不是示例式学习。聚类分析是一种探索性的分析，在分类的过程中，人们不必事先给出一个分类的标准，聚类分析能够从样本数据出发，自动进行分类。聚类分析所使用的距离方法的不同，常常会得到不同的结论。不同研究者对于同一组数据进行聚类分析，所得到的聚类数未必一致。

相类似性是定义一个类的基础，因此不同数据之间在同一个特征空间相似度的衡量对于聚类步骤是很重要的，由于特征类型和特征标度的多样性，距离度量必须谨慎，它经常依赖于应用。例如，通常通过定义在特征空间的距离度量来评估不同对象的相异性，很多距离度都应用在一些不同的领域，一个简单的距离度量，如欧氏距离，经常被用作反映不同数据间的相异性，一些有关相似性的度量，如简单匹配系数（simple match coefficient，SMC），能够被用来特征化不同数据的概念相似性，在图像聚类上，子图图像的误差更正能够被用来衡量两个图形的相似性。

用芽胞杆菌脂肪酸组和多样性指数数据矩阵进行聚类分析，聚类距离的选择影响到聚类的结构，而且这种结果的好坏无法从统计学本身进行判断，而是根据聚类结果的生物学意义进行识别。从脂肪酸数据聚类距离的选择，简单地提出聚类距离合理性原则为：基于脂肪酸组芽胞杆菌分群结果的聚类树要有较好的分类能力，类别和亚类清晰，聚类类别顺序与重要脂肪酸分类界限顺序一致，也即聚类树从下到上的类别顺序与关键因子类别界限顺序一致，如选择欧氏距离进行芽胞杆菌脂肪酸分群聚类分析，将其分为 4 类，第 I 类 34 种、第 II 类 6 种、第 III 类 14 种、第 IV 类 41 种，其关键因子丰富度指数（$R'$）第 I 类为 6.93，第 II 类为 22.74，第 III 类为 13.85，第 IV 类为 3.82，分析的结果显示聚类树的类别顺序与关键因子的界限顺序不一致，说明选择的聚类距离不合适；又如，选择卡方距离进行芽胞杆菌脂肪酸分群聚类分析，得出 3 类，第 I 类 20 种、第 II 类 34 种、第 III 类 41 种，其关键因子丰富度指数（$R'$）第 I 类为 15.56，第 II 类为 5.98，第 III 类为 2.86，界限顺序一致，可以认为是合适的聚类距离选择。

以下选用不同距离尺度进行聚类分析比较，采用的数据矩阵为前文所述的 95 种芽胞杆菌的整体脂肪酸组 120 个生物标记数据矩阵，通过群落多样性指数转换，建立芽胞杆菌脂肪酸群落多样性数据矩阵。因子包括脂肪酸组个数（$X_1$）、脂肪酸组含量（$X_2$）、丰富度指数（$R'$）（$X_3$）、Simpson 指数（$D$）（$X_4$）、$D$-95%下限（$X_5$）、$D$-95%上限（$X_6$）、Shannon 指数（$H_1$）（$X_7$）、$H_1$-95%下限（$X_8$）、$H_1$-95%上限（$X_9$）、Pielou 指数（$J$）（$X_{10}$）、$J$-95%下限（$X_{11}$）、$J$-95%上限（$X_{12}$）、Brillouin 指数（$H_2$）（$X_{13}$）、$H_2$-95%下限（$X_{14}$）、$H_2$-95%上限（$X_{15}$）、McIntosh 指数（$H_3$）（$X_{16}$）、$H_3$-95%下限（$X_{17}$）、$H_3$-95%上限（$X_{18}$）等，各群落多样性指数的上限和下限值，用于表达指标的最大值和最小值。以芽胞杆菌为样本，以群落多样性指数为指标，数据不转换，用欧氏平均距离、卡方距离、绝对距离、欧氏距离、马氏距离、兰氏距离、切比雪夫距离，采用可变类平均法进行系统分类，比较不同距离对数据组聚类结果的影响。

## 2. 芽胞杆菌脂肪酸分群欧氏平方距离选择

聚类结果见表 5-2-19、表 5-2-20 和图 5-2-16。分析结果分 3 类，第 I 类 71 种、第 II 类 6 种、第 III 类 18 种。丰富度指数（$X_3$）值在第 I 类为 5，第 II 类为 22.74，第 III 类为 12.83，在类别划分过程中，欧氏平方距离缩小了种类间的差距，出现第 II 类高于第 I 类和第 III 类，该距离不适合用于芽胞杆菌脂肪酸组多样性指数的分类。

**表 5-2-19　欧氏平方距离芽胞杆菌聚类结果统计**

| 指标 | 第 I 类 71 种<br>平均值 | 第 II 类 6 种<br>平均值 | 第 III 类 18 种<br>平均值 |
|---|---|---|---|
| 脂肪酸组个数（$X_1$） | 24.02 | 106.50 | 60.16 |
| 脂肪酸组含量（$X_2$） | 100.01 | 103.48 | 100.46 |
| 丰富度指数（$R'$）（$X_3$） | 5.00 | 22.74 | 12.83 |
| Simpson 指数（$D$）（$X_4$） | 0.76 | 0.82 | 0.79 |
| $D$-95%下限（$X_5$） | 0.62 | 0.72 | 0.67 |
| $D$-95%上限（$X_6$） | 0.90 | 0.92 | 0.91 |
| Shannon 指数（$H_1$）（$X_7$） | 1.86 | 2.28 | 2.07 |
| $H_1$-95%下限（$X_8$） | 1.35 | 1.85 | 1.57 |
| $H_1$-95%上限（$X_9$） | 2.37 | 2.71 | 2.57 |
| Pielou 指数（$J$）（$X_{10}$） | 0.60 | 0.49 | 0.51 |
| $J$-95%下限（$X_{11}$） | 0.45 | 0.40 | 0.39 |
| $J$-95%上限（$X_{12}$） | 0.74 | 0.58 | 0.63 |
| Brillouin 指数（$H_2$）（$X_{13}$） | 2.40 | 2.85 | 2.62 |
| $H_2$-95%下限（$X_{14}$） | 1.73 | 2.31 | 1.98 |
| $H_2$-95%上限（$X_{15}$） | 3.06 | 3.39 | 3.26 |
| McIntosh 指数（$H_3$）（$X_{16}$） | 0.56 | 0.64 | 0.6 |
| $H_3$-95%下限（$X_{17}$） | 0.41 | 0.52 | 0.46 |
| $H_3$-95%上限（$X_{18}$） | 0.72 | 0.76 | 0.74 |

**表 5-2-20　欧氏平方距离芽胞杆菌聚类结果**

| 类别 | 种名 |
|---|---|
| 第 I 类 71 种 | *Bacillus agaradhaerens* |
| | *Bacillus altitudinis* |
| | *Bacillus aryabhattai* |
| | *Bacillus azotoformans* |
| | *Bacillus barbaricus* |
| | *Bacillus bataviensis* |
| | *Bacillus beijingensis* |
| | *Bacillus boroniphilus* |
| | *Bacillus butanolivorans* |
| | *Bacillus carboniphilus* |
| | *Bacillus cecembensis* |
| | *Bacillus cibi* |
| | *Bacillus cihuensis* |
| | *Bacillus clarkii* |
| | *Bacillus coagulans* |
| | *Bacillus cohnii* |
| | *Bacillus decisifrondis* |
| | *Bacillus decolorationis* |
| | *Bacillus drentensis* |
| | *Bacillus endophyticus* |
| | *Bacillus fastidiosus* |
| | *Bacillus fengqiuensis* |
| | *Bacillus filicolonicus* |
| | *Bacillus firmus* |
| | *Bacillus flexus* |
| | *Bacillus fordii* |
| | *Bacillus freudenreichii* |
| | *Bacillus galactosidilyticus* |
| | *Bacillus gelatini* |
| | *Bacillus gibsonii* |
| | *Bacillus ginsengihumi* |
| | *Bacillus globisporus* |
| | *Bacillus gobiensis* |
| | *Bacillus halmapalus* |
| | *Bacillus halodurans* |
| | *Bacillus hemicellulosilyticus* |
| | *Bacillus horikoshii* |
| | *Bacillus humi* |
| | *Bacillus indicus* |
| | *Bacillus isronensis* |
| | *Bacillus koreensis* |
| | *Bacillus kribbensis* |
| | *Bacillus lehensis* |
| | *Paenibacillus lentimorbus* |
| | *Bacillus loiseleuriae* |
| | *Bacillus luciferensis* |
| | *Bacillus macroides* |
| | *Bacillus massiliensis* |
| | *Bacillus muralis* |
| | *Bacillus nealsonii* |
| | *Bacillus niabensis* |
| | *Bacillus niacini* |
| | *Bacillus novalis* |
| | *Bacillus okuhidensis* |
| | *Bacillus panaciterrae* |
| | *Bacillus pseudalcaliphilus* |
| | *Bacillus pseudofirmus* |
| | *Bacillus psychrosaccharolyticus* |
| | *Bacillus ruris* |
| | *Bacillus safensis* |
| | *Bacillus selenatarsenatis* |
| | *Bacillus seohaeanensis* |
| | *Bacillus shackletonii* |
| | *Bacillus siralis* |
| | *Bacillus solani* |
| | *Bacillus soli* |
| | *Bacillus taiwanensis* |
| | *Bacillus thuringiensis* |
| | *Bacillus vallismortis* |
| | *Bacillus vietnamensis* |
| | *Bacillus wuyishanensis* |
| 第 II 类 6 种 | *Bacillus alcalophilus* |
| | *Bacillus cereus* |
| | *Bacillus megaterium* |
| | *Bacillus mycoides* |
| | *Bacillus pumilus* |
| | *Bacillus subtilis* |
| 第 III 类 18 种 | *Bacillus amyloliquefaciens* |
| | *Bacillus atrophaeus* |
| | *Bacillus badius* |
| | *Bacillus bingmayongensis* |
| | *Bacillus circulans* |
| | *Bacillus clausii* |
| | *Bacillus laevolacticus* |
| | *Bacillus lentus* |
| | *Bacillus licheniformis* |
| | *Bacillus marisflavi* |
| | *Bacillus mesonae* |
| | *Bacillus mojavensis* |
| | *Bacillus oleronius* |
| | *Bacillus pseudomycoides* |
| | *Bacillus simplex* |
| | *Bacillus sonorensis* |
| | *Bacillus vireti* |
| | *Bacillus viscosus* |

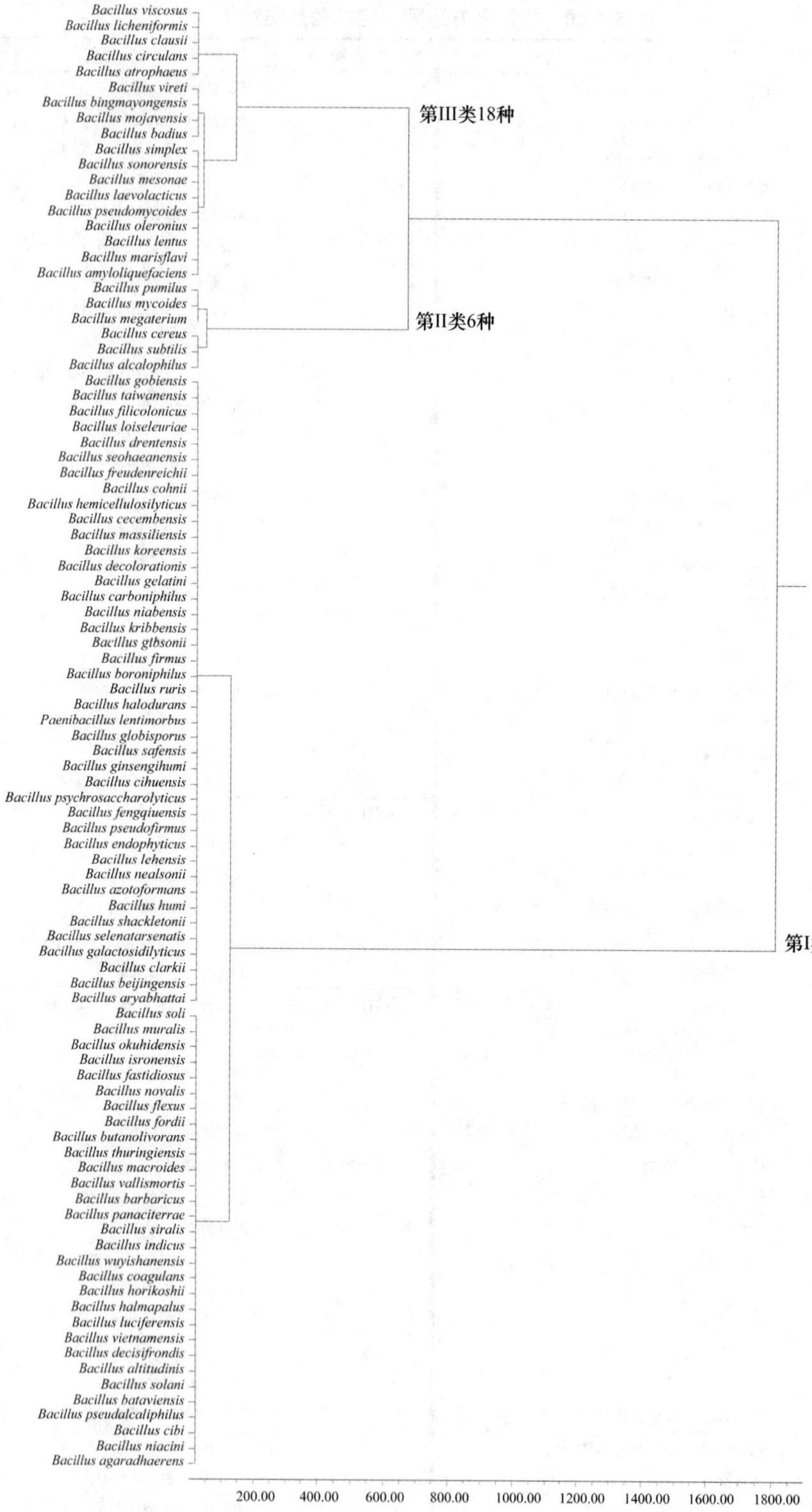


图 5-2-16　欧氏平方距离芽胞杆菌聚类结果

### 3. 芽胞杆菌脂肪酸分群卡方距离选择

聚类结果见表 5-2-21、表 5-2-22 和图 5-2-17。分析结果分 3 类，第 I 类 20 种、第 II 类 34 种、第 III 类 41 种。丰富度指数（$R'$）（$X_3$）值在第 I 类为 15.56，第 II 类为 5.98，第 III 类为 2.86，在类别划分过程中，清楚地划分出第 I 类、第 II 类和第 III 类，该距离适合用于芽胞杆菌脂肪酸组多样性指数的分类。

**表 5-2-21　卡方距离芽胞杆菌聚类结果统计**

| 指标 | 第 I 类 20 种<br>平均值 | 第 II 类 34 种<br>平均值 | 第 III 类 41 种<br>平均值 |
|---|---|---|---|
| 脂肪酸组个数（$X_1$） | 68.35 | 23.91 | 9.58 |
| 脂肪酸组含量（$X_2$） | 2.57 | 1.13 | 1.11 |
| 丰富度指数（$R'$）（$X_3$） | 15.56 | 5.98 | 2.86 |
| Simpson 指数（$D$）（$X_4$） | 1.31 | 1.30 | 1.26 |
| $D$-95%下限（$X_5$） | 1.54 | 1.52 | 1.44 |
| $D$-95%上限（$X_6$） | 1.11 | 1.10 | 1.09 |
| Shannon 指数（$H_1$）（$X_7$） | 2.00 | 1.90 | 1.64 |
| $H_1$-95%下限（$X_8$） | 2.27 | 2.16 | 1.87 |
| $H_1$-95%上限（$X_9$） | 1.72 | 1.64 | 1.41 |
| Pielou 指数（$J$）（$X_{10}$） | 1.13 | 1.22 | 1.25 |
| $J$-95%下限（$X_{11}$） | 1.29 | 1.35 | 1.36 |
| $J$-95%上限（$X_{12}$） | 1.12 | 1.23 | 1.28 |
| Brillouin 指数（$H_2$）（$X_{13}$） | 2.22 | 2.13 | 1.85 |
| $H_2$-95%下限（$X_{14}$） | 2.64 | 2.52 | 2.19 |
| $H_2$-95%上限（$X_{15}$） | 1.81 | 1.74 | 1.50 |
| McIntosh 指数（$H_3$）（$X_{16}$） | 1.30 | 1.28 | 1.23 |
| $H_3$-95%下限（$X_{17}$） | 1.44 | 1.41 | 1.35 |
| $H_3$-95%上限（$X_{18}$） | 1.65 | 1.58 | 1.63 |

**表 5-2-22　卡方距离芽胞杆菌聚类结果**

| 类别 | 种名 | 类别 | 种名 |
|---|---|---|---|
| 第 I 类 20 种 | *Bacillus alcalophilus* | | *Bacillus mesonae* |
| | *Bacillus amyloliquefaciens* | | *Bacillus mycoides* |
| | *Bacillus atrophaeus* | | *Bacillus oleronius* |
| | *Bacillus cereus* | | *Bacillus pseudomycoides* |
| | *Bacillus circulans* | | *Bacillus pumilus* |
| | *Bacillus clausii* | | *Bacillus simplex* |
| | *Bacillus laevolacticus* | | *Bacillus sonorensis* |
| | *Bacillus lentus* | | *Bacillus subtilis* |
| | *Bacillus licheniformis* | | *Bacillus viscosus* |
| | *Bacillus marisflavi* | 第 II 类 34 种 | *Bacillus agaradhaerens* |
| | *Bacillus megaterium* | | *Bacillus altitudinis* |

续表

| 类别 | 种名 | 类别 | 种名 |
|---|---|---|---|
| 第 II 类 34 种 | *Bacillus badius* | | *Bacillus cecembensis* |
| | *Bacillus barbaricus* | | *Bacillus cihuensis* |
| | *Bacillus bataviensis* | | *Bacillus clarkii* |
| | *Bacillus bingmayongensis* | | *Bacillus cohnii* |
| | *Bacillus butanolivorans* | | *Bacillus decolorationis* |
| | *Bacillus cibi* | | *Bacillus drentensis* |
| | *Bacillus coagulans* | | *Bacillus endophyticus* |
| | *Bacillus decisifrondis* | | *Bacillus fengqiuensis* |
| | *Bacillus fastidiosus* | | *Bacillus filicolonicus* |
| | *Bacillus flexus* | | *Bacillus firmus* |
| | *Bacillus fordii* | | *Bacillus freudenreichii* |
| | *Bacillus halmapalus* | | *Bacillus galactosidilyticus* |
| | *Bacillus horikoshii* | | *Bacillus gelatini* |
| | *Bacillus indicus* | | *Bacillus gibsonii* |
| | *Bacillus isronensis* | | *Bacillus ginsengihumi* |
| | *Bacillus luciferensis* | | *Bacillus globisporus* |
| | *Bacillus macroides* | | *Bacillus gobiensis* |
| | *Bacillus mojavensis* | | *Bacillus halodurans* |
| | *Bacillus muralis* | | *Bacillus hemicellulosilyticus* |
| | *Bacillus niacini* | | *Bacillus humi* |
| | *Bacillus novalis* | | *Bacillus koreensis* |
| | *Bacillus okuhidensis* | | *Bacillus kribbensis* |
| | *Bacillus panaciterrae* | | *Bacillus lehensis* |
| | *Bacillus pseudalcaliphilus* | | *Paenibacillus lentimorbus* |
| | *Bacillus siralis* | | *Bacillus loiseleuriae* |
| | *Bacillus solani* | | *Bacillus massiliensis* |
| | *Bacillus soli* | | *Bacillus nealsonii* |
| | *Bacillus thuringiensis* | | *Bacillus niabensis* |
| | *Bacillus vallismortis* | | *Bacillus pseudofirmus* |
| | *Bacillus vietnamensis* | | *Bacillus psychrosaccharolyticus* |
| | *Bacillus vireti* | | *Bacillus ruris* |
| | *Bacillus wuyishanensis* | | *Bacillus safensis* |
| 第 III 类 41 种 | *Bacillus aryabhattai* | | *Bacillus selenatarsenatis* |
| | *Bacillus azotoformans* | | *Bacillus seohaeanensis* |
| | *Bacillus beijingensis* | | *Bacillus shackletonii* |
| | *Bacillus boroniphilus* | | *Bacillus taiwanensis* |
| | *Bacillus carboniphilus* | | |

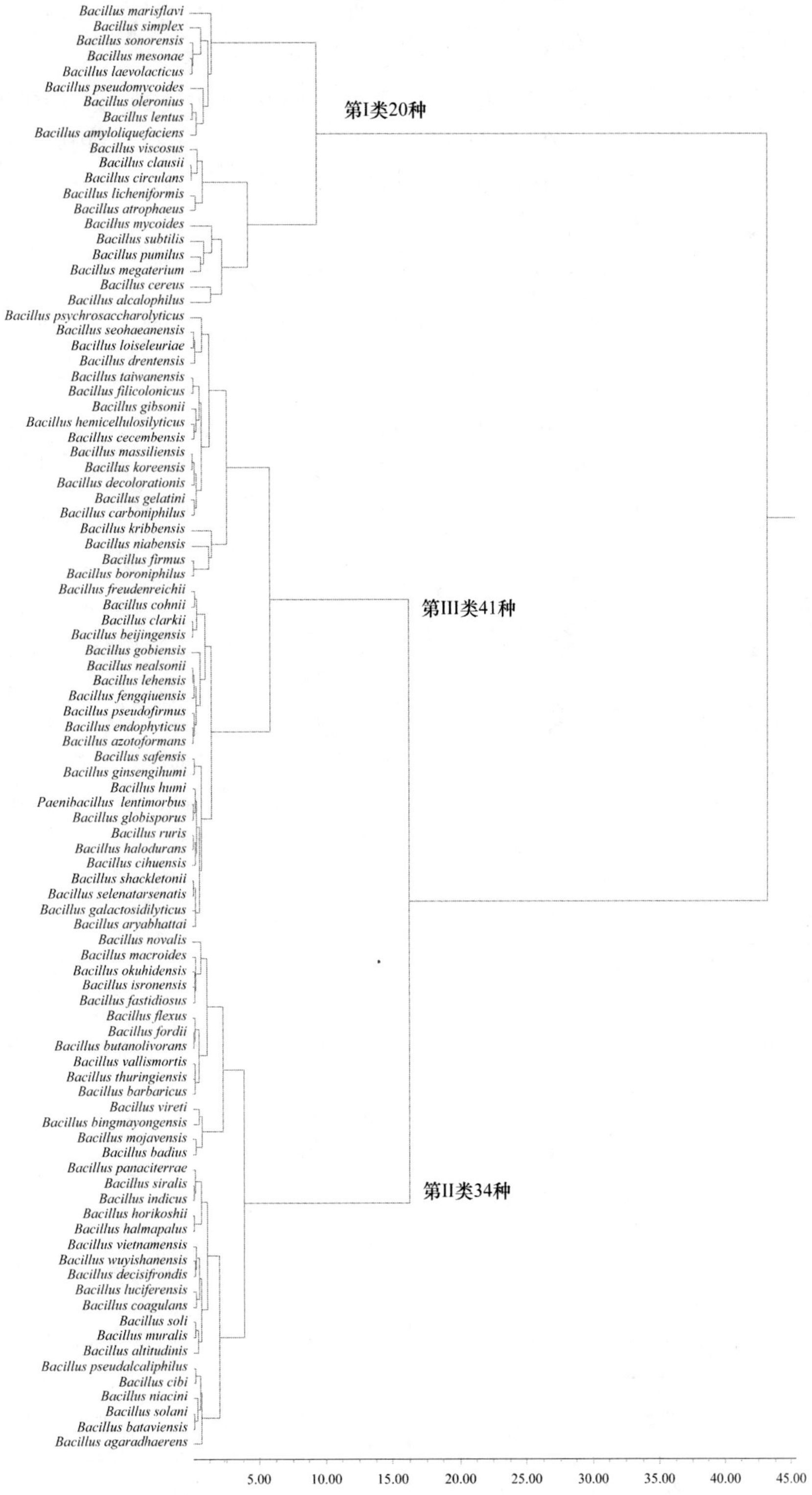


图 5-2-17　卡方距离芽胞杆菌聚类结果

## 4. 芽胞杆菌脂肪酸分群绝对距离选择

聚类结果见表 5-2-23、表 5-2-24 和图 5-2-18。分析结果分 4 类，第 I 类 30 种、第 II 类 6 种、第 III 类 18 种、第 IV 类 41 种。丰富度指数（$X_3$）值在 4 类中分别为 6.62、22.74、12.83、3.82，在类别划分过程中，无法清楚地划分出类别，该距离不适合用于芽胞杆菌脂肪酸组多样性指数的分类。

**表 5-2-23　绝对距离芽胞杆菌聚类结果统计**

| 指标 | 第 I 类 30 种 | 第 II 类 6 种 | 第 III 类 18 种 | 第 IV 类 41 种 |
|---|---|---|---|---|
| | 平均值 | 平均值 | 平均值 | 平均值 |
| 脂肪酸组个数（$X_1$） | 31.47 | 106.50 | 60.17 | 18.59 |
| 脂肪酸组含量（$X_2$） | 100.02 | 103.48 | 100.46 | 100.00 |
| 丰富度指数（$R'$）（$X_3$） | 6.62 | 22.74 | 12.83 | 3.82 |
| Simpson 指数（$D$）（$X_4$） | 0.78 | 0.82 | 0.79 | 0.74 |
| $D$-95%下限（$X_5$） | 0.66 | 0.72 | 0.67 | 0.59 |
| $D$-95%上限（$X_6$） | 0.90 | 0.92 | 0.91 | 0.89 |
| Shannon 指数（$H_1$）（$X_7$） | 1.99 | 2.28 | 2.07 | 1.76 |
| $H_1$-95%下限（$X_8$） | 1.50 | 1.85 | 1.57 | 1.23 |
| $H_1$-95%上限（$X_9$） | 2.49 | 2.71 | 2.57 | 2.28 |
| Pielou 指数（$J$）（$X_{10}$） | 0.58 | 0.49 | 0.51 | 0.61 |
| $J$-95%下限（$X_{11}$） | 0.45 | 0.40 | 0.39 | 0.46 |
| $J$-95%上限（$X_{12}$） | 0.71 | 0.58 | 0.63 | 0.76 |
| Brillouin 指数（$H_2$）（$X_{13}$） | 2.55 | 2.85 | 2.62 | 2.29 |
| $H_2$-95%下限（$X_{14}$） | 1.91 | 2.31 | 1.98 | 1.60 |
| $H_2$-95%上限（$X_{15}$） | 3.19 | 3.39 | 3.26 | 2.97 |
| McIntosh 指数（$H_3$）（$X_{16}$） | 0.59 | 0.64 | 0.60 | 0.54 |
| $H_3$-95%下限（$X_{17}$） | 0.44 | 0.52 | 0.46 | 0.38 |
| $H_3$-95%上限（$X_{18}$） | 0.73 | 0.76 | 0.74 | 0.71 |

**表 5-2-24　绝对距离芽胞杆菌聚类结果**

| 类别 | 种名 | 类别 | 种名 |
|---|---|---|---|
| 第 I 类 30 种 | *Bacillus agaradhaerens* | | *Bacillus fordii* |
| | *Bacillus altitudinis* | | *Bacillus halmapalus* |
| | *Bacillus barbaricus* | | *Bacillus horikoshii* |
| | *Bacillus bataviensis* | | *Bacillus indicus* |
| | *Bacillus butanolivorans* | | *Bacillus isronensis* |
| | *Bacillus cibi* | | *Bacillus luciferensis* |
| | *Bacillus coagulans* | | *Bacillus macroides* |
| | *Bacillus decisifrondis* | | *Bacillus muralis* |
| | *Bacillus fastidiosus* | | *Bacillus niacini* |
| | *Bacillus flexus* | | *Bacillus novalis* |

续表

| 类别 | 种名 |
| --- | --- |
| 第 I 类 30 种 | *Bacillus okuhidensis* |
| | *Bacillus panaciterrae* |
| | *Bacillus pseudalcaliphilus* |
| | *Bacillus siralis* |
| | *Bacillus solani* |
| | *Bacillus soli* |
| | *Bacillus thuringiensis* |
| | *Bacillus vallismortis* |
| | *Bacillus vietnamensis* |
| | *Bacillus wuyishanensis* |
| | 平均值 6.62 |
| 第 II 类 6 种 | *Bacillus alcalophilus* |
| | *Bacillus cereus* |
| | *Bacillus megaterium* |
| | *Bacillus mycoides* |
| | *Bacillus pumilus* |
| | *Bacillus subtilis* |
| | 平均值 22.74 |
| 第 III 类 18 种 | *Bacillus amyloliquefaciens* |
| | *Bacillus atrophaeus* |
| | *Bacillus badius* |
| | *Bacillus bingmayongensis* |
| | *Bacillus circulans* |
| | *Bacillus clausii* |
| | *Bacillus laevolacticus* |
| | *Bacillus lentus* |
| | *Bacillus licheniformis* |
| | *Bacillus marisflavi* |
| | *Bacillus mesonae* |
| | *Bacillus mojavensis* |
| | *Bacillus oleronius* |
| | *Bacillus pseudomycoides* |
| | *Bacillus simplex* |
| | *Bacillus sonorensis* |
| | *Bacillus vireti* |
| | *Bacillus viscosus* |
| | 平均值 12.83 |
| 第 IV 类 41 种 | *Bacillus aryabhattai* |
| | *Bacillus azotoformans* |
| | *Bacillus beijingensis* |
| | *Bacillus boroniphilus* |
| | *Bacillus carboniphilus* |
| | *Bacillus cecembensis* |
| | *Bacillus cihuensis* |
| | *Bacillus clarkii* |
| | *Bacillus cohnii* |
| | *Bacillus decolorationis* |
| | *Bacillus drentensis* |
| | *Bacillus endophyticus* |
| | *Bacillus fengqiuensis* |
| | *Bacillus filicolonicus* |
| | *Bacillus firmus* |
| | *Bacillus freudenreichii* |
| | *Bacillus galactosidilyticus* |
| | *Bacillus gelatini* |
| | *Bacillus gibsonii* |
| | *Bacillus ginsengihumi* |
| | *Bacillus globisporus* |
| | *Bacillus gobiensis* |
| | *Bacillus halodurans* |
| | *Bacillus hemicellulosilyticus* |
| | *Bacillus humi* |
| | *Bacillus koreensis* |
| | *Bacillus kribbensis* |
| | *Bacillus lehensis* |
| | *Paenibacillus lentimorbus* |
| | *Bacillus loiseleuriae* |
| | *Bacillus massiliensis* |
| | *Bacillus nealsonii* |
| | *Bacillus niabensis* |
| | *Bacillus pseudofirmus* |
| | *Bacillus psychrosaccharolyticus* |
| | *Bacillus ruris* |
| | *Bacillus safensis* |
| | *Bacillus selenatarsenatis* |
| | *Bacillus seohaeanensis* |
| | *Bacillus shackletonii* |
| | *Bacillus taiwanensis* |
| | 平均值 3.82 |

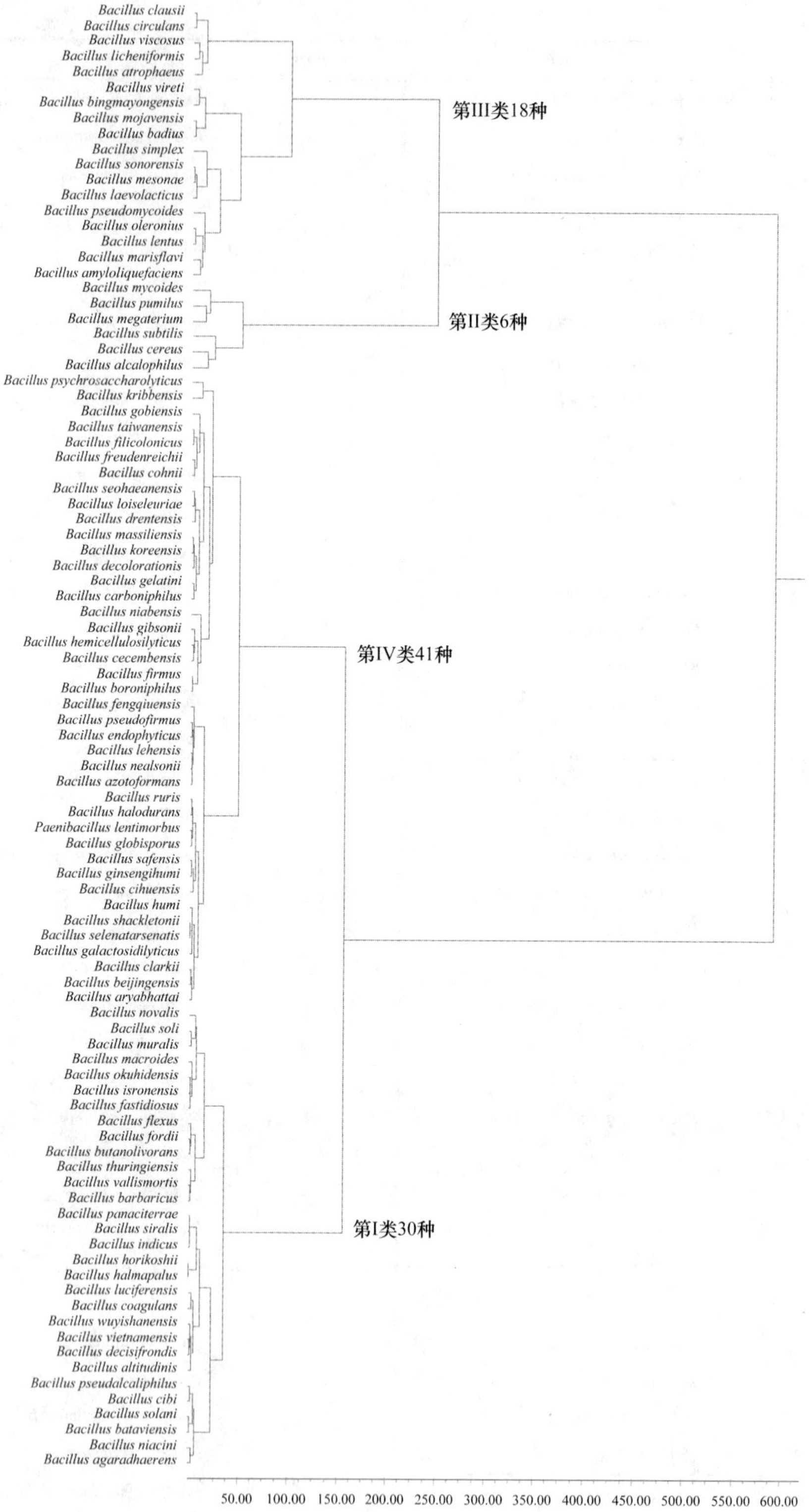


图 5-2-18　绝对距离芽胞杆菌聚类结果

## 5. 芽胞杆菌脂肪酸分群欧氏距离选择

聚类结果见表 5-2-25、表 5-2-26 和图 5-2-19。分析结果分 4 类，第 I 类 34 种、第 II 类 6 种、第 III 类 14 种、第 IV 类 41 种。丰富度指数（$X_3$）值在 4 类中分别为 6.93、22.74、13.85、3.82，在类别划分过程中，第 II 类关键因子丰富度大于第 I 类，同时大于第 III 类，无法清楚地划分出类别，该距离不适合用于芽胞杆菌脂肪酸组多样性指数的分类。

**表 5-2-25　欧氏距离芽胞杆菌聚类结果统计**

| 指标 | 第 I 类 34 种 | 第 II 类 6 种 | 第 III 类 14 种 | 第 IV 类 41 种 |
|---|---|---|---|---|
| | 平均值 | 平均值 | 平均值 | 平均值 |
| 脂肪酸组个数（$X_1$） | 32.91 | 106.50 | 64.86 | 18.59 |
| 脂肪酸组含量（$X_2$） | 100.02 | 103.48 | 100.59 | 100.00 |
| 丰富度指数（$R'$）（$X_3$） | 6.93 | 22.74 | 13.85 | 3.82 |
| Simpson 指数（$D$）（$X_4$） | 0.78 | 0.82 | 0.79 | 0.74 |
| $D$-95%下限（$X_5$） | 0.67 | 0.72 | 0.67 | 0.59 |
| $D$-95%上限（$X_6$） | 0.9 | 0.92 | 0.91 | 0.89 |
| Shannon 指数（$H_1$）（$X_7$） | 2.01 | 2.28 | 2.04 | 1.76 |
| $H_1$-95%下限（$X_8$） | 1.52 | 1.85 | 1.54 | 1.23 |
| $H_1$-95%上限（$X_9$） | 2.51 | 2.71 | 2.54 | 2.28 |
| Pielou 指数（$J$）（$X_{10}$） | 0.58 | 0.49 | 0.49 | 0.61 |
| $J$-95%下限（$X_{11}$） | 0.45 | 0.40 | 0.38 | 0.46 |
| $J$-95%上限（$X_{12}$） | 0.71 | 0.58 | 0.61 | 0.76 |
| Brillouin 指数（$H_2$）（$X_{13}$） | 2.57 | 2.85 | 2.58 | 2.29 |
| $H_2$-95%下限（$X_{14}$） | 1.94 | 2.31 | 1.94 | 1.60 |
| $H_2$-95%上限（$X_{15}$） | 3.21 | 3.39 | 3.22 | 2.97 |
| McIntosh 指数（$H_3$）（$X_{16}$） | 0.59 | 0.64 | 0.6 | 0.54 |
| $H_3$-95%下限（$X_{17}$） | 0.45 | 0.52 | 0.45 | 0.38 |
| $H_3$-95%上限（$X_{18}$） | 0.73 | 0.69 | 0.71 | 0.75 |

**表 5-2-26　欧氏距离芽胞杆菌聚类结果**

| 类别 | 种名 | 类别 | 种名 |
|---|---|---|---|
| 第 I 类 34 种 | *Bacillus agaradhaerens* | | *Bacillus fastidiosus* |
| | *Bacillus altitudinis* | | *Bacillus flexus* |
| | *Bacillus badius* | | *Bacillus fordii* |
| | *Bacillus barbaricus* | | *Bacillus halmapalus* |
| | *Bacillus bataviensis* | | *Bacillus horikoshii* |
| | *Bacillus bingmayongensis* | | *Bacillus indicus* |
| | *Bacillus butanolivorans* | | *Bacillus isronensis* |
| | *Bacillus cibi* | | *Bacillus luciferensis* |
| | *Bacillus coagulans* | | *Bacillus macroides* |
| | *Bacillus decisifrondis* | | *Bacillus mojavensis* |

续表

| 类别 | 种名 |
|---|---|
| 第 I 类 34 种 | *Bacillus muralis* |
| | *Bacillus niacini* |
| | *Bacillus novalis* |
| | *Bacillus okuhidensis* |
| | *Bacillus panaciterrae* |
| | *Bacillus pseudalcaliphilus* |
| | *Bacillus siralis* |
| | *Bacillus solani* |
| | *Bacillus soli* |
| | *Bacillus thuringiensis* |
| | *Bacillus vallismortis* |
| | *Bacillus vietnamensis* |
| | *Bacillus vireti* |
| | *Bacillus wuyishanensis* |
| | 平均值 6.93 |
| 第 II 类 6 种 | *Bacillus alcalophilus* |
| | *Bacillus cereus* |
| | *Bacillus megaterium* |
| | *Bacillus mycoides* |
| | *Bacillus pumilus* |
| | *Bacillus subtilis* |
| | 平均值 22.74 |
| 第 III 类 14 种 | *Bacillus amyloliquefaciens* |
| | *Bacillus atrophaeus* |
| | *Bacillus circulans* |
| | *Bacillus clausii* |
| | *Bacillus laevolacticus* |
| | *Bacillus lentus* |
| | *Bacillus licheniformis* |
| | *Bacillus marisflavi* |
| | *Bacillus mesonae* |
| | *Bacillus oleronius* |
| | *Bacillus pseudomycoides* |
| | *Bacillus simplex* |
| | *Bacillus sonorensis* |
| | *Bacillus viscosus* |
| | 平均值 13.85 |
| 第 IV 类 41 种 | *Bacillus aryabhattai* |
| | *Bacillus azotoformans* |
| | *Bacillus beijingensis* |
| | *Bacillus boroniphilus* |
| | *Bacillus carboniphilus* |
| | *Bacillus cecembensis* |
| | *Bacillus cihuensis* |
| | *Bacillus clarkii* |
| | *Bacillus cohnii* |
| | *Bacillus decolorationis* |
| | *Bacillus drentensis* |
| | *Bacillus endophyticus* |
| | *Bacillus fengqiuensis* |
| | *Bacillus filicolonicus* |
| | *Bacillus firmus* |
| | *Bacillus freudenreichii* |
| | *Bacillus galactosidilyticus* |
| | *Bacillus gelatini* |
| | *Bacillus gibsonii* |
| | *Bacillus ginsengihumi* |
| | *Bacillus globisporus* |
| | *Bacillus gobiensis* |
| | *Bacillus halodurans* |
| | *Bacillus hemicellulosilyticus* |
| | *Bacillus humi* |
| | *Bacillus koreensis* |
| | *Bacillus kribbensis* |
| | *Bacillus lehensis* |
| | *Paenibacillus lentimorbus* |
| | *Bacillus loiseleuriae* |
| | *Bacillus massiliensis* |
| | *Bacillus nealsonii* |
| | *Bacillus niabensis* |
| | *Bacillus pseudofirmus* |
| | *Bacillus psychrosaccharolyticus* |
| | *Bacillus ruris* |
| | *Bacillus safensis* |
| | *Bacillus selenatarsenatis* |
| | *Bacillus seohaeanensis* |
| | *Bacillus shackletonii* |
| | *Bacillus taiwanensis* |
| | 平均值 3.82 |

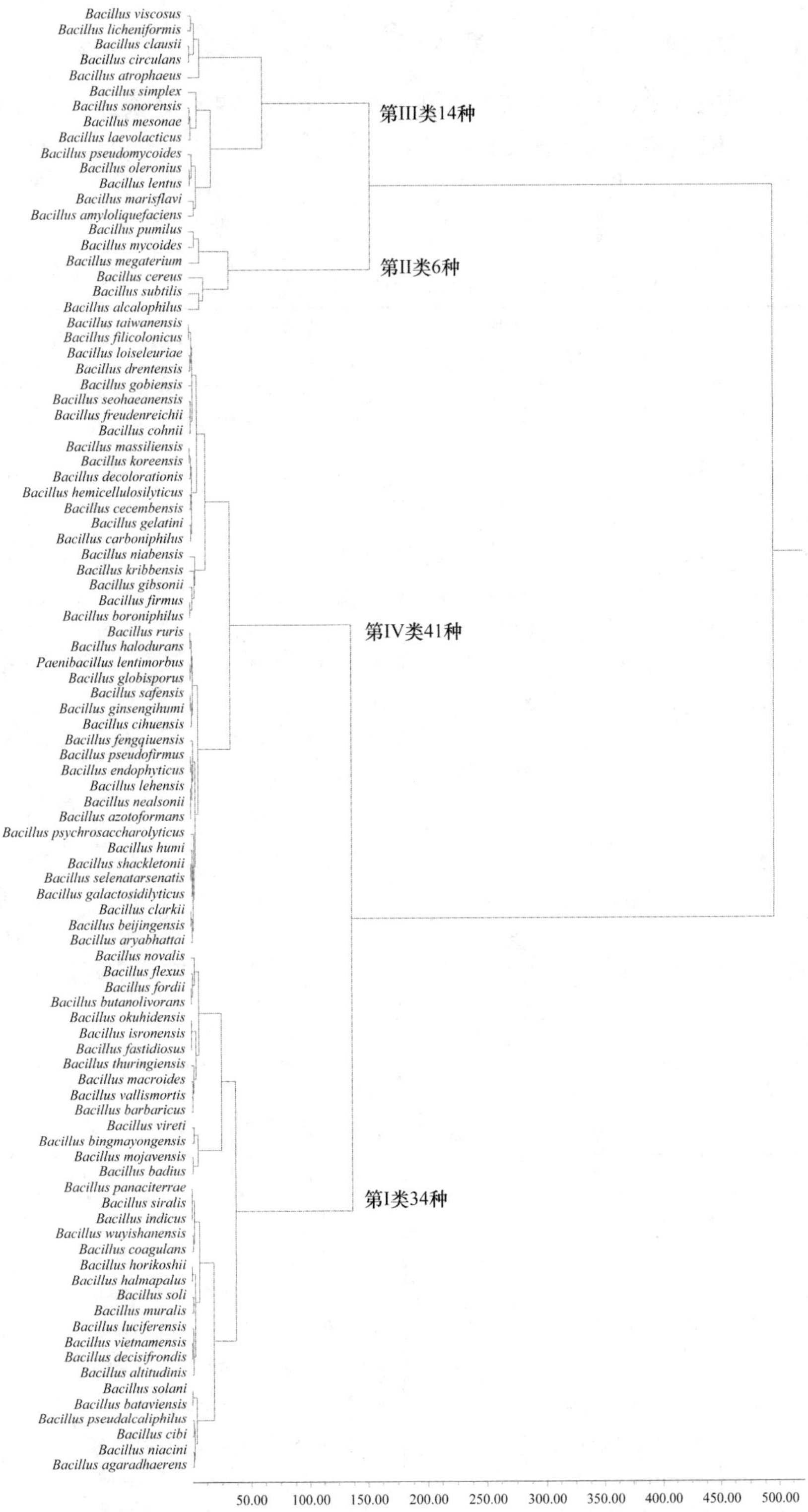


图 5-2-19 欧氏距离芽胞杆菌聚类结果

## 6. 芽胞杆菌脂肪酸分群马氏距离选择

聚类结果见表 5-2-27、表 5-2-28 和图 5-2-20。分析结果分 3 类，第 I 类 48 种，第 II 类 39 种，第 III 类 8 种。丰富度指数（$X_3$）值在 3 类中分别为 8.18、6.66、8.75，在类别划分过程中，第 II 类关键因子丰富度小于第 I 类和第 III 类，无法清楚地划分出类别，该距离不适合用于芽胞杆菌脂肪酸组多样性指数的分类。

**表 5-2-27　马氏距离芽胞杆菌聚类结果统计**

| 指标 | 第 I 类 48 种<br>平均值 | 第 II 类 39 种<br>平均值 | 第 III 类 8 种<br>平均值 |
|---|---|---|---|
| 脂肪酸组个数（$X_1$） | 38.77 | 31.69 | 41.37 |
| 脂肪酸组含量（$X_2$） | 100.43 | 100.15 | 100.44 |
| 丰富度指数（$R'$）（$X_3$） | 8.18 | 6.66 | 8.75 |
| Simpson 指数（$D$）（$X_4$） | 0.79 | 0.77 | 0.66 |
| $D$-95%下限（$X_5$） | 0.67 | 0.63 | 0.44 |
| $D$-95%上限（$X_6$） | 0.91 | 0.90 | 0.88 |
| Shannon 指数（$H_1$）（$X_7$） | 2.03 | 1.86 | 1.63 |
| $H_1$-95%下限（$X_8$） | 1.54 | 1.37 | 0.94 |
| $H_1$-95%上限（$X_9$） | 2.51 | 2.36 | 2.32 |
| Pielou 指数（$J$）（$X_{10}$） | 0.59 | 0.57 | 0.47 |
| $J$-95%下限（$X_{11}$） | 0.46 | 0.44 | 0.28 |
| $J$-95%上限（$X_{12}$） | 0.72 | 0.71 | 0.66 |
| Brillouin 指数（$H_2$）（$X_{13}$） | 2.59 | 2.39 | 2.07 |
| $H_2$-95%下限（$X_{14}$） | 1.97 | 1.76 | 1.18 |
| $H_2$-95%上限（$X_{15}$） | 3.22 | 3.03 | 2.96 |
| McIntosh 指数（$H_3$）（$X_{16}$） | 0.60 | 0.57 | 0.47 |
| $H_3$-95%下限（$X_{17}$） | 0.45 | 0.42 | 0.25 |
| $H_3$-95%上限（$X_{18}$） | 0.74 | 0.72 | 0.68 |

**表 5-2-28　马氏距离芽胞杆菌聚类结果**

| 类别 | 种名 | 类别 | 种名 |
|---|---|---|---|
| I | *Bacillus agaradhaerens* | I | *Bacillus beijingensis* |
| I | *Bacillus alcalophilus* | I | *Bacillus bingmayongensis* |
| I | *Bacillus altitudinis* | I | *Bacillus butanolivorans* |
| I | *Bacillus amyloliquefaciens* | I | *Bacillus carboniphilus* |
| I | *Bacillus aryabhattai* | I | *Bacillus cecembensis* |
| I | *Bacillus atrophaeus* | I | *Bacillus cereus* |
| I | *Bacillus azotoformans* | I | *Bacillus cibi* |
| I | *Bacillus badius* | I | *Bacillus cihuensis* |
| I | *Bacillus barbaricus* | I | *Bacillus circulans* |
| I | *Bacillus bataviensis* | I | *Bacillus cohnii* |

续表

| 类别 | 种名 |
|---|---|
| I | *Bacillus drentensis* |
| I | *Bacillus fastidiosus* |
| I | *Bacillus fengqiuensis* |
| I | *Bacillus filicolonicus* |
| I | *Bacillus flexus* |
| I | *Bacillus fordii* |
| I | *Bacillus freudenreichii* |
| I | *Bacillus gelatini* |
| I | *Bacillus halmapalus* |
| I | *Bacillus halodurans* |
| I | *Bacillus horikoshii* |
| I | *Bacillus indicus* |
| I | *Bacillus isronensis* |
| I | *Bacillus lehensis* |
| I | *Bacillus lentus* |
| I | *Bacillus licheniformis* |
| I | *Bacillus macroides* |
| I | *Bacillus mesonae* |
| I | *Bacillus muralis* |
| I | *Bacillus mycoides* |
| I | *Bacillus niabensis* |
| I | *Bacillus niacini* |
| I | *Bacillus panaciterrae* |
| I | *Bacillus pseudalcaliphilus* |
| I | *Bacillus soli* |
| I | *Bacillus subtilis* |
| I | *Bacillus taiwanensis* |
| I | *Bacillus thuringiensis* |
| 第 I 类 48 种 | 平均值 8.18 |
| II | *Bacillus boroniphilus* |
| II | *Bacillus clarkii* |
| II | *Bacillus clausii* |
| II | *Bacillus coagulans* |
| II | *Bacillus decisifrondis* |
| II | *Bacillus decolorationis* |
| II | *Bacillus endophyticus* |
| II | *Bacillus firmus* |
| II | *Bacillus galactosidilyticus* |
| II | *Bacillus gibsonii* |
| II | *Bacillus ginsengihumi* |
| II | *Bacillus globisporus* |
| II | *Bacillus gobiensis* |
| II | *Bacillus hemicellulosilyticus* |
| II | *Bacillus humi* |
| II | *Bacillus koreensis* |
| II | *Paenibacillus lentimorbus* |
| II | *Bacillus loiseleuriae* |
| II | *Bacillus luciferensis* |
| II | *Bacillus marisflavi* |
| II | *Bacillus massiliensis* |
| II | *Bacillus megaterium* |
| II | *Bacillus mojavensis* |
| II | *Bacillus nealsonii* |
| II | *Bacillus novalis* |
| II | *Bacillus okuhidensis* |
| II | *Bacillus oleronius* |
| II | *Bacillus pseudofirmus* |
| II | *Bacillus pseudomycoides* |
| II | *Bacillus ruris* |
| II | *Bacillus selenatarsenatis* |
| II | *Bacillus shackletonii* |
| II | *Bacillus siralis* |
| II | *Bacillus solani* |
| II | *Bacillus sonorensis* |
| II | *Bacillus vietnamensis* |
| II | *Bacillus vireti* |
| II | *Bacillus viscosus* |
| II | *Bacillus wuyishanensis* |
| 第 II 类 39 种 | 平均值 6.66 |
| III | *Bacillus kribbensis* |
| III | *Bacillus laevolacticus* |
| III | *Bacillus psychrosaccharolyticus* |
| III | *Bacillus pumilus* |
| III | *Bacillus safensis* |
| III | *Bacillus seohaeanensis* |
| III | *Bacillus simplex* |
| III | *Bacillus vallismortis* |
| 第 III 类 8 种 | 平均值 8.75 |

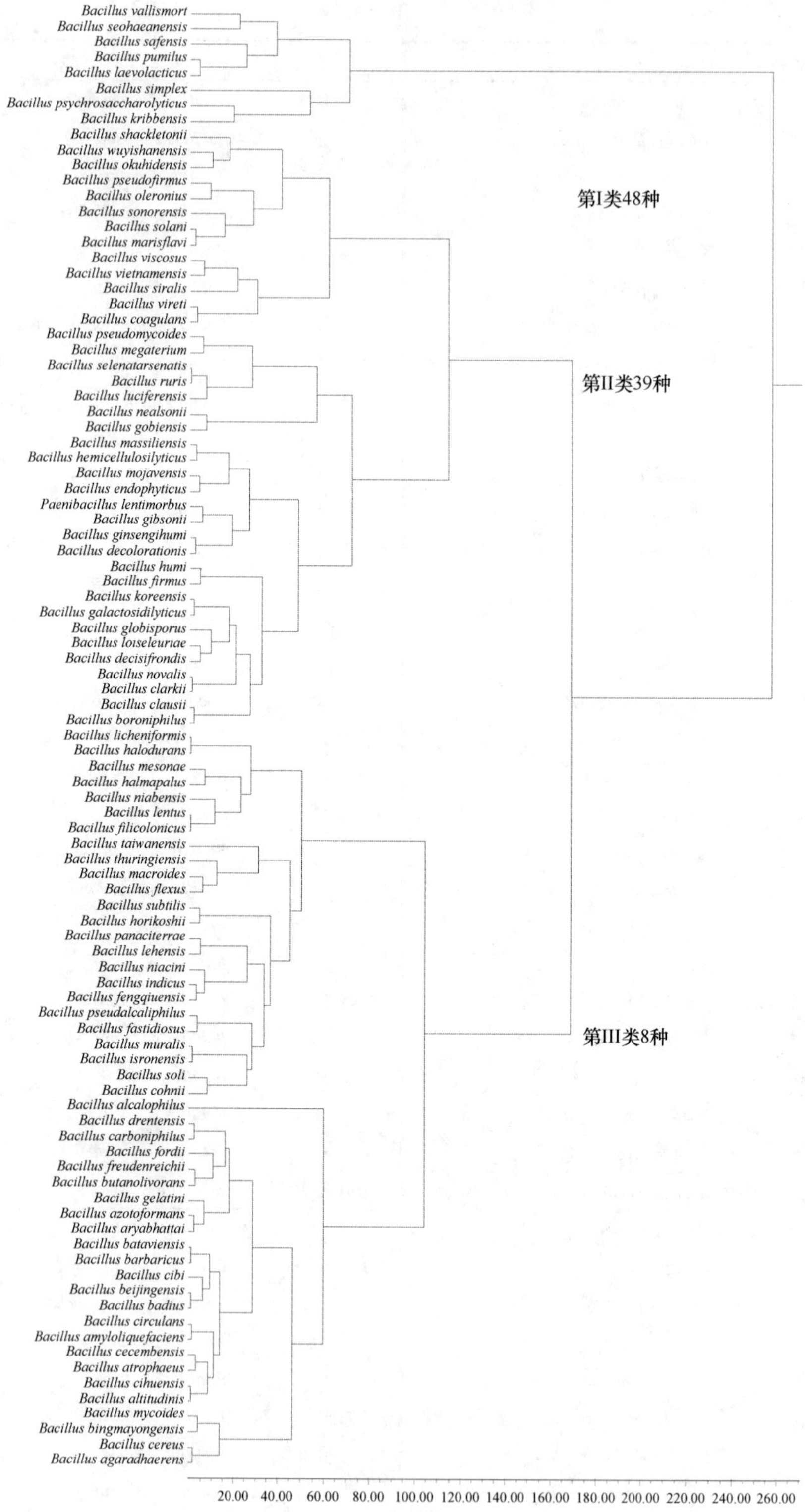


图 5-2-20　马氏距离芽胞杆菌聚类结果

## 7. 芽胞杆菌脂肪酸分群兰氏距离选择

聚类结果见表 5-2-29、表 5-2-30 和图 5-2-21。分析结果分 3 类，第 I 类 22 种，第 II 类 2 种，第 III 类 71 种。丰富度指数（$X_3$）值在 3 类中分别为 11.61、25.32、5.86，在类别划分过程中，第 II 类关键因子丰富度大于第 I 类和第 III 类，无法清楚地划分出类别，该距离不适合用于芽胞杆菌脂肪酸组多样性指数的分类。

**表 5-2-29　兰氏距离芽胞杆菌聚类结果统计**

| 指标 | 第 I 类 22 种 | 第 II 类 2 种 | 第 III 类 71 种 |
|---|---|---|---|
| | 平均值 | 平均值 | 平均值 |
| 脂肪酸组个数（$X_1$） | 54.54 | 119.00 | 28.02 |
| 脂肪酸组含量（$X_2$） | 100.44 | 105.79 | 100.12 |
| 丰富度指数（$R'$）（$X_3$） | 11.61 | 25.32 | 5.86 |
| Simpson 指数（$D$）（$X_4$） | 0.81 | 0.89 | 0.75 |
| $D$-95%下限（$X_5$） | 0.71 | 0.85 | 0.61 |
| $D$-95%上限（$X_6$） | 0.92 | 0.94 | 0.90 |
| Shannon 指数（$H_1$）（$X_7$） | 2.15 | 2.78 | 1.83 |
| $H_1$-95%下限（$X_8$） | 1.68 | 2.44 | 1.31 |
| $H_1$-95%上限（$X_9$） | 2.61 | 3.11 | 2.35 |
| Pielou 指数（$J$）（$X_{10}$） | 0.55 | 0.58 | 0.58 |
| $J$-95%下限（$X_{11}$） | 0.44 | 0.51 | 0.43 |
| $J$-95%上限（$X_{12}$） | 0.67 | 0.65 | 0.72 |
| Brillouin 指数（$H_2$）（$X_{13}$） | 2.73 | 3.41 | 2.36 |
| $H_2$-95%下限（$X_{14}$） | 2.14 | 3.01 | 1.68 |
| $H_2$-95%上限（$X_{15}$） | 3.32 | 3.82 | 3.04 |
| McIntosh 指数（$H_3$）（$X_{16}$） | 0.62 | 0.73 | 0.55 |
| $H_3$-95%下限（$X_{17}$） | 0.49 | 0.65 | 0.40 |
| $H_3$-95%上限（$X_{18}$） | 0.75 | 0.81 | 0.71 |

**表 5-2-30　兰氏距离芽胞杆菌聚类结果**

| 类别 | 种名 | 类别 | 种名 |
|---|---|---|---|
| I | *Bacillus agaradhaerens* | I | *Bacillus flexus* |
| I | *Bacillus altitudinis* | I | *Bacillus fordii* |
| I | *Bacillus amyloliquefaciens* | I | *Bacillus laevolacticus* |
| I | *Bacillus atrophaeus* | I | *Bacillus lentus* |
| I | *Bacillus badius* | I | *Bacillus licheniformis* |
| I | *Bacillus barbaricus* | I | *Bacillus macroides* |
| I | *Bacillus bataviensis* | I | *Bacillus marisflavi* |
| I | *Bacillus bingmayongensis* | I | *Bacillus megaterium* |
| I | *Bacillus butanolivorans* | I | *Bacillus mesonae* |
| I | *Bacillus circulans* | I | *Bacillus mycoides* |
| I | *Bacillus clausii* | I | *Bacillus pseudomycoides* |

续表

| 类别 | 种名 | 类别 | 种名 |
|---|---|---|---|
| 第I类22种 | 平均值11.61 | III | *Bacillus kribbensis* |
| II | *Bacillus alcalophilus* | III | *Bacillus lehensis* |
| II | *Bacillus cereus* | III | *Paenibacillus lentimorbus* |
| 第II类2种 | 平均值25.32 | III | *Bacillus loiseleuriae* |
| III | *Bacillus aryabhattai* | III | *Bacillus luciferensis* |
| III | *Bacillus azotoformans* | III | *Bacillus massiliensis* |
| III | *Bacillus beijingensis* | III | *Bacillus mojavensis* |
| III | *Bacillus boroniphilus* | III | *Bacillus muralis* |
| III | *Bacillus carboniphilus* | III | *Bacillus nealsonii* |
| III | *Bacillus cecembensis* | III | *Bacillus niabensis* |
| III | *Bacillus cibi* | III | *Bacillus niacini* |
| III | *Bacillus cihuensis* | III | *Bacillus novalis* |
| III | *Bacillus clarkii* | III | *Bacillus okuhidensis* |
| III | *Bacillus coagulans* | III | *Bacillus oleronius* |
| III | *Bacillus cohnii* | III | *Bacillus panaciterrae* |
| III | *Bacillus decisifrondis* | III | *Bacillus pseudalcaliphilus* |
| III | *Bacillus decolorationis* | III | *Bacillus pseudofirmus* |
| III | *Bacillus drentensis* | III | *Bacillus psychrosaccharolyticus* |
| III | *Bacillus endophyticus* | III | *Bacillus pumilus* |
| III | *Bacillus fastidiosus* | III | *Bacillus ruris* |
| III | *Bacillus fengqiuensis* | III | *Bacillus safensis* |
| III | *Bacillus filicolonicus* | III | *Bacillus selenatarsenatis* |
| III | *Bacillus firmus* | III | *Bacillus seohaeanensis* |
| III | *Bacillus freudenreichii* | III | *Bacillus shackletonii* |
| III | *Bacillus galactosidilyticus* | III | *Bacillus simplex* |
| III | *Bacillus gelatini* | III | *Bacillus siralis* |
| III | *Bacillus gibsonii* | III | *Bacillus solani* |
| III | *Bacillus ginsengihumi* | III | *Bacillus soli* |
| III | *Bacillus globisporus* | III | *Bacillus sonorensis* |
| III | *Bacillus gobiensis* | III | *Bacillus subtilis* |
| III | *Bacillus halmapalus* | III | *Bacillus taiwanensis* |
| III | *Bacillus halodurans* | III | *Bacillus thuringiensis* |
| III | *Bacillus hemicellulosilyticus* | III | *Bacillus vallismortis* |
| III | *Bacillus horikoshii* | III | *Bacillus vietnamensis* |
| III | *Bacillus humi* | III | *Bacillus vireti* |
| III | *Bacillus indicus* | III | *Bacillus viscosus* |
| III | *Bacillus isronensis* | III | *Bacillus wuyishanensis* |
| III | *Bacillus koreensis* | 第III类71种 | 平均值5.86 |

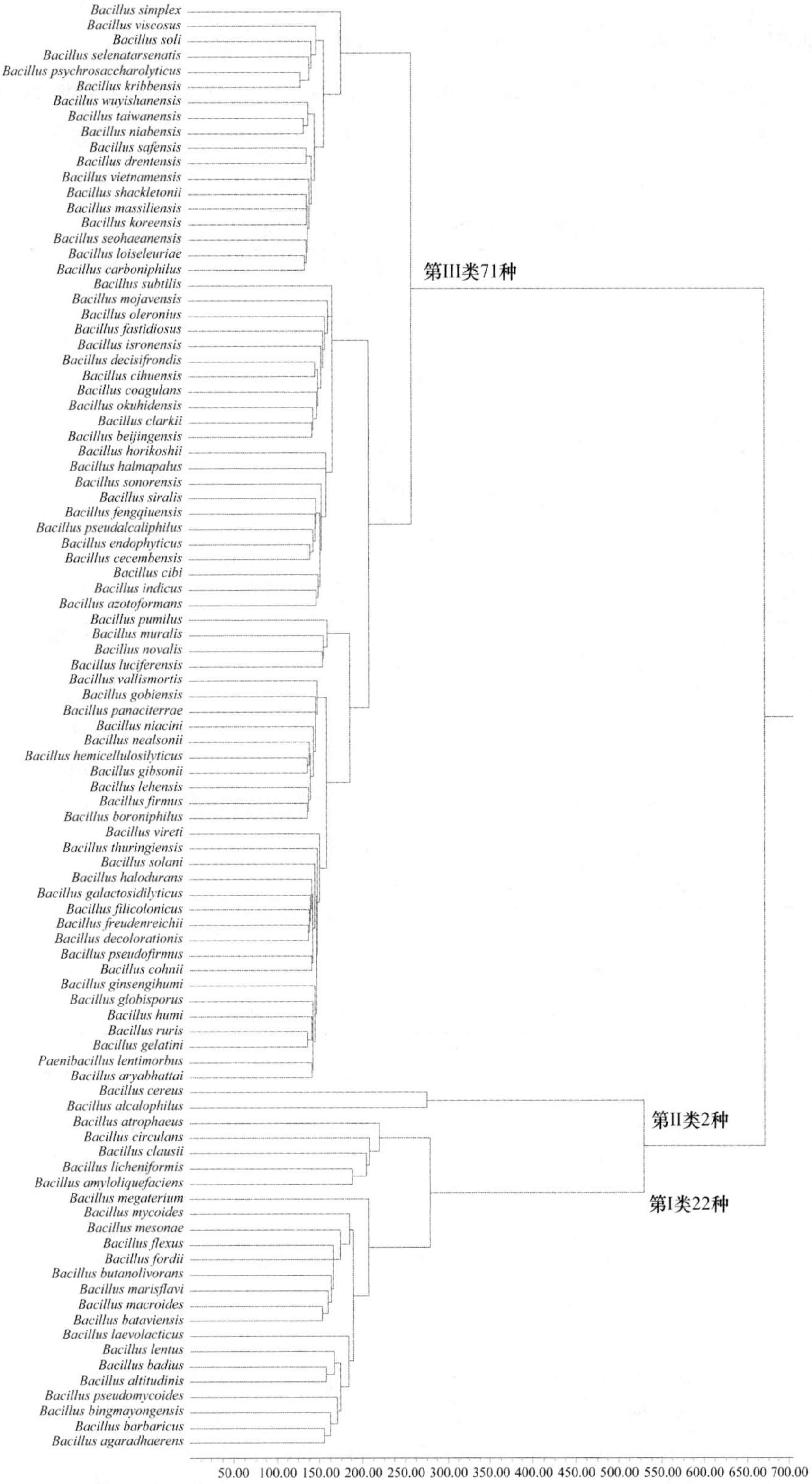


图 5-2-21　兰氏距离芽胞杆菌聚类结果

## 8. 芽胞杆菌脂肪酸分群切比雪夫距离选择

聚类结果见表 5-2-31、表 5-2-32 和图 5-2-22。分析结果分 2 类，第 I 类 53 种，第 II 类 42 种。丰富度指数（$X_3$）值在 2 类中分别为 10.58 和 3.85，在类别划分过程中，仅分为 2 类，无法清楚地划分出类别，该距离不适合用于芽胞杆菌脂肪酸组多样性指数的分类。

**表 5-2-31　切比雪夫距离芽胞杆菌聚类结果统计**

| 指标 | 第 I 类 53 种 | 第 II 类 42 种 |
|---|---|---|
| | 平均值 | 平均值 |
| 脂肪酸组个数（$X_1$） | 49.849 057 | 18.714 286 |
| 脂肪酸组含量（$X_2$） | 100.56 | 100.00 |
| 丰富度指数（$R'$）（$X_3$） | 10.58 | 3.85 |
| Simpson 指数（$D$）（$X_4$） | 0.79 | 0.74 |
| $D$-95%下限（$X_5$） | 0.67 | 0.59 |
| $D$-95%上限（$X_6$） | 0.91 | 0.89 |
| Shannon 指数（$H_1$）（$X_7$） | 2.05 | 1.76 |
| $H_1$-95%下限（$X_8$） | 1.56 | 1.24 |
| $H_1$-95%上限（$X_9$） | 2.54 | 2.29 |
| Pielou 指数（$J$）（$X_{10}$） | 0.55 | 0.61 |
| $J$-95%下限（$X_{11}$） | 0.42 | 0.46 |
| $J$-95%上限（$X_{12}$） | 0.67 | 0.76 |
| Brillouin 指数（$H_2$）（$X_{13}$） | 2.61 | 2.29 |
| $H_2$-95%下限（$X_{14}$） | 1.98 | 1.61 |
| $H_2$-95%上限（$X_{15}$） | 3.23 | 2.97 |
| McIntosh 指数（$H_3$）（$X_{16}$） | 0.60 | 0.54 |
| $H_3$-95%下限（$X_{17}$） | 0.46 | 0.38 |
| $H_3$-95%上限（$X_{18}$） | 0.74 | 0.71 |

**表 5-2-32　切比雪夫距离芽胞杆菌聚类结果**

| 类别 | 种名 | 类别 | 种名 |
|---|---|---|---|
| I | *Bacillus agaradhaerens* | I | *Bacillus circulans* |
| I | *Bacillus alcalophilus* | I | *Bacillus clausii* |
| I | *Bacillus altitudinis* | I | *Bacillus coagulans* |
| I | *Bacillus amyloliquefaciens* | I | *Bacillus decisifrondis* |
| I | *Bacillus atrophaeus* | I | *Bacillus fastidiosus* |
| I | *Bacillus badius* | I | *Bacillus flexus* |
| I | *Bacillus barbaricus* | I | *Bacillus fordii* |
| I | *Bacillus bataviensis* | I | *Bacillus halmapalus* |
| I | *Bacillus bingmayongensis* | I | *Bacillus horikoshii* |
| I | *Bacillus butanolivorans* | I | *Bacillus indicus* |
| I | *Bacillus cereus* | I | *Bacillus isronensis* |
| I | *Bacillus cibi* | I | *Bacillus laevolacticus* |

续表

| 类别 | 种名 | 类别 | 种名 |
|---|---|---|---|
| I | *Bacillus lentus* | II | *Bacillus clarkii* |
| I | *Bacillus licheniformis* | II | *Bacillus cohnii* |
| I | *Bacillus luciferensis* | II | *Bacillus decolorationis* |
| I | *Bacillus macroides* | II | *Bacillus drentensis* |
| I | *Bacillus marisflavi* | II | *Bacillus endophyticus* |
| I | *Bacillus megaterium* | II | *Bacillus fengqiuensis* |
| I | *Bacillus mesonae* | II | *Bacillus filicolonicus* |
| I | *Bacillus mojavensis* | II | *Bacillus firmus* |
| I | *Bacillus muralis* | II | *Bacillus freudenreichii* |
| I | *Bacillus mycoides* | II | *Bacillus galactosidilyticus* |
| I | *Bacillus niacini* | II | *Bacillus gelatini* |
| I | *Bacillus novalis* | II | *Bacillus gibsonii* |
| I | *Bacillus okuhidensis* | II | *Bacillus ginsengihumi* |
| I | *Bacillus oleronius* | II | *Bacillus globisporus* |
| I | *Bacillus panaciterrae* | II | *Bacillus gobiensis* |
| I | *Bacillus pseudomycoides* | II | *Bacillus halodurans* |
| I | *Bacillus pumilus* | II | *Bacillus hemicellulosilyticus* |
| I | *Bacillus simplex* | II | *Bacillus humi* |
| I | *Bacillus siralis* | II | *Bacillus koreensis* |
| I | *Bacillus solani* | II | *Bacillus kribbensis* |
| I | *Bacillus soli* | II | *Bacillus lehensis* |
| I | *Bacillus sonorensis* | II | *Paenibacillus lentimorbus* |
| I | *Bacillus subtilis* | II | *Bacillus loiseleuriae* |
| I | *Bacillus thuringiensis* | II | *Bacillus massiliensis* |
| I | *Bacillus vallismortis* | II | *Bacillus nealsonii* |
| I | *Bacillus vietnamensis* | II | *Bacillus niabensis* |
| I | *Bacillus vireti* | II | *Bacillus pseudalcaliphilus* |
| I | *Bacillus viscosus* | II | *Bacillus pseudofirmus* |
| I | *Bacillus wuyishanensis* | II | *Bacillus psychrosaccharolyticus* |
| 第 I 组 53 个样本 | 平均值 10.58 | II | *Bacillus ruris* |
| II | *Bacillus aryabhattai* | II | *Bacillus safensis* |
| II | *Bacillus azotoformans* | II | *Bacillus selenatarsenatis* |
| II | *Bacillus beijingensis* | II | *Bacillus seohaeanensis* |
| II | *Bacillus boroniphilus* | II | *Bacillus shackletonii* |
| II | *Bacillus carboniphilus* | II | *Bacillus taiwanensis* |
| II | *Bacillus cecembensis* | 第 II 组 42 个样本 | 平均值 3.85 |
| II | *Bacillus cihuensis* | | |

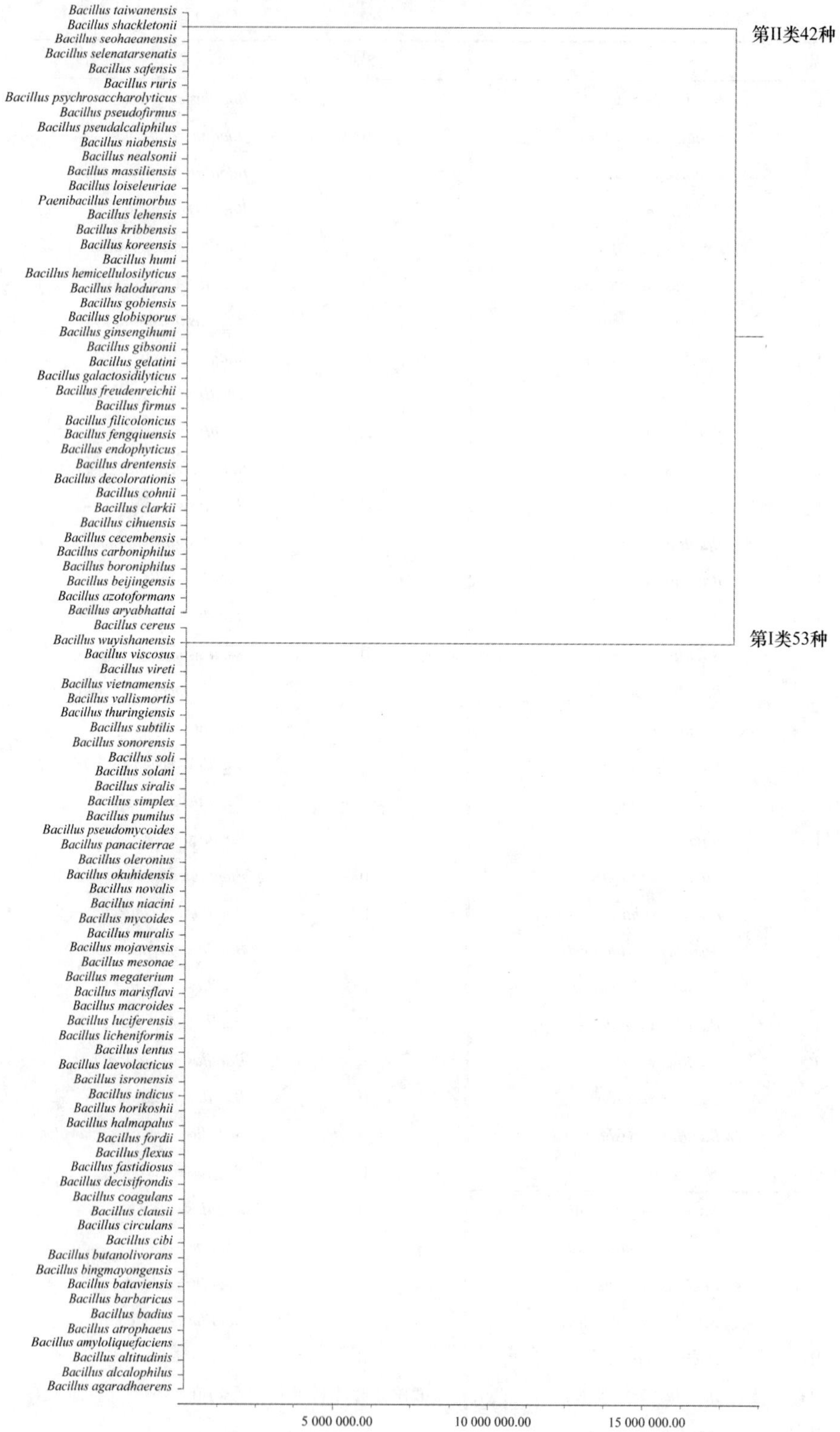


图 5-2-22　切比雪夫距离芽胞杆菌聚类分析

## 七、讨论

基于整体脂肪酸组与主要脂肪酸组芽胞杆菌聚类分析结果比较表明，两组数据的第III类聚类结果包含的种类相同，第I类和第II类聚类结果存在差异，整体脂肪酸组聚类第1类42种，比主要脂肪酸组聚类第I类结果多了13种，同时，在第II类中，整体脂肪酸组聚类结果比主要脂肪酸组聚类结果少了13种。整体脂肪酸组聚类得出的13个种为沙氏芽胞杆菌（*Bacillus shackletonii*）、硒砷芽胞杆菌（*Bacillus selenatarsenatis*）、假坚强芽胞杆菌（*Bacillus pseudofirmus*）、假嗜碱芽胞杆菌（*Bacillus pseudalcaliphilus*）、烟酸芽胞杆菌（*Bacillus niacini*）、仙草芽胞杆菌（*Bacillus mesonae*）、堀越氏芽胞杆菌（*Bacillus horikoshii*）、解半纤维素芽胞杆菌（*Bacillus hemicellulosilyticus*）、盐敏芽胞杆菌（*Bacillus halmapalus*）、明胶芽胞杆菌（*Bacillus gelatini*）、克劳氏芽胞杆菌（*Bacillus clausii*）、嗜硼芽胞杆菌（*Bacillus boroniphilus*）、福氏芽胞杆菌（*Bacillus fordii*），在主要脂肪酸组聚类中被划分为第II类；从分子分类和生理分类结果看，这13个种更靠近蜡样芽胞杆菌群，故采用主要脂肪酸分群方法更为合理。用芽胞杆菌主要脂肪酸（12个标记）占比95%以上，可以替代整体脂肪酸（120个标记），避免众多低含量脂肪酸的分群干扰。

利用芽胞杆菌整体脂肪酸组数据，经过多样性指数的转换，选择丰富度指数（$R'$）、Simpson指数（$D$）、Shannon指数（$H_1$）、Pielou指数（$J$）、Brillouin指数（$H_2$）、McIntosh指数（$H_3$）等6个多样性指数，对芽胞杆菌脂肪酸组多样性指数进行分群，结果表明，多样性指数包含了整体脂肪酸组的全部信息，脂肪酸组多样性指数本身具有特定的生态学特性，能体现脂肪酸组的丰富度、优势度和均匀度，适合用于芽胞杆菌分群同时减少了整体脂肪酸组矩阵数据量，避免了低含量脂肪酸的干扰。

选择95种芽胞杆菌整体脂肪酸组（128个生物标记）构成脂肪酸组数据矩阵，统计脂肪酸组多样性指数[丰富度指数（$R'$）、Simpson指数（$D$）、Shannon指数（$H_1$）、Pielou指数（$J$）、Brillouin指数（$H_2$）、McIntosh指数（$H_3$）]构成多样性指数数据矩阵，以芽胞杆菌为样本，以脂肪酸组（或多样性指数）为指标，数据处理方法有数据不转换、对数转换、平方根转换、中心化转换、规格化转换，进行聚类分析比较；在上述特定的数据矩阵中，适合用于芽胞杆菌脂肪酸组多样性指数分群的数据处理方法有数据不转换、平方根转换、中心化转换、规格化转换，而对数转换使得数据呈负二项分布，不适用于分群分析。关于聚类分析用什么样的数据转换方法，要根据数据本身的特性；一般来说，数据不转换适用于数据矩阵本身符合正态分布，平方根转换、中心化转换、规格化转换使得数据的齐性增加，适合于大部分数据的转换，对数转换适合于数据大小差异很大的矩阵。

在进行芽胞杆菌脂肪酸组分群距离尺度选择时，分析了欧氏平均距离、卡方距离、绝对距离、欧氏距离、马氏距离、兰氏距离、切比雪夫距离等。特定的距离尺度，适合于特定的数据特性；从统计学角度，各种距离的聚类分析本身都符合统计学特征，但是距离选择的适合性应结合聚类分析的生物学特性加以分析。评估聚类结果的质量是另一个重要的阶段，聚类是一个无管理的程序，也没有客观的标准来评价聚类结果，它是通过一个类有效索引来评价的。一般来说，几何性质，包括类间的分离和类内部的耦合，一般都用来评价聚类结果的质量，类有效索引在决定类的数目时经常扮演重要角色，类有效索引的最佳值被期望从真实的类数目中获取，一个通常决定类数目的方法是选择一个特定的类有效索引的最佳值，这个索引能否真实地得出类的数目是判断该索引是否有效的标准，很多已经存在的标准对于相互分离的类数据集合都能得出很好的结果，但是对于复杂的数据集通常行不通，如对于交叠类的集合。

# 第三节 芽胞杆菌脂肪酸组系统分类

## 一、概述

芽胞杆菌是一大类表型特征不同的细菌，具有营养需求的多样性、生理与代谢多样性，而且 DNA 的 G+C mol%含量的变化范围广。芽胞杆菌种类繁多，功能多样，在工业、农业、医学等各个领域都具有重要的作用。因此，研究芽胞杆菌分类具有重要的意义。在研究微生物进化与分类时，人们通常根据一些相对保守的序列进行分析，如 rDNA 序列、蛋白质的氨基酸序列、编码蛋白质的核酸序列。这样做的原因一方面是这些保守的序列会带来相对可靠的结果；另一方面是这些序列可以方便地从数据库中获得。细菌分类及系统发育分析常借助 16S rDNA 作为标尺，Ash 等（1991）首次利用 16S rDNA 进行芽胞杆菌的分类，将 51 种芽胞杆菌分为 5 个 RNA 类群（即 RNA Group1～5）。Xu 和 Côté（2003）还利用 rDNA 转录间隔区（ITS）序列分析芽胞杆菌科 6 属 40 种的系统发育关系，能准确地将芽胞杆菌近缘属区分开来，但是对于亲缘关系极相近的一些种，ITS 序列不能准确区分。

由于 16S rDNA 序列的保守性，某些亲缘关系密切的种类无法区分开，在系统进化分析上存在一些缺陷（刘波等，2014）。鉴于芽胞杆菌分类的复杂性，寻找和建立这类细菌准确的分类方法颇受关注。Priest 等（1988）根据芽胞杆菌的表型特征进行数值分类，从而将 368 株菌分为 79 个群。由于细菌不同属、种甚至不同株之间脂肪酸碳链长度、双键位置、取代团等都存在差异，脂肪酸是细胞膜的重要遗传表达产物，与 DNA 具有同源性，因此脂肪酸分析技术在细菌分类中具有重要作用。Abel 等（1963）首次提出证据表明通过细胞脂肪酸可以成功地鉴定细菌。Kaneda（1991）利用脂肪酸组将 22 株芽胞杆菌分为 6 个群。Kämpfer（1994）证明脂肪酸生物标记具有遗传稳定性，可以作为芽胞杆菌属种类分类鉴定的一种有效手段。Heyrman 等（1999）利用脂肪酸对从壁画分离到的微生物进行分类，发现脂肪酸成分的分群充分表现了微生物的多样性。Sikorski 等（2008）研究不同温度下简单芽胞杆菌脂肪酸的变化，分析了以色列进化谷中微生物的微进化。

本研究进行了芽胞杆菌种类脂肪酸鉴定与分子鉴定方法的比较。首先比较了脂肪酸和 ITS 2 种鉴定方法的结果，主要目的是分析脂肪酸鉴定方法能否可以作为一种简单、准确的芽胞杆菌的鉴定和分类方法。然后比较了基于脂肪酸生物标记与 16S rDNA 的芽胞杆菌系统发育分析结果，目的在于揭示：①基于脂肪酸生物标记的芽胞杆菌鉴定的准确性；②基于脂肪酸生物标记的芽胞杆菌系统发育与芽胞杆菌生物学演化的关系；③与16S rDNA 芽胞杆菌系统发育的差异。

## 二、研究方法

### 1. 芽胞杆菌种类脂肪酸鉴定与分子鉴定方法比较

（1）供试菌株：从吉林、新疆、内蒙古、甘肃、西藏、陕西等地采集分离得到的16株芽胞杆菌信息见表 5-3-1，保存于福建省农业科学院农业生物资源研究所。供试菌株在 TSB 培养基上于 28℃培养 24 h。

**表 5-3-1　芽胞杆菌的采样地点和生境类型**

| 序号 | 菌株编号（FJAT-） | 采样地点 | 采样生境 | 采集时间（年-月-日） |
|---|---|---|---|---|
| 1 | 4382 | 吉林长白山 | 天池土壤 | 2007-7-30 |
| 2 | 4388 | 吉林长白山 | 大峡谷林地土壤 | 2007-7-30 |
| 3 | 4395 | 吉林长白山 | 大峡谷林地土壤 | 2007-7-30 |
| 4 | 4396 | 吉林长白山 | 大峡谷林地土壤 | 2007-7-30 |
| 5 | 4399 | 新疆阜北农场 | 戈壁杂草根际土 | 2007-10-8 |
| 6 | 4404 | 新疆阜北农场 | 戈壁杂草根际土 | 2007-10-8 |
| 7 | 4428 | 新疆阜北农场 | 戈壁白碱土 | 2007-10-8 |
| 8 | 4481 | 内蒙古呼和浩特 | 大草原根际土 | 2006-7-31 |
| 9 | 4469 | 内蒙古响沙湾 | 沙漠土壤 | 2006-7-31 |
| 10 | 4470 | 内蒙古响沙湾 | 沙漠土壤 | 2006-7-31 |
| 11 | 4476 | 内蒙古响沙湾 | 沙漠土壤 | 2006-7-31 |
| 12 | 4495 | 内蒙古呼和浩特 | 大草原根际土 | 2006-7-31 |
| 13 | 4500 | 甘肃兰州 | 黄河底土 | 2006-8-4 |
| 14 | 4521 | 西藏林芝 | 古柏根际土 | 2006-7-7 |
| 15 | 4591 | 陕西省延安市宝塔山区 | 树林土 | 2007-5-19 |
| 16 | 4540 | 西藏林芝巴松措 | 菜地 | 2006-7-7 |

（2）主要试剂和仪器：皂化试剂（试剂 I），150 mL 去离子水和 150 mL 甲醇混合均匀，加入 45 g NaOH，同时搅拌至完全溶解；甲基化试剂（试剂 II），325 mL 6 mol/L 盐酸加入 275 mL 甲醇中，混合均匀；萃取试剂（试剂 III），加 200 mL 甲基叔丁基醚到 200 mL 正己烷中，混合均匀；洗涤试剂（试剂 IV），在 900 mL 去离子水中加入 10.8 g NaOH，搅拌至完全溶解；饱和 NaCl 溶液，在 100 mL 去离子水中加入 40 g NaCl。以上所有有机试剂均为色谱（HPLC）级，购于 Sigma 公司，无机试剂均为优级纯。安捷伦 7890N 型气相色谱、Sherlock MIS、振荡器、水浴锅、10 mL 带盖试管、玻璃量筒等。所有的玻璃器皿均须烘干后使用。

（3）芽胞杆菌 ITS 分子鉴定方法：DNA 的提取——菌纯化培养 24 h 后，划取菌落 2 环左右至装有 500 μL 无菌水的离心管中，煮沸 10 min，反复冻融 30 min，然后放入 −20℃冰箱贮存备用。PCR 扩增——PCR 扩增体系为 25 μL：10×Buffer 2.5 μL，dNTP

Mixture（10 mmol/L）0.5 μL，引物 F 1.0 μL，引物 R 1.0 μL，*Taq* DNA 酶（2.5 U/μL）0.3 μL，DNA 1.0 μL，ddH$_2$O 18.7 μL。ITS 扩增引物为 L516SF 5′-TCGCTAGTAATCG-CGGATCAGC-3′，L523SR 5′-GCATATCGGTGTTAGTCCCGTCC-3′。PCR 反应条件：95℃预变性 45 s；94℃变性 15 s，58℃退火 30 s，72℃延伸 90 s，30 个循环；72℃延伸 10 min。PCR 产物经 1.5%琼脂糖凝胶电泳检测。

（4）芽胞杆菌脂肪酸测定方法：气相色谱系统采用的是美国安捷伦 7890N 型，包括全自动进样装置、石英毛细管柱及氢火焰离子化检测器；分析软件应用美国 MIDI 公司开发的基于细菌细胞脂肪酸成分鉴定细菌的软件 Sherlock MIS 6.0。在下述色谱条件下平行分析脂肪酸甲酯混合物标样和待检样本：二阶程序升高柱温，170℃起始，5℃/min 升至 260℃，而后 40℃/min 升温至 310℃，维持 90 s；气化室温度 250℃、检测器温度 300℃；载气为氢气（2 mL/min）、尾吹气为氮气（30 mL/min）；柱前压 10.00 psi（1 psi=6.895 kPa）；进样量 1 μL，进样分流比 100∶1。芽胞杆菌细胞脂肪酸的提取试剂和方法参照 MIDI 操作手册。

（5）数据处理：脂肪酸数据结果根据 SPSS 16.0 进行处理，采用欧氏距离法进行聚类分析。序列经 Clustal X 对齐后，用软件 Mega 4 进行聚类分析（方法为邻接法、Jukes-Cantor 模型）。

## 2. 基于脂肪酸生物标记与 16S rDNA 的芽胞杆菌系统发育分析比较

（1）供试菌株：所有供试菌株来自于福建省农业科学院农业生物资源研究所农业生物研究中心，分别引自德国微生物菌种保藏中心（DSMZ）、美国典型培养物保藏中心（ATCC）和瑞典哥德堡大学菌物保藏中心（CCUG），详见表 5-3-2。所有供试菌株均采用胰蛋白胨大豆琼脂（TSA）培养基进行活化，28℃培养 2 d。采用−80℃甘油冷冻法保存，备用。

**表 5-3-2 供试菌株信息**

| 序号 | 菌株编号 | 学名 | 中文名称 | 来源 |
|---|---|---|---|---|
| 1 | FJAT-14829 | *Bacillus acidicola* | 酸居芽胞杆菌 | DSM 14745 |
| 2 | FJAT-14209 | *Bacillus acidiproducens* | 产酸芽胞杆菌 | DSM 23148 |
| 3 | FJAT-10013 | *Bacillus agaradhaerens* | 黏琼脂芽胞杆菌 | DSM 8721 |
| 4 | FJAT-276 | *Bacillus alcalophilus* | 嗜碱芽胞杆菌 | ATCC 27647 |
| 5 | FJAT-2286 | *Bacillus alkalitelluris* | 碱土芽胞杆菌 | DSM 16976 |
| 6 | FJAT-10025 | *Bacillus altitudinis* | 高地芽胞杆菌 | DSM 21631 |
| 7 | FJAT-14220 | *Bacillus aryabhattai* | 阿氏芽胞杆菌 | DSM 21047 |
| 8 | FJAT-8755 | *Bacillus atrophaeus* | 萎缩芽胞杆菌 | CCUG 28524 |
| 9 | FJAT-8760 | *Bacillus cereus* | 蜡样芽胞杆菌 | CCUG 7414 |
| 10 | FJAT-274 | *Bacillus fastidiosus* | 苛求芽胞杆菌 | ATCC 29313 |
| 11 | FJAT-8766 | *Bacillus fusiformis* | 纺锤形芽胞杆菌 | CCUG 28888 |
| 12 | FJAT-14210 | *Bacillus koreensis* | 韩国芽胞杆菌 | DSM 16467 |
| 13 | FJAT-8774 | *Bacillus megaterium* | 巨大芽胞杆菌 | CCUG 1817 |
| 14 | FJAT-10005 | *Bacillus mojavensis* | 莫哈维沙漠芽胞杆菌 | DSM 9205 |

续表

| 序号 | 菌株编号 | 学名 | 中文名称 | 来源 |
|---|---|---|---|---|
| 15 | FJAT-14208 | *Bacillus muralis* | 壁画芽胞杆菌 | DSM 16288 |
| 16 | FJAT-8775 | *Bacillus mycoides* | 蕈状芽胞杆菌 | DSM 2048 |
| 17 | FJAT-14227 | *Bacillus novalis* | 休闲地芽胞杆菌 | DSM 15603 |
| 18 | FJAT-14201 | *Bacillus odysseyi* | 奥德赛芽胞杆菌 | DSM 18869 |
| 19 | FJAT-14225 | *Bacillus pseudomycoides* | 假蕈状芽胞杆菌 | DSM 12442 |
| 20 | FJAT-8779 | *Bacillus pumilus* | 短小芽胞杆菌 | CCUG 26016 |
| 21 | FJAT-14260 | *Bacillus safensis* | 沙福芽胞杆菌 | DSM 19292 |
| 22 | FJAT-2295 | *Bacillus simplex* | 简单芽胞杆菌 | DSM 30646 |
| 23 | FJAT-9 | *Lysinibacillus sphaericus* | 球形赖氨酸芽胞杆菌 | FJAT-9 |
| 24 | FJAT-14 | *Bacillus thuringiensis* | 苏云金芽胞杆菌 | FJAT-14 |
| 25 | FJAT-14844 | *Bacillus vallismortis* | 死谷芽胞杆菌 | DSM 11031 |

（2）基于 16S rDNA 基因序列的芽胞杆菌系统发育分析：芽胞杆菌模式菌株序列来自 EzTaxon 网站。16S rDNA 序列经过 Clustal X2 程序多重比对，系统进化矩阵根据 Jukes-Cantor 模型估计，利用 Mega 4.0 软件采用邻接法进行聚类分析，构建系统进化树。同时采用 1000 次自展值（bootstrap value）分析来评估系统进化树拓扑结构的稳定性。

## 三、芽胞杆菌脂肪酸组种类鉴定

### 1. 芽胞杆菌脂肪酸测定结果

16 株芽胞杆菌的脂肪酸检测结果如表 5-3-3 所示，根据脂肪酸成分将 16 株菌分为四大类群：类群 I 蜡样芽胞杆菌、类群 II 巨大芽胞杆菌、类群 III 简单芽胞杆菌及类群 IV 枯草芽胞杆菌。通过 MIDI Sherlock 全自动微生物鉴定系统共检测出 20 种脂肪酸，主要脂肪酸类型为 15:0 iso 和 15:0 anteiso。其余脂肪酸类型和含量详见表 5-3-3。

**表 5-3-3　16 株芽胞杆菌的脂肪酸类型和百分含量**　（%）

| 脂肪酸生物标记 | 类群 I | | | | 类群 II | | | |
|---|---|---|---|---|---|---|---|---|
| | 4382* | 4388 | 4540 | 4476 | 4395 | 4396 | 4469 | 4500 |
| [1] 17:1 iso ω10c | 6.93 | 6.26 | 0.00 | 2.77 | 1.84 | 1.59 | 0.19 | 1.09 |
| [2] 17:1 iso ω5c | 0.00 | 1.64 | 0.00 | 4.04 | 0.00 | 0.00 | 0.00 | 0.00 |
| [3] 12:0 iso | 1.55 | 1.13 | 1.10 | 1.57 | 0.00 | 0.00 | 0.00 | 0.00 |
| [4] 13:0 anteiso | 1.88 | 1.67 | 1.30 | 1.57 | 0.00 | 0.00 | 0.00 | 0.00 |
| [5] 13:0 iso | 11.31 | 16.62 | 10.02 | 15.48 | 0.50 | 0.58 | 0.50 | 0.00 |
| [6] c14:0 | 5.16 | 4.15 | 2.94 | 3.94 | 1.26 | 1.99 | 2.21 | 0.88 |
| [7] 14:0 iso | 6.94 | 3.80 | 3.32 | 5.34 | 5.91 | 4.79 | 7.18 | 1.18 |
| [8] 15:0 anteiso | 3.87 | 2.84 | 3.04 | 4.34 | 33.32 | 34.06 | 40.66 | 27.25 |
| [9] 15:0 iso | 21.72 | 22.31 | 20.48 | 31.09 | 41.94 | 38.34 | 32.03 | 52.34 |

续表

| 脂肪酸生物标记 | 类群 I | | | | 类群 II | | | |
|---|---|---|---|---|---|---|---|---|
| | 4382* | 4388 | 4540 | 4476 | 4395 | 4396 | 4469 | 4500 |
| [10] c16:0 | 7.15 | 10.28 | 11.18 | 3.84 | 2.27 | 3.31 | 5.14 | 3.37 |
| [11] 16:0 iso | 6.35 | 5.42 | 6.74 | 5.79 | 0.77 | 0.61 | 1.79 | 2.01 |
| [12] 16:1ω11c | 1.88 | 1.75 | 2.12 | 0.00 | 4.27 | 4.78 | 2.00 | 0.94 |
| [13] 16:1ω7c alcohol | 1.56 | 1.32 | 1.72 | 0.90 | 1.63 | 1.26 | 0.74 | 0.00 |
| [14] 17:0 anteiso | 1.24 | 1.21 | 1.57 | 1.07 | 2.29 | 2.40 | 3.13 | 4.21 |
| [15] 17:0 iso | 5.90 | 7.68 | 11.97 | 6.56 | 1.38 | 1.26 | 1.82 | 6.74 |
| [16] c18:0 | 0.83 | 1.01 | 1.38 | 0.00 | 0.50 | 1.50 | 1.07 | 0.00 |
| [17] 16:1 iso I/14:0 3OH/16:1 iso I/14:0 3OH | 1.29 | 0.65 | 0.78 | 2.26 | 0.00 | 0.00 | 0.00 | 0.00 |
| [18] 15:0 iso 2OH/16:1ω7c/15:0 iso 2OH/16:1ω7c | 5.55 | 7.47 | 0.00 | 8.71 | 0.00 | 0.00 | 0.00 | 0.00 |
| [19] 17:1 iso I/anteiso B/17:1 iso I/anteiso B | 0.00 | 0.00 | 0.00 | 0.00 | 1.58 | 1.51 | 0.27 | 0.00 |
| 总和 | 91.11 | 97.21 | 88.90 | 99.27 | 99.46 | 97.98 | 98.73 | 100.01 |

| 脂肪酸生物标记 | 类群 III | | | | 类群 IV | | | |
|---|---|---|---|---|---|---|---|---|
| | 4521 | 4591 | 4399 | 4404 | 4495 | 4428 | 4470 | 4481 |
| [1] 17:1 iso ω10c | 0.00 | 0.00 | 3.39 | 3.19 | 1.27 | 4.71 | 2.43 | 3.15 |
| [2] 17:1 iso ω5c | 0.00 | 0.00 | 0.00 | 0.00 | 0.00 | 0.00 | 0.00 | 0.00 |
| [3] 12:0 iso | 0.00 | 0.00 | 0.00 | 0.00 | 0.00 | 0.00 | 0.00 | 0.00 |
| [4] 13:0 anteiso | 0.00 | 0.00 | 0.00 | 0.00 | 0.00 | 0.00 | 0.00 | 0.00 |
| [5] 13:0 iso | 0.00 | 0.00 | 0.00 | 0.00 | 0.00 | 0.00 | 0.00 | 0.00 |
| [6] c14:0 | 2.81 | 1.93 | 0.48 | 0.55 | 0.00 | 0.61 | 0.00 | 0.00 |
| [7] 14:0 iso | 3.22 | 3.15 | 1.18 | 2.69 | 1.13 | 1.73 | 1.89 | 1.50 |
| [8] 15:0 anteiso | 59.48 | 61.47 | 41.94 | 47.33 | 48.94 | 36.59 | 45.25 | 41.40 |
| [8] 15:0 iso | 11.76 | 9.07 | 16.85 | 18.44 | 15.05 | 20.86 | 21.29 | 23.00 |
| [10] c16:0 | 6.21 | 6.18 | 2.76 | 1.83 | 2.44 | 2.09 | 2.05 | 2.05 |
| [11] 16:0 iso | 1.85 | 2.84 | 4.46 | 5.46 | 4.59 | 5.00 | 5.23 | 4.76 |
| [12] 16:1ω11c | 5.57 | 6.75 | 1.02 | 0.85 | 0.00 | 1.29 | 1.11 | 1.12 |
| [13] 16:1ω7c alcohol | 1.87 | 2.11 | 0.62 | 1.34 | 0.00 | 0.89 | 0.93 | 0.79 |
| [14] 17:0 anteiso | 1.98 | 3.67 | 14.21 | 10.34 | 17.72 | 11.85 | 11.30 | 11.96 |
| [15] 17:0 iso | 0.98 | 1.20 | 8.56 | 3.88 | 7.94 | 9.49 | 7.01 | 8.61 |
| [16] c18:0 | 0.50 | 0.00 | 0.68 | 0.62 | 0.00 | 0.68 | 0.00 | 0.00 |
| [17] 16:1 iso I/14:0 3OH/16:1 iso I/14:0 3OH | 0.00 | 0.00 | 0.00 | 0.00 | 0.00 | 0.00 | 0.00 | 0.00 |
| [18] 15:0 iso 2OH/16:1ω7c/15:0 iso 2OH/16:1ω7c | 0.00 | 0.00 | 0.00 | 0.00 | 0.00 | 0.00 | 0.00 | 0.00 |
| [19] 17:1 iso I/anteiso B/17:1 iso I/anteiso B | 0.00 | 1.64 | 1.96 | 2.51 | 0.93 | 1.97 | 1.51 | 1.65 |
| 总和 | 96.92 | 100.01 | 98.11 | 99.03 | 100.01 | 97.76 | 100.00 | 99.99 |

*表中编号为菌株编号

## 2. 芽胞杆菌 ITS 测序结果

采用ITS引物L516和L523，通过PCR扩增得到的16株芽胞杆菌的ITS长度为350～

500 bp，测序结果详见表 5-3-4。

**表 5-3-4　芽胞杆菌 ITS 测序结果**

| 菌株编号 | NCBI 登录号 | 测序长度/bp |
|---|---|---|
| FJAT-4470 | JN836494 | 392 |
| FJAT-4481 | GQ255892 | 391 |
| FJAT-4428 | GQ25589 | 393 |
| FJAT-4404 | GQ255876 | 438 |
| FJAT-4399 | JN836498 | 436 |
| FJAT-4495 | GQ255886 | 439 |
| FJAT-4521 | JN836495 | 397 |
| FJAT-4591 | JN836497 | 457 |
| FJAT-4395 | GQ255875 | 479 |
| FJAT-4396 | JN836493 | 446 |
| FJAT-4469 | GQ255883 | 482 |
| FJAT-4500 | GQ255887 | 393 |
| FJAT-4382 | GQ255870 | 373 |
| FJAT-4388 | GQ255872 | 355 |
| FJAT-4540 | JN836496 | 356 |
| FJAT-4476 | GQ255884 | 426 |

以菌株 FJAT-4481 为例，ITS 鉴定结果为枯草芽胞杆菌（*Bacillus subtilis*），经 NCBI Blast 比对可知同源性达 99%。该菌株的比对结果如图 5-3-1 所示。

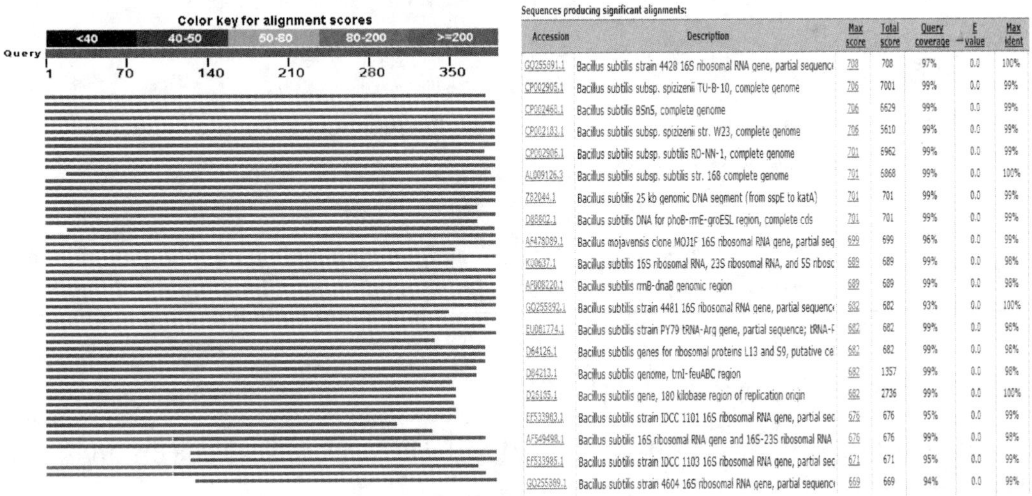


| Accession | Description | Max score | Total score | Query coverage | E value | Max ident |
|---|---|---|---|---|---|---|
| GQ255891.1 | Bacillus subtilis strain 4428 16S ribosomal RNA gene, partial sequenc | 708 | 708 | 97% | 0.0 | 100% |
| CP002905.1 | Bacillus subtilis subsp. spizizenii TU-B-10, complete genome | 706 | 7001 | 99% | 0.0 | 99% |
| CP002468.1 | Bacillus subtilis BSn5, complete genome | 706 | 6629 | 99% | 0.0 | 99% |
| CP002183.1 | Bacillus subtilis subsp. spizizenii str. W23, complete genome | 706 | 5610 | 99% | 0.0 | 99% |
| CP002906.1 | Bacillus subtilis subsp. subtilis RO-NN-1, complete genome | 701 | 6962 | 99% | 0.0 | 99% |
| AL009126.3 | Bacillus subtilis subsp. subtilis str. 168 complete genome | 701 | 6868 | 99% | 0.0 | 100% |
| Z82044.1 | Bacillus subtilis 25 kb genomic DNA segment (from sspE to katA) | 701 | 701 | 99% | 0.0 | 99% |
| D88802.1 | Bacillus subtilis DNA for phoB-rrnE-groESL region, complete cds | 701 | 701 | 99% | 0.0 | 99% |
| AF478089.1 | Bacillus mojavensis clone MOJ1F 16S ribosomal RNA gene, partial seq | 699 | 699 | 96% | 0.0 | 99% |
| K00637.1 | Bacillus subtilis 16S ribosomal RNA, 23S ribosomal RNA, and 5S ribosc | 689 | 689 | 99% | 0.0 | 98% |
| AF008220.1 | Bacillus subtilis rrnB-dnaB genomic region | 689 | 689 | 99% | 0.0 | 98% |
| GQ255892.1 | Bacillus subtilis strain 4481 16S ribosomal RNA gene, partial sequenc | 682 | 682 | 93% | 0.0 | 100% |
| EU081774.1 | Bacillus subtilis strain PY79 tRNA-Arg gene, partial sequence; tRNA-F | 682 | 682 | 99% | 0.0 | 98% |
| D64126.1 | Bacillus subtilis genes for ribosomal proteins L13 and S9, putative ce | 682 | 682 | 99% | 0.0 | 98% |
| D84213.1 | Bacillus subtilis genome, trnI-feuABC region | 682 | 1357 | 99% | 0.0 | 98% |
| D26185.1 | Bacillus subtilis gene, 180 kilobase region of replication origin | 682 | 2736 | 99% | 0.0 | 100% |
| EF533983.1 | Bacillus subtilis strain IDCC 1101 16S ribosomal RNA gene, partial sec | 676 | 676 | 95% | 0.0 | 99% |
| AF549498.1 | Bacillus subtilis 16S ribosomal RNA gene and 16S-23S ribosomal RNA | 676 | 676 | 99% | 0.0 | 98% |
| EF533985.1 | Bacillus subtilis strain IDCC 1103 16S ribosomal RNA gene, partial sec | 671 | 671 | 95% | 0.0 | 99% |
| GQ255889.1 | Bacillus subtilis strain 4604 16S ribosomal RNA gene, partial sequenc | 669 | 669 | 94% | 0.0 | 99% |

图 5-3-1　芽胞杆菌 ITS 同源性比较

## 3. 芽胞杆菌不同方法鉴定结果比较

根据脂肪酸成分含量和 ITS 序列鉴定得出 16 株芽胞杆菌的鉴定结果见表 5-3-5。在

Sherlock MIS 脂肪酸鉴定系统中，只要是其数据中存在的菌种，脂肪酸鉴定结果大于 0.5 以上，且第一匹配值和第二匹配值相差 0.1 以上，就可以准确鉴定到种；若鉴定结果匹配值为 0.3～0.5，可以准确鉴定到属。从表 5-3-5 中可以看出：脂肪酸和 ITS 鉴定的结果具有很高的一致性。巨大芽胞杆菌、短小芽胞杆菌和简单芽胞杆菌的两者鉴定结果完全相同；枯草芽胞杆菌和萎缩芽胞杆菌的亲缘关系特别近，很难区分，后者是前者的变种，因此枯草芽胞杆菌的脂肪酸鉴定结果也是基本正确的；蜡样芽胞杆菌群的特征基本相似，难以区分。菌株 FJAT-4540 的脂肪酸鉴定和 ITS 鉴定不一致，主要原因是 MIDI 数据库中没有包含韦氏芽胞杆菌（*Bacillus weihenstephanensis*），但是其鉴定的类群还是准确的，都属于蜡样芽胞杆菌群。通过以上鉴定分析可得出：脂肪酸的鉴定结果非常准确，准确率（脂肪酸鉴定结果/ITS 鉴定结果）达 99%以上。

**表 5-3-5 16 株芽胞杆菌的脂肪酸和 ITS 鉴定结果**

| 菌株编号（FJAT-） | 脂肪酸鉴定 | SI | ITS 鉴定 | 同源性/% |
|---|---|---|---|---|
| 4470 | *Bacillus atrophaeus* | 0.799 | *Bacillus subtilis* | 98 |
| 4481 | *Bacillus subtilis* | 0.792 | *Bacillus subtilis* | 100 |
| 4428 | *Bacillus subtilis* | 0.707 | *Bacillus subtilis* | 99 |
| 4404 | *Bacillus atrophaeus* | 0.674 | *Bacillus atrophaeus* | 100 |
| 4399 | *Bacillus atrophaeus* | 0.828 | *Bacillus atrophaeus* | 99 |
| 4495 | *Bacillus atrophaeus* | 0.848 | *Bacillus atrophaeus* | 98 |
| 4521 | *Bacillus simplex* | 0.874 | *Bacillus simplex* | 99 |
| 4591 | *Bacillus simplex* | 0.764 | *Bacillus simplex* | 99 |
| 4395 | *Bacillus megaterium* | 0.826 | *Bacillus megaterium* | 99 |
| 4396 | *Bacillus megaterium* | 0.736 | *Bacillus megaterium* | 100 |
| 4469 | *Bacillus megaterium* | 0.741 | *Bacillus megaterium* | 99 |
| 4500 | *Bacillus pumilus* | 0.879 | *Bacillus pumilus* | 99 |
| 4382 | *Bacillus cereus* | 0.511 | *Bacillus mycoides* | 100 |
| 4388 | *Bacillus mycoides* | 0.422 | *Bacillus mycoides* | 100 |
| 4540 | *Bacillus mycoides* | 0.678 | *Bacillus weihenstephanensis* | 100 |
| 4476 | *Bacillus cereus* | 0.598 | *Bacillus cereus* | 99 |

## 4. 芽胞杆菌的 ITS 分子鉴定的聚类分析

根据 16 株芽胞杆菌的 ITS 序列作出的聚类图见图 5-3-2。由图可以得出：16 株芽胞杆菌分为两大分支。

分支 1：又可分为 3 个类群。类群 I 为巨大芽胞杆菌（*Bacillus megaterium*）类群，该类群又可细分为巨大芽胞杆菌群和简单芽胞杆菌群，由菌株 FJAT-4395、FJAT-4396、FJAT-4521、FJAT-4591、FJAT-4500 组成。类群 II 为枯草芽胞杆菌（*Bacillus subtilis*）类群，包括菌株 FJAT-4481、FJAT-4470、FJAT-4399、FJAT-4495。类群 III 为蜡样芽胞杆菌（*Bacillus cereus*）类群，包括菌株 FJAT-4476、FJAT-4382、FJAT-4388。

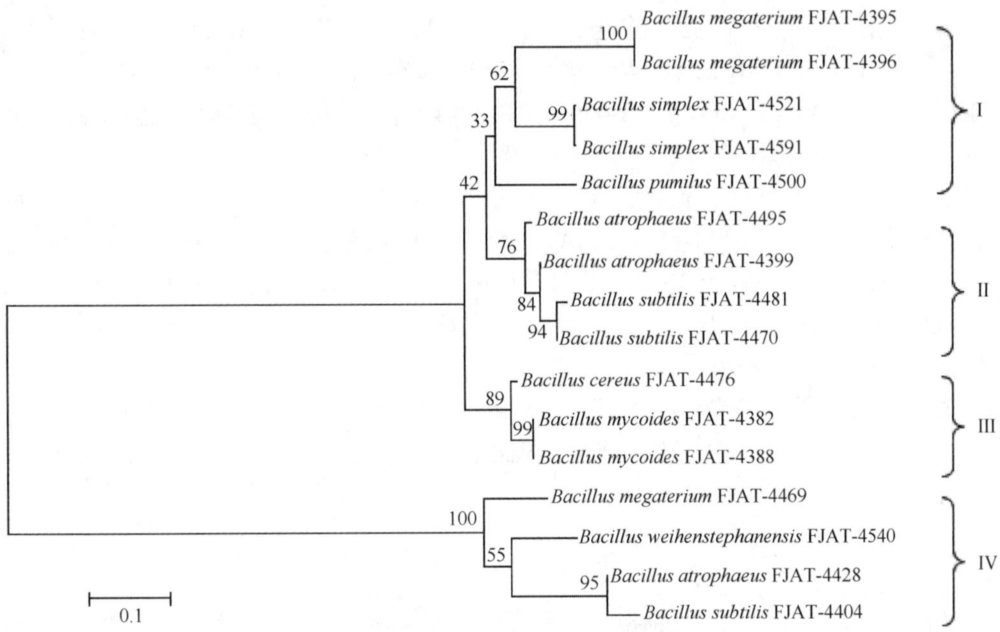


图 5-3-2　16 株芽胞杆菌 ITS 序列分群聚类

分支 2：含有类群 IV，由 4 株菌组成，即菌株 FJAT-4469、FJAT-4540、FJAT-4404 和 FJAT-4428。

## 5. 芽胞杆菌脂肪酸鉴定的聚类分析

利用 SPSS 16.0（方法：Ward's method），根据 16 株芽胞杆菌脂肪酸成分分析得出的聚类图见图 5-3-3，分析脂肪酸成分与系统发育地位的关系。与 ITS 的聚类结果基本一致，脂肪酸聚类分析同样将 16 株芽胞杆菌分为两大分支，当 $\lambda$ 约为 7 时 16 株芽胞杆菌可分为三大群。

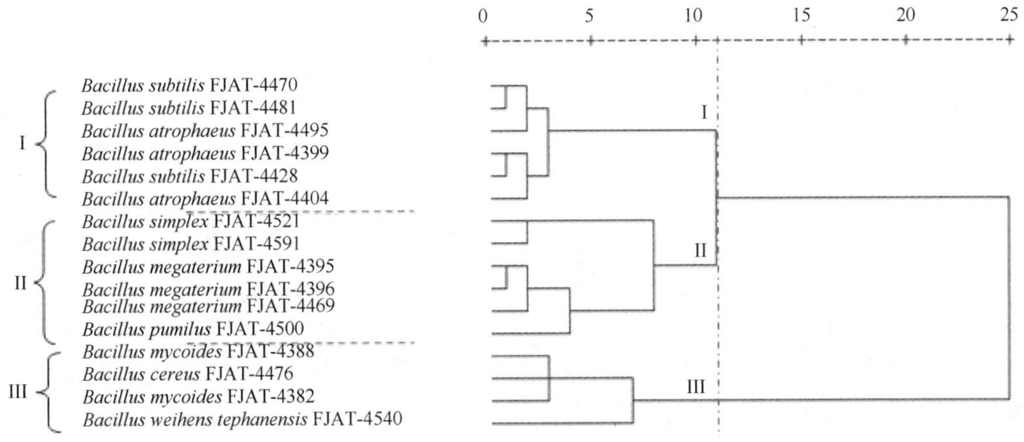


图 5-3-3　16 株芽胞杆菌脂肪酸分群聚类

群 I：枯草芽胞杆菌脂肪酸群，包含菌株 FJAT-4470、FJAT-4481、FJAT-4399、FJAT-4495、FJAT-4428、FJAT-4404。菌株 FJAT-4470、FJAT-4428 和 FJAT-4481 为枯草芽胞杆菌，菌株 FJAT-4404、FJAT-4399 和 FJAT-4495 为萎缩芽胞杆菌。实际上，萎缩芽胞杆菌曾为枯草芽胞杆菌的亚种——枯草芽胞杆菌黑色变种。

群 II：巨大芽胞杆菌脂肪酸群，该群又可细分为巨大芽胞杆菌群和简单芽胞杆菌群，包含菌株 FJAT-4521、FJAT-4591、FJAT-4395、FJAT-4396、FJAT-4469、FJAT-4500。菌株 FJAT-4521 和 FJAT-4591 为简单芽胞杆菌（*Bacillus simplex*），菌株 FJAT-4395、FJAT-4396 和 FJAT-4469 为巨大芽胞杆菌（*Bacillus megaterium*），菌株 FJAT-4500 为短小芽胞杆菌（*Bacillus pumilus*）。

群 III：蜡样芽胞杆菌脂肪酸群，包含 FJAT-4388、FJAT-4476、FJAT-4382、FJAT-4540。这 4 株菌均为蜡样芽胞杆菌群，4 株菌的特征比较相似，亲缘关系比较近，较难区分。

## 6. 芽胞杆菌种类鉴定方法的比较

从图 5-3-3 和图 5-3-2 可以看出，利用脂肪酸生物标记能将亲缘关系相近的种类聚类在一起，而基于 ITS 的第 II、III、IV 类群未能区分相关种类的亲缘关系。例如，属于蜡样芽胞杆菌群的菌株 FJAT-4382、FJAT-4388、FJAT-4476 和 FJAT-4540 全部聚类在脂肪酸第 III 群，而 ITS 将它们聚类到第 III 群和第 IV 群；属于枯草芽胞杆菌群的菌株 FJAT-4399、FJAT-4404、FJAT-4428、FJAT-4470、FJAT-4481 和 FJAT-4495 全部聚类在脂肪酸第 I 群，而 ITS 将它们聚类到第 II 群和第 IV 群（表 5-3-6）。由以上分析可知，与 ITS 分类鉴定的结果相比，脂肪酸更适用于芽胞杆菌分类。

**表 5-3-6　芽胞杆菌脂肪酸和 ITS 鉴定方法的比较**

| 群 | ITS | 群 | 脂肪酸 |
|---|---|---|---|
| I | FJAT-4395，FJAT-4396，FJAT-4500，FJAT-4521，FJAT-4591 | I | FJAT-4499，FJAT-4404，FJAT-4428，FJAT-4470，FJAT-4481，FJAT-4495 |
| II | FJAT-4399，FJAT-4470，FJAT-4481，FJAT-4495 | II | FJAT-4395，FJAT-4396，FJAT-4469，FJAT-4500，FJAT-4521，FJAT-4591 |
| III | FJAT-4382，FJAT-4388，FJAT-4476 | III | FJAT-4382，FJAT-4388，FJAT-4476，FJAT-4540 |
| IV | FJAT-4404，FJAT-4428，FJAT-4469，FJAT-4540 | | |

## 7. 芽胞杆菌脂肪酸群的成分特征分析

在 16 株芽胞杆菌中共测得 20 种脂肪酸，不同芽胞杆菌的脂肪酸类型和含量不同，15:0 anteiso 和 15:0 iso 为芽胞杆菌的特征脂肪酸，但在不同种中的含量不同。

蜡样芽胞杆菌群的主要脂肪酸为 15:0 iso，其次为 13:0 iso，而 15:0 anteiso 的含量很低，为非主要类型，这与其他芽胞杆菌完全不同。蜡样芽胞杆菌群的主要脂肪酸 15:0 iso/15:0 anteiso 值为 5.6～7.9（图 5-3-4）。

简单芽胞杆菌群的主要脂肪酸为 15:0 anteiso 和 15:0 iso，15:0 anteiso 含量最高，其次是 15:0 iso，其余的脂肪酸含量均低于 15:0 iso。该群的主要脂肪酸 15:0 iso/15:0 anteiso 值约为 0.17（图 5-3-5）。

巨大芽胞杆菌群的主要脂肪酸 15:0 iso 和 15:0 anteiso 含量相近，其余脂肪酸远远低于这 2 种主要脂肪酸。巨大芽胞杆菌的 15:0 iso/15:0 anteiso 值为 0.8～1.25。菌株 FJAT-4500 为短小芽胞杆菌，其 15:0 iso/15:0 anteiso 值约为 2。短小芽胞杆菌和巨大芽胞杆菌归为一类是因为其脂肪酸类型相近，但含量并不同；二者与简单芽胞杆菌分离开是因为它们的脂肪酸类型虽然相似，但是 15:0 iso/15:0 anteiso 值的差异很大（图 5-3-6）。

枯草芽胞杆菌群的主要脂肪酸 15:0 iso 的含量小于 15:0 anteiso，15:0 iso/15:0 anteiso 值为 0.33～0.66。与简单芽胞杆菌群的主要脂肪酸类型相似，但是含量差异较大。因此，根据以上所述的芽胞杆菌主要脂肪酸含量和类型可以初步判断未知菌株属于哪个类群（图 5-3-7）。

## 四、芽胞杆菌脂肪酸组系统进化

### 1. 芽胞杆菌的脂肪酸成分分析

对 25 种芽胞杆菌的模式菌株进行了脂肪酸成分的测定，共检测出 22 种已知脂肪酸

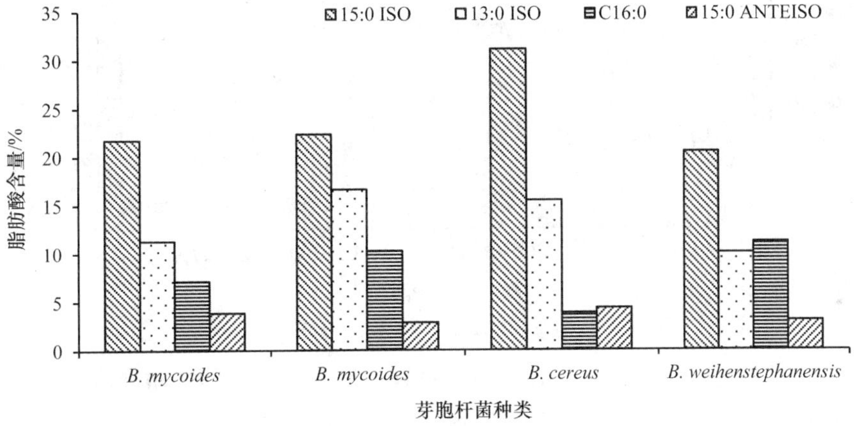


图 5-3-4　蜡样芽胞杆菌群主要脂肪酸类型和含量

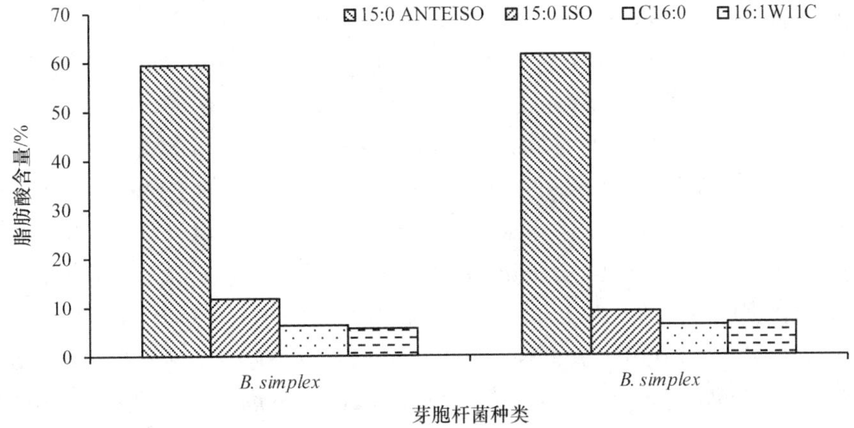


图 5-3-5　简单芽胞杆菌群主要脂肪酸类型和含量

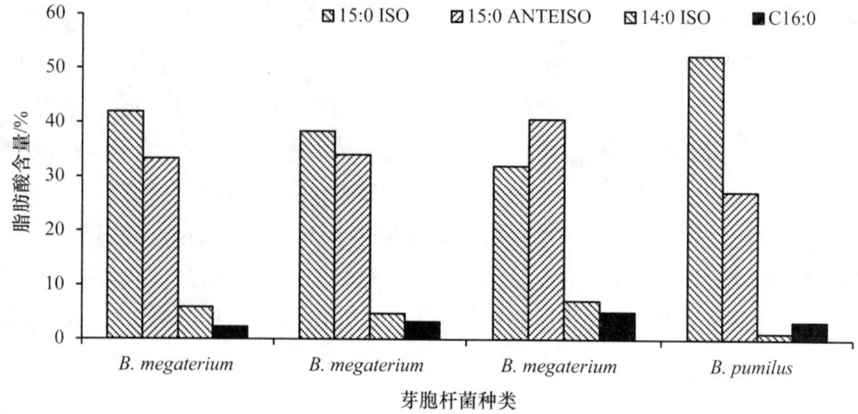


图 5-3-6　巨大芽胞杆菌群主要脂肪酸类型和含量

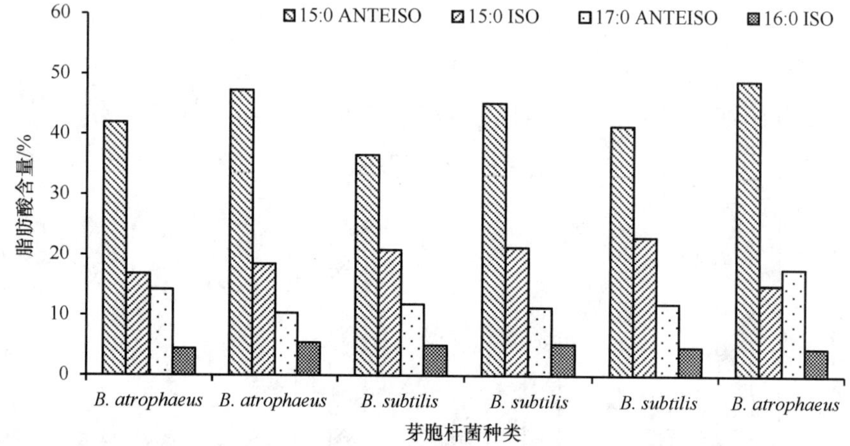


图 5-3-7　枯草芽胞杆菌群主要脂肪酸类型和含量

和 4 种混合脂肪酸（summed feature）型，每种芽胞杆菌的具体脂肪酸成分见表 5-3-7。由表 5-3-7 可以看出，芽胞杆菌的脂肪酸主要以支链脂肪酸为主，少数种类含有不饱和脂肪酸，主要脂肪酸（即含量大于 10%）为 15:0 iso、15:0 anteiso、17:0 iso、14:0 iso、c16:0、16:0 iso 和 17:0 anteiso。不同芽胞杆菌种类的脂肪酸成分和含量不同，如蜡样芽胞杆菌群的主要脂肪酸为 15:0 iso、17:0 iso、c16:0、13:0 iso 和 feature 3（16:1ω6c 和/或 16:1ω7c），其次为 15:0 anteiso、17:1 iso ω5c、14:0 iso、17:0 anteiso 和 13:0 anteiso。球形赖氨酸芽胞杆菌群[纺锤形芽胞杆菌（*Bacillus fusiformis*）、奥德赛芽胞杆菌（*Bacillus odysseyi*）、球形赖氨酸芽胞杆菌（*Lysinibacillus sphaericus*）] 的主要脂肪酸为 15:0 iso、15:0 anteiso 和 16:0 iso，其次为 17:0 iso、17:0 anteiso、16:1ω7c alcohol、14:0 iso 和 c16:0。枯草芽胞杆菌群[死谷芽胞杆菌（*Bacillus vallismortis*）、萎缩芽胞杆菌（*Bacillus atrophaeus*）和莫哈维沙漠芽胞杆菌（*Bacillus mojavensis*）] 的主要脂肪酸为 15:0 iso、15:0 anteiso 和 17:0 anteiso，其次为 17:0 iso、16:0 iso、c16:0 和 14:0 iso。嗜酸芽胞杆菌群［酸居芽胞杆菌（*Bacillus acidicola*）和产酸芽胞杆菌（*Bacillus acidiproducens*）］的主要脂肪酸为 15:0 anteiso 和 17:0 anteiso。嗜碱芽胞杆菌群［黏琼脂芽胞杆菌（*Bacillus agaradhaerens*）、嗜碱芽胞杆菌（*Bacillus alcalophilus*）、碱土芽胞杆菌（*Bacillus alkalitelluris*）和苛求芽胞

**表 5-3-7　供试菌株的脂肪酸含量**

| 种名 | 脂肪酸组/% | | | | | | | | |
|---|---|---|---|---|---|---|---|---|---|
| | 17:1ω6c | 17:0 iso | 17:1 iso ω5c | 18:1ω9c | 12:0 iso | 14:0 iso | c16:0 | c20:0 | 16:0 iso |
| *Bacillus acidicola* | 0.00 | 3.19 | 0.00 | 0.00 | 0.00 | 1.59 | 9.01 | 0.00 | 17.96 |
| *B. acidiproducens* | 0.00 | 0.00 | 0.00 | 0.00 | 0.00 | 4.01 | 9.64 | 0.00 | 7.56 |
| *B. agaradhaerens* | 0.00 | 11.09 | 0.00 | 1.73 | 0.00 | 1.71 | 15.08 | 0.00 | 1.59 |
| *B. alcalophilus* | 0.00 | 4.33 | 0.00 | 1.00 | 0.00 | 0.00 | 15.82 | 0.00 | 0.00 |
| *B. alkalitelluris* | 0.00 | 3.42 | 0.00 | 0.00 | 0.00 | 2.98 | 20.37 | 0.00 | 2.67 |
| *B. altitudinis* | 0.00 | 6.15 | 0.00 | 0.00 | 0.00 | 1.26 | 2.40 | 0.00 | 3.10 |
| *B. aryabhatta* | 0.00 | 3.19 | 0.00 | 0.00 | 0.00 | 4.21 | 6.28 | 0.00 | 1.84 |
| *B. atrophaeus* | 0.00 | 6.33 | 0.00 | 0.00 | 0.00 | 1.25 | 3.19 | 0.00 | 3.77 |
| *B. cereus* | 0.00 | 11.84 | 5.53 | 0.00 | 0.00 | 2.97 | 6.11 | 0.00 | 5.99 |
| *B. fastidiosus* | 0.00 | 11.06 | 0.00 | 0.00 | 0.00 | 0.00 | 14.11 | 0.00 | 1.46 |
| *B. fusiformis* | 0.00 | 6.58 | 0.00 | 0.00 | 0.00 | 1.44 | 2.59 | 0.00 | 7.99 |
| *B. koreensis* | 0.00 | 3.48 | 0.00 | 0.00 | 0.00 | 3.56 | 4.67 | 1.50 | 4.92 |
| *B. megaterium* | 0.00 | 1.78 | 0.00 | 0.00 | 0.00 | 7.51 | 8.05 | 0.00 | 3.59 |
| *B. mojavensis* | 0.00 | 6.81 | 0.00 | 0.00 | 0.00 | 1.05 | 3.14 | 0.00 | 4.18 |
| *B. muralis* | 0.00 | 1.13 | 0.00 | 0.00 | 0.00 | 7.52 | 5.86 | 0.00 | 3.71 |
| *B. mycoides* | 0.00 | 12.66 | 2.03 | 0.00 | 0.00 | 2.56 | 10.80 | 0.00 | 6.68 |
| *B. novalis* | 0.00 | 1.40 | 0.00 | 0.00 | 0.00 | 2.85 | 5.76 | 0.00 | 3.02 |
| *B. odysseyi* | 0.00 | 5.25 | 0.00 | 0.00 | 0.00 | 3.41 | 1.70 | 0.00 | 13.27 |
| *B. pseudomycoides* | 0.00 | 14.04 | 3.08 | 0.00 | 4.87 | 3.10 | 10.49 | 0.00 | 8.37 |
| *B. pumilus* | 0.00 | 6.20 | 0.00 | 0.00 | 0.00 | 1.85 | 2.83 | 0.00 | 3.25 |
| *B. safensis* | 0.00 | 5.57 | 0.00 | 0.00 | 0.00 | 1.06 | 1.97 | 0.00 | 3.67 |
| *B. simplex* | 0.00 | 1.74 | 0.00 | 0.00 | 0.00 | 3.34 | 8.37 | 0.00 | 2.93 |
| *Lysinibacillus sphaericus* | 0.00 | 4.74 | 0.00 | 0.00 | 0.00 | 1.94 | 1.71 | 0.00 | 8.33 |
| *B. thuringiensis* | 0.00 | 10.74 | 5.74 | 0.00 | 0.00 | 2.08 | 4.75 | 0.00 | 2.18 |
| *B. vallismortis* | 1.25 | 10.53 | 0.00 | 2.06 | 0.00 | 1.17 | 6.13 | 0.00 | 4.17 |

| 种名 | 脂肪酸组/% | | | | | | | | |
|---|---|---|---|---|---|---|---|---|---|
| | 16:1ω11c | c18:0 | c19:0 | 13:0 anteiso | 17:1 anteiso A | c12:0 | 17:0 anteiso | c14:0 | 17:1 iso ω10c |
| *B. acidicola* | 0.00 | 0.00 | 0.00 | 0.00 | 0.00 | 0.00 | 14.43 | 0.00 | 0.00 |
| *B. acidiproducens* | 0.00 | 1.22 | 0.00 | 0.00 | 0.00 | 0.00 | 13.06 | 3.74 | 0.00 |
| *B. agaradhaerens* | 0.00 | 5.05 | 3.17 | 0.00 | 0.00 | 1.37 | 9.49 | 0.00 | 0.00 |
| *B. alcalophilus* | 0.00 | 0.00 | 0.00 | 0.00 | 0.00 | 0.00 | 6.73 | 3.44 | 0.00 |
| *B. alkalitelluris* | 2.52 | 1.49 | 0.00 | 0.00 | 0.00 | 0.00 | 3.01 | 2.00 | 0.00 |
| *B. altitudinis* | 0.00 | 0.00 | 0.00 | 0.00 | 0.00 | 0.00 | 4.52 | 0.00 | 0.00 |
| *B. aryabhatta* | 0.00 | 0.00 | 0.00 | 0.00 | 0.00 | 0.00 | 3.86 | 1.60 | 0.00 |
| *B. atrophaeus* | 0.00 | 1.34 | 0.00 | 0.00 | 0.00 | 0.00 | 15.30 | 0.00 | 0.00 |
| *B. cereus* | 0.00 | 0.50 | 0.00 | 0.00 | 1.06 | 0.00 | 2.11 | 2.38 | 4.61 |
| *B. fastidiosus* | 2.00 | 0.00 | 0.00 | 0.00 | 0.00 | 0.00 | 5.61 | 1.85 | 0.00 |
| *B. fusiformis* | 1.48 | 0.00 | 0.00 | 0.00 | 0.00 | 0.00 | 3.08 | 0.00 | 0.00 |
| *B. koreensis* | 0.00 | 1.24 | 0.00 | 0.00 | 0.00 | 0.00 | 5.44 | 0.00 | 0.00 |
| *B. megaterium* | 0.00 | 0.00 | 0.00 | 0.00 | 0.00 | 0.00 | 5.21 | 1.69 | 0.00 |
| *B. mojavensis* | 1.33 | 0.00 | 0.00 | 0.00 | 0.00 | 0.00 | 13.56 | 0.00 | 2.86 |

续表

| 种名 | 脂肪酸组/% | | | | | | | | |
|---|---|---|---|---|---|---|---|---|---|
| | 16:1ω11c | c18:0 | c19:0 | 13:0 anteiso | 17:1 anteiso A | c12:0 | 17:0 anteiso | c14:0 | 17:1 iso ω10c |
| *B. muralis* | 2.06 | 1.07 | 0.00 | 0.00 | 0.00 | 0.00 | 1.82 | 2.46 | 0.00 |
| *B. mycoides* | 1.85 | 0.00 | 0.00 | 1.64 | 0.00 | 0.00 | 2.67 | 2.88 | 7.33 |
| *B. novalis* | 0.00 | 0.00 | 0.00 | 0.00 | 0.00 | 0.00 | 3.64 | 1.56 | 0.00 |
| *B. odysseyi* | 1.51 | 0.00 | 0.00 | 0.00 | 0.00 | 0.00 | 3.11 | 0.00 | 0.44 |
| *B. pseudomycoides* | 0.00 | 0.42 | 0.00 | 4.37 | 1.15 | 0.00 | 3.35 | 2.17 | 0.00 |
| *B. pumilus* | 0.00 | 0.00 | 0.00 | 0.00 | 0.00 | 0.00 | 4.29 | 0.00 | 0.00 |
| *B. safensis* | 0.00 | 0.00 | 0.00 | 0.00 | 0.00 | 0.00 | 5.04 | 0.00 | 0.00 |
| *B. simplex* | 2.05 | 0.00 | 0.00 | 0.00 | 0.00 | 0.00 | 2.76 | 2.50 | 0.00 |
| *L. sphaericus* | 1.70 | 0.00 | 0.00 | 0.00 | 0.00 | 0.00 | 2.90 | 0.00 | 1.54 |
| *B. thuringiensis* | 0.00 | 0.00 | 0.00 | 1.56 | 0.00 | 0.00 | 1.24 | 3.16 | 0.00 |
| *B. vallismortis* | 0.00 | 2.30 | 0.00 | 0.00 | 0.00 | 0.00 | 9.22 | 0.00 | 1.92 |

| 种名 | 脂肪酸组/% | | | | | | | |
|---|---|---|---|---|---|---|---|---|
| | 13:0 iso | 16:1ω7c alcohol | 15:0 iso | 15:0 anteiso | feature 4 | feature 8 | feature 3 | feature 2 |
| *B. acidicola* | 0.00 | 0.00 | 4.07 | 47.89 | 0.00 | 0.00 | 0.00 | 0.00 |
| *B. acidiproducens* | 0.00 | 0.00 | 6.35 | 53.85 | 0.00 | 0.00 | 0.00 | 0.00 |
| *B. agaradhaerens* | 0.00 | 0.00 | 15.73 | 23.37 | 0.00 | 4.45 | 0.00 | 0.00 |
| *B. alcalophilus* | 0.00 | 0.00 | 25.70 | 33.17 | 0.00 | 0.00 | 0.00 | 0.00 |
| *B. alkalitelluris* | 0.00 | 0.00 | 20.54 | 34.26 | 0.00 | 0.00 | 2.88 | 0.00 |
| *B. altitudinis* | 0.00 | 0.00 | 52.01 | 25.75 | 0.00 | 0.00 | 0.00 | 0.00 |
| *B. aryabhatta* | 0.00 | 0.00 | 39.47 | 36.31 | 0.00 | 0.00 | 0.00 | 0.00 |
| *B. atrophaeus* | 0.00 | 0.00 | 13.48 | 49.67 | 0.00 | 0.00 | 0.00 | 0.00 |
| *B. cereus* | 6.62 | 0.00 | 29.19 | 4.40 | 0.00 | 0.00 | 8.43 | 2.39 |
| *B. fastidiosus* | 0.00 | 0.00 | 28.12 | 30.12 | 0.00 | 0.00 | 0.00 | 0.00 |
| *B. fusiformis* | 0.00 | 5.12 | 55.39 | 10.74 | 0.00 | 0.00 | 0.00 | 0.00 |
| *B. koreensis* | 0.00 | 0.00 | 37.27 | 33.66 | 0.00 | 0.00 | 0.00 | 0.00 |
| *B. megaterium* | 0.00 | 0.00 | 21.56 | 48.17 | 0.00 | 0.00 | 0.00 | 0.00 |
| *B. mojavensis* | 0.00 | 0.00 | 17.51 | 42.88 | 2.19 | 0.00 | 0.00 | 0.00 |
| *B. muralis* | 0.00 | 1.23 | 16.57 | 52.79 | 0.00 | 0.00 | 0.00 | 0.00 |
| *B. mycoides* | 8.60 | 1.37 | 22.44 | 3.99 | 0.00 | 0.00 | 6.05 | 0.00 |
| *B. novalis* | 0.00 | 0.00 | 40.74 | 38.14 | 0.00 | 0.00 | 0.00 | 0.00 |
| *B. odysseyi* | 0.00 | 8.27 | 48.88 | 11.48 | 0.00 | 0.00 | 0.00 | 0.00 |
| *B. pseudomycoides* | 7.75 | 0.00 | 15.26 | 3.91 | 0.00 | 0.00 | 12.12 | 2.24 |
| *B. pumilus* | 0.00 | 0.00 | 47.66 | 28.70 | 0.00 | 0.00 | 0.00 | 0.00 |
| *B. safensis* | 0.00 | 0.00 | 51.43 | 27.81 | 0.00 | 0.00 | 0.00 | 0.00 |
| *B. simplex* | 0.00 | 0.00 | 14.78 | 56.97 | 0.00 | 0.00 | 0.00 | 0.00 |
| *L. sphaericus* | 0.00 | 9.18 | 52.02 | 10.26 | 1.17 | 0.00 | 0.00 | 0.00 |
| *B. thuringiensis* | 14.56 | 0.00 | 34.15 | 5.09 | 0.00 | 0.00 | 9.15 | 1.29 |
| *B. vallismortis* | 0.00 | 0.00 | 23.12 | 29.69 | 1.05 | 0.00 | 0.00 | 0.00 |

注：feature 2，14:0 3OH 和/或 16:1 iso I；feature 3，16:1ω6c 和/或 16:1ω7c；feature 4，17:1 anteiso B 和/或 17:1 iso；feature 8，18:1ω6c 和/或 18:1ω7c

杆菌（*Bacillus fastidiosus*）］的主要脂肪酸为 c16:0、15:0 iso、15:0 anteiso 和 17:0 iso。短小芽胞杆菌群［高地芽胞杆菌（*Bacillus altitudinis*）、短小芽胞杆菌（*Bacillus pumilus*）和沙福芽胞杆菌（*Bacillus safensis*）］的脂肪酸主要为 15:0 iso 和 15:0 anteiso，其次为 17:0 anteiso、17:0 iso、16:0 iso、c16:0 和 14:0 iso。简单芽胞杆菌群［韩国芽胞杆菌（*Bacillus koreensis*）、阿氏芽胞杆菌（*Bacillus aryabhattai*）、巨大芽胞杆菌（*Bacillus megaterium*）、壁画芽胞杆菌（*Bacillus muralis*）、简单芽胞杆菌（*Bacillus simplex*）和休闲地芽胞杆菌（*Bacillus novalis*）］的主要脂肪酸为 15:0 iso 和 15:0 anteiso，其次为 17:0 anteiso、17:0 iso、16:0 iso、c16:0、c14:0 和 14:0 iso。

## 2. 基于脂肪酸生物标记的芽胞杆菌系统进化分析

利用生物统计软件 SPSS 16.0，采用欧氏距离对 25 种芽胞杆菌进行脂肪酸聚类分析，可以分为两大类，具体见图 5-3-8。第 I 类包含 13 种芽胞杆菌，进一步可分为 4 个小分支：沙福芽胞杆菌（*Bacillus safensis*）、短小芽胞杆菌（*Bacillus pumilus*）和高地芽胞杆菌（*Bacillus altitudinis*）分支，阿氏芽胞杆菌（*Bacillus aryabhattai*）、休闲地芽胞杆菌（*Bacillus novalis*）和韩国芽胞杆菌（*Bacillus koreensis*）分支，奥德赛芽胞杆菌（*Bacillus odysseyi*）、球形赖氨酸芽胞杆菌（*Lysinibacillus sphaericus*）和纺锤形芽胞杆菌（*Bacillus fusiformis*）分支，蕈状芽胞杆菌（*Bacillus mycoides*）、苏云金芽胞杆菌（*Bacillus thuringiensis*）、蜡样芽胞杆菌（*Bacillus cereus*）和假蕈状芽胞杆菌（*Bacillus pseudomycoides*）分支。第 II 类包含 12 种芽胞杆菌，可分为 2 个小分支：嗜碱芽胞杆菌（*Bacillus alcalophilus*）、苛求芽胞杆菌（*Bacillus fastidiosus*）、碱土芽胞杆菌（*Bacillus alkalitelluris*）、死谷芽胞杆菌（*Bacillus vallismortis*）和黏琼脂芽胞杆菌（*Bacillus agaradhaerens*）分支，酸居芽胞杆菌（*Bacillus acidicola*）和产酸芽胞杆菌（*Bacillus acidiproducens*）、萎缩芽

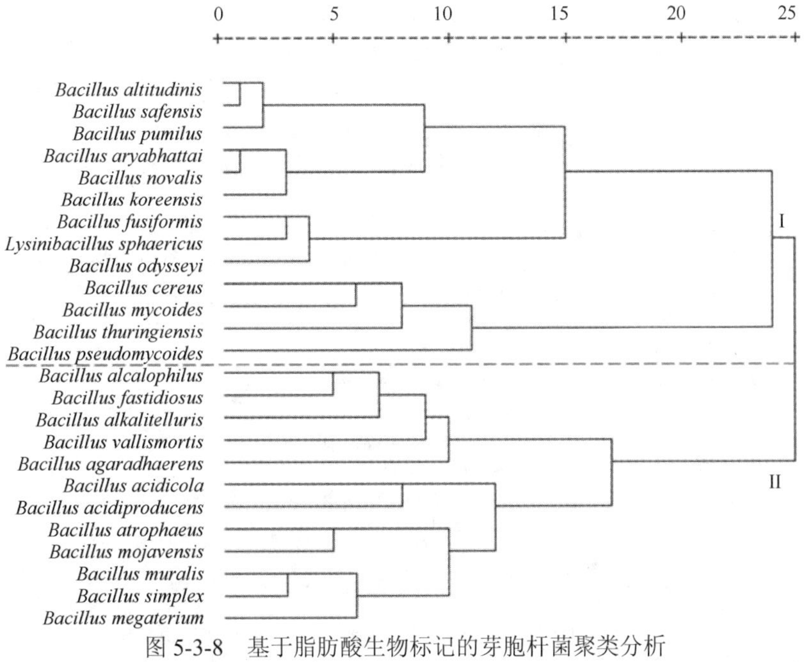


图 5-3-8　基于脂肪酸生物标记的芽胞杆菌聚类分析

胞杆菌（*Bacillus atrophaeus*）、莫哈维沙漠芽胞杆菌（*Bacillus mojavensis*）、巨大芽胞杆菌（*Bacillus megaterium*）、简单芽胞杆菌（*Bacillus simplex*）和壁画芽胞杆菌（*Bacillus muralis*）分支。

## 3. 基于 16S rDNA 基因芽胞杆菌系统进化分析

采用 Clustal X2 软件进行 25 种芽胞杆菌的 16S rDNA 基因多序列分析，并通过 Mega 4 软件构建系统进化树（图 5-3-9）。从图 5-3-9 可以看出，基于 16S rDNA 序列同样将芽胞杆菌分为两大类，第 I 类包含 4 个小分支，分别为苛求芽胞杆菌（*Bacillus fastidiosus*）、碱土芽胞杆菌（*Bacillus alkalitelluris*）、巨大芽胞杆菌（*Bacillus megaterium*）、阿氏芽胞杆菌（*Bacillus aryabhattai*）和韩国芽胞杆菌（*Bacillus koreensis*）分支，休闲地芽胞杆菌（*Bacillus novalis*）、简单芽胞杆菌（*Bacillus simplex*）和壁画芽胞杆菌（*Bacillus muralis*）分支，奥德赛芽胞杆菌（*Bacillus odysseyi*）、球形赖氨酸芽胞杆菌（*Lysinibacillus sphaericus*）和纺锤形芽胞杆菌（*Bacillus fusiformis*）分支，蕈状芽胞杆菌（*Bacillus mycoides*）、苏云金芽胞杆菌（*Bacillus thuringiensis*）、蜡样芽胞杆菌（*Bacillus cereus*）和假蕈状芽胞杆菌（*Bacillus pseudomycoides*）分支。第 II 类包含 4 个小分支，分别为酸居芽胞杆菌（*Bacillus acidicola*）和产酸芽胞杆菌（*Bacillus acidiproducens*）分支，嗜碱芽胞杆菌（*Bacillus alcalophilus*）和黏琼脂芽胞杆菌（*Bacillus agaradhaerens*）分支，沙福芽胞杆菌（*Bacillus safensis*）、短小芽胞杆菌（*Bacillus pumilus*）和高地芽胞杆菌（*Bacillus*

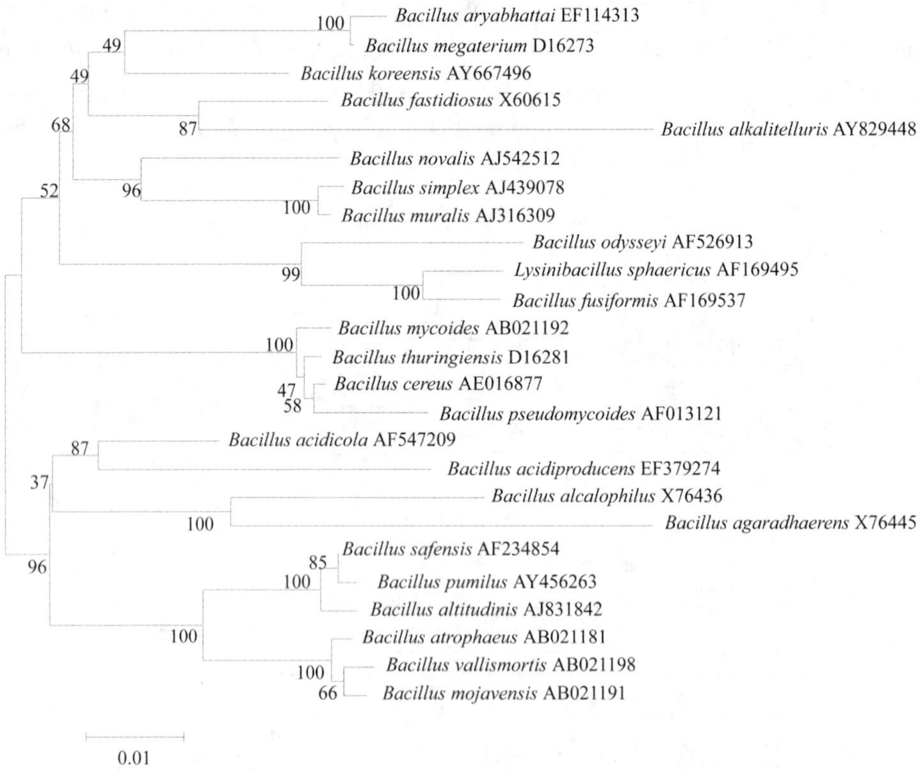


图 5-3-9　基于 16S rDNA 芽胞杆菌系统进化分析

*altitudinis*）分支，萎缩芽胞杆菌（*Bacillus atrophaeus*）、死谷芽胞杆菌（*Bacillus vallismortis*）和莫哈维沙漠芽胞杆菌（*Bacillus mojavensis*）分支。

### 4. 芽胞杆菌脂肪酸与 16S rDNA 系统进化比较

基于脂肪酸生物标记的芽胞杆菌聚类与 16S rDNA 聚类分析结果存在一些差异，具体见表 5-3-8。由表可知，脂肪酸聚类结果与 16S rDNA 不同的是巨大芽胞杆菌（*Bacillus megaterium*）被聚类到不同类群，苛求芽胞杆菌（*Bacillus fastidiosus*）、碱土芽胞杆菌（*Bacillus alkalitelluris*）、嗜碱芽胞杆菌（*Bacillus alcalophilus*）和黏琼脂芽胞杆菌（*Bacillus agaradhaerens*）在脂肪酸聚类分析中聚为一个分支，而非 16S rDNA 进化树中的 2 个独立分支，死谷芽胞杆菌（*Bacillus vallismortis*）与后 4 种芽胞杆菌聚在一起。脂肪酸分类的主要依据是生物学特性，而 16S rDNA 分类则以 DNA 碱基序列同源性为主要依据。

**表 5-3-8　芽胞杆菌脂肪酸和 16S rDNA 分类结果比较**

| 类别 | 脂肪酸分类结果 | | | 16S rDNA 分类结果 | | |
|---|---|---|---|---|---|---|
| | 亚类 | 种名 | 生物学共性 | 亚类 | 种名 | 生物学共性 |
| 第Ⅰ类 | 1 | *Bacillus altitudinis*<br>*Bacillus pumilus*<br>*Bacillus safensis* | 过氧化氢酶和氧化酶反应为阳性 | 1 | *Bacillus aryabhattai*<br>*Bacillus megaterium*<br>*Bacillus koreensis*<br>*Bacillus fastidiosus*<br>*Bacillus alkalitelluris* | 16S rDNA 同源性在 96%以上 |
| | 2 | *Bacillus aryabhattai*<br>*Bacillus novalis*<br>*Bacillus koreensis* | 菌落为奶油黄色 | 2 | *Bacillus novalis*<br>*Bacillus muralis*<br>*Bacillus simplex* | 16S rDNA 同源性在 98%以上 |
| | 3 | *Bacillus fusiformis*<br>*Lysinibacillus sphaericus*<br>*Bacillus odysseyi* | 芽胞圆形 | 3 | *Bacillus fusiformis*<br>*Lysinibacillus sphaericus*<br>*Bacillus odysseyi* | 16S rDNA 同源性为 95%～96% |
| | 4 | *Bacillus cereus*<br>*Bacillus mycoides*<br>*Bacillus pseudomycoides*<br>*Bacillus thuringiensis* | 菌落扁平，均能在 40℃生长，过氧化氢酶反应阳性，水解淀粉，能利用麦芽糖和海藻糖作为碳源 | 4 | *Bacillus cereus*<br>*Bacillus mycoides*<br>*Bacillus pseudomycoides*<br>*Bacillus thuringiensis* | 16S rDNA 同源性在 98%以上 |
| 第Ⅱ类 | 1 | *Bacillus alcalophilus*<br>*Bacillus fastidiosus*<br>*Bacillus alkalitelluris*<br>*Bacillus vallismortis*<br>*Bacillus agaradhaerens* | 碱性条件下生长 | 1 | *Bacillus acidicola*<br>*Bacillus acidiproducens*<br>*Bacillus alcalophilus*<br>*Bacillus agaradhaerens* | 16S rDNA 同源性在 96%以上 |
| | 2 | *Bacillus acidicola*<br>*Bacillus acidiproducens*<br>*Bacillus atrophaeus*<br>*Bacillus mojavensis*<br>*Bacillus muralis*<br>*Bacillus simplex*<br>*Bacillus megaterium* | 低 pH 下可生长良好，菌落边缘不整齐 | 2 | *Bacillus altitudinis*<br>*Bacillus pumilus*<br>*Bacillus safensis*<br>*Bacillus atrophaeus*<br>*Bacillus mojavensis*<br>*Bacillus vallismortis* | 16S rDNA 同源性在 99%以上 |

## 五、讨论

### 1. 芽胞杆菌种类脂肪酸鉴定与分子鉴定方法比较

芽胞杆菌的分类一直是研究人员的关注热点，有些种类的分类地位一直处于变化之中。随着 GenBank 数据库中的微生物核酸序列日益丰富，16S rDNA 和 ITS 序列同源性已成为细菌的快速鉴定方法。但是，对于很多芽胞杆菌来说，16S rDNA 序列同源性鉴定到属的准确性较高，却很难鉴定到种，需要借助其他方法才能鉴定到种。ITS 是位于 16S rDNA 和 23S rDNA 之间的一段高度可变的序列，它弥补了 16S rDNA 保守性强、分化程度不够的缺点，成为在细菌的种和亚种水平上进行分类鉴定的有力工具。然而，ITS 虽然变异性强、分化程度高，由于 RNA 操纵子属于多拷贝的，使得其应用受到了一定限制，并非所有物种都适合用 ITS 进行分类鉴定（郑雪松等，2003）。另外，辛玉华等（2000）利用 PCR 扩增了苏云金芽胞杆菌 9 个亚种的 ITS，序列同源性分析结果表明，这 9 个亚种与其他亚种的 ITS 序列高度相似，因此 ITS 序列不适用于苏云金芽胞杆菌亚种的鉴定。

脂肪酸是微生物细胞内的主要成分，每种菌含有不同的特征脂肪酸种类和含量。脂肪酸和 16S rDNA 的序列分析对微生物分类鉴定有着同等重要地位，根据特征脂肪酸可以将未知菌快速鉴定到种或属。吴愉萍等（2006）以 10 种已知芽胞杆菌菌株为例，对 MIDI Sherlock 全自动微生物鉴定系统（Sherlock MIS）的细菌鉴定准确性及培养基、活化时间和取样区域等因素对鉴定结果的影响进行了研究，结果表明脂肪酸鉴定结果是相当准确的。邝玉斌等（2000）通过气相色谱对 10 种芽胞杆菌模式菌株的细胞脂肪酸组分及其含量进行分析，研究表明，在确定的培养条件及生长状态下，脂肪酸组分可以成为芽胞杆菌化学分类的重要指征。

作者利用 MIDI 系统鉴定了从土壤中分离的 16 株芽胞杆菌，对其主要脂肪酸类型和含量进行了分析。芽胞杆菌的主要脂肪酸类型为 15:0 iso 和 15:0 anteiso，但不同芽胞杆菌种类的主要脂肪酸含量比例不同，因此我们根据 15:0 iso 和 15:0 anteiso 的含量比例可以初步判断目标菌株属于哪一个芽胞杆菌类群。不同类群的芽胞杆菌脂肪酸组成也不同。例如，16:1 iso I/14:0 3OH 和 15:0 iso 2OH/16:1ω7c 仅存在于蜡样芽胞杆菌群中；简单芽胞杆菌除了 2 种主要脂肪酸以外，其余脂肪酸的含量都很少，因此根据脂肪酸组成可以快速判定未知菌的分类地位。

利用 16 株芽胞杆菌的脂肪酸组进行聚类分析，根据脂肪酸组成能将这 16 株芽胞杆菌成功地分为 4 个类群。与 ITS 聚类结果相比，相同的芽胞杆菌类群能聚在一起，能更好地区分芽胞杆菌，脂肪酸分类主要是根据脂肪酸的组成和含量，而且脂肪酸的组成与地理位置、生境类型等具有相关性。例如，在这 16 株芽胞杆菌的脂肪酸聚类中，相同地点分离的同种菌可聚为一群。而 ITS 分类以基因型为标准，虽然可以作为鉴定手段，但是由于其变异率太高，作为芽胞杆菌的分类工具并不适宜。

总结近年来的微生物学分类研究表明，不同种属的细菌脂肪酸的组成和含量表现出不同程度的差异，并且这种差异是稳定的，根据脂肪酸成分可以将未知菌快速鉴定到种或属，研究结果也表明脂肪酸适用于芽胞杆菌的分类研究。

## 2. 基于脂肪酸生物标记与 16S rDNA 的芽胞杆菌系统发育分析比较

对 25 种芽胞杆菌模式菌株进行了基于 16S rDNA 基因和脂肪酸生物标记系统发育分析的比较，结果表明，脂肪酸生物标记可以像 16S rDNA 基因一样为研究近缘物种之间的进化关系提供有用的信息，而且在有些种类的分群上脂肪酸更具有优势。随着相关数据库中芽胞杆菌脂肪酸数据的增加，可以进行更深入的研究。脂肪酸鉴定已发展成为一种相对成熟的鉴定方法，在许多菌株中都曾有过应用。随着商业化的 MIDI 系统的应用，微生物脂肪酸分析可以达到标准化、自动化，操作简单，检测结果迅速而准确，且费用低廉，因此被广泛地应用于细菌的分类鉴定中。吴愉萍（2009）将 Sherlock MIS 系统应用于土壤细菌鉴定的研究，结果表明该系统可以将分离到的菌株准确地鉴定到种，甚至可以进行种下分化分析。刘波（2011）出版的《微生物脂肪酸生态学》中，比较了芽胞杆菌的脂肪酸鉴定与 16S rDNA 鉴定，结果表明，98%的芽胞杆菌种类的脂肪酸鉴定结果与 16S rDNA 分子鉴定结果相同，说明脂肪酸组成分析可快速而准确地对芽胞杆菌进行鉴定。黄朱梁和裘迪红（2011）用 MIDI 系统鉴定了从贻贝中分离的蜡样芽胞杆菌，并且用生理生化鉴定和 PCR 鉴定验证了该方法的准确性。

另外，由于 16S rDNA 基因高度保守，亲缘关系在种以上水平的菌株中具有很好的分辨率，但对亲缘关系比较近的种分辨率不高。一般来讲，菌株之间 16S rDNA 基因序列同源性>97%，可能属于同一种；但 16S rDNA 基因序列同源性在 99%以上仍可能属于不同的种，需要 DNA-DNA 杂交等试验来进一步确定。基于 16S rDNA 的芽胞杆菌系统发育，唯一依据就是基因序列同源性，这一结果无法完美地体现芽胞杆菌的生物学特性与系统发育的关系。例如，嗜酸芽胞杆菌群［酸居芽胞杆菌（*Bacillus acidicola*）、产酸芽胞杆菌（*Bacillus acidiproducens*）、萎缩芽胞杆菌（*Bacillus atrophaeus*）和莫哈维沙漠芽胞杆菌（*Bacillus mojavensis*）等］，嗜碱芽胞杆菌群［嗜碱芽胞杆菌（*Bacillus alcalophilus*）、苛求芽胞杆菌（*Bacillus fastidiosus*）、碱土芽胞杆菌（*Bacillus alkalitelluris*）和黏琼脂芽胞杆菌（*Bacillus agaradhaerens*）等］，在基于 16S rDNA 聚类分析时均不能聚为同一分支。

本研究选取了 25 种芽胞杆菌模式菌株作为研究对象，比较分析了芽胞杆菌脂肪酸聚类和 16S rDNA 聚类分析的差异。研究发现，利用脂肪酸组成分析可以将供试菌株准确地区分开，且与 16S rDNA 的分类结果一致。我们还发现在芽胞杆菌的种水平的分类地位上，脂肪酸聚类结果比 16S rDNA 基因进化分析更具有优势，不仅可以根据进化关系确定种的分类地位，还可以根据生物学特性将相同的菌株聚在一起。例如，本研究的 4 种嗜碱芽胞杆菌，在 16S rDNA 聚类分析中被归为 2 个独立分支，而在脂肪酸聚类分析中被聚为 1 个分支。

## 第四节　芽胞杆菌脂肪酸组新种鉴定

### 一、兵马俑芽胞杆菌新种鉴定

#### 1. 概述

芽胞杆菌属由好氧或者兼性厌氧、革兰氏阳性、产芽胞的杆状细菌组成，可以在各种极端生理环境下生存，如沙漠（Zhang et al.，2011）、温泉（Nazina et al.，2004）、林地（Chen et al.，2011d）、淡水（Baik et al.，2010）、海底沉积物（Jung et al.，2011）和古墓（Gatson et al.，2006）。刘波等（2012）报道了秦始皇兵马俑 1 号坑附近土壤的芽胞杆菌的系统发育分析，基于脂肪酸分析发现：分离株 FJAT-13831$^T$ 为芽胞杆菌属的一个疑似新种。为此，从脂肪酸分析出发，对菌株 FJAT-13831$^T$ 进行了分类特征研究。

## 2. 研究方法

采用平板涂布技术，从兵马俑 1 号坑附近采集的土样库存编号 FJAT-4214 中分离得到菌株 FJAT-13831$^T$。使用的培养基为含有 0.5% NaCl 的 NA 培养基（Atlas，1993），30℃培养 48 h。采用多次纯化直至得到纯培养物，于−80℃甘油冷冻保存并用于进一步的研究。

（1）芽胞杆菌样本的脂肪酸种类鉴定：所有供试菌株都生长在 TSBA 培养基上，脂肪酸的提取和测定分析同上。构建 10 个参数，即 16:0 iso、c16:0、15:0 iso、15:0 anteiso、17:0 iso、17:0 anteiso、15:0 iso/15:0 anteiso、17:0 iso/17:0 anteiso、香农多样性指数（Shannon index，$H_1$）、均匀度指数（Pielou evenness index，$J$）进行疑似新种 FJAT-13831$^T$ 的脂肪酸系统发育分析。

（2）形态学特征：观察 NA 平板上菌落在一定培养时间内的形态、大小、颜色、透明程度、边缘和突起等。所有菌株均在完全相同的培养条件下，观察菌落形态特征。细胞形态在扫描电镜（SEM，JSM-6380；Jeol，Japan）下观察，细胞用 2.5%多聚甲醛/戊二醛多聚甲醛/戊二醛混合物进行固定和镀金（Polaron SC502 Siemens Simatic，Japan）。

（3）生理生化特征：温度生长——将菌株接种于 NB 培养基上，5～50℃进行培养，每 5℃为一个梯度。定时测定菌悬液的光吸收值 $OD_{600}$，所用培养基为 NB（以下试验中未特别指出的均使用此培养基）。NaCl 生长——在 0、2%、4%、6%、8% NaCl 的液体培养基中定量接种并培养测定菌种的最适 NaCl 生长浓度。pH 生长——在已确定的各菌株最适生长 NaCl 浓度的培养基上设定 pH 梯度为 5.0、6.0、7.0、8.0、9.0、10.0，于最适温度下培养。过氧化氢酶——取一接种环培养至对数期的菌种涂布于已滴有 3%过氧化氢的玻片上，如有气泡产生则为阳性，无气泡为阴性。氧化酶——将 0.2 mL α-萘酚乙醇溶液（1% α-萘酚溶于 95%乙醇溶液和 1% $ddH_2O$ 中）和 0.3 mL（1%）对氨基苯胺盐酸溶液混匀后，滴加到已培养好的菌落上，混匀，让溶液浸没菌苔，呈现出深蓝色的为阳性。参考 Gregersen（1978）及 Smibert 和 Krieg（1994）描述的标准操作程序进行各项生化指标测定。革兰氏染色、芽胞测定、吲哚产生、V-P 反应、脲酶、DNA 酶、硝酸盐还原反应、淀粉水解、明胶液化、精氨酸脱羧酶、赖氨酸脱羧酶、鸟氨酸脱羧酶、KCN 利用、Koser 氏柠檬酸盐利用和三糖铁利用均采用商业微生物鉴定管进行测定。碳源利用情况采用商业鉴定系统 API 50CH（BioMérieux）（Logan and Berkeley，1984）。

（4）16S rDNA 与 *gyrB* 基因的系统发育分析：DNA 的提取方法参照相关试剂盒说明书，16S rDNA 和 *gyrB* 基因的 PCR 扩增及测序引物分别采用 Yoon 等（1997）及 Yamamoto 和 Harayama（1995）文献中的细菌通用引物，测序工作由华大基因完成。聚类树中参考菌株的序列取自公共数据库 EzTaxon（http://eztaxon-e.ezbiocloud.net/；Kim et al.，2012）。多重序列比对利用 Clustal X 软件（Thompson et al.，1997），系统发育树的构建用 Mega 4 软件（Tamura et al.，2007）、采用邻接法（Saitou and Nei，1987）完成，采用 Jukes-Cantor 模型（Jukes and Cantor，1969）进行计算。系统发育树的评价采用 1000 次重复值（Felsenstein，1985）。

（5）DNA G+C mol%的测定：DNA G+C mol%的测定采用热变性温度法（de Ley et al.，1970），G+C mol%的计算参考 Owen 和 Hill（1979）描述的方法。

（6）DNA-DNA 杂交：DNA-DNA 杂交采用荧光定量法，具体方法参照 Gonzalez 和 Saiz-Jimenez（2005）的文献，杂交温度为 65℃。DNA-DNA 杂交所需的参考菌株为假蕈状芽胞杆菌（*Bacillus pseudomycoides*）DSM 12442$^T$、蜡样芽胞杆菌（*Bacillus cereus*）DSM 31$^T$ 和蕈状芽胞杆菌（*Bacillus mycoides*）DSM 2408$^T$，这些参考菌株来自德国菌种保藏中心（DSMZ）。

（7）基因组测序及平均核苷酸同源性（average nucleotide identity，ANI）分析：分离菌株 FJAT-13831$^T$ 的全基因组测序由华大基因完成，其余 6 种参考菌株的基因组序列来自 NCBI 数据库。采用双向最适匹配（bi-directional best hit，BBH）法得到 2881 个核心基因（core gene）（Konstantinidis and Tiedje，2005），所有的核心基因都获得相应的 *a*ln 和 mis 之后，ANI 的计算公式如下：

$$\mathrm{ANI} = 1 - \frac{\sum \mathrm{mis}}{\sum a\ln} \tag{5-4-1}$$

最终可以获得一个 ANI 的矩阵。构建基于 ANI 的系统发育树：将 ANI 矩阵转换为遗传距离矩阵，只需要 1–ANI 即可，遗传距离矩阵可以输入 phylip 构建进化树（邻接法）。

（8）细胞壁组分及醌的分析：FJAT-13831$^T$ 的呼吸醌组分和细胞壁组分由德国菌种保藏中心的 Peter Schumann 博士完成。

### 3. 芽胞杆菌新种 FJAT-13831$^T$ 的脂肪酸系统发育分析

FJAT-13831$^T$ 的脂肪酸系统发育分析参数见表 5-4-1，根据菌株 FJAT-13831$^T$ 的脂肪酸成分和 15:0 iso/15:0 anteiso 值为 2.85（大于 1.5），判断该种隶属于芽胞杆菌属第 I 类脂肪酸群。FJAT-13831$^T$ 的脂肪酸系统发育分析见图 5-4-1。芽胞杆菌 FJAT-13831$^T$ 由法国细菌学家（Jean. P. Euzeby 博士）协助定名为 *Bacillus bingmayongensis*（兵马俑芽胞杆菌），作者对其进行了进一步的芽胞杆菌多相分类分析证实。

**表 5-4-1　芽胞杆菌属种类脂肪酸生物标记系统发育分析特征指数**

| 种名 | 16:0 iso | c16:0 | 15:0 iso | 15:0 anteiso | 17:0 iso | 17:0 anteiso | 15:0 iso/15:0 anteiso | 17:0 iso/17:0 anteiso | Shannon 指数（$H_1$） | Pielou 指数（$J$） |
|---|---|---|---|---|---|---|---|---|---|---|
| *Bacillus altitudinis* | 3.10* | 2.40* | 52.01* | 25.75* | 6.15* | 4.52* | 2.02 | 1.36 | 1.83 | 0.65 |
| *B. badius* | 4.89 | 5.06 | 45.47 | 10.67 | 2.88 | 5.19 | 4.26 | 0.55 | 2.90 | 0.74 |
| *B. boroniphilus* | 2.01 | 9.00 | 35.93 | 10.11 | 9.14 | 12.56 | 3.55 | 0.73 | 2.89 | 0.84 |
| *B. carboniphilus* | 4.29 | 4.16 | 47.05 | 17.92 | 6.08 | 1.96 | 2.63 | 3.10 | 2.65 | 0.59 |
| *B. cereus* | 5.99 | 6.11 | 29.19 | 4.40 | 11.84 | 2.11 | 6.63 | 5.61 | 3.31 | 0.85 |
| *B. cibi* | 8.32 | 4.43 | 45.00 | 14.66 | 5.39 | 5.70 | 3.07 | 0.95 | 2.66 | 0.74 |

续表

| 种名 | 16:0 iso | c16:0 | 15:0 iso | 15:0 anteiso | 17:0 iso | 17:0 anteiso | 15:0 iso/15:0 anteiso | 17:0 iso/17:0 anteiso | Shannon 指数（$H_1$） | Pielou 指数（$J$） |
|---|---|---|---|---|---|---|---|---|---|---|
| *B. clausii* | 3.48 | 8.14 | 32.70 | 18.24 | 15.58 | 10.20 | 1.79 | 1.53 | 2.91 | 0.70 |
| *B. decisifrondis* | 11.27 | 1.70 | 53.52 | 6.13 | 2.63 | 1.42 | 8.73 | 1.85 | 2.37 | 0.56 |
| *B. fusiformis* | 12.79 | 3.51 | 47.35 | 11.08 | 6.98 | 3.71 | 4.27 | 1.88 | 2.59 | 0.68 |
| *B. horikoshii* | 3.96 | 8.13 | 28.03 | 9.85 | 5.35 | 10.38 | 2.85 | 0.52 | 3.10 | 0.90 |
| *B. indicus* | 8.56 | 5.48 | 39.57 | 15.41 | 3.77 | 5.19 | 2.63 | 0.73 | 2.87 | 0.80 |
| *B. isronensis* | 4.94 | 3.34 | 50.17 | 3.68 | 3.92 | 1.40 | 13.63 | 2.80 | 2.30 | 0.69 |
| *B. lehensis* | 3.85 | 13.39 | 33.07 | 17.59 | 8.90 | 4.22 | 1.88 | 2.11 | 2.80 | 0.81 |
| *B. massiliensis* | 12.26 | 2.98 | 53.62 | 12.94 | 5.37 | 5.97 | 4.14 | 0.90 | 2.31 | 0.54 |
| *B. mycoides* | 6.82 | 10.04 | 22.51 | 3.92 | 11.01 | 2.66 | 5.74 | 4.14 | 3.62 | 0.85 |
| *B. odysseyi* | 10.80 | 1.78 | 51.63 | 10.90 | 5.62 | 3.17 | 4.73 | 1.77 | 2.47 | 0.59 |
| *B. panaciterrae* | 2.76 | 7.03 | 39.03 | 22.57 | 2.73 | 2.08 | 1.73 | 1.31 | 2.89 | 0.66 |
| *B. pseudomycoides* | 6.86 | 8.82 | 17.64 | 3.31 | 14.78 | 2.59 | 5.33 | 5.70 | 3.52 | 0.86 |
| *B. pumilus* | 3.02 | 2.93 | 51.48 | 26.35 | 6.31 | 3.58 | 1.95 | 1.76 | 2.14 | 0.56 |
| *B. safensis* | 3.67 | 1.97 | 51.43 | 27.81 | 5.57 | 5.04 | 1.85 | 1.11 | 1.83 | 0.65 |
| *B. siralis* | 5.75 | 21.49 | 31.85 | 17.54 | 4.00 | 3.77 | 1.82 | 1.06 | 2.66 | 0.80 |
| *Lysinibacillus sphaericus* | 6.64 | 1.71 | 57.73 | 9.63 | 3.78 | 2.14 | 5.99 | 1.77 | 2.22 | 0.58 |
| *B. cohnii* | 4.64 | 3.52 | 38.11 | 23.44 | 3.25 | 6.29 | 1.63 | 0.52 | 2.87 | 0.69 |
| *B. bingmayongensis* | 3.62 | 9.83 | 21.03 | 7.39 | 11.49 | 2.84 | 2.85 | 4.05 | 3.45 | 0.84 |

注：标注*列中的数值为各脂肪酸的含量，单位为%

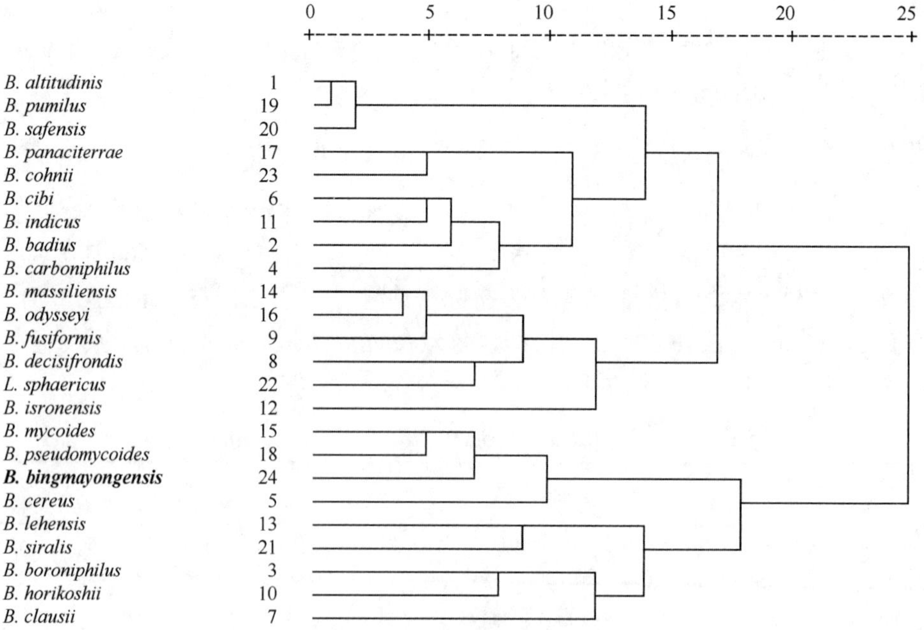


图 5-4-1　FJAT-13831$^T$ 的脂肪酸系统发育分析

测定到的 FJAT-13831$^T$ 脂肪酸成分均符合芽胞杆菌属的特征脂肪酸类型，大部分为支链脂肪酸（Kaneda，1977）。芽胞杆菌属的主要脂肪酸为 15:0 anteiso（3%～30%）和

15:0 iso（5%～60%）及少量的不饱和脂肪酸（<3%）（Kämpfer，1994；Jung et al.，2011）。菌株 FJAT-13831$^T$ 的主要脂肪酸为 15:0 iso（21.03%）、17:0 iso（11.49%）、c16:0（9.83%）、13:0 iso（7.66%）和 15:0 anteiso（7.39%），以上脂肪酸占据了全部脂肪酸总量的 57.4%（表 5-4-2）。根据脂肪酸系统发育分析，可以很明显地将菌株 FJAT-13831$^T$ 与模式菌株假蕈状芽胞杆菌（*Bacillus pseudomycoides*）DSM 12442$^T$、蜡样芽胞杆菌（*Bacillus cereus*）DSM 31$^T$ 和蕈状芽胞杆菌（*Bacillus mycoides*）DSM 2048$^T$ 相互区分开。

**表 5-4-2　菌株 FJAT-13831$^T$ 及其相近菌株的脂肪酸组成**　（%）

| 脂肪酸 | FJAT-13831$^T$ | *B. pseudomycoides* DSM 12442$^T$ | *B. cereus* DSM 31$^T$ | *B. mycoides* DSM 2048$^T$ |
|---|---|---|---|---|
| 15:0 iso | 21.03 | 15.26 | 29.19 | 15.95 |
| 17:0 iso | 11.49 | 14.04 | 11.84 | 10.09 |
| c16:0 | 9.83 | 10.49 | 6.11 | 11.01 |
| 13:0 iso | 7.66 | 7.75 | 6.62 | 10.36 |
| 15:0 anteiso | 7.39 | 3.91 | 4.40 | 4.13 |
| 17:1 iso ω5c | 5.12 | 3.08 | 5.53 | 2.36 |
| c14:0 | 4.13 | 2.17 | 2.38 | 2.91 |
| 16:0 iso | 3.62 | 8.37 | 5.99 | 6.67 |
| 17:0 anteiso | 2.84 | 3.35 | 2.11 | 1.95 |
| c18:0 | 1.68 | 0.97 | 0.97 | 1.38 |
| 14:0 iso | 2.86 | 3.10 | 2.97 | 3.03 |
| 13:0 anteiso | 2.23 | 4.37 | 0.79 | 2.11 |
| 17:1 iso ω10c | 0.00 | 0.00 | 4.61 | 9.82 |
| 16:1ω7c alcohol | 0.00 | 0.00 | 0.79 | 1.72 |
| 17:1 anteiso A | 0.89 | 1.15 | 1.06 | 0.73 |
| 15:0 2OH | 0.00 | 0.00 | 1.17 | 1.20 |
| 12:0 iso | 0.55 | 4.87 | 0.41 | 1.10 |
| 16:1ω11c | 0.00 | 0.00 | 0.45 | 2.06 |
| feature 3 | 15.13 | 12.12 | 8.43 | 7.68 |
| feature 2 | 1.93 | 2.24 | 2.39 | 0.85 |

注：feature 2，14:0 3OH 和/或 16:1 iso I/14:0 3OH；feature 3，16:1ω6c 和/或 16:1ω7c

## 4. 芽胞杆菌新种 FJAT-13831$^T$ 的表型特征

FJAT-13831$^T$ 的菌落和细胞特征见图 5-4-2 和图 5-4-3。我们可以很明显地观察到测试菌株在菌落形态上有很大的差异，兵马俑芽胞杆菌（*Bacillus bingmayongensis*）FJAT-13831$^T$ 的菌落为灰白色，圆形，边缘不整齐（图 5-4-2a）；假蕈状芽胞杆菌（*Bacillus pseudomycoides*）DSM 12442$^T$ 的菌落为黄色，形状不规则（图 5-4-2b）；蕈状芽胞杆菌（*Bacillus mycoides*）DSM 2408$^T$ 的菌落为淡黄色，不规则圆形，边缘呈齿状（图 5-4-2c）；蜡样芽胞杆菌（*Bacillus cereus*）DSM 31$^T$ 的菌落暗白色，圆形（图 5-4-2d）。新分离菌株的生长相对于其他参考菌株明显较慢，而且扫描电镜下细胞形态也表现出很大的差异性，可以很容易相互区分开（图 5-4-3a～d）。由于菌落形态类型和生长条件的影响，菌落形态不能作为芽胞杆菌属成员相互区分的可靠性指标，因此我们又进一步做了生理生化特征分析。

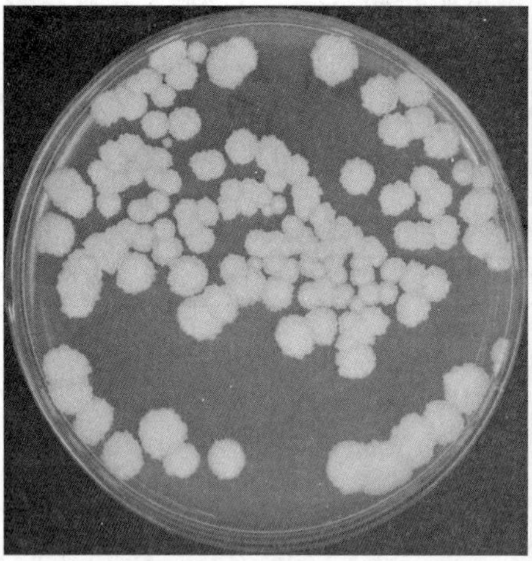

a. *Bacillus bingmayongensis* FJAT-13831$^{T}$

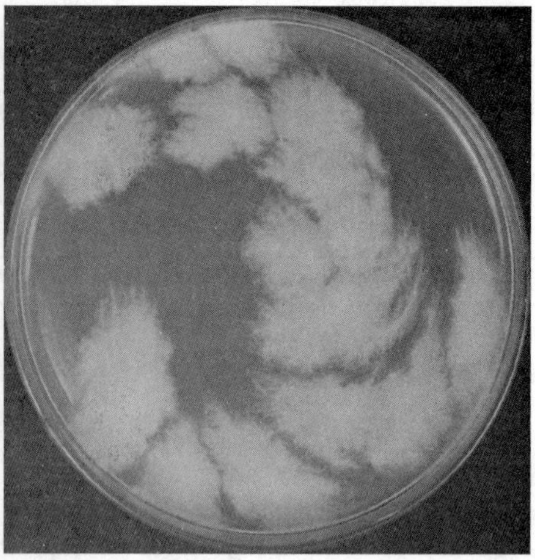

b. *Bacillus pseudomycoides* DSM 12442$^{T}$

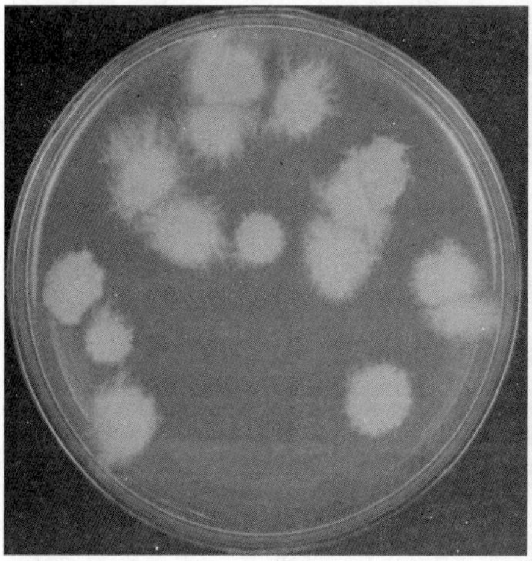

c. *Bacillus mycoides* DSM 2408$^{T}$

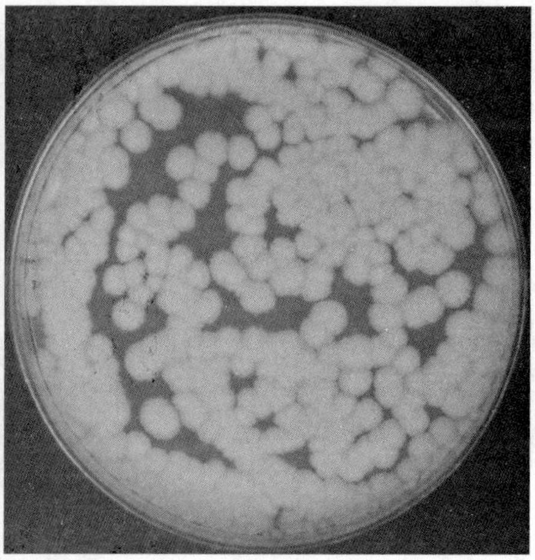

d. *Bacillus cereus* DSM 31$^{T}$

图 5-4-2 FJAT-13831$^{T}$ 及近缘种的菌落形态特征图

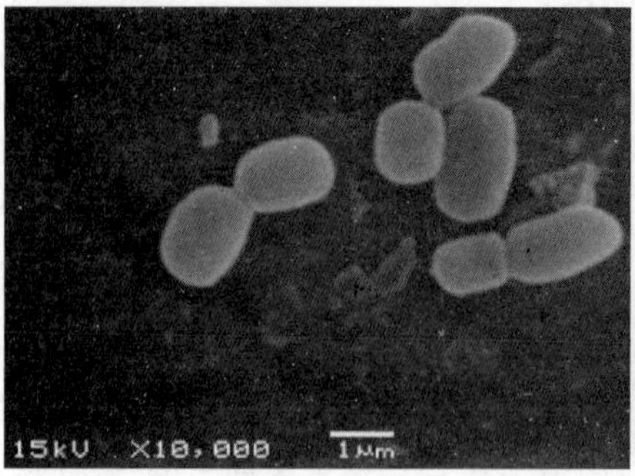


a. *Bacillus bingmayongensis* FJAT-13831$^{T}$

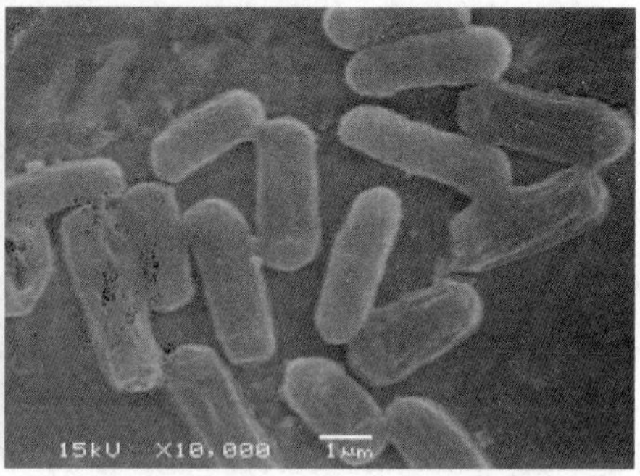


b. *Bacillus pseudomycoides* DSM 12442$^{T}$

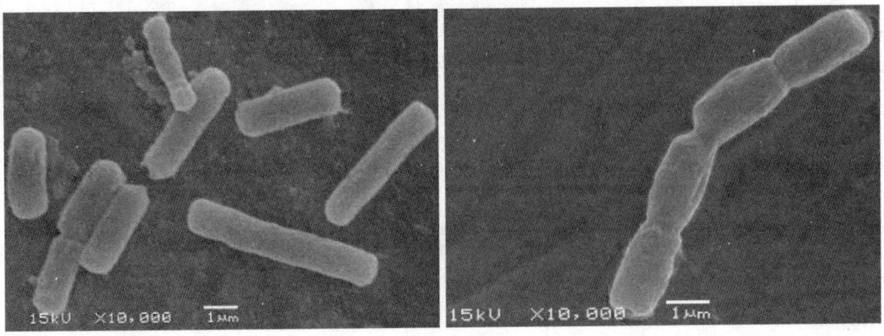


c. *Bacillus mycoides* DSM 2408$^T$　　d. *Bacillus cereus* DSM 31$^T$

图 5-4-3　FJAT-13831$^T$ 及近缘种的细胞形态照片

新分离菌株 FJAT-13831$^T$ 与其参考菌株的生理生化特征见表 5-4-3，与最相近菌有 20 项（※）标记的特征差异，如兵马俑芽胞杆菌（*Bacillus bingmayongensis*）FJAT-13831$^T$ 能在 45℃、4% NaCl 或者 pH 10 的条件下生长良好；相反，假蕈状芽胞杆菌（*Bacillus pseudomycoides*）DSM 12442$^T$ 只能在 40℃、2% NaCl 或者 pH 9 时生长。两种菌能利用的碳水化合物产酸的种类也不同，具体见表 5-4-3。根据以上生理生化特征，分离菌和参考菌可以初步相互区分开来（Priest et al.，1988）。

**表 5-4-3　FJAT-13831$^T$ 及近缘种的生理生化特征和 G+C mol%**

| 特征 | FJAT-13831$^T$ | *B. pseudomycoides* DSM 12442$^T$ | *B. mycoides* DSM 2408$^T$ | *B. cereus* DSM 31$^T$ |
|---|---|---|---|---|
| 生长条件 | | | | |
| 好氧性※ | + | – | + | + |
| 生长温度 | | | | |
| 5℃ | – | – | + | – |
| 10℃ | – | – | + | + |
| 15℃ | – | + | + | + |
| 20℃ | + | + | + | + |
| 30℃ | + | + | + | + |
| 35℃ | + | + | + | + |
| 40℃ | + | + | + | + |
| 45℃※ | + | – | – | + |
| 50℃ | – | – | – | + |
| NaCl | | | | |
| 0 | + | + | + | + |
| 2% | + | + | + | + |
| 4%※ | + | w | + | + |
| 6%※ | w | – | + | + |
| 8% | – | – | – | + |
| pH | | | | |
| 4※ | + | – | – | – |
| 5 | + | + | – | – |

续表

| 特征 | FJAT-13831^T | *B. pseudomycoides* DSM 12442^T | *B. mycoides* DSM 2408^T | *B. cereus* DSM 31^T |
|---|---|---|---|---|
| 6 | + | + | + | + |
| 7 | + | + | + | + |
| 8 | + | + | + | + |
| 9 | + | + | + | + |
| 10^※ | + | − | + | + |
| 氧化酶^※ | + | − | − | + |
| 过氧化氢酶 | + | + | + | + |
| V-P^※ | − | + | + | − |
| 酶反应 | | | | |
| DNase | − | − | − | − |
| 精氨酸双水解酶 | − | − | − | − |
| ONPG（β-半乳糖苷酶） | − | − | − | − |
| 鸟氨酸脱羧酶 | − | − | − | − |
| 赖氨酸脱羧酶 | − | − | − | − |
| 脲酶 | − | − | + | − |
| 水解反应 | | | | |
| 明胶液化 | + | + | − | + |
| 淀粉^※ | − | + | + | + |
| 七叶苷 | + | + | + | + |
| 能源利用 | | | | |
| Koser 氏柠檬酸盐肉汤^※ | + | − | − | + |
| 三糖铁^※ | + | − | − | − |
| KCN | + | + | − | − |
| $H_2S$ | − | − | − | − |
| 吲哚 | − | − | − | − |
| 硝酸盐还原^※ | − | + | − | − |
| 产酸反应（API 50CH） | | | | |
| D-乳糖^※ | − | + | − | − |
| D-葡萄糖^※ | + | − | + | + |
| D-果糖^※ | + | − | + | + |
| 蔗糖^※ | + | − | + | + |
| D-松二糖^※ | + | − | − | − |
| D-阿拉伯糖 | − | − | − | − |
| L-阿拉伯糖 | − | − | − | − |
| D-核糖 | + | + | + | + |
| D-木糖 | − | − | − | − |
| L-木糖 | − | − | − | − |
| D-半乳糖 | − | − | − | − |
| D-甘露糖 | − | − | − | − |
| L-山梨糖 | − | − | − | − |

续表

| 特征 | FJAT-13831$^T$ | *B. pseudomycoides* DSM 12442$^T$ | *B. mycoides* DSM 2408$^T$ | *B. cereus* DSM 31$^T$ |
|---|---|---|---|---|
| L-鼠李糖 | – | – | – | – |
| D-纤维二糖 | + | + | – | + |
| D-麦芽糖 | + | + | + | + |
| D-蜜二糖 | – | – | – | – |
| D-海藻糖 | + | + | + | + |
| D-松三糖 | – | – | – | – |
| D-棉子糖 | – | – | – | – |
| 肝糖 | + | + | + | + |
| 龙胆二糖 | – | – | – | + |
| D-塔格糖 | – | – | – | – |
| D-岩藻糖 | – | – | – | – |
| L-岩藻糖 | – | – | – | – |
| 赤藓醇※ | + | – | – | – |
| 甘油 | + | + | – | + |
| 卫矛醇 | – | – | – | – |
| 肌醇 | – | – | – | – |
| 木糖醇 | – | – | – | – |
| D-甘露醇 | – | – | – | – |
| D-山梨醇 | – | – | – | – |
| D-阿拉伯糖醇 | – | – | – | – |
| L-阿拉伯糖醇 | – | – | – | – |
| 葡萄糖酸盐※ | + | – | – | – |
| 苦杏仁苷 | – | – | – | + |
| 熊果苷 | – | – | + | + |
| 菊粉 | – | – | – | – |
| 水杨苷 | + | + | + | + |
| *N*-乙酰氨基葡萄糖 | + | + | + | + |
| β-甲基-D-木糖苷 | – | – | – | – |
| α-甲基-D-甘露糖苷 | – | – | – | – |
| α-甲基-D-葡萄糖苷 | – | – | – | – |
| 2-酮基-葡萄糖酸盐 | – | – | – | – |
| 5-酮基-葡萄糖酸盐 | – | – | – | – |
| DNA G+C mol%（$T_m$）※† | 36.5 | 34.0～36.0 | 34.2 | 35.7 |

※表示这些指标在菌株 FJAT-13831$^T$ 和假蕈状芽胞杆菌（*B. pseudomycoides*）DSM 12442$^T$ 之间存在差异

†表示蜡样芽胞杆菌（*B. cereus*）、蕈状芽胞杆菌（*B. mycoides*）和假蕈状芽胞杆菌（*B. pseudomycoides*）标准菌株的相关数据是从《伯杰氏系统细菌学手册》中获得的；

注：+，阳性；–，阴性；w，弱

## 5. 芽胞杆菌新种 FJAT-13831$^T$ 的基因型特征

（1）芽胞杆菌新种 FJAT-13831$^T$ 的 16S rDNA 与 *gyrB* 基因系统发育分析。基于 16S rDNA 构建的系统发育树表明分离菌株与芽胞杆菌属的成员聚为一起（图 5-4-4），最相近的为假蕈状芽胞杆菌（*Bacillus pseudomycoides*）DSM 12442$^T$（相似性 99.72%），但一些文献报道表明菌株间 16S rDNA 相似性>99%可能不是同一种（Stackebrandt and Goebel，1994；Venkateswaran et al.，1999；Satomi et al.，2002；La Duc et al.，2004a）。相应的 *gyrB* 基因序列分析揭示与分离菌株 FJAT-13831$^T$ 系统发育相似性最近的菌是假蕈状芽胞杆菌（*Bacillus pseudomycoides*）DSM 12442$^T$（93.8%）。*gyrB* 基因系统发育树分析表现出更高的分歧度，分离菌株很明显地形成一个独立分支，与假蕈状芽胞杆菌（*Bacillus pseudomycoides*）DSM 12442$^T$ 分离开（图 5-4-5）（La Duc et al.，2004b），凭借 *gyrB* 基因可以区分属内种（Venkateswaran et al.，1998；Satomi et al.，2002，2003，2004，2006）。此外，高度可靠的遗传分析需要进一步验证。然而，没有进行 DNA-DNA 杂交试验，菌株间 *gyrB* 基因相似性差异低于 5%不能认为是同一种。

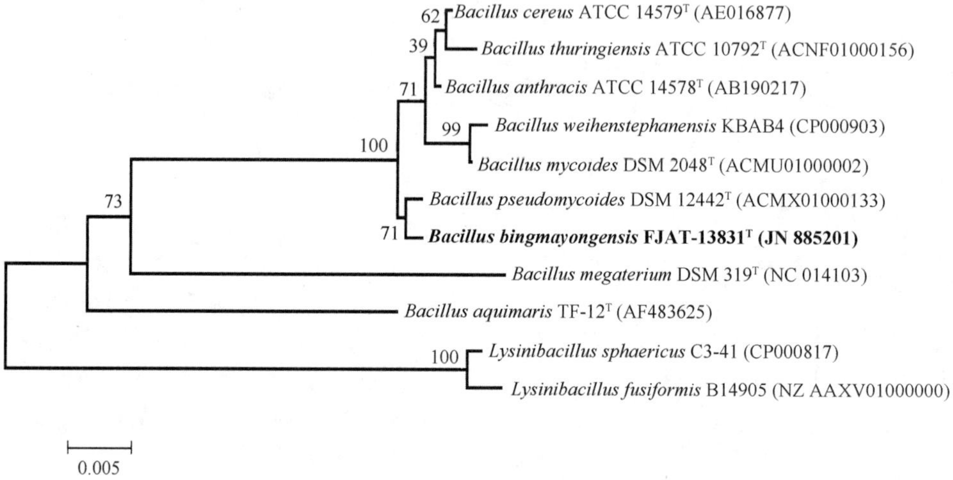


图 5-4-4　芽胞杆菌的 16S rDNA 系统发育树分析

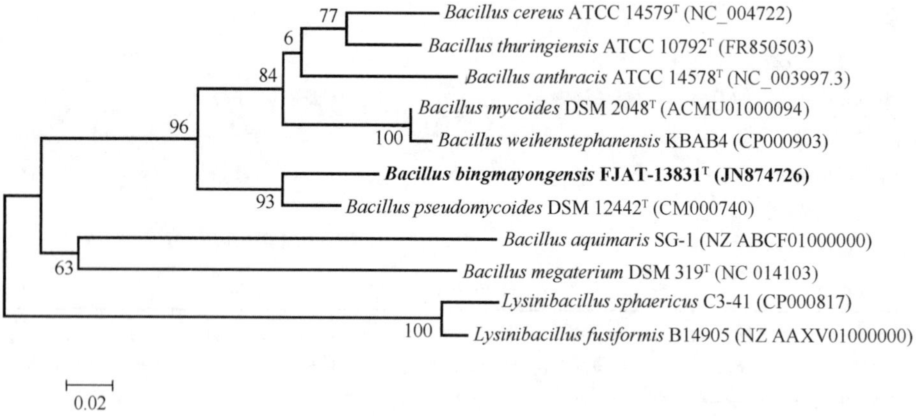


图 5-4-5　芽胞杆菌的 *gyrB* 基因系统发育树分析

（2）芽胞杆菌新种 FJAT-13831$^T$ 的 DNA G+C 含量测定分析。FJAT-13831$^T$ 的 DNA G+C 含量为 36.5 mol%（表 5-4-3），范围为（31.7～40.1）mol%（Priest et al.，1988），

高于其他 3 种参考菌株。

（3）芽胞杆菌新种 FJAT-13831$^T$ 的 DNA-DNA 同源性分析。DNA-DNA 同源性分析见表 5-4-4。菌株 FJAT-13831$^T$ 与其最相近参考菌株假蕈状芽胞杆菌（*Bacillus pseudomycoides*）DSM 12442$^T$ 的 DNA-DNA 同源性为 69.1%，低于 Wayne 等（1987）提出的定种阈值 70%。

**表 5-4-4　FJAT-13831$^T$ 与其相近菌株的 16S rDNA、*gyrB* 基因和 DNA-DNA 同源性分析（%）**

| 种名 | FJAT-13831$^T$ 与其相近菌株的 16S rDNA、*gyrB* 基因和 DNA-DNA 同源性分析 | | |
|---|---|---|---|
| | 16S rDNA | *gyrB* | DNA-DNA 同源性 |
| *Bacillus bingmayongensis* FJAT-13831$^T$ | 100.00 | 100.0 | 99.8 |
| *Bacillus pseudomycoides* DSM 12442$^T$ | 99.72 | 93.8 | 69.1 |
| *Bacillus mycoides* DSM 2048$^T$ | 99.24 | 86.4 | 63.7 |
| *Bacillus cereus* DSM 31$^T$ | 99.44 | 84.7 | 62.4 |
| *Bacillus thuringiensis* ATCC 10792$^T$ | 99.17 | 84.7 | ND |
| *Bacillus weihenstephanensis* KBAB4 | 99.17 | 87.0 | ND |
| *Bacillus anthracis* ATCC 14578 | 99.58 | 84.1 | ND |
| *Lysinibacillus fusiformis* B14905 | 93.47 | 73.4 | ND |
| *Bacillus megaterium* DSM 319$^T$ | 94.79 | 73.2 | 53.9 |
| *Lysinibacillus sphaericus* C3-41 | 93.68 | 71.6 | 52.8 |
| *Bacillus aquimaris* DSM 16205$^T$ | 95.27 | 71.5 | 52.7 |

注：ND 表示未获得数据

（4）芽胞杆菌新种 FJAT-13831$^T$ 的基因组 ANI 分析。由于新分离菌株 FJAT-13831$^T$ 与其最相近菌株的 DNA-DNA 同源性接近 70%临界值（Wayne et al.，1987；Rosellóo-Mora and Amann，2001），相近菌株间核心基因的 ANI 用来验证该菌株是否为一新种（Konstantinidis and Tiedje，2005；Sorokin et al.，2006）。FJAT-13831$^T$ 的基因组由 Liu 等（2012）完成测序，登录号为 AKCS0000000，而 6 个相近种的基因组序列来自 NCBI（表 5-4-5）。通过相近种小蛋白 30%的相似性和 60%覆盖度的双向最佳比对计算得出 ANI 所需的 2881 个核心基因，ANI 矩阵见表 5-4-6，根据公式 1–ANI/100 计算出距离矩阵（表 5-4-7），然后构建系统发育树（图 5-4-6）（Huson and Bryant，2006）。新分离菌株 FJAT-13831$^T$ 与其最相近菌假蕈状芽胞杆菌（*Bacillus pseudomycoides*）DSM 12442$^T$ 的 ANI 值为 91.74%，两种菌间的 ANI 值明显低于定种阈值 95%（Goris et al.，2007）。

**表 5-4-5　FJAT-13831$^T$ 及其相近菌株的基因组信息**

| 编号 | 基因数量 | GenBank 登录号 | 种名 |
|---|---|---|---|
| 13831 | 5657 | AKCS0000000 | *Bacillus bingmayongensis* FJAT-13831$^T$ |
| ban1 | 5328 | NC_003997.3 | *Bacillus anthracis* ATCC 14578$^T$ |
| bce1 | 5234 | NC_004722.1 | *Bacillus cereus* ATCC 14579$^T$ |
| bmy1 | 5658 | NZ_CM000742.1 | *Bacillus mycoides* DSM 2048$^T$ |
| bpm | 5851 | NZ_CM000745.1 | *Bacillus pseudomycoides* DSM 12442$^T$ |
| bth1 | 6243 | NZ_CM000753.1 | *Bacillus thuringiensis berliner* ATCC 10792$^T$ |
| bwe | 5155 | NC_010184.1 | *Bacillus weihenstephanensis* KBAB4 |

**表 5-4-6　FJAT-13831$^T$ 及其相近菌株的 ANI 矩阵**

| 种类编号 | 13831 | ban1 | bce1 | bmy1 | bpm | bth1 | bwe |
|---|---|---|---|---|---|---|---|
| 13831 | 100.00 | | | | | | |
| ban1 | 82.77 | 100.00 | | | | | |
| bce1 | 82.77 | 92.49 | 100.00 | | | | |
| bmy1 | 83.22 | 90.26 | 90.37 | 100.00 | | | |
| bpm | 91.47 | 82.64 | 82.75 | 83.26 | 100.00 | | |
| bth1 | 82.84 | 92.41 | 97.31 | 90.46 | 82.73 | 100.00 | |
| bwe | 83.27 | 90.28 | 90.31 | 98.25 | 83.18 | 90.47 | 100.00 |

**表 5-4-7　FJAT-13831$^T$ 及其相近菌株的矩阵距离**

| 种类编号 | 13831 | ban1 | bce1 | bmy1 | bpm | bth1 | bwe |
|---|---|---|---|---|---|---|---|
| 13831 | 0.0000 | | | | | | |
| ban1 | 0.1723 | 0.0000 | | | | | |
| bce1 | 0.1723 | 0.0751 | 0.0000 | | | | |
| bmy1 | 0.1677 | 0.0974 | 0.0962 | 0.0000 | | | |
| bpm | 0.0852 | 0.1735 | 0.1724 | 0.1674 | 0.0000 | | |
| bth1 | 0.1715 | 0.0758 | 0.0269 | 0.0954 | 0.1727 | 0.0000 | |
| bwe | 0.1673 | 0.0971 | 0.0969 | 0.0175 | 0.1681 | 0.0953 | 0.0000 |

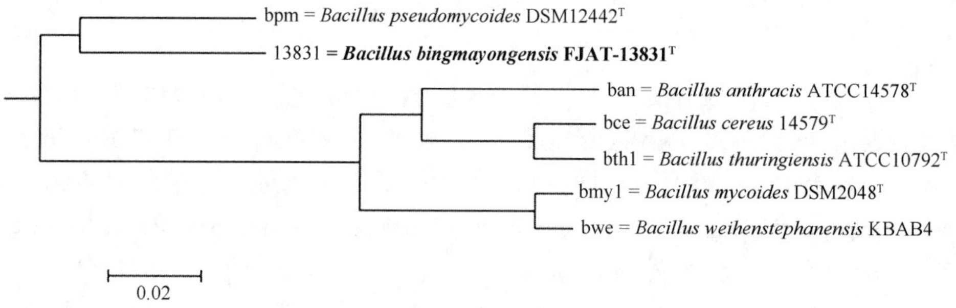


图 5-4-6　FJAT-13831$^T$ 及其相近菌株的系统发育树

## 6. 芽胞杆菌新种 FJAT-13831$^T$ 的细胞壁组分及醌分析

细胞肽聚糖主要包含内消旋-二氨基庚二酸、丙氨酸和谷氨酸，主要呼吸醌为 MK-7（89%）及少量的 MK-5（8%）和 MK-4（2%）。

## 7. 讨论

基于 FJAT-13831$^T$ 与其系统发育关系最近的菌株的表型特征、化学特征、16S rDNA 和 *gyrB* 基因系统发育分析、DNA-DNA 同源性和 ANI 差异，新分离菌株 FJAT-13831$^T$ 代表芽胞杆菌属的一个新种，命名为兵马俑芽胞杆菌（*Bacillus bingmayongensis* sp. nov. Liu et al. 2014）。2014 年该新种在国际学报上正式发表（Antonie van Leeuwenhoek. 2014 Mar; 105（3）: 501-510. doi:10.1007/s10482-013-0102-3. Epub 2013 Dec 27.）。

新种 *Bacillus bingmayongensis*（MS）的种名释义：*Bacillus bingmayongensis* (*bing. ma. yong.*) en'sis. Pinyin n. Bīng Mǎ Yǒng, literally "military servants"(Terracotta Warriors and Horses, a collection of 8,099 life-size terra cotta figures of warriors and horses located in the Mausoleum of the First Qin Emperor thousand years ago in China); N.L. masc. adj. *bingmayongensis* of belonging to Bīng Mǎ Yǒng, a mausoleum in Xi'an City of China, where the type strain was isolated.

新种兵马俑芽胞杆菌的特征描述：细胞杆状［（1.6～3.3）μm×（1.1～1.8）μm］，革兰氏阳性，好氧，形成椭圆形芽胞，能运动。NA 培养基上菌落扁平，灰白色，边缘不规则。生长温度为 20～45℃（最佳为 30℃），pH 为 4.0～10.0（最佳为 pH 7.0）。8% NaCl 时不能生长。过氧化氢酶和氧化酶反应为阳性，但 ONPG、DNase、脲酶、精氨酸双水解酶、赖氨酸脱羧酶、鸟氨酸脱羧酶和硝酸盐还原反应阴性。不能产生吲哚和 $H_2S$。细胞不能水解淀粉、明胶和七叶苷。能利用 Koser 氏柠檬酸盐肉汤和三糖铁，能利用 KCN。能利用 D-葡萄糖、D-纤维二糖、D-麦芽糖、D-果糖、D-核糖、蔗糖、D-海藻糖、D-松二糖、肝糖、甘油、赤藓醇、*N*-乙酰氨基葡萄糖、水杨苷和葡萄糖酸钾产酸。不能利用 D-阿拉伯糖、L-阿拉伯糖、D-木糖、L-木糖、β-甲基-D-木糖苷、D-半乳糖、D-甘露糖、L-山梨糖、L-鼠李糖、肌醇、D-甘露醇、α-甲基-D-甘露糖苷、α-甲基-D-葡萄糖苷、苦杏仁苷、熊果苷、卫矛醇、D-山梨醇、菊粉、D-松三糖、D-乳糖、D-棉子糖、D-蜜二糖、D-塔格糖、淀粉、木糖醇、龙胆二糖、D-岩藻糖、L-岩藻糖、D-阿拉伯糖醇、L-阿拉伯糖醇、2-酮基-葡萄糖酸钾和 5-酮基-葡萄糖酸钾产酸。DNA G+C 含量为 36.5 mol%。细胞壁主要氨基酸组分主要含有内消旋-二氨基庚二酸，主要呼吸醌为 MK-7，细胞主要脂肪酸为 15:0 iso（21.03%）、15:0 anteiso（7.39%）、13:0 iso（7.66%）、c16:0（9.83%）和 17:0 iso（11.49%）。

模式菌株 FJAT-13831$^T$（=CGMCC 1.12043$^T$=DSM 25427$^T$）分离于中国陕西省西安市 2000 多年前的秦始皇兵马俑坑附近土壤。

## 二、仙草芽胞杆菌新种鉴定

### 1. 概述

芽胞杆菌属的许多种分离自植物的内生组织，如内生芽胞杆菌（*Bacillus endophyticus*）分离于棉花内部组织（Reva et al.，2002）、根内芽胞杆菌（*Bacillus endoradicis*）分离于大豆根部（Zhang et al.，2012）、草坪芽胞杆菌（*Bacillus graminis*）分离于沿海沙丘植物（Bibi et al.，2011）。植物内生菌与植物生长抑制病原菌有一定的相关性（Liu et al.，2009）。凉粉草（*Mesona chinensis*）在我国一般称为“仙草”，我们在调查仙草根际微生物群落时分离到一株好氧革兰氏阳性菌株 FJAT-13985$^T$，经过脂肪酸分析发现它是芽胞杆菌属的一个明显独立分支。为了验证它的分类地位，对该菌进行了分类特征（表型特征、基因特征和系统发育）研究。结果表明菌株 FJAT-13985$^T$ 是芽胞杆菌属的一个新种。

## 2. 研究方法

（1）试验材料：采用平板涂布技术，从福州福清采集的仙草根际分离到菌株 FJAT-13985$^T$，使用含有 0.5% NaCl 的 NA 培养基（Atlas，1993）30℃培养 48 h，采用多次纯化直至得到纯培养物于−80℃甘油冷冻保存，用于进一步的研究。

（2）采集的芽胞杆菌样本的脂肪酸种类鉴定：所有供试菌株都生长在 TSBA 培养基上，脂肪酸的提取和测定分析同上；构建 10 个参数，即 16:0 iso、c16:0、15:0 iso、15:0 anteiso、17:0 iso、17:0 anteiso、15:0 iso/15:0 anteiso、17:0 iso/17:0 anteiso、Shannon 指数（$H_1$）、Pielou 指数（$J$）进行疑似新种 FJAT-13831$^T$ 的脂肪酸系统发育分析。

（3）形态学特征：观察 NA 平板上菌落在一定培养时间内的形态、大小、颜色、透明程度、边缘和突起等。所有菌株均在完全相同的培养条件下，观察菌落形态特征。细胞形态在扫描电镜（SEM，JSM-6380；Jeol，Japan）下观察，细胞用 2.5%多聚甲醛/戊二醛混合物进行固定和镀金（Polaron SC502 Siemens Simatic，Japan）。

（4）生理生化特征：温度生长——将菌株接种于 NB 培养基，5～50℃进行培养，每 5℃为一个梯度。定时测定菌悬液的光吸收值 $OD_{600}$，所用培养基为 NB（以下试验中未特别指出的均使用此培养基）。NaCl 生长——在 0、2%、4%、6%、8% NaCl 的液体培养基中定量接种并培养测定菌种的最适 NaCl 生长浓度。pH 生长——在已确定的各菌株最适生长 NaCl 浓度的培养基上设定 pH 梯度为 5.0、6.0、7.0、8.0、9.0、10.0，于最适温度下培养。过氧化氢酶——取一接种环培养至对数期的菌种涂布于已滴有 3%过氧化氢的玻片上，如有气泡产生则为阳性，无气泡为阴性。氧化酶——将 0.2 mL α-萘酚乙醇溶液（1% α-萘酚溶于 95%乙醇溶液和 1% ddH$_2$O 中）和 0.3 mL（1%）对氨基苯胺盐酸溶液混匀后，滴加到已培养好的菌落上，混匀，让溶液浸没菌苔，呈现出深蓝色的为阳性。参考 Gregersen（1978）及 Smibert 和 Krieg（1994）描述的标准操作程序进行各项生化指标测定。革兰氏染色、芽胞有无、吲哚产生、V-P 反应、脲酶、DNA 酶、硝酸盐还原反应、淀粉水解、明胶液化、精氨酸脱羧酶、赖氨酸脱羧酶、鸟氨酸脱羧酶、KCN 利用、Koser 氏柠檬酸盐利用和三糖铁利用均采用商业微生物鉴定管进行测定。碳源利用情况采用商业鉴定系统 API 50CH（BioMérieux）（Logan and Berkeley，1984）。

（5）16S rDNA 系统发育分析：DNA 的提取方法参照相关试剂盒说明书，16S rDNA 的 PCR 扩增引物采用 Yoon 等（1997）文献中的细菌通用引物，测序工作由华大基因完成。聚类树中参考菌株的序列取自公共数据库 EzTaxon（http://eztaxon-e.ezbiocloud.net/；Kim et al.，2012）。多重序列比对利用 Clustal X 软件（Thompson et al.，1997），系统发育树利用 Mega 4.0 软件构建（Tamura et al.，2007）、采用邻接法（Saitou and Nei，1987）完成，采用 Jukes-Cantor 模型（Jukes and Cantor，1969）进行计算。系统发育树的评价采用 1000 次重复值（Felsenstein，1985）。

（6）DNA G+C mol%含量的测定：DNA 水解——取 0.1～0.2 mL 抽提所得 DNA（约 1 mg/mL）溶液低压冻干，加入 1 μL 高氯酸（优级纯），封管，沸水浴中加热水解 1 h。DNA G＋C mol%的测定步骤：①用 HPLC 测定 4 种脱氧核糖核苷酸标准品混合液，标准品以每种 0.1 mg/mL 的量配成混合液。经过 HPLC 检测后，得到峰面积，计算出单位峰面积中脱氧核糖核苷酸标准品的毫克分子数。②用 HPLC 测定样品 DNA，样品色谱图中各种核糖核苷酸的峰面积，乘以单位峰面积中每种脱氧核糖核苷酸标准品的毫克分子数，即得出样品 DNA 中 4 种脱氧核糖核苷酸的毫克数。③计算 G+C mol%: G+C mol% 的计算公式为 G+C mol%=(G+C)/(G+C+A+T)。

（7）DNA-DNA 杂交：DNA-DNA 杂交试验中所用的参考菌株为钴特省芽胞杆菌（*Bacillus drentensis*）DSM 15600$^T$、原野芽胞杆菌（*Bacillus vireti*）DSM 15602$^T$ 和休闲地芽胞杆菌（*Bacillus novalis*）DSM 15603$^T$。DNA-DNA 杂交试验采用热变性法（de Ley et al.，1970；Huss et al.，1983；Jahnke，1992）进行。具体步骤如下：①DNA 纯度分析，将抽提的 DNA 样品分别测其 260 nm、280 nm、230 nm 的吸光度，纯度要求为 $A_{260}$∶$A_{280}$∶$A_{230}$=1.0∶1.515∶0.450，DNA 浓度要求在 $A_{260}$=1.5～2.0（约 50 μg/mL）。②DNA 样品预处理，剪切 DNA 样品，使片段大小为 $2\times10^5$～$5\times10^5$ Da。③DNA 变性，取样品 A、B 各 1.5 mL 分别装在两支试管中，再取 A、B 各 0.75 mL 装在同一只试管中混匀为 M。3 个样品分别置于沸水浴中变性 15 min，用预热吸管吸取 10×柠檬酸钠缓冲液（SSC）0.36 mL 分别加入上述变性样品中，使终浓度为 2× SSC，继续变性 5 min，立即上样。④测定 DNA 复变速率，样品在 260 nm 处，用可加热的比色杯达到最适复变温度时的吸光度作为 0，每隔 3 min，记录一次 $A_{260}$。一般线性区域在 0～45 min，0～30 min 为测量段。⑤计算，复变速率（$V$）=(0 时吸光度−30 min 时吸光度)/30，得到 $V_a$、$V_b$、$V_m$，并用公式（5-4-2）计算 DNA-DNA 杂交相关度（$D$%）：

$$D\% = \left[4V_m - (V_a + V_b)\right] / 2^{\sqrt{V_a V_b}} \qquad (5\text{-}4\text{-}2)$$

（8）细胞壁组分及醌的分析：细胞壁氨基酸分析采用 Hasegawa 等（1983）的方法进行薄层层析，呼吸醌参照 Groth 等（1996）的方法进行提取后利用 HPLC 进行分析。

## 3. 芽胞杆菌新种 FJAT-13985$^T$ 的脂肪酸系统发育分析

FJAT-13985$^T$ 的脂肪酸系统发育分析参数见表 5-4-8，聚类分析见图 5-4-7。FJAT-13985$^T$ 的脂肪酸组成与第 II 类芽胞杆菌属脂肪酸群相似，该菌株应隶属于第 II 类芽胞杆菌属脂肪酸群。由脂肪酸系统发育聚类分析可知，FJAT-13985$^T$ 单独形成一个分支，与其他芽胞杆菌属种类区分开，与其他种的距离也非常大。因此，我们推测该分离菌株 FJAT-13985$^T$ 可能为芽胞杆菌属的一个新种。芽胞杆菌 FJAT-13985$^T$ 由法国细菌学家（Jean. P. Euzeby 博士）协助定名为 *Bacillus mesonae*（仙草芽胞杆菌），作者进行了进一步的芽胞杆菌多相分类分析证实。

**表 5-4-8　芽胞杆菌属种类脂肪酸生物标记系统发育分析特征指数**

| 种名 | 16:0 iso | c16:0 | 15:0 iso | 15:0 anteiso | 17:0 iso | 17:0 anteiso | $I_1$ | $I_2$ | $H_1$ | $J$ |
|---|---|---|---|---|---|---|---|---|---|---|
| *B. agaradhaerens* | 1.59* | 15.08* | 15.73* | 23.37* | 11.09* | 9.49* | 0.67 | 1.17 | 3.06 | 0.85 |
| *B. alcalophilus* | 1.05 | 13.15 | 28.09 | 35.73 | 3.82 | 6.23 | 0.79 | 0.61 | 2.54 | 0.63 |
| *B. alkalitelluris* | 2.67 | 20.37 | 20.54 | 34.26 | 3.42 | 3.01 | 0.60 | 1.14 | 2.61 | 0.75 |
| *B. amyloliquefaciens* | 3.60 | 3.79 | 31.35 | 35.19 | 12.66 | 9.44 | 0.89 | 1.34 | 2.4 | 0.65 |
| *B. aryabhattai* | 1.88 | 6.59 | 38.68 | 36.03 | 3.34 | 4.07 | 1.07 | 0.82 | 2.3 | 0.58 |
| *B. beijingensis* | 3.69 | 2.70 | 23.12 | 39.09 | 2.91 | 18.05 | 0.59 | 0.16 | 2.5 | 0.70 |

续表

| 种名 | 16:0 iso | c16:0 | 15:0 iso | 15:0 anteiso | 17:0 iso | 17:0 anteiso | $I_1$ | $I_2$ | $H_1$ | $J$ |
|---|---|---|---|---|---|---|---|---|---|---|
| *B. cellulosilyticus* | 3.68 | 15.4 | 22.09 | 23.18 | 5.85 | 6.85 | 0.95 | 0.85 | 3.29 | 0.77 |
| *B. coagulans* | 3.91 | 3.45 | 32.07 | 31.20 | 9.23 | 12.30 | 1.03 | 0.75 | 2.15 | 0.83 |
| *B. decolorationis* | 1.54 | 9.40 | 38.29 | 27.60 | 8.79 | 9.10 | 1.39 | 0.97 | 2.28 | 0.76 |
| *B. drentensis* | 2.20 | 2.27 | 33.43 | 27.68 | 3.79 | 1.79 | 1.21 | 2.12 | 1.80 | 0.60 |
| *B. flexus* | 2.66 | 3.69 | 26.42 | 33.28 | 4.29 | 8.02 | 0.79 | 0.53 | 2.86 | 0.77 |
| *B. fordii* | 4.81 | 1.59 | 33.17 | 24.35 | 8.47 | 16.03 | 1.36 | 0.53 | 2.76 | 0.64 |
| *B. fortis* | 3.09 | 2.21 | 36.89 | 28.12 | 5.67 | 14.39 | 1.31 | 0.40 | 2.20 | 0.73 |
| *B. globisporus* | 3.44 | 3.34 | 35.46 | 33.93 | 8.77 | 9.34 | 1.05 | 0.94 | 2.12 | 0.75 |
| *B. koreensis* | 4.92 | 4.67 | 37.27 | 33.66 | 3.48 | 5.44 | 1.11 | 0.64 | 2.25 | 0.71 |
| *B. licheniformis* | 4.56 | 3.09 | 37.28 | 29.35 | 10.72 | 10.56 | 1.27 | 1.02 | 2.42 | 0.65 |
| *B. luciferensis* | 8.28 | 4.23 | 30.44 | 39.46 | 2.16 | 5.43 | 0.77 | 0.42 | 2.26 | 0.71 |
| *B. megaterium* | 3.53 | 5.82 | 30.72 | 41.72 | 1.79 | 4.31 | 0.74 | 0.42 | 2.29 | 0.66 |
| *B. niacini* | 7.11 | 6.60 | 30.14 | 18.28 | 6.24 | 4.04 | 1.65 | 1.54 | 3.19 | 0.78 |
| *B. novalis* | 2.97 | 6.70 | 39.89 | 38.59 | 1.35 | 3.74 | 1.03 | 0.36 | 2.11 | 0.57 |
| *B. oleronius* | 2.43 | 2.94 | 40.48 | 19.39 | 9.44 | 20.48 | 2.09 | 0.46 | 2.09 | 0.81 |
| *B. patagoniensis* | 5.96 | 3.38 | 38.32 | 31.56 | 5.77 | 7.39 | 1.21 | 0.78 | 2.27 | 0.76 |
| *B. psychrosaccharolyticus* | 1.13 | 3.63 | 30.82 | 40.74 | 4.18 | 2.70 | 0.76 | 1.55 | 2.42 | 0.65 |
| *P. psychrotolerans* | 1.77 | 1.23 | 30.29 | 32.22 | 0.34 | 2.28 | 0.94 | 0.15 | 2.68 | 0.63 |
| *B. selenatarsenatis* | 3.41 | 1.62 | 38.65 | 26.22 | 2.08 | 21.25 | 1.47 | 0.10 | 2.38 | 0.55 |
| *B. shackletonii* | 2.95 | 1.67 | 39.29 | 28.61 | 2.04 | 19.17 | 1.37 | 0.11 | 2.02 | 0.67 |
| *B. soli* | 3.21 | 3.09 | 39.48 | 34.16 | 3.44 | 3.05 | 1.16 | 1.13 | 2.26 | 0.65 |
| *B. subtilis* | 5.09 | 3.78 | 21.38 | 39.76 | 12.21 | 10.71 | 0.54 | 1.14 | 2.50 | 0.70 |
| *B. subtilis* subsp. *inaquosorum* | 4.40 | 4.06 | 25.93 | 34.85 | 12.41 | 10.14 | 0.74 | 1.22 | 2.46 | 0.69 |
| *B. subtilis* subsp. *spizizenii* | 3.60 | 3.15 | 19.94 | 38.55 | 12.32 | 15.47 | 0.52 | 0.80 | 2.45 | 0.68 |
| *B. subtilis* subsp. *subtilis* | 4.54 | 3.09 | 29.24 | 35.84 | 11.15 | 9.19 | 0.82 | 1.21 | 2.42 | 0.68 |
| *B. vallismortis* | 4.17 | 6.13 | 23.12 | 29.69 | 10.53 | 9.22 | 0.78 | 1.14 | 2.72 | 0.79 |
| *B. acidiceler* | 9.35 | 4.67 | 15.13 | 57.49 | 0.00 | 5.19 | 0.26 | 0.00 | 1.94 | 0.69 |
| *B. humi* | 6.29 | 1.74 | 16.45 | 51.24 | 0.39 | 3.27 | 0.32 | 0.12 | 2.30 | 0.56 |
| *B. mesonae* | 3.85 | 4.85 | 40.80 | 23.33 | 6.24 | 3.76 | 1.75 | 1.66 | 2.67 | 0.57 |

注：标*列中的数值为各脂肪酸含量，单位为%；$H_1$=香农多样性指数；$J$=均匀度指数。$I_1$=15:0 iso/15:0 anteiso；$I_2$=17:0 iso/17:0 anteiso

菌株 FJAT-13985$^T$ 的脂肪酸成分见表 5-4-9。FJAT-13985$^T$ 的主要脂肪酸为 15:0 anteiso（40.80%）和 15:0 iso（23.33%），这两种脂肪酸是芽胞杆菌属成员的特征脂肪酸（Kämpfer，1994）。FJAT-13985$^T$ 与近缘种的脂肪酸成分差异具体见表 5-4-9。

## 4. 芽胞杆菌新种 FJAT-13985$^T$ 的表型特征

在 TSBA 培养基上，30℃培养 48 h 后，FJAT-13985$^T$ 的菌落表现为淡黄色、扁平、有光泽、边缘不整齐。细胞革兰氏阳性，芽胞椭圆形，能运动，短杆状（图 5-4-8）。FJAT-13985$^T$ 的菌落形态与其近缘种明显不同。菌株 FJAT-13985$^T$ 与其近缘种共有 42 项生理生化指标特征差异，具体详见表 5-4-10。

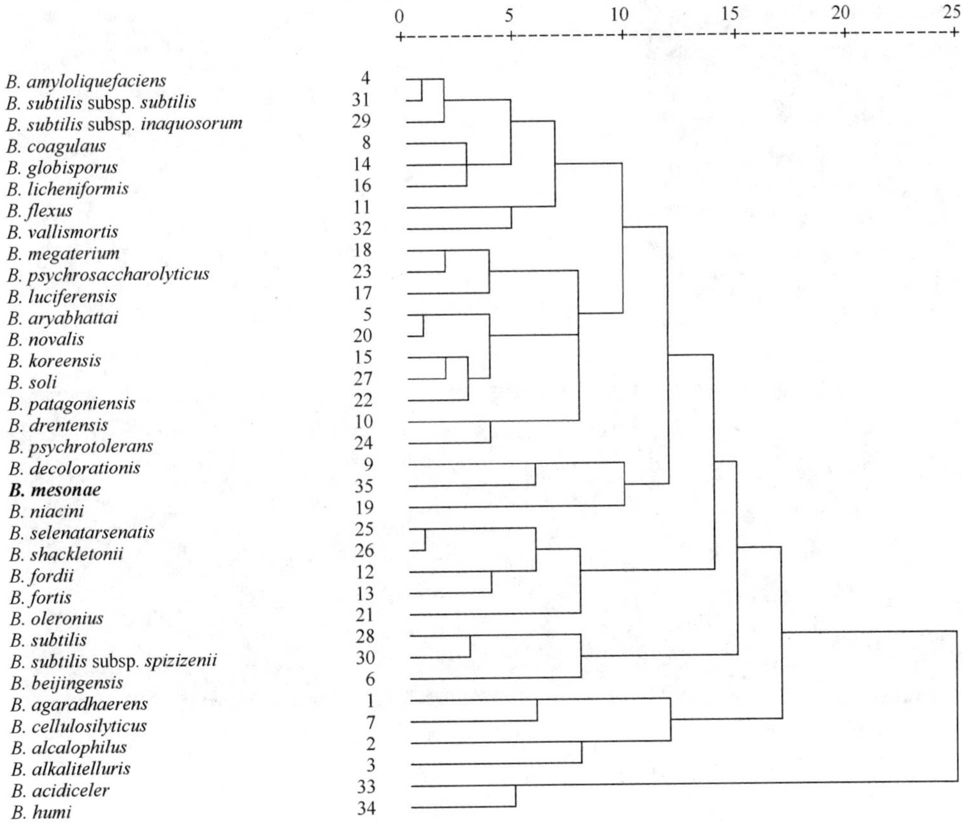


图 5-4-7　FJAT-13985$^{T}$ 的脂肪酸系统发育分析

**表 5-4-9　FJAT-13985$^{T}$ 与其参考菌株的脂肪酸成分比较**　（%）

| 脂肪酸 | FJAT-13985$^{T}$ | *B. drentensis* DSM 15600$^{T}$ | *B. vireti* DSM 15602$^{T}$ | *B. novalis* DSM 15603$^{T}$ |
|---|---|---|---|---|
| 14:0 iso | 3.14 | 7.18 | 1.21 | 2.63 |
| 13:0 iso | 0.57 | 1.42 | 0.13 | 0.19 |
| c14:0 | 0.66 | 0.34 | 0.44 | 1.73 |
| 15:0 iso | 40.80 | 33.43 | 30.01 | 39.89 |
| 15:0 anteiso | 23.33 | 27.68 | 27.15 | 38.59 |
| 16:1ω7c alcohol | 1.00 | 2.77 | 0.53 | — |
| 16:0 iso | 3.85 | 2.20 | 2.59 | 2.97 |
| 16:1ω11c | 4.67 | 5.35 | 0.96 | 0.32 |
| c16:0 | 4.85 | 2.27 | 3.92 | 6.70 |
| 17:1 iso ω10c | 2.39 | 5.64 | 0.92 | — |
| 17:0 iso | 6.24 | 3.79 | 3.15 | 1.35 |
| 17:0 anteiso | 3.76 | 1.79 | 5.89 | 3.74 |
| c17:0 | 0.89 | 0.24 | 0.13 | — |
| 18:1ω9c | 0.74 | 0.93 | 0.50 | 0.28 |
| c18:0 | 1.04 | 0.78 | 0.79 | 0.52 |
| feature 4 | 0.95 | 1.55 | 1.15 | 0.21 |

注：feature 4，17:1 anteiso B 和/或 iso I；“—”表示未检测出相应脂肪酸

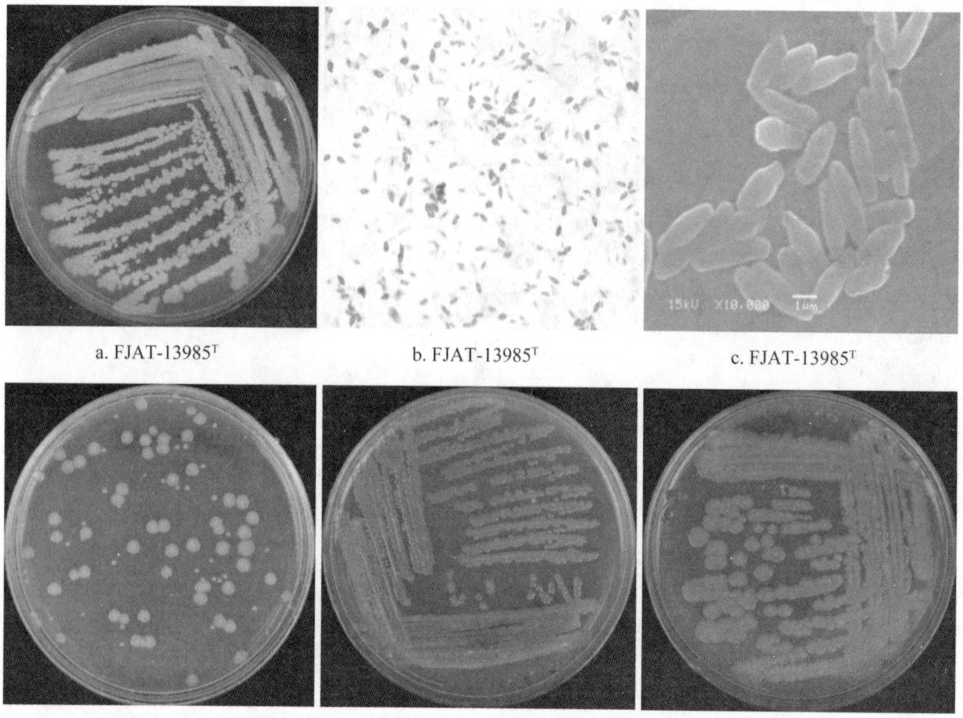


a. FJAT-13985T　b. FJAT-13985T　c. FJAT-13985T

d. *Bacillus drentensis*　e. *Bacillus novalis*　f. *Bacillus vireti*

图 5-4-8　菌株 FJAT-13985T 的菌落、细胞和芽胞及其近缘种的菌落形态

**表 5-4-10　菌株 FJAT-13985T 与其参考菌株的生理生化特征**

| 特征 | FJAT-13985T | *B. drentensis* DSM 15600T | *B. vireti* DSM 15602T | *B. novalis* DSM 15603T |
|---|---|---|---|---|
| 温度 | | | | |
| 10℃ | − | | | |
| 15℃ | − | | | |
| 20℃ | w | + | + | + |
| 25℃ | + | + | + | + |
| 30℃ | + | + | + | + |
| 35℃ | + | + | + | + |
| 40℃ | + | − | w | w |
| 45℃ | + | − | − | − |
| 50℃ | − | − | − | − |
| 最佳 | 30℃ | 30℃ | 30℃ | 30℃ |
| pH | | | | |
| 5.7 | + | + | + | + |
| 6 | + | + | + | + |
| 7 | + | + | + | + |
| 8 | + | + | − | + |
| 9 | + | + | − | + |
| 10 | − | + | − | + |

续表

| 特征 | FJAT-13985$^{T}$ | *B. drentensis* DSM 15600$^{T}$ | *B. vireti* DSM 15602$^{T}$ | *B. novalis* DSM 15603$^{T}$ |
|---|---|---|---|---|
| NaCl | | | | |
| 0 | + | + | + | + |
| 1% | + | + | + | + |
| 2% | w | + | + | + |
| 3% | − | + | + | + |
| 4% | − | − | + | + |
| 酶反应 | | | | |
| ONPG | + | − | − | − |
| 精氨酸双水解酶 | − | − | + | − |
| 赖氨酸脱羧酶 | − | − | − | + |
| 鸟氨酸脱羧酶 | − | − | − | − |
| 色氨酸脱氨酶 | − | − | − | − |
| 脲酶 | − | + | − | − |
| 水解反应 | | | | |
| V-P | − | w | + | + |
| 明胶液化 | − | + | + | + |
| 柠檬酸利用 | − | − | − | − |
| 硝酸盐还原 | − | V | − | − |
| $H_2S$ | − | − | − | − |
| 吲哚产生 | − | − | − | − |
| 产酸反应（API 50CH） | | | | |
| 甘油 | − | − | w | w |
| 赤藓醇 | − | − | − | − |
| D-阿拉伯糖 | − | − | w | − |
| L-阿拉伯糖 | − | − | − | − |
| D-核糖 | + | + | w | + |
| D-木糖 | − | − | − | + |
| L-木糖 | − | − | − | − |
| 阿东醇 | − | − | − | − |
| β-甲基-D-木糖苷 | − | − | − | − |
| D-半乳糖 | − | − | − | − |
| D-葡萄糖 | − | + | + | + |
| D-果糖 | − | + | + | + |
| D-甘露糖 | − | − | + | + |
| L-山梨糖 | − | − | | − |
| L-鼠李糖 | − | − | w | − |
| 卫矛醇 | − | − | − | − |
| 肌醇 | − | − | − | − |
| D-甘露醇 | − | − | + | + |
| D-山梨醇 | − | − | − | + |

续表

| 特征 | FJAT-13985$^T$ | *B. drentensis* DSM 15600$^T$ | *B. vireti* DSM 15602$^T$ | *B. novalis* DSM 15603$^T$ |
|---|---|---|---|---|
| α-甲基-D-甘露糖苷 | − | − | − | − |
| α-甲基-D-葡萄糖苷 | − | − | − | − |
| *N*-乙酰氨基葡萄糖 | − | + | + | + |
| 苦杏仁苷 | w | | | |
| 熊果苷 | − | | | |
| 七叶苷 | + | + | + | + |
| 柳醇 | − | w | − | − |
| D-纤维二糖 | + | − | − | − |
| D-麦芽糖 | + | + | + | + |
| D-乳糖 | + | + | | |
| D-蜜二糖 | + | + | | |
| 蔗糖 | + | + | + | |
| D-海藻糖 | + | − | + | + |
| 菊粉 | − | + | − | − |
| D-松三糖 | − | + | − | − |
| D-棉子糖 | + | − | | − |
| 淀粉 | − | − | + | − |
| 肝糖 | − | − | + | − |
| 木糖醇 | − | − | − | − |
| 龙胆二糖 | − | − | − | + |
| D-松二糖 | − | w | − | − |
| D-来苏糖 | − | − | − | − |
| D-塔格糖 | − | − | − | − |
| D-岩藻糖 | − | − | w | − |
| L-岩藻糖 | − | − | − | − |
| D-阿拉伯糖醇 | − | − | − | − |
| L-阿拉伯糖醇 | − | − | − | − |
| 葡萄糖酸盐 | − | − | w | + |
| 2-酮基-葡萄糖酸盐 | − | w | − | |
| 5-酮基-葡萄糖酸盐 | − | − | − | w |

注：除标明外，所有数据来自本研究。+，阳性；−，阴性；w，弱；空白项表示未检测，下同

## 5. 芽胞杆菌新种 FJAT-13985$^T$ 的基因型特征

（1）芽胞杆菌新种 FJAT-13985$^T$ 的 16S rDNA 系统发育分析：利用细菌通用引物 PCR 扩增测序得到几乎完整（1429 bp）的 16S rDNA 序列。基于 16S rDNA 序列系统发育分析揭示菌株 FJAT-13985$^T$ 属于芽胞杆菌属，与其近缘种钻特省芽胞杆菌（*Bacillus drentensis*）DSM 15600$^T$、原野芽胞杆菌（*Bacillus vireti*）DSM 15602$^T$ 和休闲地芽胞杆菌（*Bacillus novalis*）DSM 15603$^T$ 的 16S rDNA 序列同源性分别为 97.85%、97.69%和

97.58%，与芽胞杆菌属其他种类的同源性均低于 97%。采用邻接法构建的系统发育树证明菌株 FJAT-13985$^T$ 与芽胞杆菌属的成员相近，与钻特省芽胞杆菌（*Bacillus drentensis*）、原野芽胞杆菌（*Bacillus vireti*）和休闲地芽胞杆菌（*Bacillus novalis*）构成紧密的谱系关系（图 5-4-9）。

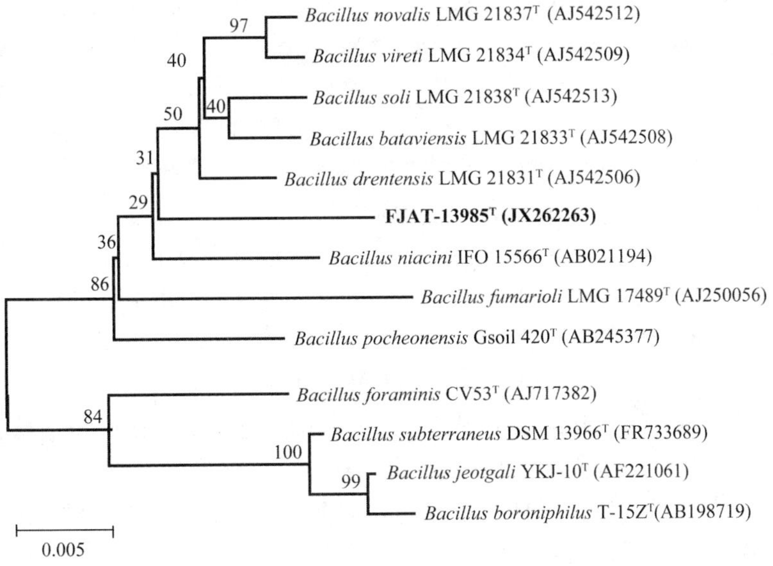


图 5-4-9　基于 16S rDNA 序列的 FJAT-13985$^T$ 系统发育树

（2）芽胞杆菌新种 FJAT-13985$^T$ 的 DNA G+C 含量的测定：菌株 FJAT-13985$^T$ 的 DNA G+C 含量为 41.64 mol%，在芽胞杆菌属的 G+C 含量范围内。

（3）芽胞杆菌新种 FJAT-13985$^T$ 的 DNA-DNA 杂交同源性分析：菌株 FJAT-13985$^T$ 与近缘种钻特省芽胞杆菌（*Bacillus drentensis*）DSM 15600$^T$、原野芽胞杆菌（*Bacillus vireti*）DSM 15602$^T$ 和休闲地芽胞杆菌（*Bacillus novalis*）DSM 15603$^T$ 的 DNA-DNA 同源性分别为 36.63%、32.08%和 12.11%，均低于定种的阈值 70%。根据 DNA-DNA 杂交数据，菌株 FJAT-13985$^T$ 应为芽胞杆菌属的一个新种。

## 6. 芽胞杆菌新种 FJAT-13985$^T$ 的细胞壁组分分析及醌分析

FJAT-13985$^T$ 的细胞肽聚糖主要含有内消旋-二氨基庚二酸，FJAT-13985$^T$ 的主要呼吸醌类型为 MK-7（97.4%）。

## 7. 讨论

系统发育分析、表型特征和化学分类数据均表明分离菌株 FJAT-13985$^T$ 属于芽胞杆菌属。菌株 FJAT-13985$^T$ 在 3% NaCl 中不生长、45℃时可生长及表型特征差异（表 5-4-10）等特性可以很明显地将其与近缘种钻特省芽胞杆菌（*Bacillus drentensis*）DSM 15600$^T$、原野芽胞杆菌（*Bacillus vireti*）DSM 15602$^T$ 和休闲地芽胞杆菌（*Bacillus novalis*）DSM 15603$^T$ 区分开。综上所述，基于 16S rDNA 序列和 DNA-DNA 杂交的系统发育分析、表型和化学分类特征，证明菌株 FJAT-13985$^T$ 应为芽胞杆菌属的一个新种，命名为仙草芽胞杆菌（*Bacillus mesonae* sp. nov. Liu et al. 2014）。2014 年该新种在国际学报上正式发表（Int J Syst Evol Microbiol. 2014 Oct; 64（Pt 10）: 3346-5332. doi:10.1099/ijs.0.059485-0. Epub 2014 Jul 10.）

仙草芽胞杆菌（*Bacillus mesonae* sp. nov. Liu et al. 2014）的种名释义：*Bacillus mesonae*（*me.so'na.e.* N.L. gen. n. *mesonae*, of *Mesona*, isolated from root of *Mesona chinensis*）。特征描述：细胞革兰氏阳性，运动，杆状（直径 0.6～1.2 μm），有时单个或者成对。芽胞椭圆形，位于近中间或者亚末端，胞囊膨大。菌落扁平，边缘不规则，浅黄色，产棕色色素。最佳生长温度为 30℃，最高生长温度为 45℃。最佳 pH 为 7.0（5.7～9.0）。0～1% NaCl 中生长最佳（可以在 0～2% NaCl 中生长）。不能水解酪素。API 20E 鉴定：ONPG 水解反应为阳性，V-P 反应、硝酸盐还原、精氨酸双水解酶、赖氨酸脱羧酶、鸟氨酸脱羧酶、柠檬酸利用、硫化氢产生、色氨酸脱氨酶、脲酶、吲哚产生和明胶液化反应为阴性。API 50CH 鉴定：七叶苷水解反应阳性，能利用 D-核糖、纤维二糖、麦芽糖、乳糖、D-蜜二糖、蔗糖、D-海藻糖和 D-棉子糖进行产酸。能利用苦杏仁苷产酸，但反应很微弱。不能利用以下碳源产酸：甘油、赤藓醇、D-阿拉伯糖、L-阿拉伯糖、D-木糖、L-木糖、阿东醇、β-甲基-D-木糖苷、D-半乳糖、D-葡萄糖、D-果糖、D-甘露糖、L-山梨糖、L-鼠李糖、卫矛醇、肌醇、D-甘露醇、D-山梨醇、α-甲基-D-甘露糖苷、α-甲基-D-葡萄糖苷、*N*-乙酰氨基葡萄糖、熊果苷、柳醇、菊粉、D-松三糖、淀粉、肝糖、木糖醇、龙胆二糖、D-松二糖、D-来苏糖、D-塔格糖、D-岩藻糖、L-岩藻糖、D-阿拉伯糖醇、L-阿拉伯糖醇、2-酮基-葡萄糖酸钾和 5-酮基-葡萄糖酸钾。FJAT-13985$^T$ 与模式菌株钴特省芽胞杆菌、原野芽胞杆菌和休闲地芽胞杆菌的 DNA-DNA 同源性分别为 36.63%、32.08%和 12.11%。DNA G+C 含量为 41.64 mol%。主要脂肪酸是 15:0 iso 和 15:0 anteiso，分别占总脂肪酸含量的 40.80%和 23.33%。以下脂肪酸含量大于 1%：14:0 iso、16:1ω7c alcohol、16:0 iso、16:1ω11c、c16:0、17:1 iso ω10c、17:0 iso、17:0 anteiso 和 c18:0。FJAT-13985$^T$ 的细胞肽聚糖主要含有内消旋-二氨基庚二酸，FJAT-13985$^T$ 的主要呼吸醌类型为 MK-7（97.4%）。模式菌株 FJAT-13985$^T$（=CGMCC1.12238$^T$=DSM 25968$^T$）分离于福建省福州市仙草根际。

## 三、慈湖芽胞杆菌新种鉴定

### 1. 概述

芽胞杆菌广泛分布在大自然中，已有文献报道沙漠（Zhang et al.，2011）、温泉（Nazina et al.，2004）、林地（Chen et al.，2011d）、淡水（Baik et al.，2010）、海底沉积物（Jung et al.，2011）等极端生境中存在芽胞杆菌。我们从台湾桃园县（现为桃园市）大溪镇福安里慈湖附近的草地采集的土壤中分离到一株芽胞杆菌，根据该菌株的脂肪酸系统发育分析表明，该芽胞杆菌菌株可能为芽胞杆菌属的一个新种。我们对该菌株进行了一系列分类特征研究，结果表明该菌株是芽胞杆菌属的一个新种。

## 2. 研究方法

（1）试验材料：采用平板涂布稀释技术，从台湾慈湖采集的土样库存编号 FJAT-4565（采集人刘波、唐建阳和苏明星）中分离得到菌株 FJAT-14515$^T$，使用含有 0.5% NaCl 的 NA 培养基（Atlas，1993）30℃培养 48 h。采用多次纯化直至得到纯培养物于−80℃甘油冷冻保存，用于进一步的研究。

（2）采集的芽胞杆菌样本脂肪酸种类鉴定：所有供试菌株都生长在 TSBA 培养基上，脂肪酸的提取和测定分析同上；构建 10 个参数，即 16:0 iso、c16:0、15:0 iso、15:0 anteiso、17:0 iso、17:0 anteiso、15:0 iso/15:0 anteiso、17:0 iso/17:0 anteiso、Shannon 指数（$H_1$）、Pielou 指数（$J$）进行疑似新种 FJAT-13831$^T$ 的脂肪酸系统发育分析，具体分析方法同上。

（3）形态学特征：观察 NA 平板上菌落在一定培养时间内的形态、大小、颜色、透明程度、边缘和突起等。所有菌株均在完全相同的培养条件下，观察菌落形态特征。细胞形态在扫描电镜（SEM，JSM-6380；Jeol，Japan）下观察，细胞用 2.5%多聚甲醛/戊二醛混合物进行固定和镀金（Polaron SC502 Siemens Simatic，Japan）。

（4）生理生化特征：温度生长——将菌株接种于 NB 培养基，10～50℃进行培养，每 5℃为一个梯度。定时测定菌悬液的光吸收值 $OD_{600}$，所用培养基为 NB（以下试验中未特别指出的均使用此培养基）。NaCl 生长——在 0、1%、2%、3%、4%、5% NaCl 的液体培养基中定量接种并培养测定菌种的最适 NaCl 生长浓度。pH 生长——在已确定的各菌株最适生长 NaCl 浓度的培养基上设定 pH 梯度为 5.0、6.0、7.0、8.0、9.0、10.0，于最适温度下培养。过氧化氢酶——取一接种环培养至对数期的菌种涂布于已滴有 3%过氧化氢的玻片上，如有气泡产生则为阳性，无气泡为阴性。氧化酶——将 0.2 mL α-萘酚乙醇溶液（1% α-萘酚溶于 95%乙醇溶液和 1% $ddH_2O$ 中）和 0.3 mL（1%）对氨基苯胺盐酸溶液混匀后，滴加到已培养好的菌落上，混匀，让溶液浸没菌苔，呈现出深蓝色的为阳性。参考 Gregersen（1978）及 Smibert 和 Krieg（1994）描述的标准操作程序进行各项生化指标测定。革兰氏染色、芽胞测定、吲哚产生、V-P 反应、脲酶、DNA 酶、硝酸盐还原反应、淀粉水解、明胶液化、精氨酸脱羧酶、赖氨酸脱羧酶、鸟氨酸脱羧酶、KCN 利用、Koser 氏柠檬酸盐利用和三糖铁利用均采用商业微生物鉴定管进行测定。碳源利用情况采用商业鉴定系统 API 50CH（BioMérieux）（Logan and Berkeley，1984）。

（5）16S rDNA 系统发育分析：DNA 的提取方法参照相关试剂盒说明书，16S rDNA 的 PCR 扩增引物采用 Yoon 等（1997）文献中的细菌通用引物，测序工作由华大基因完成。聚类树中参考菌株的序列取自公共数据库 EzTaxon（http://eztaxon-e. ezbiocloud.net/; Kim et al.，2012）。多重序列比对利用 Clustal X 软件（Thompson et al.，1997），系统发育树利用 Mega 4 软件（Tamura et al.，2007）构建、采用邻接法（Saitou and Nei，1987）完成，采用 Jukes-Cantor 模型（Jukes and Cantor，1969）进行计算。系统发育树的评价采用 1000 次重复值（Felsenstein，1985）。

（6）DNA G+C 含量的测定：DNA G+C 含量的测定采用热变性温度法（de Ley et al.，1970），G+C 含量的计算参考 Owen 和 Hill（1979）描述的方法。

（7）DNA-DNA 杂交：DNA-DNA 杂交试验所用参考菌株为壁画芽胞杆菌（*Bacillus*

*muralis*）DSM 16288$^T$和简单芽胞杆菌（*Bacillus simplex*）DSM 30646$^T$。DNA-DNA 杂交采用荧光定量法，具体方法参照 Gonzalez 和 Saiz-Jimenez（2005），杂交温度为 65℃。

## 3. 芽胞杆菌新种 FJAT-14515$^T$的脂肪酸系统发育分析

FJAT-14515$^T$ 的脂肪酸系统发育分析参数见表 5-4-11，聚类分析结果见图 5-4-10。FJAT-14515$^T$的脂肪酸组成与第 IV 类芽胞杆菌属脂肪酸群相似，该菌株应隶属于第 IV 类芽胞杆菌属脂肪酸群。由图 5-4-10 可以看出，FJAT-14515$^T$与食丁酸芽胞杆菌（*Bacillus butanolivorans*）形成一个分支，两者的距离约为 5，大于两种间的距离最小值 1.85，而且它能明显地与其他芽胞杆菌属种类区分开。因此，我们认为菌株 FJAT-14515$^T$可能为芽胞杆菌属的一个新种。芽胞杆菌 FJAT-14515$^T$由法国细菌学家（Jean. P. Euzeby 博士）协助定名为 *Bacillus cihuensis*（慈湖芽胞杆菌），作者进行了进一步的芽胞杆菌多相分类分析证实。

**表 5-4-11　芽胞杆菌属种类脂肪酸生物标记系统发育分析特征指数**

| 种名 | 16:0 iso | c16:0 | 15:0 iso | 15:0 anteiso | 17:0 iso | 17:0 anteiso | $I_1$ | $I_2$ | $H_1$ | $J$ |
|---|---|---|---|---|---|---|---|---|---|---|
| *B. acidiceler* | 9.35* | 4.67* | 15.13* | 57.49* | 0.00* | 5.19* | 0.26 | 0.00 | 1.94 | 0.69 |
| *B. acidicola* | 17.96 | 9.01 | 4.07 | 47.89 | 3.19 | 14.43 | 0.08 | 0.22 | 2.13 | 0.76 |
| *B. acidiproducens* | 7.56 | 9.64 | 6.35 | 53.85 | 0.00 | 13.06 | 0.12 | 0.00 | 2.17 | 0.72 |
| *B. atrophaeus* | 3.43 | 3.83 | 13.13 | 45.13 | 6.93 | 16.34 | 0.29 | 0.42 | 2.60 | 0.62 |
| *B. bataviensis* | 2.95 | 3.35 | 35.21 | 33.12 | 2.80 | 2.85 | 1.06 | 0.98 | 2.62 | 0.69 |
| *B. butanolivorans* | 7.56 | 6.91 | 12.05 | 43.47 | 1.37 | 3.24 | 0.28 | 0.42 | 2.90 | 0.64 |
| *B. carboniphilus* | 4.29 | 4.16 | 47.05 | 17.92 | 6.08 | 1.96 | 2.63 | 3.10 | 2.65 | 0.59 |
| *B. endophyticus* | 7.76 | 10.83 | 16.09 | 38.68 | 2.16 | 10.64 | 0.42 | 0.20 | 2.79 | 0.71 |
| *B. humi* | 6.29 | 1.74 | 16.45 | 51.24 | 0.39 | 3.27 | 0.32 | 0.12 | 2.30 | 0.56 |
| *B. kribbensis* | 3.90 | 2.98 | 9.35 | 66.28 | 0.00 | 10.72 | 0.14 | 0.00 | 1.66 | 0.59 |
| *B. macyae* | 7.51 | 11.08 | 3.11 | 42.27 | 0.77 | 17.66 | 0.07 | 0.04 | 2.65 | 0.66 |
| *B. mojavensis* | 5.26 | 3.17 | 15.35 | 44.86 | 6.36 | 15.39 | 0.34 | 0.41 | 2.53 | 0.68 |
| *B. muralis* | 3.48 | 7.22 | 18.42 | 54.62 | 1.94 | 2.48 | 0.34 | 0.78 | 2.27 | 0.58 |
| *B. patagoniensis* | 5.96 | 3.38 | 38.32 | 31.56 | 5.77 | 7.39 | 1.21 | 0.78 | 2.27 | 0.76 |
| *B. ruris* | 3.37 | 28.15 | 10.60 | 38.00 | 4.02 | 8.91 | 0.28 | 0.45 | 2.43 | 0.66 |
| *B. simplex* | 2.93 | 8.37 | 14.78 | 56.97 | 1.74 | 2.76 | 0.26 | 0.63 | 2.00 | 0.63 |
| *B. vietnamensis* | 3.93 | 2.37 | 19.24 | 46.82 | 1.27 | 11.88 | 0.41 | 0.11 | 2.22 | 0.70 |
| *B. cihuensis* | 4.44 | 9.40 | 20.70 | 40.63 | 0.81 | 2.73 | 0.51 | 0.30 | 2.32 | 0.55 |

注：标*列中的数值为各脂肪酸含量，单位为%；$H_1$=香农多样性指数；$J$=均匀度指数。$I_1$=15:0 iso/15:0 anteiso，$I_2$=17:0 iso/17:0 anteiso

测定到的 FJAT-14515$^T$脂肪酸成分均符合芽胞杆菌属的脂肪酸类型，大部分为支链脂肪酸（Kaneda，1977）。芽胞杆菌属的主要脂肪酸为 15:0 anteiso（5%～60%）和 15:0 iso（3%～30%），以及少量的不饱和脂肪酸（<3%）（Kämpfer，1994；Jung et al.，2011）。菌株 FJAT-14515$^T$的主要脂肪酸为 15:0 anteiso(40.63%)、15:0 iso(20.70%)、c16:0(9.40%)和 14:0 iso（9.98%），以上脂肪酸占据了全部脂肪酸总量的 80%以上。根据脂肪酸组成

与含量，菌株 FJAT-14515$^{T}$ 与其近缘种壁画芽胞杆菌（*Bacillus muralis*）DSM 16288$^{T}$ 和简单芽胞杆菌（*Bacillus simplex*）DSM 30646$^{T}$ 可以很明显地相互区分开（表 5-4-12）。

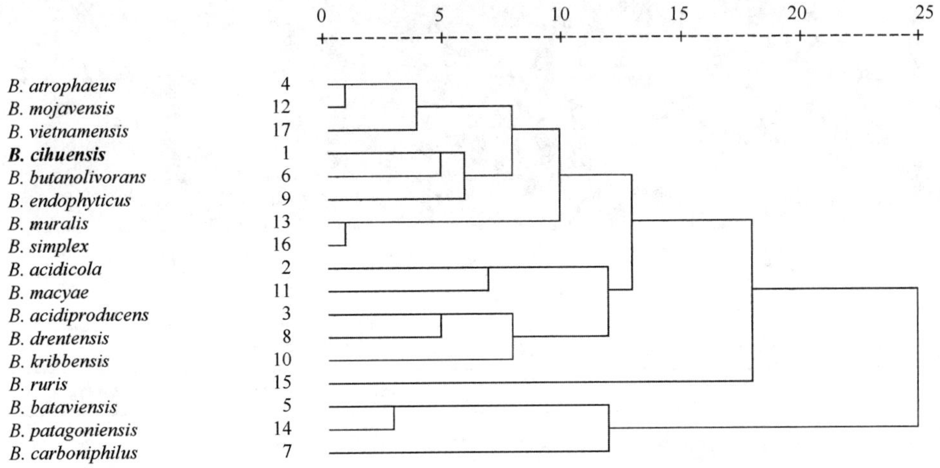


图 5-4-10　FJAT-14515$^{T}$ 的脂肪酸系统发育分析

**表 5-4-12　FJAT-14515$^{T}$ 与其近缘种的脂肪酸组成**　（%）

| 脂肪酸 | FJAT-14515$^{T}$ | *B. muralis* DSM 16288$^{T}$ | *B. simplex* DSM 30646$^{T}$ |
|---|---|---|---|
| 15:0 iso | 20.70 | 12.13 | 14.78 |
| 15:0 anteiso | 40.63 | 55.32 | 56.97 |
| 14:0 iso | 9.98 | 3.17 | 3.34 |
| c16:0 | 9.40 | 9.50 | 8.37 |
| c14:0 | 4.40 | 2.68 | 2.50 |
| 16:0 iso | 4.44 | 2.50 | 2.93 |
| 17:0 anteiso | 2.73 | 2.92 | 2.76 |
| 16:1ω7c alcohol | 1.32 | 0.77 | 0.71 |
| 18:1ω9c | 0.61 | 1.27 | 0.00 |
| c18:0 | 1.46 | 4.26 | 0.88 |
| 16:1ω11c | 0.95 | 1.24 | 2.05 |
| 17:0 iso | 0.81 | 1.58 | 1.74 |
| c12:0 | 0.50 | 1.13 | 0.00 |
| 13:0 iso | 0.52 | 0.00 | 0.00 |
| feature 4 | 0.00 | 1.23 | 0.00 |

注：feature 4，17:1 anteiso B 和/或 iso I

## 4. 芽胞杆菌新种 FJAT-14515$^{T}$ 的表型特征

FJAT-14515$^{T}$ 与其近缘种的菌落形态见图 5-4-11。3 种菌的菌落形态差异很大，FJAT-14515$^{T}$ 的菌落圆形、扁平、边缘不整齐，近缘种壁画芽胞杆菌（*Bacillus muralis*）DSM 16288$^{T}$ 的菌落圆形、乳黄色、突起、光滑、边缘整齐，简单芽胞杆菌（*Bacillus simplex*）DSM 30646$^{T}$ 的菌落圆形、湿润、黏稠、突起、边缘整齐。FJAT-14515$^{T}$ 与其近缘种的生理生化特征见表 5-4-13，共有 29 项生理生化指标特征存在差异。

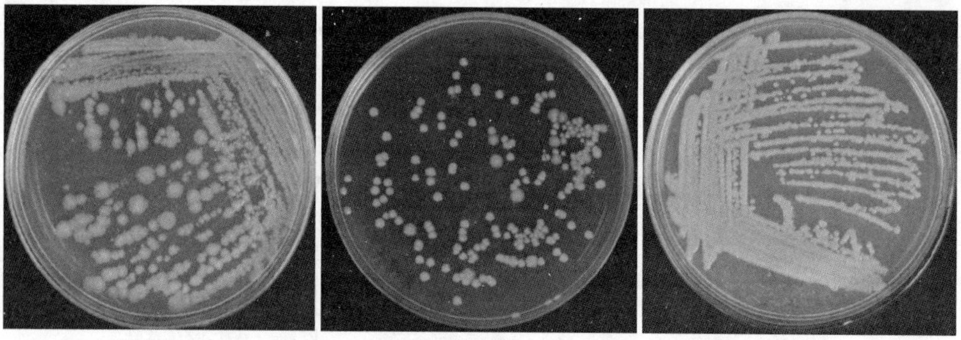

FJAT-14515$^T$　　*Bacillus muralis* DSM 16288$^T$　　*Bacillus simplex* DSM 30646$^T$

图 5-4-11　FJAT-14515$^T$ 与其近缘种的菌落形态

**表 5-4-13　菌株 FJAT-14515$^T$ 与其参考菌株的生理生化特征**

| 特征 | FJAT-14515$^T$ | *B. muralis* DSM 16288$^T$ | *B. simplex* DSM 30646$^T$ |
|---|---|---|---|
| 温度 | | | |
| 10℃ | w | − | − |
| 15℃ | w | − | w |
| 20℃ | + | w | + |
| 25℃ | + | + | + |
| 30℃ | + | + | + |
| 35℃ | + | + | + |
| 40℃ | − | + | + |
| 45℃ | − | − | − |
| 50℃ | − | − | − |
| 最佳 | 30℃ | 30℃ | 30℃ |
| pH | | | |
| 5 | − | − | + |
| 6 | + | + | + |
| 7 | + | + | + |
| 8 | + | + | + |
| 9 | + | + | + |
| 10 | − | | + |
| 最佳 | 7 | 7 | 7 |
| NaCl | | | |
| 最佳 | 0～1% | 0 | 0 |
| 0 | + | + | + |
| 1% | + | + | + |
| 2% | + | + | + |
| 3% | + | + | + |
| 4% | w | + | + |
| 5% | w | + | + |

续表

| 特征 | FJAT-14515$^{T}$ | *B. muralis* DSM 16288$^{T}$ | *B. simplex* DSM 30646$^{T}$ |
|---|---|---|---|
| 酶反应 | | | |
| 过氧化氢酶 | + | + | + |
| ONPG | − | − | − |
| 精氨酸双水解酶 | − | − | − |
| 赖氨酸脱羧酶 | − | − | − |
| 鸟氨酸脱羧酶 | − | − | − |
| 脲酶 | + | + | − |
| 色氨酸脱氨酶 | − | − | − |
| 水解反应 | | | |
| V-P | − | + | − |
| 明胶液化 | + | + | − |
| 柠檬酸利用 | + | − | − |
| $H_2S$ | − | − | − |
| 吲哚产生 | − | − | − |
| 硝酸盐还原 | − | − | + |
| 产酸反应（API 50CH） | | | |
| 甘油 | − | − | + |
| 赤藓醇 | w | − | − |
| D-阿拉伯糖 | − | − | − |
| L-阿拉伯糖 | − | − | + |
| D-核糖 | + | − | − |
| D-木糖 | w | − | − |
| L-木糖 | w | − | − |
| 阿东醇 | w | − | − |
| β-甲基-D-木糖苷 | | − | − |
| D-半乳糖 | | − | − |
| D-葡萄糖 | + | + | + |
| D-果糖 | w | w | + |
| D-甘露糖 | − | w | − |
| L-山梨糖 | − | − | − |
| L-鼠李糖 | − | − | + |
| 卫矛醇 | − | − | − |
| 肌醇 | − | − | + |
| 甘露醇 | w | − | + |
| 山梨醇 | w | − | − |
| α-甲基-D-甘露糖苷 | − | − | − |
| α-甲基-D-葡萄糖苷 | − | − | − |
| *N*-乙酰氨基葡萄糖 | w | w | − |
| 苦杏仁苷 | − | − | − |
| 熊果苷 | + | − | + |

续表

| 特征 | FJAT-14515$^T$ | *B. muralis* DSM 16288$^T$ | *B. simplex* DSM 30646$^T$ |
|---|---|---|---|
| 七叶苷 | + | + | + |
| 水杨苷 | + | + | + |
| D-纤维二糖 | | – | + |
| D-麦芽糖 | + | – | + |
| D-乳糖 | + | – | – |
| D-蜜二糖 | | – | – |
| 蔗糖 | + | – | + |
| 海藻糖 | + | w | + |
| 菊粉 | – | – | – |
| D-松三糖 | – | – | – |
| D-棉子糖 | – | – | – |
| 淀粉 | – | – | – |
| 肝糖 | – | – | – |
| 木糖醇 | + | – | – |
| 龙胆二糖 | – | – | – |
| D-松二糖 | – | – | – |
| D-来苏糖 | – | – | – |
| D-塔格糖 | – | – | – |
| D-岩藻糖 | – | – | – |
| L-岩藻糖 | – | – | – |
| D-阿拉伯糖醇 | + | – | – |
| L-阿拉伯糖醇 | – | – | – |
| 葡萄糖酸盐 | – | – | – |
| 2-酮基-葡萄糖酸盐 | – | – | – |
| 5-酮基-葡萄糖酸盐 | – | w | – |

注：+，阳性；–，阴性；w，弱

## 5. 芽胞杆菌新种 FJAT-14515$^T$ 的基因型特征

（1）芽胞杆菌新种 FJAT-14515$^T$ 的 16S rDNA 系统发育分析：利用细菌通用引物 PCR 扩增测序得到几乎完整（1439 bp）的 16S rDNA 序列。基于 16S rDNA 序列系统发育分析表明菌株 FJAT-14515$^T$ 应属于芽胞杆菌属，与其近缘种壁画芽胞杆菌（*Bacillus muralis*）和简单芽胞杆菌（*Bacillus simplex*）的 16S rDNA 序列同源性分别为 97.55%和 97.48%，与芽胞杆菌属其他种类的同源性均低于 97%。采用邻接法构建的系统发育树证明菌株 FJAT-14515$^T$ 与芽胞杆菌属的成员亲缘关系相近，与壁画芽胞杆菌（*Bacillus muralis*）DSM 16288$^T$ 和简单芽胞杆菌（*Bacillus simplex*）DSM 30646$^T$ 等构成紧密的谱系关系（图 5-4-12）。

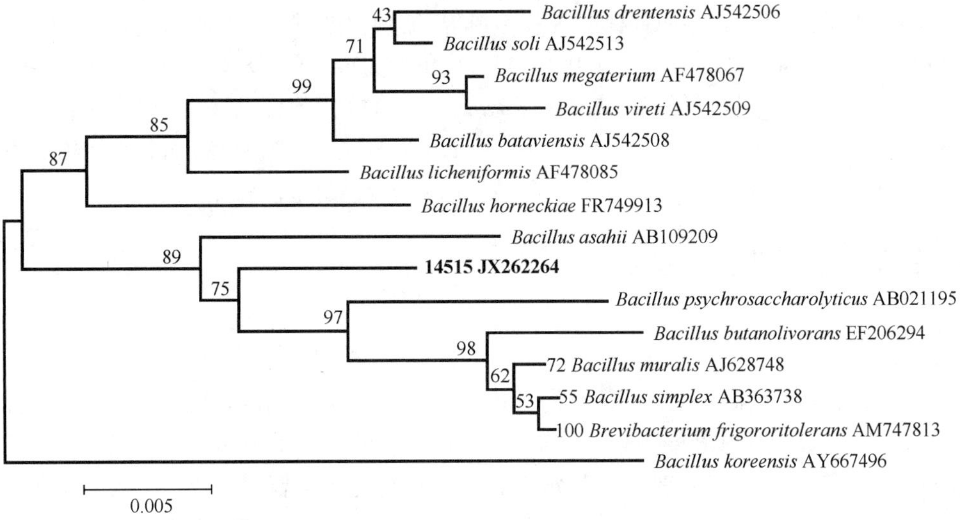


图 5-4-12　FJAT-14515$^{T}$的 16S rDNA 系统发育分析

（2）芽胞杆菌新种 FJAT-14515$^{T}$的 DNA G+C 含量的测定：菌株 FJAT-14515$^{T}$的 DNA G+C 含量为 35 mol%。

（3）芽胞杆菌新种 FJAT-14515$^{T}$的 DNA-DNA 同源性分析：菌株 FJAT-14515$^{T}$与其参考菌株壁画芽胞杆菌（*Bacillus muralis*）DSM 16288$^{T}$和简单芽胞杆菌（*Bacillus simplex*）DSM 30646$^{T}$的 DNA-DNA 同源性分别为 61.53%和 58%，低于 Wayne 等（1987）的定种阈值 70%。

## 6. 讨论

系统发育分析数据、化学特征和表型特征数据表明，菌株 FJAT-14515$^{T}$应为芽胞杆菌属的一个新种，命名为慈湖芽胞杆菌（*Bacillus cihuensis* sp. nov. Liu et al. 2014）。

慈湖芽胞杆菌（*Bacillus cihuensis* sp. nov. Liu et al. 2014）的种名释义：*Bacillus cihuensis*（*ci.hu.en'sis*. N.L. masc. adj. *Cihuensis*, of or belonging to Cihu.）。特征描述：细胞杆状、好氧、革兰氏阳性。芽胞椭圆形。菌落扁平，边缘不规则，浅黄色。最佳生长温度 30℃，35℃时可生长，40℃时不能生长。最佳 pH 为 7.0（6～9）。0～1% NaCl 中生长最佳，可以在 0～5% NaCl 中生长，4%～5%时生长微弱。过氧化氢酶反应为阳性。API 20E 鉴定：柠檬酸利用、脲酶和明胶液化反应为阳性，ONPG 水解反应为阴性，V-P 反应、硝酸盐还原、精氨酸双水解酶、赖氨酸脱羧酶、鸟氨酸脱羧酶、硫化氢产生、色氨酸脱氨酶和吲哚产生为阴性。API 50CH 鉴定：能利用 D-核糖、D-葡萄糖、熊果苷、七叶苷、水杨苷、D-麦芽糖、D-乳糖、蔗糖、D-海藻糖、木糖醇、D-阿拉伯糖醇产酸，能利用以下碳源产酸：赤藓醇、D-木糖、L-木糖、阿东醇、D-果糖、甘露醇、山梨醇、*N*-乙酰氨基葡萄糖。不能利用以下碳源产酸：D-棉子糖、D-蜜二糖、D-纤维二糖、甘油、D-阿拉伯糖、L-阿拉伯糖、β-甲基-D-木糖苷、D-半乳糖、D-甘露糖、L-山梨糖、L-鼠李糖、卫矛醇、肌醇、α-甲基-D-甘露糖苷、α-甲基-D-葡萄糖苷、菊粉、D-松三糖、淀粉、肝糖、龙胆二糖、D-松二糖、D-来苏糖、D-塔格糖、D-岩藻糖、L-岩藻糖、D-阿拉伯糖醇、L-阿拉伯糖醇、2-酮基-葡萄糖酸钾和 5-酮基-葡萄糖酸钾。主要脂肪酸是 15:0 anteiso（40.63%）、15:0 iso（20.70%）、16:0（9.40%）和 14:0 iso（9.98%）。菌株 FJAT-14515$^T$ 与其参考菌株壁画芽胞杆菌（*Bacillus muralis*）和简单芽胞杆菌（*Bacillus simplex*）的 DNA-DNA 同源性分别为 61.53%和 58%，DNA G+C 含量为 35 mol%。模式菌株 FJAT-14515$^T$（=DSM 25969$^T$）分离于台湾桃园市大溪镇的土壤。

## 四、台湾芽胞杆菌新种鉴定

### 1. 概述

台湾是由欧亚大陆板块、菲律宾海洋板块挤压而隆起的岛屿，包含多个小岛，整体形状似长条番薯，北回归线经过台湾岛。全岛山势高峻，地形海拔变化大，山脉大多呈北北东—南南西走向、平原狭窄、地震频繁、温泉与死火山皆多。气候高温、多雨，春夏季交接之时，受滞留锋影响而有梅雨季，夏季常有台风，冬季则有东北季风。为了调查台湾芽胞杆菌资源分布多样性，我们在台湾多个地区采集标本分离芽胞杆菌。首先根据脂肪酸系统发育分析，我们发现了一株芽胞杆菌的疑似新种。随后，我们对该分离菌株进行了多相分类研究，验证该分离菌株是否为芽胞杆菌属的一个新种，旨在丰富芽胞杆菌资源的分布多样性。

### 2. 研究方法

（1）菌株的分离与培养：采用平板涂布稀释技术，从台湾土壤中分离得到菌株 FJAT-14571$^T$，使用含有 0.5% NaCl 的 NA 培养基（Atlas，1993）[成分（每升含量）：10 g 蛋白胨，3 g 牛肉浸膏和 18 g 琼脂（pH 7.0）]30℃培养 48 h。采用多次纯化直至得到纯培养物并用于进一步研究。相同培养条件下，菌株于 NA 培养基上进行培养，并于−80℃甘油冷冻保存。

（2）参考菌株：实验中所用参考菌株为青贮窖芽胞杆菌（*Bacillus siralis*）DSM 13140$^T$，来自德国菌种保藏中心（DSMZ）。

（3）表型学特征：观察 TSBA 平板上菌落在一定培养时间内的形态、大小、颜色、透明程度、边缘和突起等。所有菌株均在完全相同的培养条件下，观察菌落形态特征。

（4）生理生化特征：温度生长——将菌株接种于 TSB 培养基，10～50℃进行培养，每 10℃为一个梯度。定时测定菌悬液的光吸收值 $OD_{600}$，所用培养基为 TSB（以下试验中未特别指出的均使用此培养基）。NaCl 生长——在 0、2%、4%、6%、8%、10% NaCl 的液体培养基中定量接种并培养测定菌种的最适 NaCl 生长浓度。pH 生长——在已确定的各菌株最适生长 NaCl 浓度的培养基上设定 pH 梯度为 5.0、6.0、7.0、8.0、9.0、10.0，于最适温度下培养。过氧化氢酶——取一接种环培养至对数期的菌种涂布于已滴有 3% 过氧化氢的玻片上，如有气泡产生则为阳性，无气泡为阴性。氧化酶——将 0.2 mL α-萘酚乙醇溶液（1% α-萘酚溶于 95%乙醇溶液和 1% $ddH_2O$ 中）和 0.3 mL（1%）对氨基苯胺盐酸溶液混匀后，滴加到已培养好的菌落上，混匀，让溶液浸没菌苔，呈现出深蓝色的为阳性。参考 Gregersen（1978）及 Smibert 和 Krieg（1994）描述的标准操作程序进行各项生化指标测定。革兰氏反应利用 KOH 水解法测定，具体方法参考东秀珠和蔡妙英（2001）编著的《常见细菌系统鉴定手册》。吲哚产生、V-P 反应、脲酶、DNA 酶、硝酸盐还原反应、淀粉水解、明胶液化、精氨酸脱羧酶、赖氨酸脱羧酶、鸟氨酸脱羧酶反应利用 API 20E 进行测定。碳源利用情况采用商业鉴定系统 API 50CH（BioMérieux）（Logan and Berkeley，1984）。

（5）16S rDNA 系统发育分析：DNA 的提取方法参照相关试剂盒说明书，16S rDNA 的 PCR 扩增引物采用 Yoon 等（1997）文献中的细菌通用引物，测序工作由华大基因完成。聚类树中参考菌株的序列取自公共数据库 EzTaxon（http://eztaxon-e.ezbiocloud.net/；Kim et al.，2012）。多重序列比对利用 Clustal X 软件（Thompson et al.，1997），系统发育树利用 Mega 4 软件（Tamura et al.，2007）构建、采用邻接法（Saitou and Nei，1987）完成，采用 Jukes-Cantor 模型（Jukes and Cantor，1969）进行计算。系统发育树的评价采用 1000 次重复值（Felsenstein，1985）。

（6）DNA G+C 含量的测定：DNA G+C 含量的测定采用热变性温度法（de Ley et al.，1970），所用仪器为 UV-Vis 5515 spectrophotometer（Perkin-Elmer），G+C 含量的计算参考 Owen 和 Hill（1979）描述的方法。

（7）脂肪酸分析：所有供试菌株在 TSBA 培养基上培养，培养时间为 24 h，温度为 28℃。菌体的收集及脂肪酸的提取参照文献描述的方法（Sasser，1990）进行。在 TSBA 培养基上新鲜培养的待测菌株按四区划线法接种至新鲜的 TSBA 培养基上，28℃培养 24 h。刮取 20 mg 菌体，置于试管，加入 1 mL 试剂 I，100℃水浴 30 min。冰浴中迅速冷却后加入 2 mL 试剂 II，混匀后 80℃水浴 10 min。迅速冷却，加入 1.25 mL 试剂 III，振荡 10 min，吸弃下层溶液。之后加入 3 mL 试剂 IV 及几滴饱和 NaCl 溶液，振荡 5 min。静置，待溶液分层后，吸取上层液体于 GC 样品管中待测。Sherlock MIS 测定：细菌脂肪酸成分测定采用美国 Agilent 7890N 型气相色谱系统，包括全自动进样装置、石英毛细管柱及氢火焰离子化测定器；通过细菌细胞脂肪酸成分进行细菌鉴定的分析软件采用 Sherlock MIS 6.0（美国 MIDI 公司产品）。在下述色谱条件下平行分析脂肪酸甲酯混合物标样和待检样本：二阶程序升高柱温，170℃起始，每分钟升温 5℃，升至 260℃，而后再每分钟升温 40℃，升至 310℃，维持 90 s；气化室温度 250℃，测定器温度 300℃；载气为氢气（2 mL/min），尾吹气为氮气（30 mL/min）；柱前压 68.95 kPa；进样量为 1 μL，进样分流比 100∶1。

（8）细胞壁组分分析：细胞壁氨基酸分析采用 Hasegawa 等（1983）的方法进行薄层层析。

## 3. 芽胞杆菌新种 FJAT-14571$^{T}$ 的脂肪酸系统发育

FJAT-14571$^{T}$ 的脂肪酸系统发育分析见图 5-4-13。根据 FJAT-14571$^{T}$ 的脂肪酸组成，该菌归属于第 I 类芽胞杆菌脂肪酸群。由图 5-4-13 可知，FJAT-14571$^{T}$ 与第 I 类芽胞杆菌脂肪酸群的各种类区分明显，独立形成一个分支，与第 I 类芽胞杆菌脂肪酸群各种类的距离非常大，远大于两种间的距离值。因此，我们认为 FJAT-14571$^{T}$ 应为芽胞杆菌属的一个新种。

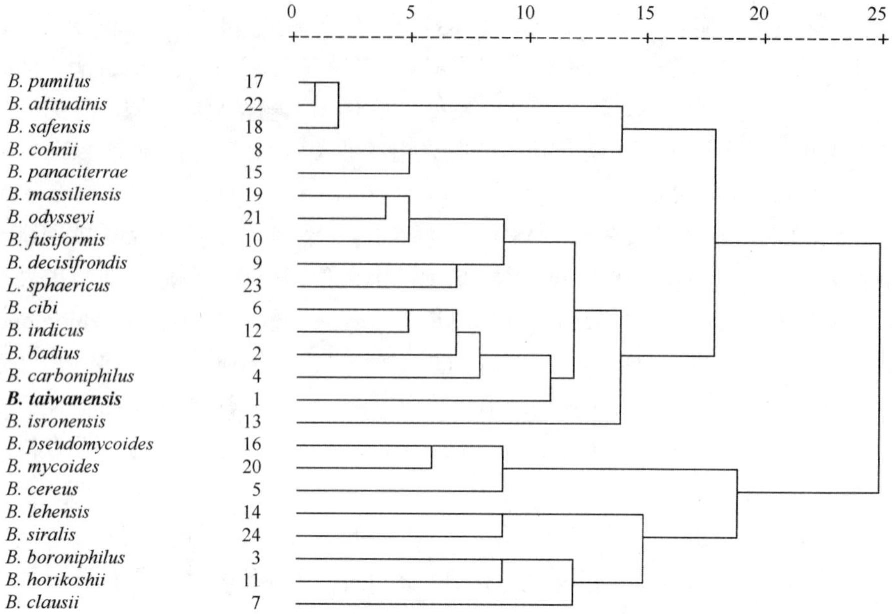


图 5-4-13　FJAT-14571$^T$ 的脂肪酸系统发育

## 4. 芽胞杆菌新种 FJAT-14571$^T$ 的表型特征

FJAT-14571$^T$ 与其近缘种在相同培养条件下的菌落形态特征见图 5-4-14。菌株 FJAT-14571$^T$ 与其近缘种在 TSBA 培养基上 30℃培养 48 h，两者的菌落颜色不同，FJAT-14571 的菌落为白色，其近缘种的颜色会变化，由浅色变为褐色。

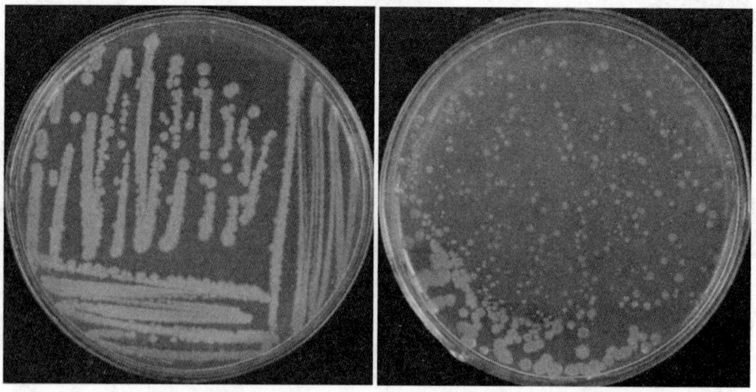

FJAT-14571$^T$　　*Bacillus siralis*

图 5-4-14　FJAT-14571$^T$ 与其近缘种的菌落形态

FJAT-14571$^T$ 与其近缘种的生理生化特征统计见表 5-4-14。两者有 14 项生理生化特征存在差异，如 FJAT-14571$^T$ 的最强耐盐性为 2%（$m/V$）NaCl，近缘种在 8%（$m/V$）NaCl 时仍能生长。两者的生长 pH 范围也不同，FJAT-14571$^T$ 的生长 pH 为 6～10，其近缘种则为 5～9。两者的具体差异详见表 5-4-14。

**表 5-4-14　菌株 FJAT-14571$^T$ 与其参考菌株的生理生化特征**

| 特征 | FJAT-14571$^T$ | *Bacillus siralis* |
|---|---|---|
| 温度 | | |
| 10℃ | − | − |
| 20℃ | + | + |
| 30℃ | + | + |
| 40℃ | + | + |
| 50℃ | ND | + |
| NaCl | | |
| 0 | + | + |
| 2% | + | + |
| 4% | − | + |
| 6% | − | + |
| 8% | − | + |
| 10% | − | − |
| pH | | |
| 5 | − | + |
| 6 | + | + |
| 7 | + | + |
| 8 | + | + |
| 9 | + | + |
| 10 | + | − |
| 生化反应 | | |
| 过氧化氢酶 | + | + |
| ONPG | − | − |
| 精氨酸双水解酶 | − | − |
| 赖氨酸脱羧酶 | − | − |
| 鸟氨酸脱羧酶 | − | − |
| 柠檬酸利用 | − | − |
| $H_2S$ | − | − |
| 脲酶 | − | |
| 色氨酸脱氨酶 | − | − |
| 吲哚产生 | − | − |
| V-P | − | − |
| 明胶液化 | − | + |
| 硝酸盐还原 | − | − |
| 甘油 | + | − |
| 赤藓醇 | − | − |
| D-阿拉伯糖 | − | − |
| L-阿拉伯糖 | − | − |
| D-核糖 | + | − |
| D-木糖 | − | − |
| L-木糖 | − | − |

续表

| 特征 | FJAT-14571$^T$ | *Bacillus siralis* |
|---|---|---|
| 阿东醇 | – | – |
| β-甲基-D-木糖苷 | – | – |
| D-半乳糖 | – | – |
| D-葡萄糖 | + | – |
| D-果糖 | – | – |
| D-甘露糖 | – | – |
| L-山梨糖 | – | – |
| L-鼠李糖 | – | – |
| 卫矛醇 | – | – |
| 肌醇 | – | – |
| D-甘露醇 | – | – |
| D-山梨醇 | – | – |
| α-甲基-D-甘露糖苷 | – | – |
| α-甲基-D-葡萄糖苷 | – | – |
| *N*-乙酰氨基葡萄糖 | + | – |
| 苦杏仁苷 | – | – |
| 熊果苷 | – | – |
| 七叶苷 | + | – |
| 水杨苷 | w | – |
| D-纤维二糖 | – | – |
| D-麦芽糖 | + | – |
| D-乳糖 | – | – |
| D-蜜二糖 | – | – |
| 蔗糖 | – | – |
| D-海藻糖 | – | – |
| 菊粉 | – | – |
| D-松三糖 | – | – |
| D-棉子糖 | – | – |
| 淀粉 | + | – |
| 肝糖 | + | – |
| 木糖醇 | – | – |
| 龙胆二糖 | – | – |
| D-松二糖 | – | – |
| D-来苏糖 | – | – |
| D-塔格糖 | – | – |
| D-岩藻糖 | – | |
| L-岩藻糖 | – | – |
| D-阿拉伯糖醇 | – | – |
| L-阿拉伯糖醇 | – | – |
| 葡萄糖酸盐 | – | – |
| 2-酮基-葡萄糖酸盐 | – | – |
| 5-酮基-葡萄糖酸盐 | – | – |

注：+，阳性；–，阴性；w，弱

## 5. 芽胞杆菌新种 FJAT-14571$^T$ 的基因型特征

（1）16S rDNA 系统发育分析：利用细菌通用引物 PCR 扩增测序得到几乎完整（1439 bp）的 16S rDNA 序列。基于 16S rDNA 序列系统发育分析表明菌株 FJAT-14571$^T$ 属于芽胞杆菌属，与近缘种青贮窖芽胞杆菌（*Bacillus siralis*）的同源性为 96.01%，与芽胞杆菌属其他种类的同源性都低于 96%。采用邻接法构建的系统发育树分析证明菌株 FJAT-14571$^T$ 与芽胞杆菌属的成员亲缘关系相近（图 5-4-15）。

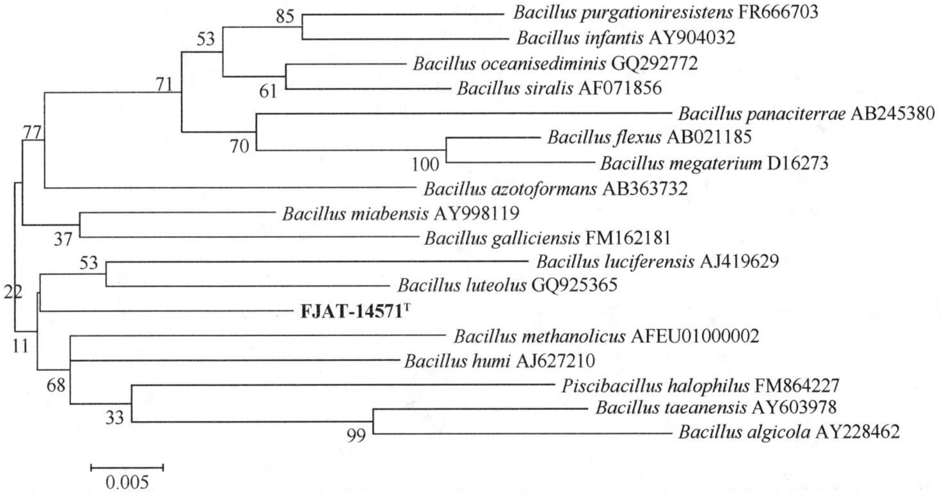


图 5-4-15　FJAT-14571$^T$ 的 16S rDNA 系统发育分析

（2）DNA G+C 含量的测定：FJAT-14571$^T$ 的 DNA G+C 含量为 40.8 mol%。

## 6. 芽胞杆菌新种 FJAT-14571$^T$ 的化学特征

FJAT-14571$^T$ 的脂肪酸成分见表 5-4-15。FJAT-14571$^T$ 测定到的脂肪酸成分均符合芽胞杆菌属的脂肪酸类型，大部分为支链脂肪酸（Kaneda，1977）。芽胞杆菌属的主要脂肪酸为 15:0 anteiso（5%～60%）和 15:0 iso（3%～30%），以及少量的不饱和脂肪酸（<3%）（Kämpfer et al.，1994；Jung et al.，2011）。菌株 FJAT-17212$^T$ 的主要脂肪酸为 15:0 anteiso（7.62%）、15:0 iso（46.44%）、c16:0（10.04%）和 17:0 iso（8.15%），以上脂肪酸占据了全部脂肪酸总量的 70%以上。根据脂肪酸组成和含量，菌株 FJAT-17212$^T$ 与其近缘种 *B. siralis* 可以明显地相互区分开。

**表 5-4-15　FJAT-14571$^T$ 与其近缘种的脂肪酸组成**　（%）

| 脂肪酸 | FJAT-14571$^T$ | *Bacillus siralis* |
|---|---|---|
| 15:0 iso | 46.44 | 31.85 |
| 15:0 anteiso | 7.62 | 17.54 |
| c16:0 | 10.04 | 21.49 |
| 17:0 iso | 8.15 | 4.00 |
| 16:0 iso | 7.05 | 5.75 |

续表

| 脂肪酸 | FJAT-14571[T] | *Bacillus siralis* |
|---|---|---|
| 14:0 iso | 4.07 | 4.23 |
| 17:0 anteiso | 3.67 | 3.77 |
| c14:0 | 2.35 | 4.01 |
| 16:1 2OH | 2.13 | — |
| cy17:0 | 2.16 | — |
| 15:1ω5c | 1.94 | — |
| 18:0 iso | 1.91 | 0.13 |
| c17:0 | 1.42 | 0.22 |
| 16:1ω11c | — | 2.11 |
| c18:0 | — | 1.14 |
| c12:0 | 0.23 | 0.21 |
| 13:0 iso | 0.31 | 0.30 |
| 15:1 iso G | 0.31 | — |
| 16:1ω7c alcohol | — | 0.48 |
| 17:1 iso ω10c | — | 0.35 |
| 18:1ω9c | — | 0.37 |
| 20:1ω7c | — | 0.35 |
| feature 3 | 0.21 | 0.26 |
| feature 4 | — | 0.20 |

注：feature 3，16:1ω6c 和/或 16:1ω7c；feature 4，17:1 anteiso B 和/或 iso I；“—”表示未测定到的脂肪酸成分

细胞壁主要氨基酸组分为内消旋-二氨基庚二酸、谷氨酸、天冬氨酸、甘氨酸。全细胞水解液的主要组分为核糖。

## 7. 讨论

系统发育分析数据、化学特征和表型特征数据表明，菌株 FJAT-14571[T] 应为芽胞杆菌属的一个新种，命名为台湾芽胞杆菌（*Bacillus taiwanensis* sp. nov. Liu et al. 2015）。2015 年该新种在国际学报上正式发表（Int J Syst Evol Microbiol. 2015 Jul; 65(7): 2078-2084. doi: 10.1099/ijs.0.000222. Epub 2015 Mar 31.）。

台湾芽胞杆菌（*Bacillus taiwanensis* sp. nov. Liu et al. 2015）新种的种名释义：*Bacillus taiwanensis*（*tai.wan.en'sis*. N.L. masc. adj. *taiwanensis*, of or belonging to Taiwan.）。特征描述：细胞杆状、好氧、革兰氏阳性。芽胞椭圆形。菌落扁平，边缘不规则，白色。最佳生长温度 30℃，40℃时可生长，50℃不能生长。最佳 pH 为 7.0（6～10）。无 NaCl 时生长最佳，可以在 0～2%（*m*/*V*）NaCl 时生长。过氧化氢酶反应阳性。API 20E 鉴定：ONPG、精氨酸双水解酶、赖氨酸脱羧酶、鸟氨酸脱羧酶、柠檬酸利用、$H_2S$、脲酶、色氨酸脱氨酶、吲哚产生、V-P 反应、明胶液化和硝酸盐还原反应都为阴性。API 50CH 鉴定：能利用甘油、D-核糖、D-葡萄糖、*N*-乙酰氨基葡萄糖、七叶苷、D-麦芽糖、淀粉、肝糖、水杨苷（微弱产酸）产酸。不能利用以下碳源产酸：蔗糖、D-海藻糖、D-棉子糖、

D-松三糖、菊粉、D-果糖、熊果苷、D-乳糖、木糖醇、D-阿拉伯醇、赤藓醇、D-木糖、L-木糖、D-甘露糖、L-山梨糖、D-蜜二糖、D-纤维二糖、D-阿拉伯糖、L-阿拉伯糖、β-甲基-D-木糖苷、D-半乳糖、L-鼠李糖、卫矛醇、肌醇、D-甘露醇、D-山梨醇、α-甲基-D-甘露糖苷、α-甲基-D-葡萄糖苷、龙胆二糖、D-松二糖、D-来苏糖、D-塔格糖、D-岩藻糖、L-岩藻糖、D-阿拉伯糖醇、L-阿拉伯糖醇、2-酮基葡萄糖酸钾和5-酮基葡萄糖酸钾。主要脂肪酸是 15:0 anteiso（7.62%）、15:0 iso（46.44%）、c16:0（10.04%）和 17:0 iso（8.15%）。细胞壁主要氨基酸组分为内消旋-二氨基庚二酸、谷氨酸、天冬氨酸、甘氨酸。全细胞水解液的主要组分为核糖。DNA 的 G+C 含量为 40.8 mol%。模式菌株为 FJAT-14571$^T$ 分离于台湾土壤。

## 五、武夷山芽胞杆菌新种鉴定

### 1. 概述

武夷山国家级自然保护区是中国东南部重要的物种形成和分化中心，它位于27°33′N～27°54′N，117°27′E～117°51′E，全区南北长 52 km，东西最宽处 22 km，总面积为 56 527 hm$^2$。保护区的植物资源非常丰富，具有种多样性。夏枯草（唇形科夏枯草属）是一种常用的中药，因其夏至后即枯而得名。它具有清肝泻火、明目、散结消肿等功效。我们从武夷山国家级自然保护区的挂墩路口采集到 1 株夏枯草标本，为了解夏枯草生境芽胞杆菌资源的分布，对夏枯草植株的各个部位及根系土壤进行芽胞杆菌的分离与保存。我们对分离得到的芽胞杆菌首先进行了脂肪酸系统发育分析，发现了根系 1 株芽胞杆菌属的疑似新种。为了验证该菌株是否为芽胞杆菌属的一个新种，我们进行了多相分类研究。

### 2. 研究方法

（1）菌株的分离与培养：采用平板涂布稀释技术，从夏枯草根系土壤中分离得到菌株 FJAT-17212$^T$，使用含有 0.5% NaCl 的 NA 培养基（Atlas，1993）[成分（每升含量）：10 g 蛋白胨，3 g 牛肉浸膏和 18 g 琼脂（pH 7.0）]30℃培养 48 h。采用多次纯化直至得到纯培养物并用于进一步研究。相同培养条件下，菌株于 NA 培养基上进行培养，并于−80℃甘油冷冻保存。

（2）参考菌株：试验中所用参考菌株为解半乳糖苷芽胞杆菌（*Bacillus galactosidilyticus*）DSM 15595$^T$，来自德国菌种保藏中心（DSMZ）。

（3）表型学特征：观察 TSBA 平板上菌落在一定培养时间内的形态、大小、颜色、透明程度、边缘和突起等。所有菌株都在完全相同的培养条件下，观察菌落形态特征。

（4）生理生化特征：温度生长——将菌株接种于 TSB 培养基，10～50℃进行培养，每 10℃为一个梯度。定时测定菌悬液的光吸收值 $OD_{600nm}$，所用培养基为 TSB（以下试验中未特别指出的均使用此培养基）。NaCl 生长——在 0、2%、4%、6%、8%、10% NaCl 的液体培养基中定量接种并培养测定菌种的最适 NaCl 生长浓度。pH 生长——在已确定的各菌株最适生长 NaCl 浓度的培养基上设定 pH 梯度为 5.0、6.0、7.0、8.0、9.0、10.0，于最适温度下培养。过氧化氢酶——取一接种环培养至对数期的菌种涂布于已滴有 3%

过氧化氢的玻片上，如有气泡产生则为阳性，无气泡为阴性。氧化酶——将 0.2 mL α-萘酚乙醇溶液（1% α-萘酚溶于 95%乙醇溶液和 1% ddH$_2$O 中）和 0.3 mL（1%）对氨基苯胺盐酸溶液混匀后，滴加到已培养好的菌落上，混匀，让溶液浸没菌苔，呈现出深蓝色的为阳性。参考 Gregersen（1978）及 Smibert 和 Krieg（1994）描述的标准操作程序进行各项生化指标测定。革兰氏反应利用 KOH 水解法测定，具体方法参考东秀珠和蔡妙英（2001）编著的《常见细菌系统鉴定手册》。吲哚产生、V-P 反应、脲酶、DNA 酶、硝酸盐还原反应、淀粉水解、明胶液化、精氨酸脱羧酶、赖氨酸脱羧酶、鸟氨酸脱羧酶反应利用 API 20E 进行测定。碳源利用情况采用商业鉴定系统 API 50CH（BioMérieux）（Logan and Berkeley，1984）。

（5）16S rDNA 系统发育分析：DNA 的提取方法参照相关试剂盒说明书，16S rDNA 的 PCR 扩增引物采用 Yoon 等（1997）文献中的细菌通用引物，测序工作由华大基因完成。聚类树中参考菌株的序列取自公共数据库 EzTaxon（http://eztaxon-e.ezbiocloud.net/; Kim et al.，2012）。多重序列比对利用 Clustal X 软件（Thompson et al.，1997），系统发育树利用 Mega 4 软件（Tamura et al.，2007）构建、采用邻接法（Saitou and Nei，1987）完成，采用 Jukes-Cantor 模型（Jukes and Cantor，1969）进行计算。系统发育树的评价采用 1000 次重复值（Felsenstein，1985）。

（6）DNA 的 G+C 含量的测定：DNA 的 G+C 含量的测定采用热变性温度法（de Ley et al.，1970），所用仪器为 UV-Vis 5515 spectrophotometer（Perkin-Elmer），G+C 含量的计算参考 Owen 和 Hill（1979）描述的方法。

（7）脂肪酸分析：所有供试菌株在 TSBA 培养基上培养，培养时间为 24 h，温度为 28℃。菌体的收集及脂肪酸的提取参照文献描述的方法（Sasser，1990）进行。

（8）细胞壁组分分析：细胞壁氨基酸分析采用 Hasegawa 等（1983）描述的方法进行薄层层析。

## 3. 芽胞杆菌新种 FJAT-17212$^T$ 的脂肪酸系统发育

FJAT-17212$^T$ 的 15:0 iso/15:0 anteiso 值为 1.2，应隶属于第 II 类芽胞杆菌脂肪酸群。但它与已知的芽胞杆菌种类的脂肪酸成分差异非常大。FJAT-17212$^T$ 的脂肪酸系统发育分析结果见图 5-4-16。根据脂肪酸系统发育分析，我们断定 FJAT-17212$^T$ 应为芽胞杆菌属的一个新种。

## 4. 芽胞杆菌新种 FJAT-17212$^T$ 的表型特征

FJAT-17212$^T$ 与其近缘种菌落形态特征见图 5-4-17。FJAT-17212$^T$ 的菌落圆形，褐色，扁平，湿润，边缘不整齐，近缘种解半乳糖苷芽胞杆菌（*Bacillus galactosidilyticus*）的菌落相对较小，圆形，扁平，边缘不整齐。FJAT-17212$^T$ 与其近缘种的生理生化特征统计结果见表 5-4-16。两者的生理特性基本相同，生化特征共有 17 项指标特征存在差异。

## 5. 芽胞杆菌新种 FJAT-17212$^T$ 的基因型特征

（1）16S rDNA 系统发育分析：利用细菌通用引物 PCR 扩增测序得到几乎完整（1440 bp）

的 16S rDNA 序列。基于 16S rDNA 序列系统发育分析表明菌株 FJAT-17212$^T$ 应属于芽胞杆菌属，与近缘种解半乳糖苷芽胞杆菌（*Bacillus galactosidilyticus*）的同源性为 97.29%，与芽胞杆菌属其他种类的同源性低于 97%。采用邻接法构建的系统发育树证明菌株 FJAT-17212$^T$ 与芽胞杆菌属的成员亲缘关系相近（图 5-4-18）。

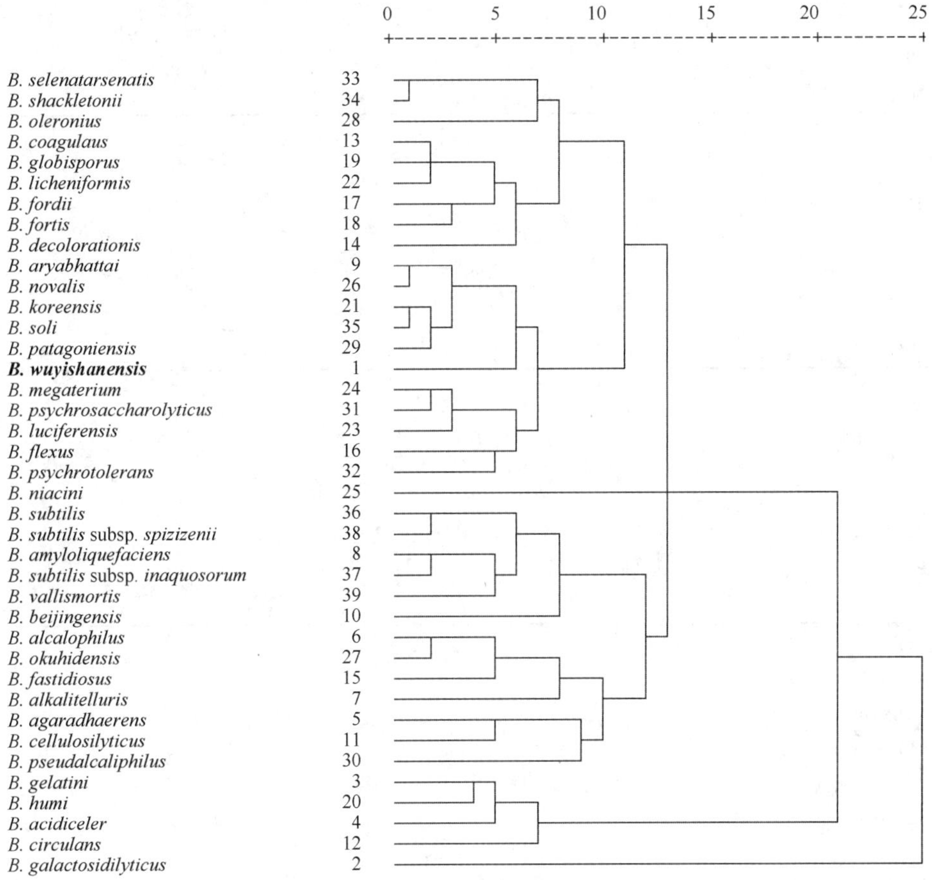


图 5-4-16　FJAT-17212$^T$ 的脂肪酸系统发育分析

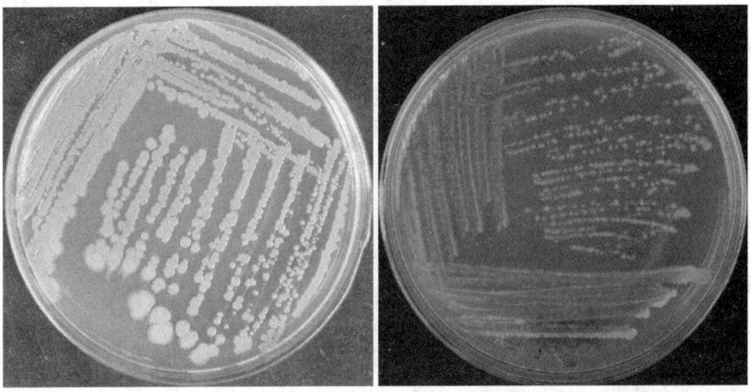

FJAT-17212$^T$　　*Bacillus galactosidilyticus*

图 5-4-17　菌株 FJAT-17212$^T$ 与其近缘种的菌落形态

**表 5-4-16　菌株 FJAT-17212$^T$ 与其近缘种的生理生化特征**

| 指标 | FJAT-17212$^T$ | *Bacillus galactosidilyticus* |
|---|---|---|
| 温度 | | |
| 10℃ | + | – |
| 20℃ | + | – |
| 30℃ | + | + |
| 40℃ | + | + |
| 50℃ | – | – |
| NaCl | | |
| 0 | + | + |
| 2% | + | + |
| 4% | + | + |
| 6% | + | + |
| 8% | – | – |
| 10% | – | – |
| pH | | |
| 5 | – | – |
| 6 | + | + |
| 7 | + | + |
| 8 | + | + |
| 9 | + | + |
| 10 | + | + |
| 生理生化 | | |
| 过氧化氢酶 | + | + |
| ONPG | – | + |
| 精氨酸双水解酶 | – | – |
| 赖氨酸脱羧酶 | – | – |
| 鸟氨酸脱羧酶 | – | – |
| 柠檬酸利用 | – | – |
| $H_2S$ | – | – |
| 脲酶 | – | w |
| 色氨酸脱氨酶 | – | – |
| 吲哚产生 | – | – |
| V-P | – | – |
| 明胶液化 | – | – |
| 硝酸盐还原 | – | + |
| 甘油 | – | – |
| 赤藓醇 | – | – |
| D-阿拉伯糖 | – | – |
| L-阿拉伯糖 | w | w |
| D-核糖 | + | w |
| D-木糖 | + | – |
| L-木糖 | – | – |
| 阿东醇 | – | – |

续表

| 指标 | FJAT-17212$^T$ | *Bacillus galactosidilyticus* |
| --- | --- | --- |
| β-甲基-D-木糖苷 | − | w |
| D-半乳糖 | + | w |
| D-葡萄糖 | + | w |
| D-果糖 | w | w |
| D-甘露糖 | + | w |
| L-山梨糖 | − | − |
| L-鼠李糖 | − | w |
| 卫矛醇 | − | − |
| 肌醇 | − | − |
| D-甘露醇 | − | |
| D-山梨醇 | − | − |
| α-甲基-D-甘露糖苷 | − | − |
| α-甲基-D-葡萄糖苷 | − | w |
| *N*-乙酰氨基葡萄糖 | + | w |
| 苦杏仁苷 | + | w |
| 熊果苷 | w | w |
| 七叶苷 | + | w |
| 水杨苷 | + | w |
| D-纤维二糖 | + | w |
| D-麦芽糖 | + | w |
| D-乳糖 | + | w |
| D-蜜二糖 | + | w |
| 蔗糖 | + | w |
| D-海藻糖 | + | w |
| 菊粉 | − | w |
| D-松三糖 | − | w |
| D-棉子糖 | + | w |
| 淀粉 | − | w |
| 肝糖 | − | − |
| 木糖醇 | − | − |
| 龙胆二糖 | − | w |
| D-松二糖 | w | w |
| D-来苏糖 | − | − |
| D-塔格糖 | − | − |
| D-岩藻糖 | − | − |
| L-岩藻糖 | w | − |
| D-阿拉伯糖醇 | − | − |
| L-阿拉伯糖醇 | − | − |
| 葡萄糖酸盐 | − | − |
| 2-酮基-葡萄糖酸盐 | − | − |
| 5-酮基-葡萄糖酸盐 | − | − |

注：+，阳性；−，阴性；w，弱

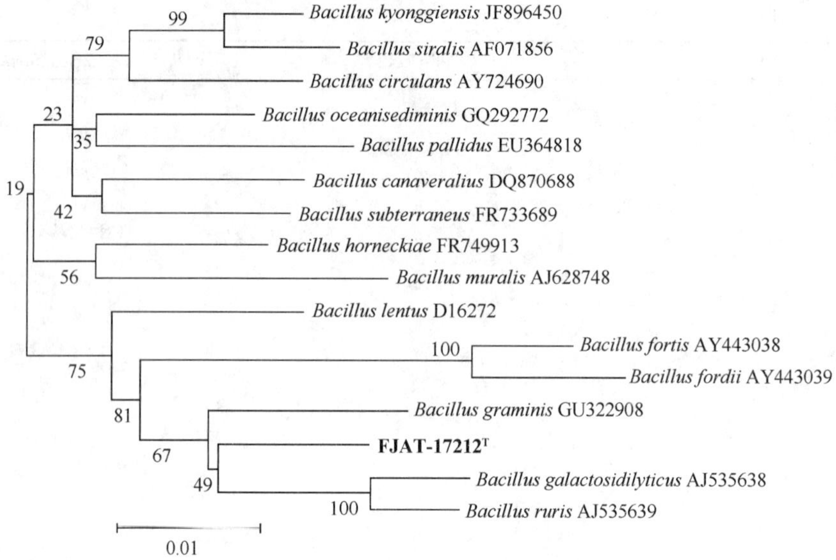


图 5-4-18　FJAT-17212$^{T}$的 16S rDNA 系统发育分析

（2）DNA G+C 含量的测定：FJAT-17212$^{T}$的 DNA G+C 含量为 39.8 mol%，

## 6. 芽胞杆菌新种 FJAT-17212$^{T}$的化学特征

测定到的 FJAT-17212$^{T}$脂肪酸成分均符合芽胞杆菌属的脂肪酸类型，大部分为支链脂肪酸（Kaneda，1977）。芽胞杆菌属的主要脂肪酸为 15:0 anteiso（5%～60%）和 15:0 iso（3%～30%），以及少量的不饱和脂肪酸（<3%）（Kämpfer，1994；Jung et al.，2011）。菌株 FJAT-17212$^{T}$的主要脂肪酸为 15:0 anteiso（29.84%）、15:0 iso（35.68%）、16:0 iso（9.96%）和 14:0 iso（9.87%），以上脂肪酸占据了全部脂肪酸总量的 80%以上。根据脂肪酸组成和含量，菌株 FJAT-17212$^{T}$与其近缘种解半乳糖苷芽胞杆菌（*Bacillus galactosidilyticus*）可以很明显地相互区分开（表 5-4-17）。细胞壁主要氨基酸组分为内消旋-二氨基庚二酸，全细胞水解液无特征性糖。

**表 5-4-17　FJAT-17212$^{T}$与其近缘种的脂肪酸组成**　　（%）

| 脂肪酸 | FJAT-17212$^{T}$ | *Bacillus galactosidilyticus* |
|---|---|---|
| 15:0 iso | 35.68 | 31.85 |
| 15:0 anteiso | 29.84 | 17.54 |
| 16:0 iso | 9.96 | 5.75 |
| 14:0 iso | 9.87 | 4.23 |
| 16:1ω7c alcohol | 1.26 | 0.48 |
| 16:1ω11c | 1.47 | 2.11 |
| c16:0 | 1.48 | 21.49 |
| 17:1 iso ω10c | 0.37 | 0.35 |
| 17:0 iso | 0.85 | 4.00 |
| 17:0 anteiso | 4.73 | 3.77 |

续表

| 脂肪酸 | FJAT-17212$^T$ | *Bacillus galactosidilyticus* |
|---|---|---|
| c14:0 | 1.32 | 4.01 |
| c10:0 | 0.31 | 0.25 |
| c12:0 | 0.24 | 0.21 |
| 13:0 iso | 0.64 | 0.30 |
| 13:0 anteiso | 0.23 | 0.11 |
| 14:0 anteiso | 0.30 | — |
| 18:1ω9c | 0.16 | 0.37 |
| c18:0 | 0.10 | 1.14 |
| feature 1 | 0.14 | — |
| feature 3 | 0.13 | 0.26 |
| feature 4 | 0.28 | 0.20 |
| feature 8 | 0.10 | 0.13 |

注：feature 1，13:0 3OH 和/或 15:1 iso H；feature 3，16:1ω6c 和/或 16:1ω7c；feature 4，17:1 anteiso B 和/或 iso I；feature 8，18:1ω6c 和/或 18:1ω7c；“—”表示未测定到的脂肪酸成分

## 7. 讨论

根据系统发育分析数据、化学特征和表型特征数据表明，菌株 FJAT-17212$^T$ 应为芽胞杆菌属的一个新种，命名为武夷山芽胞杆菌（*Bacillus wuyishanensis* sp. nov. Liu et al. 2015）。2015 年该新种在国际学报上正式发表（Int J Syst Evol Microbiol. 2015 Jul; 65(7): 2030-2035. doi: 10.1099/ijs.0.000215. Epub 2015 Mar 30.）。

武夷山芽胞杆菌（*Bacillus wuyishanensis* sp. nov. Liu et al. 2015）新种的种名释义：*Bacillus wuyishanensis*（*wu.yi.shan.en'sis*. N.L. masc. adj. *wuyishanensis*, of or belonging to Wuyishan.）。特征描述：细胞杆状、好氧、革兰氏阳性。芽胞椭圆形。最佳生长温度35℃，45℃时可生长，50℃不能生长。最佳 pH 为7.0（6～10）。无 NaCl 时生长最佳，可以在0～6%（*m*/*V*）NaCl 时生长。过氧化氢酶反应为阳性。API 20E 鉴定：ONPG、精氨酸双水解酶、赖氨酸脱羧酶、鸟氨酸脱羧酶、柠檬酸利用、$H_2S$、脲酶、色氨酸脱氨酶、吲哚产生、V-P 反应、明胶液化和硝酸盐还原反应都为阴性。API 50CH 鉴定：能利用 L-阿拉伯糖（反应微弱）、D-核糖、D-木糖、D-葡萄糖、D-半乳糖、D-果糖（反应微弱）、D-甘露糖、*N*-乙酰氨基葡萄糖、D-松二糖（反应微弱）、L-岩藻糖（反应微弱）、苦杏仁苷、熊果苷（反应微弱）、七叶苷、水杨苷、D-纤维二糖、D-麦芽糖、D-乳糖、D-蜜二糖、蔗糖、D-海藻糖、D-棉子糖产酸。不能利用以下碳源产酸：甘油、D-松三糖、菊粉、木糖醇、赤藓醇、L-木糖、山梨醇、D-阿拉伯糖、β-甲基-D-木糖苷、L-鼠李糖、卫矛醇、肌醇、D-甘露醇、D-山梨醇、α-甲基-D-甘露糖苷、α-甲基-D-葡萄糖苷、龙胆二糖、D-木糖、D-塔格糖、D-岩藻糖、D-阿拉伯糖醇、L-阿拉伯糖醇、2-酮基-葡萄糖酸盐和5-酮基-葡萄糖酸盐。主要脂肪酸是15:0 anteiso（29.84%）、15:0 iso（35.68%）、16:0 iso（9.96%）和14:0 iso（9.87%）。细胞壁主要氨基酸组分为内消旋-二氨基庚二酸。DNA 的 G+C 含量为39.8 mol%。模式菌株为 FJAT-17212$^T$ 分离于武夷山夏枯草根系土壤。

# 第五节 芽胞杆菌属脂肪酸组系统发育

## 一、概述

### 1. 芽胞杆菌重要性

芽胞杆菌属（*Bacillus*）隶属于细菌界（Bacteria）厚壁菌门（Firmicutes）芽胞杆菌纲（Bacilli）芽胞杆菌目（Bacillales）芽胞杆菌科（Bacillaceae）。芽胞杆菌属的种类广泛地分布在各种环境中，如南极（Timmery et al.，2011）、堆肥（Kim et al.，2011a）、沙漠（Köberl et al.，2011；Palmisano et al.，2001）、深海（Gartner et al.，2011）、温泉（Yazdani et al.，2009）、矿藏（Valverde et al.，2011）等常有芽胞杆菌的踪迹。由于芽胞杆菌产芽胞的特性，并能产生多种生物活性物质，许多芽胞杆菌种类在工业、医学和商业上都具有重要的应用价值（刘波，2006，2009；车建美等，2010a，2011b）。研究它们的系统发育对将其更好地应用到实践中具有重要的意义。

### 2. 芽胞杆菌系统发育

根据具有命名地位的原核生物名称的名录（*List of Prokaryotic names with Standing in Nomenclature*）统计，芽胞杆菌属共有 180 种（Euzéby，2013）。芽胞杆菌的系统发育分析方法主要以 16S rDNA 序列同源性为依据，当两个芽胞杆菌的 16S rDNA 序列同源性小于 97%、DNA-DNA 同源性小于 70%，则认定为不同的种（Wayne et al.，1987；Stackebrandt and Goebel，1994；Stackebrandt et al.，2002）。虽然 16S rDNA 序列分类具有相当高的稳定性，但是芽胞杆菌属的有些种间亲缘关系极其相近，难以利用 16S rDNA 区分开。同时，16S rDNA 分类与芽胞杆菌的生物学特征联系较少，许多嗜温、嗜酸、嗜碱、嗜盐的芽胞杆菌分为一类。作者利用脂肪酸进行芽胞杆菌分群，试图弥补以上缺陷。芽胞杆菌的脂肪酸测定与系统发育分析操作简单，不仅可以反映芽胞杆菌属种间的亲缘关系，还具有生物学意义。脂肪酸是细胞生物膜的重要组成物质，与芽胞杆菌细胞识别、种类特异性和细胞免疫等有密切关系；是遗传特性的表征物质，具有芽胞杆菌属种遗传稳定性。此外，脂肪酸还具有结构多样性，可以敏感地表征芽胞杆菌的生物学特异性，是特别有效的分类生物标记（刘志辉等，2005；蓝江林等，2010；刘波，2011）。

### 3. 芽胞杆菌脂肪酸组

细菌脂肪酸分为饱和脂肪酸与不饱和脂肪酸两大类，如 15:0 iso 等为饱和脂肪酸，17:1 iso ω5c 等为不饱和脂肪酸。芽胞杆菌属的脂肪酸大多为支链饱和脂肪酸，支链饱和脂肪酸含有一个甲基，当甲基位于末端第二位置时该脂肪酸称为同型（iso），位于末端第三位置时称为异型（anteiso）。芽胞杆菌属只有少数种产生不饱和脂肪酸，如炭疽芽胞杆菌、蜡样芽胞杆菌及解木糖赖氨酸芽胞杆菌等产生 17:1 iso ω5c。Saito（1960）报道 15:0 iso 和 15:0 anteiso 是芽胞杆菌的主要脂肪酸类型。Abel 等（1963）研究表明通过气相色谱（GC）得出的细胞脂肪酸可以成功地鉴定细菌，且细菌脂肪酸碳原子数为 9～

20 个。Kaneda（1977）利用脂肪酸将 22 株芽胞杆菌分为 6 个群，这些菌都含有 iso 和 anteiso 支链饱和脂肪酸。刘波（2011）在《微生物脂肪酸生态学》著作中，利用脂肪酸分析了 61 个细菌属的 4800 多个菌株，将常见细菌属分为 4 个脂肪酸型，将芽胞杆菌划分在细菌脂肪酸 IV 型内，发现支链脂肪酸在细菌进化史上起着重要的作用。同时，比较了芽胞杆菌脂肪酸鉴定与 16S rDNA 序列鉴定的相似性大于 98%（刘波，2011；刘国红等，2012），但在系统发育树的结构上具有较大的差异。

细菌脂肪酸的气相色谱测定是一种便宜、快速、简便的方法，自动化程度很高。该技术已被大多数实验室用于细菌的日常鉴定，如脂肪酸微生物鉴定系统（Sherlock microbial identification system，MIS，Microbial ID，Inc. MIDI，Newark，Delaware，USA），含有 1500 多种嗜氧菌和 800 多种厌氧菌，其中含有芽胞杆菌属的 25 个种类（Vandamme et al.，1996）。从质上来讲，芽胞杆菌脂肪酸生物标记为 DNA 表达产物（酶等）合成与代谢的结果，具有高度遗传保守性。从量上来讲，尽管微生物脂肪酸含量随生长环境的瞬时变化而产生很大的变异，但芽胞杆菌脂肪酸的测定是十分精确的（朱育菁等，2009；王秋红等，2007）。目前，已发现细菌细胞中含有 300 多种脂肪酸生物标记，由于它们的碳链长度、双键位置和功能团等不同，脂肪酸成为一种有用的分类标记（刘波，2011；陶天申等，2007；Dawyndt et al.，2006；Kunitsky et al.，2006）。尽管芽胞杆菌种类的脂肪酸鉴定研究有了较大的进展，但利用脂肪酸进行芽胞杆菌系统发育研究仍未见报道。

### 4. 研究目的

本研究选择了芽胞杆菌属的 90 种（其中有 3 亚种）进行脂肪酸生物标记测定，分析脂肪酸生物标记在芽胞杆菌的分布特性，建立芽胞杆菌系统发育分析的脂肪酸参数统计指标，进行芽胞杆菌属种类的脂肪酸系统发育聚类分析，并对聚类结果划分的脂肪酸群的生物学特性进行比较，评估该体系在芽胞杆菌系统发育中的作用。

## 二、研究方法

### 1. 供试菌株

以 90 种芽胞杆菌的模式菌株为研究对象，具体信息见表 5-5-1。菌株均在 TSB 液体培养基上 28℃培养 24 h。

**表 5-5-1　90 种芽胞杆菌供试菌株信息**

| 库存菌株编号 | 原始菌株编号 | 种名 | 中文名称 |
|---|---|---|---|
| 91 FJAT-14221 | DSM 18954 | *Bacillus acidiceler* | 酸快生芽胞杆菌 |
| 92 FJAT-14829 | DSM 14745 | *B. acidicola* | 酸居芽胞杆菌 |
| 93 FJAT-14209 | DSM 23148 | *B. acidiproducens* | 产酸芽胞杆菌 |
| 94 FJAT-10013 | DSM 8721 | *B. agaradhaerens* | 黏琼脂芽胞杆菌 |
| 95 FJAT-276 | ATCC 27647 | *B. alcalophilus* | 嗜碱芽胞杆菌 |
| 96 FJAT-2286 | DSM 16976 | *B. alkalitelluris* | 碱土芽胞杆菌 |

续表

| 库存菌株编号 | 原始菌株编号 | 种名 | 中文名称 |
|---|---|---|---|
| 97 FJAT-10025 | DSM 21631 | *B. altitudinis* | 高地芽胞杆菌 |
| 98 FJAT-8754 | CCUG 28519 | *B. amyloliquefaciens* | 解淀粉芽胞杆菌 |
| 99 FJAT-14220 | DSM 21047 | *B. aryabhattai* | 阿氏芽胞杆菌 |
| 100 FJAT-8755 | CCUG 28524 | *B. atrophaeus* | 萎缩芽胞杆菌 |
| 101 FJAT-8757 | CCUG 7412 | *B. badius* | 栗褐芽胞杆菌 |
| 102 FJAT-10043 | DSM 15601 | *B. bataviensis* | 巴达维亚芽胞杆菌 |
| 103 FJAT-14214 | DSM 19037 | *B. beijingensis* | 北京芽胞杆菌 |
| 104 FJAT-14268 | DSM 17376 | *B. boroniphilus* | 嗜硼芽胞杆菌 |
| 105 FJAT-14236 | DSM 18926 | *B. butanolivorans* | 食丁酸芽胞杆菌 |
| 106 FJAT-10029 | DSM 17613 | *B. carboniphilus* | 嗜碳芽胞杆菌 |
| 107 FJAT-10015 | DSM 2522 | *B. cellulosilyticus* | 解纤维素芽胞杆菌 |
| 108 FJAT-8760 | CCUG 7414 | *B. cereus* | 蜡样芽胞杆菌 |
| 109 FJAT-14272 | DSM 16189 | *B. cibi* | 食物芽胞杆菌 |
| 110 FJAT-8761 | CCUG 7416 | *B. circulans* | 环状芽胞杆菌 |
| 111 FJAT-8762 | CCUG 47262 | *B. clausii* | 克劳氏芽胞杆菌 |
| 112 FJAT-520 | AS1. 2009 | *B. coagulans* | 凝结芽胞杆菌 |
| 113 FJAT-10017 | DSM 2528 | *B. cohnii* | 科恩芽胞杆菌 |
| 114 FJAT-14222 | DSM 17725 | *B. decisifrondis* | 腐叶芽胞杆菌 |
| 115 FJAT-14274 | DSM 14890 | *B. decolorationis* | 脱色芽胞杆菌 |
| 116 FJAT-10044 | DSM 15600 | *B. drentensis* | 钻特省芽胞杆菌 |
| 117 FJAT-10010 | DSM 13796 | *B. endophyticus* | 内生芽胞杆菌 |
| 118 FJAT-274 | ATCC 29313 | *B. fastidiosus* | 苛求芽胞杆菌 |
| 119 FJAT-8765 | CCUG 28525 | *B. flexus* | 坚强芽胞杆菌 |
| 120 FJAT-10032 | DSM 16014 | *B. fordii* | 福氏芽胞杆菌 |
| 121 FJAT-10033 | DSM 16012 | *B. fortis* | 强壮芽胞杆菌 |
| 122 FJAT-8766 | CCUG 28888 | *B. fusiformis* | 纺锤形芽胞杆菌 |
| 123 FJAT-10034 | DSM 15595 | *B. galactosidilyticus* | 解半乳糖苷芽胞杆菌 |
| 124 FJAT-10035 | DSM 15865 | *B. gelatini* | 明胶芽胞杆菌 |
| 125 FJAT-14270 | DSM 18134 | *B. ginsengihumi* | 人参土芽胞杆菌 |
| 126 FJAT-519 | ATCC 23301 | *B. globisporus* | 球胞芽胞杆菌 |
| 127 FJAT-10037 | DSM 16731 | *B. hemicellulosilyticus* | 解半纤维素芽胞杆菌 |
| 128 FJAT-14233 | DSM 6951 | *B. horikoshii* | 堀越氏芽胞杆菌 |
| 129 FJAT-14211 | DSM 16318 | *B. humi* | 土地芽胞杆菌 |
| 130 FJAT-14212 | DSM 15820 | *B. indicus* | 印度芽胞杆菌 |
| 131 FJAT-14252 | DSM 21046 | *B. isronensis* | 印空研芽胞杆菌 |
| 132 FJAT-14210 | DSM 16467 | *B. koreensis* | 韩国芽胞杆菌 |
| 133 FJAT-14240 | DSM 17871 | *B. kribbensis* | 韩研所芽胞杆菌 |
| 134 FJAT-14213 | DSM 19099 | *B. lehensis* | 列城芽胞杆菌 |
| 135 FJAT-275 | ATCC 14707 | *Paenibacillus lentimorbus* | 慢病类芽胞杆菌 |
| 136 FJAT-8771 | CCUG 7422 | *B. licheniformis* | 地衣芽胞杆菌 |

续表

| 库存菌株编号 | 原始菌株编号 | 种名 | 中文名称 |
|---|---|---|---|
| 137 FJAT-14206 | DSM 18845 | *B. luciferensis* | 路西法芽胞杆菌 |
| 138 FJAT-14248 | DSM 16346 | *B. macyae* | 马氏芽胞杆菌 |
| 139 FJAT-14235 | DSM 16204 | *B. marisflavi* | 黄海芽胞杆菌 |
| 140 FJAT-8773 | CCUG 49529 | *B. massiliensis* | 马塞芽胞杆菌 |
| 141 FJAT-8774 | CCUG 1817 | *B. megaterium* | 巨大芽胞杆菌 |
| 142 FJAT-10005 | DSM 9205 | *B. mojavensis* | 莫哈维沙漠芽胞杆菌 |
| 143 FJAT-14208 | DSM 16288 | *B. muralis* | 壁画芽胞杆菌 |
| 144 FJAT-14258 | DSM 19154 | *B. murimartini* | 马丁教堂芽胞杆菌 |
| 145 FJAT-8775 | DSM 2048 | *B. mycoides* | 蕈状芽胞杆菌 |
| 146 FJAT-14216 | DSM 15077 | *B. nealsonii* | 尼氏芽胞杆菌 |
| 147 FJAT-14217 | DSM 17723 | *B. niabensis* | 农研所芽胞杆菌 |
| 148 FJAT-14202 | DSM 2923 | *B. niacini* | 烟酸芽胞杆菌 |
| 149 FJAT-14227 | DSM 15603 | *B. novalis* | 休闲地芽胞杆菌 |
| 150 FJAT-14201 | DSM 18869 | *B. odysseyi* | 奥德赛芽胞杆菌 |
| 151 FJAT-2235 | DSM 23308 | *B. okhensis* | 奥哈芽胞杆菌 |
| 152 FJAT-14823 | DSM 13666 | *B. okuhidensis* | 奥飞弹温泉芽胞杆菌 |
| 153 FJAT-14224 | DSM 9356 | *B. oleronius* | 蔬菜芽胞杆菌 |
| 154 FJAT-2285 | DSM 19096 | *B. panaciterrae* | 人参地块芽胞杆菌 |
| 155 FJAT-10053 | ATCC 14576 | *Virgibacillus pantothenticus* | 泛酸枝芽胞杆菌 |
| 156 FJAT-14218 | DSM 16117 | *B. patagoniensis* | 巴塔哥尼亚芽胞杆菌 |
| 157 FJAT-14237 | DSM 8725 | *B. pseudalcaliphilus* | 假嗜碱芽胞杆菌 |
| 158 FJAT-14225 | DSM 12442 | *B. pseudomycoides* | 假蕈状芽胞杆菌 |
| 159 FJAT-8778 | CCUG 28882 | *B. psychrosaccharolyticus* | 冷解糖芽胞杆菌 |
| 160 FJAT-14255 | DSM 11706 | *Psychrobacillus psychrotolerans* | 耐冷嗜冷芽胞杆菌 |
| 161 FJAT-8779 | CCUG 26016 | *B. pumilus* | 短小芽胞杆菌 |
| 162 FJAT-14825 | DSM 17057 | *B. ruris* | 农庄芽胞杆菌 |
| 163 FJAT-14260 | DSM 19292 | *B. safensis* | 沙福芽胞杆菌 |
| 164 FJAT-14262 | DSM 18680 | *B. selenatarsenatis* | 硒砷芽胞杆菌 |
| 165 FJAT-14261 | DSM 15326 | *B. selenitireducens* | 还原硒酸盐芽胞杆菌 |
| 166 FJAT-14231 | DSM 16464 | *B. seohaeanensis* | 西岸芽胞杆菌 |
| 167 FJAT-14257 | DSM 18868 | *B. shackletonii* | 沙氏芽胞杆菌 |
| 168 FJAT-2295 | DSM 30646 | *B. simplex* | 简单芽胞杆菌 |
| 169 FJAT-14822 | DSM 13140 | *B. siralis* | 青贮窖芽胞杆菌 |
| 170 FJAT-14232 | DSM 15604 | *B. soli* | 土地芽胞杆菌 |
| 171 FJAT-14256 | DSM 13779 | *B. sonorensis* | 索诺拉沙漠芽胞杆菌 |
| 172 FJAT-9 | FJAT-9 | *Lysinibacillus sphaericus* | 球形赖氨酸芽胞杆菌 |
| 173 FJAT-8784 | CCUG163 | *B. subtilis* | 枯草芽胞杆菌 |
| 174 FJAT-14251 | DSM 22148 | *B. subtilis* subsp. *inaquosorum* | 枯草芽胞杆菌干燥亚种 |
| 175 FJAT-14250 | DSM 15029 | *B. subtilis* subsp. *spizizenii* | 枯草芽胞杆菌斯氏亚种 |
| 176 FJAT-14254 | DSM 10 | *B. subtilis* subsp. *subtilis* | 枯草芽胞杆菌枯草亚种 |

续表

| 库存菌株编号 | 原始菌株编号 | 种名 | 中文名称 |
|---|---|---|---|
| 177 FJAT-14 | FJAT-14 | *B. thuringiensis* | 苏云金芽胞杆菌 |
| 178 FJAT-14844 | DSM 11031 | *B. vallismortis* | 死谷芽胞杆菌 |
| 179 FJAT-14842 | DSM 9768 | *B. vedderi* | 威氏芽胞杆菌 |
| 180 FJAT-14850 | DSM 18898 | *B. vietnamensis* | 越南芽胞杆菌 |

## 2. 试剂与仪器

TSBA 培养基[胰蛋白胨大豆肉汤（TSB）30 g、15 g 琼脂]及培养管购自美国 BD 公司。气相色谱仪为安捷伦 7890N 型。脂肪酸提取溶液 I：NaOH 45 g，甲醇 150 mL，超纯水 150 mL。溶液 II：6.0 mol/L HCl 325 mL，甲醇 275 mL。溶液 III：己烷 200 mL，甲基三丁基乙醚 200 mL。溶液 IV：NaOH 10.8 g，超纯水 900 mL。以上有机溶剂为色谱纯，化学试剂为优级纯。

## 3. 芽胞杆菌属种类脂肪酸生物标记测定

芽胞杆菌属种类脂肪酸提取主要参考 Sasser（1990）描述的方法。按四区划线法将新鲜待测菌株接种至新鲜的 TSBA 平板上，28℃培养 24 h。刮取 20 mg 新鲜菌体置于试管中，加入 1 mL 溶液 I，100℃水浴 30 min；冷却至室温后加入 1.5 mL 溶液 II，混匀后 80℃水浴 10 min；用流水迅速冷却至室温，加入 1.25 mL 溶液 III；振荡 10 min，吸弃下层溶液；加入 3 mL 溶液 IV 及几滴饱和 NaCl 溶液，振荡 5 min，静置片刻，待分层后，吸取上层液体于 GC 管中进行测定分析。细菌脂肪酸成分测定采用微生物鉴定系统进行分析（美国 MIDI 公司产品），该系统包括安捷伦 7890N 型气相色谱系统、Sherlock MIS 6.0 处理软件。色谱分析柱温采用二阶顺序升温法，即第一阶段 170℃起始，每分钟升温 5℃，升至 260℃，第二阶段每分钟升温 40℃，升至 310℃，维持 90 s；气化室温度 250℃，测定器温度 300℃；载气为氢气（2 mL/min），尾吹气为氮气（30 mL/min）；柱前压 68.95 kPa；进样量 1 μL，进样分流比 100∶1。

## 4. 芽胞杆菌属种类脂肪酸生物标记分布特性

利用林营志等（2009）编写的程序，将 Sherlock MIS 6.0 测定出的芽胞杆菌属每个种的脂肪酸测定数据转换成以芽胞杆菌为样本、以脂肪酸生物标记为指标的数据矩阵 Excel 文件。统计每种脂肪酸标记在不同芽胞杆菌中分布的相对百分比含量总和（以下简称总和）、平均值和最大值，分析脂肪酸在芽胞杆菌中的分布统计特性。基于该统计结果，利用 SPSS 16.0 生物统计软件，以脂肪酸总和、平均值、最大值为指标，以脂肪酸生物标记为样本，构建数据矩阵，以欧氏距离为尺度，采用类平均法对脂肪酸生物标记进行系统聚类，分析基于统计特性的脂肪酸生物标记分组特性，选择用于芽胞杆菌系统发育分析的脂肪酸指标。

### 5. 基于脂肪酸生物标记的芽胞杆菌属种系统发育分析

以芽胞杆菌 10 个脂肪酸生物标记统计参数为系统发育参数指标：①c16:0，代表细菌特征；②16:0 iso，代表细菌特征（王秋红等，2007）；③15:0 iso，代表芽胞杆菌属的特征；④15:0 anteiso，代表芽胞杆菌属的特征；⑤17:0 iso，代表芽胞杆菌种的特征；⑥17:0 anteiso，代表芽胞杆菌种的特征；⑦15:0 iso/15:0 anteiso，代表芽胞杆菌属的分化；⑧17:0 iso/17:0 anteiso，代表芽胞杆菌种的分化（Kämpfer，1994）；⑨脂肪酸生物标记香农多样性指数（Shannon index，$H_1$），用于平衡脂肪酸生物标记奇异产生；⑩脂肪酸生物标记均匀度指数（Pielou evenness index，$J$），用于平衡脂肪酸生物标记测定误差。

芽胞杆菌脂肪酸生物标记 Shannon 指数（$H_1$）的计算公式为

$$H' = -\sum_{i=1}^{S} p_i \ln p_i \tag{5-5-1}$$

式中，$p_i$ 为芽胞杆菌第 $i$ 个脂肪酸生物标记含量占脂肪酸含量总和的比例；$S$ 为脂肪酸生物标记的个数。

芽胞杆菌脂肪酸生物标记 Pielou 指数（$J$）的计算公式为

$$J = \frac{H'}{H'_{\max}} \tag{5-5-2}$$

式中，$H'$为香农多样性指数；$H'_{\max}$ 为 $H'$的最大值。

以芽胞杆菌 10 个脂肪酸生物标记统计参数为指标，以 90 个芽胞杆菌属种类（亚种）为样本，构建数据矩阵如下：

| 项目 | c16:0 | 16:0 iso | 15:0 iso | 15:0 anteiso | 17:0 iso | 17:0 anteiso | 15:0 iso/15:0 anteiso | 17:0 iso/17:0 anteiso | Shannon 指数（$H'$） | Pielou 指数（$J$） |
|---|---|---|---|---|---|---|---|---|---|---|
| $SP_1$ | $X_{11}$ | $X_{12}$ | $X_{13}$ | $X_{14}$ | $X_{15}$ | $X_{16}$ | $X_{17}$ | $X_{18}$ | $X_{19}$ | $X_{110}$ |
| $SP_2$ | $X_{21}$ | $X_{22}$ | $X_{23}$ | $X_{24}$ | $X_{25}$ | $X_{26}$ | $X_{27}$ | $X_{28}$ | $X_{29}$ | $X_{210}$ |
| $SP_3$ | $X_{31}$ | $X_{32}$ | $X_{33}$ | $X_{34}$ | $X_{35}$ | $X_{36}$ | $X_{37}$ | $X_{38}$ | $X_{39}$ | $X_{310}$ |
| ⋮ | ⋮ | ⋮ | ⋮ | ⋮ | ⋮ | ⋮ | ⋮ | ⋮ | ⋮ | ⋮ |
| $SP_n$ | $X_{n1}$ | $X_{n2}$ | $X_{n3}$ | $X_{n4}$ | $X_{n5}$ | $X_{n6}$ | $X_{n7}$ | $X_{n8}$ | $X_{n9}$ | $X_{n10}$ |

利用 SPSS 16.0 生物统计软件，以欧氏距离为尺度，用类平均法进行系统聚类，分析芽胞杆菌因脂肪酸指标组建的脂肪酸群系统发育特征。

## 三、芽胞杆菌属种类的脂肪酸组测定

### 1. 脂肪酸组测定

实验结果见表 5-5-2。芽胞杆菌属 90 种（亚种）的脂肪酸生物标记测定结果表明，共测定到 30 个芽胞杆菌属的脂肪酸生物标记，碳链长度为 10～20。

表 5-5-2 芽胞杆菌属种类脂肪酸生物标记 (%)

| 种名 | 17:0 iso | 17:1 iso ω5c | 18:1ω9c | 12:0 iso | 14:0 iso | c16:0 | c17:0 | c20:0 | 16:0 iso |
|---|---|---|---|---|---|---|---|---|---|
| *Bacillus acidiceler* | 0.00 | 0.00 | 0.00 | 0.00 | 4.08 | 4.67 | 0.00 | 0.00 | 9.35 |
| *B. acidicola* | 3.19 | 0.00 | 0.00 | 0.00 | 1.59 | 9.01 | 0.00 | 0.00 | 17.96 |
| *B. acidiproducens* | 0.00 | 0.00 | 0.00 | 0.00 | 4.01 | 9.64 | 0.00 | 0.00 | 7.56 |
| *B. agaradhaerens* | 11.09 | 0.00 | 1.73 | 0.00 | 1.71 | 15.08 | 0.00 | 0.00 | 1.59 |
| *B. alcalophilus* | 3.82 | 0.00 | 0.48 | 0.00 | 0.64 | 13.15 | 0.00 | 0.00 | 1.05 |
| *B. alkalitelluris* | 3.42 | 0.00 | 0.00 | 0.00 | 2.98 | 20.37 | 0.00 | 0.00 | 2.67 |
| *B. altitudinis* | 6.15 | 0.00 | 0.00 | 0.00 | 1.26 | 2.40 | 0.00 | 0.00 | 3.10 |
| *B. amyloliquefaciens* | 12.66 | 0.00 | 0.00 | 0.00 | 1.26 | 3.79 | 0.00 | 0.00 | 3.60 |
| *B. aryabhattai* | 3.34 | 0.00 | 0.37 | 0.00 | 4.13 | 6.59 | 0.00 | 0.00 | 1.88 |
| *B. atrophaeus* | 6.93 | 0.00 | 0.75 | 0.00 | 1.03 | 3.83 | 0.13 | 0.00 | 3.43 |
| *B. badius* | 2.88 | 0.00 | 0.00 | 0.00 | 1.59 | 5.06 | 0.00 | 0.00 | 4.89 |
| *B. bataviensis* | 2.80 | 0.00 | 1.07 | 0.00 | 3.38 | 3.35 | 0.00 | 0.00 | 2.95 |
| *B. beijingensis* | 2.91 | 0.00 | 0.00 | 0.00 | 1.94 | 2.70 | 0.00 | 0.00 | 3.69 |
| *B. boroniphilus* | 9.14 | 0.00 | 0.00 | 0.00 | 0.00 | 9.00 | 0.00 | 0.00 | 2.01 |
| *B. butanolivorans* | 1.37 | 0.00 | 0.34 | 0.00 | 7.67 | 6.91 | 0.30 | 1.89 | 7.56 |
| *B. carboniphilus* | 6.08 | 0.00 | 0.27 | 0.00 | 5.38 | 4.16 | 0.21 | 0.00 | 4.29 |
| *B. cellulosilyticus* | 5.85 | 0.00 | 1.16 | 0.00 | 1.71 | 15.4 | 0.80 | 0.00 | 3.68 |
| *B. cereus* | 11.84 | 5.53 | 0.00 | 0.00 | 2.97 | 6.11 | 0.00 | 0.00 | 5.99 |
| *B. cibi* | 5.39 | 0.00 | 0.00 | 0.00 | 4.77 | 4.43 | 0.00 | 0.00 | 8.32 |
| *B. circulans* | 1.33 | 0.00 | 0.13 | 0.00 | 4.54 | 4.25 | 0.00 | 0.00 | 5.58 |
| *B. clausii* | 15.58 | 0.00 | 0.00 | 0.00 | 2.06 | 8.14 | 0.59 | 0.00 | 3.48 |
| *B. coagulans* | 9.23 | 0.00 | 0.00 | 0.00 | 0.00 | 3.45 | 0.00 | 0.00 | 3.91 |
| *B. cohnii* | 3.25 | 0.00 | 0.61 | 0.00 | 2.24 | 3.52 | 0.00 | 0.00 | 4.64 |
| *B. decisifrondis* | 2.63 | 0.00 | 0.25 | 0.00 | 4.33 | 1.70 | 0.00 | 0.24 | 11.27 |
| *B. decolorationis* | 8.79 | 0.00 | 0.00 | 0.00 | 0.00 | 9.40 | 0.00 | 0.00 | 1.54 |
| *B. drentensis* | 0.00 | 0.00 | 0.00 | 0.00 | 1.04 | 1.69 | 0.00 | 0.00 | 10.52 |
| *B. endophyticus* | 2.16 | 0.00 | 0.00 | 0.00 | 5.59 | 10.83 | 0.00 | 0.00 | 7.76 |
| *B. fastidiosus* | 10.41 | 0.00 | 0.00 | 0.00 | 0.67 | 15.73 | 0.16 | 0.00 | 1.22 |
| *B. flexus* | 4.29 | 0.00 | 0.00 | 0.00 | 3.97 | 3.69 | 0.00 | 0.00 | 2.66 |
| *B. fordii* | 8.47 | 0.00 | 0.44 | 0.00 | 1.35 | 1.59 | 0.40 | 0.18 | 4.81 |
| *B. fortis* | 5.67 | 0.00 | 0.00 | 0.00 | 0.00 | 2.21 | 0.00 | 0.00 | 3.09 |
| *B. fusiformis* | 6.98 | 0.00 | 0.00 | 0.00 | 2.36 | 3.51 | 0.00 | 0.00 | 12.79 |
| *B. galactosidilyticus* | 1.27 | 0.00 | 0.00 | 0.00 | 2.82 | 34.24 | 0.00 | 0.00 | 2.08 |
| *B. gelatini* | 3.23 | 0.00 | 0.00 | 0.00 | 1.97 | 1.61 | 0.00 | 4.24 | 1.46 |
| *B. ginsengihumi* | 4.70 | 0.00 | 0.00 | 0.00 | 0.00 | 2.07 | 0.00 | 0.00 | 1.61 |
| *B. globisporus* | 8.77 | 0.00 | 0.00 | 0.00 | 1.02 | 3.34 | 0.00 | 0.00 | 3.44 |
| *B. hemicellulosilyticus* | 3.98 | 0.00 | 0.00 | 0.00 | 0.88 | 10.94 | 0.00 | 0.00 | 2.85 |
| *B. horikoshii* | 5.35 | 0.00 | 0.00 | 0.00 | 0.00 | 8.13 | 0.00 | 0.00 | 3.96 |
| *B. humi* | 0.39 | 0.00 | 0.00 | 0.00 | 13.43 | 1.74 | 0.00 | 0.00 | 6.29 |
| *B. indicus* | 3.77 | 0.00 | 0.00 | 0.00 | 5.22 | 5.48 | 0.00 | 0.00 | 8.56 |

续表

| 种名 | 17:0 iso | 17:1 iso ω5c | 18:1ω9c | 12:0 iso | 14:0 iso | c16:0 | c17:0 | c20:0 | 16:0 iso |
|---|---|---|---|---|---|---|---|---|---|
| *B. isronensis* | 3.92 | 0.00 | 0.00 | 0.00 | 4.17 | 3.34 | 0.00 | 0.00 | 4.94 |
| *B. koreensis* | 3.48 | 0.00 | 0.00 | 0.00 | 3.56 | 4.67 | 0.00 | 1.50 | 4.92 |
| *B. kribbensis* | 0.00 | 0.00 | 0.00 | 0.00 | 3.47 | 2.98 | 0.00 | 0.00 | 3.90 |
| *B. lehensis* | 8.90 | 0.00 | 1.65 | 0.00 | 4.13 | 13.39 | 0.00 | 0.00 | 3.85 |
| *Paenibacillus lentimorbus* | 8.33 | 0.00 | 0.00 | 0.10 | 1.09 | 2.96 | 0.00 | 0.00 | 3.59 |
| *B. licheniformis* | 10.72 | 0.00 | 0.00 | 0.00 | 0.95 | 3.09 | 0.00 | 0.19 | 4.56 |
| *B. luciferensis* | 2.16 | 0.00 | 0.00 | 0.00 | 3.97 | 4.23 | 0.00 | 0.00 | 8.28 |
| *B. macyae* | 0.77 | 0.00 | 1.59 | 0.00 | 1.88 | 11.08 | 0.40 | 0.32 | 7.51 |
| *B. marisflavi* | 1.69 | 0.00 | 0.00 | 0.00 | 5.27 | 2.79 | 0.00 | 0.00 | 8.41 |
| *B. massiliensis* | 5.37 | 0.00 | 0.14 | 0.00 | 1.85 | 2.98 | 0.17 | 0.00 | 12.26 |
| *B. megaterium* | 1.79 | 0.00 | 0.00 | 0.00 | 8.66 | 5.82 | 0.00 | 0.00 | 3.53 |
| *B. mojavensis* | 6.36 | 0.00 | 0.00 | 0.00 | 1.40 | 3.17 | 0.00 | 0.00 | 5.26 |
| *B. muralis* | 1.94 | 0.00 | 0.29 | 0.00 | 4.02 | 7.22 | 0.00 | 0.00 | 3.48 |
| *B. murimartini* | 9.88 | 0.00 | 0.00 | 0.00 | 1.29 | 3.23 | 0.00 | 0.00 | 3.93 |
| *B. mycoides* | 11.01 | 2.03 | 0.00 | 1.11 | 2.84 | 10.04 | 0.00 | 0.00 | 6.82 |
| *B. nealsonii* | 2.46 | 0.00 | 0.00 | 0.00 | 5.99 | 12.85 | 0.00 | 0.00 | 4.09 |
| *B. niabensis* | 2.46 | 0.00 | 0.00 | 0.00 | 5.61 | 24.26 | 0.00 | 0.00 | 5.90 |
| *B. niacini* | 6.24 | 0.00 | 0.00 | 0.00 | 6.37 | 6.60 | 0.52 | 0.00 | 7.11 |
| *B. novalis* | 1.35 | 0.00 | 0.28 | 0.00 | 2.63 | 6.70 | 0.00 | 0.00 | 2.97 |
| *B. odysseyi* | 5.62 | 0.00 | 0.15 | 0.00 | 2.61 | 1.78 | 0.00 | 0.00 | 10.80 |
| *B. okhensis* | 1.61 | 0.00 | 1.40 | 0.00 | 1.43 | 28.58 | 0.00 | 0.00 | 4.25 |
| *B. okuhidensis* | 5.84 | 0.00 | 0.00 | 0.00 | 1.00 | 10.63 | 0.15 | 0.00 | 2.02 |
| *B. oleronius* | 9.44 | 0.00 | 0.00 | 0.00 | 0.00 | 2.94 | 0.00 | 0.00 | 2.43 |
| *B. panaciterrae* | 2.73 | 0.00 | 0.75 | 0.00 | 7.29 | 7.03 | 0.12 | 0.00 | 2.76 |
| *Virgibacillus pantothenticus* | 4.94 | 0.00 | 0.00 | 0.00 | 1.08 | 5.73 | 0.00 | 0.00 | 5.32 |
| *B. patagoniensis* | 5.77 | 0.00 | 0.00 | 0.00 | 4.11 | 3.38 | 0.00 | 0.00 | 5.96 |
| *B. pseudalcaliphilus* | 1.40 | 0.00 | 0.00 | 0.00 | 3.99 | 6.01 | 2.38 | 6.19 | 6.41 |
| *B. pseudomycoides* | 14.78 | 0.00 | 0.00 | 4.51 | 2.70 | 8.82 | 0.53 | 0.00 | 6.86 |
| *B. psychrosaccharolyticus* | 4.18 | 0.00 | 0.00 | 0.00 | 1.48 | 3.63 | 0.00 | 0.00 | 1.13 |
| *Psychrobacillus psychrotolerans* | 0.34 | 0.00 | 0.20 | 0.00 | 11.02 | 1.23 | 0.00 | 0.00 | 1.77 |
| *B. pumilus* | 6.31 | 0.00 | 0.00 | 0.00 | 1.87 | 2.93 | 0.00 | 0.00 | 3.02 |
| *B. ruris* | 4.02 | 0.00 | 0.33 | 0.00 | 1.21 | 28.15 | 0.51 | 0.00 | 3.37 |
| *B. safensis* | 5.57 | 0.00 | 0.00 | 0.00 | 1.06 | 1.97 | 0.00 | 0.00 | 3.67 |
| *B. selenatarsenatis* | 2.08 | 0.00 | 0.44 | 0.00 | 0.48 | 1.62 | 0.00 | 0.00 | 3.41 |
| *B. selenitireducens* | 3.10 | 0.00 | 0.00 | 0.00 | 0.00 | 3.84 | 0.00 | 0.00 | 0.00 |
| *B. seohaeanensis* | 1.82 | 0.00 | 0.00 | 0.00 | 1.46 | 7.18 | 0.00 | 0.00 | 5.23 |
| *B. shackletonii* | 2.04 | 0.00 | 0.00 | 0.00 | 0.00 | 1.67 | 0.00 | 0.00 | 2.95 |
| *B. simplex* | 1.74 | 0.00 | 0.00 | 0.00 | 3.34 | 8.37 | 0.00 | 0.00 | 2.93 |
| *B. siralis* | 4.00 | 0.00 | 0.00 | 0.00 | 4.23 | 21.49 | 0.00 | 0.00 | 5.75 |
| *B. soli* | 3.44 | 0.00 | 0.00 | 0.00 | 3.59 | 3.09 | 0.00 | 0.00 | 3.21 |

续表

| 种名 | 17:0 iso | 17:1 iso ω5c | 18:1ω9c | 12:0 iso | 14:0 iso | c16:0 | c17:0 | c20:0 | 16:0 iso |
|---|---|---|---|---|---|---|---|---|---|
| *B. sonorensis* | 7.60 | 0.00 | 1.69 | 0.00 | 0.00 | 5.52 | 0.00 | 0.00 | 3.62 |
| *Lysinibacillus sphaericus* | 3.78 | 0.00 | 0.00 | 0.00 | 2.11 | 1.71 | 0.00 | 0.00 | 6.64 |
| *B. subtilis* | 12.21 | 0.00 | 0.00 | 0.00 | 1.83 | 3.78 | 0.00 | 0.00 | 5.09 |
| *B. subtilis* subsp. *inaquosorum* | 12.41 | 0.00 | 0.00 | 0.00 | 1.34 | 4.06 | 0.00 | 0.00 | 4.40 |
| *B. subtilis* subsp. *spizizenii* | 12.32 | 0.00 | 0.00 | 0.00 | 1.00 | 3.15 | 0.00 | 0.00 | 3.60 |
| *B. subtilis* subsp. *subtilis* | 11.15 | 0.00 | 0.00 | 0.00 | 1.61 | 3.09 | 0.00 | 0.00 | 4.54 |
| *B. thuringiensis* | 10.74 | 5.74 | 0.00 | 0.00 | 2.08 | 4.75 | 0.00 | 0.00 | 2.18 |
| *B. vallismortis* | 10.53 | 0.00 | 2.06 | 0.00 | 1.17 | 6.13 | 0.00 | 0.00 | 4.17 |
| *B. vedderi* | 2.07 | 0.00 | 0.00 | 0.00 | 1.06 | 4.41 | 0.00 | 0.00 | 26.14 |
| *B. vietnamensis* | 1.27 | 0.00 | 0.00 | 0.00 | 2.92 | 2.37 | 0.00 | 0.00 | 3.93 |

| 种名 | 19:0 iso | 16:1 ω11c | c18:0 | c19:0 | 17:0 iso 3OH | c10:0 | 13:0 anteiso | 17:1 anteiso A | c12:0 | 17:0 anteiso | c14:0 | 17:1 iso ω10c |
|---|---|---|---|---|---|---|---|---|---|---|---|---|
| *B. acidiceler* | 0.00 | 0.00 | 0.00 | 0.00 | 0.00 | 0.00 | 0.00 | 0.00 | 0.00 | 5.19 | 2.23 | 0.00 |
| *B. acidicola* | 0.00 | 0.00 | 0.00 | 0.00 | 0.00 | 0.00 | 0.00 | 0.00 | 0.00 | 14.43 | 0.00 | 0.00 |
| *B. acidiproducens* | 0.00 | 0.00 | 1.22 | 0.00 | 0.00 | 0.00 | 0.00 | 0.00 | 0.00 | 13.06 | 3.74 | 0.00 |
| *B. agaradhaerens* | 0.00 | 0.00 | 5.05 | 3.17 | 0.00 | 0.00 | 0.00 | 0.00 | 1.37 | 9.49 | 0.00 | 0.00 |
| *B. alcalophilus* | 0.00 | 0.53 | 0.69 | 0.00 | 0.00 | 0.52 | 0.41 | 0.00 | 0.84 | 6.23 | 3.71 | 0.00 |
| *B. alkalitelluris* | 0.00 | 2.52 | 1.49 | 0.00 | 0.00 | 0.00 | 0.00 | 0.00 | 0.00 | 3.01 | 2.00 | 0.00 |
| *B. altitudinis* | 0.00 | 0.00 | 0.00 | 0.00 | 0.00 | 0.00 | 0.00 | 0.00 | 0.00 | 4.52 | 0.00 | 0.00 |
| *B. amyloliquefaciens* | 0.00 | 0.39 | 0.49 | 0.00 | 0.00 | 0.00 | 0.00 | 0.00 | 0.00 | 9.44 | 0.48 | 0.70 |
| *B. aryabhattai* | 0.00 | 0.88 | 0.65 | 0.00 | 0.00 | 0.00 | 0.13 | 0.00 | 0.21 | 4.07 | 1.65 | 0.17 |
| *B. atrophaeus* | 0.00 | 0.73 | 2.68 | 0.00 | 0.00 | 0.00 | 0.15 | 0.00 | 0.20 | 16.34 | 0.51 | 1.50 |
| *B. badius* | 0.00 | 5.34 | 0.00 | 0.00 | 0.00 | 0.00 | 0.00 | 0.50 | 0.00 | 5.19 | 2.69 | 4.85 |
| *B. bataviensis* | 0.00 | 4.33 | 1.50 | 0.00 | 0.00 | 0.00 | 0.00 | 0.00 | 0.00 | 2.85 | 0.53 | 2.81 |
| *B. beijingensis* | 0.00 | 2.05 | 0.00 | 0.00 | 0.00 | 0.00 | 0.00 | 0.00 | 0.00 | 18.05 | 0.42 | 1.00 |
| *B. boroniphilus* | 0.00 | 4.78 | 3.32 | 0.00 | 0.00 | 0.00 | 0.00 | 0.00 | 0.00 | 12.56 | 1.29 | 4.99 |
| *B. butanolivorans* | 0.17 | 4.12 | 0.37 | 0.00 | 0.00 | 0.12 | 0.27 | 0.00 | 0.18 | 3.24 | 2.38 | 0.59 |
| *B. carboniphilus* | 0.16 | 1.76 | 0.58 | 0.12 | 0.00 | 0.13 | 0.07 | 0.00 | 0.07 | 1.96 | 1.92 | 4.49 |
| *B. cellulosilyticus* | 0.00 | 2.38 | 5.82 | 0.00 | 0.00 | 0.86 | 0.00 | 0.00 | 1.49 | 6.85 | 2.52 | 0.61 |
| *B. cereus* | 0.00 | 0.00 | 0.50 | 0.00 | 0.00 | 0.00 | 0.00 | 1.06 | 0.00 | 2.11 | 2.38 | 4.61 |
| *B. cibi* | 0.00 | 2.31 | 0.00 | 0.00 | 0.00 | 0.00 | 0.00 | 0.00 | 0.00 | 5.70 | 1.27 | 2.61 |
| *B. circulans* | 0.00 | 3.07 | 0.21 | 0.00 | 0.00 | 0.00 | 0.16 | 0.00 | 0.11 | 9.85 | 6.33 | 0.47 |
| *B. clausii* | 0.29 | 3.03 | 1.00 | 0.00 | 0.00 | 0.10 | 0.00 | 0.00 | 0.24 | 10.20 | 0.99 | 0.66 |
| *B. coagulans* | 0.00 | 0.00 | 0.00 | 0.00 | 0.00 | 0.00 | 0.00 | 0.00 | 0.00 | 12.30 | 0.00 | 0.00 |
| *B. cohnii* | 0.00 | 4.01 | 0.76 | 0.00 | 0.00 | 0.30 | 0.16 | 0.00 | 0.45 | 6.29 | 1.22 | 6.95 |
| *B. decisifrondis* | 0.21 | 1.60 | 0.86 | 0.00 | 0.00 | 0.00 | 0.00 | 0.00 | 0.20 | 1.42 | 0.49 | 0.57 |
| *B. decolorationis* | 0.00 | 0.00 | 0.00 | 0.00 | 0.00 | 1.33 | 0.00 | 0.00 | 0.00 | 9.10 | 1.71 | 0.00 |
| *B. drentensis* | 0.00 | 0.00 | 0.00 | 0.00 | 0.00 | 0.00 | 0.00 | 0.00 | 0.00 | 13.89 | 1.36 | 0.00 |
| *B. endophyticus* | 0.00 | 2.17 | 0.54 | 0.00 | 0.00 | 0.00 | 0.32 | 0.00 | 0.00 | 10.64 | 2.72 | 0.28 |
| *B. fastidiosus* | 0.00 | 1.72 | 0.75 | 0.00 | 0.00 | 0.05 | 0.11 | 0.00 | 0.22 | 5.91 | 2.05 | 0.83 |
| *B. flexus* | 0.00 | 5.64 | 0.54 | 0.00 | 0.00 | 0.00 | 0.00 | 0.00 | 0.00 | 8.02 | 0.96 | 3.60 |

续表

| 种名 | 19:0 iso | 16:1 ω11c | c18:0 | c19:0 | 17:0 iso 3OH | c10:0 | 13:0 anteiso | 17:1 anteiso A | c12:0 | 17:0 anteiso | c14:0 | 17:1 iso ω10c |
|---|---|---|---|---|---|---|---|---|---|---|---|---|
| *B. fordii* | 0.11 | 2.20 | 0.45 | 0.00 | 0.00 | 0.00 | 0.07 | 0.00 | 0.00 | 16.03 | 0.31 | 1.69 |
| *B. fortis* | 0.00 | 1.09 | 0.00 | 0.00 | 0.00 | 0.00 | 0.00 | 0.00 | 0.00 | 14.39 | 0.00 | 0.00 |
| *B. fusiformis* | 0.00 | 2.12 | 0.49 | 0.00 | 0.00 | 0.00 | 0.00 | 0.00 | 0.24 | 3.71 | 0.71 | 0.89 |
| *B. galactosidilyticus* | 0.00 | 0.00 | 1.79 | 0.00 | 0.00 | 0.00 | 0.00 | 0.00 | 0.00 | 5.85 | 6.54 | 0.00 |
| *B. gelatini* | 1.39 | 0.00 | 2.53 | 0.00 | 0.00 | 0.00 | 0.00 | 0.00 | 0.00 | 6.86 | 1.16 | 0.00 |
| *B. ginsengihumi* | 0.00 | 0.00 | 0.00 | 0.00 | 0.00 | 0.00 | 0.00 | 0.00 | 0.00 | 35.29 | 0.00 | 0.00 |
| *B. globisporus* | 0.00 | 0.00 | 0.00 | 0.00 | 0.00 | 0.00 | 0.00 | 0.00 | 0.00 | 9.34 | 0.00 | 0.00 |
| *B. hemicellulosilyticus* | 0.00 | 0.00 | 1.46 | 0.00 | 0.00 | 0.74 | 0.32 | 0.00 | 0.69 | 11.67 | 2.16 | 0.00 |
| *B. horikoshii* | 0.00 | 8.64 | 0.00 | 0.00 | 0.00 | 0.00 | 0.00 | 0.00 | 0.00 | 10.38 | 1.61 | 9.69 |
| *B. humi* | 0.00 | 2.20 | 0.17 | 0.00 | 0.00 | 0.24 | 0.33 | 0.00 | 0.07 | 3.27 | 0.98 | 0.15 |
| *B. indicus* | 0.00 | 4.42 | 0.00 | 0.00 | 0.00 | 0.00 | 0.00 | 0.00 | 0.00 | 5.19 | 1.96 | 2.96 |
| *B. isronensis* | 0.00 | 2.62 | 0.00 | 0.00 | 0.00 | 0.00 | 0.00 | 0.00 | 0.00 | 1.40 | 0.00 | 3.73 |
| *B. koreensis* | 0.00 | 0.00 | 1.24 | 0.00 | 0.00 | 0.00 | 0.00 | 0.00 | 0.00 | 5.44 | 0.00 | 0.00 |
| *B. kribbensis* | 0.00 | 0.00 | 0.00 | 0.00 | 0.00 | 0.00 | 0.00 | 0.00 | 0.00 | 10.72 | 1.50 | 0.00 |
| *B. lehensis* | 0.00 | 0.00 | 3.12 | 0.00 | 0.00 | 0.00 | 0.00 | 0.00 | 0.00 | 4.22 | 3.72 | 0.00 |
| *P. lentimorbus* | 0.00 | 0.24 | 0.16 | 0.00 | 0.00 | 0.00 | 0.39 | 0.00 | 0.00 | 8.67 | 0.51 | 0.30 |
| *B. licheniformis* | 0.00 | 0.55 | 0.00 | 0.00 | 0.00 | 0.00 | 0.00 | 0.00 | 0.00 | 10.56 | 0.37 | 1.21 |
| *B. luciferensis* | 0.00 | 0.00 | 0.00 | 0.00 | 0.00 | 0.00 | 0.00 | 0.00 | 0.00 | 5.43 | 1.43 | 0.00 |
| *B. macyae* | 0.00 | 0.40 | 8.69 | 0.00 | 0.00 | 0.00 | 0.00 | 0.00 | 0.70 | 17.66 | 1.59 | 0.00 |
| *B. marisflavi* | 0.00 | 0.00 | 0.00 | 0.00 | 0.00 | 0.00 | 0.00 | 0.00 | 0.00 | 11.18 | 0.00 | 0.00 |
| *B. massiliensis* | 0.00 | 1.02 | 0.32 | 0.00 | 0.00 | 0.00 | 0.00 | 0.00 | 0.11 | 5.97 | 0.31 | 0.30 |
| *B. megaterium* | 0.00 | 1.00 | 0.00 | 0.00 | 0.00 | 0.00 | 0.00 | 0.00 | 0.00 | 4.31 | 1.37 | 0.00 |
| *B. mojavensis* | 0.00 | 1.43 | 0.28 | 0.00 | 0.00 | 0.00 | 0.00 | 0.00 | 0.00 | 15.39 | 0.31 | 2.57 |
| *B. muralis* | 0.00 | 2.32 | 0.74 | 0.00 | 0.00 | 0.00 | 0.38 | 0.00 | 0.00 | 2.48 | 2.13 | 0.42 |
| *B. murimartini* | 0.00 | 0.00 | 0.00 | 0.00 | 0.00 | 0.00 | 0.00 | 0.00 | 0.00 | 10.17 | 0.00 | 1.05 |
| *B. mycoides* | 0.00 | 1.79 | 0.80 | 0.00 | 0.00 | 0.00 | 1.80 | 0.54 | 0.55 | 2.66 | 3.96 | 6.86 |
| *B. nealsonii* | 0.00 | 0.00 | 0.00 | 0.00 | 0.00 | 0.00 | 0.00 | 0.00 | 0.00 | 4.81 | 10.24 | 0.00 |
| *B. niabensis* | 0.00 | 0.00 | 2.01 | 0.00 | 0.00 | 0.00 | 0.00 | 0.00 | 0.00 | 9.90 | 2.80 | 0.00 |
| *B. niacini* | 0.00 | 7.38 | 2.15 | 0.00 | 0.00 | 0.00 | 0.12 | 0.00 | 0.00 | 4.04 | 0.96 | 3.17 |
| *B. novalis* | 0.00 | 0.32 | 0.52 | 0.00 | 0.00 | 0.00 | 0.00 | 0.00 | 0.29 | 3.74 | 1.73 | 0.00 |
| *B. odysseyi* | 0.00 | 1.53 | 0.31 | 0.00 | 0.00 | 0.00 | 0.00 | 0.00 | 0.15 | 3.17 | 0.38 | 1.02 |
| *B. okhensis* | 0.00 | 4.72 | 2.20 | 0.00 | 0.00 | 0.00 | 0.00 | 0.00 | 1.29 | 4.47 | 4.17 | 0.00 |
| *B. okuhidensis* | 0.00 | 0.33 | 0.18 | 0.00 | 0.00 | 1.65 | 0.16 | 0.00 | 0.43 | 8.75 | 2.36 | 0.00 |
| *B. oleronius* | 0.00 | 0.00 | 0.00 | 0.00 | 0.00 | 0.00 | 0.00 | 0.00 | 0.00 | 20.48 | 0.00 | 0.00 |
| *B. panaciterrae* | 0.00 | 0.92 | 1.24 | 0.00 | 0.00 | 0.00 | 0.47 | 0.00 | 0.28 | 2.08 | 5.45 | 0.36 |
| *V. pantothenticus* | 0.00 | 0.00 | 0.00 | 0.00 | 0.00 | 0.00 | 0.00 | 0.00 | 0.00 | 28.89 | 0.00 | 0.00 |
| *B. patagoniensis* | 0.00 | 0.00 | 0.00 | 0.00 | 0.00 | 0.00 | 0.00 | 0.00 | 0.00 | 7.39 | 0.00 | 0.00 |
| *B. pseudalcaliphilus* | 0.00 | 0.00 | 5.53 | 2.85 | 0.00 | 0.00 | 0.00 | 0.00 | 0.00 | 10.42 | 1.29 | 0.00 |
| *B. pseudomycoides* | 0.00 | 0.00 | 0.93 | 0.00 | 3.81 | 0.00 | 3.72 | 1.10 | 0.67 | 2.59 | 2.33 | 0.00 |
| *B. psychrosaccharolyticus* | 0.00 | 1.75 | 1.67 | 0.00 | 0.00 | 0.00 | 0.00 | 0.00 | 0.00 | 2.70 | 1.17 | 3.00 |

续表

| 种名 | 19:0 iso | 16:1 ω11c | c18:0 | c19:0 | 17:0 iso 3OH | c10:0 | 13:0 anteiso | 17:1 anteiso A | c12:0 | 17:0 anteiso | c14:0 | 17:1 iso ω10c |
|---|---|---|---|---|---|---|---|---|---|---|---|---|
| *P. psychrotolerans* | 0.00 | 3.98 | 0.41 | 0.00 | 0.00 | 0.00 | 0.13 | 0.00 | 0.27 | 2.28 | 2.61 | 0.30 |
| *B. pumilus* | 0.00 | 0.70 | 0.00 | 0.00 | 0.00 | 0.00 | 0.11 | 0.00 | 0.00 | 3.58 | 0.92 | 1.01 |
| *B. ruris* | 0.00 | 0.00 | 0.95 | 0.00 | 0.00 | 0.00 | 0.29 | 0.00 | 0.22 | 8.91 | 2.19 | 0.00 |
| *B. safensis* | 0.00 | 0.00 | 0.00 | 0.00 | 0.00 | 0.00 | 0.00 | 0.00 | 0.00 | 5.04 | 0.00 | 0.00 |
| *B. selenatarsenatis* | 0.00 | 0.72 | 0.74 | 0.00 | 0.00 | 0.21 | 0.17 | 0.00 | 0.12 | 21.25 | 1.15 | 1.01 |
| *B. selenitireducens* | 0.00 | 14.11 | 0.00 | 0.00 | 0.00 | 0.00 | 0.00 | 0.00 | 0.00 | 0.86 | 5.02 | 9.14 |
| *B. seohaeanensis* | 0.00 | 0.00 | 1.31 | 0.00 | 0.00 | 0.00 | 0.00 | 0.00 | 0.00 | 14.46 | 1.44 | 0.00 |
| *B. shackletonii* | 0.00 | 0.00 | 0.00 | 0.00 | 0.00 | 0.00 | 0.00 | 0.00 | 0.00 | 19.17 | 1.02 | 0.87 |
| *B. simplex* | 0.00 | 2.05 | 0.00 | 0.00 | 0.00 | 0.00 | 0.00 | 0.00 | 0.00 | 2.76 | 2.50 | 0.00 |
| *B. siralis* | 0.00 | 2.11 | 1.14 | 0.00 | 0.00 | 0.00 | 0.00 | 0.00 | 0.00 | 3.77 | 4.01 | 0.00 |
| *B. soli* | 0.00 | 1.80 | 0.00 | 0.00 | 0.00 | 0.00 | 0.00 | 0.00 | 0.00 | 3.05 | 1.02 | 1.55 |
| *B. sonorensis* | 0.00 | 0.00 | 1.50 | 0.00 | 0.00 | 0.00 | 0.00 | 0.00 | 0.00 | 12.36 | 0.00 | 1.36 |
| *L. sphaericus* | 0.00 | 1.71 | 0.32 | 0.00 | 0.00 | 0.00 | 0.00 | 0.00 | 0.23 | 2.14 | 0.42 | 1.41 |
| *B. subtilis* | 0.00 | 0.89 | 0.35 | 0.00 | 0.00 | 0.00 | 0.00 | 0.00 | 0.00 | 10.71 | 0.35 | 1.45 |
| *B. subtilis* subsp. *inaquosorum* | 0.00 | 0.54 | 0.70 | 0.00 | 0.00 | 0.00 | 0.00 | 0.00 | 0.00 | 10.14 | 0.40 | 1.00 |
| *B. subtilis* subsp. *spizizenii* | 0.00 | 0.43 | 0.88 | 0.00 | 0.00 | 0.00 | 0.00 | 0.00 | 0.00 | 15.47 | 0.27 | 1.03 |
| *B. subtilis* subsp. *subtilis* | 0.00 | 0.67 | 0.22 | 0.00 | 0.00 | 0.00 | 0.00 | 0.00 | 0.00 | 9.19 | 0.29 | 1.50 |
| *B. thuringiensis* | 0.00 | 0.00 | 0.00 | 0.00 | 0.00 | 0.00 | 1.56 | 0.00 | 0.00 | 1.24 | 3.16 | 0.00 |
| *B. vallismortis* | 0.00 | 0.00 | 2.30 | 0.00 | 0.00 | 0.00 | 0.00 | 0.00 | 0.00 | 9.22 | 0.00 | 1.92 |
| *B. vedderi* | 0.00 | 0.00 | 0.00 | 2.44 | 0.00 | 0.00 | 0.00 | 0.00 | 0.00 | 25.81 | 0.00 | 0.00 |
| *B. vietnamensis* | 0.00 | 0.00 | 0.00 | 0.00 | 0.00 | 0.00 | 0.00 | 0.00 | 0.00 | 11.88 | 0.00 | 0.00 |

| 种名 | 13:0 iso | 16:1ω7c alcohol | 15:0 iso | 15:0 anteiso | feature 4 | feature 8 | feature 3 | feature 2 | feature 1 |
|---|---|---|---|---|---|---|---|---|---|
| *B. acidiceler* | 0.00 | 0.00 | 15.13 | 57.49 | 0.00 | 0.00 | 0.00 | 0.00 | 0.00 |
| *B. acidicola* | 0.00 | 0.00 | 4.07 | 47.89 | 0.00 | 0.00 | 0.00 | 0.00 | 0.00 |
| *B. acidiproducens* | 0.00 | 0.00 | 6.35 | 53.85 | 0.00 | 0.00 | 0.00 | 0.00 | 0.00 |
| *B. agaradhaerens* | 0.00 | 0.00 | 15.73 | 23.37 | 0.00 | 4.45 | 0.00 | 0.00 | 0.00 |
| *B. alcalophilus* | 0.79 | 0.00 | 28.09 | 35.73 | 0.00 | 0.00 | 0.70 | 0.00 | 0.00 |
| *B. alkalitelluris* | 0.00 | 0.00 | 20.54 | 34.26 | 0.00 | 0.00 | 2.88 | 0.00 | 0.00 |
| *B. altitudinis* | 0.00 | 0.00 | 52.01 | 25.75 | 0.00 | 0.00 | 0.00 | 0.00 | 0.00 |
| *B. amyloliquefaciens* | 0.39 | 0.00 | 31.35 | 35.19 | 0.28 | 0.00 | 0.00 | 0.00 | 0.00 |
| *B. aryabhattai* | 0.37 | 0.13 | 38.68 | 36.03 | 0.00 | 0.00 | 0.00 | 0.00 | 0.00 |
| *B. atrophaeus* | 0.00 | 0.57 | 13.13 | 45.13 | 1.51 | 0.20 | 0.00 | 0.00 | 0.00 |
| *B. badius* | 0.12 | 3.35 | 45.47 | 10.67 | 3.30 | 0.00 | 3.84 | 0.00 | 0.00 |
| *B. bataviensis* | 0.00 | 2.62 | 35.21 | 33.12 | 1.40 | 0.00 | 0.00 | 0.00 | 0.00 |
| *B. beijingensis* | 0.00 | 2.18 | 23.12 | 39.09 | 2.24 | 0.00 | 0.00 | 0.00 | 0.00 |
| *B. boroniphilus* | 0.00 | 0.00 | 35.93 | 10.11 | 4.92 | 0.00 | 0.00 | 0.00 | 0.00 |
| *B. butanolivorans* | 0.08 | 4.32 | 12.05 | 43.47 | 0.80 | 0.00 | 0.11 | 0.00 | 0.10 |
| *B. carboniphilus* | 0.29 | 1.15 | 47.05 | 17.92 | 0.46 | 0.04 | 0.09 | 0.00 | 0.00 |
| *B. cellulosilyticus* | 0.64 | 0.81 | 22.09 | 23.18 | 1.11 | 1.68 | 0.00 | 0.00 | 0.00 |

续表

| 种名 | 13:0 iso | 16:1ω7c alcohol | 15:0 iso | 15:0 anteiso | feature 4 | feature 8 | feature 3 | feature 2 | feature 1 |
|---|---|---|---|---|---|---|---|---|---|
| *B. cereus* | 6.62 | 0.00 | 29.19 | 4.398 | 0.00 | 0.00 | 8.43 | 2.39 | 0.00 |
| *B. cibi* | 0.00 | 2.43 | 45.00 | 14.66 | 1.13 | 0.00 | 0.00 | 0.00 | 0.00 |
| *B. circulans* | 0.29 | 1.56 | 14.02 | 44.83 | 1.15 | 0.00 | 0.16 | 0.09 | 0.00 |
| *B. clausii* | 0.20 | 1.69 | 32.70 | 18.24 | 0.55 | 0.00 | 0.00 | 0.00 | 0.00 |
| *B. coagulans* | 0.00 | 0.00 | 32.07 | 31.20 | 0.00 | 0.00 | 0.00 | 0.00 | 0.00 |
| *B. cohnii* | 0.16 | 1.13 | 38.11 | 23.44 | 2.56 | 0.00 | 0.00 | 0.00 | 0.00 |
| *B. decisifrondis* | 0.22 | 12.54 | 53.52 | 6.13 | 0.47 | 0.14 | 0.00 | 0.00 | 0.00 |
| *B. decolorationis* | 0.00 | 0.00 | 38.29 | 27.60 | 0.00 | 0.00 | 0.00 | 0.00 | 0.00 |
| *B. drentensis* | 0.00 | 0.00 | 5.47 | 59.16 | 0.00 | 1.97 | 0.00 | 0.00 | 0.00 |
| *B. endophyticus* | 0.20 | 1.29 | 16.09 | 38.68 | 0.74 | 0.00 | 0.00 | 0.00 | 0.00 |
| *B. fastidiosus* | 0.35 | 0.08 | 26.73 | 32.29 | 0.39 | 0.00 | 0.00 | 0.00 | 0.00 |
| *B. flexus* | 0.00 | 2.62 | 26.42 | 33.28 | 3.98 | 0.00 | 0.00 | 0.00 | 0.00 |
| *B. fordii* | 0.11 | 2.43 | 33.17 | 24.35 | 1.16 | 0.00 | 0.12 | 0.00 | 0.00 |
| *B. fortis* | 0.00 | 0.00 | 36.89 | 28.12 | 0.00 | 1.98 | 0.00 | 0.00 | 0.00 |
| *B. fusiformis* | 0.00 | 6.99 | 47.35 | 11.08 | 0.78 | 0.00 | 0.00 | 0.00 | 0.00 |
| *B. galactosidilyticus* | 0.00 | 0.00 | 16.07 | 27.10 | 0.00 | 0.00 | 0.00 | 0.00 | 0.00 |
| *B. gelatini* | 1.49 | 0.00 | 13.91 | 54.64 | 0.00 | 0.00 | 0.00 | 0.00 | 0.00 |
| *B. ginsengihumi* | 0.00 | 0.00 | 19.92 | 33.59 | 0.00 | 0.00 | 0.00 | 0.00 | 0.00 |
| *B. globisporus* | 0.00 | 0.00 | 35.46 | 33.93 | 0.00 | 0.00 | 0.00 | 0.00 | 0.00 |
| *B. hemicellulosilyticus* | 0.50 | 0.25 | 20.13 | 42.45 | 0.00 | 0.00 | 0.00 | 0.00 | 0.00 |
| *B. horikoshii* | 0.00 | 2.84 | 28.03 | 9.845 | 6.64 | 0.00 | 0.00 | 0.00 | 0.00 |
| *B. humi* | 0.29 | 1.97 | 16.45 | 51.24 | 0.26 | 0.00 | 0.00 | 0.00 | 0.00 |
| *B. indicus* | 0.00 | 4.02 | 39.57 | 15.41 | 1.65 | 0.00 | 0.00 | 0.00 | 0.00 |
| *B. isronensis* | 0.00 | 14.77 | 50.17 | 3.68 | 0.00 | 0.00 | 0.00 | 0.00 | 0.00 |
| *B. koreensis* | 0.00 | 0.00 | 37.27 | 33.66 | 0.00 | 0.00 | 0.00 | 0.00 | 0.00 |
| *B. kribbensis* | 0.00 | 0.00 | 9.35 | 66.28 | 0.00 | 0.00 | 0.00 | 0.00 | 0.00 |
| *B. lehensis* | 0.00 | 0.00 | 33.07 | 17.59 | 0.00 | 0.00 | 1.02 | 0.00 | 0.00 |
| *P. lentimorbus* | 0.40 | 0.17 | 37.74 | 34.00 | 0.17 | 0.00 | 0.00 | 0.00 | 0.00 |
| *B. licheniformis* | 0.00 | 0.55 | 37.28 | 29.35 | 0.62 | 0.00 | 0.00 | 0.00 | 0.00 |
| *B. luciferensis* | 0.00 | 1.00 | 30.44 | 39.46 | 0.00 | 0.00 | 0.00 | 0.00 | 0.00 |
| *B. macyae* | 0.00 | 0.40 | 3.11 | 42.27 | 0.00 | 0.67 | 0.00 | 0.00 | 0.00 |
| *B. marisflavi* | 0.00 | 0.50 | 28.27 | 36.875 | 0.00 | 0.00 | 0.00 | 0.00 | 0.00 |
| *B. massiliensis* | 0.11 | 1.85 | 53.62 | 12.94 | 0.23 | 0.08 | 0.19 | 0.00 | 0.00 |
| *B. megaterium* | 0.44 | 0.64 | 30.72 | 41.72 | 0.00 | 0.00 | 0.00 | 0.00 | 0.00 |
| *B. mojavensis* | 0.00 | 0.90 | 15.35 | 44.86 | 2.17 | 0.00 | 0.00 | 0.00 | 0.00 |
| *B. muralis* | 0.00 | 0.93 | 18.42 | 54.62 | 0.35 | 0.00 | 0.00 | 0.00 | 0.00 |
| *B. murimartini* | 0.00 | 0.00 | 28.63 | 36.58 | 0.00 | 0.00 | 0.00 | 0.00 | 0.00 |
| *B. mycoides* | 9.54 | 1.36 | 22.51 | 3.92 | 0.00 | 0.00 | 6.98 | 0.00 | 0.00 |
| *B. nealsonii* | 1.63 | 0.00 | 20.39 | 32.60 | 0.00 | 0.00 | 0.00 | 0.00 | 0.00 |
| *B. niabensis* | 0.00 | 0.00 | 8.13 | 38.08 | 0.00 | 0.00 | 0.00 | 0.00 | 0.00 |

续表

| 种名 | 13:0 iso | 16:1ω7c alcohol | 15:0 iso | 15:0 anteiso | feature 4 | feature 8 | feature 3 | feature 2 | feature 1 |
|---|---|---|---|---|---|---|---|---|---|
| *B. niacini* | 0.61 | 3.63 | 30.14 | 18.28 | 0.97 | 0.00 | 0.31 | 0.00 | 0.00 |
| *B. novalis* | 0.19 | 0.00 | 39.89 | 38.59 | 0.00 | 0.00 | 0.00 | 0.00 | 0.00 |
| *B. odysseyi* | 0.29 | 7.73 | 51.63 | 10.90 | 0.68 | 0.14 | 0.19 | 0.00 | 0.00 |
| *B. okhensis* | 0.00 | 0.00 | 9.72 | 33.75 | 0.00 | 0.00 | 2.43 | 0.00 | 0.00 |
| *B. okuhidensis* | 0.26 | 0.00 | 31.42 | 34.32 | 0.00 | 0.00 | 0.25 | 0.00 | 0.00 |
| *B. oleronius* | 0.00 | 0.00 | 40.48 | 19.39 | 0.00 | 0.00 | 0.00 | 0.00 | 0.00 |
| *B. panaciterrae* | 2.00 | 0.64 | 39.03 | 22.57 | 0.38 | 0.27 | 1.38 | 0.00 | 1.50 |
| *V. pantothenticus* | 0.00 | 0.00 | 9.16 | 41.32 | 0.00 | 0.00 | 0.00 | 0.00 | 0.00 |
| *B. patagoniensis* | 0.00 | 1.23 | 38.32 | 31.56 | 0.00 | 0.00 | 0.00 | 0.00 | 0.00 |
| *B. pseudalcaliphilus* | 0.00 | 1.30 | 20.65 | 26.97 | 1.22 | 0.00 | 0.00 | 0.00 | 0.00 |
| *B. pseudomycoides* | 8.81 | 0.00 | 17.64 | 3.31 | 0.00 | 0.00 | 13.37 | 2.24 | 0.00 |
| *B. psychrosaccharolyticus* | 0.00 | 1.82 | 30.82 | 40.74 | 2.47 | 0.00 | 0.00 | 0.00 | 0.00 |
| *P. psychrotolerans* | 0.27 | 8.64 | 30.29 | 32.22 | 2.65 | 0.13 | 0.26 | 0.00 | 0.00 |
| *B. pumilus* | 0.96 | 0.54 | 51.48 | 26.35 | 0.24 | 0.00 | 0.00 | 0.00 | 0.00 |
| *B. ruris* | 0.00 | 0.00 | 10.60 | 38.00 | 0.00 | 0.00 | 0.00 | 0.00 | 0.00 |
| *B. safensis* | 0.00 | 0.00 | 51.43 | 27.81 | 0.00 | 0.00 | 0.00 | 0.00 | 0.00 |
| *B. selenatarsenatis* | 0.11 | 0.16 | 38.65 | 26.22 | 1.06 | 0.20 | 0.11 | 0.00 | 0.00 |
| *B. selenitireducens* | 0.00 | 1.15 | 50.93 | 3.93 | 2.83 | 0.00 | 0.00 | 0.00 | 0.00 |
| *B. seohaeanensis* | 0.00 | 0.00 | 7.26 | 55.80 | 0.00 | 0.00 | 0.00 | 0.00 | 0.00 |
| *B. shackletonii* | 0.00 | 0.00 | 39.29 | 28.61 | 0.00 | 0.00 | 0.00 | 0.00 | 0.00 |
| *B. simplex* | 0.00 | 0.00 | 14.78 | 56.97 | 0.00 | 0.00 | 0.00 | 0.00 | 0.00 |
| *B. siralis* | 0.00 | 0.00 | 31.85 | 17.54 | 0.00 | 0.00 | 0.00 | 0.00 | 0.00 |
| *B. soli* | 0.00 | 1.64 | 39.48 | 34.16 | 0.00 | 0.00 | 0.00 | 0.00 | 0.00 |
| *B. sonorensis* | 0.00 | 0.00 | 24.70 | 29.42 | 0.00 | 0.00 | 0.00 | 0.00 | 0.00 |
| *L. sphaericus* | 0.00 | 9.17 | 57.73 | 9.63 | 1.02 | 0.00 | 0.00 | 0.00 | 0.00 |
| *B. subtilis* | 0.00 | 0.00 | 21.38 | 39.76 | 0.69 | 0.00 | 0.00 | 0.00 | 0.00 |
| *B. subtilis* subsp. *inaquosorum* | 0.00 | 0.00 | 25.93 | 34.85 | 0.33 | 0.00 | 0.00 | 0.00 | 0.00 |
| *B. subtilis* subsp. *spizizenii* | 0.00 | 0.00 | 19.94 | 38.55 | 0.80 | 0.00 | 0.00 | 0.00 | 0.00 |
| *B. subtilis* subsp. *subtilis* | 0.00 | 0.00 | 29.24 | 35.84 | 0.63 | 0.00 | 0.00 | 0.00 | 0.00 |
| *B. thuringiensis* | 14.56 | 0.00 | 34.15 | 5.09 | 0.00 | 0.00 | 9.15 | 1.29 | 0.00 |
| *B. vallismortis* | 0.00 | 0.00 | 23.12 | 29.69 | 1.05 | 0.00 | 0.00 | 0.00 | 0.00 |
| *B. vedderi* | 0.00 | 0.00 | 4.48 | 31.08 | 0.00 | 0.00 | 0.00 | 0.00 | 0.00 |
| *B. vietnamensis* | 0.00 | 1.93 | 19.24 | 46.82 | 4.00 | 0.00 | 0.00 | 0.00 | 0.00 |

注：feature 1，13:0 3OH 和/或 15:1 iso H；feature 2，14:0 3OH 和/或 16:1 iso I/14:0 3OH；feature 3，16:1ω6c 和/或 16:1ω7c；feature 4，17:1 anteiso B 和/或 iso I；feature 8，18:1ω6c 和/或 18:1ω7c

## 2. 脂肪酸组分布特性

芽胞杆菌的主要脂肪酸生物标记有 8 个，即 15:0 anteiso、15:0 iso、16:0 iso、17:0 anteiso、c16:0、14:0 iso、c14:0 和 17:0 iso，它们的含量较高，存在于大部分的芽胞杆菌

属种类中，分布概率在 95%以上。其余 21 个脂肪酸生物标记的含量较低，在芽胞杆菌属种类中分布极不均匀。饱和脂肪酸除了 c16:0（细菌的特征脂肪酸）在所有的种类均有分布外，其余 c10:0、c12:0、c14:0、c17:0、c18:0、c19:0、c20:0 在芽胞杆菌种中分布较少，分布的种类为 4～71 种，分布概率为 4.4%～78.8%。不饱和脂肪酸在芽胞杆菌属中的分布种类和相对含量百分比较低。

## 四、芽胞杆菌属种类的脂肪酸组特性

### 1. 脂肪酸多样性指数

脂肪酸生物标记、香农多样性指数、均匀度指数统计结果见表 5-5-3。结果表明，

**表 5-5-3　芽胞杆菌属种类脂肪酸生物标记统计参数**

| 脂肪酸生物标记 | 脂肪酸生物标记 | | | | Shannon 指数（$H_1$） | Pielou 指数（$J$） |
|---|---|---|---|---|---|---|
| | 分布种类数 | 含量总和 | 平均值/% | 最大值/% | | |
| [1] 15:0 anteiso | 90 | 2777 | 30.85 | 66.30 | 6.3142 | 0.9726 |
| [2] 15:0 iso | 90 | 2560 | 28.45 | 57.70 | 6.3139 | 0.9726 |
| [3] c16:0 | 90 | 614 | 8.63 | 35.30 | 6.0266 | 0.9283 |
| [4] 17:0 anteiso | 89 | 776 | 6.82 | 34.20 | 6.1403 | 0.9482 |
| [5] 16:0 iso | 89 | 452 | 5.26 | 15.60 | 6.1927 | 0.9563 |
| [6] 17:0 iso | 86 | 473 | 5.03 | 26.10 | 6.1053 | 0.9501 |
| [7] 14:0 iso | 80 | 244 | 2.71 | 13.40 | 5.9783 | 0.9456 |
| [8] c14:0 | 71 | 140 | 1.56 | 10.20 | 5.7031 | 0.9274 |
| [9] c18:0 | 56 | 79 | 1.46 | 14.10 | 5.1636 | 0.8892 |
| [10] 16:1ω11c | 54 | 132 | 1.33 | 14.80 | 5.2243 | 0.9078 |
| [11] 17:1 iso ω10c | 49 | 106 | 1.17 | 9.70 | 4.9859 | 0.8880 |
| [12] 16:1ω7c alcohol | 46 | 120 | 0.88 | 8.70 | 4.7407 | 0.8583 |
| [13] feature 4 | 43 | 62 | 0.69 | 6.60 | 4.8978 | 0.9026 |
| [14] 13:0 iso | 33 | 53 | 0.59 | 14.60 | 3.3891 | 0.6719 |
| [15] c12:0 | 28 | 12 | 0.58 | 13.40 | 4.3040 | 0.8953 |
| [16] 18:1ω9c | 25 | 19 | 0.21 | 2.10 | 4.1997 | 0.9044 |
| [17] 13:0 anteiso | 24 | 12 | 0.16 | 6.20 | 3.5636 | 0.7772 |
| [18] feature 3 | 20 | 52 | 0.15 | 5.70 | 3.0946 | 0.7160 |
| [19] c17:0 | 15 | 7 | 0.13 | 1.50 | 3.3293 | 0.8522 |
| [20] feature 8 | 12 | 12 | 0.13 | 3.70 | 2.5910 | 0.7228 |
| [21] c10:0 | 12 | 6 | 0.13 | 4.50 | 2.9520 | 0.8234 |
| [22] c20:0 | 8 | 15 | 0.10 | 3.20 | 2.1268 | 0.7090 |
| [23] 19:0 iso | 6 | 2 | 0.08 | 2.40 | 1.9159 | 0.7412 |
| [24] c19:0 | 4 | 9 | 0.07 | 1.70 | 1.6481 | 0.8241 |
| [25] feature 2 | 4 | 6 | 0.07 | 2.40 | 1.6360 | 0.8180 |
| [26] 17:1 anteiso A | 4 | 3 | 0.06 | 4.50 | 1.8960 | 0.9480 |
| [27] 17:1 iso ω5c | 3 | 13 | 0.04 | 1.10 | 1.4619 | 0.9224 |
| [28] 12:0 iso | 3 | 6 | 0.03 | 1.40 | 0.8296 | 0.5234 |
| [29] feature 1 | 2 | 1 | 0.02 | 1.50 | 0.0000 | 0.0000 |

前 6 个总和最大的脂肪酸标记是 15:0 anteiso、15:0 iso、17:0 anteiso、c16:0、17:0 iso 和 16:0 iso，总和分别为 2776.80、2560.10、776.50、613.50、473.00 和 452.50。对单个芽胞杆菌种的脂肪酸生物标记最大值进行考查，前 6 个最大含量的脂肪酸生物标记是 15:0 anteiso、15:0 iso、c16:0、17:0 anteiso、17:0 iso 和 16:0 iso，最大值分别为 66.30%、57.70%、35.30%、34.20%、26.10%、15.60%。

## 2. 脂肪酸生物标记聚类分析

基于芽胞杆菌属种类的脂肪酸生物标记分布特性的聚类分析结果见图 5-5-1。当 $\lambda$=5.2 时，芽胞杆菌属种类的脂肪酸生物标记分为 3 类。

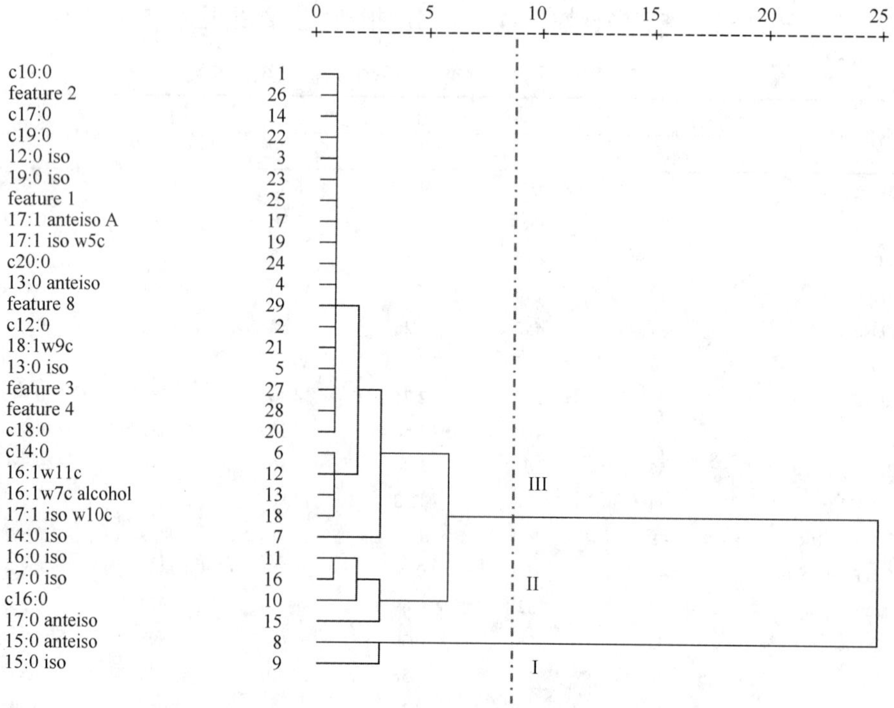


图 5-5-1　芽胞杆菌属脂肪酸生物标记分布特性

第 I 类，脂肪酸高含量完全分布类型，即脂肪酸生物标记含量最大值较高，完全分布在 90 个芽胞杆菌种（亚种）中；该类脂肪酸生物标记包含 15:0 anteiso（含量最大值 66.30%）和 15:0 iso（含量最大值 57.70%），为芽胞杆菌属特征脂肪酸，可选作芽胞杆菌脂肪酸系统发育分析的基础生物标记。

第 II 类，脂肪酸中含量不完全分布类型，即脂肪酸生物标记含量最大值中等，分布在 90 个芽胞杆菌种（亚种）的大部分种类中；该类脂肪酸生物标记包含 17:0 anteiso（含量最大值 35.30%）、c16:0（含量最大值 34.20%）、16:0 iso（含量最大值 15.60%）和 17:0 iso（含量最大值 26.10%），为芽胞杆菌属分种的特征脂肪酸，可选作芽胞杆菌脂肪酸系统发育分析的基础生物标记。

第 III 类，脂肪酸低含量不完全分布类型，即脂肪酸生物标记含量最大值较低，分布在 90 个芽胞杆菌种（亚种）的少部分种类中；该类包含其余的 23 个脂肪酸生物标记，其含量最大值范围为 1.1%～13.4%。该类脂肪酸生物标记可用于标识芽胞杆菌种内脂肪酸的差异性。

## 五、基于脂肪酸组芽胞杆菌属系统发育

### 1. 脂肪酸系统发育数据矩阵

芽胞杆菌脂肪酸系统发育参数的计算结果见表 5-5-4。

**表 5-5-4　芽胞杆菌属种类脂肪酸系统发育统计参数的数据矩阵**

| 种名 | 16:0 iso | c16:0 | 15:0 iso | 15:0 anteiso | 17:0 iso | 17:0 anteiso | $I_1$ | $I_2$ | Shannon 指数（$H_1$） | Pielou 指数（$J$） |
|---|---|---|---|---|---|---|---|---|---|---|
| [1] *Bacillus acidiceler* | 9.35 | 4.67 | 15.13 | 57.49 | 0.00 | 5.19 | 0.26 | 0.00 | 1.94 | 0.69 |
| [2] *B. acidicola* | 17.96 | 9.01 | 4.07 | 47.89 | 3.19 | 14.43 | 0.08 | 0.22 | 2.13 | 0.76 |
| [3] *B. acidiproducens* | 7.56 | 9.64 | 6.35 | 53.85 | 0.00 | 13.06 | 0.12 | 0.00 | 2.17 | 0.72 |
| [4] *B. agaradhaerens* | 1.59 | 15.08 | 15.73 | 23.37 | 11.09 | 9.49 | 0.67 | 1.17 | 3.06 | 0.85 |
| [5] *B. alcalophilus* | 1.05 | 13.15 | 28.09 | 35.73 | 3.82 | 6.23 | 0.79 | 0.61 | 2.54 | 0.63 |
| [6] *B. alkalitelluris* | 2.67 | 20.37 | 20.54 | 34.26 | 3.42 | 3.01 | 0.60 | 1.14 | 2.61 | 0.75 |
| [7] *B. altitudinis* | 3.10 | 2.40 | 52.01 | 25.75 | 6.15 | 4.52 | 2.02 | 1.36 | 1.83 | 0.65 |
| [8] *B. amyloliquefaciens* | 3.60 | 3.79 | 31.35 | 35.19 | 12.66 | 9.44 | 0.89 | 1.34 | 2.40 | 0.65 |
| [9] *B. aryabhattai* | 1.88 | 6.59 | 38.68 | 36.03 | 3.34 | 4.07 | 1.07 | 0.82 | 2.30 | 0.58 |
| [10] *B. atrophaeus* | 3.43 | 3.83 | 13.13 | 45.13 | 6.93 | 16.34 | 0.29 | 0.42 | 2.60 | 0.62 |
| [11] *B. badius* | 4.89 | 5.06 | 45.47 | 10.67 | 2.88 | 5.19 | 4.26 | 0.55 | 2.90 | 0.74 |
| [12] *B. bataviensis* | 2.95 | 3.35 | 35.21 | 33.12 | 2.80 | 2.85 | 1.06 | 0.98 | 2.62 | 0.69 |
| [13] *B. beijingensis* | 3.69 | 2.70 | 23.12 | 39.09 | 2.91 | 18.05 | 0.59 | 0.16 | 2.50 | 0.70 |
| [14] *B. boroniphilus* | 2.01 | 9.00 | 35.93 | 10.11 | 9.14 | 12.56 | 3.55 | 0.73 | 2.89 | 0.84 |
| [15] *B. butanolivorans* | 7.56 | 6.91 | 12.05 | 43.47 | 1.37 | 3.24 | 0.28 | 0.42 | 2.90 | 0.64 |
| [16] *B. carboniphilus* | 4.29 | 4.16 | 47.05 | 17.92 | 6.08 | 1.96 | 2.63 | 3.10 | 2.65 | 0.59 |
| [17] *B. cellulosilyticus* | 3.68 | 15.40 | 22.09 | 23.18 | 5.85 | 6.85 | 0.95 | 0.85 | 3.29 | 0.77 |
| [18] *B. cereus* | 5.99 | 6.11 | 29.19 | 4.40 | 11.84 | 2.11 | 6.63 | 5.61 | 3.31 | 0.85 |
| [19] *B. cibi* | 8.32 | 4.43 | 45.00 | 14.66 | 5.39 | 5.70 | 3.07 | 0.95 | 2.66 | 0.74 |
| [20] *B. circulans* | 5.58 | 4.25 | 14.02 | 44.83 | 1.33 | 9.85 | 0.31 | 0.14 | 2.70 | 0.64 |
| [21] *B. clausii* | 3.48 | 8.14 | 32.70 | 18.24 | 15.58 | 10.20 | 1.79 | 1.53 | 2.91 | 0.70 |
| [22] *B. coagulans* | 3.91 | 3.45 | 32.07 | 31.20 | 9.23 | 12.30 | 1.03 | 0.75 | 2.15 | 0.83 |
| [23] *B. cohnii* | 4.64 | 3.52 | 38.11 | 23.44 | 3.25 | 6.29 | 1.63 | 0.52 | 2.87 | 0.69 |
| [24] *B. decisifrondis* | 11.27 | 1.70 | 53.52 | 6.13 | 2.63 | 1.42 | 8.73 | 1.85 | 2.37 | 0.56 |
| [25] *B. decolorationis* | 1.54 | 9.40 | 38.29 | 27.60 | 8.79 | 9.10 | 1.39 | 0.97 | 2.28 | 0.76 |
| [26] *B. drentensis* | 10.52 | 1.69 | 5.47 | 59.16 | 0.00 | 13.89 | 0.09 | 0.00 | 1.80 | 0.60 |
| [27] *B. endophyticus* | 7.76 | 10.83 | 16.09 | 38.68 | 2.16 | 10.64 | 0.42 | 0.20 | 2.79 | 0.71 |
| [28] *B. fastidiosus* | 1.22 | 15.73 | 26.73 | 32.29 | 10.41 | 5.91 | 0.83 | 1.76 | 2.62 | 0.63 |
| [29] *B. flexus* | 2.66 | 3.69 | 26.42 | 33.28 | 4.29 | 8.02 | 0.79 | 0.53 | 2.86 | 0.77 |
| [30] *B. fordii* | 4.81 | 1.59 | 33.17 | 24.35 | 8.47 | 16.03 | 1.36 | 0.53 | 2.76 | 0.64 |

续表

| 种名 | 16:0 iso | c16:0 | 15:0 iso | 15:0 anteiso | 17:0 iso | 17:0 anteiso | $I_1$ | $I_2$ | Shannon 指数（$H_1$） | Pielou 指数（$J$） |
|---|---|---|---|---|---|---|---|---|---|---|
| [31] *B. fortis* | 3.09 | 2.21 | 36.89 | 28.12 | 5.67 | 14.39 | 1.31 | 0.39 | 2.20 | 0.73 |
| [32] *B. fusiformis* | 12.79 | 3.51 | 47.35 | 11.08 | 6.98 | 3.71 | 4.27 | 1.88 | 2.59 | 0.68 |
| [33] *B. galactosidilyticus* | 2.08 | 34.24 | 16.07 | 27.10 | 1.27 | 5.85 | 0.59 | 0.22 | 2.43 | 0.77 |
| [34] *B. gelatini* | 1.46 | 1.61 | 13.91 | 54.64 | 3.23 | 6.86 | 0.25 | 0.47 | 2.22 | 0.62 |
| [35] *B. globisporus* | 3.44 | 3.34 | 35.46 | 33.93 | 8.77 | 9.34 | 1.05 | 0.94 | 2.12 | 0.75 |
| [36] *B. hemicellulosilyticus* | 2.85 | 10.94 | 20.13 | 42.45 | 3.98 | 11.67 | 0.47 | 0.34 | 2.50 | 0.66 |
| [37] *B. horikoshii* | 3.96 | 8.13 | 28.03 | 9.85 | 5.35 | 10.38 | 2.85 | 0.52 | 3.10 | 0.90 |
| [38] *B. humi* | 6.29 | 1.74 | 16.45 | 51.24 | 0.39 | 3.27 | 0.32 | 0.12 | 2.30 | 0.56 |
| [39] *B. indicus* | 8.56 | 5.48 | 39.57 | 15.41 | 3.77 | 5.19 | 2.63 | 0.73 | 2.87 | 0.80 |
| [40] *B. isronensis* | 4.94 | 3.34 | 50.17 | 3.68 | 3.92 | 1.40 | 13.63 | 2.80 | 2.30 | 0.69 |
| [41] *B. koreensis* | 4.92 | 4.67 | 37.27 | 33.66 | 3.48 | 5.44 | 1.11 | 0.64 | 2.25 | 0.71 |
| [42] *B. kribbensis* | 3.90 | 2.98 | 9.35 | 66.28 | 0.00 | 10.72 | 0.14 | 0.00 | 1.66 | 0.59 |
| [43] *B. lehensis* | 3.85 | 13.39 | 33.07 | 17.59 | 8.90 | 4.22 | 1.88 | 2.11 | 2.80 | 0.81 |
| [44] *Paenibacillus lentimorbus* | 3.59 | 2.96 | 37.74 | 34.00 | 8.33 | 8.67 | 1.11 | 0.96 | 2.28 | 0.57 |
| [45] *B. licheniformis* | 4.56 | 3.09 | 37.28 | 29.35 | 10.72 | 10.56 | 1.27 | 1.02 | 2.42 | 0.65 |
| [46] *B. luciferensis* | 8.28 | 4.23 | 30.44 | 39.46 | 2.16 | 5.43 | 0.77 | 0.40 | 2.26 | 0.71 |
| [47] *B. macyae* | 7.51 | 11.08 | 3.11 | 42.27 | 0.77 | 17.66 | 0.07 | 0.04 | 2.65 | 0.66 |
| [48] *B. marisflavi* | 8.41 | 2.79 | 28.27 | 36.88 | 1.69 | 11.18 | 0.77 | 0.15 | 2.25 | 0.75 |
| [49] *B. massiliensis* | 12.26 | 2.98 | 53.62 | 12.94 | 5.37 | 5.97 | 4.14 | 0.90 | 2.31 | 0.54 |
| [50] *B. megaterium* | 3.53 | 5.82 | 30.72 | 41.72 | 1.79 | 4.31 | 0.74 | 0.41 | 2.29 | 0.66 |
| [51] *B. mojavensis* | 5.26 | 3.17 | 15.35 | 44.86 | 6.36 | 15.39 | 0.34 | 0.42 | 2.53 | 0.68 |
| [52] *B. muralis* | 3.48 | 7.22 | 18.42 | 54.62 | 1.94 | 2.48 | 0.34 | 0.78 | 2.27 | 0.58 |
| [53] *B. murimartini* | 3.93 | 3.23 | 28.63 | 36.58 | 9.88 | 10.17 | 0.78 | 0.97 | 2.25 | 0.75 |
| [54] *B. mycoides* | 6.82 | 10.04 | 22.51 | 3.92 | 11.01 | 2.66 | 5.74 | 4.14 | 3.62 | 0.85 |
| [55] *B. nealsonii* | 4.09 | 12.85 | 20.39 | 32.60 | 2.46 | 4.81 | 0.63 | 0.51 | 2.64 | 0.83 |
| [56] *B. niabensis* | 5.90 | 24.26 | 8.13 | 38.08 | 2.46 | 9.90 | 0.21 | 0.25 | 2.52 | 0.80 |
| [57] *B. niacini* | 7.11 | 6.60 | 30.14 | 18.28 | 6.24 | 4.04 | 1.65 | 1.54 | 3.19 | 0.78 |
| [58] *B. novalis* | 2.97 | 6.70 | 39.89 | 38.59 | 1.35 | 3.74 | 1.03 | 0.36 | 2.11 | 0.57 |
| [59] *B. odysseyi* | 10.8 | 1.78 | 51.63 | 10.90 | 5.62 | 3.17 | 4.74 | 1.77 | 2.47 | 0.59 |
| [60] *B. okhensis* | 4.25 | 28.58 | 9.72 | 33.75 | 1.61 | 4.47 | 0.29 | 0.36 | 2.77 | 0.75 |
| [61] *B. okuhidensis* | 2.02 | 10.63 | 31.42 | 34.32 | 5.84 | 8.75 | 0.92 | 0.67 | 2.51 | 0.63 |
| [62] *B. oleronius* | 2.43 | 2.94 | 40.48 | 19.39 | 9.44 | 20.48 | 2.09 | 0.46 | 2.09 | 0.81 |
| [63] *B. panaciterrae* | 2.76 | 7.03 | 39.03 | 22.57 | 2.73 | 2.08 | 1.73 | 1.31 | 2.89 | 0.66 |
| [64] *B. patagoniensis* | 5.96 | 3.38 | 38.32 | 31.56 | 5.77 | 7.39 | 1.21 | 0.78 | 2.27 | 0.76 |
| [65] *B. pseudalcaliphilus* | 6.41 | 6.01 | 20.65 | 26.97 | 1.40 | 10.42 | 0.77 | 0.13 | 3.14 | 0.83 |
| [66] *B. pseudomycoides* | 6.86 | 8.82 | 17.64 | 3.31 | 14.78 | 2.59 | 5.33 | 5.71 | 3.52 | 0.86 |
| [67] *B. psychrosaccharolyticus* | 1.13 | 3.63 | 30.82 | 40.74 | 4.18 | 2.70 | 0.76 | 1.55 | 2.42 | 0.65 |
| [68] *Psychrobacillus psychrotolerans* | 1.77 | 1.23 | 30.29 | 32.22 | 0.34 | 2.28 | 0.94 | 0.15 | 2.68 | 0.63 |
| [69] *B. pumilus* | 3.02 | 2.93 | 51.48 | 26.35 | 6.31 | 3.58 | 1.95 | 1.76 | 2.14 | 0.56 |

续表

| 种名 | 16:0 iso | c16:0 | 15:0 iso | 15:0 anteiso | 17:0 iso | 17:0 anteiso | $I_1$ | $I_2$ | Shannon 指数（$H_1$） | Pielou 指数（$J$） |
|---|---|---|---|---|---|---|---|---|---|---|
| [70] *B. ruris* | 3.37 | 28.15 | 10.60 | 38.00 | 4.02 | 8.91 | 0.28 | 0.45 | 2.43 | 0.66 |
| [71] *B. safensis* | 3.67 | 1.97 | 51.43 | 27.81 | 5.57 | 5.04 | 1.85 | 1.11 | 1.83 | 0.65 |
| [72] *B. selenatarsenatis* | 3.41 | 1.62 | 38.65 | 26.22 | 2.08 | 21.25 | 1.47 | 0.10 | 2.38 | 0.55 |
| [73] *B. selenitireducens* | 0.00 | 3.84 | 50.93 | 3.93 | 3.10 | 0.86 | 12.96 | 3.60 | 2.21 | 0.70 |
| [74] *B. seohaeanensis* | 5.23 | 7.18 | 7.26 | 55.80 | 1.82 | 14.46 | 0.13 | 0.13 | 2.03 | 0.64 |
| [75] *B. shackletonii* | 2.95 | 1.67 | 39.29 | 28.61 | 2.04 | 19.17 | 1.37 | 0.11 | 2.02 | 0.67 |
| [76] *B. simplex* | 2.93 | 8.37 | 14.78 | 56.97 | 1.74 | 2.76 | 0.26 | 0.63 | 2.00 | 0.63 |
| [77] *B. siralis* | 5.75 | 21.49 | 31.85 | 17.54 | 4.00 | 3.77 | 1.82 | 1.06 | 2.66 | 0.80 |
| [78] *B. soli* | 3.21 | 3.09 | 39.48 | 34.16 | 3.44 | 3.05 | 1.16 | 1.13 | 2.26 | 0.65 |
| [79] *B. sonorensis* | 3.62 | 5.52 | 24.70 | 29.42 | 7.60 | 12.36 | 0.84 | 0.61 | 2.49 | 0.79 |
| [80] *Lysinibacillus sphaericus* | 6.64 | 1.71 | 57.73 | 9.63 | 3.78 | 2.14 | 5.99 | 1.77 | 2.22 | 0.58 |
| [81] *B. subtilis* | 5.09 | 3.78 | 21.38 | 39.76 | 12.21 | 10.71 | 0.54 | 1.14 | 2.50 | 0.70 |
| [82] *B. subtilis* subsp. *inaquosorum* | 4.40 | 4.06 | 25.93 | 34.85 | 12.41 | 10.14 | 0.74 | 1.22 | 2.46 | 0.69 |
| [83] *B. subtilis* subsp. *spizizenii* | 3.60 | 3.15 | 19.94 | 38.55 | 12.32 | 15.47 | 0.52 | 0.80 | 2.45 | 0.68 |
| [84] *B. subtilis* subsp. *subtilis* | 4.54 | 3.09 | 29.24 | 35.84 | 11.15 | 9.19 | 0.82 | 1.21 | 2.42 | 0.68 |
| [85] *B. thuringiensis* | 2.18 | 4.75 | 34.15 | 5.09 | 10.74 | 1.24 | 6.71 | 8.66 | 2.98 | 0.80 |
| [86] *B. vallismortis* | 4.17 | 6.13 | 23.12 | 29.69 | 10.53 | 9.22 | 0.78 | 1.14 | 2.72 | 0.79 |
| [87] *B. vietnamensis* | 3.93 | 2.37 | 19.24 | 46.82 | 1.27 | 11.88 | 0.41 | 0.11 | 2.22 | 0.70 |
| [88] *B. ginsengihumi* | 1.61 | 2.07 | 19.92 | 33.59 | 4.70 | 35.29 | 0.59 | 0.13 | 1.96 | 0.76 |
| [89] *Virgibacillus pantothenticus* | 5.32 | 5.73 | 9.16 | 41.32 | 4.94 | 28.89 | 0.22 | 0.17 | 2.13 | 0.76 |
| [90] *B. vedderi* | 26.14 | 4.41 | 4.48 | 31.08 | 2.07 | 25.81 | 0.14 | 0.08 | 2.27 | 0.76 |

注：$I_1$=15:0 iso/15:0 anteiso，$I_2$=17:0 iso/17:0 anteiso；2～7 列中的数值为各脂肪酸含量，单位为%

## 2. 基于脂肪酸芽胞杆菌系统发育分析

基于脂肪酸统计参数的芽胞杆菌系统发育聚类结果见图 5-5-2。当 $\lambda$=20 时，可将芽胞杆菌属 90 种（亚种）分为 5 个脂肪酸群。

第Ⅰ群，定义为窄温芽胞杆菌脂肪酸群。该群的脂肪酸 15:0 iso/15:0 anteiso 值都大于 1.5，范围为 1.64～13.57；17:0 iso/17:0 anteiso 值小于 9，范围为 0.5～9。该群种类主要脂肪酸为 15:0 iso（相对含量百分比为 17%～58%）、15:0 anteiso（3%～28%）和 17:0 iso（2%～16%），都含有较高含量的 15:0 iso。此外，还包含 16:0 iso（0～12.79%）、c16:0（1.7%～21.49%）和 17:0 anteiso（0.86%～12.56%），其香农多样性指数为 1.83～3.62，均匀度指数为 0.54～0.9。该群内的芽胞杆菌好氧生长；适宜于中性偏碱 pH 条件下生长，pH 适宜生长众数为 7～11；适宜生长的温度范围较窄，为 10～40℃；耐盐性较差，耐盐浓度平均为 2%。该群包含 26 个种，即高地芽胞杆菌（*Bacillus altitudinis*）、短小芽胞杆菌（*Bacillus pumilus*）、沙福芽胞杆菌（*Bacillus safensis*）、科恩芽胞杆菌（*Bacillus cohnii*）、人参地块芽胞杆菌（*Bacillus panaciterrae*）、食物芽胞杆菌（*Bacillus cibi*）、印度芽胞杆菌（*Bacillus indicus*）、栗褐芽胞杆菌（*Bacillus badius*）、嗜碳芽胞杆菌（*Bacillus carboniphilus*）、

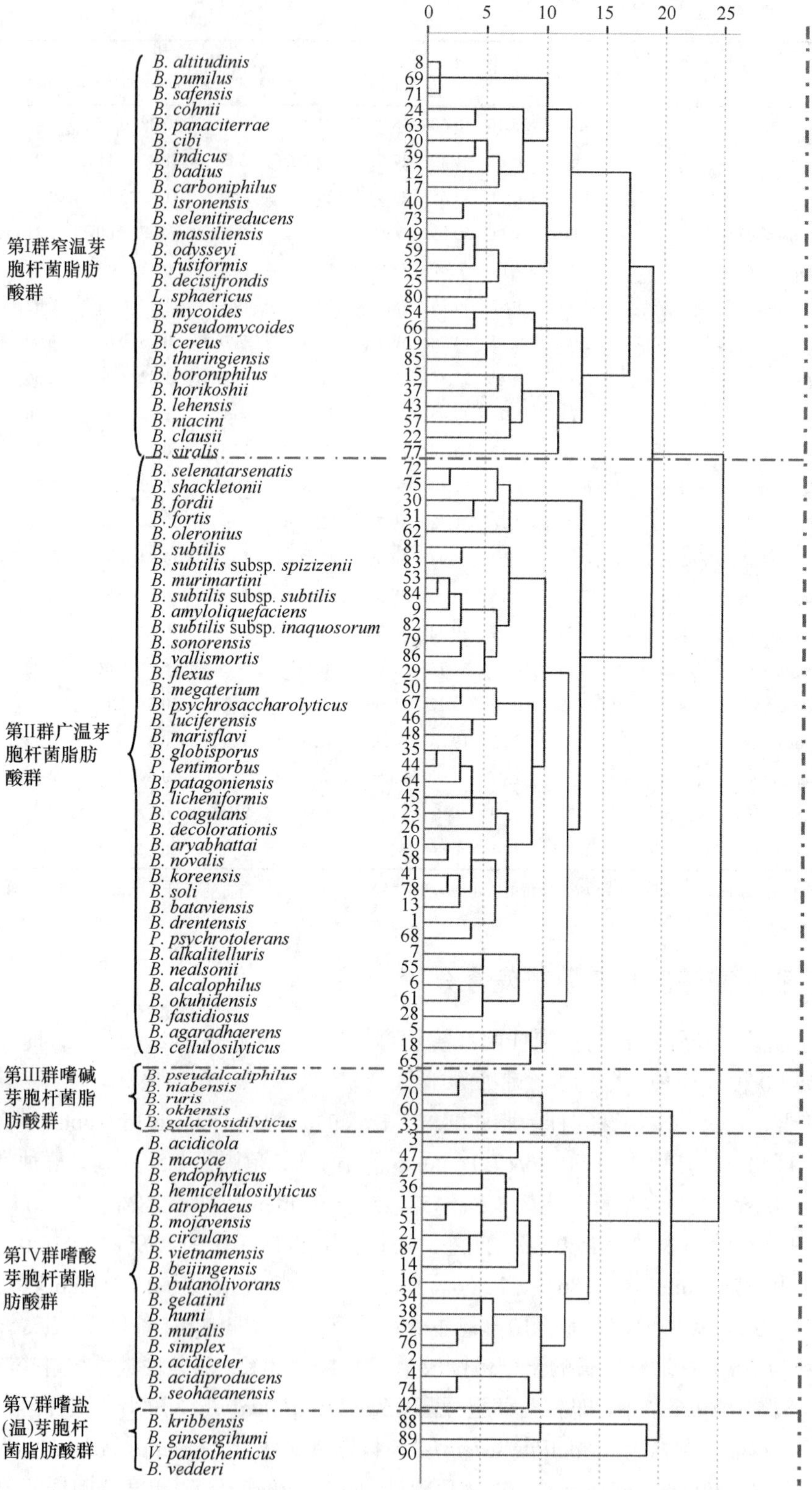


图 5-5-2　基于脂肪酸生物标记特征指数的芽胞杆菌属聚类分析

印空研芽胞杆菌（*Bacillus isronensis*）、还原硒酸盐芽胞杆菌（*Bacillus selenitireducens*）、马赛芽胞杆菌（*Bacillus massiliensis*）、奥德赛芽胞杆菌（*Bacillus odysseyi*）、纺锤形芽胞杆菌（*Bacillus fusiformis*）、腐叶芽胞杆菌（*Bacillus decisifrondis*）、球形赖氨酸芽胞杆菌（*Lysinibacillus sphaericus*）、蕈状芽胞杆菌（*Bacillus mycoides*）、假蕈状芽胞杆菌（*Bacillus pseudomycoides*）、蜡样芽胞杆菌（*Bacillus cereus*）、苏云金芽胞杆菌（*Bacillus thuringiensis*）、嗜硼芽胞杆菌（*Bacillus boroniphilus*）、堀越氏芽胞杆菌（*Bacillus horikoshii*）、列城芽胞杆菌（*Bacillus lehensis*）、烟酸芽胞杆菌（*Bacillus niacini*）、克劳氏芽胞杆菌（*Bacillus clausii*）和青贮窖芽胞杆菌（*Bacillus siralis*）等（图 5-5-2）。利用 15:0 iso/15:0 anteiso 值和 10 种参数可以进一步分为 5 个亚群。

第 II 群，定义为广温芽胞杆菌脂肪酸群。该群的脂肪酸 15:0 iso/15:0 anteiso 值小于 1.5，范围为 0.5～1.5［除了蔬菜芽胞杆菌（*Bacillus oleronius*）比值为 2.09 之外］；17:0 iso/17:0 anteiso 值小于 1.8，范围为 0.1～1.8。该群种类主要脂肪酸为 15:0 iso（15%～41%）、15:0 anteiso（19%～42%）和 17:0 anteiso（2%～22%），都含有较高含量的 15:0 anteiso。此外，也包含 16:0 iso（1.05%～10.52%）、c16:0（1.23%～20.37%）和 17:0 iso（0～12.66%），其香农多样性指数为 1.8～3.29，均匀度指数为 0.55～0.85。该群内的芽胞杆菌基本好氧生长；适宜于中性偏碱 pH 条件下生长，pH 适宜生长众数为 7～11；适宜生长温度范围较宽，为 5～50℃；耐盐性较差，平均耐盐浓度为 4%。该群包含 39 个种，即硒砷芽胞杆菌（*Bacillus selenatarsenatis*）、沙氏芽胞杆菌（*Bacillus shackletonii*）、福氏芽胞杆菌（*Bacillus fordii*）、强壮芽胞杆菌（*Bacillus fortis*）、蔬菜芽胞杆菌（*Bacillus oleronius*）、马丁教堂芽胞杆菌（*Bacillus murimartini*）、枯草芽胞杆菌枯草亚种（*Bacillus subtilis* subsp. *subtilis*）、解淀粉芽胞杆菌（*Bacillus amyloliquefaciens*）、枯草芽胞杆菌干燥亚种（*Bacillus subtilis* subsp. *inaquosorum*）、凝结芽胞杆菌（*Bacillus coagulans*）、索诺拉沙漠芽胞杆菌（*Bacillus sonorensis*）、死谷芽胞杆菌（*Bacillus vallismortis*）、弯曲芽胞杆菌（*Bacillus flexus*）、枯草芽胞杆菌（*Bacillus subtilis*）、枯草芽胞杆菌斯氏亚种（*Bacillus subtilis* subsp. *spizizenii*）、阿氏芽胞杆菌（*Bacillus aryabhattai*）、休闲地芽胞杆菌（*Bacillus novalis*）、韩国芽胞杆菌（*Bacillus koreensis*）、土壤芽胞杆菌（*Bacillus soli*）、巴达维亚芽胞杆菌（*Bacillus bataviensis*）、球胞芽胞杆菌（*Bacillus globisporus*）、慢病类芽胞杆菌（*Paenibacillus lentimorbus*）、巴塔哥尼亚芽胞杆菌（*Bacillus patagoniensis*）、地衣芽胞杆菌（*Bacillus licheniformis*）、脱色芽胞杆菌（*Bacillus decolorationis*）、钻特省芽胞杆菌（*Bacillus drentensis*）、巨大芽胞杆菌（*Bacillus megaterium*）、冷解糖芽胞杆菌（*Bacillus psychrosaccharolyticus*）、路西法芽胞杆菌（*Bacillus luciferensis*）、黄海芽胞杆菌（*Bacillus marisflavi*）、耐冷嗜冷芽胞杆菌（*Psychrobacillus psychrotolerans*）、碱土芽胞杆菌（*Bacillus alkalitelluris*）、尼氏芽胞杆菌（*Bacillus nealsonii*）、嗜碱芽胞杆菌（*Bacillus alcalophilus*）、奥飞弹温泉芽胞杆菌（*Bacillus okuhidensis*）、苛求芽胞杆菌（*Bacillus fastidiosus*）、黏琼脂芽胞杆菌（*Bacillus agaradhaerens*）、解纤维素芽胞杆菌（*Bacillus cellulosilyticus*）、假嗜碱芽胞杆菌（*Bacillus pseudalcaliphilus*）（图 5-5-2）。该类群内的成员比较多，脂肪酸生物标记差异性较大，因此可进一步再分为 4 个亚群。

第 III 群，定义为嗜碱芽胞杆菌脂肪酸群。该群的脂肪酸 15:0 iso/15:0 anteiso 值小于

0.6，范围为 0.2～0.6；17:0 iso/17:0 anteiso 值小于 0.5，范围为 0.2～0.5。该群种类主要脂肪酸为 15:0 iso（8%～16%）、15:0 anteiso（27%～38%）和 c16:0（24%～35%），都含有较高含量的 15:0 anteiso。此外，也包含 16:0 iso（2.08%～5.9%）、17:0 iso（1.27%～4.02%）和 17:0 anteiso（4.47%～9.9%），其香农多样性指数为 2.43～2.77，均匀度指数为 0.6～0.88。该群内的芽胞杆菌兼性厌氧生长；适宜于碱性 pH 条件下生长，pH 适宜生长众数为 8～11；适宜生长温度范围较窄，为 25～40℃；耐盐性较差，平均耐盐浓度为 4%。该群包含 4 个种，即农研所芽胞杆菌（*Bacillus niabensis*）、农庄芽胞杆菌（*Bacillus ruris*）、奥哈芽胞杆菌（*Bacillus okhensis*）、解半乳糖苷芽胞杆菌（*Bacillus galactosidilyticus*）等。

第 IV 群，定义为嗜酸芽胞杆菌脂肪酸群。该群的脂肪酸 15:0 iso/15:0 anteiso 值小于 0.5，范围为 0.05～0.5；17:0 iso/17:0 anteiso 值小于 0.8，范围为 0～0.8。该群种类主要脂肪酸为 15:0 iso（3～21%）、15:0 anteiso（38%～66%）和 17:0 anteiso（2%～18%），都含有较高含量的 15:0 anteiso。此外，也包含 16:0 iso（1.46%～9.35%）、c16:0（1.61%～11.08%）和 17:0 iso（0～6.93%），其香农多样性指数为 1.66～2.9，均匀度指数为 0.56～0.76。该群内的芽胞杆菌兼性好氧生长；适宜于中性偏酸 pH 条件下生长，pH 适宜生长众数为 4～7；适宜生长温度范围较宽，为 5～55℃；耐盐性较差，平均耐盐浓度为 4%。该群包含 18 个种，即酸居芽胞杆菌（*Bacillus acidicola*）、马氏芽胞杆菌（*Bacillus macyae*）、内生芽胞杆菌（*Bacillus endophyticus*）、解半纤维素芽胞杆菌（*Bacillus hemicellulosilyticus*）、萎缩芽胞杆菌（*Bacillus atrophaeus*）、莫哈维沙漠芽胞杆菌（*Bacillus mojavensis*）、环状芽胞杆菌（*Bacillus circulans*）、越南芽胞杆菌（*Bacillus vietnamensis*）、北京芽胞杆菌（*Bacillus beijingensis*）、食丁酸芽胞杆菌（*Bacillus butanolivorans*）、明胶芽胞杆菌（*Bacillus gelatini*）、土地芽胞杆菌（*Bacillus humi*）、壁画芽胞杆菌（*Bacillus muralis*）、简单芽胞杆菌（*Bacillus simplex*）、酸快生芽胞杆菌（*Bacillus acidiceler*）、产酸芽胞杆菌（*Bacillus acidiproducens*）、西岸芽胞杆菌（*Bacillus seohaeanensis*）、韩研所芽胞杆菌（*Bacillus kribbensis*）。根据 15:0 iso/15:0 anteiso 值可进一步分为 3 个亚群。

第 V 群，定义为嗜盐（温）芽胞杆菌脂肪酸群。该群的脂肪酸 15:0 iso/15:0 anteiso 值小于 0.6，范围为 0.1～0.6；17:0 iso/17:0 anteiso 值小于 0.2，范围为 0.08～0.20。该群种类主要脂肪酸型为 15:0 iso（4%～20%）、15:0 anteiso（30%～42%）和 17:0 anteiso（25%～36%），都含有较高含量的 15:0 anteiso。此外，也包含 16:0 iso（1.61%～26.14%）、c16:0（2.07%～4.41%）和 17:0 iso（2.07%～4.7%），其香农多样性指数为 1.96～2.27，均匀度指数为 0.76。该群内的芽胞杆菌兼性好氧；适宜于中性偏碱 pH 条件下生长，pH 适宜生长众数为 7～11；适宜高温生长，温度为 25～50℃；具有较强的耐盐性，平均耐盐浓度为 10%。该群包含 3 个种，即人参土芽胞杆菌（*Bacillus ginsengihumi*）、泛酸枝芽胞杆菌（*Virgibacillus pantothenticus*）和威氏芽胞杆菌（*Bacillus vedderi*）。

## 六、讨论

本研究利用脂肪酸微生物鉴定系统（Sherlock）测定了芽胞杆菌属 90 种（亚种）的

脂肪酸成分，测定结果表明芽胞杆菌属具有丰富的脂肪酸生物标记，共测定到 30 个脂肪酸生物标记，经分析选择 6 个基本脂肪酸生物标记即 c16:0、16:0 iso、15:0 iso、15:0 anteiso、17:0 iso 和 17:0 anteiso 作为芽胞杆菌属脂肪酸分群的主要指标。15:0 iso、c15:0、c16:0、16:0 iso、c17:0、cy17:0、cy19:0、18:1ω7 等脂肪酸的含量可作为细菌生物量的指标。Kaneda（1991）指出含有支链脂肪酸的细菌细胞膜的流动性水平主要受 12,13Me 14:0 影响。支链脂肪酸在细菌分类学上具有重要的价值，它的组成和含量通常可以作为一种分类标记。芽胞杆菌属脂肪酸大多为支链饱和脂肪酸，其特征脂肪酸为 15:0 anteiso、15:0 iso 和 17:0 anteiso。

作者从芽胞杆菌脂肪酸分析的数据中，构建了 10 个芽胞杆菌脂肪酸生物标记统计量，组成芽胞杆菌脂肪酸系统发育分析指标，即 16:0 iso、c16:0、15:0 iso、15:0 anteiso、17:0 iso、17:0 anteiso、15:0 iso/15:0 anteiso、17:0 iso/17:0 anteiso、Shannon 指数（$H_1$）、Pielou 指数（$J$）。其中，15:0 iso/15:0 anteiso 代表芽胞杆菌属的分化（Kämpfer，1994），17:0 iso/17:0 anteiso 代表芽胞杆菌种的分化，Shannon 指数（$H_1$）用于平衡脂肪酸生物标记奇异产生，Pielou 指数（$J$）用于平衡脂肪酸生物标记测定误差。利用以上 10 个脂肪酸参数对 90 种芽胞杆菌进行聚类，可将芽胞杆菌属分为 5 个脂肪酸群，即窄温芽胞杆菌脂肪酸群、广温芽胞杆菌脂肪酸群、嗜碱芽胞杆菌脂肪酸群、嗜酸芽胞杆菌脂肪酸群和嗜盐（温）芽胞杆菌脂肪酸群。分析结果表明，芽胞杆菌属脂肪酸群与其生物学特性具有密切的相关性。

脂肪酸是微生物系统发育研究中的一个重要指标，其组成和含量具有微生物属种特异性。Holmes 等（1993）通过脂肪酸组成来分析比较无色杆菌属（*Achromobacter*）各菌株间的关系，这种关系与全细胞蛋白电泳图谱分析、DNA-DNA 及 rDNA-DNA 杂交结果一致。Kämpfer（1994）的研究结果表明，脂肪酸生物标记具有较稳定的遗传性，很可能会成为芽胞杆菌属分类鉴定的一种快速有效的手段。Sikorski 等（2008）研究简单芽胞杆菌（*Bacillus simplex*）在以色列“进化谷”中的系统发育关系，模拟了进化谷的生态环境，分析结果证明简单芽胞杆菌的微进化与多种脂肪酸成分、基因和细胞膜变化密切相关。Ehrhardt 等（2010）通过脂肪酸成分可以区分不同培养基上的蜡样芽胞杆菌的芽胞，表明脂肪酸分析是一种研究芽胞杆菌营养条件系统发育的有效手段。以上研究结果为芽胞杆菌属脂肪酸系统发育分析提供了坚实的基础和可靠性。

窄温芽胞杆菌脂肪酸群中的脂肪酸 15:0 iso/15:0 anteiso 值大于 1.5，特征脂肪酸为 17:0 iso 和 c16:0，这与 Kämpfer（1994）的研究结论一致。沙福芽胞杆菌（*Bacillus safensis*）、高地芽胞杆菌（*Bacillus altitudinis*）和短小芽胞杆菌（*Bacillus pumilus*）3 种菌的脂肪酸系统发育关系很近，本研究与 Satomi 等（2006）和 Shivaji 等（2006）利用 16S rDNA 研究的结果一致，他们研究发现短小芽胞杆菌的近缘种为沙福芽胞杆菌和高地芽胞杆菌，利用 16S rDNA 序列难以将其分开，作者利用脂肪酸系统发育能很好地将这 3 个种区分开。科恩芽胞杆菌（*Bacillus cohnii*）和人参地块芽胞杆菌（*Bacillus panaciterrae*）的脂肪酸成分相似，系统发育亲缘关系很近，这与 Kämpfer（1994）报道的结果一致。食物芽胞杆菌（*Bacillus cibi*）、印度芽胞杆菌（*Bacillus indicus*）、栗褐芽胞杆菌（*Bacillus badius*）、嗜碳芽胞杆菌（*Bacillus carboniphilus*）聚为一个大分支，很可能是因为它们同时含有一定量的 16:1ω7c alcohol 和 16:1ω11c。16:1ω7c alcohol 和 16:1ω11c 可能为特征性脂肪酸，目前未见文献报道这些种的脂肪酸成分的可比较数据。球形赖氨酸芽胞杆菌（*Lysinibacillus sphaericus*）、纺锤形芽胞杆菌（*Bacillus fusiformis*）、奥德赛芽胞杆菌（*Bacillus odysseyi*）和马赛芽胞杆菌（*Bacillus massiliensis*）的脂肪酸类型相似，四者的亲缘关系也较相近（Ahmed et al.，2007b；Jung et al.，2012）。印空研芽胞杆菌（*Bacillus isronensis*）和腐叶芽胞杆菌（*Bacillus decisifrondis*）利用脂肪酸微生物鉴定系统（Sherlock MIS）测定匹配为球形赖氨酸芽胞杆菌，其原因为该系统中没有这 2 个种的信息，推断这 2 个种与球形赖氨酸芽胞杆菌系统发育亲缘关系密切。Shivaji 等（2009）研究发现印空研芽胞杆菌（*Bacillus isronensis*）与球形赖氨酸芽胞杆菌的亲缘关系很近，Zhang 等（2007）证明腐叶芽胞杆菌（*Bacillus decisifrondis*）与球形赖氨酸芽胞杆菌具有很高的亲缘关系，两人的研究结果证明了本群的推断，这表明芽胞杆菌脂肪酸系统发育分析的可靠性。还原硒酸盐芽胞杆菌（*Bacillus selenitireducens*）与印空研芽胞杆菌（*Bacillus isronensis*）聚为一个分支，主要是根据两者的脂肪酸生物标记指数非常相近。蜡样芽胞杆菌、苏云金芽胞杆菌、蕈状芽胞杆菌和假蕈状芽胞杆菌的脂肪酸成分与 Lawrence 等（1991）、Kämpfer（1994）、Kaneda（1977）、Jung 等（2012）的报道一致，含有高的 15:0 iso 和低的 15:0 anteiso。Nakamura 和 Jackson（1995）研究证明蜡样芽胞杆菌与蕈状芽胞杆菌及蜡样芽胞杆菌与苏云金芽胞杆菌的 DNA-DNA 同源性分别为 22%～44%和 59%～69%。假蕈状芽胞杆菌可以通过脂肪酸生物标记 12:0 iso 和 13:0 anteiso 与蕈状芽胞杆菌区分开，通过 12:0 iso、c12:0、15:0 iso 和 c16:0 与蜡样芽胞杆菌区分开，这与 Nakamura（1998）发表假蕈状芽胞杆菌时的脂肪酸结果相同。尽管窄温芽胞杆菌脂肪酸群的种类相互之间很难用 DNA 分子手段区分开，但是通过脂肪酸组成可以快速且明显地将彼此区分开。嗜硼芽胞杆菌（*Bacillus boroniphilus*）、人参地块芽胞杆菌（*Bacillus panaciterrae*）的脂肪酸组成与前人（Ahmed et al.，2007a；Kämpfer，1994）的研究结果基本一致，列城芽胞杆菌（*Bacillus lehensis*）与其发表时的原始文献中描述的不完全相同（Ghosh et al.，2007）。目前，未见堀越氏芽胞杆菌（*Bacillus horikoshii*）、青贮窖芽胞杆菌（*Bacillus siralis*）和烟酸芽胞杆菌（*Bacillus niacini*）脂肪酸相关数据的文献报道。

广温芽胞杆菌脂肪酸群中的脂肪酸 15:0 iso/15:0 anteiso 值小于 1.5，该群的特征脂肪酸为 17:0 anteiso 和 c16:0。强壮芽胞杆菌（*Bacillus fortis*）、沙氏芽胞杆菌（*Bacillus shackletonii*）和福氏芽胞杆菌（*Bacillus fordii*）皆与蔬菜芽胞杆菌（*Bacillus oleronius*）的脂肪酸成分相近，与已知文献报道基本一致，脂肪酸系统发育分析结果与 DNA 分子系统发育分析的结果基本一致（Scheldeman et al.，2004；Logan et al.，2004），硒砷芽胞杆菌（*Bacillus selenatarsenatis*）的脂肪酸与原始文献有一定差异（Yamamura et al.，2007），可能与测定条件有一定的相关性。该群中的枯草芽胞杆菌、解淀粉芽胞杆菌、索诺拉沙漠芽胞杆菌（*Bacillus sonorensis*）、死谷芽胞杆菌（*Bacillus vallismortis*）的脂肪酸成分与文献报道基本相同，在系统发育上，用 DNA 和脂肪酸分析的结果一致

（Palmisano et al.，2001；Roberts et al.，1996；Kämpfer，1994）。从形态特征、生理生化特征和 16S rDNA 的分析结果，无法将上述芽胞杆菌与枯草芽胞杆菌相互区分开，而通过脂肪酸分析能够轻易分开。休闲地芽胞杆菌（*Bacillus novalis*）、土壤芽胞杆菌（*Bacillus soli*）和巴达维亚芽胞杆菌（*Bacillus bataviensis*）脂肪酸成分与 Heyrman 等（2004）报道一致，它们 16S rDNA 的相似性很高（98%以上），难以区分，但通过脂肪酸系统发育可以将其准确区分开。球胞芽胞杆菌（*Bacillus globisporus*）与慢病类芽胞杆菌（*Paenibacillus lentimorbus*）的脂肪酸类型相似，但是两者的 DNA 分子亲缘关系相差较大，其原因值得进一步研究。通过本群中 8 种菌，即黏琼脂芽胞杆菌（*Bacillus agaradhaerens*）、嗜碱芽胞杆菌（*Bacillus alcalophilus*）、碱土芽胞杆菌（*Bacillus alkalitelluris*）、解纤维素芽胞杆菌（*Bacillus cellulosilyticus*）、苛求芽胞杆菌（*Bacillus fastidiosus*）、尼氏芽胞杆菌（*Bacillus nealsonii*）、奥飞弹温泉芽胞杆菌（*Bacillus okuhidensis*）、假嗜碱芽胞杆菌（*Bacillus pseudalcaliphilus*）的脂肪酸系统发育分析，发现它们的亲缘关较近，聚为一个分支。除了芽胞杆菌属的特征脂肪酸（15:0 iso 和 15:0 anteiso）外，c16:0 脂肪酸含量较高（10%～21%）。16S rDNA 分析结果表明，它们之间的亲缘关系也较近（Nielsen et al.，1995）。本群中碱土芽胞杆菌（*Bacillus alkalitelluris*）和嗜碱芽胞杆菌的脂肪酸成分与前人报道的一致（Lee et al.，2008）。目前，未见该群中其他 6 种脂肪酸成分分析的报道。

嗜碱芽胞杆菌脂肪酸群中的脂肪酸 15:0 iso/15:0 anteiso 值小于 0.6，该群的种类都含有高含量的 c16:0，为该群的特征脂肪酸。农庄芽胞杆菌（*Bacillus ruris*）、农研所芽胞杆菌（*Bacillus niabensis*）、解半乳糖苷芽胞杆菌（*Bacillus galactosidilyticus*）的脂肪酸成分与前人报道一致（Heyndrickx et al.，2005）。本研究首次报道了奥哈芽胞杆菌（*Bacillus okhensis*）的脂肪酸成分。脂肪酸系统发育分析与 DNA 分子系统发育分析结果一致，表明它们与解半乳糖苷芽胞杆菌（*Bacillus galactosidilyticus*）的亲缘关系很近（Kwon et al.，2007b）。

嗜酸芽胞杆菌脂肪酸群中的脂肪酸 15:0 iso/15:0 anteiso 值小于 0.5。壁画芽胞杆菌（*Bacillus muralis*）与简单芽胞杆菌（*Bacillus simplex*）的分子系统发育分析结果表明两者具有较近的亲缘关系（Heyrman et al.，2005a），本群种类的脂肪酸系统发育分析结果与 DNA 分子系统发育分析结果完全一致。韩研所芽胞杆菌（*Bacillus kribbensis*）和产酸芽胞杆菌（*Bacillus acidiproducens*）与文献（Lim et al.，2007；Jung et al.，2009）报道的脂肪酸成分相同。莫哈维沙漠芽胞杆菌（*Bacillus mojavensis*）（Roberts et al.，1994）和萎缩芽胞杆菌（*Bacillus atrophaeus*）（Nakamura，1989）是从枯草芽胞杆菌分化出来的种，根据脂肪酸类型发现两者与枯草芽胞杆菌非同一种。目前，尚未见马氏芽胞杆菌（*Bacillus macyae*）脂肪酸数据的可比较报道。

嗜温芽胞杆菌脂肪酸群中的脂肪酸 15:0 iso/15:0 anteiso 值小于 0.6。该群的种类都含有高含量的 17:0 anteiso，为该群的特征脂肪酸。泛酸枝芽胞杆菌（*Virgibacillus pantothenticus*）的脂肪酸含量及 15:0 iso/15:0 anteiso 值与 Kämpfer（1994）的结果一致。

脂肪酸系统发育分析与 16S rDNA 系统发育分析具有互补性，一些用 16S rDNA 无法鉴定到种的芽胞杆菌，可以通过脂肪酸鉴定加以区分，同时，16S rDNA 分类的保守性和稳定性又补充了脂肪酸分类的过于灵敏性和受环境影响的特性。通过本研究发现脂肪酸系统发育分析具有生物学意义，可以弥补 16S rDNA 系统发育分析脱离生物学特性的缺陷。刘波（2011）的《微生物脂肪酸生态学》中比较分析了脂肪酸与 16S rDNA 两种鉴定方法，结果表明，98%的芽胞杆菌种类用脂肪酸鉴定结果与 16S rDNA 分子鉴定结果相同，可以作为芽胞杆菌快速鉴定的方法，特别在 16S rDNA 分子鉴定无法区别时，脂肪酸鉴定表现出组分及其含量的特异性。张晓霞等（2009）利用脂肪酸成分对不动杆菌进行鉴定，研究结果表明脂肪酸鉴定结果和 16S rDNA 基因分析结果一致，在种水平上利用 16S rDNA 基因系统发育分析结果与脂肪酸组分分析的结果可互为补充，相互印证。因此，脂肪酸生物标记成为芽胞杆菌系统发育分析的重要指标，并且与芽胞杆菌的生物学特性相关联，具有独特的优越性。

# 第六章　芽胞杆菌脂肪酸组属内分群

## 第一节　概　　述

在分类地位上，芽胞杆菌隶属于厚壁菌门（Phylum Firmicutes）芽胞杆菌纲（Class Bacilli）芽胞杆菌目（Order Bacillales）的 7 个科。截至 2016 年 12 月，芽胞杆菌科（Family Bacillaceae）包含 69 属，脂环酸芽胞杆菌科（Family Alicyclobacillaceae）包含 6 属，类芽胞杆菌科（Family Paenibacillaceae）包含 10 属，巴斯德柄菌科（Family Pasteuriaceae）包含 1 属，动球菌科（Family Planococcaceae）包含 15 属，芽胞乳杆菌科（Family Sporolactobacillaceae）包含 6 属，嗜热放线菌科（Family Thermoactinomycetaceae）包含 17 属（王阶平等，2017）。

芽胞杆菌的系统发育分析方法主要是以 16S rDNA 序列同源性为依据，当两个芽胞杆菌的 16S rDNA 序列同源性小于 97%、DNA-DNA 同源性小于 70%，则认定为不同的种（Wayne et al.，1987；Stackebrandt and Goebel，1994；Stackebrandt et al.，2002）。虽然 16S rDNA 序列分类具有相当高的稳定性，但是芽胞杆菌属内种间亲缘关系极其相近，难以利用 16S rDNA 区分开。

同一个属芽胞杆菌不同种类存在明显的生物学特性分化，这种分化难以通过 16S rDNA 等保守基因加以区分，如芽胞杆菌属的不同种类存在着嗜温、嗜酸、嗜碱、嗜盐等生物学特性的分化，但通过 16S rDNA 系统发育分析，许多嗜温、嗜酸、嗜碱、嗜盐的芽胞杆菌分为一类。作者利用脂肪酸进行芽胞杆菌属内分群，试图弥补以上缺陷。芽胞杆菌的脂肪酸测定与系统发育分析操作简单，不仅可以反映芽胞杆菌属种间的亲缘关系，还具有生物学意义。脂肪酸是细胞生物膜的重要组成物质，与芽胞杆菌细胞识别、种类特异性和细胞免疫等有密切关系；是遗传特性的表征物质，具有芽胞杆菌属种遗传稳定性。此外，脂肪酸还具有结构多样性，可以敏感地表征芽胞杆菌的生物学特异性，是特别有效的分类生物标记（刘志辉等，2005；蓝江林等，2010；刘波，2011）。

本研究以芽胞杆菌属的 95 种、类芽胞杆菌属的 16 种、短芽胞杆菌属的 8 种为例，进行芽胞杆菌脂肪酸组属内分群研究，通过脂肪酸生物标记测定，分析脂肪酸生物标记在芽胞杆菌属内的分布，选择芽胞杆菌属内分布脂肪酸生物标记为统计指标，进行芽胞杆菌属内脂肪酸群划分系统发育聚类分析，计算脂肪酸群多样性指数，分析芽胞杆菌属内脂肪酸群的特征，为评估该体系在芽胞杆菌系统发育中的作用提供科学依据。现将研究结果小结如下。

# 第二节　芽胞杆菌属脂肪酸群的划分

## 一、芽胞杆菌属脂肪酸组测定

从芽胞杆菌属（*Bacillus*）中选择 95 种进行脂肪酸组测定，分析结果见表 6-2-1。结果表明，碳链长度为 10～20，共测定到 128 个脂肪酸生物标记，其中支链脂肪酸 92 个，占比 87.57%；直链脂肪酸 11 个，占比 10.36%；复合脂肪酸 16 个，占比 2.31%；未知脂肪酸 9 个，占比 0.01%。脂肪酸组的统计参数见表 6-2-1。

**表 6-2-1　芽胞杆菌属 95 种的整体脂肪酸组**

| 脂肪酸组 | 种类数 | 含量/% | 方差 | 标准差 | 中位数/% | 最小值/% | 最大值/% | Wilks 系数 | *P* |
|---|---|---|---|---|---|---|---|---|---|
| [1] 9:0 3OH | 95 | 0.00 | 0.00 | 0.00 | 0.00 | 0.00 | 0.01 | 0.19 | 0.00 |
| [2] 10:0 2OH | 95 | 0.00 | 0.00 | 0.00 | 0.00 | 0.00 | 0.01 | 0.23 | 0.00 |
| [3] 10:0 3OH | 95 | 0.00 | 0.00 | 0.01 | 0.00 | 0.00 | 0.06 | 0.15 | 0.00 |
| [4] 10:0 iso | 95 | 0.00 | 0.00 | 0.00 | 0.00 | 0.00 | 0.03 | 0.17 | 0.00 |
| [5] 11 Me 18:1ω7c | 95 | 0.00 | 0.00 | 0.00 | 0.00 | 0.00 | 0.00 | 0.08 | 0.00 |
| [6] 11:0 2OH | 95 | 0.00 | 0.00 | 0.00 | 0.00 | 0.00 | 0.01 | 0.12 | 0.00 |
| [7] 11:0 3OH | 95 | 0.00 | 0.00 | 0.00 | 0.00 | 0.00 | 0.05 | 0.10 | 0.00 |
| [8] 11:0 anteiso | 95 | 0.01 | 0.00 | 0.02 | 0.00 | 0.00 | 0.11 | 0.38 | 0.00 |
| [9] 11:0 iso | 95 | 0.02 | 0.00 | 0.07 | 0.00 | 0.00 | 0.46 | 0.39 | 0.00 |
| [10] 11:0 iso 3OH | 95 | 0.00 | 0.00 | 0.01 | 0.00 | 0.00 | 0.06 | 0.19 | 0.00 |
| [11] 12:0 2OH | 95 | 0.00 | 0.00 | 0.01 | 0.00 | 0.00 | 0.08 | 0.15 | 0.00 |
| [12] 12:0 3OH | 95 | 0.00 | 0.00 | 0.02 | 0.00 | 0.00 | 0.22 | 0.12 | 0.00 |
| [13] 12:0 anteiso | 95 | 0.00 | 0.00 | 0.03 | 0.00 | 0.00 | 0.25 | 0.09 | 0.00 |
| [14] 12:0 iso | 95 | 0.13 | 0.43 | 0.65 | 0.00 | 0.00 | 5.42 | 0.20 | 0.00 |
| [15] 12:0 iso 3OH | 95 | 0.00 | 0.00 | 0.00 | 0.00 | 0.00 | 0.03 | 0.12 | 0.00 |
| [16] 12:1 3OH | 95 | 0.00 | 0.00 | 0.00 | 0.00 | 0.00 | 0.01 | 0.09 | 0.00 |
| [17] 12:1 at 11-12 | 95 | 0.00 | 0.00 | 0.00 | 0.00 | 0.00 | 0.00 | 0.13 | 0.00 |
| [18] 13:0 2OH | 95 | 0.00 | 0.00 | 0.01 | 0.00 | 0.00 | 0.05 | 0.35 | 0.00 |
| [19] 13:0 anteiso | 95 | 0.30 | 0.54 | 0.73 | 0.10 | 0.00 | 5.61 | 0.40 | 0.00 |
| [20] 13:0 iso | 95 | 0.97 | 6.53 | 2.56 | 0.25 | 0.00 | 13.68 | 0.37 | 0.00 |
| [21] 13:0 iso 3OH | 95 | 0.01 | 0.00 | 0.04 | 0.00 | 0.00 | 0.29 | 0.39 | 0.00 |
| [22] 13:1 at 12-13 | 95 | 0.00 | 0.00 | 0.00 | 0.00 | 0.00 | 0.03 | 0.16 | 0.00 |
| [23] 14:0 2OH | 95 | 0.00 | 0.00 | 0.02 | 0.00 | 0.00 | 0.11 | 0.18 | 0.00 |
| [24] 14:0 anteiso | 95 | 0.07 | 0.02 | 0.14 | 0.00 | 0.00 | 0.88 | 0.52 | 0.00 |
| [25] 14:0 iso | 95 | 3.74 | 8.67 | 2.95 | 3.15 | 0.00 | 15.54 | 0.86 | 0.00 |
| [26] 14:0 iso 3OH | 95 | 0.02 | 0.01 | 0.08 | 0.00 | 0.00 | 0.57 | 0.23 | 0.00 |
| [27] 14:1 iso E | 95 | 0.00 | 0.00 | 0.00 | 0.00 | 0.00 | 0.03 | 0.09 | 0.00 |
| [28] 14:1ω5c | 95 | 0.00 | 0.00 | 0.01 | 0.00 | 0.00 | 0.08 | 0.17 | 0.00 |
| [29] 15:0 2OH | 95 | 0.06 | 0.02 | 0.13 | 0.00 | 0.00 | 0.72 | 0.52 | 0.00 |
| [30] 15:0 3OH | 95 | 0.00 | 0.00 | 0.00 | 0.00 | 0.00 | 0.01 | 0.11 | 0.00 |

续表

| 脂肪酸组 | 种类数 | 含量/% | 方差 | 标准差 | 中位数/% | 最小值/% | 最大值/% | Wilks 系数 | *P* |
|---|---|---|---|---|---|---|---|---|---|
| [31] 15:0 anteiso | 95 | 29.28 | 232.05 | 15.23 | 29.67 | 3.66 | 70.82 | 0.98 | 0.13 |
| [32] 15:0 iso | 95 | 29.32 | 138.24 | 11.76 | 28.25 | 7.03 | 56.56 | 0.98 | 0.08 |
| [33] 15:0 iso 3OH | 95 | 0.06 | 0.02 | 0.14 | 0.00 | 0.00 | 1.07 | 0.49 | 0.00 |
| [34] 15:1 anteiso A | 95 | 0.01 | 0.00 | 0.02 | 0.00 | 0.00 | 0.13 | 0.36 | 0.00 |
| [35] 15:1 iso at 5 | 95 | 0.00 | 0.00 | 0.00 | 0.00 | 0.00 | 0.02 | 0.12 | 0.00 |
| [36] 15:1 iso F | 95 | 0.02 | 0.01 | 0.08 | 0.00 | 0.00 | 0.66 | 0.24 | 0.00 |
| [37] 15:1 iso G | 95 | 0.01 | 0.00 | 0.04 | 0.00 | 0.00 | 0.31 | 0.24 | 0.00 |
| [38] 15:1 iso ω9c | 95 | 0.02 | 0.00 | 0.07 | 0.00 | 0.00 | 0.55 | 0.31 | 0.00 |
| [39] 15:1ω5c | 95 | 0.03 | 0.04 | 0.20 | 0.00 | 0.00 | 1.94 | 0.14 | 0.00 |
| [40] 15:1ω6c | 95 | 0.00 | 0.00 | 0.01 | 0.00 | 0.00 | 0.06 | 0.11 | 0.00 |
| [41] 15:1ω8c | 95 | 0.00 | 0.00 | 0.00 | 0.00 | 0.00 | 0.05 | 0.10 | 0.00 |
| [42] 16:0 2OH | 95 | 0.02 | 0.00 | 0.04 | 0.00 | 0.00 | 0.30 | 0.43 | 0.00 |
| [43] 16:0 3OH | 95 | 0.01 | 0.00 | 0.03 | 0.00 | 0.00 | 0.22 | 0.38 | 0.00 |
| [44] 16:0 anteiso | 95 | 0.03 | 0.01 | 0.08 | 0.00 | 0.00 | 0.62 | 0.37 | 0.00 |
| [45] 16:0 iso | 95 | 4.89 | 10.32 | 3.21 | 4.01 | 0.90 | 21.36 | 0.79 | 0.00 |
| [46] 16:0 iso 3OH | 95 | 0.32 | 1.50 | 1.22 | 0.00 | 0.00 | 9.72 | 0.29 | 0.00 |
| [47] 16:0 N alcohol | 95 | 0.04 | 0.01 | 0.12 | 0.00 | 0.00 | 0.83 | 0.37 | 0.00 |
| [48] 16:1 2OH | 95 | 0.03 | 0.05 | 0.22 | 0.00 | 0.00 | 2.13 | 0.09 | 0.00 |
| [49] 16:1 iso G | 95 | 0.00 | 0.00 | 0.01 | 0.00 | 0.00 | 0.06 | 0.13 | 0.00 |
| [50] 16:1 iso H | 95 | 0.01 | 0.00 | 0.03 | 0.00 | 0.00 | 0.22 | 0.32 | 0.00 |
| [51] 16:1ω11c | 95 | 1.85 | 4.09 | 2.02 | 1.01 | 0.00 | 8.61 | 0.82 | 0.00 |
| [52] 16:1ω5c | 95 | 0.01 | 0.00 | 0.04 | 0.00 | 0.00 | 0.26 | 0.28 | 0.00 |
| [53] 16:1ω7c alcohol | 95 | 1.77 | 9.28 | 3.05 | 0.64 | 0.00 | 16.99 | 0.56 | 0.00 |
| [54] 16:1ω9c | 95 | 0.00 | 0.00 | 0.02 | 0.00 | 0.00 | 0.13 | 0.17 | 0.00 |
| [55] 10 Me 17:0 | 95 | 0.01 | 0.00 | 0.02 | 0.00 | 0.00 | 0.18 | 0.24 | 0.00 |
| [56] 17:0 2OH | 95 | 0.03 | 0.00 | 0.06 | 0.00 | 0.00 | 0.26 | 0.46 | 0.00 |
| [57] 17:0 3OH | 95 | 0.01 | 0.00 | 0.03 | 0.00 | 0.00 | 0.29 | 0.16 | 0.00 |
| [58] 17:0 anteiso | 95 | 7.15 | 31.55 | 5.62 | 5.61 | 0.85 | 32.66 | 0.84 | 0.00 |
| [59] cy17:0 | 95 | 0.03 | 0.05 | 0.23 | 0.00 | 0.00 | 2.16 | 0.13 | 0.00 |
| [60] 17:0 iso | 95 | 4.62 | 9.76 | 3.12 | 3.77 | 0.33 | 11.64 | 0.92 | 0.00 |
| [61] 17:0 iso 3OH | 95 | 0.03 | 0.00 | 0.07 | 0.00 | 0.00 | 0.41 | 0.46 | 0.00 |
| [62] 17:1 iso ω5c | 95 | 0.14 | 0.30 | 0.55 | 0.00 | 0.00 | 3.66 | 0.29 | 0.00 |
| [63] 17:1 anteiso A | 95 | 0.11 | 0.38 | 0.62 | 0.00 | 0.00 | 5.85 | 0.17 | 0.00 |
| [64] 17:1 anteiso ω9c | 95 | 0.05 | 0.01 | 0.11 | 0.00 | 0.00 | 0.66 | 0.55 | 0.00 |
| [65] 17:1 iso ω10c | 95 | 1.38 | 4.48 | 2.12 | 0.65 | 0.00 | 11.16 | 0.66 | 0.00 |
| [66] 17:1ω5c | 95 | 0.00 | 0.00 | 0.01 | 0.00 | 0.00 | 0.04 | 0.18 | 0.00 |
| [67] 17:1ω6c | 95 | 0.02 | 0.02 | 0.13 | 0.00 | 0.00 | 1.25 | 0.10 | 0.00 |
| [68] 17:1ω7c | 95 | 0.01 | 0.01 | 0.09 | 0.00 | 0.00 | 0.82 | 0.12 | 0.00 |

续表

| 脂肪酸组 | 种类数 | 含量/% | 方差 | 标准差 | 中位数/% | 最小值/% | 最大值/% | Wilks 系数 | *P* |
|---|---|---|---|---|---|---|---|---|---|
| [69] 17:1ω8c | 95 | 0.01 | 0.00 | 0.03 | 0.00 | 0.00 | 0.24 | 0.23 | 0.00 |
| [70] 17:1ω9c | 95 | 0.01 | 0.00 | 0.06 | 0.00 | 0.00 | 0.48 | 0.28 | 0.00 |
| [71] 17:1 iso ω9c | 95 | 0.00 | 0.00 | 0.01 | 0.00 | 0.00 | 0.14 | 0.09 | 0.00 |
| [72] 18:0 10 Me TBSA | 95 | 0.04 | 0.01 | 0.10 | 0.00 | 0.00 | 0.65 | 0.41 | 0.00 |
| [73] 18:0 2OH | 95 | 0.01 | 0.00 | 0.05 | 0.00 | 0.00 | 0.36 | 0.24 | 0.00 |
| [74] 18:0 3OH | 95 | 0.00 | 0.00 | 0.02 | 0.00 | 0.00 | 0.12 | 0.28 | 0.00 |
| [75] 18:0 iso | 95 | 0.05 | 0.04 | 0.20 | 0.00 | 0.00 | 1.91 | 0.24 | 0.00 |
| [76] 18:1 2OH | 95 | 0.03 | 0.01 | 0.12 | 0.00 | 0.00 | 0.91 | 0.29 | 0.00 |
| [77] 18:1 iso H | 95 | 0.01 | 0.00 | 0.02 | 0.00 | 0.00 | 0.12 | 0.52 | 0.00 |
| [78] 18:1ω5c | 95 | 0.01 | 0.00 | 0.06 | 0.00 | 0.00 | 0.53 | 0.20 | 0.00 |
| [79] 18:1ω6c | 95 | 0.00 | 0.00 | 0.00 | 0.00 | 0.00 | 0.00 | 0.08 | 0.00 |
| [80] 18:1ω7c | 95 | 0.04 | 0.04 | 0.20 | 0.00 | 0.00 | 1.70 | 0.18 | 0.00 |
| [81] 18:1ω9c | 95 | 0.34 | 0.19 | 0.44 | 0.21 | 0.00 | 2.06 | 0.71 | 0.00 |
| [82] 18:2 cis(9,12)c/18:0 A | 95 | 0.00 | 0.00 | 0.00 | 0.00 | 0.00 | 0.00 | 1.00 | 1.00 |
| [83] 18:3ω(6,9,12)c | 95 | 0.04 | 0.01 | 0.10 | 0.00 | 0.00 | 0.70 | 0.48 | 0.00 |
| [84] 19:0 anteiso | 95 | 0.01 | 0.00 | 0.02 | 0.00 | 0.00 | 0.16 | 0.35 | 0.00 |
| [85] cy19:0ω8c | 95 | 0.03 | 0.01 | 0.11 | 0.00 | 0.00 | 0.62 | 0.34 | 0.00 |
| [86] 19:0 iso | 95 | 0.06 | 0.01 | 0.12 | 0.00 | 0.00 | 0.71 | 0.54 | 0.00 |
| [87] 19:1 iso I | 95 | 0.00 | 0.00 | 0.00 | 0.00 | 0.00 | 0.01 | 0.17 | 0.00 |
| [88] 20:0 iso | 95 | 0.00 | 0.00 | 0.02 | 0.00 | 0.00 | 0.18 | 0.18 | 0.00 |
| [89] 20:1ω7c | 95 | 0.04 | 0.02 | 0.14 | 0.00 | 0.00 | 1.14 | 0.35 | 0.00 |
| [90] 20:1ω9c | 95 | 0.01 | 0.00 | 0.02 | 0.00 | 0.00 | 0.14 | 0.25 | 0.00 |
| [91] 20:2ω(6,9)c | 95 | 0.00 | 0.00 | 0.01 | 0.00 | 0.00 | 0.07 | 0.12 | 0.00 |
| [92] 20:4ω(6,9,12,15)c | 95 | 0.00 | 0.00 | 0.02 | 0.00 | 0.00 | 0.20 | 0.14 | 0.00 |
| 支链脂肪酸占比 | | 87.57 | | | | | | | |
| [93] c9:0 | 95 | 0.00 | 0.00 | 0.01 | 0.00 | 0.00 | 0.10 | 0.24 | 0.00 |
| [94] c10:0 | 95 | 0.09 | 0.04 | 0.20 | 0.00 | 0.00 | 1.33 | 0.52 | 0.00 |
| [95] c11:0 | 95 | 0.00 | 0.00 | 0.00 | 0.00 | 0.00 | 0.01 | 0.15 | 0.00 |
| [96] c12:0 | 95 | 0.23 | 0.09 | 0.29 | 0.15 | 0.00 | 1.78 | 0.70 | 0.00 |
| [97] c13:0 | 95 | 0.00 | 0.00 | 0.01 | 0.00 | 0.00 | 0.06 | 0.38 | 0.00 |
| [98] c14:0 | 95 | 1.95 | 3.44 | 1.86 | 1.31 | 0.00 | 10.60 | 0.77 | 0.00 |
| [99] c16:0 | 95 | 6.89 | 45.10 | 6.72 | 4.50 | 1.12 | 38.49 | 0.70 | 0.00 |
| [100] c17:0 | 95 | 0.11 | 0.04 | 0.20 | 0.03 | 0.00 | 1.42 | 0.60 | 0.00 |
| [101] c18:0 | 95 | 0.81 | 0.61 | 0.78 | 0.67 | 0.00 | 5.05 | 0.76 | 0.00 |
| [102] c19:0 | 95 | 0.23 | 2.19 | 1.48 | 0.00 | 0.00 | 13.97 | 0.14 | 0.00 |
| [103] c20:0 | 95 | 0.05 | 0.02 | 0.14 | 0.00 | 0.00 | 0.95 | 0.45 | 0.00 |
| 直链脂肪酸占比 | | 10.36 | | | | | | | |
| [104] feature 1-1 | 95 | 0.00 | 0.00 | 0.00 | 0.00 | 0.00 | 0.04 | 0.12 | 0.00 |

续表

| 脂肪酸组 | 种类数 | 含量/% | 方差 | 标准差 | 中位数/% | 最小值/% | 最大值/% | Wilks 系数 | *P* |
|---|---|---|---|---|---|---|---|---|---|
| [105] feature 1-2 | 95 | 0.00 | 0.00 | 0.01 | 0.00 | 0.00 | 0.04 | 0.22 | 0.00 |
| [106] feature 1-3 | 95 | 0.03 | 0.02 | 0.14 | 0.00 | 0.00 | 1.36 | 0.18 | 0.00 |
| [107] feature 2-1 | 95 | 0.03 | 0.05 | 0.23 | 0.00 | 0.00 | 2.08 | 0.14 | 0.00 |
| [108] feature 2-2 | 95 | 0.09 | 0.10 | 0.31 | 0.00 | 0.00 | 1.70 | 0.31 | 0.00 |
| [109] feature 2-3 | 95 | 0.05 | 0.03 | 0.18 | 0.00 | 0.00 | 1.12 | 0.29 | 0.00 |
| [110] feature 3-1 | 95 | 0.14 | 0.71 | 0.84 | 0.00 | 0.00 | 7.64 | 0.16 | 0.00 |
| [111] feature 3-2 | 95 | 0.77 | 4.75 | 2.18 | 0.09 | 0.00 | 14.01 | 0.39 | 0.00 |
| [112] feature 4-1 | 95 | 0.05 | 0.07 | 0.27 | 0.00 | 0.00 | 2.39 | 0.19 | 0.00 |
| [113] feature 4-2 | 95 | 0.94 | 1.77 | 1.33 | 0.52 | 0.00 | 8.40 | 0.67 | 0.00 |
| [114] feature 5 | 95 | 0.03 | 0.01 | 0.08 | 0.00 | 0.00 | 0.58 | 0.37 | 0.00 |
| [115] feature 6 | 95 | 0.01 | 0.01 | 0.08 | 0.00 | 0.00 | 0.78 | 0.14 | 0.00 |
| [116] feature 7-1 | 95 | 0.00 | 0.00 | 0.01 | 0.00 | 0.00 | 0.09 | 0.08 | 0.00 |
| [117] feature 7-2 | 95 | 0.00 | 0.00 | 0.02 | 0.00 | 0.00 | 0.16 | 0.22 | 0.00 |
| [118] feature 8 | 95 | 0.16 | 0.26 | 0.51 | 0.05 | 0.00 | 4.45 | 0.30 | 0.00 |
| [119] feature 9 | 95 | 0.01 | 0.00 | 0.06 | 0.00 | 0.00 | 0.58 | 0.14 | 0.00 |
| 复合脂肪酸占比 | | 2.31 | | | | | | | |
| [120] unknown 11.543 | 95 | 0.00 | 0.00 | 0.01 | 0.00 | 0.00 | 0.05 | 0.16 | 0.00 |
| [121] unknown 11.799 | 95 | 0.00 | 0.00 | 0.00 | 0.00 | 0.00 | 0.00 | 0.08 | 0.00 |
| [122] unknown 12.484 | 95 | 0.00 | 0.00 | 0.00 | 0.00 | 0.00 | 0.00 | 0.10 | 0.00 |
| [123] unknown 13.565 | 95 | 0.00 | 0.00 | 0.00 | 0.00 | 0.00 | 0.00 | 0.13 | 0.00 |
| [124] unknown 14.263 | 95 | 0.00 | 0.00 | 0.00 | 0.00 | 0.00 | 0.00 | 0.08 | 0.00 |
| [125] unknown 14.502 | 95 | 0.00 | 0.00 | 0.00 | 0.00 | 0.00 | 0.01 | 0.14 | 0.00 |
| [126] unknown 14.959 | 95 | 0.01 | 0.00 | 0.05 | 0.00 | 0.00 | 0.46 | 0.08 | 0.00 |
| [127] unknown 15.669 | 95 | 0.00 | 0.00 | 0.03 | 0.00 | 0.00 | 0.27 | 0.11 | 0.00 |
| [128] unknown 9.531 | 95 | 0.00 | 0.00 | 0.00 | 0.00 | 0.00 | 0.00 | 0.08 | 0.00 |
| 未知脂肪酸占比 | | 0.01 | | | | | | | |

注：feature 1-1 | 13:0 3OH/15:1 iso H | 15:1 iso H/13:0 3OH；feature 1-2 | 13:0 3OH/15:1 iso I/H | 15:1 iso H/13:0 3OH | 15:1 iso I/13:0 3OH；feature 1-3 | 13:0 3OH/15:1 iso H | 15:1 iso H/13:0 3OH；feature 2-1 | 12:0 aldehyde ? | 14:0 3OH/16:1 iso I | 16:1 iso I/14:0 3OH | unknown 10.928；feature 2-2 | 12:0 aldehyde ? | 14:0 3OH/16:1 iso I | 16:1 iso I/14:0 3OH | unknown 10.9525；feature 2-3 | 12:0 aldehyde ? | 14:0 3OH/16:1 iso I | 16:1 iso I/14:0 3OH | unknown 10.928；feature 3-1 | 15:0 iso 2OH/16:1ω7c | 16:1ω7c/15 iso 2OH；feature 3-2 | 16:1ω6c/16:1ω7c | 16:1ω7c/16:1ω6c；feature 4-1 | 17:1 anteiso B/iso I | 17:1 iso I/anteiso B；feature 4-2 | 17:1 anteiso B/iso I | 17:1 iso I/anteiso B；feature 5 | 18:0 anteiso/18:2ω(6,9)c | 18:2ω(6,9)c/18:0 anteiso；feature 6 | 19:1ω11c/19:1ω9c | 19:1ω9c/19:1ω11c；feature 7-1 | cy19:0ω10c/19ω6 | 19:1ω6c/.846/19cy | unknown 18.846/19:1ω6c；feature 7-2 | cy19:0ω10c/19ω6 | 19:1ω6c/ω7c/19cy | 19:1ω7c/19:1ω6c；feature 8 | 18:1ω6c | 18:1ω7c；feature 9 | 10 Me 16:0 | 17:1 iso ω9c

## 二、芽胞杆菌主要脂肪酸数据矩阵构建

选择芽胞杆菌脂肪酸生物标记含量均值高于1%的生物标记，组成主要脂肪酸数据

矩阵（表6-2-2）。选择12个主要脂肪酸，占了整体脂肪酸个数的8.96%，包含15:0 iso、15:0 anteiso、17:0 anteiso、c16:0、16:0 iso、17:0 iso、14:0 iso、c14:0、16:1ω11c、16:1ω7c alcohol、17:1 iso ω10c、13:0 iso；含量均值分别为29.32%、29.28%、7.15%、6.89%、4.89%、4.62%、3.74%、1.95%、1.85%、1.77%、1.38%、0.97%；12个生物标记含量均值的总和为93.81%，占整体脂肪酸组的大部分，涵盖了脂肪酸的大部分信息，适合用于芽胞杆菌属脂肪酸群的划分。在12个脂肪酸生物标记中，15:0 iso 和15:0 anteiso 的 Wilks 统计量都为0.98，种间差异不显著（$P$>0.05），表明其在芽胞杆菌中具有属的稳定性，其余标记种间差异极显著（$P$<0.01），作为种类差异的根据。

**表 6-2-2　芽胞杆菌主要脂肪酸数据矩阵**

| 变量 | 种类数 | 含量均值/% | 方差 | 标准差 | 中位数/% | 最小值/% | 最大值/% | Wilks 系数 | $P$ |
|---|---|---|---|---|---|---|---|---|---|
| 15:0 iso | 95 | 29.32 | 138.24 | 11.76 | 28.25 | 7.03 | 56.56 | 0.98 | 0.08 |
| 15:0 anteiso | 95 | 29.28 | 232.05 | 15.23 | 29.67 | 3.66 | 70.82 | 0.98 | 0.13 |
| 17:0 anteiso | 95 | 7.15 | 31.55 | 5.62 | 5.61 | 0.85 | 32.66 | 0.84 | 0.00 |
| c16:0 | 95 | 6.89 | 45.10 | 6.72 | 4.50 | 1.12 | 38.49 | 0.70 | 0.00 |
| 16:0 iso | 95 | 4.89 | 10.32 | 3.21 | 4.01 | 0.90 | 21.36 | 0.79 | 0.00 |
| 17:0 iso | 95 | 4.62 | 9.76 | 3.12 | 3.77 | 0.33 | 11.64 | 0.92 | 0.00 |
| 14:0 iso | 95 | 3.74 | 8.67 | 2.95 | 3.15 | 0.00 | 15.54 | 0.86 | 0.00 |
| c14:0 | 95 | 1.95 | 3.44 | 1.86 | 1.31 | 0.00 | 10.60 | 0.77 | 0.00 |
| 16:1ω11c | 95 | 1.85 | 4.09 | 2.02 | 1.01 | 0.00 | 8.61 | 0.82 | 0.00 |
| 16:1ω7c alcohol | 95 | 1.77 | 9.28 | 3.05 | 0.64 | 0.00 | 16.99 | 0.56 | 0.00 |
| 17:1 iso ω10c | 95 | 1.38 | 4.48 | 2.12 | 0.65 | 0.00 | 11.16 | 0.66 | 0.00 |
| 13:0 iso | 95 | 0.97 | 6.53 | 2.56 | 0.25 | 0.00 | 13.68 | 0.37 | 0.00 |
| 总和 | | 93.81 | | | | | | | |

## 三、芽胞杆菌属的脂肪酸群

将上述芽胞杆菌属（*Bacillus*）95 种的 12 个脂肪酸生物标记构建数据矩阵，以芽胞杆菌种类为样本，以脂肪酸生物标记为指标，数据不转换，以卡方距离为尺度，应用可变类平均法进行系统聚类，分析结果见表 6-2-3、表 6-2-4 和图 6-2-1，可将芽胞杆菌属的 95 种分为 3 个脂肪酸群。

**表 6-2-3　芽胞杆菌属脂肪酸群划分参数平均值**

| 脂肪酸生物标记 | 脂肪酸群 I（含 12 种） | 脂肪酸群 II（含 34 种） | 脂肪酸群 III（含 49 种） |
|---|---|---|---|
| | 平均值/% | 平均值/% | 平均值/% |
| 15:0 iso | 28.83 | 11.37 | 30.21 |
| 15:0 anteiso | 3.80 | 41.01 | 22.23 |
| 17:0 iso | 7.24 | 3.08 | 6.35 |
| 17:0 anteiso | 2.37 | 9.19 | 7.20 |
| c16:0 | 5.47 | 8.77 | 5.70 |

续表

| 脂肪酸生物标记 | 脂肪酸群 I（含 12 种） | 脂肪酸群 II（含 34 种） | 脂肪酸群 III（含 49 种） |
|---|---|---|---|
| | 平均值/% | 平均值/% | 平均值/% |
| 16:0 iso | 9.14 | 4.69 | 4.18 |
| 14:0 iso | 6.50 | 5.40 | 3.85 |
| c14:0 | 3.24 | 3.66 | 2.40 |
| 16:1ω11c | 2.24 | 2.50 | 3.25 |
| 16:1ω7c alcohol | 6.48 | 2.00 | 2.40 |
| 17:1 iso ω10c | 2.10 | 1.44 | 3.10 |
| 13:0 iso | 6.36 | 1.25 | 1.39 |
| 总和 | 83.77 | 94.36 | 92.26 |

**表 6-2-4　芽胞杆菌属脂肪酸群划分的组成**

| 脂肪酸群 | 种名 | 到中心的卡方距离（RMSTD） | 脂肪酸群 | 种名 | 到中心的卡方距离（RMSTD） |
|---|---|---|---|---|---|
| I | *Bacillus barbaricus* | 8.0077 | II | *Bacillus ginsengihumi* | 27.9824 |
| I | *Bacillus bingmayongensis* | 17.9474 | II | *Bacillus globisporus* | 9.4059 |
| I | *Bacillus cecembensis* | 22.4460 | II | *Bacillus halodurans* | 36.0740 |
| I | ***Bacillus cereus*** | 11.1246 | II | *Bacillus humi* | 13.4477 |
| I | *Bacillus decisifrondis* | 15.5714 | II | *Bacillus kribbensis* | 29.1385 |
| I | *Bacillus fengqiuensis* | 12.8587 | II | *Bacillus lentus* | 10.8009 |
| I | *Bacillus isronensis* | 20.4199 | II | *Bacillus loiseleuriae* | 14.1226 |
| I | *Bacillus massiliensis* | 21.2546 | II | *Bacillus luciferensis* | 15.7518 |
| I | *Bacillus mycoides* | 18.1122 | II | *Bacillus marisflavi* | 11.8280 |
| I | *Bacillus pseudomycoides* | 21.4414 | II | *Bacillus mojavensis* | 10.2255 |
| I | *Bacillus taiwanensis* | 14.9705 | II | *Bacillus muralis* | 13.8182 |
| I | *Bacillus thuringiensis* | 12.2563 | II | *Bacillus nealsonii* | 16.4606 |
| 第 I 群 12 种到中心的距离平均值 | | 10.2284 | II | *Bacillus niabensis* | 18.9398 |
| II | *Bacillus atrophaeus* | 9.9194 | II | *Bacillus oleronius* | 18.4206 |
| II | *Bacillus azotoformans* | 26.0798 | II | *Bacillus psychrosaccharolyticus* | 25.1897 |
| II | *Bacillus beijingensis* | 13.6906 | II | *Bacillus ruris* | 24.4652 |
| II | *Bacillus butanolivorans* | 10.3853 | II | *Bacillus seohaeanensis* | 18.7539 |
| II | *Bacillus cihuensis* | 8.7875 | II | *Bacillus simplex* | 16.8850 |
| II | *Bacillus circulans* | 12.9851 | II | *Bacillus vietnamensis* | 8.5721 |
| II | *Bacillus clarkii* | 8.7185 | II | *Bacillus viscosus* | 10.8509 |
| II | ***Bacillus coagulans*** | 19.3249 | 第 II 群 34 种到中心的距离平均值 | | 10.5197 |
| II | *Bacillus cohnii* | 9.9584 | III | *Bacillus agaradhaerens* | 23.6862 |
| II | *Bacillus drentensis* | 25.0827 | III | *Bacillus alcalophilus* | 12.7661 |
| II | *Bacillus endophyticus* | 7.4858 | III | *Bacillus altitudinis* | 13.5531 |
| II | *Bacillus filicolonicus* | 12.8495 | III | *Bacillus amyloliquefaciens* | 14.0181 |
| II | *Bacillus firmus* | 11.6081 | III | *Bacillus aryabhattai* | 13.0773 |
| II | *Bacillus galactosidilyticus* | 29.4976 | III | *Bacillus badius* | 20.1972 |

续表

| 脂肪酸群 | 种名 | 到中心的卡方距离（RMSTD） | 脂肪酸群 | 种名 | 到中心的卡方距离（RMSTD） |
|---|---|---|---|---|---|
| III | *Bacillus bataviensis* | 10.9544 | III | *Bacillus macroides* | 16.9647 |
| III | *Bacillus boroniphilus* | 17.3248 | III | *Bacillus megaterium* | 17.5950 |
| III | *Bacillus carboniphilus* | 23.4750 | III | *Bacillus mesonae* | 7.9920 |
| III | *Bacillus cibi* | 14.4336 | III | *Bacillus niacini* | 10.5060 |
| III | *Bacillus clausii* | 9.8016 | III | *Bacillus novalis* | 14.5199 |
| III | *Bacillus decolorationis* | 7.8150 | III | *Bacillus okuhidensis* | 8.4533 |
| III | *Bacillus fastidiosus* | 14.3799 | III | *Bacillus panaciterrae* | 9.7510 |
| III | *Bacillus flexus* | 11.8756 | III | *Bacillus pseudalcaliphilus* | 9.3310 |
| III | *Bacillus fordii* | 7.9927 | III | *Bacillus pseudofirmus* | 14.2318 |
| III | *Bacillus freudenreichii* | 9.1909 | III | *Bacillus pumilus* | 16.1321 |
| III | *Bacillus gelatini* | 13.2359 | III | *Bacillus safensis* | 17.7334 |
| III | *Bacillus gibsonii* | 13.4889 | III | *Bacillus selenatarsenatis* | 15.8431 |
| III | *Bacillus gobiensis* | 14.7138 | III | *Bacillus shackletonii* | 14.6178 |
| III | *Bacillus halmapalus* | 11.3104 | III | *Bacillus siralis* | 18.6482 |
| III | *Bacillus hemicellulosilyticus* | 7.4583 | III | *Bacillus solani* | 6.5638 |
| III | *Bacillus horikoshii* | 17.6709 | III | *Bacillus soli* | 11.2720 |
| III | *Bacillus indicus* | 12.1061 | III | *Bacillus sonorensis* | 11.4324 |
| III | *Bacillus koreensis* | 12.1931 | III | ***Bacillus subtilis*** | 17.6602 |
| III | *Bacillus laevolacticus* | 13.8496 | III | *Bacillus vallismortis* | 15.1747 |
| III | *Bacillus lehensis* | 12.5541 | III | *Bacillus vireti* | 8.0601 |
| III | *Bacillus lentimorbus* | 10.7689 | III | *Bacillus wuyishanensis* | 12.6494 |
| III | *Bacillus licheniformis* | 10.4551 | 第 III 群 49 种到中心的距离平均值 | | 8.0576 |

脂肪酸群 I 定义为蜡样芽胞杆菌脂肪酸群，包含 12 种，特点为 15:0 iso 生物标记含量平均值中等（28.83%），15:0 iso/15:0 anteiso 值为 7.59，芽胞杆菌特征脂肪酸 15:0 iso、15:0 anteiso、17:0 iso、17:0 anteiso 含量平均值分别为 28.83%、3.80%、7.24%、2.37%。

脂肪酸群 II 定义为凝结芽胞杆菌脂肪酸群，包含 34 种，特点为 15:0 iso 生物标记含量平均值低（11.37%），15:0 iso/15:0 anteiso 值为 0.28，芽胞杆菌特征脂肪酸 15:0 iso、15:0 anteiso、17:0 iso、17:0 anteiso 含量平均值分别为 11.37%、41.01%、3.08%、9.19%。

脂肪酸群 III 定义为枯草芽胞杆菌脂肪酸群，包含 49 种，特点为 15:0 iso 生物标记含量平均值高（30.21%），15:0 iso/15:0 anteiso 值为 1.35，芽胞杆菌特征脂肪酸 15:0 iso、15:0 anteiso、17:0 iso、17:0 anteiso 含量平均值分别为 30.21%、22.23%、6.35%、7.20%。

芽胞杆菌属脂肪酸群的种类组成见表 6-2-4。脂肪酸群 I（蜡样芽胞杆菌群，含 12 种）与 16S rDNA 的分群趋势一致，包含的种类有蜡样芽胞杆菌（*Bacillus cereus*）、奇异芽胞杆菌（*Bacillus barbaricus*）、兵马俑芽胞杆菌（*Bacillus bingmayongensis*）、科研中心芽胞杆菌（*Bacillus cecembensis*）、腐叶芽胞杆菌（*Bacillus decisifrondis*）、封丘芽胞

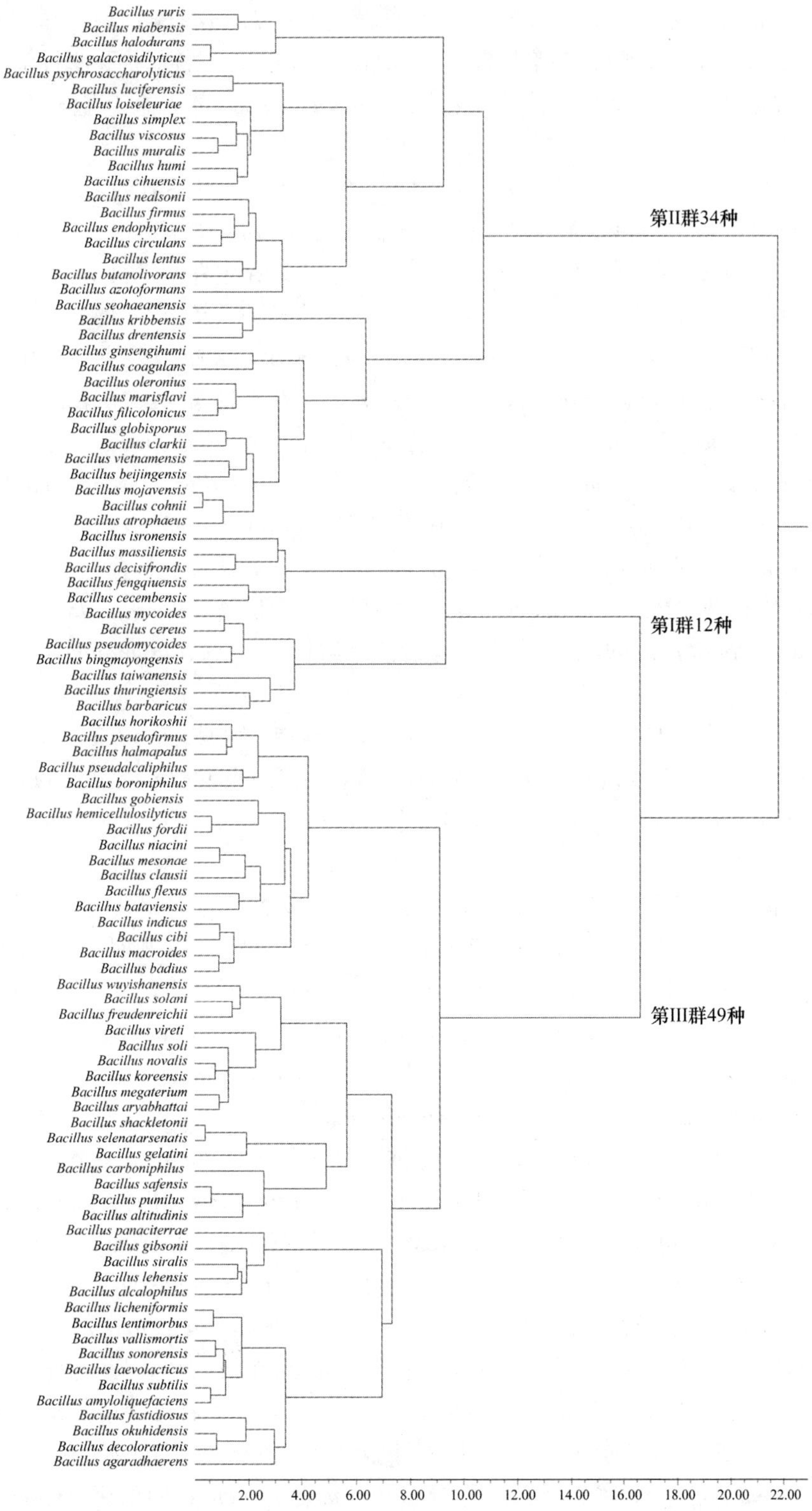


图 6-2-1　芽胞杆菌属脂肪酸群划分的聚类分析（卡方距离）

杆菌（*Bacillus fengqiuensis*）、印空研芽胞杆菌（*Bacillus isronensis*）、马赛芽胞杆菌（*Bacillus massiliensis*）、蕈状芽胞杆菌（*Bacillus mycoides*）、假蕈状芽胞杆菌（*Bacillus pseudomycoides*）、台湾芽胞杆菌（*Bacillus taiwanensis*）、苏云金芽胞杆菌（*Bacillus thuringiensis*）。

芽胞杆菌属脂肪酸群 II（凝结芽胞杆菌群，含 34 种）与 16S rDNA 的分群趋势大部分吻合，包含的种类有凝结芽胞杆菌（*Bacillus coagulans*）、萎缩芽胞杆菌（*Bacillus atrophaeus*）、产氮芽胞杆菌（*Bacillus azotoformans*）、北京芽胞杆菌（*Bacillus beijingensis*）、食丁酸芽胞杆菌（*Bacillus butanolivorans*）、慈湖芽胞杆菌（*Bacillus cihuensis*）、环状芽胞杆菌（*Bacillus circulans*）、克氏芽胞杆菌（*Bacillus clarkii*）、科恩芽胞杆菌（*Bacillus cohnii*）、钻特省芽胞杆菌（*Bacillus drentensis*）、内生芽胞杆菌（*Bacillus endophyticus*）、丝状芽胞杆菌（*Bacillus filicolonicus*）、坚强芽胞杆菌（*Bacillus firmus*）、解半乳糖苷芽胞杆菌（*Bacillus galactosidilyticus*）、人参土芽胞杆菌（*Bacillus ginsengihumi*）、球胞芽胞杆菌（*Bacillus globisporus*）、耐盐芽胞杆菌（*Bacillus halodurans*）、土地芽胞杆菌（*Bacillus humi*）、韩研所芽胞杆菌（*Bacillus kribbensis*）、迟缓芽胞杆菌（*Bacillus lentus*）、高山杜鹃芽胞杆菌（*Bacillus loiseleuriae*）、路西法芽胞杆菌（*Bacillus luciferensis*）、黄海芽胞杆菌（*Bacillus marisflavi*）、莫哈维沙漠芽胞杆菌（*Bacillus mojavensis*）、壁画芽胞杆菌（*Bacillus muralis*）、尼氏芽胞杆菌（*Bacillus nealsonii*）、农研所芽胞杆菌（*Bacillus niabensis*）、蔬菜芽胞杆菌（*Bacillus oleronius*）、冷解糖芽胞杆菌（*Bacillus psychrosaccharolyticus*）、农庄芽胞杆菌（*Bacillus ruris*）、西岸芽胞杆菌（*Bacillus seohaeanensis*）、简单芽胞杆菌（*Bacillus simplex*）、越南芽胞杆菌（*Bacillus vietnamensis*）、稠性芽胞杆菌（*Bacillus viscosus*）。

芽胞杆菌属脂肪酸群 III（枯草芽胞杆菌群，含 49 种）与 16S rDNA 的分群大部分吻合，包含的种类有枯草芽胞杆菌（*Bacillus subtilis*）、黏琼脂芽胞杆菌（*Bacillus agaradhaerens*）、嗜碱芽胞杆菌（*Bacillus alcalophilus*）、高地芽胞杆菌（*Bacillus altitudinis*）、解淀粉芽胞杆菌（*Bacillus amyloliquefaciens*）、阿氏芽胞杆菌（*Bacillus aryabhattai*）、栗褐芽胞杆菌（*Bacillus badius*）、巴达维亚芽胞杆菌（*Bacillus bataviensis*）、嗜硼芽胞杆菌（*Bacillus boroniphilus*）、嗜碳芽胞杆菌（*Bacillus carboniphilus*）、食物芽胞杆菌（*Bacillus cibi*）、克劳氏芽胞杆菌（*Bacillus clausii*）、脱色芽胞杆菌（*Bacillus decolorationis*）、苛求芽胞杆菌（*Bacillus fastidiosus*）、弯曲芽胞杆菌（*Bacillus flexus*）、福氏芽胞杆菌（*Bacillus fordii*）、费氏芽胞杆菌（*Bacillus freudenreichii*）、明胶芽胞杆菌（*Bacillus gelatini*）、吉氏芽胞杆菌（*Bacillus gibsonii*）、戈壁芽胞杆菌（*Bacillus gobiensis*）、盐敏芽胞杆菌（*Bacillus halmapalus*）、解半纤维素芽胞杆菌（*Bacillus hemicellulosilyticus*）、堀越氏芽胞杆菌（*Bacillus horikoshii*）、印度芽胞杆菌（*Bacillus indicus*）、韩国芽胞杆菌（*Bacillus koreensis*）、乳酸芽胞杆菌（*Bacillus laevolacticus*）、列城芽胞杆菌（*Bacillus lehensis*）、慢类芽胞杆菌（*Bacillus lentimorbus*）、地衣芽胞杆菌（*Bacillus licheniformis*）、长芽胞杆菌（*Bacillus macroides*）、巨大芽胞杆菌（*Bacillus megaterium*）、仙草芽胞杆菌（*Bacillus mesonae*）、烟酸芽胞杆菌（*Bacillus niacini*）、休闲地芽胞杆菌（*Bacillus novalis*）、奥飞弹温泉芽胞杆菌（*Bacillus okuhidensis*）、人参地块芽胞杆菌（*Bacillus panaciterrae*）、假

嗜碱芽胞杆菌（*Bacillus pseudalcaliphilus*）、假坚强芽胞杆菌（*Bacillus pseudofirmus*）、短小芽胞杆菌（*Bacillus pumilus*）、沙福芽胞杆菌（*Bacillus safensis*）、硒砷芽胞杆菌（*Bacillus selenatarsenatis*）、沙氏芽胞杆菌（*Bacillus shackletonii*）、青贮窖芽胞杆菌（*Bacillus siralis*）、茄科芽胞杆菌（*Bacillus solani*）、土壤芽胞杆菌（*Bacillus soli*）、索诺拉沙漠芽胞杆菌（*Bacillus sonorensis*）、死谷芽胞杆菌（*Bacillus vallismortis*）、原野芽胞杆菌（*Bacillus vireti*）、武夷山芽胞杆菌（*Bacillus wuyishanensis*）。

## 四、芽胞杆菌属脂肪酸群的多样性指数

利用芽胞杆菌属（*Bacillus*）95 种的 12 个脂肪酸生物标记构建数据矩阵，统计脂肪酸生物标记含量及其多样性指数包括丰富度指数（$R'$）、辛普森优势度指数（Simpson dominance index，$D$）、香农多样性指数（Shannon index，$H_1$）、均匀度指数（Pielou evenness index，$J$）、Brillouin 指数（$H_2$）、McIntosh 指数（$H_3$），分析结果见表 6-2-5。

**表 6-2-5　芽胞杆菌属 95 种的 12 个脂肪酸生物标记多样性指数**

| 种名 | 生物标记含量/% | 丰富度指数（$R'$） | Simpson 指数（$D$） | Shannon 指数（$H_1$） | Pielou 指数（$J$） | Brillouin 指数（$H_2$） | McIntosh 指数（$H_3$） |
|---|---|---|---|---|---|---|---|
| [1] *Bacillus barbaricus* | 82.05 | 2.50 | 0.83 | 2.10 | 0.84 | 2.74 | 0.65 |
| [2] *Bacillus bingmayongensis* | 70.07 | 2.59 | 0.88 | 2.20 | 0.89 | 2.85 | 0.73 |
| [3] *Bacillus cecembensis* | 97.07 | 2.40 | 0.84 | 1.98 | 0.80 | 2.62 | 0.65 |
| [4] *Bacillus cereus* | 76.10 | 2.54 | 0.86 | 2.14 | 0.86 | 2.79 | 0.69 |
| [5] *Bacillus decisifrondis* | 95.90 | 2.41 | 0.79 | 1.91 | 0.77 | 2.53 | 0.59 |
| [6] *Bacillus fengqiuensis* | 90.53 | 2.44 | 0.83 | 2.03 | 0.82 | 2.64 | 0.64 |
| [7] *Bacillus isronensis* | 91.92 | 2.43 | 0.73 | 1.76 | 0.71 | 2.30 | 0.53 |
| [8] *Bacillus massiliensis* | 96.91 | 2.40 | 0.73 | 1.75 | 0.70 | 2.29 | 0.52 |
| [9] *Bacillus mycoides* | 73.43 | 2.56 | 0.89 | 2.23 | 0.90 | 2.88 | 0.73 |
| [10] *Bacillus pseudomycoides* | 64.53 | 2.64 | 0.88 | 2.18 | 0.88 | 2.78 | 0.73 |
| [11] *Bacillus taiwanensis* | 87.80 | 2.46 | 0.76 | 1.84 | 0.74 | 2.38 | 0.56 |
| [12] *Bacillus thuringiensis* | 78.95 | 2.52 | 0.78 | 1.88 | 0.76 | 2.45 | 0.59 |
| 脂肪酸群 I 平均值 | 83.77 | 2.48 | 0.82 | 2.00 | 0.81 | 2.60 | 0.63 |
| [1] *Bacillus atrophaeus* | 93.91 | 2.42 | 0.77 | 1.84 | 0.74 | 2.41 | 0.57 |
| [2] *Bacillus azotoformans* | 96.91 | 2.41 | 0.86 | 2.10 | 0.85 | 2.78 | 0.69 |
| [3] *Bacillus beijingensis* | 95.34 | 2.41 | 0.79 | 1.87 | 0.75 | 2.45 | 0.59 |
| [4] *Bacillus butanolivorans* | 93.11 | 2.43 | 0.81 | 2.01 | 0.81 | 2.63 | 0.61 |
| [5] *Bacillus cihuensis* | 95.39 | 2.41 | 0.76 | 1.83 | 0.74 | 2.40 | 0.56 |
| [6] *Bacillus circulans* | 94.20 | 2.42 | 0.84 | 2.10 | 0.84 | 2.75 | 0.66 |
| [7] *Bacillus clarkii* | 86.49 | 2.47 | 0.70 | 1.69 | 0.68 | 2.19 | 0.50 |
| [8] *Bacillus coagulans* | 95.02 | 2.42 | 0.73 | 1.66 | 0.67 | 2.17 | 0.53 |
| [9] *Bacillus cohnii* | 95.39 | 2.41 | 0.77 | 1.84 | 0.74 | 2.42 | 0.56 |
| [10] *Bacillus drentensis* | 93.57 | 2.42 | 0.55 | 1.30 | 0.52 | 1.67 | 0.36 |
| [11] *Bacillus endophyticus* | 96.16 | 2.41 | 0.82 | 2.03 | 0.82 | 2.66 | 0.63 |
| [12] *Bacillus filicolonicus* | 95.78 | 2.41 | 0.81 | 1.94 | 0.78 | 2.55 | 0.62 |

续表

| 种名 | 生物标记含量/% | 丰富度指数（$R'$） | Simpson 指数（$D$） | Shannon 指数（$H_1$） | Pielou 指数（$J$） | Brillouin 指数（$H_2$） | McIntosh 指数（$H_3$） |
|---|---|---|---|---|---|---|---|
| [13] *Bacillus firmus* | 93.96 | 2.42 | 0.83 | 2.07 | 0.83 | 2.70 | 0.65 |
| [14] *Bacillus galactosidilyticus* | 96.16 | 2.41 | 0.79 | 1.85 | 0.74 | 2.43 | 0.59 |
| [15] *Bacillus ginsengihumi* | 95.32 | 2.41 | 0.76 | 1.67 | 0.67 | 2.18 | 0.55 |
| [16] *Bacillus globisporus* | 92.27 | 2.43 | 0.71 | 1.70 | 0.68 | 2.20 | 0.50 |
| [17] *Bacillus halodurans* | 95.47 | 2.41 | 0.77 | 1.81 | 0.73 | 2.36 | 0.57 |
| [18] *Bacillus humi* | 96.62 | 2.41 | 0.74 | 1.78 | 0.72 | 2.31 | 0.54 |
| [19] *Bacillus kribbensis* | 97.06 | 2.40 | 0.50 | 1.24 | 0.50 | 1.57 | 0.32 |
| [20] *Bacillus lentus* | 92.91 | 2.43 | 0.78 | 1.88 | 0.76 | 2.46 | 0.58 |
| [21] *Bacillus loiseleuriae* | 96.43 | 2.41 | 0.70 | 1.66 | 0.67 | 2.16 | 0.49 |
| [22] *Bacillus luciferensis* | 94.12 | 2.42 | 0.67 | 1.59 | 0.64 | 2.07 | 0.46 |
| [23] *Bacillus marisflavi* | 91.99 | 2.43 | 0.80 | 1.93 | 0.78 | 2.53 | 0.61 |
| [24] *Bacillus mojavensis* | 94.27 | 2.42 | 0.77 | 1.85 | 0.74 | 2.42 | 0.57 |
| [25] *Bacillus muralis* | 94.93 | 2.42 | 0.68 | 1.67 | 0.67 | 2.17 | 0.48 |
| [26] *Bacillus nealsonii* | 92.72 | 2.43 | 0.84 | 2.06 | 0.83 | 2.71 | 0.66 |
| [27] *Bacillus niabensis* | 96.10 | 2.41 | 0.79 | 1.85 | 0.74 | 2.43 | 0.59 |
| [28] *Bacillus oleronius* | 94.92 | 2.42 | 0.82 | 1.95 | 0.79 | 2.57 | 0.63 |
| [29] *Bacillus psychrosaccharolyticus* | 95.00 | 2.42 | 0.53 | 1.31 | 0.53 | 1.69 | 0.35 |
| [30] *Bacillus ruris* | 93.17 | 2.43 | 0.76 | 1.74 | 0.70 | 2.28 | 0.56 |
| [31] *Bacillus seohaeanensis* | 94.33 | 2.42 | 0.63 | 1.49 | 0.60 | 1.93 | 0.43 |
| [32] *Bacillus simplex* | 93.83 | 2.42 | 0.64 | 1.62 | 0.65 | 2.09 | 0.44 |
| [33] *Bacillus vietnamensis* | 91.04 | 2.44 | 0.73 | 1.74 | 0.70 | 2.26 | 0.52 |
| [34] *Bacillus viscosus* | 94.37 | 2.42 | 0.73 | 1.81 | 0.73 | 2.37 | 0.53 |
| 脂肪酸群 II 平均值 | 94.36 | 2.42 | 0.74 | 1.78 | 0.72 | 2.32 | 0.54 |
| [1] *Bacillus agaradhaerens* | 77.14 | 2.53 | 0.84 | 2.00 | 0.81 | 2.63 | 0.67 |
| [2] *Bacillus alcalophilus* | 78.75 | 2.52 | 0.85 | 2.11 | 0.85 | 2.76 | 0.68 |
| [3] *Bacillus altitudinis* | 90.26 | 2.44 | 0.76 | 1.85 | 0.75 | 2.41 | 0.56 |
| [4] *Bacillus amyloliquefaciens* | 94.51 | 2.42 | 0.80 | 1.90 | 0.76 | 2.48 | 0.61 |
| [5] *Bacillus aryabhattai* | 96.63 | 2.41 | 0.75 | 1.75 | 0.71 | 2.29 | 0.55 |
| [6] *Bacillus badius* | 90.50 | 2.44 | 0.76 | 1.94 | 0.78 | 2.53 | 0.57 |
| [7] *Bacillus bataviensis* | 91.06 | 2.44 | 0.81 | 1.94 | 0.78 | 2.54 | 0.61 |
| [8] *Bacillus boroniphilus* | 87.91 | 2.46 | 0.83 | 2.03 | 0.82 | 2.66 | 0.65 |
| [9] *Bacillus carboniphilus* | 97.29 | 2.40 | 0.70 | 1.71 | 0.69 | 2.23 | 0.50 |
| [10] *Bacillus cibi* | 95.08 | 2.42 | 0.80 | 2.00 | 0.80 | 2.61 | 0.60 |
| [11] *Bacillus clausii* | 92.02 | 2.43 | 0.83 | 2.07 | 0.83 | 2.71 | 0.64 |
| [12] *Bacillus decolorationis* | 95.43 | 2.41 | 0.80 | 1.84 | 0.74 | 2.42 | 0.60 |
| [13] *Bacillus fastidiosus* | 94.82 | 2.42 | 0.83 | 1.96 | 0.79 | 2.59 | 0.64 |
| [14] *Bacillus flexus* | 91.90 | 2.43 | 0.84 | 2.08 | 0.84 | 2.71 | 0.65 |
| [15] *Bacillus fordii* | 92.30 | 2.43 | 0.84 | 2.10 | 0.85 | 2.75 | 0.66 |
| [16] *Bacillus freudenreichii* | 94.69 | 2.42 | 0.78 | 1.88 | 0.75 | 2.45 | 0.58 |

续表

| 种名 | 生物标记含量/% | 丰富度指数（$R'$） | Simpson 指数（$D$） | Shannon 指数（$H_1$） | Pielou 指数（$J$） | Brillouin 指数（$H_2$） | McIntosh 指数（$H_3$） |
|---|---|---|---|---|---|---|---|
| [17] *Bacillus gelatini* | 96.37 | 2.41 | 0.78 | 1.86 | 0.75 | 2.45 | 0.59 |
| [18] *Bacillus gibsonii* | 92.65 | 2.43 | 0.80 | 1.87 | 0.75 | 2.43 | 0.61 |
| [19] *Bacillus gobiensis* | 93.19 | 2.43 | 0.88 | 2.22 | 0.89 | 2.94 | 0.71 |
| [20] *Bacillus halmapalus* | 88.60 | 2.45 | 0.85 | 2.11 | 0.85 | 2.78 | 0.67 |
| [21] *Bacillus hemicellulosilyticus* | 95.80 | 2.41 | 0.83 | 2.04 | 0.82 | 2.67 | 0.64 |
| [22] *Bacillus horikoshii* | 87.25 | 2.46 | 0.85 | 2.13 | 0.86 | 2.78 | 0.67 |
| [23] *Bacillus indicus* | 94.74 | 2.42 | 0.84 | 2.11 | 0.85 | 2.77 | 0.65 |
| [24] *Bacillus koreensis* | 97.38 | 2.40 | 0.76 | 1.78 | 0.72 | 2.32 | 0.56 |
| [25] *Bacillus laevolacticus* | 91.24 | 2.44 | 0.81 | 1.94 | 0.78 | 2.56 | 0.62 |
| [26] *Bacillus lehensis* | 86.96 | 2.46 | 0.84 | 2.02 | 0.81 | 2.64 | 0.65 |
| [27] *Bacillus lentimorbus* | 96.10 | 2.41 | 0.77 | 1.78 | 0.72 | 2.34 | 0.57 |
| [28] *Bacillus licheniformis* | 95.40 | 2.41 | 0.80 | 1.87 | 0.75 | 2.44 | 0.60 |
| [29] *Bacillus macroides* | 93.36 | 2.42 | 0.80 | 2.01 | 0.81 | 2.64 | 0.60 |
| [30] *Bacillus megaterium* | 95.67 | 2.41 | 0.75 | 1.76 | 0.71 | 2.31 | 0.55 |
| [31] *Bacillus mesonae* | 91.54 | 2.44 | 0.83 | 2.05 | 0.82 | 2.67 | 0.64 |
| [32] *Bacillus niacini* | 93.04 | 2.43 | 0.86 | 2.18 | 0.88 | 2.88 | 0.68 |
| [33] *Bacillus novalis* | 95.82 | 2.41 | 0.73 | 1.68 | 0.68 | 2.19 | 0.53 |
| [34] *Bacillus okuhidensis* | 94.05 | 2.42 | 0.79 | 1.86 | 0.75 | 2.44 | 0.60 |
| [35] *Bacillus panaciterrae* | 89.64 | 2.45 | 0.81 | 1.97 | 0.79 | 2.58 | 0.62 |
| [36] *Bacillus pseudalcaliphilus* | 94.29 | 2.42 | 0.83 | 2.00 | 0.81 | 2.65 | 0.64 |
| [37] *Bacillus pseudofirmus* | 95.31 | 2.41 | 0.81 | 2.01 | 0.81 | 2.65 | 0.62 |
| [38] *Bacillus pumilus* | 96.16 | 2.41 | 0.72 | 1.68 | 0.67 | 2.20 | 0.51 |
| [39] *Bacillus safensis* | 95.14 | 2.41 | 0.69 | 1.58 | 0.64 | 2.06 | 0.49 |
| [40] *Bacillus selenatarsenatis* | 94.96 | 2.42 | 0.77 | 1.75 | 0.70 | 2.30 | 0.57 |
| [41] *Bacillus shackletonii* | 94.99 | 2.42 | 0.77 | 1.72 | 0.69 | 2.26 | 0.57 |
| [42] *Bacillus siralis* | 93.98 | 2.42 | 0.84 | 2.05 | 0.83 | 2.69 | 0.66 |
| [43] *Bacillus solani* | 90.92 | 2.44 | 0.82 | 1.98 | 0.80 | 2.59 | 0.63 |
| [44] *Bacillus soli* | 94.32 | 2.42 | 0.76 | 1.80 | 0.72 | 2.35 | 0.56 |
| [45] *Bacillus sonorensis* | 89.02 | 2.45 | 0.82 | 1.96 | 0.79 | 2.58 | 0.64 |
| [46] *Bacillus subtilis* | 94.67 | 2.42 | 0.80 | 1.88 | 0.76 | 2.46 | 0.60 |
| [47] *Bacillus vallismortis* | 86.05 | 2.47 | 0.83 | 2.02 | 0.81 | 2.62 | 0.65 |
| [48] *Bacillus vireti* | 75.00 | 2.55 | 0.79 | 1.87 | 0.75 | 2.40 | 0.59 |
| [49] *Bacillus wuyishanensis* | 95.57 | 2.41 | 0.80 | 1.89 | 0.76 | 2.47 | 0.61 |
| 脂肪酸群 III 平均值 | 92.23 | 2.43 | 0.80 | 1.93 | 0.78 | 2.53 | 0.61 |

分析结果表明，芽胞杆菌脂肪酸群 I、II、III 的 12 个脂肪酸生物标记平均值分别为 83.77%、94.36%、92.23%；三群 6 个多样性指数即丰富度指数（$R'$）、Simpson 指数（$D$）、Shannon 指数（$H_1$）、Pielou 指数（$J$）、Brillouin 指数（$H_2$）、McIntosh 指数（$H_3$）作图 6-2-2，结果表明，6 个多样性指数一般规律为芽胞杆属脂肪酸群 I>脂肪酸群 III>

脂肪酸群 II；如脂肪酸群 I、脂肪酸群 II、脂肪酸群 III 的丰富度指数（*R'*）分别为 2.48、2.42、2.43；Simpson 指数（*D*）分别为 0.84、0.74、0.80；Shannon 指数（$H_1$）分别为 2.00、1.78、1.93；其余见图 6-2-2。

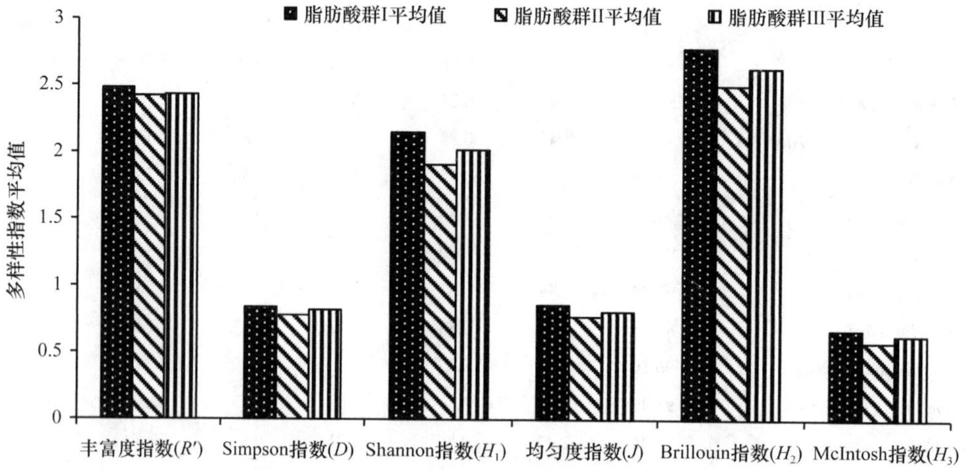


图 6-2-2　芽胞杆菌属 95 种三群脂肪酸多样性指数的平均值

# 第三节　类芽胞杆菌属脂肪酸群的划分

## 一、类芽胞杆菌属脂肪酸组测定

选择类芽胞杆菌属（*Paenibacillus*）的 16 种进行脂肪酸组测定，分析结果见表 6-3-1。结果表明，碳链长度为 10～20，共测定到 105 个脂肪酸生物标记，其中支链脂肪酸 78 个，占比 82.11%；直链脂肪酸 11 个，占比 17.04%；复合脂肪酸 14 个，占比 0.89%；未知脂肪酸 1 个，占比低于 0.001%。脂肪酸组的统计参数见表 6-3-1。

**表 6-3-1　类芽胞杆菌属 16 种的整体脂肪酸组**

| 脂肪酸组 | 种类数 | 含量/% | 方差 | 标准差 | 中位数/% | 最小值/% | 最大值/% | Wilks 系数 | *P* |
|---|---|---|---|---|---|---|---|---|---|
| [1] 9:0 3OH | 16 | 0.00 | 0.00 | 0.00 | 0.00 | 0.00 | 0.01 | 0.27 | 0.00 |
| [2] 10:0 3OH | 16 | 0.00 | 0.00 | 0.01 | 0.00 | 0.00 | 0.04 | 0.27 | 0.00 |
| [3] 10:0 iso | 16 | 0.00 | 0.00 | 0.00 | 0.00 | 0.00 | 0.02 | 0.27 | 0.00 |
| [4] 11:0 2OH | 16 | 0.00 | 0.00 | 0.00 | 0.00 | 0.00 | 0.01 | 0.41 | 0.00 |
| [5] 11:0 3OH | 16 | 0.00 | 0.00 | 0.00 | 0.00 | 0.00 | 0.01 | 0.27 | 0.00 |
| [6] 11:0 anteiso | 16 | 0.01 | 0.00 | 0.02 | 0.00 | 0.00 | 0.07 | 0.52 | 0.00 |
| [7] 11:0 iso | 16 | 0.00 | 0.00 | 0.00 | 0.00 | 0.00 | 0.00 | 0.41 | 0.00 |
| [8] 11:0 iso 3OH | 16 | 0.01 | 0.00 | 0.04 | 0.00 | 0.00 | 0.16 | 0.36 | 0.00 |
| [9] 12:0 2OH | 16 | 0.00 | 0.00 | 0.01 | 0.00 | 0.00 | 0.03 | 0.27 | 0.00 |
| [10] 12:0 3OH | 16 | 0.01 | 0.00 | 0.04 | 0.00 | 0.00 | 0.15 | 0.37 | 0.00 |
| [11] 12:0 anteiso | 16 | 0.00 | 0.00 | 0.00 | 0.00 | 0.00 | 0.00 | 0.27 | 0.00 |
| [12] 12:0 iso | 16 | 0.01 | 0.00 | 0.02 | 0.00 | 0.00 | 0.06 | 0.44 | 0.00 |

续表

| 脂肪酸组 | 种类数 | 含量/% | 方差 | 标准差 | 中位数/% | 最小值/% | 最大值/% | Wilks 系数 | P |
|---|---|---|---|---|---|---|---|---|---|
| [13] 12:0 iso 3OH | 16 | 0.01 | 0.00 | 0.03 | 0.00 | 0.00 | 0.13 | 0.28 | 0.00 |
| [14] 13:0 2OH | 16 | 0.05 | 0.03 | 0.18 | 0.00 | 0.00 | 0.74 | 0.33 | 0.00 |
| [15] 13:0 anteiso | 16 | 0.24 | 0.10 | 0.31 | 0.18 | 0.00 | 1.30 | 0.66 | 0.00 |
| [16] 13:0 iso | 16 | 0.23 | 0.13 | 0.36 | 0.07 | 0.00 | 1.31 | 0.65 | 0.00 |
| [17] 13:0 iso 3OH | 16 | 0.06 | 0.02 | 0.14 | 0.01 | 0.00 | 0.56 | 0.44 | 0.00 |
| [18] 14:0 2OH | 16 | 0.00 | 0.00 | 0.00 | 0.00 | 0.00 | 0.01 | 0.57 | 0.00 |
| [19] 14:0 anteiso | 16 | 0.05 | 0.00 | 0.05 | 0.03 | 0.00 | 0.14 | 0.86 | 0.02 |
| [20] 14:0 iso | 16 | 3.07 | 3.33 | 1.82 | 2.38 | 1.19 | 7.97 | 0.85 | 0.01 |
| [21] 14:1 iso E | 16 | 0.01 | 0.00 | 0.02 | 0.00 | 0.00 | 0.09 | 0.27 | 0.00 |
| [22] 14:1ω5c | 16 | 0.00 | 0.00 | 0.00 | 0.00 | 0.00 | 0.00 | 0.27 | 0.00 |
| [23] 15:0 2OH | 16 | 0.04 | 0.00 | 0.06 | 0.01 | 0.00 | 0.15 | 0.68 | 0.00 |
| [24] 15:0 3OH | 16 | 0.00 | 0.00 | 0.00 | 0.00 | 0.00 | 0.00 | 0.27 | 0.00 |
| [25] 15:0 anteiso | 16 | 46.58 | 89.27 | 9.45 | 44.54 | 32.99 | 63.00 | 0.95 | 0.42 |
| [26] 15:0 iso | 16 | 11.73 | 55.15 | 7.43 | 9.65 | 2.71 | 31.71 | 0.89 | 0.06 |
| [27] 15:0 iso 3OH | 16 | 0.01 | 0.00 | 0.03 | 0.00 | 0.00 | 0.08 | 0.54 | 0.00 |
| [28] 15:1 anteiso A | 16 | 0.05 | 0.03 | 0.17 | 0.00 | 0.00 | 0.67 | 0.32 | 0.00 |
| [29] 15:1 iso F | 16 | 0.04 | 0.00 | 0.07 | 0.00 | 0.00 | 0.23 | 0.68 | 0.00 |
| [30] 15:1 iso G | 16 | 0.02 | 0.00 | 0.05 | 0.00 | 0.00 | 0.19 | 0.47 | 0.00 |
| [31] 15:1 iso ω9c | 16 | 0.01 | 0.00 | 0.02 | 0.00 | 0.00 | 0.08 | 0.41 | 0.00 |
| [32] 15:1ω5c | 16 | 0.02 | 0.00 | 0.06 | 0.00 | 0.00 | 0.22 | 0.44 | 0.00 |
| [33] 15:1ω6c | 16 | 0.00 | 0.00 | 0.00 | 0.00 | 0.00 | 0.01 | 0.27 | 0.00 |
| [34] 16:0 2OH | 16 | 0.00 | 0.00 | 0.01 | 0.00 | 0.00 | 0.02 | 0.74 | 0.00 |
| [35] 16:0 3OH | 16 | 0.00 | 0.00 | 0.01 | 0.00 | 0.00 | 0.04 | 0.53 | 0.00 |
| [36] 16:0 anteiso | 16 | 0.03 | 0.00 | 0.04 | 0.01 | 0.00 | 0.10 | 0.77 | 0.00 |
| [37] 16:0 iso | 16 | 5.69 | 4.34 | 2.08 | 5.88 | 1.49 | 9.70 | 0.99 | 1.00 |
| [38] 16:0 iso 3OH | 16 | 0.09 | 0.03 | 0.17 | 0.00 | 0.00 | 0.56 | 0.61 | 0.00 |
| [39] 16:0 N alcohol | 16 | 0.01 | 0.00 | 0.03 | 0.00 | 0.00 | 0.13 | 0.48 | 0.00 |
| [40] 16:1 2OH | 16 | 0.01 | 0.00 | 0.01 | 0.00 | 0.00 | 0.04 | 0.61 | 0.00 |
| [41] 16:1 iso H | 16 | 0.00 | 0.00 | 0.01 | 0.00 | 0.00 | 0.06 | 0.32 | 0.00 |
| [42] 16:1ω11c | 16 | 2.42 | 2.47 | 1.57 | 2.09 | 0.34 | 5.62 | 0.92 | 0.20 |
| [43] 16:1ω5c | 16 | 0.00 | 0.00 | 0.01 | 0.00 | 0.00 | 0.03 | 0.63 | 0.00 |
| [44] 16:1ω7c alcohol | 16 | 0.65 | 0.36 | 0.60 | 0.43 | 0.11 | 2.26 | 0.81 | 0.00 |
| [45] 10 Me 17:0 | 16 | 0.00 | 0.00 | 0.01 | 0.00 | 0.00 | 0.06 | 0.30 | 0.00 |
| [46] 17:0 2OH | 16 | 0.01 | 0.00 | 0.02 | 0.00 | 0.00 | 0.08 | 0.45 | 0.00 |
| [47] 17:0 anteiso | 16 | 6.13 | 11.34 | 3.37 | 5.37 | 1.98 | 13.94 | 0.91 | 0.13 |
| [48] cy17:0 | 16 | 0.00 | 0.00 | 0.01 | 0.00 | 0.00 | 0.03 | 0.54 | 0.00 |
| [49] 17:0 iso | 16 | 3.60 | 6.55 | 2.56 | 2.64 | 0.80 | 8.18 | 0.88 | 0.03 |
| [50] 17:0 iso 3OH | 16 | 0.01 | 0.00 | 0.02 | 0.00 | 0.00 | 0.06 | 0.57 | 0.00 |
| [51] 17:1 anteiso A | 16 | 0.01 | 0.00 | 0.03 | 0.00 | 0.00 | 0.13 | 0.29 | 0.00 |

续表

| 脂肪酸组 | 种类数 | 含量/% | 方差 | 标准差 | 中位数/% | 最小值/% | 最大值/% | Wilks 系数 | *P* |
|---|---|---|---|---|---|---|---|---|---|
| [52] 17:1 anteiso ω9c | 16 | 0.06 | 0.00 | 0.06 | 0.05 | 0.00 | 0.18 | 0.85 | 0.01 |
| [53] 17:1 iso ω10c | 16 | 0.48 | 0.14 | 0.38 | 0.40 | 0.09 | 1.18 | 0.87 | 0.03 |
| [54] 17:1 iso ω5c | 16 | 0.05 | 0.04 | 0.21 | 0.00 | 0.00 | 0.83 | 0.27 | 0.00 |
| [55] 17:1ω5c | 16 | 0.00 | 0.00 | 0.00 | 0.00 | 0.00 | 0.01 | 0.27 | 0.00 |
| [56] 17:1ω6c | 16 | 0.00 | 0.00 | 0.01 | 0.00 | 0.00 | 0.02 | 0.46 | 0.00 |
| [57] 17:1ω8c | 16 | 0.00 | 0.00 | 0.00 | 0.00 | 0.00 | 0.02 | 0.35 | 0.00 |
| [58] 17:1ω9c | 16 | 0.00 | 0.00 | 0.00 | 0.00 | 0.00 | 0.00 | 0.27 | 0.00 |
| [59] 17:1 iso ω9c | 16 | 0.00 | 0.00 | 0.00 | 0.00 | 0.00 | 0.01 | 0.27 | 0.00 |
| [60] 10 Me 18:0 TBSA | 16 | 0.00 | 0.00 | 0.01 | 0.00 | 0.00 | 0.04 | 0.51 | 0.00 |
| [61] 18:0 2OH | 16 | 0.00 | 0.00 | 0.01 | 0.00 | 0.00 | 0.03 | 0.38 | 0.00 |
| [62] 18:0 3OH | 16 | 0.00 | 0.00 | 0.00 | 0.00 | 0.00 | 0.00 | 0.27 | 0.00 |
| [63] 18:0 iso | 16 | 0.03 | 0.00 | 0.02 | 0.03 | 0.00 | 0.08 | 0.89 | 0.06 |
| [64] 18:1 2OH | 16 | 0.01 | 0.00 | 0.04 | 0.00 | 0.00 | 0.17 | 0.31 | 0.00 |
| [65] 18:1 iso H | 16 | 0.02 | 0.00 | 0.03 | 0.00 | 0.00 | 0.10 | 0.57 | 0.00 |
| [66] 18:1ω5c | 16 | 0.00 | 0.00 | 0.01 | 0.00 | 0.00 | 0.02 | 0.57 | 0.00 |
| [67] 18:1ω7c | 16 | 0.06 | 0.02 | 0.13 | 0.00 | 0.00 | 0.40 | 0.47 | 0.00 |
| [68] 11 Me 18:1ω7c | 16 | 0.00 | 0.00 | 0.01 | 0.00 | 0.00 | 0.02 | 0.27 | 0.00 |
| [69] 18:1ω9c | 16 | 0.33 | 0.06 | 0.24 | 0.29 | 0.01 | 0.83 | 0.93 | 0.24 |
| [70] 18:3ω(6,9,12)c | 16 | 0.03 | 0.00 | 0.04 | 0.00 | 0.00 | 0.14 | 0.67 | 0.00 |
| [71] 19:0 anteiso | 16 | 0.01 | 0.00 | 0.03 | 0.00 | 0.00 | 0.11 | 0.28 | 0.00 |
| [72] cy19:0ω8c | 16 | 0.02 | 0.00 | 0.04 | 0.00 | 0.00 | 0.17 | 0.54 | 0.00 |
| [73] 19:0 iso | 16 | 0.04 | 0.00 | 0.06 | 0.01 | 0.00 | 0.18 | 0.74 | 0.00 |
| [74] 20:0 iso | 16 | 0.00 | 0.00 | 0.01 | 0.00 | 0.00 | 0.04 | 0.44 | 0.00 |
| [75] 20:1ω7c | 16 | 0.03 | 0.01 | 0.08 | 0.00 | 0.00 | 0.31 | 0.44 | 0.00 |
| [76] 20:1ω9c | 16 | 0.00 | 0.00 | 0.00 | 0.00 | 0.00 | 0.01 | 0.48 | 0.00 |
| [77] 20:2ω(6,9)c | 16 | 0.00 | 0.00 | 0.01 | 0.00 | 0.00 | 0.04 | 0.27 | 0.00 |
| [78] 20:4ω(6,9,12,15)c | 16 | 0.00 | 0.00 | 0.00 | 0.00 | 0.00 | 0.02 | 0.44 | 0.00 |
| 支链脂肪酸占比 | | 82.11 | | | | | | | |
| [79] c9:0 | 16 | 0.00 | 0.00 | 0.01 | 0.00 | 0.00 | 0.04 | 0.50 | 0.00 |
| [80] c10:0 | 16 | 0.06 | 0.01 | 0.11 | 0.02 | 0.00 | 0.43 | 0.63 | 0.00 |
| [81] c11:0 | 16 | 0.00 | 0.00 | 0.00 | 0.00 | 0.00 | 0.00 | 0.27 | 0.00 |
| [82] c12:0 | 16 | 0.26 | 0.03 | 0.17 | 0.23 | 0.06 | 0.64 | 0.91 | 0.13 |
| [83] c13:0 | 16 | 0.00 | 0.00 | 0.01 | 0.00 | 0.00 | 0.02 | 0.46 | 0.00 |
| [84] c14:0 | 16 | 2.67 | 2.11 | 1.45 | 2.08 | 1.02 | 6.66 | 0.85 | 0.01 |
| [85] c16:0 | 16 | 12.70 | 49.80 | 7.06 | 12.43 | 3.69 | 27.13 | 0.93 | 0.21 |
| [86] c17:0 | 16 | 0.12 | 0.01 | 0.09 | 0.10 | 0.00 | 0.31 | 0.92 | 0.19 |
| [87] c18:0 | 16 | 1.11 | 0.41 | 0.64 | 1.03 | 0.35 | 2.07 | 0.88 | 0.04 |
| [88] c19:0 | 16 | 0.06 | 0.01 | 0.11 | 0.00 | 0.00 | 0.33 | 0.56 | 0.00 |
| [89] c20:0 | 16 | 0.06 | 0.01 | 0.08 | 0.03 | 0.00 | 0.29 | 0.76 | 0.00 |
| 直链脂肪酸占比 | | 17.04 | | | | | | | |

续表

| 脂肪酸组 | 种类数 | 含量/% | 方差 | 标准差 | 中位数/% | 最小值/% | 最大值/% | Wilks 系数 | *P* |
|---|---|---|---|---|---|---|---|---|---|
| [90] feature 1-1 | 16 | 0.00 | 0.00 | 0.01 | 0.00 | 0.00 | 0.02 | 0.57 | 0.00 |
| [91] feature 1-2 | 16 | 0.00 | 0.00 | 0.00 | 0.00 | 0.00 | 0.00 | 0.27 | 0.00 |
| [92] feature 1-3 | 16 | 0.01 | 0.00 | 0.02 | 0.00 | 0.00 | 0.08 | 0.59 | 0.00 |
| [93] feature 2-1 | 16 | 0.00 | 0.00 | 0.00 | 0.00 | 0.00 | 0.00 | 0.27 | 0.00 |
| [94] feature 2-2 | 16 | 0.02 | 0.01 | 0.08 | 0.00 | 0.00 | 0.33 | 0.32 | 0.00 |
| [95] feature 2-3 | 16 | 0.00 | 0.00 | 0.01 | 0.00 | 0.00 | 0.03 | 0.45 | 0.00 |
| [96] feature 3-1 | 16 | 0.02 | 0.00 | 0.04 | 0.00 | 0.00 | 0.12 | 0.48 | 0.00 |
| [97] feature 3-2 | 16 | 0.17 | 0.17 | 0.41 | 0.05 | 0.00 | 1.67 | 0.41 | 0.00 |
| [98] feature 4-1 | 16 | 0.02 | 0.00 | 0.05 | 0.00 | 0.00 | 0.13 | 0.62 | 0.00 |
| [99] feature 4-2 | 16 | 0.50 | 0.32 | 0.57 | 0.25 | 0.00 | 1.98 | 0.78 | 0.00 |
| [100] feature 5-1 | 16 | 0.04 | 0.00 | 0.07 | 0.01 | 0.00 | 0.19 | 0.65 | 0.00 |
| [101] feature 6-1 | 16 | 0.01 | 0.00 | 0.05 | 0.00 | 0.00 | 0.21 | 0.31 | 0.00 |
| [102] feature 7-1 | 16 | 0.00 | 0.00 | 0.01 | 0.00 | 0.00 | 0.06 | 0.28 | 0.00 |
| [103] feature 8-1 | 16 | 0.10 | 0.03 | 0.18 | 0.02 | 0.00 | 0.67 | 0.63 | 0.00 |
| [104] feature 9-1 | 16 | 0.00 | 0.00 | 0.01 | 0.00 | 0.00 | 0.04 | 0.52 | 0.00 |
| 复合脂肪酸占比 | | 0.89 | | | | | | | |
| [105] unknown 14.959 | 16 | 0.00 | 0.00 | 0.00 | 0.00 | 0.00 | 0.01 | 0.27 | 0.00 |
| 未知脂肪酸占比 | | 0.00 | | | | | | | |

注：feature 1-1 | 13:0 3OH/15:1 iso H | 15:1 iso H/13:0 3OH；feature 1-2 | 13:0 3OH/15:1 iso I/H | 15:1 iso H/13:0 3OH | 15:1 iso I/13:0 3OH；feature 1-3 | 13:0 3OH/15:1 iso H | 15:1 iso H/13:0 3OH；feature 2-1 | 12:0 aldehyde ? | 14:0 3OH/16:1 iso I | 16:1 iso I/14:0 3OH | unknown 10.928；feature 2-2 | 12:0 aldehyde ? | 14:0 3OH/16:1 iso I | 16:1 iso I/14:0 3OH | unknown 10.928；feature 2-3 | 12:0 aldehyde ? | 14:0 3OH/16:1 iso I | 16:1 iso I/14:0 3OH | unknown 10.9525；feature 3-1 | 15:0 iso 2OH/16:1ω7c | 16:1ω7c/15 iso 2OH；feature 3-2 | 16:1ω6c/16:1ω7c | 16:1ω7c/16:1ω6c；feature 4-1 | 17:1 anteiso B/iso I | 17:1 iso I/anteiso B；feature 4-2 | 17:1 anteiso B/iso I | 17:1 iso I/anteiso B；feature 5-1 | 18:0 anteiso/18:2ω(6,9)c | 18:2ω(6,9)c/18:0 anteiso；feature 6-1 | 19:1ω11c/19:1ω9c | 19:1ω9c/19:1ω11c；feature 7-1 | cy19:0ω10c/19ω6 | 19:1ω6c/ω7c/19cy | 19:1ω7c/19:1ω6c；feature 8-1 | 18:1ω6c | 18:1ω7c；feature 9-1 | 10 Me 16:0 | 17:1 iso ω9c

## 二、类芽胞杆菌主要脂肪酸数据矩阵构建

选择类芽胞杆菌（*Paenibacillus*）脂肪酸生物标记含量均值高于 1%的生物标记，组成主要脂肪酸数据矩阵（表 6-3-2）。选择 12 个主要脂肪酸，占了整体脂肪酸个数的 11.21%，包含 15:0 anteiso、c16:0、15:0 iso、17:0 anteiso、16:0 iso、17:0 iso、14:0 iso、c14:0、16:1ω11c、c18:0、16:1ω7c alcohol、feature 4-2；含量均值分别为 46.58%、12.70%、11.73%、6.13%、5.69%、3.60%、3.07%、2.67%、2.42%、1.11%、0.65%、0.50%；12 个生物标记含量均值的总和为 96.85%，占整体脂肪酸组的大部分，涵盖了脂肪酸的大部分信息，适合类芽胞杆菌属脂肪酸群的划分。在 12 个脂肪酸生物标记中，15:0 iso、15:0 anteiso、17:0 anteiso、c16:0、16:0 iso 和 16:1ω11c 的 Wilks 统计量为 0.91～0.99，种间差异不显著（$P>0.05$），表明其在芽胞杆菌中具有属的稳定性，17:0 iso 和 c18:0 的种间差异显著（$P<0.05$），其余标记种间差异极显著（$P<0.01$），作为种类差异的根据。

**表 6-3-2　类芽胞杆菌属主要脂肪酸数据矩阵**

| 脂肪酸生物标记 | 种类数 | 含量均值/% | 方差 | 标准差 | 中位数 | 最小值 | 最大值 | Wilks 系数 | *P* |
|---|---|---|---|---|---|---|---|---|---|
| 15:0 iso | 16 | 11.73 | 55.15 | 7.43 | 9.65 | 2.71 | 31.71 | 0.89 | 0.06 |
| 15:0 anteiso | 16 | 46.58 | 89.27 | 9.45 | 44.54 | 32.99 | 63.00 | 0.95 | 0.42 |
| 17:0 iso | 16 | 3.60 | 6.55 | 2.56 | 2.64 | 0.80 | 8.18 | 0.88 | 0.03 |
| 17:0 anteiso | 16 | 6.13 | 11.34 | 3.37 | 5.37 | 1.98 | 13.94 | 0.91 | 0.13 |
| c16:0 | 16 | 12.70 | 49.80 | 7.06 | 12.43 | 3.69 | 27.13 | 0.93 | 0.21 |
| 16:0 iso | 16 | 5.69 | 4.34 | 2.08 | 5.88 | 1.49 | 9.70 | 0.99 | 1.00 |
| 14:0 iso | 16 | 3.07 | 3.33 | 1.82 | 2.38 | 1.19 | 7.97 | 0.85 | 0.01 |
| c14:0 | 16 | 2.67 | 2.11 | 1.45 | 2.08 | 1.02 | 6.66 | 0.85 | 0.01 |
| 16:1ω11c | 16 | 2.42 | 2.47 | 1.57 | 2.09 | 0.34 | 5.62 | 0.92 | 0.20 |
| c18:0 | 16 | 1.11 | 0.41 | 0.64 | 1.03 | 0.35 | 2.07 | 0.88 | 0.04 |
| 16:1ω7c alcohol | 16 | 0.65 | 0.36 | 0.60 | 0.43 | 0.11 | 2.26 | 0.81 | 0.00 |
| feature 4-2 | 16 | 0.50 | 0.32 | 0.57 | 0.25 | 0.00 | 1.98 | 0.78 | 0.00 |
| 总和 | | 96.85 | | | | | | | |

## 三、类芽胞杆菌属的脂肪酸群

将上述类芽胞杆菌属（*Paenibacillus*）16 种的 12 个脂肪酸生物标记构建数据矩阵，以类芽胞杆菌种类为样本，以脂肪酸生物标记为指标，数据不转换，以绝对距离为尺度，应用可变类平均法进行系统聚类，分析结果见表 6-3-3、表 6-3-4 和图 6-3-1，可将类芽胞杆菌属的 16 种分为 3 个脂肪酸群。

**表 6-3-3　类芽胞杆菌属脂肪酸群划分参数的平均值**

| 脂肪酸生物标记 | 脂肪酸群 I（含 7 种） | 脂肪酸群 II（含 6 种） | 脂肪酸群 III（含 3 种） |
|---|---|---|---|
| | 平均值/% | 平均值/% | 平均值/% |
| 15:0 iso | 12.23 | 5.99 | 22.05 |
| 15:0 anteiso | 53.67 | 44.24 | 34.69 |
| 17:0 iso | 2.89 | 2.58 | 7.30 |
| 17:0 anteiso | 5.49 | 5.65 | 8.56 |
| c16:0 | 6.57 | 19.46 | 13.50 |
| 16:0 iso | 6.28 | 6.11 | 3.47 |
| 14:0 iso | 3.01 | 3.83 | 1.69 |
| c14:0 | 1.69 | 4.10 | 2.09 |
| 16:1ω11c | 2.03 | 3.34 | 1.47 |
| c18:0 | 0.72 | 1.32 | 1.59 |
| 16:1ω7c alcohol | 1.01 | 0.46 | 0.15 |
| feature 4-2 | 0.67 | 0.43 | 0.24 |

**表 6-3-4　类芽胞杆菌属脂肪酸群划分的聚类分析**

| 脂肪酸群 | 种名 | 到中心的绝对距离（RMSTD） |
|---|---|---|
| I | *Paenibacillus alginolyticus* | 10.478 473 |
| I | *Paenibacillus alvei* | 14.042 425 |
| I | *Paenibacillus chitinolyticus* | 8.363 394 8 |
| I | *Paenibacillus chondroitinus* | 11.328 825 |
| I | *Paenibacillus macquariensis* | 9.473 764 |
| I | *Paenibacillus polymyxa* | 7.657 710 6 |
| I | *Paenibacillus validus* | 5.740 746 8 |
| 第 I 群 7 种 | 平均值 | 9.583 619 9 |
| II | *Paenibacillus amylolyticus* | 7.414 821 9 |
| II | *Paenibacillus azotofixans* | 10.176 344 |
| II | *Paenibacillus lautus* | 3.787 893 8 |
| II | *Paenibacillus pabuli* | 9.988 049 9 |
| II | *Paenibacillus popilliae* | 10.518 222 |
| II | *Paenibacillus thiaminolyticus* | 11.293 292 |
| 第 II 群 6 种 | 平均值 | 8.863 103 9 |
| III | *Paenibacillus larvae* | 6.800 734 3 |
| III | *Paenibacillus lentimorbus* | 10.796 475 |
| III | *Paenibacillus macerans* | 4.553 825 6 |
| 第 III 群 3 种 | 平均值 | 7.383 678 3 |

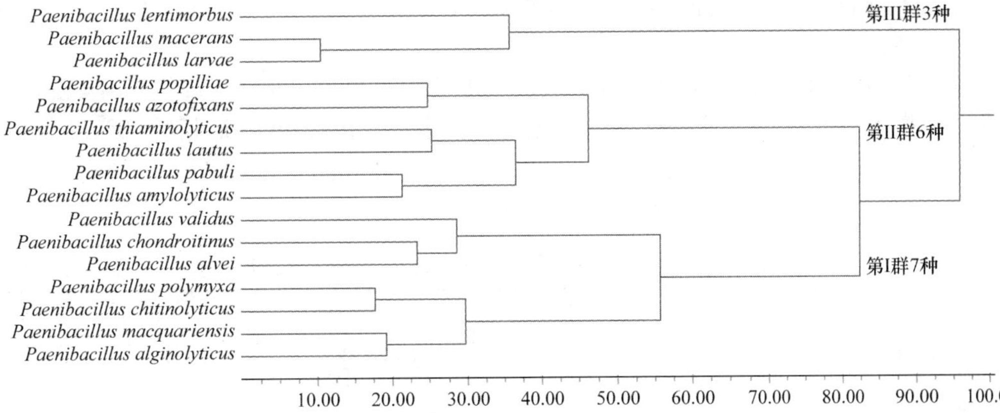


图 6-3-1　类芽胞杆菌属脂肪酸群划分的聚类分析（绝对距离）

脂肪酸群 I 定义为多黏类芽胞杆菌脂肪酸群，包含 7 种，特点为 15:0 anteiso 生物标记含量平均值高（53.67%），15:0 iso/15:0 anteiso 值为 0.22，芽胞杆菌特征脂肪酸 15:0 iso、15:0 anteiso、17:0 iso、17:0 anteiso 含量平均值分别为 12.23%、53.67%、2.89%、5.49%。

脂肪酸群 II 定义为解淀粉类芽胞杆菌脂肪酸群，包含 6 种，特点为 15:0 anteiso 生物标记含量平均值中等（44.24%），15:0 iso/15:0 anteiso 值为 0.14，芽胞杆菌特征脂肪酸 15:0 iso、15:0 anteiso、17:0 iso、17:0 anteiso 含量平均值分别为 5.99%、44.24%、2.58%、

5.65%。

脂肪酸群 III 定义为浸麻类芽胞杆菌脂肪酸群，包含 3 种，特点为 15:0 anteiso 生物标记含量平均值低（34.69%），15:0 iso/15:0 anteiso 值为 0.64，芽胞杆菌特征脂肪酸 15:0 iso、15:0 anteiso、17:0 iso、17:0 anteiso 含量平均值分别为 22.05%、34.69%、7.30%、8.56%。

类芽胞杆菌属脂肪酸群的种类组成见表 6-3-4。脂肪酸群 I（多黏类芽胞杆菌脂肪酸群，含 7 种）与 16S rDNA 的分群趋势一致，包含的种类有多黏类芽胞杆菌（*Paenibacillus polymyxa*）、解藻酸类芽胞杆菌（*Paenibacillus alginolyticus*）、蜂房类芽胞杆菌（*Paenibacillus alvei*）、解几丁质类芽胞杆菌（*Paenibacillus chitinolyticus*）、软骨素类芽胞杆菌（*Paenibacillus chondroitinus*）、马阔里类芽胞杆菌（*Paenibacillus macquariensis*）、强壮类芽胞杆菌（*Paenibacillus validus*）。

类芽胞杆菌属脂肪酸群 II（解淀粉类芽胞杆菌脂肪酸群，含 6 种）与 16S rDNA 的分群趋势大部分吻合，包含的种类有解淀粉类芽胞杆菌（*Paenibacillus amylolyticus*）、固氮类芽胞杆菌（*Paenibacillus azotofixans*）、灿烂类芽胞杆菌（*Paenibacillus lautus*）、饲料类芽胞杆菌（*Paenibacillus pabuli*）、丽金龟子类芽胞杆菌（*Paenibacillus popilliae*）、解硫胺素类芽胞杆菌（*Paenibacillus thiaminolyticus*）。

类芽胞杆菌属脂肪酸群 III（浸麻类芽胞杆菌脂肪酸群，含 3 种）与 16S rDNA 的分群趋势大部分吻合，包含的种类有幼虫类芽胞杆菌（*Paenibacillus larvae*）、慢病类芽胞杆菌（*Paenibacillus lentimorbus*）、浸麻类芽胞杆菌（*Paenibacillus macerans*）。

## 四、类芽胞杆菌属脂肪酸群的多样性指数

利用类芽胞杆菌属（*Paenibacillus*）16 种的 12 个脂肪酸生物标记构建数据矩阵，统计脂肪酸生物标记含量及其多样性指数包括丰富度指数（$R'$）、Simpson 指数（$D$）、Shannon 指数（$H_1$）、Pielou 指数（$J$）、Brillouin 指数（$H_2$）、McIntosh 指数（$H_3$），分析结果见表 6-3-5。

**表 6-3-5 类芽胞杆菌属 16 种 12 个脂肪酸生物标记多样性指数**

| 种名 | 生物标记含量/% | 丰富度指数（$R'$） | Simpson 指数（$D$） | Shannon 指数（$H_1$） | Pielou 指数（$J$） | Brillouin 指数（$H_2$） | McIntosh 指数（$H_3$） |
|---|---|---|---|---|---|---|---|
| *Paenibacillus alginolyticus* | 97.82 | 2.40 | 0.57 | 1.32 | 0.53 | 1.71 | 0.38 |
| *Paenibacillus alvei* | 95.53 | 2.41 | 0.75 | 1.74 | 0.70 | 2.29 | 0.55 |
| *Paenibacillus chitinolyticus* | 97.68 | 2.40 | 0.64 | 1.58 | 0.63 | 2.05 | 0.44 |
| *Paenibacillus chondroitinus* | 93.29 | 2.43 | 0.72 | 1.66 | 0.67 | 2.19 | 0.52 |
| *Paenibacillus macquariensis* | 98.96 | 2.39 | 0.59 | 1.37 | 0.55 | 1.78 | 0.39 |
| *Paenibacillus polymyxa* | 98.12 | 2.40 | 0.64 | 1.52 | 0.61 | 1.99 | 0.44 |
| *Paenibacillus validus* | 92.32 | 2.43 | 0.69 | 1.68 | 0.68 | 2.17 | 0.49 |
| 脂肪酸群 I 平均值 | 96.25 | 2.41 | 0.66 | 1.55 | 0.63 | 2.03 | 0.46 |
| *Paenibacillus amylolyticus* | 96.25 | 2.41 | 0.70 | 1.63 | 0.65 | 2.14 | 0.49 |
| *Paenibacillus azotofixans* | 98.77 | 2.18 | 0.77 | 1.76 | 0.73 | 2.32 | 0.57 |

续表

| 种名 | 生物标记含量/% | 丰富度指数（$R'$） | Simpson 指数（$D$） | Shannon 指数（$H_1$） | Pielou 指数（$J$） | Brillouin 指数（$H_2$） | McIntosh 指数（$H_3$） |
|---|---|---|---|---|---|---|---|
| *Paenibacillus lautus* | 96.09 | 2.41 | 0.73 | 1.72 | 0.69 | 2.24 | 0.53 |
| *Paenibacillus pabuli* | 97.83 | 2.40 | 0.71 | 1.69 | 0.68 | 2.21 | 0.50 |
| *Paenibacillus popilliae* | 97.66 | 2.40 | 0.76 | 1.74 | 0.70 | 2.29 | 0.56 |
| *Paenibacillus thiaminolyticus* | 98.45 | 2.40 | 0.75 | 1.79 | 0.72 | 2.35 | 0.55 |
| 脂肪酸群 II 平均值 | 97.51 | 2.37 | 0.74 | 1.72 | 0.70 | 2.26 | 0.53 |
| *Paenibacillus larvae* | 96.48 | 2.41 | 0.79 | 1.82 | 0.73 | 2.43 | 0.60 |
| *Paenibacillus lentimorbus* | 97.68 | 2.40 | 0.76 | 1.71 | 0.69 | 2.26 | 0.56 |
| *Paenibacillus macerans* | 96.28 | 2.41 | 0.80 | 1.86 | 0.75 | 2.44 | 0.60 |
| 脂肪酸群 III 平均值 | 96.81 | 2.41 | 0.78 | 1.80 | 0.72 | 2.38 | 0.59 |

分析结果表明，类芽胞杆菌属（*Paenibacillus*）脂肪酸群 I、II、III 的 12 个脂肪酸生物标记平均值分别为 96.25%、97.51%、96.81%；三群 6 个多样性指数丰富度指数（$R'$）、Simpson 指数（$D$）、Shannon 指数（$H_1$）、Pielou 指数（$J$）、Brillouin 指数（$H_2$）、McIntosh 指数（$H_3$）作图 6-3-2，结果表明，6 个多样性指数一般规律为类芽胞杆菌属脂肪酸群 III>脂肪酸群 II>脂肪酸群 I；如脂肪酸群 I、脂肪酸群 II、脂肪酸群 III 的 Simpson 指数（$D$）分别为 0.66、0.74、0.78；Shannon 指数（$H_1$）分别为 1.55、1.72、1.80；Pielou 指数（$J$）分别为 0.62、0.70、0.72；Brillouin 指数（$H_2$）分别为 2.03、2.26、2.38；McIntosh 指数（$H_3$）分别为 0.46、0.53、0.59；其余见图 6-3-2。

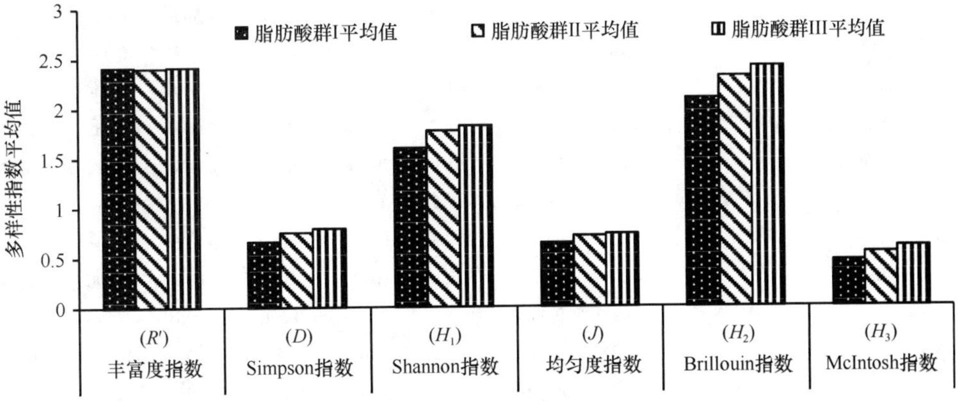


图 6-3-2　芽胞杆菌属 16 种三群脂肪酸多样性指数的平均值

# 第四节　短芽胞杆菌属脂肪酸群的划分

## 一、短芽胞杆菌属脂肪酸组测定

选择短芽胞杆菌属（*Brevibacillus*）8 种进行脂肪酸组测定，分析结果见表 6-4-1。结果表明，碳链长度为 10～20，共测定到 124 个脂肪酸生物标记，其中支链脂肪酸 92 个，占比 93.306%；直链脂肪酸 11 个，占比 4.358%；复合脂肪酸 12 个，占比 2.35%；未知脂肪酸 9 个，占比低于 0.001%。脂肪酸组的统计参数见表 6-4-1。

表 6-4-1　短芽胞杆菌属 9 种的整体脂肪酸组

| 脂肪酸组 | 种类数 | 均值/% | 方差 | 标准差 | 中位数/% | 最小值/% | 最大值/% | Wilks 系数 | *P* |
|---|---|---|---|---|---|---|---|---|---|
| [1] 9:0 3OH | 8 | 0.008 | 0.000 | 0.021 | 0.000 | 0.000 | 0.063 | 0.452 | 0.000 |
| [2] 10:0 2OH | 8 | 0.000 | 0.000 | 0.000 | 0.000 | 0.000 | 0.001 | 0.452 | 0.000 |
| [3] 10:0 3OH | 8 | 0.000 | 0.000 | 0.000 | 0.000 | 0.000 | 0.000 | 1.000 | 1.000 |
| [4] 10:0 iso | 8 | 0.000 | 0.000 | 0.000 | 0.000 | 0.000 | 0.000 | 1.000 | 1.000 |
| [5] 11 Me 18:1ω7c | 8 | 0.000 | 0.000 | 0.000 | 0.000 | 0.000 | 0.000 | 1.000 | 1.000 |
| [6] 11:0 2OH | 8 | 0.000 | 0.000 | 0.000 | 0.000 | 0.000 | 0.000 | 1.000 | 1.000 |
| [7] 11:0 3OH | 8 | 0.000 | 0.000 | 0.000 | 0.000 | 0.000 | 0.000 | 1.000 | 1.000 |
| [8] 11:0 anteiso | 8 | 0.001 | 0.000 | 0.002 | 0.000 | 0.000 | 0.007 | 0.631 | 0.000 |
| [9] 11:0 iso | 8 | 0.013 | 0.001 | 0.031 | 0.000 | 0.000 | 0.096 | 0.492 | 0.000 |
| [10] 11:0 iso 3OH | 8 | 0.001 | 0.000 | 0.002 | 0.000 | 0.000 | 0.006 | 0.452 | 0.000 |
| [11] 12:0 2OH | 8 | 0.000 | 0.000 | 0.000 | 0.000 | 0.000 | 0.001 | 0.452 | 0.000 |
| [12] 12:0 3OH | 8 | 0.000 | 0.000 | 0.000 | 0.000 | 0.000 | 0.000 | 1.000 | 1.000 |
| [13] 12:0 anteiso | 8 | 0.001 | 0.000 | 0.003 | 0.000 | 0.000 | 0.010 | 0.452 | 0.000 |
| [14] 12:0 iso | 8 | 0.018 | 0.001 | 0.032 | 0.000 | 0.000 | 0.089 | 0.664 | 0.001 |
| [15] 12:0 iso 3OH | 8 | 0.000 | 0.000 | 0.000 | 0.000 | 0.000 | 0.000 | 1.000 | 1.000 |
| [16] 12:1 3OH | 8 | 0.000 | 0.000 | 0.000 | 0.000 | 0.000 | 0.000 | 1.000 | 1.000 |
| [17] 12:1 at 11-12 | 8 | 0.000 | 0.000 | 0.000 | 0.000 | 0.000 | 0.000 | 1.000 | 1.000 |
| [18] 13:0 2OH | 8 | 0.015 | 0.001 | 0.024 | 0.000 | 0.000 | 0.062 | 0.682 | 0.001 |
| [19] 13:0 anteiso | 8 | 0.410 | 0.288 | 0.537 | 0.348 | 0.000 | 1.753 | 0.710 | 0.002 |
| [20] 13:0 iso | 8 | 0.432 | 0.156 | 0.395 | 0.383 | 0.000 | 1.343 | 0.858 | 0.091 |
| [21] 13:0 iso 3OH | 8 | 0.010 | 0.000 | 0.016 | 0.001 | 0.000 | 0.042 | 0.720 | 0.002 |
| [22] 13:1 at 12-13 | 8 | 0.000 | 0.000 | 0.000 | 0.000 | 0.000 | 0.000 | 1.000 | 1.000 |
| [23] 14:0 2OH | 8 | 0.000 | 0.000 | 0.001 | 0.000 | 0.000 | 0.004 | 0.452 | 0.000 |
| [24] 14:0 anteiso | 8 | 0.018 | 0.000 | 0.016 | 0.018 | 0.000 | 0.043 | 0.912 | 0.332 |
| [25] 14:0 iso | 8 | 5.002 | 23.200 | 4.817 | 3.086 | 0.000 | 16.137 | 0.810 | 0.026 |
| [26] 14:0 iso 3OH | 8 | 0.003 | 0.000 | 0.007 | 0.000 | 0.000 | 0.021 | 0.533 | 0.000 |
| [27] 14:1 iso E | 8 | 0.000 | 0.000 | 0.000 | 0.000 | 0.000 | 0.000 | 1.000 | 1.000 |
| [28] 14:1ω5c | 8 | 0.001 | 0.000 | 0.002 | 0.000 | 0.000 | 0.006 | 0.640 | 0.000 |
| [29] 15:0 2OH | 8 | 0.022 | 0.000 | 0.022 | 0.022 | 0.000 | 0.062 | 0.907 | 0.298 |
| [30] 15:0 3OH | 8 | 0.000 | 0.000 | 0.000 | 0.000 | 0.000 | 0.000 | 1.000 | 1.000 |
| [31] 15:0 anteiso | 8 | 44.947 | 186.338 | 13.651 | 44.947 | 27.254 | 68.225 | 0.963 | 0.831 |
| [32] 15:0 iso | 8 | 26.485 | 187.259 | 13.684 | 24.020 | 9.516 | 48.415 | 0.938 | 0.561 |
| [33] 15:0 iso 3OH | 8 | 0.035 | 0.002 | 0.049 | 0.014 | 0.000 | 0.122 | 0.719 | 0.002 |
| [34] 15:1 anteiso A | 8 | 0.001 | 0.000 | 0.002 | 0.000 | 0.000 | 0.005 | 0.651 | 0.000 |
| [35] 15:1 iso at 5 | 8 | 0.036 | 0.006 | 0.074 | 0.000 | 0.000 | 0.228 | 0.564 | 0.000 |
| [36] 15:1 iso F | 8 | 0.020 | 0.002 | 0.047 | 0.003 | 0.000 | 0.144 | 0.497 | 0.000 |
| [37] 15:1 iso G | 8 | 0.024 | 0.001 | 0.037 | 0.011 | 0.000 | 0.110 | 0.728 | 0.003 |
| [38] 15:1 iso ω9c | 8 | 0.093 | 0.008 | 0.092 | 0.074 | 0.000 | 0.287 | 0.887 | 0.186 |
| [39] 15:1ω5c | 8 | 0.007 | 0.000 | 0.014 | 0.000 | 0.000 | 0.041 | 0.586 | 0.000 |
| [40] 15:1ω6c | 8 | 0.003 | 0.000 | 0.007 | 0.000 | 0.000 | 0.021 | 0.452 | 0.000 |

续表

| 脂肪酸组 | 种类数 | 均值/% | 方差 | 标准差 | 中位数/% | 最小值/% | 最大值/% | Wilks 系数 | *P* |
|---|---|---|---|---|---|---|---|---|---|
| [41] 15:1ω8c | 8 | 0.000 | 0.000 | 0.000 | 0.000 | 0.000 | 0.000 | 1.000 | 1.000 |
| [42] 16:0 2OH | 8 | 0.001 | 0.000 | 0.002 | 0.000 | 0.000 | 0.004 | 0.739 | 0.004 |
| [43] 16:0 3OH | 8 | 0.017 | 0.001 | 0.037 | 0.004 | 0.000 | 0.115 | 0.504 | 0.000 |
| [44] 16:0 anteiso | 8 | 0.011 | 0.000 | 0.020 | 0.002 | 0.000 | 0.058 | 0.669 | 0.001 |
| [45] 16:0 iso | 8 | 3.706 | 4.031 | 2.008 | 3.354 | 1.443 | 8.463 | 0.810 | 0.027 |
| [46] 16:0 iso 3OH | 8 | 0.026 | 0.003 | 0.056 | 0.000 | 0.000 | 0.170 | 0.560 | 0.000 |
| [47] 16:0 N alcohol | 8 | 0.002 | 0.000 | 0.004 | 0.000 | 0.000 | 0.012 | 0.494 | 0.000 |
| [48] 16:1 2OH | 8 | 0.002 | 0.000 | 0.005 | 0.000 | 0.000 | 0.016 | 0.452 | 0.000 |
| [49] 16:1 iso G | 8 | 0.000 | 0.000 | 0.000 | 0.000 | 0.000 | 0.000 | 1.000 | 1.000 |
| [50] 16:1 iso H | 8 | 0.041 | 0.006 | 0.076 | 0.004 | 0.000 | 0.229 | 0.632 | 0.000 |
| [51] 16:1ω11c | 8 | 2.117 | 0.870 | 0.933 | 1.840 | 1.097 | 3.810 | 0.911 | 0.323 |
| [52] 16:1ω5c | 8 | 0.003 | 0.000 | 0.006 | 0.000 | 0.000 | 0.017 | 0.536 | 0.000 |
| [53] 16:1ω7c alcohol | 8 | 2.817 | 0.283 | 0.532 | 2.855 | 1.708 | 3.666 | 0.933 | 0.506 |
| [54] 16:1ω9c | 8 | 0.000 | 0.000 | 0.000 | 0.000 | 0.000 | 0.000 | 1.000 | 1.000 |
| [55] 10 Me 17:0 | 8 | 0.002 | 0.000 | 0.005 | 0.000 | 0.000 | 0.016 | 0.452 | 0.000 |
| [56] 17:0 2OH | 8 | 0.005 | 0.000 | 0.009 | 0.000 | 0.000 | 0.025 | 0.636 | 0.000 |
| [57] 17:0 3OH | 8 | 0.005 | 0.000 | 0.008 | 0.000 | 0.000 | 0.018 | 0.723 | 0.003 |
| [58] 17:0 anteiso | 8 | 3.103 | 2.419 | 1.555 | 3.103 | 1.638 | 6.620 | 0.840 | 0.057 |
| [59] cy17:0 | 8 | 0.000 | 0.000 | 0.000 | 0.000 | 0.000 | 0.000 | 1.000 | 1.000 |
| [60] 17:0 iso | 8 | 1.673 | 0.681 | 0.825 | 1.673 | 0.495 | 2.750 | 0.931 | 0.488 |
| [61] 17:0 iso 3OH | 8 | 0.005 | 0.000 | 0.011 | 0.000 | 0.000 | 0.033 | 0.569 | 0.000 |
| [62] 17:1 iso ω5c | 8 | 0.000 | 0.000 | 0.000 | 0.000 | 0.000 | 0.000 | 1.000 | 1.000 |
| [63] 17:1 anteiso A | 8 | 0.000 | 0.000 | 0.000 | 0.000 | 0.000 | 0.000 | 1.000 | 1.000 |
| [64] 17:1 anteiso ω9c | 8 | 0.018 | 0.001 | 0.033 | 0.003 | 0.000 | 0.103 | 0.601 | 0.000 |
| [65] 17:1 iso ω10c | 8 | 1.625 | 1.858 | 1.363 | 1.513 | 0.140 | 4.382 | 0.910 | 0.314 |
| [66] 17:1ω5c | 8 | 0.000 | 0.000 | 0.000 | 0.000 | 0.000 | 0.000 | 1.000 | 1.000 |
| [67] 17:1ω6c | 8 | 0.002 | 0.000 | 0.003 | 0.000 | 0.000 | 0.008 | 0.651 | 0.000 |
| [68] 17:1ω7c | 8 | 0.000 | 0.000 | 0.000 | 0.000 | 0.000 | 0.000 | 1.000 | 1.000 |
| [69] 17:1ω8c | 8 | 0.000 | 0.000 | 0.000 | 0.000 | 0.000 | 0.000 | 1.000 | 1.000 |
| [70] 17:1ω9c | 8 | 0.015 | 0.001 | 0.035 | 0.000 | 0.000 | 0.105 | 0.500 | 0.000 |
| [71] 17:1 iso ω9c | 8 | 0.000 | 0.000 | 0.001 | 0.000 | 0.000 | 0.004 | 0.452 | 0.000 |
| [72] 10 Me 18:0 TBSA | 8 | 0.008 | 0.000 | 0.012 | 0.007 | 0.000 | 0.039 | 0.711 | 0.002 |
| [73] 18:0 2OH | 8 | 0.000 | 0.000 | 0.000 | 0.000 | 0.000 | 0.000 | 1.000 | 1.000 |
| [74] 18:0 3OH | 8 | 0.001 | 0.000 | 0.002 | 0.000 | 0.000 | 0.006 | 0.652 | 0.000 |
| [75] 18:0 iso | 8 | 0.006 | 0.000 | 0.010 | 0.000 | 0.000 | 0.027 | 0.707 | 0.002 |

续表

| 脂肪酸组 | 种类数 | 均值/% | 方差 | 标准差 | 中位数/% | 最小值/% | 最大值/% | Wilks 系数 | *P* |
|---|---|---|---|---|---|---|---|---|---|
| [76] 18:1 2OH | 8 | 0.005 | 0.000 | 0.007 | 0.002 | 0.000 | 0.021 | 0.751 | 0.006 |
| [77] 18:1 iso H | 8 | 0.005 | 0.000 | 0.007 | 0.000 | 0.000 | 0.021 | 0.710 | 0.002 |
| [78] 18:1ω5c | 8 | 0.004 | 0.000 | 0.008 | 0.000 | 0.000 | 0.024 | 0.524 | 0.000 |
| [79] 18:1ω6c | 8 | 0.000 | 0.000 | 0.000 | 0.000 | 0.000 | 0.000 | 1.000 | 1.000 |
| [80] 18:1ω7c | 8 | 0.016 | 0.000 | 0.020 | 0.007 | 0.000 | 0.053 | 0.822 | 0.036 |
| [81] 18:1ω9c | 8 | 0.109 | 0.007 | 0.083 | 0.093 | 0.000 | 0.276 | 0.942 | 0.605 |
| [82] 18:2 cis(9,12)c/18:0 A | 8 | 0.000 | 0.000 | 0.000 | 0.000 | 0.000 | 0.000 | 1.000 | 1.000 |
| [83] 18:3ω(6,9,12)c | 8 | 0.010 | 0.000 | 0.011 | 0.005 | 0.000 | 0.031 | 0.859 | 0.093 |
| [84] 19:0 anteiso | 8 | 0.004 | 0.000 | 0.008 | 0.000 | 0.000 | 0.025 | 0.542 | 0.000 |
| [85] cy19:0ω8c | 8 | 0.009 | 0.000 | 0.021 | 0.000 | 0.000 | 0.066 | 0.495 | 0.000 |
| [86] 19:0 iso | 8 | 0.016 | 0.000 | 0.015 | 0.016 | 0.000 | 0.046 | 0.915 | 0.353 |
| [87] 19:1 iso I | 8 | 0.001 | 0.000 | 0.003 | 0.000 | 0.000 | 0.010 | 0.452 | 0.000 |
| [88] 20:0 iso | 8 | 0.004 | 0.000 | 0.012 | 0.000 | 0.000 | 0.036 | 0.452 | 0.000 |
| [89] 20:1ω7c | 8 | 0.012 | 0.000 | 0.013 | 0.010 | 0.000 | 0.036 | 0.873 | 0.133 |
| [90] 20:1ω9c | 8 | 0.000 | 0.000 | 0.000 | 0.000 | 0.000 | 0.000 | 1.000 | 1.000 |
| [91] 20:2ω(6,9)c | 8 | 0.000 | 0.000 | 0.000 | 0.000 | 0.000 | 0.000 | 1.000 | 1.000 |
| [92] 20:4ω(6,9,12,15)c | 8 | 0.000 | 0.000 | 0.000 | 0.000 | 0.000 | 0.000 | 1.000 | 1.000 |
| 支链脂肪酸占比 | | 93.306 | | | | | | | |
| [93] c9:0 | 8 | 0.004 | 0.000 | 0.006 | 0.000 | 0.000 | 0.016 | 0.769 | 0.009 |
| [94] c10:0 | 8 | 0.104 | 0.028 | 0.169 | 0.042 | 0.000 | 0.542 | 0.593 | 0.000 |
| [95] c11:0 | 8 | 0.000 | 0.000 | 0.000 | 0.000 | 0.000 | 0.000 | 1.000 | 1.000 |
| [96] c12:0 | 8 | 0.102 | 0.006 | 0.078 | 0.096 | 0.000 | 0.284 | 0.820 | 0.034 |
| [97] c13:0 | 8 | 0.002 | 0.000 | 0.003 | 0.000 | 0.000 | 0.010 | 0.625 | 0.000 |
| [98] c14:0 | 8 | 1.072 | 0.101 | 0.317 | 1.072 | 0.700 | 1.661 | 0.938 | 0.557 |
| [99] c16:0 | 8 | 2.665 | 0.513 | 0.716 | 2.917 | 1.400 | 3.424 | 0.909 | 0.311 |
| [100] c17:0 | 8 | 0.022 | 0.001 | 0.031 | 0.005 | 0.000 | 0.088 | 0.777 | 0.011 |
| [101] c18:0 | 8 | 0.357 | 0.037 | 0.194 | 0.357 | 0.000 | 0.644 | 0.983 | 0.978 |
| [102] c19:0 | 8 | 0.005 | 0.000 | 0.010 | 0.000 | 0.000 | 0.032 | 0.518 | 0.000 |
| [103] c20:0 | 8 | 0.025 | 0.002 | 0.042 | 0.006 | 0.000 | 0.131 | 0.670 | 0.001 |
| 直链脂肪酸占比 | | 4.358 | | | | | | | |
| [104] feature 1-1 | 8 | 0.000 | 0.000 | 0.000 | 0.000 | 0.000 | 0.000 | 1.000 | 1.000 |
| [105] feature 1-2 | 8 | 0.020 | 0.001 | 0.037 | 0.000 | 0.000 | 0.108 | 0.643 | 0.000 |
| [106] feature 2-1 | 8 | 0.014 | 0.001 | 0.027 | 0.008 | 0.000 | 0.086 | 0.552 | 0.000 |
| [107] feature 3-1 | 8 | 0.000 | 0.000 | 0.000 | 0.000 | 0.000 | 0.000 | 1.000 | 1.000 |
| [108] feature 3-2 | 8 | 0.000 | 0.000 | 0.000 | 0.000 | 0.000 | 0.000 | 1.000 | 1.000 |

续表

| 脂肪酸组 | 种类数 | 均值/% | 方差 | 标准差 | 中位数/% | 最小值/% | 最大值/% | Wilks 系数 | *P* |
|---|---|---|---|---|---|---|---|---|---|
| [109] feature 4-1 | 8 | 0.002 | 0.000 | 0.005 | 0.000 | 0.000 | 0.016 | 0.452 | 0.000 |
| [110] feature 4-2 | 8 | 0.002 | 0.000 | 0.002 | 0.000 | 0.000 | 0.006 | 0.747 | 0.005 |
| [111] feature 5 | 8 | 0.043 | 0.002 | 0.043 | 0.020 | 0.000 | 0.121 | 0.854 | 0.082 |
| [112] feature 6 | 8 | 0.245 | 0.142 | 0.377 | 0.143 | 0.000 | 1.138 | 0.718 | 0.002 |
| [113] feature 7-1 | 8 | 1.967 | 5.498 | 2.345 | 1.256 | 0.518 | 7.950 | 0.645 | 0.000 |
| [114] feature 8 | 8 | 0.022 | 0.001 | 0.036 | 0.006 | 0.000 | 0.110 | 0.674 | 0.001 |
| [115] feature 9 | 8 | 0.000 | 0.000 | 0.001 | 0.000 | 0.000 | 0.002 | 0.452 | 0.000 |
| 复合脂肪酸占比 | | 2.360 | | | | | | | |
| [116] unknown 11.543 | 8 | 0.000 | 0.000 | 0.000 | 0.000 | 0.000 | 0.000 | 1.000 | 1.000 |
| [117] unknown 11.799 | 8 | 0.000 | 0.000 | 0.000 | 0.000 | 0.000 | 0.000 | 1.000 | 1.000 |
| [118] unknown 12.484 | 8 | 0.000 | 0.000 | 0.000 | 0.000 | 0.000 | 0.000 | 1.000 | 1.000 |
| [119] unknown 13.565 | 8 | 0.000 | 0.000 | 0.000 | 0.000 | 0.000 | 0.000 | 1.000 | 1.000 |
| [120] unknown 14.263 | 8 | 0.000 | 0.000 | 0.000 | 0.000 | 0.000 | 0.000 | 1.000 | 1.000 |
| [121] unknown 14.502 | 8 | 0.000 | 0.000 | 0.000 | 0.000 | 0.000 | 0.000 | 1.000 | 1.000 |
| [122] unknown 14.959 | 8 | 0.000 | 0.000 | 0.000 | 0.000 | 0.000 | 0.000 | 1.000 | 1.000 |
| [123] unknown 15.669 | 8 | 0.000 | 0.000 | 0.000 | 0.000 | 0.000 | 0.000 | 1.000 | 1.000 |
| [124] unknown 9.531 | 8 | 0.000 | 0.000 | 0.000 | 0.000 | 0.000 | 0.000 | 1.000 | 1.000 |
| 未知脂肪酸占比 | | 0.000 | | | | | | | |

注：feature 1-1 | 13:0 3OH/15:1 iso I/H | 15:1 iso H/13:0 3OH | 15:1 iso I/13:0 3OH；feature 1-2 | 13:0 3OH/15:1 iso H | 15:1 iso H/13:0 3OH；feature 2-1 | 12:0 aldehyde ? | 14:0 3OH/16:1 iso I | 16:1 iso I/14:0 3OH| unknown 10.9525；feature 3-1 | 15:0 iso 2OH/16:1ω7c | 16:1ω7c/15 iso 2OH；feature 3-2 | 16:1ω6c/16:1ω7c | 16:1ω7c/16:1ω6c；feature 4-1 | 17:1 anteiso B/iso I | 17:1 iso I/anteiso B；feature 4-2 | 17:1 anteiso B/iso I | 17:1 iso I/anteiso B；feature 5-1 | 18:0 anteiso/18:2ω(6,9)c | 18:2ω(6,9)c/18:0 anteiso；feature 6-1 | 19:1ω11c/19:1ω9c | 19:1ω9c/19:1ω11c；feature 7-1 | cy19:0 ω10c/19ω6 | 19:1ω6c/ω7c/19cy | 19:1ω7c/19:1ω6c；feature 8-1 | 18:1ω6c | 18:1ω7c；feature 9-1 | 10 Me 16:0 | 17:1 iso ω9c

## 二、短芽胞杆菌主要脂肪酸数据矩阵构建

选择短芽胞杆菌属（*Brevibacillus*）脂肪酸生物标记含量均值高于 1%的生物标记组成主要脂肪酸数据矩阵（表 6-4-2）。选择 12 个主要脂肪酸，占了整体脂肪酸个数的 8.96%，包含 15:0 anteiso、15:0 iso、14:0 iso、16:0 iso、17:0 anteiso、16:1ω7c alcohol、c16:0、16:1ω11c、feature 4-1、17:0 iso、17:1 iso ω10c、c14:0；含量均值分别为 44.947%、26.485%、5.002%、3.706%、3.103%、2.817%、2.665%、2.117%、1.967%、1.673%、1.625%、1.072%；12 个生物标记含量均值的总和为 97.179%，占整体脂肪酸组的大部分，涵盖了脂肪酸的大部分信息，适合用于短芽胞杆菌属脂肪酸群的划分。在 12 个脂肪酸生物标记中大部分脂肪酸生物标记的 Wilks 统计量大于 0.8，种间差异不显著（$P>0.05$），表明其在短芽胞杆菌中具有属的稳定性，其余标记种间差异极显著（$P<0.01$），作为种类差异的根据。

表 6-4-2 短芽胞杆菌属主要脂肪酸数据矩阵

| 脂肪酸生物标记 | 种类数 | 含量均值/% | 方差 | 标准差 | 中位数/% | 最小值/% | 最大值/% | Wilks 系数 | *P* |
|---|---|---|---|---|---|---|---|---|---|
| 15:0 iso | 9 | 26.485 | 187.259 | 13.684 | 24.020 | 9.516 | 48.415 | 0.938 | 0.561 |
| 15:0 anteiso | 9 | 44.947 | 186.338 | 13.651 | 44.947 | 27.254 | 68.225 | 0.963 | 0.831 |
| 17:0 iso | 9 | 1.673 | 0.681 | 0.825 | 1.673 | 0.495 | 2.750 | 0.931 | 0.488 |
| 17:0 anteiso | 9 | 3.103 | 2.419 | 1.555 | 3.103 | 1.638 | 6.620 | 0.840 | 0.057 |
| 14:0 iso | 9 | 5.002 | 23.200 | 4.817 | 3.086 | 0.000 | 16.137 | 0.810 | 0.026 |
| 16:0 iso | 9 | 3.706 | 4.031 | 2.008 | 3.354 | 1.443 | 8.463 | 0.810 | 0.027 |
| 16:1ω7c alcohol | 9 | 2.817 | 0.283 | 0.532 | 2.855 | 1.708 | 3.666 | 0.933 | 0.506 |
| c16:0 | 9 | 2.665 | 0.513 | 0.716 | 2.917 | 1.400 | 3.424 | 0.909 | 0.311 |
| 16:1ω11c | 9 | 2.117 | 0.870 | 0.933 | 1.840 | 1.097 | 3.810 | 0.911 | 0.323 |
| feature 4-1 | 9 | 1.967 | 5.498 | 2.345 | 1.256 | 0.518 | 7.950 | 0.645 | 0.000 |
| 17:1 iso ω10c | 9 | 1.625 | 1.858 | 1.363 | 1.513 | 0.140 | 4.382 | 0.910 | 0.314 |
| c14:0 | 9 | 1.072 | 0.101 | 0.317 | 1.072 | 0.700 | 1.661 | 0.938 | 0.557 |
| 总和 | | 97.179 | | | | | | | |

## 三、短芽胞杆菌属的脂肪酸群

利用上述短芽胞杆菌属（*Brevibacillus*）8 种的 12 个脂肪酸生物标记构建数据矩阵，以短芽胞杆菌种类为样本，以脂肪酸生物标记为指标，数据不转换，以绝对距离为尺度，应用可变类平均法进行系统聚类，分析结果见表 6-4-3、表 6-4-4 和图 6-4-1，可将短芽胞杆菌属的 8 种分为 3 个脂肪酸群。

表 6-4-3 短芽胞杆菌属脂肪酸群划分参数的平均值

| 脂肪酸生物标记 | 脂肪酸群 I（含 3 种） | 脂肪酸群 II（含 2 种） | 脂肪酸群 III（含 3 种） |
|---|---|---|---|
| | 平均值/% | 平均值/% | 平均值/% |
| 15:0 anteiso | 30.36 | 64.23 | 46.68 |
| 15:0 iso | 42.51 | 9.65 | 21.69 |
| 14:0 iso | 2.72 | 2.30 | 9.08 |
| 16:0 iso | 2.76 | 2.63 | 5.37 |
| 17:0 anteiso | 2.61 | 4.97 | 2.35 |
| 16:1ω7c alcohol | 2.93 | 2.10 | 3.17 |
| c16:0 | 2.15 | 3.19 | 2.84 |
| 16:1ω11c | 2.73 | 2.25 | 1.42 |
| feature 4-1 | 1.45 | 4.23 | 0.97 |
| 17:0 iso | 2.28 | 1.50 | 1.18 |
| 17:1 iso ω10c | 2.97 | 1.03 | 0.68 |
| c14:0 | 0.99 | 0.94 | 1.25 |

**表 6-4-4　短芽胞杆菌属脂肪酸群划分的聚类分析**

| 脂肪酸群 | 种名 | 到中心的绝对距离（RMSTD） |
|---|---|---|
| I | *Brevibacillus agri* | 6.604 675 1 |
| I | *Brevibacillus borstelensis* | 6.155 056 1 |
| I | *Brevibacillus formosus* | 3.890 475 4 |
| 第 I 群 3 种 | 平均值 | 5.550 068 9 |
| II | *Brevibacillus brevis* | 6.382 290 8 |
| II | *Brevibacillus choshinensis* | 6.382 290 8 |
| 第 II 群 2 种 | 平均值 | 6.382 291 |
| III | *Brevibacillus centrosporus* | 10.493 191 |
| III | *Brevibacillus parabrevis* | 8.820 213 6 |
| III | *Brevibacillus reuszeri* | 2.779 120 8 |
| 第 III 群 3 种 | 平均值 | 7.364 175 |

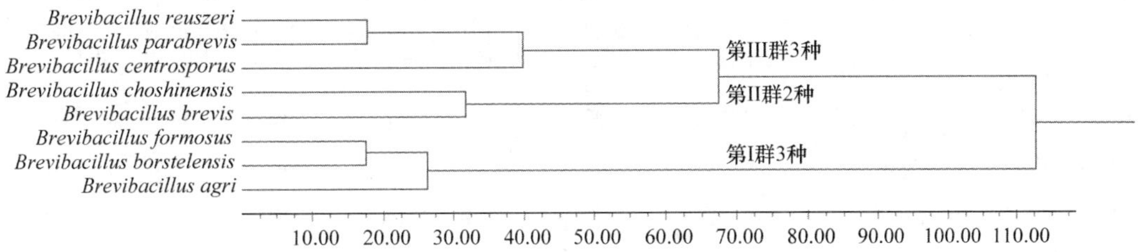


图 6-4-1　短芽胞杆菌属脂肪酸群划分的聚类分析（绝对距离）

脂肪酸群 I 定义为土壤短芽胞杆菌脂肪酸群，包含 3 种，特点为 15:0 anteiso 生物标记含量平均值低（30.36%），15:0 iso/15:0 anteiso 值为 1.40，芽胞杆菌特征脂肪酸 15:0 iso、15:0 anteiso、17:0 iso、17:0 anteiso 含量平均值分别为 42.51%、30.36%、2.28%、2.61%。

脂肪酸群 II 定义为短短芽胞杆菌脂肪酸群，包含 2 种，特点为 15:0 anteiso 生物标记含量平均值高（64.23%），15:0 iso/15:0 anteiso 值为 0.15，芽胞杆菌特征脂肪酸 15:0 iso、15:0 anteiso、17:0 iso、17:0 anteiso 含量平均值分别为 9.65%、64.23%、1.50%、4.97%。

脂肪酸群 III 定义为中胞短芽胞杆菌脂肪酸群，包含 3 种，特点为 15:0 anteiso 生物标记含量平均值中等（46.68%），15:0 iso/15:0 anteiso 值为 0.46，芽胞杆菌特征脂肪酸 15:0 iso、15:0 anteiso、17:0 iso、17:0 anteiso 含量平均值分布为 21.69%、46.68%、1.18%、2.35%。

短芽胞杆菌属脂肪酸群种类组成见表 6-4-4。脂肪酸群 I（土壤短芽胞杆菌脂肪酸群，含 3 种）与 16S rDNA 的分群趋势一致，包含的种类有土壤短芽胞杆菌（*Brevibacillus agri*）、波茨坦短芽胞杆菌（*Brevibacillus borstelensis*）、美丽短芽胞杆菌（*Brevibacillus formosus*)。

短芽胞杆菌属脂肪酸群 II（短短芽胞杆菌脂肪酸群，含 2 种）与 16S rDNA 的分群趋势大部分吻合，包含的种类有短短芽胞杆菌（*Brevibacillus brevis*）、千叶短芽胞杆菌（*Brevibacillus choshinensis*）。

短芽胞杆菌属脂肪酸群 III（中胞短芽胞杆菌脂肪酸群，含 3 种）与 16S rDNA 的分群趋势大部分吻合，包含的种类有中胞短芽胞杆菌（*Brevibacillus centrosporus*）、副短短芽胞杆菌（*Brevibacillus parabrevis*）、茹氏短芽胞杆菌（*Brevibacillus reuszeri*）。

## 四、短芽胞杆菌属脂肪酸群多样性指数

利用短芽胞杆菌属（*Brevibacillus*）8 种的 12 个脂肪酸生物标记构建数据矩阵，统计脂肪酸生物标记含量及其多样性指数包括丰富度（$R'$）、Simpson 指数（$D$）、Shannon 指数（$H_1$）、Pielou 指数（$J$）、Brillouin 指数（$H_2$）、McIntosh 指数（$H_3$），分析结果见表 6-4-5。

**表 6-4-5　类芽胞杆菌属 8 种 12 个脂肪酸生物标记的多样性指数**

| 种名 | 生物标记含量/% | 丰富度指数（$R'$） | Simpson 指数（$D$） | Shannon 指数（$H_1$） | Pielou 指数（$J$） | Brillouin 指数（$H_2$） | McIntosh 指数（$H_3$） |
|---|---|---|---|---|---|---|---|
| *Brevibacillus agri* | 93.98 | 2.42 | 0.63 | 1.37 | 0.55 | 1.78 | 0.43 |
| *Brevibacillus borstelensis* | 98.21 | 2.40 | 0.73 | 1.70 | 0.68 | 2.23 | 0.53 |
| *Brevibacillus formosus* | 97.18 | 2.40 | 0.74 | 1.75 | 0.70 | 2.27 | 0.54 |
| 脂肪酸群 I 平均值 | 96.46 | 2.41 | 0.70 | 1.61 | 0.64 | 2.09 | 0.50 |
| *Brevibacillus brevis* | 99.99 | 2.17 | 0.62 | 1.49 | 0.62 | 1.96 | 0.42 |
| *Brevibacillus choshinensis* | 98.04 | 2.40 | 0.51 | 1.22 | 0.49 | 1.59 | 0.33 |
| 脂肪酸群 II 平均值 | 99.02 | 2.29 | 0.57 | 1.36 | 0.56 | 1.78 | 0.38 |
| *Brevibacillus centrosporus* | 96.54 | 2.41 | 0.75 | 1.71 | 0.69 | 2.25 | 0.55 |
| *Brevibacillus parabrevis* | 95.20 | 2.41 | 0.65 | 1.48 | 0.59 | 1.91 | 0.45 |
| *Brevibacillus reuszeri* | 98.29 | 2.40 | 0.70 | 1.59 | 0.64 | 2.08 | 0.50 |
| 脂肪酸群 III 平均值 | 96.68 | 2.41 | 0.70 | 1.59 | 0.64 | 2.08 | 0.50 |

分析结果表明，短芽胞杆菌属脂肪酸群 I、II、III 的 12 个脂肪酸生物标记平均值分别为 96.46%、99.02%、96.68%；三群 6 个多样性指数即丰富度指数（$R'$）、Simpson 指数（$D$）、Shannon 指数（$H_1$）、Pielou 指数（$J$）、Brillouin 指数（$H_2$）、McIntosh 指数（$H_3$）作图 6-4-2，结果表明，6 个多样性指数一般规律为芽胞杆属脂肪酸群 I>脂肪酸群 III>脂肪酸群 II；如脂肪酸群 I、脂肪酸群 II、脂肪酸群 III 的 Simpson 指数（$D$）分别为 0.70、0.57、0.70；Shannon 指数（$H_1$）分别为 1.64、1.36、1.59；Pielou 指数（$J$）分别为 0.64、0.57、0.66；Brillouin 指数（$H_2$）分别为 2.09、1.78、2.08；McIntosh 指数（$H_3$）分别为 0.50、0.38、0.50；其余见图 6-4-2。

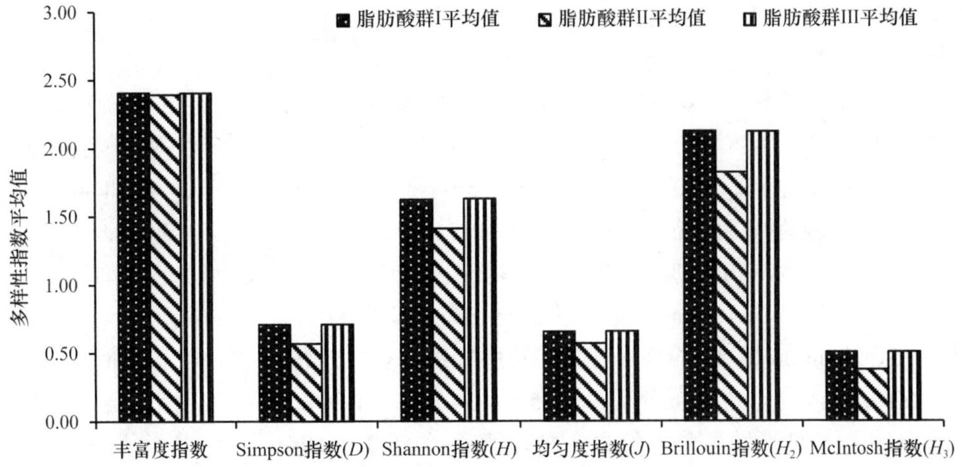


图 6-4-2　短芽胞杆菌属三群脂肪酸多样性指数的平均值

# 第五节　讨　　论

基于芽胞杆菌属（*Bacillus*）95 种 12 个脂肪酸生物标记将芽胞杆菌属分为 3 个脂肪酸群：脂肪酸群 I 定义为蜡样芽胞杆菌脂肪酸群，包含 12 种，特点为 15:0 iso 生物标记含量平均值中等（28.83%），15:0 iso/15:0 anteiso 值为 7.59，Shannon 指数（$H_1$）为 2.12；芽胞杆菌特征脂肪酸 15:0 iso、15:0 anteiso、17:0 iso、17:0 anteiso 含量平均值分别为 28.83%、3.80%、7.24%、2.37%；脂肪酸群 II 定义为凝结芽胞杆菌脂肪酸群，包含 34 种，特点为 15:0 iso 生物标记含量平均值低（11.37%），15:0 iso/15:0 anteiso 值为 0.28，Shannon 指数（$H_1$）为 1.78；芽胞杆菌特征脂肪酸 15:0 iso、15:0 anteiso、17:0 iso、17:0 anteiso 含量平均值分别为 11.37%、41.01%、3.08%、9.19%；脂肪酸群 III 定义为枯草芽胞杆菌脂肪酸群，包含 49 种，特点为 15:0 iso 生物标记含量平均值高（30.21%），15:0 iso/15:0 anteiso 值为 1.35，Shannon 指数（$H_1$）为 1.93；芽胞杆菌特征脂肪酸 15:0 iso、15:0 anteiso、17:0 iso、17:0 anteiso 含量平均值分别为 30.21%、22.23%、6.35%、7.20%。

基于类芽胞杆菌属（*Paenibacillus*）16 种 12 个脂肪酸生物标记将类芽胞杆菌属的 16 种分为 3 个脂肪酸群：脂肪酸群 I 定义为多黏类芽胞杆菌脂肪酸群，包含 7 种，特点为 15:0 anteiso 生物标记含量平均值高（53.67%），15:0 iso/15:0 anteiso 值为 0.22，Shannon 指数（$H_1$）为 1.55；芽胞杆菌特征脂肪酸 15:0 iso、15:0 anteiso、17:0 iso、17:0 anteiso 含量平均值分别为 12.23%、53.67%、2.89%、5.49%。脂肪酸群 II 定义为解淀粉类芽胞杆菌脂肪酸群，包含 6 种，特点为 15:0 anteiso 生物标记含量平均值中等（44.24%），15:0 iso/15:0 anteiso 值为 0.14，Shannon 指数（$H_1$）为 2.26；芽胞杆菌特征脂肪酸 15:0 iso、15:0 anteiso、17:0 iso、17:0 anteiso 含量平均值分别为 5.99%、44.25%、2.58%、5.65%；脂肪酸群 III 定义为浸麻类芽胞杆菌脂肪酸群，包含 3 种，特点为 15:0 anteiso 生物标记含量平均值低（34.69%），15:0 iso/15:0 anteiso 值为 0.64，Shannon 指数（$H_1$）为 1.80；

芽胞杆菌特征脂肪酸 15:0 iso、15:0 anteiso、17:0 iso、17:0 anteiso 含量平均值分别为 22.05%、34.69%、7.30%、8.56%。

基于短芽胞杆菌属（*Brevibacillus*）8 种 12 个脂肪酸生物标记可将短芽胞杆菌属分为 3 个脂肪酸群：脂肪酸群 I 定义为土壤短芽胞杆菌脂肪酸群，包含 3 种，特点为 15:0 anteiso 生物标记含量平均值低（30.36%），15:0 iso/15:0 anteiso 值为 1.40，Shannon 指数（$H_1$）为 1.64；芽胞杆菌特征脂肪酸 15:0 iso、15:0 anteiso、17:0 iso、17:0 anteiso 含量平均值分别为 42.51%、30.36%、2.28%、2.61%；脂肪酸群 II 定义为短短芽胞杆菌脂肪酸群，包含 2 种，特点为 15:0 anteiso 生物标记含量平均值高（64.23%），15:0 iso/15:0 anteiso 值为 0.15，Shannon 指数（$H_1$）为 1.36；芽胞杆菌特征脂肪酸 15:0 iso、15:0 anteiso、17:0 iso、17:0 anteiso 含量平均值分别为 9.65%、64.23%、1.50%、4.97%；脂肪酸群 III 定义为中胞短芽胞杆菌脂肪酸群，包含 3 种，特点为 15:0 anteiso 生物标记含量平均值中等（46.68%），15:0 iso/15:0 anteiso 值为 0.46，Shannon 指数（$H_1$）为 1.59；芽胞杆菌特征脂肪酸 15:0 iso、15:0 anteiso、17:0 iso、17:0 anteiso 含量平均值分别为 21.69%、46.68%、1.18%、2.35%。

芽胞杆菌属内脂肪酸群的划分，为研究芽胞杆菌的生物学、生态学、生理学适应性提供了方法。不同属的芽胞杆菌种类总是可以通过脂肪酸及其多样性指数进行群的划分，研究各群的适应性，有望揭示芽胞杆菌属内群体的生物学特性。

# 第七章　芽胞杆菌脂肪酸组种下分型

## 第一节　概　　述

同一种芽胞杆菌，分布在不同的生态环境下，会产生菌株分化，这种菌株差异积累到一定的时候，就可能形成种下分化。芽胞杆菌脂肪酸亚群的划分，就是指利用脂肪酸对同一芽胞杆菌种类的不同菌株进行分析，划分出基于脂肪酸生物标记的芽胞杆菌亚群。研究选择了芽胞杆菌类的 5 个属，即短芽胞杆菌属、地芽胞杆菌属、芽胞杆菌属、类芽胞杆菌属、枝芽胞杆菌属等，通过对这些属的 50 多个芽胞杆菌种类的 1000 多个菌株脂肪酸的测定，有的种类菌株测定数量有 200 多个，利用脂肪酸进行芽胞杆菌脂肪酸亚群的划分，试图划分出芽胞杆菌脂肪酸亚群，为进一步研究其生物学特性提供分类学依据。

## 第二节　芽胞杆菌属脂肪酸种下分型

### 一、解淀粉芽胞杆菌脂肪酸型分析

#### 1. 解淀粉芽胞杆菌脂肪酸组测定

解淀粉芽胞杆菌[*Bacillus amyloliquefaciens*（ex Fukumoto 1943）Priest et al. 1987，sp. nov.，nom. rev.]于 1987 年由 Priest 等修订。作者采集分离了 52 个解淀粉芽胞杆菌菌株，分析 12 个主要脂肪酸生物标记（组），见表 7-2-1。主要脂肪酸组约占总脂肪酸含量的

**表 7-2-1　解淀粉芽胞杆菌（*Bacillus amyloliquefaciens*）菌株主要脂肪酸组统计**

| 脂肪酸 | 菌株数 | 含量均值/% | 方差 | 标准差 | 中位数/% | 最小值/% | 最大值/% | Wilks 系数 | *P* |
|---|---|---|---|---|---|---|---|---|---|
| 15:0 iso | 52 | 28.9819 | 30.7995 | 5.5497 | 31.1100 | 13.9900 | 38.4900 | 0.8389 | 0.0000 |
| 15:0 anteiso | 52 | 35.3287 | 17.2022 | 4.1476 | 34.8750 | 21.0800 | 50.1700 | 0.8959 | 0.0003 |
| 17:0 iso | 52 | 10.5604 | 3.9974 | 1.9993 | 10.8250 | 5.6600 | 15.1800 | 0.9901 | 0.9409 |
| 17:0 anteiso | 52 | 8.6010 | 2.9345 | 1.7130 | 8.3900 | 5.1700 | 13.6600 | 0.9817 | 0.6026 |
| 16:0 iso | 52 | 4.0087 | 2.6402 | 1.6249 | 3.6050 | 1.5600 | 11.6300 | 0.8134 | 0.0000 |
| c16:0 | 52 | 4.3873 | 3.1088 | 1.7632 | 4.1350 | 1.9900 | 9.0300 | 0.9148 | 0.0012 |
| 16:1ω7c alcohol | 52 | 0.3875 | 0.0989 | 0.3145 | 0.3200 | 0.0000 | 1.3900 | 0.9077 | 0.0007 |
| 14:0 iso | 52 | 1.6840 | 0.4460 | 0.6679 | 1.4550 | 0.7600 | 4.4100 | 0.8506 | 0.0000 |
| 16:1ω11c | 52 | 1.0096 | 0.2610 | 0.5109 | 0.9300 | 0.0000 | 2.0800 | 0.9737 | 0.3006 |
| c14:0 | 52 | 0.4440 | 0.0634 | 0.2518 | 0.4250 | 0.0000 | 1.2400 | 0.9169 | 0.0014 |
| 17:1 iso ω10c | 52 | 0.7712 | 0.6382 | 0.7989 | 0.7800 | 0.0000 | 2.9200 | 0.8513 | 0.0000 |
| c18:0 | 52 | 0.7358 | 1.7324 | 1.3162 | 0.4550 | 0.0000 | 9.2500 | 0.4550 | 0.0000 |
| 总和 | | 96.9001 | | | | | | | |

96.9%，包括 15:0 anteiso、15:0 iso、16:0 iso、c16:0、17:0 anteiso、16:1ω7c alcohol、17:0 iso、14:0 iso、16:1ω11c、c14:0、17:1 iso ω10c、c18:0，主要脂肪酸组平均值分别为 35.33%、28.98%、4.01%、4.39%、8.60%、0.39%、10.56%、1.68%、1.01%、0.44%、0.77%、0.74%。

## 2. 解淀粉芽胞杆菌脂肪酸型聚类分析

以表 7-2-2 为矩阵，以菌株为样本，以脂肪酸为指标，以切比雪夫距离为尺度，用可变类平均法进行系统聚类；聚类结果见图 7-2-1。分析结果可将 52 株解淀粉芽胞杆菌分为 3 个脂肪酸型，即脂肪酸 I 型 10 个菌株，特征为到中心的切比雪夫距离为 5.2049，15:0 anteiso 平均值为 38.77%，重要脂肪酸 15:0 anteiso、15:0 iso、17:0 anteiso、17:0 iso、16:0 iso、c16:0、16:1ω7c alcohol 等平均值分别为 38.77%、31.25%、7.34%、9.13%、4.18%、2.90%、0.51%。脂肪酸 II 型 11 个菌株，特征为到中心的切比雪夫距离为 4.5996，15:0 anteiso 平均值为 35.60%；重要脂肪酸 15:0 anteiso、15:0 iso、17:0 anteiso、17:0 iso、16:0 iso、c16:0、16:1ω7c alcohol 等平均值分别为 35.60%、19.83%、10.49%、9.93%、5.99%、4.74%、0.73%。脂肪酸 III 型 31 个菌株，特征为到中心的切比雪夫距离为 1.9418，15:0 anteiso 平均值为 34.12%；重要脂肪酸 15:0 anteiso、15:0 iso、17:0 anteiso、17:0 iso、16:0 iso、c16:0、16:1ω7c alcohol 等平均值分别为 34.12%、31.50%、8.34%、11.24%、3.25%、4.74%、0.22%。

**表 7-2-2　解淀粉芽胞杆菌（*Bacillus amyloliquefaciens*）主要脂肪酸组**

| 脂肪酸型 | 菌株名称 | 15:0 anteiso | 15:0 iso | 17:0 anteiso | 17:0 iso | 16:0 iso | c16:0 | 16:1ω7c alcohol |
|---|---|---|---|---|---|---|---|---|
| I | 20110504-24h-FJAT-8754 | 40.94* | 29.99 | 6.64 | 7.59 | 5.11 | 2.37 | 0.61 |
| I | 20110505-18h-FJAT-8754 | 36.95 | 33.14 | 6.34 | 8.96 | 4.00 | 2.64 | 0.88 |
| I | 20110505-WZX36h-FJAT-8754 | 41.32 | 31.28 | 6.91 | 7.56 | 4.81 | 1.99 | 0.48 |
| I | 20110508-WZX48h-FJAT-8754 | 50.17 | 19.08 | 10.97 | 5.66 | 5.58 | 2.09 | 0.52 |
| I | 20110524-WZX28D-FJAT-8754 | 37.05 | 31.89 | 7.66 | 11.03 | 3.73 | 3.54 | 0.40 |
| I | 20110524-WZX50D-FJAT-8754 | 25.82 | 38.49 | 5.17 | 15.18 | 4.51 | 5.98 | 0.00 |
| I | 20130116-LGH-FJAT-8754-48h | 42.36 | 29.02 | 6.89 | 7.60 | 3.90 | 2.12 | 0.66 |
| I | 20130116-LGH-FJAT-8754-72h | 40.15 | 28.05 | 8.16 | 8.33 | 3.68 | 3.52 | 0.77 |
| I | LGF-FJAT-524 | 34.71 | 34.26 | 8.47 | 11.19 | 3.29 | 2.62 | 0.44 |
| I | ysj-5b-5 | 38.24 | 37.27 | 6.19 | 8.24 | 3.17 | 2.15 | 0.34 |
| 脂肪酸 I 型 10 个菌株平均值 | | 38.77 | 31.25 | 7.34 | 9.13 | 4.18 | 2.90 | 0.51 |
| II | 20110524-WZX20D-FJAT-8754 | 40.00 | 21.8 | 11.17 | 9.81 | 4.34 | 4.42 | 0.65 |
| II | 20111108-LGH-FJAT-8754 | 38.94 | 20.14 | 13.66 | 9.91 | 5.66 | 4.62 | 0.29 |
| II | 20120321-LGH-FJAT-8754 | 21.08 | 14.63 | 6.34 | 6.51 | 3.77 | 8.37 | 0.26 |
| II | 20130116-LGH-FJAT-8754 | 34.21 | 19.57 | 11.74 | 11.41 | 5.12 | 5.87 | 0.68 |
| II | 20130116-LGH-FJAT-8754 | 35.62 | 20.52 | 11.27 | 10.97 | 5.13 | 5.99 | 0.93 |
| II | 20130116-LGH-FJAT-8754 | 35.51 | 20.43 | 11.8 | 11.71 | 5.13 | 5.58 | 0.72 |
| II | FJAT-8754GLU | 39.88 | 13.99 | 10.41 | 7.22 | 11.63 | 3.38 | 1.39 |
| II | FJAT-8754LB | 39.51 | 21.86 | 9.16 | 8.23 | 6.43 | 2.63 | 0.72 |
| II | FJAT-8754NA | 38.22 | 20.49 | 10.29 | 10.06 | 7.23 | 3.26 | 1.10 |
| II | FJAT-8754NACL | 37.84 | 21.20 | 9.35 | 9.11 | 6.81 | 2.87 | 1.08 |
| II | 20110614-LGH-FJAT-13943 | 30.78 | 23.49 | 10.23 | 14.32 | 4.64 | 5.15 | 0.26 |

续表

| 脂肪酸型 | 菌株名称 | 15:0 anteiso | 15:0 iso | 17:0 anteiso | 17:0 iso | 16:0 iso | c16:0 | 16:1ω7c alcohol |
|---|---|---|---|---|---|---|---|---|
| 脂肪酸 II 型 11 个菌株平均值 | | 35.60 | 19.83 | 10.49 | 9.93 | 5.99 | 4.74 | 0.73 |
| III | 20110511-wzxjl20-FJAT-8758a | 33.61 | 34.40 | 7.740 | 12.65 | 3.32 | 3.77 | 0.00 |
| III | 20110622-LGH-FJAT-lanG | 35.01 | 30.90 | 7.530 | 11.10 | 2.53 | 6.98 | 0.00 |
| III | 20110823-LGH-FJAT-13990 | 31.12 | 31.31 | 8.01 | 12.11 | 3.65 | 4.29 | 0.37 |
| III | 20120322-LGH-FJAT-526 | 33.89 | 33.16 | 8.24 | 12.91 | 3.86 | 2.53 | 0.39 |
| III | 20130323-LGH-FJAT-4415 | 31.82 | 31.87 | 10.24 | 11.79 | 3.27 | 4.10 | 0.00 |
| III | 20130323-LGH-FJAT-4520 | 34.74 | 32.22 | 8.29 | 11.39 | 4.47 | 2.83 | 0.40 |
| III | 20131129-LGH-FJAT-4410 | 31.97 | 31.87 | 9.57 | 11.08 | 3.49 | 4.88 | 0.30 |
| III | CAAS-D59 | 34.83 | 33.57 | 7.64 | 10.50 | 2.84 | 3.77 | 0.29 |
| III | CAAS-D60 | 34.26 | 31.31 | 9.58 | 13.09 | 2.94 | 3.44 | 0.25 |
| III | CAAS-G-23 | 35.44 | 31.13 | 7.89 | 8.62 | 2.79 | 5.48 | 0.00 |
| III | CAAS-G-24 | 35.83 | 31.44 | 8.55 | 9.45 | 2.90 | 4.42 | 0.33 |
| III | CAAS-G-6 | 34.92 | 31.43 | 8.59 | 10.64 | 2.89 | 3.95 | 0.37 |
| III | CAAS-K1 | 36.53 | 34.16 | 7.30 | 11.10 | 2.85 | 2.86 | 0.29 |
| III | CAAS-K21 | 34.09 | 30.44 | 9.31 | 10.67 | 3.09 | 5.08 | 0.19 |
| III | CAAS-Q-112 | 33.71 | 31.09 | 9.18 | 11.79 | 2.99 | 3.92 | 0.27 |
| III | CAAS-Q12 | 34.54 | 29.97 | 9.52 | 11.53 | 2.70 | 4.33 | 0.29 |
| III | CAAS-Q20 | 34.28 | 31.67 | 8.08 | 9.55 | 2.68 | 5.04 | 0.34 |
| III | CAAS-Q21 | 35.90 | 32.25 | 8.70 | 9.88 | 2.91 | 4.03 | 0.30 |
| III | CAAS-Q22 | 34.66 | 31.13 | 8.57 | 9.68 | 2.93 | 5.26 | 0.00 |
| III | CAAS-Q28 | 35.05 | 30.54 | 8.30 | 8.96 | 2.78 | 5.21 | 0.27 |
| III | CAAS-Q30 | 35.35 | 31.56 | 8.81 | 10.24 | 2.84 | 4.17 | 0.36 |
| III | CAAS-Q4 | 34.59 | 30.30 | 9.30 | 10.55 | 3.06 | 4.91 | 0.25 |
| III | FJAT-201 | 33.59 | 32.73 | 5.62 | 11.14 | 4.32 | 8.29 | 0.00 |
| III | FJAT-239801 | 33.52 | 31.39 | 9.15 | 13.37 | 1.87 | 2.91 | 0.19 |
| III | FJAT-25308 | 33.01 | 30.25 | 7.74 | 12.23 | 3.56 | 4.19 | 0.48 |
| III | FJAT-25309 | 31.69 | 30.33 | 7.09 | 11.34 | 3.32 | 4.51 | 0.57 |
| III | gcb-871 | 35.03 | 30.15 | 9.88 | 12.95 | 3.80 | 3.57 | 0.00 |
| III | shida-30-2 | 33.53 | 30.53 | 8.07 | 12.51 | 1.56 | 7.55 | 0.16 |
| III | ST-4812 | 32.68 | 28.48 | 8.06 | 13.69 | 5.81 | 9.03 | 0.00 |
| III | wgf-201 | 32.78 | 32.04 | 5.57 | 11.35 | 5.21 | 8.80 | 0.00 |
| III | YSJ-7A-5 | 35.82 | 32.85 | 8.31 | 10.68 | 3.55 | 2.88 | 0.31 |
| 脂肪酸 III 型 31 个菌株平均值 | | 34.12 | 31.50 | 8.34 | 11.24 | 3.25 | 4.74 | 0.22 |

| 脂肪酸型 | 菌株名称 | 14:0 iso | 16:1ω11c | c14:0 | 17:1 iso ω10c | c18:0 | 到中心的切比雪夫距离 |
|---|---|---|---|---|---|---|---|
| I | 20110504-24h-FJAT-8754 | 3.14 | 0.88 | 0.41 | 1.24 | 0.00 | 3.36 |
| I | 20110505-18h-FJAT-8754 | 2.38 | 1.40 | 0.37 | 1.78 | 0.00 | 3.04 |
| I | 20110505-WZX36h-FJAT-8754 | 2.65 | 0.45 | 0.35 | 1.12 | 0.00 | 3.26 |
| I | 20110508-WZX48h-FJAT-8754 | 2.21 | 0.00 | 0.00 | 0.78 | 0.00 | 17.51 |
| I | 20110524-WZX28D-FJAT-8754 | 1.76 | 0.77 | 0.43 | 1.02 | 0.00 | 2.82 |
| I | 20110524-WZX50D-FJAT-8754 | 2.81 | 0.00 | 1.01 | 0.00 | 0.37 | 16.55 |

续表

| 脂肪酸型 | 菌株名称 | 14:0 iso | 16:1ω11c | c14:0 | 17:1 iso ω10c | c18:0 | 到中心的切比雪夫距离 |
|---|---|---|---|---|---|---|---|
| I | 20130116-LGH-FJAT-8754-48h | 2.20 | 0.71 | 0.37 | 1.69 | 0.00 | 4.63 |
| I | 20130116-LGH-FJAT-8754-72h | 1.73 | 0.72 | 0.00 | 2.43 | 0.00 | 4.03 |
| I | LGF-FJAT-524 | 1.32 | 0.78 | 0.24 | 1.12 | 0.16 | 5.73 |
| I | ysj-5b-5 | 1.91 | 0.51 | 0.33 | 0.00 | 0.00 | 6.45 |
| 脂肪酸 I 型 10 个菌株平均值 | | 2.21 | 0.62 | 0.35 | 1.12 | 0.05 | RMSTD=5.2049 |
| II | 20110524-WZX20D-FJAT-8754 | 1.68 | 1.56 | 0.45 | 1.34 | 0.63 | 5.32 |
| II | 20111108-LGH-FJAT-8754 | 1.53 | 0.48 | 0.42 | 0.82 | 1.33 | 4.75 |
| II | 20120321-LGH-FJAT-8754 | 1.28 | 0.46 | 0.64 | 1.00 | 9.25 | 18.53 |
| II | 20130116-LGH-FJAT-8754 | 1.56 | 1.35 | 0.57 | 1.38 | 1.58 | 2.87 |
| II | 20130116-LGH-FJAT-8754 | 1.95 | 1.50 | 0.51 | 1.51 | 1.00 | 2.31 |
| II | 20130116-LGH-FJAT-8754 | 1.75 | 1.43 | 0.51 | 1.56 | 1.34 | 2.69 |
| II | FJAT-8754GLU | 4.41 | 0.69 | 0.34 | 1.15 | 0.50 | 10.04 |
| II | FJAT-8754LB | 2.50 | 0.51 | 0.26 | 1.22 | 0.62 | 5.51 |
| II | FJAT-8754NA | 2.48 | 1.08 | 0.27 | 2.12 | 0.42 | 3.70 |
| II | FJAT-8754NACL | 2.75 | 0.95 | 0.34 | 1.89 | 0.45 | 3.93 |
| II | 20110614-LGH-FJAT-13943 | 1.40 | 0.62 | 1.13 | 0.67 | 1.61 | 7.72 |
| 脂肪酸 II 型 11 个菌株平均值 | | 2.12 | 0.97 | 0.49 | 1.33 | 1.70 | RMSTD=4.5996 |
| III | 20110511-wzxjl20-FJAT-8758a | 1.47 | 1.09 | 0.41 | 1.55 | 0.00 | 3.69 |
| III | 20110622-LGH-FJAT-lanG | 1.25 | 0.91 | 1.24 | 0.78 | 0.59 | 2.86 |
| III | 20110823-LGH-FJAT-13990 | 1.43 | 0.70 | 0.46 | 1.52 | 1.83 | 3.62 |
| III | 20120322-LGH-FJAT-526 | 1.44 | 0.61 | 0.24 | 1.29 | 0.27 | 3.47 |
| III | 20130323-LGH-FJAT-4415 | 1.32 | 0.41 | 0.53 | 0.67 | 0.86 | 3.24 |
| III | 20130323-LGH-FJAT-4520 | 1.70 | 0.61 | 0.28 | 1.01 | 0.33 | 2.63 |
| III | 20131129-LGH-FJAT-4410 | 1.36 | 0.52 | 0.54 | 0.87 | 1.27 | 2.72 |
| III | CAAS-D59 | 1.19 | 1.16 | 0.36 | 0.00 | 0.18 | 2.72 |
| III | CAAS-D60 | 1.07 | 0.87 | 0.30 | 0.00 | 0.25 | 2.71 |
| III | CAAS-G-23 | 1.30 | 1.69 | 0.66 | 0.00 | 1.24 | 3.27 |
| III | CAAS-G-24 | 1.40 | 1.65 | 0.52 | 0.00 | 0.63 | 2.62 |
| III | CAAS-G-6 | 1.13 | 1.16 | 0.74 | 0.00 | 0.91 | 1.51 |
| III | CAAS-K1 | 1.16 | 0.75 | 0.28 | 0.00 | 0.24 | 4.27 |
| III | CAAS-K21 | 1.33 | 1.05 | 0.46 | 0.00 | 0.87 | 1.68 |
| III | CAAS-Q-112 | 1.13 | 1.08 | 0.57 | 0.00 | 0.62 | 1.54 |
| III | CAAS-Q12 | 1.02 | 1.35 | 0.47 | 0.00 | 0.60 | 2.20 |
| III | CAAS-Q20 | 1.17 | 1.82 | 0.54 | 0.00 | 0.87 | 2.05 |
| III | CAAS-Q21 | 1.23 | 1.52 | 0.40 | 0.00 | 0.00 | 2.66 |
| III | CAAS-Q22 | 1.15 | 1.53 | 0.57 | 0.00 | 1.34 | 2.07 |
| III | CAAS-Q28 | 1.22 | 1.68 | 0.51 | 0.00 | 1.00 | 2.85 |
| III | CAAS-Q30 | 1.19 | 1.54 | 0.45 | 0.00 | 0.43 | 1.92 |
| III | CAAS-Q4 | 1.19 | 1.50 | 0.48 | 0.00 | 0.85 | 1.88 |
| III | FJAT-201 | 2.29 | 2.02 | 0.00 | 0.00 | 0.00 | 5.04 |

续表

| 脂肪酸型 | 菌株名称 | 14:0 iso | 16:1ω11c | c14:0 | 17:1 iso ω10c | c18:0 | 到中心的切比雪夫距离 |
|---|---|---|---|---|---|---|---|
| III | FJAT-239801 | 0.85 | 1.03 | 0.27 | 2.92 | 0.20 | 4.17 |
| III | FJAT-25308 | 1.47 | 0.90 | 0.55 | 1.69 | 0.99 | 2.52 |
| III | FJAT-25309 | 1.52 | 1.00 | 0.69 | 1.96 | 1.80 | 3.58 |
| III | gcb-871 | 1.42 | 0.75 | 0.42 | 0.00 | 0.46 | 3.17 |
| III | shida-30-2 | 0.76 | 1.85 | 0.84 | 0.00 | 0.37 | 3.87 |
| III | ST-4812 | 2.25 | 0.00 | 0.00 | 0.00 | 0.00 | 6.72 |
| III | wgf-201 | 2.17 | 2.08 | 0.00 | 0.00 | 0.00 | 5.70 |
| III | YSJ-7A-5 | 1.59 | 0.82 | 0.36 | 0.00 | 0.00 | 3.06 |
| 脂肪酸 III 型 31 个菌株平均值 | | 1.36 | 1.15 | 0.46 | 0.46 | 0.61 | RMSTD=1.9418 |

*脂肪酸含量单位为%

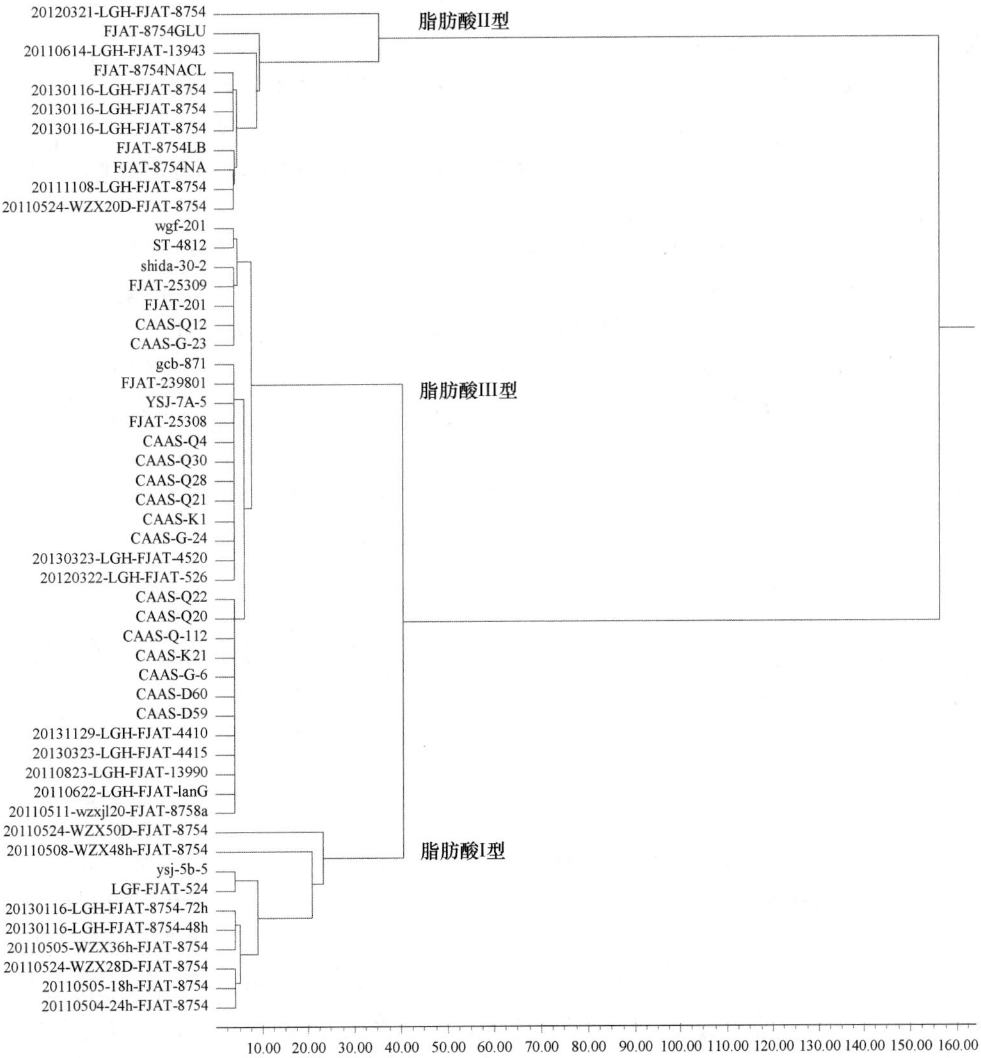


图 7-2-1　解淀粉芽胞杆菌（*Bacillus amyloliquefaciens*）脂肪酸型聚类分析（切比雪夫距离）

## 3. 解淀粉芽胞杆菌脂肪酸型判别模型建立

（1）分析原理。不同的解淀粉芽胞杆菌菌株具有不同的脂肪酸组构成，通过上述聚类分析，可将解淀粉芽胞杆菌菌株分为 3 类，利用逐步判别的方法（DPS 软件），建立解淀粉芽胞杆菌脂肪酸型判别模型，在建立模型的过程中，可以了解各因子对类别划分的重要性。

（2）数据矩阵。以表 7-2-2 的解淀粉芽胞杆菌 52 个菌株的 12 个脂肪酸为矩阵，自变量 $x_{ij}$（$i$=1,…,52；$j$=1,…,12）由 52 个菌株的 12 个脂肪酸组成，因变量 $Y_i$（$i$=1,…,52）由 52 个菌株聚类类别组成脂肪酸型，采用贝叶斯逐步判别分析，建立解淀粉芽胞杆菌脂肪酸型判别模型。脂肪酸型类别间统计检验见表 7-2-3，模型计算后的分类验证和后验概率见表 7-2-4，脂肪酸型判别效果矩阵分析见表 7-2-5。建立的逐步判别分析因子筛选表明，以下 7 个因子入选，它们分别是 $x_{(1)}$=15:0 anteiso、$x_{(2)}$ =15:0 iso、$x_{(3)}$ =17:0 anteiso、$x_{(5)}$ =16:0 iso、$x_{(6)}$ =c16:0、$x_{(8)}$ =14:0 iso、$x_{(9)}$ =16:1ω11c，表明这些因子对脂肪酸型的判别具有贡献。判别模型如下：

$$Y_1=-194.8233+3.6486x_{(1)}+6.3945x_{(2)}+0.3412x_{(3)}+4.088x_{(5)}-9.1391x_{(6)}+10.3814x_{(8)}-2.1648x_{(9)} \quad (7\text{-}2\text{-}1)$$

$$Y_2=-142.9022+2.0192x_{(1)}+5.0822x_{(2)}+7.7733x_{(3)}+6.5012x_{(5)}-6.5477x_{(6)}-1.4079x_{(8)}+6.3759x_{(9)} \quad (7\text{-}2\text{-}2)$$

$$Y_3=-182.5183+3.057x_{(1)}+6.4789x_{(2)}+6.9854x_{(3)}+4.4694x_{(5)}-13.5949x_{(6)}-3.5217x_{(8)}+3.9366x_{(9)} \quad (7\text{-}2\text{-}3)$$

式中，$x_{(1)}$为 15:0 anteiso；$x_{(2)}$为 15:0 iso；$x_{(3)}$为 17:0 anteiso；$x_{(5)}$为 16:0 iso；$x_{(6)}$为 c16:0；$x_{(8)}$为 14:0 iso；$x_{(9)}$为 16:1ω11c。脂肪酸型两两类别间统计检验表明类别间差异显著（表 7-2-3）。芽胞杆菌酸碱适应性逐步判别方程两两分类间判别效果检验结果表明（表 7-2-3），类别 1 和 2 的切比雪夫距离为 45.8550，$F$ 值检验为 30.1117，显著性检验极显著（$P$<0.01）；类别 1 和 3 的切比雪夫距离为 13.3115，$F$ 值检验为 12.6178，显著性检验极显著（$P$<0.01）；类别 2 和 3 的切比雪夫距离为 26.0497，$F$ 值检验为 26.5145，显著性检验极显著（$P$<0.01）。

**表 7-2-3　解淀粉芽胞杆菌（*Bacillus amyloliquefaciens*）脂肪酸型两两类别间判别效果检验**

| 脂肪酸型 $i$ | 脂肪酸型 $j$ | 切比雪夫距离 | $F$ 值 | 自由度 $V_1$ | $V_2$ | $P$ |
|---|---|---|---|---|---|---|
| I | II | 45.8550 | 30.1117 | 7 | 13 | $4.751\times10^{-7}$ |
| I | III | 13.3115 | 12.6178 | 7 | 33 | $1.000\times10^{-7}$ |
| II | III | 26.0497 | 26.5145 | 7 | 34 | $1.000\times10^{-7}$ |

判别模型分类验证表明，对脂肪酸 I 型判错 2 列，判对概率为 0.8（表 7-2-4）；脂肪酸 II 型的判对概率为 1.0；脂肪酸 III 型的判对概率为 1.0；整个方程的判对概率为 0.961 54，能够精确地识别脂肪酸型（表 7-2-5）。在应用时，对被测芽胞杆菌测定脂肪酸组，将 $x_{(1)}$=15:0 anteiso、$x_{(2)}$=15:0 iso、$x_{(3)}$=17:0 anteiso、$x_{(5)}$=16:0 iso、$x_{(6)}$=c16:0、$x_{(8)}$=14:0 iso、$x_{(9)}$=16:1ω11c 的脂肪酸百分比带入方程，计算 $Y$ 值，当 $Y_1<Y<Y_2$ 时，该芽胞杆菌酸碱适应性为脂肪酸 I 型；当 $Y_2<Y<Y_3$ 时，属于脂肪酸 II 型；当 $Y>Y_3$ 时，属于脂肪酸 III 型。

**表 7-2-4　解淀粉芽胞杆菌（*Bacillus amyloliquefaciens*）模型计算后的分类验证和后验概率**

| 菌株名称 | 原分类 | 计算分类 | 后验概率 | 菌株名称 | 原分类 | 计算分类 | 后验概率 |
|---|---|---|---|---|---|---|---|
| 20110504-24h-FJAT-8754 | 1 | 1 | 1.0000 | 20130323-LGH-FJAT-4520 | 3 | 3 | 0.9988 |
| 20110505-18h-FJAT-8754 | 1 | 1 | 0.9940 | 20131129-LGH-FJAT-4410 | 3 | 3 | 0.9990 |
| 20110505-WZX36h-FJAT-8754 | 1 | 1 | 1.0000 | CAAS-D59 | 3 | 3 | 0.9988 |
| 20110508-WZX48h-FJAT-8754 | 1 | 1 | 0.9984 | CAAS-D60 | 3 | 3 | 0.9998 |
| 20110524-WZX28D-FJAT-8754 | 1 | 3* | 0.5883 | CAAS-G-23 | 3 | 3 | 0.9999 |
| 20110524-WZX50D-FJAT-8754 | 1 | 1 | 0.9967 | CAAS-G-24 | 3 | 3 | 0.9986 |
| 20130116-LGH-FJAT-8754-48h | 1 | 1 | 0.9999 | CAAS-G-6 | 3 | 3 | 0.9995 |
| 20130116-LGH-FJAT-8754-72h | 1 | 1 | 0.9701 | CAAS-K1 | 3 | 3 | 0.9729 |
| LGF-FJAT-524 | 1 | 3* | 0.9952 | CAAS-K21 | 3 | 3 | 0.9991 |
| ysj-5b-5 | 1 | 1 | 0.9995 | CAAS-Q-112 | 3 | 3 | 0.9999 |
| 20110524-WZX20D-FJAT-8754 | 2 | 2 | 0.9907 | CAAS-Q12 | 3 | 3 | 0.9999 |
| 20111108-LGH-FJAT-8754 | 2 | 2 | 0.9998 | CAAS-Q20 | 3 | 3 | 1.0000 |
| 20120321-LGH-FJAT-8754 | 2 | 2 | 1.0000 | CAAS-Q21 | 3 | 3 | 0.9998 |
| 20130116-LGH-FJAT-8754 | 2 | 2 | 1.0000 | CAAS-Q22 | 3 | 3 | 1.0000 |
| 20130116-LGH-FJAT-8754 | 2 | 2 | 1.0000 | CAAS-Q28 | 3 | 3 | 0.9999 |
| 20130116-LGH-FJAT-8754 | 2 | 2 | 1.0000 | CAAS-Q30 | 3 | 3 | 0.9998 |
| FJAT-8754GLU | 2 | 2 | 1.0000 | CAAS-Q4 | 3 | 3 | 1.0000 |
| FJAT-8754LB | 2 | 2 | 0.9079 | FJAT-201 | 3 | 3 | 0.9995 |
| FJAT-8754NA | 2 | 2 | 1.0000 | FJAT-239801 | 3 | 3 | 0.9969 |
| FJAT-8754NACL | 2 | 2 | 0.9999 | FJAT-25308 | 3 | 3 | 0.9975 |
| 20110614-LGH-FJAT-13943 | 2 | 2 | 0.9898 | FJAT-25309 | 3 | 3 | 0.9883 |
| 20110511-wzxjl20-FJAT-8758a | 3 | 3 | 0.9995 | gcb-871 | 3 | 3 | 0.9999 |
| 20110622-LGH-FJAT-lanG | 3 | 3 | 0.9603 | shida-30-2 | 3 | 3 | 0.9999 |
| 20110823-LGH-FJAT-13990 | 3 | 3 | 0.9995 | ST-4812 | 3 | 3 | 0.9989 |
| 20120322-LGH-FJAT-526 | 3 | 3 | 0.9990 | wgf-201 | 3 | 3 | 1.0000 |
| 20130323-LGH-FJAT-4415 | 3 | 3 | 0.9992 | YSJ-7A-5 | 3 | 3 | 0.9640 |

*为判错

**表 7-2-5　解淀粉芽胞杆菌（*Bacillus amyloliquefaciens*）脂肪酸型判别效果矩阵分析**

| 来自＼判为 | 第 I 型 | 第 II 型 | 第 III 型 | 小计 | 正确率 |
|---|---|---|---|---|---|
| 第 I 型 | 8 | 0 | 2 | 10 | 0.8 |
| 第 II 型 | 0 | 11 | 0 | 11 | 1 |
| 第 III 型 | 0 | 0 | 31 | 31 | 1 |

注：判对的概率=0.961 54

## 二、萎缩芽胞杆菌脂肪酸型分析

### 1. 萎缩芽胞杆菌脂肪酸组测定

萎缩芽胞杆菌（*Bacillus atrophaeus* Nakamura 1989，sp. nov.）于 1989 年由 Nakamura

发表。作者采集分离了 185 个萎缩芽胞杆菌菌株，分析主要脂肪酸组，见表 7-2-6。主要脂肪酸组 12 个，占总脂肪酸含量的 96.64%，包括 15:0 anteiso、15:0 iso、16:0 iso、c16:0、17:0 anteiso、16:1ω7c alcohol、17:0 iso、14:0 iso、16:1ω11c、c14:0、17:1 iso ω10c、c18:0，主要脂肪酸组平均值分别为 43.5103%、16.2783%、5.5235%、3.9874%、14.7006%、0.4758%、7.3842%、1.6527%、0.7574%、0.3927%、1.0746%、0.9040%。

表 7-2-6 萎缩芽胞杆菌（*Bacillus atrophaeus*）菌株主要脂肪酸组统计

| 脂肪酸 | 菌株数 | 含量均值/% | 方差 | 标准差 | 中位数/% | 最小值/% | 最大值/% | Wilks 系数 | *P* |
|---|---|---|---|---|---|---|---|---|---|
| 15:0 anteiso | 185 | 43.5103 | 14.0908 | 3.7538 | 43.5500 | 34.7700 | 53.6000 | 0.9893 | 0.1786 |
| 15:0 iso | 185 | 16.2783 | 21.1874 | 4.6030 | 16.0150 | 5.1400 | 40.2500 | 0.9588 | 0.0000 |
| 16:0 iso | 185 | 5.5235 | 2.1790 | 1.4762 | 5.5300 | 0.0000 | 13.1300 | 0.9535 | 0.0000 |
| c16:0 | 185 | 3.9874 | 3.8127 | 1.9526 | 3.6000 | 0.0000 | 10.6700 | 0.9310 | 0.0000 |
| 17:0 anteiso | 185 | 14.7006 | 10.5965 | 3.2552 | 14.6850 | 3.6400 | 22.5800 | 0.9941 | 0.6677 |
| 16:1ω7c alcohol | 185 | 0.4758 | 0.1625 | 0.4031 | 0.4400 | 0.0000 | 1.8000 | 0.9221 | 0.0000 |
| 17:0 iso | 185 | 7.3842 | 2.2631 | 1.5044 | 7.4100 | 3.0400 | 10.9800 | 0.9933 | 0.5615 |
| 14:0 iso | 185 | 1.6527 | 0.4034 | 0.6351 | 1.6450 | 0.0000 | 4.3300 | 0.9282 | 0.0000 |
| 16:1ω11c | 185 | 0.7574 | 0.3934 | 0.6272 | 0.6600 | 0.0000 | 3.7100 | 0.8728 | 0.0000 |
| c14:0 | 185 | 0.3927 | 0.1547 | 0.3934 | 0.3100 | 0.0000 | 2.1500 | 0.8526 | 0.0000 |
| 17:1 iso ω10c | 185 | 1.0746 | 0.6177 | 0.7860 | 1.0750 | 0.0000 | 3.1900 | 0.9452 | 0.0000 |
| c18:0 | 185 | 0.9040 | 1.2935 | 1.1373 | 0.5900 | 0.0000 | 9.0400 | 0.7129 | 0.0000 |
| 总和 | | 96.6415 | | | | | | | |

## 2. 萎缩芽胞杆菌脂肪酸型聚类分析

以表 7-2-7 为矩阵，以菌株为样本，以脂肪酸为指标，以切比雪夫距离为尺度，用可变类平均法进行系统聚类；聚类结果见图 7-2-2。分析结果可将 185 株萎缩芽胞杆菌分为 3 个脂肪酸型，即脂肪酸 I 型 64 个菌株，特征为到中心的切比雪夫距离为 2.8263，15:0 anteiso 平均值为 43.12%，重要脂肪酸 15:0 anteiso、15:0 iso、17:0 anteiso、17:0 iso、16:0 iso、c16:0、16:1ω7c alcohol 等平均值分别为 43.12%、20.61%、11.86%、7.39%、5.21%、3.65%、0.54%。脂肪酸 II 型 72 个菌株，特征为到中心的切比雪夫距离为 3.1564，15:0 anteiso 平均值为 46.44%；重要脂肪酸 15:0 anteiso、15:0 iso、17:0 anteiso、17:0 iso、16:0 iso、c16:0、16:1ω7c alcohol 等平均值分别为 46.44%、14.60%、15.81%、6.98%、5.39%、3.23%、0.54%。脂肪酸 III 型 49 个菌株，特征为到中心的切比雪夫距离为 3.3708，15:0 anteiso 平均值为 39.86%；重要脂肪酸 15:0 anteiso、15:0 iso、17:0 anteiso、17:0 iso、16:0 iso、c16:0、16:1ω7c alcohol 等平均值分别为 39.86%、12.59%、17.01%、8.05%、6.21%、5.50%、0.30%。

表 7-2-7 萎缩芽胞杆菌（*Bacillus atrophaeus*）菌株主要脂肪酸组

| 型 | 菌株名称 | 15:0 anteiso | 15:0 iso | 17:0 anteiso | 17:0 iso | 16:0 iso | c16:0 | 16:1ω7c alcohol |
|---|---|---|---|---|---|---|---|---|
| I | 20101210-WZX-FJAT-11678 | 44.67* | 22.92 | 13.46 | 7.21 | 5.21 | 2.93 | 0.08 |
| I | 20101221-WZX-FJAT-10693 | 39.51 | 18.33 | 12.15 | 10.83 | 7.71 | 2.36 | 0.72 |

续表

| 型 | 菌株名称 | 15:0 anteiso | 15:0 iso | 17:0 anteiso | 17:0 iso | 16:0 iso | c16:0 | 16:1ω7c alcohol |
|---|---|---|---|---|---|---|---|---|
| I | 20101221-WZX-FJAT-10712 | 46.35 | 20.26 | 11.96 | 8.65 | 5.70 | 2.08 | 0.49 |
| I | 20101221-WZX-FJAT-10878 | 45.21 | 19.83 | 11.87 | 7.01 | 7.55 | 1.99 | 0.64 |
| I | 20101221-WZX-FJAT-10892 | 43.37 | 17.50 | 13.01 | 8.09 | 6.28 | 1.74 | 1.38 |
| I | 20101221-WZX-FJAT-10966 | 43.87 | 20.24 | 14.12 | 9.13 | 6.15 | 2.00 | 0.27 |
| I | 20110104-WZX-FJAT-10983 | 43.79 | 19.05 | 12.90 | 9.87 | 6.38 | 1.95 | 0.71 |
| I | 20110225-SDG-FJAT-11067 | 44.31 | 21.24 | 12.96 | 8.79 | 4.11 | 3.95 | 0.00 |
| I | 20110311-SDG-FJAT-10922 | 44.62 | 20.15 | 14.04 | 7.94 | 3.82 | 2.69 | 0.45 |
| I | 20110520-LGH-FJAT-13832 | 44.00 | 18.38 | 12.89 | 9.01 | 6.02 | 2.75 | 0.70 |
| I | 20110524-WZX48h-FJAT-8785 | 46.62 | 24.42 | 9.70 | 7.87 | 4.69 | 2.24 | 0.00 |
| I | 2011053-WZX18h-FJAT-8785 | 42.20 | 21.08 | 10.92 | 9.37 | 5.91 | 3.60 | 0.00 |
| I | 20110601-LGH-FJAT-13896 | 42.90 | 19.33 | 12.76 | 7.21 | 5.64 | 3.86 | 0.67 |
| I | 20110603-WZX72h-FJAT-8785 | 45.46 | 23.59 | 10.39 | 8.73 | 3.89 | 2.76 | 0.00 |
| I | 20110609-WZX20D-FJAT-8784 | 42.27 | 19.11 | 10.19 | 8.48 | 3.69 | 5.56 | 0.75 |
| I | 20110622-LGH-FJAT-13394 | 42.34 | 21.88 | 11.29 | 6.73 | 7.02 | 3.18 | 0.34 |
| I | 20110622-LGH-FJAT-13396 | 41.17 | 17.69 | 14.55 | 9.37 | 5.76 | 3.63 | 0.36 |
| I | 20110622-LGH-FJAT-13403 | 43.08 | 19.54 | 13.17 | 9.23 | 5.76 | 2.67 | 0.34 |
| I | 20110622-LGH-FJAT-13420 | 43.08 | 19.47 | 13.51 | 7.81 | 5.56 | 2.47 | 0.54 |
| I | 20110622-LGH-FJAT-13435 | 44.01 | 19.81 | 11.92 | 4.99 | 5.91 | 3.51 | 0.94 |
| I | 20110705-LGH-FJAT-13465 | 41.57 | 18.36 | 12.87 | 5.39 | 4.13 | 3.94 | 0.81 |
| I | 20110705-LGH-FJAT-13505 | 41.34 | 18.22 | 12.89 | 7.85 | 5.16 | 3.26 | 0.57 |
| I | 20110705-LGH-FJAT-13543 | 41.39 | 21.12 | 10.30 | 6.17 | 4.71 | 4.89 | 0.29 |
| I | 20110707-LGH-FJAT-13580 | 39.69 | 17.25 | 12.27 | 5.40 | 4.80 | 7.44 | 0.48 |
| I | 20110707-LGH-FJAT-13587 | 38.59 | 20.39 | 12.18 | 8.43 | 5.99 | 4.06 | 0.94 |
| I | 20110707-LGH-FJAT-13599 | 41.48 | 16.70 | 12.62 | 5.81 | 5.88 | 4.54 | 0.84 |
| I | 20110707-LGH-FJAT-4430 | 37.77 | 18.36 | 7.87 | 6.32 | 6.27 | 7.14 | 1.13 |
| I | 20110823-TXN-FJAT-14152 | 43.30 | 17.22 | 12.51 | 5.85 | 3.76 | 3.00 | 0.29 |
| I | 20110826-LGH-FJAT-C3（H3） | 42.14 | 20.68 | 12.02 | 6.84 | 7.15 | 4.74 | 0.00 |
| I | 20111108-LGH-FJAT-14684 | 42.77 | 18.76 | 11.84 | 9.26 | 6.62 | 4.57 | 0.13 |
| I | 20130111-CYP-FJAT-17109 | 41.28 | 17.81 | 12.23 | 8.85 | 5.61 | 6.08 | 0.51 |
| I | 20130129-ZMX-FJAT-17700 | 43.19 | 20.19 | 10.83 | 5.95 | 5.41 | 3.44 | 0.81 |
| I | 20130129-ZMX-FJAT-17724 | 43.25 | 20.95 | 12.05 | 6.86 | 5.54 | 2.87 | 0.64 |
| I | 20130129-ZMX-FJAT-17728 | 44.03 | 18.35 | 13.39 | 6.72 | 5.23 | 3.58 | 0.58 |
| I | 20130327-TXN-FJAT-16663 | 39.96 | 13.41 | 11.35 | 7.22 | 5.21 | 8.58 | 0.89 |
| I | 20130328-II-FJAT-16776 | 40.80 | 20.90 | 14.60 | 6.20 | 4.10 | 4.09 | 0.97 |
| I | 20130328-II-FJAT-16777-1 | 37.15 | 19.89 | 15.30 | 6.59 | 4.27 | 5.60 | 0.77 |
| I | 20130328-II-FJAT-16786 | 39.17 | 21.18 | 13.70 | 6.12 | 4.00 | 5.18 | 1.09 |
| I | 20130329-II-FJAT-16783 | 43.38 | 22.33 | 13.17 | 6.12 | 4.12 | 5.13 | 0.44 |
| I | 20130329-II-FJAT-16787 | 41.27 | 19.32 | 12.51 | 5.03 | 4.27 | 7.59 | 0.63 |
| I | 20130329-II-FJAT-16805 | 42.45 | 17.09 | 12.44 | 4.62 | 4.09 | 7.52 | 0.53 |
| I | 20131129-LGH-FJAT-4499 | 43.09 | 19.76 | 11.93 | 6.86 | 5.69 | 3.32 | 0.83 |

续表

| 型 | 菌株名称 | 15:0 anteiso | 15:0 iso | 17:0 anteiso | 17:0 iso | 16:0 iso | c16:0 | 16:1ω7c alcohol |
|---|---|---|---|---|---|---|---|---|
| I | 20131129-LGH-FJAT-4564 | 45.08 | 23.74 | 10.26 | 5.34 | 4.68 | 3.24 | 0.83 |
| I | 2013122-LGH-FJAT-4582 | 45.08 | 19.79 | 12.98 | 7.13 | 5.48 | 2.55 | 0.73 |
| I | 20140506-ZMX-FJAT-19711 | 46.07 | 23.46 | 7.18 | 4.68 | 5.50 | 2.46 | 0.90 |
| I | FJAT-8755NA | 45.15 | 21.80 | 9.37 | 7.15 | 4.24 | 2.13 | 0.80 |
| I | FJAT-8755NA | 45.29 | 21.87 | 9.43 | 7.20 | 4.30 | 2.28 | 0.80 |
| I | FJAT-8755NACL | 44.28 | 21.31 | 10.16 | 7.77 | 4.35 | 1.97 | 0.77 |
| I | FJAT-8755NACL | 44.41 | 21.37 | 10.17 | 7.78 | 4.38 | 2.02 | 0.79 |
| I | LGF-20100809-FJAT-8764 | 40.01 | 19.54 | 13.26 | 9.47 | 6.32 | 3.66 | 0.81 |
| I | LGF-FJAT-8764 | 40.54 | 19.75 | 13.49 | 9.30 | 6.30 | 3.60 | 0.80 |
| I | LGH-FJAT-1 | 44.18 | 24.58 | 9.99 | 7.06 | 5.51 | 2.47 | 0.28 |
| I | LGH-FJAT-4403 | 41.95 | 22.36 | 9.13 | 7.63 | 5.17 | 2.23 | 0.83 |
| I | LGH-FJAT-4470 | 45.25 | 21.29 | 11.30 | 7.01 | 5.23 | 2.05 | 0.93 |
| I | LGH-FJAT-4483 | 45.89 | 25.58 | 8.65 | 4.93 | 4.99 | 2.16 | 0.00 |
| I | LGH-FJAT-4580 | 45.24 | 26.85 | 10.60 | 7.44 | 6.08 | 3.79 | 0.00 |
| I | LGH-FJAT-4582 | 43.32 | 22.25 | 12.12 | 6.61 | 4.71 | 3.53 | 0.00 |
| I | LGH-FJAT-4590 | 47.29 | 21.34 | 13.33 | 7.52 | 4.23 | 3.65 | 0.00 |
| I | LGH-FJAT-4620 | 43.56 | 21.65 | 13.69 | 6.79 | 3.51 | 1.62 | 1.27 |
| I | orgn-24 | 41.55 | 18.07 | 12.93 | 7.99 | 3.84 | 7.46 | 0.44 |
| I | X1-16 | 45.54 | 22.73 | 11.29 | 7.72 | 5.44 | 2.19 | 0.00 |
| I | ZXF P-B-19 | 48.85 | 26.72 | 11.58 | 7.96 | 4.89 | 0.00 | 0.00 |
| I | ZXF P-L-7 | 46.77 | 23.28 | 12.98 | 9.08 | 4.43 | 3.46 | 0.00 |
| I | ZXF P-Y-13 | 42.48 | 27.93 | 6.67 | 8.90 | 4.77 | 6.32 | 0.00 |
| 脂肪酸 I 型 64 个菌株平均值 | | 43.12 | 20.61 | 11.86 | 7.39 | 5.21 | 3.65 | 0.54 |
| II | 20101220-WZX-FJAT-10589 | 47.25 | 11.91 | 18.6 | 7.15 | 6.14 | 6.03 | 0.00 |
| II | 20101220-WZX-FJAT-10604 | 44.91 | 15.95 | 16.51 | 8.46 | 2.56 | 5.76 | 0.00 |
| II | 20101221-WZX-FJAT-10682 | 44.92 | 16.20 | 16.12 | 7.95 | 4.74 | 1.71 | 0.77 |
| II | 20101221-WZX-FJAT-10870 | 44.50 | 16.78 | 14.96 | 7.32 | 5.96 | 2.23 | 0.89 |
| II | 20101221-WZX-FJAT-10873 | 42.37 | 13.53 | 19.46 | 9.98 | 6.62 | 2.72 | 0.36 |
| II | 20101221-WZX-FJAT-10886 | 45.66 | 11.38 | 18.45 | 6.79 | 6.54 | 1.58 | 1.16 |
| II | 20110314-WZX-FJAT-8755 | 47.09 | 11.49 | 14.79 | 4.96 | 3.96 | 3.88 | 1.38 |
| II | 20110504-24h-FJAT-8755 | 50.42 | 17.30 | 14.12 | 7.36 | 3.61 | 1.71 | 0.52 |
| II | 20110505-18h-FJAT-8755 | 50.30 | 12.02 | 13.36 | 4.73 | 3.74 | 2.82 | 0.89 |
| II | 20110505-WZX36h-FJAT-8755 | 51.81 | 14.31 | 16.00 | 6.51 | 3.65 | 1.50 | 0.52 |
| II | 20110510-WZX20D-FJAT-8755 | 51.40 | 12.04 | 14.84 | 4.92 | 3.83 | 3.21 | 1.59 |
| II | 20110510-WZX28D-FJAT-8755 | 50.08 | 15.77 | 15.39 | 7.71 | 3.78 | 1.98 | 0.51 |
| II | 20110510-WZX37D-FJAT-8755 | 49.38 | 16.64 | 16.42 | 9.48 | 3.57 | 2.02 | 0.00 |
| II | 20110510-wzxjl20-FJAT-8771a | 49.07 | 11.08 | 20.19 | 7.33 | 4.89 | 3.03 | 0.67 |
| II | 20110511-wzxjl20-FJAT-8755b | 50.27 | 11.93 | 20.19 | 7.48 | 4.26 | 2.90 | 0.00 |
| II | 20110511-wzxjl20-FJAT-8755c | 50.75 | 13.67 | 17.43 | 7.54 | 3.71 | 2.00 | 0.54 |
| II | 20110511-wzxjl20-FJAT-8755d | 49.55 | 13.55 | 18.11 | 8.02 | 3.97 | 2.10 | 0.50 |

续表

| 型 | 菌株名称 | 15:0 anteiso | 15:0 iso | 17:0 anteiso | 17:0 iso | 16:0 iso | c16:0 | 16:1ω7c alcohol |
|---|---|---|---|---|---|---|---|---|
| II | 20110511-wzxjl20-FJAT-8755e | 52.95 | 13.15 | 16.76 | 6.63 | 3.81 | 2.01 | 0.50 |
| II | 20110520-LGH-FJAT-13824 | 44.59 | 16.12 | 13.54 | 8.17 | 7.38 | 3.47 | 0.82 |
| II | 20110520-LGH-FJAT-13827 | 43.22 | 14.19 | 15.19 | 7.01 | 8.38 | 3.84 | 0.70 |
| II | 20110520-LGH-FJAT-13830 | 45.45 | 15.52 | 15.05 | 8.19 | 6.83 | 4.66 | 0.00 |
| II | 20110622-LGH-FJAT-13408 | 45.57 | 11.03 | 21.26 | 9.23 | 5.20 | 2.65 | 0.29 |
| II | 20110622-LGH-FJAT-13411 | 43.65 | 18.37 | 14.36 | 7.87 | 4.82 | 2.93 | 0.38 |
| II | 20110622-LGH-FJAT-13412 | 44.62 | 12.58 | 19.15 | 9.24 | 5.76 | 2.90 | 0.26 |
| II | 20110622-LGH-FJAT-13416 | 44.13 | 10.99 | 19.22 | 8.97 | 4.90 | 3.15 | 0.26 |
| II | 20110622-LGH-FJAT-13416 | 49.53 | 13.45 | 16.04 | 6.86 | 4.64 | 2.24 | 0.41 |
| II | 20110622-LGH-FJAT-13420 | 45.23 | 14.33 | 16.80 | 8.14 | 6.71 | 3.52 | 0.00 |
| II | 20110622-LGH-FJAT-13421 | 43.54 | 11.13 | 17.31 | 6.99 | 6.48 | 5.65 | 0.28 |
| II | 20110622-LGH-FJAT-13422 | 46.69 | 12.69 | 17.73 | 8.58 | 5.51 | 3.00 | 0.30 |
| II | 20110622-LGH-FJAT-13422 | 45.48 | 12.67 | 18.26 | 8.04 | 5.21 | 2.78 | 0.35 |
| II | 20110705-LGH-FJAT-13459 | 44.00 | 17.47 | 16.50 | 8.89 | 5.02 | 2.57 | 0.51 |
| II | 20110705-LGH-FJAT-13520 | 43.81 | 17.29 | 14.88 | 8.18 | 6.91 | 2.76 | 0.61 |
| II | 20110705-LGH-FJAT-13524 | 43.62 | 16.08 | 15.63 | 8.11 | 5.49 | 2.63 | 0.41 |
| II | 20110705-LGH-FJAT-13531 | 42.39 | 13.65 | 16.39 | 7.78 | 5.89 | 3.93 | 0.39 |
| II | 20110705-LGH-FJAT-13536 | 45.42 | 13.74 | 16.41 | 7.40 | 5.9 | 2.69 | 0.35 |
| II | 20110705-LGH-FJAT-13539 | 43.15 | 16.15 | 14.34 | 7.42 | 5.68 | 2.85 | 0.50 |
| II | 20110705-LGH-FJAT-13549 | 47.82 | 16.89 | 11.38 | 5.60 | 5.78 | 3.48 | 0.00 |
| II | 20110705-LGH-FJAT-13553 | 42.88 | 12.68 | 11.39 | 5.59 | 6.84 | 5.38 | 0.55 |
| II | 20110705-LGH-FJAT-13632 | 45.85 | 13.60 | 15.33 | 6.13 | 6.33 | 5.29 | 0.00 |
| II | 20110705-WZX-FJAT-13352 | 48.67 | 14.50 | 13.71 | 5.67 | 6.66 | 3.66 | 1.02 |
| II | 20110705-WZX-FJAT-13355 | 49.66 | 14.65 | 12.96 | 5.53 | 5.62 | 3.39 | 1.21 |
| II | 20110707-LGH-FJAT-13598 | 45.03 | 15.21 | 13.41 | 5.32 | 6.84 | 6.61 | 0.00 |
| II | 20110713-WZX-FJAT-72h-8755 | 53.60 | 18.85 | 12.44 | 5.24 | 2.17 | 1.07 | 0.42 |
| II | 20110713-WZX-FJAT-72h-8786 | 45.87 | 11.13 | 13.35 | 5.65 | 6.47 | 6.05 | 1.10 |
| II | 20110718-LGH-FJAT-12273 | 45.79 | 11.81 | 17.84 | 6.98 | 5.88 | 3.35 | 0.59 |
| II | 20110823-TXN-FJAT-14180 | 49.78 | 16.56 | 13.34 | 4.81 | 3.65 | 0.00 | 0.66 |
| II | 20110907-LGH-FJAT-28516 | 43.96 | 12.29 | 16.81 | 6.74 | 5.14 | 4.10 | 0.87 |
| II | 201110-20-TXN-FJAT-14380 | 45.78 | 17.11 | 14.79 | 6.67 | 6.36 | 3.72 | 0.00 |
| II | 20111108-LGH-FJAT-14687-1 | 44.45 | 16.27 | 14.51 | 8.43 | 6.96 | 3.52 | 0.28 |
| II | 20120229-TXN-FJAT-14718 | 40.86 | 18.18 | 16.09 | 8.81 | 6.01 | 3.85 | 0.18 |
| II | 20120229-TXN-FJAT-14722 | 45.05 | 13.39 | 18.24 | 6.65 | 7.51 | 3.69 | 0.23 |
| II | 20120327-LGH-FJAT-8755 | 45.13 | 13.13 | 16.34 | 6.93 | 3.43 | 3.83 | 0.57 |
| II | 20121030-FJAT-17395-ZR | 49.37 | 12.14 | 15.44 | 4.58 | 8.48 | 2.94 | 0.22 |
| II | 20121107-FJAT-17042-zr | 43.09 | 17.99 | 15.21 | 8.45 | 7.62 | 4.58 | 0.00 |
| II | 20130125-ZMX-FJAT-17689 | 42.29 | 13.30 | 17.75 | 8.27 | 7.52 | 3.68 | 0.34 |
| II | 20130125-ZMX-FJAT-17695 | 45.41 | 15.17 | 14.15 | 6.20 | 6.39 | 3.13 | 0.87 |
| II | 20130329-ll-FJAT-16804 | 44.14 | 14.75 | 15.99 | 6.97 | 8.01 | 3.92 | 0.33 |

续表

| 型 | 菌株名称 | 15:0 anteiso | 15:0 iso | 17:0 anteiso | 17:0 iso | 16:0 iso | c16:0 | 16:1ω7c alcohol |
|---|---|---|---|---|---|---|---|---|
| II | 20130401-ll-FJAT-16777 | 44.16 | 12.00 | 17.61 | 6.27 | 5.33 | 5.82 | 0.67 |
| II | 20130415-yjx-16291 | 41.24 | 17.91 | 17.23 | 6.34 | 5.04 | 5.43 | 0.90 |
| II | 20140325-LGH-FJAT-22140 | 45.51 | 16.19 | 19.35 | 5.58 | 4.83 | 5.14 | 0.00 |
| II | FJAT-10005LB | 45.21 | 19.30 | 8.93 | 5.22 | 4.64 | 1.93 | 1.47 |
| II | FJAT-10005NA | 41.65 | 13.48 | 12.41 | 6.40 | 7.09 | 3.91 | 1.52 |
| II | FJAT-10005NACL | 45.70 | 13.55 | 11.64 | 5.24 | 6.18 | 2.71 | 1.79 |
| II | FJAT-10005NACL | 45.55 | 13.49 | 11.65 | 5.25 | 6.22 | 2.93 | 1.80 |
| II | FJAT-8755LB | 50.43 | 16.19 | 10.72 | 5.16 | 3.93 | 2.17 | 0.66 |
| II | LGF-FJAT-55 | 48.83 | 12.23 | 19.45 | 6.47 | 3.36 | 1.94 | 1.00 |
| II | LGH-FJAT-4404 | 47.33 | 18.44 | 10.34 | 3.88 | 5.46 | 1.83 | 1.34 |
| II | LGH-FJAT-4448 | 47.39 | 15.99 | 14.30 | 5.83 | 5.74 | 2.05 | 0.62 |
| II | LGH-FJAT-4495 | 48.94 | 15.05 | 17.72 | 7.94 | 4.59 | 2.44 | 0.00 |
| II | LGH-FJAT-4520 | 51.80 | 20.15 | 15.14 | 4.88 | 4.09 | 2.69 | 0.00 |
| II | LGH-FJAT-4643 | 50.72 | 16.67 | 22.20 | 10.4 | 0.00 | 0.00 | 0.00 |
| II | S-100-3 | 47.80 | 15.01 | 19.20 | 7.14 | 5.82 | 5.02 | 0.00 |
| 脂肪酸 II 型 72 个菌株平均值 | | 46.44 | 14.60 | 15.81 | 6.98 | 5.39 | 3.23 | 0.54 |
| III | 20110316-LGH-FJAT-4580 | 39.33 | 15.25 | 17.86 | 10.53 | 7.47 | 4.13 | 0.00 |
| III | 20110317-LGH-FJAT-4662 | 35.41 | 14.97 | 14.75 | 9.28 | 5.88 | 3.90 | 0.87 |
| III | 20110601-LGH-FJAT-13912 | 38.12 | 12.50 | 20.37 | 4.89 | 4.42 | 7.51 | 0.00 |
| III | 20110603-WZX72h-FJAT-8778 | 44.19 | 5.87 | 22.58 | 6.64 | 5.58 | 9.63 | 0.00 |
| III | 20110622-LGH-FJAT-13406 | 41.37 | 14.01 | 15.54 | 8.12 | 6.10 | 4.99 | 0.28 |
| III | 20110622-LGH-FJAT-13407 | 37.80 | 11.07 | 15.91 | 7.63 | 5.51 | 4.11 | 0.21 |
| III | 20110622-LGH-FJAT-13409 | 41.62 | 16.18 | 13.63 | 8.12 | 6.39 | 4.94 | 0.43 |
| III | 20110622-LGH-FJAT-13410 | 39.34 | 8.98 | 19.19 | 7.10 | 4.87 | 3.85 | 0.22 |
| III | 20110622-LGH-FJAT-13410 | 38.12 | 8.58 | 16.52 | 6.04 | 4.73 | 10.02 | 0.00 |
| III | 20110622-LGH-FJAT-13411 | 36.94 | 12.66 | 14.47 | 7.10 | 5.31 | 6.93 | 0.00 |
| III | 20110622-LGH-FJAT-13415 | 42.85 | 14.47 | 16.17 | 8.85 | 6.37 | 3.99 | 0.30 |
| III | 20110622-LGH-FJAT-13417 | 39.65 | 15.21 | 13.94 | 7.93 | 6.02 | 5.16 | 0.45 |
| III | 20110622-LGH-FJAT-13418 | 40.83 | 12.75 | 16.54 | 7.98 | 6.24 | 6.09 | 0.00 |
| III | 20110622-LGH-FJAT-l3423 | 39.49 | 9.94 | 16.54 | 6.61 | 5.86 | 9.00 | 0.00 |
| III | 20110705-LGH-FJAT-13516 | 40.21 | 15.78 | 16.04 | 8.87 | 5.52 | 3.72 | 0.44 |
| III | 20110705-LGH-FJAT-13518 | 37.29 | 12.94 | 15.63 | 7.58 | 6.05 | 7.09 | 0.76 |
| III | 20110705-LGH-FJAT-13540 | 37.18 | 12.31 | 20.11 | 9.46 | 6.18 | 4.62 | 0.00 |
| III | 20110705-LGH-FJAT-13541 | 37.91 | 13.02 | 20.35 | 10.29 | 6.18 | 3.21 | 0.00 |
| III | 20110705-LGH-FJAT-13547 | 39.68 | 12.26 | 18.00 | 7.94 | 5.31 | 3.69 | 0.42 |
| III | 20110705-LGH-FJAT-13548 | 39.20 | 11.48 | 22.18 | 10.98 | 6.23 | 3.46 | 0.00 |
| III | 20110705-LGH-FJAT-13550 | 41.75 | 10.23 | 17.29 | 6.94 | 7.60 | 6.58 | 0.00 |
| III | 20110705-LGH-FJAT-13554 | 41.04 | 13.39 | 15.04 | 7.13 | 6.20 | 4.55 | 0.43 |
| III | 20110707-LGH-FJAT-13528 | 38.49 | 10.93 | 13.44 | 5.39 | 5.17 | 7.91 | 0.47 |
| III | 20110718-LGH-FJAT-4589 | 34.77 | 10.30 | 19.12 | 8.36 | 5.93 | 7.45 | 0.00 |

续表

| 型 | 菌株名称 | 15:0 anteiso | 15:0 iso | 17:0 anteiso | 17:0 iso | 16:0 iso | c16:0 | 16:1ω7c alcohol |
|---|---|---|---|---|---|---|---|---|
| III | 20121030-FJAT-17393-ZR | 40.15 | 13.24 | 16.17 | 8.74 | 3.04 | 8.22 | 0.17 |
| III | 20121030-FJAT-17435-ZR | 40.00 | 13.34 | 15.30 | 9.10 | 7.42 | 3.38 | 0.24 |
| III | 20130110-TXN-FJAT-14695 | 39.70 | 11.95 | 17.25 | 8.17 | 6.40 | 5.63 | 0.49 |
| III | 20130111-CYP-FJAT-16763 | 37.44 | 13.85 | 15.22 | 9.71 | 6.62 | 5.25 | 0.18 |
| III | 20130111-CYP-FJAT-16763 | 37.58 | 13.89 | 15.50 | 9.88 | 6.68 | 5.34 | 0.18 |
| III | 20130111-CYP-FJAT-16765 | 39.41 | 14.14 | 16.04 | 10.37 | 6.54 | 4.66 | 0.25 |
| III | 20130129-ZMX-FJAT-17687 | 41.37 | 11.57 | 19.21 | 8.33 | 7.56 | 4.38 | 0.35 |
| III | 20130329-ll-FJAT-16806 | 39.03 | 14.10 | 15.27 | 5.30 | 4.55 | 8.78 | 0.72 |
| III | 20131129-LGH-FJAT-4589 | 41.44 | 13.39 | 16.54 | 7.78 | 7.10 | 3.36 | 0.94 |
| III | 20140325-ZEN-FJAT-22296 | 45.83 | 5.14 | 18.16 | 7.49 | 7.79 | 4.72 | 1.01 |
| III | 41FJAT-248-1 | 42.00 | 13.39 | 16.68 | 8.11 | 9.72 | 3.09 | 0.62 |
| III | 41FJAT-248-2 | 41.80 | 13.72 | 15.70 | 7.65 | 9.54 | 3.72 | 0.56 |
| III | FJAT-25158 | 38.28 | 14.48 | 14.82 | 8.54 | 4.25 | 6.67 | 0.36 |
| III | FJAT-25162 | 40.96 | 15.69 | 16.84 | 7.91 | 4.15 | 4.26 | 0.00 |
| III | FJAT-25269 | 39.10 | 17.38 | 14.62 | 8.03 | 5.10 | 4.85 | 0.23 |
| III | FJAT-25285 | 40.94 | 7.25 | 20.29 | 7.07 | 5.47 | 7.46 | 0.59 |
| III | FJAT-25312 | 38.73 | 7.63 | 17.69 | 6.71 | 5.92 | 10.67 | 0.29 |
| III | FJAT-27713-1 | 35.49 | 16.04 | 16.76 | 8.70 | 5.03 | 8.00 | 0.00 |
| III | FJAT-8755GLU | 44.74 | 6.28 | 22.11 | 6.79 | 6.42 | 2.44 | 0.56 |
| III | FJAT-8755GLU | 45.08 | 6.33 | 22.16 | 6.80 | 6.44 | 2.46 | 0.57 |
| III | LGF-20100726-FJAT-8776 | 40.19 | 14.35 | 17.57 | 10.76 | 8.41 | 4.71 | 0.00 |
| III | LGH-FJAT-4399 | 41.94 | 16.85 | 14.21 | 8.56 | 4.46 | 2.76 | 0.62 |
| III | LGH-FJAT-4589 | 42.03 | 15.00 | 17.30 | 9.21 | 7.16 | 4.17 | 0.00 |
| III | shufen-???（gu） | 36.15 | 15.24 | 14.52 | 8.73 | 4.41 | 8.59 | 0.44 |
| III | ZXF P-L-1 | 41.20 | 17.47 | 16.22 | 6.38 | 13.13 | 5.60 | 0.00 |
| 脂肪酸 III 型 49 个菌株平均值 | | 39.86 | 12.59 | 17.01 | 8.05 | 6.21 | 5.50 | 0.30 |

| 型 | 菌株名称 | 14:0 iso | 16:1ω11c | c14:0 | 17:1 iso ω10c | c18:0 | 到中心的切比雪夫距离 |
|---|---|---|---|---|---|---|---|
| I | 20101210-WZX-FJAT-11678 | 1.47 | 0.23 | 0.30 | 0.19 | 0.15 | 3.56 |
| I | 20101221-WZX-FJAT-10693 | 2.61 | 0.72 | 0.25 | 2.51 | 0.28 | 6.39 |
| I | 20101221-WZX-FJAT-10712 | 1.98 | 0.41 | 0.00 | 1.16 | 0.00 | 3.95 |
| I | 20101221-WZX-FJAT-10878 | 2.72 | 0.38 | 0.00 | 1.11 | 0.00 | 3.87 |
| I | 20101221-WZX-FJAT-10892 | 1.98 | 1.04 | 0.00 | 3.15 | 0.00 | 4.67 |
| I | 20101221-WZX-FJAT-10966 | 1.86 | 0.27 | 0.19 | 0.65 | 0.00 | 3.67 |
| I | 20110104-WZX-FJAT-10983 | 2.20 | 0.34 | 0.00 | 1.74 | 0.00 | 3.97 |
| I | 20110225-SDG-FJAT-11067 | 1.29 | 0.00 | 0.62 | 0.00 | 1.54 | 3.11 |
| I | 20110311-SDG-FJAT-10922 | 1.23 | 0.66 | 0.43 | 1.03 | 0.27 | 3.30 |
| I | 20110520-LGH-FJAT-13832 | 1.91 | 0.90 | 0.25 | 1.75 | 0.00 | 3.43 |
| I | 20110524-WZX48h-FJAT-8785 | 2.07 | 0.00 | 0.00 | 0.89 | 0.00 | 5.96 |
| I | 2011053-WZX18h-FJAT-8785 | 2.21 | 0.45 | 0.34 | 0.55 | 1.47 | 2.82 |
| I | 20110601-LGH-FJAT-13896 | 1.72 | 0.93 | 0.61 | 1.58 | 0.95 | 1.78 |

续表

| 型 | 菌株名称 | 14:0 iso | 16:1ω11c | c14:0 | 17:1 iso ω10c | c18:0 | 到中心的切比雪夫距离 |
|---|---|---|---|---|---|---|---|
| I | 20110603-WZX72h-FJAT-8785 | 1.77 | 0.00 | 0.00 | 1.24 | 0.00 | 4.73 |
| I | 20110609-WZX20D-FJAT-8784 | 1.57 | 2.51 | 0.65 | 1.42 | 1.03 | 4.01 |
| I | 20110622-LGH-FJAT-13394 | 3.02 | 0.73 | 0.31 | 0.81 | 0.38 | 2.86 |
| I | 20110622-LGH-FJAT-13396 | 1.77 | 0.62 | 0.32 | 1.15 | 0.75 | 4.89 |
| I | 20110622-LGH-FJAT-13403 | 1.85 | 0.53 | 0.30 | 1.23 | 0.30 | 2.79 |
| I | 20110622-LGH-FJAT-13420 | 1.94 | 0.70 | 0.25 | 2.08 | 0.45 | 2.59 |
| I | 20110622-LGH-FJAT-13435 | 2.48 | 1.15 | 0.41 | 1.77 | 1.53 | 3.10 |
| I | 20110705-LGH-FJAT-13465 | 1.55 | 1.19 | 1.00 | 3.19 | 2.52 | 4.71 |
| I | 20110705-LGH-FJAT-13505 | 1.82 | 1.02 | 0.50 | 2.45 | 0.76 | 3.48 |
| I | 20110705-LGH-FJAT-13543 | 1.99 | 0.47 | 0.69 | 1.12 | 2.56 | 3.60 |
| I | 20110707-LGH-FJAT-13580 | 1.69 | 1.26 | 1.13 | 1.06 | 2.90 | 6.90 |
| I | 20110707-LGH-FJAT-13587 | 1.68 | 0.87 | 0.59 | 2.19 | 1.57 | 4.97 |
| I | 20110707-LGH-FJAT-13599 | 1.66 | 1.05 | 0.94 | 1.52 | 2.22 | 5.05 |
| I | 20110707-LGH-FJAT-4430 | 4.33 | 3.71 | 0.78 | 1.37 | 1.34 | 8.93 |
| I | 20110823-TXN-FJAT-14152 | 1.34 | 1.04 | 0.34 | 1.32 | 1.30 | 4.20 |
| I | 20110826-LGH-FJAT-C3（H3） | 2.04 | 0.00 | 0.00 | 0.00 | 2.10 | 3.29 |
| I | 20111108-LGH-FJAT-14684 | 1.68 | 0.24 | 0.46 | 0.37 | 0.36 | 3.33 |
| I | 20130111-CYP-FJAT-17109 | 1.89 | 1.23 | 0.47 | 0.92 | 0.37 | 4.46 |
| I | 20130129-ZMX-FJAT-17700 | 2.10 | 1.07 | 0.33 | 1.18 | 0.54 | 1.91 |
| I | 20130129-ZMX-FJAT-17724 | 1.96 | 0.87 | 0.25 | 1.13 | 0.40 | 1.13 |
| I | 20130129-ZMX-FJAT-17728 | 1.36 | 1.12 | 0.30 | 1.12 | 0.34 | 3.02 |
| I | 20130327-TXN-FJAT-16663 | 2.52 | 3.44 | 0.89 | 1.30 | 0.86 | 9.71 |
| I | 20130328-ll-FJAT-16776 | 1.05 | 1.46 | 0.50 | 1.37 | 0.30 | 4.14 |
| I | 20130328-ll-FJAT-16777-1 | 1.10 | 1.30 | 0.84 | 1.40 | 0.49 | 7.38 |
| I | 20130328-ll-FJAT-16786 | 0.95 | 1.32 | 0.68 | 1.55 | 1.73 | 5.24 |
| I | 20130329-ll-FJAT-16783 | 1.17 | 0.71 | 0.82 | 0.67 | 0.58 | 3.26 |
| I | 20130329-ll-FJAT-16787 | 1.26 | 1.15 | 1.13 | 0.83 | 0.97 | 5.36 |
| I | 20130329-ll-FJAT-16805 | 1.43 | 1.47 | 1.04 | 0.95 | 0.75 | 6.18 |
| I | 20131129-LGH-FJAT-4499 | 1.91 | 0.80 | 0.38 | 2.03 | 1.46 | 1.71 |
| I | 20131129-LGH-FJAT-4564 | 1.93 | 0.69 | 0.40 | 1.58 | 0.76 | 4.60 |
| I | 2013122-LGH-FJAT-4582 | 1.54 | 0.88 | 0.30 | 1.76 | 0.29 | 2.79 |
| I | 20140506-ZMX-FJAT-19711 | 3.31 | 0.00 | 0.00 | 2.52 | 0.85 | 7.26 |
| I | FJAT-8755NA | 1.90 | 0.72 | 0.31 | 2.01 | 0.29 | 4.00 |
| I | FJAT-8755NA | 1.90 | 0.73 | 0.32 | 2.04 | 0.25 | 4.00 |
| I | FJAT-8755NACL | 2.04 | 0.92 | 0.25 | 1.94 | 0.31 | 3.05 |
| I | FJAT-8755NACL | 2.05 | 0.93 | 0.25 | 1.94 | 0.20 | 3.09 |
| I | LGF-20100809-FJAT-8764 | 1.88 | 0.66 | 0.57 | 1.51 | 0.66 | 4.32 |
| I | LGF-FJAT-8764 | 1.89 | 0.74 | 0.00 | 1.65 | 0.71 | 3.92 |
| I | LGH-FJAT-1 | 2.21 | 0.71 | 0.35 | 0.00 | 0.18 | 4.86 |
| I | LGH-FJAT-4403 | 2.54 | 0.77 | 0.43 | 0.00 | 0.59 | 3.98 |

续表

| 型 | 菌株名称 | 14:0 iso | 16:1ω11c | c14:0 | 17:1 iso ω10c | c18:0 | 到中心的切比雪夫距离 |
|---|---|---|---|---|---|---|---|
| I | LGH-FJAT-4470 | 1.89 | 1.11 | 0.00 | 0.00 | 0.00 | 3.17 |
| I | LGH-FJAT-4483 | 2.60 | 1.28 | 0.00 | 0.00 | 0.00 | 7.34 |
| I | LGH-FJAT-4580 | 0.00 | 0.00 | 0.00 | 0.00 | 0.00 | 7.21 |
| I | LGH-FJAT-4582 | 1.87 | 1.75 | 0.00 | 0.00 | 0.00 | 2.56 |
| I | LGH-FJAT-4590 | 1.42 | 0.00 | 0.00 | 0.00 | 0.00 | 4.90 |
| I | LGH-FJAT-4620 | 1.21 | 1.03 | 0.17 | 0.00 | 0.15 | 3.80 |
| I | orgn-24 | 1.40 | 2.18 | 0.79 | 0.00 | 0.72 | 5.50 |
| I | X1-16 | 2.03 | 0.00 | 0.00 | 0.00 | 0.00 | 3.98 |
| I | ZXF P-B-19 | 0.00 | 0.00 | 0.00 | 0.00 | 0.00 | 9.49 |
| I | ZXF P-L-7 | 0.00 | 0.00 | 0.00 | 0.00 | 0.00 | 5.60 |
| I | ZXF P-Y-13 | 2.94 | 0.00 | 0.00 | 0.00 | 0.00 | 9.73 |
| 脂肪酸 I 型 64 个菌株平均值 | | 1.82 | 0.85 | 0.37 | 1.13 | 0.65 | RMSTD=2.8263 |
| II | 20101220-WZX-FJAT-10589 | 1.71 | 0.00 | 0.00 | 0.00 | 1.20 | 5.18 |
| II | 20101220-WZX-FJAT-10604 | 0.91 | 0.95 | 0.00 | 1.49 | 1.25 | 4.77 |
| II | 20101221-WZX-FJAT-10682 | 1.28 | 0.55 | 0.27 | 1.71 | 0.00 | 3.07 |
| II | 20101221-WZX-FJAT-10870 | 1.89 | 0.83 | 0.00 | 1.95 | 0.45 | 3.41 |
| II | 20101221-WZX-FJAT-10873 | 1.32 | 0.49 | 0.18 | 0.53 | 0.33 | 6.51 |
| II | 20101221-WZX-FJAT-10886 | 1.60 | 0.60 | 0.16 | 1.71 | 0.00 | 4.80 |
| II | 20110314-WZX-FJAT-8755 | 1.54 | 2.18 | 0.70 | 1.58 | 1.25 | 4.63 |
| II | 20110504-24h-FJAT-8755 | 1.48 | 0.59 | 0.00 | 1.25 | 0.00 | 5.65 |
| II | 20110505-18h-FJAT-8755 | 1.63 | 1.23 | 0.35 | 1.16 | 0.31 | 5.99 |
| II | 20110505-WZX36h-FJAT-8755 | 1.27 | 0.52 | 0.14 | 1.51 | 0.13 | 5.97 |
| II | 20110510-WZX20D-FJAT-8755 | 1.52 | 2.22 | 0.43 | 1.74 | 0.00 | 6.54 |
| II | 20110510-WZX28D-FJAT-8755 | 1.26 | 0.64 | 0.19 | 0.97 | 0.13 | 4.45 |
| II | 20110510-WZX37D-FJAT-8755 | 1.24 | 0.00 | 0.00 | 0.76 | 0.00 | 5.06 |
| II | 20110510-wzxjl20-FJAT-8771a | 1.26 | 0.61 | 0.00 | 0.89 | 0.00 | 6.28 |
| II | 20110511-wzxjl20-FJAT-8755b | 0.94 | 0.00 | 0.00 | 0.98 | 0.00 | 6.66 |
| II | 20110511-wzxjl20-FJAT-8755c | 1.13 | 0.52 | 0.00 | 1.10 | 0.00 | 5.23 |
| II | 20110511-wzxjl20-FJAT-8755d | 1.12 | 0.47 | 0.00 | 1.08 | 0.00 | 4.59 |
| II | 20110511-wzxjl20-FJAT-8755e | 1.19 | 0.46 | 0.00 | 1.02 | 0.00 | 7.08 |
| II | 20110520-LGH-FJAT-13824 | 1.98 | 0.86 | 0.00 | 1.55 | 0.54 | 4.10 |
| II | 20110520-LGH-FJAT-13827 | 2.20 | 0.81 | 0.36 | 1.06 | 0.96 | 4.57 |
| II | 20110520-LGH-FJAT-13830 | 1.81 | 0.76 | 0.00 | 0.98 | 0.00 | 2.94 |
| II | 20110622-LGH-FJAT-13408 | 1.10 | 0.41 | 0.20 | 1.08 | 0.42 | 7.01 |
| II | 20110622-LGH-FJAT-13411 | 1.55 | 0.76 | 0.34 | 1.77 | 0.37 | 5.07 |
| II | 20110622-LGH-FJAT-13412 | 1.41 | 0.39 | 0.21 | 1.01 | 0.33 | 4.92 |
| II | 20110622-LGH-FJAT-13416 | 1.20 | 0.43 | 0.31 | 0.86 | 0.80 | 5.89 |
| II | 20110622-LGH-FJAT-13416 | 1.46 | 0.57 | 0.23 | 1.69 | 0.31 | 3.60 |
| II | 20110622-LGH-FJAT-13420 | 1.91 | 0.00 | 0.00 | 1.15 | 0.77 | 2.61 |
| II | 20110622-LGH-FJAT-13421 | 1.88 | 0.67 | 0.56 | 0.52 | 1.00 | 5.53 |

续表

| 型 | 菌株名称 | 14:0 iso | 16:1ω11c | c14:0 | 17:1 iso ω10c | c18:0 | 到中心的切比雪夫距离 |
|---|---|---|---|---|---|---|---|
| II | 20110622-LGH-FJAT-13422 | 1.40 | 0.48 | 0.28 | 1.08 | 0.36 | 3.20 |
| II | 20110622-LGH-FJAT-13422 | 1.31 | 0.49 | 0.24 | 1.47 | 0.52 | 3.51 |
| II | 20110705-LGH-FJAT-13459 | 1.44 | 0.60 | 0.27 | 1.07 | 0.39 | 4.35 |
| II | 20110705-LGH-FJAT-13520 | 2.24 | 0.57 | 0.00 | 1.34 | 0.58 | 4.42 |
| II | 20110705-LGH-FJAT-13524 | 1.70 | 0.63 | 0.00 | 1.72 | 0.44 | 3.50 |
| II | 20110705-LGH-FJAT-13531 | 1.72 | 0.86 | 0.39 | 1.29 | 1.39 | 4.46 |
| II | 20110705-LGH-FJAT-13536 | 1.65 | 0.57 | 0.41 | 1.36 | 0.60 | 1.74 |
| II | 20110705-LGH-FJAT-13539 | 1.85 | 0.74 | 0.47 | 1.92 | 0.68 | 4.07 |
| II | 20110705-LGH-FJAT-13549 | 2.76 | 1.29 | 0.00 | 1.45 | 0.00 | 5.59 |
| II | 20110705-LGH-FJAT-13553 | 3.53 | 0.96 | 0.70 | 0.55 | 1.15 | 7.02 |
| II | 20110705-LGH-FJAT-13632 | 2.34 | 0.00 | 0.00 | 0.00 | 2.10 | 3.57 |
| II | 20110705-WZX-FJAT-13352 | 2.32 | 1.45 | 0.00 | 0.97 | 0.00 | 3.81 |
| II | 20110705-WZX-FJAT-13355 | 2.12 | 1.32 | 0.37 | 1.25 | 0.00 | 4.69 |
| II | 20110707-LGH-FJAT-13598 | 1.96 | 0.00 | 1.81 | 0.00 | 2.31 | 5.69 |
| II | 20110713-WZX-FJAT-72h-8755 | 0.88 | 0.43 | 0.16 | 1.85 | 0.00 | 10.01 |
| II | 20110713-WZX-FJAT-72h-8786 | 0.89 | 2.77 | 1.13 | 1.81 | 0.13 | 5.96 |
| II | 20110718-LGH-FJAT-12273 | 1.47 | 0.85 | 0.30 | 0.85 | 0.69 | 3.57 |
| II | 20110823-TXN-FJAT-14180 | 1.31 | 2.03 | 0.31 | 2.64 | 0.52 | 6.58 |
| II | 20110907-LGH-FJAT-28516 | 1.11 | 2.00 | 0.00 | 2.60 | 0.95 | 4.21 |
| II | 201110-20-TXN-FJAT-14380 | 1.85 | 0.76 | 0.00 | 1.27 | 0.85 | 3.10 |
| II | 20111108-LGH-FJAT-14687-1 | 1.93 | 0.33 | 0.35 | 0.38 | 0.34 | 3.74 |
| II | 20120229-TXN-FJAT-14718 | 1.30 | 0.33 | 0.36 | 0.34 | 0.75 | 7.01 |
| II | 20120229-TXN-FJAT-14722 | 1.55 | 0.29 | 0.32 | 0.25 | 0.74 | 3.91 |
| II | 20120327-LGH-FJAT-8755 | 1.03 | 0.73 | 0.51 | 1.50 | 2.68 | 3.69 |
| II | 20121030-FJAT-17395-ZR | 2.38 | 0.26 | 0.30 | 0.24 | 0.59 | 5.65 |
| II | 20121107-FJAT-17042-zr | 1.93 | 0.36 | 0.35 | 0.00 | 0.42 | 5.82 |
| II | 20130125-ZMX-FJAT-17689 | 1.54 | 0.53 | 0.27 | 0.55 | 0.79 | 5.44 |
| II | 20130125-ZMX-FJAT-17695 | 1.50 | 1.10 | 0.25 | 1.42 | 0.27 | 2.47 |
| II | 20130329-ll-FJAT-16804 | 1.94 | 0.82 | 0.31 | 0.58 | 0.36 | 3.63 |
| II | 20130401-ll-FJAT-16777 | 1.56 | 1.74 | 0.47 | 0.96 | 0.53 | 4.85 |
| II | 20130415-yjx-16291 | 1.04 | 0.89 | 0.00 | 0.00 | 0.80 | 6.87 |
| II | 20140325-LGH-FJAT-22140 | 1.39 | 0.00 | 0.63 | 0.00 | 0.00 | 4.94 |
| II | FJAT-10005LB | 2.10 | 1.24 | 0.24 | 3.13 | 0.26 | 9.04 |
| II | FJAT-10005NA | 2.24 | 1.64 | 0.33 | 2.82 | 0.68 | 6.67 |
| II | FJAT-10005NACL | 2.33 | 1.95 | 0.31 | 2.94 | 0.41 | 5.46 |
| II | FJAT-10005NACL | 2.32 | 1.98 | 0.32 | 3.02 | 0.40 | 5.50 |
| II | FJAT-8755LB | 1.53 | 0.69 | 0.25 | 1.58 | 0.70 | 7.15 |
| II | LGF-FJAT-55 | 0.89 | 0.80 | 0.15 | 1.77 | 0.27 | 5.64 |
| II | LGH-FJAT-4404 | 2.69 | 0.85 | 0.55 | 0.00 | 0.62 | 7.76 |
| II | LGH-FJAT-4448 | 2.08 | 0.82 | 0.23 | 0.00 | 0.17 | 3.09 |

续表

| 型 | 菌株名称 | 14:0 iso | 16:1ω11c | c14:0 | 17:1 iso ω10c | c18:0 | 到中心的切比雪夫距离 |
|---|---|---|---|---|---|---|---|
| II | LGH-FJAT-4495 | 1.13 | 0.00 | 0.00 | 0.00 | 0.00 | 3.87 |
| II | LGH-FJAT-4520 | 1.25 | 0.00 | 0.00 | 0.00 | 0.00 | 8.30 |
| II | LGH-FJAT-4643 | 0.00 | 0.00 | 0.00 | 0.00 | 0.00 | 10.94 |
| II | S-100-3 | 0.00 | 0.00 | 0.00 | 0.00 | 0.00 | 4.68 |
| 脂肪酸 II 型 72 个菌株平均值 | | 1.59 | 0.76 | 0.25 | 1.13 | 0.50 | RMSTD=3.1564 |
| III | 20110316-LGH-FJAT-4580 | 1.58 | 0.00 | 0.00 | 0.92 | 1.34 | 4.34 |
| III | 20110317-LGH-FJAT-4662 | 1.86 | 0.88 | 0.98 | 2.66 | 1.64 | 6.20 |
| III | 20110601-LGH-FJAT-13912 | 1.24 | 0.00 | 1.60 | 0.00 | 2.62 | 5.88 |
| III | 20110603-WZX72h-FJAT-8778 | 0.53 | 1.55 | 0.91 | 0.80 | 0.29 | 10.89 |
| III | 20110622-LGH-FJAT-13406 | 1.84 | 0.56 | 0.55 | 0.79 | 1.60 | 2.64 |
| III | 20110622-LGH-FJAT-13407 | 1.55 | 0.48 | 0.46 | 0.70 | 1.35 | 3.28 |
| III | 20110622-LGH-FJAT-13409 | 2.09 | 0.59 | 0.60 | 1.44 | 1.39 | 5.35 |
| III | 20110622-LGH-FJAT-13410 | 1.18 | 0.45 | 0.71 | 0.74 | 1.48 | 4.88 |
| III | 20110622-LGH-FJAT-13410 | 1.15 | 0.00 | 1.16 | 0.00 | 9.04 | 9.98 |
| III | 20110622-LGH-FJAT-13411 | 1.41 | 0.57 | 1.63 | 1.08 | 3.72 | 4.84 |
| III | 20110622-LGH-FJAT-13415 | 1.82 | 0.51 | 0.31 | 0.98 | 0.69 | 4.21 |
| III | 20110622-LGH-FJAT-13417 | 1.80 | 0.61 | 0.89 | 1.74 | 3.14 | 4.36 |
| III | 20110622-LGH-FJAT-13418 | 1.66 | 0.00 | 0.94 | 1.06 | 2.21 | 1.52 |
| III | 20110622-LGH-FJAT-l3423 | 1.48 | 0.00 | 2.15 | 0.00 | 4.39 | 5.66 |
| III | 20110705-LGH-FJAT-13516 | 1.65 | 0.68 | 0.50 | 2.06 | 1.35 | 4.14 |
| III | 20110705-LGH-FJAT-13518 | 1.53 | 0.98 | 0.81 | 2.54 | 3.39 | 4.09 |
| III | 20110705-LGH-FJAT-13540 | 1.45 | 0.00 | 0.00 | 1.50 | 2.33 | 4.59 |
| III | 20110705-LGH-FJAT-13541 | 1.39 | 0.60 | 0.00 | 1.56 | 1.30 | 5.15 |
| III | 20110705-LGH-FJAT-13547 | 1.56 | 0.67 | 0.88 | 1.95 | 1.35 | 2.56 |
| III | 20110705-LGH-FJAT-13548 | 1.12 | 0.40 | 0.51 | 1.13 | 0.86 | 6.51 |
| III | 20110705-LGH-FJAT-13550 | 1.97 | 0.00 | 0.00 | 0.00 | 2.25 | 3.96 |
| III | 20110705-LGH-FJAT-13554 | 1.95 | 0.67 | 0.65 | 1.49 | 2.98 | 3.08 |
| III | 20110707-LGH-FJAT-13528 | 1.50 | 0.97 | 1.63 | 1.01 | 5.79 | 6.93 |
| III | 20110718-LGH-FJAT-4589 | 0.93 | 0.62 | 0.00 | 1.18 | 2.81 | 6.43 |
| III | 20121030-FJAT-17393-ZR | 0.86 | 1.11 | 0.73 | 1.35 | 1.18 | 4.51 |
| III | 20121030-FJAT-17435-ZR | 1.85 | 0.35 | 0.22 | 0.50 | 0.72 | 3.52 |
| III | 20130110-TXN-FJAT-14695 | 1.41 | 0.67 | 0.60 | 0.92 | 1.15 | 1.04 |
| III | 20130111-CYP-FJAT-16763 | 1.69 | 0.44 | 0.34 | 0.38 | 1.20 | 3.81 |
| III | 20130111-CYP-FJAT-16763 | 1.69 | 0.45 | 0.34 | 0.39 | 1.18 | 3.70 |
| III | 20130111-CYP-FJAT-16765 | 1.66 | 0.49 | 0.30 | 0.49 | 0.67 | 3.39 |
| III | 20130129-ZMX-FJAT-17687 | 1.42 | 0.48 | 0.44 | 0.54 | 0.89 | 3.53 |
| III | 20130329-ll-FJAT-16806 | 1.36 | 1.88 | 0.97 | 1.23 | 0.95 | 5.46 |
| III | 20131129-LGH-FJAT-4589 | 1.72 | 0.97 | 0.30 | 2.70 | 0.71 | 3.72 |
| III | 20140325-ZEN-FJAT-22296 | 1.47 | 2.15 | 1.04 | 0.82 | 0.39 | 10.05 |
| III | 41FJAT-248-1 | 2.28 | 0.58 | 0.26 | 0.94 | 0.57 | 5.10 |

续表

| 型 | 菌株名称 | 14:0 iso | 16:1ω11c | c14:0 | 17:1 iso ω10c | c18:0 | 到中心的切比雪夫距离 |
|---|---|---|---|---|---|---|---|
| III | 41FJAT-248-2 | 2.29 | 0.59 | 0.35 | 0.81 | 1.16 | 4.74 |
| III | FJAT-25158 | 1.52 | 0.64 | 0.92 | 1.15 | 3.64 | 4.44 |
| III | FJAT-25162 | 1.13 | 0.63 | 0.55 | 1.37 | 1.78 | 4.13 |
| III | FJAT-25269 | 1.18 | 0.54 | 0.40 | 0.50 | 4.37 | 6.14 |
| III | FJAT-25285 | 1.64 | 1.86 | 0.47 | 1.06 | 1.28 | 6.91 |
| III | FJAT-25312 | 2.12 | 1.24 | 0.87 | 0.77 | 2.73 | 7.52 |
| III | FJAT-27713-1 | 1.26 | 0.55 | 0.70 | 1.45 | 0.95 | 6.35 |
| III | FJAT-8755GLU | 1.31 | 0.65 | 0.16 | 0.98 | 0.73 | 10.11 |
| III | FJAT-8755GLU | 1.34 | 0.64 | 0.16 | 0.97 | 0.58 | 10.28 |
| III | LGF-20100726-FJAT-8776 | 1.81 | 0.00 | 0.59 | 0.00 | 1.00 | 4.31 |
| III | LGH-FJAT-4399 | 1.18 | 1.02 | 0.48 | 0.00 | 0.68 | 6.62 |
| III | LGH-FJAT-4589 | 0.00 | 0.00 | 0.00 | 0.00 | 0.00 | 4.69 |
| III | shufen-???（gu） | 1.71 | 1.04 | 1.04 | 0.00 | 2.46 | 6.48 |
| III | ZXF P-L-1 | 0.00 | 0.00 | 0.00 | 0.00 | 0.00 | 9.18 |
| 脂肪酸 III 型 49 个菌株平均值 | | 1.47 | 0.63 | 0.61 | 0.95 | 1.84 | RMSTD=3.3708 |

*脂肪酸含量单位为%

## 3. 萎缩芽胞杆菌脂肪酸型判别模型建立

（1）分析原理。不同的萎缩芽胞杆菌菌株具有不同的脂肪酸组构成，通过上述聚类分析，可将萎缩芽胞杆菌菌株分为 3 类，利用逐步判别的方法（DPS 软件），建立萎缩芽胞杆菌菌株脂肪酸型判别模型，在建立模型的过程中，可以了解各因子对类别划分的重要性。

（2）数据矩阵。以表 7-2-7 的萎缩芽胞杆菌 185 个菌株的 12 个脂肪酸为矩阵，自变量 $x_{ij}$（$i$=1,…,185；$j$=1,…,12）由 185 个菌株的 12 个脂肪酸组成，因变量 $Y_i$（$i$=1,…,185）由 185 个菌株聚类类别组成脂肪酸型，采用贝叶斯逐步判别分析，建立萎缩芽胞杆菌菌株脂肪酸型判别模型。脂肪酸型类别间判别效果检验见表 7-2-8，模型计算后的分类验证和后验概率见表 7-2-9，脂肪酸型判别效果矩阵分析见表 7-2-10。建立的逐步判别分析因子筛选表明，以下 5 个因子入选，它们是 $x_{(1)}$=15:0 anteiso、$x_{(2)}$=15:0 iso、$x_{(5)}$=16:0 iso、$x_{(8)}$=14:0 iso、$x_{(9)}$=16:1ω11c，表明这些因子对脂肪酸型的判别具有贡献。判别模型如下：

$$Y_1=-466.6385+8.5646x_{(1)}+12.7325x_{(2)}+16.7001x_{(5)}+40.8826x_{(8)}+33.9197x_{(9)} \quad (7\text{-}2\text{-}4)$$

$$Y_2=-475.6027+9.0639x_{(1)}+11.8272x_{(2)}+16.9036x_{(5)}+41.2674x_{(8)}+32.7700x_{(9)} \quad (7\text{-}2\text{-}5)$$

$$Y_3=-407.5213+7.9840x_{(1)}+11.1929x_{(2)}+16.3958x_{(5)}+39.3063x_{(8)}+30.5678x_{(9)} \quad (7\text{-}2\text{-}6)$$

式中，$x_{(1)}$为 15:0 anteiso；$x_{(2)}$为 15:0 iso；$x_{(5)}$为 16:0 iso；$x_{(8)}$为 14:0 iso；$x_{(9)}$为 16:1ω11c。脂肪酸型两两类别间统计检验表明类别间差异显著（表 7-2-8）；芽胞杆菌酸碱适应性逐步判别方程两两分类间判别效果检验结果表明（表 7-2-8），类别 1 和 2 的切比雪夫距离为 7.9159，$F$ 值检验为 52.4628，显著性检验极显著（$P$<0.01）；类别 1 和 3 的切比雪夫距离为 13.9862，$F$ 值检验为 75.9236，显著性检验极显著（$P$<0.01）；类别 2 和 3 的切比雪夫距离为 8.2873，$F$ 值检验为 47.2647，显著性检验极显著（$P$<0.01）。

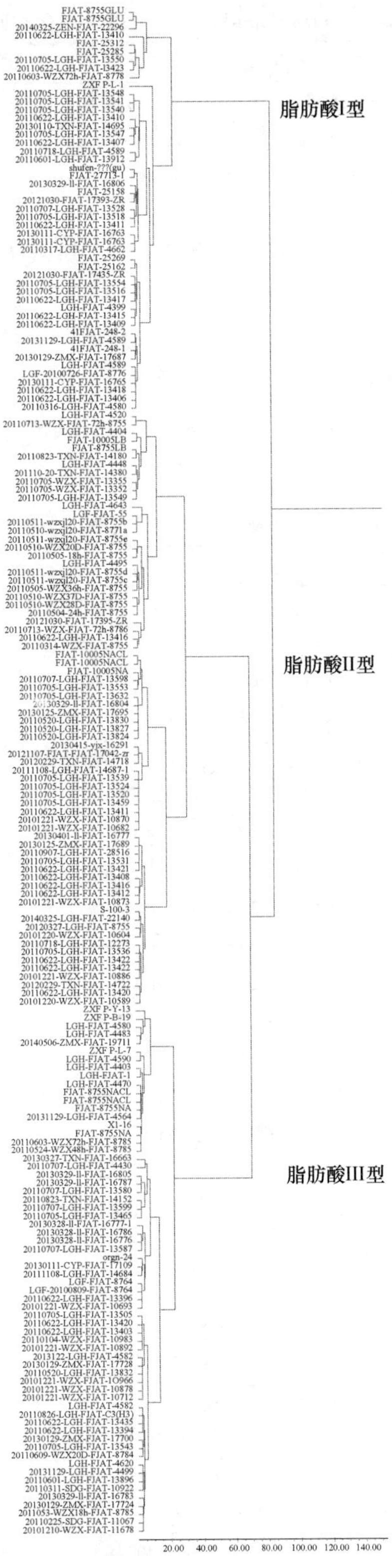


图 7-2-2　萎缩芽胞杆菌（*Bacillus atrophaeus*）菌株脂肪酸型聚类分析（切比雪夫距离）

**表 7-2-8　萎缩芽胞杆菌（*Bacillus atrophaeus*）脂肪酸型两两分类间判别效果检验**

| 脂肪酸型 *i* | 脂肪酸型 *j* | 切比雪夫距离 | *F* 值 | 自由度 $V_1$ | $V_2$ | *P* |
|---|---|---|---|---|---|---|
| I | II | 7.9159 | 52.4628 | 5 | 130 | $1\times10^{-7}$ |
| I | III | 13.9862 | 75.9236 | 5 | 107 | $1\times10^{-7}$ |
| II | III | 8.2873 | 47.2647 | 5 | 115 | $1\times10^{-7}$ |

判别模型分类验证表明，脂肪酸 I 型的判对概率为 1.0000（表 7-2-9）；脂肪酸 II 型的判对概率为 0.9028；脂肪酸 III 型的判对概率为 0.8980；整个方程的判对概率为 0.935 14，能够精确地识别脂肪酸型（表 7-2-10）。在应用时，对被测芽胞杆菌测定脂肪酸组，将 $x_{(1)}$=15:0 anteiso、$x_{(2)}$=15:0 iso、$x_{(5)}$=16:0 iso、$x_{(8)}$=14:0 iso、$x_{(9)}$=16:1ω11c 的脂肪酸百分比带入方程，计算 $Y$ 值，当 $Y_1<Y<Y_2$ 时，该芽胞杆菌酸碱适应性为第 1 类；当 $Y_2<Y<Y_3$ 时，属于第 2 类；当 $Y>Y_3$ 时，属于第 3 类。

**表 7-2-9　萎缩芽胞杆菌（*Bacillus atrophaeus*）模型计算后的分类验证和后验概率**

| 菌株名称 | 原分类 | 计算分类 | 后验概率 | 菌株名称 | 原分类 | 计算分类 | 后验概率 |
|---|---|---|---|---|---|---|---|
| 20101210-WZX-FJAT-11678 | 1 | 1 | 0.9859 | 20110823-TXN-FJAT-14152 | 1 | 1 | 0.6680 |
| 20101221-WZX-FJAT-10693 | 1 | 1 | 0.8881 | 20110826-LGH-FJAT-C3(H3) | 1 | 1 | 0.9522 |
| 20101221-WZX-FJAT-10712 | 1 | 1 | 0.7887 | 20111108-LGH-FJAT-14684 | 1 | 1 | 0.7518 |
| 20101221-WZX-FJAT-10878 | 1 | 1 | 0.7677 | 20130111-CYP-FJAT-17109 | 1 | 1 | 0.8990 |
| 20101221-WZX-FJAT-10892 | 1 | 1 | 0.6839 | 20130129-ZMX-FJAT-17700 | 1 | 1 | 0.9771 |
| 20101221-WZX-FJAT-10966 | 1 | 1 | 0.8772 | 20130129-ZMX-FJAT-17724 | 1 | 1 | 0.9819 |
| 20110104-WZX-FJAT-10983 | 1 | 1 | 0.7520 | 20130129-ZMX-FJAT-17728 | 1 | 1 | 0.8147 |
| 20110225-SDG-FJAT-11067 | 1 | 1 | 0.9401 | 20130327-TXN-FJAT-16663 | 1 | 1 | 0.8332 |
| 20110311-SDG-FJAT-10922 | 1 | 1 | 0.9022 | 20130328-ll-FJAT-16776 | 1 | 1 | 0.9963 |
| 20110520-LGH-FJAT-13832 | 1 | 1 | 0.7629 | 20130328-ll-FJAT-16777-1 | 1 | 1 | 0.9817 |
| 20110524-WZX48h-FJAT-8785 | 1 | 1 | 0.9926 | 20130328-ll-FJAT-16786 | 1 | 1 | 0.9976 |
| 2011053-WZX18h-FJAT-8785 | 1 | 1 | 0.9851 | 20130329-ll-FJAT-16783 | 1 | 1 | 0.9937 |
| 20110601-LGH-FJAT-13896 | 1 | 1 | 0.9356 | 20130329-ll-FJAT-16787 | 1 | 1 | 0.9718 |
| 20110603-WZX72h-FJAT-8785 | 1 | 1 | 0.9910 | 20130329-ll-FJAT-16805 | 1 | 1 | 0.8174 |
| 20110609-WZX20D-FJAT-8784 | 1 | 1 | 0.9947 | 20131129-LGH-FJAT-4499 | 1 | 1 | 0.9490 |
| 20110622-LGH-FJAT-13394 | 1 | 1 | 0.9925 | 20131129-LGH-FJAT-4564 | 1 | 1 | 0.9969 |
| 20110622-LGH-FJAT-13396 | 1 | 1 | 0.6860 | 2013122-LGH-FJAT-4582 | 1 | 1 | 0.8833 |
| 20110622-LGH-FJAT-13403 | 1 | 1 | 0.8982 | 20140506-ZMX-FJAT-19711 | 1 | 1 | 0.9872 |
| 20110622-LGH-FJAT-13420 | 1 | 1 | 0.9035 | FJAT-8755NA | 1 | 1 | 0.9855 |
| 20110622-LGH-FJAT-13435 | 1 | 1 | 0.9396 | FJAT-8755NA | 1 | 1 | 0.9854 |
| 20110705-LGH-FJAT-13465 | 1 | 1 | 0.9283 | FJAT-8755NACL | 1 | 1 | 0.9856 |
| 20110705-LGH-FJAT-13505 | 1 | 1 | 0.9000 | FJAT-8755NACL | 1 | 1 | 0.9855 |
| 20110705-LGH-FJAT-13543 | 1 | 1 | 0.9893 | LGF-20100809-FJAT-8764 | 1 | 1 | 0.9563 |
| 20110707-LGH-FJAT-13580 | 1 | 1 | 0.7659 | LGF-FJAT-8764 | 1 | 1 | 0.9704 |
| 20110707-LGH-FJAT-13587 | 1 | 1 | 0.9829 | LGH-FJAT-1 | 1 | 1 | 0.9991 |
| 20110707-LGH-FJAT-13599 | 1 | 1 | 0.5941 | LGH-FJAT-4403 | 1 | 1 | 0.9979 |
| 20110707-LGH-FJAT-4430 | 1 | 1 | 0.9995 | LGH-FJAT-4470 | 1 | 1 | 0.9775 |

续表

| 菌株名称 | 原分类 | 计算分类 | 后验概率 | 菌株名称 | 原分类 | 计算分类 | 后验概率 |
|---|---|---|---|---|---|---|---|
| LGH-FJAT-4483 | 1 | 1 | 0.9996 | 20110705-LGH-FJAT-13459 | 2 | 2 | 0.6170 |
| LGH-FJAT-4580 | 1 | 1 | 0.9998 | 20110705-LGH-FJAT-13520 | 2 | 2 | 0.6389 |
| LGH-FJAT-4582 | 1 | 1 | 0.9979 | 20110705-LGH-FJAT-13524 | 2 | 2 | 0.7523 |
| LGH-FJAT-4590 | 1 | 1 | 0.7844 | 20110705-LGH-FJAT-13531 | 2 | 2 | 0.5651 |
| LGH-FJAT-4620 | 1 | 1 | 0.9902 | 20110705-LGH-FJAT-13536 | 2 | 2 | 0.9396 |
| orgn-24 | 1 | 1 | 0.9766 | 20110705-LGH-FJAT-13539 | 2 | 2 | 0.6215 |
| X1-16 | 1 | 1 | 0.9735 | 20110705-LGH-FJAT-13549 | 2 | 2 | 0.8368 |
| ZXF P-B-19 | 1 | 1 | 0.9981 | 20110705-LGH-FJAT-13553 | 2 | 2 | 0.7971 |
| ZXF P-L-7 | 1 | 1 | 0.9804 | 20110705-LGH-FJAT-13632 | 2 | 2 | 0.9409 |
| ZXF P-Y-13 | 1 | 1 | 1.0000 | 20110705-WZX-FJAT-13352 | 2 | 2 | 0.9870 |
| 20101220-WZX-FJAT-10589 | 2 | 2 | 0.9753 | 20110705-WZX-FJAT-13355 | 2 | 2 | 0.9901 |
| 20101220-WZX-FJAT-10604 | 2 | 2 | 0.8236 | 20110707-LGH-FJAT-13598 | 2 | 2 | 0.7542 |
| 20101221-WZX-FJAT-10682 | 2 | 2 | 0.8492 | 20110713-WZX-FJAT-72h-8755 | 2 | 2 | 0.9619 |
| 20101221-WZX-FJAT-10870 | 2 | 2 | 0.7226 | 20110713-WZX-FJAT-72h-8786 | 2 | 2 | 0.9518 |
| 20101221-WZX-FJAT-10873 | 2 | 2 | 0.5424 | 20110718-LGH-FJAT-12273 | 2 | 2 | 0.9539 |
| 20101221-WZX-FJAT-10886 | 2 | 2 | 0.9341 | 20110823-TXN-FJAT-14180 | 2 | 2 | 0.8702 |
| 20110314-WZX-FJAT-8755 | 2 | 2 | 0.9923 | 20110907-LGH-FJAT-28516 | 2 | 2 | 0.9114 |
| 20110504-24h-FJAT-8755 | 2 | 2 | 0.9686 | 201110-20-TXN-FJAT-14380 | 2 | 2 | 0.7947 |
| 20110505-18h-FJAT-8755 | 2 | 2 | 0.9984 | 20111108-LGH-FJAT-14687-1 | 2 | 2 | 0.8158 |
| 20110505-WZX36h-FJAT-8755 | 2 | 2 | 0.9992 | 20120229-TXN-FJAT-14718 | 2 | 1* | 0.6166 |
| 20110510-WZX20D-FJAT-8755 | 2 | 2 | 0.9990 | 20120229-TXN-FJAT-14722 | 2 | 2 | 0.9126 |
| 20110510-WZX28D-FJAT-8755 | 2 | 2 | 0.9912 | 20120327-LGH-FJAT-8755 | 2 | 2 | 0.7793 |
| 20110510-WZX37D-FJAT-8755 | 2 | 2 | 0.9888 | 20121030-FJAT-17395-ZR | 2 | 2 | 0.9982 |
| 20110510-wzxjl20-FJAT-8771a | 2 | 2 | 0.9983 | 20121107-FJAT-17042-zr | 2 | 1* | 0.5293 |
| 20110511-wzxjl20-FJAT-8755b | 2 | 2 | 0.9980 | 20130125-ZMX-FJAT-17689 | 2 | 3* | 0.5907 |
| 20110511-wzxjl20-FJAT-8755c | 2 | 2 | 0.9991 | 20130125-ZMX-FJAT-17695 | 2 | 2 | 0.8839 |
| 20110511-wzxjl20-FJAT-8755d | 2 | 2 | 0.9982 | 20130329-ll-FJAT-16804 | 2 | 2 | 0.9074 |
| 20110511-wzxjl20-FJAT-8755e | 2 | 2 | 0.9998 | 20130401-ll-FJAT-16777 | 2 | 2 | 0.9588 |
| 20110520-LGH-FJAT-13824 | 2 | 2 | 0.7729 | 20130415-yjx-16291 | 2 | 1* | 0.7786 |
| 20110520-LGH-FJAT-13827 | 2 | 2 | 0.8183 | 20140325-LGH-FJAT-22140 | 2 | 2 | 0.9626 |
| 20110520-LGH-FJAT-13830 | 2 | 2 | 0.9217 | FJAT-10005LB | 2 | 1* | 0.9266 |
| 20110622-LGH-FJAT-13408 | 2 | 2 | 0.9142 | FJAT-10005NA | 2 | 2 | 0.4638 |
| 20110622-LGH-FJAT-13411 | 2 | 1* | 0.7295 | FJAT-10005NACL | 2 | 2 | 0.9330 |
| 20110622-LGH-FJAT-13412 | 2 | 2 | 0.8587 | FJAT-10005NACL | 2 | 2 | 0.9288 |
| 20110622-LGH-FJAT-13416 | 2 | 3* | 0.5016 | FJAT-8755LB | 2 | 2 | 0.9739 |
| 20110622-LGH-FJAT-13416 | 2 | 2 | 0.9976 | LGF-FJAT-55 | 2 | 2 | 0.9975 |
| 20110622-LGH-FJAT-13420 | 2 | 2 | 0.9190 | LGH-FJAT-4404 | 2 | 2 | 0.5633 |
| 20110622-LGH-FJAT-13421 | 2 | 2 | 0.5827 | LGH-FJAT-4448 | 2 | 2 | 0.9562 |
| 20110622-LGH-FJAT-13422 | 2 | 2 | 0.9716 | LGH-FJAT-4495 | 2 | 2 | 0.9949 |
| 20110622-LGH-FJAT-13422 | 2 | 2 | 0.9131 | LGH-FJAT-4520 | 2 | 2 | 0.9120 |

续表

| 菌株名称 | 原分类 | 计算分类 | 后验概率 | 菌株名称 | 原分类 | 计算分类 | 后验概率 |
|---|---|---|---|---|---|---|---|
| LGH-FJAT-4643 | 2 | 2 | 0.9972 | 20121030-FJAT-17393-ZR | 3 | 3 | 0.9679 |
| S-100-3 | 2 | 2 | 0.9563 | 20121030-FJAT-17435-ZR | 3 | 3 | 0.9779 |
| 20110316-LGH-FJAT-4580 | 3 | 3 | 0.9579 | 20130110-TXN-FJAT-14695 | 3 | 3 | 0.9854 |
| 20110317-LGH-FJAT-4662 | 3 | 3 | 0.9914 | 20130111-CYP-FJAT-16763 | 3 | 3 | 0.9976 |
| 20110601-LGH-FJAT-13912 | 3 | 3 | 0.9970 | 20130111-CYP-FJAT-16763 | 3 | 3 | 0.9967 |
| 20110603-WZX72h-FJAT-8778 | 3 | 3 | 0.5821 | 20130111-CYP-FJAT-16765 | 3 | 3 | 0.9695 |
| 20110622-LGH-FJAT-13406 | 3 | 3 | 0.7873 | 20130129-ZMX-FJAT-17687 | 3 | 3 | 0.8888 |
| 20110622-LGH-FJAT-13407 | 3 | 3 | 0.9995 | 20130329-ll-FJAT-16806 | 3 | 3 | 0.7249 |
| 20110622-LGH-FJAT-13409 | 3 | 3 | 0.3924 | 20131129-LGH-FJAT-4589 | 3 | 3 | 0.6160 |
| 20110622-LGH-FJAT-13410 | 3 | 3 | 0.9984 | 20140325-ZEN-FJAT-22296 | 3 | 2* | 0.8695 |
| 20110622-LGH-FJAT-13410 | 3 | 3 | 1.0000 | 41FJAT-248-1 | 3 | 2* | 0.5830 |
| 20110622-LGH-FJAT-13411 | 3 | 3 | 0.9997 | 41FJAT-248-2 | 3 | 3 | 0.5102 |
| 20110622-LGH-FJAT-13415 | 3 | 2* | 0.6354 | FJAT-25158 | 3 | 3 | 0.9898 |
| 20110622-LGH-FJAT-13417 | 3 | 3 | 0.9301 | FJAT-25162 | 3 | 3 | 0.7099 |
| 20110622-LGH-FJAT-13418 | 3 | 3 | 0.9790 | FJAT-25269 | 3 | 3 | 0.7631 |
| 20110622-LGH-FJAT-l3423 | 3 | 3 | 0.9994 | FJAT-25285 | 3 | 3 | 0.7805 |
| 20110705-LGH-FJAT-13516 | 3 | 3 | 0.6730 | FJAT-25312 | 3 | 3 | 0.9943 |
| 20110705-LGH-FJAT-13518 | 3 | 3 | 0.9967 | FJAT-27713-1 | 3 | 3 | 0.9893 |
| 20110705-LGH-FJAT-13540 | 3 | 3 | 0.9987 | FJAT-8755GLU | 3 | 3 | 0.5420 |
| 20110705-LGH-FJAT-13541 | 3 | 3 | 0.9823 | FJAT-8755GLU | 3 | 2* | 0.5726 |
| 20110705-LGH-FJAT-13547 | 3 | 3 | 0.9664 | LGF-20100726-FJAT-8776 | 3 | 3 | 0.9334 |
| 20110705-LGH-FJAT-13548 | 3 | 3 | 0.9766 | LGH-FJAT-4399 | 3 | 1* | 0.5800 |
| 20110705-LGH-FJAT-13550 | 3 | 3 | 0.9700 | LGH-FJAT-4589 | 3 | 3 | 0.9799 |
| 20110705-LGH-FJAT-13554 | 3 | 3 | 0.8666 | shufen-???（gu） | 3 | 3 | 0.9756 |
| 20110707-LGH-FJAT-13528 | 3 | 3 | 0.9993 | ZXF P-L-1 | 3 | 3 | 0.9383 |
| 20110718-LGH-FJAT-4589 | 3 | 3 | 1.0000 | | | | |

*为判错

**表 7-2-10　萎缩芽胞杆菌（*Bacillus atrophaeus*）脂肪酸型判别效果矩阵分析**

| 来自 \ 判为 | 第 I 型 | 第 II 型 | 第 III 型 | 小计 | 正确率 |
|---|---|---|---|---|---|
| 第 I 型 | 64 | 0 | 0 | 64 | 1.0000 |
| 第 II 型 | 5 | 65 | 2 | 72 | 0.9028 |
| 第 III 型 | 1 | 4 | 44 | 49 | 0.8980 |

注：判对概率=0.935 14

## 三、嗜碱芽胞杆菌脂肪酸型分析

### 1. 嗜碱芽胞杆菌脂肪酸组测定

嗜碱芽胞杆菌[*Bacillus alcalophilus* Vedder 1934（Approved Lists 1980），species.]于

1934 年由 Vedder 发表。作者采集分离了 148 个嗜碱芽胞杆菌菌株，分析主要脂肪酸组，见表 7-2-11。主要脂肪酸组 12 个，占总脂肪酸含量的 82.54%，包括 15:0 anteiso、15:0 iso、16:0 iso、c16:0、17:0 anteiso、16:1ω7c alcohol、17:0 iso、14:0 iso、16:1ω11c、c14:0、17:1 iso ω10c、c18:0，主要脂肪酸组平均值分别为 21.7488%、25.942%、3.458%、11.0985%、4.245%、0.8859%、3.1534%、3.2964%、2.7018%、2.8078%、0.7185%、2.4798%。

**表 7-2-11　嗜碱芽胞杆菌（*Bacillus alcalophilus*）菌株主要脂肪酸组统计**

| 脂肪酸 | 菌株数 | 含量均值/% | 方差 | 标准差 | 中位数/% | 最小值/% | 最大值/% | Wilks 系数 | *P* |
|---|---|---|---|---|---|---|---|---|---|
| 15:0 anteiso | 148 | 21.7488 | 74.7634 | 8.6466 | 23.8150 | 0.8100 | 35.7300 | 0.9445 | 0.0000 |
| 15:0 iso | 148 | 25.9420 | 87.2867 | 9.3427 | 27.1750 | 1.4300 | 41.4900 | 0.9566 | 0.0001 |
| 16:0 iso | 148 | 3.4580 | 4.6191 | 2.1492 | 2.9950 | 0.0000 | 14.1000 | 0.9151 | 0.0000 |
| c16:0 | 148 | 11.0985 | 29.6266 | 5.4430 | 10.0600 | 2.1800 | 27.6200 | 0.9593 | 0.0002 |
| 17:0 anteiso | 148 | 4.2450 | 6.1515 | 2.4802 | 3.8400 | 0.0000 | 12.3600 | 0.9289 | 0.0000 |
| 16:1ω7c alcohol | 148 | 0.8859 | 1.5621 | 1.2498 | 0.5400 | 0.0000 | 10.3100 | 0.6482 | 0.0000 |
| 17:0 iso | 148 | 3.1534 | 3.9272 | 1.9817 | 2.6150 | 0.0000 | 9.7300 | 0.9105 | 0.0000 |
| 14:0 iso | 148 | 3.2964 | 5.2440 | 2.2900 | 2.9950 | 0.0000 | 11.5500 | 0.9524 | 0.0001 |
| 16:1ω11c | 148 | 2.7018 | 10.4210 | 3.2282 | 1.3900 | 0.0000 | 14.6900 | 0.7968 | 0.0000 |
| c14:0 | 148 | 2.8078 | 5.9177 | 2.4326 | 1.9700 | 0.0000 | 13.1000 | 0.7644 | 0.0000 |
| 17:1 iso ω10c | 148 | 0.7185 | 0.9243 | 0.9614 | 0.5200 | 0.0000 | 6.1700 | 0.7373 | 0.0000 |
| c18:0 | 148 | 2.4798 | 5.7469 | 2.3973 | 1.8150 | 0.0000 | 10.6600 | 0.8562 | 0.0000 |
| 总和 | | 82.5359 | | | | | | | |

## 2. 嗜碱芽胞杆菌脂肪酸型聚类分析

以表 7-2-12 为矩阵，以菌株为样本，以脂肪酸为指标，以切比雪夫距离为尺度，用可变类平均法进行系统聚类；聚类结果见图 7-2-3。分析结果可将 148 个嗜碱芽胞杆菌分为 3 个脂肪酸型，即脂肪酸 I 型 77 个菌株，特征为到中心的切比雪夫距离为 6.1816，15:0 anteiso 平均值为 27.53%，重要脂肪酸 15:0 anteiso、15:0 iso、17:0 anteiso、17:0 iso、16:0 iso、c16:0、16:1ω7c alcohol 等平均值分别为 27.53%、32.47%、4.22%、3.28%、2.96%、10.07%、0.78%。脂肪酸 II 型 51 个菌株，特征为到中心的切比雪夫距离为 6.8540，15:0 anteiso 平均值为 18.91%；重要脂肪酸 15:0 anteiso、15:0 iso、17:0 anteiso、17:0 iso、16:0 iso、c16:0、16:1ω7c alcohol 等平均值分别为 18.91%、22.59%、4.61%、3.05%、4.13%、11.69%、1.26%。脂肪酸 III 型 20 个菌株，特征为到中心的切比雪夫距离为 5.1281，15:0 anteiso 平均值为 6.73%；重要脂肪酸 15:0 anteiso、15:0 iso、17:0 anteiso、17:0 iso、16:0 iso、c16:0、16:1ω7c alcohol 等平均值分别为 6.73%、9.34%、3.39%、2.91%、3.64%、13.55%、0.34%。

**表 7-2-12　嗜碱芽胞杆菌（*Bacillus alcalophilus*）菌株主要脂肪酸组**

| 型 | 菌株名称 | 15:0 anteiso | 15:0 iso | 17:0 anteiso | 17:0 iso | 16:0 iso | c16:0 | 16:1ω7c alcohol |
|---|---|---|---|---|---|---|---|---|
| I | 2011053-WZX18h-FJAT-10014 | 33.48* | 31.50 | 6.22 | 4.56 | 0.00 | 19.37 | 0.00 |
| I | 20101212-WZX-FJAT-10600 | 30.75 | 24.68 | 10.37 | 7.02 | 0.00 | 20.78 | 0.00 |

续表

| 型 | 菌株名称 | 15:0 anteiso | 15:0 iso | 17:0 anteiso | 17:0 iso | 16:0 iso | c16:0 | 16:1ω7c alcohol |
|---|---|---|---|---|---|---|---|---|
| I | 20101221-WZX-FJAT-10694 | 28.11 | 37.69 | 8.54 | 0.00 | 4.65 | 6.15 | 0.00 |
| I | 20110316-LGH-FJAT-4562 | 25.99 | 40.11 | 1.10 | 0.87 | 1.36 | 5.84 | 2.18 |
| I | 20110601-LGH-FJAT-13923 | 30.57 | 31.89 | 4.45 | 3.03 | 1.60 | 5.90 | 0.54 |
| I | 20110614-LGH-FJAT-13944 | 21.21 | 37.61 | 5.86 | 3.05 | 4.36 | 8.76 | 2.02 |
| I | 20110614-WZX28D-FJAT-10014 | 32.47 | 30.73 | 6.50 | 4.76 | 0.00 | 18.18 | 0.00 |
| I | 20110614-WZX37D-FJAT-10014 | 27.28 | 28.89 | 10.98 | 9.73 | 0.00 | 18.26 | 0.00 |
| I | 20110615-WZX-FJAT-8788d | 29.80 | 33.39 | 3.91 | 8.08 | 1.06 | 16.11 | 0.00 |
| I | 20110622-LGH-FJAT-14020 | 27.82 | 38.19 | 7.67 | 2.23 | 2.53 | 3.60 | 2.24 |
| I | 20110622-LGH-FJAT-14031 | 34.21 | 28.30 | 4.17 | 2.66 | 2.52 | 9.24 | 0.63 |
| I | 20110625-WZX-FJAT-10019-11 | 34.99 | 31.71 | 2.26 | 3.04 | 2.34 | 13.62 | 0.00 |
| I | 20110707-LGH-FJAT-12282 | 26.90 | 34.13 | 5.00 | 6.59 | 3.54 | 3.00 | 0.21 |
| I | 20110707-LGH-FJAT-4667 | 33.53 | 26.08 | 4.74 | 2.77 | 1.97 | 7.01 | 0.21 |
| I | 20110718-LGH-FJAT-14082 | 26.83 | 32.58 | 12.36 | 4.93 | 2.60 | 11.06 | 0.60 |
| I | 20110718-LGH-FJAT-4411 | 26.86 | 37.99 | 4.53 | 3.56 | 2.63 | 4.36 | 0.51 |
| I | 20110808-TXN-FJAT-14179 | 29.86 | 25.80 | 3.31 | 2.08 | 1.04 | 27.62 | 0.44 |
| I | 20110823-TXN-FJAT-14334 | 27.73 | 26.18 | 4.86 | 1.71 | 4.32 | 4.42 | 0.00 |
| I | 20110823-TXN-FJAT-14335 | 25.39 | 33.45 | 1.13 | 1.26 | 2.42 | 14.85 | 0.43 |
| I | 201110-20-TXN-FJAT-14559 | 30.77 | 38.23 | 11.49 | 2.25 | 2.68 | 3.95 | 0.60 |
| I | 20111101-TXN-FJAT-14579 | 25.71 | 30.22 | 2.96 | 1.90 | 2.42 | 11.25 | 0.60 |
| I | 20111102-TXN-FJAT-14587 | 26.90 | 27.09 | 4.66 | 2.94 | 2.15 | 6.29 | 1.30 |
| I | 20111103-TXN-FJAT-14526 | 27.76 | 39.02 | 2.44 | 2.24 | 1.95 | 4.67 | 0.26 |
| I | 20111103-TXN-FJAT-14527 | 27.09 | 31.54 | 3.18 | 2.89 | 2.05 | 10.69 | 0.25 |
| I | 20111103-TXN-FJAT-14531 | 24.64 | 31.04 | 3.45 | 4.16 | 3.51 | 12.71 | 0.60 |
| I | 20111103-TXN-FJAT-14535 | 27.19 | 33.34 | 4.15 | 4.70 | 4.03 | 8.61 | 0.90 |
| I | 20111103-TXN-FJAT-14601 | 31.73 | 25.79 | 4.20 | 2.13 | 2.70 | 9.37 | 0.71 |
| I | 20111114-hu-18 | 25.01 | 36.57 | 4.51 | 4.68 | 3.30 | 6.51 | 0.59 |
| I | 20111114-hu-25 | 32.09 | 33.71 | 3.34 | 2.18 | 2.26 | 6.22 | 0.74 |
| I | 20111123-hu-110 | 27.54 | 32.66 | 2.94 | 3.73 | 5.06 | 8.19 | 0.83 |
| I | 20120218-hu-bi-3 | 18.52 | 35.10 | 2.26 | 1.64 | 8.45 | 2.37 | 6.41 |
| I | 20120224-TXN-FJAT-14689 | 25.20 | 40.68 | 2.14 | 2.43 | 1.55 | 8.96 | 0.75 |
| I | 20120306-hu-58 | 24.83 | 29.79 | 2.04 | 1.45 | 1.64 | 6.23 | 0.61 |
| I | 20120327-LGH-FJAT-8789 | 31.17 | 32.66 | 4.33 | 8.02 | 1.32 | 14.22 | 0.09 |
| I | 20120328-LGH-FJAT-276 | 35.73 | 28.09 | 6.23 | 3.82 | 1.05 | 13.15 | 0.00 |
| I | 20120331-LGH-FJAT-4111 | 30.82 | 29.58 | 4.96 | 7.37 | 2.10 | 8.06 | 0.54 |
| I | 20120625-LQL-2 | 26.98 | 29.04 | 2.68 | 1.51 | 4.01 | 3.75 | 0.11 |
| I | 20121109-FJAT-17014-zr | 24.88 | 34.87 | 3.59 | 2.87 | 4.70 | 10.63 | 1.28 |
| I | 20121114-FJAT-17007-wk | 31.06 | 34.37 | 6.72 | 5.44 | 2.04 | 12.55 | 0.00 |
| I | 20121114-FJAT-17007-zr | 35.04 | 38.73 | 3.81 | 3.39 | 2.27 | 9.60 | 0.00 |
| I | 20121129-LGH-FJAT-4562 | 29.06 | 39.12 | 2.28 | 1.51 | 2.02 | 6.72 | 1.48 |
| I | 20130110-TXN-FJAT-14531 | 22.00 | 32.54 | 2.69 | 3.22 | 2.98 | 9.32 | 1.40 |

续表

| 型 | 菌株名称 | 15:0 anteiso | 15:0 iso | 17:0 anteiso | 17:0 iso | 16:0 iso | c16:0 | 16:1ω7c alcohol |
|---|---|---|---|---|---|---|---|---|
| I | 20130111-CYP-FJAT-17126 | 24.65 | 35.34 | 2.53 | 2.56 | 2.31 | 4.10 | 2.21 |
| I | 20130114-CYP-FJAT-17139 | 23.69 | 36.19 | 2.14 | 2.46 | 2.29 | 3.40 | 2.06 |
| I | 20130114-zj-4-22 | 29.40 | 35.87 | 3.49 | 1.99 | 4.72 | 6.29 | 0.00 |
| I | 20130115-CYP-FJAT-17139 | 24.88 | 37.95 | 2.28 | 2.62 | 2.42 | 3.61 | 2.17 |
| I | 20130115-CYP-FJAT-17145 | 27.04 | 36.28 | 7.18 | 2.61 | 5.13 | 6.50 | 2.32 |
| I | 20130125-ZMX-FJAT-17705 | 20.69 | 32.03 | 1.87 | 2.05 | 4.82 | 4.47 | 3.32 |
| I | 20130131-TXN-FJAT-8788 | 28.28 | 33.84 | 4.54 | 8.67 | 1.56 | 10.62 | 0.05 |
| I | 20130306-ZMX-FJAT-16621 | 31.82 | 27.70 | 3.53 | 1.26 | 4.03 | 10.83 | 2.16 |
| I | 20130328-TXN-FJAT-16714 | 31.60 | 33.86 | 2.31 | 1.64 | 1.52 | 6.47 | 0.84 |
| I | 20140325-LGH-FJAT-21981 | 25.70 | 37.36 | 3.77 | 2.75 | 7.12 | 6.31 | 1.59 |
| I | 20140506-ZMX-FJAT-20195 | 25.77 | 35.89 | 3.87 | 2.77 | 3.26 | 2.18 | 1.16 |
| I | CL 7-2 | 32.59 | 34.14 | 4.15 | 2.67 | 2.37 | 9.35 | 0.00 |
| I | FJAT-25248 | 27.45 | 27.26 | 3.37 | 2.58 | 2.71 | 13.51 | 0.34 |
| I | FJAT-25258 | 32.89 | 26.63 | 3.80 | 2.35 | 3.24 | 9.61 | 0.54 |
| I | FJAT-25262 | 27.89 | 29.76 | 4.39 | 8.97 | 3.16 | 14.24 | 0.36 |
| I | FJAT-25264 | 18.90 | 36.05 | 2.30 | 1.17 | 6.39 | 9.05 | 1.72 |
| I | FJAT-25300 | 27.67 | 31.45 | 4.21 | 3.47 | 1.55 | 10.14 | 0.59 |
| I | FJAT-25406 | 27.54 | 23.40 | 1.88 | 0.90 | 4.63 | 19.59 | 0.00 |
| I | FJAT-25492-1 | 19.42 | 37.49 | 2.72 | 0.00 | 7.83 | 10.99 | 1.56 |
| I | FJAT-25492-2 | 23.29 | 41.49 | 1.49 | 0.71 | 2.54 | 8.53 | 1.35 |
| I | FJAT-25499-1 | 24.90 | 39.68 | 1.54 | 0.59 | 2.47 | 7.35 | 1.45 |
| I | FJAT-25499-2 | 23.50 | 37.52 | 2.15 | 0.62 | 2.42 | 9.48 | 1.36 |
| I | FJAT-41283-1 | 34.71 | 29.39 | 3.59 | 2.21 | 2.12 | 9.96 | 0.46 |
| I | FJAT-41642-1 | 20.30 | 22.27 | 4.16 | 2.52 | 6.32 | 21.94 | 0.00 |
| I | FJAT-41642-2 | 18.59 | 22.52 | 3.98 | 2.60 | 5.73 | 26.45 | 0.00 |
| I | FJAT-41755-1 | 17.76 | 20.61 | 3.14 | 2.10 | 7.86 | 25.80 | 0.00 |
| I | FJAT-41755-2 | 16.73 | 22.14 | 3.07 | 2.30 | 7.13 | 24.69 | 0.00 |
| I | FJAT-450248-2 | 26.60 | 35.27 | 11.03 | 7.43 | 0.86 | 6.11 | 0.15 |
| I | FJAT-8788NA | 32.99 | 33.42 | 4.46 | 6.18 | 1.85 | 10.08 | 0.17 |
| I | FJAT-8788NACL | 31.04 | 35.26 | 4.23 | 6.81 | 1.91 | 9.07 | 0.18 |
| I | LGF-FJAT-543 | 30.45 | 32.09 | 2.74 | 2.10 | 1.84 | 9.86 | 0.77 |
| I | RSX-20091229-FJAT-7385 | 32.99 | 31.47 | 3.88 | 2.14 | 1.43 | 7.08 | 0.66 |
| I | SDG-20100801-FJAT-4085-8 | 34.12 | 34.23 | 3.83 | 2.98 | 1.90 | 7.74 | 0.34 |
| I | shufen-T-11（plate） | 23.59 | 30.95 | 4.57 | 5.14 | 2.17 | 10.24 | 0.30 |
| I | WQH-CK3-1 1 | 25.11 | 29.06 | 3.83 | 4.37 | 3.34 | 7.69 | 0.00 |
| 脂肪酸 I 型 77 个菌株平均值 | | 27.53 | 32.47 | 4.22 | 3.28 | 2.96 | 10.07 | 0.78 |
| II | 20101221-WZX-FJAT-10705 | 21.20 | 23.51 | 5.24 | 4.12 | 5.03 | 15.27 | 1.69 |
| II | 20110104-WZX-FJAT-10977 | 19.49 | 23.92 | 6.30 | 3.27 | 3.20 | 16.61 | 1.28 |
| II | 20110601-LGH-FJAT-13937 | 19.06 | 23.93 | 4.34 | 1.28 | 4.29 | 11.86 | 2.31 |
| II | 20110614-LGH-FJAT-13843 | 15.28 | 30.87 | 1.53 | 1.72 | 2.08 | 21.08 | 0.52 |

续表

| 型 | 菌株名称 | 15:0 anteiso | 15:0 iso | 17:0 anteiso | 17:0 iso | 16:0 iso | c16:0 | 16:1ω7c alcohol |
|---|---|---|---|---|---|---|---|---|
| II | 20110614-LGH-FJAT-13948 | 12.35 | 33.52 | 1.83 | 1.70 | 1.99 | 19.54 | 0.53 |
| II | 20110622-LGH-FJAT-14040 | 27.25 | 26.03 | 1.44 | 0.63 | 4.89 | 15.32 | 0.97 |
| II | 20110707-LGH-FJAT-4410 | 15.09 | 11.87 | 4.70 | 4.01 | 2.00 | 7.38 | 0.48 |
| II | 20110718-LGH-FJAT-14079 | 25.79 | 22.89 | 2.64 | 1.53 | 1.08 | 14.83 | 0.00 |
| II | 20110718-LGH-FJAT-4570 | 18.81 | 19.66 | 2.87 | 1.75 | 1.48 | 7.78 | 0.63 |
| II | 20110721-SDG-FJAT-13868 | 20.63 | 28.12 | 2.72 | 2.19 | 2.54 | 8.41 | 0.33 |
| II | 20110808-TXN-FJAT-14154 | 21.11 | 17.42 | 7.05 | 5.61 | 7.26 | 21.96 | 2.03 |
| II | 20110823-TXN-FJAT-14142 | 22.23 | 19.52 | 8.52 | 5.56 | 3.08 | 6.32 | 0.72 |
| II | 20111031-TXN-FJAT-14509 | 19.49 | 16.80 | 4.29 | 1.71 | 1.16 | 6.64 | 0.23 |
| II | 20111102-TXN-FJAT-14589 | 24.85 | 25.18 | 3.86 | 2.38 | 0.00 | 12.01 | 4.17 |
| II | 20111103-TXN-FJAT-14603 | 18.79 | 19.59 | 10.30 | 2.37 | 7.35 | 13.98 | 3.32 |
| II | 20111114-hu-21 | 14.30 | 16.31 | 4.85 | 3.89 | 4.06 | 5.37 | 0.00 |
| II | 20111123-hu-101 | 9.29 | 26.29 | 0.33 | 2.81 | 1.71 | 9.85 | 0.00 |
| II | 20111123-hu-112 | 17.03 | 25.25 | 3.56 | 1.67 | 14.10 | 8.11 | 1.41 |
| II | 20111123-hu-120 | 21.64 | 19.88 | 3.28 | 3.32 | 6.40 | 12.30 | 0.55 |
| II | 20121030-FJAT-17410-ZR | 17.15 | 21.18 | 4.10 | 1.26 | 4.69 | 18.19 | 2.56 |
| II | 20121030-FJAT-17414-ZR | 20.76 | 16.51 | 5.72 | 2.33 | 5.81 | 18.68 | 1.87 |
| II | 20121102-FJAT-17439-ZR | 22.20 | 28.20 | 8.53 | 3.29 | 6.46 | 10.12 | 2.32 |
| II | 20121102-FJAT-17440-ZR | 17.97 | 14.90 | 8.38 | 4.96 | 6.14 | 18.01 | 1.47 |
| II | 20121203-YQ-FJAT-16436 | 23.42 | 19.58 | 7.70 | 2.22 | 4.79 | 14.20 | 1.23 |
| II | 20130114-ZJ-3-13 | 10.01 | 18.04 | 0.83 | 2.74 | 3.13 | 10.04 | 0.43 |
| II | 20130114-ZJ-4-17 | 10.24 | 23.14 | 1.22 | 0.93 | 1.82 | 4.32 | 0.00 |
| II | 20130114-ZJ-4-18-2 | 13.80 | 26.41 | 1.77 | 1.61 | 3.71 | 6.62 | 0.00 |
| II | 20130114-ZJ-4-2 | 9.35 | 18.31 | 1.03 | 1.11 | 2.42 | 7.71 | 0.26 |
| II | 20130114-ZJ-4-31 | 7.97 | 25.27 | 4.86 | 2.55 | 3.57 | 4.82 | 0.27 |
| II | 20130114-zj-4-37 | 11.35 | 26.28 | 0.56 | 1.03 | 1.59 | 8.72 | 0.17 |
| II | 20130114-ZJ-4-5 | 13.78 | 30.54 | 2.32 | 5.17 | 3.67 | 3.41 | 0.95 |
| II | 20130115-CYP-FJAT-17141 | 17.59 | 18.76 | 8.07 | 2.60 | 6.70 | 4.99 | 3.73 |
| II | 20130129-TXN-FJAT-14621 | 16.55 | 23.84 | 4.83 | 1.93 | 5.68 | 18.94 | 2.04 |
| II | 20130129-TXN-FJAT-14637 | 16.88 | 28.85 | 5.29 | 2.35 | 6.19 | 14.03 | 3.00 |
| II | 20130129-ZMX-FJAT-17718 | 18.66 | 21.22 | 2.20 | 3.09 | 2.97 | 19.45 | 1.04 |
| II | 20130130-TXN-FJAT-14614 | 19.32 | 16.88 | 4.54 | 2.46 | 5.01 | 22.27 | 1.58 |
| II | 20140506-ZMX-FJAT-20189 | 19.91 | 19.61 | 8.57 | 5.30 | 4.77 | 2.56 | 1.32 |
| II | FJAT-23552-1 | 26.14 | 19.79 | 9.38 | 5.05 | 3.95 | 7.40 | 0.91 |
| II | FJAT-23552-2 | 25.45 | 19.18 | 9.30 | 4.93 | 3.69 | 7.14 | 0.70 |
| II | FJAT-24874-10-1 | 21.05 | 19.32 | 4.87 | 2.43 | 6.20 | 7.99 | 10.31 |
| II | FJAT-25161 | 21.13 | 18.08 | 6.83 | 4.71 | 3.10 | 15.01 | 0.55 |
| II | FJAT-25301 | 25.01 | 17.63 | 7.75 | 8.64 | 3.45 | 12.01 | 0.35 |
| II | FJAT-27031-1 | 24.51 | 18.81 | 3.59 | 3.11 | 8.01 | 10.20 | 1.39 |
| II | FJAT-27031-2 | 28.00 | 22.88 | 3.78 | 3.36 | 9.31 | 11.12 | 0.00 |

续表

| 型 | 菌株名称 | 15:0 anteiso | 15:0 iso | 17:0 anteiso | 17:0 iso | 16:0 iso | c16:0 | 16:1ω7c alcohol |
|---|---|---|---|---|---|---|---|---|
| II | FJAT-7 | 13.32 | 27.43 | 6.62 | 8.56 | 1.45 | 3.43 | 0.00 |
| II | HGP 1-1-3-3 | 23.94 | 27.45 | 2.35 | 1.85 | 1.55 | 11.81 | 1.19 |
| II | HGP SM23-T-6 | 20.59 | 23.64 | 7.41 | 6.08 | 2.21 | 14.87 | 0.21 |
| II | orgn-36 | 30.83 | 26.86 | 3.90 | 2.43 | 1.76 | 14.21 | 0.00 |
| II | SDG-20100801-FJAT-4087-3 | 6.80 | 24.33 | 3.72 | 2.17 | 3.66 | 9.56 | 2.65 |
| II | shufen-ck1-3（gu） | 25.09 | 24.07 | 5.67 | 3.96 | 2.03 | 12.46 | 0.37 |
| II | zheng | 21.78 | 34.50 | 0.00 | 0.00 | 7.67 | 17.20 | 0.00 |
| 脂肪酸 II 型 51 个菌株平均值 | | 18.91 | 22.59 | 4.61 | 3.05 | 4.13 | 11.69 | 1.26 |
| III | 20110317-LGH-FJAT-4564 | 3.63 | 6.81 | 2.24 | 2.08 | 3.56 | 13.59 | 1.11 |
| III | 20110601-LGH-FJAT-13925 | 5.64 | 16.88 | 3.25 | 4.21 | 3.01 | 16.19 | 0.82 |
| III | 20110601-LGH-FJAT-13925 | 5.26 | 15.53 | 3.20 | 4.00 | 3.13 | 14.38 | 0.87 |
| III | 20110607-WZX37D-FJAT-8788 | 6.14 | 8.29 | 2.72 | 3.57 | 3.89 | 18.96 | 0.00 |
| III | 20110707-LGH-FJAT-4634 | 2.86 | 11.61 | 2.23 | 5.20 | 4.79 | 9.90 | 0.60 |
| III | 20110718-LGH-FJAT-4772 | 2.26 | 8.78 | 2.84 | 3.62 | 2.80 | 9.38 | 0.36 |
| III | 20110721-SDG-FJAT-13866 | 7.56 | 11.12 | 3.85 | 4.96 | 5.76 | 12.94 | 0.12 |
| III | 20110721-SDG-FJAT-13867 | 9.88 | 6.72 | 6.57 | 3.03 | 6.49 | 13.32 | 0.29 |
| III | 20110721-SDG-FJAT-13869 | 14.58 | 6.91 | 6.07 | 2.30 | 6.31 | 13.17 | 0.29 |
| III | 20110721-SDG-FJAT-13876 | 3.31 | 19.24 | 1.79 | 5.87 | 3.90 | 14.53 | 0.28 |
| III | 20111111-ay-ha091-1 | 11.44 | 12.82 | 0.00 | 0.00 | 0.00 | 16.35 | 0.00 |
| III | 20120321-AY-YM-82-1 | 5.39 | 10.34 | 0.00 | 1.18 | 1.58 | 18.19 | 0.00 |
| III | 20120425-LGH-FJAT-10502 | 15.65 | 6.61 | 7.70 | 3.47 | 2.54 | 12.66 | 0.24 |
| III | 20121126-g-shida-26 | 3.02 | 5.05 | 2.65 | 1.77 | 4.04 | 15.11 | 0.00 |
| III | 20121126-g-shida-29 | 3.11 | 4.85 | 2.97 | 1.91 | 3.38 | 14.35 | 0.00 |
| III | 20130111-CYP-FJAT-16742 | 3.20 | 10.40 | 2.55 | 3.56 | 4.32 | 5.31 | 0.46 |
| III | 20130114-ZJ-3-1 | 4.95 | 3.36 | 3.88 | 2.64 | 2.47 | 14.02 | 0.41 |
| III | FJAT-2 | 10.43 | 2.57 | 8.24 | 0.00 | 4.74 | 8.42 | 0.39 |
| III | RSX-20091229-FJAT-7371 | 15.43 | 17.51 | 3.87 | 3.35 | 1.84 | 18.13 | 0.00 |
| III | y3 8/6 | 0.81 | 1.43 | 1.27 | 1.56 | 4.24 | 12.09 | 0.59 |
| 脂肪酸 III 型 20 个菌株平均值 | | 6.73 | 9.34 | 3.39 | 2.91 | 3.64 | 13.55 | 0.34 |

| 型 | 菌株名称 | 14:0 iso | 16:1ω11c | c14:0 | 17:1 iso ω10c | c18:0 | 到中心的切比雪夫距离 |
|---|---|---|---|---|---|---|---|
| I | 2011053-WZX18h-FJAT-10014 | 0.00 | 0.00 | 3.73 | 0.00 | 0.00 | 12.80 |
| I | 20101212-WZX-FJAT-10600 | 0.00 | 0.00 | 0.00 | 0.00 | 6.41 | 17.26 |
| I | 20101221-WZX-FJAT-10694 | 2.56 | 0.00 | 6.36 | 0.00 | 0.00 | 10.05 |
| I | 20110316-LGH-FJAT-4562 | 4.29 | 6.42 | 1.46 | 1.33 | 2.43 | 10.71 |
| I | 20110601-LGH-FJAT-13923 | 3.63 | 2.42 | 1.93 | 0.60 | 2.31 | 5.50 |
| I | 20110614-LGH-FJAT-13944 | 2.43 | 3.12 | 2.90 | 1.26 | 2.96 | 8.80 |
| I | 20110614-WZX28D-FJAT-10014 | 0.00 | 0.58 | 3.64 | 0.00 | 1.28 | 11.39 |
| I | 20110614-WZX37D-FJAT-10014 | 0.00 | 0.00 | 2.98 | 0.00 | 1.88 | 14.09 |
| I | 20110615-WZX-FJAT-8788d | 0.80 | 1.07 | 3.47 | 0.45 | 0.61 | 9.11 |
| I | 20110622-LGH-FJAT-14020 | 1.86 | 3.49 | 2.00 | 1.53 | 0.50 | 9.84 |

续表

| 型 | 菌株名称 | 14:0 iso | 16:1ω11c | c14:0 | 17:1 iso ω10c | c18:0 | 到中心的切比雪夫距离 |
|---|---|---|---|---|---|---|---|
| I | 20110622-LGH-FJAT-14031 | 5.78 | 1.33 | 2.09 | 0.00 | 4.81 | 8.94 |
| I | 20110625-WZX-FJAT-10019-11 | 3.41 | 0.00 | 4.22 | 0.00 | 0.00 | 9.35 |
| I | 20110707-LGH-FJAT-12282 | 1.64 | 1.28 | 0.83 | 0.00 | 0.32 | 8.87 |
| I | 20110707-LGH-FJAT-4667 | 3.51 | 0.97 | 1.12 | 0.00 | 2.41 | 9.77 |
| I | 20110718-LGH-FJAT-14082 | 0.74 | 3.32 | 1.38 | 0.58 | 0.95 | 9.08 |
| I | 20110718-LGH-FJAT-4411 | 1.08 | 0.63 | 0.74 | 1.50 | 0.57 | 9.05 |
| I | 20110808-TXN-FJAT-14179 | 2.70 | 2.55 | 1.07 | 1.09 | 0.98 | 19.21 |
| I | 20110823-TXN-FJAT-14334 | 2.36 | 0.00 | 0.85 | 0.00 | 1.88 | 9.54 |
| I | 20110823-TXN-FJAT-14335 | 7.30 | 5.78 | 5.05 | 0.30 | 0.86 | 8.39 |
| I | 201110-20-TXN-FJAT-14559 | 1.00 | 1.97 | 2.23 | 0.98 | 0.36 | 12.06 |
| I | 20111101-TXN-FJAT-14579 | 2.97 | 2.01 | 3.03 | 0.65 | 6.30 | 5.90 |
| I | 20111102-TXN-FJAT-14587 | 2.58 | 4.15 | 3.51 | 0.69 | 2.43 | 6.98 |
| I | 20111103-TXN-FJAT-14526 | 5.33 | 1.12 | 7.02 | 0.23 | 0.73 | 10.10 |
| I | 20111103-TXN-FJAT-14527 | 3.62 | 0.94 | 1.66 | 0.22 | 4.78 | 4.21 |
| I | 20111103-TXN-FJAT-14531 | 3.82 | 5.80 | 1.76 | 1.19 | 2.85 | 5.52 |
| I | 20111103-TXN-FJAT-14535 | 3.73 | 5.82 | 0.94 | 1.58 | 1.57 | 4.44 |
| I | 20111103-TXN-FJAT-14601 | 3.22 | 2.83 | 3.71 | 0.42 | 3.81 | 8.32 |
| I | 20111114-hu-18 | 1.25 | 0.69 | 0.52 | 0.82 | 2.47 | 7.36 |
| I | 20111114-hu-25 | 4.23 | 1.51 | 1.35 | 0.56 | 1.96 | 6.63 |
| I | 20111123-hu-110 | 6.33 | 5.85 | 1.09 | 1.05 | 1.23 | 5.46 |
| I | 20120218-hu-bi-3 | 2.66 | 0.84 | 0.45 | 0.00 | 0.63 | 15.11 |
| I | 20120224-TXN-FJAT-14689 | 2.53 | 7.44 | 2.50 | 1.13 | 1.33 | 10.22 |
| I | 20120306-hu-58 | 6.13 | 1.41 | 5.38 | 0.37 | 4.55 | 7.82 |
| I | 20120327-LGH-FJAT-8789 | 0.96 | 1.14 | 2.91 | 0.48 | 0.68 | 8.22 |
| I | 20120328-LGH-FJAT-276 | 0.64 | 0.53 | 3.71 | 0.00 | 0.69 | 11.02 |
| I | 20120331-LGH-FJAT-4111 | 2.96 | 2.43 | 1.60 | 1.15 | 2.29 | 6.62 |
| I | 20120625-LQL-2 | 7.41 | 0.03 | 0.39 | 0.00 | 3.53 | 9.51 |
| I | 20121109-FJAT-17014-zr | 3.93 | 4.39 | 1.61 | 0.69 | 0.83 | 4.70 |
| I | 20121114-FJAT-17007-wk | 3.86 | 2.06 | 1.89 | 0.00 | 0.00 | 6.32 |
| I | 20121114-FJAT-17007-zr | 4.49 | 0.00 | 2.68 | 0.00 | 0.00 | 10.46 |
| I | 20121129-LGH-FJAT-4562 | 2.65 | 6.93 | 1.31 | 1.34 | 1.64 | 9.32 |
| I | 20130110-TXN-FJAT-14531 | 3.45 | 9.79 | 1.81 | 2.38 | 1.87 | 9.30 |
| I | 20130111-CYP-FJAT-17126 | 3.97 | 9.44 | 1.10 | 3.70 | 0.94 | 10.71 |
| I | 20130114-CYP-FJAT-17139 | 6.20 | 8.26 | 1.72 | 3.26 | 0.58 | 11.21 |
| I | 20130114-zj-4-22 | 6.40 | 0.00 | 2.68 | 0.00 | 0.00 | 7.38 |
| I | 20130115-CYP-FJAT-17139 | 3.98 | 8.70 | 0.97 | 3.46 | 0.63 | 11.51 |
| I | 20130115-CYP-FJAT-17145 | 2.63 | 2.91 | 2.08 | 1.25 | 0.47 | 6.89 |
| I | 20130125-ZMX-FJAT-17705 | 5.43 | 5.43 | 0.96 | 1.33 | 0.39 | 10.55 |
| I | 20130131-TXN-FJAT-8788 | 0.90 | 0.56 | 1.97 | 0.45 | 0.86 | 6.99 |
| I | 20130306-ZMX-FJAT-16621 | 4.84 | 7.42 | 3.58 | 0.74 | 0.26 | 8.66 |

续表

| 型 | 菌株名称 | 14:0 iso | 16:1ω11c | c14:0 | 17:1 iso ω10c | c18:0 | 到中心的切比雪夫距离 |
|---|---|---|---|---|---|---|---|
| I | 20130328-TXN-FJAT-16714 | 6.81 | 2.91 | 1.67 | 0.80 | 1.45 | 7.16 |
| I | 20140325-LGH-FJAT-21981 | 5.77 | 2.22 | 1.10 | 0.65 | 1.74 | 8.23 |
| I | 20140506-ZMX-FJAT-20195 | 2.09 | 1.13 | 0.73 | 0.71 | 0.77 | 9.41 |
| I | CL 7-2 | 5.79 | 0.00 | 3.24 | 0.00 | 4.17 | 6.98 |
| I | FJAT-25248 | 5.86 | 1.50 | 2.11 | 0.52 | 6.28 | 8.21 |
| I | FJAT-25258 | 8.09 | 1.70 | 1.78 | 0.33 | 3.67 | 9.47 |
| I | FJAT-25262 | 2.12 | 2.01 | 2.62 | 1.20 | 1.82 | 7.80 |
| I | FJAT-25264 | 8.28 | 2.01 | 1.86 | 0.00 | 7.43 | 12.81 |
| I | FJAT-25300 | 3.02 | 2.12 | 1.67 | 1.00 | 5.91 | 4.71 |
| I | FJAT-25406 | 1.30 | 0.00 | 2.84 | 0.00 | 0.74 | 14.24 |
| I | FJAT-25492-1 | 4.32 | 9.53 | 3.42 | 2.72 | 0.00 | 13.50 |
| I | FJAT-25492-2 | 4.39 | 7.51 | 6.15 | 0.65 | 0.51 | 12.31 |
| I | FJAT-25499-1 | 5.00 | 8.01 | 6.51 | 0.65 | 0.48 | 11.20 |
| I | FJAT-25499-2 | 4.52 | 9.14 | 6.13 | 0.70 | 0.54 | 10.36 |
| I | FJAT-41283-1 | 4.40 | 4.61 | 2.26 | 0.99 | 2.48 | 8.25 |
| I | FJAT-41642-1 | 6.30 | 0.00 | 10.34 | 0.00 | 1.32 | 19.53 |
| I | FJAT-41642-2 | 5.81 | 0.45 | 10.91 | 0.00 | 1.08 | 23.07 |
| I | FJAT-41755-1 | 8.49 | 0.67 | 11.54 | 0.00 | 0.86 | 24.81 |
| I | FJAT-41755-2 | 8.21 | 0.57 | 12.18 | 0.00 | 1.52 | 23.89 |
| I | FJAT-450248-2 | 0.40 | 3.72 | 1.21 | 4.46 | 0.15 | 11.12 |
| I | FJAT-8788NA | 1.46 | 1.38 | 1.96 | 0.71 | 0.53 | 7.08 |
| I | FJAT-8788NACL | 1.71 | 1.57 | 1.74 | 0.78 | 0.58 | 6.57 |
| I | LGF-FJAT-543 | 6.84 | 1.73 | 3.19 | 0.00 | 4.32 | 5.63 |
| I | RSX-20091229-FJAT-7385 | 4.07 | 2.67 | 2.29 | 0.96 | 3.64 | 6.88 |
| I | SDG-20100801-FJAT-4085-8 | 4.67 | 1.40 | 1.90 | 0.21 | 2.57 | 7.63 |
| I | shufen-T-11（plate） | 1.46 | 0.97 | 2.12 | 0.00 | 3.22 | 5.80 |
| I | WQH-CK3-1 1 | 2.77 | 1.19 | 2.44 | 0.00 | 1.29 | 5.45 |
| 脂肪酸 I 型 77 个菌株平均值 | | 3.66 | 2.81 | 2.86 | 0.74 | 1.83 | RMSTD=6.1816 |
| II | 20101221-WZX-FJAT-10705 | 4.47 | 8.06 | 1.77 | 2.68 | 5.99 | 7.70 |
| II | 20110104-WZX-FJAT-10977 | 3.41 | 14.69 | 1.70 | 0.82 | 2.14 | 12.68 |
| II | 20110601-LGH-FJAT-13937 | 3.16 | 6.28 | 6.66 | 0.57 | 0.43 | 5.88 |
| II | 20110614-LGH-FJAT-13843 | 4.45 | 7.33 | 4.76 | 0.55 | 5.42 | 14.59 |
| II | 20110614-LGH-FJAT-13948 | 4.43 | 9.13 | 4.73 | 0.67 | 4.09 | 16.67 |
| II | 20110622-LGH-FJAT-14040 | 11.55 | 2.96 | 6.34 | 0.11 | 0.45 | 13.94 |
| II | 20110707-LGH-FJAT-4410 | 0.98 | 1.03 | 0.39 | 1.91 | 5.16 | 13.37 |
| II | 20110718-LGH-FJAT-14079 | 3.09 | 1.69 | 4.23 | 0.00 | 10.36 | 11.67 |
| II | 20110718-LGH-FJAT-4570 | 2.21 | 2.15 | 1.35 | 0.00 | 1.62 | 6.62 |
| II | 20110721-SDG-FJAT-13868 | 5.46 | 1.26 | 1.21 | 0.00 | 2.67 | 8.01 |
| II | 20110808-TXN-FJAT-14154 | 4.58 | 3.58 | 0.80 | 2.91 | 1.23 | 13.14 |
| II | 20110823-TXN-FJAT-14142 | 0.28 | 1.06 | 0.35 | 6.17 | 2.20 | 11.11 |

续表

| 型 | 菌株名称 | 14:0 iso | 16:1ω11c | c14:0 | 17:1 iso ω10c | c18:0 | 到中心的切比雪夫距离 |
|---|---|---|---|---|---|---|---|
| II | 20111031-TXN-FJAT-14509 | 1.88 | 1.15 | 1.17 | 0.51 | 2.54 | 9.05 |
| II | 20111102-TXN-FJAT-14589 | 2.77 | 7.28 | 2.92 | 0.49 | 4.49 | 9.36 |
| II | 20111103-TXN-FJAT-14603 | 2.18 | 3.78 | 2.19 | 0.99 | 2.27 | 8.03 |
| II | 20111114-hu-21 | 2.94 | 2.51 | 1.86 | 2.63 | 0.00 | 10.79 |
| II | 20111123-hu-101 | 0.93 | 0.00 | 2.34 | 0.00 | 2.63 | 12.42 |
| II | 20111123-hu-112 | 3.86 | 0.63 | 1.03 | 0.72 | 1.37 | 11.80 |
| II | 20111123-hu-120 | 5.02 | 2.26 | 0.68 | 0.60 | 1.31 | 5.81 |
| II | 20121030-FJAT-17410-ZR | 3.90 | 9.94 | 8.60 | 0.71 | 0.91 | 11.49 |
| II | 20121030-FJAT-17414-ZR | 4.95 | 11.88 | 2.84 | 0.94 | 1.81 | 13.05 |
| II | 20121102-FJAT-17439-ZR | 2.95 | 5.67 | 2.96 | 0.97 | 0.43 | 8.84 |
| II | 20121102-FJAT-17440-ZR | 3.52 | 11.43 | 1.48 | 1.95 | 2.75 | 13.80 |
| II | 20121203-YQ-FJAT-16436 | 2.24 | 0.00 | 2.45 | 0.00 | 8.40 | 9.54 |
| II | 20130114-ZJ-3-13 | 2.44 | 0.14 | 6.78 | 1.12 | 0.58 | 12.24 |
| II | 20130114-ZJ-4-17 | 6.07 | 0.00 | 10.43 | 0.00 | 0.89 | 15.20 |
| II | 20130114-ZJ-4-18-2 | 3.67 | 0.00 | 3.06 | 0.00 | 1.05 | 9.67 |
| II | 20130114-ZJ-4-2 | 6.05 | 0.00 | 1.63 | 0.38 | 0.00 | 13.19 |
| II | 20130114-ZJ-4-31 | 2.01 | 0.00 | 1.14 | 0.00 | 0.00 | 14.18 |
| II | 20130114-zj-4-37 | 2.97 | 0.10 | 13.10 | 0.00 | 0.34 | 15.12 |
| II | 20130114-ZJ-4-5 | 6.09 | 0.35 | 1.93 | 0.55 | 0.50 | 13.80 |
| II | 20130115-CYP-FJAT-17141 | 2.89 | 3.75 | 1.25 | 1.50 | 1.86 | 9.54 |
| II | 20130129-TXN-FJAT-14621 | 3.32 | 5.97 | 6.26 | 0.61 | 0.66 | 9.31 |
| II | 20130129-TXN-FJAT-14637 | 3.21 | 9.14 | 5.55 | 0.88 | 0.47 | 10.15 |
| II | 20130129-ZMX-FJAT-17718 | 5.34 | 7.37 | 2.07 | 1.59 | 4.35 | 9.63 |
| II | 20130130-TXN-FJAT-14614 | 4.82 | 13.76 | 2.39 | 1.15 | 1.79 | 16.05 |
| II | 20140506-ZMX-FJAT-20189 | 0.76 | 2.31 | 0.47 | 1.59 | 0.86 | 11.55 |
| II | FJAT-23552-1 | 0.84 | 1.73 | 1.10 | 1.13 | 7.56 | 11.86 |
| II | FJAT-23552-2 | 0.80 | 1.11 | 1.04 | 0.71 | 8.07 | 12.01 |
| II | FJAT-24874-10-1 | 7.43 | 2.56 | 1.44 | 0.52 | 7.17 | 12.37 |
| II | FJAT-25161 | 1.17 | 0.72 | 2.58 | 1.24 | 9.90 | 10.39 |
| II | FJAT-25301 | 1.17 | 0.51 | 2.00 | 1.11 | 7.49 | 11.84 |
| II | FJAT-27031-1 | 8.28 | 0.00 | 2.66 | 0.00 | 2.26 | 9.97 |
| II | FJAT-27031-2 | 9.71 | 0.00 | 2.33 | 0.00 | 0.00 | 13.09 |
| II | FJAT-7 | 0.44 | 0.49 | 0.63 | 0.00 | 3.56 | 13.78 |
| II | HGP 1-1-3-3 | 3.46 | 2.51 | 1.58 | 0.00 | 0.00 | 8.58 |
| II | HGP SM23-T-6 | 0.50 | 0.46 | 3.92 | 0.00 | 0.93 | 7.64 |
| II | orgn-36 | 4.17 | 0.00 | 2.08 | 0.00 | 10.66 | 15.78 |
| II | SDG-20100801-FJAT-4087-3 | 1.95 | 0.80 | 0.95 | 1.28 | 2.60 | 13.08 |
| II | shufen-ck1-3（gu） | 2.76 | 1.37 | 3.00 | 0.00 | 0.83 | 7.57 |
| II | zheng | 0.00 | 0.00 | 4.42 | 0.00 | 0.00 | 16.11 |
| 脂肪酸 II 型 51 个菌株平均值 | | 3.48 | 3.35 | 2.95 | 0.83 | 2.84 | RMSTD=6.8540 |

续表

| 型 | 菌株名称 | 14:0 iso | 16:1ω11c | c14:0 | 17:1 iso ω10c | c18:0 | 到中心的切比雪夫距离 |
|---|---|---|---|---|---|---|---|
| III | 20110317-LGH-FJAT-4564 | 3.96 | 1.83 | 1.61 | 0.00 | 3.66 | 5.22 |
| III | 20110601-LGH-FJAT-13925 | 0.75 | 3.29 | 1.95 | 2.56 | 2.84 | 9.01 |
| III | 20110601-LGH-FJAT-13925 | 0.76 | 3.26 | 1.82 | 0.00 | 3.04 | 7.18 |
| III | 20110607-WZX37D-FJAT-8788 | 0.52 | 0.00 | 1.22 | 0.00 | 3.81 | 5.85 |
| III | 20110707-LGH-FJAT-4634 | 2.77 | 0.53 | 1.68 | 0.00 | 2.55 | 6.78 |
| III | 20110718-LGH-FJAT-4772 | 1.54 | 0.00 | 1.04 | 0.00 | 5.86 | 6.67 |
| III | 20110721-SDG-FJAT-13866 | 1.14 | 0.00 | 1.28 | 1.35 | 2.74 | 4.16 |
| III | 20110721-SDG-FJAT-13867 | 0.58 | 0.00 | 0.69 | 0.00 | 3.09 | 6.30 |
| III | 20110721-SDG-FJAT-13869 | 0.91 | 0.00 | 1.32 | 0.00 | 3.33 | 9.20 |
| III | 20110721-SDG-FJAT-13876 | 1.76 | 0.00 | 1.73 | 1.96 | 3.59 | 11.21 |
| III | 20111111-ay-ha091-1 | 0.00 | 0.00 | 7.19 | 0.00 | 3.56 | 10.13 |
| III | 20120321-AY-YM-82-1 | 1.30 | 0.00 | 5.26 | 0.00 | 5.57 | 7.42 |
| III | 20120425-LGH-FJAT-10502 | 0.43 | 1.00 | 1.13 | 0.00 | 3.88 | 10.51 |
| III | 20121126-g-shida-26 | 0.70 | 0.58 | 1.74 | 0.00 | 5.35 | 6.27 |
| III | 20121126-g-shida-29 | 0.57 | 0.00 | 1.82 | 0.00 | 6.50 | 6.53 |
| III | 20130111-CYP-FJAT-16742 | 4.96 | 0.94 | 1.62 | 1.41 | 2.93 | 9.93 |
| III | 20130114-ZJ-3-1 | 0.15 | 0.65 | 3.13 | 0.00 | 8.88 | 8.16 |
| III | FJAT-2 | 3.09 | 0.00 | 1.97 | 0.00 | 1.91 | 11.27 |
| III | RSX-20091229-FJAT-7371 | 1.13 | 0.00 | 4.90 | 0.00 | 0.59 | 13.67 |
| III | y3 8/6 | 1.18 | 0.80 | 2.01 | 0.00 | 7.39 | 10.86 |
| 脂肪酸 III 型 20 个菌株平均值 | | 1.41 | 0.64 | 2.26 | 0.36 | 4.05 | RMSTD=5.1281 |

*脂肪酸含量单位为%

## 3. 嗜碱芽胞杆菌脂肪酸型判别模型建立

（1）分析原理。不同的嗜碱芽胞杆菌菌株具有不同的脂肪酸组构成，通过上述聚类分析，可将嗜碱芽胞杆菌菌株分为 3 类，利用逐步判别的方法（DPS 软件），建立嗜碱芽胞杆菌菌株脂肪酸型判别模型，在建立模型的过程中，可以了解各因子对类别划分的重要性。

（2）数据矩阵。以表 7-2-12 的嗜碱芽胞杆菌 148 个菌株的 12 个脂肪酸为矩阵，自变量 $x_{ij}$（$i$=1,…,148；$j$=1,…,12）由 148 个菌株的 12 个脂肪酸组成，因变量 $Y_i$（$i$=1,…,148）由 148 个菌株聚类类别组成脂肪酸型，采用贝叶斯逐步判别分析，建立嗜碱芽胞杆菌菌株脂肪酸型判别模型。脂肪酸型类别间判别效果检验见表 7-2-13，模型计算后的分类验证和后验概率见表 7-2-14，脂肪酸型判别效果矩阵分析见表 7-2-15。建立的逐步判别分析因子筛选表明，以下 6 个因子入选，它们是 $x_{(1)}$=15:0 anteiso、$x_{(2)}$=15:0 iso、$x_{(5)}$=17:0 anteiso、$x_{(6)}$=16:1ω7c alcohol、$x_{(8)}$=14:0 iso、$x_{(10)}$=c14:0，表明这些因子对脂肪酸型的判别具有贡献。判别模型如下：

$$Y_1=-51.6953+1.1472x_{(1)}+1.6642x_{(2)}+1.7873x_{(5)}+0.3131x_{(6)}+1.6837x_{(8)}+1.3311x_{(10)} \quad (7\text{-}2\text{-}7)$$

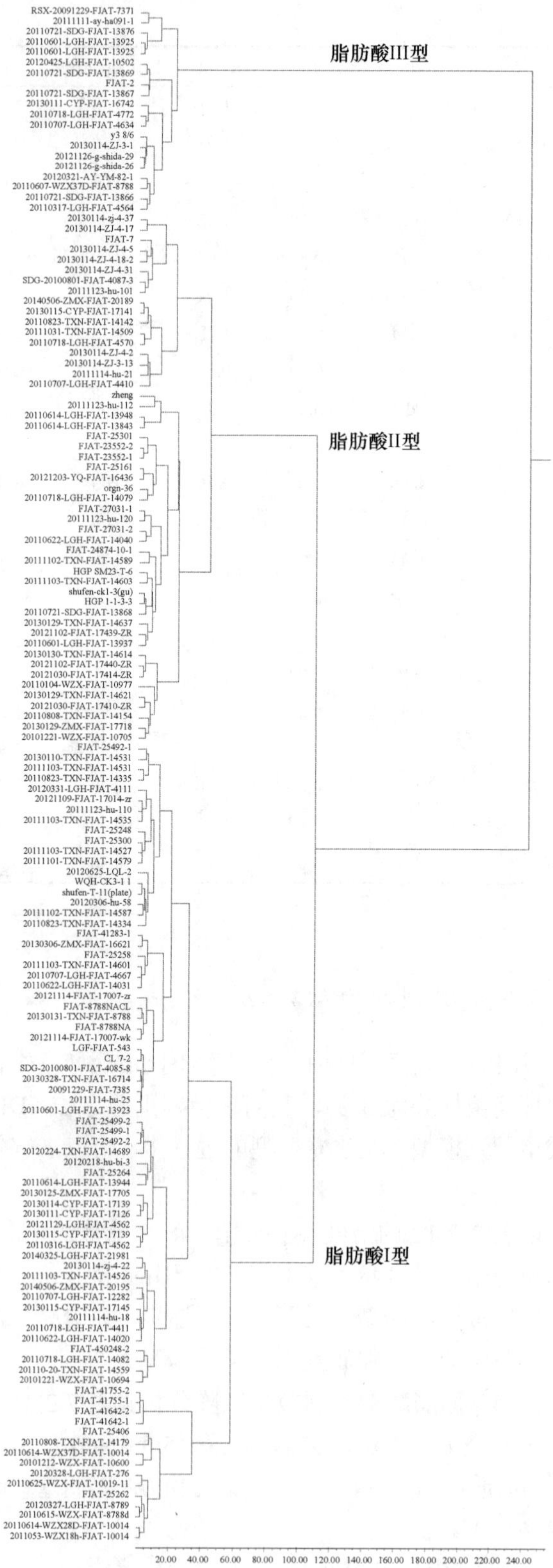


图 7-2-3　嗜碱芽胞杆菌（*Bacillus alcalophilus*）菌株脂肪酸型聚类分析（切比雪夫距离）

表 7-2-13　嗜碱芽胞杆菌（*Bacillus alcalophilus*）脂肪酸型两两分类间判别效果检验

| 脂肪酸型 $i$ | 脂肪酸型 $j$ | 切比雪夫距离 | $F$ 值 | 自由度 $V_1$ | $V_2$ | $P$ |
|---|---|---|---|---|---|---|
| I | II | 7.8537 | 38.7733 | 6 | 121 | $1\times10^{-7}$ |
| I | III | 47.4637 | 121.2605 | 6 | 90 | $1\times10^{-7}$ |
| II | III | 18.2389 | 42.1648 | 6 | 64 | $1\times10^{-7}$ |

$$Y_2=-29.9472+0.7560x_{(1)}+1.2260x_{(2)}+1.7989x_{(5)}+0.5952x_{(6)}+1.5498x_{(8)}+1.1727x_{(10)} \quad (7\text{-}2\text{-}8)$$

$$Y_3=-6.8511+0.2186x_{(1)}+0.5733x_{(2)}+1.2169x_{(5)}+0.0470x_{(6)}+0.824x_{(8)}+0.6946x_{(10)} \quad (7\text{-}2\text{-}9)$$

式中，$x_{(1)}$为 15:0 anteiso；$x_{(2)}$为 15:0 iso；$x_{(5)}$为 17:0 anteiso；$x_{(6)}$为 16:1ω7c alcohol；$x_{(8)}$为 14:0 iso；$x_{(10)}$为 c14:0。脂肪酸型两两类别间统计检验表明类别间差异显著（表 7-2-13）；逐步判别方程两两分类间判别效果检验结果表明（表 7-2-13），类别 1 和 2 的切比雪夫距离为 7.8537，$F$ 值检验为 38.7733，显著性检验极显著（$P<0.01$）；类别 1 和 3 的切比雪夫距离为 47.4637，$F$ 值检验为 121.2605，显著性检验极显著（$P<0.01$）；类别 2 和 3 的切比雪夫距离为 18.2389，$F$ 值检验为 42.1648，显著性检验极显著（$P<0.01$）。

判别模型分类验证表明，对脂肪酸 I 型的判对概率为 0.9351（表 7-2-14）；脂肪酸 II 型的判对概率为 0.8824；脂肪酸 III 型的判对概率为 0.9500；整个方程的判对概率为 0.918 92，能够精确地识别脂肪酸型（表 7-2-15）。在应用时，对被测芽胞杆菌测定脂肪酸组，将 $x_{(1)}$=15:0 anteiso、$x_{(2)}$=15:0 iso、$x_{(5)}$=17:0 anteiso、$x_{(6)}$=16:1ω7c alcohol、$x_{(8)}$=14:0 iso、$x_{(10)}$=c14:0 的脂肪酸百分比带入方程，计算 $Y$ 值，当 $Y_1<Y<Y_2$ 时，该芽胞杆菌为脂肪酸 I 型；当 $Y_2<Y<Y_3$ 时，属于脂肪酸 II 型；当 $Y>Y_3$ 时，属于脂肪酸 III 型。

表 7-2-14　嗜碱芽胞杆菌（*Bacillus alcalophilus*）模型计算后的分类验证和后验概率

| 菌株名称 | 原分类 | 计算分类 | 后验概率 | 菌株名称 | 原分类 | 计算分类 | 后验概率 |
|---|---|---|---|---|---|---|---|
| 2011053-WZX18h-FJAT-10014 | 1 | 1 | 0.9977 | 20110823-TXN-FJAT-14335 | 1 | 1 | 0.9926 |
| 20101212-WZX-FJAT-10600 | 1 | 1 | 0.8003 | 201110-20-TXN-FJAT-14559 | 1 | 1 | 0.9995 |
| 20101221-WZX-FJAT-10694 | 1 | 1 | 0.9994 | 20111101-TXN-FJAT-14579 | 1 | 1 | 0.9333 |
| 20110316-LGH-FJAT-4562 | 1 | 1 | 0.9986 | 20111102-TXN-FJAT-14587 | 1 | 1 | 0.8234 |
| 20110601-LGH-FJAT-13923 | 1 | 1 | 0.9944 | 20111103-TXN-FJAT-14526 | 1 | 1 | 0.9998 |
| 20110614-LGH-FJAT-13944 | 1 | 1 | 0.9731 | 20111103-TXN-FJAT-14527 | 1 | 1 | 0.9764 |
| 20110614-WZX28D-FJAT-10014 | 1 | 1 | 0.9952 | 20111103-TXN-FJAT-14531 | 1 | 1 | 0.9232 |
| 20110614-WZX37D-FJAT-10014 | 1 | 1 | 0.9122 | 20111103-TXN-FJAT-14535 | 1 | 1 | 0.9860 |
| 20110615-WZX-FJAT-8788d | 1 | 1 | 0.9962 | 20111103-TXN-FJAT-14601 | 1 | 1 | 0.9588 |
| 20110622-LGH-FJAT-14020 | 1 | 1 | 0.9978 | 20111114-hu-18 | 1 | 1 | 0.9891 |
| 20110622-LGH-FJAT-14031 | 1 | 1 | 0.9952 | 20111114-hu-25 | 1 | 1 | 0.9985 |
| 20110625-WZX-FJAT-10019-11 | 1 | 1 | 0.9994 | 20111123-hu-110 | 1 | 1 | 0.9890 |
| 20110707-LGH-FJAT-12282 | 1 | 1 | 0.9876 | 20120218-hu-bi-3 | 1 | 2* | 0.5292 |
| 20110707-LGH-FJAT-4667 | 1 | 1 | 0.9769 | 20120224-TXN-FJAT-14689 | 1 | 1 | 0.9989 |
| 20110718-LGH-FJAT-14082 | 1 | 1 | 0.9690 | 20120306-hu-58 | 1 | 1 | 0.9483 |
| 20110718-LGH-FJAT-4411 | 1 | 1 | 0.9972 | 20120327-LGH-FJAT-8789 | 1 | 1 | 0.9966 |
| 20110808-TXN-FJAT-14179 | 1 | 1 | 0.8829 | 20120328-LGH-FJAT-276 | 1 | 1 | 0.9961 |
| 20110823-TXN-FJAT-14334 | 1 | 1 | 0.7988 | 20120331-LGH-FJAT-4111 | 1 | 1 | 0.9841 |

续表

| 菌株名称 | 原分类 | 计算分类 | 后验概率 | 菌株名称 | 原分类 | 计算分类 | 后验概率 |
|---|---|---|---|---|---|---|---|
| 20120625-LQL-2 | 1 | 1 | 0.9496 | WQH-CK3-1 1 | 1 | 1 | 0.8737 |
| 20121109-FJAT-17014-zr | 1 | 1 | 0.9830 | 20101221-WZX-FJAT-10705 | 2 | 2 | 0.9167 |
| 20121114-FJAT-17007-wk | 1 | 1 | 0.9987 | 20110104-WZX-FJAT-10977 | 2 | 2 | 0.9497 |
| 20121114-FJAT-17007-zr | 1 | 1 | 1.0000 | 20110601-LGH-FJAT-13937 | 2 | 2 | 0.9320 |
| 20121129-LGH-FJAT-4562 | 1 | 1 | 0.9993 | 20110614-LGH-FJAT-13843 | 2 | 2 | 0.6561 |
| 20130110-TXN-FJAT-14531 | 1 | 1 | 0.8644 | 20110614-LGH-FJAT-13948 | 2 | 2 | 0.6558 |
| 20130111-CYP-FJAT-17126 | 1 | 1 | 0.9791 | 20110622-LGH-FJAT-14040 | 2 | 1* | 0.9522 |
| 20130114-CYP-FJAT-17139 | 1 | 1 | 0.9864 | 20110707-LGH-FJAT-4410 | 2 | 3* | 0.9174 |
| 20130114-zj-4-22 | 1 | 1 | 0.9992 | 20110718-LGH-FJAT-14079 | 2 | 2 | 0.5407 |
| 20130115-CYP-FJAT-17139 | 1 | 1 | 0.9938 | 20110718-LGH-FJAT-4570 | 2 | 2 | 0.9874 |
| 20130115-CYP-FJAT-17145 | 1 | 1 | 0.9938 | 20110721-SDG-FJAT-13868 | 2 | 2 | 0.5362 |
| 20130125-ZMX-FJAT-17705 | 1 | 1 | 0.6714 | 20110808-TXN-FJAT-14154 | 2 | 2 | 0.9952 |
| 20130131-TXN-FJAT-8788 | 1 | 1 | 0.9928 | 20110823-TXN-FJAT-14142 | 2 | 2 | 0.9863 |
| 20130306-ZMX-FJAT-16621 | 1 | 1 | 0.9785 | 20111031-TXN-FJAT-14509 | 2 | 2 | 0.9763 |
| 20130328-TXN-FJAT-16714 | 1 | 1 | 0.9989 | 20111102-TXN-FJAT-14589 | 2 | 2 | 0.7247 |
| 20140325-LGH-FJAT-21981 | 1 | 1 | 0.9961 | 20111103-TXN-FJAT-14603 | 2 | 2 | 0.9970 |
| 20140506-ZMX-FJAT-20195 | 1 | 1 | 0.9890 | 20111114-hu-21 | 2 | 2 | 0.8821 |
| CL 7-2 | 1 | 1 | 0.9995 | 20111123-hu-101 | 2 | 2 | 0.8758 |
| FJAT-25248 | 1 | 1 | 0.9115 | 20111123-hu-112 | 2 | 2 | 0.9666 |
| FJAT-25258 | 1 | 1 | 0.9875 | 20111123-hu-120 | 2 | 2 | 0.9725 |
| FJAT-25262 | 1 | 1 | 0.9594 | 20121030-FJAT-17410-ZR | 2 | 2 | 0.9857 |
| FJAT-25264 | 1 | 1 | 0.9397 | 20121030-FJAT-17414-ZR | 2 | 2 | 0.9957 |
| FJAT-25300 | 1 | 1 | 0.9764 | 20121102-FJAT-17439-ZR | 2 | 2 | 0.5457 |
| FJAT-25406 | 1 | 1 | 0.5730 | 20121102-FJAT-17440-ZR | 2 | 2 | 0.9974 |
| FJAT-25492-1 | 1 | 1 | 0.9657 | 20121203-YQ-FJAT-16436 | 2 | 2 | 0.9658 |
| FJAT-25492-2 | 1 | 1 | 0.9992 | 20130114-ZJ-3-13 | 2 | 2 | 0.6735 |
| FJAT-25499-1 | 1 | 1 | 0.9991 | 20130114-ZJ-4-17 | 2 | 2 | 0.9911 |
| FJAT-25499-2 | 1 | 1 | 0.9958 | 20130114-ZJ-4-18-2 | 2 | 2 | 0.9675 |
| FJAT-41283-1 | 1 | 1 | 0.9973 | 20130114-ZJ-4-2 | 2 | 2 | 0.6741 |
| FJAT-41642-1 | 1 | 2* | 0.7690 | 20130114-ZJ-4-31 | 2 | 2 | 0.9723 |
| FJAT-41642-2 | 1 | 2* | 0.8501 | 20130114-zj-4-37 | 2 | 2 | 0.9508 |
| FJAT-41755-1 | 1 | 2* | 0.9190 | 20130114-ZJ-4-5 | 2 | 2 | 0.8502 |
| FJAT-41755-2 | 1 | 2* | 0.8905 | 20130115-CYP-FJAT-17141 | 2 | 2 | 0.9988 |
| FJAT-450248-2 | 1 | 1 | 0.9901 | 20130129-TXN-FJAT-14621 | 2 | 2 | 0.9737 |
| FJAT-8788NA | 1 | 1 | 0.9987 | 20130129-TXN-FJAT-14637 | 2 | 2 | 0.8441 |
| FJAT-8788NACL | 1 | 1 | 0.9987 | 20130129-ZMX-FJAT-17718 | 2 | 2 | 0.9820 |
| LGF-FJAT-543 | 1 | 1 | 0.9970 | 20130130-TXN-FJAT-14614 | 2 | 2 | 0.9965 |
| RSX-20091229-FJAT-7385 | 1 | 1 | 0.9976 | 20140506-ZMX-FJAT-20189 | 2 | 2 | 0.9944 |
| SDG-20100801-FJAT-4085-8 | 1 | 1 | 0.9996 | FJAT-23552-1 | 2 | 2 | 0.9253 |
| shufen-T-11（plate） | 1 | 1 | 0.8640 | FJAT-23552-2 | 2 | 2 | 0.9529 |

续表

| 菌株名称 | 原分类 | 计算分类 | 后验概率 | 菌株名称 | 原分类 | 计算分类 | 后验概率 |
|---|---|---|---|---|---|---|---|
| FJAT-24874-10-1 | 2 | 2 | 0.9983 | 20110707-LGH-FJAT-4634 | 3 | 3 | 0.9998 |
| FJAT-25161 | 2 | 2 | 0.9913 | 20110718-LGH-FJAT-4772 | 3 | 3 | 1.0000 |
| FJAT-25301 | 2 | 2 | 0.9718 | 20110721-SDG-FJAT-13866 | 3 | 3 | 0.9992 |
| FJAT-27031-1 | 2 | 2 | 0.9175 | 20110721-SDG-FJAT-13867 | 3 | 3 | 0.9996 |
| FJAT-27031-2 | 2 | 1* | 0.7806 | 20110721-SDG-FJAT-13869 | 3 | 3 | 0.9921 |
| FJAT-7 | 2 | 2 | 0.9818 | 20110721-SDG-FJAT-13876 | 3 | 3 | 0.9893 |
| HGP 1-1-3-3 | 2 | 1* | 0.6008 | 20111111-ay-ha091-1 | 3 | 3 | 0.9853 |
| HGP SM23-T-6 | 2 | 2 | 0.9152 | 20120321-AY-YM-82-1 | 3 | 3 | 0.9999 |
| orgn-36 | 2 | 1* | 0.9657 | 20120425-LGH-FJAT-10502 | 3 | 3 | 0.9815 |
| SDG-20100801-FJAT-4087-3 | 2 | 2 | 0.9457 | 20121126-g-shida-26 | 3 | 3 | 1.0000 |
| shufen-ck1-3（gu） | 2 | 2 | 0.5740 | 20121126-g-shida-29 | 3 | 3 | 1.0000 |
| zheng | 2 | 1* | 0.9527 | 20130111-CYP-FJAT-16742 | 3 | 3 | 0.9995 |
| 20110317-LGH-FJAT-4564 | 3 | 3 | 1.0000 | 20130114-ZJ-3-1 | 3 | 3 | 1.0000 |
| 20110601-LGH-FJAT-13925 | 3 | 3 | 0.9865 | FJAT-2 | 3 | 3 | 0.9988 |
| 20110601-LGH-FJAT-13925 | 3 | 3 | 0.9957 | RSX-20091229-FJAT-7371 | 3 | 2* | 0.9504 |
| 20110607-WZX37D-FJAT-8788 | 3 | 3 | 1.0000 | | | | |

*为判错

**表 7-2-15　嗜碱芽胞杆菌（*Bacillus alcalophilus*）脂肪酸型判别效果矩阵分析**

| 来自＼判为 | 第 I 型 | 第 II 型 | 第 III 型 | 小计 | 正确率 |
|---|---|---|---|---|---|
| 第 I 型 | 72 | 5 | 0 | 77 | 0.9351 |
| 第 II 型 | 5 | 45 | 1 | 51 | 0.8824 |
| 第 III 型 | 0 | 1 | 19 | 20 | 0.9500 |

注：判对的概率=0.918 92

## 四、栗褐芽胞杆菌脂肪酸型分析

### 1. 栗褐芽胞杆菌脂肪酸组测定

栗褐芽胞杆菌[*Bacillus badius* Batchelor 1919（Approved Lists 1980），species.]于 1919 年由 Batchelor 发表。作者采集分离了 30 个栗褐芽胞杆菌菌株，分析主要脂肪酸组，见表 7-2-16。主要脂肪酸组 12 个，占总脂肪酸含量的 92.856%，包括 15:0 anteiso、15:0 iso、16:0 iso、c16:0、17:0 anteiso、16:1ω7c alcohol、17:0 iso、14:0 iso、16:1ω11c、c14:0、17:1 iso ω10c、c18:0，主要脂肪酸组平均值分别为 9.4723%、47.9127%、4.799%、4.0237%、4.191%、4.0693%、4.427%、2.085%、4.7457%、2.0483%、4.544%、0.538%。

### 2. 栗褐芽胞杆菌脂肪酸型聚类分析

以表 7-2-17 为矩阵，以菌株为样本，以脂肪酸为指标，以卡方距离为尺度，用可变类平均法进行系统聚类；聚类结果见图 7-2-4。分析结果可将 30 株栗褐芽胞杆菌分为 3

表 7-2-16　栗褐芽胞杆菌（*Bacillus badius*）菌株主要脂肪酸组统计

| 脂肪酸 | 菌株数 | 含量均值/% | 方差 | 标准差 | 中位数/% | 最小值/% | 最大值/% | Wilks 系数 | *P* |
|---|---|---|---|---|---|---|---|---|---|
| 15:0 anteiso | 30 | 9.4723 | 3.6710 | 1.9160 | 9.2700 | 5.6700 | 14.5900 | 0.9761 | 0.7163 |
| 15:0 iso | 30 | 47.9127 | 14.4302 | 3.7987 | 48.4050 | 36.0200 | 53.3300 | 0.8792 | 0.0027 |
| 16:0 iso | 30 | 4.7990 | 3.1637 | 1.7787 | 4.8600 | 2.0300 | 8.0700 | 0.9515 | 0.1854 |
| c16:0 | 30 | 4.0237 | 2.0861 | 1.4443 | 4.3800 | 1.6200 | 7.4600 | 0.9518 | 0.1892 |
| 17:0 anteiso | 30 | 4.1910 | 1.2692 | 1.1266 | 4.3100 | 1.5100 | 5.7800 | 0.9529 | 0.2017 |
| 16:1ω7c alcohol | 30 | 4.0693 | 1.6917 | 1.3006 | 3.6450 | 1.3300 | 7.3200 | 0.8732 | 0.0020 |
| 17:0 iso | 30 | 4.4270 | 6.4600 | 2.5417 | 3.0200 | 1.5700 | 9.3500 | 0.8266 | 0.0002 |
| 14:0 iso | 30 | 2.0850 | 1.5600 | 1.2490 | 1.6550 | 0.6800 | 6.0600 | 0.8150 | 0.0001 |
| 16:1ω11c | 30 | 4.7457 | 2.5083 | 1.5838 | 4.9300 | 1.8200 | 8.8600 | 0.9612 | 0.3319 |
| c14:0 | 30 | 2.0483 | 0.7734 | 0.8794 | 2.3500 | 0.0000 | 3.2600 | 0.9266 | 0.0398 |
| 17:1 iso ω10c | 30 | 4.5440 | 2.0312 | 1.4252 | 4.7400 | 0.0000 | 7.2100 | 0.9220 | 0.0303 |
| c18:0 | 30 | 0.5380 | 1.2107 | 1.1003 | 0.0000 | 0.0000 | 4.6300 | 0.5587 | 0.0000 |
| 总和 | | 92.856 | | | | | | | |

表 7-2-17　栗褐芽胞杆菌（*Bacillus badius*）菌株主要脂肪酸组

| 型 | 菌株名称 | 15:0 anteiso | 15:0 iso | 17:0 anteiso | 17:0 iso | 16:0 iso | c16:0 | 16:1ω7c alcohol |
|---|---|---|---|---|---|---|---|---|
| I | 20110504-24-FJAT-8757 | 4.4600* | 12.8800 | 3.7400 | 2.4500 | 4.7500 | 3.8000 | 3.1100 |
| I | 20110505-WZX18h-FJAT-8757 | 6.7300 | 10.3900 | 3.6800 | 1.4000 | 3.7200 | 3.7200 | 3.1800 |
| I | 20110510-WZX20D-FJAT-8757 | 4.3000 | 13.5400 | 2.3000 | 1.5900 | 4.0400 | 3.2000 | 3.7400 |
| I | 20110510-WZX28D-FJAT-8757 | 4.5800 | 12.3200 | 3.9100 | 2.4500 | 4.3800 | 4.1600 | 3.0800 |
| I | 20110510-wzxjl30-FJAT-8757a | 4.2300 | 10.4700 | 4.8500 | 3.0600 | 4.3900 | 5.3900 | 3.0100 |
| I | 20110510-wzxjl30-FJAT-8757b | 6.3500 | 11.6200 | 4.4400 | 2.2100 | 3.7600 | 4.3700 | 2.4300 |
| I | 20110510-wzxjl30-FJAT-8757c | 5.5600 | 13.1200 | 3.4200 | 2.1300 | 4.6400 | 3.8100 | 3.2300 |
| I | 20110510-wzxjl30-FJAT-8757d | 5.5500 | 13.2400 | 3.7300 | 2.0900 | 4.0900 | 4.1000 | 3.1100 |
| I | 20110510-wzxjl30-FJAT-8757e | 4.6300 | 13.5300 | 3.5400 | 2.4200 | 4.7100 | 3.8200 | 3.5600 |
| I | 20111205-LGH-FJAT-8757-2 | 6.0000 | 10.4500 | 4.6800 | 2.3100 | 3.8600 | 4.4400 | 3.0200 |
| I | 20111205-LGH-FJAT-8757-3 | 6.0200 | 9.8100 | 4.4500 | 2.0500 | 3.8000 | 4.9900 | 3.0900 |
| I | LGF-FJAT-8757 | 6.3700 | 10.3100 | 3.9400 | 1.4800 | 3.7300 | 3.5100 | 3.6900 |
| 脂肪酸 I 型 12 个菌株平均值 | | 5.3983 | 11.8067 | 3.8900 | 2.1367 | 4.1558 | 4.1092 | 3.1875 |
| II | 20110505-WZX36h-FJAT-8757 | 2.8300 | 13.7000 | 2.3100 | 1.9000 | 6.6000 | 2.7500 | 4.4600 |
| II | 20110508-WZX48h-FJAT-8757 | 2.9400 | 16.2200 | 2.0700 | 1.8500 | 5.9200 | 2.7400 | 4.7200 |
| II | 20110510-WZX37D-FJAT-8757 | 3.4900 | 16.6000 | 3.1300 | 3.1700 | 5.9800 | 3.6500 | 2.3900 |
| II | 20110510-wzx50d-FJAT-8757 | 3.3000 | 17.7400 | 5.2600 | 8.0100 | 4.6200 | 6.8400 | 1.0000 |
| II | 20110713-WZX-FJAT-72h-8757 | 1.0000 | 3.1700 | 1.6700 | 1.0000 | 5.6700 | 5.2300 | 4.4000 |
| II | 20120224-TXN-FJAT-14754 | 2.0300 | 18.3100 | 1.0000 | 3.5900 | 2.8000 | 3.8800 | 6.9900 |
| II | 20121109-FJAT-17011-zr | 2.6800 | 15.6500 | 2.4500 | 4.1200 | 2.4000 | 4.7900 | 6.3100 |
| II | 20130117-LGH-FJAT-8757-LB | 8.3800 | 1.0000 | 4.3400 | 1.6100 | 6.8800 | 3.9900 | 4.0000 |
| II | FJAT-27231-1 | 9.9200 | 11.3400 | 3.8600 | 1.3900 | 3.1200 | 4.0400 | 2.7900 |
| II | LGH-FJAT-4831 | 4.4600 | 17.1000 | 3.0500 | 5.3800 | 7.0400 | 3.2500 | 3.8100 |
| 脂肪酸 II 型 10 个菌株平均值 | | 4.1030 | 13.0830 | 2.9140 | 3.2020 | 5.1030 | 4.1160 | 4.0870 |

续表

| 型 | 菌株名称 | 15:0 anteiso | 15:0 iso | 17:0 anteiso | 17:0 iso | 16:0 iso | c16:0 | 16:1ω7c alcohol |
|---|---|---|---|---|---|---|---|---|
| III | 20121106-FJAT-16980-zr | 4.6200 | 16.1600 | 3.1200 | 7.5200 | 2.7700 | 1.1000 | 6.2400 |
| III | 20121107-FJAT-16953-zr | 3.0200 | 15.7700 | 4.8600 | 7.3500 | 1.0900 | 1.6200 | 3.2100 |
| III | 20121108-FJAT-17036-zr | 6.9400 | 15.9000 | 4.9800 | 7.3500 | 1.3400 | 1.9500 | 3.0900 |
| III | 20130401-ll-FJAT-16835 | 5.2200 | 10.8700 | 4.9100 | 7.2300 | 1.0000 | 1.9400 | 3.4000 |
| III | 20130402-ll-FJAT-16888 | 3.0900 | 13.8900 | 3.9400 | 8.7800 | 1.5000 | 1.2100 | 3.9600 |
| III | 20130403-ll-FJAT-16914 | 5.2700 | 12.5500 | 4.9400 | 7.5300 | 1.3100 | 1.2600 | 3.7400 |
| III | 20130403-ll-FJAT-16940 | 3.5100 | 15.0500 | 2.5900 | 4.6200 | 1.8900 | 1.0000 | 6.3900 |
| III | 20130403-ll-FJAT-16941 | 6.5900 | 14.0800 | 5.2700 | 7.6700 | 1.2700 | 1.5600 | 3.0300 |
| 脂肪酸 III 型 8 个菌株平均值 | | 4.7825 | 14.2838 | 4.3263 | 7.2563 | 1.5213 | 1.4550 | 4.1325 |

| 型 | 菌株名称 | 14:0 iso | 16:1ω11c | c14:0 | 17:1 iso ω10c | c18:0 | 到中心的卡方距离 |
|---|---|---|---|---|---|---|---|
| I | 20110504-24-FJAT-8757 | 2.3300 | 4.5800 | 3.3900 | 5.9800 | 1.0000 | 1.7824 |
| I | 20110505-WZX18h-FJAT-8757 | 1.9100 | 6.7500 | 4.2600 | 5.9700 | 1.0000 | 2.7620 |
| I | 20110510-WZX20D-FJAT-8757 | 2.3500 | 8.0400 | 3.8200 | 5.8700 | 1.0000 | 4.0850 |
| I | 20110510-WZX28D-FJAT-8757 | 2.1000 | 5.1700 | 3.7400 | 6.0600 | 1.0000 | 1.0862 |
| I | 20110510-wzxjl30-FJAT-8757a | 1.8000 | 4.0200 | 3.2700 | 5.9900 | 2.3500 | 3.0898 |
| I | 20110510-wzxjl30-FJAT-8757b | 1.9000 | 4.7400 | 4.1200 | 5.7800 | 1.0000 | 1.5586 |
| I | 20110510-wzxjl30-FJAT-8757c | 2.4200 | 4.5800 | 3.8900 | 5.4400 | 1.0000 | 1.7249 |
| I | 20110510-wzxjl30-FJAT-8757d | 2.0200 | 4.6900 | 3.7600 | 5.6900 | 1.0000 | 1.5485 |
| I | 20110510-wzxjl30-FJAT-8757e | 2.3500 | 4.3600 | 3.5500 | 5.7400 | 1.0000 | 2.2540 |
| I | 20111205-LGH-FJAT-8757-2 | 1.9100 | 4.5200 | 3.6900 | 5.8500 | 1.0000 | 1.8831 |
| I | 20111205-LGH-FJAT-8757-3 | 1.9300 | 4.4400 | 3.7200 | 5.7400 | 1.7300 | 2.5326 |
| I | LGF-FJAT-8757 | 1.8900 | 5.8500 | 3.7700 | 6.2200 | 1.4000 | 2.2603 |
| 脂肪酸 I 型 12 个菌株平均值 | | 2.0758 | 5.1450 | 3.7483 | 5.8608 | 1.2067 | RMSTD=1.4160 |
| II | 20110505-WZX36h-FJAT-8757 | 4.5500 | 3.4300 | 3.3300 | 4.7100 | 1.0000 | 3.4419 |
| II | 20110508-WZX48h-FJAT-8757 | 4.6400 | 3.2200 | 3.5200 | 4.5600 | 1.0000 | 4.4867 |
| II | 20110510-WZX37D-FJAT-8757 | 3.5600 | 2.2900 | 3.3700 | 4.3700 | 1.0000 | 4.2952 |
| II | 20110510-wzx50d-FJAT-8757 | 1.4700 | 1.0000 | 2.5000 | 4.0400 | 1.0000 | 8.7705 |
| II | 20110713-WZX-FJAT-72h-8757 | 4.8200 | 2.8500 | 3.1000 | 3.7600 | 5.6300 | 11.3755 |
| II | 20120224-TXN-FJAT-14754 | 1.6700 | 4.1900 | 2.3800 | 4.0400 | 3.2200 | 7.5273 |
| II | 20121109-FJAT-17011-zr | 2.3200 | 1.2200 | 2.8100 | 5.3900 | 4.5800 | 5.7686 |
| II | 20130117-LGH-FJAT-8757-LB | 3.2300 | 4.7900 | 4.2500 | 4.2000 | 1.4700 | 13.3765 |
| II | FJAT-27231-1 | 3.0600 | 1.7300 | 3.7000 | 4.8900 | 2.1700 | 6.9913 |
| II | LGH-FJAT-4831 | 6.3800 | 1.6200 | 1.0000 | 1.0000 | 1.0000 | 7.0395 |
| 脂肪酸 II 型 10 个菌株平均值 | | 3.5700 | 2.6340 | 2.9960 | 4.0960 | 2.2070 | RMSTD=4.8076 |
| III | 20121106-FJAT-16980-zr | 1.1100 | 2.2700 | 1.4300 | 7.0400 | 1.2300 | 3.7168 |
| III | 20121107-FJAT-16953-zr | 1.0000 | 3.9200 | 1.8800 | 8.0700 | 1.0000 | 2.8991 |
| III | 20121108-FJAT-17036-zr | 1.6500 | 3.8000 | 2.2200 | 5.3600 | 1.0000 | 3.3896 |
| III | 20130401-ll-FJAT-16835 | 1.2400 | 5.4300 | 2.2300 | 7.3600 | 1.4100 | 4.0656 |
| III | 20130402-ll-FJAT-16888 | 1.3800 | 4.2400 | 2.0600 | 8.2100 | 1.1600 | 2.7637 |
| III | 20130403-ll-FJAT-16914 | 1.5000 | 3.8400 | 2.0500 | 7.6600 | 1.1700 | 2.1361 |
| III | 20130403-ll-FJAT-16940 | 2.1300 | 2.1600 | 2.5100 | 5.5500 | 1.4500 | 4.7452 |
| III | 20130403-ll-FJAT-16941 | 1.5300 | 4.0300 | 2.1300 | 5.7800 | 1.1700 | 2.6423 |
| 脂肪酸 III 型 8 个菌株平均值 | | 1.4425 | 3.7113 | 2.0638 | 6.8788 | 1.1988 | RMSTD=2.0923 |

*脂肪酸含量单位为%

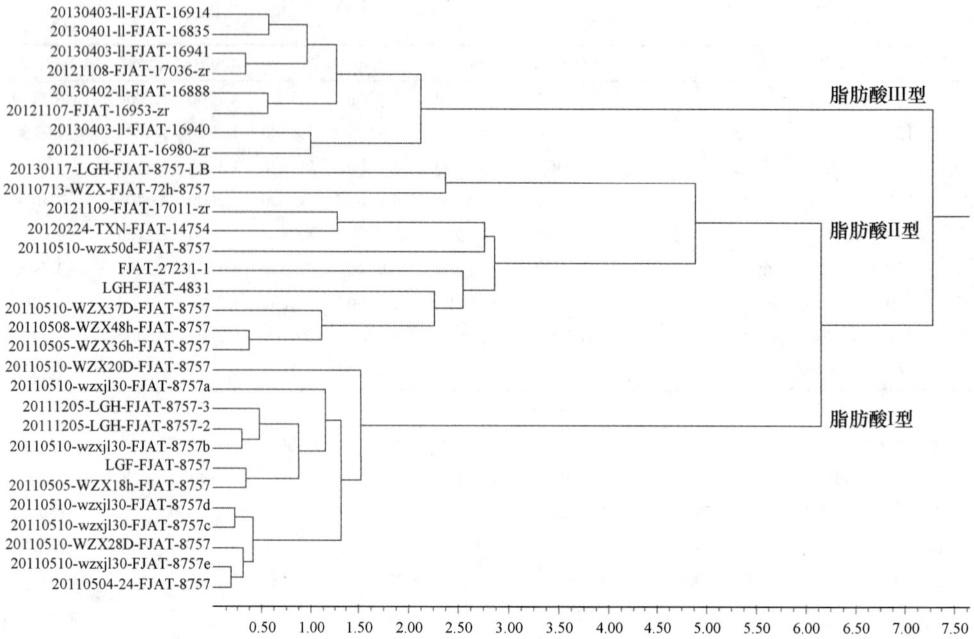


图 7-2-4　栗褐芽胞杆菌（*Bacillus badius*）菌株脂肪酸型聚类分析（卡方距离）

个脂肪酸型，即脂肪酸 I 型 12 个菌株，特征为到中心的卡方距离为 1.4160，15:0 anteiso 平均值为 5.3983%，重要脂肪酸 15:0 anteiso、15:0 iso、17:0 anteiso、17:0 iso、16:0 iso、c16:0、16:1ω7c alcohol 等平均值分别为 5.3983%、11.8067%、3.8900%、2.1367%、4.1558%、4.1092%、3.1875%。脂肪酸 II 型 10 个菌株，特征为到中心的卡方距离为 4.8076，15:0 anteiso 平均值为 4.1030%；重要脂肪酸 15:0 anteiso、15:0 iso、17:0 anteiso、17:0 iso、16:0 iso、c16:0、16:1ω7c alcohol 等平均值分别为 4.1030%、13.0830%、2.9140%、3.2020%、5.1030%、4.1160%、4.0870%。脂肪酸 III 型 8 个菌株，特征为到中心的卡方距离为 2.0923，15:0 anteiso 平均值为 4.7825%；重要脂肪酸 15:0 anteiso、15:0 iso、17:0 anteiso、17:0 iso、16:0 iso、c16:0、16:1ω7c alcohol 等平均值分别为 4.7825%、14.2838%、4.3263%、7.2563%、1.5213%、1.4550%、4.1325%。

## 3. 栗褐芽胞杆菌脂肪酸型判别模型建立

（1）分析原理。不同的栗褐芽胞杆菌菌株具有不同的脂肪酸组构成，通过上述聚类分析，可将栗褐芽胞杆菌菌株分为 3 类，利用逐步判别的方法（DPS 软件），建立栗褐芽胞杆菌菌株脂肪酸型判别模型，在建立模型的过程中，可以了解各因子对类别划分的重要性。

（2）数据矩阵。以表 7-2-17 的栗褐芽胞杆菌 30 个菌株的 12 个脂肪酸为矩阵，自变量 $x_{ij}$（$i$=1,···,30；$j$=1,···,12）由 30 个菌株的 12 个脂肪酸组成，因变量 $Y_i$（$i$=1,···,30）由 30 个菌株聚类类别组成脂肪酸型，采用贝叶斯逐步判别分析，建立栗褐芽胞杆菌菌株脂肪酸型判别模型。脂肪酸型类别间判别效果检验见表 7-2-18，模型计算后的分类验证和后验概率见表 7-2-19，脂肪酸型判别效果矩阵分析见表 7-2-20。建立的逐步判别分析因子筛选表明，以下 5 个因子入选，它们是 $x_{(4)}$=c16:0、$x_{(5)}$=17:0 anteiso、$x_{(7)}$=17:0 iso、$x_{(8)}$=14:0 iso、$x_{(12)}$=c18:0，表明这些因子对脂肪酸型的判别具有贡献。判别模型如下：

$$Y_1=-29.6219+11.2734x_{(4)}+0.6176x_{(5)}-1.1734x_{(7)}+7.1643x_{(8)}-1.5310x_{(12)} \quad (7\text{-}2\text{-}10)$$

$$Y_2=-41.0255+11.3027x_{(4)}-0.2636x_{(5)}+0.4245x_{(7)}+9.7832x_{(8)}+0.0054x_{(12)} \quad (7\text{-}2\text{-}11)$$

$$Y_3=-50.1247-15.6697x_{(4)}+11.8545x_{(5)}+7.1644x_{(7)}+3.3972x_{(8)}+12.4095x_{(12)} \quad (7\text{-}2\text{-}12)$$

**表 7-2-18 栗褐芽胞杆菌（*Bacillus badius*）脂肪酸型两两分类间判别效果检验**

| 脂肪酸型 $i$ | 脂肪酸型 $j$ | 卡方距离 | $F$ 值 | 自由度 $V_1$ | $V_2$ | $P$ |
|---|---|---|---|---|---|---|
| I | II | 8.012 6 | 7.446 1 | 5 | 16 | 0.000 884 3 |
| I | III | 121.375 3 | 99.258 0 | 5 | 14 | 0.000 000 1 |
| II | III | 117.292 4 | 88.814 0 | 5 | 12 | 0.000 000 1 |

判别模型分类验证表明（表 7-2-19），对脂肪酸 I 型的判对概率为 1.0；脂肪酸 II 型的判对概率为 0.8；脂肪酸 III 型的判对概率为 1.0；整个方程的判对概率=0.933 33，能够精确地识别脂肪酸型（表 7-2-20）。在应用时，对被测芽胞杆菌测定脂肪酸组，将 $x_{(4)}$=16:0、$x_{(5)}$=17:0 anteiso、$x_{(7)}$=17:0 iso、$x_{(8)}$=14:0 iso、$x_{(12)}$=c18:0 的脂肪酸百分比带入方程，计算 $Y$ 值，当 $Y_1<Y<Y_2$ 时，该芽胞杆菌为脂肪酸 I 型；当 $Y_2<Y<Y_3$ 时，属于脂肪酸 II 型；当 $Y>Y_3$ 时，属于脂肪酸 III 型。

**表 7-2-19 栗褐芽胞杆菌（*Bacillus badius*）模型计算后的分类验证和后验概率**

| 样本序号 | 原分类 | 计算分类 | 后验概率 | 样本序号 | 原分类 | 计算分类 | 后验概率 |
|---|---|---|---|---|---|---|---|
| 1 | 1 | 1 | 0.9615 | 16 | 2 | 2 | 0.8971 |
| 2 | 1 | 1 | 0.9974 | 17 | 2 | 2 | 1.0000 |
| 3 | 1 | 1 | 0.9640 | 18 | 2 | 2 | 0.9373 |
| 4 | 1 | 1 | 0.9813 | 19 | 2 | 2 | 0.9977 |
| 5 | 1 | 1 | 0.9232 | 20 | 2 | 1* | 0.8811 |
| 6 | 1 | 1 | 0.9952 | 21 | 2 | 1* | 0.7858 |
| 7 | 1 | 1 | 0.9612 | 22 | 2 | 2 | 1.0000 |
| 8 | 1 | 1 | 0.9899 | 23 | 3 | 3 | 1.0000 |
| 9 | 1 | 1 | 0.9542 | 24 | 3 | 3 | 1.0000 |
| 10 | 1 | 1 | 0.9953 | 25 | 3 | 3 | 1.0000 |
| 11 | 1 | 1 | 0.9875 | 26 | 3 | 3 | 1.0000 |
| 12 | 1 | 1 | 0.9959 | 27 | 3 | 3 | 1.0000 |
| 13 | 2 | 2 | 0.9502 | 28 | 3 | 3 | 1.0000 |
| 14 | 2 | 2 | 0.9649 | 29 | 3 | 3 | 1.0000 |
| 15 | 2 | 2 | 0.8440 | 30 | 3 | 3 | 1.0000 |

*为判错

**表 7-2-20 栗褐芽胞杆菌（*Bacillus badius*）脂肪酸型判别效果矩阵分析**

| 来自 \ 判为 | 第 I 型 | 第 II 型 | 第 III 型 | 小计 | 正确率 |
|---|---|---|---|---|---|
| 第 I 型 | 12 | 0 | 0 | 12 | 1.0 |
| 第 II 型 | 2 | 8 | 0 | 10 | 0.8 |
| 第 III 型 | 0 | 0 | 8 | 8 | 1.0 |

注：判对的概率=0.933 33

## 五、蜡样芽胞杆菌脂肪酸型分析

### 1. 蜡样芽胞杆菌脂肪酸组测定

蜡样芽胞杆菌[*Bacillus cereus* Frankland and Frankland 1887（Approved Lists 1980），species.]于 1887 年由 Frankland 和 Frankland 发表。作者采集分离了 963 个蜡样芽胞杆菌菌株，分析主要脂肪酸组，见表 7-2-21。主要脂肪酸组 12 个，占总脂肪酸含量的 68.4849%，包括 15:0 anteiso、15:0 iso、16:0 iso、c16:0、17:0 anteiso、16:1ω7c alcohol、17:0 iso、14:0 iso、16:1ω11c、c14:0、17:1 iso ω10c、c18:0，主要脂肪酸组平均值分别为 4.1469%、27.8376%、6.5664%、7.063%、1.5523%、0.6842%、9.562%、4.5899%、0.4044%、3.229%、1.9856%、0.8636%。

表 7-2-21　蜡样芽胞杆菌（*Bacillus cereus*）菌株主要脂肪酸组统计

| 脂肪酸 | 菌株数 | 含量均值/% | 方差 | 标准差 | 中位数/% | 最小值/% | 最大值/% | Wilks 系数 | *P* |
|---|---|---|---|---|---|---|---|---|---|
| 15:0 anteiso | 963 | 4.1469 | 2.4069 | 1.5514 | 3.9500 | 0.0000 | 22.4300 | 0.7064 | 0.0000 |
| 15:0 iso | 963 | 27.8376 | 36.8122 | 6.0673 | 27.4000 | 12.1600 | 48.8800 | 0.9847 | 0.0000 |
| 16:0 iso | 963 | 6.5664 | 2.7013 | 1.6436 | 6.3500 | 0.0000 | 15.6700 | 0.9722 | 0.0000 |
| c16:0 | 963 | 7.0630 | 6.2446 | 2.4989 | 6.5100 | 2.9500 | 19.9700 | 0.9236 | 0.0000 |
| 17:0 anteiso | 963 | 1.5523 | 0.7407 | 0.8606 | 1.5200 | 0.0000 | 9.9400 | 0.8994 | 0.0000 |
| 16:1ω7c alcohol | 963 | 0.6842 | 0.2889 | 0.5375 | 0.7000 | 0.0000 | 3.2700 | 0.9279 | 0.0000 |
| 17:0 iso | 963 | 9.5620 | 5.0400 | 2.2450 | 9.4700 | 0.0000 | 18.8800 | 0.9926 | 0.0001 |
| 14:0 iso | 963 | 4.5899 | 2.0080 | 1.4171 | 4.5000 | 0.0000 | 12.3000 | 0.9630 | 0.0000 |
| 16:1ω11c | 963 | 0.4044 | 0.2432 | 0.4932 | 0.2800 | 0.0000 | 3.7500 | 0.7949 | 0.0000 |
| c14:0 | 963 | 3.2290 | 1.2366 | 1.1120 | 3.1000 | 0.0000 | 16.0800 | 0.8452 | 0.0000 |
| 17:1 iso ω10c | 963 | 1.9856 | 3.6123 | 1.9006 | 2.0000 | 0.0000 | 7.8500 | 0.8700 | 0.0000 |
| c18:0 | 963 | 0.8636 | 0.7970 | 0.8927 | 0.7000 | 0.0000 | 7.0400 | 0.7372 | 0.0000 |
| 总和 | | 68.4849 | | | | | | | |

### 2. 蜡样芽胞杆菌脂肪酸型聚类分析

以表 7-2-22 为数据矩阵，以菌株为样本，以脂肪酸为指标，以卡方距离为尺度，用可变类平均法进行系统聚类；聚类结果见图 7-2-5。分析结果可将 963 株蜡样芽胞杆菌分为 3 个脂肪酸型，即脂肪酸 I 型 424 个菌株，特征为到中心的卡方距离为 2.9378，15:0 anteiso 平均值为 5.04%，重要脂肪酸 15:0 anteiso、15:0 iso、17:0 anteiso、17:0 iso、16:0 iso、c16:0、16:1ω7c alcohol 等平均值分别为 5.04%、16.69%、2.64%、10.59%、7.56%、4.05%、1.83%。脂肪酸 II 型 242 个菌株，特征为到中心的卡方距离为 3.8871，15:0 anteiso 平均值为 5.78%；重要脂肪酸 15:0 anteiso、15:0 iso、17:0 anteiso、17:0 iso、16:0 iso、c16:0、16:1ω7c alcohol 等平均值分别为 5.78%、10.22%、3.06%、10.13%、8.47%、7.93%、1.91%。脂肪酸 III 型 297 个菌株，特征为到中心的卡方距离为 4.0182，15:0 anteiso 平均值为 4.79%；重要脂肪酸 15:0 anteiso、15:0 iso、17:0 anteiso、17:0 iso、16:0 iso、c16:0、16:1ω7c alcohol 等平均值分别为 4.79%、21.92%、2.01%、10.87%、6.84%、4.34%、1.29%。

表 7-2-22　蜡样芽胞杆菌（*Bacillus cereus*）菌株主要脂肪酸组

| 型 | 菌株名称 | 15:0 anteiso | 15:0 iso | 17:0 anteiso | 17:0 iso | 16:0 iso | c16:0 | 16:1ω7c alcohol |
|---|---|---|---|---|---|---|---|---|
| I | 20101207-WZX-FJAT-13 | 6.02* | 19.47 | 2.56 | 10.40 | 7.79 | 2.40 | 2.43 |
| I | 20101208-WZX-FJAT-11706 | 4.24 | 18.62 | 2.15 | 10.39 | 7.04 | 2.06 | 1.54 |
| I | 20101208-WZX-FJAT-19 | 5.72 | 17.75 | 2.55 | 10.43 | 8.37 | 2.18 | 2.01 |
| I | 20101210-WZX-FJAT-11693 | 4.95 | 20.07 | 2.58 | 11.82 | 7.50 | 2.84 | 1.67 |
| I | 20101210-WZX-FJAT-11704 | 4.96 | 21.87 | 2.40 | 11.58 | 7.94 | 3.02 | 1.70 |
| I | 20101212-WZX-FJAT-10594 | 5.93 | 15.42 | 2.88 | 9.10 | 8.79 | 3.86 | 2.21 |
| I | 20101212-WZX-FJAT-10611 | 3.89 | 13.34 | 2.38 | 9.23 | 7.41 | 2.45 | 1.87 |
| I | 20101212-WZX-FJAT-11682 | 4.88 | 20.09 | 2.42 | 10.60 | 7.33 | 2.63 | 1.45 |
| I | 20101212-WZX-FJAT-11683 | 4.38 | 22.68 | 2.09 | 10.61 | 7.33 | 2.22 | 1.62 |
| I | 20101212-WZX-FJAT-11685 | 4.25 | 24.30 | 2.07 | 10.80 | 5.47 | 1.57 | 1.47 |
| I | 20101220-WZX-FJAT-10884 | 5.50 | 15.55 | 2.16 | 7.15 | 5.89 | 1.45 | 1.50 |
| I | 20101221-WZX-FJAT-10895 | 5.21 | 14.42 | 2.26 | 8.14 | 6.46 | 1.79 | 1.68 |
| I | 20101221-WZX-FJAT-10989 | 3.76 | 12.68 | 2.31 | 9.77 | 7.96 | 2.11 | 1.90 |
| I | 20101230-WZX-FJAT-10674 | 4.53 | 13.83 | 1.83 | 7.52 | 6.82 | 2.49 | 1.73 |
| I | 20101230-WZX-FJAT-10958 | 3.83 | 18.32 | 1.93 | 9.18 | 6.00 | 3.02 | 1.82 |
| I | 20110104-Wm-7 | 5.16 | 24.56 | 3.32 | 14.72 | 6.80 | 4.23 | 1.00 |
| I | 20110105-SDG-FJAT-10067 | 6.66 | 16.46 | 3.67 | 12.77 | 9.76 | 3.29 | 1.63 |
| I | 20110105-SDG-FJAT-10068 | 6.51 | 19.27 | 3.69 | 13.14 | 8.76 | 2.37 | 1.65 |
| I | 20110110-SDG-FJAT-10192 | 3.84 | 19.99 | 1.84 | 9.89 | 5.93 | 2.26 | 1.81 |
| I | 20110110-SDG-FJAT-10736 | 6.47 | 15.61 | 3.58 | 13.00 | 9.10 | 5.20 | 1.81 |
| I | 20110110-SDG-FJAT-10748 | 5.28 | 16.37 | 2.79 | 10.57 | 9.12 | 3.53 | 1.85 |
| I | 20110111-SDG-FJAT-10060 | 4.62 | 14.41 | 2.22 | 10.41 | 9.12 | 3.60 | 2.02 |
| I | 20110111-SDG-FJAT-10184 | 6.19 | 23.93 | 2.38 | 9.81 | 6.12 | 1.67 | 1.84 |
| I | 20110112-SDG-FJAT-10168 | 4.76 | 23.44 | 1.98 | 10.47 | 6.12 | 1.93 | 1.66 |
| I | 20110112-SDG-FJAT-10179 | 4.47 | 15.85 | 2.07 | 13.01 | 7.86 | 3.35 | 1.93 |
| I | 20110225-WZX-FJAT-11091 | 5.54 | 22.68 | 2.27 | 9.23 | 7.17 | 3.69 | 1.58 |
| I | 20110227-SDG-FJAT-11290 | 5.10 | 16.62 | 2.57 | 15.10 | 6.97 | 4.60 | 1.63 |
| I | 20110228-SDG-FJAT-11296 | 4.22 | 23.26 | 1.96 | 11.74 | 5.22 | 4.71 | 1.47 |
| I | 20110311-SDG-FJAT-11305 | 4.49 | 20.18 | 2.40 | 10.14 | 6.74 | 4.34 | 2.10 |
| I | 20110311-SDG-FJAT-11306 | 5.34 | 25.07 | 2.53 | 13.27 | 5.94 | 4.50 | 1.52 |
| I | 20110314-SDG-FJAT-10614 | 3.81 | 18.59 | 2.19 | 8.98 | 6.08 | 2.01 | 1.77 |
| I | 20110314-SDG-FJAT-10614 | 4.02 | 24.68 | 2.05 | 9.41 | 5.96 | 2.00 | 1.53 |
| I | 20110314-SDG-FJAT-10615 | 5.76 | 15.55 | 2.95 | 10.29 | 8.70 | 4.07 | 1.76 |
| I | 20110314-SDG-FJAT-10615 | 5.03 | 19.27 | 2.48 | 10.02 | 7.91 | 3.64 | 1.60 |
| I | 20110315-SDG-FJAT-10222 | 4.92 | 22.41 | 2.29 | 10.45 | 6.78 | 1.76 | 1.51 |
| I | 20110316-LGH-FJAT-4776 | 3.72 | 15.09 | 1.93 | 10.00 | 6.07 | 3.02 | 1.86 |
| I | 20110504-24-FJAT-8760 | 5.16 | 20.19 | 2.57 | 11.04 | 6.42 | 3.28 | 1.67 |
| I | 20110504-24-FJAT-8770 | 5.46 | 23.83 | 3.08 | 11.98 | 7.15 | 1.91 | 1.66 |
| I | 20110505-18h-FJAT-8760 | 5.63 | 18.52 | 2.32 | 9.67 | 6.85 | 3.18 | 1.93 |
| I | 20110505-WZX18h-FJAT-8770 | 5.38 | 25.31 | 2.77 | 10.88 | 7.55 | 2.19 | 1.46 |

续表

| 型 | 菌株名称 | 15:0 anteiso | 15:0 iso | 17:0 anteiso | 17:0 iso | 16:0 iso | c16:0 | 16:1ω7c alcohol |
|---|---|---|---|---|---|---|---|---|
| I | 20110505-WZX18h-FJAT-8770 | 6.31 | 16.43 | 3.09 | 9.79 | 9.23 | 2.76 | 1.92 |
| I | 20110505-WZX36h-FJAT-8760 | 5.45 | 23.79 | 2.45 | 11.97 | 5.85 | 4.22 | 1.00 |
| I | 20110510-WZX20D-FJAT-8760 | 6.20 | 14.84 | 2.16 | 8.40 | 7.58 | 3.05 | 2.38 |
| I | 20110510-WZX28D-FJAT-8760 | 4.84 | 22.93 | 2.35 | 11.65 | 6.05 | 2.47 | 1.56 |
| I | 20110510-WZX37D-FJAT-8760 | 5.67 | 27.62 | 3.21 | 12.74 | 6.86 | 3.45 | 1.37 |
| I | 20110511-wzxjl20-FJAT-8760a | 5.53 | 18.78 | 2.85 | 12.18 | 7.07 | 4.52 | 1.63 |
| I | 20110511-wzxjl30-FJAT-8760b | 5.68 | 19.18 | 2.73 | 12.80 | 7.29 | 4.15 | 1.87 |
| I | 20110511-wzxjl40-FJAT-8760c | 4.84 | 20.73 | 2.41 | 12.50 | 6.86 | 3.27 | 1.68 |
| I | 20110511-wzxjl50-FJAT-8760d | 5.31 | 20.61 | 2.37 | 10.85 | 6.57 | 3.00 | 1.69 |
| I | 20110511-wzxjl60-FJAT-8760e | 5.10 | 20.70 | 2.56 | 12.44 | 6.79 | 3.29 | 1.66 |
| I | 20110517-LGH-FJAT-12285 | 5.91 | 20.98 | 3.41 | 13.08 | 7.52 | 3.15 | 1.00 |
| I | 20110518-wzxjl20-FJAT-8770b | 5.38 | 21.69 | 3.47 | 13.40 | 7.70 | 3.78 | 1.48 |
| I | 20110518-wzxjl30-FJAT-8770c | 5.57 | 25.17 | 3.00 | 11.78 | 7.24 | 2.71 | 1.00 |
| I | 20110518-wzxjl40-FJAT-8770d | 6.21 | 19.38 | 3.47 | 11.92 | 9.30 | 2.78 | 1.73 |
| I | 20110518-wzxjl50-FJAT-8770e | 5.90 | 20.75 | 3.42 | 10.93 | 8.44 | 3.23 | 1.57 |
| I | 20110518-wzxjl60-FJAT-8770a | 5.82 | 21.93 | 3.40 | 13.47 | 8.63 | 3.31 | 1.00 |
| I | 20110520-LGH-FJAT-13839 | 5.15 | 12.26 | 2.35 | 10.06 | 8.14 | 4.69 | 1.82 |
| I | 20110527-WZX20D-FJAT-8770 | 6.83 | 17.14 | 3.03 | 9.87 | 8.65 | 2.05 | 1.97 |
| I | 20110527-WZX28D-FJAT-8770 | 5.70 | 20.55 | 3.21 | 12.56 | 7.77 | 2.61 | 1.65 |
| I | 20110601-LGH-FJAT-13905 | 4.78 | 19.76 | 2.82 | 11.75 | 6.86 | 5.53 | 1.64 |
| I | 20110601-LGH-FJAT-13910 | 6.14 | 17.38 | 3.17 | 15.77 | 5.35 | 4.33 | 1.35 |
| I | 20110601-LGH-FJAT-13916 | 4.92 | 21.08 | 2.52 | 10.06 | 6.74 | 4.34 | 1.66 |
| I | 20110601-LGH-FJAT-13920 | 4.88 | 16.23 | 2.38 | 10.04 | 6.80 | 3.47 | 1.61 |
| I | 20110601-LGH-FJAT-13932 | 5.66 | 15.31 | 3.01 | 10.69 | 10.21 | 5.85 | 2.00 |
| I | 20110601-LGH-FJAT-13933 | 4.28 | 22.11 | 2.47 | 13.04 | 6.85 | 5.40 | 1.74 |
| I | 20110601-LGH-FJAT-13940 | 4.13 | 19.29 | 3.16 | 14.31 | 7.93 | 5.25 | 1.88 |
| I | 20110614-LGH-FJAT-13838 | 4.29 | 13.63 | 2.95 | 13.34 | 8.48 | 5.22 | 1.59 |
| I | 20110614-LGH-FJAT-13839 | 4.84 | 16.18 | 2.65 | 12.22 | 7.32 | 3.92 | 1.67 |
| I | 20110622-LGH-FJAT-13387 | 5.07 | 19.85 | 2.89 | 11.53 | 7.93 | 4.18 | 1.58 |
| I | 20110622-LGH-FJAT-13388 | 5.08 | 16.17 | 3.52 | 12.77 | 9.84 | 4.53 | 2.14 |
| I | 20110622-LGH-FJAT-13392 | 4.75 | 14.90 | 3.03 | 12.42 | 8.93 | 5.87 | 1.71 |
| I | 20110622-LGH-FJAT-13399 | 4.32 | 15.85 | 2.83 | 12.69 | 8.38 | 5.59 | 2.47 |
| I | 20110705-LGH-FJAT-13513 | 5.12 | 15.14 | 3.76 | 12.21 | 9.51 | 6.51 | 1.87 |
| I | 20110705-LGH-FJAT-13537 | 4.56 | 16.66 | 2.82 | 11.30 | 7.80 | 4.12 | 1.76 |
| I | 20110705-LGH-FJAT-13542 | 4.73 | 15.89 | 3.05 | 11.68 | 8.74 | 6.56 | 1.69 |
| I | 20110705-WZX-FJAT-13344 | 4.36 | 14.53 | 1.80 | 7.38 | 6.73 | 2.37 | 1.97 |
| I | 20110705-WZX-FJAT-13348 | 4.14 | 13.18 | 1.94 | 8.81 | 7.27 | 2.80 | 1.90 |
| I | 20110705-WZX-FJAT-13361 | 3.74 | 10.64 | 2.05 | 8.07 | 7.13 | 2.14 | 1.93 |
| I | 20110707-LGH-FJAT-12276d | 5.88 | 19.57 | 2.68 | 9.65 | 6.48 | 2.48 | 1.95 |
| I | 20110707-LGH-FJAT-12283 | 4.55 | 17.71 | 2.11 | 9.63 | 6.37 | 2.80 | 1.73 |

续表

| 型 | 菌株名称 | 15:0 anteiso | 15:0 iso | 17:0 anteiso | 17:0 iso | 16:0 iso | c16:0 | 16:1ω7c alcohol |
|---|---|---|---|---|---|---|---|---|
| I | 20110707-LGH-FJAT-12283D | 5.28 | 18.06 | 3.26 | 13.25 | 8.70 | 2.97 | 1.64 |
| I | 20110707-LGH-FJAT-12284 | 6.20 | 17.67 | 3.56 | 12.17 | 8.66 | 3.40 | 1.77 |
| I | 20110707-LGH-FJAT-12284 | 6.26 | 15.63 | 3.76 | 12.57 | 9.22 | 4.59 | 1.86 |
| I | 20110707-LGH-FJAT-4476 | 4.99 | 14.84 | 2.49 | 9.58 | 7.76 | 3.49 | 2.29 |
| I | 20110707-LGH-FJAT-4566 | 3.75 | 16.62 | 2.09 | 10.57 | 7.20 | 5.68 | 2.03 |
| I | 20110707-LGH-FJAT-4572 | 4.46 | 19.44 | 2.11 | 11.46 | 6.63 | 2.40 | 1.67 |
| I | 20110707-LGH-FJAT-4577 | 4.77 | 12.67 | 2.48 | 10.26 | 7.03 | 3.73 | 1.69 |
| I | 20110707-LGH-FJAT-4623 | 4.82 | 13.69 | 2.56 | 11.09 | 7.65 | 4.51 | 1.62 |
| I | 20110707-LGH-FJAT-4666 | 4.87 | 12.30 | 2.54 | 8.77 | 7.55 | 3.17 | 2.05 |
| I | 20110707-LGH-FJAT-4669 | 3.87 | 16.78 | 1.97 | 8.98 | 6.22 | 2.62 | 1.70 |
| I | 20110707-LGH-FJAT-4674 | 6.03 | 17.02 | 2.57 | 9.43 | 7.14 | 4.07 | 1.83 |
| I | 20110713-WZX-FJAT-72h-8760 | 7.10 | 25.84 | 3.82 | 9.65 | 5.87 | 2.04 | 1.90 |
| I | 20110718-LGH-FJAT-14078 | 4.82 | 13.21 | 2.64 | 11.45 | 9.00 | 3.92 | 1.98 |
| I | 20110718-LGH-FJAT-4558 | 4.29 | 13.33 | 2.17 | 9.82 | 8.49 | 4.33 | 1.86 |
| I | 20110718-LGH-FJAT-4666 | 5.17 | 18.37 | 2.51 | 11.20 | 5.98 | 2.68 | 1.64 |
| I | 20110718-LGH-FJAT-4668 | 4.00 | 15.26 | 2.04 | 9.24 | 6.84 | 2.60 | 1.93 |
| I | 20110729-LGH-FJAT-14091 | 4.50 | 22.18 | 2.26 | 11.99 | 6.38 | 2.82 | 1.51 |
| I | 20110729-LGH-FJAT-14103 | 6.18 | 18.29 | 3.05 | 9.30 | 7.20 | 2.98 | 1.40 |
| I | 20110729-LGH-FJAT-14105 | 4.45 | 18.38 | 2.72 | 11.01 | 7.09 | 5.91 | 1.84 |
| I | 20110729-LGH-FJAT-14111 | 5.00 | 18.22 | 2.59 | 12.17 | 6.85 | 2.37 | 1.57 |
| I | 20110729-LGH-FJAT-14121 | 4.95 | 23.72 | 2.79 | 13.88 | 6.97 | 2.64 | 1.57 |
| I | 20110823-LGH-FJAT-13967 | 4.86 | 16.69 | 3.19 | 12.52 | 7.12 | 5.59 | 1.43 |
| I | 20110823-LGH-FJAT-13977 | 5.39 | 15.64 | 2.82 | 11.67 | 8.50 | 5.22 | 1.86 |
| I | 20110826-LGH-FJAT-C3（H2） | 4.65 | 18.75 | 2.54 | 12.69 | 8.06 | 2.81 | 1.82 |
| I | 20110902-YQ-FJAT-14278 | 5.33 | 16.71 | 3.10 | 10.73 | 8.35 | 5.16 | 2.03 |
| I | 20110907-TXN-FJAT-14356 | 4.97 | 14.86 | 2.89 | 12.63 | 7.88 | 6.67 | 2.19 |
| I | 20110907-YQ-FJAT-14289 | 4.75 | 17.37 | 2.55 | 10.12 | 8.02 | 3.85 | 1.00 |
| I | 20110907-YQ-FJAT-14291 | 4.61 | 21.33 | 2.39 | 10.13 | 8.40 | 3.83 | 2.28 |
| I | 20110907-YQ-FJAT-14338 | 5.36 | 17.09 | 2.81 | 10.60 | 9.23 | 3.47 | 1.00 |
| I | 20110907-YQ-FJAT-14341 | 5.87 | 23.94 | 2.97 | 12.06 | 8.09 | 3.88 | 1.00 |
| I | 20110907-YQ-FJAT-347 | 5.29 | 23.06 | 3.48 | 12.31 | 7.59 | 3.17 | 1.00 |
| I | 20110907-YQ-FJAT-348 | 4.95 | 19.55 | 2.06 | 7.96 | 6.43 | 4.33 | 1.60 |
| I | 201110-18-TXN-FJAT-14425 | 4.72 | 12.48 | 2.84 | 12.22 | 10.49 | 4.28 | 1.99 |
| I | 201110-18-TXN-FJAT-14431 | 4.98 | 14.65 | 2.99 | 16.34 | 6.86 | 6.13 | 1.26 |
| I | 201110-18-TXN-FJAT-14433 | 4.39 | 16.18 | 2.70 | 13.52 | 10.42 | 5.48 | 2.61 |
| I | 201110-18-TXN-FJAT-14442 | 4.98 | 16.92 | 2.87 | 11.81 | 9.05 | 6.83 | 2.03 |
| I | 201110-18-TXN-FJAT-14445 | 7.40 | 16.24 | 4.66 | 13.26 | 10.04 | 5.87 | 1.49 |
| I | 201110-18-TXN-FJAT-14450 | 4.42 | 15.77 | 2.64 | 14.22 | 8.53 | 4.48 | 1.67 |
| I | 201110-19-TXN-FJAT-14399 | 4.28 | 17.30 | 2.54 | 13.25 | 9.18 | 4.24 | 1.96 |
| I | 201110-19-TXN-FJAT-14401 | 5.68 | 22.28 | 2.64 | 11.22 | 7.08 | 3.12 | 1.73 |

续表

| 型 | 菌株名称 | 15:0 anteiso | 15:0 iso | 17:0 anteiso | 17:0 iso | 16:0 iso | c16:0 | 16:1ω7c alcohol |
|---|---|---|---|---|---|---|---|---|
| I | 201110-19-TXN-FJAT-14419 | 4.80 | 14.13 | 2.61 | 11.17 | 10.16 | 5.03 | 2.00 |
| I | 201110-20-TXN-FJAT-14560 | 3.96 | 21.20 | 2.71 | 13.76 | 7.78 | 6.19 | 1.89 |
| I | 201110-21-TXN-FJAT-14563 | 4.40 | 17.29 | 2.99 | 12.82 | 8.55 | 8.11 | 1.93 |
| I | 201110-21-TXN-FJAT-14563 | 4.41 | 17.29 | 2.92 | 12.81 | 8.51 | 8.19 | 1.89 |
| I | 201110-21-TXN-FJAT-14568 | 5.06 | 18.73 | 3.06 | 13.28 | 7.61 | 5.83 | 1.67 |
| I | 20111031-TXN-FJAT-14502 | 5.09 | 17.87 | 3.55 | 14.41 | 8.75 | 6.41 | 1.79 |
| I | 20111101-TXN-FJAT-14486 | 5.01 | 16.71 | 3.04 | 11.79 | 9.43 | 6.62 | 2.19 |
| I | 20111101-TXN-FJAT-14496 | 5.30 | 14.30 | 4.12 | 16.68 | 7.85 | 9.19 | 1.60 |
| I | 20111101-TXN-FJAT-14577 | 4.55 | 16.09 | 2.40 | 12.35 | 6.74 | 4.03 | 1.70 |
| I | 20111102-TXN-FJAT-14585 | 5.29 | 14.59 | 3.30 | 14.87 | 7.61 | 7.48 | 1.42 |
| I | 20111102-TXN-FJAT-14594 | 5.25 | 13.69 | 2.94 | 10.29 | 7.43 | 3.53 | 2.22 |
| I | 20111103-TXN-FJAT-14529 | 4.53 | 19.97 | 2.62 | 12.30 | 7.84 | 2.99 | 1.59 |
| I | 20111103-TXN-FJAT-14542 | 4.57 | 20.95 | 2.47 | 10.98 | 7.07 | 2.99 | 1.70 |
| I | 20111103-TXN-FJAT-14604 | 4.20 | 16.84 | 2.17 | 11.10 | 7.20 | 3.19 | 1.96 |
| I | 20111103-TXN-FJAT-14606 | 5.72 | 14.74 | 2.97 | 13.25 | 7.61 | 6.12 | 1.87 |
| I | 20111106-TXN-FJAT-14521 | 6.23 | 18.02 | 3.76 | 13.81 | 6.82 | 6.89 | 1.43 |
| I | 20111106-TXN-FJAT-14522 | 3.99 | 22.19 | 2.61 | 13.52 | 6.88 | 4.90 | 1.69 |
| I | 20111107-TXN-FJAT-14640 | 4.61 | 16.05 | 2.74 | 11.18 | 9.37 | 5.11 | 2.10 |
| I | 20111107-TXN-FJAT-14643 | 4.45 | 20.91 | 2.48 | 9.68 | 7.02 | 4.47 | 1.79 |
| I | 20111107-TXN-FJAT-14648 | 4.32 | 15.83 | 2.86 | 13.78 | 6.45 | 5.32 | 1.53 |
| I | 20111107-TXN-FJAT-14656 | 4.25 | 19.88 | 2.41 | 11.18 | 7.78 | 4.04 | 1.92 |
| I | 20111107-TXN-FJAT-14666 | 4.63 | 16.40 | 2.70 | 11.80 | 8.97 | 4.88 | 1.89 |
| I | 20111107-TXN-FJAT-14671 | 5.01 | 14.50 | 3.09 | 12.57 | 8.35 | 7.45 | 1.91 |
| I | 20111114-hu-26 | 4.52 | 18.14 | 2.55 | 9.69 | 7.78 | 2.57 | 1.47 |
| I | 20111114-hu-6 | 5.56 | 20.85 | 3.08 | 11.53 | 6.81 | 3.33 | 1.44 |
| I | 20111123-hu-104 | 5.27 | 16.82 | 2.38 | 6.85 | 5.96 | 3.73 | 1.00 |
| I | 20111123-hu-106 | 6.60 | 26.21 | 2.62 | 8.54 | 6.14 | 2.83 | 1.45 |
| I | 20111123-hu-109 | 6.21 | 23.47 | 2.33 | 7.02 | 5.07 | 1.00 | 1.36 |
| I | 20111126-TXN-FJAT-14512 | 4.37 | 19.35 | 2.39 | 10.89 | 6.89 | 2.52 | 1.52 |
| I | 20111205-LGH-FJAT-8760-1 | 4.80 | 21.39 | 2.16 | 9.60 | 5.97 | 2.33 | 1.49 |
| I | 20111205-LGH-FJAT-8760-2 | 6.01 | 22.17 | 3.08 | 12.52 | 6.34 | 3.62 | 1.65 |
| I | 20111205-LGH-FJAT-8760-3 | 4.73 | 22.03 | 2.12 | 9.16 | 6.01 | 2.30 | 1.55 |
| I | 20111205-LGH-FJAT-8760-3 | 4.73 | 22.03 | 2.12 | 9.16 | 6.01 | 2.30 | 1.55 |
| I | 20120220-hu-52 | 4.21 | 17.57 | 2.84 | 11.16 | 6.34 | 2.65 | 1.51 |
| I | 20120224-TXN-FJAT-14688 | 3.87 | 18.52 | 2.81 | 13.84 | 9.17 | 5.19 | 1.88 |
| I | 20120224-TXN-FJAT-14702 | 4.27 | 20.38 | 2.73 | 12.27 | 6.64 | 4.29 | 1.70 |
| I | 20120224-TXN-FJAT-14728 | 4.14 | 16.29 | 2.55 | 13.73 | 6.59 | 6.21 | 1.51 |
| I | 20120224-TXN-FJAT-14734 | 4.61 | 21.43 | 2.24 | 7.05 | 6.66 | 2.54 | 2.12 |
| I | 20120224-TXN-FJAT-14735 | 4.91 | 23.14 | 2.37 | 9.52 | 6.22 | 3.03 | 1.69 |
| I | 20120224-TXN-FJAT-14744 | 4.46 | 21.67 | 2.62 | 10.38 | 6.65 | 4.31 | 1.90 |

续表

| 型 | 菌株名称 | 15:0 anteiso | 15:0 iso | 17:0 anteiso | 17:0 iso | 16:0 iso | c16:0 | 16:1ω7c alcohol |
|---|---|---|---|---|---|---|---|---|
| I | 20120224-TXN-FJAT-14753 | 4.35 | 21.63 | 2.62 | 10.66 | 7.09 | 4.15 | 1.97 |
| I | 20120224-TXN-FJAT-14758 | 4.53 | 16.65 | 2.38 | 10.57 | 8.66 | 5.77 | 1.98 |
| I | 20120224-TXN-FJAT-14766 | 3.85 | 23.90 | 2.38 | 10.60 | 6.62 | 3.61 | 1.96 |
| I | 20120224-TXN-FJAT-14769 | 4.89 | 15.64 | 2.84 | 10.89 | 8.76 | 6.10 | 2.42 |
| I | 20120224-TXN-FJAT-14772 | 4.24 | 16.51 | 2.40 | 9.66 | 7.01 | 4.38 | 1.84 |
| I | 20120224-TXN-FJAT-14774 | 4.41 | 18.42 | 2.53 | 10.09 | 8.18 | 4.23 | 2.28 |
| I | 20120229-TXN-FJAT-14712 | 3.75 | 16.01 | 2.61 | 15.19 | 6.55 | 5.28 | 1.36 |
| I | 20120229-TXN-FJAT-14713 | 3.88 | 18.33 | 2.79 | 13.74 | 7.09 | 4.81 | 1.86 |
| I | 20120229-TXN-FJAT-14721 | 5.57 | 19.60 | 2.91 | 11.03 | 7.50 | 2.76 | 1.67 |
| I | 20120229-TXN-FJAT-14723 | 4.97 | 15.37 | 2.83 | 11.34 | 8.27 | 5.81 | 2.05 |
| I | 20120305-LGH-FJAT-12 | 4.35 | 19.52 | 2.97 | 13.38 | 8.60 | 4.46 | 1.49 |
| I | 20120305-LGH-FJAT-13 | 5.41 | 18.19 | 3.44 | 16.47 | 8.02 | 4.53 | 1.50 |
| I | 20120305-LGH-FJAT-16 | 5.86 | 18.30 | 3.19 | 15.92 | 5.54 | 4.30 | 1.28 |
| I | 20120305-LGH-FJAT-21 | 5.15 | 17.73 | 3.62 | 15.81 | 7.95 | 4.81 | 1.82 |
| I | 20120305-LGH-FJAT-23 | 4.55 | 20.90 | 2.93 | 13.04 | 8.65 | 3.55 | 1.46 |
| I | 20120305-LGH-FJAT-25 | 4.52 | 17.37 | 2.90 | 12.58 | 7.25 | 5.61 | 1.64 |
| I | 20120305-LGH-FJAT-26 | 4.29 | 16.25 | 2.67 | 11.88 | 8.48 | 4.77 | 1.46 |
| I | 20120305-LGH-FJAT-31 | 4.26 | 19.54 | 2.89 | 14.00 | 8.84 | 4.31 | 1.49 |
| I | 20120305-LGH-FJAT-32 | 4.65 | 17.40 | 3.05 | 12.67 | 9.99 | 3.85 | 1.57 |
| I | 20120305-LGH-FJAT-34 | 4.48 | 20.74 | 2.86 | 14.37 | 8.52 | 3.47 | 1.43 |
| I | 20120305-LGH-FJAT-37 | 4.50 | 18.24 | 3.00 | 12.25 | 8.38 | 3.39 | 1.44 |
| I | 20120306-hu-59 | 5.46 | 16.12 | 2.93 | 11.49 | 8.05 | 2.75 | 1.67 |
| I | 20120321-LGH-FJAT-43 | 6.44 | 17.26 | 3.37 | 13.04 | 6.18 | 3.88 | 1.59 |
| I | 20120321-LGH-FJAT-45 | 6.59 | 21.58 | 3.20 | 13.20 | 6.44 | 3.83 | 1.66 |
| I | 20120328-LGH-FJAT-14269 | 5.83 | 17.30 | 2.61 | 10.75 | 5.84 | 3.35 | 1.58 |
| I | 20120328-LGH-FJAT-4824 | 4.30 | 18.98 | 2.10 | 11.88 | 6.14 | 3.31 | 1.79 |
| I | 20120328-LGH-FJAT-4832 | 4.41 | 13.53 | 2.93 | 9.27 | 7.71 | 3.61 | 1.65 |
| I | 20120328-LGH-FJAT-4834 | 7.50 | 15.82 | 4.02 | 11.22 | 7.36 | 3.80 | 1.69 |
| I | 20120331-LGH-FJAT-4107 | 10.85 | 18.11 | 2.56 | 9.42 | 6.47 | 4.21 | 1.80 |
| I | 20120331-LGH-FJAT-4112 | 4.67 | 14.74 | 2.86 | 12.50 | 7.71 | 4.95 | 1.99 |
| I | 20120331-LGH-FJAT-4120 | 4.05 | 14.70 | 2.68 | 12.75 | 8.57 | 4.41 | 1.86 |
| I | 20120413-LGH-FJAT-8760 | 5.08 | 19.12 | 2.90 | 12.77 | 6.57 | 3.46 | 1.75 |
| I | 20120413-LGH-FJAT-8760 | 4.91 | 16.81 | 3.16 | 14.38 | 7.28 | 4.34 | 1.71 |
| I | 20120413-LGH-FJAT-8760 | 4.83 | 17.26 | 3.07 | 12.30 | 7.05 | 4.80 | 1.81 |
| I | 20120413-LGH-FJAT-8760 | 5.76 | 18.43 | 3.20 | 12.69 | 7.02 | 4.14 | 1.75 |
| I | 20120413-LGH-FJAT-8760 | 6.41 | 18.54 | 3.23 | 12.07 | 7.04 | 4.06 | 1.93 |
| I | 20120425-LGH-FJAT-465 | 5.45 | 14.62 | 2.62 | 12.06 | 8.14 | 3.75 | 1.68 |
| I | 20120727-YQ-FJAT-16368 | 5.08 | 14.16 | 3.01 | 11.78 | 9.56 | 4.05 | 1.81 |
| I | 20120727-YQ-FJAT-16447 | 4.26 | 15.83 | 2.59 | 12.46 | 8.57 | 4.56 | 1.76 |
| I | 20120727-YQ-FJAT-16458 | 3.77 | 16.40 | 2.38 | 9.92 | 7.99 | 5.38 | 1.99 |

续表

| 型 | 菌株名称 | 15:0 anteiso | 15:0 iso | 17:0 anteiso | 17:0 iso | 16:0 iso | c16:0 | 16:1ω7c alcohol |
|---|---|---|---|---|---|---|---|---|
| I | 20120727-YQ-FJAT-16472 | 4.57 | 21.44 | 2.45 | 11.19 | 7.02 | 6.94 | 1.80 |
| I | 20120727-YQ-FJAT-16474 | 4.49 | 23.28 | 2.88 | 10.84 | 7.90 | 4.92 | 1.92 |
| I | 20121030-FJAT-17401-ZR | 4.58 | 15.82 | 2.72 | 10.82 | 8.21 | 6.55 | 2.29 |
| I | 20121102-FJAT-17448-ZR | 3.91 | 16.76 | 2.17 | 10.51 | 7.24 | 3.96 | 2.00 |
| I | 20121102-FJAT-17461-ZR | 4.45 | 12.66 | 2.51 | 10.13 | 7.73 | 4.89 | 2.13 |
| I | 20121102-FJAT-17468-ZR | 4.31 | 15.99 | 2.07 | 8.08 | 6.53 | 3.82 | 1.92 |
| I | 20121105-FJAT-16721-WK | 4.83 | 13.18 | 2.86 | 9.29 | 8.31 | 4.52 | 2.63 |
| I | 20121105-FJAT-16722-WK | 4.56 | 14.66 | 2.92 | 11.14 | 8.83 | 5.14 | 2.20 |
| I | 20121105-FJAT-16725-WK | 4.51 | 16.04 | 2.54 | 9.49 | 7.91 | 3.91 | 2.57 |
| I | 20121105-FJAT-16726-WK | 4.75 | 17.00 | 2.66 | 11.65 | 7.60 | 5.01 | 1.82 |
| I | 20121105-FJAT-16727-WK | 4.29 | 16.44 | 2.84 | 12.53 | 7.53 | 5.82 | 1.81 |
| I | 20121105-FJAT-16728-WK | 4.10 | 16.37 | 2.61 | 11.83 | 8.62 | 4.52 | 1.89 |
| I | 20121105-FJAT-17448-ZR | 3.90 | 16.66 | 2.53 | 10.55 | 7.20 | 3.95 | 2.01 |
| I | 20121106-FJAT-16966-zr | 4.46 | 14.94 | 3.46 | 14.31 | 8.35 | 5.32 | 1.70 |
| I | 20121106-FJAT-16970-zr | 4.47 | 14.27 | 2.23 | 10.46 | 7.68 | 4.65 | 1.96 |
| I | 20121106-FJAT-16972-zr | 5.25 | 15.11 | 2.49 | 9.35 | 7.91 | 6.56 | 2.15 |
| I | 20121106-FJAT-16974-zr | 4.49 | 12.35 | 2.50 | 11.58 | 7.54 | 4.62 | 2.00 |
| I | 20121106-FJAT-16978-zr | 4.09 | 19.53 | 2.46 | 7.33 | 5.01 | 1.91 | 1.60 |
| I | 20121106-FJAT-16979-zr | 3.53 | 22.28 | 2.27 | 12.21 | 5.56 | 3.74 | 1.64 |
| I | 20121106-FJAT-16986-zr | 4.49 | 15.88 | 2.51 | 8.83 | 6.55 | 3.68 | 2.21 |
| I | 20121106-FJAT-16990-zr | 4.11 | 14.64 | 1.99 | 6.83 | 6.22 | 3.07 | 1.86 |
| I | 20121106-FJAT-16993-zr | 4.19 | 16.03 | 2.41 | 9.20 | 6.68 | 4.17 | 1.84 |
| I | 20121106-FJAT-16994-zr | 4.25 | 16.46 | 2.36 | 8.15 | 6.19 | 3.45 | 1.70 |
| I | 20121106-FJAT-16998-zr | 4.87 | 16.91 | 2.41 | 10.03 | 6.19 | 3.17 | 1.74 |
| I | 20121106-FJAT-17000-zr | 6.08 | 14.60 | 3.39 | 10.28 | 7.35 | 4.46 | 1.91 |
| I | 20121106-FJAT-17002-zr | 6.12 | 15.86 | 2.56 | 8.35 | 6.46 | 3.85 | 1.77 |
| I | 20121107-FJAT-16731-zr | 3.49 | 13.11 | 2.25 | 10.96 | 8.70 | 6.32 | 2.36 |
| I | 20121107-FJAT-16955-zr | 4.88 | 16.03 | 3.27 | 13.64 | 7.54 | 6.71 | 1.97 |
| I | 20121107-FJAT-16956-zr | 6.30 | 14.19 | 2.79 | 10.47 | 7.37 | 4.45 | 1.82 |
| I | 20121107-FJAT-16957-zr | 5.92 | 14.32 | 2.82 | 11.02 | 7.02 | 6.56 | 1.90 |
| I | 20121107-FJAT-16962-zr | 4.95 | 15.85 | 3.38 | 11.40 | 10.09 | 6.02 | 2.20 |
| I | 20121107-FJAT-16963-zr | 3.77 | 21.38 | 2.23 | 9.99 | 7.17 | 2.58 | 1.56 |
| I | 20121107-FJAT-16968-zr | 5.92 | 15.93 | 3.25 | 9.65 | 8.16 | 4.84 | 1.84 |
| I | 20121107-FJAT-17045-zr | 5.15 | 12.73 | 2.62 | 10.11 | 7.22 | 4.49 | 1.93 |
| I | 20121107-FJAT-17053-zr | 5.44 | 14.68 | 3.00 | 13.33 | 9.08 | 6.53 | 2.09 |
| I | 20121107-FJAT-17054-zr | 5.02 | 13.03 | 2.76 | 11.69 | 8.12 | 5.20 | 1.99 |
| I | 20121108-FJAT-17022-zr | 4.35 | 16.00 | 2.57 | 10.48 | 7.62 | 5.71 | 1.85 |
| I | 20121108-FJAT-17035-zr | 4.97 | 16.98 | 2.55 | 11.34 | 8.78 | 6.19 | 2.03 |
| I | 20121109-FJAT-16949-zr | 3.67 | 16.20 | 1.90 | 7.28 | 5.72 | 1.70 | 1.75 |
| I | 20121109-FJAT-16955ns-zr | 4.83 | 15.29 | 3.02 | 13.45 | 7.64 | 6.03 | 1.85 |

续表

| 型 | 菌株名称 | 15:0 anteiso | 15:0 iso | 17:0 anteiso | 17:0 iso | 16:0 iso | c16:0 | 16:1ω7c alcohol |
|---|---|---|---|---|---|---|---|---|
| I | 20121109-FJAT-17009-zr | 4.75 | 15.18 | 2.80 | 12.54 | 9.72 | 7.67 | 2.16 |
| I | 20121109-FJAT-17026-zr | 4.79 | 15.20 | 2.66 | 10.73 | 8.83 | 5.49 | 2.07 |
| I | 20121109-FJAT-17031-zr | 4.03 | 18.53 | 2.67 | 11.42 | 7.05 | 5.71 | 1.73 |
| I | 20121114-FJAT-17022ns-zr | 4.62 | 17.66 | 2.36 | 10.60 | 7.98 | 5.19 | 1.96 |
| I | 20121129-LGH-FJAT-4559 | 4.54 | 21.89 | 2.43 | 11.90 | 6.32 | 4.71 | 1.84 |
| I | 20121129-LGH-FJAT-4609 | 4.22 | 20.81 | 2.13 | 11.11 | 5.80 | 2.34 | 1.55 |
| I | 20130111-CYP-FJAT-16746 | 4.25 | 11.17 | 2.13 | 10.06 | 5.80 | 5.11 | 1.40 |
| I | 20130114-ZJ-3-9 | 3.94 | 22.80 | 1.63 | 5.72 | 4.33 | 1.26 | 1.40 |
| I | 20130115-CYP-FJAT-17152 | 4.37 | 18.47 | 2.25 | 8.10 | 6.08 | 3.26 | 1.82 |
| I | 20130124-LGH-FJAT-8760-48h | 4.92 | 22.75 | 2.29 | 9.78 | 5.46 | 4.00 | 1.65 |
| I | 20130124-YQ-FJAT-16447 | 3.74 | 19.21 | 1.90 | 9.54 | 5.84 | 4.08 | 1.68 |
| I | 20130125-ZMX-FJAT-17686 | 4.14 | 15.68 | 2.20 | 10.36 | 7.36 | 3.66 | 1.60 |
| I | 20130129-TXN-FJAT-14608 | 6.68 | 21.89 | 3.17 | 7.25 | 7.63 | 4.74 | 2.10 |
| I | 20130131-TXN-FJAT-14617 | 4.45 | 17.40 | 2.12 | 8.74 | 6.44 | 2.24 | 1.75 |
| I | 20130306-ZMX-FJAT-16624 | 3.70 | 12.84 | 1.85 | 8.94 | 6.85 | 3.40 | 2.03 |
| I | 20130306-ZMX-FJAT-16630 | 4.27 | 13.56 | 1.89 | 9.78 | 6.49 | 2.56 | 1.62 |
| I | 20130327-TXN-FJAT-16644 | 5.14 | 13.56 | 2.80 | 11.63 | 9.39 | 3.78 | 2.17 |
| I | 20130327-TXN-FJAT-16645 | 4.45 | 15.76 | 2.15 | 8.84 | 8.37 | 3.45 | 2.08 |
| I | 20130327-TXN-FJAT-16650 | 4.47 | 15.78 | 2.74 | 11.85 | 8.09 | 6.77 | 2.30 |
| I | 20130327-TXN-FJAT-16660 | 4.29 | 18.96 | 2.19 | 10.89 | 7.46 | 3.70 | 1.89 |
| I | 20130327-TXN-FJAT-16661 | 5.05 | 15.89 | 2.57 | 12.80 | 7.18 | 4.93 | 1.84 |
| I | 20130327-TXN-FJAT-16669 | 4.05 | 15.45 | 2.10 | 10.72 | 7.28 | 6.30 | 2.07 |
| I | 20130327-TXN-FJAT-16674 | 5.10 | 13.62 | 2.37 | 10.90 | 8.28 | 4.09 | 1.89 |
| I | 20130327-TXN-FJAT-16675 | 4.53 | 13.21 | 2.42 | 10.44 | 7.87 | 4.10 | 1.87 |
| I | 20130328-ll-FJAT-16773 | 4.67 | 15.51 | 2.20 | 9.63 | 6.15 | 2.23 | 1.71 |
| I | 20130328-ll-FJAT-16775 | 4.37 | 16.70 | 2.22 | 8.62 | 6.05 | 2.15 | 1.90 |
| I | 20130328-TXN-FJAT-16683 | 4.37 | 12.77 | 2.03 | 7.24 | 6.35 | 2.40 | 1.78 |
| I | 20130328-TXN-FJAT-16684 | 4.85 | 14.84 | 2.54 | 9.46 | 7.83 | 3.85 | 2.34 |
| I | 20130328-TXN-FJAT-16685 | 4.47 | 13.00 | 1.75 | 6.52 | 7.00 | 2.59 | 2.11 |
| I | 20130328-TXN-FJAT-16701 | 5.13 | 13.63 | 2.62 | 7.88 | 7.13 | 3.25 | 1.74 |
| I | 20130328-TXN-FJAT-16710 | 5.20 | 14.65 | 2.63 | 9.31 | 7.76 | 3.48 | 2.07 |
| I | 20130329-ll-FJAT-16780 | 4.46 | 16.70 | 2.12 | 8.56 | 6.91 | 3.34 | 2.35 |
| I | 20130329-ll-FJAT-16795 | 5.19 | 14.75 | 2.69 | 10.02 | 8.57 | 4.17 | 2.44 |
| I | 20130329-ll-FJAT-16803 | 4.55 | 14.90 | 2.36 | 10.04 | 7.36 | 3.85 | 2.12 |
| I | 20130329-ll-FJAT-16808 | 4.12 | 13.37 | 1.92 | 8.93 | 7.08 | 4.07 | 2.15 |
| I | 20130329-ll-FJAT-16825 | 5.09 | 12.36 | 2.30 | 8.51 | 7.78 | 3.40 | 2.24 |
| I | 20130329-ll-FJAT-16827 | 6.17 | 12.99 | 3.18 | 12.12 | 8.00 | 4.87 | 2.19 |
| I | 20130329-ll-FJAT-16828 | 5.62 | 14.14 | 2.64 | 9.89 | 7.12 | 4.22 | 2.00 |
| I | 20130329-ll-FJAT-16832 | 5.03 | 15.30 | 2.38 | 10.51 | 8.42 | 3.66 | 2.21 |
| I | 20130401-ll-FJAT-16793 | 4.83 | 15.62 | 2.34 | 11.33 | 7.71 | 4.40 | 2.06 |

续表

| 型 | 菌株名称 | 15:0 anteiso | 15:0 iso | 17:0 anteiso | 17:0 iso | 16:0 iso | c16:0 | 16:1ω7c alcohol |
|---|---|---|---|---|---|---|---|---|
| I | 20130401-ll-FJAT-16841 | 4.19 | 13.85 | 2.01 | 9.13 | 7.25 | 4.01 | 2.10 |
| I | 20130401-ll-FJAT-16851 | 4.58 | 14.19 | 2.13 | 8.54 | 6.19 | 1.91 | 1.70 |
| I | 20130401-ll-FJAT-16852 | 5.34 | 14.24 | 2.45 | 10.14 | 8.47 | 4.28 | 2.29 |
| I | 20130401-ll-FJAT-16855 | 4.49 | 12.27 | 2.26 | 10.27 | 8.36 | 4.30 | 2.38 |
| I | 20130401-ll-FJAT-16862 | 4.37 | 15.17 | 2.10 | 9.86 | 7.48 | 4.82 | 2.10 |
| I | 20130401-ll-FJAT-16863 | 4.48 | 17.17 | 2.28 | 9.29 | 7.41 | 3.16 | 2.23 |
| I | 20130401-ll-FJAT-16869 | 4.24 | 16.10 | 2.03 | 8.84 | 6.89 | 3.57 | 2.14 |
| I | 20130401-ll-FJAT-16870 | 4.15 | 19.64 | 2.28 | 9.83 | 6.42 | 3.75 | 2.00 |
| I | 20130401-ll-FJAT-16873 | 4.84 | 13.60 | 2.59 | 12.57 | 5.97 | 5.21 | 1.51 |
| I | 20130401-ll-FJAT-16874 | 4.36 | 17.46 | 2.18 | 8.20 | 6.18 | 2.81 | 1.91 |
| I | 20130401-ll-FJAT-16877 | 5.01 | 12.05 | 2.48 | 10.69 | 8.00 | 5.59 | 2.23 |
| I | 20130401-ll-FJAT-16882 | 4.61 | 12.40 | 2.23 | 9.11 | 7.71 | 4.68 | 2.10 |
| I | 20130401-ll-FJAT-16885 | 4.94 | 14.58 | 2.55 | 11.43 | 8.59 | 5.56 | 1.81 |
| I | 20130401-ll-FJAT-16886 | 5.06 | 15.87 | 2.46 | 9.96 | 8.12 | 4.61 | 2.01 |
| I | 20130401-ll-FJAT-16887 | 3.92 | 21.94 | 2.25 | 10.25 | 6.77 | 3.45 | 1.90 |
| I | 20130402-ll-FJAT-16889 | 4.11 | 16.19 | 2.30 | 10.50 | 7.95 | 2.35 | 1.64 |
| I | 20130402-ll-FJAT-16896 | 5.25 | 16.96 | 2.82 | 10.96 | 8.28 | 5.06 | 1.98 |
| I | 20130402-ll-FJAT-16898 | 3.80 | 16.13 | 2.32 | 10.81 | 7.67 | 2.43 | 1.87 |
| I | 20130402-ll-FJAT-16904 | 4.32 | 17.55 | 2.48 | 10.91 | 7.94 | 3.60 | 1.91 |
| I | 20130403-ll-FJAT-16910 | 4.56 | 19.62 | 2.68 | 11.44 | 7.07 | 3.71 | 1.78 |
| I | 20130403-ll-FJAT-16913 | 4.80 | 18.52 | 2.80 | 10.62 | 8.46 | 4.48 | 2.23 |
| I | 20130403-ll-FJAT-16915 | 5.01 | 15.37 | 2.45 | 10.80 | 8.08 | 4.70 | 1.95 |
| I | 20130403-ll-FJAT-16916 | 4.41 | 18.09 | 2.35 | 9.77 | 8.16 | 4.37 | 2.24 |
| I | 20130403-ll-FJAT-16928 | 5.58 | 17.13 | 3.02 | 10.26 | 8.01 | 5.06 | 1.97 |
| I | 20130403-ll-FJAT-16937 | 5.49 | 15.20 | 2.82 | 11.53 | 8.61 | 5.32 | 1.95 |
| I | 20131129-LGH-FJAT-4435 | 4.73 | 20.77 | 2.69 | 11.69 | 6.83 | 4.37 | 1.99 |
| I | 20131129-LGH-FJAT-4519 | 4.29 | 19.60 | 2.64 | 10.82 | 7.77 | 5.07 | 2.13 |
| I | 2013122-LGH-FJAT-4468 | 5.61 | 24.20 | 2.70 | 11.58 | 6.34 | 3.84 | 1.53 |
| I | 2013122-LGH-FJAT-4632 | 4.64 | 20.75 | 2.37 | 11.73 | 6.94 | 4.06 | 1.64 |
| I | 20140325-LGH-FJAT-22048 | 3.61 | 18.78 | 2.23 | 12.16 | 7.34 | 3.49 | 1.52 |
| I | 20140325-LGH-FJAT-22048 | 4.52 | 19.95 | 3.38 | 11.09 | 6.53 | 4.06 | 1.50 |
| I | 20140506-ZMX-FJAT-20192 | 6.40 | 25.01 | 2.02 | 7.34 | 5.04 | 2.15 | 1.73 |
| I | CJM-20091222-7288 | 5.05 | 17.92 | 2.31 | 9.54 | 6.92 | 3.69 | 2.04 |
| I | FJAT-25164 | 5.37 | 17.54 | 3.69 | 14.92 | 9.19 | 4.86 | 1.74 |
| I | FJAT-4477 | 4.39 | 14.31 | 2.08 | 12.24 | 7.29 | 5.73 | 2.20 |
| I | FJAT-4615 | 4.69 | 16.70 | 2.02 | 9.29 | 6.78 | 2.27 | 1.97 |
| I | FJAT-4674 | 4.90 | 23.01 | 2.26 | 11.51 | 6.10 | 6.37 | 1.56 |
| I | FJAT-4730 | 6.16 | 15.87 | 2.44 | 9.78 | 7.07 | 2.07 | 1.64 |
| I | FJAT-4740 | 4.33 | 17.31 | 2.36 | 10.71 | 8.24 | 6.30 | 2.71 |
| I | FJAT-4766 | 4.89 | 15.69 | 2.58 | 10.74 | 7.87 | 2.69 | 1.64 |

续表

| 型 | 菌株名称 | 15:0 anteiso | 15:0 iso | 17:0 anteiso | 17:0 iso | 16:0 iso | c16:0 | 16:1ω7c alcohol |
|---|---|---|---|---|---|---|---|---|
| I | FJAT-8760NACL | 5.96 | 17.31 | 3.52 | 11.59 | 5.96 | 3.35 | 1.36 |
| I | LGF-20100726-FJAT-8760 | 4.51 | 19.11 | 2.54 | 12.26 | 6.40 | 4.68 | 1.66 |
| I | LGF-20100727-FJAT-8770 | 5.95 | 16.55 | 4.15 | 13.17 | 11.67 | 3.96 | 1.84 |
| I | LGF-20100809-FJAT-8770 | 5.91 | 16.49 | 4.20 | 13.24 | 11.72 | 4.06 | 1.86 |
| I | LGF-20100814-FJAT-8760 | 5.53 | 23.36 | 2.44 | 7.95 | 5.31 | 1.89 | 1.48 |
| I | LGF-FJAT-8760 | 4.49 | 18.94 | 2.62 | 12.23 | 6.40 | 4.61 | 1.72 |
| I | LSX-8344 | 4.72 | 25.40 | 2.61 | 16.80 | 5.36 | 3.14 | 1.50 |
| I | lsx-8597 | 4.21 | 17.11 | 2.18 | 10.61 | 7.03 | 4.39 | 1.50 |
| I | RSX-20091229-FJAT-7377 | 4.40 | 18.59 | 2.39 | 12.62 | 7.95 | 5.35 | 1.96 |
| I | SDG-20100801-FJAT-4081-4 | 4.74 | 16.57 | 2.92 | 13.32 | 6.38 | 5.63 | 1.49 |
| I | SDG-20100801-FJAT-4087-2 | 4.34 | 21.94 | 2.71 | 13.40 | 6.96 | 4.70 | 2.02 |
| I | wax-20100812-FJAT-10292 | 3.72 | 18.90 | 1.93 | 7.70 | 5.62 | 4.46 | 1.75 |
| I | wax-20100812-FJAT-10326 | 4.23 | 17.21 | 2.52 | 11.55 | 9.41 | 5.22 | 2.61 |
| I | WZX-20100812-FJAT-10307 | 4.40 | 21.04 | 2.37 | 12.01 | 6.87 | 2.95 | 1.55 |
| I | XKC17208 | 4.65 | 18.22 | 2.33 | 10.13 | 6.79 | 2.47 | 1.80 |
| I | XKC17227 | 4.70 | 13.93 | 2.26 | 8.80 | 7.03 | 2.58 | 1.97 |
| I | XKC17229 | 4.41 | 14.98 | 2.38 | 9.51 | 6.92 | 4.44 | 1.94 |
| I | XKC17232 | 5.44 | 15.05 | 2.88 | 9.53 | 8.14 | 6.12 | 2.03 |
| I | XKC17233 | 4.74 | 23.44 | 2.30 | 7.15 | 4.71 | 1.59 | 1.38 |
| I | ZXF-20091216-OrgSn-9 | 4.92 | 17.03 | 2.00 | 8.28 | 6.28 | 2.47 | 1.88 |
| I | 20101221-WZX-FJAT-10608 | 7.11 | 15.94 | 2.04 | 5.03 | 4.30 | 1.51 | 1.00 |
| I | 20110105-SDG-FJAT-10065 | 7.35 | 13.10 | 3.94 | 11.56 | 11.86 | 3.64 | 1.91 |
| I | 20110110-SDG-FJAT-10725 | 7.03 | 13.78 | 4.85 | 12.79 | 12.59 | 5.05 | 1.86 |
| I | 20110520-LGH-FJAT-13838 | 4.31 | 10.85 | 2.17 | 9.89 | 9.58 | 4.82 | 1.86 |
| I | 20110707-LGH-FJAT-4723 | 5.50 | 7.71 | 2.80 | 9.68 | 7.09 | 3.62 | 1.00 |
| I | 20110718-LGH-FJAT-14073 | 6.92 | 10.68 | 3.56 | 10.51 | 11.24 | 4.69 | 1.95 |
| I | 20110823-TXN-FJAT-14320 | 4.20 | 14.12 | 1.95 | 6.44 | 8.16 | 2.06 | 1.00 |
| I | 20110823-TXN-FJAT-14324 | 4.39 | 13.94 | 2.71 | 10.18 | 9.69 | 4.40 | 1.74 |
| I | 20110901-TXN-FJAT-14146 | 5.28 | 18.29 | 2.10 | 6.51 | 7.50 | 3.23 | 2.13 |
| I | 20110902-TXN-FJAT-14299 | 7.28 | 13.47 | 3.45 | 8.40 | 9.39 | 4.67 | 2.38 |
| I | 20110907-zxf-10067 | 7.50 | 11.20 | 4.40 | 10.67 | 13.11 | 4.81 | 1.86 |
| I | 201110-20-TXN-FJAT-14554 | 5.20 | 10.62 | 2.51 | 7.92 | 8.97 | 4.22 | 1.99 |
| I | 20120306-hu-49 | 5.68 | 14.49 | 2.71 | 9.30 | 7.31 | 2.07 | 1.66 |
| I | 20121030-FJAT-17392-ZR | 4.99 | 13.14 | 2.45 | 8.71 | 8.54 | 6.39 | 2.63 |
| I | 20121030-FJAT-17413-ZR | 5.07 | 14.84 | 2.34 | 6.76 | 7.09 | 4.04 | 2.24 |
| I | 20121105-FJAT-16724-WK | 6.25 | 13.10 | 3.38 | 8.25 | 6.66 | 3.83 | 1.75 |
| I | 20121106-FJAT-16969-zr | 5.10 | 10.72 | 2.25 | 7.32 | 6.95 | 3.71 | 2.10 |
| I | 20121106-FJAT-16982-zr | 5.23 | 16.85 | 2.21 | 7.65 | 7.22 | 4.27 | 1.89 |
| I | 20121106-FJAT-16985-zr | 4.31 | 9.88 | 2.04 | 5.73 | 5.83 | 1.42 | 1.46 |
| I | 20121107-FJAT-17047-zr | 4.61 | 10.77 | 2.80 | 8.78 | 7.43 | 5.00 | 2.05 |

续表

| 型 | 菌株名称 | 15:0 anteiso | 15:0 iso | 17:0 anteiso | 17:0 iso | 16:0 iso | c16:0 | 16:1ω7c alcohol |
|---|---|---|---|---|---|---|---|---|
| I | 20121109-FJAT-17019-zr | 4.40 | 13.54 | 3.29 | 10.14 | 8.29 | 7.32 | 2.12 |
| I | 20121109-FJAT-17047ns-zr | 4.74 | 11.55 | 2.56 | 8.93 | 7.73 | 4.39 | 2.02 |
| I | 20121114-FJAT-17003-zr | 5.32 | 15.14 | 3.60 | 9.74 | 9.23 | 6.73 | 2.16 |
| I | 20121114-FJAT-17004-zr | 4.46 | 14.89 | 2.28 | 8.80 | 8.07 | 7.32 | 1.98 |
| I | 20121114-FJAT-17019NS-zr | 4.70 | 15.52 | 2.39 | 9.68 | 8.69 | 6.47 | 2.31 |
| I | 20121119-FJAT-17003-wk | 5.05 | 14.38 | 3.44 | 9.33 | 9.22 | 5.06 | 1.99 |
| I | 20121119-FJAT-17004-wk | 4.29 | 13.56 | 2.30 | 8.60 | 7.87 | 6.61 | 1.94 |
| I | 20130111-CYP-FJAT-16744 | 4.18 | 10.82 | 1.99 | 8.43 | 7.30 | 3.50 | 1.70 |
| I | 20130111-CYP-FJAT-16758 | 3.80 | 14.19 | 1.82 | 8.24 | 6.29 | 2.81 | 1.66 |
| I | 20130111-CYP-FJAT-16764 | 5.24 | 10.85 | 1.89 | 5.57 | 6.84 | 2.03 | 1.88 |
| I | 20130111-CYP-FJAT-17108 | 5.69 | 12.80 | 2.79 | 8.99 | 8.44 | 6.78 | 2.08 |
| I | 20130111-CYP-FJAT-17113 | 5.20 | 9.82 | 2.30 | 7.14 | 7.06 | 4.63 | 2.00 |
| I | 20130115-CYP-FJAT-17147 | 4.64 | 13.25 | 2.91 | 7.15 | 5.37 | 2.96 | 1.61 |
| I | 20130115-CYP-FJAT-17148 | 12.14 | 19.07 | 3.48 | 7.90 | 7.94 | 3.18 | 1.76 |
| I | 20130115-YQ-FJAT-16368 | 5.15 | 10.96 | 2.59 | 7.93 | 8.39 | 3.94 | 2.08 |
| I | 20130124-zr-16408 | 5.17 | 12.24 | 2.38 | 9.50 | 7.48 | 6.10 | 2.47 |
| I | 20130125-ZMX-FJAT-17679 | 5.76 | 12.16 | 2.66 | 9.73 | 9.31 | 6.66 | 2.43 |
| I | 20130129-TXN-FJAT-14606 | 7.60 | 12.70 | 3.16 | 8.52 | 7.58 | 6.75 | 1.76 |
| I | 20130129-TXN-FJAT-14613 | 4.66 | 12.58 | 3.39 | 7.41 | 6.01 | 3.45 | 1.75 |
| I | 20130129-ZMX-FJAT-17711 | 5.40 | 11.37 | 2.14 | 6.83 | 6.68 | 3.31 | 1.66 |
| I | 20130129-ZMX-FJAT-17721 | 3.80 | 11.03 | 1.88 | 8.42 | 6.63 | 3.71 | 1.66 |
| I | 20130129-ZMX-FJAT-17727 | 5.26 | 12.43 | 1.66 | 3.88 | 5.70 | 1.70 | 1.76 |
| I | 20130307-ZMX-FJAT-16642 | 6.63 | 9.73 | 2.90 | 9.93 | 7.35 | 5.99 | 1.94 |
| I | 20130327-TXN-FJAT-16673 | 5.19 | 13.13 | 2.83 | 9.96 | 9.60 | 6.04 | 2.73 |
| I | 20130328-TXN-FJAT-16679 | 9.18 | 10.48 | 2.46 | 10.94 | 7.02 | 1.01 | 1.00 |
| I | 20130328-TXN-FJAT-16682 | 6.77 | 14.93 | 2.72 | 8.22 | 6.54 | 1.11 | 1.51 |
| I | 20130328-TXN-FJAT-16690 | 4.98 | 13.51 | 2.25 | 7.81 | 8.42 | 3.96 | 2.56 |
| I | 20130328-TXN-FJAT-16691 | 6.27 | 11.40 | 2.90 | 9.94 | 7.64 | 4.67 | 1.83 |
| I | 20130328-TXN-FJAT-16697 | 4.80 | 12.27 | 2.41 | 8.01 | 8.10 | 4.67 | 2.17 |
| I | 20130328-TXN-FJAT-16698 | 4.71 | 13.66 | 2.27 | 7.72 | 7.45 | 2.83 | 2.05 |
| I | 20130329-ll-FJAT-16789 | 4.65 | 10.90 | 2.21 | 9.49 | 8.60 | 3.12 | 2.60 |
| I | 20130329-ll-FJAT-16791 | 4.80 | 8.73 | 2.37 | 10.14 | 8.17 | 4.48 | 2.41 |
| I | 20130329-ll-FJAT-16794 | 5.13 | 10.25 | 2.53 | 10.23 | 8.67 | 5.39 | 2.49 |
| I | 20130329-ll-FJAT-16809 | 5.14 | 11.98 | 2.65 | 9.80 | 9.37 | 4.08 | 2.54 |
| I | 20130329-ll-FJAT-16820 | 6.11 | 8.28 | 3.00 | 8.91 | 9.01 | 2.99 | 1.89 |
| I | 20130329-ll-FJAT-16829 | 5.69 | 13.39 | 2.88 | 10.54 | 9.22 | 4.82 | 2.31 |
| I | 20130329-ll-FJAT-16830 | 8.28 | 11.72 | 3.81 | 8.97 | 8.58 | 5.19 | 2.37 |
| I | 20130329-ll-FJAT-16834 | 6.04 | 13.96 | 2.71 | 8.82 | 8.79 | 4.93 | 2.82 |
| I | 20130401-ll-FJAT-16838 | 5.73 | 12.52 | 2.97 | 11.18 | 10.09 | 5.58 | 2.41 |
| I | 20130401-ll-FJAT-16845 | 5.70 | 13.41 | 2.87 | 9.21 | 8.58 | 4.69 | 2.28 |

续表

| 型 | 菌株名称 | 15:0 anteiso | 15:0 iso | 17:0 anteiso | 17:0 iso | 16:0 iso | c16:0 | 16:1ω7c alcohol |
|---|---|---|---|---|---|---|---|---|
| I | 20130401-ll-FJAT-16846 | 5.43 | 13.92 | 2.43 | 8.66 | 7.60 | 4.27 | 2.14 |
| I | 20130401-ll-FJAT-16848 | 6.20 | 13.83 | 2.67 | 9.23 | 7.64 | 5.09 | 2.01 |
| I | 20130401-ll-FJAT-16858 | 5.09 | 10.84 | 2.83 | 9.55 | 8.58 | 5.41 | 2.39 |
| I | 20130401-ll-FJAT-16859 | 5.36 | 14.02 | 2.06 | 6.49 | 6.54 | 2.29 | 2.11 |
| I | 20130401-ll-FJAT-16866 | 5.69 | 12.58 | 2.55 | 9.23 | 8.82 | 4.06 | 2.22 |
| I | 20130401-ll-FJAT-16878 | 5.34 | 13.11 | 2.72 | 8.78 | 8.93 | 2.70 | 2.32 |
| I | 20130401-ll-FJAT-16881 | 5.81 | 13.15 | 2.81 | 9.20 | 8.94 | 5.42 | 2.87 |
| I | 20130402-ll-FJAT-16895 | 6.70 | 14.38 | 3.08 | 10.25 | 8.69 | 5.63 | 1.87 |
| I | 20130403-ll-FJAT-16877 | 6.82 | 14.21 | 3.29 | 10.29 | 8.21 | 5.91 | 1.93 |
| I | 20130403-ll-FJAT-16907 | 4.86 | 17.01 | 2.07 | 8.05 | 7.81 | 2.17 | 2.06 |
| I | 20130403-ll-FJAT-16920 | 4.66 | 14.67 | 2.37 | 9.70 | 9.13 | 3.34 | 2.30 |
| I | 20130403-ll-FJAT-16930 | 6.07 | 11.10 | 3.21 | 9.36 | 9.48 | 3.65 | 1.73 |
| I | 20130418-CYP-FJAT-17133 | 5.53 | 12.23 | 2.69 | 8.78 | 8.77 | 5.32 | 2.76 |
| I | CL YJK2-9-3-3 | 5.12 | 17.21 | 1.00 | 6.39 | 6.79 | 1.86 | 1.00 |
| I | FJAT-14259LB | 3.98 | 10.92 | 1.52 | 4.59 | 7.06 | 1.38 | 2.58 |
| I | FJAT-35NA | 8.30 | 12.95 | 3.50 | 11.53 | 6.17 | 2.18 | 1.00 |
| I | FJAT-35NACL | 6.17 | 8.07 | 3.01 | 11.52 | 7.41 | 2.10 | 1.00 |
| I | FJAT-4574 | 5.43 | 10.04 | 2.16 | 9.23 | 8.77 | 2.46 | 1.00 |
| I | FJAT-8760LB | 4.49 | 21.23 | 2.01 | 7.87 | 4.83 | 1.48 | 1.42 |
| I | FJAT-8760NA | 7.90 | 16.25 | 4.06 | 13.43 | 6.35 | 3.07 | 1.26 |
| I | HGP SM18-T-2 | 7.45 | 9.59 | 1.89 | 9.48 | 8.67 | 2.98 | 1.00 |
| I | HGP XU-T-3 | 4.39 | 10.79 | 1.90 | 7.16 | 6.62 | 2.01 | 1.94 |
| I | XKC17219 | 4.53 | 13.78 | 1.84 | 6.75 | 5.24 | 1.11 | 1.63 |
| I | XKC17220 | 6.31 | 15.39 | 2.49 | 7.12 | 7.97 | 4.57 | 2.64 |
| 脂肪酸 I 型 424 个菌株平均值 | | 5.04 | 16.69 | 2.64 | 10.59 | 7.56 | 4.05 | 1.83 |
| II | 20101210-WZX-FJAT-11684 | 7.12 | 12.72 | 2.95 | 16.23 | 8.87 | 5.23 | 1.00 |
| II | 20110705-LGH-FJAT-13510 | 5.21 | 10.97 | 4.21 | 12.15 | 8.19 | 5.41 | 1.67 |
| II | 20110705-LGH-FJAT-13522 | 4.08 | 11.01 | 3.95 | 10.95 | 8.04 | 5.80 | 1.93 |
| II | 20110705-LGH-FJAT-13525 | 5.52 | 12.68 | 3.75 | 13.11 | 7.76 | 6.34 | 1.70 |
| II | 20110707-LGH-FJAT-4556 | 3.65 | 8.65 | 2.12 | 10.77 | 5.60 | 6.36 | 1.55 |
| II | 20110707-LGH-FJAT-4633 | 4.01 | 14.36 | 2.50 | 10.16 | 6.07 | 5.35 | 1.62 |
| II | 20110707-LGH-FJAT-4769 | 8.60 | 12.67 | 3.07 | 15.31 | 8.97 | 4.29 | 1.00 |
| II | 20110718-LGH-FJAT-4559 | 4.25 | 13.40 | 2.47 | 11.22 | 7.08 | 5.75 | 2.05 |
| II | 20110729-LGH-FJAT-14104 | 6.68 | 12.90 | 3.07 | 15.02 | 5.84 | 7.72 | 1.37 |
| II | 20110826-LGH-FJAT-R18（H2） | 5.87 | 19.98 | 3.32 | 13.52 | 6.34 | 7.72 | 1.41 |
| II | 201110-18-TXN-FJAT-14447 | 6.26 | 15.68 | 4.31 | 13.82 | 8.84 | 8.40 | 1.00 |
| II | 201110-21-TXN-FJAT-14572 | 5.49 | 13.83 | 3.25 | 12.39 | 7.63 | 8.60 | 1.00 |
| II | 20111101-TXN-FJAT-14581 | 4.83 | 13.40 | 3.51 | 12.02 | 7.24 | 6.65 | 1.00 |
| II | 20120224-TXN-FJAT-14703 | 3.53 | 9.19 | 2.81 | 13.33 | 6.14 | 6.11 | 1.59 |
| II | 20120305-LGH-FJAT-14 | 4.18 | 15.40 | 2.77 | 14.90 | 8.52 | 4.64 | 1.00 |

续表

| 型 | 菌株名称 | 15:0 anteiso | 15:0 iso | 17:0 anteiso | 17:0 iso | 16:0 iso | c16:0 | 16:1ω7c alcohol |
|---|---|---|---|---|---|---|---|---|
| II | 20120305-LGH-FJAT-18 | 5.27 | 16.96 | 3.59 | 14.58 | 10.58 | 4.94 | 1.00 |
| II | 20120328-LGH-FJAT-14265 | 5.33 | 15.38 | 3.64 | 12.55 | 6.95 | 7.12 | 1.00 |
| II | 20120727-YQ-FJAT-16413 | 3.82 | 20.13 | 3.18 | 10.72 | 7.24 | 9.24 | 2.13 |
| II | 20120727-YQ-FJAT-16444 | 4.55 | 15.27 | 3.71 | 14.26 | 9.54 | 7.75 | 2.50 |
| II | 20121030-FJAT-17412-ZR | 4.13 | 8.87 | 2.36 | 8.60 | 6.30 | 5.65 | 1.66 |
| II | 20121102-FJAT-17447-ZR | 3.57 | 9.58 | 2.96 | 10.60 | 6.28 | 5.19 | 1.65 |
| II | 20121105-FJAT-16717-WK | 4.64 | 10.39 | 3.03 | 12.97 | 8.85 | 6.51 | 1.76 |
| II | 20121203-YQ-FJAT-16378 | 4.73 | 15.48 | 2.75 | 10.53 | 5.75 | 7.54 | 1.49 |
| II | 20130111-CYP-FJAT-16757 | 6.45 | 14.92 | 3.49 | 10.63 | 7.67 | 8.14 | 2.16 |
| II | 20130129-TXN-FJAT-14622 | 4.42 | 10.37 | 2.77 | 13.65 | 7.41 | 7.86 | 1.51 |
| II | 20130417-hu-7838-3.8 | 4.21 | 12.92 | 2.48 | 8.20 | 6.79 | 4.54 | 1.96 |
| II | CL FQ0-6-1 | 6.70 | 15.38 | 2.66 | 11.59 | 10.49 | 5.04 | 1.00 |
| II | CL YJK2-6-6-3 | 6.44 | 19.08 | 2.14 | 7.58 | 5.23 | 8.91 | 1.00 |
| II | FJAT-14259GLU | 4.06 | 7.64 | 2.51 | 15.19 | 6.39 | 10.00 | 1.60 |
| II | FJAT-14259NACL | 3.23 | 8.60 | 1.84 | 10.22 | 8.36 | 5.44 | 2.17 |
| II | HGP SM10-T-3 | 3.95 | 9.60 | 1.99 | 10.56 | 6.36 | 6.39 | 1.77 |
| II | HGP SM10-T-6 | 5.53 | 13.58 | 2.87 | 13.06 | 8.91 | 6.32 | 2.00 |
| II | HGP SM12-T-4 | 5.03 | 14.30 | 2.58 | 9.69 | 8.96 | 5.27 | 2.15 |
| II | HGP SM30-T-2 | 4.10 | 11.39 | 1.88 | 8.41 | 5.34 | 6.30 | 1.65 |
| II | HGP SM30-T-4 | 5.72 | 12.69 | 2.12 | 9.05 | 7.55 | 3.68 | 2.22 |
| II | J-5 | 1.00 | 21.66 | 1.00 | 13.29 | 7.80 | 13.22 | 1.00 |
| II | LGH-FJAT-4618 | 5.95 | 17.75 | 4.04 | 13.35 | 8.33 | 11.18 | 1.00 |
| II | LGH-FJAT-4645 | 4.71 | 14.09 | 2.08 | 10.00 | 7.07 | 4.44 | 2.08 |
| II | ljy-16-6 | 3.52 | 12.92 | 2.82 | 8.05 | 5.63 | 3.39 | 2.19 |
| II | SDG-20100801-FJAT-4085-2 | 4.08 | 17.14 | 2.66 | 11.14 | 6.29 | 6.33 | 1.96 |
| II | shufen-T-13 | 4.87 | 13.30 | 2.79 | 12.05 | 5.99 | 10.00 | 1.44 |
| II | Y2314 | 5.15 | 15.02 | 2.69 | 11.46 | 7.87 | 6.68 | 1.00 |
| II | 20110314-WZX-FJAT-8760 | 7.41 | 8.60 | 3.63 | 9.01 | 6.67 | 11.60 | 2.03 |
| II | 20110316-LGH-FJAT-13381 | 5.44 | 13.22 | 3.04 | 10.64 | 8.71 | 6.97 | 2.44 |
| II | 20110317-LGH-FJAT-4758 | 3.47 | 14.53 | 2.96 | 11.07 | 9.50 | 7.73 | 1.00 |
| II | 20110524-WZX48h-FJAT-8767 | 4.15 | 5.45 | 3.12 | 12.53 | 7.83 | 6.94 | 1.00 |
| II | 2011053-WZX18h-FJAT-8767 | 6.23 | 1.00 | 5.94 | 11.84 | 12.49 | 11.66 | 1.00 |
| II | 20110601-LGH-FJAT-13903 | 4.40 | 5.14 | 2.60 | 11.23 | 6.60 | 14.12 | 1.00 |
| II | 20110601-LGH-FJAT-13911 | 6.09 | 5.00 | 4.20 | 10.45 | 7.35 | 10.70 | 1.00 |
| II | 20110601-LGH-FJAT-13939 | 5.13 | 10.56 | 2.86 | 10.03 | 10.04 | 6.63 | 2.01 |
| II | 20110607-WZX20D-FJAT-8767 | 4.15 | 1.74 | 3.75 | 12.04 | 5.74 | 9.28 | 1.00 |
| II | 20110614-LGH-FJAT-13834 | 6.48 | 8.87 | 4.49 | 15.00 | 10.76 | 6.14 | 1.00 |
| II | 20110622-LGH-FJAT-13426 | 5.24 | 11.34 | 3.31 | 12.95 | 10.96 | 5.75 | 1.82 |
| II | 20110622-LGH-FJAT-13431 | 6.59 | 11.37 | 3.61 | 12.22 | 8.95 | 7.15 | 1.75 |
| II | 20110622-LGH-FJAT-13445 | 5.29 | 6.18 | 3.20 | 11.57 | 10.44 | 7.73 | 2.60 |

续表

| 型 | 菌株名称 | 15:0 anteiso | 15:0 iso | 17:0 anteiso | 17:0 iso | 16:0 iso | c16:0 | 16:1ω7c alcohol |
|---|---|---|---|---|---|---|---|---|
| II | 20110622-LGH-FJAT-13447 | 6.88 | 7.24 | 4.48 | 11.72 | 12.74 | 10.82 | 2.92 |
| II | 20110705-LGH-FJAT-13507 | 5.63 | 11.00 | 3.82 | 12.14 | 13.37 | 8.58 | 3.26 |
| II | 20110705-LGH-FJAT-13561 | 6.62 | 7.78 | 4.45 | 12.11 | 12.31 | 9.88 | 2.01 |
| II | 20110705-WZX-FJAT-13356 | 4.16 | 4.59 | 3.00 | 7.63 | 7.48 | 6.58 | 2.19 |
| II | 20110707-LGH-FJAT-13586 | 6.83 | 8.94 | 3.87 | 10.96 | 11.93 | 7.41 | 2.87 |
| II | 20110707-LGH-FJAT-4594 | 5.08 | 3.90 | 4.16 | 9.75 | 7.14 | 6.18 | 1.64 |
| II | 20110718-LGH-FJAT-4519 | 5.96 | 10.64 | 2.47 | 8.71 | 9.39 | 7.84 | 2.67 |
| II | 20110902-TXN-FJAT-14143 | 4.70 | 13.20 | 2.63 | 8.48 | 7.72 | 7.16 | 2.07 |
| II | 20110902-TXN-FJAT-14145 | 4.01 | 8.18 | 3.04 | 6.30 | 7.14 | 8.72 | 2.78 |
| II | 20110902-YQ-FJAT-14277 | 4.34 | 10.27 | 1.00 | 10.05 | 6.22 | 7.87 | 1.00 |
| II | 20110907-TXN-FJAT-14360 | 5.98 | 14.31 | 3.30 | 10.21 | 8.67 | 8.07 | 2.31 |
| II | 20110907-TXN-FJAT-14366 | 6.75 | 10.33 | 3.20 | 8.85 | 12.33 | 5.40 | 2.26 |
| II | 20110907-TXN-FJAT-14370 | 5.11 | 9.21 | 3.51 | 11.49 | 10.26 | 8.38 | 2.57 |
| II | 20110907-TXN-FJAT-14372 | 4.30 | 3.34 | 3.81 | 12.69 | 6.87 | 10.31 | 1.00 |
| II | 20110907-TXN-FJAT-14373 | 5.59 | 6.88 | 2.92 | 7.29 | 10.06 | 5.94 | 2.36 |
| II | 201110-18-TXN-FJAT-14436 | 4.73 | 11.89 | 3.42 | 13.25 | 11.04 | 8.18 | 2.23 |
| II | 201110-18-TXN-FJAT-14448 | 6.44 | 11.43 | 3.73 | 10.73 | 11.01 | 9.44 | 2.22 |
| II | 201110-19-TXN-FJAT-14413 | 4.66 | 10.84 | 3.04 | 12.94 | 10.23 | 7.09 | 2.71 |
| II | 201110-19-TXN-FJAT-14455 | 6.90 | 3.59 | 4.81 | 11.32 | 10.22 | 13.85 | 1.00 |
| II | 201110-20-TXN-FJAT-14390 | 5.17 | 6.67 | 3.26 | 9.13 | 10.85 | 5.96 | 2.07 |
| II | 20111101-TXN-FJAT-14479 | 6.24 | 9.26 | 4.16 | 11.43 | 10.73 | 8.90 | 2.13 |
| II | 20111101-TXN-FJAT-14482 | 6.24 | 11.32 | 3.83 | 10.88 | 10.19 | 10.32 | 2.33 |
| II | 20111101-TXN-FJAT-14483 | 4.75 | 11.95 | 3.97 | 10.86 | 10.14 | 6.40 | 1.85 |
| II | 20111101-TXN-FJAT-14488 | 6.53 | 6.82 | 4.96 | 7.31 | 6.84 | 10.09 | 1.80 |
| II | 20111102-TXN-FJAT-14590 | 6.21 | 11.38 | 3.94 | 11.23 | 7.55 | 6.57 | 1.83 |
| II | 20111102-TXN-FJAT-14596 | 6.20 | 11.48 | 4.00 | 14.76 | 8.78 | 9.65 | 1.00 |
| II | 20111102-TXN-FJAT-14597 | 4.44 | 10.43 | 2.94 | 9.59 | 7.68 | 8.91 | 1.82 |
| II | 20111103-TXN-FJAT-14478 | 4.23 | 10.54 | 2.79 | 9.28 | 8.33 | 10.89 | 2.57 |
| II | 20111103-TXN-FJAT-14541 | 4.21 | 8.57 | 4.70 | 9.37 | 6.41 | 7.07 | 1.49 |
| II | 20111103-TXN-FJAT-14605 | 5.90 | 4.92 | 2.51 | 7.08 | 5.46 | 5.59 | 1.00 |
| II | 20111107-TXN-FJAT-14661 | 10.27 | 13.92 | 4.74 | 10.73 | 7.30 | 4.86 | 1.00 |
| II | 20111107-TXN-FJAT-14663 | 4.23 | 5.56 | 3.62 | 10.89 | 7.97 | 7.11 | 1.00 |
| II | 20111107-TXN-FJAT-14668 | 4.85 | 8.59 | 2.97 | 8.23 | 8.31 | 8.66 | 2.17 |
| II | 20111107-TXN-FJAT-14670 | 4.64 | 13.71 | 3.91 | 10.98 | 11.00 | 9.38 | 2.82 |
| II | 20111108-LGH-FJAT-13834 | 6.78 | 9.68 | 4.48 | 15.33 | 10.72 | 8.43 | 1.00 |
| II | 20111126-TXN-FJAT-14516 | 5.94 | 1.24 | 4.49 | 8.77 | 10.11 | 7.50 | 1.00 |
| II | 20120224-TXN-FJAT-14692 | 7.02 | 6.26 | 4.24 | 12.58 | 9.07 | 11.95 | 1.82 |
| II | 20120224-TXN-FJAT-14747 | 6.32 | 13.44 | 4.05 | 11.42 | 9.89 | 6.26 | 2.10 |
| II | 20120224-TXN-FJAT-14760 | 5.34 | 14.10 | 2.95 | 9.90 | 9.83 | 8.35 | 2.37 |
| II | 20120224-TXN-FJAT-14764 | 5.92 | 11.31 | 3.65 | 11.78 | 10.89 | 8.45 | 2.08 |

续表

| 型 | 菌株名称 | 15:0 anteiso | 15:0 iso | 17:0 anteiso | 17:0 iso | 16:0 iso | c16:0 | 16:1ω7c alcohol |
|---|---|---|---|---|---|---|---|---|
| II | 20120224-TXN-FJAT-14775 | 6.83 | 6.74 | 2.87 | 13.22 | 7.09 | 9.34 | 1.00 |
| II | 20120328-LGH-FJAT-14828 | 9.83 | 13.12 | 3.36 | 11.04 | 6.13 | 5.68 | 1.00 |
| II | 20120328-LGH-FJAT-4830 | 6.97 | 9.13 | 3.17 | 13.04 | 5.47 | 7.03 | 1.00 |
| II | 20120328-LGH-FJAT-4831 | 11.61 | 12.42 | 2.73 | 12.56 | 5.33 | 5.06 | 1.00 |
| II | 20120328-LGH-FJAT-4833 | 7.18 | 8.00 | 3.10 | 6.10 | 9.42 | 4.10 | 2.14 |
| II | 20120328-LGH-FJAT-4835 | 8.45 | 11.74 | 2.79 | 13.09 | 4.44 | 6.54 | 1.00 |
| II | 20120328-LGH-FJAT-4841 | 9.08 | 10.89 | 3.32 | 14.35 | 8.01 | 5.66 | 1.82 |
| II | 20120331-LGH-FJAT-4126 | 4.63 | 8.90 | 3.33 | 11.15 | 11.27 | 7.93 | 2.72 |
| II | 20120331-LGH-FJAT-4840 | 4.25 | 5.82 | 2.45 | 9.06 | 5.37 | 12.06 | 1.00 |
| II | 20120727-YQ-FJAT-16451 | 6.29 | 9.23 | 4.22 | 11.93 | 13.41 | 7.52 | 1.79 |
| II | 20120727-YQ-FJAT-16453 | 5.54 | 9.80 | 4.04 | 13.41 | 10.48 | 8.71 | 1.96 |
| II | 20120727-YQ-FJAT-16460 | 4.10 | 10.38 | 2.68 | 10.09 | 8.11 | 10.50 | 1.93 |
| II | 20120727-YQ-FJAT-16460 | 4.27 | 14.27 | 4.35 | 12.10 | 10.79 | 10.93 | 2.87 |
| II | 20121102-FJAT-17438-ZR | 3.80 | 7.60 | 2.24 | 8.75 | 6.66 | 5.76 | 1.64 |
| II | 20121102-FJAT-17454-ZR | 5.55 | 11.49 | 2.19 | 5.82 | 8.76 | 5.65 | 1.96 |
| II | 20121106-FJAT-16971-zr | 4.47 | 10.35 | 2.56 | 8.75 | 6.94 | 5.92 | 2.19 |
| II | 20121106-FJAT-16991-zr | 4.34 | 9.23 | 2.28 | 9.79 | 9.27 | 6.72 | 2.11 |
| II | 20121106-FJAT-16999-zr | 4.71 | 8.36 | 2.16 | 6.40 | 7.72 | 4.58 | 2.02 |
| II | 20121107-FJAT-17020-zr | 7.21 | 12.31 | 3.86 | 11.48 | 7.30 | 9.09 | 1.76 |
| II | 20121107-FJAT-17041-zr | 5.15 | 9.21 | 2.67 | 9.80 | 9.18 | 7.96 | 2.27 |
| II | 20121107-FJAT-17043-zr | 7.84 | 8.65 | 4.05 | 9.76 | 9.83 | 8.52 | 2.91 |
| II | 20121107-FJAT-17049-zr | 5.61 | 2.57 | 4.75 | 11.98 | 10.00 | 9.06 | 1.00 |
| II | 20121107-FJAT-17050-zr | 6.73 | 9.98 | 3.04 | 10.40 | 9.68 | 7.10 | 2.32 |
| II | 20121108-FJAT-17024-zr | 5.25 | 9.20 | 4.26 | 10.10 | 9.62 | 12.06 | 1.00 |
| II | 20121108-FJAT-17037-zr | 8.75 | 6.65 | 4.20 | 9.97 | 9.57 | 11.70 | 2.18 |
| II | 20121108-FJAT-17038-zr | 7.82 | 6.37 | 3.54 | 8.39 | 9.84 | 7.64 | 2.32 |
| II | 20121108-FJAT-17039-zr | 7.06 | 8.43 | 3.78 | 7.61 | 10.09 | 7.03 | 2.50 |
| II | 20121109-FJAT-17010-zr | 4.83 | 10.77 | 3.28 | 9.13 | 12.82 | 7.17 | 2.69 |
| II | 20121109-FJAT-17013-zr | 4.76 | 11.30 | 3.36 | 10.53 | 12.49 | 7.88 | 2.81 |
| II | 20121109-FJAT-17018-zr | 5.35 | 9.91 | 2.60 | 8.90 | 9.07 | 8.79 | 2.07 |
| II | 20121109-FJAT-17027-zr | 7.09 | 11.64 | 4.28 | 10.31 | 11.17 | 8.93 | 2.99 |
| II | 20121109-FJAT-17033-zr | 5.02 | 12.11 | 3.56 | 9.36 | 9.14 | 11.24 | 2.88 |
| II | 20121109-FJAT-17050ns-zr | 6.75 | 9.92 | 3.29 | 10.38 | 9.65 | 6.16 | 2.18 |
| II | 20121114-FJAT-17006-wk | 5.42 | 9.24 | 4.34 | 9.09 | 9.69 | 8.48 | 2.36 |
| II | 20121114-FJAT-17006-zr | 5.62 | 10.79 | 4.25 | 9.62 | 10.51 | 6.93 | 2.31 |
| II | 20121114-FJAT-17010NS-zr | 4.96 | 11.54 | 2.99 | 8.98 | 13.28 | 7.09 | 2.81 |
| II | 20121114-FJAT-17013ns-zr | 4.91 | 12.46 | 3.09 | 10.49 | 13.19 | 7.32 | 2.84 |
| II | 20121114-FJAT-17018ns-zr | 5.34 | 9.91 | 2.52 | 8.88 | 9.12 | 8.74 | 2.08 |
| II | 20121114-FJAT-17018-wk | 5.28 | 9.56 | 2.74 | 8.84 | 8.88 | 9.08 | 2.04 |
| II | 20121114-FJAT-17024ns-zr | 5.49 | 10.33 | 4.36 | 10.16 | 10.28 | 11.71 | 1.00 |

续表

| 型 | 菌株名称 | 15:0 anteiso | 15:0 iso | 17:0 anteiso | 17:0 iso | 16:0 iso | c16:0 | 16:1ω7c alcohol |
|---|---|---|---|---|---|---|---|---|
| II | 20121114-FJAT-17037ns-zr | 8.85 | 6.43 | 4.12 | 9.96 | 9.67 | 12.37 | 2.16 |
| II | 20121114-FJAT-17048NS-zr | 4.69 | 3.58 | 3.99 | 11.30 | 9.69 | 6.40 | 1.00 |
| II | 20121119-FJAT-17006-wk | 5.46 | 10.06 | 3.99 | 8.83 | 10.36 | 5.85 | 2.38 |
| II | 20121119-FJAT-17019-wk | 4.49 | 13.32 | 2.46 | 9.33 | 8.23 | 5.91 | 2.03 |
| II | 20121119-FJAT-17024-wk | 5.32 | 9.64 | 3.63 | 9.63 | 10.08 | 9.89 | 1.78 |
| II | 20121119-FJAT-17037-wk | 8.58 | 6.04 | 4.44 | 10.07 | 9.52 | 11.66 | 2.06 |
| II | 20121207-wk-17024 | 5.29 | 9.58 | 3.55 | 9.49 | 10.13 | 9.39 | 1.84 |
| II | 20130110-TXN-FJAT-14586 | 5.06 | 9.36 | 2.10 | 7.16 | 6.92 | 4.34 | 1.89 |
| II | 20130110-TXN-FJAT-14591 | 4.34 | 5.76 | 2.34 | 6.64 | 6.84 | 4.82 | 1.91 |
| II | 20130110-TXN-FJAT-14596 | 6.62 | 7.82 | 3.25 | 7.53 | 6.25 | 8.77 | 1.00 |
| II | 20130110-TXN-FJAT-14696 | 5.27 | 10.82 | 3.06 | 11.37 | 9.05 | 7.36 | 2.55 |
| II | 20130111-CYP-FJAT-16755 | 4.12 | 9.16 | 1.75 | 6.53 | 7.82 | 7.72 | 1.58 |
| II | 20130125-ZMX-FJAT-17701 | 5.37 | 10.80 | 2.76 | 10.39 | 9.33 | 8.63 | 2.25 |
| II | 20130129-TXN-FJAT-14612 | 6.09 | 3.36 | 2.98 | 6.64 | 7.06 | 7.14 | 1.00 |
| II | 20130129-TXN-FJAT-14620 | 5.67 | 7.83 | 2.77 | 8.11 | 7.51 | 7.12 | 1.68 |
| II | 20130130-TXN-FJAT-14605-3 | 6.17 | 4.88 | 2.79 | 7.18 | 6.02 | 8.07 | 1.00 |
| II | 20130131-TXN-FJAT-8767 | 3.91 | 3.33 | 3.49 | 10.03 | 6.96 | 12.24 | 1.00 |
| II | 20130201-WJ-FJAT-16136 | 4.38 | 9.67 | 2.28 | 10.68 | 7.86 | 8.61 | 2.23 |
| II | 20130306-ZMX-FJAT-16612 | 5.55 | 10.06 | 2.62 | 8.73 | 10.06 | 7.32 | 2.88 |
| II | 20130306-ZMX-FJAT-16613 | 6.10 | 6.88 | 2.64 | 8.06 | 10.74 | 7.03 | 2.86 |
| II | 20130306-ZMX-FJAT-16614 | 6.05 | 7.68 | 2.66 | 7.75 | 9.13 | 9.16 | 3.04 |
| II | 20130306-ZMX-FJAT-16625 | 4.92 | 4.01 | 2.63 | 10.50 | 8.99 | 10.06 | 2.41 |
| II | 20130306-ZMX-FJAT-16632 | 7.07 | 5.09 | 3.71 | 9.73 | 7.99 | 5.34 | 1.00 |
| II | 20130306-ZMX-FJAT-16633 | 5.13 | 9.76 | 2.59 | 9.88 | 8.88 | 7.12 | 2.43 |
| II | 20130306-ZMX-FJAT-16635 | 4.88 | 8.99 | 2.30 | 9.95 | 9.44 | 6.37 | 2.21 |
| II | 20130307-ZMX-FJAT-16640 | 4.79 | 8.69 | 2.36 | 11.27 | 8.87 | 7.93 | 2.37 |
| II | 20130327-TXN-FJAT-16659 | 5.26 | 12.00 | 2.87 | 9.98 | 10.28 | 8.10 | 2.79 |
| II | 20130328-ll-FJAT-16772 | 5.20 | 5.01 | 2.68 | 9.82 | 10.57 | 8.30 | 3.19 |
| II | 20130328-ll-FJAT-16779 | 4.84 | 6.26 | 2.41 | 9.68 | 9.55 | 7.24 | 2.81 |
| II | 20130328-TXN-FJAT-16678 | 6.47 | 9.80 | 3.19 | 8.96 | 9.79 | 7.79 | 2.67 |
| II | 20130328-TXN-FJAT-16693 | 5.78 | 8.56 | 2.84 | 10.27 | 10.07 | 6.46 | 2.71 |
| II | 20130328-TXN-FJAT-16694 | 6.35 | 7.92 | 2.49 | 7.01 | 9.15 | 4.15 | 2.62 |
| II | 20130328-TXN-FJAT-16704 | 7.75 | 6.28 | 2.66 | 11.05 | 8.13 | 5.58 | 1.00 |
| II | 20130329-ll-FJAT-16784 | 4.64 | 8.78 | 2.29 | 10.04 | 8.78 | 6.76 | 2.67 |
| II | 20130329-ll-FJAT-16785 | 6.00 | 9.57 | 3.03 | 10.66 | 9.59 | 5.32 | 3.16 |
| II | 20130329-ll-FJAT-16792 | 4.96 | 4.77 | 3.05 | 12.17 | 9.48 | 8.29 | 2.46 |
| II | 20130329-ll-FJAT-16798 | 7.41 | 8.37 | 2.92 | 7.62 | 9.93 | 4.07 | 3.26 |
| II | 20130329-ll-FJAT-16812 | 5.22 | 5.91 | 2.71 | 9.68 | 10.16 | 8.68 | 2.95 |
| II | 20130329-ll-FJAT-16814 | 5.98 | 9.23 | 3.12 | 10.30 | 8.97 | 6.75 | 2.39 |
| II | 20130329-ll-FJAT-16815 | 4.48 | 9.47 | 2.28 | 9.91 | 8.53 | 6.25 | 2.28 |

续表

| 型 | 菌株名称 | 15:0 anteiso | 15:0 iso | 17:0 anteiso | 17:0 iso | 16:0 iso | c16:0 | 16:1ω7c alcohol |
|---|---|---|---|---|---|---|---|---|
| II | 20130329-ll-FJAT-16819 | 5.12 | 7.37 | 2.42 | 8.38 | 9.31 | 6.17 | 3.00 |
| II | 20130329-ll-FJAT-16823 | 7.08 | 9.13 | 2.60 | 9.90 | 9.07 | 5.04 | 2.57 |
| II | 20130329-ll-FJAT-16833 | 4.68 | 8.52 | 2.30 | 9.88 | 8.60 | 7.05 | 2.49 |
| II | 20130401-ll-FJAT-16842 | 6.45 | 9.68 | 2.93 | 8.87 | 10.03 | 5.50 | 2.76 |
| II | 20130401-ll-FJAT-16850 | 3.69 | 10.33 | 1.86 | 7.38 | 5.45 | 8.92 | 1.76 |
| II | 20130402-ll-FJAT-16897 | 4.25 | 12.30 | 2.36 | 10.63 | 9.58 | 5.93 | 2.39 |
| II | 20130402-ll-FJAT-16901 | 4.48 | 11.37 | 2.58 | 11.68 | 9.64 | 8.11 | 2.21 |
| II | 20130403-ll-FJAT-16912 | 4.37 | 11.75 | 2.37 | 9.79 | 9.65 | 8.04 | 2.35 |
| II | 20130403-ll-FJAT-16919 | 4.12 | 11.14 | 2.12 | 9.26 | 9.54 | 6.19 | 2.37 |
| II | 20130403-ll-FJAT-16923 | 4.59 | 10.62 | 2.45 | 10.29 | 9.38 | 6.11 | 2.38 |
| II | 20130403-ll-FJAT-16931 | 5.56 | 13.38 | 2.99 | 11.27 | 8.85 | 6.88 | 2.25 |
| II | 20130403-ll-FJAT-16932 | 6.43 | 8.78 | 4.83 | 11.93 | 9.75 | 6.53 | 1.00 |
| II | 20130403-ll-FJAT-16934 | 4.25 | 7.97 | 2.84 | 10.54 | 10.62 | 7.93 | 3.07 |
| II | 20130403-ll-FJAT-16938 | 6.30 | 12.41 | 3.45 | 12.16 | 10.71 | 5.67 | 2.98 |
| II | 20130403-ll-FJAT-16939 | 4.47 | 13.74 | 3.12 | 10.53 | 9.90 | 7.26 | 2.70 |
| II | 20130403-ll-FJAT-16943 | 6.55 | 4.70 | 4.00 | 12.42 | 8.31 | 7.93 | 1.00 |
| II | 20140325-LGH-FJAT-17844 | 13.42 | 10.03 | 8.42 | 15.84 | 7.68 | 6.20 | 1.87 |
| II | CL FJK2-6-6-2 | 23.43 | 4.61 | 10.94 | 5.01 | 16.67 | 9.14 | 1.00 |
| II | CL FJK2-9-6-3 | 3.84 | 8.60 | 2.07 | 8.97 | 4.97 | 10.60 | 1.00 |
| II | CL YJK2-6-1-1 | 3.83 | 10.74 | 1.00 | 7.67 | 5.62 | 6.06 | 1.00 |
| II | FJAT-14259NACL | 3.99 | 10.18 | 1.99 | 7.82 | 8.40 | 4.33 | 2.50 |
| II | FJAT-26046-1 | 5.00 | 9.84 | 1.00 | 8.44 | 7.82 | 14.08 | 2.93 |
| II | FJAT-26046-2 | 4.91 | 10.55 | 1.00 | 12.43 | 8.91 | 18.02 | 1.00 |
| II | FJAT-26086-1 | 6.17 | 10.42 | 3.06 | 8.32 | 8.49 | 12.22 | 3.03 |
| II | FJAT-26086-1 | 6.05 | 9.48 | 3.09 | 8.25 | 8.47 | 11.72 | 2.94 |
| II | FJAT-26086-2 | 5.44 | 12.09 | 2.63 | 7.14 | 8.26 | 10.43 | 3.07 |
| II | FJAT-26086-2 | 5.33 | 10.73 | 2.68 | 7.00 | 7.97 | 9.72 | 2.98 |
| II | FJAT-27023-1 | 5.18 | 7.35 | 2.28 | 7.37 | 6.96 | 12.88 | 2.27 |
| II | FJAT-27023-2 | 5.12 | 6.94 | 2.54 | 7.87 | 6.81 | 14.39 | 2.32 |
| II | FJAT-35GLU | 9.27 | 1.52 | 4.00 | 8.10 | 10.12 | 6.42 | 1.00 |
| II | FJAT-4628 | 7.15 | 10.00 | 3.24 | 10.03 | 7.51 | 8.60 | 1.00 |
| II | FJAT-8760GLU | 8.87 | 10.96 | 3.73 | 11.15 | 7.40 | 6.53 | 1.36 |
| II | HGP 4-T-4 | 3.58 | 6.54 | 1.75 | 7.80 | 4.65 | 8.78 | 1.74 |
| II | hgp sm13-t-5 | 5.98 | 9.13 | 1.83 | 6.14 | 4.90 | 12.12 | 1.29 |
| II | HGP SM14-T-6 | 6.00 | 11.92 | 1.83 | 6.82 | 5.79 | 8.36 | 1.39 |
| II | HGP SM18-J-5 | 3.82 | 14.24 | 1.85 | 8.83 | 4.34 | 11.86 | 1.46 |
| II | HGP SM23-T-1 | 4.07 | 7.15 | 2.28 | 9.76 | 7.75 | 8.80 | 1.74 |
| II | HGP SM26-T-1 | 6.35 | 9.80 | 2.21 | 7.28 | 5.68 | 10.20 | 2.02 |
| II | HGP SM30-T-6 | 6.39 | 13.27 | 2.80 | 11.88 | 9.66 | 5.24 | 2.22 |
| II | HGP XU-G-1 | 3.82 | 11.02 | 1.69 | 6.20 | 5.71 | 6.14 | 1.89 |

续表

| 型 | 菌株名称 | 15:0 anteiso | 15:0 iso | 17:0 anteiso | 17:0 iso | 16:0 iso | c16:0 | 16:1ω7c alcohol |
|---|---|---|---|---|---|---|---|---|
| II | LGF-FJAT-8760 | 7.17 | 12.34 | 3.77 | 10.96 | 8.84 | 10.89 | 1.41 |
| II | LGH-FJAT-4382 | 4.87 | 10.56 | 2.24 | 6.90 | 7.35 | 5.20 | 2.56 |
| II | LGH-FJAT-4386 | 6.95 | 10.96 | 3.27 | 10.62 | 9.15 | 7.46 | 2.56 |
| II | LGH-FJAT-4527 | 5.65 | 9.01 | 2.45 | 9.48 | 8.63 | 6.27 | 2.60 |
| II | LGH-FJAT-4536 | 4.76 | 12.25 | 1.00 | 6.27 | 5.12 | 6.70 | 1.00 |
| II | LGH-FJAT-4538 | 5.45 | 13.72 | 1.00 | 6.57 | 7.08 | 9.41 | 3.05 |
| II | ljy-10-9 | 5.07 | 10.76 | 1.00 | 8.36 | 7.96 | 6.20 | 1.00 |
| II | ljy-34-10 | 4.59 | 13.72 | 2.72 | 8.02 | 7.75 | 4.29 | 2.39 |
| II | shufen-???? | 5.47 | 12.97 | 2.72 | 10.83 | 6.07 | 12.45 | 1.30 |
| II | shufen-ck10-3 | 5.51 | 10.58 | 2.51 | 7.07 | 8.07 | 9.33 | 1.81 |
| II | shufen-CK-11（plate） | 4.96 | 11.26 | 1.90 | 8.01 | 5.26 | 11.39 | 1.67 |
| II | shufen-CK-12 | 4.10 | 13.43 | 2.42 | 11.18 | 6.28 | 9.98 | 1.35 |
| II | shufen-ck3-1 | 6.17 | 9.63 | 2.40 | 6.67 | 6.70 | 8.95 | 1.41 |
| II | shufen-T10-2 | 4.99 | 12.54 | 2.71 | 9.46 | 6.10 | 8.85 | 1.19 |
| II | shufen-T-12 | 5.28 | 10.81 | 2.55 | 8.57 | 6.10 | 9.48 | 1.00 |
| II | shufen-T7-1（gu） | 18.17 | 9.71 | 5.74 | 7.47 | 3.88 | 11.69 | 1.26 |
| II | szq-20100804-45 | 4.75 | 17.08 | 1.00 | 12.64 | 10.16 | 12.21 | 1.00 |
| II | szq-20100804-50 | 7.83 | 10.88 | 1.00 | 13.48 | 7.82 | 17.24 | 1.00 |
| II | WQH-CK3-1 2 | 23.15 | 14.89 | 4.41 | 7.40 | 5.01 | 4.89 | 1.00 |
| II | XKC17215 | 4.65 | 10.71 | 2.69 | 9.74 | 8.68 | 5.57 | 2.13 |
| II | Y2315 | 6.99 | 14.59 | 1.00 | 8.51 | 6.19 | 12.37 | 1.00 |
| II | ZXZ ZH-2 | 4.18 | 16.33 | 1.81 | 7.79 | 4.21 | 14.49 | 1.61 |
| II | zyj-11 | 6.70 | 15.10 | 2.48 | 8.60 | 8.00 | 5.78 | 2.03 |
| II | zyj-12 | 7.28 | 14.67 | 2.69 | 9.01 | 8.46 | 4.83 | 2.04 |
| II | zyj-22 | 7.17 | 15.91 | 2.46 | 7.82 | 8.08 | 4.06 | 2.03 |
| II | zyj-25 | 9.27 | 9.20 | 3.02 | 7.48 | 8.26 | 8.27 | 2.37 |
| II | zyj-26 | 8.92 | 10.80 | 2.44 | 6.62 | 8.65 | 5.38 | 2.40 |
| 脂肪酸 II 型 242 个菌株平均值 | | 5.78 | 10.22 | 3.06 | 10.13 | 8.47 | 7.93 | 1.91 |
| III | 20101208-WZX-FJAT-11708 | 5.97 | 19.70 | 3.43 | 14.03 | 5.19 | 3.58 | 1.00 |
| III | 20110225-SDG-FJAT-11072 | 4.55 | 29.53 | 2.61 | 10.12 | 6.35 | 2.50 | 1.00 |
| III | 20110508-WZX48h-FJAT-8770 | 5.18 | 27.35 | 2.54 | 9.39 | 7.35 | 2.28 | 1.00 |
| III | 20110517-LGH-FJAT-4677 | 5.60 | 22.69 | 3.10 | 17.94 | 5.41 | 3.80 | 1.00 |
| III | 20110527-WZX37D-FJAT-8770 | 4.24 | 33.33 | 3.61 | 17.17 | 8.02 | 3.78 | 1.00 |
| III | 20110713-WZX-FJAT-72h-8770 | 5.93 | 32.74 | 4.79 | 11.34 | 5.14 | 1.44 | 1.00 |
| III | 20110718-LGH-FJAT-4679 | 5.29 | 17.01 | 3.59 | 19.88 | 6.41 | 4.13 | 1.00 |
| III | 20110907-YQ-FJAT-14339 | 5.96 | 28.00 | 1.00 | 10.60 | 8.52 | 3.06 | 1.00 |
| III | 20110907-YQ-FJAT-14342 | 4.98 | 19.83 | 1.00 | 9.17 | 8.95 | 3.78 | 1.00 |
| III | 201110-21-TXN-FJAT-14570 | 4.28 | 18.63 | 2.92 | 13.13 | 7.15 | 5.88 | 1.00 |
| III | 20111102-TXN-FJAT-14591 | 1.00 | 37.72 | 2.66 | 7.55 | 5.84 | 4.57 | 1.65 |
| III | 20111103-TXN-FJAT-14538 | 5.26 | 20.67 | 3.52 | 12.51 | 8.55 | 6.86 | 1.00 |

续表

| 型 | 菌株名称 | 15:0 anteiso | 15:0 iso | 17:0 anteiso | 17:0 iso | 16:0 iso | c16:0 | 16:1ω7c alcohol |
|---|---|---|---|---|---|---|---|---|
| III | 20111108-LGH-FJAT-Bt | 6.09 | 22.99 | 2.24 | 11.74 | 3.18 | 2.80 | 1.00 |
| III | 20111108-TXN-FJAT-14686 | 4.08 | 18.67 | 2.83 | 13.55 | 7.15 | 4.65 | 1.00 |
| III | 20111108-TXN-FJAT-14686 | 8.85 | 22.82 | 2.57 | 11.35 | 6.19 | 3.35 | 1.00 |
| III | 20111123-hu-128 | 6.24 | 29.57 | 2.77 | 10.87 | 5.80 | 2.05 | 1.25 |
| III | 20111123-hu-137 | 5.47 | 32.47 | 2.23 | 8.87 | 5.23 | 1.28 | 1.31 |
| III | 20120229-TXN-FJAT-14716 | 5.68 | 19.44 | 3.24 | 11.74 | 7.64 | 6.00 | 1.00 |
| III | 20120305-LGH-FJAT-20 | 4.20 | 20.20 | 3.03 | 17.10 | 7.59 | 3.97 | 1.00 |
| III | 20120305-LGH-FJAT-24 | 4.56 | 18.80 | 2.96 | 13.12 | 8.77 | 4.09 | 1.49 |
| III | 20120305-LGH-FJAT-27 | 5.02 | 19.16 | 3.16 | 17.26 | 7.52 | 2.95 | 1.00 |
| III | 20120305-LGH-FJAT-28 | 4.84 | 18.67 | 3.08 | 16.81 | 7.21 | 3.07 | 1.00 |
| III | 20120305-LGH-FJAT-29 | 4.84 | 20.94 | 3.01 | 15.50 | 6.68 | 3.17 | 1.00 |
| III | 20120305-LGH-FJAT-30 | 4.66 | 18.69 | 3.37 | 16.80 | 8.25 | 4.05 | 1.00 |
| III | 20120305-LGH-FJAT-35 | 4.51 | 19.05 | 3.11 | 16.91 | 8.43 | 3.59 | 1.00 |
| III | 20120305-LGH-FJAT-36 | 3.59 | 20.73 | 2.42 | 13.63 | 6.10 | 2.90 | 1.00 |
| III | 20120305-LGH-FJAT-38 | 3.59 | 21.02 | 2.36 | 13.87 | 6.17 | 3.01 | 1.00 |
| III | 20120305-LGH-FJAT-40 | 3.52 | 20.44 | 2.35 | 12.99 | 6.24 | 3.86 | 1.00 |
| III | 20120321-liugh-33 | 4.15 | 17.13 | 2.42 | 13.25 | 7.95 | 3.01 | 1.00 |
| III | A11 | 4.26 | 21.08 | 1.00 | 11.80 | 8.11 | 4.63 | 1.00 |
| III | A3 | 3.98 | 19.73 | 1.00 | 9.78 | 7.67 | 7.81 | 1.00 |
| III | bonn-13 | 3.99 | 20.90 | 2.09 | 10.99 | 7.83 | 6.26 | 2.63 |
| III | bonn-8 | 3.11 | 23.28 | 1.70 | 6.22 | 5.67 | 4.57 | 2.27 |
| III | c1-10 | 4.08 | 17.73 | 1.00 | 11.39 | 7.50 | 7.72 | 1.00 |
| III | CAAS-D33 | 4.82 | 26.43 | 1.93 | 6.77 | 5.09 | 5.41 | 2.30 |
| III | CAAS-G-20-1 | 1.00 | 32.37 | 1.00 | 17.01 | 6.77 | 6.83 | 1.00 |
| III | CAAS-G-20-1 | 4.16 | 31.05 | 1.00 | 15.57 | 5.96 | 7.91 | 1.00 |
| III | CAAS-G-20-2 | 3.67 | 27.91 | 1.97 | 8.73 | 5.10 | 3.20 | 1.74 |
| III | CAAS-G-20-2 | 3.68 | 28.07 | 1.96 | 8.80 | 5.02 | 3.20 | 1.76 |
| III | CAAS-K23 | 5.61 | 23.00 | 2.48 | 8.19 | 7.24 | 5.93 | 2.07 |
| III | CL FCK15-6-1 | 5.18 | 23.77 | 2.40 | 11.78 | 6.63 | 2.78 | 1.00 |
| III | CL FCK-3-6-2 | 6.22 | 25.10 | 1.00 | 12.00 | 6.17 | 5.53 | 1.00 |
| III | CL FCK6-1-1 | 5.93 | 17.48 | 2.33 | 8.49 | 7.41 | 2.83 | 1.00 |
| III | CL FCK6-1-2 | 4.81 | 24.25 | 1.00 | 10.08 | 6.29 | 2.45 | 1.00 |
| III | CL FCK6-1-3 | 5.09 | 22.85 | 1.00 | 11.67 | 7.02 | 2.73 | 1.00 |
| III | CL FJK2-12-1-1 | 4.54 | 26.51 | 2.07 | 11.31 | 5.59 | 3.07 | 1.00 |
| III | CL FJK2-12-5-2 | 5.40 | 19.19 | 1.00 | 12.33 | 7.60 | 3.15 | 1.00 |
| III | CL FJK2-3-6-1 | 5.16 | 21.09 | 2.99 | 12.81 | 8.07 | 3.98 | 1.00 |
| III | CL FJK2-3-6-3 | 6.08 | 19.45 | 2.65 | 9.66 | 5.65 | 8.37 | 1.00 |
| III | CL FJK2-9-1-1 | 5.60 | 21.15 | 1.00 | 9.91 | 6.69 | 3.49 | 1.00 |
| III | CL FJK2-9-1-2 | 4.66 | 23.64 | 2.07 | 10.26 | 5.35 | 2.08 | 1.00 |
| III | CL FQ-0-1-2 | 5.38 | 19.29 | 2.82 | 14.27 | 9.04 | 5.03 | 1.00 |

续表

| 型 | 菌株名称 | 15:0 anteiso | 15:0 iso | 17:0 anteiso | 17:0 iso | 16:0 iso | c16:0 | 16:1ω7c alcohol |
|---|---|---|---|---|---|---|---|---|
| III | CL FQ-0-1-4 | 5.08 | 20.55 | 2.54 | 14.40 | 8.42 | 4.51 | 1.00 |
| III | CL YCK-3-4-1 | 3.77 | 25.73 | 1.00 | 11.66 | 5.06 | 6.04 | 1.00 |
| III | CL YCK-6-5-1 | 4.93 | 23.78 | 1.00 | 11.29 | 5.75 | 7.90 | 1.00 |
| III | CL YCK-6-5-2 | 4.27 | 20.54 | 2.06 | 10.70 | 5.20 | 9.59 | 1.00 |
| III | CL YCK-6-5-4 | 5.12 | 25.14 | 2.43 | 12.14 | 6.43 | 6.18 | 1.00 |
| III | CL YCK-6-5-5 | 4.90 | 24.15 | 1.00 | 8.07 | 5.71 | 7.94 | 1.00 |
| III | CL YJK2-12-4-1 | 4.20 | 20.24 | 1.00 | 10.11 | 5.79 | 3.56 | 1.00 |
| III | CL YJK2-12-6-1 | 5.33 | 21.32 | 1.00 | 9.02 | 6.78 | 2.62 | 1.00 |
| III | CL YJK2-15-3-1 | 4.40 | 18.11 | 2.01 | 9.37 | 5.73 | 2.38 | 1.00 |
| III | CL YJK2-15-4-1 | 5.66 | 25.03 | 1.00 | 7.25 | 6.69 | 4.15 | 1.00 |
| III | CL YJK2-6-4-2 | 4.97 | 19.71 | 1.00 | 11.92 | 6.55 | 4.64 | 1.00 |
| III | CL YJK2-6-6-1 | 4.05 | 23.34 | 1.00 | 11.06 | 5.40 | 6.27 | 1.00 |
| III | CL YJK2-6-6-1 | 5.91 | 27.17 | 2.62 | 11.74 | 5.96 | 3.63 | 1.00 |
| III | CL YJK2-9-4-1 | 3.43 | 18.05 | 1.00 | 9.51 | 5.61 | 4.70 | 1.00 |
| III | CL-FCK-3-1-3 | 5.19 | 21.94 | 1.00 | 12.28 | 6.74 | 2.19 | 1.00 |
| III | CL-FCK-6-6-1 | 4.91 | 17.71 | 2.49 | 13.29 | 7.26 | 3.07 | 1.00 |
| III | FJAT-35LB | 5.67 | 20.75 | 2.11 | 8.67 | 4.96 | 1.34 | 1.00 |
| III | FJAT-4618 | 6.13 | 17.74 | 2.35 | 9.04 | 6.10 | 4.02 | 1.00 |
| III | FJAT-4638 | 5.01 | 17.78 | 2.23 | 13.52 | 6.73 | 2.85 | 1.00 |
| III | FJAT-4640 | 4.98 | 16.25 | 2.55 | 13.38 | 8.04 | 2.48 | 1.00 |
| III | FJAT-4647 | 4.91 | 14.63 | 2.48 | 14.39 | 6.74 | 5.65 | 1.00 |
| III | FJAT-4651 | 4.87 | 14.35 | 2.25 | 13.66 | 6.78 | 4.69 | 1.00 |
| III | FJAT-4653 | 4.87 | 18.98 | 2.45 | 13.12 | 8.80 | 3.12 | 1.00 |
| III | FJAT-4654 | 4.58 | 14.46 | 2.23 | 14.30 | 6.62 | 6.20 | 1.00 |
| III | gxf-J106 | 5.58 | 25.95 | 2.29 | 8.59 | 5.86 | 4.77 | 1.94 |
| III | gxf-J11-1 | 4.22 | 20.54 | 1.94 | 8.72 | 4.94 | 4.42 | 1.79 |
| III | GXF-J13 | 5.58 | 24.87 | 2.52 | 9.96 | 5.57 | 4.56 | 1.77 |
| III | gxf-J16 | 4.79 | 29.67 | 2.08 | 12.31 | 5.15 | 3.99 | 1.51 |
| III | GXF-J22 | 3.98 | 28.56 | 2.05 | 11.75 | 6.19 | 4.47 | 1.95 |
| III | gxf-J23-1 | 5.69 | 29.43 | 2.87 | 12.21 | 6.70 | 4.92 | 1.53 |
| III | gxf-J27 | 4.24 | 28.84 | 1.92 | 10.76 | 5.08 | 2.99 | 1.53 |
| III | gxf-J28 | 4.34 | 26.51 | 2.00 | 10.33 | 5.41 | 3.43 | 1.47 |
| III | gxf-J33 | 5.06 | 24.22 | 2.22 | 9.80 | 6.73 | 4.39 | 1.78 |
| III | gxf-J411 | 6.42 | 26.42 | 2.28 | 8.29 | 7.00 | 2.06 | 1.74 |
| III | GXF-J47 | 5.46 | 27.82 | 2.79 | 11.89 | 6.95 | 4.15 | 1.94 |
| III | gxf-J51 | 4.30 | 30.43 | 1.95 | 10.68 | 5.07 | 3.36 | 1.64 |
| III | gxf-J53 | 4.08 | 33.30 | 1.94 | 11.75 | 5.34 | 3.00 | 1.63 |
| III | gxf-J54 | 4.94 | 30.23 | 2.36 | 11.59 | 5.73 | 3.40 | 1.59 |
| III | gxf-J55 | 5.10 | 25.23 | 2.38 | 10.24 | 7.00 | 4.95 | 1.82 |
| III | gxf-J64 | 4.29 | 25.11 | 2.35 | 12.39 | 5.82 | 7.67 | 1.78 |

续表

| 型 | 菌株名称 | 15:0 anteiso | 15:0 iso | 17:0 anteiso | 17:0 iso | 16:0 iso | c16:0 | 16:1ω7c alcohol |
|---|---|---|---|---|---|---|---|---|
| III | gxf-J71 | 4.51 | 27.87 | 1.95 | 9.71 | 5.33 | 4.10 | 1.70 |
| III | gxf-J73 | 4.13 | 26.97 | 2.06 | 11.49 | 6.50 | 4.00 | 1.80 |
| III | HGP 3-J-1 | 4.44 | 20.27 | 1.89 | 9.44 | 6.77 | 7.04 | 1.00 |
| III | HGP 5-J-8 | 4.98 | 17.40 | 1.97 | 9.29 | 5.58 | 6.25 | 1.48 |
| III | HGP 5-T-6 | 4.25 | 15.67 | 2.05 | 12.17 | 6.38 | 3.79 | 1.89 |
| III | HGP 8-T-5 | 5.15 | 16.57 | 2.14 | 10.13 | 5.78 | 4.54 | 1.62 |
| III | HGP SM10-T-3 | 3.94 | 13.39 | 2.11 | 13.35 | 6.54 | 3.29 | 1.71 |
| III | HGP SM12-T-3 | 4.42 | 17.49 | 1.88 | 9.93 | 6.55 | 2.25 | 1.88 |
| III | HGP SM13-T-1 | 3.96 | 20.92 | 2.10 | 13.26 | 6.19 | 3.93 | 1.78 |
| III | HGP SM13-T-2 | 4.18 | 14.95 | 2.02 | 10.76 | 6.36 | 4.39 | 1.87 |
| III | HGP SM13-T-4 | 7.44 | 20.66 | 2.42 | 10.32 | 7.17 | 3.46 | 1.79 |
| III | HGP SM14-T-1 | 4.75 | 19.20 | 2.00 | 11.30 | 6.33 | 3.22 | 1.72 |
| III | HGP SM17-T-8 | 4.64 | 17.36 | 2.15 | 12.50 | 6.19 | 4.45 | 1.83 |
| III | HGP SM18-T-1 | 4.36 | 19.75 | 2.20 | 12.43 | 5.95 | 2.93 | 1.58 |
| III | HGP SM18-T-7 | 3.32 | 12.36 | 1.89 | 10.20 | 5.78 | 3.24 | 1.62 |
| III | hgp sm19-t-2 | 4.13 | 18.02 | 1.85 | 10.61 | 5.91 | 2.58 | 1.64 |
| III | HGP SM19-T-3 | 4.27 | 20.85 | 1.83 | 9.88 | 5.65 | 1.99 | 1.74 |
| III | HGP SM19-T-4 | 5.52 | 22.74 | 3.02 | 12.05 | 6.82 | 1.95 | 1.99 |
| III | HGP SM19-T-5 | 5.03 | 14.98 | 2.77 | 9.60 | 6.69 | 5.94 | 1.92 |
| III | HGP SM20-T-1 | 3.65 | 14.70 | 2.18 | 10.14 | 5.60 | 4.21 | 1.60 |
| III | hgp sm20-t-2 | 3.81 | 16.97 | 1.97 | 11.12 | 6.11 | 2.07 | 1.69 |
| III | HGP SM20-T-3 | 3.79 | 15.63 | 2.04 | 11.53 | 6.12 | 2.68 | 1.60 |
| III | HGP SM23-T-2 | 4.11 | 17.33 | 2.10 | 10.77 | 6.27 | 2.06 | 1.55 |
| III | HGP SM24-T-1 | 5.16 | 16.72 | 2.55 | 13.97 | 7.49 | 3.03 | 1.71 |
| III | HGP SM24-T-2 | 4.78 | 13.86 | 2.77 | 12.61 | 7.13 | 4.58 | 1.63 |
| III | HGP SM6-J-3 | 4.10 | 18.68 | 1.71 | 8.54 | 4.75 | 3.75 | 1.70 |
| III | HGP XU-G-6 | 4.54 | 14.20 | 2.30 | 12.82 | 7.44 | 2.90 | 1.00 |
| III | HGP XU-J-1 | 5.06 | 18.60 | 2.50 | 14.24 | 7.13 | 2.70 | 1.00 |
| III | HGP XU-J-5 | 9.16 | 23.89 | 3.67 | 13.94 | 7.03 | 2.20 | 1.25 |
| III | HGP XU-T-2 | 5.27 | 15.63 | 2.22 | 10.15 | 6.96 | 3.07 | 1.83 |
| III | HGP XU-T-4 | 4.89 | 15.75 | 2.13 | 9.09 | 6.61 | 4.41 | 1.81 |
| III | hxj-H-2 | 4.12 | 19.30 | 2.35 | 13.44 | 9.04 | 4.60 | 1.00 |
| III | J-1 | 1.00 | 22.57 | 1.00 | 13.00 | 7.79 | 8.37 | 1.00 |
| III | J-1 | 4.18 | 18.57 | 1.00 | 13.02 | 7.98 | 6.97 | 1.00 |
| III | J-2 | 4.58 | 17.68 | 1.00 | 12.04 | 7.45 | 5.66 | 1.00 |
| III | J-3 | 1.00 | 29.44 | 1.00 | 14.86 | 7.77 | 6.62 | 1.00 |
| III | J-3 | 4.46 | 20.36 | 1.00 | 12.80 | 7.31 | 6.57 | 1.00 |
| III | LGF-20100824-FJAT-8770 | 4.58 | 30.00 | 2.61 | 12.50 | 5.37 | 5.47 | 1.00 |
| III | LGH-FJAT-4386 | 5.58 | 19.31 | 2.23 | 6.33 | 5.30 | 3.22 | 2.16 |
| III | LGH-FJAT-4386 | 5.52 | 18.98 | 2.20 | 6.27 | 5.25 | 3.19 | 2.15 |

续表

| 型 | 菌株名称 | 15:0 anteiso | 15:0 iso | 17:0 anteiso | 17:0 iso | 16:0 iso | c16:0 | 16:1ω7c alcohol |
|---|---|---|---|---|---|---|---|---|
| III | LGH-FJAT-4398 | 3.65 | 16.35 | 1.94 | 9.24 | 6.19 | 2.94 | 1.89 |
| III | LGH-FJAT-4398 | 3.65 | 16.35 | 1.94 | 9.24 | 6.19 | 2.94 | 1.89 |
| III | LGH-FJAT-4409 | 4.45 | 15.86 | 2.27 | 9.16 | 6.34 | 2.32 | 1.51 |
| III | LGH-FJAT-4413 | 3.80 | 16.55 | 2.00 | 9.00 | 6.41 | 2.28 | 1.97 |
| III | LGH-FJAT-4414 | 3.51 | 16.02 | 1.98 | 9.86 | 7.06 | 2.58 | 2.03 |
| III | LGH-FJAT-4418 | 4.63 | 16.68 | 2.39 | 10.63 | 8.59 | 3.16 | 1.65 |
| III | LGH-FJAT-4419 | 4.61 | 15.06 | 2.40 | 9.07 | 6.42 | 1.25 | 1.52 |
| III | LGH-FJAT-4476 | 5.34 | 19.93 | 2.07 | 7.56 | 6.79 | 1.89 | 1.90 |
| III | LGH-FJAT-4478 | 5.40 | 18.60 | 2.42 | 11.45 | 8.21 | 2.97 | 1.74 |
| III | LGH-FJAT-4519 | 5.98 | 18.90 | 1.00 | 6.72 | 5.75 | 4.65 | 2.19 |
| III | LGH-FJAT-4521 | 4.55 | 22.60 | 2.27 | 11.10 | 6.57 | 5.23 | 1.98 |
| III | LGH-FJAT-4540 | 1.00 | 15.43 | 1.00 | 12.82 | 8.85 | 9.54 | 1.00 |
| III | LGH-FJAT-4542 | 5.37 | 20.04 | 1.00 | 11.83 | 9.26 | 7.11 | 1.00 |
| III | LGH-FJAT-4556 | 3.37 | 14.15 | 1.00 | 16.25 | 7.75 | 8.14 | 1.00 |
| III | LGH-FJAT-4561 | 4.81 | 21.49 | 2.75 | 12.23 | 8.26 | 4.88 | 1.97 |
| III | LGH-FJAT-4566 | 3.23 | 18.96 | 1.00 | 14.79 | 9.25 | 10.75 | 1.00 |
| III | LGH-FJAT-4577 | 4.63 | 22.12 | 1.00 | 10.41 | 8.47 | 4.96 | 1.00 |
| III | LGH-FJAT-4610 | 5.91 | 19.93 | 2.41 | 11.31 | 6.44 | 2.87 | 1.78 |
| III | LGH-FJAT-4618 | 5.69 | 22.82 | 3.80 | 11.70 | 7.81 | 4.66 | 1.00 |
| III | LGH-FJAT-4631 | 1.00 | 21.40 | 1.00 | 14.84 | 10.28 | 8.19 | 1.00 |
| III | LGH-FJAT-4633 | 5.29 | 16.76 | 1.00 | 13.17 | 11.64 | 6.87 | 1.00 |
| III | LGH-FJAT-4645 | 4.97 | 22.48 | 1.00 | 10.15 | 6.68 | 4.16 | 1.00 |
| III | LGH-FJAT-4655 | 4.73 | 15.33 | 2.20 | 13.54 | 6.57 | 4.11 | 1.00 |
| III | LGH-FJAT-4656 | 5.21 | 15.33 | 2.21 | 12.15 | 6.70 | 3.86 | 1.00 |
| III | LGH-FJAT-4656 | 5.21 | 15.33 | 2.21 | 12.15 | 6.70 | 3.86 | 1.00 |
| III | LGH-FJAT-4674 | 1.00 | 28.56 | 1.00 | 11.75 | 9.32 | 7.46 | 1.00 |
| III | LGH-FJAT-4766 | 4.72 | 16.41 | 1.00 | 10.59 | 8.37 | 4.03 | 1.00 |
| III | LGH-FJAT-4770 | 4.35 | 17.57 | 2.15 | 10.48 | 6.42 | 4.11 | 1.89 |
| III | LGH-FJAT-4770 | 5.34 | 15.68 | 1.00 | 13.51 | 11.17 | 6.91 | 1.00 |
| III | LGH-FJAT-4824 | 1.00 | 24.04 | 1.00 | 16.95 | 8.66 | 5.61 | 1.00 |
| III | LGH-FJAT-4825 | 5.17 | 20.17 | 1.00 | 9.33 | 6.34 | 3.74 | 1.00 |
| III | LGH-FJAT-4833 | 1.00 | 27.37 | 1.00 | 12.80 | 11.30 | 5.81 | 1.00 |
| III | LGH-FJAT-4834 | 1.00 | 28.61 | 1.00 | 16.13 | 9.04 | 3.72 | 1.00 |
| III | LGH-FJAT-BT | 5.70 | 21.63 | 1.00 | 13.28 | 7.73 | 4.29 | 1.00 |
| III | LGH-FJAT-BT | 5.50 | 21.10 | 2.66 | 13.32 | 7.72 | 3.93 | 1.00 |
| III | ljy-11-6 | 4.34 | 14.80 | 1.00 | 11.72 | 7.57 | 4.36 | 1.00 |
| III | ljy-13-1 | 5.79 | 19.77 | 1.00 | 14.13 | 8.46 | 5.28 | 1.00 |
| III | ljy-24-2 | 4.97 | 16.29 | 2.51 | 9.51 | 6.52 | 3.84 | 1.82 |
| III | ljy-31-10 | 4.27 | 18.11 | 2.74 | 11.19 | 6.96 | 4.30 | 1.00 |
| III | ljy-31-5 | 4.20 | 15.77 | 2.56 | 9.03 | 6.78 | 2.55 | 1.00 |

续表

| 型 | 菌株名称 | 15:0 anteiso | 15:0 iso | 17:0 anteiso | 17:0 iso | 16:0 iso | c16:0 | 16:1ω7c alcohol |
|---|---|---|---|---|---|---|---|---|
| III | ljy-31-8 | 3.85 | 16.92 | 2.05 | 11.48 | 7.05 | 5.01 | 1.90 |
| III | ljy-33-7 | 5.02 | 16.13 | 1.87 | 9.49 | 8.22 | 4.33 | 2.14 |
| III | lyh-20100805-8956 | 5.33 | 21.63 | 1.00 | 12.42 | 6.17 | 7.96 | 1.00 |
| III | NB011-2 | 4.88 | 22.65 | 1.00 | 10.69 | 7.76 | 3.80 | 1.00 |
| III | NB021 | 5.88 | 21.49 | 1.00 | 10.73 | 6.25 | 4.52 | 1.00 |
| III | NG020 | 5.91 | 25.23 | 1.00 | 9.15 | 9.03 | 8.91 | 1.00 |
| III | NG020 | 5.65 | 19.89 | 1.00 | 8.42 | 8.16 | 7.21 | 1.00 |
| III | orgn-1 | 5.23 | 20.42 | 2.31 | 10.36 | 6.54 | 3.16 | 1.81 |
| III | orgn-29 | 6.12 | 17.34 | 3.21 | 12.18 | 8.20 | 3.58 | 1.91 |
| III | orgn-32 | 3.79 | 16.14 | 1.92 | 10.64 | 6.60 | 3.55 | 1.78 |
| III | shufen-? | 7.75 | 21.51 | 3.24 | 10.32 | 5.02 | 9.05 | 1.30 |
| III | shufen-CK10-1 | 4.94 | 20.67 | 2.20 | 8.19 | 6.24 | 5.58 | 1.34 |
| III | shufen-CK-11 | 4.05 | 17.20 | 1.84 | 9.33 | 7.01 | 5.14 | 1.50 |
| III | shufen-CK3-2 | 4.49 | 15.78 | 2.14 | 8.39 | 6.08 | 6.61 | 1.43 |
| III | shufen-T-11 | 6.06 | 20.69 | 2.44 | 9.00 | 6.12 | 4.58 | 1.64 |
| III | ST-4824 | 3.77 | 19.45 | 1.88 | 14.77 | 6.89 | 4.57 | 1.00 |
| III | TQR-251 | 5.30 | 23.04 | 2.08 | 7.98 | 6.21 | 1.81 | 2.09 |
| III | TQR-31 | 3.99 | 24.49 | 3.08 | 7.91 | 1.00 | 7.82 | 1.00 |
| III | TQR-33 | 4.09 | 32.66 | 2.66 | 12.30 | 5.19 | 5.77 | 1.00 |
| III | TQR-34 | 4.24 | 26.71 | 2.37 | 9.20 | 4.03 | 4.37 | 1.00 |
| III | TQR-35 | 3.99 | 26.01 | 2.71 | 9.29 | 4.17 | 4.33 | 1.00 |
| III | TQR-37 | 5.83 | 33.97 | 2.30 | 9.17 | 4.48 | 3.75 | 1.00 |
| III | TQR-38 | 5.40 | 24.58 | 3.05 | 11.26 | 6.96 | 5.80 | 1.00 |
| III | TQR-39 | 5.54 | 33.84 | 2.58 | 9.32 | 4.97 | 3.68 | 1.00 |
| III | tqr-41 | 4.82 | 22.35 | 3.00 | 8.07 | 3.83 | 4.44 | 1.00 |
| III | tqr-44 | 5.09 | 34.98 | 2.32 | 8.07 | 5.18 | 1.95 | 1.00 |
| III | tqr-45 | 6.82 | 34.21 | 2.39 | 7.94 | 4.58 | 2.91 | 1.00 |
| III | tqr-47 | 5.45 | 23.57 | 2.69 | 7.86 | 4.19 | 3.01 | 1.00 |
| III | tqr-48 | 5.43 | 24.40 | 2.17 | 8.15 | 9.85 | 2.14 | 1.00 |
| III | tqr-49 | 5.67 | 34.28 | 2.44 | 7.62 | 4.73 | 1.61 | 1.00 |
| III | tqr940 | 5.82 | 30.64 | 2.12 | 8.54 | 5.64 | 2.36 | 1.00 |
| III | tqw-51 | 6.16 | 34.88 | 2.32 | 7.82 | 4.67 | 1.63 | 1.00 |
| III | X1-1 | 4.12 | 18.58 | 1.00 | 12.40 | 7.88 | 5.23 | 1.00 |
| III | X1-10 | 4.46 | 24.38 | 1.00 | 13.05 | 7.22 | 4.58 | 1.00 |
| III | X1-2 | 4.72 | 20.09 | 1.00 | 12.11 | 6.94 | 4.61 | 1.00 |
| III | X1-9 | 1.00 | 21.02 | 1.00 | 12.05 | 6.56 | 6.02 | 1.00 |
| III | x2-1 | 4.24 | 19.97 | 1.00 | 13.09 | 8.30 | 6.11 | 1.00 |
| III | X2-2A | 4.70 | 20.44 | 1.00 | 11.26 | 7.43 | 4.30 | 1.00 |
| III | X4-1 | 1.00 | 21.45 | 1.00 | 13.22 | 7.18 | 5.52 | 1.00 |
| III | X4-2 | 6.09 | 22.47 | 1.00 | 9.41 | 7.74 | 5.68 | 1.00 |

续表

| 型 | 菌株名称 | 15:0 anteiso | 15:0 iso | 17:0 anteiso | 17:0 iso | 16:0 iso | c16:0 | 16:1ω7c alcohol |
|---|---|---|---|---|---|---|---|---|
| III | X4-3 | 4.65 | 17.52 | 1.00 | 13.62 | 9.16 | 5.40 | 1.00 |
| III | X4-4 | 1.00 | 24.09 | 1.00 | 15.66 | 9.32 | 6.79 | 1.00 |
| III | X4-4 | 4.85 | 18.85 | 1.00 | 12.16 | 8.03 | 5.45 | 1.00 |
| III | Y2311 | 6.63 | 20.59 | 3.30 | 11.85 | 7.29 | 3.97 | 1.00 |
| III | Y2312 | 5.22 | 21.13 | 1.00 | 12.96 | 6.02 | 3.90 | 1.00 |
| III | Y2313 | 7.00 | 16.76 | 2.70 | 10.01 | 6.45 | 4.02 | 1.00 |
| III | Y2315 | 7.04 | 17.32 | 3.07 | 11.75 | 5.92 | 3.24 | 1.00 |
| III | Y2316 | 5.71 | 17.87 | 1.00 | 9.14 | 7.06 | 7.79 | 1.00 |
| III | Y2317 | 6.82 | 20.38 | 3.33 | 12.67 | 5.99 | 2.39 | 1.00 |
| III | Y2318 | 3.87 | 21.50 | 1.00 | 9.58 | 7.38 | 12.42 | 1.00 |
| III | Y2318 | 4.79 | 22.25 | 1.00 | 10.77 | 7.48 | 6.70 | 1.00 |
| III | Y2319 | 6.25 | 20.29 | 1.00 | 10.81 | 6.78 | 6.23 | 1.00 |
| III | Y2319 | 6.82 | 18.99 | 1.00 | 12.83 | 7.74 | 5.31 | 1.00 |
| III | Y2320 | 6.46 | 21.57 | 1.00 | 11.52 | 6.64 | 5.34 | 1.00 |
| III | Y2320 | 5.44 | 16.00 | 1.00 | 11.04 | 6.51 | 8.85 | 1.00 |
| III | YSJ-6B-1 | 4.16 | 26.28 | 1.94 | 10.37 | 5.58 | 2.67 | 1.67 |
| III | YSJ-6B-12 | 4.98 | 22.19 | 2.35 | 11.00 | 7.31 | 4.23 | 1.88 |
| III | ysj-6b2 | 5.00 | 21.82 | 2.26 | 10.48 | 7.14 | 4.45 | 1.88 |
| III | YSJ-6B-5 | 4.12 | 27.07 | 1.96 | 10.32 | 5.34 | 2.81 | 1.66 |
| III | ysj-6c-4 | 3.95 | 26.85 | 2.05 | 11.45 | 5.86 | 3.46 | 1.56 |
| III | ysj-6c7 | 4.51 | 25.10 | 1.99 | 9.86 | 6.13 | 3.23 | 1.76 |
| III | ysj-b16 | 4.38 | 25.39 | 2.05 | 10.63 | 6.77 | 3.37 | 1.70 |
| III | ysj-b-17 | 4.83 | 23.27 | 2.34 | 11.32 | 7.52 | 4.44 | 1.72 |
| III | ysj-b18 | 4.00 | 27.09 | 2.04 | 11.29 | 5.73 | 2.97 | 1.57 |
| III | ysj-c10 | 4.12 | 25.19 | 2.08 | 11.20 | 6.14 | 3.45 | 1.60 |
| III | ysj-c9 | 4.27 | 25.07 | 2.21 | 11.57 | 6.73 | 3.78 | 1.67 |
| III | ZXZ TT-F-500-3-IV | 3.91 | 23.48 | 1.00 | 9.78 | 4.36 | 10.38 | 1.00 |
| III | zyj-10 | 4.34 | 21.01 | 1.89 | 8.24 | 5.54 | 1.59 | 1.00 |
| III | zyj-10 | 6.31 | 17.65 | 2.25 | 8.28 | 7.29 | 2.95 | 1.97 |
| III | zyj-12 | 4.16 | 20.06 | 1.96 | 7.43 | 5.69 | 1.32 | 1.41 |
| III | zyj-13 | 4.63 | 18.04 | 1.99 | 7.42 | 6.26 | 1.36 | 1.00 |
| III | zyj-14 | 4.76 | 34.78 | 2.83 | 10.07 | 7.14 | 4.85 | 1.00 |
| III | zyj-15 | 5.32 | 33.95 | 3.16 | 10.34 | 8.49 | 4.25 | 1.23 |
| III | zyj-15 | 4.54 | 18.21 | 1.91 | 7.30 | 6.15 | 1.07 | 1.53 |
| III | zyj-16 | 5.42 | 33.33 | 2.66 | 9.86 | 6.64 | 4.01 | 1.31 |
| III | zyj-17 | 6.07 | 26.69 | 2.66 | 7.12 | 4.61 | 2.06 | 1.00 |
| III | zyj-18 | 4.82 | 30.50 | 2.74 | 11.93 | 7.75 | 3.62 | 1.39 |
| III | zyj-19 | 5.82 | 27.32 | 2.45 | 9.85 | 6.67 | 3.29 | 1.58 |
| III | zyj-2 | 4.99 | 34.56 | 2.98 | 9.87 | 7.55 | 4.09 | 1.23 |
| III | zyj-2 | 3.40 | 30.20 | 2.74 | 13.90 | 8.06 | 5.20 | 1.26 |

续表

| 型 | 菌株名称 | 15:0 anteiso | 15:0 iso | 17:0 anteiso | 17:0 iso | 16:0 iso | c16:0 | 16:1ω7c alcohol |
|---|---|---|---|---|---|---|---|---|
| III | zyj-20 | 5.56 | 27.43 | 2.41 | 9.10 | 6.47 | 3.56 | 1.44 |
| III | zyj-21 | 5.90 | 25.19 | 2.52 | 9.40 | 7.17 | 3.35 | 1.48 |
| III | zyj-22 | 4.96 | 24.34 | 2.24 | 8.96 | 6.59 | 2.29 | 1.53 |
| III | zyj-23 | 5.23 | 22.39 | 2.17 | 8.48 | 6.97 | 2.50 | 1.60 |
| III | zyj-24 | 6.05 | 18.31 | 2.06 | 7.42 | 6.61 | 3.48 | 1.87 |
| III | zyj-24 | 4.95 | 24.27 | 2.19 | 9.13 | 6.83 | 2.27 | 1.60 |
| III | zyj-25 | 4.02 | 17.32 | 2.53 | 8.48 | 6.33 | 2.67 | 1.00 |
| III | zyj-26 | 4.34 | 20.25 | 2.10 | 9.08 | 7.59 | 2.02 | 1.00 |
| III | zyj-27 | 4.49 | 24.06 | 2.05 | 9.21 | 6.22 | 2.31 | 1.00 |
| III | zyj-28 | 4.78 | 21.33 | 1.91 | 6.79 | 6.31 | 1.77 | 1.00 |
| III | zyj-29 | 5.10 | 19.57 | 2.34 | 8.76 | 7.86 | 2.43 | 1.00 |
| III | zyj-3 | 5.01 | 33.10 | 3.83 | 13.64 | 8.99 | 4.43 | 1.00 |
| III | zyj-3 | 3.71 | 31.57 | 2.66 | 11.82 | 7.67 | 5.24 | 1.26 |
| III | zyj-30 | 4.51 | 17.13 | 2.81 | 7.27 | 6.02 | 2.25 | 1.00 |
| III | zyj-4 | 4.17 | 33.92 | 3.21 | 11.99 | 7.71 | 6.74 | 1.00 |
| III | zyj-4 | 5.37 | 32.12 | 3.00 | 10.80 | 6.72 | 4.81 | 1.00 |
| III | zyj-5 | 3.89 | 34.48 | 2.59 | 10.59 | 7.07 | 6.55 | 1.23 |
| III | zyj-5 | 5.56 | 31.82 | 2.66 | 9.51 | 6.89 | 2.82 | 1.33 |
| III | zyj-6 | 4.07 | 34.31 | 2.80 | 10.87 | 7.30 | 6.36 | 1.20 |
| III | zyj-6 | 5.38 | 33.22 | 2.70 | 9.71 | 6.90 | 2.77 | 1.33 |
| III | zyj-6 | 5.51 | 23.94 | 2.10 | 7.16 | 5.18 | 2.60 | 1.00 |
| III | zyj-7 | 4.96 | 21.23 | 2.10 | 7.81 | 5.72 | 2.32 | 1.00 |
| III | zyj-8 | 4.87 | 21.53 | 1.99 | 8.10 | 5.97 | 1.76 | 1.00 |
| III | zyj-8 | 5.28 | 25.91 | 2.43 | 9.36 | 6.36 | 3.58 | 1.41 |
| III | zyj-9 | 4.76 | 21.59 | 2.22 | 9.04 | 6.24 | 2.11 | 1.59 |
| III | zyj-9 | 5.39 | 25.98 | 2.37 | 9.39 | 6.77 | 2.83 | 1.48 |
| III | 20121109-FJAT-16720-ZR | 4.12 | 14.59 | 1.00 | 10.26 | 6.57 | 3.54 | 1.00 |
| III | 20121114-FJAT-16720NS-zr | 4.12 | 13.94 | 1.98 | 10.56 | 6.68 | 3.60 | 1.00 |
| III | 20121114-FJAT-16720-wk | 4.08 | 11.40 | 2.21 | 9.80 | 6.28 | 3.77 | 1.00 |
| III | CL YCK-3-6-1 | 4.21 | 15.12 | 1.00 | 8.96 | 4.64 | 5.69 | 1.00 |
| III | JK-2 | 5.84 | 18.34 | 1.95 | 5.33 | 8.85 | 3.57 | 4.27 |
| III | LGH-FJAT-4521 | 6.11 | 18.78 | 1.00 | 7.37 | 5.90 | 6.05 | 1.00 |
| III | LGH-FJAT-4541 | 4.89 | 15.28 | 1.00 | 10.04 | 9.77 | 6.64 | 2.84 |
| III | LGH-FJAT-4541 | 5.62 | 17.40 | 1.00 | 8.36 | 6.82 | 10.21 | 1.00 |
| III | LGH-FJAT-4542 | 7.20 | 20.34 | 1.00 | 7.76 | 5.93 | 7.80 | 1.00 |
| III | LGH-FJAT-4558 | 4.90 | 18.88 | 1.00 | 9.30 | 9.03 | 4.67 | 1.00 |
| III | LGH-FJAT-4609 | 5.64 | 17.35 | 1.00 | 8.91 | 10.10 | 3.92 | 1.00 |
| III | LGH-FJAT-4609 | 4.96 | 17.41 | 1.00 | 7.93 | 10.00 | 3.06 | 1.00 |
| III | LGH-FJAT-4610 | 11.16 | 14.60 | 1.00 | 8.80 | 12.05 | 6.01 | 1.00 |
| III | LGH-FJAT-4634 | 5.46 | 12.88 | 1.00 | 10.66 | 12.20 | 5.11 | 1.00 |

续表

| 型 | 菌株名称 | 15:0 anteiso | 15:0 iso | 17:0 anteiso | 17:0 iso | 16:0 iso | c16:0 | 16:1ω7c alcohol |
|---|---|---|---|---|---|---|---|---|
| III | NB021 | 6.50 | 15.31 | 1.00 | 9.67 | 8.60 | 6.14 | 1.00 |
| III | SYK S-4 | 7.00 | 17.68 | 1.00 | 7.47 | 10.37 | 5.06 | 1.00 |
| III | SYK S-5 | 1.00 | 21.04 | 1.00 | 1.00 | 12.54 | 7.03 | 1.00 |
| III | Y2314 | 5.74 | 17.41 | 1.00 | 9.10 | 8.40 | 8.69 | 1.00 |
| III | zyj-14 | 5.90 | 17.04 | 2.29 | 7.37 | 6.91 | 2.05 | 1.70 |
| 脂肪酸 III 型 297 个菌株平均值 | | 4.79 | 21.92 | 2.01 | 10.87 | 6.84 | 4.34 | 1.29 |

| 型 | 菌株名称 | 14:0 iso | 16:1ω11c | c14:0 | 17:1 iso ω10c | c18:0 | 到中心的卡方距离 |
|---|---|---|---|---|---|---|---|
| I | 20101207-WZX-FJAT-13 | 6.87 | 1.43 | 4.27 | 4.58 | 1.46 | 3.7182 |
| I | 20101208-WZX-FJAT-11706 | 5.50 | 1.13 | 4.28 | 2.83 | 1.31 | 3.2774 |
| I | 20101208-WZX-FJAT-19 | 7.93 | 1.27 | 4.06 | 3.43 | 1.42 | 3.4246 |
| I | 20101210-WZX-FJAT-11693 | 4.82 | 1.19 | 3.80 | 3.15 | 1.34 | 4.0238 |
| I | 20101210-WZX-FJAT-11704 | 5.79 | 1.27 | 4.48 | 3.05 | 1.32 | 5.5166 |
| I | 20101212-WZX-FJAT-10594 | 6.60 | 1.32 | 3.85 | 3.82 | 1.61 | 2.7461 |
| I | 20101212-WZX-FJAT-10611 | 6.63 | 1.17 | 4.57 | 4.58 | 1.60 | 4.3157 |
| I | 20101212-WZX-FJAT-11682 | 5.69 | 1.00 | 4.59 | 2.22 | 1.83 | 4.1949 |
| I | 20101212-WZX-FJAT-11683 | 6.20 | 1.00 | 4.39 | 2.49 | 1.00 | 6.6047 |
| I | 20101212-WZX-FJAT-11685 | 4.78 | 1.12 | 4.25 | 2.51 | 1.29 | 8.5383 |
| I | 20101220-WZX-FJAT-10884 | 6.80 | 1.00 | 5.15 | 3.39 | 1.34 | 5.1420 |
| I | 20101221-WZX-FJAT-10895 | 6.99 | 1.00 | 4.75 | 3.79 | 1.51 | 4.4994 |
| I | 20101221-WZX-FJAT-10989 | 6.48 | 1.12 | 3.93 | 3.85 | 1.37 | 4.8474 |
| I | 20101230-WZX-FJAT-10674 | 7.41 | 1.00 | 5.11 | 3.27 | 1.00 | 5.1983 |
| I | 20101230-WZX-FJAT-10958 | 4.79 | 1.43 | 4.77 | 6.76 | 1.37 | 4.3119 |
| I | 20110104-Wm-7 | 4.57 | 1.00 | 3.75 | 2.76 | 2.18 | 9.1670 |
| I | 20110105-SDG-FJAT-10067 | 5.83 | 1.15 | 3.08 | 2.69 | 1.68 | 4.1320 |
| I | 20110105-SDG-FJAT-10068 | 5.47 | 1.00 | 3.33 | 2.79 | 1.51 | 4.8181 |
| I | 20110110-SDG-FJAT-10192 | 4.80 | 1.25 | 3.98 | 4.03 | 1.51 | 4.4796 |
| I | 20110110-SDG-FJAT-10736 | 5.89 | 1.29 | 3.22 | 3.61 | 1.73 | 3.8407 |
| I | 20110110-SDG-FJAT-10748 | 7.01 | 1.00 | 3.83 | 2.95 | 1.47 | 2.5343 |
| I | 20110111-SDG-FJAT-10060 | 6.57 | 1.29 | 4.10 | 4.05 | 1.51 | 3.0415 |
| I | 20110111-SDG-FJAT-10184 | 5.54 | 1.35 | 3.25 | 3.61 | 1.42 | 7.9539 |
| I | 20110112-SDG-FJAT-10168 | 5.06 | 1.24 | 3.92 | 2.92 | 1.20 | 7.3912 |
| I | 20110112-SDG-FJAT-10179 | 6.24 | 1.38 | 3.63 | 3.76 | 1.57 | 2.9288 |
| I | 20110225-WZX-FJAT-11091 | 7.02 | 1.00 | 5.23 | 2.35 | 1.65 | 6.6874 |
| I | 20110227-SDG-FJAT-11290 | 5.02 | 1.58 | 3.07 | 4.20 | 2.14 | 4.7703 |
| I | 20110228-SDG-FJAT-11296 | 4.18 | 1.00 | 4.37 | 2.81 | 1.00 | 7.4822 |
| I | 20110311-SDG-FJAT-11305 | 4.40 | 1.64 | 4.36 | 5.38 | 1.40 | 4.1202 |
| I | 20110311-SDG-FJAT-11306 | 4.37 | 1.00 | 4.27 | 2.42 | 1.54 | 9.2107 |
| I | 20110314-SDG-FJAT-10614 | 5.62 | 1.00 | 4.18 | 3.31 | 1.72 | 3.8730 |
| I | 20110314-SDG-FJAT-10614 | 5.16 | 1.00 | 4.56 | 2.71 | 1.00 | 8.7376 |
| I | 20110314-SDG-FJAT-10615 | 6.02 | 1.35 | 4.00 | 2.94 | 1.52 | 2.1911 |

续表

| 型 | 菌株名称 | 14:0 iso | 16:1ω11c | c14:0 | 17:1 iso ω10c | c18:0 | 到中心的卡方距离 |
|---|---|---|---|---|---|---|---|
| I | 20110314-SDG-FJAT-10615 | 6.05 | 1.27 | 4.56 | 2.40 | 1.57 | 3.2416 |
| I | 20110315-SDG-FJAT-10222 | 5.80 | 1.22 | 3.81 | 2.38 | 1.44 | 6.4738 |
| I | 20110316-LGH-FJAT-4776 | 5.20 | 1.38 | 4.03 | 4.72 | 2.23 | 3.0508 |
| I | 20110504-24-FJAT-8760 | 4.67 | 1.30 | 3.97 | 3.75 | 1.62 | 3.9254 |
| I | 20110504-24-FJAT-8770 | 4.91 | 1.00 | 3.22 | 2.73 | 1.37 | 7.8389 |
| I | 20110505-18h-FJAT-8760 | 5.55 | 1.40 | 3.73 | 4.28 | 1.00 | 2.5841 |
| I | 20110505-WZX18h-FJAT-8770 | 5.60 | 1.00 | 3.50 | 2.36 | 1.35 | 9.0400 |
| I | 20110505-WZX18h-FJAT-8770 | 7.11 | 1.18 | 3.45 | 2.98 | 1.43 | 3.3233 |
| I | 20110505-WZX36h-FJAT-8760 | 4.35 | 1.00 | 4.32 | 3.68 | 2.03 | 7.6261 |
| I | 20110510-WZX20D-FJAT-8760 | 6.44 | 1.60 | 3.83 | 5.18 | 1.33 | 3.6555 |
| I | 20110510-WZX28D-FJAT-8760 | 4.29 | 1.00 | 4.11 | 3.69 | 1.36 | 6.8695 |
| I | 20110510-WZX37D-FJAT-8760 | 4.16 | 1.00 | 4.22 | 2.61 | 1.29 | 11.4192 |
| I | 20110511-wzxjl20-FJAT-8760a | 4.76 | 1.00 | 3.68 | 4.07 | 2.44 | 3.0467 |
| I | 20110511-wzxjl30-FJAT-8760b | 4.66 | 1.00 | 3.68 | 4.32 | 1.70 | 3.5950 |
| I | 20110511-wzxjl40-FJAT-8760c | 4.49 | 1.00 | 3.76 | 4.14 | 1.00 | 4.8236 |
| I | 20110511-wzxjl50-FJAT-8760d | 5.10 | 1.00 | 3.91 | 3.90 | 1.00 | 4.3255 |
| I | 20110511-wzxjl60-FJAT-8760e | 4.49 | 1.00 | 3.72 | 3.95 | 1.52 | 4.7274 |
| I | 20110517-LGH-FJAT-12285 | 5.10 | 1.00 | 3.23 | 3.89 | 1.00 | 5.4102 |
| I | 20110518-wzxjl20-FJAT-8770b | 4.44 | 1.00 | 3.27 | 2.71 | 1.84 | 6.1664 |
| I | 20110518-wzxjl30-FJAT-8770c | 4.80 | 1.00 | 3.54 | 2.43 | 1.52 | 8.9550 |
| I | 20110518-wzxjl40-FJAT-8770d | 6.10 | 1.00 | 3.41 | 2.79 | 1.46 | 4.2827 |
| I | 20110518-wzxjl50-FJAT-8770e | 5.51 | 1.00 | 3.61 | 2.95 | 1.00 | 4.6561 |
| I | 20110518-wzxjl60-FJAT-8770a | 4.56 | 1.00 | 3.15 | 2.89 | 1.62 | 6.5526 |
| I | 20110520-LGH-FJAT-13839 | 6.32 | 1.29 | 4.24 | 3.56 | 1.64 | 4.6414 |
| I | 20110527-WZX20D-FJAT-8770 | 7.20 | 1.21 | 3.11 | 3.14 | 1.40 | 3.7285 |
| I | 20110527-WZX28D-FJAT-8770 | 5.17 | 1.00 | 3.17 | 3.11 | 2.09 | 4.9013 |
| I | 20110601-LGH-FJAT-13905 | 4.50 | 1.43 | 4.31 | 3.97 | 2.39 | 3.9083 |
| I | 20110601-LGH-FJAT-13910 | 3.69 | 1.37 | 3.36 | 3.83 | 2.67 | 6.2614 |
| I | 20110601-LGH-FJAT-13916 | 4.50 | 1.29 | 3.88 | 3.38 | 2.17 | 4.7252 |
| I | 20110601-LGH-FJAT-13920 | 5.38 | 1.00 | 4.20 | 3.16 | 1.70 | 1.6112 |
| I | 20110601-LGH-FJAT-13932 | 5.99 | 1.34 | 3.78 | 3.50 | 1.87 | 3.6536 |
| I | 20110601-LGH-FJAT-13933 | 4.03 | 1.50 | 3.89 | 4.98 | 1.78 | 6.4588 |
| I | 20110601-LGH-FJAT-13940 | 3.71 | 1.34 | 4.82 | 4.51 | 2.00 | 5.2516 |
| I | 20110614-LGH-FJAT-13838 | 5.24 | 1.23 | 4.23 | 2.97 | 2.56 | 4.6791 |
| I | 20110614-LGH-FJAT-13839 | 4.86 | 1.32 | 4.32 | 3.94 | 1.75 | 1.9119 |
| I | 20110622-LGH-FJAT-13387 | 5.11 | 1.30 | 4.65 | 2.85 | 1.85 | 3.6224 |
| I | 20110622-LGH-FJAT-13388 | 5.43 | 1.45 | 3.93 | 5.46 | 1.71 | 3.6555 |
| I | 20110622-LGH-FJAT-13392 | 5.50 | 1.38 | 4.17 | 3.72 | 2.05 | 3.4953 |
| I | 20110622-LGH-FJAT-13399 | 4.45 | 2.26 | 3.99 | 8.76 | 1.83 | 5.7730 |
| I | 20110705-LGH-FJAT-13513 | 5.38 | 1.45 | 3.61 | 3.90 | 2.27 | 4.0990 |

续表

| 型 | 菌株名称 | 14:0 iso | 16:1ω11c | c14:0 | 17:1 iso ω10c | c18:0 | 到中心的卡方距离 |
|---|---|---|---|---|---|---|---|
| I | 20110705-LGH-FJAT-13537 | 5.36 | 1.00 | 3.80 | 4.53 | 1.93 | 1.2017 |
| I | 20110705-LGH-FJAT-13542 | 5.20 | 1.37 | 4.30 | 3.59 | 3.08 | 3.4694 |
| I | 20110705-WZX-FJAT-13344 | 6.80 | 1.28 | 4.48 | 4.00 | 1.35 | 4.6239 |
| I | 20110705-WZX-FJAT-13348 | 7.04 | 1.00 | 4.46 | 3.87 | 1.62 | 4.5625 |
| I | 20110705-WZX-FJAT-13361 | 6.33 | 1.20 | 4.19 | 4.57 | 1.42 | 7.0550 |
| I | 20110707-LGH-FJAT-12276d | 4.55 | 1.29 | 3.77 | 4.28 | 1.48 | 3.8616 |
| I | 20110707-LGH-FJAT-12283 | 5.40 | 1.39 | 4.43 | 3.50 | 1.46 | 2.4445 |
| I | 20110707-LGH-FJAT-12283D | 5.07 | 1.18 | 3.14 | 3.31 | 1.62 | 3.7162 |
| I | 20110707-LGH-FJAT-12284 | 5.13 | 1.25 | 3.16 | 3.29 | 1.49 | 3.0253 |
| I | 20110707-LGH-FJAT-12284 | 5.57 | 1.33 | 2.91 | 3.80 | 2.16 | 3.5534 |
| I | 20110707-LGH-FJAT-4476 | 5.43 | 1.61 | 3.97 | 5.51 | 1.72 | 2.6926 |
| I | 20110707-LGH-FJAT-4566 | 4.87 | 1.99 | 4.94 | 5.44 | 2.27 | 2.9168 |
| I | 20110707-LGH-FJAT-4572 | 5.57 | 1.31 | 3.72 | 3.16 | 1.53 | 3.6853 |
| I | 20110707-LGH-FJAT-4577 | 5.85 | 1.33 | 4.23 | 3.54 | 2.26 | 4.1711 |
| I | 20110707-LGH-FJAT-4623 | 6.24 | 1.30 | 3.73 | 2.80 | 2.99 | 3.6518 |
| I | 20110707-LGH-FJAT-4666 | 5.97 | 1.36 | 3.78 | 4.06 | 1.93 | 4.8752 |
| I | 20110707-LGH-FJAT-4669 | 5.46 | 1.23 | 3.94 | 3.32 | 2.50 | 3.0847 |
| I | 20110707-LGH-FJAT-4674 | 5.73 | 1.49 | 3.64 | 3.58 | 2.38 | 1.8864 |
| I | 20110713-WZX-FJAT-72h-8760 | 4.46 | 1.72 | 3.78 | 4.37 | 1.31 | 9.9479 |
| I | 20110718-LGH-FJAT-14078 | 5.62 | 1.35 | 3.83 | 4.03 | 2.28 | 3.9267 |
| I | 20110718-LGH-FJAT-4558 | 7.06 | 1.28 | 4.32 | 3.34 | 1.70 | 4.0365 |
| I | 20110718-LGH-FJAT-4666 | 4.46 | 1.26 | 3.92 | 3.06 | 1.75 | 3.1642 |
| I | 20110718-LGH-FJAT-4668 | 5.30 | 1.37 | 3.76 | 4.30 | 1.82 | 2.8733 |
| I | 20110729-LGH-FJAT-14091 | 4.76 | 1.22 | 3.82 | 2.83 | 1.65 | 6.1564 |
| I | 20110729-LGH-FJAT-14103 | 5.04 | 1.00 | 3.55 | 2.09 | 2.24 | 3.4833 |
| I | 20110729-LGH-FJAT-14105 | 4.19 | 1.44 | 4.32 | 4.31 | 2.90 | 3.2456 |
| I | 20110729-LGH-FJAT-14111 | 4.33 | 1.00 | 3.87 | 3.05 | 1.81 | 3.3339 |
| I | 20110729-LGH-FJAT-14121 | 4.13 | 1.23 | 3.43 | 3.27 | 1.53 | 8.1266 |
| I | 20110823-LGH-FJAT-13967 | 4.22 | 1.51 | 3.83 | 2.54 | 2.74 | 3.4836 |
| I | 20110823-LGH-FJAT-13977 | 5.33 | 1.34 | 4.15 | 3.45 | 2.29 | 2.3321 |
| I | 20110826-LGH-FJAT-C3（H2） | 4.77 | 1.29 | 3.50 | 3.78 | 1.70 | 3.4350 |
| I | 20110902-YQ-FJAT-14278 | 5.09 | 2.12 | 4.51 | 4.84 | 1.00 | 2.0633 |
| I | 20110907-TXN-FJAT-14356 | 4.37 | 1.74 | 3.47 | 5.47 | 3.32 | 4.6148 |
| I | 20110907-YQ-FJAT-14289 | 5.51 | 1.00 | 4.44 | 3.75 | 1.00 | 1.6133 |
| I | 20110907-YQ-FJAT-14291 | 5.59 | 2.05 | 4.56 | 4.78 | 1.00 | 4.9573 |
| I | 20110907-YQ-FJAT-14338 | 5.54 | 1.00 | 3.92 | 3.57 | 1.00 | 2.2577 |
| I | 20110907-YQ-FJAT-14341 | 4.71 | 1.00 | 3.59 | 3.35 | 1.00 | 7.6695 |
| I | 20110907-YQ-FJAT-347 | 4.92 | 1.00 | 4.08 | 2.98 | 1.00 | 6.9346 |
| I | 20110907-YQ-FJAT-348 | 5.30 | 1.47 | 5.86 | 3.02 | 1.57 | 4.5805 |
| I | 201110-18-TXN-FJAT-14425 | 6.09 | 1.31 | 3.48 | 3.82 | 1.96 | 5.4757 |

续表

| 型 | 菌株名称 | 14:0 iso | 16:1ω11c | c14:0 | 17:1 iso ω10c | c18:0 | 到中心的卡方距离 |
|---|---|---|---|---|---|---|---|
| I | 201110-18-TXN-FJAT-14431 | 4.84 | 1.46 | 3.23 | 2.54 | 2.72 | 6.8698 |
| I | 201110-18-TXN-FJAT-14433 | 6.04 | 1.78 | 3.91 | 5.93 | 1.77 | 4.8973 |
| I | 201110-18-TXN-FJAT-14442 | 4.97 | 1.81 | 4.24 | 4.73 | 1.91 | 3.5554 |
| I | 201110-18-TXN-FJAT-14445 | 4.66 | 1.38 | 2.96 | 2.44 | 1.67 | 5.6108 |
| I | 201110-18-TXN-FJAT-14450 | 5.14 | 1.28 | 3.60 | 3.46 | 1.88 | 4.0568 |
| I | 201110-19-TXN-FJAT-14399 | 5.53 | 1.43 | 3.60 | 3.96 | 1.78 | 3.3194 |
| I | 201110-19-TXN-FJAT-14401 | 5.24 | 1.43 | 4.00 | 3.75 | 1.55 | 5.7824 |
| I | 201110-19-TXN-FJAT-14419 | 6.62 | 1.35 | 4.32 | 3.74 | 1.71 | 3.9825 |
| I | 201110-20-TXN-FJAT-14560 | 4.41 | 1.74 | 4.08 | 4.42 | 1.72 | 6.1522 |
| I | 201110-21-TXN-FJAT-14563 | 4.62 | 2.36 | 4.43 | 5.24 | 1.94 | 5.1703 |
| I | 201110-21-TXN-FJAT-14563 | 4.60 | 2.27 | 4.48 | 5.24 | 2.01 | 5.2101 |
| I | 201110-21-TXN-FJAT-14568 | 4.48 | 1.47 | 3.80 | 4.68 | 2.25 | 4.1003 |
| I | 20111031-TXN-FJAT-14502 | 4.46 | 1.48 | 3.68 | 4.00 | 1.88 | 5.0349 |
| I | 20111101-TXN-FJAT-14486 | 5.38 | 1.92 | 4.80 | 4.70 | 2.14 | 3.6260 |
| I | 20111101-TXN-FJAT-14496 | 3.93 | 1.72 | 3.74 | 3.84 | 2.62 | 8.6897 |
| I | 20111101-TXN-FJAT-14577 | 4.91 | 1.37 | 3.45 | 3.49 | 2.00 | 2.4097 |
| I | 20111102-TXN-FJAT-14585 | 4.80 | 1.93 | 3.99 | 3.17 | 2.13 | 6.0866 |
| I | 20111102-TXN-FJAT-14594 | 5.40 | 1.29 | 3.72 | 3.44 | 1.81 | 3.2081 |
| I | 20111103-TXN-FJAT-14529 | 5.27 | 1.23 | 5.67 | 2.73 | 1.60 | 4.4072 |
| I | 20111103-TXN-FJAT-14542 | 4.82 | 1.52 | 4.38 | 3.22 | 1.58 | 4.6181 |
| I | 20111103-TXN-FJAT-14604 | 5.36 | 1.52 | 3.59 | 4.08 | 1.51 | 1.5885 |
| I | 20111103-TXN-FJAT-14606 | 4.77 | 1.93 | 3.29 | 4.51 | 2.39 | 4.2526 |
| I | 20111106-TXN-FJAT-14521 | 4.07 | 1.66 | 4.08 | 3.19 | 2.03 | 5.1808 |
| I | 20111106-TXN-FJAT-14522 | 3.85 | 1.43 | 4.06 | 4.15 | 1.73 | 6.6499 |
| I | 20111107-TXN-FJAT-14640 | 6.14 | 1.70 | 4.49 | 3.69 | 1.59 | 2.4625 |
| I | 20111107-TXN-FJAT-14643 | 4.44 | 1.37 | 4.89 | 4.17 | 1.91 | 4.6294 |
| I | 20111107-TXN-FJAT-14648 | 4.21 | 1.57 | 4.43 | 3.72 | 2.01 | 4.0804 |
| I | 20111107-TXN-FJAT-14656 | 5.78 | 1.44 | 4.42 | 3.82 | 1.49 | 3.3866 |
| I | 20111107-TXN-FJAT-14666 | 5.94 | 1.51 | 8.31 | 3.83 | 1.46 | 4.6850 |
| I | 20111107-TXN-FJAT-14671 | 5.40 | 1.75 | 4.98 | 4.20 | 2.16 | 4.7078 |
| I | 20111114-hu-26 | 6.40 | 1.14 | 3.98 | 2.10 | 1.48 | 3.1915 |
| I | 20111114-hu-6 | 4.77 | 1.33 | 4.00 | 2.45 | 2.02 | 4.8243 |
| I | 20111123-hu-104 | 4.66 | 1.00 | 4.25 | 1.88 | 3.67 | 5.2034 |
| I | 20111123-hu-106 | 5.14 | 1.47 | 4.33 | 2.60 | 1.67 | 10.1637 |
| I | 20111123-hu-109 | 5.04 | 1.00 | 4.31 | 1.93 | 1.56 | 8.9986 |
| I | 20111126-TXN-FJAT-14512 | 5.60 | 1.00 | 4.13 | 2.59 | 1.57 | 3.5919 |
| I | 20111205-LGH-FJAT-8760-1 | 4.44 | 1.20 | 4.42 | 3.63 | 1.55 | 5.5359 |
| I | 20111205-LGH-FJAT-8760-2 | 4.05 | 1.39 | 3.72 | 4.21 | 1.57 | 6.2638 |
| I | 20111205-LGH-FJAT-8760-3 | 4.63 | 1.17 | 4.65 | 3.59 | 1.41 | 6.1682 |
| I | 20111205-LGH-FJAT-8760-3 | 4.63 | 1.17 | 4.65 | 3.59 | 1.41 | 6.1682 |

续表

| 型 | 菌株名称 | 14:0 iso | 16:1ω11c | c14:0 | 17:1 iso ω10c | c18:0 | 到中心的卡方距离 |
|---|---|---|---|---|---|---|---|
| I | 20120220-hu-52 | 4.60 | 1.27 | 3.41 | 2.88 | 1.98 | 2.8980 |
| I | 20120224-TXN-FJAT-14688 | 4.75 | 1.48 | 3.85 | 4.34 | 1.59 | 4.4845 |
| I | 20120224-TXN-FJAT-14702 | 3.80 | 1.38 | 4.09 | 4.90 | 1.67 | 4.6823 |
| I | 20120224-TXN-FJAT-14728 | 4.61 | 1.57 | 3.75 | 4.54 | 1.86 | 4.2383 |
| I | 20120224-TXN-FJAT-14734 | 5.43 | 1.53 | 4.68 | 4.33 | 1.34 | 6.2512 |
| I | 20120224-TXN-FJAT-14735 | 4.56 | 1.36 | 4.62 | 3.77 | 1.27 | 6.8774 |
| I | 20120224-TXN-FJAT-14744 | 4.08 | 1.48 | 4.60 | 4.94 | 1.57 | 5.4235 |
| I | 20120224-TXN-FJAT-14753 | 4.35 | 1.54 | 4.34 | 5.62 | 1.38 | 5.4149 |
| I | 20120224-TXN-FJAT-14758 | 6.51 | 1.80 | 4.97 | 4.72 | 1.47 | 2.5836 |
| I | 20120224-TXN-FJAT-14766 | 3.86 | 1.54 | 4.21 | 6.13 | 1.39 | 7.8759 |
| I | 20120224-TXN-FJAT-14769 | 5.27 | 1.81 | 4.59 | 5.43 | 1.64 | 3.0991 |
| I | 20120224-TXN-FJAT-14772 | 4.42 | 1.44 | 4.05 | 3.05 | 1.28 | 2.1532 |
| I | 20120224-TXN-FJAT-14774 | 5.22 | 1.56 | 4.06 | 5.91 | 1.40 | 2.8264 |
| I | 20120229-TXN-FJAT-14712 | 4.37 | 1.39 | 3.33 | 3.79 | 2.55 | 5.3822 |
| I | 20120229-TXN-FJAT-14713 | 4.01 | 1.45 | 3.78 | 5.64 | 1.85 | 4.4683 |
| I | 20120229-TXN-FJAT-14721 | 4.62 | 1.22 | 3.51 | 3.43 | 1.35 | 3.5571 |
| I | 20120229-TXN-FJAT-14723 | 6.12 | 1.93 | 4.82 | 4.70 | 1.64 | 2.7212 |
| I | 20120305-LGH-FJAT-12 | 5.08 | 1.00 | 3.37 | 2.44 | 2.23 | 4.6525 |
| I | 20120305-LGH-FJAT-13 | 4.34 | 1.24 | 3.10 | 3.37 | 1.88 | 6.4306 |
| I | 20120305-LGH-FJAT-16 | 3.25 | 1.19 | 2.90 | 3.38 | 2.41 | 6.6692 |
| I | 20120305-LGH-FJAT-21 | 3.99 | 1.38 | 3.37 | 5.14 | 1.92 | 5.8682 |
| I | 20120305-LGH-FJAT-23 | 4.99 | 1.20 | 3.35 | 2.40 | 1.66 | 5.4242 |
| I | 20120305-LGH-FJAT-25 | 4.27 | 1.29 | 3.56 | 4.25 | 2.11 | 3.1056 |
| I | 20120305-LGH-FJAT-26 | 5.80 | 1.19 | 4.17 | 3.25 | 2.14 | 2.1968 |
| I | 20120305-LGH-FJAT-31 | 4.86 | 1.21 | 3.34 | 2.50 | 2.35 | 5.1270 |
| I | 20120305-LGH-FJAT-32 | 5.69 | 1.00 | 3.30 | 2.65 | 1.66 | 3.7459 |
| I | 20120305-LGH-FJAT-34 | 4.94 | 1.15 | 3.20 | 2.45 | 1.78 | 6.0371 |
| I | 20120305-LGH-FJAT-37 | 5.09 | 1.19 | 3.57 | 2.48 | 1.67 | 3.1573 |
| I | 20120306-hu-59 | 5.83 | 1.33 | 3.48 | 2.75 | 1.74 | 2.3582 |
| I | 20120321-LGH-FJAT-43 | 4.37 | 1.70 | 3.62 | 3.73 | 1.86 | 3.5804 |
| I | 20120321-LGH-FJAT-45 | 3.87 | 1.48 | 3.37 | 4.19 | 1.87 | 6.1984 |
| I | 20120328-LGH-FJAT-14269 | 4.28 | 1.31 | 3.73 | 3.56 | 2.27 | 2.6486 |
| I | 20120328-LGH-FJAT-4824 | 4.69 | 1.40 | 3.90 | 3.97 | 1.82 | 3.3495 |
| I | 20120328-LGH-FJAT-4832 | 5.81 | 1.26 | 4.42 | 3.48 | 2.11 | 3.6167 |
| I | 20120328-LGH-FJAT-4834 | 4.71 | 1.36 | 3.34 | 3.46 | 2.13 | 3.3482 |
| I | 20120331-LGH-FJAT-4107 | 4.35 | 1.63 | 3.78 | 4.43 | 1.85 | 6.3474 |
| I | 20120331-LGH-FJAT-4112 | 4.82 | 1.46 | 3.95 | 5.10 | 1.84 | 3.2008 |
| I | 20120331-LGH-FJAT-4120 | 5.24 | 1.32 | 3.58 | 3.91 | 2.37 | 3.4128 |
| I | 20120413-LGH-FJAT-8760 | 3.82 | 1.46 | 3.40 | 5.41 | 1.80 | 4.1994 |
| I | 20120413-LGH-FJAT-8760 | 3.82 | 1.37 | 3.25 | 5.19 | 2.21 | 4.5098 |

续表

| 型 | 菌株名称 | 14:0 iso | 16:1ω11c | c14:0 | 17:1 iso ω10c | c18:0 | 到中心的卡方距离 |
|---|---|---|---|---|---|---|---|
| I | 20120413-LGH-FJAT-8760 | 4.05 | 1.46 | 3.43 | 5.87 | 2.28 | 3.2898 |
| I | 20120413-LGH-FJAT-8760 | 3.97 | 1.46 | 3.42 | 5.68 | 1.72 | 3.7958 |
| I | 20120413-LGH-FJAT-8760 | 4.18 | 1.48 | 3.40 | 5.91 | 1.85 | 3.7627 |
| I | 20120425-LGH-FJAT-465 | 4.91 | 1.36 | 3.13 | 3.44 | 2.16 | 3.0249 |
| I | 20120727-YQ-FJAT-16368 | 5.92 | 1.00 | 3.90 | 3.43 | 2.13 | 3.5825 |
| I | 20120727-YQ-FJAT-16447 | 5.16 | 2.07 | 3.60 | 3.96 | 1.71 | 2.6596 |
| I | 20120727-YQ-FJAT-16458 | 5.81 | 2.25 | 4.99 | 4.93 | 1.97 | 2.5446 |
| I | 20120727-YQ-FJAT-16472 | 4.53 | 2.14 | 5.58 | 4.48 | 1.75 | 5.9781 |
| I | 20120727-YQ-FJAT-16474 | 4.45 | 2.24 | 5.00 | 3.86 | 1.63 | 6.8937 |
| I | 20121030-FJAT-17401-ZR | 4.78 | 1.87 | 4.11 | 6.28 | 1.94 | 3.7139 |
| I | 20121102-FJAT-17448-ZR | 5.00 | 1.51 | 3.86 | 5.58 | 1.65 | 2.1050 |
| I | 20121102-FJAT-17461-ZR | 5.80 | 1.57 | 3.49 | 5.59 | 1.77 | 4.5274 |
| I | 20121102-FJAT-17468-ZR | 6.02 | 1.49 | 3.86 | 5.12 | 1.47 | 3.1999 |
| I | 20121105-FJAT-16721-WK | 6.06 | 1.79 | 4.41 | 7.35 | 1.50 | 5.1815 |
| I | 20121105-FJAT-16722-WK | 5.78 | 1.68 | 4.73 | 5.33 | 1.63 | 3.1208 |
| I | 20121105-FJAT-16725-WK | 5.49 | 1.76 | 4.85 | 7.55 | 1.43 | 3.9410 |
| I | 20121105-FJAT-16726-WK | 5.42 | 1.61 | 4.27 | 4.40 | 1.52 | 1.5730 |
| I | 20121105-FJAT-16727-WK | 5.11 | 1.61 | 4.22 | 5.31 | 1.82 | 3.0701 |
| I | 20121105-FJAT-16728-WK | 5.82 | 1.57 | 3.95 | 5.17 | 1.00 | 2.3974 |
| I | 20121105-FJAT-17448-ZR | 5.03 | 1.48 | 3.85 | 5.59 | 1.63 | 2.0660 |
| I | 20121106-FJAT-16966-zr | 4.22 | 1.45 | 3.33 | 5.20 | 1.67 | 4.9041 |
| I | 20121106-FJAT-16970-zr | 6.59 | 1.57 | 4.48 | 3.85 | 1.63 | 2.8141 |
| I | 20121106-FJAT-16972-zr | 6.44 | 1.96 | 4.05 | 4.80 | 1.55 | 3.4974 |
| I | 20121106-FJAT-16974-zr | 6.49 | 1.46 | 4.74 | 4.79 | 1.80 | 4.7084 |
| I | 20121106-FJAT-16978-zr | 4.83 | 1.21 | 5.23 | 3.84 | 1.82 | 5.7126 |
| I | 20121106-FJAT-16979-zr | 3.80 | 1.36 | 4.31 | 5.12 | 2.10 | 6.7054 |
| I | 20121106-FJAT-16986-zr | 5.46 | 1.83 | 5.02 | 5.70 | 1.54 | 3.0119 |
| I | 20121106-FJAT-16990-zr | 6.56 | 1.45 | 5.71 | 4.12 | 1.94 | 5.0792 |
| I | 20121106-FJAT-16993-zr | 5.09 | 1.31 | 4.16 | 5.06 | 1.70 | 2.2843 |
| I | 20121106-FJAT-16994-zr | 5.14 | 1.27 | 4.88 | 3.92 | 1.85 | 3.1262 |
| I | 20121106-FJAT-16998-zr | 5.53 | 1.42 | 4.93 | 4.76 | 1.51 | 2.0644 |
| I | 20121106-FJAT-17000-zr | 6.58 | 1.59 | 3.07 | 4.24 | 1.76 | 2.9187 |
| I | 20121106-FJAT-17002-zr | 6.36 | 1.54 | 4.78 | 4.01 | 1.49 | 3.0316 |
| I | 20121107-FJAT-16731-zr | 5.77 | 1.97 | 4.39 | 6.42 | 1.49 | 5.3180 |
| I | 20121107-FJAT-16955-zr | 5.03 | 1.00 | 4.44 | 5.31 | 1.99 | 4.4119 |
| I | 20121107-FJAT-16956-zr | 6.63 | 1.45 | 5.10 | 4.70 | 1.64 | 3.2334 |
| I | 20121107-FJAT-16957-zr | 5.92 | 2.01 | 4.69 | 5.33 | 1.72 | 3.9480 |
| I | 20121107-FJAT-16962-zr | 5.56 | 1.62 | 4.42 | 4.79 | 2.07 | 3.6204 |
| I | 20121107-FJAT-16963-zr | 5.45 | 1.00 | 4.42 | 3.01 | 1.30 | 5.2973 |
| I | 20121107-FJAT-16968-zr | 6.72 | 1.68 | 4.69 | 4.47 | 1.64 | 2.3215 |

续表

| 型 | 菌株名称 | 14:0 iso | 16:1ω11c | c14:0 | 17:1 iso ω10c | c18:0 | 到中心的卡方距离 |
|---|---|---|---|---|---|---|---|
| I | 20121107-FJAT-17045-zr | 6.45 | 1.46 | 5.55 | 4.83 | 1.71 | 4.4188 |
| I | 20121107-FJAT-17053-zr | 6.01 | 1.84 | 4.72 | 5.26 | 1.44 | 4.7503 |
| I | 20121107-FJAT-17054-zr | 6.20 | 1.54 | 4.83 | 5.11 | 1.56 | 4.2724 |
| I | 20121108-FJAT-17022-zr | 6.44 | 1.75 | 5.75 | 5.35 | 1.00 | 3.0512 |
| I | 20121108-FJAT-17035-zr | 6.30 | 1.74 | 5.26 | 4.44 | 1.00 | 3.0445 |
| I | 20121109-FJAT-16949-zr | 5.73 | 1.29 | 5.61 | 4.17 | 1.63 | 4.9729 |
| I | 20121109-FJAT-16955ns-zr | 4.79 | 1.51 | 4.17 | 4.94 | 2.01 | 3.9724 |
| I | 20121109-FJAT-17009-zr | 6.50 | 1.76 | 5.13 | 4.45 | 1.73 | 5.1096 |
| I | 20121109-FJAT-17026-zr | 6.30 | 1.75 | 4.77 | 5.11 | 1.00 | 2.9448 |
| I | 20121109-FJAT-17031-zr | 4.42 | 1.00 | 4.32 | 4.52 | 2.45 | 3.2327 |
| I | 20121114-FJAT-17022ns-zr | 6.90 | 1.63 | 6.10 | 4.36 | 1.00 | 2.9736 |
| I | 20121129-LGH-FJAT-4559 | 4.09 | 1.61 | 4.30 | 4.82 | 1.60 | 5.8284 |
| I | 20121129-LGH-FJAT-4609 | 4.51 | 1.23 | 3.77 | 3.36 | 1.48 | 5.1177 |
| I | 20130111-CYP-FJAT-16746 | 6.20 | 1.39 | 4.30 | 3.49 | 2.16 | 6.0776 |
| I | 20130114-ZJ-3-9 | 5.31 | 1.00 | 5.11 | 1.96 | 1.64 | 9.3421 |
| I | 20130115-CYP-FJAT-17152 | 5.05 | 1.42 | 4.84 | 4.64 | 1.00 | 3.8006 |
| I | 20130124-LGH-FJAT-8760-48h | 4.57 | 1.41 | 4.85 | 4.43 | 1.69 | 6.6078 |
| I | 20130124-YQ-FJAT-16447 | 4.73 | 1.28 | 4.27 | 3.78 | 1.96 | 3.6877 |
| I | 20130125-ZMX-FJAT-17686 | 6.05 | 1.30 | 4.41 | 3.43 | 1.58 | 1.7365 |
| I | 20130129-TXN-FJAT-14608 | 5.32 | 1.85 | 3.58 | 3.70 | 1.32 | 6.5290 |
| I | 20130131-TXN-FJAT-14617 | 5.63 | 1.23 | 3.80 | 3.89 | 1.86 | 3.0474 |
| I | 20130306-ZMX-FJAT-16624 | 6.05 | 1.37 | 3.67 | 4.53 | 1.71 | 4.6466 |
| I | 20130306-ZMX-FJAT-16630 | 6.31 | 1.30 | 3.59 | 3.60 | 1.46 | 4.0156 |
| I | 20130327-TXN-FJAT-16644 | 6.31 | 1.57 | 3.68 | 4.87 | 1.67 | 3.9820 |
| I | 20130327-TXN-FJAT-16645 | 6.74 | 1.38 | 3.29 | 4.08 | 1.43 | 2.7781 |
| I | 20130327-TXN-FJAT-16650 | 5.03 | 2.05 | 3.40 | 5.73 | 2.34 | 3.8891 |
| I | 20130327-TXN-FJAT-16660 | 5.27 | 1.37 | 3.65 | 3.70 | 1.90 | 2.5805 |
| I | 20130327-TXN-FJAT-16661 | 5.27 | 1.64 | 3.10 | 4.70 | 2.07 | 2.8705 |
| I | 20130327-TXN-FJAT-16669 | 5.09 | 2.29 | 4.12 | 6.22 | 1.75 | 3.7080 |
| I | 20130327-TXN-FJAT-16674 | 6.42 | 1.36 | 3.46 | 4.00 | 1.68 | 3.3571 |
| I | 20130327-TXN-FJAT-16675 | 6.14 | 1.31 | 3.50 | 4.70 | 1.80 | 3.6988 |
| I | 20130328-ll-FJAT-16773 | 5.21 | 1.23 | 3.91 | 3.71 | 1.55 | 2.8911 |
| I | 20130328-ll-FJAT-16775 | 4.87 | 1.42 | 4.52 | 5.10 | 1.69 | 3.4888 |
| I | 20130328-TXN-FJAT-16683 | 5.82 | 1.34 | 4.24 | 3.82 | 1.57 | 5.6350 |
| I | 20130328-TXN-FJAT-16684 | 5.01 | 1.52 | 3.81 | 6.41 | 1.65 | 3.3384 |
| I | 20130328-TXN-FJAT-16685 | 6.69 | 1.60 | 5.31 | 4.84 | 1.39 | 6.0931 |
| I | 20130328-TXN-FJAT-16701 | 6.10 | 1.00 | 3.64 | 3.83 | 1.56 | 4.2794 |
| I | 20130328-TXN-FJAT-16710 | 6.18 | 1.54 | 4.53 | 4.60 | 1.51 | 2.6626 |
| I | 20130329-ll-FJAT-16780 | 4.89 | 1.52 | 4.11 | 6.44 | 1.62 | 3.4847 |
| I | 20130329-ll-FJAT-16795 | 6.77 | 1.56 | 3.50 | 5.51 | 1.57 | 3.0760 |

续表

| 型 | 菌株名称 | 14:0 iso | 16:1ω11c | c14:0 | 17:1 iso ω10c | c18:0 | 到中心的卡方距离 |
|---|---|---|---|---|---|---|---|
| I | 20130329-ll-FJAT-16803 | 5.00 | 1.52 | 3.93 | 6.43 | 1.62 | 3.1716 |
| I | 20130329-ll-FJAT-16808 | 5.86 | 1.71 | 4.91 | 6.01 | 1.60 | 4.4775 |
| I | 20130329-ll-FJAT-16825 | 6.71 | 1.50 | 4.32 | 5.23 | 1.54 | 5.1491 |
| I | 20130329-ll-FJAT-16827 | 5.84 | 1.95 | 3.02 | 5.85 | 1.86 | 4.8427 |
| I | 20130329-ll-FJAT-16828 | 5.96 | 1.56 | 5.33 | 5.01 | 1.55 | 3.1731 |
| I | 20130329-ll-FJAT-16832 | 6.41 | 1.52 | 4.05 | 4.96 | 1.59 | 2.1324 |
| I | 20130401-ll-FJAT-16793 | 6.19 | 1.50 | 5.02 | 4.61 | 1.66 | 1.8549 |
| I | 20130401-ll-FJAT-16841 | 5.93 | 1.54 | 4.65 | 5.51 | 1.90 | 3.7426 |
| I | 20130401-ll-FJAT-16851 | 5.50 | 1.26 | 3.64 | 3.82 | 1.42 | 4.2247 |
| I | 20130401-ll-FJAT-16852 | 6.57 | 1.60 | 3.78 | 4.70 | 1.47 | 3.0020 |
| I | 20130401-ll-FJAT-16855 | 6.18 | 1.72 | 4.11 | 6.22 | 1.79 | 5.1191 |
| I | 20130401-ll-FJAT-16862 | 5.77 | 1.70 | 4.59 | 5.82 | 1.57 | 2.7747 |
| I | 20130401-ll-FJAT-16863 | 5.84 | 1.48 | 4.41 | 5.15 | 1.55 | 2.1666 |
| I | 20130401-ll-FJAT-16869 | 5.36 | 1.53 | 4.64 | 5.82 | 1.72 | 2.9370 |
| I | 20130401-ll-FJAT-16870 | 4.15 | 1.47 | 4.02 | 6.45 | 1.56 | 4.4169 |
| I | 20130401-ll-FJAT-16873 | 4.36 | 1.46 | 3.37 | 4.01 | 2.60 | 4.5173 |
| I | 20130401-ll-FJAT-16874 | 5.02 | 1.39 | 4.62 | 4.98 | 1.42 | 3.4559 |
| I | 20130401-ll-FJAT-16877 | 6.19 | 1.55 | 4.74 | 5.16 | 2.01 | 5.1285 |
| I | 20130401-ll-FJAT-16882 | 6.47 | 1.39 | 3.74 | 5.05 | 3.00 | 4.9970 |
| I | 20130401-ll-FJAT-16885 | 5.83 | 1.60 | 5.40 | 4.50 | 1.71 | 3.2193 |
| I | 20130401-ll-FJAT-16886 | 6.57 | 1.66 | 4.58 | 4.99 | 1.46 | 1.9720 |
| I | 20130401-ll-FJAT-16887 | 4.63 | 1.38 | 4.22 | 4.50 | 1.52 | 5.5913 |
| I | 20130402-ll-FJAT-16889 | 5.73 | 1.14 | 3.72 | 3.20 | 1.49 | 2.3188 |
| I | 20130402-ll-FJAT-16896 | 6.10 | 1.73 | 4.31 | 4.94 | 1.63 | 1.7354 |
| I | 20130402-ll-FJAT-16898 | 6.08 | 1.25 | 4.31 | 4.55 | 1.47 | 2.2851 |
| I | 20130402-ll-FJAT-16904 | 5.98 | 1.40 | 4.28 | 3.93 | 1.49 | 1.4021 |
| I | 20130403-ll-FJAT-16910 | 4.37 | 1.34 | 4.10 | 4.87 | 1.62 | 3.4776 |
| I | 20130403-ll-FJAT-16913 | 5.52 | 1.42 | 3.94 | 5.24 | 1.60 | 2.4599 |
| I | 20130403-ll-FJAT-16915 | 6.56 | 1.54 | 5.58 | 4.30 | 1.58 | 2.3641 |
| I | 20130403-ll-FJAT-16916 | 5.87 | 1.57 | 4.22 | 5.02 | 1.45 | 2.2022 |
| I | 20130403-ll-FJAT-16928 | 5.70 | 1.61 | 4.94 | 4.84 | 1.62 | 1.8119 |
| I | 20130403-ll-FJAT-16937 | 6.46 | 1.58 | 5.05 | 4.44 | 1.61 | 2.7929 |
| I | 20131129-LGH-FJAT-4435 | 3.86 | 1.66 | 3.92 | 6.03 | 1.78 | 5.0658 |
| I | 20131129-LGH-FJAT-4519 | 4.78 | 2.08 | 3.35 | 6.82 | 1.64 | 4.4348 |
| I | 2013122-LGH-FJAT-4468 | 4.61 | 1.16 | 3.72 | 2.58 | 2.46 | 7.9547 |
| I | 2013122-LGH-FJAT-4632 | 4.76 | 1.30 | 3.59 | 3.66 | 1.47 | 4.4375 |
| I | 20140325-LGH-FJAT-22048 | 4.44 | 1.20 | 4.13 | 4.69 | 1.57 | 3.3643 |
| I | 20140325-LGH-FJAT-22048 | 4.33 | 1.39 | 4.23 | 4.04 | 1.86 | 3.8094 |
| I | 20140506-ZMX-FJAT-20192 | 5.26 | 1.38 | 4.78 | 2.33 | 2.08 | 9.7786 |
| I | CJM-20091222-7288 | 4.89 | 1.40 | 4.11 | 3.86 | 2.28 | 2.0408 |

续表

| 型 | 菌株名称 | 14:0 iso | 16:1ω11c | c14:0 | 17:1 iso ω10c | c18:0 | 到中心的卡方距离 |
|---|---|---|---|---|---|---|---|
| I | FJAT-25164 | 5.00 | 1.25 | 3.80 | 3.82 | 2.04 | 4.9651 |
| I | FJAT-4477 | 5.63 | 2.32 | 3.90 | 7.79 | 1.68 | 5.1947 |
| I | FJAT-4615 | 6.18 | 1.27 | 4.00 | 3.89 | 1.39 | 2.5515 |
| I | FJAT-4674 | 4.74 | 1.28 | 4.85 | 2.85 | 1.53 | 7.1614 |
| I | FJAT-4730 | 6.48 | 1.15 | 3.92 | 2.76 | 1.29 | 3.0958 |
| I | FJAT-4740 | 5.31 | 2.24 | 4.69 | 7.09 | 1.76 | 4.1892 |
| I | FJAT-4766 | 6.16 | 1.00 | 3.55 | 3.03 | 1.59 | 2.2220 |
| I | FJAT-8760NACL | 4.11 | 1.13 | 4.01 | 2.77 | 2.71 | 3.3505 |
| I | LGF-20100726-FJAT-8760 | 3.97 | 1.27 | 4.24 | 4.34 | 2.89 | 3.8508 |
| I | LGF-20100727-FJAT-8770 | 5.65 | 1.14 | 3.13 | 3.00 | 2.00 | 5.3831 |
| I | LGF-20100809-FJAT-8770 | 5.63 | 1.18 | 3.04 | 3.03 | 2.03 | 5.4752 |
| I | LGF-20100814-FJAT-8760 | 5.79 | 1.00 | 4.60 | 2.69 | 1.00 | 8.0249 |
| I | LGF-FJAT-8760 | 4.00 | 1.21 | 4.13 | 4.32 | 2.85 | 3.6959 |
| I | LSX-8344 | 3.71 | 1.24 | 3.31 | 3.99 | 1.47 | 11.1656 |
| I | lsx-8597 | 5.64 | 1.00 | 5.05 | 2.40 | 2.42 | 2.4052 |
| I | RSX-20091229-FJAT-7377 | 4.81 | 1.40 | 4.01 | 4.02 | 2.39 | 3.3379 |
| I | SDG-20100801-FJAT-4081-4 | 4.14 | 1.00 | 3.85 | 2.49 | 2.72 | 4.1799 |
| I | SDG-20100801-FJAT-4087-2 | 3.86 | 1.51 | 4.06 | 6.55 | 1.96 | 6.7887 |
| I | wax-20100812-FJAT-10292 | 4.64 | 1.24 | 5.45 | 4.08 | 3.06 | 4.8841 |
| I | wax-20100812-FJAT-10326 | 5.34 | 1.69 | 3.56 | 5.69 | 1.55 | 3.2324 |
| I | WZX-20100812-FJAT-10307 | 5.02 | 1.14 | 4.01 | 2.79 | 1.48 | 5.0274 |
| I | XKC17208 | 5.65 | 1.21 | 4.02 | 3.56 | 1.55 | 2.4952 |
| I | XKC17227 | 5.81 | 1.29 | 3.75 | 4.39 | 1.63 | 3.7263 |
| I | XKC17229 | 5.26 | 1.65 | 4.89 | 5.15 | 1.62 | 2.6581 |
| I | XKC17232 | 5.82 | 1.61 | 4.68 | 4.29 | 1.81 | 3.0215 |
| I | XKC17233 | 4.39 | 1.24 | 4.36 | 2.57 | 1.43 | 8.7083 |
| I | ZXF-20091216-OrgSn-9 | 5.80 | 1.26 | 4.31 | 3.27 | 1.37 | 3.2944 |
| I | 20101221-WZX-FJAT-10608 | 5.45 | 1.00 | 6.19 | 2.83 | 1.00 | 7.7657 |
| I | 20110105-SDG-FJAT-10065 | 7.39 | 1.19 | 3.13 | 2.82 | 1.54 | 6.7350 |
| I | 20110110-SDG-FJAT-10725 | 6.27 | 1.00 | 3.03 | 2.91 | 1.91 | 7.1875 |
| I | 20110520-LGH-FJAT-13838 | 8.14 | 1.18 | 4.20 | 2.98 | 1.61 | 6.9056 |
| I | 20110707-LGH-FJAT-4723 | 7.19 | 1.00 | 4.57 | 1.00 | 2.25 | 9.7617 |
| I | 20110718-LGH-FJAT-14073 | 6.78 | 1.31 | 3.58 | 3.05 | 2.54 | 7.6072 |
| I | 20110823-TXN-FJAT-14320 | 7.74 | 1.00 | 4.53 | 1.00 | 1.46 | 6.6577 |
| I | 20110823-TXN-FJAT-14324 | 6.52 | 1.28 | 4.51 | 2.82 | 1.73 | 3.9169 |
| I | 20110901-TXN-FJAT-14146 | 7.31 | 1.87 | 4.85 | 5.23 | 1.00 | 5.0849 |
| I | 20110902-TXN-FJAT-14299 | 7.17 | 1.71 | 4.52 | 3.99 | 1.50 | 5.2558 |
| I | 20110907-zxf-10067 | 7.07 | 1.00 | 3.35 | 2.83 | 2.07 | 8.6751 |
| I | 201110-20-TXN-FJAT-14554 | 6.10 | 1.62 | 5.89 | 3.78 | 2.01 | 7.0390 |
| I | 20120306-hu-49 | 6.60 | 1.28 | 3.70 | 2.46 | 1.65 | 3.8345 |

续表

| 型 | 菌株名称 | 14:0 iso | 16:1ω11c | c14:0 | 17:1 iso ω10c | c18:0 | 到中心的卡方距离 |
|---|---|---|---|---|---|---|---|
| I | 20121030-FJAT-17392-ZR | 5.65 | 2.26 | 4.17 | 6.33 | 1.79 | 5.4000 |
| I | 20121030-FJAT-17413-ZR | 6.37 | 1.56 | 4.40 | 4.55 | 1.51 | 4.4215 |
| I | 20121105-FJAT-16724-WK | 5.71 | 1.36 | 5.30 | 4.09 | 1.80 | 4.7538 |
| I | 20121106-FJAT-16969-zr | 7.88 | 1.63 | 5.97 | 4.85 | 1.55 | 7.5013 |
| I | 20121106-FJAT-16982-zr | 7.46 | 1.71 | 5.17 | 4.18 | 1.34 | 3.7167 |
| I | 20121106-FJAT-16985-zr | 6.82 | 1.08 | 4.00 | 2.52 | 1.71 | 9.2157 |
| I | 20121107-FJAT-17047-zr | 6.75 | 1.88 | 4.71 | 5.56 | 1.00 | 6.6447 |
| I | 20121109-FJAT-17019-zr | 6.72 | 1.00 | 5.60 | 5.53 | 1.00 | 5.3372 |
| I | 20121109-FJAT-17047ns-zr | 6.75 | 1.80 | 4.90 | 5.11 | 1.61 | 5.7110 |
| I | 20121114-FJAT-17003-zr | 7.17 | 1.00 | 4.40 | 4.88 | 1.00 | 4.2543 |
| I | 20121114-FJAT-17004-zr | 6.71 | 1.00 | 6.05 | 3.83 | 2.51 | 4.8538 |
| I | 20121114-FJAT-17019NS-zr | 7.13 | 1.00 | 5.40 | 4.96 | 1.00 | 3.8916 |
| I | 20121119-FJAT-17003-wk | 6.78 | 1.78 | 4.44 | 4.30 | 1.71 | 3.6108 |
| I | 20121119-FJAT-17004-wk | 6.37 | 1.66 | 5.86 | 3.87 | 2.51 | 5.0330 |
| I | 20130111-CYP-FJAT-16744 | 8.47 | 1.29 | 4.06 | 2.89 | 1.52 | 7.0939 |
| I | 20130111-CYP-FJAT-16758 | 7.54 | 1.30 | 4.55 | 2.91 | 1.55 | 4.7369 |
| I | 20130111-CYP-FJAT-16764 | 9.34 | 1.20 | 4.63 | 2.49 | 1.31 | 9.0218 |
| I | 20130111-CYP-FJAT-17108 | 6.32 | 1.57 | 3.85 | 4.18 | 1.80 | 5.2046 |
| I | 20130111-CYP-FJAT-17113 | 6.91 | 1.62 | 4.37 | 3.62 | 1.53 | 7.8679 |
| I | 20130115-CYP-FJAT-17147 | 3.77 | 1.39 | 3.85 | 4.30 | 2.62 | 5.8531 |
| I | 20130115-CYP-FJAT-17148 | 6.19 | 1.44 | 3.37 | 2.67 | 1.72 | 8.2352 |
| I | 20130115-YQ-FJAT-16368 | 8.14 | 1.39 | 4.38 | 3.28 | 1.63 | 6.9136 |
| I | 20130124-zr-16408 | 6.08 | 1.99 | 3.51 | 3.55 | 1.96 | 5.1949 |
| I | 20130125-ZMX-FJAT-17679 | 6.88 | 1.87 | 4.15 | 4.97 | 1.67 | 5.8907 |
| I | 20130129-TXN-FJAT-14606 | 6.85 | 1.80 | 3.53 | 3.20 | 1.94 | 6.1004 |
| I | 20130129-TXN-FJAT-14613 | 5.97 | 1.31 | 3.79 | 3.49 | 1.81 | 5.5766 |
| I | 20130129-ZMX-FJAT-17711 | 6.74 | 1.33 | 3.81 | 3.07 | 1.75 | 6.8247 |
| I | 20130129-ZMX-FJAT-17721 | 6.54 | 1.23 | 4.35 | 3.50 | 2.01 | 6.4201 |
| I | 20130129-ZMX-FJAT-17727 | 8.26 | 1.00 | 5.32 | 2.36 | 1.00 | 9.2301 |
| I | 20130307-ZMX-FJAT-16642 | 6.36 | 1.60 | 4.19 | 4.29 | 2.27 | 7.5009 |
| I | 20130327-TXN-FJAT-16673 | 6.73 | 1.72 | 3.75 | 6.02 | 1.84 | 5.2397 |
| I | 20130328-TXN-FJAT-16679 | 6.39 | 1.00 | 2.53 | 1.00 | 1.30 | 8.8896 |
| I | 20130328-TXN-FJAT-16682 | 6.24 | 1.13 | 2.80 | 2.60 | 1.29 | 5.1117 |
| I | 20130328-TXN-FJAT-16690 | 6.77 | 1.74 | 4.70 | 5.67 | 1.54 | 4.8679 |
| I | 20130328-TXN-FJAT-16691 | 6.13 | 1.38 | 3.81 | 4.31 | 1.87 | 5.5555 |
| I | 20130328-TXN-FJAT-16697 | 6.70 | 1.46 | 4.53 | 4.82 | 1.72 | 5.3886 |
| I | 20130328-TXN-FJAT-16698 | 7.14 | 1.40 | 4.07 | 4.56 | 1.54 | 4.6773 |
| I | 20130329-ll-FJAT-16789 | 7.31 | 1.51 | 3.77 | 5.55 | 1.57 | 6.5522 |
| I | 20130329-ll-FJAT-16791 | 6.71 | 1.97 | 3.99 | 6.48 | 1.93 | 8.4894 |
| I | 20130329-ll-FJAT-16794 | 6.81 | 1.83 | 4.04 | 5.91 | 2.10 | 7.0928 |

续表

| 型 | 菌株名称 | 14:0 iso | 16:1ω11c | c14:0 | 17:1 iso ω10c | c18:0 | 到中心的卡方距离 |
|---|---|---|---|---|---|---|---|
| I | 20130329-ll-FJAT-16809 | 6.54 | 1.62 | 4.27 | 4.93 | 1.75 | 5.3197 |
| I | 20130329-ll-FJAT-16820 | 7.46 | 1.20 | 3.50 | 3.20 | 1.72 | 9.0945 |
| I | 20130329-ll-FJAT-16829 | 6.67 | 1.67 | 3.85 | 5.22 | 2.02 | 4.2055 |
| I | 20130329-ll-FJAT-16830 | 6.45 | 2.02 | 3.25 | 5.21 | 1.62 | 6.7141 |
| I | 20130329-ll-FJAT-16834 | 6.77 | 1.96 | 4.27 | 5.67 | 1.62 | 4.3769 |
| I | 20130401-ll-FJAT-16838 | 6.47 | 1.72 | 3.60 | 4.89 | 1.83 | 5.4086 |
| I | 20130401-ll-FJAT-16845 | 6.77 | 1.59 | 4.04 | 4.32 | 1.77 | 4.0357 |
| I | 20130401-ll-FJAT-16846 | 7.00 | 1.60 | 5.47 | 4.11 | 1.57 | 3.9378 |
| I | 20130401-ll-FJAT-16848 | 6.69 | 1.46 | 4.76 | 4.25 | 2.60 | 3.8547 |
| I | 20130401-ll-FJAT-16858 | 5.89 | 1.67 | 3.61 | 5.38 | 1.79 | 6.3835 |
| I | 20130401-ll-FJAT-16859 | 6.86 | 1.36 | 4.61 | 4.32 | 1.44 | 5.5275 |
| I | 20130401-ll-FJAT-16866 | 7.41 | 1.65 | 5.04 | 4.57 | 1.54 | 5.0329 |
| I | 20130401-ll-FJAT-16878 | 7.26 | 1.32 | 3.66 | 4.27 | 1.44 | 4.8220 |
| I | 20130401-ll-FJAT-16881 | 6.38 | 1.99 | 4.25 | 6.77 | 1.70 | 5.3167 |
| I | 20130402-ll-FJAT-16895 | 7.35 | 1.58 | 4.94 | 3.79 | 1.56 | 3.9982 |
| I | 20130403-ll-FJAT-16877? | 6.61 | 1.51 | 4.81 | 4.19 | 2.36 | 3.9506 |
| I | 20130403-ll-FJAT-16907 | 9.23 | 1.22 | 4.93 | 3.30 | 1.40 | 5.0040 |
| I | 20130403-ll-FJAT-16920 | 7.90 | 1.33 | 4.20 | 4.52 | 1.44 | 3.7225 |
| I | 20130403-ll-FJAT-16930 | 6.65 | 1.16 | 3.90 | 2.67 | 1.90 | 6.4174 |
| I | 20130418-CYP-FJAT-17133 | 7.10 | 1.87 | 4.39 | 5.80 | 1.84 | 5.7376 |
| I | CL YJK2-9-3-3 | 8.10 | 1.00 | 5.76 | 1.00 | 1.00 | 6.7502 |
| I | FJAT-14259LB | 6.16 | 2.14 | 5.43 | 6.16 | 1.34 | 9.3108 |
| I | FJAT-35NA | 5.71 | 1.00 | 3.28 | 1.00 | 1.85 | 6.5312 |
| I | FJAT-35NACL | 6.36 | 1.00 | 3.23 | 1.00 | 2.12 | 9.6013 |
| I | FJAT-4574 | 10.02 | 1.00 | 3.43 | 1.00 | 1.63 | 8.9826 |
| I | FJAT-8760LB | 4.33 | 1.16 | 4.75 | 3.06 | 1.64 | 6.7815 |
| I | FJAT-8760NA | 4.38 | 1.08 | 3.84 | 2.65 | 1.93 | 4.9923 |
| I | HGP SM18-T-2 | 8.57 | 1.00 | 4.05 | 1.00 | 1.25 | 8.9241 |
| I | HGP XU-T-3 | 6.73 | 1.00 | 4.40 | 1.00 | 1.60 | 7.9670 |
| I | XKC17219 | 6.09 | 1.19 | 4.11 | 3.31 | 1.26 | 6.2655 |
| I | XKC17220 | 6.57 | 1.83 | 4.75 | 5.21 | 1.43 | 4.4005 |
| 脂肪酸 I 型 424 个菌株平均值 | | 5.60 | 1.41 | 4.15 | 4.06 | 1.73 | RMSTD=2.9378 |
| II | 20101210-WZX-FJAT-11684 | 4.25 | 1.00 | 3.20 | 1.00 | 3.51 | 8.0864 |
| II | 20110705-LGH-FJAT-13510 | 5.63 | 1.00 | 4.47 | 4.17 | 4.22 | 4.0840 |
| II | 20110705-LGH-FJAT-13522 | 5.81 | 1.66 | 4.06 | 4.74 | 2.49 | 3.3763 |
| II | 20110705-LGH-FJAT-13525 | 4.28 | 1.34 | 3.61 | 3.61 | 5.52 | 5.5533 |
| II | 20110707-LGH-FJAT-4556 | 4.05 | 1.59 | 4.70 | 5.04 | 4.15 | 5.2417 |
| II | 20110707-LGH-FJAT-4633 | 4.64 | 1.26 | 3.91 | 3.64 | 4.53 | 6.2527 |
| II | 20110707-LGH-FJAT-4769 | 5.17 | 1.00 | 2.12 | 1.00 | 1.00 | 8.3704 |
| II | 20110718-LGH-FJAT-4559 | 4.74 | 1.73 | 3.93 | 5.97 | 4.11 | 5.5535 |

续表

| 型 | 菌株名称 | 14:0 iso | 16:1ω11c | c14:0 | 17:1 iso ω10c | c18:0 | 到中心的卡方距离 |
|---|---|---|---|---|---|---|---|
| II | 20110729-LGH-FJAT-14104 | 3.52 | 1.47 | 3.25 | 4.27 | 4.91 | 7.2380 |
| II | 20110826-LGH-FJAT-R18（H2） | 4.00 | 1.44 | 2.99 | 5.52 | 4.23 | 11.1511 |
| II | 201110-18-TXN-FJAT-14447 | 4.24 | 1.00 | 3.82 | 1.00 | 1.86 | 7.5260 |
| II | 201110-21-TXN-FJAT-14572 | 4.64 | 1.00 | 3.61 | 1.00 | 2.84 | 5.4113 |
| II | 20111101-TXN-FJAT-14581 | 4.48 | 1.00 | 4.53 | 1.00 | 2.51 | 5.2376 |
| II | 20120224-TXN-FJAT-14703 | 3.32 | 1.70 | 3.61 | 6.14 | 2.17 | 6.2861 |
| II | 20120305-LGH-FJAT-14 | 4.94 | 1.00 | 3.11 | 1.00 | 2.47 | 8.5598 |
| II | 20120305-LGH-FJAT-18 | 5.56 | 1.00 | 2.98 | 1.00 | 2.03 | 9.4470 |
| II | 20120328-LGH-FJAT-14265 | 4.21 | 1.00 | 3.73 | 1.00 | 2.88 | 6.8501 |
| II | 20120727-YQ-FJAT-16413 | 3.27 | 3.36 | 4.41 | 6.06 | 2.89 | 11.0359 |
| II | 20120727-YQ-FJAT-16444 | 4.02 | 3.26 | 3.69 | 7.39 | 2.85 | 8.2223 |
| II | 20121030-FJAT-17412-ZR | 5.03 | 1.72 | 4.74 | 4.97 | 1.76 | 4.5677 |
| II | 20121102-FJAT-17447-ZR | 4.70 | 1.79 | 3.95 | 5.85 | 1.82 | 5.0507 |
| II | 20121105-FJAT-16717-WK | 6.46 | 1.00 | 4.70 | 5.34 | 1.99 | 4.0340 |
| II | 20121203-YQ-FJAT-16378 | 3.66 | 1.23 | 4.11 | 3.14 | 5.69 | 7.2158 |
| II | 20130111-CYP-FJAT-16757 | 5.07 | 2.63 | 3.87 | 5.69 | 1.81 | 5.5527 |
| II | 20130129-TXN-FJAT-14622 | 5.32 | 1.63 | 2.77 | 3.84 | 2.96 | 4.3626 |
| II | 20130417-hu-7838-3.8 | 5.28 | 1.25 | 3.81 | 4.08 | 4.20 | 5.6758 |
| II | CL FQ0-6-1 | 7.42 | 1.00 | 4.62 | 1.00 | 1.00 | 7.3909 |
| II | CL YJK2-6-6-3 | 3.76 | 1.00 | 6.31 | 1.00 | 6.92 | 11.5122 |
| II | FJAT-14259GLU | 3.99 | 2.95 | 3.00 | 5.19 | 2.34 | 7.3604 |
| II | FJAT-14259NACL | 5.30 | 1.93 | 5.13 | 6.93 | 2.53 | 5.4342 |
| II | HGP SM10-T-3 | 4.45 | 1.27 | 3.54 | 1.00 | 1.99 | 4.6256 |
| II | HGP SM10-T-6 | 5.36 | 1.68 | 4.08 | 1.00 | 2.12 | 5.4358 |
| II | HGP SM12-T-4 | 6.03 | 1.52 | 4.31 | 1.00 | 2.49 | 5.5967 |
| II | HGP SM30-T-2 | 4.83 | 1.24 | 5.08 | 1.00 | 1.73 | 5.4418 |
| II | HGP SM30-T-4 | 6.59 | 1.61 | 4.10 | 1.00 | 1.68 | 5.8951 |
| II | J-5 | 5.63 | 1.00 | 1.00 | 1.00 | 8.04 | 15.6942 |
| II | LGH-FJAT-4618 | 5.15 | 1.00 | 4.29 | 1.00 | 1.00 | 9.4421 |
| II | LGH-FJAT-4645 | 5.65 | 1.58 | 4.13 | 1.00 | 1.67 | 6.1955 |
| II | ljy-16-6 | 3.99 | 1.51 | 7.16 | 1.00 | 2.31 | 7.9192 |
| II | SDG-20100801-FJAT-4085-2 | 3.55 | 1.50 | 4.32 | 6.35 | 3.71 | 8.6168 |
| II | shufen-T-13 | 3.67 | 2.20 | 4.47 | 1.00 | 3.41 | 6.0609 |
| II | Y2314 | 5.77 | 1.00 | 3.90 | 1.00 | 4.15 | 6.1473 |
| II | 20110314-WZX-FJAT-8760 | 4.87 | 1.00 | 4.48 | 3.72 | 5.38 | 5.7686 |
| II | 20110316-LGH-FJAT-13381 | 5.24 | 2.11 | 3.80 | 7.18 | 1.90 | 5.0572 |
| II | 20110317-LGH-FJAT-4758 | 3.38 | 1.00 | 3.91 | 1.00 | 1.62 | 6.3833 |
| II | 20110524-WZX48h-FJAT-8767 | 4.17 | 1.00 | 4.32 | 1.00 | 1.83 | 6.5923 |
| II | 2011053-WZX18h-FJAT-8767 | 4.69 | 1.00 | 4.03 | 1.00 | 4.11 | 11.7502 |
| II | 20110601-LGH-FJAT-13903 | 5.66 | 1.00 | 4.66 | 1.00 | 7.23 | 10.0354 |

续表

| 型 | 菌株名称 | 14:0 iso | 16:1ω11c | c14:0 | 17:1 iso ω10c | c18:0 | 到中心的卡方距离 |
|---|---|---|---|---|---|---|---|
| II | 20110601-LGH-FJAT-13911 | 4.73 | 1.00 | 5.44 | 1.00 | 5.35 | 7.4466 |
| II | 20110601-LGH-FJAT-13939 | 6.73 | 1.18 | 4.37 | 3.43 | 2.59 | 2.4169 |
| II | 20110607-WZX20D-FJAT-8767 | 3.03 | 1.00 | 2.89 | 1.00 | 3.27 | 10.3161 |
| II | 20110614-LGH-FJAT-13834 | 6.03 | 1.00 | 4.01 | 1.00 | 1.98 | 6.6796 |
| II | 20110622-LGH-FJAT-13426 | 6.64 | 1.32 | 4.15 | 3.43 | 2.08 | 4.6489 |
| II | 20110622-LGH-FJAT-13431 | 6.36 | 1.43 | 3.89 | 3.58 | 2.13 | 2.8881 |
| II | 20110622-LGH-FJAT-13445 | 5.88 | 2.30 | 3.75 | 7.00 | 2.95 | 6.0259 |
| II | 20110622-LGH-FJAT-13447 | 6.89 | 3.18 | 3.51 | 5.48 | 2.42 | 7.0871 |
| II | 20110705-LGH-FJAT-13507 | 7.05 | 3.07 | 3.64 | 5.94 | 1.86 | 6.4664 |
| II | 20110705-LGH-FJAT-13561 | 6.32 | 1.00 | 3.74 | 3.06 | 4.60 | 6.0660 |
| II | 20110705-WZX-FJAT-13356 | 5.57 | 1.67 | 3.21 | 4.88 | 2.55 | 6.8499 |
| II | 20110707-LGH-FJAT-13586 | 7.07 | 2.12 | 3.43 | 5.12 | 1.95 | 4.7828 |
| II | 20110707-LGH-FJAT-4594 | 6.27 | 1.63 | 4.59 | 2.29 | 2.68 | 6.9501 |
| II | 20110718-LGH-FJAT-4519 | 7.20 | 3.13 | 3.49 | 6.05 | 2.99 | 3.9252 |
| II | 20110902-TXN-FJAT-14143 | 6.11 | 1.92 | 4.17 | 5.28 | 3.92 | 4.4090 |
| II | 20110902-TXN-FJAT-14145 | 4.86 | 3.33 | 5.08 | 6.23 | 6.35 | 7.1492 |
| II | 20110902-YQ-FJAT-14277 | 3.37 | 1.00 | 6.89 | 1.00 | 3.29 | 5.6342 |
| II | 20110907-TXN-FJAT-14360 | 5.20 | 2.19 | 4.05 | 5.13 | 3.52 | 4.6394 |
| II | 20110907-TXN-FJAT-14366 | 9.11 | 1.45 | 4.05 | 2.96 | 1.82 | 5.9698 |
| II | 20110907-TXN-FJAT-14370 | 5.13 | 2.14 | 3.97 | 5.53 | 2.25 | 3.5368 |
| II | 20110907-TXN-FJAT-14372 | 3.51 | 1.00 | 3.35 | 1.00 | 5.03 | 9.2385 |
| II | 20110907-TXN-FJAT-14373 | 8.70 | 1.85 | 4.19 | 2.84 | 2.70 | 5.8780 |
| II | 201110-18-TXN-FJAT-14436 | 4.96 | 2.10 | 4.20 | 4.79 | 2.32 | 4.8242 |
| II | 201110-18-TXN-FJAT-14448 | 6.26 | 2.09 | 4.70 | 4.51 | 2.10 | 3.6246 |
| II | 201110-19-TXN-FJAT-14413 | 5.58 | 2.25 | 3.42 | 8.85 | 2.22 | 6.6465 |
| II | 201110-19-TXN-FJAT-14455 | 5.81 | 1.00 | 5.51 | 1.00 | 2.57 | 9.8249 |
| II | 201110-20-TXN-FJAT-14390 | 6.96 | 1.44 | 3.92 | 3.04 | 3.37 | 5.1028 |
| II | 20111101-TXN-FJAT-14479 | 4.90 | 1.93 | 4.07 | 2.70 | 1.91 | 3.4974 |
| II | 20111101-TXN-FJAT-14482 | 4.83 | 2.83 | 4.91 | 4.02 | 2.47 | 3.7679 |
| II | 20111101-TXN-FJAT-14483 | 5.72 | 1.00 | 4.03 | 3.16 | 3.61 | 3.5434 |
| II | 20111101-TXN-FJAT-14488 | 4.28 | 2.75 | 4.49 | 3.43 | 3.87 | 6.0239 |
| II | 20111102-TXN-FJAT-14590 | 4.59 | 1.94 | 4.60 | 4.12 | 2.41 | 2.8792 |
| II | 20111102-TXN-FJAT-14596 | 4.81 | 1.00 | 3.27 | 1.00 | 2.29 | 6.1045 |
| II | 20111102-TXN-FJAT-14597 | 4.97 | 1.33 | 4.65 | 3.38 | 5.20 | 3.4462 |
| II | 20111103-TXN-FJAT-14478 | 4.94 | 1.86 | 4.42 | 3.58 | 6.45 | 5.3630 |
| II | 20111103-TXN-FJAT-14541 | 3.87 | 1.35 | 2.98 | 3.41 | 3.91 | 4.6586 |
| II | 20111103-TXN-FJAT-14605 | 6.24 | 1.00 | 7.71 | 1.00 | 2.02 | 8.4190 |
| II | 20111107-TXN-FJAT-14661 | 6.67 | 1.00 | 1.00 | 1.00 | 1.33 | 8.3258 |
| II | 20111107-TXN-FJAT-14663 | 3.63 | 1.00 | 3.98 | 1.00 | 3.53 | 6.2955 |
| II | 20111107-TXN-FJAT-14668 | 6.60 | 2.51 | 17.08 | 3.86 | 1.72 | 13.0206 |

续表

| 型 | 菌株名称 | 14:0 iso | 16:1ω11c | c14:0 | 17:1 iso ω10c | c18:0 | 到中心的卡方距离 |
|---|---|---|---|---|---|---|---|
| II | 20111107-TXN-FJAT-14670 | 4.62 | 2.66 | 5.14 | 5.41 | 1.74 | 5.6095 |
| II | 20111108-LGH-FJAT-13834 | 5.35 | 1.00 | 4.31 | 1.00 | 2.10 | 6.6118 |
| II | 20111126-TXN-FJAT-14516 | 5.37 | 1.00 | 4.04 | 1.00 | 1.68 | 9.8011 |
| II | 20120224-TXN-FJAT-14692 | 5.19 | 1.86 | 4.38 | 4.39 | 2.60 | 6.5132 |
| II | 20120224-TXN-FJAT-14747 | 5.14 | 1.69 | 4.06 | 3.98 | 1.77 | 4.4307 |
| II | 20120224-TXN-FJAT-14760 | 6.27 | 1.91 | 4.22 | 4.74 | 2.06 | 4.4282 |
| II | 20120224-TXN-FJAT-14764 | 5.92 | 1.38 | 3.82 | 2.34 | 1.48 | 3.6604 |
| II | 20120224-TXN-FJAT-14775 | 4.79 | 1.00 | 3.89 | 1.00 | 5.53 | 6.6858 |
| II | 20120328-LGH-FJAT-14828 | 4.90 | 1.00 | 4.58 | 1.00 | 2.49 | 6.6920 |
| II | 20120328-LGH-FJAT-4830 | 3.99 | 1.00 | 4.02 | 1.00 | 3.39 | 5.7323 |
| II | 20120328-LGH-FJAT-4831 | 3.85 | 1.00 | 4.14 | 1.00 | 2.16 | 8.6468 |
| II | 20120328-LGH-FJAT-4833 | 8.28 | 1.47 | 4.03 | 3.18 | 2.03 | 6.7208 |
| II | 20120328-LGH-FJAT-4835 | 3.32 | 1.00 | 4.15 | 1.00 | 3.99 | 7.2576 |
| II | 20120328-LGH-FJAT-4841 | 3.01 | 1.77 | 2.81 | 4.61 | 2.84 | 6.8326 |
| II | 20120331-LGH-FJAT-4126 | 5.43 | 2.37 | 3.90 | 6.30 | 2.13 | 4.6468 |
| II | 20120331-LGH-FJAT-4840 | 4.39 | 1.00 | 4.66 | 1.00 | 7.71 | 9.2993 |
| II | 20120727-YQ-FJAT-16451 | 6.43 | 2.65 | 3.27 | 3.74 | 2.09 | 5.7613 |
| II | 20120727-YQ-FJAT-16453 | 4.56 | 1.00 | 3.14 | 3.23 | 1.00 | 4.7893 |
| II | 20120727-YQ-FJAT-16460 | 5.73 | 2.55 | 5.63 | 3.88 | 7.16 | 5.7816 |
| II | 20120727-YQ-FJAT-16460 | 3.91 | 3.68 | 3.87 | 6.98 | 2.94 | 7.7326 |
| II | 20121102-FJAT-17438-ZR | 5.56 | 1.90 | 5.68 | 2.91 | 1.84 | 4.8841 |
| II | 20121102-FJAT-17454-ZR | 9.31 | 1.43 | 5.31 | 2.56 | 1.45 | 6.4104 |
| II | 20121106-FJAT-16971-zr | 4.52 | 2.21 | 5.18 | 6.72 | 1.59 | 4.9183 |
| II | 20121106-FJAT-16991-zr | 7.97 | 1.94 | 5.72 | 4.55 | 1.93 | 3.6815 |
| II | 20121106-FJAT-16999-zr | 9.63 | 1.74 | 6.65 | 3.86 | 1.79 | 7.1352 |
| II | 20121107-FJAT-17020-zr | 5.08 | 2.06 | 4.30 | 4.56 | 1.94 | 3.7207 |
| II | 20121107-FJAT-17041-zr | 7.77 | 2.46 | 5.56 | 4.81 | 2.37 | 3.0858 |
| II | 20121107-FJAT-17043-zr | 6.85 | 2.40 | 4.09 | 5.66 | 1.76 | 4.2264 |
| II | 20121107-FJAT-17049-zr | 4.92 | 1.00 | 3.45 | 1.00 | 1.88 | 8.8465 |
| II | 20121107-FJAT-17050-zr | 7.41 | 2.05 | 4.48 | 5.93 | 1.00 | 3.7628 |
| II | 20121108-FJAT-17024-zr | 5.82 | 1.00 | 5.13 | 6.88 | 1.00 | 6.0685 |
| II | 20121108-FJAT-17037-zr | 7.26 | 2.29 | 4.44 | 3.94 | 2.61 | 6.3931 |
| II | 20121108-FJAT-17038-zr | 9.33 | 2.00 | 4.40 | 4.11 | 1.78 | 6.1182 |
| II | 20121108-FJAT-17039-zr | 7.93 | 1.99 | 4.66 | 4.25 | 2.10 | 4.5440 |
| II | 20121109-FJAT-17010-zr | 8.53 | 1.83 | 5.21 | 5.51 | 1.00 | 6.0452 |
| II | 20121109-FJAT-17013-zr | 6.82 | 2.02 | 4.32 | 4.81 | 2.36 | 4.7159 |
| II | 20121109-FJAT-17018-zr | 7.97 | 2.42 | 5.84 | 3.93 | 1.87 | 3.2659 |
| II | 20121109-FJAT-17027-zr | 6.23 | 2.41 | 4.03 | 5.59 | 1.91 | 4.5028 |
| II | 20121109-FJAT-17033-zr | 5.87 | 1.00 | 4.03 | 8.32 | 3.70 | 6.5393 |
| II | 20121109-FJAT-17050ns-zr | 7.34 | 1.89 | 4.43 | 4.96 | 1.57 | 3.3230 |

续表

| 型 | 菌株名称 | 14:0 iso | 16:1ω11c | c14:0 | 17:1 iso ω10c | c18:0 | 到中心的卡方距离 |
|---|---|---|---|---|---|---|---|
| II | 20121114-FJAT-17006-wk | 7.64 | 1.00 | 4.53 | 5.10 | 2.16 | 3.5013 |
| II | 20121114-FJAT-17006-zr | 7.70 | 1.00 | 4.58 | 4.83 | 1.00 | 3.9303 |
| II | 20121114-FJAT-17010NS-zr | 8.71 | 1.79 | 5.05 | 4.82 | 1.00 | 6.4064 |
| II | 20121114-FJAT-17013ns-zr | 6.96 | 1.85 | 4.68 | 4.34 | 2.47 | 5.6091 |
| II | 20121114-FJAT-17018ns-zr | 7.89 | 2.33 | 5.89 | 3.77 | 1.95 | 3.2046 |
| II | 20121114-FJAT-17018-wk | 7.70 | 2.43 | 5.74 | 4.24 | 1.91 | 3.2379 |
| II | 20121114-FJAT-17024ns-zr | 5.79 | 1.00 | 5.26 | 4.47 | 1.00 | 4.9719 |
| II | 20121114-FJAT-17037ns-zr | 7.17 | 2.41 | 4.21 | 3.64 | 2.36 | 6.9601 |
| II | 20121114-FJAT-17048NS-zr | 4.36 | 1.00 | 3.77 | 1.00 | 2.18 | 7.8533 |
| II | 20121119-FJAT-17006-wk | 7.26 | 1.75 | 4.16 | 4.16 | 2.12 | 3.6674 |
| II | 20121119-FJAT-17019-wk | 6.50 | 1.86 | 5.26 | 5.44 | 1.96 | 4.6540 |
| II | 20121119-FJAT-17024-wk | 5.61 | 2.12 | 5.12 | 3.52 | 1.87 | 2.9473 |
| II | 20121119-FJAT-17037-wk | 6.92 | 2.25 | 4.12 | 4.23 | 2.28 | 6.6601 |
| II | 20121207-wk-17024 | 5.63 | 1.93 | 5.23 | 4.46 | 1.84 | 2.8849 |
| II | 20130110-TXN-FJAT-14586 | 12.31 | 1.55 | 4.06 | 3.36 | 1.64 | 8.3011 |
| II | 20130110-TXN-FJAT-14591 | 12.00 | 1.82 | 4.72 | 3.69 | 1.81 | 9.2379 |
| II | 20130110-TXN-FJAT-14596 | 6.45 | 1.00 | 3.68 | 1.00 | 2.19 | 5.2431 |
| II | 20130110-TXN-FJAT-14696 | 5.10 | 1.84 | 3.69 | 6.22 | 2.56 | 3.4383 |
| II | 20130111-CYP-FJAT-16755 | 10.08 | 2.49 | 3.81 | 2.38 | 1.70 | 6.3122 |
| II | 20130125-ZMX-FJAT-17701 | 6.18 | 1.93 | 3.97 | 4.91 | 2.00 | 2.1621 |
| II | 20130129-TXN-FJAT-14612 | 8.31 | 1.00 | 6.76 | 1.00 | 2.03 | 9.0078 |
| II | 20130129-TXN-FJAT-14620 | 7.59 | 1.83 | 4.21 | 3.25 | 2.23 | 3.8351 |
| II | 20130130-TXN-FJAT-14605-3 | 6.59 | 1.00 | 5.08 | 1.00 | 2.05 | 7.2235 |
| II | 20130131-TXN-FJAT-8767 | 3.30 | 1.00 | 4.69 | 1.00 | 6.65 | 10.1558 |
| II | 20130201-WJ-FJAT-16136 | 6.12 | 2.62 | 5.29 | 5.24 | 2.56 | 2.9579 |
| II | 20130306-ZMX-FJAT-16612 | 8.33 | 1.92 | 3.91 | 5.02 | 1.78 | 3.9254 |
| II | 20130306-ZMX-FJAT-16613 | 8.50 | 2.14 | 4.58 | 4.67 | 1.91 | 5.6137 |
| II | 20130306-ZMX-FJAT-16614 | 7.08 | 3.27 | 4.67 | 6.25 | 1.83 | 5.2501 |
| II | 20130306-ZMX-FJAT-16625 | 6.51 | 2.75 | 4.31 | 6.13 | 3.04 | 7.3044 |
| II | 20130306-ZMX-FJAT-16632 | 5.62 | 1.00 | 3.50 | 1.00 | 1.69 | 6.6833 |
| II | 20130306-ZMX-FJAT-16633 | 6.47 | 1.87 | 4.16 | 5.79 | 2.19 | 2.8070 |
| II | 20130306-ZMX-FJAT-16635 | 7.55 | 1.57 | 3.71 | 4.40 | 1.83 | 3.3367 |
| II | 20130307-ZMX-FJAT-16640 | 6.37 | 2.47 | 3.85 | 6.79 | 2.42 | 4.1857 |
| II | 20130327-TXN-FJAT-16659 | 6.70 | 2.24 | 3.60 | 5.87 | 1.97 | 3.9030 |
| II | 20130328-ll-FJAT-16772 | 7.52 | 2.82 | 4.03 | 6.81 | 3.63 | 7.0864 |
| II | 20130328-ll-FJAT-16779 | 7.49 | 2.54 | 4.36 | 6.49 | 2.31 | 5.6553 |
| II | 20130328-TXN-FJAT-16678 | 7.01 | 2.05 | 4.08 | 5.18 | 1.99 | 3.0127 |
| II | 20130328-TXN-FJAT-16693 | 7.47 | 2.08 | 3.81 | 5.90 | 1.83 | 4.1933 |
| II | 20130328-TXN-FJAT-16694 | 8.54 | 1.74 | 4.23 | 4.42 | 1.66 | 6.3054 |
| II | 20130328-TXN-FJAT-16704 | 6.82 | 1.00 | 3.06 | 1.00 | 2.21 | 6.0437 |

续表

| 型 | 菌株名称 | 14:0 iso | 16:1ω11c | c14:0 | 17:1 iso ω10c | c18:0 | 到中心的卡方距离 |
|---|---|---|---|---|---|---|---|
| II | 20130329-ll-FJAT-16784 | 6.51 | 2.57 | 4.84 | 7.09 | 2.11 | 4.5183 |
| II | 20130329-ll-FJAT-16785 | 6.98 | 2.02 | 3.28 | 7.60 | 1.85 | 5.5135 |
| II | 20130329-ll-FJAT-16792 | 5.61 | 2.03 | 3.58 | 6.24 | 2.69 | 6.6656 |
| II | 20130329-ll-FJAT-16798 | 8.12 | 1.98 | 4.20 | 5.77 | 1.55 | 6.5280 |
| II | 20130329-ll-FJAT-16812 | 7.70 | 2.68 | 4.50 | 6.11 | 2.23 | 5.9112 |
| II | 20130329-ll-FJAT-16814 | 6.56 | 1.87 | 3.62 | 5.70 | 1.89 | 3.0635 |
| II | 20130329-ll-FJAT-16815 | 6.29 | 1.88 | 5.99 | 5.67 | 2.09 | 3.6635 |
| II | 20130329-ll-FJAT-16819 | 8.05 | 2.06 | 4.05 | 6.74 | 2.37 | 5.7136 |
| II | 20130329-ll-FJAT-16823 | 7.33 | 1.74 | 4.51 | 5.66 | 1.84 | 4.4308 |
| II | 20130329-ll-FJAT-16833 | 6.74 | 2.47 | 4.55 | 6.42 | 2.12 | 3.9915 |
| II | 20130401-ll-FJAT-16842 | 7.23 | 1.80 | 4.17 | 5.17 | 1.93 | 4.0662 |
| II | 20130401-ll-FJAT-16850 | 4.38 | 1.38 | 6.52 | 3.87 | 1.44 | 5.6101 |
| II | 20130402-ll-FJAT-16897 | 6.63 | 1.84 | 6.04 | 5.29 | 1.71 | 4.4685 |
| II | 20130402-ll-FJAT-16901 | 6.66 | 2.13 | 5.08 | 5.09 | 1.91 | 3.3633 |
| II | 20130403-ll-FJAT-16912 | 7.01 | 2.36 | 5.81 | 4.91 | 1.65 | 3.5953 |
| II | 20130403-ll-FJAT-16919 | 8.06 | 2.07 | 6.26 | 4.66 | 1.65 | 4.4790 |
| II | 20130403-ll-FJAT-16923 | 7.04 | 2.04 | 5.78 | 5.12 | 1.79 | 3.5822 |
| II | 20130403-ll-FJAT-16931 | 6.18 | 2.24 | 3.89 | 5.62 | 1.63 | 4.3264 |
| II | 20130403-ll-FJAT-16932 | 4.78 | 1.00 | 3.75 | 1.00 | 1.81 | 4.7091 |
| II | 20130403-ll-FJAT-16934 | 5.19 | 2.96 | 3.78 | 6.81 | 1.67 | 5.2634 |
| II | 20130403-ll-FJAT-16938 | 6.49 | 1.85 | 3.29 | 6.83 | 1.62 | 5.8593 |
| II | 20130403-ll-FJAT-16939 | 4.85 | 2.07 | 4.43 | 6.27 | 1.72 | 5.1873 |
| II | 20130403-ll-FJAT-16943 | 5.48 | 1.00 | 3.27 | 1.00 | 1.80 | 6.8413 |
| II | 20140325-LGH-FJAT-17844 | 3.14 | 2.03 | 2.78 | 5.73 | 3.05 | 11.7824 |
| II | CL FJK2-6-6-2 | 2.75 | 1.00 | 2.44 | 1.00 | 2.19 | 22.8310 |
| II | CL FJK2-9-6-3 | 4.29 | 1.00 | 3.27 | 1.00 | 2.56 | 6.2835 |
| II | CL YJK2-6-1-1 | 6.00 | 1.00 | 3.97 | 1.00 | 1.00 | 6.0110 |
| II | FJAT-14259NACL | 5.30 | 2.12 | 4.63 | 7.17 | 1.65 | 6.1456 |
| II | FJAT-26046-1 | 4.58 | 3.78 | 5.15 | 7.14 | 1.00 | 8.3146 |
| II | FJAT-26046-2 | 4.47 | 1.00 | 5.85 | 8.68 | 1.00 | 12.1256 |
| II | FJAT-26086-1 | 6.68 | 2.46 | 4.53 | 5.37 | 2.36 | 5.2839 |
| II | FJAT-26086-1 | 6.29 | 2.42 | 4.41 | 5.48 | 2.39 | 4.9218 |
| II | FJAT-26086-2 | 6.89 | 2.23 | 4.76 | 5.38 | 2.66 | 5.0397 |
| II | FJAT-26086-2 | 6.49 | 2.24 | 4.53 | 5.50 | 2.66 | 4.4410 |
| II | FJAT-27023-1 | 4.77 | 2.98 | 5.14 | 5.67 | 2.31 | 7.1932 |
| II | FJAT-27023-2 | 4.86 | 3.05 | 5.20 | 5.57 | 2.31 | 8.3004 |
| II | FJAT-35GLU | 10.12 | 1.00 | 3.81 | 1.00 | 2.26 | 11.1374 |
| II | FJAT-4628 | 5.67 | 1.00 | 4.58 | 1.00 | 3.38 | 3.4194 |
| II | FJAT-8760GLU | 6.53 | 1.37 | 3.84 | 2.03 | 2.19 | 4.2646 |
| II | HGP 4-T-4 | 3.96 | 1.33 | 4.42 | 1.00 | 1.99 | 7.1485 |

续表

| 型 | 菌株名称 | 14:0 iso | 16:1ω11c | c14:0 | 17:1 iso ω10c | c18:0 | 到中心的卡方距离 |
|---|---|---|---|---|---|---|---|
| II | hgp sm13-t-5 | 3.05 | 1.00 | 6.39 | 1.00 | 1.54 | 8.2922 |
| II | HGP SM14-T-6 | 3.56 | 1.00 | 5.27 | 1.00 | 1.28 | 6.1090 |
| II | HGP SM18-J-5 | 3.90 | 1.20 | 7.71 | 1.00 | 1.86 | 8.7966 |
| II | HGP SM23-T-1 | 4.95 | 1.19 | 2.83 | 1.00 | 1.70 | 4.9988 |
| II | HGP SM26-T-1 | 3.62 | 1.86 | 3.29 | 1.00 | 1.67 | 5.9640 |
| II | HGP SM30-T-6 | 6.42 | 1.58 | 3.95 | 1.00 | 1.85 | 5.3688 |
| II | HGP XU-G-1 | 5.46 | 1.44 | 5.31 | 1.00 | 1.16 | 6.4573 |
| II | LGF-FJAT-8760 | 6.06 | 1.00 | 5.00 | 2.14 | 3.19 | 4.4682 |
| II | LGH-FJAT-4382 | 7.94 | 2.88 | 6.16 | 1.00 | 1.83 | 6.0392 |
| II | LGH-FJAT-4386 | 6.06 | 2.60 | 3.70 | 1.00 | 1.88 | 3.3578 |
| II | LGH-FJAT-4527 | 7.26 | 2.07 | 3.76 | 1.00 | 2.00 | 3.8150 |
| II | LGH-FJAT-4536 | 4.96 | 2.96 | 7.74 | 1.00 | 1.00 | 7.7203 |
| II | LGH-FJAT-4538 | 6.33 | 4.75 | 8.76 | 1.00 | 1.00 | 8.4414 |
| II | ljy-10-9 | 7.99 | 1.00 | 4.45 | 1.00 | 2.65 | 4.8549 |
| II | ljy-34-10 | 5.74 | 1.00 | 6.83 | 1.00 | 1.00 | 6.8601 |
| II | shufen-???? | 4.56 | 1.59 | 3.94 | 1.00 | 1.99 | 6.5815 |
| II | shufen-CK10-3 | 5.24 | 1.45 | 6.30 | 1.00 | 1.60 | 4.7962 |
| II | shufen-CK-11（plate） | 4.01 | 1.31 | 4.59 | 1.00 | 2.59 | 6.3062 |
| II | shufen-CK-12 | 3.79 | 1.28 | 4.20 | 1.00 | 2.14 | 5.9055 |
| II | shufen-CK3-1 | 5.14 | 1.25 | 5.61 | 1.00 | 2.44 | 5.0653 |
| II | shufen-T10-2 | 3.80 | 1.16 | 4.55 | 1.00 | 1.66 | 5.0106 |
| II | shufen-T-12 | 4.11 | 1.00 | 4.92 | 1.00 | 2.55 | 4.7086 |
| II | shufen-T7-1（gu） | 2.66 | 1.00 | 3.98 | 1.00 | 1.82 | 14.8768 |
| II | szq-20100804-45 | 6.75 | 1.00 | 1.00 | 5.62 | 6.52 | 10.6940 |
| II | szq-20100804-50 | 5.94 | 1.00 | 3.72 | 1.00 | 4.08 | 10.8533 |
| II | WQH-CK3-1 2 | 4.93 | 1.69 | 3.74 | 1.00 | 2.28 | 19.0379 |
| II | XKC17215 | 7.49 | 1.90 | 5.57 | 4.58 | 1.74 | 3.6400 |
| II | Y2315 | 6.32 | 1.00 | 6.83 | 1.00 | 5.85 | 8.7712 |
| II | ZXZ ZH-2 | 4.09 | 1.00 | 9.05 | 1.00 | 2.10 | 11.8152 |
| II | zyj-11 | 6.84 | 1.60 | 3.99 | 1.00 | 2.81 | 6.2996 |
| II | zyj-12 | 7.23 | 1.69 | 3.24 | 1.00 | 1.83 | 6.5653 |
| II | zyj-22 | 7.54 | 1.63 | 3.60 | 1.00 | 1.73 | 8.0965 |
| II | zyj-25 | 5.77 | 3.38 | 3.77 | 1.00 | 4.93 | 5.9763 |
| II | zyj-26 | 7.46 | 3.64 | 4.03 | 1.00 | 1.77 | 6.5420 |
| 脂肪酸 II 型 242 个菌株平均值 | | 5.85 | 1.74 | 4.44 | 3.49 | 2.53 | RMSTD=3.8871 |
| III | 20101208-WZX-FJAT-11708 | 2.87 | 1.00 | 3.52 | 1.00 | 1.33 | 5.3250 |
| III | 20110225-SDG-FJAT-11072 | 4.56 | 1.00 | 4.29 | 2.26 | 1.80 | 8.0477 |
| III | 20110508-WZX48h-FJAT-8770 | 5.38 | 1.00 | 4.30 | 2.07 | 1.00 | 6.1657 |
| III | 20110517-LGH-FJAT-4677 | 2.06 | 1.00 | 1.00 | 1.00 | 2.36 | 8.7433 |
| III | 20110527-WZX37D-FJAT-8770 | 3.36 | 1.00 | 2.92 | 2.25 | 1.00 | 13.4790 |

续表

| 型 | 菌株名称 | 14:0 iso | 16:1ω11c | c14:0 | 17:1 iso ω10c | c18:0 | 到中心的卡方距离 |
|---|---|---|---|---|---|---|---|
| III | 20110713-WZX-FJAT-72h-8770 | 3.84 | 1.00 | 3.47 | 2.41 | 1.00 | 11.9395 |
| III | 20110718-LGH-FJAT-4679 | 1.94 | 1.00 | 1.59 | 1.00 | 2.61 | 11.3080 |
| III | 20110907-YQ-FJAT-14339 | 4.93 | 1.00 | 1.00 | 1.00 | 1.00 | 7.3806 |
| III | 20110907-YQ-FJAT-14342 | 4.61 | 1.00 | 4.17 | 1.00 | 1.00 | 3.7460 |
| III | 201110-21-TXN-FJAT-14570 | 4.54 | 1.00 | 4.49 | 1.00 | 1.65 | 4.5143 |
| III | 20111102-TXN-FJAT-14591 | 3.49 | 1.70 | 3.88 | 3.44 | 2.55 | 16.9470 |
| III | 20111103-TXN-FJAT-14538 | 4.23 | 1.00 | 3.95 | 1.00 | 2.03 | 4.2091 |
| III | 20111108-LGH-FJAT-Bt | 3.08 | 1.00 | 4.16 | 1.00 | 1.52 | 4.9677 |
| III | 20111108-TXN-FJAT-14686 | 4.41 | 1.00 | 4.03 | 1.00 | 1.57 | 4.4866 |
| III | 20111108-TXN-FJAT-14686 | 3.99 | 1.00 | 3.52 | 1.00 | 1.48 | 4.6536 |
| III | 20111123-hu-128 | 4.62 | 1.00 | 4.07 | 2.16 | 1.34 | 8.3260 |
| III | 20111123-hu-137 | 4.16 | 1.00 | 3.87 | 2.33 | 1.00 | 11.4523 |
| III | 20120229-TXN-FJAT-14716 | 4.28 | 1.00 | 3.76 | 1.00 | 1.50 | 3.7492 |
| III | 20120305-LGH-FJAT-20 | 4.17 | 1.00 | 3.17 | 1.00 | 1.75 | 6.8110 |
| III | 20120305-LGH-FJAT-24 | 9.65 | 1.19 | 1.00 | 2.44 | 1.76 | 7.0793 |
| III | 20120305-LGH-FJAT-27 | 4.33 | 1.00 | 2.99 | 1.00 | 1.74 | 7.4025 |
| III | 20120305-LGH-FJAT-28 | 4.22 | 1.00 | 2.96 | 1.00 | 1.92 | 7.1936 |
| III | 20120305-LGH-FJAT-29 | 4.29 | 1.00 | 2.95 | 1.00 | 1.83 | 5.2532 |
| III | 20120305-LGH-FJAT-30 | 4.41 | 1.00 | 3.21 | 1.00 | 1.85 | 7.1800 |
| III | 20120305-LGH-FJAT-35 | 4.70 | 1.00 | 3.05 | 1.00 | 2.02 | 7.1499 |
| III | 20120305-LGH-FJAT-36 | 11.64 | 1.00 | 1.00 | 1.00 | 1.76 | 7.9358 |
| III | 20120305-LGH-FJAT-38 | 10.62 | 1.00 | 1.00 | 1.00 | 1.79 | 7.1788 |
| III | 20120305-LGH-FJAT-40 | 4.21 | 1.00 | 3.43 | 1.00 | 2.90 | 3.5874 |
| III | 20120321-liugh-33 | 5.93 | 1.00 | 3.09 | 1.00 | 1.92 | 5.8282 |
| III | A11 | 6.46 | 1.00 | 3.72 | 1.00 | 1.00 | 2.5229 |
| III | A3 | 6.89 | 1.00 | 5.27 | 1.00 | 1.00 | 4.9345 |
| III | bonn-13 | 5.14 | 2.90 | 4.07 | 1.00 | 1.81 | 3.3837 |
| III | bonn-8 | 2.82 | 2.31 | 4.22 | 1.00 | 1.97 | 6.0665 |
| III | c1-10 | 6.45 | 1.00 | 4.39 | 1.00 | 1.00 | 5.7324 |
| III | CAAS-D33 | 4.06 | 2.97 | 6.57 | 1.00 | 1.18 | 7.3011 |
| III | CAAS-G-20-1 | 1.00 | 1.00 | 5.04 | 1.00 | 1.00 | 13.7271 |
| III | CAAS-G-20-1 | 1.00 | 1.00 | 5.02 | 1.00 | 1.00 | 11.8466 |
| III | CAAS-G-20-2 | 3.41 | 1.72 | 5.02 | 1.00 | 1.53 | 7.1449 |
| III | CAAS-G-20-2 | 3.48 | 1.66 | 5.05 | 1.00 | 1.52 | 7.2591 |
| III | CAAS-K23 | 5.51 | 2.29 | 6.49 | 1.00 | 1.20 | 4.4048 |
| III | CL FCK15-6-1 | 5.17 | 1.00 | 4.11 | 1.00 | 1.00 | 2.7235 |
| III | CL FCK-3-6-2 | 5.73 | 1.00 | 4.58 | 1.00 | 1.00 | 4.1214 |
| III | CL FCK6-1-1 | 6.97 | 1.00 | 4.77 | 1.00 | 1.00 | 5.7248 |
| III | CL FCK6-1-2 | 5.75 | 1.00 | 4.77 | 1.00 | 1.00 | 3.4374 |
| III | CL FCK6-1-3 | 5.81 | 1.00 | 3.98 | 1.00 | 1.00 | 2.4173 |

续表

| 型 | 菌株名称 | 14:0 iso | 16:1ω11c | c14:0 | 17:1 iso ω10c | c18:0 | 到中心的卡方距离 |
|---|---|---|---|---|---|---|---|
| III | CL FJK2-12-1-1 | 4.61 | 1.00 | 3.75 | 1.00 | 1.00 | 5.0557 |
| III | CL FJK2-12-5-2 | 6.32 | 1.00 | 4.46 | 1.00 | 1.00 | 3.7910 |
| III | CL FJK2-3-6-1 | 5.16 | 1.00 | 3.79 | 1.00 | 2.01 | 2.7784 |
| III | CL FJK2-3-6-3 | 4.59 | 1.00 | 5.58 | 1.00 | 2.38 | 5.5460 |
| III | CL FJK2-9-1-1 | 6.24 | 1.00 | 4.95 | 1.00 | 1.00 | 2.3902 |
| III | CL FJK2-9-1-2 | 3.78 | 1.00 | 3.82 | 1.00 | 1.00 | 3.6920 |
| III | CL FQ-0-1-2 | 6.03 | 1.00 | 3.99 | 1.00 | 1.00 | 5.0656 |
| III | CL FQ-0-1-4 | 5.63 | 1.00 | 4.06 | 1.00 | 1.00 | 4.2043 |
| III | CL YCK-3-4-1 | 4.39 | 1.00 | 5.43 | 1.00 | 1.00 | 5.1091 |
| III | CL YCK-6-5-1 | 4.61 | 1.00 | 6.68 | 1.00 | 1.00 | 5.0739 |
| III | CL YCK-6-5-2 | 3.95 | 1.00 | 5.70 | 1.00 | 1.86 | 6.0831 |
| III | CL YCK-6-5-4 | 4.26 | 1.00 | 4.87 | 1.00 | 2.19 | 4.2473 |
| III | CL YCK-6-5-5 | 5.30 | 1.00 | 6.88 | 1.00 | 1.00 | 5.9831 |
| III | CL YJK2-12-4-1 | 5.31 | 1.00 | 4.83 | 1.00 | 1.00 | 2.7004 |
| III | CL YJK2-12-6-1 | 7.02 | 1.00 | 4.64 | 1.00 | 1.00 | 3.3819 |
| III | CL YJK2-15-3-1 | 5.22 | 1.00 | 4.95 | 1.00 | 1.00 | 4.7966 |
| III | CL YJK2-15-4-1 | 7.16 | 1.00 | 6.03 | 1.00 | 1.00 | 5.6305 |
| III | CL YJK2-6-4-2 | 5.74 | 1.00 | 5.08 | 1.00 | 2.75 | 3.1355 |
| III | CL YJK2-6-6-1 | 3.52 | 1.00 | 5.90 | 1.00 | 3.84 | 4.6118 |
| III | CL YJK2-6-6-1 | 4.54 | 1.00 | 3.77 | 1.00 | 1.00 | 5.6904 |
| III | CL YJK2-9-4-1 | 5.04 | 1.00 | 6.23 | 1.00 | 2.81 | 5.2420 |
| III | CL-FCK-3-1-3 | 5.98 | 1.00 | 3.90 | 1.00 | 1.00 | 2.9373 |
| III | CL-FCK-6-6-1 | 4.99 | 1.00 | 3.68 | 1.00 | 1.00 | 5.1351 |
| III | FJAT-35LB | 5.19 | 1.00 | 3.89 | 1.00 | 1.36 | 4.4476 |
| III | FJAT-4618 | 6.09 | 1.00 | 4.07 | 1.00 | 1.48 | 4.9081 |
| III | FJAT-4638 | 5.91 | 1.00 | 3.04 | 1.00 | 1.50 | 5.3100 |
| III | FJAT-4640 | 6.79 | 1.00 | 3.54 | 1.00 | 1.48 | 6.8017 |
| III | FJAT-4647 | 6.20 | 1.00 | 3.54 | 1.00 | 2.51 | 8.3510 |
| III | FJAT-4651 | 6.78 | 1.00 | 3.33 | 1.00 | 1.82 | 8.2617 |
| III | FJAT-4653 | 6.89 | 1.00 | 3.58 | 1.00 | 1.67 | 4.6988 |
| III | FJAT-4654 | 6.38 | 1.00 | 3.62 | 1.00 | 1.70 | 8.5174 |
| III | gxf-J106 | 4.72 | 1.62 | 4.61 | 1.00 | 3.49 | 5.3330 |
| III | gxf-J11-1 | 3.98 | 1.19 | 4.64 | 1.00 | 1.25 | 3.5944 |
| III | GXF-J13 | 3.91 | 1.40 | 4.23 | 1.00 | 2.28 | 3.8789 |
| III | gxf-J16 | 4.28 | 1.30 | 4.37 | 1.00 | 2.77 | 8.2403 |
| III | GXF-J22 | 4.23 | 1.47 | 4.44 | 1.00 | 1.25 | 6.9180 |
| III | gxf-J23-1 | 4.32 | 1.48 | 3.78 | 1.00 | 1.83 | 7.8456 |
| III | gxf-J27 | 4.24 | 1.21 | 4.66 | 1.00 | 1.42 | 7.3908 |
| III | gxf-J28 | 4.35 | 1.16 | 4.64 | 1.00 | 1.71 | 5.0693 |
| III | gxf-J33 | 5.45 | 1.33 | 4.43 | 1.00 | 1.64 | 2.6328 |

续表

| 型 | 菌株名称 | 14:0 iso | 16:1ω11c | c14:0 | 17:1 iso ω10c | c18:0 | 到中心的卡方距离 |
|---|---|---|---|---|---|---|---|
| III | gxf-J411 | 5.60 | 1.27 | 4.42 | 1.00 | 1.13 | 5.9452 |
| III | GXF-J47 | 4.18 | 1.61 | 3.67 | 1.00 | 1.29 | 6.2648 |
| III | gxf-J51 | 4.26 | 1.32 | 4.42 | 1.00 | 1.50 | 8.8399 |
| III | gxf-J53 | 3.76 | 1.25 | 3.87 | 1.00 | 1.25 | 11.7290 |
| III | gxf-J54 | 4.14 | 1.23 | 3.88 | 1.00 | 1.70 | 8.5711 |
| III | gxf-J55 | 4.82 | 1.40 | 4.99 | 1.00 | 1.33 | 3.6484 |
| III | gxf-J64 | 3.60 | 1.00 | 4.48 | 1.00 | 6.16 | 7.0685 |
| III | gxf-J71 | 4.45 | 1.42 | 5.31 | 1.00 | 1.58 | 6.4419 |
| III | gxf-J73 | 4.30 | 1.39 | 4.01 | 1.00 | 1.47 | 5.2894 |
| III | HGP 3-J-1 | 4.17 | 1.60 | 5.65 | 1.00 | 1.00 | 4.0475 |
| III | HGP 5-J-8 | 5.54 | 1.00 | 6.08 | 1.00 | 2.00 | 5.6755 |
| III | HGP 5-T-6 | 5.21 | 1.33 | 4.25 | 1.00 | 1.86 | 6.4913 |
| III | HGP 8-T-5 | 4.09 | 1.00 | 3.62 | 1.00 | 2.22 | 5.7492 |
| III | HGP SM10-T-3 | 4.49 | 1.27 | 3.43 | 1.00 | 2.06 | 9.0919 |
| III | HGP SM12-T-3 | 5.55 | 1.00 | 3.90 | 1.00 | 1.00 | 5.0877 |
| III | HGP SM13-T-1 | 4.47 | 1.30 | 3.98 | 1.00 | 2.03 | 3.0557 |
| III | HGP SM13-T-2 | 5.43 | 1.26 | 4.25 | 1.00 | 2.57 | 7.1220 |
| III | HGP SM13-T-4 | 5.40 | 1.65 | 3.96 | 1.00 | 1.41 | 3.2527 |
| III | HGP SM14-T-1 | 5.29 | 1.28 | 4.24 | 1.00 | 1.51 | 3.0545 |
| III | HGP SM17-T-8 | 4.91 | 1.32 | 4.17 | 1.00 | 2.33 | 5.0139 |
| III | HGP SM18-T-1 | 4.50 | 1.25 | 3.71 | 1.00 | 1.41 | 3.3458 |
| III | HGP SM18-T-7 | 4.40 | 1.14 | 3.51 | 1.00 | 1.76 | 9.8957 |
| III | hgp sm19-t-2 | 5.68 | 1.18 | 4.23 | 1.00 | 1.50 | 4.4671 |
| III | HGP SM19-T-3 | 5.45 | 1.18 | 4.22 | 1.00 | 1.44 | 3.0969 |
| III | HGP SM19-T-4 | 4.05 | 1.30 | 3.49 | 1.00 | 1.44 | 3.4650 |
| III | HGP SM19-T-5 | 3.80 | 1.24 | 4.17 | 1.00 | 1.47 | 7.4754 |
| III | HGP SM20-T-1 | 4.14 | 1.00 | 3.39 | 1.00 | 1.81 | 7.6075 |
| III | hgp sm20-t-2 | 4.47 | 1.15 | 3.67 | 1.00 | 1.49 | 5.6944 |
| III | HGP SM20-T-3 | 4.56 | 1.15 | 3.38 | 1.00 | 1.57 | 6.7572 |
| III | HGP SM23-T-2 | 4.29 | 1.18 | 3.08 | 1.00 | 1.43 | 5.4310 |
| III | HGP SM24-T-1 | 5.45 | 1.30 | 3.25 | 1.00 | 1.56 | 6.3485 |
| III | HGP SM24-T-2 | 5.06 | 1.26 | 3.21 | 1.00 | 2.30 | 8.3976 |
| III | HGP SM6-J-3 | 4.56 | 1.00 | 5.01 | 1.00 | 1.00 | 4.7978 |
| III | HGP XU-G-6 | 6.35 | 1.00 | 3.62 | 1.00 | 2.02 | 8.2264 |
| III | HGP XU-J-1 | 5.62 | 1.00 | 3.45 | 1.00 | 1.61 | 5.1158 |
| III | HGP XU-J-5 | 4.45 | 1.15 | 2.92 | 1.00 | 2.06 | 6.5162 |
| III | HGP XU-T-2 | 5.72 | 1.27 | 4.56 | 1.00 | 1.63 | 6.5302 |
| III | HGP XU-T-4 | 5.55 | 1.28 | 4.70 | 1.00 | 2.59 | 6.5683 |
| III | hxj-H-2 | 6.47 | 1.00 | 3.07 | 1.00 | 2.12 | 4.6766 |
| III | J-1 | 6.51 | 1.00 | 5.47 | 1.00 | 1.00 | 6.3903 |

续表

| 型 | 菌株名称 | 14:0 iso | 16:1ω11c | c14:0 | 17:1 iso ω10c | c18:0 | 到中心的卡方距离 |
|---|---|---|---|---|---|---|---|
| III | J-1 | 5.43 | 1.00 | 5.23 | 1.00 | 3.15 | 5.4197 |
| III | J-2 | 7.29 | 1.00 | 4.23 | 1.00 | 1.00 | 5.1646 |
| III | J-3 | 1.00 | 1.00 | 1.00 | 1.00 | 1.00 | 11.0998 |
| III | J-3 | 5.54 | 1.00 | 5.28 | 1.00 | 1.00 | 3.7572 |
| III | LGF-20100824-FJAT-8770 | 3.40 | 1.00 | 3.97 | 2.58 | 2.53 | 8.8921 |
| III | LGH-FJAT-4386 | 4.40 | 2.70 | 4.98 | 1.00 | 1.43 | 6.0470 |
| III | LGH-FJAT-4386 | 4.39 | 2.70 | 5.05 | 1.00 | 1.43 | 6.2602 |
| III | LGH-FJAT-4398 | 5.40 | 1.17 | 4.50 | 1.00 | 1.83 | 6.1623 |
| III | LGH-FJAT-4398 | 5.40 | 1.17 | 4.50 | 1.00 | 1.83 | 6.1623 |
| III | LGH-FJAT-4409 | 5.87 | 1.09 | 4.70 | 1.00 | 2.21 | 6.7293 |
| III | LGH-FJAT-4413 | 5.65 | 1.16 | 4.65 | 1.00 | 1.56 | 6.2095 |
| III | LGH-FJAT-4414 | 5.91 | 1.19 | 4.23 | 1.00 | 1.44 | 6.4433 |
| III | LGH-FJAT-4418 | 7.07 | 1.19 | 4.69 | 1.00 | 1.32 | 5.9631 |
| III | LGH-FJAT-4419 | 6.35 | 1.10 | 4.40 | 1.00 | 1.43 | 7.8334 |
| III | LGH-FJAT-4476 | 6.34 | 1.00 | 4.94 | 1.00 | 1.00 | 4.8450 |
| III | LGH-FJAT-4478 | 6.57 | 1.00 | 3.81 | 1.00 | 1.00 | 4.2153 |
| III | LGH-FJAT-4519 | 6.31 | 2.21 | 5.50 | 1.00 | 1.00 | 5.9199 |
| III | LGH-FJAT-4521 | 5.44 | 1.00 | 4.73 | 1.00 | 1.00 | 1.6044 |
| III | LGH-FJAT-4540 | 5.01 | 1.00 | 6.19 | 1.00 | 1.00 | 9.8469 |
| III | LGH-FJAT-4542 | 6.90 | 1.00 | 5.80 | 1.00 | 1.00 | 4.9775 |
| III | LGH-FJAT-4556 | 4.43 | 1.00 | 3.80 | 1.00 | 1.00 | 10.4406 |
| III | LGH-FJAT-4561 | 6.05 | 1.00 | 4.50 | 1.00 | 1.00 | 2.4943 |
| III | LGH-FJAT-4566 | 5.58 | 1.00 | 4.77 | 1.00 | 1.00 | 8.6752 |
| III | LGH-FJAT-4577 | 7.60 | 1.00 | 5.53 | 1.00 | 1.00 | 3.4059 |
| III | LGH-FJAT-4610 | 5.52 | 1.28 | 3.52 | 1.00 | 1.50 | 2.9365 |
| III | LGH-FJAT-4618 | 4.61 | 1.00 | 3.97 | 1.00 | 1.00 | 2.7407 |
| III | LGH-FJAT-4631 | 7.72 | 1.00 | 1.00 | 1.00 | 1.00 | 8.6059 |
| III | LGH-FJAT-4633 | 8.17 | 1.00 | 3.39 | 1.00 | 1.00 | 8.4604 |
| III | LGH-FJAT-4645 | 4.77 | 1.00 | 4.42 | 1.00 | 1.00 | 1.6486 |
| III | LGH-FJAT-4655 | 6.78 | 1.00 | 3.37 | 1.00 | 1.60 | 7.3170 |
| III | LGH-FJAT-4656 | 7.14 | 1.00 | 3.56 | 1.00 | 1.49 | 7.0173 |
| III | LGH-FJAT-4656 | 7.14 | 1.00 | 3.56 | 1.00 | 1.49 | 7.0173 |
| III | LGH-FJAT-4674 | 8.36 | 1.00 | 1.00 | 1.00 | 1.00 | 9.7737 |
| III | LGH-FJAT-4766 | 7.63 | 1.00 | 4.01 | 1.00 | 1.00 | 6.2864 |
| III | LGH-FJAT-4770 | 4.90 | 1.36 | 4.53 | 1.00 | 1.60 | 4.5056 |
| III | LGH-FJAT-4770 | 7.11 | 1.00 | 4.05 | 1.00 | 1.00 | 8.7234 |
| III | LGH-FJAT-4824 | 6.04 | 1.00 | 1.00 | 1.00 | 1.00 | 8.5202 |
| III | LGH-FJAT-4825 | 5.97 | 1.00 | 5.89 | 1.00 | 1.00 | 3.3064 |
| III | LGH-FJAT-4833 | 8.18 | 1.00 | 1.00 | 1.00 | 1.00 | 9.4449 |
| III | LGH-FJAT-4834 | 6.13 | 1.00 | 1.00 | 1.00 | 1.00 | 10.1958 |

续表

| 型 | 菌株名称 | 14:0 iso | 16:1ω11c | c14:0 | 17:1 iso ω10c | c18:0 | 到中心的卡方距离 |
|---|---|---|---|---|---|---|---|
| III | LGH-FJAT-BT | 5.99 | 1.00 | 3.87 | 1.00 | 1.00 | 3.0659 |
| III | LGH-FJAT-BT | 6.09 | 1.00 | 3.54 | 1.00 | 1.00 | 3.1383 |
| III | ljy-11-6 | 6.39 | 1.00 | 3.67 | 1.00 | 1.00 | 7.4102 |
| III | ljy-13-1 | 5.50 | 1.00 | 4.50 | 1.00 | 1.00 | 4.6139 |
| III | ljy-24-2 | 4.91 | 1.00 | 3.92 | 1.00 | 1.87 | 5.9087 |
| III | ljy-31-10 | 4.23 | 1.00 | 5.71 | 1.00 | 1.79 | 4.3888 |
| III | ljy-31-5 | 5.80 | 1.00 | 5.60 | 1.00 | 1.00 | 6.9074 |
| III | ljy-31-8 | 5.77 | 1.00 | 3.73 | 1.00 | 2.07 | 5.2765 |
| III | ljy-33-7 | 6.00 | 1.00 | 3.65 | 1.00 | 1.00 | 6.2572 |
| III | lyh-20100805-8956 | 4.48 | 1.00 | 8.81 | 1.00 | 1.00 | 6.3247 |
| III | NB011-2 | 6.58 | 1.00 | 4.05 | 1.00 | 1.00 | 2.1487 |
| III | NB021 | 7.15 | 1.00 | 5.98 | 1.00 | 1.00 | 3.1099 |
| III | NG020 | 7.30 | 1.00 | 1.00 | 1.00 | 1.00 | 7.4903 |
| III | NG020 | 6.55 | 1.00 | 5.46 | 1.00 | 1.00 | 5.0367 |
| III | orgn-1 | 5.27 | 1.25 | 3.92 | 1.00 | 1.90 | 2.1898 |
| III | orgn-29 | 4.96 | 1.29 | 3.12 | 1.00 | 1.81 | 5.4884 |
| III | orgn-32 | 4.88 | 1.31 | 4.33 | 1.00 | 2.24 | 6.0193 |
| III | shufen-? | 3.51 | 1.55 | 3.95 | 1.00 | 1.54 | 6.3178 |
| III | shufen-CK10-1 | 4.09 | 1.42 | 6.20 | 1.00 | 1.40 | 4.0670 |
| III | shufen-CK-11 | 4.90 | 1.00 | 4.79 | 1.00 | 1.82 | 5.1650 |
| III | shufen-CK3-2 | 3.77 | 1.00 | 5.17 | 1.00 | 1.65 | 7.3012 |
| III | shufen-T-11 | 4.23 | 1.50 | 4.66 | 1.00 | 1.98 | 3.0650 |
| III | ST-4824 | 4.80 | 1.00 | 3.45 | 1.00 | 1.00 | 4.8586 |
| III | TQR-251 | 5.82 | 1.31 | 5.30 | 1.00 | 1.00 | 4.3706 |
| III | TQR-31 | 2.50 | 1.00 | 3.91 | 1.00 | 3.65 | 8.7314 |
| III | TQR-33 | 2.96 | 1.00 | 3.92 | 1.00 | 3.60 | 11.5425 |
| III | TQR-34 | 2.93 | 1.00 | 4.69 | 1.00 | 2.67 | 6.4507 |
| III | TQR-35 | 2.89 | 1.00 | 5.14 | 1.00 | 2.84 | 6.0266 |
| III | TQR-37 | 3.42 | 1.00 | 4.76 | 1.00 | 2.37 | 12.6502 |
| III | TQR-38 | 4.62 | 1.00 | 3.75 | 1.00 | 3.05 | 3.7405 |
| III | TQR-39 | 3.70 | 1.00 | 4.57 | 1.00 | 2.24 | 12.3596 |
| III | tqr-41 | 3.58 | 1.00 | 6.61 | 1.00 | 2.44 | 5.3040 |
| III | tqr-44 | 3.29 | 1.00 | 4.09 | 1.00 | 2.01 | 13.8417 |
| III | tqr-45 | 3.59 | 1.00 | 4.82 | 1.00 | 2.40 | 13.2442 |
| III | tqr-47 | 3.96 | 1.00 | 6.42 | 1.00 | 2.32 | 5.4059 |
| III | tqr-48 | 3.98 | 1.00 | 3.94 | 1.00 | 1.79 | 5.4778 |
| III | tqr-49 | 4.59 | 1.00 | 5.15 | 1.00 | 1.88 | 13.3380 |
| III | tqr940 | 5.28 | 1.00 | 4.53 | 1.00 | 1.00 | 9.3998 |
| III | tqw-51 | 4.89 | 1.00 | 4.28 | 1.00 | 1.00 | 13.8497 |
| III | X1-1 | 6.39 | 1.00 | 4.21 | 1.00 | 1.00 | 4.2774 |

续表

| 型 | 菌株名称 | 14:0 iso | 16:1ω11c | c14:0 | 17:1 iso ω10c | c18:0 | 到中心的卡方距离 |
|---|---|---|---|---|---|---|---|
| III | X1-10 | 5.97 | 1.00 | 1.00 | 1.00 | 1.00 | 4.7872 |
| III | X1-2 | 6.22 | 1.00 | 4.23 | 1.00 | 1.00 | 2.6692 |
| III | X1-9 | 6.17 | 1.00 | 5.46 | 1.00 | 1.00 | 4.8113 |
| III | x2-1 | 5.74 | 1.00 | 3.88 | 1.00 | 1.00 | 3.9907 |
| III | X2-2A | 6.11 | 1.00 | 4.15 | 1.00 | 1.00 | 2.1613 |
| III | X4-1 | 5.84 | 1.00 | 5.10 | 1.00 | 1.00 | 4.9050 |
| III | X4-2 | 6.52 | 1.00 | 6.28 | 1.00 | 1.00 | 3.7342 |
| III | X4-3 | 7.23 | 1.00 | 3.59 | 1.00 | 1.00 | 6.2223 |
| III | X4-4 | 8.87 | 1.00 | 1.00 | 1.00 | 1.00 | 8.8270 |
| III | X4-4 | 6.51 | 1.00 | 3.84 | 1.00 | 1.00 | 4.0740 |
| III | Y2311 | 5.65 | 1.00 | 4.09 | 1.00 | 1.00 | 2.9320 |
| III | Y2312 | 4.64 | 1.00 | 4.06 | 1.00 | 1.00 | 2.8200 |
| III | Y2313 | 5.69 | 1.00 | 4.71 | 1.00 | 1.00 | 5.8145 |
| III | Y2315 | 4.95 | 1.00 | 4.00 | 1.00 | 1.00 | 5.5479 |
| III | Y2316 | 6.35 | 1.00 | 5.08 | 1.00 | 3.99 | 6.4282 |
| III | Y2317 | 4.93 | 1.00 | 3.47 | 1.00 | 1.00 | 4.1291 |
| III | Y2318 | 5.91 | 1.00 | 5.42 | 1.00 | 1.00 | 8.4585 |
| III | Y2318 | 6.20 | 1.00 | 1.00 | 1.00 | 1.00 | 4.2749 |
| III | Y2319 | 6.31 | 1.00 | 4.82 | 1.00 | 1.00 | 3.3352 |
| III | Y2319 | 6.07 | 1.00 | 3.57 | 1.00 | 1.00 | 4.5385 |
| III | Y2320 | 5.49 | 1.00 | 1.00 | 1.00 | 1.00 | 3.9832 |
| III | Y2320 | 5.22 | 1.00 | 4.88 | 1.00 | 3.80 | 7.9294 |
| III | ysj-6b1 | 4.02 | 1.30 | 4.12 | 1.00 | 1.29 | 5.0996 |
| III | YSJ-6B-12 | 5.13 | 1.37 | 3.80 | 1.00 | 1.30 | 1.0558 |
| III | ysj-6b2 | 5.20 | 1.42 | 3.77 | 1.00 | 1.48 | 0.9982 |
| III | YSJ-6B-5 | 3.79 | 1.28 | 3.98 | 1.00 | 1.42 | 5.8716 |
| III | ysj-6c-4 | 3.76 | 1.24 | 3.90 | 1.00 | 1.48 | 5.4531 |
| III | ysj-6c7 | 4.56 | 1.35 | 3.87 | 1.00 | 1.32 | 3.7357 |
| III | ysj-b-16 | 4.63 | 1.26 | 3.82 | 1.00 | 1.23 | 3.7550 |
| III | ysj-b-17 | 4.86 | 1.33 | 3.72 | 1.00 | 1.31 | 1.8202 |
| III | ysj-b-18 | 3.74 | 1.25 | 3.84 | 1.00 | 1.29 | 5.7834 |
| III | ysj-c10 | 4.03 | 1.22 | 3.82 | 1.00 | 1.47 | 3.8063 |
| III | ysj-c9 | 4.30 | 1.31 | 3.83 | 1.00 | 1.36 | 3.5278 |
| III | ZXZ TT-F-500-3-IV | 3.49 | 1.00 | 8.10 | 1.00 | 1.00 | 8.2050 |
| III | zyj-10 | 6.33 | 1.00 | 3.92 | 1.00 | 1.00 | 4.3136 |
| III | zyj-10 | 6.82 | 1.49 | 3.58 | 1.00 | 1.58 | 5.7094 |
| III | zyj-12 | 6.65 | 1.00 | 3.94 | 1.00 | 1.00 | 5.3089 |
| III | zyj-13 | 7.01 | 1.00 | 3.23 | 1.00 | 1.00 | 6.3431 |
| III | zyj-14 | 3.90 | 1.00 | 4.06 | 1.00 | 2.19 | 13.0247 |
| III | zyj-15 | 4.88 | 1.00 | 3.94 | 1.00 | 1.37 | 12.2302 |

续表

| 型 | 菌株名称 | 14:0 iso | 16:1ω11c | c14:0 | 17:1 iso ω10c | c18:0 | 到中心的卡方距离 |
|---|---|---|---|---|---|---|---|
| III | zyj-15 | 6.96 | 1.00 | 3.26 | 1.00 | 1.00 | 6.4450 |
| III | zyj-16 | 4.36 | 1.00 | 3.93 | 1.00 | 1.74 | 11.5421 |
| III | zyj-17 | 4.16 | 1.00 | 6.50 | 1.00 | 1.91 | 7.4927 |
| III | zyj-18 | 4.36 | 1.12 | 3.52 | 1.00 | 1.23 | 8.8349 |
| III | zyj-19 | 5.09 | 1.00 | 3.88 | 1.00 | 1.73 | 5.7327 |
| III | zyj-2 | 4.24 | 1.00 | 3.77 | 1.00 | 1.92 | 12.7993 |
| III | zyj-2 | 3.36 | 1.00 | 3.82 | 1.00 | 1.49 | 9.2986 |
| III | zyj-20 | 5.09 | 1.20 | 4.00 | 1.00 | 1.80 | 5.9310 |
| III | zyj-21 | 5.60 | 1.17 | 3.83 | 1.00 | 1.44 | 3.9560 |
| III | zyj-22 | 6.38 | 1.00 | 4.00 | 1.00 | 1.00 | 3.9068 |
| III | zyj-23 | 7.02 | 1.00 | 4.29 | 1.00 | 1.00 | 3.5682 |
| III | zyj-24 | 6.66 | 1.52 | 4.50 | 1.00 | 1.73 | 5.4518 |
| III | zyj-24 | 6.46 | 1.00 | 3.91 | 1.00 | 1.00 | 3.8148 |
| III | zyj-25 | 6.27 | 1.00 | 6.27 | 1.00 | 1.89 | 6.0249 |
| III | zyj-26 | 7.44 | 1.00 | 3.46 | 1.00 | 1.00 | 4.1697 |
| III | zyj-27 | 6.62 | 1.00 | 3.73 | 1.00 | 1.00 | 3.7528 |
| III | zyj-28 | 7.78 | 1.00 | 3.53 | 1.00 | 1.00 | 5.5296 |
| III | zyj-29 | 7.04 | 1.00 | 3.92 | 1.00 | 1.00 | 4.2624 |
| III | zyj-3 | 3.83 | 1.00 | 3.28 | 1.00 | 1.38 | 11.9916 |
| III | zyj-3 | 3.63 | 1.00 | 4.30 | 1.00 | 1.64 | 10.0027 |
| III | zyj-30 | 6.61 | 1.00 | 6.22 | 1.00 | 2.17 | 6.9288 |
| III | zyj-4 | 3.10 | 1.00 | 3.90 | 1.00 | 2.09 | 12.6131 |
| III | zyj-4 | 3.90 | 1.00 | 3.64 | 1.00 | 2.56 | 10.4462 |
| III | zyj-5 | 3.37 | 1.00 | 4.26 | 1.00 | 1.82 | 12.9570 |
| III | zyj-5 | 4.81 | 1.00 | 4.09 | 1.00 | 1.41 | 10.1716 |
| III | zyj-6 | 3.28 | 1.00 | 4.31 | 1.00 | 1.75 | 12.7772 |
| III | zyj-6 | 4.56 | 1.00 | 3.60 | 1.00 | 1.35 | 11.5438 |
| III | zyj-6 | 5.25 | 1.00 | 5.40 | 1.00 | 2.08 | 5.1091 |
| III | zyj-7 | 5.98 | 1.00 | 5.13 | 1.00 | 1.69 | 4.0831 |
| III | zyj-8 | 6.31 | 1.00 | 4.39 | 1.00 | 1.00 | 4.0726 |
| III | zyj-8 | 4.85 | 1.00 | 3.77 | 1.00 | 2.17 | 4.5039 |
| III | zyj-9 | 6.04 | 1.00 | 3.94 | 1.00 | 1.00 | 3.1206 |
| III | zyj-9 | 5.11 | 1.00 | 3.68 | 1.00 | 1.58 | 4.6679 |
| III | 20121109-FJAT-16720-ZR | 4.19 | 1.00 | 2.80 | 1.00 | 1.00 | 7.7420 |
| III | 20121114-FJAT-16720NS-zr | 4.06 | 1.00 | 2.52 | 1.00 | 1.00 | 8.3440 |
| III | 20121114-FJAT-16720-wk | 3.83 | 1.00 | 2.65 | 1.00 | 1.58 | 10.8543 |
| III | CL YCK-3-6-1 | 5.45 | 1.00 | 5.67 | 1.00 | 3.36 | 7.9830 |
| III | JK-2 | 6.09 | 2.86 | 4.79 | 1.00 | 1.39 | 7.8822 |
| III | LGH-FJAT-4521 | 5.59 | 2.64 | 7.10 | 1.00 | 1.00 | 6.3250 |
| III | LGH-FJAT-4541 | 7.55 | 1.00 | 5.30 | 1.00 | 1.00 | 8.2780 |

续表

| 型 | 菌株名称 | 14:0 iso | 16:1ω11c | c14:0 | 17:1 iso ω10c | c18:0 | 到中心的卡方距离 |
|---|---|---|---|---|---|---|---|
| III | LGH-FJAT-4541 | 5.89 | 1.00 | 8.17 | 1.00 | 1.00 | 8.9223 |
| III | LGH-FJAT-4542 | 5.55 | 1.00 | 10.35 | 1.00 | 1.00 | 8.3923 |
| III | LGH-FJAT-4558 | 8.97 | 1.00 | 5.90 | 1.00 | 1.00 | 5.8403 |
| III | LGH-FJAT-4609 | 10.25 | 1.00 | 1.00 | 1.00 | 1.00 | 8.4695 |
| III | LGH-FJAT-4609 | 10.12 | 1.00 | 1.00 | 1.00 | 1.00 | 8.6520 |
| III | LGH-FJAT-4610 | 11.18 | 1.00 | 1.00 | 1.00 | 1.00 | 13.1875 |
| III | LGH-FJAT-4634 | 10.32 | 1.00 | 7.21 | 1.00 | 1.00 | 12.1200 |
| III | NB021 | 8.91 | 1.00 | 5.78 | 1.00 | 1.00 | 8.4316 |
| III | SYK S-4 | 9.41 | 1.00 | 7.56 | 1.00 | 1.00 | 8.7633 |
| III | SYK S-5 | 13.30 | 1.00 | 1.00 | 1.00 | 1.00 | 15.0637 |
| III | Y2314 | 7.56 | 1.00 | 5.92 | 1.00 | 1.00 | 7.4235 |
| III | zyj-14 | 7.68 | 1.00 | 3.19 | 1.00 | 1.00 | 7.0362 |
| 脂肪酸 III 型 297 个菌株平均值 | | 5.35 | 1.13 | 4.17 | 1.04 | 1.51 | RMSTD=4.0182 |

*脂肪酸含量单位为%

## 3. 蜡样芽胞杆菌脂肪酸型判别模型建立

（1）分析原理。不同的蜡样芽胞杆菌菌株具有不同的脂肪酸组构成，通过上述聚类分析，可将蜡样芽胞杆菌菌株分为 3 个脂肪酸型，利用逐步判别的方法（DPS 软件），建立蜡样芽胞杆菌菌株脂肪酸型判别模型，在建立模型的过程中，可以了解各因子对类别划分的重要性。

（2）数据矩阵。以表 7-2-22 的蜡样芽胞杆菌 963 个菌株的 12 个脂肪酸为矩阵，自变量 $x_{ij}$（$i$=1,…,963；$j$=1,…,12）由 963 个菌株的 12 个脂肪酸组成，因变量 $Y_i$（$i$=1,…,963）由 963 个菌株聚类类别组成脂肪酸型，采用贝叶斯逐步判别分析，建立蜡样芽胞杆菌菌株脂肪酸型判别模型。脂肪酸型类别间判别效果检验见表 7-2-23，模型计算后的分类验证和后验概率见表 7-2-24，脂肪酸型判别效果矩阵分析见表 7-2-25。建立的逐步判别分析因子筛选表明，以下 8 个因子入选，它们是 $x_{(2)}$=15:0 iso、$x_{(3)}$=16:0 iso、$x_{(4)}$=c16:0、$x_{(5)}$=17:0 anteiso、$x_{(7)}$=17:0 iso、$x_{(9)}$=16:1ω11c、$x_{(11)}$=17:1 iso ω10c、$x_{(12)}$=c18:0，表明这些因子对脂肪酸型的判别具有显著贡献。判别模型如下：

$$Y_1=-40.7579+1.2113x_{(2)}+3.5381x_{(3)}+0.0103x_{(4)}+1.4518x_{(5)}+1.1890x_{(7)}+7.5293x_{(9)}+0.2280x_{(11)}+3.8000x_{(12)} \quad (7\text{-}2\text{-}13)$$

$$Y_2=-45.7549+0.9271x_{(2)}+3.6700x_{(3)}+0.9948x_{(4)}+2.3831x_{(5)}+0.9287x_{(7)}+9.8993x_{(9)}-0.6752x_{(11)}+4.5472x_{(12)} \quad (7\text{-}2\text{-}14)$$

$$Y_3=-44.3837+1.5235x_{(2)}+3.7915x_{(3)}+0.2741x_{(4)}+0.1807x_{(5)}+1.3143x_{(7)}+9.2101x_{(9)}-1.7690x_{(11)}+3.3315x_{(12)} \quad (7\text{-}2\text{-}15)$$

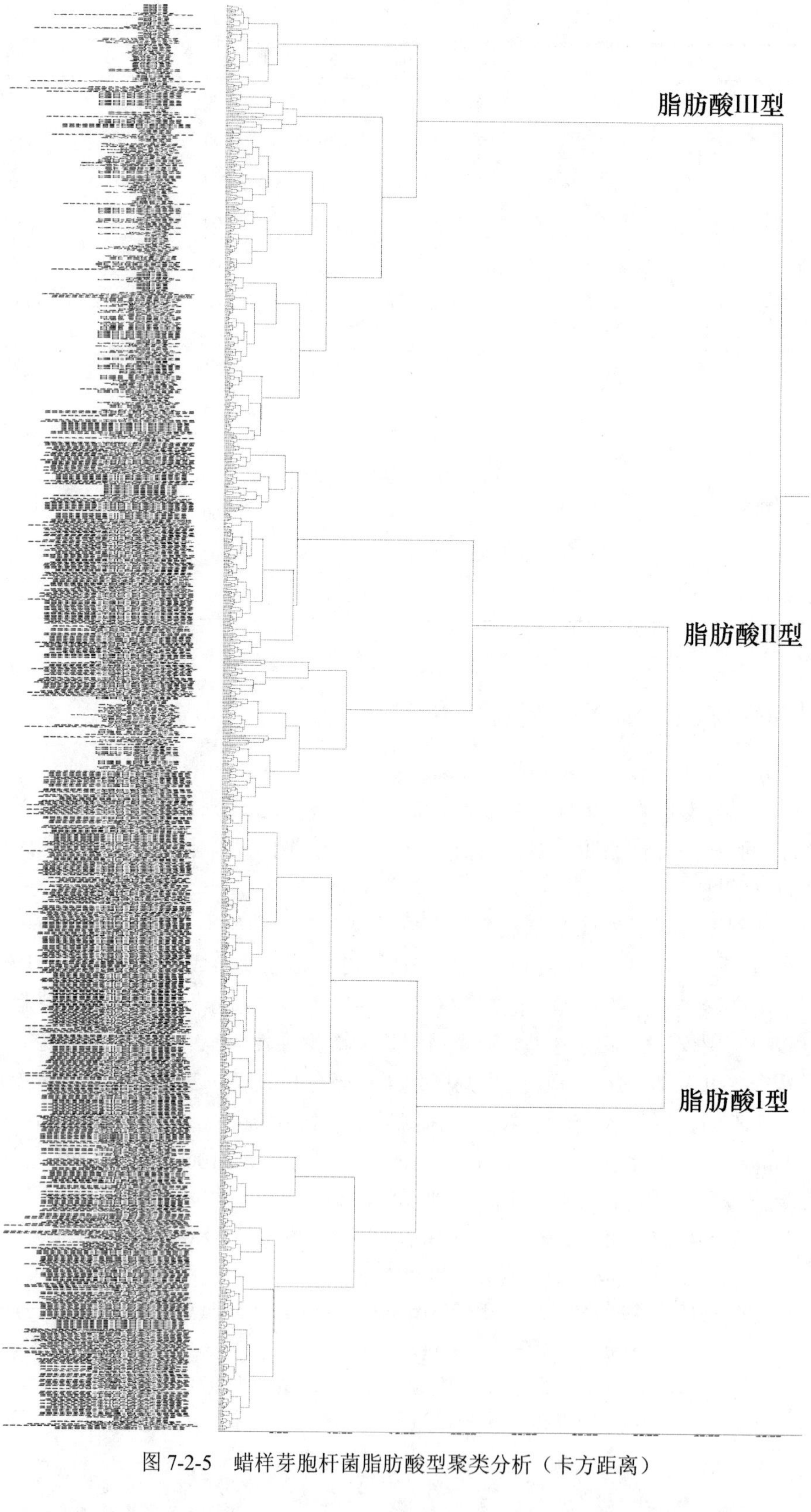


图 7-2-5　蜡样芽胞杆菌脂肪酸型聚类分析（卡方距离）

**表 7-2-23　蜡样芽胞杆菌（*Bacillus cereus*）两两分类间判别效果检验**

| 脂肪酸型 *i* | 脂肪酸型 *j* | 卡方距离 | *F* 值 | 自由度 $V_1$ | $V_2$ | *P* |
|---|---|---|---|---|---|---|
| I | II | 8.1908 | 156.5903 | 8 | 657 | $1\times10^{-7}$ |
| I | III | 8.0104 | 173.6082 | 8 | 712 | $1\times10^{-7}$ |
| II | III | 16.3073 | 269.8341 | 8 | 530 | $1\times10^{-7}$ |

判别模型分类验证表明（表 7-2-24），对脂肪酸 I 型的判对概率为 0.9292；脂肪酸 II 型的判对概率为 0.7934；脂肪酸 III 型的判对概率为 0.9832；整个方程的判对概率为 0.911 73，能够精确地识别脂肪酸型（表 7-2-25）。在应用时，对被测芽胞杆菌测定脂肪酸组，将 $x_{(2)}$=15:0 iso、$x_{(3)}$=16:0 iso、$x_{(4)}$=c16:0、$x_{(5)}$=17:0 anteiso、$x_{(7)}$=17:0 iso、$x_{(9)}$=16:1ω11c、$x_{(11)}$=17:1 iso ω10c、$x_{(12)}$=c18:0 的脂肪酸百分比带入方程，计算 *Y* 值，当 $Y_1<Y<Y_2$ 时，该芽胞杆菌为脂肪酸 I 型；当 $Y_2<Y<Y_3$ 时，属于脂肪酸 II 型；当 $Y>Y_3$ 时，属于脂肪酸 III 型。

**表 7-2-24　蜡样芽胞杆菌（*Bacillus cereus*）模型计算后的分类验证和后验概率**

| 菌株名称 | 原分类 | 计算分类 | 后验概率 | 菌株名称 | 原分类 | 计算分类 | 后验概率 |
|---|---|---|---|---|---|---|---|
| 20101207-WZX-FJAT-13 | 1 | 1 | 1.00 | 20110225-WZX-FJAT-11091 | 1 | 3* | 0.61 |
| 20101208-WZX-FJAT-11706 | 1 | 1 | 0.56 | 20110227-SDG-FJAT-11290 | 1 | 1 | 0.86 |
| 20101208-WZX-FJAT-19 | 1 | 1 | 0.99 | 20110228-SDG-FJAT-11296 | 1 | 3* | 0.93 |
| 20101210-WZX-FJAT-11693 | 1 | 1 | 0.58 | 20110311-SDG-FJAT-11305 | 1 | 1 | 0.95 |
| 20101210-WZX-FJAT-11704 | 1 | 1 | 0.99 | 20110311-SDG-FJAT-11306 | 1 | 3* | 0.75 |
| 20101212-WZX-FJAT-10594 | 1 | 1 | 0.99 | 20110314-SDG-FJAT-10614 | 1 | 1 | 0.62 |
| 20101212-WZX-FJAT-10611 | 1 | 1 | 1.00 | 20110314-SDG-FJAT-10614 | 1 | 3* | 0.89 |
| 20101212-WZX-FJAT-11682 | 1 | 1 | 0.99 | 20110314-SDG-FJAT-10615 | 1 | 1 | 0.96 |
| 20101212-WZX-FJAT-11683 | 1 | 3* | 0.95 | 20110314-SDG-FJAT-10615 | 1 | 1 | 0.92 |
| 20101212-WZX-FJAT-11685 | 1 | 3* | 0.96 | 20110315-SDG-FJAT-10222 | 1 | 3* | 0.75 |
| 20101220-WZX-FJAT-10884 | 1 | 1 | 0.96 | 20110316-LGH-FJAT-4776 | 1 | 1 | 0.98 |
| 20101221-WZX-FJAT-10895 | 1 | 1 | 0.93 | 20110504-24-FJAT-8760 | 1 | 1 | 0.92 |
| 20101221-WZX-FJAT-10989 | 1 | 1 | 0.99 | 20110504-24-FJAT-8770 | 1 | 1 | 0.97 |
| 20101230-WZX-FJAT-10674 | 1 | 1 | 0.95 | 20110505-18h-FJAT-8760 | 1 | 1 | 0.76 |
| 20101230-WZX-FJAT-10958 | 1 | 1 | 0.84 | 20110505-WZX18h-FJAT-8770 | 1 | 3* | 0.84 |
| 20110104-Wm-7 | 1 | 1 | 0.96 | 20110505-WZX18h-FJAT-8770 | 1 | 1 | 0.73 |
| 20110105-SDG-FJAT-10067 | 1 | 1 | 0.82 | 20110505-WZX36h-FJAT-8760 | 1 | 1 | 0.94 |
| 20110105-SDG-FJAT-10068 | 1 | 1 | 0.98 | 20110510-WZX20D-FJAT-8760 | 1 | 1 | 0.65 |
| 20110110-SDG-FJAT-10192 | 1 | 1 | 0.97 | 20110510-WZX28D-FJAT-8760 | 1 | 1 | 0.98 |
| 20110110-SDG-FJAT-10736 | 1 | 1 | 0.94 | 20110510-WZX37D-FJAT-8760 | 1 | 3* | 0.79 |
| 20110110-SDG-FJAT-10748 | 1 | 1 | 0.98 | 20110511-wzxjl20-FJAT-8760a | 1 | 1 | 0.51 |
| 20110111-SDG-FJAT-10060 | 1 | 1 | 0.97 | 20110511-wzxjl30-FJAT-8760b | 1 | 1 | 0.94 |
| 20110111-SDG-FJAT-10184 | 1 | 1 | 0.93 | 20110511-wzxjl40-FJAT-8760c | 1 | 1 | 0.95 |
| 20110112-SDG-FJAT-10168 | 1 | 1 | 0.93 | 20110511-wzxjl50-FJAT-8760d | 1 | 1 | 0.90 |
| 20110112-SDG-FJAT-10179 | 1 | 1 | 0.99 | 20110511-wzxjl60-FJAT-8760e | 1 | 1 | 0.91 |

续表

| 菌株名称 | 原分类 | 计算分类 | 后验概率 | 菌株名称 | 原分类 | 计算分类 | 后验概率 |
|---|---|---|---|---|---|---|---|
| 20110517-LGH-FJAT-12285 | 1 | 1 | 0.89 | 20110707-LGH-FJAT-4669 | 1 | 1 | 1.00 |
| 20110518-wzxjl20-FJAT-8770b | 1 | 1 | 0.59 | 20110707-LGH-FJAT-4674 | 1 | 1 | 0.93 |
| 20110518-wzxjl30-FJAT-8770c | 1 | 3* | 0.56 | 20110713-WZX-FJAT-72h-8760 | 1 | 1 | 1.00 |
| 20110518-wzxjl40-FJAT-8770d | 1 | 1 | 0.97 | 20110718-LGH-FJAT-14078 | 1 | 1 | 0.92 |
| 20110518-wzxjl50-FJAT-8770e | 1 | 1 | 0.89 | 20110718-LGH-FJAT-4558 | 1 | 1 | 0.86 |
| 20110518-wzxjl60-FJAT-8770a | 1 | 1 | 0.70 | 20110718-LGH-FJAT-4666 | 1 | 1 | 1.00 |
| 20110520-LGH-FJAT-13839 | 1 | 1 | 0.92 | 20110718-LGH-FJAT-4668 | 1 | 1 | 0.96 |
| 20110527-WZX20D-FJAT-8770 | 1 | 1 | 0.96 | 20110729-LGH-FJAT-14091 | 1 | 1 | 1.00 |
| 20110527-WZX28D-FJAT-8770 | 1 | 1 | 0.74 | 20110729-LGH-FJAT-14103 | 1 | 1 | 0.95 |
| 20110601-LGH-FJAT-13905 | 1 | 1 | 0.97 | 20110729-LGH-FJAT-14105 | 1 | 1 | 0.86 |
| 20110601-LGH-FJAT-13910 | 1 | 1 | 0.71 | 20110729-LGH-FJAT-14111 | 1 | 1 | 0.70 |
| 20110601-LGH-FJAT-13916 | 1 | 1 | 0.77 | 20110729-LGH-FJAT-14121 | 1 | 1 | 0.94 |
| 20110601-LGH-FJAT-13920 | 1 | 1 | 0.97 | 20110823-LGH-FJAT-13967 | 1 | 1 | 0.97 |
| 20110601-LGH-FJAT-13932 | 1 | 1 | 0.75 | 20110823-LGH-FJAT-13977 | 1 | 1 | 0.99 |
| 20110601-LGH-FJAT-13933 | 1 | 1 | 0.59 | 20110826-LGH-FJAT-C3（H2） | 1 | 1 | 0.51 |
| 20110601-LGH-FJAT-13940 | 1 | 1 | 0.91 | 20110902-YQ-FJAT-14278 | 1 | 1 | 0.97 |
| 20110614-LGH-FJAT-13838 | 1 | 1 | 0.85 | 20110907-TXN-FJAT-14356 | 1 | 1 | 0.92 |
| 20110614-LGH-FJAT-13839 | 1 | 1 | 0.96 | 20110907-YQ-FJAT-14289 | 1 | 1 | 0.61 |
| 20110622-LGH-FJAT-13387 | 1 | 1 | 0.93 | 20110907-YQ-FJAT-14291 | 1 | 1 | 0.84 |
| 20110622-LGH-FJAT-13388 | 1 | 1 | 0.91 | 20110907-YQ-FJAT-14338 | 1 | 1 | 0.51 |
| 20110622-LGH-FJAT-13392 | 1 | 1 | 0.93 | 20110907-YQ-FJAT-14341 | 1 | 1 | 0.78 |
| 20110622-LGH-FJAT-13399 | 1 | 1 | 0.58 | 20110907-YQ-FJAT-347 | 1 | 1 | 0.92 |
| 20110705-LGH-FJAT-13513 | 1 | 1 | 0.66 | 20110907-YQ-FJAT-348 | 1 | 1 | 0.97 |
| 20110705-LGH-FJAT-13537 | 1 | 1 | 0.72 | 201110-18-TXN-FJAT-14425 | 1 | 1 | 0.98 |
| 20110705-LGH-FJAT-13542 | 1 | 1 | 0.81 | 201110-18-TXN-FJAT-14431 | 1 | 1 | 0.98 |
| 20110705-WZX-FJAT-13344 | 1 | 1 | 0.68 | 201110-18-TXN-FJAT-14433 | 1 | 1 | 0.96 |
| 20110705-WZX-FJAT-13348 | 1 | 1 | 0.52 | 201110-18-TXN-FJAT-14442 | 1 | 1 | 0.95 |
| 20110705-WZX-FJAT-13361 | 1 | 1 | 0.81 | 201110-18-TXN-FJAT-14445 | 1 | 2* | 0.94 |
| 20110707-LGH-FJAT-12276d | 1 | 1 | 0.94 | 201110-18-TXN-FJAT-14450 | 1 | 1 | 0.98 |
| 20110707-LGH-FJAT-12283 | 1 | 1 | 0.97 | 201110-19-TXN-FJAT-14399 | 1 | 1 | 0.98 |
| 20110707-LGH-FJAT-12283D | 1 | 1 | 0.92 | 201110-19-TXN-FJAT-14401 | 1 | 1 | 0.97 |
| 20110707-LGH-FJAT-12284 | 1 | 1 | 0.92 | 201110-19-TXN-FJAT-14419 | 1 | 1 | 1.00 |
| 20110707-LGH-FJAT-12284 | 1 | 1 | 0.95 | 201110-20-TXN-FJAT-14560 | 1 | 1 | 1.00 |
| 20110707-LGH-FJAT-4476 | 1 | 1 | 0.96 | 201110-21-TXN-FJAT-14563 | 1 | 2* | 0.99 |
| 20110707-LGH-FJAT-4566 | 1 | 1 | 0.99 | 201110-21-TXN-FJAT-14563 | 1 | 2* | 1.00 |
| 20110707-LGH-FJAT-4572 | 1 | 1 | 0.96 | 201110-21-TXN-FJAT-14568 | 1 | 1 | 1.00 |
| 20110707-LGH-FJAT-4577 | 1 | 1 | 0.97 | 20111031-TXN-FJAT-14502 | 1 | 1 | 0.96 |
| 20110707-LGH-FJAT-4623 | 1 | 1 | 0.88 | 20111101-TXN-FJAT-14486 | 1 | 1 | 0.97 |
| 20110707-LGH-FJAT-4666 | 1 | 1 | 0.99 | 20111101-TXN-FJAT-14496 | 1 | 2* | 0.88 |

续表

| 菌株名称 | 原分类 | 计算分类 | 后验概率 | 菌株名称 | 原分类 | 计算分类 | 后验概率 |
|---|---|---|---|---|---|---|---|
| 20111101-TXN-FJAT-14577 | 1 | 1 | 0.86 | 20120229-TXN-FJAT-14713 | 1 | 1 | 1.00 |
| 20111102-TXN-FJAT-14585 | 1 | 2* | 0.76 | 20120229-TXN-FJAT-14721 | 1 | 1 | 0.95 |
| 20111102-TXN-FJAT-14594 | 1 | 1 | 0.59 | 20120229-TXN-FJAT-14723 | 1 | 1 | 0.55 |
| 20111103-TXN-FJAT-14529 | 1 | 1 | 0.93 | 20120305-LGH-FJAT-12 | 1 | 1 | 0.96 |
| 20111103-TXN-FJAT-14542 | 1 | 1 | 1.00 | 20120305-LGH-FJAT-13 | 1 | 1 | 0.99 |
| 20111103-TXN-FJAT-14604 | 1 | 1 | 0.97 | 20120305-LGH-FJAT-16 | 1 | 1 | 0.95 |
| 20111103-TXN-FJAT-14606 | 1 | 1 | 0.99 | 20120305-LGH-FJAT-21 | 1 | 1 | 0.97 |
| 20111106-TXN-FJAT-14521 | 1 | 1 | 0.99 | 20120305-LGH-FJAT-23 | 1 | 3* | 0.89 |
| 20111106-TXN-FJAT-14522 | 1 | 1 | 0.96 | 20120305-LGH-FJAT-25 | 1 | 1 | 0.85 |
| 20111107-TXN-FJAT-14640 | 1 | 1 | 1.00 | 20120305-LGH-FJAT-26 | 1 | 1 | 0.55 |
| 20111107-TXN-FJAT-14643 | 1 | 1 | 0.97 | 20120305-LGH-FJAT-31 | 1 | 1 | 0.99 |
| 20111107-TXN-FJAT-14648 | 1 | 1 | 0.98 | 20120305-LGH-FJAT-32 | 1 | 1 | 0.97 |
| 20111107-TXN-FJAT-14656 | 1 | 1 | 0.99 | 20120305-LGH-FJAT-34 | 1 | 1 | 0.95 |
| 20111107-TXN-FJAT-14666 | 1 | 1 | 1.00 | 20120305-LGH-FJAT-37 | 1 | 1 | 0.95 |
| 20111107-TXN-FJAT-14671 | 1 | 2* | 0.98 | 20120306-hu-59 | 1 | 1 | 0.84 |
| 20111114-hu-26 | 1 | 1 | 0.94 | 20120321-LGH-FJAT-43 | 1 | 1 | 0.99 |
| 20111114-hu-6 | 1 | 1 | 0.72 | 20120321-LGH-FJAT-45 | 1 | 1 | 0.99 |
| 20111123-hu-104 | 1 | 1 | 0.98 | 20120328-LGH-FJAT-14269 | 1 | 1 | 0.98 |
| 20111123-hu-106 | 1 | 3* | 0.99 | 20120328-LGH-FJAT-4824 | 1 | 1 | 0.98 |
| 20111123-hu-109 | 1 | 1 | 0.99 | 20120328-LGH-FJAT-4832 | 1 | 1 | 0.98 |
| 20111126-TXN-FJAT-14512 | 1 | 1 | 0.99 | 20120328-LGH-FJAT-4834 | 1 | 1 | 0.80 |
| 20111205-LGH-FJAT-8760-1 | 1 | 1 | 0.99 | 20120331-LGH-FJAT-4107 | 1 | 1 | 0.93 |
| 20111205-LGH-FJAT-8760-2 | 1 | 1 | 0.99 | 20120331-LGH-FJAT-4112 | 1 | 1 | 0.98 |
| 20111205-LGH-FJAT-8760-3 | 1 | 1 | 0.99 | 20120331-LGH-FJAT-4120 | 1 | 1 | 0.92 |
| 20111205-LGH-FJAT-8760-3 | 1 | 1 | 1.00 | 20120413-LGH-FJAT-8760 | 1 | 1 | 0.97 |
| 20120220-hu-52 | 1 | 1 | 0.93 | 20120413-LGH-FJAT-8760 | 1 | 1 | 0.99 |
| 20120224-TXN-FJAT-14688 | 1 | 1 | 0.97 | 20120413-LGH-FJAT-8760 | 1 | 1 | 0.99 |
| 20120224-TXN-FJAT-14702 | 1 | 1 | 0.94 | 20120413-LGH-FJAT-8760 | 1 | 1 | 1.00 |
| 20120224-TXN-FJAT-14728 | 1 | 1 | 0.98 | 20120413-LGH-FJAT-8760 | 1 | 1 | 0.99 |
| 20120224-TXN-FJAT-14734 | 1 | 1 | 0.98 | 20120425-LGH-FJAT-465 | 1 | 1 | 1.00 |
| 20120224-TXN-FJAT-14735 | 1 | 1 | 0.78 | 20120727-YQ-FJAT-16368 | 1 | 1 | 0.99 |
| 20120224-TXN-FJAT-14744 | 1 | 1 | 0.82 | 20120727-YQ-FJAT-16447 | 1 | 1 | 0.99 |
| 20120224-TXN-FJAT-14753 | 1 | 1 | 0.79 | 20120727-YQ-FJAT-16458 | 1 | 1 | 0.99 |
| 20120224-TXN-FJAT-14758 | 1 | 1 | 0.92 | 20120727-YQ-FJAT-16472 | 1 | 1 | 1.00 |
| 20120224-TXN-FJAT-14766 | 1 | 1 | 0.97 | 20120727-YQ-FJAT-16474 | 1 | 1 | 0.99 |
| 20120224-TXN-FJAT-14769 | 1 | 1 | 0.89 | 20121030-FJAT-17401-ZR | 1 | 1 | 1.00 |
| 20120224-TXN-FJAT-14772 | 1 | 1 | 0.96 | 20121102-FJAT-17448-ZR | 1 | 1 | 0.99 |
| 20120224-TXN-FJAT-14774 | 1 | 1 | 0.97 | 20121102-FJAT-17461-ZR | 1 | 1 | 0.99 |
| 20120229-TXN-FJAT-14712 | 1 | 1 | 0.90 | 20121102-FJAT-17468-ZR | 1 | 1 | 0.95 |

续表

| 菌株名称 | 原分类 | 计算分类 | 后验概率 | 菌株名称 | 原分类 | 计算分类 | 后验概率 |
|---|---|---|---|---|---|---|---|
| 20121105-FJAT-16721-WK | 1 | 1 | 0.99 | 20121129-LGH-FJAT-4609 | 1 | 1 | 0.67 |
| 20121105-FJAT-16722-WK | 1 | 1 | 0.99 | 20130111-CYP-FJAT-16746 | 1 | 1 | 0.94 |
| 20121105-FJAT-16725-WK | 1 | 1 | 0.99 | 20130114-ZJ-3-9 | 1 | 3* | 0.97 |
| 20121105-FJAT-16726-WK | 1 | 1 | 0.99 | 20130115-CYP-FJAT-17152 | 1 | 1 | 0.97 |
| 20121105-FJAT-16727-WK | 1 | 1 | 0.99 | 20130124-LGH-FJAT-8760-48h | 1 | 1 | 0.97 |
| 20121105-FJAT-16728-WK | 1 | 1 | 0.98 | 20130124-YQ-FJAT-16447 | 1 | 1 | 0.99 |
| 20121105-FJAT-17448-ZR | 1 | 1 | 0.99 | 20130125-ZMX-FJAT-17686 | 1 | 1 | 0.92 |
| 20121106-FJAT-16966-zr | 1 | 1 | 0.99 | 20130129-TXN-FJAT-14608 | 1 | 1 | 0.91 |
| 20121106-FJAT-16970-zr | 1 | 1 | 1.00 | 20130131-TXN-FJAT-14617 | 1 | 1 | 0.75 |
| 20121106-FJAT-16972-zr | 1 | 1 | 1.00 | 20130306-ZMX-FJAT-16624 | 1 | 1 | 0.99 |
| 20121106-FJAT-16974-zr | 1 | 1 | 1.00 | 20130306-ZMX-FJAT-16630 | 1 | 1 | 0.84 |
| 20121106-FJAT-16978-zr | 1 | 1 | 0.93 | 20130327-TXN-FJAT-16644 | 1 | 1 | 0.79 |
| 20121106-FJAT-16979-zr | 1 | 1 | 1.00 | 20130327-TXN-FJAT-16645 | 1 | 1 | 0.94 |
| 20121106-FJAT-16986-zr | 1 | 1 | 0.91 | 20130327-TXN-FJAT-16650 | 1 | 1 | 0.85 |
| 20121106-FJAT-16990-zr | 1 | 1 | 0.94 | 20130327-TXN-FJAT-16660 | 1 | 1 | 1.00 |
| 20121106-FJAT-16993-zr | 1 | 1 | 0.93 | 20130327-TXN-FJAT-16661 | 1 | 1 | 0.98 |
| 20121106-FJAT-16994-zr | 1 | 1 | 0.98 | 20130327-TXN-FJAT-16669 | 1 | 1 | 0.99 |
| 20121106-FJAT-16998-zr | 1 | 1 | 0.97 | 20130327-TXN-FJAT-16674 | 1 | 1 | 0.68 |
| 20121106-FJAT-17000-zr | 1 | 1 | 0.95 | 20130327-TXN-FJAT-16675 | 1 | 1 | 0.97 |
| 20121106-FJAT-17002-zr | 1 | 1 | 0.97 | 20130328-ll-FJAT-16773 | 1 | 1 | 1.00 |
| 20121107-FJAT-16731-zr | 1 | 1 | 1.00 | 20130328-ll-FJAT-16775 | 1 | 1 | 0.99 |
| 20121107-FJAT-16955-zr | 1 | 1 | 0.97 | 20130328-TXN-FJAT-16683 | 1 | 1 | 0.77 |
| 20121107-FJAT-16956-zr | 1 | 1 | 0.99 | 20130328-TXN-FJAT-16684 | 1 | 1 | 0.69 |
| 20121107-FJAT-16957-zr | 1 | 1 | 0.99 | 20130328-TXN-FJAT-16685 | 1 | 1 | 0.95 |
| 20121107-FJAT-16962-zr | 1 | 1 | 0.97 | 20130328-TXN-FJAT-16701 | 1 | 1 | 0.98 |
| 20121107-FJAT-16963-zr | 1 | 1 | 0.99 | 20130328-TXN-FJAT-16710 | 1 | 1 | 0.87 |
| 20121107-FJAT-16968-zr | 1 | 1 | 0.97 | 20130329-ll-FJAT-16780 | 1 | 1 | 0.62 |
| 20121107-FJAT-17045-zr | 1 | 1 | 0.94 | 20130329-ll-FJAT-16795 | 1 | 1 | 0.84 |
| 20121107-FJAT-17053-zr | 1 | 1 | 1.00 | 20130329-ll-FJAT-16803 | 1 | 1 | 0.48 |
| 20121107-FJAT-17054-zr | 1 | 1 | 1.00 | 20130329-ll-FJAT-16808 | 1 | 1 | 0.58 |
| 20121108-FJAT-17022-zr | 1 | 1 | 0.53 | 20130329-ll-FJAT-16825 | 1 | 1 | 0.59 |
| 20121108-FJAT-17035-zr | 1 | 1 | 0.88 | 20130329-ll-FJAT-16827 | 1 | 1 | 0.84 |
| 20121109-FJAT-16949-zr | 1 | 1 | 0.99 | 20130329-ll-FJAT-16828 | 1 | 1 | 0.99 |
| 20121109-FJAT-16955ns-zr | 1 | 1 | 0.98 | 20130329-ll-FJAT-16832 | 1 | 1 | 0.72 |
| 20121109-FJAT-17009-zr | 1 | 1 | 0.67 | 20130401-ll-FJAT-16793 | 1 | 1 | 0.60 |
| 20121109-FJAT-17026-zr | 1 | 1 | 0.97 | 20130401-ll-FJAT-16841 | 1 | 1 | 0.74 |
| 20121109-FJAT-17031-zr | 1 | 1 | 0.97 | 20130401-ll-FJAT-16851 | 1 | 1 | 0.94 |
| 20121114-FJAT-17022ns-zr | 1 | 1 | 0.99 | 20130401-ll-FJAT-16852 | 1 | 1 | 0.71 |
| 20121129-LGH-FJAT-4559 | 1 | 1 | 0.98 | 20130401-ll-FJAT-16855 | 1 | 1 | 0.97 |

续表

| 菌株名称 | 原分类 | 计算分类 | 后验概率 | 菌株名称 | 原分类 | 计算分类 | 后验概率 |
|---|---|---|---|---|---|---|---|
| 20130401-ll-FJAT-16862 | 1 | 1 | 0.94 | LGF-20100809-FJAT-8770 | 1 | 1 | 0.89 |
| 20130401-ll-FJAT-16863 | 1 | 1 | 0.96 | LGF-20100814-FJAT-8760 | 1 | 1 | 0.94 |
| 20130401-ll-FJAT-16869 | 1 | 1 | 0.96 | LGF-FJAT-8760 | 1 | 1 | 0.54 |
| 20130401-ll-FJAT-16870 | 1 | 1 | 0.98 | LSX-8344 | 1 | 1 | 0.93 |
| 20130401-ll-FJAT-16873 | 1 | 1 | 0.90 | lsx-8597 | 1 | 1 | 0.80 |
| 20130401-ll-FJAT-16874 | 1 | 1 | 0.93 | RSX-20091229-FJAT-7377 | 1 | 1 | 0.89 |
| 20130401-ll-FJAT-16877 | 1 | 1 | 0.93 | SDG-20100801-FJAT-4081-4 | 1 | 1 | 0.95 |
| 20130401-ll-FJAT-16882 | 1 | 1 | 0.92 | SDG-20100801-FJAT-4087-2 | 1 | 1 | 0.86 |
| 20130401-ll-FJAT-16885 | 1 | 1 | 0.70 | wax-20100812-FJAT-10292 | 1 | 1 | 0.83 |
| 20130401-ll-FJAT-16886 | 1 | 1 | 0.98 | wax-20100812-FJAT-10326 | 1 | 1 | 0.99 |
| 20130401-ll-FJAT-16887 | 1 | 1 | 0.74 | WZX-20100812-FJAT-10307 | 1 | 1 | 0.95 |
| 20130402-ll-FJAT-16889 | 1 | 1 | 0.58 | XKC17208 | 1 | 1 | 0.99 |
| 20130402-ll-FJAT-16896 | 1 | 1 | 0.93 | XKC17227 | 1 | 1 | 0.94 |
| 20130402-ll-FJAT-16898 | 1 | 1 | 0.94 | XKC17229 | 1 | 1 | 0.77 |
| 20130402-ll-FJAT-16904 | 1 | 1 | 0.95 | XKC17232 | 1 | 1 | 0.68 |
| 20130403-ll-FJAT-16910 | 1 | 1 | 0.53 | XKC17233 | 1 | 1 | 0.95 |
| 20130403-ll-FJAT-16913 | 1 | 1 | 0.70 | ZXF-20091216-OrgSn-9 | 1 | 1 | 0.99 |
| 20130403-ll-FJAT-16915 | 1 | 1 | 0.97 | 20101221-WZX-FJAT-10608 | 1 | 1 | 0.82 |
| 20130403-ll-FJAT-16916 | 1 | 1 | 0.88 | 20110105-SDG-FJAT-10065 | 1 | 1 | 0.86 |
| 20130403-ll-FJAT-16928 | 1 | 1 | 0.85 | 20110110-SDG-FJAT-10725 | 1 | 1 | 0.91 |
| 20130403-ll-FJAT-16937 | 1 | 1 | 0.65 | 20110520-LGH-FJAT-13838 | 1 | 1 | 1.00 |
| 20131129-LGH-FJAT-4435 | 1 | 1 | 0.52 | 20110707-LGH-FJAT-4723 | 1 | 1 | 0.85 |
| 20131129-LGH-FJAT-4519 | 1 | 1 | 0.88 | 20110718-LGH-FJAT-14073 | 1 | 2* | 0.83 |
| 2013122-LGH-FJAT-4468 | 1 | 1 | 0.92 | 20110823-TXN-FJAT-14320 | 1 | 3* | 0.62 |
| 2013122-LGH-FJAT-4632 | 1 | 1 | 0.93 | 20110823-TXN-FJAT-14324 | 1 | 1 | 0.90 |
| 20140325-LGH-FJAT-22048 | 1 | 1 | 0.96 | 20110901-TXN-FJAT-14146 | 1 | 1 | 0.98 |
| 20140325-LGH-FJAT-22048 | 1 | 1 | 0.96 | 20110902-TXN-FJAT-14299 | 1 | 1 | 0.51 |
| 20140506-ZMX-FJAT-20192 | 1 | 3* | 0.57 | 20110907-zxf-10067 | 1 | 2* | 0.71 |
| CJM-20091222-7288 | 1 | 1 | 0.88 | 201110-20-TXN-FJAT-14554 | 1 | 1 | 0.99 |
| FJAT-25164 | 1 | 1 | 0.79 | 20120306-hu-49 | 1 | 1 | 0.96 |
| FJAT-4477 | 1 | 1 | 0.97 | 20121030-FJAT-17392-ZR | 1 | 1 | 0.37 |
| FJAT-4615 | 1 | 1 | 0.98 | 20121030-FJAT-17413-ZR | 1 | 1 | 0.56 |
| FJAT-4674 | 1 | 3* | 0.91 | 20121105-FJAT-16724-WK | 1 | 1 | 0.60 |
| FJAT-4730 | 1 | 1 | 0.94 | 20121106-FJAT-16969-zr | 1 | 1 | 0.90 |
| FJAT-4740 | 1 | 1 | 0.99 | 20121106-FJAT-16982-zr | 1 | 1 | 0.62 |
| FJAT-4766 | 1 | 1 | 0.99 | 20121106-FJAT-16985-zr | 1 | 1 | 0.69 |
| FJAT-8760NACL | 1 | 1 | 0.94 | 20121107-FJAT-17047-zr | 1 | 1 | 0.63 |
| LGF-20100726-FJAT-8760 | 1 | 1 | 0.85 | 20121109-FJAT-17019-zr | 1 | 1 | 0.83 |
| LGF-20100727-FJAT-8770 | 1 | 1 | 0.96 | 20121109-FJAT-17047ns-zr | 1 | 1 | 0.80 |

续表

| 菌株名称 | 原分类 | 计算分类 | 后验概率 |
|---|---|---|---|
| 20121114-FJAT-17003-zr | 1 | 1 | 0.84 |
| 20121114-FJAT-17004-zr | 1 | 1 | 0.85 |
| 20121114-FJAT-17019NS-zr | 1 | 1 | 0.93 |
| 20121119-FJAT-17003-wk | 1 | 1 | 0.77 |
| 20121119-FJAT-17004-wk | 1 | 2* | 0.89 |
| 20130111-CYP-FJAT-16744 | 1 | 1 | 0.73 |
| 20130111-CYP-FJAT-16758 | 1 | 1 | 0.75 |
| 20130111-CYP-FJAT-16764 | 1 | 1 | 0.76 |
| 20130111-CYP-FJAT-17108 | 1 | 2* | 0.97 |
| 20130111-CYP-FJAT-17113 | 1 | 1 | 0.87 |
| 20130115-CYP-FJAT-17147 | 1 | 1 | 0.69 |
| 20130115-CYP-FJAT-17148 | 1 | 1 | 0.88 |
| 20130115-YQ-FJAT-16368 | 1 | 1 | 0.92 |
| 20130124-zr-16408 | 1 | 2* | 0.91 |
| 20130125-ZMX-FJAT-17679 | 1 | 1 | 0.90 |
| 20130129-TXN-FJAT-14606 | 1 | 2* | 0.86 |
| 20130129-TXN-FJAT-14613 | 1 | 1 | 0.78 |
| 20130129-ZMX-FJAT-17711 | 1 | 1 | 0.88 |
| 20130129-ZMX-FJAT-17721 | 1 | 1 | 0.99 |
| 20130129-ZMX-FJAT-17727 | 1 | 1 | 1.00 |
| 20130307-ZMX-FJAT-16642 | 1 | 2* | 0.91 |
| 20130327-TXN-FJAT-16673 | 1 | 1 | 0.66 |
| 20130328-TXN-FJAT-16679 | 1 | 1 | 0.49 |
| 20130328-TXN-FJAT-16682 | 1 | 1 | 0.50 |
| 20130328-TXN-FJAT-16690 | 1 | 1 | 0.50 |
| 20130328-TXN-FJAT-16691 | 1 | 1 | 0.70 |
| 20130328-TXN-FJAT-16697 | 1 | 1 | 0.94 |
| 20130328-TXN-FJAT-16698 | 1 | 1 | 0.82 |
| 20130329-ll-FJAT-16789 | 1 | 1 | 0.82 |
| 20130329-ll-FJAT-16791 | 1 | 1 | 0.44 |
| 20130329-ll-FJAT-16794 | 1 | 1 | 0.96 |
| 20130329-ll-FJAT-16809 | 1 | 1 | 0.99 |
| 20130329-ll-FJAT-16820 | 1 | 1 | 0.74 |
| 20130329-ll-FJAT-16829 | 1 | 1 | 1.00 |
| 20130329-ll-FJAT-16830 | 1 | 1 | 0.79 |
| 20130329-ll-FJAT-16834 | 1 | 1 | 0.50 |
| 20130401-ll-FJAT-16838 | 1 | 1 | 0.96 |
| 20130401-ll-FJAT-16845 | 1 | 1 | 1.00 |
| 20130401-ll-FJAT-16846 | 1 | 1 | 1.00 |
| 20130401-ll-FJAT-16848 | 1 | 1 | 1.00 |
| 20130401-ll-FJAT-16858 | 1 | 1 | 0.73 |
| 20130401-ll-FJAT-16859 | 1 | 1 | 1.00 |
| 20130401-ll-FJAT-16866 | 1 | 1 | 0.92 |
| 20130401-ll-FJAT-16878 | 1 | 1 | 0.59 |
| 20130401-ll-FJAT-16881 | 1 | 1 | 0.79 |
| 20130402-ll-FJAT-16895 | 1 | 1 | 0.95 |
| 20130403-ll-FJAT-16877? | 1 | 1 | 1.00 |
| 20130403-ll-FJAT-16907 | 1 | 1 | 0.99 |
| 20130403-ll-FJAT-16920 | 1 | 1 | 1.00 |
| 20130403-ll-FJAT-16930 | 1 | 1 | 0.95 |
| 20130418-CYP-FJAT-17133 | 1 | 1 | 0.97 |
| CL YJK2-9-3-3 | 1 | 3* | 1.00 |
| FJAT-14259LB | 1 | 1 | 0.99 |
| FJAT-35NA | 1 | 1 | 0.85 |
| FJAT-35NACL | 1 | 1 | 1.00 |
| FJAT-4574 | 1 | 1 | 0.73 |
| FJAT-8760LB | 1 | 1 | 0.96 |
| FJAT-8760NA | 1 | 1 | 0.77 |
| HGP SM18-T-2 | 1 | 1 | 0.97 |
| HGP XU-T-3 | 1 | 1 | 1.00 |
| XKC17219 | 1 | 1 | 0.99 |
| XKC17220 | 1 | 1 | 0.94 |
| 20101210-WZX-FJAT-11684 | 2 | 1* | 0.99 |
| 20110705-LGH-FJAT-13510 | 2 | 2 | 0.86 |
| 20110705-LGH-FJAT-13522 | 2 | 2 | 1.00 |
| 20110705-LGH-FJAT-13525 | 2 | 2 | 0.98 |
| 20110707-LGH-FJAT-4556 | 2 | 2 | 1.00 |
| 20110707-LGH-FJAT-4633 | 2 | 1* | 1.00 |
| 20110707-LGH-FJAT-4769 | 2 | 3* | 0.85 |
| 20110718-LGH-FJAT-4559 | 2 | 1* | 1.00 |
| 20110729-LGH-FJAT-14104 | 2 | 2 | 0.89 |
| 20110826-LGH-FJAT-R18（H2） | 2 | 1* | 0.99 |
| 201110-18-TXN-FJAT-14447 | 2 | 2 | 1.00 |
| 201110-21-TXN-FJAT-14572 | 2 | 2 | 1.00 |
| 20111101-TXN-FJAT-14581 | 2 | 2 | 0.99 |
| 20120224-TXN-FJAT-14703 | 2 | 1* | 0.94 |
| 20120305-LGH-FJAT-14 | 2 | 3* | 0.55 |
| 20120305-LGH-FJAT-18 | 2 | 3* | 1.00 |

续表

| 菌株名称 | 原分类 | 计算分类 | 后验概率 | 菌株名称 | 原分类 | 计算分类 | 后验概率 |
|---|---|---|---|---|---|---|---|
| 20120328-LGH-FJAT-14265 | 2 | 2 | 1.00 | 20110622-LGH-FJAT-13447 | 2 | 2 | 0.85 |
| 20120727-YQ-FJAT-16413 | 2 | 2 | 0.99 | 20110705-LGH-FJAT-13507 | 2 | 2 | 0.62 |
| 20120727-YQ-FJAT-16444 | 2 | 2 | 0.99 | 20110705-LGH-FJAT-13561 | 2 | 2 | 0.92 |
| 20121030-FJAT-17412-ZR | 2 | 1* | 1.00 | 20110705-WZX-FJAT-13356 | 2 | 2 | 0.55 |
| 20121102-FJAT-17447-ZR | 2 | 1* | 1.00 | 20110707-LGH-FJAT-13586 | 2 | 2 | 0.73 |
| 20121105-FJAT-16717-WK | 2 | 1* | 0.65 | 20110707-LGH-FJAT-4594 | 2 | 2 | 0.91 |
| 20121203-YQ-FJAT-16378 | 2 | 2 | 0.87 | 20110718-LGH-FJAT-4519 | 2 | 2 | 0.99 |
| 20130111-CYP-FJAT-16757 | 2 | 2 | 0.97 | 20110902-TXN-FJAT-14143 | 2 | 2 | 1.00 |
| 20130129-TXN-FJAT-14622 | 2 | 2 | 1.00 | 20110902-TXN-FJAT-14145 | 2 | 2 | 0.99 |
| 20130417-hu-7838-3.8 | 2 | 1* | 0.61 | 20110902-YQ-FJAT-14277 | 2 | 2 | 1.00 |
| CL FQ0-6-1 | 2 | 3* | 0.95 | 20110907-TXN-FJAT-14360 | 2 | 2 | 0.99 |
| CL YJK2-6-6-3 | 2 | 2 | 0.53 | 20110907-TXN-FJAT-14366 | 2 | 2 | 0.89 |
| FJAT-14259GLU | 2 | 2 | 0.71 | 20110907-TXN-FJAT-14370 | 2 | 2 | 0.83 |
| FJAT-14259NACL | 2 | 1* | 0.83 | 20110907-TXN-FJAT-14372 | 2 | 2 | 1.00 |
| HGP SM10-T-3 | 2 | 2 | 0.63 | 20110907-TXN-FJAT-14373 | 2 | 2 | 1.00 |
| HGP SM10-T-6 | 2 | 3* | 0.95 | 201110-18-TXN-FJAT-14436 | 2 | 2 | 0.99 |
| HGP SM12-T-4 | 2 | 3* | 1.00 | 201110-18-TXN-FJAT-14448 | 2 | 2 | 0.74 |
| HGP SM30-T-2 | 2 | 2 | 1.00 | 201110-19-TXN-FJAT-14413 | 2 | 1* | 0.77 |
| HGP SM30-T-4 | 2 | 3* | 0.89 | 201110-19-TXN-FJAT-14455 | 2 | 2 | 1.00 |
| J-5 | 2 | 2 | 1.00 | 201110-20-TXN-FJAT-14390 | 2 | 2 | 0.59 |
| LGH-FJAT-4618 | 2 | 2 | 1.00 | 20111101-TXN-FJAT-14479 | 2 | 2 | 0.99 |
| LGH-FJAT-4645 | 2 | 3* | 0.87 | 20111101-TXN-FJAT-14482 | 2 | 2 | 0.93 |
| ljy-16-6 | 2 | 1* | 0.61 | 20111101-TXN-FJAT-14483 | 2 | 2 | 1.00 |
| SDG-20100801-FJAT-4085-2 | 2 | 1* | 0.78 | 20111101-TXN-FJAT-14488 | 2 | 2 | 0.98 |
| shufen-T-13 | 2 | 2 | 0.76 | 20111102-TXN-FJAT-14590 | 2 | 2 | 1.00 |
| Y2314 | 2 | 2 | 0.52 | 20111102-TXN-FJAT-14596 | 2 | 2 | 1.00 |
| 20110314-WZX-FJAT-8760 | 2 | 2 | 0.98 | 20111102-TXN-FJAT-14597 | 2 | 2 | 0.98 |
| 20110316-LGH-FJAT-13381 | 2 | 1* | 0.98 | 20111103-TXN-FJAT-14478 | 2 | 2 | 0.84 |
| 20110317-LGH-FJAT-4758 | 2 | 2 | 0.99 | 20111103-TXN-FJAT-14541 | 2 | 2 | 0.97 |
| 20110524-WZX48h-FJAT-8767 | 2 | 2 | 1.00 | 20111103-TXN-FJAT-14605 | 2 | 2 | 1.00 |
| 2011053-WZX18h-FJAT-8767 | 2 | 2 | 0.56 | 20111107-TXN-FJAT-14661 | 2 | 2 | 1.00 |
| 20110601-LGH-FJAT-13903 | 2 | 2 | 0.96 | 20111107-TXN-FJAT-14663 | 2 | 2 | 0.95 |
| 20110601-LGH-FJAT-13911 | 2 | 2 | 1.00 | 20111107-TXN-FJAT-14668 | 2 | 2 | 0.63 |
| 20110601-LGH-FJAT-13939 | 2 | 2 | 0.99 | 20111107-TXN-FJAT-14670 | 2 | 2 | 0.52 |
| 20110607-WZX20D-FJAT-8767 | 2 | 2 | 0.99 | 20111108-LGH-FJAT-13834 | 2 | 2 | 0.85 |
| 20110614-LGH-FJAT-13834 | 2 | 2 | 0.71 | 20111126-TXN-FJAT-14516 | 2 | 2 | 0.87 |
| 20110622-LGH-FJAT-13426 | 2 | 1* | 0.96 | 20120224-TXN-FJAT-14692 | 2 | 2 | 1.00 |
| 20110622-LGH-FJAT-13431 | 2 | 2 | 0.99 | 20120224-TXN-FJAT-14747 | 2 | 2 | 0.93 |
| 20110622-LGH-FJAT-13445 | 2 | 2 | 0.99 | 20120224-TXN-FJAT-14760 | 2 | 2 | 0.95 |

续表

| 菌株名称 | 原分类 | 计算分类 | 后验概率 | 菌株名称 | 原分类 | 计算分类 | 后验概率 |
|---|---|---|---|---|---|---|---|
| 20120224-TXN-FJAT-14764 | 2 | 2 | 0.65 | 20121114-FJAT-17018-wk | 2 | 2 | 1.00 |
| 20120224-TXN-FJAT-14775 | 2 | 2 | 0.66 | 20121114-FJAT-17024ns-zr | 2 | 2 | 0.99 |
| 20120328-LGH-FJAT-14828 | 2 | 2 | 0.86 | 20121114-FJAT-17037ns-zr | 2 | 2 | 0.91 |
| 20120328-LGH-FJAT-4830 | 2 | 2 | 0.63 | 20121114-FJAT-17048NS-zr | 2 | 2 | 0.99 |
| 20120328-LGH-FJAT-4831 | 2 | 1* | 0.92 | 20121119-FJAT-17006-wk | 2 | 2 | 1.00 |
| 20120328-LGH-FJAT-4833 | 2 | 2 | 0.97 | 20121119-FJAT-17019-wk | 2 | 1* | 0.74 |
| 20120328-LGH-FJAT-4835 | 2 | 2 | 0.78 | 20121119-FJAT-17024-wk | 2 | 2 | 0.94 |
| 20120328-LGH-FJAT-4841 | 2 | 1* | 0.99 | 20121119-FJAT-17037-wk | 2 | 2 | 0.98 |
| 20120331-LGH-FJAT-4126 | 2 | 2 | 0.64 | 20121207-wk-17024 | 2 | 2 | 1.00 |
| 20120331-LGH-FJAT-4840 | 2 | 2 | 0.63 | 20130110-TXN-FJAT-14586 | 2 | 1* | 0.63 |
| 20120727-YQ-FJAT-16451 | 2 | 2 | 0.57 | 20130110-TXN-FJAT-14591 | 2 | 2 | 0.53 |
| 20120727-YQ-FJAT-16453 | 2 | 2 | 0.85 | 20130110-TXN-FJAT-14596 | 2 | 2 | 1.00 |
| 20120727-YQ-FJAT-16460 | 2 | 2 | 0.79 | 20130110-TXN-FJAT-14696 | 2 | 2 | 0.92 |
| 20120727-YQ-FJAT-16460 | 2 | 2 | 0.53 | 20130111-CYP-FJAT-16755 | 2 | 2 | 0.99 |
| 20121102-FJAT-17438-ZR | 2 | 2 | 0.84 | 20130125-ZMX-FJAT-17701 | 2 | 2 | 0.95 |
| 20121102-FJAT-17454-ZR | 2 | 2 | 0.84 | 20130129-TXN-FJAT-14612 | 2 | 2 | 0.63 |
| 20121106-FJAT-16971-zr | 2 | 1* | 0.85 | 20130129-TXN-FJAT-14620 | 2 | 2 | 0.80 |
| 20121106-FJAT-16991-zr | 2 | 2 | 0.91 | 20130130-TXN-FJAT-14605-3 | 2 | 2 | 0.53 |
| 20121106-FJAT-16999-zr | 2 | 1* | 0.53 | 20130131-TXN-FJAT-8767 | 2 | 2 | 0.49 |
| 20121107-FJAT-17020-zr | 2 | 2 | 0.54 | 20130201-WJ-FJAT-16136 | 2 | 2 | 0.99 |
| 20121107-FJAT-17041-zr | 2 | 2 | 0.53 | 20130306-ZMX-FJAT-16612 | 2 | 2 | 0.99 |
| 20121107-FJAT-17043-zr | 2 | 2 | 0.98 | 20130306-ZMX-FJAT-16613 | 2 | 2 | 1.00 |
| 20121107-FJAT-17049-zr | 2 | 2 | 0.97 | 20130306-ZMX-FJAT-16614 | 2 | 2 | 0.91 |
| 20121107-FJAT-17050-zr | 2 | 2 | 0.93 | 20130306-ZMX-FJAT-16625 | 2 | 2 | 0.99 |
| 20121108-FJAT-17024-zr | 2 | 2 | 0.58 | 20130306-ZMX-FJAT-16632 | 2 | 2 | 0.92 |
| 20121108-FJAT-17037-zr | 2 | 2 | 0.99 | 20130306-ZMX-FJAT-16633 | 2 | 2 | 0.99 |
| 20121108-FJAT-17038-zr | 2 | 2 | 0.99 | 20130306-ZMX-FJAT-16635 | 2 | 2 | 1.00 |
| 20121108-FJAT-17039-zr | 2 | 2 | 1.00 | 20130307-ZMX-FJAT-16640 | 2 | 2 | 0.94 |
| 20121109-FJAT-17010-zr | 2 | 2 | 1.00 | 20130327-TXN-FJAT-16659 | 2 | 2 | 1.00 |
| 20121109-FJAT-17013-zr | 2 | 2 | 0.71 | 20130328-ll-FJAT-16772 | 2 | 2 | 0.92 |
| 20121109-FJAT-17018-zr | 2 | 2 | 0.97 | 20130328-ll-FJAT-16779 | 2 | 2 | 0.58 |
| 20121109-FJAT-17027-zr | 2 | 2 | 1.00 | 20130328-TXN-FJAT-16678 | 2 | 2 | 1.00 |
| 20121109-FJAT-17033-zr | 2 | 2 | 0.97 | 20130328-TXN-FJAT-16693 | 2 | 2 | 0.98 |
| 20121109-FJAT-17050ns-zr | 2 | 2 | 1.00 | 20130328-TXN-FJAT-16694 | 2 | 1* | 0.55 |
| 20121114-FJAT-17006-wk | 2 | 2 | 1.00 | 20130328-TXN-FJAT-16704 | 2 | 2 | 0.64 |
| 20121114-FJAT-17006-zr | 2 | 1* | 1.00 | 20130329-ll-FJAT-16784 | 2 | 2 | 0.81 |
| 20121114-FJAT-17010NS-zr | 2 | 2 | 0.99 | 20130329-ll-FJAT-16785 | 2 | 1* | 1.00 |
| 20121114-FJAT-17013ns-zr | 2 | 2 | 1.00 | 20130329-ll-FJAT-16792 | 2 | 2 | 0.97 |
| 20121114-FJAT-17018ns-zr | 2 | 2 | 1.00 | 20130329-ll-FJAT-16798 | 2 | 1* | 0.71 |

续表

| 菌株名称 | 原分类 | 计算分类 | 后验概率 | 菌株名称 | 原分类 | 计算分类 | 后验概率 |
|---|---|---|---|---|---|---|---|
| 20130329-ll-FJAT-16812 | 2 | 2 | 0.86 | HGP SM23-T-1 | 2 | 2 | 0.97 |
| 20130329-ll-FJAT-16814 | 2 | 2 | 0.89 | HGP SM26-T-1 | 2 | 2 | 1.00 |
| 20130329-ll-FJAT-16815 | 2 | 1* | 0.91 | HGP SM30-T-6 | 2 | 3* | 0.80 |
| 20130329-ll-FJAT-16819 | 2 | 2 | 0.98 | HGP XU-G-1 | 2 | 2 | 0.99 |
| 20130329-ll-FJAT-16823 | 2 | 1* | 0.59 | LGF-FJAT-8760 | 2 | 2 | 0.99 |
| 20130329-ll-FJAT-16833 | 2 | 2 | 0.60 | LGH-FJAT-4382 | 2 | 2 | 0.99 |
| 20130401-ll-FJAT-16842 | 2 | 1* | 1.00 | LGH-FJAT-4386 | 2 | 2 | 0.99 |
| 20130401-ll-FJAT-16850 | 2 | 2 | 0.99 | LGH-FJAT-4527 | 2 | 2 | 0.90 |
| 20130402-ll-FJAT-16897 | 2 | 1* | 0.87 | LGH-FJAT-4536 | 2 | 3* | 0.68 |
| 20130402-ll-FJAT-16901 | 2 | 2 | 0.94 | LGH-FJAT-4538 | 2 | 2 | 0.99 |
| 20130403-ll-FJAT-16912 | 2 | 2 | 0.86 | ljy-10-9 | 2 | 3* | 0.96 |
| 20130403-ll-FJAT-16919 | 2 | 2 | 0.91 | ljy-34-10 | 2 | 3* | 0.96 |
| 20130403-ll-FJAT-16923 | 2 | 1* | 0.87 | shufen-???? | 2 | 2 | 0.97 |
| 20130403-ll-FJAT-16931 | 2 | 1* | 0.94 | shufen-ck10-3 | 2 | 2 | 1.00 |
| 20130403-ll-FJAT-16932 | 2 | 2 | 0.86 | shufen-CK-11（plate） | 2 | 2 | 1.00 |
| 20130403-ll-FJAT-16934 | 2 | 2 | 0.93 | shufen-CK-12 | 2 | 2 | 0.94 |
| 20130403-ll-FJAT-16938 | 2 | 1* | 0.85 | shufen-ck3-1 | 2 | 2 | 0.99 |
| 20130403-ll-FJAT-16939 | 2 | 1* | 0.92 | shufen-T10-2 | 2 | 2 | 1.00 |
| 20130403-ll-FJAT-16943 | 2 | 2 | 0.65 | shufen-T-12 | 2 | 2 | 0.98 |
| 20140325-LGH-FJAT-17844 | 2 | 2 | 0.85 | shufen-T7-1（gu） | 2 | 2 | 0.98 |
| CL FJK2-6-6-2 | 2 | 2 | 0.81 | szq-20100804-45 | 2 | 2 | 0.83 |
| CL FJK2-9-6-3 | 2 | 2 | 0.88 | szq-20100804-50 | 2 | 2 | 1.00 |
| CL YJK2-6-1-1 | 2 | 3* | 0.84 | WQH-CK3-1 2 | 2 | 2 | 0.98 |
| FJAT-14259NACL | 2 | 1* | 0.87 | XKC17215 | 2 | 1* | 0.99 |
| FJAT-26046-1 | 2 | 2 | 0.91 | Y2315 | 2 | 2 | 0.99 |
| FJAT-26046-2 | 2 | 2 | 0.93 | ZXZ ZH-2 | 2 | 2 | 0.93 |
| FJAT-26086-1 | 2 | 2 | 0.88 | zyj-11 | 2 | 2 | 0.99 |
| FJAT-26086-1 | 2 | 2 | 0.82 | zyj-12 | 2 | 3* | 0.87 |
| FJAT-26086-2 | 2 | 2 | 1.00 | zyj-22 | 2 | 3* | 0.83 |
| FJAT-26086-2 | 2 | 2 | 0.99 | zyj-25 | 2 | 2 | 0.78 |
| FJAT-27023-1 | 2 | 2 | 0.99 | zyj-26 | 2 | 2 | 0.87 |
| FJAT-27023-2 | 2 | 2 | 0.99 | 20101208-WZX-FJAT-11708 | 3 | 3 | 0.77 |
| FJAT-35GLU | 2 | 2 | 0.99 | 20110225-SDG-FJAT-11072 | 3 | 3 | 0.67 |
| FJAT-4628 | 2 | 2 | 1.00 | 20110508-WZX48h-FJAT-8770 | 3 | 3 | 0.75 |
| FJAT-8760GLU | 2 | 2 | 1.00 | 20110517-LGH-FJAT-4677 | 3 | 3 | 0.92 |
| HGP 4-T-4 | 2 | 2 | 1.00 | 20110527-WZX37D-FJAT-8770 | 3 | 3 | 0.82 |
| hgp sm13-t-5 | 2 | 2 | 1.00 | 20110713-WZX-FJAT-72h-8770 | 3 | 1* | 0.98 |
| HGP SM14-T-6 | 2 | 2 | 1.00 | 20110718-LGH-FJAT-4679 | 3 | 3 | 0.95 |
| HGP SM18-J-5 | 2 | 2 | 0.99 | 20110907-YQ-FJAT-14339 | 3 | 3 | 0.98 |

续表

| 菌株名称 | 原分类 | 计算分类 | 后验概率 | 菌株名称 | 原分类 | 计算分类 | 后验概率 |
|---|---|---|---|---|---|---|---|
| 20110907-YQ-FJAT-14342 | 3 | 3 | 1.00 | CL FJK2-3-6-1 | 3 | 3 | 0.62 |
| 201110-21-TXN-FJAT-14570 | 3 | 3 | 1.00 | CL FJK2-3-6-3 | 3 | 3 | 0.87 |
| 20111102-TXN-FJAT-14591 | 3 | 3 | 1.00 | CL FJK2-9-1-1 | 3 | 3 | 0.87 |
| 20111103-TXN-FJAT-14538 | 3 | 3 | 1.00 | CL FJK2-9-1-2 | 3 | 3 | 0.78 |
| 20111108-LGH-FJAT-Bt | 3 | 3 | 0.99 | CL FQ-0-1-2 | 3 | 3 | 0.70 |
| 20111108-TXN-FJAT-14686 | 3 | 3 | 0.99 | CL FQ-0-1-4 | 3 | 3 | 0.95 |
| 20111108-TXN-FJAT-14686 | 3 | 3 | 0.99 | CL YCK-3-4-1 | 3 | 3 | 1.00 |
| 20111123-hu-128 | 3 | 3 | 1.00 | CL YCK-6-5-1 | 3 | 3 | 0.98 |
| 20111123-hu-137 | 3 | 3 | 1.00 | CL YCK-6-5-2 | 3 | 3 | 0.99 |
| 20120229-TXN-FJAT-14716 | 3 | 3 | 1.00 | CL YCK-6-5-4 | 3 | 3 | 1.00 |
| 20120305-LGH-FJAT-20 | 3 | 3 | 1.00 | CL YCK-6-5-5 | 3 | 3 | 1.00 |
| 20120305-LGH-FJAT-24 | 3 | 1* | 0.99 | CL YJK2-12-4-1 | 3 | 3 | 0.86 |
| 20120305-LGH-FJAT-27 | 3 | 3 | 0.84 | CL YJK2-12-6-1 | 3 | 3 | 0.97 |
| 20120305-LGH-FJAT-28 | 3 | 3 | 1.00 | CL YJK2-15-3-1 | 3 | 3 | 0.97 |
| 20120305-LGH-FJAT-29 | 3 | 3 | 1.00 | CL YJK2-15-4-1 | 3 | 3 | 0.78 |
| 20120305-LGH-FJAT-30 | 3 | 3 | 0.99 | CL YJK2-6-4-2 | 3 | 3 | 0.78 |
| 20120305-LGH-FJAT-35 | 3 | 3 | 0.84 | CL YJK2-6-6-1 | 3 | 3 | 0.56 |
| 20120305-LGH-FJAT-36 | 3 | 3 | 0.85 | CL YJK2-6-6-1 | 3 | 3 | 0.77 |
| 20120305-LGH-FJAT-38 | 3 | 3 | 0.73 | CL YJK2-9-4-1 | 3 | 3 | 0.82 |
| 20120305-LGH-FJAT-40 | 3 | 3 | 0.70 | CL-FCK-3-1-3 | 3 | 3 | 0.87 |
| 20120321-liugh-33 | 3 | 3 | 0.86 | CL-FCK-6-6-1 | 3 | 3 | 0.51 |
| A11 | 3 | 3 | 0.97 | FJAT-35LB | 3 | 3 | 0.88 |
| A3 | 3 | 3 | 0.72 | FJAT-4618 | 3 | 3 | 0.91 |
| bonn-13 | 3 | 3 | 0.97 | FJAT-4638 | 3 | 3 | 0.99 |
| bonn-8 | 3 | 3 | 0.94 | FJAT-4640 | 3 | 3 | 0.98 |
| c1-10 | 3 | 3 | 0.89 | FJAT-4647 | 3 | 3 | 0.99 |
| CAAS-D33 | 3 | 3 | 0.94 | FJAT-4651 | 3 | 3 | 1.00 |
| CAAS-G-20-1 | 3 | 3 | 0.53 | FJAT-4653 | 3 | 3 | 0.99 |
| CAAS-G-20-1 | 3 | 3 | 0.89 | FJAT-4654 | 3 | 3 | 0.97 |
| CAAS-G-20-2 | 3 | 3 | 0.94 | gxf-j106 | 3 | 3 | 1.00 |
| CAAS-G-20-2 | 3 | 3 | 0.93 | gxf-j11-1 | 3 | 3 | 1.00 |
| CAAS-K23 | 3 | 3 | 0.57 | GXF-J13 | 3 | 3 | 0.92 |
| CL FCK15-6-1 | 3 | 3 | 0.60 | gxf-j16 | 3 | 3 | 0.90 |
| CL FCK-3-6-2 | 3 | 3 | 0.82 | GXF-J22 | 3 | 3 | 1.00 |
| CL FCK6-1-1 | 3 | 3 | 0.77 | gxf-j23-1 | 3 | 3 | 1.00 |
| CL FCK6-1-2 | 3 | 3 | 0.83 | gxf-J27 | 3 | 3 | 0.99 |
| CL FCK6-1-3 | 3 | 3 | 0.87 | gxf-j28 | 3 | 3 | 0.80 |
| CL FJK2-12-1-1 | 3 | 3 | 0.53 | gxf-j33 | 3 | 3 | 0.77 |
| CL FJK2-12-5-2 | 3 | 3 | 0.90 | gxf-j411 | 3 | 3 | 0.77 |

续表

| 菌株名称 | 原分类 | 计算分类 | 后验概率 | 菌株名称 | 原分类 | 计算分类 | 后验概率 |
|---|---|---|---|---|---|---|---|
| GXF-J47 | 3 | 3 | 1.00 | J-1 | 3 | 3 | 0.70 |
| gxf-J51 | 3 | 3 | 0.97 | j-2 | 3 | 3 | 1.00 |
| gxf-j53 | 3 | 3 | 0.91 | J-3 | 3 | 3 | 0.99 |
| gxf-J54 | 3 | 3 | 0.99 | J-3 | 3 | 3 | 0.80 |
| gxf-J55 | 3 | 3 | 1.00 | LGF-20100824-FJAT-8770 | 3 | 3 | 0.98 |
| gxf-j64 | 3 | 3 | 0.98 | LGH-FJAT-4386 | 3 | 3 | 0.99 |
| gxf-J71 | 3 | 3 | 1.00 | LGH-FJAT-4386 | 3 | 3 | 0.99 |
| gxf-j73 | 3 | 3 | 1.00 | LGH-FJAT-4398 | 3 | 3 | 1.00 |
| HGP 3-J-1 | 3 | 3 | 1.00 | LGH-FJAT-4398 | 3 | 3 | 0.99 |
| HGP 5-J-8 | 3 | 3 | 0.96 | LGH-FJAT-4409 | 3 | 3 | 1.00 |
| HGP 5-T-6 | 3 | 3 | 0.96 | LGH-FJAT-4413 | 3 | 3 | 0.99 |
| HGP 8-T-5 | 3 | 3 | 1.00 | LGH-FJAT-4414 | 3 | 3 | 0.99 |
| HGP SM10-T-3 | 3 | 3 | 0.63 | LGH-FJAT-4418 | 3 | 3 | 1.00 |
| HGP SM12-T-3 | 3 | 3 | 0.78 | LGH-FJAT-4419 | 3 | 1* | 0.99 |
| HGP SM13-T-1 | 3 | 3 | 0.60 | LGH-FJAT-4476 | 3 | 3 | 1.00 |
| HGP SM13-T-2 | 3 | 3 | 0.87 | LGH-FJAT-4478 | 3 | 3 | 1.00 |
| HGP SM13-T-4 | 3 | 3 | 0.91 | LGH-FJAT-4519 | 3 | 3 | 0.99 |
| HGP SM14-T-1 | 3 | 3 | 1.00 | LGH-FJAT-4521 | 3 | 3 | 1.00 |
| HGP SM17-T-8 | 3 | 3 | 1.00 | LGH-FJAT-4540 | 3 | 3 | 0.99 |
| HGP SM18-T-1 | 3 | 3 | 0.99 | LGH-FJAT-4542 | 3 | 3 | 0.86 |
| HGP SM18-T-7 | 3 | 3 | 1.00 | LGH-FJAT-4556 | 3 | 3 | 0.99 |
| hgp sm19-t-2 | 3 | 3 | 0.99 | LGH-FJAT-4561 | 3 | 3 | 0.72 |
| HGP SM19-T-3 | 3 | 3 | 0.92 | LGH-FJAT-4566 | 3 | 3 | 0.64 |
| HGP SM19-T-4 | 3 | 3 | 0.76 | LGH-FJAT-4577 | 3 | 3 | 0.86 |
| HGP SM19-T-5 | 3 | 3 | 0.84 | LGH-FJAT-4610 | 3 | 3 | 0.75 |
| HGP SM20-T-1 | 3 | 3 | 0.77 | LGH-FJAT-4618 | 3 | 3 | 0.99 |
| hgp sm20-t-2 | 3 | 3 | 0.97 | LGH-FJAT-4631 | 3 | 3 | 1.00 |
| HGP SM20-T-3 | 3 | 3 | 0.89 | LGH-FJAT-4633 | 3 | 3 | 0.99 |
| HGP SM23-T-2 | 3 | 3 | 0.71 | LGH-FJAT-4645 | 3 | 3 | 0.99 |
| HGP SM24-T-1 | 3 | 3 | 0.94 | LGH-FJAT-4655 | 3 | 3 | 0.99 |
| HGP SM24-T-2 | 3 | 3 | 0.98 | LGH-FJAT-4656 | 3 | 3 | 0.74 |
| HGP SM6-J-3 | 3 | 3 | 0.97 | LGH-FJAT-4656 | 3 | 3 | 0.99 |
| HGP XU-G-6 | 3 | 3 | 0.54 | LGH-FJAT-4674 | 3 | 3 | 0.98 |
| HGP XU-J-1 | 3 | 3 | 0.99 | LGH-FJAT-4766 | 3 | 3 | 0.98 |
| HGP XU-J-5 | 3 | 3 | 0.96 | LGH-FJAT-4770 | 3 | 3 | 0.99 |
| HGP XU-T-2 | 3 | 3 | 0.92 | LGH-FJAT-4770 | 3 | 3 | 0.99 |
| HGP XU-T-4 | 3 | 3 | 1.00 | LGH-FJAT-4824 | 3 | 3 | 0.99 |
| hxj-H-2 | 3 | 3 | 0.94 | LGH-FJAT-4825 | 3 | 3 | 0.99 |
| J-1 | 3 | 3 | 1.00 | LGH-FJAT-4833 | 3 | 3 | 0.99 |

续表

| 菌株名称 | 原分类 | 计算分类 | 后验概率 | 菌株名称 | 原分类 | 计算分类 | 后验概率 |
|---|---|---|---|---|---|---|---|
| LGH-FJAT-4834 | 3 | 3 | 0.99 | tqw-51 | 3 | 3 | 0.92 |
| LGH-FJAT-BT | 3 | 3 | 0.99 | X1-1 | 3 | 3 | 0.97 |
| LGH-FJAT-BT | 3 | 3 | 0.99 | X1-10 | 3 | 3 | 0.92 |
| ljy-11-6 | 3 | 3 | 1.00 | X1-2 | 3 | 3 | 0.98 |
| ljy-13-1 | 3 | 3 | 0.90 | X1-9 | 3 | 3 | 0.92 |
| ljy-24-2 | 3 | 3 | 0.89 | x2-1 | 3 | 3 | 0.73 |
| ljy-31-10 | 3 | 3 | 0.85 | X2-2A | 3 | 3 | 0.57 |
| ljy-31-5 | 3 | 3 | 0.77 | X4-1 | 3 | 3 | 0.75 |
| ljy-31-8 | 3 | 3 | 1.00 | X4-2 | 3 | 3 | 0.98 |
| ljy-33-7 | 3 | 3 | 1.00 | X4-3 | 3 | 3 | 1.00 |
| lyh-20100805-8956 | 3 | 3 | 0.78 | X4-4 | 3 | 3 | 0.98 |
| NB011-2 | 3 | 3 | 1.00 | X4-4 | 3 | 3 | 0.96 |
| NB021 | 3 | 3 | 0.91 | Y2311 | 3 | 3 | 0.99 |
| NG020 | 3 | 3 | 1.00 | Y2312 | 3 | 3 | 0.99 |
| NG020 | 3 | 3 | 0.98 | Y2313 | 3 | 3 | 0.98 |
| orgn-1 | 3 | 3 | 1.00 | Y2315 | 3 | 3 | 0.98 |
| orgn-29 | 3 | 3 | 1.00 | Y2316 | 3 | 3 | 0.98 |
| orgn-32 | 3 | 3 | 0.99 | Y2317 | 3 | 3 | 0.97 |
| shufen-? | 3 | 3 | 0.98 | Y2318 | 3 | 3 | 0.97 |
| shufen-ck10-1 | 3 | 3 | 0.97 | Y2318 | 3 | 3 | 0.99 |
| shufen-CK-11 | 3 | 3 | 0.95 | Y2319 | 3 | 3 | 0.99 |
| shufen-ck3-2 | 3 | 3 | 0.91 | Y2319 | 3 | 3 | 0.99 |
| shufen-T-11 | 3 | 3 | 0.97 | Y2320 | 3 | 3 | 0.70 |
| ST-4824 | 3 | 3 | 0.59 | Y2320 | 3 | 3 | 1.00 |
| TQR-251 | 3 | 3 | 0.92 | ysj-6b1 | 3 | 3 | 0.56 |
| TQR-31 | 3 | 3 | 0.97 | YSJ-6B-12 | 3 | 3 | 0.99 |
| TQR-33 | 3 | 3 | 0.92 | ysj-6b2 | 3 | 3 | 0.58 |
| TQR-34 | 3 | 3 | 0.89 | YSJ-6B-5 | 3 | 3 | 0.99 |
| TQR-35 | 3 | 3 | 1.00 | ysj-6c-4 | 3 | 3 | 0.99 |
| TQR-37 | 3 | 3 | 1.00 | ysj-6c7 | 3 | 3 | 1.00 |
| TQR-38 | 3 | 3 | 0.61 | ysj-b16 | 3 | 3 | 0.99 |
| TQR-39 | 3 | 3 | 1.00 | ysj-b-17 | 3 | 3 | 0.95 |
| tqr-41 | 3 | 3 | 0.99 | ysj-b18 | 3 | 3 | 0.96 |
| tqr-44 | 3 | 3 | 1.00 | ysj-c10 | 3 | 3 | 0.96 |
| tqr-45 | 3 | 3 | 0.99 | ysj-c9 | 3 | 3 | 0.93 |
| tqr-47 | 3 | 3 | 1.00 | ZXZ TT-F-500-3-IV | 3 | 3 | 0.99 |
| tqr-48 | 3 | 3 | 1.00 | zyj-10 | 3 | 3 | 0.95 |
| tqr-49 | 3 | 3 | 0.92 | zyj-10 | 3 | 3 | 0.84 |
| tqr940 | 3 | 3 | 0.87 | zyj-12 | 3 | 3 | 0.96 |

续表

| 菌株名称 | 原分类 | 计算分类 | 后验概率 | 菌株名称 | 原分类 | 计算分类 | 后验概率 |
|---|---|---|---|---|---|---|---|
| zyj-13 | 3 | 3 | 0.82 | zyj-6 | 3 | 3 | 0.79 |
| zyj-14 | 3 | 3 | 0.98 | zyj-6 | 3 | 3 | 0.51 |
| zyj-15 | 3 | 3 | 0.97 | zyj-6 | 3 | 3 | 0.94 |
| zyj-15 | 3 | 3 | 0.94 | zyj-7 | 3 | 3 | 0.95 |
| zyj-16 | 3 | 3 | 0.98 | zyj-8 | 3 | 3 | 0.90 |
| zyj-17 | 3 | 3 | 0.97 | zyj-8 | 3 | 3 | 0.91 |
| zyj-18 | 3 | 3 | 0.93 | zyj-9 | 3 | 3 | 0.89 |
| zyj-19 | 3 | 3 | 0.93 | zyj-9 | 3 | 3 | 0.59 |
| zyj-2 | 3 | 3 | 0.99 | 20121109-FJAT-16720-ZR | 3 | 3 | 0.56 |
| zyj-2 | 3 | 3 | 0.61 | 20121114-FJAT-16720NS-zr | 3 | 3 | 0.97 |
| zyj-20 | 3 | 3 | 0.86 | 20121114-FJAT-16720-wk | 3 | 1* | 0.89 |
| zyj-21 | 3 | 3 | 0.93 | CL YCK-3-6-1 | 3 | 3 | 0.70 |
| zyj-22 | 3 | 3 | 0.95 | JK-2 | 3 | 3 | 0.92 |
| zyj-23 | 3 | 3 | 0.75 | LGH-FJAT-4521 | 3 | 3 | 0.96 |
| zyj-24 | 3 | 3 | 0.62 | LGH-FJAT-4541 | 3 | 3 | 0.74 |
| zyj-24 | 3 | 3 | 0.89 | LGH-FJAT-4541 | 3 | 3 | 0.97 |
| zyj-25 | 3 | 3 | 0.96 | LGH-FJAT-4542 | 3 | 3 | 0.71 |
| zyj-26 | 3 | 3 | 0.92 | LGH-FJAT-4558 | 3 | 3 | 0.77 |
| zyj-27 | 3 | 3 | 0.75 | LGH-FJAT-4609 | 3 | 3 | 0.97 |
| zyj-28 | 3 | 3 | 0.98 | LGH-FJAT-4609 | 3 | 3 | 0.75 |
| zyj-29 | 3 | 3 | 0.92 | LGH-FJAT-4610 | 3 | 3 | 0.59 |
| zyj-3 | 3 | 3 | 0.97 | LGH-FJAT-4634 | 3 | 3 | 0.91 |
| zyj-3 | 3 | 3 | 0.76 | NB021 | 3 | 3 | 0.85 |
| zyj-30 | 3 | 1* | 0.84 | SYK S-4 | 3 | 3 | 0.96 |
| zyj-4 | 3 | 3 | 0.73 | SYK S-5 | 3 | 3 | 0.93 |
| zyj-4 | 3 | 3 | 0.94 | Y2314 | 3 | 3 | 0.91 |
| zyj-5 | 3 | 3 | 0.65 | zyj-14 | 3 | 3 | 0.93 |
| zyj-5 | 3 | 3 | 0.98 | | | | |

*为判错

**表 7-2-25 蜡样芽胞杆菌（*Bacillus cereus*）脂肪酸型判别效果矩阵分析**

| 来自 \ 判为 | 第 I 型 | 第 II 型 | 第 III 型 | 小计 | 正确率 |
|---|---|---|---|---|---|
| 第 I 型 | 394 | 13 | 17 | 424 | 0.9292 |
| 第 II 型 | 35 | 192 | 15 | 242 | 0.7934 |
| 第 III 型 | 5 | 0 | 292 | 297 | 0.9832 |

注：判对的概率=0.911 73

## 六、环状芽胞杆菌脂肪酸型分析

### 1. 环状芽胞杆菌脂肪酸组测定

环状芽胞杆菌[*Bacillus circulans* Jordan 1890（Approved Lists 1980），species.]于 1890 年由 Jordan 发表。作者采集分离了 40 个环状芽胞杆菌菌株，分析主要脂肪酸组，见表 7-2-26。主要脂肪酸组 12 个，占总脂肪酸含量的 96.432%，包括 15:0 anteiso、15:0 iso、16:0 iso、c16:0、17:0 anteiso、16:1ω7c alcohol、17:0 iso、14:0 iso、16:1ω11c、c14:0、17:1 iso ω10c、c18:0，主要脂肪酸组平均值分别为 33.663%、20.949%、6.183%、8.945%、6.699%、0.866%、2.362%、7.069%、1.608%、7.147%、0.265%、0.676%。

**表 7-2-26 环状芽胞杆菌（*Bacillus circulans*）菌株主要脂肪酸组统计**

| 脂肪酸 | 菌株数 | 含量均值/% | 方差 | 标准差 | 中位数/% | 最小值/% | 最大值/% | Wilks 系数 | *P* |
|---|---|---|---|---|---|---|---|---|---|
| 15:0 anteiso | 40 | 33.663 | 107.593 | 10.373 | 34.900 | 10.260 | 50.690 | 0.933 | 0.020 |
| 15:0 iso | 40 | 20.949 | 65.401 | 8.087 | 20.300 | 11.290 | 55.390 | 0.802 | 0.000 |
| 16:0 iso | 40 | 6.183 | 9.319 | 3.053 | 5.515 | 1.310 | 14.760 | 0.863 | 0.000 |
| c16:0 | 40 | 8.945 | 18.044 | 4.248 | 8.150 | 1.820 | 19.930 | 0.952 | 0.089 |
| 17:0 anteiso | 40 | 6.699 | 16.402 | 4.050 | 6.760 | 0.000 | 13.290 | 0.932 | 0.019 |
| 16:1ω7c alcohol | 40 | 0.866 | 1.635 | 1.279 | 0.400 | 0.000 | 5.260 | 0.676 | 0.000 |
| 17:0 iso | 40 | 2.362 | 1.243 | 1.115 | 2.430 | 0.550 | 5.570 | 0.968 | 0.306 |
| 14:0 iso | 40 | 7.069 | 25.917 | 5.091 | 5.640 | 1.000 | 24.580 | 0.855 | 0.000 |
| 16:1ω11c | 40 | 1.608 | 1.895 | 1.376 | 1.150 | 0.000 | 5.410 | 0.909 | 0.003 |
| c14:0 | 40 | 7.147 | 21.290 | 4.614 | 7.175 | 0.400 | 19.080 | 0.954 | 0.102 |
| 17:1 iso ω10c | 40 | 0.265 | 0.223 | 0.472 | 0.055 | 0.000 | 2.070 | 0.587 | 0.000 |
| c18:0 | 40 | 0.676 | 0.843 | 0.918 | 0.395 | 0.000 | 4.280 | 0.689 | 0.000 |
| 总和 | | 96.432 | | | | | | | |

### 2. 环状芽胞杆菌脂肪酸型聚类分析

以表 7-2-27 为矩阵，以菌株为样本，以脂肪酸为指标，以切比雪夫距离为尺度，用可变类平均法进行系统聚类；聚类结果见图 7-2-6。分析结果可将 40 株环状芽胞杆菌分为 3 个脂肪酸型，即脂肪酸 I 型 14 个菌株，特征为到中心的切比雪夫距离为 9.9873，15:0 anteiso 平均值为 22.94%，重要脂肪酸 15:0 anteiso、15:0 iso、17:0 anteiso、17:0 iso、16:0 iso、c16:0、16:1ω7c alcohol 等平均值分别为 22.94%、17.62%、5.34%、2.90%、5.89%、5.06%、2.18%。脂肪酸 II 型 13 个菌株，特征为到中心的切比雪夫距离为 2.4857，15:0 anteiso 平均值为 34.64%；重要脂肪酸 15:0 anteiso、15:0 iso、17:0 anteiso、17:0 iso、16:0 iso、c16:0、16:1ω7c alcohol 等平均值分别为 34.64%、3.72%、12.63%、2.75%、5.26%、6.77%、1.57%。脂肪酸 III 型 13 个菌株，特征为到中心的切比雪夫距离为 5.2113，15:0 anteiso 平均值为 15.75%；重要脂肪酸 15:0 anteiso、15:0 iso、17:0 anteiso、17:0 iso、16:0 iso、c16:0、16:1ω7c alcohol 等平均值分别为 15.75%、10.10%、5.31%、2.78%、6.47%、12.79%、1.82%。

表 7-2-27　环状芽胞杆菌（*Bacillus circulans*）菌株主要脂肪酸组

| 型 | 菌株名称 | 15:0 anteiso | 15:0 iso | 17:0 anteiso | 17:0 iso | 16:0 iso | c16:0 | 16:1ω7c alcohol |
|---|---|---|---|---|---|---|---|---|
| I | 20120425-LGH-FJAT-14515 | 41.43* | 9.74 | 4.61 | 1.29 | 3.78 | 6.89 | 1.22 |
| I | 20120606-LGH-FJAT-14515 | 31.37 | 10.41 | 3.73 | 1.26 | 4.13 | 8.58 | 2.32 |
| I | 20120606-LGH-FJAT-14515-2 | 34.65 | 10.68 | 4.07 | 1.18 | 5.17 | 6.73 | 1.37 |
| I | 20110713-WZX-FJAT-72h-8761 | 27.45 | 29.66 | 7.90 | 4.78 | 2.51 | 1.00 | 1.00 |
| I | 20110826-LGH-FJAT-8761 | 17.00 | 45.10 | 3.44 | 3.82 | 2.26 | 2.16 | 1.00 |
| I | CL B 6-1 | 20.23 | 20.64 | 4.41 | 2.02 | 1.00 | 3.58 | 1.00 |
| I | WQH-KB1 2 | 15.54 | 17.76 | 7.26 | 6.02 | 1.89 | 6.02 | 1.00 |
| I | 20110705-LGH-FJAT-13457 | 26.49 | 14.43 | 8.04 | 4.68 | 3.62 | 8.70 | 1.77 |
| I | 20110823-TXN-FJAT-14326 | 33.31 | 12.42 | 7.72 | 3.15 | 2.48 | 7.59 | 1.00 |
| I | 20110823-TXN-FJAT-14328 | 28.56 | 16.07 | 6.10 | 1.85 | 3.23 | 6.68 | 1.82 |
| I | 20111101-TXN-FJAT-14497 | 1.00 | 18.08 | 1.36 | 2.75 | 9.55 | 5.14 | 6.09 |
| I | FJAT-29792-2 | 18.04 | 17.19 | 8.75 | 1.98 | 13.94 | 2.53 | 2.26 |
| I | sa4-2 | 13.02 | 12.26 | 3.66 | 2.88 | 14.45 | 2.60 | 4.35 |
| I | sa4-2 | 13.02 | 12.26 | 3.66 | 2.88 | 14.45 | 2.60 | 4.35 |
| 脂肪酸 I 型 14 个菌株平均值 | | 22.94 | 17.62 | 5.34 | 2.90 | 5.89 | 5.06 | 2.18 |
| II | 20110505-18h-FJAT-8761 | 33.42 | 4.52 | 11.80 | 2.53 | 4.65 | 5.59 | 2.06 |
| II | 20110510-WZX37D-FJAT-8761 | 40.62 | 4.09 | 14.29 | 3.04 | 5.24 | 6.69 | 1.00 |
| II | 20110511-wzxjl20-FJAT-8761a | 33.69 | 4.87 | 13.61 | 3.51 | 4.92 | 8.09 | 1.00 |
| II | 20110511-wzxjl30-FJAT-8761b | 35.08 | 4.18 | 14.08 | 3.30 | 4.77 | 7.15 | 1.37 |
| II | 20110511-wzxjl40-FJAT-8761c | 34.51 | 4.44 | 12.81 | 3.15 | 4.60 | 7.51 | 1.27 |
| II | 20110511-wzxjl50-FJAT-8761d | 38.14 | 3.56 | 12.34 | 2.72 | 4.34 | 6.27 | 1.38 |
| II | 20120328-LGH-FJAT-8761 | 35.57 | 3.73 | 10.85 | 1.78 | 5.27 | 3.43 | 2.56 |
| II | 20120507-LGH-FJAT-8761 | 36.58 | 1.79 | 13.22 | 2.13 | 4.73 | 4.52 | 1.94 |
| II | 20130130-TXN-FJAT-8761 | 33.49 | 4.35 | 13.21 | 2.32 | 5.60 | 6.86 | 1.42 |
| II | LGF-20100726-FJAT-8761 | 33.10 | 1.97 | 12.84 | 2.52 | 5.02 | 7.06 | 2.13 |
| II | LGF-20100814-FJAT-8761 | 31.00 | 1.00 | 13.09 | 3.15 | 6.29 | 11.18 | 1.00 |
| II | LGF-20100818-FJAT-8761 | 33.02 | 3.72 | 12.31 | 3.20 | 6.73 | 8.00 | 1.32 |
| II | 20110510-WZX20D-FJAT-8761 | 32.04 | 6.15 | 9.70 | 2.45 | 6.24 | 5.62 | 1.97 |
| 脂肪酸 II 型 13 个菌株平均值 | | 34.64 | 3.72 | 12.63 | 2.75 | 5.26 | 6.77 | 1.57 |
| III | LGH-FJAT-4572 | 15.41 | 10.84 | 1.00 | 2.30 | 9.23 | 12.22 | 6.26 |
| III | 20110718-LGH-FJAT-14086 | 21.38 | 8.49 | 8.21 | 3.30 | 6.94 | 13.23 | 1.58 |
| III | 20120509-LGH-FJAT-15077 | 24.79 | 10.45 | 5.00 | 1.87 | 4.41 | 10.79 | 1.00 |
| III | FJAT-23564-1 | 16.52 | 9.39 | 2.24 | 1.00 | 5.64 | 9.49 | 2.09 |
| III | FJAT-23564-1 | 16.52 | 9.39 | 2.24 | 1.00 | 5.64 | 9.49 | 2.09 |
| III | FJAT-41286-1 | 13.34 | 10.12 | 7.95 | 3.83 | 7.46 | 15.48 | 1.00 |
| III | FJAT-41286-2 | 13.07 | 10.01 | 7.80 | 3.79 | 7.36 | 15.22 | 1.00 |
| III | FJAT-41286-2 | 13.07 | 10.01 | 7.80 | 3.79 | 7.36 | 15.22 | 1.00 |
| III | FJAT-41331-1 | 8.52 | 6.62 | 4.80 | 4.20 | 4.60 | 19.11 | 1.56 |
| III | FJAT-41331-2 | 10.14 | 7.30 | 4.42 | 3.70 | 4.31 | 17.09 | 1.57 |
| III | FJAT-23564-2 | 16.21 | 11.69 | 2.31 | 1.08 | 6.24 | 8.57 | 2.53 |
| III | FJAT-41735-1 | 17.88 | 13.28 | 7.67 | 3.20 | 7.64 | 10.22 | 1.00 |
| III | FJAT-41735-2 | 17.88 | 13.69 | 7.65 | 3.06 | 7.23 | 10.10 | 1.00 |
| 脂肪酸 III 型 13 个菌株平均值 | | 15.75 | 10.10 | 5.31 | 2.78 | 6.47 | 12.79 | 1.82 |

续表

| 型 | 菌株名称 | 14:0 iso | 16:1ω11c | c14:0 | 17:1 iso ω10c | c18:0 | 到中心的切比雪夫距离 |
|---|---|---|---|---|---|---|---|
| I | 20120425-LGH-FJAT-14515 | 7.28 | 1.32 | 3.72 | 1.00 | 1.34 | 20.46 |
| I | 20120606-LGH-FJAT-14515 | 9.98 | 1.95 | 5.00 | 1.00 | 2.46 | 12.28 |
| I | 20120606-LGH-FJAT-14515-2 | 10.99 | 1.67 | 3.96 | 1.00 | 1.52 | 14.26 |
| I | 20110713-WZX-FJAT-72h-8761 | 1.00 | 1.00 | 1.00 | 1.00 | 1.00 | 16.26 |
| I | 20110826-LGH-FJAT-8761 | 1.82 | 1.34 | 1.59 | 1.66 | 1.70 | 29.36 |
| I | CL B 6-1 | 4.78 | 2.31 | 6.18 | 1.00 | 1.29 | 8.13 |
| I | WQH-KB1 2 | 1.80 | 2.16 | 6.93 | 1.00 | 1.00 | 11.90 |
| I | 20110705-LGH-FJAT-13457 | 2.84 | 3.21 | 2.22 | 1.49 | 5.28 | 9.66 |
| I | 20110823-TXN-FJAT-14326 | 3.86 | 1.52 | 3.07 | 1.30 | 4.29 | 13.60 |
| I | 20110823-TXN-FJAT-14328 | 5.95 | 3.44 | 2.95 | 1.26 | 1.60 | 7.20 |
| I | 20111101-TXN-FJAT-14497 | 24.58 | 5.89 | 5.02 | 1.81 | 1.41 | 28.47 |
| I | FJAT-29792-2 | 10.18 | 2.56 | 2.35 | 1.47 | 1.60 | 10.62 |
| I | sa4-2 | 14.71 | 2.64 | 1.03 | 3.07 | 1.26 | 16.27 |
| I | sa4-2 | 14.71 | 2.64 | 1.03 | 3.07 | 1.26 | 16.27 |
| 脂肪酸 I 型 14 个菌株平均值 | | 8.18 | 2.40 | 3.29 | 1.51 | 1.93 | RMSTD=9.9873 |
| II | 20110505-18h-FJAT-8761 | 4.09 | 3.71 | 8.68 | 1.36 | 1.00 | 2.84 |
| II | 20110510-WZX37D-FJAT-8761 | 2.40 | 1.00 | 4.73 | 1.00 | 1.00 | 7.17 |
| II | 20110511-wzxjl20-FJAT-8761a | 3.02 | 1.99 | 8.13 | 1.00 | 1.00 | 2.59 |
| II | 20110511-wzxjl30-FJAT-8761b | 2.81 | 2.03 | 7.69 | 1.00 | 1.00 | 2.01 |
| II | 20110511-wzxjl40-FJAT-8761c | 3.00 | 1.97 | 8.31 | 1.13 | 1.22 | 1.62 |
| II | 20110511-wzxjl50-FJAT-8761d | 2.96 | 2.13 | 8.18 | 1.00 | 1.00 | 3.78 |
| II | 20120328-LGH-FJAT-8761 | 4.54 | 4.07 | 6.93 | 1.47 | 1.21 | 4.67 |
| II | 20120507-LGH-FJAT-8761 | 3.14 | 3.09 | 7.67 | 1.30 | 1.25 | 3.80 |
| II | 20130130-TXN-FJAT-8761 | 3.65 | 2.14 | 7.91 | 1.11 | 1.15 | 1.60 |
| II | LGF-20100726-FJAT-8761 | 3.18 | 2.92 | 6.52 | 1.33 | 3.71 | 3.63 |
| II | LGF-20100814-FJAT-8761 | 3.51 | 1.38 | 8.07 | 1.00 | 2.40 | 6.63 |
| II | LGF-20100818-FJAT-8761 | 4.10 | 1.59 | 7.86 | 1.00 | 1.38 | 2.76 |
| II | 20110510-WZX20D-FJAT-8761 | 5.33 | 2.85 | 9.80 | 1.00 | 1.00 | 5.63 |
| 脂肪酸 II 型 13 个菌株平均值 | | 3.52 | 2.37 | 7.73 | 1.13 | 1.41 | RMSTD=2.4857 |
| III | LGH-FJAT-4572 | 14.42 | 6.41 | 5.28 | 1.00 | 1.00 | 11.70 |
| III | 20110718-LGH-FJAT-14086 | 5.19 | 3.61 | 9.01 | 1.22 | 1.37 | 8.63 |
| III | 20120509-LGH-FJAT-15077 | 7.95 | 1.71 | 10.48 | 1.00 | 2.30 | 10.02 |
| III | FJAT-23564-1 | 14.75 | 4.65 | 15.38 | 1.18 | 1.41 | 8.01 |
| III | FJAT-23564-1 | 14.75 | 4.65 | 15.38 | 1.18 | 1.41 | 8.01 |
| III | FJAT-41286-1 | 6.89 | 1.37 | 12.41 | 1.00 | 1.44 | 5.67 |
| III | FJAT-41286-2 | 6.82 | 1.30 | 12.40 | 1.00 | 1.48 | 5.63 |
| III | FJAT-41286-2 | 6.82 | 1.30 | 12.40 | 1.00 | 1.48 | 5.63 |
| III | FJAT-41331-1 | 6.09 | 4.09 | 18.34 | 1.53 | 2.34 | 12.50 |
| III | FJAT-41331-2 | 6.58 | 4.45 | 19.68 | 1.44 | 1.96 | 11.18 |
| III | FJAT-23564-2 | 15.69 | 4.24 | 12.82 | 1.20 | 1.32 | 8.59 |
| III | FJAT-41735-1 | 8.54 | 1.00 | 10.11 | 1.00 | 1.78 | 6.33 |
| III | FJAT-41735-2 | 8.06 | 1.00 | 9.65 | 1.00 | 2.43 | 6.83 |
| 脂肪酸 III 型 13 个菌株平均值 | | 9.43 | 3.06 | 12.56 | 1.13 | 1.67 | RMSTD=5.2113 |

*脂肪酸含量单位为%

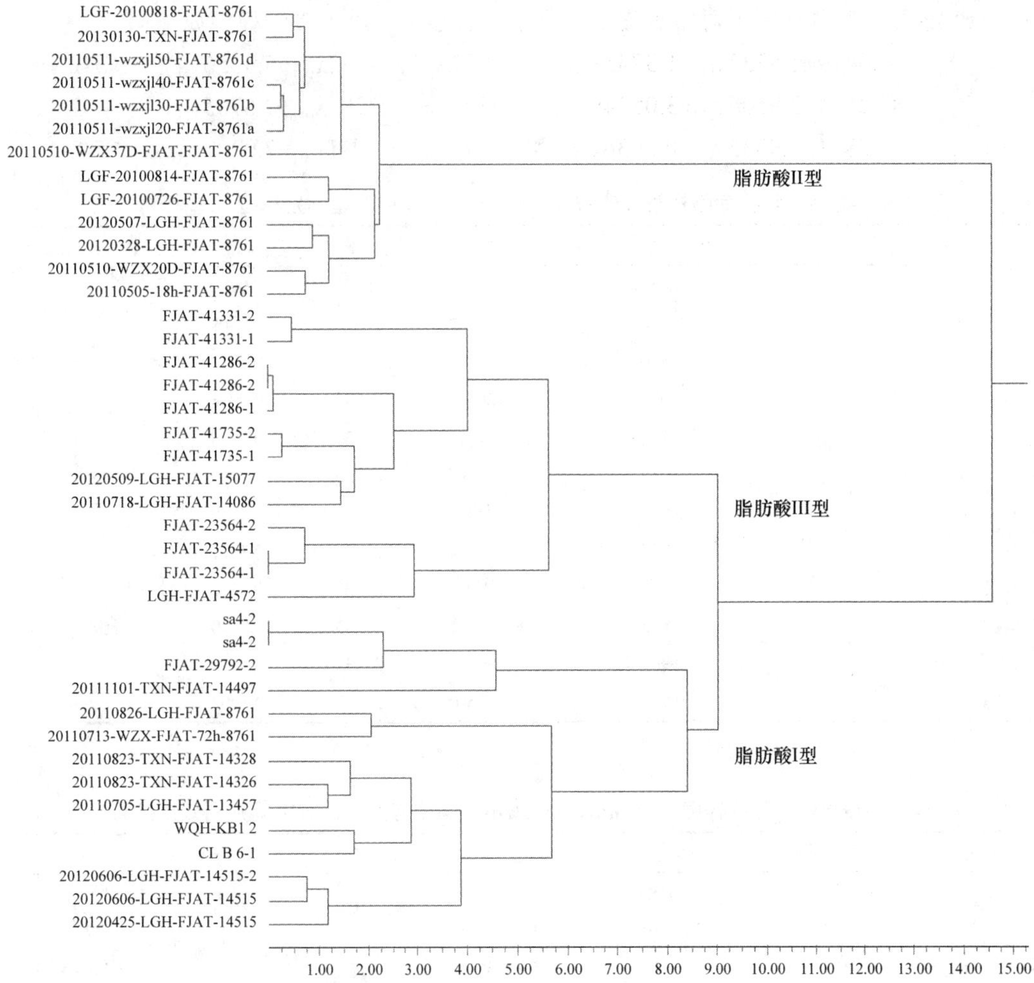


图 7-2-6　环状芽胞杆菌（*Bacillus circulans*）脂肪酸型聚类分析（切比雪夫距离）

## 3. 环状芽胞杆菌脂肪酸型判别模型建立

（1）分析原理。不同的环状芽胞杆菌菌株具有不同的脂肪酸组构成，通过上述聚类分析，可将环状芽胞杆菌菌株分为 3 类，利用逐步判别的方法（DPS 软件），建立环状芽胞杆菌菌株脂肪酸型判别模型，在建立模型的过程中，可以了解各因子对类别划分的重要性。

（2）数据矩阵。以表 7-2-27 的环状芽胞杆菌 40 个菌株的 12 个脂肪酸为矩阵，自变量 $x_{ij}$（$i$=1,…,40；$j$=1,…,12）由 40 个菌株的 12 个脂肪酸组成，因变量 $Y_i$（$i$=1,…,40）由 40 个菌株聚类类别组成脂肪酸型，采用贝叶斯逐步判别分析，建立环状芽胞杆菌菌株脂肪酸型判别模型。环状芽胞杆菌脂肪酸型判别模型入选因子见表 7-2-28，脂肪酸型类别间判别效果检验见表 7-2-29，模型计算后的分类验证和后验概率见表 7-2-30，脂肪酸型判别效果矩阵分析见表 7-2-31。建立的逐步判别分析因子筛选表明，以下 5 个因子入选，它们是 $x_{(1)}$=15:0 anteiso、$x_{(4)}$=c16:0、$x_{(5)}$=17:0 anteiso、$x_{(6)}$=16:1ω7c alcohol、

$x_{(10)}$=c14:0，表明这些因子对脂肪酸型的判别具有显著贡献。判别模型如下：

$$Y_1=-64.6419+1.8333x_{(1)}-1.3745x_{(4)}+7.6103x_{(5)}+16.4633x_{(6)}+5.3656x_{(10)} \quad (7\text{-}2\text{-}16)$$

$$Y_2=-187.2594+2.9508x_{(1)}-3.0534x_{(4)}+13.8958x_{(5)}+27.2294x_{(6)}+9.6705x_{(10)} \quad (7\text{-}2\text{-}17)$$

$$Y_3=-93.2831+1.9335x_{(1)}-0.8936x_{(4)}+8.5517x_{(5)}+18.6011x_{(6)}+7.0207x_{(10)} \quad (7\text{-}2\text{-}18)$$

**表 7-2-28 环状芽胞杆菌（*Bacillus circulans*）脂肪酸型判别模型入选因子**

| 脂肪酸 | Wilks 统计量 | *F* 值 | df | *P* | 入选状态 |
|---|---|---|---|---|---|
| 15:0 anteiso | 0.5358 | 14.2972 | 2，33 | 0.0000 | （已入选） |
| 15:0 iso | 0.8301 | 3.2742 | 2，32 | 0.0509 | |
| 16:0 iso | 0.8766 | 2.2533 | 2，32 | 0.1215 | |
| c16:0 | 0.6240 | 9.9408 | 2，33 | 0.0003 | （已入选） |
| 17:0 anteiso | 0.1769 | 76.7979 | 2，33 | 0.0000 | （已入选） |
| 16:1ω7c alcohol | 0.3596 | 29.3827 | 2，33 | 0.0000 | （已入选） |
| 17:0 iso | 0.9107 | 1.5681 | 2，32 | 0.2240 | |
| 14:0 iso | 0.9432 | 0.9638 | 2，32 | 0.3922 | |
| 16:1ω11c | 0.9143 | 1.4989 | 2，32 | 0.2386 | |
| c14:0 | 0.2952 | 39.3962 | 2，33 | 0.0000 | （已入选） |
| 17:1 iso ω10c | 0.9616 | 0.6388 | 2，32 | 0.5345 | |
| c18:0 | 0.9429 | 0.9694 | 2，32 | 0.3902 | |

注：共选入 5 个变量，卡方值=143.555，*P*=0.0000

**表 7-2-29 环状芽胞杆菌（*Bacillus circulans*）脂肪酸型两两分类间判别效果检验**

| 脂肪酸型 *i* | 脂肪酸型 *j* | 马氏距离 | *F* 值 | 自由度 $V_1$ | $V_2$ | *P* |
|---|---|---|---|---|---|---|
| I | II | 68.5596 | 82.4362 | 5 | 21 | $1\times10^{-7}$ |
| I | III | 17.5565 | 21.1100 | 5 | 21 | $1.527\times10^{-7}$ |
| II | III | 56.3173 | 65.2976 | 5 | 20 | $1\times10^{-7}$ |

判别模型分类验证表明（表 7-2-30），对脂肪酸 I 型的判对概率为 1.0；脂肪酸 II 型的判对概率为 1.0；脂肪酸 III 型的判对概率为 1.0；整个方程的判对概率为 1.0，能够精确地识别脂肪酸型（表 7-2-31）。在应用时，对被测芽胞杆菌测定脂肪酸组，将 $x_{(1)}$=15:0 anteiso、$x_{(4)}$=c16:0、$x_{(5)}$=17:0 anteiso、$x_{(6)}$=16:1ω7c alcohol、$x_{(10)}$=c14:0 的脂肪酸百分比带入方程，计算 *Y* 值，当 $Y_1<Y<Y_2$ 时，该芽胞杆菌为脂肪酸 I 型；当 $Y_2<Y<Y_3$ 时，属于脂肪酸 II 型；当 $Y>Y_3$ 时，属于脂肪酸 III 型。

**表 7-2-30 环状芽胞杆菌（*Bacillus circulans*）模型计算后的分类验证和后验概率**

| 菌株名称 | 原分类 | 计算分类 | 后验概率 | 菌株名称 | 原分类 | 计算分类 | 后验概率 |
|---|---|---|---|---|---|---|---|
| 20120425-LGH-FJAT-14515 | 1 | 1 | 0.9997 | CL B 6-1 | 1 | 1 | 0.9998 |
| 20120606-LGH-FJAT-14515 | 1 | 1 | 0.9910 | WQH-KB1 2 | 1 | 1 | 0.9786 |
| 20120606-LGH-FJAT-14515-2 | 1 | 1 | 0.9998 | 20110705-LGH-FJAT-13457 | 1 | 1 | 0.9989 |
| 20110713-WZX-FJAT-72h-8761 | 1 | 1 | 1.0000 | 20110823-TXN-FJAT-14326 | 1 | 1 | 0.9993 |
| 20110826-LGH-FJAT-8761 | 1 | 1 | 1.0000 | 20110823-TXN-FJAT-14328 | 1 | 1 | 0.9997 |

续表

| 菌株名称 | 原分类 | 计算分类 | 后验概率 | 菌株名称 | 原分类 | 计算分类 | 后验概率 |
|---|---|---|---|---|---|---|---|
| 20111101-TXN-FJAT-14497 | 1 | 1 | 0.9717 | LGF-20100818-FJAT-8761 | 2 | 2 | 1.0000 |
| FJAT-29792-2 | 1 | 1 | 0.9998 | 20110510-WZX20D-FJAT-8761 | 2 | 2 | 1.0000 |
| sa4-2 | 1 | 1 | 1.0000 | LGH-FJAT-4572 | 3 | 3 | 0.8542 |
| sa4-2 | 1 | 1 | 1.0000 | 20110718-LGH-FJAT-14086 | 3 | 3 | 0.9970 |
| 20110505-18h-FJAT-8761 | 2 | 2 | 1.0000 | 20120509-LGH-FJAT-15077 | 3 | 3 | 0.9588 |
| 20110510-WZX37D-FJAT-8761 | 2 | 2 | 1.0000 | FJAT-23564-1 | 3 | 3 | 0.9999 |
| 20110511-wzxjl20-FJAT-8761a | 2 | 2 | 1.0000 | FJAT-23564-1 | 3 | 3 | 0.9999 |
| 20110511-wzxjl30-FJAT-8761b | 2 | 2 | 1.0000 | FJAT-41286-1 | 3 | 3 | 1.0000 |
| 20110511-wzxjl40-FJAT-8761c | 2 | 2 | 1.0000 | FJAT-41286-2 | 3 | 3 | 1.0000 |
| 20110511-wzxjl50-FJAT-8761d | 2 | 2 | 1.0000 | FJAT-41286-2 | 3 | 3 | 1.0000 |
| 20120328-LGH-FJAT-8761 | 2 | 2 | 1.0000 | FJAT-41331-1 | 3 | 3 | 1.0000 |
| 20120507-LGH-FJAT-8761 | 2 | 2 | 1.0000 | FJAT-41331-2 | 3 | 3 | 1.0000 |
| 20130130-TXN-FJAT-8761 | 2 | 2 | 1.0000 | FJAT-23564-2 | 3 | 3 | 0.9971 |
| LGF-20100726-FJAT-8761 | 2 | 2 | 1.0000 | FJAT-41735-1 | 3 | 3 | 0.9834 |
| LGF-20100814-FJAT-8761 | 2 | 2 | 1.0000 | FJAT-41735-2 | 3 | 3 | 0.9625 |

**表 7-2-31　环状芽胞杆菌（*Bacillus circulans*）脂肪酸型判别效果矩阵分析**

| 来自＼判为 | 第 I 型 | 第 II 型 | 第 III 型 | 小计 | 正确率 |
|---|---|---|---|---|---|
| 第 I 型 | 14 | 0 | 0 | 14 | 1 |
| 第 II 型 | 0 | 13 | 0 | 13 | 1 |
| 第 III 型 | 0 | 0 | 13 | 13 | 1 |

注：判对的概率=1.0000

## 七、克氏芽胞杆菌脂肪酸型分析

### 1. 克氏芽胞杆菌脂肪酸组测定

克氏芽胞杆菌（*Bacillus clarkii* Nielsen et al. 1995，sp. nov.）于 1995 年由 Nielsen 等发表。作者采集分离了 41 个克氏芽胞杆菌菌株，分析主要脂肪酸组，见表 7-2-32。主要脂肪酸组 12 个，占总脂肪酸含量的 94.0093%，包括 15:0 anteiso、15:0 iso、16:0 iso、c16:0、17:0 anteiso、16:1ω7c alcohol、17:0 iso、14:0 iso、16:1ω11c、c14:0、17:1 iso ω10c、c18:0，主要脂肪酸组平均值分别为 20.2195%、36.0502%、4.0995%、8.39%、6.6095%、1.4334%、6.619%、2.9485%、2.9373%、2.1088%、1.5241%、1.0695%。

表 7-2-32　克氏芽胞杆菌（*Bacillus clarkii*）菌株主要脂肪酸组统计

| 脂肪酸 | 菌株数 | 含量均值/% | 方差 | 标准差 | 中位数/% | 最小值/% | 最大值/% | Wilks 系数 | *P* |
|---|---|---|---|---|---|---|---|---|---|
| 15:0 anteiso | 41 | 20.2195 | 114.8236 | 10.7156 | 17.2600 | 8.5100 | 49.2000 | 0.6592 | 0.0000 |
| 15:0 iso | 41 | 36.0502 | 95.1606 | 9.7550 | 38.0400 | 11.2800 | 49.8100 | 0.8567 | 0.0001 |
| 16:0 iso | 41 | 4.0995 | 2.8785 | 1.6966 | 3.9200 | 1.3300 | 7.7200 | 0.9643 | 0.2221 |
| c16:0 | 41 | 8.3900 | 18.4617 | 4.2967 | 8.1400 | 1.6600 | 17.9600 | 0.9676 | 0.2877 |
| 17:0 anteiso | 41 | 6.6095 | 10.0002 | 3.1623 | 6.3800 | 1.2900 | 13.5500 | 0.9668 | 0.2691 |
| 16:1ω7c alcohol | 41 | 1.4334 | 1.6523 | 1.2854 | 1.3400 | 0.0000 | 6.1400 | 0.8728 | 0.0003 |
| 17:0 iso | 41 | 6.6190 | 23.0112 | 4.7970 | 4.8400 | 1.1600 | 15.7500 | 0.8366 | 0.0000 |
| 14:0 iso | 41 | 2.9485 | 3.0864 | 1.7568 | 2.6100 | 0.8100 | 9.3800 | 0.8091 | 0.0000 |
| 16:1ω11c | 41 | 2.9373 | 4.4349 | 2.1059 | 3.0300 | 0.0000 | 7.9200 | 0.9373 | 0.0253 |
| c14:0 | 41 | 2.1088 | 1.9220 | 1.3864 | 1.9000 | 0.3000 | 6.1500 | 0.8830 | 0.0005 |
| 17:1 iso ω10c | 41 | 1.5241 | 4.1581 | 2.0391 | 0.6600 | 0.0000 | 7.8000 | 0.7613 | 0.0000 |
| c18:0 | 41 | 1.0695 | 1.3121 | 1.1455 | 0.7700 | 0.0000 | 4.9200 | 0.8223 | 0.0000 |
| 总和 | | 94.0093 | | | | | | | |

## 2. 克氏芽胞杆菌脂肪酸型聚类分析

以表 7-2-33 为矩阵，以菌株为样本，以脂肪酸为指标，以卡方距离为尺度，用可变类平均法进行系统聚类；聚类结果见图 7-2-7。分析结果可将 41 株克氏芽胞杆菌分为 3 个脂肪酸型，即脂肪酸 I 型 5 个菌株，特征为到中心的卡方距离为 2.675 65，15:0 anteiso 平均值为 39.88%，重要脂肪酸 15:0 anteiso、15:0 iso、17:0 anteiso、17:0 iso、16:0 iso、c16:0、16:1ω7c alcohol 等平均值分别为 39.88%、3.50%、11.54%、2.98%、4.68%、2.54%、1.00%。脂肪酸 II 型 27 个菌株，特征为到中心的卡方距离为 5.1601，15:0 anteiso 平均值为 8.36%；重要脂肪酸 15:0 anteiso、15:0 iso、17:0 anteiso、17:0 iso、16:0 iso、c16:0、16:1ω7c alcohol 等平均值分别为 8.36%、30.74%、4.51%、4.63%、3.77%、7.52%、2.90%。脂肪酸 III 型 9 个菌株，特征为到中心的卡方距离为 3.5096，15:0 anteiso 平均值为 10.67%；重要脂肪酸 15:0 anteiso、15:0 iso、17:0 anteiso、17:0 iso、16:0 iso、c16:0、16:1ω7c alcohol 等平均值分别为 10.67%、23.22%、8.85%、13.87%、3.26%、11.25%、1.84%。

表 7-2-33　克氏芽胞杆菌（*Bacillus clarkii*）菌株主要脂肪酸组

| 型 | 菌株名称 | 15:0 anteiso | 15:0 iso | 17:0 anteiso | 17:0 iso | 16:0 iso | c16:0 | 16:1ω7c alcohol |
|---|---|---|---|---|---|---|---|---|
| I | 10016-10-1 | 40.08* | 1.00 | 12.24 | 2.65 | 5.26 | 2.09 | 1.00 |
| I | 10016-10-2 | 41.69 | 1.01 | 11.24 | 2.42 | 5.42 | 1.99 | 1.00 |
| I | 10016-11-1 | 41.21 | 6.96 | 9.65 | 3.15 | 3.59 | 1.00 | 1.00 |
| I | 10016-11-2 | 39.66 | 6.59 | 11.30 | 3.66 | 3.72 | 1.07 | 1.00 |
| I | 10016-9-1 | 36.74 | 1.93 | 13.26 | 3.02 | 5.41 | 6.55 | 1.00 |
| 脂肪酸 I 型 5 个菌株平均值 | | 39.88 | 3.50 | 11.54 | 2.98 | 4.68 | 2.54 | 1.00 |
| II | 20110601-LGH-FJAT-13942 | 11.18 | 28.58 | 1.58 | 2.32 | 1.99 | 11.30 | 2.20 |
| II | 20110601-LGH-FJAT-13943 | 10.98 | 27.99 | 1.46 | 2.22 | 2.02 | 12.29 | 2.09 |
| II | 20110622-LGH-FJAT-14025 | 5.90 | 39.53 | 2.13 | 2.48 | 3.66 | 12.09 | 2.32 |

续表

| 型 | 菌株名称 | 15:0 anteiso | 15:0 iso | 17:0 anteiso | 17:0 iso | 16:0 iso | c16:0 | 16:1ω7c alcohol |
|---|---|---|---|---|---|---|---|---|
| II | 20110622-LGH-FJAT-14036 | 6.19 | 35.14 | 3.73 | 12.26 | 1.88 | 1.06 | 2.49 |
| II | 20110622-LGH-FJAT-14042 | 6.04 | 38.50 | 1.00 | 1.00 | 1.51 | 10.49 | 2.29 |
| II | 20110729-LGH-FJAT-14093 | 9.23 | 25.22 | 4.48 | 2.79 | 3.96 | 9.87 | 3.39 |
| II | 20110823-TXN-FJAT-14198 | 6.08 | 35.42 | 2.87 | 1.38 | 3.39 | 8.78 | 7.14 |
| II | 20110823-TXN-FJAT-14331 | 4.56 | 29.47 | 3.15 | 2.32 | 4.64 | 8.06 | 2.36 |
| II | 20110823-TXN-FJAT-14332 | 13.92 | 26.50 | 6.90 | 5.71 | 5.35 | 7.15 | 2.42 |
| II | 20111205-LGH-FJAT-8762-1 | 18.20 | 32.80 | 4.99 | 7.96 | 2.90 | 7.84 | 1.00 |
| II | 20121030-FJAT-17436-ZR | 1.00 | 28.91 | 5.82 | 5.89 | 2.22 | 14.13 | 2.60 |
| II | 20121102-FJAT-17464-ZR | 8.86 | 25.35 | 5.48 | 3.13 | 5.14 | 12.21 | 3.05 |
| II | 20121106-FJAT-16965-zr | 9.71 | 37.33 | 6.30 | 4.68 | 1.43 | 2.42 | 3.16 |
| II | 20121109-FJAT-17028-zr | 9.09 | 33.42 | 5.71 | 4.03 | 1.01 | 7.00 | 2.34 |
| II | 20130129-ZMX-FJAT-17729 | 2.95 | 33.36 | 4.81 | 5.28 | 3.02 | 10.45 | 2.60 |
| II | 20130130-TXN-FJAT-14616 | 4.09 | 24.63 | 6.09 | 6.18 | 7.39 | 8.65 | 4.20 |
| II | 20140325-LGH-FJAT-14822 | 9.15 | 26.13 | 5.72 | 6.52 | 5.72 | 8.98 | 1.86 |
| II | FJAT-23150 | 8.14 | 27.76 | 4.59 | 11.17 | 1.20 | 6.86 | 1.00 |
| II | FJAT-25144 | 10.47 | 22.75 | 6.48 | 10.35 | 1.00 | 2.45 | 1.00 |
| II | FJAT-27215-1 | 10.78 | 28.78 | 5.84 | 2.04 | 5.36 | 4.03 | 4.22 |
| II | FJAT-27215-2 | 10.10 | 29.10 | 6.56 | 2.43 | 5.45 | 4.15 | 4.20 |
| II | FJAT-27231-2 | 7.87 | 35.43 | 4.62 | 1.99 | 3.89 | 4.42 | 3.96 |
| II | FJAT-27251-11 | 9.91 | 28.34 | 6.70 | 2.46 | 5.48 | 4.27 | 4.15 |
| II | FJAT-41197-2 | 6.06 | 31.60 | 2.89 | 4.71 | 4.92 | 7.15 | 3.87 |
| II | FJAT-41740-1 | 7.45 | 34.89 | 2.72 | 3.59 | 5.89 | 6.57 | 3.08 |
| II | FJAT-41740-2 | 8.02 | 29.84 | 2.57 | 2.97 | 6.97 | 9.06 | 2.23 |
| II | FJAT-4502412-1 | 9.75 | 33.31 | 6.61 | 7.23 | 4.42 | 1.26 | 2.95 |
| 脂肪酸 II 型 27 个菌株平均值 | | 8.36 | 30.74 | 4.51 | 4.63 | 3.77 | 7.52 | 2.90 |
| III | 20110505-WZX18h-FJAT-8762 | 12.68 | 23.39 | 9.20 | 13.81 | 3.07 | 8.60 | 2.11 |
| III | 20110518-wzxjl20-FJAT-4762a | 10.22 | 25.51 | 7.77 | 13.66 | 2.83 | 13.93 | 1.00 |
| III | 20110518-wzxjl30-FJAT-4762b | 9.95 | 24.14 | 7.99 | 13.55 | 2.72 | 12.52 | 1.00 |
| III | 20110524-WZX37D-FJAT-8762 | 8.05 | 27.18 | 7.90 | 15.59 | 2.95 | 11.43 | 2.17 |
| III | 20111205-LGH-FJAT-8762-3 | 14.25 | 20.29 | 12.34 | 14.39 | 6.48 | 5.93 | 2.55 |
| III | FJAT-25410 | 10.89 | 20.86 | 6.32 | 8.62 | 2.40 | 17.30 | 1.00 |
| III | LGF-20100726-FJAT-8762 | 10.73 | 22.42 | 9.91 | 15.42 | 3.15 | 7.48 | 2.69 |
| III | LGF-20100814-FJAT-8762 | 8.14 | 22.49 | 8.31 | 14.34 | 2.65 | 16.57 | 1.39 |
| III | LGF-FJAT-8762 | 11.12 | 22.73 | 9.87 | 15.45 | 3.09 | 7.48 | 2.69 |
| 脂肪酸 III 型 9 个菌株平均值 | | 10.67 | 23.22 | 8.85 | 13.87 | 3.26 | 11.25 | 1.84 |

续表

| 型 | 菌株名称 | 14:0 iso | 16:1ω11c | c14:0 | 17:1 iso ω10c | c18:0 | 到中心的卡方距离 |
|---|---|---|---|---|---|---|---|
| I | 10016-10-1 | 3.59 | 1.00 | 1.52 | 1.00 | 1.31 | 2.75 |
| I | 10016-10-2 | 3.80 | 1.00 | 1.67 | 1.00 | 1.00 | 3.32 |
| I | 10016-11-1 | 2.77 | 1.00 | 1.32 | 1.00 | 1.00 | 4.62 |
| I | 10016-11-2 | 2.73 | 1.00 | 1.35 | 1.00 | 1.00 | 3.69 |
| I | 10016-9-1 | 3.61 | 1.00 | 2.22 | 1.00 | 1.45 | 5.69 |
| 脂肪酸 I 型 5 个菌株平均值 | | 3.30 | 1.00 | 1.62 | 1.00 | 1.15 | RMSTD=2.675 65 |
| II | 20110601-LGH-FJAT-13942 | 4.64 | 7.72 | 2.56 | 2.67 | 4.19 | 7.75 |
| II | 20110601-LGH-FJAT-13943 | 4.59 | 8.26 | 2.80 | 2.49 | 4.24 | 8.67 |
| II | 20110622-LGH-FJAT-14025 | 3.18 | 6.55 | 2.97 | 1.70 | 1.46 | 11.02 |
| II | 20110622-LGH-FJAT-14036 | 2.26 | 4.46 | 1.00 | 8.45 | 2.18 | 12.71 |
| II | 20110622-LGH-FJAT-14042 | 3.07 | 8.09 | 6.85 | 1.71 | 2.96 | 11.55 |
| II | 20110729-LGH-FJAT-14093 | 3.16 | 8.92 | 6.26 | 2.07 | 1.92 | 8.34 |
| II | 20110823-TXN-FJAT-14198 | 4.96 | 2.76 | 1.76 | 2.88 | 1.30 | 8.31 |
| II | 20110823-TXN-FJAT-14331 | 4.08 | 3.43 | 3.40 | 1.00 | 1.52 | 5.67 |
| II | 20110823-TXN-FJAT-14332 | 3.17 | 3.59 | 2.97 | 2.25 | 1.60 | 7.83 |
| II | 20111205-LGH-FJAT-8762-1 | 3.78 | 1.00 | 3.18 | 1.00 | 1.00 | 11.70 |
| II | 20121030-FJAT-17436-ZR | 1.66 | 5.61 | 3.65 | 4.90 | 1.81 | 10.69 |
| II | 20121102-FJAT-17464-ZR | 2.80 | 6.17 | 4.31 | 1.95 | 1.55 | 7.91 |
| II | 20121106-FJAT-16965-zr | 1.36 | 5.62 | 2.04 | 6.65 | 1.00 | 9.98 |
| II | 20121109-FJAT-17028-zr | 1.19 | 4.35 | 3.02 | 4.41 | 4.25 | 5.32 |
| II | 20130129-ZMX-FJAT-17729 | 1.57 | 6.05 | 2.62 | 5.07 | 1.29 | 7.47 |
| II | 20130130-TXN-FJAT-14616 | 3.55 | 5.47 | 2.07 | 5.37 | 2.91 | 9.14 |
| II | 20140325-LGH-FJAT-14822 | 2.86 | 3.14 | 2.60 | 1.64 | 3.34 | 6.39 |
| II | FJAT-23150 | 1.22 | 1.00 | 2.16 | 1.00 | 5.92 | 10.02 |
| II | FJAT-25144 | 1.00 | 1.34 | 1.28 | 1.53 | 3.93 | 12.98 |
| II | FJAT-27215-1 | 3.05 | 4.18 | 3.42 | 3.67 | 1.22 | 6.02 |
| II | FJAT-27215-2 | 2.85 | 4.03 | 3.20 | 3.71 | 1.21 | 5.71 |
| II | FJAT-27231-2 | 2.72 | 4.03 | 3.22 | 4.59 | 2.21 | 6.53 |
| II | FJAT-27251-11 | 2.72 | 4.07 | 3.15 | 3.76 | 1.34 | 5.89 |
| II | FJAT-41197-2 | 7.13 | 4.97 | 4.16 | 1.89 | 2.24 | 5.24 |
| II | FJAT-41740-1 | 8.06 | 3.91 | 4.90 | 1.39 | 1.18 | 7.55 |
| II | FJAT-41740-2 | 9.57 | 3.25 | 6.36 | 1.26 | 1.28 | 8.65 |
| II | FJAT-4502412-1 | 2.74 | 3.65 | 1.12 | 8.80 | 1.17 | 9.85 |
| 脂肪酸 II 型 27 个菌株平均值 | | 3.44 | 4.65 | 3.22 | 3.25 | 2.23 | RMSTD=5.1601 |
| III | 20110505-WZX18h-FJAT-8762 | 2.13 | 4.12 | 1.91 | 1.41 | 1.77 | 3.47 |
| III | 20110518-wzxjl20-FJAT-4762a | 1.92 | 2.96 | 2.36 | 1.00 | 2.08 | 3.88 |
| III | 20110518-wzxjl30-FJAT-4762b | 1.96 | 2.63 | 2.37 | 1.00 | 2.01 | 2.35 |
| III | 20110524-WZX37D-FJAT-8762 | 1.78 | 2.96 | 2.14 | 1.00 | 2.22 | 5.20 |
| III | 20111205-LGH-FJAT-8762-3 | 3.02 | 2.87 | 1.54 | 1.00 | 1.00 | 8.71 |
| III | FJAT-25410 | 2.19 | 4.41 | 3.68 | 1.00 | 3.63 | 9.12 |

续表

| 型 | 菌株名称 | 14:0 iso | 16:1ω11c | c14:0 | 17:1 iso ω10c | c18:0 | 到中心的卡方距离 |
|---|---|---|---|---|---|---|---|
| III | LGF-20100726-FJAT-8762 | 2.25 | 4.03 | 1.69 | 1.66 | 2.00 | 4.47 |
| III | LGF-20100814-FJAT-8762 | 1.73 | 2.78 | 2.68 | 1.00 | 2.15 | 6.10 |
| III | LGF-FJAT-8762 | 2.26 | 4.05 | 1.68 | 1.61 | 2.01 | 4.45 |
| 脂肪酸 III 型 9 个菌株平均值 | | 2.14 | 3.42 | 2.23 | 1.19 | 2.10 | RMSTD=3.5096 |

*脂肪酸含量单位为%

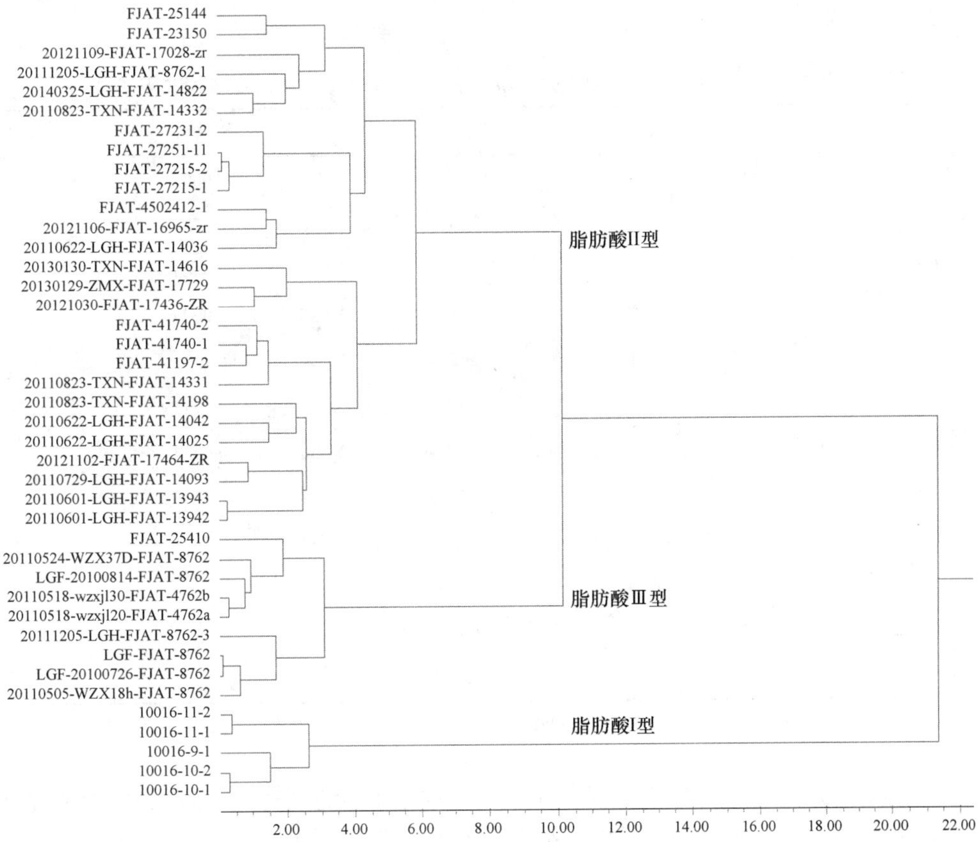


图 7-2-7 克氏芽胞杆菌（*Bacillus clarkii*）脂肪酸型聚类分析（卡方距离）

## 3. 克氏芽胞杆菌脂肪酸型判别模型建立

（1）分析原理。不同的克氏芽胞杆菌菌株具有不同的脂肪酸组构成，通过上述聚类分析，可将克氏芽胞杆菌菌株分为 3 类，利用逐步判别的方法（DPS 软件），建立克氏芽胞杆菌菌株脂肪酸型判别模型，在建立模型的过程中，可以了解各因子对类别划分的重要性。

（2）数据矩阵。以表 7-2-33 的克氏芽胞杆菌 41 个菌株的 12 个脂肪酸为矩阵，自变量 $x_{ij}$（$i$=1,⋯,41；$j$=1,⋯,12）由 41 个菌株的 12 个脂肪酸组成，因变量 $Y_i$（$i$=1,⋯,41）由 41 个菌株聚类类别组成脂肪酸型，采用贝叶斯逐步判别分析，建立克氏芽胞杆菌菌株脂肪酸型判别模型。克氏芽胞杆菌脂肪酸型判别模型入选因子见表 7-2-34，脂肪酸型类别间判别效果检验见表 7-2-35，模型计算后的分类验证和后验概率见表 7-2-36，脂肪酸型判别效果矩阵分析见表 7-2-37。建立的逐步判别分析因子筛选表明，以下 4 个因子入选，它们是 $x_{(1)}$=15:0 anteiso、$x_{(4)}$=c16:0、$x_{(6)}$=16:1ω7c alcohol、$x_{(7)}$=17:0 iso，表明这些因子对脂肪酸型的判别具有显著贡献。判别模型如下：

$$Y_1=-152.8931+6.7714x_{(1)}+4.4317x_{(4)}+11.6899x_{(6)}+4.3033x_{(7)} \tag{7-2-19}$$

$$Y_2=-48.0886+2.8460x_{(1)}+3.3858x_{(4)}+9.9497x_{(6)}+3.9128x_{(7)} \tag{7-2-20}$$

$$Y_3=-108.2232+3.9405x_{(1)}+5.1162x_{(4)}+13.4452x_{(6)}+6.6367x_{(7)} \tag{7-2-21}$$

**表 7-2-34　克氏芽胞杆菌（*Bacillus clarkii*）脂肪酸型判别模型入选因子**

| 因子 | Wilks 统计量 | *F* 值 | df | *P* | 入选状态 |
|---|---|---|---|---|---|
| 15:0 anteiso | 0.1258 | 121.5677 | 2，35 | 0.0000 | （已入选） |
| 15:0 iso | 0.8578 | 2.8193 | 2，34 | 0.0736 | |
| 16:0 iso | 0.9968 | 0.0551 | 2，34 | 0.9465 | |
| c16:0 | 0.4935 | 17.9643 | 2，35 | 0.0000 | （已入选） |
| 17:0 anteiso | 0.8867 | 2.1724 | 2，34 | 0.1295 | |
| 16:1ω7c alcohol | 0.7711 | 5.1956 | 2，35 | 0.0093 | （已入选） |
| 17:0 iso | 0.2077 | 66.7678 | 2，35 | 0.0000 | （已入选） |
| 14:0 iso | 0.9909 | 0.1562 | 2，34 | 0.8560 | |
| 16:1ω11c | 0.9698 | 0.5286 | 2，34 | 0.5942 | |
| c14:0 | 0.9244 | 1.3901 | 2，34 | 0.2629 | |
| 17:1 iso ω10c | 0.9197 | 1.4851 | 2，34 | 0.2408 | |
| c18:0 | 0.9457 | 0.9759 | 2，34 | 0.3872 | |

注：共选入 4 个变量，卡方值=162.668，*P*=0.0000

判别模型分类验证表明（表 7-2-36），对脂肪酸 I 型的判对概率为 1.0；脂肪酸 II 型的判对概率为 1.0；脂肪酸 III 型的判对概率为 1.0；整个方程的判对概率为 1.0，能够精确地识别脂肪酸型（表 7-2-37）。在应用时，对被测芽胞杆菌测定脂肪酸组，将 $x_{(1)}$=15:0 anteiso、$x_{(4)}$=c16:0、$x_{(6)}$=16:1ω7c alcohol、$x_{(7)}$=17:0 iso 的脂肪酸百分比带入方程，计算 $Y$ 值，当 $Y_1<Y<Y_2$ 时，该芽胞杆菌为脂肪酸 I 型；当 $Y_2<Y<Y_3$ 时，属于脂肪酸 II 型；当 $Y>Y_3$ 时，属于脂肪酸 III 型。

**表 7-2-35　克氏芽胞杆菌（*Bacillus clarkii*）脂肪酸型两两分类间判别效果检验**

| 脂肪酸型 *i* | 脂肪酸型 *j* | 马氏距离 | *F* 值 | 自由度 $V_1$ | $V_2$ | *P* |
|---|---|---|---|---|---|---|
| I | II | 114.5668 | 111.2928 | 4 | 27 | $1\times10^{-7}$ |
| I | III | 115.5318 | 85.5087 | 4 | 9 | $3.725\times10^{-7}$ |
| II | III | 30.4736 | 47.3644 | 4 | 31 | $1\times10^{-7}$ |

表 7-2-36　克氏芽胞杆菌（*Bacillus clarkii*）模型计算后的分类验证和后验概率

| 样本序号 | 原分类 | 计算分类 | 后验概率 | 样本序号 | 原分类 | 计算分类 | 后验概率 |
|---|---|---|---|---|---|---|---|
| 1 | 1 | 1 | 1.0000 | 22 | 2 | 2 | 1.0000 |
| 2 | 1 | 1 | 1.0000 | 23 | 2 | 2 | 0.9985 |
| 3 | 1 | 1 | 1.0000 | 24 | 2 | 2 | 1.0000 |
| 4 | 1 | 1 | 1.0000 | 25 | 2 | 2 | 1.0000 |
| 5 | 1 | 1 | 1.0000 | 26 | 2 | 2 | 1.0000 |
| 6 | 2 | 2 | 1.0000 | 27 | 2 | 2 | 1.0000 |
| 7 | 2 | 2 | 1.0000 | 28 | 2 | 2 | 1.0000 |
| 8 | 2 | 2 | 1.0000 | 29 | 2 | 2 | 1.0000 |
| 9 | 2 | 2 | 1.0000 | 30 | 2 | 2 | 1.0000 |
| 10 | 2 | 2 | 1.0000 | 31 | 2 | 2 | 1.0000 |
| 11 | 2 | 2 | 1.0000 | 32 | 2 | 2 | 1.0000 |
| 12 | 2 | 2 | 1.0000 | 33 | 3 | 3 | 1.0000 |
| 13 | 2 | 2 | 1.0000 | 34 | 3 | 3 | 1.0000 |
| 14 | 2 | 2 | 0.9999 | 35 | 3 | 3 | 1.0000 |
| 15 | 2 | 2 | 0.9288 | 36 | 3 | 3 | 1.0000 |
| 16 | 2 | 2 | 1.0000 | 37 | 3 | 3 | 1.0000 |
| 17 | 2 | 2 | 1.0000 | 38 | 3 | 3 | 0.9995 |
| 18 | 2 | 2 | 1.0000 | 39 | 3 | 3 | 1.0000 |
| 19 | 2 | 2 | 1.0000 | 40 | 3 | 3 | 1.0000 |
| 20 | 2 | 2 | 1.0000 | 41 | 3 | 3 | 1.0000 |
| 21 | 2 | 2 | 1.0000 | | | | |

表 7-2-37　克氏芽胞杆菌（*Bacillus clarkii*）脂肪酸型判别效果矩阵分析

| 来自＼判为 | 第 I 型 | 第 II 型 | 第 III 型 | 小计 | 正确率 |
|---|---|---|---|---|---|
| 第 I 型 | 5 | 0 | 0 | 5 | 1 |
| 第 II 型 | 0 | 27 | 0 | 27 | 1 |
| 第 III 型 | 0 | 0 | 9 | 9 | 1 |

注：判对的概率=1.0000

## 八、迟缓芽胞杆菌脂肪酸型分析

### 1. 迟缓芽胞杆菌脂肪酸组测定

迟缓芽胞杆菌[*Bacillus lentus* Gibson 1935（Approved Lists 1980），species.]于 1935 年由 Gibson 发表。采集分离了 37 个迟缓芽胞杆菌菌株，分析主要脂肪酸组，见表 7-2-38。主要脂肪酸组 12 个，占总脂肪酸含量的 96.8499%，包括 15:0 anteiso、15:0 iso、16:0 iso、c16:0、17:0 anteiso、16:1ω7c alcohol、17:0 iso、14:0 iso、16:1ω11c、c14:0、17:1 iso ω10c、c18:0，主要脂肪酸组平均值分别为 41.457%、15.0505%、3.7714%、17.4546%、3.5751%、0.7432%、1.6386%、5.0705%、2.1241%、3.5865%、0.1381%、2.2403%。

**表 7-2-38　迟缓芽胞杆菌（*Bacillus lentus*）菌株主要脂肪酸组统计**

| 脂肪酸 | 菌株数 | 含量均值/% | 方差 | 标准差 | 中位数/% | 最小值/% | 最大值/% | Wilks 系数 | *P* |
|---|---|---|---|---|---|---|---|---|---|
| 15:0 anteiso | 37 | 41.4570 | 81.3310 | 9.0184 | 43.9500 | 21.9400 | 53.6500 | 0.9142 | 0.0075 |
| 15:0 iso | 37 | 15.0505 | 7.2943 | 2.7008 | 15.3000 | 8.4400 | 20.5400 | 0.9860 | 0.9127 |
| 16:0 iso | 37 | 3.7714 | 1.9192 | 1.3853 | 3.5000 | 1.2200 | 7.6200 | 0.9328 | 0.0273 |
| c16:0 | 37 | 17.4546 | 75.7638 | 8.7042 | 14.8000 | 7.7500 | 34.9600 | 0.8753 | 0.0006 |
| 17:0 anteiso | 37 | 3.5751 | 2.8439 | 1.6864 | 3.3100 | 0.0000 | 8.5200 | 0.9580 | 0.1739 |
| 16:1ω7c alcohol | 37 | 0.7432 | 0.9105 | 0.9542 | 0.4100 | 0.0000 | 3.7700 | 0.7738 | 0.0000 |
| 17:0 iso | 37 | 1.6386 | 1.2308 | 1.1094 | 1.6200 | 0.0000 | 4.5700 | 0.9193 | 0.0106 |
| 14:0 iso | 37 | 5.0705 | 7.1588 | 2.6756 | 4.4900 | 2.0100 | 13.3800 | 0.8625 | 0.0003 |
| 16:1ω11c | 37 | 2.1241 | 2.1789 | 1.4761 | 1.9200 | 0.0000 | 5.1100 | 0.9491 | 0.0906 |
| c14:0 | 37 | 3.5865 | 4.5852 | 2.1413 | 3.0100 | 0.0000 | 9.8600 | 0.9206 | 0.0116 |
| 17:1 iso ω10c | 37 | 0.1381 | 0.0670 | 0.2588 | 0.0000 | 0.0000 | 0.8800 | 0.5993 | 0.0000 |
| c18:0 | 37 | 2.2403 | 6.6803 | 2.5846 | 1.4800 | 0.0000 | 10.4200 | 0.7849 | 0.0000 |
| 总和 | | 96.8499 | | | | | | | |

## 2. 迟缓芽胞杆菌脂肪酸型聚类分析

以表 7-2-39 为矩阵，以菌株为样本，以脂肪酸为指标，以欧氏距离为尺度，用可变类平均法进行系统聚类；聚类结果见图 7-2-8。分析结果可将 37 株迟缓芽胞杆菌分为 3 个脂肪酸型，即脂肪酸 I 型 12 个菌株，特征为到中心的欧氏距离为 5.0141，15:0 anteiso 平均值为 30.13%，重要脂肪酸 15:0 anteiso、15:0 iso、17:0 anteiso、17:0 iso、16:0 iso、c16:0、16:1ω7c alcohol 等平均值分别为 30.13%、15.57%、4.09%、1.68%、3.54%、28.46%、0.26%。脂肪酸 II 型 11 个菌株，特征为到中心的欧氏距离为 2.5750，15:0 anteiso 平均值为 50.73%；重要脂肪酸 15:0 anteiso、15:0 iso、17:0 anteiso、17:0 iso、16:0 iso、c16:0、16:1ω7c alcohol 等平均值分别为 50.73%、15.73%、3.54%、1.48%、3.57%、8.93%、1.36%。脂肪酸 III 型 14 个菌株，特征为到中心的欧氏距离为 4.5042，15:0 anteiso 平均值为 43.88%；重要脂肪酸 15:0 anteiso、15:0 iso、17:0 anteiso、17:0 iso、16:0 iso、c16:0、16:1ω7c alcohol 等平均值分别为 43.88%、14.08%、3.16%、1.73%、4.12%、14.71%、0.67%。

**表 7-2-39　迟缓芽胞杆菌（*Bacillus lentus*）菌株主要脂肪酸组**

| 型 | 菌株名称 | 15:0 anteiso | 15:0 iso | 17:0 anteiso | 17:0 iso | 16:0 iso | c16:0 | 16:1ω7c alcohol |
|---|---|---|---|---|---|---|---|---|
| I | 20101212-WZX-FJAT-10601 | 24.35* | 15.71 | 0.00 | 0.00 | 3.52 | 34.78 | 0.00 |
| I | 20101212-WZX-FJAT-10607 | 21.94 | 14.51 | 1.75 | 0.00 | 2.49 | 34.96 | 0.00 |
| I | 20110625-WZX-FJAT-10034-2 | 28.70 | 18.48 | 3.63 | 1.27 | 1.50 | 34.22 | 0.00 |
| I | 20110625-WZX-FJAT-10034-3 | 32.78 | 13.65 | 5.08 | 1.00 | 2.95 | 31.97 | 0.00 |
| I | 20110629-WZX-FJAT-10034-11 | 34.45 | 14.47 | 6.69 | 1.52 | 2.95 | 27.83 | 0.00 |
| I | 20110629-WZX-FJAT-10034-33 | 30.55 | 17.21 | 5.13 | 1.39 | 2.37 | 31.80 | 0.00 |
| I | 20110823-TXN-FJAT-14156 | 32.55 | 16.18 | 5.70 | 1.18 | 4.04 | 23.44 | 1.23 |
| I | 20110823-TXN-FJAT-14309 | 31.99 | 15.30 | 5.57 | 4.57 | 4.37 | 23.11 | 0.15 |
| I | 20110823-TXN-FJAT-14319 | 31.53 | 16.31 | 4.53 | 3.35 | 3.90 | 27.12 | 0.16 |

续表

| 型 | 菌株名称 | 15:0 anteiso | 15:0 iso | 17:0 anteiso | 17:0 iso | 16:0 iso | c16:0 | 16:1ω7c alcohol |
|---|---|---|---|---|---|---|---|---|
| I | 20120509-LGH-FJAT-16976 | 34.26 | 20.54 | 3.01 | 3.42 | 2.67 | 20.37 | 0.78 |
| I | 20121030-FJAT-17465-ZR | 27.60 | 16.03 | 1.80 | 0.73 | 4.66 | 24.53 | 0.20 |
| I | FJAT-41666-2 | 30.88 | 8.44 | 6.21 | 1.70 | 7.07 | 27.44 | 0.59 |
| 脂肪酸 I 型 12 个菌株平均值 | | 30.13 | 15.57 | 4.09 | 1.68 | 3.54 | 28.46 | 0.26 |
| II | 20101220-WZX-FJAT-10603 | 52.65 | 14.78 | 3.31 | 0.00 | 3.21 | 9.26 | 2.28 |
| II | 20110504-24-FJAT-8774 | 53.65 | 17.61 | 5.26 | 1.36 | 2.86 | 7.75 | 0.59 |
| II | 20110630-WZX-FJAT-10031a | 50.77 | 17.57 | 2.77 | 1.74 | 3.60 | 9.14 | 2.05 |
| II | 20110630-WZX-FJAT-10031b | 49.26 | 16.64 | 2.62 | 1.75 | 3.30 | 9.60 | 1.87 |
| II | 20110630-WZX-FJAT-10031c | 50.31 | 16.83 | 2.46 | 1.62 | 3.40 | 9.10 | 1.82 |
| II | 20110630-WZX-FJAT-10031d | 50.62 | 16.53 | 2.48 | 1.74 | 3.42 | 8.87 | 1.85 |
| II | 20110808-TXN-FJAT-14132 | 49.78 | 14.17 | 2.31 | 1.78 | 2.92 | 8.37 | 0.72 |
| II | 20111205-LGH-FJAT-5 | 49.70 | 12.30 | 8.52 | 1.57 | 4.03 | 8.19 | 0.00 |
| II | 20130125-ZMX-FJAT-17703 | 49.57 | 10.97 | 2.91 | 1.11 | 5.00 | 8.70 | 3.36 |
| II | LGH-FJAT-4532 | 50.41 | 19.34 | 2.83 | 1.74 | 3.50 | 9.52 | 0.00 |
| II | SDG-20100801-FJAT-4085-5 | 51.30 | 16.24 | 3.52 | 1.83 | 4.08 | 9.76 | 0.47 |
| 脂肪酸 II 型 11 个菌株平均值 | | 50.73 | 15.73 | 3.54 | 1.48 | 3.57 | 8.93 | 1.36 |
| III | 20101220-WZX-FJAT-10631 | 37.01 | 11.07 | 3.61 | 0.00 | 3.83 | 21.12 | 3.77 |
| III | 20110614-LGH-FJAT-13914 | 40.81 | 16.15 | 4.19 | 1.75 | 7.62 | 15.48 | 0.37 |
| III | 20110622-LGH-FJAT-13391 | 41.85 | 10.49 | 4.32 | 3.94 | 2.57 | 14.23 | 0.68 |
| III | 20110808-TXN-FJAT-14137 | 48.08 | 14.58 | 1.84 | 0.83 | 1.22 | 17.80 | 1.41 |
| III | 20110808-TXN-FJAT-14170 | 49.48 | 12.30 | 3.52 | 1.66 | 2.55 | 15.33 | 0.81 |
| III | 20120331-LGH-FJAT-5 | 45.57 | 19.79 | 5.21 | 1.62 | 3.03 | 11.23 | 0.37 |
| III | FJAT-27000-1 | 43.95 | 11.86 | 2.43 | 2.36 | 5.49 | 14.80 | 0.41 |
| III | FJAT-27000-1 | 46.33 | 12.46 | 2.40 | 2.44 | 5.71 | 15.62 | 0.00 |
| III | FJAT-27000-2 | 43.50 | 12.65 | 3.37 | 3.21 | 5.98 | 13.23 | 0.30 |
| III | FJAT-27000-2 | 46.05 | 13.47 | 3.12 | 3.43 | 5.71 | 13.69 | 0.00 |
| III | FJAT-28573-1 | 45.73 | 15.14 | 1.59 | 0.83 | 3.02 | 12.23 | 0.59 |
| III | FJAT-28573-2 | 41.27 | 16.20 | 1.72 | 1.00 | 3.64 | 13.93 | 0.67 |
| III | JHM-M3 | 46.84 | 17.01 | 2.69 | 0.00 | 4.27 | 11.29 | 0.00 |
| III | LGF-20100727-FJAT-8788 | 37.84 | 13.89 | 4.18 | 1.19 | 3.09 | 16.01 | 0.00 |
| 脂肪酸 III 型 14 个菌株平均值 | | 43.88 | 14.08 | 3.16 | 1.73 | 4.12 | 14.71 | 0.67 |

| 型 | 菌株名称 | 14:0 iso | 16:1ω11c | c14:0 | 17:1 iso ω10c | c18:0 | 到中心的欧氏距离 |
|---|---|---|---|---|---|---|---|
| I | 20101212-WZX-FJAT-10601 | 9.34 | 0.00 | 6.38 | 0.00 | 0.00 | 10.67 |
| I | 20101212-WZX-FJAT-10607 | 8.14 | 2.56 | 4.42 | 0.00 | 4.50 | 11.79 |
| I | 20110625-WZX-FJAT-10034-2 | 2.78 | 0.00 | 7.71 | 0.00 | 0.65 | 8.14 |
| I | 20110625-WZX-FJAT-10034-3 | 3.93 | 0.23 | 7.82 | 0.00 | 0.00 | 6.24 |
| I | 20110629-WZX-FJAT-10034-11 | 3.54 | 0.94 | 6.71 | 0.00 | 0.91 | 5.91 |
| I | 20110629-WZX-FJAT-10034-33 | 3.21 | 0.00 | 6.68 | 0.00 | 0.39 | 5.30 |
| I | 20110823-TXN-FJAT-14156 | 4.67 | 2.97 | 2.59 | 0.19 | 0.70 | 6.62 |
| I | 20110823-TXN-FJAT-14309 | 5.93 | 1.37 | 1.21 | 0.00 | 2.01 | 7.63 |

续表

| 型 | 菌株名称 | 14:0 iso | 16:1ω11c | c14:0 | 17:1 iso ω10c | c18:0 | 到中心的欧氏距离 |
|---|---|---|---|---|---|---|---|
| I | 20110823-TXN-FJAT-14319 | 4.99 | 1.38 | 1.20 | 0.00 | 1.24 | 4.66 |
| I | 20120509-LGH-FJAT-16976 | 2.98 | 2.52 | 2.00 | 0.48 | 1.49 | 11.34 |
| I | 20121030-FJAT-17465-ZR | 8.89 | 2.58 | 9.86 | 0.00 | 0.45 | 8.17 |
| I | FJAT-41666-2 | 7.57 | 4.73 | 2.65 | 0.00 | 2.10 | 9.46 |
| 脂肪酸 I 型 12 个菌株平均值 | | 5.50 | 1.61 | 4.94 | 0.06 | 1.20 | RMSTD=5.0141 |
| II | 20101220-WZX-FJAT-10603 | 4.49 | 3.44 | 3.18 | 0.00 | 2.44 | 3.19 |
| II | 20110504-24-FJAT-8774 | 7.12 | 1.84 | 1.96 | 0.00 | 0.00 | 5.07 |
| II | 20110630-WZX-FJAT-10031a | 5.22 | 4.38 | 2.76 | 0.00 | 0.00 | 2.67 |
| II | 20110630-WZX-FJAT-10031b | 4.61 | 4.83 | 2.98 | 0.00 | 1.62 | 2.77 |
| II | 20110630-WZX-FJAT-10031c | 4.72 | 5.11 | 3.08 | 0.72 | 0.00 | 2.83 |
| II | 20110630-WZX-FJAT-10031d | 4.46 | 4.77 | 2.99 | 0.78 | 0.00 | 2.54 |
| II | 20110808-TXN-FJAT-14132 | 4.27 | 3.37 | 5.25 | 0.00 | 0.99 | 3.56 |
| II | 20111205-LGH-FJAT-5 | 5.36 | 0.98 | 1.95 | 0.00 | 1.43 | 6.81 |
| II | 20130125-ZMX-FJAT-17703 | 7.48 | 2.89 | 1.67 | 0.56 | 2.06 | 6.22 |
| II | LGH-FJAT-4532 | 4.12 | 3.56 | 3.45 | 0.00 | 0.00 | 4.33 |
| II | SDG-20100801-FJAT-4085-5 | 4.39 | 0.85 | 1.96 | 0.00 | 3.89 | 4.16 |
| 脂肪酸 II 型 11 个菌株平均值 | | 5.11 | 3.27 | 2.84 | 0.19 | 1.13 | RMSTD=2.5750 |
| III | 20101220-WZX-FJAT-10631 | 2.32 | 0.00 | 4.81 | 0.00 | 9.40 | 12.28 |
| III | 20110614-LGH-FJAT-13914 | 4.72 | 2.66 | 3.01 | 0.16 | 1.48 | 5.92 |
| III | 20110622-LGH-FJAT-13391 | 2.01 | 1.68 | 2.47 | 0.51 | 10.42 | 8.63 |
| III | 20110808-TXN-FJAT-14137 | 3.78 | 2.19 | 1.28 | 0.88 | 1.30 | 7.13 |
| III | 20110808-TXN-FJAT-14170 | 2.66 | 2.24 | 1.63 | 0.00 | 2.12 | 6.89 |
| III | 20120331-LGH-FJAT-5 | 5.09 | 1.64 | 1.94 | 0.00 | 2.35 | 7.57 |
| III | FJAT-27000-1 | 2.39 | 2.59 | 4.36 | 0.36 | 3.95 | 3.96 |
| III | FJAT-27000-1 | 2.56 | 2.71 | 4.71 | 0.00 | 4.21 | 4.69 |
| III | FJAT-27000-2 | 2.17 | 1.62 | 3.68 | 0.47 | 4.71 | 4.18 |
| III | FJAT-27000-2 | 2.30 | 1.63 | 3.77 | 0.00 | 4.81 | 4.34 |
| III | FJAT-28573-1 | 12.28 | 1.92 | 3.98 | 0.00 | 0.34 | 9.36 |
| III | FJAT-28573-2 | 13.38 | 1.88 | 3.99 | 0.00 | 0.60 | 10.16 |
| III | JHM-M3 | 3.60 | 0.00 | 0.00 | 0.00 | 2.22 | 7.00 |
| III | LGF-20100727-FJAT-8788 | 6.14 | 0.53 | 2.61 | 0.00 | 8.11 | 7.85 |
| 脂肪酸 III 型 14 个菌株平均值 | | 4.67 | 1.66 | 3.02 | 0.17 | 4.00 | RMSTD=4.5042 |

*脂肪酸含量单位为%

## 3. 迟缓芽胞杆菌脂肪酸型判别模型建立

（1）分析原理。不同的迟缓芽胞杆菌菌株具有不同的脂肪酸组构成，通过上述聚类分析，可将迟缓芽胞杆菌菌株分为 3 类，利用逐步判别的方法（DPS 软件），建立迟缓芽胞杆菌菌株脂肪酸型判别模型，在建立模型的过程中，可以了解各因子对类别划分的重要性。

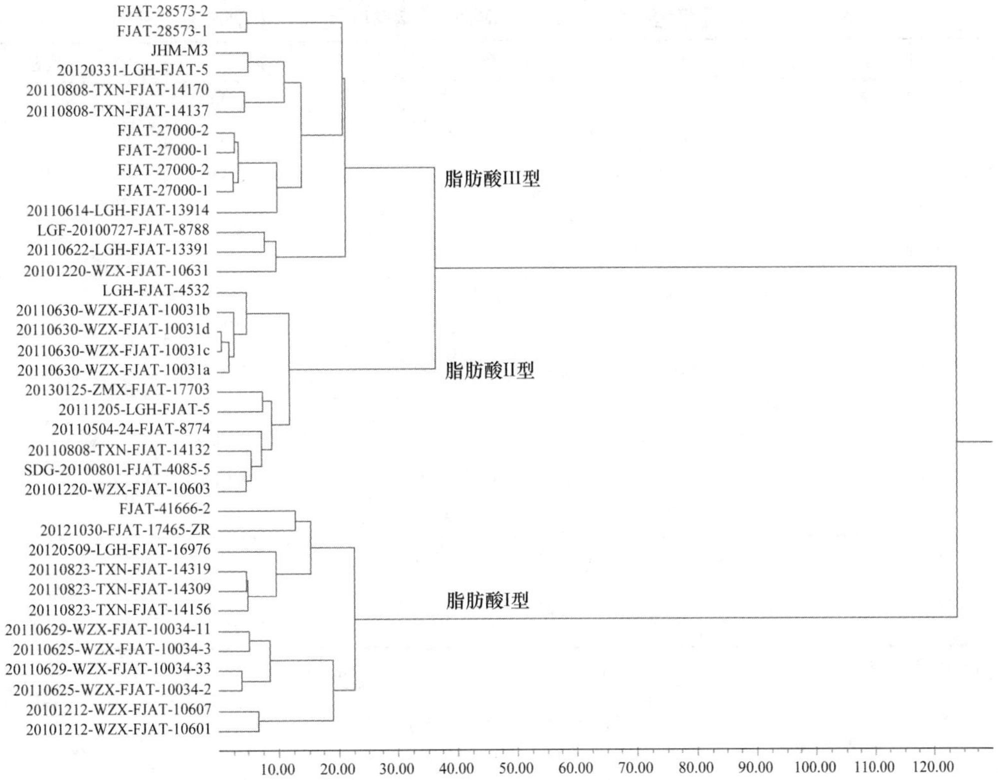


图 7-2-8　迟缓芽胞杆菌（*Bacillus lentus*）脂肪酸型聚类分析（欧氏距离）

（2）数据矩阵。以表 7-2-39 的迟缓芽胞杆菌 37 个菌株的 12 个脂肪酸为矩阵，自变量 $x_{ij}$（$i$=1,···,37；$j$=1,···,12）由 37 个菌株的 12 个脂肪酸组成，因变量 $Y_i$（$i$=1,···,37）由 37 个菌株聚类类别组成脂肪酸型，采用贝叶斯逐步判别分析，建立迟缓芽胞杆菌菌株脂肪酸型判别模型。迟缓芽胞杆菌脂肪酸型判别模型入选因子见表 7-2-40，脂肪酸型类别间判别效果检验见表 7-2-41，模型计算后的分类验证和后验概率见表 7-2-42，脂肪酸型判别效果矩阵分析见表 7-2-43。建立的逐步判别分析因子筛选表明，以下 3 个因子入选，它们是 $x_{(1)}$=15:0 anteiso、$x_{(8)}$=14:0 iso、$x_{(12)}$=c18:0，表明这些因子对脂肪酸型的判别具有显著贡献。判别模型如下：

$$Y_1=-104.6631+5.8811x_{(1)}+4.5314x_{(8)}+5.9892x_{(12)} \quad (7\text{-}2\text{-}22)$$

$$Y_2=-258.6050+9.3281x_{(1)}+6.5944x_{(8)}+9.1030x_{(12)} \quad (7\text{-}2\text{-}23)$$

$$Y_3=-220.5150+8.5647x_{(1)}+6.2336x_{(8)}+9.0215x_{(12)} \quad (7\text{-}2\text{-}24)$$

判别模型分类验证表明（表 7-2-42），对脂肪酸 I 型的判对概率为 1.0；脂肪酸 II 型的判对概率为 1.0；脂肪酸 III 型的判对概率为 0.8571；整个方程的判对概率为 0.945 95，能够精确地识别脂肪酸型（表 7-2-43）。在应用时，对被测芽胞杆菌测定脂肪酸组，将 $x_{(1)}$= 15:0 anteiso、$x_{(8)}$=14:0 iso、$x_{(12)}$=c18:0 的脂肪酸百分比带入方程，计算 $Y$ 值，当 $Y_1<Y<Y_2$ 时，该芽胞杆菌为脂肪酸 I 型；当 $Y_2<Y<Y_3$ 时，属于脂肪酸 II 型；当 $Y>Y_3$ 时，属于脂肪酸 III 型。

表 7-2-40 迟缓芽胞杆菌（*Bacillus lentus*）脂肪酸型判别模型入选因子

| 脂肪酸 | Wilks 统计量 | *F* 值 | df | *P* | 入选状态 |
|---|---|---|---|---|---|
| 15:0 anteiso | 0.0715 | 207.7842 | 2，32 | 0.0000 | （已入选） |
| 15:0 iso | 0.9704 | 0.4725 | 2，31 | 0.6279 | |
| 16:0 iso | 0.9715 | 0.4551 | 2，31 | 0.6386 | |
| c16:0 | 0.9719 | 0.4485 | 2，31 | 0.6427 | |
| 17:0 anteiso | 0.8159 | 3.4972 | 2，31 | 0.0427 | |
| 16:1ω7c alcohol | 0.8825 | 2.0632 | 2，31 | 0.1441 | |
| 17:0 iso | 0.8641 | 2.4379 | 2，31 | 0.1039 | |
| 14:0 iso | 0.7237 | 6.1100 | 2，32 | 0.0047 | （已入选） |
| 16:1ω11c | 0.9110 | 1.5143 | 2，31 | 0.2358 | |
| c14:0 | 0.8976 | 1.7685 | 2，31 | 0.1874 | |
| 17:1 iso ω10c | 0.9942 | 0.0899 | 2，31 | 0.9142 | |
| c18:0 | 0.4413 | 20.2549 | 2，32 | 0.0000 | （已入选） |

注：共选入 3 个变量，卡方值=98.764，*P*=0.0000

表 7-2-41 迟缓芽胞杆菌（*Bacillus lentus*）脂肪酸型两两分类间判别效果检验

| 脂肪酸型 *i* | 脂肪酸型 *j* | 欧氏距离 | *F* 值 | 自由度 $V_1$ | $V_2$ | *P* |
|---|---|---|---|---|---|---|
| I | II | 69.977 7 | 125.995 7 | 3 | 19 | $1\times10^{-7}$ |
| I | III | 43.970 9 | 89.135 6 | 3 | 22 | $1\times10^{-7}$ |
| II | III | 5.154 7 | 9.961 8 | 3 | 21 | 0.000 275 |

表 7-2-42 迟缓芽胞杆菌（*Bacillus lentus*）模型计算后的分类验证和后验概率

| 样本序号 | 原分类 | 计算分类 | 后验概率 | 样本序号 | 原分类 | 计算分类 | 后验概率 |
|---|---|---|---|---|---|---|---|
| 1 | 1 | 1 | 1.0000 | 20 | 2 | 2 | 0.8408 |
| 2 | 1 | 1 | 1.0000 | 21 | 2 | 2 | 0.9154 |
| 3 | 1 | 1 | 1.0000 | 22 | 2 | 2 | 0.8378 |
| 4 | 1 | 1 | 1.0000 | 23 | 2 | 2 | 0.9391 |
| 5 | 1 | 1 | 1.0000 | 24 | 3 | 3 | 0.9998 |
| 6 | 1 | 1 | 1.0000 | 25 | 3 | 3 | 0.9935 |
| 7 | 1 | 1 | 1.0000 | 26 | 3 | 3 | 0.9919 |
| 8 | 1 | 1 | 1.0000 | 27 | 3 | 3 | 0.5383 |
| 9 | 1 | 1 | 1.0000 | 28 | 3 | 2* | 0.6407 |
| 10 | 1 | 1 | 1.0000 | 29 | 3 | 3 | 0.8193 |
| 11 | 1 | 1 | 1.0000 | 30 | 3 | 3 | 0.9732 |
| 12 | 1 | 1 | 1.0000 | 31 | 3 | 3 | 0.8445 |
| 13 | 2 | 2 | 0.9755 | 32 | 3 | 3 | 0.9812 |
| 14 | 2 | 2 | 0.9945 | 33 | 3 | 3 | 0.8756 |
| 15 | 2 | 2 | 0.9100 | 34 | 3 | 2* | 0.7391 |
| 16 | 2 | 2 | 0.7452 | 35 | 3 | 3 | 0.8750 |
| 17 | 2 | 2 | 0.8560 | 36 | 3 | 3 | 0.7484 |
| 18 | 2 | 2 | 0.8727 | 37 | 3 | 3 | 0.9986 |
| 19 | 2 | 2 | 0.7852 | | | | |

*为判错

表 7-2-43　迟缓芽胞杆菌（*Bacillus lentus*）脂肪酸型判别效果矩阵分析

| 来自＼判为 | 第 I 型 | 第 II 型 | 第 III 型 | 小计 | 正确率 |
|---|---|---|---|---|---|
| 第 I 型 | 12 | 0 | 0 | 12 | 1 |
| 第 II 型 | 0 | 11 | 0 | 11 | 1 |
| 第 III 型 | 0 | 2 | 12 | 14 | 0.8571 |

注：判对的概率=0.945 95

## 九、地衣芽胞杆菌脂肪酸型分析

### 1. 地衣芽胞杆菌脂肪酸组测定

地衣芽胞杆菌[*Bacillus licheniformis*（Weigmann 1898）Chester 1901（Approved Lists 1980），species.]于 1898 年由 Weigmann 发表。采集分离了 89 株地衣芽胞杆菌菌株，分析主要脂肪酸组，见表 7-2-44。主要脂肪酸组 12 个，占总脂肪酸含量的 97.54%，包括 15:0 anteiso、15:0 iso、16:0 iso、c16:0、17:0 anteiso、16:1ω7c alcohol、17:0 iso、14:0 iso、16:1ω11c、c14:0、17:1 iso ω10c、c18:0，主要脂肪酸组平均值分别为 32.8146%、33.5165%、4.2063%、3.5017%、10.8771%、0.4589%、8.8007%、1.0055%、0.6372%、0.4687%、0.8521%、0.4020%。

表 7-2-44　地衣芽胞杆菌（*Bacillus licheniformis*）菌株主要脂肪酸组统计

| 变量 | 菌株数 | 含量均值/% | 方差 | 标准差 | 中位数/% | 最小值/% | 最大值/% | Wilks 系数 | *P* |
|---|---|---|---|---|---|---|---|---|---|
| 15:0 anteiso | 89 | 32.8146 | 11.2875 | 3.3597 | 33.0700 | 21.2900 | 47.6500 | 0.9010 | 0.0000 |
| 15:0 iso | 89 | 33.5165 | 26.8401 | 5.1807 | 35.2300 | 18.1600 | 42.6600 | 0.9584 | 0.0061 |
| 16:0 iso | 89 | 4.2063 | 0.7810 | 0.8838 | 4.3300 | 2.3100 | 7.4800 | 0.9366 | 0.0003 |
| c16:0 | 89 | 3.5017 | 0.9614 | 0.9805 | 3.2900 | 1.4100 | 6.0400 | 0.9336 | 0.0002 |
| 17:0 anteiso | 89 | 10.8771 | 6.3457 | 2.5191 | 10.7300 | 6.4700 | 16.6900 | 0.9697 | 0.0355 |
| 16:1ω7c alcohol | 89 | 0.4589 | 0.1421 | 0.3770 | 0.3900 | 0.0000 | 1.6100 | 0.9006 | 0.0000 |
| 17:0 iso | 89 | 8.8007 | 2.1166 | 1.4549 | 8.8500 | 2.9400 | 11.5100 | 0.9653 | 0.0175 |
| 14:0 iso | 89 | 1.0055 | 0.0801 | 0.2829 | 0.9700 | 0.0000 | 2.0700 | 0.9134 | 0.0000 |
| 16:1ω11c | 89 | 0.6372 | 0.2650 | 0.5148 | 0.5100 | 0.0000 | 2.3600 | 0.8546 | 0.0000 |
| c14:0 | 89 | 0.4687 | 0.0413 | 0.2033 | 0.4500 | 0.0000 | 1.1100 | 0.9631 | 0.0124 |
| 17:1 iso ω10c | 89 | 0.8521 | 0.4811 | 0.6936 | 0.7400 | 0.0000 | 3.0400 | 0.9053 | 0.0000 |
| c18:0 | 89 | 0.4020 | 0.2430 | 0.4929 | 0.2900 | 0.0000 | 2.3500 | 0.7533 | 0.0000 |
| 总和 | | 97.5413 | | | | | | | |

### 2. 地衣芽胞杆菌脂肪酸型聚类分析

以表 7-2-45 为矩阵，以菌株为样本，以脂肪酸为指标，以卡方距离为尺度，用可变类平均法进行系统聚类；聚类结果见图 7-2-9。分析结果可将 89 株地衣芽胞杆菌分为 3 个脂肪酸型，即脂肪酸 I 型 3 个菌株，特征为到中心的卡方距离为 10.9801，15:0 anteiso

平均值为 9.80%，重要脂肪酸 15:0 anteiso、15:0 iso、17:0 anteiso、17:0 iso、16:0 iso、c16:0、16:1ω7c alcohol 等平均值分别为 9.80%、12.64%、2.00%、6.50%、4.98%、5.48%、2.27%。脂肪酸 II 型 65 个菌株，特征为到中心的卡方距离为 2.7881，15:0 anteiso 平均值为 12.37%；重要脂肪酸 15:0 anteiso、15:0 iso、17:0 anteiso、17:0 iso、16:0 iso、c16:0、16:1ω7c alcohol 等平均值分别为 12.37%、18.79%、4.62%、7.02%、2.66%、2.67%、1.37%。脂肪酸 III 型 20 个菌株，特征为到中心的卡方距离为 2.2389，15:0 anteiso 平均值为 13.38%；重要脂肪酸 15:0 anteiso、15:0 iso、17:0 anteiso、17:0 iso、16:0 iso、c16:0、16:1ω7c alcohol 等平均值分别为 13.38%、9.36%、8.35%、6.42%、3.34%、4.05%、1.61%。

**表 7-2-45 地衣芽胞杆菌（*Bacillus licheniformis*）菌株主要脂肪酸组**

| 型 | 菌株名称 | 15:0 anteiso | 15:0 iso | 17:0 anteiso | 17:0 iso | 16:0 iso | c16:0 | 16:1ω7c alcohol |
|---|---|---|---|---|---|---|---|---|
| I | LGF-20100727-FJAT-8771 | 1.05* | 18.48 | 2.06 | 9.26 | 6.17 | 5.61 | 2.59 |
| I | LGF-20100809-FJAT-8771 | 1.00 | 18.44 | 1.98 | 9.24 | 6.16 | 5.62 | 2.61 |
| I | FJAT-8771GLU | 27.36 | 1.00 | 1.95 | 1.00 | 2.61 | 5.22 | 1.62 |
| 脂肪酸 I 型 3 个菌株平均值 | | 9.80 | 12.64 | 2.00 | 6.50 | 4.98 | 5.48 | 2.27 |
| II | 20101208-WZX-FJAT-B4 | 14.55 | 20.60 | 2.62 | 5.77 | 3.49 | 2.09 | 1.11 |
| II | 20101208-WZX-FJAT-B7 | 14.37 | 23.89 | 1.50 | 4.92 | 2.80 | 2.03 | 1.09 |
| II | 20101210-WZX-FJAT-11675 | 12.53 | 14.10 | 9.40 | 7.67 | 1.87 | 2.42 | 1.09 |
| II | 20101210-WZX-FJAT-11689 | 12.89 | 14.73 | 8.79 | 8.00 | 3.58 | 2.01 | 1.24 |
| II | 20101210-WZX-FJAT-11690 | 12.96 | 13.39 | 9.27 | 8.16 | 3.19 | 2.61 | 1.13 |
| II | 20101221-WZX-FJAT-10671 | 15.50 | 17.84 | 4.35 | 5.32 | 2.51 | 2.53 | 1.40 |
| II | 20101221-WZX-FJAT-10682 | 14.49 | 20.48 | 3.07 | 7.57 | 1.48 | 2.36 | 1.00 |
| II | 20101221-WZX-FJAT-10698 | 13.99 | 19.90 | 4.10 | 5.76 | 2.35 | 2.44 | 1.29 |
| II | 20101221-WZX-FJAT-10867 | 14.80 | 18.07 | 5.41 | 6.10 | 3.02 | 1.72 | 1.29 |
| II | 20101221-WZX-FJAT-10960 | 12.03 | 16.94 | 5.70 | 6.68 | 2.48 | 2.64 | 1.62 |
| II | 20101230-WZX-FJAT-10687 | 12.41 | 20.13 | 4.37 | 7.73 | 3.57 | 2.73 | 1.00 |
| II | 20101230-WZX-FJAT-10991 | 14.23 | 18.94 | 4.99 | 5.92 | 2.35 | 2.10 | 1.27 |
| II | 20110104-WZX-FJAT-10982 | 14.61 | 16.11 | 6.55 | 6.43 | 2.55 | 2.19 | 1.30 |
| II | 20110104-WZX-FJAT-10984 | 15.52 | 12.96 | 8.31 | 6.83 | 2.49 | 1.98 | 1.48 |
| II | 20110315-WZX-FJAT-277 | 13.38 | 15.35 | 6.79 | 7.09 | 2.77 | 3.34 | 1.34 |
| II | 20110315-WZX-FJAT-8771 | 10.17 | 16.84 | 6.10 | 8.15 | 3.10 | 3.65 | 1.52 |
| II | 20110427-LGH-FJAT-4500 | 14.18 | 25.50 | 1.00 | 4.57 | 1.24 | 2.17 | 1.29 |
| II | 20110504-24h-FJAT-8771 | 12.96 | 18.95 | 4.41 | 6.68 | 2.85 | 2.38 | 1.74 |
| II | 20110505-18h-FJAT-8771 | 16.87 | 14.39 | 5.39 | 4.70 | 2.54 | 3.41 | 1.90 |
| II | 20110505-WZX36h-FJAT-8771 | 12.34 | 22.62 | 3.81 | 6.00 | 2.96 | 1.67 | 1.59 |
| II | 20110508-WZX48h-FJAT-8771 | 14.27 | 19.14 | 5.10 | 6.43 | 2.68 | 1.72 | 1.59 |
| II | 20110510-WZX28D-FJAT-8771 | 11.74 | 19.88 | 5.12 | 8.01 | 3.05 | 2.33 | 1.00 |
| II | 20110510-WZX37D-FJAT-8771 | 7.88 | 23.92 | 4.14 | 9.25 | 3.09 | 1.98 | 1.42 |
| II | 20110510-wzxjl30-FJAT-8771b | 11.03 | 18.21 | 5.98 | 8.57 | 3.24 | 2.46 | 1.50 |
| II | 20110510-wzxjl40-FJAT-8771c | 12.44 | 18.21 | 5.57 | 7.65 | 3.36 | 2.28 | 1.53 |
| II | 20110510-wzxjl50-FJAT-8771d | 12.51 | 19.14 | 4.98 | 7.41 | 3.16 | 2.38 | 1.52 |
| II | 20110510-wzxjl60-FJAT-8771e | 13.07 | 19.27 | 4.60 | 6.97 | 3.09 | 2.37 | 1.50 |

续表

| 型 | 菌株名称 | 15:0 anteiso | 15:0 iso | 17:0 anteiso | 17:0 iso | 16:0 iso | c16:0 | 16:1ω7c alcohol |
|---|---|---|---|---|---|---|---|---|
| II | 20110511-wzxjl20-FJAT-8755a | 11.99 | 18.41 | 5.76 | 8.03 | 3.15 | 2.62 | 1.71 |
| II | 20110520-LGH-FJAT-13825 | 16.21 | 14.56 | 6.01 | 6.18 | 3.44 | 2.62 | 1.39 |
| II | 20110622-LGH-FJAT-13427 | 11.10 | 22.30 | 2.44 | 8.04 | 2.98 | 2.87 | 1.06 |
| II | 20110705-LGH-FJAT-13523 | 10.32 | 20.99 | 3.26 | 7.97 | 3.37 | 2.97 | 1.00 |
| II | 20110705-LGH-FJAT-13533 | 11.99 | 19.40 | 2.77 | 6.81 | 3.48 | 3.30 | 1.06 |
| II | 20110705-LGH-FJAT-13539 | 10.71 | 20.92 | 2.57 | 7.20 | 4.11 | 3.09 | 1.06 |
| II | 20110705-LGH-FJAT-13545 | 12.06 | 21.16 | 3.15 | 7.05 | 2.77 | 2.81 | 1.06 |
| II | 20110713-WZX-FJAT-72h-8771 | 10.52 | 25.17 | 3.16 | 5.08 | 1.93 | 1.00 | 1.83 |
| II | 20110718-LGH-FJAT-14071 | 17.36 | 12.62 | 7.25 | 5.64 | 2.57 | 3.36 | 1.27 |
| II | 20110823-TXN-FJAT-14169 | 11.01 | 21.40 | 2.55 | 6.60 | 1.46 | 2.18 | 1.10 |
| II | 20110902-TXN-FJAT-14181 | 15.31 | 24.45 | 1.30 | 5.37 | 1.19 | 2.59 | 1.00 |
| II | 201110-19-TXN-FJAT-14384 | 14.00 | 19.24 | 3.88 | 6.91 | 2.33 | 2.81 | 1.11 |
| II | 20111205-LGH-FJAT-277 | 13.31 | 20.46 | 2.88 | 7.12 | 2.01 | 3.54 | 1.18 |
| II | 20111205-LGH-FJAT-8771-1 | 8.49 | 18.67 | 5.33 | 8.56 | 2.97 | 3.80 | 1.56 |
| II | 20111205-LGH-FJAT-8771-2 | 8.11 | 18.66 | 6.12 | 9.55 | 3.21 | 3.17 | 1.54 |
| II | 20111205-LGH-FJAT-8771-3 | 9.06 | 20.12 | 5.09 | 8.78 | 3.25 | 2.68 | 1.55 |
| II | 20120321-LGH-FJAT-277 | 13.11 | 14.70 | 6.75 | 5.73 | 1.92 | 2.23 | 1.48 |
| II | 20120321-LGH-FJAT-519 | 12.82 | 17.09 | 3.81 | 6.98 | 2.29 | 3.14 | 1.19 |
| II | 20120321-LGH-FJAT-520 | 10.91 | 14.91 | 6.83 | 7.29 | 2.60 | 3.04 | 1.36 |
| II | 20120322-LGH-FJAT-256 | 10.13 | 15.24 | 7.59 | 8.24 | 3.08 | 3.33 | 1.32 |
| II | 20120327-LGH-FJAT-275 | 11.46 | 21.24 | 1.97 | 6.57 | 2.36 | 3.41 | 1.29 |
| II | 20121129-LGH-FJAT-4502 | 14.14 | 22.98 | 1.41 | 4.65 | 2.24 | 2.36 | 1.36 |
| II | CAAS-MIX D31 | 11.04 | 21.14 | 2.63 | 6.84 | 1.00 | 3.09 | 1.31 |
| II | CAAS-MIX D8 | 12.07 | 21.12 | 2.22 | 6.88 | 1.15 | 2.69 | 1.43 |
| II | CAAS-MIX K2 | 11.51 | 18.36 | 2.89 | 7.59 | 1.74 | 2.91 | 1.36 |
| II | FJAT-25153 | 10.47 | 14.29 | 6.71 | 7.26 | 3.05 | 3.97 | 1.62 |
| II | FJAT-8771NA | 7.00 | 16.06 | 5.24 | 9.54 | 3.10 | 2.38 | 2.28 |
| II | FJAT-8771NA | 7.05 | 16.11 | 5.26 | 9.57 | 3.11 | 2.43 | 2.29 |
| II | FJAT-8771NACL | 7.40 | 16.23 | 4.70 | 8.99 | 3.03 | 2.85 | 2.10 |
| II | FJAT-8771NACL | 7.43 | 16.28 | 4.70 | 9.00 | 3.04 | 2.88 | 2.10 |
| II | LGH-FJAT-4415 | 10.89 | 22.75 | 1.92 | 8.20 | 1.79 | 2.35 | 1.13 |
| II | LGH-FJAT-4431 | 13.12 | 21.62 | 1.82 | 5.76 | 3.11 | 3.14 | 1.10 |
| II | LGH-FJAT-464 | 15.05 | 20.30 | 3.24 | 7.02 | 3.70 | 4.09 | 1.00 |
| II | LGH-FJAT-4648 | 13.77 | 20.59 | 2.57 | 5.77 | 2.07 | 2.57 | 1.51 |
| II | LGH-FJAT-4648 | 14.64 | 20.00 | 3.32 | 6.33 | 2.79 | 3.63 | 1.00 |
| II | orgn-13 | 12.69 | 18.95 | 6.62 | 6.25 | 1.46 | 3.05 | 1.15 |
| II | wax-20100812-FJAT-10304 | 15.46 | 20.14 | 3.94 | 4.76 | 2.80 | 2.49 | 1.22 |
| II | XKC17228 | 12.78 | 13.02 | 8.91 | 7.90 | 2.15 | 2.21 | 1.30 |
| 脂肪酸 II 型 65 个菌株平均值 | | 12.37 | 18.79 | 4.62 | 7.02 | 2.66 | 2.67 | 1.37 |
| III | 20110601-LGH-FJAT-13889 | 12.52 | 10.29 | 9.05 | 6.91 | 2.13 | 5.63 | 1.00 |

续表

| 型 | 菌株名称 | 15:0 anteiso | 15:0 iso | 17:0 anteiso | 17:0 iso | 16:0 iso | c16:0 | 16:1ω7c alcohol |
|---|---|---|---|---|---|---|---|---|
| III | 201110-19-TXN-FJAT-14391 | 11.60 | 11.95 | 6.58 | 6.80 | 3.49 | 3.75 | 1.41 |
| III | 201110-19-TXN-FJAT-14396 | 14.53 | 5.99 | 11.22 | 6.54 | 3.99 | 3.90 | 1.43 |
| III | 20120425-LGH-FJAT-273 | 14.13 | 7.35 | 10.76 | 6.91 | 3.27 | 4.29 | 1.17 |
| III | 20120507-LGH-FJAT-256 | 8.83 | 10.28 | 8.60 | 7.59 | 2.41 | 3.02 | 1.26 |
| III | 20121106-FJAT-16973-zr | 14.84 | 8.62 | 7.71 | 5.57 | 3.33 | 5.32 | 1.36 |
| III | 20130115-CYP-FJAT-17199 | 13.86 | 11.01 | 7.23 | 6.12 | 3.00 | 4.95 | 1.23 |
| III | 20130129-ZMX-FJAT-17730 | 16.00 | 6.72 | 9.61 | 5.76 | 2.15 | 3.74 | 1.46 |
| III | FJAT-23456-1 | 16.60 | 8.80 | 8.45 | 5.22 | 3.84 | 3.95 | 2.00 |
| III | FJAT-23456-2 | 14.66 | 7.47 | 8.42 | 5.22 | 3.83 | 5.08 | 1.94 |
| III | FJAT-23552-1 | 13.53 | 6.30 | 7.79 | 4.77 | 4.29 | 4.59 | 1.96 |
| III | FJAT-23552-2 | 16.52 | 8.43 | 8.29 | 5.01 | 4.01 | 3.91 | 2.25 |
| III | FJAT-23554-1 | 18.66 | 9.13 | 7.11 | 4.05 | 3.54 | 3.82 | 2.14 |
| III | FJAT-25124 | 10.18 | 11.23 | 8.83 | 8.64 | 3.35 | 3.56 | 1.49 |
| III | FJAT-25131 | 13.09 | 10.87 | 9.19 | 8.05 | 3.19 | 3.00 | 1.43 |
| III | FJAT-25197 | 13.03 | 8.76 | 9.10 | 6.99 | 3.12 | 4.08 | 1.44 |
| III | FJAT-25305 | 9.56 | 10.66 | 7.14 | 7.61 | 2.31 | 3.41 | 1.46 |
| III | FJAT-41204-1 | 12.28 | 8.90 | 7.36 | 5.53 | 3.69 | 4.98 | 2.03 |
| III | FJAT-41204-2 | 11.90 | 11.67 | 7.66 | 6.64 | 3.86 | 2.61 | 2.19 |
| III | FJAT-8771LB | 10.45 | 9.87 | 7.49 | 8.00 | 4.29 | 2.88 | 1.87 |
| III | LGF-20100824-FJAT-8771 | 14.30 | 12.36 | 7.66 | 6.82 | 3.08 | 4.60 | 1.37 |
| 脂肪酸 III 型 21 个菌株平均值 | | 13.38 | 9.36 | 8.35 | 6.42 | 3.34 | 4.05 | 1.61 |

| 型 | 菌株名称 | 14:0 iso | 16:1ω11c | c14:0 | 17:1 iso ω10c | c18:0 | 到中心的卡方距离 |
|---|---|---|---|---|---|---|---|
| I | LGF-20100727-FJAT-8771 | 3.07 | 2.92 | 1.68 | 3.34 | 1.78 | 10.98 |
| I | LGF-20100809-FJAT-8771 | 3.00 | 2.92 | 1.67 | 3.33 | 1.81 | 10.99 |
| I | FJAT-8771GLU | 2.64 | 2.04 | 2.11 | 1.49 | 2.50 | 21.96 |
| 脂肪酸 I 型 3 个菌株平均值 | | 2.90 | 2.63 | 1.82 | 2.72 | 2.03 | RMSTD=10.9801 |
| II | 20101208-WZX-FJAT-B4 | 2.43 | 1.10 | 1.44 | 1.25 | 1.11 | 3.91 |
| II | 20101208-WZX-FJAT-B7 | 2.30 | 1.08 | 1.49 | 1.09 | 1.07 | 6.74 |
| II | 20101210-WZX-FJAT-11675 | 1.58 | 1.14 | 1.40 | 1.27 | 1.55 | 6.83 |
| II | 20101210-WZX-FJAT-11689 | 1.83 | 1.23 | 1.23 | 1.42 | 1.00 | 6.06 |
| II | 20101210-WZX-FJAT-11690 | 1.76 | 1.21 | 1.29 | 1.30 | 1.17 | 7.29 |
| II | 20101221-WZX-FJAT-10671 | 2.18 | 1.53 | 1.58 | 1.74 | 1.34 | 3.71 |
| II | 20101221-WZX-FJAT-10682 | 2.36 | 1.19 | 1.43 | 1.30 | 1.00 | 3.48 |
| II | 20101221-WZX-FJAT-10698 | 1.95 | 1.51 | 1.44 | 1.66 | 1.11 | 2.43 |
| II | 20101221-WZX-FJAT-10867 | 2.03 | 1.37 | 1.32 | 1.53 | 1.00 | 3.01 |
| II | 20101221-WZX-FJAT-10960 | 1.85 | 2.05 | 1.43 | 2.26 | 1.20 | 2.35 |
| II | 20101230-WZX-FJAT-10687 | 2.01 | 1.00 | 1.54 | 1.37 | 1.00 | 1.95 |
| II | 20101230-WZX-FJAT-10991 | 1.85 | 1.31 | 1.34 | 1.58 | 1.11 | 2.31 |
| II | 20110104-WZX-FJAT-10982 | 1.87 | 1.28 | 1.32 | 1.60 | 1.14 | 4.08 |
| II | 20110104-WZX-FJAT-10984 | 1.76 | 1.69 | 1.24 | 2.10 | 1.00 | 7.64 |

续表

| 型 | 菌株名称 | 14:0 iso | 16:1ω11c | c14:0 | 17:1 iso ω10c | c18:0 | 到中心的卡方距离 |
|---|---|---|---|---|---|---|---|
| II | 20110315-WZX-FJAT-277 | 2.05 | 1.40 | 1.50 | 1.70 | 1.26 | 4.25 |
| II | 20110315-WZX-FJAT-8771 | 1.83 | 1.62 | 1.42 | 2.07 | 1.43 | 3.67 |
| II | 20110427-LGH-FJAT-4500 | 2.05 | 1.58 | 1.75 | 1.83 | 1.00 | 8.36 |
| II | 20110504-24h-FJAT-8771 | 2.06 | 1.82 | 1.45 | 2.30 | 1.00 | 1.12 |
| II | 20110505-18h-FJAT-8771 | 2.09 | 2.04 | 1.59 | 2.40 | 1.00 | 6.87 |
| II | 20110505-WZX36h-FJAT-8771 | 2.10 | 1.50 | 1.27 | 1.87 | 1.00 | 4.20 |
| II | 20110508-WZX48h-FJAT-8771 | 1.94 | 1.42 | 1.30 | 2.06 | 1.00 | 2.33 |
| II | 20110510-WZX28D-FJAT-8771 | 2.01 | 1.45 | 1.43 | 1.89 | 1.00 | 1.82 |
| II | 20110510-WZX37D-FJAT-8771 | 1.87 | 1.31 | 1.31 | 1.82 | 1.00 | 7.25 |
| II | 20110510-wzxjl30-FJAT-8771b | 1.94 | 1.49 | 1.41 | 1.99 | 1.00 | 2.63 |
| II | 20110510-wzxjl40-FJAT-8771c | 1.93 | 1.54 | 1.29 | 1.98 | 1.00 | 1.57 |
| II | 20110510-wzxjl50-FJAT-8771d | 1.98 | 1.49 | 1.36 | 1.92 | 1.00 | 0.94 |
| II | 20110510-wzxjl60-FJAT-8771e | 2.08 | 1.52 | 1.42 | 1.88 | 1.00 | 1.05 |
| II | 20110511-wzxjl20-FJAT-8755a | 2.07 | 1.66 | 1.00 | 2.04 | 1.00 | 1.83 |
| II | 20110520-LGH-FJAT-13825 | 2.14 | 1.41 | 1.40 | 1.63 | 1.00 | 6.00 |
| II | 20110622-LGH-FJAT-13427 | 2.18 | 1.12 | 1.49 | 1.14 | 1.12 | 4.53 |
| II | 20110705-LGH-FJAT-13523 | 2.15 | 1.00 | 1.49 | 1.16 | 1.42 | 3.63 |
| II | 20110705-LGH-FJAT-13533 | 2.37 | 1.13 | 1.70 | 1.12 | 1.29 | 2.43 |
| II | 20110705-LGH-FJAT-13539 | 2.50 | 1.15 | 1.60 | 1.12 | 1.41 | 3.84 |
| II | 20110705-LGH-FJAT-13545 | 2.05 | 1.15 | 1.54 | 1.14 | 1.46 | 2.93 |
| II | 20110713-WZX-FJAT-72h-8771 | 1.76 | 1.63 | 1.16 | 2.53 | 1.41 | 7.37 |
| II | 20110718-LGH-FJAT-14071 | 1.95 | 1.73 | 1.54 | 1.46 | 1.36 | 8.51 |
| II | 20110823-TXN-FJAT-14169 | 1.79 | 1.27 | 1.50 | 1.32 | 1.19 | 3.89 |
| II | 20110902-TXN-FJAT-14181 | 1.88 | 1.00 | 1.90 | 1.00 | 1.00 | 7.60 |
| II | 201110-19-TXN-FJAT-14384 | 1.93 | 1.27 | 1.51 | 1.30 | 1.18 | 1.96 |
| II | 20111205-LGH-FJAT-277 | 2.05 | 1.38 | 1.71 | 1.38 | 1.18 | 2.85 |
| II | 20111205-LGH-FJAT-8771-1 | 1.84 | 1.59 | 1.50 | 2.28 | 1.78 | 4.47 |
| II | 20111205-LGH-FJAT-8771-2 | 1.80 | 1.58 | 1.38 | 2.31 | 1.31 | 5.27 |
| II | 20111205-LGH-FJAT-8771-3 | 1.95 | 1.55 | 1.37 | 2.21 | 1.00 | 4.09 |
| II | 20120321-LGH-FJAT-277 | 1.75 | 1.62 | 1.35 | 2.14 | 1.33 | 4.95 |
| II | 20120321-LGH-FJAT-519 | 2.03 | 1.53 | 1.58 | 1.47 | 1.23 | 2.05 |
| II | 20120321-LGH-FJAT-520 | 1.74 | 1.50 | 1.41 | 1.87 | 1.61 | 4.74 |
| II | 20120322-LGH-FJAT-256 | 1.83 | 1.44 | 1.38 | 1.74 | 1.64 | 5.36 |
| II | 20120327-LGH-FJAT-275 | 2.18 | 1.60 | 1.68 | 1.62 | 1.42 | 3.85 |
| II | 20121129-LGH-FJAT-4502 | 2.29 | 1.46 | 1.64 | 1.81 | 1.20 | 6.08 |
| II | CAAS-MIX D31 | 1.85 | 1.86 | 1.42 | 1.00 | 1.51 | 3.87 |
| II | CAAS-MIX D8 | 2.00 | 2.23 | 1.43 | 1.00 | 1.13 | 3.83 |
| II | CAAS-MIX K2 | 2.23 | 1.81 | 1.77 | 1.00 | 1.24 | 2.44 |
| II | FJAT-25153 | 1.93 | 1.60 | 1.61 | 2.53 | 2.45 | 5.69 |
| II | FJAT-8771NA | 1.83 | 2.66 | 1.24 | 4.00 | 1.18 | 7.12 |

续表

| 型 | 菌株名称 | 14:0 iso | 16:1ω11c | c14:0 | 17:1 iso ω10c | c18:0 | 到中心的卡方距离 |
|---|---|---|---|---|---|---|---|
| II | FJAT-8771NA | 1.83 | 2.67 | 1.25 | 4.04 | 1.17 | 7.09 |
| II | FJAT-8771NACL | 1.86 | 2.57 | 1.33 | 3.57 | 1.44 | 6.36 |
| II | FJAT-8771NACL | 1.86 | 2.59 | 1.33 | 3.61 | 1.43 | 6.33 |
| II | LGH-FJAT-4415 | 2.46 | 1.29 | 1.43 | 1.00 | 1.32 | 5.32 |
| II | LGH-FJAT-4431 | 2.35 | 1.09 | 1.63 | 1.00 | 1.67 | 4.42 |
| II | LGH-FJAT-464 | 1.00 | 1.00 | 1.00 | 1.00 | 1.00 | 4.07 |
| II | LGH-FJAT-4648 | 2.18 | 1.65 | 1.64 | 1.00 | 1.09 | 3.46 |
| II | LGH-FJAT-4648 | 2.27 | 1.00 | 1.00 | 1.00 | 1.00 | 3.31 |
| II | orgn-13 | 1.54 | 1.39 | 1.45 | 1.00 | 1.46 | 2.68 |
| II | wax-20100812-FJAT-10304 | 1.97 | 1.23 | 1.40 | 1.43 | 1.39 | 4.15 |
| II | XKC17228 | 1.65 | 1.49 | 1.27 | 1.82 | 1.16 | 7.30 |
| 脂肪酸 II 型 65 个菌株平均值 | | 1.98 | 1.50 | 1.43 | 1.74 | 1.23 | RMSTD=2.7881 |
| III | 20110601-LGH-FJAT-13889 | 1.52 | 1.40 | 2.11 | 1.40 | 3.24 | 3.14 |
| III | 201110-19-TXN-FJAT-14391 | 2.11 | 2.25 | 1.53 | 1.74 | 1.50 | 3.70 |
| III | 201110-19-TXN-FJAT-14396 | 1.85 | 1.87 | 1.45 | 1.68 | 2.01 | 4.65 |
| III | 20120425-LGH-FJAT-273 | 1.87 | 1.30 | 1.46 | 1.35 | 2.17 | 3.46 |
| III | 20120507-LGH-FJAT-256 | 1.66 | 1.32 | 1.30 | 1.68 | 3.27 | 5.26 |
| III | 20121106-FJAT-16973-zr | 2.01 | 1.50 | 1.64 | 1.66 | 2.30 | 2.45 |
| III | 20130115-CYP-FJAT-17199 | 2.01 | 1.58 | 1.67 | 1.44 | 1.41 | 2.47 |
| III | 20130129-ZMX-FJAT-17730 | 1.78 | 1.92 | 1.51 | 2.15 | 1.38 | 4.20 |
| III | FJAT-23456-1 | 2.21 | 2.04 | 1.52 | 2.10 | 1.50 | 3.57 |
| III | FJAT-23456-2 | 2.11 | 2.81 | 1.58 | 2.47 | 1.64 | 3.02 |
| III | FJAT-23552-1 | 2.06 | 3.36 | 1.78 | 2.49 | 1.95 | 4.01 |
| III | FJAT-23552-2 | 2.19 | 3.35 | 1.00 | 2.22 | 1.00 | 4.09 |
| III | FJAT-23554-1 | 2.24 | 2.20 | 1.72 | 2.56 | 1.00 | 6.05 |
| III | FJAT-25124 | 1.86 | 1.59 | 1.45 | 2.10 | 1.63 | 4.40 |
| III | FJAT-25131 | 1.79 | 1.48 | 1.38 | 2.15 | 1.47 | 2.70 |
| III | FJAT-25197 | 1.91 | 1.49 | 1.54 | 1.98 | 1.84 | 1.29 |
| III | FJAT-25305 | 1.91 | 1.60 | 1.56 | 3.21 | 1.80 | 4.70 |
| III | FJAT-41204-1 | 2.06 | 1.75 | 1.67 | 2.41 | 3.35 | 2.60 |
| III | FJAT-41204-2 | 1.95 | 2.14 | 1.32 | 2.90 | 1.65 | 3.40 |
| III | FJAT-8771LB | 2.00 | 1.64 | 1.30 | 2.40 | 1.38 | 3.86 |
| III | LGF-20100824-FJAT-8771 | 1.95 | 1.47 | 1.74 | 1.62 | 1.53 | 3.38 |
| 脂肪酸 III 型 21 个菌株平均值 | | 1.95 | 1.91 | 1.53 | 2.08 | 1.86 | RMSTD=2.2389 |

## 3. 地衣芽胞杆菌脂肪酸型判别模型建立

（1）分析原理。不同的地衣芽胞杆菌菌株具有不同的脂肪酸组构成，通过上述聚类分析，可将地衣芽胞杆菌菌株分为 3 类，利用逐步判别的方法（DPS 软件），建立地衣芽胞杆菌菌株脂肪酸型判别模型，在建立模型的过程中，可以了解各因子对类别划分的重要性。

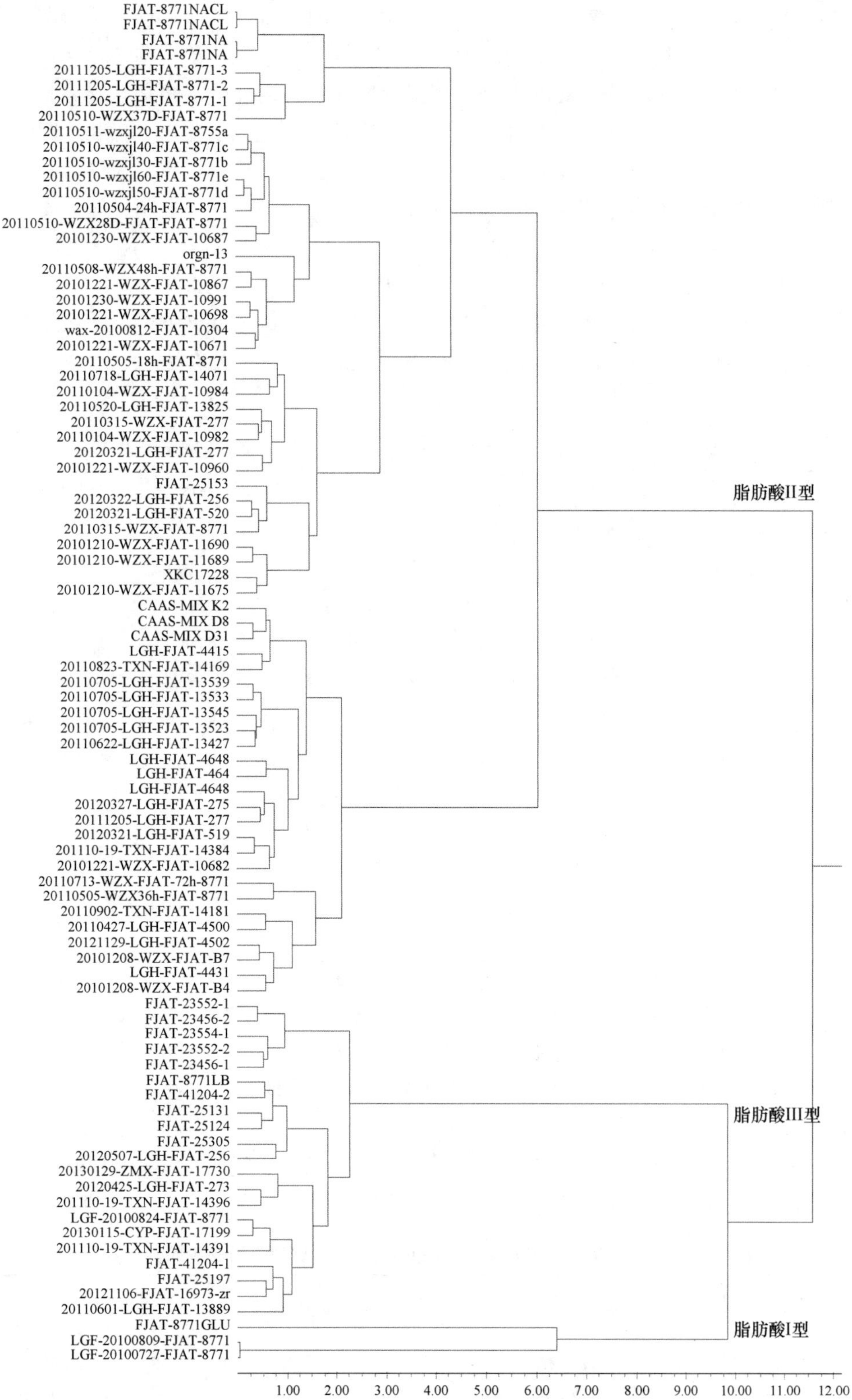


图 7-2-9　地衣芽胞杆菌（*Bacillus licheniformis*）脂肪酸型聚类分析（卡方距离）

（2）数据矩阵。以表 7-2-45 的地衣芽胞杆菌 89 个菌株的 12 个脂肪酸为矩阵，自变量 $x_{ij}$（$i$=1,…,89；$j$=1,…,12）由 89 个菌株的 12 个脂肪酸组成，因变量 $Y_i$（$i$=1,…,89）由 89 个菌株聚类类别组成脂肪酸型，采用贝叶斯逐步判别分析，建立地衣芽胞杆菌菌株脂肪酸型判别模型。地衣芽胞杆菌脂肪酸型判别模型入选因子见表 7-2-46，脂肪酸型类别间判别效果检验见表 7-2-47，模型计算后的分类验证和后验概率见表 7-2-48，脂肪酸型判别效果矩阵分析见表 7-2-49。建立的逐步判别分析因子筛选表明，以下 4 个因子入选，它们是 $x_{(2)}$=15:0 iso、$x_{(4)}$=c16:0、$x_{(6)}$=16:1ω7c alcohol、$x_{(8)}$=14:0 iso，表明这些因子对脂肪酸型的判别具有显著贡献。判别模型如下：

$$Y_1=-150.5522+0.7993x_{(2)}+15.9568x_{(4)}+24.4363x_{(6)}+50.9596x_{(8)} \quad (7\text{-}2\text{-}25)$$

$$Y_2=-67.1101+1.5473x_{(2)}+9.0837x_{(4)}+15.7002x_{(6)}+29.9711x_{(8)} \quad (7\text{-}2\text{-}26)$$

$$Y_3=-74.2364+0.6834x_{(2)}+11.7962x_{(4)}+17.6912x_{(6)}+33.6288x_{(8)} \quad (7\text{-}2\text{-}27)$$

**表 7-2-46　地衣芽胞杆菌（*Bacillus licheniformis*）脂肪酸型判别模型入选因子**

| 脂肪酸 | Wilks 统计量 | *F* 值 | df | *P* | 入选状态 |
|---|---|---|---|---|---|
| 15:0 anteiso | 0.9658 | 1.4490 | 2，82 | 0.2407 | |
| 15:0 iso | 0.6173 | 25.7276 | 2，83 | 0.0000 | （已入选） |
| 16:0 iso | 0.9894 | 0.4398 | 2，82 | 0.6457 | |
| c16:0 | 0.7316 | 15.2226 | 2，83 | 0.0000 | （已入选） |
| 17:0 anteiso | 0.9132 | 3.8958 | 2，82 | 0.0242 | |
| 16:1ω7c alcohol | 0.9010 | 4.5591 | 2，83 | 0.0129 | （已入选） |
| 17:0 iso | 0.9981 | 0.0767 | 2，82 | 0.9262 | |
| 14:0 iso | 0.7413 | 14.4861 | 2，83 | 0.0000 | （已入选） |
| 16:1ω11c | 0.9752 | 1.0427 | 2，82 | 0.3571 | |
| c14:0 | 0.9986 | 0.0578 | 2，82 | 0.9439 | |
| 17:1 iso ω10c | 0.9991 | 0.0365 | 2，82 | 0.9642 | |
| c18:0 | 0.9538 | 1.9855 | 2，82 | 0.1439 | |

判别模型分类验证表明（表 7-2-48），对脂肪酸 I 型的判对概率为 1.0；脂肪酸 II 型的判对概率为 0.9846；脂肪酸 III 型的判对概率为 0.9048；整个方程的判对概率为 0.966 29，能够精确地识别脂肪酸型（表 7-2-49）。在应用时，对被测芽胞杆菌测定脂肪酸组，将 $x_{(2)}$=15:0 iso、$x_{(4)}$=c16:0、$x_{(6)}$=16:1ω7c alcohol、$x_{(8)}$=14:0 iso 的脂肪酸百分比带入方程，计算 $Y$ 值，当 $Y_1<Y<Y_2$ 时，该芽胞杆菌为脂肪酸 I 型；当 $Y_2<Y<Y_3$ 时，属于脂肪酸 II 型；当 $Y>Y_3$ 时，属于脂肪酸 III 型。

**表 7-2-47　地衣芽胞杆菌（*Bacillus licheniformis*）脂肪酸型两两分类间判别效果检验**

| 脂肪酸型 $i$ | 脂肪酸型 $j$ | 马氏距离 | *F* 值 | 自由度 $V_1$ | $V_2$ | *P* |
|---|---|---|---|---|---|---|
| I | II | 51.1749 | 35.4081 | 4 | 63 | $1\times10^{-7}$ |
| I | III | 27.2271 | 17.2445 | 4 | 19 | $4.012\times10^{-6}$ |
| II | III | 12.2704 | 46.9906 | 4 | 81 | $1\times10^{-7}$ |

**表 7-2-48　地衣芽胞杆菌（*Bacillus licheniformis*）模型计算后的分类验证和后验概率**

| 菌株名称 | 原分类 | 计算分类 | 后验概率 | 菌株名称 | 原分类 | 计算分类 | 后验概率 |
|---|---|---|---|---|---|---|---|
| LGF-20100727-FJAT-8771 | 1 | 1 | 1.0000 | 20110902-TXN-FJAT-14181 | 2 | 2 | 1.0000 |
| LGF-20100809-FJAT-8771 | 1 | 1 | 1.0000 | 201110-19-TXN-FJAT-14384 | 2 | 2 | 0.9997 |
| FJAT-8771GLU | 1 | 1 | 0.5628 | 20111205-LGH-FJAT-277 | 2 | 2 | 0.9985 |
| 20101208-WZX-FJAT-B4 | 2 | 2 | 0.9999 | 20111205-LGH-FJAT-8771-1 | 2 | 2 | 0.9858 |
| 20101208-WZX-FJAT-B7 | 2 | 2 | 1.0000 | 20111205-LGH-FJAT-8771-2 | 2 | 2 | 0.9978 |
| 20101210-WZX-FJAT-11675 | 2 | 2 | 0.9973 | 20111205-LGH-FJAT-8771-3 | 2 | 2 | 0.9997 |
| 20101210-WZX-FJAT-11689 | 2 | 2 | 0.9983 | 20120321-LGH-FJAT-277 | 2 | 2 | 0.9962 |
| 20101210-WZX-FJAT-11690 | 2 | 2 | 0.9830 | 20120321-LGH-FJAT-519 | 2 | 2 | 0.9911 |
| 20101221-WZX-FJAT-10671 | 2 | 2 | 0.9976 | 20120321-LGH-FJAT-520 | 2 | 2 | 0.9785 |
| 20101221-WZX-FJAT-10682 | 2 | 2 | 0.9999 | 20120322-LGH-FJAT-256 | 2 | 2 | 0.9555 |
| 20101221-WZX-FJAT-10698 | 2 | 2 | 0.9999 | 20120327-LGH-FJAT-275 | 2 | 2 | 0.9989 |
| 20101221-WZX-FJAT-10867 | 2 | 2 | 0.9999 | 20121129-LGH-FJAT-4502 | 2 | 2 | 1.0000 |
| 20101221-WZX-FJAT-10960 | 2 | 2 | 0.9968 | CAAS-MIX D31 | 2 | 2 | 0.9998 |
| 20101230-WZX-FJAT-10687 | 2 | 2 | 0.9999 | CAAS-MIX D8 | 2 | 2 | 0.9999 |
| 20101230-WZX-FJAT-10991 | 2 | 2 | 0.9999 | CAAS-MIX K2 | 2 | 2 | 0.9953 |
| 20110104-WZX-FJAT-10982 | 2 | 2 | 0.9989 | FJAT-25153 | 2 | 3* | 0.6113 |
| 20110104-WZX-FJAT-10984 | 2 | 2 | 0.9910 | FJAT-8771NA | 2 | 2 | 0.9884 |
| 20110315-WZX-FJAT-277 | 2 | 2 | 0.9081 | FJAT-8771NA | 2 | 2 | 0.9870 |
| 20110315-WZX-FJAT-8771 | 2 | 2 | 0.9602 | FJAT-8771NACL | 2 | 2 | 0.9724 |
| 20110427-LGH-FJAT-4500 | 2 | 2 | 1.0000 | FJAT-8771NACL | 2 | 2 | 0.9713 |
| 20110504-24h-FJAT-8771 | 2 | 2 | 0.9992 | LGH-FJAT-4415 | 2 | 2 | 1.0000 |
| 20110505-18h-FJAT-8771 | 2 | 2 | 0.5025 | LGH-FJAT-4431 | 2 | 2 | 0.9995 |
| 20110505-WZX36h-FJAT-8771 | 2 | 2 | 1.0000 | LGH-FJAT-464 | 2 | 2 | 0.9999 |
| 20110508-WZX48h-FJAT-8771 | 2 | 2 | 0.9999 | LGH-FJAT-4648 | 2 | 2 | 0.9997 |
| 20110510-WZX28D-FJAT-8771 | 2 | 2 | 0.9999 | LGH-FJAT-4648 | 2 | 2 | 0.9955 |
| 20110510-WZX37D-FJAT-8771 | 2 | 2 | 1.0000 | orgn-13 | 2 | 2 | 0.9998 |
| 20110510-wzxjl30-FJAT-8771b | 2 | 2 | 0.9993 | wax-20100812-FJAT-10304 | 2 | 2 | 0.9999 |
| 20110510-wzxjl40-FJAT-8771c | 2 | 2 | 0.9995 | XKC17228 | 2 | 2 | 0.9925 |
| 20110510-wzxjl50-FJAT-8771d | 2 | 2 | 0.9997 | 20110601-LGH-FJAT-13889 | 3 | 3 | 0.9966 |
| 20110510-wzxjl60-FJAT-8771e | 2 | 2 | 0.9996 | 201110-19-TXN-FJAT-14391 | 3 | 3 | 0.8926 |
| 20110511-wzxjl20-FJAT-8755a | 2 | 2 | 0.9977 | 201110-19-TXN-FJAT-14396 | 3 | 3 | 0.9988 |
| 20110520-LGH-FJAT-13825 | 2 | 2 | 0.9582 | 20120425-LGH-FJAT-273 | 3 | 3 | 0.9980 |
| 20110622-LGH-FJAT-13427 | 2 | 2 | 0.9999 | 20120507-LGH-FJAT-256 | 3 | 2* | 0.5901 |
| 20110705-LGH-FJAT-13523 | 2 | 2 | 0.9998 | 20121106-FJAT-16973-zr | 3 | 3 | 0.9998 |
| 20110705-LGH-FJAT-13533 | 2 | 2 | 0.9950 | 20130115-CYP-FJAT-17199 | 3 | 3 | 0.9958 |
| 20110705-LGH-FJAT-13539 | 2 | 2 | 0.9988 | 20130129-ZMX-FJAT-17730 | 3 | 3 | 0.9959 |
| 20110705-LGH-FJAT-13545 | 2 | 2 | 0.9999 | FJAT-23456-1 | 3 | 3 | 0.9989 |
| 20110713-WZX-FJAT-72h-8771 | 2 | 2 | 1.0000 | FJAT-23456-2 | 3 | 3 | 0.9986 |
| 20110718-LGH-FJAT-14071 | 2 | 2 | 0.5946 | FJAT-23552-1 | 3 | 3 | 0.9999 |
| 20110823-TXN-FJAT-14169 | 2 | 2 | 1.0000 | FJAT-23552-2 | 3 | 3 | 0.9991 |

续表

| 菌株名称 | 原分类 | 计算分类 | 后验概率 | 菌株名称 | 原分类 | 计算分类 | 后验概率 |
|---|---|---|---|---|---|---|---|
| FJAT-23554-1 | 3 | 3 | 0.9984 | FJAT-41204-1 | 3 | 3 | 0.9991 |
| FJAT-25124 | 3 | 3 | 0.8129 | FJAT-41204-2 | 3 | 3 | 0.5585 |
| FJAT-25131 | 3 | 2* | 0.5285 | FJAT-8771LB | 3 | 3 | 0.8878 |
| FJAT-25197 | 3 | 3 | 0.9939 | LGF-20100824-FJAT-8771 | 3 | 3 | 0.9678 |
| FJAT-25305 | 3 | 3 | 0.8426 | | | | |

*为判错

**表 7-2-49　地衣芽胞杆菌（*Bacillus licheniformis*）脂肪酸型判别效果矩阵分析**

| 来自＼判为 | 第 I 型 | 第 II 型 | 第 III 型 | 小计 | 正确率 |
|---|---|---|---|---|---|
| 第 I 型 | 3 | 0 | 0 | 3 | 1 |
| 第 II 型 | 0 | 64 | 1 | 65 | 0.9846 |
| 第 III 型 | 0 | 2 | 19 | 21 | 0.9048 |

注：判对的概率=0.966 29

## 十、巨大芽胞杆菌脂肪酸型分析

### 1. 巨大芽胞杆菌脂肪酸组测定

巨大芽胞杆菌[*Bacillus megaterium* de Bary 1884（Approved Lists 1980），species.]于1884 年由 de Bary 发表。作者采集分离了 532 个巨大芽胞杆菌菌株，分析主要脂肪酸组，见表 7-2-50。主要脂肪酸组 12 个，占总脂肪酸含量的 97.7364%，包括 15:0 anteiso、15:0 iso、16:0 iso、c16:0、17:0 anteiso、16:1ω7c alcohol、17:0 iso、14:0 iso、16:1ω11c、c14:0、17:1 iso ω10c、c18:0，主要脂肪酸组平均值分别为 41.2104%、33.8289%、2.1104%、4.5985%、3.4974%、0.8052%、2.2085%、4.8673%、2.0963%、1.5166%、0.4316%、0.5653%。

**表 7-2-50　巨大芽胞杆菌（*Bacillus megaterium*）菌株主要脂肪酸组统计**

| 脂肪酸 | 菌株数 | 含量均值/% | 方差 | 标准差 | 中位数/% | 最小值/% | 最大值/% | Wilks 系数 | *P* |
|---|---|---|---|---|---|---|---|---|---|
| 15:0 iso | 532 | 33.8289 | 119.6513 | 10.9385 | 35.8550 | 11.0600 | 73.1000 | 0.9562 | 0.0000 |
| 15:0 anteiso | 532 | 41.2104 | 99.1793 | 9.9589 | 38.2200 | 17.8800 | 66.5200 | 0.9113 | 0.0000 |
| 17:0 iso | 532 | 2.2085 | 1.2054 | 1.0979 | 2.1800 | 0.0000 | 9.0000 | 0.9473 | 0.0000 |
| 17:0 anteiso | 532 | 3.4974 | 2.2937 | 1.5145 | 3.4150 | 0.0000 | 11.6700 | 0.9582 | 0.0000 |
| 16:0 iso | 532 | 2.1104 | 1.4222 | 1.1926 | 1.8900 | 0.0000 | 7.1000 | 0.9248 | 0.0000 |
| c16:0 | 532 | 4.5985 | 4.0108 | 2.0027 | 4.7850 | 0.0000 | 13.5000 | 0.9796 | 0.0000 |
| 16:1ω7c alcohol | 532 | 0.8052 | 0.5597 | 0.7481 | 0.6400 | 0.0000 | 6.2200 | 0.8703 | 0.0000 |
| 14:0 iso | 532 | 4.8673 | 4.9807 | 2.2318 | 4.8900 | 0.0000 | 17.0200 | 0.9675 | 0.0000 |
| 16:1ω11c | 532 | 2.0963 | 1.5963 | 1.2635 | 2.1450 | 0.0000 | 6.7300 | 0.9677 | 0.0000 |
| c14:0 | 532 | 1.5166 | 0.5602 | 0.7484 | 1.5900 | 0.0000 | 8.0300 | 0.8437 | 0.0000 |
| 17:1 iso ω10c | 532 | 0.4316 | 0.3555 | 0.5962 | 0.3100 | 0.0000 | 4.0100 | 0.7140 | 0.0000 |
| c18:0 | 532 | 0.5653 | 0.3991 | 0.6318 | 0.4300 | 0.0000 | 4.3800 | 0.8010 | 0.0000 |
| 总和 | | 97.7364 | | | | | | | |

## 2. 巨大芽胞杆菌脂肪酸型聚类分析

以表 7-2-51 为矩阵，以菌株为样本，以脂肪酸为指标，以绝对距离为尺度，用可变类平均法进行系统聚类；聚类结果见图 7-2-10。分析结果可将 532 株巨大芽胞杆菌分为 4 个脂肪酸型，即脂肪酸 I 型 254 个菌株，特征为到中心的绝对距离为 2.6814，15:0 anteiso 平均值为 35.4%，重要脂肪酸 15:0 anteiso、15:0 iso、17:0 anteiso、17:0 iso、16:0 iso、c16:0、16:1ω7c alcohol 等平均值分别为 35.4%、39.36%、3.36%、2.63%、1.83%、4.59%、0.63%。脂肪酸 II 型 49 个菌株，特征为到中心的绝对距离为 6.9686，15:0 anteiso 平均值为 32.94%；重要脂肪酸 15:0 anteiso、15:0 iso、17:0 anteiso、17:0 iso、16:0 iso、c16:0、16:1ω7c alcohol 等平均值分别为 32.94%、51.10%、1.50%、1.35%、1.72%、2.10%、0.59%。脂肪酸 III 型 118 个菌株，特征为到中心的绝对距离为 2.9937，15:0 anteiso 平均值为 42%；重要脂肪酸 15:0 anteiso、15:0 iso、17:0 anteiso、17:0 iso、16:0 iso、c16:0、16:1ω7c alcohol 等平均值分别为 42%、30.96%、4.02%、2.32%、2.16%、5.14%、0.81%。脂肪酸 IV 型 111 个菌株，特征为到中心的绝对距离为 3.8066，15:0 anteiso 平均值为 57.32%；重要脂肪酸 15:0 anteiso、15:0 iso、17:0 anteiso、17:0 iso、16:0 iso、c16:0、16:1ω7c alcohol 等平均值分别为 57.32%、16.60%、4.15%、1.51%、2.87%、5.15%、1.29%。

**表 7-2-51　巨大芽胞杆菌（*Bacillus megaterium*）菌株主要脂肪酸组**

| 型 | 菌株名称 | 15:0 anteiso | 15:0 iso | 17:0 anteiso | 17:0 iso | 16:0 iso | c16:0 | 16:1ω7c alcohol |
|---|---|---|---|---|---|---|---|---|
| I | 20101207-WZX-FJAT-b-10 | 31.86* | 42.21 | 2.81 | 4.51 | 6.13 | 2.13 | 1.50 |
| I | 20101207-WZX-FJAT-b9 | 34.73 | 40.68 | 3.42 | 3.19 | 1.82 | 5.34 | 0.48 |
| I | 20101208-WZX-FJAT-B9 | 32.70 | 43.20 | 2.32 | 2.31 | 1.84 | 4.17 | 0.50 |
| I | 20101210-WZX-FJAT-11674 | 33.13 | 41.88 | 3.31 | 2.95 | 2.33 | 4.96 | 0.32 |
| I | 20101210-WZX-FJAT-11691 | 33.61 | 44.29 | 2.39 | 2.21 | 1.84 | 3.93 | 0.40 |
| I | 20101210-WZX-FJAT-11694 | 32.15 | 44.87 | 2.06 | 2.04 | 2.01 | 4.21 | 0.30 |
| I | 20101210-WZX-FJAT-11697 | 33.15 | 41.12 | 3.50 | 3.31 | 1.88 | 5.37 | 0.55 |
| I | 20101210-WZX-FJAT-11699 | 30.00 | 44.77 | 2.64 | 2.80 | 1.99 | 4.73 | 0.46 |
| I | 20101210-WZX-FJAT-11701 | 33.21 | 40.88 | 2.97 | 2.64 | 2.52 | 4.43 | 0.60 |
| I | 20101212-WZX-FJAT-10875 | 34.10 | 40.92 | 5.66 | 0.00 | 4.42 | 1.39 | 2.37 |
| I | 20101212-WZX-FJAT-11681 | 33.73 | 40.36 | 3.35 | 2.84 | 2.46 | 4.78 | 0.44 |
| I | 20101212-WZX-FJAT-11687 | 36.52 | 40.92 | 3.19 | 2.62 | 1.67 | 4.59 | 0.39 |
| I | 20101221-WZX-FJAT-10869 | 36.47 | 38.24 | 3.18 | 2.39 | 1.72 | 3.88 | 1.13 |
| I | 20101230-WZX-FJAT-10963 | 34.45 | 45.18 | 5.37 | 4.51 | 4.77 | 1.83 | 0.17 |
| I | 20101230-WZX-FJAT-10988 | 34.08 | 41.98 | 2.79 | 2.44 | 1.44 | 3.02 | 1.06 |
| I | 20110104-WZX-FJAT-10980 | 36.36 | 44.64 | 3.17 | 2.64 | 1.42 | 3.47 | 1.28 |
| I | 20110111-SDG-FJAT-10187 | 32.32 | 41.78 | 1.85 | 1.27 | 1.00 | 1.66 | 2.13 |
| I | 20110227-SDG-FJAT-11285 | 36.57 | 34.52 | 3.29 | 2.12 | 2.10 | 5.28 | 0.90 |
| I | 20110227-SDG-FJAT-11289 | 38.01 | 35.16 | 3.39 | 2.24 | 2.13 | 5.03 | 0.78 |
| I | 20110227-SDG-FJAT-11291 | 38.30 | 35.28 | 4.04 | 2.64 | 2.06 | 5.85 | 0.51 |
| I | 20110311-SDG-FJAT-10917 | 39.46 | 36.17 | 4.56 | 2.69 | 1.66 | 4.39 | 0.57 |
| I | 20110311-SDG-FJAT-11021 | 39.65 | 38.80 | 2.84 | 1.95 | 1.27 | 3.26 | 0.40 |

续表

| 型 | 菌株名称 | 15:0 anteiso | 15:0 iso | 17:0 anteiso | 17:0 iso | 16:0 iso | c16:0 | 16:1ω7c alcohol |
|---|---|---|---|---|---|---|---|---|
| I | 20110311-SDG-FJAT-11308 | 31.01 | 44.20 | 2.51 | 2.65 | 1.58 | 2.27 | 1.17 |
| I | 20110311-SDG-FJAT-11310 | 27.27 | 47.15 | 2.36 | 2.69 | 1.20 | 1.91 | 1.52 |
| I | 20110314-SDG-FJAT-10632 | 32.01 | 45.22 | 2.10 | 2.07 | 1.65 | 3.29 | 0.55 |
| I | 20110314-SDG-FJAT-10632 | 37.09 | 39.69 | 2.83 | 2.04 | 1.59 | 4.14 | 0.84 |
| I | 20110314-SDG-FJAT-11089 | 38.15 | 39.75 | 2.33 | 1.79 | 1.43 | 4.53 | 0.36 |
| I | 20110317-LGH-FJAT-4579 | 34.48 | 40.26 | 3.43 | 2.85 | 1.14 | 3.27 | 1.18 |
| I | 20110520-LGH-FJAT-13826 | 32.12 | 41.19 | 5.63 | 4.30 | 2.22 | 3.93 | 1.31 |
| I | 20110520-LGH-FJAT-13841 | 35.21 | 40.88 | 4.30 | 3.49 | 1.41 | 5.01 | 0.50 |
| I | 20110520-LGH-FJAT-13844 | 35.51 | 36.34 | 4.89 | 3.93 | 1.80 | 5.46 | 0.80 |
| I | 20110520-LGH-FJAT-13847 | 38.14 | 36.07 | 4.40 | 3.22 | 1.58 | 5.28 | 0.74 |
| I | 20110520-LGH-FJAT-13849 | 36.12 | 35.30 | 5.39 | 4.19 | 1.98 | 6.07 | 0.64 |
| I | 20110524-WZX48h-FJAT-8788 | 32.34 | 42.41 | 2.62 | 6.28 | 2.74 | 6.17 | 0.00 |
| I | 20110601-LGH-FJAT-13909 | 38.57 | 35.84 | 3.69 | 2.25 | 1.98 | 4.81 | 0.67 |
| I | 20110601-LGH-FJAT-13918 | 34.72 | 38.59 | 3.50 | 2.70 | 1.85 | 6.42 | 0.60 |
| I | 20110601-LGH-FJAT-13923 | 34.01 | 34.41 | 4.63 | 2.83 | 1.61 | 6.27 | 0.48 |
| I | 20110601-LGH-FJAT-13934 | 29.41 | 43.78 | 7.30 | 1.68 | 1.37 | 2.85 | 1.33 |
| I | 20110603-WZX72h-FJAT-8788 | 34.47 | 40.82 | 2.91 | 6.47 | 2.97 | 5.36 | 0.00 |
| I | 20110607-WZX36h-FJAT-8788 | 32.23 | 43.45 | 2.53 | 6.22 | 2.18 | 5.30 | 0.00 |
| I | 20110614-LGH-FJAT-13836 | 35.32 | 42.07 | 3.23 | 2.77 | 1.88 | 4.44 | 0.40 |
| I | 20110622-LGH-FJAT-13402 | 38.21 | 33.89 | 3.86 | 2.39 | 2.49 | 5.12 | 0.88 |
| I | 20110622-LGH-FJAT-13404 | 37.96 | 35.51 | 3.73 | 2.39 | 2.00 | 4.89 | 0.81 |
| I | 20110622-LGH-FJAT-13427 | 34.81 | 43.32 | 5.63 | 5.78 | 3.21 | 2.45 | 0.08 |
| I | 20110622-LGH-FJAT-13434 | 37.15 | 37.94 | 4.23 | 2.78 | 1.73 | 5.63 | 0.50 |
| I | 20110622-LGH-FJAT-13443 | 32.17 | 36.33 | 3.94 | 3.06 | 1.09 | 5.37 | 0.64 |
| I | 20110622-LGH-FJAT-14023 | 28.82 | 47.55 | 1.99 | 2.11 | 1.57 | 4.48 | 0.26 |
| I | 20110622-LGH-FJAT-14024 | 35.16 | 37.58 | 2.76 | 1.92 | 1.90 | 6.69 | 0.25 |
| I | 20110622-LGH-FJAT-14029 | 34.14 | 40.50 | 2.45 | 1.31 | 2.45 | 5.18 | 1.17 |
| I | 20110622-LGH-FJAT-14033 | 33.06 | 36.48 | 4.80 | 3.64 | 2.16 | 5.43 | 0.35 |
| I | 20110622-LGH-FJAT-14039 | 32.01 | 42.73 | 2.92 | 2.46 | 2.37 | 4.73 | 0.25 |
| I | 20110622-LGH-FJAT-14047 | 37.45 | 38.19 | 3.33 | 2.26 | 2.18 | 5.61 | 0.20 |
| I | 20110705-LGH-FJAT-13562 | 36.16 | 31.49 | 5.80 | 3.47 | 1.58 | 5.93 | 0.00 |
| I | 20110705-WZX-FJAT-13359 | 37.73 | 35.50 | 3.14 | 1.94 | 1.38 | 3.37 | 1.42 |
| I | 20110707-LGH-FJAT-4565 | 35.20 | 39.25 | 3.17 | 2.81 | 1.63 | 5.13 | 0.51 |
| I | 20110707-LGH-FJAT-4631 | 37.72 | 37.23 | 3.45 | 2.74 | 1.62 | 4.07 | 0.00 |
| I | 20110707-LGH-FJAT-4672 | 37.60 | 37.41 | 3.45 | 2.45 | 1.26 | 4.37 | 0.74 |
| I | 20110707-LGH-FJAT-4673 | 37.47 | 35.93 | 3.73 | 2.50 | 1.90 | 3.92 | 1.12 |

续表

| 型 | 菌株名称 | 15:0 anteiso | 15:0 iso | 17:0 anteiso | 17:0 iso | 16:0 iso | c16:0 | 16:1ω7c alcohol |
|---|---|---|---|---|---|---|---|---|
| I | 20110713-WZX-FJAT-72h-8774 | 35.20 | 47.07 | 5.44 | 3.60 | 2.41 | 1.47 | 0.00 |
| I | 20110715-WZX-FJAT-13826 | 40.94 | 38.10 | 3.62 | 2.40 | 1.49 | 4.91 | 0.19 |
| I | 20110718-LGH-FJAT-4437 | 37.00 | 39.77 | 2.63 | 2.10 | 1.02 | 3.06 | 0.92 |
| I | 20110718-LGH-FJAT-4468 | 36.36 | 39.94 | 3.12 | 2.67 | 1.33 | 3.75 | 0.65 |
| I | 20110718-LGH-FJAT-4672 | 32.95 | 38.65 | 2.82 | 2.22 | 1.51 | 4.81 | 0.68 |
| I | 20110721-SDG-FJAT-13882 | 35.90 | 43.62 | 2.61 | 2.10 | 1.25 | 3.96 | 0.41 |
| I | 20110721-SDG-FJAT-13883 | 38.55 | 40.42 | 3.62 | 2.69 | 1.59 | 3.78 | 0.00 |
| I | 20110721-SDG-FJAT-13884 | 33.97 | 45.41 | 2.14 | 1.74 | 1.02 | 3.54 | 0.51 |
| I | 20110729-LGH-FJAT-14092 | 35.09 | 40.38 | 3.48 | 3.12 | 1.78 | 5.40 | 0.36 |
| I | 20110729-LGH-FJAT-14098 | 41.43 | 40.51 | 3.63 | 0.85 | 3.13 | 1.08 | 1.56 |
| I | 20110729-LGH-FJAT-14100 | 36.01 | 37.36 | 3.21 | 2.31 | 2.07 | 6.50 | 0.40 |
| I | 20110823-LGH-FJAT-13972 | 33.06 | 40.25 | 3.67 | 3.38 | 1.53 | 5.08 | 0.44 |
| I | 20110823-TXN-FJAT-14329 | 33.06 | 36.02 | 4.17 | 0.91 | 4.46 | 4.97 | 2.07 |
| I | 20110826-LGH-FJAT-13954 | 32.69 | 39.05 | 3.24 | 2.83 | 1.70 | 5.60 | 0.43 |
| I | 20110826-LGH-FJAT-13960 | 32.37 | 41.89 | 3.41 | 3.24 | 1.81 | 5.64 | 0.48 |
| I | 20110826-LGH-FJAT-13984 | 37.05 | 37.65 | 1.27 | 1.45 | 3.51 | 3.70 | 1.02 |
| I | 20110826-LGH-FJAT-14206 | 33.85 | 37.64 | 6.70 | 4.31 | 5.60 | 4.96 | 0.46 |
| I | 201110-18-TXN-FJAT-14424 | 37.12 | 37.13 | 5.36 | 4.22 | 2.32 | 5.70 | 0.37 |
| I | 201110-18-TXN-FJAT-14426 | 35.89 | 36.54 | 5.44 | 4.21 | 2.07 | 5.86 | 0.54 |
| I | 201110-18-TXN-FJAT-14430 | 36.08 | 37.91 | 4.60 | 3.99 | 1.86 | 6.61 | 0.38 |
| I | 201110-18-TXN-FJAT-14432 | 37.22 | 36.37 | 5.31 | 4.05 | 1.98 | 6.43 | 0.42 |
| I | 201110-18-TXN-FJAT-14446 | 36.26 | 39.38 | 4.49 | 3.84 | 1.83 | 5.71 | 0.33 |
| I | 201110-18-TXN-FJAT-14451 | 37.19 | 34.95 | 4.99 | 3.79 | 1.65 | 6.98 | 0.34 |
| I | 201110-18-TXN-FJAT-14452 | 36.03 | 40.16 | 3.81 | 3.52 | 2.07 | 5.75 | 0.28 |
| I | 201110-19-TXN-FJAT-14386 | 34.74 | 39.09 | 4.20 | 3.61 | 2.33 | 5.31 | 0.51 |
| I | 201110-19-TXN-FJAT-14406 | 38.01 | 39.31 | 3.28 | 2.63 | 1.71 | 3.25 | 0.82 |
| I | 201110-19-TXN-FJAT-14417 | 35.38 | 39.52 | 3.99 | 3.44 | 1.98 | 5.69 | 0.44 |
| I | 201110-19-TXN-FJAT-14420 | 35.86 | 39.15 | 3.73 | 3.34 | 2.15 | 5.79 | 0.37 |
| I | 201110-20-TXN-FJAT-14382 | 34.35 | 40.72 | 3.53 | 3.03 | 1.91 | 5.67 | 0.51 |
| I | 201110-20-TXN-FJAT-14557 | 34.42 | 32.67 | 5.34 | 3.32 | 1.67 | 5.63 | 0.62 |
| I | 201110-21-TXN-FJAT-14562 | 35.03 | 37.53 | 4.45 | 3.53 | 2.57 | 6.95 | 0.32 |
| I | 201110-21-TXN-FJAT-14562 | 34.88 | 37.36 | 4.58 | 3.58 | 2.80 | 6.63 | 0.27 |
| I | 201110-21-TXN-FJAT-14565 | 35.59 | 36.24 | 3.97 | 3.07 | 2.76 | 6.76 | 0.00 |
| I | 201110-21-TXN-FJAT-14567 | 36.01 | 36.44 | 3.39 | 2.53 | 2.11 | 5.70 | 0.55 |
| I | 201110-21-TXN-FJAT-14574 | 35.75 | 38.02 | 3.81 | 3.09 | 2.57 | 6.06 | 0.38 |
| I | 20111031-TXN-FJAT-14514 | 38.03 | 35.94 | 4.68 | 3.34 | 2.36 | 7.67 | 0.00 |

续表

| 型 | 菌株名称 | 15:0 anteiso | 15:0 iso | 17:0 anteiso | 17:0 iso | 16:0 iso | c16:0 | 16:1ω7c alcohol |
|---|---|---|---|---|---|---|---|---|
| I | 20111101-TXN-FJAT-14484 | 35.85 | 36.82 | 4.34 | 3.25 | 2.92 | 8.13 | 0.00 |
| I | 20111101-TXN-FJAT-14490 | 36.71 | 41.62 | 2.80 | 2.27 | 2.52 | 4.84 | 0.00 |
| I | 20111101-TXN-FJAT-14584 | 34.15 | 33.52 | 4.17 | 2.61 | 1.92 | 5.18 | 0.56 |
| I | 20111102-TXN-FJAT-14537 | 36.13 | 35.14 | 3.84 | 2.67 | 2.11 | 6.72 | 0.29 |
| I | 20111102-TXN-FJAT-14598 | 34.17 | 34.31 | 3.19 | 2.28 | 2.33 | 5.80 | 1.65 |
| I | 20111103-TXN-FJAT-14530 | 31.32 | 42.11 | 3.06 | 3.18 | 2.34 | 6.16 | 0.24 |
| I | 20111103-TXN-FJAT-14533 | 32.70 | 41.60 | 3.18 | 3.07 | 2.21 | 6.37 | 0.35 |
| I | 20111103-TXN-FJAT-14539 | 33.37 | 36.66 | 3.35 | 2.79 | 3.23 | 6.52 | 1.13 |
| I | 20111106-TXN-FJAT-14532 | 35.99 | 37.68 | 4.01 | 3.36 | 2.41 | 6.50 | 0.20 |
| I | 20111107-TXN-FJAT-14652 | 35.68 | 38.45 | 3.55 | 2.84 | 2.08 | 6.17 | 0.38 |
| I | 20111114-hu-10 | 32.49 | 35.47 | 3.73 | 2.45 | 1.53 | 5.27 | 0.52 |
| I | 20111123-hu-132 | 31.91 | 46.65 | 3.12 | 0.95 | 5.28 | 1.57 | 0.17 |
| I | 20111126-TXN-FJAT-14511 | 36.66 | 35.26 | 3.13 | 2.32 | 2.23 | 8.31 | 0.00 |
| I | 20111126-TXN-FJAT-14513 | 34.14 | 42.02 | 2.46 | 2.11 | 1.72 | 6.01 | 0.00 |
| I | 20111126-TXN-FJAT-14517 | 38.82 | 36.34 | 4.27 | 2.95 | 1.54 | 5.47 | 0.51 |
| I | 20120218-hu-40 | 27.81 | 46.82 | 4.26 | 5.09 | 3.15 | 2.26 | 0.18 |
| I | 20120224-TXN-FJAT-14730 | 38.23 | 35.68 | 4.35 | 2.88 | 1.52 | 5.39 | 0.65 |
| I | 20120224-TXN-FJAT-14737 | 35.69 | 40.30 | 3.19 | 2.50 | 1.56 | 4.22 | 0.70 |
| I | 20120224-TXN-FJAT-14741 | 37.87 | 36.53 | 4.71 | 3.18 | 2.08 | 5.45 | 0.36 |
| I | 20120229-TXN-FJAT-14707 | 34.58 | 39.78 | 4.06 | 3.29 | 2.12 | 4.71 | 0.60 |
| I | 20120229-TXN-FJAT-14708 | 38.36 | 38.06 | 2.99 | 2.06 | 1.92 | 5.05 | 0.36 |
| I | 20120229-TXN-FJAT-14710 | 34.97 | 36.39 | 4.14 | 3.28 | 1.98 | 6.28 | 0.35 |
| I | 20120229-TXN-FJAT-14715 | 32.14 | 44.06 | 3.50 | 3.47 | 1.74 | 5.42 | 0.28 |
| I | 20120229-TXN-FJAT-14719 | 35.60 | 40.12 | 3.60 | 2.92 | 2.04 | 5.19 | 0.29 |
| I | 20120306-hu-47 | 34.32 | 34.85 | 2.71 | 1.81 | 1.82 | 3.45 | 0.58 |
| I | 20120306-hu-61 | 37.78 | 36.68 | 2.85 | 2.01 | 1.65 | 4.56 | 0.46 |
| I | 20120328-LGH-FJAT-4124 | 36.71 | 37.31 | 4.22 | 2.89 | 1.34 | 4.79 | 0.71 |
| I | 20120331-LGH-FJAT-4119-1 | 35.56 | 31.51 | 4.68 | 3.31 | 1.64 | 8.26 | 0.41 |
| I | 20120727-YQ-FJAT-16404 | 30.52 | 40.72 | 2.39 | 3.50 | 1.85 | 3.22 | 1.51 |
| I | 20121030-FJAT-17398-ZR | 36.06 | 39.84 | 2.56 | 1.95 | 1.33 | 4.60 | 0.49 |
| I | 20121030-FJAT-17400-ZR | 37.15 | 38.60 | 3.14 | 2.44 | 1.06 | 6.06 | 0.37 |
| I | 20121030-FJAT-17422-ZR | 35.64 | 40.92 | 2.07 | 1.70 | 1.25 | 4.24 | 0.60 |
| I | 20121102-FJAT-17446-ZR | 34.82 | 39.80 | 2.83 | 2.28 | 1.49 | 4.71 | 0.68 |
| I | 20121106-FJAT-16996-zr | 37.96 | 36.04 | 3.70 | 2.53 | 1.68 | 5.18 | 0.66 |
| I | 20121107-FJAT-16997-zr | 36.56 | 40.00 | 2.58 | 1.98 | 1.31 | 4.19 | 0.75 |
| I | 20121108-FJAT-17023-zr | 35.66 | 35.87 | 2.93 | 1.46 | 4.54 | 4.30 | 0.44 |

续表

| 型 | 菌株名称 | 15:0 anteiso | 15:0 iso | 17:0 anteiso | 17:0 iso | 16:0 iso | c16:0 | 16:1ω7c alcohol |
|---|---|---|---|---|---|---|---|---|
| I | 20121109-FJAT-16996-ZR | 37.95 | 35.99 | 3.79 | 2.59 | 1.74 | 5.55 | 0.67 |
| I | 20121119-FJAT-17007-wk | 33.69 | 37.24 | 3.47 | 3.08 | 2.35 | 7.66 | 0.00 |
| I | 20130114-ZJ-4-13 | 32.96 | 38.22 | 1.68 | 1.10 | 2.18 | 0.85 | 0.13 |
| I | 20130114-ZJ-4-3 | 30.86 | 48.04 | 1.07 | 0.67 | 0.54 | 1.49 | 0.19 |
| I | 20130115-CYP-FJAT-17196 | 37.36 | 38.10 | 2.91 | 2.04 | 1.38 | 5.19 | 0.61 |
| I | 20130117-LGH-FJAT-8779-LB | 33.33 | 43.77 | 4.56 | 4.10 | 2.58 | 2.46 | 1.09 |
| I | 20130129-TXN-FJAT-14610 | 37.14 | 40.19 | 2.56 | 2.06 | 1.11 | 4.16 | 0.57 |
| I | 20130129-TXN-FJAT-14611 | 34.14 | 41.80 | 2.79 | 2.43 | 1.38 | 4.42 | 0.74 |
| I | 20130129-TXN-FJAT-14635 | 40.02 | 35.89 | 2.73 | 1.84 | 1.30 | 4.69 | 0.53 |
| I | 20130306-ZMX-FJAT-16623 | 35.10 | 35.90 | 4.17 | 3.22 | 2.08 | 4.81 | 1.06 |
| I | 20130327-TXN-FJAT-16653 | 36.57 | 44.96 | 4.62 | 2.03 | 2.76 | 2.19 | 0.00 |
| I | 20130327-TXN-FJAT-16665 | 39.89 | 35.95 | 3.91 | 2.49 | 1.59 | 4.02 | 0.78 |
| I | 20130401-ll-FJAT-16853 | 27.39 | 46.24 | 1.61 | 2.12 | 1.95 | 2.10 | 2.03 |
| I | 20130401-ll-FJAT-16854 | 37.09 | 36.81 | 2.78 | 1.70 | 1.31 | 4.68 | 0.80 |
| I | 20130401-ll-FJAT-16875 | 38.13 | 37.53 | 2.83 | 1.92 | 1.65 | 3.74 | 0.82 |
| I | 20130403-ll-FJAT-16909 | 37.54 | 38.22 | 3.45 | 2.67 | 1.83 | 4.96 | 0.53 |
| I | 20130418-CYP-FJAT-17134 | 38.97 | 36.98 | 4.44 | 3.26 | 1.17 | 4.32 | 0.55 |
| I | 20131129-LGH-FJAT-4622 | 37.52 | 36.45 | 2.84 | 1.84 | 1.90 | 5.60 | 0.45 |
| I | 20131129-LGH-FJAT-4669 | 34.72 | 37.82 | 3.96 | 3.07 | 1.79 | 6.39 | 0.52 |
| I | 2013122-LGH-FJAT-4423 | 41.14 | 36.85 | 3.05 | 1.83 | 1.31 | 4.49 | 0.75 |
| I | 2013122-LGH-FJAT-4579 | 38.78 | 39.22 | 2.31 | 1.67 | 1.27 | 2.95 | 0.94 |
| I | 2013122-LGH-FJAT-4642 | 34.09 | 42.06 | 2.65 | 2.42 | 1.14 | 4.21 | 0.72 |
| I | 2013122-LGH-FJAT-4670 | 36.58 | 38.79 | 3.57 | 2.74 | 1.56 | 4.35 | 0.60 |
| I | 2013122-LGH-FJAT-4724 | 39.08 | 36.13 | 3.15 | 1.89 | 1.75 | 5.12 | 0.50 |
| I | 20140325-ZEN-FJAT-22264 | 36.28 | 41.89 | 4.64 | 4.08 | 4.06 | 1.65 | 0.53 |
| I | 20140506-ZMX-FJAT-20209 | 35.43 | 33.99 | 3.94 | 1.06 | 2.77 | 0.95 | 6.22 |
| I | bonn-20 | 39.32 | 39.44 | 1.72 | 1.11 | 0.89 | 2.43 | 0.84 |
| I | bonn-30 | 37.28 | 39.19 | 2.08 | 1.53 | 1.02 | 3.09 | 1.07 |
| I | bonn-31 | 35.23 | 41.72 | 1.57 | 1.22 | 0.74 | 3.28 | 0.60 |
| I | CAAS-D50 | 32.37 | 42.18 | 1.93 | 1.63 | 1.09 | 3.87 | 0.54 |
| I | CAAS-G-14 | 35.81 | 41.09 | 1.82 | 1.43 | 1.26 | 2.82 | 0.88 |
| I | CAAS-K19 | 33.84 | 42.78 | 2.88 | 2.28 | 1.09 | 2.98 | 0.85 |
| I | CAAS-K20 | 32.76 | 42.41 | 3.34 | 2.36 | 4.24 | 2.79 | 0.63 |
| I | CAAS-Q107 | 38.73 | 37.18 | 3.93 | 3.68 | 1.70 | 2.46 | 1.06 |
| I | CAAS-Q-61 | 33.69 | 42.81 | 2.15 | 1.75 | 1.37 | 4.38 | 0.51 |
| I | CAAS-Q-66 | 32.81 | 46.47 | 2.20 | 1.96 | 1.01 | 2.53 | 0.77 |

续表

| 型 | 菌株名称 | 15:0 anteiso | 15:0 iso | 17:0 anteiso | 17:0 iso | 16:0 iso | c16:0 | 16:1ω7c alcohol |
|---|---|---|---|---|---|---|---|---|
| I | CAAS-Q-72 | 36.78 | 40.97 | 2.21 | 1.69 | 1.08 | 2.80 | 0.90 |
| I | CJM-20091222-7291 | 38.21 | 35.53 | 2.48 | 1.53 | 1.38 | 5.30 | 0.73 |
| I | CL B 7-1 | 37.20 | 46.02 | 3.84 | 2.91 | 1.24 | 0.00 | 0.00 |
| I | CL B 7-2 | 36.55 | 46.24 | 2.73 | 2.21 | 0.99 | 3.55 | 0.00 |
| I | CL FJK2-9-2-5 | 31.78 | 40.88 | 2.88 | 2.77 | 2.43 | 6.12 | 0.00 |
| I | CL YCK-6-5-3 | 36.61 | 38.87 | 2.63 | 2.24 | 2.03 | 3.12 | 0.99 |
| I | CL-FCK-3-6-3 | 32.96 | 44.14 | 3.28 | 3.17 | 1.88 | 5.27 | 0.00 |
| I | FJAT-23165 | 35.97 | 34.82 | 5.40 | 3.76 | 1.76 | 5.75 | 0.67 |
| I | FJAT-25251 | 34.54 | 37.79 | 3.25 | 2.57 | 2.49 | 5.49 | 0.29 |
| I | FJAT-25274 | 35.25 | 35.35 | 3.24 | 0.85 | 5.81 | 6.57 | 1.03 |
| I | FJAT-25303 | 34.57 | 34.06 | 5.70 | 4.04 | 1.74 | 6.42 | 0.68 |
| I | FJAT-40589-1 | 39.94 | 39.73 | 3.83 | 2.41 | 0.00 | 4.27 | 0.00 |
| I | FJAT-41318-1 | 36.81 | 35.12 | 3.28 | 2.04 | 1.83 | 4.86 | 1.10 |
| I | FJAT-41318-1 | 36.81 | 35.12 | 3.28 | 2.04 | 1.83 | 4.86 | 1.10 |
| I | FJAT-41318-2 | 38.50 | 35.05 | 3.48 | 2.21 | 1.88 | 4.55 | 0.99 |
| I | FJAT-41322-1 | 37.54 | 34.56 | 4.18 | 2.64 | 1.51 | 4.36 | 0.94 |
| I | FJAT-41322-2 | 36.78 | 35.56 | 3.98 | 2.59 | 1.56 | 3.78 | 1.02 |
| I | FJAT-41758-1 | 36.46 | 36.18 | 3.62 | 2.59 | 1.62 | 5.05 | 1.07 |
| I | FJAT-41758-2 | 36.14 | 36.90 | 2.95 | 1.98 | 1.36 | 5.11 | 0.91 |
| I | FJAT-41758-2 | 36.88 | 37.97 | 3.11 | 2.37 | 1.23 | 5.15 | 0.87 |
| I | FJAT-4617 | 38.08 | 35.42 | 3.61 | 2.57 | 1.87 | 4.70 | 0.88 |
| I | FJAT-4635 | 34.05 | 36.05 | 3.99 | 2.87 | 1.42 | 4.46 | 0.80 |
| I | FJAT-4676 | 30.23 | 44.89 | 2.68 | 3.19 | 1.92 | 3.14 | 1.06 |
| I | FJAT-4715 | 38.62 | 35.83 | 4.03 | 2.53 | 1.78 | 4.92 | 0.79 |
| I | FJAT-4718 | 35.51 | 32.33 | 3.86 | 3.07 | 1.65 | 4.32 | 0.63 |
| I | FJAT-4725 | 35.97 | 39.54 | 2.89 | 2.16 | 1.49 | 4.75 | 0.88 |
| I | FJAT-4739 | 35.98 | 38.88 | 2.91 | 2.19 | 2.02 | 3.61 | 0.98 |
| I | FJAT-4742 | 37.42 | 33.31 | 4.45 | 2.91 | 1.98 | 4.53 | 0.65 |
| I | FJAT-4745 | 38.27 | 39.15 | 2.93 | 2.02 | 1.54 | 3.34 | 0.95 |
| I | GXF-J21 | 32.61 | 43.60 | 1.86 | 2.08 | 0.68 | 4.61 | 0.45 |
| I | gxf-J23 | 33.33 | 43.61 | 2.83 | 2.61 | 0.62 | 2.11 | 1.14 |
| I | gxf-J58 | 32.42 | 44.00 | 2.03 | 1.80 | 1.58 | 3.91 | 0.54 |
| I | GXF-J62 | 31.56 | 46.21 | 2.43 | 2.64 | 1.28 | 3.33 | 0.61 |
| I | GXF-L16 | 32.54 | 44.68 | 2.94 | 3.10 | 1.56 | 3.87 | 0.49 |
| I | HGP SM10-T-12 | 32.19 | 43.96 | 2.48 | 2.35 | 1.27 | 3.40 | 0.94 |
| I | HGP SM11-T-13 | 33.45 | 37.12 | 2.73 | 2.02 | 1.27 | 4.67 | 1.04 |

续表

| 型 | 菌株名称 | 15:0 anteiso | 15:0 iso | 17:0 anteiso | 17:0 iso | 16:0 iso | c16:0 | 16:1ω7c alcohol |
|---|---|---|---|---|---|---|---|---|
| I | HGP SM11-T-5 | 37.90 | 36.25 | 3.51 | 2.51 | 1.89 | 4.66 | 0.78 |
| I | HGP SM17-T-2 | 30.94 | 38.65 | 4.35 | 4.29 | 2.24 | 6.36 | 0.52 |
| I | HGP SM21-T-2 | 34.51 | 39.91 | 3.54 | 3.07 | 2.21 | 4.01 | 0.83 |
| I | HGP SM23-J-4 | 28.45 | 37.91 | 1.60 | 1.18 | 0.48 | 5.04 | 2.15 |
| I | hxj-H-3 | 34.20 | 45.61 | 2.79 | 2.52 | 1.24 | 4.29 | 0.38 |
| I | LGF-20100726-FJAT-8774 | 30.15 | 39.17 | 4.03 | 9.00 | 1.55 | 9.60 | 0.00 |
| I | LGF-20100814-FJAT-8790 | 32.30 | 46.76 | 1.69 | 1.42 | 1.66 | 3.26 | 1.16 |
| I | LGF-FJAT-706 | 40.66 | 37.34 | 2.85 | 1.46 | 1.33 | 3.18 | 0.87 |
| I | LGH-FJAT-4394 | 36.81 | 39.49 | 1.81 | 1.01 | 0.59 | 1.77 | 1.91 |
| I | LGH-FJAT-4395 | 33.32 | 41.94 | 2.29 | 1.38 | 0.77 | 2.27 | 1.63 |
| I | LGH-FJAT-4396 | 34.06 | 38.34 | 2.40 | 1.26 | 0.61 | 3.31 | 1.26 |
| I | LGH-FJAT-4412 | 33.99 | 43.06 | 2.81 | 2.75 | 1.42 | 3.92 | 0.52 |
| I | LGH-FJAT-4427 | 36.79 | 40.15 | 3.22 | 2.84 | 1.42 | 3.91 | 0.51 |
| I | LGH-FJAT-4437 | 35.82 | 39.89 | 3.01 | 2.50 | 1.37 | 4.50 | 0.58 |
| I | LGH-FJAT-4468 | 35.35 | 42.18 | 2.90 | 2.80 | 1.89 | 4.48 | 0.00 |
| I | LGH-FJAT-4500 | 40.33 | 42.49 | 5.38 | 3.49 | 1.92 | 1.64 | 0.00 |
| I | LGH-FJAT-4565 | 34.48 | 42.21 | 2.65 | 2.59 | 2.10 | 6.47 | 0.00 |
| I | LGH-FJAT-4570 | 37.92 | 44.64 | 3.16 | 3.05 | 0.00 | 4.18 | 0.00 |
| I | LGH-FJAT-4579 | 37.93 | 43.03 | 2.62 | 2.52 | 1.70 | 4.54 | 0.00 |
| I | LGH-FJAT-4632 | 35.66 | 43.13 | 4.91 | 3.59 | 0.00 | 5.81 | 0.00 |
| I | LGH-FJAT-4640 | 38.79 | 41.70 | 4.15 | 2.90 | 0.00 | 4.09 | 0.00 |
| I | LGH-FJAT-4641 | 35.39 | 39.16 | 2.58 | 2.07 | 0.87 | 2.14 | 1.88 |
| I | LGH-FJAT-4737 | 35.89 | 38.67 | 3.31 | 2.71 | 2.11 | 4.14 | 0.97 |
| I | orgn-18 | 36.37 | 37.00 | 3.14 | 2.22 | 1.50 | 5.40 | 0.69 |
| I | orgn-27 | 36.82 | 40.03 | 2.64 | 2.00 | 1.51 | 5.23 | 0.42 |
| I | orgn-31 | 36.66 | 35.21 | 3.22 | 2.04 | 1.54 | 5.31 | 1.01 |
| I | orgn-34 | 34.75 | 34.86 | 3.08 | 2.21 | 1.35 | 7.06 | 0.72 |
| I | orgn-35 | 34.52 | 34.84 | 3.56 | 2.46 | 1.76 | 7.19 | 0.77 |
| I | orgn-37 | 35.92 | 39.87 | 2.22 | 1.68 | 1.65 | 4.01 | 0.69 |
| I | RSX-20091229-FJAT-7376 | 33.90 | 40.54 | 3.09 | 2.50 | 1.67 | 5.75 | 0.65 |
| I | RSX-20091229-FJAT-7380 | 33.85 | 39.47 | 4.00 | 3.10 | 1.89 | 4.54 | 0.77 |
| I | RSX-20091229-FJAT-7385 | 36.11 | 37.33 | 2.91 | 2.01 | 1.70 | 5.24 | 0.63 |
| I | SDG-20100801-FJAT-4085-8 | 34.26 | 34.37 | 3.80 | 2.94 | 1.91 | 7.69 | 0.32 |
| I | shida-20-6 | 32.29 | 47.25 | 1.68 | 1.66 | 1.36 | 3.04 | 0.43 |
| I | szq-20100804-43 | 32.45 | 40.79 | 3.60 | 3.48 | 1.42 | 6.30 | 0.00 |
| I | TQR-237 | 35.27 | 42.51 | 1.90 | 1.61 | 1.10 | 3.59 | 0.00 |

续表

| 型 | 菌株名称 | 15:0 anteiso | 15:0 iso | 17:0 anteiso | 17:0 iso | 16:0 iso | c16:0 | 16:1ω7c alcohol |
|---|---|---|---|---|---|---|---|---|
| I | TQR-239 | 34.15 | 42.45 | 3.52 | 4.57 | 1.38 | 4.61 | 0.37 |
| I | TQR-244 | 39.40 | 38.06 | 2.61 | 1.69 | 1.50 | 4.19 | 0.40 |
| I | TQR-258 | 33.27 | 45.44 | 2.30 | 1.77 | 1.69 | 2.90 | 0.56 |
| I | TQR-259 | 32.81 | 46.88 | 1.20 | 1.32 | 0.92 | 2.44 | 0.00 |
| I | wax-20100812-FJAT-10305 | 34.23 | 38.10 | 3.35 | 2.55 | 1.83 | 6.54 | 0.38 |
| I | wax-20100812-FJAT-10313 | 33.56 | 41.95 | 2.41 | 2.06 | 1.66 | 5.45 | 0.31 |
| I | WZX-20100812-FJAT-10301 | 38.03 | 37.80 | 4.02 | 2.82 | 1.89 | 5.63 | 0.36 |
| I | WZX-20100812-FJAT-10303 | 36.46 | 38.14 | 3.89 | 3.15 | 2.02 | 5.48 | 0.47 |
| I | XKC17210 | 39.07 | 37.09 | 3.04 | 2.00 | 1.30 | 4.54 | 0.56 |
| I | XKC17213 | 37.96 | 36.63 | 3.35 | 2.27 | 1.51 | 5.55 | 0.48 |
| I | XKC17231 | 38.70 | 37.98 | 2.64 | 1.84 | 1.26 | 3.47 | 0.55 |
| I | YSJ-6B-7 | 39.27 | 38.87 | 3.58 | 2.42 | 1.17 | 5.09 | 0.00 |
| I | ysj-6b8 | 40.70 | 37.68 | 3.65 | 2.49 | 1.08 | 5.23 | 0.00 |
| I | ZXF-20091216-OrgSn-27 | 36.98 | 36.11 | 2.80 | 1.94 | 1.41 | 4.57 | 1.05 |
| I | ZXF-20091216-OrgSn-43 | 36.55 | 32.79 | 2.30 | 1.41 | 1.64 | 4.84 | 0.86 |
| I | ZXF-20091216-OrgSn-46 | 34.16 | 42.90 | 2.06 | 1.73 | 1.52 | 3.47 | 0.67 |
| 脂肪酸 I 型 254 个菌株平均值 | | 35.40 | 39.36 | 3.36 | 2.63 | 1.83 | 4.59 | 0.63 |
| II | 20101207-WZX-FJAT-b7 | 26.25 | 49.70 | 3.14 | 1.39 | 2.78 | 1.35 | 2.43 |
| II | 20101208-WZX-FJAT-8 | 21.63 | 51.82 | 4.20 | 2.39 | 4.20 | 1.60 | 2.87 |
| II | 20101212-WZX-FJAT-11679 | 28.83 | 51.15 | 2.39 | 3.24 | 1.67 | 3.64 | 0.29 |
| II | 20101221-WZX-FJAT-10894 | 32.77 | 54.34 | 2.78 | 2.64 | 1.75 | 1.43 | 0.00 |
| II | 20110225-SDG-FJAT-11093 | 27.84 | 57.30 | 2.92 | 3.91 | 2.49 | 1.39 | 0.22 |
| II | 20110228-SDG-FJAT-11301 | 23.88 | 45.93 | 1.76 | 2.69 | 3.96 | 2.22 | 1.29 |
| II | 20110311-SDG-FJAT-11301 | 23.69 | 46.03 | 1.79 | 2.70 | 4.01 | 2.25 | 1.30 |
| II | 20110622-LGH-FJAT-14050 | 20.95 | 50.03 | 5.16 | 2.47 | 2.14 | 1.95 | 2.33 |
| II | 20110721-SDG-FJAT-13885 | 25.24 | 63.13 | 2.63 | 3.51 | 2.30 | 1.45 | 0.00 |
| II | 20110902-TXN-FJAT-14302 | 27.62 | 58.13 | 2.32 | 3.19 | 2.28 | 2.13 | 0.00 |
| II | 20110907-YQ-FJAT-14350 | 17.88 | 56.85 | 3.87 | 0.00 | 0.00 | 0.00 | 0.00 |
| II | 20111106-TXN-FJAT-14657 | 25.37 | 42.38 | 2.22 | 0.98 | 7.01 | 2.99 | 1.99 |
| II | 20111106-TXN-FJAT-14659 | 21.97 | 49.32 | 1.65 | 2.20 | 3.13 | 3.11 | 1.55 |
| II | 20111123-hu-105 | 19.43 | 57.41 | 1.83 | 1.29 | 6.96 | 1.22 | 2.98 |
| II | 20111123-hu-108 | 22.00 | 49.86 | 1.78 | 1.09 | 7.10 | 1.71 | 2.15 |
| II | 20120727-YQ-FJAT-16424 | 22.09 | 46.34 | 0.51 | 1.65 | 4.84 | 1.72 | 1.75 |
| II | 20130115-YQ-FJAT-16385 | 19.57 | 47.26 | 5.80 | 3.31 | 0.99 | 2.46 | 1.66 |
| II | 20130401-ll-FJAT-16868 | 21.47 | 46.71 | 5.19 | 2.71 | 0.95 | 2.24 | 1.85 |
| II | 20140506-ZMX-FJAT-20210 | 29.46 | 55.58 | 3.08 | 4.22 | 2.80 | 1.87 | 0.00 |

续表

| 型 | 菌株名称 | 15:0 anteiso | 15:0 iso | 17:0 anteiso | 17:0 iso | 16:0 iso | c16:0 | 16:1ω7c alcohol |
|---|---|---|---|---|---|---|---|---|
| II | A4 | 51.68 | 48.32 | 0.00 | 0.00 | 0.00 | 0.00 | 0.00 |
| II | CAAS-K2 | 25.36 | 62.54 | 2.41 | 2.61 | 1.03 | 2.25 | 0.19 |
| II | CAAS-K3 | 25.16 | 62.61 | 2.51 | 2.72 | 1.05 | 2.09 | 0.20 |
| II | CL 10-3 | 26.09 | 51.12 | 0.00 | 2.38 | 0.00 | 4.81 | 0.00 |
| II | CL C10-2 | 45.89 | 44.45 | 0.00 | 0.00 | 0.00 | 0.00 | 0.00 |
| II | CL C2-2 | 48.34 | 51.66 | 0.00 | 0.00 | 0.00 | 0.00 | 0.00 |
| II | CL C4-1 | 41.97 | 49.71 | 0.00 | 0.00 | 0.00 | 0.00 | 0.00 |
| II | CL C5-1 | 46.62 | 42.54 | 0.00 | 0.00 | 0.00 | 0.00 | 0.00 |
| II | CL C7-1 | 47.27 | 42.81 | 0.00 | 0.00 | 0.00 | 0.00 | 0.00 |
| II | CL C7-2 | 41.35 | 50.70 | 0.00 | 0.00 | 0.00 | 0.00 | 0.00 |
| II | CL FCK15-1-2 | 42.10 | 38.78 | 0.00 | 0.00 | 0.00 | 9.27 | 0.00 |
| II | CL YHK2-12-6-2 | 40.52 | 43.47 | 0.00 | 0.00 | 0.00 | 8.07 | 0.00 |
| II | CL YJK2-12-6-3 | 40.10 | 45.27 | 0.00 | 0.00 | 0.00 | 6.24 | 0.00 |
| II | FJAT-255477-1 | 22.46 | 54.73 | 2.93 | 1.48 | 5.25 | 1.09 | 1.76 |
| II | FJAT-255477-2 | 22.22 | 55.36 | 2.76 | 1.42 | 5.12 | 1.02 | 1.75 |
| II | LGH-FJAT-4469 | 47.01 | 39.01 | 0.00 | 0.00 | 0.00 | 5.94 | 0.00 |
| II | LGH-FJAT-4617 | 38.97 | 49.16 | 0.00 | 0.00 | 0.00 | 6.56 | 0.00 |
| II | LGH-FJAT-4636 | 43.29 | 45.25 | 0.00 | 0.00 | 0.00 | 6.51 | 0.00 |
| II | LGH-FJAT-4638 | 47.40 | 52.60 | 0.00 | 0.00 | 0.00 | 0.00 | 0.00 |
| II | LGH-FJAT-4649 | 44.68 | 55.32 | 0.00 | 0.00 | 0.00 | 0.00 | 0.00 |
| II | LGH-FJAT-4659 | 51.09 | 48.91 | 0.00 | 0.00 | 0.00 | 0.00 | 0.00 |
| II | LGH-FJAT-4660 | 29.66 | 60.64 | 0.00 | 5.96 | 3.74 | 0.00 | 0.00 |
| II | LGH-FJAT-4663 | 30.29 | 56.52 | 0.00 | 0.00 | 0.00 | 7.47 | 0.00 |
| II | LGH-FJAT-4672 | 45.54 | 54.46 | 0.00 | 0.00 | 0.00 | 0.00 | 0.00 |
| II | LGH-FJAT-4673 | 49.92 | 50.08 | 0.00 | 0.00 | 0.00 | 0.00 | 0.00 |
| II | LGH-FJAT-4836 | 27.58 | 49.00 | 6.13 | 0.00 | 5.51 | 0.00 | 0.00 |
| II | S-400-1 | 42.05 | 44.34 | 0.00 | 0.00 | 0.00 | 0.00 | 0.00 |
| II | tqr-72 | 27.42 | 51.34 | 1.71 | 1.95 | 0.98 | 2.72 | 0.48 |
| II | wi3 | 26.90 | 73.10 | 0.00 | 0.00 | 0.00 | 0.00 | 0.00 |
| II | ZXF 4635 | 36.96 | 50.73 | 0.00 | 2.23 | 0.00 | 2.32 | 0.00 |
| 脂肪酸 II 型 49 个菌株平均值 | | 32.94 | 51.10 | 1.50 | 1.35 | 1.72 | 2.10 | 0.59 |
| III | 20101212-WZX-FJAT-10859 | 41.47 | 32.80 | 4.18 | 2.47 | 1.59 | 5.29 | 0.89 |
| III | 20101212-WZX-FJAT-10880 | 47.44 | 34.66 | 4.26 | 3.68 | 2.87 | 1.55 | 0.00 |
| III | 20101212-WZX-FJAT-11688 | 40.05 | 34.52 | 3.77 | 2.38 | 2.25 | 6.18 | 0.27 |
| III | 20101220-WZX-FJAT-10599 | 44.43 | 35.29 | 5.36 | 5.85 | 3.06 | 2.28 | 0.00 |
| III | 20110111-SDG-FJAT-11291 | 42.41 | 32.50 | 4.18 | 2.30 | 1.61 | 5.35 | 0.59 |

续表

| 型 | 菌株名称 | 15:0 anteiso | 15:0 iso | 17:0 anteiso | 17:0 iso | 16:0 iso | c16:0 | 16:1ω7c alcohol |
|---|---|---|---|---|---|---|---|---|
| III | 20110313-SDG-FJAT-10271 | 44.84 | 28.46 | 2.01 | 1.57 | 1.69 | 1.89 | 3.20 |
| III | 20110517-LGH-FJAT-4728 | 44.33 | 32.61 | 3.71 | 2.03 | 1.46 | 4.26 | 0.72 |
| III | 20110517-LGH-FJAT-4732 | 39.33 | 33.66 | 4.04 | 2.45 | 1.86 | 5.61 | 1.05 |
| III | 20110517-LGH-FJAT-4736 | 40.37 | 32.35 | 3.76 | 2.10 | 1.20 | 4.94 | 1.21 |
| III | 20110520-LGH-FJAT-13836 | 41.01 | 33.84 | 5.58 | 3.58 | 1.54 | 5.71 | 0.61 |
| III | 20110520-LGH-FJAT-13842 | 38.90 | 32.51 | 5.85 | 3.61 | 1.86 | 7.04 | 0.54 |
| III | 20110530-WZX24h-FJAT-8778 | 50.48 | 25.60 | 2.49 | 2.81 | 1.40 | 2.38 | 2.21 |
| III | 20110607-WZX28D-FJAT-8778 | 50.37 | 30.89 | 2.25 | 2.57 | 1.30 | 2.12 | 1.03 |
| III | 20110614-LGH-FJAT-13828 | 40.93 | 35.16 | 4.61 | 2.80 | 1.56 | 5.98 | 0.41 |
| III | 20110615-WZX-FJAT-8778b | 51.13 | 29.47 | 1.57 | 1.95 | 0.72 | 1.36 | 1.63 |
| III | 20110615-WZX-FJAT-8778c | 51.80 | 29.55 | 1.29 | 1.51 | 0.58 | 1.65 | 1.65 |
| III | 20110622-LGH-FJAT-13389 | 43.11 | 28.01 | 6.15 | 2.97 | 2.01 | 6.73 | 0.78 |
| III | 20110622-LGH-FJAT-13400 | 38.41 | 27.03 | 5.58 | 3.09 | 1.70 | 5.88 | 0.52 |
| III | 20110625-WZX-FJAT-8777-2 | 48.50 | 30.55 | 1.25 | 1.15 | 5.27 | 3.06 | 0.39 |
| III | 20110625-WZX-FJAT-8777-33 | 46.26 | 31.70 | 2.07 | 2.07 | 5.80 | 3.92 | 0.00 |
| III | 20110629-WZX-FJAT-8777-22 | 47.34 | 32.92 | 1.86 | 1.99 | 5.22 | 2.96 | 0.00 |
| III | 20110705-LGH-FJAT-13450 | 42.42 | 30.53 | 6.61 | 3.43 | 1.83 | 6.64 | 0.00 |
| III | 20110705-LGH-FJAT-13461 | 40.24 | 25.69 | 6.39 | 3.09 | 1.92 | 6.57 | 0.43 |
| III | 20110705-WZX-FJAT-13345 | 42.72 | 30.40 | 4.13 | 2.05 | 2.03 | 4.18 | 1.07 |
| III | 20110707-LGH-FJAT-12280d | 41.00 | 31.91 | 3.84 | 2.17 | 2.05 | 5.74 | 0.71 |
| III | 20110707-LGH-FJAT-13567 | 43.54 | 32.69 | 3.93 | 2.00 | 1.60 | 5.49 | 0.51 |
| III | 20110707-LGH-FJAT-13597 | 41.22 | 23.69 | 6.10 | 2.89 | 1.83 | 7.79 | 1.10 |
| III | 20110707-LGH-FJAT-4416 | 41.61 | 31.34 | 3.92 | 2.20 | 2.00 | 4.19 | 0.97 |
| III | 20110707-LGH-FJAT-4575 | 41.02 | 31.55 | 3.54 | 2.03 | 2.04 | 3.62 | 0.92 |
| III | 20110707-LGH-FJAT-4721 | 38.80 | 34.45 | 3.51 | 2.34 | 1.61 | 6.01 | 0.51 |
| III | 20110718-LGH-FJAT-4724 | 41.39 | 29.96 | 4.65 | 2.41 | 1.54 | 4.25 | 1.14 |
| III | 20110718-LGH-FJAT-4727 | 41.85 | 25.27 | 5.12 | 2.35 | 1.93 | 4.84 | 1.14 |
| III | 20110901-LGH-FJAT-13959 | 43.12 | 32.57 | 3.98 | 0.57 | 2.12 | 1.82 | 2.24 |
| III | 20110907-TXN-FJAT-14351 | 37.64 | 33.98 | 4.10 | 2.57 | 2.19 | 5.96 | 0.74 |
| III | 20110907-TXN-FJAT-14363 | 41.79 | 26.74 | 5.87 | 2.83 | 1.93 | 7.54 | 0.73 |
| III | 20110907-TXN-FJAT-14364 | 39.69 | 33.05 | 5.09 | 3.37 | 2.22 | 6.59 | 0.53 |
| III | 201110-18-TXN-FJAT-14434 | 41.11 | 30.78 | 6.05 | 3.73 | 2.27 | 7.52 | 0.00 |
| III | 201110-18-TXN-FJAT-14443 | 40.40 | 31.80 | 5.31 | 3.33 | 2.09 | 7.27 | 0.50 |
| III | 20111031-TXN-FJAT-14505 | 41.28 | 30.69 | 5.41 | 3.07 | 2.51 | 7.13 | 0.00 |
| III | 20111102-TXN-FJAT-14592 | 39.61 | 32.17 | 4.07 | 2.54 | 2.69 | 6.06 | 0.76 |
| III | 20111103-TXN-FJAT-14524 | 40.05 | 33.89 | 4.04 | 2.40 | 2.40 | 5.74 | 0.35 |

续表

| 型 | 菌株名称 | 15:0 anteiso | 15:0 iso | 17:0 anteiso | 17:0 iso | 16:0 iso | c16:0 | 16:1ω7c alcohol |
|---|---|---|---|---|---|---|---|---|
| III | 20111123-hu-135 | 49.98 | 32.41 | 2.75 | 1.32 | 2.20 | 1.94 | 0.67 |
| III | 20111205-LGH-FJAT-8774-3 | 41.72 | 30.72 | 4.31 | 1.79 | 3.53 | 5.82 | 0.64 |
| III | 20120224-TXN-FJAT-14732 | 38.48 | 33.96 | 5.07 | 3.25 | 1.81 | 5.74 | 0.54 |
| III | 20120229-TXN-FJAT-14706 | 38.74 | 32.45 | 4.38 | 2.74 | 2.04 | 8.26 | 0.39 |
| III | 20120229-TXN-FJAT-14709 | 37.50 | 32.98 | 5.79 | 3.75 | 1.96 | 6.39 | 0.37 |
| III | 20120328-LGH-FJAT-4109 | 39.35 | 30.27 | 3.86 | 2.16 | 1.33 | 8.49 | 0.65 |
| III | 20120331-LGH-FJAT-4110 | 38.41 | 28.82 | 5.30 | 3.16 | 2.01 | 8.09 | 0.54 |
| III | 20120331-LGH-FJAT-4121 | 39.20 | 34.62 | 4.73 | 3.07 | 1.39 | 5.71 | 0.54 |
| III | 20120331-LGH-FJAT-4122 | 40.48 | 32.42 | 4.99 | 3.00 | 1.55 | 6.73 | 0.50 |
| III | 20120606-LGH-FJAT-8778 | 40.74 | 30.82 | 2.70 | 4.18 | 1.13 | 3.63 | 1.82 |
| III | 20121030-FJAT-17394-ZR | 36.50 | 27.91 | 3.91 | 2.21 | 1.22 | 5.23 | 0.47 |
| III | 20121030-FJAT-17430-ZR | 45.38 | 29.99 | 4.41 | 0.87 | 3.48 | 3.98 | 0.05 |
| III | 20121107-FJAT-17046-zr | 41.90 | 28.83 | 4.78 | 2.83 | 3.44 | 7.64 | 0.54 |
| III | 20121109-FJAT-17016-zr | 42.70 | 29.13 | 5.35 | 3.12 | 2.47 | 9.49 | 0.00 |
| III | 20121114-FJAT-17016ns-zr | 42.92 | 29.24 | 5.35 | 2.96 | 2.74 | 9.00 | 0.00 |
| III | 20121115-FJAT-17016-wk | 42.40 | 28.82 | 5.25 | 3.06 | 2.65 | 9.43 | 0.00 |
| III | 20130111-CYP-FJAT-16756 | 43.15 | 28.48 | 5.35 | 2.59 | 1.67 | 6.71 | 0.51 |
| III | 20130115-CYP-FJAT-17142 | 44.48 | 30.40 | 3.62 | 1.97 | 1.78 | 5.42 | 0.46 |
| III | 20130115-CYP-FJAT-17156 | 42.30 | 31.23 | 3.83 | 2.13 | 1.51 | 5.38 | 0.43 |
| III | 20130125-ZMX-FJAT-17702 | 41.88 | 32.00 | 4.41 | 2.63 | 1.56 | 4.57 | 0.81 |
| III | 20130129-ZMX-FJAT-17716 | 40.65 | 28.05 | 3.29 | 1.71 | 2.21 | 4.77 | 1.56 |
| III | 20130130-TXN-FJAT-8778 | 50.50 | 30.18 | 1.78 | 2.38 | 1.29 | 1.59 | 1.76 |
| III | 20130303-ZMX-FJAT-16622 | 39.43 | 31.90 | 4.73 | 3.25 | 1.59 | 5.72 | 0.69 |
| III | 20130307-ZMX-FJAT-17716 | 44.07 | 26.53 | 4.71 | 2.08 | 1.94 | 5.00 | 1.35 |
| III | 20130308-TXN-FJAT-16042 | 47.08 | 27.26 | 4.49 | 2.13 | 2.32 | 5.94 | 0.00 |
| III | 20130327-gcb-FJAT-17278 | 40.63 | 34.32 | 3.86 | 1.47 | 5.69 | 3.39 | 0.95 |
| III | 20130327-TXN-FJAT-16656 | 41.31 | 32.25 | 3.11 | 1.80 | 1.90 | 5.31 | 0.67 |
| III | 20130328-TXN-FJAT-16695 | 41.00 | 34.36 | 2.81 | 1.58 | 1.74 | 4.00 | 0.95 |
| III | 20130328-TXN-FJAT-16711 | 41.21 | 32.13 | 3.17 | 1.70 | 1.82 | 4.52 | 1.04 |
| III | 20130403-ll-FJAT-16908 | 40.88 | 33.48 | 2.98 | 1.82 | 2.24 | 6.37 | 0.26 |
| III | 2013122-LGH-FJAT-4584 | 40.16 | 33.19 | 2.62 | 1.26 | 1.29 | 5.29 | 0.78 |
| III | 2013122-LGH-FJAT-4629 | 38.17 | 34.41 | 3.11 | 1.86 | 1.86 | 6.88 | 0.51 |
| III | 20140325-LFH-FJAT-21351 | 41.31 | 31.24 | 4.37 | 2.48 | 2.27 | 5.74 | 0.41 |
| III | 20140506-ZMX-FJAT-20185 | 39.13 | 29.21 | 1.78 | 1.97 | 1.95 | 3.49 | 2.79 |
| III | bonn-1 | 44.84 | 29.39 | 2.91 | 1.26 | 1.49 | 5.30 | 0.67 |
| III | bonn-24 | 43.39 | 34.65 | 2.33 | 1.16 | 0.95 | 2.67 | 1.01 |

续表

| 型 | 菌株名称 | 15:0 anteiso | 15:0 iso | 17:0 anteiso | 17:0 iso | 16:0 iso | c16:0 | 16:1ω7c alcohol |
|---|---|---|---|---|---|---|---|---|
| III | CL FJK2-12-6-2 | 42.23 | 30.86 | 3.52 | 2.05 | 2.47 | 6.25 | 0.00 |
| III | FJAT-25260 | 39.18 | 28.23 | 4.45 | 2.59 | 2.41 | 6.77 | 0.90 |
| III | FJAT-41283-1 | 36.63 | 31.05 | 3.52 | 2.22 | 2.07 | 9.14 | 0.00 |
| III | FJAT-41283-1 | 37.34 | 31.87 | 3.61 | 2.21 | 1.65 | 8.61 | 0.00 |
| III | FJAT-41283-1 | 37.34 | 31.87 | 3.61 | 2.21 | 1.65 | 8.61 | 0.00 |
| III | FJAT-41283-2 | 38.65 | 32.42 | 3.41 | 2.11 | 1.74 | 7.18 | 0.00 |
| III | FJAT-41617-1 | 42.53 | 30.54 | 4.47 | 2.41 | 1.93 | 5.88 | 0.61 |
| III | FJAT-41617-2 | 41.96 | 29.30 | 4.29 | 2.20 | 1.94 | 6.64 | 0.64 |
| III | FJAT-4624 | 38.52 | 29.94 | 3.26 | 1.59 | 1.30 | 3.28 | 2.46 |
| III | FJAT-4625 | 42.33 | 27.67 | 4.35 | 2.20 | 2.15 | 6.08 | 0.85 |
| III | FJAT-4637 | 39.51 | 30.82 | 4.11 | 2.46 | 1.79 | 3.43 | 1.19 |
| III | FJAT-4717 | 44.97 | 27.64 | 4.95 | 2.47 | 2.38 | 4.46 | 0.81 |
| III | FJAT-4731 | 42.58 | 31.64 | 4.41 | 2.36 | 2.26 | 4.80 | 0.75 |
| III | FJAT-4735 | 41.26 | 31.81 | 4.79 | 2.78 | 2.44 | 5.83 | 0.54 |
| III | FJAT-4738 | 40.64 | 34.14 | 4.35 | 2.65 | 1.68 | 4.92 | 0.64 |
| III | FJAT-4741 | 40.83 | 32.46 | 4.43 | 2.70 | 2.44 | 5.43 | 0.55 |
| III | FJAT-4744 | 40.71 | 31.20 | 2.38 | 1.15 | 0.71 | 2.35 | 2.01 |
| III | FJAT-8774LB | 44.60 | 20.31 | 3.57 | 1.08 | 3.97 | 6.38 | 0.77 |
| III | FJAT-8774NA | 38.17 | 25.82 | 3.84 | 1.78 | 4.04 | 3.79 | 1.69 |
| III | FJAT-8774NACL | 39.53 | 26.17 | 3.46 | 1.51 | 3.56 | 4.29 | 1.23 |
| III | fuda-20-5 | 41.15 | 34.48 | 3.08 | 5.25 | 2.99 | 1.35 | 2.82 |
| III | HGP SM17-T-4 | 43.65 | 34.18 | 3.71 | 3.71 | 5.01 | 2.26 | 0.41 |
| III | HGP SM19-T-1 | 43.15 | 33.08 | 1.21 | 1.35 | 4.07 | 1.29 | 2.26 |
| III | LGF-20100726-FJAT-8778 | 45.33 | 25.03 | 2.85 | 2.25 | 2.24 | 4.44 | 1.24 |
| III | LGF-20100726-FJAT-8790 | 42.82 | 35.92 | 2.12 | 1.33 | 1.65 | 2.70 | 1.51 |
| III | LGF-20100824-FJAT-8774 | 42.31 | 32.90 | 2.90 | 1.23 | 2.40 | 4.34 | 0.78 |
| III | LGH-FJAT-4407 | 41.88 | 32.82 | 3.35 | 2.00 | 1.51 | 4.83 | 0.64 |
| III | LGH-FJAT-4416 | 40.15 | 29.56 | 4.69 | 2.46 | 2.50 | 5.69 | 0.71 |
| III | LGH-FJAT-4584 | 51.52 | 31.43 | 3.67 | 0.00 | 0.00 | 4.55 | 0.00 |
| III | LGH-FJAT-4599 | 41.87 | 32.43 | 2.75 | 1.35 | 0.86 | 1.73 | 2.18 |
| III | LGH-FJAT-4621 | 36.10 | 31.90 | 2.46 | 1.44 | 1.28 | 2.93 | 2.63 |
| III | LGH-FJAT-4716 | 42.53 | 32.62 | 4.07 | 2.32 | 2.11 | 4.65 | 0.78 |
| III | orgn-33 | 39.57 | 33.18 | 4.01 | 2.53 | 1.71 | 6.39 | 0.65 |
| III | orgn-9 | 38.88 | 29.18 | 4.02 | 2.07 | 1.81 | 8.07 | 0.77 |
| III | s-13 | 43.81 | 31.88 | 6.20 | 4.35 | 5.36 | 4.45 | 0.00 |
| III | XKC17221 | 37.89 | 32.57 | 3.43 | 1.93 | 1.88 | 6.16 | 0.45 |

续表

| 型 | 菌株名称 | 15:0 anteiso | 15:0 iso | 17:0 anteiso | 17:0 iso | 16:0 iso | c16:0 | 16:1ω7c alcohol |
|---|---|---|---|---|---|---|---|---|
| III | ZXF P-Y-11 | 53.50 | 36.47 | 10.03 | 0.00 | 0.00 | 0.00 | 0.00 |
| III | 20130116-LGH-FJAT-8774-37c | 42.58 | 24.64 | 5.03 | 2.06 | 4.36 | 6.68 | 0.30 |
| III | 20130116-LGH-FJAT-8774-48h | 43.77 | 29.54 | 3.40 | 1.34 | 2.54 | 3.86 | 1.12 |
| III | 20130116-LGH-FJAT-8774-72h | 38.49 | 33.40 | 4.28 | 1.68 | 2.54 | 5.77 | 1.18 |
| III | 20130117-LGH-FJAT-8774-nacl | 40.60 | 24.63 | 4.08 | 1.59 | 2.38 | 5.68 | 1.97 |
| 脂肪酸 III 型 118 个菌株平均值 | | 42.00 | 30.96 | 4.02 | 2.32 | 2.16 | 5.14 | 0.81 |
| IV | 20120615-LGH-FJAT-8774 | 47.18 | 18.95 | 5.57 | 1.83 | 4.23 | 8.06 | 0.00 |
| IV | CAAS-MIX Q69 | 47.81 | 21.11 | 5.56 | 5.01 | 3.09 | 3.13 | 1.54 |
| IV | FJAT-8774GLU | 45.08 | 16.18 | 7.48 | 2.15 | 3.02 | 7.30 | 0.85 |
| IV | LGF-20100812-FJAT-8774 | 45.36 | 14.99 | 3.50 | 0.87 | 3.04 | 11.37 | 0.00 |
| IV | LGH-FJAT-4432 | 47.64 | 20.11 | 6.67 | 0.95 | 3.87 | 4.53 | 1.17 |
| IV | LGH-FJAT-4497 | 56.22 | 23.51 | 2.78 | 2.25 | 2.38 | 6.90 | 1.52 |
| IV | LGH-FJAT-4545 | 50.21 | 22.15 | 2.83 | 2.47 | 3.16 | 7.71 | 0.00 |
| IV | LGH-FJAT-4545 | 57.89 | 22.68 | 0.00 | 0.00 | 0.00 | 0.00 | 4.12 |
| IV | LGH-FJAT-4546 | 48.73 | 24.04 | 2.96 | 2.19 | 3.18 | 5.34 | 1.74 |
| IV | LGH-FJAT-4546 | 48.73 | 24.04 | 2.96 | 2.19 | 3.18 | 5.34 | 1.74 |
| IV | LGH-FJAT-4752 | 46.09 | 24.67 | 1.87 | 0.00 | 3.06 | 6.81 | 0.00 |
| IV | YSS-JK 2 | 56.64 | 23.59 | 3.89 | 2.05 | 2.49 | 1.67 | 1.29 |
| IV | 20101212-WZX-FJAT-10871 | 62.25 | 11.65 | 3.34 | 1.29 | 3.51 | 5.34 | 1.87 |
| IV | 20101221-WZX-FJAT-10862 | 63.26 | 12.90 | 3.73 | 1.67 | 3.28 | 5.46 | 1.07 |
| IV | 20101221-WZX-FJAT-10955 | 61.90 | 12.35 | 3.60 | 1.41 | 3.10 | 5.86 | 1.53 |
| IV | 20101221-WZX-FJAT-10982 | 58.04 | 12.68 | 4.16 | 1.89 | 5.47 | 5.69 | 2.14 |
| IV | 20101230-WZX-FJAT-10990 | 58.38 | 12.26 | 4.38 | 1.99 | 4.57 | 6.05 | 2.21 |
| IV | 20110104-WZX-FJAT-10985 | 60.53 | 15.25 | 2.68 | 1.43 | 2.69 | 4.23 | 1.96 |
| IV | 20110105-SDG-FJAT-10819 | 63.99 | 19.52 | 4.13 | 1.61 | 1.26 | 1.09 | 0.79 |
| IV | 20110225-SDG-FJAT-11070 | 60.60 | 17.32 | 4.62 | 1.64 | 1.53 | 1.17 | 1.06 |
| IV | 20110311-SDG-FJAT-11006 | 57.41 | 18.01 | 5.17 | 1.81 | 2.25 | 1.66 | 1.78 |
| IV | 20110314-SDG-FJAT-10623 | 58.37 | 14.05 | 4.08 | 1.26 | 2.11 | 1.23 | 2.30 |
| IV | 20110505-WZX18h-FJAT-8774 | 55.55 | 16.51 | 5.00 | 1.22 | 2.85 | 6.10 | 0.95 |
| IV | 20110505-WZX36h-FJAT-8753 | 58.94 | 17.40 | 4.41 | 2.60 | 1.91 | 1.66 | 2.08 |
| IV | 20110508-WZX37D-FJAT-8759 | 64.05 | 17.25 | 3.44 | 1.01 | 5.66 | 1.90 | 0.00 |
| IV | 20110508-WZX48h-FJAT-8774 | 48.57 | 19.30 | 4.41 | 1.50 | 3.17 | 4.57 | 0.00 |
| IV | 20110510-WZX20D-FJAT-8774 | 56.77 | 16.07 | 5.14 | 1.19 | 1.93 | 5.55 | 1.26 |
| IV | 20110601-LGH-FJAT-13890 | 62.66 | 19.13 | 2.54 | 1.72 | 2.51 | 3.52 | 0.78 |
| IV | 20110622-LGH-FJAT-13398 | 59.50 | 15.73 | 3.09 | 1.39 | 3.17 | 5.10 | 1.11 |
| IV | 20110707-LGH-FJAT-4466 | 56.61 | 14.86 | 3.35 | 2.03 | 3.25 | 5.31 | 2.42 |

续表

| 型 | 菌株名称 | 15:0 anteiso | 15:0 iso | 17:0 anteiso | 17:0 iso | 16:0 iso | c16:0 | 16:1ω7c alcohol |
|---|---|---|---|---|---|---|---|---|
| IV | 20110707-LGH-FJAT-4516 | 60.20 | 12.22 | 4.16 | 1.95 | 3.58 | 3.83 | 2.68 |
| IV | 20110707-LGH-FJAT-4587 | 61.99 | 12.24 | 3.07 | 1.27 | 2.46 | 4.56 | 2.12 |
| IV | 20110718-LGH-FJAT-4529 | 58.36 | 13.08 | 4.08 | 1.98 | 2.56 | 2.54 | 2.89 |
| IV | 20110823-TXN-FJAT-14136 | 59.95 | 13.87 | 3.67 | 1.59 | 2.36 | 4.01 | 1.40 |
| IV | 20110823-TXN-FJAT-14151 | 61.63 | 11.06 | 5.62 | 2.40 | 2.96 | 5.75 | 0.95 |
| IV | 20111123-hu-125 | 60.57 | 16.11 | 1.96 | 1.20 | 2.67 | 2.56 | 0.00 |
| IV | 20120727-YQ-FJAT-16459 | 58.81 | 20.58 | 1.69 | 0.35 | 2.42 | 3.40 | 0.00 |
| IV | 20121030-FJAT-17417-ZR | 61.07 | 14.58 | 1.91 | 1.05 | 1.74 | 3.59 | 1.32 |
| IV | 20121102-FJAT-17455-ZR | 63.56 | 13.77 | 2.51 | 0.95 | 1.75 | 4.42 | 1.28 |
| IV | 20121102-FJAT-17463-ZR | 60.83 | 16.27 | 2.42 | 1.02 | 1.92 | 4.03 | 1.62 |
| IV | 20121105-FJAT-17417-ZR | 60.71 | 14.48 | 2.11 | 1.19 | 1.77 | 3.68 | 1.32 |
| IV | 20121129-LGH-FJAT-4551 | 62.19 | 15.94 | 2.01 | 0.74 | 1.64 | 2.85 | 2.57 |
| IV | 20130116-LGH-FJAT-8774 | 51.84 | 16.72 | 5.79 | 1.45 | 2.90 | 6.32 | 1.13 |
| IV | 20130116-LGH-FJAT-8774 | 51.58 | 16.24 | 5.66 | 1.38 | 2.88 | 6.75 | 1.16 |
| IV | 20130116-LGH-FJAT-8774-18 | 50.87 | 14.60 | 3.99 | 1.23 | 2.77 | 7.48 | 1.00 |
| IV | 20130116-LGH-FJAT-8774-20c | 53.93 | 14.06 | 5.60 | 1.15 | 1.87 | 5.30 | 1.84 |
| IV | 20130116-LGH-FJAT-8774-20mg | 47.18 | 17.82 | 5.50 | 1.36 | 3.02 | 8.73 | 1.09 |
| IV | 20130116-LGH-FJAT-8774-40mg | 50.57 | 19.46 | 4.89 | 1.31 | 2.91 | 5.70 | 1.28 |
| IV | 20130116-LGH-FJAT-8774-50mg | 52.33 | 16.28 | 5.23 | 1.33 | 3.20 | 6.77 | 1.12 |
| IV | 20130116-LGH-FJAT-8774-60mg | 53.28 | 16.77 | 4.73 | 1.12 | 2.98 | 6.13 | 1.08 |
| IV | 20130116-LGH-FJAT-8774-lb | 50.13 | 17.80 | 4.43 | 1.05 | 3.59 | 5.57 | 1.36 |
| IV | 20130117-LGH-FJAT-8774-0 | 47.98 | 14.49 | 5.65 | 1.30 | 2.92 | 6.81 | 1.17 |
| IV | 20130117-LGH-FJAT-8774-30mg | 48.79 | 20.47 | 4.46 | 1.30 | 2.68 | 5.68 | 1.31 |
| IV | 20130117-LGH-FJAT-8774-glu | 36.66 | 14.36 | 8.33 | 2.92 | 4.09 | 13.50 | 0.00 |
| IV | 20130117-LGH-FJAT-8774-na | 37.37 | 21.61 | 3.87 | 1.56 | 2.37 | 4.80 | 1.94 |
| IV | 20130125-ZMX-FJAT-17681 | 60.43 | 13.56 | 2.86 | 1.20 | 3.88 | 5.71 | 1.37 |
| IV | 20130125-ZMX-FJAT-17684 | 56.43 | 18.19 | 2.43 | 1.47 | 3.04 | 4.13 | 2.09 |
| IV | 20130125-ZMX-FJAT-17684 | 56.49 | 18.20 | 2.54 | 1.49 | 3.12 | 4.27 | 2.09 |
| IV | 20130125-ZMX-FJAT-17693 | 60.31 | 12.45 | 2.93 | 1.24 | 2.90 | 5.09 | 1.93 |
| IV | 20130125-ZMX-FJAT-17693 | 60.79 | 12.55 | 2.95 | 1.25 | 2.93 | 5.21 | 1.96 |
| IV | 20130327-TXN-FJAT-16657 | 59.88 | 16.25 | 2.42 | 1.53 | 3.54 | 4.22 | 1.53 |
| IV | 20130402-ll-FJAT-16892 | 63.53 | 15.15 | 4.03 | 0.23 | 3.27 | 3.40 | 0.00 |
| IV | 20131129-LGH-FJAT-4417 | 61.77 | 12.30 | 3.48 | 1.47 | 3.64 | 5.54 | 1.88 |
| IV | 2013122-LGH-FJAT-4515 | 61.48 | 14.18 | 3.13 | 1.23 | 3.15 | 4.24 | 2.07 |
| IV | 2013122-LGH-FJAT-4550 | 61.20 | 12.49 | 4.19 | 1.61 | 3.45 | 4.28 | 2.59 |
| IV | 20140325-ZEN-FJAT-22302 | 60.69 | 12.47 | 2.79 | 1.30 | 1.94 | 4.13 | 2.63 |
| IV | 20140325-ZEN-FJAT-22330 | 56.49 | 16.02 | 3.71 | 2.00 | 3.68 | 5.18 | 2.16 |
| IV | 20140506-ZMX-FJAT-20193 | 62.90 | 18.62 | 2.12 | 1.16 | 1.65 | 1.30 | 2.10 |
| IV | bonn-18 | 60.68 | 14.67 | 2.26 | 1.09 | 3.13 | 3.15 | 2.44 |
| IV | C3-3 | 63.44 | 16.12 | 5.04 | 2.69 | 2.35 | 7.38 | 0.00 |

续表

| 型 | 菌株名称 | 15:0 anteiso | 15:0 iso | 17:0 anteiso | 17:0 iso | 16:0 iso | c16:0 | 16:1ω7c alcohol |
|---|---|---|---|---|---|---|---|---|
| IV | CL FJK2-9-4-2 | 56.10 | 15.39 | 3.88 | 1.55 | 3.61 | 3.88 | 2.59 |
| IV | FJAT-26652-1 | 63.95 | 18.12 | 8.12 | 1.57 | 0.95 | 4.38 | 0.00 |
| IV | FJAT-26652-1 | 61.54 | 18.46 | 7.39 | 1.56 | 1.04 | 5.61 | 0.00 |
| IV | FJAT-26652-1 | 61.54 | 18.46 | 7.39 | 1.56 | 1.04 | 5.61 | 0.00 |
| IV | FJAT-26652-1 | 63.27 | 19.10 | 7.19 | 1.34 | 1.07 | 4.38 | 0.00 |
| IV | FJAT-26652-1 | 62.02 | 18.55 | 7.05 | 1.31 | 1.59 | 4.40 | 0.00 |
| IV | FJAT-26652-2 | 63.98 | 19.49 | 6.27 | 1.29 | 1.01 | 4.37 | 0.00 |
| IV | FJAT-26652-2 | 60.76 | 18.15 | 7.22 | 1.35 | 2.06 | 4.49 | 0.00 |
| IV | FJAT-26652-2 | 61.66 | 18.51 | 7.28 | 1.70 | 1.21 | 4.90 | 0.00 |
| IV | FJAT-27399-1 | 57.21 | 17.67 | 6.15 | 1.24 | 1.83 | 6.23 | 0.35 |
| IV | LGF-20100726-FJAT-8759 | 66.52 | 13.25 | 4.61 | 1.10 | 3.91 | 3.00 | 0.53 |
| IV | LGF-20100809-FJAT-8783 | 56.46 | 15.96 | 3.60 | 1.37 | 4.00 | 4.63 | 2.93 |
| IV | LGF-20100824-FJAT-8768 | 58.16 | 15.85 | 4.83 | 1.52 | 2.03 | 2.00 | 1.51 |
| IV | LGH-FJAT-4401 | 56.92 | 14.49 | 4.64 | 2.04 | 4.84 | 5.68 | 1.47 |
| IV | LGH-FJAT-4406 | 56.52 | 17.46 | 3.06 | 1.84 | 3.53 | 5.76 | 1.14 |
| IV | LGH-FJAT-4420 | 55.75 | 17.16 | 2.73 | 1.46 | 3.08 | 5.62 | 1.45 |
| IV | LGH-FJAT-4421 | 61.16 | 15.48 | 3.24 | 1.72 | 3.09 | 5.45 | 1.14 |
| IV | LGH-FJAT-4422 | 58.99 | 15.98 | 3.25 | 1.72 | 3.67 | 5.05 | 1.50 |
| IV | LGH-FJAT-4425 | 59.96 | 14.96 | 2.87 | 1.50 | 3.27 | 5.64 | 1.36 |
| IV | LGH-FJAT-4426 | 55.87 | 17.14 | 2.75 | 1.48 | 3.68 | 4.77 | 1.76 |
| IV | LGH-FJAT-4467 | 58.86 | 16.77 | 3.04 | 1.50 | 4.25 | 6.07 | 0.00 |
| IV | LGH-FJAT-4488 | 54.22 | 18.20 | 3.26 | 1.97 | 4.26 | 6.19 | 1.93 |
| IV | LGH-FJAT-4494 | 59.07 | 13.17 | 4.04 | 1.96 | 4.16 | 6.58 | 1.90 |
| IV | LGH-FJAT-4501 | 56.00 | 18.30 | 3.40 | 2.03 | 4.09 | 5.74 | 1.61 |
| IV | LGH-FJAT-4503 | 58.90 | 15.67 | 2.98 | 1.50 | 3.65 | 6.32 | 1.84 |
| IV | LGH-FJAT-4508 | 61.62 | 17.03 | 11.67 | 0.00 | 0.00 | 9.68 | 0.00 |
| IV | LGH-FJAT-4509 | 54.49 | 18.20 | 3.21 | 1.50 | 3.28 | 5.70 | 2.15 |
| IV | LGH-FJAT-4510 | 57.56 | 19.37 | 2.65 | 1.44 | 2.53 | 4.44 | 1.78 |
| IV | LGH-FJAT-4511 | 61.16 | 15.85 | 3.41 | 1.63 | 2.34 | 5.58 | 1.62 |
| IV | LGH-FJAT-4514 | 56.28 | 19.00 | 2.90 | 1.87 | 2.93 | 5.83 | 1.80 |
| IV | LGH-FJAT-4524 | 61.10 | 14.15 | 3.98 | 1.71 | 2.53 | 6.17 | 1.83 |
| IV | LGH-FJAT-4525 | 59.17 | 17.10 | 3.09 | 2.61 | 3.03 | 4.33 | 1.98 |
| IV | LGH-FJAT-4551 | 60.45 | 14.00 | 4.34 | 1.77 | 4.07 | 6.91 | 1.12 |
| IV | LGH-FJAT-4552 | 59.64 | 17.64 | 1.93 | 2.06 | 2.66 | 5.23 | 0.75 |
| IV | LGH-FJAT-4607 | 56.27 | 18.18 | 4.43 | 0.00 | 4.47 | 7.92 | 0.00 |
| IV | LGH-FJAT-4608 | 54.99 | 16.66 | 3.82 | 2.04 | 4.72 | 6.31 | 2.44 |
| IV | LGH-FJAT-4611 | 55.95 | 17.93 | 7.29 | 0.00 | 4.31 | 5.94 | 0.00 |
| IV | LGH-FJAT-4612 | 59.90 | 15.62 | 7.65 | 0.00 | 0.00 | 9.59 | 0.00 |
| IV | wax-20100812-FJAT-10323 | 57.91 | 15.07 | 3.97 | 1.94 | 3.64 | 6.17 | 1.25 |
| IV | X3-5 | 63.87 | 13.63 | 3.28 | 1.64 | 3.17 | 5.35 | 1.17 |
| IV | X3-6 | 62.91 | 14.63 | 5.29 | 2.63 | 3.87 | 7.73 | 0.00 |
| 脂肪酸 IV 型 111 个菌株平均值 | | 57.32 | 16.60 | 4.15 | 1.51 | 2.87 | 5.15 | 1.29 |

续表

| 型 | 菌株名称 | 14:0 iso | 16:1ω11c | c14:0 | 17:1 iso ω10c | c18:0 | 到中心的绝对距离 |
|---|---|---|---|---|---|---|---|
| I | 20101207-WZX-FJAT-b-10 | 5.67 | 0.00 | 0.00 | 0.64 | 0.00 | 7.63 |
| I | 20101207-WZX-FJAT-b9 | 5.13 | 1.91 | 1.65 | 0.39 | 0.47 | 1.79 |
| I | 20101208-WZX-FJAT-B9 | 7.55 | 1.78 | 1.80 | 0.25 | 0.00 | 5.50 |
| I | 20101210-WZX-FJAT-11674 | 6.21 | 1.44 | 1.66 | 0.43 | 0.23 | 3.77 |
| I | 20101210-WZX-FJAT-11691 | 6.26 | 1.70 | 1.83 | 0.26 | 0.00 | 5.59 |
| I | 20101210-WZX-FJAT-11694 | 7.71 | 0.99 | 1.86 | 0.16 | 0.22 | 7.22 |
| I | 20101210-WZX-FJAT-11697 | 5.14 | 2.08 | 1.76 | 0.45 | 0.46 | 3.05 |
| I | 20101210-WZX-FJAT-11699 | 6.50 | 1.82 | 1.82 | 0.29 | 0.56 | 7.83 |
| I | 20101210-WZX-FJAT-11701 | 7.22 | 1.90 | 1.76 | 0.33 | 0.21 | 3.57 |
| I | 20101212-WZX-FJAT-10875 | 4.61 | 2.03 | 1.87 | 0.00 | 0.00 | 6.09 |
| I | 20101212-WZX-FJAT-11681 | 6.59 | 1.83 | 1.81 | 0.27 | 0.42 | 2.63 |
| I | 20101212-WZX-FJAT-11687 | 4.98 | 1.72 | 1.74 | 0.40 | 0.16 | 2.06 |
| I | 20101221-WZX-FJAT-10869 | 6.06 | 3.49 | 1.77 | 0.70 | 0.00 | 2.52 |
| I | 20101230-WZX-FJAT-10963 | 1.84 | 0.13 | 0.52 | 0.22 | 0.00 | 8.67 |
| I | 20101230-WZX-FJAT-10988 | 6.05 | 3.12 | 1.57 | 0.93 | 0.00 | 3.77 |
| I | 20110104-WZX-FJAT-10980 | 0.00 | 2.95 | 1.78 | 0.89 | 0.00 | 7.56 |
| I | 20110111-SDG-FJAT-10187 | 8.59 | 4.02 | 1.45 | 1.51 | 0.00 | 6.95 |
| I | 20110227-SDG-FJAT-11285 | 7.22 | 3.24 | 2.02 | 0.42 | 1.53 | 5.70 |
| I | 20110227-SDG-FJAT-11289 | 7.26 | 2.75 | 1.77 | 0.00 | 0.71 | 5.51 |
| I | 20110227-SDG-FJAT-11291 | 5.58 | 2.48 | 1.76 | 0.36 | 0.76 | 5.26 |
| I | 20110311-SDG-FJAT-10917 | 4.83 | 2.07 | 1.43 | 0.50 | 0.37 | 5.33 |
| I | 20110311-SDG-FJAT-11021 | 5.95 | 1.46 | 2.08 | 0.29 | 0.46 | 4.78 |
| I | 20110311-SDG-FJAT-11308 | 6.76 | 3.13 | 1.26 | 1.00 | 0.24 | 7.31 |
| I | 20110311-SDG-FJAT-11310 | 6.03 | 3.41 | 1.18 | 2.06 | 0.28 | 11.89 |
| I | 20110314-SDG-FJAT-10632 | 7.17 | 1.83 | 1.81 | 0.36 | 0.28 | 7.36 |
| I | 20110314-SDG-FJAT-10632 | 5.50 | 2.56 | 1.98 | 0.56 | 0.00 | 2.17 |
| I | 20110314-SDG-FJAT-11089 | 6.06 | 1.50 | 2.16 | 0.27 | 0.47 | 3.40 |
| I | 20110317-LGH-FJAT-4579 | 4.26 | 3.67 | 1.37 | 1.48 | 0.54 | 2.85 |
| I | 20110520-LGH-FJAT-13826 | 1.70 | 1.75 | 0.69 | 2.19 | 0.72 | 6.20 |
| I | 20110520-LGH-FJAT-13841 | 3.31 | 2.38 | 1.29 | 0.87 | 0.43 | 2.78 |
| I | 20110520-LGH-FJAT-13844 | 3.71 | 3.16 | 1.41 | 0.83 | 0.77 | 4.11 |
| I | 20110520-LGH-FJAT-13847 | 3.89 | 3.38 | 1.47 | 0.82 | 0.00 | 4.86 |
| I | 20110520-LGH-FJAT-13849 | 3.59 | 2.98 | 1.42 | 0.84 | 0.61 | 5.36 |
| I | 20110524-WZX48h-FJAT-8788 | 3.38 | 0.00 | 1.93 | 0.00 | 0.00 | 6.68 |
| I | 20110601-LGH-FJAT-13909 | 5.77 | 2.23 | 1.56 | 0.48 | 1.01 | 4.85 |
| I | 20110601-LGH-FJAT-13918 | 4.83 | 2.18 | 2.16 | 0.23 | 1.25 | 2.28 |
| I | 20110601-LGH-FJAT-13923 | 3.82 | 2.32 | 2.46 | 0.55 | 2.35 | 6.02 |
| I | 20110601-LGH-FJAT-13934 | 0.99 | 2.71 | 2.06 | 1.70 | 0.00 | 9.71 |
| I | 20110603-WZX72h-FJAT-8788 | 3.18 | 0.00 | 1.41 | 0.00 | 0.00 | 5.41 |
| I | 20110607-WZX36h-FJAT-8788 | 2.62 | 0.72 | 1.81 | 0.44 | 0.00 | 7.06 |

续表

| 型 | 菌株名称 | 14:0 iso | 16:1ω11c | c14:0 | 17:1 iso ω10c | c18:0 | 到中心的绝对距离 |
|---|---|---|---|---|---|---|---|
| I | 20110614-LGH-FJAT-13836 | 5.44 | 1.47 | 1.46 | 0.31 | 0.32 | 2.88 |
| I | 20110622-LGH-FJAT-13402 | 7.51 | 2.19 | 1.83 | 0.24 | 0.65 | 6.72 |
| I | 20110622-LGH-FJAT-13404 | 7.28 | 2.13 | 1.92 | 0.00 | 0.83 | 5.20 |
| I | 20110622-LGH-FJAT-13427 | 1.22 | 0.16 | 0.53 | 0.14 | 0.33 | 7.63 |
| I | 20110622-LGH-FJAT-13434 | 4.51 | 2.18 | 1.50 | 0.37 | 1.05 | 2.74 |
| I | 20110622-LGH-FJAT-13443 | 3.43 | 2.84 | 1.77 | 1.00 | 3.64 | 5.81 |
| I | 20110622-LGH-FJAT-14023 | 6.93 | 1.19 | 2.00 | 0.15 | 0.80 | 10.84 |
| I | 20110622-LGH-FJAT-14024 | 7.32 | 1.36 | 2.86 | 0.00 | 0.75 | 4.03 |
| I | 20110622-LGH-FJAT-14029 | 3.50 | 4.28 | 1.08 | 0.86 | 0.71 | 3.69 |
| I | 20110622-LGH-FJAT-14033 | 4.43 | 1.31 | 1.71 | 0.35 | 0.86 | 4.36 |
| I | 20110622-LGH-FJAT-14039 | 7.51 | 1.29 | 1.61 | 0.21 | 0.57 | 5.52 |
| I | 20110622-LGH-FJAT-14047 | 6.62 | 1.03 | 1.73 | 0.14 | 0.33 | 3.34 |
| I | 20110705-LGH-FJAT-13562 | 3.60 | 1.59 | 2.14 | 0.00 | 2.17 | 8.77 |
| I | 20110705-WZX-FJAT-13359 | 6.34 | 4.88 | 2.14 | 0.83 | 0.16 | 5.71 |
| I | 20110707-LGH-FJAT-4565 | 4.92 | 2.86 | 2.21 | 0.53 | 0.37 | 1.12 |
| I | 20110707-LGH-FJAT-4631 | 5.08 | 3.83 | 1.98 | 0.00 | 2.26 | 4.04 |
| I | 20110707-LGH-FJAT-4672 | 4.05 | 3.28 | 1.78 | 0.83 | 0.56 | 3.37 |
| I | 20110707-LGH-FJAT-4673 | 5.80 | 3.51 | 1.71 | 0.83 | 0.35 | 4.40 |
| I | 20110713-WZX-FJAT-72h-8774 | 0.80 | 0.00 | 0.35 | 0.22 | 0.00 | 10.01 |
| I | 20110715-WZX-FJAT-13826 | 4.74 | 0.89 | 1.63 | 0.00 | 0.42 | 5.91 |
| I | 20110718-LGH-FJAT-4437 | 4.74 | 3.90 | 1.85 | 0.98 | 0.40 | 3.15 |
| I | 20110718-LGH-FJAT-4468 | 4.24 | 3.19 | 1.67 | 0.97 | 0.44 | 2.04 |
| I | 20110718-LGH-FJAT-4672 | 6.51 | 2.85 | 2.02 | 0.39 | 1.47 | 3.25 |
| I | 20110721-SDG-FJAT-13882 | 5.68 | 2.01 | 1.74 | 0.00 | 0.00 | 4.59 |
| I | 20110721-SDG-FJAT-13883 | 5.22 | 2.08 | 1.54 | 0.51 | 0.00 | 3.56 |
| I | 20110721-SDG-FJAT-13884 | 6.03 | 1.94 | 2.06 | 0.00 | 0.00 | 6.67 |
| I | 20110729-LGH-FJAT-14092 | 4.40 | 1.71 | 1.70 | 1.11 | 0.39 | 1.81 |
| I | 20110729-LGH-FJAT-14098 | 4.60 | 1.03 | 0.46 | 0.62 | 0.00 | 7.70 |
| I | 20110729-LGH-FJAT-14100 | 5.92 | 1.82 | 1.99 | 0.25 | 1.19 | 3.11 |
| I | 20110823-LGH-FJAT-13972 | 3.96 | 2.17 | 1.68 | 0.66 | 0.63 | 2.92 |
| I | 20110823-TXN-FJAT-14329 | 4.90 | 0.88 | 2.18 | 0.35 | 1.87 | 5.75 |
| I | 20110826-LGH-FJAT-13954 | 4.84 | 2.27 | 2.08 | 0.40 | 0.95 | 2.98 |
| I | 20110826-LGH-FJAT-13960 | 4.73 | 1.98 | 1.58 | 0.44 | 0.94 | 4.16 |
| I | 20110826-LGH-FJAT-13984 | 4.64 | 0.99 | 2.18 | 1.94 | 0.49 | 4.39 |
| I | 20110826-LGH-FJAT-14206 | 3.18 | 0.45 | 1.03 | 0.25 | 0.34 | 6.39 |
| I | 201110-18-TXN-FJAT-14424 | 2.89 | 1.84 | 1.22 | 0.51 | 0.46 | 4.59 |
| I | 201110-18-TXN-FJAT-14426 | 3.39 | 2.46 | 1.31 | 0.81 | 0.73 | 4.45 |
| I | 201110-18-TXN-FJAT-14430 | 3.20 | 1.78 | 1.44 | 0.61 | 0.82 | 3.72 |
| I | 201110-18-TXN-FJAT-14432 | 3.18 | 2.09 | 1.39 | 0.45 | 0.49 | 5.02 |
| I | 201110-18-TXN-FJAT-14446 | 3.57 | 1.68 | 1.41 | 0.40 | 0.40 | 2.72 |

续表

| 型 | 菌株名称 | 14:0 iso | 16:1ω11c | c14:0 | 17:1 iso ω10c | c18:0 | 到中心的绝对距离 |
|---|---|---|---|---|---|---|---|
| I | 201110-18-TXN-FJAT-14451 | 2.91 | 1.99 | 1.58 | 0.69 | 1.38 | 6.15 |
| I | 201110-18-TXN-FJAT-14452 | 4.22 | 1.40 | 1.58 | 0.37 | 0.45 | 2.22 |
| I | 201110-19-TXN-FJAT-14386 | 5.04 | 2.23 | 1.36 | 0.44 | 0.46 | 1.76 |
| I | 201110-19-TXN-FJAT-14406 | 4.85 | 2.37 | 1.44 | 0.61 | 0.25 | 2.99 |
| I | 201110-19-TXN-FJAT-14417 | 4.54 | 2.03 | 1.63 | 0.37 | 0.49 | 1.63 |
| I | 201110-19-TXN-FJAT-14420 | 4.35 | 2.06 | 1.69 | 0.36 | 0.62 | 1.74 |
| I | 201110-20-TXN-FJAT-14382 | 4.06 | 2.64 | 1.84 | 0.33 | 0.49 | 2.35 |
| I | 201110-20-TXN-FJAT-14557 | 2.98 | 3.10 | 2.10 | 0.89 | 1.17 | 7.55 |
| I | 201110-21-TXN-FJAT-14562 | 4.90 | 1.19 | 1.52 | 0.23 | 0.73 | 3.59 |
| I | 201110-21-TXN-FJAT-14562 | 4.92 | 1.35 | 1.59 | 0.23 | 0.76 | 3.57 |
| I | 201110-21-TXN-FJAT-14565 | 5.78 | 1.46 | 1.69 | 0.00 | 1.14 | 4.24 |
| I | 201110-21-TXN-FJAT-14567 | 4.51 | 2.91 | 1.86 | 0.50 | 1.38 | 3.41 |
| I | 201110-21-TXN-FJAT-14574 | 5.35 | 1.67 | 1.62 | 0.29 | 0.44 | 2.36 |
| I | 20111031-TXN-FJAT-14514 | 3.32 | 1.60 | 1.86 | 0.00 | 1.18 | 5.92 |
| I | 20111101-TXN-FJAT-14484 | 4.49 | 1.33 | 1.98 | 0.00 | 0.88 | 4.86 |
| I | 20111101-TXN-FJAT-14490 | 5.21 | 1.49 | 2.55 | 0.00 | 0.00 | 3.18 |
| I | 20111101-TXN-FJAT-14584 | 3.96 | 2.95 | 5.50 | 0.44 | 0.57 | 7.29 |
| I | 20111102-TXN-FJAT-14537 | 4.44 | 1.20 | 1.77 | 0.20 | 0.71 | 4.98 |
| I | 20111102-TXN-FJAT-14598 | 4.20 | 3.72 | 1.88 | 0.56 | 0.62 | 5.74 |
| I | 20111103-TXN-FJAT-14530 | 4.95 | 1.43 | 1.89 | 0.21 | 0.55 | 5.31 |
| I | 20111103-TXN-FJAT-14533 | 4.49 | 1.78 | 1.67 | 0.31 | 0.47 | 4.06 |
| I | 20111103-TXN-FJAT-14539 | 5.14 | 2.32 | 1.80 | 0.25 | 0.79 | 4.18 |
| I | 20111106-TXN-FJAT-14532 | 4.90 | 0.93 | 1.68 | 0.30 | 0.44 | 3.17 |
| I | 20111107-TXN-FJAT-14652 | 4.60 | 1.75 | 1.80 | 0.36 | 0.48 | 2.02 |
| I | 20111114-hu-10 | 4.92 | 1.56 | 1.80 | 0.46 | 0.53 | 4.98 |
| I | 20111123-hu-132 | 7.71 | 0.18 | 0.96 | 0.00 | 0.15 | 10.08 |
| I | 20111126-TXN-FJAT-14511 | 5.01 | 1.39 | 2.32 | 0.00 | 1.79 | 5.97 |
| I | 20111126-TXN-FJAT-14513 | 4.75 | 1.65 | 2.12 | 0.00 | 0.79 | 3.60 |
| I | 20111126-TXN-FJAT-14517 | 3.34 | 2.46 | 1.62 | 0.92 | 0.56 | 5.08 |
| I | 20120218-hu-40 | 1.35 | 0.29 | 1.06 | 0.40 | 0.43 | 12.05 |
| I | 20120224-TXN-FJAT-14730 | 3.81 | 2.80 | 1.63 | 0.69 | 0.33 | 5.04 |
| I | 20120224-TXN-FJAT-14737 | 4.88 | 2.53 | 1.62 | 0.63 | 0.24 | 1.23 |
| I | 20120224-TXN-FJAT-14741 | 4.43 | 1.39 | 1.40 | 0.35 | 0.34 | 4.28 |
| I | 20120229-TXN-FJAT-14707 | 4.90 | 1.96 | 1.41 | 0.57 | 0.30 | 1.46 |
| I | 20120229-TXN-FJAT-14708 | 5.59 | 1.47 | 1.77 | 0.26 | 0.33 | 3.49 |
| I | 20120229-TXN-FJAT-14710 | 3.96 | 1.47 | 2.88 | 0.34 | 0.37 | 4.03 |
| I | 20120229-TXN-FJAT-14715 | 4.12 | 1.21 | 1.49 | 0.31 | 0.43 | 6.01 |
| I | 20120229-TXN-FJAT-14719 | 5.29 | 1.12 | 1.51 | 0.25 | 0.28 | 1.65 |
| I | 20120306-hu-47 | 9.07 | 1.82 | 3.66 | 0.34 | 0.26 | 6.66 |
| I | 20120306-hu-61 | 6.18 | 1.84 | 2.10 | 0.33 | 0.32 | 3.91 |

续表

| 型 | 菌株名称 | 14:0 iso | 16:1ω11c | c14:0 | 17:1 iso ω10c | c18:0 | 到中心的绝对距离 |
|---|---|---|---|---|---|---|---|
| I | 20120328-LGH-FJAT-4124 | 3.10 | 2.86 | 1.52 | 0.98 | 1.02 | 3.42 |
| I | 20120331-LGH-FJAT-4119-1 | 3.15 | 2.75 | 1.96 | 0.74 | 2.05 | 9.14 |
| I | 20120727-YQ-FJAT-16404 | 1.49 | 4.01 | 1.28 | 4.01 | 0.84 | 7.66 |
| I | 20121030-FJAT-17398-ZR | 5.20 | 2.31 | 1.97 | 0.46 | 0.34 | 1.49 |
| I | 20121030-FJAT-17400-ZR | 3.51 | 2.17 | 1.89 | 0.76 | 0.71 | 3.01 |
| I | 20121030-FJAT-17422-ZR | 6.03 | 2.64 | 2.10 | 0.37 | 0.21 | 2.64 |
| I | 20121102-FJAT-17446-ZR | 5.26 | 2.83 | 2.04 | 0.48 | 0.29 | 1.31 |
| I | 20121106-FJAT-16996-zr | 5.17 | 2.45 | 1.58 | 0.50 | 0.40 | 4.27 |
| I | 20121107-FJAT-16997-zr | 5.18 | 2.35 | 1.75 | 0.65 | 0.35 | 1.83 |
| I | 20121108-FJAT-17023-zr | 6.34 | 0.42 | 1.58 | 0.00 | 2.07 | 5.34 |
| I | 20121109-FJAT-16996-ZR | 5.15 | 2.46 | 1.61 | 0.55 | 0.41 | 4.37 |
| I | 20121119-FJAT-17007-wk | 4.18 | 1.62 | 2.09 | 0.93 | 0.80 | 4.39 |
| I | 20130114-ZJ-4-13 | 7.36 | 0.08 | 2.95 | 0.22 | 0.28 | 6.20 |
| I | 20130114-ZJ-4-3 | 2.16 | 0.36 | 1.35 | 0.28 | 0.00 | 11.34 |
| I | 20130115-CYP-FJAT-17196 | 4.23 | 2.42 | 1.93 | 0.68 | 0.61 | 2.71 |
| I | 20130117-LGH-FJAT-8779-LB | 1.61 | 1.40 | 0.69 | 1.68 | 0.29 | 6.90 |
| I | 20130129-TXN-FJAT-14610 | 4.58 | 2.56 | 1.88 | 0.79 | 0.38 | 2.43 |
| I | 20130129-TXN-FJAT-14611 | 5.13 | 2.59 | 1.52 | 0.73 | 0.37 | 2.90 |
| I | 20130129-TXN-FJAT-14635 | 5.23 | 2.55 | 2.01 | 0.46 | 0.28 | 5.92 |
| I | 20130306-ZMX-FJAT-16623 | 4.44 | 3.82 | 1.45 | 1.11 | 0.59 | 4.10 |
| I | 20130327-TXN-FJAT-16653 | 4.03 | 0.00 | 1.12 | 0.00 | 0.00 | 6.96 |
| I | 20130327-TXN-FJAT-16665 | 3.84 | 2.85 | 1.43 | 0.82 | 0.49 | 5.88 |
| I | 20130401-ll-FJAT-16853 | 4.97 | 3.35 | 0.47 | 2.91 | 0.40 | 11.48 |
| I | 20130401-ll-FJAT-16854 | 5.13 | 2.48 | 1.55 | 0.79 | 1.58 | 3.47 |
| I | 20130401-ll-FJAT-16875 | 6.68 | 2.48 | 1.72 | 0.76 | 0.34 | 3.91 |
| I | 20130403-ll-FJAT-16909 | 5.19 | 2.12 | 1.75 | 0.51 | 0.23 | 2.50 |
| I | 20130418-CYP-FJAT-17134 | 3.03 | 3.14 | 1.34 | 0.97 | 0.36 | 5.09 |
| I | 20131129-LGH-FJAT-4622 | 7.03 | 2.15 | 1.91 | 0.28 | 0.52 | 4.36 |
| I | 20131129-LGH-FJAT-4669 | 4.47 | 2.41 | 1.57 | 0.51 | 0.76 | 2.66 |
| I | 2013122-LGH-FJAT-4423 | 5.39 | 2.28 | 1.49 | 0.00 | 0.62 | 6.38 |
| I | 2013122-LGH-FJAT-4579 | 6.82 | 2.40 | 1.50 | 0.55 | 0.25 | 4.46 |
| I | 2013122-LGH-FJAT-4642 | 5.34 | 2.60 | 1.66 | 0.57 | 0.69 | 3.23 |
| I | 2013122-LGH-FJAT-4670 | 4.87 | 2.43 | 1.67 | 0.57 | 0.48 | 1.42 |
| I | 2013122-LGH-FJAT-4724 | 6.34 | 1.90 | 1.70 | 0.36 | 0.62 | 5.17 |
| I | 20140325-ZEN-FJAT-22264 | 2.28 | 0.27 | 0.63 | 0.73 | 0.00 | 6.12 |
| I | 20140506-ZMX-FJAT-20209 | 5.92 | 1.93 | 0.69 | 1.40 | 0.24 | 8.93 |
| I | bonn-20 | 7.18 | 3.45 | 2.17 | 0.00 | 0.00 | 5.73 |
| I | bonn-30 | 6.95 | 4.26 | 1.79 | 0.00 | 0.47 | 4.19 |
| I | bonn-31 | 5.67 | 3.15 | 2.00 | 0.00 | 0.70 | 3.91 |
| I | CAAS-D50 | 6.26 | 2.11 | 1.91 | 0.00 | 0.26 | 4.81 |

续表

| 型 | 菌株名称 | 14:0 iso | 16:1ω11c | c14:0 | 17:1 iso ω10c | c18:0 | 到中心的绝对距离 |
|---|---|---|---|---|---|---|---|
| I | CAAS-G-14 | 8.45 | 2.11 | 1.78 | 0.00 | 0.47 | 4.73 |
| I | CAAS-K19 | 5.80 | 2.78 | 1.66 | 0.00 | 0.47 | 4.33 |
| I | CAAS-K20 | 5.49 | 1.86 | 1.32 | 0.00 | 0.32 | 5.11 |
| I | CAAS-Q107 | 5.49 | 2.66 | 1.23 | 0.00 | 0.00 | 4.82 |
| I | CAAS-Q-61 | 7.18 | 2.54 | 2.53 | 0.00 | 0.00 | 4.83 |
| I | CAAS-Q-66 | 5.87 | 2.30 | 1.42 | 0.00 | 0.34 | 8.06 |
| I | CAAS-Q-72 | 7.12 | 2.54 | 1.76 | 0.00 | 0.22 | 3.91 |
| I | CJM-20091222-7291 | 6.07 | 3.24 | 2.26 | 0.40 | 1.15 | 5.30 |
| I | CL B 7-1 | 4.55 | 1.54 | 2.69 | 0.00 | 0.00 | 8.48 |
| I | CL B 7-2 | 3.93 | 1.73 | 1.32 | 0.00 | 0.00 | 7.32 |
| I | CL FJK2-9-2-5 | 6.71 | 1.33 | 2.57 | 0.00 | 1.39 | 4.89 |
| I | CL YCK-6-5-3 | 8.29 | 1.92 | 1.41 | 0.00 | 0.00 | 4.00 |
| I | CL-FCK-3-6-3 | 5.36 | 2.26 | 1.68 | 0.00 | 0.00 | 5.53 |
| I | FJAT-23165 | 3.44 | 2.20 | 1.53 | 1.09 | 1.48 | 5.61 |
| I | FJAT-25251 | 8.15 | 0.91 | 1.75 | 0.32 | 0.58 | 4.00 |
| I | FJAT-25274 | 7.45 | 1.54 | 1.29 | 0.00 | 0.00 | 6.80 |
| I | FJAT-25303 | 3.32 | 3.18 | 1.51 | 1.51 | 1.56 | 6.75 |
| I | FJAT-40589-1 | 4.25 | 3.89 | 1.69 | 0.00 | 0.00 | 5.38 |
| I | FJAT-41318-1 | 6.77 | 3.04 | 1.59 | 0.63 | 1.00 | 4.95 |
| I | FJAT-41318-1 | 6.77 | 3.04 | 1.59 | 0.63 | 1.00 | 4.95 |
| I | FJAT-41318-2 | 6.50 | 2.77 | 1.54 | 0.57 | 0.57 | 5.57 |
| I | FJAT-41322-1 | 5.03 | 3.35 | 1.64 | 1.53 | 0.75 | 5.57 |
| I | FJAT-41322-2 | 5.38 | 3.25 | 1.50 | 2.50 | 0.57 | 4.80 |
| I | FJAT-41758-1 | 3.78 | 4.45 | 1.40 | 1.49 | 1.24 | 4.46 |
| I | FJAT-41758-2 | 4.25 | 3.54 | 1.45 | 1.27 | 0.91 | 3.31 |
| I | FJAT-41758-2 | 4.32 | 4.32 | 1.50 | 1.25 | 1.02 | 3.28 |
| I | FJAT-4617 | 4.91 | 3.28 | 1.54 | 0.63 | 1.08 | 4.93 |
| I | FJAT-4635 | 3.97 | 2.90 | 2.23 | 0.73 | 0.60 | 3.93 |
| I | FJAT-4676 | 4.15 | 2.38 | 1.14 | 1.55 | 0.81 | 7.92 |
| I | FJAT-4715 | 5.34 | 2.41 | 1.90 | 0.41 | 0.55 | 4.86 |
| I | FJAT-4718 | 4.43 | 2.08 | 1.36 | 0.31 | 1.72 | 7.19 |
| I | FJAT-4725 | 5.55 | 2.58 | 2.14 | 0.38 | 0.61 | 1.27 |
| I | FJAT-4739 | 7.29 | 2.01 | 1.51 | 0.31 | 0.44 | 2.69 |
| I | FJAT-4742 | 4.94 | 2.04 | 1.40 | 0.38 | 1.36 | 6.54 |
| I | FJAT-4745 | 5.78 | 2.48 | 1.43 | 0.59 | 0.19 | 3.38 |
| I | GXF-J21 | 4.15 | 2.65 | 1.84 | 0.00 | 1.83 | 5.69 |
| I | gxf-J23 | 3.81 | 3.35 | 1.22 | 0.00 | 0.75 | 5.80 |
| I | gxf-J58 | 6.93 | 1.77 | 1.47 | 0.00 | 1.38 | 6.16 |
| I | GXF-J62 | 4.96 | 2.50 | 1.39 | 0.00 | 0.73 | 8.05 |
| I | GXF-L16 | 4.94 | 2.34 | 1.28 | 0.00 | 0.67 | 6.15 |

续表

| 型 | 菌株名称 | 14:0 iso | 16:1ω11c | c14:0 | 17:1 iso ω10c | c18:0 | 到中心的绝对距离 |
|---|---|---|---|---|---|---|---|
| I | HGP SM10-T-12 | 6.05 | 3.65 | 1.98 | 0.00 | 0.00 | 6.15 |
| I | HGP SM11-T-13 | 5.52 | 3.69 | 1.62 | 0.00 | 1.35 | 3.64 |
| I | HGP SM11-T-5 | 6.07 | 2.77 | 1.58 | 0.00 | 0.25 | 4.21 |
| I | HGP SM17-T-2 | 4.46 | 2.47 | 1.38 | 0.00 | 0.91 | 5.32 |
| I | HGP SM21-T-2 | 5.86 | 2.33 | 1.64 | 0.00 | 0.34 | 1.67 |
| I | HGP SM23-J-4 | 4.34 | 4.80 | 1.11 | 0.00 | 4.38 | 9.05 |
| I | hxj-H-3 | 4.21 | 1.49 | 1.49 | 0.00 | 0.53 | 6.54 |
| I | LGF-20100726-FJAT-8774 | 1.21 | 0.64 | 2.24 | 0.48 | 0.44 | 10.57 |
| I | LGF-20100814-FJAT-8790 | 1.53 | 1.11 | 0.76 | 2.75 | 2.20 | 9.63 |
| I | LGF-FJAT-706 | 6.30 | 2.61 | 1.50 | 0.63 | 0.00 | 6.15 |
| I | LGH-FJAT-4394 | 5.61 | 4.57 | 1.32 | 0.00 | 0.22 | 4.95 |
| I | LGH-FJAT-4395 | 5.91 | 4.27 | 1.26 | 0.00 | 0.45 | 5.15 |
| I | LGH-FJAT-4396 | 4.79 | 4.78 | 1.99 | 0.00 | 1.50 | 4.11 |
| I | LGH-FJAT-4412 | 5.30 | 1.84 | 1.67 | 0.00 | 0.36 | 4.13 |
| I | LGH-FJAT-4427 | 5.05 | 1.69 | 1.70 | 0.00 | 0.24 | 1.97 |
| I | LGH-FJAT-4437 | 5.05 | 1.86 | 1.97 | 0.00 | 1.04 | 1.19 |
| I | LGH-FJAT-4468 | 6.25 | 1.99 | 1.71 | 0.00 | 0.00 | 3.27 |
| I | LGH-FJAT-4500 | 0.00 | 0.00 | 0.00 | 0.00 | 0.00 | 9.04 |
| I | LGH-FJAT-4565 | 7.08 | 0.00 | 2.42 | 0.00 | 0.00 | 4.86 |
| I | LGH-FJAT-4570 | 7.05 | 0.00 | 0.00 | 0.00 | 0.00 | 7.12 |
| I | LGH-FJAT-4579 | 5.99 | 0.00 | 1.68 | 0.00 | 0.00 | 5.22 |
| I | LGH-FJAT-4632 | 3.58 | 3.31 | 0.00 | 0.00 | 0.00 | 5.44 |
| I | LGH-FJAT-4640 | 4.78 | 3.60 | 0.00 | 0.00 | 0.00 | 5.20 |
| I | LGH-FJAT-4641 | 5.40 | 3.91 | 1.03 | 0.00 | 0.53 | 3.61 |
| I | LGH-FJAT-4737 | 6.82 | 2.23 | 1.42 | 0.00 | 0.59 | 2.14 |
| I | orgn-18 | 5.13 | 3.16 | 2.17 | 0.00 | 0.49 | 2.98 |
| I | orgn-27 | 5.32 | 2.21 | 2.15 | 0.00 | 0.36 | 2.12 |
| I | orgn-31 | 5.49 | 3.83 | 1.90 | 0.00 | 1.08 | 4.82 |
| I | orgn-34 | 5.11 | 2.95 | 2.21 | 0.00 | 2.61 | 5.69 |
| I | orgn-35 | 4.77 | 3.15 | 2.16 | 0.00 | 1.85 | 5.57 |
| I | orgn-37 | 7.78 | 2.58 | 1.94 | 0.00 | 0.18 | 3.35 |
| I | RSX-20091229-FJAT-7376 | 5.16 | 3.12 | 1.82 | 0.54 | 0.76 | 2.45 |
| I | RSX-20091229-FJAT-7380 | 3.95 | 3.47 | 1.41 | 0.94 | 0.90 | 2.50 |
| I | RSX-20091229-FJAT-7385 | 5.87 | 2.66 | 1.85 | 0.41 | 1.43 | 2.69 |
| I | SDG-20100801-FJAT-4085-8 | 4.67 | 1.38 | 1.87 | 0.23 | 2.52 | 6.39 |
| I | shida-20-6 | 6.85 | 1.63 | 1.82 | 0.00 | 0.00 | 9.08 |
| I | szq-20100804-43 | 2.66 | 2.41 | 0.00 | 2.17 | 1.76 | 5.27 |
| I | TQR-237 | 6.95 | 1.33 | 2.57 | 0.00 | 0.45 | 4.52 |
| I | TQR-239 | 3.72 | 1.46 | 1.68 | 0.00 | 0.30 | 4.22 |
| I | TQR-244 | 6.37 | 1.41 | 1.56 | 0.00 | 0.43 | 4.70 |

续表

| 型 | 菌株名称 | 14:0 iso | 16:1ω11c | c14:0 | 17:1 iso ω10c | c18:0 | 到中心的绝对距离 |
|---|---|---|---|---|---|---|---|
| I | TQR-258 | 6.05 | 2.14 | 1.74 | 0.00 | 0.15 | 6.90 |
| I | TQR-259 | 7.47 | 1.63 | 2.03 | 0.00 | 0.00 | 9.07 |
| I | wax-20100812-FJAT-10305 | 5.33 | 1.38 | 1.80 | 0.34 | 1.78 | 3.00 |
| I | wax-20100812-FJAT-10313 | 7.18 | 1.34 | 2.04 | 0.17 | 0.33 | 4.22 |
| I | WZX-20100812-FJAT-10301 | 4.84 | 1.22 | 1.51 | 0.46 | 0.43 | 3.48 |
| I | WZX-20100812-FJAT-10303 | 5.03 | 1.60 | 1.62 | 0.35 | 0.41 | 2.11 |
| I | XKC17210 | 4.55 | 2.81 | 2.02 | 0.56 | 0.19 | 4.51 |
| I | XKC17213 | 4.76 | 2.31 | 2.07 | 0.41 | 0.46 | 3.93 |
| I | XKC17231 | 5.62 | 2.38 | 1.83 | 0.53 | 0.15 | 4.02 |
| I | YSJ-6B-7 | 3.45 | 2.55 | 2.07 | 0.00 | 0.94 | 4.42 |
| I | ysj-6b8 | 3.20 | 2.22 | 2.12 | 0.00 | 0.00 | 6.05 |
| I | ZXF-20091216-OrgSn-27 | 5.78 | 4.05 | 1.90 | 0.62 | 1.05 | 4.29 |
| I | ZXF-20091216-OrgSn-43 | 7.24 | 3.21 | 1.95 | 0.34 | 0.45 | 7.30 |
| I | ZXF-20091216-OrgSn-46 | 7.23 | 2.65 | 1.71 | 0.32 | 0.46 | 4.79 |
| 脂肪酸 I 型 254 个菌株平均值 | | 5.04 | 2.21 | 1.67 | 0.46 | 0.61 | RMSTD=2.6814 |
| II | 20101207-WZX-FJAT-b7 | 2.90 | 1.73 | 1.18 | 1.81 | 0.00 | 7.87 |
| II | 20101208-WZX-FJAT-8 | 2.94 | 1.68 | 1.02 | 2.33 | 0.00 | 12.54 |
| II | 20101212-WZX-FJAT-11679 | 4.37 | 1.09 | 1.59 | 0.43 | 0.00 | 5.02 |
| II | 20101221-WZX-FJAT-10894 | 1.50 | 0.00 | 0.62 | 0.61 | 0.00 | 5.29 |
| II | 20110225-SDG-FJAT-11093 | 1.68 | 0.00 | 0.87 | 0.31 | 0.00 | 9.29 |
| II | 20110228-SDG-FJAT-11301 | 12.15 | 2.10 | 1.22 | 0.63 | 0.00 | 13.00 |
| II | 20110311-SDG-FJAT-11301 | 12.23 | 2.19 | 1.27 | 0.60 | 0.24 | 13.16 |
| II | 20110622-LGH-FJAT-14050 | 1.95 | 3.01 | 1.16 | 1.93 | 0.45 | 13.39 |
| II | 20110721-SDG-FJAT-13885 | 1.74 | 0.00 | 0.00 | 0.00 | 0.00 | 14.93 |
| II | 20110902-TXN-FJAT-14302 | 1.81 | 0.00 | 1.08 | 0.00 | 0.00 | 9.70 |
| II | 20110907-YQ-FJAT-14350 | 8.23 | 0.00 | 1.50 | 0.00 | 0.00 | 16.95 |
| II | 20111106-TXN-FJAT-14657 | 9.45 | 1.17 | 1.57 | 0.65 | 0.11 | 13.63 |
| II | 20111106-TXN-FJAT-14659 | 8.79 | 1.27 | 0.66 | 1.16 | 0.56 | 11.97 |
| II | 20111123-hu-105 | 6.04 | 1.10 | 0.48 | 0.00 | 0.00 | 16.05 |
| II | 20111123-hu-108 | 6.38 | 1.29 | 0.68 | 0.00 | 0.47 | 12.46 |
| II | 20120727-YQ-FJAT-16424 | 17.02 | 0.70 | 0.89 | 0.00 | 0.52 | 17.25 |
| II | 20130115-YQ-FJAT-16385 | 0.99 | 6.05 | 1.76 | 3.04 | 0.14 | 16.38 |
| II | 20130401-ll-FJAT-16868 | 1.09 | 6.73 | 2.07 | 3.08 | 0.23 | 15.06 |
| II | 20140506-ZMX-FJAT-20210 | 1.74 | 0.00 | 0.57 | 0.00 | 0.00 | 7.50 |
| II | A4 | 0.00 | 0.00 | 0.00 | 0.00 | 0.00 | 19.93 |
| II | CAAS-K2 | 0.54 | 0.76 | 0.56 | 0.00 | 0.12 | 14.54 |
| II | CAAS-K3 | 0.51 | 0.79 | 0.51 | 0.00 | 0.00 | 14.73 |
| II | CL 10-3 | 4.30 | 2.25 | 0.00 | 0.00 | 0.00 | 7.96 |
| II | CL C10-2 | 9.66 | 0.00 | 0.00 | 0.00 | 0.00 | 15.71 |
| II | CL C2-2 | 0.00 | 0.00 | 0.00 | 0.00 | 0.00 | 16.61 |

续表

| 型 | 菌株名称 | 14:0 iso | 16:1ω11c | c14:0 | 17:1 iso ω10c | c18:0 | 到中心的绝对距离 |
|---|---|---|---|---|---|---|---|
| II | CL C4-1 | 8.32 | 0.00 | 0.00 | 0.00 | 0.00 | 10.38 |
| II | CL C5-1 | 10.83 | 0.00 | 0.00 | 0.00 | 0.00 | 17.54 |
| II | CL C7-1 | 9.92 | 0.00 | 0.00 | 0.00 | 0.00 | 17.65 |
| II | CL C7-2 | 7.95 | 0.00 | 0.00 | 0.00 | 0.00 | 9.63 |
| II | CL FCK15-1-2 | 4.88 | 4.96 | 0.00 | 0.00 | 0.00 | 17.63 |
| II | CL YHK2-12-6-2 | 7.95 | 0.00 | 0.00 | 0.00 | 0.00 | 12.99 |
| II | CL YJK2-12-6-3 | 8.39 | 0.00 | 0.00 | 0.00 | 0.00 | 11.07 |
| II | FJAT-255477-1 | 6.32 | 0.58 | 1.14 | 0.37 | 0.10 | 11.92 |
| II | FJAT-255477-2 | 6.47 | 0.61 | 1.12 | 0.35 | 0.10 | 12.30 |
| II | LGH-FJAT-4469 | 8.04 | 0.00 | 0.00 | 0.00 | 0.00 | 19.41 |
| II | LGH-FJAT-4617 | 5.31 | 0.00 | 0.00 | 0.00 | 0.00 | 8.30 |
| II | LGH-FJAT-4636 | 4.94 | 0.00 | 0.00 | 0.00 | 0.00 | 13.02 |
| II | LGH-FJAT-4638 | 0.00 | 0.00 | 0.00 | 0.00 | 0.00 | 15.80 |
| II | LGH-FJAT-4649 | 0.00 | 0.00 | 0.00 | 0.00 | 0.00 | 13.93 |
| II | LGH-FJAT-4659 | 0.00 | 0.00 | 0.00 | 0.00 | 0.00 | 19.30 |
| II | LGH-FJAT-4660 | 0.00 | 0.00 | 0.00 | 0.00 | 0.00 | 12.67 |
| II | LGH-FJAT-4663 | 5.72 | 0.00 | 0.00 | 0.00 | 0.00 | 8.63 |
| II | LGH-FJAT-4672 | 0.00 | 0.00 | 0.00 | 0.00 | 0.00 | 14.44 |
| II | LGH-FJAT-4673 | 0.00 | 0.00 | 0.00 | 0.00 | 0.00 | 18.10 |
| II | LGH-FJAT-4836 | 11.77 | 0.00 | 0.00 | 0.00 | 0.00 | 11.07 |
| II | S-400-1 | 7.93 | 5.67 | 0.00 | 0.00 | 0.00 | 13.10 |
| II | tqr-72 | 4.76 | 1.77 | 2.19 | 0.00 | 0.45 | 5.96 |
| II | wi3 | 0.00 | 0.00 | 0.00 | 0.00 | 0.00 | 23.64 |
| II | ZXF 4635 | 7.75 | 0.00 | 0.00 | 0.00 | 0.00 | 5.62 |
| 脂肪酸 II 型 49 个菌株平均值 | | 5.01 | 0.97 | 0.52 | 0.35 | 0.07 | RMSTD=6.9686 |
| III | 20101212-WZX-FJAT-10859 | 4.50 | 3.06 | 1.56 | 0.64 | 0.51 | 2.20 |
| III | 20101212-WZX-FJAT-10880 | 4.22 | 0.00 | 0.00 | 1.33 | 0.00 | 8.33 |
| III | 20101212-WZX-FJAT-11688 | 6.13 | 1.11 | 1.88 | 0.10 | 0.24 | 4.63 |
| III | 20101220-WZX-FJAT-10599 | 2.61 | 0.00 | 0.00 | 0.00 | 0.00 | 7.96 |
| III | 20110111-SDG-FJAT-11291 | 4.59 | 2.96 | 1.76 | 0.46 | 0.49 | 1.88 |
| III | 20110313-SDG-FJAT-10271 | 2.47 | 1.66 | 1.51 | 2.49 | 1.27 | 6.79 |
| III | 20110517-LGH-FJAT-4728 | 4.57 | 3.40 | 1.73 | 0.41 | 0.00 | 3.38 |
| III | 20110517-LGH-FJAT-4732 | 4.90 | 4.21 | 1.91 | 0.00 | 0.97 | 4.31 |
| III | 20110517-LGH-FJAT-4736 | 4.52 | 4.32 | 1.76 | 0.97 | 1.73 | 3.31 |
| III | 20110520-LGH-FJAT-13836 | 3.73 | 2.86 | 1.52 | 0.00 | 0.00 | 4.09 |
| III | 20110520-LGH-FJAT-13842 | 3.17 | 2.66 | 1.48 | 0.76 | 0.86 | 4.92 |
| III | 20110530-WZX24h-FJAT-8778 | 1.67 | 2.60 | 1.17 | 3.03 | 0.00 | 11.45 |
| III | 20110607-WZX28D-FJAT-8778 | 2.25 | 0.98 | 1.02 | 1.14 | 0.00 | 9.68 |
| III | 20110614-LGH-FJAT-13828 | 3.34 | 1.83 | 1.45 | 0.42 | 0.77 | 4.86 |
| III | 20110615-WZX-FJAT-8778b | 1.31 | 1.79 | 0.80 | 3.26 | 0.35 | 11.43 |

续表

| 型 | 菌株名称 | 14:0 iso | 16:1ω11c | c14:0 | 17:1 iso ω10c | c18:0 | 到中心的绝对距离 |
|---|---|---|---|---|---|---|---|
| III | 20110615-WZX-FJAT-8778c | 1.29 | 1.81 | 0.83 | 3.02 | 0.53 | 11.92 |
| III | 20110622-LGH-FJAT-13389 | 4.17 | 2.75 | 1.47 | 0.35 | 0.80 | 4.27 |
| III | 20110622-LGH-FJAT-13400 | 3.45 | 2.03 | 1.53 | 0.29 | 1.29 | 5.91 |
| III | 20110625-WZX-FJAT-8777-2 | 6.01 | 0.50 | 2.46 | 0.00 | 0.00 | 8.47 |
| III | 20110625-WZX-FJAT-8777-33 | 4.55 | 0.00 | 1.96 | 0.00 | 0.60 | 6.64 |
| III | 20110629-WZX-FJAT-8777-22 | 4.84 | 0.00 | 1.83 | 0.00 | 0.00 | 7.64 |
| III | 20110705-LGH-FJAT-13450 | 3.30 | 2.54 | 1.80 | 0.00 | 0.89 | 3.80 |
| III | 20110705-LGH-FJAT-13461 | 3.46 | 1.86 | 1.42 | 0.39 | 1.44 | 6.51 |
| III | 20110705-WZX-FJAT-13345 | 6.72 | 3.49 | 1.70 | 0.46 | 0.27 | 2.56 |
| III | 20110707-LGH-FJAT-12280d | 6.18 | 2.95 | 1.98 | 0.30 | 0.34 | 2.13 |
| III | 20110707-LGH-FJAT-13567 | 4.27 | 1.86 | 1.83 | 0.61 | 0.79 | 2.60 |
| III | 20110707-LGH-FJAT-13597 | 3.62 | 6.17 | 2.01 | 1.03 | 1.55 | 9.08 |
| III | 20110707-LGH-FJAT-4416 | 5.55 | 2.67 | 1.82 | 0.43 | 0.31 | 1.41 |
| III | 20110707-LGH-FJAT-4575 | 6.52 | 2.38 | 1.89 | 0.48 | 0.38 | 2.58 |
| III | 20110707-LGH-FJAT-4721 | 3.76 | 2.53 | 1.73 | 0.37 | 1.82 | 5.14 |
| III | 20110718-LGH-FJAT-4724 | 4.28 | 4.16 | 1.43 | 1.10 | 0.59 | 2.66 |
| III | 20110718-LGH-FJAT-4727 | 4.68 | 4.11 | 1.56 | 0.73 | 0.00 | 6.13 |
| III | 20110901-LGH-FJAT-13959 | 4.66 | 2.23 | 1.80 | 0.59 | 0.54 | 4.49 |
| III | 20110907-TXN-FJAT-14351 | 4.18 | 3.77 | 1.70 | 1.09 | 1.42 | 5.67 |
| III | 20110907-TXN-FJAT-14363 | 3.42 | 3.22 | 1.36 | 0.68 | 1.98 | 5.65 |
| III | 20110907-TXN-FJAT-14364 | 3.96 | 2.53 | 1.65 | 0.44 | 0.88 | 3.90 |
| III | 201110-18-TXN-FJAT-14434 | 3.42 | 1.37 | 1.69 | 0.00 | 1.04 | 4.13 |
| III | 201110-18-TXN-FJAT-14443 | 3.48 | 1.95 | 1.39 | 0.54 | 0.95 | 3.61 |
| III | 20111031-TXN-FJAT-14505 | 3.52 | 1.69 | 1.87 | 1.13 | 1.16 | 3.30 |
| III | 20111102-TXN-FJAT-14592 | 4.63 | 3.09 | 2.08 | 0.40 | 0.41 | 3.06 |
| III | 20111103-TXN-FJAT-14524 | 5.16 | 1.59 | 1.56 | 0.39 | 0.45 | 3.72 |
| III | 20111123-hu-135 | 1.70 | 1.10 | 1.15 | 1.03 | 0.47 | 9.56 |
| III | 20111205-LGH-FJAT-8774-3 | 8.66 | 1.00 | 1.37 | 0.00 | 0.00 | 4.41 |
| III | 20120224-TXN-FJAT-14732 | 3.88 | 2.52 | 1.54 | 0.67 | 0.72 | 5.02 |
| III | 20120229-TXN-FJAT-14706 | 4.31 | 2.45 | 2.06 | 0.36 | 0.49 | 4.88 |
| III | 20120229-TXN-FJAT-14709 | 3.24 | 1.72 | 1.45 | 0.50 | 0.57 | 5.90 |
| III | 20120328-LGH-FJAT-4109 | 2.73 | 2.66 | 1.84 | 0.68 | 3.29 | 5.56 |
| III | 20120331-LGH-FJAT-4110 | 3.66 | 2.63 | 1.69 | 0.70 | 1.88 | 5.62 |
| III | 20120331-LGH-FJAT-4121 | 3.21 | 3.22 | 1.69 | 0.74 | 0.51 | 5.22 |
| III | 20120331-LGH-FJAT-4122 | 3.33 | 3.22 | 1.71 | 0.58 | 0.70 | 3.50 |
| III | 20120606-LGH-FJAT-8778 | 1.48 | 1.75 | 1.17 | 3.00 | 1.67 | 5.54 |
| III | 20121030-FJAT-17394-ZR | 2.99 | 2.41 | 1.64 | 0.53 | 0.94 | 6.67 |
| III | 20121030-FJAT-17430-ZR | 5.77 | 0.04 | 3.03 | 0.00 | 0.33 | 5.18 |
| III | 20121107-FJAT-17046-zr | 4.63 | 2.28 | 2.30 | 0.00 | 0.81 | 3.77 |
| III | 20121109-FJAT-17016-zr | 4.28 | 1.41 | 2.04 | 0.00 | 0.00 | 5.32 |

续表

| 型 | 菌株名称 | 14:0 iso | 16:1ω11c | c14:0 | 17:1 iso ω10c | c18:0 | 到中心的绝对距离 |
|---|---|---|---|---|---|---|---|
| III | 20121114-FJAT-17016ns-zr | 4.26 | 1.36 | 2.17 | 0.00 | 0.00 | 4.95 |
| III | 20121115-FJAT-17016-wk | 4.14 | 1.35 | 2.07 | 0.00 | 0.82 | 5.32 |
| III | 20130111-CYP-FJAT-16756 | 3.59 | 3.14 | 1.67 | 0.59 | 0.58 | 3.82 |
| III | 20130115-CYP-FJAT-17142 | 5.05 | 2.05 | 2.17 | 0.30 | 0.40 | 2.77 |
| III | 20130115-CYP-FJAT-17156 | 4.57 | 2.30 | 2.78 | 0.78 | 0.34 | 1.60 |
| III | 20130125-ZMX-FJAT-17702 | 4.28 | 3.30 | 1.43 | 0.70 | 0.35 | 1.90 |
| III | 20130129-ZMX-FJAT-17716 | 5.92 | 3.42 | 2.07 | 0.74 | 0.74 | 3.76 |
| III | 20130130-TXN-FJAT-8778 | 1.99 | 1.59 | 0.74 | 2.15 | 0.19 | 10.26 |
| III | 20130303-ZMX-FJAT-16622 | 3.82 | 3.90 | 1.69 | 0.83 | 0.66 | 3.64 |
| III | 20130307-ZMX-FJAT-17716 | 5.37 | 4.46 | 1.57 | 0.87 | 0.57 | 5.42 |
| III | 20130308-TXN-FJAT-16042 | 5.62 | 3.10 | 2.06 | 0.00 | 0.00 | 6.56 |
| III | 20130327-gcb-FJAT-17278 | 5.49 | 0.61 | 1.59 | 0.00 | 0.50 | 5.77 |
| III | 20130327-TXN-FJAT-16656 | 6.39 | 2.69 | 1.99 | 0.45 | 0.57 | 2.38 |
| III | 20130328-TXN-FJAT-16695 | 6.98 | 2.71 | 1.59 | 0.97 | 0.00 | 4.59 |
| III | 20130328-TXN-FJAT-16711 | 7.14 | 2.50 | 1.49 | 0.65 | 0.37 | 2.94 |
| III | 20130403-ll-FJAT-16908 | 7.04 | 1.23 | 2.26 | 0.00 | 0.22 | 4.17 |
| III | 2013122-LGH-FJAT-4584 | 6.46 | 1.51 | 2.14 | 0.20 | 2.20 | 4.20 |
| III | 2013122-LGH-FJAT-4629 | 6.42 | 2.60 | 2.29 | 0.19 | 0.53 | 5.80 |
| III | 20140325-LFH-FJAT-21351 | 5.33 | 1.30 | 1.37 | 0.23 | 0.79 | 1.65 |
| III | 20140506-ZMX-FJAT-20185 | 7.91 | 2.78 | 2.34 | 1.76 | 0.49 | 5.84 |
| III | bonn-1 | 5.92 | 2.71 | 2.13 | 0.00 | 1.13 | 3.88 |
| III | bonn-24 | 5.28 | 4.00 | 2.02 | 0.00 | 0.54 | 5.53 |
| III | CL FJK2-12-6-2 | 7.75 | 1.63 | 2.05 | 0.00 | 1.19 | 3.37 |
| III | FJAT-25260 | 6.49 | 2.44 | 2.13 | 0.43 | 2.22 | 4.81 |
| III | FJAT-41283-1 | 5.06 | 3.85 | 2.82 | 0.00 | 2.24 | 7.20 |
| III | FJAT-41283-1 | 4.99 | 2.97 | 2.67 | 0.00 | 2.68 | 6.41 |
| III | FJAT-41283-1 | 4.99 | 2.97 | 2.67 | 0.00 | 2.68 | 6.41 |
| III | FJAT-41283-2 | 5.06 | 3.01 | 2.16 | 0.00 | 1.32 | 4.48 |
| III | FJAT-41617-1 | 4.42 | 2.58 | 1.52 | 0.43 | 0.85 | 1.29 |
| III | FJAT-41617-2 | 4.57 | 2.79 | 1.68 | 0.48 | 1.07 | 2.36 |
| III | FJAT-4624 | 6.30 | 6.26 | 1.26 | 1.84 | 0.48 | 6.32 |
| III | FJAT-4625 | 6.03 | 4.11 | 1.99 | 0.54 | 0.62 | 4.03 |
| III | FJAT-4637 | 5.75 | 2.86 | 1.92 | 0.47 | 0.46 | 3.24 |
| III | FJAT-4717 | 5.71 | 2.74 | 1.50 | 0.45 | 0.71 | 4.68 |
| III | FJAT-4731 | 6.06 | 2.04 | 1.51 | 0.28 | 0.58 | 1.59 |
| III | FJAT-4735 | 5.47 | 2.02 | 1.66 | 0.25 | 0.38 | 1.83 |
| III | FJAT-4738 | 4.64 | 2.78 | 1.47 | 0.58 | 0.60 | 3.58 |
| III | FJAT-4741 | 5.48 | 2.18 | 1.63 | 0.39 | 0.48 | 2.15 |
| III | FJAT-4744 | 4.60 | 5.86 | 1.04 | 2.27 | 0.83 | 5.72 |
| III | FJAT-8774LB | 11.60 | 1.05 | 1.59 | 0.11 | 1.01 | 13.14 |

续表

| 型 | 菌株名称 | 14:0 iso | 16:1ω11c | c14:0 | 17:1 iso ω10c | c18:0 | 到中心的绝对距离 |
|---|---|---|---|---|---|---|---|
| III | FJAT-8774NA | 12.57 | 2.17 | 1.14 | 0.29 | 0.58 | 10.29 |
| III | FJAT-8774NACL | 12.55 | 2.30 | 1.40 | 0.20 | 0.80 | 9.52 |
| III | fuda-20-5 | 1.55 | 1.13 | 0.42 | 0.00 | 0.26 | 7.54 |
| III | HGP SM17-T-4 | 3.15 | 0.53 | 1.06 | 0.00 | 0.06 | 6.29 |
| III | HGP SM19-T-1 | 8.40 | 0.60 | 0.83 | 0.00 | 0.00 | 7.20 |
| III | LGF-20100726-FJAT-8778 | 1.40 | 0.90 | 1.52 | 1.06 | 2.52 | 8.15 |
| III | LGF-20100726-FJAT-8790 | 1.34 | 1.96 | 0.82 | 2.95 | 1.37 | 7.53 |
| III | LGF-20100824-FJAT-8774 | 9.42 | 0.85 | 1.33 | 0.16 | 0.37 | 5.45 |
| III | LGH-FJAT-4407 | 5.50 | 1.84 | 2.02 | 0.00 | 1.29 | 2.42 |
| III | LGH-FJAT-4416 | 6.21 | 1.36 | 2.02 | 0.00 | 1.43 | 3.12 |
| III | LGH-FJAT-4584 | 5.77 | 3.06 | 0.00 | 0.00 | 0.00 | 10.33 |
| III | LGH-FJAT-4599 | 5.50 | 4.62 | 0.83 | 0.00 | 0.00 | 5.18 |
| III | LGH-FJAT-4621 | 8.63 | 5.98 | 1.59 | 0.00 | 0.69 | 8.64 |
| III | LGH-FJAT-4716 | 5.82 | 2.11 | 1.53 | 0.00 | 0.51 | 2.12 |
| III | orgn-33 | 4.97 | 2.94 | 1.89 | 0.00 | 1.01 | 3.66 |
| III | orgn-9 | 5.31 | 2.94 | 2.16 | 0.00 | 3.09 | 5.30 |
| III | s-13 | 2.05 | 0.00 | 0.94 | 0.00 | 0.69 | 6.27 |
| III | XKC17221 | 5.19 | 2.22 | 2.32 | 0.33 | 0.56 | 4.68 |
| III | ZXF P-Y-11 | 0.00 | 0.00 | 0.00 | 0.00 | 0.00 | 16.42 |
| III | 20130116-LGH-FJAT-8774-37c | 8.91 | 0.38 | 1.54 | 0.00 | 0.66 | 8.29 |
| III | 20130116-LGH-FJAT-8774-48h | 9.71 | 1.69 | 1.41 | 0.25 | 0.21 | 5.65 |
| III | 20130116-LGH-FJAT-8774-72h | 7.39 | 1.62 | 1.70 | 0.00 | 1.95 | 5.26 |
| III | 20130117-LGH-FJAT-8774-nacl | 8.76 | 5.41 | 1.55 | 0.45 | 0.87 | 8.24 |
| 脂肪酸 III 型 118 个菌株平均值 | | 4.96 | 2.38 | 1.64 | 0.54 | 0.77 | RMSTD=2.9937 |
| IV | 20120615-LGH-FJAT-8774 | 8.14 | 0.29 | 1.75 | 0.00 | 0.98 | 11.86 |
| IV | CAAS-MIX Q69 | 7.60 | 1.85 | 0.85 | 0.00 | 0.29 | 11.86 |
| IV | FJAT-8774GLU | 4.66 | 1.96 | 1.26 | 0.49 | 1.50 | 12.95 |
| IV | LGF-20100812-FJAT-8774 | 7.48 | 0.00 | 3.88 | 0.00 | 3.42 | 14.69 |
| IV | LGH-FJAT-4432 | 5.88 | 1.88 | 2.51 | 0.00 | 0.20 | 10.85 |
| IV | LGH-FJAT-4497 | 0.00 | 2.55 | 1.90 | 0.00 | 0.00 | 8.61 |
| IV | LGH-FJAT-4545 | 3.93 | 4.53 | 3.02 | 0.00 | 0.00 | 10.07 |
| IV | LGH-FJAT-4545 | 6.64 | 3.79 | 0.00 | 0.00 | 0.00 | 10.52 |
| IV | LGH-FJAT-4546 | 3.61 | 4.27 | 2.13 | 0.00 | 0.00 | 11.73 |
| IV | LGH-FJAT-4546 | 3.61 | 4.27 | 2.13 | 0.00 | 0.00 | 11.73 |
| IV | LGH-FJAT-4752 | 5.83 | 4.12 | 5.52 | 0.00 | 0.00 | 15.05 |
| IV | YSS-JK 2 | 1.60 | 0.53 | 0.61 | 0.00 | 0.00 | 8.52 |
| IV | 20101212-WZX-FJAT-10871 | 4.34 | 2.64 | 1.64 | 0.49 | 0.41 | 7.12 |
| IV | 20101221-WZX-FJAT-10862 | 3.35 | 2.21 | 1.71 | 0.44 | 0.00 | 7.12 |
| IV | 20101221-WZX-FJAT-10955 | 3.55 | 3.16 | 1.81 | 0.50 | 0.00 | 6.49 |
| IV | 20101221-WZX-FJAT-10982 | 5.27 | 2.12 | 1.24 | 0.59 | 0.00 | 5.00 |

续表

| 型 | 菌株名称 | 14:0 iso | 16:1ω11c | c14:0 | 17:1 iso ω10c | c18:0 | 到中心的绝对距离 |
|---|---|---|---|---|---|---|---|
| IV | 20101230-WZX-FJAT-10990 | 3.81 | 3.23 | 1.23 | 0.63 | 0.00 | 5.18 |
| IV | 20110104-WZX-FJAT-10985 | 4.19 | 3.21 | 1.63 | 0.75 | 0.00 | 4.18 |
| IV | 20110105-SDG-FJAT-10819 | 0.81 | 0.36 | 0.44 | 0.79 | 0.00 | 9.43 |
| IV | 20110225-SDG-FJAT-11070 | 0.81 | 0.58 | 0.45 | 0.96 | 0.00 | 6.73 |
| IV | 20110311-SDG-FJAT-11006 | 1.05 | 0.71 | 0.57 | 1.13 | 0.34 | 5.46 |
| IV | 20110314-SDG-FJAT-10623 | 1.28 | 0.97 | 0.52 | 1.30 | 0.23 | 6.08 |
| IV | 20110505-WZX18h-FJAT-8774 | 7.81 | 2.16 | 1.86 | 0.00 | 0.00 | 4.20 |
| IV | 20110505-WZX36h-FJAT-8753 | 0.70 | 1.78 | 0.52 | 1.96 | 0.00 | 5.94 |
| IV | 20110508-WZX37D-FJAT-8759 | 5.34 | 0.00 | 0.62 | 0.00 | 0.00 | 8.52 |
| IV | 20110508-WZX48h-FJAT-8774 | 9.18 | 0.75 | 1.46 | 0.00 | 1.79 | 10.64 |
| IV | 20110510-WZX20D-FJAT-8774 | 6.47 | 3.67 | 1.94 | 0.00 | 0.00 | 3.25 |
| IV | 20110601-LGH-FJAT-13890 | 3.16 | 1.05 | 1.26 | 0.34 | 0.52 | 6.55 |
| IV | 20110622-LGH-FJAT-13398 | 4.46 | 1.40 | 1.48 | 0.28 | 1.06 | 2.75 |
| IV | 20110707-LGH-FJAT-4466 | 3.64 | 4.13 | 1.40 | 0.97 | 0.54 | 3.35 |
| IV | 20110707-LGH-FJAT-4516 | 4.33 | 2.66 | 1.10 | 0.85 | 0.21 | 5.72 |
| IV | 20110707-LGH-FJAT-4587 | 4.02 | 3.67 | 1.56 | 0.68 | 0.58 | 6.79 |
| IV | 20110718-LGH-FJAT-4529 | 1.69 | 1.99 | 0.79 | 1.17 | 0.45 | 5.59 |
| IV | 20110823-TXN-FJAT-14136 | 3.31 | 2.28 | 1.60 | 0.62 | 0.52 | 4.17 |
| IV | 20110823-TXN-FJAT-14151 | 2.01 | 2.22 | 1.25 | 0.43 | 0.46 | 7.62 |
| IV | 20111123-hu-125 | 3.35 | 0.00 | 1.47 | 0.00 | 1.00 | 5.43 |
| IV | 20120727-YQ-FJAT-16459 | 3.27 | 0.00 | 1.66 | 0.00 | 2.17 | 6.22 |
| IV | 20121030-FJAT-17417-ZR | 5.58 | 1.98 | 1.96 | 0.35 | 0.39 | 5.38 |
| IV | 20121102-FJAT-17455-ZR | 3.49 | 2.67 | 1.65 | 0.45 | 0.27 | 7.27 |
| IV | 20121102-FJAT-17463-ZR | 4.77 | 2.41 | 1.58 | 0.58 | 0.25 | 4.29 |
| IV | 20121105-FJAT-17417-ZR | 5.56 | 1.97 | 1.95 | 0.40 | 0.40 | 5.04 |
| IV | 20121129-LGH-FJAT-4551 | 5.56 | 2.56 | 1.14 | 0.69 | 0.18 | 6.32 |
| IV | 20130116-LGH-FJAT-8774 | 7.22 | 2.49 | 1.78 | 0.34 | 0.56 | 6.55 |
| IV | 20130116-LGH-FJAT-8774 | 7.32 | 2.41 | 1.64 | 0.33 | 1.16 | 6.90 |
| IV | 20130116-LGH-FJAT-8774-18 | 7.66 | 2.69 | 2.89 | 0.00 | 1.78 | 8.17 |
| IV | 20130116-LGH-FJAT-8774-20c | 5.67 | 5.29 | 1.57 | 0.54 | 0.74 | 5.84 |
| IV | 20130116-LGH-FJAT-8774-20mg | 7.73 | 2.31 | 2.05 | 0.00 | 1.78 | 11.53 |
| IV | 20130116-LGH-FJAT-8774-40mg | 7.97 | 2.67 | 1.50 | 0.40 | 0.52 | 8.27 |
| IV | 20130116-LGH-FJAT-8774-50mg | 7.80 | 2.58 | 1.72 | 0.00 | 0.82 | 6.46 |
| IV | 20130116-LGH-FJAT-8774-60mg | 8.22 | 2.37 | 1.67 | 0.24 | 0.35 | 5.77 |
| IV | 20130116-LGH-FJAT-8774-lb | 10.53 | 2.13 | 1.58 | 0.00 | 0.75 | 9.64 |
| IV | 20130117-LGH-FJAT-8774-0 | 8.67 | 2.27 | 3.51 | 0.00 | 0.87 | 10.96 |
| IV | 20130117-LGH-FJAT-8774-30mg | 8.11 | 2.77 | 1.68 | 0.47 | 1.24 | 10.19 |
| IV | 20130117-LGH-FJAT-8774-glu | 5.75 | 3.11 | 2.27 | 0.00 | 3.01 | 23.12 |
| IV | 20130117-LGH-FJAT-8774-na | 0.00 | 4.32 | 8.03 | 0.50 | 0.54 | 22.16 |
| IV | 20130125-ZMX-FJAT-17681 | 4.98 | 1.95 | 1.51 | 0.33 | 0.25 | 4.74 |

续表

| 型 | 菌株名称 | 14:0 iso | 16:1ω11c | c14:0 | 17:1 iso ω10c | c18:0 | 到中心的绝对距离 |
|---|---|---|---|---|---|---|---|
| IV | 20130125-ZMX-FJAT-17684 | 4.46 | 2.83 | 1.31 | 0.70 | 0.21 | 2.99 |
| IV | 20130125-ZMX-FJAT-17684 | 4.44 | 2.88 | 1.32 | 0.71 | 0.22 | 2.88 |
| IV | 20130125-ZMX-FJAT-17693 | 4.59 | 3.40 | 1.56 | 0.52 | 0.14 | 5.50 |
| IV | 20130125-ZMX-FJAT-17693 | 4.65 | 3.40 | 1.62 | 0.54 | 0.14 | 5.71 |
| IV | 20130327-TXN-FJAT-16657 | 4.69 | 2.07 | 1.51 | 0.69 | 0.27 | 3.37 |
| IV | 20130402-ll-FJAT-16892 | 6.20 | 0.00 | 1.26 | 0.00 | 0.35 | 7.42 |
| IV | 20131129-LGH-FJAT-4417 | 3.82 | 2.43 | 1.48 | 0.53 | 0.47 | 6.35 |
| IV | 2013122-LGH-FJAT-4515 | 4.92 | 2.34 | 1.35 | 0.46 | 0.26 | 5.13 |
| IV | 2013122-LGH-FJAT-4550 | 3.71 | 2.87 | 0.96 | 0.67 | 0.32 | 6.02 |
| IV | 20140325-ZEN-FJAT-22302 | 3.32 | 3.59 | 1.30 | 1.84 | 0.59 | 6.31 |
| IV | 20140325-ZEN-FJAT-22330 | 4.05 | 2.51 | 1.31 | 0.94 | 0.57 | 1.90 |
| IV | 20140506-ZMX-FJAT-20193 | 2.21 | 0.70 | 0.77 | 1.32 | 0.33 | 8.01 |
| IV | bonn-18 | 5.15 | 2.70 | 1.05 | 0.00 | 0.82 | 5.07 |
| IV | C3-3 | 0.00 | 2.98 | 0.00 | 0.00 | 0.00 | 8.29 |
| IV | CL FJK2-9-4-2 | 1.94 | 0.75 | 0.96 | 0.00 | 1.62 | 3.98 |
| IV | FJAT-26652-1 | 1.16 | 0.00 | 0.75 | 0.00 | 0.25 | 9.09 |
| IV | FJAT-26652-1 | 1.25 | 0.00 | 0.90 | 0.00 | 0.82 | 7.15 |
| IV | FJAT-26652-1 | 1.25 | 0.00 | 0.90 | 0.00 | 0.82 | 7.15 |
| IV | FJAT-26652-1 | 1.37 | 0.25 | 0.85 | 0.00 | 0.41 | 8.29 |
| IV | FJAT-26652-1 | 1.42 | 0.00 | 0.82 | 0.00 | 0.00 | 7.17 |
| IV | FJAT-26652-2 | 1.69 | 0.00 | 0.93 | 0.00 | 0.17 | 8.63 |
| IV | FJAT-26652-2 | 1.49 | 0.00 | 0.91 | 0.00 | 0.74 | 6.25 |
| IV | FJAT-26652-2 | 1.31 | 0.54 | 0.92 | 0.00 | 0.83 | 6.97 |
| IV | FJAT-27399-1 | 2.87 | 1.07 | 1.30 | 0.41 | 0.63 | 3.39 |
| IV | LGF-20100726-FJAT-8759 | 2.56 | 0.21 | 0.80 | 0.00 | 1.17 | 10.48 |
| IV | LGF-20100809-FJAT-8783 | 2.09 | 1.18 | 1.08 | 0.91 | 0.00 | 3.48 |
| IV | LGF-20100824-FJAT-8768 | 1.15 | 0.55 | 0.46 | 0.73 | 0.36 | 5.08 |
| IV | LGH-FJAT-4401 | 4.54 | 1.92 | 1.31 | 0.00 | 0.14 | 3.09 |
| IV | LGH-FJAT-4406 | 3.94 | 1.75 | 2.04 | 0.00 | 0.50 | 2.04 |
| IV | LGH-FJAT-4420 | 4.92 | 2.10 | 1.64 | 0.00 | 1.43 | 2.55 |
| IV | LGH-FJAT-4421 | 3.27 | 2.05 | 1.49 | 0.00 | 0.30 | 4.27 |
| IV | LGH-FJAT-4422 | 4.17 | 2.00 | 1.46 | 0.00 | 0.26 | 2.20 |
| IV | LGH-FJAT-4425 | 4.06 | 2.37 | 1.77 | 0.00 | 0.36 | 3.47 |
| IV | LGH-FJAT-4426 | 5.47 | 2.09 | 1.79 | 0.00 | 0.36 | 2.63 |
| IV | LGH-FJAT-4467 | 5.45 | 2.33 | 1.72 | 0.00 | 0.00 | 3.13 |
| IV | LGH-FJAT-4488 | 5.30 | 2.45 | 1.55 | 0.00 | 0.00 | 4.25 |
| IV | LGH-FJAT-4494 | 3.63 | 2.79 | 1.56 | 0.00 | 0.00 | 4.52 |
| IV | LGH-FJAT-4501 | 5.17 | 2.10 | 1.57 | 0.00 | 0.00 | 2.91 |
| IV | LGH-FJAT-4503 | 4.64 | 2.61 | 1.90 | 0.00 | 0.00 | 2.82 |
| IV | LGH-FJAT-4508 | 0.00 | 0.00 | 0.00 | 0.00 | 0.00 | 11.54 |

续表

| 型 | 菌株名称 | 14:0 iso | 16:1ω11c | c14:0 | 17:1 iso ω10c | c18:0 | 到中心的绝对距离 |
|---|---|---|---|---|---|---|---|
| IV | LGH-FJAT-4509 | 5.81 | 2.87 | 1.47 | 0.00 | 0.58 | 3.96 |
| IV | LGH-FJAT-4510 | 5.87 | 2.65 | 1.70 | 0.00 | 0.00 | 3.74 |
| IV | LGH-FJAT-4511 | 3.62 | 3.02 | 1.78 | 0.00 | 0.00 | 4.28 |
| IV | LGH-FJAT-4514 | 4.63 | 2.88 | 1.86 | 0.00 | 0.00 | 3.25 |
| IV | LGH-FJAT-4524 | 3.31 | 3.82 | 1.41 | 0.00 | 0.00 | 5.13 |
| IV | LGH-FJAT-4525 | 5.13 | 2.01 | 1.55 | 0.00 | 0.00 | 2.86 |
| IV | LGH-FJAT-4551 | 3.67 | 1.83 | 1.84 | 0.00 | 0.00 | 4.70 |
| IV | LGH-FJAT-4552 | 5.91 | 1.25 | 1.75 | 0.00 | 0.80 | 3.93 |
| IV | LGH-FJAT-4607 | 4.39 | 4.34 | 0.00 | 0.00 | 0.00 | 5.06 |
| IV | LGH-FJAT-4608 | 5.70 | 3.32 | 0.00 | 0.00 | 0.00 | 4.24 |
| IV | LGH-FJAT-4611 | 8.58 | 0.00 | 0.00 | 0.00 | 0.00 | 6.70 |
| IV | LGH-FJAT-4612 | 7.25 | 0.00 | 0.00 | 0.00 | 0.00 | 8.19 |
| IV | wax-20100812-FJAT-10323 | 3.45 | 1.40 | 1.33 | 0.43 | 1.33 | 2.54 |
| IV | X3-5 | 3.54 | 2.57 | 1.79 | 0.00 | 0.00 | 7.34 |
| IV | X3-6 | 2.94 | 0.00 | 0.00 | 0.00 | 0.00 | 7.45 |
| 脂肪酸 IV 型 111 个菌株平均值 | | 4.31 | 2.03 | 1.47 | 0.29 | 0.46 | RMSTD=3.8066 |

*脂肪酸含量单位为%

## 3. 巨大芽胞杆菌脂肪酸型判别模型建立

（1）分析原理。不同的巨大芽胞杆菌菌株具有不同的脂肪酸组构成，通过上述聚类分析，可将巨大芽胞杆菌菌株分为 4 类，利用逐步判别的方法（DPS 软件），建立巨大芽胞杆菌菌株脂肪酸型判别模型，在建立模型的过程中，可以了解各因子对类别划分的重要性。

（2）数据矩阵。以表 7-2-51 的巨大芽胞杆菌 532 个菌株的 12 个脂肪酸为矩阵，自变量 $x_{ij}$（$i$=1,⋯,532; $j$=1,⋯,12）由 532 个菌株的 12 个脂肪酸组成，因变量 $Y_i$（$i$=1,⋯,532）由 532 个菌株聚类类别组成脂肪酸型，采用贝叶斯逐步判别分析，建立巨大芽胞杆菌菌株脂肪酸型判别模型。巨大芽胞杆菌脂肪酸型判别模型入选因子见表 7-2-52，脂肪酸型类别间判别效果检验见表 7-2-53，模型计算后的分类验证和后验概率见表 7-2-54，脂肪酸型判别效果矩阵分析见表 7-2-55。建立的逐步判别分析因子筛选表明，以下 6 个因子入选，它们是 $x_{(1)}$=15:0 anteiso、$x_{(2)}$=15:0 iso、$x_{(3)}$=16:0 iso、$x_{(7)}$=17:0 iso、$x_{(8)}$=14:0 iso、$x_{(10)}$=c14:0，表明这些因子对脂肪酸型的判别具有显著贡献。判别模型如下：

$$Y_1=-312.5273+6.6972x_{(1)}+6.8166x_{(2)}+4.8772x_{(3)}+15.0574x_{(7)}+7.0209x_{(8)}+21.4363x_{(10)} \quad (7\text{-}2\text{-}28)$$

$$Y_2=-339.3654+6.5674x_{(1)}+7.6450x_{(2)}+5.2911x_{(3)}+13.0140x_{(7)}+7.0500x_{(8)}+18.6931x_{(10)} \quad (7\text{-}2\text{-}29)$$

$$Y_3=-298.2794+6.8529x_{(1)}+6.2533x_{(2)}+5.4387x_{(3)}+14.8266x_{(7)}+6.7522x_{(8)}+21.6311x_{(10)} \quad (7\text{-}2\text{-}30)$$

$$Y_4=-308.2060+7.4056x_{(1)}+5.4354x_{(2)}+6.9627x_{(3)}+14.3210x_{(7)}+6.2539x_{(8)}+22.5134x_{(10)} \quad (7\text{-}2\text{-}31)$$

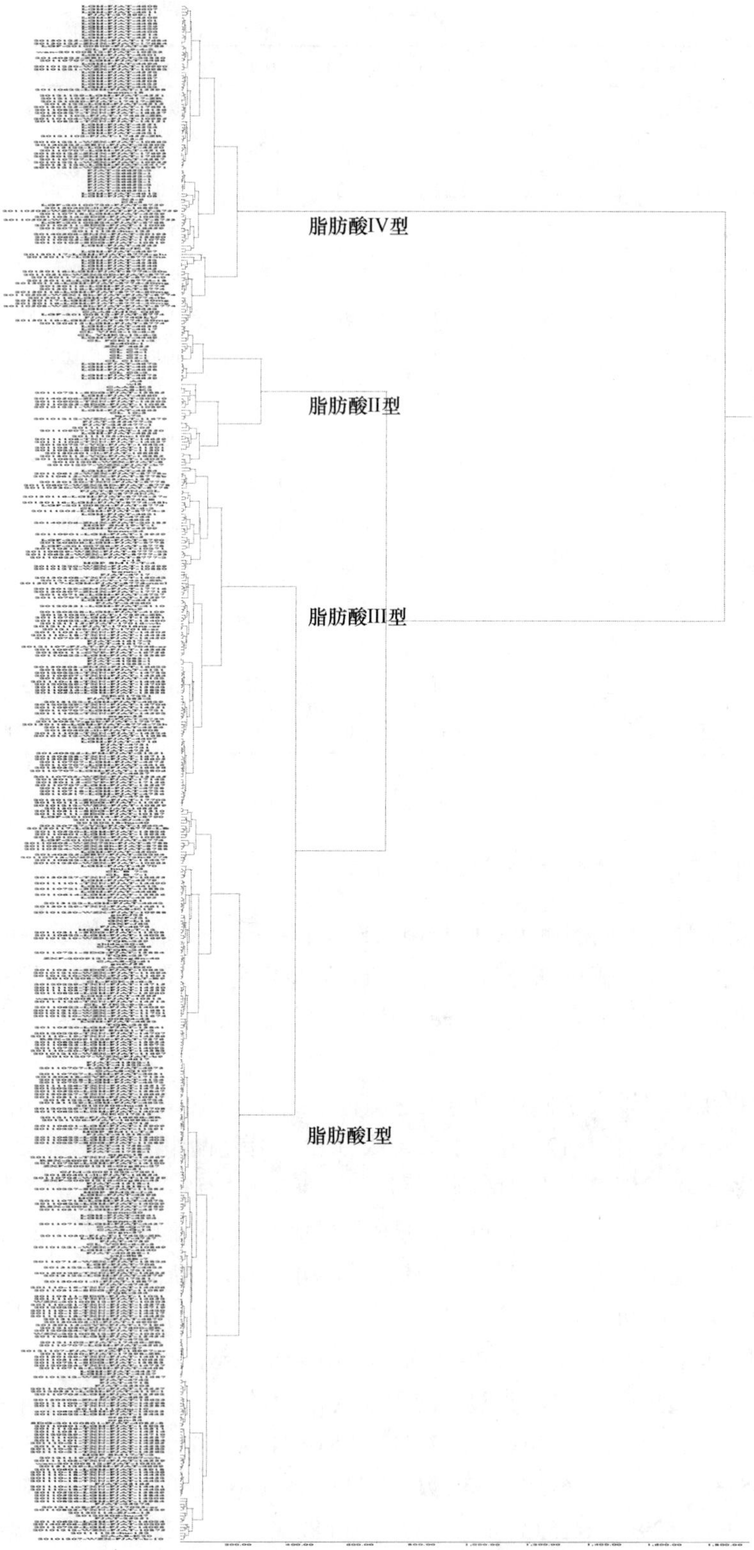


图 7-2-10　巨大芽胞杆菌（*Bacillus megaterium*）脂肪酸型聚类分析（绝对距离）

**表 7-2-52　巨大芽胞杆菌（*Bacillus megaterium*）脂肪酸型判别模型入选因子**

| 脂肪酸 | Wilks 统计量 | *F* 值 | df | *P* | 入选状态 |
|---|---|---|---|---|---|
| 15:0 anteiso | 0.8926 | 20.9657 | 3，523 | 0.0000 | （已入选） |
| 15:0 iso | 0.5907 | 120.7979 | 3，523 | 0.0000 | （已入选） |
| 16:0 iso | 0.8782 | 24.1754 | 3，523 | 0.0000 | （已入选） |
| c16:0 | 0.9871 | 2.2681 | 3，522 | 0.0797 | |
| 17:0 anteiso | 0.9698 | 5.4221 | 3，522 | 0.0011 | |
| 16:1ω7c alcohol | 0.9897 | 1.8173 | 3，522 | 0.1430 | |
| 17:0 iso | 0.8648 | 27.2566 | 3，523 | 0.0000 | （已入选） |
| 14:0 iso | 0.9634 | 6.6213 | 3，523 | 0.0002 | （已入选） |
| 16:1ω11c | 0.9979 | 0.3692 | 3，522 | 0.7753 | |
| c14:0 | 0.9085 | 17.5487 | 3，523 | 0.0000 | （已入选） |
| 17:1 iso ω10c | 0.9812 | 3.3350 | 3，522 | 0.0193 | |
| c18:0 | 0.9795 | 3.6333 | 3，522 | 0.0129 | |

**表 7-2-53　巨大芽胞杆菌（*Bacillus megaterium*）脂肪酸型两两分类间判别效果检验**

| 脂肪酸型 *i* | 脂肪酸型 *j* | 马氏距离 | *F* 值 | 自由度 $V_1$ | $V_2$ | *P* |
|---|---|---|---|---|---|---|
| I | II | 15.7371 | 106.7158 | 6 | 296 | $1\times10^{-7}$ |
| I | III | 6.0377 | 80.3094 | 6 | 365 | $1\times10^{-7}$ |
| II | III | 35.7311 | 204.2325 | 6 | 160 | $1\times10^{-7}$ |
| I | IV | 50.3163 | 641.6377 | 6 | 358 | $1\times10^{-7}$ |
| II | IV | 102.9771 | 577.9048 | 6 | 153 | $1\times10^{-7}$ |
| III | IV | 21.8752 | 206.5563 | 6 | 222 | $1\times10^{-7}$ |

**表 7-2-54　巨大芽胞杆菌（*Bacillus megaterium*）模型计算后的分类验证和后验概率**

| 菌株名称 | 原分类 | 计算分类 | 后验概率 | 菌株名称 | 原分类 | 计算分类 | 后验概率 |
|---|---|---|---|---|---|---|---|
| 20101207-WZX-FJAT-b-10 | 1 | 1 | 0.9736 | 20110104-WZX-FJAT-10980 | 1 | 1 | 0.9931 |
| 20101207-WZX-FJAT-b9 | 1 | 1 | 0.9917 | 20110111-SDG-FJAT-10187 | 1 | 1 | 0.9805 |
| 20101208-WZX-FJAT-B9 | 1 | 1 | 0.9954 | 20110227-SDG-FJAT-11285 | 1 | 1 | 0.7547 |
| 20101210-WZX-FJAT-11674 | 1 | 1 | 0.9960 | 20110227-SDG-FJAT-11289 | 1 | 1 | 0.7909 |
| 20101210-WZX-FJAT-11691 | 1 | 1 | 0.9905 | 20110227-SDG-FJAT-11291 | 1 | 1 | 0.7379 |
| 20101210-WZX-FJAT-11694 | 1 | 1 | 0.9755 | 20110311-SDG-FJAT-10917 | 1 | 1 | 0.8107 |
| 20101210-WZX-FJAT-11697 | 1 | 1 | 0.9948 | 20110311-SDG-FJAT-11021 | 1 | 1 | 0.9580 |
| 20101210-WZX-FJAT-11699 | 1 | 1 | 0.9929 | 20110311-SDG-FJAT-11308 | 1 | 1 | 0.9800 |
| 20101210-WZX-FJAT-11701 | 1 | 1 | 0.9940 | 20110311-SDG-FJAT-11310 | 1 | 1 | 0.7358 |
| 20101212-WZX-FJAT-10875 | 1 | 1 | 0.8445 | 20110314-SDG-FJAT-10632 | 1 | 1 | 0.9698 |
| 20101212-WZX-FJAT-11681 | 1 | 1 | 0.9908 | 20110314-SDG-FJAT-10632 | 1 | 1 | 0.9773 |
| 20101212-WZX-FJAT-11687 | 1 | 1 | 0.9893 | 20110314-SDG-FJAT-11089 | 1 | 1 | 0.9777 |
| 20101221-WZX-FJAT-10869 | 1 | 1 | 0.9626 | 20110317-LGH-FJAT-4579 | 1 | 1 | 0.9910 |
| 20101230-WZX-FJAT-10963 | 1 | 1 | 0.9798 | 20110520-LGH-FJAT-13826 | 1 | 1 | 0.9915 |
| 20101230-WZX-FJAT-10988 | 1 | 1 | 0.9961 | 20110520-LGH-FJAT-13841 | 1 | 1 | 0.9910 |

续表

| 菌株名称 | 原分类 | 计算分类 | 后验概率 | 菌株名称 | 原分类 | 计算分类 | 后验概率 |
|---|---|---|---|---|---|---|---|
| 20110520-LGH-FJAT-13844 | 1 | 1 | 0.8885 | 20110823-LGH-FJAT-13972 | 1 | 1 | 0.9909 |
| 20110520-LGH-FJAT-13847 | 1 | 1 | 0.8191 | 20110823-TXN-FJAT-14329 | 1 | 1 | 0.5638 |
| 20110520-LGH-FJAT-13849 | 1 | 1 | 0.7891 | 20110826-LGH-FJAT-13954 | 1 | 1 | 0.9823 |
| 20110524-WZX48h-FJAT-8788 | 1 | 1 | 0.9970 | 20110826-LGH-FJAT-13960 | 1 | 1 | 0.9966 |
| 20110601-LGH-FJAT-13909 | 1 | 1 | 0.7946 | 20110826-LGH-FJAT-13984 | 1 | 1 | 0.7579 |
| 20110601-LGH-FJAT-13918 | 1 | 1 | 0.9647 | 20110826-LGH-FJAT-14206 | 1 | 1 | 0.7216 |
| 20110601-LGH-FJAT-13923 | 1 | 1 | 0.7110 | 201110-18-TXN-FJAT-14424 | 1 | 1 | 0.8655 |
| 20110601-LGH-FJAT-13934 | 1 | 1 | 0.9870 | 201110-18-TXN-FJAT-14426 | 1 | 1 | 0.8782 |
| 20110603-WZX72h-FJAT-8788 | 1 | 1 | 0.9895 | 201110-18-TXN-FJAT-14430 | 1 | 1 | 0.9375 |
| 20110607-WZX36h-FJAT-8788 | 1 | 1 | 0.9986 | 201110-18-TXN-FJAT-14432 | 1 | 1 | 0.8340 |
| 20110614-LGH-FJAT-13836 | 1 | 1 | 0.9949 | 201110-18-TXN-FJAT-14446 | 1 | 1 | 0.9733 |
| 20110622-LGH-FJAT-13402 | 1 | 1 | 0.6158 | 201110-18-TXN-FJAT-14451 | 1 | 1 | 0.6974 |
| 20110622-LGH-FJAT-13404 | 1 | 1 | 0.8347 | 201110-18-TXN-FJAT-14452 | 1 | 1 | 0.9821 |
| 20110622-LGH-FJAT-13427 | 1 | 1 | 0.9947 | 201110-19-TXN-FJAT-14386 | 1 | 1 | 0.9768 |
| 20110622-LGH-FJAT-13434 | 1 | 1 | 0.9366 | 201110-19-TXN-FJAT-14406 | 1 | 1 | 0.9679 |
| 20110622-LGH-FJAT-13443 | 1 | 1 | 0.9336 | 201110-19-TXN-FJAT-14417 | 1 | 1 | 0.9792 |
| 20110622-LGH-FJAT-14023 | 1 | 1 | 0.8555 | 201110-19-TXN-FJAT-14420 | 1 | 1 | 0.9673 |
| 20110622-LGH-FJAT-14024 | 1 | 1 | 0.9524 | 201110-20-TXN-FJAT-14382 | 1 | 1 | 0.9886 |
| 20110622-LGH-FJAT-14029 | 1 | 1 | 0.9560 | 201110-20-TXN-FJAT-14557 | 1 | 3* | 0.5548 |
| 20110622-LGH-FJAT-14033 | 1 | 1 | 0.9170 | 201110-21-TXN-FJAT-14562 | 1 | 1 | 0.9305 |
| 20110622-LGH-FJAT-14039 | 1 | 1 | 0.9944 | 201110-21-TXN-FJAT-14562 | 1 | 1 | 0.9166 |
| 20110622-LGH-FJAT-14047 | 1 | 1 | 0.9496 | 201110-21-TXN-FJAT-14565 | 1 | 1 | 0.8546 |
| 20110705-LGH-FJAT-13562 | 1 | 3* | 0.7134 | 201110-21-TXN-FJAT-14567 | 1 | 1 | 0.8435 |
| 20110705-WZX-FJAT-13359 | 1 | 1 | 0.8317 | 201110-21-TXN-FJAT-14574 | 1 | 1 | 0.9404 |
| 20110707-LGH-FJAT-4565 | 1 | 1 | 0.9775 | 20111031-TXN-FJAT-14514 | 1 | 1 | 0.6932 |
| 20110707-LGH-FJAT-4631 | 1 | 1 | 0.9102 | 20111101-TXN-FJAT-14484 | 1 | 1 | 0.8329 |
| 20110707-LGH-FJAT-4672 | 1 | 1 | 0.9116 | 20111101-TXN-FJAT-14490 | 1 | 1 | 0.9859 |
| 20110707-LGH-FJAT-4673 | 1 | 1 | 0.8398 | 20111101-TXN-FJAT-14584 | 1 | 3* | 0.5992 |
| 20110713-WZX-FJAT-72h-8774 | 1 | 1 | 0.7942 | 20111102-TXN-FJAT-14537 | 1 | 1 | 0.7240 |
| 20110715-WZX-FJAT-13826 | 1 | 1 | 0.9069 | 20111102-TXN-FJAT-14598 | 1 | 1 | 0.6231 |
| 20110718-LGH-FJAT-4437 | 1 | 1 | 0.9816 | 20111103-TXN-FJAT-14530 | 1 | 1 | 0.9965 |
| 20110718-LGH-FJAT-4468 | 1 | 1 | 0.9826 | 20111103-TXN-FJAT-14533 | 1 | 1 | 0.9942 |
| 20110718-LGH-FJAT-4672 | 1 | 1 | 0.9849 | 20111103-TXN-FJAT-14539 | 1 | 1 | 0.8620 |
| 20110721-SDG-FJAT-13882 | 1 | 1 | 0.9939 | 20111106-TXN-FJAT-14532 | 1 | 1 | 0.9275 |
| 20110721-SDG-FJAT-13883 | 1 | 1 | 0.9838 | 20111107-TXN-FJAT-14652 | 1 | 1 | 0.9522 |
| 20110721-SDG-FJAT-13884 | 1 | 1 | 0.9794 | 20111114-hu-10 | 1 | 1 | 0.8924 |
| 20110729-LGH-FJAT-14092 | 1 | 1 | 0.9875 | 20111123-hu-132 | 1 | 2* | 0.9793 |
| 20110729-LGH-FJAT-14098 | 1 | 1 | 0.8072 | 20111126-TXN-FJAT-14511 | 1 | 1 | 0.7000 |
| 20110729-LGH-FJAT-14100 | 1 | 1 | 0.9261 | 20111126-TXN-FJAT-14513 | 1 | 1 | 0.9942 |

续表

| 菌株名称 | 原分类 | 计算分类 | 后验概率 | 菌株名称 | 原分类 | 计算分类 | 后验概率 |
|---|---|---|---|---|---|---|---|
| 20111126-TXN-FJAT-14517 | 1 | 1 | 0.7924 | 20131129-LGH-FJAT-4622 | 1 | 1 | 0.8890 |
| 20120218-hu-40 | 1 | 1 | 0.9946 | 20131129-LGH-FJAT-4669 | 1 | 1 | 0.9531 |
| 20120224-TXN-FJAT-14730 | 1 | 1 | 0.7648 | 2013122-LGH-FJAT-4423 | 1 | 1 | 0.8471 |
| 20120224-TXN-FJAT-14737 | 1 | 1 | 0.9871 | 2013122-LGH-FJAT-4579 | 1 | 1 | 0.9774 |
| 20120224-TXN-FJAT-14741 | 1 | 1 | 0.8430 | 2013122-LGH-FJAT-4642 | 1 | 1 | 0.9964 |
| 20120229-TXN-FJAT-14707 | 1 | 1 | 0.9844 | 2013122-LGH-FJAT-4670 | 1 | 1 | 0.9680 |
| 20120229-TXN-FJAT-14708 | 1 | 1 | 0.9267 | 2013122-LGH-FJAT-4724 | 1 | 1 | 0.8333 |
| 20120229-TXN-FJAT-14710 | 1 | 1 | 0.8479 | 20140325-ZEN-FJAT-22264 | 1 | 1 | 0.9728 |
| 20120229-TXN-FJAT-14715 | 1 | 1 | 0.9976 | 20140506-ZMX-FJAT-20209 | 1 | 1 | 0.5723 |
| 20120229-TXN-FJAT-14719 | 1 | 1 | 0.9855 | bonn-20 | 1 | 1 | 0.9794 |
| 20120306-hu-47 | 1 | 1 | 0.8725 | bonn-30 | 1 | 1 | 0.9832 |
| 20120306-hu-61 | 1 | 1 | 0.8894 | bonn-31 | 1 | 1 | 0.9936 |
| 20120328-LGH-FJAT-4124 | 1 | 1 | 0.9062 | CAAS-D50 | 1 | 1 | 0.9948 |
| 20120331-LGH-FJAT-4119-1 | 1 | 3* | 0.7238 | CAAS-G-14 | 1 | 1 | 0.9943 |
| 20120727-YQ-FJAT-16404 | 1 | 1 | 0.9901 | CAAS-K19 | 1 | 1 | 0.9961 |
| 20121030-FJAT-17398-ZR | 1 | 1 | 0.9829 | CAAS-K20 | 1 | 1 | 0.9753 |
| 20121030-FJAT-17400-ZR | 1 | 1 | 0.9534 | CAAS-Q107 | 1 | 1 | 0.9282 |
| 20121030-FJAT-17422-ZR | 1 | 1 | 0.9923 | CAAS-Q-61 | 1 | 1 | 0.9976 |
| 20121102-FJAT-17446-ZR | 1 | 1 | 0.9854 | CAAS-Q-66 | 1 | 1 | 0.8257 |
| 20121106-FJAT-16996-zr | 1 | 1 | 0.8360 | CAAS-Q-72 | 1 | 1 | 0.9937 |
| 20121107-FJAT-16997-zr | 1 | 1 | 0.9839 | CJM-20091222-7291 | 1 | 1 | 0.7941 |
| 20121108-FJAT-17023-zr | 1 | 1 | 0.5873 | CL B 7-1 | 1 | 1 | 0.9990 |
| 20121109-FJAT-16996-ZR | 1 | 1 | 0.8279 | CL B 7-2 | 1 | 1 | 0.9260 |
| 20121119-FJAT-17007-wk | 1 | 1 | 0.9133 | CL FJK2-9-2-5 | 1 | 1 | 0.9943 |
| 20130114-ZJ-4-13 | 1 | 1 | 0.9660 | CL YCK-6-5-3 | 1 | 1 | 0.9825 |
| 20130114-ZJ-4-3 | 1 | 2* | 0.9257 | CL-FCK-3-6-3 | 1 | 1 | 0.9974 |
| 20130115-CYP-FJAT-17196 | 1 | 1 | 0.9319 | FJAT-23165 | 1 | 1 | 0.7379 |
| 20130117-LGH-FJAT-8779-LB | 1 | 1 | 0.9936 | FJAT-25251 | 1 | 1 | 0.9698 |
| 20130129-TXN-FJAT-14610 | 1 | 1 | 0.9834 | FJAT-25274 | 1 | 3* | 0.5923 |
| 20130129-TXN-FJAT-14611 | 1 | 1 | 0.9951 | FJAT-25303 | 1 | 1 | 0.7053 |
| 20130129-TXN-FJAT-14635 | 1 | 1 | 0.7703 | FJAT-40589-1 | 1 | 1 | 0.9828 |
| 20130306-ZMX-FJAT-16623 | 1 | 1 | 0.8531 | FJAT-41318-1 | 1 | 1 | 0.8206 |
| 20130327-TXN-FJAT-16653 | 1 | 1 | 0.8728 | FJAT-41318-1 | 1 | 1 | 0.8206 |
| 20130327-TXN-FJAT-16665 | 1 | 1 | 0.7292 | FJAT-41318-2 | 1 | 1 | 0.7624 |
| 20130401-ll-FJAT-16853 | 1 | 2* | 0.8318 | FJAT-41322-1 | 1 | 1 | 0.7175 |
| 20130401-ll-FJAT-16854 | 1 | 1 | 0.9010 | FJAT-41322-2 | 1 | 1 | 0.8449 |
| 20130401-ll-FJAT-16875 | 1 | 1 | 0.9368 | FJAT-41758-1 | 1 | 1 | 0.8389 |
| 20130403-ll-FJAT-16909 | 1 | 1 | 0.9449 | FJAT-41758-2 | 1 | 1 | 0.9027 |
| 20130418-CYP-FJAT-17134 | 1 | 1 | 0.8730 | FJAT-41758-2 | 1 | 1 | 0.9472 |

续表

| 菌株名称 | 原分类 | 计算分类 | 后验概率 | 菌株名称 | 原分类 | 计算分类 | 后验概率 |
|---|---|---|---|---|---|---|---|
| FJAT-4617 | 1 | 1 | 0.7505 | orgn-18 | 1 | 1 | 0.9106 |
| FJAT-4635 | 1 | 1 | 0.8828 | orgn-27 | 1 | 1 | 0.9811 |
| FJAT-4676 | 1 | 1 | 0.9806 | orgn-31 | 1 | 1 | 0.7946 |
| FJAT-4715 | 1 | 1 | 0.7916 | orgn-34 | 1 | 1 | 0.8079 |
| FJAT-4718 | 1 | 3* | 0.5235 | orgn-35 | 1 | 1 | 0.7698 |
| FJAT-4725 | 1 | 1 | 0.9806 | orgn-37 | 1 | 1 | 0.9893 |
| FJAT-4739 | 1 | 1 | 0.9790 | RSX-20091229-FJAT-7376 | 1 | 1 | 0.9912 |
| FJAT-4742 | 1 | 1 | 0.5169 | RSX-20091229-FJAT-7380 | 1 | 1 | 0.9805 |
| FJAT-4745 | 1 | 1 | 0.9701 | RSX-20091229-FJAT-7385 | 1 | 1 | 0.9339 |
| GXF-J21 | 1 | 1 | 0.9949 | SDG-20100801-FJAT-4085-8 | 1 | 1 | 0.7387 |
| gxf-J23 | 1 | 1 | 0.9923 | shida-20-6 | 1 | 1 | 0.7601 |
| gxf-J58 | 1 | 1 | 0.9561 | szq-20100804-43 | 1 | 1 | 0.9896 |
| GXF-J62 | 1 | 1 | 0.9442 | TQR-237 | 1 | 1 | 0.9972 |
| GXF-L16 | 1 | 1 | 0.9909 | TQR-239 | 1 | 1 | 0.9977 |
| HGP SM10-T-12 | 1 | 1 | 0.9963 | TQR-244 | 1 | 1 | 0.9412 |
| HGP SM11-T-13 | 1 | 1 | 0.9584 | TQR-258 | 1 | 1 | 0.9349 |
| HGP SM11-T-5 | 1 | 1 | 0.8671 | TQR-259 | 1 | 1 | 0.8281 |
| HGP SM17-T-2 | 1 | 1 | 0.9842 | wax-20100812-FJAT-10305 | 1 | 1 | 0.9641 |
| HGP SM21-T-2 | 1 | 1 | 0.9872 | wax-20100812-FJAT-10313 | 1 | 1 | 0.9966 |
| HGP SM23-J-4 | 1 | 1 | 0.9851 | WZX-20100812-FJAT-10301 | 1 | 1 | 0.9229 |
| hxj-H-3 | 1 | 1 | 0.9763 | WZX-20100812-FJAT-10303 | 1 | 1 | 0.9504 |
| LGF-20100726-FJAT-8774 | 1 | 1 | 0.9932 | XKC17210 | 1 | 1 | 0.8683 |
| LGF-20100814-FJAT-8790 | 1 | 2* | 0.8589 | XKC17213 | 1 | 1 | 0.8570 |
| LGF-FJAT-706 | 1 | 1 | 0.9010 | XKC17231 | 1 | 1 | 0.9402 |
| LGH-FJAT-4394 | 1 | 1 | 0.9821 | YSJ-6B-7 | 1 | 1 | 0.9383 |
| LGH-FJAT-4395 | 1 | 1 | 0.9772 | ysj-6b8 | 1 | 1 | 0.8604 |
| LGH-FJAT-4396 | 1 | 1 | 0.9747 | ZXF-20091216-OrgSn-27 | 1 | 1 | 0.8741 |
| LGH-FJAT-4412 | 1 | 1 | 0.9971 | ZXF-20091216-OrgSn-43 | 1 | 1 | 0.5661 |
| LGH-FJAT-4427 | 1 | 1 | 0.9864 | ZXF-20091216-OrgSn-46 | 1 | 1 | 0.9901 |
| LGH-FJAT-4437 | 1 | 1 | 0.9850 | 20101207-WZX-FJAT-b7 | 2 | 2 | 0.9883 |
| LGH-FJAT-4468 | 1 | 1 | 0.9962 | 20101208-WZX-FJAT-8 | 2 | 2 | 0.9969 |
| LGH-FJAT-4500 | 1 | 1 | 0.9727 | 20101212-WZX-FJAT-11679 | 2 | 1* | 0.5038 |
| LGH-FJAT-4565 | 1 | 1 | 0.9968 | 20101221-WZX-FJAT-10894 | 2 | 2 | 0.9974 |
| LGH-FJAT-4570 | 1 | 1 | 0.9204 | 20110225-SDG-FJAT-11093 | 2 | 2 | 0.9977 |
| LGH-FJAT-4579 | 1 | 1 | 0.9956 | 20110228-SDG-FJAT-11301 | 2 | 1* | 0.5949 |
| LGH-FJAT-4632 | 1 | 1 | 0.9893 | 20110311-SDG-FJAT-11301 | 2 | 1* | 0.6014 |
| LGH-FJAT-4640 | 1 | 1 | 0.9889 | 20110622-LGH-FJAT-14050 | 2 | 2 | 0.9506 |
| LGH-FJAT-4641 | 1 | 1 | 0.9859 | 20110721-SDG-FJAT-13885 | 2 | 2 | 1.0000 |
| LGH-FJAT-4737 | 1 | 1 | 0.9760 | 20110902-TXN-FJAT-14302 | 2 | 2 | 0.9995 |

续表

| 菌株名称 | 原分类 | 计算分类 | 后验概率 | 菌株名称 | 原分类 | 计算分类 | 后验概率 |
|---|---|---|---|---|---|---|---|
| 20110907-YQ-FJAT-14350 | 2 | 2 | 1.0000 | 20101212-WZX-FJAT-10859 | 3 | 3 | 0.7074 |
| 20111106-TXN-FJAT-14657 | 2 | 2 | 0.5480 | 20101212-WZX-FJAT-10880 | 3 | 3 | 0.7262 |
| 20111106-TXN-FJAT-14659 | 2 | 2 | 0.9916 | 20101212-WZX-FJAT-11688 | 3 | 1* | 0.5725 |
| 20111123-hu-105 | 2 | 2 | 1.0000 | 20101220-WZX-FJAT-10599 | 3 | 3 | 0.5475 |
| 20111123-hu-108 | 2 | 2 | 0.9999 | 20110111-SDG-FJAT-11291 | 3 | 3 | 0.7796 |
| 20120727-YQ-FJAT-16424 | 2 | 2 | 0.9764 | 20110313-SDG-FJAT-10271 | 3 | 3 | 0.9892 |
| 20130115-YQ-FJAT-16385 | 2 | 1* | 0.9537 | 20110517-LGH-FJAT-4728 | 3 | 3 | 0.8143 |
| 20130401-ll-FJAT-16868 | 2 | 1* | 0.9665 | 20110517-LGH-FJAT-4732 | 3 | 3 | 0.5453 |
| 20140506-ZMX-FJAT-20210 | 2 | 2 | 0.9915 | 20110517-LGH-FJAT-4736 | 3 | 3 | 0.7036 |
| A4 | 2 | 2 | 0.9921 | 20110520-LGH-FJAT-13836 | 3 | 3 | 0.5349 |
| CAAS-K2 | 2 | 2 | 1.0000 | 20110520-LGH-FJAT-13842 | 3 | 3 | 0.7060 |
| CAAS-K3 | 2 | 2 | 1.0000 | 20110530-WZX24h-FJAT-8778 | 3 | 3 | 0.8918 |
| CL 10-3 | 2 | 2 | 0.9968 | 20110607-WZX28D-FJAT-8778 | 3 | 3 | 0.9740 |
| CL C10-2 | 2 | 2 | 0.9350 | 20110614-LGH-FJAT-13828 | 3 | 1* | 0.5826 |
| CL C2-2 | 2 | 2 | 0.9997 | 20110615-WZX-FJAT-8778b | 3 | 3 | 0.9867 |
| CL C4-1 | 2 | 2 | 0.9994 | 20110615-WZX-FJAT-8778c | 3 | 3 | 0.9862 |
| CL C5-1 | 2 | 2 | 0.7352 | 20110622-LGH-FJAT-13389 | 3 | 3 | 0.9823 |
| CL C7-1 | 2 | 2 | 0.7565 | 20110622-LGH-FJAT-13400 | 3 | 3 | 0.9792 |
| CL C7-2 | 2 | 2 | 0.9998 | 20110625-WZX-FJAT-8777-2 | 3 | 3 | 0.8216 |
| CL FCK15-1-2 | 2 | 1* | 0.8123 | 20110625-WZX-FJAT-8777-33 | 3 | 3 | 0.9491 |
| CL YHK2-12-6-2 | 2 | 2 | 0.9242 | 20110629-WZX-FJAT-8777-22 | 3 | 3 | 0.9694 |
| CL YJK2-12-6-3 | 2 | 2 | 0.9830 | 20110705-LGH-FJAT-13450 | 3 | 3 | 0.9303 |
| FJAT-255477-1 | 2 | 2 | 1.0000 | 20110705-LGH-FJAT-13461 | 3 | 3 | 0.9929 |
| FJAT-255477-2 | 2 | 2 | 1.0000 | 20110705-WZX-FJAT-13345 | 3 | 3 | 0.9006 |
| LGH-FJAT-4469 | 2 | 1* | 0.8571 | 20110707-LGH-FJAT-12280d | 3 | 3 | 0.7805 |
| LGH-FJAT-4617 | 2 | 2 | 0.9994 | 20110707-LGH-FJAT-13567 | 3 | 3 | 0.8169 |
| LGH-FJAT-4636 | 2 | 2 | 0.9715 | 20110707-LGH-FJAT-13597 | 3 | 3 | 0.9932 |
| LGH-FJAT-4638 | 2 | 2 | 0.9999 | 20110707-LGH-FJAT-4416 | 3 | 3 | 0.8566 |
| LGH-FJAT-4649 | 2 | 2 | 1.0000 | 20110707-LGH-FJAT-4575 | 3 | 3 | 0.8009 |
| LGH-FJAT-4659 | 2 | 2 | 0.9955 | 20110707-LGH-FJAT-4721 | 3 | 1* | 0.5472 |
| LGH-FJAT-4660 | 2 | 2 | 0.9993 | 20110718-LGH-FJAT-4724 | 3 | 3 | 0.9234 |
| LGH-FJAT-4663 | 2 | 2 | 1.0000 | 20110718-LGH-FJAT-4727 | 3 | 3 | 0.9941 |
| LGH-FJAT-4672 | 2 | 2 | 1.0000 | 20110901-LGH-FJAT-13959 | 3 | 3 | 0.8817 |
| LGH-FJAT-4673 | 2 | 2 | 0.9985 | 20110907-TXN-FJAT-14351 | 3 | 3 | 0.5121 |
| LGH-FJAT-4836 | 2 | 2 | 1.0000 | 20110907-TXN-FJAT-14363 | 3 | 3 | 0.9906 |
| S-400-1 | 2 | 2 | 0.9536 | 20110907-TXN-FJAT-14364 | 3 | 3 | 0.6842 |
| tqr-72 | 2 | 2 | 0.7390 | 201110-18-TXN-FJAT-14434 | 3 | 3 | 0.9146 |
| wi3 | 2 | 2 | 1.0000 | 201110-18-TXN-FJAT-14443 | 3 | 3 | 0.8324 |
| ZXF 4635 | 2 | 2 | 0.9880 | 20111031-TXN-FJAT-14505 | 3 | 3 | 0.9395 |

续表

| 菌株名称 | 原分类 | 计算分类 | 后验概率 | 菌株名称 | 原分类 | 计算分类 | 后验概率 |
|---|---|---|---|---|---|---|---|
| 20111102-TXN-FJAT-14592 | 3 | 3 | 0.8342 | FJAT-25260 | 3 | 3 | 0.9572 |
| 20111103-TXN-FJAT-14524 | 3 | 3 | 0.5844 | FJAT-41283-1 | 3 | 3 | 0.8230 |
| 20111123-hu-135 | 3 | 3 | 0.9738 | FJAT-41283-1 | 3 | 3 | 0.7194 |
| 20111205-LGH-FJAT-8774-3 | 3 | 3 | 0.8988 | FJAT-41283-1 | 3 | 3 | 0.7194 |
| 20120224-TXN-FJAT-14732 | 3 | 1* | 0.5325 | FJAT-41283-2 | 3 | 3 | 0.6880 |
| 20120229-TXN-FJAT-14706 | 3 | 3 | 0.7297 | FJAT-41617-1 | 3 | 3 | 0.9268 |
| 20120229-TXN-FJAT-14709 | 3 | 3 | 0.5968 | FJAT-41617-2 | 3 | 3 | 0.9605 |
| 20120328-LGH-FJAT-4109 | 3 | 3 | 0.9193 | FJAT-4624 | 3 | 3 | 0.8223 |
| 20120331-LGH-FJAT-4110 | 3 | 3 | 0.9514 | FJAT-4625 | 3 | 3 | 0.9810 |
| 20120331-LGH-FJAT-4121 | 3 | 1* | 0.5927 | FJAT-4637 | 3 | 3 | 0.8237 |
| 20120331-LGH-FJAT-4122 | 3 | 3 | 0.7579 | FJAT-4717 | 3 | 3 | 0.9874 |
| 20120606-LGH-FJAT-8778 | 3 | 3 | 0.8773 | FJAT-4731 | 3 | 3 | 0.8431 |
| 20121030-FJAT-17394-ZR | 3 | 3 | 0.9584 | FJAT-4735 | 3 | 3 | 0.8281 |
| 20121030-FJAT-17430-ZR | 3 | 3 | 0.9803 | FJAT-4738 | 3 | 1* | 0.5119 |
| 20121107-FJAT-17046-zr | 3 | 3 | 0.9849 | FJAT-4741 | 3 | 3 | 0.7593 |
| 20121109-FJAT-17016-zr | 3 | 3 | 0.9742 | FJAT-4744 | 3 | 3 | 0.7938 |
| 20121114-FJAT-17016ns-zr | 3 | 3 | 0.9783 | FJAT-8774LB | 3 | 3 | 0.6955 |
| 20121115-FJAT-17016-wk | 3 | 3 | 0.9803 | FJAT-8774NA | 3 | 3 | 0.9730 |
| 20130111-CYP-FJAT-16756 | 3 | 3 | 0.9792 | FJAT-8774NACL | 3 | 3 | 0.9691 |
| 20130115-CYP-FJAT-17142 | 3 | 3 | 0.9476 | fuda-20-5 | 3 | 3 | 0.6460 |
| 20130115-CYP-FJAT-17156 | 3 | 3 | 0.8955 | HGP SM17-T-4 | 3 | 3 | 0.9123 |
| 20130125-ZMX-FJAT-17702 | 3 | 3 | 0.7985 | HGP SM19-T-1 | 3 | 3 | 0.8095 |
| 20130129-ZMX-FJAT-17716 | 3 | 3 | 0.9751 | LGF-20100726-FJAT-8778 | 3 | 3 | 0.9228 |
| 20130130-TXN-FJAT-8778 | 3 | 3 | 0.9825 | LGF-20100726-FJAT-8790 | 3 | 3 | 0.5835 |
| 20130303-ZMX-FJAT-16622 | 3 | 3 | 0.7502 | LGF-20100824-FJAT-8774 | 3 | 3 | 0.5820 |
| 20130307-ZMX-FJAT-17716 | 3 | 3 | 0.9912 | LGH-FJAT-4407 | 3 | 3 | 0.6941 |
| 20130308-TXN-FJAT-16042 | 3 | 3 | 0.9862 | LGH-FJAT-4416 | 3 | 3 | 0.9337 |
| 20130327-gcb-FJAT-17278 | 3 | 3 | 0.8972 | LGH-FJAT-4584 | 3 | 3 | 0.9048 |
| 20130327-TXN-FJAT-16656 | 3 | 3 | 0.7450 | LGH-FJAT-4599 | 3 | 3 | 0.6436 |
| 20130328-TXN-FJAT-16695 | 3 | 1* | 0.6084 | LGH-FJAT-4621 | 3 | 1* | 0.6195 |
| 20130328-TXN-FJAT-16711 | 3 | 3 | 0.6907 | LGH-FJAT-4716 | 3 | 3 | 0.7531 |
| 20130403-ll-FJAT-16908 | 3 | 3 | 0.5930 | orgn-33 | 3 | 3 | 0.5900 |
| 2013122-LGH-FJAT-4584 | 3 | 3 | 0.5389 | orgn-9 | 3 | 3 | 0.9330 |
| 2013122-LGH-FJAT-4629 | 3 | 1* | 0.6502 | s-13 | 3 | 3 | 0.9796 |
| 20140325-LFH-FJAT-21351 | 3 | 3 | 0.8648 | XKC17221 | 3 | 3 | 0.6692 |
| 20140506-ZMX-FJAT-20185 | 3 | 3 | 0.8902 | ZXF P-Y-11 | 3 | 3 | 0.7801 |
| bonn-1 | 3 | 3 | 0.9636 | 20130116-LGH-FJAT-8774-37c | 3 | 3 | 0.9814 |
| bonn-24 | 3 | 1* | 0.5094 | 20130116-LGH-FJAT-8774-48h | 3 | 3 | 0.9199 |
| CL FJK2-12-6-2 | 3 | 3 | 0.8706 | 20130116-LGH-FJAT-8774-72h | 3 | 3 | 0.5117 |

续表

| 菌株名称 | 原分类 | 计算分类 | 后验概率 | 菌株名称 | 原分类 | 计算分类 | 后验概率 |
|---|---|---|---|---|---|---|---|
| 20130117-LGH-FJAT-8774-nacl | 3 | 3 | 0.9918 | 20121102-FJAT-17455-ZR | 4 | 4 | 1.0000 |
| 20120615-LGH-FJAT-8774 | 4 | 4 | 0.9732 | 20121102-FJAT-17463-ZR | 4 | 4 | 1.0000 |
| CAAS-MIX Q69 | 4 | 3* | 0.8446 | 20121105-FJAT-17417-ZR | 4 | 4 | 1.0000 |
| FJAT-8774GLU | 4 | 4 | 0.9819 | 20121129-LGH-FJAT-4551 | 4 | 4 | 1.0000 |
| LGF-20100812-FJAT-8774 | 4 | 4 | 0.9988 | 20130116-LGH-FJAT-8774 | 4 | 4 | 0.9987 |
| LGH-FJAT-4432 | 4 | 4 | 0.9900 | 20130116-LGH-FJAT-8774 | 4 | 4 | 0.9988 |
| LGH-FJAT-4497 | 4 | 4 | 0.9976 | 20130116-LGH-FJAT-8774-18 | 4 | 4 | 0.9998 |
| LGH-FJAT-4545 | 4 | 4 | 0.9804 | 20130116-LGH-FJAT-8774-20c | 4 | 4 | 0.9999 |
| LGH-FJAT-4545 | 4 | 4 | 0.5356 | 20130116-LGH-FJAT-8774-20mg | 4 | 4 | 0.9671 |
| LGH-FJAT-4546 | 4 | 4 | 0.7497 | 20130116-LGH-FJAT-8774-40mg | 4 | 4 | 0.9595 |
| LGH-FJAT-4546 | 4 | 4 | 0.7497 | 20130116-LGH-FJAT-8774-50mg | 4 | 4 | 0.9994 |
| LGH-FJAT-4752 | 4 | 4 | 0.8735 | 20130116-LGH-FJAT-8774-60mg | 4 | 4 | 0.9992 |
| YSS-JK 2 | 4 | 4 | 0.9892 | 20130116-LGH-FJAT-8774-lb | 4 | 4 | 0.9858 |
| 20101212-WZX-FJAT-10871 | 4 | 4 | 1.0000 | 20130117-LGH-FJAT-8774-0 | 4 | 4 | 0.9993 |
| 20101221-WZX-FJAT-10862 | 4 | 4 | 1.0000 | 20130117-LGH-FJAT-8774-30mg | 4 | 4 | 0.7500 |
| 20101221-WZX-FJAT-10955 | 4 | 4 | 1.0000 | 20130117-LGH-FJAT-8774-glu | 4 | 4 | 0.9183 |
| 20101221-WZX-FJAT-10982 | 4 | 4 | 1.0000 | 20130117-LGH-FJAT-8774-na | 4 | 4 | 0.9476 |
| 20101230-WZX-FJAT-10990 | 4 | 4 | 1.0000 | 20130125-ZMX-FJAT-17681 | 4 | 4 | 1.0000 |
| 20110104-WZX-FJAT-10985 | 4 | 4 | 1.0000 | 20130125-ZMX-FJAT-17684 | 4 | 4 | 0.9999 |
| 20110105-SDG-FJAT-10819 | 4 | 4 | 1.0000 | 20130125-ZMX-FJAT-17684 | 4 | 4 | 0.9999 |
| 20110225-SDG-FJAT-11070 | 4 | 4 | 1.0000 | 20130125-ZMX-FJAT-17693 | 4 | 4 | 1.0000 |
| 20110311-SDG-FJAT-11006 | 4 | 4 | 0.9999 | 20130125-ZMX-FJAT-17693 | 4 | 4 | 1.0000 |
| 20110314-SDG-FJAT-10623 | 4 | 4 | 1.0000 | 20130327-TXN-FJAT-16657 | 4 | 4 | 1.0000 |
| 20110505-WZX18h-FJAT-8774 | 4 | 4 | 0.9998 | 20130402-ll-FJAT-16892 | 4 | 4 | 1.0000 |
| 20110505-WZX36h-FJAT-8753 | 4 | 4 | 1.0000 | 20131129-LGH-FJAT-4417 | 4 | 4 | 1.0000 |
| 20110508-WZX37D-FJAT-8759 | 4 | 4 | 1.0000 | 2013122-LGH-FJAT-4515 | 4 | 4 | 1.0000 |
| 20110508-WZX48h-FJAT-8774 | 4 | 4 | 0.8644 | 2013122-LGH-FJAT-4550 | 4 | 4 | 1.0000 |
| 20110510-WZX20D-FJAT-8774 | 4 | 4 | 0.9999 | 20140325-ZEN-FJAT-22302 | 4 | 4 | 1.0000 |
| 20110601-LGH-FJAT-13890 | 4 | 4 | 1.0000 | 20140325-ZEN-FJAT-22330 | 4 | 4 | 1.0000 |
| 20110622-LGH-FJAT-13398 | 4 | 4 | 1.0000 | 20140506-ZMX-FJAT-20193 | 4 | 4 | 1.0000 |
| 20110707-LGH-FJAT-4466 | 4 | 4 | 1.0000 | bonn-18 | 4 | 4 | 1.0000 |
| 20110707-LGH-FJAT-4516 | 4 | 4 | 1.0000 | C3-3 | 4 | 4 | 1.0000 |
| 20110707-LGH-FJAT-4587 | 4 | 4 | 1.0000 | CL FJK2-9-4-2 | 4 | 4 | 1.0000 |
| 20110718-LGH-FJAT-4529 | 4 | 4 | 1.0000 | FJAT-26652-1 | 4 | 4 | 1.0000 |
| 20110823-TXN-FJAT-14136 | 4 | 4 | 1.0000 | FJAT-26652-1 | 4 | 4 | 0.9999 |
| 20110823-TXN-FJAT-14151 | 4 | 4 | 1.0000 | FJAT-26652-1 | 4 | 4 | 0.9999 |
| 20111123-hu-125 | 4 | 4 | 1.0000 | FJAT-26652-1 | 4 | 4 | 1.0000 |
| 20120727-YQ-FJAT-16459 | 4 | 4 | 0.9999 | FJAT-26652-1 | 4 | 4 | 1.0000 |
| 20121030-FJAT-17417-ZR | 4 | 4 | 1.0000 | FJAT-26652-2 | 4 | 4 | 1.0000 |

续表

| 菌株名称 | 原分类 | 计算分类 | 后验概率 | 菌株名称 | 原分类 | 计算分类 | 后验概率 |
|---|---|---|---|---|---|---|---|
| FJAT-26652-2 | 4 | 4 | 1.0000 | LGH-FJAT-4503 | 4 | 4 | 1.0000 |
| FJAT-26652-2 | 4 | 4 | 1.0000 | LGH-FJAT-4508 | 4 | 4 | 1.0000 |
| FJAT-27399-1 | 4 | 4 | 0.9999 | LGH-FJAT-4509 | 4 | 4 | 0.9996 |
| LGF-20100726-FJAT-8759 | 4 | 4 | 1.0000 | LGH-FJAT-4510 | 4 | 4 | 0.9995 |
| LGF-20100809-FJAT-8783 | 4 | 4 | 1.0000 | LGH-FJAT-4511 | 4 | 4 | 1.0000 |
| LGF-20100824-FJAT-8768 | 4 | 4 | 1.0000 | LGH-FJAT-4514 | 4 | 4 | 0.9998 |
| LGH-FJAT-4401 | 4 | 4 | 1.0000 | LGH-FJAT-4524 | 4 | 4 | 1.0000 |
| LGH-FJAT-4406 | 4 | 4 | 1.0000 | LGH-FJAT-4525 | 4 | 4 | 1.0000 |
| LGH-FJAT-4420 | 4 | 4 | 0.9999 | LGH-FJAT-4551 | 4 | 4 | 1.0000 |
| LGH-FJAT-4421 | 4 | 4 | 1.0000 | LGH-FJAT-4552 | 4 | 4 | 1.0000 |
| LGH-FJAT-4422 | 4 | 4 | 1.0000 | LGH-FJAT-4607 | 4 | 4 | 1.0000 |
| LGH-FJAT-4425 | 4 | 4 | 1.0000 | LGH-FJAT-4608 | 4 | 4 | 1.0000 |
| LGH-FJAT-4426 | 4 | 4 | 1.0000 | LGH-FJAT-4611 | 4 | 4 | 0.9998 |
| LGH-FJAT-4467 | 4 | 4 | 1.0000 | LGH-FJAT-4612 | 4 | 4 | 0.9988 |
| LGH-FJAT-4488 | 4 | 4 | 0.9999 | wax-20100812-FJAT-10323 | 4 | 4 | 1.0000 |
| LGH-FJAT-4494 | 4 | 4 | 1.0000 | X3-5 | 4 | 4 | 1.0000 |
| LGH-FJAT-4501 | 4 | 4 | 1.0000 | X3-6 | 4 | 4 | 1.0000 |

*为判错

判别模型分类验证表明（表 7-2-54），对脂肪酸 I 型的判对概率为 0.9606；脂肪酸 II 型的判对概率为 0.8571；脂肪酸 III 型的判对概率为 0.9153；脂肪酸 IV 型的判对概率为 0.9910；整个方程的判对概率为 0.9473，能够精确地识别脂肪酸型（表 7-2-55）。在应用时，对被测芽胞杆菌测定脂肪酸组，将 $x_{(1)}$=15:0 anteiso、$x_{(2)}$=15:0 iso、$x_{(3)}$=16:0 iso、$x_{(7)}$=17:0 iso、$x_{(8)}$=14:0 iso、$x_{(10)}$=c14:0 的脂肪酸百分比带入方程，计算 $Y$ 值，当 $Y_1<Y<Y_2$ 时，该芽胞杆菌为脂肪酸 I 型；当 $Y_2<Y<Y_3$ 时，属于脂肪酸 II 型；当 $Y_3<Y<Y_4$ 时，属于脂肪酸 III 型；当 $Y>Y_4$ 时，属于脂肪酸 IV 型。

**表 7-2-55　巨大芽胞杆菌（*Bacillus megaterium*）脂肪酸型判别效果矩阵分析**

| 来自＼判为 | 第 I 型 | 第 II 型 | 第 III 型 | 第 IV 型 | 小计 | 正确率 |
|---|---|---|---|---|---|---|
| 第 I 型 | 244 | 4 | 6 | 0 | 254 | 0.9606 |
| 第 II 型 | 7 | 42 | 0 | 0 | 49 | 0.8571 |
| 第 III 型 | 10 | 0 | 108 | 0 | 118 | 0.9153 |
| 第 IV 型 | 0 | 0 | 1 | 110 | 111 | 0.9910 |

注：判对的概率=0.9473

## 十一、蕈状芽胞杆菌脂肪酸型分析

### 1. 蕈状芽胞杆菌脂肪酸组测定

蕈状芽胞杆菌[*Bacillus mycoides* Flügge 1886（Approved Lists 1980），species.]于 1886

年由 Flügge 发表。作者采集分离了 154 个蕈状芽胞杆菌菌株，分析主要脂肪酸组，见表 7-2-56。主要脂肪酸组 12 个，占总脂肪酸含量的 64.7972%，包括 15:0 anteiso、15:0 iso、16:0 iso、c16:0、17:0 anteiso、16:1ω7c alcohol、17:0 iso、14:0 iso、16:1ω11c、c14:0、17:1 iso ω10c、c18:0，主要脂肪酸组平均值分别为 3.74%、20.25%、6.37%、9.29%、2.09%、0.77%、10.60%、3.43%、1.01%、3.15%、3.03%、1.07%。

**表 7-2-56　蕈状芽胞杆菌（*Bacillus mycoides*）菌株主要脂肪酸组统计**

| 脂肪酸 | 菌株数 | 含量均值/% | 方差 | 标准差 | 中位数/% | 最小值/% | 最大值/% | Wilks 系数 | *P* |
|---|---|---|---|---|---|---|---|---|---|
| 15:0 anteiso | 154 | 3.7398 | 1.5913 | 1.2615 | 3.5250 | 0.0000 | 9.3700 | 0.8887 | 0.0000 |
| 15:0 iso | 154 | 20.2466 | 18.8982 | 4.3472 | 20.1750 | 11.6800 | 32.3000 | 0.9729 | 0.0040 |
| 16:0 iso | 154 | 6.3651 | 2.0785 | 1.4417 | 6.4200 | 3.3300 | 10.2300 | 0.9908 | 0.4184 |
| c16:0 | 154 | 9.2939 | 6.9579 | 2.6378 | 9.3100 | 3.1400 | 16.1200 | 0.9913 | 0.4654 |
| 17:0 anteiso | 154 | 2.0902 | 0.8995 | 0.9484 | 2.0300 | 0.0000 | 4.8700 | 0.9853 | 0.1030 |
| 16:1ω7c alcohol | 154 | 0.7721 | 0.7802 | 0.8833 | 0.2600 | 0.0000 | 4.6300 | 0.8013 | 0.0000 |
| 17:0 iso | 154 | 10.6031 | 9.0075 | 3.0012 | 10.3450 | 4.0800 | 23.0300 | 0.9636 | 0.0004 |
| 14:0 iso | 154 | 3.4333 | 0.8764 | 0.9361 | 3.4000 | 0.0000 | 7.3200 | 0.9608 | 0.0002 |
| 16:1ω11c | 154 | 1.0061 | 1.4624 | 1.2093 | 0.0850 | 0.0000 | 4.7400 | 0.7971 | 0.0000 |
| c14:0 | 154 | 3.1483 | 0.9863 | 0.9931 | 2.9850 | 0.0000 | 5.9200 | 0.9354 | 0.0000 |
| 17:1 iso ω10c | 154 | 3.0256 | 13.8480 | 3.7213 | 0.0000 | 0.0000 | 10.7100 | 0.7498 | 0.0000 |
| c18:0 | 154 | 1.0731 | 0.6905 | 0.8310 | 0.8900 | 0.0000 | 5.2600 | 0.8095 | 0.0000 |
| 总和 | | 64.7972 | | | | | | | |

## 2. 蕈状芽胞杆菌脂肪酸型聚类分析

以表 7-2-57 为矩阵，以菌株为样本，以脂肪酸为指标，以卡方距离为尺度，用可变类平均法进行系统聚类；聚类结果见图 7-2-11。分析结果可将 154 株蕈状芽胞杆菌分为 3 个脂肪酸型，即脂肪酸 I 型 63 个菌株，特征为到中心的卡方距离为 3.1500，15:0 iso 平均值为 9.55%，重要脂肪酸 15:0 anteiso、15:0 iso、17:0 anteiso、17:0 iso、16:0 iso、c16:0、16:1ω7c alcohol 等平均值分别为 4.71%、9.55%、3.08%、6.86%、4.52%、8.84%、2.55%。脂肪酸 II 型 61 个菌株，特征为到中心的卡方距离为 4.0394，15:0 iso 平均值为 12.02%；重要脂肪酸 15:0 anteiso、15:0 iso、17:0 anteiso、17:0 iso、16:0 iso、c16:0、16:1ω7c alcohol 等平均值分别为 4.78%、12.02%、2.88%、8.30%、3.21%、6.09%、1.34%。脂肪酸 III 型 30 个菌株，特征为到中心的卡方距离为 2.1714，15:0 iso 平均值为 4.60%；重要脂肪酸 15:0 anteiso、15:0 iso、17:0 anteiso、17:0 iso、16:0 iso、c16:0、16:1ω7c alcohol 等平均值分别为 4.71%、4.60%、3.54%、7.33%、4.70%、5.78%、1.01%。

**表 7-2-57　蕈状芽胞杆菌（*Bacillus mycoides*）菌株主要脂肪酸组**

| 型 | 菌株名称 | 15:0 anteiso | 15:0 iso | 17:0 anteiso | 17:0 iso | 16:0 iso | c16:0 | 16:1ω7c alcohol |
|---|---|---|---|---|---|---|---|---|
| I | 20110315-WZX-FJAT-8775 | 4.86* | 9.61 | 3.15 | 8.24 | 3.94 | 10.43 | 2.50 |
| I | 20110705-WZX-FJAT-13354 | 4.32 | 10.05 | 2.27 | 4.37 | 4.94 | 6.42 | 3.24 |
| I | 20110707-LGH-FJAT-4536 | 5.11 | 6.84 | 3.56 | 6.02 | 5.30 | 7.91 | 3.22 |

续表

| 型 | 菌株名称 | 15:0 anteiso | 15:0 iso | 17:0 anteiso | 17:0 iso | 16:0 iso | c16:0 | 16:1ω7c alcohol |
|---|---|---|---|---|---|---|---|---|
| I | 20110707-LGH-FJAT-4547 | 4.12 | 7.16 | 2.74 | 5.76 | 3.51 | 8.53 | 2.63 |
| I | 20110707-LGH-FJAT-4547 | 4.12 | 7.16 | 2.74 | 5.76 | 3.51 | 8.53 | 2.63 |
| I | 20110808-TXN-FJAT-14138 | 4.31 | 8.82 | 3.65 | 7.94 | 6.39 | 10.35 | 2.97 |
| I | 20111107-TXN-FJAT-14664 | 4.85 | 13.57 | 3.54 | 8.76 | 4.03 | 7.20 | 2.57 |
| I | 20111107-TXN-FJAT-14672 | 5.76 | 9.59 | 3.83 | 4.66 | 5.02 | 11.26 | 3.28 |
| I | 20111107-TXN-FJAT-14727 | 4.86 | 12.32 | 3.71 | 10.08 | 4.38 | 9.13 | 2.26 |
| I | 20111107-TXN-FJAT-14727 | 4.77 | 12.60 | 3.60 | 9.72 | 4.28 | 8.75 | 2.26 |
| I | 20120224-TXN-FJAT-14693 | 3.95 | 11.29 | 2.29 | 9.76 | 4.82 | 9.07 | 1.83 |
| I | 20120327-LGH-FJAT-14259 | 5.48 | 9.81 | 3.65 | 8.45 | 4.36 | 7.62 | 2.70 |
| I | 20120413-LGH-FJAT-14259 | 5.73 | 6.71 | 3.98 | 9.07 | 4.52 | 10.40 | 2.61 |
| I | 20120413-LGH-FJAT-8775 | 4.69 | 5.98 | 2.92 | 7.21 | 4.42 | 8.53 | 2.75 |
| I | 20120413-LGH-FJAT-8775 | 5.55 | 5.50 | 3.06 | 6.99 | 4.26 | 8.96 | 2.68 |
| I | 20120727-YQ-FJAT-16411 | 4.36 | 12.74 | 2.98 | 5.27 | 6.50 | 9.01 | 3.14 |
| I | 20120727-YQ-FJAT-16462 | 4.08 | 16.30 | 3.44 | 5.64 | 4.58 | 8.67 | 2.33 |
| I | 20121105-FJAT-16715-WK | 4.01 | 8.83 | 3.42 | 9.53 | 5.63 | 7.57 | 2.25 |
| I | 20121105-FJAT-16716-WK | 3.86 | 14.64 | 3.09 | 9.86 | 3.46 | 7.99 | 1.95 |
| I | 20121105-FJAT-16718-WK | 3.14 | 9.70 | 2.24 | 6.33 | 5.78 | 7.60 | 2.78 |
| I | 20121105-FJAT-16719-WK | 4.16 | 12.97 | 2.93 | 7.69 | 3.62 | 6.93 | 2.57 |
| I | 20121105-FJAT-16729-WK | 3.70 | 14.12 | 2.78 | 7.67 | 4.06 | 7.72 | 2.18 |
| I | 20121107-FJAT-16950-zr | 3.04 | 11.60 | 2.14 | 7.83 | 5.41 | 6.80 | 2.90 |
| I | 20121127-YQ-FJAT-16384 | 4.28 | 15.10 | 3.65 | 8.42 | 5.19 | 10.89 | 2.38 |
| I | 20121203-YQ-FJAT-16461 | 5.79 | 6.51 | 4.91 | 9.01 | 5.42 | 12.69 | 1.00 |
| I | 20130111-CYP-FJAT-16762 | 3.65 | 12.81 | 3.05 | 7.82 | 3.51 | 8.45 | 1.95 |
| I | 20130116-LGH-FJAT-8775-20c | 5.70 | 2.77 | 2.48 | 3.04 | 4.88 | 5.56 | 2.83 |
| I | 20130116-LGH-FJAT-8775-30mg | 7.68 | 3.79 | 4.39 | 4.98 | 4.10 | 12.62 | 2.73 |
| I | 20130116-LGH-FJAT-8775-37c | 5.31 | 12.99 | 5.28 | 11.47 | 4.73 | 10.87 | 1.96 |
| I | 20130116-LGH-FJAT-8775-40mg | 7.18 | 5.18 | 4.31 | 4.96 | 4.29 | 11.58 | 2.89 |
| I | 20130116-LGH-FJAT-8775-48h | 4.18 | 9.29 | 2.60 | 8.18 | 3.83 | 8.24 | 2.27 |
| I | 20130116-LGH-FJAT-8775-50mg | 6.52 | 5.76 | 3.58 | 5.22 | 4.55 | 10.70 | 3.02 |
| I | 20130116-LGH-FJAT-8775-72h | 4.13 | 12.61 | 2.27 | 4.35 | 3.25 | 9.75 | 2.29 |
| I | 20130117-LGH-FJAT-8775-0 | 8.71 | 3.92 | 3.78 | 2.30 | 3.51 | 11.98 | 2.76 |
| I | 20130117-LGH-FJAT-8775-18 | 7.49 | 2.57 | 4.51 | 5.88 | 4.36 | 11.31 | 2.34 |
| I | 20130117-LGH-FJAT-8775-40mg | 6.45 | 5.81 | 3.48 | 5.15 | 4.56 | 10.29 | 3.00 |
| I | 20130124-LGH-FJAT-8775-36h | 4.46 | 12.90 | 2.50 | 6.10 | 4.33 | 5.81 | 2.65 |
| I | 20130130-TXN-FJAT-8775 | 6.43 | 6.96 | 4.56 | 8.81 | 4.49 | 9.21 | 2.36 |
| I | 20130201-WJ-FJAT-16228 | 4.83 | 13.78 | 2.25 | 5.93 | 4.08 | 7.47 | 2.30 |
| I | 20130329-ll-FJAT-16816 | 4.51 | 5.94 | 2.77 | 6.41 | 6.21 | 7.06 | 3.53 |
| I | 20130401-ll-FJAT-16884 | 3.76 | 6.97 | 2.87 | 6.75 | 5.71 | 11.29 | 2.92 |
| I | 20130402-ll-FJAT-16902 | 3.46 | 10.05 | 2.59 | 6.17 | 7.10 | 7.00 | 3.74 |
| I | 20130403-ll-FJAT-16924 | 3.62 | 11.22 | 2.39 | 6.66 | 5.50 | 6.78 | 3.44 |

续表

| 型 | 菌株名称 | 15:0 anteiso | 15:0 iso | 17:0 anteiso | 17:0 iso | 16:0 iso | c16:0 | 16:1ω7c alcohol |
|---|---|---|---|---|---|---|---|---|
| I | 20130403-ll-FJAT-16944 | 5.02 | 12.74 | 2.72 | 6.25 | 4.73 | 7.62 | 2.35 |
| I | 20140325-LGH-FJAT-17844 | 4.30 | 12.31 | 3.36 | 9.24 | 5.61 | 5.82 | 2.40 |
| I | 20140325-ZEN-FJAT-22274 | 4.30 | 10.33 | 2.40 | 6.36 | 2.02 | 4.49 | 2.12 |
| I | 20140325-ZEN-FJAT-22343 | 3.65 | 11.73 | 2.51 | 6.01 | 5.24 | 9.66 | 2.55 |
| I | FJAT-14259GLU | 4.95 | 5.39 | 3.07 | 10.48 | 3.43 | 10.10 | 1.80 |
| I | FJAT-26046-1 | 4.53 | 8.12 | 3.09 | 4.11 | 4.42 | 12.46 | 2.70 |
| I | FJAT-26046-2 | 4.26 | 6.91 | 2.88 | 5.65 | 4.56 | 13.98 | 2.65 |
| I | FJAT-27023-1 | 4.75 | 6.29 | 2.77 | 3.23 | 3.28 | 11.16 | 2.18 |
| I | FJAT-27023-2 | 4.92 | 6.45 | 2.49 | 3.61 | 3.45 | 13.54 | 2.18 |
| I | FJAT-4538 | 4.45 | 6.55 | 2.44 | 5.17 | 5.37 | 5.66 | 3.64 |
| I | FJAT-4540 | 4.04 | 9.80 | 2.57 | 8.89 | 4.41 | 9.04 | 2.72 |
| I | FJAT-4749 | 3.48 | 9.13 | 2.04 | 5.10 | 4.19 | 8.66 | 2.37 |
| I | FJAT-8775LB | 4.61 | 10.25 | 2.47 | 2.89 | 4.10 | 3.19 | 2.47 |
| I | FJAT-8775NA | 3.56 | 11.91 | 2.07 | 6.65 | 5.52 | 4.41 | 2.21 |
| I | FJAT-8775NA+GLU | 4.38 | 8.42 | 2.57 | 9.08 | 2.62 | 10.93 | 1.60 |
| I | FJAT-8775NACL | 3.71 | 10.80 | 2.38 | 6.84 | 5.69 | 5.02 | 2.48 |
| I | LGF-20100726-FJAT-8775 | 4.58 | 8.49 | 3.69 | 8.85 | 4.13 | 12.16 | 2.51 |
| I | LGF-20100814-FJAT-8775 | 5.32 | 16.08 | 2.88 | 5.15 | 3.81 | 6.24 | 2.77 |
| I | LGF-FJAT-181 | 2.88 | 12.85 | 2.53 | 8.82 | 3.38 | 8.35 | 1.98 |
| I | LGF-FJAT-8775 | 4.33 | 12.48 | 3.19 | 9.54 | 4.17 | 9.52 | 2.45 |
| 脂肪酸 I 型 63 个菌株平均值 | | 4.71 | 9.55 | 3.08 | 6.86 | 4.52 | 8.84 | 2.55 |
| II | bonn-22 | 3.60 | 18.89 | 2.03 | 5.02 | 3.63 | 7.54 | 2.69 |
| II | LGH-FJAT-4388 | 3.84 | 11.63 | 2.21 | 4.60 | 3.09 | 8.14 | 2.32 |
| II | LGH-FJAT-4390 | 4.43 | 9.88 | 2.17 | 3.59 | 3.93 | 8.54 | 2.54 |
| II | LGH-FJAT-4392 | 4.17 | 15.06 | 2.19 | 3.98 | 2.45 | 8.15 | 2.02 |
| II | LGH-FJAT-4522 | 1.00 | 17.28 | 1.00 | 1.00 | 3.08 | 2.81 | 5.63 |
| II | LGH-FJAT-4540 | 3.02 | 11.15 | 1.00 | 3.99 | 1.94 | 9.68 | 2.05 |
| II | LGH-FJAT-4541 | 4.68 | 11.53 | 2.55 | 4.99 | 4.22 | 7.97 | 2.59 |
| II | LGH-FJAT-4547 | 3.67 | 15.16 | 1.00 | 3.57 | 3.61 | 4.80 | 2.96 |
| II | LGH-FJAT-4745b | 4.75 | 10.09 | 3.20 | 7.72 | 5.16 | 10.48 | 2.95 |
| II | LGH-FJAT-4749 | 3.58 | 7.29 | 2.46 | 8.22 | 5.21 | 10.07 | 2.62 |
| II | 20101221-WZX-FJAT-10700 | 4.57 | 21.62 | 1.80 | 3.77 | 1.43 | 1.00 | 1.00 |
| II | 20110520-LGH-FJAT-13845 | 3.82 | 10.07 | 2.04 | 8.45 | 2.28 | 4.26 | 1.00 |
| II | 20110601-LGH-FJAT-13902 | 4.27 | 13.51 | 2.50 | 9.98 | 4.06 | 4.74 | 1.00 |
| II | 20110607-WZX28D-FJAT-8767 | 3.63 | 13.62 | 3.83 | 16.17 | 3.30 | 8.05 | 1.00 |
| II | 20110607-WZX36h-FJAT-8767 | 4.33 | 6.95 | 3.26 | 7.97 | 3.69 | 6.68 | 1.00 |
| II | 20110607-WZX37D-FJAT-8767 | 3.63 | 18.64 | 3.88 | 16.10 | 2.18 | 8.97 | 1.00 |
| II | 20110614-LGH-FJAT-13831 | 8.23 | 10.15 | 4.69 | 9.28 | 1.92 | 9.03 | 1.00 |
| II | 20110614-LGH-FJAT-13845 | 4.94 | 7.59 | 5.87 | 11.74 | 4.24 | 6.78 | 1.00 |
| II | 20110707-LGH-FJAT-13571 | 3.73 | 9.19 | 2.97 | 10.94 | 3.00 | 6.61 | 1.00 |

续表

| 型 | 菌株名称 | 15:0 anteiso | 15:0 iso | 17:0 anteiso | 17:0 iso | 16:0 iso | c16:0 | 16:1ω7c alcohol |
|---|---|---|---|---|---|---|---|---|
| II | 20110707-LGH-FJAT-4560 | 4.14 | 10.30 | 2.70 | 5.71 | 2.69 | 5.76 | 1.69 |
| II | 20110707-LGH-FJAT-4734 | 4.46 | 12.25 | 2.28 | 6.11 | 1.47 | 2.98 | 1.00 |
| II | 20110718-LGH-FJAT-14085 | 3.98 | 10.80 | 3.40 | 13.24 | 3.37 | 6.18 | 1.00 |
| II | 20110718-LGH-FJAT-4765 | 6.95 | 12.31 | 3.60 | 8.37 | 2.22 | 4.90 | 1.00 |
| II | 20110718-LGH-FJAT-4778 | 3.61 | 10.34 | 2.09 | 8.72 | 1.51 | 6.64 | 1.00 |
| II | 20110729-LGH-FJAT-14123 | 3.02 | 16.33 | 3.98 | 19.95 | 2.04 | 3.37 | 1.00 |
| II | 20110826-LGH-FJAT-13956 | 8.34 | 12.14 | 3.95 | 15.53 | 2.08 | 3.50 | 1.00 |
| II | 20110826-LGH-FJAT-13982 | 4.67 | 8.84 | 4.44 | 9.86 | 4.88 | 7.68 | 1.29 |
| II | 20110826-LGH-FJAT-13983 | 4.09 | 9.07 | 3.84 | 9.44 | 4.13 | 9.25 | 1.00 |
| II | 20110907-YQ-FJAT-14284 | 4.70 | 16.39 | 2.74 | 6.72 | 3.33 | 3.76 | 1.00 |
| II | 201110-18-TXN-FJAT-14427 | 4.59 | 7.88 | 3.96 | 10.83 | 4.84 | 7.23 | 1.00 |
| II | 201110-18-TXN-FJAT-14444 | 6.94 | 12.90 | 3.52 | 7.22 | 3.40 | 4.34 | 1.00 |
| II | 201110-18-TXN-FJAT-14453 | 5.29 | 7.67 | 5.03 | 11.62 | 5.79 | 8.48 | 1.00 |
| II | 20111031-TXN-FJAT-14507 | 5.33 | 19.53 | 2.79 | 5.25 | 1.54 | 4.11 | 1.00 |
| II | 20111101-TXN-FJAT-14580 | 4.70 | 10.55 | 3.21 | 9.11 | 4.62 | 6.05 | 1.00 |
| II | 20120224-TXN-FJAT-14733 | 4.55 | 8.36 | 3.79 | 10.60 | 4.64 | 7.31 | 1.03 |
| II | 20120331-LGH-FJAT-4838 | 3.95 | 11.86 | 2.69 | 8.86 | 3.02 | 4.10 | 1.00 |
| II | 20120727-YQ-FJAT-16377 | 4.44 | 8.01 | 4.43 | 14.33 | 6.79 | 8.59 | 1.00 |
| II | 20120727-YQ-FJAT-16382 | 4.12 | 20.68 | 1.00 | 1.96 | 2.64 | 3.15 | 1.00 |
| II | 20121107-FJAT-17052-zr | 5.36 | 9.95 | 2.53 | 5.47 | 1.76 | 5.80 | 1.00 |
| II | 20121109-FJAT-17030-zr | 6.38 | 14.35 | 4.26 | 10.13 | 3.87 | 8.09 | 1.00 |
| II | 20130111-CYP-FJAT-17128 | 3.77 | 19.29 | 1.78 | 1.40 | 1.11 | 1.19 | 1.44 |
| II | 20130125-ZMX-FJAT-17678 | 3.84 | 9.58 | 2.37 | 9.06 | 2.96 | 6.64 | 1.00 |
| II | 20130129-TXN-FJAT-14604 | 3.60 | 18.46 | 1.62 | 2.48 | 1.54 | 1.21 | 1.53 |
| II | 20130306-ZMX-FJAT-16626 | 7.66 | 8.78 | 3.61 | 7.11 | 1.79 | 4.54 | 1.00 |
| II | 20130327-TXN-FJAT-16664 | 10.37 | 6.38 | 4.05 | 13.95 | 2.69 | 5.00 | 1.00 |
| II | 20130327-TXN-FJAT-16676 | 5.62 | 10.35 | 4.25 | 10.11 | 2.99 | 8.72 | 1.00 |
| II | 20130327-TXN-FJAT-16677 | 5.82 | 13.09 | 2.84 | 9.84 | 3.50 | 3.87 | 1.00 |
| II | 20130403-ll-FJAT-16906 | 4.62 | 7.03 | 3.77 | 8.55 | 3.05 | 7.00 | 1.00 |
| II | FJAT-143 | 7.05 | 10.25 | 3.21 | 5.27 | 1.15 | 4.76 | 1.00 |
| II | FJAT-4573 | 4.36 | 7.19 | 2.34 | 8.07 | 1.91 | 6.07 | 1.00 |
| II | FJAT-4650 | 4.18 | 21.43 | 1.98 | 11.03 | 1.51 | 4.51 | 1.00 |
| II | LGF-20100727-FJAT-8767 | 4.43 | 9.41 | 3.73 | 10.59 | 5.00 | 6.71 | 1.00 |
| II | LGF-20100809-FJAT-8767 | 4.49 | 9.33 | 3.74 | 10.50 | 4.95 | 6.76 | 1.00 |
| II | LGF-FJAT-8767 | 4.56 | 9.40 | 3.85 | 10.57 | 4.92 | 6.78 | 1.00 |
| II | LGH-FJAT-4447 | 6.82 | 9.80 | 1.00 | 3.63 | 4.07 | 5.25 | 1.00 |
| II | LGH-FJAT-4636 | 4.32 | 18.30 | 2.25 | 12.17 | 2.63 | 5.13 | 1.00 |
| II | LGH-FJAT-4721 | 4.52 | 10.71 | 2.17 | 5.15 | 2.69 | 5.20 | 1.60 |

续表

| 型 | 菌株名称 | 15:0 anteiso | 15:0 iso | 17:0 anteiso | 17:0 iso | 16:0 iso | c16:0 | 16:1ω7c alcohol |
|---|---|---|---|---|---|---|---|---|
| II | LGH-FJAT-4758 | 1.00 | 14.71 | 1.00 | 8.87 | 7.90 | 10.19 | 1.00 |
| II | LGH-FJAT-4765 | 7.42 | 14.72 | 1.00 | 9.05 | 3.07 | 4.48 | 1.00 |
| II | WGF 143 | 7.15 | 9.83 | 3.23 | 5.35 | 1.00 | 4.66 | 1.00 |
| II | wgf-747 | 4.61 | 5.62 | 1.00 | 3.63 | 2.34 | 7.09 | 1.00 |
| 脂肪酸 II 型 61 个菌株平均值 | | 4.78 | 12.02 | 2.88 | 8.30 | 3.21 | 6.09 | 1.34 |
| III | 20110530-WZX24h-FJAT-8767 | 5.12 | 7.76 | 3.52 | 7.83 | 4.13 | 5.47 | 1.00 |
| III | 20110603-WZX72h-FJAT-8767 | 3.66 | 6.97 | 2.26 | 5.27 | 3.74 | 3.15 | 1.00 |
| III | 20110615-WZX-FJAT-8767a | 5.37 | 3.39 | 4.71 | 10.59 | 7.89 | 8.35 | 1.00 |
| III | 20110615-WZX-FJAT-8767b | 5.23 | 3.22 | 5.27 | 10.74 | 7.14 | 8.73 | 1.00 |
| III | 20110615-WZX-FJAT-8767c | 5.37 | 4.10 | 4.89 | 10.95 | 6.61 | 9.09 | 1.00 |
| III | 20110615-WZX-FJAT-8767d | 4.84 | 4.72 | 4.32 | 11.33 | 5.99 | 7.95 | 1.00 |
| III | 20110615-WZX-FJAT-8767e | 5.16 | 4.52 | 4.47 | 10.38 | 6.62 | 8.35 | 1.00 |
| III | 20121030-FJAT-17409-ZR | 4.54 | 5.23 | 2.84 | 5.25 | 3.03 | 3.82 | 1.00 |
| III | 20121102-FJAT-17437-ZR | 4.31 | 6.65 | 3.10 | 6.78 | 4.41 | 4.36 | 1.00 |
| III | 20121102-FJAT-17456-ZR | 4.52 | 4.23 | 3.53 | 7.30 | 6.03 | 5.16 | 1.00 |
| III | 20121102-FJAT-17467-ZR | 3.51 | 5.13 | 2.65 | 5.52 | 2.64 | 3.96 | 1.00 |
| III | 20121107-FJAT-17048-zr | 4.91 | 4.30 | 4.02 | 7.06 | 6.43 | 7.21 | 1.00 |
| III | 20121109-FJAT-17048ns-zr | 4.70 | 4.04 | 4.07 | 7.23 | 6.37 | 6.74 | 1.00 |
| III | 20130111-CYP-FJAT-16759 | 5.51 | 3.49 | 3.93 | 6.84 | 5.17 | 9.06 | 1.00 |
| III | 20130111-CYP-FJAT-17151 | 4.59 | 5.92 | 3.26 | 6.32 | 4.25 | 5.20 | 1.00 |
| III | 20130115-CYP-FJAT-17143 | 4.34 | 3.66 | 2.78 | 4.84 | 3.78 | 3.78 | 1.00 |
| III | 20130115-CYP-FJAT-17157 | 4.93 | 5.42 | 3.95 | 8.75 | 6.58 | 6.07 | 1.00 |
| III | 20130129-TXN-FJAT-14629 | 4.84 | 4.18 | 2.99 | 4.89 | 3.09 | 4.23 | 1.00 |
| III | 20130328-TXN-FJAT-16686 | 4.66 | 3.66 | 3.01 | 6.08 | 3.59 | 3.75 | 1.00 |
| III | 20130328-TXN-FJAT-16689 | 5.35 | 1.00 | 4.00 | 7.38 | 5.37 | 7.35 | 1.00 |
| III | 20130328-TXN-FJAT-16709 | 4.59 | 5.18 | 3.47 | 7.46 | 3.55 | 5.46 | 1.00 |
| III | 20130329-ll-FJAT-16788 | 5.14 | 2.00 | 3.74 | 6.23 | 4.94 | 7.14 | 1.00 |
| III | 20130329-ll-FJAT-16802 | 4.37 | 3.54 | 3.35 | 7.85 | 2.62 | 4.77 | 1.00 |
| III | 20130329-ll-FJAT-16824 | 4.96 | 2.57 | 3.36 | 6.06 | 3.82 | 5.65 | 1.00 |
| III | 20130401-ll-FJAT-16837 | 4.19 | 5.97 | 2.50 | 5.02 | 1.86 | 3.33 | 1.00 |
| III | 20130402-ll-FJAT-16891 | 3.99 | 5.78 | 2.88 | 8.07 | 4.84 | 4.33 | 1.23 |
| III | 20130418-CYP-FJAT-17124 | 5.46 | 4.08 | 4.24 | 8.64 | 4.94 | 7.94 | 1.00 |
| III | LGF-20100824-FJAT-8767 | 4.93 | 5.86 | 2.97 | 4.49 | 3.97 | 4.50 | 1.00 |
| III | XKC17207 | 4.47 | 4.22 | 3.95 | 9.72 | 5.11 | 5.67 | 1.00 |
| III | XKC17224 | 3.67 | 7.13 | 2.14 | 5.06 | 2.62 | 2.86 | 1.00 |
| 脂肪酸 III 型 30 个菌株平均值 | | 4.71 | 4.60 | 3.54 | 7.33 | 4.70 | 5.78 | 1.01 |

续表

| 型 | 菌株名称 | c14:0 | 17:1 iso ω10c | c18:0 | 到中心的卡方距离 |
|---|---|---|---|---|---|
| I | 20110315-WZX-FJAT-8775 | 4.06 | 8.58 | 3.61 | 2.60 |
| I | 20110705-WZX-FJAT-13354 | 4.68 | 10.49 | 1.61 | 4.51 |
| I | 20110707-LGH-FJAT-4536 | 3.79 | 9.20 | 1.98 | 3.49 |
| I | 20110707-LGH-FJAT-4547 | 3.66 | 11.50 | 4.17 | 4.75 |
| I | 20110707-LGH-FJAT-4547 | 3.66 | 11.50 | 4.17 | 4.75 |
| I | 20110808-TXN-FJAT-14138 | 4.09 | 8.10 | 2.45 | 2.88 |
| I | 20111107-TXN-FJAT-14664 | 3.42 | 9.86 | 1.72 | 5.22 |
| I | 20111107-TXN-FJAT-14672 | 4.69 | 7.18 | 2.60 | 4.05 |
| I | 20111107-TXN-FJAT-14727 | 3.84 | 8.09 | 1.91 | 4.47 |
| I | 20111107-TXN-FJAT-14727 | 4.26 | 8.11 | 1.80 | 4.38 |
| I | 20120224-TXN-FJAT-14693 | 4.95 | 5.35 | 2.26 | 4.88 |
| I | 20120327-LGH-FJAT-14259 | 3.56 | 9.03 | 2.38 | 2.53 |
| I | 20120413-LGH-FJAT-14259 | 4.01 | 8.88 | 2.20 | 4.24 |
| I | 20120413-LGH-FJAT-8775 | 3.91 | 11.33 | 2.32 | 4.76 |
| I | 20120413-LGH-FJAT-8775 | 3.88 | 10.45 | 2.39 | 4.72 |
| I | 20120727-YQ-FJAT-16411 | 4.74 | 6.76 | 2.07 | 4.54 |
| I | 20120727-YQ-FJAT-16462 | 4.61 | 5.52 | 4.00 | 7.64 |
| I | 20121105-FJAT-16715-WK | 4.10 | 7.08 | 2.13 | 3.80 |
| I | 20121105-FJAT-16716-WK | 3.60 | 8.93 | 2.05 | 6.36 |
| I | 20121105-FJAT-16718-WK | 4.83 | 8.71 | 1.83 | 2.90 |
| I | 20121105-FJAT-16719-WK | 3.64 | 10.10 | 1.72 | 4.69 |
| I | 20121105-FJAT-16729-WK | 4.03 | 7.50 | 1.59 | 5.15 |
| I | 20121107-FJAT-16950-zr | 4.26 | 9.75 | 1.69 | 4.15 |
| I | 20121127-YQ-FJAT-16384 | 3.69 | 7.44 | 3.58 | 6.40 |
| I | 20121203-YQ-FJAT-16461 | 3.35 | 8.30 | 5.03 | 6.65 |
| I | 20130111-CYP-FJAT-16762 | 3.72 | 8.09 | 2.90 | 4.19 |
| I | 20130116-LGH-FJAT-8775-20c | 4.14 | 8.86 | 2.21 | 8.63 |
| I | 20130116-LGH-FJAT-8775-30mg | 4.51 | 7.30 | 2.13 | 8.37 |
| I | 20130116-LGH-FJAT-8775-37c | 3.46 | 6.43 | 2.28 | 6.95 |
| I | 20130116-LGH-FJAT-8775-40mg | 4.50 | 7.88 | 2.25 | 6.66 |
| I | 20130116-LGH-FJAT-8775-48h | 4.53 | 9.31 | 2.07 | 2.21 |
| I | 20130116-LGH-FJAT-8775-50mg | 4.46 | 8.74 | 2.02 | 5.49 |
| I | 20130116-LGH-FJAT-8775-72h | 6.32 | 7.16 | 2.06 | 5.00 |
| I | 20130117-LGH-FJAT-8775-0 | 5.17 | 6.34 | 2.16 | 9.60 |
| I | 20130117-LGH-FJAT-8775-18 | 4.53 | 6.37 | 2.88 | 8.37 |
| I | 20130117-LGH-FJAT-8775-40mg | 4.46 | 8.75 | 1.95 | 5.21 |
| I | 20130124-LGH-FJAT-8775-36h | 4.98 | 8.54 | 1.64 | 4.86 |
| I | 20130130-TXN-FJAT-8775 | 3.66 | 7.62 | 2.77 | 4.15 |
| I | 20130201-WJ-FJAT-16228 | 4.41 | 6.48 | 2.73 | 5.10 |

续表

| 型 | 菌株名称 | c14:0 | 17:1 iso ω10c | c18:0 | 到中心的卡方距离 |
|---|---|---|---|---|---|
| I | 20130329-ll-FJAT-16816 | 3.62 | 9.87 | 2.12 | 5.04 |
| I | 20130401-ll-FJAT-16884 | 3.93 | 9.65 | 2.56 | 4.15 |
| I | 20130402-ll-FJAT-16902 | 3.63 | 10.28 | 1.67 | 4.42 |
| I | 20130403-ll-FJAT-16924 | 4.69 | 10.45 | 1.82 | 4.01 |
| I | 20130403-ll-FJAT-16944 | 4.00 | 6.53 | 1.89 | 4.30 |
| I | 20140325-LGH-FJAT-17844 | 3.73 | 9.48 | 2.06 | 5.15 |
| I | 20140325-ZEN-FJAT-22274 | 3.32 | 11.71 | 2.13 | 6.38 |
| I | 20140325-ZEN-FJAT-22343 | 4.76 | 6.86 | 1.86 | 3.32 |
| I | FJAT-14259GLU | 3.12 | 6.72 | 2.40 | 6.31 |
| I | FJAT-26046-1 | 4.87 | 7.31 | 2.53 | 4.92 |
| I | FJAT-26046-2 | 4.34 | 8.45 | 2.88 | 5.98 |
| I | FJAT-27023-1 | 5.01 | 5.55 | 2.28 | 6.25 |
| I | FJAT-27023-2 | 5.07 | 5.62 | 2.49 | 7.19 |
| I | FJAT-4538 | 4.40 | 11.70 | 1.86 | 6.15 |
| I | FJAT-4540 | 3.94 | 10.24 | 2.38 | 2.99 |
| I | FJAT-4749 | 6.68 | 8.65 | 1.80 | 3.68 |
| I | FJAT-8775LB | 4.88 | 6.15 | 1.73 | 7.49 |
| I | FJAT-8775NA | 4.67 | 6.91 | 1.80 | 5.82 |
| I | FJAT-8775NA+GLU | 2.94 | 5.03 | 2.16 | 5.30 |
| I | FJAT-8775NACL | 4.15 | 7.68 | 2.05 | 4.49 |
| I | LGF-20100726-FJAT-8775 | 3.54 | 8.10 | 5.91 | 5.46 |
| I | LGF-20100814-FJAT-8775 | 4.39 | 5.85 | 1.84 | 7.73 |
| I | LGF-FJAT-181 | 5.21 | 7.81 | 6.26 | 6.38 |
| I | LGF-FJAT-8775 | 3.87 | 9.16 | 3.01 | 4.26 |
| 脂肪酸 I 型 63 个菌株平均值 | | 4.24 | 8.28 | 2.46 | RMSTD=3.1500 |
| II | bonn-22 | 4.63 | 1.00 | 1.44 | 8.51 |
| II | LGH-FJAT-4388 | 5.15 | 1.00 | 2.01 | 4.83 |
| II | LGH-FJAT-4390 | 5.44 | 1.00 | 1.85 | 6.71 |
| II | LGH-FJAT-4392 | 5.80 | 1.00 | 1.66 | 6.16 |
| II | LGH-FJAT-4522 | 5.71 | 1.00 | 1.00 | 12.22 |
| II | LGH-FJAT-4540 | 6.08 | 1.00 | 1.00 | 7.21 |
| II | LGH-FJAT-4541 | 5.47 | 1.00 | 1.88 | 4.60 |
| II | LGH-FJAT-4547 | 4.89 | 1.00 | 1.00 | 6.76 |
| II | LGH-FJAT-4745b | 3.64 | 1.00 | 2.33 | 5.78 |
| II | LGH-FJAT-4749 | 4.01 | 1.00 | 3.66 | 7.14 |
| II | 20101221-WZX-FJAT-10700 | 4.33 | 2.13 | 1.00 | 12.11 |
| II | 20110520-LGH-FJAT-13845 | 3.74 | 1.00 | 2.49 | 3.53 |
| II | 20110601-LGH-FJAT-13902 | 3.54 | 1.00 | 2.28 | 3.26 |
| II | 20110607-WZX28D-FJAT-8767 | 3.32 | 1.00 | 1.46 | 8.63 |
| II | 20110607-WZX36h-FJAT-8767 | 5.48 | 1.00 | 2.81 | 5.48 |

续表

| 型 | 菌株名称 | c14:0 | 17:1 iso ω10c | c18:0 | 到中心的卡方距离 |
|---|---|---|---|---|---|
| II | 20110607-WZX37D-FJAT-8767 | 3.44 | 1.00 | 1.46 | 11.02 |
| II | 20110614-LGH-FJAT-13831 | 5.78 | 1.00 | 2.61 | 5.81 |
| II | 20110614-LGH-FJAT-13845 | 3.34 | 1.00 | 3.25 | 6.74 |
| II | 20110707-LGH-FJAT-13571 | 3.58 | 1.00 | 3.37 | 4.51 |
| II | 20110707-LGH-FJAT-4560 | 5.89 | 3.09 | 2.11 | 4.22 |
| II | 20110707-LGH-FJAT-4734 | 4.29 | 1.00 | 1.99 | 4.33 |
| II | 20110718-LGH-FJAT-14085 | 3.55 | 1.00 | 1.69 | 5.45 |
| II | 20110718-LGH-FJAT-4765 | 3.65 | 1.00 | 1.65 | 2.96 |
| II | 20110718-LGH-FJAT-4778 | 4.18 | 1.00 | 4.08 | 3.68 |
| II | 20110729-LGH-FJAT-14123 | 1.57 | 1.00 | 1.51 | 13.43 |
| II | 20110826-LGH-FJAT-13956 | 2.16 | 1.00 | 2.10 | 8.97 |
| II | 20110826-LGH-FJAT-13982 | 3.88 | 1.08 | 1.99 | 4.64 |
| II | 20110826-LGH-FJAT-13983 | 3.75 | 1.00 | 2.10 | 4.88 |
| II | 20110907-YQ-FJAT-14284 | 4.82 | 1.00 | 1.00 | 5.44 |
| II | 201110-18-TXN-FJAT-14427 | 3.76 | 1.00 | 1.63 | 5.46 |
| II | 201110-18-TXN-FJAT-14444 | 3.85 | 1.00 | 1.66 | 3.29 |
| II | 201110-18-TXN-FJAT-14453 | 3.16 | 1.00 | 1.86 | 6.99 |
| II | 20111031-TXN-FJAT-14507 | 4.21 | 1.00 | 1.73 | 8.62 |
| II | 20111101-TXN-FJAT-14580 | 3.99 | 1.00 | 2.66 | 2.60 |
| II | 20120224-TXN-FJAT-14733 | 3.99 | 1.00 | 1.49 | 4.91 |
| II | 20120331-LGH-FJAT-4838 | 4.06 | 1.00 | 2.31 | 2.42 |
| II | 20120727-YQ-FJAT-16377 | 3.12 | 1.00 | 1.70 | 8.77 |
| II | 20120727-YQ-FJAT-16382 | 5.36 | 1.00 | 1.00 | 11.43 |
| II | 20121107-FJAT-17052-zr | 6.92 | 1.00 | 1.72 | 4.96 |
| II | 20121109-FJAT-17030-zr | 3.72 | 1.00 | 2.33 | 4.35 |
| II | 20130111-CYP-FJAT-17128 | 4.53 | 2.29 | 1.30 | 11.58 |
| II | 20130125-ZMX-FJAT-17678 | 3.55 | 1.00 | 2.22 | 3.21 |
| II | 20130129-TXN-FJAT-14604 | 4.29 | 3.22 | 1.23 | 10.58 |
| II | 20130306-ZMX-FJAT-16626 | 3.28 | 1.00 | 1.70 | 5.14 |
| II | 20130327-TXN-FJAT-16664 | 1.89 | 1.00 | 2.15 | 10.18 |
| II | 20130327-TXN-FJAT-16676 | 3.15 | 1.00 | 2.07 | 4.23 |
| II | 20130327-TXN-FJAT-16677 | 2.25 | 1.00 | 1.54 | 3.82 |
| II | 20130403-ll-FJAT-16906 | 3.66 | 1.00 | 3.64 | 5.63 |
| II | FJAT-143 | 6.46 | 1.00 | 1.00 | 5.58 |
| II | FJAT-4573 | 5.34 | 1.00 | 1.79 | 5.24 |
| II | FJAT-4650 | 3.37 | 1.00 | 1.59 | 10.17 |
| II | LGF-20100727-FJAT-8767 | 3.93 | 1.00 | 1.70 | 4.18 |
| II | LGF-20100809-FJAT-8767 | 3.88 | 1.00 | 1.68 | 4.18 |
| II | LGF-FJAT-8767 | 3.89 | 1.00 | 1.69 | 4.17 |
| II | LGH-FJAT-4447 | 6.58 | 1.00 | 1.00 | 7.25 |

续表

| 型 | 菌株名称 | c14:0 | 17:1 iso ω10c | c18:0 | 到中心的卡方距离 |
|---|---|---|---|---|---|
| II | LGH-FJAT-4636 | 3.20 | 1.00 | 2.10 | 7.62 |
| II | LGH-FJAT-4721 | 6.50 | 1.00 | 1.72 | 4.37 |
| II | LGH-FJAT-4758 | 1.00 | 1.00 | 1.00 | 9.33 |
| II | LGH-FJAT-4765 | 1.00 | 1.00 | 1.00 | 5.68 |
| II | WGF 143 | 6.01 | 1.00 | 1.00 | 5.63 |
| II | wgf-747 | 6.29 | 1.00 | 1.00 | 9.43 |
| 脂肪酸 II 型 61 个菌株平均值 | | 4.14 | 1.12 | 1.86 | RMSTD=4.0394 |
| III | 20110530-WZX24h-FJAT-8767 | 4.21 | 1.00 | 1.76 | 3.31 |
| III | 20110603-WZX72h-FJAT-8767 | 6.41 | 1.00 | 1.52 | 5.18 |
| III | 20110615-WZX-FJAT-8767a | 3.50 | 1.00 | 1.00 | 5.60 |
| III | 20110615-WZX-FJAT-8767b | 3.50 | 1.00 | 1.88 | 5.62 |
| III | 20110615-WZX-FJAT-8767c | 3.52 | 1.00 | 1.88 | 5.52 |
| III | 20110615-WZX-FJAT-8767d | 3.63 | 1.00 | 1.80 | 4.82 |
| III | 20110615-WZX-FJAT-8767e | 3.56 | 1.00 | 1.88 | 4.57 |
| III | 20121030-FJAT-17409-ZR | 4.11 | 1.00 | 1.64 | 3.47 |
| III | 20121102-FJAT-17437-ZR | 3.75 | 1.00 | 1.50 | 2.66 |
| III | 20121102-FJAT-17456-ZR | 3.48 | 1.00 | 1.73 | 1.60 |
| III | 20121102-FJAT-17467-ZR | 4.06 | 1.00 | 1.72 | 3.66 |
| III | 20121107-FJAT-17048-zr | 3.78 | 1.00 | 1.00 | 2.45 |
| III | 20121109-FJAT-17048ns-zr | 4.00 | 1.00 | 2.16 | 2.13 |
| III | 20130111-CYP-FJAT-16759 | 3.60 | 1.00 | 2.03 | 3.69 |
| III | 20130111-CYP-FJAT-17151 | 3.77 | 1.00 | 1.78 | 1.88 |
| III | 20130115-CYP-FJAT-17143 | 4.13 | 1.00 | 1.51 | 3.79 |
| III | 20130115-CYP-FJAT-17157 | 3.90 | 1.00 | 1.77 | 2.56 |
| III | 20130129-TXN-FJAT-14629 | 3.59 | 1.00 | 1.69 | 3.40 |
| III | 20130328-TXN-FJAT-16686 | 3.61 | 1.00 | 1.64 | 2.86 |
| III | 20130328-TXN-FJAT-16689 | 3.34 | 1.00 | 1.89 | 4.14 |
| III | 20130328-TXN-FJAT-16709 | 3.31 | 1.00 | 1.95 | 1.52 |
| III | 20130329-ll-FJAT-16788 | 3.61 | 1.00 | 2.21 | 3.25 |
| III | 20130329-ll-FJAT-16802 | 3.44 | 1.00 | 1.75 | 2.69 |
| III | 20130329-ll-FJAT-16824 | 3.77 | 1.00 | 2.26 | 2.65 |
| III | 20130401-ll-FJAT-16837 | 4.16 | 1.00 | 1.58 | 4.80 |
| III | 20130402-ll-FJAT-16891 | 3.98 | 1.77 | 1.55 | 2.39 |
| III | 20130418-CYP-FJAT-17124 | 3.36 | 1.00 | 1.98 | 2.85 |
| III | LGF-20100824-FJAT-8767 | 5.61 | 1.00 | 1.00 | 3.97 |
| III | XKC17207 | 3.52 | 1.00 | 2.00 | 2.60 |
| III | XKC17224 | 4.41 | 1.00 | 1.41 | 5.28 |
| 脂肪酸 III 型 30 个菌株平均值 | | 3.89 | 1.03 | 1.72 | RMSTD=2.1714 |

*脂肪酸型含量单位为%

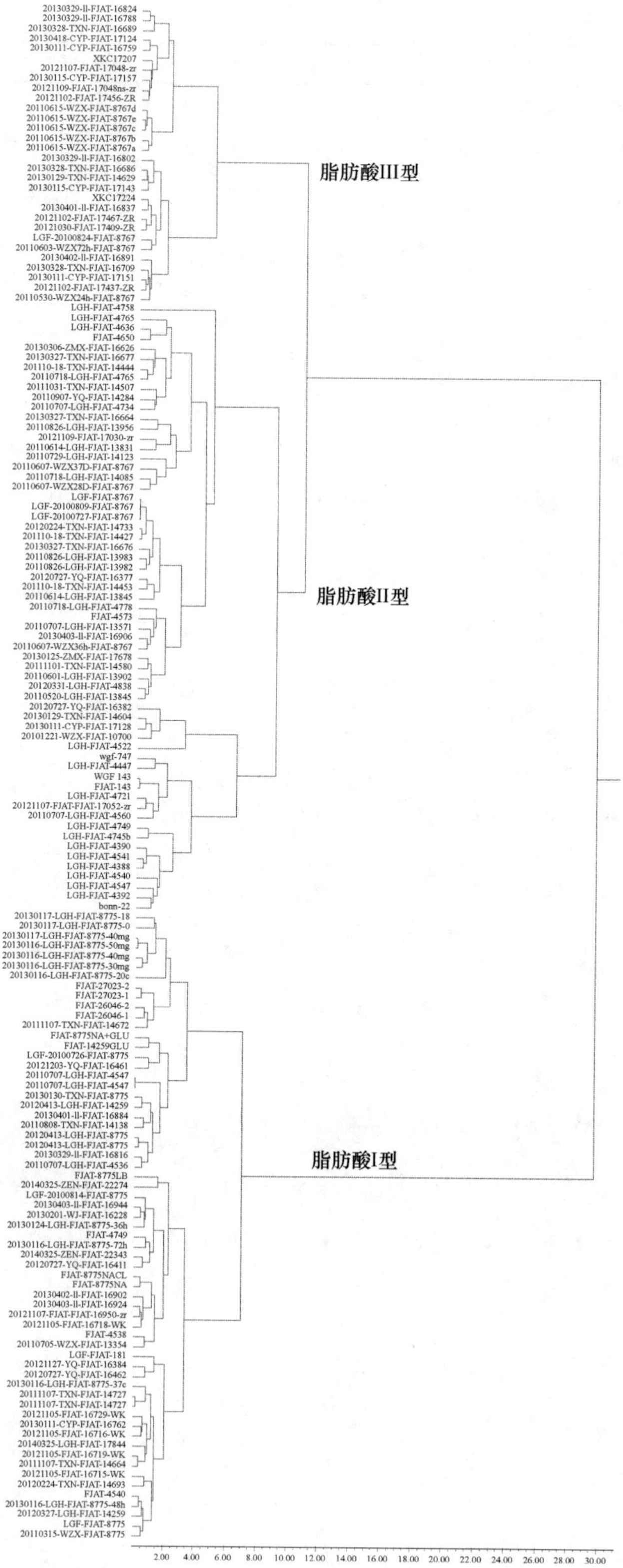


图 7-2-11 蕈状芽胞杆菌（*Bacillus mycoides*）脂肪酸型聚类分析（卡方距离）

### 3. 蕈状芽胞杆菌脂肪酸型判别模型建立

（1）分析原理。不同的蕈状芽胞杆菌菌株具有不同的脂肪酸组构成，通过上述聚类分析，可将蕈状芽胞杆菌菌株分为 3 类，利用逐步判别的方法（DPS 软件），建立蕈状芽胞杆菌菌株脂肪酸型判别模型，在建立模型的过程中，可以了解各因子对类别划分的重要性。

（2）数据矩阵。以表 7-2-57 的蕈状芽胞杆菌 154 个菌株的 12 个脂肪酸为矩阵，自变量 $x_{ij}$（$i$=1,···,154；$j$=1,···,12）由 154 个菌株的 12 个脂肪酸组成，因变量 $Y_i$（$i$=1,···,154）由 154 个菌株聚类类别组成脂肪酸型，采用贝叶斯逐步判别分析，建立蕈状芽胞杆菌菌株脂肪酸型判别模型。蕈状芽胞杆菌脂肪酸型判别模型入选因子见表 7-2-58，脂肪酸型类别间判别效果检验见表 7-2-59，模型计算后的分类验证和后验概率见表 7-2-60，脂肪酸型判别效果矩阵分析见表 7-2-61。建立的逐步判别分析因子筛选表明，以下 6 个因子入选，它们是 $x_{(1)}$=15:0 anteiso、$x_{(2)}$=15:0 iso、$x_{(3)}$=16:0 iso、$x_{(4)}$=c16:0、$x_{(8)}$=14:0 iso、$x_{(11)}$=17:1 iso ω10c，表明这些因子对脂肪酸型的判别具有显著贡献。判别模型如下：

$$Y_1=-144.1461+7.1224x_{(1)}+4.2250x_{(2)}+2.2974x_{(3)}+6.5778x_{(4)}+10.9314x_{(8)}+11.8522x_{(11)} \quad (7\text{-}2\text{-}32)$$

$$Y_2=-76.6978+6.1817x_{(1)}+3.5783x_{(2)}+2.3432x_{(3)}+4.4726x_{(4)}+9.2082x_{(8)}+4.8430x_{(11)} \quad (7\text{-}2\text{-}33)$$

$$Y_3=-57.6579+5.3835x_{(1)}+2.5767x_{(2)}+3.2495x_{(3)}+3.3969x_{(4)}+8.5122x_{(8)}+3.9144x_{(11)} \quad (7\text{-}2\text{-}34)$$

**表 7-2-58　蕈状芽胞杆菌（*Bacillus mycoides*）脂肪酸型判别模型入选因子**

| 脂肪酸 | Wilks 统计量 | *F* 值 | df | *P* | 入选状态 |
|---|---|---|---|---|---|
| 15:0 anteiso | 0.9389 | 4.7532 | 2，146 | 0.0099 | （已入选） |
| 15:0 iso | 0.5384 | 62.5837 | 2，146 | 0.0000 | （已入选） |
| 16:0 iso | 0.9341 | 5.1530 | 2，146 | 0.0068 | （已入选） |
| c16:0 | 0.6469 | 39.8436 | 2，146 | 0.0000 | （已入选） |
| 17:0 anteiso | 0.9877 | 0.9010 | 2，145 | 0.4084 | |
| 16:1ω7c alcohol | 0.9794 | 1.5271 | 2，145 | 0.2206 | |
| 17:0 iso | 0.9528 | 3.5878 | 2，145 | 0.0301 | |
| 14:0 iso | 0.9477 | 4.0300 | 2，146 | 0.0197 | （已入选） |
| 16:1ω11c | 0.9892 | 0.7894 | 2，145 | 0.4560 | |
| c14:0 | 0.9968 | 0.2308 | 2，145 | 0.7942 | |
| 17:1 iso ω10c | 0.0990 | 664.0750 | 2，146 | 0.0000 | （已入选） |
| c18:0 | 0.9897 | 0.7578 | 2，145 | 0.4706 | |

**表 7-2-59　蕈状芽胞杆菌（*Bacillus mycoides*）脂肪酸型两两分类间判别效果检验**

| 脂肪酸型 $i$ | 脂肪酸型 $j$ | 马氏距离 | *F* 值 | 自由度 $V_1$ | $V_2$ | *P* |
|---|---|---|---|---|---|---|
| I | II | 54.2033 | 270.7069 | 6 | 117 | $1\times10^{-7}$ |
| I | III | 75.0706 | 245.8517 | 6 | 86 | $1\times10^{-7}$ |
| II | III | 9.1319 | 29.5934 | 6 | 84 | $1\times10^{-7}$ |

判别模型分类验证表明（表 7-2-60），对脂肪酸 I 型的判对概率为 1.0；脂肪酸 II 型

的判对概率为 0.9672；脂肪酸 III 型的判对概率为 1.0；整个方程的判对概率为 0.987 01，能够精确地识别脂肪酸型（表 7-2-61）。在应用时，对被测芽胞杆菌测定脂肪酸组，将 $x_{(1)}$=15:0 anteiso、$x_{(2)}$=15:0 iso、$x_{(3)}$=16:0 iso、$x_{(4)}$=c16:0、$x_{(8)}$=14:0 iso、$x_{(11)}$=17:1 iso ω10c 的脂肪酸百分比带入方程，计算 $Y$ 值，当 $Y_1<Y<Y_2$ 时，该芽胞杆菌为脂肪酸 I 型；当 $Y_2<Y<Y_3$ 时，属于脂肪酸 II 型；当 $Y>Y_3$ 时，属于脂肪酸 III 型。

**表 7-2-60　蕈状芽胞杆菌（*Bacillus mycoides*）模型计算后的分类验证和后验概率**

| 菌株名称 | 原分类 | 计算分类 | 后验概率 | 菌株名称 | 原分类 | 计算分类 | 后验概率 |
|---|---|---|---|---|---|---|---|
| 20110315-WZX-FJAT-8775 | 1 | 1 | 1.0000 | 20130117-LGH-FJAT-8775-0 | 1 | 1 | 1.0000 |
| 20110705-WZX-FJAT-13354 | 1 | 1 | 1.0000 | 20130117-LGH-FJAT-8775-18 | 1 | 1 | 1.0000 |
| 20110707-LGH-FJAT-4536 | 1 | 1 | 1.0000 | 20130117-LGH-FJAT-8775-40mg | 1 | 1 | 1.0000 |
| 20110707-LGH-FJAT-4547 | 1 | 1 | 1.0000 | 20130124-LGH-FJAT-8775-36h | 1 | 1 | 1.0000 |
| 20110707-LGH-FJAT-4547 | 1 | 1 | 1.0000 | 20130130-TXN-FJAT-8775 | 1 | 1 | 1.0000 |
| 20110808-TXN-FJAT-14138 | 1 | 1 | 1.0000 | 20130201-WJ-FJAT-16228 | 1 | 1 | 1.0000 |
| 20111107-TXN-FJAT-14664 | 1 | 1 | 1.0000 | 20130329-ll-FJAT-16816 | 1 | 1 | 1.0000 |
| 20111107-TXN-FJAT-14672 | 1 | 1 | 1.0000 | 20130401-ll-FJAT-16884 | 1 | 1 | 1.0000 |
| 20111107-TXN-FJAT-14727 | 1 | 1 | 1.0000 | 20130402-ll-FJAT-16902 | 1 | 1 | 1.0000 |
| 20111107-TXN-FJAT-14727 | 1 | 1 | 1.0000 | 20130403-ll-FJAT-16924 | 1 | 1 | 1.0000 |
| 20120224-TXN-FJAT-14693 | 1 | 1 | 0.9999 | 20130403-ll-FJAT-16944 | 1 | 1 | 1.0000 |
| 20120327-LGH-FJAT-14259 | 1 | 1 | 1.0000 | 20140325-LGH-FJAT-17844 | 1 | 1 | 1.0000 |
| 20120413-LGH-FJAT-14259 | 1 | 1 | 1.0000 | 20140325-ZEN-FJAT-22274 | 1 | 1 | 1.0000 |
| 20120413-LGH-FJAT-8775 | 1 | 1 | 1.0000 | 20140325-ZEN-FJAT-22343 | 1 | 1 | 1.0000 |
| 20120413-LGH-FJAT-8775 | 1 | 1 | 1.0000 | FJAT-14259GLU | 1 | 1 | 1.0000 |
| 20120727-YQ-FJAT-16411 | 1 | 1 | 1.0000 | FJAT-26046-1 | 1 | 1 | 1.0000 |
| 20120727-YQ-FJAT-16462 | 1 | 1 | 1.0000 | FJAT-26046-2 | 1 | 1 | 1.0000 |
| 20121105-FJAT-16715-WK | 1 | 1 | 1.0000 | FJAT-27023-1 | 1 | 1 | 1.0000 |
| 20121105-FJAT-16716-WK | 1 | 1 | 1.0000 | FJAT-27023-2 | 1 | 1 | 1.0000 |
| 20121105-FJAT-16718-WK | 1 | 1 | 1.0000 | FJAT-4538 | 1 | 1 | 1.0000 |
| 20121105-FJAT-16719-WK | 1 | 1 | 1.0000 | FJAT-4540 | 1 | 1 | 1.0000 |
| 20121105-FJAT-16729-WK | 1 | 1 | 1.0000 | FJAT-4749 | 1 | 1 | 1.0000 |
| 20121107-FJAT-16950-zr | 1 | 1 | 1.0000 | FJAT-8775LB | 1 | 1 | 0.9288 |
| 20121127-YQ-FJAT-16384 | 1 | 1 | 1.0000 | FJAT-8775NA | 1 | 1 | 1.0000 |
| 20121203-YQ-FJAT-16461 | 1 | 1 | 1.0000 | FJAT-8775NA+GLU | 1 | 1 | 0.9989 |
| 20130111-CYP-FJAT-16762 | 1 | 1 | 1.0000 | FJAT-8775NACL | 1 | 1 | 1.0000 |
| 20130116-LGH-FJAT-8775-20c | 1 | 1 | 1.0000 | LGF-20100726-FJAT-8775 | 1 | 1 | 1.0000 |
| 20130116-LGH-FJAT-8775-30mg | 1 | 1 | 1.0000 | LGF-20100814-FJAT-8775 | 1 | 1 | 1.0000 |
| 20130116-LGH-FJAT-8775-37c | 1 | 1 | 1.0000 | LGF-FJAT-181 | 1 | 1 | 1.0000 |
| 20130116-LGH-FJAT-8775-40mg | 1 | 1 | 1.0000 | LGF-FJAT-8775 | 1 | 1 | 1.0000 |
| 20130116-LGH-FJAT-8775-48h | 1 | 1 | 1.0000 | bonn-22 | 2 | 2 | 1.0000 |
| 20130116-LGH-FJAT-8775-50mg | 1 | 1 | 1.0000 | LGH-FJAT-4388 | 2 | 2 | 0.9987 |
| 20130116-LGH-FJAT-8775-72h | 1 | 1 | 1.0000 | LGH-FJAT-4390 | 2 | 2 | 0.9981 |

续表

| 菌株名称 | 原分类 | 计算分类 | 后验概率 | 菌株名称 | 原分类 | 计算分类 | 后验概率 |
|---|---|---|---|---|---|---|---|
| LGH-FJAT-4392 | 2 | 2 | 1.0000 | 20130129-TXN-FJAT-14604 | 2 | 2 | 1.0000 |
| LGH-FJAT-4522 | 2 | 2 | 0.9966 | 20130306-ZMX-FJAT-16626 | 2 | 2 | 0.9736 |
| LGH-FJAT-4540 | 2 | 2 | 0.9995 | 20130327-TXN-FJAT-16664 | 2 | 2 | 0.9522 |
| LGH-FJAT-4541 | 2 | 2 | 0.9983 | 20130327-TXN-FJAT-16676 | 2 | 2 | 0.9986 |
| LGH-FJAT-4547 | 2 | 2 | 0.9971 | 20130327-TXN-FJAT-16677 | 2 | 2 | 0.9773 |
| LGH-FJAT-4745b | 2 | 2 | 0.9978 | 20130403-ll-FJAT-16906 | 2 | 2 | 0.5962 |
| LGH-FJAT-4749 | 2 | 2 | 0.8596 | FJAT-143 | 2 | 2 | 0.9984 |
| 20101221-WZX-FJAT-10700 | 2 | 2 | 1.0000 | FJAT-4573 | 2 | 2 | 0.7017 |
| 20110520-LGH-FJAT-13845 | 2 | 2 | 0.9066 | FJAT-4650 | 2 | 2 | 1.0000 |
| 20110601-LGH-FJAT-13902 | 2 | 2 | 0.9930 | LGF-20100727-FJAT-8767 | 2 | 2 | 0.6870 |
| 20110607-WZX28D-FJAT-8767 | 2 | 2 | 0.9988 | LGF-20100809-FJAT-8767 | 2 | 2 | 0.6983 |
| 20110607-WZX36h-FJAT-8767 | 2 | 3* | 0.6188 | LGF-FJAT-8767 | 2 | 2 | 0.7392 |
| 20110607-WZX37D-FJAT-8767 | 2 | 2 | 1.0000 | LGH-FJAT-4447 | 2 | 2 | 0.9938 |
| 20110614-LGH-FJAT-13831 | 2 | 2 | 1.0000 | LGH-FJAT-4636 | 2 | 2 | 1.0000 |
| 20110614-LGH-FJAT-13845 | 2 | 2 | 0.7596 | LGH-FJAT-4721 | 2 | 2 | 0.9724 |
| 20110707-LGH-FJAT-13571 | 2 | 2 | 0.8282 | LGH-FJAT-4758 | 2 | 2 | 0.9326 |
| 20110707-LGH-FJAT-4560 | 2 | 2 | 0.9937 | LGH-FJAT-4765 | 2 | 2 | 0.9998 |
| 20110707-LGH-FJAT-4734 | 2 | 2 | 0.9785 | WGF 143 | 2 | 2 | 0.9977 |
| 20110718-LGH-FJAT-14085 | 2 | 2 | 0.9043 | wgf-747 | 2 | 2 | 0.9610 |
| 20110718-LGH-FJAT-4765 | 2 | 2 | 0.9983 | 20110530-WZX24h-FJAT-8767 | 3 | 3 | 0.5738 |
| 20110718-LGH-FJAT-4778 | 2 | 2 | 0.9921 | 20110603-WZX72h-FJAT-8767 | 3 | 3 | 0.9864 |
| 20110729-LGH-FJAT-14123 | 2 | 2 | 0.9892 | 20110615-WZX-FJAT-8767a | 3 | 3 | 0.9897 |
| 20110826-LGH-FJAT-13956 | 2 | 2 | 0.9955 | 20110615-WZX-FJAT-8767b | 3 | 3 | 0.9803 |
| 20110826-LGH-FJAT-13982 | 2 | 2 | 0.8093 | 20110615-WZX-FJAT-8767c | 3 | 3 | 0.9034 |
| 20110826-LGH-FJAT-13983 | 2 | 2 | 0.9719 | 20110615-WZX-FJAT-8767d | 3 | 3 | 0.9423 |
| 20110907-YQ-FJAT-14284 | 2 | 2 | 0.9995 | 20110615-WZX-FJAT-8767e | 3 | 3 | 0.9401 |
| 201110-18-TXN-FJAT-14427 | 2 | 2 | 0.5197 | 20121030-FJAT-17409-ZR | 3 | 3 | 0.9848 |
| 201110-18-TXN-FJAT-14444 | 2 | 2 | 0.9953 | 20121102-FJAT-17437-ZR | 3 | 3 | 0.9718 |
| 201110-18-TXN-FJAT-14453 | 2 | 2 | 0.7435 | 20121102-FJAT-17456-ZR | 3 | 3 | 0.9977 |
| 20111031-TXN-FJAT-14507 | 2 | 2 | 1.0000 | 20121102-FJAT-17467-ZR | 3 | 3 | 0.9871 |
| 20111101-TXN-FJAT-14580 | 2 | 2 | 0.9501 | 20121107-FJAT-17048-zr | 3 | 3 | 0.9816 |
| 20120224-TXN-FJAT-14733 | 2 | 2 | 0.6934 | 20121109-FJAT-17048ns-zr | 3 | 3 | 0.9934 |
| 20120331-LGH-FJAT-4838 | 2 | 2 | 0.9398 | 20130111-CYP-FJAT-16759 | 3 | 3 | 0.7177 |
| 20120727-YQ-FJAT-16377 | 2 | 3* | 0.6193 | 20130111-CYP-FJAT-17151 | 3 | 3 | 0.9561 |
| 20120727-YQ-FJAT-16382 | 2 | 2 | 1.0000 | 20130115-CYP-FJAT-17143 | 3 | 3 | 0.9961 |
| 20121107-FJAT-17052-zr | 2 | 2 | 0.9959 | 20130115-CYP-FJAT-17157 | 3 | 3 | 0.9883 |
| 20121109-FJAT-17030-zr | 2 | 2 | 0.9999 | 20130129-TXN-FJAT-14629 | 3 | 3 | 0.9877 |
| 20130111-CYP-FJAT-17128 | 2 | 2 | 1.0000 | 20130328-TXN-FJAT-16686 | 3 | 3 | 0.9973 |
| 20130125-ZMX-FJAT-17678 | 2 | 2 | 0.9738 | 20130328-TXN-FJAT-16689 | 3 | 3 | 0.9958 |

续表

| 菌株名称 | 原分类 | 计算分类 | 后验概率 | 菌株名称 | 原分类 | 计算分类 | 后验概率 |
|---|---|---|---|---|---|---|---|
| 20130328-TXN-FJAT-16709 | 3 | 3 | 0.9496 | 20130402-ll-FJAT-16891 | 3 | 3 | 0.9835 |
| 20130329-ll-FJAT-16788 | 3 | 3 | 0.9903 | 20130418-CYP-FJAT-17124 | 3 | 3 | 0.8551 |
| 20130329-ll-FJAT-16802 | 3 | 3 | 0.9904 | LGF-20100824-FJAT-8767 | 3 | 3 | 0.9522 |
| 20130329-ll-FJAT-16824 | 3 | 3 | 0.9923 | XKC17207 | 3 | 3 | 0.9951 |
| 20130401-ll-FJAT-16837 | 3 | 3 | 0.9661 | XKC17224 | 3 | 3 | 0.9681 |

*为判错

**表 7-2-61　蕈状芽胞杆菌（*Bacillus mycoides*）脂肪酸型判别效果矩阵分析**

| 来自＼判为 | 第 I 型 | 第 II 型 | 第 III 型 | 小计 | 正确率 |
|---|---|---|---|---|---|
| 第 I 型 | 63 | 0 | 0 | 63 | 1 |
| 第 II 型 | 0 | 59 | 2 | 61 | 0.9672 |
| 第 III 型 | 0 | 0 | 30 | 30 | 1 |

注：判对的概率=0.987 01

## 十二、短小芽胞杆菌脂肪酸型分析

### 1. 短小芽胞杆菌脂肪酸组测定

短小芽胞杆菌[*Bacillus pumilus* Meyer and Gottheil 1901（Approved Lists 1980），species.]于 1901 年由 Meyer 和 Gottheil 发表。作者采集分离了 218 个短小芽胞杆菌菌株，分析主要脂肪酸组，见表 7-2-62。主要脂肪酸组 12 个，占总脂肪酸含量的 97.9026%，包括 15:0 anteiso、15:0 iso、16:0 iso、c16:0、17:0 anteiso、16:1ω7c alcohol、17:0 iso、14:0 iso、16:1ω11c、c14:0、17:1 iso ω10c、c18:0，主要脂肪酸组平均值分别为 26.24%、50.62%、3.05%、2.86%、4.61%、0.43%、6.34%、1.41%、0.60%、0.77%、0.67%、0.30%。

**表 7-2-62　短小芽胞杆菌（*Bacillus pumilus*）菌株主要脂肪酸组统计**

| 脂肪酸 | 菌株数 | 含量均值/% | 方差 | 标准差 | 中位数/% | 最小值/% | 最大值/% | Wilks 系数 | *P* |
|---|---|---|---|---|---|---|---|---|---|
| 15:0 iso | 218 | 50.6230 | 43.5528 | 6.5995 | 51.0800 | 31.0400 | 63.0600 | 0.9781 | 0.0018 |
| 15:0 anteiso | 218 | 26.2407 | 14.0254 | 3.7450 | 25.8850 | 15.0500 | 37.6100 | 0.9201 | 0.0000 |
| 16:0 iso | 218 | 3.0514 | 0.9364 | 0.9677 | 3.1650 | 0.0000 | 5.8200 | 0.9956 | 0.7928 |
| 17:0 iso | 218 | 6.3415 | 4.4443 | 2.1081 | 6.3100 | 2.5600 | 19.2200 | 0.8523 | 0.0000 |
| 17:0 anteiso | 218 | 4.6065 | 2.0488 | 1.4314 | 4.4550 | 1.9000 | 9.7300 | 0.9719 | 0.0002 |
| c16:0 | 218 | 2.8605 | 1.4062 | 1.1858 | 2.5800 | 0.8800 | 9.9800 | 0.7929 | 0.0000 |
| 16:1ω7c alcohol | 218 | 0.4286 | 0.1453 | 0.3812 | 0.3800 | 0.0000 | 2.1700 | 0.8136 | 0.0000 |
| 14:0 iso | 218 | 1.4139 | 0.1896 | 0.4354 | 1.3700 | 0.0000 | 3.3000 | 0.9269 | 0.0000 |
| 16:1ω11c | 218 | 0.6029 | 0.2496 | 0.4996 | 0.4950 | 0.0000 | 2.8900 | 0.8345 | 0.0000 |
| c14:0 | 218 | 0.7669 | 0.1067 | 0.3266 | 0.7300 | 0.0000 | 2.1500 | 0.8943 | 0.0000 |
| 17:1 iso ω10c | 218 | 0.6704 | 0.3843 | 0.6199 | 0.6750 | 0.0000 | 3.1300 | 0.8884 | 0.0000 |
| c18:0 | 218 | 0.2963 | 0.1320 | 0.3633 | 0.2000 | 0.0000 | 2.2000 | 0.7557 | 0.0000 |
| 总和 | | 97.9026 | | | | | | | |

## 2. 短小芽胞杆菌脂肪酸型聚类分析

以表 7-2-63 为矩阵，以菌株为样本，以脂肪酸为指标，以卡方距离为尺度，用可变类平均法进行系统聚类；聚类结果见图 7-2-12。分析结果可将 218 株短小芽胞杆菌分为 3 个脂肪酸型，即脂肪酸 I 型 31 个菌株，特征为到中心的卡方距离为 4.0162，15:0 iso 平均值为 9.07%，重要脂肪酸 15:0 anteiso、15:0 iso、17:0 anteiso、17:0 iso、16:0 iso、c16:0、16:1ω7c alcohol 等平均值分别为 17.94%、9.07%、5.56%、6.88%、4.71%、4.55%、1.16%。脂肪酸 II 型 100 个菌株，特征为到中心的卡方距离为 2.6812，15:0 iso 平均值为 26.07%；重要脂肪酸 15:0 anteiso、15:0 iso、17:0 anteiso、17:0 iso、16:0 iso、c16:0、16:1ω7c alcohol 等平均值为 9.95%、26.07%、2.70%、3.60%、3.47%、2.45%、1.51%。脂肪酸 III 型 87 个菌株，特征为到中心的卡方距离为 2.2178，15:0 iso 平均值为 18.38%；重要脂肪酸 15:0 anteiso、15:0 iso、17:0 anteiso、17:0 iso、16:0 iso、c16:0、16:1ω7c alcohol 等平均值为 12.72%、18.38%、4.20%、5.39%、4.48%、3.03%、1.44%。

**表 7-2-63　短小芽胞杆菌（*Bacillus pumilus*）菌株主要脂肪酸组**

| 型 | 菌株名称 | 15:0 anteiso | 15:0 iso | 17:0 anteiso | 17:0 iso | 16:0 iso | c16:0 | 16:1ω7c alcohol |
|---|---|---|---|---|---|---|---|---|
| I | 20101207-WZX-FJAT-b5 | 21.12* | 8.99 | 6.80 | 5.68 | 5.51 | 2.46 | 1.17 |
| I | 20101208-WZX-FJAT-26 | 21.60 | 8.39 | 6.89 | 5.73 | 5.38 | 2.72 | 1.07 |
| I | 20101208-WZX-FJAT-28 | 21.50 | 8.79 | 6.79 | 5.68 | 5.33 | 2.57 | 1.08 |
| I | 20101212-WZX-FJAT-10898 | 23.56 | 10.46 | 6.32 | 4.09 | 4.14 | 3.46 | 1.00 |
| I | 20101221-WZX-FJAT-10670 | 23.23 | 5.56 | 6.96 | 5.43 | 4.89 | 3.52 | 1.18 |
| I | 20101221-WZX-FJAT-10687 | 22.25 | 5.76 | 6.91 | 6.84 | 4.47 | 3.85 | 1.00 |
| I | 20101221-WZX-FJAT-10695 | 21.88 | 9.78 | 5.18 | 4.49 | 4.97 | 3.53 | 1.00 |
| I | 20110314-WZX-FJAT-519 | 20.98 | 3.98 | 6.66 | 4.53 | 4.61 | 4.17 | 1.85 |
| I | 20110622-LGH-FJAT-13436 | 20.19 | 10.78 | 5.01 | 4.44 | 4.65 | 3.45 | 1.19 |
| I | 20110902-TXN-FJAT-14178 | 23.51 | 8.12 | 6.40 | 5.00 | 4.93 | 2.77 | 1.00 |
| I | 20121129-LGH-FJAT-4502 | 20.43 | 10.16 | 5.99 | 5.04 | 4.56 | 2.91 | 1.36 |
| I | 20130129-ZMX-FJAT-17726 | 23.06 | 8.19 | 5.87 | 4.26 | 4.35 | 3.40 | 1.26 |
| I | 20130129-ZMX-FJAT-17726 | 23.07 | 8.18 | 5.84 | 4.25 | 4.35 | 3.58 | 1.26 |
| I | CAAS-MIX K22 | 20.39 | 6.01 | 5.74 | 5.07 | 3.96 | 3.83 | 1.45 |
| I | YSJ-4A-2 | 22.94 | 7.20 | 5.76 | 6.20 | 4.73 | 3.12 | 1.00 |
| I | 20110510-wzx50d-FJAT-8758 | 9.45 | 6.28 | 5.04 | 17.66 | 5.73 | 5.56 | 1.00 |
| I | 20110524-WZX50D-FJAT-8764 | 10.42 | 5.33 | 5.04 | 16.82 | 6.24 | 4.99 | 1.00 |
| I | 2011053-WZX18h-FJAT-8779 | 13.79 | 14.30 | 3.88 | 7.08 | 3.67 | 6.73 | 1.00 |
| I | 20110615-WZX-FJAT-8788a | 14.80 | 12.45 | 2.35 | 6.93 | 2.62 | 8.94 | 1.00 |
| I | 20110622-LGH-FJAT-13397 | 13.73 | 11.57 | 5.57 | 6.83 | 4.62 | 3.32 | 1.08 |
| I | 20110622-LGH-FJAT-13401 | 15.11 | 10.12 | 5.65 | 6.37 | 4.72 | 3.29 | 1.00 |
| I | 20110622-LGH-FJAT-13428 | 16.05 | 11.81 | 6.08 | 7.68 | 4.80 | 3.17 | 1.07 |
| I | 20110622-LGH-FJAT-13429 | 16.53 | 11.94 | 5.37 | 6.46 | 5.02 | 3.48 | 1.13 |
| I | 20110823-TXN-FJAT-14322 | 13.07 | 10.69 | 7.13 | 7.67 | 4.84 | 5.65 | 1.12 |
| I | 20110907-TXN-FJAT-14377 | 16.87 | 10.16 | 6.40 | 4.87 | 5.48 | 4.40 | 1.30 |

续表

| 型 | 菌株名称 | 15:0 anteiso | 15:0 iso | 17:0 anteiso | 17:0 iso | 16:0 iso | c16:0 | 16:1ω7c alcohol |
|---|---|---|---|---|---|---|---|---|
| I | 20120321-LGH-FJAT-201 | 14.79 | 1.00 | 4.72 | 9.74 | 6.82 | 10.10 | 1.22 |
| I | 20130418-CYP-FJAT-17130 | 16.39 | 8.58 | 5.11 | 6.46 | 6.27 | 5.91 | 1.28 |
| I | FJAT-8788LB | 15.57 | 10.99 | 2.11 | 5.79 | 2.88 | 6.30 | 1.20 |
| I | HONG 1 | 12.94 | 12.39 | 3.11 | 7.62 | 4.43 | 7.76 | 1.00 |
| I | LGF-20100726-FJAT-8779 | 6.86 | 10.72 | 3.75 | 11.27 | 6.18 | 6.07 | 1.72 |
| I | LGH-FJAT-4842 | 19.95 | 12.38 | 7.95 | 7.24 | 1.00 | 6.05 | 1.00 |
| 脂肪酸 I 型 31 个菌株平均值 | | 17.94 | 9.07 | 5.56 | 6.88 | 4.71 | 4.55 | 1.16 |
| II | 20101207-LGF-FJAT-8785 | 10.12 | 27.58 | 2.52 | 3.51 | 3.60 | 2.48 | 1.20 |
| II | 20101207-WZX-FJAT-25 | 10.70 | 26.19 | 2.83 | 3.89 | 4.41 | 1.97 | 1.42 |
| II | 20101208-WZX-FJAT-27 | 11.34 | 22.90 | 3.60 | 4.88 | 4.94 | 2.29 | 1.41 |
| II | 20101208-WZX-FJAT-B13 | 11.46 | 24.72 | 2.99 | 3.75 | 4.64 | 1.88 | 1.59 |
| II | 20101208-WZX-FJAT-B6 | 11.83 | 23.24 | 2.94 | 4.20 | 4.39 | 2.81 | 1.36 |
| II | 20101221-WZX-FJAT-10964 | 11.44 | 24.68 | 3.30 | 4.64 | 3.66 | 2.07 | 1.44 |
| II | 20110227-SDG-FJAT-11278 | 9.66 | 24.51 | 3.30 | 4.96 | 4.15 | 2.39 | 1.50 |
| II | 20110227-SDG-FJAT-11288 | 10.18 | 24.21 | 3.86 | 5.11 | 4.04 | 2.14 | 1.51 |
| II | 20110314-SDG-FJAT-10226 | 10.17 | 24.21 | 2.61 | 3.78 | 3.86 | 2.35 | 1.66 |
| II | 20110314-SDG-FJAT-10619 | 10.38 | 23.26 | 3.33 | 5.02 | 4.04 | 2.51 | 1.53 |
| II | 20110314-SDG-FJAT-10619 | 11.10 | 25.14 | 3.00 | 4.82 | 4.03 | 2.47 | 1.17 |
| II | 20110314-SDG-FJAT-10633 | 12.12 | 26.23 | 2.37 | 3.29 | 3.44 | 2.14 | 1.34 |
| II | 20110315-SDG-FJAT-10223 | 10.41 | 26.54 | 2.35 | 3.70 | 3.90 | 2.01 | 1.52 |
| II | 20110530-WZX24h-FJAT-8779 | 13.98 | 22.23 | 2.28 | 3.75 | 3.38 | 2.38 | 1.39 |
| II | 20110607-WZX36h-FJAT-8779 | 14.57 | 24.20 | 1.99 | 2.99 | 3.21 | 1.82 | 1.39 |
| II | 20110622-LGH-FJAT-14044 | 4.10 | 25.33 | 3.69 | 1.86 | 4.46 | 2.72 | 3.07 |
| II | 20110721-SDG-FJAT-13880 | 12.76 | 28.24 | 1.73 | 2.13 | 3.51 | 1.70 | 1.34 |
| II | 20110729-LGH-FJAT-14096 | 6.33 | 16.69 | 5.37 | 2.10 | 5.09 | 4.01 | 3.17 |
| II | 20110729-LGH-FJAT-14110 | 9.95 | 27.35 | 2.36 | 3.63 | 3.48 | 2.52 | 1.33 |
| II | 20110729-LGH-FJAT-14113 | 7.24 | 25.79 | 2.74 | 4.54 | 3.74 | 3.55 | 1.00 |
| II | 20110823-LGH-FJAT-13974 | 9.61 | 25.55 | 3.14 | 4.04 | 3.47 | 2.62 | 1.32 |
| II | 20110826-LGH-FJAT-13979 | 9.96 | 27.18 | 2.40 | 2.76 | 3.42 | 2.53 | 1.21 |
| II | 20110826-LGH-FJAT-R10（H1） | 12.06 | 29.19 | 1.84 | 1.86 | 3.09 | 1.47 | 1.51 |
| II | 20110826-LGH-FJAT-R10（H2） | 11.84 | 28.24 | 2.07 | 2.30 | 3.32 | 1.53 | 1.59 |
| II | 20110826-LGH-FJAT-R18（H1） | 11.42 | 28.14 | 1.93 | 1.42 | 3.31 | 1.49 | 1.81 |
| II | 20110826-LGH-FJAT-R18（H3） | 11.45 | 27.32 | 1.96 | 2.26 | 3.35 | 2.59 | 1.55 |
| II | 20111103-TXN-FJAT-14528 | 10.01 | 24.87 | 3.25 | 5.19 | 4.16 | 2.73 | 1.12 |
| II | 20111107-TXN-FJAT-14647 | 10.92 | 24.55 | 3.40 | 5.10 | 4.03 | 2.52 | 1.17 |
| II | 20111107-TXN-FJAT-14726 | 13.93 | 22.03 | 4.03 | 3.97 | 5.02 | 1.82 | 1.18 |
| II | 20111123-hu-116 | 12.93 | 27.54 | 2.29 | 2.60 | 3.54 | 1.87 | 1.00 |
| II | 20120321-LGH-FJAT-42 | 11.77 | 21.92 | 2.90 | 3.42 | 4.51 | 2.77 | 1.56 |
| II | 20120328-LGH-FJAT-4123 | 9.10 | 22.06 | 3.47 | 4.99 | 3.21 | 2.41 | 1.58 |
| II | 20121030-FJAT-17408-ZR | 12.21 | 23.58 | 2.73 | 3.62 | 4.18 | 3.02 | 1.26 |

续表

| 型 | 菌株名称 | 15:0 anteiso | 15:0 iso | 17:0 anteiso | 17:0 iso | 16:0 iso | c16:0 | 16:1ω7c alcohol |
|---|---|---|---|---|---|---|---|---|
| II | 20121102-FJAT-17444-ZR | 10.28 | 27.33 | 2.42 | 3.60 | 3.30 | 2.16 | 1.31 |
| II | 20121102-FJAT-17451-ZR | 9.31 | 11.72 | 6.69 | 2.26 | 4.47 | 6.06 | 2.44 |
| II | 20121105-FJAT-17444-ZR | 10.30 | 27.27 | 2.47 | 3.63 | 3.31 | 2.27 | 1.31 |
| II | 20130419-YQ-FJAT-16705 | 11.16 | 24.62 | 2.89 | 4.28 | 4.19 | 2.80 | 1.18 |
| II | 20130419-YQ-FJAT-16705 | 11.08 | 24.47 | 2.88 | 4.26 | 4.22 | 2.93 | 1.17 |
| II | 20140325-LGH-FJAT-21955 | 10.33 | 23.72 | 3.58 | 5.00 | 3.82 | 2.27 | 1.54 |
| II | 20140325-LGH-FJAT-22412 | 10.27 | 23.72 | 3.55 | 5.00 | 3.81 | 2.28 | 1.54 |
| II | 20140506-ZMX-FJAT-20208 | 13.48 | 25.34 | 2.47 | 3.23 | 3.68 | 1.84 | 1.27 |
| II | CAAS-D15 | 8.81 | 30.14 | 1.76 | 1.97 | 1.94 | 1.86 | 1.63 |
| II | CAAS-D35 | 9.67 | 28.34 | 2.05 | 2.26 | 2.04 | 2.10 | 1.63 |
| II | CAAS-D45 | 10.97 | 28.99 | 2.72 | 2.33 | 1.88 | 1.97 | 1.26 |
| II | CAAS-D5 | 9.37 | 29.90 | 1.73 | 1.83 | 1.94 | 2.00 | 1.58 |
| II | CAAS-G-11 | 10.42 | 29.85 | 2.01 | 1.54 | 2.12 | 2.42 | 1.39 |
| II | CAAS-G-18 | 10.35 | 30.84 | 2.10 | 1.94 | 2.00 | 1.81 | 1.41 |
| II | CL-361 | 8.09 | 26.72 | 2.59 | 4.01 | 3.25 | 3.11 | 1.36 |
| II | CL-362 | 11.31 | 27.23 | 2.45 | 2.90 | 2.96 | 2.75 | 1.33 |
| II | CL-FQ-0-6-2 | 9.42 | 30.00 | 2.33 | 4.71 | 4.20 | 2.43 | 1.00 |
| II | FJAT-41174-1 | 4.26 | 24.70 | 3.28 | 3.02 | 3.43 | 2.95 | 2.77 |
| II | FJAT-41769-1 | 1.00 | 25.05 | 2.60 | 4.18 | 2.99 | 4.25 | 2.45 |
| II | hgp sm12-t-1 | 10.81 | 21.53 | 3.98 | 4.53 | 3.90 | 2.84 | 1.51 |
| II | HGP SM27-T-3 | 6.15 | 27.71 | 2.61 | 4.77 | 3.57 | 2.38 | 1.80 |
| II | HGP SM28-T-2 | 9.16 | 19.70 | 3.06 | 5.23 | 3.68 | 3.39 | 1.57 |
| II | HGP SM28-T-3 | 3.22 | 32.40 | 1.56 | 4.17 | 3.19 | 2.30 | 1.54 |
| II | hxj-A7-4 | 11.06 | 25.39 | 3.39 | 4.92 | 3.62 | 2.65 | 1.24 |
| II | hxj-H-1 | 10.86 | 25.21 | 3.72 | 4.96 | 3.03 | 3.16 | 1.00 |
| II | hxj-H-6 | 10.24 | 24.05 | 4.15 | 6.27 | 3.68 | 2.57 | 1.27 |
| II | LGF-20100726-FJAT-8785 | 9.68 | 24.06 | 3.42 | 6.44 | 4.85 | 2.54 | 1.20 |
| II | LGF-20100812-FJAT-10007 | 11.24 | 21.49 | 3.42 | 4.94 | 4.41 | 3.58 | 1.18 |
| II | LGF-20100812-FJAT-8785 | 12.11 | 22.89 | 3.37 | 4.69 | 4.42 | 2.80 | 1.17 |
| II | LGF-FJAT-512 | 4.02 | 29.59 | 2.48 | 5.78 | 3.01 | 3.77 | 1.32 |
| II | LGH-FJAT-4400 | 9.85 | 26.11 | 2.90 | 5.04 | 3.54 | 2.31 | 1.35 |
| II | LGH-FJAT-4479 | 11.77 | 24.71 | 3.73 | 5.27 | 4.62 | 2.40 | 1.00 |
| II | LGH-FJAT-4500 | 13.20 | 22.30 | 3.31 | 5.18 | 3.01 | 3.49 | 1.00 |
| II | LGH-FJAT-4512 | 12.67 | 23.42 | 3.31 | 4.88 | 3.38 | 3.49 | 1.00 |
| II | LGH-FJAT-4561 | 7.11 | 31.57 | 2.43 | 4.65 | 4.47 | 2.80 | 1.00 |
| II | LGH-FJAT-4563 | 8.70 | 30.53 | 2.27 | 4.34 | 3.93 | 2.32 | 1.00 |
| II | LGH-FJAT-4657 | 12.44 | 23.88 | 4.21 | 5.27 | 4.69 | 2.66 | 1.00 |
| II | ljy-11-1 | 8.18 | 23.54 | 2.56 | 2.95 | 2.75 | 2.50 | 2.45 |
| II | ljy-13-10 | 8.68 | 27.62 | 1.93 | 2.52 | 2.74 | 1.82 | 1.92 |
| II | ljy-14-1 | 8.07 | 27.90 | 2.85 | 4.19 | 3.77 | 2.13 | 1.58 |

续表

| 型 | 菌株名称 | 15:0 anteiso | 15:0 iso | 17:0 anteiso | 17:0 iso | 16:0 iso | c16:0 | 16:1ω7c alcohol |
|---|---|---|---|---|---|---|---|---|
| II | ljy-14-4 | 8.65 | 26.67 | 2.60 | 3.62 | 3.30 | 1.65 | 1.61 |
| II | ljy-14-8 | 8.89 | 29.39 | 1.06 | 1.00 | 2.35 | 1.11 | 2.48 |
| II | ljy-16-4 | 9.30 | 24.95 | 1.86 | 1.94 | 3.37 | 1.00 | 3.03 |
| II | ljy-16-8 | 8.20 | 26.00 | 1.44 | 1.81 | 2.60 | 1.63 | 2.83 |
| II | ljy-23-5 | 7.94 | 25.98 | 1.00 | 1.23 | 2.10 | 2.52 | 2.27 |
| II | ljy-24-7 | 7.02 | 26.97 | 2.29 | 3.80 | 3.12 | 2.79 | 1.43 |
| II | ljy-31-7 | 9.10 | 28.81 | 2.52 | 3.84 | 3.14 | 2.13 | 1.00 |
| II | ljy-31-9 | 7.47 | 29.98 | 1.97 | 3.52 | 3.13 | 2.43 | 1.42 |
| II | ljy-32-10 | 11.30 | 23.94 | 2.55 | 3.31 | 3.16 | 2.57 | 1.86 |
| II | ljy-34-8 | 9.27 | 27.07 | 1.86 | 2.08 | 2.70 | 1.48 | 2.19 |
| II | LSX-8350 | 12.12 | 21.59 | 4.05 | 5.23 | 4.35 | 2.84 | 1.28 |
| II | lsx-8627-2 | 11.22 | 22.99 | 3.59 | 4.70 | 4.37 | 2.69 | 1.40 |
| II | orgn-21 | 8.84 | 28.60 | 1.60 | 1.93 | 2.74 | 1.96 | 1.88 |
| II | orgn-3 | 7.92 | 23.80 | 2.11 | 3.26 | 2.86 | 3.62 | 1.55 |
| II | RSX-20091229-FJAT-7388 | 8.07 | 27.71 | 3.07 | 4.83 | 3.15 | 2.41 | 1.37 |
| II | RSX-20091229-FJAT-7408 | 9.44 | 27.49 | 2.56 | 3.35 | 3.07 | 3.01 | 1.29 |
| II | S-400-7 | 10.71 | 24.82 | 2.24 | 2.70 | 3.49 | 1.97 | 2.22 |
| II | TQR-234 | 10.65 | 29.86 | 2.01 | 2.65 | 2.64 | 2.40 | 1.13 |
| II | TQR-246 | 9.06 | 33.02 | 1.41 | 2.31 | 2.44 | 1.66 | 1.26 |
| II | TQR-249 | 10.16 | 31.51 | 1.68 | 2.49 | 2.79 | 1.95 | 1.16 |
| II | tqr-265 | 9.55 | 32.98 | 1.10 | 1.59 | 2.35 | 1.79 | 1.25 |
| II | X3-1 | 12.01 | 24.66 | 3.76 | 3.66 | 4.17 | 4.31 | 1.00 |
| II | ysj-5c-20 | 11.96 | 25.42 | 1.74 | 1.74 | 2.52 | 2.55 | 1.00 |
| II | ysj-b10 | 10.30 | 32.71 | 1.43 | 1.90 | 2.62 | 1.64 | 1.24 |
| II | ysj-c14 | 8.50 | 30.60 | 2.64 | 4.00 | 2.94 | 2.00 | 1.29 |
| II | ysj-c15 | 9.12 | 31.27 | 2.40 | 3.45 | 2.83 | 1.86 | 1.27 |
| II | ZXF-20091216-OrgSn-13 | 12.34 | 27.14 | 1.55 | 1.26 | 2.66 | 1.42 | 1.99 |
| 脂肪酸 II 型 100 个菌株平均值 | | 9.95 | 26.07 | 2.70 | 3.60 | 3.47 | 2.45 | 1.51 |
| III | 20110106-SDG-FJAT-10074 | 11.93 | 22.65 | 3.61 | 4.36 | 3.64 | 2.65 | 1.48 |
| III | 20110106-SDG-FJAT-10075 | 13.76 | 21.30 | 3.50 | 3.74 | 3.81 | 2.88 | 1.49 |
| III | 20110314-SDG-FJAT-10633 | 13.56 | 20.75 | 3.37 | 3.79 | 3.71 | 2.98 | 1.59 |
| III | 20110314-WZX-FJAT-255 | 14.85 | 17.95 | 3.30 | 2.94 | 3.28 | 2.68 | 1.85 |
| III | 20110520-LGH-FJAT-13835 | 10.41 | 19.33 | 4.51 | 6.93 | 5.06 | 3.16 | 1.45 |
| III | 20110520-LGH-FJAT-13848 | 13.34 | 20.65 | 3.25 | 4.43 | 5.06 | 2.31 | 1.46 |
| III | 20110524-WZX48h-FJAT-8779 | 12.29 | 19.32 | 2.10 | 3.27 | 3.32 | 3.46 | 1.39 |
| III | 20110607-WZX20D-FJAT-8779 | 15.54 | 20.71 | 2.54 | 3.28 | 3.03 | 2.30 | 1.55 |
| III | 20110607-WZX28D-FJAT-8779 | 15.65 | 20.96 | 2.52 | 3.18 | 2.99 | 2.34 | 1.58 |
| III | 20110607-WZX37D-FJAT-8779 | 12.58 | 19.97 | 4.07 | 8.06 | 4.96 | 2.35 | 1.00 |
| III | 20110615-WZX-FJAT-8779b | 12.36 | 18.46 | 3.60 | 6.33 | 4.11 | 3.42 | 1.52 |
| III | 20110615-WZX-FJAT-8779c | 12.22 | 20.76 | 3.15 | 5.46 | 4.19 | 2.60 | 1.54 |

续表

| 型 | 菌株名称 | 15:0 anteiso | 15:0 iso | 17:0 anteiso | 17:0 iso | 16:0 iso | c16:0 | 16:1ω7c alcohol |
|---|---|---|---|---|---|---|---|---|
| III | 20110615-WZX-FJAT-8779d | 12.13 | 21.10 | 2.90 | 5.16 | 3.97 | 2.69 | 1.49 |
| III | 20110615-WZX-FJAT-8779e | 12.36 | 21.92 | 2.71 | 4.67 | 3.86 | 2.38 | 1.62 |
| III | 20110705-LGH-FJAT-15 | 12.41 | 19.20 | 4.42 | 5.72 | 4.33 | 4.03 | 1.10 |
| III | 20110707-LGH-FJAT-13565 | 7.04 | 22.21 | 3.63 | 6.47 | 4.35 | 3.61 | 1.46 |
| III | 20110707-LGH-FJAT-13573 | 11.61 | 14.46 | 4.92 | 5.70 | 5.87 | 4.51 | 1.24 |
| III | 20110707-LGH-FJAT-13595 | 15.03 | 13.97 | 5.57 | 5.87 | 4.74 | 3.31 | 1.49 |
| III | 20110718-LGH-FJAT-14076 | 9.61 | 21.21 | 4.43 | 7.35 | 4.05 | 3.36 | 1.22 |
| III | 20110718-LGH-FJAT-14077 | 10.44 | 22.65 | 4.08 | 6.42 | 3.80 | 3.35 | 1.17 |
| III | 20110718-LGH-FJAT-4560 | 14.01 | 19.79 | 3.17 | 3.51 | 4.02 | 2.09 | 1.75 |
| III | 20110718-LGH-FJAT-4660 | 13.09 | 18.45 | 4.03 | 4.48 | 4.16 | 2.69 | 1.97 |
| III | 20110823-LGH-FJAT-13969 | 8.67 | 22.32 | 3.74 | 5.12 | 3.89 | 3.76 | 1.31 |
| III | 20110902-TXN-FJAT-14135 | 18.85 | 16.63 | 4.17 | 4.54 | 2.58 | 2.28 | 1.35 |
| III | 20110907-TXN-FJAT-14352 | 13.55 | 15.08 | 5.61 | 6.35 | 4.63 | 3.75 | 1.37 |
| III | 20110907-TXN-FJAT-14362 | 14.05 | 15.90 | 5.53 | 6.12 | 5.33 | 2.87 | 1.43 |
| III | 20111101-TXN-FJAT-14491 | 9.91 | 17.57 | 5.53 | 8.08 | 4.68 | 4.29 | 1.15 |
| III | 20111107-TXN-FJAT-14726 | 14.03 | 17.27 | 5.49 | 5.43 | 5.51 | 2.37 | 1.18 |
| III | 20111123-hu-115 | 11.62 | 13.70 | 8.83 | 9.03 | 4.56 | 2.82 | 1.12 |
| III | 20111205-LGH-FJAT-8779-2 | 12.82 | 20.60 | 2.61 | 4.89 | 3.90 | 3.31 | 1.43 |
| III | 20120224-TXN-FJAT-14736 | 12.08 | 17.77 | 4.87 | 5.13 | 4.20 | 2.73 | 1.84 |
| III | 20120229-TXN-FJAT-14704 | 14.98 | 16.61 | 4.87 | 4.48 | 5.57 | 2.17 | 1.63 |
| III | 20120229-TXN-FJAT-14725 | 13.33 | 20.98 | 3.35 | 4.08 | 4.70 | 2.68 | 1.50 |
| III | 20120321-LGH-FJAT-363 | 12.81 | 20.36 | 4.03 | 4.96 | 4.70 | 2.58 | 1.40 |
| III | 20120322-LGH-FJAT-361 | 12.32 | 12.94 | 4.80 | 5.33 | 4.33 | 4.73 | 1.62 |
| III | 20120327-LGH-FJAT-362 | 12.33 | 17.37 | 4.90 | 6.08 | 4.66 | 3.24 | 1.44 |
| III | 20120327-LGH-FJAT-401 | 9.68 | 18.54 | 3.85 | 5.08 | 4.49 | 3.47 | 1.61 |
| III | 20120327-LGH-FJAT-6# | 7.73 | 18.28 | 3.91 | 5.13 | 4.44 | 3.49 | 1.55 |
| III | 20121030-FJAT-17404-ZR | 13.42 | 18.08 | 4.45 | 5.48 | 4.50 | 3.87 | 1.31 |
| III | 20121030-FJAT-17419-ZR | 13.29 | 16.00 | 4.82 | 5.50 | 5.12 | 3.31 | 1.36 |
| III | 20121030-FJAT-17420-ZR | 11.41 | 18.69 | 4.27 | 5.54 | 5.47 | 3.05 | 1.25 |
| III | 20121030-FJAT-17426-ZR | 12.81 | 21.15 | 3.18 | 4.05 | 5.18 | 2.60 | 1.38 |
| III | 20121030-FJAT-17429-ZR | 13.99 | 14.37 | 5.54 | 6.60 | 5.95 | 2.92 | 1.27 |
| III | 20121030-FJAT-17432-ZR | 12.12 | 20.52 | 3.56 | 4.73 | 4.63 | 2.71 | 1.40 |
| III | 20121030-FJAT-17434-ZR | 12.01 | 17.91 | 3.34 | 4.16 | 4.36 | 3.06 | 1.36 |
| III | 20121030-FJAT-XKC17230NS-ZR | 13.19 | 17.41 | 5.21 | 5.91 | 4.40 | 2.48 | 1.50 |
| III | 20121102-FJAT-17457-ZR | 11.67 | 20.05 | 4.23 | 5.91 | 4.63 | 3.11 | 1.23 |
| III | 20121102-FJAT-17470-ZR | 11.30 | 20.07 | 3.63 | 5.45 | 5.11 | 2.93 | 1.40 |
| III | 20121105-FJAT-17426-ZR | 12.88 | 21.21 | 3.19 | 4.04 | 5.18 | 2.63 | 1.40 |
| III | 20121105-FJAT-17429-ZR | 14.04 | 14.38 | 5.61 | 6.66 | 5.97 | 2.96 | 1.27 |
| III | 20121105-FJAT-17432-ZR | 12.30 | 20.82 | 3.55 | 4.69 | 4.63 | 2.72 | 1.40 |
| III | 20121105-FJAT-17434-ZR | 11.98 | 17.80 | 3.49 | 4.27 | 4.31 | 3.10 | 1.36 |

续表

| 型 | 菌株名称 | 15:0 anteiso | 15:0 iso | 17:0 anteiso | 17:0 iso | 16:0 iso | c16:0 | 16:1ω7c alcohol |
|---|---|---|---|---|---|---|---|---|
| III | 20121105-FJAT-17457-ZR | 11.87 | 20.37 | 4.20 | 5.89 | 4.64 | 3.11 | 1.23 |
| III | 20121105-FJAT-17470-ZR | 11.34 | 20.05 | 3.68 | 5.46 | 5.12 | 2.97 | 1.40 |
| III | 20121207-YQ-FJAT-16389 | 11.67 | 17.66 | 3.82 | 8.81 | 4.56 | 2.62 | 1.08 |
| III | 20130111-CYP-FJAT-17125 | 15.53 | 19.03 | 3.28 | 3.27 | 4.46 | 2.61 | 1.32 |
| III | 20130111-CYP-FJAT-17125 | 15.02 | 18.17 | 3.23 | 3.22 | 4.41 | 2.63 | 1.31 |
| III | 20130111-CYP-FJAT-17127 | 12.43 | 19.28 | 4.26 | 4.86 | 4.20 | 2.61 | 1.40 |
| III | 20130114-CYP-FJAT-17137 | 13.71 | 18.17 | 4.70 | 5.37 | 4.31 | 2.52 | 1.43 |
| III | 20130115-CYP-FJAT-17137 | 13.45 | 17.69 | 4.77 | 5.45 | 4.32 | 2.53 | 1.44 |
| III | 20130115-CYP-FJAT-17137 | 13.64 | 18.02 | 4.75 | 5.43 | 4.33 | 2.53 | 1.44 |
| III | 20130115-CYP-FJAT-17137 | 13.62 | 17.95 | 4.76 | 5.42 | 4.31 | 2.54 | 1.43 |
| III | 20130115-CYP-FJAT-17144 | 13.25 | 18.98 | 4.48 | 5.27 | 4.17 | 2.62 | 1.38 |
| III | 20130115-CYP-FJAT-17153 | 13.87 | 18.77 | 4.42 | 4.93 | 4.32 | 2.92 | 1.42 |
| III | 20130129-ZMX-FJAT-17712 | 16.93 | 13.15 | 4.66 | 3.78 | 6.01 | 3.64 | 1.55 |
| III | 20130303-ZMX-FJAT-16611 | 14.24 | 12.86 | 3.65 | 3.37 | 3.67 | 4.05 | 2.29 |
| III | 20130304-ZMX-FJAT-16564 | 9.81 | 20.25 | 4.04 | 6.46 | 4.52 | 2.86 | 1.61 |
| III | 20130306-ZMX-FJAT-16611 | 14.53 | 13.24 | 3.70 | 3.40 | 3.71 | 4.10 | 2.29 |
| III | 20130418-CYP-FJAT-17135 | 12.79 | 15.02 | 5.26 | 6.43 | 3.79 | 3.21 | 1.67 |
| III | 20130419-CYP-FJAT-17135 | 12.84 | 15.10 | 5.28 | 6.44 | 3.81 | 3.22 | 1.68 |
| III | 20131129-LGH-FJAT-4657 | 12.80 | 21.33 | 3.77 | 4.27 | 4.29 | 2.29 | 1.52 |
| III | 20140325-LGH-FJAT-21955 | 9.58 | 22.02 | 3.81 | 5.78 | 3.80 | 2.72 | 1.44 |
| III | 20140325-ZEN-FJAT-22333 | 12.97 | 15.68 | 4.80 | 5.13 | 5.32 | 3.45 | 1.00 |
| III | CL-363 | 13.60 | 17.24 | 4.05 | 4.07 | 4.26 | 4.48 | 1.29 |
| III | FJAT-25129 | 10.88 | 17.81 | 4.95 | 6.87 | 4.98 | 3.26 | 1.50 |
| III | FJAT-25349 | 11.03 | 18.19 | 5.16 | 6.94 | 4.90 | 2.95 | 1.38 |
| III | FJAT-41334-1 | 13.08 | 17.10 | 4.75 | 5.29 | 5.64 | 2.42 | 1.55 |
| III | FJAT-41334-2 | 13.34 | 16.96 | 4.48 | 4.90 | 6.03 | 2.18 | 1.57 |
| III | FJAT-41703-1 | 11.50 | 19.56 | 4.02 | 5.89 | 5.08 | 2.65 | 1.49 |
| III | FJAT-41703-2 | 11.38 | 20.40 | 4.06 | 6.05 | 5.21 | 2.24 | 1.53 |
| III | HGP XU-T-5 | 11.45 | 19.36 | 4.12 | 5.55 | 5.18 | 3.27 | 1.21 |
| III | LGF-20100812-FJAT-8779 | 15.03 | 16.20 | 3.89 | 5.57 | 5.09 | 3.16 | 1.47 |
| III | LGH-FJAT-4598 | 18.63 | 17.45 | 3.46 | 2.96 | 3.13 | 2.24 | 1.59 |
| III | LGH-FJAT-4605 | 14.80 | 16.94 | 5.41 | 7.08 | 4.54 | 3.09 | 1.00 |
| III | RSX-20091229-FJAT-7382 | 10.14 | 18.52 | 4.59 | 7.43 | 3.24 | 5.23 | 1.24 |
| III | wi2 | 11.18 | 15.44 | 4.79 | 12.08 | 4.07 | 5.00 | 1.00 |
| III | XKC17230 | 12.97 | 17.03 | 5.16 | 5.86 | 4.37 | 2.50 | 1.50 |
| 脂肪酸 III 型 87 个菌株平均值 | | 12.72 | 18.38 | 4.20 | 5.39 | 4.48 | 3.03 | 1.44 |

| 型 | 菌株名称 | 14:0 iso | 16:1ω11c | c14:0 | 17:1 iso ω10c | c18:0 | 到中心的卡方距离 |
|---|---|---|---|---|---|---|---|
| I | 20101207-WZX-FJAT-b5 | 2.38 | 1.13 | 1.43 | 1.28 | 1.00 | 4.31 |
| I | 20101208-WZX-FJAT-26 | 2.32 | 1.07 | 1.47 | 1.12 | 1.00 | 4.62 |
| I | 20101208-WZX-FJAT-28 | 2.35 | 1.08 | 1.49 | 1.22 | 1.00 | 4.53 |

续表

| 型 | 菌株名称 | 14:0 iso | 16:1ω11c | c14:0 | 17:1 iso ω10c | c18:0 | 到中心的卡方距离 |
|---|---|---|---|---|---|---|---|
| I | 20101212-WZX-FJAT-10898 | 2.27 | 1.00 | 1.00 | 1.00 | 2.27 | 6.74 |
| I | 20101221-WZX-FJAT-10670 | 2.27 | 1.24 | 1.68 | 1.29 | 1.19 | 6.76 |
| I | 20101221-WZX-FJAT-10687 | 2.84 | 1.00 | 1.60 | 1.00 | 1.00 | 5.70 |
| I | 20101221-WZX-FJAT-10695 | 2.70 | 1.00 | 1.00 | 1.00 | 2.05 | 4.95 |
| I | 20110314-WZX-FJAT-519 | 2.57 | 2.59 | 2.13 | 2.22 | 1.22 | 6.68 |
| I | 20110622-LGH-FJAT-13436 | 2.49 | 1.31 | 1.81 | 1.27 | 1.50 | 3.94 |
| I | 20110902-TXN-FJAT-14178 | 2.32 | 1.00 | 1.56 | 1.00 | 1.00 | 6.33 |
| I | 20121129-LGH-FJAT-4502 | 2.31 | 1.47 | 1.65 | 1.79 | 1.18 | 3.75 |
| I | 20130129-ZMX-FJAT-17726 | 2.26 | 1.46 | 1.72 | 1.46 | 1.08 | 5.97 |
| I | 20130129-ZMX-FJAT-17726 | 2.30 | 1.47 | 1.71 | 1.48 | 1.11 | 5.95 |
| I | CAAS-MIX K22 | 4.30 | 2.58 | 1.90 | 1.00 | 1.48 | 4.90 |
| I | YSJ-4A-2 | 3.02 | 1.41 | 1.92 | 1.00 | 1.52 | 5.61 |
| I | 20110510-wzx50d-FJAT-8758 | 3.31 | 1.00 | 1.52 | 1.00 | 1.85 | 14.13 |
| I | 20110524-WZX50D-FJAT-8764 | 3.63 | 1.00 | 1.64 | 1.00 | 1.46 | 13.17 |
| I | 2011053-WZX18h-FJAT-8779 | 2.31 | 1.56 | 2.59 | 1.00 | 1.77 | 7.37 |
| I | 20110615-WZX-FJAT-8788a | 2.42 | 2.00 | 3.13 | 1.63 | 1.21 | 7.58 |
| I | 20110622-LGH-FJAT-13397 | 2.14 | 1.21 | 1.72 | 1.17 | 1.49 | 5.08 |
| I | 20110622-LGH-FJAT-13401 | 2.24 | 1.00 | 1.63 | 1.11 | 1.43 | 3.38 |
| I | 20110622-LGH-FJAT-13428 | 2.16 | 1.16 | 1.51 | 1.16 | 1.20 | 3.79 |
| I | 20110622-LGH-FJAT-13429 | 2.46 | 1.21 | 1.63 | 1.27 | 1.91 | 3.48 |
| I | 20110823-TXN-FJAT-14322 | 1.96 | 1.22 | 1.46 | 1.79 | 1.20 | 5.61 |
| I | 20110907-TXN-FJAT-14377 | 2.36 | 1.49 | 1.80 | 1.51 | 1.74 | 2.82 |
| I | 20120321-LGH-FJAT-201 | 3.94 | 1.96 | 2.24 | 1.52 | 1.40 | 11.01 |
| I | 20130418-CYP-FJAT-17130 | 2.74 | 1.58 | 1.97 | 1.73 | 1.17 | 2.74 |
| I | FJAT-8788LB | 2.84 | 2.41 | 2.62 | 2.09 | 1.31 | 5.57 |
| I | HONG 1 | 3.63 | 2.32 | 2.65 | 1.00 | 1.00 | 7.46 |
| I | LGF-20100726-FJAT-8779 | 3.28 | 2.83 | 2.12 | 3.12 | 1.44 | 12.58 |
| I | LGH-FJAT-4842 | 1.00 | 1.00 | 1.00 | 1.00 | 1.00 | 6.38 |
| 脂肪酸 I 型 31 个菌株平均值 | | 2.62 | 1.48 | 1.78 | 1.36 | 1.36 | RMSTD=4.0162 |
| II | 20101207-LGF-FJAT-8785 | 2.29 | 1.34 | 1.93 | 1.55 | 1.23 | 1.62 |
| II | 20101207-WZX-FJAT-25 | 2.69 | 1.39 | 1.63 | 1.77 | 1.00 | 1.47 |
| II | 20101208-WZX-FJAT-27 | 2.70 | 1.35 | 1.62 | 1.73 | 1.16 | 4.12 |
| II | 20101208-WZX-FJAT-B13 | 2.71 | 1.47 | 1.54 | 2.02 | 1.00 | 2.55 |
| II | 20101208-WZX-FJAT-B6 | 2.56 | 1.34 | 1.73 | 1.74 | 1.48 | 3.64 |
| II | 20101221-WZX-FJAT-10964 | 2.15 | 1.44 | 1.61 | 2.10 | 1.00 | 2.51 |
| II | 20110227-SDG-FJAT-11278 | 2.38 | 1.61 | 1.86 | 2.26 | 1.26 | 2.41 |
| II | 20110227-SDG-FJAT-11288 | 2.19 | 1.49 | 1.57 | 2.24 | 1.19 | 2.87 |
| II | 20110314-SDG-FJAT-10226 | 2.57 | 1.62 | 1.74 | 2.31 | 1.09 | 2.12 |
| II | 20110314-SDG-FJAT-10619 | 2.47 | 1.54 | 1.71 | 2.13 | 1.26 | 3.36 |
| II | 20110314-SDG-FJAT-10619 | 2.44 | 1.19 | 1.75 | 1.35 | 1.23 | 2.11 |

续表

| 型 | 菌株名称 | 14:0 iso | 16:1ω11c | c14:0 | 17:1 iso ω10c | c18:0 | 到中心的卡方距离 |
|---|---|---|---|---|---|---|---|
| II | 20110314-SDG-FJAT-10633 | 2.54 | 1.41 | 1.85 | 1.74 | 1.00 | 2.30 |
| II | 20110315-SDG-FJAT-10223 | 2.63 | 1.53 | 1.68 | 2.01 | 1.00 | 1.18 |
| II | 20110530-WZX24h-FJAT-8779 | 2.81 | 1.68 | 2.04 | 1.84 | 1.00 | 5.63 |
| II | 20110607-WZX36h-FJAT-8779 | 2.64 | 1.51 | 1.85 | 1.85 | 1.00 | 5.15 |
| II | 20110622-LGH-FJAT-14044 | 3.18 | 2.87 | 2.03 | 3.38 | 1.35 | 6.93 |
| II | 20110721-SDG-FJAT-13880 | 2.71 | 1.25 | 1.79 | 1.52 | 1.00 | 4.09 |
| II | 20110729-LGH-FJAT-14096 | 2.73 | 3.89 | 2.24 | 4.13 | 1.44 | 11.42 |
| II | 20110729-LGH-FJAT-14110 | 2.28 | 1.47 | 1.77 | 1.94 | 1.41 | 1.44 |
| II | 20110729-LGH-FJAT-14113 | 2.26 | 1.00 | 2.24 | 1.81 | 2.08 | 3.37 |
| II | 20110823-LGH-FJAT-13974 | 2.17 | 1.53 | 1.79 | 1.92 | 1.28 | 1.04 |
| II | 20110826-LGH-FJAT-13979 | 2.32 | 1.36 | 1.72 | 1.55 | 1.34 | 1.50 |
| II | 20110826-LGH-FJAT-R10（H1） | 2.30 | 1.42 | 1.42 | 2.00 | 1.17 | 4.42 |
| II | 20110826-LGH-FJAT-R10（H2） | 2.36 | 1.50 | 1.51 | 2.20 | 1.00 | 3.45 |
| II | 20110826-LGH-FJAT-R18（H1） | 2.46 | 1.61 | 1.47 | 2.26 | 1.23 | 3.68 |
| II | 20110826-LGH-FJAT-R18（H3） | 2.39 | 1.53 | 1.65 | 2.00 | 1.52 | 2.56 |
| II | 20111103-TXN-FJAT-14528 | 2.28 | 1.11 | 1.64 | 1.21 | 1.29 | 2.33 |
| II | 20111107-TXN-FJAT-14647 | 2.30 | 1.16 | 1.68 | 1.36 | 1.11 | 2.60 |
| II | 20111107-TXN-FJAT-14726 | 2.32 | 1.16 | 1.37 | 1.29 | 1.12 | 6.12 |
| II | 20111123-hu-116 | 2.27 | 1.00 | 1.60 | 1.00 | 1.17 | 3.68 |
| II | 20120321-LGH-FJAT-42 | 2.83 | 1.66 | 1.76 | 1.88 | 1.99 | 4.77 |
| II | 20120328-LGH-FJAT-4123 | 2.04 | 1.88 | 1.75 | 3.02 | 1.36 | 4.68 |
| II | 20121030-FJAT-17408-ZR | 2.63 | 1.38 | 1.80 | 1.56 | 1.15 | 3.52 |
| II | 20121102-FJAT-17444-ZR | 2.27 | 1.47 | 1.62 | 1.83 | 1.12 | 1.46 |
| II | 20121102-FJAT-17451-ZR | 2.70 | 3.73 | 2.95 | 2.10 | 1.50 | 15.65 |
| II | 20121105-FJAT-17444-ZR | 2.25 | 1.46 | 1.61 | 1.85 | 1.14 | 1.39 |
| II | 20130419-YQ-FJAT-16705 | 2.68 | 1.30 | 1.70 | 1.37 | 1.13 | 2.26 |
| II | 20130419-YQ-FJAT-16705 | 2.67 | 1.36 | 1.69 | 1.40 | 1.00 | 2.34 |
| II | 20140325-LGH-FJAT-21955 | 2.25 | 1.59 | 1.58 | 2.39 | 1.18 | 3.07 |
| II | 20140325-LGH-FJAT-22412 | 2.22 | 1.59 | 1.56 | 2.39 | 1.24 | 3.05 |
| II | 20140506-ZMX-FJAT-20208 | 2.31 | 1.31 | 1.45 | 1.62 | 1.14 | 3.73 |
| II | CAAS-D15 | 1.65 | 2.78 | 1.82 | 1.00 | 1.00 | 5.11 |
| II | CAAS-D35 | 1.76 | 2.75 | 1.91 | 1.00 | 1.00 | 3.38 |
| II | CAAS-D45 | 1.47 | 1.56 | 1.47 | 1.00 | 1.21 | 3.89 |
| II | CAAS-D5 | 1.71 | 2.83 | 1.85 | 1.00 | 1.00 | 4.86 |
| II | CAAS-G-11 | 1.56 | 1.78 | 1.77 | 1.00 | 1.64 | 4.70 |
| II | CAAS-G-18 | 1.51 | 1.81 | 1.55 | 1.00 | 1.30 | 5.44 |
| II | CL-361 | 2.13 | 1.87 | 2.05 | 1.00 | 1.44 | 2.24 |
| II | CL-362 | 2.07 | 1.61 | 1.84 | 1.00 | 1.32 | 2.11 |
| II | CL-FQ-0-6-2 | 2.49 | 1.00 | 1.00 | 1.00 | 1.00 | 4.39 |
| II | FJAT-41174-1 | 3.87 | 2.59 | 2.81 | 2.18 | 1.43 | 6.45 |

续表

| 型 | 菌株名称 | 14:0 iso | 16:1ω11c | c14:0 | 17:1 iso ω10c | c18:0 | 到中心的卡方距离 |
|---|---|---|---|---|---|---|---|
| II | FJAT-41769-1 | 3.83 | 3.54 | 3.15 | 2.35 | 1.46 | 9.71 |
| II | hgp sm12-t-1 | 2.32 | 1.63 | 1.83 | 1.00 | 1.00 | 4.95 |
| II | HGP SM27-T-3 | 2.37 | 2.02 | 1.85 | 1.00 | 1.29 | 4.36 |
| II | HGP SM28-T-2 | 2.37 | 2.07 | 2.25 | 1.00 | 1.17 | 6.75 |
| II | HGP SM28-T-3 | 2.46 | 1.95 | 2.12 | 1.00 | 1.41 | 9.36 |
| II | hxj-A7-4 | 2.04 | 1.37 | 1.71 | 1.00 | 1.00 | 2.13 |
| II | hxj-H-1 | 1.83 | 1.50 | 1.74 | 1.00 | 1.00 | 2.45 |
| II | hxj-H-6 | 1.88 | 1.38 | 1.62 | 1.00 | 1.00 | 3.76 |
| II | LGF-20100726-FJAT-8785 | 2.50 | 1.14 | 1.62 | 1.37 | 1.25 | 3.88 |
| II | LGF-20100812-FJAT-10007 | 2.45 | 1.22 | 2.11 | 1.34 | 1.79 | 5.28 |
| II | LGF-20100812-FJAT-8785 | 2.57 | 1.22 | 1.80 | 1.41 | 1.29 | 4.22 |
| II | LGF-FJAT-512 | 1.95 | 1.68 | 1.94 | 2.29 | 1.76 | 7.45 |
| II | LGH-FJAT-4400 | 2.22 | 1.37 | 1.73 | 1.00 | 1.24 | 1.59 |
| II | LGH-FJAT-4479 | 2.41 | 1.00 | 1.65 | 1.00 | 1.00 | 3.37 |
| II | LGH-FJAT-4500 | 2.18 | 1.94 | 1.88 | 1.00 | 1.00 | 5.44 |
| II | LGH-FJAT-4512 | 2.36 | 1.00 | 2.07 | 1.00 | 1.00 | 4.31 |
| II | LGH-FJAT-4561 | 2.53 | 1.00 | 1.00 | 1.00 | 1.00 | 6.51 |
| II | LGH-FJAT-4563 | 2.38 | 1.00 | 1.60 | 1.00 | 1.00 | 4.85 |
| II | LGH-FJAT-4657 | 2.42 | 1.00 | 1.00 | 1.00 | 1.00 | 4.38 |
| II | ljy-11-1 | 2.41 | 2.76 | 1.93 | 1.00 | 1.64 | 3.60 |
| II | ljy-13-10 | 2.36 | 2.08 | 2.11 | 1.00 | 1.39 | 2.72 |
| II | ljy-14-1 | 2.12 | 1.68 | 1.63 | 1.00 | 1.00 | 2.80 |
| II | ljy-14-4 | 2.28 | 1.72 | 1.97 | 1.00 | 1.00 | 1.76 |
| II | ljy-14-8 | 2.51 | 2.18 | 1.66 | 1.00 | 1.11 | 5.12 |
| II | ljy-16-4 | 3.03 | 2.08 | 1.51 | 1.00 | 1.00 | 3.26 |
| II | ljy-16-8 | 2.45 | 2.23 | 1.70 | 1.00 | 1.39 | 3.41 |
| II | ljy-23-5 | 2.17 | 1.81 | 2.10 | 1.00 | 2.36 | 4.09 |
| II | ljy-24-7 | 2.20 | 1.61 | 2.59 | 1.00 | 1.59 | 3.30 |
| II | ljy-31-7 | 2.06 | 1.60 | 1.72 | 1.00 | 1.00 | 3.03 |
| II | ljy-31-9 | 2.43 | 1.66 | 1.97 | 1.00 | 1.48 | 4.74 |
| II | ljy-32-10 | 2.33 | 2.23 | 2.19 | 1.00 | 1.00 | 2.73 |
| II | ljy-34-8 | 2.59 | 2.46 | 2.41 | 1.00 | 1.00 | 2.80 |
| II | LSX-8350 | 2.23 | 1.30 | 1.60 | 1.59 | 1.71 | 5.54 |
| II | lsx-8627-2 | 2.37 | 1.42 | 1.69 | 1.88 | 1.56 | 3.78 |
| II | orgn-21 | 2.42 | 2.02 | 1.83 | 1.00 | 1.50 | 3.61 |
| II | orgn-3 | 2.10 | 2.28 | 2.25 | 1.00 | 1.67 | 3.54 |
| II | RSX-20091229-FJAT-7388 | 1.92 | 1.58 | 1.67 | 2.47 | 1.16 | 3.03 |
| II | RSX-20091229-FJAT-7408 | 2.11 | 1.45 | 1.91 | 1.96 | 1.64 | 1.84 |
| II | S-400-7 | 2.78 | 3.24 | 1.00 | 1.00 | 1.00 | 2.72 |
| II | TQR-234 | 1.95 | 1.27 | 1.94 | 1.00 | 1.31 | 4.20 |

续表

| 型 | 菌株名称 | 14:0 iso | 16:1ω11c | c14:0 | 17:1 iso ω10c | c18:0 | 到中心的卡方距离 |
|---|---|---|---|---|---|---|---|
| II | TQR-246 | 2.17 | 1.47 | 1.76 | 1.00 | 1.00 | 7.39 |
| II | TQR-249 | 2.18 | 1.33 | 1.80 | 1.00 | 1.00 | 5.76 |
| II | tqr-265 | 2.19 | 1.60 | 1.92 | 1.00 | 1.00 | 7.53 |
| II | X3-1 | 1.00 | 3.00 | 1.00 | 1.00 | 1.00 | 3.99 |
| II | ysj-5c-20 | 1.95 | 1.00 | 1.83 | 1.00 | 1.34 | 3.30 |
| II | ysj-b10 | 2.01 | 1.38 | 1.68 | 1.00 | 1.00 | 7.12 |
| II | ysj-c14 | 1.87 | 1.37 | 1.53 | 1.00 | 1.09 | 4.90 |
| II | ysj-c15 | 1.82 | 1.36 | 1.55 | 1.00 | 1.00 | 5.42 |
| II | ZXF-20091216-OrgSn-13 | 2.60 | 2.02 | 1.85 | 2.84 | 1.22 | 4.20 |
| 脂肪酸 II 型 100 个菌株平均值 | | 2.33 | 1.69 | 1.79 | 1.49 | 1.24 | RMSTD=2.6812 |
| III | 20110106-SDG-FJAT-10074 | 2.21 | 1.78 | 1.82 | 2.24 | 1.21 | 4.62 |
| III | 20110106-SDG-FJAT-10075 | 2.29 | 1.87 | 1.91 | 2.12 | 1.00 | 3.69 |
| III | 20110314-SDG-FJAT-10633 | 2.48 | 1.51 | 1.90 | 2.20 | 1.33 | 3.21 |
| III | 20110314-WZX-FJAT-255 | 2.39 | 2.63 | 2.21 | 2.91 | 1.20 | 3.95 |
| III | 20110520-LGH-FJAT-13835 | 2.38 | 1.54 | 1.73 | 2.00 | 1.30 | 3.01 |
| III | 20110520-LGH-FJAT-13848 | 3.17 | 1.40 | 1.76 | 1.85 | 1.00 | 2.99 |
| III | 20110524-WZX48h-FJAT-8779 | 2.72 | 1.39 | 1.75 | 1.78 | 3.20 | 3.89 |
| III | 20110607-WZX20D-FJAT-8779 | 2.63 | 1.96 | 2.06 | 2.24 | 1.00 | 4.87 |
| III | 20110607-WZX28D-FJAT-8779 | 2.66 | 2.04 | 2.09 | 2.21 | 1.00 | 5.13 |
| III | 20110607-WZX37D-FJAT-8779 | 2.44 | 1.00 | 1.46 | 1.14 | 1.00 | 3.43 |
| III | 20110615-WZX-FJAT-8779b | 2.60 | 1.67 | 1.93 | 2.17 | 1.34 | 1.34 |
| III | 20110615-WZX-FJAT-8779c | 2.68 | 1.66 | 1.84 | 2.23 | 1.00 | 2.75 |
| III | 20110615-WZX-FJAT-8779d | 2.74 | 1.67 | 1.91 | 2.08 | 1.27 | 3.17 |
| III | 20110615-WZX-FJAT-8779e | 2.73 | 1.74 | 1.84 | 2.28 | 1.12 | 4.06 |
| III | 20110705-LGH-FJAT-15 | 2.17 | 1.27 | 1.88 | 1.24 | 1.40 | 1.67 |
| III | 20110707-LGH-FJAT-13565 | 2.22 | 1.40 | 1.83 | 2.23 | 2.18 | 7.04 |
| III | 20110707-LGH-FJAT-13573 | 2.53 | 1.30 | 1.89 | 1.37 | 2.65 | 4.85 |
| III | 20110707-LGH-FJAT-13595 | 2.30 | 1.69 | 1.76 | 2.12 | 1.38 | 5.21 |
| III | 20110718-LGH-FJAT-14076 | 2.07 | 1.46 | 1.81 | 1.79 | 1.14 | 4.70 |
| III | 20110718-LGH-FJAT-14077 | 2.01 | 1.46 | 1.72 | 1.59 | 1.23 | 5.05 |
| III | 20110718-LGH-FJAT-4560 | 2.61 | 1.46 | 1.73 | 2.38 | 1.08 | 3.12 |
| III | 20110718-LGH-FJAT-4660 | 2.39 | 2.31 | 1.87 | 3.03 | 1.00 | 1.82 |
| III | 20110823-LGH-FJAT-13969 | 2.05 | 1.61 | 1.74 | 1.77 | 1.91 | 5.80 |
| III | 20110902-TXN-FJAT-14135 | 1.87 | 1.29 | 1.84 | 1.85 | 1.00 | 6.79 |
| III | 20110907-TXN-FJAT-14352 | 2.20 | 1.45 | 1.80 | 1.95 | 1.34 | 3.89 |
| III | 20110907-TXN-FJAT-14362 | 2.41 | 1.53 | 1.59 | 1.89 | 1.15 | 3.32 |
| III | 20111101-TXN-FJAT-14491 | 2.08 | 1.19 | 1.71 | 1.36 | 1.87 | 4.49 |
| III | 20111107-TXN-FJAT-14726 | 2.33 | 1.18 | 1.44 | 1.29 | 1.16 | 2.63 |
| III | 20111123-hu-115 | 1.67 | 1.46 | 1.35 | 1.37 | 1.25 | 7.68 |
| III | 20111205-LGH-FJAT-8779-2 | 2.94 | 1.59 | 2.10 | 1.91 | 1.00 | 2.94 |

续表

| 型 | 菌株名称 | 14:0 iso | 16:1ω11c | c14:0 | 17:1 iso ω10c | c18:0 | 到中心的卡方距离 |
|---|---|---|---|---|---|---|---|
| III | 20120224-TXN-FJAT-14736 | 2.12 | 1.56 | 1.58 | 2.65 | 1.37 | 1.48 |
| III | 20120229-TXN-FJAT-14704 | 2.57 | 1.38 | 1.44 | 1.87 | 1.09 | 3.42 |
| III | 20120229-TXN-FJAT-14725 | 3.10 | 1.34 | 1.00 | 1.88 | 1.21 | 3.29 |
| III | 20120321-LGH-FJAT-363 | 2.44 | 1.51 | 1.61 | 1.78 | 1.14 | 2.12 |
| III | 20120322-LGH-FJAT-361 | 2.32 | 1.85 | 2.09 | 2.41 | 1.96 | 5.82 |
| III | 20120327-LGH-FJAT-362 | 2.29 | 1.66 | 1.81 | 1.97 | 1.23 | 1.50 |
| III | 20120327-LGH-FJAT-401 | 2.40 | 1.61 | 1.77 | 2.29 | 1.98 | 3.19 |
| III | 20120327-LGH-FJAT-6# | 2.37 | 1.60 | 1.86 | 2.27 | 2.38 | 5.14 |
| III | 20121030-FJAT-17404-ZR | 2.33 | 1.47 | 1.75 | 1.84 | 1.22 | 1.20 |
| III | 20121030-FJAT-17419-ZR | 2.44 | 1.36 | 1.71 | 1.82 | 1.43 | 2.64 |
| III | 20121030-FJAT-17420-ZR | 2.77 | 1.26 | 1.69 | 1.52 | 1.23 | 1.81 |
| III | 20121030-FJAT-17426-ZR | 2.95 | 1.39 | 1.72 | 1.71 | 1.10 | 3.41 |
| III | 20121030-FJAT-17429-ZR | 2.65 | 1.32 | 1.56 | 1.59 | 1.13 | 4.85 |
| III | 20121030-FJAT-17432-ZR | 2.64 | 1.51 | 1.74 | 1.92 | 1.07 | 2.46 |
| III | 20121030-FJAT-17434-ZR | 2.60 | 1.50 | 1.84 | 1.89 | 1.25 | 1.75 |
| III | 20121030-FJAT-XKC17230NS-ZR | 2.14 | 1.55 | 1.63 | 2.41 | 1.11 | 1.76 |
| III | 20121102-FJAT-17457-ZR | 2.35 | 1.33 | 1.73 | 1.57 | 1.11 | 2.12 |
| III | 20121102-FJAT-17470-ZR | 2.80 | 1.48 | 1.69 | 1.89 | 1.21 | 2.40 |
| III | 20121105-FJAT-17426-ZR | 2.97 | 1.39 | 1.72 | 1.72 | 1.11 | 3.46 |
| III | 20121105-FJAT-17429-ZR | 2.65 | 1.32 | 1.56 | 1.62 | 1.13 | 4.89 |
| III | 20121105-FJAT-17432-ZR | 2.66 | 1.50 | 1.75 | 1.91 | 1.07 | 2.70 |
| III | 20121105-FJAT-17434-ZR | 2.58 | 1.49 | 1.84 | 1.92 | 1.23 | 1.65 |
| III | 20121105-FJAT-17457-ZR | 2.38 | 1.29 | 1.74 | 1.59 | 1.12 | 2.30 |
| III | 20121105-FJAT-17470-ZR | 2.79 | 1.47 | 1.68 | 1.92 | 1.23 | 2.35 |
| III | 20121207-YQ-FJAT-16389 | 2.91 | 1.08 | 1.55 | 1.22 | 1.18 | 3.85 |
| III | 20130111-CYP-FJAT-17125 | 2.85 | 1.46 | 2.09 | 1.62 | 1.09 | 3.79 |
| III | 20130111-CYP-FJAT-17125 | 2.60 | 1.47 | 1.73 | 1.64 | 1.09 | 3.38 |
| III | 20130111-CYP-FJAT-17127 | 2.22 | 1.57 | 1.66 | 2.13 | 1.21 | 1.23 |
| III | 20130114-CYP-FJAT-17137 | 2.20 | 1.56 | 1.64 | 2.22 | 1.08 | 1.33 |
| III | 20130115-CYP-FJAT-17137 | 2.16 | 1.56 | 1.63 | 2.24 | 1.07 | 1.36 |
| III | 20130115-CYP-FJAT-17137 | 2.20 | 1.57 | 1.65 | 2.24 | 1.08 | 1.33 |
| III | 20130115-CYP-FJAT-17137 | 2.18 | 1.56 | 1.66 | 2.23 | 1.07 | 1.34 |
| III | 20130115-CYP-FJAT-17144 | 2.22 | 1.59 | 1.70 | 2.11 | 1.10 | 1.06 |
| III | 20130115-CYP-FJAT-17153 | 2.27 | 1.56 | 1.68 | 2.08 | 1.28 | 1.35 |
| III | 20130129-ZMX-FJAT-17712 | 2.96 | 1.53 | 1.73 | 1.74 | 1.16 | 7.14 |
| III | 20130303-ZMX-FJAT-16611 | 2.50 | 2.42 | 2.20 | 3.68 | 1.75 | 6.61 |
| III | 20130304-ZMX-FJAT-16564 | 2.37 | 1.41 | 1.56 | 2.34 | 1.15 | 3.66 |
| III | 20130306-ZMX-FJAT-16611 | 2.58 | 2.43 | 2.18 | 3.71 | 1.76 | 6.37 |
| III | 20130418-CYP-FJAT-17135 | 2.13 | 2.17 | 1.81 | 3.28 | 1.17 | 4.03 |
| III | 20130419-CYP-FJAT-17135 | 2.12 | 2.17 | 1.81 | 3.29 | 1.19 | 3.98 |

续表

| 型 | 菌株名称 | 14:0 iso | 16:1ω11c | c14:0 | 17:1 iso ω10c | c18:0 | 到中心的卡方距离 |
|---|---|---|---|---|---|---|---|
| III | 20131129-LGH-FJAT-4657 | 2.40 | 1.51 | 1.57 | 2.10 | 1.20 | 3.29 |
| III | 20140325-LGH-FJAT-21955 | 2.10 | 1.55 | 1.60 | 2.32 | 1.29 | 4.92 |
| III | 20140325-ZEN-FJAT-22333 | 2.70 | 1.00 | 1.76 | 1.79 | 2.71 | 3.34 |
| III | CL-363 | 2.29 | 1.58 | 2.15 | 1.00 | 2.14 | 2.80 |
| III | FJAT-25129 | 2.28 | 1.60 | 1.64 | 2.32 | 1.29 | 2.63 |
| III | FJAT-25349 | 2.17 | 1.45 | 1.57 | 2.09 | 1.34 | 2.55 |
| III | FJAT-41334-1 | 3.02 | 1.51 | 1.55 | 2.07 | 1.46 | 2.05 |
| III | FJAT-41334-2 | 3.15 | 1.49 | 1.54 | 2.21 | 1.35 | 2.54 |
| III | FJAT-41703-1 | 2.78 | 1.48 | 1.62 | 2.00 | 1.52 | 1.96 |
| III | FJAT-41703-2 | 2.85 | 1.49 | 1.56 | 2.07 | 1.00 | 2.80 |
| III | HGP XU-T-5 | 2.58 | 1.22 | 1.98 | 1.00 | 1.46 | 2.09 |
| III | LGF-20100812-FJAT-8779 | 2.97 | 1.40 | 1.71 | 1.79 | 1.18 | 3.32 |
| III | LGH-FJAT-4598 | 2.12 | 2.01 | 1.71 | 1.00 | 1.00 | 6.80 |
| III | LGH-FJAT-4605 | 2.07 | 1.00 | 1.49 | 1.00 | 1.00 | 3.54 |
| III | RSX-20091229-FJAT-7382 | 1.88 | 1.77 | 2.21 | 2.08 | 1.59 | 4.25 |
| III | wi2 | 1.00 | 1.00 | 1.00 | 1.00 | 3.01 | 8.19 |
| III | XKC17230 | 2.14 | 1.55 | 1.63 | 2.45 | 1.11 | 1.92 |
| 脂肪酸 III 型 87 个菌株平均值 | | 2.44 | 1.54 | 1.74 | 1.98 | 1.34 | RMSTD=2.2178 |

*脂肪酸含量单位为%

## 3. 短小芽胞杆菌脂肪酸型判别模型建立

（1）分析原理。不同的短小芽胞杆菌菌株具有不同的脂肪酸组构成，通过上述聚类分析，可将短小芽胞杆菌菌株分为 3 类，利用逐步判别的方法（DPS 软件），建立短小芽胞杆菌菌株脂肪酸型判别模型，在建立模型的过程中，可以了解各因子对类别划分的重要性。

（2）数据矩阵。以表 7-2-63 的短小芽胞杆菌 218 个菌株的 12 个脂肪酸为矩阵，自变量 $x_{ij}$（$i$=1,…,218；$j$=1,…,12）由 218 个菌株的 12 个脂肪酸组成，因变量 $Y_i$（$i$=1,…,218）由 218 个菌株聚类类别组成脂肪酸型，采用贝叶斯逐步判别分析，建立短小芽胞杆菌菌株脂肪酸型判别模型。短小芽胞杆菌脂肪酸型判别模型入选因子见表 7-2-64，脂肪酸型类别间判别效果检验见表 7-2-65，模型计算后的分类验证和后验概率见表 7-2-66，脂肪酸型判别效果矩阵分析见表 7-2-67。建立的逐步判别分析因子筛选表明，以下 5 个因子入选，它们是 $x_{(2)}$=15:0 iso、$x_{(3)}$=16:0 iso、$x_{(6)}$=16:1ω7c alcohol、$x_{(8)}$=14:0 iso、$x_{(11)}$=17:1 iso ω10c，表明这些因子对脂肪酸型的判别具有显著贡献。判别模型如下：

$$Y_1=-58.1109+3.1477x_{(2)}+11.9720x_{(3)}+13.3031x_{(6)}+4.8757x_{(8)}+2.2298x_{(11)} \quad (7\text{-}2\text{-}35)$$

$$Y_2=-121.5959+5.6813x_{(2)}+15.4591x_{(3)}+21.4875x_{(6)}+1.5722x_{(8)}+3.5994x_{(11)} \quad (7\text{-}3\text{-}26)$$

$$Y_3=-97.7449+4.7626x_{(2)}+15.2117x_{(3)}+18.2825x_{(6)}+1.5550x_{(8)}+4.9258x_{(11)} \quad (7\text{-}2\text{-}37)$$

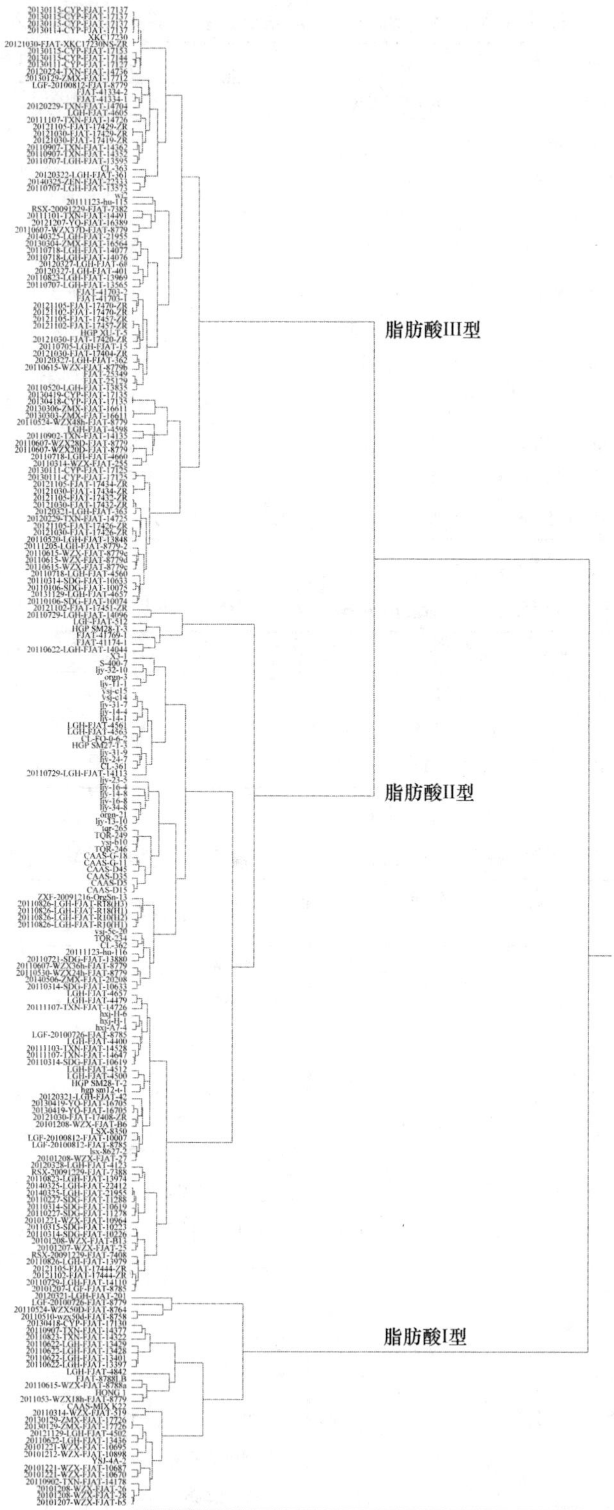


图 7-2-12　短小芽胞杆菌（*Bacillus pumilus*）脂肪酸型聚类分析（卡方距离）

表 7-2-64　短小芽胞杆菌（*Bacillus pumilus*）脂肪酸型判别模型入选因子

| 脂肪酸 | Wilks 统计量 | *F* 值 | df | *P* | 入选状态 |
|---|---|---|---|---|---|
| 15:0 anteiso | 0.992 647 1 | 0.777 772 6 | 2，210 | 0.460 747 | |
| 15:0 iso | 0.235 840 4 | 341.836 39 | 2，211 | $1\times10^{-7}$ | （已入选） |
| 16:0 iso | 0.853 414 9 | 18.120 999 | 2，211 | $1\times10^{-7}$ | （已入选） |
| c16:0 | 0.979 969 9 | 2.146 150 9 | 2，210 | 0.119 491 3 | |
| 17:0 anteiso | 0.989 410 9 | 1.123 754 2 | 2，210 | 0.327 003 9 | |
| 16:1ω7c alcohol | 0.897 982 9 | 11.985 537 | 2，211 | $1.143\times10^{-5}$ | （已入选） |
| 17:0 iso | 0.997 564 4 | 0.256 362 3 | 2，210 | 0.774 103 4 | |
| 14:0 iso | 0.946 768 5 | 5.931 679 1 | 2，211 | 0.003 095 1 | （已入选） |
| 16:1ω11c | 0.978 594 9 | 2.296 692 5 | 2，210 | 0.103 112 5 | |
| c14:0 | 0.979 870 9 | 2.156 974 3 | 2，210 | 0.118 230 6 | |
| 17:1 iso ω10c | 0.857 886 5 | 17.476 639 | 2，211 | $1\times10^{-7}$ | （已入选） |
| c18:0 | 0.989 456 8 | 1.118 827 9 | 2，210 | 0.328 601 6 | |

表 7-2-65　短小芽胞杆菌（*Bacillus pumilus*）脂肪酸型两两分类间判别效果检验

| 脂肪酸型 *i* | 脂肪酸型 *j* | 马氏距离 | *F* 值 | 自由度 $V_1$ | $V_2$ | *P* |
|---|---|---|---|---|---|---|
| I | II | 42.702 575 | 198.343 7 | 5 | 125 | $1\times10^{-7}$ |
| I | III | 17.910 715 | 80.35 | 5 | 112 | $1\times10^{-7}$ |
| II | III | 7.689 170 6 | 70.215 2 | 5 | 181 | $1\times10^{-7}$ |

表 7-2-66　短小芽胞杆菌（*Bacillus pumilus*）模型计算后的分类验证和后验概率

| 菌株名称 | 原分类 | 计算分类 | 后验概率 | 菌株名称 | 原分类 | 计算分类 | 后验概率 |
|---|---|---|---|---|---|---|---|
| 20101207-WZX-FJAT-b5 | 1 | 1 | 0.99 | 2011053-WZX18h-FJAT-8779 | 1 | 1 | 0.97 |
| 20101208-WZX-FJAT-26 | 1 | 1 | 1.00 | 20110615-WZX-FJAT-8788a | 1 | 1 | 1.00 |
| 20101208-WZX-FJAT-28 | 1 | 1 | 1.00 | 20110622-LGH-FJAT-13397 | 1 | 1 | 0.97 |
| 20101212-WZX-FJAT-10898 | 1 | 1 | 1.00 | 20110622-LGH-FJAT-13401 | 1 | 1 | 1.00 |
| 20101221-WZX-FJAT-10670 | 1 | 1 | 1.00 | 20110622-LGH-FJAT-13428 | 1 | 1 | 0.94 |
| 20101221-WZX-FJAT-10687 | 1 | 1 | 1.00 | 20110622-LGH-FJAT-13429 | 1 | 1 | 0.90 |
| 20101221-WZX-FJAT-10695 | 1 | 1 | 1.00 | 20110823-TXN-FJAT-14322 | 1 | 1 | 0.85 |
| 20110314-WZX-FJAT-519 | 1 | 1 | 1.00 | 20110907-TXN-FJAT-14377 | 1 | 1 | 0.85 |
| 20110622-LGH-FJAT-13436 | 1 | 1 | 0.99 | 20120321-LGH-FJAT-201 | 1 | 1 | 1.00 |
| 20110902-TXN-FJAT-14178 | 1 | 1 | 1.00 | 20130418-CYP-FJAT-17130 | 1 | 1 | 0.92 |
| 20121129-LGH-FJAT-4502 | 1 | 1 | 0.97 | FJAT-8788LB | 1 | 1 | 1.00 |
| 20130129-ZMX-FJAT-17726 | 1 | 1 | 1.00 | HONG 1 | 1 | 1 | 1.00 |
| 20130129-ZMX-FJAT-17726 | 1 | 1 | 1.00 | LGF-20100726-FJAT-8779 | 1 | 3* | 0.99 |
| CAAS-MIX K22 | 1 | 1 | 1.00 | LGH-FJAT-4842 | 1 | 1 | 1.00 |
| YSJ-4A-2 | 1 | 1 | 1.00 | 20101207-LGF-FJAT-8785 | 2 | 2 | 0.99 |
| 20110510-wzx50d-FJAT-8758 | 1 | 1 | 1.00 | 20101207-WZX-FJAT-25 | 2 | 2 | 0.98 |
| 20110524-WZX50D-FJAT-8764 | 1 | 1 | 1.00 | 20101208-WZX-FJAT-27 | 2 | 2 | 0.69 |

续表

| 菌株名称 | 原分类 | 计算分类 | 后验概率 | 菌株名称 | 原分类 | 计算分类 | 后验概率 |
|---|---|---|---|---|---|---|---|
| 20101208-WZX-FJAT-B13 | 2 | 2 | 0.93 | CAAS-D35 | 2 | 2 | 1.00 |
| 20101208-WZX-FJAT-B6 | 2 | 2 | 0.69 | CAAS-D45 | 2 | 2 | 1.00 |
| 20101221-WZX-FJAT-10964 | 2 | 2 | 0.85 | CAAS-D5 | 2 | 2 | 1.00 |
| 20110227-SDG-FJAT-11278 | 2 | 2 | 0.84 | CAAS-G-11 | 2 | 2 | 1.00 |
| 20110227-SDG-FJAT-11288 | 2 | 2 | 0.81 | CAAS-G-18 | 2 | 2 | 1.00 |
| 20110314-SDG-FJAT-10226 | 2 | 2 | 0.86 | CL-361 | 2 | 2 | 0.99 |
| 20110314-SDG-FJAT-10619 | 2 | 2 | 0.69 | CL-362 | 2 | 2 | 0.99 |
| 20110314-SDG-FJAT-10619 | 2 | 2 | 0.92 | CL-FQ-0-6-2 | 2 | 2 | 1.00 |
| 20110314-SDG-FJAT-10633 | 2 | 2 | 0.96 | FJAT-41174-1 | 2 | 2 | 1.00 |
| 20110315-SDG-FJAT-10223 | 2 | 2 | 0.98 | FJAT-41769-1 | 2 | 2 | 0.99 |
| 20110530-WZX24h-FJAT-8779 | 2 | 3* | 0.60 | hgp sm12-t-1 | 2 | 2 | 0.64 |
| 20110607-WZX36h-FJAT-8779 | 2 | 2 | 0.80 | HGP SM27-T-3 | 2 | 2 | 1.00 |
| 20110622-LGH-FJAT-14044 | 2 | 2 | 1.00 | HGP SM28-T-2 | 2 | 3* | 0.72 |
| 20110721-SDG-FJAT-13880 | 2 | 2 | 1.00 | HGP SM28-T-3 | 2 | 2 | 1.00 |
| 20110729-LGH-FJAT-14096 | 2 | 3* | 0.92 | hxj-A7-4 | 2 | 2 | 0.96 |
| 20110729-LGH-FJAT-14110 | 2 | 2 | 0.98 | hxj-H-1 | 2 | 2 | 0.89 |
| 20110729-LGH-FJAT-14113 | 2 | 2 | 0.85 | hxj-H-6 | 2 | 2 | 0.89 |
| 20110823-LGH-FJAT-13974 | 2 | 2 | 0.91 | LGF-20100726-FJAT-8785 | 2 | 2 | 0.84 |
| 20110826-LGH-FJAT-13979 | 2 | 2 | 0.98 | LGF-20100812-FJAT-10007 | 2 | 3* | 0.70 |
| 20110826-LGH-FJAT-R10（H1） | 2 | 2 | 1.00 | LGF-20100812-FJAT-8785 | 2 | 2 | 0.58 |
| 20110826-LGH-FJAT-R10（H2） | 2 | 2 | 0.99 | LGF-FJAT-512 | 2 | 2 | 1.00 |
| 20110826-LGH-FJAT-R18（H1） | 2 | 2 | 1.00 | LGH-FJAT-4400 | 2 | 2 | 0.99 |
| 20110826-LGH-FJAT-R18（H3） | 2 | 2 | 0.99 | LGH-FJAT-4479 | 2 | 2 | 0.89 |
| 20111103-TXN-FJAT-14528 | 2 | 2 | 0.90 | LGH-FJAT-4500 | 2 | 3* | 0.64 |
| 20111107-TXN-FJAT-14647 | 2 | 2 | 0.86 | LGH-FJAT-4512 | 2 | 2 | 0.64 |
| 20111107-TXN-FJAT-14726 | 2 | 3* | 0.53 | LGH-FJAT-4561 | 2 | 2 | 1.00 |
| 20111123-hu-116 | 2 | 2 | 0.99 | LGH-FJAT-4563 | 2 | 2 | 1.00 |
| 20120321-LGH-FJAT-42 | 2 | 2 | 0.52 | LGH-FJAT-4657 | 2 | 2 | 0.79 |
| 20120328-LGH-FJAT-4123 | 2 | 3* | 0.83 | ljy-11-1 | 2 | 2 | 0.99 |
| 20121030-FJAT-17408-ZR | 2 | 2 | 0.73 | ljy-13-10 | 2 | 2 | 1.00 |
| 20121102-FJAT-17444-ZR | 2 | 2 | 0.98 | ljy-14-1 | 2 | 2 | 1.00 |
| 20121102-FJAT-17451-ZR | 2 | 3* | 0.97 | ljy-14-4 | 2 | 2 | 1.00 |
| 20121105-FJAT-17444-ZR | 2 | 2 | 0.98 | ljy-14-8 | 2 | 2 | 1.00 |
| 20130419-YQ-FJAT-16705 | 2 | 2 | 0.88 | ljy-16-4 | 2 | 2 | 1.00 |
| 20130419-YQ-FJAT-16705 | 2 | 2 | 0.85 | ljy-16-8 | 2 | 2 | 1.00 |
| 20140325-LGH-FJAT-21955 | 2 | 2 | 0.70 | ljy-23-5 | 2 | 2 | 1.00 |
| 20140325-LGH-FJAT-22412 | 2 | 2 | 0.70 | ljy-24-7 | 2 | 2 | 0.99 |
| 20140506-ZMX-FJAT-20208 | 2 | 2 | 0.92 | ljy-31-7 | 2 | 2 | 1.00 |
| CAAS-D15 | 2 | 2 | 1.00 | ljy-31-9 | 2 | 2 | 1.00 |

续表

| 菌株名称 | 原分类 | 计算分类 | 后验概率 | 菌株名称 | 原分类 | 计算分类 | 后验概率 |
|---|---|---|---|---|---|---|---|
| ljy-32-10 | 2 | 2 | 0.98 | 20110718-LGH-FJAT-4560 | 3 | 3 | 0.88 |
| ljy-34-8 | 2 | 2 | 1.00 | 20110718-LGH-FJAT-4660 | 3 | 3 | 0.97 |
| LSX-8350 | 2 | 3* | 0.68 | 20110823-LGH-FJAT-13969 | 3 | 3 | 0.59 |
| lsx-8627-2 | 2 | 2 | 0.63 | 20110902-TXN-FJAT-14135 | 3 | 3 | 0.89 |
| orgn-21 | 2 | 2 | 1.00 | 20110907-TXN-FJAT-14352 | 3 | 3 | 0.99 |
| orgn-3 | 2 | 2 | 0.93 | 20110907-TXN-FJAT-14362 | 3 | 3 | 1.00 |
| RSX-20091229-FJAT-7388 | 2 | 2 | 0.98 | 20111101-TXN-FJAT-14491 | 3 | 3 | 0.99 |
| RSX-20091229-FJAT-7408 | 2 | 2 | 0.98 | 20111107-TXN-FJAT-14726 | 3 | 3 | 0.99 |
| S-400-7 | 2 | 2 | 1.00 | 20111123-hu-115 | 3 | 3 | 0.88 |
| TQR-234 | 2 | 2 | 1.00 | 20111205-LGH-FJAT-8779-2 | 3 | 3 | 0.85 |
| TQR-246 | 2 | 2 | 1.00 | 20120224-TXN-FJAT-14736 | 3 | 3 | 0.98 |
| TQR-249 | 2 | 2 | 1.00 | 20120229-TXN-FJAT-14704 | 3 | 3 | 0.99 |
| tqr-265 | 2 | 2 | 1.00 | 20120229-TXN-FJAT-14725 | 3 | 3 | 0.71 |
| X3-1 | 2 | 2 | 0.87 | 20120321-LGH-FJAT-363 | 3 | 3 | 0.84 |
| ysj-5c-20 | 2 | 2 | 0.90 | 20120322-LGH-FJAT-361 | 3 | 3 | 0.96 |
| ysj-b10 | 2 | 2 | 1.00 | 20120327-LGH-FJAT-362 | 3 | 3 | 0.99 |
| ysj-c14 | 2 | 2 | 1.00 | 20120327-LGH-FJAT-401 | 3 | 3 | 0.97 |
| ysj-c15 | 2 | 2 | 1.00 | 20120327-LGH-FJAT-6# | 3 | 3 | 0.98 |
| ZXF-20091216-OrgSn-13 | 2 | 2 | 0.99 | 20121030-FJAT-17404-ZR | 3 | 3 | 0.98 |
| 20110106-SDG-FJAT-10074 | 3 | 3 | 0.55 | 20121030-FJAT-17419-ZR | 3 | 3 | 1.00 |
| 20110106-SDG-FJAT-10075 | 3 | 3 | 0.77 | 20121030-FJAT-17420-ZR | 3 | 3 | 0.96 |
| 20110314-SDG-FJAT-10633 | 3 | 3 | 0.82 | 20121030-FJAT-17426-ZR | 3 | 3 | 0.69 |
| 20110314-WZX-FJAT-255 | 3 | 3 | 0.99 | 20121030-FJAT-17429-ZR | 3 | 3 | 1.00 |
| 20110520-LGH-FJAT-13835 | 3 | 3 | 0.93 | 20121030-FJAT-17432-ZR | 3 | 3 | 0.85 |
| 20110520-LGH-FJAT-13848 | 3 | 3 | 0.77 | 20121030-FJAT-17434-ZR | 3 | 3 | 0.99 |
| 20110524-WZX48h-FJAT-8779 | 3 | 3 | 0.95 | 20121030-FJAT-XKC17230NS-ZR | 3 | 3 | 0.99 |
| 20110607-WZX20D-FJAT-8779 | 3 | 3 | 0.87 | 20121102-FJAT-17457-ZR | 3 | 3 | 0.90 |
| 20110607-WZX28D-FJAT-8779 | 3 | 3 | 0.82 | 20121102-FJAT-17470-ZR | 3 | 3 | 0.88 |
| 20110607-WZX37D-FJAT-8779 | 3 | 3 | 0.92 | 20121105-FJAT-17426-ZR | 3 | 3 | 0.67 |
| 20110615-WZX-FJAT-8779b | 3 | 3 | 0.98 | 20121105-FJAT-17429-ZR | 3 | 3 | 1.00 |
| 20110615-WZX-FJAT-8779c | 3 | 3 | 0.83 | 20121105-FJAT-17432-ZR | 3 | 3 | 0.81 |
| 20110615-WZX-FJAT-8779d | 3 | 3 | 0.78 | 20121105-FJAT-17434-ZR | 3 | 3 | 0.99 |
| 20110615-WZX-FJAT-8779e | 3 | 3 | 0.60 | 20121105-FJAT-17457-ZR | 3 | 3 | 0.88 |
| 20110705-LGH-FJAT-15 | 3 | 3 | 0.96 | 20121105-FJAT-17470-ZR | 3 | 3 | 0.88 |
| 20110707-LGH-FJAT-13565 | 3 | 3 | 0.62 | 20121207-YQ-FJAT-16389 | 3 | 3 | 0.96 |
| 20110707-LGH-FJAT-13573 | 3 | 3 | 0.99 | 20130111-CYP-FJAT-17125 | 3 | 3 | 0.95 |
| 20110707-LGH-FJAT-13595 | 3 | 3 | 0.99 | 20130111-CYP-FJAT-17125 | 3 | 3 | 0.98 |
| 20110718-LGH-FJAT-14076 | 3 | 3 | 0.84 | 20130111-CYP-FJAT-17127 | 3 | 3 | 0.96 |
| 20110718-LGH-FJAT-14077 | 3 | 3 | 0.57 | 20130114-CYP-FJAT-17137 | 3 | 3 | 0.99 |

续表

| 菌株名称 | 原分类 | 计算分类 | 后验概率 | 菌株名称 | 原分类 | 计算分类 | 后验概率 |
|---|---|---|---|---|---|---|---|
| 20130115-CYP-FJAT-17137 | 3 | 3 | 0.99 | CL-363 | 3 | 3 | 0.97 |
| 20130115-CYP-FJAT-17137 | 3 | 3 | 0.99 | FJAT-25129 | 3 | 3 | 0.99 |
| 20130115-CYP-FJAT-17137 | 3 | 3 | 0.99 | FJAT-25349 | 3 | 3 | 0.98 |
| 20130115-CYP-FJAT-17144 | 3 | 3 | 0.97 | FJAT-41334-1 | 3 | 3 | 0.99 |
| 20130115-CYP-FJAT-17153 | 3 | 3 | 0.97 | FJAT-41334-2 | 3 | 3 | 0.99 |
| 20130129-ZMX-FJAT-17712 | 3 | 3 | 0.99 | FJAT-41703-1 | 3 | 3 | 0.91 |
| 20130303-ZMX-FJAT-16611 | 3 | 3 | 1.00 | FJAT-41703-2 | 3 | 3 | 0.81 |
| 20130304-ZMX-FJAT-16564 | 3 | 3 | 0.87 | HGP XU-T-5 | 3 | 3 | 0.89 |
| 20130306-ZMX-FJAT-16611 | 3 | 3 | 1.00 | LGF-20100812-FJAT-8779 | 3 | 3 | 0.99 |
| 20130418-CYP-FJAT-17135 | 3 | 3 | 1.00 | LGH-FJAT-4598 | 3 | 3 | 0.92 |
| 20130419-CYP-FJAT-17135 | 3 | 3 | 1.00 | LGH-FJAT-4605 | 3 | 3 | 0.98 |
| 20131129-LGH-FJAT-4657 | 3 | 3 | 0.72 | RSX-20091229-FJAT-7382 | 3 | 3 | 0.99 |
| 20140325-LGH-FJAT-21955 | 3 | 3 | 0.72 | wi2 | 3 | 3 | 0.98 |
| 20140325-ZEN-FJAT-22333 | 3 | 3 | 0.99 | XKC17230 | 3 | 3 | 1.00 |

*为判错

判别模型分类验证表明（表 7-2-66），对脂肪酸 I 型的判对概率为 0.9677；脂肪酸 II 型的判对概率为 0.91；脂肪酸 III 型的判对概率为 1.0；整个方程的判对概率为 0.954 13，能够精确地识别脂肪酸型（表 7-2-67）。在应用时，对被测芽胞杆菌测定脂肪酸组，将 $x_{(2)}$=15:0 iso、$x_{(3)}$=16:0 iso、$x_{(6)}$=16:1ω7c alcohol、$x_{(8)}$=14:0 iso、$x_{(11)}$=17:1 iso ω10c 的脂肪酸百分比带入方程，计算 $Y$ 值，当 $Y_1<Y<Y_2$ 时，该芽胞杆菌为脂肪酸 I 型；当 $Y_2<Y<Y_3$ 时，属于脂肪酸 II 型；当 $Y>Y_3$ 时，属于脂肪酸 III 型。

**表 7-2-67　短小芽胞杆菌（*Bacillus pumilus*）脂肪酸型判别效果矩阵分析**

| 来自＼判为 | 第 I 型 | 第 II 型 | 第 III 型 | 小计 | 正确率 |
|---|---|---|---|---|---|
| 第 I 型 | 30 | 0 | 1 | 31 | 0.9677 |
| 第 II 型 | 0 | 91 | 9 | 100 | 0.91 |
| 第 III 型 | 0 | 0 | 87 | 87 | 1 |

注：判对的概率=0.954 13

## 十三、简单芽胞杆菌脂肪酸型分析

### 1. 简单芽胞杆菌脂肪酸组测定

简单芽胞杆菌[*Bacillus simplex*（ex Meyer and Gottheil 1901）Priest et al 1989，sp. nov.，nom. rev.]于 1901 年由 Meyer 和 Gottheil 发表。采集分离了 43 个简单芽胞杆菌菌株，分析主要脂肪酸组，见表 7-2-68。主要脂肪酸组 12 个，占总脂肪酸含量的 96.568%，包括 15:0 anteiso、15:0 iso、16:0 iso、c16:0、17:0 anteiso、16:1ω7c alcohol、17:0 iso、14:0 iso、16:1ω11c、 c14:0、17:1 iso ω10c、c18:0，主要脂肪酸组平均值分别为 57.7133%、11.5019%、2.9260%、6.5384%、3.1433%、1.9563%、1.4040%、3.7584%、4.1553%、1.9553%、0.6500%、0.8658%。

**表 7-2-68　简单芽胞杆菌（*Bacillus simplex*）菌株主要脂肪酸组统计**

| 脂肪酸 | 菌株数 | 含量均值/% | 方差 | 标准差 | 中位数/% | 最小值/% | 最大值/% | Wilks 系数 | *P* |
|---|---|---|---|---|---|---|---|---|---|
| 15:0 anteiso | 43 | 57.7133 | 18.6513 | 4.3187 | 58.6100 | 42.1100 | 62.6500 | 0.7515 | 0.0000 |
| 15:0 iso | 43 | 11.5019 | 4.8981 | 2.2132 | 11.5000 | 6.5100 | 17.8700 | 0.9424 | 0.0316 |
| 16:0 iso | 43 | 2.9260 | 0.5861 | 0.7655 | 2.8400 | 1.5500 | 5.1000 | 0.9325 | 0.0142 |
| c16:0 | 43 | 6.5384 | 1.7195 | 1.3113 | 6.3300 | 3.8300 | 9.7600 | 0.9793 | 0.6221 |
| 17:0 anteiso | 43 | 3.1433 | 0.5092 | 0.7136 | 3.1200 | 1.9800 | 4.6600 | 0.9627 | 0.1737 |
| 16:1ω7c alcohol | 43 | 1.9563 | 0.8972 | 0.9472 | 1.7600 | 0.7100 | 4.5400 | 0.8474 | 0.0000 |
| 17:0 iso | 43 | 1.4040 | 0.1128 | 0.3359 | 1.3500 | 0.7600 | 2.3200 | 0.9761 | 0.5015 |
| 14:0 iso | 43 | 3.7584 | 3.5062 | 1.8725 | 3.2200 | 1.7800 | 9.1900 | 0.7394 | 0.0000 |
| 16:1ω11c | 43 | 4.1553 | 1.7144 | 1.3093 | 4.3000 | 1.7800 | 7.5500 | 0.9830 | 0.7631 |
| c14:0 | 43 | 1.9553 | 0.2692 | 0.5189 | 1.8100 | 1.0300 | 3.3800 | 0.9713 | 0.3493 |
| 17:1 iso ω10c | 43 | 0.6500 | 0.1362 | 0.3690 | 0.6500 | 0.0000 | 1.6500 | 0.9572 | 0.1091 |
| c18:0 | 43 | 0.8658 | 0.6553 | 0.8095 | 0.6200 | 0.0000 | 3.5500 | 0.8395 | 0.0000 |
| 总和 | | 96.568 | | | | | | | |

## 2. 简单芽胞杆菌脂肪酸型聚类分析

以表 7-2-69 为矩阵，以菌株为样本，以脂肪酸为指标，以卡方距离为尺度，用可变类平均法进行系统聚类；聚类结果见图 7-2-13。分析结果可将 43 株简单芽胞杆菌分为 3 个脂肪酸型，即脂肪酸 I 型 16 个菌株，特征为到中心的卡方距离为 1.9617，15:0 iso 平均值为 5.56%，重要脂肪酸 15:0 anteiso、15:0 iso、17:0 anteiso、17:0 iso、16:0 iso、c16:0、16:1ω7c alcohol 等平均值分别为 17.52%、5.56%、2.24%、1.64%、2.29%、4.57%、1.64%。脂肪酸 II 型 22 个菌株，特征为到中心的卡方距离为 1.703，15:0 iso 平均值为 5.34%；重要脂肪酸 15:0 anteiso、15:0 iso、17:0 anteiso、17:0 iso、16:0 iso、c16:0、16:1ω7c alcohol 等平均值分别为 18.33%、5.34%、2.32%、1.61%、2.10%、3.51%、2.20%。脂肪酸 III 型 5 个菌株，特征为到中心的卡方距离为 2.6644，15:0 iso 平均值为 10.23%；重要脂肪酸 15:0 anteiso、15:0 iso、17:0 anteiso、17:0 iso、16:0 iso、c16:0、16:1ω7c alcohol 等平均值分别为 6.09%、10.23%、1.26%、1.83%、3.86%、1.84%、4.37%。

**表 7-2-69　简单芽胞杆菌（*Bacillus simplex*）菌株主要脂肪酸组**

| 型 | 菌株名称 | 15:0 anteiso | 15:0 iso | 17:0 anteiso | 17:0 iso | 16:0 iso | c16:0 | 16:1ω7c alcohol |
|---|---|---|---|---|---|---|---|---|
| I | 20101212-WZX-FJAT-10590 | 15.27* | 7.52 | 1.59 | 1.41 | 2.70 | 4.74 | 2.40 |
| I | 20110316-LGH-FJAT-4762 | 18.84 | 5.82 | 2.20 | 1.39 | 1.61 | 3.54 | 2.12 |
| I | 20110601-LGH-FJAT-13917 | 15.18 | 5.99 | 1.86 | 1.75 | 2.19 | 4.86 | 1.67 |
| I | 20110625-WZX-FJAT-1003(1)-4 | 16.45 | 6.86 | 1.84 | 1.75 | 2.06 | 6.12 | 1.53 |
| I | 20110630-WZX-FJAT-8781e | 17.69 | 6.28 | 1.89 | 1.44 | 2.78 | 5.40 | 1.73 |
| I | 20110705-LGH-FJAT-13402 | 17.51 | 4.35 | 3.49 | 1.97 | 1.94 | 6.93 | 1.23 |

续表

| 型 | 菌株名称 | 15:0 anteiso | 15:0 iso | 17:0 anteiso | 17:0 iso | 16:0 iso | c16:0 | 16:1ω7c alcohol |
|---|---|---|---|---|---|---|---|---|
| I | 20110707-LGH-FJAT-4505 | 16.07 | 6.10 | 1.93 | 1.47 | 1.43 | 4.24 | 1.94 |
| I | 20110707-LGH-FJAT-4592 | 18.55 | 6.55 | 2.84 | 1.93 | 2.57 | 3.30 | 1.73 |
| I | 20110707-LGH-FJAT-4601 | 16.10 | 6.61 | 2.25 | 1.86 | 2.90 | 6.14 | 1.46 |
| I | 20110707-LGH-FJAT-4743 | 20.99 | 1.00 | 1.97 | 1.21 | 1.62 | 2.70 | 1.33 |
| I | 201110-19-TXN-FJAT-14412 | 20.46 | 4.58 | 1.75 | 1.29 | 1.73 | 5.19 | 1.38 |
| I | 20120606-LGH-FJAT-2295 | 15.86 | 9.27 | 1.78 | 1.98 | 2.38 | 5.54 | 1.00 |
| I | 20121102-FJAT-17441-ZR | 18.49 | 3.63 | 2.12 | 1.27 | 2.31 | 3.38 | 1.14 |
| I | 20121105-FJAT-17441-ZR | 18.39 | 3.61 | 2.22 | 1.31 | 2.36 | 3.50 | 1.05 |
| I | 20130129-ZMX-FJAT-17707 | 18.15 | 4.88 | 2.84 | 1.59 | 2.78 | 3.64 | 2.18 |
| I | 20140325-ZEN-FJAT-22317 | 16.26 | 5.96 | 3.21 | 2.56 | 3.33 | 3.86 | 2.39 |
| 脂肪酸 I 型 16 个菌株平均值 | | 17.52 | 5.56 | 2.24 | 1.64 | 2.29 | 4.57 | 1.64 |
| II | 20101212-WZX-FJAT-10893 | 16.67 | 6.04 | 2.46 | 1.92 | 2.73 | 5.23 | 1.79 |
| II | 20101221-WZX-FJAT-10864 | 18.82 | 7.30 | 2.46 | 1.84 | 2.29 | 3.19 | 1.98 |
| II | 20101221-WZX-FJAT-10890 | 19.05 | 6.04 | 2.62 | 1.97 | 2.09 | 4.50 | 1.72 |
| II | 20110316-LGH-FJAT-4507 | 16.84 | 5.85 | 2.14 | 1.53 | 2.04 | 2.73 | 2.84 |
| II | 20110317-LGH-FJAT-4467 | 17.23 | 5.90 | 2.17 | 1.81 | 2.08 | 3.46 | 2.44 |
| II | 20110317-LGH-FJAT-4597 | 17.47 | 6.21 | 2.47 | 1.72 | 1.49 | 3.41 | 2.10 |
| II | 20110625-WZX-FJAT-10031(2)-4 | 19.07 | 6.71 | 1.59 | 1.48 | 1.83 | 3.64 | 1.95 |
| II | 20110625-WZX-FJAT-8781-11 | 18.93 | 4.59 | 1.11 | 1.00 | 1.32 | 4.36 | 2.02 |
| II | 20110705-WZX-FJAT-13357 | 16.99 | 5.76 | 1.95 | 1.37 | 2.79 | 3.26 | 3.02 |
| II | 20110707-LGH-FJAT-4568 | 18.20 | 5.34 | 2.22 | 1.42 | 2.80 | 1.85 | 3.37 |
| II | 20110707-LGH-FJAT-4569 | 16.52 | 4.41 | 1.06 | 1.05 | 2.66 | 2.92 | 2.50 |
| II | 20110707-LGH-FJAT-4591 | 20.14 | 4.44 | 2.63 | 1.57 | 2.63 | 2.62 | 2.33 |
| II | 20110718-LGH-FJAT-12272 | 15.22 | 6.13 | 2.57 | 2.18 | 2.51 | 3.61 | 2.19 |
| II | 20110718-LGH-FJAT-4510 | 16.50 | 8.01 | 1.88 | 1.87 | 2.07 | 2.92 | 2.08 |
| II | 20110718-LGH-FJAT-4595 | 17.50 | 3.18 | 2.89 | 1.41 | 1.80 | 3.64 | 2.62 |
| II | 20110718-LGH-FJAT-4596 | 21.54 | 5.32 | 2.56 | 1.48 | 1.84 | 2.51 | 2.05 |
| II | 20110823-TXN-FJAT-14134 | 19.69 | 3.73 | 1.73 | 1.27 | 1.00 | 2.61 | 1.69 |
| II | 201110-19-TXN-FJAT-14385 | 17.48 | 6.08 | 3.42 | 2.20 | 2.59 | 4.24 | 1.84 |
| II | 20130125-ZMX-FJAT-17704 | 20.01 | 3.28 | 3.66 | 1.80 | 1.97 | 4.75 | 1.64 |
| II | 20130129-ZMX-FJAT-17704 | 20.63 | 3.36 | 3.68 | 1.82 | 2.09 | 4.98 | 1.72 |
| II | FJAT-4521 | 18.37 | 6.25 | 1.00 | 1.22 | 1.30 | 3.38 | 2.16 |
| II | LGH-FJAT-4591 | 20.36 | 3.56 | 2.69 | 1.44 | 2.29 | 3.35 | 2.40 |
| 脂肪酸 II 型 22 个菌株平均值 | | 18.33 | 5.34 | 2.32 | 1.61 | 2.10 | 3.51 | 2.20 |
| III | FJAT-2295GLU | 8.41 | 8.25 | 1.14 | 1.63 | 3.53 | 3.33 | 4.08 |
| III | FJAT-2295LB | 10.33 | 8.72 | 1.66 | 1.58 | 2.76 | 2.16 | 3.35 |
| III | FJAT-2295NA | 1.00 | 12.36 | 1.17 | 2.23 | 4.55 | 1.55 | 4.78 |
| III | FJAT-2295NACL | 5.35 | 10.91 | 1.16 | 1.85 | 4.20 | 1.00 | 4.83 |
| III | FJAT-2295NACL | 5.36 | 10.91 | 1.15 | 1.85 | 4.23 | 1.18 | 4.82 |
| 脂肪酸 III 型 5 个菌株平均值 | | 6.09 | 10.23 | 1.26 | 1.83 | 3.86 | 1.84 | 4.37 |

续表

| 型 | 菌株名称 | 14:0 iso | 16:1ω11c | c14:0 | 17:1 iso ω10c | c18:0 | 到中心的卡方距离 |
|---|---|---|---|---|---|---|---|
| I | 20101212-WZX-FJAT-10590 | 3.76 | 3.20 | 2.15 | 1.76 | 1.71 | 3.63 |
| I | 20110316-LGH-FJAT-4762 | 2.21 | 2.43 | 1.44 | 1.58 | 4.32 | 2.77 |
| I | 20110601-LGH-FJAT-13917 | 2.47 | 2.20 | 2.05 | 1.00 | 2.31 | 2.48 |
| I | 20110625-WZX-FJAT-1003(1)-4 | 2.52 | 3.65 | 2.86 | 1.46 | 1.52 | 2.97 |
| I | 20110630-WZX-FJAT-8781e | 3.80 | 2.85 | 2.68 | 1.27 | 1.28 | 2.34 |
| I | 20110705-LGH-FJAT-13402 | 1.64 | 2.00 | 2.45 | 1.00 | 3.45 | 3.35 |
| I | 20110707-LGH-FJAT-4505 | 2.02 | 3.25 | 1.76 | 1.65 | 4.55 | 3.03 |
| I | 20110707-LGH-FJAT-4592 | 2.17 | 2.31 | 1.51 | 1.54 | 2.78 | 2.16 |
| I | 20110707-LGH-FJAT-4601 | 2.53 | 2.76 | 2.25 | 1.42 | 1.68 | 2.62 |
| I | 20110707-LGH-FJAT-4743 | 1.45 | 2.16 | 2.12 | 1.35 | 2.82 | 6.20 |
| I | 201110-19-TXN-FJAT-14412 | 1.82 | 2.63 | 2.25 | 1.34 | 2.45 | 3.37 |
| I | 20120606-LGH-FJAT-2295 | 2.56 | 1.27 | 2.47 | 1.36 | 1.88 | 4.44 |
| I | 20121102-FJAT-17441-ZR | 2.25 | 1.00 | 1.73 | 1.27 | 2.52 | 2.89 |
| I | 20121105-FJAT-17441-ZR | 2.24 | 1.00 | 1.73 | 1.31 | 2.59 | 2.84 |
| I | 20130129-ZMX-FJAT-17707 | 2.51 | 2.02 | 1.42 | 1.64 | 2.08 | 1.80 |
| I | 20140325-ZEN-FJAT-22317 | 3.67 | 1.89 | 1.79 | 2.65 | 1.00 | 3.28 |
| 脂肪酸 I 型 16 个菌株平均值 | | 2.48 | 2.29 | 2.04 | 1.48 | 2.43 | RMSTD=1.9617 |
| II | 20101212-WZX-FJAT-10893 | 2.47 | 4.45 | 1.85 | 1.62 | 1.00 | 2.68 |
| II | 20101221-WZX-FJAT-10864 | 2.54 | 3.29 | 2.20 | 1.65 | 1.00 | 2.39 |
| II | 20101221-WZX-FJAT-10890 | 1.84 | 4.15 | 2.03 | 1.66 | 1.00 | 1.72 |
| II | 20110316-LGH-FJAT-4507 | 2.10 | 5.20 | 1.78 | 2.04 | 1.46 | 2.13 |
| II | 20110317-LGH-FJAT-4467 | 2.23 | 4.97 | 1.78 | 1.89 | 1.47 | 1.47 |
| II | 20110317-LGH-FJAT-4597 | 1.40 | 5.25 | 1.75 | 1.97 | 1.93 | 2.00 |
| II | 20110625-WZX-FJAT-10031(2)-4 | 3.01 | 3.87 | 2.58 | 1.00 | 1.65 | 2.16 |
| II | 20110625-WZX-FJAT-8781-11 | 2.73 | 6.77 | 3.35 | 1.45 | 1.00 | 3.53 |
| II | 20110705-WZX-FJAT-13357 | 4.13 | 3.97 | 2.36 | 1.75 | 1.00 | 2.66 |
| II | 20110707-LGH-FJAT-4568 | 3.28 | 4.12 | 1.59 | 1.64 | 1.51 | 2.40 |
| II | 20110707-LGH-FJAT-4569 | 5.34 | 2.81 | 2.72 | 1.42 | 2.47 | 4.43 |
| II | 20110707-LGH-FJAT-4591 | 2.78 | 3.72 | 1.70 | 1.64 | 1.57 | 2.43 |
| II | 20110718-LGH-FJAT-12272 | 2.13 | 4.76 | 1.71 | 2.58 | 1.36 | 3.46 |
| II | 20110718-LGH-FJAT-4510 | 1.71 | 4.10 | 1.68 | 2.09 | 1.38 | 3.43 |
| II | 20110718-LGH-FJAT-4595 | 1.70 | 4.40 | 1.49 | 1.86 | 2.35 | 2.73 |
| II | 20110718-LGH-FJAT-4596 | 2.02 | 3.52 | 1.67 | 1.70 | 1.85 | 3.53 |
| II | 20110823-TXN-FJAT-14134 | 1.60 | 3.85 | 2.25 | 1.57 | 1.71 | 2.85 |
| II | 201110-19-TXN-FJAT-14385 | 1.65 | 3.83 | 1.36 | 1.66 | 1.38 | 2.21 |
| II | 20130125-ZMX-FJAT-17704 | 1.00 | 3.62 | 1.50 | 1.69 | 1.54 | 3.65 |
| II | 20130129-ZMX-FJAT-17704 | 1.08 | 3.66 | 1.57 | 1.80 | 1.56 | 3.97 |

续表

| 型 | 菌株名称 | 14:0 iso | 16:1ω11c | c14:0 | 17:1 iso ω10c | c18:0 | 到中心的卡方距离 |
|---|---|---|---|---|---|---|---|
| II | FJAT-4521 | 2.44 | 4.79 | 2.78 | 1.69 | 1.43 | 2.06 |
| II | LGH-FJAT-4591 | 2.37 | 5.97 | 1.90 | 1.00 | 1.00 | 3.32 |
| 脂肪酸 II 型 22 个菌株平均值 | | 2.34 | 4.32 | 1.98 | 1.70 | 1.48 | RMSTD=1.703 |
| III | FJAT-2295GLU | 7.30 | 4.53 | 2.12 | 1.81 | 1.39 | 4.00 |
| III | FJAT-2295LB | 4.74 | 1.83 | 1.11 | 1.87 | 2.00 | 5.54 |
| III | FJAT-2295NA | 8.41 | 1.95 | 1.00 | 2.08 | 2.05 | 5.76 |
| III | FJAT-2295NACL | 8.24 | 2.57 | 1.15 | 2.11 | 1.61 | 1.69 |
| III | FJAT-2295NACL | 8.21 | 2.57 | 1.15 | 2.11 | 1.62 | 1.59 |
| 脂肪酸 III 型 5 个菌株平均值 | | 7.38 | 2.69 | 1.31 | 2.00 | 1.73 | RMSTD=2.6644 |

*脂肪酸含量单位为%

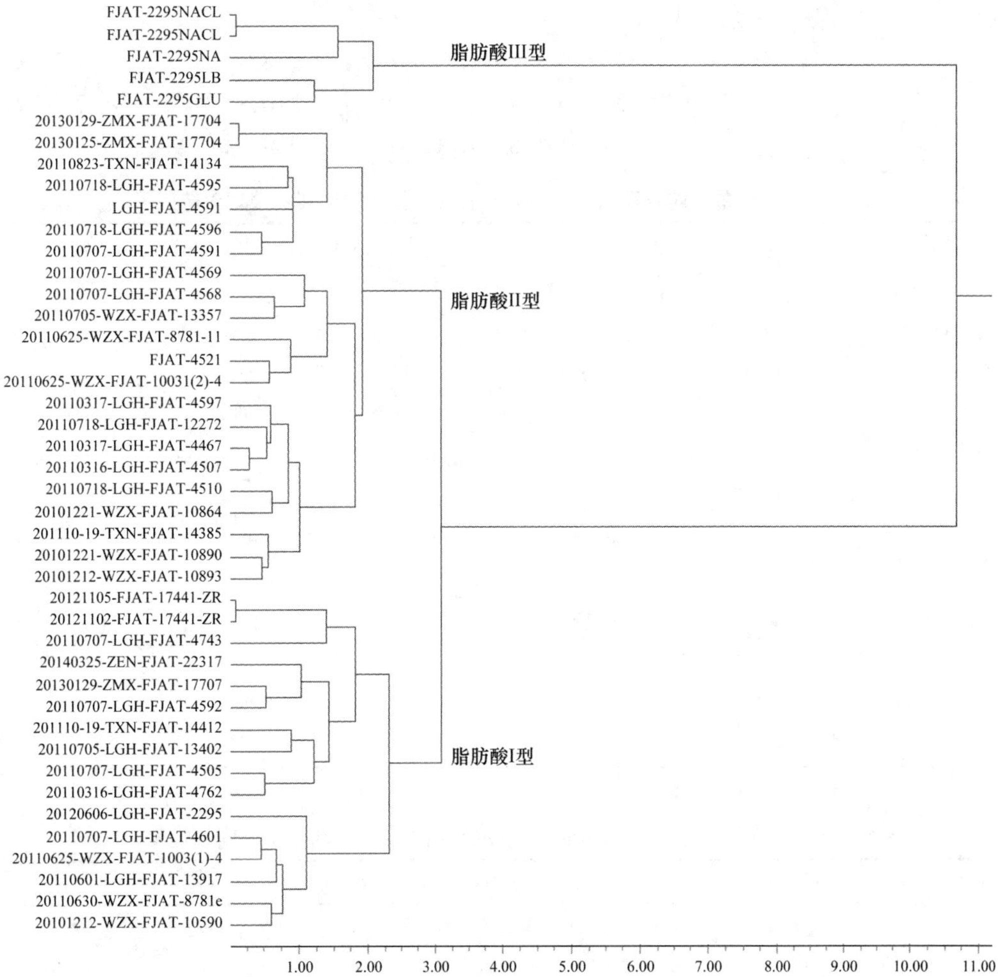


图 7-2-13　简单芽胞杆菌（*Bacillus simplex*）脂肪酸型聚类分析（卡方距离）

### 3. 简单芽胞杆菌脂肪酸型判别模型建立

（1）分析原理。不同的简单芽胞杆菌菌株具有不同的脂肪酸组构成，通过上述聚类分析，可将简单芽胞杆菌菌株分为 3 类，利用逐步判别的方法（DPS 软件），建立简单芽胞杆菌菌株脂肪酸型判别模型，在建立模型的过程中，可以了解各因子对类别划分的重要性。

（2）数据矩阵。以表 7-2-69 的简单芽胞杆菌 43 个菌株的 12 个脂肪酸为矩阵，自变量 $x_{ij}$（$i$=1,⋯,43；$j$=1,⋯,12）由 43 个菌株的 12 个脂肪酸组成，因变量 $Y_i$（$i$=1,⋯,43）由 43 个菌株聚类类别组成脂肪酸型，采用贝叶斯逐步判别分析，建立简单芽胞杆菌菌株脂肪酸型判别模型。简单芽胞杆菌脂肪酸型判别模型入选因子见表 7-2-70，脂肪酸型类别间判别效果检验见表 7-2-71，模型计算后的分类验证和后验概率见表 7-2-72，脂肪酸型判别效果矩阵分析见表 7-2-73。建立的逐步判别分析因子筛选表明，以下 3 个因子入选，它们是 $x_{(1)}$=15:0 anteiso、$x_{(4)}$=c16:0、$x_{(9)}$=16:1ω11c，表明这些因子对脂肪酸型的判别具有显著贡献。判别模型如下：

$$Y_1=-55.8155+4.8894x_{(1)}+4.6981x_{(4)}+1.9788x_{(9)} \quad (7\text{-}2\text{-}38)$$

$$Y_2=-63.1337+5.0995x_{(1)}+2.9329x_{(4)}+5.2101x_{(9)} \quad (7\text{-}2\text{-}39)$$

$$Y_3=-10.8548+1.7462x_{(1)}+1.2515x_{(4)}+3.2593x_{(9)} \quad (7\text{-}2\text{-}40)$$

**表 7-2-70　简单芽胞杆菌（*Bacillus simplex*）脂肪酸型判别模型入选因子**

| 脂肪酸 | Wilks 统计量 | *F* 值 | df | *P* | 入选状态 |
|---|---|---|---|---|---|
| 15:0 anteiso | 0.2450 | 58.5555 | 2，38 | 0.0000 | （已入选） |
| 15:0 iso | 0.9707 | 0.5590 | 2，37 | 0.5765 | |
| 16:0 iso | 0.9766 | 0.4439 | 2，37 | 0.6449 | |
| c16:0 | 0.6467 | 10.3817 | 2，38 | 0.0002 | （已入选） |
| 17:0 anteiso | 0.8940 | 2.1943 | 2，37 | 0.1257 | |
| 16:1ω7c alcohol | 0.9437 | 1.1033 | 2，37 | 0.3424 | |
| 17:0 iso | 0.8545 | 3.1511 | 2，37 | 0.0545 | |
| 14:0 iso | 0.9415 | 1.1488 | 2，37 | 0.3281 | |
| 16:1ω11c | 0.4237 | 25.8460 | 2，38 | 0.0000 | （已入选） |
| c14:0 | 0.9755 | 0.4651 | 2，37 | 0.6317 | |
| 17:1 iso ω10c | 0.9294 | 1.4045 | 2，37 | 0.2583 | |
| c18:0 | 0.8530 | 3.1871 | 2，37 | 0.0528 | |

**表 7-2-71　简单芽胞杆菌（*Bacillus simplex*）脂肪酸型两两分类间判别效果检验**

| 脂肪酸型 *i* | 脂肪酸型 *j* | 马氏距离 | *F* 值 | 自由度 $V_1$ | $V_2$ | *P* |
|---|---|---|---|---|---|---|
| I | II | 8.6102 | 25.2567 | 3 | 34 | $1\times10^{-7}$ |
| I | III | 45.8155 | 55.2695 | 3 | 17 | $1\times10^{-7}$ |
| II | III | 47.0188 | 60.6600 | 3 | 23 | $1\times10^{-7}$ |

表 7-2-72　简单芽胞杆菌（*Bacillus simplex*）模型计算后的分类验证和后验概率

| 菌株名称 | 原分类 | 计算分类 | 后验概率 | 菌株名称 | 原分类 | 计算分类 | 后验概率 |
|---|---|---|---|---|---|---|---|
| 20101212-WZX-FJAT-10590 | 1 | 1 | 0.86 | 20110625-WZX-FJAT-10031(2)-4 | 2 | 2 | 0.96 |
| 20110316-LGH-FJAT-4762 | 1 | 1 | 0.81 | 20110625-WZX-FJAT-8781-11 | 2 | 2 | 1.00 |
| 20110601-LGH-FJAT-13917 | 1 | 1 | 0.99 | 20110705-WZX-FJAT-13357 | 2 | 2 | 0.97 |
| 20110625-WZX-FJAT-1003(1)-4 | 1 | 1 | 0.93 | 20110707-LGH-FJAT-4568 | 2 | 2 | 1.00 |
| 20110630-WZX-FJAT-8781e | 1 | 1 | 0.97 | 20110707-LGH-FJAT-4569 | 2 | 2 | 0.60 |
| 20110705-LGH-FJAT-13402 | 1 | 1 | 1.00 | 20110707-LGH-FJAT-4591 | 2 | 2 | 0.99 |
| 20110707-LGH-FJAT-4505 | 1 | 1 | 0.65 | 20110718-LGH-FJAT-12272 | 2 | 2 | 0.99 |
| 20110707-LGH-FJAT-4592 | 1 | 1 | 0.81 | 20110718-LGH-FJAT-4510 | 2 | 2 | 0.99 |
| 20110707-LGH-FJAT-4601 | 1 | 1 | 1.00 | 20110718-LGH-FJAT-4595 | 2 | 2 | 0.99 |
| 20110707-LGH-FJAT-4743 | 1 | 1 | 0.59 | 20110718-LGH-FJAT-4596 | 2 | 2 | 0.99 |
| 201110-19-TXN-FJAT-14412 | 1 | 1 | 0.97 | 20110823-TXN-FJAT-14134 | 2 | 2 | 0.99 |
| 20120606-LGH-FJAT-2295 | 1 | 1 | 1.00 | 201110-19-TXN-FJAT-14385 | 2 | 2 | 0.83 |
| 20121102-FJAT-17441-ZR | 1 | 1 | 1.00 | 20130125-ZMX-FJAT-17704 | 2 | 2 | 0.63 |
| 20121105-FJAT-17441-ZR | 1 | 1 | 1.00 | 20130129-ZMX-FJAT-17704 | 2 | 2 | 0.59 |
| 20130129-ZMX-FJAT-17707 | 1 | 1 | 0.96 | FJAT-4521 | 2 | 2 | 1.00 |
| 20140325-ZEN-FJAT-22317 | 1 | 1 | 0.99 | LGH-FJAT-4591 | 2 | 2 | 1.00 |
| 20101212-WZX-FJAT-10893 | 2 | 2 | 0.84 | FJAT-2295GLU | 3 | 3 | 1.00 |
| 20101221-WZX-FJAT-10864 | 2 | 2 | 0.88 | FJAT-2295LB | 3 | 3 | 1.00 |
| 20101221-WZX-FJAT-10890 | 2 | 2 | 0.92 | FJAT-2295NA | 3 | 3 | 1.00 |
| 20110316-LGH-FJAT-4507 | 2 | 2 | 1.00 | FJAT-2295NACL | 3 | 3 | 1.00 |
| 20110317-LGH-FJAT-4467 | 2 | 2 | 1.00 | FJAT-2295NACL | 3 | 3 | 1.00 |
| 20110317-LGH-FJAT-4597 | 2 | 2 | 1.00 | | | | |

判别模型分类验证表明（表 7-2-72），对脂肪酸 I 型的判对概率为 1.00；脂肪酸 II 型的判对概率为 1.00；脂肪酸 III 型的判对概率为 1.00；整个方程的判对概率为 1.00，能够精确地识别脂肪酸型（表 7-2-73）。在应用时，对被测芽胞杆菌测定脂肪酸组，将 $x_{(1)}$=15:0 anteiso、$x_{(4)}$=c16:0、$x_{(9)}$=16:1ω11c 的脂肪酸百分比带入方程，计算 $Y$ 值，当 $Y_1<Y<Y_2$ 时，该芽胞杆菌为脂肪酸 I 型；当 $Y_2<Y<Y_3$ 时，属于脂肪酸 II 型；当 $Y>Y_3$ 时，属于脂肪酸 III 型。

表 7-2-73　简单芽胞杆菌（*Bacillus simplex*）脂肪酸型判别效果矩阵分析

| 来自＼判为 | 第 I 型 | 第 II 型 | 第 III 型 | 小计 | 正确率 |
|---|---|---|---|---|---|
| 第 I 型 | 16 | 0 | 0 | 16 | 1 |
| 第 II 型 | 0 | 22 | 0 | 22 | 1 |
| 第 III 型 | 0 | 0 | 5 | 5 | 1 |

注：判对的概率=1

## 十四、枯草芽胞杆菌脂肪酸型分析

### 1. 枯草芽胞杆菌脂肪酸组测定

枯草芽胞杆菌[*Bacillus subtilis*（Ehrenberg 1835）Cohn 1872（Approved Lists 1980），species.]于 1835 年由 Ehrenberg 发表。作者采集分离了 520 个枯草芽胞杆菌菌株，分析主要脂肪酸组，见表 7-2-74。主要脂肪酸组 12 个，占总脂肪酸含量的 96.9232%，包括 15:0 anteiso、15:0 iso、16:0 iso、c16:0、17:0 anteiso、16:1ω7c alcohol、17:0 iso、14:0 iso、16:1ω11c、c14:0、17:1 iso ω10c、c18:0，主要脂肪酸组平均值分别为 37.3765%、26.0457%、4.0423%、3.9549%、11.0116%、0.3303%、10.5676%、1.3554%、0.8093%、0.3547%、0.5317%、0.5432%。

表 7-2-74　枯草芽胞杆菌（***Bacillus subtilis***）菌株主要脂肪酸组统计

| 脂肪酸 | 菌株数 | 含量均值/% | 方差 | 标准差 | 中位数/% | 最小值/% | 最大值/% | Wilks 系数 | *P* |
|---|---|---|---|---|---|---|---|---|---|
| 15:0 anteiso | 520 | 37.3765 | 8.9806 | 2.9968 | 37.4300 | 9.5000 | 45.4800 | 0.8766 | 0.0000 |
| 15:0 iso | 520 | 26.0457 | 26.2838 | 5.1268 | 26.7250 | 7.5000 | 40.6600 | 0.9732 | 0.0000 |
| 16:0 iso | 520 | 4.0423 | 2.0167 | 1.4201 | 3.6150 | 0.8500 | 16.4000 | 0.7499 | 0.0000 |
| c16:0 | 520 | 3.9549 | 1.8066 | 1.3441 | 3.7450 | 0.0000 | 15.7900 | 0.8524 | 0.0000 |
| 17:0 anteiso | 520 | 11.0116 | 5.6145 | 2.3695 | 11.0850 | 3.8400 | 19.5300 | 0.9813 | 0.0000 |
| 16:1ω7c alcohol | 520 | 0.3303 | 0.0610 | 0.2470 | 0.2900 | 0.0000 | 1.2800 | 0.9318 | 0.0000 |
| 17:0 iso | 520 | 10.5676 | 3.8698 | 1.9672 | 10.6950 | 4.7800 | 17.8700 | 0.9789 | 0.0000 |
| 14:0 iso | 520 | 1.3554 | 0.3208 | 0.5664 | 1.2200 | 0.0000 | 5.6200 | 0.8114 | 0.0000 |
| 16:1ω11c | 520 | 0.8093 | 0.1980 | 0.4450 | 0.7800 | 0.0000 | 3.8700 | 0.9084 | 0.0000 |
| c14:0 | 520 | 0.3547 | 0.0576 | 0.2400 | 0.3200 | 0.0000 | 1.8500 | 0.8605 | 0.0000 |
| 17:1 iso ω10c | 520 | 0.5317 | 0.5215 | 0.7221 | 0.0000 | 0.0000 | 3.5800 | 0.7589 | 0.0000 |
| c18:0 | 520 | 0.5432 | 0.3556 | 0.5963 | 0.3800 | 0.0000 | 5.4100 | 0.7246 | 0.0000 |
| 总和 | | 96.9232 | | | | | | | |

### 2. 枯草芽胞杆菌脂肪酸型聚类分析

以表 7-2-75 为矩阵，以菌株为样本，以脂肪酸为指标，以卡方距离为尺度，用可变类平均法进行系统聚类；聚类结果见图 7-2-14。分析结果可将 520 株枯草芽胞杆菌分为 4 个脂肪酸型，即脂肪酸 I 型 226 个菌株，特征为到中心的卡方距离为 3.0281，15:0 iso 平均值为 16.84%，重要脂肪酸 15:0 anteiso、15:0 iso、17:0 anteiso、17:0 iso、16:0 iso、c16:0、16:1ω7c alcohol 等平均值分别为 29.72%、16.84%、9.05%、6.83%、4.74%、5.23%、1.36%。脂肪酸 II 型 84 个菌株，特征为到中心的卡方距离为 2.7397，15:0 iso 平均值为 26.49%；重要脂肪酸 15:0 anteiso、15:0 iso、17:0 anteiso、17:0 iso、16:0 iso、c16:0、16:1ω7c alcohol 等平均值分别为 27.71%、26.49%、4.88%、5.73%、3.65%、4.43%、1.27%。脂肪酸 III 型 19 个菌株，特征为到中心的卡方距离为 5.7289，15:0 iso 平均值为 7.25%；重要脂肪酸 15:0 anteiso、15:0 iso、17:0 anteiso、17:0 iso、16:0 iso、c16:0、16:1ω7c alcohol

等平均值分别为 27.50%、7.25%、9.28%、4.12%、8.07%、6.66%、1.70%。脂肪酸 IV 型 191 个菌株，特征为到中心的卡方距离为 1.3466，15:0 iso 平均值为 20.91%；重要脂肪酸 15:0 anteiso、15:0 iso、17:0 anteiso、17:0 iso、16:0 iso、c16:0、16:1ω7c alcohol 等平均值分别为 28.53%、20.91%、8.47%、7.47%、3.39%、4.70%、1.29%。

表 7-2-75　枯草芽胞杆菌（*Bacillus subtilis*）菌株主要脂肪酸组

| 型 | 菌株名称 | 15:0 anteiso | 15:0 iso | 17:0 anteiso | 17:0 iso | 16:0 iso | c16:0 | 16:1ω7c alcohol |
|---|---|---|---|---|---|---|---|---|
| I | 20101207-WZX-FJAT-6 | 34.69* | 15.34 | 8.25 | 5.31 | 3.92 | 7.22 | 1.00 |
| I | 20101208-WZX-FJAT-11709 | 31.61 | 15.96 | 10.92 | 7.12 | 5.84 | 3.76 | 1.27 |
| I | 20101208-WZX-FJAT-B10 | 32.52 | 16.74 | 8.63 | 6.86 | 4.78 | 4.72 | 1.19 |
| I | 20101210-WZX-FJAT-11695 | 28.99 | 20.01 | 5.38 | 6.15 | 5.47 | 7.33 | 1.35 |
| I | 20101210-WZX-FJAT-11700 | 31.27 | 17.58 | 10.25 | 7.77 | 5.68 | 3.64 | 1.25 |
| I | 20101220-WZX-FJAT-10600 | 36.98 | 25.68 | 7.13 | 1.58 | 3.72 | 3.19 | 1.00 |
| I | 20101221-WZX-FJAT-10696 | 32.40 | 20.51 | 7.28 | 5.20 | 5.80 | 3.60 | 1.18 |
| I | 20101221-WZX-FJAT-10879 | 30.10 | 23.14 | 9.42 | 3.27 | 3.95 | 3.78 | 1.36 |
| I | 20101230-WZX-FJAT-10673 | 31.49 | 11.76 | 12.66 | 9.87 | 4.46 | 3.88 | 1.64 |
| I | 20101230-WZX-FJAT-10676 | 29.97 | 20.83 | 11.57 | 4.28 | 3.60 | 4.59 | 1.00 |
| I | 20110106-SDG-FJAT-10083 | 30.47 | 12.76 | 12.25 | 7.32 | 4.96 | 5.71 | 1.54 |
| I | 20110110-SDG-FJAT-10080 | 29.68 | 10.53 | 14.26 | 9.47 | 6.16 | 4.92 | 1.38 |
| I | 20110110-SDG-FJAT-10081 | 27.82 | 15.65 | 9.43 | 10.21 | 3.87 | 4.27 | 1.80 |
| I | 20110110-SDG-FJAT-10082 | 30.27 | 11.01 | 13.63 | 8.81 | 6.19 | 5.66 | 1.40 |
| I | 20110110-SDG-FJAT-10191 | 29.18 | 12.21 | 12.72 | 11.12 | 6.32 | 8.00 | 1.00 |
| I | 20110225-SDG-FJAT-11090 | 33.94 | 20.20 | 4.21 | 3.50 | 4.60 | 6.86 | 1.00 |
| I | 20110311-SDG-FJAT-11304 | 31.43 | 13.47 | 12.68 | 6.45 | 5.94 | 3.10 | 1.69 |
| I | 20110311-SDG-FJAT-11309 | 27.24 | 19.40 | 4.40 | 5.14 | 3.95 | 7.07 | 1.99 |
| I | 20110313-SDG-FJAT-10275 | 30.41 | 12.56 | 10.25 | 4.89 | 4.24 | 5.30 | 1.25 |
| I | 20110314-SDG-FJAT-10626 | 29.61 | 17.12 | 8.20 | 7.25 | 4.23 | 5.39 | 1.54 |
| I | 20110314-SDG-FJAT-10626 | 29.42 | 20.29 | 7.70 | 7.57 | 3.64 | 4.03 | 1.50 |
| I | 20110314-WZX-FJAT-256 | 33.98 | 20.07 | 9.31 | 1.65 | 3.78 | 4.25 | 1.57 |
| I | 20110314-WZX-FJAT-273 | 34.34 | 17.24 | 11.07 | 1.82 | 3.81 | 5.03 | 1.44 |
| I | 20110315-SDG-FJAT-10221 | 28.92 | 19.17 | 5.45 | 7.10 | 3.11 | 8.59 | 1.26 |
| I | 20110316-LGH-FJAT-4439 | 29.86 | 10.68 | 11.78 | 9.59 | 5.94 | 4.09 | 1.59 |
| I | 20110317-LGH-FJAT-4403 | 33.11 | 15.87 | 8.61 | 4.62 | 4.30 | 3.51 | 1.78 |
| I | 20110429-WZX-FJAT-8784-1 | 31.26 | 14.88 | 7.87 | 8.43 | 5.24 | 4.78 | 1.60 |
| I | 20110429-WZX-FJAT-8784-2 | 30.53 | 14.04 | 8.50 | 9.17 | 5.27 | 5.00 | 1.60 |
| I | 20110429-WZX-FJAT-8784-3 | 31.59 | 14.15 | 7.96 | 8.06 | 5.27 | 4.98 | 1.63 |
| I | 20110429-WZX-FJAT-8784-4 | 31.66 | 13.50 | 8.33 | 8.19 | 5.42 | 4.96 | 1.63 |
| I | 20110429-WZX-FJAT-8784-5 | 29.90 | 13.44 | 8.68 | 8.77 | 5.59 | 5.40 | 1.63 |
| I | 20110429-WZX-FJAT-8784-6 | 31.73 | 13.88 | 8.05 | 8.08 | 5.38 | 4.98 | 1.76 |
| I | 20110429-WZX-FJAT-8784-7 | 31.30 | 14.05 | 8.02 | 8.06 | 5.24 | 4.91 | 1.67 |
| I | 20110429-WZX-FJAT-8784-8 | 32.46 | 11.46 | 9.38 | 7.75 | 5.01 | 6.28 | 1.55 |
| I | 20110504-24-FJAT-8764 | 31.77 | 23.89 | 4.44 | 4.42 | 5.01 | 3.32 | 1.63 |

续表

| 型 | 菌株名称 | 15:0 anteiso | 15:0 iso | 17:0 anteiso | 17:0 iso | 16:0 iso | c16:0 | 16:1ω7c alcohol |
|---|---|---|---|---|---|---|---|---|
| I | 20110510-WZX20D-FJAT-8758 | 29.31 | 15.94 | 6.41 | 5.23 | 4.68 | 7.13 | 2.28 |
| I | 20110517-LGH-FJAT-4604 | 28.01 | 20.13 | 8.30 | 6.27 | 4.39 | 4.60 | 1.65 |
| I | 20110518-wzxjl20-FJAT-4764a | 28.17 | 21.68 | 6.77 | 7.49 | 5.91 | 6.27 | 1.00 |
| I | 20110518-wzxjl30-FJAT-4754b | 30.57 | 17.49 | 8.70 | 7.26 | 6.65 | 5.76 | 1.00 |
| I | 20110518-wzxjl30-FJAT-4764b | 27.10 | 20.63 | 6.55 | 7.50 | 5.58 | 4.89 | 1.00 |
| I | 20110518-wzxjl40-FJAT-4754c | 28.66 | 18.63 | 8.48 | 8.37 | 6.16 | 5.46 | 1.00 |
| I | 20110518-wzxjl40-FJAT-4764c | 27.81 | 21.15 | 6.93 | 8.41 | 5.61 | 5.20 | 1.00 |
| I | 20110518-wzxjl50-FJAT-4754d | 28.67 | 17.56 | 8.57 | 8.48 | 6.52 | 4.95 | 1.41 |
| I | 20110518-wzxjl50-FJAT-4764d | 29.91 | 15.97 | 8.50 | 7.94 | 6.33 | 6.16 | 1.00 |
| I | 20110518-wzxjl60-FJAT-4754e | 33.52 | 19.09 | 7.44 | 5.99 | 5.82 | 4.20 | 1.00 |
| I | 20110518-wzxjl60-FJAT-4764e | 29.91 | 18.86 | 7.55 | 7.52 | 6.05 | 4.94 | 1.55 |
| I | 20110520-LGH-FJAT-13833 | 29.09 | 14.59 | 9.66 | 10.45 | 5.30 | 4.29 | 1.58 |
| I | 20110520-LGH-FJAT-13843 | 30.53 | 11.68 | 12.41 | 10.02 | 6.49 | 6.84 | 1.00 |
| I | 20110524-WZX20D-FJAT-8764 | 32.76 | 16.64 | 7.54 | 5.68 | 4.17 | 5.13 | 1.73 |
| I | 20110524-WZX48h-FJAT-8784 | 28.44 | 20.51 | 6.73 | 8.62 | 5.39 | 3.46 | 1.79 |
| I | 20110530-WZX24h-FJAT-8785 | 28.42 | 22.45 | 7.34 | 8.36 | 4.22 | 4.33 | 1.00 |
| I | 2011053-WZX18h-FJAT-8784 | 30.26 | 13.40 | 9.02 | 9.33 | 5.98 | 5.79 | 1.33 |
| I | 20110601-LGH-FJAT-13891 | 22.50 | 15.78 | 11.52 | 3.73 | 3.45 | 9.54 | 1.00 |
| I | 20110603-WZX72h-FJAT-8784 | 32.01 | 16.44 | 9.66 | 8.01 | 4.34 | 3.65 | 1.49 |
| I | 20110607-WZX36h-FJAT-8784 | 32.38 | 19.42 | 6.67 | 6.97 | 4.28 | 3.60 | 1.55 |
| I | 20110607-WZX36h-FJAT-8785 | 36.71 | 21.97 | 4.90 | 3.37 | 4.15 | 2.86 | 1.37 |
| I | 20110609-WZX20D-FJAT-8785 | 33.13 | 17.80 | 7.01 | 5.14 | 3.79 | 4.55 | 1.65 |
| I | 20110614-LGH-FJAT-13830 | 30.07 | 20.86 | 6.27 | 6.46 | 4.48 | 3.37 | 1.54 |
| I | 20110614-WZX28D-FJAT-8784 | 25.47 | 21.95 | 5.94 | 9.40 | 4.23 | 4.96 | 1.43 |
| I | 20110614-WZX28D-FJAT-8785 | 31.63 | 20.17 | 6.94 | 6.69 | 4.15 | 4.36 | 1.27 |
| I | 20110614-WZX37D-FJAT-8784 | 27.06 | 23.46 | 5.25 | 9.36 | 4.76 | 4.47 | 1.00 |
| I | 20110615-wzx50d-FJAT-8784 | 22.98 | 14.99 | 7.81 | 13.92 | 5.51 | 6.41 | 1.00 |
| I | 20110615-WZX-FJAT-8783a | 33.79 | 20.06 | 7.02 | 2.63 | 3.39 | 3.03 | 1.85 |
| I | 20110615-WZX-FJAT-8783b | 32.88 | 17.61 | 8.85 | 5.86 | 3.65 | 6.39 | 1.00 |
| I | 20110615-WZX-FJAT-8783c | 35.13 | 18.50 | 7.84 | 2.42 | 3.20 | 2.84 | 1.78 |
| I | 20110615-WZX-FJAT-8783d | 35.30 | 18.64 | 7.09 | 2.61 | 3.36 | 3.34 | 1.73 |
| I | 20110615-WZX-FJAT-8783e | 34.53 | 17.80 | 8.18 | 3.49 | 3.65 | 2.97 | 1.70 |
| I | 20110615-WZX-FJAT-8784a | 27.01 | 13.47 | 8.99 | 9.52 | 5.31 | 5.42 | 1.65 |
| I | 20110615-WZX-FJAT-8784b | 28.38 | 13.21 | 10.16 | 10.30 | 5.32 | 5.54 | 1.56 |
| I | 20110615-WZX-FJAT-8784c | 30.16 | 14.17 | 8.95 | 9.18 | 5.04 | 5.18 | 1.56 |
| I | 20110615-WZX-FJAT-8784d | 28.52 | 12.98 | 9.88 | 10.01 | 5.37 | 5.49 | 1.59 |
| I | 20110615-WZX-FJAT-8785a | 33.90 | 19.21 | 6.83 | 2.55 | 3.53 | 3.49 | 1.76 |
| I | 20110615-WZX-FJAT-8785b | 30.75 | 15.08 | 10.79 | 6.90 | 3.72 | 6.38 | 1.19 |
| I | 20110615-WZX-FJAT-8785c | 33.63 | 12.87 | 12.14 | 6.45 | 4.05 | 5.61 | 1.00 |
| I | 20110615-WZX-FJAT-8785d | 34.05 | 12.40 | 12.22 | 6.27 | 4.07 | 5.00 | 1.23 |

续表

| 型 | 菌株名称 | 15:0 anteiso | 15:0 iso | 17:0 anteiso | 17:0 iso | 16:0 iso | c16:0 | 16:1ω7c alcohol |
|---|---|---|---|---|---|---|---|---|
| I | 20110615-WZX-FJAT-8785e | 33.26 | 14.35 | 10.93 | 6.53 | 4.13 | 4.79 | 1.24 |
| I | 20110622-LGH-FJAT-13405 | 30.05 | 15.51 | 9.03 | 5.66 | 5.45 | 5.33 | 1.33 |
| I | 20110622-LGH-FJAT-13413 | 32.37 | 16.40 | 9.28 | 6.27 | 5.00 | 3.92 | 1.20 |
| I | 20110622-LGH-FJAT-13414 | 29.82 | 20.48 | 6.73 | 5.50 | 5.19 | 3.40 | 1.42 |
| I | 20110622-LGH-FJAT-13419 | 33.64 | 10.92 | 12.79 | 6.22 | 5.32 | 3.92 | 1.30 |
| I | 20110622-LGH-FJAT-13424 | 25.79 | 23.54 | 6.54 | 7.18 | 3.77 | 5.06 | 1.26 |
| I | 20110622-LGH-FJAT-14043 | 29.87 | 20.59 | 8.30 | 6.38 | 5.94 | 4.28 | 1.00 |
| I | 20110622-LGH-FJAT-l3414 | 30.95 | 14.22 | 11.49 | 6.78 | 5.31 | 4.42 | 1.34 |
| I | 20110705-LGH-FJAT-13539 | 28.74 | 15.47 | 10.57 | 7.92 | 5.60 | 4.61 | 1.37 |
| I | 20110705-LGH-FJAT-13555 | 29.89 | 14.82 | 9.08 | 6.76 | 3.99 | 8.39 | 1.18 |
| I | 20110705-LGH-FJAT-13555 | 29.30 | 19.68 | 7.61 | 4.83 | 4.65 | 3.60 | 1.73 |
| I | 20110705-WZX-FJAT-13349 | 29.86 | 16.73 | 13.07 | 4.30 | 4.71 | 5.78 | 1.33 |
| I | 20110705-WZX-FJAT-13353 | 30.12 | 16.96 | 11.93 | 4.66 | 5.04 | 8.00 | 1.00 |
| I | 20110707-LGH-FJAT-12271 | 26.97 | 13.74 | 13.58 | 3.95 | 4.12 | 5.64 | 1.45 |
| I | 20110718-LGH-FJAT-14079 | 36.41 | 18.55 | 7.73 | 2.97 | 3.70 | 4.68 | 1.24 |
| I | 20110729-LGH-FJAT-14095 | 25.42 | 14.98 | 12.77 | 4.58 | 3.82 | 8.14 | 1.21 |
| I | 20110808-xif-FJAT-14089 | 29.90 | 13.05 | 12.37 | 9.47 | 3.17 | 7.19 | 1.00 |
| I | 20110808-xif-FJAT-14090 | 28.95 | 12.56 | 12.14 | 9.20 | 3.06 | 7.26 | 1.00 |
| I | 20110823-LGH-FJAT-13964 | 22.69 | 19.80 | 5.90 | 7.25 | 3.49 | 6.00 | 1.22 |
| I | 20110823-TXN-FJAT-14321 | 27.29 | 15.80 | 10.26 | 4.84 | 5.50 | 5.61 | 1.56 |
| I | 20110826-LGH-FJAT-8784-1 | 25.88 | 10.39 | 10.74 | 8.75 | 4.99 | 5.58 | 1.42 |
| I | 20110826-LGH-FJAT-R11（H4） | 32.92 | 23.09 | 3.79 | 2.95 | 3.57 | 2.63 | 2.10 |
| I | 20111101-TXN-FJAT-14492 | 29.79 | 14.49 | 9.35 | 8.39 | 3.50 | 8.81 | 1.00 |
| I | 20111108-LGH-FJAT-14683 | 31.77 | 11.97 | 12.05 | 10.20 | 4.79 | 4.01 | 1.25 |
| I | 20111108-LGH-FJAT-14684 | 28.08 | 13.45 | 10.31 | 9.57 | 5.96 | 5.90 | 1.15 |
| I | 20111108-LGH-FJAT-14687-2 | 27.34 | 22.74 | 6.35 | 7.37 | 4.69 | 4.09 | 1.58 |
| I | 20111108-TXN-FJAT-14683 | 29.41 | 12.08 | 12.56 | 11.89 | 4.80 | 3.96 | 1.22 |
| I | 20111205-LGH-FJAT-4 | 28.73 | 20.87 | 8.16 | 7.23 | 5.13 | 4.00 | 1.48 |
| I | 20120224-TXN-FJAT-14691 | 23.48 | 21.93 | 7.75 | 2.84 | 4.18 | 8.63 | 1.37 |
| I | 20120322-LGH-FJAT-5 | 27.64 | 20.76 | 6.94 | 7.30 | 4.54 | 4.35 | 1.44 |
| I | 20120327-LGH-FJAT-14249 | 26.73 | 23.32 | 6.45 | 8.46 | 4.85 | 4.20 | 1.23 |
| I | 20120327-LGH-FJAT-14258 | 28.08 | 22.13 | 7.33 | 6.10 | 4.08 | 4.23 | 1.44 |
| I | 20120327-LGH-FJAT-4 | 26.66 | 21.72 | 7.07 | 7.34 | 5.36 | 4.07 | 1.56 |
| I | 20120328-LGH-FJAT-14263 | 29.49 | 16.55 | 9.56 | 9.10 | 3.74 | 3.73 | 1.31 |
| I | 20120425-LGH-FJAT-13833 | 24.72 | 13.75 | 8.92 | 8.41 | 5.06 | 6.51 | 1.42 |
| I | 20120425-LGH-FJAT-14845 | 24.42 | 18.51 | 7.37 | 8.28 | 4.82 | 3.42 | 1.60 |
| I | 20120507-LGH-FJAT-8786-37 | 25.52 | 13.72 | 11.49 | 6.96 | 6.20 | 6.98 | 1.49 |
| I | 20121030-FJAT-17416-ZR | 31.63 | 17.39 | 8.50 | 5.40 | 4.87 | 4.02 | 1.43 |
| I | 20121102-FJAT-17466-ZR | 27.44 | 16.33 | 8.65 | 8.54 | 4.90 | 7.01 | 1.28 |
| I | 20130111-CYP-FJAT-17112 | 31.22 | 13.06 | 10.30 | 6.66 | 5.85 | 4.87 | 1.35 |

续表

| 型 | 菌株名称 | 15:0 anteiso | 15:0 iso | 17:0 anteiso | 17:0 iso | 16:0 iso | c16:0 | 16:1ω7c alcohol |
|---|---|---|---|---|---|---|---|---|
| I | 20130114-CYP-FJAT-17129 | 33.26 | 12.29 | 11.04 | 5.66 | 4.32 | 4.80 | 1.29 |
| I | 20130115-CYP-FJAT-17149 | 32.53 | 12.84 | 11.20 | 6.50 | 4.50 | 5.26 | 1.33 |
| I | 20130115-CYP-FJAT-17198 | 27.66 | 15.15 | 7.08 | 4.24 | 3.80 | 4.06 | 1.28 |
| I | 20130117-LGH-FJAT-8784-lb | 29.19 | 16.31 | 8.32 | 4.72 | 5.26 | 4.11 | 2.05 |
| I | 20130125-ZMX-FJAT-17685 | 28.55 | 16.95 | 13.34 | 4.49 | 4.34 | 5.23 | 1.36 |
| I | 20130125-ZMX-FJAT-17690 | 29.33 | 17.46 | 7.96 | 7.05 | 5.34 | 4.77 | 1.64 |
| I | 20130125-ZMX-FJAT-17691 | 29.05 | 17.19 | 8.07 | 7.52 | 5.03 | 4.84 | 1.63 |
| I | 20130125-ZMX-FJAT-17694 | 28.38 | 18.03 | 9.44 | 3.41 | 4.04 | 8.76 | 1.36 |
| I | 20130129-ZMX-FJAT-17709 | 28.69 | 13.87 | 12.10 | 3.20 | 3.80 | 7.54 | 1.43 |
| I | 20130130-TXN-FJAT-14256 | 23.57 | 18.57 | 10.05 | 5.60 | 5.12 | 8.31 | 1.49 |
| I | 20130130-TXN-FJAT-14258 | 29.12 | 14.38 | 10.78 | 7.28 | 5.16 | 5.15 | 1.48 |
| I | 20130130-TXN-FJAT-14258-1 | 28.62 | 16.14 | 11.01 | 6.49 | 4.89 | 4.27 | 1.44 |
| I | 20130130-TXN-FJAT-14258-2 | 30.83 | 19.03 | 8.21 | 7.00 | 4.93 | 4.10 | 1.41 |
| I | 20130130-TXN-FJAT-14687-2 | 30.54 | 13.00 | 11.01 | 6.48 | 4.62 | 4.50 | 1.70 |
| I | 20130130-TXN-FJAT-8758 | 28.88 | 18.79 | 8.25 | 8.34 | 5.71 | 4.34 | 1.27 |
| I | 20130131-TXN-FJAT-14687-1 | 32.57 | 20.16 | 6.60 | 5.20 | 4.43 | 4.31 | 1.42 |
| I | 20130131-TXN-FJAT-8764 | 27.92 | 21.22 | 7.24 | 8.25 | 5.40 | 3.84 | 1.30 |
| I | 20130323-LGH-FJAT-4580 | 32.11 | 17.28 | 7.70 | 3.63 | 6.16 | 3.23 | 1.79 |
| I | 20130327-TXN-FJAT-16672 | 32.90 | 17.40 | 9.07 | 2.43 | 3.01 | 5.79 | 1.00 |
| I | 20130329-ll-FJAT-16782 | 30.60 | 20.21 | 6.94 | 5.72 | 5.89 | 3.63 | 1.64 |
| I | 20130329-ll-FJAT-16800 | 30.80 | 14.54 | 9.66 | 6.93 | 6.89 | 4.39 | 1.53 |
| I | 20130418-ycp-17120 | 31.79 | 15.63 | 7.62 | 6.51 | 4.05 | 5.07 | 1.70 |
| I | 20130418-ycp-17132 | 30.41 | 12.46 | 9.51 | 6.69 | 4.17 | 5.14 | 2.00 |
| I | 20130419-CYP-FJAT-1766-1 | 25.31 | 15.70 | 12.45 | 5.63 | 4.06 | 7.65 | 1.00 |
| I | 20131129-LGH-FJAT-4408 | 32.90 | 20.07 | 5.15 | 2.17 | 5.35 | 3.16 | 1.80 |
| I | 20140325-ZEN-FJAT-22265 | 24.98 | 18.92 | 5.10 | 4.80 | 5.78 | 3.29 | 1.69 |
| I | 20140325-ZEN-FJAT-22314 | 26.96 | 22.21 | 6.26 | 9.39 | 5.03 | 4.87 | 1.00 |
| I | 20140325-ZEN-FJAT-22326 | 26.75 | 23.93 | 6.05 | 7.40 | 4.48 | 3.99 | 1.28 |
| I | CAAS-42 | 26.50 | 21.78 | 6.51 | 5.60 | 3.15 | 6.61 | 1.21 |
| I | CAAS-D10 | 26.70 | 20.90 | 7.13 | 6.85 | 3.13 | 5.71 | 1.32 |
| I | CAAS-D42 | 26.38 | 21.66 | 6.50 | 5.58 | 3.14 | 6.63 | 1.22 |
| I | CAAS-D48 | 25.46 | 22.52 | 6.19 | 6.20 | 3.14 | 7.06 | 1.20 |
| I | CAAS-G-22 | 28.25 | 19.29 | 7.77 | 6.26 | 3.33 | 7.47 | 1.00 |
| I | CAAS-G-27 | 27.98 | 15.10 | 10.91 | 10.52 | 3.97 | 4.12 | 1.49 |
| I | CAAS-G-3 | 26.41 | 21.37 | 7.70 | 6.76 | 3.20 | 5.88 | 1.26 |
| I | CAAS-G-9 | 26.64 | 15.12 | 8.44 | 7.79 | 3.56 | 5.60 | 1.44 |
| I | CAAS-K29 | 26.04 | 23.75 | 6.37 | 6.15 | 3.16 | 6.15 | 1.21 |
| I | CAAS-MIX Q22 | 26.62 | 22.85 | 6.54 | 5.96 | 3.14 | 6.08 | 1.30 |
| I | CAAS-MIX Q6 | 26.30 | 21.18 | 8.22 | 7.11 | 3.28 | 5.93 | 1.25 |
| I | CAAS-Q-115 | 28.04 | 14.67 | 11.77 | 11.51 | 3.81 | 3.94 | 1.48 |

续表

| 型 | 菌株名称 | 15:0 anteiso | 15:0 iso | 17:0 anteiso | 17:0 iso | 16:0 iso | c16:0 | 16:1ω7c alcohol |
|---|---|---|---|---|---|---|---|---|
| I | CAAS-Q15 | 25.77 | 13.10 | 8.01 | 14.09 | 5.68 | 5.44 | 1.48 |
| I | CAAS-Q25 | 26.09 | 19.99 | 8.24 | 6.92 | 3.34 | 6.17 | 1.29 |
| I | CAAS-Q6 | 26.51 | 21.35 | 8.07 | 6.84 | 3.13 | 5.77 | 1.28 |
| I | CAAS-Q9 | 28.34 | 20.08 | 7.13 | 8.10 | 4.13 | 5.54 | 1.34 |
| I | CAAS-Q94 | 29.08 | 19.84 | 7.57 | 7.24 | 2.38 | 7.88 | 1.00 |
| I | CAAS-Q97 | 27.08 | 14.99 | 9.99 | 11.33 | 4.31 | 5.31 | 1.24 |
| I | CL FJK2-15-5-1 | 31.54 | 15.49 | 10.13 | 6.04 | 5.38 | 6.07 | 1.00 |
| I | CL YJK2-6-5-1 | 28.72 | 20.29 | 9.00 | 7.50 | 4.06 | 6.78 | 1.00 |
| I | CL-FCK-3-1-1 | 32.96 | 15.61 | 9.82 | 6.99 | 7.62 | 4.53 | 1.00 |
| I | FJAT-25125 | 27.02 | 19.98 | 6.82 | 8.37 | 5.00 | 4.79 | 1.43 |
| I | FJAT-25240 | 25.43 | 13.05 | 11.00 | 8.85 | 4.52 | 5.15 | 1.16 |
| I | FJAT-25266 | 30.49 | 13.82 | 10.60 | 5.02 | 5.03 | 5.60 | 1.17 |
| I | FJAT-25299 | 25.50 | 15.94 | 7.88 | 7.17 | 3.53 | 7.56 | 1.35 |
| I | FJAT-41262-1 | 30.43 | 18.47 | 10.78 | 3.60 | 4.48 | 5.28 | 1.00 |
| I | FJAT-41262-2 | 31.97 | 16.48 | 11.28 | 3.45 | 6.11 | 6.52 | 1.00 |
| I | FJAT-41262-2 | 31.97 | 16.55 | 11.18 | 3.23 | 4.65 | 6.82 | 1.00 |
| I | FJAT-41284-1 | 31.74 | 23.05 | 7.70 | 1.79 | 5.82 | 5.83 | 1.00 |
| I | FJAT-41284-1 | 27.58 | 20.05 | 7.83 | 2.09 | 4.18 | 5.45 | 1.67 |
| I | FJAT-41284-2 | 31.43 | 21.11 | 9.01 | 2.08 | 4.36 | 5.23 | 1.73 |
| I | FJAT-41689-1 | 30.07 | 15.94 | 7.77 | 4.96 | 6.31 | 5.67 | 1.51 |
| I | FJAT-41689-2 | 31.21 | 16.91 | 8.73 | 5.74 | 6.42 | 4.05 | 1.48 |
| I | gcb-870 | 31.03 | 19.67 | 6.85 | 6.47 | 3.71 | 7.11 | 1.00 |
| I | HGP SM10-T-2 | 29.91 | 15.72 | 9.95 | 7.98 | 5.59 | 4.73 | 1.29 |
| I | HGP SM20-T-6 | 32.33 | 11.42 | 12.15 | 7.26 | 5.84 | 5.05 | 1.20 |
| I | HGP SM24-T-5 | 29.38 | 14.24 | 9.10 | 9.53 | 5.98 | 4.27 | 1.55 |
| I | HGP SM29-T-3 | 30.46 | 14.03 | 10.67 | 7.46 | 5.21 | 5.05 | 1.43 |
| I | hxj-c35 | 32.01 | 20.37 | 9.06 | 4.92 | 4.31 | 5.30 | 1.00 |
| I | hxj-z313 | 29.86 | 19.78 | 9.54 | 9.45 | 2.66 | 8.24 | 1.00 |
| I | LGF-20100726-FJAT-8758 | 29.26 | 18.61 | 7.98 | 6.17 | 4.31 | 4.65 | 1.80 |
| I | LGF-20100727-FJAT-8764 | 31.65 | 13.01 | 10.56 | 5.80 | 6.49 | 4.54 | 1.88 |
| I | LGF-20100809-FJAT-8784 | 28.99 | 14.31 | 9.93 | 9.72 | 5.80 | 4.93 | 1.51 |
| I | LGF-20100812-FJAT-8784 | 29.54 | 12.50 | 10.43 | 8.83 | 4.71 | 6.33 | 1.41 |
| I | LGF-20100814-FJAT-8758 | 30.94 | 19.30 | 5.97 | 5.08 | 4.75 | 8.00 | 1.00 |
| I | LGF-20100814-FJAT-8776 | 30.52 | 18.35 | 6.83 | 5.83 | 5.13 | 5.96 | 1.00 |
| I | LGF-FJAT-54 | 25.29 | 14.41 | 7.08 | 5.22 | 4.04 | 7.58 | 1.56 |
| I | LGF-FJAT-559 | 29.39 | 21.85 | 7.78 | 5.10 | 4.55 | 3.87 | 1.45 |
| I | LGF-FJAT-8778 | 30.74 | 13.28 | 11.85 | 6.85 | 4.98 | 5.43 | 1.52 |
| I | LGH-FJAT-4428 | 28.09 | 14.36 | 9.01 | 5.71 | 5.15 | 3.09 | 1.89 |
| I | LGH-FJAT-4465 | 29.48 | 17.28 | 8.63 | 7.77 | 3.75 | 2.81 | 1.82 |
| I | LGH-FJAT-4475 | 31.42 | 18.01 | 7.54 | 8.30 | 3.69 | 9.24 | 1.00 |

续表

| 型 | 菌株名称 | 15:0 anteiso | 15:0 iso | 17:0 anteiso | 17:0 iso | 16:0 iso | c16:0 | 16:1ω7c alcohol |
|---|---|---|---|---|---|---|---|---|
| I | LGH-FJAT-4481 | 32.90 | 16.50 | 9.12 | 4.83 | 4.91 | 3.05 | 1.79 |
| I | LGH-FJAT-4604 | 27.57 | 23.97 | 7.03 | 6.67 | 4.77 | 4.80 | 1.00 |
| I | RSX-20091229-FJAT-7378 | 33.16 | 15.53 | 12.08 | 4.96 | 3.91 | 5.11 | 1.24 |
| I | RSX-20091229-FJAT-7383 | 31.54 | 18.28 | 8.84 | 4.81 | 4.30 | 5.50 | 1.25 |
| I | RSX-20091229-FJAT-7384 | 30.11 | 15.32 | 11.34 | 6.77 | 4.38 | 6.83 | 1.00 |
| I | RSX-20091229-FJAT-7393 | 26.96 | 11.74 | 9.74 | 7.23 | 3.45 | 7.85 | 1.00 |
| I | RSX-20091229-FJAT-7393 | 27.96 | 13.56 | 10.14 | 7.50 | 3.57 | 7.24 | 1.00 |
| I | RSX-20091229-FJAT-7394 | 29.25 | 14.36 | 11.86 | 7.48 | 4.55 | 6.12 | 1.14 |
| I | RSX-20091229-FJAT-7401 | 28.45 | 13.98 | 10.97 | 8.05 | 5.10 | 6.81 | 1.00 |
| I | X3-8B | 31.48 | 14.90 | 12.19 | 9.92 | 4.68 | 6.36 | 1.00 |
| I | XKC17218 | 34.81 | 12.79 | 10.28 | 5.68 | 4.06 | 7.24 | 1.12 |
| I | ysj-5a-7 | 27.02 | 21.15 | 11.23 | 8.83 | 4.69 | 6.61 | 1.00 |
| I | ZXF P-B-6 | 36.42 | 18.75 | 10.27 | 6.92 | 6.17 | 1.00 | 1.00 |
| I | ZXF P-L-21 | 36.54 | 19.58 | 7.87 | 5.98 | 4.94 | 4.61 | 1.00 |
| I | ZXF-B-6-6 | 27.08 | 17.46 | 9.09 | 14.07 | 4.68 | 7.14 | 1.00 |
| I | ZXF-L-5-7 | 32.81 | 7.10 | 16.69 | 7.62 | 7.56 | 7.76 | 1.00 |
| I | 20120327-LGH-FJAT-14251 | 26.35 | 19.43 | 7.30 | 8.63 | 4.55 | 5.06 | 1.21 |
| I | 20120413-LGH-FJAT-14251 | 27.55 | 15.17 | 9.71 | 9.02 | 5.24 | 5.59 | 1.16 |
| I | 20120507-LGH-FJAT-14251-20 | 32.28 | 14.07 | 8.68 | 4.81 | 4.96 | 4.47 | 1.67 |
| I | 20120507-LGH-FJAT-14251-37 | 26.55 | 14.52 | 8.13 | 8.68 | 5.53 | 4.60 | 1.13 |
| I | 20120327-LGH-FJAT-14250 | 30.05 | 13.44 | 12.63 | 8.54 | 3.75 | 4.15 | 1.23 |
| I | 20120413-LGH-FJAT-14250 | 30.10 | 10.84 | 14.11 | 10.93 | 4.39 | 3.94 | 1.21 |
| I | 20120507-LGH-FJAT-14250-37 | 29.17 | 14.16 | 9.36 | 11.39 | 4.72 | 3.42 | 1.13 |
| I | FJAT-14250LB | 33.87 | 8.92 | 12.43 | 7.31 | 6.91 | 3.54 | 1.45 |
| I | FJAT-14250LB | 33.67 | 8.86 | 12.37 | 7.26 | 6.88 | 3.50 | 1.45 |
| I | FJAT-14250NA | 30.68 | 6.78 | 13.85 | 8.68 | 6.66 | 3.88 | 1.52 |
| I | FJAT-14250NACL | 30.95 | 10.67 | 8.97 | 7.14 | 7.08 | 3.54 | 1.82 |
| I | 20120327-LGH-FJAT-14254 | 21.15 | 13.67 | 6.99 | 4.43 | 3.97 | 7.12 | 1.38 |
| I | 20120413-LGH-FJAT-14254 | 29.33 | 18.46 | 8.77 | 7.41 | 4.83 | 4.26 | 1.41 |
| I | 20120507-LGH-FJAT-14254-37 | 25.35 | 17.81 | 8.63 | 9.90 | 4.69 | 3.75 | 1.09 |
| I | FJAT-14254LB | 31.28 | 11.01 | 12.13 | 6.13 | 6.80 | 4.10 | 1.70 |
| 脂肪酸 I 型 226 个菌株平均值 | | 29.72 | 16.84 | 9.05 | 6.83 | 4.74 | 5.23 | 1.36 |
| II | 20101212-WZX-FJAT-10612 | 30.41 | 23.62 | 4.98 | 4.20 | 4.35 | 7.35 | 1.00 |
| II | 20101212-WZX-FJAT-10876 | 28.54 | 29.10 | 3.89 | 6.86 | 4.39 | 4.49 | 1.00 |
| II | 20101212-WZX-FJAT-10876 | 30.33 | 29.60 | 2.99 | 3.70 | 3.93 | 3.03 | 1.33 |
| II | 20101221-WZX-FJAT-10993 | 29.88 | 28.33 | 4.56 | 5.57 | 4.11 | 3.68 | 1.20 |
| II | 20101230-WZX-FJAT-10675 | 32.94 | 22.45 | 5.42 | 4.68 | 4.97 | 4.97 | 1.00 |
| II | 20101230-WZX-FJAT-10680 | 33.65 | 24.31 | 4.97 | 5.08 | 4.71 | 4.29 | 1.00 |
| II | 20101230-WZX-FJAT-10992 | 30.26 | 23.62 | 5.17 | 5.24 | 5.59 | 4.87 | 1.00 |
| II | 20110314-WZX-FJAT-275 | 22.50 | 26.95 | 3.52 | 1.99 | 3.30 | 6.59 | 2.14 |

续表

| 型 | 菌株名称 | 15:0 anteiso | 15:0 iso | 17:0 anteiso | 17:0 iso | 16:0 iso | c16:0 | 16:1ω7c alcohol |
|---|---|---|---|---|---|---|---|---|
| II | 20110504-24h-FJAT-8758 | 27.01 | 30.88 | 2.42 | 5.25 | 4.05 | 3.30 | 1.46 |
| II | 20110505-18h-FJAT-8758 | 26.86 | 26.92 | 3.59 | 5.61 | 2.95 | 4.69 | 1.79 |
| II | 20110505-18h-FJAT-8764 | 25.95 | 29.49 | 2.73 | 5.03 | 2.66 | 4.12 | 1.82 |
| II | 20110505-WZX18h-FJAT-8764 | 24.61 | 33.79 | 2.26 | 6.21 | 3.77 | 3.10 | 1.43 |
| II | 20110505-WZX36h-FJAT-8758 | 24.85 | 32.40 | 2.66 | 6.53 | 4.00 | 3.09 | 1.38 |
| II | 20110508-WZX48h-FJAT-8758 | 28.85 | 33.06 | 2.48 | 4.03 | 3.27 | 2.64 | 1.42 |
| II | 20110508-WZX48h-FJAT-8764 | 28.37 | 34.16 | 2.39 | 4.93 | 3.43 | 2.82 | 1.00 |
| II | 20110510-WZX28D-FJAT-8758 | 23.36 | 33.12 | 2.82 | 7.19 | 3.24 | 3.97 | 1.39 |
| II | 20110510-wzxjl60-FJAT-8758e | 29.79 | 33.10 | 2.56 | 5.18 | 2.85 | 3.83 | 1.00 |
| II | 20110511-wzxjl30-FJAT-8758b | 30.00 | 28.22 | 4.08 | 6.41 | 3.18 | 5.91 | 1.00 |
| II | 20110511-wzxjl40-FJAT-8758c | 24.89 | 29.25 | 4.07 | 8.18 | 3.27 | 4.36 | 1.40 |
| II | 20110511-wzxjl50-FJAT-8758d | 23.22 | 32.85 | 3.09 | 7.67 | 3.11 | 4.08 | 1.37 |
| II | 20110518-wzxjl20-FJAT-4754a | 31.03 | 22.53 | 5.53 | 6.38 | 5.49 | 6.16 | 1.00 |
| II | 20110524-WZX28D-FJAT-8764 | 29.37 | 26.37 | 4.68 | 6.57 | 4.12 | 4.02 | 1.36 |
| II | 20110524-WZX37D-FJAT-8764 | 25.97 | 31.03 | 3.21 | 7.29 | 4.15 | 3.44 | 1.00 |
| II | 20110614-WZX37D-FJAT-8785 | 30.16 | 23.62 | 5.57 | 7.34 | 4.22 | 3.93 | 1.00 |
| II | 20110622-LGH-FJAT-13424 | 24.72 | 27.71 | 5.08 | 6.48 | 3.60 | 3.28 | 1.34 |
| II | 20110622-LGH-FJAT-13430 | 23.19 | 28.15 | 3.56 | 2.39 | 3.82 | 5.81 | 1.18 |
| II | 20110705-LGH-FJAT-13515 | 24.92 | 28.89 | 5.00 | 4.35 | 6.05 | 4.62 | 1.00 |
| II | 20110705-WZX-FJAT-13362 | 28.07 | 32.66 | 3.08 | 1.20 | 2.31 | 2.91 | 2.14 |
| II | 20110713-WZX-FJAT-72h-8758 | 29.36 | 25.72 | 5.06 | 7.00 | 4.26 | 2.85 | 1.35 |
| II | 20110713-WZX-FJAT-72h-8764 | 31.58 | 23.76 | 6.34 | 6.30 | 4.16 | 2.74 | 1.36 |
| II | 20110907-YQ-FJAT-345 | 26.83 | 32.55 | 2.36 | 2.64 | 3.84 | 4.39 | 1.28 |
| II | 20111108-LGH-FJAT-14687-2 | 29.59 | 26.15 | 4.24 | 5.42 | 4.36 | 3.64 | 1.48 |
| II | 20120327-LGH-FJAT-14249-2 | 31.23 | 24.87 | 5.39 | 4.37 | 3.61 | 3.56 | 1.44 |
| II | 20120327-LGH-FJAT-525 | 23.32 | 28.43 | 4.14 | 8.69 | 3.88 | 4.17 | 1.49 |
| II | 20120507-LGH-FJAT-8788-37 | 22.42 | 26.15 | 2.63 | 6.94 | 3.07 | 7.80 | 1.00 |
| II | 20121102-FJAT-17450-ZR | 25.86 | 26.90 | 5.37 | 3.72 | 5.84 | 6.03 | 1.18 |
| II | 20130111-CYP-FJAT-17111 | 20.80 | 22.55 | 3.10 | 5.49 | 3.05 | 5.21 | 1.38 |
| II | 20130111-CYP-FJAT-17111 | 21.72 | 23.46 | 3.18 | 5.69 | 3.11 | 5.30 | 1.39 |
| II | CAAS-D20 | 30.20 | 23.22 | 6.27 | 6.01 | 3.63 | 4.20 | 1.34 |
| II | CAAS-D37 | 28.80 | 25.89 | 5.64 | 5.55 | 3.23 | 4.91 | 1.20 |
| II | CAAS-D40 | 27.92 | 24.56 | 6.07 | 5.76 | 3.18 | 5.49 | 1.24 |
| II | CAAS-D51 | 27.90 | 24.40 | 6.08 | 6.36 | 3.24 | 4.91 | 1.22 |
| II | CAAS-D54 | 27.32 | 25.70 | 6.05 | 6.43 | 3.28 | 4.82 | 1.20 |
| II | CAAS-D58 | 31.66 | 24.96 | 5.44 | 4.53 | 3.11 | 4.45 | 1.19 |
| II | CAAS-D9 | 32.72 | 20.80 | 6.76 | 4.72 | 3.39 | 4.36 | 1.41 |
| II | CAAS-G-15 | 28.79 | 24.18 | 6.52 | 6.12 | 3.31 | 4.99 | 1.28 |
| II | CAAS-G-21 | 29.48 | 25.29 | 6.62 | 6.01 | 3.18 | 5.28 | 1.00 |
| II | CAAS-K30 | 29.12 | 24.93 | 6.73 | 5.82 | 3.42 | 4.64 | 1.22 |

续表

| 型 | 菌株名称 | 15:0 anteiso | 15:0 iso | 17:0 anteiso | 17:0 iso | 16:0 iso | c16:0 | 16:1ω7c alcohol |
|---|---|---|---|---|---|---|---|---|
| II | CAAS-K7 | 30.28 | 23.10 | 6.78 | 6.77 | 3.08 | 4.11 | 1.22 |
| II | CAAS-MIX Q108 | 28.42 | 22.53 | 6.15 | 4.34 | 2.81 | 4.27 | 1.55 |
| II | CAAS-Q100 | 28.65 | 24.22 | 6.66 | 6.35 | 3.37 | 4.90 | 1.20 |
| II | CAAS-Q14 | 27.99 | 24.54 | 5.15 | 5.20 | 2.76 | 6.90 | 1.00 |
| II | CAAS-Q16 | 27.70 | 23.76 | 5.72 | 5.15 | 2.97 | 5.30 | 1.29 |
| II | CAAS-Q17 | 28.95 | 23.98 | 6.26 | 5.62 | 3.26 | 5.06 | 1.33 |
| II | CAAS-Q18 | 28.67 | 24.90 | 5.56 | 5.08 | 2.96 | 5.10 | 1.34 |
| II | CAAS-Q-51 | 29.40 | 24.14 | 6.96 | 6.81 | 3.32 | 4.26 | 1.23 |
| II | CAAS-Q93 | 30.65 | 24.50 | 6.98 | 6.71 | 3.52 | 4.34 | 1.00 |
| II | CL YCK-6-3-1 | 29.65 | 24.51 | 4.61 | 8.65 | 4.81 | 3.54 | 1.00 |
| II | FJAT-239802 | 26.50 | 25.85 | 5.74 | 8.42 | 1.91 | 3.69 | 1.19 |
| II | LGF-20100824-FJAT-8764 | 28.66 | 27.89 | 3.72 | 5.40 | 3.78 | 4.15 | 1.28 |
| II | LGH-FJAT-4492 | 33.08 | 20.75 | 6.16 | 4.12 | 4.75 | 3.44 | 1.52 |
| II | LGH-FJAT-4581 | 29.09 | 21.88 | 7.20 | 6.51 | 4.61 | 4.15 | 1.68 |
| II | LGH-FJAT-4604 | 27.51 | 24.86 | 5.89 | 7.95 | 5.11 | 4.57 | 1.00 |
| II | shida-14-3 | 23.66 | 29.71 | 4.98 | 7.57 | 3.76 | 4.76 | 1.28 |
| II | shida-32-6 | 22.88 | 28.80 | 4.03 | 8.85 | 3.63 | 5.08 | 1.41 |
| II | shida-32-Q | 21.75 | 29.98 | 3.80 | 9.20 | 3.68 | 4.63 | 1.51 |
| II | WQH-T3-1 3 | 24.34 | 27.07 | 2.45 | 2.82 | 2.22 | 3.88 | 1.28 |
| II | WQH-T7-1 1 | 22.44 | 27.93 | 1.28 | 1.27 | 1.00 | 3.50 | 1.68 |
| II | WQH-T7-1 3 | 24.05 | 28.70 | 1.02 | 1.00 | 1.17 | 3.50 | 1.58 |
| II | ysj-4c-5 | 24.08 | 33.83 | 3.04 | 6.70 | 3.56 | 3.43 | 1.34 |
| II | ysj-5a-16 | 28.38 | 24.49 | 6.82 | 6.07 | 3.99 | 4.42 | 1.00 |
| II | YSJ-5B-17 | 30.03 | 23.37 | 7.44 | 5.59 | 4.02 | 4.18 | 1.00 |
| II | ysj-5b-4 | 28.54 | 25.28 | 5.81 | 5.24 | 3.79 | 4.44 | 1.00 |
| II | ysj-5c-22 | 28.00 | 24.24 | 6.24 | 5.74 | 3.65 | 4.48 | 1.24 |
| II | ysj-6a11 | 24.36 | 29.95 | 4.28 | 8.27 | 3.04 | 3.75 | 1.41 |
| II | ysj-6b6 | 28.09 | 23.66 | 7.11 | 6.04 | 4.07 | 4.50 | 1.28 |
| II | YSJ-7A-11 | 29.57 | 22.51 | 8.21 | 6.19 | 3.95 | 4.33 | 1.00 |
| II | YSJ-7A-12 | 28.93 | 22.82 | 8.09 | 6.49 | 3.86 | 4.35 | 1.00 |
| II | YSJ-7A-13 | 30.88 | 22.76 | 7.45 | 5.45 | 3.90 | 4.07 | 1.00 |
| II | YSJ-7A-15 | 22.78 | 32.37 | 3.07 | 7.15 | 3.48 | 3.62 | 1.49 |
| II | YSJ-7A-16 | 29.23 | 23.68 | 7.17 | 5.96 | 3.67 | 4.35 | 1.00 |
| II | ysj-7B-12 | 29.09 | 24.26 | 6.76 | 5.68 | 3.86 | 4.41 | 1.00 |
| II | YSJ-7B-9 | 28.72 | 25.51 | 5.94 | 5.50 | 3.69 | 4.11 | 1.23 |
| II | ZXF P-Y-23 | 31.99 | 22.36 | 4.73 | 6.36 | 4.53 | 7.12 | 1.00 |
| 脂肪酸 II 型 84 个菌株平均值 | | 27.71 | 26.49 | 4.88 | 5.73 | 3.65 | 4.43 | 1.27 |
| III | 20110314-WZX-FJAT-8784 | 29.32 | 7.03 | 9.49 | 3.93 | 4.24 | 9.08 | 2.11 |
| III | 20110530-WZX24h-FJAT-8784 | 9.16 | 4.99 | 3.54 | 3.57 | 4.42 | 13.04 | 1.38 |
| III | 20110615-WZX-FJAT-8784e | 1.00 | 5.14 | 1.00 | 1.85 | 3.77 | 16.79 | 1.00 |

续表

| 型 | 菌株名称 | 15:0 anteiso | 15:0 iso | 17:0 anteiso | 17:0 iso | 16:0 iso | c16:0 | 16:1ω7c alcohol |
|---|---|---|---|---|---|---|---|---|
| III | 20110705-LGH-FJAT-5 | 29.91 | 8.76 | 14.51 | 5.49 | 4.01 | 5.66 | 1.42 |
| III | 20130116-LGH-FJAT-8784 | 29.91 | 5.39 | 12.17 | 4.69 | 7.34 | 7.35 | 2.26 |
| III | 20130116-LGH-FJAT-8784-91 | 30.30 | 1.73 | 14.47 | 4.55 | 8.98 | 7.64 | 1.85 |
| III | 20130116-LGH-FJAT-8784nacl | 31.45 | 5.91 | 12.42 | 5.69 | 8.45 | 5.77 | 2.11 |
| III | FJAT-25298 | 28.53 | 8.59 | 13.29 | 7.24 | 6.06 | 6.47 | 1.27 |
| III | FJAT-14251GLU | 25.52 | 5.49 | 6.91 | 3.04 | 16.55 | 5.97 | 2.05 |
| III | FJAT-14251LB | 35.67 | 10.21 | 8.03 | 3.05 | 9.20 | 4.25 | 1.28 |
| III | FJAT-14251NA | 30.99 | 11.48 | 5.92 | 3.94 | 12.37 | 4.58 | 1.43 |
| III | FJAT-14251NACL | 29.78 | 10.94 | 6.51 | 4.45 | 12.33 | 4.72 | 1.47 |
| III | FJAT-14251NACL | 30.26 | 11.16 | 6.60 | 4.51 | 12.39 | 4.56 | 1.45 |
| III | 20120507-LGH-FJAT-14250-20 | 35.55 | 7.09 | 14.87 | 4.89 | 3.98 | 3.96 | 1.94 |
| III | FJAT-14250GLU | 22.24 | 1.00 | 10.12 | 4.08 | 8.02 | 6.48 | 1.61 |
| III | 20120507-LGH-FJAT-14254-20 | 23.90 | 5.62 | 9.10 | 2.11 | 3.41 | 5.69 | 1.88 |
| III | FJAT-14254GLU | 35.90 | 5.46 | 9.63 | 2.05 | 10.75 | 5.40 | 1.89 |
| III | FJAT-14254NA | 31.72 | 11.20 | 8.38 | 4.32 | 8.61 | 4.50 | 2.07 |
| III | FJAT-14254NACL | 31.40 | 10.52 | 9.40 | 4.78 | 8.48 | 4.65 | 1.86 |
| 脂肪酸 III 型 19 个菌株平均值 | | 27.50 | 7.25 | 9.28 | 4.12 | 8.07 | 6.66 | 1.70 |
| IV | CAAS-D1 | 26.89 | 21.29 | 8.09 | 8.54 | 3.33 | 5.39 | 1.26 |
| IV | CAAS-D11 | 28.54 | 20.55 | 7.97 | 6.90 | 3.43 | 5.17 | 1.39 |
| IV | CAAS-D12 | 28.66 | 19.33 | 9.22 | 7.82 | 3.43 | 4.91 | 1.38 |
| IV | CAAS-D13 | 27.61 | 21.09 | 7.77 | 7.69 | 3.15 | 5.12 | 1.36 |
| IV | CAAS-D14 | 27.72 | 20.43 | 8.67 | 7.92 | 3.37 | 4.78 | 1.36 |
| IV | CAAS-D16 | 28.37 | 20.87 | 8.46 | 8.17 | 3.20 | 4.27 | 1.36 |
| IV | CAAS-D17 | 28.12 | 20.43 | 8.71 | 7.42 | 3.51 | 4.98 | 1.39 |
| IV | CAAS-D18 | 27.46 | 22.70 | 6.97 | 7.12 | 2.87 | 5.19 | 1.36 |
| IV | CAAS-D19 | 27.01 | 22.02 | 6.80 | 7.14 | 3.34 | 5.82 | 1.26 |
| IV | CAAS-D2 | 27.22 | 19.03 | 8.82 | 8.15 | 3.32 | 6.22 | 1.31 |
| IV | CAAS-D21 | 28.50 | 18.62 | 9.47 | 7.62 | 3.59 | 5.09 | 1.41 |
| IV | CAAS-D22 | 27.70 | 21.53 | 7.54 | 7.85 | 2.95 | 5.13 | 1.36 |
| IV | CAAS-D23 | 30.40 | 19.64 | 8.18 | 6.18 | 3.51 | 4.76 | 1.42 |
| IV | CAAS-D24 | 28.82 | 20.15 | 8.52 | 7.18 | 3.44 | 5.03 | 1.36 |
| IV | CAAS-D25 | 28.37 | 18.93 | 8.75 | 7.62 | 3.38 | 5.54 | 1.37 |
| IV | CAAS-D26 | 28.82 | 17.82 | 9.31 | 7.33 | 3.37 | 5.65 | 1.39 |
| IV | CAAS-D27 | 29.48 | 20.29 | 7.89 | 6.86 | 3.29 | 4.98 | 1.38 |
| IV | CAAS-D28 | 27.95 | 19.71 | 8.15 | 7.33 | 3.21 | 4.96 | 1.42 |
| IV | CAAS-D29 | 26.29 | 21.51 | 7.32 | 8.26 | 3.22 | 5.78 | 1.33 |
| IV | CAAS-D3 | 29.27 | 20.07 | 8.46 | 7.16 | 3.46 | 4.88 | 1.32 |
| IV | CAAS-D30 | 30.18 | 20.78 | 7.53 | 6.18 | 3.38 | 4.66 | 1.41 |
| IV | CAAS-D31 | 27.14 | 20.16 | 8.64 | 8.51 | 3.29 | 5.11 | 1.40 |
| IV | CAAS-D32 | 28.26 | 19.23 | 9.20 | 8.36 | 3.77 | 4.94 | 1.35 |

续表

| 型 | 菌株名称 | 15:0 anteiso | 15:0 iso | 17:0 anteiso | 17:0 iso | 16:0 iso | c16:0 | 16:1ω7c alcohol |
|---|---|---|---|---|---|---|---|---|
| IV | CAAS-D34 | 27.31 | 17.15 | 10.03 | 7.54 | 3.52 | 5.45 | 1.44 |
| IV | CAAS-D36 | 28.95 | 20.79 | 7.82 | 6.46 | 3.58 | 4.69 | 1.46 |
| IV | CAAS-D38 | 26.49 | 23.55 | 7.74 | 7.93 | 3.15 | 5.17 | 1.19 |
| IV | CAAS-D39 | 27.13 | 21.77 | 8.55 | 7.51 | 3.26 | 5.58 | 1.18 |
| IV | CAAS-D4 | 28.00 | 20.41 | 8.22 | 7.54 | 3.22 | 5.32 | 1.31 |
| IV | CAAS-D41 | 27.17 | 22.14 | 8.53 | 7.43 | 3.33 | 5.12 | 1.19 |
| IV | CAAS-D43 | 26.72 | 22.60 | 8.11 | 7.83 | 3.22 | 5.21 | 1.19 |
| IV | CAAS-D44 | 27.63 | 23.87 | 7.53 | 7.79 | 3.10 | 4.45 | 1.19 |
| IV | CAAS-D46 | 27.07 | 23.42 | 7.74 | 7.85 | 3.14 | 4.83 | 1.19 |
| IV | CAAS-D47 | 24.89 | 23.64 | 7.35 | 7.77 | 3.23 | 5.60 | 1.18 |
| IV | CAAS-D52 | 27.33 | 21.53 | 8.48 | 8.11 | 3.17 | 5.18 | 1.18 |
| IV | CAAS-D52 | 27.34 | 20.77 | 8.28 | 7.49 | 3.34 | 4.96 | 1.22 |
| IV | CAAS-D53 | 28.82 | 21.68 | 8.14 | 6.32 | 3.34 | 4.71 | 1.22 |
| IV | CAAS-D57 | 29.82 | 21.90 | 7.63 | 6.42 | 3.22 | 4.79 | 1.20 |
| IV | CAAS-D6 | 26.63 | 21.09 | 8.48 | 8.84 | 3.13 | 5.58 | 1.00 |
| IV | CAAS-D7 | 28.11 | 20.74 | 8.54 | 7.96 | 3.52 | 4.28 | 1.36 |
| IV | CAAS-D8 | 27.34 | 25.26 | 5.84 | 7.37 | 3.04 | 4.23 | 1.36 |
| IV | CAAS-G-12 | 30.52 | 21.49 | 8.23 | 6.06 | 3.31 | 4.24 | 1.29 |
| IV | CAAS-G-16 | 26.77 | 20.86 | 7.79 | 10.06 | 3.67 | 3.92 | 1.54 |
| IV | CAAS-G-17 | 29.20 | 21.85 | 8.01 | 6.46 | 3.50 | 4.78 | 1.34 |
| IV | CAAS-G-2 | 31.19 | 21.16 | 8.52 | 5.68 | 3.27 | 4.19 | 1.34 |
| IV | CAAS-G-23 | 27.97 | 23.08 | 6.43 | 5.83 | 2.84 | 5.50 | 1.25 |
| IV | CAAS-G-25 | 26.65 | 20.05 | 9.25 | 7.34 | 3.43 | 5.45 | 1.24 |
| IV | CAAS-G-26 | 26.06 | 18.94 | 9.17 | 11.33 | 3.65 | 4.24 | 1.48 |
| IV | CAAS-G-3 | 29.54 | 21.90 | 7.50 | 6.82 | 2.99 | 4.35 | 1.31 |
| IV | CAAS-G-4 | 30.51 | 21.57 | 8.45 | 5.97 | 3.44 | 4.27 | 1.34 |
| IV | CAAS-G-7 | 28.77 | 21.46 | 7.93 | 6.78 | 3.53 | 5.10 | 1.26 |
| IV | CAAS-G-8 | 29.10 | 20.45 | 8.29 | 7.32 | 3.38 | 5.27 | 1.31 |
| IV | CAAS-K10 | 29.63 | 20.43 | 8.70 | 6.89 | 3.75 | 5.18 | 1.00 |
| IV | CAAS-K11 | 30.15 | 20.90 | 9.09 | 7.44 | 3.57 | 4.34 | 1.00 |
| IV | CAAS-K12 | 30.53 | 20.75 | 9.08 | 6.91 | 3.61 | 4.49 | 1.19 |
| IV | CAAS-K13 | 26.93 | 22.33 | 7.54 | 8.80 | 3.08 | 4.86 | 1.23 |
| IV | CAAS-K14 | 29.77 | 21.91 | 7.15 | 6.81 | 3.47 | 4.58 | 1.20 |
| IV | CAAS-K15 | 28.75 | 19.73 | 8.69 | 8.07 | 3.42 | 5.13 | 1.20 |
| IV | CAAS-K16 | 29.00 | 16.90 | 10.43 | 8.64 | 3.93 | 5.24 | 1.20 |
| IV | CAAS-K17 | 26.90 | 21.61 | 7.99 | 8.53 | 3.03 | 4.82 | 1.27 |
| IV | CAAS-K18 | 28.71 | 21.36 | 8.49 | 8.52 | 3.28 | 4.40 | 1.20 |
| IV | CAAS-K22 | 28.67 | 22.43 | 7.87 | 6.88 | 3.12 | 4.83 | 1.20 |
| IV | CAAS-K24 | 26.89 | 23.82 | 6.92 | 7.23 | 3.21 | 5.38 | 1.23 |
| IV | CAAS-K25 | 26.68 | 23.71 | 7.19 | 7.08 | 3.33 | 5.30 | 1.21 |

续表

| 型 | 菌株名称 | 15:0 anteiso | 15:0 iso | 17:0 anteiso | 17:0 iso | 16:0 iso | c16:0 | 16:1ω7c alcohol |
|---|---|---|---|---|---|---|---|---|
| IV | CAAS-K26 | 29.85 | 20.99 | 9.18 | 7.94 | 3.54 | 4.18 | 1.00 |
| IV | CAAS-K27 | 26.62 | 24.04 | 6.61 | 6.72 | 3.25 | 5.75 | 1.19 |
| IV | CAAS-K28 | 31.31 | 19.60 | 9.12 | 6.41 | 4.20 | 4.38 | 1.20 |
| IV | CAAS-K31 | 28.16 | 18.31 | 9.21 | 6.79 | 3.20 | 5.17 | 1.42 |
| IV | CAAS-K32 | 27.60 | 21.86 | 8.06 | 7.20 | 3.29 | 4.69 | 1.39 |
| IV | CAAS-K33 | 27.17 | 25.42 | 5.58 | 6.94 | 2.79 | 3.91 | 1.52 |
| IV | CAAS-K34 | 29.84 | 19.26 | 9.14 | 6.40 | 3.34 | 4.09 | 1.55 |
| IV | CAAS-K35 | 30.48 | 19.64 | 8.91 | 5.88 | 3.34 | 4.07 | 1.54 |
| IV | CAAS-K36 | 28.20 | 21.37 | 8.40 | 6.72 | 3.15 | 4.59 | 1.44 |
| IV | CAAS-K37 | 30.13 | 21.54 | 7.66 | 5.48 | 3.31 | 4.32 | 1.48 |
| IV | CAAS-K39 | 28.84 | 20.84 | 8.75 | 6.92 | 3.28 | 4.04 | 1.46 |
| IV | CAAS-K4 | 27.70 | 20.77 | 8.99 | 9.17 | 3.38 | 4.83 | 1.00 |
| IV | CAAS-K40 | 28.74 | 21.62 | 8.21 | 6.57 | 3.24 | 4.25 | 1.42 |
| IV | CAAS-K41 | 28.65 | 21.45 | 8.31 | 6.61 | 3.15 | 4.34 | 1.46 |
| IV | CAAS-K42 | 29.34 | 20.21 | 9.20 | 6.65 | 3.36 | 4.07 | 1.47 |
| IV | CAAS-K43 | 28.46 | 19.72 | 9.00 | 6.83 | 3.27 | 4.63 | 1.44 |
| IV | CAAS-K44 | 29.12 | 19.62 | 9.12 | 6.75 | 3.35 | 4.35 | 1.49 |
| IV | CAAS-K45 | 29.38 | 19.84 | 8.87 | 6.41 | 3.40 | 4.42 | 1.47 |
| IV | CAAS-K46 | 29.53 | 21.38 | 7.87 | 6.45 | 3.36 | 4.09 | 1.46 |
| IV | CAAS-K47 | 26.71 | 23.51 | 6.85 | 7.89 | 2.98 | 4.10 | 1.50 |
| IV | CAAS-K48 | 29.76 | 19.60 | 9.04 | 6.63 | 3.36 | 4.19 | 1.48 |
| IV | CAAS-K49 | 31.23 | 20.68 | 7.95 | 5.82 | 3.36 | 3.86 | 1.51 |
| IV | CAAS-K5 | 29.94 | 22.90 | 7.49 | 6.87 | 3.59 | 4.38 | 1.17 |
| IV | CAAS-K50 | 28.84 | 21.14 | 8.36 | 6.84 | 3.18 | 3.91 | 1.54 |
| IV | CAAS-K51 | 26.42 | 22.89 | 7.21 | 7.91 | 2.98 | 3.94 | 1.56 |
| IV | CAAS-K52 | 28.63 | 19.59 | 8.62 | 6.36 | 3.56 | 4.77 | 1.48 |
| IV | CAAS-K53 | 30.14 | 21.24 | 8.13 | 5.73 | 3.19 | 3.98 | 1.52 |
| IV | CAAS-K54 | 29.83 | 20.44 | 8.67 | 5.95 | 3.16 | 4.42 | 1.49 |
| IV | CAAS-K55 | 31.22 | 18.90 | 9.22 | 6.96 | 3.05 | 3.85 | 1.38 |
| IV | CAAS-K6 | 29.84 | 21.61 | 8.83 | 7.80 | 3.60 | 3.98 | 1.00 |
| IV | CAAS-K9 | 29.95 | 21.11 | 9.11 | 7.94 | 3.56 | 4.33 | 1.00 |
| IV | CAAS-MIX D1 | 27.01 | 22.04 | 7.66 | 7.95 | 3.17 | 5.10 | 1.27 |
| IV | CAAS-MIX D19 | 28.11 | 22.10 | 6.79 | 6.78 | 3.37 | 5.03 | 1.34 |
| IV | CAAS-MIX D2 | 26.92 | 21.41 | 7.83 | 7.44 | 3.30 | 5.64 | 1.29 |
| IV | CAAS-MIX D23 | 28.96 | 19.07 | 8.53 | 6.86 | 3.48 | 5.07 | 1.38 |
| IV | CAAS-MIX K21 | 25.22 | 23.41 | 6.78 | 6.03 | 2.86 | 4.81 | 1.32 |
| IV | CAAS-MIX K27 | 28.30 | 21.73 | 7.55 | 6.10 | 3.31 | 4.86 | 1.39 |
| IV | CAAS-MIX K51 | 26.87 | 22.68 | 7.27 | 7.12 | 3.13 | 4.79 | 1.34 |
| IV | CAAS-MIX Q10 | 26.82 | 21.83 | 7.92 | 7.76 | 3.16 | 5.48 | 1.30 |
| IV | CAAS-MIX Q100 | 27.71 | 18.78 | 8.81 | 9.33 | 3.92 | 5.08 | 1.22 |

续表

| 型 | 菌株名称 | 15:0 anteiso | 15:0 iso | 17:0 anteiso | 17:0 iso | 16:0 iso | c16:0 | 16:1ω7c alcohol |
|---|---|---|---|---|---|---|---|---|
| IV | CAAS-MIX Q15 | 27.89 | 22.33 | 6.24 | 6.96 | 3.52 | 5.24 | 1.37 |
| IV | CAAS-MIX Q90 | 27.19 | 20.41 | 8.61 | 10.46 | 3.83 | 3.93 | 1.37 |
| IV | CAAS-MIX2 | 27.41 | 20.60 | 8.62 | 8.04 | 3.39 | 5.10 | 1.42 |
| IV | CAAS-MIX3 | 28.66 | 17.69 | 9.39 | 7.40 | 3.40 | 5.68 | 1.42 |
| IV | CAAS-Q1 | 27.02 | 18.62 | 9.94 | 7.40 | 3.58 | 6.06 | 1.24 |
| IV | CAAS-Q10 | 27.80 | 18.58 | 9.91 | 7.92 | 3.49 | 5.56 | 1.25 |
| IV | CAAS-Q101 | 27.93 | 24.34 | 6.99 | 7.00 | 3.19 | 4.77 | 1.21 |
| IV | CAAS-Q102 | 28.98 | 22.60 | 8.48 | 6.95 | 3.29 | 4.47 | 1.21 |
| IV | CAAS-Q103 | 29.07 | 21.85 | 8.08 | 8.08 | 3.54 | 4.38 | 1.24 |
| IV | CAAS-Q104 | 29.40 | 16.47 | 12.16 | 8.51 | 3.81 | 4.62 | 1.18 |
| IV | CAAS-Q106 | 31.09 | 18.14 | 10.77 | 7.25 | 3.71 | 4.25 | 1.21 |
| IV | CAAS-Q108 | 30.32 | 17.45 | 11.02 | 8.14 | 3.90 | 4.40 | 1.20 |
| IV | CAAS-Q11 | 27.47 | 22.13 | 7.77 | 7.30 | 3.33 | 5.51 | 1.24 |
| IV | CAAS-Q-110 | 28.23 | 21.06 | 9.26 | 7.93 | 3.15 | 4.33 | 1.29 |
| IV | CAAS-Q111 | 29.26 | 20.87 | 9.15 | 7.09 | 3.34 | 4.16 | 1.28 |
| IV | CAAS-Q-111 | 29.45 | 21.01 | 9.27 | 7.18 | 3.39 | 4.17 | 1.28 |
| IV | CAAS-Q-113 | 27.29 | 23.87 | 7.06 | 7.32 | 3.31 | 4.60 | 1.28 |
| IV | CAAS-Q116 | 27.68 | 21.08 | 9.21 | 8.33 | 3.37 | 4.79 | 1.21 |
| IV | CAAS-Q117 | 28.11 | 23.08 | 8.23 | 7.56 | 3.43 | 4.45 | 1.20 |
| IV | CAAS-Q118 | 28.93 | 22.57 | 8.30 | 7.29 | 3.44 | 4.44 | 1.18 |
| IV | CAAS-Q19 | 28.89 | 23.26 | 6.80 | 5.98 | 3.58 | 5.24 | 1.31 |
| IV | CAAS-Q2 | 27.91 | 20.39 | 8.71 | 7.11 | 3.50 | 5.68 | 1.24 |
| IV | CAAS-Q26 | 26.65 | 17.94 | 8.97 | 9.02 | 4.08 | 6.08 | 1.35 |
| IV | CAAS-Q27 | 27.72 | 22.31 | 7.44 | 6.91 | 3.19 | 5.35 | 1.29 |
| IV | CAAS-Q-27 | 28.85 | 19.62 | 9.62 | 8.62 | 3.29 | 4.50 | 1.22 |
| IV | CAAS-Q29 | 28.41 | 22.98 | 7.11 | 6.15 | 3.40 | 5.44 | 1.29 |
| IV | CAAS-Q-32 | 27.43 | 22.66 | 7.96 | 7.55 | 3.51 | 4.91 | 1.22 |
| IV | CAAS-Q33 | 29.20 | 21.01 | 8.71 | 7.76 | 3.52 | 4.39 | 1.22 |
| IV | CAAS-Q36 | 29.46 | 21.98 | 8.38 | 7.18 | 3.36 | 4.39 | 1.24 |
| IV | CAAS-Q37 | 28.24 | 21.47 | 8.35 | 6.82 | 3.17 | 4.39 | 1.45 |
| IV | CAAS-Q38 | 30.66 | 20.46 | 8.53 | 5.79 | 3.26 | 3.91 | 1.49 |
| IV | CAAS-Q39 | 28.10 | 18.42 | 9.49 | 7.08 | 3.27 | 5.09 | 1.50 |
| IV | CAAS-Q40 | 28.43 | 18.81 | 9.62 | 7.27 | 3.52 | 4.43 | 1.50 |
| IV | CAAS-Q42 | 27.86 | 21.93 | 7.75 | 7.05 | 3.35 | 4.52 | 1.45 |
| IV | CAAS-Q43 | 30.13 | 19.89 | 8.68 | 6.16 | 3.43 | 4.17 | 1.52 |
| IV | CAAS-Q-43 | 29.99 | 19.62 | 9.97 | 8.28 | 3.14 | 4.24 | 1.17 |
| IV | CAAS-Q-44 | 28.42 | 18.74 | 9.92 | 8.63 | 3.31 | 4.86 | 1.23 |
| IV | CAAS-Q-45 | 29.52 | 19.88 | 9.98 | 8.49 | 3.18 | 4.17 | 1.17 |
| IV | CAAS-Q-46 | 28.59 | 20.24 | 9.35 | 9.10 | 3.26 | 4.16 | 1.24 |
| IV | CAAS-Q-47 | 28.97 | 20.31 | 9.71 | 8.82 | 3.14 | 4.07 | 1.18 |

续表

| 型 | 菌株名称 | 15:0 anteiso | 15:0 iso | 17:0 anteiso | 17:0 iso | 16:0 iso | c16:0 | 16:1ω7c alcohol |
|---|---|---|---|---|---|---|---|---|
| IV | CAAS-Q-48 | 29.11 | 19.68 | 9.86 | 8.93 | 3.27 | 4.28 | 1.20 |
| IV | CAAS-Q-49 | 27.68 | 23.73 | 7.55 | 7.61 | 3.39 | 4.61 | 1.23 |
| IV | CAAS-Q5 | 29.13 | 19.09 | 10.14 | 6.78 | 3.34 | 5.28 | 1.25 |
| IV | CAAS-Q-50 | 27.91 | 23.07 | 7.83 | 7.52 | 3.44 | 4.69 | 1.19 |
| IV | CAAS-Q53 | 28.38 | 22.05 | 8.55 | 7.51 | 3.39 | 4.59 | 1.22 |
| IV | CAAS-Q54 | 25.98 | 19.47 | 8.94 | 12.01 | 3.94 | 3.78 | 1.40 |
| IV | CAAS-Q57 | 27.55 | 20.01 | 8.56 | 10.57 | 3.45 | 3.36 | 1.40 |
| IV | CAAS-Q58 | 30.68 | 18.64 | 9.56 | 6.99 | 2.94 | 3.81 | 1.45 |
| IV | CAAS-Q59 | 29.82 | 19.29 | 9.15 | 7.53 | 2.87 | 4.02 | 1.43 |
| IV | CAAS-Q60 | 28.59 | 21.39 | 7.45 | 8.23 | 2.94 | 3.23 | 1.68 |
| IV | CAAS-Q-62 | 30.51 | 20.95 | 8.08 | 7.57 | 3.53 | 4.36 | 1.22 |
| IV | CAAS-Q-64 | 28.79 | 21.82 | 8.67 | 8.69 | 3.13 | 4.02 | 1.16 |
| IV | CAAS-Q-67 | 32.06 | 21.41 | 7.89 | 6.76 | 2.99 | 3.82 | 1.22 |
| IV | CAAS-Q7 | 28.55 | 19.58 | 9.85 | 7.52 | 3.42 | 4.99 | 1.26 |
| IV | CAAS-Q-73 | 31.99 | 20.96 | 8.71 | 7.06 | 3.25 | 3.79 | 1.17 |
| IV | CAAS-Q-74 | 28.58 | 20.99 | 9.21 | 9.10 | 3.21 | 4.27 | 1.00 |
| IV | CAAS-Q-75 | 28.57 | 19.55 | 9.93 | 9.18 | 3.15 | 4.33 | 1.23 |
| IV | CAAS-Q76 | 28.87 | 20.78 | 9.08 | 7.95 | 3.41 | 4.53 | 1.21 |
| IV | CAAS-Q-78 | 29.10 | 18.94 | 10.19 | 8.96 | 3.31 | 4.39 | 1.20 |
| IV | CAAS-Q-79 | 29.52 | 18.78 | 10.32 | 7.96 | 3.24 | 4.33 | 1.23 |
| IV | CAAS-Q8 | 28.55 | 19.81 | 9.36 | 6.70 | 3.52 | 5.46 | 1.23 |
| IV | CAAS-Q-81 | 25.44 | 17.71 | 8.76 | 7.77 | 2.94 | 5.91 | 1.18 |
| IV | CAAS-Q-82 | 29.14 | 19.90 | 10.04 | 8.50 | 3.39 | 4.11 | 1.23 |
| IV | CAAS-Q-83 | 29.36 | 20.30 | 9.41 | 8.09 | 3.33 | 4.35 | 1.20 |
| IV | CAAS-Q-84 | 29.15 | 19.05 | 10.36 | 8.75 | 3.41 | 4.24 | 1.19 |
| IV | CAAS-Q85 | 28.25 | 21.77 | 8.36 | 8.38 | 3.26 | 4.28 | 1.25 |
| IV | CAAS-Q86 | 26.75 | 22.28 | 7.64 | 7.56 | 3.31 | 5.02 | 1.26 |
| IV | CAAS-Q87 | 27.62 | 21.43 | 8.59 | 9.36 | 3.41 | 4.12 | 1.26 |
| IV | CAAS-Q88 | 28.51 | 21.65 | 8.75 | 8.34 | 3.45 | 4.19 | 1.22 |
| IV | CAAS-Q89 | 28.75 | 21.26 | 8.40 | 7.97 | 3.42 | 4.32 | 1.23 |
| IV | CAAS-Q90 | 26.97 | 19.37 | 8.83 | 11.40 | 3.96 | 3.71 | 1.43 |
| IV | CAAS-Q91 | 27.33 | 23.79 | 6.94 | 8.64 | 3.53 | 4.31 | 1.27 |
| IV | CAAS-Q92 | 28.00 | 22.52 | 7.95 | 8.68 | 3.41 | 4.23 | 1.23 |
| IV | CAAS-Q95 | 27.33 | 21.45 | 8.71 | 8.41 | 3.38 | 4.85 | 1.22 |
| IV | CAAS-Q96 | 28.57 | 21.29 | 9.15 | 8.38 | 3.45 | 4.23 | 1.20 |
| IV | CAAS-Q98 | 26.50 | 22.76 | 7.12 | 6.95 | 3.16 | 5.89 | 1.17 |
| IV | CAAS-Q99 | 27.26 | 21.87 | 7.92 | 7.88 | 3.36 | 5.36 | 1.19 |
| IV | ysj-5a-15 | 30.28 | 21.50 | 8.33 | 6.30 | 4.08 | 4.63 | 1.00 |
| IV | YSJ-5B-16 | 29.47 | 20.92 | 8.00 | 5.58 | 3.97 | 4.92 | 1.20 |
| IV | YSJ-5B-18 | 30.17 | 20.83 | 8.77 | 5.97 | 4.05 | 4.71 | 1.00 |

续表

| 型 | 菌株名称 | 15:0 anteiso | 15:0 iso | 17:0 anteiso | 17:0 iso | 16:0 iso | c16:0 | 16:1ω7c alcohol |
|---|---|---|---|---|---|---|---|---|
| IV | ysj-5b-9 | 28.03 | 22.40 | 7.50 | 5.91 | 4.02 | 5.09 | 1.00 |
| IV | ysj-5c-7 | 29.07 | 20.45 | 8.36 | 5.66 | 3.86 | 4.85 | 1.00 |
| IV | ysj-6a10 | 29.04 | 21.45 | 7.99 | 6.06 | 4.28 | 4.84 | 1.28 |
| IV | ysj-6b3 | 29.49 | 21.25 | 8.09 | 6.07 | 4.28 | 4.59 | 1.26 |
| IV | YSJ-6B-4 | 29.47 | 20.78 | 8.53 | 6.04 | 3.92 | 4.76 | 1.24 |
| IV | ysj-7a2 | 29.67 | 21.11 | 8.72 | 6.00 | 3.99 | 4.78 | 1.28 |
| IV | ysj-b15 | 30.57 | 19.12 | 9.94 | 6.61 | 4.18 | 4.37 | 1.19 |
| IV | ZXF P-B-6 | 34.89 | 18.53 | 8.99 | 6.46 | 4.72 | 4.47 | 1.00 |
| 脂肪酸 IV 型 191 个菌株平均值 | | 28.53 | 20.91 | 8.47 | 7.47 | 3.39 | 4.70 | 1.29 |

| 型 | 菌株名称 | 14:0 iso | 16:1ω11c | c14:0 | 17:1 iso ω10c | c18:0 | 到中心的卡方距离 |
|---|---|---|---|---|---|---|---|
| I | 20101207-WZX-FJAT-6 | 2.55 | 1.73 | 1.83 | 1.61 | 1.00 | 5.96 |
| I | 20101208-WZX-FJAT-11709 | 2.38 | 1.30 | 1.26 | 1.85 | 1.36 | 3.41 |
| I | 20101208-WZX-FJAT-B10 | 2.50 | 1.38 | 1.35 | 1.68 | 1.38 | 2.94 |
| I | 20101210-WZX-FJAT-11695 | 3.49 | 1.72 | 1.93 | 1.71 | 1.37 | 5.58 |
| I | 20101210-WZX-FJAT-11700 | 2.54 | 1.34 | 1.00 | 1.52 | 1.00 | 3.11 |
| I | 20101220-WZX-FJAT-10600 | 2.25 | 1.00 | 1.00 | 1.00 | 1.00 | 13.02 |
| I | 20101221-WZX-FJAT-10696 | 2.79 | 1.37 | 1.29 | 1.55 | 1.29 | 5.56 |
| I | 20101221-WZX-FJAT-10879 | 1.91 | 1.43 | 1.37 | 1.66 | 1.15 | 7.49 |
| I | 20101230-WZX-FJAT-10673 | 2.16 | 1.69 | 1.00 | 2.48 | 1.34 | 7.34 |
| I | 20101230-WZX-FJAT-10676 | 1.72 | 1.25 | 1.43 | 1.34 | 1.00 | 5.68 |
| I | 20110106-SDG-FJAT-10083 | 2.24 | 2.32 | 1.39 | 2.17 | 1.60 | 5.33 |
| I | 20110110-SDG-FJAT-10080 | 2.39 | 1.73 | 1.20 | 1.65 | 1.51 | 8.73 |
| I | 20110110-SDG-FJAT-10081 | 2.09 | 2.42 | 1.30 | 3.78 | 1.27 | 4.75 |
| I | 20110110-SDG-FJAT-10082 | 2.37 | 1.75 | 1.00 | 1.79 | 1.66 | 7.85 |
| I | 20110110-SDG-FJAT-10191 | 1.00 | 1.00 | 1.00 | 1.00 | 1.00 | 8.25 |
| I | 20110225-SDG-FJAT-11090 | 3.71 | 1.88 | 2.18 | 1.65 | 1.00 | 8.33 |
| I | 20110311-SDG-FJAT-11304 | 2.39 | 1.47 | 1.19 | 1.99 | 1.25 | 5.83 |
| I | 20110311-SDG-FJAT-11309 | 3.13 | 3.08 | 1.91 | 3.06 | 2.20 | 6.76 |
| I | 20110313-SDG-FJAT-10275 | 2.49 | 1.52 | 1.90 | 1.59 | 1.92 | 4.98 |
| I | 20110314-SDG-FJAT-10626 | 2.45 | 2.13 | 1.55 | 2.15 | 1.68 | 1.23 |
| I | 20110314-SDG-FJAT-10626 | 2.32 | 1.82 | 1.29 | 2.47 | 1.41 | 4.17 |
| I | 20110314-WZX-FJAT-256 | 2.17 | 1.89 | 1.66 | 1.76 | 1.25 | 7.60 |
| I | 20110314-WZX-FJAT-273 | 2.04 | 1.85 | 1.76 | 1.63 | 1.45 | 7.21 |
| I | 20110315-SDG-FJAT-10221 | 2.62 | 2.24 | 2.00 | 2.08 | 1.47 | 5.81 |
| I | 20110316-LGH-FJAT-4439 | 2.60 | 1.78 | 1.00 | 3.32 | 1.58 | 7.61 |
| I | 20110317-LGH-FJAT-4403 | 2.63 | 2.26 | 1.32 | 3.72 | 1.24 | 4.95 |
| I | 20110429-WZX-FJAT-8784-1 | 2.83 | 1.89 | 1.35 | 2.45 | 1.35 | 3.35 |
| I | 20110429-WZX-FJAT-8784-2 | 2.66 | 1.83 | 1.33 | 2.47 | 1.50 | 3.88 |
| I | 20110429-WZX-FJAT-8784-3 | 2.83 | 1.93 | 1.41 | 2.49 | 1.38 | 3.80 |
| I | 20110429-WZX-FJAT-8784-4 | 2.87 | 1.98 | 1.35 | 2.47 | 1.38 | 4.31 |

续表

| 型 | 菌株名称 | 14:0 iso | 16:1ω11c | c14:0 | 17:1 iso ω10c | c18:0 | 到中心的卡方距离 |
|---|---|---|---|---|---|---|---|
| I | 20110429-WZX-FJAT-8784-5 | 2.79 | 1.94 | 1.40 | 2.40 | 1.52 | 4.09 |
| I | 20110429-WZX-FJAT-8784-6 | 2.94 | 2.05 | 1.37 | 2.71 | 1.39 | 4.13 |
| I | 20110429-WZX-FJAT-8784-7 | 2.91 | 1.99 | 1.35 | 2.54 | 1.38 | 3.75 |
| I | 20110429-WZX-FJAT-8784-8 | 2.70 | 2.20 | 1.43 | 2.27 | 1.55 | 6.25 |
| I | 20110504-24-FJAT-8764 | 3.58 | 1.76 | 1.38 | 2.38 | 1.00 | 9.32 |
| I | 20110510-WZX20D-FJAT-8758 | 3.40 | 4.26 | 1.59 | 2.89 | 1.00 | 4.86 |
| I | 20110517-LGH-FJAT-4604 | 2.29 | 1.67 | 1.75 | 2.53 | 2.99 | 4.17 |
| I | 20110518-wzxjl20-FJAT-4764a | 3.08 | 1.00 | 1.00 | 2.15 | 1.00 | 5.98 |
| I | 20110518-wzxjl30-FJAT-4754b | 2.99 | 1.00 | 1.00 | 2.10 | 1.00 | 2.66 |
| I | 20110518-wzxjl30-FJAT-4764b | 3.09 | 1.00 | 1.00 | 2.11 | 2.17 | 5.51 |
| I | 20110518-wzxjl40-FJAT-4754c | 3.00 | 1.57 | 1.00 | 2.20 | 1.00 | 3.21 |
| I | 20110518-wzxjl40-FJAT-4764c | 3.01 | 1.75 | 1.00 | 2.16 | 1.00 | 5.58 |
| I | 20110518-wzxjl50-FJAT-4754d | 3.06 | 1.59 | 1.00 | 2.13 | 1.59 | 2.91 |
| I | 20110518-wzxjl50-FJAT-4764d | 3.13 | 1.91 | 1.66 | 2.02 | 1.00 | 2.64 |
| I | 20110518-wzxjl60-FJAT-4754e | 3.16 | 1.44 | 1.00 | 1.88 | 1.00 | 5.14 |
| I | 20110518-wzxjl60-FJAT-4764e | 3.04 | 1.62 | 1.00 | 2.06 | 1.00 | 3.12 |
| I | 20110520-LGH-FJAT-13833 | 2.49 | 1.83 | 1.26 | 2.49 | 1.30 | 4.55 |
| I | 20110520-LGH-FJAT-13843 | 2.55 | 1.00 | 1.00 | 1.00 | 1.00 | 7.53 |
| I | 20110524-WZX20D-FJAT-8764 | 2.73 | 2.90 | 1.48 | 2.48 | 1.00 | 3.94 |
| I | 20110524-WZX48h-FJAT-8784 | 3.16 | 1.74 | 1.00 | 2.73 | 1.00 | 5.41 |
| I | 20110530-WZX24h-FJAT-8785 | 2.54 | 1.73 | 1.37 | 2.04 | 1.00 | 6.34 |
| I | 2011053-WZX18h-FJAT-8784 | 2.90 | 1.63 | 1.40 | 1.83 | 1.46 | 4.53 |
| I | 20110601-LGH-FJAT-13891 | 1.59 | 1.29 | 2.85 | 1.00 | 6.41 | 10.75 |
| I | 20110603-WZX72h-FJAT-8784 | 2.26 | 1.55 | 1.19 | 2.25 | 1.21 | 3.21 |
| I | 20110607-WZX36h-FJAT-8784 | 2.65 | 1.67 | 1.28 | 2.27 | 1.27 | 4.76 |
| I | 20110607-WZX36h-FJAT-8785 | 3.10 | 1.44 | 1.00 | 2.03 | 1.00 | 10.56 |
| I | 20110609-WZX20D-FJAT-8785 | 2.53 | 2.57 | 1.43 | 2.30 | 1.24 | 4.69 |
| I | 20110614-LGH-FJAT-13830 | 2.77 | 1.82 | 1.36 | 3.45 | 1.27 | 5.50 |
| I | 20110614-WZX28D-FJAT-8784 | 2.47 | 2.26 | 1.46 | 2.43 | 1.85 | 7.83 |
| I | 20110614-WZX28D-FJAT-8785 | 2.51 | 1.58 | 1.36 | 1.70 | 1.34 | 4.53 |
| I | 20110614-WZX37D-FJAT-8784 | 3.15 | 1.19 | 1.39 | 1.34 | 1.78 | 8.58 |
| I | 20110615-wzx50d-FJAT-8784 | 2.84 | 1.00 | 1.58 | 1.00 | 3.62 | 10.40 |
| I | 20110615-WZX-FJAT-8783a | 2.45 | 2.79 | 1.34 | 4.08 | 1.00 | 7.86 |
| I | 20110615-WZX-FJAT-8783b | 2.14 | 1.00 | 1.70 | 1.00 | 2.99 | 4.19 |
| I | 20110615-WZX-FJAT-8783c | 2.23 | 2.65 | 1.23 | 3.88 | 1.00 | 8.14 |
| I | 20110615-WZX-FJAT-8783d | 2.31 | 2.52 | 1.31 | 3.63 | 1.60 | 8.07 |
| I | 20110615-WZX-FJAT-8783e | 2.30 | 2.54 | 1.25 | 3.80 | 1.00 | 6.85 |
| I | 20110615-WZX-FJAT-8784a | 2.55 | 2.35 | 1.33 | 2.68 | 1.67 | 5.22 |
| I | 20110615-WZX-FJAT-8784b | 2.42 | 2.23 | 1.32 | 2.45 | 1.56 | 5.41 |
| I | 20110615-WZX-FJAT-8784c | 2.51 | 2.20 | 1.32 | 2.44 | 1.37 | 3.68 |

续表

| 型 | 菌株名称 | 14:0 iso | 16:1ω11c | c14:0 | 17:1 iso ω10c | c18:0 | 到中心的卡方距离 |
|---|---|---|---|---|---|---|---|
| I | 20110615-WZX-FJAT-8784d | 2.49 | 2.14 | 1.37 | 2.44 | 1.64 | 5.30 |
| I | 20110615-WZX-FJAT-8785a | 2.32 | 2.48 | 1.45 | 3.87 | 1.54 | 7.43 |
| I | 20110615-WZX-FJAT-8785b | 2.02 | 1.60 | 1.65 | 1.71 | 2.68 | 3.30 |
| I | 20110615-WZX-FJAT-8785c | 2.14 | 1.78 | 1.39 | 1.54 | 1.52 | 6.46 |
| I | 20110615-WZX-FJAT-8785d | 2.19 | 1.66 | 1.31 | 1.56 | 1.31 | 7.05 |
| I | 20110615-WZX-FJAT-8785e | 2.18 | 1.56 | 1.31 | 1.69 | 1.52 | 4.81 |
| I | 20110622-LGH-FJAT-13405 | 2.91 | 1.66 | 1.47 | 2.18 | 2.13 | 2.07 |
| I | 20110622-LGH-FJAT-13413 | 2.57 | 1.37 | 1.24 | 1.80 | 1.34 | 3.12 |
| I | 20110622-LGH-FJAT-13414 | 3.13 | 1.60 | 1.32 | 2.84 | 1.32 | 5.04 |
| I | 20110622-LGH-FJAT-13419 | 2.49 | 1.56 | 1.21 | 2.36 | 1.44 | 8.19 |
| I | 20110622-LGH-FJAT-13424 | 2.59 | 1.61 | 1.50 | 2.14 | 2.10 | 8.25 |
| I | 20110622-LGH-FJAT-14043 | 2.79 | 1.34 | 1.41 | 1.16 | 1.50 | 4.28 |
| I | 20110622-LGH-FJAT-l3414 | 2.53 | 1.43 | 1.32 | 2.07 | 1.79 | 3.93 |
| I | 20110705-LGH-FJAT-13539 | 2.55 | 1.55 | 1.39 | 1.94 | 1.88 | 2.75 |
| I | 20110705-LGH-FJAT-13555 | 2.42 | 1.97 | 1.65 | 2.14 | 1.56 | 3.86 |
| I | 20110705-LGH-FJAT-13555 | 2.73 | 1.84 | 1.55 | 3.73 | 1.61 | 4.52 |
| I | 20110705-WZX-FJAT-13349 | 1.91 | 1.63 | 1.54 | 1.61 | 1.33 | 4.84 |
| I | 20110705-WZX-FJAT-13353 | 2.13 | 1.00 | 1.65 | 2.04 | 1.00 | 4.72 |
| I | 20110707-LGH-FJAT-12271 | 1.96 | 1.85 | 1.50 | 1.62 | 2.00 | 6.85 |
| I | 20110718-LGH-FJAT-14079 | 2.35 | 2.01 | 1.42 | 1.45 | 1.28 | 8.14 |
| I | 20110729-LGH-FJAT-14095 | 1.88 | 1.81 | 1.89 | 1.48 | 2.29 | 7.16 |
| I | 20110808-xif-FJAT-14089 | 1.90 | 1.88 | 1.60 | 1.61 | 1.73 | 6.27 |
| I | 20110808-xif-FJAT-14090 | 1.84 | 1.79 | 1.55 | 2.03 | 1.78 | 6.44 |
| I | 20110823-LGH-FJAT-13964 | 2.19 | 1.37 | 1.42 | 1.88 | 1.68 | 8.41 |
| I | 20110823-TXN-FJAT-14321 | 2.60 | 1.88 | 1.48 | 2.35 | 2.81 | 3.82 |
| I | 20110826-LGH-FJAT-8784-1 | 2.29 | 1.88 | 1.34 | 2.10 | 2.64 | 8.00 |
| I | 20110826-LGH-FJAT-R11（H4） | 3.18 | 1.91 | 1.33 | 4.58 | 1.35 | 10.41 |
| I | 20111101-TXN-FJAT-14492 | 2.02 | 1.79 | 1.91 | 1.86 | 2.63 | 4.89 |
| I | 20111108-LGH-FJAT-14683 | 2.09 | 1.29 | 1.19 | 2.02 | 1.23 | 7.10 |
| I | 20111108-LGH-FJAT-14684 | 2.37 | 1.30 | 1.40 | 1.64 | 2.10 | 5.07 |
| I | 20111108-LGH-FJAT-14687-2 | 2.61 | 1.67 | 1.29 | 2.50 | 1.22 | 7.07 |
| I | 20111108-TXN-FJAT-14683 | 2.03 | 1.26 | 1.18 | 2.05 | 1.30 | 7.93 |
| I | 20111205-LGH-FJAT-4 | 2.54 | 1.76 | 1.24 | 2.02 | 1.26 | 4.48 |
| I | 20120224-TXN-FJAT-14691 | 1.81 | 1.40 | 1.83 | 1.57 | 4.94 | 10.28 |
| I | 20120322-LGH-FJAT-5 | 2.45 | 1.84 | 1.34 | 2.14 | 1.61 | 5.02 |
| I | 20120327-LGH-FJAT-14249 | 2.66 | 1.57 | 1.29 | 1.86 | 1.22 | 7.86 |
| I | 20120327-LGH-FJAT-14258 | 2.29 | 1.89 | 1.31 | 2.05 | 1.55 | 5.97 |
| I | 20120327-LGH-FJAT-4 | 2.70 | 1.98 | 1.28 | 2.29 | 1.36 | 6.28 |
| I | 20120328-LGH-FJAT-14263 | 1.90 | 1.54 | 1.19 | 2.41 | 1.53 | 3.07 |
| I | 20120425-LGH-FJAT-13833 | 2.29 | 1.66 | 1.53 | 2.05 | 4.59 | 6.87 |

续表

| 型 | 菌株名称 | 14:0 iso | 16:1ω11c | c14:0 | 17:1 iso ω10c | c18:0 | 到中心的卡方距离 |
|---|---|---|---|---|---|---|---|
| I | 20120425-LGH-FJAT-14845 | 2.28 | 1.64 | 1.20 | 3.02 | 1.56 | 6.35 |
| I | 20120507-LGH-FJAT-8786-37 | 1.61 | 2.09 | 1.71 | 3.13 | 1.39 | 6.40 |
| I | 20121030-FJAT-17416-ZR | 2.53 | 1.75 | 1.37 | 2.00 | 1.24 | 2.83 |
| I | 20121102-FJAT-17466-ZR | 2.39 | 1.73 | 1.36 | 1.78 | 1.92 | 3.44 |
| I | 20130111-CYP-FJAT-17112 | 2.76 | 1.62 | 1.28 | 1.94 | 1.38 | 4.44 |
| I | 20130114-CYP-FJAT-17129 | 2.31 | 1.64 | 1.30 | 1.79 | 1.32 | 6.26 |
| I | 20130115-CYP-FJAT-17149 | 2.31 | 1.75 | 1.29 | 1.98 | 1.40 | 5.37 |
| I | 20130115-CYP-FJAT-17198 | 2.32 | 1.62 | 1.30 | 1.95 | 1.80 | 4.47 |
| I | 20130117-LGH-FJAT-8784-lb | 2.86 | 2.19 | 1.33 | 2.78 | 1.44 | 2.95 |
| I | 20130125-ZMX-FJAT-17685 | 1.83 | 1.73 | 1.44 | 1.66 | 1.37 | 5.09 |
| I | 20130125-ZMX-FJAT-17690 | 2.65 | 2.02 | 1.29 | 2.36 | 1.32 | 1.69 |
| I | 20130125-ZMX-FJAT-17691 | 2.53 | 2.09 | 1.28 | 2.48 | 1.36 | 1.69 |
| I | 20130125-ZMX-FJAT-17694 | 1.87 | 1.71 | 2.05 | 1.56 | 2.04 | 5.39 |
| I | 20130129-ZMX-FJAT-17709 | 1.83 | 2.06 | 1.79 | 1.81 | 2.06 | 6.27 |
| I | 20130130-TXN-FJAT-14256 | 1.97 | 1.82 | 1.79 | 1.90 | 1.93 | 7.31 |
| I | 20130130-TXN-FJAT-14258 | 2.33 | 1.76 | 1.35 | 2.08 | 1.59 | 3.14 |
| I | 20130130-TXN-FJAT-14258-1 | 2.35 | 1.66 | 1.27 | 2.00 | 1.37 | 2.59 |
| I | 20130130-TXN-FJAT-14258-2 | 2.42 | 1.62 | 1.26 | 1.94 | 1.20 | 2.89 |
| I | 20130130-TXN-FJAT-14687-2 | 2.23 | 1.87 | 1.29 | 2.55 | 1.55 | 4.53 |
| I | 20130130-TXN-FJAT-8758 | 2.72 | 1.44 | 1.32 | 1.71 | 1.33 | 3.09 |
| I | 20130131-TXN-FJAT-14687-1 | 2.43 | 1.66 | 1.32 | 1.98 | 1.56 | 5.37 |
| I | 20130131-TXN-FJAT-8764 | 2.78 | 1.41 | 1.28 | 1.93 | 1.22 | 5.53 |
| I | 20130323-LGH-FJAT-4580 | 3.06 | 1.71 | 1.30 | 2.85 | 1.32 | 5.05 |
| I | 20130327-TXN-FJAT-16672 | 1.81 | 2.07 | 1.64 | 2.52 | 1.00 | 5.88 |
| I | 20130329-ll-FJAT-16782 | 3.02 | 1.71 | 1.23 | 2.15 | 1.20 | 4.74 |
| I | 20130329-ll-FJAT-16800 | 2.97 | 1.67 | 1.25 | 1.85 | 1.32 | 3.56 |
| I | 20130418-ycp-17120 | 2.69 | 2.42 | 1.38 | 2.78 | 1.34 | 3.14 |
| I | 20130418-ycp-17132 | 2.54 | 2.79 | 1.34 | 3.52 | 1.38 | 4.93 |
| I | 20130419-CYP-FJAT-1766-1 | 1.82 | 1.62 | 1.58 | 1.86 | 1.79 | 6.37 |
| I | 20131129-LGH-FJAT-4408 | 3.86 | 2.14 | 1.30 | 3.48 | 1.22 | 8.19 |
| I | 20140325-ZEN-FJAT-22265 | 3.13 | 1.80 | 1.33 | 3.09 | 1.80 | 7.30 |
| I | 20140325-ZEN-FJAT-22314 | 2.97 | 1.00 | 1.72 | 1.98 | 2.12 | 7.23 |
| I | 20140325-ZEN-FJAT-22326 | 2.90 | 1.37 | 1.33 | 2.30 | 1.50 | 8.40 |
| I | CAAS-42 | 2.23 | 2.26 | 1.43 | 1.00 | 1.69 | 6.96 |
| I | CAAS-D10 | 2.05 | 2.04 | 1.50 | 1.00 | 2.05 | 5.78 |
| I | CAAS-D42 | 2.15 | 2.29 | 1.44 | 1.00 | 1.74 | 6.95 |
| I | CAAS-D48 | 2.22 | 2.15 | 1.48 | 1.00 | 2.16 | 8.14 |
| I | CAAS-G-22 | 2.09 | 1.87 | 1.72 | 1.00 | 3.56 | 4.68 |
| I | CAAS-G-27 | 2.09 | 1.92 | 1.18 | 1.00 | 1.54 | 5.10 |
| I | CAAS-G-3 | 2.07 | 2.21 | 1.86 | 1.00 | 2.41 | 6.17 |

续表

| 型 | 菌株名称 | 14:0 iso | 16:1ω11c | c14:0 | 17:1 iso ω10c | c18:0 | 到中心的卡方距离 |
|---|---|---|---|---|---|---|---|
| I | CAAS-G-9 | 2.04 | 2.00 | 1.26 | 1.00 | 3.35 | 4.37 |
| I | CAAS-K29 | 2.15 | 2.23 | 1.42 | 1.00 | 2.28 | 8.59 |
| I | CAAS-MIX Q22 | 2.12 | 2.46 | 1.52 | 1.00 | 2.24 | 7.61 |
| I | CAAS-MIX Q6 | 2.09 | 2.18 | 1.52 | 1.00 | 2.24 | 5.95 |
| I | CAAS-Q-115 | 1.88 | 1.83 | 1.17 | 1.00 | 1.50 | 6.37 |
| I | CAAS-Q15 | 3.04 | 1.81 | 1.00 | 1.00 | 2.39 | 9.29 |
| I | CAAS-Q25 | 2.06 | 2.03 | 1.81 | 1.00 | 2.97 | 5.43 |
| I | CAAS-Q6 | 2.05 | 2.19 | 1.69 | 1.00 | 2.45 | 6.03 |
| I | CAAS-Q9 | 2.42 | 1.93 | 1.47 | 1.00 | 1.88 | 4.37 |
| I | CAAS-Q94 | 1.84 | 1.62 | 1.77 | 1.00 | 2.58 | 5.17 |
| I | CAAS-Q97 | 2.19 | 1.51 | 1.38 | 1.00 | 2.19 | 5.74 |
| I | CL FJK2-15-5-1 | 2.83 | 1.00 | 1.00 | 1.00 | 1.00 | 3.23 |
| I | CL YJK2-6-5-1 | 2.43 | 1.00 | 1.00 | 1.00 | 2.74 | 4.37 |
| I | CL-FCK-3-1-1 | 3.00 | 1.00 | 1.00 | 1.00 | 1.00 | 4.90 |
| I | FJAT-25125 | 2.79 | 1.63 | 1.61 | 2.73 | 2.08 | 5.07 |
| I | FJAT-25240 | 2.04 | 1.35 | 1.39 | 2.34 | 2.40 | 6.46 |
| I | FJAT-25266 | 2.34 | 1.46 | 1.38 | 1.60 | 4.60 | 4.93 |
| I | FJAT-25299 | 2.00 | 1.75 | 1.74 | 2.18 | 3.76 | 5.62 |
| I | FJAT-41262-1 | 2.25 | 1.88 | 1.53 | 1.67 | 1.82 | 4.11 |
| I | FJAT-41262-2 | 2.34 | 3.39 | 1.00 | 1.00 | 1.00 | 5.43 |
| I | FJAT-41262-2 | 2.01 | 2.27 | 1.75 | 1.69 | 2.41 | 5.14 |
| I | FJAT-41284-1 | 2.28 | 3.31 | 1.00 | 1.00 | 1.00 | 8.69 |
| I | FJAT-41284-1 | 2.04 | 3.74 | 1.55 | 2.62 | 2.31 | 6.65 |
| I | FJAT-41284-2 | 2.30 | 2.10 | 1.00 | 2.05 | 2.05 | 6.66 |
| I | FJAT-41689-1 | 3.06 | 2.11 | 1.55 | 1.90 | 2.56 | 3.17 |
| I | FJAT-41689-2 | 3.10 | 1.78 | 1.30 | 2.00 | 1.50 | 2.87 |
| I | gcb-870 | 2.45 | 1.71 | 1.78 | 1.00 | 1.55 | 4.53 |
| I | HGP SM10-T-2 | 2.54 | 1.68 | 1.37 | 1.00 | 1.53 | 2.31 |
| I | HGP SM20-T-6 | 2.38 | 1.67 | 1.35 | 1.00 | 1.39 | 6.95 |
| I | HGP SM24-T-5 | 2.59 | 1.88 | 1.22 | 1.00 | 1.33 | 4.21 |
| I | HGP SM29-T-3 | 2.39 | 2.11 | 1.29 | 1.00 | 1.35 | 3.59 |
| I | hxj-c35 | 2.10 | 1.00 | 1.39 | 1.00 | 2.47 | 4.88 |
| I | hxj-z313 | 1.00 | 1.00 | 1.00 | 1.00 | 1.00 | 5.78 |
| I | LGF-20100726-FJAT-8758 | 2.48 | 1.96 | 1.57 | 2.87 | 1.84 | 2.57 |
| I | LGF-20100727-FJAT-8764 | 2.90 | 1.68 | 1.66 | 2.48 | 1.84 | 5.11 |
| I | LGF-20100809-FJAT-8784 | 2.63 | 1.75 | 1.27 | 2.19 | 1.46 | 4.18 |
| I | LGF-20100812-FJAT-8784 | 2.25 | 1.66 | 1.76 | 2.01 | 1.74 | 5.12 |
| I | LGF-20100814-FJAT-8758 | 3.22 | 1.00 | 1.83 | 1.00 | 3.44 | 5.77 |
| I | LGF-20100814-FJAT-8776 | 3.31 | 1.00 | 2.27 | 1.00 | 2.19 | 3.60 |
| I | LGF-FJAT-54 | 2.26 | 1.69 | 2.14 | 2.45 | 3.79 | 6.58 |

续表

| 型 | 菌株名称 | 14:0 iso | 16:1ω11c | c14:0 | 17:1 iso ω10c | c18:0 | 到中心的卡方距离 |
|---|---|---|---|---|---|---|---|
| I | LGF-FJAT-559 | 2.28 | 1.68 | 1.24 | 2.22 | 1.70 | 5.64 |
| I | LGF-FJAT-8778 | 2.24 | 1.72 | 1.69 | 2.05 | 1.84 | 4.67 |
| I | LGH-FJAT-4428 | 2.73 | 2.29 | 1.61 | 1.00 | 1.68 | 4.05 |
| I | LGH-FJAT-4465 | 2.10 | 2.13 | 1.00 | 1.00 | 1.00 | 3.18 |
| I | LGH-FJAT-4475 | 2.33 | 1.00 | 1.00 | 1.00 | 1.00 | 5.31 |
| I | LGH-FJAT-4481 | 2.50 | 2.12 | 1.00 | 1.00 | 1.00 | 4.57 |
| I | LGH-FJAT-4604 | 2.77 | 1.00 | 1.00 | 1.00 | 2.42 | 7.88 |
| I | RSX-20091229-FJAT-7378 | 2.01 | 1.89 | 1.33 | 1.57 | 1.40 | 5.23 |
| I | RSX-20091229-FJAT-7383 | 2.37 | 1.75 | 1.54 | 1.52 | 1.73 | 3.16 |
| I | RSX-20091229-FJAT-7384 | 2.16 | 1.85 | 1.44 | 1.39 | 2.16 | 3.34 |
| I | RSX-20091229-FJAT-7393 | 2.05 | 2.17 | 2.06 | 2.17 | 2.38 | 6.65 |
| I | RSX-20091229-FJAT-7393 | 2.16 | 2.42 | 1.91 | 2.30 | 3.06 | 4.88 |
| I | RSX-20091229-FJAT-7394 | 2.08 | 1.53 | 1.59 | 1.35 | 2.26 | 4.05 |
| I | RSX-20091229-FJAT-7401 | 2.31 | 1.60 | 2.21 | 1.61 | 2.96 | 4.49 |
| I | X3-8B | 1.00 | 1.00 | 1.00 | 1.00 | 1.00 | 5.64 |
| I | XKC17218 | 2.18 | 1.58 | 1.57 | 1.42 | 1.37 | 7.09 |
| I | ysj-5a-7 | 1.00 | 1.00 | 1.00 | 1.00 | 1.00 | 6.38 |
| I | ZXF P-B-6 | 1.00 | 1.00 | 1.00 | 1.00 | 1.00 | 8.61 |
| I | ZXF P-L-21 | 1.00 | 1.00 | 1.00 | 1.00 | 1.00 | 7.80 |
| I | ZXF-B-6-6 | 1.00 | 1.00 | 1.00 | 1.00 | 1.00 | 8.23 |
| I | ZXF-L-5-7 | 1.00 | 1.00 | 1.00 | 1.00 | 1.00 | 13.49 |
| I | 20120327-LGH-FJAT-14251 | 2.34 | 1.54 | 1.40 | 1.77 | 1.70 | 4.95 |
| I | 20120413-LGH-FJAT-14251 | 2.29 | 1.52 | 1.28 | 1.55 | 1.72 | 3.66 |
| I | 20120507-LGH-FJAT-14251-20 | 2.43 | 2.22 | 1.24 | 2.30 | 1.56 | 4.42 |
| I | 20120507-LGH-FJAT-14251-37 | 2.59 | 1.58 | 1.42 | 2.02 | 1.80 | 4.57 |
| I | 20120327-LGH-FJAT-14250 | 1.75 | 1.43 | 1.27 | 2.03 | 1.88 | 5.49 |
| I | 20120413-LGH-FJAT-14250 | 1.86 | 1.44 | 1.14 | 2.04 | 1.31 | 9.00 |
| I | 20120507-LGH-FJAT-14250-37 | 2.43 | 1.25 | 1.25 | 1.92 | 1.47 | 5.66 |
| I | FJAT-14250LB | 2.49 | 1.39 | 1.13 | 2.14 | 1.25 | 9.98 |
| I | FJAT-14250LB | 2.47 | 1.38 | 1.14 | 2.12 | 1.24 | 9.93 |
| I | FJAT-14250NA | 2.37 | 1.63 | 1.16 | 2.50 | 1.44 | 11.60 |
| I | FJAT-14250NACL | 3.24 | 1.76 | 1.25 | 3.04 | 1.60 | 7.08 |
| I | 20120327-LGH-FJAT-14254 | 1.98 | 1.84 | 1.49 | 3.12 | 3.23 | 10.08 |
| I | 20120413-LGH-FJAT-14254 | 2.29 | 1.80 | 1.24 | 2.01 | 1.34 | 2.08 |
| I | 20120507-LGH-FJAT-14254-37 | 2.28 | 1.41 | 1.25 | 1.41 | 1.41 | 5.69 |
| I | FJAT-14254LB | 2.55 | 1.47 | 1.19 | 2.02 | 1.32 | 7.23 |
| 脂肪酸 I 型 226 个菌株平均值 | | 2.41 | 1.76 | 1.39 | 1.94 | 1.70 | RMSTD=3.0281 |
| II | 20101212-WZX-FJAT-10612 | 2.57 | 1.00 | 1.00 | 1.00 | 2.33 | 5.39 |
| II | 20101212-WZX-FJAT-10876 | 3.27 | 1.00 | 1.00 | 1.00 | 1.00 | 3.43 |
| II | 20101212-WZX-FJAT-10876 | 3.44 | 1.00 | 1.37 | 2.46 | 1.00 | 5.34 |

续表

| 型 | 菌株名称 | 14:0 iso | 16:1ω11c | c14:0 | 17:1 iso ω10c | c18:0 | 到中心的卡方距离 |
|---|---|---|---|---|---|---|---|
| II | 20101221-WZX-FJAT-10993 | 2.74 | 1.34 | 1.00 | 1.84 | 1.00 | 3.08 |
| II | 20101230-WZX-FJAT-10675 | 2.92 | 1.00 | 1.51 | 1.33 | 1.67 | 6.93 |
| II | 20101230-WZX-FJAT-10680 | 3.14 | 1.00 | 1.00 | 1.38 | 1.00 | 6.54 |
| II | 20101230-WZX-FJAT-10992 | 3.23 | 1.00 | 1.00 | 1.31 | 1.55 | 4.50 |
| II | 20110314-WZX-FJAT-275 | 2.57 | 3.27 | 2.44 | 2.70 | 2.55 | 7.43 |
| II | 20110504-24h-FJAT-8758 | 3.49 | 1.85 | 1.34 | 2.21 | 1.00 | 5.37 |
| II | 20110505-18h-FJAT-8758 | 2.68 | 2.92 | 1.47 | 3.41 | 1.34 | 2.91 |
| II | 20110505-18h-FJAT-8764 | 2.71 | 2.91 | 1.44 | 3.41 | 1.32 | 4.86 |
| II | 20110505-WZX18h-FJAT-8764 | 3.03 | 1.64 | 1.25 | 2.23 | 1.00 | 8.52 |
| II | 20110505-WZX36h-FJAT-8758 | 3.08 | 1.59 | 1.27 | 2.15 | 1.00 | 7.16 |
| II | 20110508-WZX48h-FJAT-8758 | 2.93 | 1.39 | 1.25 | 1.89 | 1.00 | 7.54 |
| II | 20110508-WZX48h-FJAT-8764 | 2.83 | 1.00 | 1.00 | 2.19 | 1.00 | 8.37 |
| II | 20110510-WZX28D-FJAT-8758 | 2.66 | 1.86 | 1.35 | 2.35 | 1.00 | 8.39 |
| II | 20110510-wzxjl60-FJAT-8758e | 3.22 | 1.00 | 1.00 | 1.00 | 1.00 | 7.49 |
| II | 20110511-wzxjl30-FJAT-8758b | 2.73 | 1.00 | 1.00 | 1.00 | 1.00 | 3.59 |
| II | 20110511-wzxjl40-FJAT-8758c | 2.45 | 1.98 | 1.29 | 2.51 | 1.00 | 4.85 |
| II | 20110511-wzxjl50-FJAT-8758d | 2.54 | 1.99 | 1.36 | 2.41 | 1.00 | 8.30 |
| II | 20110518-wzxjl20-FJAT-4754a | 3.41 | 1.00 | 1.00 | 1.00 | 1.00 | 5.97 |
| II | 20110524-WZX28D-FJAT-8764 | 3.01 | 1.53 | 1.33 | 1.74 | 1.00 | 2.06 |
| II | 20110524-WZX37D-FJAT-8764 | 3.36 | 1.00 | 1.32 | 1.67 | 1.00 | 5.60 |
| II | 20110614-WZX37D-FJAT-8785 | 2.77 | 1.00 | 1.37 | 1.55 | 1.24 | 4.31 |
| II | 20110622-LGH-FJAT-13424 | 2.71 | 1.71 | 1.25 | 3.26 | 1.25 | 3.93 |
| II | 20110622-LGH-FJAT-13430 | 2.27 | 1.25 | 1.64 | 1.37 | 1.76 | 6.22 |
| II | 20110705-LGH-FJAT-13515 | 2.70 | 1.19 | 1.54 | 1.10 | 1.42 | 4.67 |
| II | 20110705-WZX-FJAT-13362 | 2.14 | 2.06 | 1.57 | 3.64 | 1.00 | 8.48 |
| II | 20110713-WZX-FJAT-72h-8758 | 2.34 | 1.42 | 1.18 | 2.38 | 1.00 | 2.99 |
| II | 20110713-WZX-FJAT-72h-8764 | 2.29 | 1.34 | 1.16 | 2.09 | 1.00 | 5.37 |
| II | 20110907-YQ-FJAT-345 | 2.82 | 1.86 | 1.64 | 2.03 | 1.85 | 7.36 |
| II | 20111108-LGH-FJAT-14687-2 | 2.73 | 1.62 | 1.29 | 2.24 | 1.14 | 2.44 |
| II | 20120327-LGH-FJAT-14249-2 | 2.33 | 1.85 | 1.35 | 2.03 | 1.29 | 4.28 |
| II | 20120327-LGH-FJAT-525 | 2.55 | 1.62 | 1.31 | 2.06 | 1.93 | 5.76 |
| II | 20120507-LGH-FJAT-8788-37 | 2.77 | 1.24 | 2.19 | 1.24 | 1.70 | 6.90 |
| II | 20121102-FJAT-17450-ZR | 2.69 | 1.30 | 1.85 | 1.30 | 1.35 | 3.97 |
| II | 20130111-CYP-FJAT-17111 | 2.31 | 2.06 | 1.43 | 2.55 | 1.84 | 8.31 |
| II | 20130111-CYP-FJAT-17111 | 2.36 | 2.08 | 1.45 | 2.58 | 1.65 | 7.10 |
| II | CAAS-D20 | 2.29 | 1.86 | 1.28 | 1.00 | 1.13 | 4.41 |
| II | CAAS-D37 | 2.20 | 2.00 | 1.34 | 1.00 | 1.19 | 1.76 |
| II | CAAS-D40 | 2.19 | 2.13 | 1.42 | 1.00 | 1.27 | 2.67 |
| II | CAAS-D51 | 2.22 | 2.03 | 1.35 | 1.00 | 1.19 | 2.68 |
| II | CAAS-D54 | 2.14 | 1.94 | 1.35 | 1.00 | 1.22 | 1.86 |

续表

| 型 | 菌株名称 | 14:0 iso | 16:1ω11c | c14:0 | 17:1 iso ω10c | c18:0 | 到中心的卡方距离 |
|---|---|---|---|---|---|---|---|
| II | CAAS-D58 | 2.23 | 1.94 | 1.37 | 1.00 | 1.24 | 4.53 |
| II | CAAS-D9 | 2.22 | 2.02 | 1.26 | 1.00 | 1.12 | 7.92 |
| II | CAAS-G-15 | 2.26 | 2.02 | 1.36 | 1.00 | 1.37 | 3.20 |
| II | CAAS-G-21 | 2.09 | 2.07 | 1.00 | 1.00 | 1.00 | 3.09 |
| II | CAAS-K30 | 2.31 | 1.90 | 1.37 | 1.00 | 1.18 | 2.89 |
| II | CAAS-K7 | 2.00 | 1.78 | 1.25 | 1.00 | 1.15 | 4.89 |
| II | CAAS-MIX Q108 | 3.75 | 2.44 | 1.65 | 1.00 | 1.43 | 4.76 |
| II | CAAS-Q100 | 2.11 | 1.90 | 1.31 | 1.00 | 1.19 | 3.24 |
| II | CAAS-Q14 | 2.29 | 2.97 | 1.00 | 1.00 | 2.47 | 3.82 |
| II | CAAS-Q16 | 2.21 | 2.61 | 1.44 | 1.00 | 1.62 | 3.32 |
| II | CAAS-Q17 | 2.31 | 2.34 | 1.43 | 1.00 | 1.36 | 3.32 |
| II | CAAS-Q18 | 2.40 | 2.80 | 1.40 | 1.00 | 1.32 | 2.59 |
| II | CAAS-Q-51 | 2.06 | 1.72 | 1.27 | 1.00 | 1.19 | 3.83 |
| II | CAAS-Q93 | 2.10 | 1.80 | 1.00 | 1.00 | 1.00 | 4.34 |
| II | CL YCK-6-3-1 | 3.20 | 1.00 | 1.00 | 1.00 | 1.00 | 4.45 |
| II | FJAT-239802 | 1.91 | 2.11 | 1.28 | 4.12 | 1.00 | 4.59 |
| II | LGF-20100824-FJAT-8764 | 2.85 | 1.52 | 1.42 | 1.86 | 1.13 | 2.16 |
| II | LGH-FJAT-4492 | 3.35 | 1.82 | 1.00 | 1.00 | 1.00 | 8.32 |
| II | LGH-FJAT-4581 | 2.50 | 2.20 | 1.00 | 1.00 | 1.00 | 5.57 |
| II | LGH-FJAT-4604 | 2.87 | 1.00 | 1.00 | 1.00 | 1.00 | 3.46 |
| II | shida-14-3 | 2.32 | 1.61 | 1.36 | 1.00 | 1.71 | 5.55 |
| II | shida-32-6 | 2.54 | 2.20 | 1.36 | 1.00 | 1.27 | 6.32 |
| II | shida-32-Q | 2.74 | 2.21 | 1.34 | 1.00 | 1.20 | 7.84 |
| II | WQH-T3-1 3 | 3.30 | 1.48 | 1.87 | 1.00 | 1.87 | 5.45 |
| II | WQH-T7-1 1 | 2.86 | 1.96 | 2.36 | 1.00 | 2.56 | 8.58 |
| II | WQH-T7-1 3 | 3.07 | 2.23 | 1.68 | 1.00 | 1.88 | 7.98 |
| II | ysj-4c-5 | 2.81 | 1.54 | 1.36 | 1.00 | 1.00 | 8.53 |
| II | ysj-5a-16 | 2.53 | 1.74 | 1.33 | 1.00 | 1.00 | 2.98 |
| II | YSJ-5B-17 | 2.49 | 1.68 | 1.30 | 1.00 | 1.00 | 4.73 |
| II | ysj-5b-4 | 2.60 | 1.81 | 1.65 | 1.00 | 1.43 | 1.93 |
| II | ysj-5c-22 | 2.54 | 2.16 | 1.41 | 1.00 | 1.61 | 2.75 |
| II | ysj-6a11 | 2.37 | 1.87 | 1.44 | 1.00 | 1.42 | 5.58 |
| II | ysj-6b6 | 2.44 | 1.91 | 1.34 | 1.00 | 1.36 | 3.71 |
| II | YSJ-7A-11 | 2.35 | 1.66 | 1.32 | 1.00 | 1.00 | 5.59 |
| II | YSJ-7A-12 | 2.31 | 1.61 | 1.34 | 1.00 | 1.25 | 5.14 |
| II | YSJ-7A-13 | 2.48 | 1.68 | 1.34 | 1.00 | 1.00 | 5.60 |
| II | YSJ-7A-15 | 2.81 | 2.01 | 1.35 | 1.00 | 1.41 | 8.07 |
| II | YSJ-7A-16 | 2.32 | 1.95 | 1.35 | 1.00 | 1.29 | 4.00 |
| II | ysj-7B-12 | 2.53 | 1.71 | 1.36 | 1.00 | 1.00 | 3.30 |
| II | YSJ-7B-9 | 2.42 | 2.36 | 1.36 | 1.00 | 1.00 | 2.01 |

续表

| 型 | 菌株名称 | 14:0 iso | 16:1ω11c | c14:0 | 17:1 iso ω10c | c18:0 | 到中心的卡方距离 |
|---|---|---|---|---|---|---|---|
| II | ZXF P-Y-23 | 3.45 | 1.00 | 1.00 | 1.00 | 1.00 | 6.75 |
| 脂肪酸 II 型 84 个菌株平均值 | | 2.63 | 1.75 | 1.35 | 1.50 | 1.29 | RMSTD=2.7397 |
| III | 20110314-WZX-FJAT-8784 | 2.67 | 4.87 | 2.24 | 2.82 | 2.62 | 5.83 |
| III | 20110530-WZX24h-FJAT-8784 | 1.88 | 1.77 | 1.69 | 1.89 | 3.88 | 20.85 |
| III | 20110615-WZX-FJAT-8784e | 1.75 | 1.00 | 1.91 | 1.00 | 4.14 | 30.20 |
| III | 20110705-LGH-FJAT-5 | 1.83 | 2.45 | 1.76 | 3.21 | 2.39 | 7.70 |
| III | 20130116-LGH-FJAT-8784 | 3.12 | 2.95 | 1.65 | 2.95 | 1.98 | 4.57 |
| III | 20130116-LGH-FJAT-8784-91 | 3.24 | 2.80 | 1.57 | 1.90 | 2.34 | 8.24 |
| III | 20130116-LGH-FJAT-8784nacl | 3.05 | 2.87 | 1.32 | 2.60 | 1.67 | 5.67 |
| III | FJAT-25298 | 2.42 | 1.56 | 1.54 | 2.05 | 2.75 | 5.90 |
| III | FJAT-14251GLU | 6.62 | 1.71 | 1.38 | 1.91 | 1.89 | 9.80 |
| III | FJAT-14251LB | 4.29 | 1.27 | 1.29 | 1.57 | 1.42 | 9.36 |
| III | FJAT-14251NA | 5.97 | 1.40 | 1.29 | 1.63 | 1.39 | 8.46 |
| III | FJAT-14251NACL | 5.55 | 1.41 | 1.34 | 1.75 | 1.46 | 7.33 |
| III | FJAT-14251NACL | 5.61 | 1.40 | 1.34 | 1.73 | 1.49 | 7.66 |
| III | 20120507-LGH-FJAT-14250-20 | 1.83 | 2.35 | 1.18 | 2.72 | 1.35 | 11.18 |
| III | FJAT-14250GLU | 3.80 | 1.66 | 1.49 | 2.12 | 3.36 | 8.31 |
| III | 20120507-LGH-FJAT-14254-20 | 1.78 | 2.51 | 1.37 | 2.66 | 2.21 | 6.78 |
| III | FJAT-14254GLU | 4.64 | 1.99 | 1.36 | 1.59 | 1.37 | 9.44 |
| III | FJAT-14254NA | 3.91 | 1.87 | 1.32 | 2.28 | 1.55 | 6.32 |
| III | FJAT-14254NACL | 3.57 | 1.66 | 1.35 | 2.11 | 1.82 | 5.56 |
| 脂肪酸 III 型 19 个菌株平均值 | | 3.55 | 2.08 | 1.49 | 2.13 | 2.16 | RMSTD=5.7289 |
| IV | CAAS-D1 | 2.02 | 2.00 | 1.27 | 1.00 | 1.22 | 2.16 |
| IV | CAAS-D11 | 2.06 | 2.13 | 1.23 | 1.00 | 1.21 | 1.03 |
| IV | CAAS-D12 | 2.03 | 1.98 | 1.26 | 1.00 | 1.39 | 1.81 |
| IV | CAAS-D13 | 1.97 | 2.20 | 1.28 | 1.00 | 1.18 | 1.35 |
| IV | CAAS-D14 | 2.03 | 2.13 | 1.24 | 1.00 | 1.23 | 1.12 |
| IV | CAAS-D16 | 1.98 | 1.95 | 1.22 | 1.00 | 1.19 | 0.90 |
| IV | CAAS-D17 | 2.09 | 2.07 | 1.25 | 1.00 | 1.25 | 0.80 |
| IV | CAAS-D18 | 1.96 | 2.28 | 1.32 | 1.00 | 1.39 | 2.72 |
| IV | CAAS-D19 | 2.11 | 2.02 | 1.30 | 1.00 | 1.29 | 2.78 |
| IV | CAAS-D2 | 1.99 | 2.20 | 1.29 | 1.00 | 1.29 | 2.88 |
| IV | CAAS-D21 | 2.03 | 2.08 | 1.21 | 1.00 | 1.25 | 2.57 |
| IV | CAAS-D22 | 1.96 | 2.17 | 1.25 | 1.00 | 1.28 | 1.61 |
| IV | CAAS-D23 | 2.10 | 1.93 | 1.32 | 1.00 | 1.44 | 2.63 |
| IV | CAAS-D24 | 2.17 | 2.04 | 1.25 | 1.00 | 1.22 | 0.98 |
| IV | CAAS-D25 | 2.00 | 2.14 | 1.24 | 1.00 | 1.23 | 2.21 |
| IV | CAAS-D26 | 2.03 | 2.13 | 1.28 | 1.00 | 1.43 | 3.37 |
| IV | CAAS-D27 | 2.15 | 2.06 | 1.29 | 1.00 | 1.20 | 1.48 |
| IV | CAAS-D28 | 2.05 | 2.04 | 1.48 | 1.00 | 1.58 | 1.46 |

续表

| 型 | 菌株名称 | 14:0 iso | 16:1ω11c | c14:0 | 17:1 iso ω10c | c18:0 | 到中心的卡方距离 |
|---|---|---|---|---|---|---|---|
| IV | CAAS-D29 | 2.13 | 2.05 | 1.29 | 1.00 | 1.58 | 2.93 |
| IV | CAAS-D3 | 2.20 | 1.95 | 1.26 | 1.00 | 1.19 | 1.21 |
| IV | CAAS-D30 | 2.13 | 1.99 | 1.31 | 1.00 | 1.25 | 2.31 |
| IV | CAAS-D31 | 2.27 | 2.08 | 1.21 | 1.00 | 1.26 | 1.99 |
| IV | CAAS-D32 | 2.09 | 1.74 | 1.27 | 1.00 | 1.43 | 2.11 |
| IV | CAAS-D34 | 2.00 | 2.00 | 1.35 | 1.00 | 1.80 | 4.35 |
| IV | CAAS-D36 | 2.20 | 2.05 | 1.27 | 1.00 | 1.23 | 1.34 |
| IV | CAAS-D38 | 2.03 | 1.77 | 1.34 | 1.00 | 1.52 | 3.49 |
| IV | CAAS-D39 | 1.93 | 1.75 | 1.35 | 1.00 | 1.83 | 1.93 |
| IV | CAAS-D4 | 2.02 | 2.08 | 1.26 | 1.00 | 1.25 | 1.05 |
| IV | CAAS-D41 | 2.06 | 1.72 | 1.33 | 1.00 | 1.45 | 1.89 |
| IV | CAAS-D43 | 2.17 | 1.69 | 1.38 | 1.00 | 1.73 | 2.62 |
| IV | CAAS-D44 | 2.07 | 1.69 | 1.30 | 1.00 | 1.23 | 3.28 |
| IV | CAAS-D46 | 2.05 | 1.69 | 1.33 | 1.00 | 1.40 | 3.04 |
| IV | CAAS-D47 | 1.84 | 1.94 | 1.33 | 1.00 | 1.56 | 4.79 |
| IV | CAAS-D52 | 2.01 | 2.05 | 1.34 | 1.00 | 1.35 | 1.60 |
| IV | CAAS-D52 | 2.05 | 1.92 | 1.38 | 1.00 | 1.34 | 1.25 |
| IV | CAAS-D53 | 2.09 | 1.82 | 1.63 | 1.00 | 1.29 | 1.49 |
| IV | CAAS-D57 | 2.05 | 1.75 | 1.29 | 1.00 | 1.22 | 2.13 |
| IV | CAAS-D6 | 2.05 | 2.10 | 1.00 | 1.00 | 1.00 | 2.60 |
| IV | CAAS-D7 | 2.17 | 1.84 | 1.24 | 1.00 | 1.18 | 0.85 |
| IV | CAAS-D8 | 2.17 | 1.98 | 1.26 | 1.00 | 1.13 | 5.26 |
| IV | CAAS-G-12 | 2.12 | 2.23 | 1.38 | 1.00 | 1.29 | 2.59 |
| IV | CAAS-G-16 | 2.12 | 1.95 | 1.20 | 1.00 | 1.41 | 3.32 |
| IV | CAAS-G-17 | 2.19 | 2.08 | 1.40 | 1.00 | 1.29 | 1.63 |
| IV | CAAS-G-2 | 2.01 | 2.08 | 1.30 | 1.00 | 1.24 | 3.27 |
| IV | CAAS-G-23 | 2.20 | 2.43 | 1.75 | 1.00 | 1.76 | 3.67 |
| IV | CAAS-G-25 | 2.03 | 1.90 | 1.36 | 1.00 | 1.86 | 2.39 |
| IV | CAAS-G-26 | 2.04 | 1.85 | 1.24 | 1.00 | 1.62 | 5.08 |
| IV | CAAS-G-3 | 2.05 | 2.30 | 1.31 | 1.00 | 1.23 | 1.96 |
| IV | CAAS-G-4 | 2.03 | 2.13 | 1.31 | 1.00 | 1.00 | 2.65 |
| IV | CAAS-G-7 | 2.20 | 1.99 | 1.40 | 1.00 | 1.60 | 1.18 |
| IV | CAAS-G-8 | 2.33 | 2.09 | 1.37 | 1.00 | 1.76 | 1.09 |
| IV | CAAS-K10 | 2.18 | 2.03 | 1.00 | 1.00 | 1.00 | 1.61 |
| IV | CAAS-K11 | 1.96 | 1.66 | 1.31 | 1.00 | 1.31 | 1.82 |
| IV | CAAS-K12 | 2.01 | 1.78 | 1.23 | 1.00 | 1.00 | 2.23 |
| IV | CAAS-K13 | 1.94 | 1.99 | 1.27 | 1.00 | 1.30 | 2.72 |
| IV | CAAS-K14 | 2.11 | 1.90 | 1.28 | 1.00 | 1.17 | 2.19 |
| IV | CAAS-K15 | 1.95 | 1.63 | 1.34 | 1.00 | 1.59 | 1.47 |
| IV | CAAS-K16 | 2.02 | 1.66 | 1.21 | 1.00 | 1.32 | 4.71 |

续表

| 型 | 菌株名称 | 14:0 iso | 16:1ω11c | c14:0 | 17:1 iso ω10c | c18:0 | 到中心的卡方距离 |
|---|---|---|---|---|---|---|---|
| IV | CAAS-K17 | 1.89 | 1.96 | 1.25 | 1.00 | 1.44 | 2.16 |
| IV | CAAS-K18 | 1.89 | 1.70 | 1.24 | 1.00 | 1.27 | 1.23 |
| IV | CAAS-K22 | 2.13 | 1.72 | 1.36 | 1.00 | 1.42 | 1.78 |
| IV | CAAS-K24 | 2.20 | 1.99 | 1.35 | 1.00 | 1.39 | 3.76 |
| IV | CAAS-K25 | 2.15 | 1.91 | 1.43 | 1.00 | 1.62 | 3.67 |
| IV | CAAS-K26 | 2.14 | 1.58 | 1.24 | 1.00 | 1.40 | 1.71 |
| IV | CAAS-K27 | 2.19 | 2.26 | 1.42 | 1.00 | 1.44 | 4.33 |
| IV | CAAS-K28 | 2.22 | 1.64 | 1.28 | 1.00 | 1.16 | 3.45 |
| IV | CAAS-K31 | 1.98 | 2.05 | 1.33 | 1.00 | 1.90 | 2.91 |
| IV | CAAS-K32 | 2.05 | 1.91 | 1.29 | 1.00 | 1.66 | 1.44 |
| IV | CAAS-K33 | 2.15 | 2.04 | 1.32 | 1.00 | 1.37 | 5.64 |
| IV | CAAS-K34 | 2.01 | 2.02 | 1.26 | 1.00 | 1.30 | 2.55 |
| IV | CAAS-K35 | 2.05 | 2.02 | 1.27 | 1.00 | 1.28 | 2.94 |
| IV | CAAS-K36 | 2.01 | 2.05 | 1.30 | 1.00 | 1.54 | 1.01 |
| IV | CAAS-K37 | 2.18 | 2.01 | 1.29 | 1.00 | 1.34 | 2.79 |
| IV | CAAS-K39 | 2.00 | 1.96 | 1.24 | 1.00 | 1.27 | 0.99 |
| IV | CAAS-K4 | 1.89 | 1.69 | 1.26 | 1.00 | 1.40 | 2.01 |
| IV | CAAS-K40 | 2.16 | 1.96 | 1.29 | 1.00 | 1.48 | 1.30 |
| IV | CAAS-K41 | 2.03 | 2.00 | 1.34 | 1.00 | 1.53 | 1.15 |
| IV | CAAS-K42 | 2.01 | 2.00 | 1.25 | 1.00 | 1.32 | 1.68 |
| IV | CAAS-K43 | 1.98 | 1.95 | 1.30 | 1.00 | 1.69 | 1.50 |
| IV | CAAS-K44 | 2.07 | 1.98 | 1.28 | 1.00 | 1.43 | 1.77 |
| IV | CAAS-K45 | 2.04 | 1.97 | 1.30 | 1.00 | 1.46 | 1.81 |
| IV | CAAS-K46 | 2.07 | 2.02 | 1.27 | 1.00 | 1.48 | 1.74 |
| IV | CAAS-K47 | 2.05 | 2.02 | 1.29 | 1.00 | 1.39 | 3.67 |
| IV | CAAS-K48 | 2.11 | 2.04 | 1.26 | 1.00 | 1.31 | 2.15 |
| IV | CAAS-K49 | 2.08 | 2.04 | 1.25 | 1.00 | 1.14 | 3.34 |
| IV | CAAS-K5 | 2.14 | 1.76 | 1.29 | 1.00 | 1.00 | 2.75 |
| IV | CAAS-K50 | 2.06 | 2.06 | 1.28 | 1.00 | 1.27 | 1.16 |
| IV | CAAS-K51 | 2.01 | 2.10 | 1.28 | 1.00 | 1.36 | 3.32 |
| IV | CAAS-K52 | 2.02 | 2.03 | 1.34 | 1.00 | 1.74 | 1.80 |
| IV | CAAS-K53 | 2.08 | 2.07 | 1.28 | 1.00 | 1.22 | 2.55 |
| IV | CAAS-K54 | 2.02 | 2.05 | 1.35 | 1.00 | 1.49 | 2.11 |
| IV | CAAS-K55 | 1.84 | 1.78 | 1.23 | 1.00 | 1.25 | 3.61 |
| IV | CAAS-K6 | 1.97 | 1.60 | 1.23 | 1.00 | 1.16 | 1.79 |
| IV | CAAS-K9 | 1.92 | 1.54 | 1.26 | 1.00 | 1.34 | 1.75 |
| IV | CAAS-MIX D1 | 2.03 | 1.98 | 1.29 | 1.00 | 1.30 | 2.17 |
| IV | CAAS-MIX D19 | 2.18 | 2.01 | 1.29 | 1.00 | 1.20 | 2.25 |
| IV | CAAS-MIX D2 | 2.04 | 2.05 | 1.30 | 1.00 | 1.38 | 2.05 |
| IV | CAAS-MIX D23 | 2.07 | 2.04 | 1.26 | 1.00 | 1.31 | 2.04 |

续表

| 型 | 菌株名称 | 14:0 iso | 16:1ω11c | c14:0 | 17:1 iso ω10c | c18:0 | 到中心的卡方距离 |
|---|---|---|---|---|---|---|---|
| IV | CAAS-MIX K21 | 1.91 | 1.89 | 1.32 | 1.00 | 1.65 | 4.74 |
| IV | CAAS-MIX K27 | 2.11 | 2.10 | 1.35 | 1.00 | 1.44 | 1.88 |
| IV | CAAS-MIX K51 | 2.06 | 1.99 | 1.34 | 1.00 | 1.42 | 2.74 |
| IV | CAAS-MIX Q10 | 2.05 | 2.22 | 1.41 | 1.00 | 1.79 | 2.26 |
| IV | CAAS-MIX Q100 | 2.15 | 1.64 | 1.35 | 1.00 | 1.77 | 3.07 |
| IV | CAAS-MIX Q15 | 2.36 | 2.57 | 1.42 | 1.00 | 1.60 | 2.93 |
| IV | CAAS-MIX Q90 | 2.01 | 1.70 | 1.19 | 1.00 | 1.29 | 3.44 |
| IV | CAAS-MIX2 | 2.09 | 2.09 | 1.26 | 1.00 | 1.30 | 1.40 |
| IV | CAAS-MIX3 | 2.06 | 2.12 | 1.31 | 1.00 | 1.42 | 3.51 |
| IV | CAAS-Q1 | 2.00 | 1.84 | 1.39 | 1.00 | 2.26 | 3.51 |
| IV | CAAS-Q10 | 2.06 | 1.92 | 1.42 | 1.00 | 2.17 | 3.10 |
| IV | CAAS-Q101 | 2.07 | 1.86 | 1.36 | 1.00 | 1.21 | 3.82 |
| IV | CAAS-Q102 | 1.98 | 1.71 | 1.27 | 1.00 | 1.25 | 1.85 |
| IV | CAAS-Q103 | 2.03 | 1.64 | 1.30 | 1.00 | 1.29 | 1.37 |
| IV | CAAS-Q104 | 1.93 | 1.54 | 1.27 | 1.00 | 1.45 | 5.96 |
| IV | CAAS-Q106 | 1.99 | 1.53 | 1.27 | 1.00 | 1.22 | 4.48 |
| IV | CAAS-Q108 | 2.01 | 1.57 | 1.26 | 1.00 | 1.34 | 4.75 |
| IV | CAAS-Q11 | 2.08 | 2.25 | 1.36 | 1.00 | 1.61 | 2.00 |
| IV | CAAS-Q-110 | 1.87 | 1.76 | 1.26 | 1.00 | 1.44 | 1.09 |
| IV | CAAS-Q111 | 1.96 | 1.73 | 1.24 | 1.00 | 1.28 | 1.22 |
| IV | CAAS-Q-111 | 1.97 | 1.74 | 1.25 | 1.00 | 1.26 | 1.38 |
| IV | CAAS-Q-113 | 2.06 | 2.07 | 1.30 | 1.00 | 1.32 | 3.51 |
| IV | CAAS-Q116 | 1.92 | 1.67 | 1.30 | 1.00 | 1.54 | 1.46 |
| IV | CAAS-Q117 | 1.99 | 1.71 | 1.27 | 1.00 | 1.23 | 2.25 |
| IV | CAAS-Q118 | 2.01 | 1.72 | 1.27 | 1.00 | 1.18 | 1.77 |
| IV | CAAS-Q19 | 2.27 | 2.17 | 1.37 | 1.00 | 1.29 | 3.34 |
| IV | CAAS-Q2 | 2.06 | 1.81 | 1.40 | 1.00 | 1.92 | 1.45 |
| IV | CAAS-Q26 | 2.26 | 1.88 | 1.46 | 1.00 | 2.53 | 4.33 |
| IV | CAAS-Q27 | 2.07 | 2.44 | 1.37 | 1.00 | 1.48 | 2.19 |
| IV | CAAS-Q-27 | 1.88 | 1.72 | 1.23 | 1.00 | 1.27 | 2.13 |
| IV | CAAS-Q29 | 2.22 | 2.26 | 1.40 | 1.00 | 1.45 | 2.94 |
| IV | CAAS-Q-32 | 2.03 | 1.73 | 1.33 | 1.00 | 1.67 | 2.16 |
| IV | CAAS-Q33 | 2.01 | 1.67 | 1.26 | 1.00 | 1.33 | 0.87 |
| IV | CAAS-Q36 | 2.00 | 1.77 | 1.28 | 1.00 | 1.25 | 1.49 |
| IV | CAAS-Q37 | 2.04 | 2.01 | 1.37 | 1.00 | 1.48 | 1.01 |
| IV | CAAS-Q38 | 2.05 | 2.01 | 1.26 | 1.00 | 1.18 | 2.88 |
| IV | CAAS-Q39 | 1.93 | 2.11 | 1.38 | 1.00 | 1.84 | 2.84 |
| IV | CAAS-Q40 | 2.02 | 2.06 | 1.24 | 1.00 | 1.40 | 2.45 |
| IV | CAAS-Q42 | 2.07 | 2.05 | 1.32 | 1.00 | 1.42 | 1.51 |
| IV | CAAS-Q43 | 2.04 | 2.09 | 1.22 | 1.00 | 1.16 | 2.41 |

续表

| 型 | 菌株名称 | 14:0 iso | 16:1ω11c | c14:0 | 17:1 iso ω10c | c18:0 | 到中心的卡方距离 |
|---|---|---|---|---|---|---|---|
| IV | CAAS-Q-43 | 1.90 | 1.46 | 1.21 | 1.00 | 1.41 | 2.68 |
| IV | CAAS-Q-44 | 1.83 | 1.51 | 1.26 | 1.00 | 1.96 | 2.95 |
| IV | CAAS-Q-45 | 1.81 | 1.47 | 1.25 | 1.00 | 1.39 | 2.43 |
| IV | CAAS-Q-46 | 1.85 | 1.60 | 1.18 | 1.00 | 1.25 | 2.09 |
| IV | CAAS-Q-47 | 1.81 | 1.48 | 1.18 | 1.00 | 1.28 | 2.15 |
| IV | CAAS-Q-48 | 1.78 | 1.53 | 1.20 | 1.00 | 1.33 | 2.52 |
| IV | CAAS-Q-49 | 2.02 | 1.71 | 1.30 | 1.00 | 1.44 | 3.09 |
| IV | CAAS-Q5 | 1.96 | 1.89 | 1.34 | 1.00 | 1.75 | 2.72 |
| IV | CAAS-Q-50 | 2.11 | 1.80 | 1.30 | 1.00 | 1.33 | 2.34 |
| IV | CAAS-Q53 | 1.98 | 1.68 | 1.29 | 1.00 | 1.53 | 1.18 |
| IV | CAAS-Q54 | 2.02 | 1.70 | 1.17 | 1.00 | 1.29 | 5.54 |
| IV | CAAS-Q57 | 1.92 | 1.62 | 1.13 | 1.00 | 1.26 | 3.65 |
| IV | CAAS-Q58 | 1.78 | 1.80 | 1.19 | 1.00 | 1.33 | 3.51 |
| IV | CAAS-Q59 | 1.78 | 1.75 | 1.23 | 1.00 | 1.53 | 2.37 |
| IV | CAAS-Q60 | 1.91 | 1.90 | 1.16 | 1.00 | 1.26 | 2.10 |
| IV | CAAS-Q-62 | 2.05 | 1.45 | 1.26 | 1.00 | 1.48 | 2.10 |
| IV | CAAS-Q-64 | 1.83 | 1.56 | 1.21 | 1.00 | 1.29 | 1.77 |
| IV | CAAS-Q-67 | 1.95 | 1.58 | 1.20 | 1.00 | 1.18 | 3.82 |
| IV | CAAS-Q7 | 1.93 | 1.76 | 1.34 | 1.00 | 1.71 | 1.97 |
| IV | CAAS-Q-73 | 1.91 | 1.49 | 1.23 | 1.00 | 1.00 | 3.66 |
| IV | CAAS-Q-74 | 1.94 | 1.61 | 1.00 | 1.00 | 1.37 | 1.92 |
| IV | CAAS-Q-75 | 1.78 | 1.52 | 1.22 | 1.00 | 1.43 | 2.71 |
| IV | CAAS-Q76 | 1.97 | 1.62 | 1.26 | 1.00 | 1.51 | 0.92 |
| IV | CAAS-Q-78 | 1.87 | 1.56 | 1.18 | 1.00 | 1.27 | 3.11 |
| IV | CAAS-Q-79 | 1.79 | 1.47 | 1.24 | 1.00 | 1.29 | 3.10 |
| IV | CAAS-Q8 | 2.07 | 1.84 | 1.36 | 1.00 | 1.84 | 1.84 |
| IV | CAAS-Q-81 | 1.75 | 1.49 | 1.72 | 1.00 | 1.35 | 4.70 |
| IV | CAAS-Q-82 | 1.81 | 1.50 | 1.20 | 1.00 | 1.26 | 2.35 |
| IV | CAAS-Q-83 | 1.93 | 1.51 | 1.20 | 1.00 | 1.34 | 1.62 |
| IV | CAAS-Q-84 | 1.85 | 1.52 | 1.21 | 1.00 | 1.41 | 3.08 |
| IV | CAAS-Q85 | 1.92 | 1.60 | 1.24 | 1.00 | 1.43 | 1.39 |
| IV | CAAS-Q86 | 2.00 | 1.95 | 1.37 | 1.00 | 1.70 | 2.44 |
| IV | CAAS-Q87 | 1.92 | 1.67 | 1.20 | 1.00 | 1.30 | 2.26 |
| IV | CAAS-Q88 | 1.97 | 1.59 | 1.23 | 1.00 | 1.28 | 1.32 |
| IV | CAAS-Q89 | 2.11 | 1.66 | 1.22 | 1.00 | 1.19 | 0.82 |
| IV | CAAS-Q90 | 2.03 | 1.69 | 1.15 | 1.00 | 1.29 | 4.67 |
| IV | CAAS-Q91 | 2.08 | 1.71 | 1.26 | 1.00 | 1.37 | 3.69 |
| IV | CAAS-Q92 | 2.00 | 1.59 | 1.24 | 1.00 | 1.37 | 2.21 |
| IV | CAAS-Q95 | 1.96 | 1.64 | 1.27 | 1.00 | 1.70 | 1.69 |
| IV | CAAS-Q96 | 1.91 | 1.57 | 1.25 | 1.00 | 1.34 | 1.33 |

续表

| 型 | 菌株名称 | 14:0 iso | 16:1ω11c | c14:0 | 17:1 iso ω10c | c18:0 | 到中心的卡方距离 |
|---|---|---|---|---|---|---|---|
| IV | CAAS-Q98 | 2.07 | 2.15 | 1.42 | 1.00 | 1.63 | 3.36 |
| IV | CAAS-Q99 | 2.07 | 1.87 | 1.38 | 1.00 | 1.57 | 1.87 |
| IV | ysj-5a-15 | 2.36 | 1.54 | 1.83 | 1.00 | 1.51 | 2.42 |
| IV | YSJ-5B-16 | 2.35 | 1.64 | 1.80 | 1.00 | 1.93 | 2.39 |
| IV | YSJ-5B-18 | 2.31 | 1.70 | 1.37 | 1.00 | 1.44 | 2.38 |
| IV | ysj-5b-9 | 2.43 | 1.78 | 1.85 | 1.00 | 1.98 | 2.69 |
| IV | ysj-5c-7 | 2.33 | 1.60 | 1.81 | 1.00 | 1.86 | 2.17 |
| IV | ysj-6a10 | 2.43 | 1.75 | 1.35 | 1.00 | 1.64 | 1.94 |
| IV | ysj-6b3 | 2.57 | 1.93 | 1.34 | 1.00 | 1.48 | 2.05 |
| IV | YSJ-6B-4 | 2.30 | 1.87 | 1.38 | 1.00 | 1.67 | 1.83 |
| IV | ysj-7a2 | 2.35 | 1.96 | 1.33 | 1.00 | 1.35 | 2.01 |
| IV | ysj-b15 | 2.25 | 1.56 | 1.36 | 1.00 | 1.22 | 3.34 |
| IV | ZXF P-B-6 | 2.46 | 1.00 | 1.00 | 1.00 | 1.00 | 7.10 |
| 脂肪酸 IV 型 191 个菌株平均值 | | 2.05 | 1.86 | 1.30 | 1.00 | 1.41 | RMSTD=1.3466 |

*脂肪酸含量单位为%

## 3. 枯草芽胞杆菌脂肪酸型判别模型建立

（1）分析原理。不同的枯草芽胞杆菌菌株具有不同的脂肪酸组构成，通过上述聚类分析，可将枯草芽胞杆菌菌株分为 4 类，利用逐步判别的方法（DPS 软件），建立枯草芽胞杆菌菌株脂肪酸型判别模型，在建立模型的过程中，可以了解各因子对类别划分的重要性。

（2）数据矩阵。以表 7-2-75 的枯草芽胞杆菌 520 个菌株的 12 个脂肪酸为矩阵，自变量 $x_{ij}$（$i$=1,…,520；$j$=1,…,12）由 520 个菌株的 12 个脂肪酸组成，因变量 $Y_i$（$i$=1,…,520）由 520 个菌株聚类类别组成脂肪酸型，采用贝叶斯逐步判别分析，建立枯草芽胞杆菌菌株脂肪酸型判别模型。枯草芽胞杆菌脂肪酸型判别模型入选因子见表 7-2-76，脂肪酸型类别间统计检验见表 7-2-77，模型计算后的分类验证和后验概率见表 7-2-78，脂肪酸型判别效果矩阵分析见表 7-2-79。建立的逐步判别分析因子筛选表明，以下 8 个因子入选，它们是 $x_{(1)}$=15:0 anteiso、$x_{(2)}$=15:0 iso、$x_{(3)}$=16:0 iso、$x_{(5)}$=17:0 anteiso、$x_{(6)}$=16:1ω7c alcohol、$x_{(7)}$=17:0 iso、$x_{(11)}$=17:1 iso ω10c、$x_{(12)}$=c18:0，表明这些因子对脂肪酸型的判别具有显著贡献。判别模型如下：

$$Y_1=-344.2310+7.5994x_{(1)}+9.0430x_{(2)}+6.7331x_{(3)}+8.6091x_{(5)}+49.2661x_{(6)}+8.2032x_{(7)}+5.3839x_{(11)}+39.535x_{(12)} \quad (7\text{-}2\text{-}41)$$

$$Y_2=-347.0015+7.4037x_{(1)}+9.9148x_{(2)}+6.0156x_{(3)}+8.3901x_{(5)}+50.4810x_{(6)}+8.1597x_{(7)}+3.0555x_{(11)}+37.3386x_{(12)} \quad (7\text{-}2\text{-}42)$$

$$Y_3=-297.0682+6.6437x_{(1)}+7.2632x_{(2)}+10.128x_{(3)}+7.3648x_{(5)}+52.4137x_{(6)}+6.3098x_{(7)}+4.5759x_{(11)}+38.7399x_{(12)} \quad (7\text{-}2\text{-}43)$$

$$Y_4=-347.7923+7.4573x_{(1)}+9.5956x_{(2)}+5.2937x_{(3)}+8.9754x_{(5)}+54.7132x_{(6)}+8.5135x_{(7)}+1.0524x_{(11)}+37.5171x_{(12)} \quad (7\text{-}2\text{-}44)$$

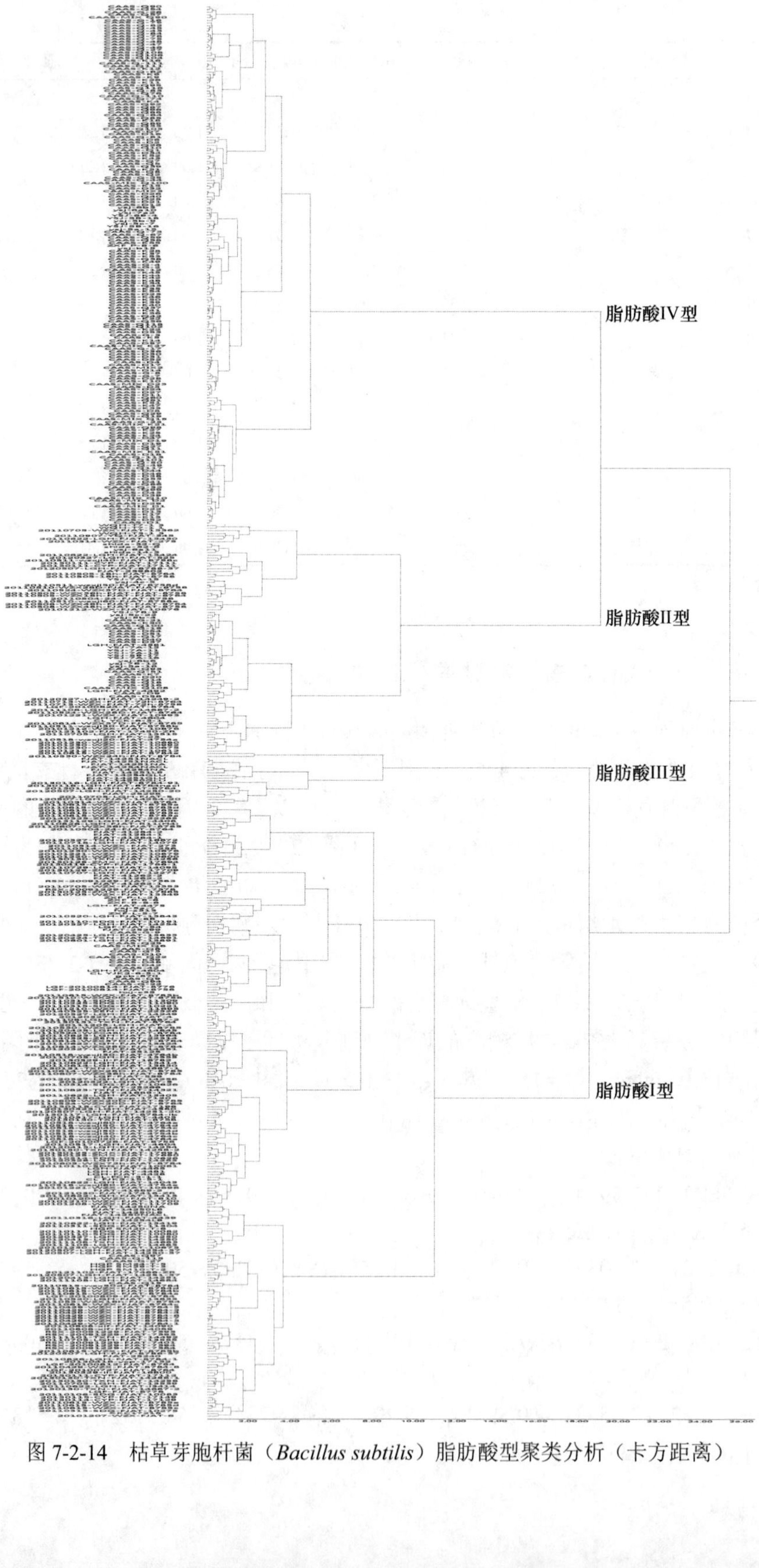


图 7-2-14　枯草芽胞杆菌（*Bacillus subtilis*）脂肪酸型聚类分析（卡方距离）

表 7-2-76　枯草芽胞杆菌（*Bacillus subtilis*）脂肪酸型判别模型入选因子

| 脂肪酸 | Wilks 统计量 | *F* 值 | df | *P* | 入选状态 |
|---|---|---|---|---|---|
| 15:0 anteiso | 0.9091 | 16.9634 | 3，509 | 0.0000 | （已入选） |
| 15:0 iso | 0.7233 | 64.9159 | 3，509 | 0.0000 | （已入选） |
| 16:0 iso | 0.7602 | 53.5192 | 3，509 | 0.0000 | （已入选） |
| c16:0 | 0.9668 | 5.8215 | 3，508 | 0.0006 | |
| 17:0 anteiso | 0.9298 | 12.8109 | 3，509 | 0.0000 | （已入选） |
| 16:1ω7c alcohol | 0.8865 | 21.7257 | 3，509 | 0.0000 | （已入选） |
| 17:0 iso | 0.8496 | 30.0439 | 3，509 | 0.0000 | （已入选） |
| 14:0 iso | 0.9794 | 3.5610 | 3，508 | 0.0142 | |
| 16:1ω11c | 0.9946 | 0.9189 | 3，508 | 0.4315 | |
| c14:0 | 0.9940 | 1.0250 | 3，508 | 0.3812 | |
| 17:1 iso ω10c | 0.6590 | 87.7945 | 3，509 | 0.0000 | （已入选） |
| c18:0 | 0.9216 | 14.4300 | 3，509 | 0.0000 | （已入选） |

表 7-2-77　枯草芽胞杆菌（*Bacillus subtilis*）脂肪酸型两两分类间统计检验

| 脂肪酸型 *i* | 脂肪酸型 *j* | 马氏距离 | *F* 值 | 自由度 $V_1$ | $V_2$ | *P* |
|---|---|---|---|---|---|---|
| I | II | 12.3904 | 93.5601 | 8 | 301 | $1\times10^{-7}$ |
| I | III | 35.9079 | 77.6004 | 8 | 236 | $1\times10^{-7}$ |
| II | III | 70.8681 | 135.4018 | 8 | 94 | $1\times10^{-7}$ |
| I | IV | 8.6556 | 110.4787 | 8 | 408 | $1\times10^{-7}$ |
| II | IV | 5.8429 | 42.0324 | 8 | 266 | $1\times10^{-7}$ |
| III | IV | 65.3672 | 139.2854 | 8 | 201 | $1\times10^{-7}$ |

表 7-2-78　枯草芽胞杆菌（*Bacillus subtilis*）模型计算后的分类验证和后验概率

| 型 | 原分类 | 计算分类 | 后验概率 | 型 | 原分类 | 计算分类 | 后验概率 | 型 | 原分类 | 计算分类 | 后验概率 |
|---|---|---|---|---|---|---|---|---|---|---|---|
| 1 | 1 | 1 | 0.99 | 17 | 1 | 1 | 0.99 | 33 | 1 | 1 | 1.00 |
| 2 | 1 | 1 | 1.00 | 18 | 1 | 1 | 0.99 | 34 | 1 | 1 | 1.00 |
| 3 | 1 | 1 | 0.98 | 19 | 1 | 1 | 1.00 | 35 | 1 | 2* | 0.57 |
| 4 | 1 | 1 | 0.91 | 20 | 1 | 1 | 0.97 | 36 | 1 | 1 | 0.98 |
| 5 | 1 | 1 | 0.90 | 21 | 1 | 1 | 0.87 | 37 | 1 | 1 | 1.00 |
| 6 | 1 | 2* | 0.83 | 22 | 1 | 1 | 0.61 | 38 | 1 | 1 | 0.91 |
| 7 | 1 | 1 | 0.94 | 23 | 1 | 1 | 0.89 | 39 | 1 | 1 | 1.00 |
| 8 | 1 | 4* | 0.58 | 24 | 1 | 1 | 0.89 | 40 | 1 | 1 | 0.99 |
| 9 | 1 | 1 | 0.99 | 25 | 1 | 1 | 1.00 | 41 | 1 | 1 | 1.00 |
| 10 | 1 | 4* | 0.77 | 26 | 1 | 1 | 1.00 | 42 | 1 | 1 | 0.93 |
| 11 | 1 | 1 | 1.00 | 27 | 1 | 1 | 1.00 | 43 | 1 | 1 | 1.00 |
| 12 | 1 | 1 | 1.00 | 28 | 1 | 1 | 1.00 | 44 | 1 | 1 | 1.00 |
| 13 | 1 | 1 | 1.00 | 29 | 1 | 1 | 1.00 | 45 | 1 | 1 | 0.99 |
| 14 | 1 | 1 | 1.00 | 30 | 1 | 1 | 1.00 | 46 | 1 | 1 | 0.97 |
| 15 | 1 | 1 | 0.95 | 31 | 1 | 1 | 1.00 | 47 | 1 | 1 | 1.00 |
| 16 | 1 | 1 | 0.88 | 32 | 1 | 1 | 1.00 | 48 | 1 | 1 | 0.99 |

续表

| 型 | 原分类 | 计算分类 | 后验概率 | 型 | 原分类 | 计算分类 | 后验概率 | 型 | 原分类 | 计算分类 | 后验概率 |
|---|---|---|---|---|---|---|---|---|---|---|---|
| 49 | 1 | 1 | 0.98 | 89 | 1 | 1 | 0.95 | 129 | 1 | 1 | 1.00 |
| 50 | 1 | 1 | 0.93 | 90 | 1 | 1 | 0.89 | 130 | 1 | 1 | 0.95 |
| 51 | 1 | 1 | 0.55 | 91 | 1 | 1 | 0.95 | 131 | 1 | 1 | 0.95 |
| 52 | 1 | 1 | 1.00 | 92 | 1 | 1 | 0.95 | 132 | 1 | 1 | 0.82 |
| 53 | 1 | 1 | 1.00 | 93 | 1 | 1 | 0.99 | 133 | 1 | 1 | 1.00 |
| 54 | 1 | 1 | 0.97 | 94 | 1 | 1 | 0.71 | 134 | 1 | 1 | 1.00 |
| 55 | 1 | 1 | 0.94 | 95 | 1 | 1 | 1.00 | 135 | 1 | 1 | 0.96 |
| 56 | 1 | 1 | 0.75 | 96 | 1 | 1 | 1.00 | 136 | 1 | 1 | 1.00 |
| 57 | 1 | 1 | 0.96 | 97 | 1 | 1 | 0.99 | 137 | 1 | 1 | 1.00 |
| 58 | 1 | 1 | 0.99 | 98 | 1 | 1 | 1.00 | 138 | 1 | 1 | 1.00 |
| 59 | 1 | 1 | 0.86 | 99 | 1 | 1 | 1.00 | 139 | 1 | 1 | 0.99 |
| 60 | 1 | 1 | 0.78 | 100 | 1 | 1 | 1.00 | 140 | 1 | 1 | 1.00 |
| 61 | 1 | 2* | 0.54 | 101 | 1 | 1 | 0.65 | 141 | 1 | 1 | 1.00 |
| 62 | 1 | 1 | 1.00 | 102 | 1 | 1 | 0.99 | 142 | 1 | 1 | 0.95 |
| 63 | 1 | 1 | 1.00 | 103 | 1 | 1 | 0.79 | 143 | 1 | 1 | 0.50 |
| 64 | 1 | 1 | 0.98 | 104 | 1 | 1 | 1.00 | 144 | 1 | 4* | 0.78 |
| 65 | 1 | 1 | 1.00 | 105 | 1 | 1 | 0.89 | 145 | 1 | 4* | 0.91 |
| 66 | 1 | 1 | 1.00 | 106 | 1 | 2* | 0.52 | 146 | 1 | 4* | 0.78 |
| 67 | 1 | 1 | 1.00 | 107 | 1 | 1 | 0.59 | 147 | 1 | 4* | 0.73 |
| 68 | 1 | 1 | 1.00 | 108 | 1 | 1 | 0.84 | 148 | 1 | 1 | 0.96 |
| 69 | 1 | 1 | 1.00 | 109 | 1 | 1 | 0.99 | 149 | 1 | 4* | 0.95 |
| 70 | 1 | 1 | 1.00 | 110 | 1 | 1 | 1.00 | 150 | 1 | 4* | 0.87 |
| 71 | 1 | 1 | 1.00 | 111 | 1 | 1 | 1.00 | 151 | 1 | 1 | 0.88 |
| 72 | 1 | 1 | 1.00 | 112 | 1 | 1 | 1.00 | 152 | 1 | 4* | 0.71 |
| 73 | 1 | 1 | 1.00 | 113 | 1 | 1 | 0.98 | 153 | 1 | 4* | 0.82 |
| 74 | 1 | 1 | 0.99 | 114 | 1 | 1 | 0.99 | 154 | 1 | 4* | 0.91 |
| 75 | 1 | 1 | 0.98 | 115 | 1 | 1 | 1.00 | 155 | 1 | 4* | 0.97 |
| 76 | 1 | 1 | 0.98 | 116 | 1 | 1 | 1.00 | 156 | 1 | 1 | 0.89 |
| 77 | 1 | 1 | 1.00 | 117 | 1 | 1 | 1.00 | 157 | 1 | 4* | 0.65 |
| 78 | 1 | 1 | 0.99 | 118 | 1 | 1 | 1.00 | 158 | 1 | 4* | 0.90 |
| 79 | 1 | 1 | 0.99 | 119 | 1 | 1 | 1.00 | 159 | 1 | 4* | 0.82 |
| 80 | 1 | 1 | 1.00 | 120 | 1 | 1 | 0.72 | 160 | 1 | 4* | 0.63 |
| 81 | 1 | 1 | 0.62 | 121 | 1 | 1 | 0.99 | 161 | 1 | 1 | 0.58 |
| 82 | 1 | 1 | 0.89 | 122 | 1 | 1 | 0.99 | 162 | 1 | 1 | 0.94 |
| 83 | 1 | 1 | 1.00 | 123 | 1 | 1 | 0.92 | 163 | 1 | 1 | 0.76 |
| 84 | 1 | 1 | 1.00 | 124 | 1 | 1 | 0.99 | 164 | 1 | 1 | 1.00 |
| 85 | 1 | 1 | 1.00 | 125 | 1 | 1 | 0.94 | 165 | 1 | 1 | 1.00 |
| 86 | 1 | 1 | 1.00 | 126 | 1 | 1 | 0.99 | 166 | 1 | 1 | 1.00 |
| 87 | 1 | 1 | 0.86 | 127 | 1 | 1 | 0.97 | 167 | 1 | 1 | 1.00 |
| 88 | 1 | 1 | 0.99 | 128 | 1 | 1 | 0.92 | 168 | 1 | 1 | 1.00 |

续表

| 型 | 原分类 | 计算分类 | 后验概率 | 型 | 原分类 | 计算分类 | 后验概率 | 型 | 原分类 | 计算分类 | 后验概率 |
|---|---|---|---|---|---|---|---|---|---|---|---|
| 169 | 1 | 1 | 0.99 | 209 | 1 | 1 | 0.76 | 249 | 2 | 2 | 1.00 |
| 170 | 1 | 1 | 0.97 | 210 | 1 | 4* | 0.89 | 250 | 2 | 2 | 0.68 |
| 171 | 1 | 1 | 1.00 | 211 | 1 | 1 | 1.00 | 251 | 2 | 2 | 0.94 |
| 172 | 1 | 2* | 0.66 | 212 | 1 | 1 | 0.90 | 252 | 2 | 2 | 0.99 |
| 173 | 1 | 1 | 0.99 | 213 | 1 | 1 | 0.99 | 253 | 2 | 2 | 0.99 |
| 174 | 1 | 1 | 0.90 | 214 | 1 | 1 | 1.00 | 254 | 2 | 2 | 1.00 |
| 175 | 1 | 1 | 1.00 | 215 | 1 | 1 | 1.00 | 255 | 2 | 2 | 0.88 |
| 176 | 1 | 1 | 1.00 | 216 | 1 | 1 | 0.99 | 256 | 2 | 2 | 0.56 |
| 177 | 1 | 1 | 0.48 | 217 | 1 | 1 | 0.99 | 257 | 2 | 2 | 1.00 |
| 178 | 1 | 1 | 0.83 | 218 | 1 | 1 | 0.99 | 258 | 2 | 2 | 0.93 |
| 179 | 1 | 1 | 0.99 | 219 | 1 | 1 | 1.00 | 259 | 2 | 2 | 0.78 |
| 180 | 1 | 1 | 0.72 | 220 | 1 | 1 | 1.00 | 260 | 2 | 2 | 0.92 |
| 181 | 1 | 1 | 0.70 | 221 | 1 | 1 | 1.00 | 261 | 2 | 2 | 0.96 |
| 182 | 1 | 1 | 0.89 | 222 | 1 | 1 | 0.93 | 262 | 2 | 2 | 0.98 |
| 183 | 1 | 4* | 0.98 | 223 | 1 | 1 | 0.99 | 263 | 2 | 2 | 0.59 |
| 184 | 1 | 1 | 0.99 | 224 | 1 | 1 | 0.94 | 264 | 2 | 2 | 0.77 |
| 185 | 1 | 1 | 1.00 | 225 | 1 | 1 | 0.73 | 265 | 2 | 4* | 0.78 |
| 186 | 1 | 1 | 1.00 | 226 | 1 | 1 | 1.00 | 266 | 2 | 2 | 0.61 |
| 187 | 1 | 1 | 1.00 | 227 | 2 | 2 | 0.52 | 267 | 2 | 4* | 0.61 |
| 188 | 1 | 1 | 1.00 | 228 | 2 | 2 | 0.98 | 268 | 2 | 4* | 0.64 |
| 189 | 1 | 1 | 0.98 | 229 | 2 | 2 | 1.00 | 269 | 2 | 4* | 0.51 |
| 190 | 1 | 1 | 1.00 | 230 | 2 | 2 | 0.98 | 270 | 2 | 2 | 0.61 |
| 191 | 1 | 1 | 0.90 | 231 | 2 | 1* | 0.74 | 271 | 2 | 4* | 0.89 |
| 192 | 1 | 1 | 1.00 | 232 | 2 | 2 | 0.84 | 272 | 2 | 4* | 0.75 |
| 193 | 1 | 4* | 0.61 | 233 | 2 | 2 | 0.56 | 273 | 2 | 2 | 0.58 |
| 194 | 1 | 4* | 0.99 | 234 | 2 | 2 | 0.90 | 274 | 2 | 4* | 0.63 |
| 195 | 1 | 4* | 0.68 | 235 | 2 | 2 | 1.00 | 275 | 2 | 4* | 0.85 |
| 196 | 1 | 4* | 0.87 | 236 | 2 | 2 | 0.92 | 276 | 2 | 4* | 0.90 |
| 197 | 1 | 2* | 0.39 | 237 | 2 | 2 | 0.99 | 277 | 2 | 4* | 0.69 |
| 198 | 1 | 1 | 0.92 | 238 | 2 | 2 | 1.00 | 278 | 2 | 2 | 0.64 |
| 199 | 1 | 1 | 0.94 | 239 | 2 | 2 | 1.00 | 279 | 2 | 4* | 0.66 |
| 200 | 1 | 1 | 0.99 | 240 | 2 | 2 | 1.00 | 280 | 2 | 4* | 0.75 |
| 201 | 1 | 1 | 1.00 | 241 | 2 | 2 | 1.00 | 281 | 2 | 4* | 0.61 |
| 202 | 1 | 1 | 1.00 | 242 | 2 | 2 | 1.00 | 282 | 2 | 4* | 0.80 |
| 203 | 1 | 1 | 0.98 | 243 | 2 | 2 | 0.99 | 283 | 2 | 4* | 0.54 |
| 204 | 1 | 1 | 1.00 | 244 | 2 | 2 | 0.93 | 284 | 2 | 2 | 0.80 |
| 205 | 1 | 1 | 0.52 | 245 | 2 | 2 | 0.98 | 285 | 2 | 2 | 0.56 |
| 206 | 1 | 1 | 0.99 | 246 | 2 | 2 | 1.00 | 286 | 2 | 2 | 0.98 |
| 207 | 1 | 4* | 0.94 | 247 | 2 | 2 | 0.64 | 287 | 2 | 4* | 0.70 |
| 208 | 1 | 1 | 0.91 | 248 | 2 | 2 | 0.90 | 288 | 2 | 4* | 0.95 |

续表

| 型 | 原分类 | 计算分类 | 后验概率 | 型 | 原分类 | 计算分类 | 后验概率 | 型 | 原分类 | 计算分类 | 后验概率 |
|---|---|---|---|---|---|---|---|---|---|---|---|
| 289 | 2 | 2 | 0.80 | 329 | 3 | 3 | 1.00 | 369 | 4 | 4 | 0.77 |
| 290 | 2 | 2 | 0.83 | 330 | 4 | 4 | 0.97 | 370 | 4 | 4 | 0.94 |
| 291 | 2 | 2 | 0.71 | 331 | 4 | 4 | 0.97 | 371 | 4 | 4 | 0.99 |
| 292 | 2 | 2 | 0.72 | 332 | 4 | 4 | 0.98 | 372 | 4 | 4 | 0.94 |
| 293 | 2 | 2 | 0.94 | 333 | 4 | 4 | 0.97 | 373 | 4 | 4 | 0.96 |
| 294 | 2 | 2 | 0.84 | 334 | 4 | 4 | 0.98 | 374 | 4 | 4 | 0.81 |
| 295 | 2 | 2 | 0.94 | 335 | 4 | 4 | 0.98 | 375 | 4 | 4 | 0.94 |
| 296 | 2 | 2 | 0.98 | 336 | 4 | 4 | 0.98 | 376 | 4 | 4 | 0.99 |
| 297 | 2 | 2 | 0.64 | 337 | 4 | 4 | 0.94 | 377 | 4 | 4 | 0.95 |
| 298 | 2 | 4* | 0.49 | 338 | 4 | 4 | 0.88 | 378 | 4 | 4 | 0.95 |
| 299 | 2 | 2 | 0.81 | 339 | 4 | 4 | 0.98 | 379 | 4 | 4 | 0.91 |
| 300 | 2 | 4* | 0.58 | 340 | 4 | 4 | 0.98 | 380 | 4 | 4 | 0.94 |
| 301 | 2 | 2 | 0.68 | 341 | 4 | 4 | 0.97 | 381 | 4 | 4 | 0.84 |
| 302 | 2 | 4* | 0.72 | 342 | 4 | 4 | 0.94 | 382 | 4 | 4 | 0.88 |
| 303 | 2 | 4* | 0.70 | 343 | 4 | 4 | 0.97 | 383 | 4 | 4 | 0.95 |
| 304 | 2 | 4* | 0.70 | 344 | 4 | 4 | 0.98 | 384 | 4 | 4 | 0.95 |
| 305 | 2 | 4* | 0.55 | 345 | 4 | 4 | 0.96 | 385 | 4 | 4 | 0.86 |
| 306 | 2 | 2 | 0.94 | 346 | 4 | 4 | 0.97 | 386 | 4 | 4 | 0.93 |
| 307 | 2 | 4* | 0.52 | 347 | 4 | 4 | 0.97 | 387 | 4 | 4 | 0.86 |
| 308 | 2 | 2 | 0.63 | 348 | 4 | 4 | 0.96 | 388 | 4 | 4 | 0.97 |
| 309 | 2 | 2 | 0.61 | 349 | 4 | 4 | 0.96 | 389 | 4 | 4 | 0.97 |
| 310 | 2 | 2 | 0.67 | 350 | 4 | 4 | 0.95 | 390 | 4 | 4 | 0.92 |
| 311 | 3 | 3 | 0.83 | 351 | 4 | 4 | 0.99 | 391 | 4 | 4 | 0.83 |
| 312 | 3 | 3 | 1.00 | 352 | 4 | 4 | 0.97 | 392 | 4 | 4 | 0.83 |
| 313 | 3 | 3 | 1.00 | 353 | 4 | 4 | 0.94 | 393 | 4 | 4 | 0.89 |
| 314 | 3 | 1* | 1.00 | 354 | 4 | 4 | 0.96 | 394 | 4 | 4 | 0.72 |
| 315 | 3 | 3 | 1.00 | 355 | 4 | 4 | 0.91 | 395 | 4 | 4 | 0.83 |
| 316 | 3 | 3 | 1.00 | 356 | 4 | 4 | 0.94 | 396 | 4 | 4 | 0.94 |
| 317 | 3 | 3 | 1.00 | 357 | 4 | 4 | 0.97 | 397 | 4 | 4 | 0.97 |
| 318 | 3 | 1* | 1.00 | 358 | 4 | 4 | 0.94 | 398 | 4 | 4 | 0.85 |
| 319 | 3 | 3 | 1.00 | 359 | 4 | 4 | 0.93 | 399 | 4 | 4 | 0.99 |
| 320 | 3 | 3 | 1.00 | 360 | 4 | 4 | 0.89 | 400 | 4 | 4 | 0.98 |
| 321 | 3 | 3 | 1.00 | 361 | 4 | 4 | 0.91 | 401 | 4 | 4 | 0.98 |
| 322 | 3 | 3 | 1.00 | 362 | 4 | 4 | 0.86 | 402 | 4 | 4 | 0.96 |
| 323 | 3 | 3 | 1.00 | 363 | 4 | 4 | 0.96 | 403 | 4 | 4 | 0.98 |
| 324 | 3 | 1* | 1.00 | 364 | 4 | 4 | 0.95 | 404 | 4 | 4 | 0.94 |
| 325 | 3 | 3 | 1.00 | 365 | 4 | 4 | 0.92 | 405 | 4 | 4 | 0.97 |
| 326 | 3 | 3 | 1.00 | 366 | 4 | 4 | 0.90 | 406 | 4 | 4 | 0.98 |
| 327 | 3 | 3 | 1.00 | 367 | 4 | 4 | 0.94 | 407 | 4 | 4 | 0.99 |
| 328 | 3 | 3 | 1.00 | 368 | 4 | 4 | 0.98 | 408 | 4 | 4 | 0.97 |

续表

| 型 | 原分类 | 计算分类 | 后验概率 | 型 | 原分类 | 计算分类 | 后验概率 | 型 | 原分类 | 计算分类 | 后验概率 |
|---|---|---|---|---|---|---|---|---|---|---|---|
| 409 | 4 | 4 | 0.98 | 447 | 4 | 4 | 0.97 | 485 | 4 | 4 | 0.94 |
| 410 | 4 | 4 | 0.98 | 448 | 4 | 4 | 0.97 | 486 | 4 | 4 | 0.95 |
| 411 | 4 | 4 | 0.97 | 449 | 4 | 4 | 0.86 | 487 | 4 | 4 | 0.95 |
| 412 | 4 | 4 | 0.96 | 450 | 4 | 4 | 0.97 | 488 | 4 | 4 | 0.95 |
| 413 | 4 | 4 | 0.98 | 451 | 4 | 4 | 0.92 | 489 | 4 | 4 | 0.98 |
| 414 | 4 | 4 | 0.97 | 452 | 4 | 4 | 0.92 | 490 | 4 | 4 | 0.96 |
| 415 | 4 | 4 | 0.83 | 453 | 4 | 4 | 0.80 | 491 | 4 | 4 | 0.98 |
| 416 | 4 | 4 | 0.99 | 454 | 4 | 4 | 0.90 | 492 | 4 | 4 | 0.97 |
| 417 | 4 | 4 | 0.98 | 455 | 4 | 4 | 0.63 | 493 | 4 | 4 | 0.89 |
| 418 | 4 | 4 | 0.95 | 456 | 4 | 4 | 0.92 | 494 | 4 | 4 | 0.95 |
| 419 | 4 | 4 | 0.98 | 457 | 4 | 4 | 0.98 | 495 | 4 | 4 | 0.98 |
| 420 | 4 | 4 | 0.98 | 458 | 4 | 4 | 0.85 | 496 | 4 | 4 | 0.97 |
| 421 | 4 | 4 | 0.98 | 459 | 4 | 4 | 0.91 | 497 | 4 | 4 | 0.97 |
| 422 | 4 | 4 | 0.89 | 460 | 4 | 4 | 0.95 | 498 | 4 | 4 | 0.97 |
| 423 | 4 | 4 | 0.90 | 461 | 4 | 4 | 0.95 | 499 | 4 | 4 | 0.93 |
| 424 | 4 | 4 | 0.95 | 462 | 4 | 4 | 0.98 | 500 | 4 | 4 | 0.98 |
| 425 | 4 | 4 | 0.90 | 463 | 4 | 4 | 0.98 | 501 | 4 | 4 | 0.97 |
| 426 | 4 | 4 | 0.95 | 464 | 4 | 4 | 0.97 | 502 | 4 | 4 | 0.96 |
| 427 | 4 | 4 | 0.96 | 465 | 4 | 4 | 0.98 | 503 | 4 | 4 | 0.99 |
| 428 | 4 | 4 | 0.86 | 466 | 4 | 4 | 0.97 | 504 | 4 | 4 | 0.89 |
| 429 | 4 | 4 | 0.94 | 467 | 4 | 4 | 0.98 | 505 | 4 | 4 | 0.95 |
| 430 | 4 | 4 | 0.93 | 468 | 4 | 4 | 0.97 | 506 | 4 | 4 | 0.96 |
| 431 | 4 | 4 | 0.96 | 469 | 4 | 4 | 0.92 | 507 | 4 | 4 | 0.97 |
| 432 | 4 | 4 | 0.87 | 470 | 4 | 4 | 0.98 | 508 | 4 | 4 | 0.84 |
| 433 | 4 | 4 | 0.87 | 471 | 4 | 4 | 0.99 | 509 | 4 | 4 | 0.93 |
| 434 | 4 | 4 | 0.99 | 472 | 4 | 4 | 0.98 | 510 | 4 | 4 | 0.63 |
| 435 | 4 | 4 | 0.99 | 473 | 4 | 4 | 0.98 | 511 | 4 | 4 | 0.66 |
| 436 | 4 | 4 | 0.96 | 474 | 4 | 4 | 0.88 | 512 | 4 | 4 | 0.64 |
| 437 | 4 | 4 | 0.79 | 475 | 4 | 4 | 0.93 | 513 | 4 | 4 | 0.47 |
| 438 | 4 | 4 | 0.85 | 476 | 4 | 4 | 0.89 | 514 | 4 | 4 | 0.47 |
| 439 | 4 | 4 | 0.79 | 477 | 4 | 4 | 0.95 | 515 | 4 | 4 | 0.80 |
| 440 | 4 | 4 | 0.93 | 478 | 4 | 4 | 0.99 | 516 | 4 | 4 | 0.81 |
| 441 | 4 | 4 | 0.95 | 479 | 4 | 4 | 0.99 | 517 | 4 | 4 | 0.83 |
| 442 | 4 | 4 | 0.88 | 480 | 4 | 4 | 0.99 | 518 | 4 | 4 | 0.90 |
| 443 | 4 | 4 | 0.92 | 481 | 4 | 4 | 0.99 | 519 | 4 | 4 | 0.85 |
| 444 | 4 | 4 | 0.88 | 482 | 4 | 4 | 0.99 | 520 | 4 | 1* | 0.68 |
| 445 | 4 | 4 | 0.92 | 483 | 4 | 4 | 0.92 | | | | |
| 446 | 4 | 4 | 0.98 | 484 | 4 | 4 | 0.97 | | | | |

*为判错

判别模型分类验证表明（表 7-2-78），对脂肪酸 I 型的判对概率为 0.8717；脂肪酸 II 型的判对概率为 0.7024；脂肪酸 III 型的判对概率为 0.8421；脂肪酸 IV 型的判对概率为 0.9948；整个方程的判对概率为 0.8884，能够精确地识别脂肪酸型（表 7-2-79）。在应用时，对被测芽胞杆菌测定脂肪酸组，将 $x_{(1)}$=15:0 anteiso、$x_{(2)}$=15:0 iso、$x_{(3)}$=16:0 iso、$x_{(5)}$=17:0 anteiso、$x_{(6)}$=16:1ω7c alcohol、$x_{(7)}$=17:0 iso、$x_{(11)}$=17:1 iso ω10c、$x_{(12)}$=c18:0 的脂肪酸百分比带入方程，计算 $Y$ 值，当 $Y_1<Y<Y_2$ 时，该芽胞杆菌为脂肪酸 I 型；当 $Y_2<Y<Y_3$ 时，属于脂肪酸 II 型；当 $Y_3<Y<Y_4$ 时，属于脂肪酸 III 型；当 $Y>Y_4$ 时，属于脂肪酸 IV 型。

**表 7-2-79　枯草芽胞杆菌（*Bacillus subtilis*）脂肪酸型判别效果矩阵分析**

| 来自 \ 判为 | 第 I 型 | 第 II 型 | 第 III 型 | 第 IV 型 | 小计 | 正确率 |
|---|---|---|---|---|---|---|
| 第 I 型 | 197 | 6 | 0 | 23 | 226 | 0.8717 |
| 第 II 型 | 1 | 59 | 0 | 24 | 84 | 0.7024 |
| 第 III 型 | 3 | 0 | 16 | 0 | 19 | 0.8421 |
| 第 IV 型 | 1 | 0 | 0 | 190 | 191 | 0.9948 |

注：判对的概率=0.8884

## 十五、苏云金芽胞杆菌脂肪酸型分析

### 1. 苏云金芽胞杆菌脂肪酸组测定

苏云金芽胞杆菌[*Bacillus thuringiensis* Berliner 1915（Approved Lists 1980），species.]于 1915 年由 Berliner 发表。作者采集分离了 27 个苏云金芽胞杆菌菌株，分析主要脂肪酸组，见表 7-2-80。主要脂肪酸组 12 个，占总脂肪酸含量的 67.2956%，包括 15:0 anteiso、15:0 iso、16:0 iso、c16:0、17:0 anteiso、16:1ω7c alcohol、17:0 iso、14:0 iso、16:1ω11c、c14:0、17:1 iso ω10c、c18:0，主要脂肪酸组平均值分别为 4.4959%、38.6407%、4.1926%、3.7967%、1.1156%、0.1907%、7.0900%、3.9219%、0.0419%、3.5344%、0.1437%、0.1315%。

**表 7-2-80　苏云金芽胞杆菌（*Bacillus thuringiensis*）菌株主要脂肪酸组统计**

| 脂肪酸 | 菌株数 | 含量均值/% | 方差 | 标准差 | 中位数/% | 最小值/% | 最大值/% | Wilks 系数 | $P$ |
|---|---|---|---|---|---|---|---|---|---|
| 15:0 anteiso | 27 | 4.4959 | 0.7194 | 0.8482 | 4.5900 | 2.6600 | 5.7700 | 0.9638 | 0.4502 |
| 15:0 iso | 27 | 38.6407 | 4.8462 | 2.2014 | 39.1300 | 32.1700 | 42.5600 | 0.9549 | 0.2814 |
| 16:0 iso | 27 | 4.1926 | 0.4344 | 0.6591 | 4.1200 | 3.0800 | 6.3100 | 0.9208 | 0.0413 |
| c16:0 | 27 | 3.7967 | 0.6238 | 0.7898 | 3.5700 | 2.8900 | 6.2700 | 0.8454 | 0.0009 |
| 17:0 anteiso | 27 | 1.1156 | 0.0888 | 0.2980 | 1.1600 | 0.0000 | 1.5900 | 0.8429 | 0.0008 |
| 16:1ω7c alcohol | 27 | 0.1907 | 0.0694 | 0.2634 | 0.0000 | 0.0000 | 0.7200 | 0.7058 | 0.0000 |
| 17:0 iso | 27 | 7.0900 | 0.4467 | 0.6684 | 7.0900 | 5.8700 | 8.1900 | 0.9601 | 0.3717 |
| 14:0 iso | 27 | 3.9219 | 0.6079 | 0.7797 | 3.9700 | 2.1300 | 6.6200 | 0.8777 | 0.0043 |
| 16:1ω11c | 27 | 0.0419 | 0.0154 | 0.1242 | 0.0000 | 0.0000 | 0.5000 | 0.3832 | 0.0000 |
| c14:0 | 27 | 3.5344 | 0.4281 | 0.6543 | 3.3800 | 2.8800 | 5.8900 | 0.8031 | 0.0002 |
| 17:1 iso ω10c | 27 | 0.1437 | 0.2986 | 0.5464 | 0.0000 | 0.0000 | 2.5700 | 0.2935 | 0.0000 |
| c18:0 | 27 | 0.1315 | 0.1030 | 0.3209 | 0.0000 | 0.0000 | 1.2800 | 0.4832 | 0.0000 |
| 总和 | | 67.2956 | | | | | | | |

## 2. 苏云金芽胞杆菌脂肪酸型聚类分析

以表 7-2-81 为矩阵，以菌株为样本，以脂肪酸为指标，以马氏距离为尺度，用可变类平均法进行系统聚类；聚类结果见图 7-2-15。分析结果可将 27 株苏云金芽胞杆菌分为 3 个脂肪酸型，即脂肪酸 I 型 6 个菌株，特征为到中心的马氏距离为 1.4594，15:0 anteiso 平均值为 3.79%，重要脂肪酸 15:0 anteiso、15:0 iso、17:0 anteiso、17:0 iso、16:0 iso、c16:0、16:1ω7c alcohol 等平均值分别为 3.79%、38.78%、1.04%、7.03%、3.72%、4.81%、0.31%。脂肪酸 II 型 13 个菌株，特征为到中心的马氏距离为 1.8538，15:0 anteiso 平均值为 4.40%；重要脂肪酸 15:0 anteiso、15:0 iso、17:0 anteiso、17:0 iso、16:0 iso、c16:0、16:1ω7c alcohol 等平均值分别为 4.40%、38.28%、1.19%、7.41%、4.22%、3.53%、0.22%。脂肪酸 III 型 8 个菌株，特征为到中心的马氏距离为 1.3481，15:0 anteiso 平均值为 5.18%；重要脂肪酸 15:0 anteiso、15:0 iso、17:0 anteiso、17:0 iso、16:0 iso、c16:0、16:1ω7c alcohol 等平均值分别为 5.18%、39.12%、1.05%、6.62%、4.50%、3.48%、0.05%。

**表 7-2-81　苏云金芽胞杆菌（*Bacillus thuringiensis*）菌株主要脂肪酸组**

| 型 | 菌株名称 | 15:0 anteiso | 15:0 iso | 17:0 anteiso | 17:0 iso | 16:0 iso | c16:0 | 16:1ω7c alcohol |
|---|---|---|---|---|---|---|---|---|
| I | 20110105-SDG-FJAT-10817 | 3.39* | 40.34 | 1.02 | 7.78 | 3.75 | 4.04 | 0.00 |
| I | bonn-3 | 3.40 | 38.45 | 0.74 | 7.10 | 3.75 | 3.95 | 0.72 |
| I | CAAS-Q105 | 3.82 | 39.60 | 0.89 | 5.87 | 3.92 | 6.27 | 0.49 |
| I | CAAS-Q-114 | 4.90 | 36.93 | 1.05 | 6.04 | 4.32 | 4.09 | 0.66 |
| I | TQR-36 | 2.66 | 39.39 | 1.18 | 7.96 | 3.22 | 5.33 | 0.00 |
| I | tqr-46 | 4.59 | 37.95 | 1.36 | 7.44 | 3.35 | 5.16 | 0.00 |
| 脂肪酸 I 型 6 个菌株平均值 | | 3.79 | 38.78 | 1.04 | 7.03 | 3.72 | 4.81 | 0.31 |
| II | tqr-53 | 5.15 | 41.85 | 1.15 | 6.87 | 3.54 | 3.27 | 0.00 |
| II | tqr-54 | 4.89 | 39.13 | 1.59 | 7.47 | 3.08 | 3.27 | 0.00 |
| II | tqr55 | 4.25 | 37.66 | 1.32 | 7.36 | 4.59 | 4.25 | 0.49 |
| II | tqr57 | 3.91 | 40.24 | 1.35 | 7.82 | 5.10 | 3.07 | 0.00 |
| II | tqr59 | 4.35 | 35.98 | 1.18 | 7.92 | 4.47 | 3.56 | 0.47 |
| II | tqr60 | 4.50 | 36.66 | 1.23 | 7.75 | 4.42 | 3.63 | 0.00 |
| II | YSJ-7B-6 | 2.93 | 37.87 | 0.84 | 7.98 | 3.86 | 3.65 | 0.65 |
| II | zhu-4 | 4.80 | 38.95 | 1.10 | 6.76 | 4.08 | 3.24 | 0.00 |
| II | zyj-11 | 3.57 | 35.95 | 0.87 | 6.88 | 3.84 | 2.98 | 0.00 |
| II | zyj-16 | 5.64 | 40.89 | 1.45 | 6.81 | 4.08 | 3.51 | 0.37 |
| II | zyj-19 | 5.20 | 42.56 | 1.22 | 7.09 | 4.30 | 3.46 | 0.00 |
| II | zyj-7 | 4.28 | 37.78 | 1.29 | 8.19 | 5.17 | 4.37 | 0.40 |
| II | 20101220-WZX-FJAT-10899 | 3.71 | 32.17 | 0.92 | 7.37 | 4.39 | 3.57 | 0.51 |
| 脂肪酸 II 型 13 个菌株平均值 | | 4.40 | 38.28 | 1.19 | 7.41 | 4.22 | 3.53 | 0.22 |
| III | zhu-1 | 5.65 | 40.55 | 1.16 | 6.15 | 4.12 | 3.17 | 0.00 |
| III | zhu-2 | 5.60 | 39.17 | 1.15 | 6.27 | 3.80 | 2.89 | 0.00 |
| III | zhu-3 | 5.37 | 39.50 | 1.11 | 6.47 | 3.84 | 3.16 | 0.00 |
| III | zyj-18 | 5.77 | 39.40 | 1.41 | 6.59 | 4.47 | 3.54 | 0.00 |

续表

| 型 | 菌株名称 | 15:0 anteiso | 15:0 iso | 17:0 anteiso | 17:0 iso | 16:0 iso | c16:0 | 16:1ω7c alcohol |
|---|---|---|---|---|---|---|---|---|
| III | zyj-20 | 4.83 | 40.43 | 1.08 | 6.21 | 4.34 | 3.20 | 0.00 |
| III | zyj-21 | 5.07 | 40.83 | 1.30 | 6.92 | 4.57 | 3.61 | 0.00 |
| III | zyj-5 | 4.64 | 36.72 | 1.16 | 6.72 | 4.52 | 3.65 | 0.39 |
| III | LGH-FJAT-B | 4.52 | 36.35 | 0.00 | 7.64 | 6.31 | 4.62 | 0.00 |
| 脂肪酸 III 型 8 个菌株平均值 | | 5.18 | 39.12 | 1.05 | 6.62 | 4.50 | 3.48 | 0.05 |

| 型 | 菌株名称 | 14:0 iso | 16:1ω11c | c14:0 | 17:1 iso ω10c | c18:0 | 到中心的马氏距离 |
|---|---|---|---|---|---|---|---|
| I | 20110105-SDG-FJAT-10817 | 3.50 | 0.00 | 4.04 | 1.31 | 0.00 | 2.32 |
| I | bonn-3 | 3.31 | 0.31 | 4.05 | 0.00 | 0.00 | 1.24 |
| I | CAAS-Q105 | 3.04 | 0.50 | 5.89 | 0.00 | 0.22 | 2.79 |
| I | CAAS-Q-114 | 3.99 | 0.32 | 4.43 | 0.00 | 0.12 | 2.75 |
| I | TQR-36 | 2.13 | 0.00 | 3.01 | 0.00 | 1.28 | 2.48 |
| I | tqr-46 | 3.08 | 0.00 | 3.00 | 0.00 | 1.01 | 1.87 |
| 脂肪酸 I 型 6 个菌株平均值 | | 3.18 | 0.19 | 4.07 | 0.22 | 0.44 | RMSTD=1.4594 |
| II | tqr-53 | 3.82 | 0.00 | 2.97 | 0.00 | 0.00 | 3.80 |
| II | tqr-54 | 3.22 | 0.00 | 4.56 | 0.00 | 0.00 | 2.16 |
| II | tqr55 | 4.36 | 0.00 | 3.11 | 0.00 | 0.45 | 1.23 |
| II | tqr57 | 3.97 | 0.00 | 3.92 | 0.00 | 0.00 | 2.37 |
| II | tqr59 | 4.38 | 0.00 | 2.98 | 0.00 | 0.00 | 2.45 |
| II | tqr60 | 4.32 | 0.00 | 3.00 | 0.00 | 0.00 | 1.77 |
| II | YSJ-7B-6 | 3.30 | 0.00 | 3.56 | 0.00 | 0.00 | 1.93 |
| II | zhu-4 | 4.14 | 0.00 | 3.20 | 0.00 | 0.00 | 1.13 |
| II | zyj-11 | 4.96 | 0.00 | 2.93 | 0.00 | 0.00 | 2.85 |
| II | zyj-16 | 3.63 | 0.00 | 3.58 | 0.00 | 0.00 | 3.01 |
| II | zyj-19 | 3.99 | 0.00 | 3.32 | 0.00 | 0.00 | 4.37 |
| II | zyj-7 | 4.12 | 0.00 | 2.88 | 0.00 | 0.47 | 1.73 |
| II | 20101220-WZX-FJAT-10899 | 4.30 | 0.00 | 3.96 | 2.57 | 0.00 | 6.64 |
| 脂肪酸 II 型 13 个菌株平均值 | | 4.04 | 0.00 | 3.38 | 0.20 | 0.07 | RMSTD=1.8538 |
| III | zhu-1 | 3.69 | 0.00 | 3.42 | 0.00 | 0.00 | 1.76 |
| III | zhu-2 | 3.84 | 0.00 | 3.37 | 0.00 | 0.00 | 1.16 |
| III | zhu-3 | 3.66 | 0.00 | 3.40 | 0.00 | 0.00 | 1.07 |
| III | zyj-18 | 3.85 | 0.00 | 3.53 | 0.00 | 0.00 | 0.88 |
| III | zyj-20 | 4.17 | 0.00 | 3.41 | 0.00 | 0.00 | 1.46 |
| III | zyj-21 | 4.18 | 0.00 | 3.38 | 0.00 | 0.00 | 1.77 |
| III | zyj-5 | 4.32 | 0.00 | 3.15 | 0.00 | 0.00 | 2.50 |
| III | LGH-FJAT-B | 6.62 | 0.00 | 3.38 | 0.00 | 0.00 | 4.50 |
| 脂肪酸 III 型 8 个菌株平均值 | | 4.29 | 0.00 | 3.38 | 0.00 | 0.00 | RMSTD=1.3481 |

*脂肪酸含量单位为%

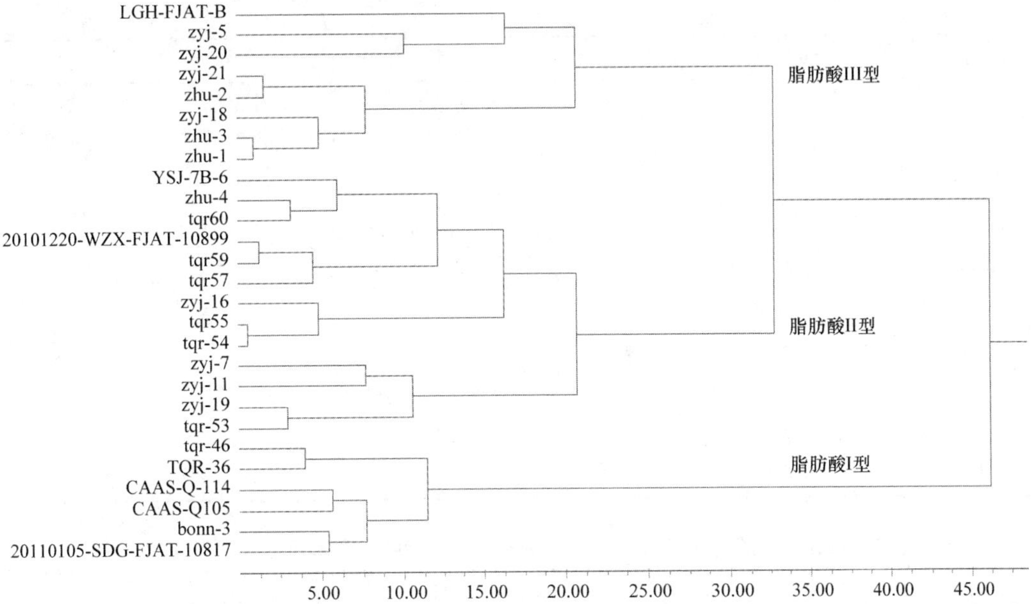


图 7-2-15　苏云金芽胞杆菌（*Bacillus thuringiensis*）脂肪酸型聚类分析（马氏距离）

## 3. 苏云金芽胞杆菌脂肪酸型判别模型建立

（1）分析原理。不同的苏云金芽胞杆菌菌株具有不同的脂肪酸组构成，通过上述聚类分析，可将苏云金芽胞杆菌菌株分为 3 类，利用逐步判别的方法（DPS 软件），建立苏云金芽胞杆菌菌株脂肪酸型判别模型，在建立模型的过程中，可以了解各因子对类别划分的重要性。

（2）数据矩阵。以表 7-2-81 的苏云金芽胞杆菌 27 个菌株的 12 个脂肪酸为矩阵，自变量 $x_{ij}$（$i$=1,…,27；$j$=1,…,12）由 27 个菌株的 12 个脂肪酸组成，因变量 $Y_i$（$i$=1,…,27）由 27 个菌株聚类类别组成脂肪酸型，采用贝叶斯逐步判别分析，建立苏云金芽胞杆菌菌株脂肪酸型判别模型。苏云金芽胞杆菌脂肪酸型判别模型入选因子见表 7-2-82，脂肪酸型类别间判别效果检验见表 7-2-83，模型计算后的分类验证和后验概率见表 7-2-84，脂肪酸型判别效果矩阵分析见表 7-2-85。建立的逐步判别分析因子筛选表明，以下 4 个因子入选，它们是 $x_{(3)}$=16:0 iso、$x_{(4)}$=c16:0、$x_{(7)}$=17:0 iso、$x_{(9)}$=16:1ω11c，表明这些因子对脂肪酸型的判别具有显著贡献。判别模型如下：

$$Y_1=-149.4212-9.7425x_{(3)}+3.7307x_{(4)}+40.3326x_{(7)}+178.0417x_{(9)} \quad (7\text{-}2\text{-}45)$$

$$Y_2=-127.7027-4.8224x_{(3)}-0.5595x_{(4)}+37.5066x_{(7)}+146.3285x_{(9)} \quad (7\text{-}2\text{-}46)$$

$$Y_3=-99.9263-1.5503x_{(3)}+0.1544x_{(4)}+31.1551x_{(7)}+117.7682x_{(9)} \quad (7\text{-}2\text{-}47)$$

**表 7-2-82　苏云金芽胞杆菌（*Bacillus thuringiensis*）脂肪酸型判别模型入选因子**

| 脂肪酸 | Wilks 统计量 | *F* 值 | df | *P* | 入选状态 |
|---|---|---|---|---|---|
| 15:0 anteiso | 0.9762 | 0.2439 | 2，20 | 0.7858 | |
| 15:0 iso | 0.9949 | 0.0511 | 2，20 | 0.9503 | |

续表

| 脂肪酸 | Wilks 统计量 | F 值 | df | P | 入选状态 |
|---|---|---|---|---|---|
| 16:0 iso | 0.5197 | 9.7054 | 2，21 | 0.0005 | （已入选） |
| c16:0 | 0.7079 | 4.3333 | 2，21 | 0.0219 | （已入选） |
| 17:0 anteiso | 0.9235 | 0.8281 | 2，20 | 0.4513 | |
| 16:1ω7c alcohol | 0.9495 | 0.5323 | 2，20 | 0.5954 | |
| 17:0 iso | 0.4582 | 12.4145 | 2，21 | 0.0001 | （已入选） |
| 14:0 iso | 0.9686 | 0.3242 | 2，20 | 0.7269 | |
| 16:1ω11c | 0.5351 | 9.1219 | 2，21 | 0.0008 | （已入选） |
| c14:0 | 0.9745 | 0.2620 | 2，20 | 0.7721 | |
| 17:1 iso ω10c | 0.9400 | 0.6382 | 2，20 | 0.5387 | |
| c18:0 | 0.8945 | 1.1794 | 2，20 | 0.3280 | |

**表 7-2-83 苏云金芽胞杆菌（*Bacillus thuringiensis*）脂肪酸型两两分类间判别效果检验**

| 脂肪酸型 *i* | 脂肪酸型 *j* | 马氏距离 | *F* 值 | 自由度 $V_1$ | $V_2$ | *P* |
|---|---|---|---|---|---|---|
| I | II | 12.904 4 | 11.588 4 | 4 | 14 | 0.000 23 |
| I | III | 26.235 4 | 19.676 6 | 4 | 9 | 0.000 18 |
| II | III | 5.836 8 | 6.323 2 | 4 | 16 | 0.003 00 |

**表 7-2-84 苏云金芽胞杆菌（*Bacillus thuringiensis*）模型计算后的分类验证和后验概率**

| 菌株名称 | 原分类 | 计算分类 | 后验概率 |
|---|---|---|---|
| 20110105-SDG-FJAT-10817 | 1 | 2* | 0.83 |
| bonn-3 | 1 | 1 | 1.00 |
| CAAS-Q105 | 1 | 1 | 1.00 |
| CAAS-Q-114 | 1 | 1 | 0.73 |
| TQR-36 | 1 | 1 | 1.00 |
| tqr-46 | 1 | 1 | 0.98 |
| tqr-53 | 2 | 2 | 0.92 |
| tqr-54 | 2 | 2 | 0.92 |
| tqr55 | 2 | 2 | 0.80 |
| tqr57 | 2 | 2 | 0.97 |
| tqr59 | 2 | 2 | 1.00 |
| tqr60 | 2 | 2 | 0.99 |
| YSJ-7B-6 | 2 | 2 | 0.96 |
| zhu-4 | 2 | 3* | 0.50 |
| zyj-11 | 2 | 2 | 0.85 |
| zyj-16 | 2 | 2 | 0.53 |
| zyj-19 | 2 | 2 | 0.77 |
| zyj-7 | 2 | 2 | 0.99 |
| 20101220-WZX-FJAT-10899 | 2 | 2 | 0.93 |
| zhu-1 | 3 | 3 | 0.98 |

续表

| 菌株名称 | 原分类 | 计算分类 | 后验概率 |
|---|---|---|---|
| zhu-2 | 3 | 3 | 0.88 |
| zhu-3 | 3 | 3 | 0.73 |
| zyj-18 | 3 | 3 | 0.93 |
| zyj-20 | 3 | 3 | 0.99 |
| zyj-21 | 3 | 3 | 0.70 |
| zyj-5 | 3 | 3 | 0.88 |
| LGH-FJAT-B | 3 | 3 | 0.94 |

*为判错

**表 7-2-85　苏云金芽胞杆菌（*Bacillus thuringiensis*）脂肪酸型判别效果矩阵分析**

| 来自＼判为 | 第 I 型 | 第 II 型 | 第 III 型 | 小计 | 正确率 |
|---|---|---|---|---|---|
| 第 I 型 | 5 | 1 | 0 | 6 | 0.8333 |
| 第 II 型 | 0 | 12 | 1 | 13 | 0.9231 |
| 第 III 型 | 0 | 0 | 8 | 8 | 1 |

注：判对的概率=0.9259

判别模型分类验证表明（表 7-2-84），对脂肪酸 I 型的判对概率为 0.8333；脂肪酸 II 型的判对概率为 0.9231；脂肪酸 III 型的判对概率为 1.0000；整个方程的判对概率为 0.9259，能够精确地识别脂肪酸型（表 7-2-85）。在应用时，对被测芽胞杆菌测定脂肪酸组，将 $x_{(3)}$=16:0 iso、$x_{(4)}$=c16:0、$x_{(7)}$=17:0 iso、$x_{(9)}$=16:1ω11c 的脂肪酸百分比带入方程，计算 $Y$ 值，当 $Y_1<Y<Y_2$ 时，该芽胞杆菌为脂肪酸 I 型；当 $Y_2<Y<Y_3$ 时，属于脂肪酸 II 型；当 $Y>Y_3$ 时，属于脂肪酸 III 型。

## 十六、稠性芽胞杆菌脂肪酸型分析

### 1. 稠性芽胞杆菌脂肪酸组测定

稠性芽胞杆菌（*Bacillus viscosus*）最早以 *Bacillus lactis viscosus* 命名，由 Ward 于 1901 年发表（Ward，1901），是一种能使牛奶增稠的芽胞杆菌，也是乳酸芽胞杆菌的一个种，而后移到乳酸乳杆菌（*Lactobacillus viscosus*）。德国菌种保藏中心（DSMZ）保存的菌株 DSM-347，是由希腊的 F. Pichinoty 从希腊土壤分离的稠性芽胞杆菌（*Bacillus viscosus*）；美国菌种保藏中心（ATCC）保存的菌株 ATCC-51154，标明从法国马赛（Marseille，France）土壤分离，列出种名稠性芽胞杆菌（*Bacillus viscosus*）。但是在 LPSN 网站查不到该种。DSMZ 保存了一株 DSM-43798 黏性放线菌[*Actinomyces viscosus*（Howell et al. 1965）Georg et al. 1969，由荷兰内梅亨大学（University Nijmwegen）的 P. van Beelen 分离自人的口腔，编号为 Ny 334，Ut2]，与 *Bacillus viscosus* 有很多相似的特性，在德国菌种保藏中心编号为 DSM-30031（*Achromobacter* sp.）；在美国菌种保藏中心编号为 ATCC-337，被认为是 *Lactobacillus viscosus*。中国的林讚讔教授在讲授《食品微生物学》教案中提到，面粉中含有较多微生物，如烘烤时间不够，在面包中心会残留少量的微生物，如巨大芽胞杆菌（*Bacillus megaterium*）、稠性芽胞杆菌（*Bacillus viscosus*）存在时，会使面包发黏，产生典型的抽丝现象。由于文献中仍然保存了稠性芽胞杆菌（*Bacillus viscosus*）种名，在本书先归芽胞杆菌属种类进行分析。

作者采集分离了 171 个稠性芽胞杆菌菌株，分析主要脂肪酸组，见表 7-2-86。主要脂肪酸组 12 个，占总脂肪酸含量的 96.599%，包括 15:0 anteiso、15:0 iso、16:0 iso、c16:0、17:0 anteiso、16:1ω7c alcohol、17:0 iso、14:0 iso、16:1ω11c、c14:0、17:1 iso ω10c、c18:0，主要脂肪酸组平均值分别为 48.7730%、17.6751%、4.1154%、4.1591%、2.4684%、3.9864%、1.2460%、7.8913%、2.9670%、1.7932%、0.9251%、0.5990%。

**表 7-2-86　稠性芽胞杆菌（*Bacillus viscosus*）菌株主要脂肪酸组统计**

| 脂肪酸 | 菌株数 | 含量均值/% | 方差 | 标准差 | 中位数/% | 最小值/% | 最大值/% | Wilks 系数 | *P* |
|---|---|---|---|---|---|---|---|---|---|
| 15:0 anteiso | 171 | 48.7730 | 63.7143 | 7.9821 | 48.8700 | 24.5600 | 63.8000 | 0.9756 | 0.0041 |
| 15:0 iso | 171 | 17.6751 | 16.9817 | 4.1209 | 17.4400 | 6.1700 | 28.8700 | 0.9907 | 0.3276 |
| 16:0 iso | 171 | 4.1154 | 1.8516 | 1.3607 | 3.9700 | 1.4700 | 9.3800 | 0.9627 | 0.0002 |
| c16:0 | 171 | 4.1591 | 3.7151 | 1.9275 | 3.9600 | 0.0000 | 10.3500 | 0.9397 | 0.0000 |
| 17:0 anteiso | 171 | 2.4684 | 0.7752 | 0.8805 | 2.2900 | 0.0000 | 5.1400 | 0.9698 | 0.0009 |
| 16:1ω7c alcohol | 171 | 3.9864 | 2.9850 | 1.7277 | 3.8500 | 0.0000 | 8.3100 | 0.9902 | 0.2921 |
| 17:0 iso | 171 | 1.2460 | 0.2365 | 0.4863 | 1.2300 | 0.0000 | 3.0700 | 0.9398 | 0.0000 |
| 14:0 iso | 171 | 7.8913 | 9.7788 | 3.1271 | 7.7400 | 2.1300 | 16.6900 | 0.9839 | 0.0449 |
| 16:1ω11c | 171 | 2.9670 | 2.1383 | 1.4623 | 2.9200 | 0.2900 | 10.7000 | 0.8796 | 0.0000 |
| c14:0 | 171 | 1.7932 | 1.0302 | 1.0150 | 1.6100 | 0.0000 | 8.8600 | 0.7452 | 0.0000 |
| 17:1 iso ω10c | 171 | 0.9251 | 0.3320 | 0.5762 | 0.9100 | 0.0000 | 2.7000 | 0.9742 | 0.0028 |
| c18:0 | 171 | 0.5990 | 0.7354 | 0.8575 | 0.3500 | 0.0000 | 5.2300 | 0.6365 | 0.0000 |
| 总和 | | 96.599 | | | | | | | |

## 2. 稠性芽胞杆菌脂肪酸型聚类分析

以表 7-2-87 为矩阵，以菌株为样本，以脂肪酸为指标，以切比雪夫距离为尺度，用可变类平均法进行系统聚类；聚类结果见图 7-2-16。分析结果可将 171 株稠性芽胞杆菌分为 3 个脂肪酸型，即脂肪酸 I 型 82 个菌株，特征为到中心的切比雪夫距离为 3.4258，15:0 anteiso 平均值为 55.57%，重要脂肪酸 15:0 anteiso、15:0 iso、17:0 anteiso、17:0 iso、16:0 iso、c16:0、16:1ω7c alcohol 等平均值分别为 55.57%、14.84%、2.85%、1.22%、3.81%、3.98%、3.23%。脂肪酸 II 型 47 个菌株，特征为到中心的切比雪夫距离为 2.5701，15:0 anteiso 平均值为 46.27%；重要脂肪酸 15:0 anteiso、15:0 iso、17:0 anteiso、17:0 iso、16:0 iso、c16:0、16:1ω7c alcohol 等平均值分别为 46.27%、19.08%、2.11%、1.26%、4.49%、3.62%、4.88%。脂肪酸 III 型 42 个菌株，特征为到中心的切比雪夫距离为 4.8635，15:0 anteiso 平均值为 38.29%；重要脂肪酸 15:0 anteiso、15:0 iso、17:0 anteiso、17:0 iso、16:0 iso、c16:0、16:1ω7c alcohol 等平均值分别为 38.29%、21.65%、2.13%、1.29%、4.29%、5.12%、4.46%。

表 7-2-87　稠性芽胞杆菌（*Bacillus viscosus*）菌株主要脂肪酸组

| 型 | 菌株名称 | 15:0 anteiso | 15:0 iso | 17:0 anteiso | 17:0 iso | 16:0 iso | c16:0 | 16:1ω7c alcohol |
|---|---|---|---|---|---|---|---|---|
| I | 20101130-LGF-FJAT-8769 | 52.02* | 17.37 | 3.51 | 1.73 | 5.18 | 2.24 | 5.54 |
| I | 20101208-WZX-FJAT-11711 | 57.08 | 18.72 | 1.49 | 0.70 | 4.13 | 2.13 | 2.13 |
| I | 20101210-WZX-FJAT-11676 | 55.49 | 13.76 | 2.52 | 1.08 | 3.03 | 4.12 | 2.11 |
| I | 20101210-WZX-FJAT-11677 | 53.54 | 17.49 | 1.72 | 0.91 | 4.54 | 3.26 | 1.60 |
| I | 20101210-WZX-FJAT-11703 | 53.89 | 13.98 | 2.72 | 1.15 | 6.13 | 3.79 | 4.66 |
| I | 20101212-WZX-FJAT-10302 | 55.04 | 17.15 | 1.92 | 1.01 | 2.14 | 5.24 | 3.22 |
| I | 20101212-WZX-FJAT-10306 | 56.70 | 6.17 | 3.86 | 0.81 | 4.27 | 4.18 | 6.18 |
| I | 20101212-WZX-FJAT-10591 | 54.80 | 15.82 | 2.76 | 1.49 | 3.60 | 7.26 | 2.24 |
| I | 20101221-WZX-FJAT-10684 | 50.32 | 17.53 | 4.94 | 0.60 | 3.29 | 3.03 | 1.66 |
| I | 20101221-WZX-FJAT-10868 | 60.10 | 12.93 | 3.15 | 1.49 | 3.28 | 4.48 | 2.63 |
| I | 20101230-WZX-FJAT-10678 | 55.57 | 16.58 | 2.08 | 1.38 | 4.37 | 4.41 | 2.46 |
| I | 20101230-WZX-FJAT-10683 | 55.29 | 15.91 | 3.69 | 2.11 | 4.85 | 4.26 | 2.96 |
| I | 20110106-SDG-FJAT-10077 | 53.26 | 17.58 | 3.11 | 1.57 | 4.94 | 1.39 | 5.60 |
| I | 20110110-SDG-FJAT-10071 | 52.86 | 16.83 | 3.11 | 1.46 | 4.58 | 1.26 | 5.43 |
| I | 20110314-SDG-FJAT-10627 | 54.43 | 14.69 | 3.95 | 1.27 | 3.39 | 2.10 | 3.19 |
| I | 20110314-SDG-FJAT-10641 | 49.67 | 16.96 | 2.31 | 1.26 | 5.20 | 1.80 | 6.30 |
| I | 20110314-SDG-FJAT-10641 | 56.56 | 14.81 | 3.72 | 1.28 | 3.76 | 2.48 | 3.53 |
| I | 20110314-SDG-FJAT-10642 | 57.70 | 14.73 | 3.72 | 1.30 | 3.70 | 1.73 | 3.67 |
| I | 20110316-LGH-FJAT-4761 | 54.71 | 15.39 | 2.10 | 0.98 | 2.32 | 4.00 | 2.91 |
| I | 20110317-LGH-FJAT-4573 | 53.67 | 15.38 | 3.77 | 1.97 | 3.17 | 4.30 | 3.24 |
| I | 20110504-24-FJAT-8756 | 56.77 | 12.86 | 4.20 | 1.42 | 6.48 | 3.26 | 4.69 |
| I | 20110510-WZX20D-FJAT-8756 | 56.85 | 15.53 | 2.80 | 1.10 | 5.86 | 0.00 | 7.67 |
| I | 20110517-LGH-FJAT-12281d | 58.18 | 15.72 | 2.60 | 1.45 | 3.97 | 3.98 | 2.24 |
| I | 20110518-wzxjl20-FJAT-8769a | 56.77 | 18.21 | 2.94 | 1.47 | 4.72 | 2.03 | 4.51 |
| I | 20110527-WZX20D-FJAT-8769 | 54.24 | 15.46 | 2.74 | 1.26 | 5.02 | 2.95 | 6.00 |
| I | 20110630-WZX-FJAT-10031e | 50.07 | 18.64 | 2.20 | 1.82 | 3.67 | 7.52 | 1.97 |
| I | 20110630-WZX-FJAT-8781d | 60.16 | 12.60 | 2.47 | 0.93 | 3.47 | 6.11 | 1.72 |
| I | 20110705-WZX-FJAT-13351 | 63.68 | 12.55 | 2.56 | 0.00 | 2.64 | 4.25 | 3.05 |
| I | 20110707-LGH-FJAT-12270 | 59.56 | 11.37 | 4.02 | 1.44 | 4.58 | 3.96 | 3.06 |
| I | 20110707-LGH-FJAT-4498 | 58.82 | 11.07 | 4.11 | 1.46 | 4.26 | 4.66 | 2.73 |
| I | 20110707-LGH-FJAT-4524 | 56.80 | 14.48 | 3.70 | 1.99 | 2.60 | 3.26 | 3.05 |
| I | 20110707-LGH-FJAT-4530 | 51.64 | 16.62 | 2.92 | 1.94 | 3.75 | 5.17 | 2.84 |
| I | 20110713-WZX-FJAT-72h-8781 | 52.45 | 16.74 | 1.66 | 0.87 | 3.51 | 5.03 | 2.73 |
| I | 20110718-LGH-FJAT-4607 | 56.23 | 13.48 | 3.97 | 2.10 | 3.20 | 5.31 | 2.74 |
| I | 20110718-LGH-FJAT-4750 | 49.45 | 14.37 | 1.93 | 1.25 | 4.11 | 6.73 | 2.86 |
| I | 20110901-LGH-FJAT-13973 | 57.87 | 10.69 | 2.83 | 1.21 | 4.57 | 4.14 | 1.17 |
| I | 20110902-YQ-FJAT-14294 | 55.05 | 17.51 | 2.83 | 1.42 | 4.54 | 4.84 | 1.57 |
| I | 20120224-TXN-FJAT-14776 | 61.23 | 11.95 | 3.34 | 0.23 | 5.09 | 3.60 | 0.51 |
| I | 20121030-FJAT-17391-ZR | 52.97 | 18.62 | 1.93 | 1.31 | 3.18 | 5.74 | 2.07 |
| I | 20121030-FJAT-17415-ZR | 57.07 | 12.21 | 2.76 | 1.17 | 3.44 | 6.70 | 1.94 |

续表

| 型 | 菌株名称 | 15:0 anteiso | 15:0 iso | 17:0 anteiso | 17:0 iso | 16:0 iso | c16:0 | 16:1ω7c alcohol |
|---|---|---|---|---|---|---|---|---|
| I | 20121030-FJAT-17418-ZR | 52.14 | 18.87 | 1.64 | 0.96 | 3.02 | 4.38 | 2.36 |
| I | 20121030-FJAT-17423-ZR | 57.75 | 10.77 | 2.60 | 1.08 | 3.97 | 5.24 | 1.78 |
| I | 20121102-FJAT-17459-ZR | 52.95 | 16.83 | 2.67 | 2.80 | 2.96 | 3.77 | 2.21 |
| I | 20121106-FJAT-17001-ZR | 63.55 | 13.62 | 2.04 | 0.17 | 2.03 | 2.21 | 1.02 |
| I | 20121109-FJAT-17001-ZR | 63.76 | 13.63 | 2.06 | 0.20 | 2.07 | 2.27 | 1.05 |
| I | 20121129-LGH-FJAT-4606 | 54.75 | 15.75 | 3.07 | 1.51 | 4.12 | 6.59 | 1.84 |
| I | 20121129-LGH-FJAT-4655 | 54.69 | 14.59 | 2.89 | 1.23 | 4.42 | 4.65 | 3.22 |
| I | 20130125-YQ-FJAT-16473 | 63.80 | 15.08 | 1.85 | 0.16 | 1.66 | 1.98 | 1.33 |
| I | 20130129-TXN-FJAT-14628 | 62.83 | 10.82 | 1.83 | 0.70 | 3.93 | 3.96 | 1.48 |
| I | 20130129-ZMX-FJAT-17720 | 56.99 | 12.42 | 3.05 | 1.20 | 3.56 | 5.27 | 2.34 |
| I | 20130129-ZMX-FJAT-17722 | 54.33 | 14.46 | 3.56 | 1.36 | 4.20 | 5.20 | 2.27 |
| I | 20130129-ZMX-FJAT-17725 | 58.11 | 14.87 | 2.17 | 1.10 | 3.06 | 4.09 | 1.97 |
| I | 20130401-ll-FJAT-16856 | 50.49 | 16.60 | 1.85 | 1.04 | 3.46 | 4.55 | 4.78 |
| I | 20130401-ll-FJAT-16871 | 56.25 | 14.21 | 2.32 | 0.88 | 3.72 | 4.14 | 3.49 |
| I | 20130402-ll-FJAT-16894 | 53.99 | 15.91 | 1.75 | 0.59 | 3.69 | 6.81 | 0.39 |
| I | 20131129-CZ-FJAT-22312 | 56.25 | 17.22 | 2.37 | 1.07 | 2.67 | 2.72 | 4.04 |
| I | 20131129-LGH-FJAT-4510 | 54.54 | 16.46 | 2.64 | 1.48 | 3.86 | 5.20 | 2.51 |
| I | 2013122-CZ-FJAT-22297 | 59.75 | 11.30 | 2.91 | 1.33 | 3.44 | 4.53 | 3.81 |
| I | 2013122-CZ-FJAT-22310 | 51.68 | 16.07 | 2.38 | 1.18 | 3.91 | 3.27 | 5.34 |
| I | 2013122-CZ-FJAT-22327 | 56.93 | 17.44 | 3.49 | 0.00 | 4.06 | 3.39 | 3.42 |
| I | 20140325-ZEN-FJAT-22266 | 52.47 | 10.95 | 5.14 | 1.10 | 4.94 | 1.59 | 8.31 |
| I | 20140325-ZEN-FJAT-22267 | 59.57 | 9.38 | 1.35 | 0.39 | 3.41 | 0.54 | 7.68 |
| I | 20140325-ZEN-FJAT-22281 | 55.25 | 17.87 | 2.03 | 1.21 | 2.44 | 5.05 | 2.16 |
| I | 20140325-ZEN-FJAT-22300 | 58.63 | 10.95 | 3.72 | 1.65 | 3.09 | 4.58 | 3.24 |
| I | 20140325-ZEN-FJAT-22309 | 52.82 | 16.60 | 2.65 | 1.51 | 2.51 | 3.66 | 3.65 |
| I | 20140325-ZEN-FJAT-22315 | 57.98 | 11.57 | 3.64 | 1.48 | 2.90 | 4.39 | 2.25 |
| I | 20140325-ZEN-FJAT-22319 | 49.31 | 15.36 | 4.18 | 2.16 | 4.45 | 5.77 | 3.13 |
| I | 20140325-ZEN-FJAT-22324 | 53.46 | 15.09 | 3.53 | 2.01 | 3.87 | 4.02 | 3.55 |
| I | 20140325-ZEN-FJAT-22345 | 50.09 | 17.56 | 1.65 | 1.14 | 2.58 | 3.97 | 3.70 |
| I | FJAT-26079-2 | 58.49 | 7.54 | 3.79 | 0.48 | 4.65 | 7.61 | 0.00 |
| I | FJAT-27024-2 | 47.68 | 15.21 | 2.24 | 1.33 | 4.26 | 8.02 | 3.16 |
| I | FJAT-27408-1 | 55.56 | 17.01 | 2.76 | 1.29 | 3.32 | 2.33 | 4.00 |
| I | FJAT-27408-2 | 53.69 | 17.03 | 2.96 | 1.49 | 2.76 | 2.87 | 3.41 |
| I | LGF-FJAT-56 | 56.64 | 14.92 | 2.95 | 1.14 | 3.97 | 2.08 | 5.72 |
| I | lsx-8439 | 57.80 | 13.49 | 3.93 | 1.30 | 4.10 | 2.68 | 3.27 |
| I | lsx-8594 | 56.69 | 13.11 | 3.53 | 1.18 | 3.82 | 3.37 | 3.44 |
| I | XKC17223 | 52.15 | 17.45 | 2.37 | 1.38 | 3.14 | 6.50 | 1.59 |
| I | ZXF-20091215-OrgSn-24 | 56.22 | 15.44 | 2.88 | 1.19 | 4.10 | 2.11 | 5.24 |
| I | ZXF-20091215-OrgSn-58 | 54.44 | 16.12 | 2.93 | 1.45 | 5.13 | 2.38 | 5.34 |
| I | ZXF-20091216-OrgSn-24 | 56.69 | 15.09 | 3.01 | 1.22 | 4.45 | 2.61 | 5.19 |

续表

| 型 | 菌株名称 | 15:0 anteiso | 15:0 iso | 17:0 anteiso | 17:0 iso | 16:0 iso | c16:0 | 16:1ω7c alcohol |
|---|---|---|---|---|---|---|---|---|
| I | ZXF-20091216-OrgSn-53 | 58.49 | 11.65 | 2.21 | 0.88 | 5.54 | 4.48 | 2.76 |
| I | FJAT-4526 | 48.89 | 19.85 | 2.20 | 1.33 | 2.75 | 4.45 | 3.14 |
| 脂肪酸 I 型 82 个菌株平均值 | | 55.57 | 14.84 | 2.85 | 1.22 | 3.81 | 3.98 | 3.23 |
| II | 20101208-WZX-FJAT-11705 | 48.42 | 16.50 | 2.16 | 1.16 | 7.06 | 4.11 | 4.75 |
| II | 20101208-WZX-FJAT-11707 | 46.38 | 19.81 | 1.93 | 1.11 | 5.66 | 3.89 | 5.10 |
| II | 20101210-WZX-FJAT-11692 | 47.86 | 19.43 | 2.07 | 1.27 | 6.74 | 4.32 | 3.97 |
| II | 20101210-WZX-FJAT-11696 | 47.63 | 16.50 | 2.11 | 1.23 | 7.68 | 3.97 | 4.96 |
| II | 20101210-WZX-FJAT-11702 | 46.89 | 16.35 | 2.78 | 1.33 | 6.40 | 5.17 | 4.13 |
| II | 20101212-WZX-FJAT-10311 | 50.17 | 17.87 | 1.22 | 1.13 | 4.43 | 3.56 | 5.03 |
| II | 20101212-WZX-FJAT-10605 | 51.38 | 17.20 | 2.57 | 1.65 | 4.43 | 5.72 | 2.98 |
| II | 20110314-SDG-FJAT-10642 | 48.87 | 18.19 | 2.19 | 1.43 | 4.88 | 1.17 | 6.94 |
| II | 20110427-LGH-FJAT-4501 | 48.35 | 20.22 | 2.05 | 1.50 | 4.02 | 3.87 | 3.85 |
| II | 20110427-LGH-FJAT-4501 | 48.35 | 20.22 | 2.05 | 1.50 | 4.02 | 3.87 | 3.85 |
| II | 20110517-LGH-FJAT-4512 | 48.68 | 19.24 | 1.87 | 1.68 | 3.49 | 5.50 | 2.34 |
| II | 20110601-LGH-FJAT-13908 | 46.80 | 17.72 | 2.43 | 1.19 | 5.09 | 5.56 | 2.66 |
| II | 20110707-LGH-FJAT-4602 | 48.27 | 17.67 | 2.11 | 1.13 | 3.02 | 3.60 | 4.80 |
| II | 20130111-CYP-FJAT-17114 | 49.39 | 12.44 | 2.02 | 0.93 | 5.91 | 4.89 | 4.32 |
| II | 20130308-TXN-FJAT-16058 | 40.85 | 21.37 | 2.16 | 1.65 | 7.32 | 4.23 | 6.85 |
| II | 20130329-ll-FJAT-16818 | 48.74 | 17.76 | 2.06 | 1.19 | 4.32 | 3.69 | 5.79 |
| II | 20130401-ll-FJAT-16836 | 47.47 | 19.51 | 2.24 | 1.33 | 4.00 | 4.23 | 4.81 |
| II | 20130402-ll-FJAT-16890 | 45.91 | 20.30 | 2.25 | 1.35 | 5.28 | 3.96 | 4.43 |
| II | 20130403-ll-FJAT-16922 | 47.36 | 17.41 | 1.73 | 1.00 | 5.95 | 4.23 | 4.77 |
| II | 20130403-ll-FJAT-16933 | 49.55 | 17.18 | 1.84 | 1.02 | 5.59 | 3.98 | 4.31 |
| II | 20130403-ll-FJAT-16935 | 44.41 | 15.37 | 2.40 | 1.25 | 6.36 | 4.47 | 6.91 |
| II | 20130403-ll-FJAT-16942-1 | 45.54 | 16.49 | 2.62 | 1.59 | 4.94 | 4.58 | 6.29 |
| II | 2013122-CZ-FJAT-22295 | 45.84 | 18.89 | 1.68 | 1.20 | 4.08 | 2.87 | 6.90 |
| II | 2013122-LGH-FJAT-4504 | 44.00 | 18.36 | 2.35 | 1.46 | 5.08 | 5.67 | 3.53 |
| II | 20140325-ZEN-FJAT-22277 | 42.51 | 20.87 | 1.78 | 1.09 | 3.35 | 2.79 | 6.78 |
| II | 20140325-ZEN-FJAT-22283 | 44.12 | 20.91 | 2.28 | 1.43 | 4.47 | 2.91 | 5.43 |
| II | 20140325-ZEN-FJAT-22284 | 43.50 | 22.98 | 2.24 | 1.41 | 3.91 | 3.41 | 4.92 |
| II | 20140325-ZEN-FJAT-22289 | 43.67 | 21.07 | 2.10 | 1.13 | 3.15 | 3.22 | 6.30 |
| II | 20140325-ZEN-FJAT-22294 | 41.88 | 21.10 | 1.37 | 1.05 | 3.03 | 1.80 | 7.45 |
| II | 20140325-ZEN-FJAT-22303 | 42.53 | 19.59 | 2.12 | 1.51 | 4.40 | 3.06 | 5.93 |
| II | 20140325-ZEN-FJAT-22305 | 46.86 | 14.95 | 3.61 | 1.95 | 5.80 | 4.49 | 3.22 |
| II | 20140325-ZEN-FJAT-22306 | 47.04 | 20.43 | 1.65 | 1.23 | 3.00 | 2.39 | 5.26 |
| II | 20140325-ZEN-FJAT-22307 | 47.36 | 20.38 | 1.68 | 1.07 | 2.96 | 2.53 | 5.01 |
| II | 20140325-ZEN-FJAT-22308 | 47.57 | 20.15 | 1.88 | 1.26 | 2.79 | 2.78 | 4.81 |
| II | 20140325-ZEN-FJAT-22321 | 45.58 | 19.09 | 3.05 | 1.83 | 4.30 | 2.71 | 5.38 |
| II | 20140325-ZEN-FJAT-22322 | 44.43 | 20.17 | 2.75 | 1.67 | 3.74 | 3.54 | 4.50 |
| II | 20140325-ZEN-FJAT-22323 | 42.85 | 19.02 | 2.00 | 1.41 | 4.70 | 2.68 | 5.37 |

续表

| 型 | 菌株名称 | 15:0 anteiso | 15:0 iso | 17:0 anteiso | 17:0 iso | 16:0 iso | c16:0 | 16:1ω7c alcohol |
|---|---|---|---|---|---|---|---|---|
| II | 20140325-ZEN-FJAT-22325 | 48.24 | 17.71 | 1.97 | 1.15 | 3.63 | 3.24 | 3.91 |
| II | 20140325-ZEN-FJAT-22331 | 43.66 | 22.21 | 1.82 | 1.47 | 5.05 | 3.61 | 3.80 |
| II | 20140325-ZEN-FJAT-22335 | 47.23 | 20.80 | 1.76 | 1.16 | 4.08 | 3.68 | 3.59 |
| II | 20140325-ZEN-FJAT-22346 | 47.58 | 18.53 | 1.39 | 1.04 | 2.98 | 3.66 | 3.49 |
| II | 20140506-ZMX-FJAT-20194 | 43.97 | 20.57 | 1.27 | 1.13 | 2.00 | 2.43 | 5.26 |
| II | 20140506-ZMX-FJAT-20201 | 47.04 | 19.58 | 1.49 | 0.90 | 2.53 | 2.16 | 5.40 |
| II | FJAT-25550-1 | 43.70 | 20.40 | 3.62 | 0.42 | 2.98 | 1.84 | 5.66 |
| II | FJAT-25550-2 | 43.62 | 22.42 | 3.17 | 0.00 | 2.83 | 2.26 | 5.19 |
| II | FJAT-27024-1 | 45.62 | 21.57 | 1.76 | 1.48 | 5.12 | 4.25 | 4.18 |
| II | XKC17211 | 47.22 | 20.11 | 1.68 | 1.21 | 4.40 | 3.58 | 4.13 |
| 脂肪酸 II 型 47 个菌株平均值 | | 46.27 | 19.08 | 2.11 | 1.26 | 4.49 | 3.62 | 4.88 |
| III | 20110316-LGH-FJAT-4752 | 39.47 | 21.42 | 1.84 | 1.69 | 1.47 | 5.64 | 1.56 |
| III | 20110517-LGH-FJAT-4545 | 40.86 | 19.40 | 1.65 | 1.16 | 2.87 | 6.57 | 5.28 |
| III | 20110823-TXN-FJAT-14327 | 37.91 | 20.60 | 3.56 | 1.24 | 6.09 | 8.36 | 0.65 |
| III | 201110-19-TXN-FJAT-14403 | 24.56 | 28.87 | 3.81 | 3.07 | 4.05 | 8.53 | 2.42 |
| III | 20120224-TXN-FJAT-14748 | 43.36 | 12.84 | 1.27 | 0.75 | 3.29 | 7.05 | 2.32 |
| III | 20120224-TXN-FJAT-14755 | 36.60 | 18.15 | 2.69 | 1.83 | 6.82 | 6.26 | 5.45 |
| III | 20120224-TXN-FJAT-14757 | 41.94 | 17.30 | 1.44 | 0.98 | 3.83 | 7.07 | 3.85 |
| III | 20120224-TXN-FJAT-14778 | 42.03 | 15.00 | 2.66 | 1.44 | 6.61 | 7.29 | 5.07 |
| III | 20120229-TXN-FJAT-14711 | 38.77 | 14.76 | 1.35 | 0.93 | 5.37 | 9.65 | 4.13 |
| III | 20121105-FJAT-16723-WK | 35.74 | 26.21 | 2.29 | 1.78 | 4.14 | 7.31 | 3.55 |
| III | 20121107-FJAT-16961-zr | 41.67 | 22.99 | 2.90 | 2.31 | 7.17 | 5.95 | 3.43 |
| III | 20130125-ZMX-FJAT-17682 | 42.95 | 24.39 | 3.16 | 0.88 | 5.87 | 5.46 | 3.62 |
| III | 20130129-ZMX-FJAT-17708 | 35.48 | 25.03 | 4.01 | 0.41 | 7.09 | 3.15 | 5.42 |
| III | 20130329-ll-FJAT-16790 | 43.99 | 20.53 | 2.45 | 1.61 | 3.95 | 4.65 | 5.32 |
| III | 20140325-LGH-FJAT-22090 | 39.22 | 23.12 | 4.31 | 1.19 | 6.44 | 3.46 | 1.77 |
| III | 20140325-ZEN-FJAT-22268 | 39.57 | 27.36 | 2.05 | 1.81 | 4.50 | 2.88 | 5.33 |
| III | 20140325-ZEN-FJAT-22272 | 38.63 | 24.89 | 1.36 | 1.10 | 3.98 | 2.73 | 5.52 |
| III | 20140325-ZEN-FJAT-22278 | 38.58 | 23.93 | 1.47 | 1.22 | 2.57 | 2.34 | 6.57 |
| III | 20140325-ZEN-FJAT-22280 | 39.72 | 26.15 | 1.24 | 1.01 | 3.45 | 2.72 | 4.76 |
| III | 20140325-ZEN-FJAT-22286 | 41.64 | 22.31 | 1.81 | 1.12 | 4.39 | 2.57 | 4.59 |
| III | 20140325-ZEN-FJAT-22287 | 40.87 | 21.27 | 1.90 | 1.19 | 4.36 | 2.30 | 6.74 |
| III | 20140325-ZEN-FJAT-22288 | 34.63 | 21.70 | 1.19 | 1.01 | 5.18 | 2.74 | 8.08 |
| III | 20140325-ZEN-FJAT-22290 | 38.13 | 21.84 | 1.50 | 0.88 | 2.80 | 2.40 | 7.54 |
| III | 20140325-ZEN-FJAT-22304 | 42.06 | 21.96 | 1.33 | 0.90 | 2.58 | 1.95 | 6.48 |
| III | 20140325-ZEN-FJAT-22311 | 42.13 | 19.48 | 1.97 | 1.81 | 3.57 | 2.90 | 5.75 |
| III | 20140325-ZEN-FJAT-22332 | 38.75 | 18.37 | 3.94 | 2.89 | 6.19 | 4.94 | 4.02 |
| III | 20140325-ZEN-FJAT-22341 | 44.18 | 24.90 | 1.18 | 0.92 | 1.51 | 4.18 | 2.66 |
| III | 20140506-ZMX-FJAT-20179 | 38.79 | 21.05 | 1.23 | 1.28 | 2.56 | 3.90 | 5.30 |
| III | 20140506-ZMX-FJAT-20180 | 39.46 | 20.80 | 1.29 | 0.84 | 2.53 | 6.70 | 3.80 |

续表

| 型 | 菌株名称 | 15:0 anteiso | 15:0 iso | 17:0 anteiso | 17:0 iso | 16:0 iso | c16:0 | 16:1ω7c alcohol |
|---|---|---|---|---|---|---|---|---|
| III | 20140506-ZMX-FJAT-20183 | 38.08 | 18.94 | 2.93 | 1.44 | 2.89 | 2.09 | 3.82 |
| III | 20140506-ZMX-FJAT-20186 | 37.93 | 27.43 | 0.87 | 1.03 | 1.73 | 2.52 | 4.62 |
| III | 20140506-ZMX-FJAT-20191 | 35.93 | 22.59 | 1.31 | 1.61 | 2.87 | 3.32 | 5.84 |
| III | 20140506-ZMX-FJAT-20203 | 38.87 | 18.58 | 2.35 | 1.31 | 2.42 | 3.36 | 5.25 |
| III | 20140506-ZMX-FJAT-20204 | 36.02 | 24.18 | 1.76 | 1.33 | 2.57 | 2.27 | 5.70 |
| III | 20140506-ZMX-FJAT-20215 | 35.64 | 20.24 | 1.18 | 0.95 | 3.01 | 2.83 | 6.85 |
| III | FJAT-23457-1 | 25.21 | 28.17 | 1.91 | 1.03 | 7.35 | 10.35 | 2.13 |
| III | FJAT-27042-1 | 39.42 | 13.67 | 2.23 | 1.41 | 5.01 | 9.55 | 3.62 |
| III | FJAT-27042-1 | 42.84 | 15.16 | 2.29 | 1.49 | 5.34 | 10.09 | 4.24 |
| III | FJAT-27042-2 | 43.86 | 16.44 | 0.00 | 0.00 | 6.39 | 10.28 | 4.46 |
| III | FJAT-29790-1 | 29.44 | 26.26 | 4.77 | 2.14 | 2.94 | 7.08 | 2.37 |
| III | FJAT-29791-2 | 32.26 | 23.49 | 2.31 | 0.00 | 3.14 | 1.64 | 6.37 |
| III | FJAT-41709-2 | 31.01 | 27.44 | 2.55 | 1.06 | 9.38 | 8.06 | 1.23 |
| 脂肪酸 III 型 42 个菌株平均值 | | 38.29 | 21.65 | 2.13 | 1.29 | 4.29 | 5.12 | 4.46 |

| 型 | 菌株名称 | 14:0 iso | 16:1ω11c | c14:0 | 17:1 iso ω10c | c18:0 | 到中心的切比雪夫距离 |
|---|---|---|---|---|---|---|---|
| I | 20101130-LGF-FJAT-8769 | 3.16 | 1.46 | 0.93 | 1.55 | 0.00 | 6.29 |
| I | 20101208-WZX-FJAT-11711 | 9.67 | 1.02 | 1.37 | 0.32 | 0.00 | 6.41 |
| I | 20101210-WZX-FJAT-11676 | 7.33 | 1.74 | 1.50 | 0.27 | 0.74 | 2.47 |
| I | 20101210-WZX-FJAT-11677 | 8.88 | 0.62 | 1.28 | 0.24 | 0.84 | 5.39 |
| I | 20101210-WZX-FJAT-11703 | 7.41 | 2.67 | 1.74 | 0.59 | 0.00 | 3.71 |
| I | 20101212-WZX-FJAT-10302 | 2.89 | 1.91 | 1.53 | 1.19 | 1.16 | 4.56 |
| I | 20101212-WZX-FJAT-10306 | 7.57 | 4.46 | 1.22 | 0.56 | 0.63 | 9.67 |
| I | 20101212-WZX-FJAT-10591 | 4.93 | 2.91 | 1.68 | 0.62 | 0.94 | 3.85 |
| I | 20101221-WZX-FJAT-10684 | 7.76 | 2.69 | 3.39 | 0.00 | 0.00 | 7.16 |
| I | 20101221-WZX-FJAT-10868 | 4.21 | 3.96 | 1.69 | 0.77 | 0.00 | 5.52 |
| I | 20101230-WZX-FJAT-10678 | 7.11 | 2.61 | 1.85 | 0.52 | 0.00 | 2.59 |
| I | 20101230-WZX-FJAT-10683 | 5.05 | 2.57 | 1.02 | 0.97 | 0.00 | 2.28 |
| I | 20110106-SDG-FJAT-10077 | 3.21 | 1.27 | 0.62 | 1.37 | 0.27 | 6.03 |
| I | 20110110-SDG-FJAT-10071 | 3.15 | 1.23 | 0.59 | 1.23 | 0.00 | 5.87 |
| I | 20110314-SDG-FJAT-10627 | 2.37 | 1.10 | 1.02 | 0.98 | 0.93 | 4.57 |
| I | 20110314-SDG-FJAT-10641 | 4.17 | 1.48 | 0.89 | 1.32 | 0.49 | 7.77 |
| I | 20110314-SDG-FJAT-10641 | 2.44 | 1.25 | 0.93 | 1.06 | 0.81 | 4.22 |
| I | 20110314-SDG-FJAT-10642 | 2.51 | 1.20 | 0.82 | 1.02 | 0.35 | 4.90 |
| I | 20110316-LGH-FJAT-4761 | 6.08 | 4.67 | 2.15 | 0.83 | 0.33 | 3.07 |
| I | 20110317-LGH-FJAT-4573 | 3.90 | 4.14 | 1.01 | 1.39 | 0.97 | 3.67 |
| I | 20110504-24-FJAT-8756 | 3.15 | 1.21 | 1.01 | 0.78 | 0.00 | 5.14 |
| I | 20110510-WZX20D-FJAT-8756 | 4.10 | 2.05 | 0.00 | 0.00 | 0.00 | 6.94 |
| I | 20110517-LGH-FJAT-12281d | 5.75 | 2.99 | 1.43 | 0.60 | 0.00 | 3.04 |
| I | 20110518-wzxjl20-FJAT-8769a | 3.15 | 1.58 | 0.87 | 1.13 | 0.00 | 5.30 |
| I | 20110527-WZX20D-FJAT-8769 | 3.32 | 1.68 | 0.90 | 1.19 | 1.40 | 4.57 |

续表

| 型 | 菌株名称 | 14:0 iso | 16:1ω11c | c14:0 | 17:1 iso ω10c | c18:0 | 到中心的切比雪夫距离 |
|---|---|---|---|---|---|---|---|
| I | 20110630-WZX-FJAT-10031e | 5.09 | 4.43 | 2.64 | 0.78 | 0.00 | 8.11 |
| I | 20110630-WZX-FJAT-8781d | 6.18 | 3.07 | 2.36 | 0.00 | 0.00 | 5.94 |
| I | 20110705-WZX-FJAT-13351 | 4.53 | 3.81 | 1.46 | 0.00 | 0.00 | 8.85 |
| I | 20110707-LGH-FJAT-12270 | 4.63 | 2.97 | 0.94 | 0.63 | 0.37 | 5.67 |
| I | 20110707-LGH-FJAT-4498 | 5.27 | 2.97 | 1.24 | 0.63 | 0.61 | 5.29 |
| I | 20110707-LGH-FJAT-4524 | 4.86 | 4.26 | 1.22 | 0.87 | 0.54 | 3.06 |
| I | 20110707-LGH-FJAT-4530 | 4.83 | 4.11 | 1.53 | 1.23 | 0.86 | 5.00 |
| I | 20110713-WZX-FJAT-72h-8781 | 9.11 | 3.68 | 2.50 | 0.41 | 0.00 | 5.45 |
| I | 20110718-LGH-FJAT-4607 | 3.41 | 4.16 | 1.32 | 1.12 | 0.29 | 3.99 |
| I | 20110718-LGH-FJAT-4750 | 6.78 | 5.28 | 2.82 | 0.72 | 1.72 | 7.64 |
| I | 20110901-LGH-FJAT-13973 | 6.84 | 0.96 | 1.64 | 0.20 | 1.34 | 5.61 |
| I | 20110902-YQ-FJAT-14294 | 8.69 | 1.90 | 1.65 | 0.00 | 0.00 | 4.53 |
| I | 20120224-TXN-FJAT-14776 | 9.46 | 0.29 | 1.59 | 0.00 | 0.17 | 8.30 |
| I | 20121030-FJAT-17391-ZR | 5.67 | 2.66 | 1.91 | 0.55 | 0.57 | 5.21 |
| I | 20121030-FJAT-17415-ZR | 5.45 | 2.97 | 1.98 | 0.37 | 0.55 | 4.38 |
| I | 20121030-FJAT-17418-ZR | 9.14 | 1.47 | 1.60 | 0.50 | 0.54 | 6.54 |
| I | 20121030-FJAT-17423-ZR | 6.75 | 2.16 | 2.31 | 0.33 | 0.36 | 5.18 |
| I | 20121102-FJAT-17459-ZR | 7.03 | 2.11 | 1.25 | 1.08 | 0.35 | 4.11 |
| I | 20121106-FJAT-17001-ZR | 9.33 | 1.05 | 1.69 | 0.00 | 0.16 | 9.62 |
| I | 20121109-FJAT-17001-ZR | 9.40 | 1.06 | 1.70 | 0.00 | 0.19 | 9.79 |
| I | 20121129-LGH-FJAT-4606 | 5.42 | 2.11 | 1.77 | 0.44 | 1.25 | 3.40 |
| I | 20121129-LGH-FJAT-4655 | 8.06 | 2.74 | 1.39 | 0.52 | 0.44 | 2.57 |
| I | 20130125-YQ-FJAT-16473 | 7.79 | 1.49 | 1.40 | 0.00 | 0.15 | 9.34 |
| I | 20130129-TXN-FJAT-14628 | 7.56 | 1.39 | 2.14 | 0.29 | 0.30 | 8.82 |
| I | 20130129-ZMX-FJAT-17720 | 5.32 | 3.52 | 1.91 | 0.79 | 0.34 | 3.47 |
| I | 20130129-ZMX-FJAT-17722 | 6.69 | 2.60 | 1.49 | 0.55 | 0.92 | 2.38 |
| I | 20130129-ZMX-FJAT-17725 | 5.78 | 2.62 | 1.69 | 0.53 | 0.33 | 3.04 |
| I | 20130401-ll-FJAT-16856 | 6.54 | 4.27 | 2.19 | 1.22 | 1.06 | 6.13 |
| I | 20130401-ll-FJAT-16871 | 7.77 | 2.12 | 1.56 | 0.59 | 0.98 | 2.30 |
| I | 20130402-ll-FJAT-16894 | 11.41 | 0.69 | 2.44 | 0.00 | 0.43 | 7.52 |
| I | 20131129-CZ-FJAT-22312 | 6.18 | 3.40 | 1.17 | 1.31 | 0.00 | 3.40 |
| I | 20131129-LGH-FJAT-4510 | 6.04 | 2.97 | 1.59 | 0.68 | 0.42 | 2.48 |
| I | 2013122-CZ-FJAT-22297 | 5.61 | 3.62 | 1.31 | 0.89 | 0.00 | 5.70 |
| I | 2013122-CZ-FJAT-22310 | 9.15 | 3.32 | 1.13 | 1.11 | 0.00 | 5.82 |
| I | 2013122-CZ-FJAT-22327 | 7.71 | 2.13 | 1.45 | 0.00 | 0.00 | 3.90 |
| I | 20140325-ZEN-FJAT-22266 | 7.39 | 2.07 | 0.74 | 0.45 | 0.50 | 8.12 |
| I | 20140325-ZEN-FJAT-22267 | 12.90 | 1.12 | 0.53 | 0.22 | 0.05 | 11.53 |
| I | 20140325-ZEN-FJAT-22281 | 5.55 | 3.35 | 1.96 | 0.69 | 0.27 | 3.92 |
| I | 20140325-ZEN-FJAT-22300 | 3.98 | 4.06 | 1.25 | 1.23 | 0.65 | 5.72 |
| I | 20140325-ZEN-FJAT-22309 | 6.15 | 3.02 | 1.30 | 1.53 | 1.29 | 3.80 |

续表

| 型 | 菌株名称 | 14:0 iso | 16:1ω11c | c14:0 | 17:1 iso ω10c | c18:0 | 到中心的切比雪夫距离 |
|---|---|---|---|---|---|---|---|
| I | 20140325-ZEN-FJAT-22315 | 4.51 | 3.00 | 1.45 | 1.09 | 0.82 | 4.64 |
| I | 20140325-ZEN-FJAT-22319 | 7.54 | 2.25 | 1.67 | 2.00 | 0.96 | 7.11 |
| I | 20140325-ZEN-FJAT-22324 | 6.17 | 2.60 | 1.11 | 1.51 | 0.73 | 2.58 |
| I | 20140325-ZEN-FJAT-22345 | 10.23 | 3.48 | 1.84 | 0.77 | 0.26 | 7.80 |
| I | FJAT-26079-2 | 9.74 | 0.63 | 1.71 | 0.00 | 3.77 | 10.82 |
| I | FJAT-27024-2 | 6.12 | 3.78 | 2.32 | 0.71 | 1.63 | 9.12 |
| I | FJAT-27408-1 | 2.64 | 2.00 | 0.86 | 1.30 | 0.37 | 4.44 |
| I | FJAT-27408-2 | 2.22 | 1.85 | 0.76 | 1.34 | 0.62 | 5.05 |
| I | LGF-FJAT-56 | 2.76 | 1.84 | 0.85 | 1.46 | 0.34 | 4.69 |
| I | lsx-8439 | 2.23 | 1.02 | 0.91 | 0.79 | 0.47 | 5.04 |
| I | lsx-8594 | 2.13 | 1.02 | 1.69 | 0.63 | 0.67 | 4.61 |
| I | XKC17223 | 4.72 | 2.86 | 2.65 | 0.52 | 0.35 | 5.59 |
| I | ZXF-20091215-OrgSn-24 | 3.09 | 1.32 | 0.70 | 1.21 | 0.54 | 4.28 |
| I | ZXF-20091215-OrgSn-58 | 3.39 | 1.31 | 0.81 | 1.10 | 0.79 | 4.46 |
| I | ZXF-20091216-OrgSn-24 | 3.03 | 1.52 | 1.18 | 1.11 | 0.00 | 4.11 |
| I | ZXF-20091216-OrgSn-53 | 7.78 | 1.90 | 1.73 | 0.40 | 1.03 | 5.20 |
| I | FJAT-4526 | 4.76 | 6.71 | 2.68 | 1.04 | 0.17 | 9.62 |
| 脂肪酸 I 型 82 个菌株平均值 | | 5.88 | 2.46 | 1.49 | 0.73 | 0.50 | RMSTD=3.4258 |
| II | 20101208-WZX-FJAT-11705 | 8.96 | 3.22 | 2.04 | 0.60 | 0.00 | 4.39 |
| II | 20101208-WZX-FJAT-11707 | 9.44 | 2.68 | 1.95 | 0.70 | 0.00 | 1.64 |
| II | 20101210-WZX-FJAT-11692 | 8.45 | 2.06 | 1.77 | 0.00 | 1.24 | 3.61 |
| II | 20101210-WZX-FJAT-11696 | 9.61 | 2.77 | 1.98 | 0.66 | 0.00 | 4.40 |
| II | 20101210-WZX-FJAT-11702 | 7.29 | 2.19 | 2.01 | 0.99 | 2.32 | 4.96 |
| II | 20101212-WZX-FJAT-10311 | 9.88 | 2.98 | 1.31 | 0.80 | 0.51 | 4.21 |
| II | 20101212-WZX-FJAT-10605 | 7.69 | 2.71 | 1.65 | 0.61 | 0.49 | 6.49 |
| II | 20110314-SDG-FJAT-10642 | 4.77 | 1.47 | 0.74 | 1.45 | 0.00 | 6.73 |
| II | 20110427-LGH-FJAT-4501 | 7.75 | 4.00 | 1.61 | 1.15 | 0.00 | 3.45 |
| II | 20110427-LGH-FJAT-4501 | 7.75 | 4.00 | 1.61 | 1.15 | 0.00 | 3.45 |
| II | 20110517-LGH-FJAT-4512 | 6.32 | 4.24 | 2.60 | 0.79 | 0.00 | 5.56 |
| II | 20110601-LGH-FJAT-13908 | 9.06 | 1.71 | 2.13 | 0.33 | 1.57 | 3.90 |
| II | 20110707-LGH-FJAT-4602 | 9.36 | 3.40 | 1.21 | 1.13 | 0.41 | 2.93 |
| II | 20130111-CYP-FJAT-17114 | 9.38 | 3.52 | 2.46 | 0.55 | 0.23 | 7.69 |
| II | 20130308-TXN-FJAT-16058 | 9.26 | 2.93 | 1.46 | 0.98 | 0.00 | 6.89 |
| II | 20130329-ll-FJAT-16818 | 6.41 | 4.40 | 1.64 | 1.47 | 0.34 | 4.63 |
| II | 20130401-ll-FJAT-16836 | 6.64 | 3.16 | 1.67 | 1.37 | 1.16 | 3.46 |
| II | 20130402-ll-FJAT-16890 | 6.93 | 3.00 | 1.52 | 0.96 | 0.60 | 3.17 |
| II | 20130403-ll-FJAT-16922 | 9.86 | 2.92 | 2.43 | 0.65 | 0.56 | 2.75 |
| II | 20130403-ll-FJAT-16933 | 9.29 | 2.83 | 2.05 | 0.83 | 0.33 | 4.06 |
| II | 20130403-ll-FJAT-16935 | 9.90 | 3.44 | 1.94 | 1.03 | 0.88 | 5.12 |
| II | 20130403-ll-FJAT-16942-1 | 7.47 | 3.27 | 1.63 | 2.16 | 0.70 | 4.10 |

续表

| 型 | 菌株名称 | 14:0 iso | 16:1ω11c | c14:0 | 17:1 iso ω10c | c18:0 | 到中心的切比雪夫距离 |
|---|---|---|---|---|---|---|---|
| II | 2013122-CZ-FJAT-22295 | 11.74 | 3.37 | 1.09 | 1.25 | 0.00 | 3.21 |
| II | 2013122-LGH-FJAT-4504 | 10.72 | 3.95 | 1.79 | 0.82 | 0.33 | 3.79 |
| II | 20140325-ZEN-FJAT-22277 | 11.94 | 3.14 | 1.21 | 1.33 | 0.22 | 5.36 |
| II | 20140325-ZEN-FJAT-22283 | 11.07 | 2.65 | 1.16 | 1.08 | 0.15 | 3.36 |
| II | 20140325-ZEN-FJAT-22284 | 9.68 | 2.79 | 1.27 | 1.16 | 0.16 | 4.86 |
| II | 20140325-ZEN-FJAT-22289 | 10.53 | 3.30 | 1.04 | 1.37 | 0.29 | 4.01 |
| II | 20140325-ZEN-FJAT-22294 | 13.23 | 3.34 | 0.99 | 1.86 | 0.18 | 7.08 |
| II | 20140325-ZEN-FJAT-22303 | 11.13 | 2.92 | 1.08 | 2.10 | 0.66 | 4.40 |
| II | 20140325-ZEN-FJAT-22305 | 9.31 | 1.65 | 1.40 | 1.23 | 1.61 | 5.34 |
| II | 20140325-ZEN-FJAT-22306 | 10.27 | 2.89 | 1.22 | 2.30 | 0.00 | 2.97 |
| II | 20140325-ZEN-FJAT-22307 | 11.00 | 2.95 | 1.40 | 1.60 | 0.00 | 3.01 |
| II | 20140325-ZEN-FJAT-22308 | 9.26 | 3.31 | 1.37 | 1.49 | 0.42 | 2.65 |
| II | 20140325-ZEN-FJAT-22321 | 10.77 | 2.37 | 0.95 | 1.94 | 0.46 | 2.38 |
| II | 20140325-ZEN-FJAT-22322 | 9.16 | 2.61 | 1.13 | 1.21 | 1.01 | 2.61 |
| II | 20140325-ZEN-FJAT-22323 | 13.15 | 2.29 | 1.91 | 1.14 | 0.48 | 5.07 |
| II | 20140325-ZEN-FJAT-22325 | 11.91 | 2.09 | 1.29 | 1.05 | 1.43 | 3.81 |
| II | 20140325-ZEN-FJAT-22331 | 12.60 | 1.76 | 1.86 | 0.00 | 0.89 | 5.45 |
| II | 20140325-ZEN-FJAT-22335 | 10.42 | 2.30 | 1.69 | 0.77 | 0.44 | 2.64 |
| II | 20140325-ZEN-FJAT-22346 | 12.48 | 3.33 | 2.08 | 0.65 | 0.23 | 3.91 |
| II | 20140506-ZMX-FJAT-20194 | 12.24 | 3.24 | 1.49 | 1.48 | 0.34 | 4.80 |
| II | 20140506-ZMX-FJAT-20201 | 11.92 | 3.03 | 1.24 | 1.20 | 0.24 | 3.60 |
| II | FJAT-25550-1 | 10.02 | 3.71 | 2.56 | 0.58 | 0.44 | 4.38 |
| II | FJAT-25550-2 | 10.79 | 3.93 | 2.67 | 0.00 | 0.00 | 5.50 |
| II | FJAT-27024-1 | 8.24 | 2.98 | 1.67 | 0.90 | 0.76 | 3.19 |
| II | XKC17211 | 8.67 | 2.95 | 2.04 | 0.67 | 0.20 | 2.02 |
| 脂肪酸 II 型 47 个菌株平均值 | | 9.65 | 2.97 | 1.64 | 1.05 | 0.47 | RMSTD=2.5701 |
| III | 20110316-LGH-FJAT-4752 | 3.80 | 8.87 | 7.45 | 1.12 | 0.66 | 10.16 |
| III | 20110517-LGH-FJAT-4545 | 8.58 | 4.16 | 2.97 | 1.03 | 3.51 | 5.02 |
| III | 20110823-TXN-FJAT-14327 | 11.31 | 2.77 | 3.53 | 0.12 | 0.24 | 6.13 |
| III | 201110-19-TXN-FJAT-14403 | 7.34 | 10.70 | 2.10 | 1.81 | 0.33 | 17.76 |
| III | 20120224-TXN-FJAT-14748 | 11.82 | 4.33 | 8.86 | 0.38 | 0.34 | 12.58 |
| III | 20120224-TXN-FJAT-14755 | 7.56 | 3.80 | 1.97 | 1.17 | 0.56 | 5.49 |
| III | 20120224-TXN-FJAT-14757 | 8.19 | 6.82 | 3.90 | 0.74 | 0.18 | 7.12 |
| III | 20120224-TXN-FJAT-14778 | 7.24 | 4.69 | 2.60 | 0.91 | 0.78 | 8.74 |
| III | 20120229-TXN-FJAT-14711 | 8.35 | 8.28 | 4.35 | 0.62 | 0.32 | 9.75 |
| III | 20121105-FJAT-16723-WK | 6.42 | 2.60 | 2.08 | 2.10 | 2.42 | 7.09 |
| III | 20121107-FJAT-16961-zr | 7.10 | 2.29 | 1.88 | 1.25 | 0.00 | 6.05 |
| III | 20130125-ZMX-FJAT-17682 | 4.02 | 3.79 | 2.76 | 0.54 | 0.00 | 8.31 |
| III | 20130129-ZMX-FJAT-17708 | 10.52 | 2.84 | 2.82 | 0.08 | 0.31 | 6.29 |
| III | 20130329-ll-FJAT-16790 | 5.53 | 4.73 | 1.72 | 1.69 | 0.76 | 7.44 |

续表

| 型 | 菌株名称 | 14:0 iso | 16:1ω11c | c14:0 | 17:1 iso ω10c | c18:0 | 到中心的切比雪夫距离 |
|---|---|---|---|---|---|---|---|
| III | 20140325-LGH-FJAT-22090 | 11.14 | 1.40 | 3.70 | 0.25 | 0.34 | 5.75 |
| III | 20140325-ZEN-FJAT-22268 | 7.33 | 2.85 | 1.08 | 1.31 | 0.10 | 7.13 |
| III | 20140325-ZEN-FJAT-22272 | 14.21 | 2.77 | 1.37 | 0.99 | 0.09 | 6.38 |
| III | 20140325-ZEN-FJAT-22278 | 11.81 | 3.80 | 1.22 | 1.78 | 0.15 | 5.24 |
| III | 20140325-ZEN-FJAT-22280 | 12.69 | 2.92 | 1.50 | 1.15 | 0.09 | 6.38 |
| III | 20140325-ZEN-FJAT-22286 | 13.81 | 2.24 | 1.28 | 0.91 | 0.19 | 6.26 |
| III | 20140325-ZEN-FJAT-22287 | 13.57 | 2.74 | 1.04 | 1.24 | 0.10 | 6.19 |
| III | 20140325-ZEN-FJAT-22288 | 16.69 | 3.06 | 1.11 | 1.18 | 0.23 | 9.16 |
| III | 20140325-ZEN-FJAT-22290 | 13.94 | 3.68 | 1.24 | 1.48 | 0.13 | 6.24 |
| III | 20140325-ZEN-FJAT-22304 | 13.94 | 3.10 | 1.15 | 1.40 | 0.09 | 7.23 |
| III | 20140325-ZEN-FJAT-22311 | 9.22 | 2.96 | 1.26 | 1.45 | 0.40 | 5.50 |
| III | 20140325-ZEN-FJAT-22332 | 10.77 | 2.07 | 1.30 | 2.70 | 2.74 | 5.68 |
| III | 20140325-ZEN-FJAT-22341 | 9.07 | 3.71 | 2.80 | 0.92 | 0.12 | 7.72 |
| III | 20140506-ZMX-FJAT-20179 | 8.50 | 4.51 | 2.73 | 1.64 | 1.08 | 3.01 |
| III | 20140506-ZMX-FJAT-20180 | 7.97 | 2.13 | 2.20 | 1.46 | 3.30 | 4.67 |
| III | 20140506-ZMX-FJAT-20183 | 7.74 | 2.79 | 1.50 | 2.18 | 0.57 | 5.27 |
| III | 20140506-ZMX-FJAT-20186 | 10.09 | 3.54 | 1.81 | 1.78 | 0.22 | 7.09 |
| III | 20140506-ZMX-FJAT-20191 | 9.70 | 4.98 | 3.37 | 1.97 | 0.61 | 4.11 |
| III | 20140506-ZMX-FJAT-20203 | 13.02 | 3.01 | 1.48 | 1.94 | 1.21 | 5.46 |
| III | 20140506-ZMX-FJAT-20204 | 13.03 | 3.16 | 1.33 | 2.39 | 0.00 | 6.24 |
| III | 20140506-ZMX-FJAT-20215 | 12.08 | 6.02 | 3.49 | 1.91 | 0.00 | 5.84 |
| III | FJAT-23457-1 | 13.04 | 5.16 | 4.14 | 0.30 | 0.36 | 16.46 |
| III | FJAT-27042-1 | 6.15 | 3.20 | 2.15 | 0.76 | 4.97 | 10.81 |
| III | FJAT-27042-1 | 6.75 | 3.43 | 2.19 | 0.00 | 5.23 | 10.89 |
| III | FJAT-27042-2 | 7.61 | 3.65 | 2.70 | 0.00 | 4.60 | 10.74 |
| III | FJAT-29790-1 | 7.15 | 7.29 | 3.04 | 1.34 | 0.48 | 11.67 |
| III | FJAT-29791-2 | 12.27 | 3.43 | 3.42 | 0.51 | 0.58 | 8.12 |
| III | FJAT-41709-2 | 12.85 | 1.80 | 2.92 | 0.21 | 0.38 | 12.11 |
| 脂肪酸 III 型 42 个菌株平均值 | | 9.86 | 3.95 | 2.56 | 1.16 | 0.92 | RMSTD=4.8635 |

*脂肪酸含量单位为%

## 3. 稠性芽胞杆菌脂肪酸型判别模型建立

（1）分析原理。不同的稠性芽胞杆菌菌株具有不同的脂肪酸组构成，通过上述聚类分析，可将稠性芽胞杆菌菌株分为 3 类，利用逐步判别的方法（DPS 软件），建立稠性芽胞杆菌菌株脂肪酸型判别模型，在建立模型的过程中，可以了解各因子对类别划分的重要性。

（2）数据矩阵。以表 7-2-87 的稠性芽胞杆菌 171 个菌株的 12 个脂肪酸为矩阵，自变量 $x_{ij}$（$i$=1,…,171；$j$=1,…,12）由 171 个菌株的 12 个脂肪酸组成，因变量 $Y_i$（$i$=1,…,171）

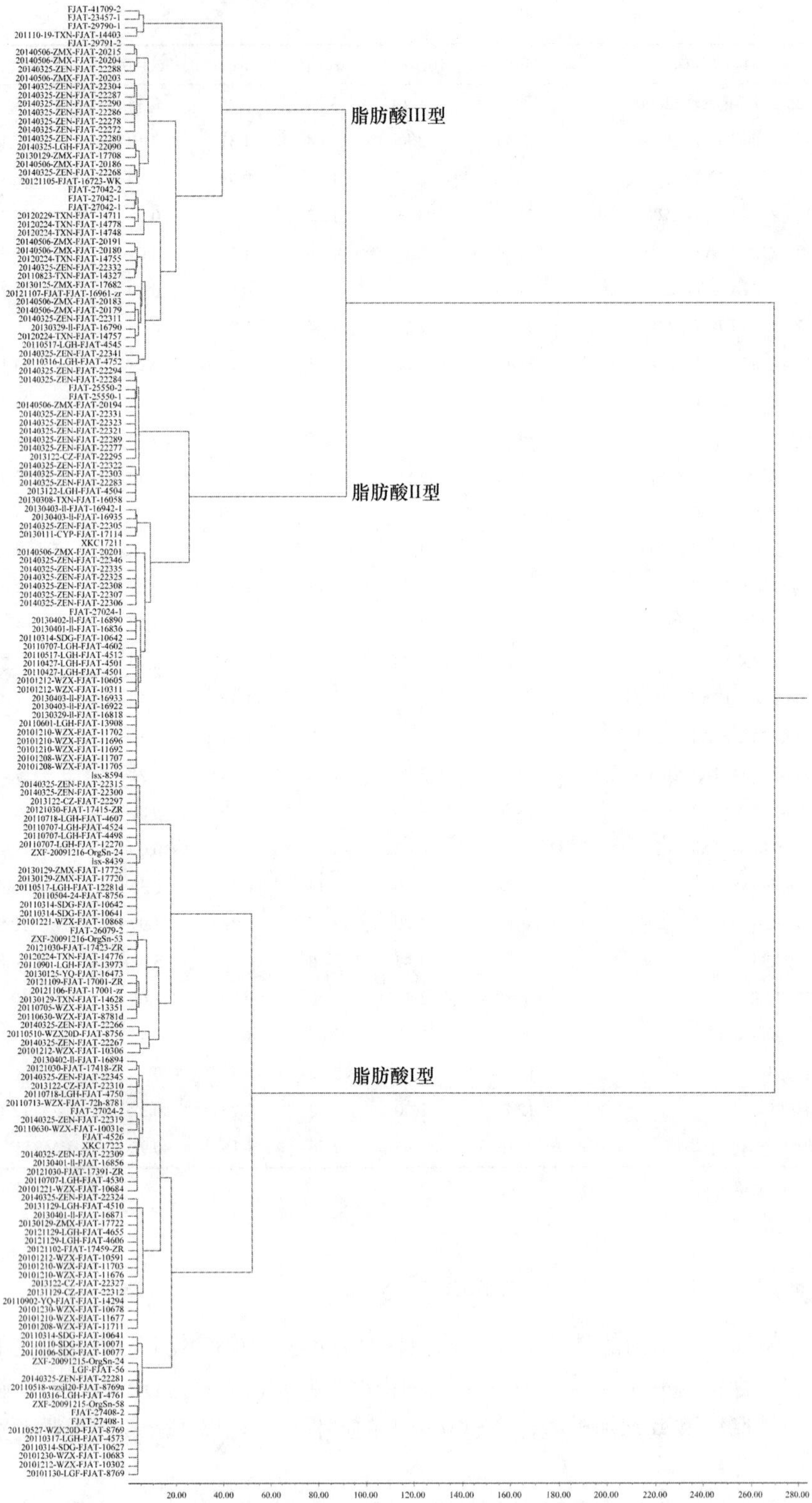


图 7-2-16　稠性芽胞杆菌（*Bacillus viscosus*）脂肪酸型聚类分析（切比雪夫距离）

由171个菌株聚类类别组成脂肪酸型，采用贝叶斯逐步判别分析，建立稠性芽胞杆菌菌株脂肪酸型判别模型。稠性芽胞杆菌脂肪酸型判别模型入选因子见表7-2-88，脂肪酸型类别间判别效果检验见表7-2-89，模型计算后的分类验证和后验概率见表7-2-90，脂肪酸型判别效果矩阵分析见表7-2-91。建立的逐步判别分析因子筛选表明，以下4个因子入选，它们是 $x_{(1)}$=15:0 anteiso、$x_{(5)}$=17:0 anteiso、$x_{(6)}$=16:1ω7c alcohol、$x_{(8)}$=14:0 iso，表明这些因子对脂肪酸型的判别具有显著贡献。判别模型如下：

$$Y_1=-175.4906+5.2246x_{(1)}+11.2380x_{(5)}+3.2263x_{(6)}+3.0992x_{(8)} \quad (7\text{-}2\text{-}48)$$

$$Y_2=-140.4506+4.5077x_{(1)}+10.0557x_{(5)}+3.6234x_{(6)}+3.4582x_{(8)} \quad (7\text{-}2\text{-}49)$$

$$Y_3=-106.6034+3.8190x_{(1)}+9.42780x_{(5)}+3.2234x_{(6)}+3.3017x_{(8)} \quad (7\text{-}2\text{-}50)$$

**表7-2-88　稠性芽胞杆菌（*Bacillus viscosus*）脂肪酸型判别模型入选因子**

| 脂肪酸 | Wilks 统计量 | *F* 值 | df | *P* | 入选状态 |
|---|---|---|---|---|---|
| 15:0 anteiso | 0.2865 | 205.4711 | 2，165 | 0.0000 | （已入选） |
| 15:0 iso | 0.9679 | 2.7202 | 2，164 | 0.0688 | |
| 16:0 iso | 0.9614 | 3.2950 | 2，164 | 0.0395 | |
| c16:0 | 0.9994 | 0.0510 | 2，164 | 0.9503 | |
| 17:0 anteiso | 0.9397 | 5.2927 | 2，165 | 0.0059 | （已入选） |
| 16:1ω7c alcohol | 0.9370 | 5.5512 | 2，165 | 0.0046 | （已入选） |
| 17:0 iso | 0.9451 | 4.7607 | 2，164 | 0.0098 | |
| 14:0 iso | 0.9386 | 5.3955 | 2，165 | 0.0053 | （已入选） |
| 16:1ω11c | 0.9968 | 0.2607 | 2，164 | 0.7708 | |
| c14:0 | 0.9726 | 2.3081 | 2，164 | 0.1027 | |
| 17:1 iso ω10c | 0.9939 | 0.5008 | 2，164 | 0.6069 | |
| c18:0 | 0.9726 | 2.3143 | 2，164 | 0.1021 | |

**表7-2-89　稠性芽胞杆菌（*Bacillus viscosus*）脂肪酸型两两分类间判别效果检验**

| 脂肪酸型 *i* | 脂肪酸型 *j* | 马氏距离 | *F* 值 | 自由度 $V_1$ | $V_2$ | *P* |
|---|---|---|---|---|---|---|
| I | II | 9.5441 | 70.0122 | 4 | 124 | $1\times10^{-7}$ |
| I | III | 26.4003 | 180.0380 | 4 | 119 | $1\times10^{-7}$ |
| II | III | 5.6243 | 30.6296 | 4 | 84 | $1\times10^{-7}$ |

**表7-2-90　稠性芽胞杆菌（*Bacillus viscosus*）模型计算后的分类验证和后验概率**

| 菌株名称 | 原分类 | 计算分类 | 后验概率 | 菌株名称 | 原分类 | 计算分类 | 后验概率 |
|---|---|---|---|---|---|---|---|
| 20101130-LGF-FJAT-8769 | 1 | 1 | 0.97 | 20101221-WZX-FJAT-10684 | 1 | 1 | 0.98 |
| 20101208-WZX-FJAT-11711 | 1 | 1 | 0.98 | 20101221-WZX-FJAT-10868 | 1 | 1 | 1.00 |
| 20101210-WZX-FJAT-11676 | 1 | 1 | 0.99 | 20101230-WZX-FJAT-10678 | 1 | 1 | 0.99 |
| 20101210-WZX-FJAT-11677 | 1 | 1 | 0.89 | 20101230-WZX-FJAT-10683 | 1 | 1 | 1.00 |
| 20101210-WZX-FJAT-11703 | 1 | 1 | 0.95 | 20110106-SDG-FJAT-10077 | 1 | 1 | 0.98 |
| 20101212-WZX-FJAT-10302 | 1 | 1 | 0.99 | 20110110-SDG-FJAT-10071 | 1 | 1 | 0.98 |
| 20101212-WZX-FJAT-10306 | 1 | 1 | 1.00 | 20110314-SDG-FJAT-10627 | 1 | 1 | 1.00 |
| 20101212-WZX-FJAT-10591 | 1 | 1 | 1.00 | 20110314-SDG-FJAT-10641 | 1 | 2* | 0.53 |

续表

| 菌株名称 | 原分类 | 计算分类 | 后验概率 | 菌株名称 | 原分类 | 计算分类 | 后验概率 |
|---|---|---|---|---|---|---|---|
| 20110314-SDG-FJAT-10641 | 1 | 1 | 1.00 | 20131129-CZ-FJAT-22312 | 1 | 1 | 0.99 |
| 20110314-SDG-FJAT-10642 | 1 | 1 | 1.00 | 20131129-LGH-FJAT-4510 | 1 | 1 | 0.99 |
| 20110316-LGH-FJAT-4761 | 1 | 1 | 0.98 | 2013122-CZ-FJAT-22297 | 1 | 1 | 1.00 |
| 20110317-LGH-FJAT-4573 | 1 | 1 | 1.00 | 2013122-CZ-FJAT-22310 | 1 | 2* | 0.51 |
| 20110504-24-FJAT-8756 | 1 | 1 | 1.00 | 2013122-CZ-FJAT-22327 | 1 | 1 | 1.00 |
| 20110510-WZX20D-FJAT-8756 | 1 | 1 | 0.99 | 20140325-ZEN-FJAT-22266 | 1 | 1 | 0.96 |
| 20110517-LGH-FJAT-12281d | 1 | 1 | 1.00 | 20140325-ZEN-FJAT-22267 | 1 | 1 | 0.89 |
| 20110518-wzxjl20-FJAT-8769a | 1 | 1 | 1.00 | 20140325-ZEN-FJAT-22281 | 1 | 1 | 0.99 |
| 20110527-WZX20D-FJAT-8769 | 1 | 1 | 0.98 | 20140325-ZEN-FJAT-22300 | 1 | 1 | 1.00 |
| 20110630-WZX-FJAT-10031e | 1 | 1 | 0.80 | 20140325-ZEN-FJAT-22309 | 1 | 1 | 0.95 |
| 20110630-WZX-FJAT-8781d | 1 | 1 | 1.00 | 20140325-ZEN-FJAT-22315 | 1 | 1 | 1.00 |
| 20110705-WZX-FJAT-13351 | 1 | 1 | 1.00 | 20140325-ZEN-FJAT-22319 | 1 | 1 | 0.86 |
| 20110707-LGH-FJAT-12270 | 1 | 1 | 1.00 | 20140325-ZEN-FJAT-22324 | 1 | 1 | 0.99 |
| 20110707-LGH-FJAT-4498 | 1 | 1 | 1.00 | 20140325-ZEN-FJAT-22345 | 1 | 2* | 0.85 |
| 20110707-LGH-FJAT-4524 | 1 | 1 | 1.00 | FJAT-26079-2 | 1 | 1 | 1.00 |
| 20110707-LGH-FJAT-4530 | 1 | 1 | 0.96 | FJAT-27024-2 | 1 | 2* | 0.72 |
| 20110713-WZX-FJAT-72h-8781 | 1 | 1 | 0.67 | FJAT-27408-1 | 1 | 1 | 1.00 |
| 20110718-LGH-FJAT-4607 | 1 | 1 | 1.00 | FJAT-27408-2 | 1 | 1 | 1.00 |
| 20110718-LGH-FJAT-4750 | 1 | 2* | 0.57 | LGF-FJAT-56 | 1 | 1 | 1.00 |
| 20110901-LGH-FJAT-13973 | 1 | 1 | 1.00 | lsx-8439 | 1 | 1 | 1.00 |
| 20110902-YQ-FJAT-14294 | 1 | 1 | 0.99 | lsx-8594 | 1 | 1 | 1.00 |
| 20120224-TXN-FJAT-14776 | 1 | 1 | 1.00 | XKC17223 | 1 | 1 | 0.97 |
| 20121030-FJAT-17391-ZR | 1 | 1 | 0.95 | ZXF-20091215-OrgSn-24 | 1 | 1 | 1.00 |
| 20121030-FJAT-17415-ZR | 1 | 1 | 1.00 | ZXF-20091215-OrgSn-58 | 1 | 1 | 0.99 |
| 20121030-FJAT-17418-ZR | 1 | 1 | 0.65 | ZXF-20091216-OrgSn-24 | 1 | 1 | 1.00 |
| 20121030-FJAT-17423-ZR | 1 | 1 | 1.00 | ZXF-20091216-OrgSn-53 | 1 | 1 | 1.00 |
| 20121102-FJAT-17459-ZR | 1 | 1 | 0.96 | FJAT-4526 | 1 | 1 | 0.54 |
| 20121106-FJAT-17001-ZR | 1 | 1 | 1.00 | 20101208-WZX-FJAT-11705 | 2 | 2 | 0.90 |
| 20121109-FJAT-17001-ZR | 1 | 1 | 1.00 | 20101208-WZX-FJAT-11707 | 2 | 2 | 0.94 |
| 20121129-LGH-FJAT-4606 | 1 | 1 | 1.00 | 20101210-WZX-FJAT-11692 | 2 | 2 | 0.89 |
| 20121129-LGH-FJAT-4655 | 1 | 1 | 0.98 | 20101210-WZX-FJAT-11696 | 2 | 2 | 0.94 |
| 20130125-YQ-FJAT-16473 | 1 | 1 | 1.00 | 20101210-WZX-FJAT-11702 | 2 | 2 | 0.83 |
| 20130129-TXN-FJAT-14628 | 1 | 1 | 1.00 | 20101212-WZX-FJAT-10311 | 2 | 2 | 0.93 |
| 20130129-ZMX-FJAT-17720 | 1 | 1 | 1.00 | 20101212-WZX-FJAT-10605 | 2 | 1* | 0.81 |
| 20130129-ZMX-FJAT-17722 | 1 | 1 | 1.00 | 20110314-SDG-FJAT-10642 | 2 | 2 | 0.79 |
| 20130129-ZMX-FJAT-17725 | 1 | 1 | 1.00 | 20110427-LGH-FJAT-4501 | 2 | 2 | 0.83 |
| 20130401-ll-FJAT-16856 | 1 | 2* | 0.58 | 20110427-LGH-FJAT-4501 | 2 | 2 | 0.83 |
| 20130401-ll-FJAT-16871 | 1 | 1 | 0.99 | 20110517-LGH-FJAT-4512 | 2 | 2 | 0.62 |
| 20130402-ll-FJAT-16894 | 1 | 1 | 0.88 | 20110601-LGH-FJAT-13908 | 2 | 2 | 0.85 |

续表

| 菌株名称 | 原分类 | 计算分类 | 后验概率 | 菌株名称 | 原分类 | 计算分类 | 后验概率 |
|---|---|---|---|---|---|---|---|
| 20110707-LGH-FJAT-4602 | 2 | 2 | 0.92 | 20120224-TXN-FJAT-14748 | 3 | 3 | 0.57 |
| 20130111-CYP-FJAT-17114 | 2 | 2 | 0.85 | 20120224-TXN-FJAT-14755 | 3 | 3 | 0.97 |
| 20130308-TXN-FJAT-16058 | 2 | 3* | 0.51 | 20120224-TXN-FJAT-14757 | 3 | 3 | 0.75 |
| 20130329-ll-FJAT-16818 | 2 | 2 | 0.84 | 20120224-TXN-FJAT-14778 | 3 | 2* | 0.51 |
| 20130401-ll-FJAT-16836 | 2 | 2 | 0.86 | 20120229-TXN-FJAT-14711 | 3 | 3 | 0.96 |
| 20130402-ll-FJAT-16890 | 2 | 2 | 0.86 | 20121105-FJAT-16723-WK | 3 | 3 | 0.99 |
| 20130403-ll-FJAT-16922 | 2 | 2 | 0.95 | 20121107-FJAT-16961-zr | 3 | 3 | 0.67 |
| 20130403-ll-FJAT-16933 | 2 | 2 | 0.86 | 20130125-ZMX-FJAT-17682 | 3 | 3 | 0.51 |
| 20130403-ll-FJAT-16935 | 2 | 2 | 0.93 | 20130129-ZMX-FJAT-17708 | 3 | 3 | 0.95 |
| 20130403-ll-FJAT-16942-1 | 2 | 2 | 0.93 | 20130329-ll-FJAT-16790 | 3 | 2* | 0.74 |
| 2013122-CZ-FJAT-22295 | 2 | 2 | 0.97 | 20140325-LGH-FJAT-22090 | 3 | 3 | 0.83 |
| 2013122-LGH-FJAT-4504 | 2 | 2 | 0.75 | 20140325-ZEN-FJAT-22268 | 3 | 3 | 0.87 |
| 20140325-ZEN-FJAT-22277 | 2 | 2 | 0.78 | 20140325-ZEN-FJAT-22272 | 3 | 3 | 0.86 |
| 20140325-ZEN-FJAT-22283 | 2 | 2 | 0.88 | 20140325-ZEN-FJAT-22278 | 3 | 3 | 0.85 |
| 20140325-ZEN-FJAT-22284 | 2 | 2 | 0.75 | 20140325-ZEN-FJAT-22280 | 3 | 3 | 0.85 |
| 20140325-ZEN-FJAT-22289 | 2 | 2 | 0.86 | 20140325-ZEN-FJAT-22286 | 3 | 2* | 0.52 |
| 20140325-ZEN-FJAT-22294 | 2 | 2 | 0.74 | 20140325-ZEN-FJAT-22287 | 3 | 2* | 0.61 |
| 20140325-ZEN-FJAT-22303 | 2 | 2 | 0.73 | 20140325-ZEN-FJAT-22288 | 3 | 3 | 0.96 |
| 20140325-ZEN-FJAT-22305 | 2 | 2 | 0.76 | 20140325-ZEN-FJAT-22290 | 3 | 3 | 0.79 |
| 20140325-ZEN-FJAT-22306 | 2 | 2 | 0.96 | 20140325-ZEN-FJAT-22304 | 3 | 2* | 0.70 |
| 20140325-ZEN-FJAT-22307 | 2 | 2 | 0.96 | 20140325-ZEN-FJAT-22311 | 3 | 2* | 0.56 |
| 20140325-ZEN-FJAT-22308 | 2 | 2 | 0.94 | 20140325-ZEN-FJAT-22332 | 3 | 3 | 0.78 |
| 20140325-ZEN-FJAT-22321 | 2 | 2 | 0.95 | 20140325-ZEN-FJAT-22341 | 3 | 3 | 0.52 |
| 20140325-ZEN-FJAT-22322 | 2 | 2 | 0.85 | 20140506-ZMX-FJAT-20179 | 3 | 3 | 0.94 |
| 20140325-ZEN-FJAT-22323 | 2 | 2 | 0.78 | 20140506-ZMX-FJAT-20180 | 3 | 3 | 0.95 |
| 20140325-ZEN-FJAT-22325 | 2 | 2 | 0.95 | 20140506-ZMX-FJAT-20183 | 3 | 3 | 0.95 |
| 20140325-ZEN-FJAT-22331 | 2 | 2 | 0.72 | 20140506-ZMX-FJAT-20186 | 3 | 3 | 0.97 |
| 20140325-ZEN-FJAT-22335 | 2 | 2 | 0.93 | 20140506-ZMX-FJAT-20191 | 3 | 3 | 0.99 |
| 20140325-ZEN-FJAT-22346 | 2 | 2 | 0.95 | 20140506-ZMX-FJAT-20203 | 3 | 3 | 0.79 |
| 20140506-ZMX-FJAT-20194 | 2 | 2 | 0.80 | 20140506-ZMX-FJAT-20204 | 3 | 3 | 0.97 |
| 20140506-ZMX-FJAT-20201 | 2 | 2 | 0.97 | 20140506-ZMX-FJAT-20215 | 3 | 3 | 0.98 |
| FJAT-25550-1 | 2 | 2 | 0.91 | FJAT-23457-1 | 3 | 3 | 1.00 |
| FJAT-25550-2 | 2 | 2 | 0.88 | FJAT-27042-1 | 3 | 3 | 0.94 |
| FJAT-27024-1 | 2 | 2 | 0.84 | FJAT-27042-1 | 3 | 3 | 0.51 |
| XKC17211 | 2 | 2 | 0.92 | FJAT-27042-2 | 3 | 3 | 0.63 |
| 20110316-LGH-FJAT-4752 | 3 | 3 | 0.98 | FJAT-29790-1 | 3 | 3 | 1.00 |
| 20110517-LGH-FJAT-4545 | 3 | 3 | 0.75 | FJAT-29791-2 | 3 | 3 | 1.00 |
| 20110823-TXN-FJAT-14327 | 3 | 3 | 0.97 | FJAT-41709-2 | 3 | 3 | 1.00 |
| 201110-19-TXN-FJAT-14403 | 3 | 3 | 1.00 | | | | |

*为判错

表 7-2-91　稠性芽胞杆菌（*Bacillus viscosus*）脂肪酸型判别效果矩阵分析

| 来自＼判为 | 第 I 型 | 第 II 型 | 第 III 型 | 小计 | 正确率 |
|---|---|---|---|---|---|
| 第 I 型 | 76 | 6 | 0 | 82 | 0.9268 |
| 第 II 型 | 1 | 45 | 1 | 47 | 0.9574 |
| 第 III 型 | 0 | 6 | 36 | 42 | 0.8571 |

注：判对的概率=0.9138

判别模型分类验证表明（表 7-2-90），对脂肪酸 I 型的判对概率为 0.9268；脂肪酸 II 型的判对概率为 0.9574；脂肪酸 III 型的判对概率为 0.8571；整个方程的判对概率为 0.9138，能够精确地识别脂肪酸型（表 7-2-91）。在应用时，对被测芽胞杆菌测定脂肪酸组，将 $x_{(3)}$=16:0 iso、$x_{(4)}$=c16:0、$x_{(7)}$=17:0 iso、$x_{(9)}$=16:1ω11c 的脂肪酸百分比带入方程，计算 $Y$ 值，当 $Y_1<Y<Y_2$ 时，该芽胞杆菌为脂肪酸 I 型；当 $Y_2<Y<Y_3$ 时，属于脂肪酸 II 型；当 $Y>Y_3$ 时，属于脂肪酸 III 型。

# 第三节　短芽胞杆菌属脂肪酸种下分型

## 一、千叶短芽胞杆菌脂肪酸型分析

### 1. 千叶短芽胞杆菌脂肪酸组测定

千叶短芽胞杆菌[*Brevibacillus choshinensis*（Takagi et al. 1993）Shida et al. 1996]于 1993 年由 Takagi 等以 *Bacillus choshinensis* 发表，1996 年 Shida 等将其转移到短芽胞杆菌属（*Brevibacillus*），标准菌株有 ATCC 51359/DSM 8552/JCM 8505/NCIMB 13345/HPD52、HPD52、HPD52/ATCC 51359/DSM 8552/JCM 8505/NCIMB 13345。作者采集分离了 54 个千叶短芽胞杆菌菌株，分别测定了它们的脂肪酸组，其主要脂肪酸组见表 7-3-1。千叶短芽胞杆菌的主要脂肪酸有 12 个，占总脂肪酸含量的 97.946%，包括 15:0 anteiso、15:0 iso、16:0 iso、c16:0、17:0 anteiso、16:1ω7c alcohol、17:0 iso、14:0 iso、16:1ω11c、c14:0、17:1 iso ω10c、c18:0，主要脂肪酸的含量平均值分别为 68.22%、9.52%、3.35%、3.38%、3.32%、1.71%、0.50%、4.59%、1.63%、1.17%、0.14%、0.42%。

表 7-3-1　千叶短芽胞杆菌（*Brevibacillus choshinensis*）菌株主要脂肪酸组统计

| 脂肪酸 | 菌株数 | 含量均值/% | 方差 | 标准差 | 中位数/% | 最小值/% | 最大值/% | Wilks 系数 | *P* |
|---|---|---|---|---|---|---|---|---|---|
| 15:0 anteiso | 54 | 68.2248 | 20.6061 | 4.5394 | 68.5800 | 47.7500 | 79.7300 | 0.8473 | 0.0000 |
| 15:0 iso | 54 | 9.5157 | 9.4253 | 3.0701 | 9.3150 | 3.9700 | 17.4400 | 0.9755 | 0.3315 |
| 16:0 iso | 54 | 3.3535 | 4.1902 | 2.0470 | 3.1000 | 0.0000 | 12.0700 | 0.8879 | 0.0001 |
| c16:0 | 54 | 3.3770 | 4.7050 | 2.1691 | 3.6150 | 0.0000 | 9.9600 | 0.9405 | 0.0098 |
| 17:0 anteiso | 54 | 3.3159 | 2.9357 | 1.7134 | 3.6000 | 0.0000 | 7.4900 | 0.9355 | 0.0061 |
| 16:1ω7c alcohol | 54 | 1.7078 | 2.7217 | 1.6498 | 1.6600 | 0.0000 | 7.5400 | 0.8835 | 0.0001 |
| 17:0 iso | 54 | 0.4952 | 0.2625 | 0.5123 | 0.4050 | 0.0000 | 1.8700 | 0.8668 | 0.0000 |
| 14:0 iso | 54 | 4.5924 | 7.4162 | 2.7233 | 3.9150 | 0.0000 | 12.9600 | 0.9155 | 0.0010 |
| 16:1ω11c | 54 | 1.6315 | 3.1954 | 1.7876 | 0.8300 | 0.0000 | 7.4000 | 0.8232 | 0.0000 |

续表

| 脂肪酸 | 菌株数 | 含量均值/% | 方差 | 标准差 | 中位数/% | 最小值/% | 最大值/% | Wilks 系数 | *P* |
|---|---|---|---|---|---|---|---|---|---|
| c14:0 | 54 | 1.1715 | 0.6592 | 0.8119 | 1.3650 | 0.0000 | 2.7300 | 0.9223 | 0.0018 |
| 17:1 iso ω10c | 54 | 0.1396 | 0.0426 | 0.2063 | 0.0000 | 0.0000 | 0.6200 | 0.6939 | 0.0000 |
| c18:0 | 54 | 0.4211 | 0.4763 | 0.6902 | 0.0000 | 0.0000 | 3.6800 | 0.6658 | 0.0000 |
| 总和 | | 97.946 | | | | | | | |

## 2. 千叶短芽胞杆菌脂肪酸型聚类分析

以表 7-3-2 为矩阵，以菌株为样本，以脂肪酸为指标，以切比雪夫距离为尺度，用可变类平均法进行系统聚类；聚类结果见图 7-3-1。根据聚类结果可将 54 株千叶短芽胞杆菌分为 3 个脂肪酸型。脂肪酸 I 型包括 6 个菌株，特征为到中心的切比雪夫距离为 5.0302，15:0 anteiso 平均值为 59.86%，重要脂肪酸 15:0 anteiso、15:0 iso、17:0 anteiso、17:0 iso、16:0 iso、c16:0、16:1ω7c alcohol 的平均值分别为 59.86%、8.15%、3.50%、0.42%、6.16%、4.53%、1.93%。脂肪酸 II 型包括 29 个菌株，特征为到中心的切比雪夫距离为 2.5943，15:0 anteiso 平均值为 68.17%；重要脂肪酸 15:0 anteiso、15:0 iso、17:0 anteiso、17:0 iso、16:0 iso、c16:0、16:1ω7c alcohol 的平均值分别为 68.17%、10.92%、3.35%、0.63%、3.10%、2.76%、1.69%。脂肪酸 III 型包括 19 个菌株，特征为到中心的切比雪夫距离为 4.3945，15:0 anteiso 平均值为 70.95%；重要脂肪酸 15:0 anteiso、15:0 iso、17:0 anteiso、17:0 iso、16:0 iso、c16:0、16:1ω7c alcohol 的平均值分别为 70.95%、7.81%、3.20%、0.32%、2.85%、3.96%、1.66%。

**表 7-3-2　千叶短芽胞杆菌（*Brevibacillus choshinensis*）菌株主要脂肪酸组**

| 型 | 菌株名称 | 15:0 anteiso | 15:0 iso | 17:0 anteiso | 17:0 iso | 16:0 iso | c16:0 | 16:1ω7c alcohol |
|---|---|---|---|---|---|---|---|---|
| I | 20101207-LGF-FJAT-10008 | 57.95* | 10.19 | 2.82 | 0.00 | 7.51 | 1.91 | 5.84 |
| I | FJAT-26079-1 | 64.42 | 6.75 | 4.36 | 0.50 | 4.74 | 5.47 | 0.00 |
| I | FJAT-27378-1 | 64.15 | 6.86 | 3.60 | 0.30 | 4.82 | 4.60 | 0.25 |
| I | FJAT-27378-2 | 62.79 | 7.54 | 3.01 | 0.19 | 4.93 | 4.42 | 0.28 |
| I | FJAT-40830-1 | 62.09 | 4.88 | 4.80 | 0.67 | 2.92 | 5.77 | 2.79 |
| I | LGF-20100825-FJAT-10008 | 47.75 | 12.68 | 2.41 | 0.86 | 12.07 | 5.01 | 2.39 |
| 脂肪酸 I 型 6 个菌株平均值 | | 59.86 | 8.15 | 3.50 | 0.42 | 6.16 | 4.53 | 1.93 |
| II | 20101221-WZX-FJAT-10959 | 64.30 | 11.48 | 3.38 | 1.20 | 2.86 | 4.69 | 1.97 |
| II | 20110311-WZX-FJAT-26-1 | 69.30 | 11.61 | 6.03 | 0.00 | 0.00 | 0.00 | 0.00 |
| II | 20110314-SDG-FJAT-10620 | 69.31 | 11.71 | 3.61 | 0.50 | 2.05 | 1.47 | 2.35 |
| II | 20110314-SDG-FJAT-10620 | 70.28 | 14.07 | 3.32 | 0.63 | 2.71 | 0.95 | 1.69 |
| II | 20110504-24h-FJAT-8759 | 68.18 | 10.21 | 3.62 | 0.60 | 4.47 | 1.17 | 3.34 |
| II | 20110505-18h-FJAT-8759 | 65.72 | 8.50 | 3.68 | 0.00 | 3.25 | 1.65 | 3.47 |
| II | 20110505-WZX36h-FJAT-8759 | 69.07 | 11.88 | 3.06 | 0.58 | 4.11 | 1.02 | 2.66 |
| II | 20110508-WZX48h-FJAT-8759 | 69.21 | 10.33 | 3.74 | 0.00 | 4.57 | 0.95 | 3.29 |
| II | 20110510-wzxjl20-FJAT-8759a | 67.66 | 9.28 | 4.13 | 0.81 | 4.92 | 1.33 | 3.88 |
| II | 20110510-wzxjl30-FJAT-8759b | 70.41 | 8.43 | 5.04 | 0.63 | 4.55 | 1.45 | 3.10 |

续表

| 型 | 菌株名称 | 15:0 anteiso | 15:0 iso | 17:0 anteiso | 17:0 iso | 16:0 iso | c16:0 | 16:1ω7c alcohol |
|---|---|---|---|---|---|---|---|---|
| II | 20110510-wzxjl40-FJAT-8759c | 68.53 | 9.21 | 4.58 | 0.69 | 4.78 | 1.17 | 3.23 |
| II | 20110718-LGH-FJAT-4760 | 66.66 | 8.90 | 3.46 | 1.07 | 1.89 | 4.56 | 1.73 |
| II | 20110808-TXN-FJAT-14141 | 67.88 | 9.22 | 3.78 | 1.39 | 2.28 | 5.83 | 0.71 |
| II | 20110902-TXN-FJAT-14139 | 70.42 | 9.69 | 3.31 | 1.05 | 2.43 | 5.36 | 0.66 |
| II | 20110902-TXN-FJAT-14150 | 69.87 | 11.25 | 3.74 | 1.45 | 2.58 | 5.10 | 0.59 |
| II | 20111031-TXN-FJAT-14506 | 68.29 | 9.16 | 3.60 | 1.87 | 3.49 | 5.43 | 0.00 |
| II | 20120224-TXN-FJAT-14746 | 65.78 | 12.12 | 1.98 | 0.66 | 3.09 | 2.89 | 1.37 |
| II | 20121030-FJAT-17428-ZR | 68.60 | 8.10 | 4.18 | 1.09 | 2.69 | 5.78 | 1.10 |
| II | 20121114-FJAT-17005-zr | 66.77 | 10.71 | 2.44 | 0.00 | 4.32 | 5.12 | 0.00 |
| II | bonn-2 | 65.80 | 10.14 | 2.81 | 0.88 | 3.12 | 4.09 | 1.59 |
| II | FJAT-27431-1 | 66.87 | 13.80 | 2.01 | 0.24 | 2.68 | 3.01 | 0.27 |
| II | FJAT-27431-2 | 67.21 | 13.22 | 1.97 | 0.31 | 2.66 | 2.45 | 0.25 |
| II | FJAT-4748 | 69.23 | 8.29 | 2.96 | 1.03 | 2.53 | 5.26 | 1.15 |
| II | LGF-20100809-FJAT-8759 | 67.80 | 13.73 | 3.66 | 0.74 | 3.11 | 1.29 | 2.17 |
| II | LGF-20100818-FJAT-8759 | 69.43 | 9.17 | 4.97 | 0.00 | 4.12 | 4.46 | 1.73 |
| II | LGF-FJAT-8759 | 68.17 | 13.79 | 3.66 | 0.74 | 3.11 | 1.27 | 2.17 |
| II | LGH-FJAT-4533 | 69.81 | 13.72 | 0.00 | 0.00 | 0.00 | 0.00 | 4.57 |
| II | ljy-15-2 | 69.33 | 11.27 | 1.71 | 0.00 | 4.80 | 0.79 | 0.00 |
| II | ljy-34-5 | 67.14 | 13.60 | 2.74 | 0.00 | 2.86 | 1.36 | 0.00 |
| 脂肪酸 II 型 29 个菌株平均值 | | 68.17 | 10.92 | 3.35 | 0.63 | 3.10 | 2.76 | 1.69 |
| III | 20101230-WZX-FJAT-10680 | 70.72 | 9.14 | 3.62 | 1.25 | 2.42 | 5.19 | 0.00 |
| III | 20110104-WM-12 | 73.26 | 6.20 | 3.83 | 0.00 | 1.99 | 1.57 | 1.98 |
| III | 20110510-WZX20D-FJAT-8759 | 70.59 | 8.09 | 0.00 | 0.00 | 3.93 | 3.94 | 7.54 |
| III | 20121030-FJAT-17403-ZR | 69.39 | 7.08 | 2.82 | 0.66 | 2.99 | 6.37 | 0.95 |
| III | 2013122-CZ-FJAT-jia | 73.46 | 17.44 | 0.00 | 0.00 | 0.00 | 0.00 | 0.00 |
| III | 20140506-ZMX-FJAT-20199 | 69.88 | 4.02 | 3.41 | 0.57 | 4.21 | 2.61 | 1.87 |
| III | 20140506-ZMX-FJAT-20218 | 66.09 | 3.97 | 3.49 | 0.85 | 6.14 | 5.19 | 1.63 |
| III | FJAT-26377-1 | 70.87 | 6.79 | 7.49 | 0.28 | 1.95 | 2.47 | 1.16 |
| III | FJAT-29791-1 | 74.38 | 11.17 | 4.93 | 0.27 | 1.24 | 1.71 | 0.00 |
| III | FJAT-40830-2 | 69.69 | 4.03 | 4.31 | 0.00 | 2.30 | 3.82 | 1.98 |
| III | FJAT-40844-2 | 66.32 | 4.30 | 5.32 | 0.31 | 3.49 | 4.67 | 2.25 |
| III | LGH-FJAT-4383 | 66.27 | 9.35 | 4.10 | 0.00 | 3.02 | 3.47 | 4.25 |
| III | LGH-FJAT-4389 | 72.18 | 5.00 | 0.00 | 0.00 | 5.26 | 3.76 | 4.14 |
| III | LGH-FJAT-4531 | 68.57 | 7.26 | 4.83 | 1.87 | 5.62 | 2.51 | 2.01 |
| III | LGH-FJAT-4743 | 78.62 | 11.42 | 0.00 | 0.00 | 0.00 | 9.96 | 0.00 |
| III | SYK S-6 | 79.73 | 11.63 | 0.00 | 0.00 | 0.00 | 8.64 | 0.00 |
| III | ZXF B-11 | 67.32 | 5.28 | 6.13 | 0.00 | 4.88 | 3.95 | 1.87 |
| III | ZXF B-12 | 68.59 | 5.03 | 6.61 | 0.00 | 4.63 | 3.88 | 0.00 |
| III | ZXF B-4 | 72.03 | 11.16 | 0.00 | 0.00 | 0.00 | 1.57 | 0.00 |
| 脂肪酸 III 型 19 个菌株平均值 | | 70.95 | 7.81 | 3.20 | 0.32 | 2.85 | 3.96 | 1.66 |

续表

| 型 | 菌株名称 | 14:0 iso | 16:1ω11c | c14:0 | 17:1 iso ω10c | c18:0 | 到中心的切比雪夫距离 |
|---|---|---|---|---|---|---|---|
| I | 20101207-LGF-FJAT-10008 | 10.09 | 1.70 | 1.23 | 0.00 | 0.00 | 5.79 |
| I | FJAT-26079-1 | 9.72 | 0.54 | 1.87 | 0.00 | 0.82 | 5.54 |
| I | FJAT-27378-1 | 11.93 | 0.70 | 1.80 | 0.00 | 0.28 | 5.38 |
| I | FJAT-27378-2 | 12.96 | 0.71 | 1.77 | 0.00 | 0.20 | 4.77 |
| I | FJAT-40830-1 | 5.03 | 2.68 | 1.92 | 0.00 | 2.18 | 7.70 |
| I | LGF-20100825-FJAT-10008 | 10.35 | 0.82 | 1.51 | 0.21 | 1.27 | 14.30 |
| 脂肪酸 I 型 6 个菌株平均值 | | 10.01 | 1.19 | 1.68 | 0.04 | 0.79 | RMSTD=5.0302 |
| II | 20101221-WZX-FJAT-10959 | 3.63 | 3.21 | 1.67 | 0.60 | 0.00 | 5.04 |
| II | 20110311-WZX-FJAT-26-1 | 5.53 | 0.00 | 0.00 | 0.00 | 3.68 | 6.60 |
| II | 20110314-SDG-FJAT-10620 | 3.23 | 0.73 | 0.69 | 0.53 | 0.88 | 2.65 |
| II | 20110314-SDG-FJAT-10620 | 3.70 | 0.84 | 0.77 | 0.39 | 0.00 | 4.31 |
| II | 20110504-24h-FJAT-8759 | 4.88 | 0.82 | 0.72 | 0.41 | 0.00 | 2.90 |
| II | 20110505-18h-FJAT-8759 | 3.58 | 0.92 | 0.40 | 0.46 | 1.58 | 4.38 |
| II | 20110505-WZX36h-FJAT-8759 | 4.74 | 0.56 | 0.52 | 0.37 | 0.00 | 2.78 |
| II | 20110508-WZX48h-FJAT-8759 | 5.56 | 0.59 | 0.44 | 0.39 | 0.00 | 3.50 |
| II | 20110510-wzxjl20-FJAT-8759a | 6.11 | 0.58 | 0.50 | 0.00 | 0.00 | 4.20 |
| II | 20110510-wzxjl30-FJAT-8759b | 4.23 | 0.00 | 0.51 | 0.00 | 0.00 | 4.64 |
| II | 20110510-wzxjl40-FJAT-8759c | 4.89 | 0.61 | 0.48 | 0.34 | 0.00 | 3.65 |
| II | 20110718-LGH-FJAT-4760 | 2.30 | 4.62 | 1.49 | 0.62 | 0.47 | 5.35 |
| II | 20110808-TXN-FJAT-14141 | 2.15 | 1.94 | 2.12 | 0.28 | 0.38 | 4.64 |
| II | 20110902-TXN-FJAT-14139 | 2.43 | 1.84 | 1.55 | 0.00 | 0.68 | 4.43 |
| II | 20110902-TXN-FJAT-14150 | 2.15 | 1.55 | 1.71 | 0.00 | 0.00 | 4.06 |
| II | 20111031-TXN-FJAT-14506 | 3.98 | 0.00 | 1.99 | 0.00 | 1.35 | 4.21 |
| II | 20120224-TXN-FJAT-14746 | 6.56 | 0.88 | 1.72 | 0.25 | 0.24 | 3.81 |
| II | 20121030-FJAT-17428-ZR | 2.37 | 2.50 | 1.36 | 0.33 | 0.31 | 4.99 |
| II | 20121114-FJAT-17005-zr | 6.06 | 0.00 | 2.38 | 0.00 | 0.00 | 4.36 |
| II | bonn-2 | 4.22 | 2.58 | 1.27 | 0.00 | 1.00 | 3.34 |
| II | FJAT-27431-1 | 7.49 | 0.70 | 0.96 | 0.00 | 0.41 | 4.93 |
| II | FJAT-27431-2 | 8.25 | 0.67 | 0.84 | 0.00 | 0.34 | 5.11 |
| II | FJAT-4748 | 3.15 | 2.41 | 2.18 | 0.00 | 0.00 | 4.47 |
| II | LGF-20100809-FJAT-8759 | 3.35 | 0.75 | 0.54 | 0.53 | 0.30 | 3.47 |
| II | LGF-20100818-FJAT-8759 | 3.47 | 0.00 | 0.67 | 0.00 | 1.12 | 3.76 |
| II | LGF-FJAT-8759 | 3.35 | 0.74 | 0.53 | 0.52 | 0.30 | 3.51 |
| II | LGH-FJAT-4533 | 5.47 | 0.00 | 0.00 | 0.00 | 0.00 | 7.17 |
| II | ljy-15-2 | 5.91 | 0.00 | 1.52 | 0.00 | 0.00 | 4.25 |
| II | ljy-34-5 | 3.44 | 0.00 | 2.73 | 0.00 | 0.00 | 4.32 |
| 脂肪酸 II 型 29 个菌株平均值 | | 4.35 | 1.04 | 1.11 | 0.21 | 0.45 | RMSTD=2.5943 |
| III | 20101230-WZX-FJAT-10680 | 2.82 | 1.44 | 1.74 | 0.00 | 1.67 | 3.38 |
| III | 20110104-WM-12 | 5.67 | 1.66 | 1.60 | 0.00 | 0.00 | 4.71 |
| III | 20110510-WZX20D-FJAT-8759 | 5.92 | 0.00 | 0.00 | 0.00 | 0.00 | 7.87 |

续表

| 型 | 菌株名称 | 14:0 iso | 16:1ω11c | c14:0 | 17:1 iso ω10c | c18:0 | 到中心的切比雪夫距离 |
|---|---|---|---|---|---|---|---|
| III | 20121030-FJAT-17403-ZR | 3.52 | 1.95 | 1.96 | 0.17 | 0.69 | 3.33 |
| III | 2013122-CZ-FJAT-jia | 2.74 | 6.36 | 0.00 | 0.00 | 0.00 | 12.29 |
| III | 20140506-ZMX-FJAT-20199 | 4.18 | 4.61 | 1.81 | 0.53 | 0.00 | 4.97 |
| III | 20140506-ZMX-FJAT-20218 | 6.61 | 2.26 | 2.28 | 0.36 | 0.00 | 8.00 |
| III | FJAT-26377-1 | 1.88 | 1.64 | 1.98 | 0.25 | 0.47 | 5.15 |
| III | FJAT-29791-1 | 1.50 | 0.24 | 2.45 | 0.00 | 0.28 | 6.88 |
| III | FJAT-40830-2 | 5.31 | 2.35 | 2.12 | 0.00 | 1.11 | 4.87 |
| III | FJAT-40844-2 | 4.94 | 2.55 | 1.97 | 0.00 | 0.73 | 6.58 |
| III | LGH-FJAT-4383 | 0.00 | 5.19 | 0.00 | 0.00 | 0.00 | 7.09 |
| III | LGH-FJAT-4389 | 2.71 | 4.66 | 0.00 | 0.00 | 0.00 | 6.11 |
| III | LGH-FJAT-4531 | 2.76 | 2.96 | 1.62 | 0.00 | 0.00 | 4.64 |
| III | LGH-FJAT-4743 | 0.00 | 0.00 | 0.00 | 0.00 | 0.00 | 12.17 |
| III | SYK S-6 | 0.00 | 0.00 | 0.00 | 0.00 | 0.00 | 12.41 |
| III | ZXF B-11 | 3.57 | 5.64 | 1.37 | 0.00 | 0.00 | 6.43 |
| III | ZXF B-12 | 3.85 | 7.40 | 0.00 | 0.00 | 0.00 | 7.41 |
| III | ZXF B-4 | 3.75 | 0.00 | 0.00 | 0.00 | 0.00 | 6.93 |
| 脂肪酸 III 型 19 个菌株平均值 | | 3.25 | 2.68 | 1.10 | 0.07 | 0.26 | RMSTD=4.3945 |

*脂肪酸含量单位为%

## 3. 千叶短芽胞杆菌脂肪酸型判别模型建立

（1）分析原理。不同的千叶短芽胞杆菌菌株具有不同的脂肪酸组构成，通过上述聚类分析，可将千叶短芽胞杆菌菌株分为 3 类，利用逐步判别的方法（DPS 软件），建立千叶短芽胞杆菌菌株脂肪酸型判别模型，在建立模型的过程中，可以了解各因子对类别划分的重要性。

（2）数据矩阵。以表 7-3-2 的千叶短芽胞杆菌 54 个菌株的 12 个脂肪酸为矩阵，自变量 $x_{ij}$（$i$=1,…,54；$j$=1,…,12）由 54 个菌株的 12 个脂肪酸组成，因变量 $Y_i$（$i$=1,…,54）由 54 个菌株聚类类别组成脂肪酸型，采用贝叶斯逐步判别分析，建立千叶短芽胞杆菌菌株脂肪酸型判别模型。千叶短芽胞杆菌脂肪酸型判别模型入选因子见表 7-3-3，脂肪酸型类别间判别效果检验见表 7-3-4，模型计算后的分类验证和后验概率见表 7-3-5，脂肪酸型判别效果矩阵分析见表 7-3-6。建立的逐步判别分析因子筛选表明，以下 10 个因子入选：$x_{(1)}$=15:0 anteiso、$x_{(2)}$=15:0 iso、$x_{(3)}$=16:0 iso、$x_{(4)}$=c16:0、$x_{(5)}$=17:0 anteiso、$x_{(7)}$=17:0 iso、$x_{(8)}$=14:0 iso、$x_{(9)}$=16:1ω11c、$x_{(10)}$=c14:0、$x_{(11)}$=17:1 iso ω10c，表明这些因子对脂肪酸型的判别具有显著贡献。判别模型如下：

$$Y_1=-777.0074+18.4728x_{(1)}+11.1302x_{(2)}+20.0105x_{(3)}+6.5740x_{(4)}+10.9554x_{(5)}-0.6084x_{(7)}+12.6429x_{(8)}+12.8652x_{(9)}+13.638x_{(10)}+40.934x_{(11)} \quad (7\text{-}3\text{-}1)$$

$$Y_2=-821.9192+19.3992x_{(1)}+11.1094x_{(2)}+20.5456x_{(3)}+5.2417x_{(4)}+10.5662x_{(5)}+0.7266x_{(7)}+10.8598x_{(8)}+12.8751x_{(9)}+14.457x_{(10)}+44.7663x_{(11)} \quad (7\text{-}3\text{-}2)$$

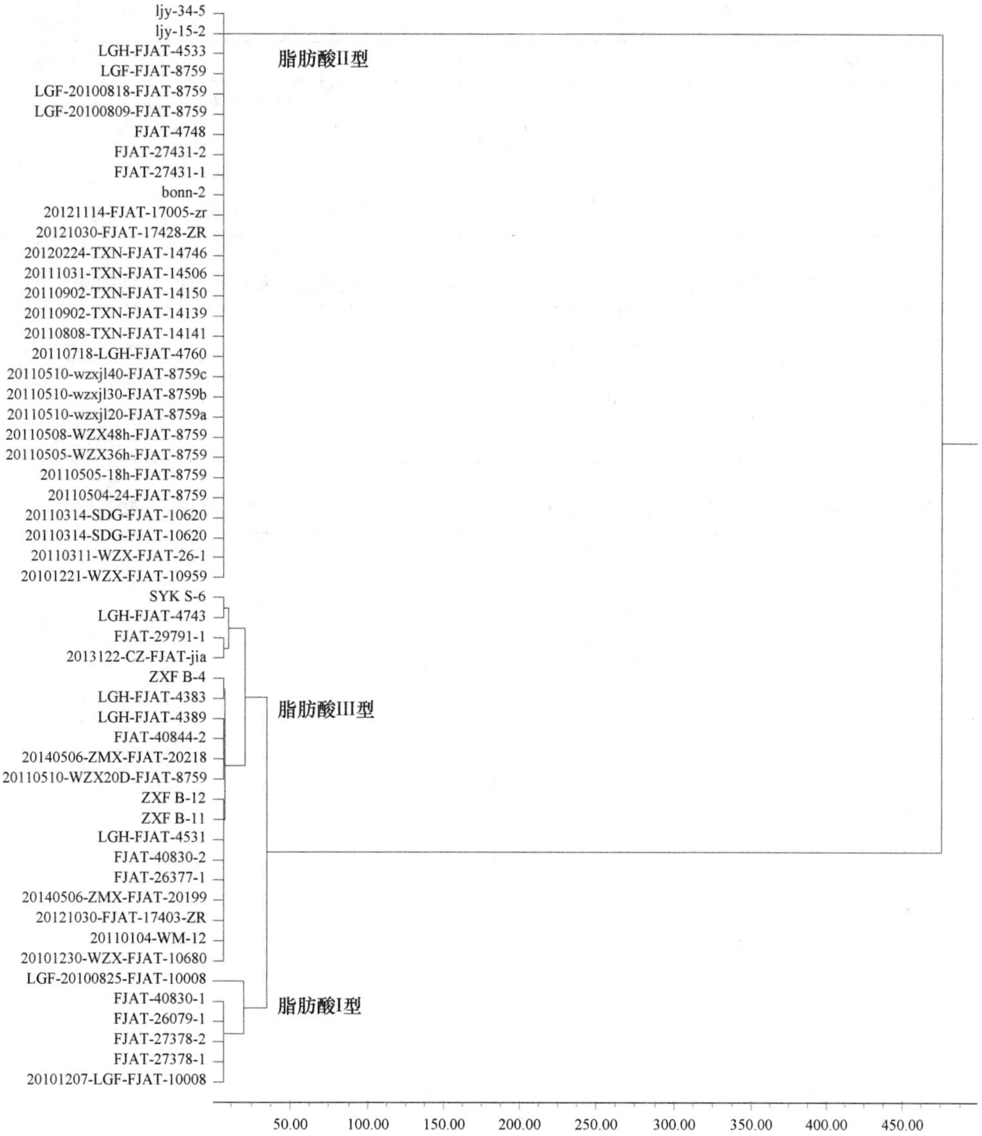


图 7-3-1　千叶短芽胞杆菌（*Brevibacillus choshinensis*）脂肪酸型聚类分析（切比雪夫距离）

**表 7-3-3　千叶短芽胞杆菌（*Brevibacillus choshinensis*）脂肪酸型判别模型入选因子**

| 脂肪酸 | Wilks 统计量 | *F* 值 | df | *P* | 入选状态 |
|---|---|---|---|---|---|
| 15:0 anteiso | 0.8039 | 5.1239 | 2，42 | 0.0093 | （已入选） |
| 15:0 iso | 0.8979 | 2.3883 | 2，42 | 0.1018 | （已入选） |
| 16:0 iso | 0.9503 | 1.0977 | 2，42 | 0.3412 | （已入选） |
| c16:0 | 0.8546 | 3.5731 | 2，42 | 0.0352 | （已入选） |
| 17:0 anteiso | 0.9400 | 1.3397 | 2，42 | 0.2708 | （已入选） |
| 16:1ω7c alcohol | 0.9939 | 0.1254 | 2，41 | 0.8825 | |
| 17:0 iso | 0.9098 | 2.0819 | 2，42 | 0.1350 | （已入选） |
| 14:0 iso | 0.7544 | 6.8359 | 2，42 | 0.0023 | （已入选） |

续表

| 脂肪酸 | Wilks 统计量 | *F* 值 | df | *P* | 入选状态 |
|---|---|---|---|---|---|
| 16:1ω11c | 0.8608 | 3.3954 | 2，42 | 0.0411 | （已入选） |
| c14:0 | 0.9709 | 0.6288 | 2，42 | 0.5372 | （已入选） |
| 17:1 iso ω10c | 0.9447 | 1.2293 | 2，42 | 0.3008 | （已入选） |
| c18:0 | 0.9921 | 0.1637 | 2，41 | 0.8496 | |

**表 7-3-4　千叶短芽胞杆菌（*Brevibacillus choshinensis*）脂肪酸型两两分类间判别效果检验**

| 脂肪酸型 *i* | 脂肪酸型 *j* | 马氏距离 | *F* 值 | 自由度 $V_1$ | $V_2$ | *P* |
|---|---|---|---|---|---|---|
| I | II | 18.9944 | 7.7765 | 10 | 24 | $2.024\times10^{-5}$ |
| I | III | 28.9822 | 10.8837 | 10 | 14 | $5.422\times10^{-5}$ |
| II | III | 6.0432 | 5.7129 | 10 | 37 | $3.943\times10^{-5}$ |

**表 7-3-5　千叶短芽胞杆菌（*Brevibacillus choshinensis*）模型计算后的分类验证和后验概率**

| 菌株编号 | 原分类 | 计算分类 | 后验概率 | 菌株编号 | 原分类 | 计算分类 | 后验概率 |
|---|---|---|---|---|---|---|---|
| 1 | 1 | 1 | 1.00 | 28 | 2 | 2 | 0.92 |
| 2 | 1 | 1 | 1.00 | 29 | 2 | 3* | 0.66 |
| 3 | 1 | 1 | 1.00 | 30 | 2 | 2 | 1.00 |
| 4 | 1 | 1 | 1.00 | 31 | 2 | 2 | 0.75 |
| 5 | 1 | 1 | 0.55 | 32 | 2 | 2 | 1.00 |
| 6 | 1 | 1 | 1.00 | 33 | 2 | 2 | 0.98 |
| 7 | 2 | 2 | 1.00 | 34 | 2 | 2 | 0.59 |
| 8 | 2 | 2 | 1.00 | 35 | 2 | 2 | 0.90 |
| 9 | 2 | 2 | 0.99 | 36 | 3 | 2* | 0.75 |
| 10 | 2 | 2 | 0.99 | 37 | 3 | 3 | 0.96 |
| 11 | 2 | 2 | 0.98 | 38 | 3 | 3 | 0.78 |
| 12 | 2 | 2 | 0.95 | 39 | 3 | 3 | 0.76 |
| 13 | 2 | 2 | 0.99 | 40 | 3 | 3 | 0.94 |
| 14 | 2 | 2 | 0.94 | 41 | 3 | 3 | 0.99 |
| 15 | 2 | 2 | 0.97 | 42 | 3 | 3 | 0.64 |
| 16 | 2 | 2 | 0.86 | 43 | 3 | 3 | 0.52 |
| 17 | 2 | 2 | 0.98 | 44 | 3 | 3 | 0.64 |
| 18 | 2 | 2 | 0.86 | 45 | 3 | 3 | 0.97 |
| 19 | 2 | 2 | 0.95 | 46 | 3 | 3 | 0.81 |
| 20 | 2 | 2 | 0.63 | 47 | 3 | 3 | 0.96 |
| 21 | 2 | 2 | 0.94 | 48 | 3 | 3 | 1.00 |
| 22 | 2 | 2 | 0.99 | 49 | 3 | 2* | 0.53 |
| 23 | 2 | 2 | 0.99 | 50 | 3 | 3 | 0.97 |
| 24 | 2 | 2 | 0.84 | 51 | 3 | 3 | 0.98 |
| 25 | 2 | 2 | 0.82 | 52 | 3 | 3 | 1.00 |
| 26 | 2 | 2 | 0.89 | 53 | 3 | 3 | 1.00 |
| 27 | 2 | 2 | 0.93 | 54 | 3 | 2* | 0.65 |

*为判错

$Y_3$=−846.2317+19.8476$x_{(1)}$+10.5506$x_{(2)}$+21.0493$x_{(3)}$+5.1782$x_{(4)}$+9.9719$x_{(5)}$−1.588$x_{(7)}$
+10.3715$x_{(8)}$+13.7613$x_{(9)}$+15.1823$x_{(10)}$+41.2594$x_{(11)}$ （7-3-3）

判别模型分类验证表明（表 7-3-5），对脂肪酸 I 型的判对概率为 1.0000；脂肪酸 II 型的判对概率为 0.9655；脂肪酸 III 型的判对概率为 0.8421；整个方程的判对概率为 0.925 93，能够精确地识别脂肪酸型（表 7-3-6）。在应用时，对被测芽胞杆菌测定脂肪酸组，将 $x_{(1)}$=15:0 anteiso、$x_{(2)}$=15:0 iso、$x_{(3)}$=16:0 iso、$x_{(4)}$=c16:0、$x_{(5)}$=17:0 anteiso、$x_{(7)}$=17:0 iso、$x_{(8)}$=14:0 iso、$x_{(9)}$=16:1ω11c、$x_{(10)}$=c14:0、$x_{(11)}$=17:1 iso ω10c 的脂肪酸百分比代入方程，计算 $Y$ 值，当 $Y_1<Y<Y_2$ 时，该芽胞杆菌为脂肪酸 I 型；当 $Y_2<Y<Y_3$ 时，属于脂肪酸 II 型；当 $Y>Y_3$ 时，属于脂肪酸 III 型。

**表 7-3-6 千叶短芽胞杆菌（*Brevibacillus choshinensis*）脂肪酸型判别效果矩阵分析**

| 来自＼判为 | 第 I 型 | 第 II 型 | 第 III 型 | 小计 | 正确率 |
|---|---|---|---|---|---|
| 第 I 型 | 6 | 0 | 0 | 6 | 1 |
| 第 II 型 | 0 | 28 | 1 | 29 | 0.9655 |
| 第 III 型 | 0 | 3 | 16 | 19 | 0.8421 |

注：判对的概率=0.935 87

## 二、副短短芽胞杆菌脂肪酸型分析

### 1. 副短短芽胞杆菌脂肪酸组测定

副短短芽胞杆菌[*Brevibacillus parabrevis*（Takagi et al. 1993）Shida et al. 1996，comb. nov.]于 1993 年由 Takagi 等以 *Bacillus parabrevis* 发表，1996 年 Shida 等将其转移到短芽胞杆菌属（*Brevibacillus*）。作者采集分离了 50 个副短短芽胞杆菌菌株，分别测定了它们的脂肪酸组，其主要脂肪酸见表 7-3-7。副短短芽胞杆菌主要脂肪酸有 12 个，占总脂肪酸含量的 93.6348%，包括 15:0 anteiso、15:0 iso、16:0 iso、c16:0、17:0 anteiso、16:1ω7c alcohol、17:0 iso、14:0 iso、16:1ω11c、c14:0、17:1 iso ω10c、c18:0，主要脂肪酸平均值分别为 51.1018%、24.0128%、3.1818%、1.8632%、3.1798%、2.8548%、1.7504%、2.4022%、1.0966%、0.7604%、1.1824%、0.2486%。

**表 7-3-7 副短短芽胞杆菌（*Brevibacillus parabrevis*）菌株主要脂肪酸组统计**

| 脂肪酸 | 菌株数 | 含量均值/% | 方差 | 标准差 | 中位数/% | 最小值/% | 最大值/% | Wilks 系数 | $P$ |
|---|---|---|---|---|---|---|---|---|---|
| 15:0 anteiso | 50 | 51.1018 | 36.0440 | 6.0037 | 52.8700 | 29.2000 | 57.2100 | 0.7436 | 0.0000 |
| 15:0 iso | 50 | 24.0128 | 70.5515 | 8.3995 | 21.4650 | 15.1500 | 53.2100 | 0.8091 | 0.0000 |
| 16:0 iso | 50 | 3.1818 | 1.9011 | 1.3788 | 3.3500 | 0.0000 | 7.3000 | 0.9672 | 0.1778 |
| c16:0 | 50 | 1.8632 | 0.9452 | 0.9722 | 1.6300 | 0.0000 | 5.2800 | 0.8805 | 0.0001 |
| 17:0 anteiso | 50 | 3.1798 | 1.5614 | 1.2496 | 3.1700 | 0.7900 | 7.1300 | 0.9788 | 0.5045 |
| 16:1ω7c alcohol | 50 | 2.8548 | 1.3224 | 1.1500 | 2.9800 | 0.0000 | 5.7600 | 0.9863 | 0.8247 |
| 17:0 iso | 50 | 1.7504 | 0.7093 | 0.8422 | 1.5650 | 0.0000 | 4.9900 | 0.7318 | 0.0000 |
| 14:0 iso | 50 | 2.4022 | 1.0118 | 1.0059 | 2.3650 | 0.7600 | 6.1900 | 0.9192 | 0.0022 |

续表

| 脂肪酸 | 菌株数 | 含量均值/% | 方差 | 标准差 | 中位数/% | 最小值/% | 最大值/% | Wilks 系数 | *P* |
|---|---|---|---|---|---|---|---|---|---|
| 16:1ω11c | 50 | 1.0966 | 0.1550 | 0.3937 | 1.0700 | 0.0000 | 2.0900 | 0.9570 | 0.0666 |
| c14:0 | 50 | 0.7604 | 0.2816 | 0.5307 | 0.6750 | 0.0000 | 3.2200 | 0.6905 | 0.0000 |
| 17:1 iso ω10c | 50 | 1.1824 | 0.9797 | 0.9898 | 1.1100 | 0.0000 | 3.5400 | 0.8933 | 0.0003 |
| c18:0 | 50 | 0.2486 | 0.1885 | 0.4341 | 0.0000 | 0.0000 | 1.5000 | 0.6373 | 0.0000 |
| 总和 | | 93.6348 | | | | | | | |

## 2. 副短短芽胞杆菌脂肪酸型聚类分析

以表 7-3-8 为矩阵，以菌株为样本，以脂肪酸为指标，以马氏距离为尺度，用可变类平均法进行系统聚类；聚类结果见图 7-3-2。根据聚类结果可将 50 株副短短芽胞杆菌分为 3 个脂肪酸型。脂肪酸 I 型包括 11 个菌株，特征为到中心的马氏距离为 8.2016，15:0 anteiso 平均值为 44.47%，重要脂肪酸 15:0 anteiso、15:0 iso、17:0 anteiso、17:0 iso、16:0 iso、c16:0、16:1ω7c alcohol 的平均值分别为 44.47%、35.19%、2.83%、1.94%、1.82%、1.13%、2.19%。脂肪酸 II 型包括 26 个菌株，特征为到中心的马氏距离为 3.0516，15:0 anteiso 平均值为 53.36%；重要脂肪酸 15:0 anteiso、15:0 iso、17:0 anteiso、17:0 iso、16:0 iso、c16:0、16:1ω7c alcohol 的平均值分别为 53.36%、20.19%、3.19%、1.58%、3.23%、1.64%、3.29%。脂肪酸 III 型包括 13 个菌株，特征为到中心的马氏距离为 3.3652，15:0 anteiso 平均值为 52.20%；重要脂肪酸 15:0 anteiso、15:0 iso、17:0 anteiso、17:0 iso、16:0 iso、c16:0、16:1ω7c alcohol 的平均值分别为 52.20%、22.20%、3.45%、1.92%、4.24%、2.94%、2.55%。

**表 7-3-8　副短短芽胞杆菌（*Brevibacillus parabrevis*）菌株主要脂肪酸组**

| 型 | 菌株名称 | 15:0 anteiso | 15:0 iso | 17:0 anteiso | 17:0 iso | 16:0 iso | c16:0 | 16:1ω7c alcohol |
|---|---|---|---|---|---|---|---|---|
| I | 20120510-LGH-FJAT-2278 | 42.14* | 39.64 | 3.09 | 2.67 | 1.82 | 2.06 | 0.75 |
| I | 20101207-LGF-FJAT-8790 | 39.16 | 43.80 | 1.50 | 1.06 | 1.65 | 0.54 | 1.96 |
| I | 20101208-WZX-FJAT-B7 | 29.20 | 49.94 | 4.72 | 2.11 | 2.95 | 0.00 | 3.20 |
| I | 20110111-SDG-FJAT-10188 | 42.29 | 33.44 | 0.98 | 1.42 | 2.03 | 0.87 | 5.76 |
| I | 20110112-SDG-FJAT-10160 | 49.06 | 31.01 | 1.42 | 1.45 | 1.43 | 0.90 | 3.04 |
| I | 20110311-SDG-FJAT-11312 | 29.68 | 53.21 | 2.31 | 2.05 | 1.53 | 1.11 | 1.49 |
| I | 20110615-WZX-FJAT-8778a | 51.77 | 30.80 | 1.24 | 1.28 | 0.00 | 0.99 | 1.69 |
| I | 20110615-WZX-FJAT-8778d | 52.84 | 30.42 | 1.13 | 1.34 | 0.44 | 0.77 | 1.57 |
| I | 20101230-WZX-FJAT-10962 | 47.88 | 26.92 | 7.13 | 4.23 | 4.88 | 2.17 | 0.81 |
| I | 20110110-WZX-FJAT-10718 | 55.92 | 17.34 | 5.30 | 1.85 | 1.89 | 1.69 | 1.72 |
| I | 20110311-SDG-FJAT-10911 | 49.24 | 30.57 | 2.33 | 1.93 | 1.39 | 1.29 | 2.06 |
| 脂肪酸 I 型 11 个菌株平均值 | | 44.47 | 35.19 | 2.83 | 1.94 | 1.82 | 1.13 | 2.19 |
| II | orgn-17 | 41.80 | 34.97 | 0.79 | 1.16 | 1.58 | 1.23 | 4.52 |
| II | 20101220-WZX-FJAT-10609 | 56.27 | 18.76 | 3.25 | 1.37 | 3.60 | 1.51 | 3.18 |
| II | 20110313-SDG-FJAT-10268 | 55.04 | 15.83 | 3.92 | 1.44 | 3.64 | 1.38 | 3.19 |
| II | 20110313-SDG-FJAT-10279 | 57.10 | 17.33 | 4.29 | 1.75 | 3.44 | 1.48 | 2.66 |

续表

| 型 | 菌株名称 | 15:0 anteiso | 15:0 iso | 17:0 anteiso | 17:0 iso | 16:0 iso | c16:0 | 16:1ω7c alcohol |
|---|---|---|---|---|---|---|---|---|
| II | 20110314-SDG-FJAT-10616 | 54.71 | 16.53 | 4.29 | 1.55 | 2.80 | 1.12 | 1.65 |
| II | 20110314-SDG-FJAT-10616 | 53.83 | 15.15 | 3.80 | 1.52 | 4.27 | 2.69 | 3.55 |
| II | 20110314-SDG-FJAT-10623 | 53.77 | 20.71 | 2.87 | 1.53 | 3.71 | 1.47 | 2.99 |
| II | 20110314-SDG-FJAT-10627 | 51.80 | 19.16 | 2.89 | 1.47 | 3.34 | 1.46 | 3.07 |
| II | 20110505-WZX18h-FJAT-8756 | 52.69 | 20.63 | 2.49 | 1.30 | 3.36 | 1.21 | 4.73 |
| II | 20110505-WZX18h-FJAT-8769 | 52.60 | 21.95 | 3.25 | 1.67 | 2.58 | 1.17 | 2.81 |
| II | 20110508-WZX48h-FJAT-8769 | 55.78 | 17.27 | 4.39 | 1.71 | 1.67 | 1.44 | 1.58 |
| II | 20110510-WZX28D-FJAT-8756 | 55.00 | 17.21 | 4.03 | 1.59 | 3.04 | 1.40 | 2.88 |
| II | 20110511-wzxjl20-FJAT-8756a | 51.67 | 22.13 | 2.42 | 1.41 | 3.49 | 1.61 | 4.28 |
| II | 20110511-wzxjl30-FJAT-8756b | 53.12 | 21.05 | 3.32 | 1.67 | 3.77 | 1.53 | 3.77 |
| II | 20110511-wzxjl40-FJAT-8756c | 55.57 | 19.34 | 2.70 | 1.19 | 3.25 | 1.41 | 3.74 |
| II | 20110511-wzxjl50-FJAT-8756d | 54.26 | 20.59 | 3.32 | 1.66 | 3.63 | 1.44 | 3.56 |
| II | 20110511-wzxjl60-FJAT-8756e | 53.84 | 20.36 | 3.05 | 1.51 | 4.20 | 1.47 | 4.19 |
| II | 20110518-wzxjl30-FJAT-8769b | 53.65 | 22.30 | 2.48 | 1.58 | 4.11 | 1.64 | 4.38 |
| II | 20110518-wzxjl40-FJAT-8769c | 52.97 | 22.83 | 2.25 | 1.49 | 3.71 | 1.67 | 4.22 |
| II | 20110518-wzxjl50-FJAT-8769d | 51.09 | 25.02 | 2.03 | 1.46 | 3.47 | 1.84 | 4.13 |
| II | CL FJK2-3-1-3 | 53.90 | 20.19 | 3.02 | 1.46 | 2.13 | 2.92 | 2.53 |
| II | CL YJK2-3-1-2 | 54.27 | 17.71 | 3.73 | 1.43 | 1.92 | 2.16 | 2.43 |
| II | JK-2NA | 52.48 | 16.38 | 3.53 | 2.09 | 3.82 | 1.95 | 2.86 |
| II | JK-2NA-XS | 52.89 | 16.49 | 3.57 | 2.12 | 3.87 | 2.08 | 2.89 |
| II | XKC17328 | 50.70 | 25.09 | 2.18 | 1.61 | 3.03 | 1.68 | 3.68 |
| II | ZXF J279 | 56.56 | 20.02 | 5.09 | 2.39 | 2.55 | 1.65 | 2.03 |
| 脂肪酸 II 型 26 个菌株平均值 | | 53.36 | 20.19 | 3.19 | 1.58 | 3.23 | 1.64 | 3.29 |
| III | 20110504-24-FJAT-8769 | 57.21 | 15.20 | 3.85 | 1.37 | 5.47 | 2.03 | 4.26 |
| III | 20111103-TXN-FJAT-14536 | 46.20 | 27.99 | 4.45 | 1.20 | 7.30 | 3.11 | 1.59 |
| III | CL FJK2-15-6-1 | 54.85 | 23.57 | 2.74 | 1.71 | 3.43 | 1.89 | 3.16 |
| III | CL-FJK2-12-5-1 | 52.85 | 18.94 | 3.04 | 1.43 | 3.19 | 2.77 | 3.16 |
| III | LGF-20100812-FJAT-8778 | 54.23 | 18.90 | 3.58 | 1.62 | 4.65 | 3.71 | 3.19 |
| III | LGF-20100812-FJAT-8787 | 50.58 | 21.26 | 3.25 | 1.62 | 4.03 | 4.05 | 2.97 |
| III | LGH-FJAT-4436 | 53.64 | 21.67 | 2.86 | 1.97 | 3.99 | 5.28 | 1.09 |
| III | LGH-FJAT-4626 | 53.15 | 24.84 | 1.99 | 0.00 | 6.35 | 4.27 | 0.00 |
| III | shida-16-4 | 48.31 | 23.49 | 5.22 | 4.99 | 4.30 | 1.76 | 3.09 |
| III | shida-17-1 | 47.34 | 24.17 | 4.26 | 4.48 | 4.60 | 2.04 | 3.42 |
| III | tqr-195 | 55.38 | 23.16 | 1.82 | 0.37 | 3.29 | 1.62 | 2.54 |
| III | ZXF JC | 52.68 | 19.13 | 4.57 | 2.20 | 3.05 | 3.19 | 2.76 |
| III | ZXF JY | 52.13 | 26.23 | 3.26 | 2.04 | 1.45 | 2.44 | 1.96 |
| 脂肪酸 III 型 13 个菌株平均值 | | 52.20 | 22.20 | 3.45 | 1.92 | 4.24 | 2.94 | 2.55 |

| 型 | 菌株名称 | 14:0 iso | 16:1ω11c | c14:0 | 17:1 iso ω10c | c18:0 | 到中心的马氏距离 |
|---|---|---|---|---|---|---|---|
| I | 20120510-LGH-FJAT-2278 | 1.22 | 1.22 | 0.57 | 1.99 | 0.44 | 5.44 |
| I | 20101207-LGF-FJAT-8790 | 1.86 | 1.61 | 0.57 | 3.34 | 0.00 | 10.31 |

续表

| 型 | 菌株名称 | 14:0 iso | 16:1ω11c | c14:0 | 17:1 iso ω10c | c18:0 | 到中心的马氏距离 |
|---|---|---|---|---|---|---|---|
| I | 20101208-WZX-FJAT-B7 | 3.03 | 0.00 | 0.00 | 1.64 | 0.00 | 21.48 |
| I | 20110111-SDG-FJAT-10188 | 3.63 | 1.73 | 0.00 | 3.54 | 0.00 | 5.40 |
| I | 20110112-SDG-FJAT-10160 | 2.16 | 1.21 | 0.62 | 2.67 | 0.00 | 6.47 |
| I | 20110311-SDG-FJAT-11312 | 1.29 | 0.69 | 0.43 | 1.92 | 0.17 | 23.35 |
| I | 20110615-WZX-FJAT-8778a | 1.30 | 2.09 | 0.75 | 3.30 | 0.47 | 9.01 |
| I | 20110615-WZX-FJAT-8778d | 1.25 | 1.69 | 0.77 | 3.06 | 0.00 | 9.98 |
| I | 20101230-WZX-FJAT-10962 | 2.80 | 0.79 | 0.00 | 1.45 | 0.00 | 10.88 |
| I | 20110110-WZX-FJAT-10718 | 0.95 | 0.68 | 0.87 | 1.10 | 0.27 | 21.44 |
| I | 20110311-SDG-FJAT-10911 | 1.14 | 1.22 | 0.62 | 3.27 | 0.00 | 6.77 |
| 脂肪酸 I 型 11 个菌株平均值 | | 1.88 | 1.18 | 0.47 | 2.48 | 0.12 | RMSTD=8.2016 |
| II | orgn-17 | 3.26 | 1.74 | 0.74 | 0.00 | 0.27 | 19.10 |
| II | 20101220-WZX-FJAT-10609 | 2.66 | 0.88 | 0.74 | 0.95 | 0.00 | 3.31 |
| II | 20110313-SDG-FJAT-10268 | 2.44 | 0.98 | 0.70 | 0.88 | 0.00 | 4.77 |
| II | 20110313-SDG-FJAT-10279 | 2.14 | 0.99 | 0.68 | 0.91 | 0.00 | 4.90 |
| II | 20110314-SDG-FJAT-10616 | 1.65 | 0.58 | 0.50 | 0.73 | 0.00 | 4.53 |
| II | 20110314-SDG-FJAT-10616 | 2.44 | 1.27 | 0.97 | 1.06 | 1.33 | 5.45 |
| II | 20110314-SDG-FJAT-10623 | 2.93 | 0.91 | 0.94 | 1.11 | 0.00 | 1.18 |
| II | 20110314-SDG-FJAT-10627 | 2.66 | 0.97 | 0.67 | 1.16 | 0.00 | 1.96 |
| II | 20110505-WZX18h-FJAT-8756 | 2.57 | 1.30 | 0.62 | 1.75 | 0.00 | 2.01 |
| II | 20110505-WZX18h-FJAT-8769 | 1.69 | 0.88 | 0.48 | 1.60 | 0.00 | 2.31 |
| II | 20110508-WZX48h-FJAT-8769 | 0.76 | 0.74 | 0.52 | 1.58 | 0.00 | 4.91 |
| II | 20110510-WZX28D-FJAT-8756 | 1.79 | 0.90 | 0.56 | 1.03 | 0.00 | 3.60 |
| II | 20110511-wzxjl20-FJAT-8756a | 2.95 | 1.21 | 0.00 | 1.52 | 0.00 | 3.05 |
| II | 20110511-wzxjl30-FJAT-8756b | 2.20 | 1.06 | 0.63 | 1.55 | 0.00 | 1.27 |
| II | 20110511-wzxjl40-FJAT-8756c | 2.53 | 1.09 | 0.64 | 1.25 | 0.00 | 2.52 |
| II | 20110511-wzxjl50-FJAT-8756d | 2.23 | 1.01 | 0.58 | 1.44 | 0.00 | 1.20 |
| II | 20110511-wzxjl60-FJAT-8756e | 2.79 | 1.08 | 0.66 | 1.37 | 0.00 | 1.55 |
| II | 20110518-wzxjl30-FJAT-8769b | 3.09 | 1.37 | 0.82 | 1.40 | 0.00 | 2.79 |
| II | 20110518-wzxjl40-FJAT-8769c | 3.18 | 1.49 | 0.86 | 1.43 | 0.00 | 3.19 |
| II | 20110518-wzxjl50-FJAT-8769d | 3.07 | 1.40 | 0.88 | 1.49 | 0.52 | 5.62 |
| II | CL FJK2-3-1-3 | 2.00 | 0.79 | 0.70 | 0.00 | 1.46 | 2.60 |
| II | CL YJK2-3-1-2 | 1.72 | 0.76 | 0.71 | 0.00 | 0.72 | 3.46 |
| II | JK-2NA | 2.27 | 1.23 | 0.60 | 1.05 | 0.48 | 4.05 |
| II | JK-2NA-XS | 2.29 | 1.25 | 0.61 | 1.11 | 0.22 | 3.89 |
| II | XKC17328 | 2.03 | 1.80 | 0.74 | 2.10 | 0.00 | 5.82 |
| II | ZXF J279 | 1.27 | 0.87 | 0.58 | 0.00 | 0.00 | 4.36 |
| 脂肪酸 II 型 26 个菌株平均值 | | 2.33 | 1.10 | 0.66 | 1.10 | 0.19 | RMSTD=3.0516 |
| III | 20110504-24-FJAT-8769 | 2.81 | 1.28 | 0.73 | 1.04 | 0.00 | 9.00 |
| III | 20111103-TXN-FJAT-14536 | 3.82 | 0.96 | 1.37 | 0.21 | 0.20 | 9.06 |
| III | CL FJK2-15-6-1 | 2.88 | 1.10 | 0.75 | 0.00 | 0.71 | 3.46 |

续表

| 型 | 菌株名称 | 14:0 iso | 16:1ω11c | c14:0 | 17:1 iso ω10c | c18:0 | 到中心的马氏距离 |
|---|---|---|---|---|---|---|---|
| III | CL-FJK2-12-5-1 | 2.51 | 0.89 | 0.83 | 0.00 | 0.00 | 3.69 |
| III | LGF-20100812-FJAT-8778 | 2.61 | 0.96 | 0.93 | 0.99 | 1.02 | 4.17 |
| III | LGF-20100812-FJAT-8787 | 2.46 | 0.87 | 1.27 | 1.13 | 1.50 | 2.69 |
| III | LGH-FJAT-4436 | 4.91 | 1.28 | 1.65 | 0.00 | 0.15 | 3.81 |
| III | LGH-FJAT-4626 | 6.19 | 0.00 | 3.22 | 0.00 | 0.00 | 6.49 |
| III | shida-16-4 | 1.56 | 1.30 | 0.51 | 0.00 | 0.00 | 5.82 |
| III | shida-17-1 | 2.28 | 1.40 | 0.57 | 0.00 | 0.00 | 6.14 |
| III | tqr-195 | 4.06 | 1.42 | 2.51 | 0.00 | 0.11 | 4.69 |
| III | ZXF JC | 1.65 | 0.92 | 0.78 | 0.00 | 1.34 | 3.91 |
| III | ZXF JY | 1.13 | 0.97 | 0.57 | 0.00 | 1.05 | 5.38 |
| 脂肪酸 III 型 13 个菌株平均值 | | 2.99 | 1.03 | 1.21 | 0.26 | 0.47 | RMSTD=3.3652 |

*脂肪酸含量单位为%

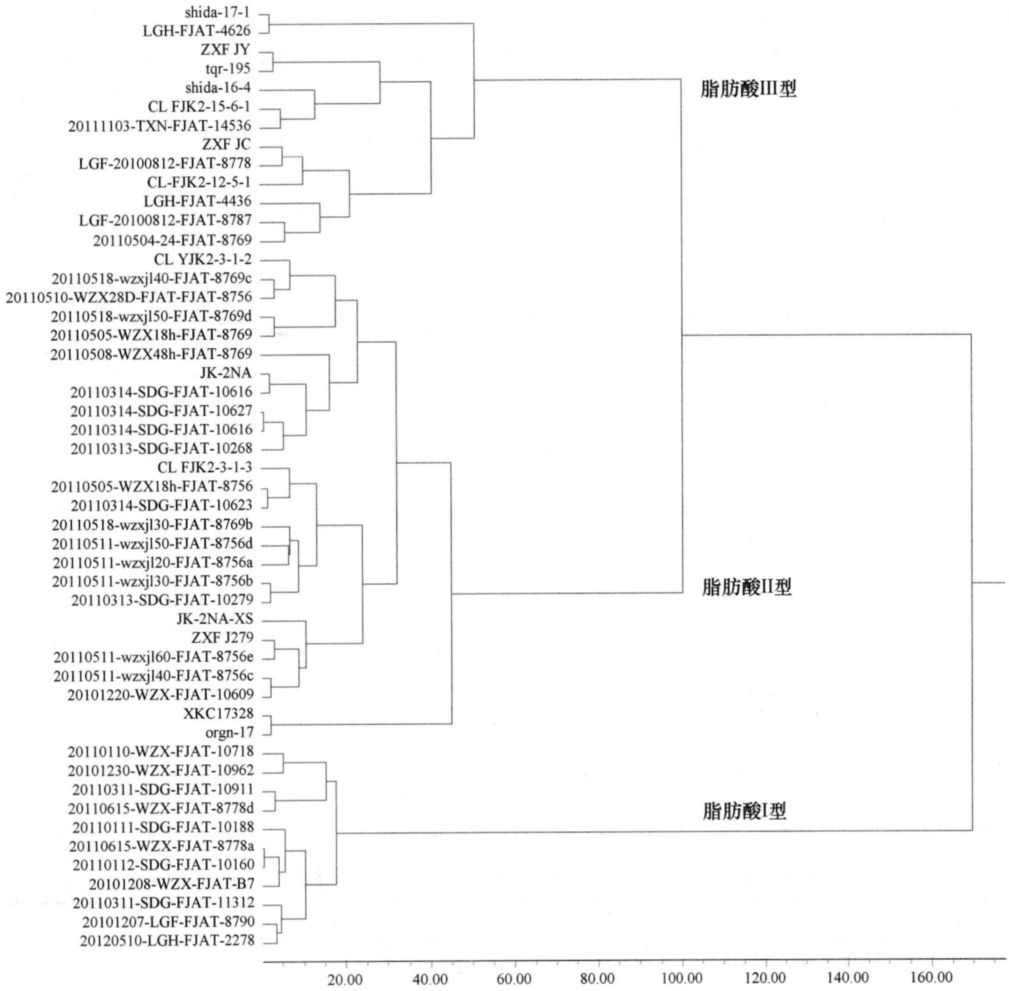


图 7-3-2　副短短芽胞杆菌（*Brevibacillus parabrevis*）脂肪酸型聚类分析（马氏距离）

### 3. 副短短芽胞杆菌脂肪酸型判别模型建立

（1）分析原理。不同的副短短芽胞杆菌菌株具有不同的脂肪酸组构成，通过上述聚类分析，可将副短短芽胞杆菌菌株分为 3 类，利用逐步判别的方法（DPS 软件），建立副短短芽胞杆菌菌株脂肪酸型判别模型，在建立模型的过程中，可以了解各因子对类别划分的重要性。

（2）数据矩阵。以表 7-3-8 的副短短芽胞杆菌 50 个菌株的 12 个脂肪酸为矩阵，自变量 $x_{ij}$（$i$=1,…,50；$j$=1,…,12）由 50 个菌株的 12 个脂肪酸组成，因变量 $Y_i$（$i$=1,…,50）由 50 个菌株聚类类别组成脂肪酸型，采用贝叶斯逐步判别分析，建立副短短芽胞杆菌菌株脂肪酸型判别模型。副短短芽胞杆菌脂肪酸型判别模型入选因子见表 7-3-9，脂肪酸型类别间判别效果检验见表 7-3-10，模型计算后的分类验证和后验概率见表 7-3-11，脂肪酸型判别效果矩阵分析见表 7-3-12。建立的逐步判别分析因子筛选表明，以下 7 个因子入选：$x_{(2)}$=15:0 iso、$x_{(3)}$=16:0 iso、$x_{(4)}$=c16:0、$x_{(5)}$=17:0 anteiso、$x_{(8)}$=14:0 iso、$x_{(10)}$=c14:0、$x_{(11)}$=17:1 iso ω10c，表明这些因子对脂肪酸型的判别具有显著贡献。判别模型如下：

$$Y_1=-128.127+2.4886x_{(2)}-18.2349x_{(3)}+3.9429x_{(4)}+26.1757x_{(5)}+16.4571x_{(8)}+17.1454x_{(10)}+33.9979x_{(11)} \quad (7\text{-}3\text{-}4)$$

$$Y_2=-57.6503+1.5863x_{(2)}-10.6221x_{(3)}+3.4286x_{(4)}+17.3337x_{(5)}+10.9912x_{(8)}+11.9097x_{(10)}+21.1786x_{(11)} \quad (7\text{-}3\text{-}5)$$

$$Y_3=-58.6977+1.6495x_{(2)}-8.1141x_{(3)}+5.6975x_{(4)}+15.3155x_{(5)}+8.497x_{(8)}+12.9338x_{(10)}+17.5397x_{(11)} \quad (7\text{-}3\text{-}6)$$

**表 7-3-9　副短短芽胞杆菌（*Brevibacillus parabrevis*）脂肪酸型判别模型入选因子**

| 脂肪酸 | Wilks 统计量 | *F* 值 | df | *P* | 入选状态 |
|---|---|---|---|---|---|
| 15:0 anteiso | 0.9702 | 0.6142 | 2，40 | 0.5461 | |
| 15:0 iso | 0.4704 | 23.0817 | 2，41 | 0.0000 | （已入选） |
| 16:0 iso | 0.5519 | 16.6449 | 2，41 | 0.0000 | （已入选） |
| c16:0 | 0.8135 | 4.6988 | 2，41 | 0.0134 | （已入选） |
| 17:0 anteiso | 0.4717 | 22.9610 | 2，41 | 0.0000 | （已入选） |
| 16:1ω7c alcohol | 0.9392 | 1.2951 | 2，40 | 0.2851 | |
| 17:0 iso | 0.9242 | 1.6411 | 2，40 | 0.2065 | |
| 14:0 iso | 0.7876 | 5.5275 | 2，41 | 0.0067 | （已入选） |
| 16:1ω11c | 0.9339 | 1.4148 | 2，40 | 0.2549 | |
| c14:0 | 0.8951 | 2.4022 | 2，41 | 0.1007 | （已入选） |
| 17:1 iso ω10c | 0.3186 | 43.8447 | 2，41 | 0.0000 | （已入选） |
| c18:0 | 0.9968 | 0.0638 | 2，40 | 0.9383 | |

**表 7-3-10　副短短芽胞杆菌（*Brevibacillus parabrevis*）脂肪酸型两两分类间判别效果检验**

| 脂肪酸型 $i$ | 脂肪酸型 $j$ | 马氏距离 | *F* 值 | 自由度 $V_1$ | $V_2$ | *P* |
|---|---|---|---|---|---|---|
| I | II | 35.1297 | 33.8397 | 7 | 29 | $1\times10^{-7}$ |
| I | III | 56.4019 | 41.8800 | 7 | 16 | $1\times10^{-7}$ |
| II | III | 7.0270 | 7.5894 | 7 | 31 | $2.448\times10^{-5}$ |

**表 7-3-11 副短短芽胞杆菌（*Brevibacillus parabrevis*）模型计算后的分类验证和后验概率**

| 菌株序号 | 原分类 | 计算分类 | 后验概率 | 菌株序号 | 原分类 | 计算分类 | 后验概率 |
|---|---|---|---|---|---|---|---|
| 1 | 1 | 1 | 1.00 | 26 | 2 | 2 | 0.99 |
| 2 | 1 | 1 | 1.00 | 27 | 2 | 2 | 0.99 |
| 3 | 1 | 1 | 1.00 | 28 | 2 | 2 | 0.98 |
| 4 | 1 | 1 | 1.00 | 29 | 2 | 2 | 0.96 |
| 5 | 1 | 1 | 1.00 | 30 | 2 | 2 | 0.98 |
| 6 | 1 | 1 | 1.00 | 31 | 2 | 2 | 0.97 |
| 7 | 1 | 1 | 1.00 | 32 | 2 | 3* | 0.76 |
| 8 | 1 | 1 | 1.00 | 33 | 2 | 2 | 0.88 |
| 9 | 1 | 1 | 1.00 | 34 | 2 | 2 | 0.94 |
| 10 | 1 | 1 | 0.82 | 35 | 2 | 2 | 0.93 |
| 11 | 1 | 1 | 1.00 | 36 | 2 | 2 | 0.99 |
| 12 | 2 | 2 | 0.85 | 37 | 2 | 2 | 0.96 |
| 13 | 2 | 2 | 0.98 | 38 | 3 | 2* | 0.57 |
| 14 | 2 | 2 | 0.99 | 39 | 3 | 3 | 1.00 |
| 15 | 2 | 2 | 0.99 | 40 | 3 | 3 | 0.67 |
| 16 | 2 | 2 | 1.00 | 41 | 3 | 3 | 0.90 |
| 17 | 2 | 2 | 0.64 | 42 | 3 | 3 | 0.96 |
| 18 | 2 | 2 | 0.98 | 43 | 3 | 3 | 0.97 |
| 19 | 2 | 2 | 0.99 | 44 | 3 | 3 | 0.99 |
| 20 | 2 | 2 | 1.00 | 45 | 3 | 3 | 1.00 |
| 21 | 2 | 2 | 1.00 | 46 | 3 | 3 | 0.65 |
| 22 | 2 | 2 | 0.86 | 47 | 3 | 3 | 0.90 |
| 23 | 2 | 2 | 1.00 | 48 | 3 | 3 | 0.60 |
| 24 | 2 | 2 | 1.00 | 49 | 3 | 3 | 0.86 |
| 25 | 2 | 2 | 0.99 | 50 | 3 | 3 | 0.57 |

*为判错

判别模型分类验证表明（表 7-3-11），对脂肪酸 I 型的判对概率为 1.0000；脂肪酸 II 型的判对概率为 0.9615；脂肪酸 III 型的判对概率为 0.9231；整个方程的判对概率为 0.9617，能够精确地识别脂肪酸型（表 7-3-12）。在应用时，对被测芽胞杆菌测定脂肪酸组，将 $x_{(2)}$=15:0 iso、$x_{(3)}$=16:0 iso、$x_{(4)}$=c16:0、$x_{(5)}$=17:0 anteiso、$x_{(8)}$=14:0 iso、$x_{(10)}$=c14:0、$x_{(11)}$=17:1 iso ω10c 的脂肪酸百分比代入方程，计算 $Y$ 值，当 $Y_1<Y<Y_2$ 时，该芽胞杆菌为脂肪酸 I 型；当 $Y_2<Y<Y_3$ 时，属于脂肪酸 II 型；当 $Y>Y_3$ 时，属于脂肪酸 III 型。

**表 7-3-12 副短短芽胞杆菌（*Brevibacillus parabrevis*）脂肪酸型判别效果矩阵分析**

| 来自＼判为 | 第 I 型 | 第 II 型 | 第 III 型 | 小计 | 正确率 |
|---|---|---|---|---|---|
| 第 I 型 | 11 | 0 | 0 | 11 | 1 |
| 第 II 型 | 0 | 25 | 1 | 26 | 0.9615 |
| 第 III 型 | 0 | 1 | 12 | 13 | 0.9231 |

注：判对的概率=0.9617

## 三、茹氏短芽胞杆菌脂肪酸型分析

### 1. 茹氏短芽胞杆菌脂肪酸组测定

茹氏短芽胞杆菌[*Brevibacillus reuszeri*(Shida et al. 1995)Shida et al. 1996，comb. nov.]于 1995 年由 Shida 等以 *Bacillus reuszeri* 发表，1996 年 Shida 等将其转移到短芽胞杆菌属（*Brevibacillus*）。作者采集分离了 57 个茹氏短芽胞杆菌菌株，分别测定了它们的脂肪酸组，其主要脂肪酸组见表 7-3-13。茹氏短芽胞杆菌的主要脂肪酸组有 12 个，占总脂肪酸含量的 97.9644%，包括 15:0 anteiso、15:0 iso、16:0 iso、c16:0、17:0 anteiso、16:1ω7c alcohol、17:0 iso、14:0 iso、16:1ω11c、c14:0、17:1 iso ω10c、c18:0，主要脂肪酸组平均值分别为 47.4923%、24.0198%、4.4632%、3.2186%、2.0930%、3.0044%、1.0842%、8.7142%、1.8400%、1.3135%、0.4982%、0.2230%。

**表 7-3-13 茹氏短芽胞杆菌（*Brevibacillus reuszeri*）菌株主要脂肪酸组统计**

| 脂肪酸 | 菌株数 | 含量均值/% | 方差 | 标准差 | 中位数/% | 最小值/% | 最大值/% | Wilks 系数 | *P* |
|---|---|---|---|---|---|---|---|---|---|
| 15:0 anteiso | 57 | 47.4923 | 19.1921 | 4.3809 | 47.9200 | 38.0100 | 55.9600 | 0.9797 | 0.4513 |
| 15:0 iso | 57 | 24.0198 | 11.4249 | 3.3801 | 23.7700 | 16.7500 | 31.3400 | 0.9893 | 0.8931 |
| 16:0 iso | 57 | 4.4632 | 4.5857 | 2.1414 | 4.5100 | 0.0000 | 10.1200 | 0.9815 | 0.5282 |
| c16:0 | 57 | 3.2186 | 2.1152 | 1.4544 | 3.3700 | 0.0000 | 6.3500 | 0.9720 | 0.2066 |
| 17:0 anteiso | 57 | 2.0930 | 1.0001 | 1.0001 | 2.1200 | 0.0000 | 5.0800 | 0.9562 | 0.0377 |
| 16:1ω7c alcohol | 57 | 3.0044 | 4.1475 | 2.0365 | 3.1900 | 0.0000 | 7.0200 | 0.9520 | 0.0241 |
| 17:0 iso | 57 | 1.0842 | 0.4560 | 0.6753 | 1.1700 | 0.0000 | 2.4400 | 0.9568 | 0.0404 |
| 14:0 iso | 57 | 8.7142 | 9.4014 | 3.0662 | 8.6800 | 3.1400 | 16.8300 | 0.9689 | 0.1495 |
| 16:1ω11c | 57 | 1.8400 | 1.8355 | 1.3548 | 1.6900 | 0.0000 | 7.2000 | 0.9172 | 0.0008 |
| c14:0 | 57 | 1.3135 | 0.6640 | 0.8149 | 1.4000 | 0.0000 | 3.8700 | 0.9454 | 0.0123 |
| 17:1 iso ω10c | 57 | 0.4982 | 0.4409 | 0.6640 | 0.0000 | 0.0000 | 2.2100 | 0.7636 | 0.0000 |
| c18:0 | 57 | 0.2230 | 0.0737 | 0.2715 | 0.1400 | 0.0000 | 1.2700 | 0.8079 | 0.0000 |
| 总和 | | 97.9644 | | | | | | | |

### 2. 茹氏短芽胞杆菌脂肪酸型聚类分析

以表 7-3-14 为矩阵，以菌株为样本，以脂肪酸为指标，以切比雪夫距离为尺度，用可变类平均法进行系统聚类；聚类结果见图 7-3-3。分析结果可将 57 株茹氏短芽胞杆菌分为 3 个脂肪酸型。脂肪酸 I 型包括 17 个菌株，特征为到中心的切比雪夫距离为 4.3495，15:0 anteiso 平均值为 51.91%，重要脂肪酸 15:0 anteiso、15:0 iso、17:0 anteiso、17:0 iso、16:0 iso、c16:0、16:1ω7c alcohol 的平均值分别为 51.91%、21.81%、1.92%、0.84%、3.51%、2.46%、3.22%。脂肪酸 II 型包括 10 个菌株，特征为到中心的切比雪夫距离为 3.0615，15:0 anteiso 平均值为 41.20%；重要脂肪酸 15:0 anteiso、15:0 iso、17:0 anteiso、17:0 iso、16:0 iso、c16:0、16:1ω7c alcohol 的平均值分别为 41.20%、28.40%、2.00%、1.32%、4.27%、3.67%、3.83%。脂肪酸 III 型包括 30 个菌株，特征为到中心的切比雪夫距离为 3.0916，

15:0 anteiso 平均值为 47.09%；重要脂肪酸 15:0 anteiso、15:0 iso、17:0 anteiso、17:0 iso、16:0 iso、c16:0、16:1ω7c alcohol 的平均值分别为 47.09%、23.81%、2.22%、1.14%、5.07%、3.50%、2.61%。

**表 7-3-14　茹氏短芽胞杆菌（*Brevibacillus reuszeri*）菌株主要脂肪酸组**

| 型 | 菌株名称 | 15:0 anteiso | 15:0 iso | 17:0 anteiso | 17:0 iso | 16:0 iso | c16:0 | 16:1ω7c alcohol |
|---|---|---|---|---|---|---|---|---|
| I | 20101208-WZX-FJAT-11710 | 54.40* | 19.11 | 1.83 | 0.97 | 5.25 | 2.64 | 1.93 |
| I | 20110505-18h-FJAT-8769 | 49.95 | 23.39 | 2.06 | 1.36 | 3.80 | 1.12 | 6.03 |
| I | 20110527-WZX28D-FJAT-8769 | 52.65 | 22.78 | 2.13 | 1.25 | 3.54 | 1.47 | 4.92 |
| I | 20110625-WZX-FJAT-10031(2)-1 | 51.85 | 23.07 | 1.56 | 0.92 | 2.17 | 2.95 | 2.26 |
| I | 20110729-LGH-FJAT-14120 | 52.45 | 19.83 | 2.54 | 0.53 | 7.18 | 3.74 | 1.69 |
| I | 20110902-YQ-FJAT-14279 | 53.03 | 20.56 | 2.57 | 1.77 | 5.10 | 6.08 | 0.00 |
| I | CAAS-Q-67 | 53.72 | 21.06 | 1.73 | 1.00 | 2.86 | 3.31 | 1.21 |
| I | CAAS-Q69 | 51.82 | 17.69 | 1.65 | 0.82 | 3.09 | 2.72 | 2.51 |
| I | CL C4-2 | 55.96 | 27.21 | 0.00 | 0.00 | 0.00 | 0.00 | 0.00 |
| I | FJAT-27347-2 | 46.76 | 16.75 | 2.89 | 0.00 | 6.22 | 3.45 | 1.92 |
| I | HGP SM23-T-3 | 50.17 | 18.69 | 5.08 | 1.28 | 4.11 | 5.30 | 0.50 |
| I | JK-2GLU | 47.85 | 26.11 | 1.38 | 1.19 | 2.65 | 1.01 | 5.14 |
| I | JK-2GLU-XS | 47.65 | 25.99 | 1.37 | 1.19 | 2.65 | 1.11 | 5.12 |
| I | LGH-FJAT-279 | 54.71 | 18.01 | 3.35 | 0.00 | 6.57 | 2.95 | 7.02 |
| I | LGH-FJAT-4405 | 49.37 | 21.82 | 2.44 | 1.99 | 4.51 | 4.03 | 1.74 |
| I | LGH-FJAT-4496 | 55.22 | 22.77 | 0.00 | 0.00 | 0.00 | 0.00 | 6.34 |
| I | LGH-FJAT-4510 | 54.92 | 25.87 | 0.00 | 0.00 | 0.00 | 0.00 | 6.34 |
| 脂肪酸 I 型 17 个菌株平均值 | | 51.91 | 21.81 | 1.92 | 0.84 | 3.51 | 2.46 | 3.22 |
| II | 20110601-LGH-FJAT-13892 | 39.19 | 28.65 | 1.63 | 1.80 | 4.21 | 4.04 | 3.42 |
| II | 20110907-zjc-C3（H1） | 40.47 | 29.90 | 2.01 | 1.89 | 5.56 | 4.42 | 0.47 |
| II | 20130329-ll-FJAT-16811 | 43.84 | 25.60 | 1.19 | 0.91 | 3.26 | 3.34 | 5.19 |
| II | 20130329-ll-FJAT-16831 | 43.54 | 30.89 | 2.95 | 1.12 | 7.31 | 3.52 | 1.14 |
| II | 20130401-ll-FJAT-16840 | 42.59 | 25.17 | 2.40 | 1.95 | 5.98 | 3.93 | 4.27 |
| II | 20130403-ll-FJAT-16926 | 38.39 | 28.52 | 1.78 | 1.90 | 5.37 | 4.66 | 3.87 |
| II | 20140325-ZEN-FJAT-22275 | 43.47 | 25.80 | 1.78 | 1.31 | 2.71 | 3.95 | 3.64 |
| II | 20140325-ZEN-FJAT-22285 | 42.80 | 27.36 | 2.59 | 1.94 | 3.42 | 3.19 | 3.90 |
| II | LGH-FJAT-4530 | 39.71 | 30.81 | 0.00 | 0.00 | 0.00 | 3.94 | 6.16 |
| II | ZXF-20091216-OrgSn-36 | 38.01 | 31.34 | 3.70 | 0.38 | 4.87 | 1.69 | 6.26 |
| 脂肪酸 II 型 10 个菌株平均值 | | 41.20 | 28.40 | 2.00 | 1.32 | 4.27 | 3.67 | 3.83 |
| III | 20110707-LGH-FJAT-4627 | 47.54 | 26.47 | 2.49 | 0.65 | 8.22 | 3.43 | 0.68 |
| III | 20110729-LGH-FJAT-14119 | 45.50 | 23.77 | 2.91 | 0.83 | 10.12 | 3.50 | 1.20 |
| III | 20110902-YQ-FJAT-14282 | 47.96 | 22.03 | 2.46 | 1.69 | 6.09 | 4.29 | 1.32 |
| III | 20110902-YQ-FJAT-14296 | 48.37 | 22.24 | 2.46 | 1.72 | 6.10 | 4.22 | 1.19 |
| III | 20120510-LGH-FJAT-2280 | 47.80 | 24.06 | 3.48 | 2.24 | 6.48 | 1.59 | 1.69 |
| III | 20121030-FJAT-17396-ZR | 43.43 | 19.74 | 2.16 | 1.12 | 8.30 | 1.71 | 6.80 |
| III | 20121107-FJAT-17044-zr | 46.46 | 26.74 | 3.62 | 0.75 | 5.29 | 2.65 | 2.12 |

续表

| 型 | 菌株名称 | 15:0 anteiso | 15:0 iso | 17:0 anteiso | 17:0 iso | 16:0 iso | c16:0 | 16:1ω7c alcohol |
|---|---|---|---|---|---|---|---|---|
| III | 20121108-FJAT-17021-zr | 50.78 | 22.80 | 2.82 | 0.72 | 7.54 | 2.20 | 0.00 |
| III | 20121109-FJAT-17034-zr | 43.03 | 28.39 | 1.57 | 0.41 | 6.81 | 1.93 | 0.32 |
| III | 20121129-LGH-FJAT-4467 | 43.16 | 23.21 | 1.75 | 1.24 | 5.61 | 2.72 | 3.29 |
| III | 20130124-LGH-FJAT-8774-36h | 48.39 | 25.35 | 3.62 | 1.11 | 3.00 | 4.70 | 0.77 |
| III | 20130323-LGH-FJAT-4596 | 49.03 | 20.58 | 1.98 | 1.18 | 4.23 | 3.56 | 3.21 |
| III | 20130327-TXN-FJAT-16652 | 48.17 | 24.55 | 0.98 | 0.59 | 1.94 | 2.76 | 3.72 |
| III | 20130327-TXN-FJAT-16671 | 41.47 | 28.46 | 1.42 | 0.32 | 3.25 | 2.16 | 0.40 |
| III | 2013122-CZ-FJAT-22320 | 48.15 | 24.08 | 2.33 | 1.65 | 4.52 | 3.29 | 3.41 |
| III | 2013122-CZ-FJAT-22333 | 49.01 | 23.92 | 2.68 | 0.00 | 5.23 | 3.62 | 3.19 |
| III | 2013122-LGH-FJAT-4616 | 46.97 | 23.28 | 2.12 | 1.17 | 2.98 | 3.07 | 4.52 |
| III | 20140325-LGH-FJAT-22058 | 46.79 | 21.07 | 2.74 | 1.66 | 3.77 | 3.61 | 2.76 |
| III | 20140325-LGH-FJAT-22058 | 47.03 | 21.17 | 2.50 | 1.40 | 3.94 | 3.37 | 3.19 |
| III | 20140325-ZEN-FJAT-22276 | 45.33 | 23.57 | 2.37 | 1.65 | 4.02 | 3.64 | 3.47 |
| III | FJAT-239601 | 44.58 | 26.78 | 1.38 | 0.89 | 2.22 | 2.95 | 4.36 |
| III | FJAT-239602 | 48.79 | 23.58 | 1.24 | 0.79 | 2.00 | 3.79 | 3.60 |
| III | LGF-20100814-FJAT-8777 | 51.50 | 25.63 | 1.94 | 1.57 | 6.28 | 4.74 | 0.00 |
| III | LGF-FJAT-8777 | 47.92 | 26.19 | 1.55 | 1.23 | 5.76 | 3.89 | 0.54 |
| III | LGH-FJAT-4501 | 48.64 | 24.32 | 1.95 | 0.00 | 3.44 | 4.45 | 5.15 |
| III | LGH-FJAT-4505 | 48.92 | 20.47 | 2.51 | 1.57 | 4.64 | 6.00 | 2.02 |
| III | LGH-FJAT-4513 | 44.99 | 24.54 | 0.00 | 0.00 | 5.64 | 2.72 | 5.66 |
| III | LGH-FJAT-4524 | 48.13 | 22.40 | 1.67 | 1.37 | 3.02 | 1.78 | 4.77 |
| III | LGH-FJAT-4553 | 49.91 | 21.83 | 3.66 | 2.37 | 6.02 | 6.35 | 1.39 |
| III | LGH-FJAT-4756 | 44.82 | 23.16 | 2.33 | 2.44 | 5.55 | 6.21 | 3.52 |
| 脂肪酸 III 型 30 个菌株平均值 | | 47.09 | 23.81 | 2.22 | 1.14 | 5.07 | 3.50 | 2.61 |

| 型 | 菌株名称 | 14:0 iso | 16:1ω11c | c14:0 | 17:1 iso ω10c | c18:0 | 到中心的切比雪夫距离 |
|---|---|---|---|---|---|---|---|
| I | 20101208-WZX-FJAT-11710 | 10.06 | 1.05 | 1.44 | 0.26 | 0.09 | 4.66 |
| I | 20110505-18h-FJAT-8769 | 3.14 | 1.50 | 0.56 | 2.14 | 0.00 | 6.80 |
| I | 20110527-WZX28D-FJAT-8769 | 3.36 | 1.41 | 0.83 | 1.46 | 0.00 | 5.59 |
| I | 20110625-WZX-FJAT-10031(2)-1 | 6.87 | 3.00 | 1.49 | 0.92 | 0.00 | 3.01 |
| I | 20110729-LGH-FJAT-14120 | 5.27 | 0.35 | 2.04 | 0.00 | 1.27 | 5.93 |
| I | 20110902-YQ-FJAT-14279 | 6.56 | 2.67 | 1.66 | 0.00 | 0.00 | 5.91 |
| I | CAAS-Q-67 | 9.55 | 1.83 | 1.88 | 0.00 | 0.11 | 3.38 |
| I | CAAS-Q69 | 13.75 | 2.55 | 1.22 | 0.00 | 0.19 | 6.96 |
| I | CL C4-2 | 16.83 | 0.00 | 0.00 | 0.00 | 0.00 | 12.46 |
| I | FJAT-27347-2 | 14.74 | 1.96 | 3.45 | 0.00 | 0.70 | 10.53 |
| I | HGP SM23-T-3 | 9.19 | 1.46 | 1.84 | 0.00 | 0.57 | 6.35 |
| I | JK-2GLU | 3.77 | 1.49 | 0.69 | 2.20 | 0.14 | 8.11 |
| I | JK-2GLU-XS | 3.74 | 1.49 | 0.66 | 2.21 | 0.18 | 8.14 |
| I | LGH-FJAT-279 | 4.63 | 0.00 | 0.00 | 0.00 | 0.00 | 8.18 |
| I | LGH-FJAT-4405 | 6.42 | 1.34 | 1.90 | 0.00 | 0.46 | 4.27 |

续表

| 型 | 菌株名称 | 14:0 iso | 16:1ω11c | c14:0 | 17:1 iso ω10c | c18:0 | 到中心的切比雪夫距离 |
|---|---|---|---|---|---|---|---|
| I | LGH-FJAT-4496 | 10.75 | 4.93 | 0.00 | 0.00 | 0.00 | 7.95 |
| I | LGH-FJAT-4510 | 12.87 | 0.00 | 0.00 | 0.00 | 0.00 | 9.11 |
| 脂肪酸 I 型 17 个菌株平均值 | | 8.32 | 1.59 | 1.16 | 0.54 | 0.22 | RMSTD=4.3495 |
| II | 20110601-LGH-FJAT-13892 | 9.61 | 3.43 | 1.40 | 1.14 | 0.00 | 3.13 |
| II | 20110907-zjc-C3（H1） | 6.31 | 1.23 | 3.87 | 0.38 | 0.34 | 5.09 |
| II | 20130329-ll-FJAT-16811 | 7.78 | 3.47 | 1.92 | 1.25 | 0.49 | 4.42 |
| II | 20130329-ll-FJAT-16831 | 5.21 | 0.33 | 1.88 | 0.34 | 0.72 | 6.39 |
| II | 20130401-ll-FJAT-16840 | 7.11 | 2.06 | 1.41 | 1.37 | 0.36 | 4.13 |
| II | 20130403-ll-FJAT-16926 | 7.13 | 2.52 | 1.71 | 1.32 | 0.52 | 3.31 |
| II | 20140325-ZEN-FJAT-22275 | 9.03 | 3.11 | 1.60 | 1.09 | 0.19 | 4.12 |
| II | 20140325-ZEN-FJAT-22285 | 5.48 | 2.88 | 1.03 | 1.54 | 0.14 | 3.22 |
| II | LGH-FJAT-4530 | 9.51 | 7.20 | 0.00 | 0.00 | 0.00 | 8.04 |
| II | ZXF-20091216-OrgSn-36 | 8.16 | 1.11 | 0.89 | 0.10 | 0.81 | 6.08 |
| 脂肪酸 II 型 10 个菌株平均值 | | 7.53 | 2.73 | 1.57 | 0.85 | 0.36 | RMSTD=3.0615 |
| III | 20110707-LGH-FJAT-4627 | 5.90 | 0.32 | 2.24 | 0.00 | 0.59 | 6.00 |
| III | 20110729-LGH-FJAT-14119 | 6.11 | 0.35 | 2.29 | 0.00 | 0.48 | 6.63 |
| III | 20110902-YQ-FJAT-14282 | 11.11 | 1.47 | 1.59 | 0.00 | 0.00 | 3.33 |
| III | 20110902-YQ-FJAT-14296 | 10.64 | 1.46 | 1.60 | 0.00 | 0.00 | 3.18 |
| III | 20120510-LGH-FJAT-2280 | 8.61 | 0.52 | 0.52 | 0.70 | 0.22 | 3.53 |
| III | 20121030-FJAT-17396-ZR | 8.68 | 1.22 | 0.68 | 1.71 | 0.34 | 8.00 |
| III | 20121107-FJAT-17044-zr | 8.90 | 0.60 | 0.90 | 0.00 | 0.00 | 3.71 |
| III | 20121108-FJAT-17021-zr | 11.53 | 0.00 | 0.71 | 0.00 | 0.00 | 6.17 |
| III | 20121109-FJAT-17034-zr | 14.37 | 0.00 | 0.85 | 0.00 | 0.28 | 8.81 |
| III | 20121129-LGH-FJAT-4467 | 13.79 | 1.93 | 1.15 | 0.49 | 0.25 | 6.11 |
| III | 20130124-LGH-FJAT-8774-36h | 9.70 | 1.07 | 1.75 | 0.00 | 0.00 | 4.00 |
| III | 20130323-LGH-FJAT-4596 | 9.92 | 2.40 | 1.40 | 0.64 | 0.28 | 4.04 |
| III | 20130327-TXN-FJAT-16652 | 8.57 | 3.72 | 2.10 | 1.06 | 0.00 | 4.58 |
| III | 20130327-TXN-FJAT-16671 | 14.99 | 0.39 | 1.83 | 0.00 | 0.13 | 9.93 |
| III | 2013122-CZ-FJAT-22320 | 8.81 | 2.25 | 1.50 | 0.00 | 0.00 | 1.80 |
| III | 2013122-CZ-FJAT-22333 | 9.38 | 1.69 | 1.28 | 0.00 | 0.00 | 2.40 |
| III | 2013122-LGH-FJAT-4616 | 8.37 | 2.49 | 1.04 | 1.25 | 0.40 | 3.32 |
| III | 20140325-LGH-FJAT-22058 | 8.67 | 1.79 | 1.30 | 0.75 | 0.43 | 3.24 |
| III | 20140325-LGH-FJAT-22058 | 10.80 | 1.96 | 1.19 | 0.83 | 0.54 | 3.37 |
| III | 20140325-ZEN-FJAT-22276 | 8.67 | 2.46 | 1.41 | 1.15 | 0.17 | 2.64 |
| III | FJAT-239601 | 9.31 | 2.58 | 1.18 | 1.03 | 0.39 | 5.35 |
| III | FJAT-239602 | 8.27 | 2.70 | 1.49 | 0.87 | 0.47 | 4.13 |
| III | LGF-20100814-FJAT-8777 | 5.29 | 0.00 | 2.48 | 0.00 | 0.00 | 7.32 |
| III | LGF-FJAT-8777 | 5.69 | 0.64 | 2.41 | 0.20 | 0.46 | 5.23 |

续表

| 型 | 菌株名称 | 14:0 iso | 16:1ω11c | c14:0 | 17:1 iso ω10c | c18:0 | 到中心的切比雪夫距离 |
|---|---|---|---|---|---|---|---|
| III | LGH-FJAT-4501 | 9.15 | 2.91 | 0.00 | 0.00 | 0.00 | 4.18 |
| III | LGH-FJAT-4505 | 9.67 | 2.52 | 1.68 | 0.00 | 0.00 | 4.76 |
| III | LGH-FJAT-4513 | 12.90 | 3.55 | 0.00 | 0.00 | 0.00 | 6.29 |
| III | LGH-FJAT-4524 | 8.99 | 3.08 | 0.00 | 0.00 | 0.00 | 4.38 |
| III | LGH-FJAT-4553 | 5.67 | 1.46 | 1.35 | 0.00 | 0.00 | 6.29 |
| III | LGH-FJAT-4756 | 7.42 | 2.98 | 1.58 | 0.00 | 0.00 | 4.61 |
| 脂肪酸 III 型 30 个菌株平均值 | | 9.33 | 1.68 | 1.32 | 0.36 | 0.18 | RMSTD=3.0916 |

*脂肪酸含量单位为%

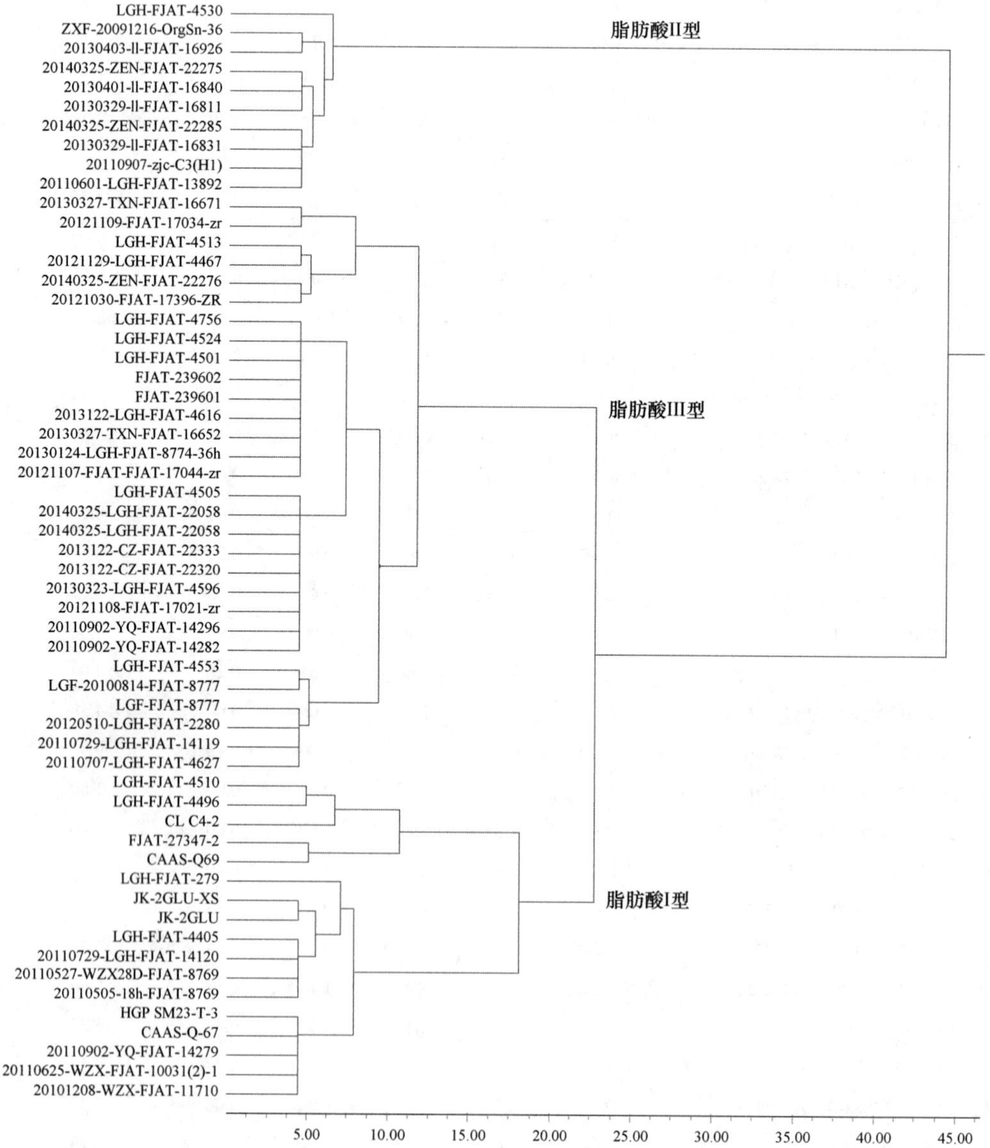


图 7-3-3　茹氏短芽胞杆菌（*Brevibacillus reuszeri*）脂肪酸型聚类分析（切比雪夫距离）

### 3. 茹氏短芽胞杆菌脂肪酸型判别模型建立

（1）分析原理。不同的茹氏短芽胞杆菌菌株具有不同的脂肪酸组构成，通过上述聚类分析，可将茹氏短芽胞杆菌菌株分为 3 类，利用逐步判别的方法（DPS 软件），建立茹氏短芽胞杆菌菌株脂肪酸型判别模型，在建立模型的过程中，可以了解各因子对类别划分的重要性。

（2）数据矩阵。以表 7-3-14 的茹氏短芽胞杆菌 57 个菌株的 12 个脂肪酸为矩阵，自变量 $x_{ij}$（$i$=1,…,57；$j$=1,…,12）由 57 个菌株的 12 个脂肪酸组成，因变量 $Y_i$（$i$=1,…,57）由 57 个菌株聚类类别组成脂肪酸型，采用贝叶斯逐步判别分析，建立茹氏短芽胞杆菌菌株脂肪酸型判别模型。茹氏短芽胞杆菌脂肪酸型判别模型入选因子见表 7-3-15，脂肪酸型类别间判别效果检验见表 7-3-16，模型计算后的分类验证和后验概率见表 7-3-17，脂肪酸型判别效果矩阵分析见表 7-3-18。建立的逐步判别分析因子筛选表明，以下 10 个因子入选：$x_{(2)}$=15:0 iso、$x_{(3)}$=16:0 iso、$x_{(4)}$=c16:0、$x_{(5)}$=17:0 anteiso、$x_{(6)}$=16:1ω7c alcohol、$x_{(7)}$=17:0 iso、$x_{(8)}$=14:0 iso、$x_{(9)}$=16:1ω11c、$x_{(10)}$=c14:0、$x_{(12)}$=c18:0，表明这些因子对脂肪酸型的判别具有显著贡献。判别模型如下：

$$Y_1=-265.0312+13.4081x_{(2)}+8.4705x_{(3)}+8.266x_{(4)}+13.967x_{(5)}+13.3907x_{(6)}+19.8306x_{(7)}+8.4284x_{(8)}+9.3319x_{(9)}+12.8895x_{(10)}+5.4765x_{(12)} \quad (7\text{-}3\text{-}7)$$

$$Y_2=-417.3434+16.999x_{(2)}+10.7892x_{(3)}+10.5553x_{(4)}+16.6014x_{(5)}+16.2342x_{(6)}+25.167x_{(7)}+10.1407x_{(8)}+12.5959x_{(9)}+15.2275x_{(10)}+10.1962x_{(12)} \quad (7\text{-}3\text{-}8)$$

$$Y_3=-331.2957+14.9818x_{(2)}+9.9422x_{(3)}+9.6993x_{(4)}+15.0061x_{(5)}+14.6199x_{(6)}+22.3874x_{(7)}+9.4388x_{(8)}+10.5704x_{(9)}+13.3519x_{(10)}+5.4829x_{(12)} \quad (7\text{-}3\text{-}9)$$

**表 7-3-15　茹氏短芽胞杆菌（*Brevibacillus reuszeri*）脂肪酸型判别模型入选因子**

| 脂肪酸 | Wilks 统计量 | *F* 值 | df | *P* | 入选状态 |
|---|---|---|---|---|---|
| 15:0 anteiso | 0.9878 | 0.2710 | 2，44 | 0.7638 | |
| 15:0 iso | 0.2554 | 65.6015 | 2，45 | 0.0000 | （已入选） |
| 16:0 iso | 0.7242 | 8.5669 | 2，45 | 0.0006 | （已入选） |
| c16:0 | 0.8971 | 2.5803 | 2，45 | 0.0849 | （已入选） |
| 17:0 anteiso | 0.9354 | 1.5539 | 2，45 | 0.2206 | （已入选） |
| 16:1ω7c alcohol | 0.7993 | 5.6501 | 2，45 | 0.0059 | （已入选） |
| 17:0 iso | 0.8459 | 4.0986 | 2，45 | 0.0219 | （已入选） |
| 14:0 iso | 0.6841 | 10.3895 | 2，45 | 0.0001 | （已入选） |
| 16:1ω11c | 0.8678 | 3.4282 | 2，45 | 0.0395 | （已入选） |
| c14:0 | 0.9557 | 1.0421 | 2，45 | 0.3596 | （已入选） |
| 17:1 iso ω10c | 0.9784 | 0.4867 | 2，44 | 0.6179 | |
| c18:0 | 0.9420 | 1.3848 | 2，45 | 0.2590 | （已入选） |

**表 7-3-16　茹氏短芽胞杆菌（*Brevibacillus reuszeri*）脂肪酸型两两分类间判别效果检验**

| 脂肪酸型 *i* | 脂肪酸型 *j* | 马氏距离 | *F* 值 | 自由度 $V_1$ | $V_2$ | *P* |
|---|---|---|---|---|---|---|
| I | II | 36.7534 | 19.2842 | 10 | 16 | $4.433\times10^{-7}$ |
| I | III | 8.4846 | 7.6722 | 10 | 36 | $2.075\times10^{-6}$ |
| II | III | 13.0176 | 8.1360 | 10 | 29 | $4.294\times10^{-6}$ |

表 7-3-17 茹氏短芽胞杆菌（*Brevibacillus reuszeri*）模型计算后的分类验证和后验概率

| 菌株序号 | 原分类 | 计算分类 | 后验概率 | 菌株序号 | 原分类 | 计算分类 | 后验概率 |
|---|---|---|---|---|---|---|---|
| 1 | 1 | 1 | 0.99 | 30 | 3 | 3 | 1.00 |
| 2 | 1 | 1 | 0.97 | 31 | 3 | 3 | 1.00 |
| 3 | 1 | 1 | 1.00 | 32 | 3 | 3 | 0.99 |
| 4 | 1 | 1 | 0.98 | 33 | 3 | 3 | 0.98 |
| 5 | 1 | 1 | 1.00 | 34 | 3 | 3 | 1.00 |
| 6 | 1 | 3* | 0.69 | 35 | 3 | 3 | 0.77 |
| 7 | 1 | 1 | 0.99 | 36 | 3 | 3 | 0.99 |
| 8 | 1 | 1 | 0.99 | 37 | 3 | 3 | 0.99 |
| 9 | 1 | 1 | 1.00 | 38 | 3 | 3 | 0.99 |
| 10 | 1 | 1 | 0.72 | 39 | 3 | 3 | 0.66 |
| 11 | 1 | 1 | 0.82 | 40 | 3 | 3 | 0.75 |
| 12 | 1 | 1 | 0.92 | 41 | 3 | 3 | 1.00 |
| 13 | 1 | 1 | 0.93 | 42 | 3 | 3 | 0.99 |
| 14 | 1 | 1 | 1.00 | 43 | 3 | 3 | 0.98 |
| 15 | 1 | 1 | 0.54 | 44 | 3 | 3 | 0.92 |
| 16 | 1 | 1 | 0.99 | 45 | 3 | 3 | 0.56 |
| 17 | 1 | 1 | 0.99 | 46 | 3 | 3 | 0.90 |
| 18 | 2 | 2 | 1.00 | 47 | 3 | 3 | 0.99 |
| 19 | 2 | 2 | 1.00 | 48 | 3 | 3 | 0.77 |
| 20 | 2 | 2 | 0.79 | 49 | 3 | 1* | 0.52 |
| 21 | 2 | 2 | 0.99 | 50 | 3 | 3 | 0.96 |
| 22 | 2 | 2 | 0.85 | 51 | 3 | 3 | 0.93 |
| 23 | 2 | 2 | 1.00 | 52 | 3 | 3 | 0.99 |
| 24 | 2 | 3* | 0.63 | 53 | 3 | 3 | 0.99 |
| 25 | 2 | 2 | 0.85 | 54 | 3 | 3 | 0.99 |
| 26 | 2 | 2 | 1.00 | 55 | 3 | 3 | 0.63 |
| 27 | 2 | 2 | 1.00 | 56 | 3 | 3 | 1.00 |
| 28 | 3 | 3 | 0.99 | 57 | 3 | 3 | 0.51 |
| 29 | 3 | 3 | 1.00 | | | | |

*为判错

表 7-3-18 茹氏短芽胞杆菌（*Brevibacillus reuszeri*）脂肪酸型判别效果矩阵分析

| 来自 \ 判为 | 第 I 型 | 第 II 型 | 第 III 型 | 小计 | 正确率 |
|---|---|---|---|---|---|
| 第 I 型 | 16 | 0 | 1 | 17 | 0.9412 |
| 第 II 型 | 0 | 9 | 1 | 10 | 0.9000 |
| 第 III 型 | 1 | 0 | 29 | 30 | 0.9667 |

注：判对的概率=0.9360

判别模型分类验证表明（表 7-3-17），对脂肪酸 I 型的判对概率为 0.9412；脂肪酸 II 型的判对概率为 0.9000；脂肪酸 III 型的判对概率为 0.9667；整个方程的判对概率为

0.9360，能够精确地识别脂肪酸型（表 7-3-18）。在应用时，对被测芽胞杆菌测定脂肪酸组，将 $x_{(2)}$=15:0 iso、$x_{(3)}$=16:0 iso、$x_{(4)}$=c16:0、$x_{(5)}$=17:0 anteiso、$x_{(6)}$=16:1ω7c alcohol、$x_{(7)}$=17:0 iso、$x_{(8)}$=14:0 iso、$x_{(9)}$=16:1ω11c、$x_{(10)}$=c14:0、$x_{(12)}$=c18:0 的脂肪酸百分比代入方程，计算 $Y$ 值，当 $Y_1<Y<Y_2$ 时，该芽胞杆菌为脂肪酸 I 型；当 $Y_2<Y<Y_3$ 时，属于脂肪酸 II 型；当 $Y>Y_3$ 时，属于脂肪酸 III 型。

# 第四节　类芽胞杆菌属脂肪酸种下分型

## 一、幼虫类芽胞杆菌脂肪酸型分析

### 1. 幼虫类芽胞杆菌脂肪酸组检测

幼虫类芽胞杆菌[*Paenibacillus larvae*（White 1906）Ash et al. 1994，comb. nov.]于 1906 年由 White 以 *Bacillus larvae* 发表，1994 年 Ash 等将其转移到类芽胞杆菌属（*Paenibacillus*）。作者采集分离了 16 个幼虫类芽胞杆菌菌株，分别测定了它们的脂肪酸组，主要脂肪酸组见表 7-4-1。幼虫类芽胞杆菌的主要脂肪酸组有 12 个，占总脂肪酸含量的 96.6689%，包括 15:0 anteiso、15:0 iso、16:0 iso、c16:0、17:0 anteiso、16:1ω7c alcohol、17:0 iso、14:0 iso、16:1ω11c、c14:0、17:1 iso ω10c、c18:0，主要脂肪酸组平均值分别为 35.7163%、16.3194%、3.7963%、15.5475%、11.3613%、0.1100%、7.1881%、1.6244%、1.4831%、1.5981%、0.4138%、1.5106%。

**表 7-4-1　幼虫类芽胞杆菌（*Paenibacillus larvae*）菌株主要脂肪酸组统计**

| 脂肪酸 | 菌株数 | 含量均值/% | 方差 | 标准差 | 中位数/% | 最小值/% | 最大值/% | Wilks 系数 | P |
|---|---|---|---|---|---|---|---|---|---|
| 15:0 anteiso | 16 | 35.7163 | 36.1681 | 6.0140 | 38.8600 | 22.5500 | 41.7400 | 0.8351 | 0.0083 |
| 15:0 iso | 16 | 16.3194 | 19.1959 | 4.3813 | 17.8750 | 8.2600 | 22.1600 | 0.8564 | 0.0169 |
| 16:0 iso | 16 | 3.7963 | 1.3233 | 1.1503 | 3.6200 | 1.8700 | 6.8600 | 0.9242 | 0.1969 |
| c16:0 | 16 | 15.5475 | 78.5848 | 8.8648 | 11.4300 | 7.2800 | 35.2300 | 0.8110 | 0.0038 |
| 17:0 anteiso | 16 | 11.3613 | 9.4731 | 3.0778 | 12.3200 | 4.4700 | 15.8200 | 0.9057 | 0.0992 |
| 16:1ω7c alcohol | 16 | 0.1100 | 0.0385 | 0.1961 | 0.0000 | 0.0000 | 0.6200 | 0.6413 | 0.0000 |
| 17:0 iso | 16 | 7.1881 | 9.8321 | 3.1356 | 7.7300 | 1.5600 | 12.6000 | 0.9498 | 0.4865 |
| 14:0 iso | 16 | 1.6244 | 2.3846 | 1.5442 | 1.2300 | 0.0000 | 7.0200 | 0.6023 | 0.0000 |
| 16:1ω11c | 16 | 1.4831 | 3.0949 | 1.7592 | 0.6450 | 0.0000 | 5.0300 | 0.7353 | 0.0004 |
| c14:0 | 16 | 1.5981 | 1.1899 | 1.0908 | 1.4300 | 0.0000 | 4.1700 | 0.9188 | 0.1614 |
| 17:1 iso ω10c | 16 | 0.4138 | 0.2019 | 0.4494 | 0.3850 | 0.0000 | 1.7600 | 0.8035 | 0.0030 |
| c18:0 | 16 | 1.5106 | 1.2582 | 1.1217 | 1.0900 | 0.0000 | 3.6600 | 0.9043 | 0.0941 |
| 总和 | | 96.6689 | | | | | | | |

### 2. 幼虫类芽胞杆菌脂肪酸型聚类分析

以表 7-4-2 为矩阵，以菌株为样本，以脂肪酸为指标，以马氏距离为尺度，用可变类平均法进行系统聚类；聚类结果见图 7-4-1。分析结果可将 16 株幼虫类芽胞杆菌分为

3 个脂肪酸型。脂肪酸 I 型包括 4 个菌株，特征为到中心的马氏距离为 5.9586，15:0 anteiso 平均值为 27.82%，重要脂肪酸 15:0 anteiso、15:0 iso、17:0 anteiso、17:0 iso、16:0 iso、c16:0、16:1ω7c alcohol 的平均值分别为 27.82%、13.10%、9.56%、4.00%、3.48%、27.44%、0.20%。脂肪酸 II 型包括 8 个菌株，特征为到中心的马氏距离为 6.0238，15:0 anteiso 平均值为 37.51%；重要脂肪酸 15:0 anteiso、15:0 iso、17:0 anteiso、17:0 iso、16:0 iso、c16:0、16:1ω7c alcohol 的平均值分别为 37.51%、16.77%、11.40%、7.60%、3.92%、12.48%、0.08%。脂肪酸 III 型包括 4 个菌株，特征为到中心的马氏距离为 2.5764，15:0 anteiso 平均值为 40.02%；重要脂肪酸 15:0 anteiso、15:0 iso、17:0 anteiso、17:0 iso、16:0 iso、c16:0、16:1ω7c alcohol 的平均值分别为 40.02%、18.64%、13.08%、9.56%、3.86%、9.78%、0.08%。

**表 7-4-2 幼虫类芽胞杆菌（*Paenibacillus larvae*）菌株主要脂肪酸组**

| 型 | 菌株名称 | 15:0 anteiso | 15:0 iso | 17:0 anteiso | 17:0 iso | 16:0 iso | c16:0 | 16:1ω7c alcohol |
|---|---|---|---|---|---|---|---|---|
| I | 20110625-WZX-FJAT-10034-1 | 29.89* | 16.71 | 13.16 | 4.79 | 3.84 | 23.72 | 0.00 |
| I | 20110808-TXN-FJAT-14171 | 25.10 | 10.10 | 7.99 | 3.74 | 2.72 | 35.23 | 0.43 |
| I | 20120509-LGH-FJAT-23308 | 33.75 | 9.72 | 4.47 | 1.61 | 4.25 | 28.58 | 0.00 |
| I | 20130129-ZMX-FJAT-17710 | 22.55 | 15.87 | 12.63 | 5.84 | 3.10 | 22.23 | 0.38 |
| 脂肪酸 I 型 4 个菌株平均值 | | 27.82 | 13.10 | 9.56 | 4.00 | 3.48 | 27.44 | 0.20 |
| II | FJAT-41666-1 | 31.10 | 8.26 | 5.93 | 1.56 | 6.86 | 27.64 | 0.62 |
| II | shufen-T3-3（gu） | 31.19 | 9.71 | 13.77 | 5.34 | 4.91 | 14.20 | 0.00 |
| II | 20101221-WZX-FJAT-10863 | 39.25 | 18.23 | 12.01 | 9.88 | 3.50 | 8.58 | 0.00 |
| II | 20101221-WZX-FJAT-10956 | 40.52 | 22.16 | 9.28 | 9.62 | 3.47 | 10.58 | 0.00 |
| II | 20110110-SDG-FJAT-10726 | 41.25 | 17.81 | 13.28 | 7.42 | 1.87 | 11.69 | 0.00 |
| II | 20110601-LGH-FJAT-13929 | 38.32 | 19.80 | 11.33 | 9.11 | 4.10 | 8.41 | 0.00 |
| II | 20110601-LGH-FJAT-13941 | 39.95 | 17.23 | 13.97 | 8.93 | 3.74 | 9.28 | 0.00 |
| II | 20120615-LGH-FJAT-10502 | 38.50 | 20.95 | 11.66 | 8.94 | 2.94 | 9.50 | 0.00 |
| 脂肪酸 II 型 8 个菌株平均值 | | 37.51 | 16.77 | 11.40 | 7.60 | 3.92 | 12.48 | 0.08 |
| III | 20130308-TXN-FJAT-16041 | 41.74 | 18.56 | 10.17 | 7.87 | 3.46 | 11.17 | 0.00 |
| III | FJAT-27713-2 | 39.44 | 19.04 | 15.82 | 7.59 | 5.13 | 7.28 | 0.20 |
| III | ST-4811 | 39.22 | 19.02 | 13.28 | 12.60 | 3.91 | 11.96 | 0.00 |
| III | XKC17226 | 39.69 | 17.94 | 13.03 | 10.17 | 2.94 | 8.71 | 0.13 |
| 脂肪酸 III 型 4 个菌株平均值 | | 40.02 | 18.64 | 13.08 | 9.56 | 3.86 | 9.78 | 0.08 |

| 型 | 菌株名称 | 14:0 iso | 16:1ω11c | c14:0 | 17:1 iso ω10c | c18:0 | 到中心的马氏距离 |
|---|---|---|---|---|---|---|---|
| I | 20110625-WZX-FJAT-10034-1 | 2.61 | 0.00 | 3.41 | 0.00 | 0.67 | 7.45 |
| I | 20110808-TXN-FJAT-14171 | 0.99 | 0.00 | 0.72 | 1.76 | 3.52 | 9.62 |
| I | 20120509-LGH-FJAT-23308 | 1.43 | 4.72 | 4.17 | 0.00 | 2.20 | 9.41 |
| I | 20130129-ZMX-FJAT-17710 | 2.08 | 4.73 | 2.14 | 0.29 | 3.66 | 9.10 |
| 脂肪酸 I 型 4 个菌株平均值 | | 1.78 | 2.36 | 2.61 | 0.51 | 2.51 | RMSTD=5.9586 |
| II | FJAT-41666-1 | 7.02 | 5.03 | 2.77 | 0.00 | 2.50 | 21.47 |
| II | shufen-T3-3（gu） | 1.31 | 0.62 | 1.77 | 0.00 | 2.23 | 10.30 |
| II | 20101221-WZX-FJAT-10863 | 1.14 | 0.52 | 0.85 | 0.39 | 1.44 | 5.28 |

续表

| 型 | 菌株名称 | 14:0 iso | 16:1ω11c | c14:0 | 17:1 iso ω10c | c18:0 | 到中心的马氏距离 |
|---|---|---|---|---|---|---|---|
| II | 20101221-WZX-FJAT-10956 | 1.56 | 0.54 | 1.32 | 0.24 | 0.45 | 7.24 |
| II | 20110110-SDG-FJAT-10726 | 0.76 | 1.93 | 1.54 | 0.60 | 0.58 | 5.11 |
| II | 20110601-LGH-FJAT-13929 | 1.37 | 0.55 | 1.72 | 0.50 | 1.15 | 5.47 |
| II | 20110601-LGH-FJAT-13941 | 1.13 | 0.63 | 0.93 | 0.38 | 2.53 | 5.23 |
| II | 20120615-LGH-FJAT-10502 | 1.15 | 0.90 | 1.01 | 0.46 | 1.03 | 5.61 |
| 脂肪酸 II 型 8 个菌株平均值 | | 1.93 | 1.34 | 1.49 | 0.32 | 1.49 | RMSTD=6.0238 |
| III | 20130308-TXN-FJAT-16041 | 1.38 | 2.10 | 1.71 | 0.89 | 0.94 | 4.38 |
| III | FJAT-27713-2 | 1.11 | 0.66 | 0.60 | 0.59 | 0.63 | 4.47 |
| III | ST-4811 | 0.00 | 0.00 | 0.00 | 0.00 | 0.00 | 4.19 |
| III | XKC17226 | 0.95 | 0.80 | 0.91 | 0.52 | 0.64 | 1.73 |
| 脂肪酸 III 型 4 个菌株平均值 | | 0.86 | 0.89 | 0.80 | 0.50 | 0.55 | RMSTD=2.5764 |

*脂肪酸含量单位为%

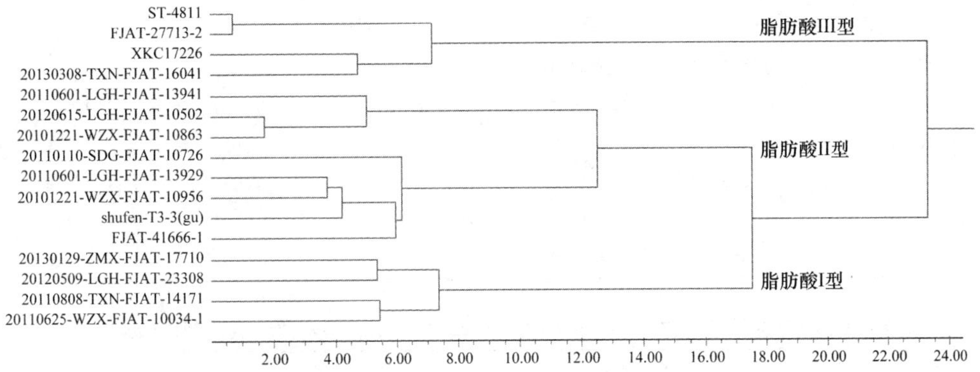


图 7-4-1　幼虫类芽胞杆菌（*Paenibacillus larvae*）脂肪酸型聚类分析（马氏距离）

## 3. 幼虫类芽胞杆菌脂肪酸型判别模型建立

（1）分析原理。不同的幼虫类芽胞杆菌菌株具有不同的脂肪酸组构成，通过上述聚类分析，可将幼虫类芽胞杆菌菌株分为 3 类，利用逐步判别的方法（DPS 软件），建立幼虫类芽胞杆菌菌株脂肪酸型判别模型，在建立模型的过程中，可以了解各因子对类别划分的重要性。

（2）数据矩阵。以表 7-4-2 的幼虫类芽胞杆菌 16 个菌株的 12 个脂肪酸为矩阵，自变量 $x_{ij}$（$i$=1,⋯,16；$j$=1,⋯,12）由 16 个菌株的 12 个脂肪酸组成，因变量 $Y_i$（$i$=1,⋯,16）由 16 个菌株聚类类别组成脂肪酸型，采用贝叶斯逐步判别分析，建立幼虫类芽胞杆菌菌株脂肪酸型判别模型。幼虫类芽胞杆菌脂肪酸型判别模型入选因子见表 7-4-3，脂肪酸型类别间判别效果检验见表 7-4-4，模型计算后的分类验证和后验概率见表 7-4-5，脂肪酸型判别效果矩阵分析见表 7-4-6。建立的逐步判别分析因子筛选表明，以下 10 个因子入选：$x_{(2)}$=15:0 iso、$x_{(3)}$=16:0 iso、$x_{(4)}$=c16:0、$x_{(5)}$=17:0 anteiso、$x_{(6)}$=16:1ω7c alcohol、$x_{(8)}$=14:0 iso、$x_{(9)}$=16:1ω11c、$x_{(10)}$=c14:0、$x_{(11)}$=17:1 iso ω10c、$x_{(12)}$=c18:0，表明这些因子对脂肪酸型的判别具有显著贡献。判别模型如下：

$$Y_1=-4195.845+135.9629x_{(2)}+447.6247x_{(3)}+141.3898x_{(4)}+140.6715x_{(5)}-3013.07x_{(6)}-99.0228x_{(8)}+273.0565x_{(9)}-164.3775x_{(10)}+626.2913x_{(11)}+31.1112x_{(12)} \quad (7\text{-}4\text{-}1)$$

$$Y_2=-3301.568+116.3071x_{(2)}+438.4221x_{(3)}+124.918x_{(4)}+131.0847x_{(5)}-3186.62x_{(6)}-46.7325x_{(8)}+282.6866x_{(9)}-242.5379x_{(10)}+657.9065x_{(11)}-9.285x_{(12)} \quad (7\text{-}4\text{-}2)$$

$$Y_3=-3887.529+123.0386x_{(2)}+492.9638x_{(3)}+134.4033x_{(4)}+144.2611x_{(5)}-3636.998x_{(6)}+36.6045x_{(8)}+323.9998x_{(9)}-303.857x_{(10)}+757.0414x_{(11)}-31.7609x_{(12)} \quad (7\text{-}4\text{-}3)$$

**表 7-4-3　幼虫类芽胞杆菌（*Paenibacillus larvae*）脂肪酸型判别模型入选因子**

| 脂肪酸 | Wilks 统计量 | *F* 值 | df | *P* | 入选状态 |
|---|---|---|---|---|---|
| 15:0 anteiso | 0.5450 | 0.8349 | 2，2 | 0.5450 | |
| 15:0 iso | 0.1540 | 8.2429 | 2，3 | 0.0049 | （已入选） |
| 16:0 iso | 0.1243 | 10.5694 | 2，3 | 0.0019 | （已入选） |
| c16:0 | 0.1359 | 9.5385 | 2，3 | 0.0028 | （已入选） |
| 17:0 anteiso | 0.1827 | 6.7106 | 2，3 | 0.0100 | （已入选） |
| 16:1ω7c alcohol | 0.2880 | 3.7089 | 2，3 | 0.0532 | （已入选） |
| 17:0 iso | 0.7422 | 0.3474 | 2，2 | 0.7422 | |
| 14:0 iso | 0.3087 | 3.3587 | 2，3 | 0.0667 | （已入选） |
| 16:1ω11c | 0.1466 | 8.7348 | 2，3 | 0.0039 | （已入选） |
| c14:0 | 0.1685 | 7.4016 | 2，3 | 0.0071 | （已入选） |
| 17:1 iso ω10c | 0.1743 | 7.1058 | 2，3 | 0.0082 | （已入选） |
| c18:0 | 0.1850 | 6.6060 | 2，3 | 0.0105 | （已入选） |

**表 7-4-4　幼虫类芽胞杆菌（*Paenibacillus larvae*）脂肪酸型两两分类间判别效果检验**

| 脂肪酸型 *i* | 脂肪酸型 *j* | 马氏距离 | *F* 值 | 自由度 $V_1$ | $V_2$ | *P* |
|---|---|---|---|---|---|---|
| I | II | 295.234 1 | 19.682 3 | 10 | 1 | 0.173 795 6 |
| I | III | 421.504 9 | 样本太少，不能进行统计检验 | | | |
| II | III | 86.578 0 | 样本太少，不能进行统计检验 | | | |

**表 7-4-5　幼虫类芽胞杆菌（*Paenibacillus larvae*）模型计算后的分类验证和后验概率**

| 菌株序号 | 原分类 | 计算分类 | 后验概率 |
|---|---|---|---|
| 1 | 1 | 1 | 1 |
| 2 | 1 | 1 | 1 |
| 3 | 1 | 1 | 1 |
| 4 | 1 | 1 | 1 |
| 5 | 2 | 2 | 1 |
| 6 | 2 | 2 | 1 |
| 7 | 2 | 2 | 1 |
| 8 | 2 | 2 | 1 |
| 9 | 2 | 2 | 1 |
| 10 | 2 | 2 | 1 |

续表

| 菌株序号 | 原分类 | 计算分类 | 后验概率 |
|---|---|---|---|
| 11 | 2 | 2 | 1 |
| 12 | 2 | 2 | 1 |
| 13 | 3 | 3 | 1 |
| 14 | 3 | 3 | 1 |
| 15 | 3 | 3 | 1 |

**表 7-4-6　幼虫类芽胞杆菌（*Paenibacillus larvae*）脂肪酸型判别效果矩阵分析**

| 来自 \ 判为 | 第 I 型 | 第 II 型 | 第 III 型 | 小计 | 正确率 |
|---|---|---|---|---|---|
| 第 I 型 | 4 | 0 | 0 | 4 | 1 |
| 第 II 型 | 0 | 8 | 0 | 8 | 1 |
| 第 III 型 | 0 | 0 | 3 | 3 | 1 |

注：判对的概率=1.0000

判别模型分类验证表明（表 7-4-5），对脂肪酸 I 型的判对概率为 1.0000；脂肪酸 II 型的判对概率为 1.0000；脂肪酸 III 型的判对概率为 1.0000；整个方程的判对概率为 1.0000，能够精确地识别脂肪酸型（表 7-4-6）。在应用时，对被测芽胞杆菌测定脂肪酸组，将 $x_{(2)}$=15:0 iso、$x_{(3)}$=16:0 iso、$x_{(4)}$=c16:0、$x_{(5)}$=17:0 anteiso、$x_{(6)}$=16:1ω7c alcohol、$x_{(8)}$=14:0 iso、$x_{(9)}$=16:1ω11c、$x_{(10)}$=c14:0、$x_{(11)}$=17:1 iso ω10c、$x_{(12)}$=c18:0 的脂肪酸百分比代入方程，计算 $Y$ 值，当 $Y_1<Y<Y_2$ 时，该芽胞杆菌为脂肪酸 I 型；当 $Y_2<Y<Y_3$ 时，属于脂肪酸 II 型；当 $Y>Y_3$ 时，属于脂肪酸 III 型。

## 二、灿烂类芽胞杆菌脂肪酸型分析

### 1. 灿烂类芽胞杆菌脂肪酸组测定

灿烂类芽胞杆菌[*Paenibacillus lautus*（Nakamura 1984）Heyndrickx et al. 1996，comb. nov.]于 1984 年由 Nakamura 以 *Bacillus lautus* 发表，1996 年 Heyndrickx 等将其转移到类芽胞杆菌属（*Paenibacillus*）。作者采集分离了 20 个灿烂类芽胞杆菌菌株，分别测定了它们的脂肪酸组，其主要脂肪酸组见表 7-4-7。灿烂类芽胞杆菌的主要脂肪酸组有 12 个，占总脂肪酸含量的 95.929%，包括 15:0 anteiso、15:0 iso、16:0 iso、c16:0、17:0 anteiso、16:1ω7c alcohol、17:0 iso、14:0 iso、16:1ω11c、c14:0、17:1 iso ω10c、c18:0，主要脂肪酸组平均值分别为 44.0020%、4.1480%、6.4470%、20.9695%、7.4320%、0.4225%、2.5065%、2.0290%、2.2970%、3.4335%、0.1790%、2.0630%。

**表 7-4-7　灿烂类芽胞杆菌（*Paenibacillus lautus*）菌株主要脂肪酸组统计**

| 脂肪酸 | 菌株数 | 含量均值/% | 方差 | 标准差 | 中位数/% | 最小值/% | 最大值/% | Wilks 系数 | *P* |
|---|---|---|---|---|---|---|---|---|---|
| 15:0 anteiso | 20 | 44.0020 | 15.0689 | 3.8819 | 43.6450 | 36.4400 | 50.9200 | 0.9815 | 0.9515 |
| 15:0 iso | 20 | 4.1480 | 2.3024 | 1.5174 | 4.1250 | 0.8300 | 7.0500 | 0.9787 | 0.9164 |
| 16:0 iso | 20 | 6.4470 | 6.1132 | 2.4725 | 6.3500 | 0.0000 | 10.6100 | 0.9392 | 0.2320 |

续表

| 脂肪酸 | 菌株数 | 含量均值/% | 方差 | 标准差 | 中位数/% | 最小值/% | 最大值/% | Wilks 系数 | *P* |
|---|---|---|---|---|---|---|---|---|---|
| c16:0 | 20 | 20.9695 | 12.8505 | 3.5848 | 20.5400 | 12.1800 | 27.1100 | 0.9711 | 0.7771 |
| 17:0 anteiso | 20 | 7.4320 | 12.5633 | 3.5445 | 7.3050 | 2.1300 | 13.7700 | 0.9425 | 0.2668 |
| 16:1ω7c alcohol | 20 | 0.4225 | 0.6209 | 0.7880 | 0.1300 | 0.0000 | 3.2200 | 0.5991 | 0.0000 |
| 17:0 iso | 20 | 2.5065 | 1.5599 | 1.2489 | 2.9650 | 0.0000 | 4.2300 | 0.8859 | 0.0226 |
| 14:0 iso | 20 | 2.0290 | 1.7843 | 1.3358 | 1.8200 | 0.0000 | 5.2100 | 0.9267 | 0.1336 |
| 16:1ω11c | 20 | 2.2970 | 3.6201 | 1.9027 | 1.9700 | 0.0000 | 5.2700 | 0.8943 | 0.0323 |
| c14:0 | 20 | 3.4335 | 5.4242 | 2.3290 | 2.9450 | 1.1300 | 11.3000 | 0.8008 | 0.0009 |
| 17:1 iso ω10c | 20 | 0.1790 | 0.0766 | 0.2768 | 0.0000 | 0.0000 | 0.9800 | 0.7127 | 0.0001 |
| c18:0 | 20 | 2.0630 | 4.0647 | 2.0161 | 1.2100 | 0.0000 | 7.2700 | 0.8192 | 0.0017 |
| 总和 | | 95.929 | | | | | | | |

## 2. 灿烂类芽胞杆菌脂肪酸型聚类分析

以表 7-4-8 为矩阵，以菌株为样本，以脂肪酸为指标，以马氏距离为尺度，用可变类平均法进行系统聚类；聚类结果见图 7-4-2。根据聚类结果可将 20 株灿烂类芽胞杆菌分为 3 个脂肪酸型。脂肪酸 I 型包括 6 个菌株，特征为到中心的马氏距离为 3.5949，15:0 anteiso 平均值为 43.20%，重要脂肪酸 15:0 anteiso、15:0 iso、17:0 anteiso、17:0 iso、16:0 iso、c16:0、16:1ω7c alcohol 的平均值分别为 43.20%、4.77%、10.50%、3.24%、6.76%、19.08%、0.22%。脂肪酸 II 型包括 8 个菌株，特征为到中心的马氏距离为 4.5181，15:0 anteiso 平均值为 42.98%；重要脂肪酸 15:0 anteiso、15:0 iso、17:0 anteiso、17:0 iso、16:0 iso、c16:0、16:1ω7c alcohol 的平均值分别为 42.98%、4.39%、6.14%、2.22%、7.08%、22.72%、0.28%。脂肪酸 III 型包括 6 个菌株，特征为到中心的马氏距离为 5.1743，15:0 anteiso 平均值为 46.17%；重要脂肪酸 15:0 anteiso、15:0 iso、17:0 anteiso、17:0 iso、16:0 iso、c16:0、16:1ω7c alcohol 的平均值分别为 46.17%、3.20%、6.09%、2.15%、5.29%、20.53%、0.82%。

**表 7-4-8　灿烂类芽胞杆菌（*Paenibacillus lautus*）菌株主要脂肪酸组**

| 型 | 菌株名称 | 15:0 anteiso | 15:0 iso | 17:0 anteiso | 17:0 iso | 16:0 iso | c16:0 | 16:1ω7c alcohol |
|---|---|---|---|---|---|---|---|---|
| I | 20110530-WZX24h-FJAT-8786 | 42.27* | 5.40 | 11.10 | 3.53 | 5.80 | 19.59 | 0.35 |
| I | 20110615-WZX-FJAT-8786a | 42.47 | 5.07 | 11.58 | 3.27 | 6.14 | 16.85 | 0.60 |
| I | 20110615-WZX-FJAT-8786b | 40.97 | 4.81 | 12.81 | 3.51 | 6.18 | 18.64 | 0.39 |
| I | 20110622-LGH-FJAT-l3395 | 49.31 | 4.57 | 3.35 | 1.92 | 7.73 | 19.72 | 0.00 |
| I | 20110629-WZX-FJAT-8786-22 | 38.87 | 5.90 | 13.77 | 4.23 | 6.24 | 19.78 | 0.00 |
| I | 20110707-LGH-FJAT-13582 | 45.29 | 2.85 | 10.41 | 3.00 | 8.45 | 19.92 | 0.00 |
| 脂肪酸 I 型 6 个菌株平均值 | | 43.20 | 4.77 | 10.50 | 3.24 | 6.76 | 19.08 | 0.22 |
| II | 20110808-TXN-FJAT-14177 | 36.44 | 6.85 | 3.93 | 1.85 | 2.90 | 24.13 | 1.13 |
| II | 20110907-TXN-FJAT-14367 | 48.70 | 4.70 | 2.13 | 0.00 | 3.27 | 16.55 | 0.00 |
| II | 201110-19-TXN-FJAT-14423 | 38.51 | 7.05 | 7.10 | 3.79 | 10.61 | 22.19 | 0.43 |
| II | 20111205-LGH-FJAT-14203-2 | 44.39 | 2.42 | 11.21 | 2.18 | 10.35 | 21.16 | 0.20 |

续表

| 型 | 菌株名称 | 15:0 anteiso | 15:0 iso | 17:0 anteiso | 17:0 iso | 16:0 iso | c16:0 | 16:1ω7c alcohol |
|---|---|---|---|---|---|---|---|---|
| II | 20120331-LGH-FJAT-14203 | 41.86 | 3.11 | 7.51 | 3.12 | 7.45 | 27.11 | 0.14 |
| II | 20121107-FJAT-16977-zr | 46.07 | 4.24 | 3.40 | 2.04 | 5.85 | 22.24 | 0.00 |
| II | 20130125-ZMX-FJAT-17697 | 45.05 | 2.77 | 9.57 | 3.05 | 6.88 | 25.39 | 0.12 |
| II | 20131129-LGH-FJAT-4571 | 42.85 | 4.01 | 4.24 | 1.76 | 9.36 | 22.96 | 0.20 |
| 脂肪酸 II 型 8 个菌株平均值 | | 42.98 | 4.39 | 6.14 | 2.22 | 7.08 | 22.72 | 0.28 |
| III | 20140506-ZMX-FJAT-20206 | 50.92 | 3.55 | 5.08 | 3.37 | 0.00 | 26.29 | 0.00 |
| III | FJAT-25402 | 46.83 | 0.83 | 4.89 | 0.25 | 5.27 | 24.07 | 0.00 |
| III | FJAT-27812-1 | 48.90 | 3.76 | 8.35 | 2.93 | 6.93 | 21.91 | 0.00 |
| III | FJAT-27812-2 | 42.90 | 3.22 | 7.58 | 2.74 | 6.46 | 19.92 | 0.00 |
| III | wax-20100812-FJAT-10306 | 41.12 | 4.78 | 7.02 | 3.59 | 7.37 | 18.79 | 1.67 |
| III | ZXF-20091216-OrgSn-23 | 46.32 | 3.07 | 3.61 | 0.00 | 5.70 | 12.18 | 3.22 |
| 脂肪酸 III 型 6 个菌株平均值 | | 46.17 | 3.20 | 6.09 | 2.15 | 5.29 | 20.53 | 0.82 |

| 型 | 菌株名称 | 14:0 iso | 16:1ω11c | c14:0 | 17:1 iso ω10c | c18:0 | 到中心的马氏距离 |
|---|---|---|---|---|---|---|---|
| I | 20110530-WZX24h-FJAT-8786 | 1.49 | 4.63 | 3.94 | 0.40 | 0.00 | 2.36 |
| I | 20110615-WZX-FJAT-8786a | 1.40 | 5.27 | 3.59 | 0.51 | 1.16 | 3.39 |
| I | 20110615-WZX-FJAT-8786b | 1.24 | 4.71 | 3.38 | 0.47 | 0.81 | 3.66 |
| I | 20110622-LGH-FJAT-l3395 | 5.21 | 1.13 | 5.16 | 0.00 | 0.80 | 10.46 |
| I | 20110629-WZX-FJAT-8786-22 | 1.26 | 3.64 | 3.07 | 0.59 | 0.80 | 5.78 |
| I | 20110707-LGH-FJAT-13582 | 1.71 | 0.81 | 2.20 | 0.00 | 1.19 | 4.53 |
| 脂肪酸 I 型 6 个菌株平均值 | | 2.05 | 3.37 | 3.56 | 0.33 | 0.79 | RMSTD=3.5949 |
| II | 20110808-TXN-FJAT-14177 | 1.93 | 3.11 | 1.78 | 0.98 | 1.73 | 8.83 |
| II | 20110907-TXN-FJAT-14367 | 2.25 | 4.70 | 4.85 | 0.00 | 7.27 | 11.93 |
| II | 201110-19-TXN-FJAT-14423 | 2.55 | 3.59 | 2.57 | 0.27 | 0.47 | 6.92 |
| II | 20111205-LGH-FJAT-14203-2 | 1.57 | 1.52 | 1.97 | 0.00 | 1.53 | 6.92 |
| II | 20120331-LGH-FJAT-14203 | 1.94 | 1.97 | 2.82 | 0.11 | 0.41 | 5.31 |
| II | 20121107-FJAT-16977-zr | 3.41 | 0.00 | 4.15 | 0.00 | 3.64 | 5.33 |
| II | 20130125-ZMX-FJAT-17697 | 1.41 | 1.26 | 1.85 | 0.25 | 0.50 | 5.74 |
| II | 20131129-LGH-FJAT-4571 | 4.16 | 1.97 | 6.21 | 0.00 | 0.66 | 4.79 |
| 脂肪酸 II 型 8 个菌株平均值 | | 2.40 | 2.27 | 3.28 | 0.20 | 2.03 | RMSTD=4.5181 |
| III | 20140506-ZMX-FJAT-20206 | 0.00 | 0.00 | 2.16 | 0.00 | 1.72 | 9.78 |
| III | FJAT-25402 | 2.00 | 0.00 | 11.30 | 0.00 | 1.23 | 9.56 |
| III | FJAT-27812-1 | 0.00 | 0.00 | 1.15 | 0.00 | 4.46 | 5.43 |
| III | FJAT-27812-2 | 0.68 | 0.00 | 1.13 | 0.00 | 4.59 | 5.01 |
| III | wax-20100812-FJAT-10306 | 4.10 | 4.89 | 1.23 | 0.00 | 2.51 | 8.05 |
| III | ZXF-20091216-OrgSn-23 | 2.27 | 2.74 | 4.16 | 0.00 | 5.78 | 9.76 |
| 脂肪酸 III 型 6 个菌株平均值 | | 1.51 | 1.27 | 3.52 | 0.00 | 3.38 | RMSTD=5.1743 |

*脂肪酸含量单位为%

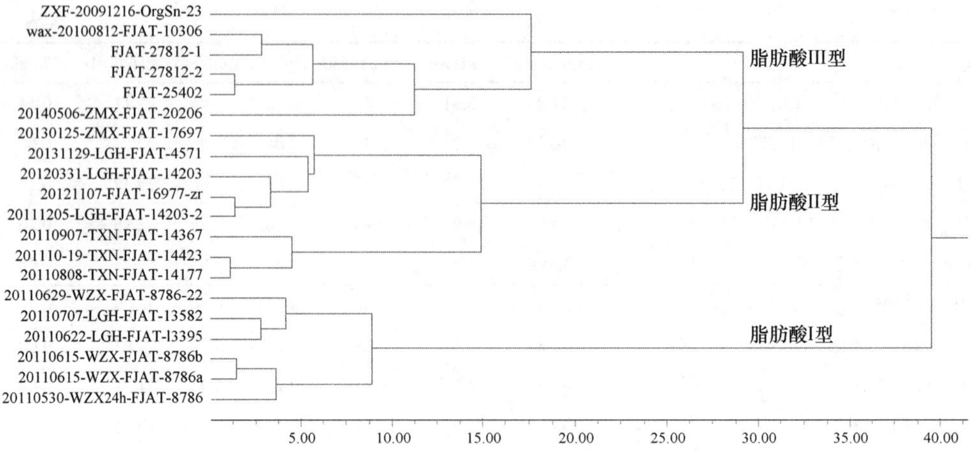


图 7-4-2 灿烂类芽胞杆菌（*Paenibacillus lautus*）脂肪酸型聚类分析（马氏距离）

### 3. 灿烂类芽胞杆菌脂肪酸型判别模型建立

（1）分析原理。不同的灿烂类芽胞杆菌菌株具有不同的脂肪酸组构成，通过上述聚类分析，可将灿烂类芽胞杆菌菌株分为 3 类，利用逐步判别的方法（DPS 软件），建立灿烂类芽胞杆菌菌株脂肪酸型判别模型，在建立模型的过程中，可以了解各因子对类别划分的重要性。

（2）数据矩阵。以表 7-4-8 的灿烂类芽胞杆菌 20 个菌株的 12 个脂肪酸为矩阵，自变量 $x_{ij}$（$i$=1,…,20；$j$=1,…,12）由 20 个菌株的 12 个脂肪酸组成，因变量 $Y_i$（$i$=1,…,20）由 20 个菌株聚类类别组成脂肪酸型，采用贝叶斯逐步判别分析，建立灿烂类芽胞杆菌菌株脂肪酸型判别模型。灿烂类芽胞杆菌脂肪酸型判别模型入选因子见表 7-4-9，脂肪酸型类别间判别效果检验见表 7-4-10，模型计算后的分类验证和后验概率见表 7-4-11，脂肪酸型判别效果矩阵分析见表 7-4-12。建立的逐步判别分析因子筛选表明，以下 8 个因子入选：$x_{(2)}$=15:0 iso、$x_{(3)}$=16:0 iso、$x_{(4)}$=c16:0、$x_{(6)}$=16:1ω7c alcohol、$x_{(7)}$=17:0 iso、$x_{(9)}$=16:1ω11c、$x_{(10)}$=c14:0、$x_{(12)}$=c18:0，表明这些因子对脂肪酸型的判别具有贡献。判别模型如下：

$$Y_1=-546.1354\pm0.1853x_{(2)}+18.6278x_{(3)}+39.6213x_{(4)}+72.9667x_{(6)}+15.4993x_{(7)}+14.4937x_{(9)}+13.5938x_{(10)}+59.8741x_{(12)} \quad (7\text{-}4\text{-}4)$$

$$Y_2=-760.6852+0.1186x_{(2)}+22.5637x_{(3)}+47.8134x_{(4)}+84.4016x_{(6)}+11.0961x_{(7)}+17.9928x_{(9)}+13.5834x_{(10)}+69.8512x_{(12)} \quad (7\text{-}4\text{-}5)$$

$$Y_3=-747.3165-1.7074x_{(2)}+21.1907x_{(3)}+46.5463x_{(4)}+89.5498x_{(6)}+19.5435x_{(7)}+15.5839x_{(9)}+16.0158x_{(10)}+71.3963x_{(12)} \quad (7\text{-}4\text{-}6)$$

**表 7-4-9 灿烂类芽胞杆菌（*Paenibacillus lautus*）脂肪酸型判别模型入选因子**

| 脂肪酸 | Wilks 统计量 | *F* 值 | df | *P* | 入选状态 |
|---|---|---|---|---|---|
| 15:0 anteiso | 0.9962 | 0.0173 | 2，9 | 0.9829 | |
| 15:0 iso | 0.8168 | 1.1218 | 2，10 | 0.3454 | （已入选） |

续表

| 脂肪酸 | Wilks 统计量 | $F$ 值 | df | $P$ | 入选状态 |
|---|---|---|---|---|---|
| 16:0 iso | 0.3819 | 8.0926 | 2，10 | 0.0027 | （已入选） |
| c16:0 | 0.1418 | 30.2626 | 2，10 | 0.0000 | （已入选） |
| 17:0 anteiso | 0.9866 | 0.0611 | 2，9 | 0.9411 | |
| 16:1ω7c alcohol | 0.3203 | 10.6099 | 2，10 | 0.0007 | （已入选） |
| 17:0 iso | 0.4633 | 5.7927 | 2，10 | 0.0104 | （已入选） |
| 14:0 iso | 0.9838 | 0.0743 | 2，9 | 0.9290 | |
| 16:1ω11c | 0.6354 | 2.8697 | 2，10 | 0.0802 | （已入选） |
| c14:0 | 0.6347 | 2.8772 | 2，10 | 0.0798 | （已入选） |
| 17:1 iso ω10c | 0.9622 | 0.1767 | 2，9 | 0.8409 | |
| c18:0 | 0.2625 | 14.0481 | 2，10 | 0.0002 | （已入选） |

**表 7-4-10　灿烂类芽胞杆菌（*Paenibacillus lautus*）脂肪酸型两两分类间判别效果检验**

| 脂肪酸型 $i$ | 脂肪酸型 $j$ | 马氏距离 | $F$ 值 | 自由度 $V_1$ | $V_2$ | $P$ |
|---|---|---|---|---|---|---|
| I | II | 44.499 0 | 11.218 2 | 8 | 5 | 0.008 234 4 |
| I | III | 41.446 9 | 9.142 7 | 8 | 3 | 0.047 785 3 |
| II | III | 14.619 4 | 3.685 6 | 8 | 5 | 0.083 553 7 |

**表 7-4-11　灿烂类芽胞杆菌（*Paenibacillus lautus*）模型计算后的分类验证和后验概率**

| 样本序号 | 原分类 | 计算分类 | 后验概率 |
|---|---|---|---|
| 1 | 1 | 1 | 1.00 |
| 2 | 1 | 1 | 1.00 |
| 3 | 1 | 1 | 1.00 |
| 4 | 1 | 1 | 1.00 |
| 5 | 1 | 1 | 1.00 |
| 6 | 1 | 1 | 1.00 |
| 7 | 2 | 2 | 1.00 |
| 8 | 2 | 2 | 1.00 |
| 9 | 2 | 2 | 1.00 |
| 10 | 2 | 2 | 1.00 |
| 11 | 2 | 2 | 1.00 |
| 12 | 2 | 3* | 0.89 |
| 13 | 2 | 2 | 0.99 |
| 14 | 2 | 2 | 1.00 |
| 15 | 3 | 3 | 1.00 |
| 16 | 3 | 3 | 1.00 |
| 17 | 3 | 3 | 0.97 |
| 18 | 3 | 3 | 1.00 |
| 19 | 3 | 3 | 0.99 |
| 20 | 3 | 3 | 1.00 |

*为判错

**表 7-4-12　灿烂类芽胞杆菌（*Paenibacillus lautus*）脂肪酸型判别效果矩阵分析**

| 来自＼判为 | 第 I 型 | 第 II 型 | 第 III 型 | 小计 | 正确率 |
|---|---|---|---|---|---|
| 第 I 型 | 6 | 0 | 0 | 6 | 1 |
| 第 II 型 | 0 | 7 | 1 | 8 | 0.875 |
| 第 III 型 | 0 | 0 | 6 | 6 | 1 |

注：判对的概率=0.9583

判别模型分类验证表明（表 7-4-11），对脂肪酸 I 型的判对概率为 1.0000；脂肪酸 II 型的判对概率为 0.875；脂肪酸 III 型的判对概率为 1.0000；整个方程的判对概率为 0.9583，能够精确地识别脂肪酸型（表 7-4-12）。在应用时，对被测芽胞杆菌测定脂肪酸组，将 $x_{(2)}$=15:0 iso、$x_{(3)}$=16:0 iso、$x_{(4)}$=c16:0、$x_{(6)}$=16:1ω7c alcohol、$x_{(7)}$=17:0 iso、$x_{(9)}$=16:1ω11c、$x_{(10)}$=c14:0、$x_{(12)}$=c18:0 的脂肪酸百分比代入方程，计算 $Y$ 值，当 $Y_1<Y<Y_2$ 时，该芽胞杆菌为脂肪酸 I 型；当 $Y_2<Y<Y_3$ 时，属于脂肪酸 II 型；当 $Y>Y_3$ 时，属于脂肪酸 III 型。

## 三、慢病类芽胞杆菌脂肪酸型分析

### 1. 慢病类芽胞杆菌脂肪酸组测定

慢病类芽胞杆菌[*Paenibacillus lentimorbus*（Dutky 1940）Pettersson et al. 1999，comb. nov.]于 1940 年由 Dutky 以 *Bacillus lentimorbus* 发表，1999 年 Pettersson 等将其转移到类芽胞杆菌属（*Paenibacillus*）。作者采集分离了 27 个慢病类芽胞杆菌菌株，分别测定了它们的脂肪酸组，其主要脂肪酸组见表 7-4-13。慢病类芽胞杆菌的主要脂肪酸组有 12 个，占总脂肪酸含量的 97.869%，包括 15:0 anteiso、15:0 iso、16:0 iso、c16:0、17:0 anteiso、16:1ω7c alcohol、17:0 iso、14:0 iso、16:1ω11c、c14:0、17:1 iso ω10c、c18:0，主要脂肪酸组平均值分别为 32.995%、31.710%、1.493%、12.059%、4.929%、0.145%、6.522%、1.687%、1.854%、2.680%、0.386%、1.409%。

**表 7-4-13　慢病类芽胞杆菌（*Paenibacillus lentimorbus*）菌株主要脂肪酸组统计**

| 脂肪酸 | 菌株数 | 含量均值/% | 方差 | 标准差 | 中位数/% | 最小值/% | 最大值/% | Wilks 系数 | $P$ |
|---|---|---|---|---|---|---|---|---|---|
| 15:0 anteiso | 27 | 32.995 | 10.550 | 3.248 | 31.740 | 28.710 | 39.430 | 0.903 | 0.016 |
| 15:0 iso | 27 | 31.710 | 13.003 | 3.606 | 32.730 | 24.260 | 37.180 | 0.951 | 0.232 |
| 16:0 iso | 27 | 1.493 | 1.464 | 1.210 | 1.300 | 0.000 | 5.020 | 0.858 | 0.002 |
| c16:0 | 27 | 12.059 | 7.478 | 2.735 | 11.680 | 7.560 | 16.940 | 0.958 | 0.336 |
| 17:0 anteiso | 27 | 4.929 | 4.773 | 2.185 | 4.690 | 0.000 | 13.840 | 0.713 | 0.000 |
| 16:1ω7c alcohol | 27 | 0.145 | 0.072 | 0.269 | 0.000 | 0.000 | 0.960 | 0.616 | 0.000 |
| 17:0 iso | 27 | 6.522 | 13.551 | 3.681 | 6.740 | 0.000 | 15.230 | 0.969 | 0.587 |
| 14:0 iso | 27 | 1.687 | 2.061 | 1.436 | 0.970 | 0.000 | 4.400 | 0.880 | 0.005 |
| 16:1ω11c | 27 | 1.854 | 2.591 | 1.610 | 1.330 | 0.000 | 6.790 | 0.892 | 0.009 |
| c14:0 | 27 | 2.680 | 1.391 | 1.179 | 2.760 | 0.000 | 5.010 | 0.988 | 0.983 |
| 17:1 iso ω10c | 27 | 0.386 | 0.340 | 0.583 | 0.000 | 0.000 | 2.120 | 0.698 | 0.000 |
| c18:0 | 27 | 1.409 | 4.102 | 2.025 | 0.580 | 0.000 | 7.760 | 0.707 | 0.000 |
| 总和 | | 97.869 | | | | | | | |

## 2. 慢病类芽胞杆菌脂肪酸型聚类分析

以表 7-4-14 为矩阵，以菌株为样本，以脂肪酸为指标，以马氏距离为尺度，用可变类平均法进行系统聚类；聚类结果见图 7-4-3。根据聚类结果可将 27 株慢病类芽胞杆菌分为 3 个脂肪酸型。脂肪酸 I 型包括 10 个菌株，特征为到中心的马氏距离为 3.6146，15:0 anteiso 平均值为 31.05%，重要脂肪酸 15:0 anteiso、15:0 iso、17:0 anteiso、17:0 iso、16:0 iso、c16:0、16:1ω7c alcohol 的平均值分别为 31.05%、32.44%、5.49%、7.32%、1.02%、13.75%、0.04%。脂肪酸 II 型包括 11 个菌株，特征为到中心的马氏距离为 4.5897，15:0 anteiso 平均值为 34.10%；重要脂肪酸 15:0 anteiso、15:0 iso、17:0 anteiso、17:0 iso、16:0 iso、c16:0、16:1ω7c alcohol 的平均值分别为 34.10%、33.01%、4.61%、7.23%、1.56%、11.57%、0.13%。脂肪酸 III 型包括 6 个菌株，特征为到中心的马氏距离为 4.0964，15:0 anteiso 平均值为 34.19%；重要脂肪酸 15:0 anteiso、15:0 iso、17:0 anteiso、17:0 iso、16:0 iso、c16:0、16:1ω7c alcohol 的平均值分别为 34.20%、28.12%、4.58%、3.90%、2.15%、10.14%、0.35%。

**表 7-4-14　慢病类芽胞杆菌（*Paenibacillus lentimorbus*）菌株主要脂肪酸组**

| 型 | 菌株名称 | 15:0 anteiso | 15:0 iso | 17:0 anteiso | 17:0 iso | 16:0 iso | c16:0 | 16:1ω7c alcohol |
|---|---|---|---|---|---|---|---|---|
| I | 20101207-LGF-FJAT-8788 | 29.45* | 33.76 | 4.72 | 8.97 | 1.19 | 13.81 | 0.00 |
| I | 20110314-WZX-FJAT-274 | 35.00 | 27.65 | 5.94 | 7.67 | 0.84 | 11.23 | 0.22 |
| I | 20110520-LGH-FJAT-13846 | 30.87 | 26.29 | 13.84 | 5.59 | 1.45 | 11.68 | 0.00 |
| I | 20110530-WZX24h-FJAT-8788 | 31.80 | 37.18 | 3.31 | 7.22 | 1.13 | 11.57 | 0.00 |
| I | 20110607-WZX20D-FJAT-8788 | 31.56 | 34.40 | 3.81 | 6.44 | 0.97 | 12.27 | 0.21 |
| I | 20110609-WZX20D-FJAT-10014 | 32.45 | 30.57 | 6.86 | 4.27 | 0.00 | 16.93 | 0.00 |
| I | 20110615-WZX-FJAT-8788b | 28.99 | 33.22 | 4.35 | 8.92 | 1.16 | 15.72 | 0.00 |
| I | 20110615-WZX-FJAT-8788c | 28.71 | 37.03 | 3.86 | 8.92 | 1.30 | 13.07 | 0.00 |
| I | 20110615-WZX-FJAT-8788e | 30.19 | 30.84 | 4.37 | 8.45 | 1.17 | 16.88 | 0.00 |
| I | LGF-20100812-FJAT-8788 | 31.52 | 33.46 | 3.86 | 6.74 | 1.02 | 14.36 | 0.00 |
| 脂肪酸 I 型 10 个菌株平均值 | | 31.05 | 32.44 | 5.49 | 7.32 | 1.02 | 13.75 | 0.04 |
| II | 2011053-WZX18h-FJAT-8788 | 30.72 | 36.12 | 3.77 | 8.65 | 1.20 | 12.89 | 0.00 |
| II | 20110625-WZX-FJAT-10014-2 | 36.68 | 32.73 | 6.04 | 4.23 | 0.00 | 14.81 | 0.00 |
| II | 20110625-WZX-FJAT-10014-3 | 39.07 | 34.10 | 4.84 | 2.97 | 0.00 | 12.69 | 0.00 |
| II | 20110901-LGH-FJAT-8788 | 31.67 | 37.11 | 4.00 | 7.99 | 1.42 | 10.65 | 0.00 |
| II | 20110907-TXN-FJAT-14354 | 33.26 | 33.05 | 4.98 | 3.58 | 2.03 | 8.37 | 0.70 |
| II | 201110-20-TXN-FJAT-14555 | 36.21 | 34.19 | 4.25 | 3.18 | 1.74 | 8.81 | 0.48 |
| II | a13 | 35.52 | 32.30 | 0.00 | 15.23 | 0.00 | 16.94 | 0.00 |
| II | LGF-FJAT-201 | 31.14 | 31.47 | 5.66 | 9.84 | 5.02 | 9.69 | 0.23 |
| II | LGH-FJAT-4603 | 39.43 | 28.55 | 5.02 | 0.00 | 0.00 | 11.17 | 0.00 |
| II | shida-B4 | 29.84 | 33.11 | 6.18 | 12.88 | 1.63 | 8.13 | 0.00 |
| II | ST-4816 | 31.61 | 30.34 | 5.98 | 10.95 | 4.13 | 13.08 | 0.00 |
| 脂肪酸 II 型 11 个菌株平均值 | | 34.10 | 33.01 | 4.61 | 7.23 | 1.56 | 11.57 | 0.13 |
| III | 20110902-TXN-FJAT-14304 | 37.26 | 26.04 | 4.45 | 2.14 | 2.36 | 11.34 | 0.00 |

续表

| 型 | 菌株名称 | 15:0 anteiso | 15:0 iso | 17:0 anteiso | 17:0 iso | 16:0 iso | c16:0 | 16:1ω7c alcohol |
|---|---|---|---|---|---|---|---|---|
| III | orgn-22 | 35.70 | 30.99 | 4.14 | 2.46 | 1.62 | 7.56 | 0.96 |
| III | orgn-28 | 38.84 | 25.24 | 4.07 | 1.86 | 1.76 | 11.35 | 0.41 |
| III | orgn-30 | 31.74 | 24.26 | 4.69 | 2.63 | 1.66 | 12.32 | 0.70 |
| III | wgf-220 | 32.10 | 32.93 | 5.05 | 10.00 | 3.65 | 10.48 | 0.00 |
| III | WQH-KB1 3 | 29.53 | 29.24 | 5.05 | 4.32 | 1.87 | 7.79 | 0.00 |
| 脂肪酸 III 型 6 个菌株平均值 | | 34.20 | 28.12 | 4.58 | 3.90 | 2.15 | 10.14 | 0.35 |

| 型 | 菌株名称 | 14:0 iso | 16:1ω11c | c14:0 | 17:1 iso ω10c | c18:0 | 到中心的马氏距离 |
|---|---|---|---|---|---|---|---|
| I | 20101207-LGF-FJAT-8788 | 0.80 | 1.04 | 3.18 | 0.55 | 1.04 | 3.13 |
| I | 20110314-WZX-FJAT-274 | 0.52 | 4.08 | 2.38 | 2.03 | 0.58 | 7.13 |
| I | 20110520-LGH-FJAT-13846 | 0.00 | 6.79 | 1.57 | 0.00 | 0.00 | 11.75 |
| I | 20110530-WZX24h-FJAT-8788 | 1.08 | 0.96 | 3.24 | 0.49 | 0.35 | 5.90 |
| I | 20110607-WZX20D-FJAT-8788 | 0.81 | 2.35 | 3.41 | 1.11 | 0.34 | 3.20 |
| I | 20110609-WZX20D-FJAT-10014 | 0.00 | 4.46 | 4.46 | 0.00 | 0.00 | 5.90 |
| I | 20110615-WZX-FJAT-8788b | 0.86 | 1.10 | 3.33 | 0.64 | 0.64 | 3.79 |
| I | 20110615-WZX-FJAT-8788c | 0.95 | 0.90 | 2.76 | 0.52 | 0.51 | 5.90 |
| I | 20110615-WZX-FJAT-8788e | 0.74 | 1.33 | 3.43 | 0.57 | 0.64 | 4.11 |
| I | LGF-20100812-FJAT-8788 | 0.90 | 0.86 | 4.20 | 0.45 | 0.88 | 2.86 |
| 脂肪酸 I 型 10 个菌株平均值 | | 0.67 | 2.39 | 3.20 | 0.64 | 0.50 | RMSTD=3.6146 |
| II | 2011053-WZX18h-FJAT-8788 | 0.97 | 0.42 | 3.36 | 0.19 | 0.42 | 5.36 |
| II | 20110625-WZX-FJAT-10014-2 | 0.00 | 0.00 | 3.95 | 0.00 | 0.00 | 6.26 |
| II | 20110625-WZX-FJAT-10014-3 | 0.63 | 0.00 | 4.03 | 0.00 | 0.00 | 7.41 |
| II | 20110901-LGH-FJAT-8788 | 1.15 | 0.79 | 2.42 | 0.38 | 0.32 | 5.07 |
| II | 20110907-TXN-FJAT-14354 | 3.41 | 2.99 | 1.36 | 0.95 | 3.04 | 6.02 |
| II | 201110-20-TXN-FJAT-14555 | 2.86 | 2.68 | 1.35 | 2.12 | 0.53 | 6.18 |
| II | a13 | 0.00 | 0.00 | 0.00 | 0.00 | 0.00 | 11.36 |
| II | LGF-FJAT-201 | 2.62 | 0.87 | 1.23 | 0.43 | 0.91 | 6.04 |
| II | LGH-FJAT-4603 | 3.47 | 3.13 | 3.26 | 0.00 | 5.97 | 11.64 |
| II | shida-B4 | 0.67 | 1.25 | 0.94 | 0.00 | 1.33 | 8.19 |
| II | ST-4816 | 2.12 | 0.00 | 1.77 | 0.00 | 0.00 | 6.40 |
| 脂肪酸 II 型 11 个菌株平均值 | | 1.63 | 1.10 | 2.15 | 0.37 | 1.14 | RMSTD=4.5897 |
| III | 20110902-TXN-FJAT-14304 | 4.20 | 1.39 | 2.27 | 0.00 | 4.64 | 4.64 |
| III | orgn-22 | 4.40 | 3.34 | 2.76 | 0.00 | 2.59 | 4.75 |
| III | orgn-28 | 4.34 | 2.19 | 2.48 | 0.00 | 4.33 | 6.13 |
| III | orgn-30 | 3.46 | 3.12 | 2.21 | 0.00 | 7.76 | 6.89 |
| III | wgf-220 | 2.40 | 1.39 | 2.01 | 0.00 | 0.00 | 9.05 |
| III | WQH-KB1 3 | 2.20 | 2.62 | 5.01 | 0.00 | 1.22 | 6.38 |
| 脂肪酸 III 型 6 个菌株平均值 | | 3.50 | 2.34 | 2.79 | 0.00 | 3.42 | RMSTD=4.0964 |

*脂肪酸含量单位为%

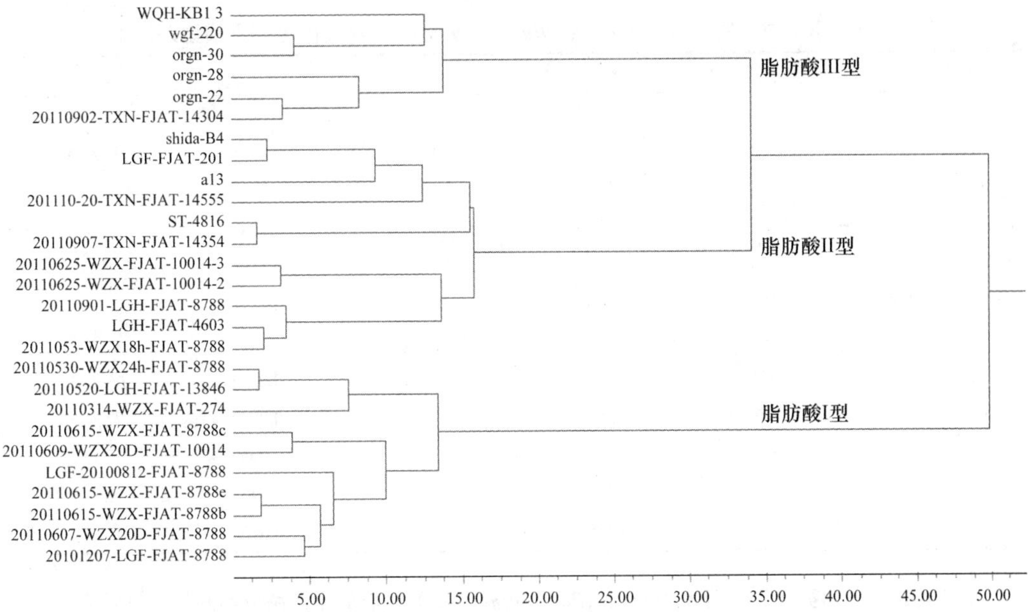


图 7-4-3 慢病类芽胞杆菌（*Paenibacillus lentimorbus*）脂肪酸型聚类分析（马氏距离）

## 3. 慢病类芽胞杆菌脂肪酸型判别模型建立

（1）分析原理。不同的慢病类芽胞杆菌菌株具有不同的脂肪酸组构成，通过上述聚类分析，可将慢病类芽胞杆菌菌株分为 3 类，利用逐步判别的方法（DPS 软件），建立慢病类芽胞杆菌菌株脂肪酸型判别模型，在建立模型的过程中，可以了解各因子对类别划分的重要性。

（2）数据矩阵。以表 7-4-14 的慢病类芽胞杆菌 27 个菌株的 12 个脂肪酸为矩阵，自变量 $x_{ij}$（$i$=1,···,27；$j$=1,···,12）由 27 个菌株的 12 个脂肪酸组成，因变量 $Y_i$（$i$=1,···,27）由 27 个菌株聚类类别组成脂肪酸型，采用贝叶斯逐步判别分析，建立慢病类芽胞杆菌菌株脂肪酸型判别模型。慢病类芽胞杆菌脂肪酸型判别模型入选因子见表 7-4-15，脂肪酸型类别间判别效果检验见表 7-4-16，模型计算后的分类验证和后验概率见表 7-4-17，脂肪酸型判别效果矩阵分析见表 7-4-18。建立的逐步判别分析因子筛选表明，以下 7 个因子入选：$x_{(2)}$=15:0 iso、$x_{(4)}$=c16:0、$x_{(7)}$=17:0 iso、$x_{(8)}$=14:0 iso、$x_{(9)}$=16:1ω11c、$x_{(10)}$=c14:0、$x_{(11)}$=17:1 iso ω10c，表明这些因子对脂肪酸型的判别具有显著贡献。判别模型如下：

$$Y_1=-344.3624+9.6470x_{(2)}+13.0723x_{(4)}+7.7935x_{(7)}+21.9605x_{(8)}+27.3068x_{(9)}+16.1347x_{(10)}+11.9369x_{(11)} \tag{7-4-7}$$

$$Y_2=-291.5094+9.2835x_{(2)}+11.7943x_{(4)}+6.7056x_{(7)}+20.9322x_{(8)}+24.2837x_{(9)}+12.9324x_{(10)}+8.2602x_{(11)} \tag{7-4-8}$$

$$Y_3=-286.862+8.5861x_{(2)}+11.4361x_{(4)}+7.5372x_{(7)}+24.413x_{(8)}+24.7383x_{(9)}+15.6151x_{(10)}+6.0367x_{(11)} \tag{7-4-9}$$

表 7-4-15 慢病类芽胞杆菌（*Paenibacillus lentimorbus*）脂肪酸型判别模型入选因子

| 脂肪酸 | Wilks 统计量 | *F* 值 | df | *P* | 入选状态 |
|---|---|---|---|---|---|
| 15:0 anteiso | 0.9223 | 0.7164 | 2，17 | 0.5027 | |
| 15:0 iso | 0.8162 | 2.0271 | 2，18 | 0.1506 | （已入选） |
| 16:0 iso | 0.9595 | 0.3583 | 2，17 | 0.7040 | |
| c16:0 | 0.6780 | 4.2740 | 2，18 | 0.0240 | （已入选） |
| 17:0 anteiso | 0.8173 | 1.8998 | 2，17 | 0.1800 | |
| 16:1ω7c alcohol | 0.9343 | 0.5982 | 2，17 | 0.5610 | |
| 17:0 iso | 0.6897 | 4.0497 | 2，18 | 0.0285 | （已入选） |
| 14:0 iso | 0.6961 | 3.9293 | 2，18 | 0.0313 | （已入选） |
| 16:1ω11c | 0.5903 | 6.2453 | 2，18 | 0.0057 | （已入选） |
| c14:0 | 0.5825 | 6.4511 | 2，18 | 0.0050 | （已入选） |
| 17:1 iso ω10c | 0.7216 | 3.4725 | 2，18 | 0.0450 | （已入选） |
| c18:0 | 0.9565 | 0.3868 | 2，17 | 0.6850 | |

表 7-4-16 慢病类芽胞杆菌（*Paenibacillus lentimorbus*）脂肪酸型两两分类间判别效果检验

| 脂肪酸型 *i* | 脂肪酸型 *j* | 马氏距离 | *F* 值 | 自由度 $V_1$ | $V_2$ | *P* |
|---|---|---|---|---|---|---|
| I | II | 9.902 9 | 5.557 7 | 7 | 13 | 0.003 920 3 |
| I | III | 22.402 6 | 9.001 0 | 7 | 8 | 0.002 987 3 |
| II | III | 10.771 6 | 4.480 6 | 7 | 9 | 0.020 502 2 |

表 7-4-17 慢病类芽胞杆菌（*Paenibacillus lentimorbus*）模型计算后的分类验证和后验概率

| 菌株序号 | 原分类 | 计算分类 | 后验概率 |
|---|---|---|---|
| 1 | 1 | 1 | 0.948 |
| 2 | 1 | 1 | 1.000 |
| 3 | 1 | 1 | 0.960 |
| 4 | 1 | 2* | 0.646 |
| 5 | 1 | 1 | 0.994 |
| 6 | 1 | 1 | 1.000 |
| 7 | 1 | 1 | 0.998 |
| 8 | 1 | 1 | 0.797 |
| 9 | 1 | 1 | 0.999 |
| 10 | 1 | 1 | 0.971 |
| 11 | 2 | 2 | 0.551 |
| 12 | 2 | 2 | 0.992 |
| 13 | 2 | 2 | 0.999 |
| 14 | 2 | 2 | 0.988 |
| 15 | 2 | 2 | 0.984 |
| 16 | 2 | 2 | 0.933 |
| 17 | 2 | 2 | 0.952 |
| 18 | 2 | 2 | 0.791 |
| 19 | 2 | 3* | 0.915 |

续表

| 菌株序号 | 原分类 | 计算分类 | 后验概率 |
|---|---|---|---|
| 20 | 2 | 2 | 0.997 |
| 21 | 2 | 2 | 0.636 |
| 22 | 3 | 3 | 0.993 |
| 23 | 3 | 3 | 0.998 |
| 24 | 3 | 3 | 0.999 |
| 25 | 3 | 3 | 0.986 |
| 26 | 3 | 3 | 0.498 |
| 27 | 3 | 3 | 0.999 |

*为判错

**表 7-4-18　慢病类芽胞杆菌（*Paenibacillus lentimorbus*）脂肪酸型判别效果矩阵分析**

| 来自＼判为 | 第 I 型 | 第 II 型 | 第 III 型 | 小计 | 正确率 |
|---|---|---|---|---|---|
| 第 I 型 | 9 | 1 | 0 | 10 | 0.9000 |
| 第 II 型 | 0 | 10 | 1 | 11 | 0.9091 |
| 第 III 型 | 0 | 0 | 6 | 6 | 1.0000 |

注：判对的概率=0.9637

判别模型分类验证表明（表 7-4-17），对脂肪酸 I 型的判对概率为 0.9000；脂肪酸 II 型的判对概率为 0.9091；脂肪酸 III 型的判对概率为 1.0000；整个方程的判对概率为 0.9637，能够精确地识别脂肪酸型（表 7-4-18）。在应用时，对被测芽胞杆菌测定脂肪酸组，将 $x_{(2)}$=15:0 iso、$x_{(4)}$=c16:0、$x_{(7)}$=17:0 iso、$x_{(8)}$=14:0 iso、$x_{(9)}$=16:1ω11c、$x_{(10)}$=c14:0、$x_{(11)}$=17:1 iso ω10c 的脂肪酸百分比代入方程，计算 $Y$ 值，当 $Y_1<Y<Y_2$ 时，该芽胞杆菌为脂肪酸 I 型；当 $Y_2<Y<Y_3$ 时，属于脂肪酸 II 型；当 $Y>Y_3$ 时，属于脂肪酸 III 型。

## 四、浸麻类芽胞杆菌脂肪酸型分析

### 1. 浸麻类芽胞杆菌脂肪酸组测定

浸麻类芽胞杆菌[*Paenibacillus macerans*（Schardinger 1905）Ash et al. 1994，comb. nov.]于 1905 年由 Schardinger 以 *Bacillus macerans* 发表，1994 年 Ash 等将其转移到类芽胞杆菌属（*Paenibacillus*）。作者采集分离了 49 个浸麻类芽胞杆菌菌株，分别测定了它们的脂肪酸组，主要脂肪酸组见表 7-4-19。浸麻类芽胞杆菌的主要脂肪酸组有 12 个，占总脂肪酸含量的 96.4838%，包括 15:0 anteiso、15:0 iso、16:0 iso、c16:0、17:0 anteiso、16:1ω7c alcohol、17:0 iso、14:0 iso、16:1ω11c、c14:0、17:1 iso ω10c、c18:0，主要脂肪酸组平均值分别为 35.3673%、18.1161%、5.1263%、12.9024%、9.3984%、0.2090%、8.1769%、1.7722%、1.0753%、1.9820%、0.5112%、1.8467%。

表 7-4-19　浸麻类芽胞杆菌（*Paenibacillus macerans*）菌株主要脂肪酸组统计

| 脂肪酸 | 菌株数 | 含量均值/% | 方差 | 标准差 | 中位数/% | 最小值/% | 最大值/% | Wilks 系数 | *P* |
|---|---|---|---|---|---|---|---|---|---|
| 15:0 anteiso | 49 | 35.3673 | 10.8873 | 3.2996 | 35.2800 | 29.6500 | 43.9600 | 0.9626 | 0.1213 |
| 15:0 iso | 49 | 18.1161 | 38.4346 | 6.1996 | 19.5300 | 3.7700 | 31.4200 | 0.9599 | 0.0934 |
| 16:0 iso | 49 | 5.1263 | 14.9136 | 3.8618 | 4.1100 | 0.0000 | 16.2200 | 0.8614 | 0.0000 |
| c16:0 | 49 | 12.9024 | 22.6391 | 4.7581 | 11.3400 | 7.1300 | 30.9200 | 0.7967 | 0.0000 |
| 17:0 anteiso | 49 | 9.3984 | 11.9839 | 3.4618 | 9.2500 | 1.6200 | 19.1000 | 0.9085 | 0.0011 |
| 16:1ω7c alcohol | 49 | 0.2090 | 0.1507 | 0.3882 | 0.0000 | 0.0000 | 1.7200 | 0.6049 | 0.0000 |
| 17:0 iso | 49 | 8.1769 | 9.5783 | 3.0949 | 8.6600 | 0.8100 | 13.1300 | 0.9200 | 0.0027 |
| 14:0 iso | 49 | 1.7722 | 2.4119 | 1.5530 | 1.4100 | 0.0000 | 9.1100 | 0.7434 | 0.0000 |
| 16:1ω11c | 49 | 1.0753 | 1.3370 | 1.1563 | 0.8200 | 0.0000 | 5.5800 | 0.8155 | 0.0000 |
| c14:0 | 49 | 1.9820 | 2.8777 | 1.6964 | 1.6100 | 0.0000 | 9.8400 | 0.6886 | 0.0000 |
| 17:1 iso ω10c | 49 | 0.5112 | 0.2714 | 0.5210 | 0.5000 | 0.0000 | 1.8300 | 0.8667 | 0.0001 |
| c18:0 | 49 | 1.8467 | 4.0168 | 2.0042 | 1.1100 | 0.0000 | 7.6500 | 0.8236 | 0.0000 |
| 总和 | | 96.4838 | | | | | | | |

## 2. 浸麻类芽胞杆菌脂肪酸型聚类分析

以表 7-4-20 为矩阵，以菌株为样本，以脂肪酸为指标，以切比雪夫距离为尺度，用可变类平均法进行系统聚类；聚类结果见图 7-4-4。根据聚类结果可将 49 株浸麻类芽胞杆菌分为 2 个脂肪酸型。脂肪酸 I 型包括 18 个菌株，特征为到中心的切比雪夫距离为 8.8720，15:0 anteiso 平均值为 33.05%，重要脂肪酸 15:0 anteiso、15:0 iso、17:0 anteiso、17:0 iso、16:0 iso、c16:0、16:1ω7c alcohol 的平均值分别为 33.05%、12.00%、10.37%、6.55%、8.29%、14.45%、0.28%。脂肪酸 II 型包括 31 个菌株，特征为到中心的切比雪夫距离为 4.6900，15:0 anteiso 平均值为 36.71%；重要脂肪酸 15:0 anteiso、15:0 iso、17:0 anteiso、17:0 iso、16:0 iso、c16:0、16:1ω7c alcohol 的平均值分别为 36.71%、21.67%、8.84%、9.12%、3.29%、12.00%、0.17%。

表 7-4-20　浸麻类芽胞杆菌（*Paenibacillus macerans*）菌株主要脂肪酸组

| 型 | 菌株名称 | 15:0 anteiso | 15:0 iso | 17:0 anteiso | 17:0 iso | 16:0 iso | c16:0 | 16:1ω7c alcohol |
|---|---|---|---|---|---|---|---|---|
| I | 20101130-LGF-FJAT-10019 | 30.04* | 11.80 | 5.15 | 1.34 | 4.83 | 17.34 | 0.00 |
| I | 20110705-LGH-FJAT-13564 | 35.29 | 9.41 | 10.98 | 6.66 | 8.78 | 13.19 | 0.00 |
| I | 20110707-LGH-FJAT-13569 | 36.23 | 13.92 | 10.91 | 9.99 | 5.47 | 9.84 | 1.35 |
| I | 20110707-LGH-FJAT-13574 | 36.89 | 14.68 | 10.74 | 4.95 | 5.26 | 9.87 | 0.40 |
| I | 20110718-LGH-FJAT-4506 | 36.02 | 13.83 | 8.68 | 6.52 | 2.13 | 15.83 | 0.00 |
| I | 20110823-LGH-FJAT-14204 | 29.75 | 6.24 | 17.60 | 8.25 | 16.22 | 14.32 | 0.00 |
| I | 20111205-LGH-FJAT-14204-2 | 35.04 | 8.77 | 15.87 | 11.07 | 13.85 | 9.47 | 0.00 |
| I | 20111205-LGH-FJAT-14204-3 | 35.00 | 7.55 | 18.73 | 11.20 | 13.38 | 9.68 | 0.00 |
| I | 20111222-LGH-FJAT-14204 | 33.01 | 6.66 | 19.10 | 10.87 | 13.82 | 10.57 | 0.00 |
| I | 20121207-YQ-FJAT-16413 | 29.65 | 5.35 | 1.62 | 0.98 | 8.54 | 30.92 | 0.00 |
| I | 20130125-YQ-FJAT-16467 | 29.71 | 15.68 | 10.35 | 4.83 | 4.11 | 13.06 | 0.77 |

续表

| 型 | 菌株名称 | 15:0 anteiso | 15:0 iso | 17:0 anteiso | 17:0 iso | 16:0 iso | c16:0 | 16:1ω7c alcohol |
|---|---|---|---|---|---|---|---|---|
| I | 20130125-YQ-FJAT-16467 | 30.51 | 16.33 | 10.56 | 4.87 | 4.18 | 13.50 | 0.00 |
| I | 20130130-TXN-FJAT-14249-2 | 30.88 | 21.22 | 9.95 | 9.47 | 3.78 | 7.69 | 0.36 |
| I | 20130328-TXN-FJAT-16699 | 33.41 | 12.24 | 4.91 | 6.35 | 5.63 | 18.18 | 0.69 |
| I | FJAT-25394 | 35.63 | 16.25 | 5.38 | 0.81 | 7.11 | 16.82 | 0.00 |
| I | FJAT-27999-1 | 31.66 | 3.77 | 1.77 | 1.02 | 13.45 | 29.59 | 0.00 |
| I | LGF-20100814-FJAT-8786 | 35.01 | 19.78 | 14.55 | 11.08 | 6.66 | 7.13 | 0.30 |
| I | LGF-FJAT-8758 | 31.12 | 12.60 | 9.73 | 7.55 | 12.04 | 13.10 | 1.08 |
| 脂肪酸 I 型 18 个菌株平均值 | | 33.05 | 12.00 | 10.37 | 6.55 | 8.29 | 14.45 | 0.28 |
| II | 20110112-SDG-FJAT-10163 | 37.50 | 21.25 | 8.40 | 8.66 | 3.99 | 13.28 | 0.00 |
| II | 20110315-SDG-FJAT-10204 | 37.01 | 21.04 | 9.36 | 11.21 | 3.18 | 10.81 | 0.18 |
| II | 20110315-SDG-FJAT-10212 | 38.52 | 22.54 | 8.77 | 10.58 | 3.28 | 9.38 | 0.26 |
| II | 20110601-LGH-FJAT-13845 | 38.85 | 20.70 | 10.85 | 7.98 | 3.24 | 8.94 | 0.00 |
| II | 20110705-LGH-FJAT-13563 | 34.80 | 23.21 | 8.66 | 9.38 | 2.78 | 11.34 | 0.00 |
| II | 20110707-LGH-FJAT-13589 | 35.17 | 20.41 | 9.22 | 8.19 | 2.79 | 13.10 | 0.00 |
| II | 20110718-LGH-FJAT-12274 | 37.69 | 21.81 | 8.47 | 8.91 | 2.65 | 10.88 | 0.13 |
| II | 20110718-LGH-FJAT-14072 | 34.93 | 19.43 | 10.08 | 10.09 | 5.01 | 11.21 | 0.00 |
| II | 20120224-TXN-FJAT-14752 | 35.24 | 18.92 | 9.67 | 8.66 | 5.67 | 11.15 | 0.27 |
| II | 20120328-LGH-FJAT-276 | 30.60 | 23.31 | 7.22 | 4.83 | 0.75 | 18.48 | 0.00 |
| II | 20121030-FJAT-XKC17225-ZR | 34.95 | 20.88 | 10.04 | 4.42 | 3.70 | 9.48 | 0.00 |
| II | 20130130-TXN-FJAT-14247-2 | 36.32 | 18.00 | 10.73 | 9.53 | 8.12 | 8.32 | 0.12 |
| II | 20130418-CYP-FJAT-16770 | 40.05 | 16.64 | 10.63 | 7.51 | 2.46 | 12.16 | 0.30 |
| II | 20131129-LGH-FJAT-4475 | 37.25 | 20.20 | 11.12 | 10.74 | 3.23 | 9.22 | 0.16 |
| II | FJAT-25203 | 31.78 | 21.41 | 7.77 | 11.33 | 3.49 | 13.42 | 0.26 |
| II | FJAT-25242 | 33.18 | 18.81 | 9.25 | 10.50 | 2.66 | 10.65 | 0.00 |
| II | FJAT-25302 | 35.28 | 19.53 | 9.72 | 10.33 | 4.90 | 9.51 | 0.23 |
| II | FJAT-28031-1 | 35.75 | 19.02 | 6.71 | 4.52 | 5.69 | 13.62 | 1.72 |
| II | FJAT-28031-2 | 39.08 | 16.13 | 6.45 | 5.73 | 5.28 | 14.27 | 1.21 |
| II | FJAT-8788GLU | 40.29 | 22.49 | 6.19 | 7.43 | 1.84 | 11.68 | 0.10 |
| II | HONG 2 | 35.36 | 29.46 | 8.51 | 12.38 | 2.23 | 9.77 | 0.00 |
| II | LGH-FJAT-4508 | 41.08 | 19.65 | 8.59 | 7.19 | 2.52 | 18.41 | 0.00 |
| II | RSX-20091229-FJAT-7379 | 34.96 | 22.13 | 10.35 | 13.13 | 4.71 | 9.22 | 0.21 |
| II | RSX-20091229-FJAT-7392 | 35.55 | 18.07 | 11.69 | 11.67 | 4.86 | 10.74 | 0.14 |
| II | RSX-20091229-FJAT-7407 | 34.30 | 20.22 | 9.47 | 9.94 | 3.44 | 12.59 | 0.00 |
| II | TQR-12 | 37.44 | 25.96 | 7.18 | 8.28 | 1.71 | 9.80 | 0.00 |
| II | TQR-240 | 35.59 | 31.42 | 6.33 | 10.40 | 1.73 | 9.74 | 0.00 |
| II | wgf-38 | 38.47 | 27.01 | 8.66 | 11.22 | 6.04 | 8.61 | 0.00 |
| II | ZXF P-Y-12 | 42.21 | 23.38 | 7.95 | 8.79 | 0.00 | 17.67 | 0.00 |
| II | ZXF-Y-4-11 | 43.96 | 22.29 | 8.61 | 8.33 | 0.00 | 16.80 | 0.00 |
| II | ZXF-Y-4-12 | 34.99 | 26.29 | 7.29 | 11.00 | 0.00 | 17.87 | 0.00 |
| 脂肪酸 II 型 31 个菌株平均值 | | 36.71 | 21.67 | 8.84 | 9.12 | 3.29 | 12.00 | 0.17 |

续表

| 型 | 菌株名称 | 14:0 iso | 16:1ω11c | c14:0 | 17:1 iso ω10c | c18:0 | 到中心的切比雪夫距离 |
|---|---|---|---|---|---|---|---|
| I | 20101130-LGF-FJAT-10019 | 5.06 | 0.00 | 3.97 | 0.00 | 3.00 | 9.62 |
| I | 20110705-LGH-FJAT-13564 | 3.42 | 1.91 | 1.88 | 0.00 | 5.80 | 5.03 |
| I | 20110707-LGH-FJAT-13569 | 1.16 | 5.58 | 0.46 | 1.59 | 0.98 | 9.39 |
| I | 20110707-LGH-FJAT-13574 | 1.82 | 0.60 | 1.53 | 0.75 | 7.65 | 8.99 |
| I | 20110718-LGH-FJAT-4506 | 1.06 | 2.09 | 1.63 | 0.82 | 1.61 | 7.83 |
| I | 20110823-LGH-FJAT-14204 | 2.48 | 0.00 | 2.48 | 0.00 | 0.15 | 13.08 |
| I | 20111205-LGH-FJAT-14204-2 | 2.17 | 0.00 | 1.69 | 0.00 | 0.13 | 11.46 |
| I | 20111205-LGH-FJAT-14204-3 | 1.70 | 0.00 | 1.58 | 0.00 | 0.41 | 13.19 |
| I | 20111222-LGH-FJAT-14204 | 1.96 | 0.00 | 1.61 | 0.00 | 0.17 | 13.41 |
| I | 20121207-YQ-FJAT-16413 | 5.42 | 0.00 | 9.84 | 0.00 | 1.79 | 22.24 |
| I | 20130125-YQ-FJAT-16467 | 1.18 | 1.51 | 2.27 | 0.91 | 7.00 | 8.21 |
| I | 20130125-YQ-FJAT-16467 | 1.37 | 1.60 | 2.41 | 0.96 | 6.87 | 8.03 |
| I | 20130130-TXN-FJAT-14249-2 | 1.08 | 0.49 | 0.91 | 0.88 | 4.81 | 13.23 |
| I | 20130328-TXN-FJAT-16699 | 2.10 | 3.95 | 2.75 | 1.67 | 0.00 | 8.28 |
| I | FJAT-25394 | 1.67 | 0.00 | 5.98 | 0.00 | 4.50 | 10.24 |
| I | FJAT-27999-1 | 9.11 | 1.47 | 7.09 | 0.00 | 1.07 | 22.22 |
| I | LGF-20100814-FJAT-8786 | 0.89 | 0.65 | 0.87 | 1.45 | 0.00 | 13.21 |
| I | LGF-FJAT-8758 | 3.96 | 0.86 | 1.73 | 0.94 | 4.80 | 5.39 |
| 脂肪酸 I 型 18 个菌株平均值 | | 2.65 | 1.15 | 2.82 | 0.55 | 2.82 | RMSTD=8.8720 |
| II | 20110112-SDG-FJAT-10163 | 1.76 | 1.69 | 1.69 | 0.68 | 1.11 | 2.03 |
| II | 20110315-SDG-FJAT-10204 | 1.59 | 1.03 | 1.22 | 0.78 | 0.92 | 2.63 |
| II | 20110315-SDG-FJAT-10212 | 1.70 | 1.25 | 1.13 | 0.79 | 0.64 | 3.73 |
| II | 20110601-LGH-FJAT-13845 | 1.35 | 0.86 | 1.43 | 0.45 | 2.33 | 4.63 |
| II | 20110705-LGH-FJAT-13563 | 1.23 | 0.68 | 1.59 | 0.57 | 3.38 | 3.38 |
| II | 20110707-LGH-FJAT-13589 | 1.03 | 0.76 | 2.05 | 0.54 | 3.96 | 3.75 |
| II | 20110718-LGH-FJAT-12274 | 1.24 | 1.21 | 1.49 | 0.57 | 0.59 | 1.83 |
| II | 20110718-LGH-FJAT-14072 | 1.60 | 0.84 | 1.54 | 0.00 | 3.12 | 4.25 |
| II | 20120224-TXN-FJAT-14752 | 1.75 | 1.06 | 1.60 | 0.46 | 1.67 | 4.17 |
| II | 20120328-LGH-FJAT-276 | 0.47 | 0.48 | 3.17 | 0.21 | 1.26 | 10.65 |
| II | 20121030-FJAT-XKC17225-ZR | 3.23 | 2.87 | 1.91 | 0.00 | 2.12 | 6.50 |
| II | 20130130-TXN-FJAT-14247-2 | 2.57 | 0.29 | 1.02 | 0.17 | 1.05 | 7.54 |
| II | 20130418-CYP-FJAT-16770 | 0.88 | 2.01 | 1.64 | 1.03 | 1.49 | 6.66 |
| II | 20131129-LGH-FJAT-4475 | 1.16 | 0.96 | 0.91 | 0.91 | 1.39 | 4.31 |
| II | FJAT-25203 | 1.51 | 1.54 | 1.77 | 1.16 | 1.98 | 5.81 |
| II | FJAT-25242 | 1.13 | 1.15 | 1.60 | 1.83 | 3.63 | 5.69 |
| II | FJAT-25302 | 1.78 | 0.76 | 1.16 | 1.25 | 2.08 | 4.40 |
| II | FJAT-28031-1 | 2.70 | 3.72 | 2.56 | 0.76 | 0.63 | 7.44 |
| II | FJAT-28031-2 | 2.12 | 2.90 | 2.14 | 0.95 | 0.54 | 8.31 |
| II | FJAT-8788GLU | 0.97 | 0.82 | 1.62 | 0.31 | 1.09 | 5.08 |
| II | HONG 2 | 1.08 | 0.00 | 1.21 | 0.00 | 0.00 | 9.08 |

续表

| 型 | 菌株名称 | 14:0 iso | 16:1ω11c | c14:0 | 17:1 iso ω10c | c18:0 | 到中心的切比雪夫距离 |
|---|---|---|---|---|---|---|---|
| II | LGH-FJAT-4508 | 0.00 | 0.00 | 2.56 | 0.00 | 0.00 | 8.62 |
| II | RSX-20091229-FJAT-7379 | 1.63 | 0.76 | 0.83 | 0.54 | 0.65 | 5.70 |
| II | RSX-20091229-FJAT-7392 | 1.36 | 0.72 | 0.99 | 0.62 | 1.55 | 5.78 |
| II | RSX-20091229-FJAT-7407 | 1.41 | 1.28 | 1.39 | 0.50 | 1.17 | 3.08 |
| II | TQR-12 | 0.96 | 1.71 | 2.39 | 0.00 | 1.08 | 5.61 |
| II | TQR-240 | 1.02 | 0.63 | 1.28 | 0.00 | 0.32 | 10.65 |
| II | wgf-38 | 0.00 | 0.00 | 0.00 | 0.00 | 0.00 | 7.87 |
| II | ZXF P-Y-12 | 0.00 | 0.00 | 0.00 | 0.00 | 0.00 | 9.15 |
| II | ZXF-Y-4-11 | 0.00 | 0.00 | 0.00 | 0.00 | 0.00 | 9.71 |
| II | ZXF-Y-4-12 | 0.00 | 0.00 | 2.55 | 0.00 | 0.00 | 9.01 |
| 脂肪酸 II 型 31 个菌株平均值 | | 1.27 | 1.03 | 1.50 | 0.49 | 1.28 | RMSTD=4.6900 |

*脂肪酸含量单位为%

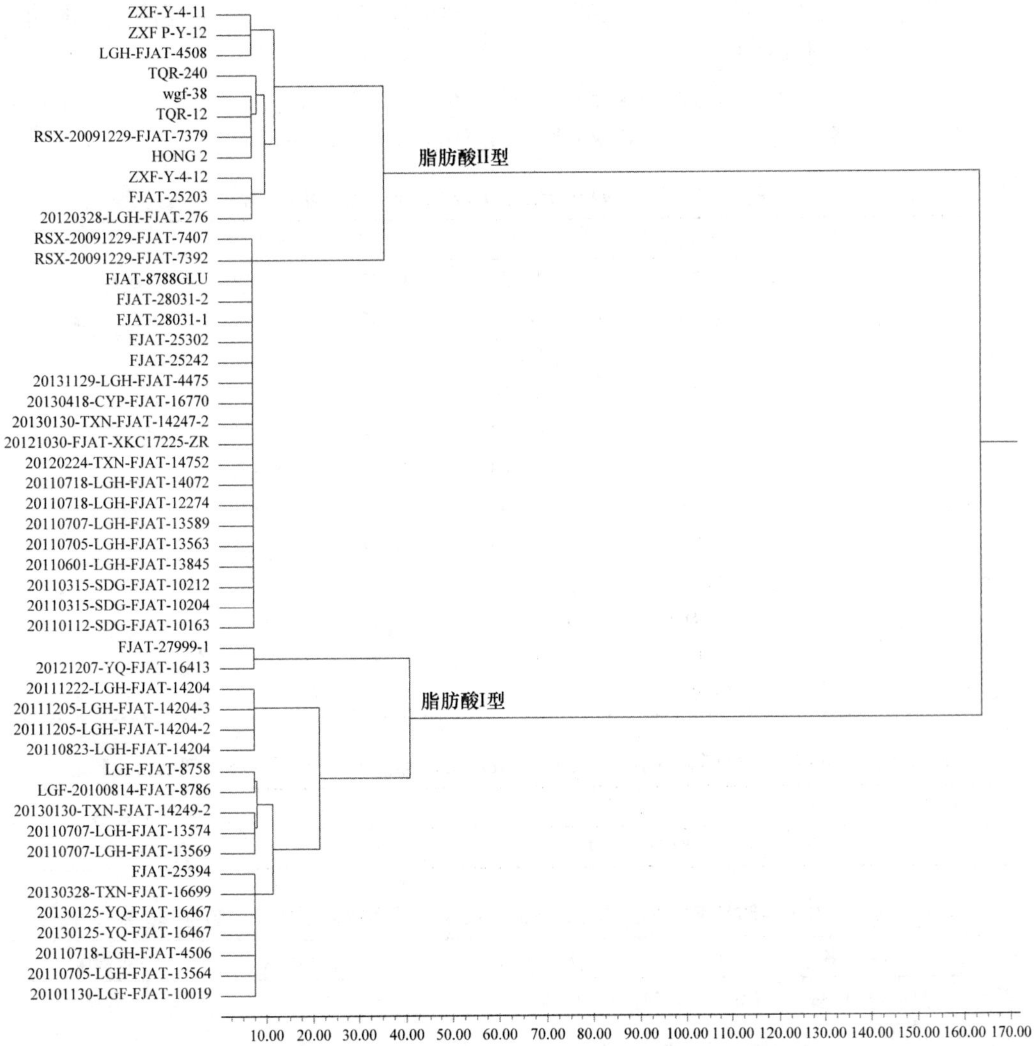


图 7-4-4　浸麻类芽胞杆菌（*Paenibacillus macerans*）脂肪酸型聚类分析（切比雪夫距离）

## 3. 浸麻类芽胞杆菌脂肪酸型判别模型建立

（1）分析原理。不同的浸麻类芽胞杆菌菌株具有不同的脂肪酸组构成，通过上述聚类分析，可将浸麻类芽胞杆菌菌株分为 2 类，利用逐步判别的方法（DPS 软件），建立浸麻类芽胞杆菌菌株脂肪酸型判别模型，在建立模型的过程中，可以了解各因子对类别划分的重要性。

（2）数据矩阵。以表 7-4-20 的浸麻类芽胞杆菌 49 个菌株的 12 个脂肪酸为矩阵，自变量 $x_{ij}$（$i$=1,…,49；$j$=1,…,12）由 49 个菌株的 12 个脂肪酸组成，因变量 $Y_i$（$i$=1,…,49）由 49 个菌株聚类类别组成脂肪酸型，采用贝叶斯逐步判别分析，建立浸麻类芽胞杆菌菌株脂肪酸型判别模型。浸麻类芽胞杆菌脂肪酸型判别模型入选因子见表 7-4-21，脂肪酸型类别间判别效果检验见表 7-4-22，模型计算后的分类验证和后验概率见表 7-4-23，脂肪酸型判别效果矩阵分析见表 7-4-24。建立的逐步判别分析因子筛选表明，以下 3 个因子入选：$x_{(1)}$=15:0 anteiso、$x_{(2)}$=15:0 iso、$x_{(12)}$=c18:0，表明这些因子对脂肪酸型的判别具有显著贡献。判别模型如下：

$$Y_1=-80.9742+4.5510x_{(1)}+0.4265x_{(2)}+2.2818x_{(12)} \tag{7-4-10}$$

$$Y_2=-102.2916+4.8974x_{(1)}+1.0405x_{(2)}+1.7441x_{(12)} \tag{7-4-11}$$

**表 7-4-21　浸麻类芽胞杆菌（*Paenibacillus macerans*）脂肪酸型判别模型入选因子**

| 脂肪酸 | Wilks 统计量 | *F* 值 | df | *P* | 入选状态 |
|---|---|---|---|---|---|
| 15:0 anteiso | 0.9274 | 3.5222 | 1，45 | 0.0659 | （已入选） |
| 15:0 iso | 0.5023 | 44.5883 | 1，45 | 0.0000 | （已入选） |
| 16:0 iso | 0.9893 | 0.4756 | 1，44 | 0.4941 | |
| c16:0 | 0.9891 | 0.4836 | 1，44 | 0.4905 | |
| 17:0 anteiso | 0.9885 | 0.5123 | 1，44 | 0.4779 | |
| 16:1ω7c alcohol | 0.9962 | 0.1686 | 1，44 | 0.6833 | |
| 17:0 iso | 0.9999 | 0.0034 | 1，44 | 0.9538 | |
| 14:0 iso | 0.9387 | 2.8726 | 1，44 | 0.0972 | |
| 16:1ω11c | 0.9997 | 0.0114 | 1，44 | 0.9153 | |
| c14:0 | 0.9864 | 0.6059 | 1，44 | 0.4405 | |
| 17:1 iso ω10c | 0.9998 | 0.0100 | 1，44 | 0.9209 | |
| c18:0 | 0.9236 | 3.7205 | 1，45 | 0.0589 | （已入选） |

**表 7-4-22　浸麻类芽胞杆菌（*Paenibacillus macerans*）脂肪酸型两两分类间判别效果检验**

| 脂肪酸型 *i* | 脂肪酸型 *j* | 马氏距离 | *F* 值 | 自由度 $V_1$ | $V_2$ | *P* |
|---|---|---|---|---|---|---|
| I | II | 8.028 023 49 | 29.177 | 3 | 45 | $1\times10^{-7}$ |

**表 7-4-23　浸麻类芽胞杆菌（*Paenibacillus macerans*）模型计算后的分类验证和后验概率**

| 菌株名称 | 原分类 | 计算分类 | 后验概率 |
|---|---|---|---|
| 20101130-LGF-FJAT-10019 | 1 | 1 | 0.9913 |
| 20110705-LGH-FJAT-13564 | 1 | 1 | 0.9972 |
| 20110707-LGH-FJAT-13569 | 1 | 1 | 0.5505 |

续表

| 菌株名称 | 原分类 | 计算分类 | 后验概率 |
|---|---|---|---|
| 20110707-LGH-FJAT-13574 | 1 | 1 | 0.9567 |
| 20110718-LGH-FJAT-4506 | 1 | 1 | 0.6614 |
| 20110823-LGH-FJAT-14204 | 1 | 1 | 0.9988 |
| 20111205-LGH-FJAT-14204-2 | 1 | 1 | 0.9651 |
| 20111205-LGH-FJAT-14204-3 | 1 | 1 | 0.9857 |
| 20111222-LGH-FJAT-14204 | 1 | 1 | 0.9952 |
| 20121207-YQ-FJAT-16413 | 1 | 1 | 0.9997 |
| 20130125-YQ-FJAT-16467 | 1 | 1 | 0.9902 |
| 20130125-YQ-FJAT-16467 | 1 | 1 | 0.9796 |
| 20130130-TXN-FJAT-14249-2 | 1 | 2* | 0.5905 |
| 20130328-TXN-FJAT-16699 | 1 | 1 | 0.8435 |
| FJAT-25394 | 1 | 1 | 0.7054 |
| FJAT-27999-1 | 1 | 1 | 0.9997 |
| LGF-20100814-FJAT-8786 | 1 | 2* | 0.9707 |
| LGF-FJAT-8758 | 1 | 1 | 0.9921 |
| 20110112-SDG-FJAT-10163 | 2 | 2 | 0.9907 |
| 20110315-SDG-FJAT-10204 | 2 | 2 | 0.9887 |
| 20110315-SDG-FJAT-10212 | 2 | 2 | 0.9977 |
| 20110601-LGH-FJAT-13845 | 2 | 2 | 0.9844 |
| 20110705-LGH-FJAT-13563 | 2 | 2 | 0.9762 |
| 20110707-LGH-FJAT-13589 | 2 | 2 | 0.8596 |
| 20110718-LGH-FJAT-12274 | 2 | 2 | 0.9953 |
| 20110718-LGH-FJAT-14072 | 2 | 2 | 0.8291 |
| 20120224-TXN-FJAT-14752 | 2 | 2 | 0.8960 |
| 20120328-LGH-FJAT-276 | 2 | 2 | 0.9696 |
| 20121030-FJAT-XKC17225-ZR | 2 | 2 | 0.9532 |
| 20130130-TXN-FJAT-14247-2 | 2 | 2 | 0.9085 |
| 20130418-CYP-FJAT-16770 | 2 | 2 | 0.9253 |
| 20131129-LGH-FJAT-4475 | 2 | 2 | 0.9778 |
| FJAT-25203 | 2 | 2 | 0.9102 |
| FJAT-25242 | 2 | 2 | 0.5788 |
| FJAT-25302 | 2 | 2 | 0.9106 |
| FJAT-28031-1 | 2 | 2 | 0.9503 |
| FJAT-28031-2 | 2 | 2 | 0.9151 |
| FJAT-8788GLU | 2 | 2 | 0.9984 |
| HONG 2 | 2 | 2 | 0.9999 |
| LGH-FJAT-4508 | 2 | 2 | 0.9960 |
| RSX-20091229-FJAT-7379 | 2 | 2 | 0.9898 |
| RSX-20091229-FJAT-7392 | 2 | 2 | 0.8585 |
| RSX-20091229-FJAT-7407 | 2 | 2 | 0.9476 |

续表

| 菌株名称 | 原分类 | 计算分类 | 后验概率 |
|---|---|---|---|
| TQR-12 | 2 | 2 | 0.9995 |
| TQR-240 | 2 | 2 | 1.0000 |
| wgf-38 | 2 | 2 | 0.9999 |
| ZXF P-Y-12 | 2 | 2 | 0.9997 |
| ZXF-Y-4-11 | 2 | 2 | 0.9997 |
| ZXF-Y-4-12 | 2 | 2 | 0.9994 |

*为判错

**表 7-4-24　浸麻类芽胞杆菌（*Paenibacillus macerans*）脂肪酸型判别效果矩阵分析**

| 来自＼判为 | 第 I 型 | 第 II 型 | 小计 | 正确率 |
|---|---|---|---|---|
| 第 I 型 | 16 | 2 | 18 | 0.8889 |
| 第 II 型 | 0 | 31 | 31 | 1 |

注：判对的概率=0.943 45

判别模型分类验证表明（表 7-4-23），对脂肪酸 I 型的判对概率为 0.8869；脂肪酸 II 型的判对概率为 1.0000；整个方程的判对概率为 0.943 45，能够精确地识别脂肪酸型（表 7-4-24）。在应用时，对被测芽胞杆菌测定脂肪酸组，将 $x_{(1)}$=15:0 anteiso、$x_{(2)}$=15:0 iso、$x_{(12)}$=c18:0 的脂肪酸百分比代入方程，计算 $Y$ 值，当 $Y_1<Y<Y_2$ 时，该芽胞杆菌为脂肪酸 I 型；当 $Y_2<Y<Y_3$ 时，属于脂肪酸 II 型。

## 五、多黏类芽胞杆菌脂肪酸型分析

### 1. 多黏类芽胞杆菌脂肪酸组测定

多黏类芽胞杆菌[*Paenibacillus polymyxa*（Prazmowski 1880）Ash et al. 1994，comb. nov.]于 1880 年由 Prazmowski 以 *Bacillus polymyxa* 发表，1994 年 Ash 等将其转移到类芽胞杆菌属（*Paenibacillus*）。作者采集分离了 141 个多黏类芽胞杆菌菌株，分别测定了它们的脂肪酸组，主要脂肪酸组见表 7-4-25。多黏类芽胞杆菌的主要脂肪酸组有 12 个，占总脂肪酸含量的 98.0961%，包括 15:0 anteiso、15:0 iso、16:0 iso、c16:0、17:0 anteiso、16:1ω7c alcohol、17:0 iso、14:0 iso、16:1ω11c、c14:0、17:1 iso ω10c、c18:0，主要脂肪酸组平均值分别为 56.5982%、6.7744%、7.6850%、10.3350%、7.0640%、0.3182%、2.7740%、2.4602%、1.2478%、1.7955%、0.1852%、0.8586%。

**表 7-4-25　多黏类芽胞杆菌（*Paenibacillus polymyxa*）菌株主要脂肪酸组统计**

| 脂肪酸 | 菌株数 | 含量均值/% | 方差 | 标准差 | 中位数/% | 最小值/% | 最大值/% | Wilks 系数 | *P* |
|---|---|---|---|---|---|---|---|---|---|
| 15:0 anteiso | 141 | 56.5982 | 51.8859 | 7.2032 | 56.7400 | 35.2000 | 74.9800 | 0.9910 | 0.5043 |
| 15:0 iso | 141 | 6.7744 | 4.0044 | 2.0011 | 6.6400 | 2.3600 | 13.1300 | 0.9849 | 0.1230 |
| 16:0 iso | 141 | 7.6850 | 7.0332 | 2.6520 | 7.8100 | 1.7200 | 15.4100 | 0.9856 | 0.1464 |
| c16:0 | 141 | 10.3350 | 18.1725 | 4.2629 | 9.6800 | 1.0800 | 20.4400 | 0.9817 | 0.0560 |

续表

| 脂肪酸 | 菌株数 | 含量均值/% | 方差 | 标准差 | 中位数/% | 最小值/% | 最大值/% | Wilks 系数 | *P* |
|---|---|---|---|---|---|---|---|---|---|
| 17:0 anteiso | 141 | 7.0640 | 6.8110 | 2.6098 | 6.6300 | 2.7700 | 14.7100 | 0.9610 | 0.0005 |
| 16:1ω7c alcohol | 141 | 0.3182 | 0.2418 | 0.4917 | 0.0000 | 0.0000 | 2.6300 | 0.6999 | 0.0000 |
| 17:0 iso | 141 | 2.7740 | 3.2665 | 1.8073 | 2.5600 | 0.0000 | 8.4600 | 0.9631 | 0.0007 |
| 14:0 iso | 141 | 2.4602 | 1.5857 | 1.2592 | 2.2300 | 0.0000 | 6.1700 | 0.9680 | 0.0022 |
| 16:1ω11c | 141 | 1.2478 | 2.1841 | 1.4779 | 0.9800 | 0.0000 | 8.0200 | 0.7933 | 0.0000 |
| c14:0 | 141 | 1.7955 | 0.8025 | 0.8958 | 1.7400 | 0.0000 | 4.4900 | 0.9766 | 0.0160 |
| 17:1 iso ω10c | 141 | 0.1852 | 0.1200 | 0.3464 | 0.0000 | 0.0000 | 2.0100 | 0.5982 | 0.0000 |
| c18:0 | 141 | 0.8586 | 1.1444 | 1.0697 | 0.5400 | 0.0000 | 7.3400 | 0.6738 | 0.0000 |
| 总和 | | 98.0961 | | | | | | | |

## 2. 多黏类芽胞杆菌脂肪酸型聚类分析

以表 7-4-26 为矩阵，以菌株为样本，以脂肪酸为指标，以卡方距离为尺度，用可变类平均法进行系统聚类；聚类结果见图 7-4-5。根据聚类结果可将 141 株多黏类芽胞杆菌分为 3 个脂肪酸型。脂肪酸 I 型包括 103 个菌株，特征为到中心的卡方距离为 4.43，15:0 anteiso 平均值为 20.53%，重要脂肪酸 15:0 anteiso、15:0 iso、17:0 anteiso、17:0 iso、16:0 iso、c16:0、16:1ω7c alcohol 的平均值分别为 20.53%、4.88%、5.49%、4.17%、7.61%、11.16%、1.32%。脂肪酸 II 型包括 33 个菌株，特征为到中心的卡方距离为 4.0947，15:0 anteiso 平均值为 30.81%；重要脂肪酸 15:0 anteiso、15:0 iso、17:0 anteiso、17:0 iso、16:0 iso、c16:0、16:1ω7c alcohol 的平均值分别为 30.81%、6.72%、4.18%、2.10%、4.71%、6.23%、1.33%。脂肪酸 III 型包括 5 个菌株，特征为到中心的卡方距离为 5.0504，15:0 anteiso 平均值为 5.40%；重要脂肪酸 15:0 anteiso、15:0 iso、17:0 anteiso、17:0 iso、16:0 iso、c16:0、16:1ω7c alcohol 的平均值分别为 5.40%、7.78%、8.68%、6.62%、8.62%、18.23%、1.12%。

**表 7-4-26　多黏类芽胞杆菌（*Paenibacillus polymyxa*）菌株主要脂肪酸组**

| 型 | 菌株名称 | 15:0 anteiso | 15:0 iso | 17:0 anteiso | 17:0 iso | 16:0 iso | c16:0 | 16:1ω7c alcohol |
|---|---|---|---|---|---|---|---|---|
| I | 20110228-SDG-FJAT-11293 | 22.93* | 6.94 | 9.14 | 2.19 | 7.78 | 8.20 | 1.00 |
| I | 20110317-LGH-FJAT-4438 | 23.21 | 3.96 | 8.61 | 4.03 | 8.36 | 9.34 | 1.00 |
| I | 20110317-LGH-FJAT-4539 | 24.05 | 5.60 | 4.75 | 4.19 | 6.17 | 6.85 | 1.83 |
| I | 20110503-LGH-FJAT-4506 | 15.99 | 6.61 | 7.25 | 6.15 | 7.64 | 9.19 | 1.49 |
| I | 20110503-LGH-FJAT-4506 | 15.99 | 6.61 | 7.25 | 6.15 | 7.64 | 9.19 | 1.49 |
| I | 20110503-LGH-FJAT-4537 | 25.70 | 5.74 | 5.22 | 4.19 | 5.28 | 6.42 | 1.92 |
| I | 20110503-LGH-FJAT-4537 | 25.70 | 5.74 | 5.22 | 4.19 | 5.28 | 6.42 | 1.92 |
| I | 20110503-LGH-FJAT-4539 | 26.36 | 6.81 | 5.60 | 4.78 | 4.95 | 5.28 | 1.70 |
| I | 20110503-LGH-FJAT-4539 | 26.36 | 6.81 | 5.60 | 4.78 | 4.95 | 5.28 | 1.70 |
| I | 20110503-LGH-FJAT-4543 | 24.29 | 3.23 | 6.88 | 3.31 | 6.69 | 6.84 | 1.92 |
| I | 20110503-LGH-FJAT-4543 | 24.29 | 3.23 | 6.88 | 3.31 | 6.69 | 6.84 | 1.92 |
| I | 20110503-LGH-FJAT-4543a | 26.68 | 3.88 | 3.51 | 2.81 | 6.85 | 5.88 | 2.43 |

续表

| 型 | 菌株名称 | 15:0 anteiso | 15:0 iso | 17:0 anteiso | 17:0 iso | 16:0 iso | c16:0 | 16:1ω7c alcohol |
|---|---|---|---|---|---|---|---|---|
| I | 20110503-LGH-FJAT-4544 | 25.10 | 3.98 | 4.86 | 3.46 | 6.60 | 7.34 | 1.92 |
| I | 20110503-LGH-FJAT-4544 | 25.10 | 3.98 | 4.86 | 3.46 | 6.60 | 7.34 | 1.92 |
| I | 20110527-WZX28D-FJAT-8772 | 25.42 | 3.80 | 8.74 | 1.58 | 8.88 | 8.88 | 1.00 |
| I | 20110527-WZX37D-FJAT-8772 | 22.54 | 5.30 | 10.22 | 1.83 | 9.09 | 9.15 | 1.00 |
| I | 20110601-LGH-FJAT-13897 | 21.63 | 3.32 | 8.64 | 3.84 | 6.77 | 7.78 | 1.51 |
| I | 20110601-LGH-FJAT-13897 | 23.57 | 3.45 | 8.57 | 3.79 | 6.87 | 7.83 | 1.51 |
| I | 20110622-LGH-FJAT-14028 | 16.26 | 1.98 | 6.45 | 3.25 | 8.89 | 14.42 | 1.08 |
| I | 20110622-LGH-FJAT-14041 | 13.86 | 5.10 | 3.10 | 3.31 | 9.59 | 17.28 | 1.00 |
| I | 20110823-LGH-FJAT-13970 | 20.03 | 3.96 | 2.59 | 3.48 | 7.46 | 15.38 | 1.00 |
| I | 20110823-TXN-FJAT-14166 | 24.98 | 5.36 | 3.53 | 1.41 | 6.53 | 8.56 | 1.00 |
| I | 20110823-TXN-FJAT-14315 | 16.39 | 5.09 | 9.07 | 4.77 | 9.67 | 12.12 | 1.28 |
| I | 20110907-TXN-FJAT-14371 | 17.00 | 5.53 | 9.08 | 4.83 | 9.81 | 11.59 | 1.00 |
| I | 20111106-TXN-FJAT-14613 | 20.84 | 2.75 | 3.50 | 3.41 | 8.91 | 14.16 | 1.00 |
| I | 20111107-TXN-FJAT-14650 | 19.75 | 1.00 | 4.04 | 2.08 | 7.36 | 16.26 | 1.32 |
| I | 20120224-TXN-FJAT-14740 | 20.48 | 7.93 | 2.56 | 4.59 | 7.50 | 12.82 | 1.09 |
| I | 20120224-TXN-FJAT-14749 | 14.02 | 2.48 | 7.12 | 4.51 | 6.20 | 13.49 | 1.50 |
| I | 20120425-LGH-FJAT-4438 | 17.63 | 3.51 | 9.92 | 3.74 | 8.56 | 9.60 | 1.30 |
| I | 20120509-LGH-FJAT-2276 | 18.53 | 4.99 | 6.27 | 6.81 | 8.90 | 9.82 | 1.00 |
| I | 20120510-LGH-FJAT-2276 | 18.53 | 6.30 | 10.70 | 7.42 | 7.34 | 6.39 | 1.00 |
| I | 20120727-YQ-FJAT-16445 | 17.42 | 3.25 | 3.52 | 3.38 | 10.37 | 14.61 | 1.00 |
| I | 20121102-FJAT-17478-ZR | 12.78 | 2.45 | 11.46 | 5.14 | 8.95 | 16.89 | 1.10 |
| I | 20121106-FJAT-16967-zr | 25.12 | 5.61 | 6.79 | 3.50 | 7.57 | 7.39 | 1.00 |
| I | 20121106-FJAT-16976-zr | 18.58 | 4.32 | 2.10 | 3.18 | 7.71 | 13.75 | 1.21 |
| I | 20121106-FJAT-16983-zr | 18.99 | 2.56 | 4.11 | 3.03 | 9.73 | 9.71 | 1.35 |
| I | 20121106-FJAT-16988-zr | 17.01 | 5.37 | 7.74 | 4.73 | 10.62 | 9.12 | 1.18 |
| I | 20121107-FJAT-16954-zr | 25.54 | 2.83 | 2.69 | 2.47 | 11.13 | 9.72 | 1.00 |
| I | 20121107-FJAT-16964-zr | 25.06 | 6.20 | 7.87 | 4.19 | 10.14 | 6.18 | 1.00 |
| I | 20121109-FJAT-16988-ZR | 17.37 | 5.40 | 7.67 | 4.69 | 10.65 | 9.30 | 1.19 |
| I | 20130129-ZMX-FJAT-17698 | 17.17 | 4.11 | 10.94 | 5.59 | 7.41 | 10.21 | 1.21 |
| I | 20130323-LGH-FJAT-4487 | 20.79 | 2.54 | 6.23 | 2.79 | 9.05 | 10.27 | 1.32 |
| I | 20130328-TXN-FJAT-16692 | 18.18 | 8.42 | 1.59 | 4.33 | 7.09 | 13.60 | 1.32 |
| I | 20130328-TXN-FJAT-16703 | 10.15 | 6.75 | 7.21 | 5.99 | 6.87 | 9.53 | 2.23 |
| I | 20130401-ll-FJAT-16844 | 19.54 | 6.95 | 2.04 | 3.80 | 8.01 | 14.10 | 1.00 |
| I | 20130403-ll-FJAT-16893 | 25.15 | 3.55 | 2.13 | 2.89 | 9.97 | 10.76 | 1.21 |
| I | 20130403-ll-FJAT-16903-2 | 17.33 | 3.04 | 2.33 | 3.56 | 8.53 | 16.75 | 1.00 |
| I | 20130403-ll-FJAT-16927-1 | 17.09 | 7.83 | 3.97 | 4.12 | 11.52 | 7.69 | 2.01 |
| I | 2013122-LGH-FJAT-4486 | 19.12 | 3.74 | 11.71 | 4.49 | 8.04 | 9.36 | 1.24 |
| I | 20140325-LGH-FJAT-21913 | 23.78 | 3.99 | 2.04 | 3.06 | 8.26 | 10.98 | 1.13 |
| I | 20140325-LGH-FJAT-21913 | 24.26 | 3.75 | 2.27 | 3.13 | 8.50 | 9.86 | 1.14 |
| I | 20140325-LGH-FJAT-22460 | 14.71 | 3.75 | 5.82 | 3.64 | 9.30 | 13.08 | 1.33 |

续表

| 型 | 菌株名称 | 15:0 anteiso | 15:0 iso | 17:0 anteiso | 17:0 iso | 16:0 iso | c16:0 | 16:1ω7c alcohol |
|---|---|---|---|---|---|---|---|---|
| I | 20140325-LGH-FJAT-22460 | 19.63 | 4.18 | 4.39 | 2.93 | 10.57 | 10.86 | 1.35 |
| I | 20140506-ZMX-FJAT-20200 | 21.93 | 3.47 | 3.41 | 4.15 | 4.37 | 12.64 | 1.66 |
| I | 20140506-ZMX-FJAT-20216 | 19.70 | 4.14 | 4.12 | 4.40 | 6.20 | 13.67 | 2.45 |
| I | FJAT-25151 | 20.00 | 4.62 | 5.86 | 1.76 | 6.78 | 8.95 | 1.00 |
| I | FJAT-26084-1 | 15.37 | 8.17 | 4.01 | 9.46 | 4.48 | 15.14 | 1.00 |
| I | FJAT-26390-1 | 21.22 | 6.08 | 6.87 | 8.38 | 5.66 | 11.56 | 1.00 |
| I | FJAT-26390-2 | 24.21 | 5.38 | 6.87 | 6.72 | 6.05 | 10.91 | 1.00 |
| I | FJAT-26951-1 | 13.48 | 4.39 | 4.60 | 2.88 | 9.32 | 13.34 | 1.00 |
| I | FJAT-26951-1 | 16.25 | 4.75 | 4.59 | 2.87 | 9.50 | 13.80 | 1.00 |
| I | FJAT-26951-2 | 15.15 | 4.61 | 4.30 | 2.78 | 9.48 | 14.18 | 1.00 |
| I | FJAT-26951-2 | 17.70 | 4.93 | 4.19 | 2.78 | 9.75 | 14.79 | 1.00 |
| I | FJAT-26967-1 | 11.19 | 5.59 | 2.66 | 2.99 | 11.62 | 9.26 | 2.42 |
| I | FJAT-26967-2 | 11.44 | 5.30 | 2.17 | 2.65 | 10.36 | 11.64 | 2.26 |
| I | FJAT-27445-1 | 15.69 | 1.11 | 7.68 | 3.99 | 11.09 | 15.75 | 1.43 |
| I | FJAT-27445-2 | 16.74 | 1.26 | 6.33 | 3.73 | 10.81 | 16.21 | 1.43 |
| I | FJAT-27913-1 | 19.13 | 5.97 | 3.23 | 5.92 | 4.72 | 18.64 | 1.00 |
| I | FJAT-27913-2 | 16.95 | 7.64 | 3.24 | 7.87 | 4.64 | 16.74 | 1.00 |
| I | FJAT-28000-1 | 24.15 | 6.73 | 3.18 | 4.68 | 4.65 | 15.55 | 1.00 |
| I | FJAT-28000-2 | 23.95 | 4.69 | 3.44 | 3.91 | 4.33 | 17.36 | 1.00 |
| I | FJAT-28044-1 | 12.60 | 8.25 | 3.26 | 8.29 | 3.18 | 19.55 | 1.00 |
| I | FJAT-28567-1 | 18.50 | 7.54 | 3.00 | 5.45 | 5.27 | 16.22 | 1.00 |
| I | FJAT-28567-2 | 21.05 | 8.60 | 2.64 | 5.88 | 5.51 | 14.86 | 1.00 |
| I | FJAT-28569-1 | 20.88 | 5.96 | 2.84 | 4.99 | 5.60 | 17.66 | 1.00 |
| I | FJAT-28569-2 | 20.21 | 6.72 | 3.03 | 5.81 | 5.50 | 16.79 | 1.00 |
| I | FJAT-29857-1 | 17.38 | 5.33 | 2.64 | 4.58 | 8.61 | 13.27 | 1.00 |
| I | FJAT-29857-2 | 18.67 | 5.28 | 3.12 | 4.79 | 9.51 | 12.03 | 1.00 |
| I | FJAT-29857-2 | 18.67 | 5.28 | 3.12 | 4.79 | 9.51 | 12.03 | 1.00 |
| I | FJAT-29873-1 | 15.25 | 3.88 | 5.24 | 4.28 | 11.30 | 14.50 | 1.00 |
| I | FJAT-29873-2 | 15.53 | 4.06 | 5.38 | 4.55 | 11.38 | 14.31 | 1.00 |
| I | FJAT-40588-1 | 20.62 | 7.32 | 7.51 | 8.03 | 6.66 | 10.06 | 1.00 |
| I | FJAT-40588-2 | 19.47 | 6.22 | 5.32 | 7.35 | 5.59 | 13.31 | 1.00 |
| I | FJAT-41673-1 | 16.21 | 4.23 | 5.19 | 5.58 | 8.19 | 15.56 | 1.00 |
| I | FJAT-41673-2 | 16.14 | 4.13 | 6.03 | 5.72 | 8.25 | 14.54 | 1.00 |
| I | FJAT-41673-2 | 16.14 | 4.13 | 6.03 | 5.72 | 8.25 | 14.54 | 1.00 |
| I | HGP 10-T-6 | 11.80 | 7.56 | 6.23 | 5.22 | 6.51 | 8.35 | 2.44 |
| I | hxj-z471 | 24.43 | 4.09 | 7.04 | 4.19 | 6.68 | 7.32 | 2.04 |
| I | LGH-FJAT-4387 | 31.48 | 3.86 | 8.48 | 1.00 | 7.23 | 5.17 | 1.00 |
| I | LGH-FJAT-4471 | 23.24 | 2.81 | 9.15 | 4.17 | 8.72 | 8.17 | 1.00 |
| I | LGH-FJAT-4472 | 28.01 | 5.01 | 6.72 | 4.58 | 4.64 | 7.02 | 1.29 |
| I | LGH-FJAT-4534 | 30.04 | 5.49 | 2.11 | 2.71 | 5.22 | 5.35 | 3.63 |

续表

| 型 | 菌株名称 | 15:0 anteiso | 15:0 iso | 17:0 anteiso | 17:0 iso | 16:0 iso | c16:0 | 16:1ω7c alcohol |
|---|---|---|---|---|---|---|---|---|
| I | LGH-FJAT-4537 | 26.90 | 5.56 | 4.64 | 4.13 | 5.58 | 7.20 | 1.71 |
| I | LGH-FJAT-4543 | 29.69 | 6.62 | 4.04 | 3.26 | 4.70 | 3.26 | 3.50 |
| I | LGH-FJAT-4575 | 23.95 | 3.37 | 9.88 | 4.13 | 10.04 | 8.75 | 1.00 |
| I | LGH-FJAT-4767 | 24.66 | 6.37 | 7.90 | 4.52 | 8.61 | 9.04 | 1.00 |
| I | ljy-10-10 | 20.89 | 4.26 | 7.62 | 4.03 | 4.45 | 13.58 | 1.00 |
| I | ljy-28-10 | 27.55 | 5.71 | 5.11 | 3.15 | 6.07 | 10.97 | 1.00 |
| I | XKC17222 | 25.29 | 3.75 | 7.47 | 3.73 | 5.56 | 8.31 | 1.44 |
| I | ysj-5c-9 | 13.35 | 5.90 | 2.65 | 2.24 | 6.67 | 10.59 | 1.31 |
| I | ZXF B-13 | 32.11 | 4.05 | 4.52 | 1.00 | 3.90 | 5.32 | 1.00 |
| I | ZXF B-13 | 31.24 | 3.83 | 4.52 | 1.00 | 7.03 | 11.26 | 1.00 |
| I | ZXF B-13 | 30.25 | 3.07 | 5.64 | 2.77 | 5.97 | 10.45 | 1.00 |
| 脂肪酸 I 型 103 个菌株平均值 | | 20.53 | 4.88 | 5.49 | 4.17 | 7.61 | 11.16 | 1.32 |
| II | 20110311-SDG-FJAT-11311 | 29.20 | 5.94 | 7.48 | 1.86 | 7.98 | 1.72 | 1.00 |
| II | 20110316-LGH-FJAT-4389 | 32.59 | 5.01 | 1.03 | 2.35 | 7.68 | 8.16 | 1.00 |
| II | 20110622-LGH-FJAT-13444 | 30.04 | 7.25 | 2.97 | 2.22 | 1.81 | 7.19 | 2.07 |
| II | 20110629-WZX-FJAT-10044-33 | 29.62 | 5.02 | 7.36 | 1.52 | 8.28 | 1.00 | 1.00 |
| II | 20110705-LGH-FJAT-13432 | 24.89 | 7.12 | 3.42 | 2.83 | 2.00 | 6.87 | 2.31 |
| II | 20110707-LGH-FJAT-4389 | 31.43 | 5.18 | 1.00 | 2.10 | 8.13 | 8.28 | 1.00 |
| II | 20110707-LGH-FJAT-4389 | 31.43 | 5.18 | 1.00 | 2.10 | 8.13 | 8.28 | 1.00 |
| II | 20110907-TXN-FJAT-14361 | 26.55 | 4.50 | 2.00 | 1.98 | 2.71 | 8.06 | 1.81 |
| II | 20110907-TXN-FJAT-14369 | 30.40 | 6.37 | 1.67 | 1.99 | 1.99 | 7.99 | 1.68 |
| II | 201110-18-TXN-FJAT-14449 | 36.04 | 6.26 | 1.83 | 1.85 | 2.37 | 6.57 | 1.00 |
| II | 201110-19-TXN-FJAT-14394 | 27.16 | 8.71 | 2.64 | 2.62 | 3.39 | 8.21 | 1.99 |
| II | 201110-19-TXN-FJAT-14398 | 32.39 | 6.14 | 1.91 | 1.87 | 2.17 | 6.82 | 1.84 |
| II | 201110-19-TXN-FJAT-14415 | 31.21 | 7.90 | 3.24 | 2.68 | 2.34 | 6.16 | 1.91 |
| II | 201110-20-TXN-FJAT-14379 | 30.26 | 7.61 | 3.11 | 2.62 | 2.05 | 7.50 | 1.80 |
| II | 20111126-TXN-FJAT-14498 | 31.75 | 5.07 | 1.64 | 2.05 | 3.47 | 7.30 | 1.57 |
| II | 20130323-LGH-FJAT-4608 | 30.59 | 7.92 | 2.80 | 2.41 | 2.64 | 6.38 | 2.14 |
| II | FJAT-25148 | 28.40 | 7.45 | 6.07 | 1.94 | 6.67 | 4.66 | 1.00 |
| II | FJAT-26377-2 | 26.80 | 7.62 | 6.10 | 1.69 | 1.82 | 6.13 | 1.94 |
| II | FJAT-27442-1 | 26.68 | 7.49 | 4.01 | 1.00 | 1.17 | 9.93 | 1.00 |
| II | FJAT-27442-2 | 23.47 | 7.04 | 4.11 | 1.56 | 1.00 | 9.61 | 1.00 |
| II | FJAT-4719 | 30.74 | 8.17 | 3.37 | 2.58 | 2.94 | 6.56 | 1.93 |
| II | LGH-FJAT-4498 | 34.04 | 8.17 | 3.66 | 1.00 | 2.74 | 10.68 | 1.00 |
| II | LGH-FJAT-4537 | 30.41 | 8.76 | 8.07 | 5.40 | 5.71 | 4.53 | 1.00 |
| II | LGH-FJAT-4539 | 31.79 | 9.94 | 6.38 | 5.31 | 4.54 | 4.89 | 1.00 |
| II | LGH-FJAT-4544 | 36.22 | 7.52 | 4.81 | 1.00 | 5.10 | 4.92 | 1.00 |
| II | LGH-FJAT-4750 | 22.44 | 8.62 | 3.82 | 3.20 | 2.09 | 10.00 | 1.00 |
| II | S-400-3 | 38.22 | 5.25 | 6.27 | 1.00 | 7.39 | 2.60 | 1.00 |
| II | SL-1 | 24.54 | 10.93 | 5.21 | 1.00 | 11.98 | 9.21 | 1.00 |

续表

| 型 | 菌株名称 | 15:0 anteiso | 15:0 iso | 17:0 anteiso | 17:0 iso | 16:0 iso | c16:0 | 16:1ω7c alcohol |
|---|---|---|---|---|---|---|---|---|
| II | TQR-25 | 35.60 | 5.42 | 7.38 | 1.51 | 6.33 | 2.59 | 1.00 |
| II | wqh-N-6 | 29.37 | 8.92 | 9.11 | 2.25 | 8.77 | 1.89 | 1.00 |
| II | ZXF-20091216-OrgSn-25 | 40.78 | 2.08 | 4.57 | 1.00 | 6.80 | 3.08 | 1.00 |
| II | ZXF-20091216-OrgSn-25? | 32.88 | 4.83 | 4.07 | 1.43 | 7.76 | 4.31 | 1.00 |
| II | ZXF-20091216-OrgSn-54 | 38.77 | 2.51 | 5.77 | 1.26 | 5.51 | 3.60 | 1.00 |
| 脂肪酸 II 型 33 个菌株平均值 | | 30.81 | 6.72 | 4.18 | 2.10 | 4.71 | 6.23 | 1.33 |
| III | 20110510-wzx50d-FJAT-8761 | 6.35 | 11.77 | 12.94 | 4.99 | 2.86 | 18.55 | 1.00 |
| III | 20110517-LGH-FJAT-4642 | 10.76 | 6.58 | 6.54 | 7.51 | 14.69 | 14.24 | 1.00 |
| III | 20120727-YQ-FJAT-16432 | 1.00 | 10.61 | 2.81 | 6.68 | 7.42 | 19.29 | 1.00 |
| III | 20140325-LGH-FJAT-21981 | 4.41 | 4.79 | 11.32 | 6.92 | 9.57 | 18.71 | 1.33 |
| III | 20140325-LGH-FJAT-22136 | 4.49 | 5.15 | 9.79 | 7.02 | 8.57 | 20.36 | 1.27 |
| 脂肪酸 III 型 5 个菌株平均值 | | 5.40 | 7.78 | 8.68 | 6.62 | 8.62 | 18.23 | 1.12 |

| 型 | 菌株名称 | 14:0 iso | 16:1ω11c | c14:0 | 17:1 iso ω10c | c18:0 | 到中心的卡方距离 |
|---|---|---|---|---|---|---|---|
| I | 20110228-SDG-FJAT-11293 | 2.51 | 1.00 | 3.15 | 1.00 | 1.43 | 6.26 |
| I | 20110317-LGH-FJAT-4438 | 2.61 | 1.65 | 2.55 | 1.00 | 1.61 | 4.83 |
| I | 20110317-LGH-FJAT-4539 | 3.29 | 3.27 | 2.97 | 1.87 | 2.57 | 6.03 |
| I | 20110503-LGH-FJAT-4506 | 3.79 | 2.59 | 3.43 | 1.53 | 1.54 | 5.92 |
| I | 20110503-LGH-FJAT-4506 | 3.79 | 2.59 | 3.43 | 1.53 | 1.54 | 5.92 |
| I | 20110503-LGH-FJAT-4537 | 3.13 | 3.73 | 2.88 | 1.79 | 1.45 | 7.65 |
| I | 20110503-LGH-FJAT-4537 | 3.13 | 3.73 | 2.88 | 1.79 | 1.45 | 7.65 |
| I | 20110503-LGH-FJAT-4539 | 2.78 | 2.86 | 2.53 | 1.87 | 1.62 | 9.02 |
| I | 20110503-LGH-FJAT-4539 | 2.78 | 2.86 | 2.53 | 1.87 | 1.62 | 9.02 |
| I | 20110503-LGH-FJAT-4543 | 3.50 | 3.58 | 3.05 | 1.49 | 2.51 | 6.45 |
| I | 20110503-LGH-FJAT-4543 | 3.50 | 3.58 | 3.05 | 1.49 | 2.51 | 6.45 |
| I | 20110503-LGH-FJAT-4543a | 4.71 | 4.46 | 3.68 | 1.51 | 1.00 | 9.03 |
| I | 20110503-LGH-FJAT-4544 | 3.51 | 3.66 | 3.16 | 1.53 | 1.90 | 6.37 |
| I | 20110503-LGH-FJAT-4544 | 3.51 | 3.66 | 3.16 | 1.53 | 1.90 | 6.37 |
| I | 20110527-WZX28D-FJAT-8772 | 3.17 | 1.00 | 3.61 | 1.00 | 1.00 | 7.24 |
| I | 20110527-WZX37D-FJAT-8772 | 2.62 | 1.00 | 3.28 | 1.00 | 1.11 | 6.46 |
| I | 20110601-LGH-FJAT-13897 | 2.63 | 3.67 | 1.97 | 1.46 | 2.58 | 5.49 |
| I | 20110601-LGH-FJAT-13897 | 2.69 | 3.68 | 2.02 | 1.46 | 1.38 | 6.02 |
| I | 20110622-LGH-FJAT-14028 | 5.33 | 2.02 | 3.58 | 1.00 | 2.12 | 6.68 |
| I | 20110622-LGH-FJAT-14041 | 3.11 | 2.60 | 3.43 | 1.00 | 2.80 | 9.70 |
| I | 20110823-LGH-FJAT-13970 | 5.04 | 1.51 | 4.32 | 1.00 | 1.59 | 5.73 |
| I | 20110823-TXN-FJAT-14166 | 5.34 | 1.00 | 4.43 | 1.00 | 2.99 | 6.94 |
| I | 20110823-TXN-FJAT-14315 | 2.33 | 1.99 | 2.23 | 1.14 | 1.62 | 6.14 |
| I | 20110907-TXN-FJAT-14371 | 2.57 | 1.00 | 2.58 | 1.00 | 1.56 | 5.85 |
| I | 20111106-TXN-FJAT-14613 | 4.60 | 1.00 | 3.10 | 1.00 | 2.65 | 4.85 |
| I | 20111107-TXN-FJAT-14650 | 3.66 | 3.78 | 3.61 | 1.00 | 1.82 | 7.14 |
| I | 20120224-TXN-FJAT-14740 | 2.99 | 1.43 | 2.17 | 1.10 | 1.36 | 4.76 |

续表

| 型 | 菌株名称 | 14:0 iso | 16:1ω11c | c14:0 | 17:1 iso ω10c | c18:0 | 到中心的卡方距离 |
|---|---|---|---|---|---|---|---|
| I | 20120224-TXN-FJAT-14749 | 2.42 | 3.17 | 2.82 | 1.43 | 2.42 | 7.80 |
| I | 20120425-LGH-FJAT-4438 | 3.01 | 2.68 | 3.01 | 1.10 | 1.49 | 5.83 |
| I | 20120509-LGH-FJAT-2276 | 4.08 | 1.43 | 2.91 | 1.00 | 1.35 | 4.05 |
| I | 20120510-LGH-FJAT-2276 | 3.03 | 1.17 | 2.16 | 1.00 | 1.24 | 8.31 |
| I | 20120727-YQ-FJAT-16445 | 5.53 | 1.00 | 3.60 | 1.00 | 2.41 | 6.55 |
| I | 20121102-FJAT-17478-ZR | 2.26 | 2.00 | 2.37 | 1.14 | 1.28 | 11.82 |
| I | 20121106-FJAT-16967-zr | 2.63 | 1.22 | 2.36 | 1.08 | 1.98 | 6.36 |
| I | 20121106-FJAT-16976-zr | 6.77 | 1.96 | 5.49 | 1.09 | 1.43 | 6.37 |
| I | 20121106-FJAT-16983-zr | 5.20 | 1.85 | 2.62 | 1.00 | 2.36 | 4.56 |
| I | 20121106-FJAT-16988-zr | 2.59 | 1.69 | 2.15 | 1.15 | 2.02 | 5.76 |
| I | 20121107-FJAT-16954-zr | 7.17 | 1.00 | 3.31 | 1.00 | 1.00 | 8.37 |
| I | 20121107-FJAT-16964-zr | 2.55 | 1.00 | 1.66 | 1.00 | 1.00 | 8.01 |
| I | 20121109-FJAT-16988-ZR | 2.60 | 1.70 | 2.20 | 1.19 | 2.00 | 5.46 |
| I | 20130129-ZMX-FJAT-17698 | 2.09 | 1.87 | 1.79 | 1.29 | 1.74 | 6.94 |
| I | 20130323-LGH-FJAT-4487 | 3.79 | 2.73 | 3.58 | 1.10 | 1.40 | 3.43 |
| I | 20130328-TXN-FJAT-16692 | 3.43 | 2.06 | 2.49 | 1.27 | 2.04 | 6.31 |
| I | 20130328-TXN-FJAT-16703 | 1.99 | 5.91 | 2.57 | 2.77 | 1.40 | 11.82 |
| I | 20130401-ll-FJAT-16844 | 3.86 | 1.00 | 2.62 | 1.00 | 1.81 | 5.30 |
| I | 20130403-ll-FJAT-16893 | 4.45 | 1.61 | 2.08 | 1.32 | 1.25 | 6.63 |
| I | 20130403-ll-FJAT-16903-2 | 6.31 | 1.09 | 4.60 | 1.00 | 1.32 | 8.27 |
| I | 20130403-ll-FJAT-16927-1 | 4.78 | 2.84 | 2.24 | 1.43 | 1.27 | 7.29 |
| I | 2013122-LGH-FJAT-4486 | 2.61 | 2.44 | 2.56 | 1.00 | 1.48 | 6.84 |
| I | 20140325-LGH-FJAT-21913 | 6.27 | 1.66 | 4.16 | 1.07 | 1.20 | 5.89 |
| I | 20140325-LGH-FJAT-21913 | 6.25 | 1.64 | 3.82 | 1.14 | 1.24 | 6.16 |
| I | 20140325-LGH-FJAT-22460 | 3.64 | 2.24 | 3.11 | 1.54 | 2.54 | 6.54 |
| I | 20140325-LGH-FJAT-22460 | 5.17 | 2.27 | 3.08 | 1.21 | 1.47 | 3.95 |
| I | 20140506-ZMX-FJAT-20200 | 2.86 | 4.15 | 2.88 | 2.75 | 1.00 | 5.29 |
| I | 20140506-ZMX-FJAT-20216 | 2.67 | 2.94 | 2.47 | 2.04 | 1.78 | 3.85 |
| I | FJAT-25151 | 3.92 | 1.00 | 3.47 | 1.00 | 4.92 | 4.89 |
| I | FJAT-26084-1 | 2.06 | 2.30 | 2.24 | 3.01 | 1.63 | 9.96 |
| I | FJAT-26390-1 | 1.86 | 1.00 | 1.94 | 1.00 | 2.31 | 5.60 |
| I | FJAT-26390-2 | 1.80 | 1.00 | 1.90 | 1.00 | 1.69 | 5.54 |
| I | FJAT-26951-1 | 3.96 | 1.00 | 4.23 | 1.00 | 3.33 | 8.14 |
| I | FJAT-26951-1 | 4.13 | 1.00 | 4.38 | 1.00 | 3.62 | 6.25 |
| I | FJAT-26951-2 | 4.24 | 1.00 | 4.39 | 1.00 | 2.53 | 7.08 |
| I | FJAT-26951-2 | 4.42 | 1.00 | 4.62 | 1.00 | 2.68 | 5.98 |
| I | FJAT-26967-1 | 5.66 | 6.30 | 3.41 | 1.47 | 2.26 | 11.79 |
| I | FJAT-26967-2 | 5.47 | 7.64 | 4.09 | 1.51 | 1.81 | 11.77 |
| I | FJAT-27445-1 | 2.41 | 2.75 | 1.78 | 1.43 | 1.65 | 8.86 |
| I | FJAT-27445-2 | 2.48 | 2.83 | 1.89 | 1.25 | 1.65 | 8.16 |

续表

| 型 | 菌株名称 | 14:0 iso | 16:1ω11c | c14:0 | 17:1 iso ω10c | c18:0 | 到中心的卡方距离 |
|---|---|---|---|---|---|---|---|
| I | FJAT-27913-1 | 2.00 | 2.20 | 2.60 | 1.00 | 1.80 | 8.85 |
| I | FJAT-27913-2 | 1.95 | 1.75 | 2.44 | 1.00 | 2.03 | 9.08 |
| I | FJAT-28000-1 | 1.95 | 1.47 | 2.38 | 1.00 | 1.80 | 7.34 |
| I | FJAT-28000-2 | 1.97 | 1.69 | 2.61 | 1.00 | 2.04 | 8.27 |
| I | FJAT-28044-1 | 1.79 | 2.00 | 2.51 | 1.60 | 2.61 | 13.80 |
| I | FJAT-28567-1 | 2.25 | 1.00 | 2.78 | 1.00 | 2.69 | 7.38 |
| I | FJAT-28567-2 | 2.42 | 1.00 | 2.52 | 1.00 | 2.40 | 6.85 |
| I | FJAT-28569-1 | 2.18 | 1.98 | 2.51 | 1.00 | 1.80 | 7.59 |
| I | FJAT-28569-2 | 2.18 | 1.80 | 2.61 | 1.00 | 1.77 | 7.13 |
| I | FJAT-29857-1 | 5.86 | 2.50 | 4.24 | 1.00 | 1.47 | 5.59 |
| I | FJAT-29857-2 | 5.67 | 2.60 | 3.76 | 1.00 | 1.44 | 4.42 |
| I | FJAT-29857-2 | 5.67 | 2.60 | 3.76 | 1.00 | 1.44 | 4.42 |
| I | FJAT-29873-1 | 4.61 | 1.29 | 2.92 | 1.00 | 1.94 | 7.48 |
| I | FJAT-29873-2 | 4.70 | 1.18 | 2.86 | 1.00 | 1.40 | 7.27 |
| I | FJAT-40588-1 | 2.01 | 1.00 | 1.74 | 1.25 | 1.48 | 5.71 |
| I | FJAT-40588-2 | 1.76 | 1.00 | 2.17 | 1.00 | 3.64 | 5.55 |
| I | FJAT-41673-1 | 4.66 | 2.17 | 3.01 | 1.00 | 1.34 | 6.51 |
| I | FJAT-41673-2 | 4.41 | 2.17 | 2.88 | 1.00 | 1.50 | 5.94 |
| I | FJAT-41673-2 | 4.41 | 2.17 | 2.88 | 1.00 | 1.50 | 5.94 |
| I | HGP 10-T-6 | 2.27 | 5.45 | 2.45 | 1.00 | 1.21 | 10.37 |
| I | hxj-z471 | 3.06 | 2.37 | 2.33 | 1.00 | 1.54 | 5.92 |
| I | LGH-FJAT-4387 | 3.46 | 4.19 | 1.00 | 1.00 | 1.00 | 13.56 |
| I | LGH-FJAT-4471 | 3.41 | 1.00 | 2.63 | 1.00 | 1.79 | 6.09 |
| I | LGH-FJAT-4472 | 2.50 | 2.33 | 2.82 | 1.00 | 1.37 | 9.22 |
| I | LGH-FJAT-4534 | 4.81 | 3.67 | 2.73 | 1.00 | 2.10 | 12.36 |
| I | LGH-FJAT-4537 | 3.79 | 3.94 | 3.43 | 1.00 | 1.00 | 8.09 |
| I | LGH-FJAT-4543 | 3.50 | 3.75 | 2.75 | 1.00 | 1.00 | 12.97 |
| I | LGH-FJAT-4575 | 2.67 | 1.00 | 2.08 | 1.00 | 1.00 | 6.99 |
| I | LGH-FJAT-4767 | 2.78 | 1.00 | 1.00 | 1.00 | 1.00 | 6.11 |
| I | ljy-10-10 | 2.55 | 1.00 | 3.30 | 1.00 | 4.15 | 5.43 |
| I | ljy-28-10 | 2.93 | 1.00 | 3.39 | 1.00 | 1.00 | 7.53 |
| I | XKC17222 | 2.80 | 3.42 | 1.89 | 1.53 | 1.17 | 6.61 |
| I | ysj-5c-9 | 5.81 | 2.19 | 4.99 | 1.00 | 2.47 | 8.69 |
| I | ZXF B-13 | 5.49 | 8.48 | 1.00 | 1.00 | 1.00 | 15.49 |
| I | ZXF B-13 | 5.00 | 1.00 | 1.00 | 1.00 | 1.00 | 11.63 |
| I | ZXF B-13 | 3.95 | 1.00 | 2.76 | 1.00 | 1.00 | 10.27 |
| 脂肪酸 I 型 103 个菌株平均值 | | 3.58 | 2.30 | 2.88 | 1.21 | 1.80 | RMSTD=4.4300 |
| II | 20110311-SDG-FJAT-11311 | 3.01 | 1.00 | 1.46 | 1.00 | 1.45 | 6.91 |
| II | 20110316-LGH-FJAT-4389 | 4.68 | 1.00 | 2.52 | 1.00 | 1.00 | 5.74 |
| II | 20110622-LGH-FJAT-13444 | 3.67 | 4.20 | 3.46 | 1.00 | 1.77 | 4.32 |

续表

| 型 | 菌株名称 | 14:0 iso | 16:1ω11c | c14:0 | 17:1 iso ω10c | c18:0 | 到中心的卡方距离 |
|---|---|---|---|---|---|---|---|
| II | 20110629-WZX-FJAT-10044-33 | 2.52 | 1.00 | 2.71 | 1.00 | 1.00 | 7.61 |
| II | 20110705-LGH-FJAT-13432 | 3.88 | 2.66 | 2.89 | 1.74 | 4.04 | 7.08 |
| II | 20110707-LGH-FJAT-4389 | 4.56 | 1.00 | 2.41 | 1.00 | 1.48 | 5.65 |
| II | 20110707-LGH-FJAT-4389 | 4.56 | 1.00 | 2.41 | 1.00 | 1.48 | 5.65 |
| II | 20110907-TXN-FJAT-14361 | 3.25 | 3.81 | 3.38 | 1.00 | 2.91 | 6.35 |
| II | 20110907-TXN-FJAT-14369 | 3.23 | 2.76 | 2.79 | 1.00 | 3.23 | 4.38 |
| II | 201110-18-TXN-FJAT-14449 | 3.94 | 2.02 | 3.25 | 1.00 | 2.10 | 6.32 |
| II | 201110-19-TXN-FJAT-14394 | 4.11 | 3.15 | 3.06 | 1.26 | 1.31 | 5.41 |
| II | 201110-19-TXN-FJAT-14398 | 3.75 | 2.92 | 3.73 | 1.00 | 1.98 | 4.24 |
| II | 201110-19-TXN-FJAT-14415 | 2.96 | 3.26 | 2.48 | 1.40 | 1.44 | 3.34 |
| II | 201110-20-TXN-FJAT-14379 | 2.92 | 3.82 | 2.60 | 1.34 | 1.54 | 3.94 |
| II | 20111126-TXN-FJAT-14498 | 4.75 | 2.88 | 3.66 | 1.00 | 2.32 | 4.18 |
| II | 20130323-LGH-FJAT-4608 | 3.63 | 3.19 | 2.40 | 1.46 | 1.80 | 3.22 |
| II | FJAT-25148 | 4.37 | 1.00 | 3.03 | 1.00 | 1.38 | 4.41 |
| II | FJAT-26377-2 | 3.09 | 2.63 | 3.34 | 1.44 | 2.93 | 5.61 |
| II | FJAT-27442-1 | 2.62 | 1.00 | 3.12 | 1.00 | 8.34 | 9.23 |
| II | FJAT-27442-2 | 2.38 | 1.00 | 3.09 | 1.00 | 8.16 | 10.85 |
| II | FJAT-4719 | 3.84 | 3.30 | 2.44 | 1.36 | 1.00 | 3.19 |
| II | LGH-FJAT-4498 | 3.58 | 1.00 | 1.00 | 1.00 | 1.00 | 6.49 |
| II | LGH-FJAT-4537 | 1.00 | 1.00 | 1.00 | 1.00 | 1.00 | 6.62 |
| II | LGH-FJAT-4539 | 1.00 | 1.00 | 1.00 | 1.00 | 1.00 | 6.15 |
| II | LGH-FJAT-4544 | 1.00 | 1.00 | 1.00 | 1.00 | 1.00 | 6.55 |
| II | LGH-FJAT-4750 | 4.36 | 4.50 | 3.81 | 1.00 | 4.03 | 10.46 |
| II | S-400-3 | 3.15 | 1.00 | 1.00 | 1.00 | 1.00 | 9.35 |
| II | SL-1 | 1.00 | 1.00 | 1.00 | 1.00 | 1.00 | 11.42 |
| II | TQR-25 | 2.53 | 1.00 | 1.75 | 1.00 | 1.29 | 7.34 |
| II | wqh-N-6 | 2.88 | 1.00 | 1.55 | 1.00 | 1.00 | 8.36 |
| II | ZXF-20091216-OrgSn-25 | 3.97 | 1.00 | 2.25 | 1.00 | 1.35 | 11.78 |
| II | ZXF-20091216-OrgSn-25? | 4.07 | 1.00 | 2.46 | 1.00 | 2.85 | 4.85 |
| II | ZXF-20091216-OrgSn-54 | 3.26 | 1.00 | 2.46 | 1.00 | 1.73 | 9.65 |
| 脂肪酸 II 型 33 个菌株平均值 | | 3.26 | 1.94 | 2.44 | 1.09 | 2.15 | RMSTD=4.0947 |
| III | 20110510-wzx50d-FJAT-8761 | 2.29 | 1.00 | 5.11 | 1.00 | 1.00 | 8.90 |
| III | 20110517-LGH-FJAT-4642 | 2.07 | 1.00 | 2.49 | 1.00 | 1.00 | 9.72 |
| III | 20120727-YQ-FJAT-16432 | 2.95 | 9.02 | 4.19 | 1.00 | 1.00 | 9.91 |
| III | 20140325-LGH-FJAT-21981 | 2.36 | 2.75 | 2.57 | 1.62 | 1.43 | 4.40 |
| III | 20140325-LGH-FJAT-22136 | 2.43 | 2.67 | 2.74 | 1.38 | 1.60 | 3.84 |
| 脂肪酸 III 型 5 个菌株平均值 | | 2.42 | 3.29 | 3.42 | 1.20 | 1.21 | RMSTD=5.0504 |

*脂肪酸含量单位为%

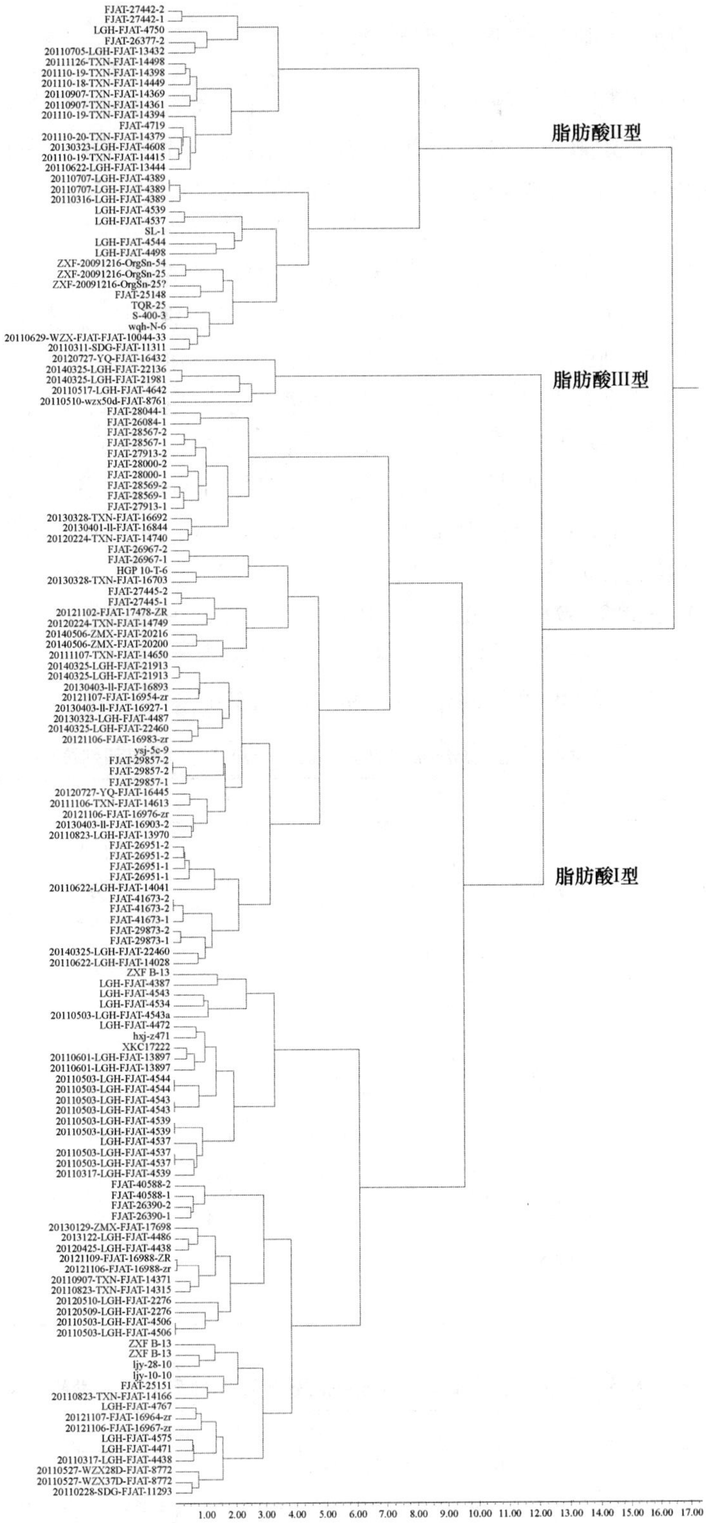


图 7-4-5 多黏类芽胞杆菌（*Paenibacillus polymyxa*）脂肪酸型聚类分析（卡方距离）

## 3. 多黏类芽胞杆菌脂肪酸型判别模型建立

（1）分析原理。不同的多黏类芽胞杆菌菌株具有不同的脂肪酸组构成，通过上述聚类分析，可将多黏类芽胞杆菌菌株分为 3 类，利用逐步判别的方法（DPS 软件），建立多黏类芽胞杆菌菌株脂肪酸型判别模型，在建立模型的过程中，可以了解各因子对类别划分的重要性。

（2）数据矩阵。以表 7-4-26 的多黏类芽胞杆菌 141 个菌株的 12 个脂肪酸为矩阵，自变量 $x_{ij}$($i$=1,…,141;$j$=1,…,12)由 141 个菌株的 12 个脂肪酸组成，因变量 $Y_i$($i$=1,…,141)由 141 个菌株聚类类别组成脂肪酸型，采用贝叶斯逐步判别分析，建立多黏类芽胞杆菌菌株脂肪酸型判别模型。多黏类芽胞杆菌脂肪酸型判别模型入选因子见表 7-4-27，脂肪酸型类别间判别效果检验见表 7-4-28，模型计算后的分类验证和后验概率见表 7-4-29，脂肪酸型判别效果矩阵分析见表 7-4-30。建立的逐步判别分析因子筛选表明，以下 4 个因子入选：$x_{(1)}$=15:0 anteiso、$x_{(2)}$=15:0 iso、$x_{(7)}$=17:0 iso、$x_{(12)}$=c18:0，表明这些因子对脂肪酸型的判别具有显著贡献。判别模型如下：

$$Y_1=-30.7669+1.6700x_{(1)}+1.2469x_{(2)}+3.2093x_{(7)}+4.3254x_{(12)} \quad (7\text{-}4\text{-}12)$$

$$Y_2=-49.9557+2.1891x_{(1)}+2.4025x_{(2)}+2.2938x_{(7)}+5.3543x_{(12)} \quad (7\text{-}4\text{-}13)$$

$$Y_3=-21.3849+0.9084x_{(1)}+1.7698x_{(2)}+3.1576x_{(7)}+2.6347x_{(12)} \quad (7\text{-}4\text{-}14)$$

**表 7-4-27　多黏类芽胞杆菌（*Paenibacillus polymyxa*）脂肪酸型判别模型入选因子**

| 脂肪酸 | Wilks 统计量 | *F* 值 | df | *P* | 入选状态 |
|---|---|---|---|---|---|
| 15:0 anteiso | 0.5670 | 51.5474 | 2，135 | 0.0000 | （已入选） |
| 15:0 iso | 0.7046 | 28.2981 | 2，135 | 0.0000 | （已入选） |
| 16:0 iso | 0.9906 | 0.6384 | 2，134 | 0.5297 | |
| c16:0 | 0.9897 | 0.6987 | 2，134 | 0.4990 | |
| 17:0 anteiso | 0.9609 | 2.7283 | 2，134 | 0.0690 | |
| 16:1ω7c alcohol | 0.9879 | 0.8210 | 2，134 | 0.4422 | |
| 17:0 iso | 0.9036 | 7.2022 | 2，135 | 0.0010 | （已入选） |
| 14:0 iso | 0.9763 | 1.6240 | 2，134 | 0.2010 | |
| 16:1ω11c | 0.9987 | 0.0852 | 2，134 | 0.9183 | |
| c14:0 | 0.9919 | 0.5482 | 2，134 | 0.5793 | |
| 17:1 iso ω10c | 0.9898 | 0.6913 | 2，134 | 0.5027 | |
| c18:0 | 0.8940 | 7.9999 | 2，135 | 0.0005 | （已入选） |

**表 7-4-28　多黏类芽胞杆菌（*Paenibacillus polymyxa*）脂肪酸型两两分类间判别效果检验**

| 脂肪酸型 *i* | 脂肪酸型 *j* | 马氏距离 | *F* 值 | 自由度 $V_1$ | $V_2$ | *P* |
|---|---|---|---|---|---|---|
| I | II | 9.7306 | 59.4766 | 4 | 131 | $1\times10^{-7}$ |
| I | III | 13.9098 | 16.2218 | 4 | 103 | $1\times10^{-7}$ |
| II | III | 38.3454 | 40.7200 | 4 | 33 | $1\times10^{-7}$ |

表 7-4-29　多黏类芽胞杆菌（*Paenibacillus polymyxa*）模型计算后分类验证和后验概率

| 菌株名称 | 原分类 | 计算分类 | 后验概率 | 菌株名称 | 原分类 | 计算分类 | 后验概率 |
|---|---|---|---|---|---|---|---|
| 20110228-SDG-FJAT-11293 | 1 | 1 | 0.7188 | 20130129-ZMX-FJAT-17698 | 1 | 1 | 0.9995 |
| 20110317-LGH-FJAT-4438 | 1 | 1 | 0.9968 | 20130323-LGH-FJAT-4487 | 1 | 1 | 0.9995 |
| 20110317-LGH-FJAT-4539 | 1 | 1 | 0.9285 | 20130328-TXN-FJAT-16692 | 1 | 1 | 0.9527 |
| 20110503-LGH-FJAT-4506 | 1 | 1 | 0.9947 | 20130328-TXN-FJAT-16703 | 1 | 1 | 0.6272 |
| 20110503-LGH-FJAT-4506 | 1 | 1 | 0.9947 | 20130401-ll-FJAT-16844 | 1 | 1 | 0.9772 |
| 20110503-LGH-FJAT-4537 | 1 | 1 | 0.9369 | 20130403-ll-FJAT-16893 | 1 | 1 | 0.9893 |
| 20110503-LGH-FJAT-4537 | 1 | 1 | 0.9369 | 20130403-ll-FJAT-16903-2 | 1 | 1 | 0.9995 |
| 20110503-LGH-FJAT-4539 | 1 | 1 | 0.8152 | 20130403-ll-FJAT-16927-1 | 1 | 1 | 0.9853 |
| 20110503-LGH-FJAT-4539 | 1 | 1 | 0.8152 | 2013122-LGH-FJAT-4486 | 1 | 1 | 0.9997 |
| 20110503-LGH-FJAT-4543 | 1 | 1 | 0.9883 | 20140325-LGH-FJAT-21913 | 1 | 1 | 0.9929 |
| 20110503-LGH-FJAT-4543 | 1 | 1 | 0.9883 | 20140325-LGH-FJAT-21913 | 1 | 1 | 0.9932 |
| 20110503-LGH-FJAT-4543a | 1 | 1 | 0.9718 | 20140325-LGH-FJAT-22460 | 1 | 1 | 0.9993 |
| 20110503-LGH-FJAT-4544 | 1 | 1 | 0.9804 | 20140325-LGH-FJAT-22460 | 1 | 1 | 0.9983 |
| 20110503-LGH-FJAT-4544 | 1 | 1 | 0.9804 | 20140506-ZMX-FJAT-20200 | 1 | 1 | 0.9995 |
| 20110527-WZX28D-FJAT-8772 | 1 | 1 | 0.9592 | 20140506-ZMX-FJAT-20216 | 1 | 1 | 0.9994 |
| 20110527-WZX37D-FJAT-8772 | 1 | 1 | 0.9541 | FJAT-25151 | 1 | 1 | 0.7606 |
| 20110601-LGH-FJAT-13897 | 1 | 1 | 0.9978 | FJAT-26084-1 | 1 | 1 | 0.9868 |
| 20110601-LGH-FJAT-13897 | 1 | 1 | 0.9979 | FJAT-26390-1 | 1 | 1 | 0.9995 |
| 20110622-LGH-FJAT-14028 | 1 | 1 | 0.9998 | FJAT-26390-2 | 1 | 1 | 0.9974 |
| 20110622-LGH-FJAT-14041 | 1 | 1 | 0.9978 | FJAT-26951-1 | 1 | 1 | 0.9988 |
| 20110823-LGH-FJAT-13970 | 1 | 1 | 0.9989 | FJAT-26951-1 | 1 | 1 | 0.9950 |
| 20110823-TXN-FJAT-14166 | 1 | 2* | 0.6499 | FJAT-26951-2 | 1 | 1 | 0.9984 |
| 20110823-TXN-FJAT-14315 | 1 | 1 | 0.9982 | FJAT-26951-2 | 1 | 1 | 0.9946 |
| 20110907-TXN-FJAT-14371 | 1 | 1 | 0.9983 | FJAT-26967-1 | 1 | 1 | 0.9613 |
| 20111106-TXN-FJAT-14613 | 1 | 1 | 0.9988 | FJAT-26967-2 | 1 | 1 | 0.9415 |
| 20111107-TXN-FJAT-14650 | 1 | 1 | 0.9999 | FJAT-27445-1 | 1 | 1 | 0.9997 |
| 20120224-TXN-FJAT-14740 | 1 | 1 | 0.9652 | FJAT-27445-2 | 1 | 1 | 0.9998 |
| 20120224-TXN-FJAT-14749 | 1 | 1 | 0.9993 | FJAT-27913-1 | 1 | 1 | 0.9989 |
| 20120425-LGH-FJAT-4438 | 1 | 1 | 0.9995 | FJAT-27913-2 | 1 | 1 | 0.9979 |
| 20120509-LGH-FJAT-2276 | 1 | 1 | 0.9995 | FJAT-28000-1 | 1 | 1 | 0.9203 |
| 20120510-LGH-FJAT-2276 | 1 | 1 | 0.9989 | FJAT-28000-2 | 1 | 1 | 0.9812 |
| 20120727-YQ-FJAT-16445 | 1 | 1 | 0.9996 | FJAT-28044-1 | 1 | 1 | 0.9773 |
| 20121102-FJAT-17478-ZR | 1 | 1 | 0.9893 | FJAT-28567-1 | 1 | 1 | 0.9855 |
| 20121106-FJAT-16967-zr | 1 | 1 | 0.8778 | FJAT-28567-2 | 1 | 1 | 0.9149 |
| 20121106-FJAT-16976-zr | 1 | 1 | 0.9989 | FJAT-28569-1 | 1 | 1 | 0.9951 |
| 20121106-FJAT-16983-zr | 1 | 1 | 0.9996 | FJAT-28569-2 | 1 | 1 | 0.9961 |
| 20121106-FJAT-16988-zr | 1 | 1 | 0.9989 | FJAT-29857-1 | 1 | 1 | 0.9985 |
| 20121107-FJAT-16954-zr | 1 | 1 | 0.9935 | FJAT-29857-2 | 1 | 1 | 0.9990 |
| 20121107-FJAT-16964-zr | 1 | 1 | 0.9508 | FJAT-29857-2 | 1 | 1 | 0.9990 |
| 20121109-FJAT-16988-ZR | 1 | 1 | 0.9989 | FJAT-29873-1 | 1 | 1 | 0.9988 |

续表

| 菌株名称 | 原分类 | 计算分类 | 后验概率 | 菌株名称 | 原分类 | 计算分类 | 后验概率 |
|---|---|---|---|---|---|---|---|
| FJAT-29873-2 | 1 | 1 | 0.9974 | 20110907-TXN-FJAT-14369 | 2 | 2 | 0.9868 |
| FJAT-40588-1 | 1 | 1 | 0.9989 | 201110-18-TXN-FJAT-14449 | 2 | 2 | 0.9977 |
| FJAT-40588-2 | 1 | 1 | 0.9976 | 201110-19-TXN-FJAT-14394 | 2 | 2 | 0.9419 |
| FJAT-41673-1 | 1 | 1 | 0.9982 | 201110-19-TXN-FJAT-14398 | 2 | 2 | 0.9803 |
| FJAT-41673-2 | 1 | 1 | 0.9986 | 201110-19-TXN-FJAT-14415 | 2 | 2 | 0.9825 |
| FJAT-41673-2 | 1 | 1 | 0.9986 | 201110-20-TXN-FJAT-14379 | 2 | 2 | 0.9664 |
| HGP 10-T-6 | 1 | 1 | 0.7295 | 20111126-TXN-FJAT-14498 | 2 | 2 | 0.9257 |
| hxj-z471 | 1 | 1 | 0.9944 | 20130323-LGH-FJAT-4608 | 2 | 2 | 0.9872 |
| LGH-FJAT-4387 | 1 | 2* | 0.6427 | FJAT-25148 | 2 | 2 | 0.9351 |
| LGH-FJAT-4471 | 1 | 1 | 0.9991 | FJAT-26377-2 | 2 | 2 | 0.9793 |
| LGH-FJAT-4472 | 1 | 1 | 0.9417 | FJAT-27442-1 | 2 | 2 | 0.9999 |
| LGH-FJAT-4534 | 1 | 2* | 0.7841 | FJAT-27442-2 | 2 | 2 | 0.9991 |
| LGH-FJAT-4537 | 1 | 1 | 0.9365 | FJAT-4719 | 2 | 2 | 0.9767 |
| LGH-FJAT-4543 | 1 | 2* | 0.6854 | LGH-FJAT-4498 | 2 | 2 | 0.9990 |
| LGH-FJAT-4575 | 1 | 1 | 0.9988 | LGH-FJAT-4537 | 2 | 2 | 0.8410 |
| LGH-FJAT-4767 | 1 | 1 | 0.9635 | LGH-FJAT-4539 | 2 | 2 | 0.9787 |
| ljy-10-10 | 1 | 1 | 0.9817 | LGH-FJAT-4544 | 2 | 2 | 0.9993 |
| ljy-28-10 | 1 | 1 | 0.7830 | LGH-FJAT-4750 | 2 | 2 | 0.9241 |
| XKC17222 | 1 | 1 | 0.9938 | S-400-3 | 2 | 2 | 0.9966 |
| ysj-5c-9 | 1 | 1 | 0.9912 | SL-1 | 2 | 2 | 0.9943 |
| ZXF B-13 | 1 | 2* | 0.7565 | TQR-25 | 2 | 2 | 0.9874 |
| ZXF B-13 | 1 | 2* | 0.6054 | wqh-N-6 | 2 | 2 | 0.9851 |
| ZXF B-13 | 1 | 1 | 0.9299 | ZXF-20091216-OrgSn-25 | 2 | 2 | 0.9763 |
| 20110311-SDG-FJAT-11311 | 2 | 2 | 0.8150 | ZXF-20091216-OrgSn-25? | 2 | 2 | 0.9810 |
| 20110316-LGH-FJAT-4389 | 2 | 2 | 0.7784 | ZXF-20091216-OrgSn-54 | 2 | 2 | 0.9653 |
| 20110622-LGH-FJAT-13444 | 2 | 2 | 0.9687 | 20110510-wzx50d-FJAT-8761 | 3 | 3 | 0.9967 |
| 20110629-WZX-FJAT-10044-33 | 2 | 2 | 0.6192 | 20110517-LGH-FJAT-4642 | 3 | 1* | 0.6168 |
| 20110705-LGH-FJAT-13432 | 2 | 2 | 0.9158 | 20120727-YQ-FJAT-16432 | 3 | 3 | 0.9999 |
| 20110707-LGH-FJAT-4389 | 2 | 2 | 0.8283 | 20140325-LGH-FJAT-21981 | 3 | 3 | 0.9386 |
| 20110707-LGH-FJAT-4389 | 2 | 2 | 0.8283 | 20140325-LGH-FJAT-22136 | 3 | 3 | 0.9284 |
| 20110907-TXN-FJAT-14361 | 2 | 1* | 0.5410 | | | | |

*为判错

**表 7-4-30　多黏类芽胞杆菌（*Paenibacillus polymyxa*）脂肪酸型判别效果矩阵分析**

| 来自 \ 判为 | 第 I 型 | 第 II 型 | 第 III 型 | 小计 | 正确率 |
|---|---|---|---|---|---|
| 第 I 型 | 97 | 6 | 0 | 103 | 0.9417 |
| 第 II 型 | 1 | 32 | 0 | 33 | 0.9697 |
| 第 III 型 | 1 | 0 | 4 | 5 | 0.8000 |

注：判对的概率=0.902 47

判别模型分类验证表明（表 7-4-29），对脂肪酸 I 型的判对概率为 0.9417；脂肪酸 II 型的判对概率为 0.9697；脂肪酸 III 型的判对概率为 0.8000；整个方程的判对概率为 0.902 47，能够精确地识别脂肪酸型（表 7-4-30）。在应用时，对被测芽胞杆菌测定脂肪酸组，将 $x_{(1)}$=15:0 anteiso、$x_{(2)}$=15:0 iso、$x_{(7)}$=17:0 iso、$x_{(12)}$=c18:0 的脂肪酸百分比代入方程，计算 $Y$ 值，当 $Y_1<Y<Y_2$ 时，该芽胞杆菌为脂肪酸 I 型；当 $Y_2<Y<Y_3$ 时，属于脂肪酸 II 型；当 $Y>Y_3$ 时，属于脂肪酸 III 型。

## 六、强壮类芽胞杆菌脂肪酸型分析

### 1. 强壮类芽胞杆菌脂肪酸组测定

强壮类芽胞杆菌[*Paenibacillus validus*（Nakamura 1984）Ash et al. 1994，comb. nov.]于 1984 年由 Nakamura 以 *Bacillus validus* 发表，1994 年 Ash 等将其转移到类芽胞杆菌属（*Paenibacillus*）。作者采集分离了 70 个强壮类芽胞杆菌菌株，分别测定了它们的脂肪酸组，主要脂肪酸组见表 7-4-31。强壮类芽胞杆菌的主要脂肪酸组有 12 个，占总脂肪酸含量的 91.9454%，包括 15:0 anteiso、15:0 iso、16:0 iso、c16:0、17:0 anteiso、16:1ω7c alcohol、17:0 iso、14:0 iso、16:1ω11c、c14:0、17:1 iso ω10c、c18:0，主要脂肪酸组平均值分别为 49.3141%、13.6166%、4.1427%、6.1896%、3.9314%、2.2573%、1.8963%、3.4547%、2.9017%、1.6877%、0.7130%、1.8403%。

**表 7-4-31　强壮类芽胞杆菌（*Paenibacillus validus*）菌株主要脂肪酸组统计**

| 脂肪酸 | 菌株数 | 含量均值/% | 方差 | 标准差 | 中位数/% | 最小值/% | 最大值/% | Wilks 系数 | *P* |
|---|---|---|---|---|---|---|---|---|---|
| 15:0 anteiso | 70 | 49.3141 | 22.8626 | 4.7815 | 49.9850 | 34.3300 | 59.3300 | 0.9587 | 0.0212 |
| 15:0 iso | 70 | 13.6166 | 17.4091 | 4.1724 | 13.6250 | 3.2200 | 25.3600 | 0.9767 | 0.2172 |
| 16:0 iso | 70 | 4.1427 | 2.7530 | 1.6592 | 3.6250 | 1.8000 | 8.7900 | 0.9023 | 0.0000 |
| c16:0 | 70 | 6.1896 | 4.8352 | 2.1989 | 6.4450 | 1.3900 | 12.3300 | 0.9830 | 0.4629 |
| 17:0 anteiso | 70 | 3.9314 | 2.0299 | 1.4247 | 3.6400 | 1.1200 | 7.7500 | 0.9031 | 0.0001 |
| 16:1ω7c alcohol | 70 | 2.2573 | 1.5242 | 1.2346 | 2.1800 | 0.0000 | 5.1100 | 0.9683 | 0.0730 |
| 17:0 iso | 70 | 1.8963 | 1.4291 | 1.1955 | 1.6550 | 0.0000 | 8.0000 | 0.6681 | 0.0000 |
| 14:0 iso | 70 | 3.4547 | 2.9058 | 1.7046 | 3.2400 | 0.7600 | 7.5700 | 0.9490 | 0.0064 |
| 16:1ω11c | 70 | 2.9017 | 4.6896 | 2.1656 | 2.7600 | 0.0000 | 8.8000 | 0.9267 | 0.0005 |
| c14:0 | 70 | 1.6877 | 0.5022 | 0.7087 | 1.6800 | 0.5000 | 3.6500 | 0.9746 | 0.1648 |
| 17:1 iso ω10c | 70 | 0.7130 | 0.3038 | 0.5512 | 0.6950 | 0.0000 | 1.8900 | 0.9361 | 0.0014 |
| c18:0 | 70 | 1.8403 | 3.3597 | 1.8330 | 1.4050 | 0.0000 | 7.8600 | 0.8469 | 0.0000 |
| 总和 | | 91.9454 | | | | | | | |

### 2. 强壮类芽胞杆菌脂肪酸型聚类分析

以表 7-4-32 为数据矩阵，以菌株为样本，以脂肪酸为指标，以绝对距离为尺度，用可变类平均法进行系统聚类；聚类结果见图 7-4-6。根据聚类结果可将 70 株强壮类芽胞杆菌分为 3 个脂肪酸型。脂肪酸 I 型包括 34 个菌株，特征为到中心的绝对距离为 3.5589，

15:0 anteiso 平均值为 52.39%，重要脂肪酸 15:0 anteiso、15:0 iso、17:0 anteiso、17:0 iso、16:0 iso、c16:0、16:1ω7c alcohol 的平均值分别为 52.39%、11.00%、3.82%、1.74%、4.32%、6.94%、2.49%。脂肪酸 II 型包括 16 个菌株，特征为到中心的绝对距离为 2.3717，15:0 anteiso 平均值为 49.89%；重要脂肪酸 15:0 anteiso、15:0 iso、17:0 anteiso、17:0 iso、16:0 iso、c16:0、16:1ω7c alcohol 的平均值分别为 49.89%、16.94%、3.80%、1.97%、3.16%、3.39%、2.05%。脂肪酸 III 型包括 20 个菌株，特征为到中心的绝对距离为 4.266 4，15:0 anteiso 平均值为 43.63%；重要脂肪酸 15:0 anteiso、15:0 iso、17:0 anteiso、17:0 iso、16:0 iso、c16:0、16:1ω7c alcohol 的平均值分别为 43.63%、15.41%、4.22%、2.10%、4.62%、7.16%、2.02%。

**表 7-4-32　强壮类芽胞杆菌（*Paenibacillus validus*）菌株主要脂肪酸组**

| 型 | 菌株名称 | 15:0 anteiso | 15:0 iso | 17:0 anteiso | 17:0 iso | 16:0 iso | c16:0 | 16:1ω7c alcohol |
|---|---|---|---|---|---|---|---|---|
| I | 20111108-LGH-FJAT-10021 | 51.22* | 8.25 | 6.87 | 3.28 | 8.79 | 8.72 | 1.61 |
| I | 20120507-LGH-FJAT-10021 | 50.39 | 11.90 | 6.23 | 4.40 | 7.75 | 5.77 | 2.20 |
| I | 20101208-WZX-FJAT-B12 | 52.54 | 12.24 | 7.68 | 2.26 | 5.62 | 7.25 | 1.39 |
| I | 20110316-LGH-FJAT-4504 | 54.55 | 12.50 | 2.88 | 1.45 | 3.62 | 6.47 | 2.30 |
| I | 20110317-LGH-FJAT-4517 | 53.45 | 12.94 | 3.66 | 1.55 | 3.01 | 4.96 | 2.69 |
| I | 20110427-LGH-FJAT-4572 | 49.84 | 15.97 | 2.33 | 2.25 | 1.80 | 8.29 | 2.10 |
| I | 20110622-LGH-FJAT-13393 | 51.23 | 7.25 | 4.86 | 2.08 | 3.49 | 7.10 | 0.77 |
| I | 20110705-WZX-FJAT-13360 | 48.19 | 16.21 | 3.22 | 1.85 | 3.67 | 4.63 | 4.68 |
| I | 20110707-LGH-FJAT-13585 | 53.88 | 10.80 | 2.89 | 1.15 | 2.62 | 9.69 | 1.32 |
| I | 20110707-LGH-FJAT-13601 | 49.34 | 7.96 | 3.08 | 1.00 | 2.21 | 12.33 | 1.18 |
| I | 20110707-LGH-FJAT-4503 | 54.40 | 11.99 | 3.51 | 1.62 | 2.96 | 5.94 | 1.76 |
| I | 20110707-LGH-FJAT-4511 | 53.56 | 12.82 | 2.95 | 1.47 | 2.72 | 6.46 | 2.86 |
| I | 20110707-LGH-FJAT-4518 | 54.34 | 12.49 | 3.79 | 1.85 | 3.09 | 5.46 | 2.44 |
| I | 20110707-LGH-FJAT-4548 | 50.26 | 11.28 | 3.57 | 1.76 | 2.72 | 9.72 | 1.97 |
| I | 20110707-LGH-FJAT-4588 | 52.92 | 12.56 | 2.80 | 2.17 | 2.37 | 6.99 | 2.07 |
| I | 20110718-LGH-FJAT-14075 | 52.30 | 12.14 | 3.24 | 1.38 | 6.61 | 6.43 | 3.63 |
| I | 20110718-LGH-FJAT-4491 | 49.94 | 10.46 | 3.87 | 1.63 | 4.10 | 6.99 | 3.28 |
| I | 20110718-LGH-FJAT-4606 | 51.93 | 9.71 | 3.56 | 1.56 | 3.25 | 7.75 | 1.42 |
| I | 20110823-LGH-FJAT-13975 | 51.43 | 8.95 | 4.42 | 1.51 | 4.49 | 6.83 | 2.89 |
| I | 201110-19-TXN-FJAT-14388 | 52.15 | 8.63 | 5.01 | 1.72 | 4.29 | 7.16 | 0.95 |
| I | 201110-19-TXN-FJAT-14407 | 55.07 | 9.32 | 5.24 | 2.30 | 3.07 | 6.79 | 0.57 |
| I | 20130328-TXN-FJAT-16688 | 47.63 | 14.76 | 2.96 | 1.46 | 4.08 | 6.50 | 4.49 |
| I | 2013122-LGH-FJAT-4429 | 55.60 | 12.02 | 3.86 | 1.85 | 4.43 | 8.28 | 1.31 |
| I | 20140325-LGH-FJAT-21352 | 55.33 | 11.98 | 4.26 | 2.06 | 3.24 | 5.34 | 1.16 |
| I | 20140325-ZEN-FJAT-22301 | 46.99 | 15.54 | 3.40 | 1.98 | 4.31 | 5.70 | 4.81 |
| I | 20140325-ZEN-FJAT-22329 | 53.51 | 11.99 | 3.10 | 1.58 | 2.61 | 7.18 | 2.16 |
| I | 20140506-ZMX-FJAT-19694 | 59.33 | 3.55 | 3.71 | 1.15 | 5.89 | 5.42 | 3.34 |
| I | 20140506-ZMX-FJAT-19707 | 50.30 | 3.22 | 2.04 | 0.71 | 4.19 | 6.82 | 4.04 |
| I | 20140506-ZMX-FJAT-20196 | 56.84 | 4.21 | 3.15 | 1.07 | 5.67 | 5.25 | 3.81 |
| I | 20140506-ZMX-FJAT-20205 | 56.70 | 3.96 | 4.69 | 1.65 | 8.05 | 4.81 | 3.29 |

续表

| 型 | 菌株名称 | 15:0 anteiso | 15:0 iso | 17:0 anteiso | 17:0 iso | 16:0 iso | c16:0 | 16:1ω7c alcohol |
|---|---|---|---|---|---|---|---|---|
| I | FJAT-4644 | 49.53 | 15.58 | 2.34 | 1.82 | 3.63 | 8.02 | 2.06 |
| I | HGP SM26-T-2 | 49.50 | 14.48 | 3.39 | 1.63 | 6.57 | 4.85 | 5.11 |
| I | LGH-FJAT-4491 | 52.43 | 12.53 | 3.42 | 0.00 | 7.41 | 7.64 | 3.03 |
| I | LGH-FJAT-4549 | 54.54 | 13.74 | 3.97 | 2.04 | 4.70 | 8.31 | 2.09 |
| 脂肪酸 I 型 34 个菌株平均值 | | 52.39 | 11.00 | 3.82 | 1.74 | 4.32 | 6.94 | 2.49 |
| II | 20110105-SDG-FJAT-10815 | 50.03 | 16.67 | 4.91 | 2.44 | 2.17 | 3.81 | 0.95 |
| II | 20110314-SDG-FJAT-10227 | 51.68 | 16.70 | 3.62 | 1.59 | 2.83 | 1.39 | 2.27 |
| II | 20110315-SDG-FJAT-10220 | 50.65 | 16.25 | 3.79 | 1.51 | 2.47 | 1.43 | 1.86 |
| II | 20111123-hu-124 | 53.60 | 16.77 | 1.83 | 1.64 | 3.16 | 2.69 | 0.00 |
| II | 20120224-TXN-FJAT-14756 | 48.82 | 18.58 | 4.33 | 2.42 | 4.44 | 1.83 | 5.07 |
| II | CL FJK2-12-1-2 | 48.14 | 19.93 | 2.69 | 1.66 | 2.56 | 3.95 | 2.89 |
| II | CL FJK2-9-2-3 | 51.38 | 14.42 | 3.48 | 1.51 | 3.75 | 3.46 | 2.94 |
| II | JK-2LB | 44.70 | 19.19 | 2.71 | 2.62 | 3.47 | 2.17 | 2.49 |
| II | JK-2LB-XS | 44.92 | 19.28 | 2.75 | 2.66 | 3.50 | 2.17 | 2.50 |
| II | JK-2NACL | 51.20 | 14.34 | 3.71 | 2.08 | 3.96 | 4.63 | 3.13 |
| II | LGF-20100727-FJAT-8769 | 49.12 | 17.68 | 4.13 | 1.97 | 3.43 | 4.73 | 1.17 |
| II | LGF-20100809-FJAT-8769 | 49.03 | 17.68 | 4.18 | 1.98 | 3.50 | 4.77 | 1.16 |
| II | LGF-20100824-FJAT-8769 | 52.73 | 15.10 | 5.11 | 1.67 | 2.16 | 2.46 | 1.76 |
| II | LGF-FJAT-8756 | 51.49 | 15.40 | 5.95 | 2.16 | 2.15 | 6.00 | 0.46 |
| II | LGF-FJAT-8769 | 49.21 | 17.70 | 4.19 | 1.97 | 3.46 | 4.72 | 1.25 |
| II | LSX-8349 | 51.56 | 15.30 | 3.46 | 1.63 | 3.60 | 4.08 | 2.84 |
| 脂肪酸 II 型 16 个菌株平均值 | | 49.89 | 16.94 | 3.80 | 1.97 | 3.16 | 3.39 | 2.05 |
| III | 20110316-LGH-FJAT-4515 | 43.94 | 10.81 | 4.29 | 1.96 | 3.01 | 6.58 | 2.20 |
| III | 20110707-LGH-FJAT-4482 | 46.54 | 13.86 | 3.55 | 1.96 | 3.05 | 7.61 | 2.94 |
| III | 20110707-LGH-FJAT-4525 | 44.34 | 10.81 | 2.56 | 1.65 | 2.05 | 9.32 | 2.34 |
| III | 20110718-LGH-FJAT-4676 | 42.77 | 13.44 | 3.22 | 0.92 | 7.55 | 5.94 | 1.33 |
| III | 20110823-LGH-FJAT-13965 | 48.26 | 12.75 | 3.05 | 1.32 | 4.96 | 8.11 | 3.17 |
| III | 20110823-LGH-FJAT-13971 | 44.88 | 13.51 | 2.53 | 1.21 | 5.58 | 8.75 | 4.25 |
| III | 20120224-TXN-FJAT-14743 | 42.01 | 14.24 | 1.12 | 0.74 | 2.88 | 8.38 | 1.07 |
| III | 20121030-FJAT-17397-ZR | 34.33 | 25.36 | 3.77 | 8.00 | 2.74 | 9.34 | 0.29 |
| III | 20130116-LGH-FJAT-8754-18 | 35.18 | 20.50 | 6.64 | 6.42 | 3.62 | 4.48 | 1.05 |
| III | 20130328-TXN-FJAT-16681 | 49.49 | 17.66 | 4.81 | 0.88 | 8.58 | 5.39 | 3.33 |
| III | 20140325-ZEN-FJAT-22299 | 44.35 | 10.83 | 2.70 | 1.15 | 5.92 | 8.46 | 4.46 |
| III | 20140325-ZEN-FJAT-22334 | 44.18 | 17.71 | 2.70 | 1.70 | 3.51 | 7.00 | 2.65 |
| III | CL YJK2-9-6-2 | 42.90 | 16.23 | 2.49 | 1.28 | 4.58 | 5.52 | 2.81 |
| III | HGP SM30-T-5 | 41.25 | 19.20 | 7.75 | 5.33 | 3.98 | 7.61 | 1.02 |
| III | LGF-20100806-FJAT-8756 | 44.84 | 13.93 | 4.10 | 1.72 | 4.14 | 8.61 | 1.12 |
| III | LGF-20100809-FJAT-8756 | 43.15 | 13.49 | 4.04 | 1.66 | 4.01 | 8.42 | 1.06 |
| III | LGH-FJAT-4424 | 43.45 | 16.30 | 7.55 | 1.09 | 6.12 | 6.13 | 1.30 |
| III | LGH-FJAT-4493 | 44.36 | 20.59 | 7.52 | 1.21 | 5.26 | 5.21 | 1.53 |

续表

| 型 | 菌株名称 | 15:0 anteiso | 15:0 iso | 17:0 anteiso | 17:0 iso | 16:0 iso | c16:0 | 16:1ω7c alcohol |
|---|---|---|---|---|---|---|---|---|
| III | S-100-2 | 47.03 | 13.77 | 6.29 | 0.54 | 6.11 | 3.79 | 0.00 |
| III | wax-20100812-FJAT-10302 | 45.32 | 13.25 | 3.73 | 1.25 | 4.70 | 8.48 | 2.57 |
| 脂肪酸 III 型 20 个平均值 | | 43.63 | 15.41 | 4.22 | 2.10 | 4.62 | 7.16 | 2.02 |

| 型 | 菌株名称 | 14:0 iso | 16:1ω11c | c14:0 | 17:1 iso ω10c | c18:0 | 到中心的绝对距离 |
|---|---|---|---|---|---|---|---|
| I | 20111108-LGH-FJAT-10021 | 2.33 | 3.19 | 1.45 | 0.64 | 0.27 | 7.05 |
| I | 20120507-LGH-FJAT-10021 | 2.17 | 3.70 | 0.97 | 1.42 | 0.35 | 6.04 |
| I | 20101208-WZX-FJAT-B12 | 2.20 | 3.17 | 1.36 | 0.58 | 0.78 | 4.98 |
| I | 20110316-LGH-FJAT-4504 | 5.00 | 5.64 | 2.29 | 0.88 | 0.32 | 3.54 |
| I | 20110317-LGH-FJAT-4517 | 3.85 | 3.69 | 1.44 | 1.07 | 0.90 | 3.42 |
| I | 20110427-LGH-FJAT-4572 | 2.71 | 8.80 | 3.36 | 1.08 | 1.48 | 8.02 |
| I | 20110622-LGH-FJAT-13393 | 2.51 | 1.64 | 1.92 | 0.00 | 1.41 | 5.54 |
| I | 20110705-WZX-FJAT-13360 | 3.96 | 6.78 | 1.37 | 1.89 | 0.19 | 7.99 |
| I | 20110707-LGH-FJAT-13585 | 3.24 | 2.88 | 2.60 | 0.42 | 4.06 | 5.14 |
| I | 20110707-LGH-FJAT-13601 | 2.75 | 3.28 | 3.21 | 0.34 | 7.86 | 10.11 |
| I | 20110707-LGH-FJAT-4503 | 2.53 | 4.71 | 1.79 | 0.79 | 1.26 | 3.22 |
| I | 20110707-LGH-FJAT-4511 | 4.05 | 6.81 | 2.09 | 1.21 | 1.24 | 3.77 |
| I | 20110707-LGH-FJAT-4518 | 3.85 | 3.56 | 1.32 | 1.06 | 1.59 | 3.33 |
| I | 20110707-LGH-FJAT-4548 | 3.08 | 6.30 | 2.18 | 0.93 | 2.59 | 4.57 |
| I | 20110707-LGH-FJAT-4588 | 3.50 | 5.38 | 2.12 | 1.76 | 0.99 | 3.15 |
| I | 20110718-LGH-FJAT-14075 | 6.66 | 3.06 | 2.24 | 0.52 | 1.05 | 4.33 |
| I | 20110718-LGH-FJAT-4491 | 3.71 | 6.85 | 1.75 | 1.21 | 2.12 | 3.67 |
| I | 20110718-LGH-FJAT-4606 | 2.76 | 3.08 | 1.78 | 0.89 | 1.13 | 2.84 |
| I | 20110823-LGH-FJAT-13975 | 4.30 | 3.44 | 2.16 | 0.44 | 2.00 | 2.77 |
| I | 201110-19-TXN-FJAT-14388 | 2.04 | 8.63 | 1.25 | 0.51 | 1.51 | 5.54 |
| I | 201110-19-TXN-FJAT-14407 | 1.96 | 1.14 | 1.13 | 0.32 | 0.60 | 5.80 |
| I | 20130328-TXN-FJAT-16688 | 4.68 | 4.90 | 1.89 | 1.61 | 1.57 | 6.59 |
| I | 2013122-LGH-FJAT-4429 | 4.23 | 2.64 | 1.90 | 0.47 | 0.35 | 4.37 |
| I | 20140325-LGH-FJAT-21352 | 3.20 | 1.61 | 1.24 | 0.73 | 0.77 | 4.98 |
| I | 20140325-ZEN-FJAT-22301 | 4.81 | 4.01 | 1.40 | 1.78 | 1.97 | 7.72 |
| I | 20140325-ZEN-FJAT-22329 | 3.29 | 3.49 | 1.85 | 0.96 | 3.07 | 3.20 |
| I | 20140506-ZMX-FJAT-19694 | 6.37 | 6.66 | 3.03 | 0.00 | 0.00 | 11.15 |
| I | 20140506-ZMX-FJAT-19707 | 5.12 | 3.95 | 1.67 | 0.71 | 1.67 | 8.58 |
| I | 20140506-ZMX-FJAT-20196 | 4.36 | 5.16 | 2.12 | 1.41 | 0.99 | 8.63 |
| I | 20140506-ZMX-FJAT-20205 | 4.40 | 4.58 | 2.37 | 1.49 | 0.00 | 9.52 |
| I | FJAT-4644 | 4.13 | 6.63 | 2.61 | 1.05 | 0.64 | 6.24 |
| I | HGP SM26-T-2 | 5.95 | 4.08 | 1.76 | 0.00 | 0.00 | 6.63 |
| I | LGH-FJAT-4491 | 7.57 | 3.88 | 2.08 | 0.00 | 0.00 | 5.70 |
| I | LGH-FJAT-4549 | 3.45 | 4.45 | 1.64 | 0.00 | 0.00 | 4.14 |
| 脂肪酸 I 型 34 个菌株平均值 | | 3.84 | 4.46 | 1.92 | 0.83 | 1.32 | RMSTD=3.5589 |
| II | 20110105-SDG-FJAT-10815 | 0.87 | 0.50 | 1.01 | 1.40 | 2.18 | 2.48 |

续表

| 型 | 菌株名称 | 14:0 iso | 16:1ω11c | c14:0 | 17:1 iso ω10c | c18:0 | 到中心的绝对距离 |
|---|---|---|---|---|---|---|---|
| II | 20110314-SDG-FJAT-10227 | 1.75 | 0.83 | 0.59 | 1.14 | 0.15 | 3.10 |
| II | 20110315-SDG-FJAT-10220 | 1.55 | 0.79 | 0.65 | 1.00 | 0.29 | 2.70 |
| II | 20111123-hu-124 | 4.03 | 0.21 | 1.40 | 0.00 | 1.46 | 5.29 |
| II | 20120224-TXN-FJAT-14756 | 2.98 | 1.96 | 0.67 | 1.81 | 0.11 | 4.79 |
| II | CL FJK2-12-1-2 | 2.26 | 0.74 | 0.50 | 0.00 | 1.40 | 3.94 |
| II | CL FJK2-9-2-3 | 2.37 | 0.75 | 0.93 | 0.00 | 1.89 | 3.30 |
| II | JK-2LB | 2.25 | 1.16 | 0.53 | 0.92 | 0.30 | 6.10 |
| II | JK-2LB-XS | 2.26 | 1.17 | 0.53 | 0.93 | 0.27 | 5.95 |
| II | JK-2NACL | 2.09 | 1.47 | 0.92 | 1.04 | 1.51 | 3.52 |
| II | LGF-20100727-FJAT-8769 | 1.57 | 0.50 | 1.25 | 0.54 | 2.50 | 2.32 |
| II | LGF-20100809-FJAT-8769 | 1.56 | 0.50 | 1.35 | 0.54 | 2.59 | 2.45 |
| II | LGF-20100824-FJAT-8769 | 1.03 | 0.63 | 0.55 | 1.01 | 0.68 | 4.11 |
| II | LGF-FJAT-8756 | 0.76 | 0.24 | 1.10 | 0.20 | 3.75 | 5.22 |
| II | LGF-FJAT-8769 | 1.65 | 0.52 | 1.28 | 0.52 | 2.52 | 2.27 |
| II | LSX-8349 | 2.19 | 0.91 | 1.12 | 0.69 | 1.69 | 2.68 |
| 脂肪酸 II 型 16 个菌株平均值 | | 1.95 | 0.81 | 0.90 | 0.73 | 1.46 | RMSTD=2.3717 |
| III | 20110316-LGH-FJAT-4515 | 3.05 | 2.96 | 1.01 | 0.00 | 1.48 | 5.45 |
| III | 20110707-LGH-FJAT-4482 | 3.59 | 3.14 | 1.40 | 1.32 | 4.85 | 4.55 |
| III | 20110707-LGH-FJAT-4525 | 3.24 | 4.07 | 2.05 | 0.91 | 6.87 | 7.49 |
| III | 20110718-LGH-FJAT-4676 | 5.71 | 0.42 | 1.80 | 0.00 | 1.98 | 4.92 |
| III | 20110823-LGH-FJAT-13965 | 5.10 | 2.28 | 2.07 | 0.57 | 3.27 | 5.85 |
| III | 20110823-LGH-FJAT-13971 | 6.14 | 4.56 | 2.72 | 0.78 | 2.55 | 5.45 |
| III | 20120224-TXN-FJAT-14743 | 5.83 | 1.95 | 3.65 | 0.28 | 4.72 | 5.49 |
| III | 20121030-FJAT-17397-ZR | 3.80 | 1.40 | 1.50 | 1.57 | 1.19 | 15.39 |
| III | 20130116-LGH-FJAT-8754-18 | 1.79 | 1.37 | 1.02 | 1.57 | 0.73 | 11.97 |
| III | 20130328-TXN-FJAT-16681 | 3.39 | 1.64 | 2.47 | 0.42 | 0.27 | 8.38 |
| III | 20140325-ZEN-FJAT-22299 | 7.17 | 2.41 | 1.62 | 0.63 | 5.74 | 7.19 |
| III | 20140325-ZEN-FJAT-22334 | 5.80 | 1.72 | 1.69 | 0.98 | 4.85 | 4.07 |
| III | CL YJK2-9-6-2 | 3.40 | 0.60 | 2.07 | 0.00 | 4.46 | 3.54 |
| III | HGP SM30-T-5 | 0.96 | 4.06 | 1.43 | 0.00 | 0.71 | 8.01 |
| III | LGF-20100806-FJAT-8756 | 1.68 | 0.49 | 1.87 | 0.00 | 5.31 | 4.45 |
| III | LGF-20100809-FJAT-8756 | 1.54 | 0.59 | 1.86 | 0.27 | 5.16 | 4.41 |
| III | LGH-FJAT-4424 | 7.56 | 1.95 | 2.88 | 0.00 | 0.75 | 5.99 |
| III | LGH-FJAT-4493 | 6.45 | 2.18 | 2.60 | 0.00 | 0.00 | 7.71 |
| III | S-100-2 | 1.66 | 0.00 | 0.78 | 0.00 | 0.00 | 7.65 |
| III | wax-20100812-FJAT-10302 | 2.08 | 0.68 | 1.93 | 0.70 | 5.91 | 4.90 |
| 脂肪酸 III 型 20 个平均值 | | 4.00 | 1.92 | 1.92 | 0.50 | 3.04 | RMSTD=4.2664 |

*脂肪酸含量单位为%

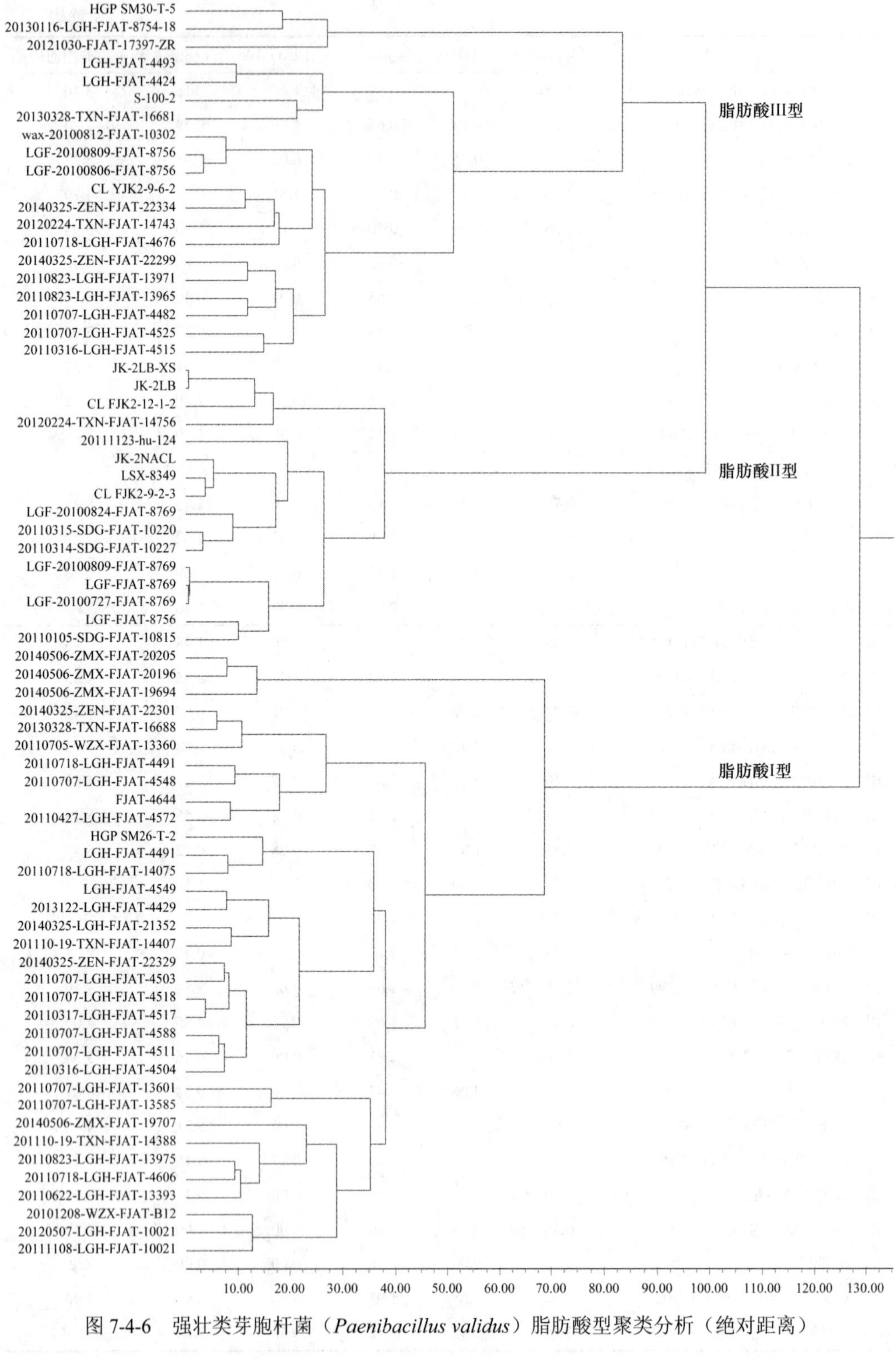


图 7-4-6 强壮类芽胞杆菌（*Paenibacillus validus*）脂肪酸型聚类分析（绝对距离）

### 3. 强壮类芽胞杆菌脂肪酸型判别模型建立

（1）分析原理。不同的强壮类芽胞杆菌菌株具有不同的脂肪酸组构成，通过上述聚类分析，可将强壮类芽胞杆菌菌株分为 3 类，利用逐步判别的方法（DPS 软件），建立强壮类芽胞杆菌菌株脂肪酸型判别模型，在建立模型的过程中，可以了解各因子对类别划分的重要性。

（2）数据矩阵。以表 7-4-32 的强壮类芽胞杆菌 70 个菌株的 12 个脂肪酸为矩阵，自变量 $x_{ij}$（$i$=1,…,70；$j$=1,…,12）由 70 个菌株的 12 个脂肪酸组成，因变量 $Y_i$（$i$=1,…,70）由 70 个菌株聚类类别组成脂肪酸型，采用贝叶斯逐步判别分析，建立强壮类芽胞杆菌菌株脂肪酸型判别模型。强壮类芽胞杆菌脂肪酸型判别模型入选因子见表 7-4-33，脂肪酸型类别间判别效果检验见表 7-4-34，模型计算后的分类验证和后验概率见表 7-4-35，脂肪酸型判别效果矩阵分析见表 7-4-36。建立的逐步判别分析因子筛选表明，以下 4 个因子入选：$x_{(1)}$=15:0 anteiso、$x_{(3)}$=16:0 iso、$x_{(9)}$=16:1ω11c、$x_{(12)}$=c18:0，表明这些因子对脂肪酸型的判别具有显著贡献。判别模型如下：

$$Y_1=-190.5490+6.2699x_{(1)}+0.2408x_{(3)}+6.3597x_{(4)}+2.6576x_{(9)}-3.3322x_{(12)} \quad (7\text{-}4\text{-}15)$$

$$Y_2=-150.4489+5.8483x_{(1)}-0.5115x_{(3)}+3.7861x_{(4)}+1.0501x_{(9)}-2.0315x_{(12)} \quad (7\text{-}4\text{-}16)$$

$$Y_3=-132.2198+5.1218x_{(1)}+0.9894x_{(3)}+5.4854x_{(4)}+1.5800x_{(9)}-1.9346x_{(12)} \quad (7\text{-}4\text{-}17)$$

**表 7-4-33　强壮类芽胞杆菌（*Paenibacillus validus*）脂肪酸型判别模型入选因子**

| 脂肪酸 | Wilks 统计量 | *F* 值 | df | *P* | 入选状态 |
|---|---|---|---|---|---|
| 15:0 anteiso | 0.4399 | 40.1115 | 2，63 | 0.0000 | （已入选） |
| 15:0 iso | 0.8727 | 4.5235 | 2，62 | 0.0147 | |
| 16:0 iso | 0.7997 | 7.8908 | 2，63 | 0.0008 | （已入选） |
| c16:0 | 0.6087 | 20.2489 | 2，63 | 0.0000 | （已入选） |
| 17:0 anteiso | 0.9892 | 0.3371 | 2，62 | 0.7151 | |
| 16:1ω7c alcohol | 0.9722 | 0.8861 | 2，62 | 0.4174 | |
| 17:0 iso | 0.9219 | 2.6272 | 2，62 | 0.0803 | |
| 14:0 iso | 0.9346 | 2.1691 | 2，62 | 0.1229 | |
| 16:1ω11c | 0.7514 | 10.4226 | 2，63 | 0.0001 | （已入选） |
| c14:0 | 0.9310 | 2.2976 | 2，62 | 0.1090 | |
| 17:1 iso ω10c | 0.9141 | 2.9130 | 2，62 | 0.0618 | |
| c18:0 | 0.8526 | 5.4451 | 2，63 | 0.0062 | （已入选） |

**表 7-4-34　强壮类芽胞杆菌（*Paenibacillus validus*）脂肪酸型两两分类间判别效果检验**

| 脂肪酸型 $i$ | 脂肪酸型 $j$ | 马氏距离 | *F* 值 | 自由度 $V_1$ | $V_2$ | *P* |
|---|---|---|---|---|---|---|
| I | II | 17.1092 | 35.0069 | 5 | 44 | $1\times10^{-7}$ |
| I | III | 15.2303 | 36.0678 | 5 | 48 | $1\times10^{-7}$ |
| II | III | 13.8740 | 23.1924 | 5 | 30 | $1\times10^{-7}$ |

表 7-4-35　强壮类芽胞杆菌（*Paenibacillus validus*）模型计算后的分类验证和后验概率

| 菌株名称 | 原分类 | 计算分类 | 后验概率 | 菌株名称 | 原分类 | 计算分类 | 后验概率 |
|---|---|---|---|---|---|---|---|
| 20111108-LGH-FJAT-10021 | 1 | 1 | 0.99 | 20110314-SDG-FJAT-10227 | 2 | 2 | 1.00 |
| 20120507-LGH-FJAT-10021 | 1 | 1 | 0.94 | 20110315-SDG-FJAT-10220 | 2 | 2 | 1.00 |
| 20101208-WZX-FJAT-B12 | 1 | 1 | 1.00 | 20111123-hu-124 | 2 | 2 | 1.00 |
| 20110316-LGH-FJAT-4504 | 1 | 1 | 1.00 | 20120224-TXN-FJAT-14756 | 2 | 2 | 1.00 |
| 20110317-LGH-FJAT-4517 | 1 | 1 | 0.95 | CL FJK2-12-1-2 | 2 | 2 | 1.00 |
| 20110427-LGH-FJAT-4572 | 1 | 1 | 1.00 | CL FJK2-9-2-3 | 2 | 2 | 1.00 |
| 20110622-LGH-FJAT-13393 | 1 | 1 | 0.97 | JK-2LB | 2 | 2 | 0.99 |
| 20110705-WZX-FJAT-13360 | 1 | 1 | 1.00 | JK-2LB-XS | 2 | 2 | 0.99 |
| 20110707-LGH-FJAT-13585 | 1 | 1 | 1.00 | JK-2NACL | 2 | 2 | 0.91 |
| 20110707-LGH-FJAT-13601 | 1 | 1 | 0.63 | LGF-20100727-FJAT-8769 | 2 | 2 | 0.97 |
| 20110707-LGH-FJAT-4503 | 1 | 1 | 1.00 | LGF-20100809-FJAT-8769 | 2 | 2 | 0.96 |
| 20110707-LGH-FJAT-4511 | 1 | 1 | 1.00 | LGF-20100824-FJAT-8769 | 2 | 2 | 1.00 |
| 20110707-LGH-FJAT-4518 | 1 | 1 | 0.97 | LGF-FJAT-8756 | 2 | 2 | 0.99 |
| 20110707-LGH-FJAT-4548 | 1 | 1 | 1.00 | LGF-FJAT-8769 | 2 | 2 | 0.97 |
| 20110707-LGH-FJAT-4588 | 1 | 1 | 1.00 | LSX-8349 | 2 | 2 | 0.99 |
| 20110718-LGH-FJAT-14075 | 1 | 1 | 0.99 | 20110316-LGH-FJAT-4515 | 3 | 3 | 0.92 |
| 20110718-LGH-FJAT-4491 | 1 | 1 | 1.00 | 20110707-LGH-FJAT-4482 | 3 | 3 | 0.95 |
| 20110718-LGH-FJAT-4606 | 1 | 1 | 1.00 | 20110707-LGH-FJAT-4525 | 3 | 3 | 1.00 |
| 20110823-LGH-FJAT-13975 | 1 | 1 | 0.99 | 20110718-LGH-FJAT-4676 | 3 | 3 | 1.00 |
| 201110-19-TXN-FJAT-14388 | 1 | 1 | 1.00 | 20110823-LGH-FJAT-13965 | 3 | 3 | 0.75 |
| 201110-19-TXN-FJAT-14407 | 1 | 1 | 0.99 | 20110823-LGH-FJAT-13971 | 3 | 3 | 0.81 |
| 20130328-TXN-FJAT-16688 | 1 | 1 | 0.93 | 20120224-TXN-FJAT-14743 | 3 | 3 | 1.00 |
| 2013122-LGH-FJAT-4429 | 1 | 1 | 1.00 | 20121030-FJAT-17397-ZR | 3 | 3 | 1.00 |
| 20140325-LGH-FJAT-21352 | 1 | 1 | 0.85 | 20130116-LGH-FJAT-8754-18 | 3 | 3 | 1.00 |
| 20140325-ZEN-FJAT-22301 | 1 | 3* | 0.60 | 20130328-TXN-FJAT-16681 | 3 | 3 | 0.78 |
| 20140325-ZEN-FJAT-22329 | 1 | 1 | 0.99 | 20140325-ZEN-FJAT-22299 | 3 | 3 | 1.00 |
| 20140506-ZMX-FJAT-19694 | 1 | 1 | 1.00 | 20140325-ZEN-FJAT-22334 | 3 | 3 | 0.99 |
| 20140506-ZMX-FJAT-19707 | 1 | 1 | 0.99 | CL YJK2-9-6-2 | 3 | 3 | 0.99 |
| 20140506-ZMX-FJAT-20196 | 1 | 1 | 1.00 | HGP SM30-T-5 | 3 | 3 | 0.97 |
| 20140506-ZMX-FJAT-20205 | 1 | 1 | 1.00 | LGF-20100806-FJAT-8756 | 3 | 3 | 1.00 |
| FJAT-4644 | 1 | 1 | 1.00 | LGF-20100809-FJAT-8756 | 3 | 3 | 1.00 |
| HGP SM26-T-2 | 1 | 1 | 0.94 | LGH-FJAT-4424 | 3 | 3 | 1.00 |
| LGH-FJAT-4491 | 1 | 1 | 1.00 | LGH-FJAT-4493 | 3 | 3 | 0.96 |
| LGH-FJAT-4549 | 1 | 1 | 1.00 | S-100-2 | 3 | 2* | 0.52 |
| 20110105-SDG-FJAT-10815 | 2 | 2 | 1.00 | wax-20100812-FJAT-10302 | 3 | 3 | 1.00 |

*为判错

表 7-4-36　强壮类芽胞杆菌（*Paenibacillus validus*）脂肪酸型判别效果矩阵分析

| 来自＼判为 | 第 I 型 | 第 II 型 | 第 III 型 | 小计 | 正确率 |
|---|---|---|---|---|---|
| 第 I 型 | 33 | 0 | 1 | 34 | 0.9706 |
| 第 II 型 | 0 | 16 | 0 | 16 | 1.0000 |
| 第 III 型 | 0 | 1 | 19 | 20 | 0.9500 |

注：判对的概率=0.9714

判别模型分类验证表明（表 7-4-35），对脂肪酸 I 型的判对概率为 0.9706；脂肪酸 II 型的判对概率为 1.0000；脂肪酸 III 型的判对概率为 0.9500；整个方程的判对概率为 0.9714，能够精确地识别脂肪酸型（表 7-4-36）。在应用时，对被测芽胞杆菌测定脂肪酸组，将 $x_{(1)}$=15:0 anteiso、$x_{(3)}$=16:0 iso、$x_{(9)}$=16:1ω11c、$x_{(12)}$=c18:0 的脂肪酸百分比代入方程，计算 $Y$ 值，当 $Y_1<Y<Y_2$ 时，该芽胞杆菌为脂肪酸 I 型；当 $Y_2<Y<Y_3$ 时，属于脂肪酸 II 型；当 $Y>Y_3$ 时，属于脂肪酸 III 型。

# 第五节　其他芽胞杆菌属脂肪酸种下分型

## 一、乳酸芽胞乳杆菌脂肪酸型分析

### 1. 乳酸芽胞乳杆菌脂肪酸组测定

乳酸芽胞乳杆菌[*Sporolactobacillus laevolacticus*（Andersch et al. 1994）Hatayama et al. 2006，comb. nov.]由 Nakayama 和 Yanoshi 于 1967 年发现，1994 年由 Andersch 等以 *Bacillus laevolacticus* 发表，2006 年 Hatayama 等将其转移到芽胞乳杆菌属（*Sporolactobacillus*）。作者采集分离了 33 个乳酸芽胞乳杆菌菌株，分别测定了它们的脂肪酸组，主要脂肪酸组见表 7-5-1。乳酸芽胞乳杆菌的主要脂肪酸组有 12 个，占总脂肪酸含量的 93.95%，包括

表 7-5-1　乳酸芽胞乳杆菌（*Sporolactobacillus laevolacticus*）菌株主要脂肪酸组统计

| 脂肪酸 | 菌株数 | 含量均值/% | 方差 | 标准差 | 中位数/% | 最小值/% | 最大值/% | Wilks 系数 | $P$ |
|---|---|---|---|---|---|---|---|---|---|
| 15:0 anteiso | 33 | 33.6224 | 22.3627 | 4.7289 | 33.3200 | 24.9500 | 41.8300 | 0.9636 | 0.3259 |
| 15:0 iso | 33 | 26.5030 | 34.1418 | 5.8431 | 28.4200 | 14.1400 | 36.7100 | 0.9163 | 0.0145 |
| 16:0 iso | 33 | 4.6882 | 9.5348 | 3.0879 | 4.3400 | 0.0000 | 15.5200 | 0.7149 | 0.0000 |
| c16:0 | 33 | 7.6991 | 12.0399 | 3.4699 | 7.2200 | 1.5500 | 13.5900 | 0.9612 | 0.2799 |
| 17:0 anteiso | 33 | 8.5976 | 13.8243 | 3.7181 | 7.0300 | 4.1000 | 17.5100 | 0.8418 | 0.0002 |
| 16:1ω7c alcohol | 33 | 0.2909 | 0.6268 | 0.7917 | 0.0000 | 0.0000 | 4.5000 | 0.3761 | 0.0000 |
| 17:0 iso | 33 | 7.9682 | 3.6359 | 1.9068 | 8.2200 | 3.5100 | 11.5800 | 0.9530 | 0.1625 |
| 14:0 iso | 33 | 2.0252 | 1.9221 | 1.3864 | 1.8700 | 0.0000 | 5.1800 | 0.9619 | 0.2931 |
| 16:1ω11c | 33 | 0.6230 | 1.2797 | 1.1312 | 0.0000 | 0.0000 | 5.6400 | 0.6026 | 0.0000 |
| c14:0 | 33 | 0.8430 | 0.9642 | 0.9819 | 0.3600 | 0.0000 | 3.2400 | 0.8203 | 0.0001 |
| 17:1 iso ω10c | 33 | 0.0000* | 0.0000 | 0.0000 | 0.0000 | 0.0000 | 0.0000 | 1.0000 | 1.0000 |
| c18:0 | 33 | 1.0894 | 3.4147 | 1.8479 | 0.3900 | 0.0000 | 7.6200 | 0.6475 | 0.0000 |
| 总和 | | 93.9500 | | | | | | | |

* 该脂肪酸在个别菌株中被检测到，但含量极低，数值为小数点 4 位以后，而统计时只保留小数点 4 位，故呈现出 0.0000

15:0 anteiso、15:0 iso、16:0 iso、c16:0、17:0 anteiso、16:1ω7c alcohol、17:0 iso、14:0 iso、16:1ω11c、c14:0、17:1 iso ω10c、c18:0，主要脂肪酸组平均值分别为 33.6224%、26.5030%、4.6882%、7.6991%、8.5976%、0.2909%、7.9682%、2.0252%、0.6230%、0.8430%、0.0000%、1.0894%。

## 2. 乳酸芽胞乳杆菌脂肪酸型聚类分析

以表 7-5-2 为数据矩阵，以菌株为样本，以脂肪酸为指标，以切比雪夫距离为尺度，用可变类平均法进行系统聚类；聚类结果见图 7-5-1。根据聚类结果可将 33 株乳酸芽胞乳杆菌分为 3 个脂肪酸型。脂肪酸 I 型包括 11 个菌株，特征为到中心的切比雪夫距离为 6.4360，15:0 anteiso 平均值为 29.56%，重要脂肪酸 15:0 anteiso、15:0 iso、17:0 anteiso、17:0 iso、16:0 iso、c16:0、16:1ω7c alcohol 的平均值分别为 29.56%、29.09%、10.92%、7.22%、5.27%、6.85%、0.54%。脂肪酸 II 型包括 10 个菌株，特征为到中心的切比雪夫距离为 1.807，15:0 anteiso 平均值为 39.32%；重要脂肪酸 15:0 anteiso、15:0 iso、17:0 anteiso、17:0 iso、16:0 iso、c16:0、16:1ω7c alcohol 的平均值分别为 39.32%、30.62%、5.98%、8.78%、4.80%、6.96%、0.05%。脂肪酸 III 型包括 12 个菌株，特征为到中心的切比雪夫距离为 4.2158，15:0 anteiso 平均值为 32.60%；重要脂肪酸 15:0 anteiso、15:0 iso、17:0 anteiso、17:0 iso、16:0 iso、c16:0、16:1ω7c alcohol 的平均值分别为 32.60%、20.70%、8.66%、7.97%、4.07%、9.09%、0.26%。

**表 7-5-2 乳酸芽胞乳杆菌（*Sporolactobacillus laevolacticus*）菌株主要脂肪酸组**

| 型 | 菌株名称 | 15:0 anteiso | 15:0 iso | 17:0 anteiso | 17:0 iso | 16:0 iso | c16:0 | 16:1ω7c alcohol |
|---|---|---|---|---|---|---|---|---|
| I | B22 | 25.70* | 24.75 | 10.74 | 10.47 | 3.45 | 13.59 | 0.00 |
| I | B22 | 28.69 | 28.42 | 9.95 | 7.86 | 2.63 | 10.83 | 0.00 |
| I | CL YCK-9-3-1 | 31.46 | 26.73 | 7.11 | 10.26 | 3.64 | 13.39 | 0.00 |
| I | CL YJK2-3-6-2 | 28.86 | 26.53 | 17.51 | 7.91 | 14.92 | 2.23 | 0.00 |
| I | HGP XU-G-5 | 33.00 | 31.67 | 4.10 | 4.40 | 3.41 | 5.89 | 0.66 |
| I | LGH-FJAT-4480 | 27.36 | 33.02 | 15.64 | 5.22 | 4.85 | 2.15 | 4.50 |
| I | ljy-13-2 | 31.16 | 30.66 | 16.83 | 3.51 | 0.00 | 4.18 | 0.00 |
| I | shufen-?（gu） | 29.69 | 31.30 | 5.96 | 7.41 | 1.66 | 5.83 | 0.30 |
| I | shufen-ck10-1（gu） | 24.95 | 21.65 | 7.99 | 5.60 | 3.43 | 12.84 | 0.53 |
| I | wqh-N-11 | 27.69 | 28.56 | 17.05 | 8.21 | 15.52 | 1.55 | 0.00 |
| I | ysj-5b-14 | 36.57 | 36.71 | 7.19 | 8.62 | 4.41 | 2.89 | 0.00 |
| 脂肪酸 I 型 11 个菌株平均值 | | 29.56 | 29.09 | 10.92 | 7.22 | 5.27 | 6.85 | 0.54 |
| II | CL FJK2-3-5-1 | 41.83 | 30.78 | 5.86 | 8.30 | 4.34 | 8.89 | 0.00 |
| II | CL YCK-3-5-1 | 39.71 | 31.25 | 6.27 | 8.22 | 4.84 | 6.28 | 0.00 |
| II | CL-FCK-3-1-2 | 37.41 | 29.82 | 5.79 | 9.87 | 6.23 | 7.22 | 0.00 |
| II | HGP 5-J-6 | 36.19 | 31.25 | 5.52 | 8.19 | 4.60 | 5.91 | 0.54 |
| II | ZXF P-Y-11 | 39.39 | 30.04 | 7.03 | 9.19 | 5.22 | 6.05 | 0.00 |
| II | ZXF P-Y-12 | 38.57 | 31.67 | 5.27 | 8.68 | 3.70 | 8.76 | 0.00 |
| II | ZXF P-Y-14 | 41.39 | 28.55 | 6.80 | 8.52 | 5.42 | 5.48 | 0.00 |
| II | ZXF P-Y-15 | 38.93 | 32.27 | 4.51 | 8.33 | 3.38 | 9.76 | 0.00 |

续表

| 型 | 菌株名称 | 15:0 anteiso | 15:0 iso | 17:0 anteiso | 17:0 iso | 16:0 iso | c16:0 | 16:1ω7c alcohol |
|---|---|---|---|---|---|---|---|---|
| II | ZXF P-Y-16 | 39.68 | 29.91 | 6.16 | 8.89 | 5.31 | 6.01 | 0.00 |
| II | ZXF P-Y-17 | 40.09 | 30.68 | 6.54 | 9.61 | 4.96 | 5.23 | 0.00 |
| 脂肪酸 II 型 10 个菌株平均值 | | 39.32 | 30.62 | 5.98 | 8.78 | 4.80 | 6.96 | 0.05 |
| III | HGP SM18-T-6 | 29.79 | 15.62 | 6.94 | 7.41 | 5.27 | 12.47 | 0.16 |
| III | HGP SM25-T-6 | 31.38 | 14.32 | 5.75 | 5.25 | 3.31 | 12.75 | 0.64 |
| III | HGP SM29-T-1 | 30.38 | 22.71 | 9.61 | 10.92 | 7.65 | 4.00 | 0.74 |
| III | HGP XU-G-4 | 31.21 | 15.43 | 10.93 | 8.75 | 4.80 | 8.25 | 0.20 |
| III | HGP XU-Y-4 | 35.36 | 24.42 | 6.60 | 9.31 | 4.81 | 10.82 | 0.00 |
| III | LGH-FJAT-4812 | 35.96 | 27.75 | 6.33 | 9.00 | 4.08 | 11.54 | 0.00 |
| III | orgn-20 | 34.00 | 19.03 | 10.65 | 8.06 | 4.57 | 8.36 | 0.48 |
| III | shufen-ck7-3（gu） | 29.48 | 24.80 | 5.71 | 5.09 | 0.72 | 7.14 | 0.35 |
| III | shufen-T10-2（gu） | 31.19 | 14.14 | 13.05 | 5.58 | 3.92 | 11.58 | 0.28 |
| III | wgf-214 | 35.33 | 25.55 | 8.79 | 11.58 | 4.03 | 9.45 | 0.00 |
| III | ysj-5c-16 | 33.32 | 24.14 | 9.30 | 7.99 | 2.98 | 5.11 | 0.00 |
| III | zxz-77-10 | 33.82 | 20.47 | 10.24 | 6.74 | 2.65 | 7.64 | 0.22 |
| 脂肪酸 III 型 12 个菌株平均值 | | 32.60 | 20.70 | 8.66 | 7.97 | 4.07 | 9.09 | 0.26 |

| 型 | 菌株名称 | 14:0 iso | 16:1ω11c | c14:0 | 17:1 iso ω10c | c18:0 | 到中心的切比雪夫距离 |
|---|---|---|---|---|---|---|---|
| I | B22 | 0.00 | 0.00 | 0.00 | 0.00 | 7.62 | 11.38 |
| I | B22 | 0.00 | 0.00 | 1.98 | 0.00 | 4.89 | 6.22 |
| I | CL YCK-9-3-1 | 0.00 | 0.00 | 1.96 | 0.00 | 5.45 | 9.76 |
| I | CL YJK2-3-6-2 | 0.93 | 0.00 | 0.27 | 0.00 | 0.57 | 13.04 |
| I | HGP XU-G-5 | 4.21 | 2.34 | 1.89 | 0.00 | 1.18 | 9.34 |
| I | LGH-FJAT-4480 | 1.61 | 1.78 | 0.00 | 0.00 | 0.00 | 9.49 |
| I | ljy-13-2 | 5.18 | 5.64 | 0.00 | 0.00 | 0.00 | 11.30 |
| I | shufen-?（gu） | 1.32 | 0.37 | 0.98 | 0.00 | 0.77 | 6.76 |
| I | shufen-ck10-1（gu） | 1.63 | 0.96 | 3.22 | 0.00 | 1.07 | 11.53 |
| I | wqh-N-11 | 0.80 | 0.00 | 0.13 | 0.00 | 0.39 | 13.45 |
| I | ysj-5b-14 | 2.08 | 0.40 | 0.36 | 0.00 | 0.00 | 12.03 |
| 脂肪酸 I 型 11 个菌株平均值 | | 1.61 | 1.04 | 0.98 | 0.00 | 1.99 | RMSTD=6.4360 |
| II | CL FJK2-3-5-1 | 0.00 | 0.00 | 0.00 | 0.00 | 0.00 | 4.45 |
| II | CL YCK-3-5-1 | 3.43 | 0.00 | 0.00 | 0.00 | 0.00 | 1.26 |
| II | CL-FCK-3-1-2 | 3.65 | 0.00 | 0.00 | 0.00 | 0.00 | 2.83 |
| II | HGP 5-J-6 | 3.41 | 1.07 | 1.11 | 0.00 | 0.00 | 3.76 |
| II | ZXF P-Y-11 | 3.08 | 0.00 | 0.00 | 0.00 | 0.00 | 1.63 |
| II | ZXF P-Y-12 | 3.35 | 0.00 | 0.00 | 0.00 | 0.00 | 2.60 |
| II | ZXF P-Y-14 | 3.83 | 0.00 | 0.00 | 0.00 | 0.00 | 3.54 |
| II | ZXF P-Y-15 | 2.83 | 0.00 | 0.00 | 0.00 | 0.00 | 3.89 |
| II | ZXF P-Y-16 | 4.03 | 0.00 | 0.00 | 0.00 | 0.00 | 1.68 |
| II | ZXF P-Y-17 | 2.89 | 0.00 | 0.00 | 0.00 | 0.00 | 2.16 |
| 脂肪酸 II 型 10 个菌株平均值 | | 3.05 | 0.11 | 0.11 | 0.00 | 0.00 | RMSTD=1.807 |

续表

| 型 | 菌株名称 | 14:0 iso | 16:1 ω11c | c14:0 | 17:1 iso ω10c | c18:0 | 到中心的切比雪夫距离 |
|---|---|---|---|---|---|---|---|
| III | HGP SM18-T-6 | 2.10 | 0.37 | 1.12 | 0.00 | 0.75 | 7.10 |
| III | HGP SM25-T-6 | 0.61 | 2.49 | 3.24 | 0.00 | 0.25 | 8.99 |
| III | HGP SM29-T-1 | 2.79 | 0.75 | 0.67 | 0.00 | 0.43 | 7.75 |
| III | HGP XU-G-4 | 1.20 | 0.57 | 1.32 | 0.00 | 1.64 | 6.09 |
| III | HGP XU-Y-4 | 2.41 | 0.34 | 2.05 | 0.00 | 1.42 | 5.70 |
| III | LGH-FJAT-4812 | 2.35 | 0.00 | 0.00 | 0.00 | 2.99 | 8.93 |
| III | orgn-20 | 1.49 | 1.51 | 1.41 | 0.00 | 4.05 | 4.31 |
| III | shufen-ck7-3（gu） | 0.65 | 0.00 | 1.10 | 0.00 | 0.93 | 7.74 |
| III | shufen-T10-2（gu） | 1.11 | 0.67 | 2.18 | 0.00 | 0.44 | 8.81 |
| III | wgf-214 | 1.87 | 0.00 | 1.20 | 0.00 | 0.00 | 6.79 |
| III | ysj-5c-16 | 1.20 | 0.77 | 0.00 | 0.00 | 1.11 | 5.64 |
| III | zxz-77-10 | 0.79 | 0.53 | 1.63 | 0.00 | 0.00 | 3.42 |
| 脂肪酸 III 型 12 个菌株平均值 | | 1.55 | 0.67 | 1.33 | 0.00 | 1.17 | RMSTD=4.2158 |

*脂肪酸含量单位为%

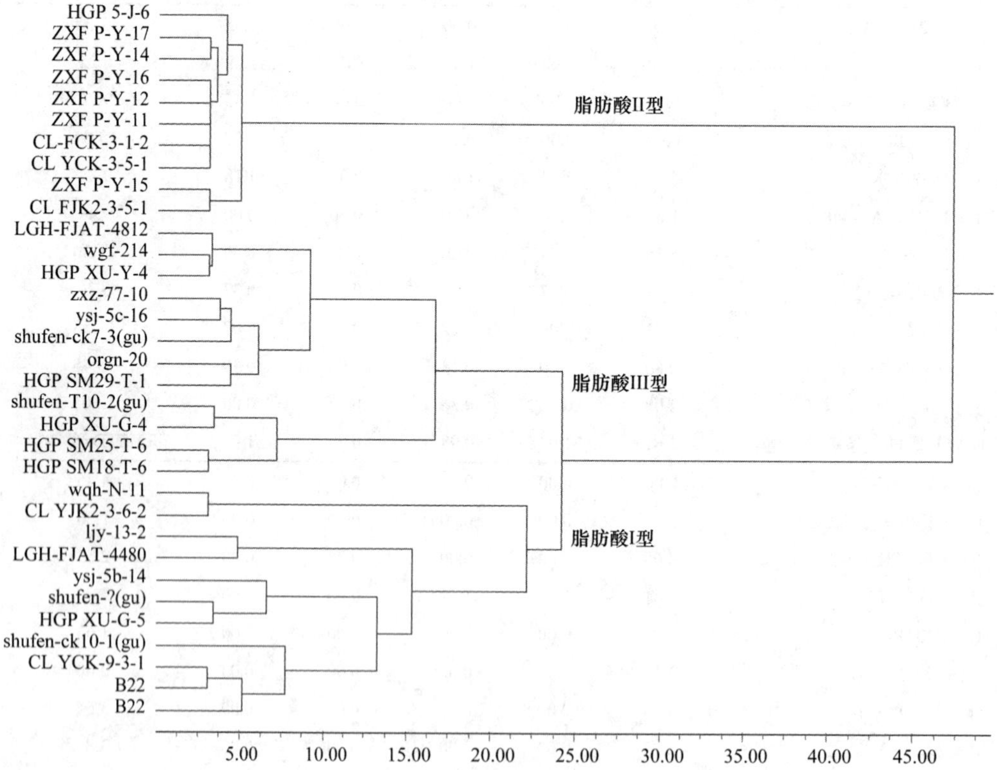


图 7-5-1　乳酸芽胞乳杆菌（*Sporolactobacillus laevolacticus*）脂肪酸型聚类分析（切比雪夫距离）

## 3. 乳酸芽胞乳杆菌脂肪酸型判别模型建立

（1）分析原理。不同的乳酸芽胞乳杆菌菌株具有不同的脂肪酸组构成，通过上述聚类分析，可将乳酸芽胞乳杆菌菌株分为 3 类，利用逐步判别的方法（DPS 软件），建立乳酸芽胞乳杆菌菌株脂肪酸型判别模型，在建立模型的过程中，可以了解各因子对类别划分的重要性。

（2）数据矩阵。以表 7-5-2 的乳酸芽胞乳杆菌 33 个菌株的 12 个脂肪酸为矩阵，自变量 $x_{ij}$（$i$=1,…,33；$j$=1,…,12）由 33 个菌株的 12 个脂肪酸组成，因变量 $Y_i$（$i$=1,…,33）由 33 个菌株聚类类别组成脂肪酸型，采用贝叶斯逐步判别分析，建立乳酸芽胞乳杆菌菌株脂肪酸型判别模型。乳酸芽胞乳杆菌脂肪酸型判别模型入选因子见表 7-5-3，脂肪酸型类别间判别效果检验见表 7-5-4，模型计算后的分类验证和后验概率见表 7-5-5，脂肪酸型判别效果矩阵分析见表 7-5-6。建立的逐步判别分析因子筛选表明，以下 6 个因子入选：$x_{(1)}$=15:0 anteiso、$x_{(2)}$=15:0 iso、$x_{(5)}$=17:0 anteiso、$x_{(6)}$=16:1ω7c alcohol、$x_{(10)}$=c14:0、$x_{(12)}$=c18:0，表明这些因子对脂肪酸型的判别具有显著贡献。判别模型如下：

$$Y_1=-178.0394+4.3639x_{(1)}+4.3739x_{(2)}+5.9550x_{(5)}+2.1051x_{(6)}+22.7257x_{(10)}+5.7222x_{(12)} \quad (7\text{-}5\text{-}1)$$

$$Y_2=-184.1804+6.8823x_{(1)}+2.2700x_{(2)}+4.3927x_{(5)}+4.4840x_{(6)}+15.8083x_{(10)}+4.2036x_{(12)} \quad (7\text{-}5\text{-}2)$$

$$Y_3=-156.7825+6.1796x_{(1)}+2.0750x_{(2)}+4.6499x_{(5)}+4.3672x_{(6)}+17.0090x_{(10)}+4.4621x_{(12)} \quad (7\text{-}5\text{-}3)$$

**表 7-5-3　乳酸芽胞乳杆菌（*Sporolactobacillus laevolacticus*）脂肪酸型判别模型入选因子**

| 脂肪酸 | Wilks 统计量 | *F* 值 | df | *P* | 入选状态 |
|---|---|---|---|---|---|
| 15:0 anteiso | 0.4659 | 14.3290 | 2，25 | 0.0000 | （已入选） |
| 15:0 iso | 0.2289 | 42.1164 | 2，25 | 0.0000 | （已入选） |
| 16:0 iso | 0.9530 | 0.5912 | 2，24 | 0.5615 | |
| c16:0 | 0.9417 | 0.7430 | 2，24 | 0.4863 | |
| 17:0 anteiso | 0.6952 | 5.4795 | 2，25 | 0.0085 | （已入选） |
| 16:1ω7c alcohol | 0.9220 | 1.0573 | 2，25 | 0.3582 | （已入选） |
| 17:0 iso | 0.9490 | 0.6449 | 2，24 | 0.5336 | |
| 14:0 iso | 0.9941 | 0.0713 | 2，24 | 0.9314 | |
| 16:1ω11c | 0.9514 | 0.6129 | 2，24 | 0.5501 | |
| c14:0 | 0.6542 | 6.6068 | 2，25 | 0.0037 | （已入选） |
| c18:0 | 0.8695 | 1.8766 | 2，25 | 0.1682 | （已入选） |

注：共选入 6 个变量，卡方值=82.706，*P*=0.0000

**表 7-5-4　乳酸芽胞乳杆菌（*Sporolactobacillus laevolacticus*）脂肪酸型两两分类间判别效果检验**

| 脂肪酸型 *i* | 脂肪酸型 *j* | 马氏距离 | *F* 值 | 自由度 $V_1$ | $V_2$ | *P* |
|---|---|---|---|---|---|---|
| I | II | 36.960 9 | 26.889 6 | 6 | 14 | $6.445\times10^{-7}$ |
| I | III | 26.180 0 | 20.868 1 | 6 | 16 | $9.889\times10^{-7}$ |
| II | III | 9.084 0 | 6.881 9 | 6 | 15 | 0.001 164 8 |

**表 7-5-5 乳酸芽胞乳杆菌（*Sporolactobacillus laevolacticus*）模型计算后的分类验证和后验概率**

| 菌株名称 | 原分类 | 计算分类 | 后验概率 | 菌株名称 | 原分类 | 计算分类 | 后验概率 |
|---|---|---|---|---|---|---|---|
| B22 | 1 | 1 | 1.0000 | ZXF P-Y-14 | 2 | 2 | 0.9952 |
| B22 | 1 | 1 | 1.0000 | ZXF P-Y-15 | 2 | 2 | 0.9927 |
| CL YCK-9-3-1 | 1 | 1 | 1.0000 | ZXF P-Y-16 | 2 | 2 | 0.9896 |
| CL YJK2-3-6-2 | 1 | 1 | 1.0000 | ZXF P-Y-17 | 2 | 2 | 0.9926 |
| HGP XU-G-5 | 1 | 1 | 0.9995 | HGP SM18-T-6 | 3 | 3 | 0.9990 |
| LGH-FJAT-4480 | 1 | 1 | 1.0000 | HGP SM25-T-6 | 3 | 3 | 0.9997 |
| ljy-13-2 | 1 | 1 | 1.0000 | HGP SM29-T-1 | 3 | 3 | 0.9938 |
| shufen-?（gu） | 1 | 1 | 1.0000 | HGP XU-G-4 | 3 | 3 | 0.9994 |
| shufen-ck10-1（gu） | 1 | 1 | 1.0000 | HGP XU-Y-4 | 3 | 3 | 0.9232 |
| wqh-N-11 | 1 | 1 | 1.0000 | LGH-FJAT-4812 | 3 | 2* | 0.6686 |
| ysj-5b-14 | 1 | 1 | 0.9936 | orgn-20 | 3 | 3 | 0.9955 |
| CL FJK2-3-5-1 | 2 | 2 | 0.9982 | shufen-ck7-3（gu） | 3 | 3 | 0.9704 |
| CL YCK-3-5-1 | 2 | 2 | 0.9919 | shufen-T10-2（gu） | 3 | 3 | 0.9999 |
| CL-FCK-3-1-2 | 2 | 2 | 0.9542 | wgf-214 | 3 | 3 | 0.8130 |
| HGP 5-J-6 | 2 | 2 | 0.7691 | ysj-5c-16 | 3 | 3 | 0.8943 |
| ZXF P-Y-11 | 2 | 2 | 0.9845 | zxz-77-10 | 3 | 3 | 0.9877 |
| ZXF P-Y-12 | 2 | 2 | 0.9872 | | | | |

*为判错

**表 7-5-6 乳酸芽胞乳杆菌（*Sporolactobacillus laevolacticus*）脂肪酸型判别效果矩阵分析**

| 来自 \ 判为 | 第 I 型 | 第 II 型 | 第 III 型 | 小计 | 正确率 |
|---|---|---|---|---|---|
| 第 I 型 | 11 | 0 | 0 | 11 | 1 |
| 第 II 型 | 0 | 10 | 0 | 10 | 1 |
| 第 III 型 | 0 | 1 | 11 | 12 | 0.9167 |

注：判对的概率=0.969 70

判别模型分类验证表明（表 7-5-5），对脂肪酸 I 型的判对概率为 1.0000；脂肪酸 II 型的判对概率为 1.0000；脂肪酸 III 型的判对概率为 0.9167；整个方程的判对概率为 0.969 70，能够精确地识别脂肪酸型（表 7-5-6）。在应用时，对被测芽胞杆菌测定脂肪酸组，将 $x_{(1)}$=15:0 anteiso、$x_{(2)}$=15:0 iso、$x_{(5)}$=17:0 anteiso、$x_{(6)}$=16:1ω7c alcohol、$x_{(10)}$=c14:0、$x_{(12)}$=c18:0 的脂肪酸百分比代入方程，计算 $Y$ 值，当 $Y_1<Y<Y_2$ 时，该芽胞杆菌为脂肪酸 I 型；当 $Y_2<Y<Y_3$ 时，属于脂肪酸 II 型；当 $Y>Y_3$ 时，属于脂肪酸 III 型。

## 二、泛酸枝芽胞杆菌脂肪酸型分析

### 1. 泛酸枝芽胞杆菌脂肪酸组测定

泛酸枝芽胞杆菌[*Virgibacillus pantothenticus*（Proom and Knight 1950）Heyndrickx et al. 1998，comb. nov.]于 1950 年由 Proom 和 Knight 以 *Bacillus pantothenticus* 发表，

1998 年 Heyndrickx 等将其转移到枝芽胞杆菌属（*Virgibacillus*）。作者采集分离了 71 个泛酸枝芽胞杆菌菌株，分别测定了它们的脂肪酸组，主要脂肪酸组见表 7-5-7。泛酸枝芽胞杆菌的主要脂肪酸组有 12 个，占总脂肪酸含量的 98.1922%，包括 15:0 anteiso、15:0 iso、16:0 iso、c16:0、17:0 anteiso、16:1ω7c alcohol、17:0 iso、14:0 iso、16:1ω11c、c14:0、17:1 iso ω10c、c18:0，主要脂肪酸组平均值分别为 39.4306%、19.7494%、6.9811%、8.8237%、10.1501%、0.3549%、5.1572%、3.9296%、0.8628%、1.6831%、0.1942%、0.8755%。

**表 7-5-7 泛酸枝芽胞杆菌（*Virgibacillus pantothenticus*）菌株主要脂肪酸组统计**

| 脂肪酸 | 菌株数 | 含量均值/% | 方差 | 标准差 | 中位数/% | 最小值/% | 最大值/% | Wilks 系数 | *P* |
|---|---|---|---|---|---|---|---|---|---|
| 15:0 anteiso | 71 | 39.4306 | 51.3108 | 7.1632 | 39.3600 | 21.8600 | 55.2200 | 0.9685 | 0.0712 |
| 15:0 iso | 71 | 19.7494 | 15.7361 | 3.9669 | 19.1100 | 8.0100 | 28.1400 | 0.9700 | 0.0868 |
| 16:0 iso | 71 | 6.9811 | 8.4760 | 2.9114 | 7.1000 | 2.4300 | 15.3600 | 0.9398 | 0.0020 |
| c16:0 | 71 | 8.8237 | 13.7008 | 3.7015 | 8.2900 | 2.2500 | 17.4600 | 0.9734 | 0.1360 |
| 17:0 anteiso | 71 | 10.1501 | 26.2003 | 5.1186 | 9.5900 | 1.8400 | 29.0600 | 0.9539 | 0.0109 |
| 16:1ω7c alcohol | 71 | 0.3549 | 0.1983 | 0.4453 | 0.2500 | 0.0000 | 1.7900 | 0.7897 | 0.0000 |
| 17:0 iso | 71 | 5.1572 | 10.0598 | 3.1717 | 5.3400 | 0.0000 | 11.7000 | 0.9393 | 0.0019 |
| 14:0 iso | 71 | 3.9296 | 10.0754 | 3.1742 | 2.5700 | 0.0000 | 14.6600 | 0.8590 | 0.0000 |
| 16:1ω11c | 71 | 0.8628 | 0.7647 | 0.8745 | 0.6100 | 0.0000 | 3.5500 | 0.8746 | 0.0000 |
| c14:0 | 71 | 1.6831 | 3.1119 | 1.7641 | 1.3400 | 0.0000 | 12.1700 | 0.6414 | 0.0000 |
| 17:1 iso ω10c | 71 | 0.1942 | 0.0944 | 0.3072 | 0.0000 | 0.0000 | 1.1500 | 0.6926 | 0.0000 |
| c18:0 | 71 | 0.8755 | 0.5649 | 0.7516 | 0.7000 | 0.0000 | 3.6000 | 0.8956 | 0.0000 |
| 总和 | | 98.1922 | | | | | | | |

## 2. 泛酸枝芽胞杆菌脂肪酸型聚类分析

以表 7-5-8 为数据矩阵，以菌株为样本，以脂肪酸为指标，以卡方距离为尺度，用可变类平均法进行系统聚类；聚类结果见图 7-5-2。根据聚类结果可将 71 株泛酸枝芽胞杆菌分为 3 个脂肪酸型。脂肪酸 I 型包括 32 个菌株，特征为到中心的卡方距离为 7.1730，15:0 anteiso 平均值为 22.00%，重要脂肪酸 15:0 anteiso、15:0 iso、17:0 anteiso、17:0 iso、16:0 iso、c16:0、16:1ω7c alcohol 的平均值分别为 22.00%、12.37%、9.79%、4.03%、7.24%、4.96%、1.40%。脂肪酸 II 型包括 31 个菌株，特征为到中心的卡方距离为 3.8238，15:0 anteiso 平均值为 17.83%；重要脂肪酸 15:0 anteiso、15:0 iso、17:0 anteiso、17:0 iso、16:0 iso、c16:0、16:1ω7c alcohol 的平均值分别为 17.83%、12.03%、10.34%、8.83%、3.43%、9.01%、1.21%。脂肪酸 III 型包括 8 个菌株，特征为到中心的卡方距离为 4.0314，15:0 anteiso 平均值为 7.72%；重要脂肪酸 15:0 anteiso、15:0 iso、17:0 anteiso、17:0 iso、16:0 iso、c16:0、16:1ω7c alcohol 的平均值分别为 7.72%、16.97%、3.39%、4.29%、7.03%、12.47%、1.74%。

表 7-5-8　泛酸枝芽胞杆菌（*Virgibacillus pantothenticus*）菌株主要脂肪酸组

| 型 | 菌株名称 | 15:0 anteiso | 15:0 iso | 17:0 anteiso | 17:0 iso | 16:0 iso | c16:0 | 16:1ω7c alcohol |
|---|---|---|---|---|---|---|---|---|
| I | 20120425-LGH-FJAT-10053 | 18.98* | 1.00 | 28.22 | 5.44 | 4.30 | 4.18 | 1.00 |
| I | 20101221-WZX-FJAT-10973 | 25.47 | 9.73 | 15.28 | 8.05 | 6.85 | 1.69 | 1.00 |
| I | 20110510-wzxjl60-FJAT-8761e | 25.65 | 7.40 | 10.50 | 3.38 | 3.25 | 6.06 | 1.29 |
| I | 20110510-wzxjl60-FJAT-8774e | 32.95 | 10.69 | 4.68 | 2.39 | 2.17 | 6.11 | 1.00 |
| I | 20110511-wzxjl40-FJAT-8774c | 32.57 | 10.61 | 4.76 | 2.45 | 2.11 | 6.96 | 1.00 |
| I | 20110511-wzxjl50-FJAT-8774d | 31.46 | 10.93 | 4.51 | 2.52 | 2.25 | 6.36 | 1.40 |
| I | 20110622-LGH-FJAT-14035 | 20.33 | 9.03 | 13.32 | 2.47 | 6.06 | 9.06 | 1.00 |
| I | 20110705-LGH-FJAT-13560 | 19.65 | 12.89 | 15.24 | 3.00 | 7.06 | 3.07 | 1.82 |
| I | 20110707-LGH-FJAT-13577 | 13.06 | 9.20 | 17.25 | 4.72 | 7.86 | 7.93 | 1.64 |
| I | 20110707-LGH-FJAT-4671 | 29.31 | 10.25 | 5.40 | 2.10 | 7.27 | 5.46 | 2.22 |
| I | 20110718-LGH-FJAT-14070 | 15.01 | 15.52 | 13.86 | 3.24 | 9.52 | 2.20 | 2.34 |
| I | 20110823-LGH-FJAT-13987 | 20.24 | 6.47 | 20.35 | 4.77 | 11.93 | 2.61 | 1.00 |
| I | 20110823-LGH-FJAT-13989 | 16.51 | 14.64 | 7.22 | 2.87 | 5.46 | 7.83 | 2.17 |
| I | 20110823-LGH-FJAT-13991 | 18.37 | 15.43 | 3.08 | 3.85 | 7.77 | 7.15 | 1.33 |
| I | 20110823-TXN-FJAT-14199 | 9.99 | 21.13 | 13.19 | 3.26 | 7.21 | 3.41 | 1.42 |
| I | 20110902-YQ-FJAT-14281 | 25.33 | 15.68 | 4.84 | 6.34 | 6.31 | 4.18 | 1.00 |
| I | 20110907-TXN-FJAT-14353 | 17.91 | 19.01 | 3.99 | 2.33 | 8.08 | 5.08 | 2.03 |
| I | 20110907-YQ-FJAT-14287 | 13.14 | 10.74 | 8.99 | 1.00 | 13.39 | 14.09 | 1.00 |
| I | 201110-19-TXN-FJAT-14454 | 20.59 | 10.43 | 14.87 | 11.73 | 6.62 | 3.66 | 1.00 |
| I | 20120224-TXN-FJAT-14750 | 27.03 | 12.06 | 4.47 | 2.15 | 7.04 | 6.09 | 2.16 |
| I | 20120224-TXN-FJAT-14751 | 19.67 | 19.61 | 2.57 | 2.33 | 9.41 | 4.67 | 1.94 |
| I | 20120224-TXN-FJAT-14759 | 31.96 | 12.32 | 3.85 | 1.76 | 7.01 | 4.00 | 1.33 |
| I | 20120224-TXN-FJAT-14777 | 32.96 | 11.72 | 5.03 | 1.85 | 5.81 | 4.10 | 1.52 |
| I | 20121107-FJAT-17055-zr | 19.85 | 10.85 | 12.01 | 10.98 | 6.89 | 3.89 | 1.00 |
| I | 20121109-FJAT-17008-zr | 17.50 | 15.28 | 13.51 | 3.45 | 8.75 | 3.41 | 1.42 |
| I | 20130329-ll-FJAT-16797 | 23.16 | 13.76 | 10.77 | 7.85 | 5.86 | 2.47 | 1.16 |
| I | FJAT-27374-1 | 32.19 | 6.58 | 2.06 | 1.27 | 4.70 | 4.08 | 1.25 |
| I | FJAT-29792-1 | 9.00 | 20.12 | 7.38 | 2.37 | 12.85 | 1.61 | 2.23 |
| I | LGF-20100726-FJAT-8777 | 19.55 | 15.99 | 1.00 | 2.46 | 6.32 | 9.95 | 1.00 |
| I | LSX-8345 | 8.13 | 19.06 | 16.37 | 8.06 | 13.93 | 1.00 | 1.00 |
| I | lsx-8591 | 34.36 | 9.35 | 6.49 | 2.62 | 6.53 | 4.28 | 1.00 |
| I | wqh-N-16 | 22.06 | 8.47 | 18.31 | 5.89 | 11.04 | 2.10 | 1.00 |
| 脂肪酸 I 型 32 个菌株平均值 | | 22.00 | 12.37 | 9.79 | 4.03 | 7.24 | 4.96 | 1.40 |
| II | 20101220-WZX-FJAT-10601 | 20.79 | 16.03 | 7.72 | 6.95 | 3.73 | 7.75 | 1.00 |
| II | 20101221-WZX-FJAT-10865 | 25.03 | 13.93 | 9.18 | 8.71 | 2.65 | 6.75 | 1.00 |
| II | 20110607-WZX20D-FJAT-8778 | 23.59 | 12.95 | 7.41 | 8.06 | 4.54 | 6.37 | 1.46 |
| II | 20110614-LGH-FJAT-13929 | 12.18 | 12.39 | 15.76 | 9.79 | 1.65 | 8.33 | 1.00 |
| II | 20110622-LGH-FJAT-13425 | 10.53 | 16.19 | 15.82 | 11.49 | 3.34 | 5.13 | 1.00 |
| II | 20110705-WZX-FJAT-13358 | 18.96 | 8.85 | 11.37 | 6.98 | 3.44 | 9.37 | 1.74 |
| II | 20110718-LGH-FJAT-14084 | 11.66 | 14.21 | 14.88 | 9.79 | 2.91 | 8.61 | 1.00 |

续表

| 型 | 菌株名称 | 15:0 anteiso | 15:0 iso | 17:0 anteiso | 17:0 iso | 16:0 iso | c16:0 | 16:1ω7c alcohol |
|---|---|---|---|---|---|---|---|---|
| II | 20110901-LGH-FJAT-14206-2 | 20.15 | 12.51 | 8.85 | 9.18 | 6.15 | 6.34 | 1.00 |
| II | 20110907-zjc-B | 21.15 | 11.57 | 8.45 | 8.46 | 4.16 | 10.30 | 1.00 |
| II | 20120321-liugh-B | 17.27 | 16.55 | 8.59 | 9.91 | 5.67 | 6.37 | 1.00 |
| II | 20120322-AY-12 | 13.37 | 16.51 | 8.00 | 10.41 | 4.67 | 5.33 | 1.00 |
| II | 20120328-LGH-FJAT-14267 | 8.90 | 15.76 | 10.80 | 8.40 | 1.10 | 14.05 | 1.00 |
| II | 20120425-LGH-FJAT-10508 | 21.61 | 8.17 | 14.08 | 8.38 | 1.64 | 8.49 | 1.00 |
| II | 20120425-LGH-FJAT-8 | 20.88 | 7.54 | 14.18 | 8.27 | 1.60 | 8.64 | 1.00 |
| II | 20121030-FJAT-17433-ZR | 14.79 | 11.17 | 14.27 | 7.77 | 3.29 | 6.18 | 1.41 |
| II | 20130111-CYP-FJAT-17110 | 19.81 | 12.86 | 9.83 | 8.89 | 3.48 | 6.11 | 1.45 |
| II | 20130111-CYP-FJAT-17119 | 22.49 | 9.33 | 12.41 | 8.01 | 1.00 | 8.92 | 1.00 |
| II | 20130129-ZMX-FJAT-17699 | 18.27 | 9.23 | 13.55 | 6.17 | 3.58 | 6.98 | 1.60 |
| II | 20130129-ZMX-FJAT-17714 | 17.62 | 9.10 | 10.16 | 7.90 | 2.00 | 10.62 | 1.47 |
| II | 20130328-TXN-FJAT-16687 | 18.74 | 10.56 | 8.75 | 9.46 | 5.60 | 9.90 | 1.00 |
| II | 20130329-ll-FJAT-16821 | 18.20 | 8.66 | 9.57 | 9.26 | 5.87 | 8.65 | 1.46 |
| II | FJAT-25235 | 12.70 | 18.07 | 5.77 | 10.37 | 3.46 | 10.57 | 1.33 |
| II | FJAT-25255 | 18.50 | 9.50 | 11.36 | 12.53 | 4.73 | 8.81 | 1.00 |
| II | HGP SM11-T-1 | 20.02 | 11.40 | 8.89 | 8.73 | 5.11 | 10.46 | 1.00 |
| II | LGF-20100824-FJAT-8758 | 22.18 | 12.40 | 9.71 | 6.84 | 2.87 | 7.04 | 1.56 |
| II | orgn-14 | 17.36 | 10.21 | 8.45 | 8.07 | 2.73 | 12.87 | 1.42 |
| II | orgn-2 | 17.77 | 10.38 | 8.41 | 8.03 | 2.68 | 12.83 | 1.46 |
| II | orgn-23 | 17.33 | 10.14 | 8.51 | 8.10 | 2.65 | 12.80 | 1.40 |
| II | orgn-25 | 17.04 | 9.97 | 8.42 | 8.11 | 2.73 | 12.81 | 1.48 |
| II | orgn-5 | 17.68 | 10.29 | 8.49 | 8.16 | 2.72 | 12.85 | 1.40 |
| II | ST-4815 | 16.22 | 16.37 | 8.86 | 12.70 | 4.52 | 8.98 | 1.00 |
| 脂肪酸 II 型 31 个菌株平均值 | | 17.83 | 12.03 | 10.34 | 8.83 | 3.43 | 9.01 | 1.21 |
| III | 20110718-LGH-FJAT-14074 | 9.54 | 17.52 | 1.88 | 2.35 | 6.03 | 13.65 | 1.49 |
| III | 20110823-TXN-FJAT-14323 | 6.06 | 14.81 | 6.39 | 5.68 | 7.84 | 10.58 | 2.79 |
| III | FJAT-27031-1 | 8.01 | 18.11 | 3.09 | 5.21 | 7.22 | 15.30 | 1.00 |
| III | FJAT-27031-2 | 8.48 | 16.89 | 2.69 | 4.86 | 7.21 | 10.94 | 2.25 |
| III | FJAT-27031-2 | 9.05 | 17.12 | 2.69 | 4.92 | 7.27 | 11.04 | 2.32 |
| III | FJAT-27031-2 | 9.09 | 19.24 | 2.40 | 4.67 | 6.71 | 14.33 | 1.00 |
| III | FJAT-41286-2 | 1.00 | 12.10 | 6.29 | 4.57 | 6.50 | 16.21 | 1.00 |
| III | FJAT-41709-1 | 10.55 | 19.96 | 1.72 | 2.07 | 7.47 | 7.73 | 2.04 |
| 脂肪酸 III 型 8 个菌株平均值 | | 7.72 | 16.97 | 3.39 | 4.29 | 7.03 | 12.47 | 1.74 |

| 型 | 菌株名称 | 14:0 iso | 16:1ω11c | c14:0 | 17:1 iso ω10c | c18:0 | 到中心的卡方距离 |
|---|---|---|---|---|---|---|---|
| I | 20120425-LGH-FJAT-10053 | 2.04 | 1.00 | 1.38 | 1.00 | 1.86 | 22.48 |
| I | 20101221-WZX-FJAT-10973 | 3.54 | 1.00 | 1.00 | 1.00 | 1.00 | 9.18 |
| I | 20110510-wzxjl60-FJAT-8761e | 4.09 | 1.93 | 9.04 | 1.00 | 1.00 | 10.02 |
| I | 20110510-wzxjl60-FJAT-8774e | 8.73 | 2.03 | 2.87 | 1.00 | 1.00 | 13.72 |
| I | 20110511-wzxjl40-FJAT-8774c | 8.09 | 2.25 | 2.82 | 1.00 | 1.00 | 13.39 |

续表

| 型 | 菌株名称 | 14:0 iso | 16:1ω11c | c14:0 | 17:1 iso ω10c | c18:0 | 到中心的卡方距离 |
|---|---|---|---|---|---|---|---|
| I | 20110511-wzxjl50-FJAT-8774d | 8.99 | 1.97 | 2.76 | 1.00 | 1.47 | 12.62 |
| I | 20110622-LGH-FJAT-14035 | 5.88 | 1.11 | 4.30 | 1.00 | 1.36 | 7.09 |
| I | 20110705-LGH-FJAT-13560 | 5.25 | 1.41 | 2.40 | 1.17 | 1.26 | 6.38 |
| I | 20110707-LGH-FJAT-13577 | 4.34 | 2.46 | 2.19 | 1.44 | 1.41 | 12.59 |
| I | 20110707-LGH-FJAT-4671 | 3.46 | 1.78 | 3.53 | 1.18 | 1.37 | 9.38 |
| I | 20110718-LGH-FJAT-14070 | 6.29 | 1.49 | 1.99 | 1.21 | 1.53 | 9.50 |
| I | 20110823-LGH-FJAT-13987 | 2.09 | 1.00 | 1.55 | 1.00 | 1.86 | 13.88 |
| I | 20110823-LGH-FJAT-13989 | 7.24 | 3.22 | 3.79 | 1.30 | 1.51 | 7.85 |
| I | 20110823-LGH-FJAT-13991 | 6.15 | 3.01 | 2.79 | 1.54 | 1.72 | 8.67 |
| I | 20110823-TXN-FJAT-14199 | 5.33 | 1.38 | 1.60 | 1.23 | 1.13 | 15.39 |
| I | 20110902-YQ-FJAT-14281 | 7.93 | 1.00 | 1.00 | 1.00 | 1.00 | 7.84 |
| I | 20110907-TXN-FJAT-14353 | 8.28 | 2.29 | 2.28 | 1.16 | 2.26 | 10.30 |
| I | 20110907-YQ-FJAT-14287 | 9.26 | 1.00 | 1.00 | 1.00 | 1.00 | 15.09 |
| I | 201110-19-TXN-FJAT-14454 | 2.71 | 1.00 | 1.00 | 1.00 | 1.00 | 10.27 |
| I | 20120224-TXN-FJAT-14750 | 3.80 | 1.83 | 3.85 | 1.17 | 1.66 | 8.04 |
| I | 20120224-TXN-FJAT-14751 | 5.83 | 1.41 | 3.99 | 1.32 | 1.28 | 10.95 |
| I | 20120224-TXN-FJAT-14759 | 4.13 | 1.14 | 3.19 | 1.05 | 1.62 | 11.99 |
| I | 20120224-TXN-FJAT-14777 | 4.61 | 1.18 | 2.90 | 1.05 | 1.24 | 12.34 |
| I | 20121107-FJAT-17055-zr | 3.41 | 1.55 | 1.43 | 1.00 | 1.67 | 8.28 |
| I | 20121109-FJAT-17008-zr | 6.37 | 1.00 | 2.44 | 1.00 | 1.00 | 6.96 |
| I | 20130329-ll-FJAT-16797 | 3.65 | 1.57 | 1.43 | 1.27 | 1.23 | 5.73 |
| I | FJAT-27374-1 | 15.66 | 1.61 | 2.79 | 1.00 | 1.40 | 17.61 |
| I | FJAT-29792-1 | 11.11 | 2.35 | 2.66 | 1.00 | 1.50 | 17.61 |
| I | LGF-20100726-FJAT-8777 | 7.56 | 1.00 | 5.31 | 1.00 | 3.02 | 11.75 |
| I | LSX-8345 | 2.03 | 1.00 | 1.00 | 1.00 | 1.47 | 19.34 |
| I | lsx-8591 | 4.49 | 1.00 | 2.29 | 1.00 | 1.76 | 13.35 |
| I | wqh-N-16 | 1.77 | 1.00 | 1.25 | 1.00 | 1.27 | 11.49 |
| 脂肪酸 I 型 32 个菌株平均值 | | 5.75 | 1.56 | 2.62 | 1.10 | 1.43 | RMSTD=7.1730 |
| II | 20101220-WZX-FJAT-10601 | 3.00 | 1.00 | 1.00 | 1.00 | 2.75 | 6.30 |
| II | 20101221-WZX-FJAT-10865 | 3.17 | 1.00 | 2.20 | 1.00 | 1.00 | 8.09 |
| II | 20110607-WZX20D-FJAT-8778 | 3.74 | 1.00 | 2.30 | 1.00 | 2.06 | 7.32 |
| II | 20110614-LGH-FJAT-13929 | 2.06 | 1.68 | 2.29 | 1.60 | 3.11 | 8.21 |
| II | 20110622-LGH-FJAT-13425 | 1.77 | 1.51 | 1.73 | 1.00 | 2.13 | 11.15 |
| II | 20110705-WZX-FJAT-13358 | 2.82 | 3.32 | 2.38 | 1.76 | 2.05 | 4.28 |
| II | 20110718-LGH-FJAT-14084 | 1.00 | 1.00 | 2.01 | 1.00 | 4.38 | 8.57 |
| II | 20110901-LGH-FJAT-14206-2 | 4.23 | 1.83 | 2.02 | 1.00 | 1.70 | 5.02 |
| II | 20110907-zjc-B | 3.01 | 1.00 | 2.46 | 1.00 | 3.05 | 4.36 |
| II | 20120321-liugh-B | 3.53 | 1.60 | 1.80 | 1.28 | 2.04 | 6.17 |
| II | 20120322-AY-12 | 3.24 | 1.38 | 2.34 | 1.00 | 2.23 | 7.99 |
| II | 20120328-LGH-FJAT-14267 | 1.66 | 1.42 | 2.09 | 1.00 | 4.60 | 11.49 |

续表

| 型 | 菌株名称 | 14:0 iso | 16:1ω11c | c14:0 | 17:1 iso ω10c | c18:0 | 到中心的卡方距离 |
|---|---|---|---|---|---|---|---|
| II | 20120425-LGH-FJAT-10508 | 2.03 | 2.47 | 1.92 | 1.43 | 1.80 | 6.92 |
| II | 20120425-LGH-FJAT-8 | 1.96 | 2.29 | 2.07 | 1.43 | 1.74 | 7.00 |
| II | 20121030-FJAT-17433-ZR | 2.06 | 1.92 | 1.84 | 1.56 | 2.39 | 5.94 |
| II | 20130111-CYP-FJAT-17110 | 3.07 | 1.72 | 1.91 | 1.92 | 1.90 | 3.76 |
| II | 20130111-CYP-FJAT-17119 | 1.90 | 2.23 | 2.14 | 1.59 | 1.64 | 6.42 |
| II | 20130129-ZMX-FJAT-17699 | 2.34 | 2.19 | 2.09 | 1.73 | 2.45 | 5.49 |
| II | 20130129-ZMX-FJAT-17714 | 2.10 | 1.96 | 2.41 | 1.73 | 2.72 | 3.88 |
| II | 20130328-TXN-FJAT-16687 | 3.54 | 1.88 | 2.19 | 2.15 | 1.84 | 3.61 |
| II | 20130329-ll-FJAT-16821 | 3.86 | 2.68 | 1.97 | 1.50 | 1.60 | 4.54 |
| II | FJAT-25235 | 3.57 | 1.96 | 2.71 | 1.89 | 2.33 | 9.48 |
| II | FJAT-25255 | 2.98 | 1.00 | 1.97 | 1.00 | 2.22 | 4.95 |
| II | HGP SM11-T-1 | 3.40 | 1.49 | 2.42 | 1.00 | 1.69 | 3.67 |
| II | LGF-20100824-FJAT-8758 | 2.30 | 2.49 | 2.37 | 1.87 | 2.75 | 5.36 |
| II | orgn-14 | 2.68 | 3.55 | 2.94 | 1.00 | 2.44 | 5.11 |
| II | orgn-2 | 2.80 | 3.57 | 2.89 | 1.00 | 2.40 | 5.03 |
| II | orgn-23 | 2.94 | 3.44 | 2.89 | 1.00 | 2.44 | 5.04 |
| II | orgn-25 | 3.01 | 3.43 | 2.86 | 1.00 | 2.40 | 5.17 |
| II | orgn-5 | 2.78 | 3.49 | 2.84 | 1.00 | 2.40 | 4.99 |
| II | ST-4815 | 2.95 | 1.00 | 1.00 | 1.00 | 1.00 | 6.64 |
| 脂肪酸 II 型 31 个菌株平均值 | | 2.76 | 2.02 | 2.20 | 1.30 | 2.30 | RMSTD=3.8238 |
| III | 20110718-LGH-FJAT-14074 | 10.88 | 3.80 | 5.76 | 1.00 | 1.26 | 4.00 |
| III | 20110823-TXN-FJAT-14323 | 6.88 | 4.55 | 2.18 | 2.10 | 2.57 | 6.80 |
| III | FJAT-27031-1 | 9.56 | 1.00 | 3.34 | 1.00 | 2.76 | 4.01 |
| III | FJAT-27031-2 | 10.95 | 2.18 | 3.21 | 1.00 | 2.58 | 2.81 |
| III | FJAT-27031-2 | 11.14 | 2.84 | 3.30 | 1.00 | 2.92 | 3.11 |
| III | FJAT-27031-2 | 10.22 | 1.00 | 3.41 | 1.00 | 1.00 | 4.18 |
| III | FJAT-41286-2 | 7.56 | 1.35 | 13.17 | 1.00 | 1.59 | 13.01 |
| III | FJAT-41709-1 | 13.20 | 3.07 | 4.26 | 1.16 | 1.37 | 7.65 |
| 脂肪酸 III 型 8 个菌株平均值 | | 10.05 | 2.47 | 4.83 | 1.16 | 2.01 | RMSTD=4.0314 |

## 3. 泛酸枝芽胞杆菌脂肪酸型判别模型建立

（1）分析原理。不同的泛酸枝芽胞杆菌菌株具有不同的脂肪酸组构成，通过上述聚类分析，可将泛酸枝芽胞杆菌菌株分为 3 类，利用逐步判别的方法（DPS 软件），建立泛酸枝芽胞杆菌菌株脂肪酸型判别模型，在建立模型的过程中，可以了解各因子对类别划分的重要性。

（2）数据矩阵。以表 7-5-8 的泛酸枝芽胞杆菌 71 个菌株的 12 个脂肪酸为矩阵，自变量 $x_{ij}$（$i$=1,…,71；$j$=1,…,12）由 71 个菌株的 12 个脂肪酸组成，因变量 $Y_i$（$i$=1,…,71）由 71 个菌株聚类类别组成脂肪酸型，采用贝叶斯逐步判别分析，建立泛酸枝芽胞杆菌

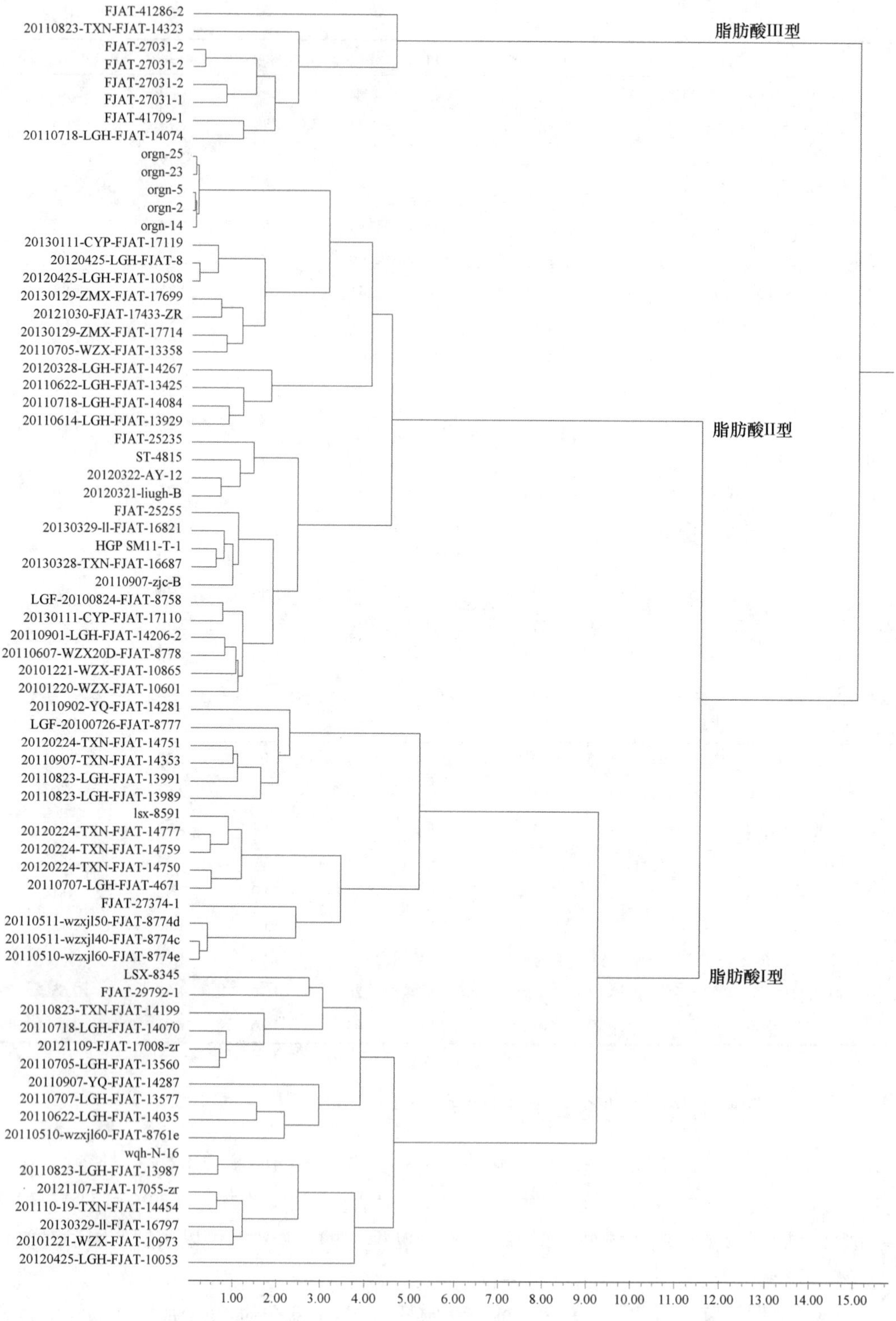


图 7-5-2 泛酸枝芽胞杆菌（*Virgibacillus pantothenticus*）脂肪酸型聚类分析（卡方距离）

菌株脂肪酸型判别模型。泛酸枝芽胞杆菌脂肪酸型判别模型入选因子见表 7-5-9，脂肪酸型类别间判别效果检验见表 7-5-10，模型计算后的分类验证和后验概率见表 7-5-11，脂肪酸型判别效果矩阵分析见表 7-5-12。建立的逐步判别分析因子筛选表明，以下 5 个因子入选：$x_{(1)}$=15:0 anteiso、$x_{(3)}$=16:0 iso、$x_{(4)}$=c16:0、$x_{(7)}$=17:0 iso、$x_{(8)}$=14:0 iso，表明这些因子对脂肪酸型的判别具有显著贡献。判别模型如下：

$$Y_1=-50.0300+1.7174x_{(1)}+3.9363x_{(3)}+2.2193x_{(4)}+3.1297x_{(7)}+1.7676x_{(8)} \quad (7\text{-}5\text{-}4)$$

$$Y_2=-53.4842+1.5528x_{(1)}+2.9519x_{(3)}+2.8924x_{(4)}+4.3865x_{(7)}+1.5790x_{(8)} \quad (7\text{-}5\text{-}5)$$

$$Y_3=-59.5505+1.2133x_{(1)}+3.4736x_{(3)}+3.1330x_{(4)}+3.7956x_{(7)}+2.9799x_{(8)} \quad (7\text{-}5\text{-}6)$$

**表 7-5-9　泛酸枝芽胞杆菌（*Virgibacillus pantothenticus*）脂肪酸型判别模型入选因子**

| 脂肪酸 | Wilks 统计量 | *F* 值 | df | *P* | 入选状态 |
|---|---|---|---|---|---|
| 15:0 anteiso | 0.8210 | 6.9770 | 2，64 | 0.0017 | （已入选） |
| 15:0 iso | 0.9668 | 1.0805 | 2，63 | 0.3456 | |
| 16:0 iso | 0.8184 | 7.0996 | 2，64 | 0.0015 | （已入选） |
| c16:0 | 0.7831 | 8.8651 | 2，64 | 0.0004 | （已入选） |
| 17:0 anteiso | 0.9216 | 2.6798 | 2，63 | 0.0764 | |
| 16:1ω7c alcohol | 0.9102 | 3.1083 | 2，63 | 0.0516 | |
| 17:0 iso | 0.7258 | 12.0872 | 2，64 | 0.0000 | （已入选） |
| 14:0 iso | 0.7349 | 11.5441 | 2，64 | 0.0000 | （已入选） |
| 16:1ω11c | 0.9778 | 0.7138 | 2，63 | 0.4937 | |
| c14:0 | 0.9162 | 2.8810 | 2，63 | 0.0635 | |
| 17:1 iso ω10c | 0.9288 | 2.4156 | 2，63 | 0.0975 | |
| c18:0 | 0.9553 | 1.4753 | 2，63 | 0.2365 | |

**表 7-5-10　泛酸枝芽胞杆菌（*Virgibacillus pantothenticus*）脂肪酸型两两分类间判别效果检验**

| 脂肪酸型 *i* | 脂肪酸型 *j* | 马氏距离 | *F* 值 | 自由度 $V_1$ | $V_2$ | *P* |
|---|---|---|---|---|---|---|
| I | II | 13.7643 | 40.7968 | 5 | 57 | $1\times10^{-7}$ |
| I | III | 19.5369 | 23.5363 | 5 | 34 | $1\times10^{-7}$ |
| II | III | 19.0440 | 22.7953 | 5 | 33 | $1\times10^{-7}$ |

**表 7-5-11　泛酸枝芽胞杆菌（*Virgibacillus pantothenticus*）模型计算后的分类验证和后验概率**

| 菌株名称 | 原分类 | 计算分类 | 后验概率 | 菌株名称 | 原分类 | 计算分类 | 后验概率 |
|---|---|---|---|---|---|---|---|
| 20120425-LGH-FJAT-10053 | 1 | 1 | 0.83 | 20110718-LGH-FJAT-14070 | 1 | 1 | 1.00 |
| 20101221-WZX-FJAT-10973 | 1 | 1 | 0.98 | 20110823-LGH-FJAT-13987 | 1 | 1 | 1.00 |
| 20110510-wzxjl60-FJAT-8761e | 1 | 1 | 0.97 | 20110823-LGH-FJAT-13989 | 1 | 1 | 0.96 |
| 20110510-wzxjl60-FJAT-8774e | 1 | 1 | 1.00 | 20110823-LGH-FJAT-13991 | 1 | 1 | 1.00 |
| 20110511-wzxjl40-FJAT-8774c | 1 | 1 | 0.99 | 20110823-TXN-FJAT-14199 | 1 | 1 | 1.00 |
| 20110511-wzxjl50-FJAT-8774d | 1 | 1 | 0.99 | 20110902-YQ-FJAT-14281 | 1 | 1 | 0.99 |
| 20110622-LGH-FJAT-14035 | 1 | 1 | 0.99 | 20110907-TXN-FJAT-14353 | 1 | 1 | 1.00 |
| 20110705-LGH-FJAT-13560 | 1 | 1 | 1.00 | 20110907-YQ-FJAT-14287 | 1 | 3* | 0.74 |
| 20110707-LGH-FJAT-13577 | 1 | 1 | 0.95 | 201110-19-TXN-FJAT-14454 | 1 | 2* | 0.96 |
| 20110707-LGH-FJAT-4671 | 1 | 1 | 1.00 | 20120224-TXN-FJAT-14750 | 1 | 1 | 1.00 |

续表

| 菌株名称 | 原分类 | 计算分类 | 后验概率 | 菌株名称 | 原分类 | 计算分类 | 后验概率 |
|---|---|---|---|---|---|---|---|
| 20120224-TXN-FJAT-14751 | 1 | 1 | 1.00 | 20121030-FJAT-17433-ZR | 2 | 2 | 0.99 |
| 20120224-TXN-FJAT-14759 | 1 | 1 | 1.00 | 20130111-CYP-FJAT-17110 | 2 | 2 | 0.99 |
| 20120224-TXN-FJAT-14777 | 1 | 1 | 1.00 | 20130111-CYP-FJAT-17119 | 2 | 2 | 1.00 |
| 20121107-FJAT-17055-zr | 1 | 2* | 0.90 | 20130129-ZMX-FJAT-17699 | 2 | 2 | 0.88 |
| 20121109-FJAT-17008-zr | 1 | 1 | 1.00 | 20130129-ZMX-FJAT-17714 | 2 | 2 | 1.00 |
| 20130329-ll-FJAT-16797 | 1 | 1 | 0.90 | 20130328-TXN-FJAT-16687 | 2 | 2 | 1.00 |
| FJAT-27374-1 | 1 | 1 | 1.00 | 20130329-ll-FJAT-16821 | 2 | 2 | 0.99 |
| FJAT-29792-1 | 1 | 1 | 0.99 | FJAT-25235 | 2 | 2 | 1.00 |
| LGF-20100726-FJAT-8777 | 1 | 1 | 0.97 | FJAT-25255 | 2 | 2 | 1.00 |
| LSX-8345 | 1 | 1 | 1.00 | HGP SM11-T-1 | 2 | 2 | 1.00 |
| lsx-8591 | 1 | 1 | 1.00 | LGF-20100824-FJAT-8758 | 2 | 2 | 0.95 |
| wqh-N-16 | 1 | 1 | 1.00 | orgn-14 | 2 | 2 | 1.00 |
| 20101220-WZX-FJAT-10601 | 2 | 2 | 0.94 | orgn-2 | 2 | 2 | 1.00 |
| 20101221-WZX-FJAT-10865 | 2 | 2 | 0.99 | orgn-23 | 2 | 2 | 1.00 |
| 20110607-WZX20D-FJAT-8778 | 2 | 2 | 0.87 | orgn-25 | 2 | 2 | 1.00 |
| 20110614-LGH-FJAT-13929 | 2 | 2 | 1.00 | orgn-5 | 2 | 2 | 1.00 |
| 20110622-LGH-FJAT-13425 | 2 | 2 | 1.00 | ST-4815 | 2 | 2 | 1.00 |
| 20110705-WZX-FJAT-13358 | 2 | 2 | 0.99 | 20110718-LGH-FJAT-14074 | 3 | 3 | 1.00 |
| 20110718-LGH-FJAT-14084 | 2 | 2 | 1.00 | 20110823-TXN-FJAT-14323 | 3 | 3 | 0.96 |
| 20110901-LGH-FJAT-14206-2 | 2 | 2 | 0.90 | FJAT-27031-1 | 3 | 3 | 1.00 |
| 20110907-zjc-B | 2 | 2 | 1.00 | FJAT-27031-2 | 3 | 3 | 1.00 |
| 20120321-liugh-B | 2 | 2 | 0.98 | FJAT-27031-2 | 3 | 3 | 1.00 |
| 20120322-AY-12 | 2 | 2 | 1.00 | FJAT-27031-2 | 3 | 3 | 1.00 |
| 20120328-LGH-FJAT-14267 | 2 | 2 | 1.00 | FJAT-41286-2 | 3 | 3 | 1.00 |
| 20120425-LGH-FJAT-10508 | 2 | 2 | 1.00 | FJAT-41709-1 | 3 | 3 | 0.99 |
| 20120425-LGH-FJAT-8 | 2 | 2 | 1.00 | | | | |

*为判错

**表 7-5-12 泛酸枝芽胞杆菌（*Virgibacillus pantothenticus*）脂肪酸型判别效果矩阵分析**

| 来自＼判为 | 第 I 型 | 第 II 型 | 第 III 型 | 小计 | 正确率 |
|---|---|---|---|---|---|
| 第 I 型 | 29 | 2 | 1 | 32 | 0.9063 |
| 第 II 型 | 0 | 31 | 0 | 31 | 1.0000 |
| 第 III 型 | 0 | 0 | 8 | 8 | 1.0000 |

注：判对的概率=0.957 75

判别模型分类验证表明（表 7-5-11），对脂肪酸 I 型的判对概率为 0.9063；脂肪酸 II 型的判对概率为 1.0000；脂肪酸 III 型的判对概率为 1.0000；整个方程的判对概率为 0.957 75，能够精确地识别脂肪酸型（表 7-5-12）。在应用时，对被测芽胞杆菌测定脂肪酸组，将 $x_{(1)}$=15:0 anteiso、$x_{(3)}$=16:0 iso、$x_{(4)}$=c16:0、$x_{(7)}$=17:0 iso、$x_{(8)}$=14:0 iso 的脂肪酸百分比代入方程，计算 $Y$ 值，当 $Y_1<Y<Y_2$ 时，该芽胞杆菌为脂肪酸 I 型；当 $Y_2<Y<Y_3$ 时，

属于脂肪酸 II 型；当 $Y>Y_3$ 时，属于脂肪酸 III 型。

## 三、嗜热噬脂肪地芽胞杆菌脂肪酸型分析

### 1. 嗜热噬脂肪地芽胞杆菌脂肪酸组测定

嗜热噬脂肪地芽胞杆菌[*Geobacillus stearothermophilus*（Donk 1920）Nazina et al. 2001，comb. nov.]于 1920 年由 Donk 以 *Bacillus stearothermophilus* 发表，2001 年 Nazina 等将其转移到地芽胞杆菌属（*Geobacillus*）。作者采集分离了 57 个嗜热噬脂肪地芽胞杆菌菌株，分别测定了它们的脂肪酸组，主要脂肪酸组见表 7-5-13。嗜热噬脂肪地芽胞杆菌的主要脂肪酸组有 12 个，占总脂肪酸含量的 92.1268%，包括 15:0 anteiso、15:0 iso、16:0 iso、c16:0、17:0 anteiso、16:1ω7c alcohol、17:0 iso、14:0 iso、16:1ω11c、c14:0、17:1 iso ω10c、c18:0，主要脂肪酸组平均值分别为 4.9661%、32.8942%、10.9161%、11.9546%、10.2804%、0.1509%、17.3081%、0.7070%、0.2051%、1.3712%、0.0791%、1.2940%。

表 7-5-13　嗜热噬脂肪地芽胞杆菌（*Geobacillus stearothermophilus*）菌株主要脂肪酸组统计

| 脂肪酸 | 菌株数 | 含量均值/% | 方差 | 标准差 | 中位数/% | 最小值/% | 最大值/% | Wilks 系数 | *P* |
|---|---|---|---|---|---|---|---|---|---|
| 15:0 anteiso | 57 | 4.9661 | 19.5999 | 4.4272 | 3.6500 | 0.0000 | 20.1100 | 0.6467 | 0.0000 |
| 15:0 iso | 57 | 32.8942 | 66.6832 | 8.1660 | 33.3800 | 14.8500 | 51.0300 | 0.9836 | 0.6290 |
| 16:0 iso | 57 | 10.9161 | 16.8585 | 4.1059 | 11.5900 | 0.0000 | 20.6700 | 0.9771 | 0.3506 |
| c16:0 | 57 | 11.9546 | 35.7854 | 5.9821 | 10.6600 | 3.0800 | 38.3000 | 0.8818 | 0.0000 |
| 17:0 anteiso | 57 | 10.2804 | 19.9501 | 4.4666 | 8.0300 | 0.0000 | 23.8300 | 0.8819 | 0.0000 |
| 16:1ω7c alcohol | 57 | 0.1509 | 0.2812 | 0.5303 | 0.0000 | 0.0000 | 3.2700 | 0.3241 | 0.0000 |
| 17:0 iso | 57 | 17.3081 | 22.2774 | 4.7199 | 17.4400 | 6.2600 | 27.6200 | 0.9709 | 0.1851 |
| 14:0 iso | 57 | 0.7070 | 0.2788 | 0.5281 | 0.7100 | 0.0000 | 2.5900 | 0.8572 | 0.0000 |
| 16:1ω11c | 57 | 0.2051 | 0.3061 | 0.5532 | 0.0000 | 0.0000 | 2.7700 | 0.4280 | 0.0000 |
| c14:0 | 57 | 1.3712 | 0.3561 | 0.5968 | 1.4100 | 0.0000 | 2.5500 | 0.9770 | 0.3477 |
| 17:1 iso ω10c | 57 | 0.0791 | 0.0672 | 0.2593 | 0.0000 | 0.0000 | 1.1600 | 0.3404 | 0.0000 |
| c18:0 | 57 | 1.2940 | 1.9598 | 1.3999 | 1.0300 | 0.0000 | 7.6900 | 0.7363 | 0.0000 |
| 总和 | | 92.1268 | | | | | | | |

### 2. 嗜热噬脂肪地芽胞杆菌脂肪酸型聚类分析

以表 7-5-14 为数据矩阵，以菌株为样本，以脂肪酸为指标，以绝对距离为尺度，用可变类平均法进行系统聚类；聚类结果见图 7-5-3。根据聚类结果可将 57 株嗜热噬脂肪地芽胞杆菌分为 3 个脂肪酸型。脂肪酸 I 型包括 15 个菌株，特征为到中心的绝对距离为 7.0279，15:0 anteiso 平均值为 5.69%，重要脂肪酸 15:0 anteiso、15:0 iso、17:0 anteiso、17:0 iso、16:0 iso、c16:0、16:1ω7c alcohol 的平均值分别为 5.69%、23.85%、8.05%、13.57%、10.20%、19.19%、0.30%。脂肪酸 II 型包括 32 个菌株，特征为到中心的绝对距离为 4.2312，15:0 anteiso 平均值为 3.41%；重要脂肪酸 15:0 anteiso、15:0 iso、17:0 anteiso、17:0 iso、16:0 iso、c16:0、16:1ω7c alcohol 的平均值分别为 3.41%、33.85%、9.65%、20.29%、12.57%、

10.82%、0.00%。脂肪酸 III 型包括 10 个菌株，特征为到中心的绝对距离为 6.9215，15:0 anteiso 平均值为 8.84%；重要脂肪酸 15:0 anteiso、15:0 iso、17:0 anteiso、17:0 iso、16:0 iso、c16:0、16:1ω7c alcohol 的平均值分别为 8.84%、43.41%、15.66%、13.39%、6.69%、4.73%、0.41%。

**表 7-5-14　嗜热噬脂肪地芽胞杆菌（*Geobacillus stearothermophilus*）菌株主要脂肪酸组**

| 型 | 菌株名称 | 15:0 anteiso | 15:0 iso | 17:0 anteiso | 17:0 iso | 16:0 iso | c16:0 | 16:1ω7c alcohol |
|---|---|---|---|---|---|---|---|---|
| I | 121015-jxb-b11 | 2.72* | 28.05 | 6.60 | 13.46 | 10.83 | 16.08 | 0.00 |
| I | 121015-jxb-b12 | 2.43 | 27.72 | 6.90 | 15.49 | 12.19 | 12.50 | 0.00 |
| I | 121015-jxb-f11 | 5.19 | 29.43 | 7.64 | 16.08 | 11.39 | 17.60 | 3.27 |
| I | 121015-jxb-f21+1 | 4.49 | 22.46 | 9.02 | 14.26 | 10.85 | 11.63 | 0.00 |
| I | 121015-jxb-f22 | 2.87 | 28.05 | 5.67 | 13.19 | 10.40 | 16.48 | 0.00 |
| I | 121015-jxb-l12 | 3.94 | 31.51 | 7.45 | 16.10 | 10.47 | 19.42 | 0.00 |
| I | 20110518-wzxjl50-FJAT-4762d | 12.72 | 24.14 | 7.35 | 10.67 | 3.73 | 15.19 | 0.17 |
| I | 20110808-TXN-FJAT-14173 | 13.90 | 26.85 | 8.57 | 12.73 | 2.84 | 19.91 | 1.11 |
| I | 20120615-JXB-J3 | 4.48 | 15.06 | 14.13 | 10.65 | 20.67 | 21.79 | 0.00 |
| I | 20120615-JXB-J4 | 4.19 | 14.85 | 14.75 | 11.48 | 19.54 | 19.61 | 0.00 |
| I | 20120615-JXB-J5 | 4.09 | 15.07 | 14.56 | 11.80 | 18.16 | 20.51 | 0.00 |
| I | 121015-jxb-a12 | 2.59 | 21.09 | 6.64 | 13.76 | 6.24 | 19.09 | 0.00 |
| I | 121015-jxb-a21 | 3.47 | 22.22 | 4.80 | 11.28 | 6.49 | 20.48 | 0.00 |
| I | 121015-jxb-e12 | 3.23 | 22.71 | 6.65 | 14.50 | 9.26 | 19.33 | 0.00 |
| I | 20110518-wzxjl60-FJAT-4762e | 15.09 | 28.50 | 0.00 | 18.10 | 0.00 | 38.30 | 0.00 |
| 脂肪酸 I 型 15 个菌株平均值 | | 5.69 | 23.85 | 8.05 | 13.57 | 10.20 | 19.19 | 0.30 |
| II | 121015-jxb-a32 | 3.87 | 33.94 | 7.33 | 17.57 | 8.33 | 13.06 | 0.00 |
| II | 121015-jxb-b31 | 3.21 | 38.77 | 7.93 | 18.44 | 13.83 | 8.91 | 0.00 |
| II | 121015-jxb-b32 | 3.04 | 39.16 | 6.75 | 16.77 | 14.29 | 8.85 | 0.00 |
| II | 121015-jxb-c32 | 3.09 | 37.72 | 7.40 | 19.32 | 14.44 | 8.31 | 0.00 |
| II | 121015-jxb-d12 | 1.57 | 24.68 | 7.52 | 25.21 | 11.31 | 9.10 | 0.00 |
| II | 121015-jxb-e21 | 3.51 | 36.70 | 7.42 | 17.57 | 14.87 | 10.61 | 0.00 |
| II | 121015-jxb-e22 | 2.78 | 34.19 | 8.03 | 19.76 | 12.66 | 10.99 | 0.00 |
| II | 121015-jxb-e31 | 2.69 | 36.20 | 7.40 | 19.23 | 12.70 | 10.08 | 0.00 |
| II | 121015-jxb-f31 | 3.41 | 40.54 | 7.09 | 17.44 | 13.55 | 9.43 | 0.00 |
| II | 121015-jxb-f32 | 3.92 | 37.94 | 7.08 | 16.25 | 12.01 | 9.57 | 0.00 |
| II | 121015-jxb-g21 | 3.51 | 34.74 | 8.35 | 16.85 | 13.09 | 14.25 | 0.00 |
| II | 121015-jxb-g32 | 3.50 | 40.58 | 7.01 | 17.76 | 12.97 | 9.16 | 0.00 |
| II | 121015-jxb-h21 | 3.01 | 32.31 | 7.36 | 17.75 | 11.29 | 15.35 | 0.00 |
| II | 121015-jxb-h22 | 2.80 | 32.77 | 7.43 | 18.26 | 12.44 | 14.47 | 0.00 |
| II | 121015-jxb-h32 | 3.65 | 32.78 | 8.52 | 19.13 | 11.63 | 10.96 | 0.00 |
| II | 121015-jxb-l11 | 4.02 | 33.32 | 7.84 | 17.23 | 12.59 | 15.96 | 0.00 |
| II | 121015-jxb-l21 | 3.37 | 34.50 | 8.03 | 18.93 | 12.59 | 12.69 | 0.00 |
| II | 121015-jxb-l31 | 3.34 | 39.98 | 7.62 | 19.39 | 11.59 | 9.71 | 0.00 |
| II | 20111106-TXN-FJAT-14682 | 2.61 | 36.63 | 10.91 | 25.17 | 12.20 | 7.64 | 0.00 |

续表

| 型 | 菌株名称 | 15:0 anteiso | 15:0 iso | 17:0 anteiso | 17:0 iso | 16:0 iso | c16:0 | 16:1ω7c alcohol |
|---|---|---|---|---|---|---|---|---|
| II | 20120615-JXB-J1 | 3.85 | 26.90 | 15.91 | 27.62 | 7.59 | 12.76 | 0.00 |
| II | 20120615-JXB-J2 | 3.67 | 32.34 | 12.77 | 25.97 | 7.65 | 11.69 | 0.00 |
| II | 20121106-FJAT-a22-jxb | 4.43 | 36.59 | 7.87 | 17.39 | 10.09 | 10.77 | 0.00 |
| II | 20121106-FJAT-e11-jxb | 3.26 | 36.16 | 8.15 | 18.82 | 14.96 | 10.00 | 0.00 |
| II | 20121106-FJAT-e32-jxb | 3.09 | 33.38 | 8.77 | 19.95 | 13.88 | 10.38 | 0.00 |
| II | 20121106-FJAT-g31-jxb | 3.20 | 35.90 | 7.18 | 17.54 | 11.58 | 9.02 | 0.00 |
| II | 20121106-FJAT-l32-jxb | 3.11 | 38.85 | 7.70 | 19.70 | 12.07 | 9.31 | 0.00 |
| II | 20130902-jxb-1 | 3.69 | 25.31 | 16.10 | 23.83 | 15.08 | 11.05 | 0.00 |
| II | 20130902-jxb-2 | 3.76 | 27.83 | 15.69 | 24.25 | 15.06 | 10.14 | 0.00 |
| II | 20130902-jxb-3 | 3.90 | 27.57 | 15.31 | 22.72 | 16.69 | 10.20 | 0.00 |
| II | 20130902-jxb-4 | 3.99 | 25.73 | 16.80 | 25.80 | 11.76 | 11.24 | 0.00 |
| II | 20130902-jxb-5 | 4.38 | 29.25 | 15.12 | 23.39 | 13.23 | 10.66 | 0.00 |
| II | 20130902-jxb-6 | 4.02 | 29.86 | 14.30 | 24.12 | 14.21 | 9.83 | 0.00 |
| 脂肪酸 II 型 32 个菌株平均值 | | 3.41 | 33.85 | 9.65 | 20.29 | 12.57 | 10.82 | 0.00 |
| III | 20110629-WZX-FJAT-10035-22 | 19.16 | 42.58 | 16.83 | 6.26 | 4.36 | 4.04 | 0.55 |
| III | 20110629-WZX-FJAT-10035-33 | 19.40 | 42.36 | 17.22 | 6.30 | 3.96 | 4.73 | 0.00 |
| III | 201110-19-TXN-FJAT-14405 | 20.11 | 34.62 | 23.83 | 8.09 | 4.20 | 5.56 | 0.00 |
| III | 20130902-jxb-7 | 7.85 | 47.85 | 11.57 | 16.19 | 7.37 | 5.82 | 0.00 |
| III | 20130902-jxb-8 | 6.89 | 46.28 | 12.65 | 18.55 | 7.40 | 5.18 | 0.00 |
| III | 20130902-jxb-9 | 7.53 | 51.03 | 10.57 | 15.43 | 8.27 | 4.50 | 0.00 |
| III | 20130902-jxb-9 | 7.48 | 50.98 | 10.59 | 15.64 | 8.24 | 4.46 | 0.00 |
| III | CAAS-MIX D3 | 0.00 | 42.59 | 16.39 | 16.35 | 5.09 | 6.89 | 0.48 |
| III | LGH-FJAT-4441 | 0.00 | 37.98 | 18.42 | 15.51 | 9.03 | 3.08 | 1.51 |
| III | LGH-FJAT-4441 | 0.00 | 37.87 | 18.49 | 15.56 | 9.01 | 3.08 | 1.51 |
| 脂肪酸 III 型 10 个菌株平均值 | | 8.84 | 43.41 | 15.66 | 13.39 | 6.69 | 4.73 | 0.41 |

| 型 | 菌株名称 | 14:0 iso | 16:1ω11c | c14:0 | 17:1 iso ω10c | c18:0 | 到中心的绝对距离 |
|---|---|---|---|---|---|---|---|
| I | 121015-jxb-b11 | 0.00 | 0.00 | 2.54 | 0.00 | 5.58 | 7.06 |
| I | 121015-jxb-b12 | 0.62 | 0.00 | 1.69 | 0.67 | 3.29 | 8.98 |
| I | 121015-jxb-f11 | 0.00 | 0.00 | 0.00 | 0.00 | 0.00 | 7.71 |
| I | 121015-jxb-f21+1 | 0.00 | 0.00 | 1.41 | 0.00 | 2.94 | 7.94 |
| I | 121015-jxb-f22 | 0.71 | 0.00 | 1.37 | 0.00 | 1.34 | 6.35 |
| I | 121015-jxb-l12 | 0.00 | 0.00 | 2.24 | 0.00 | 1.30 | 8.42 |
| I | 20110518-wzxjl50-FJAT-4762d | 1.17 | 1.16 | 1.13 | 0.00 | 2.50 | 10.85 |
| I | 20110808-TXN-FJAT-14173 | 1.24 | 2.77 | 1.22 | 1.04 | 1.90 | 11.87 |
| I | 20120615-JXB-J3 | 0.91 | 0.00 | 1.69 | 0.00 | 1.29 | 15.56 |
| I | 20120615-JXB-J4 | 0.78 | 0.00 | 1.45 | 0.00 | 1.25 | 14.89 |
| I | 20120615-JXB-J5 | 0.67 | 0.00 | 1.35 | 0.27 | 1.24 | 13.85 |
| I | 121015-jxb-a12 | 0.51 | 0.00 | 2.53 | 0.00 | 7.69 | 7.97 |
| I | 121015-jxb-a21 | 0.64 | 0.00 | 2.12 | 0.00 | 1.53 | 6.34 |
| I | 121015-jxb-e12 | 0.00 | 0.00 | 2.31 | 0.00 | 5.09 | 4.36 |

续表

| 型 | 菌株名称 | 14:0 iso | 16:1ω11c | c14:0 | 17:1 iso ω10c | c18:0 | 到中心的绝对距离 |
|---|---|---|---|---|---|---|---|
| I | 20110518-wzxjl60-FJAT-4762e | 0.00 | 0.00 | 0.00 | 0.00 | 0.00 | 25.95 |
| 脂肪酸 I 型 15 个菌株平均值 | | 0.48 | 0.26 | 1.54 | 0.13 | 2.46 | RMSTD=7.0279 |
| II | 121015-jxb-a32 | 0.85 | 0.00 | 2.55 | 0.00 | 1.72 | 6.13 |
| II | 121015-jxb-b31 | 0.89 | 0.00 | 1.66 | 0.00 | 1.03 | 6.00 |
| II | 121015-jxb-b32 | 1.13 | 0.00 | 1.59 | 0.00 | 1.23 | 7.50 |
| II | 121015-jxb-c32 | 0.59 | 0.00 | 1.28 | 0.15 | 0.86 | 5.57 |
| II | 121015-jxb-d12 | 0.29 | 0.00 | 0.72 | 0.00 | 1.34 | 11.02 |
| II | 121015-jxb-e21 | 0.91 | 0.00 | 1.63 | 0.00 | 1.23 | 5.09 |
| II | 121015-jxb-e22 | 0.67 | 0.00 | 1.64 | 0.00 | 2.42 | 2.29 |
| II | 121015-jxb-e31 | 0.79 | 0.00 | 1.66 | 0.00 | 1.83 | 3.66 |
| II | 121015-jxb-f31 | 0.96 | 0.00 | 1.59 | 0.00 | 0.67 | 7.91 |
| II | 121015-jxb-f32 | 1.01 | 0.00 | 2.02 | 0.00 | 1.10 | 6.50 |
| II | 121015-jxb-g21 | 0.90 | 0.00 | 1.78 | 0.00 | 1.99 | 5.23 |
| II | 121015-jxb-g32 | 1.18 | 0.00 | 1.47 | 0.00 | 1.03 | 7.87 |
| II | 121015-jxb-h21 | 0.00 | 0.00 | 1.90 | 0.00 | 1.61 | 6.10 |
| II | 121015-jxb-h22 | 0.00 | 0.00 | 1.63 | 0.00 | 1.16 | 4.93 |
| II | 121015-jxb-h32 | 0.54 | 0.00 | 1.44 | 0.00 | 1.00 | 2.17 |
| II | 121015-jxb-l11 | 0.00 | 0.00 | 2.11 | 0.00 | 2.35 | 6.49 |
| II | 121015-jxb-l21 | 0.91 | 0.00 | 1.98 | 0.00 | 1.70 | 3.02 |
| II | 121015-jxb-l31 | 0.73 | 0.00 | 1.68 | 0.00 | 0.70 | 6.70 |
| II | 20111106-TXN-FJAT-14682 | 0.47 | 0.00 | 0.52 | 0.00 | 0.53 | 6.73 |
| II | 20120615-JXB-J1 | 0.22 | 0.00 | 0.85 | 0.00 | 0.78 | 13.07 |
| II | 20120615-JXB-J2 | 0.30 | 0.00 | 1.31 | 0.00 | 0.60 | 8.35 |
| II | 20121106-FJAT-a22-jxb | 0.88 | 0.00 | 1.85 | 0.00 | 1.15 | 5.14 |
| II | 20121106-FJAT-e11-jxb | 0.83 | 0.00 | 1.36 | 0.00 | 0.00 | 4.17 |
| II | 20121106-FJAT-e32-jxb | 0.71 | 0.00 | 1.53 | 0.00 | 1.50 | 1.82 |
| II | 20121106-FJAT-g31-jxb | 0.91 | 0.00 | 1.35 | 0.00 | 1.39 | 4.72 |
| II | 20121106-FJAT-l32-jxb | 0.65 | 0.00 | 1.48 | 0.00 | 0.80 | 5.64 |
| II | 20130902-jxb-1 | 0.38 | 0.00 | 0.75 | 0.00 | 0.66 | 11.59 |
| II | 20130902-jxb-2 | 0.39 | 0.00 | 0.74 | 0.00 | 0.51 | 9.81 |
| II | 20130902-jxb-3 | 0.46 | 0.00 | 0.77 | 0.00 | 0.38 | 9.80 |
| II | 20130902-jxb-4 | 0.38 | 0.00 | 1.30 | 0.00 | 0.63 | 12.20 |
| II | 20130902-jxb-5 | 0.49 | 0.00 | 1.46 | 0.00 | 0.39 | 7.91 |
| II | 20130902-jxb-6 | 0.49 | 0.00 | 1.38 | 0.00 | 0.45 | 7.53 |
| 脂肪酸 II 型 32 个菌株平均值 | | 0.62 | 0.00 | 1.47 | 0.00 | 1.09 | RMSTD=4.2312 |
| III | 20110629-WZX-FJAT-10035-22 | 0.98 | 1.05 | 1.02 | 1.06 | 0.30 | 12.89 |
| III | 20110629-WZX-FJAT-10035-33 | 0.90 | 1.27 | 1.27 | 1.16 | 0.00 | 13.21 |
| III | 201110-19-TXN-FJAT-14405 | 0.66 | 0.81 | 0.61 | 0.16 | 0.18 | 17.51 |
| III | 20130902-jxb-7 | 0.91 | 0.00 | 1.26 | 0.00 | 0.20 | 6.93 |
| III | 20130902-jxb-8 | 0.75 | 0.00 | 0.94 | 0.00 | 0.28 | 7.04 |

续表

| 型 | 菌株名称 | 14:0 iso | 16:1ω11c | c14:0 | 17:1 iso ω10c | c18:0 | 到中心的绝对距离 |
|---|---|---|---|---|---|---|---|
| III | 20130902-jxb-9 | 1.01 | 0.00 | 0.99 | 0.00 | 0.00 | 9.66 |
| III | 20130902-jxb-9 | 0.98 | 0.00 | 1.00 | 0.00 | 0.00 | 9.66 |
| III | CAAS-MIX D3 | 1.77 | 1.58 | 0.49 | 0.00 | 0.69 | 9.83 |
| III | LGH-FJAT-4441 | 2.59 | 1.53 | 0.28 | 0.00 | 0.22 | 11.48 |
| III | LGH-FJAT-4441 | 2.59 | 1.52 | 0.27 | 0.00 | 0.21 | 11.56 |
| 脂肪酸 III 型 10 个菌株平均值 | | 1.31 | 0.78 | 0.81 | 0.24 | 0.21 | RMSTD=6.9215 |

*脂肪酸含量单位为%

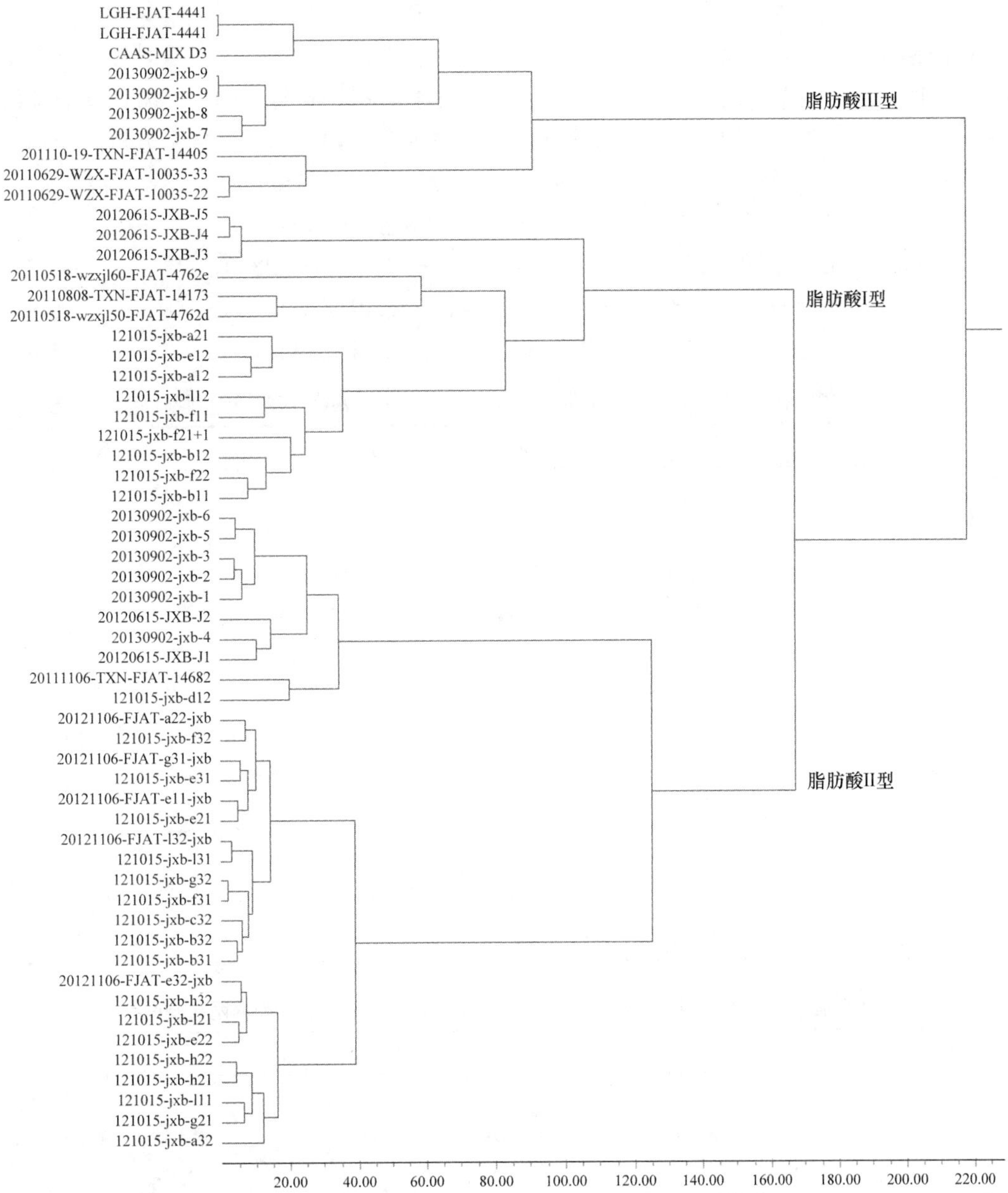


图 7-5-3　嗜热噬脂肪地芽胞杆菌（*Geobacillus stearothermophilus*）脂肪酸型聚类分析（绝对距离）

## 3. 嗜热噬脂肪地芽胞杆菌脂肪酸型判别模型建立

（1）分析原理。不同的嗜热噬脂肪地芽胞杆菌菌株具有不同的脂肪酸组构成，通过上述聚类分析，可将嗜热噬脂肪地芽胞杆菌菌株分为 3 类，利用逐步判别的方法（DPS 软件），建立嗜热噬脂肪地芽胞杆菌菌株脂肪酸型判别模型，在建立模型的过程中，可以了解各因子对类别划分的重要性。

（2）数据矩阵。以表 7-5-14 的嗜热噬脂肪地芽胞杆菌 57 个菌株的 12 个脂肪酸为矩阵，自变量 $x_{ij}$($i$=1,…,57;$j$=1,…,12)由 57 个菌株的 12 个脂肪酸组成，因变量 $Y_i$($i$=1,…,57)由 57 个菌株聚类类别组成脂肪酸型，采用贝叶斯逐步判别分析，建立嗜热噬脂肪地芽胞杆菌菌株脂肪酸型判别模型。嗜热噬脂肪地芽胞杆菌脂肪酸型判别模型入选因子见表 7-5-15，脂肪酸型类别间判别效果检验见表 7-5-16，模型计算后的分类验证和后验概率见表 7-5-17，脂肪酸型判别效果矩阵分析见表 7-5-18。建立的逐步判别分析因子筛选表明，以下 4 个因子入选：$x_{(2)}$=15:0 iso、$x_{(3)}$=16:0 iso、$x_{(5)}$=17:0 anteiso、$x_{(7)}$=17:0 iso，表明这些因子对脂肪酸型的判别具有显著贡献。判别模型如下：

$$Y_1=-70.8012+3.5754x_{(2)}+0.6003x_{(3)}+4.0773x_{(5)}+1.2820x_{(7)} \quad (7\text{-}5\text{-}7)$$

$$Y_2=-133.0218+4.8706x_{(2)}+0.7614x_{(3)}+5.4491x_{(5)}+1.9250x_{(7)} \quad (7\text{-}5\text{-}8)$$

$$Y_3=-218.0995+6.7240x_{(2)}-0.2302x_{(3)}+8.3846x_{(5)}+1.0871x_{(7)} \quad (7\text{-}5\text{-}9)$$

**表 7-5-15 嗜热噬脂肪地芽胞杆菌（*Geobacillus stearothermophilus*）脂肪酸型判别模型入选因子**

| 脂肪酸 | Wilks 统计量 | *F* 值 | df | *P* | 入选状态 |
|---|---|---|---|---|---|
| 15:0 anteiso | 0.8414 | 4.7135 | 2，50 | 0.0133 | |
| 15:0 iso | 0.1434 | 152.2923 | 2，51 | 0.0000 | （已入选） |
| 16:0 iso | 0.7274 | 9.5546 | 2，51 | 0.0002 | （已入选） |
| c16:0 | 0.9476 | 1.3826 | 2，50 | 0.2603 | |
| 17:0 anteiso | 0.2139 | 93.6908 | 2，51 | 0.0000 | （已入选） |
| 16:1ω7c alcohol | 0.9081 | 2.5308 | 2，50 | 0.0897 | |
| 17:0 iso | 0.5088 | 24.6143 | 2，51 | 0.0000 | （已入选） |
| 14:0 iso | 0.9726 | 0.7036 | 2，50 | 0.4996 | |
| 16:1ω11c | 0.9708 | 0.7521 | 2，50 | 0.4767 | |
| c14:0 | 0.8693 | 3.7595 | 2，50 | 0.0301 | |
| 17:1 iso ω10c | 0.8838 | 3.2870 | 2，50 | 0.0456 | |
| c18:0 | 0.9978 | 0.0554 | 2，50 | 0.9461 | |

**表 7-5-16 嗜热噬脂肪地芽胞杆菌（*Geobacillus stearothermophilus*）脂肪酸型两两分类间判别效果检验**

| 脂肪酸型 *i* | 脂肪酸型 *j* | 马氏距离 | *F* 值 | 自由度 $V_1$ | $V_2$ | *P* |
|---|---|---|---|---|---|---|
| I | II | 19.8437 | 47.8502 | 4 | 42 | $1\times10^{-7}$ |
| I | III | 97.3265 | 137.8791 | 4 | 20 | $1\times10^{-7}$ |
| II | III | 46.9790 | 84.5124 | 4 | 37 | $1\times10^{-7}$ |

**表 7-5-17　嗜热噬脂肪地芽胞杆菌（*Geobacillus stearothermophilus*）模型计算后的分类验证和后验概率**

| 菌株名称 | 原分类 | 计算分类 | 后验概率 | 菌株名称 | 原分类 | 计算分类 | 后验概率 |
|---|---|---|---|---|---|---|---|
| 121015-jxb-b11 | 1 | 1 | 1.00 | 121015-jxb-h32 | 2 | 2 | 1.00 |
| 121015-jxb-b12 | 1 | 1 | 0.98 | 121015-jxb-l11 | 2 | 2 | 1.00 |
| 121015-jxb-f11 | 1 | 1 | 0.67 | 121015-jxb-l21 | 2 | 2 | 1.00 |
| 121015-jxb-f21+1 | 1 | 1 | 1.00 | 121015-jxb-l31 | 2 | 2 | 1.00 |
| 121015-jxb-f22 | 1 | 1 | 1.00 | 20111106-TXN-FJAT-14682 | 2 | 2 | 1.00 |
| 121015-jxb-l12 | 1 | 2* | 0.83 | 20120615-JXB-J1 | 2 | 2 | 1.00 |
| 20110518-wzxjl50-FJAT-4762d | 1 | 1 | 1.00 | 20120615-JXB-J2 | 2 | 2 | 1.00 |
| 20110808-TXN-FJAT-14173 | 1 | 1 | 1.00 | 20121106-FJAT-a22-jxb | 2 | 2 | 1.00 |
| 20120615-JXB-J3 | 1 | 1 | 1.00 | 20121106-FJAT-e11-jxb | 2 | 2 | 1.00 |
| 20120615-JXB-J4 | 1 | 1 | 1.00 | 20121106-FJAT-e32-jxb | 2 | 2 | 1.00 |
| 20120615-JXB-J5 | 1 | 1 | 1.00 | 20121106-FJAT-g31-jxb | 2 | 2 | 1.00 |
| 121015-jxb-a12 | 1 | 1 | 1.00 | 20121106-FJAT-l32-jxb | 2 | 2 | 1.00 |
| 121015-jxb-a21 | 1 | 1 | 1.00 | 20130902-jxb-1 | 2 | 2 | 1.00 |
| 121015-jxb-e12 | 1 | 1 | 1.00 | 20130902-jxb-2 | 2 | 2 | 1.00 |
| 20110518-wzxjl60-FJAT-4762e | 1 | 1 | 1.00 | 20130902-jxb-3 | 2 | 2 | 1.00 |
| 121015-jxb-a32 | 2 | 2 | 0.99 | 20130902-jxb-4 | 2 | 2 | 1.00 |
| 121015-jxb-b31 | 2 | 2 | 1.00 | 20130902-jxb-5 | 2 | 2 | 1.00 |
| 121015-jxb-b32 | 2 | 2 | 1.00 | 20130902-jxb-6 | 2 | 2 | 1.00 |
| 121015-jxb-c32 | 2 | 2 | 1.00 | 20110629-WZX-FJAT-10035-22 | 3 | 3 | 1.00 |
| 121015-jxb-d12 | 2 | 1* | 0.76 | 20110629-WZX-FJAT-10035-33 | 3 | 3 | 1.00 |
| 121015-jxb-e21 | 2 | 2 | 1.00 | 201110-19-TXN-FJAT-14405 | 3 | 3 | 1.00 |
| 121015-jxb-e22 | 2 | 2 | 1.00 | 20130902-jxb-7 | 3 | 3 | 1.00 |
| 121015-jxb-e31 | 2 | 2 | 1.00 | 20130902-jxb-8 | 3 | 3 | 1.00 |
| 121015-jxb-f31 | 2 | 2 | 1.00 | 20130902-jxb-9 | 3 | 3 | 1.00 |
| 121015-jxb-f32 | 2 | 2 | 1.00 | 20130902-jxb-9 | 3 | 3 | 1.00 |
| 121015-jxb-g21 | 2 | 2 | 1.00 | CAAS-MIX D3 | 3 | 3 | 1.00 |
| 121015-jxb-g32 | 2 | 2 | 1.00 | LGH-FJAT-4441 | 3 | 3 | 1.00 |
| 121015-jxb-h21 | 2 | 2 | 0.98 | LGH-FJAT-4441 | 3 | 3 | 1.00 |
| 121015-jxb-h22 | 2 | 2 | 0.99 | | | | |

*为判错

**表 7-5-18　嗜热噬脂肪地芽胞杆菌（*Geobacillus stearothermophilus*）脂肪酸型判别效果矩阵分析**

| 来自＼判为 | 第 I 型 | 第 II 型 | 第 III 型 | 小计 | 正确率 |
|---|---|---|---|---|---|
| 第 I 型 | 14 | 1 | 0 | 15 | 0.9333 |
| 第 II 型 | 1 | 31 | 0 | 32 | 0.9688 |
| 第 III 型 | 0 | 0 | 10 | 10 | 1 |

注：判对的概率=0.964 91

判别模型分类验证表明（表 7-5-17），对脂肪酸 I 型的判对概率为 0.9333；脂肪酸 II 型的判对概率为 0.9688；脂肪酸 III 型的判对概率为 1.0000；整个方程的判对概率为

0.964 91，能够精确地识别脂肪酸型（表 7-5-18）。在应用时，对被测芽胞杆菌测定脂肪酸组，将 $x_{(2)}$=15:0 iso、$x_{(3)}$=16:0 iso、$x_{(5)}$=17:0 anteiso、$x_{(7)}$=17:0 iso 的脂肪酸百分比代入方程，计算 $Y$ 值，当 $Y_1<Y<Y_2$ 时，该芽胞杆菌为脂肪酸 I 型；当 $Y_2<Y<Y_3$ 时，属于脂肪酸 II 型；当 $Y>Y_3$ 时，属于脂肪酸 III 型。

## 四、纺锤形赖氨酸芽胞杆菌脂肪酸型分析

### 1. 纺锤形赖氨酸芽胞杆菌脂肪酸组测定

纺锤形赖氨酸芽胞杆菌[*Lysinibacillus fusiformis*（Priest et al. 1989）Ahmed et al. 2007, comb. nov.]于 1989 年由 Priest 等以 *Bacillus fusiformis* 发表，2007 年 Ahmed 等将其转移到赖氨酸芽胞杆菌属（*Lysinibacillus*）。作者采集分离了 24 个纺锤形赖氨酸芽胞杆菌菌株，分别测定了它们的脂肪酸组，主要脂肪酸组见表 7-5-19。纺锤形赖氨酸芽胞杆菌的主要脂肪酸组有 12 个，占总脂肪酸含量的 97.9763%，包括 15:0 anteiso、15:0 iso、16:0 iso、c16:0、17:0 anteiso、16:1ω7c alcohol、17:0 iso、14:0 iso、16:1ω11c、c14:0、17:1 iso ω10c、c18:0，主要脂肪酸组平均值分别为 9.6271%、51.9321%、11.4308%、2.5550%、2.7108%、7.2592%、5.9163%、2.3950%、2.1150%、0.5679%、1.1825%、0.2846%。

**表 7-5-19　纺锤形赖氨酸芽胞杆菌（*Lysinibacillus fusiformis*）菌株主要脂肪酸组统计**

| 脂肪酸 | 菌株数 | 含量均值/% | 方差 | 标准差 | 中位数/% | 最小值/% | 最大值/% | Wilks 系数 | *P* |
|---|---|---|---|---|---|---|---|---|---|
| 15:0 anteiso | 24 | 9.6271 | 15.1620 | 3.8938 | 9.0200 | 4.2500 | 20.4500 | 0.9378 | 0.1456 |
| 15:0 iso | 24 | 51.9321 | 132.0418 | 11.4909 | 53.6400 | 27.5100 | 70.2400 | 0.9467 | 0.2301 |
| 16:0 iso | 24 | 11.4308 | 27.4304 | 5.2374 | 10.7900 | 3.5500 | 23.8400 | 0.9454 | 0.2146 |
| c16:0 | 24 | 2.5550 | 1.6099 | 1.2688 | 2.2550 | 1.0300 | 6.4900 | 0.8485 | 0.0020 |
| 17:0 anteiso | 24 | 2.7108 | 1.5001 | 1.2248 | 2.7800 | 1.3000 | 7.0300 | 0.8079 | 0.0004 |
| 16:1ω7c alcohol | 24 | 7.2592 | 7.0438 | 2.6540 | 6.8750 | 2.7900 | 14.8300 | 0.9500 | 0.2705 |
| 17:0 iso | 24 | 5.9163 | 3.0417 | 1.7441 | 6.0650 | 2.5300 | 8.7400 | 0.9644 | 0.5318 |
| 14:0 iso | 24 | 2.3950 | 2.0206 | 1.4215 | 2.1600 | 0.8900 | 6.1200 | 0.8211 | 0.0007 |
| 16:1ω11c | 24 | 2.1150 | 2.4729 | 1.5725 | 1.6850 | 0.0000 | 6.7700 | 0.7601 | 0.0001 |
| c14:0 | 24 | 0.5679 | 0.0782 | 0.2796 | 0.5400 | 0.0000 | 1.3700 | 0.9331 | 0.1143 |
| 17:1 iso ω10c | 24 | 1.1825 | 1.4758 | 1.2148 | 0.8700 | 0.1900 | 5.7100 | 0.6789 | 0.0000 |
| c18:0 | 24 | 0.2846 | 0.0934 | 0.3056 | 0.2850 | 0.0000 | 1.2800 | 0.8263 | 0.0008 |
| 总和 | | 97.9763 | | | | | | | |

### 2. 纺锤形赖氨酸芽胞杆菌脂肪酸型聚类分析

以表 7-5-20 为数据矩阵，以菌株为样本，以脂肪酸为指标，以卡方距离为尺度，用可变类平均法进行系统聚类；聚类结果见图 7-5-4。根据聚类结果可将 24 株纺锤形赖氨酸芽胞杆菌分为 3 个脂肪酸型。脂肪酸 I 型包括 5 个菌株，特征为到中心的卡方距离为 4.0574，15:0 anteiso 平均值为 10.37%，重要脂肪酸 15:0 anteiso、15:0 iso、17:0 anteiso、17:0 iso、16:0 iso、c16:0、16:1ω7c alcohol 的平均值分别为 10.37%、18.32%、3.87%、

4.30%、11.28%、2.75%、5.97%。脂肪酸 II 型包括 16 个菌株，特征为到中心的卡方距离为 4.9440，15:0 anteiso 平均值为 4.53%；重要脂肪酸 15:0 anteiso、15:0 iso、17:0 anteiso、17:0 iso、16:0 iso、c16:0、16:1ω7c alcohol 的平均值分别为 4.53%、31.76%、1.90%、4.87%、6.20%、1.97%、5.13%。脂肪酸 III 型包括 3 个菌株，特征为到中心的卡方距离为 2.1888，15:0 anteiso 平均值为 9.57%；重要脂肪酸 15:0 anteiso、15:0 iso、17:0 anteiso、17:0 iso、16:0 iso、c16:0、16:1ω7c alcohol 的平均值分别为 9.57%、3.44%、2.72%、1.93%、19.19%、5.13%、6.44%。

**表 7-5-20 纺锤形赖氨酸芽胞杆菌（*Lysinibacillus fusiformis*）菌株主要脂肪酸组**

| 型 | 菌株名称 | 15:0 anteiso | 15:0 iso | 17:0 anteiso | 17:0 iso | 16:0 iso | c16:0 | 16:1ω7c alcohol |
|---|---|---|---|---|---|---|---|---|
| I | 20110504-24-FJAT-8766 | 7.90 | 18.95 | 3.07 | 4.91 | 12.92 | 2.37 | 7.17 |
| I | 20110518-wzxjl60-FJAT-8766e | 8.77 | 19.65 | 2.95 | 3.68 | 13.35 | 1.98 | 7.16 |
| I | 20110527-WZX20D-FJAT-8766 | 10.17 | 22.30 | 3.17 | 3.87 | 8.54 | 2.10 | 6.26 |
| I | 20111205-LGH-FJAT-8766-3 | 7.83 | 20.84 | 3.41 | 5.45 | 10.24 | 3.48 | 5.20 |
| I | 20111222-LGH-FJAT-8766-1 | 17.20 | 9.87 | 6.73 | 3.61 | 11.33 | 3.80 | 4.06 |
| 脂肪酸 I 型 5 个菌株平均值 | | 10.37 | 18.32 | 3.87 | 4.30 | 11.28 | 2.75 | 5.97 |
| II | 20110505-18h-FJAT-8766 | 2.35 | 29.10 | 1.31 | 4.77 | 8.79 | 1.85 | 8.99 |
| II | 20110505-WZX18h-FJAT-8766 | 1.87 | 31.82 | 1.43 | 6.61 | 8.47 | 1.37 | 6.81 |
| II | 20110508-WZX48h-FJAT-8766 | 1.00 | 41.72 | 1.15 | 6.81 | 5.15 | 1.67 | 3.60 |
| II | 20110524-WZX28D-FJAT-8766 | 3.84 | 35.58 | 1.94 | 6.11 | 5.64 | 1.81 | 4.17 |
| II | 20110524-WZX37D-FJAT-8766 | 1.83 | 43.73 | 1.00 | 5.22 | 5.64 | 1.59 | 1.61 |
| II | 20110713-WZX-FJAT-72h-8766 | 3.09 | 40.73 | 1.56 | 5.28 | 2.23 | 1.06 | 3.11 |
| II | 20111205-LGH-FJAT-8766-2 | 5.90 | 27.44 | 2.70 | 6.15 | 8.01 | 2.48 | 4.97 |
| II | 20120606-LGH-FJAT-8766 | 5.64 | 34.18 | 2.34 | 4.30 | 4.24 | 2.25 | 4.19 |
| II | 20120615-LGH-FJAT-8766-1 | 4.55 | 26.82 | 2.96 | 7.21 | 5.41 | 3.47 | 2.94 |
| II | 20120615-LGH-FJAT-8766-2 | 7.46 | 28.97 | 3.18 | 5.42 | 7.00 | 2.32 | 3.34 |
| II | 20120615-LGH-FJAT-8766-3 | 12.30 | 25.55 | 2.62 | 3.26 | 5.12 | 2.20 | 2.85 |
| II | FJAT-8766LB | 2.84 | 24.12 | 1.38 | 3.70 | 11.91 | 2.32 | 6.67 |
| II | FJAT-8766LB | 2.81 | 23.87 | 1.35 | 3.61 | 11.77 | 2.15 | 6.59 |
| II | LGF-20100810-FJAT-8766 | 5.44 | 34.64 | 2.95 | 6.19 | 6.64 | 2.40 | 1.00 |
| II | LGF-20100824-FJAT-8766 | 7.22 | 27.62 | 1.24 | 1.00 | 2.18 | 1.00 | 13.04 |
| II | LGF-FJAT-8766 | 4.33 | 32.30 | 1.25 | 2.33 | 1.00 | 1.54 | 8.21 |
| 脂肪酸 II 型 16 个菌株平均值 | | 4.53 | 31.76 | 1.90 | 4.87 | 6.20 | 1.97 | 5.13 |
| III | FJAT-8766GLU | 8.50 | 5.58 | 2.34 | 1.71 | 17.65 | 4.07 | 7.47 |
| III | FJAT-8766NA | 10.17 | 1.00 | 3.15 | 1.83 | 21.29 | 4.86 | 6.96 |
| III | FJAT-8766NACL | 10.04 | 3.75 | 2.68 | 2.24 | 18.62 | 6.46 | 4.89 |
| 脂肪酸 III 型 3 个菌株平均值 | | 9.57 | 3.44 | 2.72 | 1.93 | 19.19 | 5.13 | 6.44 |

| 型 | 菌株名称 | 14:0 iso | 16:1ω11c | c14:0 | 17:1 iso ω10c | c18:0 | 到中心的卡方距离 |
|---|---|---|---|---|---|---|---|
| I | 20110504-24-FJAT-8766 | 2.94 | 2.88 | 1.63 | 1.61 | 1.00 | 3.45 |
| I | 20110518-wzxjl60-FJAT-8766e | 3.37 | 2.51 | 1.58 | 1.45 | 1.00 | 3.54 |
| I | 20110527-WZX20D-FJAT-8766 | 2.67 | 3.34 | 1.63 | 1.70 | 1.44 | 4.97 |
| I | 20111205-LGH-FJAT-8766-3 | 2.47 | 3.12 | 1.71 | 1.70 | 1.49 | 4.09 |

续表

| 型 | 菌株名称 | 14:0 iso | 16:1ω11c | c14:0 | 17:1 iso ω10c | c18:0 | 到中心的卡方距离 |
|---|---|---|---|---|---|---|---|
| I | 20111222-LGH-FJAT-8766-1 | 2.53 | 3.01 | 1.82 | 1.28 | 1.44 | 11.47 |
| 脂肪酸 I 型 5 个菌株平均值 | | 2.80 | 2.97 | 1.67 | 1.55 | 1.27 | RMSTD=4.0574 |
| II | 20110505-18h-FJAT-8766 | 2.52 | 2.68 | 1.40 | 2.10 | 1.61 | 5.87 |
| II | 20110505-WZX18h-FJAT-8766 | 1.86 | 2.69 | 1.26 | 2.27 | 1.00 | 4.34 |
| II | 20110508-WZX48h-FJAT-8766 | 1.23 | 1.00 | 1.00 | 2.63 | 1.00 | 11.06 |
| II | 20110524-WZX28D-FJAT-8766 | 1.41 | 2.62 | 1.44 | 1.82 | 1.00 | 4.28 |
| II | 20110524-WZX37D-FJAT-8766 | 1.55 | 1.94 | 1.38 | 1.28 | 1.00 | 12.88 |
| II | 20110713-WZX-FJAT-72h-8766 | 1.00 | 2.80 | 1.29 | 3.56 | 1.00 | 10.29 |
| II | 20111205-LGH-FJAT-8766-2 | 2.07 | 3.09 | 1.53 | 1.86 | 1.00 | 5.21 |
| II | 20120606-LGH-FJAT-8766 | 1.42 | 2.48 | 1.58 | 1.77 | 1.53 | 3.60 |
| II | 20120615-LGH-FJAT-8766-1 | 1.45 | 2.59 | 1.59 | 1.75 | 2.28 | 6.34 |
| II | 20120615-LGH-FJAT-8766-2 | 1.64 | 2.52 | 1.55 | 1.52 | 1.29 | 4.79 |
| II | 20120615-LGH-FJAT-8766-3 | 1.68 | 2.32 | 1.69 | 1.35 | 1.65 | 10.47 |
| II | FJAT-8766LB | 3.00 | 1.96 | 1.44 | 1.56 | 1.28 | 10.01 |
| II | FJAT-8766LB | 2.98 | 1.95 | 1.36 | 1.66 | 1.29 | 10.12 |
| II | LGF-20100810-FJAT-8766 | 1.14 | 1.79 | 1.50 | 1.17 | 1.35 | 5.62 |
| II | LGF-20100824-FJAT-8766 | 2.59 | 3.37 | 1.49 | 4.10 | 1.00 | 11.15 |
| II | LGF-FJAT-8766 | 1.41 | 3.54 | 1.40 | 6.52 | 1.44 | 7.94 |
| 脂肪酸 II 型 16 个菌株平均值 | | 1.81 | 2.46 | 1.43 | 2.31 | 1.30 | RMSTD=4.9440 |
| III | FJAT-8766GLU | 5.30 | 7.77 | 2.06 | 1.14 | 1.26 | 3.39 |
| III | FJAT-8766NA | 5.66 | 6.77 | 1.93 | 1.00 | 1.19 | 3.37 |
| III | FJAT-8766NACL | 6.23 | 6.02 | 2.37 | 1.02 | 1.29 | 2.43 |
| 脂肪酸 III 型 3 个菌株平均值 | | 5.73 | 6.85 | 2.12 | 1.05 | 1.25 | RMSTD=2.1888 |

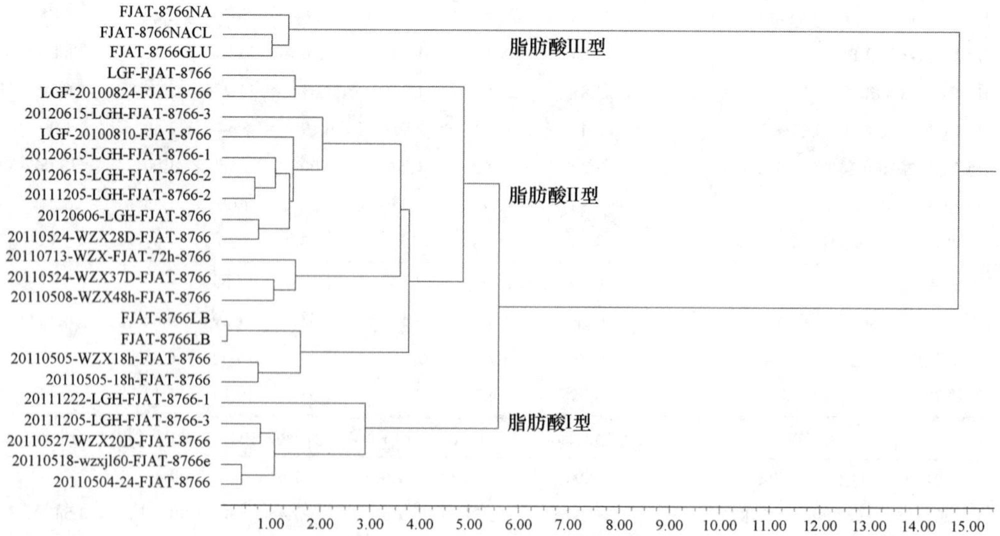


图 7-5-4　纺锤形赖氨酸芽胞杆菌（*Lysinibacillus fusiformis*）脂肪酸型聚类分析（卡方距离）

## 3. 纺锤形赖氨酸芽胞杆菌脂肪酸型判别模型建立

（1）分析原理。不同的纺锤形赖氨酸芽胞杆菌菌株具有不同的脂肪酸组构成，通过上述聚类分析，可将纺锤形赖氨酸芽胞杆菌菌株分为 3 类，利用逐步判别的方法（DPS 软件），建立纺锤形赖氨酸芽胞杆菌菌株脂肪酸型判别模型，在建立模型的过程中，可以了解各因子对类别划分的重要性。

（2）数据矩阵。以表 7-5-20 的纺锤形赖氨酸芽胞杆菌 24 个菌株的 12 个脂肪酸为矩阵，自变量 $x_{ij}$（$i$=1,…,24；$j$=1,…,12）由 24 个菌株的 12 个脂肪酸组成，因变量 $Y_i$（$i$=1,…,24）由 24 个菌株聚类类别组成脂肪酸型，采用贝叶斯逐步判别分析，建立纺锤形赖氨酸芽胞杆菌菌株脂肪酸型判别模型。纺锤形赖氨酸芽胞杆菌脂肪酸型判别模型入选因子见表 7-5-21，脂肪酸型类别间判别效果检验见表 7-5-22，模型计算后的分类验证和后验概率见表 7-5-23，脂肪酸型判别效果矩阵分析见表 7-5-24。建立的逐步判别分析因子筛选表明，以下 3 个因子入选：$x_{(1)}$=15:0 anteiso、$x_{(3)}$=16:0 iso、$x_{(9)}$=16:1ω11c，表明这些因子对脂肪酸型的判别具有显著贡献。判别模型如下：

$$Y_1=-40.7905+1.2336x_{(1)}+2.8392x_{(3)}+12.3717x_{(9)} \quad (7\text{-}5\text{-}10)$$

$$Y_2=-18.4284+0.4718x_{(1)}+1.7842x_{(3)}+9.6219x_{(9)} \quad (7\text{-}5\text{-}11)$$

$$Y_3=-149.3737+0.9801x_{(1)}+5.2151x_{(3)}+27.6226x_{(9)} \quad (7\text{-}5\text{-}12)$$

**表 7-5-21　纺锤形赖氨酸芽胞杆菌（*Lysinibacillus fusiformis*）脂肪酸型判别模型入选因子**

| 脂肪酸 | Wilks 统计量 | *F* 值 | df | *P* | 入选状态 |
|---|---|---|---|---|---|
| 15:0 anteiso | 0.6272 | 5.6465 | 2，19 | 0.0085 | （已入选） |
| 15:0 iso | 0.8307 | 1.8338 | 2，18 | 0.1884 | |
| 16:0 iso | 0.3943 | 14.5944 | 2，19 | 0.0000 | （已入选） |
| c16:0 | 0.7072 | 3.7269 | 2，18 | 0.0442 | |
| 17:0 anteiso | 0.9465 | 0.5087 | 2，18 | 0.6097 | |
| 16:1ω7c alcohol | 0.7092 | 3.6900 | 2，18 | 0.0454 | |
| 17:0 iso | 0.9808 | 0.1761 | 2，18 | 0.8399 | |
| 14:0 iso | 0.9492 | 0.4817 | 2，18 | 0.6254 | |
| 16:1ω11c | 0.2113 | 35.4594 | 2，19 | 0.0000 | （已入选） |
| c14:0 | 0.9071 | 0.9214 | 2，18 | 0.4159 | |
| 17:1 iso ω10c | 0.8949 | 1.0573 | 2，18 | 0.3680 | |
| c18:0 | 0.9702 | 0.2768 | 2，18 | 0.7614 | |

**表 7-5-22　纺锤形赖氨酸芽胞杆菌（*Lysinibacillus fusiformis*）脂肪酸型两两分类间判别效果检验**

| 脂肪酸型 *i* | 脂肪酸型 *j* | 马氏距离 | *F* 值 | 自由度 $V_1$ | $V_2$ | *P* |
|---|---|---|---|---|---|---|
| I | II | 11.218 9 | 12.889 5 | 3 | 17 | 0.000 122 3 |
| I | III | 78.192 6 | 44.216 0 | 3 | 4 | 0.001 590 9 |
| II | III | 126.224 0 | 96.170 7 | 3 | 15 | $1\times10^{-7}$ |

表 7-5-23 纺锤形赖氨酸芽胞杆菌（*Lysinibacillus fusiformis*）模型计算后的分类验证和后验概率

| 菌株名称 | 原分类 | 计算分类 | 后验概率 |
|---|---|---|---|
| 20110504-24-FJAT-8766 | 1 | 1 | 0.98 |
| 20110518-wzxjl60-FJAT-8766e | 1 | 1 | 0.98 |
| 20110527-WZX20D-FJAT-8766 | 1 | 1 | 0.92 |
| 20111205-LGH-FJAT-8766-3 | 1 | 1 | 0.86 |
| 20111222-LGH-FJAT-8766-1 | 1 | 1 | 1.00 |
| 20110505-18h-FJAT-8766 | 2 | 2 | 0.99 |
| 20110505-WZX18h-FJAT-8766 | 2 | 2 | 1.00 |
| 20110508-WZX48h-FJAT-8766 | 2 | 2 | 1.00 |
| 20110524-WZX28D-FJAT-8766 | 2 | 2 | 1.00 |
| 20110524-WZX37D-FJAT-8766 | 2 | 2 | 1.00 |
| 20110713-WZX-FJAT-72h-8766 | 2 | 2 | 1.00 |
| 20111205-LGH-FJAT-8766-2 | 2 | 2 | 0.89 |
| 20120606-LGH-FJAT-8766 | 2 | 2 | 1.00 |
| 20120615-LGH-FJAT-8766-1 | 2 | 2 | 1.00 |
| 20120615-LGH-FJAT-8766-2 | 2 | 2 | 0.97 |
| 20120615-LGH-FJAT-8766-3 | 2 | 2 | 0.91 |
| FJAT-8766LB | 2 | 2 | 0.97 |
| FJAT-8766LB | 2 | 2 | 0.97 |
| LGF-20100810-FJAT-8766 | 2 | 2 | 1.00 |
| LGF-20100824-FJAT-8766 | 2 | 2 | 1.00 |
| LGF-FJAT-8766 | 2 | 2 | 1.00 |
| FJAT-8766GLU | 3 | 3 | 1.00 |
| FJAT-8766NA | 3 | 3 | 1.00 |
| FJAT-8766NACL | 3 | 3 | 1.00 |

表 7-5-24 纺锤形赖氨酸芽胞杆菌（*Lysinibacillus fusiformis*）脂肪酸型判别效果矩阵分析

| 来自＼判为 | 第 I 型 | 第 II 型 | 第 III 型 | 小计 | 正确率 |
|---|---|---|---|---|---|
| 第 I 型 | 5 | 0 | 0 | 5 | 1 |
| 第 II 型 | 0 | 16 | 0 | 16 | 1 |
| 第 III 型 | 0 | 0 | 3 | 3 | 1 |

注：判对的概率=1.0000

判别模型分类验证表明（表 7-5-23），对脂肪酸 I 型的判对概率为 1.0000；脂肪酸 II 型的判对概率为 1.0000；脂肪酸 III 型的判对概率为 1.0000；整个方程的判对概率为 1.0000，能够精确地识别脂肪酸型（表 7-5-24）。在应用时，对被测芽胞杆菌测定脂肪酸组，将 $x_{(1)}$=15:0 anteiso、$x_{(3)}$=16:0 iso、$x_{(9)}$=16:1ω11c 的脂肪酸百分比代入方程，计算 $Y$ 值，当 $Y_1<Y<Y_2$ 时，该芽胞杆菌为脂肪酸 I 型；当 $Y_2<Y<Y_3$ 时，属于脂肪酸 II 型；当 $Y>Y_3$ 时，属于脂肪酸 III 型。

## 五、球形赖氨酸芽胞杆菌脂肪酸型分析

### 1. 球形赖氨酸芽胞杆菌脂肪酸组测定

球形赖氨酸芽胞杆菌[*Lysinibacillus sphaericus*（Meyer and Neide 1904）Ahmed et al. 2007，comb. nov.]于 1904 年由 Meyer 和 Neide 以 *Bacillus sphaericus* 发表，2007 年 Ahmed 等将其转移到赖氨酸芽胞杆菌属（*Lysinibacillus*）。作者采集分离了 332 个球形赖氨酸芽胞杆菌菌株，分别测定了它们的脂肪酸组，主要脂肪酸组见表 7-5-25。球形赖氨酸芽胞杆菌的主要脂肪酸有 12 个，占总脂肪酸含量的 96.942%，包括 15:0 anteiso、15:0 iso、16:0 iso、c16:0、17:0 anteiso、16:1ω7c alcohol、17:0 iso、14:0 iso、16:1ω11c、c14:0、17:1 iso ω10c、c18:0，主要脂肪酸组平均值分别为 8.8236%、46.3175%、12.2899%、2.0959%、2.5827%、11.7380%、4.3994%、3.4263%、2.3882%、0.6073%、1.7502%、0.5230%。

表 7-5-25　球形赖氨酸芽胞杆菌（*Lysinibacillus sphaericus*）菌株主要脂肪酸组统计

| 脂肪酸 | 菌株数 | 含量均值/% | 方差 | 标准差 | 中位数/% | 最小值/% | 最大值/% | Wilks 系数 | *P* |
|---|---|---|---|---|---|---|---|---|---|
| 15:0 anteiso | 332 | 8.8236 | 15.5708 | 3.9460 | 8.3850 | 1.7000 | 28.9000 | 0.9320 | 0.0000 |
| 15:0 iso | 332 | 46.3175 | 89.1787 | 9.4434 | 46.8800 | 14.8500 | 71.6500 | 0.9905 | 0.0296 |
| 16:0 iso | 332 | 12.2899 | 35.2027 | 5.9332 | 12.2350 | 2.7200 | 45.1900 | 0.9074 | 0.0000 |
| c16:0 | 332 | 2.0959 | 1.0660 | 1.0325 | 2.0000 | 0.0000 | 5.7800 | 0.9414 | 0.0000 |
| 17:0 anteiso | 332 | 2.5827 | 1.6732 | 1.2935 | 2.5350 | 0.0000 | 7.6600 | 0.9693 | 0.0000 |
| 16:1ω7c alcohol | 332 | 11.7380 | 17.4146 | 4.1731 | 11.5950 | 0.9400 | 23.7900 | 0.9839 | 0.0009 |
| 17:0 iso | 332 | 4.3994 | 3.3124 | 1.8200 | 4.5200 | 0.0000 | 10.7800 | 0.9630 | 0.0000 |
| 14:0 iso | 332 | 3.4263 | 3.7572 | 1.9384 | 2.8400 | 0.0000 | 12.7100 | 0.8743 | 0.0000 |
| 16:1ω11c | 332 | 2.3882 | 1.3084 | 1.1438 | 2.0650 | 0.0000 | 7.4100 | 0.8843 | 0.0000 |
| c14:0 | 332 | 0.6073 | 0.1651 | 0.4064 | 0.5350 | 0.0000 | 3.9700 | 0.8124 | 0.0000 |
| 17:1 iso ω10c | 332 | 1.7502 | 1.8528 | 1.3612 | 1.4250 | 0.0000 | 8.1200 | 0.8681 | 0.0000 |
| c18:0 | 332 | 0.5230 | 0.5274 | 0.7262 | 0.2900 | 0.0000 | 4.7200 | 0.6853 | 0.0000 |
| 总和 | | 96.942 | | | | | | | |

### 2. 球形赖氨酸芽胞杆菌脂肪酸型聚类分析

以表 7-5-26 为数据矩阵，以菌株为样本，以脂肪酸为指标，以切比雪夫距离为尺度，用可变类平均法进行系统聚类；聚类结果见图 7-5-5。根据聚类结果可将 332 株球形赖氨酸芽胞杆菌分为 3 个脂肪酸型。脂肪酸 I 型包括 176 个菌株，特征为到中心的切比雪夫距离为 7.0132，15:0 anteiso 平均值为 9.17%，重要脂肪酸 15:0 anteiso、15:0 iso、17:0 anteiso、17:0 iso、16:0 iso、c16:0、16:1ω7c alcohol 的平均值分别为 9.17%、39.80%、2.89%、4.26%、14.76%、2.31%、13.28%。脂肪酸 II 型包括 27 个菌株，特征为到中心的切比雪夫距离为 3.5292，15:0 anteiso 平均值为 7.46%；重要脂肪酸 15:0 anteiso、15:0 iso、17:0 anteiso、17:0 iso、16:0 iso、c16:0、16:1ω7c alcohol 的平均值分别为 7.46%、64.02%、1.12%、2.97%、4.99%、0.96%、7.64%。脂肪酸 III 型包括 129 个菌株，特征为到中心的切比雪

夫距离为 3.9156，15:0 anteiso 平均值为 8.64%；重要脂肪酸 15:0 anteiso、15:0 iso、17:0 anteiso、17:0 iso、16:0 iso、c16:0、16:1ω7c alcohol 的平均值分别为 8.64%、51.50%、2.47%、4.89%、10.44%、2.04%、10.50%。

**表 7-5-26　球形赖氨酸芽胞杆菌（*Lysinibacillus sphaericus*）菌株主要脂肪酸组**

| 型 | 菌株名称 | 15:0 anteiso | 15:0 iso | 17:0 anteiso | 17:0 iso | 16:0 iso | c16:0 | 16:1ω7c alcohol |
|---|---|---|---|---|---|---|---|---|
| I | 20110601-LGH-FJAT-13907 | 2.24* | 39.63 | 1.44 | 6.07 | 12.48 | 1.25 | 18.46 |
| I | 20110622-LGH-FJAT-13385 | 2.79 | 45.96 | 1.60 | 6.62 | 6.97 | 1.67 | 17.50 |
| I | FJAT-4522 | 6.28 | 39.44 | 1.53 | 3.36 | 12.12 | 0.85 | 23.67 |
| I | LGH-FJAT-4522 | 5.43 | 45.32 | 1.13 | 3.09 | 11.98 | 1.89 | 21.64 |
| I | 20110520-LGH-FJAT-13829 | 11.82 | 47.43 | 4.52 | 6.73 | 6.20 | 2.49 | 8.57 |
| I | 20110718-LGH-FJAT-4678 | 11.81 | 46.14 | 3.14 | 4.72 | 7.23 | 2.25 | 9.77 |
| I | 20110729-LGH-FJAT-14127 | 12.67 | 47.92 | 4.08 | 5.24 | 7.41 | 1.60 | 8.50 |
| I | 20110907-TXN-FJAT-14359 | 12.20 | 47.28 | 4.47 | 6.17 | 6.19 | 3.90 | 7.52 |
| I | LGH-FJAT-4751 | 8.35 | 51.92 | 0.82 | 1.23 | 4.94 | 1.18 | 17.23 |
| I | 20110421-WZX-FJAT-9-19-1 | 16.96 | 40.84 | 0.00 | 0.00 | 12.88 | 4.35 | 13.84 |
| I | 20110518-wzxjl20-FJAT-4766a | 13.24 | 41.85 | 3.78 | 4.91 | 17.71 | 2.93 | 8.67 |
| I | 20110518-wzxjl40-FJAT-4766c | 12.78 | 41.72 | 4.30 | 5.78 | 17.90 | 2.78 | 8.39 |
| I | 20110518-wzxjl50-FJAT-4766d | 14.52 | 41.33 | 3.97 | 4.64 | 17.47 | 2.32 | 8.68 |
| I | 20110520-LGH-FJAT-13837 | 12.01 | 39.27 | 3.43 | 3.49 | 13.14 | 5.57 | 9.77 |
| I | 20110622-LGH-FJAT-14048 | 8.54 | 41.38 | 3.05 | 3.71 | 14.28 | 1.73 | 12.32 |
| I | 20110622-LGH-FJAT-14051 | 17.12 | 39.26 | 4.25 | 2.48 | 11.28 | 3.52 | 6.06 |
| I | 20110729-LGH-FJAT-14129 | 20.00 | 46.58 | 5.31 | 3.05 | 6.38 | 1.93 | 5.68 |
| I | 20110823-LGH-FJAT-13976 | 11.40 | 46.91 | 2.75 | 1.40 | 7.54 | 3.28 | 8.13 |
| I | 20110823-TXN-FJAT-14317 | 16.35 | 46.28 | 6.33 | 3.41 | 7.00 | 2.06 | 6.04 |
| I | 20110907-TXN-FJAT-14376 | 17.50 | 29.61 | 4.51 | 2.31 | 16.19 | 4.13 | 8.00 |
| I | 201110-20-TXN-FJAT-14553 | 16.97 | 46.32 | 5.58 | 4.00 | 10.69 | 1.65 | 6.18 |
| I | 201110-21-TXN-FJAT-14564 | 21.64 | 37.05 | 6.26 | 2.90 | 14.77 | 4.01 | 5.06 |
| I | 201110-21-TXN-FJAT-14566 | 15.82 | 31.85 | 4.02 | 2.20 | 17.38 | 5.16 | 4.66 |
| I | 20111123-hu-103 | 15.24 | 42.14 | 1.42 | 1.20 | 10.41 | 1.43 | 1.73 |
| I | 20111123-hu-133 | 28.90 | 40.51 | 3.74 | 1.48 | 13.10 | 3.20 | 0.94 |
| I | WZX-20100812-FJAT-10296 | 15.16 | 45.79 | 5.18 | 5.42 | 8.71 | 2.19 | 9.36 |
| I | 20101212-WZX-FJAT-10590 | 9.53 | 45.92 | 3.45 | 4.80 | 13.73 | 2.48 | 10.34 |
| I | 20110314-WZX-FJAT-9 | 13.38 | 40.95 | 3.47 | 3.21 | 13.21 | 1.05 | 13.65 |
| I | 20110315-SDG-FJAT-10203 | 10.22 | 43.12 | 3.59 | 5.08 | 13.92 | 1.96 | 12.15 |
| I | 20110315-WZX-FJAT-9-10-3 | 8.22 | 42.81 | 3.10 | 5.04 | 15.29 | 1.70 | 12.65 |
| I | 20110315-WZX-FJAT-9-2-1 | 6.95 | 40.17 | 2.47 | 4.02 | 10.57 | 4.34 | 10.06 |
| I | 20110315-WZX-FJAT-9-5-3 | 10.82 | 46.36 | 3.21 | 4.26 | 12.85 | 1.42 | 11.96 |
| I | 20110316-LGH-FJAT-4755 | 12.00 | 22.30 | 3.50 | 2.49 | 21.34 | 1.83 | 21.72 |
| I | 20110316-WZX-FJAT-9-10-2 | 10.30 | 42.10 | 3.66 | 4.66 | 13.64 | 2.47 | 11.92 |
| I | 20110316-WZX-FJAT-9-6-2 | 9.64 | 41.11 | 3.62 | 4.60 | 14.50 | 2.78 | 12.21 |
| I | 20110316-WZX-FJAT-9-6-3 | 8.91 | 40.37 | 3.26 | 4.46 | 15.36 | 2.51 | 12.53 |

续表

| 型 | 菌株名称 | 15:0 anteiso | 15:0 iso | 17:0 anteiso | 17:0 iso | 16:0 iso | c16:0 | 16:1ω7c alcohol |
|---|---|---|---|---|---|---|---|---|
| I | 20110316-WZX-FJAT-9-7-2 | 7.84 | 44.99 | 2.58 | 4.73 | 15.43 | 1.56 | 13.22 |
| I | 20110316-WZX-FJAT-9-7-3 | 9.00 | 44.52 | 2.94 | 4.74 | 15.29 | 1.58 | 13.29 |
| I | 20110316-WZX-FJAT-9-8-3 | 7.69 | 42.96 | 2.87 | 4.65 | 17.17 | 1.57 | 13.39 |
| I | 20110316-WZX-FJAT-9-9-1 | 10.27 | 43.32 | 3.56 | 4.95 | 14.02 | 1.80 | 12.37 |
| I | 20110316-WZX-FJAT-9-9-2 | 9.07 | 44.20 | 2.98 | 4.73 | 15.04 | 1.57 | 13.34 |
| I | 20110316-WZX-FJAT-9-9-3 | 7.36 | 45.05 | 2.30 | 4.63 | 16.29 | 1.41 | 14.21 |
| I | 20110419-WZX-FJAT-9-11-2 | 11.08 | 38.06 | 2.85 | 2.94 | 16.86 | 1.46 | 15.00 |
| I | 20110419-WZX-FJAT-9-11-3 | 11.78 | 39.32 | 3.03 | 2.83 | 15.38 | 0.89 | 14.51 |
| I | 20110419-WZX-FJAT-9-12-2 | 10.11 | 38.70 | 2.64 | 3.01 | 15.19 | 2.09 | 15.39 |
| I | 20110420-WZX-FJAT-9-26-1 | 11.67 | 45.02 | 4.06 | 4.84 | 12.94 | 3.17 | 9.98 |
| I | 20110420-WZX-FJAT-9-26-2 | 11.89 | 45.12 | 4.26 | 4.97 | 12.91 | 3.22 | 10.45 |
| I | 20110420-WZX-FJAT-9-26-3 | 11.50 | 44.83 | 4.07 | 5.02 | 12.88 | 2.93 | 10.38 |
| I | 20110421-WZX-FJAT-9-18-1 | 12.53 | 37.74 | 3.38 | 2.78 | 13.35 | 2.87 | 14.27 |
| I | 20110421-WZX-FJAT-9-18-2 | 12.36 | 37.89 | 3.15 | 2.74 | 13.31 | 2.87 | 14.50 |
| I | 20110518-wzxjl30-FJAT-4766b | 10.86 | 44.24 | 3.66 | 6.24 | 17.63 | 2.56 | 8.69 |
| I | 20110614-LGH-FJAT-13837 | 10.60 | 47.19 | 2.69 | 3.78 | 15.63 | 1.37 | 10.67 |
| I | 20110622-LGH-FJAT-13437 | 3.66 | 45.10 | 2.64 | 7.50 | 7.15 | 1.58 | 14.51 |
| I | 20110707-LGH-FJAT-4757 | 10.85 | 22.81 | 2.93 | 2.42 | 20.42 | 2.09 | 22.02 |
| I | 20110729-LGH-FJAT-14118 | 3.95 | 40.45 | 1.90 | 5.09 | 11.99 | 2.23 | 16.96 |
| I | FJAT-8093 | 11.37 | 51.04 | 0.00 | 0.00 | 16.12 | 0.00 | 16.50 |
| I | LGH-FJAT-4764 | 8.56 | 43.05 | 4.14 | 7.07 | 13.41 | 0.00 | 14.33 |
| I | LGH-FJAT-4768 | 7.64 | 36.98 | 4.74 | 9.93 | 15.49 | 3.78 | 10.59 |
| I | LGH-FJAT-4835 | 13.42 | 39.49 | 0.00 | 0.00 | 12.17 | 0.00 | 22.82 |
| I | 20101212-WZX-FJAT-10597 | 9.73 | 37.54 | 2.55 | 3.56 | 11.86 | 1.69 | 21.22 |
| I | 20110316-WZX-FJAT-9-10-1 | 9.20 | 38.21 | 3.45 | 4.41 | 13.09 | 4.85 | 10.89 |
| I | 20110316-WZX-FJAT-9-7-1 | 7.34 | 43.33 | 2.52 | 4.68 | 14.03 | 2.09 | 12.45 |
| I | 20110316-WZX-FJAT-9-8-1 | 6.97 | 40.91 | 2.63 | 4.39 | 17.62 | 2.49 | 13.46 |
| I | 20110316-WZX-FJAT-9-8-2 | 7.21 | 41.68 | 2.34 | 4.30 | 18.27 | 1.76 | 14.16 |
| I | 20110419-WZX-FJAT-9-11-1 | 8.47 | 35.27 | 2.43 | 2.87 | 17.19 | 3.27 | 14.03 |
| I | 20110419-WZX-FJAT-9-12-1 | 9.91 | 34.72 | 2.50 | 2.44 | 14.34 | 3.68 | 13.67 |
| I | 20110601-LGH-FJAT-13904 | 2.89 | 19.89 | 1.32 | 2.96 | 38.62 | 2.41 | 20.86 |
| I | 20110601-LGH-FJAT-13914 | 2.79 | 19.36 | 1.37 | 3.14 | 40.07 | 1.13 | 21.61 |
| I | 20110601-LGH-FJAT-13936 | 3.17 | 14.85 | 1.47 | 2.06 | 45.19 | 1.40 | 21.02 |
| I | 20110705-LGH-FJAT-13456 | 9.39 | 39.52 | 4.23 | 5.71 | 10.67 | 2.50 | 13.52 |
| I | 20110707-LGH-FJAT-13575 | 12.93 | 28.86 | 5.76 | 4.02 | 19.65 | 3.26 | 13.66 |
| I | 20110707-LGH-FJAT-4665 | 7.86 | 38.74 | 3.62 | 5.53 | 17.05 | 2.04 | 13.38 |
| I | 20110707-LGH-FJAT-4764 | 7.73 | 36.69 | 2.90 | 5.09 | 20.39 | 1.27 | 15.09 |
| I | 20110826-LGH-FJAT-13962 | 2.97 | 42.44 | 1.02 | 3.57 | 19.30 | 1.81 | 17.23 |
| I | 201110-18-TXN-FJAT-14438 | 8.79 | 38.82 | 3.09 | 4.58 | 16.97 | 2.18 | 11.28 |
| I | FJAT-4768 | 6.20 | 31.46 | 2.44 | 4.71 | 25.82 | 1.47 | 17.15 |

续表

| 型 | 菌株名称 | 15:0 anteiso | 15:0 iso | 17:0 anteiso | 17:0 iso | 16:0 iso | c16:0 | 16:1ω7c alcohol |
|---|---|---|---|---|---|---|---|---|
| I | HGP SM11-T-6 | 5.25 | 30.75 | 2.34 | 5.42 | 28.83 | 2.19 | 15.22 |
| I | HGP SM11-T-7 | 5.83 | 33.17 | 3.14 | 6.43 | 26.30 | 2.34 | 13.87 |
| I | LGH-FJAT-4385 | 10.45 | 30.58 | 3.06 | 2.80 | 17.13 | 2.40 | 19.11 |
| I | LGH-FJAT-4385 | 10.45 | 30.58 | 3.06 | 2.80 | 17.13 | 2.40 | 19.11 |
| I | LGH-FJAT-4757 | 13.29 | 29.63 | 4.08 | 3.82 | 16.47 | 2.66 | 17.56 |
| I | ljy-17-5 | 5.20 | 35.68 | 1.82 | 3.20 | 19.70 | 0.99 | 20.35 |
| I | ljy-32-3 | 5.09 | 37.20 | 1.48 | 3.04 | 25.46 | 0.71 | 16.81 |
| I | ljy-35-6 | 4.88 | 28.47 | 2.18 | 2.61 | 22.01 | 2.41 | 12.87 |
| I | ZXF-20091216-OrgSn-30 | 5.82 | 40.91 | 1.53 | 3.67 | 12.19 | 2.29 | 18.63 |
| I | ZXF-20091216-OrgSn-31 | 6.60 | 44.24 | 1.66 | 4.07 | 10.98 | 1.79 | 16.59 |
| I | ZXF-20091216-OrgSn-56 | 1.78 | 33.60 | 0.88 | 6.72 | 26.24 | 1.51 | 20.78 |
| I | 20111108-TXN-FJAT-14685 | 3.73 | 49.43 | 1.14 | 2.94 | 4.96 | 5.40 | 14.49 |
| I | 20121030-FJAT-17406-ZR | 2.36 | 37.88 | 1.31 | 4.05 | 9.48 | 3.00 | 20.72 |
| I | 20121106-FJAT-16984-zr | 2.47 | 44.31 | 1.13 | 5.13 | 7.08 | 1.29 | 20.56 |
| I | 20130111-CYP-FJAT-16743 | 3.33 | 49.37 | 1.21 | 4.62 | 8.77 | 1.54 | 15.82 |
| I | 20130328-TXN-FJAT-16696 | 2.50 | 44.11 | 1.02 | 5.43 | 14.67 | 2.02 | 18.61 |
| I | 20130328-TXN-FJAT-16702 | 4.45 | 39.46 | 1.56 | 5.80 | 12.64 | 1.93 | 19.68 |
| I | FJAT-26964-1 | 2.64 | 47.85 | 1.43 | 5.71 | 5.39 | 2.18 | 16.23 |
| I | 20111108-LGH-FJAT-14685 | 5.26 | 50.19 | 2.15 | 4.43 | 5.79 | 1.63 | 14.31 |
| I | 20120229-TXN-FJAT-14717 | 14.98 | 48.57 | 5.80 | 6.65 | 5.84 | 2.16 | 6.49 |
| I | 20121107-FJAT-16951-zr | 1.70 | 52.50 | 0.40 | 3.72 | 12.36 | 1.32 | 16.24 |
| I | 20130116-LGH-FJAT-9-20c | 14.46 | 36.05 | 4.31 | 2.98 | 12.06 | 2.43 | 13.75 |
| I | 20130116-LGH-FJAT-9-36 | 7.12 | 46.06 | 1.67 | 1.97 | 8.37 | 1.77 | 13.70 |
| I | 20130329-ll-FJAT-16799 | 12.12 | 45.30 | 2.85 | 5.64 | 6.74 | 1.61 | 10.74 |
| I | 20130401-ll-FJAT-16817 | 12.27 | 47.44 | 4.05 | 6.27 | 5.43 | 2.04 | 8.74 |
| I | 20130403-ll-FJAT-16921 | 14.34 | 48.09 | 3.43 | 4.91 | 5.87 | 1.83 | 8.71 |
| I | 20111031-TXN-FJAT-14508 | 16.18 | 37.88 | 5.09 | 3.67 | 16.76 | 2.30 | 9.73 |
| I | 20111102-TXN-FJAT-14485 | 23.24 | 46.98 | 5.09 | 3.13 | 6.58 | 1.58 | 4.50 |
| I | 20120218-hu-flq-3 | 22.43 | 38.97 | 2.24 | 1.71 | 13.09 | 1.63 | 9.43 |
| I | 20121030-FJAT-17407-ZR | 17.46 | 43.64 | 5.27 | 3.89 | 7.84 | 3.49 | 7.98 |
| I | 20140506-ZMX-FJAT-20212 | 6.39 | 43.86 | 1.66 | 3.61 | 15.37 | 2.95 | 9.42 |
| I | FJAT-10044GLU | 6.14 | 42.16 | 1.02 | 1.87 | 15.05 | 1.12 | 14.61 |
| I | FJAT-10044LB | 12.07 | 29.71 | 3.60 | 2.97 | 18.15 | 4.53 | 10.85 |
| I | FJAT-10044NACL | 9.21 | 43.51 | 1.20 | 1.71 | 11.97 | 2.10 | 9.68 |
| I | FJAT-41259-1 | 19.91 | 48.54 | 4.12 | 1.36 | 5.67 | 1.50 | 6.17 |
| I | FJAT-41259-2 | 19.70 | 48.55 | 3.83 | 1.34 | 5.49 | 1.58 | 6.43 |
| I | FJAT-41739-1 | 19.91 | 41.95 | 7.66 | 4.14 | 11.42 | 2.18 | 4.00 |
| I | FJAT-41752-1 | 19.89 | 47.74 | 5.11 | 1.81 | 5.72 | 1.26 | 6.75 |
| I | FJAT-41752-2 | 19.55 | 45.04 | 5.27 | 1.84 | 6.21 | 2.45 | 6.06 |
| I | FJAT-9GLU | 5.17 | 44.22 | 1.28 | 2.29 | 15.42 | 1.47 | 13.50 |

续表

| 型 | 菌株名称 | 15:0 anteiso | 15:0 iso | 17:0 anteiso | 17:0 iso | 16:0 iso | c16:0 | 16:1ω7c alcohol |
|---|---|---|---|---|---|---|---|---|
| I | FJAT-9NA | 6.01 | 43.40 | 1.13 | 2.05 | 16.96 | 2.14 | 11.95 |
| I | FJAT-9NACL | 6.48 | 41.97 | 1.23 | 2.01 | 17.33 | 1.91 | 11.09 |
| I | 20111102-TXN-FJAT-14599 | 11.01 | 46.14 | 4.12 | 5.29 | 11.13 | 2.47 | 8.01 |
| I | 20111103-TXN-FJAT-14477 | 9.83 | 44.57 | 3.38 | 4.42 | 21.17 | 2.53 | 6.33 |
| I | 20111103-TXN-FJAT-14534 | 11.16 | 44.73 | 5.78 | 8.62 | 10.63 | 2.33 | 6.68 |
| I | 20111107-TXN-FJAT-14674 | 10.00 | 43.87 | 2.80 | 5.85 | 11.96 | 2.22 | 11.16 |
| I | 20120218-hu-45 | 7.99 | 36.30 | 3.74 | 6.73 | 15.02 | 1.83 | 12.80 |
| I | 20120218-hu-flq-1(1)-2 | 9.96 | 34.69 | 2.65 | 2.34 | 21.30 | 2.38 | 13.68 |
| I | 20120218-hu-flq-4 | 11.29 | 35.32 | 3.77 | 3.07 | 18.25 | 2.33 | 12.60 |
| I | 20120218-hu-flq-8 | 10.97 | 36.08 | 2.85 | 2.50 | 18.59 | 2.26 | 12.86 |
| I | 20120327-LGH-FJAT-9 | 11.67 | 45.70 | 2.61 | 4.14 | 13.10 | 1.59 | 11.62 |
| I | 20120615-LGH-FJAT-9-2 | 9.19 | 45.14 | 2.82 | 4.92 | 6.37 | 2.49 | 6.91 |
| I | 20121207-wk-17051 | 4.71 | 34.39 | 3.40 | 10.35 | 14.31 | 3.25 | 11.01 |
| I | 20130117-LGH-FJAT-9-18 | 13.67 | 39.14 | 3.52 | 3.15 | 8.68 | 2.82 | 9.39 |
| I | 20130117-LGH-FJAT-9-60mg | 5.73 | 38.88 | 2.44 | 4.52 | 16.99 | 1.61 | 13.58 |
| I | 20130304-ZMX-FJAT-16567 | 4.01 | 42.51 | 1.36 | 6.68 | 13.03 | 1.76 | 16.56 |
| I | 20130327-TXN-FJAT-16667 | 9.90 | 40.18 | 3.35 | 5.20 | 14.27 | 2.00 | 13.88 |
| I | 20130328-ll-FJAT-16778 | 10.68 | 34.23 | 4.62 | 2.64 | 17.09 | 2.21 | 13.63 |
| I | 20140325-LGH-FJAT-22098 | 3.75 | 33.77 | 1.88 | 9.68 | 16.44 | 2.78 | 15.15 |
| I | FJAT-26964-2 | 3.14 | 48.90 | 1.91 | 7.08 | 4.96 | 1.98 | 13.63 |
| I | FJAT-41183-1 | 8.67 | 36.60 | 6.63 | 4.34 | 17.83 | 2.57 | 9.81 |
| I | FJAT-41183-2 | 9.41 | 36.89 | 7.60 | 4.62 | 17.41 | 1.79 | 9.85 |
| I | 20111106-TXN-FJAT-14658 | 4.45 | 44.77 | 2.92 | 8.71 | 19.17 | 3.37 | 7.39 |
| I | 20111107-TXN-FJAT-14649 | 6.89 | 44.16 | 2.42 | 6.74 | 9.19 | 2.44 | 10.18 |
| I | 20111107-TXN-FJAT-14665 | 9.47 | 42.43 | 3.05 | 4.17 | 12.29 | 2.62 | 13.53 |
| I | 20111126-TXN-FJAT-14519 | 6.56 | 46.86 | 2.22 | 5.17 | 19.57 | 2.54 | 8.81 |
| I | 20120218-hu-flq-1(1) | 8.38 | 31.22 | 2.36 | 2.51 | 19.33 | 2.04 | 12.41 |
| I | 20120224-TXN-FJAT-14738 | 4.97 | 43.82 | 1.12 | 3.37 | 15.11 | 2.41 | 15.78 |
| I | 20120224-TXN-FJAT-14745 | 6.43 | 42.97 | 2.48 | 5.54 | 15.42 | 1.25 | 16.36 |
| I | 20120224-TXN-FJAT-14773 | 8.76 | 41.14 | 3.18 | 6.02 | 10.67 | 2.26 | 13.40 |
| I | 20120229-TXN-FJAT-14724 | 7.20 | 33.19 | 2.60 | 5.18 | 13.98 | 2.38 | 13.82 |
| I | 20120727-YQ-FJAT-16425 | 6.14 | 31.26 | 0.78 | 1.49 | 17.15 | 5.78 | 15.15 |
| I | 20120727-YQ-FJAT-16464 | 6.86 | 34.35 | 1.94 | 3.59 | 21.54 | 2.79 | 14.84 |
| I | 20121108-FJAT-17040-zr | 6.08 | 37.45 | 4.46 | 7.49 | 15.85 | 2.40 | 14.97 |
| I | 20130110-TXN-FJAT-14699 | 5.24 | 46.10 | 1.94 | 7.66 | 7.56 | 2.96 | 10.31 |
| I | 20130125-ZMX-FJAT-17692 | 2.04 | 20.85 | 1.22 | 4.75 | 33.56 | 2.71 | 21.59 |
| I | 20130125-ZMX-FJAT-17696 | 10.21 | 32.49 | 3.20 | 3.60 | 15.09 | 2.29 | 17.96 |
| I | 20130129-TXN-FJAT-14694 | 5.82 | 35.79 | 2.21 | 5.10 | 17.95 | 3.21 | 15.54 |
| I | 20130129-TXN-FJAT-14700 | 7.57 | 41.84 | 2.89 | 5.90 | 9.93 | 4.82 | 9.30 |
| I | 20130303-ZMX-FJAT-16631 | 8.69 | 32.37 | 3.32 | 5.41 | 18.80 | 1.95 | 16.49 |

续表

| 型 | 菌株名称 | 15:0 anteiso | 15:0 iso | 17:0 anteiso | 17:0 iso | 16:0 iso | c16:0 | 16:1ω7c alcohol |
|---|---|---|---|---|---|---|---|---|
| I | 20130306-ZMX-FJAT-16615 | 8.21 | 42.40 | 3.31 | 6.58 | 11.13 | 2.27 | 11.79 |
| I | 20130306-ZMX-FJAT-16620 | 7.38 | 30.29 | 3.38 | 6.90 | 19.32 | 2.17 | 16.95 |
| I | 20130307-ZMX-FJAT-16641 | 5.28 | 42.17 | 1.07 | 4.63 | 11.02 | 2.59 | 13.77 |
| I | 20130327-TXN-FJAT-16666 | 5.41 | 19.47 | 1.71 | 1.98 | 32.14 | 2.19 | 23.79 |
| I | 20130327-TXN-FJAT-16668 | 8.25 | 33.94 | 3.00 | 5.05 | 16.97 | 2.91 | 17.15 |
| I | 20130328-ll-FJAT-16774 | 7.37 | 35.32 | 2.50 | 5.03 | 14.14 | 2.51 | 18.78 |
| I | 20130328-TXN-FJAT-16700 | 7.02 | 32.16 | 2.96 | 4.56 | 16.10 | 2.85 | 17.55 |
| I | 20130328-TXN-FJAT-16712 | 3.24 | 32.15 | 1.53 | 4.97 | 21.47 | 2.46 | 20.79 |
| I | 20130329-ll-FJAT-16813 | 5.38 | 36.97 | 1.69 | 3.71 | 14.55 | 2.11 | 19.86 |
| I | 20130401-ll-FJAT-16860 | 4.73 | 42.35 | 1.91 | 6.92 | 16.03 | 1.62 | 15.42 |
| I | 20130401-ll-FJAT-16864 | 3.69 | 48.00 | 1.52 | 3.24 | 9.74 | 2.53 | 13.26 |
| I | 20130401-ll-FJAT-16876 | 5.64 | 37.73 | 1.46 | 4.06 | 18.04 | 2.11 | 17.25 |
| I | 20130401-ll-FJAT-16880 | 4.93 | 45.71 | 1.66 | 4.45 | 10.74 | 1.89 | 17.09 |
| I | 20140325-LGH-FJAT-22098 | 3.38 | 34.21 | 1.00 | 4.49 | 17.95 | 5.36 | 15.42 |
| I | d54-2381-2 | 7.96 | 43.69 | 3.46 | 6.55 | 11.92 | 4.23 | 9.35 |
| I | FJAT-41728-1 | 5.63 | 28.51 | 3.30 | 4.07 | 18.61 | 1.26 | 18.84 |
| I | FJAT-41728-2 | 5.53 | 28.69 | 3.55 | 4.42 | 17.84 | 1.45 | 17.49 |
| I | FJAT-9LB | 6.08 | 28.91 | 1.43 | 1.99 | 27.16 | 2.57 | 14.14 |
| I | XKC17216 | 2.35 | 38.85 | 1.02 | 3.69 | 19.08 | 2.30 | 15.24 |
| I | XKC17217 | 3.09 | 33.87 | 0.99 | 3.72 | 23.60 | 1.58 | 22.05 |
| 脂肪酸 I 型 176 个菌株平均值 | | 9.17 | 39.80 | 2.89 | 4.26 | 14.76 | 2.31 | 13.28 |
| II | 20110721-SDG-FJAT-13878 | 6.22 | 64.65 | 1.39 | 4.53 | 5.99 | 1.25 | 7.93 |
| II | hgp sm18-t-5 | 3.83 | 62.62 | 0.86 | 5.11 | 6.30 | 1.00 | 10.29 |
| II | lys-6 | 4.07 | 66.88 | 1.40 | 7.01 | 4.71 | 1.99 | 5.46 |
| II | wqh-N-18 | 3.64 | 61.44 | 0.60 | 4.75 | 7.03 | 0.97 | 11.52 |
| II | LGH-FJAT-4557 | 2.86 | 70.59 | 0.00 | 5.15 | 6.71 | 2.70 | 7.67 |
| II | LGH-FJAT-4676 | 10.27 | 64.72 | 0.00 | 0.00 | 13.54 | 0.00 | 11.47 |
| II | LGH-FJAT-4839 | 4.51 | 71.65 | 0.00 | 5.76 | 4.27 | 0.00 | 7.11 |
| II | tqr951 | 7.52 | 65.17 | 0.00 | 0.00 | 12.64 | 0.00 | 14.68 |
| II | LGH-FJAT-4678 | 7.96 | 66.93 | 0.00 | 6.30 | 4.25 | 0.00 | 10.56 |
| II | 20111106-TXN-FJAT-14653 | 10.78 | 60.83 | 2.66 | 2.18 | 4.58 | 1.34 | 4.97 |
| II | 20121109-FJAT-17032-zr | 5.30 | 62.35 | 0.96 | 5.63 | 3.23 | 2.51 | 7.78 |
| II | FJAT-2352 | 11.23 | 59.53 | 2.42 | 2.78 | 5.65 | 2.53 | 3.74 |
| II | FJAT-4517912-1 | 7.30 | 62.91 | 1.03 | 1.61 | 3.26 | 0.84 | 6.72 |
| II | FJAT-4517912-2 | 6.44 | 61.68 | 1.05 | 1.78 | 3.73 | 0.86 | 7.53 |
| II | FJAT-451796-2 | 11.77 | 60.61 | 2.92 | 2.12 | 4.42 | 0.98 | 5.94 |
| II | FJAT-451797-2 | 8.56 | 63.23 | 1.46 | 2.13 | 3.97 | 1.01 | 6.39 |
| II | FJAT-451798-2 | 6.97 | 63.45 | 1.20 | 2.46 | 4.08 | 0.74 | 6.83 |
| II | FJAT-451799-1 | 7.57 | 63.42 | 1.27 | 2.25 | 4.16 | 0.83 | 6.72 |
| II | FJAT-451799-2 | 7.09 | 63.01 | 1.40 | 2.52 | 3.96 | 1.01 | 6.65 |

续表

| 型 | 菌株名称 | 15:0 anteiso | 15:0 iso | 17:0 anteiso | 17:0 iso | 16:0 iso | c16:0 | 16:1ω7c alcohol |
|---|---|---|---|---|---|---|---|---|
| II | 20130329-ll-FJAT-16781 | 7.25 | 61.91 | 1.17 | 3.92 | 3.78 | 0.85 | 9.89 |
| II | FJAT-4517910-1 | 7.95 | 64.68 | 1.07 | 1.79 | 3.45 | 0.76 | 6.77 |
| II | FJAT-4517910-2 | 7.52 | 64.20 | 1.02 | 1.77 | 3.37 | 0.69 | 7.10 |
| II | FJAT-4517911-1 | 8.60 | 65.21 | 0.99 | 1.38 | 2.73 | 0.60 | 6.67 |
| II | FJAT-4517911-2 | 8.99 | 65.69 | 0.88 | 1.17 | 2.72 | 0.48 | 6.70 |
| II | FJAT-451796-1 | 10.60 | 62.71 | 2.15 | 2.02 | 4.50 | 0.80 | 6.02 |
| II | FJAT-451797-1 | 9.06 | 64.40 | 1.31 | 1.89 | 3.83 | 0.66 | 6.37 |
| II | FJAT-451798-1 | 7.69 | 64.20 | 1.00 | 2.06 | 3.95 | 0.62 | 6.88 |
| 脂肪酸 II 型 27 个菌株平均值 | | 7.46 | 64.02 | 1.12 | 2.97 | 4.99 | 0.96 | 7.64 |
| III | 20101208-WZX-FJAT-B2 | 3.05 | 55.44 | 1.10 | 4.90 | 4.32 | 1.07 | 15.55 |
| III | 20110315-WZX-FJAT-9-4-2 | 6.74 | 47.54 | 1.84 | 3.90 | 11.64 | 1.48 | 12.48 |
| III | 20110823-TXN-FJAT-14318 | 8.47 | 54.74 | 3.45 | 6.87 | 6.23 | 2.47 | 6.51 |
| III | LGF-20100809-FJAT-8766 | 7.52 | 58.64 | 1.62 | 3.87 | 3.57 | 1.57 | 10.01 |
| III | LGH-FJAT-4639 | 6.49 | 53.37 | 2.49 | 6.74 | 3.61 | 4.89 | 8.31 |
| III | 20110227-SDG-FJAT-11283 | 5.82 | 49.50 | 1.40 | 4.05 | 15.76 | 0.65 | 14.50 |
| III | FJAT-4746 | 4.45 | 47.77 | 1.09 | 3.43 | 17.15 | 0.67 | 16.31 |
| III | LGH-FJAT-4746 | 10.07 | 53.92 | 0.00 | 6.86 | 15.45 | 0.00 | 13.70 |
| III | tqr942 | 5.68 | 55.80 | 1.70 | 3.83 | 12.13 | 0.93 | 12.37 |
| III | 20111123-hu-100 | 16.89 | 56.16 | 1.64 | 1.76 | 8.35 | 1.87 | 3.30 |
| III | 20111123-hu-121 | 10.67 | 58.24 | 1.80 | 4.51 | 10.74 | 1.42 | 3.85 |
| III | CL C7-3 | 14.09 | 54.73 | 0.00 | 0.00 | 7.77 | 0.00 | 8.73 |
| III | 20101230-WZX-FJAT-10961 | 6.52 | 46.35 | 2.97 | 5.34 | 15.75 | 1.53 | 13.93 |
| III | 20110315-WZX-FJAT-9-1-1 | 8.10 | 46.90 | 2.81 | 4.60 | 12.40 | 3.97 | 11.64 |
| III | 20110315-WZX-FJAT-9-1-2 | 7.56 | 47.85 | 2.49 | 4.59 | 13.96 | 2.78 | 12.22 |
| III | 20110315-WZX-FJAT-9-1-3 | 8.34 | 47.75 | 2.95 | 5.11 | 13.23 | 3.13 | 11.76 |
| III | 20110315-WZX-FJAT-9-2-3 | 7.92 | 50.54 | 2.04 | 4.04 | 12.01 | 2.15 | 12.42 |
| III | 20110315-WZX-FJAT-9-3-1 | 7.03 | 51.00 | 1.69 | 3.76 | 13.15 | 1.45 | 13.29 |
| III | 20110315-WZX-FJAT-9-3-2 | 9.49 | 48.70 | 2.65 | 4.17 | 12.49 | 1.60 | 12.56 |
| III | 20110315-WZX-FJAT-9-3-3 | 8.05 | 49.15 | 2.24 | 4.17 | 13.05 | 1.35 | 13.14 |
| III | 20110315-WZX-FJAT-9-4-1 | 7.69 | 48.24 | 2.35 | 4.52 | 13.24 | 1.93 | 12.90 |
| III | 20110315-WZX-FJAT-9-4-3 | 9.19 | 48.47 | 2.62 | 4.15 | 12.52 | 1.42 | 12.52 |
| III | 20110315-WZX-FJAT-9-5-1 | 8.11 | 48.88 | 2.37 | 4.41 | 13.57 | 1.31 | 12.94 |
| III | 20110315-WZX-FJAT-9-5-2 | 8.71 | 49.31 | 2.42 | 4.14 | 12.65 | 1.26 | 12.53 |
| III | 20110420-WZX-FJAT-9-27-1 | 8.86 | 49.41 | 2.86 | 4.95 | 12.80 | 1.93 | 11.61 |
| III | 20110420-WZX-FJAT-9-27-2 | 8.79 | 49.59 | 2.87 | 5.11 | 12.80 | 1.89 | 11.60 |
| III | 20110420-WZX-FJAT-9-27-3 | 8.81 | 49.74 | 2.87 | 5.07 | 12.70 | 1.99 | 11.67 |
| III | 20110420-WZX-FJAT-9-28-1 | 8.36 | 49.27 | 2.31 | 4.26 | 14.45 | 1.40 | 12.68 |
| III | 20110420-WZX-FJAT-9-28-2 | 8.22 | 49.52 | 2.27 | 4.20 | 14.64 | 1.40 | 12.57 |
| III | 20110420-WZX-FJAT-9-28-3 | 8.39 | 49.44 | 2.29 | 4.24 | 14.51 | 1.45 | 12.62 |
| III | 20110420-WZX-FJAT-9-29-1 | 10.69 | 50.61 | 3.02 | 4.57 | 11.60 | 1.28 | 11.30 |

续表

| 型 | 菌株名称 | 15:0 anteiso | 15:0 iso | 17:0 anteiso | 17:0 iso | 16:0 iso | c16:0 | 16:1ω7c alcohol |
|---|---|---|---|---|---|---|---|---|
| III | 20110420-WZX-FJAT-9-29-2 | 10.96 | 49.22 | 3.95 | 5.10 | 11.46 | 1.56 | 10.96 |
| III | 20110420-WZX-FJAT-9-29-3 | 10.90 | 50.63 | 2.96 | 4.53 | 11.61 | 1.24 | 11.29 |
| III | 20110420-WZX-FJAT-9-30-1 | 9.79 | 52.60 | 2.45 | 4.45 | 11.43 | 1.17 | 11.59 |
| III | 20110420-WZX-FJAT-9-30-2 | 9.60 | 52.56 | 2.41 | 4.38 | 11.35 | 1.14 | 11.49 |
| III | 20110420-WZX-FJAT-9-30-3 | 9.70 | 52.81 | 2.43 | 4.40 | 11.41 | 1.17 | 11.56 |
| III | 20110421-WZX-FJAT-9-21-3 | 7.62 | 49.28 | 2.48 | 4.94 | 13.63 | 2.64 | 11.60 |
| III | 20110421-WZX-FJAT-9-22-1 | 8.83 | 51.15 | 2.56 | 5.20 | 11.81 | 2.20 | 11.73 |
| III | 20110421-WZX-FJAT-9-22-2 | 8.88 | 51.28 | 2.74 | 5.25 | 11.91 | 2.16 | 11.77 |
| III | 20110421-WZX-FJAT-9-22-3 | 8.66 | 51.13 | 2.56 | 5.08 | 11.90 | 2.02 | 11.51 |
| III | 20110421-WZX-FJAT-9-23-1 | 8.61 | 50.80 | 2.72 | 5.13 | 12.61 | 2.05 | 11.59 |
| III | 20110421-WZX-FJAT-9-23-2 | 8.41 | 49.67 | 2.98 | 5.53 | 13.20 | 2.16 | 11.26 |
| III | 20110421-WZX-FJAT-9-23-3 | 8.47 | 51.09 | 2.62 | 5.00 | 12.75 | 2.07 | 11.67 |
| III | 20110421-WZX-FJAT-9-24-2 | 8.93 | 49.79 | 2.83 | 5.33 | 13.04 | 2.01 | 11.24 |
| III | 20110421-WZX-FJAT-9-24-3 | 9.17 | 50.57 | 2.71 | 4.93 | 12.71 | 1.90 | 11.50 |
| III | 20110421-WZX-FJAT-9-25-1 | 9.55 | 45.94 | 3.05 | 4.88 | 11.81 | 4.96 | 10.40 |
| III | 20110421-WZX-FJAT-9-25-2 | 9.47 | 46.12 | 3.10 | 4.88 | 11.91 | 5.01 | 10.44 |
| III | 20110421-WZX-FJAT-9-25-3 | 9.37 | 45.33 | 3.23 | 5.03 | 11.90 | 5.25 | 10.19 |
| III | 20110421-WZX-FJAT-9-31-1 | 9.93 | 48.17 | 3.49 | 5.65 | 12.69 | 2.78 | 9.76 |
| III | 20110421-WZX-FJAT-9-31-2 | 10.30 | 49.58 | 3.29 | 4.94 | 12.26 | 2.65 | 9.94 |
| III | 20110421-WZX-FJAT-9-31-3 | 10.29 | 49.46 | 3.47 | 4.93 | 12.21 | 2.72 | 10.00 |
| III | 20110421-WZX-FJAT-9-32-1 | 10.83 | 48.15 | 3.34 | 4.66 | 12.17 | 2.10 | 11.03 |
| III | 20110421-WZX-FJAT-9-32-2 | 10.52 | 47.97 | 3.52 | 4.85 | 12.83 | 2.34 | 11.23 |
| III | 20110421-WZX-FJAT-9-32-3 | 10.70 | 48.71 | 3.17 | 4.61 | 12.46 | 2.20 | 11.35 |
| III | 20110421-WZX-FJAT-9-33-1 | 7.65 | 47.98 | 2.59 | 5.00 | 13.96 | 2.70 | 12.01 |
| III | 20110421-WZX-FJAT-9-33-2 | 7.85 | 47.49 | 2.74 | 4.99 | 13.77 | 2.94 | 11.94 |
| III | 20110421-WZX-FJAT-9-33-3 | 7.85 | 48.10 | 2.73 | 5.05 | 13.94 | 2.75 | 12.07 |
| III | 20110421-WZX-FJAT-9-34-1 | 6.99 | 46.08 | 2.06 | 4.23 | 12.15 | 4.13 | 11.56 |
| III | 20110421-WZX-FJAT-9-34-2 | 7.30 | 48.97 | 2.13 | 4.21 | 12.80 | 4.45 | 12.10 |
| III | 20110421-WZX-FJAT-9-34-3 | 7.21 | 48.39 | 2.23 | 4.70 | 12.65 | 4.19 | 11.94 |
| III | 20110601-LGH-FJAT-13938 | 7.41 | 46.24 | 2.29 | 3.99 | 13.56 | 3.45 | 11.23 |
| III | 20110622-LGH-FJAT-13390 | 7.33 | 50.69 | 3.12 | 6.84 | 6.92 | 2.36 | 8.42 |
| III | 20110705-LGH-FJAT-14030 | 6.41 | 47.07 | 1.86 | 4.62 | 16.42 | 1.90 | 13.34 |
| III | 20110707-LGH-FJAT-4557 | 5.78 | 50.07 | 1.78 | 5.21 | 10.48 | 1.31 | 11.10 |
| III | 20110718-LGH-FJAT-12268 | 4.70 | 54.71 | 1.41 | 4.99 | 10.67 | 1.09 | 10.94 |
| III | 20110718-LGH-FJAT-14080 | 7.43 | 49.00 | 2.83 | 6.89 | 8.52 | 3.74 | 8.71 |
| III | 20110729-LGH-FJAT-14125 | 8.30 | 51.20 | 2.19 | 4.30 | 11.96 | 1.14 | 12.66 |
| III | 20110729-LGH-FJAT-14128 | 10.45 | 51.39 | 3.43 | 4.03 | 9.08 | 1.34 | 11.28 |
| III | 20110729-LGH-FJAT-14130 | 10.97 | 52.18 | 2.89 | 5.10 | 9.26 | 1.33 | 10.19 |
| III | 20110729-LGH-FJAT-14131 | 12.17 | 52.35 | 2.92 | 4.26 | 9.24 | 1.20 | 10.48 |
| III | 20110823-TXN-FJAT-14164 | 8.17 | 52.88 | 2.46 | 4.56 | 9.22 | 3.61 | 9.38 |

续表

| 型 | 菌株名称 | 15:0 anteiso | 15:0 iso | 17:0 anteiso | 17:0 iso | 16:0 iso | c16:0 | 16:1ω7c alcohol |
|---|---|---|---|---|---|---|---|---|
| III | 20110823-TXN-FJAT-14196 | 7.74 | 53.94 | 2.37 | 5.64 | 11.20 | 1.28 | 11.10 |
| III | 20110826-LGH-FJAT-C6（H4） | 9.70 | 52.39 | 2.81 | 3.85 | 10.98 | 1.69 | 10.91 |
| III | 20110902-YQ-FJAT-14290 | 6.80 | 54.97 | 2.30 | 6.09 | 12.42 | 2.00 | 9.51 |
| III | 201110-20-TXN-FJAT-14561 | 9.75 | 49.34 | 4.60 | 10.57 | 7.18 | 2.64 | 5.64 |
| III | 20111123-hu-113 | 8.26 | 56.84 | 4.46 | 10.78 | 9.53 | 3.28 | 1.94 |
| III | 20111123-hu-131 | 6.38 | 50.20 | 1.64 | 3.02 | 13.46 | 2.61 | 11.60 |
| III | cl-s11 | 8.40 | 60.21 | 1.51 | 2.76 | 7.32 | 1.19 | 10.20 |
| III | FJAT-4639 | 5.49 | 55.45 | 1.67 | 6.45 | 5.95 | 1.31 | 11.86 |
| III | LGH-FJAT-4748 | 6.88 | 46.19 | 0.00 | 10.61 | 11.56 | 2.30 | 13.03 |
| III | LGH-FJAT-4751 | 8.52 | 46.13 | 3.47 | 7.08 | 14.05 | 2.70 | 12.04 |
| III | ZXF-20091216-OrgSn-44 | 6.14 | 50.27 | 1.58 | 4.15 | 14.49 | 1.30 | 13.65 |
| III | ZXF-20091216-OrgSn-51 | 4.38 | 53.13 | 1.31 | 5.34 | 9.20 | 2.85 | 11.84 |
| III | 20111031-TXN-FJAT-14503 | 11.64 | 53.68 | 4.71 | 9.59 | 4.15 | 2.25 | 3.69 |
| III | 20111106-TXN-FJAT-14641 | 3.41 | 55.82 | 1.12 | 5.36 | 11.98 | 1.63 | 11.99 |
| III | 20120224-TXN-FJAT-14763 | 9.79 | 51.72 | 2.89 | 5.67 | 4.41 | 1.26 | 7.83 |
| III | 20121106-FJAT-16995-zr | 6.61 | 57.26 | 1.74 | 4.45 | 7.79 | 1.39 | 11.09 |
| III | 20121107-FJAT-17056-zr | 9.14 | 56.75 | 2.46 | 6.20 | 4.72 | 1.72 | 9.23 |
| III | 20121109-FJAT-16995-ZR | 6.67 | 57.57 | 1.81 | 4.38 | 7.82 | 1.36 | 11.18 |
| III | 20130401-ll-FJAT-16847 | 6.64 | 57.98 | 1.13 | 4.15 | 2.91 | 1.10 | 9.92 |
| III | 20130401-ll-FJAT-16867 | 8.72 | 51.12 | 1.75 | 4.56 | 5.80 | 1.58 | 12.45 |
| III | 20130403-ll-FJAT-16929 | 7.67 | 54.42 | 2.66 | 5.75 | 3.36 | 1.55 | 7.61 |
| III | 20131129-LGH-FJAT-4678 | 9.62 | 56.95 | 2.45 | 5.12 | 4.51 | 1.38 | 9.28 |
| III | FJAT-26937-2 | 13.12 | 54.49 | 2.26 | 1.88 | 3.86 | 2.65 | 5.73 |
| III | 20140506-ZMX-FJAT-20213 | 4.49 | 54.18 | 1.15 | 3.17 | 14.46 | 1.18 | 11.27 |
| III | 20111126-TXN-FJAT-14518 | 13.30 | 54.46 | 3.45 | 4.59 | 7.51 | 1.73 | 7.79 |
| III | 20111205-LGH-FJAT-9 | 13.33 | 51.19 | 4.25 | 4.77 | 8.07 | 1.35 | 9.14 |
| III | 20120224-TXN-FJAT-14701 | 14.08 | 54.43 | 3.33 | 3.97 | 6.37 | 1.62 | 8.18 |
| III | 20120224-TXN-FJAT-14770 | 10.93 | 50.53 | 2.44 | 2.74 | 15.63 | 1.13 | 8.38 |
| III | 20121030-FJAT-17411-ZR | 15.02 | 54.52 | 3.62 | 1.97 | 4.77 | 2.36 | 5.25 |
| III | 20130124-LGH-FJAT-9-36h | 5.76 | 58.00 | 1.03 | 2.74 | 9.42 | 1.21 | 11.32 |
| III | 20130131-TXN-FJAT-14619 | 11.77 | 57.51 | 2.66 | 1.74 | 5.30 | 1.34 | 6.88 |
| III | 20140325-LGH-FJAT-22146 | 17.33 | 52.06 | 4.33 | 2.61 | 4.79 | 2.30 | 2.82 |
| III | 20140325-LGH-FJAT-22146 | 16.58 | 52.09 | 5.55 | 3.43 | 5.39 | 2.08 | 2.98 |
| III | FJAT-26937-1 | 12.05 | 57.55 | 1.69 | 1.87 | 4.02 | 2.17 | 6.21 |
| III | 20111106-TXN-FJAT-14651 | 3.81 | 47.11 | 1.63 | 7.08 | 14.19 | 1.92 | 13.32 |
| III | 20111106-TXN-FJAT-14667 | 5.96 | 51.38 | 1.97 | 5.31 | 9.29 | 3.48 | 8.84 |
| III | 20111107-TXN-FJAT-14646 | 4.71 | 52.60 | 1.18 | 5.09 | 8.86 | 2.32 | 10.21 |
| III | 20111107-TXN-FJAT-14669 | 4.90 | 57.49 | 1.16 | 5.78 | 5.97 | 1.07 | 11.95 |
| III | 20111114-hu-23 | 7.22 | 50.71 | 1.92 | 3.99 | 11.89 | 2.10 | 11.52 |
| III | 20111126-TXN-FJAT-14510 | 11.50 | 51.94 | 3.34 | 4.89 | 10.95 | 1.75 | 8.45 |

续表

| 型 | 菌株名称 | 15:0 anteiso | 15:0 iso | 17:0 anteiso | 17:0 iso | 16:0 iso | c16:0 | 16:1ω7c alcohol |
|---|---|---|---|---|---|---|---|---|
| III | 20120224-TXN-FJAT-14731 | 6.43 | 45.95 | 1.88 | 5.51 | 11.41 | 2.86 | 12.43 |
| III | 20120224-TXN-FJAT-14765 | 7.27 | 47.43 | 2.29 | 5.93 | 11.86 | 1.76 | 12.61 |
| III | 20120224-TXN-FJAT-14767 | 9.74 | 58.62 | 1.88 | 3.20 | 6.99 | 1.07 | 10.00 |
| III | 20120328-LGH-FJAT-4839 | 4.81 | 53.93 | 1.77 | 6.07 | 8.96 | 2.79 | 9.95 |
| III | 20120606-LGH-FJAT-9 | 9.63 | 57.73 | 2.14 | 3.78 | 6.64 | 1.71 | 9.17 |
| III | 20120615-LGH-FJAT-9-1 | 9.21 | 56.50 | 2.58 | 5.28 | 7.58 | 1.50 | 9.16 |
| III | 20120615-LGH-FJAT-9-3 | 8.53 | 55.84 | 3.00 | 5.54 | 8.23 | 1.64 | 9.09 |
| III | 20121107-FJAT-16960-zr | 7.76 | 49.07 | 3.26 | 10.56 | 6.00 | 3.18 | 6.46 |
| III | 20130115-CYP-FJAT-17200 | 8.48 | 55.53 | 2.47 | 5.04 | 7.50 | 1.74 | 9.15 |
| III | 20130116-LGH-FJAT-9-37c | 9.71 | 50.72 | 3.33 | 5.24 | 10.46 | 2.45 | 9.68 |
| III | 20130116-LGH-FJAT-9-48h | 6.88 | 50.88 | 2.14 | 4.24 | 11.10 | 1.67 | 13.43 |
| III | 20130116-LGH-FJAT-9-72h | 6.11 | 47.47 | 2.32 | 4.05 | 13.25 | 3.17 | 11.95 |
| III | 20130125-ZMX-FJAT-17680 | 8.38 | 56.24 | 2.62 | 6.13 | 6.81 | 1.49 | 8.96 |
| III | 20130327-TXN-FJAT-16662 | 10.48 | 48.15 | 3.74 | 4.78 | 11.61 | 1.60 | 10.26 |
| III | 20130403-ll-FJAT-16925 | 9.58 | 51.17 | 3.36 | 8.22 | 7.02 | 2.31 | 6.92 |
| III | 20131129-LGH-FJAT-4658 | 11.51 | 57.30 | 1.87 | 4.02 | 6.33 | 1.05 | 8.66 |
| III | XKC17209 | 6.80 | 46.53 | 1.99 | 5.77 | 11.39 | 1.33 | 13.72 |
| III | 20111101-TXN-FJAT-14493 | 6.64 | 46.41 | 2.85 | 5.59 | 14.74 | 4.84 | 8.83 |
| 脂肪酸 III 型 129 个菌株平均值 | | 8.64 | 51.50 | 2.47 | 4.89 | 10.44 | 2.04 | 10.50 |

| 型 | 菌株名称 | 14:0 iso | 16:1ω11c | c14:0 | 17:1 iso ω10c | c18:0 | 到中心的切比雪夫距离 |
|---|---|---|---|---|---|---|---|
| I | 20110601-LGH-FJAT-13907 | 5.19 | 2.37 | 0.29 | 2.92 | 0.34 | 9.47 |
| I | 20110622-LGH-FJAT-13385 | 2.63 | 2.70 | 0.24 | 7.47 | 0.28 | 14.16 |
| I | FJAT-4522 | 5.26 | 2.61 | 0.58 | 2.00 | 0.18 | 11.40 |
| I | LGH-FJAT-4522 | 6.11 | 1.90 | 0.00 | 0.00 | 0.00 | 11.63 |
| I | 20110520-LGH-FJAT-13829 | 1.21 | 2.91 | 0.50 | 2.77 | 0.88 | 13.37 |
| I | 20110718-LGH-FJAT-4678 | 1.42 | 2.42 | 0.52 | 3.08 | 0.54 | 11.20 |
| I | 20110729-LGH-FJAT-14127 | 2.21 | 1.89 | 0.52 | 1.24 | 1.37 | 12.76 |
| I | 20110907-TXN-FJAT-14359 | 1.16 | 3.20 | 0.96 | 1.95 | 1.71 | 13.80 |
| I | LGH-FJAT-4751 | 6.06 | 2.10 | 0.52 | 0.00 | 0.58 | 16.78 |
| I | 20110421-WZX-FJAT-9-19-1 | 3.13 | 3.86 | 0.86 | 0.00 | 0.00 | 10.08 |
| I | 20110518-wzxjl20-FJAT-4766a | 3.47 | 1.66 | 0.73 | 0.53 | 0.00 | 7.44 |
| I | 20110518-wzxjl40-FJAT-4766c | 2.98 | 1.63 | 0.58 | 0.57 | 0.00 | 7.67 |
| I | 20110518-wzxjl50-FJAT-4766d | 3.72 | 1.68 | 0.62 | 0.49 | 0.00 | 7.98 |
| I | 20110520-LGH-FJAT-13837 | 3.56 | 1.38 | 1.05 | 0.83 | 3.96 | 7.01 |
| I | 20110622-LGH-FJAT-14048 | 8.56 | 2.21 | 0.27 | 0.68 | 0.68 | 5.14 |
| I | 20110622-LGH-FJAT-14051 | 6.59 | 3.32 | 2.00 | 1.37 | 0.13 | 11.96 |
| I | 20110729-LGH-FJAT-14129 | 3.60 | 2.11 | 1.13 | 1.84 | 0.26 | 17.31 |
| I | 20110823-LGH-FJAT-13976 | 8.73 | 1.50 | 1.35 | 1.62 | 1.73 | 12.98 |
| I | 20110823-TXN-FJAT-14317 | 3.18 | 2.24 | 0.80 | 2.27 | 0.38 | 14.84 |
| I | 20110907-TXN-FJAT-14376 | 9.63 | 3.61 | 1.16 | 0.62 | 0.74 | 15.69 |

续表

| 型 | 菌株名称 | 14:0 iso | 16:1ω11c | c14:0 | 17:1 iso ω10c | c18:0 | 到中心的切比雪夫距离 |
|---|---|---|---|---|---|---|---|
| I | 201110-20-TXN-FJAT-14553 | 2.66 | 2.03 | 0.74 | 0.71 | 0.30 | 13.47 |
| I | 201110-21-TXN-FJAT-14564 | 3.14 | 2.53 | 0.98 | 0.27 | 0.50 | 15.80 |
| I | 201110-21-TXN-FJAT-14566 | 8.57 | 3.78 | 1.86 | 0.32 | 0.31 | 15.07 |
| I | 20111123-hu-103 | 11.78 | 0.64 | 0.85 | 0.00 | 0.16 | 16.55 |
| I | 20111123-hu-133 | 5.10 | 0.44 | 0.70 | 0.00 | 0.70 | 23.73 |
| I | WZX-20100812-FJAT-10296 | 1.76 | 1.57 | 0.94 | 1.41 | 0.67 | 11.71 |
| I | 20101212-WZX-FJAT-10590 | 3.43 | 1.86 | 0.76 | 1.66 | 0.72 | 7.00 |
| I | 20110314-WZX-FJAT-9 | 3.36 | 2.52 | 0.41 | 1.83 | 0.24 | 5.04 |
| I | 20110315-SDG-FJAT-10203 | 2.59 | 1.91 | 0.52 | 1.78 | 0.43 | 4.27 |
| I | 20110315-WZX-FJAT-9-10-3 | 2.58 | 1.81 | 0.46 | 1.56 | 0.46 | 3.83 |
| I | 20110315-WZX-FJAT-9-2-1 | 2.13 | 1.33 | 0.70 | 1.63 | 3.47 | 7.16 |
| I | 20110315-WZX-FJAT-9-5-3 | 2.67 | 1.88 | 0.46 | 1.42 | 0.17 | 7.41 |
| I | 20110316-LGH-FJAT-4755 | 5.97 | 3.42 | 0.64 | 1.16 | 0.59 | 20.91 |
| I | 20110316-WZX-FJAT-9-10-2 | 2.42 | 1.95 | 0.75 | 1.56 | 1.02 | 3.73 |
| I | 20110316-WZX-FJAT-9-6-2 | 2.61 | 1.92 | 0.86 | 1.73 | 1.05 | 2.65 |
| I | 20110316-WZX-FJAT-9-6-3 | 2.80 | 1.81 | 0.74 | 1.62 | 1.17 | 2.07 |
| I | 20110316-WZX-FJAT-9-7-2 | 2.78 | 1.89 | 0.40 | 1.56 | 0.28 | 5.70 |
| I | 20110316-WZX-FJAT-9-7-3 | 2.90 | 1.82 | 0.36 | 1.49 | 0.28 | 5.07 |
| I | 20110316-WZX-FJAT-9-8-3 | 3.18 | 1.89 | 0.52 | 1.57 | 0.36 | 4.49 |
| I | 20110316-WZX-FJAT-9-9-1 | 2.56 | 1.93 | 0.44 | 1.80 | 0.42 | 4.37 |
| I | 20110316-WZX-FJAT-9-9-2 | 2.84 | 1.92 | 0.37 | 1.79 | 0.19 | 4.75 |
| I | 20110316-WZX-FJAT-9-9-3 | 3.24 | 1.71 | 0.38 | 1.54 | 0.34 | 6.09 |
| I | 20110419-WZX-FJAT-9-11-2 | 4.56 | 2.36 | 0.00 | 2.09 | 0.71 | 4.19 |
| I | 20110419-WZX-FJAT-9-11-3 | 4.06 | 2.57 | 0.37 | 2.26 | 0.00 | 3.72 |
| I | 20110419-WZX-FJAT-9-12-2 | 4.06 | 2.22 | 0.67 | 2.15 | 0.86 | 3.00 |
| I | 20110420-WZX-FJAT-9-26-1 | 2.25 | 1.49 | 0.99 | 1.07 | 1.01 | 7.45 |
| I | 20110420-WZX-FJAT-9-26-2 | 2.34 | 1.42 | 1.05 | 1.14 | 0.00 | 7.47 |
| I | 20110420-WZX-FJAT-9-26-3 | 2.31 | 1.56 | 1.14 | 1.23 | 1.04 | 7.07 |
| I | 20110421-WZX-FJAT-9-18-1 | 3.47 | 2.85 | 0.59 | 2.32 | 0.97 | 4.71 |
| I | 20110421-WZX-FJAT-9-18-2 | 3.65 | 2.63 | 0.67 | 2.21 | 0.96 | 4.55 |
| I | 20110518-wzxjl30-FJAT-4766b | 2.97 | 1.48 | 0.53 | 0.65 | 0.00 | 7.78 |
| I | 20110614-LGH-FJAT-13837 | 4.19 | 1.65 | 0.52 | 0.75 | 0.00 | 8.23 |
| I | 20110622-LGH-FJAT-13437 | 2.57 | 3.40 | 0.39 | 7.09 | 0.00 | 12.70 |
| I | 20110707-LGH-FJAT-4757 | 6.68 | 4.06 | 0.67 | 1.12 | 0.48 | 20.31 |
| I | 20110729-LGH-FJAT-14118 | 5.07 | 2.28 | 0.33 | 3.59 | 0.59 | 7.45 |
| I | FJAT-8093 | 4.98 | 0.00 | 0.00 | 0.00 | 0.00 | 13.67 |
| I | LGH-FJAT-4764 | 2.39 | 3.57 | 0.00 | 0.00 | 0.00 | 5.98 |
| I | LGH-FJAT-4768 | 1.81 | 2.74 | 0.00 | 0.00 | 0.00 | 8.03 |
| I | LGH-FJAT-4835 | 6.11 | 3.02 | 0.00 | 0.00 | 0.00 | 12.48 |
| I | 20101212-WZX-FJAT-10597 | 3.99 | 3.23 | 0.74 | 2.10 | 0.00 | 8.87 |

续表

| 型 | 菌株名称 | 14:0 iso | 16:1ω11c | c14:0 | 17:1 iso ω10c | c18:0 | 到中心的切比雪夫距离 |
|---|---|---|---|---|---|---|---|
| I | 20110316-WZX-FJAT-9-10-1 | 2.38 | 1.74 | 0.96 | 1.59 | 4.72 | 6.23 |
| I | 20110316-WZX-FJAT-9-7-1 | 2.58 | 1.79 | 0.68 | 1.54 | 0.66 | 4.52 |
| I | 20110316-WZX-FJAT-9-8-1 | 3.46 | 1.65 | 0.80 | 1.36 | 1.08 | 4.03 |
| I | 20110316-WZX-FJAT-9-8-2 | 3.64 | 1.70 | 0.43 | 1.40 | 0.76 | 4.73 |
| I | 20110419-WZX-FJAT-9-11-1 | 4.14 | 1.72 | 1.48 | 1.85 | 2.27 | 5.93 |
| I | 20110419-WZX-FJAT-9-12-1 | 4.14 | 2.26 | 0.70 | 1.92 | 3.56 | 6.42 |
| I | 20110601-LGH-FJAT-13904 | 6.26 | 2.14 | 0.74 | 0.36 | 0.45 | 32.77 |
| I | 20110601-LGH-FJAT-13914 | 7.29 | 1.82 | 0.26 | 0.57 | 0.00 | 34.45 |
| I | 20110601-LGH-FJAT-13936 | 7.82 | 1.70 | 0.32 | 0.29 | 0.00 | 40.86 |
| I | 20110705-LGH-FJAT-13456 | 1.53 | 2.20 | 0.58 | 2.91 | 1.51 | 5.47 |
| I | 20110707-LGH-FJAT-13575 | 2.26 | 2.98 | 0.76 | 0.87 | 1.62 | 13.12 |
| I | 20110707-LGH-FJAT-4665 | 2.36 | 2.15 | 0.34 | 1.96 | 0.39 | 3.70 |
| I | 20110707-LGH-FJAT-4764 | 3.31 | 2.24 | 0.36 | 2.59 | 0.00 | 7.11 |
| I | 20110826-LGH-FJAT-13962 | 4.49 | 2.08 | 0.67 | 0.85 | 0.36 | 9.34 |
| I | 201110-18-TXN-FJAT-14438 | 3.36 | 3.15 | 0.60 | 0.63 | 0.27 | 3.46 |
| I | FJAT-4768 | 4.17 | 2.64 | 0.40 | 2.03 | 0.00 | 14.74 |
| I | HGP SM11-T-6 | 4.06 | 2.36 | 0.33 | 0.00 | 0.12 | 17.43 |
| I | HGP SM11-T-7 | 3.07 | 2.49 | 0.38 | 0.00 | 0.00 | 14.06 |
| I | LGH-FJAT-4385 | 4.59 | 2.85 | 0.86 | 0.00 | 0.97 | 11.48 |
| I | LGH-FJAT-4385 | 4.59 | 2.85 | 0.86 | 0.00 | 0.97 | 11.48 |
| I | LGH-FJAT-4757 | 4.50 | 5.72 | 0.00 | 0.00 | 0.00 | 12.50 |
| I | ljy-17-5 | 4.66 | 2.39 | 0.69 | 0.00 | 0.32 | 10.70 |
| I | ljy-32-3 | 6.22 | 1.82 | 0.00 | 0.00 | 0.00 | 12.86 |
| I | ljy-35-6 | 6.58 | 1.04 | 0.00 | 0.00 | 1.52 | 14.70 |
| I | ZXF-20091216-OrgSn-30 | 3.84 | 6.51 | 0.76 | 2.12 | 0.49 | 8.04 |
| I | ZXF-20091216-OrgSn-31 | 3.70 | 6.08 | 0.76 | 1.88 | 0.12 | 8.07 |
| I | ZXF-20091216-OrgSn-56 | 2.84 | 2.49 | 0.32 | 1.91 | 0.00 | 17.14 |
| I | 20111108-TXN-FJAT-14685 | 4.43 | 2.56 | 1.19 | 3.16 | 1.49 | 15.41 |
| I | 20121030-FJAT-17406-ZR | 5.34 | 3.26 | 0.36 | 4.20 | 0.68 | 12.03 |
| I | 20121106-FJAT-16984-zr | 3.69 | 2.50 | 0.24 | 6.13 | 0.36 | 14.22 |
| I | 20130111-CYP-FJAT-16743 | 5.60 | 3.53 | 0.35 | 2.33 | 0.16 | 13.24 |
| I | 20130328-TXN-FJAT-16696 | 2.16 | 3.66 | 0.40 | 3.52 | 0.00 | 10.23 |
| I | 20130328-TXN-FJAT-16702 | 1.93 | 3.17 | 0.35 | 3.36 | 0.34 | 8.94 |
| I | FJAT-26964-1 | 3.05 | 4.14 | 0.48 | 6.68 | 0.71 | 15.37 |
| I | 20111108-LGH-FJAT-14685 | 4.54 | 3.16 | 0.77 | 3.21 | 0.29 | 14.44 |
| I | 20120229-TXN-FJAT-14717 | 1.03 | 1.50 | 0.62 | 1.86 | 0.62 | 16.16 |
| I | 20121107-FJAT-16951-zr | 3.97 | 2.94 | 0.51 | 1.30 | 0.00 | 15.48 |
| I | 20130116-LGH-FJAT-9-20c | 3.10 | 2.78 | 0.47 | 2.51 | 0.64 | 7.41 |
| I | 20130116-LGH-FJAT-9-36 | 4.40 | 3.31 | 0.53 | 1.56 | 0.45 | 9.59 |
| I | 20130329-ll-FJAT-16799 | 2.57 | 3.85 | 0.71 | 3.52 | 0.15 | 10.92 |

续表

| 型 | 菌株名称 | 14:0 iso | 16:1ω11c | c14:0 | 17:1 iso ω10c | c18:0 | 到中心的切比雪夫距离 |
|---|---|---|---|---|---|---|---|
| I | 20130401-ll-FJAT-16817 | 1.37 | 3.88 | 0.57 | 4.24 | 0.00 | 14.02 |
| I | 20130403-ll-FJAT-16921 | 1.71 | 3.44 | 0.71 | 2.67 | 0.25 | 14.26 |
| I | 20111031-TXN-FJAT-14508 | 3.26 | 2.02 | 0.88 | 0.57 | 0.23 | 8.78 |
| I | 20111102-TXN-FJAT-14485 | 1.90 | 1.43 | 1.13 | 0.54 | 0.40 | 20.20 |
| I | 20120218-hu-flq-3 | 4.00 | 1.37 | 1.40 | 0.44 | 0.45 | 14.33 |
| I | 20121030-FJAT-17407-ZR | 1.94 | 2.02 | 0.57 | 1.23 | 0.76 | 13.11 |
| I | 20140506-ZMX-FJAT-20212 | 7.96 | 1.12 | 1.51 | 1.03 | 2.21 | 7.96 |
| I | FJAT-10044GLU | 10.11 | 2.48 | 0.70 | 0.77 | 0.12 | 8.06 |
| I | FJAT-10044LB | 5.07 | 1.28 | 0.48 | 0.96 | 0.66 | 11.76 |
| I | FJAT-10044NACL | 12.71 | 2.63 | 1.14 | 0.00 | 0.25 | 11.04 |
| I | FJAT-41259-1 | 6.93 | 1.72 | 1.32 | 1.05 | 0.22 | 18.59 |
| I | FJAT-41259-2 | 7.50 | 1.49 | 1.28 | 1.01 | 0.31 | 18.56 |
| I | FJAT-41739-1 | 4.51 | 1.54 | 0.42 | 0.52 | 0.79 | 15.59 |
| I | FJAT-41752-1 | 5.67 | 1.64 | 0.94 | 1.45 | 0.15 | 17.84 |
| I | FJAT-41752-2 | 5.55 | 1.62 | 0.97 | 1.28 | 0.76 | 16.60 |
| I | FJAT-9GLU | 8.82 | 2.63 | 0.70 | 0.74 | 0.16 | 8.18 |
| I | FJAT-9NA | 9.85 | 2.77 | 0.68 | 0.55 | 0.37 | 8.51 |
| I | FJAT-9NACL | 11.27 | 2.61 | 0.74 | 0.44 | 0.33 | 9.21 |
| I | 20111102-TXN-FJAT-14599 | 1.87 | 2.10 | 1.00 | 1.27 | 0.88 | 9.62 |
| I | 20111103-TXN-FJAT-14477 | 3.27 | 1.71 | 0.57 | 0.31 | 0.32 | 10.79 |
| I | 20111103-TXN-FJAT-14534 | 1.29 | 2.50 | 0.46 | 1.67 | 0.28 | 11.14 |
| I | 20111107-TXN-FJAT-14674 | 2.15 | 2.78 | 0.76 | 1.58 | 0.32 | 5.99 |
| I | 20120218-hu-45 | 2.29 | 2.90 | 0.40 | 3.09 | 0.48 | 5.12 |
| I | 20120218-hu-flq-1(1)-2 | 6.13 | 1.87 | 0.39 | 0.84 | 0.69 | 8.90 |
| I | 20120218-hu-flq-4 | 4.59 | 1.83 | 0.48 | 0.73 | 0.80 | 6.44 |
| I | 20120218-hu-flq-8 | 5.44 | 1.76 | 0.59 | 0.52 | 0.91 | 6.27 |
| I | 20120327-LGH-FJAT-9 | 2.64 | 1.49 | 0.37 | 1.30 | 0.50 | 7.13 |
| I | 20120615-LGH-FJAT-9-2 | 1.70 | 1.39 | 0.38 | 1.97 | 0.66 | 12.14 |
| I | 20121207-wk-17051 | 1.55 | 3.59 | 0.92 | 4.42 | 0.78 | 10.36 |
| I | 20130117-LGH-FJAT-9-18 | 2.67 | 4.52 | 0.71 | 1.56 | 0.85 | 8.94 |
| I | 20130117-LGH-FJAT-9-60mg | 5.53 | 2.10 | 2.23 | 1.52 | 0.19 | 4.87 |
| I | 20130304-ZMX-FJAT-16567 | 2.36 | 3.45 | 0.32 | 4.02 | 0.09 | 8.09 |
| I | 20130327-TXN-FJAT-16667 | 2.68 | 3.06 | 0.50 | 2.63 | 0.16 | 2.37 |
| I | 20130328-ll-FJAT-16778 | 6.03 | 2.41 | 0.46 | 1.25 | 1.18 | 7.01 |
| I | 20140325-LGH-FJAT-22098 | 5.16 | 1.41 | 0.29 | 2.77 | 0.82 | 10.34 |
| I | FJAT-26964-2 | 2.20 | 4.00 | 0.44 | 8.12 | 0.50 | 16.46 |
| I | FJAT-41183-1 | 4.22 | 2.22 | 0.40 | 1.64 | 1.38 | 6.85 |
| I | FJAT-41183-2 | 4.31 | 2.36 | 0.33 | 1.96 | 0.61 | 7.09 |
| I | 20111106-TXN-FJAT-14658 | 1.67 | 1.81 | 0.50 | 0.58 | 0.30 | 11.39 |
| I | 20111107-TXN-FJAT-14649 | 1.62 | 3.70 | 1.06 | 2.29 | 0.51 | 8.87 |

续表

| 型 | 菌株名称 | 14:0 iso | 16:1ω11c | c14:0 | 17:1 iso ω10c | c18:0 | 到中心的切比雪夫距离 |
|---|---|---|---|---|---|---|---|
| I | 20111107-TXN-FJAT-14665 | 2.91 | 5.08 | 0.90 | 1.26 | 0.32 | 4.53 |
| I | 20111126-TXN-FJAT-14519 | 3.02 | 2.61 | 0.88 | 0.60 | 0.43 | 10.16 |
| I | 20120218-hu-flq-1(1) | 5.62 | 1.46 | 0.39 | 0.64 | 0.99 | 10.23 |
| I | 20120224-TXN-FJAT-14738 | 3.93 | 3.45 | 1.21 | 1.09 | 0.32 | 6.74 |
| I | 20120224-TXN-FJAT-14745 | 1.85 | 2.45 | 0.30 | 1.77 | 0.09 | 5.98 |
| I | 20120224-TXN-FJAT-14773 | 1.89 | 4.96 | 0.87 | 2.11 | 0.29 | 5.65 |
| I | 20120229-TXN-FJAT-14724 | 2.41 | 3.37 | 0.57 | 1.48 | 2.02 | 7.40 |
| I | 20120727-YQ-FJAT-16425 | 6.38 | 4.58 | 2.52 | 1.10 | 3.68 | 11.74 |
| I | 20120727-YQ-FJAT-16464 | 6.97 | 2.98 | 0.81 | 0.71 | 0.57 | 9.72 |
| I | 20121108-FJAT-17040-zr | 3.20 | 3.75 | 0.59 | 1.52 | 0.43 | 5.82 |
| I | 20130110-TXN-FJAT-14699 | 1.50 | 5.04 | 0.82 | 3.49 | 0.37 | 12.00 |
| I | 20130125-ZMX-FJAT-17692 | 3.37 | 4.28 | 0.44 | 1.37 | 0.24 | 28.96 |
| I | 20130125-ZMX-FJAT-17696 | 4.98 | 4.73 | 0.66 | 1.42 | 0.23 | 9.07 |
| I | 20130129-TXN-FJAT-14694 | 2.26 | 3.45 | 0.62 | 2.32 | 0.77 | 6.99 |
| I | 20130129-TXN-FJAT-14700 | 1.41 | 5.61 | 0.96 | 1.77 | 1.06 | 8.40 |
| I | 20130303-ZMX-FJAT-16631 | 2.82 | 3.27 | 0.43 | 2.39 | 0.13 | 9.29 |
| I | 20130306-ZMX-FJAT-16615 | 1.81 | 4.14 | 0.43 | 3.31 | 0.00 | 6.22 |
| I | 20130306-ZMX-FJAT-16620 | 2.90 | 4.11 | 0.45 | 2.01 | 0.20 | 11.78 |
| I | 20130307-ZMX-FJAT-16641 | 3.62 | 6.40 | 1.05 | 2.60 | 0.37 | 7.30 |
| I | 20130327-TXN-FJAT-16666 | 7.56 | 2.76 | 0.58 | 0.57 | 0.16 | 29.33 |
| I | 20130327-TXN-FJAT-16668 | 3.16 | 4.68 | 0.90 | 1.71 | 0.00 | 7.82 |
| I | 20130328-ll-FJAT-16774 | 2.83 | 3.48 | 0.59 | 2.15 | 0.41 | 7.56 |
| I | 20130328-TXN-FJAT-16700 | 3.46 | 7.41 | 0.69 | 2.07 | 0.31 | 10.30 |
| I | 20130328-TXN-FJAT-16712 | 2.80 | 3.35 | 0.47 | 3.02 | 0.24 | 14.19 |
| I | 20130329-ll-FJAT-16813 | 4.14 | 5.90 | 0.59 | 2.07 | 0.15 | 8.83 |
| I | 20130401-ll-FJAT-16860 | 2.29 | 2.28 | 0.33 | 1.96 | 0.18 | 6.67 |
| I | 20130401-ll-FJAT-16864 | 1.94 | 7.41 | 0.98 | 3.83 | 0.13 | 12.52 |
| I | 20130401-ll-FJAT-16876 | 4.69 | 3.19 | 0.69 | 2.08 | 0.31 | 6.80 |
| I | 20130401-ll-FJAT-16880 | 3.02 | 5.34 | 0.59 | 2.84 | 0.00 | 9.74 |
| I | 20140325-LGH-FJAT-22098 | 5.83 | 1.42 | 0.95 | 1.37 | 2.65 | 10.09 |
| I | d54-2381-2 | 2.27 | 5.39 | 0.48 | 1.91 | 0.85 | 7.73 |
| I | FJAT-41728-1 | 8.15 | 2.88 | 0.00 | 2.91 | 0.00 | 14.36 |
| I | FJAT-41728-2 | 7.60 | 3.02 | 0.39 | 2.87 | 0.46 | 13.39 |
| I | FJAT-9LB | 9.11 | 1.21 | 0.38 | 0.48 | 0.51 | 17.87 |
| I | XKC17216 | 2.26 | 4.60 | 0.58 | 2.07 | 0.20 | 8.99 |
| I | XKC17217 | 3.96 | 2.03 | 0.34 | 1.15 | 0.17 | 15.25 |
| 脂肪酸 I 型 176 个菌株平均值 | | 4.06 | 2.72 | 0.65 | 1.68 | 0.59 | RMSTD=7.0132 |
| II | 20110721-SDG-FJAT-13878 | 2.02 | 2.09 | 0.48 | 2.00 | 0.00 | 2.68 |
| II | hgp sm18-t-5 | 2.49 | 2.65 | 0.54 | 0.00 | 0.00 | 6.00 |
| II | lys-6 | 1.06 | 1.78 | 0.48 | 2.41 | 0.85 | 6.85 |

续表

| 型 | 菌株名称 | 14:0 iso | 16:1ω11c | c14:0 | 17:1 iso ω10c | c18:0 | 到中心的切比雪夫距离 |
|---|---|---|---|---|---|---|---|
| II | wqh-N-18 | 3.69 | 1.75 | 0.35 | 0.00 | 0.31 | 7.20 |
| II | LGH-FJAT-4557 | 2.41 | 1.91 | 0.00 | 0.00 | 0.00 | 9.18 |
| II | LGH-FJAT-4676 | 0.00 | 0.00 | 0.00 | 0.00 | 0.00 | 11.37 |
| II | LGH-FJAT-4839 | 1.72 | 2.07 | 0.00 | 0.00 | 0.00 | 9.32 |
| II | tqr951 | 0.00 | 0.00 | 0.00 | 0.00 | 0.00 | 11.94 |
| II | LGH-FJAT-4678 | 0.00 | 0.00 | 0.00 | 0.00 | 0.00 | 7.30 |
| II | 20111106-TXN-FJAT-14653 | 4.47 | 1.89 | 1.01 | 2.47 | 0.15 | 5.84 |
| II | 20121109-FJAT-17032-zr | 1.58 | 3.54 | 1.06 | 5.26 | 0.00 | 5.55 |
| II | FJAT-2352 | 4.37 | 1.69 | 1.30 | 1.17 | 0.48 | 7.70 |
| II | FJAT-4517912-1 | 3.62 | 5.09 | 0.79 | 4.24 | 0.00 | 4.17 |
| II | FJAT-4517912-2 | 4.05 | 5.43 | 0.69 | 4.81 | 0.00 | 4.98 |
| II | FJAT-451796-2 | 3.24 | 2.12 | 0.71 | 2.89 | 0.00 | 6.13 |
| II | FJAT-451797-2 | 3.93 | 2.42 | 0.67 | 3.76 | 0.29 | 2.71 |
| II | FJAT-451798-2 | 3.70 | 2.89 | 0.58 | 5.00 | 0.00 | 2.94 |
| II | FJAT-451799-1 | 4.22 | 2.81 | 0.64 | 4.18 | 0.00 | 2.53 |
| II | FJAT-451799-2 | 3.49 | 2.91 | 0.60 | 4.79 | 0.00 | 2.94 |
| II | 20130329-ll-FJAT-16781 | 1.68 | 2.71 | 0.48 | 3.16 | 0.00 | 3.78 |
| II | FJAT-4517910-1 | 4.34 | 2.61 | 0.66 | 3.84 | 0.16 | 2.90 |
| II | FJAT-4517910-2 | 4.43 | 2.79 | 0.69 | 4.08 | 0.12 | 2.94 |
| II | FJAT-4517911-1 | 4.83 | 2.57 | 0.75 | 3.73 | 0.00 | 3.98 |
| II | FJAT-4517911-2 | 5.02 | 2.56 | 0.77 | 3.39 | 0.00 | 4.38 |
| II | FJAT-451796-1 | 3.91 | 1.97 | 0.71 | 2.64 | 0.00 | 4.16 |
| II | FJAT-451797-1 | 4.05 | 2.37 | 0.69 | 3.41 | 0.00 | 2.92 |
| II | FJAT-451798-1 | 4.17 | 2.79 | 0.64 | 4.19 | 0.00 | 2.56 |
| 脂肪酸 II 型 27 个菌株平均值 | | 3.06 | 2.35 | 0.57 | 2.65 | 0.09 | RMSTD=3.5292 |
| III | 20101208-WZX-FJAT-B2 | 3.96 | 2.31 | 0.37 | 6.12 | 0.00 | 11.61 |
| III | 20110315-WZX-FJAT-9-4-2 | 2.83 | 1.51 | 0.48 | 1.34 | 0.16 | 5.18 |
| III | 20110823-TXN-FJAT-14318 | 1.28 | 2.81 | 0.63 | 2.11 | 0.46 | 7.22 |
| III | LGF-20100809-FJAT-8766 | 1.28 | 2.42 | 0.41 | 5.77 | 0.46 | 10.99 |
| III | LGH-FJAT-4639 | 0.00 | 3.46 | 2.25 | 0.00 | 4.17 | 9.96 |
| III | 20110227-SDG-FJAT-11283 | 4.00 | 1.67 | 0.35 | 1.39 | 0.00 | 7.89 |
| III | FJAT-4746 | 4.95 | 1.40 | 0.27 | 1.26 | 0.00 | 11.06 |
| III | LGH-FJAT-4746 | 0.00 | 0.00 | 0.00 | 0.00 | 0.00 | 8.46 |
| III | tqr942 | 3.08 | 1.91 | 0.00 | 0.00 | 0.00 | 6.33 |
| III | 20111123-hu-100 | 4.48 | 1.50 | 0.55 | 0.20 | 0.28 | 12.74 |
| III | 20111123-hu-121 | 5.21 | 1.15 | 0.36 | 0.62 | 0.32 | 10.16 |
| III | CL C7-3 | 6.32 | 3.72 | 0.00 | 0.00 | 0.00 | 10.23 |
| III | 20101230-WZX-FJAT-10961 | 2.77 | 1.72 | 0.00 | 1.50 | 0.00 | 8.50 |
| III | 20110315-WZX-FJAT-9-1-1 | 2.62 | 1.58 | 0.88 | 1.49 | 1.25 | 5.59 |
| III | 20110315-WZX-FJAT-9-1-2 | 2.82 | 1.67 | 0.49 | 1.50 | 0.56 | 5.53 |

续表

| 型 | 菌株名称 | 14:0 iso | 16:1ω11c | c14:0 | 17:1 iso ω10c | c18:0 | 到中心的切比雪夫距离 |
|---|---|---|---|---|---|---|---|
| III | 20110315-WZX-FJAT-9-1-3 | 2.49 | 1.63 | 0.48 | 1.56 | 0.38 | 5.01 |
| III | 20110315-WZX-FJAT-9-2-3 | 2.85 | 1.59 | 0.44 | 1.29 | 0.26 | 2.98 |
| III | 20110315-WZX-FJAT-9-3-1 | 3.47 | 1.57 | 0.35 | 1.23 | 0.25 | 4.62 |
| III | 20110315-WZX-FJAT-9-3-2 | 2.94 | 1.81 | 0.52 | 1.41 | 0.21 | 4.24 |
| III | 20110315-WZX-FJAT-9-3-3 | 3.04 | 1.65 | 0.38 | 1.41 | 0.10 | 4.61 |
| III | 20110315-WZX-FJAT-9-4-1 | 2.84 | 1.72 | 0.42 | 1.53 | 0.50 | 5.04 |
| III | 20110315-WZX-FJAT-9-4-3 | 2.70 | 1.93 | 0.48 | 1.47 | 0.23 | 4.36 |
| III | 20110315-WZX-FJAT-9-5-1 | 2.81 | 1.74 | 0.34 | 1.43 | 0.16 | 4.89 |
| III | 20110315-WZX-FJAT-9-5-2 | 2.92 | 1.88 | 0.44 | 1.37 | 0.12 | 3.91 |
| III | 20110420-WZX-FJAT-9-27-1 | 2.47 | 1.57 | 0.55 | 1.24 | 0.43 | 3.42 |
| III | 20110420-WZX-FJAT-9-27-2 | 2.47 | 1.46 | 0.44 | 1.18 | 0.51 | 3.34 |
| III | 20110420-WZX-FJAT-9-27-3 | 2.48 | 1.46 | 0.59 | 1.21 | 0.00 | 3.24 |
| III | 20110420-WZX-FJAT-9-28-1 | 3.18 | 1.46 | 0.37 | 1.18 | 0.22 | 5.25 |
| III | 20110420-WZX-FJAT-9-28-2 | 3.16 | 1.44 | 0.37 | 1.14 | 0.24 | 5.28 |
| III | 20110420-WZX-FJAT-9-28-3 | 3.15 | 1.46 | 0.48 | 1.07 | 0.00 | 5.22 |
| III | 20110420-WZX-FJAT-9-29-1 | 2.53 | 1.58 | 0.45 | 1.28 | 0.00 | 2.92 |
| III | 20110420-WZX-FJAT-9-29-2 | 2.41 | 1.51 | 0.41 | 1.28 | 0.15 | 3.85 |
| III | 20110420-WZX-FJAT-9-29-3 | 2.49 | 1.58 | 0.53 | 1.23 | 0.00 | 3.08 |
| III | 20110420-WZX-FJAT-9-30-1 | 2.63 | 1.49 | 0.41 | 1.12 | 0.00 | 2.54 |
| III | 20110420-WZX-FJAT-9-30-2 | 2.63 | 1.49 | 0.41 | 1.18 | 0.00 | 2.38 |
| III | 20110420-WZX-FJAT-9-30-3 | 2.64 | 1.49 | 0.46 | 1.08 | 0.00 | 2.60 |
| III | 20110421-WZX-FJAT-9-21-3 | 2.68 | 1.49 | 0.60 | 1.14 | 0.74 | 4.27 |
| III | 20110421-WZX-FJAT-9-22-1 | 2.40 | 1.65 | 0.43 | 1.15 | 0.00 | 2.09 |
| III | 20110421-WZX-FJAT-9-22-2 | 2.47 | 1.50 | 0.00 | 1.15 | 0.00 | 2.27 |
| III | 20110421-WZX-FJAT-9-22-3 | 2.43 | 1.56 | 0.52 | 1.35 | 0.42 | 1.90 |
| III | 20110421-WZX-FJAT-9-23-1 | 2.42 | 1.46 | 0.44 | 1.21 | 0.00 | 2.70 |
| III | 20110421-WZX-FJAT-9-23-2 | 2.29 | 1.45 | 0.38 | 1.20 | 0.56 | 3.59 |
| III | 20110421-WZX-FJAT-9-23-3 | 2.45 | 1.52 | 0.36 | 1.17 | 0.00 | 2.77 |
| III | 20110421-WZX-FJAT-9-24-2 | 2.37 | 1.47 | 0.42 | 1.27 | 0.40 | 3.33 |
| III | 20110421-WZX-FJAT-9-24-3 | 2.51 | 1.45 | 0.44 | 1.16 | 0.00 | 2.86 |
| III | 20110421-WZX-FJAT-9-25-1 | 2.14 | 1.43 | 0.83 | 1.21 | 1.99 | 6.74 |
| III | 20110421-WZX-FJAT-9-25-2 | 2.11 | 1.41 | 0.82 | 1.13 | 2.01 | 6.64 |
| III | 20110421-WZX-FJAT-9-25-3 | 2.05 | 1.44 | 0.88 | 1.14 | 2.37 | 7.49 |
| III | 20110421-WZX-FJAT-9-31-1 | 2.10 | 1.34 | 0.54 | 1.23 | 1.18 | 4.67 |
| III | 20110421-WZX-FJAT-9-31-2 | 2.51 | 1.54 | 0.00 | 1.17 | 0.86 | 3.45 |
| III | 20110421-WZX-FJAT-9-31-3 | 2.55 | 1.33 | 0.00 | 1.19 | 0.97 | 3.58 |
| III | 20110421-WZX-FJAT-9-32-1 | 2.48 | 1.58 | 0.56 | 1.13 | 0.87 | 4.54 |
| III | 20110421-WZX-FJAT-9-32-2 | 2.41 | 1.58 | 0.47 | 1.25 | 0.00 | 4.90 |
| III | 20110421-WZX-FJAT-9-32-3 | 2.42 | 1.54 | 0.68 | 1.09 | 0.00 | 4.27 |
| III | 20110421-WZX-FJAT-9-33-1 | 2.78 | 1.44 | 0.61 | 1.19 | 1.13 | 5.42 |

续表

| 型 | 菌株名称 | 14:0 iso | 16:1ω11c | c14:0 | 17:1 iso ω10c | c18:0 | 到中心的切比雪夫距离 |
|---|---|---|---|---|---|---|---|
| III | 20110421-WZX-FJAT-9-33-2 | 2.81 | 1.57 | 0.00 | 1.18 | 1.31 | 5.66 |
| III | 20110421-WZX-FJAT-9-33-3 | 2.71 | 1.34 | 0.00 | 1.11 | 1.19 | 5.37 |
| III | 20110421-WZX-FJAT-9-34-1 | 2.86 | 1.30 | 1.39 | 1.20 | 2.77 | 6.89 |
| III | 20110421-WZX-FJAT-9-34-2 | 2.71 | 1.23 | 0.00 | 1.28 | 2.82 | 5.38 |
| III | 20110421-WZX-FJAT-9-34-3 | 2.55 | 1.39 | 0.81 | 0.96 | 3.01 | 5.51 |
| III | 20110601-LGH-FJAT-13938 | 3.17 | 1.24 | 1.09 | 0.87 | 2.54 | 6.93 |
| III | 20110622-LGH-FJAT-13390 | 1.52 | 3.08 | 0.86 | 2.50 | 0.60 | 5.17 |
| III | 20110705-LGH-FJAT-14030 | 3.33 | 2.37 | 0.53 | 1.06 | 0.31 | 8.36 |
| III | 20110707-LGH-FJAT-4557 | 2.78 | 2.43 | 0.55 | 1.78 | 0.42 | 3.46 |
| III | 20110718-LGH-FJAT-12268 | 3.16 | 2.52 | 0.51 | 2.91 | 0.00 | 5.53 |
| III | 20110718-LGH-FJAT-14080 | 1.70 | 2.76 | 0.88 | 2.12 | 2.59 | 5.27 |
| III | 20110729-LGH-FJAT-14125 | 2.59 | 2.00 | 0.34 | 2.01 | 0.00 | 2.98 |
| III | 20110729-LGH-FJAT-14128 | 2.47 | 1.84 | 0.50 | 1.49 | 0.96 | 2.86 |
| III | 20110729-LGH-FJAT-14130 | 2.45 | 1.80 | 0.41 | 1.33 | 0.37 | 2.89 |
| III | 20110729-LGH-FJAT-14131 | 2.69 | 1.87 | 0.46 | 1.20 | 0.00 | 4.06 |
| III | 20110823-TXN-FJAT-14164 | 2.06 | 1.58 | 0.65 | 1.20 | 1.98 | 3.20 |
| III | 20110823-TXN-FJAT-14196 | 2.49 | 1.41 | 0.36 | 1.23 | 0.32 | 3.07 |
| III | 20110826-LGH-FJAT-C6（H4） | 2.88 | 1.67 | 0.35 | 1.34 | 0.36 | 2.00 |
| III | 20110902-YQ-FJAT-14290 | 2.27 | 2.32 | 0.00 | 1.30 | 0.00 | 4.77 |
| III | 201110-20-TXN-FJAT-14561 | 0.91 | 2.92 | 0.52 | 3.00 | 0.51 | 9.11 |
| III | 20111123-hu-113 | 1.12 | 1.58 | 0.50 | 0.51 | 0.20 | 12.12 |
| III | 20111123-hu-131 | 3.80 | 1.91 | 0.89 | 0.98 | 0.98 | 4.87 |
| III | cl-s11 | 2.85 | 1.94 | 0.46 | 0.00 | 0.40 | 9.74 |
| III | FJAT-4639 | 1.53 | 3.23 | 0.50 | 3.97 | 0.28 | 7.71 |
| III | LGH-FJAT-4748 | 0.00 | 4.65 | 0.00 | 0.00 | 0.00 | 9.77 |
| III | LGH-FJAT-4751 | 2.69 | 2.12 | 0.00 | 0.00 | 0.00 | 7.34 |
| III | ZXF-20091216-OrgSn-44 | 3.49 | 1.50 | 0.43 | 1.38 | 0.44 | 6.08 |
| III | ZXF-20091216-OrgSn-51 | 2.50 | 2.59 | 0.70 | 2.54 | 1.32 | 5.31 |
| III | 20111031-TXN-FJAT-14503 | 0.76 | 3.23 | 0.70 | 2.86 | 0.20 | 11.56 |
| III | 20111106-TXN-FJAT-14641 | 2.84 | 1.38 | 0.46 | 1.44 | 0.11 | 7.31 |
| III | 20120224-TXN-FJAT-14763 | 1.06 | 3.26 | 0.60 | 5.79 | 0.20 | 8.23 |
| III | 20121106-FJAT-16995-zr | 2.55 | 2.02 | 0.46 | 1.86 | 0.13 | 6.79 |
| III | 20121107-FJAT-17056-zr | 1.38 | 1.77 | 0.45 | 3.61 | 0.00 | 8.35 |
| III | 20121109-FJAT-16995-ZR | 2.59 | 2.04 | 0.50 | 1.83 | 0.11 | 7.03 |
| III | 20130401-ll-FJAT-16847 | 1.41 | 3.66 | 0.52 | 6.45 | 0.17 | 11.57 |
| III | 20130401-ll-FJAT-16867 | 2.33 | 3.66 | 0.70 | 4.06 | 0.40 | 5.93 |
| III | 20130403-ll-FJAT-16929 | 2.04 | 2.93 | 1.49 | 5.10 | 0.24 | 9.12 |
| III | 20131129-LGH-FJAT-4678 | 1.36 | 2.02 | 0.56 | 3.18 | 0.29 | 8.48 |
| III | FJAT-26937-2 | 5.62 | 2.47 | 1.20 | 2.03 | 1.07 | 10.70 |
| III | 20140506-ZMX-FJAT-20213 | 5.21 | 1.52 | 0.61 | 0.98 | 0.00 | 7.35 |

续表

| 型 | 菌株名称 | 14:0 iso | 16:1ω11c | c14:0 | 17:1 iso ω10c | c18:0 | 到中心的切比雪夫距离 |
|---|---|---|---|---|---|---|---|
| III | 20111126-TXN-FJAT-14518 | 1.81 | 2.01 | 0.69 | 1.43 | 0.00 | 6.97 |
| III | 20111205-LGH-FJAT-9 | 1.84 | 2.02 | 0.46 | 1.48 | 0.24 | 5.83 |
| III | 20120224-TXN-FJAT-14701 | 1.63 | 1.75 | 0.59 | 1.35 | 0.24 | 7.95 |
| III | 20120224-TXN-FJAT-14770 | 4.54 | 0.97 | 0.44 | 0.34 | 0.06 | 7.04 |
| III | 20121030-FJAT-17411-ZR | 3.58 | 1.82 | 1.19 | 2.07 | 0.25 | 11.00 |
| III | 20130124-LGH-FJAT-9-36h | 5.89 | 1.60 | 0.50 | 1.14 | 0.00 | 8.42 |
| III | 20130131-TXN-FJAT-14619 | 6.29 | 1.56 | 0.88 | 2.16 | 0.10 | 10.48 |
| III | 20140325-LGH-FJAT-22146 | 4.99 | 1.13 | 1.18 | 1.27 | 0.71 | 13.50 |
| III | 20140325-LGH-FJAT-22146 | 4.30 | 1.02 | 1.04 | 1.73 | 0.50 | 12.69 |
| III | FJAT-26937-1 | 5.78 | 2.44 | 1.00 | 1.69 | 0.92 | 11.32 |
| III | 20111106-TXN-FJAT-14651 | 2.24 | 2.69 | 0.80 | 1.79 | 0.24 | 8.42 |
| III | 20111106-TXN-FJAT-14667 | 1.74 | 1.93 | 1.37 | 1.48 | 1.17 | 3.96 |
| III | 20111107-TXN-FJAT-14646 | 2.17 | 4.78 | 3.97 | 1.29 | 0.11 | 6.42 |
| III | 20111107-TXN-FJAT-14669 | 1.39 | 2.96 | 0.56 | 3.82 | 0.08 | 9.11 |
| III | 20111114-hu-23 | 3.34 | 1.65 | 0.61 | 1.38 | 0.81 | 2.76 |
| III | 20111126-TXN-FJAT-14510 | 2.41 | 1.82 | 0.61 | 1.03 | 0.28 | 3.77 |
| III | 20120224-TXN-FJAT-14731 | 2.11 | 3.42 | 0.83 | 2.00 | 0.18 | 6.67 |
| III | 20120224-TXN-FJAT-14765 | 2.09 | 3.17 | 0.61 | 1.27 | 0.11 | 5.31 |
| III | 20120224-TXN-FJAT-14767 | 2.48 | 1.44 | 0.53 | 1.32 | 0.10 | 8.30 |
| III | 20120328-LGH-FJAT-4839 | 2.19 | 2.31 | 0.73 | 2.41 | 1.16 | 5.18 |
| III | 20120606-LGH-FJAT-9 | 2.11 | 1.71 | 0.42 | 1.41 | 0.32 | 7.61 |
| III | 20120615-LGH-FJAT-9-1 | 1.66 | 1.80 | 0.39 | 1.52 | 0.20 | 6.08 |
| III | 20120615-LGH-FJAT-9-3 | 1.68 | 1.81 | 0.33 | 1.56 | 0.24 | 5.26 |
| III | 20121107-FJAT-16960-zr | 1.28 | 3.20 | 0.66 | 4.95 | 0.70 | 9.54 |
| III | 20130115-CYP-FJAT-17200 | 2.11 | 2.36 | 0.59 | 2.04 | 0.11 | 5.26 |
| III | 20130116-LGH-FJAT-9-37c | 2.16 | 1.78 | 0.53 | 1.16 | 0.25 | 2.01 |
| III | 20130116-LGH-FJAT-9-48h | 2.96 | 2.06 | 0.46 | 1.82 | 0.36 | 3.65 |
| III | 20130116-LGH-FJAT-9-72h | 3.27 | 1.65 | 0.57 | 1.55 | 2.02 | 6.11 |
| III | 20130125-ZMX-FJAT-17680 | 1.38 | 2.38 | 0.53 | 2.51 | 0.15 | 6.53 |
| III | 20130327-TXN-FJAT-16662 | 2.33 | 2.16 | 0.32 | 1.90 | 0.22 | 4.27 |
| III | 20130403-ll-FJAT-16925 | 1.40 | 2.85 | 0.54 | 2.67 | 0.30 | 6.40 |
| III | 20131129-LGH-FJAT-4658 | 3.90 | 1.35 | 0.35 | 1.84 | 0.26 | 8.15 |
| III | XKC17209 | 2.56 | 2.62 | 0.45 | 2.68 | 0.29 | 6.51 |
| III | 20111101-TXN-FJAT-14493 | 2.71 | 2.59 | 0.00 | 1.28 | 1.95 | 7.90 |
| 脂肪酸 III 型 129 个菌株平均值 | | 2.64 | 1.95 | 0.56 | 1.66 | 0.53 | RMSTD=3.9156 |

*脂肪酸含量单位为%

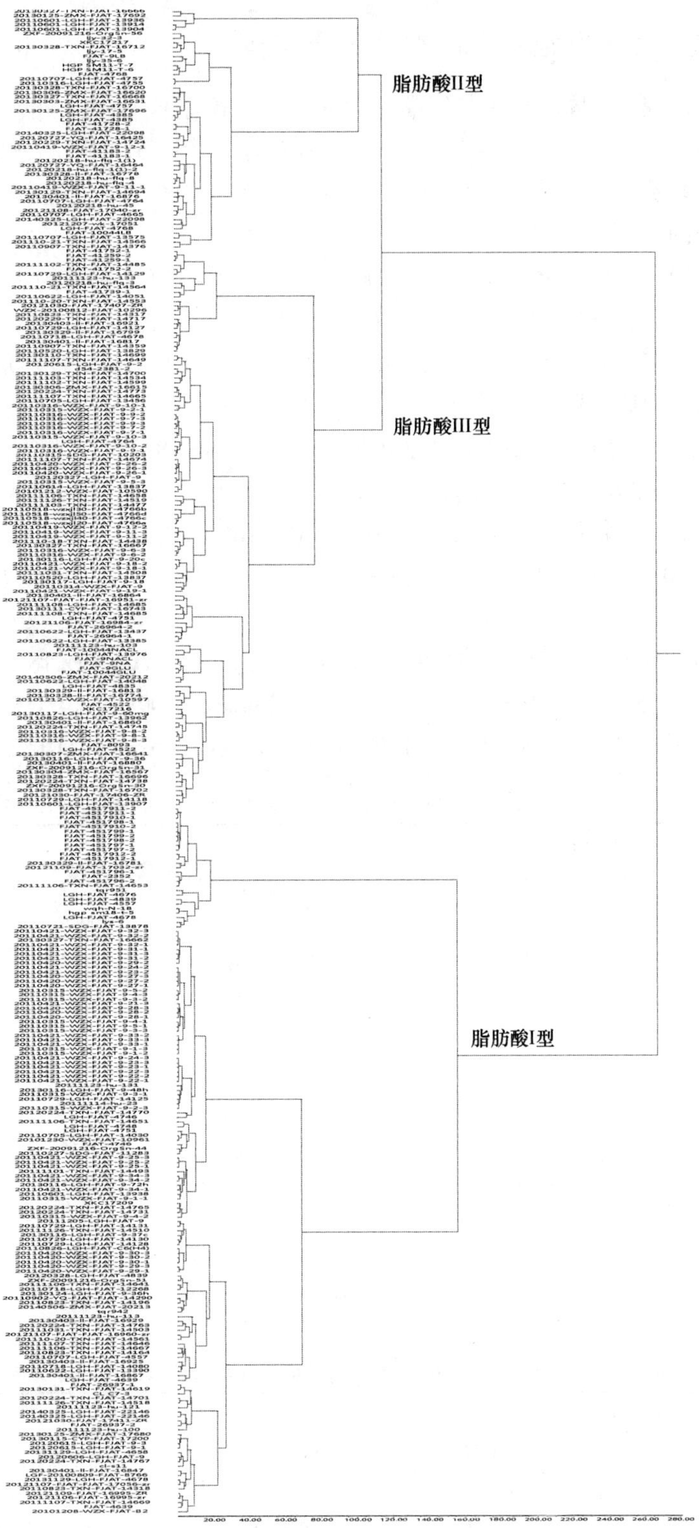


图 7-5-5　球形赖氨酸芽胞杆菌（*Lysinibacillus sphaericus*）脂肪酸型聚类分析（切比雪夫距离）

## 3. 球形赖氨酸芽胞杆菌脂肪酸型判别模型建立

（1）分析原理。不同的球形赖氨酸芽胞杆菌菌株具有不同的脂肪酸组构成，通过上述聚类分析，可将球形赖氨酸芽胞杆菌菌株分为 3 类，利用逐步判别的方法（DPS 软件），建立球形赖氨酸芽胞杆菌菌株脂肪酸型判别模型，在建立模型的过程中，可以了解各因子对类别划分的重要性。

（2）数据矩阵。以表 7-5-26 的球形赖氨酸芽胞杆菌 332 个菌株的 12 个脂肪酸为矩阵，自变量 $x_{ij}$（$i$=1,…,332；$j$=1,…,12）由 332 个菌株的 12 个脂肪酸组成，因变量 $Y_i$（$i$=1,…,332）由 332 个菌株聚类类别组成脂肪酸型，采用贝叶斯逐步判别分析，建立球形赖氨酸芽胞杆菌菌株脂肪酸型判别模型。球形赖氨酸芽胞杆菌脂肪酸型判别模型入选因子见表 7-5-27，脂肪酸型类别间判别效果检验见表 7-5-28，模型计算后的分类验证和后验概率见表 7-5-29，脂肪酸型判别效果矩阵分析见表 7-5-30。建立的逐步判别分析因子筛选表明，以下 6 个因子入选：$x_{(2)}$=15:0 iso、$x_{(3)}$=16:0 iso、$x_{(7)}$=17:0 iso、$x_{(9)}$=16:1ω11c、$x_{(11)}$=17:1 iso ω10c、$x_{(12)}$=c18:0，表明这些因子对脂肪酸型的判别具有显著贡献。判别模型如下：

$$Y_1=-186.0313+5.9379x_{(2)}+6.4124x_{(3)}+0.0163x_{(7)}+9.6216x_{(9)}+4.2397x_{(11)}+13.1863x_{(12)} \quad (7\text{-}5\text{-}13)$$

$$Y_2=-274.7464+7.4157x_{(2)}+7.3889x_{(3)}-0.7707x_{(7)}+10.6526x_{(9)}+5.2209x_{(11)}+14.5557x_{(12)} \quad (7\text{-}5\text{-}14)$$

$$Y_3=-222.6391+6.6020x_{(2)}+6.8104x_{(3)}+0.1902x_{(7)}+9.56x_{(9)}+4.3365x_{(11)}+14.0122x_{(12)} \quad (7\text{-}5\text{-}15)$$

**表 7-5-27 球形赖氨酸芽胞杆菌（*Lysinibacillus sphaericus*）脂肪酸型判别模型入选因子**

| 脂肪酸 | Wilks 统计量 | *F* 值 | df | *P* | 入选状态 |
|---|---|---|---|---|---|
| 15:0 anteiso | 0.9986 | 0.2229 | 2，323 | 0.8004 | |
| 15:0 iso | 0.4312 | 213.6689 | 2，324 | 0.0000 | （已入选） |
| 16:0 iso | 0.8240 | 34.6114 | 2，324 | 0.0000 | （已入选） |
| c16:0 | 0.9935 | 1.0503 | 2，323 | 0.3510 | |
| 17:0 anteiso | 0.9995 | 0.0786 | 2，323 | 0.9244 | |
| 16:1ω7c alcohol | 0.9840 | 2.6224 | 2，323 | 0.0742 | |
| 17:0 iso | 0.8744 | 23.2608 | 2，324 | 0.0000 | （已入选） |
| 14:0 iso | 0.9971 | 0.4753 | 2，323 | 0.6221 | |
| 16:1ω11c | 0.9561 | 7.4314 | 2，324 | 0.0007 | （已入选） |
| c14:0 | 0.9987 | 0.2023 | 2，323 | 0.8170 | |
| 17:1 iso ω10c | 0.9633 | 6.1645 | 2，324 | 0.0023 | （已入选） |
| c18:0 | 0.9709 | 4.8623 | 2，324 | 0.0083 | （已入选） |

**表 7-5-28 球形赖氨酸芽胞杆菌（*Lysinibacillus sphaericus*）脂肪酸型两两分类间判别效果检验**

| 脂肪酸型 *i* | 脂肪酸型 *j* | 马氏距离 | *F* 值 | 自由度 $V_1$ | $V_2$ | *P* |
|---|---|---|---|---|---|---|
| I | II | 27.1576 | 104.3446 | 6 | 196 | $1\times10^{-7}$ |
| I | III | 6.1564 | 75.2193 | 6 | 298 | $1\times10^{-7}$ |
| II | III | 9.9591 | 36.4962 | 6 | 149 | $1\times10^{-7}$ |

表 7-5-29 球形赖氨酸芽胞杆菌（*Lysinibacillus sphaericus*）模型计算后的分类验证和后验概率

| 菌株名称 | 原分类 | 计算分类 | 后验概率 | 菌株名称 | 原分类 | 计算分类 | 后验概率 |
|---|---|---|---|---|---|---|---|
| 20110601-LGH-FJAT-13907 | 1 | 1 | 0.98 | 20110316-WZX-FJAT-9-9-2 | 1 | 1 | 0.63 |
| 20110622-LGH-FJAT-13385 | 1 | 1 | 0.84 | 20110316-WZX-FJAT-9-9-3 | 1 | 3* | 0.65 |
| FJAT-4522 | 1 | 1 | 0.99 | 20110419-WZX-FJAT-9-11-2 | 1 | 1 | 0.98 |
| LGH-FJAT-4522 | 1 | 1 | 0.84 | 20110419-WZX-FJAT-9-11-3 | 1 | 1 | 0.98 |
| 20110520-LGH-FJAT-13829 | 1 | 1 | 0.72 | 20110419-WZX-FJAT-9-12-2 | 1 | 1 | 0.98 |
| 20110718-LGH-FJAT-4678 | 1 | 1 | 0.88 | 20110420-WZX-FJAT-9-26-1 | 1 | 1 | 0.55 |
| 20110729-LGH-FJAT-14127 | 1 | 1 | 0.52 | 20110420-WZX-FJAT-9-26-2 | 1 | 1 | 0.72 |
| 20110907-TXN-FJAT-14359 | 1 | 1 | 0.64 | 20110420-WZX-FJAT-9-26-3 | 1 | 1 | 0.57 |
| LGH-FJAT-4751 | 1 | 3* | 0.52 | 20110421-WZX-FJAT-9-18-1 | 1 | 1 | 0.99 |
| 20110421-WZX-FJAT-9-19-1 | 1 | 1 | 0.99 | 20110421-WZX-FJAT-9-18-2 | 1 | 1 | 0.99 |
| 20110518-wzxjl20-FJAT-4766a | 1 | 1 | 0.78 | 20110518-wzxjl30-FJAT-4766b | 1 | 3* | 0.63 |
| 20110518-wzxjl40-FJAT-4766c | 1 | 1 | 0.76 | 20110614-LGH-FJAT-13837 | 1 | 3* | 0.78 |
| 20110518-wzxjl50-FJAT-4766d | 1 | 1 | 0.85 | 20110622-LGH-FJAT-13437 | 1 | 1 | 0.91 |
| 20110520-LGH-FJAT-13837 | 1 | 1 | 0.85 | 20110707-LGH-FJAT-4757 | 1 | 1 | 1.00 |
| 20110622-LGH-FJAT-14048 | 1 | 1 | 0.93 | 20110729-LGH-FJAT-14118 | 1 | 1 | 0.98 |
| 20110622-LGH-FJAT-14051 | 1 | 1 | 1.00 | FJAT-8093 | 1 | 3* | 0.91 |
| 20110729-LGH-FJAT-14129 | 1 | 1 | 0.93 | LGH-FJAT-4764 | 1 | 1 | 0.88 |
| 20110823-LGH-FJAT-13976 | 1 | 1 | 0.74 | LGH-FJAT-4768 | 1 | 1 | 0.99 |
| 20110823-TXN-FJAT-14317 | 1 | 1 | 0.92 | LGH-FJAT-4835 | 1 | 1 | 1.00 |
| 20110907-TXN-FJAT-14376 | 1 | 1 | 1.00 | 20101212-WZX-FJAT-10597 | 1 | 1 | 1.00 |
| 201110-20-TXN-FJAT-14553 | 1 | 1 | 0.73 | 20110316-WZX-FJAT-9-10-1 | 1 | 1 | 0.83 |
| 201110-21-TXN-FJAT-14564 | 1 | 1 | 1.00 | 20110316-WZX-FJAT-9-7-1 | 1 | 1 | 0.76 |
| 201110-21-TXN-FJAT-14566 | 1 | 1 | 1.00 | 20110316-WZX-FJAT-9-8-1 | 1 | 1 | 0.74 |
| 20111123-hu-103 | 1 | 1 | 0.99 | 20110316-WZX-FJAT-9-8-2 | 1 | 1 | 0.64 |
| 20111123-hu-133 | 1 | 1 | 0.98 | 20110419-WZX-FJAT-9-11-1 | 1 | 1 | 0.99 |
| WZX-20100812-FJAT-10296 | 1 | 1 | 0.82 | 20110419-WZX-FJAT-9-12-1 | 1 | 1 | 0.99 |
| 20101212-WZX-FJAT-10590 | 1 | 3* | 0.63 | 20110601-LGH-FJAT-13904 | 1 | 1 | 1.00 |
| 20110314-WZX-FJAT-9 | 1 | 1 | 0.98 | 20110601-LGH-FJAT-13914 | 1 | 1 | 1.00 |
| 20110315-SDG-FJAT-10203 | 1 | 1 | 0.81 | 20110601-LGH-FJAT-13936 | 1 | 1 | 1.00 |
| 20110315-WZX-FJAT-9-10-3 | 1 | 1 | 0.75 | 20110705-LGH-FJAT-13456 | 1 | 1 | 0.98 |
| 20110315-WZX-FJAT-9-2-1 | 1 | 1 | 0.92 | 20110707-LGH-FJAT-13575 | 1 | 1 | 1.00 |
| 20110315-WZX-FJAT-9-5-3 | 1 | 1 | 0.53 | 20110707-LGH-FJAT-4665 | 1 | 1 | 0.96 |
| 20110316-LGH-FJAT-4755 | 1 | 1 | 1.00 | 20110707-LGH-FJAT-4764 | 1 | 1 | 0.97 |
| 20110316-WZX-FJAT-9-10-2 | 1 | 1 | 0.86 | 20110826-LGH-FJAT-13962 | 1 | 1 | 0.54 |
| 20110316-WZX-FJAT-9-6-2 | 1 | 1 | 0.89 | 201110-18-TXN-FJAT-14438 | 1 | 1 | 0.97 |
| 20110316-WZX-FJAT-9-6-3 | 1 | 1 | 0.90 | FJAT-4768 | 1 | 1 | 0.99 |
| 20110316-WZX-FJAT-9-7-2 | 1 | 3* | 0.55 | HGP SM11-T-6 | 1 | 1 | 0.98 |
| 20110316-WZX-FJAT-9-7-3 | 1 | 1 | 0.54 | HGP SM11-T-7 | 1 | 1 | 0.97 |
| 20110316-WZX-FJAT-9-8-3 | 1 | 1 | 0.60 | LGH-FJAT-4385 | 1 | 1 | 1.00 |
| 20110316-WZX-FJAT-9-9-1 | 1 | 1 | 0.79 | LGH-FJAT-4385 | 1 | 1 | 1.00 |

续表

| 菌株名称 | 原分类 | 计算分类 | 后验概率 | 菌株名称 | 原分类 | 计算分类 | 后验概率 |
|---|---|---|---|---|---|---|---|
| LGH-FJAT-4757 | 1 | 1 | 1.00 | 20111103-TXN-FJAT-14534 | 1 | 1 | 0.78 |
| ljy-17-5 | 1 | 1 | 0.99 | 20111107-TXN-FJAT-14674 | 1 | 1 | 0.85 |
| ljy-32-3 | 1 | 1 | 0.84 | 20120218-hu-45 | 1 | 1 | 0.99 |
| ljy-35-6 | 1 | 1 | 1.00 | 20120218-hu-flq-1(1)-2 | 1 | 1 | 0.99 |
| ZXF-20091216-OrgSn-30 | 1 | 1 | 0.98 | 20120218-hu-flq-4 | 1 | 1 | 0.99 |
| ZXF-20091216-OrgSn-31 | 1 | 1 | 0.93 | 20120218-hu-flq-8 | 1 | 1 | 0.99 |
| ZXF-20091216-OrgSn-56 | 1 | 1 | 0.95 | 20120327-LGH-FJAT-9 | 1 | 1 | 0.55 |
| 20111108-TXN-FJAT-14685 | 1 | 1 | 0.56 | 20120615-LGH-FJAT-9-2 | 1 | 1 | 0.95 |
| 20121030-FJAT-17406-zr | 1 | 1 | 1.00 | 20121207-wk-17051 | 1 | 1 | 1.00 |
| 20121106-FJAT-16984-zr | 1 | 1 | 0.95 | 20130117-LGH-FJAT-9-18 | 1 | 1 | 1.00 |
| 20130111-CYP-FJAT-16743 | 1 | 3* | 0.57 | 20130117-LGH-FJAT-9-60mg | 1 | 1 | 0.97 |
| 20130328-TXN-FJAT-16696 | 1 | 1 | 0.67 | 20130304-ZMX-FJAT-16567 | 1 | 1 | 0.89 |
| 20130328-TXN-FJAT-16702 | 1 | 1 | 0.99 | 20130327-TXN-FJAT-16667 | 1 | 1 | 0.97 |
| FJAT-26964-1 | 1 | 1 | 0.74 | 20130328-ll-FJAT-16778 | 1 | 1 | 1.00 |
| 20111108-LGH-FJAT-14685 | 1 | 1 | 0.54 | 20140325-LGH-FJAT-22098 | 1 | 1 | 1.00 |
| 20120229-TXN-FJAT-14717 | 1 | 1 | 0.64 | FJAT-26964-2 | 1 | 1 | 0.57 |
| 20121107-FJAT-16951-zr | 1 | 3* | 0.93 | FJAT-41183-1 | 1 | 1 | 0.97 |
| 20130116-LGH-FJAT-9-20c | 1 | 1 | 1.00 | FJAT-41183-2 | 1 | 1 | 0.98 |
| 20130116-LGH-FJAT-9-36 | 1 | 1 | 0.91 | 20111106-TXN-FJAT-14658 | 1 | 3* | 0.90 |
| 20130329-ll-FJAT-16799 | 1 | 1 | 0.95 | 20111107-TXN-FJAT-14649 | 1 | 1 | 0.91 |
| 20130401-ll-FJAT-16817 | 1 | 1 | 0.88 | 20111107-TXN-FJAT-14665 | 1 | 1 | 0.95 |
| 20130403-ll-FJAT-16921 | 1 | 1 | 0.82 | 20111126-TXN-FJAT-14519 | 1 | 3* | 0.96 |
| 20111031-TXN-FJAT-14508 | 1 | 1 | 0.99 | 20120218-hu-flq-1（1） | 1 | 1 | 1.00 |
| 20111102-TXN-FJAT-14485 | 1 | 1 | 0.91 | 20120224-TXN-FJAT-14738 | 1 | 1 | 0.74 |
| 20120218-hu-flq-3 | 1 | 1 | 0.99 | 20120224-TXN-FJAT-14745 | 1 | 1 | 0.77 |
| 20121030-FJAT-17407-zr | 1 | 1 | 0.97 | 20120224-TXN-FJAT-14773 | 1 | 1 | 0.98 |
| 20140506-ZMX-FJAT-20212 | 1 | 3* | 0.69 | 20120229-TXN-FJAT-14724 | 1 | 1 | 1.00 |
| FJAT-10044GLU | 1 | 1 | 0.93 | 20120727-YQ-FJAT-16425 | 1 | 1 | 1.00 |
| FJAT-10044LB | 1 | 1 | 1.00 | 20120727-YQ-FJAT-16464 | 1 | 1 | 0.99 |
| FJAT-10044NACL | 1 | 1 | 0.95 | 20121108-FJAT-17040-zr | 1 | 1 | 0.98 |
| FJAT-41259-1 | 1 | 1 | 0.88 | 20130110-TXN-FJAT-14699 | 1 | 1 | 0.84 |
| FJAT-41259-2 | 1 | 1 | 0.88 | 20130125-ZMX-FJAT-17692 | 1 | 1 | 1.00 |
| FJAT-41739-1 | 1 | 1 | 0.96 | 20130125-ZMX-FJAT-17696 | 1 | 1 | 1.00 |
| FJAT-41752-1 | 1 | 1 | 0.92 | 20130129-TXN-FJAT-14694 | 1 | 1 | 0.99 |
| FJAT-41752-2 | 1 | 1 | 0.97 | 20130129-TXN-FJAT-14700 | 1 | 1 | 0.97 |
| FJAT-9GLU | 1 | 1 | 0.73 | 20130303-ZMX-FJAT-16631 | 1 | 1 | 1.00 |
| FJAT-9NA | 1 | 1 | 0.69 | 20130306-ZMX-FJAT-16615 | 1 | 1 | 0.96 |
| FJAT-9NACL | 1 | 1 | 0.84 | 20130306-ZMX-FJAT-16620 | 1 | 1 | 1.00 |
| 20111102-TXN-FJAT-14599 | 1 | 1 | 0.55 | 20130307-ZMX-FJAT-16641 | 1 | 1 | 0.97 |
| 20111103-TXN-FJAT-14477 | 1 | 3* | 0.89 | 20130327-TXN-FJAT-16666 | 1 | 1 | 1.00 |

续表

| 菌株名称 | 原分类 | 计算分类 | 后验概率 | 菌株名称 | 原分类 | 计算分类 | 后验概率 |
|---|---|---|---|---|---|---|---|
| 20130327-TXN-FJAT-16668 | 1 | 1 | 1.00 | FJAT-451796-1 | 2 | 2 | 0.92 |
| 20130328-ll-FJAT-16774 | 1 | 1 | 1.00 | FJAT-451797-1 | 2 | 2 | 0.99 |
| 20130328-TXN-FJAT-16700 | 1 | 1 | 1.00 | FJAT-451798-1 | 2 | 2 | 1.00 |
| 20130328-TXN-FJAT-16712 | 1 | 1 | 1.00 | 20101208-WZX-FJAT-B2 | 3 | 3 | 0.90 |
| 20130329-ll-FJAT-16813 | 1 | 1 | 1.00 | 20110315-WZX-FJAT-9-4-2 | 3 | 3 | 0.53 |
| 20130401-ll-FJAT-16860 | 1 | 1 | 0.73 | 20110823-TXN-FJAT-14318 | 3 | 3 | 0.97 |
| 20130401-ll-FJAT-16864 | 1 | 1 | 0.53 | LGF-20100809-FJAT-8766 | 3 | 2* | 0.59 |
| 20130401-ll-FJAT-16876 | 1 | 1 | 0.98 | LGH-FJAT-4639 | 3 | 3 | 0.99 |
| 20130401-ll-FJAT-16880 | 1 | 1 | 0.83 | 20110227-SDG-FJAT-11283 | 3 | 3 | 0.95 |
| 20140325-LGH-FJAT-22098 | 1 | 1 | 0.98 | FJAT-4746 | 3 | 3 | 0.90 |
| d54-2381-2 | 1 | 1 | 0.81 | LGH-FJAT-4746 | 3 | 3 | 1.00 |
| FJAT-41728-1 | 1 | 1 | 1.00 | tqr942 | 3 | 3 | 0.94 |
| FJAT-41728-2 | 1 | 1 | 1.00 | 20111123-hu-100 | 3 | 3 | 0.93 |
| FJAT-9LB | 1 | 1 | 1.00 | 20111123-hu-121 | 3 | 3 | 0.92 |
| XKC17216 | 1 | 1 | 0.94 | CL C7-3 | 3 | 3 | 0.60 |
| XKC17217 | 1 | 1 | 0.99 | 20101230-WZX-FJAT-10961 | 3 | 3 | 0.75 |
| 20110721-SDG-FJAT-13878 | 2 | 2 | 0.89 | 20110315-WZX-FJAT-9-1-1 | 3 | 3 | 0.74 |
| hgp sm18-t-5 | 2 | 3* | 0.75 | 20110315-WZX-FJAT-9-1-2 | 3 | 3 | 0.85 |
| lys-6 | 2 | 2 | 0.78 | 20110315-WZX-FJAT-9-1-3 | 3 | 3 | 0.79 |
| wqh-N-18 | 2 | 3* | 0.89 | 20110315-WZX-FJAT-9-2-3 | 3 | 3 | 0.91 |
| LGH-FJAT-4557 | 2 | 2 | 0.99 | 20110315-WZX-FJAT-9-3-1 | 3 | 3 | 0.95 |
| LGH-FJAT-4676 | 2 | 2 | 1.00 | 20110315-WZX-FJAT-9-3-2 | 3 | 3 | 0.79 |
| LGH-FJAT-4839 | 2 | 2 | 0.98 | 20110315-WZX-FJAT-9-3-3 | 3 | 3 | 0.85 |
| tqr951 | 2 | 2 | 1.00 | 20110315-WZX-FJAT-9-4-1 | 3 | 3 | 0.84 |
| LGH-FJAT-4678 | 2 | 3* | 0.94 | 20110315-WZX-FJAT-9-4-3 | 3 | 3 | 0.77 |
| 20111106-TXN-FJAT-14653 | 2 | 2 | 0.67 | 20110315-WZX-FJAT-9-5-1 | 3 | 3 | 0.87 |
| 20121109-FJAT-17032-zr | 2 | 2 | 0.88 | 20110315-WZX-FJAT-9-5-2 | 3 | 3 | 0.84 |
| FJAT-2352 | 2 | 3* | 0.81 | 20110420-WZX-FJAT-9-27-1 | 3 | 3 | 0.90 |
| FJAT-4517912-1 | 2 | 2 | 1.00 | 20110420-WZX-FJAT-9-27-2 | 3 | 3 | 0.92 |
| FJAT-4517912-2 | 2 | 2 | 1.00 | 20110420-WZX-FJAT-9-27-3 | 3 | 3 | 0.89 |
| FJAT-451796-2 | 2 | 2 | 0.74 | 20110420-WZX-FJAT-9-28-1 | 3 | 3 | 0.92 |
| FJAT-451797-2 | 2 | 2 | 0.98 | 20110420-WZX-FJAT-9-28-2 | 3 | 3 | 0.94 |
| FJAT-451798-2 | 2 | 2 | 1.00 | 20110420-WZX-FJAT-9-28-3 | 3 | 3 | 0.92 |
| FJAT-451799-1 | 2 | 2 | 0.99 | 20110420-WZX-FJAT-9-29-1 | 3 | 3 | 0.89 |
| FJAT-451799-2 | 2 | 2 | 0.99 | 20110420-WZX-FJAT-9-29-2 | 3 | 3 | 0.80 |
| 20130329-ll-FJAT-16781 | 2 | 2 | 0.71 | 20110420-WZX-FJAT-9-29-3 | 3 | 3 | 0.89 |
| FJAT-4517910-1 | 2 | 2 | 1.00 | 20110420-WZX-FJAT-9-30-1 | 3 | 3 | 0.96 |
| FJAT-4517910-2 | 2 | 2 | 1.00 | 20110420-WZX-FJAT-9-30-2 | 3 | 3 | 0.96 |
| FJAT-4517911-1 | 2 | 2 | 1.00 | 20110420-WZX-FJAT-9-30-3 | 3 | 3 | 0.97 |
| FJAT-4517911-2 | 2 | 2 | 1.00 | 20110421-WZX-FJAT-9-21-3 | 3 | 3 | 0.94 |

续表

| 菌株名称 | 原分类 | 计算分类 | 后验概率 | 菌株名称 | 原分类 | 计算分类 | 后验概率 |
|---|---|---|---|---|---|---|---|
| 20110421-WZX-FJAT-9-22-1 | 3 | 3 | 0.93 | cl-s11 | 3 | 3 | 0.68 |
| 20110421-WZX-FJAT-9-22-2 | 3 | 3 | 0.94 | FJAT-4639 | 3 | 3 | 0.96 |
| 20110421-WZX-FJAT-9-22-3 | 3 | 3 | 0.95 | LGH-FJAT-4748 | 3 | 1* | 0.52 |
| 20110421-WZX-FJAT-9-23-1 | 3 | 3 | 0.94 | LGH-FJAT-4751 | 3 | 3 | 0.60 |
| 20110421-WZX-FJAT-9-23-2 | 3 | 3 | 0.94 | ZXF-20091216-OrgSn-44 | 3 | 3 | 0.96 |
| 20110421-WZX-FJAT-9-23-3 | 3 | 3 | 0.95 | ZXF-20091216-OrgSn-51 | 3 | 3 | 0.97 |
| 20110421-WZX-FJAT-9-24-2 | 3 | 3 | 0.93 | 20111031-TXN-FJAT-14503 | 3 | 3 | 0.91 |
| 20110421-WZX-FJAT-9-24-3 | 3 | 3 | 0.93 | 20111106-TXN-FJAT-14641 | 3 | 3 | 0.97 |
| 20110421-WZX-FJAT-9-25-1 | 3 | 3 | 0.69 | 20120224-TXN-FJAT-14763 | 3 | 3 | 0.67 |
| 20110421-WZX-FJAT-9-25-2 | 3 | 3 | 0.73 | 20121106-FJAT-16995-zr | 3 | 3 | 0.94 |
| 20110421-WZX-FJAT-9-25-3 | 3 | 3 | 0.68 | 20121107-FJAT-17056-zr | 3 | 3 | 0.98 |
| 20110421-WZX-FJAT-9-31-1 | 3 | 3 | 0.89 | 20121109-FJAT-16995-ZR | 3 | 3 | 0.93 |
| 20110421-WZX-FJAT-9-31-2 | 3 | 3 | 0.92 | 20130401-ll-FJAT-16847 | 3 | 2* | 0.73 |
| 20110421-WZX-FJAT-9-31-3 | 3 | 3 | 0.92 | 20130401-ll-FJAT-16867 | 3 | 3 | 0.65 |
| 20110421-WZX-FJAT-9-32-1 | 3 | 3 | 0.81 | 20130403-ll-FJAT-16929 | 3 | 3 | 0.88 |
| 20110421-WZX-FJAT-9-32-2 | 3 | 3 | 0.71 | 20131129-LGH-FJAT-4678 | 3 | 3 | 0.97 |
| 20110421-WZX-FJAT-9-32-3 | 3 | 3 | 0.77 | FJAT-26937-2 | 3 | 3 | 0.87 |
| 20110421-WZX-FJAT-9-33-1 | 3 | 3 | 0.91 | 20140506-ZMX-FJAT-20213 | 3 | 3 | 0.85 |
| 20110421-WZX-FJAT-9-33-2 | 3 | 3 | 0.89 | 20111126-TXN-FJAT-14518 | 3 | 3 | 0.95 |
| 20110421-WZX-FJAT-9-33-3 | 3 | 3 | 0.92 | 20111205-LGH-FJAT-9 | 3 | 3 | 0.79 |
| 20110421-WZX-FJAT-9-34-1 | 3 | 3 | 0.83 | 20120224-TXN-FJAT-14701 | 3 | 3 | 0.93 |
| 20110421-WZX-FJAT-9-34-2 | 3 | 3 | 0.98 | 20120224-TXN-FJAT-14770 | 3 | 3 | 0.96 |
| 20110421-WZX-FJAT-9-34-3 | 3 | 3 | 0.97 | 20121030-FJAT-17411-ZR | 3 | 3 | 0.85 |
| 20110601-LGH-FJAT-13938 | 3 | 3 | 0.88 | 20130124-LGH-FJAT-9-36h | 3 | 3 | 0.71 |
| 20110622-LGH-FJAT-13390 | 3 | 3 | 0.78 | 20130131-TXN-FJAT-14619 | 3 | 3 | 0.84 |
| 20110705-LGH-FJAT-14030 | 3 | 3 | 0.87 | 20140325-LGH-FJAT-22146 | 3 | 3 | 0.66 |
| 20110707-LGH-FJAT-4557 | 3 | 3 | 0.86 | 20140325-LGH-FJAT-22146 | 3 | 3 | 0.72 |
| 20110718-LGH-FJAT-12268 | 3 | 3 | 0.91 | FJAT-26937-1 | 3 | 3 | 0.83 |
| 20110718-LGH-FJAT-14080 | 3 | 3 | 0.92 | 20111106-TXN-FJAT-14651 | 3 | 3 | 0.81 |
| 20110729-LGH-FJAT-14125 | 3 | 3 | 0.93 | 20111106-TXN-FJAT-14667 | 3 | 3 | 0.94 |
| 20110729-LGH-FJAT-14128 | 3 | 3 | 0.91 | 20111107-TXN-FJAT-14646 | 3 | 3 | 0.90 |
| 20110729-LGH-FJAT-14130 | 3 | 3 | 0.93 | 20111107-TXN-FJAT-14669 | 3 | 3 | 0.91 |
| 20110729-LGH-FJAT-14131 | 3 | 3 | 0.91 | 20111114-hu-23 | 3 | 3 | 0.94 |
| 20110823-TXN-FJAT-14164 | 3 | 3 | 0.98 | 20111126-TXN-FJAT-14510 | 3 | 3 | 0.95 |
| 20110823-TXN-FJAT-14196 | 3 | 3 | 0.99 | 20120224-TXN-FJAT-14731 | 3 | 1* | 0.68 |
| 20110826-LGH-FJAT-C6（H4） | 3 | 3 | 0.96 | 20120224-TXN-FJAT-14765 | 3 | 3 | 0.59 |
| 20110902-YQ-FJAT-14290 | 3 | 3 | 0.98 | 20120224-TXN-FJAT-14767 | 3 | 3 | 0.90 |
| 201110-20-TXN-FJAT-14561 | 3 | 3 | 0.75 | 20120328-LGH-FJAT-4839 | 3 | 3 | 0.98 |
| 20111123-hu-113 | 3 | 3 | 1.00 | 20120606-LGH-FJAT-9 | 3 | 3 | 0.95 |
| 20111123-hu-131 | 3 | 3 | 0.95 | 20120615-LGH-FJAT-9-1 | 3 | 3 | 0.98 |

续表

| 菌株名称 | 原分类 | 计算分类 | 后验概率 | 菌株名称 | 原分类 | 计算分类 | 后验概率 |
|---|---|---|---|---|---|---|---|
| 20120615-LGH-FJAT-9-3 | 3 | 3 | 0.99 | 20130125-ZMX-FJAT-17680 | 3 | 3 | 0.98 |
| 20121107-FJAT-16960-zr | 3 | 3 | 0.68 | 20130327-TXN-FJAT-16662 | 3 | 3 | 0.68 |
| 20130115-CYP-FJAT-17200 | 3 | 3 | 0.97 | 20130403-ll-FJAT-16925 | 3 | 3 | 0.83 |
| 20130116-LGH-FJAT-9-37c | 3 | 3 | 0.89 | 20131129-LGH-FJAT-4658 | 3 | 3 | 0.97 |
| 20130116-LGH-FJAT-9-48h | 3 | 3 | 0.91 | XKC17209 | 3 | 1* | 0.54 |
| 20130116-LGH-FJAT-9-72h | 3 | 3 | 0.91 | 20111101-TXN-FJAT-14493 | 3 | 3 | 0.91 |

*为判错

**表 7-5-30　球形赖氨酸芽胞杆菌（*Lysinibacillus sphaericus*）脂肪酸型判别效果矩阵分析**

| 来自＼判为 | 第 I 型 | 第 II 型 | 第 III 型 | 小计 | 正确率 |
|---|---|---|---|---|---|
| 第 I 型 | 163 | 0 | 13 | 176 | 0.9261 |
| 第 II 型 | 0 | 23 | 4 | 27 | 0.8519 |
| 第 III 型 | 3 | 2 | 124 | 129 | 0.9612 |

注：判对的概率=0.933 73

判别模型分类验证表明（表 7-5-29），对脂肪酸 I 型的判对概率为 0.9261；脂肪酸 II 型的判对概率为 0.8519；脂肪酸 III 型的判对概率为 0.9612；整个方程的判对概率为 0.933 73，能够精确地识别脂肪酸型（表 7-5-30）。在应用时，对被测芽胞杆菌测定脂肪酸组，将 $x_{(2)}$=15:0 iso、$x_{(3)}$=16:0 iso、$x_{(7)}$ =17:0 iso、$x_{(9)}$=16:1ω11c、$x_{(11)}$ =17:1 iso ω10c、$x_{(12)}$=c18:0 的脂肪酸百分比代入方程，计算 $Y$ 值，当 $Y_1<Y<Y_2$ 时，该芽胞杆菌为脂肪酸 I 型；当 $Y_2<Y<Y_3$ 时，属于脂肪酸 II 型；当 $Y>Y_3$ 时，属于脂肪酸 III 型。

## 第六节　讨　　论

不同环境下同种的芽胞杆菌脂肪酸组存在着差别，作为适应环境的脂肪酸组调控；这种差别成为芽胞杆菌种下分型的根据。通过脂肪酸组测定，根据芽胞杆菌主要脂肪酸，将芽胞杆菌种下聚类分析分成不同型，再根据聚类分析的型，通过逐步判别分析，建立芽胞杆菌种下分型判别模型，为分析脂肪酸型的生物学和生态学特性提供科学基础。

如对解淀粉芽胞杆菌脂肪酸型聚类分析，利用脂肪酸数据矩阵，以菌株为样本，以脂肪酸为指标，以切比雪夫距离为尺度，用可变类平均法进行系统聚类；聚类结果可将 52 株解淀粉芽胞杆菌（*Bacillus amyloliquefaciens*）分为 3 个脂肪酸型，即脂肪酸 I 型 10 个菌株，特征为到中心的切比雪夫距离为 5.2049，15:0 anteiso 平均值为 38.77%；脂肪酸 II 型 11 个菌株，特征为到中心的切比雪夫距离为 4.5996，15:0 anteiso 平均值为 35.60%；脂肪酸 III 型 31 个菌株，特征为到中心的切比雪夫距离为 1.9418，15:0 anteiso 平均值为 34.12%。根据每个种的分类类别，利用逐步判别的方法（DPS 软件），建立解淀粉芽胞杆菌脂肪酸型判别模型，在建立模型的过程中，可以了解各因子对类别划分的重要性。建立的逐步判别分析因子筛选表明，以下 7 个因子入选，它们是 $x_{(1)}$=15:0 anteiso、$x_{(2)}$=15:0

iso、$x_{(3)}$=17:0 anteiso、$x_{(5)}$=16:0 iso、$x_{(6)}$=c16:0、$x_{(8)}$14:0 iso、$x_{(9)}$16:1ω11c，表明这些因子对脂肪酸型的判别具有显著贡献。判别模型如下：

$$Y_1=-194.8233+3.6486x_{(1)}+6.3945x_{(2)}+0.3412x_{(3)}+4.088x_{(5)}-9.1391x_{(6)}+10.3814x_{(8)}-2.1648x_{(9)} \quad (7\text{-}6\text{-}1)$$

$$Y_2=-142.9022+2.0192x_{(1)}+5.0822x_{(2)}+7.7733x_{(3)}+6.5012x_{(5)}-6.5477x_{(6)}-1.4079x_{(8)}+6.3759x_{(9)} \quad (7\text{-}6\text{-}2)$$

$$Y_3=-182.5183+3.057x_{(1)}+6.4789x_{(2)}+6.9854x_{(3)}+4.4694x_{(5)}-13.5949x_{(6)}-3.5217x_{(8)}+3.9366x_{(9)} \quad (7\text{-}6\text{-}3)$$

判别模型分类验证表明，对脂肪酸 I 型的判错 2 列，判对概率为 0.8；脂肪酸 II 型的判对概率为 1.0；脂肪酸 III 型的判对概率为 1.0；整个方程的判对概率为 0.961 54，能够精确地识别脂肪酸型。在应用时，对被测芽胞杆菌测定脂肪酸组，将 $x_{(1)}$=15:0 anteiso、$x_{(2)}$=15:0 iso、$x_{(3)}$=17:0 anteiso、$x_{(5)}$=16:0 iso、$x_{(6)}$=c16:0、$x_{(8)}$=14:0 iso、$x_{(9)}$ =16:1ω11c 的脂肪酸百分比带入方程，计算 $Y$ 值，当 $Y_1<Y<Y_2$ 时，该芽胞杆菌酸碱适应性为 I 型；当 $Y_2<Y<Y_3$ 时，属于 II 型；当 $Y>Y_3$ 时，属于 III 型。

应用该方法对芽胞杆菌属的 15 个种、短芽胞杆菌属的 2 个种、类芽胞杆菌属的 5 个种、其他芽胞杆菌属的 4 个种进行了种下脂肪酸分型和建立脂肪酸判别模式，都能很好地分型和建模，模型判别准确率在 90%左右，具有很强的实用性。国内外相关研究未见报道，这种分型方法将为芽胞杆菌种下分化研究提供科学基础。

# 第八章　芽胞杆菌脂肪酸组鉴定图谱

## 第一节　芽胞杆菌科脂肪酸组鉴定图谱

### 一、芽胞杆菌科种类概况

1. 科名

芽胞杆菌科（Bacillaceae Fischer 1895，Familia，Type genus：*Bacillus* Cohn 1872）。

2. 属种类

截至 2016 年 12 月底，芽胞杆菌科至少包括 69 属。其中，名称中含有“*bacillus*”词尾的属有好氧芽胞杆菌属（*Aeribacillus*）、碱芽胞杆菌属（*Alkalibacillus*）、别样芽胞杆菌属（*Allobacillus*）、交替芽胞杆菌属（*Alteribacillus*）、兼性芽胞杆菌属（*Amphibacillus*）、厌氧芽胞杆菌属（*Anaerobacillus*）、无氧芽胞杆菌属（*Anoxybacillus*）、中盐芽胞杆菌属（*Aquibacillus*）、居盐水芽胞杆菌属（*Aquisalibacillus*）、芽胞杆菌属（*Bacillus*）、热碱芽胞杆菌属（*Caldalkalibacillus*）、热芽胞杆菌属（*Caldibacillus*）、樱桃样芽胞杆菌属（*Cerasibacillus*）、堆肥芽胞杆菌属（*Compostibacillus*）、房间芽胞杆菌属（*Domibacillus*）、假芽胞杆菌属（*Falsibacillus*）、线芽胞杆菌属（*Filobacillus*）、地芽胞杆菌属（*Geobacillus*）、纤细芽胞杆菌属（*Gracilibacillus*）、喜盐碱芽胞杆菌属（*Halalkalibacillus*）、喜盐芽胞杆菌属（*Halobacillus*）、盐乳芽胞杆菌属（*Halolactibacillus*）、解氢芽胞杆菌属（*Hydrogenibacillus*）、慢生芽胞杆菌属（*Lentibacillus*）、赖氨酸芽胞杆菌属（*Lysinibacillus*）、迈勒吉尔芽胞杆菌属（*Melghiribacillus*）、高钠芽胞杆菌属（*Natribacillus*）、嗜碱芽胞杆菌属（*Natronobacillus*）、大洋芽胞杆菌属（*Oceanobacillus*）、鸟氨酸芽胞杆菌属（*Ornithinibacillus*）、海境芽胞杆菌属（*Paraliobacillus*）、少盐芽胞杆菌属（*Paucisalibacillus*）、远洋芽胞杆菌属（*Pelagibacillus*）、鱼芽胞杆菌属（*Piscibacillus*）、海芽胞杆菌属（*Pontibacillus*）、盐渍芽胞杆菌属（*Salinibacillus*）、居盐土芽胞杆菌属（*Saliterribacillus*）、栖盐水芽胞杆菌属（*Salsuginibacillus*）、沉积物芽胞杆菌属（*Sediminibacillus*）、中华芽胞杆菌属（*Sinibacillus*）、链喜盐芽胞杆菌属（*Streptohalobacillus*）、细纤芽胞杆菌属（*Tenuibacillus*）、土地芽胞杆菌属（*Terribacillus*）、深海芽胞杆菌属（*Thalassobacillus*）、枝芽胞杆菌属（*Virgibacillus*）、火山芽胞杆菌属（*Vulcanibacillus*）；名称中不含“*bacillus*”词尾的属有居热土菌属（*Calditerricola*）、地微菌属（*Geomicrobium*）、海洋球菌属（*Marinococcus*）、微好氧杆菌属（*Microaerobacter*）、糖球菌属（*Saccharococcus*）、盐微菌属（*Salinimicrobium*）、盐沉积物杆菌属（*Salisediminibacterium*）。目前已报道的芽胞杆菌科的种类至少有 604 种。

### 3. 特性

除了居热土菌属（Moriya et al.，2011）、地微菌属（Echigo et al.，2010）、海洋球菌属（Hao et al.，1984）、微好氧杆菌属（Khelifi et al.，2010）、糖球菌属（Nystrand，1984）、盐微菌属（Lim et al.，2008）、盐沉积物杆菌属（Jiang et al.，2012）7 个属外，其他属的种类绝大多数能形成芽胞。

### 4. 资源

2015～2016 年，芽胞杆菌科新增 5 属，共增加新种 110 种，其中中国学者报道了 46 个新种，占全部新种的 41.8%，而福建省农业科学院农业微生物研究团队报道了 6 种，占我国新种的 13%。芽胞杆菌属的种类最多，有 275 种，占该科种类的 45.5%，2015～2016 年新增 56 种，还有 104 个曾经隶属于芽胞杆菌属的种类的分类地位发生了变动：①4 种因同物异名而被合并；②100 种被重新分类而转移至 30 余个新属中。

## 二、芽胞杆菌属脂肪酸组鉴定图谱

### 1. 概述

芽胞杆菌属（*Bacillus* Cohn 1872，genus）。世系：Bacteria；Firmicutes；Bacilli；Bacillales；Bacillaceae；*Bacillus*。芽胞杆菌属于 1872 年建立，20 世纪 90 年代以前其包含的种类数量一直波动，2000 年以后有大量新种发表。目前，该属有 100 种已经被重分类而转移到其他近缘属中，还有 4 种因同物异名而被合并：*Bacillus velezensis* Ruiz-García et al. 2005 是 *Bacillus amyloliquefaciens*（ex Fukumoto 1943）Priest et al. 1987 的同物异名；*Bacillus axarquiensis* Ruiz-García et al. 2005 和 *Bacillus malacitensis* Ruiz-García et al. 2005 均为 *Bacillus mojavensis* Roberts et al. 1994 的同物异名（Wang et al.，2007）；*Bacillus galactophilus* Takagi et al. 1993 为 *Bacillus agri*（ex Laubach and Rice 1916）Nakamura 1993 的同种异名（Shida et al.，1994a），而后者已经被重分类而转移为 *Brevibacillus agri*（Nakamura 1993）Shida et al. 1996。截至 2016 年 12 月，芽胞杆菌属共有 275 种，模式种为 *Bacillus subtilis*（Ehrenberg 1835）Cohn 1872（Approved Lists 1980），species.（枯草芽胞杆菌）。

### 2. 黏琼脂芽胞杆菌

黏琼脂芽胞杆菌生物学特性。黏琼脂芽胞杆菌（*Bacillus agaradhaerens* Nielsen et al. 1995，sp. nov.）于 2016 年被重分类而转移到盐沼芽胞杆菌属（*Salipaludibacillus* Sultanpuram and Mothe，2016，gen. nov.）。该菌在国内有过报道，刘亢等（2016）报道了一株中度嗜盐芽胞杆菌（*Bacillus* sp. BZ-SZ-XJ39）的微生物学特性，通过 16S rDNA 基因序列分析、G+C mol%含量测定、细胞形态和菌落观察、培养条件确定、营养与生理生化指标测定及细胞化学组分分析等表明菌株 HMTS15 为黏琼脂芽胞杆菌（*B. agaradhaerens* HMTS15）。菌株 HMTS15 所产的甘露聚糖酶反应的最适 pH 为 10.0，最适温度为 75℃。该菌株产生的碱性甘露聚糖酶与其他来源的同类酶相比具有更好的热稳定性和 pH 适应性。王爽等（2010）采集重度盐碱化的土壤样本进行嗜盐微生物的分离纯化，获得 45 株中度嗜盐细菌。形态学特征显示，40%菌落呈黄色，其余为乳白色；细胞为直线或弯曲的杆状，$G^+$和 $G^-$细菌比例为 19∶26。通过生理生化特征分析筛选出 8 株细菌，进行进一步的 16S rDNA 基因序列的测定及系统发育分析，结果表明，它们分别属于碱芽胞杆菌属（*Alkalibacillus*）（3 株）、芽胞杆菌属（*Bacillus*）（3 株）和盐单胞菌属（*Halomonas*）（2 株）的菌株；其中，菌株 15-2 被鉴定为黏琼脂芽胞杆菌（*Bacillus agaradhaerens* 15-2）。

黏琼脂芽胞杆菌脂肪酸组鉴定图谱。脂肪酸组特征为 15:0 anteiso/15:0 iso=1.49，17:0 anteiso/17:0 iso=0.86。脂肪酸组（26 个生物标记）包括：15:0 anteiso（23.3700%）、feature 4（20.5800%）、15:0 iso（15.7300%）、c16:0（15.0800%）、17:0 iso（11.0900%）、17:0 anteiso（9.4900%）、c18:0（5.0500%）、feature 8（4.4500%）、feature 3-1（3.4400%）、c19:0（3.1700%）、18:1ω9c（1.7300%）、14:0 iso（1.7100%）、16:0 iso（1.5900%）、feature 1（1.4500%）、c12:0（1.3700%）、17:1 iso ω10c（1.1800%）、feature 6（0.7800%）、17:1 anteiso ω9c（0.7400%）、feature 3-2（0.7300%）、19:0 iso（0.7100%）、c17:0（0.6300%）、c10:0（0.4700%）、16:1ω11c（0.3900%）、20:1ω7c（0.3800%）、c20:0（0.3800%）、16:0 N alcohol（0.2400%）（图 8-1-1）。

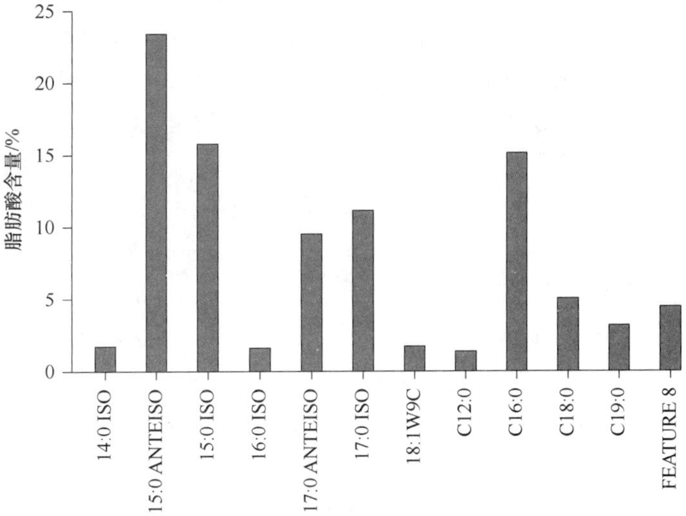


图 8-1-1　黏琼脂芽胞杆菌（*Bacillus agaradhaerens*）主要脂肪酸种类

## 3. 嗜碱芽胞杆菌

嗜碱芽胞杆菌生物学特性。嗜碱芽胞杆菌[*Bacillus alcalophilus* Vedder 1934（Approved Lists 1980），species.]在国内有过许多报道。陈德局等（2016）筛选出产神经激动剂 ATPA（α-氨基-3-羟基-5-甲基-4-异噁唑丙酸）的嗜碱芽胞杆菌（*Bacillus alcalophilus* FJAT-10014），该成分在发酵液中的相对含量为 1.43%，ATPA 在色谱库检索中得分（score）为 93.41 分。张新武（2016）以嗜碱芽胞杆菌为出发菌株，利用常压室温等离子体快速诱变技术筛选 β-环糊精葡萄糖基转移酶高产菌株，并对其发酵工艺进行优化，筛选出一株遗传稳定性好的β-环糊精葡萄糖基转移酶高产突变株 HX188，在 5 $m^3$ 发酵罐装料系数为 55%的条件下，经连续 6 代发酵生产试验，发酵周期平均为 40 h，产酶水平可稳定在 6302 U/mL 左右，较出发菌株 2803 U/mL 提高了 124.8%；其最佳发酵工艺条件为玉米淀粉 2%，豆粕粉 5%，pH 8.7，温度 37℃，溶氧水平为 20%。辛美丽等（2016）从刺参（*Stichopus japonicus*）养殖池塘分离降解 COD 效果良好的单菌株，根据菌株之间的拮抗效应，按照 2 株菌或 3 株菌进行组合，研究各组合菌株的降解效果。2 株菌的组合第 6 天时 COD 含量的均值为 422.57 mg/L，标准差为 63.85，3 株菌的组合第 6 天时 COD 含量的均值为 365.61 mg/L，标准差为 67.63，说明 3 株菌的组合整体降解效果比 2 株菌的组合好，且更容易获得降解效率高的组合，但并不是所有 3 株菌的组合降解效果都优于 2 株菌的组合。确定最优菌株组合为 C14（菌株 B2、菌株 B6、菌株 B11），COD 降解率为 64.29%。经鉴定，菌株 B2 为枯草芽胞杆菌（*Bacillus subtilis*），菌株 B6 为巨大芽胞杆菌（*Bacillus megaterium*），菌株 B11 为嗜碱芽胞杆菌。

陈峥等（2015a）利用液相色谱-四极杆飞行时间质谱法筛选产来氟米特的芽胞杆菌菌株，分析了 31 株芽胞杆菌菌株的发酵液胞外成分。结果在质谱库扫描得到的代谢物中，来氟米特的含量相对较高，且与质谱库的匹配率最高。筛选出含来氟米特成分的菌株为科恩芽胞杆菌（*Bacillus cohnii* FJAT-10017）、嗜碱芽胞杆菌（*Bacillus alcalophilus* FJAT-10014）、土壤短芽胞杆菌（*Brevibacillus agri* FJAT-10018）、硫胺素解硫胺素芽胞杆菌（*Aneurinibacillus aneurinilyticus* FJAT-10004）、蜥蜴纤细芽胞杆菌（*Gracilibacillus dipsosauri* FJAT- 14266）。其中该成分含量最高的为蜥蜴纤细芽胞杆菌 FJAT-14266，占其发酵液总代谢物相对含量的 12.16%。张洁等（2014）从半夏分离内生细菌，结果表明 8 株内生细菌被鉴定为 5 属 6 种，即芽胞杆菌属的嗜碱芽胞杆菌（*Bacillus alcalophilus*）、微杆菌属的产左聚糖微杆菌（*Microbacterium laevaniformans*）、短芽胞杆菌属的土壤短芽胞杆菌和热红短芽胞杆菌（*Brevibacillus thermoruber*）、寡养单胞菌属的嗜麦芽寡养单胞菌（*Stenotrophomonas maltrophilia*）、类芽胞杆菌属的多黏类芽胞杆菌（*Paenibacillus polymyxa*）。

马长中等（2011）报道了林芝产弹性蛋白酶的嗜碱芽胞杆菌的分离及鉴定，对西藏林芝八一屠宰场的土壤及污水采样并分离到嗜碱芽胞杆菌；研究结果表明所分离出的嗜碱芽胞杆菌在 pH 10.0 的弹性蛋白平板上抑菌圈（HC）为 1.79，在 pH 8.5 的弹性蛋白平板上 HC 为 3.71。毕静（2011）进行了嗜碱芽胞杆菌产甘露聚糖酶的中试发酵试验，结果表明：在搅拌速度为 60 r/min、通气量为 0.6 vvm① 和发酵时间在 36 h 时进行 5 $m^3$ 罐中试发酵研究，甘露聚糖酶活力达到最高值 2900 U/mL，结果令人满意。成堃等（2010）优化了嗜碱芽胞杆菌（*Bacillus alcalophilus* TCCC11263）的电转化条件，电转化条件包括细胞生长状态、电击场强、电击缓冲液组成、质粒 DNA 浓度，建立了一种适用于嗜碱芽胞杆菌 TCCC11263 的电转化体系，当嗜碱芽胞杆菌 TCCC11263 培养至 $OD_{600}$ 为 1.0 时，电转化效率最高，DNA 的转化子数达 $0.14×10^3$ 个转化子/μg；用含 0.5 mol 山梨醇、0.5 mol 甘露醇、10%甘油的电击缓冲液洗涤细胞，在场强 21 kV/cm、电阻 200 Ω、电容

① vvm：air volume/culture volume/min，为通气比单位简称。通气比=通气速率（$m^3$/min）/发酵液体积（$m^3$）

25 μF 的电击条件下，加入 0.7 μg 质粒 DNA，电转化效率达到 $1.5\times10^3$ 个转化子/μg。李端等（2009）研究了嗜碱芽胞杆菌 MS-5 产环糊精葡萄糖基转移酶的发酵工艺，结果表明，在菌体对数增长期，发酵液溶氧处于较低状态，发酵液 pH 持续下降；在菌体对数增长中期，pH 开始回升，菌体产酶呈增长趋势，在对数增长中后期菌体产酶迅速增加；进入菌体增长稳定期后，发酵液相对溶氧迅速回升至初始状态，pH 回升至起始值，菌体产酶趋于稳定。通过有效增加菌体快速增长期的发酵液溶氧，菌株产酶能力提高，产酶周期缩短了近 50%。应用该菌株发酵 24 h，产酶活力达到 6032.5 U/mL。

成堃等（2009）从盐碱地土壤中筛选到 5 株产碱性蛋白酶的细菌，分别命名为 TCCC11001、TCCC11004、TCCC11013、TCCC11024、TCCC11029。经 16S rDNA 序列分析鉴定为枯草芽胞杆菌（*Bacillus subtilis*）、嗜碱芽胞杆菌（*Bacillus alcalophilus*）、短小芽胞杆菌（*Bacillus pumilus*）、枯草芽胞杆菌、地衣芽胞杆菌（*Bacillus licheniformis*）。将菌株接入发酵培养基中，37℃、180 r/min 摇床培养 48 h，对发酵液进行不同处理后利用 Folin 法测定酶活。结果发现 TCCC11001、TCCC11029 的最适作用温度为 40℃。郭利伟等（2008）采用紫外线（UV）、硫酸二乙酯（DES）和 UV+DES 复合诱变，对一株产环糊精葡萄糖基转移酶的嗜碱芽胞杆菌 IS 进行诱变育种，获得了产酶能力是出发菌株的 2.96 倍且产酶性能稳定的高产菌株 MS-UD2，并利用单因素分析和正交试验获得突变株的最佳产酶培养基组成为：玉米粉 2.0%、玉米浆 6.0%、$K_2HPO_4$ 0.15%、$MgSO_4\cdot7H_2O$ 0.02%；在温度 28℃、pH 10.0、接种量 8%、250 mL 三角瓶装液量为 50 mL 的发酵条件下，180 r/min 二级摇瓶振荡培养 36 h 的产酶活力达 5741.6 U/mL。5 L 发酵罐 36 h 产环糊精葡萄糖基转移酶活力为 5920.0 U/mL。孙同毅等（2008）从天津塘沽盐碱土壤中分离到一株产碱性蛋白酶的嗜碱芽胞杆菌 HAP，并对其进行了表型分类和 16S rDNA 序列分析。结果表明，HAP 是一株革兰氏阳性芽胞杆菌，菌体大小（0.7～0.9）μm×（2～3）μm，该菌可利用木糖、葡萄糖、阿拉伯糖、甘露醇等发酵型糖代谢产酸；可以水解酪素、淀粉，但不能水解酪氨酸；能够利用柠檬酸盐；其酶活力为 $1.22\times10^4$ U/mL。结合系统发育学分析将 HAP 鉴定为嗜碱芽胞杆菌。

王俊英等（2008）通过对一种强碱性环糊精葡萄糖基转移酶的纯化、酶学性质和转化特性研究，探索改进和提高环糊精生产效率的工艺。运用乙醇沉淀、DEAE-Sepharose 和 HiTrap-Q 离子交换柱层析等蛋白质分离纯化技术，从一株碱性土壤来源的新型产环糊精葡萄糖基转移酶的嗜碱芽胞杆菌，对该酶进行了纯化，测定了其酶学性质，并对其转化特性进行了研究。结果表明，经过微生物发酵和三步纯化，获得电泳纯的酶蛋白，纯化倍数为 51.4，收率约为 9.2%。该酶的最适反应温度为 50℃。酶的最适作用 pH 约为 10，并且在 pH 6～12 条件下均较稳定。用 5%可溶性淀粉作底物进行转化，转化率约为 40%。在转化过程中加入沉淀剂环己烷，产物中 β-环糊精的比例从 84%提高到 95%。结论：该酶是迄今报道过的适宜 pH 最高的环糊精葡萄糖基转移酶，专一性转化生产 β-环糊精的能力优良，具有工业化应用的潜力。张薇等（2008）分析了中度嗜盐菌四氢嘧啶合成基因的克隆与功能，中度嗜盐菌嗜碱芽胞杆菌 DTY1 分离自晋西北黄土高原盐碱土壤，能够产生与耐盐相关的相容性溶质四氢嘧啶。为了研究四氢嘧啶的功能，克隆了 DTY1 菌株四氢嘧啶合成基因簇 *ectABC*。*ectA*、*ectB* 和 *ectC*

分别编码 169 个、428 个和 132 个氨基酸的肽链，与耐盐芽胞杆菌（*Bacillus halodurans*）C-125 中的二氨基丁酸乙酰基转移酶（EctA）、二氨基丁酸氨基转移酶（EctB）、四氢嘧啶合成酶（EctC）的同源性分别达 59%、81%和 81%。将携带该基因簇的 4.0 kb 片段转入蜡样芽胞杆菌（*Bacillus cereus*）Z 后，芽胞杆菌的耐盐度显著提高。孙同毅等（2007）报道了高产碱性蛋白酶菌株 HAP26 的选育，通过对 HAP26 进行复合诱变（亚硝基胍+氮离子注入），选育出一株碱性蛋白酶活力达 $3.5\times10^7$ U/L 的菌株 HAP3-26-2。该酶的生物合成类型属于半藕联合成型。碱性蛋白酶最适温度为 40℃，在 pH 7～11 时，酶活力比较稳定。

张薇等（2006）研究了中度嗜盐菌 DTY1 的鉴定及其耐盐机制，菌株 DTY1 分离自山西省五寨县柠条种植区盐碱土壤，可在 0～1.2 mol/L NaCl 培养基上生长，最适生长温度为 32℃，最适 pH 为 7～10。通过形态观察、生理生化测定与 16S rDNA 序列分析，将该菌株鉴定为嗜碱芽胞杆菌。高压液相色谱分析显示，菌株 DTY1 在常规 LB 培养液中能够产生 1.40 mg/g 四氢嘧啶，且在最适盐浓度条件下，盐浓度越高单位干重菌体所产生的四氢嘧啶含量越高。邵娟等（2006）进行了秸秆固定化石油降解菌降解原油的初步研究，以秸秆作为载体固定嗜碱芽胞杆菌 SG 降解原油，其原油去除率为 73.88%，高于单纯投加菌液或者菌液与秸秆混合物的原油去除率。秸秆的最佳投加量（干重）为 25.0 g/L，最佳固定化时间为 30 h。用预处理过的秸秆固定 SG，降低了固定化 SG 的原油去除率。在固定化培养基中添加无机盐离子，促进了固定化 SG 对原油的降解。不同初始 pH 的原油培养基在固定化 SG 降解原油的过程中逐渐呈中性或偏碱性。固定化 SG 在 pH 6.0～10.0 时对原油均有较好的降黏能力。

王雁萍等（2003）报道了 β-环糊精葡萄糖基转移酶高产菌株 02-5-71 的选育及发酵条件，应用氮离子注入对嗜碱芽胞杆菌进行诱变育种，获得了产生 β-环糊精葡萄糖基转移酶是出发菌株 2 倍以上的高产菌株，酶活力可达 6000 U/mL 以上。张心平等（1994）研究了 β-环糊精葡萄糖基转移酶（CGT 酶）的性质及环糊精的转化条件，由嗜碱芽胞杆菌 NK231 产生的 β-环糊精葡萄糖基转移酶经变性淀粉吸附初步纯化后，酶活性最适 pH 为 6.5～8.0；最适温度为 60℃；典型生物抑制剂，如苯甲基磺酰氟（PMSF）、对氯高汞苯甲酸（PCMB）、乙二胺四乙酸（EDTA）等不能抑制 CGT 酶的活性；而一些金属离子如 $Zn^{2+}$、$Co^{2+}$、$Fe^{3+}$等对 CGT 酶活性有较强的抑制作用。以 5%玉米淀粉为底物，酶用量 400 U/g 进行转化试验，12 h 时环糊精产量可达 33.5%。产品经质谱分析表明为 β-环糊精。谢和等（1993）研究了自土壤中分离出两株产高活性环糊精葡萄糖基转移酶（CGTase）的嗜碱性细菌，属于芽胞杆菌。根据它们的形态结构、生理和生化特征，将其鉴定为嗜碱芽胞杆菌。苑琳等（2004）研究了嗜碱芽胞杆菌产高碱性蛋白酶的发酵培养基及发酵条件，对一株产高碱性蛋白酶的嗜碱芽胞杆菌的发酵培养基及发酵工艺进行了优化，确定了发酵培养基所采用的棉籽饼粉最适粒度为 80 目，麦芽糊精的最佳 DE 值（还原糖占糖浆干物质的百分比）为 30%，并确定了该菌株的最适发酵培养基配方为（g/100 mL）：棉籽饼粉 3，酵母浸粉 175，麦芽糊精 10，柠檬酸钠 3，$CaCl_2$ 3，$K_2HPO_4$ 1；最适摇瓶发酵条件为种龄 12 h，接种量 2%，装液量 50 mL/250 mL，摇床转速 200 r/min，34℃，发酵 54 h，碱性蛋白酶的发酵量可达 33 985 U/mL，比优化前提高了 5448%。

嗜碱芽胞杆菌脂肪酸组鉴定图谱。脂肪酸组特征为 15:0 anteiso/15:0 iso=0.84，17:0 anteiso/17:0 iso=1.35。脂肪酸组（119 个生物标记）包括：15:0 iso（25.9420%）、15:0 anteiso（21.7488%）、feature 4-1（11.9480%）、c16:0（11.0985%）、16:0 iso 3OH（9.7200%）、feature 3-1（7.7030%）、feature 1-1（6.8949%）、17:0 anteiso（4.2450%）、16:0 iso（3.4580%）、14:0 iso（3.2964%）、17:0 iso（3.1534%）、c14:0（2.8078%）、16:1ω11c（2.7018%）、c18:0（2.4798%）、18:1ω9c（1.7134%）、feature 2-1（1.3024%）、feature 8（1.2576%）、feature 3-3（1.1873%）、16:1ω7c alcohol（0.8859%）、17:1 iso ω10c（0.7405%）、c19:0（0.7222%）、cy19:0 ω8c（0.6224%）、13:0 iso（0.5903%）、feature 5（0.5803%）、c12:0（0.5757%）、feature 9（0.5753%）、feature 4-2（0.5407%）、feature 7-3（0.4624%）、c20:0（0.4527%）、cy17:0（0.4514%）、feature 2-2（0.3982%）、c17:0（0.3295%）、10 Me 18:0 TBSA（0.3103%）、18:1ω7c（0.3048%）、17:0 iso 3OH（0.2793%）、17:1 anteiso ω9c（0.2681%）、14:0 anteiso（0.2602%）、16:1ω5c（0.2576%）、16:0 anteiso（0.2547%）、18:1ω5c（0.2445%）、12:0 3OH（0.2180%）、feature 1-2（0.2056%）、19:0 iso（0.2047%）、18:3ω(6,9,12)c（0.1826%）、13:0 anteiso（0.1739%）、feature 7-1（0.1642%）、15:0 iso 3OH（0.1470%）、17:1ω8c（0.1463%）、16:0 N alcohol（0.1313%）、16:1ω9c（0.1311%）、feature 3-2（0.1301%）、14:0 iso 3OH（0.1279%）、18:0 2OH（0.1275%）、15:1 iso F（0.1230%）、10 Me 17:0（0.1218%）、11:0 iso（0.1183%）、18:1 iso H（0.1091%）、13:0 iso 3OH（0.1069%）、17:1 iso ω5c（0.1004%）、16:1 2OH（0.0985%）、14:0 2OH（0.0962%）、20:1ω9c（0.0944%）、feature 7-2（0.0902%）、18:0 iso（0.0876%）、12:0 2OH（0.0838%）、18:1 2OH（0.0786%）、20:0 iso（0.0769%）、feature 6（0.0692%）、17:1 anteiso A（0.0683%）、15:0 2OH（0.0664%）、feature 2-3（0.0654%）、20:1ω7c（0.0651%）、c10:0（0.0646%）、11:0 iso 3OH（0.0630%）、17:0 2OH（0.0620%）、20:4ω(6,9,12,15)c（0.0616%）、10:0 3OH（0.0559%）、16:1 iso G（0.0557%）、11 Me 18:1ω7c（0.0553%）、13:0 2OH（0.0544%）、12:0 iso（0.0538%）、18:0 3OH（0.0522%）、15:1ω5c（0.0516%）、c13:0（0.0487%）、16:0 2OH（0.0486%）、feature 2-4（0.0447%）、11:0 anteiso（0.0441%）、16:1 iso H（0.0411%）、15:1 iso G（0.0409%）、feature 1-3（0.0389%）、16:0 3OH（0.0373%）、14:1ω5c（0.0368%）、17:1ω5c（0.0351%）、15:1 anteiso A（0.0334%）、17:0 3OH（0.0322%）、12:0 iso 3OH（0.0315%）、17:1ω9c（0.0299%）、14:1 iso E（0.0283%）、17:1ω6c（0.0224%）、15:1 iso ω9c（0.0178%）、17:1ω7c（0.0151%）、9:0 3OH（0.0149%）、12:1 3OH（0.0129%）、11:0 2OH（0.0111%）、feature 4-3（0.0084%）、19:0 anteiso（0.0078%）、20:2ω(6,9)c（0.0077%）、c9:0（0.0073%）、11:0 3OH（0.0065%）、12:0 anteiso（0.0064%）、13:1 at 12-13（0.0059%）、unknown 14.502（0.0041%）、10:0 2OH（0.0036%）、15:1ω8c（0.0036%）、10:0 iso（0.0032%）、c11:0（0.0028%）、15:0 3OH（0.0016%）、12:1 at 11-12（0.0009%）、19:1 iso I（0.0006%）（图 8-1-2）。

## 4. 高地芽胞杆菌

高地芽胞杆菌生物学特性。高地芽胞杆菌（*Bacillus altitudinis* Shivaji et al. 2006，sp.

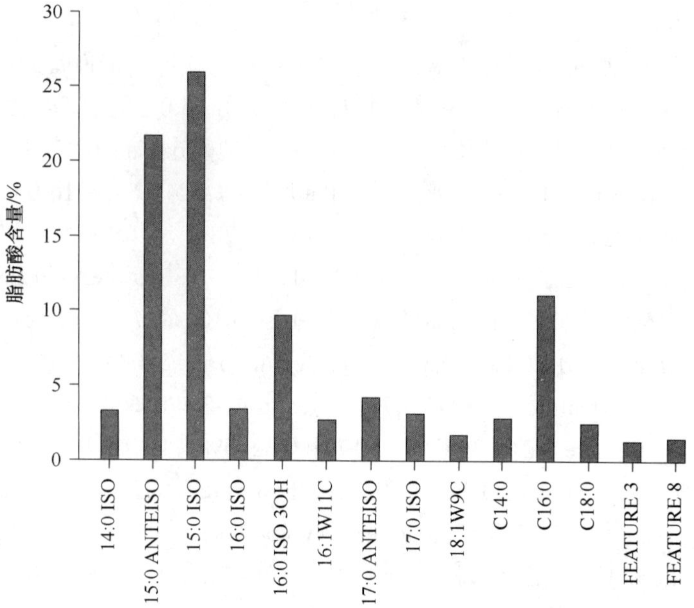


图 8-1-2　嗜碱芽胞杆菌（*Bacillus alcalophilus*）主要脂肪酸种类

nov.）在国内有过许多研究。丁梦娇等（2017）研究了植烟土壤中微生物特性及氨化、亚硝化菌的分离鉴定与活性。以化肥、牛粪、玉米秸秆、油枯处理下的植烟根区土壤为材料，分离筛选出高活性氨化、亚硝化土著菌，并分别测定其对有机氮降解及氨氮分解的效果。结果表明：短小芽胞杆菌（*Bacillus pumilus*）、嗜热噬脂肪地芽胞杆菌（*Geobacillus stearothermophilus*）、巨大芽胞杆菌（*Bacillus megaterium*）的培养液有机氮含量降幅最大，较初始有机氮含量分别降低 84.74%、92.74%、79.52%；寡养单胞菌（*Stenotrophomonas* sp.）兼具亚硝化作用及硝化作用，培养 7 d 后，培养液中硝态氮含量增加了 0.617 mg/L；嗜麦芽寡养单胞菌（*Stenotrophomonas maltophilia*）的亚硝化作用最强，培养 7 d 后，培养液中亚硝态氮含量为 0.518 mg/L。氨化菌培养 48 h 后有机氮分解速率降低，具有亚硝化及硝化作用的菌株培养到第 7 天活性仍处于较高水平，因此，试验分离出的不同功能细菌在配制解氮复合微生物菌剂时需要在不同时间加入菌株进行发酵，以获得高活性微生物菌剂。根据分解有机氮、解氨试验及相关文献中各菌株作用功能分析，筛选出纳西杆菌（*Naxibacter* sp.）、寡养单胞菌、短小芽胞杆菌、嗜热噬脂肪地芽胞杆菌、平流层芽胞杆菌（*Bacillus stratosphericus*）、纤维化纤维微菌（*Cellulosimicrobium cellulans*）、高地芽胞杆菌（*Bacillus altitudinis*）、巨大芽胞杆菌 8 株高效氮素转化功能菌株来进行有机氮分解微生物菌剂的配制。

殷晓慧等（2017）报道了桃褐腐病拮抗菌的筛选、鉴定及其拮抗活性，以桃褐腐菌（*Monilinia fructicola*）为靶菌，采用稀释分离法和平板对峙法从桃园土壤中筛选出对病原菌有较强拮抗作用的菌株 12a 和 14b。通过离体和活体实验对拮抗菌抑菌活性进行研究，经菌株形态、生理生化特性及 16S rDNA 基因序列分析进行菌株鉴定。结果表明：将菌株 12a 和 14b 分别鉴定为死谷芽胞杆菌（*Bacillus vallismortis*）和高地芽胞杆菌，其无菌发酵滤液和挥发性代谢产物对桃褐腐菌的生长有显著的抑制作用，其中 12a 的挥发性代谢产物对其菌丝生长的抑菌效果更为显著（$P<0.05$）。利用两株拮抗菌的菌液浸泡和熏蒸桃果实，延缓了桃褐腐病的发生。程雅韵等（2016）对采集于不同地区的黄豆酱样品进行寡营养菌株的筛选、分离及纯化，并研究其产胞外酶特性。结果共分离出 114 株低营养菌株，其中 69 株产纤维素酶，81 株产淀粉酶，112 株产脂肪酶，72 株产 β-葡萄糖苷酶，59 株产蛋白酶。通过 16S rDNA 基因序列分析对产酶活性高的代表菌株进行鉴定，鉴定出 5 种菌株，其中包括高地芽胞杆菌。

李群等（2015）研究了灰毡毛忍冬‘渝蕾 1 号’内生菌对其悬浮细胞生物量及绿原酸含量的影响，从灰毡毛忍冬‘渝蕾 1 号’中分离出 17 株内生菌，并采用 16S rDNA 和 18S rDNA 分子鉴定结合形态学特征鉴定出其中 6 株。将获得的 6 株内生菌作为诱导子添加至‘渝蕾 1 号’悬浮培养体系中，探讨其对‘渝蕾 1 号’悬浮细胞生物量及绿原酸含量的影响。结果表明，分离得到的 6 株菌分别为根瘤菌（cc2）、荧光假单胞菌（cc4）、盾壳霉菌（cc5）、高地芽胞杆菌（cc13）、平流层芽胞杆菌（cc14）及短小芽胞杆菌（cc15）。同时，6 株内生菌均不同程度地影响‘渝蕾 1 号’悬浮细胞生物量及次生代谢产物绿原酸含量。对生物量来说，6 种内生菌均在浓度为 25 mg/L 时生物量达到最大值。秦新苗等（2015）进行了土壤微生物中向日葵核盘菌抗性资源的挖掘及分子鉴定，从采集到的 5 个土壤样品中共分离到微生物单株 26 株，经过筛选，获得 3 株具有较好拮抗效果的细菌菌株，分别命名为 BMD1、BMD2 和 BMD3。通过 Blast 对 16S rDNA 序列对比分析并结合构建系统发育树分析表明，BMD1 与枯草芽胞杆菌（*Bacillus subtilis*）的亲缘关系较近，序列同源性高于 99%；BMD2 与 BMD3 有 2 个碱基差异，二者同短小芽胞杆菌、高地芽胞杆菌、平流层芽胞杆菌（*Bacillus stratosphericus*）和嗜气芽胞杆菌（*Bacillus aerophilus*）处于系统发育树同一分支。

刘冰花等（2015）研究了甲基紫精降解菌 XT12 的筛选鉴定及降解特性，用甲基紫精为唯一碳源、氮源的选择培养基，从长期使用百草枯的农田土样中筛选出一株可降解甲基紫精的细菌菌株 XT12，利用分光光度法检测了菌株 XT12 的生长曲线和培养液中甲基紫精的含量。发现菌株 XT12 可以降解甲基紫精，并且其对甲基紫精的降解率随甲基紫精初始浓度的增大而减小：当甲基紫精的初始浓度分别为 5 μg/mL、10 μg/mL、20 μg/mL 时，菌株 XT12 对甲基紫精的降解率分别为 40.58%、29.00%、22.15%；另外，研究发现甲基紫精可以缩短菌株 XT12 的对数生长期，使其提前达到稳定期。通过形态学特征、理化性质、16S rDNA 序列及进化树分析，发现菌株 XT12 属于高地芽胞杆菌，将其命名为高地芽胞杆菌 XT12。综上所述，高地芽胞杆菌 XT12 有望被用来改善被百草枯污染的水土环境。陈计等（2015）为获得 β-1,3-1,4-葡聚糖酶高产菌株，以高地芽胞杆菌 YC-9 为出发菌株，通过亚硝基胍（nitrosoguanidine，NTG）和低能 $N^+$束诱变育种，筛选和选育得到两株突变株 N-2-2 和 10-30s-3，发酵培养 60 h，酶活力分别达到 28.6 U/mL 和 36.1 U/mL，分别是出发菌株的 2.36 倍和 2.98 倍，与菌株 YC-9 相比，突变菌株菌体生长速率下降但发酵产酶量增加。进一步克隆了 β-1,3-1,4-葡聚糖酶的基因并在大肠杆菌中成功表达，经过 30℃诱导 6 h 后，胞内酶活力达 79.2 U/mL，为出发菌株的 6.5 倍。

李文等（2014a）对高地芽胞杆菌 PY41 所产碱性蛋白酶的酶学性质进行了研究。该蛋白酶的最适反应 pH 为 9.5，最适反应温度为 50℃，米氏常数 $K_m$ 值为 15.5 mg/mL，最大反应速度（$V_{max}$）为 24.57 μg/(min·mL)。金属离子 $Ag^+$和 $Hg^{2+}$对该蛋白酶的抑制作用非常显著，使蛋白酶酶活降低了约 90%，$Mn^{2+}$对蛋白酶酶活具有明显的激活作用，使蛋白酶活力提高了 18%。李文等（2014b）对高地芽胞杆菌菌株 PY41 的碱性蛋白酶进行了分离纯化，并对其酶学性质进行了研究。通过硫酸铵分级沉淀、凝胶过滤层析和疏水层析得到纯化的碱性蛋白酶，SDS 聚丙烯酰胺凝胶电泳（SDS-PAGE）检测表明该蛋白酶分子质量为 29.5 kDa。黄智等（2013）从南京钾矿区土壤中分离到一株矿物分解细菌 *Bacillus* sp. L11，通过 16S rDNA 序列分析及其系统发育分析对菌株 L11 进行鉴定，结果表明菌株 L11 的 16S rDNA 序列与高地芽胞杆菌的相似性最高，为 99.9%。采用摇瓶试验评估菌株 L11 对钾长石的风化能力，利用扫描电镜（scanning electron microscope，SEM）和能量色散谱仪（energy dispersive spectrometer，EDS）观察钾长石矿物的形貌变化，使用 X 射线衍射（XRD）技术对小于 2 μm 矿物进行了鉴定。摇瓶试验表明，菌株 L11 能够通过产生有机酸风化钾长石矿物，释放出 Si、Al 和 Fe 等。通过 SEM 发现第 30 天的钾长石表面形貌发生了较大变化，表面存在许多细菌，并形成了一些球形物质，EDS 分析表明其 Fe 的含量较高。XRD 结果表明，钾长石经菌株 L11 作用后可能形成了新矿物——菱铁矿。因此，菌株 L11 能够加速钾长石的风化，改变其形貌，并能诱导新矿物的形成。

高地芽胞杆菌脂肪酸组鉴定图谱。脂肪酸组特征为 15:0 anteiso/15:0 iso=0.39，17:0 anteiso/17:0 iso=0.43。脂肪酸组（35 个生物标记）包括：15:0 iso（46.2933%）、15:0 anteiso（18.1367%）、feature 4-1（15.6200%）、17:0 iso（8.2100%）、feature 3-1（7.4100%）、16:0 iso（3.8033%）、c16:0（3.6067%）、17:0 anteiso（3.5567%）、13:0 iso（3.0833%）、feature 3-2（2.9867%）、17:1 iso ω5c（1.8800%）、14:0 iso（1.7767%）、17:1 iso ω10c（1.6533%）、feature 1（1.5567%）、c14:0（1.3600%）、c18:0（0.6000%）、feature 2（0.5867%）、16:1ω7c alcohol（0.3700%）、16:1ω11c（0.3100%）、13:0 anteiso（0.2400%）、feature 4-2（0.2133%）、17:1 anteiso A（0.1967%）、c12:0（0.1900%）、18:1ω9c（0.1833%）、15:0 2OH（0.1833%）、feature 8（0.1267%）、12:0 iso（0.1200%）、15:0 iso 3OH（0.1033%）、17:0 iso 3OH（0.0733%）、14:0 anteiso（0.0433%）、15:1ω5c（0.0400%）、17:1 anteiso ω9c（0.0300%）、10 Me 18:0 TBSA（0.0267%）、16:0 2OH（0.0133%）（图 8-1-3）。

## 5. 解淀粉芽胞杆菌

解淀粉芽胞杆菌生物学特性。解淀粉芽胞杆菌［*Bacillus amyloliquefaciens*（ex Fukumoto 1943）Priest et al. 1987，sp. nov.，nom. rev.］与 *Bacillus velezensis* Ruiz-García et al. 2005，sp. nov.为同物异名。解淀粉芽胞杆菌在国内有过大量报道，至今中文文献有 834 篇。例如，朱子薇等（2017）报道了玉米赤霉烯酮降解菌——解淀粉芽胞杆菌 MQ01 突变体文库的构建；方元元等（2016）研究了解淀粉芽胞杆菌 SY07 产 α-葡萄糖苷酶抑制剂液态发酵条件优化；向亚萍等（2016）报道了解淀粉芽胞杆菌 B1619 脂肽类抗生素的分离鉴

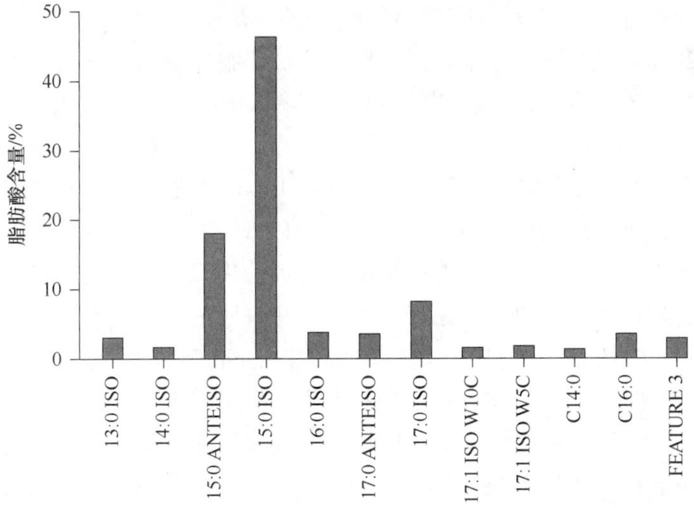


图 8-1-3 高地芽胞杆菌（*Bacillus altitudinis*）主要脂肪酸种类

定及其对番茄枯萎病病原菌的抑制作用；付瑞敏等（2016）研究了解淀粉芽胞杆菌 BA-16-8 对小鼠的毒性；左冰等（2016）报道了解淀粉芽胞杆菌 FS6 摇瓶发酵条件优化；王全等（2016）利用响应面法对解淀粉芽胞杆菌 12-7 进行产抗菌蛋白条件的优化；李红晓等（2016）综述了生防解淀粉芽胞杆菌的最新研究进展；冉军舰等（2016）研究了小麦赤霉病原菌拮抗菌解淀粉芽胞杆菌（*Bacillus amyloliquefaciens*）7M1 产抗生素；曾诚等（2016）报道了解淀粉芽胞杆菌 Z16 的产酶条件优化；何浩等（2015）研究了解淀粉芽胞杆菌 BaX030 的分离鉴定及抗菌功能；班允赫等（2015）报道了一株快速产脂肽的解淀粉芽胞杆菌的筛选及其产物特性；梁晓琳等（2015）利用解淀粉芽胞杆菌 SQR9 研制复合微生物肥料；殷婷婷等（2016）选取徐州市泉山森林公园的桂竹（*Phyllostachys bambusoides*）林作为样地，利用传统微生物培养方法，研究不同季节桂竹根际土壤微生物的种类、数量和多样性特征。结果显示，4 月独有的细菌为假蕈状芽胞杆菌（*Bacillus pseudomycoides*），6 月为解淀粉芽胞杆菌，9 月为产气肠杆菌（*Enterobacter aerogenes*）和松鼠葡萄球菌（*Staphylococcus sciuri*）。

出晓铭等（2014）综述了生防菌解淀粉芽胞杆菌抗菌蛋白的研究进展；吴徐建等（2014）报道了一株耐受乙醇的解淀粉芽胞杆菌菌株 CGMCC 6262；杨洪凤等（2014）研究了内生解淀粉芽胞杆菌菌株 CC09 在小麦叶部的定植能力及其防治白粉病的效果；汪静杰等（2014）报道了解淀粉芽胞杆菌菌株 SWB16 脂肽类代谢产物对球孢白僵菌的拮抗作用；韩玉竹等（2014）研究了芽胞杆菌活性多糖的分离纯化及合成基因；龙彬等（2014）报道了南海深海细菌——解淀粉芽胞杆菌 GAS 00152 的抗菌代谢产物研究；张娟等（2014）报道了解淀粉芽胞杆菌及其作为益生菌的应用；杜威等（2014）分析了解淀粉芽胞杆菌 SC06 对免疫抑制小鼠肠道细菌酶活性和肠黏膜屏障功能的影响；魏娇洋等（2014）研究了内生解淀粉芽胞杆菌 X-278 发酵条件的优化；周晨光等（2014）分析了解淀粉芽胞杆菌微生物菌剂对茶叶产量和品质的影响；周文杰等（2014）研究了解淀粉芽胞杆菌 C-1 胞外发酵产物对食源性致病菌的抑菌活性；安俊莹（2014）利用响应面

法优化解淀粉芽胞杆菌 ZJHD-06 产类细菌素发酵培养基。

杨光等（2013）利用 BP 神经网络预测解淀粉芽胞杆菌 Q-426 发酵产物的活性；王晶晶等（2013）报道了木薯渣、桉树渣固体发酵解淀粉芽胞杆菌 WJ22 研制生物有机肥的配方；曹海鹏等（2013）分析了具有降解亚硝酸盐活性的解淀粉芽胞杆菌的分离与安全性；张荣胜等（2013）报道了解淀粉芽胞杆菌 Lx-11 产脂肽类物质的鉴定及表面活性素对水稻细菌性条斑病的防治作用；卢娟等（2013）研究了拮抗香蕉枯萎病病原菌的解淀粉芽胞杆菌菌株 LX1 的鉴定及其抗菌蛋白基因的克隆；吴一晶等（2012）综述了生防菌解淀粉芽胞杆菌的研究进展；谢凤行等（2012）研究了解淀粉芽胞杆菌的分离鉴定及水质净化效果；姚树林等（2012）利用田口（Taguchi）参数实验设计法优化解淀粉芽胞杆菌 fmb50 产表面活性肽（surfactin）的工业发酵培养基；钱英等（2012）研究了解淀粉芽胞杆菌 BW-13 产生的抗真菌物质特性与分离纯化；李超等（2011）分析了解淀粉芽胞杆菌对鱼腥藻的抑藻效果与机理；朱晓飞等（2011）报道了一株抗水稻纹枯病病原菌的解淀粉芽胞杆菌的分离与鉴定；陈玉娟等（2011）研究了解淀粉芽胞杆菌 β-1,3-1,4-葡聚糖酶的高效表达；魏浩等（2011）报道了解淀粉芽胞杆菌 ES-2 发酵产抗菌脂肽消泡剂的筛选及脂肽的提取和纯化。

王德培等（2010）研究了解淀粉芽胞杆菌 BI_2 的鉴定及其对黄曲霉的抑制作用；张丽等（2010）分析了解淀粉芽胞杆菌 ES-2 发酵产物对贮藏期间‘东方蜜一号’哈密瓜品质和生理特性的影响；张宝俊等（2010）研究了内生解淀粉芽胞杆菌 LP-5 抗菌蛋白的分离纯化及特性；车晓曦和李校堃（2010）综述了解淀粉芽胞杆菌的研究进展；郑会娟等（2009）研究了盐酸胍诱导的淀粉液化芽胞杆菌 α-淀粉酶的去折叠过程；刘洋等（2008）研究了中温 α-淀粉酶的酶学性质；孙力军等（2008）报道了解淀粉芽胞杆菌 ES-2 液体发酵抗菌脂肽培养基及其主要影响因子的筛选；方传记等（2008）研究了解淀粉芽胞杆菌抗菌脂肽发酵培养基及发酵条件的优化。

解淀粉芽胞杆菌脂肪酸组鉴定图谱。脂肪酸组特征为 15:0 anteiso/15:0 iso=1.22，17:0 anteiso/17:0 iso=0.81。脂肪酸组（60 个生物标记）包括：15:0 anteiso（35.3287%）、15:0 iso（28.9819%）、feature 4-1（19.1613%）、17:0 iso（10.5604%）、17:0 anteiso（8.6010%）、feature 3-1（8.3960%）、c16:0（4.3873%）、16:0 iso（4.0087%）、feature 1-1（2.5165%）、17:1 iso ω10c（1.1749%）、14:0 iso（1.6840%）、16:1ω11c（1.0096%）、feature 2-1（0.7627%）、c18:0（0.7358%）、c14:0（0.4440%）、16:1ω7c alcohol（0.3875%）、feature 4-2（0.3537%）、15:0 2OH（0.2629%）、c20:0（0.2563%）、13:0 iso（0.2435%）、15:0 iso 3OH（0.2427%）、18:1ω9c（0.2142%）、feature 4-3（0.1781%）、16:0 iso 3OH（0.1600%）、c12:0（0.1006%）、c17:0（0.0913%）、c19:0（0.0838%）、17:0 iso 3OH（0.0817%）、14:0 anteiso（0.0713%）、13:0 anteiso（0.0560%）、17:0 2OH（0.0496%）、feature 8（0.0483%）、19:0 iso（0.0446%）、16:0 2OH（0.0337%）、unknown 11.543（0.0310%）、13:0 iso 3OH（0.0275%）、18:1 iso H（0.0233%）、18:0 iso（0.0227%）、feature 1-2（0.0192%）、18:1ω7c（0.0165%）、16:0 anteiso（0.0135%）、20:1ω9c（0.0135%）、feature 3-2（0.0133%）、17:1 anteiso ω9c（0.0129%）、14:0 2OH（0.0098%）、15:1 iso F（0.0085%）、16:0 N alcohol（0.0081%）、15:1 anteiso A（0.0077%）、19:0 anteiso（0.0077%）、feature 2-2（0.0075%）、feature 6（0.0071%）、14:0

iso 3OH（0.0067%）、20:0 iso（0.0056%）、18:3ω(6,9,12)c（0.0033%）、cy17:0（0.0031%）、feature 5（0.0029%）、cy19:0 ω8c（0.0025%）、feature 2-3（0.0025%）、c10:0（0.0023%）、10 Me 18:0 TBSA（0.0013%）（图 8-1-4）。

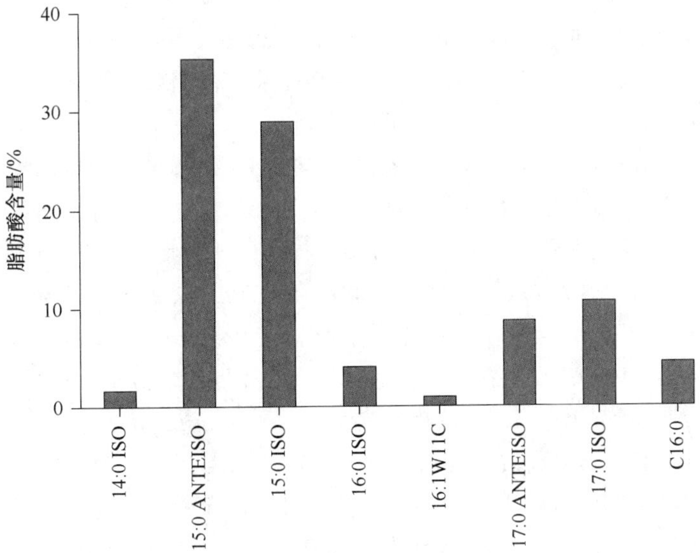


图 8-1-4　解淀粉芽胞杆菌（*Bacillus amyloliquefaciens*）主要脂肪酸种类

## 6. 阿氏芽胞杆菌

阿氏芽胞杆菌生物学特性。阿氏芽胞杆菌（*Bacillus aryabhattai* Shivaji et al. 2009，sp. nov.）在国内研究有过较多的报道。赵柏霞等（2017）报道了甜樱桃根际吲哚乙酸（IAA）产生菌的筛选、鉴定及产 IAA 最佳条件优化，从马哈利樱桃根际土壤中分离获得 52 株细菌，通过保绿法和萝卜子叶增重法进行初筛，筛选具有促生作用的菌株，进一步进行 IAA 产生菌的筛选，并经形态学观察、生理生化特征及 16S rDNA 序列分析明确其分类地位，利用分光光度法测定产 IAA 的能力，并对最佳碳源、氮源、产素条件进行了筛选。结果表明，52 株菌中 B20 产 IAA 能力最强，经鉴定为阿氏芽胞杆菌，其最佳产 IAA 的培养条件为：采用 30%的装液量在温度为 30℃、转速为 150 r/min 的条件下培养 44 h，最佳碳、氮源分别为果糖和酵母粉。丁新景等（2016）研究了根际促生菌对菊科多肉植物雪莲花的促生作用。选择阿氏芽胞杆菌、弯曲芽胞杆菌（*Bacillus flexus*）、藤黄微球菌（*Micrococcus luteus*）及铜绿假单胞菌（*Pseudomonas aeruginosa*）4 种根际促生菌，研究了其对雪莲花植株生物量、根系形态、叶绿素质量分数、内源激素质量分数的影响。结果表明，接种促生菌的雪莲花植株叶绿素质量分数提高 14.77%～52.27%，接种阿氏芽胞杆菌时雪莲花叶绿素质量分数最高。接种 4 种促生菌雪莲花植株玉米素、吲哚乙酸质量分数显著高于对照组，接种弯曲芽胞杆菌时雪莲花植株玉米素、吲哚乙酸质量分数最高。杨柯等（2017）研究了基于非核糖体多肽合成酶（NRPS）功能基因筛选鉴定盐生海芦笋内生细菌，从盐生海芦笋中分离得到 2 株具有抑菌活性的内生细菌

YK-7 和 YK-10，利用形态学观察、分子生物学方法与生理生化实验对其进行鉴定，并对其发酵产物进行了预测与验证。结果表明 2 株菌株分别为解淀粉芽胞杆菌植物亚种（*Bacillus amyloliquefaciens* subsp. *plantarum*）和阿氏芽胞杆菌。通过 PCR 扩增 *NRPS* 基因，发现菌株 YK-7 含有 *NRPS* 基因片段，经系统发育树分析，预测该菌株可能产生环脂肽类化合物表面活性肽（surfactin）。袁梅等（2016）对水稻植株样品进行表面灭菌后采用低氮培养法分离水稻内生细菌，采用 PCR 扩增、测序检测菌株 *nifH* 基因，确认分离物是固氮菌，通过 16S rDNA 基因序列测定、比对初步鉴定菌株，分析菌株系统发育，通过温室盆栽试验探讨接种水稻内生固氮菌对稻苗 Cd 吸收的影响。从 8 个湖南水稻植株样品中分离到 19 株内生固氮菌，这些菌株在系统发育地位上属于阿氏芽胞杆菌、蜡样芽胞杆菌（*Bacillus cereus*）、病研所芽胞杆菌（*Bacillus idriensis*）、印度芽胞杆菌（*Bacillus indicus*）、地衣芽胞杆菌（*Bacillus licheniformis*）、巨大芽胞杆菌（*Bacillus megaterium*）、甲基营养型芽胞杆菌（*Bacillus methylotrophicus*）、枯草芽胞杆菌（*Bacillus subtilis*）、特基拉芽胞杆菌（*Bacillus tequilensis*）、耐盐短小杆菌（*Brevibacterium halotolerans*）、脱磷虚构芽胞杆菌（*Fictibacillus phosphorivorans*）、巴塞罗那类芽胞杆菌（*Paenibacillus barcinonensis*）、灿烂类芽胞杆菌（*Paenibacillus lautus*）4 属 13 种。分离到的 19 株内生固氮菌中有大约 1/3 的菌株产生蛋白酶和纤维素酶的能力较强，在 48℃生长良好，在液体产芽胞培养基上生长良好（OD>1.0），在固体产孢培养基上产孢率高（60%～90%），耐碱能力也相对较强（pH 8.5～9.0）。有 3 个内生固氮菌分别对立枯丝核菌、禾谷镰孢菌、拟枝孢镰刀菌具有拮抗性，抑菌率为 42%～55%。有大约 2/3 的菌株对抗生素相对比较敏感，对杀菌剂耐性强。测定的 4 个代表菌株对检测过的 78 种碳源中的 7 种利用较好，它们是乳酸钠、蔗糖、葡萄糖、甘油、苹果酸、丙氨酸、葡萄糖醛酰胺。试验的 19 株内生固氮菌中有 6 个菌株促进水稻苗期 Cd 吸收，与对照相比植株 Cd 含量增加 6.41%～38.45%；其他 13 个菌株抑制水稻苗期 Cd 吸收，与对照相比植株 Cd 含量减少 2.06%～34.46%。接种水稻内生固氮菌可以显著影响水稻苗期 Cd 吸收，提示采用微生物方法阻控稻田 Cd 污染是一个非常值得研究、探讨的方法。

朱育菁等（2016a）报道了芽胞杆菌来源沙奎那维的检测与分析。采用高效液相四级杆飞行时间质谱分析阿氏芽胞杆菌 FJAT-14220 发酵液中胞外代谢物的成分。为获得代谢物的信息，首先采用 MassHunter 软件对原始数据进行分子特征提取，再通过 Metlin 数据库检索比对。在阿氏芽胞杆菌 FJAT-14220 发酵液中检测到 883 种代谢物，通过 Metlin 谱库搜索获得初步鉴定的有 148 种。其中，发现了具有生物活性的沙奎那维。徐秀丽等（2016）对徐州北郊鲫鱼塘水体中细菌多样性及致病菌对鲫存活状况的影响进行了研究，为补充完善我国鱼塘养殖环境中微生物的物种资源及鱼塘健康养殖提供了重要参考依据，旨在进一步实现鱼塘的科学管理。水样采集于夏季 6 月，为鱼病频发季节，气温与水温相对较高，鱼塘中细菌数量多。研究主要是通过对鲫鱼塘水体中细菌的总 DNA 进行提取，经过 PCR 扩增并依据 16S rDNA 基因序列构建系统发育树，进行分子发育学研究，最后获得水体中细菌物种的组成。它们分别为崛越氏芽胞杆菌（*Bacillus horikoshii*）、斑点气单胞菌（*Aeromonas punctata*）、陶氏芽胞杆菌（*Bacillus thaonhiensis*）、溶血性葡萄球菌（*Staphylococcus haemolyticus*）、弗氏志贺氏菌（*Shigella flexneri*）、印度芽胞杆菌（*Bacillus indicus*）、脱磷虚构芽胞杆菌（*Fictibacillus phosphorivorans*）、土壤肠杆菌（*Enterobacter soli*）、阿氏芽胞杆菌（*Bacillus aryabhattai*）。经检测，其中斑点气单胞菌、弗氏志贺菌及溶血性葡萄球菌为致病菌。

潘虹等（2015）报道了石灰性土壤解磷细菌的鉴定及其对土壤无机磷形态的影响，从北方石灰性土壤中分离筛选解磷细菌，对其进行鉴定，并测定其解磷能力，共分离筛选得到 10 株解磷细菌，其中 2 株为有机解磷细菌（Y1 和 Y2），4 株为无机解磷细菌（W1、W2、W3 和 W4），其余 4 株既能分解有机磷，也能分解无机磷，为双解磷细菌（WY1、WY2、WY3 和 WY4）；生理生化性质及 16S rDNA 序列分析结果表明，10 株菌株中 8 株属于芽胞杆菌属，其中 WY2、W1、W2、W3 与蜡样芽胞杆菌相似，WY3 和 W4 与苏云金芽胞杆菌相似，WY4 与巨大芽胞杆菌相似，Y2 与阿氏芽胞杆菌相似；WY1 和 Y1 分别与耐寒短杆菌、杨氏柠檬酸杆菌相似。不同类型的解磷细菌在固体、液体培养基中的解磷能力不同；高效液相色谱分析结果表明，筛选得到的无机解磷细菌部分分泌草酸，部分分泌酒石酸。用石灰性土壤浇灌无机解磷细菌发酵液后，Ca8-P、Ca2-P 含量增加，Fe-P 含量减少，Al-P、Ca10-P、O-P 含量变化不大。冯玮等（2016）对分离自西藏土样的菌株 T61 进行分离、鉴定和 UV 辐射抗性分析，结果表明 T61 细胞杆状，长度约为 2 μm，直径约为 1 μm，革兰氏阳性，可产生内生孢子。G+C 含量为 38.02 mol%。脂肪酸主要成分是 14:0 iso、15:0 iso 和 15:0 anteiso。16S rDNA 基因序列与阿氏芽胞杆菌 B8W22$^{T}$ 和巨大芽胞杆菌 IAM13418$^{T}$ 的同源性最高，分别达到 99.93% 和 99.53%。

王舒等（2015）利用溶磷圈法和钼锑抗比色法，从油茶根际分离出 20 株高效溶无机磷细菌，并对其溶磷能力进行定性和定量测试，结果发现，溶磷圈直径（*D*）/菌落直径（*d*）与溶磷细菌的有效磷含量之间没有显著的相关性，而培养液 pH 与有效磷含量之间存在极显著的负相关性（$P<0.01$）。采用形态学特征、生理生化、Biolog 系统和 16S rDNA 序列分析对一株溶磷效果最好的菌株 NC285 进行菌株鉴定，确定其为阿氏芽胞杆菌。通过苜蓿植物模型和 *cblA* 毒力基因测定对该菌株进行安全性检测，结果发现，在该菌株中未检测到 *cblA* 基因，对洋葱和苜蓿安全无致病性。钟书堂等（2015）分析了生物有机肥对连作香蕉园香蕉生产和土壤可培养微生物区系的影响，以连续种植香蕉 12 年的枯萎病高发的香蕉园为试验点，通过平板计数和可培养微生物群落变性梯度凝胶电泳（CD PCR-DGGE）等方法研究田间条件下连续两年施用化肥、牛粪、猪粪和生物有机肥对香蕉枯萎病的抑制作用，以及对香蕉产量、品质和土壤中可培养微生物区系的影响；结果表明：相比于其他处理，连续两年施用生物有机肥能够有效降低香蕉枯萎病的发病率，显著提高大田香蕉单株质量、小区产量、果实可溶性糖含量及可溶性糖与可滴定酸的比值（糖酸比）。可培养微生物区系分析结果表明，施用生物有机肥能够显著提高土壤微生物生物量，增加可培养细菌、芽胞杆菌和放线菌数量及细菌与真菌比值，降低尖孢镰刀菌数量。CD PCR-DGGE 聚类分析结果表明，连续两年施用生物有机肥明显改变了土壤可培养细菌群落结构，增加了其丰度和多样性。切胶测序结果表明，连续两年施用生物有机肥的香蕉园土壤增加了类芽胞杆菌、伯克氏菌、未培养疣微菌

及阿氏芽胞杆菌的丰度，降低了青枯雷尔氏菌（*Ralstonia solanacearum*）、粘金黄杆菌（*Chryseobacterium gleum*）、塔夫河居菌（*Fluviicola taffensis*）、肠杆菌（*Enterobacter* sp.）及巨大芽胞杆菌（*Bacillus megaterium*）的丰度，表明连续施用生物有机肥能够优化连作香蕉园土壤可培养微生物群落结构，防控香蕉枯萎病的发生，提高香蕉产量并改善果实品质。

杜传英等（2014）报道了东北地区耐盐芽胞杆菌的筛选统计及初步鉴定。采用温度筛选与表面定向培养相结合的方法对东北地区土壤中可培养耐盐芽胞杆菌进行分离和筛选，得到 137 株芽胞杆菌，其中耐盐芽胞杆菌 74 株，占总芽胞杆菌数量的 54%，最适盐浓度均为 1%，耐盐能力在 4%～14%。通过扩增耐盐菌株的 16S rDNA 基因序列，对其进行分子鉴定和分类，获得东北地区土壤中可培养的耐盐芽胞杆菌的多样性信息。通过同源性比对和耐盐性差异比较，确定 36 株差异耐盐芽胞杆菌，分属于芽胞杆菌属中的 7 个种。其中多数菌株为苏云金芽胞杆菌（*Bacillus thuringiensis*）（14 株，占总数的 38.9%，最高耐盐性为 4%～9% NaCl）。其次依次为蜡样芽胞杆菌（*Bacillus cereus*）（7 株，19.4%，4%～8% NaCl）、枯草芽胞杆菌（*Bacillus subtilis*）（7 株，19.4%，8%～11% NaCl）、炭疽芽胞杆菌（*Bacillus anthracis*）（4 株，11.1%，5%～7% NaCl）、弯曲芽胞杆菌（*Bacillus flexus*）（2 株，5.6%，9%～14% NaCl）、球形赖氨酸芽胞杆菌（*Lysinibacillus sphaericus*）（1 株，2.8%，5% NaCl）和阿氏芽胞杆菌（*Bacillus aryabhattai*）（1 株，2.8%，6% NaCl）。弯曲芽胞杆菌和枯草芽胞杆菌的耐盐能力较好。

车建美等（2014）报道了产挥发性物质芽胞杆菌对枇杷炭疽病病原菌（*Colletotrichum acutatum*）的抑制作用及其鉴定，采用二分隔特殊平板研究芽胞杆菌挥发性物质对枇杷炭疽病病原菌的抑制作用。研究结果表明，筛选得到的 8 株芽胞杆菌菌株中，抑菌效果最好的菌株为 FJAT-4748，抑菌率达 90.06%；其次为 FJAT-10011，抑菌率达 54.99%。经 16S rDNA 序列鉴定结合菌落形态学观察，确认这 8 株芽胞杆菌分别为解木糖赖氨酸芽胞杆菌（*Lysinibacillus xylanilyticus*）（1 株）、波茨坦短芽胞杆菌（*Brevibacillus borstelensis*）（1 株）、短短芽胞杆菌（*Brevibacillus brevis*）（2 株）、土壤短芽胞杆菌（*Brevibacillus agri*）（1 株）、阿氏芽胞杆菌（*Bacillus aryabhattai*）（1 株）、美丽短芽胞杆菌（*Brevibacillus formosus*）（1 株）及简单芽胞杆菌（*Bacillus simplex*）（1 株）。本研究筛选的产挥发性物质芽胞杆菌菌株可为枇杷采后炭疽病的生物防治提供菌株参考。李晓君等（2013）报道了丹参内生细菌的抗氧化及抗菌活性，对 8 株分离自陕西杨凌的丹参根部内生细菌进行抗氧化和抗菌活性研究，抗氧化活性采用 1,1-二苯基-2-三硝基苯肼（DPPH）法，抗细菌活性采用二倍稀释法，抗植物病原真菌采用抑制菌丝生长速率法。结果表明：8 株内生细菌均具有抗氧化活性，尤其是 B1 十字花科假单胞菌新橙色亚种（*Pseudomonas brassicacearum* subsp. *neoaurantiaca*）和 B5 阿氏芽胞杆菌（*Bacillus aryabhattai*）；8 株丹参内生细菌对 5 种人体病原细菌的抑制活性较弱，仅 B1、B3 蒂维瓦尔假单胞菌（*Pseudomonas thivervalensis*）和 B5 具有较弱活性；丹参内生细菌对 8 种植物病原菌菌丝生长有较强的抑制活性，对番茄灰霉病病原菌尤其敏感，半数抑制浓度（$IC_{50}$）为 1.48～12.06 g/L。奚家勤等（2013）分析了烤烟品种‘K326’内生细菌分离、抗黑胫病病原菌菌株筛选及种群组成，从烤烟品种‘K326’的不同生长时期分离内生细菌 1000 株，以烟草黑胫病病原菌（*Phytophthora parasitica* var. *nicotianae*）为靶标，共筛选出 168 株拮抗菌，这些内生细菌对黑胫病病原菌的抑菌率为 12.54%～50.14%。苗期和团棵期的内生菌含量较高，但在开花期和成熟期时降低了一个数量级，而拮抗菌数量呈上升趋势。对 168 株拮抗菌的 16S rDNA 基因序列进行限制性片段长度多态性（RFLP）分析，共产生 10 种带型。根据 RFLP 带型选取 39 株进行 16S rDNA 基因序列测定和系统发育分析。结果表明，这 168 株生防内生细菌归为两大类群：厚壁菌门（Firmicutes）和放线菌门（Actinobacteria）。厚壁菌门类群中的芽胞杆菌属（*Bacillus*）是优势属，共有 6 种 RFLP 带型，150 个菌株，包括解淀粉芽胞杆菌植物亚种（*Bacillus amyloliquefaciens* subsp. *plantarum*）、特基拉芽胞杆菌（*Bacillus tequilensis*）、甲基营养型芽胞杆菌（*Bacillus methyllotrophicus*）、蜡样芽胞杆菌（*Bacillus cereus*）、苏云金芽胞杆菌（*Bacillus thuringiensis*）和阿氏芽胞杆菌（*Bacillus aryabhattai*）。解淀粉芽胞杆菌植物亚种和甲基营养型芽胞杆菌的出现频率最高，共 126 株，占该属总菌株数的 84%。其余 18 个菌株分属于 4 个种：即美丽短芽胞杆菌（*Brevibacillus formosus*）、副短短芽胞杆菌（*Brevibacillus parabrevis*）、阴城假单胞菌（*Pseudomonas umsongensis*）和铜绿假单胞菌（*Pseudomonas aeruginosa*）。

易浪波等（2012）报道了高效钾长石分解菌株的筛选、鉴定及解钾活性，采集湖南省桂东县钾长石开采区土壤，在以钾长石为唯一钾源的选择性培养基上筛选分离解钾细菌，通过摇瓶释钾试验复筛高效解钾菌株；同时，利用电感耦合等离子体发射光谱仪（ICP-OES）测定解钾菌的释钾效率。采用形态学特征观察、生理生化特性检测和基于 16S rDNA 基因序列的系统发育分析初步鉴定高效解钾菌株。分离获得 11 株生长良好的钾长石分解细菌，其中菌株 JKC1、JKC2、JKC5 和 JKC7 的解钾能力较强，解钾率分别为 11.00%、11.50%、12.70%和 11.70%。经初步鉴定 JKC1 为巨大芽胞杆菌（*Bacillus megaterium*），JKC2 为阿氏芽胞杆菌，JKC5 为褐球固氮杆菌（*Azotobacter chroococcum*），JKC7 为解单端孢霉烯微杆菌（*Microbacterium trichothecenolyticum*）。结果表明，菌株 JKC1、JKC2、JKC5 和 JKC7 是高效的钾长石分解菌，可作为微生物浸矿（钾长石）机制研究的候选菌株。王怡等（2011）采用平板培养法，对分离自宜宾浓香型白酒产区的 530 株细菌进行了分解纤维素的能力测试。结果表明分离自曲房、糟醅中的可分解纤维素的细菌所占比例较高；蜡样芽胞杆菌、甲基营养型芽胞杆菌、阿氏芽胞杆菌、特基拉芽胞杆菌、苏云金芽胞杆菌 5 种细菌分解纤维素能力较其他细菌强。研究表明酿造细菌分解纤维素能力与来源和种属有密切的关系。冯云利等（2011）报道了烤烟品种‘NC297’内生细菌中拮抗烟草黑胫病的生防菌筛选及种群组成分析，以烟草黑胫病病原菌为靶标，从来自烤烟品种‘NC297’的 970 株内生细菌中筛选出 165 株拮抗菌，这些内生细菌对黑胫病病原菌的抑菌率为 9.55%～55.96%。内生细菌的生物量在苗期、团棵期、开花期和成熟期中无显著差异，但拮抗菌数量呈上升趋势。对 165 株拮抗菌的 16S rDNA 基因序列进行 RFLP 分析，共产生 12 种带型。根据 RFLP 带型选取 41 株进行 16S rDNA 基因序列测定和系统发育分析。结果表明这 165 株生防内生细菌归于三大类群：Proteobacteria、Actinobacteria 和 Firmicutes。Firmicutes 类群中的芽胞杆菌属（*Bacillus*）是优势属，共有 6 种 RFLP 带型，159 个菌株，包括阿氏芽胞杆菌。

阿氏芽胞杆菌脂肪酸组鉴定图谱。脂肪酸组特征为 15:0 anteiso/15:0 iso=0.92，17:0 anteiso/17:0 iso=1.21。脂肪酸组（24 个生物标记）包括：15:0 iso（39.4650%）、15:0 anteiso（36.3050%）、feature 3（16.7700%）、feature 4（10.4900%）、c16:0（6.2800%）、14:0 iso（4.2100%）、17:0 anteiso（3.8550%）、17:0 iso（3.1900%）、feature 1（3.0450%）、16:0 iso（1.8350%）、c14:0（1.5950%）、16:1ω11c（0.9300%）、c18:0（0.5200%）、feature 2（0.8800%）、13:0 iso（0.3900%）、16:1ω7c alcohol（0.3050%）、18:1ω9c（0.1850%）、c12:0（0.1750%）、17:1 iso ω10c（0.1650%）、18:1 2OH（0.1550%）、18:3ω(6,9,12)c（0.1500%）、13:0 anteiso（0.1450%）、14:0 anteiso（0.0900%）、17:1 anteiso ω9c（0.0600%）（图 8-1-5）。

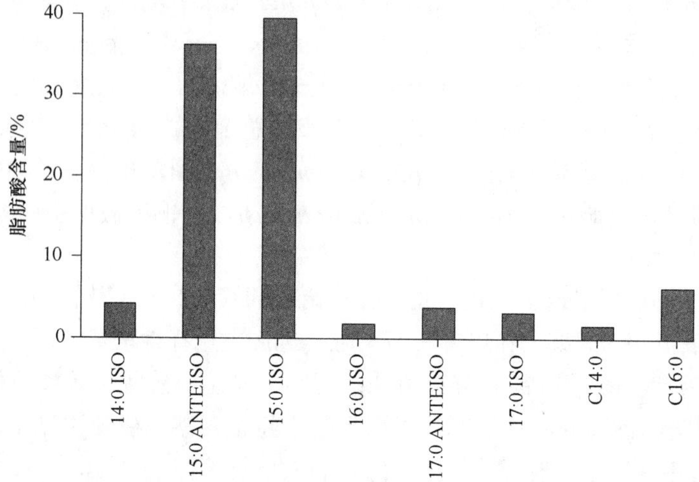


图 8-1-5 阿氏芽胞杆菌（*Bacillus aryabhattai*）主要脂肪酸种类

## 7. 萎缩芽胞杆菌

萎缩芽胞杆菌生物学特性。萎缩芽胞杆菌（*Bacillus atrophaeus* Nakamura 1989，sp. nov.）也称深褐芽胞杆菌，在国内有过大量报道。汪文鹏等（2017）从高温大曲中筛选产吡嗪的芽胞杆菌（*Bacillus* sp.），通过形态学观察及磷脂脂肪酸（PLFA）分析对其进行鉴定，并采用发酵试验分析其代谢产物。共筛选出 3 株芽胞杆菌，即菌株 B1、B2、B3。经分析鉴定后得出：菌株 B1 为蜡样芽胞杆菌（*Bacillus cereus*）；菌株 B2 和 B3 为萎缩芽胞杆菌（*Bacillus atrophaeus*）。3 株菌发酵产物的分析结果表明，在液态发酵条件下 3 株菌发酵均产吡嗪，其中菌株 B2 和 B3 发酵产物中吡嗪相对含量较高，均在 60%以上；固态发酵条件下生成吡嗪前体物质 3-羟基-2-丁酮，且发酵产物中相对含量均在 75%以上，表明这 3 株芽胞杆菌对酱香型白酒风味物质的产生有着一定的影响。许帅等（2017）研究了天津海底吹填淤泥中可培养细菌对黑麦草种子萌发及植株生长发育的影响。天津海底淤泥中含有丰富的微生物资源，这些微生物随着天津港排淤及吹填造地过程进入陆地生态系统。为了明确这些微生物对陆地草坪植物的影响，选择已经分离并鉴定的 14 株可培养细菌作为试验材料，研究了其对黑麦草种子萌发及植株生长的影响。结果表明：海底淤泥中的海水芽胞杆菌、巨大芽胞杆菌、简单芽胞杆菌和萎缩芽胞杆菌对黑麦草种子萌发及植株生长均有促进作用；丁香假单胞菌和特氏盐芽胞杆菌对黑麦草种子萌发无显著影响，但对黑麦草植株生长有促进作用；盐单胞菌、苏云金芽胞杆菌、西伯利亚微小杆菌和海洋芽胞杆菌对黑麦草种子萌发及植株生长的影响均不大；洋葱伯克氏菌、巴氏芽胞杆菌、解淀粉芽胞杆菌和类芽胞杆菌对黑麦草种子萌发影响不显著。

李亚男等（2017）报道了高原土壤中稻瘟病拮抗细菌的抑菌效果及抗菌机理。利用平板稀释法从西藏 7 个不同地点的土壤中分离筛选细菌，并通过平板对峙生长法对所分离菌株的稻瘟病病原菌抑制效果进行初筛，获得一株拮抗细菌 YN01，对其进行生理生化和分子生物学鉴定、最适生长和发酵条件筛选，分泌 IAA 和铁载体能力检测及稻瘟病病原菌孢子抑制实验。经形态学、生理生化特征和分子生物学鉴定，确定菌株 YN01 为萎缩芽胞杆菌。菌株 YN01 对稻瘟病病原菌丝生长的抑制率超过 90%，最适生长碳源、氮源分别为蔗糖和酵母粉，在 pH 低于 6 时不能正常生长，最适生长温度为 30～35℃；碳源及氮源分别为乳糖和谷氨酸、pH 为 8 以及培养温度为 30～35℃时发酵液的抑菌活性最强。刘邮洲等（2017）通过生理生化特征、16S rDNA 基因和 *gyrB* 基因序列分析对菌株 YL3 进行种属鉴定，采用室内平板对峙生长法测定其抑菌活性，并分析其对草莓枯萎病的田间防效。以选择性培养基检测其分泌的多种胞外酶，以结晶紫染色法检测生物膜的形成，采用酸沉淀法提取菌株 YL3 脂肽类化合物并进行高效液相色谱串联质谱分析（LC-MS）。研究表明，菌株 YL3 被鉴定为萎缩芽胞杆菌，其对多种植物病原真菌菌丝生长和细菌都具有明显的抑制作用，稀释 10 倍和 100 倍的发酵液对‘宁玉’草莓枯萎病的防效分别为 82.86%和 67.62%。菌株 YL3 能产生蛋白酶、几丁质酶和嗜铁素，培养 3 d 后形成大量生物膜。朱孟峰等（2017）报道了桑叶中 α-葡萄糖苷酶抑制剂产生菌的分离鉴定及诱变选育。从桑叶中筛选出一株糖尿病潜在治疗药物（α-葡萄糖苷酶抑制剂）产生菌，为进一步提高抑制剂量，采用常压室温等离子体（atmospheric and room temperature plasma，ARTP）技术进行了诱变育种，并初步研究其理化性质及稳定性。在分离得到的 188 株桑叶内生菌中，以 4-硝基苯-α-D-吡喃葡萄糖苷（4-nitrophenyl-α-D- glucopyranoside，PNPG）法筛选 α-葡萄糖苷酶抑制剂，筛选到一株细菌 Xu W-LB-188，其发酵上清液对 α-葡萄糖苷酶抑制率达 52.67%。根据菌株形态学特性及 16S rDNA 序列，初步鉴定为萎缩芽胞杆菌。对此菌株进行 ARTP 诱变，高通量筛选 880 株突变株，其中突变株 T-690 抑制活性较出发菌株提高了 40.61%，抑制率高达 73.25%。实验结果表明，该 α-葡萄糖苷酶抑制剂主要存在于发酵液中，是一种极性较大的水溶性胞外产物，且具有良好的热稳定性。任清和侯昌（2017）报道了北宗黄酒麦曲微生物的分离鉴定。利用梯度稀释法和划线纯化法对麦曲中的微生物进行分离纯化，得到 7 株细菌和 5 株真菌。通过形态学特征观察和分子生物学方法进行菌种鉴定，分别为地衣芽胞杆菌（*Bacillus licheniformis*）、枯草芽胞杆菌（*Bacillus subtilis*）、短小芽胞杆菌（*Bacillus pumilus*）、萎缩芽胞杆菌（*Bacillus atrophaeus*）、克劳氏芽胞杆菌（*Bacillus clausii*）、根际芽胞杆菌（*Bacillus rhizosphaerae*）、索诺拉沙漠芽胞杆菌（*Bacillus sonorensis*）。

耿源濛等（2016）报道了干旱区土壤中西瓜专化型尖孢镰刀菌拮抗菌的筛选及分

类。针对宁夏中部干旱带压砂西瓜田长期连作种植所产生的土壤退化、土壤养分含量降低、土壤真菌性病害增加、西瓜减产、品质下降等问题，从患病的西瓜植株上分离出致病菌——尖孢镰刀菌西瓜专化型（*Fusarium oxysporum* f. sp. *niveum*），从宁夏环香山地区压砂瓜集中连片种植区采集健康土壤，从中分离筛选对西瓜枯萎病致病菌有抑菌效果的拮抗菌株，并对拮抗菌株的防病效果及分类鉴定进行了研究。通过采用平板稀释法筛选出对目标病原菌具有拮抗作用的拮抗细菌。通过初筛选取 8 株对目标病原菌具有拮抗作用的细菌进一步进行复筛试验。经过数据分析，G-1 的抑菌率最高，且与其他处理间存在显著性差异，筛选出对目标病原菌拮抗作用最强的拮抗菌为 G-1。根据形态学观察、细菌生理生化鉴定和 16S rDNA 序列的同源性分析，确定拮抗菌株 G-1 为萎缩芽胞杆菌。程雅韵等（2016）对采集于不同地区的黄豆酱样品进行寡营养菌株的筛选、分离及纯化，并研究其产胞外酶特性。结果共分离出 114 株寡营养菌株，其中 69 株产纤维素酶，81 株产淀粉酶，112 株产脂肪酶，72 株产 β-葡萄糖苷酶，59 株产蛋白酶。通过 16S rDNA 基因序列分析对产酶活性高的代表菌株进行鉴定，鉴定出 5 种，分别为枯草芽胞杆菌（*Bacillus subtilis*）、高地芽胞杆菌（*Bacillus altitudinis*）、短小芽胞杆菌（*Bacillus pumilus*）、萎缩芽胞杆菌（*Bacillus atrophaeus*）、阿萨尔基亚芽胞杆菌（*Bacillus axarquiensis*）。所筛选的产酶活性高的寡营养菌株短小芽胞杆菌 HS1-4 和枯草芽胞杆菌 HS5-13 的耐盐性高，对环境的抗耐性强，具有广阔的应用前景。李修善（2016）报道了阿氏肠杆菌和萎缩芽胞杆菌扫描电镜样品制备、观察和分析，通过阿氏肠杆菌和萎缩芽胞杆菌样品制备的经验方法，在 JSM-6700F 电镜下得到形态完整、高清晰的图像。培养获得高纯度的菌，采用双固定、磷酸缓冲液清洗、丙酮脱水、多次表面镀铂等对样品进行处理。通过在电镜下观察，样品形态的丰富度高；样品扫描图像有丰富的立体感；分辨率高，图像更清晰，为其他生物扫描电镜观察提供了参考。曾嵘等（2015）报道了 2 种微生物制剂与有机诱导抗病剂（DMP）在烤烟生产上的组合应用，明确哈茨木霉菌、萎缩芽胞杆菌 2 种微生物制剂与有机诱导抗病剂在烤烟生产上的组合应用效果；通过苗期试验和大田试验研究哈茨木霉菌、萎缩芽胞杆菌制剂分别与有机诱导抗病剂组合应用对烤烟农艺性状及病害防治的影响；苗期试验结果表明：DMP 分别与哈茨木霉菌、萎缩芽胞杆菌组合应用对烟苗主要农艺性状的提高作用优于 DMP、哈茨木霉菌和萎缩芽胞杆菌单独施用，DMP 与萎缩芽胞杆菌组合应用对烟苗株高、叶片数、茎直径、地上部分鲜重、地下部分鲜重、地上部分干重和地下部分干重的提高作用最好。大田试验结果表明：在移栽时再施用等量 DMP，苗期采用 DMP 与哈茨木霉菌、萎缩芽胞杆菌组合育苗的烟株大田期取得良好效果。

闫洁等（2015）采用单因素试验对萎缩芽胞杆菌 XT1-4 的液体发酵条件进行优化，研究结果表明，该菌株的最佳培养条件为：发酵温度 32℃、初始 pH 7.0、装液量 50 mL/250 mL 三角瓶、接种量 2%、培养时间 24 h。研究结果为工业生产萎缩芽胞杆菌菌剂提供了基础数据。王超等（2015）报道了 2 株萎缩芽胞杆菌铬去除差异基因的脉冲场凝胶电泳（PFGE）分析。以萎缩芽胞杆菌菌株 ATCC 9372 和菌株 Ua 为材料，分别考察 2 株菌对 $Cr^{6+}$的耐受性和去除能力；采用 PFGE 技术进行基因组酶切片段分析，以期获得差异基因；利用转基因技术对得到的差异基因的 $Cr^{6+}$去除功能进行验证。结果表明：2

株菌在 48 h 时的菌体生长和对 $Cr^{6+}$的去除率达到最大值，ATCC 9372 菌株的生长状况和 $Cr^{6+}$去除能力明显高于 Ua 菌株；基因组通过内切酶 *Eco*RⅠ-*Hin*d Ⅲ组合酶切后，经 PFGE 分析得到了一条 3 kb 左右的差异条带。许燕等（2015）报道了固定化混合微生物对 $Cr^{6+}$的去除效应，从混合微生物种类和固定化技术等方面对 $Cr^{6+}$的微生物去除效应进行了试验研究。首先筛选出对 $Cr^{6+}$具有较高去除能力的混合菌株组合，然后采用海藻酸钠（SA）固定法进行混合菌株固定化，考察混合微生物和固定化混合微生物技术对 $Cr^{6+}$的去除效应。结果表明，HB（枯草芽胞杆菌）菌株对 $Cr^{6+}$有较好的去除能力，在 40 mg/L 的 $Cr^{6+}$溶液中其去除率可达 98%左右，其次为 Ua（萎缩芽胞杆菌）菌株，最后为 XJ-Ⅱ（枯草芽胞杆菌）菌株。梁青等（2015）报道了山苍子油成分分析及其对日化产品腐败菌的抑制效果，结果表明，山苍子油主要成分是 D-柠檬烯（峰面积百分百 $w$=26.51%）、柠檬醛（$w$=11.94%）和马鞭烯醇（$w$=11.84%）；3 株日化产品的腐败菌均为革兰氏阳性菌，分别命名为解淀粉芽胞杆菌 GLM 50、萎缩芽胞杆菌 GLM 56 和溶血葡萄球菌 GLM 57；琼脂平板法表明山苍子油对 3 株菌的最低抑制浓度分别为 0.045 g/L、0.09 g/L 和 0.18 g/L。

王勇等（2015）报道了浓香型大曲中多株芽胞杆菌的分离及鉴定。采用传统微生物分离方法从浓香型白酒大曲中筛选出 8 株优势芽胞杆菌，通过形态学特征观察并结合细菌脂肪酸鉴定技术（MIDI 系统）对其进行鉴定。结果表明，从大曲中分离筛选得到的 8 株芽胞杆菌分属于 5 个种，分别为巨大芽胞杆菌（*Bacillus megaterium*）、浸麻类芽胞杆菌（*Paenibacillus macerans*）、短小芽胞杆菌（*Bacillus pumilus*）、萎缩芽胞杆菌（*Bacillus atrophaeus*）和地衣芽胞杆菌（*Bacillus licheniformis*）。权淑静等（2015）报道了青藏高原土壤产淀粉酶菌株的分离、鉴定及产酶特性。从青藏高原农田采集的 13 份土样中筛选到 10 株产淀粉酶活力较高的菌株，其中菌株 ZF-3 产酶活性最高，该菌株采自定日县海拔 4400 m 左右处。通过菌落形态、生理生化特性和 16S rDNA 序列比对，鉴定该菌株为萎缩芽胞杆菌；对其粗酶液的酶学性质研究表明，酶反应最适温度为 60℃，最适作用 pH 6.0，$Ca^{2+}$、$Ba^{2+}$、$Zn^{2+}$、$Mn^{2+}$、$Fe^{2+}$等多种金属离子对酶活有明显的激活作用，$Mg^{2+}$对酶活有抑制作用。金靓婕等（2014）报道了海绵共附生芽胞杆菌中 bacillamide C 的快速分离。以一株海绵共附生芽胞杆菌发酵液的乙酸乙酯萃取物为原料，分别用硅胶吸附柱层析、离心薄层层析和半制备 HPLC 3 种方法对其中的天然杀藻活性物质 bacillamide C 进行分离提纯，通过对分离过程中进样量、时间、洗脱液消耗量、分离物中 bacillamide C 的纯度和回收率的分析比较，对 3 种方法的优缺点做出综合评定，认为半制备 HPLC 法有成为理想的快速分离 bacillamide C 方法的潜力。畅涛等（2014a）报道了高寒草地禾草内生细菌 B-401 的鉴定及生物防治潜力评价。采用平板对峙法测定了其抑菌能力。抑菌谱表明，B-401 对马铃薯坏疽病病原菌、马铃薯褐腐病病原菌、马铃薯炭疽病病原菌、马铃薯枯萎病病原菌、马铃薯干腐病病原菌、番茄早疫病病原菌、小麦根腐病病原菌、孜然根腐病病原菌和黄瓜枯萎病病原菌的抑制率分别达 74.45%、71.57%、70.05%、48.01%、56.01%、60.25%、64.65%、45.01%和 31.79%。在贮藏库中进行 10 倍液喷雾，对马铃薯坏疽病的防效达 52.67%。生物学功能测定表明，该菌株在含有色氨酸和不含色氨酸的 King 培养基中分泌 IAA 量分别为 3.42 mg/L 和 2.60 mg/L，且具有固氮能力，无溶磷能力。通过形态学特征和生理生化测定，结合 16S rDNA 序列同源性分析，鉴定菌株 B-401 为萎缩芽胞杆菌。王琴等（2014）报道了 3 种生防细菌的 2 种药剂剂型对芒果炭疽病病原菌（*Colletotrichum gloeosporioides*）的拮抗作用。3 种生防细菌分别为短短芽胞杆菌（*Brevibacillus brevis*）HAB-5、枯草芽胞杆菌 A178、萎缩芽胞杆菌 HAB-1，对多种植物病原菌具有较好的拮抗作用。通过优化培养条件，将 3 种生防细菌制备成胶悬剂（SC）和微胶囊悬浮剂（CS）2 种剂型，以芒果炭疽病病原菌菌株 C7-2 为靶标病原菌，测试 2 种剂型对 3 种菌拮抗能力的影响。结果表明，在制备的 3 种生防菌的胶悬剂中，只有 A178 胶悬剂在稀释 10 倍和 800 倍时抑菌效果好于原始菌株，其他的均弱于原始菌株。马顶虹等（2014）报道了萎缩芽胞杆菌生理生化特征与检测鉴定。该研究以其生理生化特征试验为基础，探索萎缩芽胞杆菌的便捷检测方法。通过生化试验完成的萎缩芽胞杆菌 ATCC 9372 生化谱，可用于萎缩芽胞杆菌的检测。孙崇思等（2014）报道了对大丽轮枝菌具有拮抗作用的萎缩芽胞杆菌的分离和鉴定。采用平板对峙培养法对抗性菌株、发酵滤液进行初步筛选，共分离出 61 株大丽轮枝菌拮抗菌，其中 59 号菌株拮抗活性强，产色素，其发酵滤液经 100℃加热 5 min 后仍然具有抑菌活性，抑菌圈直径为 15.8 mm；经 16S rDNA 和 *gyrB* 基因序列分析，将该菌株鉴定为萎缩芽胞杆菌；盆栽试验结果表明该菌对大丽轮枝菌具有良好的拮抗作用，并能促进棉苗生长。刘丁和秦文（2013）通过接种萎缩芽胞杆菌的发酵液+黄曲霉孢子悬浮液、菌体悬浮液+黄曲霉孢子悬浮液、发酵上清液+黄曲霉孢子悬浮液，以及单独接种黄曲霉孢子悬浮液的不同方法处理花生，测定超氧化物歧化酶（SOD）、过氧化氢酶（CAT）、苯丙氨酸解氨酶（PAL）、过氧化物酶（POD）和多酚氧化酶（PPO）酶活力的变化，研究萎缩芽胞杆菌提高花生黄曲霉抗性的诱导机制。结果表明：萎缩芽胞杆菌的各处理组接种 4 d 后，花生中 SOD 酶活力达到峰值，其中菌体悬浮液+黄曲霉孢子悬浮液处理的花生酶活力最大，为 5.3318 U/(g·min)；从接种后的第 2 天开始花生中 POD 酶活开始出现峰值，且以菌体悬浮液+黄曲霉悬浮液处理样品最大，为 13.4710 U/(g·min)。

王爱军等（2013）报道了马铃薯干腐病病原菌和黑痣病病原菌拮抗芽胞杆菌的筛选及鉴定。从甘肃国有条山农场马铃薯连作试验田的 96 个小区以五点取样法采集根际土样，利用稀释平板法在 LB 培养基上分离得到 625 株芽胞杆菌菌株。统计分析表明，土壤中总芽胞杆菌的数量为正茬>连作 2 年>连作 4 年，但连作 6 年的土壤中总芽胞杆菌的数量又有上升的趋势。以马铃薯干腐病病原菌接骨木镰刀菌（*Fusarium sambucinum*）FSM、茄腐镰刀菌（*Fusarium solani*）FSI、黑痣病病原菌立枯丝核菌（*Rhizoctonia solani*）RS1 和 RS2 为靶标病原菌，通过平板对峙培养法筛选有抑菌效果的拮抗芽胞杆菌，发现抑菌带宽度大于 2 mm 的拮抗芽胞杆菌的数量随连作年限的增加而减少。以形态学特征、生理生化特性为基础，结合 *gyrB* 基因序列分析，将筛选出的 2 株拮抗效果较好且不引起马铃薯块茎腐烂的芽胞杆菌（*Bacillus* spp.）D101 和 D102 鉴定为萎缩芽胞杆菌。辛海峰等（2013）报道了一株萎缩芽胞杆菌在小麦中的定植及对赤霉病的防治。从小麦叶片中筛选获得了一株抗赤霉病病原菌菌株 XM5，经 16S～23S rDNA ITS 序列的扩增比对，鉴定其为萎缩芽胞杆菌。通过逐步提高抗生素浓度驯化，使该菌株获得了利福平和链霉素的双抗性标记，同时针对其 ITS 序列的特异性区段，设计了特异性引物 L6SF、L6SR。采用抗抗生素和特异性 PCR 双重标记，研究 XM5 在小麦中的内生定植状况，发现根施的 XM5 能长期定植于室内小麦苗和室外植株中，但定植菌的数量随时间延长呈递减趋势。石磊等（2013）报道了具分泌几丁质酶活性的生防细菌的筛选鉴定及其几丁质酶基因的克隆和表达。通过平板透明圈法筛选获得一株具有几丁质酶活性的生防细菌 CAB-1，该菌株对番茄灰霉病病原菌等多种病原真菌表现出较强的拮抗活性。通过生理生化、16S rDNA 和 *gyrB* 基因序列测定，将菌株 CAB-1 鉴定为萎缩芽胞杆菌。对菌株 CAB-1 全基因组序列进行分析和功能预测，发现该菌株存在 2 个几丁质酶编码基因 *chit1* 和 *chit2*。通过 PCR 技术从菌株 CAB-1 中克隆出这 2 个几丁质酶的编码基因并在大肠杆菌中表达，其原核表达产物均表现出几丁质酶活性，其中 *chit1* 的原核表达产物能够显著抑制灰霉菌分生孢子的萌发。何微等（2013）调查了新疆喀什地区盐碱地土壤微生物区系。通过分析从新疆喀什地区 3 种典型植被环境（红柳区、灌木区、胡杨区）采集的土样，研究不同植被覆盖条件下土壤微生物的分布情况及影响该地区土壤微生物分布状况的主要因素，并分离、筛选出其中的优势菌株。结果表明，微生物的总数为红柳区>灌木区>胡杨区；细菌数量远大于放线菌及霉菌的数量；红柳区细菌数量最多，占 3 个采样点细菌总数的 69.35%，其次为灌木区、胡杨区；3 个采样点的放线菌数量相近；红柳区及灌木区霉菌数量最多，均为胡杨区霉菌数量的 2 倍；同种植被条件下，细菌、放线菌、真菌数量随着土壤深度增大变化趋势无明显规律；植物根部表面土壤中微生物数量是其周围土壤中微生物数量的 1.5～11.0 倍。分离出的优势菌株经 Biolog 自动鉴定系统及 16S rDNA 鉴定结果：XJ-H、XJ-DH、XJ-ZH 为萎缩芽胞杆菌（*Bacillus atrophaeus*），XJ-QT 和 XJ-R 为枯草芽胞杆菌（*Bacillus subtilis*），XJ-BZ 为施氏假单胞菌（*Pseudomonas stutzeri*）。

汪汉成等（2012）报道了 Biolog GEN III微孔板在烟草青枯病、黑胫病生防细菌鉴定中的应用。采用 Biolog 全自动微生物鉴定系统的 Biolog GEN III 微孔板对 24 株烟草青枯病、黑胫病未知生防细菌进行了鉴定。结果表明，鉴定准确率为 100%，其中解淀粉芽胞杆菌（*Bacillus amyloliquefaciens*）12 株、饲料类芽胞杆菌（*Paenibacillus pabuli*）3 株、枯草芽胞杆菌（*Bacillus subtilis*）2 株、萎缩芽胞杆菌（*Bacillus atrophaeus*）2 株、地衣芽胞杆菌（*Bacillus licheniformis*）2 株、短小芽胞杆菌（*Bacillus pumilus*）1 株。罗华东等（2012）报道了马铃薯甲虫病原细菌分离及生防菌的筛选与鉴定。分离筛选对马铃薯甲虫（Colorado potato beetle，CPB）具强致病性的细菌生防菌株并对其进行鉴定。从 CPB 虫体上分离病原细菌，利用几丁质酶和蛋白酶活性初步筛选致病菌株，然后通过室内和田间试验筛选出可导致 CPB 大量死亡的生防菌。从新疆 CPB 分布区采集的 CPB 发病成虫虫体上分离纯化获得 126 个细菌菌株，其中 36 个菌株对昆虫体壁几丁质和蛋白质具有降解活性。在室内马铃薯叶片饲养的 CPB 各龄幼虫和成虫上测试，11 个菌株对 1～2 龄幼虫表现出不同程度的致病力，在接种后 1～3 d 始见幼虫死亡，处理后 7 d 幼虫的累积死亡率达到 21.0%～77.9%，所有菌株对 2 龄以上 CPB 的致病力不明显或无致病力。在田间种植的马铃薯植株上测试这 11 个致病菌株，处理后观察，CPB008、CPB012 和 CPB016 等 3 个菌株在 10 d 内对 CPB 的累积致死率达到

41.0%～49.9%；另外还有 3 个菌株对 CPB 的致死率在 21.1%以上。这 6 个菌株均为革兰氏阳性菌，从形态学和生理生化特性鉴定它们均属于芽胞杆菌，通过 PCR 扩增分别获得它们的 16S rDNA 序列并登录到 NCBI GenBank 中，进行分析比对，菌株 CPB008、CPB012、CPB016 和 CPB111 为苏云金芽胞杆菌；菌株 CPB072、CPB108 为萎缩芽胞杆菌。

石磊等（2012）报道了作物病害高效生防菌株的定向快速筛选及其种类鉴定。通过 PCR 技术对 36 株具有抑菌活性的芽胞杆菌进行检测，筛选出具有杆菌霉素（bacillomycin）D 合成酶基因的菌株，并利用快速蛋白液相色谱技术（FPLC）对筛选出的菌株进行检测，最后通过 16S rDNA 和 *gyrB* 基因序列对这些菌株进行分子鉴定。结果共筛选出 4 株能产生杆菌霉素 D 的菌株，其中 2 株为萎缩芽胞杆菌（*Bacillus atrophaeus*），2 株为解淀粉芽胞杆菌（*Bacillus amyloliquefaciens*）。谢永丽等（2012a）采用 rep-PCR 指纹图谱分析、*gyrB* 基因及 16S rDNA 序列分析等多项分子鉴定技术对分离自青海柴达木极端干旱沙地的 8 株芽胞杆菌菌株进行分类鉴定；通过平板对峙及接种离体叶片试验检测分离菌株的拮抗活性及其对病原菌侵染的防效；采用 MALDI-TOF-MS 质谱分析生防菌株的活性成分。将 8 株分离菌株鉴定为解淀粉芽胞杆菌（6 株）、阿萨尔基亚芽胞杆菌（*Bacillus axarquiensis*）（1 株）和萎缩芽胞杆菌（1 株）；各菌株对油菜菌核病原真菌（*Sclerotinia sclerotiorum*）均具有明显抑制作用。张凡（2012）对分离自德国小蠊肠道的细菌 BGI-17 进行鉴定，并研究其对昆虫致病真菌的抑制效果，为探明德国小蠊肠道菌群的组成及其与虫体间的关系打下基础。利用 PCR 扩增该菌的 16S rDNA 序列，根据测序结果构建系统发育树，结合形态学及生理生化特征对 BGI-17 进行鉴定；利用平板抑制法测定该菌对白僵菌的抑菌效果，并观察该菌对真菌菌丝生长的影响。结果表明，该菌短杆状，周生鞭毛，革兰氏染色、芽胞染色、接触酶为阳性，初步鉴定为芽胞杆菌属，基于 16S rDNA 序列构建的进化树显示，该菌与萎缩芽胞杆菌同源性达到 99%，两者所构建的系统发育树处于同一个分支；该菌对白僵菌生长有明显抑制效果。聂文杰等（2011）报道了降解甲烷微生物的生物学特性。从垃圾填埋场的湿土中成功筛选出一种能降解甲烷的菌株，应用形态学观察及 16S rDNA 序列的同源性分析对该菌种进行了鉴定，同时研究了其培养条件及降解甲烷的性能。结果表明：该菌株为萎缩芽胞杆菌，其最佳生长温度为 32℃，pH 为 6.5，氧气与甲烷体积比为 2∶3，在此条件下 48 h 内甲烷降解率接近 50%。林天兴等（2011）采用总 DNA ERIC-PCR 方法和 16S rDNA 全序列分析方法对 48 株内生细菌进行了遗传多样性和系统发育分析。ERIC-PCR 指纹图谱分析表明，在 Watson 距离为 0.31 时，48 株菌被划分为 6 个 ERIC 群和 2 个独立成群的菌株，从每个群中挑选代表性的菌株测定 16S rDNA 基因进行系统发育分析，结果表明这些菌株分别属于萎缩芽胞杆菌、枯草芽胞杆菌、蜡样芽胞杆菌等。

陈林等（2012）研究了浓香型皇台大曲可培养细菌群落结构及其产淀粉酶能力。采用稀释平板法，从浓香型皇台大曲中分离纯化出 73 株细菌菌株，经 PCR 扩增其 16S rDNA 并测序，比对分析发现这些纯化的细菌菌株中有 23 株 16S rDNA 序列各异的可培养细菌，这些菌株分别为地衣芽胞杆菌（*Bacillus licheniformis*）（16 株）、枯草芽胞杆菌

(*Bacillus subtilis*)(2 株)、解淀粉芽胞杆菌(*Bacillus amyloliquefaciens*)(1 株)、蜡样芽胞杆菌(*Bacillus cereus*)(1 株)、萎缩芽胞杆菌(*Bacillus atrophaeus*)(1 株)、索诺拉沙漠芽胞杆菌(*Bacillus sonorensis*)(1 株)和短芽胞杆菌(*Brevibacillus* sp.)(1 株)。武婷婷等(2011)从桑树内生细菌中筛选得到一株产 α-葡萄糖苷酶抑制剂的内生细菌 S-J-X-4，通过生理生化及分子生物学鉴定，初步鉴定其为萎缩芽胞杆菌。对 α-葡萄糖苷酶抑制剂的来源进行了初步研究，结果表明其活性物质为萎缩芽胞杆菌的一种胞外分泌物。韩松等(2011)报道了一株产铁载体内生细菌对尖孢镰刀菌的拮抗作用。通过改良蔗糖-天冬氨酸培养基筛选到一株产铁载体的内生细菌 HS-4，测定了该菌在不同铁离子浓度下对棉花枯萎病致病菌尖孢镰刀菌(*Fusarium oxysporum*)的抑菌效果，并结合形态学、生理生化、16S rDNA 序列同源性和系统发育分析对菌株进行鉴定。结果表明：内生细菌 HS-4 在 MSA 培养基中产生荧光型铁载体，其铁载体相对含量为 80%；该铁载体在低铁条件下对尖孢镰刀菌具有抑制作用；将内生细菌 HS-4 初步鉴定为萎缩芽胞杆菌。薛鹏琦等(2011)采用平板拮抗筛选，分别从西藏日喀则地区和拉萨地区杂草根围土壤中筛选到 2 个对油菜菌核病病原菌有显著拮抗活性的芽胞杆菌菌株 RJGP16 和 YBWC43。通过生理生化鉴定、16S rDNA 序列分析和 BOX-PCR 指纹图谱分析，鉴定菌株 RJGP16 为萎缩芽胞杆菌，菌株 YBWC43 为解淀粉芽胞杆菌。离体叶片试验结果显示，菌株 RJGP16 和 YBWC43 对油菜菌核病病原菌的防治效果分别为 50.24%和 100.00%。脂肽化合物种类分析显示，菌株 RJGP16 产生脂肽化合物表面活性剂和伊枯草菌素。

胡志明等(2009)通过传统培养方法分析了黄酒大罐发酵过程中原核微生物的种类和数量。在黄酒整个发酵过程中，共检出 13 种原核微生物：枯草芽胞杆菌、*Bacillus* sp. MO15、*Bacillus* sp. Epbas6、地衣芽胞杆菌、索诺拉沙漠芽胞杆菌、短小芽胞杆菌、高地芽胞杆菌、植物乳杆菌(*Lactobacillus plantarum*)、*Bacillus* sp. D6(2007)、解淀粉芽胞杆菌、贝莱斯芽胞杆菌(*Bacillus velezensis*)等。饶小莉等(2017)报道了甘草内生细菌的分离及拮抗菌株鉴定。从乌拉尔甘草健康植株的根、茎、叶中共分离到内生细菌 98 株，经初步鉴定，芽胞杆菌属为优势种群，约占 30%；从不同生长年份甘草的根、茎、叶组织中分离内生细菌的种群密度为 $5.0\times10^4$～$2.9\times10^7$ CFU/g 鲜重。采用平板对峙法筛选出 6 株对植物病原菌有明显体外拮抗活性的菌株，通过菌落、菌体形态观察、生理生化反应及 16S rDNA 序列分析，同时结合 Biolog 细菌自动鉴定系统验证，鉴定这 6 株拮抗菌分属萎缩芽胞杆菌、多黏类芽胞杆菌、枯草芽胞杆菌等。

萎缩芽胞杆菌脂肪酸组鉴定图谱。脂肪酸组特征为 15:0 anteiso/15:0 iso=2.70，17:0 anteiso/17:0 iso=1.99。脂肪酸组(51 个生物标记)包括：15:0 anteiso(43.5478%)、15:0 iso(16.1487%)、feature 3(16.9281%)、17:0 anteiso(14.7604%)、feature 4-1(9.5204%)、17:0 iso(7.4077%)、16:0 iso(5.5437%)、feature 1-1(4.2880%)、c16:0(3.9766%)、14:0 iso(1.6384%)、feature 2(1.6184%)、16:0 iso 3OH(1.5700%)、17:1 iso ω10c(1.2570%)、c18:0(0.9068%)、feature 4-2(0.8727%)、16:1ω11c(0.7562%)、16:1ω7c alcohol(0.4757%)、c14:0(0.3865%)、15:0 2OH(0.2821%)、18:1ω9c(0.2649%)、c12:0(0.2219%)、17:0 2OH(0.1850%)、13:0 anteiso(0.1756%)、15:0 iso 3OH(0.1584%)、14:0 anteiso(0.1097%)、 feature 4-3（0.1040%）、13:0 iso（0.0864%）、feature 8（0.0772%）、17:0 iso 3OH（0.0575%）、18:0 iso（0.0550%）、c19:0（0.0446%）、c17:0（0.0390%）、17:1 anteiso ω9c（0.0334%）、19:0 iso（0.0325%）、18:1 iso H（0.0252%）、18:0 2OH（0.0250%）、15:1 iso G（0.0244%）、14:0 iso 3OH（0.0219%）、19:0 anteiso（0.0200%）、feature 1-2（0.0179%）、18:3ω(6,9,12)c（0.0179%）、feature 5（0.0178%）、16:0 anteiso（0.0174%）、16:1 2OH（0.0156%）、15:1 anteiso A（0.0136%）、17:0 3OH（0.0128%）、17:1ω6c（0.0125%）、16:0 2OH（0.0121%）、18:1ω7c（0.0118%）、feature 6（0.0117%）、feature 7（0.0115%）（图 8-1-6）。

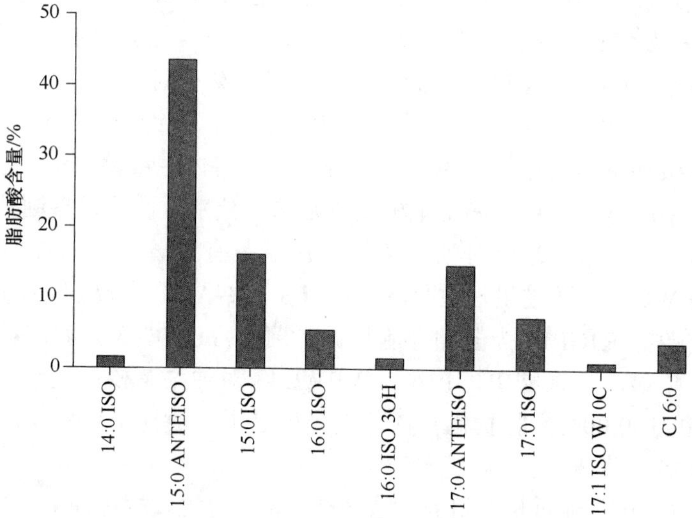


图 8-1-6　萎缩芽胞杆菌（*Bacillus atrophaeus*）主要脂肪酸种类

## 8. 产氮芽胞杆菌

产氮芽胞杆菌生物学特性。产氮芽胞杆菌［*Bacillus azotoformans*（ex Pichinoty et al. 1976）Pichinoty et al. 1983，sp. nov.，nom. rev.］在国内研究报道较少。陈国民（2007）分析了从我国北方 6 个地区水稻田分离的 18 株根际细菌的固氮能力，证实产氮芽胞杆菌具有固氮功能。崔宗均（1996）从华中农业大学试验农场的植物根际分离到 8 株对植物有明显促生作用的细菌，经鉴定，其中的菌株 B4 为产氮芽胞杆菌，而且，B4 产 IAA 的能力比其他菌株稍差，最高浓度仅为 1 μg/mL。

产氮芽胞杆菌脂肪酸组鉴定图谱。脂肪酸组特征为 15:0 anteiso/15:0 iso=1.13，17:0 anteiso/17:0 iso=1.89。脂肪酸组（23 个生物标记）包括：feature 2（45.8700%）、feature 1（25.7267%）、15:0 anteiso（23.7567%）、15:0 iso（21.0467%）、c16:0（19.0500%）、14:0 iso（12.2967%）、c14:0（7.8467%）、16:1ω11c（5.5833%）、16:0 iso（5.4133%）、17:0 anteiso（1.4467%）、16:1ω7c alcohol（0.9400%）、17:0 iso（0.7667%）、13:0 iso（0.4700%）、c18:0（0.2733%）、13:0 anteiso（0.2100%）、17:1 iso ω10c（0.1867%）、20:1ω7c（0.1300%）、c12:0（0.1267%）、17:1 anteiso ω9c（0.1233%）、c17:0（0.1067%）、feature 3（0.1000%）、18:1ω9c（0.0733%）、16:0 3OH（0.0533%）（图 8-1-7）。

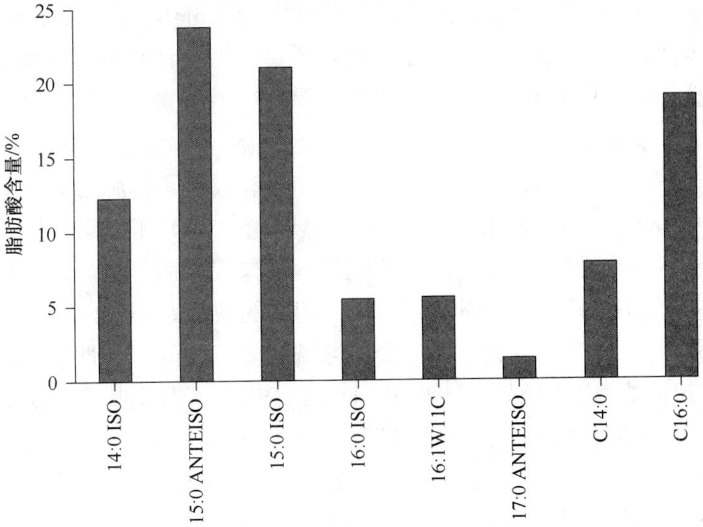


图 8-1-7 产氮芽胞杆菌（*Bacillus azotoformans*）主要脂肪酸种类

## 9. 栗褐芽胞杆菌

栗褐芽胞杆菌生物学特性。栗褐芽胞杆菌［*Bacillus badius* Batchelor 1919（Approved Lists 1980），species.］在国内的研究报道较多。贺胜英等（2014）为了确定导致大鲵（*Andrias davidianus*）烂鳃病的主要病原菌类型，从而为大鲵烂鳃病的确诊和科学防治提供参考，从细菌性感染病鲵的鳃、肝、肾及血液中分离到 2 株细菌，经形态结构、生理生化特征鉴定、16S rDNA 基因序列分析鉴定为蜡样芽胞杆菌（*Bacillus cereus*）和栗褐芽胞杆菌。人工感染试验证实栗褐芽胞杆菌为主要致病菌。2 种病原菌对恩诺沙星和环丙沙星比较敏感，可作为首选药物治疗该病。吴民熙等（2014）研究了降解菜籽饼粗蛋白耐盐菌的筛选、鉴定及固体发酵。从保存 6 个月含菜籽饼的堆肥样品中筛选到 3 株耐盐菌株 A2、A4、A7，这些菌株能以菜籽饼为氮源生长，最高耐盐浓度达到 10%，经分子生物学及系统发育分析，A2、A4 为解淀粉芽胞杆菌，A7 为栗褐芽胞杆菌，通过单一菌株固体发酵菜籽饼试验，证实这些细菌均对菜籽饼表现出了一定的降解能力。梁净等（2014）利用选择性培养基从草地早熟禾（*Poa pratensis*）根际土壤中筛选到 8 株有机磷细菌和 7 株无机磷细菌，根据其形态学和生理生化等特性进行了鉴定。其中，菌株 PO8 为栗褐芽胞杆菌。

周伏忠等（2011）对玉米浆液贮运过程中常见的杂菌污染情况进行了分离、鉴定和分析研究。结果表明，玉米浆液贮运过程中的主要杂菌以芽胞杆菌和酵母菌为主，其中芽胞杆菌有 7 种，包括栗褐芽胞杆菌等。朱玉（2011）报道了用于发酵床养殖的细菌分离鉴定及应用效果。从土壤、堆肥样品中分离纯化获得 105 株细菌，筛选获得 7 株不产生氨气和硫化氢的菌株。经鉴定，其中的菌株 B5 是栗褐芽胞杆菌。接种菌株 B5 的垫料发酵实验中，24 h 内垫料温度迅速升高至 45℃左右，最高达 70℃；发酵结束时，发酵床料温保持在 50℃。发酵过程中，垫料中铵态氮和硝态氮含量迅速下降，由发酵初期的 108.6 mg/kg 和 138.72 mg/kg 分别降至第 8 天的 44.6 mg/kg 和 52.32 mg/kg；随后，其含量略有上升。张霞等（2010）报道了贵州浓香型白酒窖池可培养细菌系统发育分析。从贵州某名酒厂浓香型白酒窖泥和酒醅中分离到 477 株细菌，发现绝大多数为芽胞杆菌（446 株），占总细菌株数的 93.50%，以地衣芽胞杆菌（*Bacillus licheniformis*）为主，栗褐芽胞杆菌等也占有相当的比例。吕敏娜等（2009）报道了鹅源栗褐芽胞杆菌的分离和鉴定。为了鉴定从狮头鹅心脏血中分离到的芽胞杆菌，进行了一系列生理生化试验和动物致病性试验，根据试验结果可鉴定该芽胞杆菌为栗褐芽胞杆菌。将其回接动物试验结果表明：以 $1\times10^8$ CFU/只的接种剂量对鹧鸪、鹌鹑的致死率为 60%，对狮头鹅的致死率为 70%。刘永建等（2008）报道了 1 株聚丙烯酰胺降解菌的降解性能和机理。从大庆油田筛选到 1 株聚丙烯酰胺降解菌，经 16S rDNA 序列分析鉴定其为栗褐芽胞杆菌，命名为 JHW-1。将降解菌扩培后，接种至以聚合物为唯一有机营养源的培养基，在 41℃、pH 7.2 条件下培养 7 d，聚合物黏度较无菌对照降低 48.5%；在培养基中分别添加少量 $FeSO_4$ 和 $MnSO_4$、酵母粉、葡萄糖后，聚合物黏度较对照分别降低了 57.4%、72.5%、86.2%；降解菌在同时添加了 $FeSO_4$、$MnSO_4$ 和葡萄糖的聚合物培养基中培养 7 d 后，聚合物降黏率达到 91.4%，相对分子质量由 $10^6$～$10^7$ 降至 $10^3$～$10^6$，且聚合物质量减少约 8%。

霍炜洁（2008）研究了生物腐殖酸资源化处理猪场废水的应用。对分离菌株进行功能性筛选，得到 10 种细菌具有亚硝化能力、乐斯苯（1%）降解能力、五氯硝基苯（0.1%）降解能力、溶无机磷能力和拮抗粪大肠菌群能力。经鉴定这 10 种细菌分别属于栗褐芽胞杆菌、蜡样芽胞杆菌（*Bacillus cereus*）、地衣芽胞杆菌、枯草芽胞杆菌（*Bacillus subtilis*）、短小芽胞杆菌（*Bacillus pumilus*）、巨大芽胞杆菌（*Bacillus megaterium*）和类芽胞杆菌（*Paenibacillus* sp.）。

张晓波（2008）研究了草地早熟禾根际促生菌（PGPR）特性及根际微生物区系。获得了 8 株有机磷细菌、7 株无机磷细菌菌株的纯培养，经鉴定，其中的菌株 PO8 为栗褐芽胞杆菌。张万祥等（2007）从含油脂废水中取样，通过分离、培养，筛选出以油脂为唯一碳源和能源并能分解油脂的菌株，结果从含油脂废水中筛选出 8 株微生物，最终筛选出 1 株油脂降解菌，鉴定为栗褐芽胞杆菌。陈凤兰等（2006）对筛选出的溶藻细菌——栗褐芽胞杆菌进行除藻试验，结果表明该溶藻菌种除藻效果显著，对藻类的去除率在 70%以上，对氨氮和有机物也有较好的去除效果；栗褐芽胞杆菌通过其分泌的一种特殊物质灭活藻类。姚晓惠等（2002）报道了土壤中磷细菌的筛选和鉴定。用卵黄平板（有机磷）和磷灰石平板（无机磷）从土壤中筛选出具有解磷能力的菌株，根据其解磷圈大小判断其解磷能力。结果获得 8 株具有较强解磷能力的芽胞杆菌，它们分别属于蜡样芽胞杆菌、栗褐芽胞杆菌和巨大芽胞杆菌。

栗褐芽胞杆菌脂肪酸组鉴定图谱。脂肪酸组特征为 15:0 anteiso/15:0 iso=0.20，17:0 anteiso/17:0 iso=0.95。脂肪酸组（41 个生物标记）包括：15:0 iso（47.9127%）、15:0 anteiso（9.4723%）、16:0 iso（4.7990%）、16:1ω11c（4.7457%）、17:1 iso ω10c（4.6990%）、17:0 iso（4.4270%）、17:0 anteiso（4.1910%）、16:1ω7c alcohol（4.0693%）、c16:0（4.0237%）、feature 4（2.9433%）、feature 3（2.2770%）、14:0 iso（2.0850%）、c14:0（2.0483%）、c18:0

（0.5380%）、c17:0（0.2213%）、11:0 iso（0.1987%）、c20:0（0.1790%）、18:1ω9c（0.1717%）、17:1ω9c（0.1557%）、17:1 anteiso A（0.1450%）、15:1ω5c（0.1197%）、c19:0（0.0813%）、13:0 iso（0.0770%）、c12:0（0.0530%）、feature 2-1（0.0580%）、10 Me 18:0 TBSA（0.0483%）、18:1 2OH（0.0483%）、15:1 iso ω9c（0.0480%）、16:0 2OH（0.0383%）、feature 8（0.0377%）、14:0 2OH（0.0163%）、20:1ω7c（0.0147%）、14:0 anteiso（0.0137%）、18:3ω(6,9,12)c（0.0110%）、11:0 anteiso（0.0103%）、feature 2-2（0.0083%）、19:0 iso（0.0070%）、13:0 anteiso（0.0043%）、18:0 iso（0.0040%）、16:0 anteiso（0.0027%）、15:0 2OH（0.0023%）（图 8-1-8）。

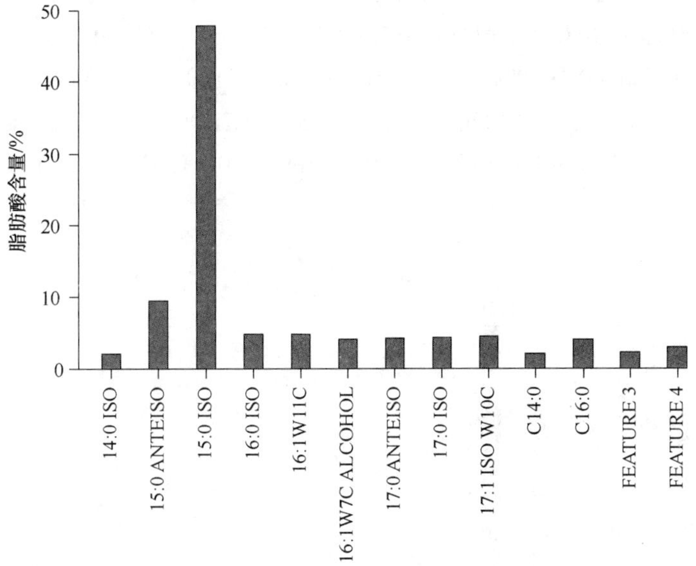


图 8-1-8　栗褐芽胞杆菌（*Bacillus badius*）主要脂肪酸种类

## 10. 巴达维亚芽胞杆菌

巴达维亚芽胞杆菌生物学特性。巴达维亚芽胞杆菌（*Bacillus bataviensis* Heyrman et al. 2004，sp. nov.）在国内有一些报道。曾林等（2016）报道了白酒黄水中纤维素降解菌的分离鉴定及产酶活性。以羧甲基纤维素钠（CMC-Na）为唯一碳源作初筛培养基，从浓香型白酒发酵副产物黄水中分离得到 18 株具有产纤维素酶能力的菌株，并进行纯培养。形态学、生理生化和系统发育鉴定结果显示，菌株 XH01、XH04、XH05、XH18 为蜡样芽胞杆菌（*Bacillus cereus*），菌株 XH34 为环状芽胞杆菌（*Bacillus circulans*），菌株 SW01、SW05 为巨大芽胞杆菌（*Bacillus megaterium*），菌株 SW02 为内生芽胞杆菌（*Bacillus endophyticus*），菌株 SW03、SW04 为简单芽胞杆菌（*Bacillus simplex*），菌株 SW09、SW13 为巴达维亚芽胞杆菌（*Bacillus bataviensis*）。张霞等（2010）在研究贵州浓香型白酒窖池可培养细菌过程中，从贵州某名酒厂浓香型白酒窖泥和酒醅中分离到 477 株细菌，其中分离到巴达维亚芽胞杆菌。曾驰等（2010）分析兼香型白云边酒高温堆积过程中的主要细菌，分离到巴达维亚芽胞杆菌。陈峥等（2016a）在巴达维亚芽胞杆菌 FJAT-10043 发酵液中，用液相质谱检测到 656 种代谢物，通过 Metlin 谱库搜索得到初步鉴定结果的有 121 种。其中，喷他霉素是相对含量最高的成分。喷他霉素占该菌发酵液总代谢物相对含量的 4.22%，匹配得分达到 96.39 分，保留时间为 2.7339 min。

巴达维亚芽胞杆菌脂肪酸组鉴定图谱。脂肪酸组特征为 15:0 anteiso/15:0 iso=0.86，17:0 anteiso/17:0 iso=1.15。脂肪酸组（28 个生物标记）包括：15:0 iso（34.1200%）、15:0 anteiso（29.3800%）、16:1ω11c（7.8250%）、feature 1（5.9400%）、14:0 iso（4.1450%）、16:1ω7c alcohol（3.9600%）、17:1 iso ω10c（3.6500%）、c16:0（2.9050%）、feature 4（2.5100%）、16:0 iso（2.1750%）、17:0 anteiso（2.0000%）、18:1ω9c（1.7650%）、17:0 iso（1.7450%）、c18:0（1.1050%）、c14:0（0.8600%）、feature 3（0.5000%）、17:1 anteiso ω9c（0.3000%）、13:0 iso（0.1900%）、16:1 iso H（0.1900%）、17:1ω9c（0.1400%）、c17:0（0.1100%）、cy19:0 cy ω8c（0.1050%）、feature 8（0.0700%）、16:0 anteiso（0.0650%）、c19:0（0.0600%）、c12:0（0.0500%）、14:0 anteiso（0.0450%）、18:0 iso（0.0400%）（图 8-1-9）。

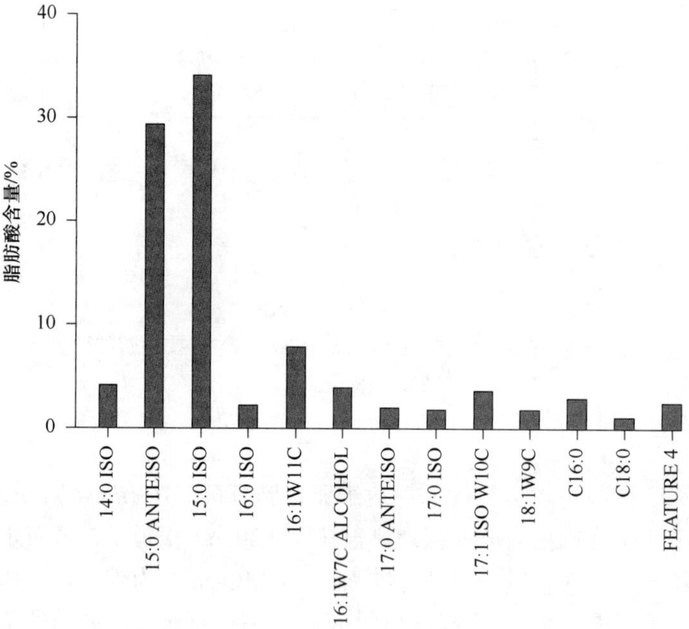


图 8-1-9 巴达维亚芽胞杆菌（*Bacillus bataviensis*）主要脂肪酸种类

## 11. 北京芽胞杆菌

北京芽胞杆菌生物学特性。新种 *Bacillus beijingensis* sp. nov. 和 *Bacillus ginsengi* sp. nov.由中国首都师范大学的 Qiu 等于 2009 年 4 月发表（Qiu et al.，2009）；2012 年印度普纳大学的 Verma 等进行了重新分类，将其转移至 *Bhargavaea beijingensis* comb. nov.和 *Bhargavaea ginsengi* comb. nov.（Verma et al.，2012）。*Bhargavaea* 世系为：Kingdom：Bacteria（细菌）、Division：Firmicutes（厚壁菌门）、Class：Bacilli（芽胞杆菌纲）、Order：

Bacillales（芽胞杆菌目）、Family：Planococcaceae（动球菌科）、Genus：*Bhargavaea*（哈格瓦氏菌属）。北京芽胞杆菌（*Bacillus beijingensis*）与 *Paenibacillus beijingensis* Wang et al. 2013，sp. nov.和 *Paenibacillus beijingensis* BJ-18$^T$ Wang et al. 2013，sp. nov.（北京类芽胞杆菌，二者同名不同种）也毫无关系。为了说明种类的变动，将其脂肪酸组图谱列出（图 8-1-10）。

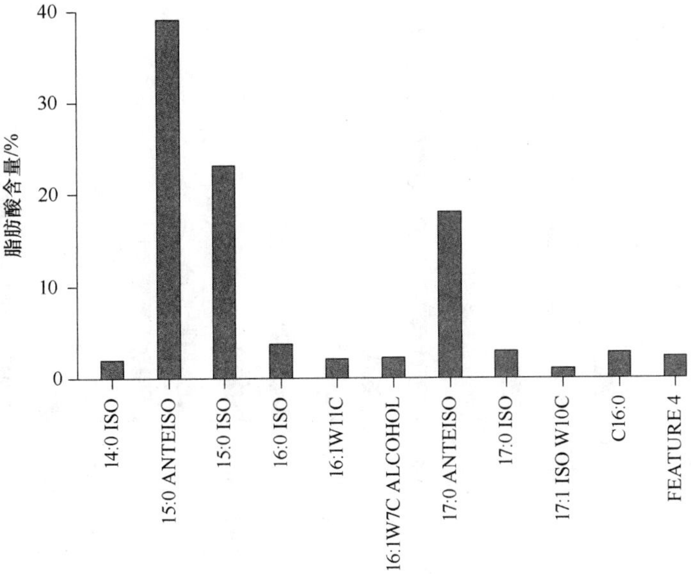


图 8-1-10　北京芽胞杆菌（*Bacillus beijingensis*）（北京哈格瓦氏菌 *Bhargavaea beijingensis*）主要脂肪酸种类

## 12. 兵马俑芽胞杆菌

兵马俑芽胞杆菌生物学特性。兵马俑芽胞杆菌（*Bacillus bingmayongensis* Liu et al.，2014，sp. nov.）由福建省农业科学院研究团队发表，其生物学研究未见报道。

兵马俑芽胞杆菌脂肪酸组鉴定图谱。脂肪酸组特征为 15:0 anteiso/15:0 iso=0.36，17:0 anteiso/17:0 iso=0.26，15:0 anteiso（7.4060%）<17:0 iso（10.2510%）。脂肪酸组（43 个生物标记）包括：15:0 iso（20.6930%）、feature 3（14.0070%）、17:0 iso（10.2510%）、13:0 iso（10.1390%）、c16:0（9.0580%）、15:0 anteiso（7.4060%）、c14:0（4.6230%）、17:1 iso ω5c（4.1760%）、16:0 iso（3.6440%）、14:0 iso（3.4340%）、13:0 anteiso（3.0200%）、17:0 anteiso（2.7150%）、feature 2-1（1.5770%）、c18:0（1.1970%）、12:0 iso（0.8130%）、17:1 anteiso A（0.7660%）、c12:0（0.7320%）、c17:0（0.2110%）、feature 2-2（0.1770%）、14:0 anteiso（0.1750%）、15:1ω5c（0.1460%）、feature 1（0.1200%）、10 Me 18:0 TBSA（0.1190%）、18:1ω9c（0.1160%）、19:0 iso（0.0810%）、16:0 iso 3OH（0.0800%）、17:0 iso 3OH（0.0640%）、feature 8（0.0600%）、18:0 iso（0.0580%）、16:0 2OH（0.0510%）、17:1ω7c（0.0490%）、c13:0（0.0490%）、18:1 iso H（0.0480%）、feature 5（0.0370%）、18:1 2OH（0.0300%）、15:1 iso F（0.0290%）、18:3ω(6,9,12)c（0.0230%）、11:0 iso

（0.0220%）、15:1 anteiso A（0.0180%）、c9:0（0.0170%）、20:1ω7c（0.0150%）、15:1 iso G（0.0080%）、15:0 iso 3OH（0.0070%）、cy17:0（0.0070%）、19:1 iso I（0.0070%）（图 8-1-11）。

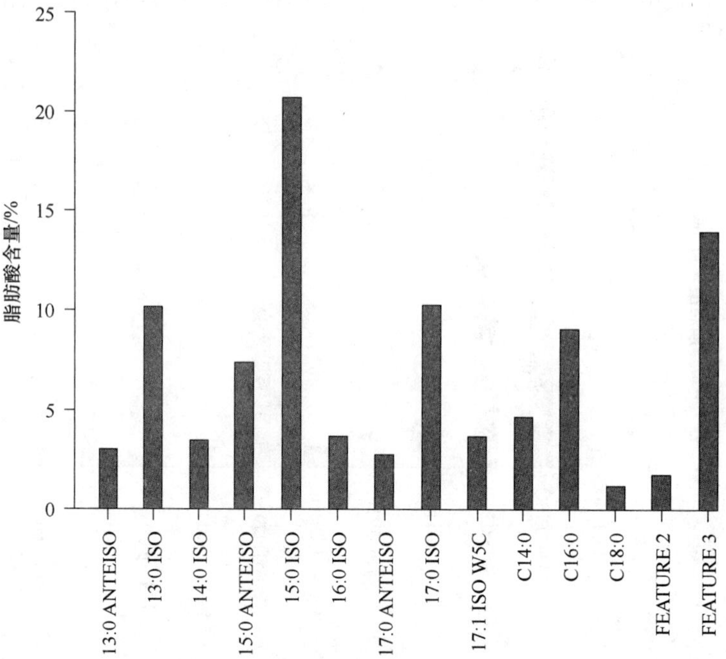


图 8-1-11　兵马俑芽胞杆菌（*Bacillus bingmayongensis*）主要脂肪酸种类

## 13. 嗜硼芽胞杆菌

嗜硼芽胞杆菌生物学特性。嗜硼芽胞杆菌（*Bacillus boroniphilus* Ahmed et al. 2007，sp. nov.）在国内有过一些报道。胡怀容等（2014a）报道了低盐腌制大头菜腐败菌的分离与初步鉴定。以低盐腌制大头菜为原料，对贮藏、流通期间主要腐败微生物进行分离鉴定。测序结果与 NCBI 中已知序列进行比对和鉴定，发现 5 株为芽胞杆菌属（*Bacillus*），1 株为赖氨酸芽胞杆菌属（*Lysinibacillus*），2 株为念珠菌属（*Candida*），1 株为非培养细菌的同源菌。经系统发育分析，菌株 X5 和球形赖氨酸芽胞杆菌（*Lysinibacillus sphaericus*）的同源性为 97%，其余菌株分别与芽胞杆菌（*Bacillus* sp.）、枯草芽胞杆菌（*Bacillus subtilis*）、巨大芽胞杆菌（*Bacillus megaterium*）、嗜硼芽胞杆菌、吉氏芽胞杆菌（*Bacillus gibsonii*）、1 种未培养细菌（uncultured bacterium）、副皱褶念珠菌（*Candida pararugosa*）、赞普林念珠菌（*Candida zemplinina*）的同源性为 99%～100%。通过微生物生理特性研究及腐败现象分析，推断芽胞杆菌和酵母可能是引起腌制大头菜腐败变质的主要原因。王征征等（2016）报道了响应面法优化防腐剂在腌制大头菜中抑制腐败微生物的效果。以腌制大头菜中筛选得到的芽胞杆菌（*Bacillus* sp.）、枯草芽胞杆菌、巨大芽胞杆菌、嗜硼芽胞杆菌、球形赖氨酸芽胞杆菌、副皱褶念珠菌、赞普林念珠菌为研究对象，考察了苯甲酸钠、脱氢乙酸钠、山梨酸钾、亚硫酸钠、乙二胺四乙酸（EDTA）对以上腐败菌的抑制作用。在此基础上，探讨了防腐剂复配对大头菜中腐败菌的抑制效果。结果表明，苯甲酸钠、脱氢乙酸钠、EDTA 对腌制大头菜中的腐败菌有明显的抑制作用。经响应面优化得到复合防腐剂最佳配方为苯甲酸钠 0.5 g/L，脱氢乙酸钠 0.2 g/L，EDTA 0.2 g/L。在该复配条件下对于实验中抗性较强的菌株 *Bacillus* sp.、球形赖氨酸芽胞杆菌有良好的抑制效果，抑制率都在 99%以上。孔祥君（2012）研究了普洱茶渥堆发酵过程中特定高温菌群的动态及其与品质指标变化的相关性。首先采用 16S rDNA 和 18S rDNA 序列分析的方法，分别对 4 种特定的高温微生物［嗜温高温放线菌（*Thermoactinomyces thalpophilus*）、嗜硼芽胞杆菌、微小根毛霉（*Rhizomucor pusillus*）、嗜热棉毛菌（*Thermomyces lanuginosus*）］的 16S rDNA 或 18S rDNA 可变区进行序列比对分析，找出可变区的特征序列，并据此设计特异性的引物进行检测。通过 PCR 扩增检测，确定引物的特异性。同时，以可变区的特异性序列为模板，采用荧光定量 PCR 进行扩增检测，并再一次验证引物的特异性。结果表明，所设计的引物都具有很强的特异性，也反映出荧光定量 PCR 技术具有特异性强、灵敏度高、定量准确等特点。根据得到的相应数据，制作标准曲线，为后续发酵样品中微生物的定量检测提供参考依据。为进一步检测普洱茶发酵过程中这 4 种高温菌群的动态变化，采用免培养和荧光定量 PCR 技术进行研究。通过对发酵样品中微生物总 DNA 提取方法的比较研究，得出一种能提取出高质量发酵茶样中微生物宏基因组 DNA 的方法。对发酵不同阶段提取的宏基因组 DNA 进行荧光定量 PCR 检测。结果显示，各菌群在渥堆发酵前期的数量变动较小，经过翻堆以后，各菌群数量开始增加，在发酵的后期达到顶峰。混合发酵时各菌群数量小于纯种发酵，真菌数量明显高于细菌，体现出了真菌在普洱茶发酵过程中的优势地位。同时在发酵过程中还对 4 种菌种与普洱茶品质成分变化进行了研究。研究结果表明，在普洱茶渥堆发酵期间，4 种特定菌株的单一纯种发酵和混合发酵对普洱茶中茶多酚、咖啡碱、游离氨基酸、茶色素等理化指标的含量均有一定的影响。

嗜硼芽胞杆菌脂肪酸组鉴定图谱。脂肪酸组特征为 15:0 anteiso/15:0 iso=0.28，17:0 anteiso/17:0 iso=1.37。脂肪酸组（13 个生物标记）包括：15:0 iso（35.9300%）、17:0 anteiso（12.5600%）、15:0 anteiso（10.1100%）、17:0 iso（9.1400%）、c16:0（9.0000%）、17:1 iso ω10c（4.9900%）、feature 4（4.9200%）、16:1ω11c（4.7800%）、c18:0（3.3200%）、16:0 iso（2.0100%）、c14:0（1.2900%）、c12:0（1.0900%）、14:0 anteiso（0.8800%）（图 8-1-12）。

## 14. 食丁酸芽胞杆菌

食丁酸芽胞杆菌生物学特性。食丁酸芽胞杆菌（*Bacillus butanolivorans* Kuisiene et al. 2008，sp. nov.）从立陶宛土壤中分离。菌株革兰氏阳性、严格好养、依靠周生鞭毛运动、杆状［(2.5～5.1) μm×（0.8～1.3）μm］、长链或单生。芽胞椭球形、中生、胞囊不膨大。生长温度 5～45℃，最适温度 25℃；生长 pH 6.0～8.8，最适 pH 7.0；生长的 NaCl 0.5%～5%，最适 NaCl 为 1%。以正丁醇为碳源，在含 12～120 mmol/L 正丁醇的培养基中均可生长。在沙氏葡萄糖液体（SDB）培养基中苯丙氨酸不脱氨；赖氨酸脱羧酶和鸟氨酸脱

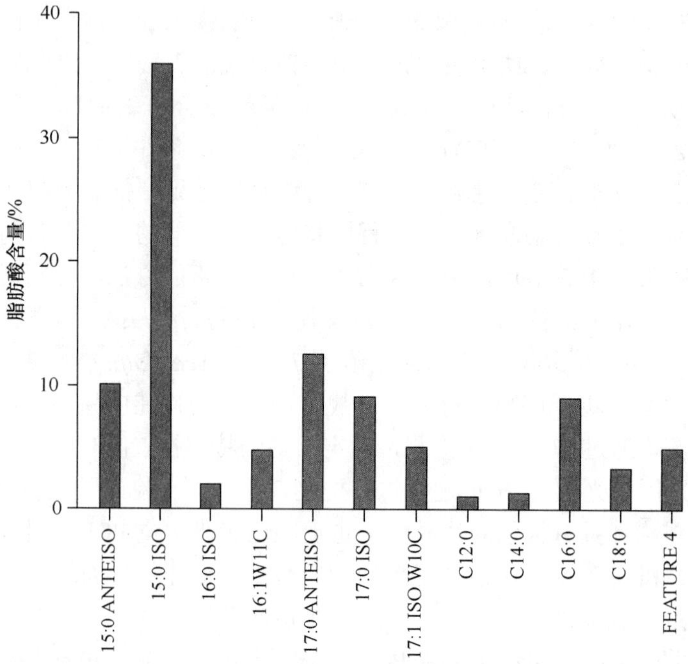


图 8-1-12　嗜硼芽胞杆菌（*Bacillus boroniphilus*）主要脂肪酸种类

羧酶反应阴性；不利用 L-阿拉伯糖；利用肌醇、棉子糖和 L-鼠李糖是可变的（Kuisiene et al.，2008）。国内研究未见报道。

食丁酸芽胞杆菌脂肪酸组鉴定图谱。脂肪酸组特征为 15:0 anteiso/15:0 iso=2.75，17:0 anteiso/17:0 iso=1.80。脂肪酸组（37 个生物标记）包括：15:0 anteiso（39.8500%）、15:0 iso（14.5100%）、c16:0（9.0700%）、14:0 iso（7.1650%）、16:1ω11c（6.3800%）、16:0 iso（6.2350%）、16:1ω7c alcohol（3.6750%）、c14:0（3.3350%）、17:0 anteiso（2.5600%）、17:0 iso（1.4250%）、c20:0（0.9450%）、feature 4（0.7650%）、17:1 iso ω10c（0.6900%）、c18:0（0.6150%）、c17:0（0.3150%）、18:1ω9c（0.3150%）、13:0 anteiso（0.2950%）、c12:0（0.2000%）、feature 3（0.1800%）、18:3ω(6,9,12)c（0.1650%）、15:1 iso ω9c（0.1400%）、16:0 anteiso（0.1400%）、13:0 iso（0.1100%）、17:1ω9c（0.1100%）、17:1 anteiso ω9c（0.1050%）、19:0 iso（0.0850%）、feature 6（0.0850%）、16:0 2OH（0.0700%）、14:0 anteiso（0.0650%）、16:1 2OH（0.0650%）、c10:0（0.0600%）、18:0 iso（0.0550%）、18:1 iso H（0.0550%）、16:0 N alcohol（0.0550%）、16:0 3OH（0.0400%）、c13:0（0.0350%）、feature 1（0.0300%）（图 8-1-13）。

## 15. 嗜碳芽胞杆菌

嗜碳芽胞杆菌生物学特性。嗜碳芽胞杆菌（*Bacillus carboniphilus* Fujita et al. 1996，sp. nov.）在国内研究报道较少。孙慧洁等（2010）利用 R2A 培养基对海绵中的细菌进行分离，获得 89 株菌落形态有差异的菌株。通过在 R2A 培养基和营养丰富的 LB 培养基上的长势比较，发现有 13 株菌在 LB 培养基上生长缓慢、长势较弱。对此 13 株菌进

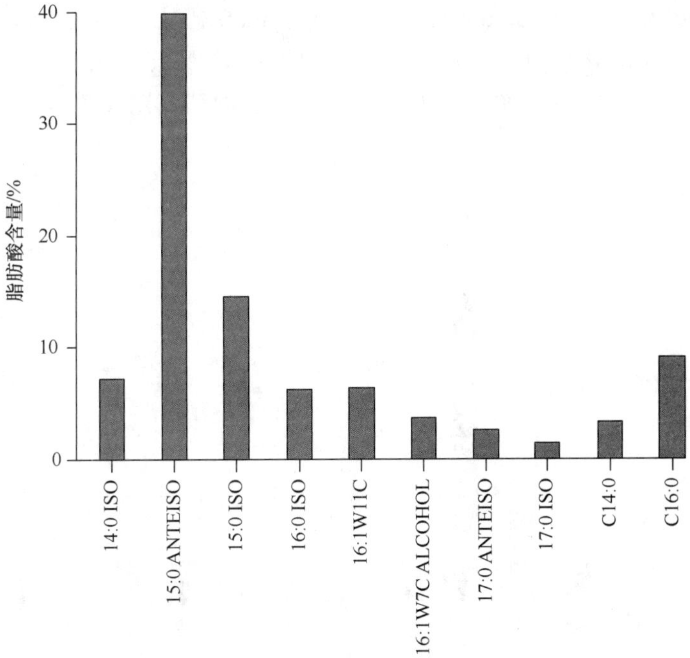


图 8-1-13　食丁酸芽胞杆菌（*Bacillus butanolivorans*）主要脂肪酸种类

行 16S rDNA 序列测定，发现菌株 HB09009 与嗜碳芽胞杆菌 JCM9731$^T$（AB021182）同源性最高，为 97.1%；菌株 HB09012 与海洋浮霉菌（*Planctomyces maris*）DSM8797$^T$（NR025327）同源性最高，为 97.4%，在发育树上处于一个分支，但在生长条件、培养特征和生理生化等方面都存在较大的差异，初步鉴定 HB09009 可能是芽胞杆菌属（*Bacillus*）的一个新种，暂定名为 *Bacillus* sp. HB09009；HB09012 可能是浮霉菌属（*Planctomyces*）的一个新种，暂定名 *Planctomyces* sp. HB09012。

嗜碳芽胞杆菌脂肪酸组鉴定图谱。脂肪酸组特征为 15:0 anteiso/15:0 iso=0.29，17:0 anteiso/17:0 iso=0.24。脂肪酸组（15 个生物标记）包括：15:0 iso（56.5600%）、15:0 anteiso（16.5000%）、17:1 iso ω10c（5.5200%）、17:0 iso（5.4200%）、14:0 iso（5.0300%）、16:0 iso（2.8000%）、c16:0（1.8500%）、16:1ω11c（1.3500%）、17:0 anteiso（1.3200%）、16:1ω7c alcohol（1.2200%）、c14:0（1.1500%）、13:0 iso（0.4700%）、feature 4（0.4500%）、15:0 iso 3OH（0.2100%）、c10:0（0.1300%）（图 8-1-14）。

## 16. 科研中心芽胞杆菌

科研中心芽胞杆菌生物学特性。科研中心芽胞杆菌（*Bacillus cecembensis* Reddy et al. 2008，sp. nov.）从印度宾德尔河冰川分离。菌株革兰氏阳性、好氧、杆状（3.5 μm×1.25 μm），依靠周生鞭毛运动。生长温度为 4～39℃，最适温度为 25℃。NaCl 非生长所必需的，浓度为 0～3%（Reddy et al.，2008）。国内未见研究报道。

科研中心芽胞杆菌脂肪酸组鉴定图谱。脂肪酸组特征为 15:0 anteiso/15:0 iso=0.16，17:0 anteiso/17:0 iso=0.56。脂肪酸组（16 个生物标记）包括：15:0 iso（28.2500%）、16:0 iso（21.3600%）、16:1ω7c alcohol（16.9900%）、14:0 iso（15.5400%）、15:0 anteiso（4.5900%）、

16:1ω11c（4.5600%）、c16:0（3.1600%）、17:0 iso（1.5200%）、c14:0（1.3800%）、17:0 anteiso（0.8500%）、17:1 iso ω10c（0.5400%）、feature 4（0.3400%）、c17:0（0.3400%）、13:0 iso（0.2300%）、16:0 3OH（0.2200%）、18:0 3OH（0.1200%）（图 8-1-15）。

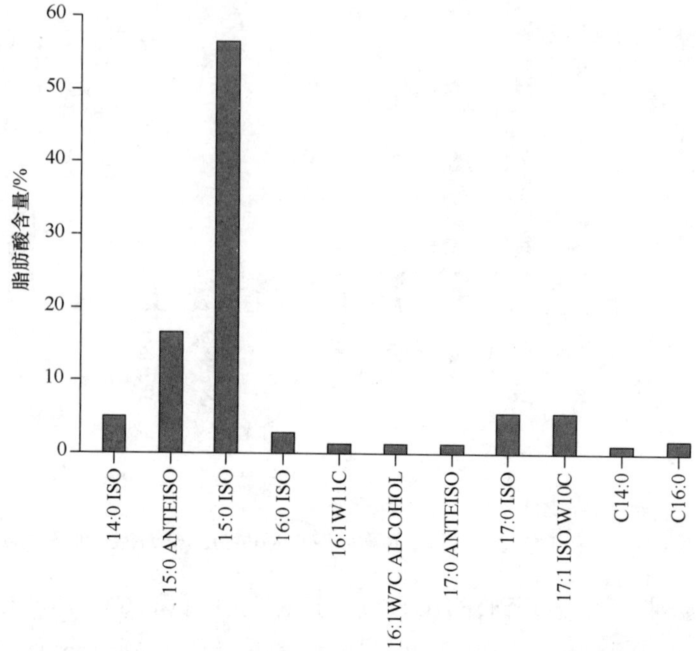


图 8-1-14　嗜碳芽胞杆菌（*Bacillus carboniphilus*）主要脂肪酸种类

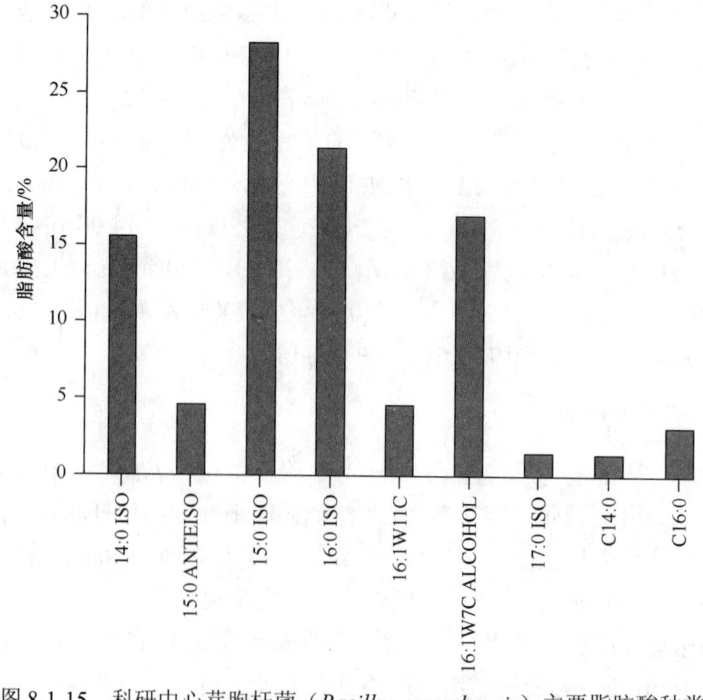


图 8-1-15　科研中心芽胞杆菌（*Bacillus cecembensis*）主要脂肪酸种类

## 17. 蜡样芽胞杆菌

蜡样芽胞杆菌生物学特性。蜡样芽胞杆菌［*Bacillus cereus* Frankland and Frankland 1887（Approved Lists 1980），species.］在国内有过大量的研究，有3126篇文献报道。近年来的主要研究有：丁海霞等（2016）报道了生防蜡样芽胞杆菌905基因组测序及分析；金河坡（Soteyome Thanapop）报道了分离于酱油渣的蜡样芽胞杆菌的耐盐机制；杨娟等（2016）报道了蜡样芽胞杆菌XG1的分离、鉴定与除草活性；林宇斌（2015）报道了鲜湿米粉中蜡样芽胞杆菌的定量风险评估；何志兴（2015）研究了四氢呋喃（THF）降解菌株红球菌（*Rhodococcus* sp.）YYL的代谢组、定植与蜡样芽胞杆菌HZX互作关系研究；郝之奎等（2015）报道了蜡样芽胞杆菌MBRH3的鉴定及以海带为原料生产SOD。

杨广锐（2014）报道了食品中蜡样芽胞杆菌的检测方法；崔堂兵等（2014）报道了碳源对蜡样芽胞杆菌CZ氨肽酶产量及糖代谢酶活性的影响；丛子添（2014）研究了产脂肪酶蜡样芽胞杆菌对有机溶剂胁迫的生理应答；赵月明（2014）研究了乳制品中蜡样芽胞杆菌的污染；苏龙翔（2014）报道了空间飞行对蜡样芽胞杆菌的影响；葛飞等（2014）优化了蜡样芽胞杆菌SG03 10L发酵罐中产胞外胆固醇氧化酶的发酵条件；李进（2013）报道了一株蜡样芽胞杆菌对几种重要植物病原真菌的抑制作用；周婷婷（2013）报道了蜡样芽胞杆菌在腐乳中的污染状况及其控制方法；赵欣欣等（2013）报道了蜡样芽胞杆菌Cr2产NiR酶能力及其与除$Cr^{6+}$效率的相关性；穆可云（2013）研究了大蒜提取物对蜡样芽胞杆菌的抑制；王君（2013）报道了全国食品中蜡样芽胞杆菌的污染分布规律及遗传多样性；许家兴等（2012）报道了耐有机溶剂蛋白酶产生菌蜡样芽胞杆菌WQ9-2的发酵条件及酶学性质；刘丽莉等（2012）报道了蜡样芽胞杆菌胞外胶原蛋白酶水解牛骨胶原蛋白的动力学；王瑞荣等（2012）报道了响应面法优化蜡样芽胞杆菌CGMCC4348培养条件的工艺；董桂秀（2012）报道了产普鲁兰酶菌株蜡样芽胞杆菌OPF0031的筛选鉴定及功能基因的克隆；王聪等（2012）初步研究了蜡样芽胞杆菌对草甘膦的降解作用；李宁等（2012）报道了蜡样芽胞杆菌的筛选鉴定及其在雪茄烟叶发酵中的应用；肖同建（2011）报道了蜡样芽胞杆菌X5的杀线活性及其生物有机肥对南方根结线虫的防治作用。

张雪琴等（2011）报道了一株来自蚯蚓的产纤溶酶蜡样芽胞杆菌的筛选及鉴定；杨威等（2011）报道了蜡样芽胞杆菌CH2对茄子黄萎病的田间防治效果研究，以及对根围微生态群落结构的影响；王刚和陈光（2011）报道了蜡样芽胞杆菌SWWL6产耐有机溶剂脂肪酶发酵条件优化及酶学性质；何敏艳（2010）报道了高效铬还原菌蜡样芽胞杆菌SJ1和纺锤形赖氨酸芽胞杆菌（*Lysinibacillus fusiformis*）ZC1的铬还原特性和全基因组序列分析；管珺等（2010）报道了蜡样芽胞杆菌CMCC63305的促生、抑菌及杀虫作用；齐哲等（2009）报道了FTA（flinders technology associates）滤膜与环介导等温扩增技术结合快速检测消毒乳中的蜡样芽胞杆菌；孟兆禄（2009）报道了蜡样芽胞杆菌B-02拮抗作用相关基因的克隆及其表达；刘婧等（2008）报道了蜡样芽胞杆菌B-02对灰葡萄孢（*Botrytis cinerea*）的拮抗机理；齐哲（2008）报道了环介导等温扩增技术快速检测蜡样芽胞杆菌；肖伟等（2008）报道了六价铬还原细菌蜡样芽胞杆菌 S5.4 的还原机理及酶学性质。

曾景海等（2008）报道了重金属抗性菌蜡样芽胞杆菌 HQ-1 对银离子的生物吸附-微沉淀成晶作用；王婷（2007）报道了蜡样芽胞杆菌修复重金属及多溴联苯醚复合污染；史劲松（2006）报道了耐冷菌蜡样芽胞杆菌 SYP A2-3 产冷适蛋白酶；吴奇凡等（2005）报道了耐冷菌蜡样芽胞杆菌 SYP-A3-2 低温蛋白酶的发酵条件；涂永勤和肖崇刚（2005）报道了蜡样芽胞杆菌原生质体形成与再生条件；伍晓林（2005）报道了短短芽胞杆菌（*Brevibacillus brevis*）和蜡样芽胞杆菌微生物提高石油采收率（microbial enhanced oil recovery，MEOR）机制及其在大庆油田的应用；林营志（2003）研究了生防菌蜡样芽胞杆菌 ANTI-8098A 对青枯雷尔氏菌的微生态致弱机理；郭秀君等（1994）报道了蜡样芽胞杆菌芽胞的形成及其与聚-β-羟基丁酸（poly-β-hydroxybutyrate，PHB）的关系；朱伟光等（1990）报道了植物病原细菌拮抗菌及其拮抗物质测定——蜡样芽胞杆菌 G35 的产毒素特性与质粒关系。

蜡样芽胞杆菌脂肪酸组鉴定图谱。脂肪酸组特征为 15:0 anteiso/15:0 iso=0.15，17:0 anteiso/17:0 iso=0.16，特殊之处为 13:0 iso=10.3709%。脂肪酸组（117 个生物标记）包括：15:0 iso（27.8376%）、13:0 iso（10.3709%）、17:0 iso（9.5620%）、c16:0（7.0630%）、16:0 iso（6.5664%）、feature 3-1（5.5730%）、14:0 iso（4.5899%）、15:0 anteiso（4.1469%）、17:1 iso ω5c（3.7895%）、c14:0（3.2290%）、17:1 iso ω10c（2.7318%）、feature 3-2（2.7312%）、16:0 iso 3OH（1.9400%）、17:0 anteiso（1.5523%）、13:0 anteiso（1.3175%）、feature 2-3（1.2763%）、12:0 iso（1.1129%）、c18:0（0.8636%）、16:1ω7c alcohol（0.6842%）、feature 2-1（0.6806%）、17:1 anteiso A（0.5775%）、c12:0（0.4638%）、15:0 2OH（0.4509%）、16:1ω11c（0.4044%）、feature 2-2（0.3645%）、18:1ω9c（0.2979%）、18:1ω7c（0.1839%）、15:1ω5c（0.1390%）、c17:0（0.1320%）、18:0 iso（0.1169%）、feature 8（0.0921%）、19:0 iso（0.0696%）、11:0 iso（0.0611%）、feature 5（0.0569%）、cy19:0 ω8c（0.0547%）、10 Me 18:0 TBSA（0.0544%）、14:0 anteiso（0.0518%）、13:0 iso 3OH（0.0474%）、17:0 iso 3OH（0.0469%）、17:1 anteiso ω9c（0.0435%）、c19:0（0.0402%）、c20:0（0.0326%）、feature 4-1（0.0276%）、20:1ω7c（0.0251%）、17:1ω7c（0.0218%）、15:1 iso G（0.0215%）、18:1 iso H（0.0205%）、feature 4-2（0.0203%）、cy17:0（0.0196%）、feature 1-1（0.0193%）、feature 7-1（0.0190%）、c13:0（0.0185%）、18:1 2OH（0.0184%）、16:0 anteiso（0.0177%）、16:1ω5c（0.0177%）、18:3ω(6,9,12)c（0.0158%）、15:1 iso F（0.0153%）、10 Me 17:0（0.0148%）、12:0 3OH（0.0137%）、feature 1-2（0.0130%）、feature 6（0.0106%）、15:1 anteiso A（0.0104%）、17:1ω9c（0.0090%）、13:1 at 12-13（0.0082%）、19:1 iso I（0.0079%）、12:0 2OH（0.0077%）、10:0 3OH（0.0077%）、16:0 2OH（0.0076%）、11:0 iso 3OH（0.0073%）、16:0 N alcohol（0.0070%）、13:0 2OH（0.0069%）、15:0 iso 3OH（0.0069%）、17:0 3OH（0.0060%）、17:0 2OH（0.0054%）、iso 17:1ω9c（0.0054%）、c10:0（0.0054%）、19:0 anteiso（0.0052%）、10:0 iso（0.0050%）、feature 9（0.0042%）、14:0 2OH（0.0041%）、17:1ω6c（0.0034%）、unknown 11.799（0.0033%）、16:1 2OH（0.0033%）、18:1ω5c（0.0031%）、17:1ω8c（0.0029%）、14:0 iso 3OH（0.0028%）、18:1ω6c（0.0028%）、20:4ω(6,9,12,15)c

（0.0028%）、18:0 3OH（0.0027%）、unknown 14.502（0.0027%）、14:1ω5c（0.0026%）、16:1ω9c（0.0025%）、20:0 iso（0.0024%）、feature 1-3（0.0024%）、18:0 2OH（0.0021%）、15:1ω8c（0.0020%）、c9:0（0.0019%）、16:0 3OH（0.0014%）、20:1ω9c（0.0011%）、17:1ω5c（0.0009%）、9:0 3OH（0.0009%）、12:1 at 11-12（0.0009%）、c11:0（0.0009%）、12:0 iso 3OH（0.0008%）、10:0 2OH（0.0008%）、11 Me 18:1ω7c（0.0007%）、15:1ω6c（0.0006%）、unknown 14.959（0.0006%）、12:0 anteiso（0.0006%）、unknown 9.531（0.0005%）、unknown 15.669（0.0005%）、14:1 iso E（0.0004%）、20:2ω(6,9)c（0.0003%）、feature 7-2（0.0003%）、unknown 12.484（0.0003%）、11:0 3OH（0.0002%）、16:1 iso G（0.0001%）（图 8-1-16）。

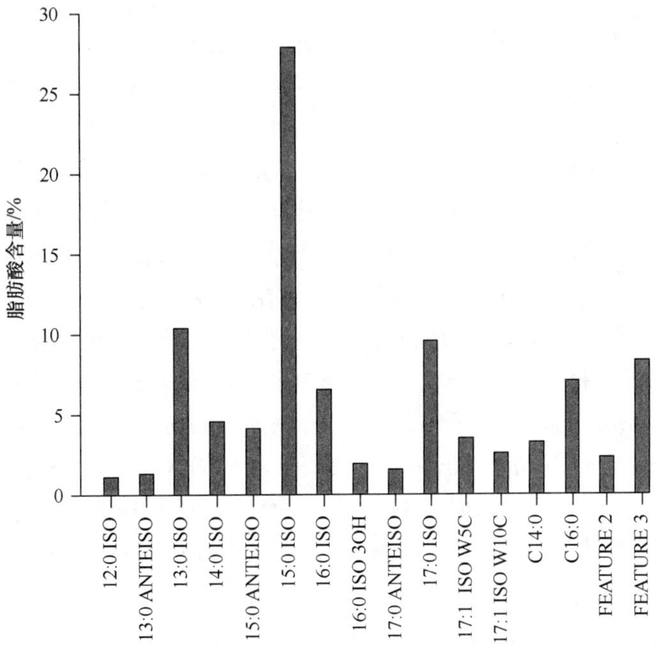


图 8-1-16　蜡样芽胞杆菌（*Bacillus cereus*）主要脂肪酸种类

## 18. 食物芽胞杆菌

食物芽胞杆菌生物学特性。食物芽胞杆菌（*Bacillus cibi* Yoon et al. 2005，sp. nov.）在国内有过报道。温洪宇等（2010）报道了盐度对细菌菌株降解苯酚的影响。从处理苯酚废水活性污泥中筛选分离到 4 株苯酚降解优势细菌菌株 JHCFS1、JHCFS2、JHCFS3 与 JHCFS4，通过 4 株细菌在不同盐度条件下的苯酚降解率表明，随着盐浓度的逐渐升高，抑制作用逐渐增大，当 NaCl、KCl 浓度为 4%时，4 株细菌降解苯酚均受到显著抑制。当苯酚浓度为 1000 mg/L，NaCl 浓度为 3%时，JHCFS2 的降解率最高，为 83%，JHCFS4 的降解率最低，为 47.20%；当 KCl 浓度为 3%时，JHCFS2 的降解率最高，为 99%，JHCFS4 的降解率最低，为 48%，表明 4 株菌在盐浓度（NaCl、KCl）低于 3%的条件下可正常降解苯酚。通过对 4 株菌的 16S rDNA 基因克隆与序列分析，结合生理生化特性，将菌株JHCFS1、JHCFS2、JHCFS3和JHCFS4(GenBank收录号:FJ455076、FJ455077、FJ458437和FJ458438)分别鉴定为简单芽胞杆菌(*Bacillus simplex*)、蜡样芽胞杆菌(*Bacillus cereus*)、短小芽胞杆菌(*Bacillus pumilus*)和食物芽胞杆菌(*Bacillus cibi*)。

田美娟(2006)报道了深海重金属抗性菌的分离、鉴定,以及菌株血液短杆菌(*Brevibacterium sanguinis*)NCD-5 $Cr^{6+}$还原机制的初探。海洋微生物种类包括几乎所有的微生物类型,这些微生物因生存在海洋高盐、高压、低温、低营养和无光照等极端环境条件下而具有特殊的生理性状和遗传背景,具有许多特殊功能,如耐盐性、耐低温、耐高温、耐高压和高渗透性、固氮、硝酸盐还原、抗重金属等,现在对深海重金属抗性细菌的筛选研究多集中在热液口,而对其他深海环境中的重金属抗性微生物研究较少。从太平洋深海多金属结核区进行了重金属抗性菌的筛选和分离鉴定,并对其对重金属的抗性机制或解毒机制开展了初步的研究。通过两次不同浓度的$Cd^{2+}$、$Hg^{2+}$、$Pb^{2+}$、$Mn^{2+}$、$Co^{2+}$、$Cr^{6+}$、$Ni^{2+}$、$Cu^{2+}$ 8种重金属富集,从东、西太平洋和南海底泥中共分离得到280株细菌,分别属于16属32种,16S rDNA序列分析显示,32种细菌分别为短小芽胞杆菌、蜡样芽胞杆菌、坚强芽胞杆菌(*Bacillus firmus*)、巨大芽胞杆菌(*Bacillus megaterium*)、蕈状芽胞杆菌(*Bacillus mycoides*)、莫哈维沙漠芽胞杆菌(*Bacillus mojavensis*)、食物芽胞杆菌、球形赖氨酸芽胞杆菌(*Lysinibacillus sphaericus*)、纺锤形赖氨酸芽胞杆菌(*Lysinibacillus fusiformis*)、花津滩芽胞杆菌(*Bacillus hwajinpoensis*)、越南芽胞杆菌(*Bacillus vietnamensis*)、无食陌生菌(*Advenella incenata*)、狄塞尔食烷菌(*Alcanivorax dieselolei*)、粪产碱菌(*Alcaligenes faecalis*)、氧化节杆菌(*Arthrobacter oxidans*)、副凝胶短小杆菌(*Brachybacterium paraconglomeratum*)、金黄色短小杆菌(*Brachybacterium aureum*)、血液短小杆菌(*Brachybacterium sanguinis*)、耐碱柠檬色球菌(*Citricoccus alkalitolerans*)、金橙黄微小杆菌(*Exiguobacterium aurantiacum*)、默里迪纳盐单胞菌(*Halomonas meridiana*)、漂亮盐单胞菌(*Halomonas venusta*)、沼泽考克氏菌(*Kocuria palustris*)、红黏考克氏菌(*Kocuria erythromyxa*)、氧化微杆菌(*Microbacterium oxydans*)、噬油微杆菌(*M. oleovorans*)、马氏副球菌(*Paracoccus marcusii*)、海洋动球菌(*Planococcus maritirnus*)、腐生葡萄球菌(*Staphylococcus saprophyticus*)、表皮葡萄球菌(*Staphylococcus epidermidis*)、独岛枝芽胞杆菌(*Virgibacillus dokdonensis*)、图画枝芽胞杆菌(*Virgibacillus pictruae*)。它们分别属于放线菌门(Actinobacteria)、厚壁菌门(Firmicutes)和变形菌门(α-、β-、γ-Proteobacteria)类群,其中有几株细菌是首次发现存在于深海并具有重金属抗性的,如东太平洋样品分离得到的无食陌生菌菌株Cr12,以及南海样品分离得到的血液短杆菌菌株NCD-5。芽胞杆菌为出现频率最高的菌,分离得到12种231株,占总菌数的82.5%,在各个站点以及在含 $Pb^{2+}$、$Cr^{6+}$、$Co^{2+}$、$Cu^{2+}$、$Ni^{2+}$的选择性培养基中均能够分离得到,说明芽胞杆菌是深海重金属抗性菌中不可忽视的一大类群。抗性研究结果表明,腐生葡萄球菌(*Staphylococcus saprophyticus*)菌株Pb26对重金属$Mn^{2+}$有较高的抗性,最小抑制浓度为30 mmol/L,而且具有较高的去除率。

食物芽胞杆菌脂肪酸组鉴定图谱。脂肪酸组特征为15:0 anteiso/15:0 iso=0.33,17:0 anteiso/17:0 iso=1.06。脂肪酸组(25个生物标记)包括:15:0 iso(45.0000%)、15:0 anteiso

（14.6600%）、16:0 iso（8.3200%）、17:0 anteiso（5.7000%）、17:0 iso（5.3900%）、14:0 iso（4.7700%）、c16:0（4.4300%）、17:1 iso ω10c（2.6100%）、16:1ω7c alcohol（2.4300%）、16:1ω11c（2.3100%）、c14:0（1.2700%）、feature 4（1.1300%）、c18:0（0.2800%）、11:0 iso（0.2700%）、18:1ω9c（0.1900%）、feature 3（0.1500%）、c12:0（0.1500%）、19:0 iso（0.1400%）、c17:0（0.1300%）、18:0 iso（0.1300%）、18:1 2OH（0.1200%）、16:0 2OH（0.1100%）、11:0 anteiso（0.1100%）、18:3ω(6,9,12)c（0.1000%）、13:0 iso（0.0900%）（图 8-1-17）。

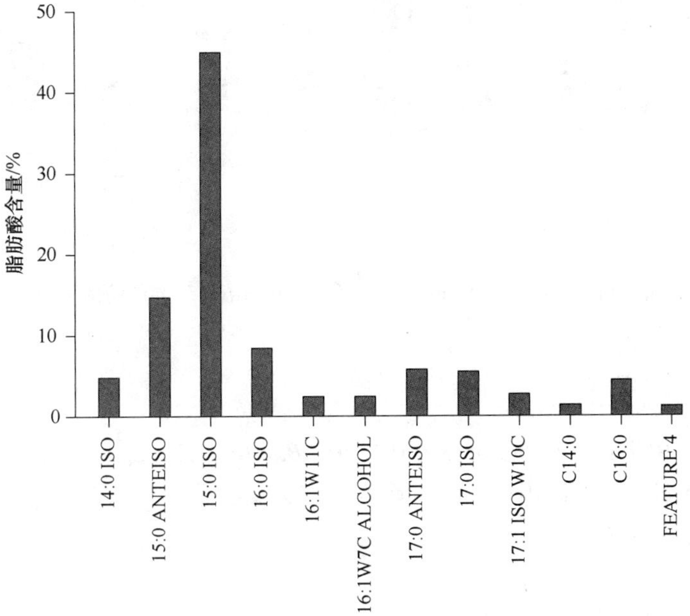


图 8-1-17　食物芽胞杆菌（*Bacillus cibi*）主要脂肪酸种类

## 19. 慈湖芽胞杆菌

慈湖芽胞杆菌生物学特性。慈湖芽胞杆菌（*Bacillus cihuensis* Liu et al.，2014 sp. nov.）由福建省农业科学院研究团队发表，新种采自台湾慈湖，其生物学特性研究未见报道。

慈湖芽胞杆菌脂肪酸组鉴定图谱。脂肪酸组特征为 15:0 anteiso/15:0 iso=2.19，17:0 anteiso/17:0 iso=3.95。脂肪酸组（23 个生物标记）包括：15:0 anteiso（45.0767%）、15:0 iso（20.5667%）、14:0 iso（9.4167%）、c16:0（8.2200%）、16:0 iso（4.6700%）、c14:0（3.6267%）、17:0 anteiso（3.1367%）、17:0 iso（0.7933%）、c18:0（0.7733%）、16:1ω11c（0.6467%）、16:1ω7c alcohol（0.6367%）、13:0 iso（0.4933%）、c12:0（0.3633%）、18:1ω9c（0.3567%）、13:0 anteiso（0.3500%）、c10:0（0.3267%）、18:3ω(6,9,12)c（0.1433%）、feature 8（0.1133%）、feature 3（0.0900%）、14:0 anteiso（0.0733%）、13:0 iso 3OH（0.0500%）、16:1 iso H（0.0400%）、13:0 2OH（0.0300%）（图 8-1-18）。

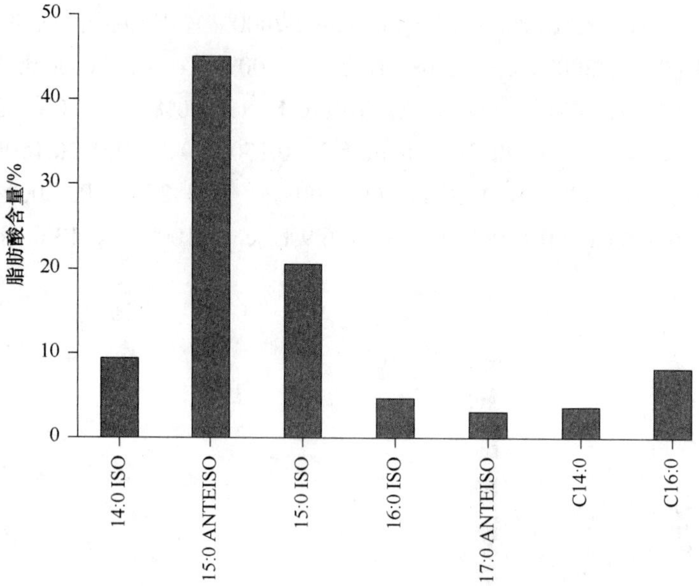


图 8-1-18　慈湖芽胞杆菌（*Bacillus cihuensis*）主要脂肪酸种类

## 20. 环状芽胞杆菌

环状芽胞杆菌生物学特性。环状芽胞杆菌［*Bacillus circulans* Jordan 1890（Approved Lists 1980），species.］在国内有过大量研究，相关文献至少有 165 篇，国内研究文献年发表数量动态趋势见图 8-1-19。

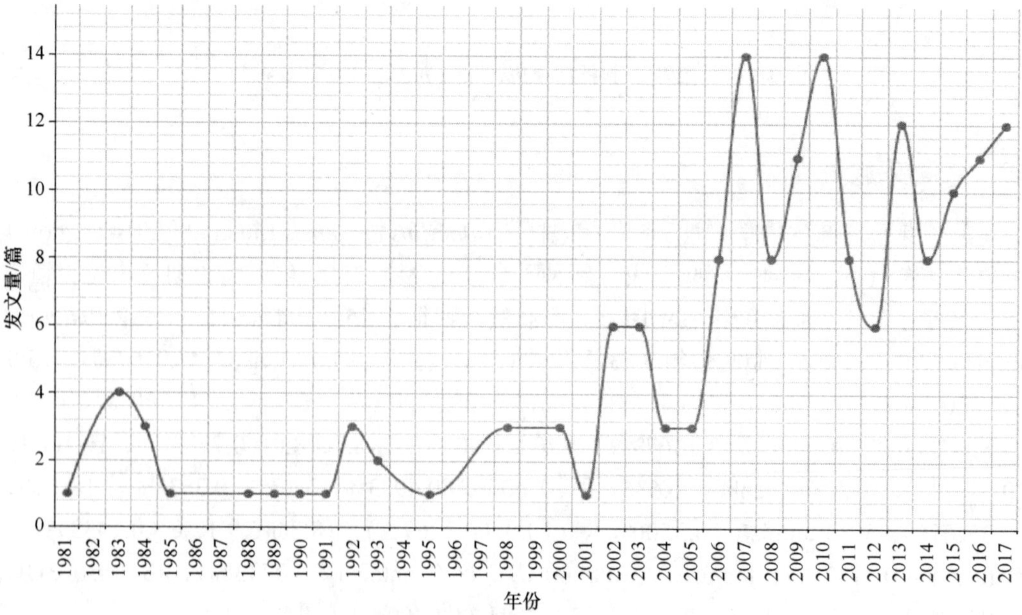


图 8-1-19　环状芽胞杆菌国内研究文献年发表数量动态趋势

王宗敏等（2016）报道了镇江香醋醋醅微生物环状芽胞杆菌发酵特性的初步研究；林聪宏等（2016）报道了贵州黑山羊瘤胃一株环状芽胞杆菌的分离鉴定；李才明等（2016）报道了金属离子协同氨基酸提高重组β-环糊精葡萄糖基转移酶（β-CGT 酶）在枯草芽胞杆菌中的表达，将来源于环状芽胞杆菌 STB01 的β-CGT 酶基因插入质粒 pST 中，构建了分泌型表达载体 *cgt*/pST 并在宿主枯草芽胞杆菌（*Bacillus subtilis*）WB600 中成功表达；通过对摇瓶发酵产β-CGT 酶的条件进行优化发现，当发酵培养基为 TB，pH 为 7.0 时，37℃培养 48 h 后胞外酶活力达到 27.9 U/mL，与天然菌株 STB01 在较优发酵条件下所分泌的胞外酶活力相比，提高了近 19 倍。陈易等（2016）报道了一株具紫色土亲和性解钾菌的筛选及促生效应。从重庆市北碚区紫色土中筛选出一株解钾菌（XD-K-2），结合菌体及菌落形态学特征、生理生化试验结果，以及基于 16S rDNA 的系统发育分析，鉴定为环状芽胞杆菌，并命名为环状芽胞杆菌 XD-K-2。测定其对钾长石的解钾能力，XD-K-2 解钾量达到 12.8 mg/L，与不接种对照相比，可溶性钾含量增加 124%。小白菜促生试验表明，接种 XD-K-2 能显著促进小白菜的生长。

满李阳等（2015）报道了"硅酸盐"细菌浸出铝土矿及细菌群落结构的变化。采用摇瓶浸出、分批搅拌浸出与连续浸出 3 种方式，研究了 3 株"硅酸盐"细菌［胶质芽胞杆菌（*Bacillus mucilaginosus*）BMN、环状芽胞杆菌（*Bacillus circulans*）BCM 和根瘤菌（*Rhizobium* sp.）HJ07］对铝土矿中硅的单一浸出和混合浸出效果，并对浸矿过程中混合菌群落结构的动态变化进行分析。研究结果表明：混合菌对铝土矿中硅的浸出率高于单一菌对铝土矿中硅的浸出率；连续浸出方式的脱硅率最高，其次为搅拌浸出，摇瓶浸出的脱硅率最低，浸出 15 d 后，3 种混合菌对铝土矿中 $SiO_2$ 的浸出率分别为 71.3%、49.5% 和 39.2%。孙德四等（2014）报道了"钾"细菌浸出富钾火成岩及细菌群落结构的变化。采用摇瓶浸出与连续浸出 2 种方式，研究 3 株"钾"细菌（胶质芽胞杆菌 BMN、环状芽胞杆菌 BCM 和根瘤菌 RHJ07）对富钾火成岩的单一浸出与混合菌浸出效果，并对浸矿过程中混合菌群落结构的动态变化进行分析。研究结果表明：混合"钾"细菌对富钾火成岩中 K、Si 和 Al 的浸出率明显要高于各单一"钾"细菌的浸出率；与摇瓶浸出方式相比，连续浸出方式可以显著促进"钾"细菌对富钾火成岩的风化分解，3 种混合菌对富钾火成岩中 $K_2O$ 的浸出率达 52.36%。薛胜平等（2013）报道了环状芽胞杆菌产几丁质酶发酵条件的优化；於建明等（2013）报道了基于高盐条件下的环状芽胞杆菌 WZ-12 CCTCC M 207006 好氧降解氯化碳氢化合物。

杨晓韬等（2012）报道了 7 种食品防腐剂对肉制品污染微生物的抑菌效果比较。通过测定抑菌率和最低抑菌质量浓度，研究化学防腐剂山梨酸钾、双乙酸钠、单辛酸甘油酯、乙二胺四乙酸二钠（EDTA-$Na_2$）及生物防腐剂乳酸链球菌素（nisin）、壳聚糖、ε-聚赖氨酸（ε-PL）对 12 株肉制品腐败菌［包括 2 株环状芽胞杆菌（*Bacillus circulans*）、3 株枯草芽胞杆菌（*Bacillus subtilis*）、3 株地衣芽胞杆菌（*Bacillus licheniformis*）、2 株凝结芽胞杆菌（*Bacillus coagulans*）、1 株蜂房哈夫尼亚菌（*Hafnia alvei*）及 1 株肠球菌（*Enterococcus* sp.）］的抑菌活性。结果表明：7 种防腐剂对供试菌都有一定的抑菌效果。刘海静（2012）报道了小麦秸秆高效降解菌的筛选及应用效果。从原始森林腐殖土壤中分离筛选高效降解秸秆纤维素菌株，并对其最佳发酵条件、降解效果及影响因素展开了一系列试验研究，以期为解决北方小麦秸秆微生物腐解还田提供科学依据。研究结果表明，筛选获得 5 株降解效果较好的细菌，经生长特性和形态学观察、生理生化鉴定及 16S rDNA 序列分析鉴定，将其分别鉴定为蜡样芽胞杆菌（*Bacillus cereus*）LYZ22、环状芽胞杆菌（*Bacillus circulans*）DG15、枯草芽胞杆菌（*Bacillus subtilis*）A4B3、粪产碱菌（*Alcaligenes faecalis*）DG75B、台中类芽胞杆菌（*Paenibacillus taichungensis*）JC117。5 个菌株的最佳发酵条件：DG75B 为蔗糖 1%、硝酸钠 0.2%、pH 6.5、温度 30℃；LYZ22 为蔗糖 2%、硝酸钠 0.25%、pH 6.5、温度 28℃；DG15 为蔗糖 2%、硝酸钠 0.25%、pH 7、温度 30℃；A4B3 为蔗糖 2%、硫酸铵 0.25%、pH 7.5、温度 32℃；JC117 为葡萄糖 0.5%、硝酸钠 0.3%、温度 28℃、pH 6.5。菌株 DG15 的最佳无机元素组合及用量是 Ca 0.001%、Mo 0.0001%、B 0.0001%，5 d 内秸秆失重率为 37.90%。

杨新建和段素云（2011）报道了产 β-甘露聚糖酶环状芽胞杆菌的发酵罐放大工艺。武溪溪（2011）研究了嗜热菌几丁质结合域及其在酶固定化中的应用，通过基因合成的方法获得了来自嗜热解糖热厌氧小杆菌（*Thermoanaerobacterium thermosaccharolyticum*）DSM 571 的几丁质结合域（Tt-ChBD），它与嗜温菌环状芽胞杆菌 WL 12 几丁质结合域（Bc-ChBD）有 72%的氨基酸同源性。吴石金等（2009）报道了来自环状芽胞杆菌 WZ-12 的二氯甲烷脱卤酶基因 *dcmR* 的克隆和表达。周旋旋（2008）报道了枫杨内生菌抑菌与促生作用。以枫杨为研究对象，分离出了枫杨内生菌，并研究了它们对香瓜枯萎病病原菌（*Fusarium oxysporum* f. sp. *melonis*）和白菜软腐病病原菌（*Erwinia carotovora*）2 种致病菌的抑菌作用，以及对 6 种常见农作物种子的促生作用。同时，也对枫杨在园林绿化中的抑菌净化作用进行了初步探讨。利用涂布平板法从枫杨叶、茎和根中分离出 6 株内生细菌和 2 株真菌。6 株细菌分别是环状芽胞杆菌、鹑鸡肠球菌（*Enterococcus gallinarum*）、少动鞘氨醇单胞菌（*Sphingomonas paucimobilis*）、鼻疽伯克氏菌（*Burkholderia mallei*）、屎肠球菌（*Enterococcus faecium*）和枯草芽胞杆菌（*Bacillus subtilis*）；2 株真菌是无冠裸孢壳菌（*Emericella acristata*）和微黄青霉菌（*Penicillium minioluteum*）。

张建芬（2007）报道了虾青素产生菌红法夫酵母（*Phaffia rhodozyma*）的选育及其与环状芽胞杆菌混合培养法进行细胞破壁。罗俊成（2007）报道了浓香型白酒糟醅中芽胞杆菌属细菌的分类鉴定和 16S rDNA 序列系统发育分析，分离到环状芽胞杆菌。黄小龙等（2006）报道了南方亚麻微生物脱胶技术酶学特性及脱胶试验，为了提高亚麻酶法脱胶的效率，对环状芽胞杆菌 A6 以亚麻为碳源产生的酶制剂特性及脱胶条件进行了研究。结果表明，A6 是一株高效的脱胶菌，摇瓶振荡加菌脱胶，12 h 即能完成，其产生的酶制剂包含大量的果胶酶，酶作用的最适反应 pH 为 9.0，酶作用的最适反应温度为 50～60℃，酶在 pH 7～8、30℃条件下能保持稳定，高温（30℃以上）下易失活，利用酶液进行亚麻脱胶的纤维光泽明亮，颜色呈黄白色，纤维表面残留物少，手拉纤维强度大于水沤法脱胶纤维。杨新建等（2006）报道了环状芽胞杆菌 β-甘露聚糖酶的产酶条件及粗酶性质。蹇华丽等（2006）报道了环状芽胞杆菌胞壁溶解酶用于红法夫酵母虾青素提取的研究。李立恒等（2005）报道了环状芽胞杆菌果胶酶及木聚糖酶活性测定条件的优化。梁果义（2004）报道了来源于环状芽胞杆菌的 β-半乳糖苷酶在毕赤酵母中的高效表达。

肖竞（2003）报道了环状芽胞杆菌 BC 木聚糖酶基因的克隆与表达，以及表达产物的酶学特性。王元火等（2003）分析了环状芽胞杆菌乳糖酶基因在大肠杆菌中的表达及酶学性质。檀建新（2000）报道了 Bt *cry* 基因克隆和环状芽胞杆菌几丁质酶。董晓明等（1998）报道了环状芽胞杆菌中具有强启动活性 DNA 片段的结构与功能。王焰玲等（1998）报道了环状芽胞杆菌 C-2 几丁质酶基因在大肠杆菌中的表达。郑洪武等（1998）报道了环状芽胞杆菌 C-2 几丁质酶基因的克隆。肖邡明和张义正（1996）报道了环状芽胞杆菌的转化和中性蛋白酶基因的表达。任昶和张义正（1995）研究了环状芽胞杆菌调节基因表达效率的 DNA 片段。孙迅等（1995）报道了环状芽胞杆菌基因启动子的分离与鉴定。李元和刘伯英（1992）报道了环状芽胞杆菌 α-羟基-γ-氨丁酰酰化酶基因的克隆和表达。平文祥等（1992）报道了君子兰（*Clicia miniata*）软腐病病原体及其防治的研究。从君子兰软腐病病株的叶片上，以无菌操作分离到 2 株致病菌，经鉴定为使植物致病的已知几个细菌属之外的种，其中一株为链球菌属的一个新种——君子兰链球菌（*Streptococcus miniatus* sp. nov.），另一株为环状芽胞杆菌。对这 2 株菌株的侵染途径与致病规律做了研究，以及对不同浓度多种药物的敏感试验和综合防治措施进行了探讨。研究结果表明，定期喷洒 0.05%的百菌清、0.5%的新洁尔灭、减少昆虫叮咬等可预防本病的发生。李晓平和李元（1988）报道了含 Butirosin 产生菌——环状芽胞杆菌 NRRL-B3312 启动子 DNA 片段的 No.44 重组质粒的构建及其性质。褚志义等（1985）报道了环状芽胞杆菌青霉素酰化酶。李元等（1984）报道了丁酰苷菌素产生菌环状芽胞杆菌 3342 和大肠杆菌 C600 电击融合转移质粒 pBC1 的研究。

环状芽胞杆菌脂肪酸组鉴定图谱。脂肪酸组特征为 15:0 anteiso/15:0 iso=1.56，17:0 anteiso/17:0 iso=2.81。脂肪酸组（74 个生物标记）包括：15:0 anteiso（32.7370%）、15:0 iso（20.9797%）、c16:0（9.0038%）、c14:0（7.4322%）、17:0 anteiso（6.9876%）、14:0 iso（6.8786%）、16:0 iso（6.3057%）、17:0 iso（2.4886%）、16:1ω11c（1.6854%）、16:1ω7c alcohol（0.8849%）、c18:0（0.6684%）、13:0 iso（0.4300%）、16:0 iso 3OH（0.3700%）、17:1 iso ω10c（0.3354%）、feature 4-1（0.2981%）、c12:0（0.2057%）、18:1ω9c（0.2003%）、feature 3-1（0.1881%）、feature 2-1（0.1838%）、18:1ω7c（0.1805%）、13:0 anteiso（0.1611%）、feature 2-2（0.1257%）、feature 5（0.1241%）、15:1 iso G（0.1095%）、c17:0（0.1008%）、16:1 iso H（0.0878%）、c20:0（0.0843%）、13:0 iso 3OH（0.0751%）、c10:0（0.0735%）、17:1 anteiso ω9c（0.0697%）、18:0 2OH（0.0676%）、15:0 iso 3OH（0.0554%）、13:0 2OH（0.0505%）、20:1ω7c（0.0486%）、feature 8（0.0473%）、feature 4-2（0.0441%）、feature 3-2（0.0432%）、17:1ω9c（0.0368%）、feature 1-1（0.0357%）、15:1 anteiso A（0.0327%）、feature 1-2（0.0319%）、19:0 anteiso（0.0308%）、cy17:0（0.0305%）、16:1ω5c（0.0270%）、15:0 2OH（0.0243%）、16:0 3OH（0.0235%）、18:0 iso（0.0232%）、14:0 anteiso（0.0200%）、16:0 anteiso（0.0197%）、19:0 iso（0.0195%）、c13:0（0.0192%）、18:1ω5c（0.0186%）、16:0 N alcohol（0.0173%）、17:1ω6c（0.0173%）、15:1 iso F（0.0165%）、17:0 2OH（0.0162%）、11:0 iso（0.0157%）、15:1ω6c（0.0119%）、18:1 iso H（0.0108%）、12:0 iso（0.0095%）、15:0 3OH（0.0081%）、10 Me 18:0 TBSA（0.0076%）、13:1 at 12-13（0.0043%）、feature 1-3（0.0041%）、feature 6（0.0030%）、18:3ω(6,9,12)c（0.0027%）、16:1 2OH（0.0024%）、20:0 iso（0.0011%）、16:0 2OH（0.0008%）、11:0 anteiso（0.0005%）、c19:0

（0.0005%）、14:0 2OH（0.0005%）、17:0 iso 3OH（0.0003%）、12:0 anteiso（0.0003%）（图 8-1-20）。

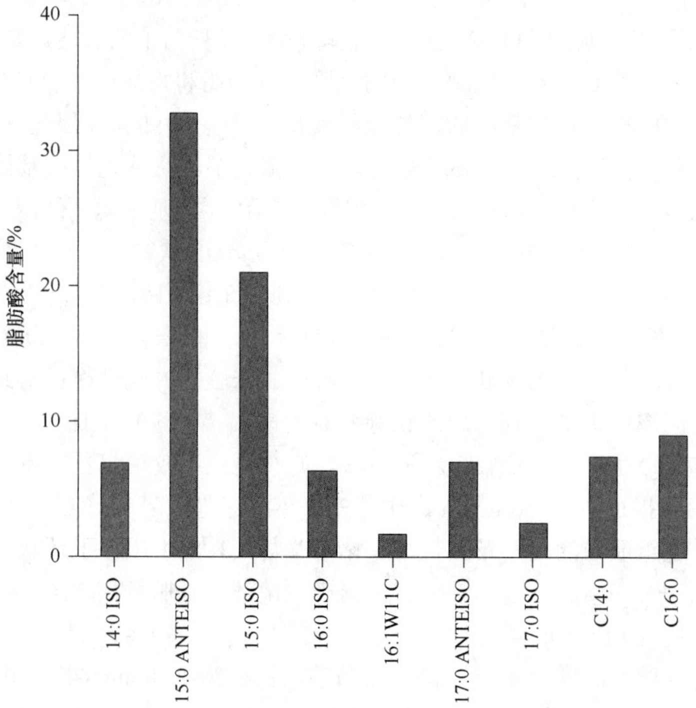


图 8-1-20 环状芽胞杆菌（*Bacillus circulans*）主要脂肪酸种类

## 21. 克氏芽胞杆菌

克氏芽胞杆菌生物学特性。克氏芽胞杆菌（*Bacillus clarkii* Nielsen et al. 1995，sp. nov.）在国内有过相关报道。王琰等（2017b）报道了克氏芽胞杆菌 7364 γ-环糊精葡萄糖基转移酶的可溶性表达及其催化特性分析。王磊（2013）报道了克氏芽胞杆菌 7364 γ-环糊精葡萄糖基转移酶的重组表达及其应用。刘贯锋（2011）报道了芽胞杆菌分类学特征及其生防功能菌株筛选，研究从德国和瑞典菌种保藏中心引进的包括克氏芽胞杆菌在内的 50 个芽胞杆菌标准菌株，活化并进行冷冻干燥保存，对保存的菌种进行了质量检测，结果表明冷冻干燥保存的芽胞杆菌活菌数高，纯度好。通过形态学特征、生理生化特征、16S rDNA 测序鉴定、脂肪酸分析等方法，对芽胞杆菌标准菌株进行分类学研究。针对 14 种生化分类性状对芽胞杆菌进行生化鉴定，数值聚类分析结果表明在 65%的水平下可将芽胞杆菌分为六大类群。大多数芽胞杆菌过氧化氢酶反应、氧化酶反应、葡萄糖发酵、淀粉水解等呈阳性，而产吲哚反应、柠檬酸反应、硫化氢反应等呈阴性。而根据 16S rDNA 序列绘制的系统发育树，可将芽胞杆菌分为五大类群。

克氏芽胞杆菌脂肪酸组鉴定图谱。脂肪酸组特征为 15:0 anteiso/15:0 iso=3.44，17:0 anteiso/17:0 iso=3.77。脂肪酸组（20 个生物标记）包括：15:0 anteiso（47.3860%）、15:0 iso（13.7780%）、17:0 anteiso（11.8280%）、17:1 anteiso A（5.8540%）、16:0 iso（5.0100%）、 c16:0（3.2000%）、17:0 iso（3.1400%）、14:0 iso（3.1100%）、feature 3（2.8740%）、feature 2（1.1080%）、17:1 iso ω5c（1.0480%）、c14:0（0.9160%）、c10:0（0.1700%）、16:0 N alcohol（0.1600%）、c18:0（0.1520%）、13:0 anteiso（0.0920%）、c12:0（0.0900%）、18:1ω9c（0.0340%）、11:0 anteiso（0.0340%）、13:0 iso（0.0140%）（图 8-1-21）。

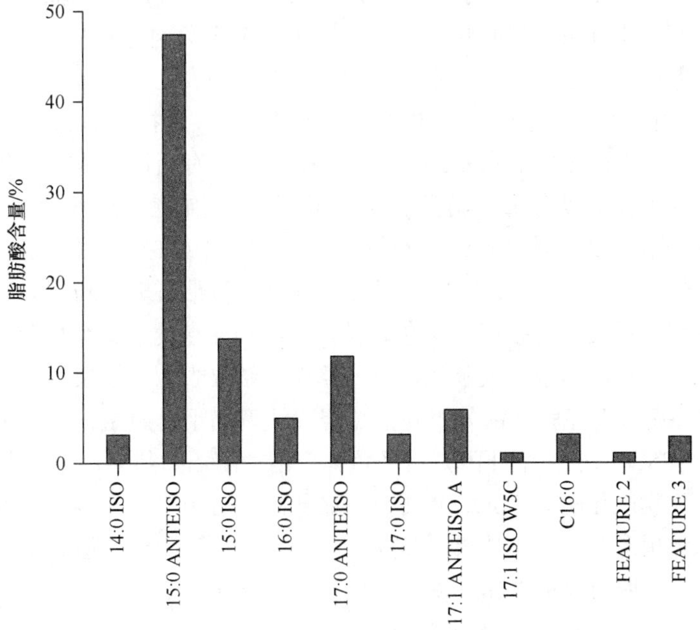


图 8-1-21　克氏芽胞杆菌（*Bacillus clarkii*）主要脂肪酸种类

## 22. 克劳氏芽胞杆菌

克劳氏芽胞杆菌生物学特性。克劳氏芽胞杆菌（*Bacillus clausii* Nielsen et al. 1995，sp. nov.）的相关研究在国内有过报道。刘友勋等（2016）为了获得具有高性能的多铜氧化酶，从极端嗜碱的克劳氏芽胞杆菌 KSM-K16 中克隆表达了其芽胞外衣蛋白 CotA。根据克劳氏芽胞杆菌 KSM-K16 的 CotA 氨基酸序列及大肠杆菌密码子的偏爱性，设计和合成出该基因的全长序列，构建 pET28a-*cotA* 重组表达载体，将其转化到大肠杆菌（*Escherichia coli*）BL21（DE3）中并诱导表达出重组蛋白，纯化并研究了 CotA 部分生化特性。重组 CotA 蛋白约 62 kDa，表现出蓝绿色并在波长 609 nm 有铜离子特征吸收峰，能氧化 2,2-联氮-二(3-乙基-苯并噻唑-6-磺酸)二胺盐（ABTS）、丁香醛连氮（SGZ）和胆红素等底物；以 SGZ 为底物，最适 pH 和温度分别为 7.5 和 90℃。任清和侯昌（2017）报道了北宗黄酒麦曲微生物的分离鉴定，利用梯度稀释法和划线纯化法对麦曲中的微生物进行分离纯化，得到 7 株细菌和 5 株真菌。其中的细菌就包括克劳氏芽胞杆菌等。柴满坤等（2013）报道了生物转化产 *d*-伪麻黄碱菌株的筛选及其关键酶基因的验证。利用 GenBank 和 UniProt 数据库比对摩氏摩根氏菌（*Morganella morganii*）J-8 羰基还原酶基因和氨基酸序列，以同源性为依据，结合高效液相色谱（HPLC）检测验证，筛选出

5 株同样具有转化 1-苯基-2-甲氨基丙酮（MAK）产 *d*-伪麻黄碱功能的菌株。选取其中 1 株克劳氏芽胞杆菌 B0658，对其 *d*-伪麻黄碱的生物转化过程进行考察，发现在最优条件下 *d*-伪麻黄碱产量达到 128.3 mg/L。进一步对克劳氏芽胞杆菌 B0658 的亮氨酸脱氢酶基因 *bcdh* 进行扩增，以 pET28a(+)为载体构建重组质粒并在大肠杆菌 BL21（DE3）中实现表达。王一恬等（2013）报道了一种来源于克劳氏芽胞杆菌的高碱性尿酸氧化酶的异源表达及重组酶性质分析。以碱性蛋白酶生产菌克劳氏芽胞杆菌基因组 DNA 为模板，通过 PCR 扩增获得尿酸氧化酶基因（*BcU*），插入原核表达载体 pET28α 中，构建表达载体 pET-*BcU*，并转化大肠杆菌 BL21（DE3）获得重组大肠杆菌 BL21（DE3）/pET-*BcU*。经 IPTG 诱导，重组菌 BL21（DE3）/pET-*BcU* 表达出有活性的尿酸氧化酶，含空质粒的重组菌在同样条件下没有酶活。酶学性质分析显示，重组酶最适 pH 为 9.0，在 pH 9.0～11 时酶活几乎不变，是一种高碱性尿酸氧化酶。黄坤鹏（2012）报道了鱼源芽胞杆菌在石斑鱼育苗中的应用及作用机理。研究以 2 株分离于斜带石斑鱼肠道的芽胞杆菌单独或联合强化轮虫或桡足类，再投喂石斑鱼鱼苗，研究益生菌对石斑鱼仔稚鱼生长、存活、非特异性免疫、养殖水体水质及肠道菌群的影响。结果表明，投喂经益生菌强化的轮虫 9 d 后，DE5（克劳氏芽胞杆菌）组和混合组存活率高于对照组；益生菌组仔鱼体长均高于对照组；SE5（短小芽胞杆菌）组仔鱼体内溶菌酶活力显著高于对照组；DE5 组和混合组总超氧化物歧化酶（T-SOD）活力均显著高于对照组。王琨等（2011）在饲料中单独或联合添加果寡糖（FOS）、甘露寡糖（MOS）和克劳氏芽胞杆菌，共配制 8 种试验饲料，分别为对照组（不添加寡糖和芽胞杆菌）、5 g/kg FOS（F 组）、5 g/kg MOS（M 组）、2.5 g/kg FOS+2.5 g/kg MOS（FM 组）、$10^7$ CFU/g 克劳氏芽胞杆菌（B 组）、5 g/kg FOS+$10^7$ CFU/g 克劳氏芽胞杆菌（FB 组）、5 g/kg MOS+$10^7$ CFU/g 克劳氏芽胞杆菌（MB 组）和 2.5 g/kg FOS+2.5 g/kg MOS+$10^7$ CFU/g 克劳氏芽胞杆菌（FMB 组）。用 8 种饲料饲喂牙鲆（*Paralichthys olivaceus*）56 d 后，取牙鲆肠道用 2216E 琼脂培养基培养肠道细菌，并进行 16S rDNA 基因测序和鉴定。结果表明：从各组牙鲆肠道中共检出 11 种细菌，其中共有细菌为表皮葡萄球菌（*Staphylococcus epidermidis*）、弗尼斯弧菌（*Vibrio furnissii*）、鲍曼不动杆菌（*Acinetobacter baumannii*）、溶酪大球菌（*Macrococcus caseolyticus*）、铅黄肠球菌（*Enterococcus casseliflavus*）和施氏假单胞菌（*Pseudomonas stutzeri*）；各试验组（除 B 组外）肠道可培养细菌总数低于对照组，且 FMB 组最低；各试验组（B 组除外）的表皮葡萄球菌、弗尼斯弧菌、鲍曼不动杆菌和溶酪大球菌数明显低于对照组；F 组、M 组和 FM 组肠道优势菌与对照组基本相似，B 组、FB 组和 FMB 组的优势菌与对照组差异较大；各试验组的铅黄肠球菌和斯氏假单胞菌比例均大幅度高于对照组。在试验饲料中添加 FOS、MOS 和克劳氏芽胞杆菌可不同程度地抑制牙鲆肠道病原菌，有利于改善牙鲆肠道健康，且寡糖与克劳氏芽胞杆菌联合使用表现出一定的协同作用。

甘永琦等（2010）对两株作为益生菌的克劳氏芽胞杆菌的体外活性进行初步分析。采用模拟胃液、肠液、不同浓度胆盐液及体外培养人结肠癌细胞株 Caco-2，检测克劳氏芽胞杆菌 XJ21 和 XJ26 的芽胞对消化道环境的耐受性和黏附性；对 2 个菌株药物敏感性及质粒进行了测定。结果表明，2 个菌株的芽胞可以耐受 pH 2.0 的模拟胃液、pH 6.8 的模拟肠液及 2%的胆盐浓度；光镜观察 2 个菌株的芽胞和菌体均能黏附于 Caco-2 细胞表面并且芽胞的黏附能力强于菌体，差异极显著（$P<0.01$）；与阳性药物 enterogermina 相比，克劳氏芽胞杆菌 XJ21 的黏附能力无显著差异。马如龙（2010）报道了 5 株斜带石斑鱼（*Epinephelus coioides*）肠道原籍菌的益生作用。以分离自健康斜带石斑鱼肠道的细菌为研究对象，通过对石斑鱼潜在致病菌的抑制作用、对胃肠道环境的耐受能力及生长特性研究，获得具有益生菌应用前景的 5 株细菌；并在体外研究了 DE5（克劳氏芽胞杆菌 *Bacillus clausii*）、SE5（短小芽胞杆菌 *Bacillus pumilus*）、SE6（嗜冷杆菌 *Psychrobacter* sp.）、MM1（乳酸乳杆菌 *Lactobacillus lactis*）和 MM4（屎肠球菌 *Enterococcus faecium*）5 株菌对石斑鱼潜在致病菌的抑制作用。凌泽春等（2009）研究了斜带石斑鱼幼鱼消化道与养殖水体中的可培养菌群。利用海水琼脂、硫代硫酸盐柠檬酸盐胆盐蔗糖琼脂（TCBS）和 MRS 培养基对斜带石斑鱼幼鱼消化道和养殖水体中的细菌进行分离纯化，采用生理生化鉴定结合 16S rDNA 基因测序进行细菌鉴定，探讨了幼鱼消化道中的菌群与养殖水体中菌群的关系。结果表明：幼鱼消化道中可培养细菌总数（$9.0\times10^6$ CFU/g）高于养殖水体中可培养细菌总数（$5.4\times10^5$ CFU/mL），幼鱼消化道中细菌种类也明显多于养殖水体；在幼鱼消化道和养殖水体中均检测到副溶血弧菌、哈维氏弧菌、短小芽胞杆菌、克劳氏芽胞杆菌、鲍曼不动杆菌、嗜冷杆菌和洋葱伯克氏菌等 7 种细菌。李祥勇等（2008）对从新疆盐碱地土壤样品中分离出的一株嗜碱菌株 XJ21 进行鉴定，提取其胞外多糖，研究多糖的活性。用平板分区划线法分离菌株，通过形态学、生理生化和 16S rDNA 测序对菌株进行鉴定。从发酵液中提取胞外多糖，通过 Sephadex G-100 凝胶柱层析对多糖进行分离纯化。经小鼠迟发型变态反应（DTH）测定免疫活性，经 Ames 试验测定抗突变活性。结果表明嗜碱菌株 XJ21 为克劳氏芽胞杆菌，命名为克劳氏芽胞杆菌 XJ21。其胞外多糖对环磷酰胺所致免疫低下小鼠的迟发型变态反应有恢复作用；对 $NaN_3$ 所致的鼠伤寒沙门氏菌 TA100 的突变有抑制作用。李祖明等（2008a）报道了碱性果胶酶诱导黄瓜抗病机理的初步研究。以克劳氏芽胞杆菌 S-4 碱性果胶酶诱导黄瓜黄化苗，研究了该激发子对黄瓜生理生化特性的影响，探究碱性果胶酶诱导黄瓜抗病的机理。结果表明，黄瓜黄化苗经碱性果胶酶诱导后，过氧化物酶、多酚氧化酶和过氧化氢酶活性上升，可溶性蛋白和维生素 C 含量升高，丙二醛和游离脯氨酸含量下降，活性氧自由基产生速率受到抑制。可见，克劳氏芽胞杆菌 S-4 碱性果胶酶诱导黄瓜抗病作用与植物体内多种防御相关物质的诱导密切相关。克劳氏芽胞杆菌 S-4 发酵产生的碱性果胶酶对黄瓜黄化苗具有诱导抗病作用。在不同酶活的处理中，S-4（20 U/mL）碱性果胶酶对黄瓜叶和茎上黑星病的病情指数降低最多，其诱导防病效果分别达到 80.6%和 86.6%。pH 变化对碱性果胶酶的诱导抗病作用影响显著，碱性果胶酶 S-4（20 U/mL）在 pH 8.0 时诱导防病效果较好。李祖明等（2008b）报道了高产碱性果胶酶菌株的育种及其发酵条件。以克劳氏芽胞杆菌 S-4 为出发菌株，经紫外线诱变育种和固态发酵条件的选育，得到产碱性果胶酶较高的新菌株 N-10，并研究了其固态发酵条件和部分酶学性质。结果表明，以甜菜渣为碳源和以酶的诱导物及棉粕作为氮源较适宜。较优的固态发酵条件为：甜菜渣 5 g，棉粕 0.125 g，麦芽糖 0.1 g，$KH_2PO_4$ 0.0075 g，$Na_2CO_3$ 0.15 g，水 12.5 mL；种龄 24 h，接种量 2 mL，发酵温度 40℃，发酵时间 84 h；酶产率可达 4780 U/g（干甜菜渣），较菌株 S-4 提高了 108%。该酶的最适 pH 10，最适温度 55℃；分别在 pH 7.5～9.5 和 30～

40℃较稳定。范瑞梅等（2007）报道了克劳氏芽胞杆菌 S-4 吸附 $Zn^{2+}$的研究。为了验证生物吸附剂去除废水中重金属离子 $Zn^{2+}$的可行性，筛选了一株高效吸附 $Zn^{2+}$的克劳氏芽胞杆菌菌株 S-4。采用火焰原子吸收光谱、红外光谱和扫描电镜能谱分析，对这种新型生物吸附剂在水相中吸附 $Zn^{2+}$的性能和机理进行了研究。结果表明，克劳氏芽胞杆菌 S-4 菌体在 20℃、30℃、40℃条件下，吸附 $Zn^{2+}$的最佳 pH 为 4.5，吸附容量为 57.5 mg/g，吸附容量随温度的升高而增加，吸附过程是吸热反应，吸附平衡时间约为 30 min。张保国等（2005）研究了克劳氏芽胞杆菌菌株 S-4 固态发酵产碱性果胶酶。对克劳氏芽胞杆菌菌株 S4 产碱性果胶酶的固态发酵条件进行了优化，并对酶的部分性质进行了分析，结果表明，以甜菜粕为碳源和酶的诱导物，以酵母膏和麸皮作为氮源较适宜。固体培养基的组成：甜菜粕 5 g，麸皮 2 g，$KH_2PO_4$ 0.015 g，$MgSO_4·7H_2O$ 0.2 g，$Na_2CO_3$ 0.12 g，水 2 mL；培养温度 40℃，发酵时间 72 h；酶产率可达 2300 U/g（甜菜粕）。该酶具有果胶水解酶和果胶裂解酶的活性，在 pH 10.5、反应温度 60℃时酶活力最高，在 pH 9.5～11、温度 40℃以下较稳定。

克劳氏芽胞杆菌脂肪酸组鉴定图谱。脂肪酸组特征为 15:0 anteiso/15:0 iso=0.04，17:0 anteiso/17:0 iso=0.83。脂肪酸组（65 个生物标记）包括：15:0 iso（39.1436%）、15:0 anteiso（16.4464%）、c16:0（9.1108%）、17:0 iso（7.1022%）、17:0 anteiso（5.8847%）、16:0 iso（3.9731%）、16:1ω11c（3.3453%）、14:0 iso（2.9261%）、c14:0（2.2744%）、17:1 iso ω10c（1.7358%）、16:1ω7c alcohol（1.6325%）、c18:0（1.1969%）、feature 4（0.9681%）、feature 3（0.6453%）、18:1ω9c（0.4528%）、c20:0（0.3994%）、13:0 iso（0.3386%）、16:0 iso 3OH（0.2800%）、c17:0（0.2242%）、15:1 iso F（0.2019%）、c12:0（0.1589%）、feature 8（0.1472%）、19:0 iso（0.1408%）、feature 9（0.1192%）、20:1ω7c（0.1153%）、feature 5（0.0958%）、c10:0（0.0886%）、14:0 anteiso（0.0814%）、10 Me 18:0 TBSA（0.0792%）、17:1 anteiso A（0.0672%）、17:1 anteiso ω9c（0.0639%）、18:1 iso H（0.0608%）、c19:0（0.0589%）、13:0 anteiso（0.0564%）、16:0 anteiso（0.0519%）、18:0 iso（0.0408%）、18:0 3OH（0.0383%）、17:1ω5c（0.0336%）、16:0 N alcohol（0.0333%）、16:0 2OH（0.0289%）、feature 7（0.0272%）、17:1ω6c（0.0258%）、19:0 anteiso（0.0256%）、15:1 anteiso A（0.0242%）、16:1ω5c（0.0242%）、17:1ω9c（0.0239%）、17:0 iso 3OH（0.0211%）、18:3ω(6,9,12)c（0.0206%）、feature 2（0.0197%）、16:1 iso H（0.0181%）、15:1ω5c（0.0178%）、16:0 3OH（0.0175%）、15:0 iso 3OH（0.0169%）、20:1ω9c（0.0164%）、15:0 2OH（0.0147%）、15:1 iso ω9c（0.0133%）、14:0 2OH（0.0131%）、feature 1（0.0111%）、17:1ω8c（0.0089%）、14:0 iso 3OH（0.0083%）、cy17:0（0.0081%）、18:1 2OH（0.0078%）、11:0 iso（0.0069%）、feature 6（0.0067%）、16:1 2OH（0.0053%）（图 8-1-22）。

## 23. 凝结芽胞杆菌

凝结芽胞杆菌生物学特性。凝结芽胞杆菌［*Bacillus coagulans* Hammer 1915（Approved Lists 1980），species.］在国内有过大量研究，发表文献达 365 篇。汪攀等（2017）报道了一株凝结芽胞杆菌的分离鉴定及益生性研究。从自然池塘底泥分离得到一株产酸能力强的杆状细菌，通过生理生化特征分析和 16S rDNA 序列比对，鉴定分离菌为凝结芽胞

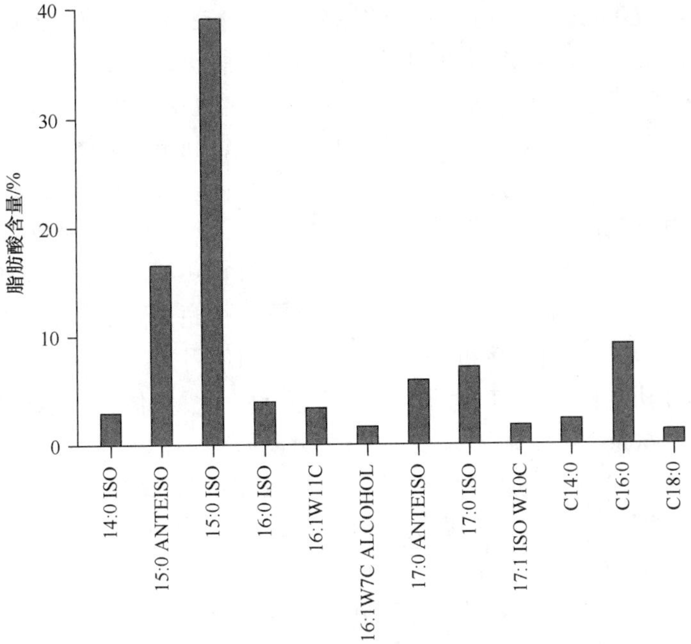


图 8-1-22　克劳氏芽胞杆菌（*Bacillus clausii*）主要脂肪酸种类

杆菌。该菌株对大肠杆菌 K88、大肠杆菌 K99、无乳链球菌和嗜水气单胞菌有抑制作用；在 pH 2.5 的模拟胃液中处理 12 h，存活率为 71.9%；在胆盐浓度为 0.3%的模拟肠液中处理 12 h，存活率为 84.4%。该分离菌株可有效降解亚硝酸盐，48 h 降解率达到 96.80%。张营营等（2017）报道了凝结芽胞杆菌对油鸡生长性能、血清指标及脏器系数的影响。选取 4 周龄北京油鸡 240 只，随机分为 4 组，每组公、母各 3 个重复，每个重复 10 只，分笼饲养：对照组饲喂基础饲粮，低、中、高剂量组饲喂添加凝结芽胞杆菌 Liu-g1 冻干菌粉（$7.3\times10^{10}$ CFU/g）的基础饲粮，添加量分别为 10 mg/kg、100 mg/kg 和 1000 mg/kg，试验期 70 d。结果表明：①饲粮添加凝结芽胞杆菌 Liu-g1 可有效降低公、母油鸡死亡率，对降低母油鸡死亡率效果更佳；②饲粮添加 100 mg/kg 凝结芽胞杆菌 Liu-g1 显著提高公油鸡血清总蛋白和白蛋白含量，显著降低母油鸡血清三酰甘油和尿素含量（$P<0.05$）；③饲粮添加 100 mg/kg 凝结芽胞杆菌 Liu-g1，母油鸡脾脏指数和肠道系数显著升高；添加 1000 mg/kg 凝结芽胞杆菌 Liu-g1，母油鸡法氏囊系数显著降低（$P<0.05$）。凝结芽胞杆菌 Liu-g1 对不同性别北京油鸡作用效果存在差异，对母油鸡的作用更明显且最佳添加量为 100 mg/kg。

徐亚飞等（2017）报道了凝结芽胞杆菌的生物学特性及其在水产养殖中的应用。凝结芽胞杆菌呈杆状，两端钝圆，为革兰氏阳性菌，能分解糖类生成 L-乳酸，为同型乳酸发酵菌。凝结芽胞杆菌除具有和乳酸菌及双歧杆菌同样的营养和免疫功效外，还具有耐酸、耐热、耐盐、容易培养和保存的特点，在水产养殖中具有维持肠内生态平衡、促进营养物质吸收、提高机体免疫力、净化养殖水环境的作用。目前，凝结芽胞杆菌已作为饲料添加剂和水质改良剂在水产养殖中使用，具有很广泛的应用前景。赵娜等（2017）报道了凝结芽胞杆菌对肉鸡生长性能、免疫器官指数、血清生化指标及肠道菌群的影响，试验旨在研究凝结芽胞杆菌对肉鸡生长性能、免疫器官指数、血清生化指标及肠道菌群的影响。选择健康的 1 日龄 AV500 肉鸡 10 000 只，随机分成 2 组，每组 5 个重复，每个重复 1000 只鸡。对照组饲喂基础饲粮，试验组饲喂基础饲粮+300 mg/kg 凝结芽胞杆菌制剂。试验期 6 周。结果表明，1～21 日龄、22～42 日龄试验组肉鸡死淘率显著低于对照组（$P<0.05$），分别下降了 61.7%、52.42%；22～42 日龄试验组肉鸡的平均日增重、平均日采食量均显著高于对照组（$P<0.05$）。21 日龄试验组肉鸡的脾脏指数、胸腺指数、法氏囊指数均显著高于对照组（$P<0.05$），而肠道指数却显著低于对照组。王晔茹等（2016）对凝结芽胞杆菌 GBI-306086 的食用安全性进行探讨。根据凝结芽胞杆菌 GBI-306086 的毒理学、耐药性和产毒能力、食用和使用情况等数据，考虑其推荐使用量和我国人群的消费水平，对其食用健康风险进行安全性评估。已有研究未观察到凝结芽胞杆菌 GBI-306086 具有毒性、耐药性和产毒能力，临床实验未见不良临床反应报告。将中国 2002 年居民的食物摄入量转换为食物摄取份数（25.38 份），凝结芽胞杆菌 GBI-306086 在其推荐剂量下，预估摄入量为 $5.1\times10^{10}$ CFU/d，小于每日可接受摄入量（ADI）值（$8.0\times10^{10}$ CFU/d）。

张丽霞等（2016）报道了小麦纤维素颗粒联合凝结芽胞杆菌活菌片治疗晚期妊娠便秘的临床观察；张营营等（2016）报道了凝结芽胞杆菌 Liu-g1 产中性蛋白酶的发酵培养基及条件优化；吴丹阳（2016）报道了凝结芽胞杆菌 T242 益生性及功能特性的研究；梅文鼎（2016）报道了凝结芽胞杆菌 NL01 L-阿拉伯糖异构酶的理性设计及 D-塔格糖的制备；宫秀燕（2016）报道了凝结芽胞杆菌对病原菌感染肉鸡肠道黏膜屏障结构与功能的影响；孟长纪等（2015）报道了鸭源高产 L-乳酸凝结芽胞杆菌的分离与鉴定；宫秀燕等（2015a，2015b）报道了凝结芽胞杆菌对肠炎沙门氏菌感染肉鸡生产性能和抗氧化功能的影响，以及对感染产气荚膜梭菌肉鸡生长性能、肠道病变及免疫器官指数的影响；刘全永等（2015）报道了海洋细菌凝结芽胞杆菌黑石礁亚种（*Bacillus coagulans* subsp. *heishijiaosis*）发酵液抗真菌活性及其工艺优化研究；黄丽琴等（2015）对凝结芽胞杆菌活菌片联合复方谷氨酰胺肠溶胶囊治疗肠功能紊乱疗效进行观察；翟振亚等（2015）报道了日粮添加二甲酸钾和凝结芽胞杆菌对断奶仔猪生长性能和免疫指标的影响，试验旨在研究日粮中添加二甲酸钾和凝结芽胞杆菌替代抗生素对断奶仔猪生长性能、血清生化指标和免疫指标的影响，以确定二甲酸钾+凝结芽胞杆菌组合替代抗生素在断奶仔猪生产上的可行性。选取 216 头体重［(7.33±0.02) kg］相近的 21 日龄健康三元杂交（杜×长×大）断奶仔猪，随机分成 3 个处理，每个处理 6 个重复，每个重复 12 头猪（公、母各半）。3 个处理组分别饲喂在基础日粮中添加抗生素（复合酸化剂+杆菌肽锌+硫酸粘杆菌素）、1%二甲酸钾和 1%二甲酸钾+200 g/t 凝结芽胞杆菌的日粮。预饲期 3 d，正饲期 14 d。结果表明，1%二甲酸钾+200 g/t 凝结芽胞杆菌组（C 组）仔猪的平均日增重（ADG）显著提高。

房一粟（2015）报道了凝结芽胞杆菌培养基的优化及其制备工艺；刘艳等（2015）报道了益生凝结芽胞杆菌发酵培养基的优化；赵钰（2015）报道了凝结芽胞杆菌抑菌物质分离鉴定及其对大黄鱼保鲜效果的研究；林丽花等（2014）报道了凝结芽胞杆菌对黄羽肉鸡生产性能、血清生化指标及抗氧化功能的影响；黄海强（2014）报道了凝结芽胞杆菌制剂对仔猪生长性能的影响；张维娜（2014）报道了凝结芽胞杆菌对病原菌的拮抗作用及其对异育银鲫生长、免疫的影响；刘慧兰（2014）报道了产乳酸耐高温凝结芽胞杆菌的诱变及进化选育；徐贤（2014）报道了一株益生凝结芽胞杆菌的选育及特性。

李刚等（2013）报道了益生菌凝结芽胞杆菌胞外产物的抑菌特性。以益生菌凝结芽胞杆菌 LL1103 为研究对象，通过采用牛津杯法，体外研究了其胞外产物在不同初始培养条件和不同处理条件（温度、pH、酶）下对常见腐败菌的抑制效果。研究结果表明，凝结芽胞杆菌胞外产物对腐败希瓦氏菌、大肠杆菌和铜绿假单胞菌均有显著的抑菌效果，其中初始条件为 37℃、pH 6.0、培养时间为 48 h 时抑菌效果最显著。此外，研究发现，胞外产物经不同温度处理抑菌效果较为稳定，但是在酸性和偏中性 pH 条件下抑菌性显著增强，在强酸和强碱 pH 条件下抑菌性显著下降，对蛋白酶 K、胰蛋白酶较敏感，对胃蛋白酶不敏感。苏连明等（2013）报道了凝结芽胞杆菌联合奥沙拉嗪对轻中型溃疡性结肠炎患者血清 TNF-α、IL-8、IL-17 的影响。余岳（2013）报道了高抗逆性凝结芽胞杆菌的开发及断奶仔猪应用效果研究。王青（2013）报道了凝结芽胞杆菌活菌片联合三联方（临床上，一般采用口服质子泵抑制剂、两种抗生素的三联疗法作用幽门螺杆菌的标准疗法）根除幽门螺杆菌的临床研究。匡群等（2013a）报道了凝结芽胞杆菌与酵母核苷酸对团头鲂生长和肠道的影响。王向荣等（2013）报道了凝结芽胞杆菌对蛋鸭产蛋性能、蛋品质及血清生化指标的影响。

王秀华等（2012）报道了凝结芽胞杆菌活菌片预防小儿肺炎继发性腹泻疗效观察。马瑞（2012）报道了凝结芽胞杆菌利用酸性蒸汽爆破玉米秸秆酶解液制备 L-乳酸的研究。魏红娟等（2012）报道了凝结芽胞杆菌活菌制剂在手足口病中的应用。田康明等（2011）报道了凝结芽胞杆菌 CICIM B1821 发酵生产 L-乳酸。凝结芽胞杆菌 CICIM B1821 是一株实验室前期筛选获得的产 L-乳酸的嗜热菌。该菌株在 34～55℃均表现出良好的生长特性和产酸特性，50℃时获得最高的比生长速率和最大的乳酸积累量。CICIM B1821 能够在 pH 为 5.0～7.5 时保持高的菌体活性。氧气的存在有利于 CICIM B1821 的快速生长，但会导致副产物的积累，而在不通氧的条件下该菌株生长也良好，同时产酸速率可高达 5.63 g/(L·h)。在控制残糖浓度不高于 10%的发酵条件下，发酵 48 h，可积累乳酸 107.5 g/L，副产物总和仅为 1.05 g/L，葡萄糖对乳酸的得率为 97.5%。

袁丰华等（2010）报道了凝结芽胞杆菌对尖吻鲈的生长、消化酶及非特异性免疫酶的影响。刘云国等（2010）报道了凝结芽胞杆菌 PCR 快速检测方法。董惠钧等（2010）报道了新型微生态益生菌凝结芽胞杆菌的研究进展。付天玺等（2008）报道了凝结芽胞杆菌对奥尼罗非鱼消化酶活性、消化率及生长性能的影响。戴青（2008）报道了凝结芽胞杆菌分离筛选及复合益生菌剂的应用研究。崔东良（2008）报道了凝结芽胞杆菌和费氏丙酸杆菌的发酵及制剂工艺。王文杰等（2006）报道了凝结芽胞杆菌对小鼠免疫功能和粪便胺含量及肠道中氨含量的影响。刘馨磊（2002）报道了芽胞乳酸杆菌（凝结芽胞杆菌 TQ33）的高密度培养。应用细胞工程技术对高密度培养凝结芽胞杆菌 TQ33 进行了研究，确定了补料分批培养法和过滤培养法的技术参数与方法，结果表明，在补料分批培养中，确定发酵液中葡萄糖的最佳浓度为 6 g/L，补料液中的葡萄糖、酵母膏的质量比为 6∶1，采用维持葡萄糖浓度在 3.0～6.0 g/L 的流加方式。在 5 L 自动发酵罐补料分批培养条件下菌体浓度达到 $4.5\times10^9$ CFU/mL，芽胞浓度达到 $1.2\times10^9$ CFU/mL，分别是分批培养的 5.9 倍和 3.8 倍。赵大云和丁霄霖（2001）报道了凝结芽胞杆菌在低盐腌渍雪里蕻腌菜中的应用。

凝结芽胞杆菌脂肪酸组鉴定图谱。脂肪酸组特征为 15:0 anteiso/15:0 iso=3.43，17:0 anteiso/17:0 iso=11.09。脂肪酸组（29 个生物标记）包括：15:0 anteiso（43.2336%）、17:0 anteiso（26.8218%）、15:0 iso（12.6018%）、c16:0（6.1773%）、16:0 iso（5.1518%）、17:0 iso（2.4191%）、18:1ω7c（0.9809%）、c18:0（0.8127%）、feature 3-1（0.6855%）、14:0 iso（0.2527%）、c14:0（0.2500%）、13:0 iso 3OH（0.1573%）、17:1 iso ω9c（0.1436%）、18:1ω9c（0.0464%）、cy19:0 ω8c（0.0309%）、feature 3-2（0.0300%）、c12:0（0.0300%）、20:1ω7c（0.0282%）、15:0 2OH（0.0282%）、13:0 anteiso（0.0173%）、18:0 iso（0.0173%）、19:0 anteiso（0.0145%）、18:3ω(6,9,12)c（0.0127%）、16:1 iso H（0.0118%）、c10:0（0.0109%）、19:0 iso（0.0091%）、13:0 2OH（0.0091%）、13:0 iso（0.0082%）、feature 8（0.0073%）（图 8-1-23）。

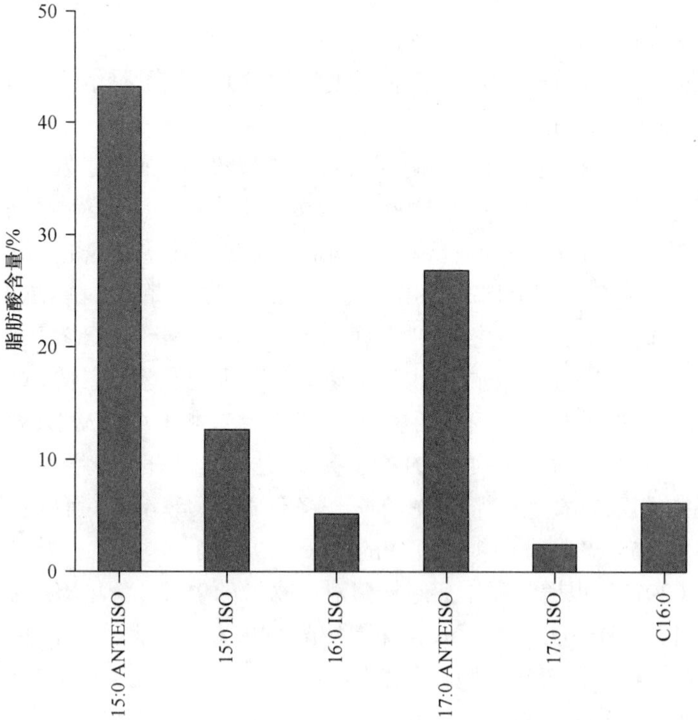


图 8-1-23　凝结芽胞杆菌（*Bacillus coagulans*）主要脂肪酸种类

## 24. 科恩芽胞杆菌

科恩芽胞杆菌生物学特性。科恩芽胞杆菌（*Bacillus cohnii* Spanka and Fritze 1993, sp. nov.）在国内有过研究报道。程文凤等（2016）报道了混凝土修复功能菌科恩芽胞杆菌 DSM6307 芽胞的萌发条件。运用光吸收法对芽胞的萌发结果进行检测。结果表明：最适萌发缓冲液为 $Na_2CO_3/NaHCO_3$，芽胞萌发率为 66.16%；萌发剂为肌苷，芽胞萌发率为 83.89%，肌苷最适浓度为 15 mmol/L；热激温度为 60℃，热激时间为 5 min，芽胞萌发率达到 90.85%；而营养底物的加入也促使芽胞迅速萌发，形成营养体。陈峥等（2015a）报道了液相色谱-四极杆飞行时间质谱法筛选产来氟米特的芽胞杆菌菌株，从 31 株芽胞杆菌菌株中筛选出含来氟米特成分的菌株为科恩芽胞杆菌（*Bacillus cohnii*）FJAT-10017、嗜碱芽胞杆菌（*Bacillus alcalophilus*）FJAT-10014、土壤短芽胞杆菌（*Brevibacillus agri*）FJAT-10018、硫胺素解硫胺素芽胞杆菌（*Aneurinibacillus aneurinilyticus*）FJAT-10004 等。陈峥等（2015b）基于液相色谱-四极杆飞行时间质谱的产非蛋白质氨基酸——今可豆氨酸的芽胞杆菌筛选，从 32 株芽胞杆菌菌株中筛选出含今可豆氨酸成分的芽胞杆菌菌株为科恩芽胞杆菌 FJAT-10017、硫胺素解硫胺素芽胞杆菌 FJAT-10004、解葡聚糖类芽胞杆菌（*Paenibacillus glucanolyticus*）FJAT-10020、土壤短芽胞杆菌 FJAT-10018。

柯金龙等（2015）报道了混凝土修复功能菌科恩芽胞杆菌 DSM6307 芽胞的发酵条件优化。郭素霞等（2004）通过形态观察、生理生化特性测定和系统发育分析，鉴定了一株分离自造纸黑液的兼性嗜碱菌 EMB2039。其菌落扁平，无色透明，表面光滑，边缘不整齐，适宜生长 pH 9～10.5，最高生长 pH 12.0，生长前后不改变培养基 pH。16S rDNA 测序及系统发育分析结果表明 EMB2039 与模式菌株 DSM 6307$^{T}$ 的亲缘关系最近。还测试了 EMB2039 的 11 项生理生化特性，与 DSM 6307$^{T}$ 进行比较，没有发现任何差异。所以认为嗜碱菌 EMB2039 是科恩芽胞杆菌的一个菌株。

科恩芽胞杆菌脂肪酸组鉴定图谱。脂肪酸组特征为 15:0 anteiso/15:0 iso=2.24，17:0 anteiso/17:0 iso=1.75。脂肪酸组（19 个生物标记）包括：15:0 anteiso（44.4933%）、15:0 iso（19.8300%）、17:0 anteiso（12.2033%）、17:0 iso（6.9767%）、16:0 iso（4.6167%）、17:1 iso ω10c（2.7900%）、c16:0（2.3867%）、feature 4（1.7267%）、14:0 iso（1.5733%）、16:1ω11c（1.1700%）、16:1ω7c alcohol（0.8333%）、c14:0（0.2733%）、17:0 2OH（0.2567%）、15:0 2OH（0.2533%）、c18:0（0.2300%）、15:0 iso 3OH（0.1667%）、13:0 iso（0.1400%）、17:0 iso 3OH（0.0500%）、13:0 anteiso（0.0333%）（图 8-1-24）。

## 25. 腐叶芽胞杆菌

腐叶芽胞杆菌生物学特性。腐叶芽胞杆菌（*Bacillus decisifrondis* Zhang et al. 2007，sp. nov.）从澳大利亚昆士兰针叶林腐叶中分离发现，最佳生长温度 30℃，pH 8.4（Zhang et al.，2007）。国内未见相关研究报道。

腐叶芽胞杆菌脂肪酸组鉴定图谱。脂肪酸组特征为 15:0 anteiso/15:0 iso=0.23，17:0 anteiso/17:0 iso=1.01。脂肪酸组（31 个生物标记）包括：15:0 iso（44.5380%）、16:0 iso（14.4900%）、16:1ω7c alcohol（12.3340%）、15:0 anteiso（10.2560%）、14:0 iso（4.7980%）、17:0 anteiso（2.9120%）、17:0 iso（2.8780%）、16:1ω11c（2.2080%）、c16:0（2.1420%）、c14:0（0.6940%）、feature 4（0.5160%）、17:1 iso ω10c（0.4200%）、c12:0（0.3700%）、c18:0（0.3360%）、cy19:0 ω8c（0.1400%）、18:1ω9c（0.1260%）、13:0 iso（0.1240%）、16:0 2OH（0.1120%）、feature 3（0.1100%）、16:0 3OH（0.0940%）、18:3ω(6,9,12)c（0.0820%）、17:1 anteiso ω9c（0.0720%）、19:0 iso（0.0560%）、c20:0（0.0480%）、feature 8

（0.0280%）、17:1ω9c（0.0260%）、20:1ω7c（0.0240%）、10 Me 18:0 TBSA（0.0220%）、18:0 iso（0.0180%）、c17:0（0.0120%）、18:0 3OH（0.0120%）（图 8-1-25）。

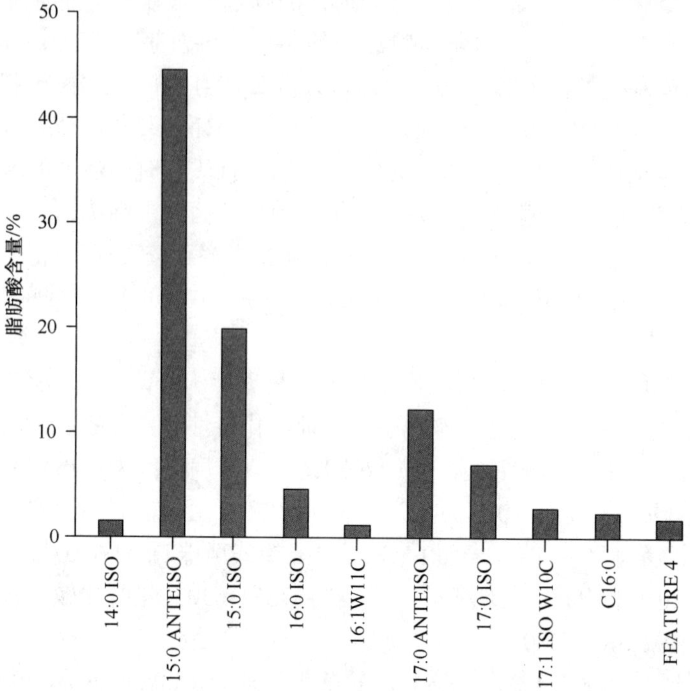


图 8-1-24　科恩芽胞杆菌（*Bacillus cohnii*）主要脂肪酸种类

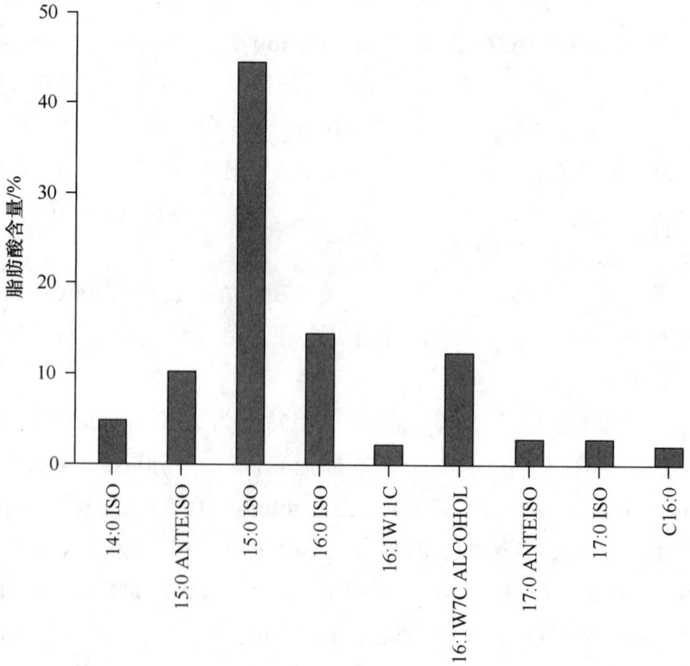


图 8-1-25　腐叶芽胞杆菌（*Bacillus decisifrondis*）主要脂肪酸种类

## 26. 脱色芽胞杆菌

脱色芽胞杆菌生物学特性。脱色芽胞杆菌（*Bacillus decolorationis* Heyrman et al. 2003，sp. nov.）从西班牙卡莫纳大墓地塞尔维利亚坟墓的罗马壁画和奥地利黑布施泰因城堡的圣-凯萨琳教堂的中世纪壁画上分离得到。菌株革兰氏染色易变，菌体具运动性，球杆状，成对或短链式生长。产芽胞，芽胞椭圆形或近球形、中生或端生、胞囊略膨大。在 TSA 培养基上，菌落淡黄色至米黄色、奶油状、平滑、圆形。菌株生长温度 5～40℃（最适温度 25～37℃），盐度 0～10%（最适盐度 4%～7%）（Heyrman et al.，2003a）。国内未见相关研究报道。

脱色芽胞杆菌脂肪酸组鉴定图谱。脂肪酸组特征为 15:0 anteiso/15:0 iso=0.72，17:0 anteiso/17:0 iso=1.04。脂肪酸组（16 个生物标记）包括：15:0 iso（38.2900%）、15:0 anteiso（27.6000%）、c16:0（9.4000%）、17:0 anteiso（9.1000%）、17:0 iso（8.7900%）、c14:0（1.7100%）、16:0 iso（1.5400%）、c10:0（1.3300%）、14:0 iso（0.6300%）、c12:0（0.3700%）、feature 3（0.3400%）、13:0 iso（0.2700%）、c18:0（0.2300%）、20:1ω7c（0.1600%）、c17:0（0.1300%）、18:1 2OH（0.1100%）（图 8-1-26）。

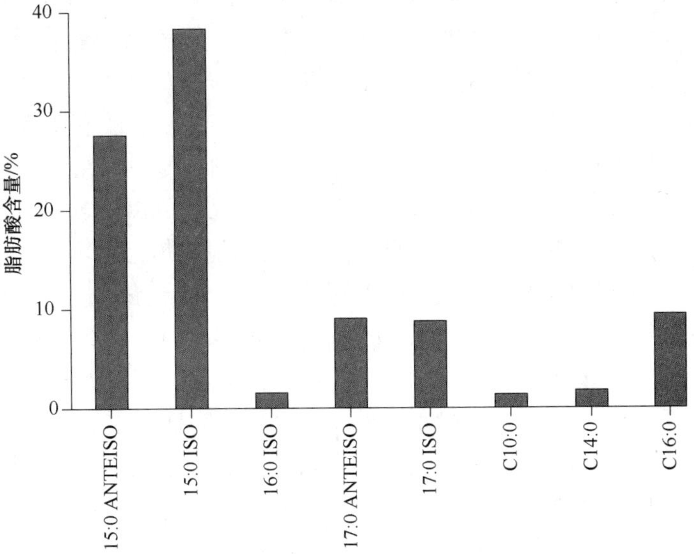


图 8-1-26 脱色芽胞杆菌（*Bacillus decolorationis*）主要脂肪酸种类

## 27. 钻特省芽胞杆菌

钻特省芽胞杆菌生物学特性。钻特省芽胞杆菌（*Bacillus drentensis* Heyrman et al. 2004，sp. nov.）在国内有过相关研究报道。赵晗旭（2015）报道了不同野生动物肠道微生物多样性分析及功能的初步研究。采用 PCR-DGGE 技术研究不同野生动物肠道菌群多样性，经分析得到 23 条差异条带，测序结果表明，厚壁菌门（Firmicutes）为肠道优势菌群。对草食动物与肉食动物肠道菌群分析可知，梭杆菌属（*Fusobacterium*）在草食动物肠道菌群的属水平占优势地位。在反刍动物粪便中检测出具有高效纤维分解能力的溶纤维丁酸弧菌（*Butyrivibrio fibrisolvens*）。消化链球菌属（*Peptostreptococcus*）为肉食动物肠道菌群的优势菌属，在犬科肉食动物粪便中检测到贪食厌氧菌（*Anaerovorax* sp.），在猫科动物粪便中分离出特有菌为河流漫游球菌（*Vagococcus fluvialis*）。同时，选择宏基因组测序技术研究野生动物肠道菌群多样性，共得到 242 609 条序列，40 130 个操作分类单元（operational taxonomic unit，OTU），其中在草食动物肠道菌群中占优势地位的细菌归类为厚壁菌门（Firmicutes）、拟杆菌门（Bacteroidetes）、变形菌门（Proteobacteria）、放线菌门（Actinobacteria）和疣微菌门（Verrucomicrobia）；肉食动物肠道菌群中优势菌门为厚壁菌门、放线菌门、变形菌门、拟杆菌门和梭杆菌门（Fusobacteria）；在属水平上，草食动物肠道微生物明显比肉食动物肠道微生物种类丰富，在单胃草食动物和反刍动物肠道菌群比较中，具有明显差异的菌属为瘤胃球菌属（*Ruminococcus*）、颤杆菌属（*Oscillibacter*）、鸟氨酸杆菌属（*Ornithobacterium*）、贪食厌氧菌属、湿地杆菌属（*Paludibacter*）、另枝菌属（*Alistipes*）和琥珀酸弧菌属（*Succinivibrio*）。在肉食动物中，犬科动物和猫科动物肠道微生物多样性表现出差异的菌属为醋弧菌属（*Acetivibrio*）、假单胞菌属（*Pseudomonas*）、产孢杆菌属（*Sporobacter*）、布利德氏菌属（*Bulleidia*）和埃格特菌属（*Eggerthella*）。进一步利用传统分离培养方法对野生动物粪便中的菌群进行分离、鉴定，然后对菌株的纤维素酶、木质素酶、蛋白酶、淀粉酶及脂肪酶的相关功能进行研究，同时根据菌株功能对肠道菌群功能进行分析，并对 PCR-DGGE 技术和宏基因组测序技术所得结果进行验证，发现利用宏基因组测序技术得到的结果较 PCR-DGGE 技术更加全面；并确定草食动物与肉食动物粪便中存在相同菌株，它们是钻特省芽胞杆菌（*Bacillus drentensis*）和沙福芽胞杆菌（*Bacillus safensis*），发现其具有产纤维素酶、蛋白酶和淀粉酶功能；分析菌群多样性与菌株功能之间关系时发现，从不同食性动物粪便中分离出的菌株在功能上有所差异，从草食动物粪便中分离出的菌株多具有纤维素分解功能，而从肉食动物粪便中分离的菌株多具有脂肪分解功能。

王东胜（2014）报道了秦岭主峰太白山北坡 5 种生境中微生物区系及拮抗放线菌资源研究。以植被垂直分布带最为完整的秦岭主峰太白山为样品采集区，重点研究了太白山北坡不同海拔针阔叶树树皮、岩表地衣、苔藓土壤、草本植物根区土壤及乔木根域 5 种生境中的微生物区系及拮抗性放线菌的生态分布规律。结果表明：各生境中的优势放线菌均以链霉菌属为主，供试树皮中优势放线菌共 5 属 19 种，其中西唐链霉菌（*Streptomyces setonii*）、蓝微褐链霉菌（*Streptomyces cyaneofuscatus*）与潮湿学校拟诺卡氏菌（*Nocardiopsis umidischolae*）分布较广；供试岩表地衣中的优势放线菌共 10 属 42 种，其中卷曲链霉菌（*Streptomyces cirratus*）、亲和素链霉菌（*Streptomyces avidinii*）、灰锈赤链霉菌（*Streptomyces griseorubiginosus*）、灰葡萄色链霉菌（*Streptomyces vinaceus-drappus*）及灰黄孢链霉菌（*Streptomycessporoaveus*）分布较广；供试苔藓土壤中的优势放线菌共 2 属 28 种，其中亲和素链霉菌及卷曲链霉菌分布较广；供试高山草甸植物根区土壤中优势放线菌共 3 属 17 种，其中亲和素链霉菌、卷曲链霉菌、潮湿链霉菌（*Streptomyces humidus*）及盘绕链霉菌（*Streptomyces spiroverticillatus*）分布较广；供试乔木根域的优势放线菌共 4 属 21 种，其中紫红色链霉菌（*Streptomyces prunicolor*）、西唐链霉菌及盘绕链霉菌（*Streptomyces spiroverticillatus*）分布较广。在供试不同生境中，岩表地衣中优势放线菌的生物多样性最丰富，苔藓土壤中的优势放线菌属最少。不同生境中细菌的生物多样性丰富，且均以假单胞菌属为主。供试树皮中的优势细菌共 6 属 18 种，其中黎巴嫩假单胞菌（*Pseudomonas libanensis*）、耐冷短杆菌（*Brevibacterium frigoritolerans*）、硬水黄杆菌（*Flavobacterium aquidurense*）及克斯坦迪假单胞菌（*Pseudomonas costantinii*）分布较广；供试岩表地衣中的优势细菌共 9 属 17 种，其中蕈状芽胞杆菌（*Bacillus mycoides*）、布伦纳假单胞菌（*Pseudomonas brenneri*）及东亚假单胞菌（*Pseudomonas orientalis*）分布较广；供试苔藓土壤中的优势细菌共 7 属 10 种，其中黑希尼亚黄杆菌（*Flavobacterium hercynium*）及曼德尔假单胞菌（*Pseudomonas mandelii*）分布较广；供试高山草甸植物根区土壤中的优势细菌共 4 属 8 种，其中弗莱德里克斯堡假单胞菌（*Pseudomonas frederiksbergensis*）、曼德尔假单胞菌、嗜冷假单胞菌（*Pseudomonas psychrophila*）及黑希尼亚黄杆菌分布较广；供试乔木根域的优势细菌共 4 属 8 种，钻特省芽胞杆菌（*Bacillus drentensis*）、蕈状芽胞杆菌（*Bacillus mycoides*）及黑希尼亚黄杆菌分布较广。在供试不同生境中，岩表地衣中优势细菌的生物多样性最丰富，高山草甸植物根区土壤及乔木根域优势细菌的属种最少。

曾驰等（2010）报道了兼香型白云边酒厂高温堆积过程中主要细菌的分子鉴定。采用曲汁培养基和牛肉膏蛋白胨培养基从白云边酒厂堆积酒醅中分离细菌，获得了 6 株有明显特征差异的细菌。用 PCR 技术对其进行了 16S rDNA 序列扩增、同源对比和系统发育分析，结果表明：6 株分离菌株中 W-1、W-3、G-4、G-1、DJ-1C 菌株分别与解淀粉芽胞杆菌（*Bacillus amyloliquefaciens*）、枯草芽胞杆菌（*Bacillus subtilis*）、贝莱斯芽胞杆菌（*Bacillus velezensis*）、地衣芽胞杆菌（*Bacillus licheniformis*）、芽胞耐热芽胞杆菌（*Bacillus sporothermodurans*）有较高的同源性，而菌株 4J 与原野芽胞杆菌（*Bacillus vireti*）、巴达维亚芽胞杆菌（*Bacillus bataviensis*）、钻特省芽胞杆菌（*Bacillus drentensis*）、土壤芽胞杆菌（*Bacillus soli*）、休闲地芽胞杆菌（*Bacillus novalis*）的标准菌株既有一定的同源性，也有一定的遗传距离，可能是一个不同于已知菌的芽胞杆菌新种。

钻特省芽胞杆菌脂肪酸组鉴定图谱。脂肪酸组特征为 15:0 anteiso/15:0 iso=8.57，17:0 anteiso/17:0 iso=15.30。脂肪酸组（17 个生物标记）包括：15:0 anteiso（64.5788%）、17:0 anteiso（9.2975%）、16:0 iso（8.9863%）、15:0 iso（7.5363%）、feature 8（1.7563%）、14:0 iso（1.7225%）、c14:0（1.6175%）、20:1ω7c（1.1363%）、c16:0（1.1238%）、feature 4（0.9263%）、17:0 iso（0.6075%）、cy19:0 ω8c（0.5288%）、16:0 N alcohol（0.1063%）、18:0 iso（0.0400%）、c18:0（0.0163%）、13:0 anteiso（0.0113%）、c12:0（0.0050%）（图 8-1-27）。

## 28. 内生芽胞杆菌

内生芽胞杆菌生物学特性。内生芽胞杆菌（*Bacillus endophyticus* Reva et al. 2002，sp. nov.）在国内有过相关报道。曾林等（2016）报道了白酒黄水中纤维素降解菌的分离鉴定及产酶活性研究，从浓香型白酒发酵副产物黄水中分离得到 18 株具有产纤维素酶能力的菌株进行纯培养，其中，菌株 SW02 为内生芽胞杆菌。王进福等（2016）报道了

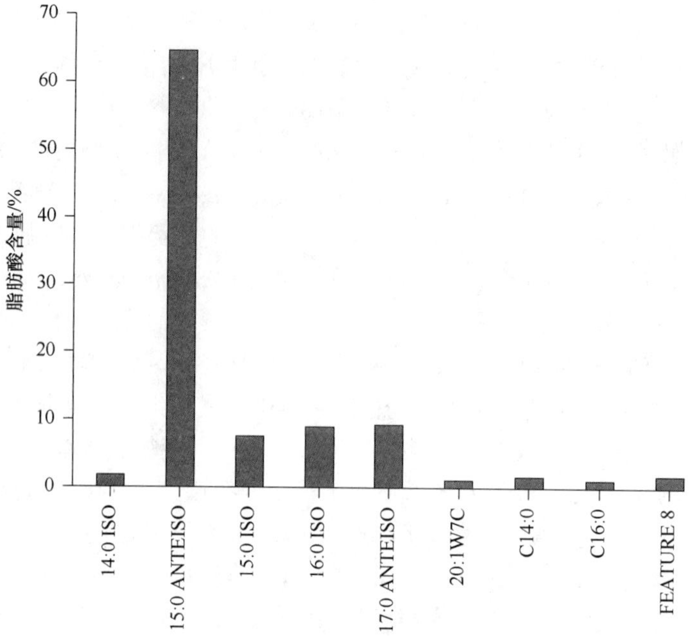


图 8-1-27　钻特省芽胞杆菌（*Bacillus drentensis*）主要脂肪酸种类

根结线虫生防细菌的筛选及鉴定。以抗病番茄植株的根际土壤、根为分离对象，采用稀释分离方法，进行了根结线虫生防细菌的筛选及鉴定。结果表明：从番茄根际土和根内分离出 47 株细菌，其中，根内细菌 7 株，根际细菌 40 株。经杀根结线虫活性检测，获得 2 株活性强且稳定的细菌菌株 W49、W21，对根结线虫的校正死亡率均超过 90.0%，对卵的孵化抑制率达 96.0%。通过菌落形态特征、生理生化特征观察和 16S rDNA 序列分析，W49 和 W21 分别被鉴定为简单芽胞杆菌（*Bacillus simplex*）和内生芽胞杆菌。

孙卓和杨利民（2015a）报道了人参立枯病与黑斑病拮抗细菌的筛选及其促生防病能力。采用滤纸片法和牛津杯法从多年生人参根际土壤中筛选出一株对立枯丝核菌（*Rhizoctonia solani*）和人参链格孢菌（*Alternaria panax*）均有较强拮抗能力的内生芽胞杆菌 SZ-56，并测定了其防病促生效果。结果表明：SZ-56 对立枯丝核菌和人参链格孢菌的抑菌率分别为 87.77%和 65.40%，其还具备广谱拮抗性；SZ-56 具备盆栽防控能力，对人参立枯病、人参黑斑病的保护和防治效果分别为 70.25%、73.94%和 52.9%、53.41%，防治效果与农药对照组相比持平或略高。孙卓和杨利民（2015b）对人参病原菌拮抗细菌进行分离筛选与鉴定。从吉林省抚松县人参根际土壤中分离、纯化获得 113 株细菌，采用平板对峙法测定菌株的拮抗能力，通过温室盆栽试验研究其在土壤及人参根部的定植规律，并通过形态、培养特征及 16S rDNA 序列分析进行分类鉴定。对峙试验结果表明，2 株细菌对供试人参病原菌具有良好的拮抗广谱性，且多次验证其抑菌效果稳定。定植研究结果表明，活性菌株 SZ-56 与 SZ-60 的定植能力均达到显著水平，在土壤中的最大定植菌量分别为（每克土）$7.51\times10^6$ CFU 和 $7.28\times10^6$ CFU，30 d 后定植菌量仍保持在 $10^5$ CFU；21 d 后在人参根部的定植菌量仍保持在每克根 $10^5$ CFU 水平。根据形态、培养特征、生理生化指标和 16S rDNA 序列分析，确定 SZ-56 为内生芽胞杆菌，SZ-60

为解淀粉芽胞杆菌。

刘小玉（2015）报道了根际促生菌株的筛选及其复合微生物肥料的研制与肥效研究。首先分离筛选出能产 IAA 和 ACC 脱氨酶的菌株。结果显示，菌株 NJAU-52、NJAU-FAD、NJAU-60、NJAU-69 和 NJAU-29 5 株菌产 IAA 的量较高，产量为 7.80～14.90 mg/L。菌株 NJAU-54、NJAU-82、NJAU-69、NJAU-53、NJAU-84、NJAU-72、NJAU-86 能产 ACC 脱氨酶，其酶比活力为 0.18～0.45 U/(mL·min)。综合以上实验结果筛选出 NJAU-FAD、NJAU-25、NJAU-29、NJAU-52、NJAU-53、NJAU-54、NJAU-57、NJAU-60、NJAU-69、NJAU-84 这 10 株菌进行灌菌盆栽试验。通过盆栽试验结果，复筛获得 4 株促生效果较佳的菌株，分别为 NJAU-52、NJAU-57、NJAU-60 和 NJAU-69，经鉴定，分别为内生芽胞杆菌、弯曲芽胞杆菌（*Bacillus flexus*）、海水芽胞杆菌（*Bacillus aquimaris*）和巨大芽胞杆菌（*Bacillus megaterium*）。选择上述 4 株菌株进行第二季灌菌盆栽试验以验证促生功能的稳定性，最后获得促生效果最优的菌株 NJAU-60。通过灌施菌株 NJAU-60 能使玉米植株株高增加 20%、地上部鲜重增加 32%、地上部干重增加 20%；使黄瓜植株株高增加 10%、地上部干重增加 12%；使茄子植株株高增加 52%、叶绿素值增加 6.3%；使番茄植株株高增加 16%、茎粗增加 16%、叶绿素值增加 13%、地上部鲜重增加 33%、地上部干重增加 20%。

袁春红（2015）报道了黄水中一株产纤维素酶菌株内生芽胞杆菌 N2 的筛选及产酶条件研究。采用羧甲基纤维素钠（CMCNa）为唯一碳源作初筛培养基，从白酒酿造副产物黄水中共分离得到 12 株纤维素降解菌株，经鉴定，其中的 N2 为内生芽胞杆菌。通过液态发酵培养和纤维素酶活力测定，发现 N2 的产酶能力最大，其内切葡聚糖酶（羧甲基纤维素酶）、外切葡聚糖酶（微晶纤维素酶）、β-葡萄糖苷酶及总纤维素酶（滤纸酶）活力大小分别为 0.132 U/mL、0.012 U/mL、0.158 U/mL、0.041 U/mL。以产纤维素酶活最高的菌株 N2 为研究对象，通过单因素实验对菌株 N2 的发酵培养基的碳源、氮源及培养条件进行优化，结果表明 6%（*m*/*V*）麦麸和 2%（*m*/*V*）硫酸铵是最佳碳源、氮源组合，在 4%（*V*/*V*）接种量、pH 7、37℃的条件下培养 72 h 可获得最大产酶量，其最大羧甲基纤维素酶活力为 0.426 U/mL，微晶纤维素酶活力为 0.049 U/mL，β-葡萄糖苷酶活力为 0.35 U/mL，滤纸酶活力为 0.168 U/mL，与优化前相比分别约提高了 222.73%、308.33%、121.52%和 309.76%。

袁春红等（2014）报道了白酒发酵副产物黄水中 2 株产纤维素酶芽胞杆菌的分离鉴定。从白酒发酵副产物黄水中分离得到 12 株产纤维素酶菌株，其中菌株 M34 和菌株 N2 的比酶活最大，被选为后续研究对象。根据细菌形态学特征观察，生理生化特性分析并结合 16S rDNA 序列分析，鉴定菌株 M34 和菌株 N2 分别为环状芽胞杆菌（*Bacillus circulans*）和内生芽胞杆菌（*Bacillus endophyticus*）。菌株经液态发酵培养，运用 DNS 法测定纤维素酶系酶活力，结果表明菌株 N2 的各酶活均高于菌株 M34。崔凤霞等（2014）报道了维生素 C 二步发酵伴生菌的分离鉴定。从现有商业化的用于维生素 C 生产的混合菌系中分离得到伴生菌，扫描电镜显示该菌菌体大小为 0.7 μm×（2～4）μm，呈链状排列；经 16S rDNA 序列分析表明，伴生菌与内生芽胞杆菌的亲缘性高；伴生菌在培养 8～12 h 后进入生长对数期，且可产生淀粉酶和纤维素酶。杜瑾（2013）报道了基于基因组分析的维生素 C 发酵混菌体系共生机制及功能强化，剖析普通产酮古洛糖酸菌（*Ketogulonicigenium vulgare*）及其伴生芽胞杆菌（*Bacillus* sp.）的相互作用机制并对混菌体系进行调控，以及构建高产维生素 C 前体的菌株。采用高通量测序技术获得实验室产酸菌——普通产酮古洛糖酸菌 HB602 全基因组序列和工业伴生菌内生芽胞杆菌 Hbe603 的基因组框架序列。通过基因组分析，普通产酮古洛糖酸菌的共生特性有赖于分解、吸收并利用伴生菌提供的蛋白质类、肽类和氨基酸类物质的强大系统，响应环境变化的转录调控蛋白及趋化调控系统。其高效的山梨糖转化能力与基因组中 5 拷贝的山梨糖脱氢酶基因和 2 拷贝的山梨酮脱氢酶基因相关。伴生菌基因组编码完整的芽胞形成途径，但缺失大量芽胞衣合成基因及 *rap-phr* 信号系统，具有独特的芽胞衣外层结构和起始芽胞形成的调控机制，与其作为优良伴生菌的特性相关。利用普通产酮古洛糖酸菌及伴生菌巨大芽胞杆菌(*Bacillus megaterium*)的全基因组数据构建基因组水平代谢网络，发现产酸菌在碳水化合物、脂和辅因子/维生素代谢途径中所包含代谢反应的比例低于伴生菌，是其生长缓慢的主要原因；伴生菌可能通过弥补其在半乳糖代谢、丁酸代谢、脂肪酸分解、谷氨酸合成、甲硫氨酸循环、缬氨酸/亮氨酸/异亮氨酸降解、尿素循环、色氨酸代谢、辅因子/维生素合成等途径中的代谢缺陷形成代谢互补关系，构成稳定的共生体系。对混菌体系产古龙酸途径进行功能强化，构建 3 种产酸能力不同的产酸模块和 3 种产吡咯喹啉醌（pyrroloquinoline quinone，PQQ）水平不同的辅因子合成模块，将两类模块进行搭配组合获得 9 种组合模块，并发现在普通产酮古洛糖酸菌 HB602 中最适配的组合形式 *ss-pqqABCDEN*，可提高混菌体系产古龙酸水平的 20% [（79.1±0.6）g/L]。通过在营养条件下 50 次混菌转接传代的适应性进化，强化了组合模块在工业菌株普通产酮古洛糖酸菌 HKv604 中的功能，其中 *sdh-pqqABCDEN* 模块和 *ss-pqq*ABCDEN 模块在工业底盘细胞内发酵水平的提高最为显著，混菌产古龙酸浓度分别达到（79.47±0.00）g/L 和（80.48±0.55）g/L。

吕刚（2012）报道了河南省土壤中芽胞杆菌的多样性研究。从河南省不同区域采集土壤样品，采用纯培养的方法，分离获得芽胞杆菌。利用特异性引物扩增法，进行基于 16S rDNA 序列的系统发育分析，同时对部分代表菌株进行形态学观测及生理生化分析，以期挑选出具有较大研究价值的菌株。结果如下：通过分离与筛选，从河南省土壤中共得到 341 株产芽胞细菌。经 16S rDNA 序列分析，总共被分为 24 个操作分类单元（OTU），分属于 5 个属。其中，芽胞杆菌属（*Bacillus*）20 种，赖氨酸芽胞杆菌属（*Lysinibacillus*）1 种，鸟氨酸芽胞杆菌属（*Ornithinibacillus*）1 种，短芽胞杆菌属（*Brevibacillus*）1 种，类芽胞杆菌属（*Paenibacillus*）1 种。经分析，河南省土壤中产芽胞细菌的优势种是巨大芽胞杆菌（*Bacillus megaterium*）和简单芽胞杆菌（*Bacillus simplex*），常见种为枯草芽胞杆菌（*Bacillus subtilis*）、蜡样芽胞杆菌（*Bacillus cereus*）、地衣芽胞杆菌（*Bacillus licheniformis*）和解淀粉芽胞杆菌（*Bacillus amyloliquefaciens*）。根据各地土质和植被的不同，将河南省划分为中东部、西部、南部、北部 4 个不同区域，其中中东部优势种是枯草芽胞杆菌、巨大芽胞杆菌和蜡样芽胞杆菌，西部优势种是巨大芽胞杆菌和蜡样芽胞杆菌，南部优势种是巨大芽胞杆菌、简单芽胞杆菌和内生芽胞杆菌，北部优势种是枯草芽胞杆菌、巨大芽胞杆菌、蜡样芽胞杆菌和简单芽胞杆菌。多样性指数分析表明，中东部物种比其他区域更丰富，北部物种较少。结果显示同种芽胞杆菌在不同的环境条件下分布不同，如巨大芽胞杆菌在西部比例高达 50%，而北部只有 21%。同时在 4 个区域中都存在特有的菌种，表明芽胞杆菌分布的多样性。Unifrac 计算得到的数据表明，不同区域间的物种存在着差异性。通过对 24 个 OTU 中的代表菌株的形态学观察和生理生化分析，筛选出多种可作为微生物酶制剂的菌株。结果表明 24 个 OTU 都能分泌过氧化氢酶，OTU1、2、3 等能水解酪素，OUT8、9、13、22、24 能分泌卵磷脂酶。对潜在新种 OTU6 的初步实验显示，菌落边缘整齐，呈圆形，白色，端生芽胞，芽胞形态为椭圆形，可分泌过氧化氢酶、淀粉酶，可水解酪素，能还原硝酸盐。刘贯锋（2011）报道了从德国和瑞典菌种保藏中心引进的 50 个芽胞杆菌标准菌株的分类学特征及其生防功能菌株筛选。基于 16S rDNA 基因序列的系统发育树，可将它们分为五大类群：Group I 中的蜡样芽胞杆菌、蕈状芽胞杆菌（*Bacillus mycoides*）和苏云金芽胞杆菌（*Bacillus thuringiensis*）的同源性在 98%以上，简单芽胞杆菌与冷解糖芽胞杆菌（*Bacillus psychrosaccharolyticus*）的同源性为 100%，弯曲芽胞杆菌（*Bacillus flexus*）与巨大芽胞杆菌的同源性为 100%；Group II 中的枯草芽胞杆菌与解纤维素芽胞杆菌（*Bacillus cellulosilyticus*）的同源性为 100%；Group III 中的混料芽胞杆菌（*Bacillus farraginis*）、福氏芽胞杆菌（*Bacillus fordii*）和强壮芽胞杆菌（*Bacillus fortis*）的同源性在 97%以上；Group IV 中的纺锤形芽胞杆菌（*Bacillus fusiformis*）与球形赖氨酸芽胞杆菌（*Lysinibacillus sphaericus*）的同源性为 100%，巴斯德氏芽胞杆菌（*Bacillus pasteurii*）与嗜冷芽胞杆菌（*Bacillus psychrophilus*）的同源性在 97%以上；Group V 中的黏琼脂芽胞杆菌（*Bacillus agaradhaerens*）与克氏芽胞杆菌（*Bacillus clarkii*）的同源性为 100%，中胞短芽胞杆菌（*Brevibacillus centrosporus*）与硫胺素解硫胺素芽胞杆菌（*Aneurinibacillus thiaminolyticus*）的同源性在 98%以上。同时，初步研究了芽胞杆菌对大肠杆菌、青枯雷尔氏菌、香蕉枯萎病病原菌的拮抗作用。筛选出对青枯雷尔氏菌有拮抗作用的芽胞杆菌 11 株，其中抑制作用较强的包括萎缩芽胞杆菌、蕈状芽胞杆菌、冷解糖芽胞杆菌、史氏芽胞杆菌（*Bacillus smithii*）、球形赖氨酸芽胞杆菌、解淀粉类芽胞杆菌（*Paenibacillus amylolyticus*）、内生芽胞杆菌和蜂房类芽胞杆菌（*Paenibacillus alvei*）。11 株对大肠杆菌有拮抗作用，抑制作用较强的拮抗菌包括栗褐芽胞杆菌（*Bacillus atrophaeus*）、枯草芽胞杆菌、苏云金芽胞杆菌、蜂房类芽胞杆菌。对香蕉枯萎病病原菌有拮抗作用的芽胞杆菌有 16 株，其中，左乳酸类芽胞杆菌（*Paenibacillus laevolacticus*）对香蕉枯萎病病原菌的抑制率最高，达到 73.3%。

内生芽胞杆菌脂肪酸组鉴定图谱。脂肪酸组特征为 15:0 anteiso/15:0 iso=1.85，17:0 anteiso/17:0 iso=4.35。脂肪酸组（21 个生物标记）包括：15:0 anteiso（37.9400%）、15:0 iso（20.5092%）、c16:0（8.9438%）、17:0 anteiso（7.8485%）、16:0 iso（6.8315%）、14:0 iso（6.7462%）、c14:0（2.9669%）、16:1ω11c（2.4338%）、17:0 iso（1.8031%）、16:1ω7c alcohol（1.3300%）、13:0 anteiso（0.6808%）、feature 4（0.5985%）、13:0 iso（0.5069%）、c18:0（0.3354%）、17:1 iso ω10c（0.1915%）、c12:0（0.0854%）、19:0 anteiso（0.0723%）、feature 5（0.0600%）、15:1 iso ω9c（0.0515%）、c17:0（0.0462%）、18:1ω9c（0.0200%）（图 8-1-28）。

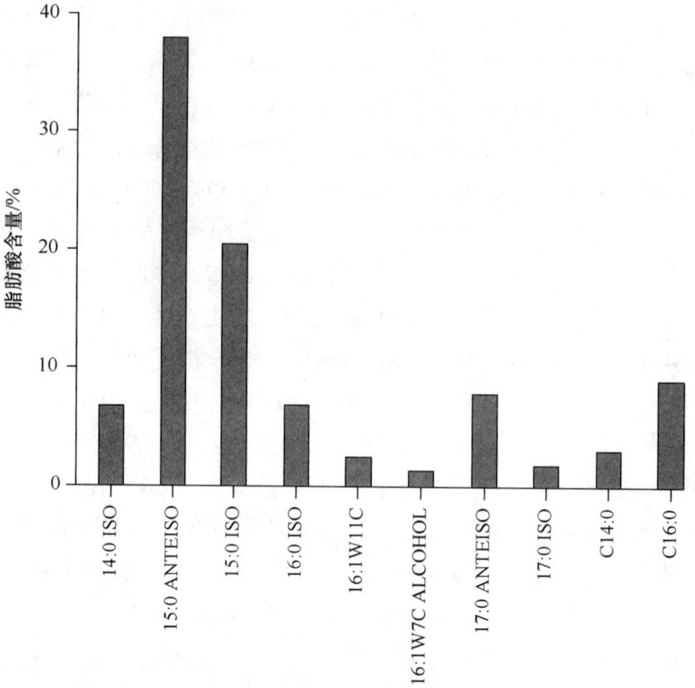


图 8-1-28 内生芽胞杆菌（*Bacillus endophyticus*）主要脂肪酸种类

## 29. 苛求芽胞杆菌

苛求芽胞杆菌生物学特性。苛求芽胞杆菌［*Bacillus fastidiosus* den Dooren de Jong 1929（Approved Lists 1980），species.］在国内有过研究报道。冯涛（2016）报道了苛求芽胞杆菌尿酸酶体外定向进化系统及应用。采用易错 PCR（error-prone PCR，epPCR）技术对天然苛求芽胞杆菌胞内尿酸酶三段氨基酸区域（A1～V150、V150～D212、Q160～L322）对应编码基因进行体外随机突变，在不影响 PCR 产物生成量的前提下，通过增加反应体系中 $MnCl_2$ 浓度至 1.5 mmol/L，提高突变率至 4.4%；通过 epPCR 反应后快速加入 2.0 mmol/L EDTA-$Na_2$ 溶液消除高浓度 $Mn^{2+}$对连接效率的影响；采用同源重组克隆方法实现表达载体突变体库的构建。将突变体单克隆接种于 48 孔细胞培养板进行细胞培养及诱导表达，诱导后细胞悬液以 1∶9 体积比加至含 1.0 mol/L Tris-HCl（pH 9.0）缓冲液的 96 孔细胞培养板（含 0.1%吐温-20，1.0 mmol/L 4-氨基苯甲脒二磷酸盐缓冲液）中，室温下于微孔板快速振荡器中裂解 7.5～10.5 h；使用 150 μmol/L 底物在酶标仪上于 298 nm 检测尿酸酶反应过程；分析酶动力学过程，确定裂解液中尿酸酶活性 $V_m/K_m$。通过动力学过程分析法确定尿酸酶活性 $V_m/K_m$ 对初始底物浓度不敏感，且定量上限为经典初速度法的 3 倍。基于所述高通量筛选系统，选取活性之比分别为 1.8 倍和 3.3 倍的两对尿酸酶突变体作为测试菌株，应用受试者工作曲线（receiver operation characteristic curve，ROC curve）比较用 $V_m/K_m$ 识别活性提高一倍以上阳性突变体的可靠性。当活性比为 3.3 时，对应碱裂解方法曲线下面积（area under curve，AUC）为 0.957；与经典超声裂解法相当（AUC=0.978）。将尤登指数最大时对应的 $V_m/K_m$ 作为判断尿酸酶突变体活性提高一倍以上的参考阈值，相当于以模板尿酸酶活性均值加上 3.6 倍标准偏差。用所建立的定向进化系统，对近 400 个单克隆高通量进行筛选，获得一株活性提高的阳性尿酸酶协同突变体 L171I/Y182F/Y187F/A193S。此突变体活性较天然尿酸酶提高了约 60%，但其在生理条件下热稳定性较差，仅为天然酶的 1/70。综上所述，所建立的定向进化系统可以用来进行苛求芽胞杆菌尿酸酶的体外定向分子改造筛选高活性突变体。

刘苗苗等（2013）报道了二甲基酚橙法测定尿酸酶活性和识别尿酸酶高活性突变体。考察了采用二甲基酚橙测定过氧化氢（xylenol-orange-assay-of-hydrogen-peroxide，XOAHP）法测定尿酸酶活性的可靠性及识别高活性尿酸酶突变体的方法。将苛求芽胞杆菌尿酸酶 4 种突变体成对组合，使其催化效力比值为 1.3～4.1；将每种突变体表达载体转化至大肠杆菌，取 30 个克隆分别转移到 1.0 mL 液体培养基放大，18℃诱导表达 16 h，收集细胞后超声裂解得裂解液，在 pH 8.9 的 Tris-HCl 缓冲液中 0.33 mmol/L 以下尿酸对 XOAHP 法测定尿酸酶活性无干扰。SDS-PAGE 分析发现不同突变体蛋白表达丰度有差异，酶活性同裂解液中总蛋白浓度正相关。ROC 分析发现尿酸酶间催化效力比值越大，AUC 越接近 1.00，此比值接近 1.8 时 AUC 约为 0.95。以突变体与起始物的酶活性浓度差值超过起始物标准差 1.4 倍为阈值，能识别催化效力达起始物 1.8 倍以上的突变体。因此，用 XOAHP 法测定裂解液中的尿酸酶活性，以起始物活性均值加标准差 1.4 倍为阈值，有望高通量筛选尿酸酶突变体库。冯娟（2011）报道了苛求芽胞杆菌尿酸酶的结构对其热稳定性的影响。构建了 N 端序列为 AERTMFYGKGDV 的重组尿酸酶，其米氏常数为（0.22±0.01）mmol/L，初速度法不适合测定其动力参数；此重组尿酸酶在 pH 7.4 的稳定性半衰期约为 7 h，且四聚体结构不稳定。研究首先建立了重组苛求芽胞杆菌尿酸酶动力学参数的评价方法，考察了不同条件下重组表达的尿酸酶的四聚体结构变化，分析了其单位结构模型的活性中心及其附近静电作用网络，优化此静电网络及 N 端第 1～9 位残基、C 端第 296～322 位残基，构建了 N 端、中间点突变体及 C 端截短共 12 个突变体。张纯（2011）报道了尿酸酶的聚乙二醇修饰及其成药性的初步评价。大肠杆菌重组表达苛求芽胞杆菌（ATCC29604）尿酸酶为同源四聚体，序列中每条多肽链含有 17 个氨基酸，经两次 DEAE-cellulose 柱纯化后比活性达到 6.0 IU/mg。在大鼠体内的代谢半衰期只有 10～15 min，并显示出较强的免疫原性。聚乙二醇修饰是提高蛋白质成药性的主要手段。本研究优化单甲氧基聚乙二醇（mPEG）修饰此重组表达尿酸酶的条件，并初步评价 mPEG 修饰尿酸酶的成药性。李想等（2011）报道了反应条件对苛求芽胞杆菌胞内尿酸酶与嘌呤衍生物作用的影响。李想（2010）报道了苛求芽胞杆菌尿酸酶的重组表达及其 N 端序列与功能关系的初步探讨。赵利娜等（2006）报道了不同方法测定黄嘌呤对苛求芽胞杆菌胞外尿酸酶抑制效力的比较。

徐志伟（1996）报道了苛求芽胞杆菌尿囊酸酰胺水解酶性质的研究。研究了苛求芽胞杆菌尿囊酸酰胺水解酶的基本性质、稳定性及活性调节。粗酶作用于尿囊酸的 $K_m$ 为 7.1 mmol/L，$V_{max}$ 为 50 μmol/(L·min·mg 蛋白质)。$Co^{2+}$、$Ni^{2+}$、$Cd^{2+}$可部分代替 $Mn^{2+}$作为金属辅因子，活力分别为对照的 17%、14%和 11%。$Fe^{2+}$、$Cu^{2+}$、$Zn^{2+}$分别抑制酶活力的 16%、40%和 100%。当 $Co^{2+}$、$Ni^{2+}$、$Cd^{2+}$存在时，酶活力分别被抑制 58%、28%和

59%。酶贮于−20℃ 6 个月未失活。还研究了酶的热稳定性和 pH 稳定性。而且，该酶对乙醇相当敏感。

苛求芽胞杆菌脂肪酸组鉴定图谱。脂肪酸组特征为 15:0 anteiso/15:0 iso=1.07，17:0 anteiso/17:0 iso=0.51。脂肪酸组（34 个生物标记）包括：15:0 anteiso（30.1150%）、15:0 iso（28.1150%）、c16:0（14.1050%）、17:0 iso（11.0550%）、17:0 anteiso（5.6050%）、16:1ω11c（2.0000%）、c14:0（1.8500%）、16:0 iso（1.4550%）、17:1 iso ω10c（1.1400%）、c18:0（0.9300%）、14:0 iso（0.8000%）、feature 4（0.4350%）、13:0 iso（0.3600%）、c17:0（0.2550%）、c12:0（0.2300%）、18:1ω9c（0.2100%）、16:0 iso 3OH（0.1200%）、16:1ω7c alcohol（0.1150%）、13:0 anteiso（0.1100%）、17:0 iso 3OH（0.1050%）、15:0 2OH（0.1000%）、15:0 iso 3OH（0.1000%）、16:0 3OH（0.0950%）、feature 3（0.0850%）、18:3ω(6,9,12)c（0.0850%）、17:1 anteiso ω9c（0.0850%）、feature 8（0.0750%）、19:0 iso（0.0750%）、16:0 anteiso（0.0600%）、14:0 anteiso（0.0450%）、11:0 3OH（0.0450%）、feature 2（0.0400%）、13:1 at 12-13（0.0300%）、c10:0（0.0250%）（图 8-1-29）。

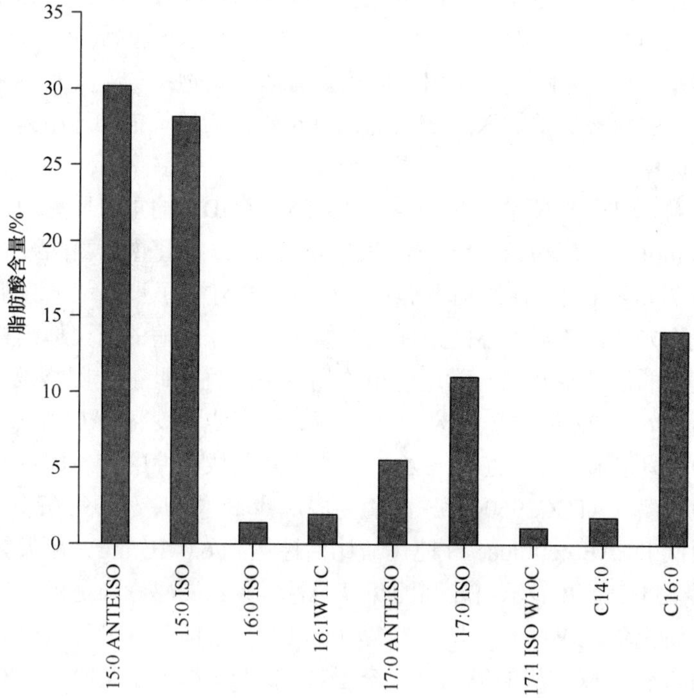


图 8-1-29　苛求芽胞杆菌（*Bacillus fastidiosus*）主要脂肪酸种类

## 30. 封丘芽胞杆菌

封丘芽胞杆菌生物学特性。封丘芽胞杆菌（*Bacillus fengqiuensis* Zhao et al. 2014，sp. nov.）从我国河南封丘的一块长期施用氮磷钾肥的典型沙质壤土中分离得到。革兰氏阳性、中度嗜碱细菌，菌株圆杆状［（1.2～1.9）μm×（3.5～4.8）μm］，依靠侧生鞭毛运动，产芽胞，芽胞椭圆形、中生或次端生，胞囊膨大。菌落无光，圆形至不规则，略隆起、边缘毛状、灰白色。生长温度为 20～45℃（最适 37℃）、pH 7.0～11.0（最适 8.5）、NaCl 浓度为 0～2%（*m*/*V*）。对下列抗生素敏感：氨苄西林（10 μg）、利福平（5 μg）、链霉素（10 μg）、卡那霉素（30 μg）、庆大霉素（10 μg）、四环素（30 μg）、氯霉素（5 μg）、红霉素（15 μg）和多黏菌素 B（300 U）（Zhao et al.，2014）。封丘芽胞杆菌的其他生物学特性研究未见报道。

封丘芽胞杆菌脂肪酸组鉴定图谱。脂肪酸组特征为 15:0 anteiso/15:0 iso=0.19，17:0 anteiso/17:0 iso=0.80。脂肪酸组（22 个生物标记）包括：15:0 iso（36.4000%）、16:1ω7c alcohol（14.3800%）、14:0 iso（11.2100%）、16:0 iso（10.1300%）、15:0 anteiso（7.0800%）、c16:0（3.0100%）、16:1ω11c（2.8800%）、17:0 iso（2.4100%）、17:0 anteiso（1.9400%）、c14:0（1.4800%）、feature 3（1.1000%）、c18:0（1.0100%）、feature 4（0.9000%）、17:1 iso ω10c（0.8700%）、17:1ω7c（0.8200%）、18:3ω(6,9,12)c（0.7000%）、17:1 anteiso ω9c（0.6600%）、14:0 anteiso（0.6600%）、10 Me 18:0 TBSA（0.6500%）、13:0 iso（0.6400%）、c12:0（0.5400%）、18:1ω5c（0.5300%）（图 8-1-30）。

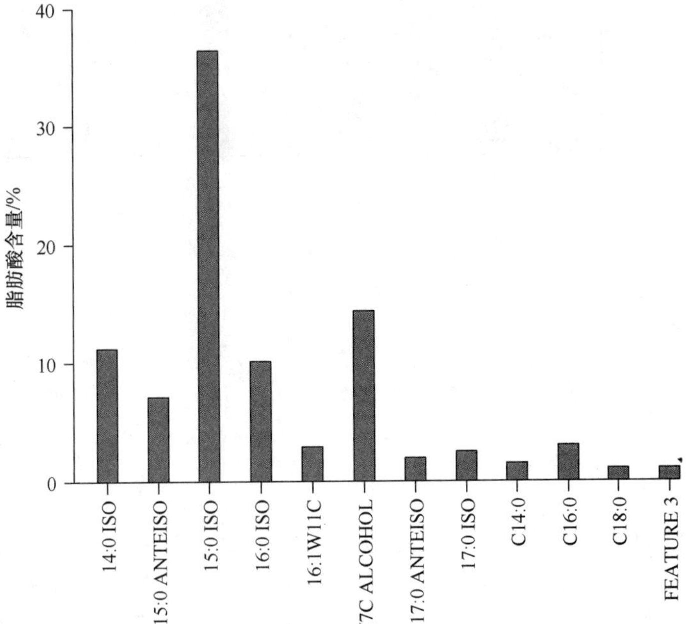


图 8-1-30　封丘芽胞杆菌（*Bacillus fengqiuensis*）主要脂肪酸种类

## 31. 丝状菌落芽胞杆菌

丝状菌落芽胞杆菌生物学特性。丝状菌落芽胞杆菌（*Bacillus filicolonicus*）的种名尚未合格化，在国外有报道将其作为堆肥发酵菌群，但国内未见相关研究报道。

丝状菌落芽胞杆菌脂肪酸组鉴定图谱。脂肪酸组特征为 15:0 anteiso/15:0 iso=1.65，17:0 anteiso/17:0 iso=7.94。脂肪酸组（17 个生物标记）包括：15:0 anteiso（37.1100%）、

15:0 iso（22.5200%）、17:0 anteiso（13.9700%）、16:0 iso（9.6300%）、14:0 iso（5.7600%）、c16:0（2.7300%）、16:1ω7c alcohol（2.1600%）、17:0 iso（1.7600%）、feature 4（1.5600%）、c14:0（0.7200%）、16:1ω11c（0.6100%）、17:1 iso ω10c（0.4000%）、c18:0（0.3200%）、13:0 iso（0.3100%）、13:0 anteiso（0.1800%）、feature 3（0.1500%）、18:1 2OH（0.1100%）（图 8-1-31）。

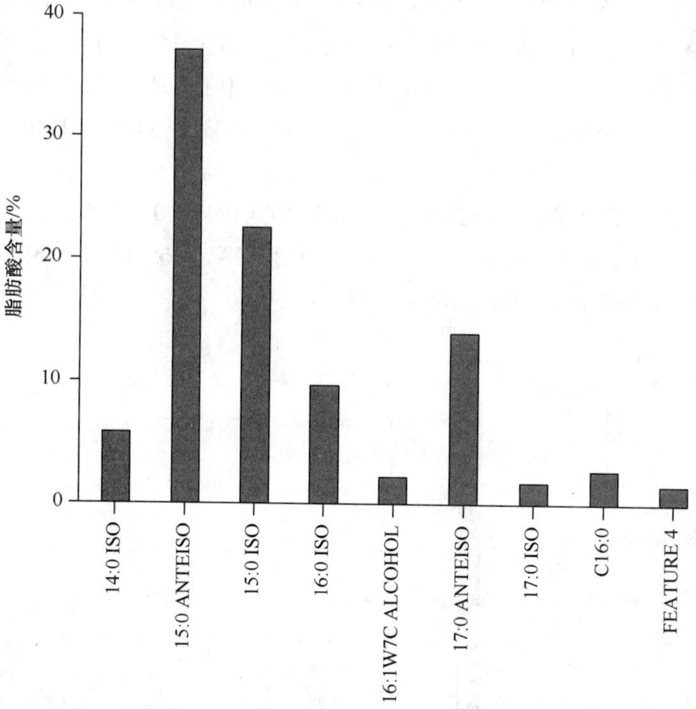


图 8-1-31　丝状菌落芽胞杆菌（*Bacillus filicolonicus*）主要脂肪酸种类

## 32. 坚强芽胞杆菌

坚强芽胞杆菌生物学特性。坚强芽胞杆菌［*Bacillus firmus* Bredemann and Werner 1933（Approved Lists 1980），species.］在国内研究有过大量报道，研究文献至少有 112 篇。孙静等（2017）报道了豆粕的坚强芽胞杆菌发酵工艺优化及其营养成分分析。黄莹娜（2016）报道了枝江大曲酒窖泥包括坚强芽胞杆菌在内的微生物群落结构与多样性分析。高戈（2016）报道了坚强芽胞杆菌功能益生菌的简易发酵及其在凡纳滨对虾生物絮团工厂化养殖中的应用。许彦芬等（2015）报道了基于鞭毛蛋白基因的坚强芽胞杆菌特异性套式 PCR 和荧光定量 PCR 方法的建立。邱晶晶等（2015）报道了一株海绵附生菌坚强芽胞杆菌的培养条件优化及 α-葡萄糖苷酶抑制（α-glucosidase inhibition，α-GI）活性成分初步分析。范文教等（2014）报道了豆腐中特定腐败菌的生长预测模型研究。为了探讨豆腐中特定腐败菌坚强芽胞杆菌的生长规律，将坚强芽胞杆菌接种到豆腐表面，在 1℃、5℃、9℃、13℃条件下贮藏培养，通过修订的冈珀茨（Gompertz）方程非线性拟合不同温度下坚强芽胞杆菌的生长曲线；同时，采用平方根方程对温度与坚强芽胞杆菌最大比生长速率和延滞时间进行线性拟合，并在此基础上建立豆腐中特定腐败菌坚强芽胞杆菌的生长预测模型。通过对所建立的生长预测模型进行验证，偏差度（Bf）和准确度（Af）分别为 1.04～1.10 和 1.06～1.12，表明所建模型有效可靠，可为定量评价豆腐特定腐败菌的生长预测提供有效的手段。杨宁等（2014）报道了血鹦鹉鱼肠道潜在益生菌坚强芽胞杆菌的分离鉴定和培养条件优化。李桂英等（2013）报道了饲料中添加潜在益生菌坚强芽胞杆菌对凡纳滨对虾肠道消化酶活性和菌群组成的影响。

王海亮（2013）报道了坚强芽胞杆菌和短小芽胞杆菌表达载体构建的分析。孙艳等（2013）报道了一株坚强芽胞杆菌 PC024 的鉴定及其抗白斑综合征病毒（white spot syndrome virus，WSSV）感染效果的研究。王海亮等（2013）报道了坚强芽胞杆菌 16S～23S rDNA 区间 ITS 的克隆及多态性分析。刘绍雄等（2013）报道了巨龙竹组培苗污染优势内生菌的分离与鉴定，采用 NA 培养基分离纯化菌株，然后通过菌体的形态结构观察、生理生化试验及 16S rDNA 序列同源性分析，对引起巨龙竹组培苗污染的优势内生菌进行鉴定。引起巨龙竹组培苗污染的优势内生菌为 SWFU03 菌株，其形态特征及生理生化试验结果与芽胞杆菌属坚强芽胞杆菌的生理生化特征基本相同。刘幸红等（2012）报道了坚强芽胞杆菌 Bf-02 对核桃炭疽病的防治效果。查鑫垚等（2012）报道了海绵共附生微生物中具有 α-葡萄糖苷酶抑制活性坚强芽胞杆菌菌株的筛选与初步鉴定。余子全等（2012）报道了对根结线虫高毒力坚强芽胞杆菌的鉴定及其活性测定。柴鹏程（2012）报道了坚强芽胞杆菌 PC465 在凡纳滨对虾养殖中的应用技术及效果评价。孙艳（2012）报道了对虾抗病微生物坚强芽胞杆菌 PC024 的筛选及其作用机制的研究。李桂英等（2011）报道了包括坚强芽胞杆菌在内的几株肠道益生菌对凡纳滨对虾非特异免疫力和抗病力的影响。刘笋等（2011）报道了坚强芽胞杆菌主要分泌蛋白的鉴定及其分泌性序列。赵先锋（2011）报道了利用农业副产品发酵坚强芽胞杆菌及其用于加强生物絮团培养的研究。王清海等（2010）报道了拮抗菌坚强芽胞杆菌菌株 Bf-02 的鉴定及对几种植物病原真菌抑制活性的测定。

王娟（2009）报道了不同耕作方式对草莓土壤细菌数量和多样性的影响。通过传统培养法和 PCR-DGGE 技术对不同耕作状况下草莓土壤细菌数量和多样性进行了检测。通过对红古区红古乡米家台村和薛家村不同耕作方式样地土壤经总 DNA 提取、PCR 扩增后，进行 DGGE 检测，成像后各泳道条带呈现高的相似性，差异性不显著，表明各样地间的优势菌群相似性很高。各土样经稀释培养，单菌落划线富集、纯化后得到 133 个菌株。提取 DNA，进行 PCR 扩增，酶切比对后测序，共成功获得 23 个序列。通过 Mega 软件构建系统发育树，将这 23 个序列划分为 7 个属，包括坚强芽胞杆菌等。贾巍（2008）报道了榨菜后熟优势微生物分离鉴定及发酵剂研制。以涪陵优质榨菜的自然发酵过程为考察对象，通过对传统榨菜不同自然发酵时期微生物的分离、纯化、计数和鉴定，初步探明了传统榨菜不同发酵阶段的菌相组成及微生物菌系，其中包括坚强芽胞杆菌。董秀娟（2007）报道了坚强芽胞杆菌海洋有益菌快速检测方法的建立及其应用。信欣（2007）报道了耐盐菌株坚强芽胞杆菌的特性及其在高盐有机废水生物处理中的应用。鹿秀云等（2006）报道了黄瓜白粉病拮抗细菌坚强芽胞杆菌的筛选与鉴定及其防病机理。刘富平和朱天辉（2006）报道了坚强芽胞杆菌 B-305 对 3 种病原真菌具有拮抗作用。武凤霞

（2006）报道了坚强芽胞杆菌菲降解细菌的分离鉴定及其降解效果研究。李博和籍保平（2006）报道了葡萄糖酸内酯豆腐生产过程中微生物的变化及豆腐中主要腐败菌坚强芽胞杆菌的鉴定。蒋高强（2006）报道了榨菜腐败微生物包括坚强芽胞杆菌的分离、鉴定及其特性的研究。温崇庆等（2006）报道了坚强芽胞杆菌对凡纳滨对虾幼体变态的影响。

谯天敏等（2006）和谯天敏（2004）报道了绿粘帚霉与坚强芽胞杆菌对松赤枯病的协同生物控制。刘富平（2003）报道了坚强芽胞杆菌复合拮抗菌对马尾松幼苗立枯病的控制。刘强（2003）报道了坚强芽胞杆菌生物滴滤法净化挥发性有机废气（VOC）的研究。李博（2001）报道了葡萄糖酸-δ-内酯（GDL）豆腐中的主要腐败菌坚强芽胞杆菌的研究及危害分析临界控制点（HACCP）的建立。陈炜等（1998，1997）报道了坚强芽胞杆菌 β-淀粉酶基因的核苷酸序列分析及 3 个淀粉酶基因的克隆和表达。黄运霞等（1992）从南宁市郊土壤样品中分离出一株对黄条跳甲具有毒力的菌株，菌号为 Pu165，经鉴定为坚强芽胞杆菌。

坚强芽胞杆菌脂肪酸组鉴定图谱。脂肪酸组特征为 15:0 anteiso/15:0 iso=1.73，17:0 anteiso/17:0 iso=3.49。脂肪酸组（12 个生物标记）包括：15:0 anteiso（34.6950%）、15:0 iso（20.0550%）、c16:0（11.2400%）、16:1ω11c（6.4550%）、17:0 anteiso（6.0350%）、14:0 iso（4.9350%）、c14:0（4.8300%）、16:0 iso（3.6800%）、feature 4（2.2800%）、16:1ω7c alcohol（2.2000%）、17:0 iso（1.7300%）、c18:0（0.7850%）（图 8-1-32）。

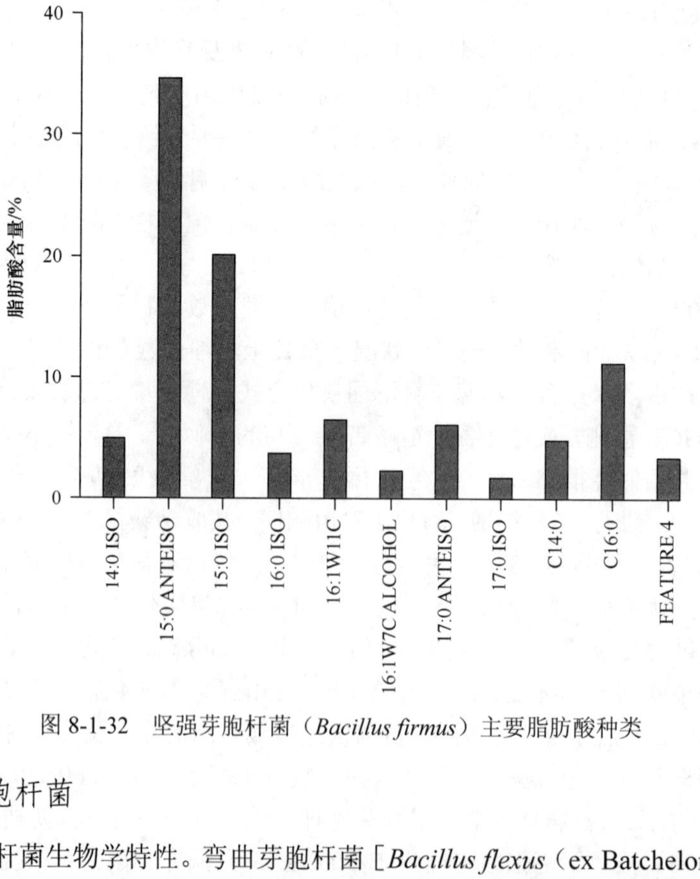


图 8-1-32　坚强芽胞杆菌（*Bacillus firmus*）主要脂肪酸种类

## 33. 弯曲芽胞杆菌

弯曲芽胞杆菌生物学特性。弯曲芽胞杆菌［*Bacillus flexus*（ex Batchelor 1919）Priest et al. 1989，sp. nov.，nom. rev.］在国内有过相关研究报道。丁新景等（2016）报道了弯曲芽胞杆菌等根际促生菌对菊科多肉植物雪莲花的促生作用。结果表明接种促生菌的雪莲花植株叶绿素质量分数提高 14.77%～52.27%，接种弯曲芽胞杆菌的雪莲花植株玉米素、吲哚乙酸质量分数最高。万兵兵等（2016）报道了烟草根际解磷解钾菌弯曲芽胞杆菌的筛选鉴定及应用效果研究。李晓霞等（2016）报道了汾酒大曲中高产四甲基吡嗪菌株弯曲芽胞杆菌等的筛选与鉴定及其在酿酒中的应用。刘艳芳（2016）报道了运城盐湖多功能中度嗜盐菌弯曲芽胞杆菌的分离筛选及发酵条件优化。冯震等（2015）报道了复方益肝灵制剂中检出微生物的分型溯源与产品质量评价，收集整理了 2014 年国家药品评价性抽验中，复方益肝灵制剂共计 138 件，经微生物限度方法学验证，对制剂中检出的 36 株微生物，利用革兰氏染色、镜检、生化鉴定、16S rDNA 测序、Riboprinter 核糖体分型等方法，进行鉴定、分型与溯源。结果表明，生化方法无法有效鉴定该微生物污染物；核酸测序与核糖体分型的鉴定结果一致，均为弯曲芽胞杆菌。核糖体分型的类聚分析结果表明：微生物污染物可分为 2 个亚型，其中亚型 I 包含 24 个菌株，菌株间同源性为 94%以上，亚型 II 包含 12 个菌株。续彦龙（2015）报道了弯曲芽胞杆菌等抗小麦纹枯病生物有机肥的制备及其效果评价。龚改林（2015）报道了貂粪堆肥弯曲芽胞杆菌等微生物复合菌剂的制备及效果评价。刘小玉（2015）报道了弯曲芽胞杆菌根际促生菌株的筛选及其复合微生物肥料的研制与肥效研究。

刘贤德（2015）报道了莫高窟壁画与空气细菌多样性及其对颜料色变的模拟试验分析。为探究莫高窟洞窟壁画所处环境中壁画表面细菌和空气中细菌组成的异同及评估环境细菌菌株对壁画颜料土红和铅丹的色变能力，采集自莫高窟洞窟壁画和空气的样品经传统分离培养、形态特征描述与初步分类，对得到的可培养细菌再进行 16S rDNA 基因的 PCR 扩增、双酶切分型、克隆测序与 NCBI 数据库比对鉴定。将得到的细菌菌株分别接入含 0.25%、0.5%、1.0%和 2.0%的铅丹颜料 LB 液体培养基中，以及含 0.05%、0.2%、0.8%和 3.2%土红颜料 LB 液体培养基中，于 37℃、150 r/min 摇培 20 d，用色差仪测量、记录颜料培养基在不同培养时间下的色度值，并计算出颜料培养基色度值的改变量。结果表明，得到的 33 株空气细菌分属于 3 个门，即放线菌门、厚壁菌门和变形菌门；包括醋杆菌科、芽胞杆菌科、微杆菌科、微球菌科、草酸杆菌科、类芽胞杆菌科等 15 个科，其中芽胞杆菌科和微球菌科为优势科；20 个属包括不动杆菌属、微球菌属、节细菌属、芽胞杆菌属、短杆菌属、短波单胞菌属、微小杆菌属等，其中芽胞杆菌属和微球菌属为优势属，1 株未鉴定。分离所获壁画细菌 44 株，分属于 3 个门，即放线菌门、厚壁菌门和变形菌门；包括芽胞杆菌科、伯克氏菌科、类诺卡氏菌科、微杆菌科、微球菌科等 12 个科；不动杆菌属、气微菌属、假单胞菌属、贪铜菌属、鞘氨醇单胞菌属、节细菌属、芽胞杆菌属等 21 个属，其中芽胞杆菌属、假单胞菌属、节细菌属和不动杆菌属是优势属。空气和壁画细菌组成具有相同的门、属的数量接近，优势属均为芽胞杆菌属和节细菌属。根据颜料培养基色度的改变程度筛选出 15 株铅丹色变菌株，分别与数据库中枯草芽胞杆菌、藤黄微球菌、考克氏菌、弯曲芽胞杆菌、动性杆菌、纳西杆菌、假单胞菌和丛毛单胞菌等具有较高的相似性，其中空气细菌 6 株，壁画细菌 9 株；筛选获得土红色变菌共 12 株，与鲁氏不动杆菌、节细菌、贪铜菌、申氏不动杆菌、斯氏假单胞菌、岩下芽胞杆菌、沙福芽胞杆菌等具有较高的相似性，其中空气中 7 株，壁画中 5 株。色变细菌引起铅丹颜料的色变较土红颜料更加明显，细菌介导的土红和铅丹颜料在低浓度下较高浓度下明显。模拟试验中色差值的分解分析表明，多数情况下，颜料色度在监测期内向红色变淡、黄色偏浅的方向发展。

吴翔等（2014）报道了一株产 IAA 弯曲芽胞杆菌菌株的筛选、鉴定及培养条件的优化。吴海武等（2014）报道了热带芽胞杆菌的筛选及其对人工废水净化效果的研究。自海南热带海水养殖系统的底泥中筛选得到一株对人工废水净化效果明显的菌株 LS-1305，通过对菌落形态、16S rDNA、生理生化试验测定，鉴定该菌株为弯曲芽胞杆菌。研究了弯曲芽胞杆菌 LS-1305 在人工废水中的生长特性及其对凡纳滨对虾的安全性试验，并将密度为（2.5±0.3）$\times 10^5$ CFU/mL 的弯曲芽胞杆菌 LS-1305 活菌接种至化学需氧量、氨氮、亚硝酸盐初始质量浓度分别为（721.5±1.8）mg/L、（67.33±0.58）mg/L、（68.56±2.08）mg/L 的人工废水中，不间断充入无菌空气培养 48 h。最终建立了该菌株在人工废水中随时间变化的生长关系。杜传英等（2014）报道了东北地区耐盐芽胞杆菌的筛选统计及初步鉴定。采用温度筛选与表面定向培养相结合的方法对东北地区土壤中可培养耐盐芽胞杆菌进行分离和筛选，得到 137 株芽胞杆菌，其中耐盐芽胞杆菌 74 株，占总芽胞杆菌数量的 54%，最适盐浓度均为 1%，耐盐能力为 4%～14%。通过扩增耐盐菌株的 16S rDNA 基因序列，对其进行分子鉴定和分类，获得东北地区土壤中可培养的耐盐芽胞杆菌的多样性信息。通过同源性比对和耐盐性差异，确定 36 株差异耐盐芽胞杆菌，分属于芽胞杆菌属中的 7 个种。其中多数菌株为苏云金芽胞杆菌和弯曲芽胞杆菌，最高耐盐性为 4%～9% NaCl。李建光（2014）报道了刺参菌群结构的分析及益生菌弯曲芽胞杆菌对刺参的影响。王熙涛等（2014）报道了具有海带褐藻胶降解能力的刺参有益菌弯曲芽胞杆菌的筛选及降解条件优化。

郭端强等（2014，2013）报道了河南省白龟山水库下游水体氨化细菌弯曲芽胞杆菌的分离鉴定及其降解有机氮条件研究，并采用响应面法优化降解有机氮细菌弯曲芽胞杆菌 N24 的种子培养基。刘超奇等（2013）报道了沼液中一株促沼气发酵的弯曲芽胞杆菌的分离与鉴定。伍华雯（2013）报道了固定化微生物弯曲芽胞杆菌联合粉绿狐尾藻（*Myriophyllum aquaticum*）净化养殖废水的研究。任妍君等（2012）报道了高效稠油降解菌弯曲芽胞杆菌 DL1-G 的筛选及降解特性。张宇燕（2012）报道了船蛆中纤维素降解菌群弯曲芽胞杆菌的筛选与构建、鉴定及酶学性质研究。赵龙玉（2012）报道了烟草根际黑胫病拮抗菌弯曲芽胞杆菌抗生素合成的分子与生化检测。杨越（2012）报道了云南部分温泉嗜热微生物包括弯曲芽胞杆菌的多样性及嗜热酶的研究。杨焊（2012）报道了 4 种鳞翅目害虫肠道细菌（包括弯曲芽胞杆菌）的多样性分析。汪靖超和辛宜轩（2011）报道了一株抑制浒苔生长的海洋细菌弯曲芽胞杆菌的分离与鉴定。黄键等（2011）报道了瓶装泥螺和蟹糊可培养细菌弯曲芽胞杆菌等的分离与鉴定。谢丽凤（2011）报道了固定化微生物弯曲芽胞杆菌等与植物联合净化养殖废水的研究。万春黎（2010）报道了电渗析-微生物弯曲芽胞杆菌技术修复油污土壤的效能及影响因素研究。张慧超（2010）报道了模拟含聚废水降解菌剂——弯曲芽胞杆菌的构建及其对聚丙烯酰胺降解效果的研究。王彦彦（2010）报道了自然发酵酸粥和泡菜中弯曲芽胞杆菌等的分离及 16S rDNA

序列分析。贾伟（2010）报道了入侵菊科植物对根际土壤微生物群落结构（弯曲芽胞杆菌等）的影响。赵诣（2010）报道了3株异养硝化细菌（弯曲芽胞杆菌等）的分离、特征及其对水产养殖废水脱氮作用的研究。

王陶（2009）报道了罗布泊可培养嗜碱细菌多样性及产酶特性的研究。首次对罗布泊地区的嗜碱细菌进行分离，测定其生理特性，明确群落结构和多样性，针对重要的功能酶筛选产酶菌株，了解其酶学特性，不仅可以丰富我国嗜碱微生物物种资源库和基因库，而且为嗜碱菌资源的开发利用和抗逆基因的发掘奠定了科学基础，具有重要的理论和实践意义。研究结果表明，从新疆罗布泊“大耳朵”地区的湖盆沉积物中分离得到151个嗜（耐）碱细菌菌株，其中专性嗜碱菌、兼性嗜碱菌和耐碱菌的比例分别为29.8%、39.7%和30.5%。添加了罗布泊盐壳浸提物的Horikoshi培养基更有利于嗜碱细菌的富集培养和分离。罗布泊嗜碱细菌对不同碱性物质具有不同的选择适应性。史应武（2009）报道了内生菌（弯曲芽胞杆菌等）的分离筛选及其对甜菜促生增糖效应的研究。赵建（2008）报道了2株淀粉酶产生菌（包括弯曲芽胞杆菌）的分类鉴定、酶学性质分析及一株果胶酶产生菌的分类鉴定。张帆（2007）报道了产苯基环氧乙烷深海菌（弯曲芽胞杆菌等）的筛选和培养条件优化。邹朝晖（2007）报道了中药中一种耐辐射微生物（弯曲芽胞杆菌）的分离、鉴定及理化性状研究。李洁等（2007）报道了2株具有抗癌活性内生细菌（弯曲芽胞杆菌等）的分离及分类。林毅等（2005）报道了重金属污染土壤中泛基因组的提取及其细菌种类（弯曲芽胞杆菌）的免培养法分析。

弯曲芽胞杆菌脂肪酸组鉴定图谱。脂肪酸组特征为15:0 anteiso/15:0 iso=1.13，17:0 anteiso/17:0 iso=2.02。脂肪酸组（38个生物标记）包括：15:0 anteiso（30.8225%）、15:0 iso（27.2425%）、17:0 anteiso（7.5700%）、16:1ω11c（5.8288%）、c16:0（4.4638%）、14:0 iso（3.9300%）、17:0 iso（3.7513%）、feature 4（3.7363%）、17:1 iso ω10c（3.6188%）、16:0 iso（2.8088%）、16:1ω7c alcohol（2.3900%）、c14:0（1.2350%）、c18:0（0.6250%）、18:1ω9c（0.4613%）、c10:0（0.1838%）、13:0 iso（0.1400%）、16:0 N alcohol（0.1400%）、18:0 iso（0.1263%）、20:1ω9c（0.1188%）、c12:0（0.1075%）、c20:0（0.1050%）、19:0 iso（0.0775%）、feature 3（0.0625%）、c17:0（0.0625%）、19:0 anteiso（0.0563%）、feature 8 | 18:1ω6c | 18:1ω7c（0.0475%）、17:1 anteiso ω9c（0.0425%）、14:0 anteiso（0.0425%）、13:0 anteiso（0.0413%）、20:1ω7c（0.0388%）、18:3ω(6,9,12)c（0.0325%）、c9:0（0.0225%）、16:0 anteiso（0.0200%）、18:1 iso H（0.0188%）、11:0 iso（0.0125%）、11:0 anteiso（0.0100%）、15:1 iso ω9c（0.0088%）、16:0 3OH（0.0075%）（图8-1-33）。

## 34. 福氏芽胞杆菌

福氏芽胞杆菌生物学特性。福氏芽胞杆菌（*Bacillus fordii* Scheldeman et al. 2004，sp. nov.）在国内有过相关研究报道。陈峥等（2017）报道了液相色谱-四级杆飞行时间质谱筛选代谢对羟基苯乙酮的福氏芽胞杆菌。易境（2013）报道了养猪场废弃物堆肥中芽胞杆菌属（福氏芽胞杆菌）和梭菌属细菌的分子生态学研究。陶勇等（2011）报道了窖泥细菌（福氏芽胞杆菌）群落结构演替及其与环境因子的相关性。季青春等（2008）报道了福氏芽胞杆菌MH602海因酶序列及同源建模分析。孙倩倩等（2007）报道了嗜热菌

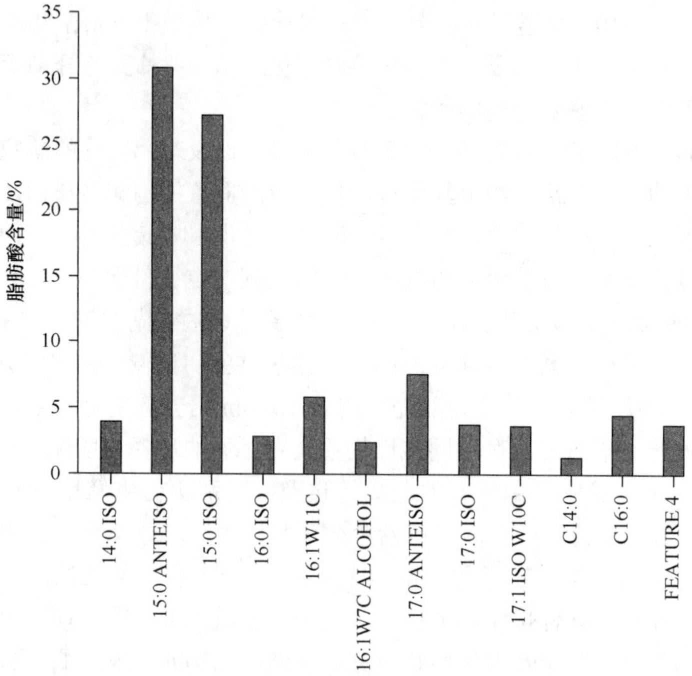


图 8-1-33　弯曲芽胞杆菌（*Bacillus flexus*）主要脂肪酸种类

福氏芽胞杆菌 3-2 海因酶的纯化及性质。对自行筛选的海因酶法 L-苯丙氨酸生产菌株福氏芽胞杆菌 3-2 中的海因酶进行了分离纯化及相关性质研究。该海因酶协同 L-氨甲酰水解酶是海因酶法生产 L-氨基酸的关键酶。福氏芽胞杆菌 3-2 菌悬液经压力破碎离心后取上清液为粗酶液，粗酶液通过硫酸铵分级沉淀、Phenyl FF 疏水层析及 Source 15Q 离子交换层析，经 SDS-PAGE 分析达到电泳纯，亚基分子质量为 $5.5\times10^4$ Da，海因酶的纯化回收率为 20.5%，纯化倍数为 149.23。该海因酶在 pH 8.0～10.0 时具有较高的活性，在 45～70℃具有很高的酶活力，最适反应 pH 和温度分别为 10.0 和 65℃。

阮建兵等（2006）报道了离子束诱变中福氏芽胞杆菌 MH602 菌体保护剂的研究。在离子束诱变过程中，菌体细胞较长时间处于干燥、营养贫瘠的条件下，死亡率高。本研究比较了在干燥、营养贫瘠的条件下，多种寡糖对对数生长期的嗜热海因酶产生菌福氏芽胞杆菌 MH602 菌体细胞的保护作用。海藻糖效果显著，其最佳保护剂量为 2%；同时证明海藻糖的保护作用没有对离子注入效应产生负面影响；首次报道了在离子束诱变技术中采用海藻糖作为保护剂提高突变率和诱变效果。

福氏芽胞杆菌脂肪酸组鉴定图谱。脂肪酸组特征为 15:0 anteiso/15:0 iso=0.58，17:0 anteiso/17:0 iso=1.40。脂肪酸组（37 个生物标记）包括：15:0 iso（34.4313%）、15:0 anteiso（20.0400%）、17:0 anteiso（10.6325%）、17:0 iso（7.5763%）、16:0 iso（5.6313%）、16:1ω7c alcohol（3.7150%）、16:1ω11c（3.1575%）、17:1 iso ω10c（2.4863%）、c16:0（2.4788%）、14:0 iso（2.4063%）、feature 4（1.2475%）、feature 3（1.0463%）、c18:0（0.9013%）、13:0 iso（0.8525%）、c14:0（0.7938%）、17:1 iso ω5c（0.6438%）、18:1ω9c（0.4775%）、feature 2（0.4313%）、feature 8（0.1438%）、c17:0（0.1163%）、13:0 anteiso（0.1075%）、17:1ω9c

（0.1038%）、17:1 anteiso A（0.0888%）、12:0 iso（0.0775%）、c12:0（0.0738%）、18:0 iso（0.0663%）、c20:0（0.0525%）、15:0 2OH（0.0475%）、c10:0（0.0375%）、15:1ω5c（0.0325%）、20:1ω7c（0.0275%）、19:0 iso（0.0200%）、15:0 iso 3OH（0.0188%）、19:0 anteiso（0.0150%）、16:0 anteiso（0.0100%）、18:1ω5c（0.0088%）、16:0 2OH（0.0075%）（图 8-1-34）。

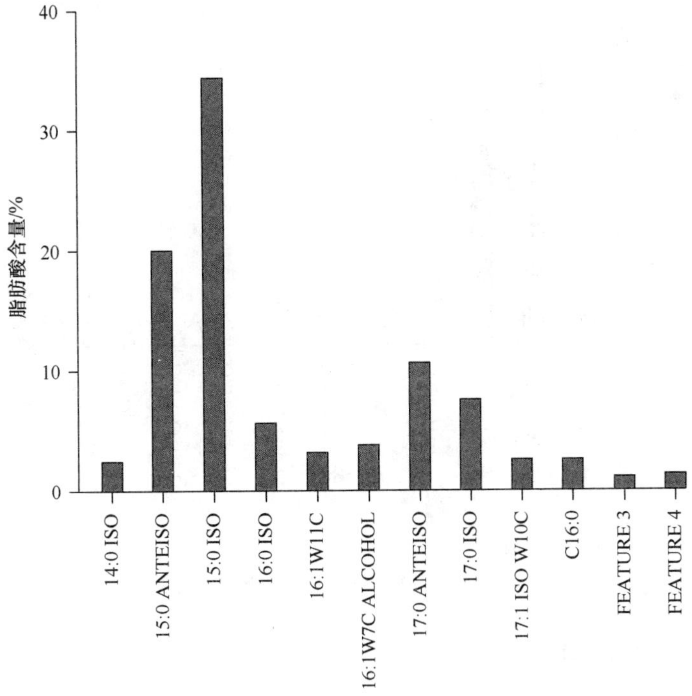


图 8-1-34　福氏芽胞杆菌（*Bacillus fordii*）主要脂肪酸种类

## 35. 费氏芽胞杆菌

费氏芽胞杆菌生物学特性。费氏芽胞杆菌（*Bacillus freudenreichii*）的种名尚未合格化，在芽胞杆菌分群上属于类群III，是分类上最有异议的类群，是具有生理多样性的细菌，这一种群是以短芽胞杆菌（*Bacillus brevis*）这类严格需氧，不能发酵糖产生酸及具有卵圆形芽胞、胞囊膨胀的菌株为基础的。这一种群的其他种类还包括栗褐芽胞杆菌（*Bacillus badius*）。在国内，其生物学特性研究未见报道。

费氏芽胞杆菌脂肪酸组鉴定图谱。脂肪酸组特征为 15:0 anteiso/15:0 iso=0.68，17:0 anteiso/17:0 iso=3.24。脂肪酸组（18 个生物标记）包括：15:0 iso（41.3867%）、15:0 anteiso（28.0133%）、17:0 anteiso（5.3667%）、16:1ω7c alcohol（4.5900%）、14:0 iso（4.4900%）、16:0 iso（4.3367%）、feature 4（1.9700%）、c16:0（1.8867%）、16:1ω11c（1.7400%）、17:0 iso（1.6567%）、17:1 iso ω10c（1.4533%）、c14:0（1.2767%）、c18:0（0.5833%）、13:0 iso（0.3867%）、18:1ω9c（0.3300%）、c10:0（0.3033%）、20:1ω7c（0.1433%）、c12:0（0.0733%）（图 8-1-35）。

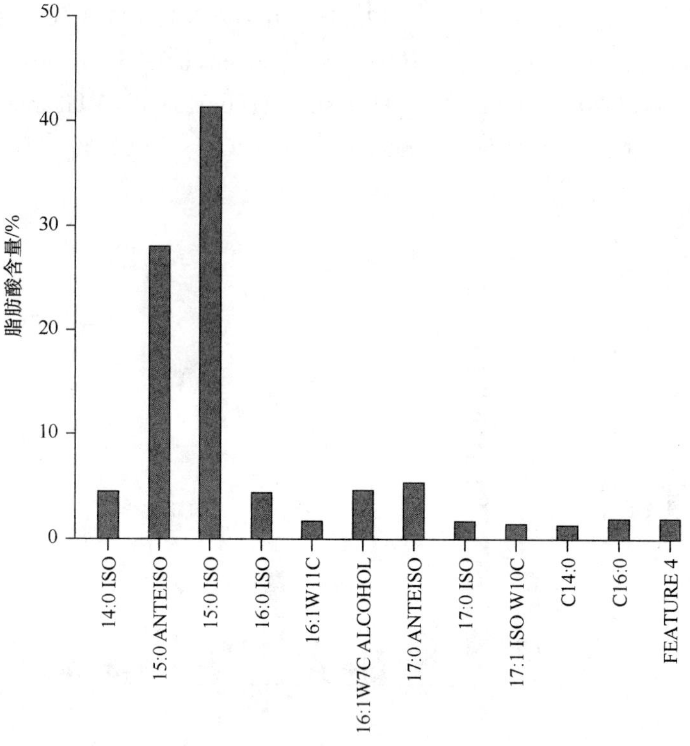


图 8-1-35　费氏芽胞杆菌（*Bacillus freudenreichii*）主要脂肪酸种类

## 36. 解半乳糖苷芽胞杆菌

解半乳糖苷芽胞杆菌生物学特性。解半乳糖苷芽胞杆菌（*Bacillus galactosidilyticus* Heyndrickx et al. 2004，sp. nov.）在国内相关研究报道较少。张春辉（2009）报道了应用PCR-DGGE 分析高温制曲中细菌群落变化的研究。大曲是指含有大量能发酵的活微生物或酶类的糖化发酵剂。制曲技术是我国特有的一份民族遗产。曲是各种白酒香型风味的重要成因，不同曲中的微生物种类不同，相应白酒的香型也会不同。该研究以高温大曲为研究对象，采用以 PCR-DGGE 为主的分子生物学方法，初步分析了制曲过程中各主要阶段的细菌菌群的变化，为强化大曲发酵剂的开发提供了理论依据。结果表明：①在提取大曲细菌总 DNA 过程中，采用 SDS-酶法结合使用的提取方法，细菌总 DNA 的提取效率最高，且产量和质量最好；②采用巢式 PCR 对 16S rDNA V3 区进行扩增，不但提高了对目的产物扩增的特异性，同时也使产量得以提高；③变性梯度在 30%～55%的样品的分离效果最佳，同时确定电泳时间为 10 h；④在制曲前期优势细菌群落变化较为突出，菌群结构更替频繁，主要优势条带的相似菌有芽胞杆菌（*Bacillus* sp.）SSCS14-2、解半乳糖苷芽胞杆菌、卡莫纳枝芽胞杆菌（*Virgibacillus carmonensis*）、血液嗜热放线菌（*Thermoactinomyces sanguinis*）、1 种未培养细菌（uncultured bacterium）、枝芽胞杆菌（*Virgibacillus* sp.）R-6767，其中后三者在制曲中期消失。从中期到后期优势条带相似性较大，菌群群落结构比较稳定，主要优势菌为地衣芽胞杆菌（*Bacillus licheniformis*）、卡莫纳枝芽胞杆菌、芽胞杆菌（*Bacillus* sp.）TAT112 和解半乳糖苷芽胞杆菌。

解半乳糖苷芽胞杆菌脂肪酸组鉴定图谱。脂肪酸组特征为 15:0 anteiso/15:0 iso=1.73，17:0 anteiso/17:0 iso=3.67。脂肪酸组（20 个生物标记）包括：c16:0（33.4314%）、15:0 anteiso（28.5743%）、15:0 iso（16.5071%）、c14:0（6.6900%）、17:0 anteiso（5.4957%）、14:0 iso（3.0114%）、16:0 iso（2.4600%）、17:0 iso（1.4986%）、c18:0（0.7543%）、13:0 iso（0.3600%）、c17:0（0.2829%）、18:1ω9c（0.1943%）、c20:0（0.1929%）、13:0 anteiso（0.1929%）、c10:0（0.1643%）、c12:0（0.0986%）、16:1ω11c（0.0257%）、feature 5（0.0243%）、feature 3（0.0200%）、feature 8（0.0114%）（图 8-1-36）。

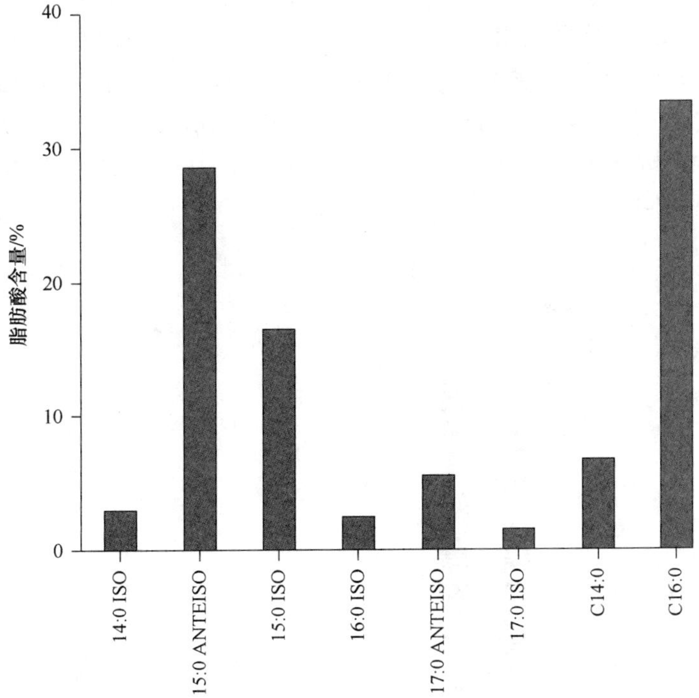


图 8-1-36 解半乳糖苷芽胞杆菌（*Bacillus galactosidilyticus*）主要脂肪酸种类

## 37. 吉氏芽胞杆菌

吉氏芽胞杆菌生物学特性。吉氏芽胞杆菌（*Bacillus gibsonii* Nielsen et al. 1995，sp. nov.）在国内有过相关研究报道。李骜（2015）报道了华石斛根部可培养内生细菌（吉氏芽胞杆菌等）的分离鉴定及其促生研究。胡怀容（2015）报道了腌制大头菜中腐败微生物的调查及控制研究，其中包括吉氏芽胞杆菌。陈峥等（2014a）报道了吉氏芽胞杆菌来源的来氟米特分析与检测。李祖明等（2008c）报道了高产碱性果胶酶吉氏芽胞杆菌的诱变育种与固态培养条件优化。以吉氏芽胞杆菌 S-2 为出发菌株，经紫外线诱变育种，得到产碱性果胶酶较高的新菌株 2249。优化后的固态培养基为甜菜粕 5 g、酵母膏 0.15 g、$KH_2PO_4$ 0.0075 g、$Na_2CO_3$ 0.12 g、水 15 mL、液体种子种龄为 24 h、接种量为 2 mL、培养温度为 35℃、培养时间为 72 h，酶产率达到 6.05 kU/g（干甜菜渣），较出发菌株

S-2 提高 68%。该酶的最适 pH 10.0、最适温度为 55℃，NaCl、$MgSO_4$、$CaCl_2$、KCl 对酶活有明显激活作用，$CuSO_4$、$ZnSO_4$ 对酶活有明显抑制作用。李祖明等（2008a）报道了吉氏芽胞杆菌产碱性果胶酶诱导植物抗病的研究。杨翠云（2007）报道了微囊藻毒素对微生物（包括吉氏芽胞杆菌）的生理生态学效应。范瑞梅（2007）报道了产果胶酶菌吉氏芽胞杆菌吸附铅、锌的资源化利用。张保国（2005）报道了吉氏芽胞杆菌 S-2 吸附 $Pb^{2+}$的动力学、热力学及吸附机理研究。张心齐（2004）报道了碱性过氧化氢酶产生菌（吉氏芽胞杆菌）的筛选及其酶的分离纯化与性质研究。张保国等（2004）报道了吉氏芽胞杆菌菌株 S-2 固态发酵制备碱性果胶酶。

吉氏芽胞杆菌脂肪酸组鉴定图谱。脂肪酸组特征为 15:0 anteiso/15:0 iso=0.93，17:0 anteiso/17:0 iso=0.36。脂肪酸组（14 个生物标记）包括：15:0 iso（32.4433%）、15:0 anteiso（30.1133%）、c16:0（15.3167%）、17:0 iso（4.6500%）、c14:0（4.1633%）、16:0 iso（3.0667%）、14:0 iso（2.9667%）、c18:0（1.8667%）、c12:0（1.7800%）、17:0 anteiso（1.6767%）、18:1ω9c（0.9700%）、feature 8（0.4567%）、c10:0（0.3767%）、13:0 iso（0.1533%）（图 8-1-37）。

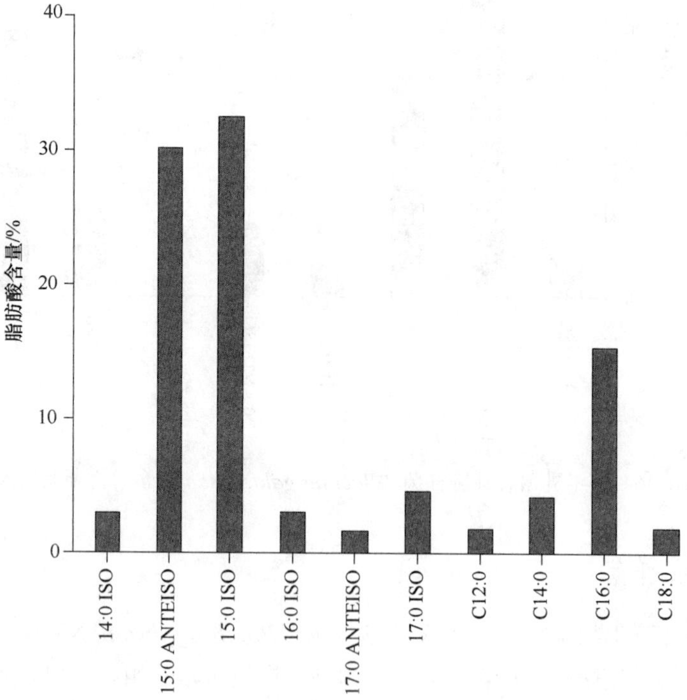


图 8-1-37　吉氏芽胞杆菌（*Bacillus gibsonii*）主要脂肪酸种类

## 38. 人参土芽胞杆菌

人参土芽胞杆菌生物学特性。人参土芽胞杆菌（*Bacillus ginsengihumi* Ten et al. 2007，sp. nov.）在国内有过许多研究报道。邓腾（2016）报道了植物饮料提取液中微生物的分离鉴定及耐热性研究。以植物饮料提取液为研究对象，通过 16S rDNA 序列分析法和基于毛细管法测定微生物的 *D* 值和 *Z* 值①的方法对分离出的耐热性菌株进行分子生物学鉴定和耐热性能研究。结果表明，共分离出 6 株耐热性菌株，包括嗜热噬脂肪地芽胞杆菌、短小芽胞杆菌、枯草芽胞杆菌、人参土芽胞杆菌、脂环酸芽胞杆菌和蜡样芽胞杆菌。张晓玲（2012）报道了细菌（人参土芽胞杆菌）胞外多糖的制备及特性研究。张健（2010）报道了碱度和碳源对硫酸盐废水处理效能的影响及机制研究。研究应用厌氧折流板反应器（ABR）探讨碱度和碳源对硫酸盐还原效率的影响，并利用变性梯度凝胶电泳（DGGE）技术解析进水碱度和碳源改变时微生物群落的响应特征。采用不同的碱度调控方式考察进水碱度对硫酸盐还原效率及微生物群落动态的影响。结果表明，在不调整进水碱度的启动反应器期（碱度约 500 mg/L），硫酸盐去除效率逐渐由 10%提高到 25%；当将进水碱度提高至 1000 mg/L 时，硫酸盐去除率升至 70%以上；当将进水碱度进一步提高至 2000 mg/L 时，硫酸盐去除率也相应提高到 85%。可见，在进水中投加碱度能够有效地提高反应器中硫酸盐的去除效率。DGGE 表明，随着进水碱度的变化，反应器内功能微生物群落结构也随之发生着较大变化。在反应器运行末期，群落中的优势种群主要包括韦荣氏球菌（*Veillonella* sp.）S101、遍在海洋杆菌（*Pelagibacter ubique*）、棒状脱硫微菌（*Desulfomicrobium baculatum*）、脱硫弧菌（*Desulfovibrio* sp.）H1，反应器功能证实这些功能微生物的富集能够在较高的碱度下快速高效还原硫酸盐。其中常驻种群主要包括因氏碱弯曲菌（*Alkaliflexus imshenetskii*）、萜烯陶厄氏菌（*Thauera terpenica*）、久慈弯曲硫菌（*Sulfuricurvum kujiense*）和挪威脱硫微菌（*Desulfomicrobium norvegicum*）等，这些种群在反应器运行的整个过程中一直存在，碱度的调整未见对其有显著影响。通过以乙酸逐步置换进水中乳酸的方式，探讨乙酸对硫酸盐还原过程及微生物群落动态的影响。以乳酸为碳源时，反应器运行稳定，硫酸盐去除率达到 80%。当将进水中乳酸碳源的 75%（以 COD 计）置换为乙酸后，硫酸盐去除率立即降至 20%左右；当全部碳源为乙酸时，硫酸盐去除效率虽有提高，但一直维持在 30%左右。可见，碳源的转换对硫酸盐去除率的影响比较明显，乙酸不利于硫酸盐还原过程，但通过长期驯化，可使去除率有所提高。DGGE 分析发现，随着进水中碳源的变化，反应器内功能微生物随之发生变化，在投加乙酸后出现某些特异种群，主要包括埃斯坎比亚脱硫微菌（*Desulfomicrobium escambiense*）、人参土芽胞杆菌和布氏弓形杆菌（*Arcobacter butzleri*）。特异种群的出现可能是由于乙酸的投加，刺激了某些微生物的富集。在反应器运行末期，螺旋体目（Spirochaetes）的菌株 SA-8 得以富集，说明该种群可能能够以乙酸为底物还原硫酸盐。而在反应器运行的整个时期，有些种群，如诺尔曼阴沟杆菌（*Cloacibacterium normanense*）、食物弓形杆菌（*Arcobacter cibarius*）、肠炎脱硫微菌（*Desulfomicrobium intestinalis*）和超级基金产丙酸菌（*Propionicicella superfundia*）条带一直存在，变化不明显。该研究表明，硫酸盐还原菌（SRB）在高碱度下（2000 mg/L）能够更有效地还原硫酸盐，表现出较为稳定的群落结构模式；乙酸碳源不利于硫酸盐的还原，利用乙酸还原硫酸盐的完全氧化型 SRB 较难富集。

---

① *D* 值是指在一定的环境和一定的热力致死温度下，某细菌群体中 90%的活菌被杀死所需的时间（min）。*Z* 值是指灭菌时间减少到原来的 1/10 所需升高的温度，或在相同灭菌时间内，杀灭 99%的微生物所需提高的温度

人参土芽胞杆菌脂肪酸组鉴定图谱。脂肪酸组特征为 15:0 anteiso/15:0 iso=1.47，17:0 anteiso/17:0 iso=7.53。脂肪酸组（23 个生物标记）包括：15:0 anteiso（32.7600%）、17:0 anteiso（32.6600%）、15:0 iso（22.3550%）、17:0 iso（4.3350%）、16:0 iso（2.1400%）、c16:0（2.0550%）、c18:0（1.1850%）、c14:0（0.4800%）、18:1ω9c（0.3650%）、14:0 iso（0.2900%）、17:0 2OH（0.2500%）、13:0 iso（0.1450%）、feature 3（0.1300%）、17:1 anteiso ω9c（0.1300%）、feature 4（0.1200%）、18:3ω(6,9,12)c（0.1000%）、15:0 iso 3OH（0.0950%）、15:0 2OH（0.0900%）、c17:0（0.0750%）、c12:0（0.0700%）、feature 8（0.0700%）、16:0 2OH（0.0600%）、13:0 anteiso（0.0400%）（图 8-1-38）。

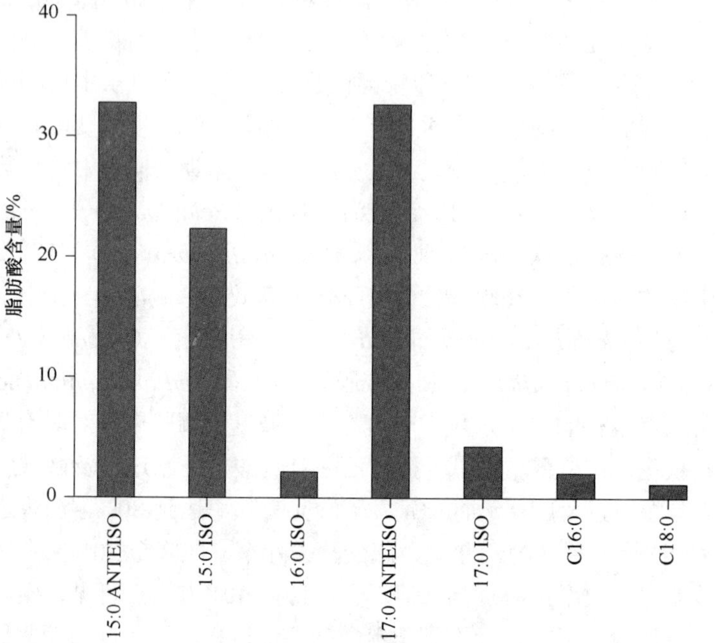


图 8-1-38　人参土芽胞杆菌（*Bacillus ginsengihumi*）主要脂肪酸种类

## 39. 戈壁芽胞杆菌

戈壁芽胞杆菌生物学特性。戈壁芽胞杆菌（*Bacillus gobiensis* Liu et al. 2016，sp. nov.）由福建省农业科学院研究团队发表，其生物学特性研究未见报道。

戈壁芽胞杆菌脂肪酸组鉴定图谱。脂肪酸组特征为 15:0 anteiso/15:0 iso=0.91，17:0 anteiso/17:0 iso=1.46。脂肪酸组（19 个生物标记）包括：15:0 iso（24.2700%）、15:0 anteiso（22.1200%）、17:0 anteiso（11.1000%）、16:0 iso（10.0300%）、17:0 iso（7.6100%）、c16:0（6.6700%）、14:0 iso（4.7100%）、16:1ω7c alcohol（3.4100%）、17:1 iso ω10c（1.7300%）、c14:0（1.5300%）、c18:0（1.2800%）、feature 4（1.0600%）、16:1ω11c（1.0300%）、13:0 iso（0.8800%）、18:1ω9c（0.7000%）、18:1 2OH（0.6800%）、19:0 iso（0.4700%）、13:0 anteiso（0.4000%）、c12:0（0.3100%）（图 8-1-39）。

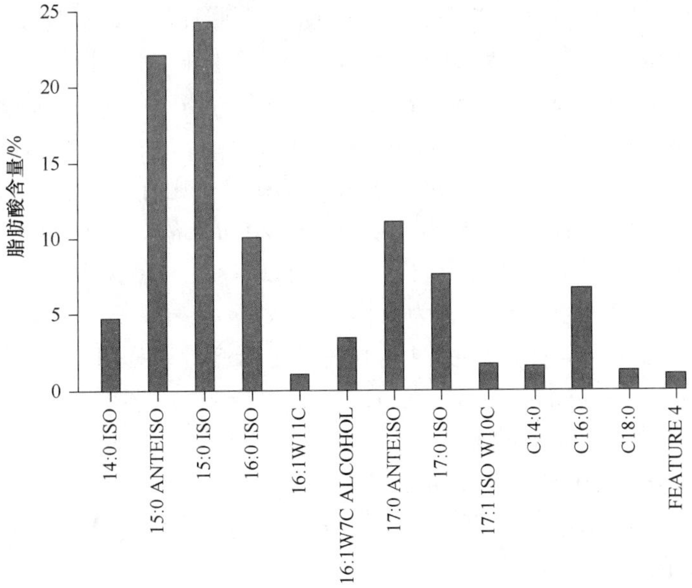


图 8-1-39　戈壁芽胞杆菌（*Bacillus gobiensis*）主要脂肪酸种类

## 40. 盐敏芽胞杆菌

盐敏芽胞杆菌生物学特性。盐敏芽胞杆菌（*Bacillus halmapalus* Nielsen et al. 1995，sp. nov.）在国内有过相关研究报道。范晓丹（2016）报道了荆州天星观一号楚墓馆藏保存环境下饱水木漆器微生物的分离与鉴定。微生物损害是饱水木漆器的一种重要病害，也是造成饱水木漆器继续糟朽甚至消失的一个重要因素，文物木漆器在出土挖掘、清理、搬运和贮藏过程中均可能受到微生物污染，出土后继续保存在清水中。长期浸泡在水中的木漆器内部的化学态和物理性能受到细菌的降解和侵蚀，使得文物不能完整地展现自身原有的形貌，也直接影响到了考古信息的完整再现。分离、鉴定饱水木漆器中的微生物，对于认识木漆器的微生物腐蚀规律，研究饱水木漆器的微生物腐蚀的抑制方法，从而减缓饱水木漆器的腐朽和劣化，延长其保存时间具有重要意义。该研究以 1978 年荆州天星观一号楚墓（战国）出土，保存在荆州博物馆地下室库房饱水池内近 30 年的彩绘木漆器样品及保存环境中的水样为研究对象，选择有代表性的 3 个彩绘木漆器部分材料及保存环境的水为样品，分离培养微生物，研究饱水木漆器微生物的种类和数量，调查了解饱水木漆器中微生物的存在情况：3 个彩绘木漆器样品污染的微生物数量存在差异，均低于水环境中的微生物数量，其中以细菌为主，为 240～1250 CFU/g；其次是真菌，为 0～90 CFU/g；放线菌数量最少，甚至未检出；水环境中细菌为 1590 CFU/L，真菌为 1040 CFU/L，放线菌未检出；针对主要污染微生物——细菌，采用传统的形态、生理生化鉴定方法和现代分子鉴定技术，对分离的细菌进行鉴定，得到 46 个种属。研究结果为：编号 F455 中，1 号和 28 号菌株为产硫芽胞杆菌（*Bacillus thioparans*）、2 号菌株为病研所芽胞杆菌（*Bacillus idriensis*）、5 号菌株为盐敏芽胞杆菌（*Bacillus halmapalus*）、9 号和 10 号菌株为短小芽胞杆菌（*Bacillus pumilus*）、14 号菌株为假蕈状芽胞杆菌（*Bacillus pseudomycoides*)、17 号、49 号和 76 号菌株为蜡样芽胞杆菌（*Bacillus cereus*)、23 号菌株为缺陷短波单胞菌（*Brevundimonas diminuta*)、29 号和 51 号菌株为苏云金芽胞杆菌（*Bacillus thuringiensis*)、36 号菌株为表皮短杆菌（*Brevibacterium epidermidis*)、50 号菌株为粪产碱菌苯酚亚种（*Alcaligenes faecalis* subsp. *phenolicus*）；编号 F446 中，1 号、9 号、10 号、11 号、19 号和 22 号菌株初步鉴定为蜡样芽胞杆菌、6 号和 20 号菌株为表皮短杆菌、8 号菌株为纺锤形赖氨酸芽胞杆菌（*Lysinibacillus fusiformis*)、14 号菌株为粪产碱杆菌苯酚亚种、16 号菌株为假蕈状芽胞杆菌、25 号菌株为苏云金芽胞杆菌；编号 F452 中，1 号、2 号和 7 号菌株为蜡样芽胞杆菌、6 号菌株为苏云金芽胞杆菌、17 号菌株为表皮短杆菌；编号 F 水中，1 号菌株为苏云金芽胞杆菌、4 号菌株为大西洋别样赤杆菌（*Altererythrobacter atlanticus*)、5 号、23 号、27 号和 51 号菌株为表皮短杆菌、7 号菌株为粪产碱杆菌苯酚亚种、17 号菌株为水氏黄杆菌(*Flavobacterium mizutai*)、19 号菌株为树形类芽胞杆菌（*Paenibacillus dendritiformis*)、32 号和 35 号菌株为缺陷短波单胞菌、43 号菌株为蜡样芽胞杆菌、46 号菌株为假贵格纳浅色杆菌（*Ochrobactrum pseudogrignonense*)。

郑爱萍等（2005）报道了水稻优势内生细菌的鉴定、定位与重组研究。对水稻品种'D 优 527'体内筛选到的优势细菌 SR-15、SR-25、SL-37 进行浸染、扫描电镜和透射电镜观察。结果表明菌株主要在水稻组织的细胞间隙、细胞质内和液泡内定位。SR-15 菌株通过质粒 pUC-18 转化和 ERIC-PCR 再分离实验验证，结果显示重组菌株在植株体内稳定定位，具有稳定的内生特性。生理、生化指标结合形态特点研究确定该菌株为盐敏芽胞杆菌。致病性和促生性试验表明，菌株对水稻植株无致病性，在水稻生长中后期有明显的促生作用。将带有 *cry1Ac* 基因的质粒转入菌株 SR-15，其表达产物具有致死水稻二化螟 84.7%的效应。

盐敏芽胞杆菌脂肪酸组鉴定图谱。脂肪酸组特征为 15:0 anteiso/15:0 iso=0.53，17:0 anteiso/17:0 iso=1.31。脂肪酸组（32 个生物标记）包括：15:0 iso（33.6630%）、15:0 anteiso（17.9890%）、17:1 iso ω10c（9.4680%）、17:0 anteiso（6.3380%）、feature 4（6.2450%）、16:1ω11c（4.9630%）、17:0 iso（4.8390%）、c16:0（4.1170%）、16:1ω7c alcohol（3.5520%）、16:0 iso（3.0200%）、14:0 iso（1.5400%）、c14:0（0.8460%）、c18:0（0.8220%）、18:1ω9c（0.7470%）、16:0 N alcohol（0.5370%）、19:0 iso（0.3430%）、c10:0（0.2430%）、13:0 iso（0.1650%）、20:1ω9c（0.1370%）、18:1 iso H（0.0740%）、c12:0（0.0720%）、c17:0（0.0510%）、15:0 2OH（0.0480%）、15:0 iso 3OH（0.0450%）、11:0 anteiso（0.0350%）、13:0 anteiso（0.0260%）、18:3ω(6,9,12)c（0.0230%）、14:0 anteiso（0.0140%）、15:1 iso ω9c（0.0120%）、19:0 anteiso（0.0090%）、16:0 anteiso（0.0080%）、11:0 iso（0.0040%）（图 8-1-40）。

## 41. 耐盐芽胞杆菌

耐盐芽胞杆菌生物学特性。耐盐芽胞杆菌［*Bacillus halodurans*（ex Boyer 1973）Nielsen et al. 1995，nom. rev.，comb. nov.］也称嗜碱芽胞杆菌，在国内有过报道。蒋雪薇等（2016）报道了成品变质酱油中微生物的分离鉴定及变质原因分析。为了解决杀菌后微生物检测合格的成品酱油出现的变质问题，首先确定成品酱油的最佳杀菌工艺为

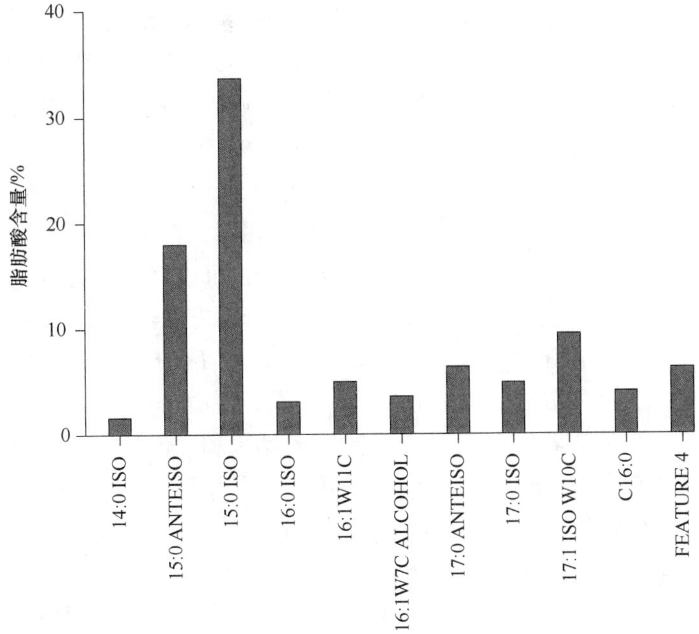


图 8-1-40　盐敏芽胞杆菌（*Bacillus halmapalus*）主要脂肪酸种类

130℃/15 s，通过对杀菌后各工序的微生物检测发现：过滤环节添加的硅藻土中好氧及厌氧培养活菌数分别为 $4.9\times10^3$ CFU/mL 和 $3.1\times10^3$ CFU/mL，可以判定硅藻土为主要污染源。分离硅藻土及成品变质酱油中的污染菌，并对其进行 16S rDNA 序列分析，确定导致成品酱油变质的细菌为地衣芽胞杆菌（*Bacillus licheniformis*）、巨大芽胞杆菌（*Bacillus megaterium*）、耐盐芽胞杆菌（*Bacillus halodurans*）。这 3 种芽胞杆菌在硅藻土样品中也同样出现，进一步证明了硅藻土被污染是导致成品酱油变质的主要原因。林家兴等（2016）报道了耐盐芽胞杆菌对砂土黏结强度加固作用的影响试验。比较了耐盐芽胞杆菌液与无活性的耐盐芽胞杆菌液对砂样的固化效果，并对养护了 7 d、14 d、21 d 的固化砂样进行自由落体试验，收集其主要碎块胶结体进行对比，最后对养护了 7 d、14 d、21 d 和 28 d 的固化砂样进行直剪试验。对比试验结果表明，经耐盐芽胞杆菌处理过的砂土的固化效果显著；自由落体试验发现随着养护时间的增加，胶结体体积也开始增大，表明经耐盐芽胞杆菌处理的松散砂土胶结效果显著；固化砂样的直剪试验结果表明，经耐盐芽胞杆菌处理的砂样最大剪切力在前 14 d 有显著增加，14～28 d 的增加效果变缓。

宋永亭等（2012）运用 16S rDNA 克隆文库技术分析研究了塔河油田高温高矿化度超稠油油藏中的细菌多样性。研究结果表明：在油藏温度 100～130℃、地层水矿化度 $26\times10^4$ mg/L、地面原油黏度 $10\times10^4$ mPa·s 的油藏环境中，存在丰富的细菌群落，其中包括盐单胞菌（*Halomonas* sp.）、耐盐芽胞杆菌和油杆菌（*Petrobacter* sp.）等具有耐温、耐盐和降解原油生理生化特性的菌群，同时还存在大量未培养的微生物。王堂彪（2012）基于硫化氢控制及企业安全生产需求，研究了石油输集系统中硫化氢的反硝化生物抑制技术。建立了两个上流式厌氧污泥床反应器（UASB）（UASB-1 和 UASB-2），其中 UASB-1

模拟石油集输系统中硫酸盐还原菌的生存环境，强化系统中硫酸盐还原菌的滋生使其不断产生硫化氢气体。该系统液体随后进入后续UASB-2厌氧反应器，其主要作用是在其中形成反硝化作用的环境条件，以控制石油输集系统中不断滋生的硫酸盐还原菌，从而达到控制硫化氢气体的目的。实验结果表明，硫酸盐还原菌的最佳氧化还原电位（ORP）为−370～−300 mV，而反硝化细菌的最佳ORP为−150～−50 mV。向系统中加入亚硝酸盐可以迅速增加反应器中的ORP值，并且为反硝化细菌提供充足的氮源。当系统中的$W(SO_4^{2-})$：$W(NO_2^-)$=8：1.2时，抑制效果最佳，可以将硫化氢的产量降低至10%。研究运用16S rDNA基因克隆-变性梯度凝胶电泳分析方法研究了系统中微生物种属的变化情况。结果表明，反硝化细菌能够有效抑制系统中硫酸盐还原菌的繁殖，系统中3种典型硫酸盐还原菌（脱硫弧菌属、脱硫肠状菌属、脱硫单胞菌属）逐渐消失，同时反硝化细菌的种属和数量都显著增加。基于室内实验结果和理论分析，针对长庆油田采油四厂艾家湾作业区集输系统中硫化氢气体较高的问题，采用生物抑制技术对该系统中的硫化氢进行了处理。结果表明，采用单井反硝化生物抑制可以使集输系统沉降罐、污水罐中硫化氢气体浓度由最初的268 mg/m$^3$降低至《工作场所有害因素职业接触限值》（GB Z2—2007）要求的10 mg/m$^3$以下。在实验周期内，系统中反硝化细菌的数量随加药时间的延长逐渐增加，从最初的3000 CFU/100 mL增加至600 000 CFU/100 mL，而此时系统内的ORP值由硫酸盐还原菌生存的最佳微环境（−370～−300 mV）升高至反硝化细菌生存的最佳微环境（−150～−50 mV）。对加入亚硝酸盐后的微生物种群进行测序发现，反硝化微生物种群和数量有很大发展，其中反硝化微生物主要有耐盐芽胞杆菌、产碱假单胞菌和奈瑟菌。

龚皎（2012）报道了大肠杆菌中四氢嘧啶合成通路的构建及优化。自然界中四氢嘧啶合成基因簇主要以*ectABC*和*ectABCask*两种方式存在于极端微生物中，本实验尝试在大肠杆菌中重构四氢嘧啶的合成途径，并对合成通路进行优化。实验成功地克隆了来源于耐盐芽胞杆菌（*Bacillus halodurans*）、伸长盐单胞菌（*Halomonas elongate*）、褐色高温单胞菌（*Thermomonospora fusca*）、嗜盐甲烷微菌（*Methylomicrobium alcaliphilum*）20Z和灰绿噬甲基菌（*Methylophaga thalassica*）5种菌的四氢嘧啶合成基因簇（*ectABC*）。郑雪妮等（2012）报道了耐盐芽胞杆菌乙醛脱氢酶基因*aldC*的克隆及组氨酸融合酶蛋白的表达。应用PCR扩增嗜碱耐盐芽胞杆菌乙醛脱氢酶基因*aldC*，成功构建了pET30b-*aldC*原核表达质粒；在大肠杆菌BL21（DE3）中诱导表达，获得了亚基分子质量约为56 kDa的组氨酸融合蛋白；乙醛脱氢酶活性比对照菌增加了约3.5倍，$K_m$值为2.874 mmol/L。

陈娜等（2011）报道了耐盐芽胞杆菌木聚糖酶基因的克隆及表达。从广西红树林土壤中筛选出一株产木聚糖酶的耐碱菌HSL38，经过16S rDNA鉴定，其与耐盐芽胞杆菌C-125（GenBank：NC_002570.2）的同源性达到99%。因此，参考耐盐芽胞杆菌C-125的β-1,4-木聚糖酶基因*xynA*设计引物，扩增出HSL38中的β-1,4-木聚糖酶基因*xyl*-BH-G10，其与*xynA*的同源性达到99%，编码396个氨基酸残基（45.27 kDa），属于糖基水解酶GH10家族。徐虎（2011）报道了耐盐芽胞杆菌β-葡萄糖苷酶的原核表达纯化及功能研究。赵绪光等（2010）报道了重组耐盐芽胞杆菌（XJU-1）乙醛脱氢酶*aldA*

基因在工程菌 BL21（DE3）中的表达和酶学性质。用 LB 培养基培养转化重组耐盐芽胞杆菌（XJU-1）乙醛脱氢酶 *aldA* 基因的工程菌 BL21（DE3），提取粗酶液，然后利用 SDS-PAGE 考察重组 ALDH 的表达量和分子质量，测定其活性，并对表达产物的最适 pH、最适温度、金属离子的影响和 $K_m$ 值进行研究。结果表明，工程菌 BL21（DE3）表达的 ALDH 量明显高于对照菌，亚基分子质量约为 56 kDa；乙醛脱氢酶活性比对照菌增加了 24 倍；最适反应温度为 20～40℃，最适 pH 为 9.0～9.5，$K^+$和 $Na^+$对酶有激活作用，而 $Mn^{2+}$和 $Mg^{2+}$对酶有抑制作用；$K_m$ 值为 1.73 mmol/L。赵圣国等（2010）报道了荷斯坦奶牛瘤胃微生物脲酶的分离与鉴定。从奶牛瘤胃中收集瘤胃内容物，通过离心和超声破碎的方法得到不含菌体细胞的瘤胃液（CFRF）和瘤胃菌体蛋白液（RCP），利用 85%硫酸铵盐析并透析后，用 HiTrap Capto Q 离子交换层析柱纯化脲酶。将纯化后的脲酶用活性 PAGE 分离，并利用改良的 Fishbein 染色法，确定脲酶条带位置，切胶，经胰蛋白酶消化后，用 LC-MS/MS 分析，并用 SEQUEST 软件在 NCBI 数据库搜索与质谱信号相匹配的肽段和蛋白质。结果表明从 CFRF 和 RCP 中分离出较高活性的脲酶，但经染色后只有 RCP 脲酶显示活性条带。经质谱分析，最终鉴定出了 3 种微生物来源脲酶，分别与嗜热链球菌（*Streptococcus thermophilus*）、唾液链球菌（*Streptococcus salivarius*）和耐盐芽胞杆菌（*Bacillus halodurans*）相似。这说明绕过纯培养微生物，直接从瘤胃中分离脲酶来研究其性质和来源是可行的，尤其适合对未培养微生物的研究。

蔡靖（2010）报道了同步厌氧脱氮除硫工艺及微生物学特性的研究。从长期运行的脱氮除硫污泥中分离获得了 2 个菌株（菌株 CB 和菌株 CS），经形态学观察和 16S rDNA 序列比对，将其归入芽胞杆菌属，菌株 CB 与假坚强芽胞杆菌（*Bacillus pseudofirmus*）OF4 最为接近，菌株 CS 与解半纤维素芽胞杆菌（*Bacillus hemicellulosilytus*）、耐盐芽胞杆菌最为接近。而且首次试验证明芽胞杆菌菌株具有脱氮除硫功能，其中菌株 CB 对硝酸盐、硫化物的转化能力及亲和力大于菌株 CS。梁艳丽等（2009）报道了嗜碱芽胞杆菌 C-125（耐盐芽胞杆菌）木糖苷酶基因的表达与酶学特征鉴定。陈红漫等（2008）报道了耐碱 Mn-*SOD* 基因克隆与真核表达载体的构建。以高产耐碱 Mn-SOD 产生菌 *Bacillus* sp.110-2 总 DNA 为模板，通过 PCR 扩增得到耐碱 Mn-*SOD* 基因，编码 202 个氨基酸，含 18 个碱性氨基酸，包括 12 个赖氨酸和 6 个精氨酸。与地衣芽胞杆菌的同源性为 99%，与极端耐盐芽胞杆菌的同源性为 78.7%。蒋益林和易霞（2007）报道了耐盐芽胞杆菌 XJU-80 的致病性研究。采用荚膜检测、血清学实验、内毒素毒力测定及植物致病性检测等方法，研究耐盐芽胞杆菌 XJU-80 是否具有致病性。结果表明，该实验菌株有荚膜、凝集反应效价为 640，有内毒素，而且该菌株对植物也具有致病性。由此得出耐盐芽胞杆菌 XJU-80 具有致病性的实验性结论。易霞等（2007a）报道了中国新分离碱性耐热的耐盐芽胞杆菌的木聚糖酶产酶特征。实验结果表明，以橡树木聚糖为底物培养的新分离菌株在 30～50℃处理 2 h 酶活不丧失。其中，XJU-1 菌株在 60℃、70℃和 80℃时粗酶酶活分别丧失为最初酶活的 1.54%、19.09%和 72.59%；而 XJU-80 的粗酶酶活分别是 3.59%、26.43%和 72.59%。两个菌株产生的粗木聚糖酶的最适 pH 是 7.5～8.0。将该粗酶在 pH 7.0～9.0（50℃）处理 24 h 后，酶活几乎均降低为最初酶活的 18%。因此，由 XJU-1 和 XJU-80 产生的木聚糖酶是生化领域有用的嗜碱耐热酶。易霞等（2007b）报道了耐盐芽胞杆菌菌株 *xynM* 基因的克隆、表达和序列分析。易霞等（2006）报道了中国吐鲁番 2 株产木聚糖酶的极端耐碱的耐盐芽胞杆菌的分类鉴定。

林毅等（2004）利用生物信息学手段获得 2 个对硫磷水解酶，以黄杆菌（*Flavobacterium* sp.）对硫磷水解酶（parathion hydrolase）的序列（AAA24930.1）对芽胞杆菌的基因组进行 Blastp，从耐盐芽胞杆菌中发现两个对硫磷水解酶类似蛋白 PTEa 和 PTEb，长度分别为 679 个和 331 个氨基酸。利用 Conserved Domain Search 和 Motifscan 软件分析的结果证实它们具有对硫磷水解酶的结构特征。PTEa 和 PTEb 的对硫磷水解酶上游标志区分别是 GVCACHEHL 和 GFTYSHEHI，与标准的 G-x-T-L-x-H-E-H-[LIV]大致吻合。

耐盐芽胞杆菌脂肪酸组鉴定图谱。脂肪酸组特征为 15:0 anteiso/15:0 iso=1.45，17:0 anteiso/17:0 iso=2.82。脂肪酸组（22 个生物标记）包括：c16:0（38.4900%）、15:0 anteiso（24.0500%）、15:0 iso（16.6000%）、c14:0（6.1000%）、17:0 anteiso（5.1000%）、14:0 iso（2.4600%）、16:0 iso（2.2600%）、17:0 iso（1.8100%）、c18:0（0.9700%）、c17:0（0.4200%）、13:0 iso（0.3700%）、13:0 anteiso（0.1800%）、18:1ω9c（0.1700%）、c10:0（0.1700%）、c12:0（0.1400%）、16:1ω11c（0.1300%）、feature 3（0.1300%）、20:1ω7c（0.1200%）、feature 8（0.1000%）、c20:0（0.1000%）、17:1 anteiso ω9c（0.0800%）、16:0 N alcohol（0.0500%）（图 8-1-41）。

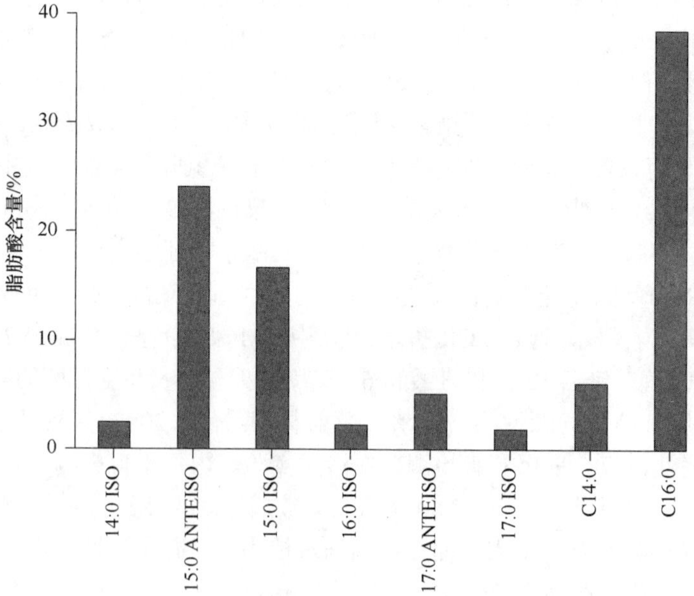


图 8-1-41　耐盐芽胞杆菌（*Bacillus halodurans*）主要脂肪酸种类

## 42. 解半纤维素芽胞杆菌

解半纤维素芽胞杆菌生物学特性。解半纤维素芽胞杆菌（*Bacillus hemicellulosilyticus* Nogi et al. 2005，sp. nov.）菌株 C-11$^T$ 是从人造丝废弃物中分离的。细胞杆状，长度 2.0～

6.0 μm，宽度 0.3～0.5 μm，革兰氏染色不定。周生鞭毛，芽胞椭圆形、端生，菌落圆形、白色。生长温度 10～40℃，最适生长温度 37℃。生长 pH 8～11，最适 pH 10。可在 12% NaCl 上生长，浓度为 15%时不能生长（Nogi et al.，2005）。在国内未见相关研究报道。

解半纤维素芽胞杆菌脂肪酸组鉴定图谱。脂肪酸组特征为 15:0 anteiso/15:0 iso=0.58，17:0 anteiso/17:0 iso=1.54。脂肪酸组（15 个生物标记）包括：15:0 iso（37.4900%）、15:0 anteiso（21.8700%）、17:0 anteiso（10.2700%）、17:0 iso（6.6500%）、16:0 iso（6.0100%）、16:1ω7c alcohol（4.3500%）、16:1ω11c（3.7600%）、14:0 iso（2.6700%）、17:1 iso ω10c（2.2200%）、c16:0（1.5400%）、feature 4（1.2900%）、c14:0（0.6900%）、18:1ω9c（0.5600%）、c18:0（0.4400%）、13:0 iso（0.1800%）（图 8-1-42）。

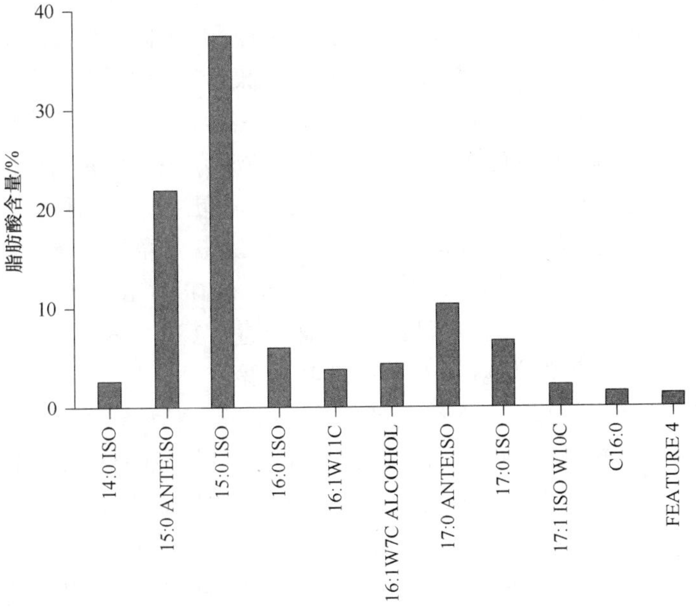


图 8-1-42　解半纤维素芽胞杆菌（*Bacillus hemicellulosilyticus*）主要脂肪酸种类

## 43. 堀越氏芽胞杆菌

堀越氏芽胞杆菌生物学特性。堀越氏芽胞杆菌（*Bacillus horikoshii* Nielsen et al. 1995，sp. nov.）在国内有过相关研究报道。王铁媛等（2016）报道了油水淹地石油降解菌群的筛选和鉴定及高效菌群的构建。从油水淹地污染土壤中获得 26 株石油降解菌，筛选出表面活性剂产生菌 1 株（H-6）和优势菌 6 株（H-1、H-17、H-18、H-19、H-20、H-23），结合菌株形态观察、革兰氏染色和 16S rDNA 序列同源性分析，鉴定表面活性剂产生菌 H-6 为堀越氏芽胞杆菌。以表面活性剂产生菌 H-6 为核心成员，再任选 3 株优势菌株构建石油降解菌群，得到高效石油降解菌群 C5（H-1、H-6、H-18、H-19），通过正交试验得到菌群 C5 各菌种的最佳接种量。结果表明：接种量 15%（H-1）、15%（H-6）、20%（H-18）、10%（H-19），温度 25℃，石油含量 2000 mg/L 条件下，7 d 时石油降解率达到 78.87%。这说明高效降解菌群 C5 对石油具有较好的降解效果，可应用于油水淹地污染土壤的修复。刘国红等（2016a）报道了西藏尼玛县盐碱地嗜碱芽胞杆菌资源的采集与鉴定。为调查西藏尼玛县盐碱地环境的芽胞杆菌资源，采用纯培养法从西藏尼玛县采集的盐碱地样品中分离芽胞杆菌，利用 16S rDNA 基因进行系统发育进化分析，同时选取代表性菌株进行生理生化特性分析。结果筛选到了 14 株芽胞杆菌，经 16S rDNA 基因鉴定均属于嗜碱芽胞杆菌。16S rDNA 系统发育分析表明，14 株嗜碱菌划分为 3 个群：类群 I 包含 11 株菌，与假坚强芽胞杆菌（*Bacillus pseudofirmus*）的亲缘关系较近，类群 II 由 FJAT-24879 组成，与盐地咸海鲜芽胞杆菌（*Jeotgalibacillus campisalis*）的亲缘关系较近；类群III包含 2 株菌，与堀越氏芽胞杆菌（*Bacillus horikoshii*）具有较近的亲缘关系。徐秀丽等（2016）报道了徐州北郊鱼塘水体细菌（崛越氏芽胞杆菌等）的多样性研究及致病菌分析。赵晓雨（2015）报道了崛越氏芽胞杆菌菌剂对牛粪堆肥及其氮素转化微生物的影响。靳奉理（2011）报道了烟草根际拮抗菌的遗传多样性及系统发育分析。从贵州省遵义地区 9 个县市的烟草大田中采集 55 个烟草根际土壤样品，通过平板培养法，获得 6652 个细菌分离物。采用平板对峙法，以烟草黑胫病病原菌烟草疫霉（*Phytophthora nicotianae*）为靶标菌，获得了 256 株烟草根际黑胫病拮抗菌；以烟草青枯病病原菌青枯雷尔氏菌（*Ralstonia solanacearum*）为靶标菌，获得了 178 株烟草根际青枯病拮抗菌。其中 31 株烟草根际黑胫病拮抗菌和 26 株烟草根际青枯病拮抗菌具有稳定高效的拮抗作用，具有很大的生防潜力。采用 BOXAIR-PCR、16S-RFLP、16S rDNA 序列分析 3 种分子生物学方法研究了拮抗菌菌株的遗传多样性和系统发育，确定了烟草根际拮抗菌的系统发育及分类地位。BOXAIR-PCR 聚类分析表明，267 株烟草根际黑胫病拮抗菌在 82%的相似性水平上聚在一起，并在 91%的相似性水平上分成 35 个群。其中包括 2 个大群（群 5、6）、21 个小群和 12 个由单菌株组成的群；178 株烟草根际青枯病拮抗菌在 79%的相似性水平上聚在一起，在 90.5%的相似性水平上分成 41 个群。其中包括 2 个大群（群 12、13）、19 个小群和 20 个由单菌株组成的群，表现出较大的菌株特异性。表明拮抗菌株有较强的环境适应能力，在长期进化过程中获得了丰富的遗传特性，表现出明显的遗传多样性。拮抗菌的 16S-RFLP 图谱显示出丰富的遗传型。267 株烟草根际黑胫病拮抗菌在 88.5%的相似性水平上分成 25 个群，其中包括 2 个大群（群 5、6）、17 个小群、6 个由单菌株组成的群；178 株烟草根际青枯病拮抗菌在 82%的相似性水平上聚在一起，在 89%的相似性水平上分成 20 个群，其中包括 5 个大群（群 4、9、12、15、16）、6 个小群、9 个由单菌株组成的群。研究表明拮抗菌在系统发育水平上具有丰富的多样性特征，且 BOXAIR-PCR 聚类分析和 16S-RFLP 聚类分析的结果基本一致，验证了本研究的准确性。根据 BOXAIR-PCR 和 16S-RFLP 的聚类结果挑选了 93 株烟草根际黑胫病拮抗菌和 79 株烟草根际青枯病拮抗菌的代表性菌株进行 16S rDNA 序列测定。代表菌株的 16S rDNA 序列分析表明，267 株烟草根际黑胫病拮抗菌由 17 属构成，至少由 33 种组成。芽胞杆菌属（*Bacillus*）、短芽胞杆菌属（*Brevibacillus*）、链霉菌属（*Streptomyces*）和假单胞菌属（*Pseudomonas*）是其中的优势菌属，分别占到拮抗菌总数的 34.83%、17.23%、17.23%和 11.99%；178 株烟草根际青枯病拮抗菌由 12 属构成，至少由 36 种组成。芽胞杆菌属、短芽胞杆菌属、链霉菌属和假单胞菌属是其中的优势菌属，分别占到拮抗菌总数的 40.45%、11.24%、19.66%和 17.42%。研究表明烟草根际拮抗菌在系统发育水平上具有丰富的多样性特征。267 株烟草根际黑胫病拮抗菌中 75.66%的菌株是革兰氏阳性菌，仅有 65 株拮抗菌属于革兰氏阴性菌。其中首次发现高地芽胞杆菌（*Bacillus altitudinis*）、都留代尔夫特菌（*Delftia tsuruhatensis*）、湖边代尔夫特菌（*Delftia lacustris*）、浅玫瑰链霉菌（*Streptomyces roseolus*）、树伯克氏菌（*Burkholderia arboris*）、辣椒溶杆菌（*Lysobacter capsici*）、黏连中华根瘤菌（*Sinorhizobium adhaerens*）、嗜麦芽寡养单胞菌（*Stenotrophomonas maltophilia*）、无食陌生菌（*Advenella incenata*）、沼泽考克氏菌（*Kocuria palustris*）、根癌农杆菌（*Agrobacterium tumefaciens*）和类香味拟香气菌（*Myroides odoratimimus*）对烟草黑胫病病原菌烟草疫霉具有拮抗作用；178 株烟草根际青枯病拮抗菌中，革兰氏阳性菌占多数，包含 135 株拮抗菌，革兰氏阴性菌则仅有 43 株。其中首次发现高地芽胞杆菌、森林土壤芽胞杆菌（*Solibacillus silvestris*）、堀越氏芽胞杆菌（*Bacillus horikoshii*）、蕈状芽胞杆菌（*Bacillus mycoides*）、假蕈状芽胞杆菌（*Bacillus pseudomycoides*）、美丽短芽胞杆菌（*Brevibacillus formosus*）、田无链霉菌（*Streptomyces tanashiensis*）、不产色链霉菌（*Streptomyces achromogenes*）、多色链霉菌（*Streptomyces polychromogenes*）、洛菲不动杆菌（*Acinetobacter lwoffii*）、黏着剑菌（*Ensifer adhaerens*）、沼泽考克氏菌和都留代尔夫特菌对烟草青枯病病原菌青枯雷尔氏菌具有拮抗作用。

陆燕等（2010）采用快速有效的数学统计方法对堀越氏芽胞杆菌 S184 产河鲀毒素的发酵条件进行了优化。利用 Plackett-Burman 设计，从众多影响产河鲀毒素的因素中筛选出影响较大的 3 个因素：蛋白胨、磷酸盐质量浓度和接种体积分数。在此基础上，再利用响应面法中的杂合设计进行优化，通过拟合得到响应曲面函数，并获得了最佳的实验条件。在该实验条件下，河鲀毒素产量从 666.65 ng/L 提高到 1900.60 ng/L。张心齐（2004）报道了碱性过氧化氢酶产生菌的筛选及其酶的分离纯化与性质研究。从内蒙古海拉尔地区的碱湖筛选到一株过氧化氢酶活力较高的低度嗜盐、兼性嗜碱细菌 F26。经过对其 16S rDNA 序列的测定和比较发现，该菌株与 2 株嗜碱细菌吉氏芽胞杆菌（*Bacillus gibsonii*）（DSM 8722）和堀越氏芽胞杆菌（DSM 8719）的同源性均为 99%。菌株 F26 在 pH 9.8 及 NaCl 浓度 5%的条件下培养时，其胞内可检测到由 5 个过氧化氢酶组成的同工酶体系。而且，该同工酶体系中各成员的表达和细胞的培养时间、培养 pH 及培养 NaCl 浓度相关。

堀越氏芽胞杆菌脂肪酸组鉴定图谱。脂肪酸组特征为 15:0 anteiso/15:0 iso=0.32，17:0 anteiso/17:0 iso=1.64。脂肪酸组（31 个生物标记）包括：15:0 iso（33.9550%）、17:1 iso ω10c（11.1633%）、15:0 anteiso（10.7783%）、17:0 anteiso（8.9717%）、feature 4（8.3967%）、17:0 iso（5.4600%）、16:1ω11c（4.8950%）、16:1ω7c alcohol（4.2050%）、c16:0（3.9600%）、16:0 iso（3.8083%）、14:0 iso（1.0783%）、c14:0（0.8233%）、c18:0（0.5283%）、18:1ω9c（0.5117%）、19:0 iso（0.2867%）、16:0 N alcohol（0.2500%）、c12:0（0.1667%）、10 Me 18:0 TBSA（0.1467%）、c10:0（0.1067%）、20:1ω9c（0.0983%）、feature 3（0.0683%）、feature 8（0.0567%）、10 Me 17:0（0.0533%）、13:0 iso（0.0483%）、18:0 iso（0.0383%）、c17:0（0.0317%）、18:3ω(6,9,12)c（0.0200%）、16:0 anteiso（0.0183%）、c19:0（0.0183%）、20:1ω7c（0.0150%）、15:1 iso ω9c（0.0150%）、17:0 3OH（0.0150%）（图 8-1-43）。

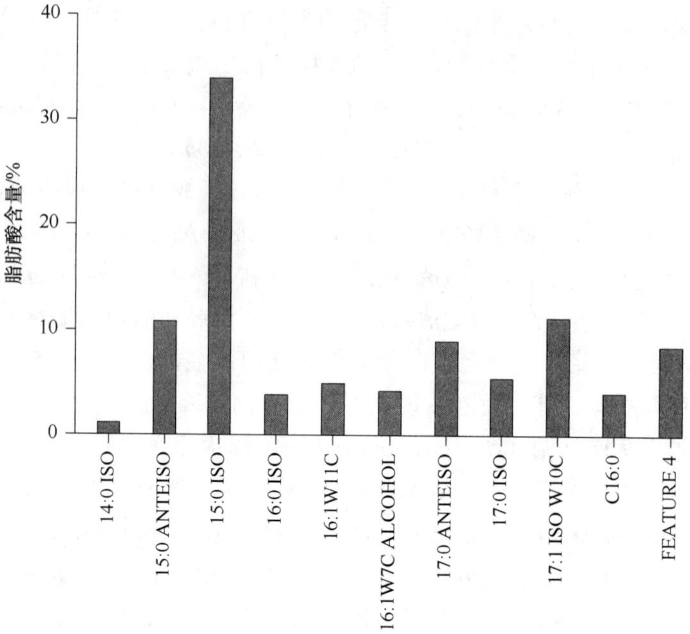


图 8-1-43　堀越氏芽胞杆菌（*Bacillus horikoshii*）主要脂肪酸种类

## 44. 土地芽胞杆菌

土地芽胞杆菌生物学特性。土地芽胞杆菌（*Bacillus humi* Heyrman et al. 2005，sp. nov.）菌株 $16318^T$ 分离自土壤。细胞小，略弯曲，末端圆，革兰氏阳性，运动性强，杆状［（0.7～0.9）μm×（4.0～7.0）μm］，单生或对生。芽胞椭圆形或球形，次端生或端生，胞囊膨大。NA 培养基上 30℃培养 24 h 后菌落很小（钉头大小，直径约 1 mm），凸起，白色，光滑，湿润。厌氧条件下可微弱生长。最适温度 30℃，可在 20℃生长却不能在 45℃生长。菌株可在 pH 9 条件下生长但不能在 pH 5 条件下生长，适宜生长 pH 为 7。菌株不能在脱脂牛奶琼脂上生长，可在 7%（*m*/*V*）NaCl 中大量生长（Heyrman et al., 2005b）。在国内未见相关研究报道。

土地芽胞杆菌脂肪酸组鉴定图谱。脂肪酸组特征为 15:0 anteiso/15:0 iso=2.84，17:0 anteiso/17:0 iso=6.80。脂肪酸组（19 个生物标记）包括：15:0 anteiso（47.7333%）、15:0 iso（16.8033%）、14:0 iso（13.7700%）、16:0 iso（7.3400%）、c16:0（3.4967%）、17:0 anteiso（3.3300%）、16:1ω11c（2.4467%）、16:1ω7c alcohol（1.4967%）、c14:0（1.3100%）、17:0 iso（0.4900%）、c10:0（0.3533%）、13:0 anteiso（0.2800%）、13:0 iso（0.2500%）、feature 4（0.2067%）、c12:0（0.1467%）、c18:0（0.1333%）、18:0 3OH（0.1133%）、14:0 2OH（0.1133%）、11:0 anteiso（0.1100%）（图 8-1-44）。

## 45. 印度芽胞杆菌

印度芽胞杆菌生物学特性。印度芽胞杆菌（*Bacillus indicus* Suresh et al. 2004，sp. nov.）菌株 Sd/$3^T$ 分离自印度西孟加拉邦砷污染的蓄水层的沙中。细胞革兰氏阳性，好氧，不

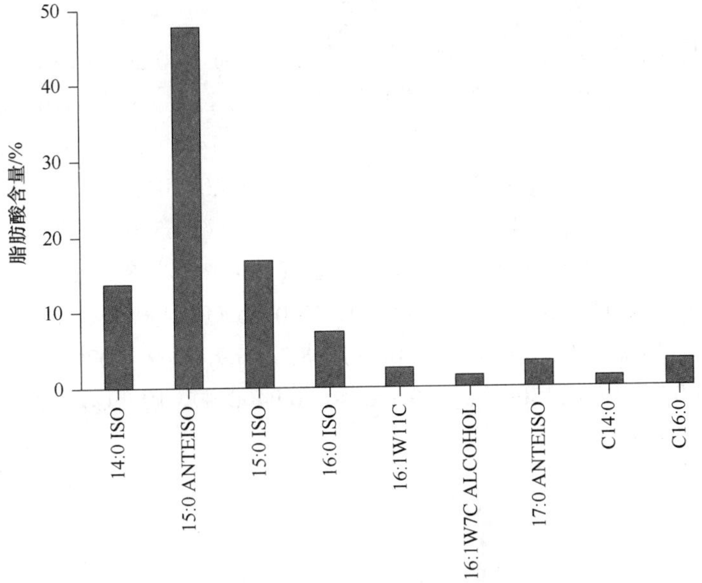


图 8-1-44　土地芽胞杆菌（*Bacillus humi*）主要脂肪酸种类

运动，杆状［（0.9～1.2）μm×（3.3～5.3）μm］。芽胞次端生，胞囊略膨大。菌落在固体培养基中呈橘黄色，圆形，隆起，光滑，直径为 3.0～4.0 mm。所产色素在丙酮中于 404 nm、428 nm 和 451 nm 处存在 3 个吸收峰，具有类胡萝卜素的特征。菌体可在 13～37℃（最适 30℃）生长但不能在 40℃生长。可在 pH 6 和 7 的条件下生长，耐 2.0%（*m*/*V*）NaCl。对抗生素氨苄西林（10 μg）、氯霉素（30 μg）、卡那霉素（30 μg）、萘啶酸（30 μg）、新霉素（30 μg）、利福平（30 μg）、链霉素（10 μg）和四环素（30 μg）敏感，能抗羟氨苄西林（10 μg）（Suresh et al.，2004）。在国内有过相关研究报道。徐秀丽等（2016）报道了徐州北郊鱼塘水体细菌多样性研究及致病菌分析。为探究草鱼（*Ctenopharyngodon idellus*）肠道固有纤维素降解菌群及其酶活，从冬天禁食条件下的野生草鱼肠道黏膜分离培养的细菌中随机挑取 22 个单菌落，经筛选得到 8 株纤维素降解细菌，测量了它们降解纤维素所产生的水解圈的大小，并进行了 16S rDNA 序列测定。结果显示，不同细菌（菌株）之间纤维素降解能力存在显著差异（$F$=4.03，$P$<0.05），其中 GCM4 和 GCM8 的纤维素降解能力较强，透明圈直径（*D*）、菌落直径（d）值分别为 4.37 和 4.14；GCM1 的纤维素降解能力较弱，*D*/*d* 值为 1.99。序列测定结果表明，GCM1 与碘短杆菌（*Brevibacterium iodinum*）的同源性达 99%，GCM2～GCM7 与温和气单胞菌（*Aeromonas sobria*）的同源性达 99%，GCM8 与印度芽胞杆菌的同源性达 99%。郑莹和霍颖异（2012）报道了浙江镇海潮间带沉积物中可培养微生物的初步研究。针对浙江镇海潮间带沉积物样品，采用纯培养法分离培养海洋微生物，并基于 16S rDNA 基因序列，开展系统发育学研究，分析沉积物细菌群落结构及多样性。分离获得细菌 39 株，16S rDNA 基因序列分析表明，这些菌株分别属于厚壁菌门（Firmicutes）（51.3%）、变形菌门（Proteobacteria）（30.8%）、拟杆菌门（Bacteroidetes）（15.4%）和放线菌门（Actinobacteria）（2.6%）4 个类群。厚壁菌门和变形菌门的菌株主要归属于芽胞杆菌纲（Bacilli）和 α-变形菌纲

(Alphaproteobacteria)，其中包括了印度芽胞杆菌。

印度芽胞杆菌脂肪酸组鉴定图谱。脂肪酸组特征为 15:0 anteiso/15:0 iso=0.39，17:0 anteiso/17:0 iso=1.38。脂肪酸组（29 个生物标记）包括：15:0 iso（39.5700%）、15:0 anteiso（15.4100%）、16:0 iso（8.5600%）、c16:0（5.4750%）、14:0 iso（5.2150%）、17:0 anteiso（5.1850%）、16:1ω11c（4.4150%）、16:1ω7c alcohol（4.0150%）、17:0 iso（3.7700%）、17:1 iso ω10c（2.9550%）、c14:0（1.9600%）、feature 4（1.6500%）、c18:0（0.3400%）、11:0 iso（0.1950%）、c12:0（0.1500%）、18:1ω9c（0.1400%）、15:1 iso F（0.1250%）、13:0 iso 3OH（0.1200%）、11:0 anteiso（0.1100%）、13:0 iso（0.1050%）、18:0 iso（0.0950%）、16:1 iso H（0.0850%）、feature 3（0.0700%）18:3ω(6,9,12)c（0.0700%）、11:0 iso 3OH（0.0600%）、13:0 2OH（0.0450%）、13:0 anteiso（0.0400%）、19:0 iso（0.0400%）、10:0 iso（0.0300%）（图 8-1-45）。

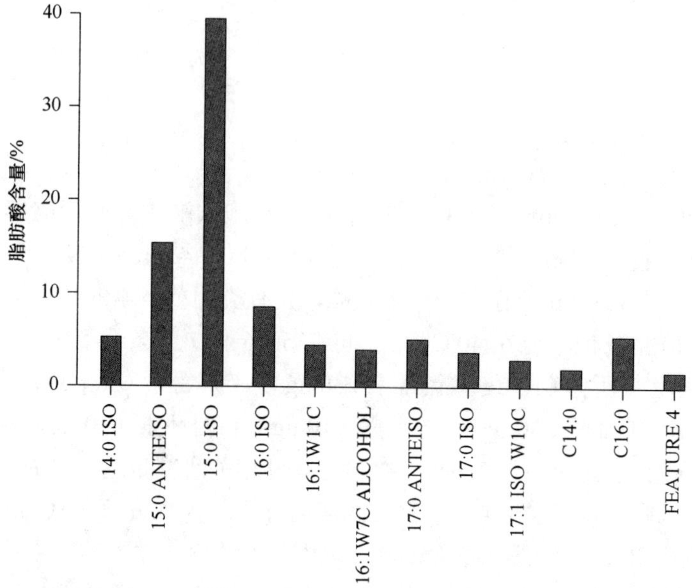


图 8-1-45　印度芽胞杆菌（*Bacillus indicus*）主要脂肪酸种类

## 46. 印空研芽胞杆菌

印空研芽胞杆菌生物学特性。印空研芽胞杆菌（*Bacillus isronensis* Shivaji et al. 2009，sp. nov.）菌株 B3W22$^T$ 从收集海拔 27～30 km 空气样本的冷冻管中分离。菌落在营养固体平板上呈白色，完整，圆形，直径 3～4 mm。细胞产生圆形端生芽胞，可运动。在 5～37℃和 pH 6～10 条件下生长，不能在 42℃或 pH 4 或 11 条件下生长。耐 5.8% NaCl，抗 UV 辐射，在蛋白胨中可生长。模式菌株对许多抗生素敏感（Shivaji et al.，2009）。在国内未见相关研究报道。

印空研芽胞杆菌脂肪酸组鉴定图谱。脂肪酸组特征为 15:0 anteiso/15:0 iso=0.07，17:0 anteiso/17:0 iso=0.35。脂肪酸组（34 个生物标记）包括：15:0 iso（50.5425%）、16:1ω7c alcohol（14.9025%）、16:0 iso（4.9325%）、17:0 iso（4.4100%）、14:0 iso（4.0450%）、

17:1 iso ω10c（4.0175%）、15:0 anteiso（3.6600%）、16:1ω11c（2.6550%）、c16:0（2.3100%）、17:0 anteiso（1.5250%）、feature 4（1.2500%）、c18:0（0.9100%）、c14:0（0.5750%）、15:1 iso ω9c（0.5475%）、18:1ω9c（0.5050%）、10 Me 18:0 TBSA（0.4150%）、15:0 iso 3OH（0.3425%）、feature 3（0.3250%）、18:3ω(6,9,12)c（0.3125%）、c12:0（0.2850%）、13:0 iso（0.2400%）、16:0 2OH（0.2275%）、17:1ω9c（0.2100%）、c17:0（0.2000%）、16:0 anteiso（0.1200%）、14:0 anteiso（0.1175%）、16:0 3OH（0.0750%）、feature 8（0.0725%）、17:1 anteiso ω9c（0.0650%）、15:0 2OH（0.0550%）、feature 5（0.0450%）、19:0 iso（0.0375%）、18:1 2OH（0.0375%）、18:1ω5c（0.0325%）（图 8-1-46）。

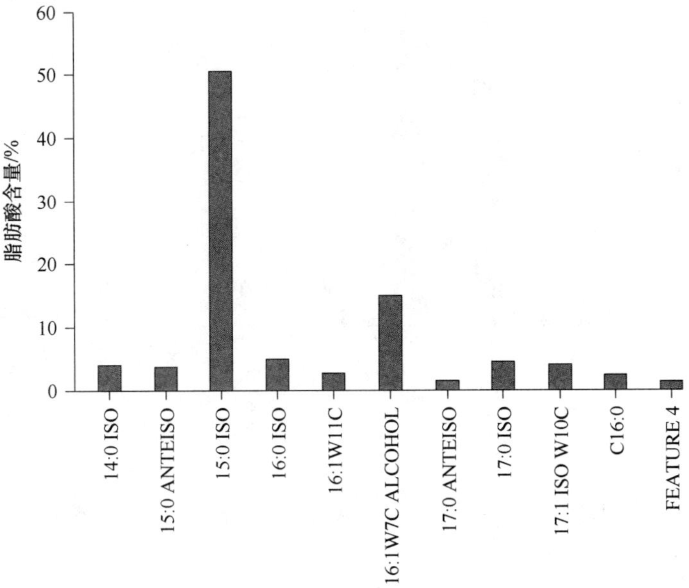


图 8-1-46　印空研芽胞杆菌（*Bacillus isronensis*）主要脂肪酸种类

## 47. 韩国芽胞杆菌

韩国芽胞杆菌生物学特性。韩国芽胞杆菌（*Bacillus koreensis* Lim et al. 2006，sp. nov.）在国内的研究报道较少。易境（2013）报道了猪场废弃物堆肥中芽胞杆菌属和梭菌属细菌的分子生态学研究。采用传统平板稀释法从猪粪堆肥过程的不同时期、不同高度层堆肥样品中分离得到了 540 株芽胞杆菌，鉴定为 8 种：枯草芽胞杆菌（*Bacillus subtilis*）、巨大芽胞杆菌（*Bacillus megaterium*）、炭疽芽胞杆菌（*Bacillus anthracis*）、苏云金芽胞杆菌（*Bacillus thuringiensis*）、蜡样芽胞杆菌（*Bacillus cereus*）、厚胞鲁梅尔芽胞杆菌（*Rummeliibacillus pycnus*）、蔬菜芽胞杆菌（*Bacillus oleronius*）和环状芽胞杆菌（*Bacillus circulans*）。枯草芽胞杆菌是整个堆肥过程中的优势菌；升温期和降温期样品中优势芽胞杆菌还分别包括炭疽芽胞杆菌、蜡样芽胞杆菌和环状芽胞杆菌。对 DGGE 图谱中优势条带进行了回收和测序，结果发现，堆肥过程中大部分都是未能培养的芽胞杆菌，并得到了利用纯培养方法未能分离到的芽胞杆菌属细菌信息，它们包括蜡样芽胞杆菌、黄海芽胞杆菌（*Bacillus marisflavi*）、韩国芽胞杆菌和福氏芽胞杆菌（*Bacillus fordii*），而蜡样芽胞杆菌也是猪粪堆肥过程中的优势菌，存在于整个堆肥过程中。

韩国芽胞杆菌脂肪酸组鉴定图谱。脂肪酸组特征为 15:0 anteiso/15:0 iso=0.91，17:0 anteiso/17:0 iso=1.58。脂肪酸组（16 个生物标记）包括：15:0 iso（39.1750%）、15:0 anteiso（35.7650%）、17:0 anteiso（5.2100%）、16:0 iso（4.9350%）、c16:0（4.4950%）、14:0 iso（3.9550%）、17:0 iso（3.3050%）、c14:0（1.2800%）、16:1ω7c alcohol（0.4800%）、feature 4（0.4500%）、13:0 iso（0.3600%）、16:1ω11c（0.1950%）、c18:0（0.1650%）、17:1 iso ω10c（0.1200%）、18:1ω9c（0.0550%）、13:0 anteiso（0.0550%）（图 8-1-47）。

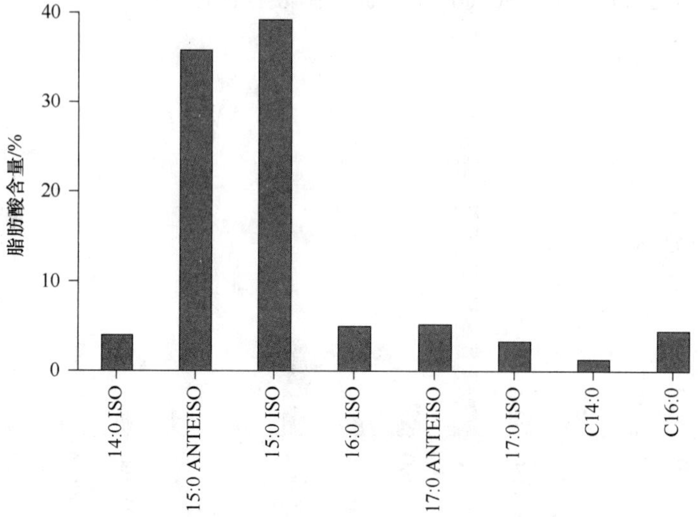


图 8-1-47　韩国芽胞杆菌（*Bacillus koreensis*）主要脂肪酸种类

## 48. 韩研所芽胞杆菌

韩研所芽胞杆菌生物学特性。韩研所芽胞杆菌（*Bacillus kribbensis* Lim et al. 2007，sp. nov.）菌株 BT080$^T$ 分离自韩国济州岛土壤样品。菌株为革兰氏染色阳性，有芽胞结构的杆状菌株，严格好氧，依靠周生鞭毛运动。菌株最适生长温度为 30～33℃，最适宜 pH 为 5.5～6.5（Lim et al.，2007）。在国内未见相关研究报道。

韩研所芽胞杆菌脂肪酸组鉴定图谱。脂肪酸组特征为 15:0 anteiso/15:0 iso=6.43，17:0 anteiso/17:0 iso=16.93。脂肪酸组（13 个生物标记）包括：15:0 anteiso（70.8200%）、15:0 iso（11.0200%）、17:0 anteiso（7.7900%）、14:0 iso（3.4700%）、16:0 iso（2.2400%）、c16:0（1.5200%）、c14:0（0.9000%）、feature 4（0.5100%）、17:0 iso（0.4600%）、16:1ω7c alcohol（0.4300%）、16:1ω11c（0.3100%）、c18:0（0.2600%）、13:0 anteiso（0.2600%）（图 8-1-48）。

## 49. 列城芽胞杆菌

列城芽胞杆菌生物学特性。列城芽胞杆菌（*Bacillus lehensis* Ghosh et al. 2007，sp. nov.）在国内有过相关研究报道。冉淦侨等（2013）报道了枯草芽胞杆菌 BS24 在苹果叶面的定植及其对叶面菌群的影响。为了进一步明确枯草芽胞杆菌 BS24 对苹果早期落

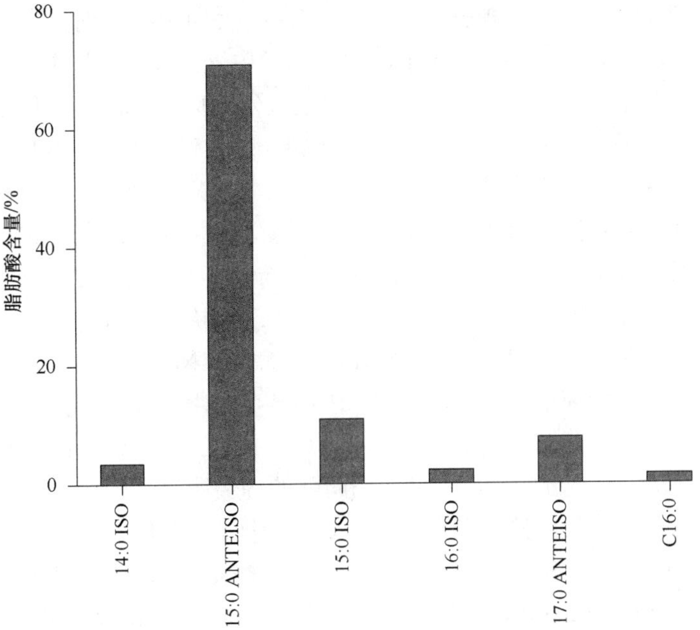


图 8-1-48　韩研所芽胞杆菌（*Bacillus kribbensis*）主要脂肪酸种类

叶病的生防作用，分别对菌株 BS24 在苹果叶面上的定植作用及其对叶面其他微生物种类和数量的影响进行了考察。结果表明，在田间条件下，菌株 BS24 能在苹果叶面成功定植，但随时间的变化呈下降趋势；在无降雨等恶劣天气影响的情况下，喷施菌剂 15 d 后，叶面检测到的菌株 BS24 的活菌量从最初的 $2.52\times10^7$ CFU/g 成熟叶下降至 $2.11\times10^5$ CFU/g 成熟叶。与未喷施菌剂的叶面微生物菌群对比，喷施菌剂后苹果叶面菌群的数量显著下降；且种类上，喷施菌剂后的苹果叶面细菌种类少了栖稻假单胞菌（*Pseudomonas oryzihabitans*）、洛菲不动杆菌（*Acinetobacter lwoffii*）、列城芽胞杆菌和玫瑰库克氏菌（*Kocuria rosea*）。

国春菲（2013）报道了土壤盐分和 pH 对滨海盐土土壤微生物多样性的影响。盐渍土是重要的土地资源，因盐渍土壤的高盐分和低养分，常导致作物受盐害而减产。研究土壤微生物多样性可为建立滨海盐土发育的微生物学指标体系提供理论依据。该研究通过不同盐分浓度和不同 pH 梯度下滨海盐土的实验室模拟试验，运用变性梯度凝胶电泳（PCR-DGGE）和磷脂脂肪酸（PLFA）方法，研究土壤盐分和 pH 变化对土壤微生物多样性的影响，得出以下结论：①pH 越高土壤细菌多样性指数越小。土壤培养 49 d 之后，对照（CK：土壤 pH 为 8.3）土壤细菌多样性指数为 3.14，土壤 pH 为 9 时细菌多样性指数降为 2.96，土壤 pH 为 10 时细菌多样性指数降至 2.85，达到显著差异水平。较高的 pH 为嗜碱细菌提供了较为合适的生长环境，如具有耐盐特性的海洋杆菌（*Pontibacter* sp.）和对强碱环境耐受性较高的堀越氏芽胞杆菌（*Bacillus horikoshii*）和列城芽胞杆菌均得以较好生长。②pH 越高土壤真菌多样性指数越小。土壤 pH 为 9 时对土壤中真菌群落结构影响不大。土壤 pH 为 10 时土壤真菌多样性指数相对于 CK 显著降低，下降至 2.92。*Pycnidiophora*、粪壳菌目（Sordariales）、曲霉属（*Aspergillus*）等消失，而地生翅孢壳（*Emericellopsis terricola*）、茄腐镰孢菌（*Fusarium solani*）、大丽轮枝菌（*Verticillium dahliae*）等真菌出现。③土壤盐分在 19.75～26.93 g NaCl/kg 土时，土壤细菌多样性差异不显著。当土壤盐分为 26.93 g NaCl/kg 时，土壤中一些细菌种属消失，同时一些嗜盐细菌开始出现。例如，海洋杆菌 MDT2-9 在土壤盐分为 9.41 g 和 19.75 g NaCl/kg 时以优势菌的地位存在，而在土壤盐分为 26.93 g NaCl/kg 时其优势地位被取代。④土壤盐分提高了土壤真菌的多样性。当土壤盐分增加时，相比于 CK 各处理土壤中真菌多样性指数明显升高，达到显著差异。当培养至 49 d 时，子囊菌类在 CK 中仍占优势地位，然而在土壤盐分为 9.41 g NaCl/kg、19.75 g NaCl/kg 和 26.93 g NaCl/kg 时其数量减少，优势地位被取代，即土壤盐分的增加抑制了该真菌的生长繁殖。曲霉属在 CK 中不存在，而在土壤盐分为 9.41 g NaCl/kg、19.75 g NaCl/kg 和 26.93 g NaCl/kg 时出现了，因此土壤中盐分的增加有利于该菌属的生长。⑤土壤 pH 和盐分的增加使土壤中脂肪酸总量，以及细菌和革兰氏阳性菌的脂肪酸量显著减少，而真菌和革兰氏阴性菌的脂肪酸量变化不显著。同时，随着 pH 和盐分的升高土壤中脂肪酸的种类明显减少。

列城芽胞杆菌脂肪酸组鉴定图谱。脂肪酸组特征为 15:0 anteiso/15:0 iso=0.53，17:0 anteiso/17:0 iso=0.47。脂肪酸组（21 个生物标记）包括：15:0 iso（33.0700%）、15:0 anteiso（17.5850%）、c16:0（13.3900%）、17:0 iso（8.8950%）、17:0 anteiso（4.2200%）、14:0 iso（4.1300%）、16:0 iso（3.8500%）、c14:0（3.7200%）、c18:0（3.1150%）、18:1ω9c（1.6500%）、feature 3（1.0200%）、c12:0（0.9250%）、c10:0（0.7400%）、c17:0（0.6350%）、feature 8（0.6350%）、14:0 anteiso（0.5900%）、c20:0（0.5600%）、17:1 anteiso ω9c（0.5450%）、17:1 iso ω5c（0.4100%）、15:1 iso G（0.1850%）、15:1 anteiso A（0.1300%）（图 8-1-49）。

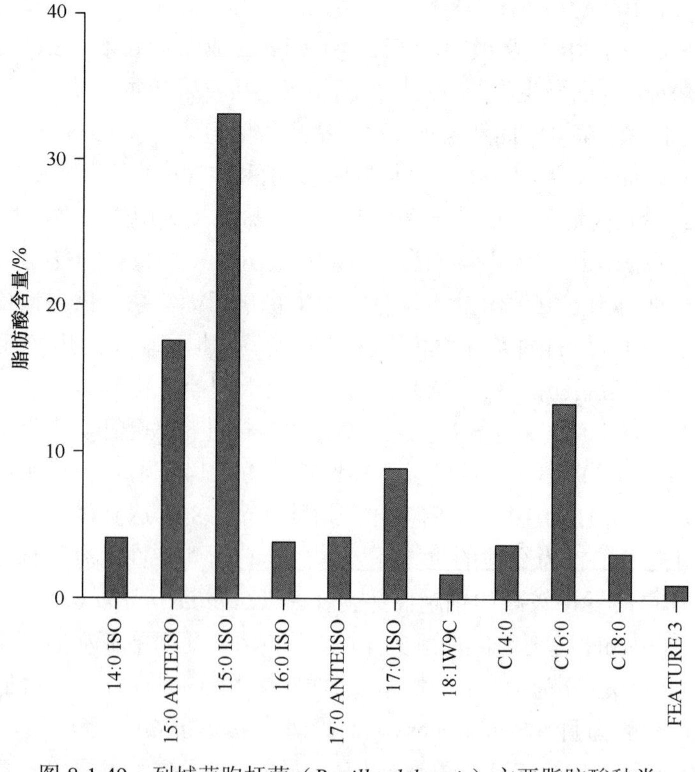


图 8-1-49　列城芽胞杆菌（*Bacillus lehensis*）主要脂肪酸种类

## 50. 地衣芽胞杆菌

地衣芽胞杆菌生物学特性。地衣芽胞杆菌［*Bacillus licheniformis*（Weigmann 1898）Chester 1901（Approved Lists 1980），species.］在国内有大量研究报道，文献达 2063 篇。国内研究文献年发表数量动态趋势见图 8-1-50。

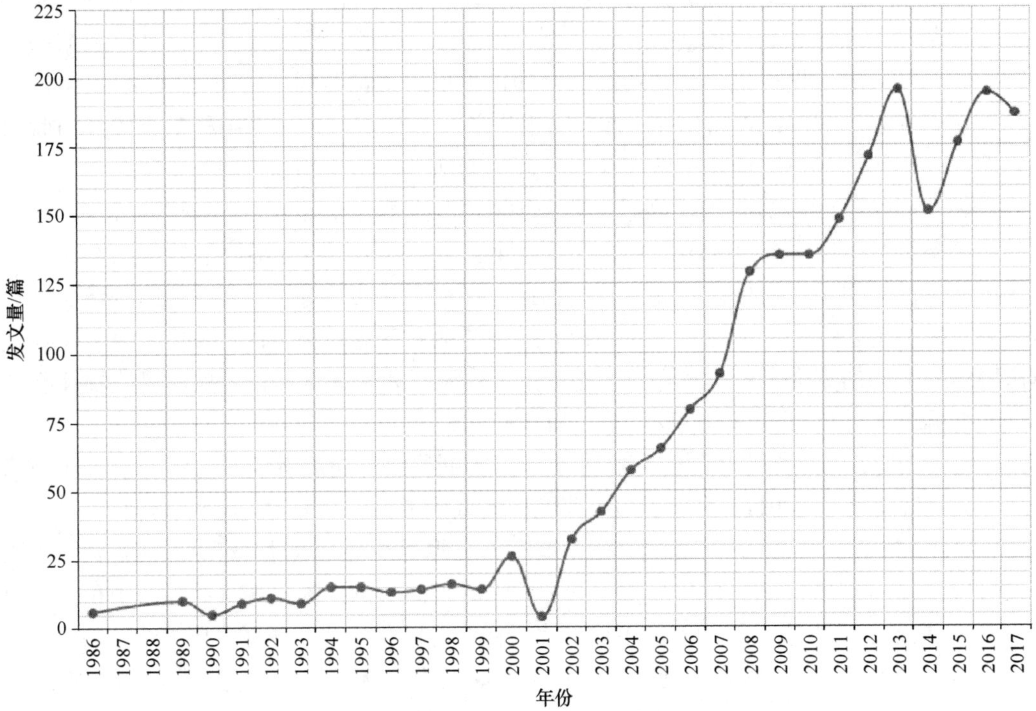


图 8-1-50　地衣芽胞杆菌国内研究文献年发表数量动态趋势

张红艳等（2017）综述了地衣芽胞杆菌在饲料工业中的应用及研究；周通等（2017）综述了地衣芽胞杆菌在植物病害生物防治中的应用；罗丹等（2017）报道了地衣芽胞杆菌 α-淀粉酶在酸性条件下稳定性提升突变体的生化特征；田光明等（2017）报道了地衣芽胞杆菌乙醛酸循环对聚谷氨酸合成的影响；陈燕萍等（2017）报道了基于发酵床养猪垫料的地衣芽胞杆菌 FJAT-4 固态发酵培养条件的优化。

刘华丽（2016）报道了地衣芽胞杆菌活菌胶囊与双歧杆菌三联活菌胶囊治疗婴幼儿秋季腹泻疗效的比较；占杨杨等（2016）报道了地衣芽胞杆菌 WX-02 联产 γ-聚谷氨酸和 2,3-丁二醇培养基的优化；倪志华和张玉明（2016）报道了微波诱变选育产物耐受型地衣芽胞杆菌以提高杆菌肽的发酵水平；祝亚娇等（2016）报道了地衣芽胞杆菌工程菌高产纳豆激酶的发酵罐工艺优化及中试放大。

刘益国（2015）报道了降脂化浊汤联合地衣芽胞杆菌治疗非酒精性脂肪性肝炎的临床研究；曾云波（2015）报道了地衣芽胞杆菌与多烯磷脂酰胆碱联合治疗非酒精性脂肪性肝炎的疗效分析；袁宏伟（2015）报道了枯草芽胞杆菌二联活菌肠溶胶囊联合地衣芽胞杆菌活菌胶囊治疗老年抗生素相关性腹泻的效果分析；陈光明等（2014）报道了不同

检测因素对地衣芽胞杆菌菌落数的影响；刘柏宏等（2014）报道了地衣芽胞杆菌来源角蛋白酶N端对活力及其热稳定性的影响；朱超慧等（2014）报道了地衣芽胞杆菌联合多烯磷脂酰胆碱治疗非酒精性脂肪性肝炎的临床观察；王丽华（2014）报道了高湿度对地衣芽胞杆菌胶囊质量的影响；师磊等（2013）报道了一株地衣芽胞杆菌Sl-1对赭曲霉毒素A的吸附和降解研究；刘柏宏等（2013）报道了来源于地衣芽胞杆菌的角蛋白酶在大肠杆菌中的表达、理化性质及其发酵优化；刘金平等（2013）报道了地衣芽胞杆菌麦芽糖α-淀粉酶产麦芽糖特性的研究；苏雪燕等（2013）报道了地衣芽胞杆菌产纤溶酶的分离、纯化及其酶学性质研究；葛慈斌等（2013）报道了枯萎病生防菌FJAT-4的生长与抑菌作用的温度效应；曾新年等（2013）报道了过氧化氢对地衣芽胞杆菌合成杆菌肽的影响；杨阳等（2013）综述了地衣芽胞杆菌生物活性物质应用研究进展。

吴群和徐岩（2012）报道了高温大曲中地衣芽胞杆菌（*B. licheniformis* CGMCC 3963）的耐高温特征；付军涛等（2012）报道了两种启动子对γ-聚谷氨酸降解酶基因在地衣芽胞杆菌中的加强表达效果；胡丽芳等（2012）报道了地衣芽胞杆菌WX-02补糖发酵γ-聚谷氨酸的工艺优化；王计伟等（2012）报道了地衣芽胞杆菌ATCC9945A中γ-聚谷氨酸降解酶基因的克隆、表达及降解性能鉴定；蔡丽蓉和王雯（2012）报道了地衣芽胞杆菌治疗肝硬化并自发性细菌性腹膜炎的临床疗效研究。

赵爱杰（2011）报道了地衣芽胞杆菌活菌制剂治疗肝病患者肠源性内毒素血症的临床疗效；许发芝等（2011）报道了地衣芽胞杆菌碱性蛋白酶基因的克隆与表达特性；夏菁等（2011）报道了地衣芽胞杆菌制剂治疗航海人员腹泻型肠易激综合征的临床观察；王维（2011）报道了地衣芽胞杆菌治疗抗生素相关性腹泻63例的临床观察；陈建华和张君丽（2011）报道了维生素C混菌发酵中地衣芽胞杆菌对氧化葡萄糖酸杆菌伴生活性的研究。

陈家祥等（2010）报道了地衣芽胞杆菌对麻羽肉鸡肠道组织结构及盲肠微生物区系的影响；黎永坚等（2009）报道了香蕉枯萎病病原菌粗毒素对地衣芽胞杆菌生长和培养液上清蛋白组成的影响；刘博等（2009）报道了壳聚糖/海藻酸钙微胶囊制备工艺对地衣芽胞杆菌生长的影响；施大林等（2009）报道了地衣芽胞杆菌培养条件的研究；李宁等（2009）报道了地衣芽胞杆菌*dif*序列的功能鉴定；戴朝霞等（2009）报道了地衣芽胞杆菌活菌制剂联合庆大霉素预防伊立替康所致腹泻；杨艳华等（2009）报道了过量表达DegQ有利于地衣芽胞杆菌表达高温α-淀粉酶；吴萍（2009）报道了地衣芽胞杆菌思密达治疗婴幼儿腹泻疗效的观察。

熊欢等（2008）报道了透明颤菌血红蛋白在产γ-聚谷氨酸地衣芽胞杆菌WX-02中的表达；肖定福等（2008）报道了地衣芽胞杆菌对仔猪生产性能和猪舍氨浓度的影响；赵恕等（2008）报道了地衣芽胞杆菌对白色念珠菌等的拮抗作用；袁杰利等（2006）报道了地衣芽胞杆菌对实验性家兔阴道炎影响的研究；陈海华等（2006）报道了地衣芽胞杆菌对肠道致病菌的体内拮抗作用研究；屈野和杨文博（2000）报道了地衣芽胞杆菌产β-甘露聚糖酶摇瓶发酵条件的研究；俸波和王蔚（1999）报道了常用抗菌药对地衣芽胞杆菌的作用；梁冰等（1995）报道了地衣芽胞杆菌（CMCC6S519）及代谢产物对部分细菌的抑菌作用；王义良等（1992）报道了地衣芽胞杆菌α-淀粉酶基因的克隆及其表达。

地衣芽胞杆菌脂肪酸组鉴定图谱。脂肪酸组特征为15:0 anteiso/15:0 iso=0.98，17:0

anteiso/17:0 iso=1.24。脂肪酸组（76 个生物标记）包括：15:0 iso（33.5165%）、15:0 anteiso（32.8146%）、17:0 anteiso（10.8771%）、17:0 iso（8.8007%）、16:0 iso（4.2063%）、c16:0（3.5017%）、16:0 iso 3OH（1.7900%）、14:0 iso（1.0055%）、17:1 iso ω10c（0.9481%）、16:1ω11c（0.6372%）、feature 4-1（0.5638%）、c14:0（0.4687%）、16:1ω7c alcohol（0.4589%）、c18:0（0.4020%）、15:0 iso 3OH（0.2308%）、15:0 2OH（0.1975%）、13:0 iso（0.1535%）、18:1ω9c（0.1421%）、c20:0（0.1056%）、13:0 anteiso（0.0975%）、17:0 2OH（0.0878%）、17:0 iso 3OH（0.0640%）、c12:0（0.0522%）、feature 8（0.0508%）、17:1 anteiso ω9c（0.0393%）、feature 4-2（0.0369%）、feature 3-1（0.0365%）、14:0 anteiso（0.0326%）、14:0 iso 3OH（0.0289%）、c19:0（0.0283%）、19:0 iso（0.0267%）、c17:0（0.0263%）、18:0 iso（0.0243%）、18:0 2OH（0.0200%）、18:3ω(6,9,12)c（0.0196%）、13:0 iso 3OH（0.0182%）、12:0 iso（0.0175%）、17:0 3OH（0.0165%）、11:0 iso（0.0164%）、19:0 anteiso（0.0162%）、16:0 anteiso（0.0155%）、18:1 iso H（0.0142%）、16:0 2OH（0.0128%）、15:1 iso F（0.0100%）、feature 5（0.0098%）、12:0 anteiso（0.0098%）、11:0 anteiso（0.0092%）、16:0 3OH（0.0085%）、feature 1（0.0085%）、13:0 2OH（0.0083%）、12:0 iso 3OH（0.0081%）、12:0 2OH（0.0078%）、16:1 2OH（0.0069%）、feature 3-2（0.0065%）、18:1ω7c（0.0064%）、unknown 11.543（0.0060%）、cy19:0 ω8c（0.0058%）、20:1ω7c（0.0055%）、16:1ω5c（0.0055%）、18:1 2OH（0.0038%）、17:1ω5c（0.0038%）、feature 6（0.0034%）、c10:0（0.0021%）、20:1ω9c（0.0021%）、feature 2（0.0017%）、16:0 N alcohol（0.0016%）、10 Me 18:0 TBSA（0.0016%）、18:1ω5c（0.0012%）、15:1 iso G（0.0011%）、c9:0（0.0010%）、15:1 iso ω9c（0.0009%）、17:1ω8c（0.0008%）、c13:0（0.0008%）、16:1 iso H（0.0007%）、14:1 iso E（0.0007%）、15:1 anteiso A（0.0006%）（图 8-1-51）。

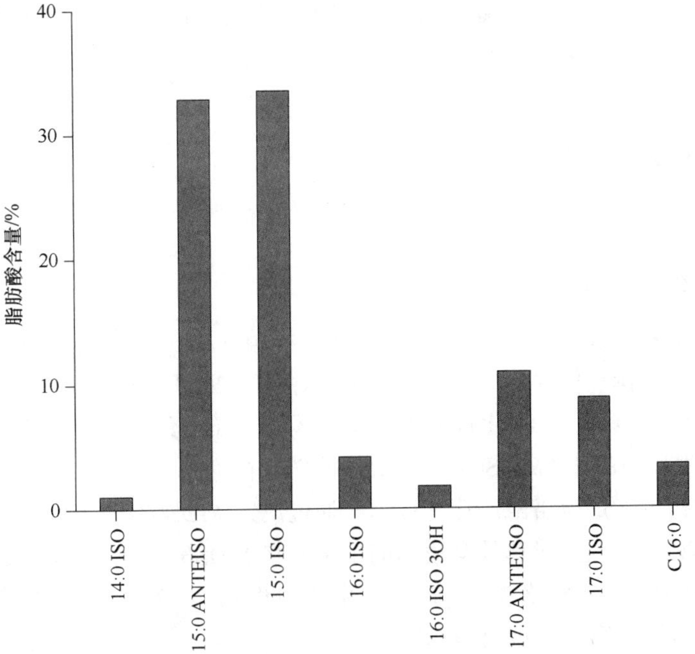


图 8-1-51 地衣芽胞杆菌（*Bacillus licheniformis*）主要脂肪酸种类

## 51. 高山杜鹃芽胞杆菌

高山杜鹃芽胞杆菌生物学特性。高山杜鹃芽胞杆菌（*Bacillus loiseleuriae* Liu et al. 2016，sp. nov.）是福建省农业科学院发表的新种，在国内其生物学特性研究未见报道。

高山杜鹃芽胞杆菌脂肪酸组鉴定图谱。脂肪酸组特征为 15:0 anteiso/15:0 iso=2.97，17:0 anteiso/17:0 iso=2.97。脂肪酸组（17 个生物标记）包括：15:0 anteiso（52.8950%）、15:0 iso（17.8050%）、14:0 iso（8.4450%）、c16:0（7.2400%）、c14:0（5.9500%）、16:1ω11c（2.1950%）、13:0 iso（1.0650%）、13:0 anteiso（1.0300%）、17:0 anteiso（0.9800%）、16:0 iso（0.9550%）、16:1ω7c alcohol（0.4700%）、17:0 iso（0.3300%）、c12:0（0.2350%）、c18:0（0.1950%）、18:1ω9c（0.1150%）、c10:0（0.0450%）、c13:0（0.0450%）（图 8-1-52）。

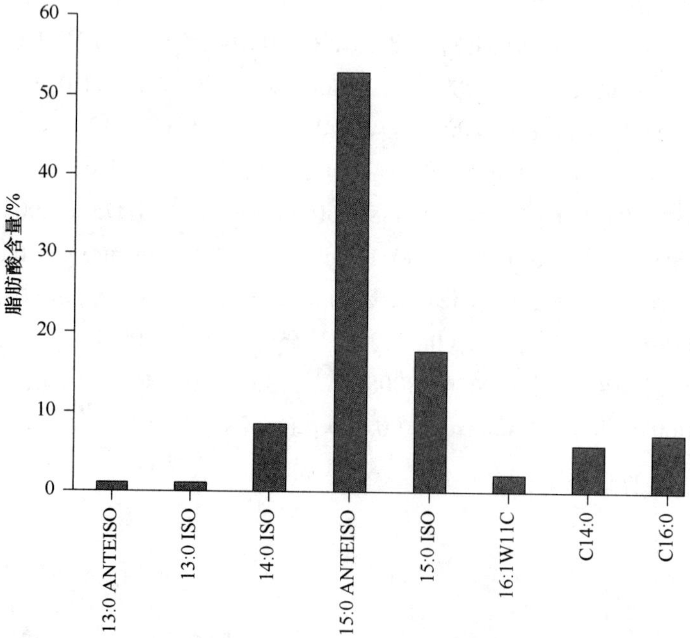


图 8-1-52　高山杜鹃芽胞杆菌（*Bacillus loiseleuriae*）主要脂肪酸种类

## 52. 路西法芽胞杆菌

路西法芽胞杆菌生物学特性。路西法芽胞杆菌（*Bacillus luciferensis* Logan et al. 2002，sp. nov.）在国内的研究报道较少。程国军等（2008）报道了抗 $Cr^{6+}$细菌的分离、鉴定及其 $Cr^{6+}$还原能力。从湖北省某重金属矿区的土样中分离出一株能在 15 mmol/L 的 $Cr^{6+}$培养基上生长的菌株（MDS08）。经对该菌株进行形态学观察和 16S rDNA 同源性比较，该菌株被初步鉴定为路西法芽胞杆菌。通过测定 MDS08 对 7 种重金属的最低抑制浓度，可知其对多种重金属都具有较高的抗性。将 MDS08 接种到含 0.2 mmol/L $Cr^{6+}$的 LB 液体培养基中，24 h 对铬（Ⅵ）的还原率达到 99%。研究表明：MDS08 可以用于重金属污染区六价铬的微生物修复。

路西法芽胞杆菌脂肪酸组鉴定图谱。脂肪酸组特征为 15:0 anteiso/15:0 iso=2.19，17:0

anteiso/17:0 iso=1.66。脂肪酸组（31 个生物标记）包括：15:0 anteiso（53.7900%）、15:0 iso（24.4840%）、16:0 iso（3.4320%）、17:0 anteiso（2.6420%）、14:0 iso（2.4840%）、c16:0（2.2200%）、17:0 iso（1.5920%）、16:1ω7c alcohol（1.5720%）、feature 4（1.5540%）、17:1 iso ω10c（1.1820%）、16:1ω11c（1.0880%）、13:0 anteiso（0.9200%）、c14:0（0.9060%）、13:0 iso（0.6280%）、18:1ω9c（0.2460%）、c18:0（0.2320%）、feature 8（0.1760%）、feature 5（0.1420%）、c20:0（0.1340%）、15:1 iso ω9c（0.1220%）、c19:0（0.1000%）、cy19:0 ω8c（0.0980%）、c12:0（0.0520%）、18:3ω(6,9,12)c（0.0500%）、feature 3（0.0280%）、16:0 N alcohol（0.0260%）、17:1 anteiso ω9c（0.0220%）、19:0 iso（0.0220%）、16:0 anteiso（0.0180%）、12:0 iso（0.0160%）、14:0 anteiso（0.0140%）（图 8-1-53）。

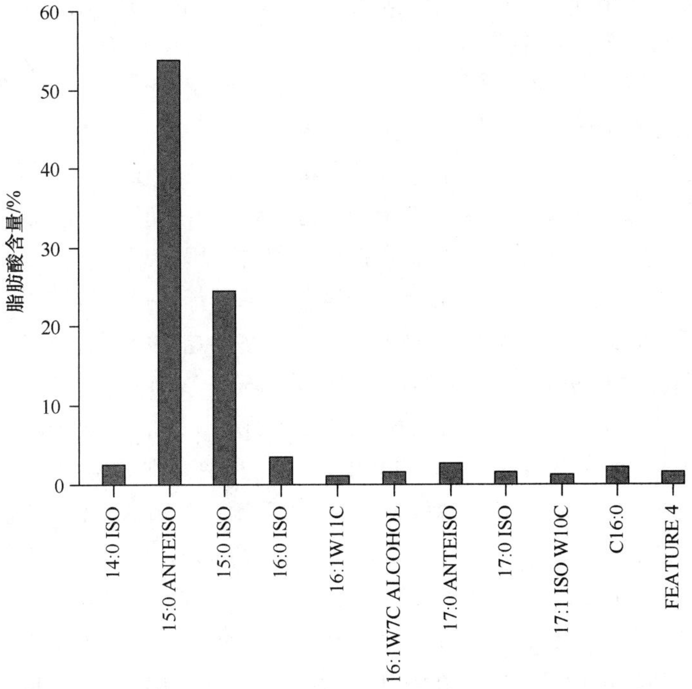


图 8-1-53　路西法芽胞杆菌（*Bacillus luciferensis*）主要脂肪酸种类

## 53. 黄海芽胞杆菌

黄海芽胞杆菌生物学特性。黄海芽胞杆菌（*Bacillus marisflavi* Yoon et al. 2003，sp. nov.）在国内有过相关研究报道。易境（2013）报道了猪场废弃物堆肥中芽胞杆菌属（黄海芽胞杆菌等）和梭菌属细菌的分子生态学研究。黄毅（2013）报道了硝化细菌（黄海芽胞杆菌）对淡水水族箱水质和异养细菌类群变化的影响。田潇娜（2013）报道了台湾地区芽胞杆菌种类多样性的研究。为了丰富芽胞杆菌资源，首次对台湾地区芽胞杆菌多样性进行调查。采用平板稀释涂布法，从采自台湾地区 9 个市县的 23 个土样中分离到 154 株芽胞杆菌，对这些菌株的 16S rDNA 基因序列进行测定，将这 154 株菌鉴定为 25 种芽胞杆菌。结果表明，台湾地区分布较多的芽胞杆菌为阿氏芽胞杆菌（*Bacillus aryabhattai*）、炭疽芽胞杆菌（*Bacillus anthracis*）和黄海芽胞杆菌等。彭琳（2013）报道了架桥细菌的共凝集能力及强化膜反应器效能的研究。共凝集是无亲缘关系的细菌通过细胞表面分子进行特异性识别进而凝集在一起的行为，能够特异性地增加配对微生物进入生物膜的机会。从污水处理系统活性污泥中分离得到13株土著菌，连同本实验室保藏的3株已知降解菌，与3株具有广泛共凝集能力的架桥细菌，即蜡样芽胞杆菌（*Bacillus cereus*）G5、巨大芽胞杆菌（*Bacillus megaterium*）T1和黄海芽胞杆菌G8分别配对组合测定其共凝集率。

郭立（2010）报道了高盐渗滤液COD降解优势菌的筛选及相关基因消减文库的构建。从渗滤液中分离出多株优势菌，构建优势菌群，通过生物强化技术，提高渗滤液生化处理效能。利用分子生物技术，鉴别优势菌株。利用抑制消减杂交技术，构建优势菌株的消减文库，为构建垃圾渗滤液工程菌奠定基础。研究根据高盐垃圾渗滤液的组成及特点，通过梯度增加培养基中垃圾渗滤液比例的方法，分离、筛选出垃圾渗滤液中的10株耐盐菌株。再经实验室摇瓶降解试验，从中筛选出6株降解COD的优势菌株（黄海芽胞杆菌等），并研究了温度、接种量、pH对6株优势菌生长的影响。田晓娟等（2008）报道了石油脱硫微生物黄海芽胞杆菌的筛选及鉴定研究。

丁延芹（2004）报道了固氮芽胞杆菌的分离、鉴定及其*glnB*基因的初步研究。在中国农业大学科学园区采集了小麦和玉米的根际土，从北京市朝阳区洼里分别选择不同环境采集2个黑麦草根际土壤样品和1个柳树根部的土壤样品，分别从这5个土壤样品中分离固氮的芽胞杆菌。首先利用选择性无氮培养基进行初筛，得到29株菌落形态不同的菌株；然后用固氮酶结构基因*nifH*的特异性引物对这29株菌进行PCR扩增，结果表明其中7个菌株具有*nifH*基因，这7个菌株的编号依次为C4、C5、G1、G2、W5、T1和T7。对这7个菌株的*nifH*片段进行了DNA序列分析，结果表明在由DNA序列推测的氨基酸水平上，菌株C5、W5、T1和G2的NIFH与肺炎克雷伯氏菌（*Klebsiella pneumoniae*）的NIFH具有较高（97%～98%）的同源性，菌株C4和G1与生脂固氮螺菌（*Azospirillum lipoferum*）、巴西固氮螺菌（*Azospirillum brasilense*）和巴西伯克霍尔德菌（*Burkholderia brasilensis*）具有较高（91%～100%）的同源性，菌株T7与载味类芽胞杆菌（*Paenibacillus odorifer*）具有较高（97%）的同源性。采用乙炔还原方法对这7个菌株的固氮酶活性进行了测定，其中4个菌株具有固氮酶活性，菌株G2和T7的固氮酶活性相对来讲比较高，分别达到660.0 nmol乙烯/mg蛋白质和292.5 nmol乙烯/mg蛋白质，但用同样方法没有测出菌株G1、T1和C5的固氮酶活性，它们的最佳固氮条件还有待发现。研究分别用生理生化性状、全细胞脂肪酸成分分析、16S rDNA序列分析及DNA-DNA杂交实验对这7个含有*nifH*的菌株进行了鉴定。结果表明，其中5株菌属于芽胞杆菌属，另外2株菌属于类芽胞杆菌属（*Paenibacillus*）。在这7株被鉴定的菌株中，菌株T1被鉴定为蜡样芽胞杆菌；W5与黄海芽胞杆菌（*Bacillus marisflavi*）的生理生化性状、16S rDNA序列及G+C mol%含量都极为接近，但由于缺少参考菌株，尚不能将它鉴定到种水平；菌株G1、C4和C5被鉴定为巨大芽胞杆菌；G2的性状与多黏类芽胞杆菌（*Paenibacillus polymyxa*）的性状接近，但DNA-DNA杂交的同源性仅为51%，其分类地位有待进一步确定；T7菌株在生理生化特征上，如葡萄糖等碳源的利用等方面有别于其他已知的类芽胞杆菌，其全细胞脂肪酸的主要成分是十五碳反式支链饱和脂肪酸（占47.78%），在根据16S rDNA序列构建的系统发育树中，与T7聚在一起的种分别为饲料类芽胞杆菌（*Paenibacillus pabuli*）、解淀粉类芽胞杆菌（*Paenibacillus amylolyticus*）和伊利诺伊类芽胞杆菌（*Paenibacillus illinoisensis*），但DNA-DNA杂交结果表明，T7与它们的同源性分别为50.62%、9.14%和46.80%，所以我们认为T7可能是类芽胞杆菌属的一个新种，其种名暂定为柳树类芽胞杆菌（*Paenibacillus salicis* sp. nov.）。

黄海芽胞杆菌脂肪酸组鉴定图谱。脂肪酸组特征为15:0 anteiso/15:0 iso=1.51，17:0 anteiso/17:0 iso=5.26。脂肪酸组（55个生物标记）包括：15:0 anteiso（37.2240%）、15:0 iso（24.7120%）、17:0 anteiso（9.3520%）、16:0 iso（7.0460%）、14:0 iso（5.8390%）、16:0 iso 3OH（3.8100%）、c16:0（3.1580%）、16:1ω7c alcohol（1.8840%）、17:0 iso（1.7790%）、feature 4（1.7000%）、c14:0（1.1350%）、15:0 iso 3OH（1.0700%）、16:1ω11c（1.0270%）、15:0 2OH（0.6120%）、14:0 iso 3OH（0.5660%）、17:1 iso ω10c（0.4420%）、13:0 iso（0.2840%）、13:0 anteiso（0.2430%）、c18:0（0.2270%）、17:0 2OH（0.1670%）、18:1ω9c（0.1050%）、14:0 anteiso（0.0990%）、c12:0（0.0920%）、17:0 iso 3OH（0.0780%）、16:0 3OH（0.0640%）、16:1ω9c（0.0530%）、feature 2（0.0460%）、15:1ω8c（0.0460%）、16:0 2OH（0.0380%）、10 Me 18:0 TBSA（0.0370%）、16:1 2OH（0.0360%）、18:0 iso（0.0340%）、feature 5（0.0340%）、16:0 anteiso（0.0330%）、18:1 2OH（0.0320%）、13:0 2OH（0.0310%）、c10:0（0.0300%）、17:1ω6c（0.0300%）、c17:0（0.0280%）、18:1 iso H（0.0280%）、15:1 iso ω9c（0.0250%）、16:0 N alcohol（0.0220%）、feature 8（0.0180%）、15:1 anteiso A（0.0160%）、cy17:0（0.0160%）、11:0 iso 3OH（0.0150%）、17:0 3OH（0.0150%）、c13:0（0.0090%）、11 Me 18:1ω7c（0.0090%）、c20:0（0.0060%）、cy19:0 ω8c（0.0060%）、18:1ω5c（0.0050%）、feature 3（0.0040%）、18:3ω(6,9,12)c（0.0040%）、11:0 2OH（0.0040%）（图8-1-54）。

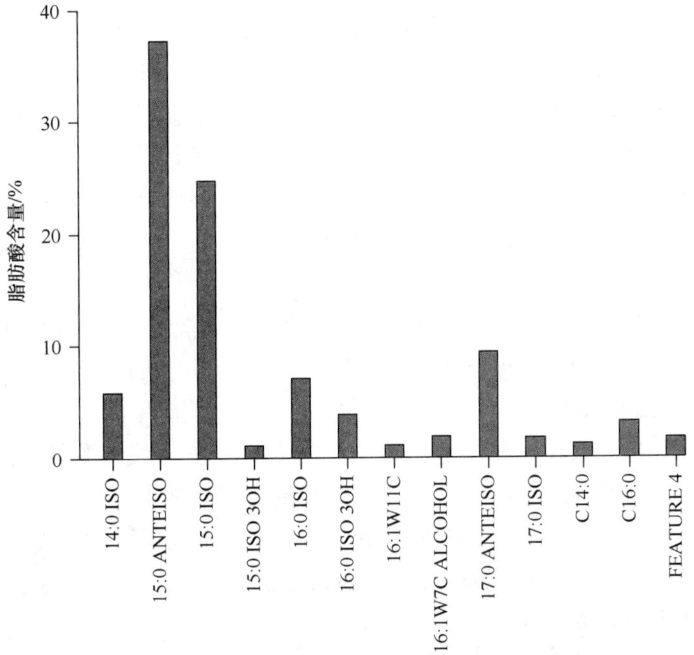


图8-1-54　黄海芽胞杆菌（*Bacillus marisflavi*）主要脂肪酸种类

## 54. 巨大芽胞杆菌

巨大芽胞杆菌生物学特性。巨大芽胞杆菌［*Bacillus megaterium* de Bary 1884 (Approved Lists 1980)，species.］在国内有大量研究报道，文献达 1174 篇，我国各年发表的文献数量动态曲线见图 8-1-55。

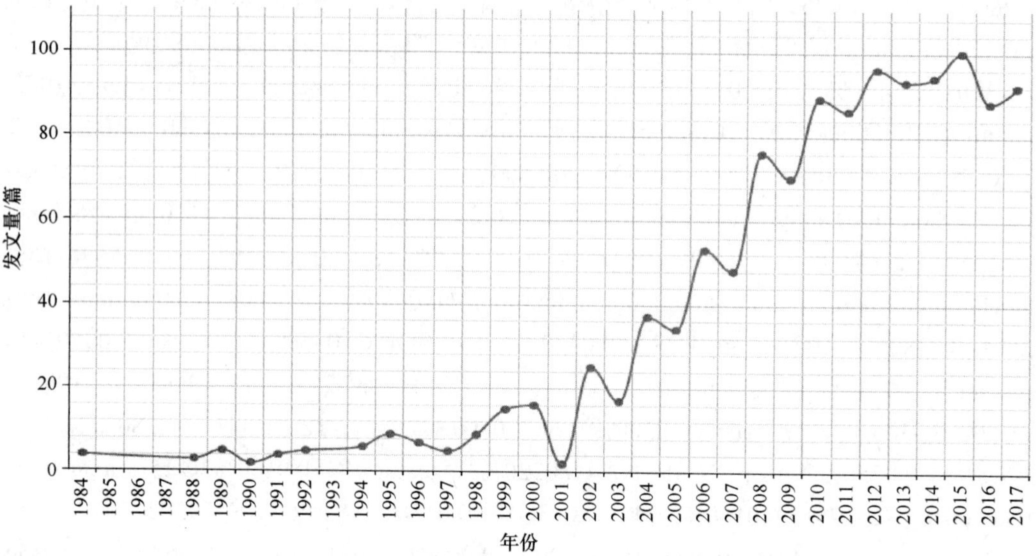


图 8-1-55　巨大芽胞杆菌国内研究文献年发表数量动态趋势

Gao 等（2016）报道了添加碳源和巨大芽胞杆菌对土壤微生物环境及 $N_2O$、$CH_4$ 排放的影响；陈连民等（2016）报道了巨大芽胞杆菌 1259 对产蛋后期蛋鸡蛋壳质量的影响；刘露等（2016）综述了巨大芽胞杆菌的应用研究进展；任连海等（2016）报道了巨大芽胞杆菌在餐厨垃圾湿热处理脱出液中生长条件优化的研究；余同水（2016）报道了巨大芽胞杆菌对泌乳期奶牛生产性能、瘤胃发酵及生化指标的影响；蔡中梅等（2016）报道了巨大芽胞杆菌对 1～70 日龄扬州鹅生长性能、屠宰性能、脏器指数及血清生化指标的影响；王大欣等（2016）报道了巨大芽胞杆菌 NCT-2 冻干菌剂的制备及冻干保护剂响应面优化。

丁文骏等（2015）报道了巨大芽胞杆菌 1259 对产蛋鸡生产性能及排泄物中含氮物浓度的影响；孔青等（2015）报道了花生中巨大芽胞杆菌对黄曲霉毒素合成相关基因的抑制；顾天天等（2015）报道了巨大芽胞杆菌 1259 对产蛋鸡不同肠段微生物区系的影响；纪宏伟等（2015）报道了枯草芽胞杆菌与巨大芽胞杆菌对土壤有效态 Cd 的影响研究；迟晨（2015）报道了海洋巨大芽胞杆菌抑制黄曲霉毒素生物合成及其机制；刘利丹（2015）报道了巨大芽胞杆菌 LLD-1 胞外电子传递机制及其还原 Cr（Ⅵ）的特性研究；余彬（2015）报道了仿刺参（*Apostichopus japonicas*）肠道再生期巨大芽胞杆菌对生长、免疫、消化及肠道菌群的作用。

王继雯等（2014）报道了巨大芽胞杆菌 C2 产芽胞培养条件的优化；吕黎等（2014）

综述了巨大芽胞杆菌的研究现状及应用；王小敏等（2014）报道了巨大芽胞杆菌与印度芥菜对 Cd 污染土壤的联合修复效果研究，以及巨大芽胞杆菌与胶冻样类芽胞杆菌对土壤 Cr 的活化效果研究；饶犇等（2014a）报道了巨大芽胞杆菌发酵培养基的优化。

王金玲等（2013）报道了解磷巨大芽胞杆菌液体发酵培养条件的优化；耿婧（2013）报道了巨大芽胞杆菌在土壤中的迁移特性及其对菲的生物降解的初步研究；匡群等（2013b）报道了巨大芽胞杆菌 JSSW-JD 的生物学特性及其对养殖水体氮磷的影响；刘睿杰等（2013）报道了巨大芽胞杆菌固态发酵法去除黄曲霉毒素 $B_1$ 工艺对花生粕品质的影响；张维娜等（2012）报道了巨大芽胞杆菌 JD-2 的解磷效果及其对土壤磷化作用的研究；周冒达（2012）报道了巨大芽胞杆菌 WSH-002 全基因组规模代谢网络模型的构建与分析；李晓刚（2012）报道了巨大芽胞杆菌降低蛋鸡排泄物中氨和硫化氢机理的研究；李晓刚等（2012）报道了巨大芽胞杆菌 1259 对蛋鸡生产性能、养分消化率及血清指标的影响；赵芯（2012）报道了巨大芽胞杆菌产胞外核糖核酸酶的分离纯化及性质和功能基团研究。

张莹等（2011）报道了溶氧对巨大芽胞杆菌发酵亚硝酸还原酶的影响；郭德军等（2010）综述了巨大芽胞杆菌表达系统的特点及其研究进展；陈凯等（2010）报道了巨大芽胞杆菌 P1 的解磷效果与发酵条件研究；孔青等（2010）报道了海洋巨大芽胞杆菌抑制黄曲霉毒素的生物合成；王梅等（2009）报道了巨大芽胞杆菌固定化包埋材料的初步研究；包怡红等（2009）报道了耐碱性木聚糖酶基因在巨大芽胞杆菌中的表达及其酶学性质；曹凤明等（2009）报道了多重 PCR 技术检测微生物肥料中巨大芽胞杆菌和蜡样芽胞杆菌的研究与应用；刘文海等（2009）报道了一株甲胺磷高效降解菌巨大芽胞杆菌的分离及其分子鉴定；王琳等（2009）报道了巨大芽胞杆菌对富营养化景观水体的净化效果；吴襟和张树政（2008）报道了巨大芽胞杆菌 β-淀粉酶基因的克隆、表达和酶学性质分析；吴伟等（2008）报道了巨大芽胞杆菌对池塘微碱性水体中磷的形态和含量的影响；陈惠等（2008）报道了内切葡聚糖酶基因在巨大芽胞杆菌中的表达及其酶学性质研究；牟琳等（2008）综述了巨大芽胞杆菌表达外源蛋白的特点及其研究进展。

赵世光等（2007）报道了维生素 C 二步发酵中离子注入诱变巨大芽胞杆菌的生物学效应；杨艳等（2007）报道了巨大芽胞杆菌 MPF-906 对养鱼水质净化的初步研究；侯颖等（2006）报道了巨大芽胞杆菌对养殖水体氨氮降解特性的研究；胡小加等（2004）报道了巨大芽胞杆菌在油菜根部定植和促生作用的研究；龙苏等（2000）报道了固氮球形芽胞杆菌与巨大芽胞杆菌的混合增效作用；冯树等（2000）报道了混合培养中巨大芽胞杆菌对氧化葡萄糖酸杆菌的作用。

巨大芽胞杆菌脂肪酸组鉴定图谱。脂肪酸组特征为 15:0 anteiso/15:0 iso=1.21，17:0 anteiso/17:0 iso=1.58。脂肪酸组（88 个生物标记）包括：15:0 anteiso（40.9352%）、15:0 iso（33.8289%）、14:0 iso（4.8673%）、c16:0（4.5985%）、17:0 anteiso（3.4974%）、17:0 iso（2.2085%）、16:0 iso（2.1104%）、16:1ω11c（2.0963%）、c14:0（1.5166%）、16:0 iso 3OH（1.3200%）、16:1ω7c alcohol（0.8052%）、c18:0（0.5653%）、17:1 iso ω10c（0.5195%）、feature 4-1（0.4344%）、13:0 iso（0.3928%）、13:0 anteiso（0.1986%）、18:1ω9c（0.1736%）、 feature 4-2（0.1001%）、c12:0（0.0893%）、feature 8（0.0772%）、14:0 anteiso（0.0750%）、c17:0（0.0580%）、17:1 anteiso ω9c（0.0425%）、feature 7（0.0388%）、c19:0（0.0258%）、feature 3-1（0.0245%）、18:1ω7c（0.0240%）、19:0 iso（0.0231%）、c20:0（0.0230%）、15:1 iso ω9c（0.0207%）、13:0 iso 3OH（0.0186%）、15:1 iso at 5（0.0181%）、feature 1-1（0.0159%）、cy19:0 ω8c（0.0151%）、18:3ω(6,9,12)c（0.0149%）、18:1 iso H（0.0149%）、15:1 iso F（0.0149%）、18:0 iso（0.0133%）、feature 5（0.0123%）、15:1 iso G（0.0112%）、16:0 anteiso（0.0109%）、17:1ω7c（0.0102%）、15:0 iso 3OH（0.0095%）、c10:0（0.0093%）、17:0 iso 3OH（0.0092%）、17:1 iso ω9c（0.0087%）、10 Me 18:0 TBSA（0.0086%）、18:1 2OH（0.0078%）、19:0 anteiso（0.0074%）、feature 3-2（0.0069%）、15:1 anteiso A（0.0067%）、16:1 2OH（0.0061%）、feature 6（0.0055%）、15:1ω5c（0.0052%）、16:0 N alcohol（0.0050%）、cy17:0（0.0050%）、13:0 2OH（0.0047%）、11:0 anteiso（0.0043%）、16:0 2OH（0.0040%）、15:0 2OH（0.0038%）、11:0 iso 3OH（0.0035%）、feature 1-2（0.0034%）、11:0 iso（0.0032%）、16:0 3OH（0.0030%）、13:1 at 12-13（0.0028%）、feature 2-1（0.0027%）、17:0 2OH（0.0027%）、20:1ω7c（0.0026%）、17:1ω6c（0.0026%）、14:1ω5c（0.0025%）、18:0 2OH（0.0024%）、feature 2-2（0.0023%）、feature 9（0.0022%）、16:1ω5c（0.0020%）、14:0 2OH（0.0019%）、18:1ω5c（0.0018%）、10:0 iso（0.0018%）、20:0 iso（0.0018%）、17:1ω9c（0.0017%）、9:0 3OH（0.0017%）、feature 2-3（0.0016%）、c13:0（0.0014%）、12:0 iso（0.0014%）、14:0 iso 3OH（0.0012%）、feature 1-3（0.0012%）、16:1 iso H（0.0011%）、10:0 3OH（0.0010%）、18:0 3OH（0.0010%）（图 8-1-56）。

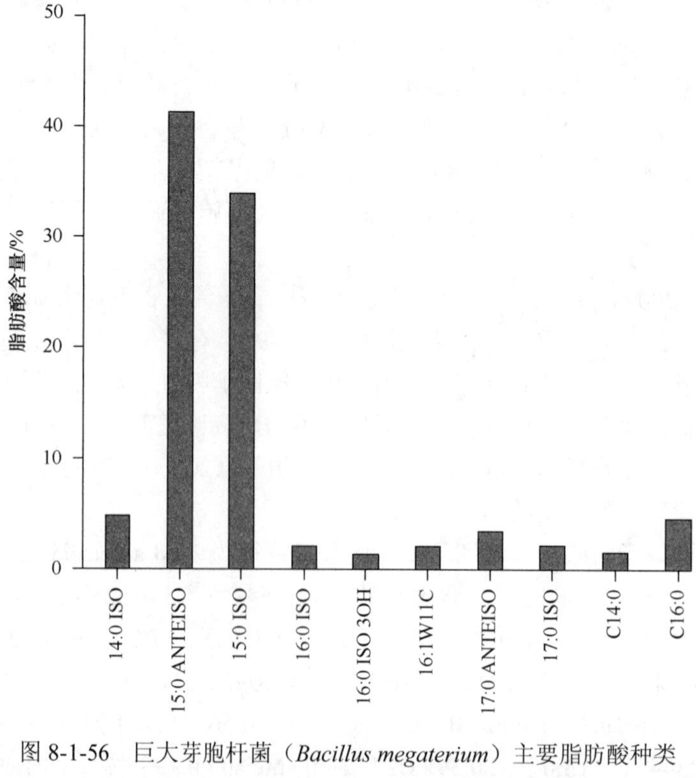


图 8-1-56　巨大芽胞杆菌（*Bacillus megaterium*）主要脂肪酸种类

## 55. 仙草芽胞杆菌

仙草芽胞杆菌生物学特性。仙草芽胞杆菌（*Bacillus mesonae* Liu et al. 2014，sp. nov.）由福建省农业科学院团队发表。其生物学研究未见报道。

仙草芽胞杆菌脂肪酸组鉴定图谱。脂肪酸组特征为 15:0 anteiso/15:0 iso=0.58，17:0 anteiso/17:0 iso=0.65。脂肪酸组（47 个生物标记）包括：15:0 iso（37.2010%）、15:0 anteiso（21.6530%）、16:1ω11c（7.3050%）、c16:0（4.9580%）、14:0 iso（4.7260%）、17:0 iso（4.2280%）、16:0 iso（3.9790%）、17:1 iso ω10c（3.2690%）、17:0 anteiso（2.7470%）、16:1ω7c alcohol（1.8810%）、18:1ω9c（1.3980%）、c18:0（1.0540%）、c14:0（0.8810%）、feature 4-1（0.8580%）、13:0 iso（0.6120%）、c17:0（0.4970%）、17:1ω9c（0.4830%）、feature 3（0.2390%）、18:1 2OH（0.2090%）、20:1ω7c（0.2030%）、18:0 iso（0.1740%）、feature 8（0.1310%）、c12:0（0.1180%）、15:1 iso F（0.1100%）、c20:0（0.1040%）、feature 4-2（0.0950%）、13:0 anteiso（0.0860%）、20:2ω(6,9)c（0.0680%）、19:0 iso（0.0540%）、15:0 iso 3OH（0.0510%）、10 Me 17:0（0.0510%）、16:0 iso 3OH（0.0500%）、14:0 anteiso（0.0410%）、15:0 2OH（0.0400%）、16:0 3OH（0.0380%）、18:1ω5c（0.0270%）、16:0 2OH（0.0250%）、17:0 3OH（0.0220%）、10 Me 18:0 TBSA（0.0220%）、15:1 anteiso A（0.0210%）、12:0 iso（0.0180%）、feature 1（0.0170%）、c19:0（0.0150%）、18:1 iso H（0.0130%）、19:0 anteiso（0.0130%）、cy17:0（0.0130%）、16:1ω5c（0.0120%）（图 8-1-57）。

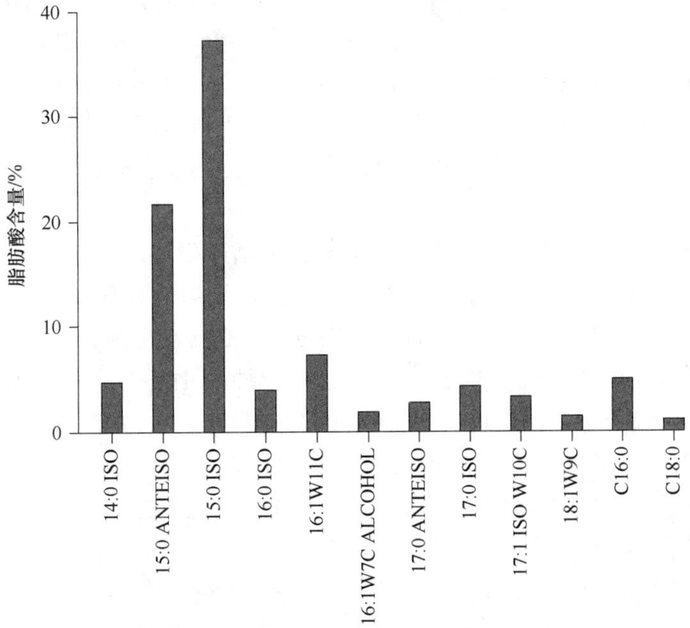


图 8-1-57　仙草芽胞杆菌（*Bacillus mesonae*）主要脂肪酸种类

## 56. 莫哈维沙漠芽胞杆菌

莫哈维沙漠芽胞杆菌生物学特性。莫哈维沙漠芽胞杆菌（*Bacillus mojavensis* Roberts

et al. 1994，sp. nov.）在国内有过相关研究报道。海米代·吾拉木等（2017）报道了2株棉酚分解菌对棉籽油脱毒效果的研究。以从棉花秸秆中分离得到的2株棉酚分解菌莫哈维沙漠芽胞杆菌和死谷芽胞杆菌（*Bacillus vallismortis*）为实验菌株，对棉酚含量高的棉籽油进行脱毒实验。结果表明：莫哈维沙漠芽胞杆菌和死谷芽胞杆菌对棉籽油具有一定的脱毒作用，脱毒率分别达到22.1%和22.2%。尹利方等（2016）报道了1株铁皮石斛组织培养污染内生细菌的分离与鉴定。采用NA培养基分离纯化细菌，通过形态学特征、生理生化指标结合16S rDNA序列同源性分析，对引起铁皮石斛组培苗污染的内生细菌进行鉴定。引起铁皮石斛组培苗污染的内生细菌为SH42菌株，其形态学特征及生理生化指标与莫哈维沙漠芽胞杆菌基本相同；16S rDNA序列分析结果表明，SH42与莫哈维沙漠芽胞杆菌AM948970聚在同一系统发育分支，其同源性为99.4%。因此确定引起铁皮石斛组培苗污染的内生细菌SH42为莫哈维沙漠芽胞杆菌。冯中红等（2016）报道了1株抗马铃薯坏疽病莫哈维沙漠芽胞杆菌ZA1培养条件的优化。为了提高生防菌株莫哈维沙漠芽胞杆菌ZA1液体发酵的生物量，利用单因素实验设计与响应面试验设计相结合的方法对ZA1摇瓶发酵条件进行了优化。结果表明，ZA1的最佳培养基配比为氯化铵14.25 g、玉米粉19 g、马铃薯237 g、水1000 mL，最佳发酵条件为pH 7.7、培养温度28℃、转速180 r/min及发酵时间36 h，ZA1优化后活菌数为$4.12\times10^{10}$ CFU/mL。通过中心组合试验设计确定ZA1在10 L发酵罐中的最佳溶氧量为60%，转速为180 r/min；最优条件下，发酵ZA1的放罐时间确定为36 h，活菌数达到$1.59\times10^{11}$ CFU/mL。畅涛等（2015）报道了珠芽蓼内生菌ZA1对马铃薯的防病促生研究。利用常规方法对莫哈维沙漠芽胞杆菌ZA1分泌吲哚乙酸（IAA）、固氮、溶磷和产抑菌酶等能力进行定性测定，并在室内和大田条件下对其防治马铃薯病害及促生作用进行了研究。ZA1在含有和不含色氨酸的King培养基中分泌IAA量分别为12.17 mg/L和9.75 mg/L，具有固氮能力并且能分泌胞外蛋白酶，但无溶磷能力，且不能产生几丁质酶和葡聚糖酶；10倍液喷雾对贮藏期马铃薯坏疽病的防效达85.9%；20倍液拌种对田间马铃薯晚疫病防效为26.56%，但马铃薯商品薯增产率达36.29%，每公顷增产率达33.88%。采用10倍稀释液对马铃薯块茎拌种后盆栽55 d，根、茎及叶绿素含量均高于对照，其中经10倍ZA1处理后，根长与干重、鲜重分别增加8 cm、0.75 g和5.07 g，株高、茎粗及茎干重、鲜重分别增加2.74 cm、0.27 cm、0.52 g和5.73 g，干湿根冠比分别增加0.214和0.094，叶绿素含量增加0.54 mg/g；且可诱导马铃薯植株内的过氧化物酶（POD）、多酚氧化酶（PPO）、超氧化物歧化酶（SOD）、过氧化氢酶（CAT）和苯丙氨酸解氨酶（PAL）的酶活性增加。杨成德等（2015）报道了珠芽蓼内生细菌ZA1的抑菌物质产生条件的优化及其稳定性测定。从珠芽蓼中分离的内生细菌ZA1对马铃薯坏疽病病原菌具有良好的抑菌效果，鉴定为莫哈维沙漠芽胞杆菌。通过平板对峙法对ZA1分泌物抑制马铃薯坏疽病病原菌的培养条件进行了优化，并对ZA1抑菌粗提物的稳定性进行了测定。结果表明，ZA1的最佳培养基为B培养液（马铃薯200g、蛋白胨10g、蔗糖20g、水1000 mL），最佳发酵温度为17.8℃，培养基的最佳pH是6.9，150 mL三角瓶的最佳装液量为20 mL，最佳培养方式为暗处理振动培养96 h，经对ZA1进行优化培养，其对马铃薯坏疽病病原菌的半数有效浓度（$EC_{50}$）=0.1228 μL/mL，是优化前$EC_{50}$（4.5888 μL/mL）的1/37。

ZA1 的抑菌粗提物 90℃处理 2 h，其相对活性达到 76.62%，具有耐高温的特性；紫外线照射 30 min 后相对活性差异不明显；pH 为 3 和 11 时，其相对活性分别为 92.87%和 85.11%；对蛋白酶和 $Ag^{+}$、$Cu^{2+}$、$Zn^{2+}$和 $Fe^{3+}$等金属离子不敏感，经 $Ag^{+}$处理后的相对活性可达到 86.93%。

姚玉玲等（2014）报道了矮生嵩草（*Kobresia humilis*）内生细菌溶磷、抑菌和产 IAA 能力的测定及鉴定。以东祁连山高寒草地矮生嵩草内生细菌 263AG5 为研究对象，采用平板对峙法和 Salkowski 比色法测定其抑菌和分泌 IAA 的能力，并利用形态学和分子生物学方法对其进行鉴定。结果表明：263AG5 对马铃薯坏疽病病原菌（*Phoma foveata*）和马铃薯炭疽病病原菌（*Colletotrichum coccodes*）均有较好的抑制作用，且具有固氮和产 IAA 的能力，溶磷量为 60.52 mg/L。263AG5 菌体杆状，大小为（0.71～1.78）μm×（0.27～0.48）μm，呈革兰氏阳性，结合 16S rDNA 基因序列同源性分析鉴定 263AG5 为莫哈维沙漠芽胞杆菌，该菌具有开发为微生物农药的潜力。杨成德等（2014）报道了东祁连山高寒草地几株醉马草内生细菌的生物功能评价及鉴定。采用表面消毒划线法从醉马草中分离获得 6 株内生细菌，分别命名为 261MG1、261MG2、261MG3、261MG4、261MY5 和 261MY6，并对其进行了生物功能测定和鉴定。结果表明，有 5 株内生细菌对马铃薯炭疽病病原菌和马铃薯坏疽病病原菌有较好的拮抗作用，有 4 株对马铃薯枯萎病病原菌有较好的拮抗作用，且 261MG2、261MG3、261MG4 和 261MY6 对 3 种病原菌均有较好的拮抗作用；除 261MG4 外均有固氮和产吲哚乙酸能力；通过培养性状和形态特征，结合 16S rDNA 序列同源性分析，将 261MG1、261MG2、261MG3、261MY6、261MG4 和 261MY5 分别鉴定为枯草芽胞杆菌（*Bacillus subtilis*）、阿萨尔基亚芽胞杆菌（*Bacillus axarquiensis*）、莫哈维沙漠芽胞杆菌（*Bacillus mojavensis*）、解淀粉芽胞杆菌（*Bacillus amyloliquefaciens*）、耐盐短杆菌（*Brevibacterium halotolerans*）和棒形杆菌（*Clavibacter* sp.）。畅涛等（2014b）报道了马铃薯坏疽病病原菌生防菌的筛选及鉴定，采用平板对峙法筛选到了马铃薯坏疽病的生防菌 ZA1，其对马铃薯坏疽病病原菌的抑制率为 71.83%；通过形态学特征和生理生化测定，结合 16S rDNA 和 *gyrB* 基因序列同源性分析，鉴定该菌为莫哈维沙漠芽胞杆菌。抑菌谱测定表明，菌株 ZA1 对番茄早疫病病原菌（*Alternaria solani*）、马铃薯褐腐病病原菌（*Stysanus stemonitis*）、马铃薯干腐病病原菌——尖孢镰刀菌（*Fusarium oxysporum*）和马铃薯炭疽病病原菌的抑制率分别达 64.30%、41.05%、61.42%和 74.92%。在贮藏库中进行 10 倍液喷雾，对马铃薯坏疽病的防效达 64.31%。

李振东等（2011）报道了珠芽蓼内生菌 Z17 抑菌能力的测定及其鉴定。以高寒草地优势植物珠芽蓼（*Polygonum viviparum*）的一株内生细菌菌株 Z17 为研究对象，采用平板对峙法测定其对 7 种植物病原真菌的抑菌能力，利用形态学和分子生物学 2 种方法确定其分类地位。该菌对玉米小斑病病原菌（*Bipolaria maydis*）、立枯丝核病病原菌（*Rhizoctonia solani*）、菌核病病原菌（*Sclerotinia sclerotiorum*）、西瓜尖孢镰刀菌（*Fusarium oxysporum* f. *niveum*）、番茄早疫病病原菌、番茄灰霉病病原菌（*Botrytis cinerea*）和小麦根腐平脐蠕孢菌（*Bipolaris sorokiniana*）等均有抑制作用，抑菌谱较广。菌体杆状，菌体大小为（1.4～3.6）μm×（0.4～0.6）μm，革兰氏阳性，中生芽胞，与芽胞杆菌的形态一致；16S rDNA 基因序列与莫哈维沙漠芽胞杆菌的模式菌株 BCRC17531 的同源性达

99.79%，在系统发育树上 Z17 与菌株 BCRC17531 的遗传距离小于 0.0005，故鉴定为莫哈维沙漠芽胞杆菌。

徐暘等（2011）报道了生物复合型破乳剂破乳特性的研究。为解决现有生物破乳剂破乳效率低、稳定性差、易受环境影响、难以大规模生产的问题，将具有破乳效果的莫哈维沙漠芽胞杆菌、枯草芽胞杆菌在改进的无机盐液体培养基中混合培养，得到了一种高效生物复合型破乳剂。生物复合型破乳剂全培养液在室温下，接触时间 48 h 可使 O/W 型模型乳状液完全破乳。与单一菌株的全培养液相比，缩短了发酵时间（提高 6 h 以上），降低了破乳剂投加量，提升了破乳活性和稳定性。在乳状液 pH 为 3～7 的条件下，生物复合型破乳剂可维持较高的破乳活性，具有良好的耐温性，乳状液温度为 20～120℃，破乳剂排油率变化在 15%以内。复合后，生物破乳剂仍主要依靠发酵过程中产生代谢产物破乳，上清液排油效果为全培养液的 87%，菌体悬液几乎不具有破乳活性。与目前广泛使用的化学破乳剂相比，对大庆油田含油废水的处理效果基本接近。侯宁等（2010）报道了高效破乳菌的培养条件优化及破乳效能研究。从大庆油田受石油污染土壤中分离到 1 株具有较强破乳能力的莫哈维沙漠芽胞杆菌，其 24 h 破乳率>83%。通过正交试验优化了影响该破乳菌生长及破乳效能的发酵条件；考察了影响其破乳效能的环境因素。结果表明，破乳菌体生长的最佳发酵条件为培养温度 25℃、摇床转速 160 r/min、pH 9、接菌量 10%、培养时间 40 h；全培养液破乳的最佳发酵条件为培养温度 25℃、摇床转速 160 r/min、pH 5、接菌量 6%、培养时间 20 h；破乳的最佳环境条件为 pH 5～9，温度 30～50℃、全培养液与模型乳状液体积比为 1∶5。侯宁等（2009）报道了高效破乳菌的破乳效能及活性成分。采用吐温-60、Span60 和航空煤油制备稳定的 O/W 型乳状液作为模型乳状液，将从大庆油田受石油污染土壤中分离到的 1 株莫哈维沙漠芽胞杆菌 XH-1 制成 XH-1 菌全培养液，用于该模型乳状液的破乳，考察培养条件和破乳实验条件对 XH-1 菌破乳性能的影响。结果表明，与目前现场常用化学破乳剂相比，XH-1 菌全培养液具有优良的破乳性能，其对 O/W 型乳状液 24 h 的破乳率可达 85%以上。XH-1 菌具有较强的传代稳定性；其最佳培养及破乳条件为：以葡萄糖和液体石蜡的混合物为碳源、pH 6.5、摇床转数 140～160 r/min。XH-1 菌的破乳活性成分耐低温不耐高温，超声波破碎处理对其破乳活性影响不大，经胃蛋白酶、胰蛋白酶及尿素处理后其基本失活。显微观察及实验分析表明，XH-1 菌主要破乳活性成分为胞外分泌的蛋白物质。

莫哈维沙漠芽胞杆菌脂肪酸组鉴定图谱。脂肪酸组特征为 15:0 anteiso/15:0 iso=2.15，17:0 anteiso/17:0 iso=1.66。脂肪酸组（42 个生物标记）包括：15:0 anteiso（43.0785%）、15:0 iso（20.0240%）、17:0 anteiso（12.6800%）、17:0 iso（7.6195%）、16:0 iso（4.0080%）、c16:0（2.9280%）、17:1 iso ω10c（2.6280%）、feature 4（1.6515%）、14:0 iso（1.2460%）、16:1ω11c（1.0310%）、15:0 2OH（0.7155%）、16:1ω7c alcohol（0.6045%）、c18:0（0.5175%）、15:0 iso 3OH（0.3025%）、c14:0（0.2430%）、c20:0（0.1390%）、18:1ω9c（0.1315%）、17:0 2OH（0.1050%）、13:0 iso（0.0805%）、16:0 iso 3OH（0.0400%）、c12:0（0.0315%）、feature 8（0.0225%）、13:0 iso 3OH（0.0195%）、14:0 anteiso（0.0180%）、c17:0（0.0175%）、14:0 iso 3OH（0.0165%）、16:0 anteiso（0.0135%）、c9:0（0.0135%）、13:0 2OH（0.0125%）、feature 5（0.0120%）、19:0 iso（0.0115%）、18:0 iso（0.0095%）、15:1ω5c（0.0095%）、

19:0 anteiso（0.0070%）、17:0 iso 3OH（0.0070%）、18:0 2OH（0.0055%）、13:0 anteiso（0.0050%）、feature 1（0.0045%）、15:1 iso G（0.0045%）、cy19:0 ω8c（0.0035%）、feature 2（0.0035%）、c10:0（0.0030%）（图 8-1-58）。

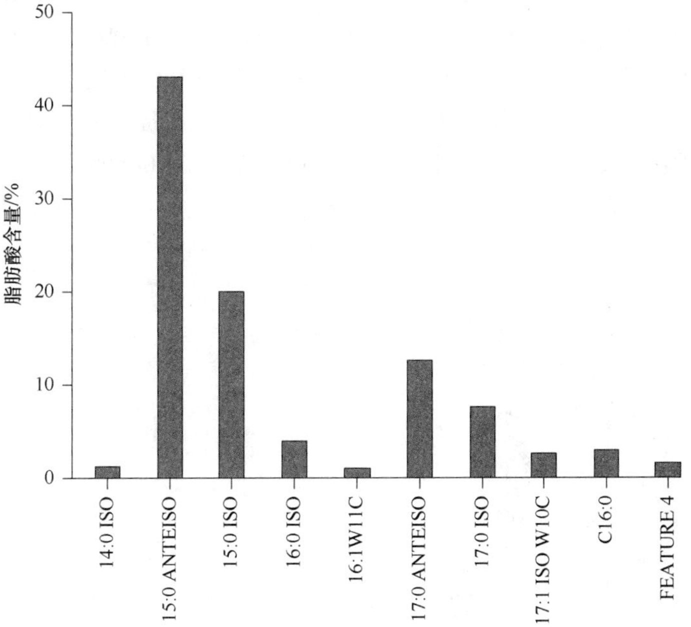


图 8-1-58 莫哈维沙漠芽胞杆菌（*Bacillus mojavensis*）主要脂肪酸种类

## 57. 壁画芽胞杆菌

壁画芽胞杆菌生物学特性。壁画芽胞杆菌（*Bacillus muralis* Heyrman et al. 2005，sp. nov.）在国内相关研究报道较少。熊伟东等（2016）报道了促生菌剂在砂质潮土麦田的应用效果。为了解植物促生菌剂在砂质潮土麦田的应用效果，采用壁画芽胞杆菌、特基拉芽胞杆菌、短小芽胞杆菌制成的微生物菌剂进行小区试验，设置 T1（不施任何菌剂和骨粉）、T2（单施骨粉）、T3（施用以骨粉为载体的壁画芽胞杆菌菌剂）、T4（施用以骨粉为载体的特基拉芽胞杆菌菌剂）、T5（施用以骨粉为载体的短小芽胞杆菌菌剂）、T6（施用以骨粉为载体的壁画芽胞杆菌、特基拉芽胞杆菌、短小芽胞杆菌等比例混合菌剂）6 个处理，研究了植物促生菌剂对土壤微生物及小麦产量的影响。结果表明，T3、T4、T5、T6 处理均能显著提高土壤微生物的数量及活性，促进土壤速效磷的释放与 IAA 含量的提高，增加小麦产量。在本试验条件下，T5、T6 处理小麦生育期内土壤微生物数量显著高于其他处理。T5 处理显著提高小麦生育期内土壤的微生物碳、氮含量（$P<0.05$），促进速效磷、速效钾养分的释放，提高土壤 IAA 的含量，并且促进小麦显著增产，增产幅度为 12.8%，达到 6357.4 kg/hm$^2$。表明采用短小芽胞杆菌制成的微生物菌剂（T5）效果最好。

壁画芽胞杆菌脂肪酸组鉴定图谱。脂肪酸组特征为 15:0 anteiso/15:0 iso=3.29，17:0 anteiso/17:0 iso=1.55。脂肪酸组（32 个生物标记）包括：15:0 anteiso（54.7440%）、15:0

iso（16.6540%）、14:0 iso（6.6740%）、c16:0（5.5920%）、16:0 iso（3.4560%）、c14:0（2.3200%）、17:0 anteiso（2.0860%）、16:1ω11c（1.9760%）、16:1ω7c alcohol（1.6480%）、17:0 iso（1.3480%）、c18:0（1.0880%）、feature 4（0.7900%）、13:0 anteiso（0.3640%）、c12:0（0.3340%）、18:1ω9c（0.3260%）、17:1 iso ω10c（0.2520%）、c10:0（0.1060%）、13:0 iso（0.0740%）、18:3ω(6,9,12)c（0.0540%）、feature 3（0.0160%）、19:0 iso（0.0140%）、16:0 2OH（0.0140%）、c17:0（0.0120%）、14:0 anteiso（0.0100%）、c13:0（0.0080%）、feature 8（0.0060%）、11:0 anteiso（0.0060%）、15:1 iso ω9c（0.0060%）、15:0 2OH（0.0040%）、16:0 anteiso（0.0040%）、10 Me 18:0 TBSA（0.0040%）、cy17:0（0.0040%）（图 8-1-59）。

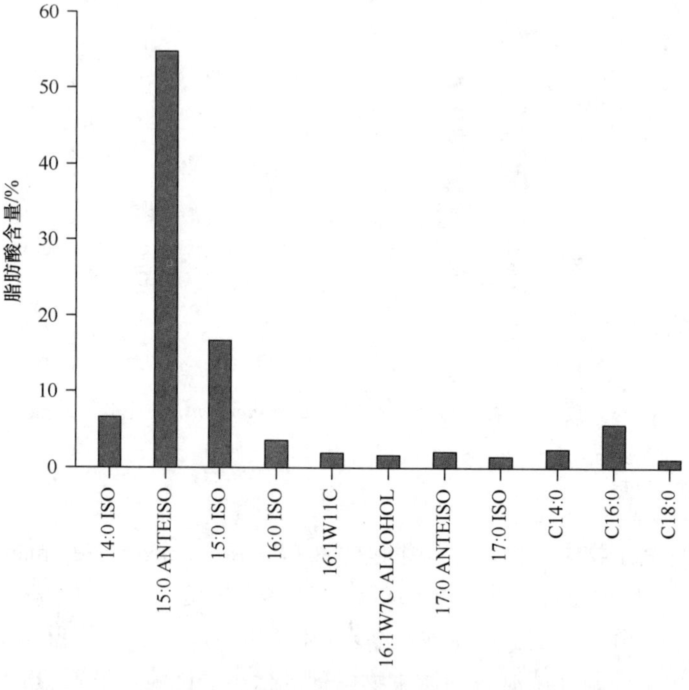


图 8-1-59　壁画芽胞杆菌（*Bacillus muralis*）主要脂肪酸种类

## 58. 蕈状芽胞杆菌

蕈状芽胞杆菌生物学特性。蕈状芽胞杆菌［*Bacillus mycoides* Flügge 1886（Approved Lists 1980），species.］在国内有过相关研究报道。叶淑林（2016）报道了负载型纳米铁-蕈状芽胞杆菌复合体系处理金属铬的研究。研究结果表明：①前期筛选出的 1 株除铬菌株，经鉴定，该菌为蕈状芽胞杆菌，命名为蕈状芽胞杆菌 200AsB1，简称 200AsB1。分析菌株 200AsB1 在浓度为 0～125 mg/L 的铬溶液中的生长和除铬能力，得出其半致死浓度为 63.92 mg/L。菌株 200AsB1 可在较高铬浓度条件下生长，在浓度为 50 mg/L 的溶液中 $Cr^{6+}$的去除率可达 88%；在浓度为 125 mg/L 的铬溶液中菌株也能生长，说明该菌株具有良好的铬耐受性和除铬能力。考察理化因素对菌株 200AsB1 的生长及除铬能力的影响，发现该菌在 30℃、pH 8 时除铬效果最佳。温度升高有利于除铬效果的发挥，但随着温度的升高对菌体的生长会有一定的影响。菌液接种量对该菌株的除铬效果没有显著的影响。②利用扫描电子显微镜（SEM）观察菌株 200AsB1 除铬前后的形态变化。菌株 200AsB1 在含铬培养基除铬后，细胞明显变得不规则，表面略显粗糙，呈褶皱状，不像原始细胞一样平整。将菌株 200AsB1 在含铬培养基中培养后分别测定溶液中总铬和 $Cr^{6+}$浓度，结果显示总铬和 $Cr^{6+}$的含量随着时间的延长，两者浓度皆有下降，说明该菌株 200AsB1 除铬的主要方式不是通过还原作用。同时，将菌株在含铬培养基中培养后，测定 $Cr^{6+}$浓度。测样前将样品分别进行离心与不离心处理，测定结果表明离心后样品中 $Cr^{6+}$的去除率比未离心样品高 15%，说明该菌除铬作用中有一小部分是通过表面吸附完成的。通过傅里叶红外光谱（FTIR）分析菌体表面官能团的变化，发现 817～919 $cm^{-1}$ 处的 $Cr^{6+}$吸收峰发生了变化，说明该菌存在表面吸附。综上说明菌株 200AsB1 对 $Cr^{6+}$ 去除的主要方式不是通过还原作用，并且存在表面吸附，有可能存在胞内吸收。③以无患子活性炭（sapindus activatedcarbon，AC）作为负载材料，通过液相还原制备法将纳米铁（nano zerovalent iron，nZVI）负载于 AC 上。SEM 观察到 AC-nZVI 表面有大小不一的孔洞，可为后期与之结合的微生物提供一个稳定的环境。比较 AC、nZVI、AC-nZVI 3 种材料的除铬效果，发现三者均有较好的 $Cr^{6+}$去除效果。在 AC、nZVI、AC-nZVI 投加量为 0.1 g、铬浓度为 50 mg/L 的 30 mL 溶液中，$Cr^{6+}$的去除率从低到高依次为 AC、nZVI、AC-nZVI，且 AC-nZVI 在 25 min 内对 $Cr^{6+}$的去除率可达 100%。AC-nZVI 可作为后期实验的材料。④制备 AC-nZVI+微生物固定化小球，其制备的最佳条件为（50 mL 体系中）：海藻酸钠（SA）浓度为 2%（g/mL）、nZVI 0.25 g、菌株 200AsB1 初始菌为 $OD_{600nm}$=1.0 的菌液 300 mL（离心的湿菌体），交联时间为 0.5 h。在此条件下制备的 AC-nZVI+微生物固定化小球弹性好，机械强度较大，传质性能较好，粒径为 6 cm 左右。所制备的小球应用于铬浓度为 50 mg/L 的 LB 培养基中，$Cr^{6+}$的去除率可达 94%。在铬浓度为 50 mg/L 并同时含有多种金属离子的电镀人工废水中，铬的去除率可达 44%左右，说明 AC-nZVI+微生物固定化小球在含高浓度铬的废水中具有一定的应用前景。

孙会刚等（2012）报道了蕈状芽胞杆菌 SH-1 抗菌活性物质发酵条件的优化。从土壤中筛选到 1 株芽胞杆菌 SH-1，该菌株能够产生抑制多种细菌的活性物质，初步确定该菌株为蕈状芽胞杆菌。通过单因素实验及正交试验对蕈状芽胞杆菌菌株 SH-1 所产生的抗菌物质的发酵条件进行优化，采用牛津杯法测定该菌株所产抗菌物质的抑菌活性，最终确定蕈状芽胞杆菌菌株 SH-1 产生抗菌物质的最适发酵条件为：温度 36℃，pH 8，转速 180 r/min，接菌量体积分数 4%，发酵时间 24 h。陈强等（2011）报道了鳖致病性蕈状芽胞杆菌的分离鉴定，从患“眼球溃疡”病的中华鳖（*Trionyx sinensis*）眼玻璃体、心脏血中分离到菌株 B1014，经人工感染确定其为致病菌。采用形态学特征观察、细菌生化鉴定、16S rDNA 序列分析首次证实该致病菌株 B1014 是蕈状芽胞杆菌。

王高学等（2009）报道了蕈状芽胞杆菌代谢产物增强小鼠免疫力活性物质的分离、鉴定。在生物活性追踪的指导下，通过大孔吸附树脂吸附、硅胶柱分离和葡聚糖凝胶柱纯化，对蕈状芽胞杆菌代谢产物中增强小鼠免疫力的活性成分进行了分离，得到了具有较强免疫增强作用的化合物（标记为 M），并对化合物 M 进行了波谱测定，确定化合物 M 为环（脯氨酸-甘氨酸）二肽（$C_7H_{10}O_2N_2$）。以生理盐水为对照，通过腹腔注射，对小鼠进行了 SOD 活性、白细胞吞噬活性、白细胞杀菌活性 3 个指标的测定。结果显示，在第 14 天时，SOD 活性和白细胞吞噬活性达到了最高值，且同对照组相比有显著提高；在第 21 天时，白细胞杀菌活性达到了最高值，且同对照组相比有显著提高。以上结果表明，蕈状芽胞杆菌代谢产物中的环（脯氨酸-甘氨酸）二肽能够显著增强小鼠免疫力。

王高学等（2006）报道了蕈状芽胞杆菌代谢产物活性成分对小鼠免疫功能的影响。给小鼠腹腔注射蕈状芽胞杆菌代谢产物的 4 种提取物，通过测定血红蛋白值、红细胞数、超氧化物歧化酶（SOD）活性、血清凝集抗体效价、离体白细胞吞噬活性和吞噬细胞杀菌活性，研究了不同提取物对小鼠免疫功能的影响。结果显示，注射提取物各组小鼠的免疫功能均有不同程度的增强，乙酸乙酯提取物组、三氯甲烷提取物组、石油醚提取物组的白细胞吞噬活性、吞噬细胞杀菌活性、血清凝集抗体效价、SOD 活性与对照组差异极显著（$P<0.01$），剩余液组的吞噬活性和杀菌活性与对照组差异显著（$P<0.05$），其他指标与对照组差异不显著；石油醚提取物组的血红蛋白值（13.52 g/100 mL）和红细胞数（$11.35\times10^6$ /mL）最高。各项指标的峰值均出现在第 7～21 天。

蕈状芽胞杆菌脂肪酸组鉴定图谱。脂肪酸组特征为 15:0 anteiso/15:0 iso=0.18，17:0 anteiso/17:0 iso=0.20。脂肪酸组（82 个生物标记）包括：15:0 iso（20.2466%）、13:0 iso（11.5986%）、17:0 iso（10.6031%）、c16:0（9.2939%）、feature 3-1（7.8255%）、16:0 iso（6.3651%）、15:0 anteiso（3.7398%）、17:1 iso ω10c（3.5562%）、14:0 iso（3.4333%）、c14:0（3.1483%）、12:0 iso（3.0414%）、13:0 anteiso（3.0408%）、17:1 iso ω5c（2.6390%）、17:0 anteiso（2.0902%）、feature 3-2（1.0777%）、c18:0（1.0731%）、feature 2-1（1.0223%）、16:1ω11c（1.0061%）、16:1ω7c alcohol（0.7721%）、c12:0（0.7277%）、17:1 anteiso A（0.6357%）、16:0 iso 3OH（0.3800%）、18:1ω9c（0.3550%）、feature 2-2（0.3262%）、15:0 2OH（0.2944%）、18:0 iso（0.2245%）、c17:0（0.2197%）、11:0 iso（0.1683%）、feature 4-1（0.1444%）、13:0 iso 3OH（0.1122%）、15:1ω5c（0.0998%）、feature 8（0.0984%）、feature 2-3（0.0958%）、14:0 anteiso（0.0949%）、19:0 iso（0.0853%）、20:1ω7c（0.0646%）、feature 4-2（0.0589%）、18:1 iso H（0.0506%）、10 Me 17:0（0.0504%）、16:1ω5c（0.0495%）、17:1ω7c（0.0404%）、10 Me 18:0 TBSA（0.0377%）、feature 1-1（0.0302%）、feature 7（0.0290%）、16:0 anteiso（0.0279%）、17:0 iso 3OH（0.0279%）、c20:0（0.0261%）、c13:0（0.0236%）、17:1ω9c（0.0190%）、18:1 2OH（0.0183%）、17:0 3OH（0.0127%）、c19:0（0.0123%）、feature 5（0.0118%）、17:1ω6c（0.0112%）、15:1 iso F（0.0100%）、15:1 iso G（0.0097%）、18:3ω(6,9,12)c（0.0094%）、15:1 anteiso A（0.0092%）、16:0 2OH（0.0092%）、17:0 2OH（0.0082%）、feature 9（0.0081%）、16:1 2OH（0.0065%）、feature 6（0.0062%）、18:1ω7c（0.0060%）、14:1ω5c（0.0054%）、15:0 iso 3OH（0.0047%）、（0.0045%）、18:0 3OH（0.0037%）、18:1ω5c（0.0037%）、c9:0（0.0036%）、16:0 N alcohol（0.0036%）、c10:0（0.0032%）、19:1 iso I（0.0032%）、14:0 iso 3OH（0.0031%）、cy19:0 ω8c（0.0025%）、feature 1-2（0.0025%）、20:0 iso（0.0024%）、20:4ω(6,9,12,15)c（0.0023%）、16:0 3OH（0.0018%）、17:1ω8c（0.0018%）、13:0 2OH（0.0008%）、feature 1-3（0.0008%）（图 8-1-60）。

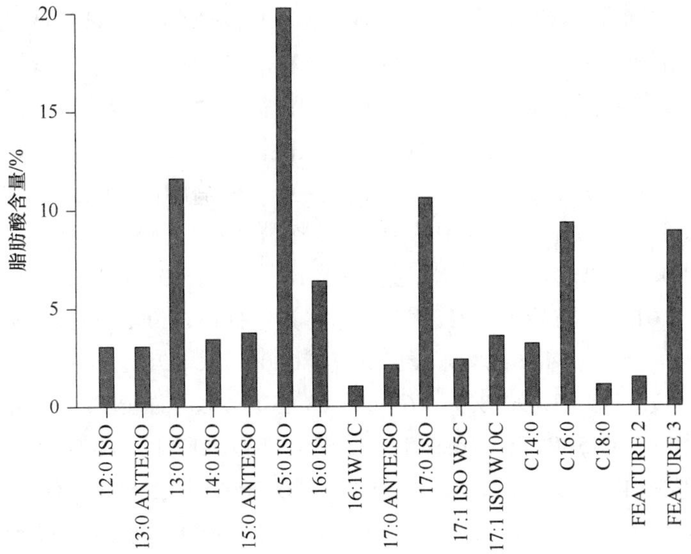


图 8-1-60　蕈状芽胞杆菌（*Bacillus mycoides*）主要脂肪酸种类

## 59. 尼氏芽胞杆菌

尼氏芽胞杆菌生物学特性。尼氏芽胞杆菌（*Bacillus nealsonii* Venkateswaran et al. 2003，sp. nov.）在国内有过相关研究报道。文晓凤等（2016）报道了改性磁性纳米颗粒固定内生菌尼氏芽胞杆菌吸附废水中 $Cd^{2+}$的特性研究。从重金属超累积植物龙葵体内提取内生菌尼氏芽胞杆菌，采用二氧化硅改性纳米 $Fe_3O_4$ 颗粒与海藻酸钠将其包埋交联进行固定化，制得一种新型球状生物吸附剂，并应用于废水中 $Cd^{2+}$的吸附处理。同时，通过正交试验研究了该球状生物吸附剂的最佳制备条件和吸附处理条件，并采用扫描电镜等表征手段与构建吸附动力学方程考察了其吸附特征。结果表明，球状生物吸附剂的最佳制备条件为：改性纳米 $Fe_3O_4$ 颗粒质量分数为 0.1%，海藻酸钠质量分数为 8.0%，菌液接种量为 0.4%，交联时间为 2 h；其最佳吸附处理条件为 pH 6、吸附时间 12 h、吸附剂用量（干重）2.5 g/L，在 $Cd^{2+}$初始浓度为 50 mg/L 时的吸附率可达 96%以上。研究发现，球状生物吸附剂的内外部结构孔隙率较大，有利于促进 $Cd^{2+}$的吸附。该吸附过程遵循准二级反应动力学，以化学吸附为主，符合弗兰德里希（Freundlich）等温吸附模型，最大单分子吸附量可达 13.02 mg/g。解吸实验结果表明，该吸附剂具有较好的可重复利用性。于平和陈益润（2011）报道了高产耐热型植酸酶菌株 ZJ0702 发酵条件的优化。对自行分离得到的耐热型植酸酶高产菌株芽胞杆菌 ZJ0702 的发酵条件进行优化，以提高植酸酶的活力。采用单因素实验，研究培养基组分和培养条件对该菌株产植酸酶活力的影响。经优化得到的培养基组分为 3.5%麸皮、2%蛋白胨、0.5%硝酸铵、0.01%无机磷、0.2% $CaCl_2$、0.05% KCl、0.03% $MgSO_4$、0.003% $FeSO_4$、0.003% $MnSO_4$、0.03% NaCl；最适培养条件为 34℃，接种量 7%，pH 7.0，装液量 75 mL/250 mL。在上述培养条件下该菌株发酵 72 h 产植酸酶活力达到最高值，为 11 388.4 U/mL。与该菌株在原始条件下产酶活力 8251 U/mL 相比，酶活提高了 38%。于平和陈益润（2010）报道了土壤中高产植酸酶芽胞杆菌菌株的筛选及鉴定。从土壤中筛选高产植酸酶的芽胞杆菌菌株并作鉴定。利用植酸酶能够水解植酸钙产生水解圈的特点，将样品处理后涂布于含有植酸钙的琼脂平板上，37℃培养 3～4 d；挑取产生较大水解圈的菌落，再次划线分离，得到单菌落，测定各菌株产植酸酶的活力；选取植酸酶活力最高的菌株，结合菌落形态、生理生化特征和分子生物学方法对其进行鉴定。筛选到 1 株高产植酸酶的菌株，命名为 ZJ0902，其酶活可达 8251 U/mL。通过鉴定，该菌株为芽胞杆菌属中的尼氏芽胞杆菌。

尼氏芽胞杆菌脂肪酸组鉴定图谱。脂肪酸组特征为 15:0 anteiso/15:0 iso=1.55，17:0 anteiso/17:0 iso=1.61。脂肪酸组（21 个生物标记）包括：15:0 anteiso（31.1400%）、15:0 iso（20.0300%）、c16:0（14.0900%）、c14:0（10.6000%）、17:0 anteiso（5.6200%）、14:0 iso（4.0200%）、17:0 iso（3.4900%）、16:0 iso（3.4500%）、feature 3（1.6300%）、13:0 iso（1.3000%）、c18:0（0.8500%）、16:1ω11c（0.7400%）、17:1 iso ω5c（0.7300%）、13:0 anteiso（0.4700%）、18:1ω9c（0.3700%）、c12:0（0.3500%）、20:1ω7c（0.3000%）、feature 2（0.2400%）、c10:0（0.2400%）、17:1 anteiso A（0.2000%）、16:1ω7c alcohol（0.1400%）（图 8-1-61）。

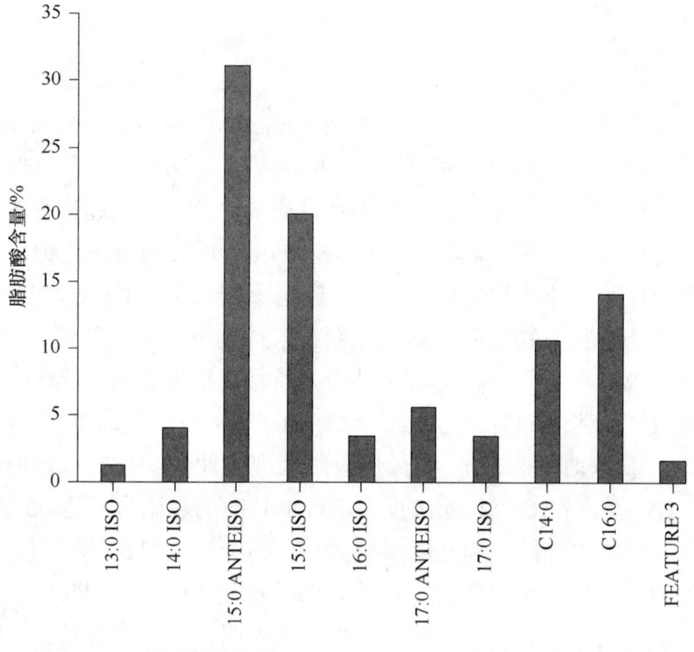


图 8-1-61　尼氏芽胞杆菌（*Bacillus nealsonii*）主要脂肪酸种类

## 60. 农研所芽胞杆菌

农研所芽胞杆菌生物学特性。农研所芽胞杆菌（*Bacillus niabensis* Kwon et al. 2007，sp. nov.）在国内有过相关研究报道。徐大兵等（217）报道了辅以多黏类芽胞杆菌（*Paenibacillus polymyxa*）堆肥提取液工艺及其对土壤微生物群落结构的影响。以猪粪堆肥为原料，建立多黏类芽胞杆菌与猪粪堆肥提取液的配伍技术工艺，并研究其对烟草黑胫病病原菌（*Phytophthora parasitica*）土壤微生物群落结构的影响。结果表明，最佳技术工艺是将多黏类芽胞杆菌添加到猪粪堆肥中发酵 72 h，再按照水∶堆肥=8∶1（质量比）浸提 48 h。不同工艺提取的猪粪堆肥提取液均能有效抑制烟草黑胫病病原菌的生长。与对照相比，施用辅以多黏类芽胞杆菌的堆肥提取液处理土壤疫霉 ITS 基因拷贝数减少了 18.15%～53.33%，土壤中芽胞杆菌数量增加了 45.63%～255.00%，同时增加了土壤中细菌和放线菌数量，但是减少了真菌数量。辅以多黏类芽胞杆菌的猪粪堆肥提取液处理增加了农研所芽胞杆菌和阿氏芽胞杆菌（*Bacillus aryabhttai*）的丰富度及细菌遗传多样性，但降低了真菌的丰富度和遗传多样性。

鲍王波（2015）报道了青霉素菌渣的两种处置方法对环境微生物多样性的影响。采用分析化学和分子生物学方法，基于青霉素对土壤微生物群落的影响、菌渣饲料对小鼠肠道微生物分布的影响，以及菌渣与市政污水处理厂剩余污泥混合填埋对环境微生物多样性的影响研究，探讨并初步评价抗生素菌渣的饲料化利用和混合填埋两种处置方法的微生物生态安全性。在土壤中添加浓度分别为 0 mg/kg、2 mg/kg、20 mg/kg、200 mg/kg、400 mg/kg、800 mg/kg 的青霉素后，分别于第 0 天、第 3 天、第 7 天取样分析土壤中青霉素残留及微生物多样性，结果发现，1 d 后各组土壤中青霉素降解率均达 50%以上，3 d 后各组土壤中均检测不出青霉素残留；经 Biolog-Eco 法检测发现，0 mg/kg、2 mg/kg、20 mg/kg、200 mg/kg 处理组中的土壤微生物对碳源的代谢无明显差异，但 400 mg/kg、800 mg/kg 处理组土壤微生物的碳源代谢发生明显改变，以酚酸类化合物（phenolic acid）为碳源的微生物成为优势菌群；但基于碳源的平均利用率（AWCD 值）变化分析，不同浓度青霉素的添加对土壤微生物总体活性影响较小。PCR-DGGE 指纹图谱分析发现，与 0 mg/kg 处理组相比，800 mg/kg 青霉素处理组第 3 天时的香农多样性指数（Shannon index）显著降低（$P<0.05$），但第 7 天时各处理组 Shannon 指数无显著差异。对 PCR-DGGE 指纹图谱中优势条带的 16S rDNA 片段测序分析表明，与土壤中伯克氏菌目（Burkholderiales）的青霉素抗性菌相似的 16S rDNA 片段在 0 d、3 d、7 d 的 6 个处理组中均存在；与青霉素抗性菌玫瑰黄鞘氨醇单胞菌（*Sphingomonas roseiflava*）相似的 16S rDNA 片段仅在添加有青霉素的 5 个试验组第 7 天时的土壤中有发现；与对青霉素敏感的农研所芽胞杆菌相似的 16S rDNA 片段第 3 天、第 7 天时在青霉素浓度为 0 mg/kg、2 mg/kg 的处理组中有发现，但在青霉素浓度>2 mg/kg 的处理组中未发现。因此，青霉素胁迫对土壤微生物多样性有一定的抑制作用，青霉素的选择压力可促进土壤中低丰度的青霉素抗性菌的增加并可能使其成为优势菌群。

张霞等（2010）报道了贵州浓香型白酒窖池可培养细菌的系统发育分析。结果表明，芽胞杆菌属菌株中，以地衣芽胞杆菌（*Bacillus licheniformis*）为主，占总芽胞杆菌数的 32.96%；枯草芽胞杆菌（*Bacillus subtilis*）、蜡样芽胞杆菌（*Bacillus cereus*）和栗褐芽胞杆菌（*Bacillus badius*）也占有相当的比例，还有一定数量的农研所芽胞杆菌和巴达维亚芽胞杆菌（*Bacillus bataviensis*）及少量的球形芽胞杆菌（*Bacillus sphaericus*）和未定种的芽胞杆菌（*Bacillus* sp.）。除芽胞杆菌属菌株之外，还分离出极少量的短短芽胞杆菌属（*Brevibacillus*）的未定种菌株，占已分离总芽胞杆菌数的 1.57%。表明贵州地区浓香型白酒窖池中的微生物具有明显的多样性，且地衣芽胞杆菌为其明显的优势种群，这和四川酒厂中的微生物类群相似，但也有区别。

农研所芽胞杆菌脂肪酸组鉴定图谱。脂肪酸组特征为 15:0 anteiso/15:0 iso=4.68，17:0 anteiso/17:0 iso=4.02。脂肪酸组（10 个生物标记）包括：15:0 anteiso（38.0800%）、c16:0（24.2600%）、17:0 anteiso（9.9000%）、15:0 iso（8.1300%）、16:0 iso（5.9000%）、14:0 iso（5.6100%）、c14:0（2.8000%）、17:0 iso（2.4600%）、c18:0（2.0100%）、16:1ω11c（0.8600%）（图 8-1-62）。

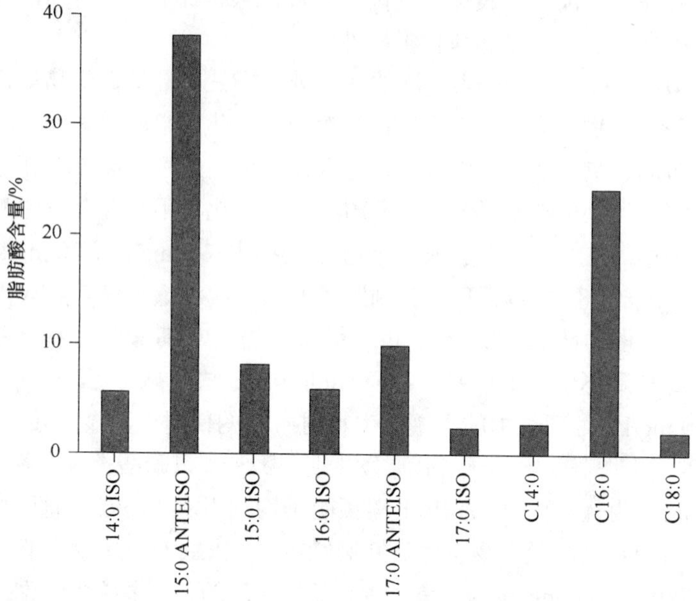


图 8-1-62　农研所芽胞杆菌（*Bacillus niabensis*）主要脂肪酸种类

## 61. 烟酸芽胞杆菌

烟酸芽胞杆菌生物学特性。烟酸芽胞杆菌（*Bacillus niacini* Nagel and Andreesen 1991，sp. nov.）在国内有过相关研究报道。朱育菁等（2015a）对烟酸芽胞杆菌 FJAT-14202 来源的苯乳酸成分进行分析与检测。采用液相色谱-四级杆飞行时间质谱分析烟酸芽胞杆菌 FJAT-14202 发酵液中胞外代谢物的成分。利用 MassHunter 软件，对原始数据进行分子特征提取，通过 Metlin 代谢物质谱数据库检索比对获得代谢物的信息。在烟酸芽胞杆菌 FJAT-14202 发酵液中检测到 811 种代谢物，通过 Metlin 谱库搜索获得初步鉴定的有 165 种。其中，发现了具有生物活性的物质苯乳酸，其匹配得分达到 96.52 分，占发酵液总代谢物相对含量的 5.31%，保留时间为 2.1057 min，精确质量数为 166.0552。苯乳酸的发现为烟酸芽胞杆菌的开发与利用提供了理论依据。

赵晓雨（2015）报道了菌剂对牛粪堆肥及其氮素转化微生物的影响，研究了添加菌剂对牛粪稻草堆肥理化性质的影响，并采用 PCR-DGGE 技术研究了菌剂对堆肥中氨化细菌、氨氧化古菌和氨氧化细菌动态及多样性的影响，旨在加深对堆肥中氮素转化知识的理解并为堆肥生产实践提供理论指导。研究结果表明，添加菌剂缩短堆肥周期，促进堆肥腐熟。添加菌剂在 3～36 d 提高堆肥温度（$P<0.05$），最高温度达到 62℃；在 3～45 d

提高氮素含量并降低含水率（$P<0.05$）；在21～45 d减少总碳的消耗（$P<0.01$）；在3 d、7 d、21 d和36 d能够降低牛粪堆肥的碳氮比（$P<0.05$），比值更接近腐熟标准；在21～36 d增加牛粪堆肥的铵态氮含量（$P<0.05$）；在7～36 d能够有效地增加牛粪堆肥的硝态氮含量（$P<0.05$）。通过对氨化细菌的测定分析发现，添加菌剂在3 d、15 d和21 d显著增加氨化细菌数量；并提高氨化细菌的多样性指数，堆肥3 d多样性指数最大；自然堆肥中出现的特异氨化细菌为堀越氏芽胞杆菌（*Bacillus horikoshii*）CMB14。自然堆肥和添加菌剂堆肥中均存在氨化细菌类型，包括苏云金芽胞杆菌（*Bacillus thuringiensis*）DL10、枯草芽胞杆菌（*Bacillus subtilis*）g61、尼氏芽胞杆菌（*Bacillus nealsonii*）WS1、芽胞杆菌（*Bacillus* sp.）VITJSS、耐盐芽胞杆菌（*Bacillus halodurans*）BG5、烟酸芽胞杆菌TN17、环状芽胞杆菌（*Bacillus circulans*）、枯草芽胞杆菌VB9。

烟酸芽胞杆菌脂肪酸组鉴定图谱。脂肪酸组特征为15:0 anteiso/15:0 iso=0.55，17:0 anteiso/17:0 iso=0.83。脂肪酸组（26个生物标记）包括：15:0 iso（33.5275%）、15:0 anteiso（18.5425%）、16:1ω11c（8.6125%）、c16:0（5.9275%）、16:0 iso（5.9050%）、14:0 iso（5.4050%）、17:0 iso（4.9575%）、17:0 anteiso（4.0950%）、16:1ω7c alcohol（3.0100%）、17:1 iso ω10c（2.5875%）、c14:0（1.8375%）、feature 4（1.4425%）、c18:0（1.3950%）、15:1 iso F（0.6600%）、13:0 iso（0.5300%）、c17:0（0.3900%）、feature 3（0.3200%）、18:0 iso（0.2350%）、16:0 N alcohol（0.1725%）、13:0 anteiso（0.0925%）、16:1 iso H（0.0825%）、17:1 anteiso ω9c（0.0625%）、14:0 iso 3OH（0.0625%）、18:1ω9c（0.0600%）、17:1ω9c（0.0525%）、feature 8（0.0325%）（图8-1-63）。

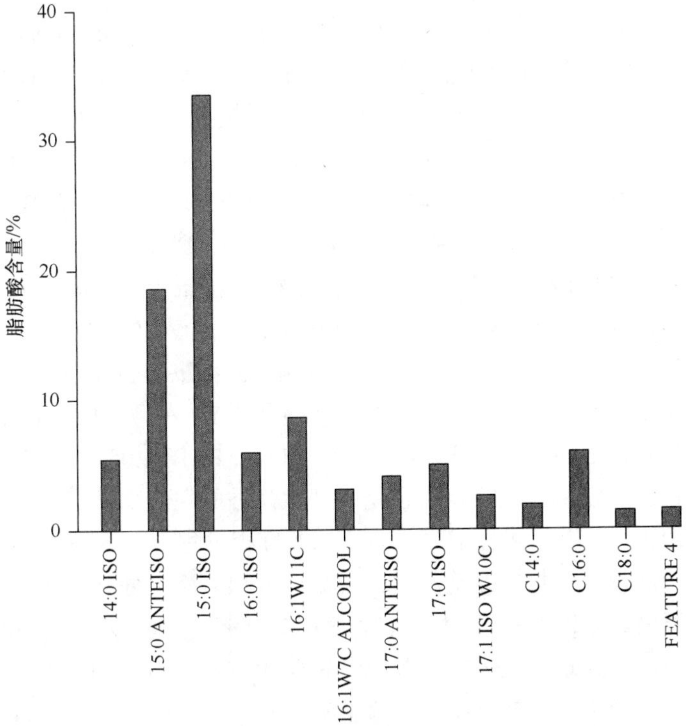


图8-1-63　烟酸芽胞杆菌（*Bacillus niacini*）主要脂肪酸种类

## 62. 休闲地芽胞杆菌

休闲地芽胞杆菌生物学特性。休闲地芽胞杆菌（*Bacillus novalis* Heyrman et al. 2004, sp. nov.）在国内有过相关研究报道。曾超（2016）报道了酱香白酒酿造过程中厌氧细菌的特性研究。以酱香型白酒 3 个不同年份的车间某窖池（异地茅台旧址车间 9 班、30 年窖龄的老车间 2 班、新车间 23 班窖池）的酒醅酿造过程中的上层、中层、下层为研究对象，对酱香型大曲酒酿造过程中酒醅的水分、酸度和还原糖等理化性质的变化进行了研究。结果显示在酿酒过程中，酒醅水分含量较稳定，为 45%～55%；不同窖池各窖层酒醅酸度变化差异显著；酒醅中还原糖的变化与酸度存在一定联系，与酒醅中厌氧菌的数量也存在一定的关系。对不同窖池不同层次的酒醅进行厌氧细菌计数，发现不同窖池的各层次细菌数量变化趋势相似，研究发现，酒醅中厌氧细菌的数量与酒醅的酸度有一定的关系，对酒醅中还原糖的含量变化也有一定的影响，厌氧细菌数量与窖池的窖龄关系不大，厌氧细菌数均在 $10^4$～$10^5$ 数量级。在厌氧工作站中，利用平板划线法对各轮次酒醅进行分离筛选，从酒醅中分离出 22 株厌氧菌。根据微生物学分类，厌氧菌可分为兼性厌氧菌和严格厌氧菌。其中从酒醅中分离筛选出 7 株严格厌氧菌，分别命名为 FKBL1.01、FKBL1.02、FKBL1.03、FKBL1.04、FKBL1.05、FKBL1.06、FKBL1.07。分离筛选出 15 株兼性厌氧菌，分别命名为 FKBL1.08、FKBL1.09、FKBL1.010、FKBL1.011、FKBL1.012、FKBL1.013、FKBL1.014、FKBL1.015、FKBL1.016、FKBL1.017、FKBL1.018、FKBL1.019、FKBL1.020、FKBL1.021、FKBL1.022。通过形态学、生理生化实验，结合《伯杰氏系统细菌学手册》第八版及分子生物学对分离菌株进行鉴定，其中 FKBL1.01、FKBL1.07 属于解木聚糖梭菌（*Clotridium xylanolyticum*）；FKBL1.02、FKBL1.05、FKBL1.06 属于煎盘梭菌（*Clotridium sartagoformum*）；FKBL1.03 属于丁酸梭菌（*Clotridium butyricum*）；FKBL1.04 属于纺锤形梭菌（*Clotridium clostridiiforme*）；FKBL1.08 属于蜡样芽胞杆菌（*Bacillus cereus*）；FKBL1.09 属于环状芽胞杆菌（*Bacillus circulans*）；FKBL1.10 属于霍氏肠杆菌（*Enterobacter hormaechei*）；FKBL1.11、FKBL1.12、FKBL1.14 属于阪崎肠杆菌（*Enterobacter sakazakii*）；FKBL1.13、FKBL1.15、FKBL1.17、FKBL1.19、FKBL1.20、FKBL1.21 属于地衣芽胞杆菌（*Bacillus licheniformis*）；FKBL1.16 属于休闲地芽胞杆菌（*Bacillus novalis*）；FKBL1.18 属于索诺拉沙漠芽胞杆菌（*Bacillus sonorensis*）；FKBL1.22 属于甲基营养型芽胞杆菌（*Bacillus methylotrophicus*）。通过对严格厌氧菌进行模拟固态发酵，对发酵结果进行感官评定，发现 FKBL1.01、FKBL1.05 两株严格厌氧菌具有很强的酱香气味，并对 FKBL1.01、FKBL1.05 进行 GC-MS 检测分析，结果和对照组相比，较高的吡嗪类化合物是产生酱香的主要物质。

曾驰等（2010）报道了兼香型白云边酒高温堆积过程中主要细菌的分子鉴定。采用曲汁培养基和牛肉膏蛋白胨培养基从白云边酒厂堆积酒醅中分离细菌，获得了 6 株有明显特征差异的细菌。用 PCR 技术对其进行了 16S rDNA 序列扩增、同源对比和系统发育分析，结果表明：6 株分离菌株中菌株 W-1、W-3、G-4、G-1、DJ-1C 分别与解淀粉芽胞杆菌、枯草芽胞杆菌、贝莱斯芽胞杆菌（*Bacillus velezensis*）、地衣芽胞杆菌、芽胞耐热芽胞杆菌（*Bacillus sporothermodurans*）有较高的同源性，而菌株 4J 与 5 种芽胞杆菌

[原野芽胞杆菌（*Bacillus vireti*）、巴达维亚芽胞杆菌（*Bacillus bataviensis*）、钻特省芽胞杆菌（*Bacillus drentensis*）、土壤芽胞杆菌（*Bacillus soli*）、休闲地芽胞杆菌] 的标准菌株既有一定的同源性，也有一定的遗传距离，可能是一个不同于已知菌的芽胞杆菌新种。

休闲地芽胞杆菌脂肪酸组鉴定图谱。脂肪酸组特征为 15:0 anteiso/15:0 iso=0.89，17:0 anteiso/17:0 iso=2.41。脂肪酸组（36 个生物标记）包括：15:0 iso（41.6267%）、15:0 anteiso（36.9567%）、c16:0（4.5867%）、17:0 anteiso（3.8967%）、16:0 iso（3.5333%）、14:0 iso（3.0200%）、17:0 iso（1.6133%）、c14:0（1.2200%）、16:1ω11c（0.5067%）、c18:0（0.3567%）、16:1ω7c alcohol（0.3233%）、feature 4（0.3067%）、17:1 anteiso ω9c（0.2733%）、18:1ω9c（0.2667%）、17:1 iso ω10c（0.2200%）、13:0 iso（0.2167%）、c12:0（0.1767%）、c19:0（0.1700%）、20:1 ω7c（0.1000%）、13:0 anteiso（0.0800%）、c17:0（0.0533%）、feature 8（0.0500%）、15:0 2OH（0.0467%）、16:0 N alcohol（0.0433%）、11:0 anteiso（0.0433%）、feature 3（0.0400%）、19:0 iso（0.0367%）、18:3ω(6,9,12)c（0.0367%）、15:1ω5c（0.0333%）、16:0 anteiso（0.0333%）、16:1 iso H（0.0300%）、20:0 iso（0.0300%）、14:0 anteiso（0.0267%）、15:0 iso 3OH（0.0200%）、15:1 iso F（0.0167%）、13:0 iso 3OH（0.0133%）（图 8-1-64）。

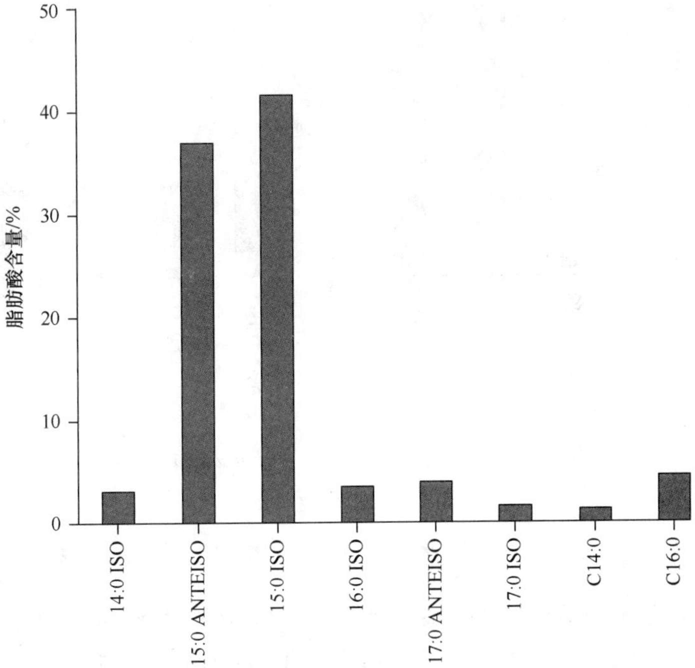


图 8-1-64　休闲地芽胞杆菌（*Bacillus novalis*）主要脂肪酸种类

## 63. 奥飞弹温泉芽胞杆菌

奥飞弹温泉芽胞杆菌生物学特性。奥飞弹温泉芽胞杆菌（*Bacillus okuhidensis* Li et al. 2002，sp. nov.）在国内未见相关研究报道。

奥飞弹温泉芽胞杆菌脂肪酸组鉴定图谱。脂肪酸组特征为 15:0 anteiso/15:0 iso=0.90，17:0 anteiso/17:0 iso=1.40。脂肪酸组（34 个生物标记）包括：15:0 iso（35.0600%）、15:0

anteiso（31.6150%）、17:0 anteiso（8.5950%）、c16:0（8.2500%）、17:0 iso（6.1400%）、16:0 iso（2.1200%）、c14:0（1.8300%）、14:0 iso（1.4750%）、c10:0（0.8750%）、13:0 iso（0.6250%）、c18:0（0.5000%）、feature 3（0.3550%）、c12:0（0.2900%）、13:0 anteiso（0.2300%）、18:1ω9c（0.1750%）、c17:0（0.1700%）、16:1ω11c（0.1650%）、17:0 iso 3OH（0.1500%）、20:1ω7c（0.1200%）、18:1 2OH（0.1200%）、17:0 2OH（0.1150%）、14:0 anteiso（0.0950%）、15:0 iso 3OH（0.0950%）、17:1 anteiso ω9c（0.0900%）、15:0 2OH（0.0900%）、18:1 iso H（0.0900%）、18:3ω(6,9,12)c（0.0850%）、17:1 iso ω5c（0.0800%）、16:0 iso 3OH（0.0800%）、17:1 iso ω10c（0.0750%）、feature 8（0.0750%）、16:0 anteiso（0.0750%）、19:0 iso（0.0650%）、feature 2（0.0500%）（图 8-1-65）。

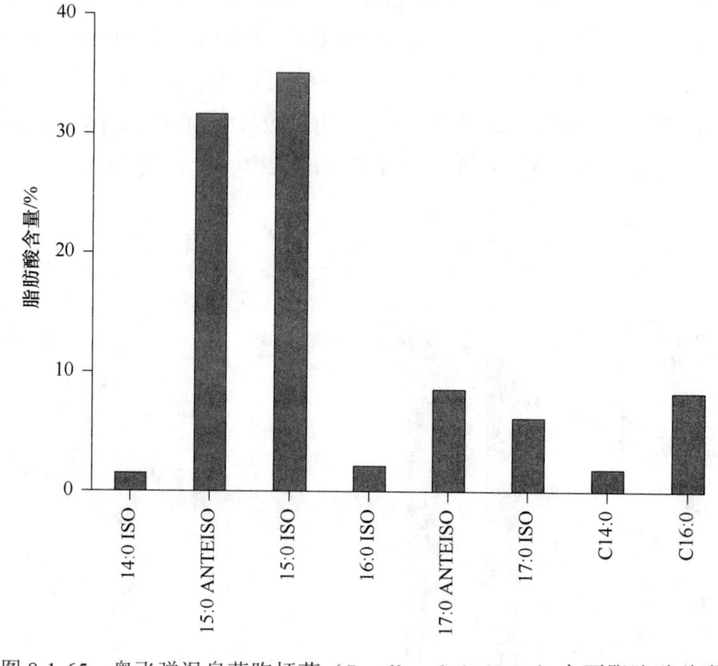


图 8-1-65　奥飞弹温泉芽胞杆菌（*Bacillus okuhidensis*）主要脂肪酸种类

## 64. 蔬菜芽胞杆菌

蔬菜芽胞杆菌生物学特性。蔬菜芽胞杆菌（*Bacillus oleronius* Kuhnigk et al. 1996，sp. nov.）在国内有过相关研究报道。关心等（2016）报道了黄曲霉毒素 $B_1$ 高效降解菌株的筛选鉴定及其降解。以香豆素为唯一碳源，利用微生物去毒法，初步筛选出 32 株生长良好的活性菌株，再添加黄曲霉毒素 $B_1$ 标准品（菌液毒素终质量浓度 2.5 μg/mL），通过高效液相色谱（HPLC）检测黄曲霉毒素 $B_1$ 降解率，结果显示，从鸡粪中分离并命名为 F6 的菌株高效降解黄曲霉毒素 $B_1$，降解率达 83%。对菌株 F6 进行细胞形态及生理生化特性鉴定，初步判断为芽胞杆菌属，经 16S rDNA 序列同源性比对分析，与蔬菜芽胞杆菌国际标准株 ATCC700005（登录号 NR043325.1）的核苷酸同源性为 99.3%，由此可确定，F6 菌株为蔬菜芽胞杆菌，命名为蔬菜芽胞杆菌 GX01（登录号 KP297896）。

分离菌株 F6 发酵液各组分，检测得上清液黄曲霉毒素 $B_1$ 降解率达 83%，而菌悬液、胞内液的黄曲霉毒素 $B_1$ 分别仅为 22.8%、17.4%，初步鉴定其降解活性成分可能为胞外酶。

李彤阳和杨革（2014）报道了利用芽胞杆菌混合菌群发酵生产生物有机肥的研究。以斯太贝亚叶面肥分离得到的 4 株芽胞杆菌（巨大芽胞杆菌 M3、蔬菜芽胞杆菌 O4、枯草芽胞杆菌 S10、解淀粉芽胞杆菌 A8）为对象，研究和改造斯太贝亚叶面肥。采用琼脂块法及钼锑抗比色法，考察 4 株芽胞杆菌及混合菌群在抑制植物病原真菌及降解土壤中难利用磷的情况。结果表明，混合菌群抑菌性能较其他菌株强，对梨青霉病病原菌的抑制率高达 75.8%；混合菌群与巨大芽胞杆菌 M3 对土壤中难利用磷的降解情况相差不大，均比其他菌株降解性强。由于斯太贝亚叶面肥含化学成分，对人体及环境会造成一定负担，故以天然无化学成分且有机质含量高的小麦秸秆为原料发酵生物有机肥，发酵后添加 γ-聚谷氨酸。考察生物有机肥对黄瓜幼苗感染植物病原真菌的防治效果及病情指数，并考察生物有机肥对毛豆幼苗各项生长指标的影响。结果表明，研制的生物有机肥能够显著降低黄瓜幼苗感染植物病原真菌的病情指数，防治效果达 55.56%，并且能在一定程度上提高毛豆幼苗的株高、地上部鲜重、地上部干重。

颜林春等（2012）报道了福矛高温大曲中芽胞杆菌 16S rDNA-RFLP 及系统发育分析。从福建建瓯某酒厂高温大曲中分离出 89 株芽胞杆菌，通过初步筛选鉴定并进行微生物多样性研究，对其 16S rDNA 进行 PCR-RFLP 分析和系统发育研究，初步筛选得到的 18 株芽胞杆菌被 *Hha*I 和 *Msp*I 酶切聚类分为四大组。通过系统发育分析，样品中有 6 株枯草芽胞杆菌（*Bacillus subtilis*），4 株蜡样芽胞杆菌（*Bacillus cereus*），2 株索诺拉沙漠芽胞杆菌（*Bacillus sonorensis*），2 株地衣芽胞杆菌（*Bacillus licheniformis*），以及短小芽胞杆菌（*Bacillus pumilus*）、蔬菜芽胞杆菌（*Bacillus oleronius*）、凝结芽胞杆菌（*Bacillus coagulans*）和苏云金芽胞杆菌（*Bacillus thuringiensis*）各 1 株。

周伏忠等（211）报道了玉米浆液贮运过程中常见杂菌的鉴定与分析。结果表明，玉米浆液贮运过程中的主要杂菌以芽胞杆菌和酵母菌为主，其中芽胞杆菌有 7 种，包括蔬菜芽胞杆菌；酵母菌有 2 种，它们是酿酒酵母（*Saccharomyces cerevisiae*）和鲁氏酵母（*Saccharomyces rouxii*）。

蔬菜芽胞杆菌脂肪酸组鉴定图谱。脂肪酸组特征为 15:0 anteiso/15:0 iso=1.24，17:0 anteiso/17:0 iso=4.27。脂肪酸组（52 个生物标记）包括：15:0 anteiso（31.5991%）、15:0 iso（25.4209%）、17:0 anteiso（17.8118%）、16:0 iso（8.6691%）、17:0 iso（4.1700%）、c16:0（3.7418%）、14:0 iso（3.1509%）、c14:0（0.9636%）、c18:0（0.6709%）、16:1ω7c alcohol（0.5909%）、feature 4（0.5882%）、16:1ω11c（0.3073%）、20:1ω7c（0.2709%）、18:1ω9c（0.2591%）、17:1 iso ω10c（0.2200%）、13:0 iso（0.1727%）、13:0 anteiso（0.1591%）、c19:0（0.1564%）、c12:0（0.1482%）、17:1 anteiso ω9c（0.1364%）、feature 8（0.1118%）、cy19:0 ω8c（0.1027%）、15:1ω6c（0.0618%）、feature 3（0.0527%）、17:1ω6c（0.0500%）、18:0 iso（0.0427%）、19:0 iso（0.0373%）、19:0 anteiso（0.0300%）、15:0 iso 3OH（0.0291%）、c10:0（0.0273%）、14:0 anteiso（0.0273%）、18:1 2OH（0.0227%）、20:0 iso（0.0191%）、16:0 2OH（0.0164%）、c20:0（0.0145%）、18:0 3OH（0.0136%）、

17:0 2OH（0.0127%）、10 Me 18:0 TBSA（0.0127%）、c9:0（0.0127%）、15:0 2OH（0.0118%）、18:3ω(6,9,12)c（0.0118%）、17:0 iso 3OH（0.0109%）、16:0 anteiso（0.0109%）、c17:0（0.0100%）、16:0 N alcohol（0.0082%）、15:1ω5c（0.0073%）、feature 5（0.0073%）、15:1 iso G（0.0055%）、18:1 iso H（0.0045%）、feature 1（0.0045%）、feature 6（0.0036%）、15:1 anteiso A（0.0027%）（图 8-1-66）。

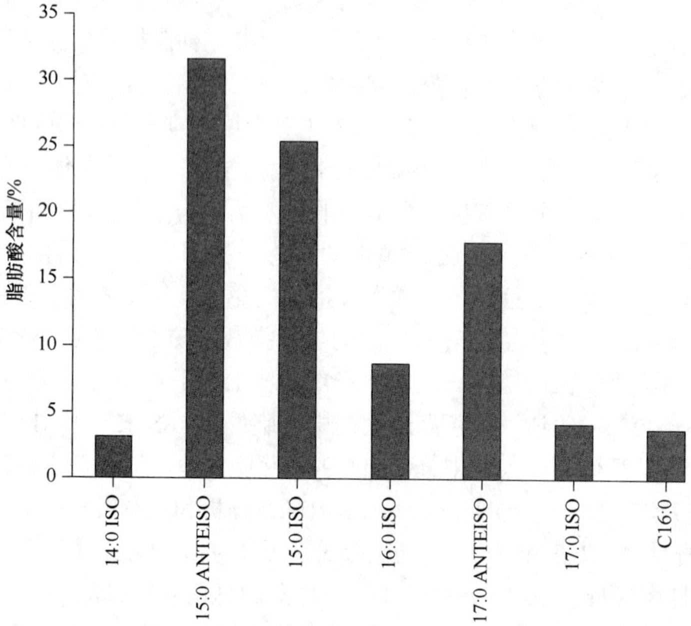


图 8-1-66　蔬菜芽胞杆菌（*Bacillus oleronius*）主要脂肪酸种类

## 65. 人参地块芽胞杆菌

人参地块芽胞杆菌生物学特性。人参地块芽胞杆菌（*Bacillus panaciterrae* Ten et al. 2006，sp. nov.）在国内未见相关研究报道。

人参地块芽胞杆菌脂肪酸组鉴定图谱。脂肪酸组特征为 15:0 anteiso/15:0 iso=0.60，17:0 anteiso/17:0 iso=0.52。脂肪酸组（29 个生物标记）包括：15:0 iso（37.4025%）、15:0 anteiso（22.4925%）、14:0 iso（8.5325%）、c16:0（6.3075%）、c14:0（4.8150%）、16:0 iso（3.3775%）、17:0 iso（3.2525%）、13:0 iso（1.9925%）、feature 3（1.9650%）、17:0 anteiso（1.6825%）、c18:0（1.4175%）、feature 1（1.3600%）、16:1ω11c（0.8625%）、17:1 iso ω5c（0.7800%）、18:1ω9c（0.5325%）、16:1ω7c alcohol（0.5275%）、13:0 anteiso（0.4625%）、feature 2（0.3625%）、feature 4（0.3225%）、c12:0（0.3225%）、17:1 iso ω10c（0.2950%）、feature 8（0.2050%）、c17:0（0.1275%）、17:1 anteiso A（0.1250%）、18:3ω(6,9,12)c（0.1225%）、17:1 anteiso ω9c（0.0975%）、18:0 iso（0.0950%）、16:1ω5c（0.0925%）、14:1ω5c（0.0775%）（图 8-1-67）。

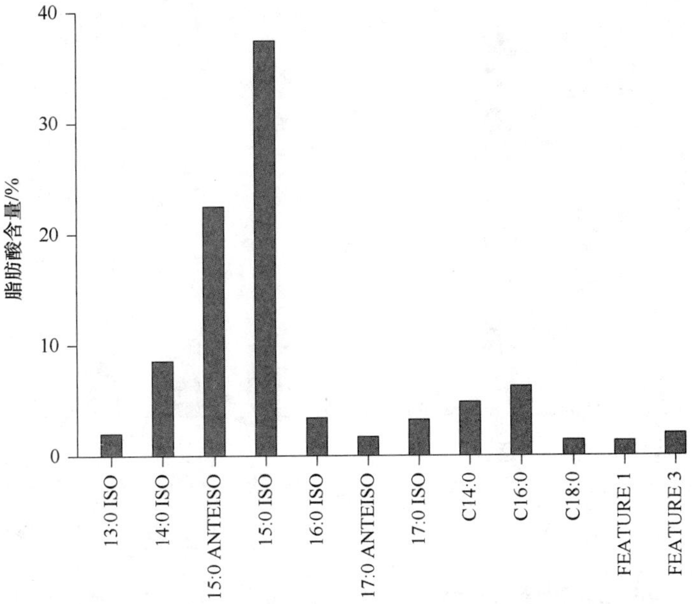


图 8-1-67　人参地块芽胞杆菌（*Bacillus panaciterrae*）主要脂肪酸种类

## 66. 假嗜碱芽胞杆菌

假嗜碱芽胞杆菌生物学特性。假嗜碱芽胞杆菌（*Bacillus pseudalcaliphilus* corrig. Nielsen et al. 1995，sp. nov.）在国内相关研究报道较少。张燕等（2017）通过密码子优化、表达质粒的比较、发酵条件优化，将来源于假嗜碱芽胞杆菌的环糊精糖基转移酶基因在毕赤酵母中高效表达。在诱导初始 pH 6.0、发酵温度 28℃、接种量 6%、甲醇添加量 1%时，发酵上清液的 γ 环化活力最终达到了 83.65 U/mL，比活力为 296.49 U/mg。通过硫酸铵分步沉淀法即可有效将上清液中的粗蛋白盐析出来，得到含量为 68.28%的 γ-环糊精糖基转移酶。

假嗜碱芽胞杆菌脂肪酸组鉴定图谱。脂肪酸组特征为 15:0 anteiso/15:0 iso=0.53，17:0 anteiso/17:0 iso=1.23。脂肪酸组（24 个生物标记）包括：15:0 iso（37.8733%）、15:0 anteiso（20.2127%）、17:0 anteiso（8.7527%）、17:1 iso ω10c（7.6980%）、17:0 iso（7.0913%）、c16:0（6.2107%）、16:1ω11c（5.2553%）、feature 4（1.8133%）、c14:0（0.9193%）、16:0 iso（0.9027%）、16:0 N alcohol（0.8340%）、14:0 iso（0.5160%）、13:0 iso（0.4920%）、c18:0（0.3153%）、18:1ω9c（0.2760%）、16:1ω7c alcohol（0.2587%）、c12:0（0.2180%）、c10:0（0.1953%）、13:0 anteiso（0.0700%）、18:1 iso H（0.0347%）、20:1ω9c（0.0233%）、19:0 iso（0.0227%）、14:1ω5c（0.0060%）、c11:0（0.0053%）（图 8-1-68）。

## 67. 假坚强芽胞杆菌

假坚强芽胞杆菌生物学特性。假坚强芽胞杆菌（*Bacillus pseudofirmus* Nielsen et al. 1995，sp. nov.）在国内有过相关研究报道。刘国红等（2016a）报道了西藏尼玛县盐碱地嗜碱芽胞杆菌的资源采集与鉴定。在筛选到的 14 株芽胞杆菌中，有 11 个菌株与假坚强

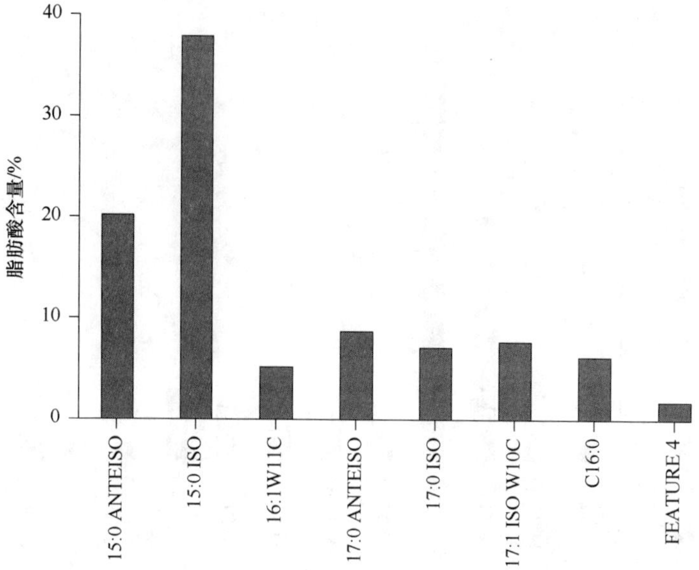


图 8-1-68　假嗜碱芽胞杆菌（*Bacillus pseudalcaliphilus*）主要脂肪酸种类

芽胞杆菌的亲缘关系较近。杨江丽等（2015）报道了假坚强芽胞杆菌四氢嘧啶羟化酶的晶体制备及 X 射线衍射研究。通过 PCR 从假坚强芽胞杆菌 OF4 中克隆获得四氢嘧啶羟化酶基因，构建原核表达载体，经过原核表达，采用 Ni-NTA 亲和层析法和分子排阻色谱法纯化蛋白，289 K 下采用座滴法进行晶体筛选和制备，在低温 100 K 下通过 X 射线衍射仪收集晶体衍射数据。结果表明，通过原核表达及纯化成功获得了适合晶体生长的蛋白 BpEctD。通过筛选最终在蛋白质浓度为 6.5 mg/mL 及含有 0.2 mol/L $MgCl_2·6H_2O$、0.1 mol/L Bis-Tris（pH 6.5）、25%（*m*/*V*）聚乙二醇 3350 的缓冲液中获得了理想的蛋白质晶体，其大小约为 360 μm×240 μm×60 μm，并在 100 K 下成功收集了衍射数据，晶体衍射分辨率为 2.40，空间群为三斜晶系 P1，晶胞参数为 $a$=45.18、$b$=58.87、$c$=68.81、$\alpha$=77.48°、$\beta$=86.03°、$\gamma$=66.97°，每个不对称单位中含有 2 个 BpEctD 单体，马修斯系数为 2.443/Da，溶剂含量约为 49.53%。衍射数据的成功收集为假坚强芽胞杆菌 OF4 四氢嘧啶羟化酶三维结构的解析奠定了前期基础，将有助于阐明四氢嘧啶羟化酶的催化机制。

唐昭娜等（2015）报道了假坚强芽胞杆菌丙氨酸脱氢酶（ALD）的原核表达纯化与结晶。丙氨酸脱氢酶是一种 $NAD^+$依赖性的氨基酸脱氢酶，能可逆地催化丙氨酸氧化脱氨生成丙酮酸和氨。实验以假坚强芽胞杆菌的丙氨酸脱氢酶为研究对象，将目的基因克隆到 pET-22b(+)原核表达载体上，并在大肠杆菌中完成蛋白质的高效表达。通过镍离子亲和层析、离子交换层析和凝胶过滤层析等纯化方法，得到了高纯度的目的蛋白。利用气相扩散法对目的蛋白进行结晶，最终得到分辨率为 0.31 nm 的蛋白质晶体。鞠建松等（2013）报道了假坚强芽胞杆菌中乙醇降解相关酶的克隆、表达及酶学特性。通过引物设计，采用 PCR 技术从嗜碱芽胞杆菌 OF4 的基因组 DNA 中扩增获得乙醇脱氢酶基因（*adh*）和乙醛脱氢酶基因（*aldh*），构建表达载体，通过异源表达，Ni-NTA 柱层析纯化酶蛋白，分析其酶学特性。乙醛脱氢酶的最适反应温度为 35℃，最适反应 pH 为 8.0，酶蛋白的活力为 979.6 U/mg，其稳定性在 25℃和 35℃下比 45℃稍好；尽管由于乙醇脱氢酶的表达量低而未能纯化获得酶蛋白，但通过双基因共表达及乙醇耐受性实验发现乙醇脱氢酶也具备较高的催化活性。

卢争辉等（2013）报道了1株碱性淀粉酶产生菌的分离及酶学特性分析。筛选出能用于生物印染的碱性淀粉酶产生菌。利用Horikoshi-I培养基从农田土壤中分离碱性淀粉酶产生菌，并采用二硝基水杨酸（DNS）法和碘量法测定粗酶液中淀粉酶的酶学性质。共分离到9株碱性淀粉酶产生菌，对其中水解圈最大的菌株703进行16S rDNA序列同源性比对，结果显示其与嗜碱性假坚强芽胞杆菌OF4的16S rDNA序列同源性达100%。对该菌发酵粗酶的酶学性质研究表明该碱性淀粉酶的最适温度为50℃，最适pH为9.5，50℃下处理30 min后酶活残存74.7%。郝建国等（2010）报道了1株产蛋白酶嗜碱菌株的分离、鉴定及酶学特性。利用碱性脱脂牛奶培养基分离纯化产蛋白酶嗜碱菌，通过形态学特征、生理生化、16S rDNA基因序列分析及DNA-DNA杂交实验确定菌株的分类地位，利用酪蛋白水解法分析所产蛋白酶的pH和温度作用范围、稳定性和耐氧化剂能力。他们从我国西藏盐碱湖样品中分离到1株产碱性蛋白酶的菌株ZL223，该菌株为革兰氏阳性菌，最适生长温度为37℃，最适生长pH 9.0，16S rDNA基因序列分析显示，菌株ZL223与假坚强芽胞杆菌OF4的亲缘关系最近，16S rDNA基因序列同源性为98.6%，DNA-DNA杂交结果显示与假坚强芽胞杆菌OF4的同源性为86%。菌株ZL223产生的蛋白酶作用的最适pH为12.0，最适温度为40℃。结合生理生化指标测定的结果，鉴定该菌株为假坚强芽胞杆菌ZL223。蔡靖等（2007）从长期稳定运行的脱氮除硫反应器污泥中分离获得2株具有脱氮除硫功能的芽胞杆菌，其中菌株CB被鉴定为假坚强芽胞杆菌。王娟丽等（2005）报道了弹性蛋白酶生产菌种的筛选及发酵条件的研究，筛选到1株弹性蛋白酶高产菌株EL112，鉴定该菌株为假坚强芽胞杆菌。采用正交试验得出产弹性蛋白酶菌株的最佳发酵条件：温度37℃，pH 7.5，转速150 r/min。

假坚强芽胞杆菌脂肪酸组鉴定图谱。脂肪酸组特征为15:0 anteiso/15:0 iso=0.36，17:0 anteiso/17:0 iso=0.90。脂肪酸组（21个生物标记）包括：15:0 iso（42.9367%）、15:0 anteiso（15.4333%）、17:1 iso ω10c（9.4750%）、17:0 iso（7.1922%）、17:0 anteiso（6.4650%）、16:1ω11c（4.4139%）、c16:0（3.7856%）、16:0 iso（2.9717%）、14:0 iso（2.1661%）、feature 4（1.7400%）、16:1ω7c alcohol（1.1922%）、c14:0（0.6217%）、13:0 iso（0.5489%）、16:0 N alcohol（0.3800%）、c12:0（0.1761%）、c10:0（0.1550%）、c18:0（0.1267%）、18:1ω9c（0.1244%）、c9:0（0.0389%）、13:0 anteiso（0.0367%）、19:0 iso（0.0239%）（图8-1-69）。

## 68. 假蕈状芽胞杆菌

假蕈状芽胞杆菌生物学特性。假蕈状芽胞杆菌（*Bacillus pseudomycoides* Nakamura 1998，sp. nov.）在国内有过相关研究报道。殷婷婷等（2016）报道了桂竹（*Phyllostachys bambusoides*）根际土壤细菌群落多样性的季节变化。选取徐州市泉山森林公园的桂竹林作为样地，利用传统微生物培养方法，研究不同季节桂竹根际土壤微生物的种类、数量和多样性特征。结果显示，4月独有的细菌为假蕈状芽胞杆菌，6月为解淀粉芽胞杆菌（*Bacillus amyloliquefaciens*），9月为产气肠杆菌（*Enterobacter aerogenes*）和松鼠葡萄球菌（*Staphylococcus sciuri*）（其中产气肠杆菌占有优势）；蜡样芽胞杆菌（*Bacillus cereus*）

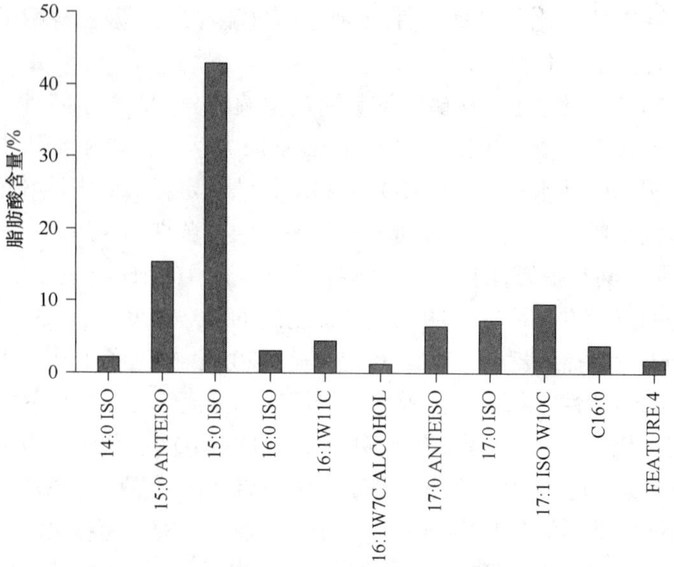


图 8-1-69　假坚强芽胞杆菌（*Bacillus pseudofirmus*）主要脂肪酸种类

和阿氏芽胞杆菌（*Bacillus aryabhattai*）为 4 月、6 月和 9 月共有的菌种；上述 3 个月中，以 9 月细菌群落多样性最高。鲁珍等（2016）报道了高温大曲中高产 α-淀粉酶菌株的分离鉴定及其产酶性能研究。以从高温大曲中筛选得到的 8 株产酱香气味的细菌为研究对象，利用 α-淀粉酶透明圈和 α-淀粉酶活性测定相结合的方法从中筛选出 1 株高产 α-淀粉酶的菌株 GX05。通过形态学观察及生理生化试验和 16S rDNA 分子生物学鉴定为假蕈状芽胞杆菌，并对该菌株产酶条件进行研究，最适条件是外加碳源为葡萄糖，氮源为尿素，初始 pH 6，接种量 13%，培养时间 72 h，酶活可以达到 180.12 U/g。

马忠友等（2012）报道了活性污泥中 1 株产聚 β-羟基丁酸（PHB）丝状细菌的分离与鉴定。从污水处理厂等活性污泥样品中分离到了 19 株丝状细菌，通过苏丹黑染色法和紫外吸收光谱扫描技术证明这些丝状细菌能够在菌体内积累 PHB。采用氯仿乙醇法提取 PHB，并采用紫外吸收法进行定量测定，筛选出 1 株高产 PHB 丝状细菌 HY10，细胞 PHB 含量为（37.24±0.74）%，PHB 产量为（1.15±0.06）g/L。综合该菌株的菌落形态和 16S rDNA 序列分析结果将菌株 HY10 鉴定为假蕈状芽胞杆菌。郭晓军等（2011）报道了假蕈状芽胞杆菌纤溶酶基因的克隆与表达。将来自假蕈状芽胞杆菌的纤溶酶基因克隆至表达载体 pGEX-4T-2 中，并在大肠杆菌中表达。SDS-PAGE 结果显示胞内含有表达条带，表达产物的分子质量大小为 $9.8\times10^4$ Da，比预计的分子质量（$9.0\times10^4$ Da）稍大。酪蛋白平板法测定结果显示，以 1.0 mmol/L 异丙基-β-D-硫代半乳糖苷（IPTG）26℃和 30℃诱导 5 h，重组菌胞内蛋白有活性。王琴丹等（2010）报道了中式熟食咸鸡主要细菌的分离与初步鉴定。采用嗜冷菌选择性培养基和含盐选择性培养基对咸鸡微生物菌群进行分离筛选。根据细菌的菌落形态、革兰氏染色反应等常见特征，从嗜冷菌选择性培养基分离出 6 株菌 C1～C6，从含盐选择性培养基分离出 4 株细菌 S1～S4。提取单菌落 DNA，对其 16S rDNA 序列进行 PCR 扩增后测序，结合形态、常规生理生化特性，将其初步鉴定为松鼠葡萄球菌 C3，土生克雷伯氏菌（*Klebsiella terrigena*）C6，不动杆菌

（*Acinetobacter* spp.）C1、C2、C4、C5，日勾维肠杆菌（*Enterobacter gergoviae*）S1，表皮葡萄球菌（*Staphylococcus epidermidis*）S2、S3 和假蕈状芽胞杆菌 S4。

顾昌玲等（2009）报道了 1 株产纤溶酶芽胞杆菌的鉴定及纤溶酶的分离纯化与性质分析。利用纤维蛋白平板法检测纤溶酶活性，利用硫酸铵分级沉淀和阴离子交换色谱从假蕈状芽胞杆菌菌株 B-60 中纯化纤溶酶。从该菌株的发酵液中获得了一组纤溶酶单一组分（BpFE），它的表观分子质量为 34 kDa。它在 4～50℃活性较稳定，50℃以上活性急剧下降；作用最适 pH 为 5～6，在 pH 5～10 时活性较稳定，在 pH 3.0 时，活性几乎丧失；金属离子 $Ca^{2+}$、$Mg^{2+}$、$Mn^{2+}$对酶活有轻微促进作用，$Cu^{2+}$则强烈抑制酶活。苯甲基磺酰氟（PMSF）完全抑制它的活性。BpFE 经胰蛋白酶和胃蛋白酶降解后，活性上升。测得 BpFE N 端 15 个氨基酸序列为 VTGTNAVGTGKGVLG，序列比对结果表明，BpFE N 端 15 个氨基酸序列与来源于蜡样芽胞杆菌、苏云金芽胞杆菌、炭疽芽胞杆菌和乳杆菌的细菌裂解酶、中性蛋白酶、水解酶的部分序列的同源性为 100%。

假蕈状芽胞杆菌脂肪酸组鉴定图谱。脂肪酸组特征为 15:0 anteiso/15:0 iso=0.25，17:0 anteiso/17:0 iso=0.25。脂肪酸组（53 个生物标记）包括：15:0 iso（16.2875%）、17:0 iso（11.6438%）、feature 3（11.4388%）、13:0 iso（10.0175%）、c16:0（9.4750%）、16:0 iso（6.5063%）、13:0 anteiso（5.6100%）、12:0 iso（5.4213%）、15:0 anteiso（4.1213%）、17:0 anteiso（2.8675%）、14:0 iso（2.8550%）、c14:0（2.6525%）、17:1 iso ω5c（2.4938%）、feature 2（1.7038%）、c12:0（0.9263%）、17:1 anteiso A（0.8688%）、c18:0（0.8575%）、c17:0（0.4988%）、19:0 iso（0.4925%）、11:0 iso（0.4575%）、18:0 iso（0.3688%）、13:0 iso 3OH（0.2863%）、18:1ω9c（0.2513%）、14:0 anteiso（0.2188%）、feature 8（0.2100%）、17:1ω7c（0.1950%）、15:1ω5c（0.1763%）、17:1 anteiso ω9c（0.1213%）、10 Me 18:0 TBSA（0.1175%）、feature 5（0.1138%）、feature 1（0.0988%）、20:1ω7c（0.0838%）、18:3ω(6,9,12)c（0.0613%）、17:0 iso 3OH（0.0600%）、c13:0（0.0600%）、16:0 2OH（0.0500%）、17:1ω8c（0.0413%）、15:1 iso F（0.0388%）、14:0 iso 3OH（0.0363%）、15:1 anteiso A（0.0263%）、15:0 iso 3OH（0.0238%）、18:1 2OH（0.0188%）、15:1 iso G（0.0175%）、c20:0（0.0163%）、11:0 anteiso（0.0163%）、18:1ω5c（0.0150%）、16:0 N alcohol（0.0138%）、18:1 iso H（0.0138%）、20:2ω(6,9)c（0.0138%）、18:0 3OH（0.0113%）、16:0 anteiso（0.0100%）、16:1 iso G（0.0088%）、feature 6（0.0075%）（图 8-1-70）。

## 69. 冷解糖芽胞杆菌

冷解糖芽胞杆菌生物学特性。冷解糖芽胞杆菌［*Bacillus psychrosaccharolyticus*（ex Larkin and Stokes 1967）Priest et al. 1989，sp. nov.，nom. rev.］在国内的相关研究报道较少。刘贯锋（2011）报道了包括冷解糖芽胞杆菌在内的芽胞杆菌分类学特征及其生防功能菌株的筛选。筛选出 11 株对青枯雷尔氏菌有拮抗作用的芽胞杆菌，其中有较强抑制作用的有萎缩芽胞杆菌（*Bacillus atrophaeus*）、蕈状芽胞杆菌（*Bacillus mycoides*）、冷解糖芽胞杆菌、史氏芽胞杆菌（*Bacillus smithii*）、球形赖氨酸芽胞杆菌（*Lysinibacillus sphaericus*）、解淀粉类芽胞杆菌（*Paenibacillus amylolyticus*）、内生芽胞杆菌（*Bacillus endophyticus*）和蜂房类芽胞杆菌（*Paenibacillus alvei*）。

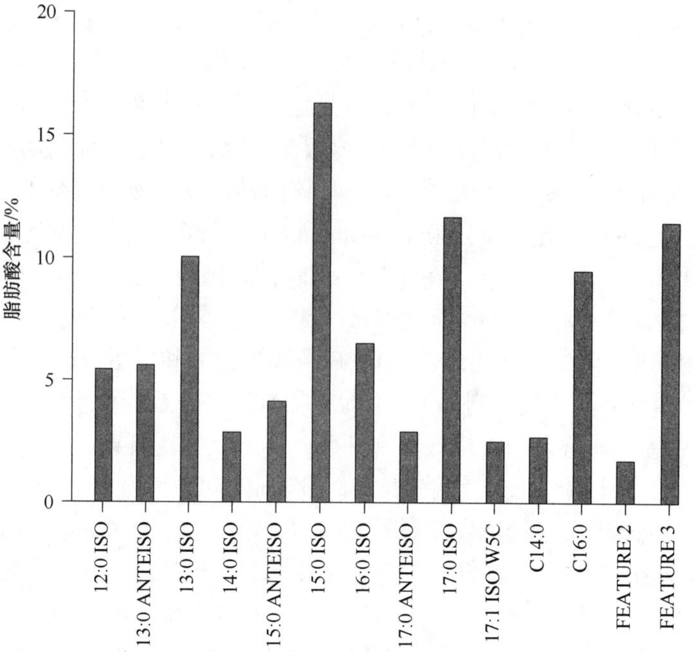


图 8-1-70　假蕈状芽胞杆菌（*Bacillus pseudomycoides*）主要脂肪酸种类

冷解糖芽胞杆菌脂肪酸组鉴定图谱。脂肪酸组特征为 15:0 anteiso/15:0 iso=3.74，17:0 anteiso/17:0 iso=3.76。脂肪酸组（20 个生物标记）包括：15:0 anteiso（66.5767%）、15:0 iso（17.8000%）、17:0 anteiso（3.5200%）、feature 4（1.8967%）、c16:0（1.6333%）、14:0 iso（1.3233%）、16:0 iso（1.2333%）、c14:0（1.1200%）、16:1ω7c alcohol（1.0133%）、17:0 iso（0.9367%）、17:1 iso ω10c（0.8067%）、16:1ω11c（0.5233%）、13:0 anteiso（0.4567%）、13:0 iso（0.4133%）、c12:0（0.2967%）、c18:0（0.2267%）、15:1 iso ω9c（0.1367%）、c10:0（0.0367%）、18:1ω9c（0.0267%）、11:0 anteiso（0.0267%）（图 8-1-71）。

## 70. 短小芽胞杆菌

短小芽胞杆菌生物学特性。短小芽胞杆菌［*Bacillus pumilus* Meyer and Gottheil 1901（Approved Lists 1980），species.］在国内有过大量的研究报道，文献达 818 篇，短小芽胞杆菌国内研究文献年发表数量动态趋势见图 8-1-72。

赵玉连等（2015）报道了短小芽胞杆菌-蒙脱石相互作用实验研究；王静等（2015）报道了短小芽胞杆菌 AR03 对烟草赤星病病原菌和白粉病病原菌的防治；秦永莲等（2015）报道了直接/间接作用模式下一株短小芽胞杆菌对蒙脱石层间域特性的影响研究；李雪峰和王利（2015）报道了一株短小芽胞杆菌的 16S rDNA 基因序列分析；韦露等（2015）报道了一株短小芽胞杆菌 B1 的筛选鉴定及其抗菌特性研究；林司曦等（2014）报道了短小芽胞杆菌 HR10 增殖扩繁培养基组分的优化；刘通等（2014）报道了短小芽胞杆菌抑菌蛋白 TasA 的基因克隆及功能分析；王月等（2014）报道了碳氮源对短小芽胞杆菌 K9 产角蛋白酶的影响；刘冰花等（2014）报道了产高活性抗凝溶栓双活性蛋白的短小芽胞杆菌的筛选及鉴定；郭婧等（2013）报道了短小芽胞杆菌 X93 及胞外产物抑菌活性的

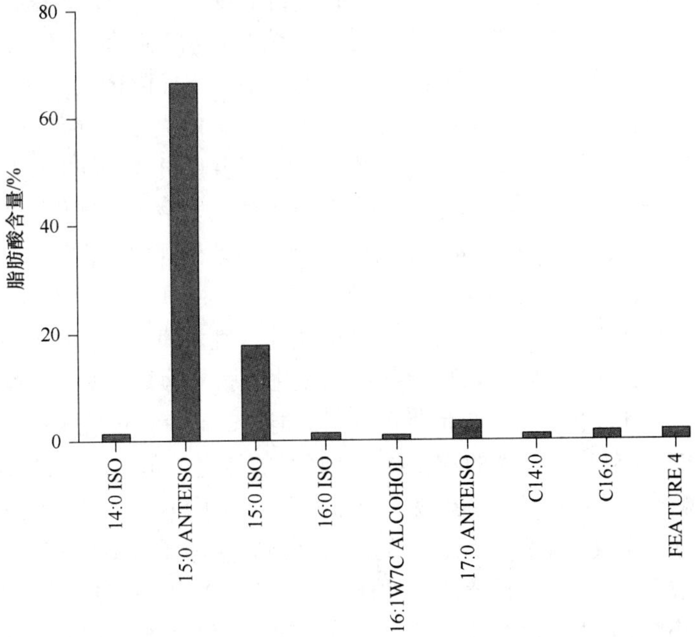


图 8-1-71　冷解糖芽胞杆菌（*Bacillus psychrosaccharolyticus*）主要脂肪酸种类

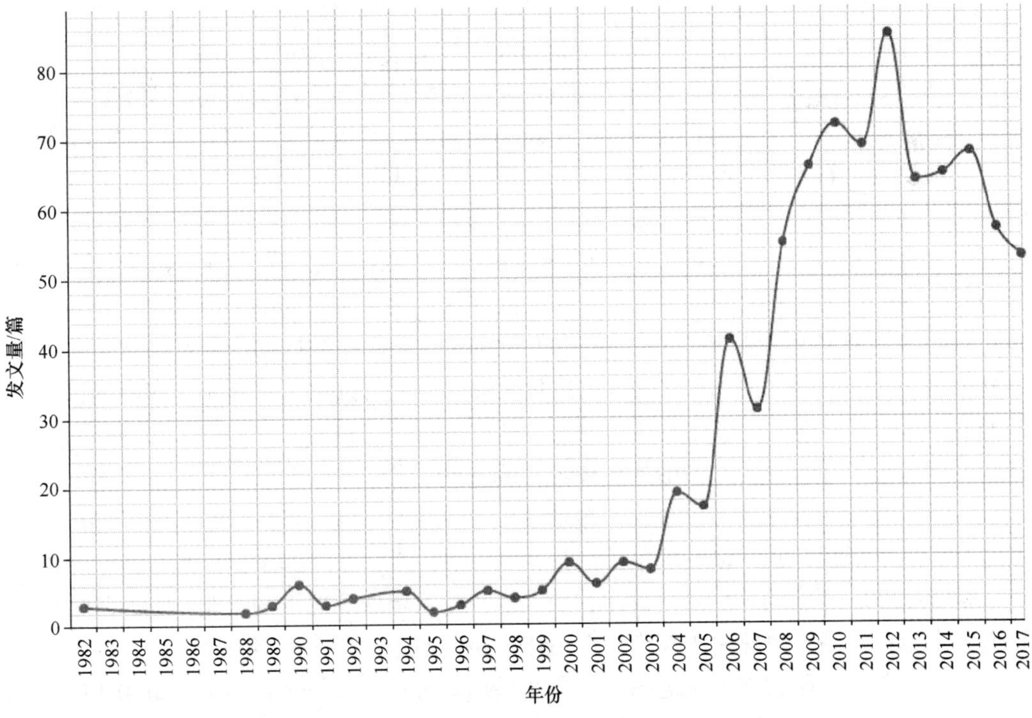


图 8-1-72　短小芽胞杆菌国内研究文献年发表数量动态趋势

研究；潘以楼等（2013）报道了农药助剂对短小芽胞杆菌 TW-2 菌体及芽胞的影响；朱婷婷和倪晋仁（2012a，2012b）报道了降解苯并[a]芘的短小芽胞杆菌菌株 Bap9 的分离、鉴定与降解特性，以及表面活性剂对短小芽胞杆菌 Bap9 降解苯并[a]芘的影响；沈新迁等（2012）报道了绿色荧光蛋白（GFP）标记的短小芽胞杆菌转座突变株的构建初探；王秋艳等（2012）报道了短小芽胞杆菌糖基转移酶基因的克隆、序列分析及表达。

沈敏等（2012）报道了常见重金属和农药对短小芽胞杆菌 WP8 促生能力的影响；黄谚谚等（2012）报道了短小芽胞杆菌产碱性纤维素酶的发酵工艺优化；康贻军等（2012）报道了两株植物根际促生菌对番茄青枯病的生物防治效果评价；霍培元等（2012）报道了傣药黑面神内生菌短小芽胞杆菌化学成分研究；吴立新和吴祖芳（2011）报道了短小芽胞杆菌脂肪酸羟基化发酵特性与培养条件的优化；姚大伟等（2011）报道了短小芽胞杆菌 WHK4 以羽毛粉为底物产蛋白酶条件的优化；张立静等（2011）报道了高效纤维素降解菌短小芽胞杆菌 T-7 的筛选、鉴定及降解能力的研究；胡晓璐等（2011）报道了短小芽胞杆菌 DX01 转座突变株的构建及转化体系的优化；黄静文等（2010）报道了短小芽胞杆菌改善烟叶品质的研究；张红见等（2010）报道了短小芽胞杆菌（*Bacillus pumilus* UN-31-C-42）对青海藏系羊蹄脱毛效果的研究；高兆建等（2010）报道了短小芽胞杆菌 XZG33 耐高温酸性 β-甘露聚糖酶酶学性质的研究；李浩丽等（2010）报道了短小芽胞杆菌菌株 CN8 猪血红蛋白降解酶的分离纯化及酶学性质研究；王岩等（2010）报道了短小芽胞杆菌脂肪酸羟基化调控基因 *fadD*-like 的克隆与序列分析。

王宁等（2009）报道了短小芽胞杆菌 XJU-13 的分离鉴定及其碱性脂肪酶酶学特性分析；肖相政等（2009）报道了短小芽胞杆菌 BX-4 抗生素标记及定植效果的研究；关珊珊等（2009）报道了短小芽胞杆菌 USTB-06 发酵液治愈大白鼠烧伤的研究；李祖明等（2009）报道了短小芽胞杆菌 2080 产碱性蛋白酶的扩大培养；周欣等（2009）报道了紫外线诱变选育木聚糖酶高产菌株及产酶条件的初步研究；褚忠志（2008）报道了产碱性蛋白酶菌株短小芽胞杆菌 Zk202 的选育与酶学性质研究；包怡红等（2008）报道了耐碱性木聚糖酶在短小芽胞杆菌中高效分泌表达的研究；陈晓明等（2008）报道了短小芽胞杆菌 E601 传代和中子辐照后的菌落形态变化；张滨等（2008）报道了短小芽胞杆菌的基因鉴定及畜血 Hb 降解技术；黄瑛等（2008）报道了基于易错 PCR 技术的短小芽胞杆菌 YZ02 脂肪酶基因 *BpL* 的定向进化；梁静娟等（2006）报道了红树林海洋细菌 PLM4 抑制肿瘤细胞生长活性多糖的纯化及结构分析；吴祖芳等（2007）报道了羟基脂肪酸生产菌短小芽胞杆菌对油酸的代谢特性和产物分析。

许正宏和陶文沂（2005，2006）报道了短小芽胞杆菌 WL-11 木聚糖酶 A 的纯化、鉴定及其底物降解方式，以及短小芽胞杆菌 WL-11 蛋白酶对其木聚糖酶合成的影响；黄家骥等（2003）报道了短小芽胞杆菌 WL-11 产生木聚糖酶的生物机制；孙迅等（1997）报道了木聚糖酶高产菌株短小芽胞杆菌 H-101 的筛选及产酶条件的研究。

短小芽胞杆菌脂肪酸组鉴定图谱。脂肪酸组特征为 15:0 anteiso/15:0 iso=0.49，17:0 anteiso/17:0 iso=0.70。脂肪酸组（71 个生物标记）包括：15:0 iso（51.5510%）、15:0 anteiso（25.5173%）、17:0 iso（6.3168%）、17:0 anteiso（4.4217%）、16:0 iso 3OH（3.4700%）、16:0 iso（3.0019%）、c16:0（2.8377%）、14:0 iso（1.4016%）、17:1 iso ω10c（1.0557%）、 c14:0（0.7789%）、16:1ω11c（0.6188%）、13:0 iso（0.4675%）、16:1ω7c alcohol（0.4462%）、c18:0（0.2956%）、feature 4-1（0.2557%）、15:0 iso 3OH（0.1461%）、feature 4-2（0.1258%）、18:1ω9c（0.0988%）、c12:0（0.0621%）、14:0 anteiso（0.0489%）、17:0 iso 3OH（0.0436%）、13:0 anteiso（0.0359%）、c19:0（0.0342%）、19:0 iso（0.0274%）、17:0 2OH（0.0253%）、18:1ω7c（0.0251%）、feature 8（0.0214%）、unknown 14.959（0.0213%）、15:0 2OH（0.0210%）、15:1 iso G（0.0210%）、c17:0（0.0173%）、17:1 anteiso ω9c（0.0158%）、10 Me 18:0 TBSA（0.0135%）、feature 7（0.0121%）、18:1 iso H（0.0120%）、feature 5（0.0119%）、feature 3-1（0.0111%）、feature 3-2（0.0101%）、18:3ω(6,9,12)c（0.0101%）、15:1 iso at 5（0.0095%）、feature 1-1（0.0093%）、16:0 anteiso（0.0077%）、15:1 iso F（0.0066%）、unknown 11.543（0.0064%）、18:0 2OH（0.0062%）、cy19:0 ω8c（0.0058%）、16:0 2OH（0.0057%）、10:0 2OH（0.0054%）、11:0 iso（0.0052%）、c20:0（0.0051%）、17:1ω6c（0.0048%）、12:0 iso（0.0048%）、13:0 iso 3OH（0.0047%）、16:1 2OH（0.0047%）、c10:0（0.0041%）、17:1 iso ω9c（0.0039%）、17:0 3OH（0.0031%）、15:1 anteiso A（0.0030%）、16:0 N alcohol（0.0030%）、13:0 2OH（0.0029%）、18:0 iso（0.0027%）、cy17:0（0.0027%）、20:1 ω7c（0.0024%）、15:1 iso ω9c（0.0023%）、feature 1-2（0.0022%）、16:0 3OH（0.0021%）、12:0 3OH（0.0019%）、feature 2（0.0017%）、12:0 iso 3OH（0.0017%）、17:1ω8c（0.0016%）、11:0 iso 3OH（0.0014%）（图 8-1-73）。

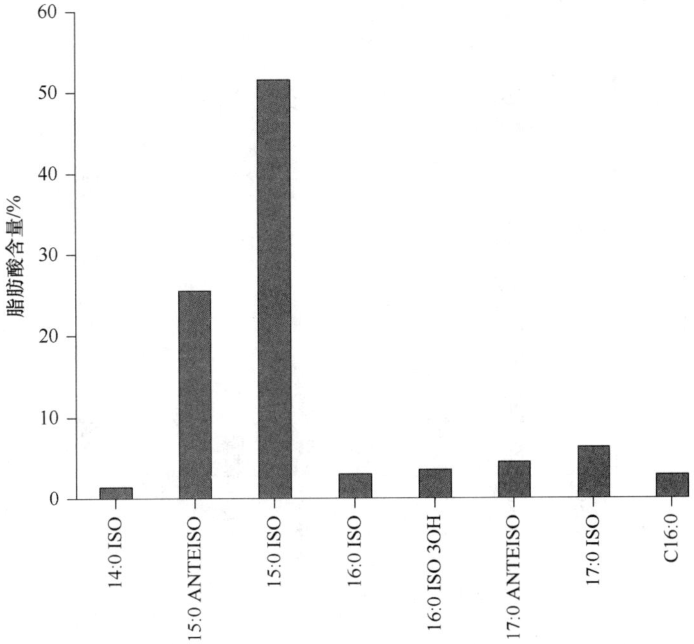


图 8-1-73　短小芽胞杆菌（*Bacillus pumilus*）主要脂肪酸种类

## 71. 农庄芽胞杆菌

农庄芽胞杆菌生物学特性。农庄芽胞杆菌（*Bacillus ruris* Heyndrickx et al. 2005，sp.

nov.）在国内的相关研究报道较少。朱其瀚（2008）报道了镇江香醋发酵过程中微生物的分离及其产酸特性。镇江香醋是我国传统四大名醋之一，采用独特的固态分层发酵工艺，以套醪糟接种的方式进行接种，这一特点使得每一批乙酸发酵过程中的微生物区系相对稳定。采用传统的微生物分离计数方法考察镇江香醋乙酸发酵过程中产酸菌和真菌数量的动态变化情况。结果显示，产酸菌数量在 7 d 时最高，真菌数量在发酵开始时最高，此后随着发酵的进行产酸菌、真菌数量均呈不断减少的趋势。同时，对分离的产酸菌和酵母菌进行测序鉴定。结果表明，分离到 1 种酵母菌皱褶念珠菌（*Candida rugosa*）和 5 种产酸细菌，即葡萄球菌（*Staphylococcus* sp.）、农庄芽胞杆菌、类芽胞杆菌（*Paenibacillus* sp.）、干酪乳杆菌（*Lactobacillus casei*）和巴氏醋酸杆菌（*Acetobacter pasteurianus*）。类芽胞杆菌和农庄芽胞杆菌是首次从醋醅中检出的。

农庄芽胞杆菌脂肪酸组鉴定图谱。脂肪酸组特征为 15:0 anteiso/15:0 iso=3.44，17:0 anteiso/17:0 iso=2.06。脂肪酸组（22 个生物标记）包括：15:0 anteiso（36.1900%）、c16:0（30.6750%）、15:0 iso（10.5150%）、17:0 anteiso（7.7550%）、17:0 iso（3.7600%）、16:0 iso（2.8900%）、c14:0（2.1850%）、c18:0（2.1350%）、14:0 iso（1.1000%）、c17:0（0.5350%）、18:1ω9c（0.5200%）、c12:0（0.2950%）、12:0 anteiso（0.2450%）、13:0 anteiso（0.2150%）、14:0 anteiso（0.1950%）、feature 8（0.1750%）、feature 3（0.1700%）、17:1 anteiso ω9c（0.0900%）、18:3ω(6,9,12)c（0.0900%）、16:0 anteiso（0.0900%）、c20:0（0.0850%）、c10:0（0.0850%）（图 8-1-74）。

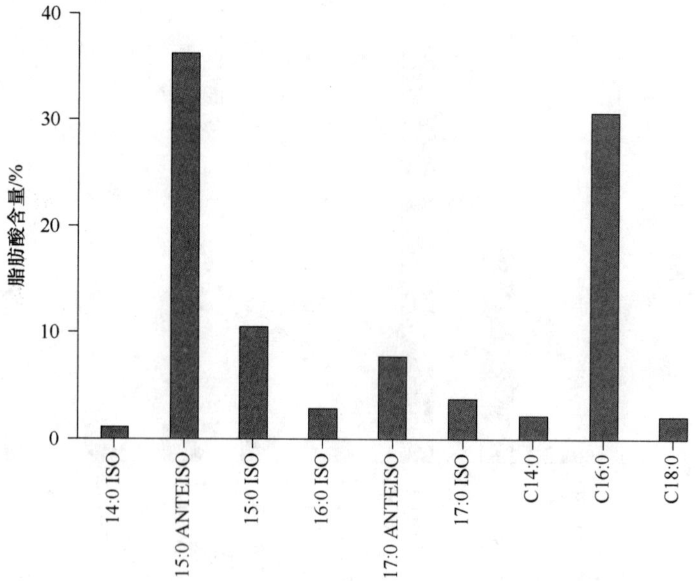


图 8-1-74 农庄芽胞杆菌（*Bacillus ruris*）主要脂肪酸种类

## 72. 沙福芽胞杆菌

沙福芽胞杆菌生物学特性。沙福芽胞杆菌（*Bacillus safensis* Satomi et al. 2006，sp. nov.）在国内有过相关研究报道。田群等（2017）报道了耐锰细菌的鉴定与锰胁迫下的生理响应。从松桃的锰冶炼区寨英镇采集的土样中分离得到7株耐锰能力达到1800 mg/L的细菌，其中S7和S16两株菌对锰的耐受能力高达2200 mg/L。形态学、生理生化和16S rDNA基因测序等分析结果表明，这些菌分别属于根癌土壤杆菌、沙福芽胞杆菌、根瘤菌属和氧化节杆菌。在锰胁迫条件下，测定菌株S7的生长曲线、超氧化物歧化酶（SOD）、过氧化氢酶（CAT）活性和电导率。结果表明：在无锰条件下，细菌的生长速度很快，14～18 h后就进入稳定期；在锰胁迫条件下，菌株的生长速度明显减慢，S7菌株的SOD、CAT活性在10～18 h时升高，但电导率变化不大。推测耐锰细菌可能通过上调氧化还原酶的活性适应锰胁迫。徐同伟等（2017）报道了2株烟草黑胫病拮抗菌的筛选、鉴定和促生防病潜力评价。通过稀释涂布平板法、对峙培养法从烟草病株根际土壤中筛选出YBM-4和YJC-4两株细菌。根据分子形态学、最适生长条件和生理生化及16S rDNA基因序列分析比对结果，鉴定YBM-4是枯草芽胞杆菌（*Bacillus subtilis*），YJC-4是沙福芽胞杆菌（*Bacillus safensis*）。在对峙培养中，YBM-4和YJC-4细菌对烟草黑胫病病原菌菌丝的相对抑制率分别是85.34%和72.99%。在盆栽试验中，YBM-4和YJC-4对烟株生物量和农艺性状的促生作用明显，YBM-4、YJC-4和YBM-4+YJC-4混剂（比例1∶1）对烟草黑胫病的平均防治效果分别是76.37%、80.06%和81.50%，病程进展曲线下面积（AUDPC）分别比对照降低265.01、281.58、287.32，表明细菌YBM-4和YJC-4具有潜在的利用和开发价值。

邓文等（2015）报道了桑树间作大豆对桑园土壤微生物多样性的影响。利用稀释平板法与Biolog-Eco技术对桑树单作、桑树-大豆间作的桑园土壤微生物数量、种群结构及微生物碳代谢多样性进行研究。结果表明，桑树间作大豆的桑园，桑树根际（IMR）土壤中的细菌和放线菌数量、可培养细菌种群结构、微生物碳代谢活性的每孔平均颜色变化率（AWCD）及香农多样性指数（*H*）均显著高于单作桑园，而真菌数量低于单作桑园。争论贪噬菌（*Variovorax paradoxus*）和沙福芽胞杆菌是间作桑园桑树根际土壤中特有的优势菌属。土壤微生物对不同碳源的利用及主成分分析表明，糖类、氨基酸、聚合物和混合物是间作桑园桑树根际土壤微生物利用的主要碳源类型，利用强度均显著高于单作桑园桑树根际土壤微生物。间作桑园土壤的有机质、速效磷和速效钾含量亦显著高于单作桑园。以上研究结果表明，桑树间作大豆改变了桑树根际土壤微生物群落的结构组成，增强了根际土壤微生物群落的碳代谢多样性，改善了土壤养分条件。阳洁等（2015）报道了广西药用野生稻内生细菌的多样性及促生作用。以广西药用野生稻为材料，采用两种选择性的无氮培养基进行内生细菌的分离，应用IS-PCR指纹图谱方法对所分离到的内生细菌进行聚类分析。选取每个类群的代表菌株进行16S rDNA基因序列测定及生理生化鉴定，通过菌株接种水稻对所分离的内生固氮菌进行促生作用的分析。结果表明，从药用野生稻中分离纯化了69株内生细菌，其中有26株内生固氮菌，其固氮酶活性为0.60～46.71 μmol $C_2H_4$/(mL·h)。通过IS-PCR指纹图谱分析将所有供试菌株聚为11个类群及1个单菌株。16S rDNA基因序列分析及生理生化鉴定表明，所分离的内生固氮菌属于艾德昂菌（*Ideonella* sp.）、阿氏肠杆菌（*Enterobacter asburiae*）及慢动固氮螺菌（*Azospirillum largimobile*），植物内生细菌有短小芽胞杆菌（*Bacillus pumilus*）、蜡样芽胞杆菌（*Bacillus cereus*）、大田根瘤菌（*Rhizobium daejeonense*）、沙福芽胞杆菌、纺锤形赖氨酸芽胞杆菌（*Lysinibacillus fusi-*

*formis*）、副氧化微杆菌（*Microbacterium paraoxydans*）、巴塞罗那类芽胞杆菌（*Paenibacillus barcinonensis*）及粘质沙雷氏菌（*Serratiam arcescens*）等。各内生细菌的代表菌株均具有溶磷解钾能力，其中 yy34 具有很强的溶磷能力，yy19、yy26 及 yy29 具有较强的解钾能力。此外，yy05、yy16、yy19、yy25、yy29、yy34 及 yy49 共 7 株菌能分泌生长素。将各内生固氮菌的代表菌株接种水稻后对水稻有着明显的促生作用，其中叶长增加了 23.0%～45.2%，根长增加了 19.8%～36.2%，分蘖数增加了 59.9%～119.8%，全株鲜重增加了 101.4%～257.0%，全株干重增加了 68.4%～101.7%，根重增加了 122.2%～188.9%。

陈进斌等（2015）报道了一种除臭复合菌剂的功能菌鉴定。根据微生物之间协同关系的微生态理论筛选、组合获得一种由 6 株功能菌组成的除臭复合菌剂，该复合菌剂对粪便原位除臭效果良好，对综合恶臭的平均去除率为 54.97%，最大去除率为 72.95%。通过 16S rDNA、18S rDNA 和 26S rDNA D1/D2 区序列同源性分析，菌剂中的 6 种微生物为罗伦隐球酵母菌（*Cryptococcus laurentii*）、沙福芽胞杆菌（*Bacillus safensis*）、枯草芽胞杆菌（*Bacillus subtilis*）、卷枝毛霉（*Mucor circinelloides*）、发酵乳杆菌（*Lactoacillus fermentum*）和沼泽红假单胞菌（*Rhodopseudomona spalustris*），鉴定结果表明，复合菌剂中有酵母菌、芽胞杆菌、霉菌、乳酸菌及光合菌，这些功能菌属于当前生物除臭复合菌剂中的主流菌群。刘程程等（2014）报道了产木聚糖酶芽胞杆菌的筛选及产酶条件优化。利用木聚糖酶选择培养基，从 120 株标准芽胞杆菌中筛选出 37 株能够形成明显透明圈的芽胞杆菌。经产酶发酵液培养基复筛，得到 1 株木聚糖酶活性较高的菌株 FJAT-14260（沙福芽胞杆菌）。采用单因素实验设计和正交试验设计进行优化，结果表明，在培养基优化中对产酶影响最大的因素是底物浓度；在发酵条件优化中对产酶影响最大的因素是培养温度。优化得到 FJAT-14260 的最佳产酶发酵条件为（每升）：碳源（酵母粉）7 g，氮源（蛋白胨）9 g，底物（木聚糖）浓度 10 g，培养温度 30℃，初始 pH 8，装液量 30 mL/250 mL。在此条件下 FJAT-14260 在发酵 32 h 时酶活力达到 113 585.78 U/mL，比优化前提高了 4.62 倍。

袁慎亮等（2014）报道了 1 株产纤溶酶菌株的分离鉴定及其纤溶组分分析。通过酪蛋白培养基初筛，琼脂-纤维蛋白双层平板复筛，从海泥、土壤等环境中筛选纤维蛋白降解菌，以尿激酶为标准测定纤溶酶活性。通过形态学、生理生化特征研究，结合 16S rDNA 基因序列分析菌株种类及系统分类地位。通过 SDS-PAGE 和纤维蛋白酶谱法分析胞外纤溶酶系的组成特征。结果表明，筛选到 1 株能降解纤维蛋白的细菌 CNY16，鉴定其为沙福芽胞杆菌。其产生的纤溶酶为胞外酶，SDS-PAGE 和纤维蛋白酶谱结果表明该纤溶酶系至少有 2 种分子质量大小不同的纤溶酶，分别约为 33 kDa 和 23 kDa，能有效溶解血块中纤维蛋白，并且对红细胞无降解作用。陈泽斌等（2011）报道了烟草黑胫病拮抗内生细菌的分离、鉴定及防效测定。采用常规分离方法从健康烟株的根、茎、叶中分离得到内生细菌 269 株，从中筛选出 7 株对烟草黑胫病病原菌具有明显拮抗作用的菌株，它们的抑菌半径达到 6 mm 以上。菌株 05-4004、05-2501 培养液滤液中存在具有明显抑菌作用的活性成分。在致病性试验中，发现菌株 701-1 在人工接种条件下有致病能力或具潜在致病性，选择余下 6 株拮抗细菌进行了温室盆栽试验，以 05-4004、05-2002 两株烟草内生细菌对烟草黑胫病的防效最好，分别为 46.6%、45.2%。在促生试验中，NB 培养液和清水对照的种子发芽率分别为 84.3%、82.7%，而经过 05-2002 和 05-4004

除菌滤液浸种后，发芽率分别提高到 93.5%和 93.7%。经过 05-4004、05-2002 灌根处理后，株高、叶长、叶宽、有效叶片数、叶面积明显增加。证明菌株 05-2002、05-4004 同时还具有一定的促生作用。以细菌 16S rDNA 同源性为基础的系统发育分析表明 05-4004 与短小芽胞杆菌、沙福芽胞杆菌处于同一分支，同源性为 100%，将 05-4004 鉴定为芽胞杆菌属。王福强等（2010）报道了原油降解菌的筛选鉴定及降解特性的研究。从河北省唐山市柳赞镇冀东油田油井污水中筛选出 8 株以原油为唯一碳源的降解菌株（编号为 T1～T8），通过形态学特征观察及 16S rDNA 分子生物学鉴定，确定这 8 个菌株分别为铜绿假单胞菌（*Pseudomonas aeruginosa*）、金黄色葡萄球菌（*Staphylococcus aureus*）、沙福芽胞杆菌、短小芽胞杆菌、肺嗜冷杆菌（*Psychrobacter pulmonis*）、洛菲不动杆菌（*Acinetobacter lwoffii*）、纺锤形赖氨酸芽胞杆菌（*Lysinibacillus fusiformis*）和洋葱伯克氏菌（*Burkholderia cepacia*）。采用无机盐培养基，以华北任丘油田原油为唯一碳源，分别对上述 8 种菌株进行原油降解能力测试，通过为期 7 d 的降解，其相对应的降解率分别为 67.14%、43.13%、30.37%、24.74%、43.00%、37.94%、55.28%和 14.51%，而且其中的金黄色葡萄球菌和肺嗜冷杆菌对原油具有降解能力为首次报道。

沙福芽胞杆菌脂肪酸组鉴定图谱。脂肪酸组特征为 15:0 anteiso/15:0 iso=0.53，17:0 anteiso/17:0 iso=1.02。脂肪酸组（23 个生物标记）包括：15:0 iso（52.7250%）、15:0 anteiso（27.6850%）、17:0 anteiso（4.2600%）、17:0 iso（4.1850%）、c16:0（2.5700%）、16:0 iso（2.2150%）、14:0 iso（0.9200%）、c18:0（0.8450%）、17:1 iso ω10c（0.6900%）、c14:0（0.5800%）、c19:0（0.4950%）、16:1ω11c（0.4750%）、18:1ω9c（0.4650%）、13:0 iso（0.4500%）、feature 4（0.3050%）、16:1ω7c alcohol（0.2800%）、15:0 iso 3OH（0.2000%）、c12:0（0.1750%）、18:3ω(6,9,12)c（0.1750%）、feature 8（0.1150%）、17:1 anteiso ω9c（0.0850%）、14:0 anteiso（0.0550%）、feature 1（0.0550%）（图 8-1-75）。

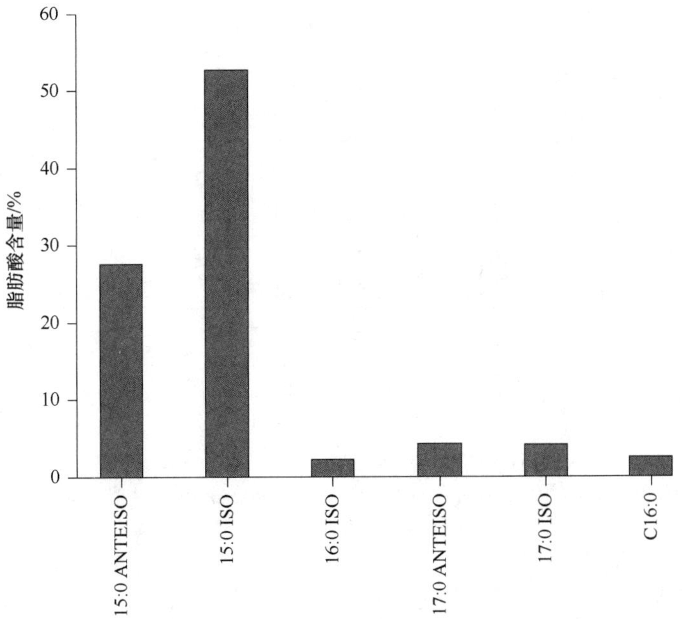


图 8-1-75　沙福芽胞杆菌（*Bacillus safensis*）主要脂肪酸种类

## 73. 硒砷芽胞杆菌

硒砷芽胞杆菌生物学特性。硒砷芽胞杆菌（*Bacillus selenatarsenatis* Yamamura et al. 2007，sp. nov.）在国内的相关研究报道较少。陈峥等（2016b）报道了基于液相色谱-四极杆飞行时间质谱法的产龙牙草酚 A 芽胞杆菌的筛选。他们采用液相色谱-四级杆飞行时间质谱的方法分析了 35 株芽胞杆菌菌株的发酵液的胞外成分。筛选出含龙牙草酚 A 的芽胞杆菌菌株 6 株，分别为马丁教堂芽胞杆菌 FJAT-14258、枯草芽胞杆菌枯草亚种 FJAT-14254、枯草芽胞杆菌斯氏亚种 FJAT-14250、马氏芽胞杆菌 FJAT-14248、甲醇芽胞杆菌 FJAT-14249 和硒砷芽胞杆菌 FJAT-14262。其中龙牙草酚 A 含量最高的为马丁教堂芽胞杆菌 FJAT-14258，占其发酵液总代谢物相对含量的 0.18%，为芽胞杆菌来源的产龙牙草酚 A 的开发与利用提供了理论依据。张婷等（2008）报道了一株海洋细菌硒砷芽胞杆菌 HZBN43 的鉴定。

硒砷芽胞杆菌脂肪酸组鉴定图谱。脂肪酸组特征为 15:0 anteiso/15:0 iso=0.68，17:0 anteiso/17:0 iso=10.22。脂肪酸组（21 个生物标记）包括：15:0 iso（38.6500%）、15:0 anteiso（26.2200%）、17:0 anteiso（21.2500%）、16:0 iso（3.4100%）、17:0 iso（2.0800%）、c16:0（1.6200%）、c14:0（1.1500%）、feature 4（1.0600%）、17:1 iso ω10c（1.0100%）、c18:0（0.7400%）、16:1ω11c（0.7200%）、14:0 iso（0.4800%）、18:1ω9c（0.4400%）、c10:0（0.2100%）、feature 8（0.2000%）、13:0 anteiso（0.1700%）、16:1ω7c alcohol（0.1600%）、c12:0（0.1200%）、13:0 iso（0.1100%）、feature 3（0.1100%）、14:0 anteiso（0.0900%）（图 8-1-76）。

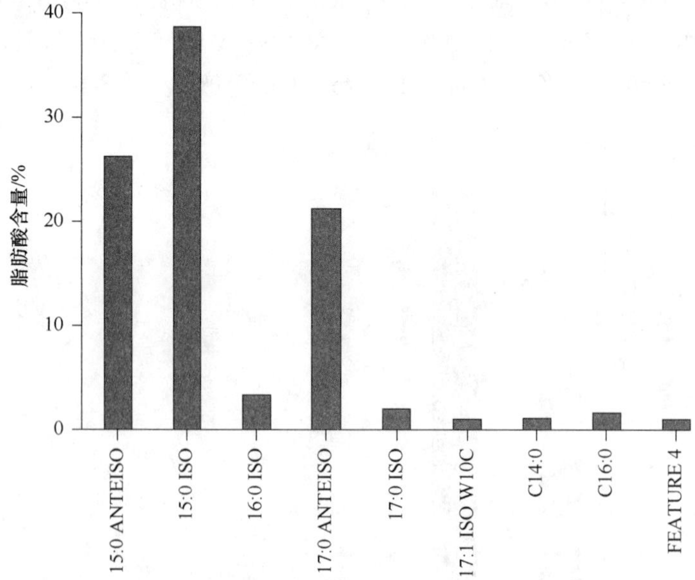


图 8-1-76 硒砷芽胞杆菌（*Bacillus selenatarsenatis*）主要脂肪酸种类

## 74. 西岸芽胞杆菌

西岸芽胞杆菌生物学特性。西岸芽胞杆菌（*Bacillus seohaeanensis* Lee et al. 2006， sp. nov.）分离自韩国泰安郡的晒盐场，其模式菌株的 G+C 含量为 39 mol%，主要脂肪酸包括 15:0 anteiso、15:0 iso、16:0 iso 和 14:0 iso，细胞壁肽聚糖为 A1α 型（Lee et al.，2006）。在国内未见相关研究报道。

西岸芽胞杆菌脂肪酸组鉴定图谱。脂肪酸组特征为 15:0 anteiso/15:0 iso=8.18，17:0 anteiso/17:0 iso=8.57。脂肪酸组（18 个生物标记）包括：15:0 anteiso（57.5000%）、17:0 anteiso（14.8300%）、15:0 iso（7.0300%）、c16:0（6.4700%）、16:0 iso（5.4300%）、17:0 iso（1.7300%）、14:0 iso（1.5400%）、c14:0（1.4000%）、c18:0（0.9300%）、c12:0（0.5000%）、18:1ω9c（0.4800%）、feature 3（0.4300%）、c10:0（0.3700%）、feature 5（0.3300%）、16:1ω11c（0.3000%）、feature 8（0.2900%）、14:0 anteiso（0.2100%）、16:0 anteiso（0.2100%）（图 8-1-77）。

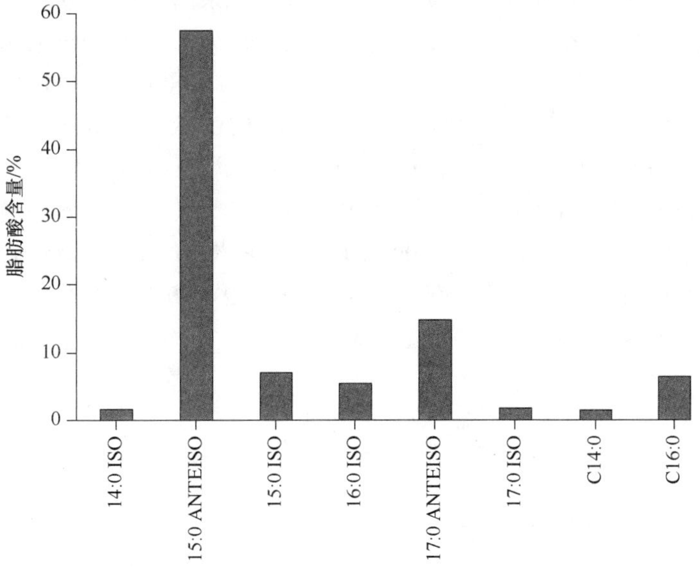


图 8-1-77　西岸芽胞杆菌（*Bacillus seohaeanensis*）主要脂肪酸种类

## 75. 沙氏芽胞杆菌

沙氏芽胞杆菌生物学特性。沙氏芽胞杆菌（*Bacillus shackletonii* Logan et al. 2004，sp. nov.）在国内有过相关研究报道。阿尔菲娅·安尼瓦尔等（2017）报道了吐鲁番传统馕饼酸面团中微生物多样性及挥发性香气成分的分析。对吐鲁番托克逊县坎儿井饮用水制成的传统馕饼酸面团进行可培养微生物组成分析及其面团在发酵过程中挥发性香气成分分析。采用纯培养、16S rDNA 基因序列分析法、26S rDNA 基因 D1/D2 区序列分析法对发酵面团微生物多样性进行分析；采用顶空固相微萃取-气质联用法（HS-SPME-GC-MS）检测挥发性香气成分。从两种样品中共鉴定到 9 株旧金山乳杆菌（*Lactobacillus sanfranciscensis*）、4 株食窦魏斯氏菌（*Weissella cibaria*）、11 株解淀粉芽胞杆菌（*Bacillus amyloliquefaciens*）、1 株沙氏芽胞杆菌（*Bacillus shackletonii*）、1 株枯草芽胞杆菌（*Bacillus subtilis*）和 10 株酿酒酵母菌（*Saccharomyces cerevisiae*），其中 2 号样品中未分离到任何可培养酵母菌。虽然 2 号样品中没有酵母菌，但并未影响到其多种风味物质的产生。用坎儿井水和成的面团比自来水和成的面团（对照）产生的芳香类物质种类丰富，相对百分含量高。

李晨晨等（2012）报道了普洱茶渥堆发酵过程中嗜热细菌的分离和鉴定。对普洱茶发酵全过程的茶样进行了 pH 检测，发现在渥堆过程中 pH 在前期有所下降，达到 4.5，中期基本趋于稳定，后期又有所回升。根据渥堆过程中高温和偏酸性的特征，采用传统培养与分子生物学方法相结合，对全过程的茶样在高温条件下进行细菌的分离、纯化及鉴定。结果发现有大量嗜热细菌的存在，包括凝结芽胞杆菌（*Bacillus coagulans*）、枯草芽胞杆菌（*Bacillus subtilis*）、地衣芽胞杆菌（*Bacillus licheniformis*）、热嗜淀粉芽胞杆菌（*Bacillus thermoamylovorans*）、沙氏芽胞杆菌、热噬油地芽胞杆菌（*Geobacillus thermoleovorans*）、乳酸片球菌（*Pediococcus acidilactici*）、植物乳杆菌（*Lactobacillus plantarum*）等。这些嗜热细菌和嗜热真菌共同在普洱茶的发酵中起到了关键作用。

沙氏芽胞杆菌脂肪酸组鉴定图谱。脂肪酸组特征为 15:0 anteiso/15:0 iso=0.73，17:0 anteiso/17:0 iso=9.40。脂肪酸组（21 个生物标记）包括：15:0 iso（39.2900%）、15:0 anteiso（28.6100%）、17:0 anteiso（19.1700%）、16:0 iso（2.9500%）、17:0 iso（2.0400%）、c16:0（1.6700%）、c14:0（1.0200%）、feature 4（0.9000%）、17:1 iso ω10c（0.8700%）、c18:0（0.7200%）、16:1ω11c（0.6600%）、18:1ω9c（0.4900%）、14:0 iso（0.3900%）、c12:0（0.2500%）、feature 3（0.1900%）、c10:0（0.1600%）、13:0 anteiso（0.1600%）、feature 8（0.1300%）、16:1ω7c alcohol（0.1200%）、18:3 ω(6,9,12)c（0.1100%）、13:0 iso（0.1000%）（图 8-1-78）。

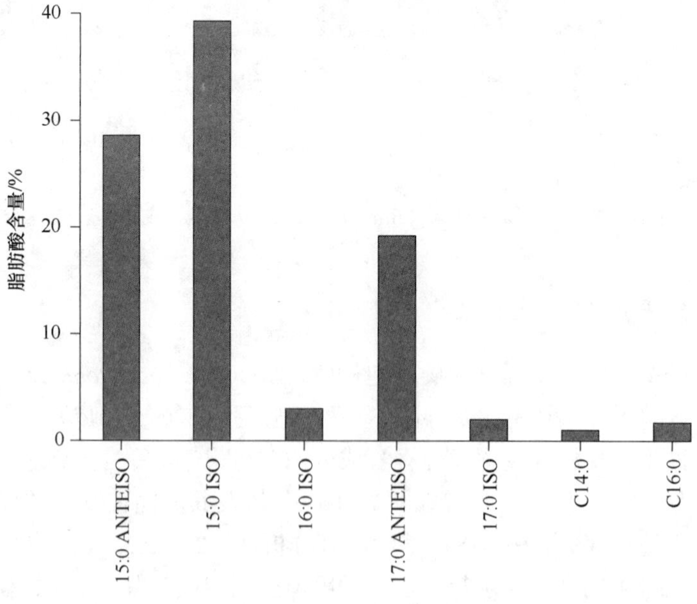


图 8-1-78　沙氏芽胞杆菌（*Bacillus shackletonii*）主要脂肪酸种类

## 76. 简单芽胞杆菌

简单芽胞杆菌生物学特性。简单芽胞杆菌［*Bacillus simplex*（ex Meyer and Gottheil

1901）Priest et al. 1989，sp. nov.，nom. rev.］在国内有过相关研究报道。刘睿等（2017）报道了新型复合型生物种衣剂 SN102 的田间防效研究。为了安全有效地解决大豆苗期根部多种病害复合侵染的问题，利用微生物多样性及诱导抗病性理论，在辽宁省沈阳康平基地与黑龙江大庆基地，对新研发的一种兼抗大豆胞囊线虫与根腐病的新型复合型生物种衣剂 SN102 进行了为期 2 年的田间防治效果验证试验。生物种衣剂 SN102 是由巨大芽胞杆菌（*Bacillus megaterium*）Sneb482、简单芽胞杆菌 Sneb545、费氏中华根瘤菌（*Sinorhizobium fredii*）Sneb183 和产黄青霉菌（*Penicillium chrysogenum*）Snef805 4 株生防菌株作为有效活性物质组合混配制成。结果表明：SN102 对大豆幼苗生长有一定的促进作用，两年的平均胞囊抑制率分别为 37.80%（康平）和 28.95%（大庆），对大豆幼苗根腐病的平均防效分别为 16.31%（康平）和 29.57%（大庆），同时对大豆的平均增产率分别达到 21.10%（康平）和 12.36%（大庆）。SN102 在不同地域的防病增产效果较稳定，具有很高的实际应用价值和开发潜力。许帅等（2017）报道了天津海底吹填淤泥中可培养细菌对黑麦草种子萌发及植株生长发育的影响。结果表明：海底淤泥中的海水芽胞杆菌、巨大芽胞杆菌、简单芽胞杆菌和萎缩芽胞杆菌对黑麦草种子萌发及植株生长均有促进作用。

曾林等（2016）报道了白酒黄水中纤维素降解菌的分离鉴定及产酶活性研究。从浓香型白酒发酵副产物黄水中分离得到 18 株具有产纤维素酶能力的菌株，其中，菌株 SW03、SW04 为简单芽胞杆菌。薛冬等（2016）报道了简单芽胞杆菌利用啤酒废水产微生物絮凝剂及应用的研究。利用啤酒废水培养微生物絮凝剂产生菌简单芽胞杆菌 PS1，通过单因素实验和正交试验，优化其利用啤酒废水产生絮凝剂的培养条件；并考察所产絮凝剂对实际废水的絮凝效果。结果表明，简单芽胞杆菌 PS1 以啤酒废水为原料产生微生物絮凝剂的最佳培养条件为：啤酒废水 COD 浓度 5000 mg/L、$KH_2PO_4$ 1 g/L、$K_2HPO_4$ 2.5 g/L、初始 pH 7、接种量 2%（体积比）、培养温度 30℃、摇床转速 170 r/min、培养时间 36 h。在此培养条件下，菌株所产絮凝剂对高岭土悬液的絮凝率达到 96.8%，对城市污水、乳品废水、医院废水、淀粉废水、餐饮废水均具有良好的净化效果，对废水浊度去除率达到 90%以上，对 COD 和色度的去除率达到 80%以上，表明简单芽胞杆菌 PS1 利用啤酒废水所产微生物絮凝剂处理废水是完全可行的。

王进福等（2016）报道了根结线虫生防细菌的筛选及鉴定。从番茄根际土和根内分离出 47 株细菌，其中，根内细菌 7 株，根际细菌 40 株。经杀根结线虫活性检测，获得 2 株活性强且稳定的细菌菌株 W49、W21，对根结线虫的校正死亡率均超过 90.0%，对卵的孵化抑制率达 96.0%。通过菌落形态特征、生理生化特征观察和 16S rDNA 序列分析，W49 和 W21 分别被鉴定为简单芽胞杆菌和内生芽胞杆菌（*Bacillus endophyticus*）。梁海恬等（2015）报道了农村污水处理用高效絮凝菌株的筛选与鉴定。采用常规分离方法对采集样品进行微生物分离，通过分析分离菌株对高岭土悬液的絮凝效果，筛选出 4 株具有高生物絮凝活性的菌株，其中菌株 X1801 的絮凝率可达 98.56%。采用形态学特征、生理生化方法和 16S rDNA 基因序列比对方法对该菌株进行分析，鉴定该菌株为简单芽胞杆菌，菌株应用于污水处理表现出较强的絮凝活性。车建美等（2014）报道了产挥发性物质芽胞杆菌对枇杷炭疽病病原菌的抑制作用及其鉴定，筛选得到 8 株芽胞杆菌菌株，其中包括简单芽胞杆菌。谢永丽等（2014）报道了冻土荒漠区分离低温适生 PGPR 菌的鉴定及其抗菌促生特性。对分离自青海昆仑山口冻土荒漠区植被根围的 7 株可在 4℃和 10℃低温条件下正常生长的低温适生菌进行鉴定分析，并检测其拮抗病原菌活性及催芽促生特性。综合理化测定、BOX-PCR 及 ERIC-PCR 指纹图谱分析、16S rDNA 及 *gyrB* 基因序列鉴定结果，其中 6 株菌株为简单芽胞杆菌，1 株菌株为马拉加芽胞杆菌（*Bacillus malacitensis*）。平板对峙试验表明，7 株菌株对油菜菌核病原菌（*Sclerotinia sclerotiorum*）及水稻白叶枯病原菌（*Xanthomona soryzae* pv. *oryzae*）具有显著的拮抗效果。以简单芽胞杆菌菌株 KLD2 及马拉加芽胞杆菌 KLD5 发酵菌液处理玉米种子及拟南芥幼苗，结果表明菌株发酵液可明显促进种子萌发及幼苗生长，其鲜重、根长、须根数等表征均有显著增加。

项鹏等（2013）报道了种子处理诱导大豆抗孢囊线虫病的生防细菌的筛选与鉴定。采用温室盆栽试验，对研究室通过 2 年田间试验筛选出的 3 株生防细菌进行复筛，获得最优菌株 Sneb545；为了阐明其作用方式，设计了裂根试验验证菌株 Sneb545 诱导大豆产生抗孢囊线虫的能力，并对菌株 Sneb545 进行种水平鉴定。结果表明，菌株 Sneb545 处理种子后可以诱导苗期大豆对第一代孢囊线虫产生明显的抗性，线虫入侵总数显著降低，较对照降低 72.63%，孢囊抑制率达 70.63%；裂根试验结果证明，菌株 Sneb545 能够诱导大豆对孢囊线虫产生很强的抗性，菌株 Sneb545 在挑战根系中接种后，应答根系中孢囊线虫的入侵量降低 51.27%，土壤中孢囊减少 65.82%；经形态学特征、生理生化试验测定及 16S rDNA 序列同源性分析，确定该菌株为简单芽胞杆菌。宋兆齐等（2013）报道了河南省农田土壤芽胞杆菌的遗传多样性分析。从河南省不同地区的农田土壤中分离纯化需氧芽胞杆菌，通过 16S rDNA 基因的系统发育分析，在分子水平上深入研究了河南省芽胞杆菌的物种类型及其遗传多样性。共获得 331 株产芽胞菌株，分属于 19 个物种，其中 1 株为芽胞杆菌属内的潜在新物种。巨大芽胞杆菌、简单芽胞杆菌、枯草芽胞杆菌和蕈状芽胞杆菌为河南省范围内的优势菌种，分别占总菌株数量的 37%、22%、15%和 12%。

谢永丽和高学文（2013）报道了可可西里低温适生拮抗芽胞杆菌的筛选鉴定及脂肽化合物分析。对分离筛选自青海可可西里植被根围 8 株在 4℃和 10℃条件下生长良好的低温适生芽胞杆菌进行鉴定分析。结果表明：通过生理生化特征分析、rep-PCR 指纹图谱分析、16S rDNA 及 *gyrB* 基因序列分析鉴定，8 株供试菌株分别为莫哈维沙漠芽胞杆菌（*Bacillus mojavensis*）3 株，解淀粉芽胞杆菌（*Bacillus amyloliquefaciens*）1 株和简单芽胞杆菌 4 株。采用平板对峙试验从中筛选到 4 株对油菜菌核病原菌及水稻白叶枯病原菌均具有显著拮抗活性的生防菌株。

薛冬等（2012）报道了简单芽胞杆菌产高效微生物絮凝剂。通过从绿化植物根际土壤和污水处理厂的活性污泥中分离筛选絮凝剂产生菌，得到 1 株稳定高效的微生物絮凝剂产生菌 PS1，根据形态学特征、生理生化实验及 16S rDNA 序列分析将其鉴定为简单芽胞杆菌。对菌株 PS1 产絮凝剂的最佳培养时间、絮凝活性分布及 pH、$CaCl_2$、絮凝剂投量对絮凝效果的影响进行了研究，并考察了其对实际废水的絮凝效果。结果表明，菌株 PS1 产絮凝剂的最佳培养时间为 36 h，产生的絮凝活性物质全部存在于发酵液离心后的上清液中；当 pH 为 7.0～8.5、$CaC1_2$ 投量为 0.25～0.35 g/L、发酵液投加量的体积分数为 1.5%～2.5%时，菌株 PS1 发酵液对 4 g/L 的高岭土悬浊液的絮凝效果最佳，絮凝率达到 97%。菌株 PS1 所产絮凝剂对城市污水、啤酒厂废水、淀粉厂废水、医院废水的絮凝率可达 90%以上。颜艳伟等（2011）报道了连作花生田根际土壤优势细菌的分离和鉴定。采用土壤稀释分离法，从不同连作年限花生根际土壤中分离优势细菌，结合菌株形态学特征、培养性状、生理生化特征及 16S rDNA 序列分析结果，对优势细菌进行鉴定。结果表明，种植过花生及花生连作后，土壤中优势细菌种类发生明显变化，从连作花生田根际土壤中分离鉴定出 7 种优势细菌，分别为木质利夫森氏菌（*Leifsonia xyli*）、氯酚节杆菌（*Arthrobacter chlorophenolicus*）、黄色微杆菌（*Microbacterium flavescens*）、鞘氨醇单胞菌（*Sphingomonas* sp.）、巴氏杆菌（*Pasteurella* sp.）、简单芽胞杆菌（*Bacillus simplex*）和巨大芽胞杆菌（*Bacillus megaterium*）。

温洪宇等（2010）从处理苯酚废水活性污泥中筛选分离到 4 株苯酚降解优势细菌菌株 JHCFS1、JHCFS2、JHCFS3 与 JHCFS4，其中菌株 JHCFS1 为简单芽胞杆菌。袁利娟等（2009）报道了 1 株高效苯酚降解菌的选育及降酚性能研究。从一绝缘材料厂的污水中分离得到 1 株可高效降解苯酚的菌株 JY01，该菌株的形态和理化特征与芽胞杆菌属基本相同，其 16S rDNA 序列与简单芽胞杆菌的同源性为 99.01%。在接种量为 2%的条件下，该菌在 pH 为 6.0～9.0 和温度为 18～36℃时保持对苯酚良好的降解能力；30 h 内，当苯酚浓度为 1100 mg/L 和 1300 mg/L 时，其降解率分别为 99.16%和 74.76%。刘振静等（2008）报道了青藏铁路沿线土壤可培养微生物种群的多样性分析。选择青藏铁路沿线不同海拔的 10 个地点采集土壤样品，采用 3 种不同的培养基分离培养其中的微生物。结果表明，该地区可培养微生物的数量为（$1\times10^6$～$8\times10^6$）CFU/g，主要包括厚壁菌门（Firmicutes）、放线菌门（Actinobacteria）和变形菌门 γ 亚群（γ-Proteobacteria）3 个类群，分别占菌株总数的 53.1%、29.6%和 16.0%。其中，芽胞杆菌属（*Bacillus*）为优势菌属，占菌株总数的 29.6%；简单芽胞杆菌为优势种，占菌株总数的 12.3%。雷丽萍等（2007）报道了尼古丁降解菌株 L1 的分离与降解特性。

简单芽胞杆菌脂肪酸组鉴定图谱。脂肪酸组特征为 15:0 anteiso/15:0 iso=5.02，17:0 anteiso/17:0 iso=2.24。脂肪酸组（65 个生物标记）包括：15:0 anteiso（57.7133%）、15:0 iso（11.5019%）、c16:0（6.5384%）、16:1ω11c（4.1553%）、14:0 iso（3.7584%）、17:0 anteiso（3.1433%）、16:0 iso（2.9260%）、16:1ω7c alcohol（1.9563%）、c14:0（1.9553%）、17:0 iso（1.4040%）、feature 4-1（1.1356%）、c18:0（0.8658%）、17:1 iso ω10c（0.6500%）、18:1ω9c（0.3758%）、13:0 anteiso（0.2900%）、feature 8（0.1551%）、c12:0（0.1453%）、c20:0（0.1398%）、c19:0（0.1370%）、feature 3（0.1112%）、14:0 anteiso（0.0921%）、16:0 iso 3OH（0.0900%）、15:1 iso ω9c（0.0658%）、19:0 iso（0.0593%）、c17:0（0.0581%）、16:0 anteiso（0.0493%）、18:3ω(6,9,12)c（0.0491%）、17:1 anteiso ω9c（0.0456%）、feature 4-2（0.0381%）、16:0 3OH（0.0323%）、cy19:0 ω8c（0.0307%）、16:0 2OH（0.0305%）、feature 1（0.0305%）、13:0 iso（0.0279%）、feature 5（0.0242%）、10 Me 18:0 TBSA（0.0242%）、15:0 2OH（0.0226%）、18:1ω5c（0.0202%）、feature 7（0.0191%）、20:4ω(6,9,12,15)c

（0.0188%）、18:1 iso H（0.0179%）、15:1 iso G（0.0163%）、17:1ω6c（0.0151%）、14:0 iso 3OH（0.0140%）、cy17:0（0.0140%）、17:0 iso 3OH（0.0135%）、16:1 2OH（0.0128%）、15:0 iso 3OH（0.0123%）、20:1ω7c（0.0116%）、9:0 3OH（0.0095%）、20:0 iso（0.0093%）、14:0 2OH（0.0070%）、18:0 iso（0.0063%）、17:0 2OH（0.0060%）、c10:0（0.0058%）、18:1 2OH（0.0053%）、12:0 anteiso（0.0051%）、16:1 iso H（0.0044%）、18:0 3OH（0.0040%）、15:1 anteiso A（0.0030%）、c9:0（0.0028%）、14:1ω5c（0.0028%）、10:0 2OH（0.0026%）、15:1 iso F（0.0016%）、13:0 2OH（0.0012%）、12:0 iso（0.0007%）（图 8-1-79）。

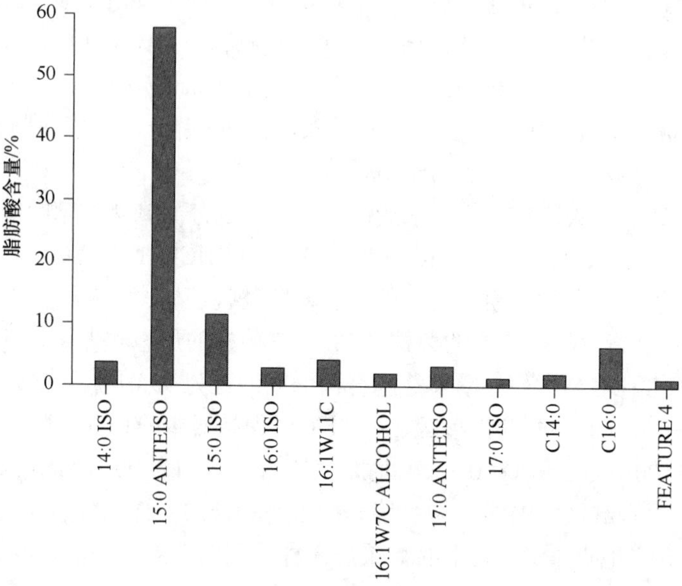


图 8-1-79　简单芽胞杆菌（*Bacillus simplex*）主要脂肪酸种类

## 77. 青贮窖芽胞杆菌

青贮窖芽胞杆菌生物学特性。青贮窖芽胞杆菌（*Bacillus siralis* Pettersson et al. 2000，sp. nov.）分离自青贮饲料，在国内未见研究报道。

青贮窖芽胞杆菌脂肪酸组鉴定图谱。脂肪酸组特征为 15:0 anteiso/15:0 iso=0.55，17:0 anteiso/17:0 iso=0.94。脂肪酸组（29 个生物标记）包括：15:0 iso（31.8500%）、c16:0（21.4900%）、15:0 anteiso（17.5400%）、16:0 iso（5.7500%）、14:0 iso（4.2300%）、c14:0（4.0100%）、17:0 iso（4.0000%）、17:0 anteiso（3.7700%）、16:1ω11c（2.1100%）、c18:0（1.1400%）、16:1ω7c alcohol（0.4800%）、18:1ω9c（0.3700%）、17:1 iso ω10c（0.3500%）、20:1ω7c（0.3500%）、13:0 iso（0.3000%）、feature 3（0.2600%）、c10:0（0.2500%）、c17:0（0.2200%）、c12:0（0.2100%）、feature 4（0.2000%）、15:0 iso 3OH（0.1800%）、17:1 anteiso ω9c（0.1500%）、feature 8（0.1300%）、18:0 iso（0.1300%）、13:0 anteiso（0.1100%）、19:0 iso（0.1100%）、16:0 anteiso（0.1100%）、16:0 2OH（0.1100%）、18:3 ω6(6,9,12)c（0.0900%）（图 8-1-80）。

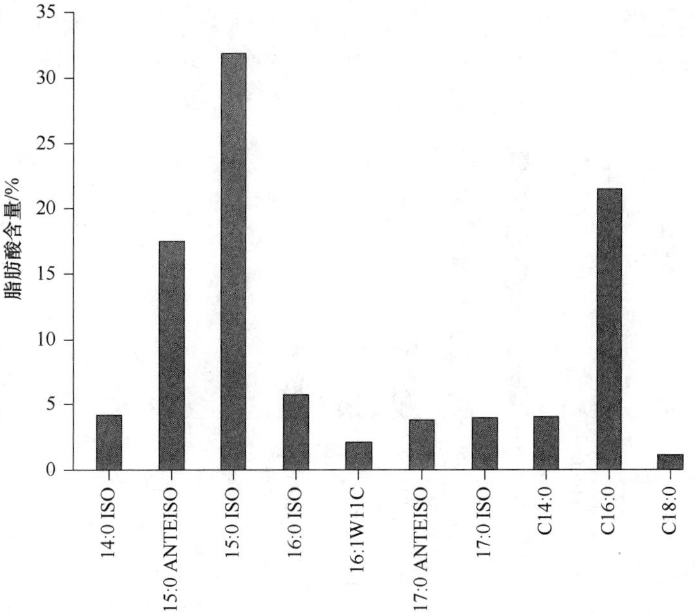


图 8-1-80　青贮窖芽胞杆菌（*Bacillus siralis*）主要脂肪酸种类

## 78. 茄科芽胞杆菌

茄科芽胞杆菌生物学特性。茄科芽胞杆菌（*Bacillus solani* Liu et al. 2015，sp. nov.）由福建省农业科学院研究团队发表，其生物学特性研究在国内未见报道。

茄科芽胞杆菌脂肪酸组鉴定图谱。脂肪酸组特征为 15:0 anteiso/15:0 iso=0.74，17:0 anteiso/17:0 iso=3.61。脂肪酸组（27 个生物标记）包括：15:0 iso（35.0900%）、15:0 anteiso（26.0900%）、16:0 iso（7.7700%）、17:0 anteiso（6.8300%）、14:0 iso（4.9900%）、c16:0（4.5700%）、16:1ω7c alcohol（2.5700%）、c18:0（1.9300%）、17:0 iso（1.8900%）、c14:0（1.4700%）、18:1ω9c（1.4600%）、16:1ω11c（0.8500%）、feature 4（0.7800%）、17:1 iso ω10c（0.4300%）、feature 8（0.4200%）、10 Me 18:0 TBSA（0.3600%）、17:1 anteiso ω9c（0.3200%）、14:0 anteiso（0.3000%）、13:0 iso（0.2700%）、c17:0（0.2400%）、17:1ω8c（0.2400%）、feature 3（0.2200%）、c12:0（0.2200%）、19:0 iso（0.2200%）、feature 1（0.2000%）、13:0 anteiso（0.1500%）、c20:0（0.1300%）（图 8-1-81）。

## 79. 土壤芽胞杆菌

土壤芽胞杆菌生物学特性。土壤芽胞杆菌（*Bacillus soli* Heyrman et al. 2004，sp. nov.），与之相似的种名还有 *Jilinibacillus soli* Liu et al. 2015，sp. nov.（土壤吉林芽胞杆菌）、*Sinibacillus soli* Yang and Zhou 2014，sp. nov.（土壤中华芽胞杆菌）、*Virgibacillus soli* Kämpfer et al. 2011，sp. nov.（土壤枝芽胞杆菌）、*Paenibacillus soli* Park et al. 2007，sp. nov.（土壤类芽胞杆菌）、*Aneurinibacillus soli* Lee et al. 2014，sp. nov.（土壤解硫胺素芽胞杆菌）、*Jeotgalibacillus soli* Chen et al. 2010，sp. nov.（土壤咸海鲜芽胞杆菌）、*Jeotgalibacillus soli* Cunha et al. 2012，sp. nov.（土壤咸海鲜芽胞杆菌）等，但它们属于不同属。土壤芽

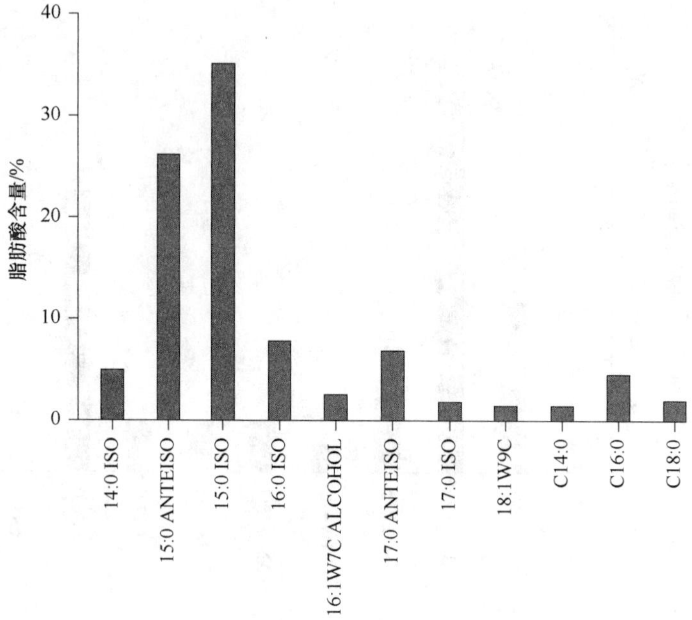


图 8-1-81　茄科芽胞杆菌（*Bacillus solani*）主要脂肪酸种类

胞杆菌在国内有过相关研究报道。田潇娜（2013）报道了台湾地区芽胞杆菌种类多样性的研究。从采自台湾地区 9 个市县的 23 个土样中分离到 154 株芽胞杆菌，属于 25 个种。其中，苏云金芽胞杆菌（*Bacillus thuringiensis*）、阿氏芽胞杆菌（*Bacillus aryabhattai*）和蜡样芽胞杆菌（*Bacillus cereus*）是常见种；土壤芽胞杆菌（*Bacillus soli*）等只在一个县市中有，为县市特异性芽胞杆菌。

土壤芽胞杆菌脂肪酸组鉴定图谱。脂肪酸组特征为 15:0 anteiso/15:0 iso=0.87，17:0 anteiso/17:0 iso=0.89。脂肪酸组（33 个生物标记）包括：15:0 iso（39.4800%）、15:0 anteiso（34.1600%）、14:0 iso（3.5900%）、17:0 iso（3.4400%）、16:0 iso（3.2100%）、c16:0（3.0900%）、17:0 anteiso（3.0500%）、16:1ω11c（1.8000%）、16:1ω7c alcohol（1.6400%）、17:1 iso ω10c（1.5500%）、c14:0（1.0200%）、feature 4（0.8500%）、c18:0（0.3900%）、18:1ω9c（0.3100%）、15:1 iso ω9c（0.2600%）、14:0 anteiso（0.2400%）、13:0 iso（0.1900%）、17:1 anteiso ω9c（0.1700%）、feature 6（0.1600%）、19:0 iso（0.1500%）、c12:0（0.1300%）、16:0 N alcohol（0.1300%）、feature 8（0.1200%）、feature 1（0.1200%）、18:1 iso H（0.1200%）、feature 3（0.1000%）、16:0 anteiso（0.1000%）、13:0 anteiso（0.0900%）、c17:0（0.0800%）、15:0 iso 3OH（0.0700%）、18:3 ω(6,9,12)c（0.0700%）、15:1 anteiso A（0.0700%）、18:0 iso（0.0600%）（图 8-1-82）。

## 80. 索诺拉沙漠芽胞杆菌

索诺拉沙漠芽胞杆菌生物学特性。索诺拉沙漠芽胞杆菌（*Bacillus sonorensis* Palmisano et al. 2001，sp. nov.）在国内有过相关研究报道。郭婉萍等（2017）对两种市售水产养殖用复合微生物粉剂中的微生物菌种进行鉴定。利用平板分离技术对粉剂中的微生物进行

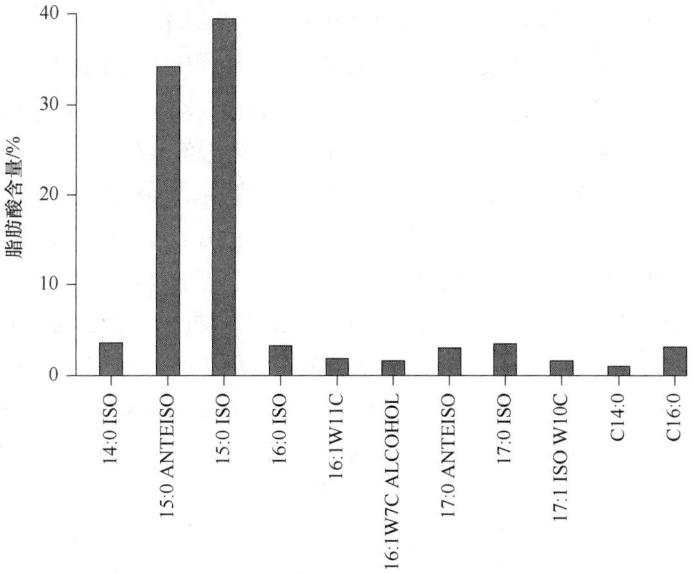


图 8-1-82　土壤芽胞杆菌（*Bacillus soli*）主要脂肪酸种类

分离纯化，进行了形态学观察、16S rDNA 和 26S rDNA 序列分析，并构建系统发育树。结果表明，两种微生物粉剂中的菌群结构存在一定差异，S1 粉剂中鉴定出 5 株芽胞杆菌和 2 株酵母菌，分别为枯草芽胞杆菌、地衣芽胞杆菌或索诺拉沙漠芽胞杆菌、葡萄牙棒孢酵母和库德里阿兹威毕赤酵母；S2 粉剂中鉴定出 3 株芽胞杆菌、1 株放线菌、2 株酵母菌和 3 株肠球菌，分别为解木糖赖氨酸芽胞杆菌（*Lysinibacillus xylanilyticus*）、环状芽胞杆菌、地衣芽胞杆菌或索诺拉沙漠芽胞杆菌、芬氏纤维微菌、酿酒酵母、库德里阿兹威毕赤酵母、鹑鸡肠球菌、屎肠球菌或乳酸肠球菌。张言周等（2017）报道了蜂粮中芽胞杆菌的分离鉴定及其耐酸耐高糖特性的分析，共分离到 16 株隶属于特基拉芽胞杆菌（*Bacillus tequilensis*）、嗜气芽胞杆菌（*Bacillus aerophilus*）、南海虚构芽胞杆菌（*Fictibacillus nanhaiensis*）、索诺拉沙漠芽胞杆菌、解木糖赖氨酸芽胞杆菌、纺锤形赖氨酸芽胞杆菌（*Lysinibacillus fusiformis*）、无敌芽胞杆菌（*Bacillus invictus*）、甲基营养型芽胞杆菌（*Bacillus methylotrophicus*），其中 10 株菌能在低酸和高糖条件下正常生长。

任清和侯昌（2017）对北宗黄酒麦曲中的微生物进行分离，得到 7 株细菌和 5 株真菌，其中包括索诺拉沙漠芽胞杆菌。姜蒙和王伟（2016）报道了重金属 $Cr^{6+}$耐受细菌的筛选研究。在分别添加 0.3 g/kg 和 0.5 g/kg $Cr^{6+}$的土样中进行耐性菌株的筛选，共获得了 9 株具有较好 $Cr^{6+}$耐性的菌株。它们均可在含 0.5 mmol/L 和 1.0 mmol/L $Cr^{6+}$的 LB 培养基中生长。其中，编号为 J3、J5、J8 的菌种耐性达到 2 mmol/L，在含 2 mmol/L $Cr^{6+}$的液体培养基中培养 48 h 后，培养基中的 $Cr^{6+}$含量分别降低 23%、36%和 7%。经鉴定，3 种菌分别为解淀粉芽胞杆菌（*Bacillus amyloliquefaciens*）、地衣芽胞杆菌、索诺拉沙漠芽胞杆菌。

董丹等（2015）报道了豆瓣中产磷脂酶菌株的筛选及系统发育分析。从郫县一级豆瓣中筛选出 10 株产磷脂酶的菌株，其中产酶活力最高的为编号 LZ8，酶活力为

68.32 U/mL，经鉴定该菌株为索诺拉沙漠芽胞杆菌。颜林春等（2012）报道了福矛高温大曲中芽胞杆菌的 16S rDNA-RFLP 及系统发育分析。其中包含索诺拉沙漠芽胞杆菌。陈林等（2012）报道了浓香型皇台大曲可培养细菌的群落结构及其产淀粉酶的研究，包含了索诺拉沙漠芽胞杆菌。胡志明等（2009）通过传统培养方法分析了黄酒大罐发酵过程中原核微生物的种类和数量。在黄酒整个发酵过程中，共检出 13 种原核微生物，包括枯草芽胞杆菌（*Bacillus subtilis*）、芽胞杆菌（*Bacillus* sp.）MO15、芽胞杆菌 Epbas6、地衣芽胞杆菌（*Bacillus licheniformis*）、索诺拉沙漠芽胞杆菌、短小芽胞杆菌（*Bacillus pumilus*）、高地芽胞杆菌（*Bacillus altitudinis*）、植物乳杆菌（*Lactobacillus plantarum*）、芽胞杆菌 D6、解淀粉芽胞杆菌（*Bacillus amyloliquefaciens*）、贝莱斯芽胞杆菌（*Bacillus velezensis*）、萎缩芽胞杆菌（*Bacillus atrophaeu*s）和芽胞杆菌科（Bacillaceae）的一个未知种。除了植物乳杆菌外，其余 12 种都是芽胞杆菌，其中枯草芽胞杆菌和短小芽胞杆菌为主要的原核微生物，出现在整个发酵过程中。

索诺拉沙漠芽胞杆菌脂肪酸组鉴定图谱。脂肪酸组特征为 15:0 anteiso/15:0 iso=1.07，17:0 anteiso/17:0 iso=1.28。脂肪酸组（61 个生物标记）包括：15:0 anteiso（29.6675%）、15:0 iso（27.6800%）、17:0 anteiso（11.1113%）、17:0 iso（8.6925%）、c16:0（5.3325%）、16:0 iso（4.5850%）、c19:0（2.1225%）、14:0 iso（0.9713%）、17:1 iso ω10c（0.9475%）、feature 3（0.8825%）、16:1ω11c（0.8025%）、18:1ω9c（0.7463%）、feature 8（0.6925%）、c18:0（0.6888%）、feature 4（0.6363%）、16:1ω7c alcohol（0.5088%）、c14:0（0.4963%）、16:0 iso 3OH（0.4300%）、feature 5（0.4000%）、17:0 2OH（0.2413%）、19:0 iso（0.1925%）、feature 9（0.1750%）、17:0 iso 3OH（0.1700%）、cy19:0 ω8c（0.1663%）、c12:0（0.1600%）、14:0 anteiso（0.1438%）、13:0 iso（0.1213%）、15:0 iso 3OH（0.1075%）、19:0 anteiso（0.1063%）、20:1ω7c（0.1038%）、17:1 anteiso ω9c（0.1013%）、10 Me 18:0 TBSA（0.1013%）、18:0 iso（0.0950%）、13:0 anteiso（0.0888%）、16:1ω5c（0.0838%）、17:1ω8c（0.0800%）、15:0 2OH（0.0738%）、18:3ω(6,9,12)c（0.0738%）、c17:0（0.0725%）、16:0 anteiso（0.0688%）、cy17:0（0.0563%）、17:0 3OH（0.0563%）、10 Me 17:0（0.0438%）、16:0 2OH（0.0400%）、18:1ω5c（0.0400%）、18:1 iso H（0.0275%）、feature 1（0.0263%）、feature 6（0.0200%）、20:0 iso（0.0200%）、15:1 iso F（0.0200%）、20:4ω(6,9,12,15)c（0.0175%）、16:1 iso G（0.0150%）、18:0 3OH（0.0138%）、15:1 iso G（0.0100%）、17:1ω5c（0.0088%）、14:0 iso 3OH（0.0075%）、12:0 anteiso（0.0075%）、16:0 N alcohol（0.0063%）、15:1 anteiso A（0.0063%）、16:0 3OH（0.0063%）、17:1ω6c（0.0050%）（图 8-1-83）。

## 81. 枯草芽胞杆菌

枯草芽胞杆菌生物学特性。枯草芽胞杆菌［*Bacillus subtilis*（Ehrenberg 1835）Cohn 1872（Approved Lists 1980），species.］在国内有过大量研究报道，文献达 12 944 篇，枯草芽胞杆菌国内研究文献年发表数量动态趋势见图 8-1-84。

孔维光等（2017）报道了益生芽胞杆菌对草鱼肠上皮细胞的黏附及其对嗜水气单胞菌的抑制；邢嘉韵等（2017）报道了巨大芽胞杆菌和枯草芽胞杆菌混合对马铃薯生长及土壤微生物含量的影响；张雪娇等（2017）报道了多功能土壤微生物菌剂在冬小麦上的

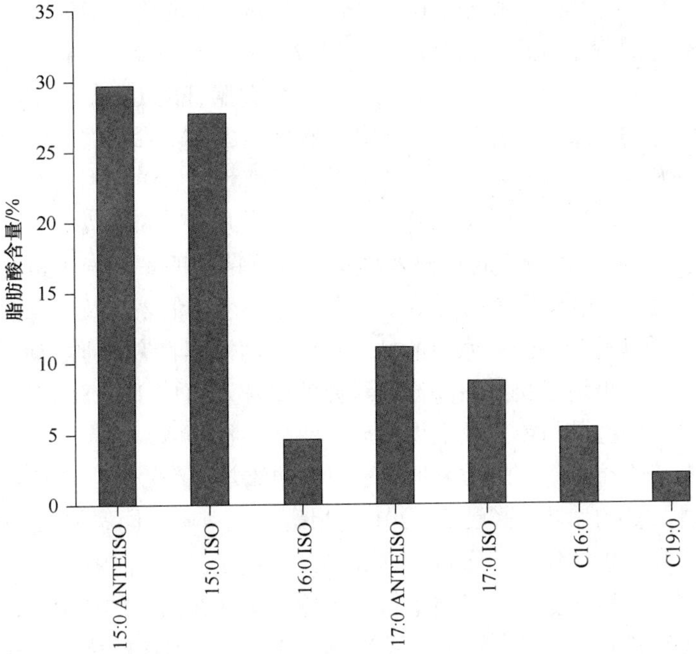


图 8-1-83　索诺拉沙漠芽胞杆菌（*Bacillus sonorensis*）主要脂肪酸种类

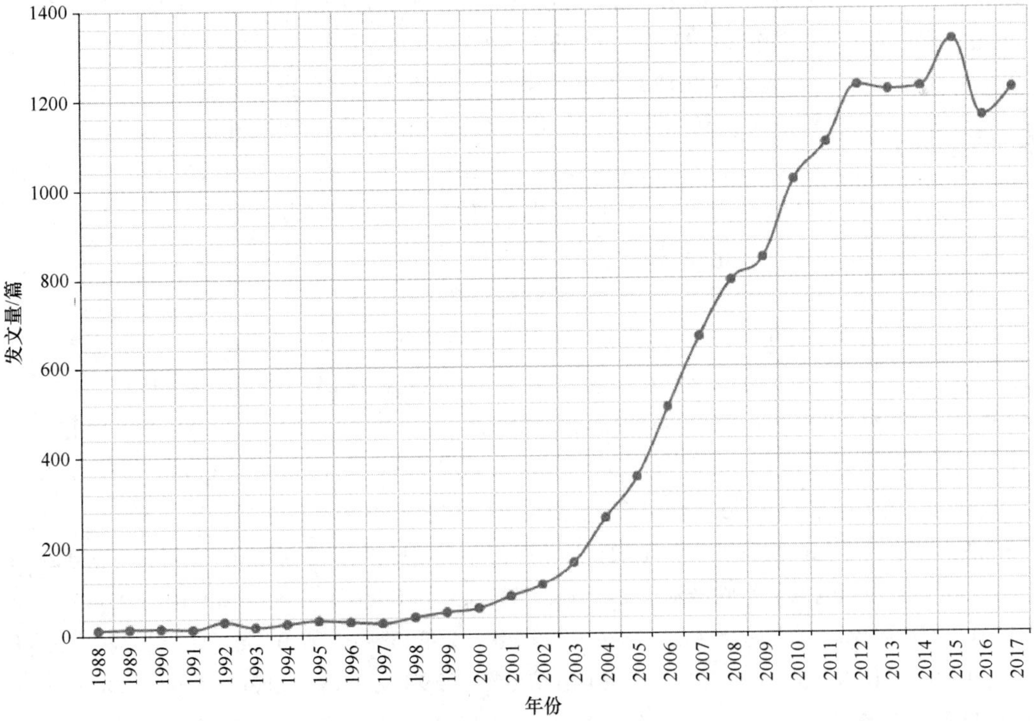


图 8-1-84　枯草芽胞杆菌国内研究文献年发表数量动态趋势

应用效果；刘荣和申刚（2017）报道了薏苡黑穗病拮抗菌的分离鉴定及其发酵条件优化；张文环等（2017）报道了蒙古绣线菊6个化合物及其挥发油化学成分和清除DPPH自由基活性、抗菌活性的测定分析；余贤美等（2017）报道了枯草芽胞杆菌Bs-15对柿树炭疽病的离体防治效果；邢丹等（2017）报道了枯草芽胞杆菌CotA漆酶的固定化及其对溴麝香草酚蓝脱色的效果；古丽巴哈尔·托乎提等（2017）报道了10种维吾尔药微生物限度检查方法及探讨；亓秀晔等（2017）报道了高效降解游离棉酚并改善棉籽粕营养品质的菌株筛选；韩唱等（2017）报道了嗜酸热硫化叶菌（*Sulfolobus acidocaldarius*）ATCC33909麦芽寡糖基海藻糖合成酶在枯草芽胞杆菌中的重组表达和发酵优化；冯亚东等（2017）报道了斑点叉尾鮰C型溶菌酶在毕赤酵母中的表达及其抑菌活性；王禹程等（2017）报道了以马铃薯渣为原料的枯草芽胞杆菌发酵物的毒理学研究。

瞿佳等（2017）报道了抗结核海洋放线菌的筛选及菌株HY286生物活性的研究；陈静宇等（2017）报道了马铃薯微生物菌剂（枯草芽胞杆菌）的应用效果及其对根际土壤微生物的影响；张益焘等（2017）报道了日粮中添加发酵豆粕（含枯草芽胞杆菌）对仔猪粪便氨气排放量的影响；张晨等（2017）报道了饲料中不同添加剂（枯草芽胞杆菌）组合对锦鲤生长和体色的影响；管峰等（2017）报道了脉冲强光对枯草芽胞杆菌NG-2灭活机理的研究；邹艳（2017）综述了枯草芽胞杆菌在饲料中的研究与应用。

吴丽娜等（2017）报道了金枪鱼肉降解用高产蛋白酶菌株枯草芽胞杆菌的筛选及鉴定；罗鑫等（2017）报道了毒死蜱降解菌（枯草芽胞杆菌）的筛选、鉴定、降解特性；姜超等（2017）报道了耐盐复合菌剂（包括枯草芽胞杆菌）强化生物工艺处理高盐废水的快速启动；包文庆等（2017）报道了超富集植物体降解菌枯草芽胞杆菌BS-C3产纤维素酶条件的研究；黄灿等（2017）报道了益生芽胞杆菌对草鱼肠黏膜结构的保护作用；汪帅男等（2017）报道了黄芪多糖和枯草芽胞杆菌代谢产物在PK-15细胞上对传染性胃肠炎病毒（transmissible gastroenteritis virus，TGEV）的影响；乌兰等（2017）报道了两种生物菌剂（枯草芽胞杆菌等）对棉花低温抗逆增产的田间试验；陈永（2017）报道了玫瑰茄花萼浸提液抑菌（枯草芽胞杆菌）活性的研究。

枯草芽胞杆菌脂肪酸组鉴定图谱。脂肪酸组特征为15:0 anteiso/15:0 iso=1.44，17:0 anteiso/17:0 iso=1.04。脂肪酸组（108个生物标记）包括：15:0 anteiso（37.3765%）、15:0 iso（26.0457%）、17:0 anteiso（11.0116%）、17:0 iso（10.5676%）、16:0 iso 3OH（4.1900%）、16:0 iso（4.0423%）、c16:0（3.9549%）、14:0 iso（1.3554%）、17:1 iso ω10c（1.1445%）、16:1ω11c（0.8093%）、c18:0（0.5432%）、c14:0（0.3547%）、16:1ω7c alcohol（0.3303%）、feature 4-1（0.3074%）、feature 4-2（0.2840%）、15:0 2OH（0.2614%）、15:0 iso 3OH（0.2295%）、13:0 iso（0.1892%）、18:1ω9c（0.1553%）、17:0 iso 3OH（0.1074%）、17:0 2OH（0.0833%）、feature 8（0.0634%）、unknown 11.543（0.0466%）、13:0 anteiso（0.0459%）、c12:0（0.0394%）、18:1ω7c（0.0386%）、c19:0（0.0385%）、19:0 iso（0.0344%）、c20:0（0.0309%）、18:0 iso（0.0305%）、14:0 anteiso（0.0290%）、cy19:0 ω8c（0.0280%）、13:0 iso 3OH（0.0272%）、feature 3-1（0.0270%）、c17:0（0.0261%）、feature 5（0.0254%）、10 Me 18:0 TBSA（0.0201%）、14:0 iso 3OH（0.0187%）、16:0 anteiso（0.0180%）、feature 9（0.0179%）、19:0 anteiso（0.0176%）、cy17:0（0.0155%）、17:1 anteiso ω9c（0.0153%）、

15:1 iso F（0.0126%）、18:3ω(6,9,12)c（0.0126%）、16:1ω5c（0.0123%）、18:1 iso H（0.0111%）、feature 3-2（0.0097%）、unknown 15.669（0.0079%）、feature 1-3（0.0061%）、16:1 2OH（0.0054%）、16:0 2OH（0.0054%）、18:0 2OH（0.0048%）、17:1ω8c（0.0047%）、15:1 iso G（0.0045%）、13:0 2OH（0.0045%）、12:0 iso（0.0044%）、17:1ω6c（0.0041%）、15:1 anteiso A（0.0039%）、17:0 3OH（0.0038%）、10 Me 17:0（0.0037%）、20:1ω9c（0.0037%）、20:4ω(6,9,12,15)c（0.0036%）、feature 2-1（0.0032%）、18:1ω5c（0.0030%）、16:0 N alcohol（0.0030%）、15:1ω6c（0.0030%）、unknown 14.959（0.0027%）、15:1ω5c（0.0026%）、feature 2-2（0.0024%）、feature 2-3（0.0023%）、18:0 3OH（0.0023%）、11 Me 18:1ω7c（0.0021%）、c9:0（0.0019%）、16:1 iso G（0.0018%）、11:0 iso（0.0017%）、20:1ω7c（0.0017%）、14:1ω5c（0.0015%）、c10:0（0.0015%）、20:0 iso（0.0015%）、15:1ω8c（0.0013%）、18:1 2OH（0.0012%）、12:0 2OH（0.0011%）、16:1 iso H（0.0011%）、feature 6（0.0010%）、17:1 anteiso A（0.0009%）、11:0 iso 3OH（0.0009%）、feature 1-1（0.0008%）、12:0 anteiso（0.0008%）、15:0 3OH（0.0007%）、12:0 3OH（0.0007%）、16:1ω9c（0.0007%）、13:1 at 12-13（0.0006%）、feature 1-2（0.0006%）、unknown 13.565（0.0006%）、17:1ω5c（0.0006%）、17:1ω7c（0.0005%）、12:1 3OH（0.0005%）、10:0 2OH（0.0004%）、16:0 3OH（0.0004%）、feature 7（0.0004%）、17:1ω9c（0.0004%）、11:0 3OH（0.0003%）、12:0 iso 3OH（0.0003%）、11:0 anteiso（0.0003%）、14:0 2OH（0.0002%）、c13:0（0.0002%）、11:0 2OH（0.0002%）（图 8-1-85）。

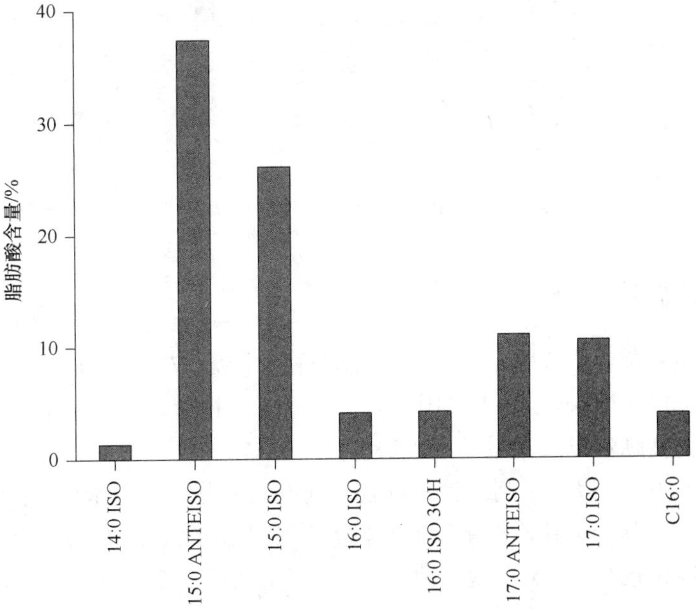


图 8-1-85　枯草芽胞杆菌（*Bacillus subtilis*）主要脂肪酸种类

## 82. 台湾芽胞杆菌

台湾芽胞杆菌生物学特性。台湾芽胞杆菌（*Bacillus taiwanensis* Liu et al. 2015，sp.

nov.）由福建省农业科学院研究团队发表。与之相似的种名有 *Paenibacillus taiwanensis* Lee et al. 2007，sp. nov.（台湾类芽胞杆菌），二者属于不同属。其生物学特性研究在国内未见报道。

台湾芽胞杆菌脂肪酸组鉴定图谱。脂肪酸组特征为 15:0 anteiso/15:0 iso=0.16，17:0 anteiso/17:0 iso=0.45。脂肪酸组（17 个生物标记）包括：15:0 iso（46.4400%）、c16:0（10.0400%）、17:0 iso（8.1500%）、15:0 anteiso（7.6200%）、16:0 iso（7.0500%）、14:0 iso（4.0700%）、17:0 anteiso（3.6700%）、c14:0（2.3500%）、cy17:0（2.1600%）、16:1 2OH（2.1300%）、15:1ω5c（1.9400%）、18:0 iso（1.9100%）、c17:0（1.4200%）、13:0 iso（0.3100%）、15:1 iso G（0.3100%）、c12:0（0.2300%）、feature 3（0.2100%）（图 8-1-86）。

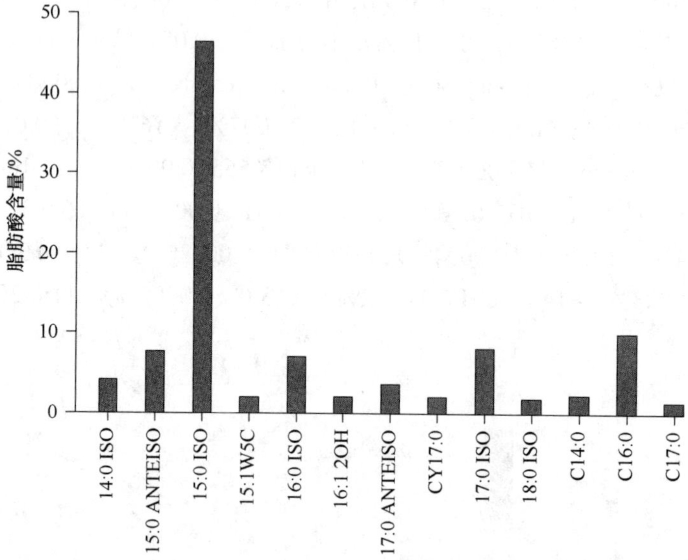


图 8-1-86　台湾芽胞杆菌（*Bacillus taiwanensis*）主要脂肪酸种类

## 83. 苏云金芽胞杆菌

苏云金芽胞杆菌生物学特性。苏云金芽胞杆菌［*Bacillus thuringiensis* Berliner 1915（Approved Lists 1980），species.］在国内有过大量研究报道，文献达 4196 篇，苏云金芽胞杆菌国内研究文献年发表数量动态趋势见图 8-1-87。

申丽君等（2017）报道了利用餐厨垃圾渗滤液培养苏云金芽胞杆菌；张志等（2017）报道了生物药剂（苏云金芽胞杆菌等）对榆紫叶甲成虫的防治试验；夏彦飞等（2017）报道了 4 种杀线虫剂（苏云金芽胞杆菌等）对爪哇根结线虫 2 龄幼虫及卵块孵化的影响；邓胜群等（2017）报道了表达蝎毒素 AaIT 或苏云金芽胞杆菌毒素 Cyt2Ba 的大肠杆菌杀蚊幼活性及增效剂型的测试；史琦琪等（2017）报道了苏云金芽胞杆菌对微山湖湿地中华按蚊幼虫的室内生物测定效果；何珊等（2017）报道了二化螟 Cry1Ac 汰选品系对不同 Bt 蛋白的敏感性；许帅等（2017）报道了天津海底吹填淤泥中可培养细菌（苏云金芽胞杆菌）对黑麦草种子萌发及植株生长发育的影响；程海舰等（2017）报道了苏云金

芽胞杆菌 Sigma54 和 CcpA 共同调控的基因鉴定；李真和金大勇（2017a）报道了高毒力苏云金芽胞杆菌 YN1-1 的蛋白质特性及田间防效。

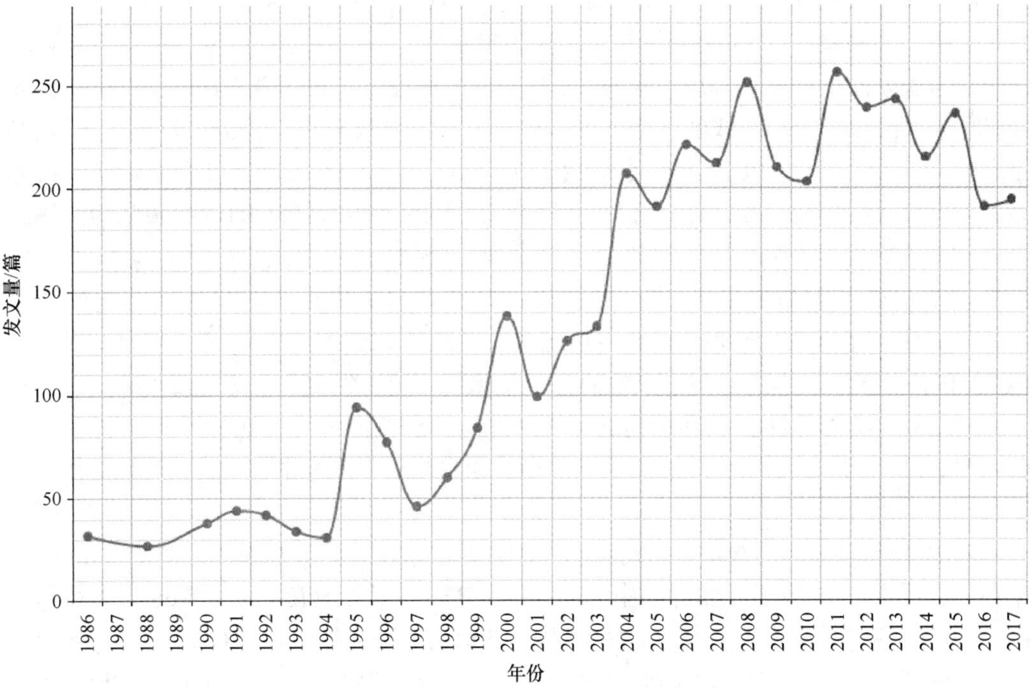


图 8-1-87　苏云金芽胞杆菌国内研究文献年发表数量动态趋势

邢芳芳等（2017）报道了 1 株生防苏云金芽胞杆菌对黄瓜根结线虫的防治、促生作用及其鉴定；李阳等（2017）报道了 Cry3a 杀虫蛋白基因的合成优化及其在 JK-SH007 中的高效表达；易成慧（2017）报道了 3 种生物农药防治稻纵卷叶螟效果的研究；张月等（2017）报道了苏云金芽胞杆菌 *cry2Ab34* 基因的克隆、表达和杀虫活性分析；王智文等（2017）报道了苏云金芽胞杆菌分泌蛋白的鉴定及分析；窦少华等（2017）报道了海洋低温 α-淀粉酶菌株苏云金芽胞杆菌 dsh19-1 发酵条件的研究；余闻静等（2017）报道了不同芽胞杆菌的太赫兹时域光谱特征研究；李杨等（2017）报道了 1 株产纤维素酶菌株的鉴定及其产酶条件优化；佘崇梅等（2017）报道了凹凸棒石对 Bt 蛋白的吸附特性及其对生物活性的影响；谢庆东等（2017）报道了 1 株高效溶解钾长石芽胞杆菌的分离鉴定与生物学特性研究；孙燕芳等（2017）报道了苏云金芽胞杆菌 00-50-5 发酵上清液对南方根结线虫杀虫活性的研究；李琴等（2017）报道了 *cry2Ah*-M 基因杀虫活性的研究；刘思雨等（2017）报道了金龟子绿僵菌 MAE921 与 Bt 配伍对铜绿丽金龟幼虫侵染致病效应的研究；陈欢君等（2017）报道了氢氧化钠对苏云金芽胞杆菌芽胞及其萌发的影响。

公玲玲等（2017）报道了棉铃虫 ABC 转运蛋白 ABCG1 的基因克隆、亚细胞定位及其与 Cry1Ac 毒力的关系；李真和金大勇（2017b）报道了长白山区土壤中高毒力苏云金芽胞杆菌的分离及生物测定；李帅等（2017）报道了苏云金芽胞杆菌及 *vip* 基因在不同自然环境中分布情况的比较；段彦丽等（2017）报道了 Bt-NPV 复配剂对蔬菜害虫的田间药效试验；马丽霞等（2017）报道了苏云金芽胞杆菌 LM1212 质粒缺失对细胞分化的影响。许炼等（2017）报道了小菜蛾钙黏蛋白 PxCR10-11 结构域的克隆、原核表达及功能分析。钙黏蛋白（cadherin）是一类跨膜糖蛋白，因其在苏云金芽胞杆菌的杀虫过程中作为主要的受体而受到广泛研究。钙黏蛋白的特征之一是由若干钙黏蛋白重复单元（cadherin repeat，CR）组成的长链状蛋白，其中靠近细胞膜的 CR 结构域被认为是钙黏蛋白与 Bt 毒素发生互作的区域。小菜蛾（*Plutella xylostella*）钙黏蛋白由 11 个 CR 结构域和 1 个跨膜结构域组成，其中第 10 个和第 11 个 CR 结构域 PxCR10-11 被认为是钙黏蛋白与 Bt 毒素的互作区域。该研究从小菜蛾中肠 cDNA 中克隆得到小菜蛾钙黏蛋白 PxCR10-11 结构域的 DNA 片段，并通过原核表达系统对 PxCR10-11 结构域进行表达。配体印迹结果表明 PxCR10-11 可以特异性地和 Cry2Ab 结合；杀虫实验结果表明 PxCR10-11 能提高 Cry2Ab 对小菜蛾的毒力。此外，利用蛋白质同源建模和糖基化位点预测网站对 PxCR10-11 蛋白质结构进行了分析。上述结果表明，PxCR10-11 可能参与了 Cry2Ab 毒素对小菜蛾的毒杀过程，为后续研究小菜蛾钙黏蛋白和 Cry2Ab 的相互作用机制奠定了基础。

刘国红等（2016b）报道了台湾地区芽胞杆菌物种多样性。从台湾地区 8 个市（县）采集土壤样本，从 20 份土壤样品中分离获得了 136 株芽胞杆菌，采用 16S rDNA 基因同源性将其鉴定为芽胞杆菌科的 2 属 20 种。分别属于芽胞杆菌属（*Bacillus*）的 16 个种和赖氨酸芽胞杆菌属（*Lysinibacillus*）的 4 个种。根据分离频度分析得知，台湾地区土壤中的芽胞杆菌优势菌群为阿氏芽胞杆菌（*Bacillus aryabhattai*）、苏云金芽胞杆菌（*Bacillus thuringiensis*）和蜡样芽胞杆菌（*Bacillus cereus*），其他种类分布极其不均匀。芽胞杆菌 Shannon 指数为 1.2925～2.5850，最高的为台中市和嘉义市（2.5850），最低的为桃园市（1.2925）。根据分离频度对芽胞杆菌种类的聚类分析显示，当欧氏距离 $\lambda$=20 时，芽胞杆菌种类可分为高频度分布类型如阿氏芽胞杆菌和低频度分布类型如简单芽胞杆菌（*Bacillus simplex*）。依据分离频度对 8 个采样点间的聚类分析，未发现采样点间的芽胞杆菌种类分布的相关性。任羽等（2016）报道了 Cry8E 亚致死浓度对马铃薯甲虫解毒酶和保护酶的影响；赵新民等（2016）报道了杀蚊苏云金芽胞杆菌毒素 Cry4Ba 柔韧性的分析；付海燕等（2016）报道了小菜蛾高毒力 Bt.DBW902 粉剂开发研究；张文飞等（2016）报道了苏云金芽胞杆菌 HS66 的转座因子分析；李传明等（2016）报道了苏云金芽胞杆菌 Bt-8 的培养特性及杀虫活性分析。

葛慈斌等（2015）报道了武夷山国家级自然保护区土壤可培养芽胞杆菌的物种多样性及分布。为了解武夷山自然保护区土壤中可培养芽胞杆菌的分布状况，2012 年 6 月从该保护区的黄岗山顶部、中部、底部和桐木关、挂墩、大竹岚等 6 个地点采集土样 75 份。用 80℃水浴加热、稀释平板法进行芽胞杆菌的分离，并根据 16S rDNA 基因序列分析对菌株进行初步鉴定。从土样中分离出芽胞杆菌 418 株，鉴定为 8 属 42 种，其中芽胞杆菌属的种数最多，有 20 种，类芽胞杆菌属（*Paenibacillus*）和赖氨酸芽胞杆菌属（*Lysinibacillus*）分别有 8 种和 7 种。不同地点分离到的芽胞杆菌在种类、数量上存在差异：从大竹岚土壤中分离到的芽胞杆菌种类最多，从黄岗山中部和底部分离到的种类数则较少；挂墩、大竹岚土壤中芽胞杆菌的数量较大，达 $3.6\times10^6$ CFU/g 以上，而黄岗山顶部和中部土壤中的数量则少于 $4.9\times10^5$ CFU/g。蜡样芽胞杆菌、蕈状芽胞杆菌（*Bacillus mycoides*）、苏云金芽胞杆菌和解木糖赖氨酸芽胞杆菌（*Lysinibacillus xylanilyticus*）在 6 个地点的土样中均分离到，其中苏云金芽胞杆菌和解木糖赖氨酸芽胞杆菌是该保护区土壤中的优势种。桐木关土壤中芽胞杆菌的种类多样性和均匀度指数都比其他 5 个地点的高，而挂墩土壤中芽胞杆菌的香农多样性指数、均匀度指数和辛普森优势度指数都最低。蕈状芽胞杆菌和苏云金芽胞杆菌的数量与海拔显著相关，相关系数分别为 0.852 和 −0.834，蜡样芽胞杆菌、蕈状芽胞杆菌、苏云金芽胞杆菌的分离频度与海拔的相关性极显著，相关系数分别为 0.960、0.952 和−0.931。研究结果表明，武夷山国家级自然保护区土壤中可培养芽胞杆菌的种类丰富、数量较大，具有较高的多样性。

刘国红等（2014）报道了玉米（*Zea mays*）根际土壤芽胞杆菌的多样性。为了解玉米不同品种根际芽胞杆菌种群的多样性信息，本研究采用稀释平板法，对 10 个玉米品种根际的芽胞杆菌进行了分离，并对其进行 16S rDNA 序列分析。结果表明，从 10 个玉米品种根际共分离到 69 个形态差异的芽胞杆菌菌株；将 69 个菌株鉴定为 23 种，归属于 3 属，即芽胞杆菌属（*Bacillus*）、赖氨酸芽胞杆菌属（*Lysinibacillus*）和嗜冷芽胞杆菌属（*Psychrobacillus*），其中芽胞杆菌属的种类和数量最多。玉米不同品种根际的芽胞杆菌的种类数量不同，QB662×QB2219 和 QB1013×QB446 根际分离到的芽胞杆菌种类最多，均为 8 种；J106×QB572 的芽胞杆菌菌落含量最高。玉米根际的优势种群主要为嗜气芽胞杆菌（*Bacillus aerophilus*）、阿氏芽胞杆菌（*Bacillus aryabhattai*）、简单芽胞杆菌（*Bacillus simplex*）和苏云金芽胞杆菌（*Bacillus thuringiensis*），其他芽胞杆菌种类仅在一种或少数的玉米品种中出现。QB662×QB2219 根际的芽胞杆菌种类香农多样性指数（*H*）最大；QB948×QB48 根际的芽胞杆菌种群香农多样性指数次之，但均匀度指数最高；J106×QB572 的多样性指数和均匀度指数皆最低。菌株 FJAT-17411、FJAT-17472、FJAT-17430 和 FJAT-17442 与 GenBank 中已报道 16S rDNA 基因序列的同源性为 97%～98%，可能为芽胞杆菌的新种。

郑梅霞等（2014a）分析、鉴定了苏云金芽胞杆菌的挥发性成分。采用顶空-固相微萃取技术（HS-SPME）对 Bt 的挥发性成分进行捕集，再通过气相色谱-质谱联用（GC-MS）技术对挥发性成分进行鉴定。以本实验室分离的高效苏云金芽胞杆菌 FJAT-12 菌株为实验菌株，探索 Bt 菌株的不同培养方式、不同固相-微萃取吸附方式及不同萃取头的选择对挥发性成分鉴定结果的影响，确定 Bt 菌株挥发性物质测定的最优方法。结果采用 NA 液体培养基培养，选择水浴至气-液平衡再吸附的方式，采用 65 μm PDMS/DVB 萃取头的萃取效果最佳。Bt 菌株的挥发性成分主要为 6-甲基-2-庚酮、2,4-二氨基甲苯、苯甲醇、2,3-二乙基-5-甲基吡嗪、2-甲基萘、2,3-二甲基-5-异戊基吡嗪、十四烷、正十二烷、2-甲硫基苯并噻唑。

林营志等（2012）报道了苏云金芽胞杆菌菌株 LSZ9408 基因型的鉴定。利用 PCR 和 SDS-PAGE 技术鉴定苏云金芽胞杆菌菌株 LSZ9408 的杀虫晶体蛋白及其基因组成。PCR 结果表明：苏云金芽胞杆菌菌株 LSZ9408 中含有 *cry1* 和 *cry2* 两种基因型。采用 5 对通用引物——Un1、Un2、Un3、Un4、Un7/8 进行 PCR 扩增，结果显示：Un1 和 Un2

引物扩增的 DNA 片段大小分别为 270 bp 和 700 bp 左右，其他引物无 PCR 扩增产物。SDS-PAGE 结果也表明：苏云金芽胞杆菌菌株 LSZ9408 中含有 *cry1* 和 *cry2* 两种基因，它们编码的杀虫晶体蛋白分子质量分别约为 130 kDa 和 65 kDa。张明政等（2009）报道了壳聚糖对 Bt 发酵液的絮凝作用。为了将 Bt 发酵液高效浓缩，采用壳聚糖对 Bt 菌株 LSZ9408 发酵液进行絮凝，测定了 pH、温度、壳聚糖浓度、磁力搅拌的速度和时间对壳聚糖絮凝效果的影响。结果显示，当 pH 为 5.0～6.0，温度为 30～35℃，壳聚糖浓度为 0.025%，磁力搅拌器 550 r/min 搅拌 5 min 后，壳聚糖作为菌株 LSZ9408 发酵液的絮凝剂，可除去发酵液中的大部分水及有色杂质，使发酵液中的杀虫蛋白晶体和芽胞得到很好的浓缩。

牛红榜等（2007）报道了紫茎泽兰根际土壤中优势细菌的筛选鉴定及拮抗性能评价。从紫茎泽兰根际土壤中筛选鉴定了优势细菌 25 株，并测定了其中 8 株优势细菌及其代谢产物对病原菌的拮抗性能。结果表明：紫茎泽兰根际土壤中存在着丰富的芽胞杆菌和假单胞菌，其中枯草芽胞杆菌和巨大芽胞杆菌数量最多，占鉴定细菌总数的 55.6%；这些优势细菌类群对番茄枯萎病病原菌和青枯病病原菌有不同程度的拮抗作用，以枯草芽胞杆菌 BS-5 和苏云金芽胞杆菌 BT-1 对番茄枯萎病病原菌的拮抗效果最为明显，其代谢产物的抑菌率分别为 85.5%和 83.8%；优势细菌代谢液比菌体对病原菌的拮抗作用更强。朱育菁等（2007）研究了苏云金芽胞杆菌伴胞晶体的形成及降解，为其生物学特性的系统研究和活性成分分析提供理论基础。将 Bt 菌株 HD-1 在牛肉膏蛋白胨固体培养基上 30℃培养 24 h，制成菌悬液后用日本电子 JEM100-CX-II 透射电子显微镜观察伴胞晶体的形成。采用 5 种溶解方法降解 Bt 菌株 HD-1 和 LSZ9408 伴胞晶体后，进行 SDS-PAGE。电镜观察表明 BtHD-1 在分裂过程中形成芽胞和晶体，晶体为大菱形。BtLSZ9408 晶体含有 130 kDa 和 65 kDa 的毒蛋白，HD-1 晶体含有 130 kDa、65 kDa 和 25 kDa 的毒蛋白。BtLSZ9408 和 BtHD-1 伴胞晶体都包含 CryI 和 CryⅡ蛋白质毒素。

黄素芳等（2006）报道了苏云金芽胞杆菌 LSZ9408 伴胞晶体的形态特征。通过对虫体复壮前后 BtLSZ9408 菌株伴胞晶体的形态结构观察、杀虫毒力测定，发现 BtLZS9408 伴胞晶体以菱形结构为主（比例>85%），其余为正方形结构（比例占 3%）、不规则结构（比例<12%）；虫体复壮后菌株伴胞晶体中菱形结构比例提高、不规则结构比例下降，菱形晶体平均轴长增大，杀虫毒力显著提高。朱育菁等（2005a）报道了多位点生物杀虫毒素 BtA 害虫敏感性的研究，多位点生物杀虫毒素 BtA 是通过氨基-羧基偶联剂 EDC 将两种生物毒素［*Bacillus thuringiensis*（Bt）晶体原毒素和阿维菌素］进行键合反应，形成的具有多个作用位点的生物藕合产物。通过研究小菜蛾（*Plutella xylostella*）对 BtA 敏感性的消减和恢复，以及不同地域小菜蛾对其敏感性的差异，初步评估多位点生物杀虫毒素 BtA 害虫敏感性变化的规律。试验结果表明：小菜蛾室内相对敏感种群对 BtA 及其反应底物 Bt 伴胞晶体和阿维菌素的敏感性稳定（$LC_{50}$ 为 0.0004～0.0020 mg/mL）。在 3 种生物杀虫剂的选择压力之下小菜蛾敏感性下降，2 代后对 BtA 抗性比的增长（2.29）显著低于 Bt 伴胞晶体（8.351）和阿维菌素（22.5）。小菜蛾田间种群在脱离杀虫剂的选择压力后敏感性会增加，2 代后对 BtA 的敏感性显著增加了 4.7 倍，高于对 Bt 伴胞晶体的 1.28 倍和对阿维菌素的 2.00 倍。福建省 7 个地市小菜蛾表现出敏感性的多态性，对

BtA、Bt 伴胞晶体和阿维菌素的抗性比分别为 1.18～6.85、1.22～23.93 和 1.58～4.77。聚类分析结果显示福建省中部地区的小菜蛾具有相对较低水平的敏感性，说明多位点生物杀虫毒素 BtA 有助于延缓抗性的产生、降低抗性和迅速恢复害虫敏感性的作用。

刘波等（2005）报道了多位点生物杀虫毒素 BtA 形成的 HPLC 分析。基于多位点生物杀虫毒素理论和生物藕合技术，研制生物杀虫毒素 BtA，为新生物农药的开发提供了一种新思路、新方法和新手段。将苏云金芽胞杆菌（Bt）晶体进行酶解改造，形成带氨基端的原毒素；将阿维菌素的羟基进行激活、衍生化，形成带羧基的阿维菌素衍生物（abamectin-COONa）；再利用氨基-羧基偶联剂（EDC）进行两种生物毒素的生物藕合。利用反相液相色谱检测不同反应时间的 BtA 生物藕合体系，以确定生物藕合反应的发生；通过反应底物两两组合的分析比较，识别生物藕合产物 BtA 生成的色谱特征，分析生物藕合产物——多位点生物杀虫毒素 BtA 的产生过程。朱育菁等（2005b）报道了苏云金芽胞杆菌 LSZ9408 虫体复壮的研究。利用敏感寄主小菜蛾进行苏云金芽胞杆菌 Berliner LSZ9408 的虫体复壮。试验结果表明通过小菜蛾虫体培养 1 次和 2 次后，LSZ9408 的产晶率由 0 分别提高至 25.8%和 39.4%，对小菜蛾 72 h 的毒力由 42.7%分别提高至 83.4%和 100.0%；经过发酵培养基的筛选，培养 2 代产晶率可提高至 49.7%；经 70 L 发酵罐发酵 48 h 时，活芽胞数可达 $54.5\times10^8$ CFU/mL。朱育菁等（2004）报道了利用 HPLC 测定二硫苏糖醇（DTT）对苏云金芽胞杆菌伴胞晶体降解的影响。利用 HPLC 测定 DTT 对苏云金芽胞杆菌伴胞晶体降解的影响。结果表明，放置时间对 DTT 溶液的变化影响显著，随着 DTT 放置时间的延长，2 个峰的保留时间都随之延长。利用不同浓度的 DTT 降解苏云金芽胞杆菌伴胞晶体时，其检测结果都出现保留时间小于 15.00 min 的 4 个主峰，与 DTT 单独添加在 $Na_2CO_3$-HCl 缓冲液 1 h 后检测的保留时间大于 25.00 min 的 2 个峰明显不同，也比伴胞晶体单独添加到 $Na_2CO_3$-HCl 缓冲液 1 h 后检测的结果多了 1 个新峰，并且峰高显著增加，这表明 DTT 对晶体起到降解作用。峰 1 和峰 4 的保留时间与 $Na_2CO_3$-HCl 缓冲液所测到的色谱特征峰相近，峰 2 和峰 3 为 $Na_2CO_3$-HCl 缓冲液所不具有的。在用不同浓度的 DTT 于 37℃降解 Bt 伴胞晶体 1 h 后，立即用 HPLC 进行检测的结果表明峰 2 高于峰 3，峰 2 的高度与 DTT 的浓度呈正相关；放置 24 h 后所有处理中峰 2 的高度都下降，峰 3 的高度都高于峰 2，峰 2（$Y_1$）和峰 3（$Y_2$）的峰高都与 DTT 的浓度（$x$）呈指数增长，$Y_1=19.133e^{0.0148x}$（$R^2=0.9708$）和 $Y_2=29.062e^{0.0168x}$（$R^2=0.9589$）；上述结论表明在 DTT 的作用下，随着 DTT 浓度的增大，伴胞晶体不断地被降解使得峰 3 不断增高，DTT 的消耗使得峰 2 下降；周先治等（2004）报道了苏云金芽胞杆菌菌株 LSZ9408 发酵特性的研究，他研究了苏云金芽胞杆菌菌株 LSZ9408 的发酵特性，24 h 菌体浓度达到最大，28～40 h 菌体浓度稳定，40 h 后菌体浓度下降，发酵液 pH 先降后升，最高达 pH 7.8，20 h 达到碳氮源利用高峰，28 h 后氮含量回升，糖含量基本不变。

阮传清等（2001）报道了分子筛在苏云金芽胞杆菌发酵液浓缩中的应用研究。观察了不同孔径分子筛对 Bt 发酵液的浓缩效果，结果表明 600～500 000 Da 之间的 9 种规格孔径的分子筛膜的滤出液都检测不到晶体和细胞的存在，晶体和芽胞的回收率为 100%。但超滤液通量随着膜孔径的增大而增大。发酵液固形物含量越低，分离时间越短，浓缩比越高，当固形物含量在 1.5%时，分离时间为 20 min，浓缩比为 8.667；而固形物含量为 15%时，分离时间延长到 69 min，浓缩比降为 1.348。浓缩效果还受待浓缩液通过分子筛速度的影响。

刘波等（2000）报道了高效生物杀虫剂 BtA 化学藕合技术的研究。提出了苏云金芽胞杆菌毒蛋白与阿维菌素化学藕合的方法，实现了多位点生物杀虫毒素 BtA 的工业化生产。认为 BtA 的化学藕合，一方面是将 Bt 的伴胞晶体进行酶切改造，形成带氨基端的原毒素，另一方面是将放线菌的杀虫毒素阿维菌素通过对 C23 位置上的羟基进行激活、衍生化，形成带羧基的阿维菌素衍生物，最后利用氨基-羧基藕联剂 EDC 进行藕合，实现单体双生物毒素 BtA 的结构改造。高效生物杀虫剂 BtA 的研究成功，使其杀虫谱扩大为 5 个目（鳞翅目、同翅目、双翅目、鞘翅目和螨类），杀虫速率提高为>85%死亡率/24 h，保持了无公害的特性，对于农业环保具有重要意义。

苏云金芽胞杆菌脂肪酸组鉴定图谱。脂肪酸组特征为 15:0 anteiso/15:0 iso=0.12，17:0 anteiso/17:0 iso=0.16。脂肪酸组（34 个生物标记）包括：15:0 iso（38.6407%）、13:0 iso（13.6844%）、feature 3-1（7.6426%）、17:0 iso（7.0900%）、15:0 anteiso（4.4959%）、16:0 iso（4.1926%）、14:0 iso（3.9219%）、17:1 iso ω5c（3.8655%）、c16:0（3.7967%）、c14:0（3.5344%）、feature 2-1（2.0822%）、17:1 iso ω10c（1.2896%）、13:0 anteiso（1.2574%）、17:0 anteiso（1.1156%）、12:0 iso（0.6722%）、feature 3-2（0.6626%）、17:1 anteiso A（0.6385%）、c12:0（0.3619%）、16:1ω7c alcohol（0.1907%）、feature 2-2（0.1744%）、11:0 iso（0.1341%）、c18:0（0.1315%）、15:0 2OH（0.1167%）、13:0 iso 3OH（0.0741%）、feature 5（0.0496%）、18:1ω7c（0.0452%）、16:1ω11c（0.0419%）、18:1ω9c（0.0337%）、feature 1（0.0274%）、15:1 iso F（0.0122%）、15:1ω5c（0.0107%）、17:0 iso 3OH（0.0056%）、19:0 iso（0.0041%）、c13:0（0.0030%）（图 8-1-88）。

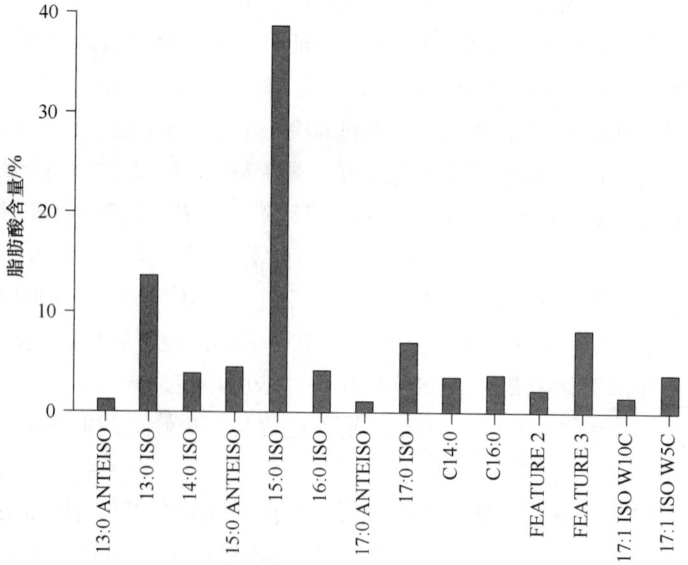


图 8-1-88　苏云金芽胞杆菌（*Bacillus thuringiensis*）主要脂肪酸种类

## 84. 死谷芽胞杆菌

死谷芽胞杆菌生物学特性。死谷芽胞杆菌（*Bacillus vallismortis* Roberts et al. 1996，sp. nov.），也称花域芽胞杆菌，在国内有过相关研究报道。张猛等（2017）报道了1株死谷芽胞杆菌的分离、鉴定及防治西瓜枯萎病的效果。采用稀释涂布平板法从番茄植株中分离得到对西瓜枯萎病病原菌具有显著抑制作用的拮抗菌，采用平板对峙法研究其对病原菌的广谱抑制效果，将菌体特征与16S rDNA序列分析及生理生化指标相结合，对生防菌进行初步鉴定，明确其分类地位，并采用温室栽培试验对其进行抗病效果初探。结果表明，从番茄中分离的1株对西瓜枯萎病病原菌具有显著拮抗作用的菌株wm005，对西瓜枯萎病病原菌、油菜菌核病病原菌、黄瓜立枯病病原菌、草莓灰霉病病原菌、小麦赤霉病病原菌、辣椒疫霉病病原菌、番茄枯萎病病原菌、水稻恶苗病病原菌、葡萄炭疽病病原菌均表现出很强的抑制作用，具有广谱抗性。根据菌体特征、16S rDNA序列分析及生理生化指标的结果，初步鉴定该菌为死谷芽胞杆菌wm005。温室栽培试验表明菌株wm005对由西瓜枯萎病病原菌引起的西瓜枯萎病具有显著的防治效果（防效为75.1%），高出化学药剂百菌清防效16.9个百分点，说明死谷芽胞杆菌菌株wm005具有很好的田间应用开发潜力。

殷晓慧等（2017）报道了桃果实褐腐病拮抗菌的筛选、鉴定及其拮抗活性。以桃褐腐菌（*Monilinia fructicola*）为靶菌，采用稀释分离法和平板对峙法从桃园土壤中筛选出对病原菌有较强拮抗作用的菌株12a和14b，通过离体和活体实验对拮抗菌抑菌活性进行研究，经菌株形态、生理生化特性及16S rDNA基因序列分析进行菌株鉴定。结果表明：菌株12a和14b分别被鉴定为死谷芽胞杆菌和高地芽胞杆菌（*Bacillus altitudinis*），其无菌发酵滤液和挥发性代谢产物对桃褐腐菌的生长有显著的抑制作用，其中12a挥发性代谢产物对其菌丝生长的抑菌效果更为显著（$P<0.05$）。将两株拮抗菌的菌液浸泡和熏蒸桃果实，延缓了桃褐腐病的发病时间，有效地控制了病斑的扩展。海米代•吾拉木等（2017）报道了2株棉酚分解菌对棉籽油脱毒效果的研究。以从棉花秸秆中分离得到的2株棉酚分解菌莫哈维沙漠芽胞杆菌（*Bacillus mojavensis*）和死谷芽胞杆菌为实验菌株，对棉酚含量高的棉子油进行脱毒实验。结果表明：莫哈维沙漠芽胞杆菌和死谷芽胞杆菌对棉子油具有一定的脱毒作用，脱毒率分别达到22.1%和22.2%。简静仪等（2017）报道了锌铜胁迫对死谷芽胞杆菌胞外多糖（EPS）组分变化特征及其吸附性能的影响。死谷芽胞杆菌对锌铜矿捕收剂苯胺黑药具有良好的降解能力。为了解重金属对菌株的胁迫影响，探讨二者之间的相互作用，研究了$Zn^{2+}$、$Cu^{2+}$胁迫对菌株EPS产量、组分变化特征及其吸附性能的影响。结果表明，在$Zn^{2+}$胁迫下，菌株培养至稳定期产生的EPS最多，当$Zn^{2+}$为12 mg/L时EPS产量翻倍，达到100.84 mg/g［以可挥发性固体悬浮物（volatile suspended solid，VSS）计］，$Zn^{2+}$能刺激菌株产生更多富含—COOH和—OH的胞外多糖；菌株在$Cu^{2+}$胁迫下培养至对数期产生的EPS最多，在$Cu^{2+}$为6 mg/L的情况下EPS产量最高为60.65 mg/g（以VSS计），$Cu^{2+}$的胁迫作用提高了菌株EPS中富含N—H和C—N的蛋白质含量；吸附实验结果表明，2种金属能通过胁迫菌株产生特异性EPS，为金属离子提供大量适用性结合位点，显著提高对重金属的去除能力。

黄大野等（2016）报道了死谷芽胞杆菌 NBIF-001 防治灰霉病的研究。为了明确死谷芽胞杆菌菌株 NBIF-001 对灰霉病的防治效果，采用平板对峙结合显微镜观察确定其对灰霉病病原菌的抑菌活性，并采用离体组织试验研究其对黄瓜叶部灰霉病及贮藏期番茄果实灰霉病的防治效果。结果表明，在平板对峙条件下 NBIF-001 对灰葡萄孢具有良好的抑菌活性，显微镜下观察到菌丝发生扭曲、肿胀和变形；离体试验结果表明 NBIF-001 对灰霉病具有良好的生防效果，对黄瓜叶片灰霉病和番茄果实灰霉病的防效分别达到 85.91%和 72.52%。卜红宇等（2016）报道了 2015 年内蒙古地区 31 批保健食品中污染菌的分离与鉴定。从 31 批次的保健食品中分离、鉴定出 64 株污染菌，未检出沙门氏菌、志贺氏菌、金黄色葡萄球菌和溶血性链球菌，但分离出其他致病菌和条件致病菌，分别是阴沟肠杆菌、肺炎克雷伯氏菌、气味沙雷菌、温和气单胞菌、赫氏埃希菌、阪崎肠杆菌、非脱羧勒克菌、泛菌属、缓慢葡萄球菌、浅绿气球菌、哥伦比亚肠球菌、腐生葡萄球菌、产色葡萄球菌、溶血葡萄球菌、铅黄肠球菌、屎肠球菌，以及枯草/解淀粉/萎缩芽胞杆菌、死谷芽胞杆菌、短小芽胞杆菌、凝结芽胞杆菌及蜡样/苏云金/蕈状芽胞杆菌。

董明等（2016）报道了苯胺黑药高效降解菌死谷芽胞杆菌胞外聚合物去除重金属的研究。苯胺黑药高效降解菌死谷芽胞杆菌对苯胺黑药有良好的降解能力，但对其吸附重金属的性能研究还不充分。因此，采用 3 种方法提取苯胺黑药高效降解菌的 EPS，主要考察了 pH、温度、底物浓度和时间对重金属去除效果的影响。结果表明，热提法提取的效率较高；pH 对金属离子吸附影响很大，当 pH<7 时，随着 pH 变大吸附量逐渐升高，但温度对吸附量影响不大。EPS 对 $Cu^{2+}$、$Zn^{2+}$的去除为快速表面吸附过程，在 8 min 时对 $Cu^{2+}$、$Zn^{2+}$的去除率分别达到了 90.7%、52.3%，EPS 对 $Cu^{2+}$、$Zn^{2+}$的吸附表观上符合拟二级动力学规律。在单一体系中，根据朗格缪尔（Langmuir）方程计算出 EPS 对 $Cu^{2+}$的最大吸附量为 2.155 mg/mg，对 $Zn^{2+}$的最大吸附量为 0.508 mg/mg；$Cu^{2+}$的吸附过程与弗兰德里希（Freundlich）方程拟合效果较好，$Zn^{2+}$的吸附过程与朗格缪尔方程拟合效果较好。红外光谱分析结果表明，EPS 表面的羟基、氨基、酰胺基团、羧基和 C—O—C 基团都参与了吸附，且 $Cu^{2+}$和 $Zn^{2+}$的吸附位点基本一致。海米代·吾拉木等（2016）报道了棉酚分解菌的分离鉴定及其与饲用高效乳酸菌和纤维素分解菌混合培养生长特性的研究。以乙酸棉酚为唯一碳源，从棉花秸秆中初筛分离得到 6 株棉酚分解菌 A1、A2、A4、B1、B2 和 B9 并对它们进行耐棉酚能力测定（复筛），进一步筛选出耐棉酚能力较高的菌株 B1 和 B9，采用 Biolog 微生物自动鉴定系统对它们进行分子鉴定。同时，菌株 B1 和 B9 与饲用高效乳酸菌和纤维素分解菌在 2%的蔗糖溶液中混合培养，并对单独菌和混合菌的生长特性进行研究，探讨这 3 类菌株间有无抑制作用。试验结果表明，初筛共分离得到 6 株菌株，其中具有耐棉酚能力较高的棉酚分解菌 2 株，Biolog 微生物鉴定系统结果显示，菌株 B1 和 B9 分别为莫哈维沙漠芽胞杆菌和死谷芽胞杆菌；通过混合培养试验得知，混合培养达到稳定期的时间比单独培养明显缩短，表明这 3 类菌株间无抑制作用，彼此促进生长。

殷博等（2015）报道了 Y12 的微生物菌种鉴定及生物信息学分析。在甜菜根系土壤中分离得到对引起甜菜根腐病的真菌有拮抗作用的生防菌株 Y12。常规微生物鉴定和 VITEK 微生物生理生化鉴定系统结合分子生物学分析表明，Y12 与死谷芽胞杆菌的同源性最高，所以确定生防菌株 Y12 为死谷芽胞杆菌。吕鹏莉等（2015）报道了低温环境中 T-2 毒素降解菌的分离鉴定及特性研究。分离筛选低温环境中 T-2 毒素降解菌并探明其生化特性，探究 T-2 毒素降解微生物生化特性的异同点，为 T-2 毒素降解微生物的检验提供生化判断参考。针对暴露于−20℃低温环境中的低浓度 T-2 毒素标准品，采用 LC-MS/MS 定量分析 T-2 毒素残留量，利用营养琼脂培养基（NA）和马铃薯葡萄糖琼脂培养基（PDA）共分离出 5 株降解菌，16S rDNA 结合生化鉴定显示为死谷芽胞杆菌、蜡样芽胞杆菌（*Bacillus cereus*）、阴沟肠杆菌（*Enterobacter cloacae*）、弯曲假单胞菌（*Pseudomonas geniculata*）和尼泊尔葡萄球菌（*Staphylococcus nepalensis*）。这些分离株在−20℃条件下对低浓度 T-2 毒素均有不同程度的降解能力，其中蜡样芽胞杆菌的降解能力最强，降解率为 91%。曲田丽等（2015）报道了合欢内生菌 H8 的分离、鉴定及其抗菌代谢物质研究。为了寻找结构新颖、高效的农用抗菌活性物质，以药用植物合欢叶为试验材料，分离筛选出一株内生细菌 H8。采用对峙培养法与琼脂扩散法进行抑菌试验，结果表明：H8 菌株、发酵液、无菌发酵液及其活性组分对苹果腐烂病病原菌、苹果轮纹病病原菌等 6 种供试植物病原菌均具有较强的抑菌活性，抑菌带宽度可达 20.5～34.5 mm。经形态学观察、生理生化试验和 16S rDNA 系统进化分析，鉴定其为死谷芽胞杆菌。采用液-液萃取、薄层层析及硅胶柱层析，对内生菌 H8 的代谢液提取分离，得到 6 个组分，对抑菌活性高的 2 个组分硅烷化衍生后，经 GC-MS 检测，确定代谢液中有脂肪酸、芳香酸、环二肽等 28 种活性化合物。

乔文文等（2014）报道了死谷芽胞杆菌的分离鉴定及其污泥减量特性。为研究缺氧-好氧-沉淀-厌氧（A+OSA）污泥减量工艺微生物特性，从 A+OSA 污泥减量系统中分离筛选得到一株特异菌株 JL4。通过形态学特征、16S rDNA 序列分析和系统发育分析，菌株 JL4 与死谷芽胞杆菌的同源性达 100%，将其鉴定为死谷芽胞杆菌。污泥分解实验表明，其对灭菌后的污泥底物具有降解作用，经过菌株 JL4 处理 72 h 后，污泥浓度下降了 25.7%，污泥上清液 COD 浓度增加了 4.6%。直接将菌株 JL4 接种至灭菌污水 48 h 后，JL4 的 COD 降解率能够达到 43.7%，且 JL4 能直接进入对数期的生长，其表观增长率（Yobs）为 0.026/h，Yobs 远低于降解碳水化合物的好氧异养微生物的表观增长率。因此，JL4 可能是 A+OSA 污泥减量系统的功能微生物之一。林英等（2014）报道了 1 株死谷芽胞杆菌的分离、鉴定及抗病促生效果初探。采用稀释涂布平板法从醋糟中分离出对立枯丝核菌具有明显抑制作用的拮抗菌，采用平板对峙法研究其对病原菌的广谱抑制效果，将菌体特征与 16S rDNA 序列分析及生理生化指标相结合，对拮抗菌进行初步鉴定，确定其分类地位，采用温室盆栽试验对分离的拮抗菌进行抗病促生效果初探。结果表明：从醋糟中分离到了一株对立枯丝核菌具有明显拮抗作用的菌株 CZ，且菌株 CZ 具有广谱的抑菌效果，对西瓜枯萎病、香瓜枯萎病、黄瓜枯萎病、水稻恶苗病、小麦赤霉病、苹果炭疽病病原菌都具有较强的拮抗作用。根据菌体特征、16S rDNA 序列分析及生理生化指标的结果，初步鉴定该菌为死谷芽胞杆菌 CZ。温室盆栽试验表明菌株 CZ 对由立枯丝核菌引起的黄瓜立枯病具有显著的抑制效果，与对照组相比，接种菌株 CZ 后，黄瓜小苗的病情指数降低了 18.3%。

王颖等（2014）报道了马铃薯贮藏期主要病害拮抗内生细菌的筛选、鉴定及功能评价。马铃薯坏疽病、马铃薯炭疽病和马铃薯枯萎病是甘肃省马铃薯贮藏期最主要的病害，为了获得马铃薯贮藏期病害防治的生防菌株，利用对峙培养法从东祁连山高寒草地线叶嵩草内生细菌中筛选获得高抗菌株 263XY1，其对马铃薯枯萎病病原菌、马铃薯炭疽病病原菌和马铃薯坏疽病病原菌的抑菌率分别达到 67.17%、86.17%和 70.89%；该菌株在含有色氨酸和不含色氨酸的金氏培养基中分泌的IAA量分别为3.31 mg/L和1.52 mg/L，在PKO含无机磷培养基中的有效磷增量为 38.94 mg/L，具有固氮能力。经 16S rDNA 序列分析，其与死谷芽胞杆菌的同源性达 99%，初步鉴定为死谷芽胞杆菌。王萍等（2013）报道了死谷芽胞杆菌 B10 发酵条件的研究与抗菌谱的测定。死谷芽胞杆菌 B10 可抑制多种食用菌病原木霉菌的生长，同时对其他多种食用菌病原真菌有拮抗作用，因此是 1 株很有潜力的生防菌，具有开发成生防产品的潜能。实验通过摇瓶培养，对死谷芽胞杆菌 B10 产生抑菌活性物质的发酵培养基和培养条件进行优化，并对其抑菌谱进行了测试。结果表明，实验产生抑菌活性物质的最佳培养基为 NB 液体培养基，最佳发酵条件为：菌株种龄为 18 h，发酵周期为 36 h，初始培养基 pH 为 7.0，培养温度为 30℃，摇瓶装液量为 100 mL/250 mL，接种量为 4%，摇床转速为 170 r/min。B10 发酵无菌滤液对多种食用菌的病原真菌有明显抑制作用，其中，对哈茨木霉 T22 的抑制作用最强，抑菌率达 90.56%。

郝捷等（2013）报道了死谷芽胞杆菌对香菇栽培料中木霉菌的抑制研究。首先确定死谷芽胞杆菌抑制木霉的成分是胞内还是胞外物质；其次提取有效物质，分析其理化性质的稳定性；最后研究在香菇栽培料中的初步应用效果。提取的死谷芽胞杆菌胞外分泌物属于脂肽类，能有效抑制木霉孢子萌发和菌丝生长，0.02 g/L 即可达到 62.8%的抑菌率，对香菇菌丝生长影响较小，且理化性质比较稳定。香菇栽培料中添加 26.6%的培养 36 h 的死谷芽胞杆菌发酵液，对木霉菌丝抑制程度最高，防治效果较理想。死谷芽胞杆菌产生的胞外分泌物对木霉有良好的抑制作用，虽然对香菇的菌丝萌发也有一定的抑制作用，但从减少农药残留问题考虑，值得进一步研究。韦巧婕等（2013）报道了黄瓜枯萎病拮抗菌的筛选鉴定及其生物防效。从生长健康的黄瓜根际土壤中分离筛选得到 1 株对黄瓜枯萎病病原菌——尖孢镰刀菌黄瓜专化型具有较强拮抗作用的细菌菌株 B，其 16S rDNA 基因序列与死谷芽胞杆菌的同源性达 100%。菌株 B 含有 *fenB*、*bam* 和 *ituABCD* 基因，它们分别是丰原素（fengycin）、杆菌霉素（bacillomycin）和伊枯草菌素（iturin）生物合成的相关基因。菌株 B 对棉花黄萎病、甜瓜枯萎病、辣椒疫病等病原菌也有较强的拮抗作用。盆栽试验表明：拮抗菌 B 与有机肥发酵制成的微生物有机肥（BIO）对黄瓜枯萎病有显著的防治作用，发病率降低了 66.7%，病情指数下降了 67%，防治效果达到 80.7%；而单纯使用有机肥（OF）发病率不仅不能降低，还有所上升。施用 BIO 能增加根际细菌及放线菌数量，减少真菌及尖孢镰刀菌数量。施用 BIO 显著提高黄瓜植株的生物量及其体内 SOD、POD 及 CAT 等酶的活性。

马春燕等（2012）首次报道了鄱阳湖野生河豚体内河鲀毒素产生菌的分离鉴定。从中国鄱阳湖捕获的暗纹东方鲀卵巢中分离到 4 株菌，通过小鼠实验、薄层层析、质谱分析及荧光分光光度法确认菌株 TL-1 发酵液中含河鲀毒素。24℃培养 5 d，通过活性炭柱、凝胶柱从 TL-1 发酵液中分离河鲀毒素粗毒液。经形态、生理生化及 16S rDNA 分析鉴定，表明该菌属于死谷芽胞杆菌。张国漪等（2012）报道了菌根真菌和死谷芽胞杆菌生物有机肥对连作棉花黄萎病的协同抑制。通过温室盆栽试验，育苗期接种丛枝菌根真菌（AMF），移栽时接种死谷芽胞杆菌（*Bacillus vallismortis* HJ-5）、有机肥（OF）或者生物有机肥（HJ-5OF），研究了不同处理对棉花黄萎病和棉花生长的影响。结果表明：配合施用 AMF 与 HJ-5OF 显著降低了棉花黄萎病的发病指数，与对照相比其病情指数下降了 72.80%；根际可培养微生物数量和种类发生显著变化，施用 AMF 与 HJ-5OF 处理的真菌、大丽轮枝菌菌核数量分别比对照下降了 68.88%和 47.20%，细菌、放线菌数量分别为对照的 23.81 倍、2.40 倍；根际区系中，真菌的种类显著降低，细菌的种类显著增加；AMF 和 HJ-5OF 的协同作用显著提高了棉花的生物量，促进了棉花对磷素的吸收。

宋卫锋和邓琪（2012）报道了 1 株苯胺黑药降解菌的分离鉴定及其降解特性。以沥窖污水处理厂的活性污泥作为菌种来源，通过实验室构建的序列间歇式反应器（SBR），从活性污泥多种微生物种群中，驯化、分离、筛选出 1 株能以苯胺黑药为唯一碳源的菌株 AAF039，并对其进行了生理生化、16S rDNA 基因序列分析；通过控制菌株生长和降解的底物含量、温度及pH，并以菌株生长和降解苯胺黑药的效果为依据，得出菌株 AAF039 的最适生长、降解条件；测定培养过程中营养液的 $COD_{Cr}$ 与苯胺黑药剩余量，对苯胺黑药的生物降解过程进行初步推测。结果表明：菌株为死谷芽胞杆菌，其生长能以苯胺黑药为唯一碳源；生长和降解苯胺黑药的最佳条件为底物质量浓度 300 mg/L、温度 35℃，pH 7.0，21 h，对苯胺黑药的降解率可达 89.11%；苯胺黑药并不能彻底被生化降解，降解过程中产生了难以被菌株利用的中间产物。郝捷等（2011）报道了菌株 B10 对食用菌木霉的拮抗作用及菌株鉴定。在食用菌实际生产中发现 1 株对栽培袋中致病菌木霉具有较强抑菌作用的菌株，命名为 B10，通过菌体拮抗试验、发酵上清液拮抗试验，结果表明 B10 对木霉 29 菌体的拮抗抑菌圈为 32.3 mm，拮抗带宽达到 24.3 mm。36 h 发酵上清液对木霉有良好的抑制作用，最大抑菌圈为 25.22 mm，最大拮抗带宽为 16.85 mm，抑制现象明显。对 B10 进行生理生化实验和 16S rDNA 序列测定，鉴定结果为死谷芽胞杆菌。

王全等（2009）对植物黄萎病病原菌大丽轮枝菌（*Verticillium dahliae*）的拮抗细菌进行了分离筛选及 Bv1-9 拮抗菌株鉴定。结果表明，从土壤中分离到 891 株细菌，初筛出具有拮抗活性的菌株 83 株，经过复筛选出 1 株具有较高拮抗活性的菌株 Bv1-9，并对其进行了形态鉴定、生理生化特征鉴定和 16S rDNA 全序列分析，将此菌株鉴定为花域芽胞杆菌（死谷芽胞杆菌），16S rDNA 序列同源性达 99.49%。张慧等（2008）报道了土传棉花黄萎病拮抗菌的筛选及其生物效应。实验采用平板对峙法，从黄萎病发生严重的棉田中的健康植株根际土壤中分离筛选到 11 株对棉花黄萎病致病菌大丽轮枝菌具有拮抗效果的菌株，抑菌率为 51.8%～87.4%，经培养滤液抑菌率试验复筛，选择抑菌效果较好的 3 株菌株进行盆栽试验。结果表明：在施用拮抗菌摇床培养液（VS）、有机肥（VF）和两者结合（VFS）的 3 个处理中，VFS 效果最显著，防病率达 57%，植株生理性状显著改善，根际可培养微生物数量发生显著变化，细菌数量增加 7.3～13.4 倍、放线菌数量增加 3.2～5.9 倍，病原菌微菌核数量下降 34%。结合生理生化和 16S rDNA 序列分析，初步确定供试的 2 株菌为死谷芽胞杆菌，1 株菌为枯草芽胞杆菌。

李超敏等（2008）报道了 1 株蛋白酶产生菌的分离鉴定。从郑州奶牛场土壤样品中分离到 1 株芽胞杆菌，命名为 A-19 菌株。该菌株有较高的蛋白酶活性，37℃、pH 7.0

培养 48 h 后，其蛋白酶活力可达 63.5 U/mL。菌体生长专性需氧，有运动性，粗糙型菌落，氧化酶试验阳性，DNA（G+C）mol%为 47%。该菌株的 16S rDNA 序列与芽胞杆菌属的相关种类有很高的同源性，如死谷芽胞杆菌（*Bacillus vallismortis*）(99.61%)、枯草芽胞杆菌（*Bacillus subtilis*）(98.81%)，解淀粉芽胞杆菌（*Bacillus amyloliquefaciens*）(98.95%)、地衣芽胞杆菌（*Bacillus licheniformis*）(97.93%)。李潞滨等（2008）报道了兰花炭疽病拮抗细菌 8-59 菌株的分离与鉴定。从各地采集的土样中筛选对兰花炭疽病病原菌胶孢炭疽菌（*Colletotrichum gloeosporioides*）具有拮抗活性的菌株。从土样中分离到 720 株菌株，初筛获得具有拮抗作用的菌株 32 株，经过复筛，选出 1 株具有较高拮抗活性的菌株 8-59。对菌株 8-59 进行形态鉴定、生理生化特征鉴定和 16S rDNA 序列分析，菌株 8-59 与死谷芽胞杆菌标准菌株 DSM11031 的 16S rDNA 序列同源性达 99.49%，鉴定该菌株为死谷芽胞杆菌。

死谷芽胞杆菌脂肪酸组鉴定图谱。脂肪酸组特征为 15:0 anteiso/15:0 iso=1.28，17:0 anteiso/17:0 iso=0.88。脂肪酸组（35 个生物标记）包括：15:0 anteiso（29.6900%）、15:0 iso（23.1200%）、17:0 iso（10.5300%）、17:0 anteiso（9.2200%）、c16:0（6.1300%）、16:0 iso（4.1700%）、c18:0（2.3000%）、18:1ω9c（2.0600%）、17:1 iso ω10c（1.9200%）、17:1ω6c（1.2500%）、14:0 iso（1.1700%）、feature 4（1.0500%）、c14:0（0.7100%）、16:1ω11c（0.6400%）、cy19:0 ω8c（0.5500%）、feature 8（0.4900%）、16:1ω7c alcohol（0.4500%）、17:0 iso 3OH（0.4100%）、feature 3（0.3700%）、15:0 2OH（0.3400%）、19:0 iso（0.3400%）、13:0 anteiso（0.2900%）、17:0 3OH（0.2900%）、c12:0（0.2800%）、15:0 iso 3OH（0.2700%）、17:0 2OH（0.2600%）、10 Me 18:0 TBSA（0.2600%）、18:0 2OH（0.2500%）、c17:0（0.2400%）、18:0 iso（0.2200%）、13:0 iso（0.2000%）、16:0 iso 3OH（0.1400%）、11:0 iso（0.1300%）、16:1ω5c（0.1300%）、16:1 iso H（0.1100%）（图 8-1-89）。

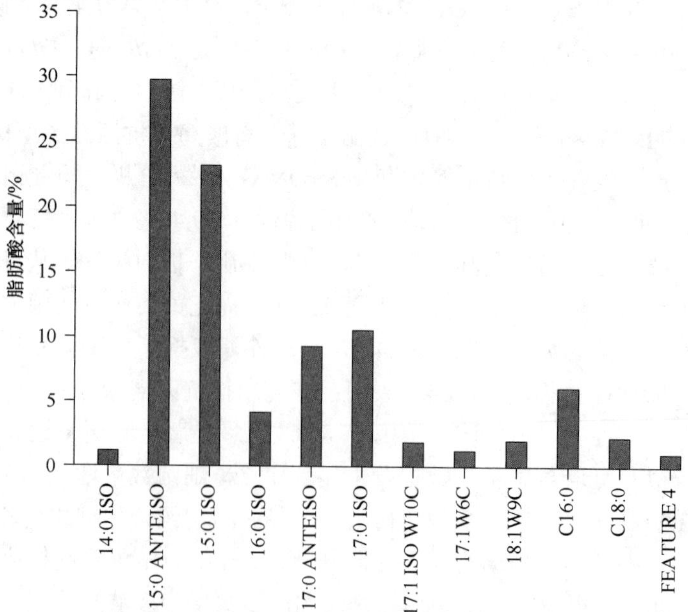


图 8-1-89　死谷芽胞杆菌（*Bacillus vallismortis*）主要脂肪酸种类

## 85. 越南芽胞杆菌

越南芽胞杆菌生物学特性。越南芽胞杆菌（*Bacillus vietnamensis* Noguchi et al. 2004，sp. nov.）在国内的研究报道较少。孙朝晖等（2016）报道了越南芽胞杆菌对 2507 双相不锈钢加速腐蚀的影响。从舟山腐蚀观测站采集并分离越南芽胞杆菌，通过电化学测试方法、表面分析技术和红外光谱研究其对 2507 双相不锈钢腐蚀行为的影响。结果表明，在细菌的作用下，双相不锈钢的开路电位和自腐蚀电位负移，腐蚀电流密度增大。扫描电子显微镜（SEM）观察表明双相不锈钢表面有生物膜生成。傅里叶变换红外光谱分析表明，在 900～1200 $cm^{-1}$ 和 1500～1600 $cm^{-1}$ 区域有吸收峰，分别对应细菌的代谢产物胞外多糖和蛋白质；而在 2800～2900 $cm^{-1}$ 区域的宽峰则显示不锈钢表面产生了生物膜。电化学阻抗谱测试也表明双相不锈钢表面有生物膜生成。生物膜和氧化物的产生加速了不锈钢的腐蚀。

越南芽胞杆菌脂肪酸组鉴定图谱。脂肪酸组特征为 15:0 anteiso/15:0 iso=2.43，17:0 anteiso/17:0 iso=9.35。脂肪酸组（31 个生物标记）包括：15:0 anteiso（46.8200%）、15:0 iso（19.2400%）、17:0 anteiso（11.8800%）、feature 4（4.0000%）、16:0 iso（3.9300%）、14:0 iso（2.9200%）、c16:0（2.3700%）、16:1ω7c alcohol（1.9300%）、17:0 iso（1.2700%）、17:1 iso ω10c（0.9100%）、16:1ω11c（0.8900%）、c14:0（0.6300%）、c18:0（0.4500%）、19:0 iso（0.2900%）、c12:0（0.2500%）、18:1ω9c（0.2200%）、10 Me 18:0 TBSA（0.1700%）、19:0 anteiso（0.1600%）、18:1 2OH（0.1600%）、17:0 iso 3OH（0.1500%）、15:0 iso 3OH（0.1500%）、13:0 iso（0.1500%）、15:1 iso ω9c（0.1500%）、15:0 2OH（0.1400%）、feature 3（0.1300%）、13:0 anteiso（0.1300%）、18:0 iso（0.1100%）、16:0 2OH（0.1100%）、cy19:0 ω8c（0.1000%）、18:3ω(6,9,12)c（0.1000%）、17:0 2OH（0.0900%）（图 8-1-90）。

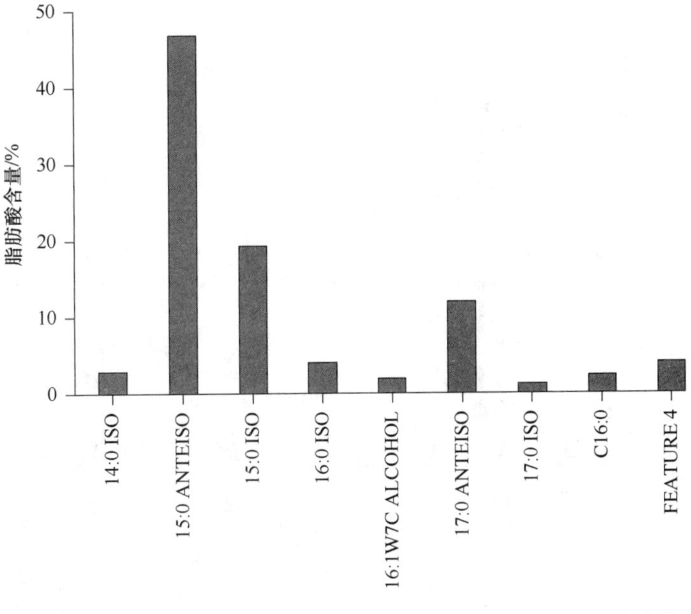


图 8-1-90　越南芽胞杆菌（*Bacillus vietnamensis*）主要脂肪酸种类

## 86. 原野芽胞杆菌

原野芽胞杆菌生物学特性。原野芽胞杆菌（*Bacillus vireti* Heyrman et al. 2004，sp. nov.）在国内研究报道较少。曾驰等（2010）报道了兼香型白云边酒高温堆积过程中主要细菌的分子鉴定。从白云边酒厂堆积酒醅中分离获得了 6 株有明显特征差异的细菌，其中，菌株 4J 与原野芽胞杆菌、巴达维亚芽胞杆菌（*Bacillus bataviensis*）、钻特省芽胞杆菌（*Bacillus drentensis*）、土壤芽胞杆菌（*Bacillus soli*）、休闲地芽胞杆菌（*Bacillus novalis*）的标准菌株既有一定的同源性，也有一定的遗传距离，可能是一个不同于已知菌的芽胞杆菌新种。

原野芽胞杆菌脂肪酸组鉴定图谱。脂肪酸组特征为 15:0 anteiso/15:0 iso=0.90，17:0 anteiso/17:0 iso=1.87。脂肪酸组（45 个生物标记）包括：15:0 iso（30.0100%）、15:0 anteiso（27.1500%）、c19:0（13.9700%）、17:0 anteiso（5.8900%）、c16:0（3.9200%）、17:0 iso（3.1500%）、16:0 iso（2.5900%）、14:0 iso（1.2100%）、feature 4（1.1500%）、16:1ω11c（0.9600%）、17:1 iso ω10c（0.9200%）、c18:0（0.7900%）、16:0 anteiso（0.6200%）、16:1ω7c alcohol（0.5300%）、18:1ω9c（0.5000%）、c14:0（0.4400%）、18:3ω(6,9,12)c（0.4400%）、14:0 iso 3OH（0.4400%）、17:0 iso 3OH（0.3700%）、16:0 2OH（0.3000%）、cy19:0 ω8c（0.3000%）、15:0 iso 3OH（0.2800%）、14:0 anteiso（0.2600%）、feature 8（0.2400%）、cy17:0（0.2400%）、17:0 2OH（0.2200%）、16:1ω5c（0.2200%）、16:1 iso H（0.2200%）、18:1ω5c（0.2100%）、20:4ω(6,9,12,15)c（0.2000%）、15:1 iso F（0.1900%）、feature 3（0.1800%）、feature 5（0.1800%）、10 Me 17:0（0.1800%）、20:0 iso（0.1800%）、17:1ω8c（0.1600%）、16:0 N alcohol（0.1600%）、c12:0（0.1500%）、10 Me 18:0 TBSA（0.1500%）、16:0 iso 3OH（0.1400%）、c20:0（0.1400%）、13:0 iso（0.1300%）、c17:0（0.1300%）、18:1 2OH（0.1200%）、13:0 anteiso（0.0600%）（图 8-1-91）。

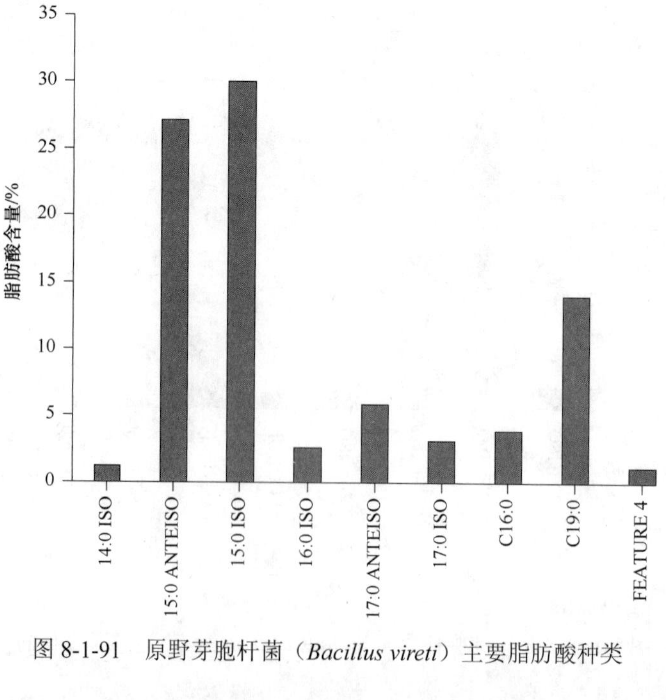


图 8-1-91　原野芽胞杆菌（*Bacillus vireti*）主要脂肪酸种类

## 87. 稠性芽胞杆菌

稠性芽胞杆菌生物学特性。稠性芽胞杆菌（*Bacillus viscosus*）最早为 *Bacillus lactis viscosus* 名称，由 Ward 于 1901 年发表，为一种能使牛奶增稠的细菌（Ward，1901）。目前，德国菌种保藏中心（DSMZ）保存的菌株 DSM347，是由希腊的 F. Pichinoty 从希腊土壤分离的稠性芽胞杆菌，生长适宜温度为 30℃，在其他信息栏中提供的种名为稠性芽胞杆菌（*Bacillus viscosus*）；美国菌种保藏中心（ATCC）保存的菌株 ATCC-51154，标明从法国马赛土壤分离，列出的种名为稠性芽胞杆菌（*Bacillus viscosus*）。但是，在 LPSN（原核生物种名网站）查不到该种。DSMZ 保存了 1 株由荷兰内梅亨大学（University Nijmwegen）的 van Beelen 分离自人口腔的菌株 DSM-43798，为黏性放线菌[*Actinomyces viscosus*（Howell et al. 1965）Georg et al. 1969]，与 *Bacillus viscosus* 有很多相似的特性；在美国菌种保藏中心编号 ATCC-337 的菌株，由 Rogers 分离自黏稠牛奶（ropy milk），被认为是 *Lactobacillus viscosus*，同样，在 LPSN 网站未收录这个种。

在我国的一些文献中仍然保留了稠性芽胞杆菌（*Bacillus viscosus*）种名。例如，《食品微生物学》教案中提到："面粉中含有较多微生物，如果烘烤时间不够，在面包中心会残留少量的微生物，如巨大芽胞杆菌（*Bacillus megaterium*）、稠性芽胞杆菌（*Bacillus viscosus*）存在时，会使面包发黏，产生典型的抽丝现象。酪酸（丁酸）梭菌（*Clostridium butyricum*）能使面包产生酸败臭味。"因此，本书暂将其归为芽胞杆菌属进行分析。

稠性芽胞杆菌脂肪酸组鉴定图谱。脂肪酸组特征为 15:0 anteiso/15:0 iso=2.76，17:0 anteiso/17:0 iso=1.98。脂肪酸组（76 个生物标记）包括：15:0 anteiso（48.7724%）、15:0 iso（17.6623%）、14:0 iso（7.9098%）、c16:0（4.1574%）、16:0 iso（4.1235%）、16:1ω7c alcohol（3.9914%）、16:1ω11c（2.9450%）、17:0 anteiso（2.4699%）、c14:0（1.7880%）、feature 4（1.2988%）、17:0 iso（1.2455%）、17:1 iso ω10c（0.9244%）、c18:0（0.6015%）、13:0 anteiso（0.4825%）、16:0 iso 3OH（0.3600%）、13:0 iso（0.2739%）、18:1ω9c（0.2283%）、15:1 iso ω9c（0.1945%）、c12:0（0.0916%）、14:0 anteiso（0.0869%）、19:0 iso（0.0522%）、feature 7（0.0485%）、feature 8（0.0458%）、c20:0（0.0370%）、feature 3（0.0360%）、20:1ω7c（0.0322%）、c19:0（0.0321%）、c17:0（0.0315%）、16:0 anteiso（0.0296%）、c10:0（0.0241%）、17:1 anteiso ω9c（0.0231%）、10 Me 18:0 TBSA（0.0229%）、feature 5（0.0228%）、11:0 anteiso（0.0211%）、14:0 iso 3OH（0.0187%）、17:1ω9c（0.0175%）、18:1 iso H（0.0174%）、13:0 iso 3OH（0.0172%）、18:3ω(6,9,12)c（0.0152%）、cy17:0（0.0143%）、feature 1-1（0.0129%）、15:0 2OH（0.0117%）、cy19:0 ω8c（0.0105%）、16:0 2OH（0.0102%）、15:1 iso F（0.0098%）、18:0 iso（0.0086%）、16:1 iso H（0.0082%）、12:0 iso（0.0071%）、17:1 anteiso A（0.0069%）、14:1ω5c（0.0068%）、c13:0（0.0066%）、19:0 anteiso（0.0066%）、feature 6（0.0063%）、15:1 anteiso A（0.0061%）、9:0 3OH（0.0061%）、15:0 iso 3OH（0.0055%）、18:0 3OH（0.0052%）、17:1ω6c（0.0052%）、14:0 2OH（0.0045%）、c9:0（0.0039%）、18:1ω5c（0.0038%）、15:1 iso G（0.0036%）、16:0 N alcohol（0.0035%）、20:4ω(6,9,12,15)c（0.0035%）、feature 2（0.0035%）、16:0 3OH（0.0032%）、18:1 2OH（0.0029%）、16:1ω5c（0.0026%）、13:0 2OH（0.0024%）、feature 9（0.0022%）、20:0 iso

（0.0021%）、12:0 anteiso（0.0021%）、16:1 2OH（0.0016%）、17:0 iso 3OH（0.0014%）、feature 1-2（0.0011%）、17:0 2OH（0.0008%）（图 8-1-92）。

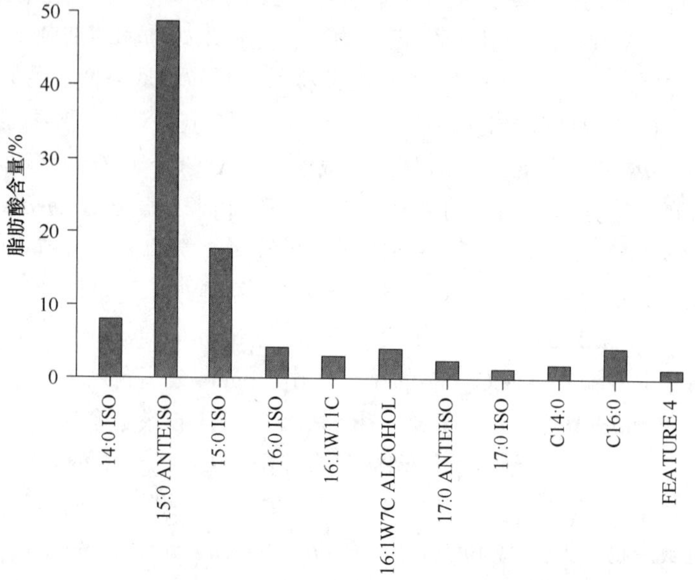


图 8-1-92　稠性芽胞杆菌（*Bacillus viscosus*）主要脂肪酸种类

## 88. 武夷山芽胞杆菌

武夷山芽胞杆菌生物学特性。武夷山芽胞杆菌（*Bacillus wuyishanensis* Liu et al. 2014，sp. nov.）由福建省农业科学院研究团队发表，其生物学特性研究在国内未见报道。

武夷山芽胞杆菌脂肪酸组鉴定图谱。脂肪酸组特征为 15:0 anteiso/15:0 iso=0.84，17:0 anteiso/17:0 iso=5.56。脂肪酸组（30 个生物标记）包括：15:0 iso（35.6800%）、15:0 anteiso（29.8400%）、16:0 iso（9.9600%）、14:0 iso（9.8700%）、17:0 anteiso（4.7300%）、c16:0（1.4800%）、16:1ω11c（1.4700%）、c14:0（1.3200%）、16:1ω7c alcohol（1.2600%）、17:0 iso（0.8500%）、13:0 iso（0.6400%）、17:1 iso ω10c（0.3700%）、c10:0（0.3100%）、14:0 anteiso（0.3000%）、feature 4（0.2800%）、c12:0（0.2400%）、13:0 anteiso（0.2300%）、18:1ω9c（0.1600%）、feature 1（0.1400%）、feature 3（0.1300%）、c18:0（0.1000%）、feature 8（0.1000%）、15:0 iso 3OH（0.0900%）、18:1 iso H（0.0800%）、c17:0（0.0700%）、16:0 anteiso（0.0700%）、c13:0（0.0600%）、c20:0（0.0500%）、17:1 anteiso ω9c（0.0500%）、15:1 anteiso A（0.0400%）（图 8-1-93）。

# 三、虚构芽胞杆菌属脂肪酸组鉴定图谱

## 1. 概述

虚构芽胞杆菌属（*Fictibacillus* Glaeser et al. 2013，gen. nov.）世系：Bacteria；Firmicutes；Bacilli；Bacillales；Bacillaceae；*FictiBacillus*，于 2013 年建立，目前有 9 种，

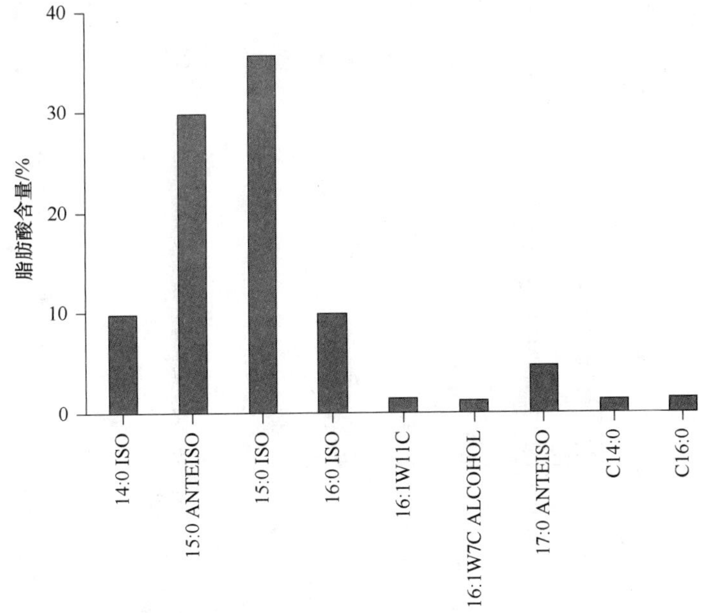


图 8-1-93　武夷山芽胞杆菌（*Bacillus wuyishanensis*）主要脂肪酸种类

其中有 7 种分别由 *Bacillus arsenicus*、*Bacillus barbaricus*、*Bacillus macauensis*、*Bacillus nanhaiensis*、*Bacillus rigui*、*Bacillus solisalsi* 和 *Bacillus gelatini* 重分类而转移过来（Glaeser et al.，2013），模式种为 *Fictibacillus barbaricus*（Täubel et al. 2003）Glaeser et al. 2013，comb. nov.（奇异虚构芽胞杆菌）。

## 2. 明胶虚构芽胞杆菌

明胶虚构芽胞杆菌生物学特性。明胶虚构芽胞杆菌［*Fictibacillus gelatini*（de Clerck et al. 2004）Glaeser et al. 2013，comb. nov.］由芽胞杆菌属（即 *Bacillus gelatini*）移到了虚构芽胞杆菌属（即 *Fictibacillus gelatini*）。模式菌株 $15865^T$ 分离自污染的明胶中。菌体直线型，两端圆，革兰氏阳性，严格好养，无鞭毛，菌体直径 0.5～0.9 μm，长度 4～5 μm。芽胞椭圆形，中生或端生。TSA 培养基上 30℃培养 4 d 的菌落呈淡黄色、中间偏黑、光滑、不规则边缘、表面蜡质、表层易碎、有凸起，菌落直径 1～4 mm。最高生长温度为 58～60℃，最适生长温度为 40～50℃；最适生长 pH 为 5～8，最低生长 pH 为 4～5，最高生长 pH 为 9～10；15% NaCl 生长最适（de Clerck et al.，2004）。在国内未见相关研究报道。

明胶虚构芽胞杆菌脂肪酸组鉴定图谱。脂肪酸组特征为 15:0 anteiso/15:0 iso=0.45，17:0 anteiso/17:0 iso=2.50。脂肪酸组（15 个生物标记）包括：15:0 iso（43.8067%）、15:0 anteiso（19.8867%）、17:0 anteiso（16.0467%）、17:0 iso（6.4133%）、c16:0（3.8033%）、16:0 iso（3.5200%）、feature 4（1.2800%）、17:1 iso ω10c（1.1333%）、16:1ω11c（1.1033%）、c14:0（1.0367%）、14:0 iso（0.8767%）、16:1ω7c alcohol（0.5100%）、c12:0（0.2367%）、c18:0（0.2133%）、13:0 iso（0.1267%）（图 8-1-94）。

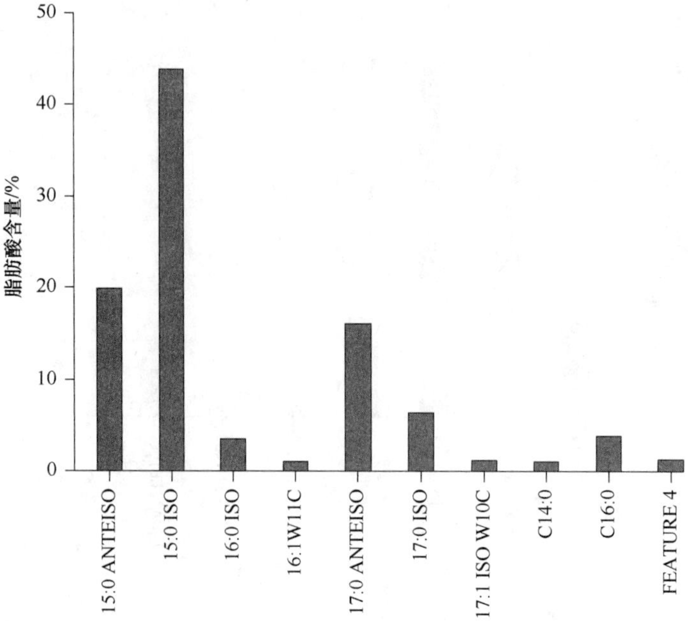


图 8-1-94　明胶虚构芽胞杆菌（*Bacillus gelatini*）主要脂肪酸种类

## 3. 奇异虚构芽胞杆菌

奇异虚构芽胞杆菌生物学特性。奇异虚构芽胞杆菌［*Fictibacillus barbaricus*（Täubel et al. 2003）Glaeser et al. 2013，comb. nov.］由芽胞杆菌属（即 *Bacillus barbaricus*）转移到了虚构芽胞杆菌属（即 *Fictibacillus barbaricus*），模式菌株 V2-BIII-A2$^T$ 从定植于奥地利维也纳美术院壁画的微生物中分离。菌株革兰氏阳性、兼性厌养、耐碱、非运动、短杆状，0.5 μm×（4～5）μm。芽胞椭圆形、次端生，胞囊不膨大。在酪蛋白胨酵母浸出物琥珀酸二钠（PYES）培养基上菌落褐色，不透明，圆形，扁平，直径 3～7 mm。生长温度为 18～37℃，4℃或 47℃不生长。在 2% NaCl 中微弱生长，但在 5%或 7% NaCl 中不生长（Täubel et al.，2003）。国内未见相关研究报道。

奇异虚构芽胞杆菌脂肪酸组鉴定图谱。脂肪酸组特征为 15:0 anteiso/15:0 iso=0.32，17:0 anteiso/17:0 iso=0.29。脂肪酸组（33 个生物标记）包括：15:0 iso（35.7600%）、15:0 anteiso（11.4233%）、13:0 iso（6.6767%）、17:0 iso（6.6267%）、feature 3（6.5500%）、16:0 iso（5.6900%）、c16:0（5.6600%）、14:0 iso（4.0633%）、c14:0（2.9767%）、17:1 iso ω5c（2.3800%）、feature 2（2.2133%）、17:0 anteiso（1.9333%）、17:1 iso ω10c（1.8767%）、12:0 iso（0.8933%）、13:0 anteiso（0.8800%）、16:1ω7c alcohol（0.8133%）、c18:0（0.7300%）、c12:0（0.5300%）、15:0 2OH（0.4567%）、16:1ω11c（0.4467%）、17:1 anteiso A（0.4233%）、feature 8（0.1500%）、feature 4（0.1300%）、15:1ω5c（0.1133%）、c19:0（0.1033%）、c9:0（0.0967%）、18:1ω9c（0.0900%）、10 Me 18:0 TBSA（0.0833%）、c17:0（0.0767%）、18:0 iso（0.0667%）、15:0 iso 3OH（0.0567%）、13:0 iso 3OH（0.0167%）、15:1 iso F（0.0167%）（图 8-1-95）。

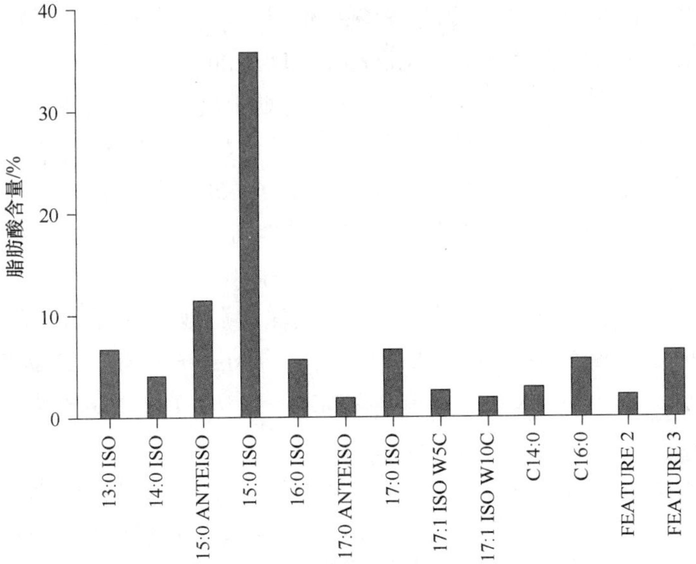


图 8-1-95　奇异虚构芽胞杆菌（*Fictibacillus barbaricus*）主要脂肪酸种类

## 四、地芽胞杆菌属脂肪酸组鉴定图谱

### 1. 概述

地芽胞杆菌属（*Geobacillus* Nazina et al. 2001，gen. nov.）世系：Bacteria；Firmicutes；Bacilli；Bacillales；Bacillaceae；*Geobacillus*，于 2001 年建立，目前有 17 种，其中有 9 种分别由 *Bacillus kaustophilus*、*Bacillus pallidus*、*Bacillus stearothermophilus*、*Bacillus thermantarcticus*、*Bacillus thermocatenulatus*、*Bacillus thermodenitrificans*、*Bacillus thermoglucosidasius*、*Bacillus thermoleovorans* 和 *Bacillus vulcani* 重分类而转移过来（Nazina et al.，2001），*Geobacillus caldoxylosilyticus* 则由 *Saccharococcus caldoxylosilyticus* 重分类而转移过来。此外，*Geobacillus gargensis* Nazina et al. 2004 是 *Geobacillus thermocatenulatus*（Golovacheva et al. 1991）Nazina et al. 2001 的同物异名而被合并（Dinsdale et al.，2011）。模式种为嗜热噬脂肪地芽胞杆菌［*Geobacillus stearothermophilus*（Donk 1920）Nazina et al. 2001］。

### 2. 嗜热噬脂肪地芽胞杆菌

嗜热噬脂肪地芽胞杆菌生物学特性。嗜热噬脂肪地芽胞杆菌［*Geobacillus stearothermophilus*（Donk 1920）Nazina et al. 2001，comb. nov.］也称嗜热噬脂肪地芽胞杆菌，菌株可以从土壤、温泉、沙漠、北极水域、海洋沉积物、食物和堆肥分离得到。细胞杆状［（2～3.5）μm×（0.6～1.0）μm］，革兰氏阳性，靠周生鞭毛运动，芽胞椭圆形或圆柱形，孢囊不膨大或轻微膨大。化能有机营养。生长温度为 37～75℃，最适温度为 55～65℃；pH 为 6.0～8.5，最适 pH 为 6.2～7.5。最显著的鉴别特征是能在 65℃生长。对叠氮化合物敏感，不耐酸。在葡萄糖培养基中，无氧的情况下，pH 低至 4.8～5.3，多数菌株能活跃生长，其他菌株则不能厌氧生长（Nazina et al.，2001）。在国内有过大量研究报道，研究文献达 71 篇。丁梦娇等（2017）报道了植烟土壤中微生物特性及氨化、亚硝化菌分离鉴定与活性研究。结果表明，施用短小芽胞杆菌（*Bacillus pumilus*）、嗜热噬脂肪地芽胞杆菌、巨大芽胞杆菌（*Bacillus megaterium*）培养液，土壤有机氮含量降幅最大，较初始有机氮含量分别降低 84.74%、92.74%和 79.52%；根据分解有机氮、解氨试验及相关文献中各菌株作用功能分析，筛选出纳西杆菌（*Naxibacter* sp.）、寡养单胞菌（*Stenotrophomonas* sp.）、短小芽胞杆菌、嗜热噬脂肪地芽胞杆菌、平流层芽胞杆菌（*Bacillus stratosphericus*）、纤维化纤维微菌（*Cellulosimicrobium cellulans*）、高地芽胞杆菌（*Bacillus altitudinis*）、巨大芽胞杆菌 8 株高效氮素功能菌株来进行有机氮分解微生物菌剂的配制。

肖亚朋等（2017）报道了嗜热噬脂肪地芽胞杆菌普鲁兰酶基因的异源表达及重组酶性质。用 PCR 方法扩增得到嗜热噬脂肪地芽胞杆菌 XQ3506 的普鲁兰酶编码基因 *GsP*，在大肠杆菌中进行异源表达。在没有外源信号肽的条件下，重组酶部分分泌到周质中，少量分泌到培养液中。重组酶表观分子质量约为 81 kDa，纯酶比活力为 38.2 U/mg。重组酶最适温度为 60℃，能短时耐受 70℃高温；重组酶最适 pH 6.5，在 pH 5.5～7.5 时具有较好的稳定性；重组酶 $K_m$ 值为 0.086 μmol/L，$V_{max}$ 为 0.083 μmol/min；$K^+$和 $Mg^{2+}$对重组酶有激活作用，而 $Ca^{2+}$则有抑制作用。重组酶水解普鲁兰糖产物为单一麦芽三糖，未发现对直链淀粉有降解作用，是一种 I 型普鲁兰酶。刘金岚等（2017）通过信号肽筛选优化耐高温 α-淀粉酶在枯草芽胞杆菌中的分泌，以大肠-枯草穿梭载体 pMA5 质粒为基本骨架，以来源于嗜热噬脂肪地芽胞杆菌 NUB3621 的耐高温 α-淀粉酶基因为目标基因，利用重叠延伸（POE）-PCR 法，成功构建针对淀粉酶的信号肽筛选载体。从枯草芽胞杆菌 168 个基因组中扩增得到 46 个信号肽，利用 POE-PCR 法，使 46 个信号肽分别与线性化的筛选载体形成对应的嵌合体产物，直接转化枯草芽胞杆菌 1A751，得到含不同信号肽的重组菌株。发酵结果显示，除了 5 个与淀粉酶适配性很低的信号肽外，其他信号肽均具有不同的引导淀粉酶细胞外分泌的能力，其中 *bgls* 引导淀粉酶细胞外分泌的能力最强，上清酶活的峰值达 1393.3 U/mL。

朱维耀等（2016）报道了油藏内源乳化功能微生物对剩余油的微观驱替机理。以产乳化剂菌株（*Geobacillus stearothermophilus* SL-1）为对象，利用微观渗流物理模型模拟油藏条件（65℃，10 MPa），研究该菌株对剩余油的驱替作用和机理。通过对比其与菌群的综合作用，揭示乳化功能菌对整体驱油效果的贡献；通过对比外源发酵与内源激活 2 种方式对剩余油驱替效果的差异，揭示生命活动的独特驱油机理。研究结果表明：该微生物及其代谢产物能够有效乳化分散剩余油，促进其剥离与渗流；该产物促使原油分散形成的油水乳液黏度较原油的原始黏度提高 2～70 倍，有助于改善深部孔隙的油水流度比、增大波及体积；并能够改变孔隙壁面的润湿性，提高膜状剩余油的驱替效果；模型内激活的微生物依靠特有的界面趋向性和原位代谢，比外源发酵方式多采出 21%的盲端剩余油，包括化学驱无法波及的深层盲端。依靠上述机理提高微观模型总采收率达 11.2%～13.5%。周丽等（2016）报道了利用重组大肠杆菌发酵甘油合成 L-丙氨酸，探究以甘油为唯一碳源发酵合成 L-丙氨酸的可行性。以删除了乙酸、甲酸、乙醇、琥珀酸、乳酸代谢产物合成途径的大肠杆菌（*Escherichia coli*）B0016-050 为出发菌株，用 *λpL* 启动子及其调控下的嗜热噬脂肪地芽胞杆菌来源的丙氨酸脱氢酶基因（*alaD*）替换菌株 B0016-050 染色体上的丙氨酸消旋酶基因（*dadX*），获得温度控制型 L-丙氨酸合成菌株 B0016-060BC。菌株 B0016-060BC 以甘油为唯一碳源进行两阶段发酵（包括菌体生长阶段和 L-丙氨酸合成阶段），表明在菌体生长至对数后期起始 L-丙氨酸合成或者提高 L-丙氨酸发酵阶段的通气量可提高 L-丙氨酸的合成水平。进一步经 5 L 发酵罐发酵，可合成 63.64 g/L L-丙氨酸，整个发酵阶段体积生产强度达到 1.91 g/(L·h)、转化率达到 62.89 g/100 g 甘油，仅合成少量的乙酸（1.73 g/L）等副产物。

何秀红等（2016）报道了高温快速堆肥处理屠宰废弃物效果研究。实验以屠宰废弃物为堆肥原料，在 60℃高温下，通过添加不同质量浓度（0%、0.25%、0.5%、0.75%、1%）的嗜热噬脂肪地芽胞杆菌，采用自制呼吸瓶发酵 7.5 h 和堆肥呼吸仪发酵 10 h 2 种模式，研究高温快速堆肥处理屠宰废弃物的效果。结果表明：在 10 h 内，2 种堆肥模式温度的变化经历 60℃上升到 69℃的升温期、63～69℃的高温期、69℃下降到 61℃的降温期，最后接近环境温度 60℃，快速达到常温堆肥 30～60 d 的效果；堆肥过程中含水率从 44%下降到 39.22%；碳氮比（C/N）从 20.53 下降到 14.66；$O_2$ 含量最低为 4.5%；$CO_2$ 的含量最高为 980 $cm^3/m^3$；pH 从 9.78 上升到 10.18；EC 从 2.89 降到 1.06；1%加菌组的腐熟效果最佳，与对照组相比，种子发芽指数（GI）提高 24%、终点 C/N 比起始 C/N（*T* 值）降低 10.2%、腐殖质在 465 nm 和 665 nm 处的吸光度比值（E4/E6）降低 13.2%。曹嫣镔等（2015）报道了 1 株嗜热噬脂肪地芽胞杆菌的驱油性能及机理。针对油藏高温条件下微生物数量较少、驱油机理不够明确的特点，对胜利油田不同区块微生物进行筛选。得到 1 株能够乳化分散原油的细菌，经鉴定为嗜热噬脂肪地芽胞杆菌，能够耐受 60℃以上的高温并能有效生长代谢，代谢产物主要由糖类、脂类和蛋白质组成。利用该菌的培养液、培养后代谢产物及培养后的菌体分别进行驱油实验，结果表明 3 种不同的驱替液均能够提高驱替效率，其中培养液能够提高驱替效率 11.8%，其他两种驱替液分别提高驱替效率为 4.5%和 3%。培养液和培养后菌体驱替时岩心压力升高 0.5 MPa 以上，而培养后代谢产物驱替过程中压力变化不明显，但是代谢产物能够乳化剥离原油，同样达到提高驱替效率的作用。岩心驱替结束后对岩心内剩余油测定表明，从入口到出口呈现逐渐升高的趋势，证明微生物驱替时不断“推移”“驱赶”原油的过程。综合实验结果显示，该菌株具备进一步进行现场实际微生物驱油应用的潜力。

刘毅等（2015）报道了 3 种 DNA 指纹图谱技术在菌株分型中的应用，旨在通过 ERIC-PCR、BOX-PCR、RAPD 等技术对 4 株地芽胞杆菌属菌株进行 DNA 指纹图谱分析，找到一种适合于地芽胞杆菌属尤其是嗜热噬脂肪地芽胞杆菌的菌株分型方法。4 株地芽胞杆菌属菌株呈现出 4 种不同的指纹图谱，其中 ERIC-PCR 方法获得的条带较为清晰，实验方法较为简便快捷，且能相对较好地区分不同株系；BOX-PCR 方法得到的条带相对较少，不能很好地区分同一种菌的不同株系；RAPD 方法获得的条带相对较多，区分性更高，但同时也增加了一部分工作量和成本。3 种菌株分型技术均能有效地区分地芽胞杆菌属菌株，其中 ERIC-PCR 是一种最有效、最便捷的区分嗜热噬脂肪地芽胞杆菌不同株系的方法。周丽等（2015）报道了温度调节基因开关调控大肠杆菌发酵合成L-丙氨酸。L-丙氨酸的存在导致大肠杆菌的生长速率显著降低，最终会降低发酵过程中L-丙氨酸的体积合成速率。用温度调节基因开关（*λpR-pL*）高效、动态调控重组大肠杆菌菌株的菌体生长与L-丙氨酸合成过程，使两者相协调。以野生型大肠杆菌B0016为出发菌株，敲除乙酸、甲酸、乙醇、琥珀酸、乳酸代谢产物合成途径，以及丙氨酸消旋酶编码基因（*ackA-pta*、*pflB*、*adhE*、*frdA*、*ldhA*、*dadX*），获得菌株B0016-060B。将嗜热噬脂肪地芽胞杆菌来源的L-丙氨酸脱氢酶基因（*alaD*）克隆于*pL*启动子下游，并在菌株B0016-060B中表达，获得菌株B0016-060B/*pPL-alaD*，进行摇瓶和发酵罐发酵，考察菌体生长和L-丙氨酸发酵性能。竞争代谢途径的敲除显著降低了副产物的合成量，仅形成极少量的乙酸、琥珀酸和乙醇。28℃下菌株B0016-060B/*pPL-alaD*几乎不合成L-丙氨酸，可保证菌体快速生长；而在42℃下可高效合成L-丙氨酸。经发酵罐发酵，可合成67.2 g/L L-丙氨酸，体积生产强度达到2.06 g/(L·h)。通过发酵培养温度的简单切换，分阶段实现了细胞的快速增加和L-丙氨酸的高强度合成。

董艺凝等（2015）报道了嗜热噬脂肪地芽胞杆菌耐热β-半乳糖苷酶功能位点的累积进化研究。针对嗜热噬脂肪地芽胞杆菌来源的耐热β-半乳糖苷酶BgaB底物结合位点构建突变体，研究底物结合位点累积突变的功能进化及水解活性的变化规律。实验结果表明：Y272A与E351R的累积突变体比活力为野生型酶的3.67倍，为单点突变体Y272A的2倍；Y272A/E351R突变体的米氏常数（$K_m$）值增大，其对乳糖的亲和力下降，但由于转化数（$K_{cat}$）值增大，使累积突变体Y272A/E351R的催化效率提高为野生型酶催化效率的7.8倍。本研究结果表明底物结合位点间的累积突变可改变底物亲和性，并对水解催化活性的进化起到正向促进作用。董伟等（2015）报道了芽胞杆菌芽胞内膜脂质的分离及图谱分析。以嗜热噬脂肪地芽胞杆菌为研究对象，针对芽胞内膜脂质难以用传统的Bligh-Dyer方法直接提取的问题，重点分析芽胞脂质的分离过程，并构建了芽胞的脂质图谱。结果表明，碱性蛋白变性剂及溶菌酶能够剥离芽胞外衣、芽胞衣、外膜、肽聚糖等结构，使富含脂质的内膜结构裸露于芽胞表面，荧光染色试验进一步验证了芽胞外层结构剥离的有效性。内膜外露的芽胞用传统方法提取脂质后，用基质辅助激光解吸电离飞行时间质谱（MALDI-TOF-MS）技术进行图谱分析。脂质组学研究表明，嗜热噬脂肪地芽胞杆菌芽胞内膜脂质主要由磷脂酰甘油、磷脂酰乙醇胺及其衍生物、心磷脂组成。

侯堃等（2014）报道了嗜热噬脂肪地芽胞杆菌NAD激酶的克隆表达及酶学性质研究。采用PCR技术从嗜热噬脂肪地芽胞杆菌基因组中获得NAD激酶基因，以pET30A(+)为表达载体、以大肠杆菌BL21（DE3）为宿主菌，实现其在大肠杆菌中的异源表达，并进行酶学性质研究。结果显示，嗜热噬脂肪地芽胞杆菌中NAD激酶编码基因大小为816 bp，酶分子质量大约为35 kDa。酶学性质分析表明，来源于嗜热噬脂肪地芽胞杆菌的NAD激酶最适反应温度和pH分别为35℃、7.5，在35℃中保温2 h后仍能保持80%左右的活性。$Mn^{2+}$、$Ca^{2+}$对该酶有较强的激活作用，在最适反应条件下该酶的比活力为4.43 U/mg。动力学性质分析结果显示NAD激酶对底物NAD催化的$K_m$和$K_{max}$分别为1.46 mmol/L和0.25 μmol/(L·min)。王佳等（2014）报道了嗜热微生物的分离及其产酶特性的初步研究。从采集自温泉及高温堆肥的样品中分离纯化得到11株嗜热菌，通过分离菌株的 16S rDNA 序列分析对其进行了初步鉴定，其中地衣芽胞杆菌（*Bacillus licheniformis*）6 株，凝结芽胞杆菌（*Bacillus coagulans*）2 株，嗜热脱氮地芽胞杆菌（*Geobacillus thermodenitrificans*）1 株，史氏芽胞杆菌（*B. smithii*）1 株，嗜热噬脂肪地芽胞杆菌 1 株。并且针对蛋白酶、酯酶、淀粉酶、乳糖酶（β-半乳糖苷酶）、β-葡聚糖酶、木聚糖酶、羧甲基纤维素酶、α-半乳糖苷酶这 8 种饲料酶，采用唯一碳源或显色反应的方式对这些嗜热菌进行了产酶特性的初步研究，检测结果表明这些嗜热菌均具有较强大的酶系，地衣芽胞杆菌和史氏芽胞杆菌产酶较多，分别可产其中的 7 种和 6 种酶，为嗜热酶的开发利用提供了一定的理论基础。

李国强等（2014）报道了嗜热解烃菌 DM-2 产生的生物乳化剂。生物乳化剂是一类由微生物代谢产生的大分子生物表面活性物质，从胜利油田中 1 区 N3 块地层环境中筛选到一株能产生一种生物乳化剂的嗜热解烃菌 DM-2，经鉴定为嗜热噬脂肪地芽胞杆菌，研究其产生的生物乳化剂的化学组成和理化性质。采用化学显色、红外光谱、高效液相色谱和氨基酸自动分析等方法确定乳化剂的化学组成；根据乳化剂在不同条件下的乳化指数（EI-24）确定其理化性质。菌株 DM-2 产生的乳化剂主要由多糖（71.4%，质量比）和蛋白质（27.75%，质量比）组成，对柴油、苯、二甲苯和煤油等石油烃均有很好的乳化效果。理化性质分析显示它是一种耐高温、耐盐、耐酸碱的高效乳化剂。菌株 DM-2 产生的乳化剂是一种新型的生物乳化剂，在石油开采、原油集输、油罐清洗和石油污染治理等领域具有潜在的应用价值。李彩风等（2014）报道了高温产生物乳化剂菌株 SL-1 的性能评价及物模驱油研究。从胜利油田油井产出液中获得一株高温产乳化剂菌株 SL-1，经形态学观察和 16S rDNA 基因序列分析，初步判定为嗜热噬脂肪地芽胞杆菌。耐温性和耐盐性实验显示，菌株 SL-1 最适生长温度为 65～70℃，最高耐受盐度为 8%。高温下，该菌能以原油为唯一碳源生长且能有效合成、分泌生物乳化剂，原油乳化现象显著。发酵实验显示该菌发酵液的乳化指数高达 99%，乳化效果稳定，发酵 62 h 后生物乳化剂产量达到最大。高温物模驱油实验结果发现，注入 SL-1 发酵液后可提高原油采收率的 8.3%，菌株 SL-1 有望应用于高温油藏进行微生物驱油实验。张洁等（2013）报道了 3 种氨肽酶基因在大肠杆菌中的重组表达与比较研究。PCR 扩增地衣芽胞杆菌 14580、枯草芽胞杆菌 168、嗜热噬脂肪地芽胞杆菌 IFO12589 的氨肽酶基因，分别酶切连接表达质粒 pET-28a，构建重组表达载体 pET28a-BLAP、pET28a-BSAP、pET28a-GSAP，酶活力检测表明 3 个氨肽酶基因均在大肠杆菌宿主 BL21（DE3）中获得重组表达。进一步对 3 株重组菌的氨肽酶粗酶液的反应条件进行比较研究，结果表明：重组氨肽酶 BSAP 与 GSAP 的粗酶活较高，达到 1500 U/L 以上；BLAP、BSAP、GSAP 粗酶的最适酶反应温度分别为 50℃、75℃、60℃，BSAP 温度稳定性最好，在 30～70℃时比较稳定；3 种重组氨肽酶的最适 pH 都是 9.0，pH 在 8.5～9.0 时比较稳定；0.1 mmol/L $Co^{2+}$对酶活有较强的激活作用，BSAP 的相对酶活力最高，达到 195.6%，其他二价金属离子对酶活均有不同程度的抑制，其中 $Zn^{2+}$的抑制作用最大。

刘景圣等（2013）报道了一株长白山温泉高温菌的分离鉴定。从长白山温泉泥样中分离纯化一株高温菌 T1，检测其生理生化特性。结果表明：菌株 T1 为革兰氏阳性杆菌，无鞭毛，内生芽胞，最适生长温度 65℃，pH 6.5，分别能以葡萄糖、麦芽糖等作为唯一碳源生长；其 16S rDNA 基因序列与嗜热噬脂肪地芽胞杆菌的同源性为 99%，二者 G+C mol%含量相差 7.5%，初步鉴定菌株 T1 可能是地芽胞杆菌属的一个新种。窦明理和霍贵成（2012）报道了环介导等温扩增（LAMP）技术快速检测食品中的耐热芽胞杆菌。针对食品中的好热黄无氧芽胞杆菌、嗜热噬脂肪地芽胞杆菌和凝结芽胞杆菌等耐热芽胞杆菌，以 *spo0A* 基因部分序列为靶基因，设计了一套引物，能够同时对这 3 种菌进行环介导等温扩增检测，扩增只需要 60 min。该法快速并具有良好的特异性，灵敏度可达到 8 CFU/mL，是普通 PCR 的 10 倍。DNaseI 的使用与 LAMP 结合，可有效降解死菌游离 DNA，消除其影响。结果表明，该方法用于奶粉及罐头制品中耐热芽胞杆菌的检测，具有灵敏度高、特异性强、检测速度快等优点，在食品微生物检测中拥有广阔的前景。张慧等（2012）优化嗜热噬脂肪地芽胞杆菌 CHB1 的 5 L 发酵罐发酵条件。通过单因素法优化发酵罐的通气量、转速、温度、pH 等参数，并测定 CHB1 在 5 L 发酵罐中的生长曲线。结果表明，最佳发酵条件为：转速 180 r/min、通气量 6 L/min、发酵温度 58℃、接种量 4%，发酵过程自动流加乙酸控制 pH 为 8.0，培养 21 h。采用自动流加乙酸控制 pH 的方法，效果显著，控制 pH 为 8.0 时，发酵效果最好，细胞生物量高达 $6.07\times10^8$ CFU/mL，约是不控制 pH 发酵的对照组（$3.5\times10^8$ CFU/mL）的 2 倍。

王大威等（2012）报道了稠油降解菌的筛选及其对胶质的降解作用。以胶质为唯一碳源，从中海油南堡 35-2 油田地层水中经富集培养，为海上油田稠油降解及提高稠油采收率研究奠定基础。利用富集培养和胶质平板法分离胶质降解菌株，对分离菌株通过形态学特征、16S rDNA 基因进行鉴定，对菌株的理化性质进行分析，并对其降解胶质和稠油的性能进行研究。分离筛选出细菌菌株 21 株，并从中筛选出性能较好的 4 株。经鉴定分别为 Q4-油杆菌（*Petrobacter* sp.）、QB9-嗜热噬脂肪地芽胞杆菌（*Geobacillus stearothermophilus*）、QB26-地衣芽胞杆菌（*Bacillus licheniformis*）、QB36-苍白地芽胞杆菌（*Geobacillus pallidus*），其中菌株 QB26 效果最好，对该菌株的理化性质进行了分析，并对其降解胶质和稠油的性能进行了研究。结果显示，该菌株可在厌氧条件下生长，并能适应地层环境。分离菌株作用稠油后，饱和烃相对含量均有不同程度的上升，芳香烃、胶质、沥青质相对含量降低，能使胶质相对含量降低 5.1%，沥青质相对含量降低 2.7%。分离菌株对 NB35-2 油田稠油中的胶质具有一定的降解作用，在微生物采油和原油污染处理方面具有应用潜力。龙烈钱等（2011）从华北油田采出液分离得到一株采油菌 LQ1。实验表明，该菌株能降低原油的含蜡量、凝固点、黏度、界面张力和发酵液的 pH，含蜡量从 32.4%降至 28.5%，凝固点从 36℃降至 31℃，黏度从 151.5 mPa·s 最终降为 79.4 mPa·s，界面张力从 13.6 mN/m 降为 8.4 mN/m，pH 由 7.2 降为 6.1。物理模拟驱油实验表明，该菌株能大幅度提高高温稠油藏的原油收率，对 4 个油藏采收率的提高幅度分别为 3.2%、6.8%、9.4%和 11.5%。该菌株经 16S rDNA 序列分析鉴定为嗜热噬脂肪地芽胞杆菌。夏雨等（2011）报道了信号肽编码序列库的构建及耐热乳糖酶的分泌。为了实现来源于嗜热噬脂肪地芽胞杆菌的 β-半乳糖苷酶在枯草芽胞杆菌中的分泌表达，建立了一种较简便的方法筛选能够分泌该酶的信号肽，即针对 11 种信号肽构建信号肽编码序列库，采用随机筛选的方法得到合适的信号肽，构建相应的分泌表达载体和重组表达菌株。结果表明，通过信号肽随机筛选的方法获得的枯草芽胞杆菌中性蛋白酶 NprE 信号肽能够有效引导该酶的细胞外分泌，重组菌株摇瓶培养 16 h 后，上清液中积累的耐热 β-半乳糖苷酶活力达到 64.02 U/mL，占该酶所表达的总酶活力的 29.6%。

伦镜盛等（2011）报道了嗜热菌 P4 的筛选、鉴定及其高温蛋白酶的性质研究。用涂布平板法从温泉水中分离到一株产高温蛋白酶的嗜热菌，命名为 P4。通过对菌株 P4 的生理生化试验和 16S rDNA 基因鉴定，初步确定其为一株嗜热噬脂肪地芽胞杆菌。菌株 P4 所产蛋白酶的最适反应温度为 65～75℃，最适催化 pH 为 8.0，$Zn^{2+}$、$Mg^{2+}$对菌株 P4 的酶活力具有一定的促进作用。实验结果显示，菌株 P4 蛋白酶属于嗜热碱性蛋白酶，其酶活力在最适催化温度时达到每毫升发酵液 10.0 U。董艺凝等（2011）报道了耐热 β-半乳糖苷酶在乳酸克鲁维酵母（*Kluyveromyces lactis*）及毕赤酵母（*Pichia pastoris*）中的表达研究。将嗜热噬脂肪地芽胞杆菌来源的耐热 β-半乳糖苷酶基因 *bgaB* 分别插入穿梭质粒 pKLAC1、pPIC9k 的 α-因子信号肽下游，构建 *bgaB* 基因的乳酸克鲁维酵母真核表达载体 pKLAC1-*bgaB* 及毕赤酵母真核表达载体 pPIC9k-*bgaB*。载体经酶切线性化后采用电击方法分别转化到乳酸克鲁维酵母 GG799 及毕赤酵母 GS115 中，并通过同源区各自整合到宿主基因组中。对重组酶进行镍柱纯化、免疫印迹（Western blot）杂交鉴定及酶学性质分析，结果表明，耐热 β-半乳糖苷酶在酵母表达系统中可以实现外源表达且热稳定性保持良好，但不能被酵母系统有效分泌。

孙锦霞和刘钟滨（2010）报道了嗜热噬脂肪地芽胞杆菌羧酸酯酶的异源表达及酶学性质研究。运用生物信息学技术从嗜热噬脂肪地芽胞杆菌 CICC20156 中克隆获得羧酸酯酶基因，构建黑曲霉和毕赤酵母表达质粒，将重组质粒分别转化至毕赤酵母 GS115 和黑曲霉 *pyrG* 基因缺陷株 M54。SDS-PAGE 和 Western blot 检测显示：携带 His 标记的外源蛋白在转化真菌宿主中均获得了高效分泌性表达，毕赤酵母和黑曲霉表达的外源蛋白分子质量均约为 29 kDa，蛋白质浓度分别为 30.7 mg/L 和 15.3 mg/L。生物学活性测定表明，毕赤酵母与黑曲霉表达的羧酸酯酶的蛋白酶活分别为 22 671 U/mg 和 21 438 U/mg。酶学性质研究显示，两种表达系统表达的重组羧酸酯酶的酶学特性基本一致，它们在 40～70℃均显示较好的酶活性，最适反应温度为 60℃。70℃处理 30 min，毕赤酵母和黑曲霉表达重组羧酸酯酶残余酶活分别为 76.7%和 67.6%，显示出良好的热稳定性。在 pH 6.5～8.5 时显示较高的酶活性，最适 pH 为 8.0。刘巧瑜和张晓鸣（2010）报道了麦芽糖单酯和蔗糖单酯的抑菌性研究。为探讨化学结构对糖酯抑菌性的影响，以商品糖酯 P1570 为对照，研究麦芽糖单酯和蔗糖单酯对细菌、霉菌和酵母菌生长的影响。结果表明，0.09%的麦芽糖月桂酸单酯和蔗糖月桂酸单酯均可有效抑制蜡样芽胞杆菌、凝结芽胞杆菌、嗜热噬脂肪地芽胞杆菌、枯草芽胞杆菌、大肠杆菌和金黄色葡萄球菌的生长，且两种糖酯的抑菌效果无明显差异；0.09%的麦芽糖硬脂酸单酯和蔗糖硬脂酸单酯均可有效抑制蜡样芽胞杆菌的生长。麦芽糖单酯、蔗糖单酯和 P1570 对供试霉菌和酵母菌均无明显抑制效果。

李活孙等（2009）报道了应用响应面法优化嗜热噬脂肪地芽胞杆菌 CHB1 培养基。通过 Plackett-Burman 试验和响应面分析方法，确定培养基的主要影响因素和最佳浓度。利用 SAS 软件进行分析，确定对响应值影响最大的 3 个因素为豆粕、酵母粉、$K_2HPO_4$。最佳培养基组成为酵母粉 0.51%、豆粕浓度为 0.425%、$K_2HPO_4$浓度为 0.994%。根据模型预测得到的理论最大菌数为 $2.94\times10^8$ CFU/g。在初始条件下实验，菌数为 $2.40\times10^8$ CFU/g，在优化的最佳培养基条件下，实际的菌数为 $3.06\times10^8$ CFU/g。菌数比优化前提高了 27.3%。实验值与预测值的误差为 4.08%。

张志刚等（2009）报道了嗜热噬脂肪地芽胞杆菌木聚糖酶基因的合成及其在大肠杆菌中的表达。来自嗜热噬脂肪地芽胞杆菌的木聚糖内切酶 XT6 在工业上有着重要的应用，已经成功应用于工业规模的生产试验。在合成 XT6 基因全序列的同时对其密码子进行了优化，且构建重组质粒在大肠杆菌中的高表达。通过优化表达条件，功能正常的 XT6 在大肠杆菌中成功过量表达，蛋白质表达量占细胞中总蛋白质的 65%。重组表达的木聚糖内切酶 XT6 特性和天然酶相似，以桦木木聚糖为底物测定细胞提取物中木聚糖酶的活性，最大活性高达 3030 U/mL。封倩等（2009）报道了抗生素残留检测指示菌的初步筛选。以生长快、分解乳糖或在乳中生长良好、对常用抗生素普遍敏感且敏感限符合最高允许残留限量（MRL）为原则，对 9 株标准菌株进行了普通培养基和乳清的生长曲线观察，进行 15 种抗生素敏感性试验，选出 5 株菌进行了 9 种抗生素的敏感限测定。结果选出 2 株嗜热噬脂肪地芽胞杆菌、一株金黄色葡萄球菌和一株嗜热链球菌为开发试剂盒的指示菌。

戚薇等（2009）报道了高产耐热脂肪酶嗜热噬脂肪地芽胞杆菌的选育。采用氮离子注入技术对耐热脂肪酶产生菌嗜热噬脂肪地芽胞杆菌 L4 进行诱变，筛选获得酶活力有较大提高且传代稳定的正突变菌株 L4-3；再对 L4-3 进行紫外线诱变，得到脂肪酶活力提高的正突变菌株 L4-3-2，其脂肪酶活力达 25.71 U/mL，较原始菌株 L4 提高 511.9%。高产突变株 L4-3-2 所产脂肪酶的最适作用温度为 50℃，70℃保温 60 min 的剩余酶活为 82%，最适作用 pH 为 7.0～8.0，为一种耐热碱性脂肪酶。

陈济琛等（2008）报道了嗜热噬脂肪地芽胞杆菌 CHB1 固体发酵工艺。以菌量为指标，以麸皮、豆粕为基本发酵原料，通过单因素实验与正交试验，对嗜热噬脂肪地芽胞杆菌 CHB1 固体发酵培养基与培养条件进行优化。结果表明，CHB1 最佳固体发酵工艺为：250 mL 三角瓶中装麸皮 11.3 g，豆粕 3.7 g，pH 8.0 磷酸缓冲液润湿混匀，含水量 50%，接种量 15%（*V*/*m*），55℃，培养 24 h，菌量达 $8.12\times10^8$ CFU/g，比优化前提高 8 倍以上。林新坚等（2008）报道了嗜热噬脂肪地芽胞杆菌 CHB1 产蛋白酶特性。研究嗜热噬脂肪地芽胞杆菌 CHB1 产酶特性。以蛋白酶活力为主要指标，考察温度、pH、接种量、装液量等条件对 CHB1 产蛋白酶的影响。CHB1 适宜的产蛋白酶条件为：装液量 40 mL/250 mL，pH 8.0，接种量 5%，温度 58℃，转速 180 r/min，时间 36～44 h，吐温-80 对 CHB1 产蛋白酶具有抑制作用。优化后蛋白酶产量有较大提高，最高酶活力达 48 U/mL，是所报道多数嗜热细菌产蛋白酶量的 2～12 倍。任香芸等（2007a）报道了嗜热噬脂肪地芽胞杆菌 CHB1 生长特性与培养条件研究。以菌体生长量为主要评价指标，利用单因素实验与正交试验相结合的方法对影响 CHB1 生长的主要因素进行分析。CHB1 最低和最高生长温度分别为 45℃和 74℃，最佳培养温度为 60℃；最低和最高起始生长 pH 分别为 6.5 和 9.0，最适起始 pH 为 8.0；菌体生长到达对数期的时间为 15～18 h；接种量 2%，装液量 40 mL，转速 180 r/min。CHB1 为高温菌，生长 pH 范围偏碱性，条件优化后总菌体浓度可达 $1.1\times10^9$ CFU/mL。任香芸等（2007b）报道了嗜热噬脂肪地芽胞杆菌 CHB1 发酵培养基的优化。以菌体生长量和 pH 作为培养基优化的指标，对嗜热噬脂肪地芽胞杆菌 CHB1 发酵培养基成分进行了筛选与优化。结果表明，不同碳氮源对发酵液菌数影响相差较大，最佳培养基配比为牛肉膏、大豆蛋白胨、NaCl、$K_2HPO_4$ 和 $KH_2PO_4$；最佳摇瓶发酵配方为牛肉膏 0.5%，大豆蛋白胨 0.9%，NaCl 0.2%，$K_2HPO_4$∶$KH_2PO_4$ 为 0.1%∶0.075%，在该培养基中培养 CHB1 比在发酵基础培养基中培养菌量提高 10 倍以上。任香芸等（2007b）报道了一株耐高温细菌 CHB1 的分离和产酶特性研究。从土壤中分离到一株耐高温细菌 CHB1，经鉴定为嗜热噬脂肪地芽胞杆菌。通过平板透明圈法研究其产酶特性，结果表明 CHB1 具有蛋白酶、淀粉酶和纤维素酶活性，产酶最适温度均为 60℃；最佳产酶时间因酶的种类不同而不同，淀粉酶为 24 h，蛋白酶和纤维素酶为 48 h。培养基厚度对产酶有一定的影响，以每皿 20～25 mL 为宜。

李春华等（2005）报道了酸性木聚糖酶基因的克隆及其在毕赤酵母中的分泌表达。运用“鸟枪法”克隆构建了环境微生物的基因组文库，并从中筛选得到一个酸性木聚糖酶基因，命名为 *xyl3*。Blast 分析表明，该基因的序列同源性很低，其中仅存在很短的木聚糖酶基因的同源片段，其编码的木聚糖酶属于糖基水解酶家族 10，与来源于嗜热噬脂肪地芽胞杆菌的纤维素木聚糖内切酶在氨基酸水平具有 77%的同源性。将该基因克隆至毕赤酵母表达载体 pHBM905，获得重组质粒 pHBM706。此重组质粒转化毕赤酵母 GS115，经含有交联木聚糖的选择性培养平板和 PCR 扩增鉴定筛选得到重组毕赤酵母 GS115（pHBM706）。以 0.5%甲醇于 28℃诱导产酶，测得重组毕赤酵母 GS115（pHBM706）在诱导的第 36 h 产酶达最高值，所产粗酶液酶活为 0.177 IU/mL。该酶的最适反应 pH 为 5.5，最适反应温度为 50℃。祝伟等（2003）报道了高温蛋白酶产生菌株 YMTC1049 的筛选与鉴定。从腾冲热海温泉样品中分离的 53 株蛋白酶产生菌，经初筛和复筛，获得一株高温蛋白酶活力为 46.80 U/mL、编号为 YMTC1049 的菌株。根据形态学特征、生理生化特征和 16S rDNA 序列分析比较，菌株 YMTC1049 的 16S rDNA 基因序列与嗜热噬脂肪地芽胞杆菌的同源性高达 99%。

嗜热噬脂肪地芽胞杆菌脂肪酸组鉴定图谱。脂肪酸组特征为 15:0 anteiso/15:0 iso=0.15，17:0 anteiso/17:0 iso=0.59。脂肪酸组（75 个生物标记）包括：15:0 iso（32.8942%）、17:0 iso（17.3081%）、c16:0（11.9546%）、16:0 iso（10.9161%）、17:0 anteiso（10.2804%）、15:0 anteiso（4.9661%）、18:1ω9c（1.9656%）、c14:0（1.3712%）、c18:0（1.2940%）、19:0 iso（1.2716%）、14:0 iso（0.7070%）、feature 3（0.5688%）、c17:0（0.4144%）、feature 8（0.4023%）、16:0 iso 3OH（0.2500%）、17:1 iso ω10c（0.3019%）、14:0 anteiso（0.2212%）、16:1ω11c（0.2051%）、c12:0（0.2028%）、cy17:0（0.1911%）、18:0 iso（0.1679%）、17:1 anteiso ω9c（0.1563%）、16:1ω7c alcohol（0.1509%）、10 Me 18:0 TBSA（0.1202%）、feature 4-1（0.1111%）、16:0 anteiso（0.1104%）、16:1ω5c（0.1093%）、feature 5（0.1065%）、cy19:0 ω8c（0.0900%）、feature 6（0.0854%）、17:0 iso 3OH（0.0849%）、c19:0（0.0837%）、feature 9（0.0826%）、11:0 iso（0.0818%）、13:0 iso（0.0698%）、15:0 2OH（0.0674%）、c20:0（0.0653%）、11:0 anteiso（0.0649%）、15:0 iso 3OH（0.0611%）、20:1ω7c（0.0609%）、feature 4-2（0.0556%）、18:1 2OH（0.0486%）、feature 2-1（0.0467%）、10:0 iso（0.0433%）、c10:0（0.0426%）、13:0 anteiso（0.0407%）、18:3ω(6,9,12)c（0.0389%）、19:0 anteiso（0.0330%）、

17:1 anteiso A（0.0296%）、c13:0（0.0274%）、15:1 iso G（0.0258%）、feature 1（0.0237%）、17:0 2OH（0.0226%）、16:1 2OH（0.0218%）、16:0 2OH（0.0193%）、15:1 anteiso A（0.0153%）、10 Me 17:0（0.0104%）、13:0 iso 3OH（0.0079%）、12:0 iso（0.0074%）、16:0 N alcohol（0.0074%）、18:1 iso H（0.0063%）、18:0 2OH（0.0061%）、11 Me 18:1ω7c（0.0061%）、unknown 11.543（0.0051%）、11:0 2OH（0.0047%）、14:0 iso 3OH（0.0037%）、14:1ω5c（0.0033%）、15:1 iso F（0.0030%）、18:1ω5c（0.0030%）、17:1 iso ω5c（0.0028%）、16:1 iso G（0.0025%）、feature 2-2（0.0021%）、13:0 2OH（0.0018%）、16:1ω9c（0.0018%）、18:1ω7c（0.0014%）（图 8-1-96）。

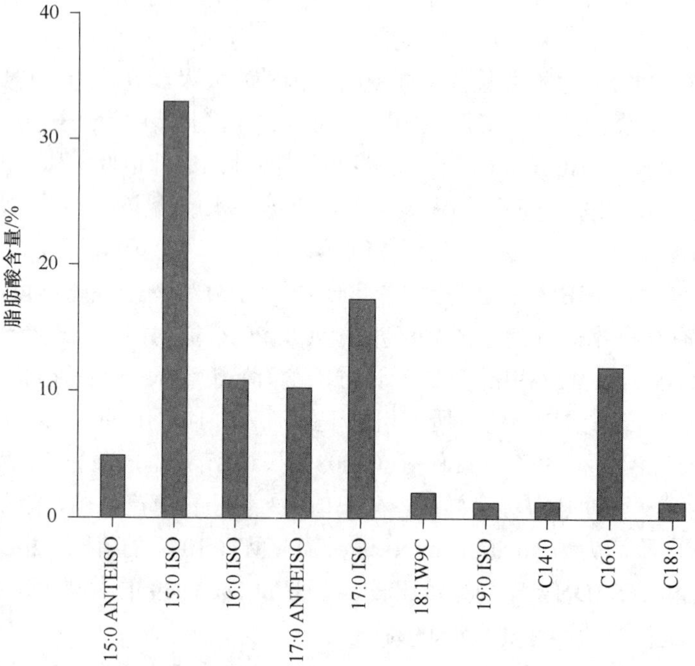


图 8-1-96　嗜热噬脂肪地芽胞杆菌（*Geobacillus stearothermophilus*）主要脂肪酸种类

## 3. 热小链地芽胞杆菌

热小链地芽胞杆菌生物学特性。热小链地芽胞杆菌［*Geobacillus thermocatenulatus*（Golovacheva et al. 1991）Nazina et al. 2001，comb. nov.］的模式菌株 178$^{T}$ 从热气孔孔管内的黏液层分离得到。细胞杆状［0.9 μm ×（6～8）μm］、兼性厌氧、革兰氏阳性、周生鞭毛运动。芽胞圆柱形、末端生胞囊轻微膨大。最低生长温度为 35℃、固体培养最适温度为 65～75℃、液体培养最适温度为 55～60℃、最高生长温度为 78℃。4% NaCl 可生长（Golovacheva et al.，1975）。在国内有过相关研究报道。张宁宁等（2010）报道了降解半纤维素嗜热菌的筛选及其酶学性质。以半纤维素为唯一碳源，从温泉中分离到一株降解半纤维素酶的嗜热菌 DT-1，经 16S rDNA 序列比较分析，初步鉴定该菌株属于热小链地芽胞杆菌。菌株 DT-1 发酵条件的研究表明：在培养基初始 pH 为 5.0，温度为 55℃，装液量为 30%，摇床转速为 120 r/min 的条件下培养 36 h，该菌株产酶总活力达到最大。对菌株 DT-1 所产半纤维素酶的性质分析表明：该酶的最适作用温度为 65℃，最适 pH 6；另外，β-巯基乙醇、EDTA、SDS、丝氨酸蛋白酶抑制剂（PMSF）在不同程度上能增强酶的活性，其余抑制剂和去污剂 DDT、吐温-20 和 TritonX-100 对该酶活力影响不大；金属离子 $Mg^{2+}$、$Ca^{2+}$、$Mn^{2+}$、$Fe^{2+}$、$Co^{2+}$对该酶有激活作用，$K^{+}$、$Na^{+}$、$Li^{+}$、$Zn^{2+}$、$Ba^{2+}$对酶作用不显著。陈路劼（2008）报道了降解纤维素嗜热菌的筛选及其功能基因克隆。从福建永泰县温泉的水样、土样及木料样品中分离到 60 株嗜热细菌。采用菌体全蛋白 SDS-PAGE 和 16S rDNA 序列分析结合的鉴定方法，将它们归类为 5 个属中的 8 个种：嗜热噬脂肪地芽胞杆菌（*Geobacillus stearothermophilus*）、嗜酷热地芽胞杆菌（*Geobacillus kaustophilus*）、热小链地芽胞杆菌（*Geobacillus thermocatenulatus*）、热噬油地芽胞杆菌（*Geobacillus thermoleovorans*）、吉沃无氧芽胞杆菌（*Anoxybacillus kualawohkensis*）、栖热菌（*Thermus* sp.）、莫约栖热菌（*Moiothermus* sp.）、居阿拉尼菌（*Aranicola* sp.）。

热小链地芽胞杆菌脂肪酸组鉴定图谱。脂肪酸组特征为 15:0 anteiso/15:0 iso=0.06，17:0 anteiso/17:0 iso=0.17。脂肪酸组（28 个生物标记）包括：15:0 iso（45.1200%）、17:0 iso（26.9850%）、c16:0（9.2600%）、16:0 iso（5.2150%）、17:0 anteiso（4.5050%）、15:0 anteiso（2.7250%）、c14:0（1.1300%）、feature 3（0.8850%）、17:1 iso ω5c（0.6800%）、c17:0（0.5450%）、c18:0（0.4650%）、20:1ω7c（0.3600%）、19:0 iso（0.3200%）、14:0 iso（0.2800%）、17:1 anteiso ω9c（0.2000%）、18:3ω(6,9,12)c（0.1700%）、18:0 iso（0.1500%）、15:1 iso F（0.1500%）、18:1ω9c（0.1200%）、c12:0（0.1200%）、15:0 iso 3OH（0.1200%）、16:0 anteiso（0.1000%）、14:0 anteiso（0.0950%）、16:0 2OH（0.0950%）、13:0 iso（0.0850%）、18:0 3OH（0.0450%）、feature 8（0.0400%）、feature 5（0.0300%）（图 8-1-97）。

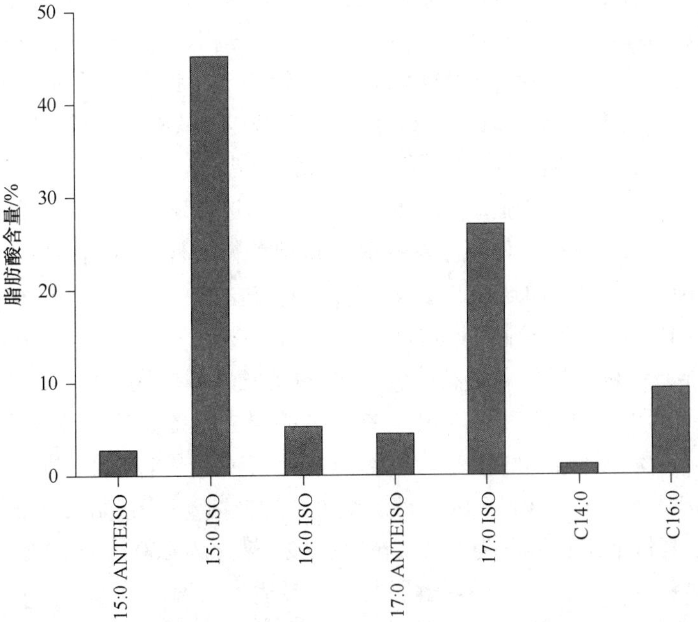


图 8-1-97　热小链地芽胞杆菌（*Geobacillus thermocatenulatus*）主要脂肪酸种类

## 4. 热脱氮地芽胞杆菌

热脱氮地芽胞杆菌生物学特性。热脱氮地芽胞杆菌［*Geobacillus thermodenitrificans*（Manachini et al. 2000）Nazina et al. 2001，comb. nov.］在国内有过相关研究报道。刘建斌等（2015）报道了污泥高温堆肥过程中细菌群落的动态特征。以污泥工厂化高温好氧堆肥为研究对象，通过传统平板计数法、变性梯度凝胶电泳（DGGE）和高通量测序技术对污泥高温堆肥过程中的主要细菌组成和变化趋势进行了分析。传统平板计数法结果表明，在污泥堆肥过程中，常温细菌（28℃）数量表现为先降后升的变化趋势，而高温细菌（55℃）的数量表现为先升后降的变化趋势。在不同的堆肥过程中共分离到 6 株常温细菌［硫氰副球菌（*Paracoccus thiocyanatus*）、陌生菌（*Advenella* sp.）、节杆菌（*Arthrobacter* sp.）、溶杆菌（*Lysobacter* sp.）、沙雷氏菌（*Serratia* sp.）和食吡啶红球菌（*Rhodococcus pyridinivorans*）］和 2 株高温细菌［热球状尿素芽胞杆菌（*Ureibacillus thermosphaericus*）和热脱氮地芽胞杆菌（*Geobacillus thermodenitrificans*）］。DGGE 的图谱结果显示，堆肥过程中细菌的组成有明显的变化，聚类分析表明微生物类群分属 4 个不同类群。污泥堆肥高温期（堆肥第 7 天）细菌高通量测序结果显示，主要细菌分布在 6 个门、8 个纲中，其中 88.6%的细菌属于绿弯菌门（Chloroflexi）、热微菌门（Thermomicrobia）、球形杆菌目（Sphaerobacterales）中的细菌。在城市污泥工厂化堆肥过程中细菌组成和数量处于明显的变化过程中，球形杆菌目中的细菌是污泥堆肥高温阶段的优势微生物。

韦阳道等（2015）报道了热脱氮地芽胞杆菌产 α-半乳糖苷酶影响因素的研究。对前期筛选出的热脱氮地芽胞杆菌 YWX5 产 α-半乳糖苷酶的影响因素进行了初步的研究，通过测定 α-半乳糖苷酶酶活，探究了培养基成分（包括碳源、氮源、无机盐）及培养条件（初始 pH、培养温度、培养时间）对该热脱氮地芽胞杆菌产 α-半乳糖苷酶能力的影响。实验结果表明，对该菌产酶最有效的碳源为 3%豆粕，氮源为 0.5%硝酸钾，附加氮源为 0.5%酵母浸出物；添加 0.5%氯化钠和 0.1%磷酸氢二钾有助于该菌产酶。另外，该菌最佳产酶培养温度为 60℃，培养基最适初始 pH 为 7.0～8.0，培养时间为 65 h。李海龙等（2015）报道了病死猪堆肥高温降解菌的筛选、鉴定及堆肥效果。为分离得到高温高效降解菌，加快病死猪的降解，通过稀释平板法和选择培养基初筛及酶活性复筛的方法，从锯末和病死猪（粉碎）好氧堆肥样品中筛选获得 2 株能分别高效降解蛋白质和脂肪的高温菌株 N-3 和 Y-3。通过 16S rDNA 对两菌株进行鉴定，并采用 L9（34）正交（L 为正交表，9 为本表最多能安排的实验数，3 为每个因素为 3 水平，4 为最多有 4 个因素）设计对菌株培养条件进行优化。再利用 10 L 全自动发酵罐按优化后的培养条件对两菌株进行发酵生产（菌数达到 $10^8$ CFU/mL）并等体积混合制备成液体菌剂，分别按发酵物料湿重的 0%、0.3%、0.6%、0.9%接种至锯末+病死猪（粉碎）堆肥中进行堆肥效果验证。共分离得到 2 株高效降解菌，N-3 为河口湿地类芽胞杆菌（*Paenibacillus aestuarii*），可高效降解蛋白质，其最适生长温度为 55℃，pH 为 7.2，转速为 200 r/min，通气量为 4 L/min；Y-3 为热脱氮地芽胞杆菌，能高效降解脂肪，其最适生长温度为 60℃，pH 为 7.2，转速为 300 r/min，通气量为 3 L/min。堆肥过程中对照组和各接菌组（0.3%、0.6%、0.9%）最高温度分别为 58.3℃、69.0℃、68.9℃、66.3℃，各接菌组间无显著差异（$P$>0.05），但均极显著高于对照组（$P<0.01$），且各接菌组堆肥温度达到60℃以上天数分别为8 d、10 d、9 d，极显著高于对照组的0 d（$P<0.01$）。至堆肥结束时，对照组和各接菌组的病死猪降解率分别为 71.2%、75.7%、96.7%、97.1%。各接菌组（0.3%接菌组除外）病死猪降解率均极显著高于对照组（$P<0.01$），0.3%接菌组与对照组间无显著差异（$P>0.05$）。筛选获得的高温腐熟菌N-3和Y-3为能高效降解蛋白质和脂肪的高温菌株，可以用于病死猪腐熟堆肥，且两菌等体积混合后按 0.6%添加量接种至病死猪堆肥中，能提高堆肥温度，维持高温时间，加快病死猪的降解，从而有效杀灭病原微生物，达到无害化要求。王佳等（2014）报道了嗜热微生物的分离及其产酶特性的初步研究。从采集自温泉及高温堆肥的样品中分离纯化得到11株嗜热菌，其中包括热脱氮地芽胞杆菌1株。

胡开蕾等（2012）报道了热脱氮地芽胞杆菌β-葡萄糖苷酶的克隆与重组表达及其酶学性质研究。利用PCR技术从热脱氮地芽胞杆菌的基因组DNA中克隆得到*bglB*基因，将该基因克隆到表达载体pGEX-2TL上并在大肠杆菌BL21（DE3）中表达，对纯化后的β-葡萄糖苷酶的酶学性质及寡聚状态进行分析。重组表达的β-葡萄糖苷酶最适温度为65℃，最适pH为7.0，能在pH 5～10、60℃稳定存在4 h，并能在较高的离子强度（880 mmol/L $K^+$）下发挥其功能。$Al^{3+}$对其有强烈的激活作用，$Co^{2+}$有一定的抑制作用。最适反应条件下该酶比活力为 0.043 IU/mg。该酶具有多种寡聚体形式，这些寡聚体均有β-葡萄糖苷酶活性。李铖璐等（2010）报道了从嗜热微生物中获取耐乙醛变性醛缩酶。在催化他汀类药物中间体合成中，对高浓度乙醛底物的耐受是醛缩酶的重要应用性质。通过克隆并在大肠杆菌中过表达来源于嗜热微生物热脱氮地芽胞杆菌的耐热醛缩酶（DERAGth），该蛋白质含有223个氨基酸，对应的分子质量为25.0 kDa。初步酶学性质表征结果表明，该酶对天然底物2-脱氧核酸-5-磷酸的比活力为19.3 U/mg，最适pH为7.5，最适温度为60℃。40～100℃保温10 min的结果表明，DERAGth具有较好的热稳定性，60℃保温 10 min 活力仍保持100%。对乙醛耐受的实验表明，该酶在300 mmol乙醛中25℃保温2 h，剩余活力高于40%。连续醛缩活力对比实验结果表明，该酶的连续醛缩活力远大于来源于常温微生物的大肠杆菌醛缩酶。

宋永亭（2010）报道了嗜热解烃基因工程菌SL-21的构建。从以C15～C36直链烷烃为唯一碳源生长的解烃菌——地芽胞杆菌MD-2细胞中获得了1个新的烃降解基因烷烃单加氧酶基因*sladA*。将*sladA*基因克隆到质粒pSTE33上，构建了重组质粒pSTalk。通过电转化将pSTalk转化入热脱氮地土壤芽胞杆菌ZJ-3内，构建了基因工程菌SL-21。SL-21兼具嗜热和解烃的功能，在70℃条件下，14 d后对原油的降解率达75.08%。研究结果表明，可以通过体外重组的方式向嗜热菌中引入烃降解基因，从而构建嗜热解烃基因工程菌。唐赟等（2006）报道了嗜热解烃菌NG80-2的鉴定及其特性。利用细胞形态、生理生化特征、不同碳源发酵产酸试验及16S rDNA的进化树分析的方法，对分离获得的嗜热解烃细菌NG80-2进行了鉴定，确定为热脱氮地芽胞杆菌（16S rDNA序列同源性达99.80%）。该菌最适生长温度为65℃，最适pH 7.2，能在以原油为唯一碳源的无机盐培养基中生长，并且能选择性降解C15～C36直链烷烃，其中对正十六烷（C16）的降解率高达58.9%。

热脱氮地芽胞杆菌脂肪酸组鉴定图谱。脂肪酸组特征为15:0 anteiso/15:0 iso=0.10，

17:0 anteiso/17:0 iso=0.16。脂肪酸组（30 个生物标记）包括：15:0 iso（27.2000%）、17:0 iso（12.4400%）、16:0 iso（8.1000%）、feature 3（7.8400%）、13:0 iso（7.1600%）、c16:0（6.5100%）、17:1 iso ω5c（6.0700%）、feature 2（3.8400%）、14:0 iso（3.8300%）、15:0 anteiso（2.8300%）、c14:0（2.4900%）、17:1 iso ω10c（2.0300%）、17:0 anteiso（1.9700%）、c18:0（1.5700%）、12:0 iso（0.7600%）、17:1 anteiso A（0.7200%）、15:0 2OH（0.6000%）、13:0 anteiso（0.5900%）、16:1ω7c alcohol（0.5700%）、c12:0（0.4900%）、18:0 iso（0.4600%）、18:1ω9c（0.4100%）、c17:0（0.3100%）、19:0 iso（0.2900%）、16:1ω11c（0.2900%）、15:1ω5c（0.1800%）、17:1ω7c（0.1400%）、11:0 iso（0.1100%）、13:0 iso 3OH（0.1100%）、feature 8（0.0900%）（图 8-1-98）。

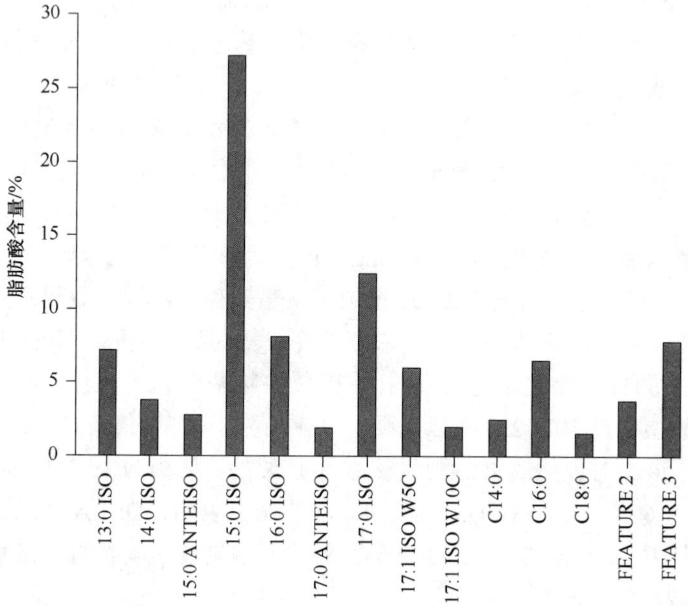


图 8-1-98　热脱氮地芽胞杆菌（*Geobacillus thermodenitrificans*）主要脂肪酸种类

## 五、赖氨酸芽胞杆菌属脂肪酸组鉴定图谱

### 1. 概述

赖氨酸芽胞杆菌属（*Lysinibacillus*）Ahmed et al. 2007，gen. nov. 世系：Bacteria；Firmicutes；Bacilli；Bacillales；Bacillaceae；*Lysinibacillus*，于 2007 年建立，目前有 19 种，其中有 5 种分别由 *Bacillus fusiformis*、*Bacillus macrolides*、*Bacillus massiliensis*、*Bacillus odysseyi* 和 *Bacillus sphaericus* 重分类而转移过来（Ahmed et al.，2007a）。模式种为 *Lysinibacillus boronitolerans* Ahmed et al. 2007，sp. nov.（耐硼赖氨酸芽胞杆菌）。

### 2. 纺锤形赖氨酸芽胞杆菌

纺锤形赖氨酸芽胞杆菌生物学特性。纺锤形赖氨酸芽胞杆菌［*Lysinibacillus fusiformis*

（Priest et al. 1989）Ahmed et al. 2007，comb. nov.］在国内有过较多的研究报道。曾承露等（2017）报道了纺锤形赖氨酸芽胞杆菌 P-3 产胞外多糖（EPS）发酵工艺参数的优化。利用响应面法对纺锤形赖氨酸芽胞杆菌 P-3 产胞外多糖发酵工艺参数进行了优化。通过单因素实验筛选到显著影响因素，对显著因素进行 Box-Behnken 中心组合试验设计优化，建立 EPS 产量与各因素的多元回归方程；最终确定最佳发酵工艺参数为接种量 3%、初始 pH 7、发酵温度 34℃、发酵时间 32 h 和转速 161 r/min。在此优化条件下，EPS 平均产量为 2.92 g/L。张菊等（2017）报道了小麦内生溶藻细菌 ZB1 的分离鉴定及其溶藻特性。以小麦中分离到的 1 株内生细菌 ZB1 为研究对象，通过混菌法、平板溶藻法及液体溶藻法，考察了该菌株对铜绿微囊藻的溶藻活性。经形态学特征、生理生化特性及 16S rDNA 同源性序列分析，鉴定菌株 ZB1 为纺锤形赖氨酸芽胞杆菌。菌株 ZB1 对铜绿微囊藻具有强烈的溶藻作用，且溶藻活性随菌液浓度的升高和作用时间的延长而增加；菌株 ZB1 的发酵原菌液、无菌上清液和高温处理液对铜绿微囊藻均具有溶藻作用，但菌体重悬液无溶藻作用；藻液中加入 10%的无菌上清液，受试藻的叶绿素 a 含量由 3.85 mg/L 降至 0.29 mg/L，除藻率为 92.5%；溶藻物质具有热稳定性。张言周等（2017）从中华蜜蜂（*Apis cerana*）蜂粮样品中分离到耐酸耐高糖特性的芽胞杆菌 16 株，它们隶属于纺锤形赖氨酸芽胞杆菌等 8 种。

王伟高等（2017）报道了赖氨酸芽胞杆菌产氨基甲酸乙酯水解酶的发酵条件优化。氨基甲酸乙酯是发酵酒精饮料及发酵食品中广泛存在的一种致癌物，酶法降解是解决氨基甲酸乙酯污染的重要途径之一。以一株来源于小鼠胃部具有水解氨基甲酸乙酯活性的菌株纺锤形赖氨酸芽胞杆菌 SC02 为出发菌株，通过摇瓶水平单因素实验对其产酶条件进行了优化。优化后的培养基组成为：半乳糖 25 g/L，大豆蛋白胨 20 g/L，尿素 4 g/L，硫酸铜 0.02 g/L，pH 6.0。最佳产酶的发酵条件为：发酵温度 37℃，接种体积分数 3%，装液量 20 mL/250 mL。在上述优化的培养基和培养条件下，产酶水平由 900 U/L 提高到 4500 U/L，提高了 350%。在 3 L 发酵罐水平上初步探究了不同搅拌转速对菌株产酶的影响。当搅拌转速达到 800 r/min，菌株最高酶活水平由 4500 U/L 提高到 7066 U/L，提高了 57%。刘晓慧等（2016）报道了定点突变改造提高纺锤形赖氨酸芽胞杆菌氨基甲酸乙酯水解酶的稳定性。以来源于纺锤形赖氨酸芽胞杆菌 SC02 的氨基甲酸乙酯水解酶为研究对象，采用计算机辅助设计突变位点，构建了其不稳定区域 Q328 位点的饱和突变体。通过酶学性质分析发现，突变体 Q328C 和 Q328V 在 40℃条件下的半衰期分别提高了 7.46 倍和 1.99 倍，Q328R 在高温下也有比原酶更好的耐受性。此外，突变体 Q328C 对乙醇的耐受性和酸的耐受性也有所提高。对氨基甲酸乙酯水解酶分子改造的结果表明，通过改造其不稳定区域 Q328 位点，可以提高酶的热稳定性及其对酸和乙醇的耐受性。

周家喜等（2016）报道了陈化烟叶中氨化细菌的鉴定及有机氮降解特性。采用富集培养分离法，从湖南 A3B1（2013）、云南 C3F（2013）烟样中分离出 3 株氨化细菌，编号 GZUIFR-YC01、GZUIFR-YC02、GZUIFR-YC03。通过形态特征、生理生化特性和基于 16S rDNA 的系统学分析来鉴定菌株。应用纳氏试剂显色法初步研究 3 株菌的氨化能力。结果表明：菌株 GZUIFR-YC01 为嗜麦芽寡养单胞菌（*Stenotrophomonas maltophilia*），

GZUIFR-YC02 为纺锤形赖氨酸芽胞杆菌（*Lysinibacillus fusiformis*），GZUIFR-YC03 为副短短芽胞杆菌（*Brevibacillus parabrevis*）。菌株 GZUIFR-YC02 长势优于菌株 GZUIFR-YC01 和 GZUIFR-YC03，同时除氮能力明显高于其他两菌株。刘贵友等（2016）报道了碳源、氮源及 pH 对耐有机溶剂葛根素糖基化菌株纺锤形赖氨酸芽胞杆菌 CGMCC4913 生长及转化活性的影响。从当地土壤样品中分离纯化得到 1 株耐有机溶剂的菌株纺锤形赖氨酸芽胞杆菌 CGMCC4913，具有通过菌体细胞生物转化反应将葛根素转化得到葛根素-7-*O*-果糖苷的能力。研究表明，LB 培养基完全可以为纺锤形赖氨酸芽胞杆菌 CGMCC4913 菌株的生长提供碳源，以蛋白胨和胰蛋白胨为氮源培养得到的菌株转化活性良好，在 pH 7.0 条件下在 LB 培养基上培养纺锤形赖氨酸芽胞杆菌菌株 CGMCC4913，菌株生长较好，有较高的转化活性且活性相对稳定。赵丽青等（2016）报道了溶胶凝胶壳聚糖膜促进纺锤形赖氨酸芽胞杆菌转化异丁香酚生成香草醛的研究。通过溶胶凝胶冷冻干燥法制备的壳聚糖膜用于结合纺锤形赖氨酸芽胞杆菌 CGMCC1347 生物转化异丁香酚中的产物香草醛。壳聚糖与香草醛能形成席夫碱。本研究优化了其结合条件及洗脱条件。研究结果表明，在 pH 7.0、37℃、200 r/min、48 h，1 g 壳聚糖可结合 0.125 g 香草醛。壳聚糖膜上所结合的香草醛以 6.17%（*m*/*m*）HCl 溶液室温下放置 10 h 可完全洗脱。在此生物转化过程中添加壳聚糖膜可有效避免产物抑制。优化后的转化条件为装液量 10 mL/50 mL 锥形瓶、异丁香酚 2%（*V*/*V*）、湿细胞 0.48 g、壳聚糖膜 0.1 g、磷酸缓冲液（pH 8.0）50 mmol/L、37℃、180 r/min 转化 60 h，香草醛最高浓度达 1.71 g/L。

阳洁等（2015）报道了广西药用野生稻内生细菌多样性及促生作用。以广西药用野生稻为材料，采用两种选择性的无氮培养基进行内生细菌的分离，应用 IS-PCR 指纹图谱方法对所分离到的内生细菌进行聚类分析。选取每个类群的代表菌株进行 16S rDNA 基因序列测定及生理生化鉴定，通过菌株接种水稻对所分离的内生固氮菌进行促生作用的分析。结果表明，从药用野生稻中分离纯化了 69 株内生细菌，其中有 26 株内生固氮菌，其固氮酶活性为 0.60～46.71 μmol $C_2H_4$/(mL·h)。通过 IS-PCR 指纹图谱分析将所有供试菌株聚为 11 个类群及 1 个单菌株。16S rDNA 基因序列分析及生理生化鉴定表明，所分离的内生固氮菌属于艾德昂菌（*Ideonella* sp.）、阿氏肠杆菌（*Enterobacter asburiae*）及慢动固氮螺菌（*Azospirillum largimobile*），植物内生细菌有短小芽胞杆菌（*Bacillus pumilus*）、蜡样芽胞杆菌（*Bacillus cereus*）、大田根瘤菌（*Rhizobium daejeonense*）、沙福芽胞杆菌（*Bacillus safensis*）、纺锤形赖氨酸芽胞杆菌（*Lysinibacillus fusiformis*）、副氧化微杆菌（*Microbacterium paraoxydans*）、巴塞罗那类芽胞杆菌（*Paenibacillus barcinonensis*）及粘质沙雷氏菌（*Serratia marcescens*）等，表明广西药用野生稻内生细菌具有多样性。彭艳等（2015）报道了撑×绿杂交竹叶部细菌多样性。通过对固定标准地分季节采样，采用稀释平板法分离，借助分子生物学方法研究了撑×绿杂交竹叶片附生细菌和内生细菌数量及种类的季节性动态变化、群落组成及叶部细菌和微环境的关系。在此基础上，将以上 4 个指标从病叶和健康叶上着重进行了对比分析，发现杂交竹病叶附生和内生细菌数量的年平均值都大于健康叶；夏、秋两季细菌的类群最多，其中以蜡样芽胞杆菌和纺锤形赖氨酸芽胞杆菌的分离频率较高；无论是健康叶还是病叶，其附生和内生细菌的物种丰富度随季节变化较大，而且季节变化对内生细菌物种的丰富度影响显著；叶片生理指标表明健康叶附生细菌的数量随 pH 的升高而增加，健康叶内生细菌和病叶附生细菌的数量与蛋白质质量分数相关性显著。

赵起政等（2015）报道了马铃薯淀粉废水高活性絮凝菌的分离鉴定。从马铃薯淀粉废水和黄河污水排放口附近的污泥中分离得到300株菌，对所分离的菌株进行分离纯化、初筛和复筛，得到6株絮凝活性在60%以上的细菌，对6株细菌进行形态学特征分析，将复筛的6株细菌悬液按照等体积的比例进行复配，絮凝率最高的混合菌为N1和N2，达到96.41%，选取絮凝率80%以上的4组构建菌中的5株细菌，对其进行16S rDNA序列分析，鉴定结果：N1为短杆菌（*Brevibacterium* sp.）、N2为短小芽胞杆菌（*Bacillus pumilus*）、N3为希瓦氏菌（*Shewanella* sp.）、N4为纺锤形赖氨酸芽胞杆菌（*Lysinibacillus fusiformis*）、N5为解鸟氨酸拉乌尔菌（*Raoultella ornithinolytica*）。罗衍等（2014）报道了筛选生物转化 $H_2/CO_2$ 气体产乙酸的同型产乙酸菌混培物。采集城市污泥样品，利用Hungate滚管法进行同型产乙酸菌的筛选，并利用其进行 $H_2/CO_2$ 气体的生物转化，研究了pH对其乙酸和乙醇生成情况的影响。结果表明，所获得的同型产乙酸菌混培物组成为永达尔梭菌、纺锤形赖氨酸芽胞杆菌和蜡样芽胞杆菌等。该混培物最适pH为5～7。pH为7时混培物利用 $H_2/CO_2$ 气体得到的乙酸浓度可达到31.69 mmol/L。

李京京等（2014）报道了氨基甲酸乙酯水解酶的分离纯化及酶学性质。从小鼠肠道筛选得到一株具有降解氨基甲酸乙酯活性的赖氨酸芽胞杆菌。通过对其细胞破碎上清液进行硫酸铵沉淀、离子交换层析、疏水层析和凝胶层析分离纯化，得到了氨基甲酸乙酯水解酶纯酶。SDS-PAGE的电泳图显示，该酶亚基分子质量约为50 kDa。该酶最适反应温度为35℃，最适pH为7.0，在10～45℃时具有良好的热稳定性。以氨基甲酸乙酯为底物反应，其 $K_m$ 和 $K_{cat}$ 分别为37.2 mmol/L和1176.4 $s^{-1}$。金属离子显著抑制酶活力，而EDTA对酶活力无影响，表明此酶为非金属酶。此外，该酶对低浓度的NaCl和乙醇有一定的耐受性，具有在酱油和黄酒中去除氨基甲酸乙酯的应用潜力。吕思熠等（2014）报道了氨基甲酸乙酯水解酶在枯草芽胞杆菌中的表达及发酵条件优化。将来源于赖氨酸芽胞杆菌SC02的氨基甲酸乙酯水解酶（UH）基因在枯草芽胞杆菌（*Bacillus subtilis*）WB600中进行克隆和表达，在枯草芽胞杆菌中实现了UH活性表达，在摇瓶水平通过单因素考察和响应面分析实验对氨基甲酸乙酯水解酶发酵条件进行优化。结果表明，酶活最高可达到14.20 U/mL，产酶最佳培养基成分为：淀粉10 g/L、磷酸氢二钾9 g/L、麦芽浸膏25 g/L、硫酸镁1 g/L、胰蛋白胨55 g/L，最适发酵温度为37℃，最佳接种量4%。在3 L发酵罐中采用最优发酵条件，酶活在16 h达到18.03 U/mL。刘旸等（2014）报道了一株产胞外多糖的山药内生细菌纺锤形赖氨酸芽胞杆菌S-1的分离和鉴定。从山药、地瓜、马铃薯和胡萝卜的根茎组织中分离、筛选到11株能产胞外多糖的植物内生菌，利用苯酚-硫酸法对这11株菌的多糖产量进行了定量分析。对多糖产量最高的菌株S-1，检测其在发酵过程中菌体生长、胞外多糖生成及发酵过程的pH变化，绘制其胞外多糖发酵代谢曲线。通过形态观察、培养特性观察、生理生化实验和16S rDNA序列分析对该菌株进行了鉴定。结果显示，菌株S-1在产糖培养基中可以产生1.50 g/L的胞外多糖，在11株菌中产量最高。16S rDNA序列分析显示该菌与纺锤形赖氨酸芽胞杆菌的亲缘关系最近。综合其形态学特征、培养特性和生理生化实验结果，将菌株S-1鉴定为纺锤形赖氨酸芽胞杆菌。芦志龙等（2014）报道了产纤维素酶新菌株的筛选及其产酶特性研究。从堆肥样品中分离得到一株产纤维素酶菌株，定名为 CP1，利用 16S rDNA 序列对比和 Biolog 微生物鉴定系统进行鉴定。通过测定菌株生长速率确定其最适生长条件。采用 CMC 发酵培养基进行纤维素酶的研究，确定其产酶曲线。测定粗酶液最适作用温度和 pH、热稳定性和金属离子对其的影响。经鉴定该菌株为纺锤形赖氨酸芽胞杆菌，其最适生长温度为 30℃，最适生长 pH 为 6。在含 CMC-Na 的培养基培养，该菌株的生长与产酶同步进行，培养 48 h 菌株生长量达到最大，培养液的 CMC 酶活力同时达到最大值，为 0.46 U/mL。该菌株所产的纤维素酶既有酸性 CMC 酶活力，又有碱性 CMC 酶活力，并以碱性 CMC 酶为主，酸性 CMC 酶的活力只有碱性 CMC 酶的 71.4%。其酸性 CMC 酶的最适作用 pH 为 6.0，碱性 CMC 酶的最适作用 pH 为 8.0。另外，该菌株所产碱性 CMC 酶活的最适作用温度为 40～50℃，而且 0.5%的 $Cu^{2+}$ 使其酶活降低 45%。菌株 CP1 为首次报道的梭形芽胞杆菌产纤维素酶新菌株，具有独特的酸碱环境下的纤维素酶活力。

吴翔等（2013）报道了一株降解纤维素梭形芽胞杆菌的筛选与鉴定。从肥沃的土壤中经过分离获得 14 株降解纤维素的细菌，以菌株在纤维素刚果红平板中溶菌圈直径与菌落直径的比值为依据进行筛选，获得一株比值为 4.5 的菌株，编号为 X62。采用 DNS 法对影响该菌产生纤维素酶活力的单因素进行了分析，并通过对其进行形态学特征、生理生化特征测定及 16S rDNA 序列分析，确定 X62 为纺锤形赖氨酸芽胞杆菌，将其命名为纺锤形赖氨酸芽胞杆菌 X62。李朝霞等（2013）报道了高浓度氯苯优势降解菌的筛选及其降解酶的纯化。从氯苯长期驯化的成熟期活性污泥中筛选到一株以氯苯为唯一碳源和能源的氯苯优势降解细菌 LW13，该菌株在以 2000 mg/L 氯苯为唯一碳源的无机盐培养基中仍能正常生长，其单位细胞氯苯降解率可达 $1.37\times10^{10}$。扫描电镜观察到该菌株细胞大小约为 2.3 μm×0.8 μm，长有数根端生鞭毛。16S rDNA 基因序列同源性比较表明该菌株与纺锤形赖氨酸芽胞杆菌（溶藻菌）的同源性达 95.5%。所纯化的氯苯降解酶为胞外酶，带正电荷，其分子质量约为 57 kDa。整个纯化过程中酶的纯化倍数达 8.0 倍，酶活回收率达 52.51%，酶量回收率达 6.57%。纯化后的氯苯降解酶在 30～55℃和 pH 6.0～8.0 时都保持较高的酶活性，其最适反应温度和 pH 分别为 40℃和 8.0 左右。

牛仙等（2013）报道了一株氯苯优势降解菌的降解条件优化。以氯苯降解率为降解效果指标，以降解温度、初始 pH、降解时间、接种量和氯苯初始浓度为影响因素，对实验室保藏的一株氯苯优势降解菌株纺锤形赖氨酸芽胞杆菌 LW13 降解氯苯的降解条件进行优化。单因素实验结果表明，该降解菌株对氯苯的适宜降解条件分别为：温度 20～40℃，pH 为 8.0，降解时间 4 d，接种量 2%～4%，氯苯初始浓度 60～140 mg/L。以降解温度、氯苯初始浓度和接种量这 3 个显著影响因素进行正交试验，结果表明各影响因素的主次顺序为降解温度>氯苯初始浓度>接种量，最佳降解条件为降解温度 35℃、氯苯初始浓度 100 mg/L 和接种量 4%，最佳降解条件下氯苯降解率可高达 93.8%。刘国勇等（2012）报道了溶藻细菌 H5 的分离、鉴定及溶藻特性研究。从香溪河春季水华集聚区水体中分离得到一株有高效溶藻效果的菌株（H5），采用 16S rDNA 序列同源性分析和 Biolog 微生物自动鉴定系统等对细菌进行鉴定。采用直接计数法，研究了其对汉斯冠盘藻（*Stephanodiscus hantzschii*）、倪氏拟多甲藻（*Peridinio psisniei*）、具尾逗隐藻

（*Kommaca udata*）的抑制效果，以及对汉斯冠盘藻的溶藻作用方式。根据生理生化及16S rDNA序列分析鉴定，H5属于纺锤形赖氨酸芽胞杆菌。该菌对汉斯冠盘藻、倪氏拟多甲藻、具尾逗隐藻的溶藻率最高为71.3%，最低为57.4%。培养滤液、热处理培养滤液对汉斯冠盘藻的生长具有明显的抑制作用，而细菌无细胞提取物无溶藻能力。该菌对汉斯冠盘藻有较强的溶藻效果，且通过分泌溶藻物质溶藻。邱雪婷等（2011）报道了溶藻菌N25的筛选及溶藻效果观察。从处理生活污水的活性污泥中分离菌株，将其接种至微囊藻培养液中，通过观察培养液颜色和藻细胞数量的变化，初步筛选出溶藻菌。用PCR的方法，对高效菌株进行16S rDNA基因序列分析，鉴定其种属。运用透射电子显微镜观察藻类在溶藻菌作用下48 h内发生的形态学变化，证实溶藻效果。从活性污泥中分离得到一株高效溶藻菌，命名为N25。经过16S rDNA鉴定，该菌与纺锤形赖氨酸芽胞杆菌的匹配度均为99%。当培养液中藻的数量达到$1\times10^6$个/mL，细菌的数量达到$1\times10^6$ CFU/mL时，在48 h内，该菌的溶藻率达到72%以上。透射电子显微镜观察发现，经过N25处理后，微囊藻出现空泡增加、多面体深染、藻胆体增加、质壁分离和内部结构破坏等形态学改变。胡志航等（2011）报道了二氯甲烷高效降解菌株的诱变选育。从工厂活性污泥中分离筛选到一株二氯甲烷降解菌WH22，鉴定为纺锤形赖氨酸芽胞杆菌，利用$^{60}Co$ γ辐射和紫外线（UV）进行复合诱变。诱变的最佳条件：菌悬液经0.5 kGy $^{60}Co$ γ射线处理后，紫外线照射处理（18 W，距离30 cm）100 s或120 s。菌液经以二氯甲烷为唯一碳源的无机盐培养基筛选，最终筛选到3株正突变株。在二氯甲烷浓度为800 mg/L的水溶液中，3株正突变株二氯甲烷的降解率分别为66.20%、52.90%和52.10%，比原始菌株的降解率分别提高了191.63%、133.04%和129.52%。正交试验表明：温度对突变株的降解效果影响最大，最佳温度为30℃。3株正突变株经8次传代培养，降解效率分别下降12.40%、11.05%和0.68%，是性状较为稳定、可深入研究开发的优良菌株。卢兰兰等（2009）报道了溶藻细菌DC-L14的分离、鉴定与溶藻特性。从滇池蓝藻水华集聚区分离获得一株溶藻细菌DC-L14，经16S rDNA序列分析鉴定为纺锤形赖氨酸芽胞杆菌；小白鼠毒性试验初步显示该菌株未产生使小白鼠中毒的毒素；该菌能使铜锈微囊藻905聚集成团，沉于瓶底，最终黄化；该菌作用4 d，使惠氏微囊藻107、绿色微囊藻102、水华束丝藻和水华鱼腥藻的叶绿素a的下降率最高为70.1%，最低为65.5%，平均为67.2%；当细菌处于稳定生长期时溶藻效果最强，共培养4 d，能使铜锈微囊藻905的叶绿素a含量下降82.1%；离心沉降后检测，发现菌体本身无溶藻效果，而无菌上清液与原菌液溶藻效果相同，高温处理后的菌液溶藻能力增强，推测该细菌通过分泌溶藻物质溶藻。

纺锤形赖氨酸芽胞杆菌脂肪酸组鉴定图谱。脂肪酸组特征为15:0 anteiso/15:0 iso=0.19，17:0 anteiso/17:0 iso=0.46。脂肪酸组（53个生物标记）包括：15:0 iso（51.9321%）、16:0 iso（11.4308%）、15:0 anteiso（9.6271%）、16:1ω7c alcohol（7.2592%）、17:0 iso（5.9163%）、17:0 anteiso（2.7108%）、c16:0（2.5550%）、14:0 iso（2.3950%）、16:1ω11c（2.1150%）、17:1 iso ω10c（1.1825%）、feature 4（0.6354%）、c14:0（0.5679%）、c18:0（0.2846%）、feature 3（0.1892%）、18:1ω9c（0.1196%）、feature 8（0.1063%）、c12:0（0.1017%）、14:0 anteiso（0.0729%）、feature 5（0.0679%）、c17:0（0.0671%）、17:1 anteiso ω9c（0.0638%）、18:3ω(6,9,12)c（0.0579%）、16:0 2OH（0.0492%）、16:0 anteiso（0.0442%）、

18:1 2OH（0.0417%）、15:1 iso ω9c（0.0392%）、15:1 iso G（0.0388%）、13:0 iso（0.0383%）、17:1ω9c（0.0383%）、c19:0（0.0325%）、16:0 iso 3OH（0.0300%）、14:0 iso 3OH（0.0288%）、18:1 iso H（0.0275%）、18:0 iso（0.0221%）、16:1 2OH（0.0192%）、17:0 3OH（0.0175%）、feature 1（0.0163%）、15:1 iso F（0.0104%）、10 Me 18:0 TBSA（0.0104%）、17:1ω8c（0.0088%）、16:1 iso H（0.0071%）、18:1ω5c（0.0071%）、13:0 iso 3OH（0.0063%）、13:0 anteiso（0.0054%）、cy17:0（0.0050%）、19:0 iso（0.0038%）、20:1ω7c（0.0038%）、c9:0（0.0038%）、17:1ω6c（0.0038%）、15:1 anteiso A（0.0025%）、feature 2（0.0025%）、15:0 iso 3OH（0.0017%）、feature 6 | 19:1ω11c/19:1ω9c | 19:1ω9c/19:1ω11c（0.0017%）（图 8-1-99）。

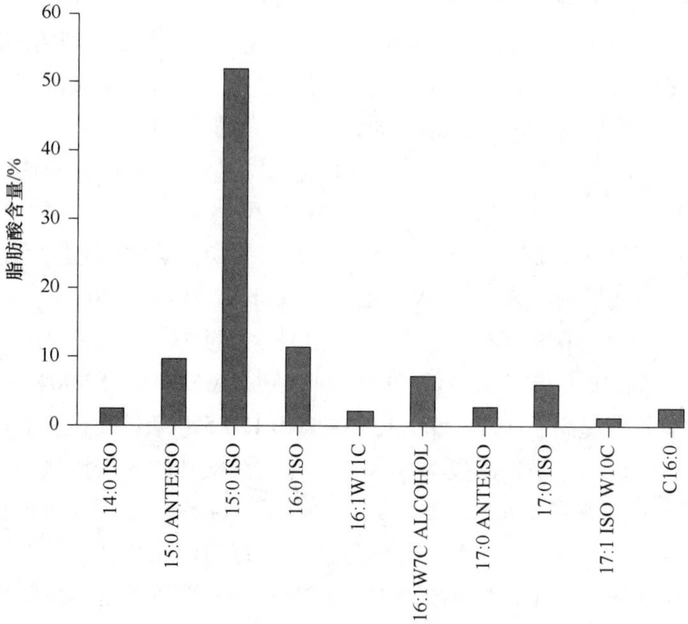


图 8-1-99　纺锤形赖氨酸芽胞杆菌（*Lysinibacillus fusiformis*）主要脂肪酸种类

## 3. 奥德赛赖氨酸芽胞杆菌

奥德赛赖氨酸芽胞杆菌生物学特性。奥德赛赖氨酸芽胞杆菌［*Lysinibacillus odysseyi*（La Duc et al. 2004）Jung et al. 2012，comb. nov.］分离自奥德赛火星探测器的表面，其芽胞具有极强的抗逆性。例如，芽胞的存活率在干燥条件下为 100%、$H_2O_2$ 处理为 26%、660 J/m$^2$ 紫外线处理为 10%、γ射线处理为 0.4%（La Duc et al.，2004b）。在国内未见相关研究报道。

奥德赛赖氨酸芽胞杆菌脂肪酸组鉴定图谱。脂肪酸组特征为 15:0 anteiso/15:0 iso=0.28，17:0 anteiso/17:0 iso=0.71。脂肪酸组（51 个生物标记）包括：15:0 iso（38.0543%）、16:0 iso（18.3200%）、16:1ω7c alcohol（10.7286%）、15:0 anteiso（10.4686%）、14:0 iso（7.0400%）、17:0 iso（3.9243%）、17:0 anteiso（2.7729%）、16:1ω11c（2.0950%）、c16:0（2.0514%）、17:1 iso ω10c（0.8050%）、feature 4（0.6200%）、feature 3（0.4086%）、c14:0

（0.3986%）、c18:0（0.3600%）、18:1ω9c（0.3329%）、feature 8（0.2586%）、16:0 iso 3OH（0.2200%）、feature 5（0.2114%）、13:0 iso（0.2079%）、c12:0（0.1414%）、19:0 iso（0.0800%）、18:3ω(6,9,12)c（0.0714%）、14:0 anteiso（0.0707%）、16:1 iso H（0.0614%）、16:0 2OH（0.0536%）、18:0 iso（0.0450%）、17:1 anteiso ω9c（0.0436%）、15:0 iso 3OH（0.0429%）、10 Me 18:0 TBSA（0.0343%）、15:1 iso ω9c（0.0321%）、feature 1（0.0321%）、16:0 anteiso（0.0300%）、18:1 2OH（0.0243%）、17:1ω8c（0.0221%）、15:1 iso F（0.0186%）、c20:0（0.0171%）、17:1ω9c（0.0157%）、c17:0（0.0136%）、18:1 iso H（0.0114%）、18:1ω5c（0.0114%）、c19:0（0.0093%）、feature 2（0.0086%）、13:0 anteiso（0.0071%）、16:1ω5c（0.0071%）、15:1 anteiso A（0.0057%）、16:0 3OH（0.0057%）、20:1ω7c（0.0021%）、17:1ω6c（0.0021%）、12:0 iso（0.0021%）、14:0 iso 3OH（0.0014%）、15:1ω6c（0.0014%）（图 8-1-100）。

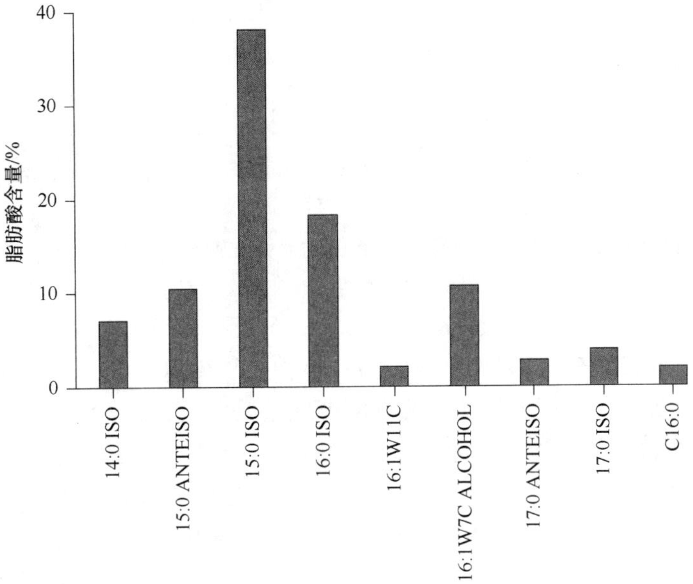


图 8-1-100　奥德赛赖氨酸芽胞杆菌（*Lysinibacillus odysseyi*）主要脂肪酸种类

## 4. 球形赖氨酸芽胞杆菌

球形赖氨酸芽胞杆菌生物学特性。球形赖氨酸芽胞杆菌［*Lysinibacillus sphaericus* (Meyer and Neide 1904) Ahmed et al. 2007，comb. nov.］由芽胞杆菌属（即 *Bacillus sphaericus*）移到赖氨酸芽胞杆菌属（即 *Lysinibacillus sphaericus*），在国内有过大量研究报道，文献达 171 篇，球形赖氨酸芽胞杆菌国内研究文献年发表数量动态趋势见图 8-1-101。

黄伟等（2016）报道了 2 株球形赖氨酸芽胞杆菌对巨桉幼苗生长及光合特性的影响。为了解两株具有较好溶磷效果的球形赖氨酸芽胞杆菌（YP17 和 P19）对巨桉幼苗生长及光合特性的影响，通过盆栽试验分别测定单菌、混菌及与有机肥配施等不同处理下的巨桉幼苗株高、地径生物量、根冠比、净光合速率（Pn）和叶绿素含量。结果表明：与空白对照（CK）相比，除单独接种 YP17 处理的叶绿素含量略低于 CK 外，其他施菌处理均可显著促进巨桉幼苗生长，并提高净光合速率和叶绿素含量，其中，植株株高、地

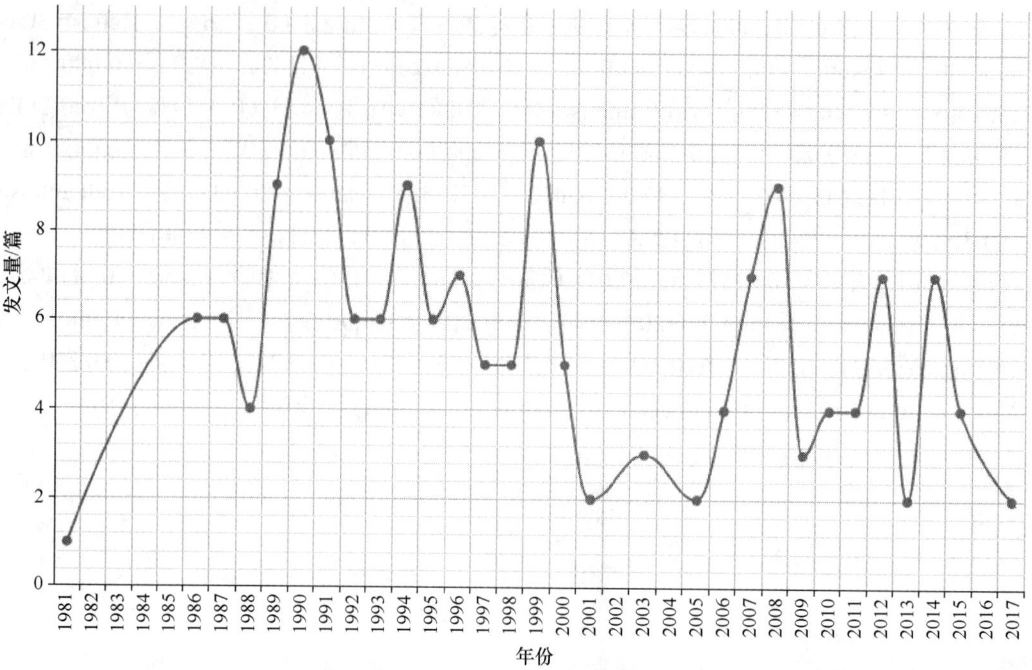


图 8-1-101　球形赖氨酸芽胞杆菌国内研究文献年发表数量动态趋势

径、生物量、Pn、叶绿素含量较 CK 分别增长了 6.5%～65.9%、18.2%～75.1%、6.3%～174.7%、57.1%～123.5%、14.7%～196.5%；单独接种 P19 会降低幼苗根冠比，而单独接种 YP17 则会促进幼苗根系生长；两株菌单施效果均显著优于混施；与施有机肥对照比较，P19 与有机肥的共施效果优于单施有机肥，YP17 与有机肥的共施效果劣于单施有机肥，但其效果均较单菌处理差。本研究表明，YP17 和 P19 在促进巨桉幼苗生长方面具有较高潜力，且 P19 的接种效果优于 YP17。杨小帆等（2016）报道了有柄石韦（*Pyrrosia petiolosa*）内生细菌筛选及其抑菌活性物质分析。采用植物组织分离和微生物传统培养法从其根、茎、叶共分离检测到内生细菌 14 株。通过滤纸片抑菌法筛选到两株有显著抑菌活性的内生细菌 G7、Y12，并借助 GC-MS 技术对这两株内生细菌进行抑菌活性成分检测与分析。研究表明：两株内生细菌经 16S rDNA 测序比对分别鉴定为球形赖氨酸芽胞杆菌（*Lysinibacillus sphaericus*）和解淀粉芽胞杆菌（*Bacillus amyloliquefaciens*）。生长曲线测定结果显示菌株 G7、Y12 分别在 16 h 和 12 h 后进入稳定期。GC-MS 检测鉴定到两株内生细菌发酵上清抑菌活性物质主要是有机酸类和 2,5-二酮哌嗪衍生物。吕浩等（2016）报道了锥状斯氏藻（*Scrippsiella trochoidea*）藻华期间群体感应信号菌株的动态变化。以深圳大鹏湾的锥状斯氏藻藻华中的群体感应信号（quorum sensing，QS）菌株为研究对象，应用报告菌株和环境微生物宏基因组方法，监测了藻华暴发期间信号微生物的动态变化过程，并构建了藻类、QS 微生物与其他微生物的相关性关系。结果表明：在筛选的 QS 菌株中经去冗余和重复后成功鉴定了 7 种不同的细菌，分别是冰盐晶嗜冷杆菌（*Psychrobacter cryohalolentis*）、普罗维登斯菌（*Providencia sneebia*）、施氏假单胞菌（*Pseudomonas stutzeri*）、微小杆菌（*Exiguobacterium* sp.）AT1b、产酸克雷伯氏菌（*Klebsiella oxytoca*）、球形赖氨酸芽胞杆菌（*Lysinibacillus sphaericus*）和鲍曼不动杆菌（*Acinetobacter baumannii*）。相关性分析发现 1 种普罗维登斯菌的丰度与藻类数量变化呈正相关，而球形赖氨酸芽胞杆菌和施氏假单胞菌的丰度与藻类数量变化呈负相关，其他 QS 微生物中未见显著相关性。

郭青云等（2016）报道了球形芽胞杆菌 Cry48Aa/Cry49Aa 杀蚊毒素与致倦库蚊中肠上皮细胞复合物的结合特性。Cry48Aa/Cry49Aa 毒素是近年来在球形芽胞杆菌 IAB59 中发现的新型双组分毒素，仅对库蚊具有较高的毒杀作用并能杀死二元毒素（Bin）抗性库蚊，是一种比较有潜力的新型杀蚊毒素蛋白。将 *cry48Aa* 和 *cry49Aa* 基因在苏云金芽胞杆菌无晶体突变株中表达，纯化毒素的生测结果表明该复合毒素对 Bin 毒素敏感和抗性致倦库蚊均表现出较高的毒杀作用，毒力无显著差异。生物素标记的毒素与致倦库蚊 BBMF 特异性结合试验表明 Cry48Aa 和 Cry49Aa 毒素与两蚊虫品系 BBMF 都具有较高的结合特异性，Cry48Aa 结合能力较强，其解离常数（$K_d$）分别为（9.5±1.8）nmol/L 和（13.9±2.3）nmol/L；Cry49Aa 的解离常数分别为（25.4±3.8）nmol/L 和（28.1±4.2）nmol/L。异源竞争结合试验结果表明 Cry48Aa 毒素可以有效地和 Cry49Aa 毒素竞争结合 BBMF 蛋白上的结合位点，其 $IC_{50}$ 分别为（22.1±3.7）nmol/L 和（15.4±2.6）nmol/L，而 Cry49Aa 不能竞争封闭 Cry48Aa 毒素与两蚊虫品系 BBMF 蛋白的结合位点，其 $IC_{50}$ 均大于 17 μmol/L。蔡丽等（2016）报道了岭头单丛茶树内生细菌的分离与拮抗细菌鉴定。对树龄分别为 15 年、25 年、38 年，种植海拔为 750 m 的岭头单丛茶树根、茎、叶的内生细菌进行分离，采用平板法和对峙法筛选出对试验细菌指示菌和植物病原菌具有抑菌效果的拮抗菌株，并对其进行形态观察和 16S rDNA 鉴定。结果表明：从岭头单丛茶树根、茎、叶中共分离 31 株内生细菌，其中有 5 株内生拮抗细菌。抑菌试验结果表明：所有内生细菌对白色念珠球菌和大肠杆菌均无抑菌作用，LA5 对枯草芽胞杆菌的抑菌圈直径为 14.56 mm，LA16 对金黄色葡萄球菌的抑菌圈直径为 13.56 mm；LA3 对核桃叶枯病病原菌、红枣黑斑病病原菌的菌丝生长抑制率，LA4 对梨果黑斑病病原菌、核桃叶枯病病原菌、梨腐烂病病原菌、红枣黑斑病病原菌、立枯丝核病病原菌的菌丝生长抑制率，LA16 对梨果黑斑病病原菌的菌丝生长抑制率均达到了 80%以上。经 16S rDNA 鉴定：LA3 为根瘤菌（*Rhizobium* sp.）、LA4 为芽胞杆菌（*Bacillus* sp.）、LA5 为蜡样芽胞杆菌（*Bacillus cereus*）、LA16 为节杆菌（*Arthrobacter* sp.）、LA19 为球形赖氨酸芽胞杆菌。王征征等（2016）报道了响应面法优化防腐剂在腌制大头菜中抑制腐败微生物的效果。以腌制大头菜中筛选得到的芽胞杆菌、枯草芽胞杆菌（*Bacillus subtilis*）、巨大芽胞杆菌（*Bacillus megaterium*）、嗜硼芽胞杆菌（*Bacillus boroniphilus*）、球形赖氨酸芽胞杆菌、近邹褶念珠菌（*Candida pararugos*）、赞普林念珠菌（*Candida zemplinina*）为研究对象，考察了苯甲酸钠、脱氢乙酸钠、山梨酸钾、亚硫酸钠、乙二胺四乙酸（EDTA）对以上腐败菌的抑制作用。在此基础上，探讨了防腐剂复配对大头菜中腐败菌的抑制效果。结果表明，苯甲酸钠、脱氢乙酸钠、EDTA 对腌制大头菜中的腐败菌有明显的抑制作用。响应面法优化得到复合防腐剂最佳配方为苯甲酸钠 0.5 g/L，脱氢乙酸钠 0.2 g/L，EDTA 0.2 g/L。在该复配条件下对于实验中抗性较强的芽胞杆菌、球形赖氨酸芽胞杆菌有良好的抑制效果，抑制率都在 99%以上。

梁运改等（2015）报道了球形赖氨酸芽胞杆菌菌株 C3-41 铵盐利用特性及铵转运蛋白分析。对球形赖氨酸芽胞杆菌菌株 C3-41 在不同铵盐浓度中的生长进行了研究。结果表明，在铵盐浓度为 0.5～4.0 g/L 时，菌株正常生长并形成毒素，但是芽胞形成时间随铵盐浓度的升高而提前。从该菌株中提取基因组 DNA，通过 PCR 的方法克隆了其基因组中疑似铵转运蛋白的编码基因 *amt* 序列。为了研究 *amt* 基因在 T7 启动子作用下的表达，构建了表达质粒 pETAMT 并转化进大肠杆菌中，对得到的重组菌株进行活性分析。结果表明，重组菌株 E-pETAMT 与对照菌株 E-pET28a 相比具有明显地将铵盐转运进细胞内及将铵盐分泌到细胞外的活性，即表明该 *amt* 基因编码的蛋白质在重组菌株 E-pETAMT 中表达并表现出铵转运蛋白的活性。通过 KEGG 软件对菌株 C3-41 氮代谢途径的分析表明，铵盐既用于其氨基酸的合成，也是部分氨基酸的代谢产物。

张连水等（2015）报道了复合微生态制剂的制备及其脱氮效果分析。从沧州和天津地区共采集 8 个有效底泥样品，利用选择培养基从底泥中筛选出 3 株高效脱氮菌株，分别编号为 31-A、33-A、41-A。3 株菌株被分别鉴定为枯草芽胞杆菌、球形赖氨酸芽胞杆菌、蜡样芽胞杆菌。实验中探究了不同的温度、pH、转速对 3 株菌株生长量的影响，最适温度为 37℃，最适 pH 为 8.0，最适转速为 120 r/min。将 3 株菌株进行不同的配比培养，分别处理人工废水，氨氮和亚硝酸盐氮的去除率分别高达 87.22%和 86.27%。丁建等（2014）报道了 1 株互花米草耐重金属内生菌的分离及其特性分析。从互花米草根部和叶片分离到一种耐受重金属 $Cu^{2+}$、$Pb^{2+}$和 $Cr^{6+}$的细菌。16S rDNA 基因序列分析结果显示，该菌株与球形赖氨酸芽胞杆菌的同源性为 100%，初步鉴定该菌为球形赖氨酸芽胞杆菌，命名为球形赖氨酸芽胞杆菌 QZ1-1。该菌株具有产生 IAA 和 ACC 的能力，同时该菌能在无氮培养基中生长，具备固氮功能。张璟晶等（2014）报道了冰鲜银鲳优势腐败菌的分离鉴定及其致腐能力分析。通过传统平板分离纯化的方法，从腐败菌的菌落特征、革兰氏染色及生理生化试验和 16S rDNA 部分序列鉴定来确定其菌属。将分离得到的腐败菌转接至灭菌银鲳鱼肉中，通过测定各腐败菌的菌落增长数和挥发性盐基氮（TVBN）的值，并以 TVB-N 产量因子（YTVB-N/CFU）衡量各腐败菌的致腐能力。结果表明：经分离筛选得到 4 株优势腐败菌，其致腐能力 1 号>3 号>2 号>4 号，经过鉴定 1 号菌为荧光假单胞菌（*Pseudomonas fluorescens*），2 号菌为球形赖氨酸芽胞杆菌，3 号菌为希瓦氏菌（*Shewanella* sp.），4 号菌为氧化微杆菌（*Microbacterium oxydans*）。

胡怀容等（2014b）报道了防腐剂对低盐腌制大头菜中腐败菌的抑制效果。袋装低盐腌制大头菜容易发生由微生物生长繁殖引起的腐败变质现象，为了延长产品保质期限，研究了防腐剂对低盐腌制大头菜中腐败微生物的抑菌实验，进行防腐剂的筛选和优化。结果表明：苯甲酸钠、脱氢乙酸钠对腐败微生物有明显的抑菌作用。通过正交试验优化得到复合防腐剂最佳配方为：苯甲酸钠 0.4 g/L、脱氢乙酸钠 0.2 g/L。在该复配条件下对于正交试验所选用的球形赖氨酸芽胞杆菌和芽胞杆菌 2 株菌株的抑菌率分别为 99.77%和 99.86%。胡怀容等（2014a）报道了低盐腌制大头菜腐败菌的分离与初步鉴定。以低盐腌制大头菜为原料，对贮藏、流通期间主要腐败微生物进行分离鉴定。利用微生物学传统分离培养方法从腐败的真空包装低盐腌制大头菜中分离得到菌落形态差异明显的 7 株细菌和 2 株酵母。经鉴定，菌株 X5 与球形赖氨酸芽胞杆菌的同源性为 97%，其余菌株分别与芽胞杆菌、枯草芽胞杆菌（*Bacillus subtilis*）、巨大芽胞杆菌（*Bacillus megaterium*）、嗜硼芽胞杆菌（*Bacillus boroniphilus*）、吉氏芽胞杆菌（*Bacillus gibsonii*）等的同源性为 99%～100%。

丁筑红等（2014）报道了红辣椒“花皮”致病菌对果实细胞结构的影响。分析能引起红辣椒产生变色斑块的细菌和真菌侵染后果肉组织中丙二醛含量、细胞膜相对透性及细胞微观结构的变化。结果显示，“花皮”致病菌侵染后，果肉组织丙二醛含量、细胞膜相对透性较对照明显增加（$P<0.05$），导致细胞结构、细胞内有色体结构破坏，色素组分分解，其中致病细菌主要是对果肉组织的外层与内层细胞同时破坏，而致病真菌主要从果实内层向外层破坏细胞结构，且对细胞壁破坏作用较细菌强，更容易破坏有色体结构。不同致病菌对辣椒组织的破坏能力存在差异，枯草芽胞杆菌、白腐菌（*Phanerochaetesordida*）和白囊耙齿菌（*Irpex lacteus*）对细胞壁、细胞膜及有色体结构的破坏较球形赖氨酸芽胞杆菌、枝状枝孢菌（*Cladosporium cladosporioides*）严重，使大部分内含物及类胡萝卜素分解，剩下少许脂滴。试验结果表明，“花皮”致病菌侵染辣椒，严重破坏其组织细胞结构并导致细胞有色体破坏，色素分解，从而引起外观颜色褪变。宋泉颖等（2014）报道了由球形赖氨酸芽胞杆菌和嗜冷芽胞八叠球菌（*Sporosarcina psychrophila*）介导形成白云石（dolomite）晶体。白云石是一种含有钙镁的碳酸盐矿物［$CaMg(CO_3)_2$］，广泛存在于陆地和海洋等环境并常与油气埋藏共存。尽管白云石（或岩）的发现已经有 300 多年的历史，但是对白云石的成因仍然没有定论，地质学上称为“白云石之谜”。20 世纪 90 年代 Vasconcelos 提出了“微生物白云石模型”，为白云石成因的研究带来了新的思路。该研究中引入压力这一环境参数，结合菌株自身生理特性参数，综合考察多重因子对微生物介导形成白云岩的影响。以球形赖氨酸芽胞杆菌和嗜冷芽胞八叠球菌 2 株具有尿素水解活性的细菌作为生物材料，在不同的温度（15℃和 30℃）、压强（常压和 20 MPa）、氧气浓度（常压好氧条件和常压微氧条件）、不同尿素水解活性下进行生物矿化实验。通过扫描电子显微镜（SEM）和 X 射线能谱分析（EDS）相结合的方法观察沉淀物形貌和矿物成分构成。通过 X 射线衍射分析（XRD）定性测定碳酸盐矿物沉淀物的种类。球形赖氨酸芽胞杆菌和嗜冷芽胞八叠球菌在实验所设计的所有矿化条件下都能够介导形成碳酸盐矿物沉淀。XRD 和 SEM 检测均证实球形赖氨酸芽胞杆菌在 30℃ 20 MPa 微氧条件下能够介导形成不规则菱面形和椭球形白云石。高压条件更有助于白云石的形成。除了白云石晶体，实验中还观察到其他矿物（如方解石、碳氢镁石、钙镁碳酸石等）。实验证实球形赖氨酸芽胞杆菌和嗜冷芽胞八叠球菌具有矿化能力，特别是球形赖氨酸芽胞杆菌具有介导形成白云石的能力。

姬妍茹等（2013）报道了脱硫细菌的筛选及其对硫化钠降解性能的研究。从大庆市石化废水生物曝气池中分离出 1 株具有脱硫效果的菌株 L26by2。根据形态学、生理生化特性及 16S rDNA 基因序列分析结果，初步鉴定该菌株为球形赖氨酸芽胞杆菌，对菌株 L26by2 的生长性能和硫化钠降解性能进行测试，结果表明：在 30℃，转速为 160 r/min 的条件下，该菌株的最佳生长 pH 为 7.0，对数生长期为 12～32 h，当硫离子为 60.0 mg/L 时，该菌株对硫化钠的降解率达 63.60%。滕春红等（2013）报道了 2,4-滴丁酯抗性细菌球形赖氨酸芽胞杆菌的分离鉴定及生长特性研究。从生产 2,4-滴丁酯的农药厂排污口采集污泥样品，驯化分离得到 1 株能够以 2,4-滴丁酯为唯一碳源和能源生长的细菌 T2，最高耐受 2,4-滴丁酯浓度为 200 mmol/L。根据其形态学特征、生理生化特性、16S rDNA 序列分析，初步鉴定 T2 为球形赖氨酸芽胞杆菌。采用正交试验优化得到 T2 最适生长条件为：接种量为 5%，培养基初始 pH 为 7，培养基装液量为 50 mL/250 mL，培养温度为 30℃。刘海等（2013）报道了辣椒“花壳”主要致变细菌的分离及鉴定。从辣椒“花壳”组织中分离到可致辣椒“花壳”的细菌，并从中选取主要致变细菌，进行常规鉴定和分子生物学鉴定。通过对其形态学特征观察、生理生化特征分析，以及测定 16S rDNA 序列，用 Blast 软件对测序结果进行同源性比对，鉴定结果发现：枯草芽胞杆菌（*Bacillus subtilis*）2 株、球形赖氨酸芽胞杆菌 1 株、解淀粉芽胞杆菌（*Bacillus amyloliquefaciens*）1 株、短小芽胞杆菌（*Bacillus pumilus*）1 株。姬妍茹等（2012）报道了高效脱硫诱变菌株降硫性能的研究。从大庆石化废水曝气池中采集 5 个活性污泥样本，经过富集培养、分离、纯化获得具有典型特征的菌株，采用碘量法对这些菌株进行降硫能力测定，从中选择降硫效率较高的菌株进行诱变。分离纯化出 1 株代号为 Z39ay1 的菌株，经鉴定为球形赖氨酸芽胞杆菌。在 30℃、转速 160 r/min 的条件下，菌株 Z39ay1 的最佳生长 pH 为 7.0，对数生长期为 12～32 h，当硫离子为 102.24 mg/L 时，该菌株对硫化物的降解率达 42.60%，将其置于 2000 Gy 的 $^{60}$Co 射线下照射，从存活菌细胞中进行筛选获得 1 株诱变菌株 Z39a，当硫离子浓度为 60 mg/L 时，对硫化物的降解率达 98.58%。

谢永丽等（2012b）报道了青海北山林场桦树根围芽胞杆菌的分子鉴定及其拮抗活性分析。自青海北山林场桦树根围分离筛选到芽胞杆菌菌株 166 株，根据菌落特征分为 6 个类群，选择其中 31 株菌株纯化保存并进行 BOX-PCR 及 ERIC-PCR 指纹图谱分析、16S rDNA 及 *gyrB* 基因序列分析，鉴定出球形赖氨酸芽胞杆菌 12 株、解淀粉芽胞杆菌 5 株、韦氏芽胞杆菌（*Bacillus weihenstephanensis*）7 株、未定种芽胞杆菌（*Bacillus* sp.）5 株、苏云金芽胞杆菌（*Bacillus thuringiensis*）2 株。通过平板对峙试验筛选得到 11 株对油菜菌核病原真菌（*Sclerotinia sclerotiorum*）具有显著拮抗活性的菌株。以 MALDI-TOF-MS 质谱分析拮抗菌株 QB11 的活性成分，可产生脂肽化合物表面活性素和泛革素，表明其拮抗活性与脂肽化合物的合成和分泌有关。

球形赖氨酸芽胞杆菌脂肪酸组鉴定图谱。脂肪酸组特征为 15:0 anteiso/15:0 iso=0.19，17:0 anteiso/17:0 iso=0.59。脂肪酸组（106 个生物标记）包括：15:0 iso（46.3175%）、16:0 iso（12.2899%）、16:1ω7c alcohol（11.7380%）、15:0 anteiso（8.8236%）、17:0 iso（4.3994%）、14:0 iso（3.4263%）、17:0 anteiso（2.5827%）、16:0 iso 3OH（2.3900%）、16:1ω11c（2.3882%）、c16:0（2.0959%）、17:1 iso ω10c（1.8902%）、feature 4-1（1.1049%）、c14:0（0.6073%）、c18:0（0.5230%）、18:1ω9c（0.2289%）、c12:0（0.1298%）、17:1ω9c（0.1018%）、10 Me 18:0 TBSA（0.0884%）、13:0 iso（0.0867%）、feature 4-2（0.0864%）、feature 8（0.0816%）、feature 3-1（0.0772%）、c17:0（0.0681%）、14:0 anteiso（0.0632%）、18:0 iso（0.0577%）、16:0 3OH（0.0520%）、15:1ω5c（0.0477%）、15:1 iso ω9c（0.0432%）、c19:0（0.0397%）、17:1 anteiso ω9c（0.0385%）、18:1 2OH（0.0273%）、17:0 iso 3OH（0.0259%）、c20:0（0.0233%）、19:0 iso（0.0218%）、18:3ω(6,9,12)c（0.0213%）、feature 5（0.0212%）、15:0 iso 3OH（0.0200%）、16:0 anteiso（0.0182%）、18:1ω5c（0.0182%）、20:1ω7c（0.0181%）、

16:1 iso H（0.0158%）、15:1 iso G（0.0158%）、14:0 iso 3OH（0.0152%）、18:1 iso H（0.0148%）、16:0 2OH（0.0124%）、17:1 iso ω5c（0.0114%）、18:1ω7c（0.0109%）、cy19:0 ω8c（0.0109%）、feature 6（0.0108%）、11:0 iso（0.0104%）、feature 1-1（0.0103%）、13:0 iso 3OH（0.0092%）、15:1 iso F（0.0087%）、13:0 anteiso（0.0080%）、15:1 anteiso A（0.0077%）、12:0 iso 3OH（0.0073%）、cy17:0（0.0072%）、10 Me 17:0（0.0070%）、17:1 iso ω5c（0.0067%）、feature 9（0.0052%）、16:1 2OH（0.0051%）、20:1ω9c（0.0049%）、18:0 2OH（0.0048%）、15:1 iso at 5（0.0044%）、16:0 N alcohol（0.0043%）、20:0 iso（0.0042%）、19:0 anteiso（0.0041%）、12:0 3OH（0.0041%）、feature 1-2（0.0039%）、17:1ω6c（0.0038%）、11:0 iso 3OH（0.0037%）、15:0 2OH（0.0032%）、feature 7（0.0030%）、c13:0（0.0026%）、17:1ω8c（0.0024%）、17:0 3OH（0.0024%）、10:0 2OH（0.0022%）、16:1ω5c（0.0022%）、c10:0（0.0021%）、12:0 2OH（0.0017%）、17:1ω7c（0.0017%）、13:0 2OH（0.0016%）、19:1 iso I（0.0014%）、18:0 3OH（0.0014%）、15:1ω6c（0.0013%）、17:0 2OH（0.0013%）、9:0 3OH（0.0012%）、feature 2-1（0.0012%）、12:0 anteiso（0.0011%）、20:4 ω(6,9,12,15)c（0.0010%）、11:0 anteiso（0.0009%）、feature 3-2（0.0009%）、17:1 anteiso A（0.0008%）、14:1 iso E（0.0008%）、12:0 iso（0.0008%）、c9:0（0.0008%）、10:0 3OH（0.0008%）、feature 2-2（0.0008%）、feature 2-3（0.0007%）、11 Me 18:1ω7c（0.0007%）、11:0 3OH（0.0005%）、14:0 2OH（0.0004%）、15:1ω8c（0.0004%）、feature 7（0.0003%）、11:0 2OH（0.0002%）、14:1ω5c（0.0001%）（图 8-1-102）。

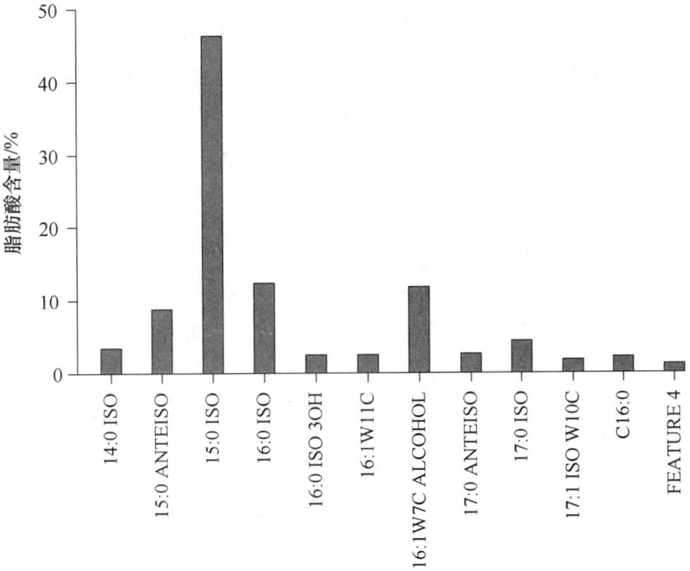


图 8-1-102　球形赖氨酸芽胞杆菌（*Lysinibacillus sphaericus*）主要脂肪酸种类

## 5. 长赖氨酸芽胞杆菌

长赖氨酸芽胞杆菌生物学特性。长赖氨酸芽胞杆菌（*Lysinibacillus macrolides* Coorevits et al. 2012，sp. nov.，nom. rev.）由芽胞杆菌属（*Bacillus macroides*）移到了赖氨酸芽

胞杆菌属（*Lysinibacillus macroides*）。2005 年比利时科学家 Heyrman 等（2005a）将长芽胞杆菌（*Bacillus macroides*）移到了简单芽胞杆菌（*Bacillus simplex*）；2012 年比利时科学家 Coorevits 等（2012）重新测定了长芽胞杆菌的 16S rDNA 基因序列，发现其与解木糖赖氨酸芽胞杆菌（*Lysinibacillus xylanilyticus*）、耐硼赖氨酸芽胞杆菌（*Lysinibacillus boronitolerans*）和纺锤形赖氨酸芽胞杆菌（*Lysinibacillus fusiformis*）的 16S rDNA 序列同源性分别为 99.2%、98.8%和 98.5%，同时测到了长芽胞杆菌含有赖氨酸芽胞杆菌属种类特有的物质 A4α 型（L-Lys-D-Asp）肽聚糖，结合多相分类的数据结果，把长芽胞杆菌移到了赖氨酸芽胞杆菌属。模式菌株于 1947 年由 Pringsheim 和 Robinow 分离自牛粪（Coorevits et al.，2012）。细胞杆状，平板上培养细胞大小为（0.9～1.1）μm×（3.0～5.0）μm，肉汤培养基中细胞长达 10～100 μm。严格好氧，革兰氏阳性，能运动。在添加 5 mg/L $MnSO_4$ 的 TSA 培养基上 30℃培养 24～48 h 后形成芽胞，芽胞椭圆形，接近圆形，末端生或亚末端生，胞囊稍微膨大。在 TSA 培养基上 30℃培养 48 h，菌落直径大小为 3.0～5.0 mm，奶油色，湿润，质地疏松，圆形，边缘不规则，表面光滑。生长条件为 20～45℃（最适为 30℃）、pH 7.0～9.0（最适为 8.0）、0～4%（*m*/*V*）NaCl 生长，5%（*m*/*V*）时不生长（Coorevits et al.，2012）。长赖氨酸芽胞杆菌在国内未见相关研究报道。

长赖氨酸芽胞杆菌脂肪酸组鉴定图谱。脂肪酸组特征为 15:0 anteiso/15:0 iso=0.26，17:0 anteiso/17:0 iso=0.85。脂肪酸组（35 个生物标记）包括：15:0 iso（45.3100%）、15:0 anteiso（11.8233%）、16:0 iso（7.6467%）、17:0 iso（5.0667%）、c16:0（4.9900%）、16:1ω11c（4.5900%）、17:0 anteiso（4.3100%）、16:1ω7c alcohol（4.1133%）、14:0 iso（2.9867%）、17:1 iso ω10c（2.7633%）、feature 3（1.7267%）、feature 4（1.7100%）、c14:0（1.6300%）、c18:0（0.2533%）、feature 2（0.2200%）、17:1 anteiso A（0.2100%）、15:1ω5c（0.1367%）、18:1ω9c（0.1333%）、c12:0（0.0600%）、11:0 iso（0.0467%）、18:0 iso（0.0433%）、c17:0（0.0367%）、16:0 iso 3OH（0.0300%）、13:0 iso（0.0267%）、11:0 anteiso（0.0267%）、feature 8（0.0200%）、13:0 anteiso（0.0167%）、16:0 N alcohol（0.0167%）、c10:0（0.0167%）、15:0 iso 3OH（0.0167%）、16:0 3OH（0.0167%）、10:0 iso（0.0167%）、17:0 iso 3OH（0.0133%）、15:1 iso ω9c（0.0100%）、16:0 2OH（0.0100%）（图 8-1-103）。

## 6. 马赛赖氨酸芽胞杆菌

马赛赖氨酸芽胞杆菌生物学特性。马赛赖氨酸芽胞杆菌［*Lysinibacillus massiliensis*（Glazunova et al. 2006）Jung et al. 2012，comb. nov.］由芽胞杆菌属（即 *Bacillus massiliensis*）移到了赖氨酸芽胞杆菌属（即 *Lysinibacillus massiliensis*）。模式菌株 $4400831^T$ 从法国马赛患者的脑脊液中分离。菌株好氧，产芽胞，周生鞭毛运动，革兰氏阴性，直杆状。菌株能在羊血清琼脂和 TSB 培养基上生长。在羊血清琼脂培养基上培养 24 h 后，菌落为圆形，白色带点淡灰，光滑，有光泽，菌落直径为 1～2 mm。在 TSB 培养基上培养 24 h 后，菌体大小为（1.5～4）μm×（0.3～0.5）μm（Glazunova et al.，2006）。在国内未见相关研究报道。

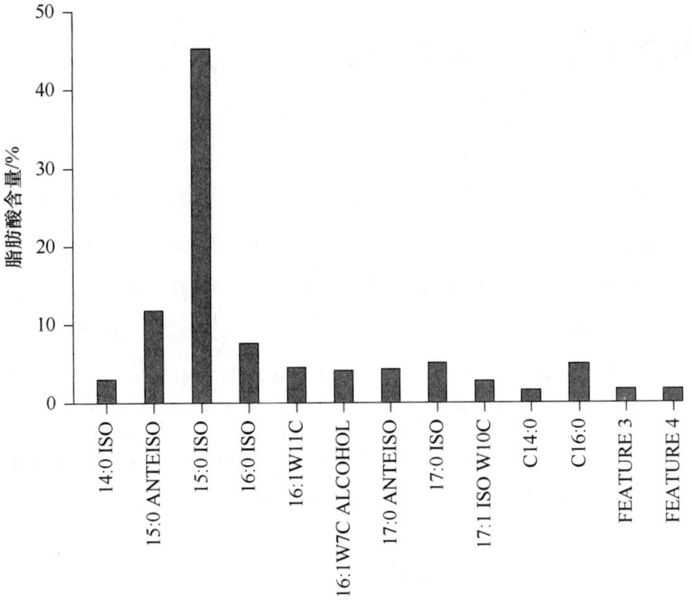


图 8-1-103　长赖氨酸芽胞杆菌（*Lysinibacillus macroides*）主要脂肪酸种类

马赛赖氨酸芽胞杆菌脂肪酸组鉴定图谱。脂肪酸组特征为 15:0 anteiso/15:0 iso=0.17，17:0 anteiso/17:0 iso=0.93。脂肪酸组（16 个生物标记）包括：15:0 iso（52.6800%）、16:0 iso（17.5600%）、15:0 anteiso（8.9800%）、16:1ω7c alcohol（4.7000%）、14:0 iso（4.0900%）、17:0 iso（3.6900%）、17:0 anteiso（3.4500%）、c16:0（2.1200%）、16:1ω11c（0.6500%）、c18:0（0.5200%）、17:1 iso ω10c（0.3600%）、c14:0（0.2700%）、13:0 iso（0.2600%）、feature 4（0.2300%）、14:0 iso 3OH（0.2200%）、18:1ω9c（0.2100%）（图 8-1-104）。

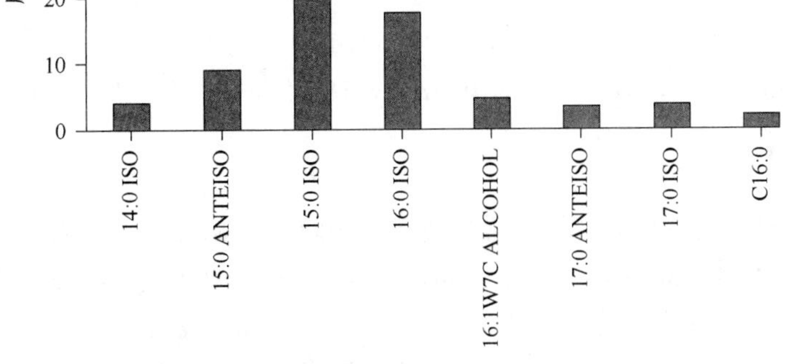


图 8-1-104　马赛赖氨酸芽胞杆菌（*Lysinibacillus massiliensis*）主要脂肪酸种类

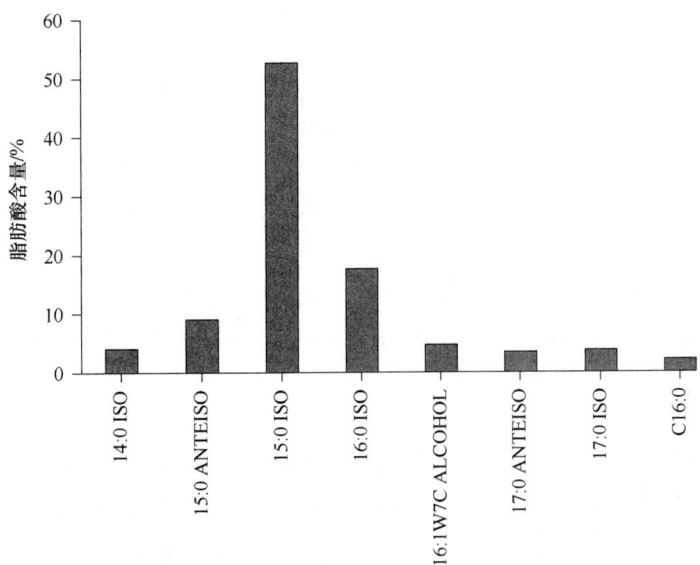

## 六、枝芽胞杆菌属脂肪酸组鉴定图谱

### 1. 概述

枝芽胞杆菌属（*Virgibacillus*）Heyndrickx et al. 1998，gen. nov.世系：Bacteria；Firmicutes；Bacilli；Bacillales；Bacillaceae；*Virgibacillus*，于 1998 年建立，目前有 27 种，其中 *Virgibacillus halodenitrificans* 和 *Virgibacillus pantothenticus* 分别由 *Bacillus halodenitrificans* 和 *Bacillus pantothenticus* 重分类而转移过来（Heyndrickx et al.，1998；Yoon et al.，2004）；*Virgibacillus marismortui* 和 *Virgibacillus salexigens* 分别由 *Salibacillus marismortui* 和 *Salibacillus salexigens* 重分类而转移过来。同时，*Salibacillus* 被合并到该属（Heyrman et al.，2003b）。模式种为 *Virgibacillus pantothenticus*（Proom and Knight 1950）Heyndrickx et al. 1998，comb. nov.（泛酸枝芽胞杆菌）。

### 2. 死海枝芽胞杆菌

死海枝芽胞杆菌生物学特性。死海枝芽胞杆菌［*Virgibacillus marismortui*（Arahal et al. 1999）Heyrman et al. 2003，comb. nov.］由比利时科学家 Heyrman 等（2003b）从盐芽胞杆菌属（即 *Salibacillus marismortui*）移到了枝芽胞杆菌属（即 *Virgibacillus marismortui*）。模式菌株 $123^T$ 由死海样品中分离而来。细胞杆状，(2.0～3.6) μm×（0.5～0.7）μm，革兰氏阳性，严格好氧，单生或成对或短链状生长，能动，产芽胞，卵圆形，端生或次端生，胞囊膨大。菌落呈浅黄色，圆形，不透明，边缘整齐。生长温度、pH 和 NaCl 浓度分别是 15～50℃、6.0～9.0 和 5%～25%（*m*/*V*）；最适生长温度、pH 和 NaCl 浓度分别是 37℃、7.5 和 10%。无盐时菌株不能生长。对氯霉素、红霉素、青霉素、链霉素、四环素敏感，对萘啶酮酸、新霉素、新生霉素、利福平则产生抗性（Arahal et al.，1999）。在国内未见相关研究报道。

死海枝芽胞杆菌脂肪酸组鉴定图谱。脂肪酸组特征为 15:0 anteiso/15:0 iso=1.08，17:0 anteiso/17:0 iso=1.94。脂肪酸组（21 个生物标记）包括：15:0 anteiso（31.7500%）、15:0 iso（29.3200%）、17:0 anteiso（14.9500%）、17:0 iso（7.7200%）、16:0 iso（4.8100%）、c16:0（3.1800%）、14:0 iso（1.9400%）、16:1ω7c alcohol（1.3700%）、feature 4（1.3700%）、16:1ω11c（0.9700%）、17:1 iso ω10c（0.9600%）、c14:0（0.3900%）、c18:0（0.2300%）、13:0 iso（0.1600%）、c10:0（0.1600%）、c12:0（0.1500%）、20:1ω7c（0.1300%）、18:0 iso（0.1300%）、13:0 anteiso（0.1200%）、feature 3（0.1000%）、16:0 2OH（0.0900%）（图 8-1-105）。

### 3. 泛酸枝芽胞杆菌

泛酸枝芽胞杆菌生物学特性。泛酸枝芽胞杆菌［*Virgibacillus pantothenticus*（Proom and Knight 1950）Heyndrickx et al. 1998，comb. nov.］由芽胞杆菌属（即 *Bacillus pantothenticus*）转到枝芽胞杆菌属（即 *Virgibacillus pantothenticus*）。模式菌株 $B0018^T$ 从英国南部的土壤样品中分离而来。革兰氏阳性、兼性厌氧、长杆状［(0.5～0.7) μm×（2～8）μm］，在端点或近端点肿胀的胞囊上产球形至椭圆形内生芽胞。在胰酶解酪蛋白

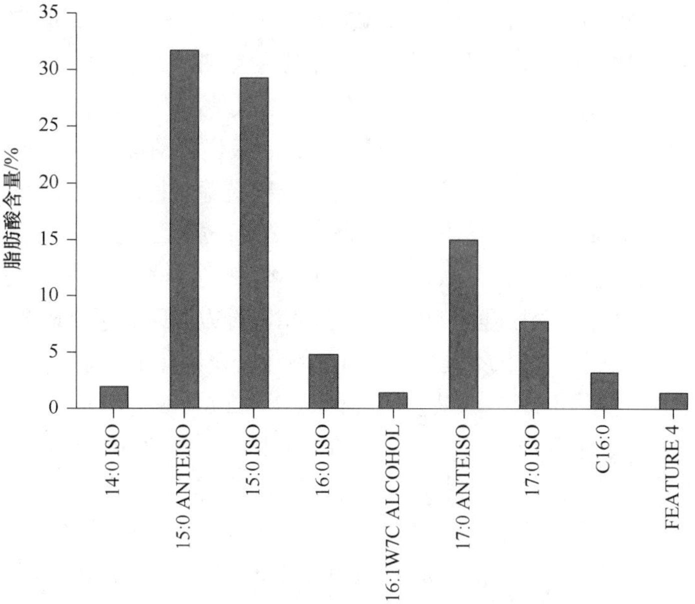


图 8-1-105　死海枝芽胞杆菌（*Virgibacillus marismortui*）主要脂肪酸种类

大豆琼脂培养基上培养 2 d，菌落低凸、圆形、略不规则、奶油状、不透明、蛋壳状或有光泽，10 倍放大镜下呈现白色皂片状。培养 4 d，菌落直径达 5～10 mm。生长的温度是 15～50℃、最适生长温度为 37℃，4% NaCl 能促进生长，而 10% NaCl 抑制其生长（Heyndrickx et al.，1998）。在国内有过相关研究报道。王虎虎等（2017）报道了真空包装盐水鹅贮藏期菌群多样性的动态分析。为了揭示真空包装盐水鹅在 4℃、25℃和 30℃贮藏温度下的微生物菌群变化及优势腐败菌，采用平板计数法和 PCR-DGGE 技术对各温度下不同贮藏期样品菌落总数和菌相变化进行分析，并对主要条带进行割胶测序及同源性比对。结果表明：菌落总数在贮藏期逐渐上升，贮藏后期菌落总数呈下降趋势；产品贮藏期间的优势腐败菌主要为耐受极端环境的芽胞杆菌和类芽胞杆菌、提歇尔氏菌属（*Tissierella*）和假单胞菌属。30℃条件下主要优势腐败菌为提歇尔氏菌属、泛酸枝芽胞杆菌和幼虫类芽胞杆菌，25℃条件下主要优势腐败菌为短芽胞杆菌属、芽胞杆菌属、提歇尔氏菌属、类芽胞杆菌属和地衣芽胞杆菌，4℃条件下主要优势腐败菌为类芽胞杆菌属和铜绿假单胞菌，它们可导致产品肉质变软、发黏、变色并产生异味。

钟姝霞等（2017）报道了酱香型酒醅产香芽胞杆菌的分离鉴定及其代谢产物分析。通过平板分离法从酱香型酒醅中筛选出 5 株芽胞杆菌，采用 PLFA 技术对其进行鉴定，分别为蜡样芽胞杆菌（*Bacillus cereus*）、泛酸枝芽胞杆菌（*Virgibacillus pantothenticus*）、巨大芽胞杆菌（*Bacillus megaterium*）、枯草芽胞杆菌（*Bacillus subtilis*）和地衣芽胞杆菌（*Bacillus licheniformis*）。采用 GC-MS 分析技术对发酵代谢产物进行分析表明：菌株的优势产物主要为 3-羟基-2-丁酮，另外还有少量的 2,3-丁二醇和酯类等芳香物质。蜡样芽胞杆菌、泛酸枝芽胞杆菌、巨大芽胞杆菌、枯草芽胞杆菌和地衣芽胞杆菌这 5 类菌株是酱香型白酒主要的产香功能菌。孙海慧等（2016）对长白山北坡和西坡不同湿地的土壤细菌的群落结构及优势菌株进行了总体研究。采用 PCR-DGGE 分子生物学技术，对湿地土壤样品中总 DNA 的 16S rDNA 的 V3 区进行 PCR 扩增，通过变性梯度凝胶电泳（DGGE）对扩增产物进行分离。回收了 26 个清晰的条带，对其中 19 个特征性条带进行了测序，除了条带 12、13、16 为可培养的微生物外，其他 16 个条带都是不可培养微生物。通过传统培养法，利用 MIDI 系统，对 8 种可培养的最优势菌株进行了分析，各菌种分别鉴定为芽胞杆菌（*Bacillus* sp.）、地衣芽胞杆菌、泛酸枝芽胞杆菌、蜡样芽胞杆菌、藤黄微球菌（*Micrococcus luteus*）、解藻酸类芽胞杆菌（*Paenibacillus alginolyticus*），优势菌株间的同源性水平较低。杨艳晶（2014）报道了长白山不同海拔湿地微生物多样性分析。分析长白山北坡和西坡 12 个不同海拔湿地的土壤样品，用两种方法研究了湿地微生物群落结构及多样性：利用 MIDI 系统，对从不同海拔湿地土壤中分离纯化的 8 种优势菌株进行鉴定，菌株 R2Al-6-2、NA1-5-3 属于地衣芽胞杆菌；菌株 R2A2-6-2 属于芽胞杆菌；菌株 R2A1-6-4 和 NA2-4-1 属于芽胞杆菌和泛酸枝芽胞杆菌；菌株 NAl-4-2 属于蜡样芽胞杆菌；菌株 NA1-5-1 属于藤黄微球菌；菌株 NA2-4-2 属于解藻酸类芽胞杆菌。

王程亮等（2009）报道了芽胞杆菌 TS01 的扩增核糖体 DNA 限制性分析（ARDRA）评估和遗传分析。利用自主分离的芽胞杆菌菌株 TS01 和 15 种芽胞杆菌[地衣芽胞杆菌、枯草芽胞杆菌、短小芽胞杆菌（*Bacillus pumilus*）、巨大芽胞杆菌（*Bacillus megaterium*）、凝结芽胞杆菌（*Bacillus coagulans*）、蜡样芽胞杆菌、迟缓芽胞杆菌（*Bacillus lentus*）、苏云金芽胞杆菌、嗜热嗜气芽胞杆菌（*Bacillus thermoaerophilus*）、解淀粉芽胞杆菌（*Bacillus amyloliquefaciens*）、环状芽胞杆菌（*Bacillus circulans*）、球形赖氨酸芽胞杆菌（*Lysinibacillus sphaericus*）、侧胞短芽胞杆菌（*Brevibacillus laterosporus*）、多黏类芽胞杆菌（*Paenibacillus polymyxa*）和泛酸枝芽胞杆菌］的模式菌株进行 ARDRA。采用 16S rDNA 通用引物 16S-27 和 16S-1525 进行 PCR 扩增，16S rDNA 扩增片段经 6 种限制性酶（*Alu*I、*Taq*I、*Mse*I、*Bst*UI、*Hha*I 和 *Tsp*509I）酶切电泳，获得了菌株 TS01 的特征性 ARDRA 指纹图谱。ARDRA 图谱通过 GelcomparⅡ软件进行聚类分析（UPGMA），结果表明，菌株 TS01 和地衣芽胞杆菌处于同一分支，亲缘关系最近。ARDRA 分析鉴定结果与实验室前期菌株 TS01 形态、生化鉴定和 16S rDNA 序列分析结果一致，TS01 是 1 株地衣芽胞杆菌菌株，从而证明 ARDRA 技术在菌种水平上对芽胞杆菌 TS01 进行鉴别具有可靠性。黄珊珊等（2008）报道了大豆根腐病生防菌株的筛选及鉴定。采用常规方法从大豆根际分离筛选出 105 株对大豆根腐病病原菌有拮抗作用的细菌和放线菌，利用磷脂脂肪酸法和 16S rDNA 测序鉴定出 13 株细菌，分别为 1 株恶臭假单胞菌（*Pseudomonas putida*）biotype B、1 株绿针假单胞菌（*Pseudomonas chlororaphis*）、1 株假单胞菌（*Pseudomonas* sp.）、4 株枯草芽胞杆菌（*Bacillus subtilis*）、2 株芽胞杆菌（*Bacillus* sp.）、1 株短小芽胞杆菌（*Bacillus pumilus*）、1 株萎缩芽胞杆菌（*Bacillus atrophaeus*）、1 株泛酸枝芽胞杆菌、1 株成团泛菌（*Pantoea agglomerans*）GC 亚群 A。

泛酸枝芽胞杆菌脂肪酸组鉴定图谱。脂肪酸组特征为 15:0 anteiso/15:0 iso=2.00，17:0 anteiso/17:0 iso=1.97。脂肪酸组（62 个生物标记）包括：15:0 anteiso（39.4306%）、15:0 iso（19.7494%）、17:0 anteiso（10.1501%）、c16:0（8.8237%）、16:0 iso（6.9811%）、17:0 iso（5.1572%）、14:0 iso（3.9296%）、c14:0（1.6831%）、c18:0（0.8755%）、16:1ω11c（0.8628%）、16:1ω7c alcohol（0.3549%）、17:1 iso ω10c（0.2497%）、c12:0（0.2272%）、 feature 4-1（0.2030%）、18:1ω9c（0.2017%）、16:0 iso 3OH（0.2000%）、15:0 2OH（0.1396%）、13:0 iso（0.1285%）、13:0 anteiso（0.0828%）、15:0 iso 3OH（0.0693%）、14:0 anteiso（0.0525%）、16:0 anteiso（0.0506%）、15:1 iso F（0.0448%）、c17:0（0.0386%）、17:0 2OH（0.0377%）、14:0 iso 3OH（0.0359%）、feature 4-2（0.0348%）、17:1 anteiso ω9c（0.0341%）、feature 8（0.0317%）、17:0 iso 3OH（0.0287%）、feature 3（0.0270%）、c10:0（0.0246%）、15:1 iso G（0.0238%）、18:3 ω(6,9,12)c（0.0235%）、13:0 iso 3OH（0.0215%）、19:0 iso（0.0210%）、18:0 iso（0.0193%）、20:1ω7c（0.0179%）、15:1 anteiso A（0.0159%）、feature 2-1（0.0152%）、feature 1（0.0090%）、c19:0（0.0086%）、c20:0（0.0085%）、16:0 2OH（0.0080%）、19:0 anteiso（0.0075%）、18:1 iso H（0.0070%）、feature 5（0.0065%）、feature 2-2（0.0062%）、16:1 iso H（0.0061%）、17:0 3OH（0.0048%）、16:0 3OH（0.0045%）、16:1ω5c（0.0045%）、13:0 2OH（0.0034%）、18:1 2OH（0.0025%）、16:0 N alcohol（0.0021%）、14:1ω5c（0.0020%）、16:1 2OH（0.0018%）、10 Me 18:0 TBSA（0.0015%）、cy19:0 ω8c（0.0011%）、feature 6（0.0010%）、20:0 iso（0.0007%）、c9:0（0.0006%）（图 8-1-106）。

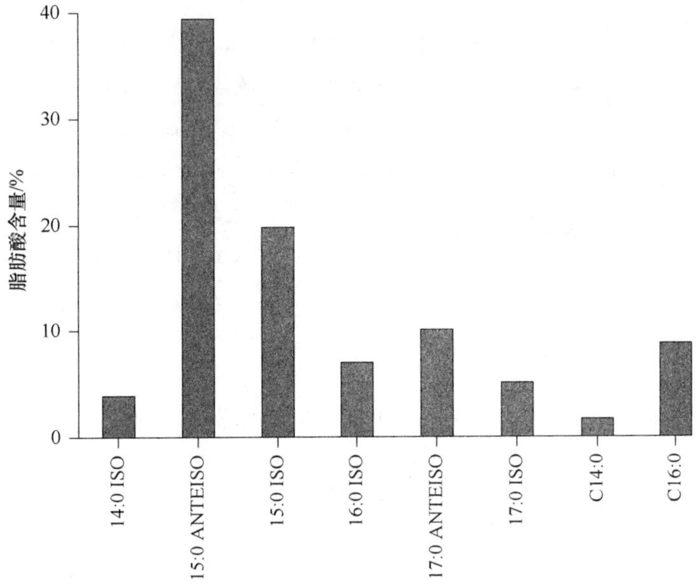


图 8-1-106　泛酸枝芽胞杆菌（*Virgibacillus pantothenticus*）主要脂肪酸种类

# 第二节　类芽胞杆菌科脂肪酸组鉴定图谱

## 一、类芽胞杆菌科种类概况

### 1. 科名

类芽胞杆菌科（Paenibacillaceae de Vos et al. 2010，fam. nov. Type genus: *Paenibacillus*

Ash et al. 1994.）包括 321 种。

### 2. 包含的属

类芽胞杆菌科至少有 10 属，如 *Ammoniibacillus*、*Ammoniphilus*、*Aneurinibacillus*、*Brevibacillus*、*Cohnella*、*Fontibacillus*、*Oxalophagus*、*Paenibacillus*、*Saccharibacillus*、*Thermobacillus*。

### 3. 资源

2015～2016 年增加 72 个新种，其中，中国学者报道了 36 个新种，占全部新种的 50%。类芽胞杆菌属（*Paenibacillus*）种类最多，有 244 种，2015～2016 年增加 62 个新种，中国学者发表 32 个新种，占该属全部新种的 51.6%。

## 二、解硫胺素芽胞杆菌属脂肪酸组鉴定图谱

### 1. 概述

解硫胺素芽胞杆菌属（*Aneurinibacillus*）Shida et al. 1996，gen. nov.。世系：Bacteria；Firmicutes；Bacilli；Bacillales；Paenibacillaceae；*Aneurinibacillus*。解硫胺素芽胞杆菌属于 1996 年建立，目前有 6 种，其中，*Aneurinibacillus aneurinilyticus*、*Aneurinibacillus migulanus* 和 *Aneurinibacillus thermoaerophilus* 分别由 *Bacillus aneurinilyticus*、*Bacillus migulanus* 和 *Bacillus thermoaerophilus* 重分类而转移过来（Shida et al.，1996；Heyndrickx et al.，1997）。模式种为 *Aneurinibacillus aneurinilyticus* corrig.（Shida et al. 1994）Shida et al. 1996，comb. nov.。

### 2. 硫胺素解硫胺素芽胞杆菌

硫胺素解硫胺素芽胞杆菌生物学特性。硫胺素解硫胺素芽胞杆菌［*Aneurinibacillus aneurinilyticus* corrig.（Shida et al. 1994）Shida et al. 1996，comb. nov.］在国内有过相关研究报道。陈峥等（2015a）报道了液相色谱-四极杆飞行时间质谱法筛选产来氟米特芽胞杆菌菌株，分析了 31 株芽胞杆菌菌株的发酵液胞外成分。结果在谱库扫描得到的代谢物中，来氟米特的含量相对较高，且与谱库的匹配率最高。筛选出含来氟米特成分的菌株为科恩芽胞杆菌（*Bacillus cohnii*）FJAT-10017、嗜碱芽胞杆菌（*Bacillus alcalophilus*）FJAT-10014、土壤短芽胞杆菌（*Brevibacillus agri*）FJAT-10018、硫胺素解硫胺素芽胞杆菌 FJAT-10004、蜥蜴纤细芽胞杆菌（*Gracilibacillus dipsosauri*）FJAT-14266。其中来氟米特含量最高的为蜥蜴纤细芽胞杆菌 FJAT-14266，占其发酵液总代谢物相对含量的 12.16%。陈峥等（2015b）报道了基于液相色谱-四极杆飞行时间质谱法的产非蛋白质氨基酸——今可豆氨酸芽胞杆菌的筛选。采用液相色谱-四级杆飞行时间质谱的方法结合 Metlin 数据库检索分析了 32 株芽胞杆菌菌株的发酵液胞外成分。结果筛选出含今可豆氨酸成分的芽胞杆菌菌株为科恩芽胞杆菌 FJAT-10017、硫胺素解硫胺素芽胞杆菌 FJAT-10004、解葡聚糖类芽胞杆菌（*Paenibacillus glucanolyticus*）FJAT-10020、土壤短

芽胞杆菌 FJAT-10018。其中该成分含量最高的为科恩芽胞杆菌 FJAT-10017，占其发酵液总代谢物含量的 1.73%。陈永华等（2015）报道了 3 株耐铅锌菌的分离、鉴定及其吸附能力。以铅锌矿渣盆栽试验中长势较好的耐性植物夹竹桃（*Nerium indicum*）的根际土壤为材料，进行耐铅锌优势菌株的分离鉴定，探讨影响铅锌吸附的因素及其吸附机理。结果表明：①从土样中分离筛选出 3 株耐铅锌菌株（B1、B4、B14），3 株菌均能在 $Pb^{2+}$、$Zn^{2+}$浓度为 600 mg/L 的牛肉膏蛋白胨培养基上生长，经形态和分子生物学鉴定分别为蜡样芽胞杆菌或炭疽芽胞杆菌（*Bacillus anthracis*）、硫胺素解硫胺素芽胞杆菌和藤黄微球菌（*Micrococcus luteus*）。②对影响菌株吸附铅、锌的 pH、吸附时间、初始菌量 3 个因素进行分析，发现菌株 B1 在 pH 为 5.0、吸附时间为 50 min、初始菌量为 0.06 g 时，对 $Pb^{2+}$、$Zn^{2+}$的去除率分别可达 84.22%和 70.66%。菌株 B4 在 pH 为 6.0、吸附时间为 50 min、初始菌量为 0.18 g 时，对 $Pb^{2+}$、$Zn^{2+}$的去除率分别可达 72.63%和 54.17%。菌株 B14 在 pH 为 4.0、吸附时间为 60 min、初始菌量为 0.10 g 时，对 $Pb^{2+}$、$Zn^{2+}$的吸附率分别为 77.56%和 50.63%。③扫描电镜观察和红外光谱分析显示：3 株菌对 $Pb^{2+}$、$Zn^{2+}$的吸附主要是细胞表面的吸附，还存在一定的内部吸收；羟基（—OH）、氨基（—NH）、烷基、酰胺基（CONH—）是吸附、络合或螯合金属离子或原子的主要活性基团，重金属与菌株表面活性基团的结合反应是其吸附 $Pb^{2+}$、$Zn^{2+}$的主要作用机制。

硫胺素解硫胺素芽胞杆菌脂肪酸组鉴定图谱。脂肪酸组特征为 15:0 anteiso/15:0 iso=1.55，17:0 anteiso/17:0 iso=1.13。脂肪酸组（15 个生物标记）包括：15:0 anteiso（36.6700%）、15:0 iso（23.6600%）、17:0 anteiso（12.1300%）、17:0 iso（10.7400%）、16:0 iso（5.1700%）、c16:0（4.1000%）、c19:0（1.9200%）、14:0 iso（1.4600%）、17:1 iso ω10c（0.9700%）、c18:0（0.8000%）、16:1ω11c（0.6900%）、feature 4-1（1.1700%）、feature 4-2（0.6600%）、16:1ω7c alcohol（0.5100%）、c14:0（0.5100%）（图 8-2-1）。

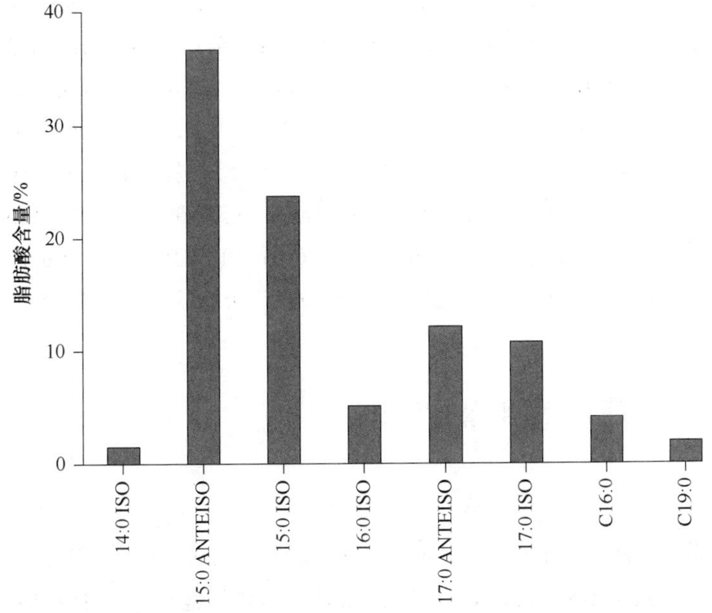


图 8-2-1　硫胺素解硫胺素芽胞杆菌（*Aneurinibacillus aneurinilyticus*）主要脂肪酸种类

### 3. 米氏解硫胺素芽胞杆菌

米氏解硫胺素芽胞杆菌生物学特性。米氏解硫胺素芽胞杆菌[*Aneurinibacillus migulanus*（Takagi et al. 1993）Shida et al. 1996，comb. nov.] 在国内有过相关研究报道。何培新等（2016）报道了浓香型白酒窖泥可培养好氧细菌群落结构分析。采用稀释涂布法分离了浓香型白酒窖池窖泥中的好氧细菌，并利用形态学特征结合 16S rDNA 基因序列分析技术对分离的细菌进行鉴定，探讨窖泥可培养好氧细菌的群落结构。结果表明，根据菌落和细胞形态学特征，分离到了 1 株无芽胞短杆菌和 18 株芽胞杆菌，均为革兰氏阳性；采用 16S rDNA 基因序列分析，将 19 株细菌鉴定为 9 个种：米氏解硫胺素芽胞杆菌、枯草芽胞杆菌、波茨坦短芽胞杆菌、地衣芽胞杆菌、侧胞短芽胞杆菌、短小芽胞杆菌、灿烂类芽胞杆菌、耐寒短杆菌和趋纤维素类芽胞杆菌；其中波茨坦短芽胞杆菌、米氏解硫胺素芽胞杆菌和灿烂类芽胞杆菌鲜有在浓香型白酒窖泥中分布的报道。

张晶等（2016）分离、纯化土壤中的细菌，通过鉴定得到米氏硫胺素芽胞杆菌。徐宏伟等（2015）报道了 1 株 β-溶血菌的鉴定。提取 β-溶血细菌（B1）的基因组 DNA，利用细菌 16S rDNA 的通用引物扩增菌株 B1 的 16S rDNA，测序并对序列进行比对分析。结果成功扩增出菌株 B1 的 16S rDNA，条带亮且无杂带，阴性对照无条带，条带大小为 1499 bp，符合 16S rDNA 1500 bp 的要求；利用 NCBI 数据库的 Blast 工具进行核酸比对，结果显示菌株 B1 与米氏解硫胺素芽胞杆菌的 16S rDNA 序列的同源性达 99%以上，通过进化树分析可知，B1 与米氏解硫胺素芽胞杆菌 A72 和 ATCC9999 这 2 个菌株的亲缘关系最近，可以确定菌株 B1 为米氏解硫胺素芽胞杆菌。

米氏解硫胺素芽胞杆菌脂肪酸组鉴定图谱。脂肪酸组特征为 15:0 anteiso/15:0 iso=0.09，17:0 anteiso/17:0 iso=0.15。脂肪酸组（32 个生物标记）包括：15:0 iso（50.5275%）、16:1ω11c（8.6375%）、feature 3-3（7.2325%）、c16:0（6.2975%）、14:0 iso（4.9475%）、feature 4-1（4.7150%）、15:0 anteiso（4.6750%）、16:0 iso（4.3525%）、feature 3-1（2.8800%）、17:1 iso ω10c（2.6875%）、c14:0（2.4900%）、17:0 iso（2.2250%）、feature 3-2（1.5025%）、feature 4-2（1.4200%）、16:1ω7c alcohol（1.2600%）、15:1 iso F（0.9650%）、16:1ω5c（0.8775%）、feature 4-3（0.8675%）、feature 1-1（1.8850%）、16:1 iso H（0.6075%）、17:1ω6c（0.5275%）、feature 1-2（0.5125%）、15:1ω6c（0.3550%）、17:0 anteiso（0.3375%）、feature 1-3（0.3325%）、c18:0（0.1900%）、13:0 iso（0.1825%）、feature 9（0.1525%）、18:1ω7c（0.0825%）、c17:0（0.0450%）、18:1ω9c（0.0425%）、11:0 iso（0.0225%）（图 8-2-2）。

## 三、类芽胞杆菌属脂肪酸组鉴定图谱

### 1. 概述

类芽胞杆菌属（*Paenibacillus*）Ash et al. 1994，gen. nov.。世系：Bacteria；Firmicutes；Bacilli；Bacillales；Paenibacillaceae；*Paenibacillus*。类芽胞杆菌属于 1994 年建立，是芽胞杆菌的第二大属，目前有 176 种。其中，有 28 种分别由 *Bacillus agarexedens*、*Bacillus*

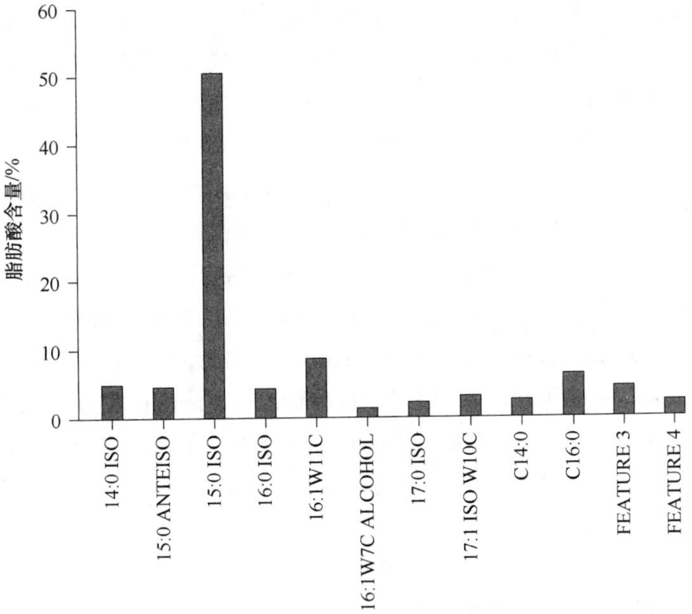


图 8-2-2　米氏解硫胺素芽胞杆菌（*Aneurinibacillus migulanus*）主要脂肪酸种类

*agaridevorans*、*Bacillus alginolyticus*、*Bacillus alvei*、*Bacillus amylolyticus*、*Bacillus apiarius*、*Bacillus azotofixans*、*Bacillus chitinolyticus*、*Bacillus chondroitinus*、*Bacillus curdlanolyticus*、*Bacillus edaphicus*、*Bacillus ehimensis*、*Bacillus glucanolyticus*、*Bacillus gordonae*、*Bacillus kobensis*、*Bacillus larvae*、*Bacillus lautus*、*Bacillus lentimorbus*、*Bacillus macerans*、*Bacillus macquariensis*、*Bacillus mucilaginosus*、*Bacillus pabuli*、*Bacillus peoriae*、*Bacillus polymyxa*、*Bacillus popilliae*、*Bacillus pulvifaciens*、*Bacillus thiaminolyticus* 和 *Bacillus validus* 重分类而转移过来（Ash et al.，1993；Heyndrickx et al.，1996a；Nakamura，1996；Shida et al.，1997；Pettersson et al.，1999；Uetanabaro et al.，2003；Lee et al.，2004；Hu et al.，2010）；*Paenibacillus durus* 由 *Clostridium durum* 重分类而转移过来（Collins et al.，1994）；*Paenibacillus azotofixans* 是 *Paenibacillus durus* 的同物异名（Truper，2003），*Paenibacillus ginsengisoli* 是 *Paenibacillus anaericanus* 的同物异名（Kim et al.，2011a），*Paenibacillus gordonae* 是 *Paenibacillus validus* 的同物异名（Heyndrickx et al.，1995），*Paenibacillus pulvifaciens* 是 *Paenibacillus larvae* 的同物异名（Heyndrickx et al.，1996b）。模式种为 *Paenibacillus polymyxa*（Prazmowski 1880）Ash et al. 1994，comb. nov.（多黏类芽胞杆菌）。

## 2. 解藻酸类芽胞杆菌

解藻酸类芽胞杆菌生物学特性。解藻酸类芽胞杆菌［*Paenibacillus alginolyticus*（Nakamura 1987）Shida et al. 1997，comb. nov.］模式菌株 NRRL NRS-1347$^T$ 从土壤中分离得到，细胞杆状［(0.5～1.0) μm×（4.0～6.0）μm］、革兰氏阳性、能动、好氧、单生或短链状生长，产芽胞、椭球形、胞囊膨大。28℃培养 3 d 后形成的菌落直径为 1.0～2.0 mm、无色素、透明、光滑、圆形、全缘（Shida et al.，1997）。在国内相关研究报道较少。孙海慧等（2016）报道了长白山湿地细菌群落结构分析及优势菌株鉴定，利用 MIDI 系统，对 8 种可培养的优势菌株进行了分析，其中包括解藻酸类芽胞杆菌。

解藻酸类芽胞杆菌脂肪酸组鉴定图谱。脂肪酸组特征为 15:0 anteiso/15:0 iso=6.21，17:0 anteiso/17:0 iso=7.26。脂肪酸组（29 个生物标记）包括：15:0 anteiso（62.9975%）、15:0 iso（10.1375%）、16:0 iso（7.6600%）、17:0 anteiso（5.8250%）、c16:0（3.6850%）、14:0 iso（3.4950%）、c14:0（1.8900%）、17:0 iso（0.8025%）、15:1 anteiso A（0.6675%）、16:1ω7c alcohol（0.4350%）、13:0 anteiso（0.3600%）、16:1ω11c（0.3575%）、c18:0（0.3525%）、15:1 iso G（0.1925%）、feature 4（0.1800%）、18:1 2OH（0.1725%）、15:0 2OH（0.1475%）、18:1ω9c（0.1200%）、17:1 iso ω10c（0.0925%）、feature 1（0.0825%）、c12:0（0.0625%）、16:1 iso H（0.0600%）、13:0 2OH（0.0525%）、feature 3（0.0475%）、17:1 anteiso ω9c（0.0475%）、13:0 iso（0.0275%）、feature 8（0.0150%）、18:0 iso（0.0150%）、19:0 iso（0.0100%）（图 8-2-3）。

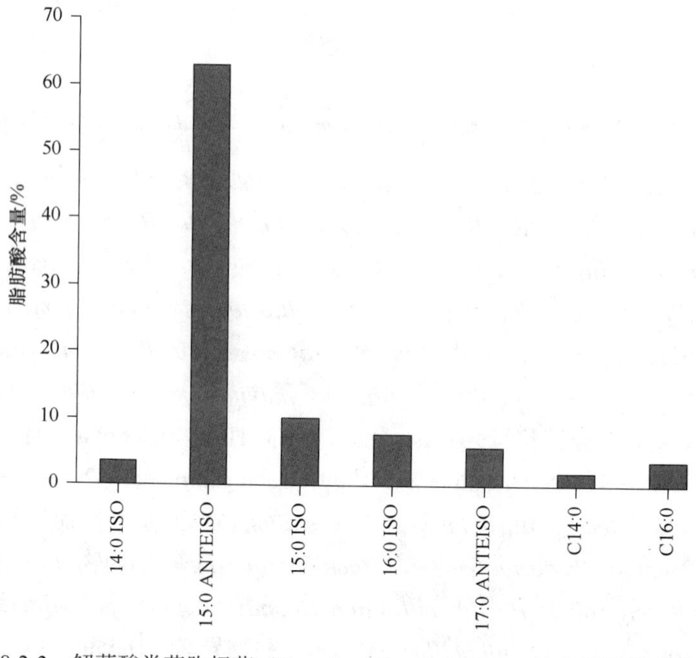


图 8-2-3　解藻酸类芽胞杆菌（*Paenibacillus alginolyticus*）主要脂肪酸种类

## 3. 蜂房类芽胞杆菌

蜂房类芽胞杆菌生物学特性。蜂房类芽胞杆菌［*Paenibacillus alvei*（Cheshire and Cheyne 1885）Ash et al. 1994，comb. nov.］的标准菌株最早分离自患欧洲腐烂病的蜜蜂幼虫，但它不是昆虫病原菌。其他菌株可以分离自蜂房及蜂房周围的土壤。菌落运动能力强，可以在琼脂平板上扩散。在琼脂平板上，游离的芽胞可以排成长串。在国内有过相关研究报道。苏良湖等（2016）报道了添加复配菌剂对保温堆肥箱中纤维素垃圾降解的影响。在保温堆肥箱中考察了不同复配菌剂［根霉（*Rhizopus* sp.）、蜂房类芽胞杆菌、绿色木霉（*Trichoderma viride*）、拟茎点霉（*Phompsis liquidambari*）B3］对玉米秸秆、牛粪、果蔬废弃物共堆肥的影响。在堆肥的过程中，表征了含水率、温度、挥发性物质、波长 465 nm 吸光值（E4）/665 nm 吸光值（E6）、三维荧光特性及植物种子发芽率等参数。研究发现，保温堆肥箱可使纤维素垃圾在堆肥中迅速（2～3 d）升至最高温度。接种根霉/蜂房类芽胞杆菌、根霉/蜂房类芽胞杆菌/拟茎点霉 B3，根霉/蜂房类芽胞杆菌/绿色木霉/拟茎点霉 B3，使堆肥最高温度从 61.5℃分别提高至 72.6℃、71.8℃、69.8℃。根据可挥发性固体物质（VS）降解、E4/E6 和三维荧光光谱（3D-EEM）的变化规律，发现接种根霉/蜂房类芽胞杆菌/绿色木霉/拟茎点霉 B3 可在一定程度上促进物料的腐熟化进程。纤维素垃圾各堆肥时期的样品，均未对水萝卜种子发芽率产生不利影响，没有表现出植物毒性。董明杰（2016）报道了大额牛粪便蜂房类芽胞杆菌来源纤维素酶的异源表达及酶学性质研究。选取云南省怒江傈僳族自治州大额牛粪便中的微生物为研究对象，筛选分离出高产纤维素酶的蜂房类芽胞杆菌 YD236。利用高通量二代测序仪 Miseq，对其进行全基因组测序和分析，得到酶基因片段。对测序结果的核酸序列进行比对分析，得到近 50 个家族的近百条基因，其中纤维素酶基因 6 条。本研究将 6 条纤维素酶基因重组到表达载体 pEASY-E2 上，得到重组质粒，并将重组质粒转化到大肠杆菌 BL21（DE3）中进行表达。利用组氨酸标签对成功表达并具有活性的重组 GH3 家族 β-葡萄糖苷酶 PgluE3 和 GH8 家族内切葡聚糖酶 PgluE8 进行纯化，并对纯化酶进行了酶学特性和催化活性位点研究，结果表明：①重组酶 PgluE3 最适 pH 是 7.0，是一种中性酶，在 pH 5.0～9.0 时具有较好的稳定性；最适温度为 45℃，在 0℃时仍具有 17.0%的酶活，在 37℃和 45℃时的热稳定性良好；对胰蛋白酶和乙醇有一定的抗性；对乳糖和变性淀粉有一定的水解作用。②重组酶 PgluE8 最适 pH 是 5.5，在 pH 3.0～10.0 时具有较好的稳定性；最适温度为 50℃，在 20℃、10℃和 0℃分别能保持 78.6%、41.6%和 34.5%的酶活，在 37℃和 50℃时的热稳定性良好；10 mmol/L 的 β-巯基乙醇对该酶的促进作用较强；对胰蛋白酶和蛋白酶 K 有较好的抗性；可水解 CMC-Na、可溶性淀粉、大麦 β-葡聚糖、昆布多糖和酵母葡聚糖；具有较强的耐盐性；可将大麦 β-葡聚糖水解为纤维三糖、四糖和五糖等。③序列比对和同源建模分析。利用定点突变的方法证明了 Asp277 为 PgluE3 催化活性残基，Glu55 和 Asp116 为 PgluE8 的催化活性残基。对形成二硫键的两个半胱氨酸 Cys23 和 Cys364 进行定点突变，均使突变酶活性有不同程度的提高。陶中云等（2013）报道了 1 株对番红花（*Crocus sativus*，又称西红花）种球腐烂病有生防效果的蜂房类芽胞杆菌。刘贯锋（2011）报道了包括蜂房类芽胞杆菌在内的芽胞杆菌分类学特征及其生防功能菌株筛选。

蜂房类芽胞杆菌脂肪酸组鉴定图谱。脂肪酸组特征为 15:0 anteiso/15:0 iso=2.36，17:0 anteiso/17:0 iso=1.13。脂肪酸组（26 个生物标记）包括：15:0 anteiso（42.7150%）、15:0 iso（18.1300%）、17:0 anteiso（9.0000%）、17:0 iso（7.9350%）、16:0 iso（5.8450%）、c16:0（5.2450%）、16:1ω11c（1.6650%）、14:0 iso（1.6250%）、17:1 iso ω10c（1.1000%）、c14:0（1.0200%）、16:1ω7c alcohol（0.9250%）、feature 4（0.8950%）、13:0 2OH（0.7400%）、13:0 iso 3OH（0.5550%）、c18:0（0.5300%）、13:0 iso（0.3100%）、18:1ω9c（0.2850%）、c17:0（0.2700%）、15:1 iso F（0.2300%）、13:0 anteiso（0.2050%）、12:0 3OH（0.1500%）、c12:0（0.1350%）、14:0 anteiso（0.1350%）、feature 5（0.1300%）、12:0 iso 3OH（0.1250%）、16:0 anteiso（0.1000%）（图 8-2-4）。

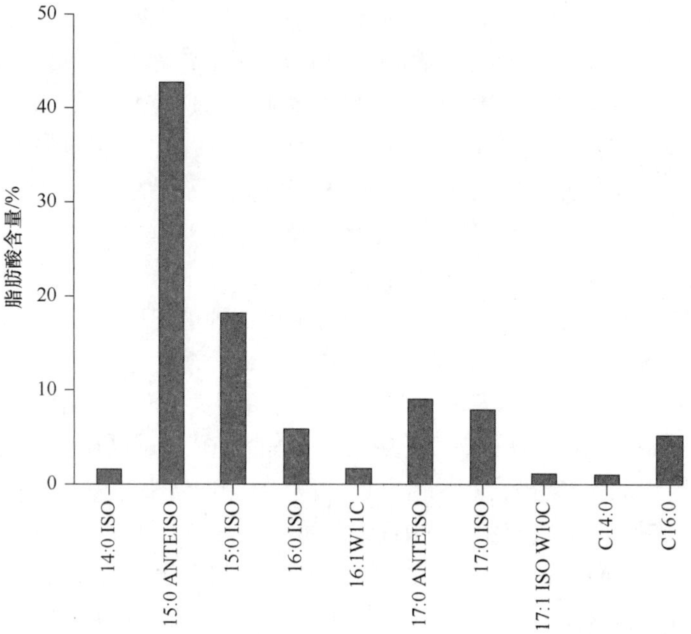


图 8-2-4 蜂房类芽胞杆菌（*Paenibacillus alvei*）主要脂肪酸种类

## 4. 解淀粉类芽胞杆菌

解淀粉类芽胞杆菌生物学特性。解淀粉类芽胞杆菌［*Paenibacillus amylolyticus*（Nakamura 1984）Ash et al. 1994，comb. nov.］由芽胞杆菌属（即 *Bacillus amylolyticus*）移到类芽胞杆菌（即 *Paenibacillus amylolyticus*），也称溶淀粉芽胞杆菌。与解淀粉相关的芽胞杆菌还有解淀粉芽胞杆菌［*Bacillus amyloliquefaciens*（ex Fukumoto 1943）Priest et al. 1987，sp. nov.，nom. rev.］和解淀粉无氧芽胞杆菌（*Anoxybacillus amylolyticus* Poli et al. 2006，sp. nov.），后者属于无氧芽胞杆菌属。

在国内有过许多研究报道。张琪等（2014）报道了角蛋白酶菌株的筛选及其菌株 X6 的鉴定。通过对产角蛋白酶菌株的筛选进行研究，并对所筛选的菌株进行酶活测试，检验所筛选的菌株是否具有降解角蛋白的能力及降解能力的大小。选出降解能力强的菌株 X6，在研究该菌株的形态特征、运动性、培养特征和生理生化特征等基础上，将其初步鉴定为解淀粉类芽胞杆菌。熊斌等（2013）报道了类芽胞杆菌碱性果胶裂解酶的纯化与酶学性质表征。从类芽胞杆菌（*Paenibacillus* sp.）WZ008 的发酵上清液中纯化得到一个高活力碱性果胶裂解酶，经 SDS-PAGE 估算其亚基分子质量为 $4.5×10^4$ Da。通过对该酶进行酶学性质研究发现：该酶能催化裂解果胶酸、低脂果胶和高脂果胶；酶催化反应最适温度为 55～60℃，最适 pH 为 9.6，在最适条件下以低脂果胶为底物酶的比酶活达 3021.6 U/mg；$Ca^{2+}$能增强该酶的活力，而 $Mn^{2+}$、$Ba^{2+}$和 EDTA 强烈抑制该酶活力；当没有 $Ca^{2+}$存在时，高度酯化的果胶是该酶的最适底物，在 4 mmol/L $Ca^{2+}$存在时，该酶以果胶酸为底物的比酶活最高（25 467 U/mg）。对该酶 N 端序列比对分析发现与解淀粉类芽胞杆菌 strain 27c64 果胶裂解酶高度同源。王雅萍等（2011）报道了重组海带面产品中腐败微生物的分离纯化及种类鉴定。以新型重组海带面产品为研究对象，对其贮藏过程中的腐败微生物进行了分离、纯化，并通过菌落形态观察、生理生化初步鉴别、VITEK 微生物全自动系统分析对其种类进行了鉴定。结果表明，导致重组海带面产品腐败的微生物为产芽胞细菌，分离到的 6 株菌分别为千叶短芽胞杆菌（*Brevibacillus choshinensis*）、普氏枝芽胞杆菌（*Virgibacillus proomii*）、解淀粉类芽胞杆菌（*Paenibacillus amylolyticus*）、环状芽胞杆菌（*Bacillus circulans*）、凝结芽胞杆菌（*Bacillus coagulans*）和迟缓芽胞杆菌（*Bacillus lentus*）。冀玉良和韦革宏（2010）报道了商洛多花胡枝子根瘤菌 16S rDNA-RFLP 分析及系统发育研究。利用 16S rDNA-RFLP 和全序列测定方法，对分离自商洛地区 5 个分布点的 59 株多花胡枝子根瘤菌进行了 RFLP 分析和系统发育研究。结果表明：①42 株供试菌株归属根瘤菌属（*Rhizobium*）、11 株归属中华根瘤菌属（*Sinorhizobium*）。其余 6 株非根瘤菌中的 3 株是嗜麦芽寡养单胞菌（*Stenotrophomonas maltophilia*）、3 株是解淀粉类芽胞杆菌，说明多花胡枝子根瘤内生菌较为丰富且类型多样。②结合供试菌株的地理生境分析，发现来自不同采集点的菌株有些具有同样的遗传类型，而来自同一采集点的菌株遗传类型却有差异，证明多花胡枝子根瘤菌在分群类别上与地理环境之间没有明确的对应关系，地理环境并非根瘤菌多样性形成的主要因素。

郭艾英等（2010）报道了产低温淀粉酶海洋细菌 HYM-7 发酵条件的研究。采用平板初筛和摇瓶复筛等方法，从秦皇岛渤海海域的海水样品中分离获得产淀粉酶活力较高的菌株 HYM-7，初步鉴定为解淀粉类芽胞杆菌，设计单因素实验和正交试验，确定该菌的最佳发酵条件。结果表明：在装液量 50 mL 液体培养基的 250 mL 三角瓶中，采用单因素实验得最佳接种量为 1%，最适产酶时间为 48 h，最适碳源为玉米淀粉，氮源为大豆粉，$Ca^{2+}$和 $Mg^{2+}$可显著提高产酶量；采用正交试验得最适发酵培养基配方：玉米淀粉 4 g/L、大豆粉 10 g/L、可溶性淀粉 2 g/L、$MgSO_4$ 0.2 g/L、$CaCl_2$ 0.4 g/L。对优化的发酵培养基进行验证，测得酶活力为 34.62 U/mL，较基础培养基酶活提高 60.8%。刘婕和杨博（2010）报道了 1 株高效油脂降解菌的分离鉴定及其性能研究。从餐馆隔油池废水中筛选分离得到 1 株能高效降解油脂的芽胞杆菌 DK-1，经 16S rDNA 序列同源性分析，鉴定为解淀粉类芽胞杆菌，并进一步考察了菌株的生物量、油脂去除率、$COD_{Cr}$ 去除率及乳化活性等性能。实验结果表明，菌体的乳化指数为 65%，在初始油脂质量浓度为 5 g/L，$COD_{Cr}$ 为 55 000 mg/L 左右的模拟高含油有机废水中，该菌株能生长并快速降解油脂，在 48 h 内油脂去除率为 97.3%，$COD_{Cr}$ 的去除率为 91.9%。王大拓（2009）报道了 1 种低温果胶酶的分离纯化及其酶学性质研究。从禄劝彝族苗族自治县轿子雪山的土壤中分离得到 1 株低温果胶酶生产菌株，经形态学、16S rDNA 基因序列及生理生化特征分析，将其鉴定为解淀粉类芽胞杆菌，并命名为解淀粉类芽胞杆菌 P17。实验表明，菌株 P17 的发酵条件（碳源、氮源、pH、温度及培养时间）经优化后，酶活力比优化前提高 4.7 倍。菌株 P17 在 25℃发酵 24 h 后，发酵液经离心、超滤、盐析、离子交换层析后，获得电泳纯的低温果胶酶，命名为 PNL-17。在纯化过程中酶比活力由 38.1 U/mg 提高到 451.4 U/mg，提高了 11.8 倍，酶总收率为 1.1%。酶学性质研究证明，PNL-17 在 0～50℃均具有较高的催化活力，其最适反应温度为 40℃。酶的热稳定性较差，在 50℃保温仅 10 min 酶活力就下降 80%。酶在 pH 6.0～10.0 时稳定，最适催化 pH 为 8.0。$Mg^{2+}$、

$Zn^{2+}$、$Cd^{2+}$等对酶有轻微的激活作用而 $Ca^{2+}$、$Ba^{2+}$、$Pb^{2+}$等轻微抑制酶活，$Hg^{2+}$对酶有显著的抑制作用。EDTA 对酶有较为明显的抑制作用，表明酶对金属离子具有一定的依赖性。PNL-17 对有机溶剂有良好的耐受性，经 95%甲醇、乙醇和丙酮溶液处理后，还分别保持 61%、83%和 86%的酶活力。采用 SDS-PAGE 和凝胶过滤法测定酶的分子质量，两者基本一致，约为 22.4 kDa，为单体蛋白。PMSF 对酶活没有抑制作用，基本证明酶的活性中心不含有丝氨酸残基。酶的催化活性随果胶酯化度的增加而增加，最适底物为 90%酯化度的果胶，证明该酶属聚甲基半乳糖醛酸裂解酶。PNL-17 在 4℃的 $K_m$ 值（0.233 mg/mL）远低于 40℃的 $K_m$ 值（1.362 mg/mL），表明该酶在低温下与果胶的亲和力更大。在最适反应条件下酶的 $V_{max}$ 和 $K_{cat}$ 值分别为 54.505 mmol/(min·L)和 $7.44×10^2$ $s^{-1}$，其催化果胶的能力优于目前所报道的其他聚甲基半乳糖醛酸裂解酶。PNL-17 的 Ea 值为 33.9 kJ/mol，仅次于目前已知的另一种低温果胶酶（Ea=28.7 kJ/mol），PNL-17 在低温下有较高的催化效率。

于雅琼等（2007）报道了不同生境中芽胞杆菌的分离鉴定及药敏性检测。以土壤、饲料和肥料为材料，分离筛选出 22 株优良的芽胞杆菌菌株，其中，T-8 为解淀粉类芽胞杆菌。王晓红等（2007）报道了低温淀粉酶产生菌的筛选及酶学性质研究。从新疆高海拔地区采集的土样中定向筛选得到 1 株低温淀粉酶产生菌株 LA77，初步鉴定为解淀粉类芽胞杆菌。摇瓶发酵实验表明，该菌株最适产酶温度为 35℃，最佳产酶 pH 为 6.0，生长高峰出现在第 30 h，产酶高峰出现在 38 h，低温淀粉酶的活力达到 34.5 U/mL，温度超过 40℃时此酶极易失活。此菌株生长周期短，产生的淀粉酶在温度高于 40℃极易失活。

郭敬斌（2005）报道了海绵细菌 B25W 及其产生的抗真菌抗生素的研究。从繁茂膜海绵（*Hymeniacidon perleve*）中筛选到 1 株具有抗真菌活性的细菌 B25W，采用经典和现代分类鉴定方法，对海绵细菌 B25W 的形态学特征、培养特征、生理生化特征和 16S rDNA 序列进行了研究，将其鉴定为解淀粉类芽胞杆菌。采用管碟法测定海绵细菌 B25W 的抗菌谱，结果显示海绵细菌 B25W 对玉米大斑病病原菌（*Trichometasphaeria turcica*）、玉米小斑病病原菌——玉蜀黍平脐蠕孢（*Bipolaris maydis*）、稻瘟霉病病原菌（*Magnaporthe grisea*）、小麦赤霉病病原菌——禾谷镰刀菌（*Fusarium graminearum*）、辣炭疽病病原菌（*Colletotrichun* sp.）和苹果褐斑病病原菌（*Botryophaeria berengeriana*）6 种植物病原真菌有很好的抑制作用，抑菌率均达 80%以上。对海绵细菌 B25W 菌体及发酵液进行小鼠急性经口毒性试验，雌、雄性小鼠的 $LD_{50}$>5000 mg/kg，属实际无毒；通过一次完整兔皮肤刺激试验，结果为无刺激性。通过单因子和均匀设计实验，优化菌株 B25W 摇瓶发酵条件。确定最佳发酵培养基：玉米粉 0.34%，豆饼粉 1.66%，葡萄糖 0.1%，$ZnSO_4$ 0.04%，$MgSO_4$ 0.02%，$KH_2PO_4$ 0.04%。最佳发酵条件：接种龄 12 h，接种量 10%，初始 pH 6.0，发酵时间 20 h，装液量 25 mL/ 250 mL，培养温度 28℃。应用二剂量法测定抗生素 B25W 的相对效价为 13 680 U/mL，较原始发酵培养基和发酵条件（8444 U/mL）提高了 62%。通过 pH 纸层析试验初步确定抗生素 B25W 的离子特性为碱性水溶性抗生素。郭敬斌等（2005）报道了海绵细菌 B25W 最佳产抗生素培养基及发酵条件的研究。从辽宁海域的繁茂膜海绵中分离到 1 株解淀粉类芽胞杆菌（*Paenibacillus amylolyticus*），定名为海绵细菌 B25W。它产生的抗生素以白色念珠菌（*Candida albicans*）为指示菌，通过单因子和均匀设计实验，发现菌株最佳产抗摇瓶发酵培养基：玉米面 0.34%，豆饼粉 1.66%，葡萄糖 0.1%，$ZnSO_4$ 0.04%，$MgSO_4$ 0.02%，$KH_2PO_4$ 0.04%。发酵条件：种龄 12 h，接种量 10%，发酵时间 20 h，初始 pH 6.0，250 mL 三角瓶内含 25 mL 培养基，往复式摇床，116 r/min，振幅 11 cm，培养温度 28℃。

解淀粉类芽胞杆菌脂肪酸组鉴定图谱。脂肪酸组特征为 15:0 anteiso/15:0 iso=18.27，17:0 anteiso/17:0 iso=3.66。脂肪酸组（31 个生物标记）包括：15:0 anteiso（49.5050%）、c16:0（17.7200%）、16:0 iso（5.9150%）、14:0 iso（5.6700%）、c14:0（4.7350%）、16:1ω11c（3.3450%）、17:0 anteiso（3.1850%）、15:0 iso（2.7100%）、c18:0（2.0650%）、17:0 iso（0.8700%）、18:1ω9c（0.8300%）、13:0 anteiso（0.4550%）、16:1ω7c alcohol（0.4250%）、c17:0（0.3100%）、c19:0（0.3050%）、c12:0（0.2700%）、feature 8（0.2300%）、feature 3（0.1850%）、19:0 iso（0.1750%）、13:0 iso（0.1300%）、16:0 N alcohol（0.1250%）、feature 4（0.1050%）、17:1 iso ω10c（0.1000%）、18:3ω(6,9,12)c（0.1000%）、14:0 anteiso（0.0950%）、16:0 anteiso（0.0950%）、14:1 iso E（0.0900%）、18:0 iso（0.0800%）、c20:0（0.0750%）、17:1 anteiso ω9c（0.0500%）、feature 1（0.0450%）（图 8-2-5）。

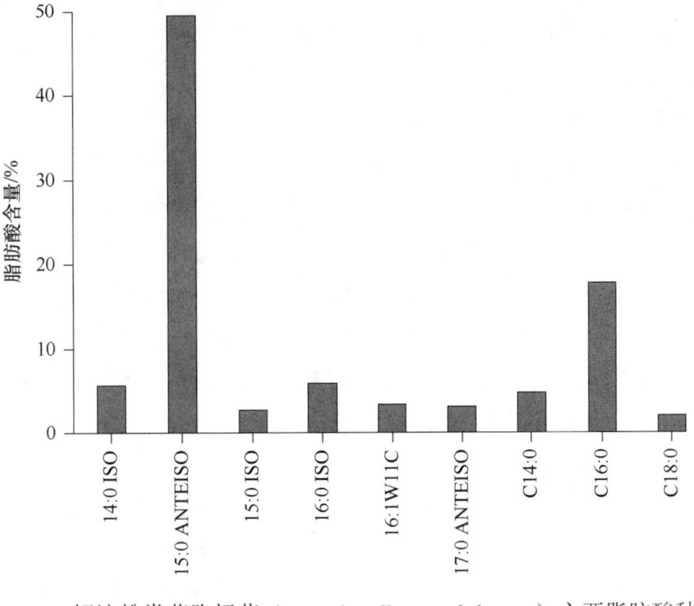


图 8-2-5　解淀粉类芽胞杆菌（*Paenibacillus amylolyticus*）主要脂肪酸种类

## 5. 固氮类芽胞杆菌

固氮类芽胞杆菌生物学特性。固氮类芽胞杆菌（*Paenibacillus azotofixans*）是 *Paenibacillus durus* 的同物异名。*Paenibacillus durus* corrig.（Smith and Cato 1974）Collins et al. 1994，comb. nov.）种名命名在前，*Paenibacillus azotofixans* 在后，科学上应采用 *Paenibacillus durus*（Truper，2003）。在国内有过相关研究报道。周燚等（2012a）报道了固氮类芽胞杆菌 YUPP-5 中环糊精糖基转移酶基因的克隆与功能分析。从魔芋根际分离的固氮类芽

胞杆菌 YUPP-5 对多种 β-1,4 糖苷键连接的多糖具有水解作用。通过构建该菌的 fosmid 文库，克隆到 2157 bp 的基因片段，编码环糊精糖基转移酶。在大肠杆菌中表达此酶，能降解葡甘聚糖、羧甲基纤维素钠盐、几丁质、木聚糖等多种 β-1,4 糖苷键连接的多糖，同时该酶还能以葡甘聚糖为底物生成 β-1,4 糖苷键连接的环糊精，而文献报道这种酶仅能利用 α-1,4 糖苷键连接的淀粉作为底物生成环糊精；并展示了环糊精糖基转移酶的一些新功能。周燚等（2012b）报道了大白菜根肿病综合防治新技术研究。从育苗、栽培、田间管理等环节对大白菜根肿病进行综合防治技术研究，包括在育苗基质中加入生防菌、不同药剂对育苗基质和定植田土壤进行消毒处理等。结果表明：育苗基质中加入大白菜内生混合菌株枯草芽胞杆菌（*Bacillus subtilis*）和固氮类芽胞杆菌（基质中平均每株大白菜施用量为 $1\times10^8$ CFU）并结合 50%氟啶胺悬浮剂（OF）消毒定植田土壤（使用量 4500 $mL/hm^2$）对大白菜根肿病的综合防治效果最好，防效达 85%以上。姜书贤等（2001）报道了夏玉米应用普利复合生物肥的增产效果。普利复合生物肥料是一种富含固氮菌的固氮类芽胞杆菌、含磷细菌的巨大芽胞杆菌（*Bacillus megaterium*）及含钾细菌的胶质类芽胞杆菌（*Paenibacillus mucilaginosus*）的新型生物肥料。固氮菌、磷细菌及钾细菌在纯培养条件下可产生玉米素、赤霉素和生长素等多种植物激素，并能有效地抑制多种病原菌。试验结果证明，夏玉米基施或苗期追施普利复合生物肥 450～1500 $kg/hm^2$ 均可增加穗粒数、提高千粒重，增产极显著。其中以基施或追施 1500 $kg/hm^2$ 效果最好，分别增加穗粒数 147 粒、99 粒；千粒重分别提高 21 g、18 g；分别增产 34.2%和 33.8%。并比基施或追施 975 $kg/hm^2$、450 $kg/hm^2$ 的处理，增产达极显著水平。

固氮类芽胞杆菌脂肪酸组鉴定图谱。脂肪酸组特征为 15:0 anteiso/15:0 iso=7.51，17:0 anteiso/17:0 iso=1.33。脂肪酸组（21 个生物标记）包括：15:0 anteiso（38.7483%）、c16:0（24.7650%）、16:0 iso（8.2083%）、14:0 iso（7.9667%）、c14:0（6.6633%）、15:0 iso（5.1567%）、16:1ω11c（2.1400%）、17:0 anteiso（1.9783%）、17:0 iso（1.4917%）、c18:0（1.4867%）、18:1ω9c（0.3850%）、c12:0（0.3367%）、16:1ω7c alcohol（0.1667%）、c20:0（0.1417%）、17:1 iso ω10c（0.1317%）、13:0 anteiso（0.0700%）、13:0 iso（0.0550%）、c19:0（0.0417%）、c17:0（0.0267%）、18:0 iso（0.0250%）、16:0 2OH（0.0150%）（图 8-2-6）。

## 6. 解几丁质类芽胞杆菌

解几丁质类芽胞杆菌生物学特性。解几丁质类芽胞杆菌［*Paenibacillus chitinolyticus*（Kuroshima et al. 1996）Lee et al. 2004，comb. nov.］由芽胞杆菌属（即 *Bacillus chitinolyticus*）移到类芽胞杆菌属（*Paenibacillus chitinolyticus*）。在国内有过相关研究报道。郑梅霞等（2014b）报道了解几丁质类芽胞杆菌几丁质酶活性及其次生代谢物的测定。采用几丁质酶培养基筛选出解几丁质类芽胞杆菌 FJAT-10038，测定其几丁质酶活力为 11.04 U/mL，说明芽胞杆菌 FJAT-10038 能够产几丁质酶。采用气相色谱质谱联用（GC/MS）的方法分析 FJAT-10038 发酵液丙酮萃取的成分，初步鉴定出 31 种化合物。在鉴定出的化合物中，相对含量超过 10%的有 2 种，分别是六氢化-吡咯环[1,2-a]-吡嗪-1,4-二酮和异丁醚，相对含量分别为 44.17%和 15.58%；匹配率在 90%以上的成分有 3 种，分别是二叔丁基对甲酚、六氢化-吡咯环[1,2-a]-吡嗪-1,4-二酮和六氢-3-苯甲基-

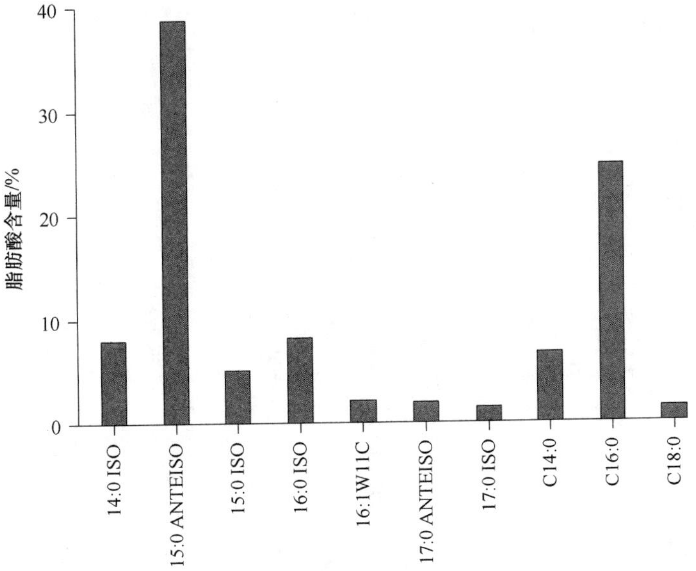


图 8-2-6　固氮类芽胞杆菌（*Paenibacillus azotofixans*）主要脂肪酸种类

吡咯并[1,2-a]-吡嗪-1,4-二酮，匹配度分别是 90%、97%和 93%，相对含量分别是 0.43%、44.17%和 0.38%；另外还发现一些其他的活性物质。蒋志强等（2006）报道了解几丁质类芽胞杆菌菌株 CH11 几丁质酶特性研究。对解几丁质类芽胞杆菌菌株 CH11 在不同生长阶段几丁质酶的种类及活力特性进行了测定，结果表明，该菌株在生长过程中能够分泌几丁质内切酶，其活力在前 48 h 内几乎为零，然后逐渐升高并且大约在 96 h 达到最大值。通过对酶粗提液的层析分离到该种几丁质内切酶，蛋白质电泳显示该酶的分子质量约为 20 kDa。温度和 pH 对该酶影响的试验表明，该酶在偏酸性和 40～60℃活性较高。

解几丁质类芽胞杆菌脂肪酸组鉴定图谱。脂肪酸组特征为 15:0 anteiso/15:0 iso=9.42，17:0 anteiso/17:0 iso=2.59。脂肪酸组（27 个生物标记）包括：15:0 anteiso（57.7200%）、c16:0（6.2750%）、15:0 iso（6.1300%）、16:0 iso（5.9750%）、17:0 anteiso（5.8100%）、16:1ω11c（5.6200%）、14:0 iso（2.2950%）、17:0 iso（2.2400%）、feature 4（1.9750%）、16:1ω7c alcohol（1.6450%）、c14:0（1.4300%）、17:1 iso ω10c（1.1800%）、c18:0（0.5600%）、c10:0（0.4300%）、c17:0（0.1300%）、13:0 anteiso（0.1100%）、18:1ω9c（0.0800%）、18:0 iso（0.0700%）、c12:0（0.0650%）、13:0 iso（0.0650%）、feature 3（0.0500%）、15:0 2OH（0.0350%）、16:1ω5c（0.0250%）、feature 8（0.0200%）、19:0 iso（0.0200%）、20:1ω7c（0.0200%）、11:0 anteiso（0.0200%）（图 8-2-7）。

## 7. 软骨素类芽胞杆菌

软骨素类芽胞杆菌生物学特性。软骨素类芽胞杆菌［*Paenibacillus chondroitinus*（Nakamura 1987）Shida et al. 1997，comb. nov.］由芽胞杆菌属（即 *Bacillus chondroitinus*）移到类芽胞杆菌属（即 *Paenibacillu chondroitinus*）。在国内有过相关研究报道。黄小茉等

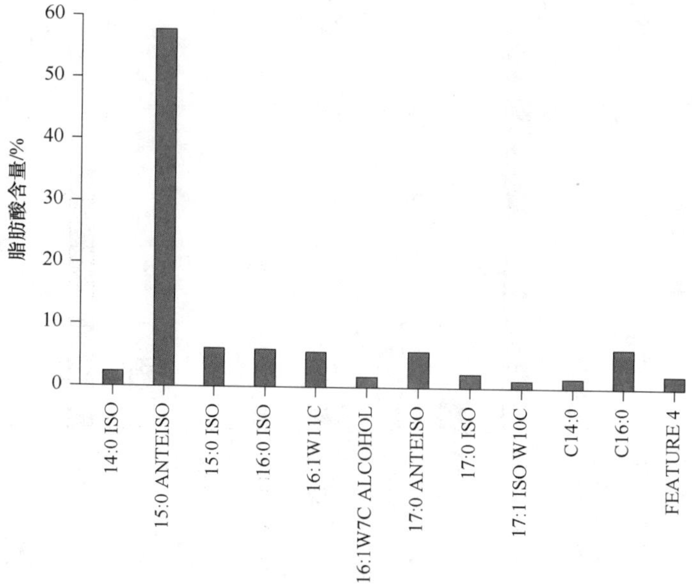


图 8-2-7　解几丁质类芽胞杆菌（*Paenibacillus chitinolyticus*）主要脂肪酸种类

（2016）报道了基于 16S rDNA 基因文库技术分析水性涂料菌群的多样性。采用未培养技术直接提取变质涂料微生物总 DNA，使用通用引物进行 PCR 扩增、纯化、连接、克隆和测序，建立 16S rDNA 基因文库，分析变质水性涂料细菌的数量与种类。从 96 个克隆子中共检测到 8 种不同种属的细菌，其中假单胞菌属（*Pseudomonas*）为优势菌群，占总数的 75%，软骨素类芽胞杆菌（*Paenibacillus chondroitinus*）占总数的 15%，此外豚鼠气单胞菌（*Aeromonas caviae*）和粪产碱杆菌（*Alcaligenes faecalis*）各占总数的 2%。于雅琼等（2007）报道了不同生境中芽胞杆菌的分离鉴定及药敏性检测。从土壤、饲料和肥料中分离筛选出 22 株优良的芽胞杆菌菌株，其中 T-6 为软骨素类芽胞杆菌。

软骨素类芽胞杆菌脂肪酸组鉴定图谱。脂肪酸组特征为 15:0 anteiso/15:0 iso=2.58，17:0 anteiso/17:0 iso=1.04。脂肪酸组（30 个生物标记）包括：15:0 anteiso（44.6480%）、15:0 iso（17.3000%）、16:0 iso（9.6960%）、c16:0（6.0600%）、14:0 iso（4.4220%）、17:0 anteiso（3.6700%）、17:0 iso（3.5340%）、c14:0（2.1720%）、feature 3（1.6720%）、13:0 iso（1.3140%）、17:1 iso ω10c（1.0720%）、16:1ω7c alcohol（0.8800%）、17:1 iso ω5c（0.8300%）、c18:0（0.5420%）、16:1ω11c（0.3380%）、feature 2（0.3280%）、20:1ω7c（0.3140%）、13:0 anteiso（0.2480%）、c12:0（0.2140%）、18:1ω9c（0.1860%）、15:0 2OH（0.1460%）、17:1 anteiso A（0.1260%）、c17:0（0.1240%）、12:0 iso（0.0560%）、feature 4（0.0260%）、17:1 anteiso ω9c（0.0200%）、c13:0（0.0200%）、14:0 anteiso（0.0180%）、16:0 anteiso（0.0140%）、feature 5（0.0120%）（图 8-2-8）。

## 8. 幼虫类芽胞杆菌

幼虫类芽胞杆菌生物学特性。幼虫类芽胞杆菌［*Paenibacillus larvae*（White 1906）Ash et al. 1994，comb. nov.］由芽胞杆菌属（即 *Bacillus larvae*）转到类芽胞杆菌属（即

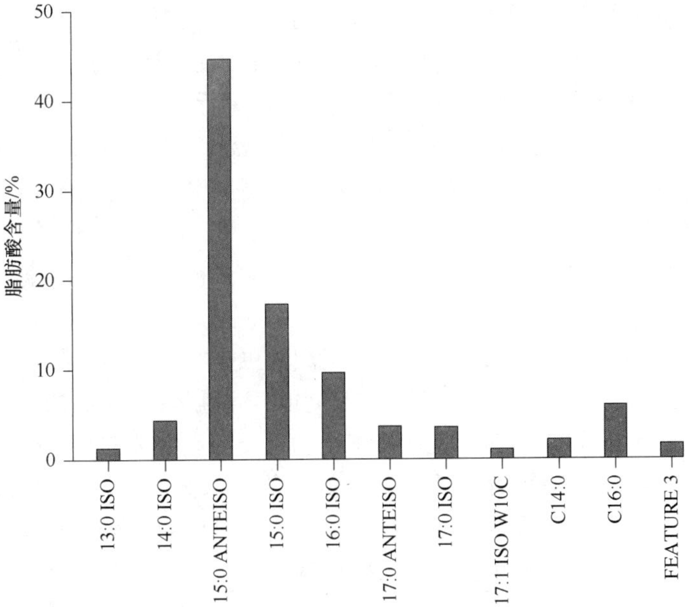


图 8-2-8　软骨素类芽胞杆菌（*Paenibacillus chondroitinus*）主要脂肪酸种类

*Paenibacillus larvae*），*Paenibacillus pulvifaciens* 是 *Paenibacillus larvae* 的同种异名。在国内有过相关研究报道。刘燕梅等（2017）报道了浓香型白酒窖泥中芽胞杆菌的分离鉴定及代谢产物分析。从浓香型白酒窖泥中筛选出 3 株细菌，经磷脂脂肪酸（PLFA）鉴定，分别为球形赖氨酸芽胞杆菌（*Lysinibacillus sphaericus*）、短短芽胞杆菌（*Brevibacillus brevis*）和幼虫类芽胞杆菌生尘亚种（*Paenibacillus larvae* subsp. *pulvifaciens*）。采用固相微萃取结合气相色谱-质谱联用（SPME-GC-MS）技术分析 3 株菌的发酵产物，结果表明，3 株菌产风味物质能力较强且种类丰富，主要为高级醇、高级酮等芳香类化合物，它们作为白酒中的微量成分，对浓香型白酒风味的形成起着放香、助香及调香的作用。因此，这 3 株菌的代谢产物对浓香型白酒风味物质的形成有一定影响。杨东来等（2017）报道了蜂蜜中蜜蜂美洲幼虫腐臭病的检测方法研究。美洲幼虫腐臭病是世界上最严重的蜜蜂病害之一，病原体是幼虫类芽胞杆菌。在蜂蜜中检测幼虫类芽胞杆菌的有效方法很少。该研究将微生物培养法和 PCR 法结合，改进了对病原菌的培养和分离，再用 PCR 法进行定性鉴别，从而降低了检出限，提高了检测的准确性。王虎虎等（2017）报道了真空包装盐水鹅贮藏期菌群多样性的动态分析。结果发现，产品贮藏期间的优势腐败菌主要为耐受极端环境的芽胞杆菌和类芽胞杆菌、组织菌属和假单胞菌属，其中，30℃条件下主要优势腐败菌为提歇尔氏菌属、泛酸枝芽胞杆菌和幼虫类芽胞杆菌。何晓杰等（2015）报道了美洲幼虫腐臭病二温式 PCR 诊断方法的建立及应用。为建立蜂及蜂产品中美洲幼虫腐臭病（AFB）二温式 PCR 诊断方法，选取幼虫类芽胞杆菌基因保守序列设计一对特异性引物，优化反应参数，进行特异性、敏感性和重复性试验验证，建立了诊断 AFB 的二温式 PCR 方法。扩增出 130 bp 的特异性片段，与参考株序列的同源性为 100%，DNA 灵敏度检测幼虫类芽胞杆菌达到 33 fg/PCR 体系，重复性良好。应用该方

法对 40 份实验室模拟样本和 50 份临床样本进行了检测，与预期结果一致。该方法具有特异、灵敏、准确等优点，可用于蜂及蜂产品中 AFB 的快速诊断。

丁桂玲（2013）报道了引发蜜蜂卫生行为的因素。行使卫生行为的工蜂有发现、打开封盖及迅速移走被幼虫类芽胞杆菌（*Paenibacillus larvae*）和真菌蜜蜂球囊菌（*Ascosphaera apis*）感染的蜜蜂的能力，它们还打开部分被大蜂螨寄生的蜜蜂的封盖并移走蜜蜂。卫生行为限制了传染病的传播，降低了蜂螨的繁殖可能性。15～20 日龄的工蜂在开始采集前行使卫生行为，蜜蜂依据化学或物理线索识别染病或被蜂螨寄生的蜜蜂的能力影响其行使卫生行为的效率。

陈裕文和黄淳维（2007）报道了蜂蜜中美洲幼虫病原芽胞的检测技术及其在防治上的意义。以平板培养法检测 2005～2006 年台湾地区各地蜂蜜（*n*=670）及泰国进口蜂蜜（*n*=173），结果显示，2005 年台湾地区蜂蜜中幼虫类芽胞杆菌的芽胞检出率为 18.8%，泰国进口蜂蜜为 9.8%；2006 年，台湾地区蜂蜜的芽胞检出率为 37.43%，泰国进口蜂蜜为 20.00%。此外，研究利用常见的 PCR 分子检测技术，并设计一对巢式 PCR（nested PCR）引物，用于检测蜂产品中是否含有病原芽胞。结果显示，将检测技术应用于田间蜂蜜样本（*n*=33），检出率为 84.84%（*n*=28），最低检出浓度为 482.5 个芽胞/g，表示可成功从于蜂蜜中检出病原芽胞 DNA 片段。戎映君等（2006）综述了蜜蜂（*Apis mellifera*）美洲幼虫腐臭病的病原幼虫类芽胞杆菌幼虫亚种（*Paenibacillus larvae* subsp. *larvae*）和流行病学特征，以及目前检测美洲幼虫腐臭病病原和防治该病的研究进展。

幼虫类芽胞杆菌脂肪酸组鉴定图谱。脂肪酸组特征为 15:0 anteiso/15:0 iso=2.19，17:0 anteiso/17:0 iso=1.58。脂肪酸组（50 个生物标记）包括：15:0 anteiso（35.7163%）、15:0 iso（16.3194%）、c16:0（15.5475%）、17:0 anteiso（11.3613%）、17:0 iso（7.1881%）、16:0 iso（3.7963%）、14:0 iso（1.6244%）、c14:0（1.5981%）、c18:0（1.5106%）、16:1ω11c（1.4831%）、17:1 iso ω10c（0.4344%）、18:1ω9c（0.4269%）、18:1ω7c（0.4000%）、feature 4-1（0.2225%）、feature 3-1（0.1956%）、c12:0（0.1919%）、cy19:0 ω8c（0.1706%）、13:0 iso（0.1444%）、19:0 iso（0.1400%）、15:0 2OH（0.1344%）、c20:0（0.1156%）、feature 3-2（0.1125%）、16:1ω7c alcohol（0.1100%）、19:0 anteiso（0.1063%）、c17:0（0.0988%）、18:1 iso H（0.0838%）、17:0 2OH（0.0831%）、15:1 iso F（0.0794%）、15:0 iso 3OH（0.0681%）、14:0 anteiso（0.0625%）、feature 8（0.0594%）、17:0 iso 3OH（0.0531%）、13:0 iso 3OH（0.0500%）、13:0 anteiso（0.0444%）、17:1 anteiso ω9c（0.0431%）、feature 4-2（0.0300%）、18:0 iso（0.0256%）、16:1 2OH（0.0250%）、feature 1-1（0.0225%）、11 Me 18:1ω7c（0.0213%）、c10:0（0.0200%）、18:3ω(6,9,12)c（0.0163%）、12:0 3OH（0.0131%）、feature 1-2（0.0119%）、16:0 2OH（0.0113%）、16:0 anteiso（0.0081%）、16:0 3OH（0.0069%）、9:0 3OH（0.0069%）、18:1ω5c（0.0038%）、20:0 iso（0.0031%）（图 8-2-9）。

## 9. 灿烂类芽胞杆菌

灿烂类芽胞杆菌生物学特性。灿烂类芽胞杆菌［*Paenibacillus lautus*（Nakamura 1984）Heyndrickx et al. 1996，comb. nov.］由芽胞杆菌属（即 *Bacillus lautus*）移到类芽胞杆菌属

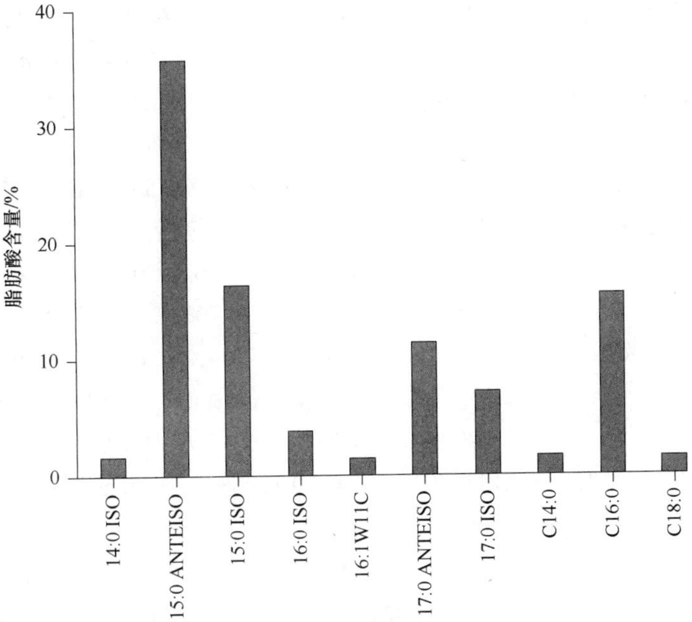


图 8-2-9　幼虫类芽胞杆菌（*Paenibacillus larvae*）主要脂肪酸种类

（即 *Paenibacillus lautus*）。在国内有过相关研究报道。何培新等（2016）报道了浓香型白酒窖泥可培养好氧细菌的群落结构分析。从浓香型白酒窖池窖泥中分离到了 1 株无芽胞短杆菌和 18 株芽胞杆菌，其中包括灿烂类芽胞杆菌。袁梅等（2016）报道了水稻内生固氮菌的分离鉴定、生物特性及其对稻苗镉吸收的影响。从 8 个湖南水稻植株样品中分离到 19 株内生固氮菌，这些菌株在系统发育地位上属于 4 属 13 种，其中包括灿烂类芽胞杆菌。龚丽和李云霞（2016）报道了一种新型 ATP-依赖型 ClpP 家族蛋白水解酶 Pl*clpP* 基因的克隆、表达和酶学特性。以分离鉴定获得的蛋白水解酶高活性灿烂类芽胞杆菌菌株 CHN26 的基因组 DNA 为模板，经克隆鉴定该菌株含有一种新型 ATP-依赖型 ClpP 家族蛋白水解酶 Pl*clpP* 基因，全长 585 bp，编码 194 个氨基酸，分子质量约为 21 kDa。构建 Pl*clpP* 基因表达质粒 pET-28-Pl*clpP*，并在大肠杆菌 BL21 中实现了重组 PlClpP 蛋白的表达。利用组氨酸标签亲和纯化法获得 PlClpP 纯化蛋白，发现 PlClpP 可能与宿主菌未知伴侣分子形成蛋白复合物。PlClpP 复合物具有 ATP-依赖型酪蛋白水解酶活性，最适反应温度为 40℃、pH 7.0。表面活性剂强烈抑制 PlClpP 复合物的酶活性，而常规丝氨酸蛋白酶抑制剂对其活性没有抑制作用。

骆灵喜等（2014）报道了 CRI 系统反硝化细菌的筛选及脱氮性能研究。从深圳市白芒污水处理厂的人工快渗（CRI）系统筛选出 6 株反硝化细菌，通过细菌 16S rDNA 序列的测序和比对，并结合细菌的形态和生理学特征，基本确定 F11 菌株为布鲁氏菌（*Brucella* sp.），F12、F53 菌株为苍白杆菌（*Ochrobactrum* sp.），F21 菌株为灿烂类芽胞杆菌（*Paenibacillus lautus*），F31 菌株为蜡样芽胞杆菌（*Bacillus cereus*），F51 菌株为纤维化纤维微菌（*Cellulosimicrobium cellulans*）。同时，在初始浓度为 $10^6$ U/mL 的条件下，经过 12 d 的脱氮性能检测，其对硝态氮的平均去除率为 71%左右。杨杰等（2010）报道了黄原胶降解酶酶学性质的初步研究。利用黄原胶降解菌灿烂类芽胞杆菌 XD2-8 制备黄原胶降解酶，并对其酶学特性做了初步研究。结果显示，该酶的最优酶促反应条件为：温度 35℃、pH 6.0、底物浓度 5 g/L；葡萄糖对该酶促反应具有抑制作用，且葡萄糖浓度越大抑制作用越强。

灿烂类芽胞杆菌脂肪酸组鉴定图谱。脂肪酸组特征为 15:0 anteiso/15:0 iso=10.61，17:0 anteiso/17:0 iso=2.97。脂肪酸组（56 个生物标记）包括：15:0 anteiso（44.0020%）、c16:0（20.9695%）、17:0 anteiso（7.4320%）、16:0 iso（6.4470%）、15:0 iso（4.1480%）、c14:0（3.4335%）、17:0 iso（2.5065%）、16:1ω11c（2.2970%）、c18:0（2.0630%）、14:0 iso（2.0290%）、18:1ω9c（0.6305%）、16:0 iso 3OH（0.5600%）、c12:0（0.5010%）、16:1ω7c alcohol（0.4225%）、feature 4（0.3350%）、feature 8（0.2945%）、13:0 anteiso（0.2235%）、feature 6（0.2135%）、c17:0（0.2090%）、17:1 anteiso ω9c（0.1805%）、17:1 iso ω10c（0.1790%）、18:3ω(6,9,12)c（0.1410%）、c10:0（0.1295%）、14:0 anteiso（0.1110%）、18:1 iso H（0.1045%）、15:1 iso F（0.0920%）、19:0 iso（0.0855%）、13:0 iso 3OH（0.0790%）、feature 3（0.0655%）、10 Me 17:0（0.0595%）、15:1 iso G（0.0480%）、c20:0（0.0470%）、16:0 anteiso（0.0460%）、16:1 2OH（0.0410%）、20:0 iso（0.0405%）、c9:0（0.0405%）、18:0 iso（0.0395%）、feature 9（0.0380%）、10 Me 18:0 TBSA（0.0360%）、cy19:0 ω8c（0.0280%）、feature 5（0.0265%）、15:1 anteiso A（0.0165%）、16:0 N alcohol（0.0160%）、cy17:0（0.0160%）、14:0 2OH（0.0135%）、16:0 3OH（0.0125%）、17:1ω6c（0.0120%）、15:1ω5c（0.0115%）、17:1 iso ω5c（0.0110%）、c19:0（0.0105%）、15:0 2OH（0.0090%）、16:0 2OH（0.0085%）、20:1ω9c（0.0080%）、17:0 iso 3OH（0.0065%）、feature 1（0.0040%）、16:1ω5c（0.0035%）（图 8-2-10）。

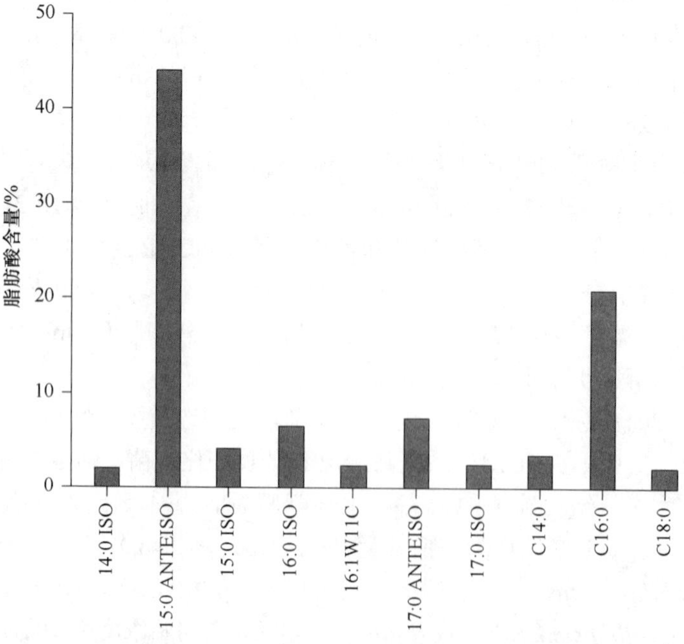


图 8-2-10　灿烂类芽胞杆菌（*Paenibacillus lautus*）主要脂肪酸种类

## 10. 慢病类芽胞杆菌

慢病类芽胞杆菌生物学特性。慢病类芽胞杆菌［*Paenibacillus lentimorbus*（Dutky 1940）Pettersson et al. 1999，comb. nov.］也称缓病芽胞杆菌，由芽胞杆菌属（即 *Bacillus lentimorbus*）移到类芽胞杆菌属（即 *Paenibacillus lentimorbus*）。在国内有过相关研究报道。怀燕（2010）报道了水稻稻种相关细菌及其生防种衣剂的研究。对南方稻种上可培养细菌的群体性状开展了研究，共收集了南方稻区 107 个种子样品，分离获得 428 株细菌菌株。所有菌株分别进行了形态学、脂肪酸分析、致病性测定和体外拮抗试验，对其中具有致病性和拮抗性能的菌株作了 16S rDNA 分子生物学鉴定。在分离到的细菌中，革兰氏阴性菌占 65.2%，革兰氏阳性菌占 34.8%，共涉及 20 属 40 种菌。占优势的细菌属是假单胞菌属（*Pseudomonas*）、泛菌属（*Pantoea*）、鞘氨醇单胞菌属（*Sphingomonas*）、芽胞杆菌属（*Bacilllus*）、微杆菌属（*Microbacterium*）和类芽胞杆菌属（*Paenibacillus*）。致病性测定表明，大约占总分离数 88%的细菌菌株和对照相比无明显症状；7%左右的菌株在接种的水稻上均能产生致病症状，并表现出较强的致病性，它们是燕麦食酸菌燕麦亚种（*Acidovorax avenae* subsp. *avenae*）、荚壳伯克氏菌（*Burkholderia glumae*）、褐鞘假单胞菌（*Pseudomonas fuscovaginae*）、水稻黄单胞菌水稻变种（*Xanthomonas oryzae* pv. *oryzae*）和水稻黄单胞菌居水稻变种（*Xanthomonas oryzae* pv. *oryzicola*）。另外 5%左右的菌株分别被鉴定为短小芽胞杆菌（*Bacilllus pumilus*）、巴氏微杆菌（*Microbacterium barkeri*）、成团泛菌（*Pantoea agglomerans*）、菠萝泛菌（*P. ananatis*）、多黏类芽胞杆菌（*Paenibacillus polymyxa*）、铜绿假单胞菌（*Pseudomonas aeruginosa*）、丁香假单胞菌（*Pseudomonas syringae*）和黄单胞菌（*Xanthomonas* sp.），在接种水稻后部分植株产生致病症状，但致病性表现相对较弱。体外拮抗试验表明，占总分离菌 12.4%的细菌表现出对水稻细条病病原菌的拮抗性，涉及 14 种。筛选到的拮抗菌恶臭假单胞菌（*Pseudomonas putida*）AN51 和慢病类芽胞杆菌 N72 具有较强的拮抗水稻细菌性条斑病病原菌的能力，被用作生防制剂的开发。试验以种子上筛选出来的拮抗菌慢病类芽胞杆菌 N72 和恶臭假单胞菌 N51 为有效成分，开展了生物种衣剂的研制，生物种衣剂 N72 表现出较好的生理生化性状、贮藏性和田间防治效果。在田间试验中，经 N72 生物种衣剂处理后，对细条病的防效达到 72.71%，增产 7.88%。在生防菌的定植试验中发现用生物种衣剂 N72 和 N51 包衣种子，能够成功地将生防菌株 N72 和 N51 接种到水稻种子上，并随着种子的萌发、出苗和生长向上运转，定植于水稻幼苗的根际、茎和叶部。播种 60 d 后，在植株的各部位仍能检测到 N72-Rif 和 N51-Rif，并且在根际的定植量显著高于其他部位，说明良好的根际定植能力也是拮抗菌株发挥生防作用的机制之一。在生物种衣剂的作用机理研究中发现用生防细菌 N72 和 N51 配制成的生防种衣剂包衣处理水稻种子后，水稻秧苗叶片内的 POD 酶活性和多酚氧化酶（polyphenol oxidase，POO）活性增加，而 PAL 酶活性没有变化。在接种了水稻细条病病原菌以后，3 种酶的活性均出现了先下降再上升，达到高峰后又下降的趋势，生物种衣剂处理与对照相比，保持了较高的酶活性，说明在经过了生物种衣剂包衣种子处理后，植株获得了诱导抗性。本试验筛选的生防菌 N72 被鉴定为慢病类芽胞杆菌，目前在国内还未见有该种细菌防治植物病原菌的报道。

方扬（2006）报道了天府系列花生内生细菌的分离及种群多样性研究。通过调查目前四川省花生种植推广品种——天府系列的内生细菌资源，研究了花生内生细菌的种群组成及其分布规律，揭示了花生内生细菌的多样性及优势菌种分布。研究结果表明，通过对花生内生细菌自然种群的分离鉴定，明确了芽胞杆菌属（*Bacillus*）为花生内生细菌的主要种群。利用平板稀释分离法，从四川省 3 个花生推广品种‘天府 11 号’‘天府 12 号’‘天府 13 号’和对照‘岳易’的不同生育期、不同部位中分离获得 220 株内生细菌。采用传统分类法共鉴定出 17 个属，包括芽胞杆菌属、微球菌属（*Micrococcus*）、欧文氏菌属（*Erwinia*）、不动杆菌属（*Acinetobacter*）、节杆菌属（*Arthrobacter*）、棒状杆菌属（*Corynebacterium*）、产碱菌属（*Alcaligenes*）、分枝杆菌属（*Mycobacterium*）、芽胞八叠球菌属（*Sporosarcina*）、肠杆菌属（*Enterobacter*）、黄杆菌属（*Flavobacterium*）、库特氏菌属（*Kurthia*）、假单胞菌属（*Pseudomonas*）、黄单胞菌属（*Xantomonas*）、变形菌属（*Proteus*）、慢生根瘤菌属（*Bradyrhizobium*）和链霉菌属（*Streptomyces*）。肠杆菌属、黄杆菌属、库特氏菌属、假单胞菌属、黄单胞菌属、变形菌属分布最少，芽胞杆菌属、微球菌属、欧文氏菌属则为花生内生细菌的常见菌群，其中芽胞杆菌属是优势菌，数量最多，分布最广，鉴定出 11 个种，包括巨大芽胞杆菌（*Bacillus megaterium*）、枯草芽胞杆菌（*Bacillus subtilis*）、短小芽胞杆菌（*Bacillus pumilus*）、地衣芽胞杆菌（*Bacillus licheniformis*）、蜡样芽胞杆菌（*Bacillus cereus*）、坚强芽胞杆菌（*Bacillus firmus*）、凝结芽胞杆菌（*Bacillus coagulans*）、球形赖氨酸芽胞杆菌（*Lysinibacillus sphaericus*）、蕈状芽胞杆菌（*Bacillus mycoides*）、嗜热噬脂肪地芽胞杆菌（*Bacillus stearothermophilus*）、慢病类芽胞杆菌（*Paenibacillus lentimorbus*）。巨大芽胞杆菌是其中最具优势的菌，是所有品种的常住菌群；枯草芽胞杆菌也在每个品种（至少有一个生育期）中都能分离到。

解思泌等（1989）报道了利用慢病类芽胞杆菌菌株 76-1 防治蛴螬的研究。1976 年从山东荣成县崂山乡花生田患病的蒙古丽金龟（*Anomala mongolia*）蛴螬体内分离到一株慢病类芽胞杆菌（*Paenibacillus lentimorbus*），编号为 76-1 菌株。此菌株对蒙古丽金龟、铜绿丽金龟等为害花生的虫种有较强的致病力（注射试验致病率分别为 91%、81%；室内菌土与饲喂试验的致病率分别是 28.9%、36.3%与 35.6%、8.3%），田间小区试验累计致病率达 75%，大田防治效率平均为 38.4%，且有长效性，施菌剂防区连续 7 年虫口数量持续下降，证明该菌株对防治花生田中丽金龟科一些蛴螬虫种有显著效果。

宋益良等（1983）报道了吉林乳状菌的分离与防治大黑金龟幼虫试验研究。蛴螬乳状病病原菌是引起金龟子幼虫乳状病的芽胞杆菌类，早在 1940 年美国杜克（Dutky）就对乳状病病原菌进行了描述，并分为丽金龟子芽胞杆菌（*Bacillus popilliae*）和金龟子慢病芽胞杆菌（*Bacillus lentimorbus*）两种类型（Dutky，1940）。此后在新西兰、瑞士和澳大利亚等国发现乳状菌。目前美国乳状菌粉制剂（doom jopidemek）用于蛴螬的防治，并取得了良好效果。

慢病类芽胞杆菌脂肪酸组鉴定图谱。脂肪酸组特征为 15:0 anteiso/15:0 iso=1.04，17:0 anteiso/17:0 iso=0.76。脂肪酸组（31 个生物标记）包括：15:0 anteiso（32.9948%）、15:0 iso（31.7100%）、c16:0（12.0589%）、17:0 iso（6.5222%）、17:0 anteiso（4.9293%）、c14:0（2.6804%）、16:1ω11c（1.8537%）、14:0 iso（1.6874%）、16:0 iso（1.4933%）、c18:0

（1.4089%）、17:1 iso ω10c（0.5648%）、13:0 iso（0.4200%）、18:1ω7c（0.3915%）、c12:0（0.2381%）、feature 4-1（0.1937%）、18:1ω9c（0.1804%）、16:1ω7c alcohol（0.1448%）、feature 4-2（0.1259%）、17:1 anteiso ω9c（0.0989%）、c20:0（0.0530%）、13:0 anteiso（0.0515%）、feature 2-1（0.0367%）、c17:0（0.0330%）、feature 5（0.0289%）、13:0 iso 3OH（0.0267%）、11:0 iso 3OH（0.0193%）、feature 3（0.0111%）、c9:0（0.0100%）、15:1 iso F（0.0093%）、16:0 3OH（0.0081%）、17:0 iso 3OH（0.0067%）、feature 2-2（0.0048%）、17:0 2OH（0.0041%）（图 8-2-11）。

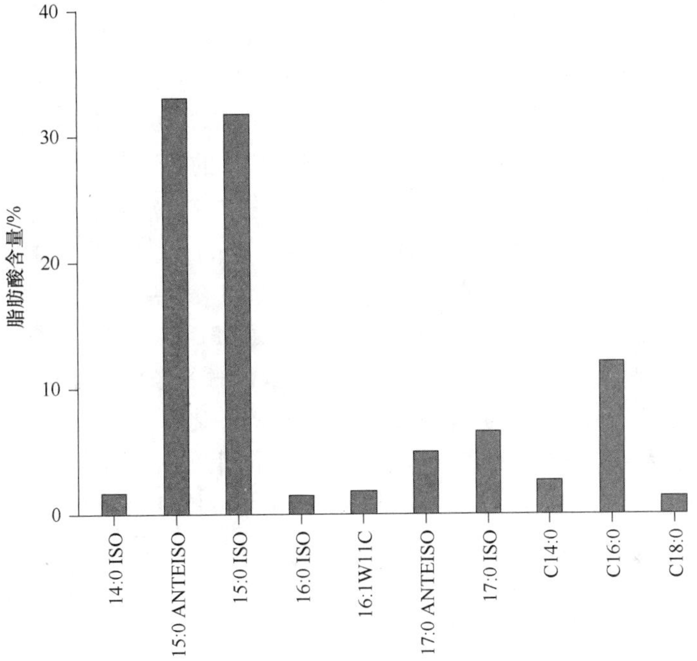


图 8-2-11　慢病类芽胞杆菌（*Paenibacillus lentimorbus*）主要脂肪酸种类

## 11. 浸麻类芽胞杆菌

浸麻类芽胞杆菌生物学特性。浸麻类芽胞杆菌［*Paenibacillus macerans*（Schardinger 1905）Ash et al. 1994，comb. nov.］也称为软化类芽胞杆菌，由芽胞杆菌属（即 *Bacillus macerans*）移到类芽胞杆菌属（即 *Paenibacillus macerans*）。在国内有过相关研究报道。张文蕾等（2017）报道了环糊精葡萄糖基转移酶生产 α-熊果苷的反应条件优化及分子改造。选择 4 种环糊精葡萄糖基转移酶（CGT 酶），分别为来源于浸麻类芽胞杆菌（*Paenibacillus macerans*）的 α-CGT 酶、环状芽胞杆菌（*Bacillus circulans*）251 的 β-CGT 酶、嗜热噬脂肪地芽胞杆菌（*Bacillus stearothermophilus*）NO2 和戈氏厌氧枝菌（*Anaerobranca gottschalkii*）的 α/β-CGT 酶，研究不同种类的 CGT 酶生产 α-熊果苷的情况。以麦芽糊精为供体，以对苯二酚（hydroquinone，HQ）为受体，通过 CGT 酶和淀粉葡萄糖苷酶的两步酶法反应催化合成 α-熊果苷。分别优化不同类型的酶合成 α-熊果苷的条件，发现戈氏厌氧枝菌来源的 CGT 酶在如下最优条件下获得的 HQ 摩尔转化率最高，为 25%：以葡萄糖当量（DE）值为 9%～13%的 50 g/L 麦芽糊精作为供体，以 8 g/L HQ 为受体，缓冲液 pH 6.0，在 40℃反应 24 h，沸水浴灭活后，加入糖化酶处理，经高效液相色谱检测产物。为了进一步提高 CGT 酶对底物的转化率，利用定点突变技术对戈氏厌氧枝菌 CGT 酶进行分子改造，得到 1 个突变体 Y299A，在最优的反应条件下突变体的 HQ 转化率可达 40%。王琰等（2017a）报道了浸麻类芽胞杆菌产 α-环糊精葡萄糖基转移酶在大肠杆菌中的可溶性表达及其转化产物特异性研究。通过设计简并引物，从浸麻类芽胞杆菌菌株 YLW 中克隆到 α-环糊精葡萄糖基转移酶（α-CGT 酶）基因，构建重组质粒 α-CGT 酶-pET28a(+)，转化大肠杆菌 BL21（DE3），得到重组菌株 α-CGT 酶-pET28a/BL21（DE3）。在 16℃、1 mmol/L IPTG 条件下诱导 15 h，实现了 α-CGT 酶的可溶性表达，胞内酶活达到 10 046 U/mL，是野生菌株胞外酶活的 3.25 倍。经镍柱一步法亲和纯化 α-CGT 酶后，酶蛋白纯化了 6.05 倍，酶收率为 28.82%，通过 SDS-PAGE 检测获得表观电泳纯酶蛋白。酶催化转化实验表明：重组 α-CGT 酶转化质量分数为 5%的马铃薯淀粉 15 h 后，环糊精的总转化率可达 40.7%，转化生成 α-CD、β-CD、γ-CD 的比例分别为 43.6%、41.8%和 14.6%。

万会达（2015）报道了微波辅助酶催化甜菊苷（St）的转苷和水解。分别研究了微波辅助 α-环糊精转移酶（α-CGT 酶）催化 St 转苷，以及 β-半乳糖苷酶催化 St 水解的反应。实验表明，微波能够加速来源于浸麻类芽胞杆菌 JFB05-01 的 α-CGT 酶催化 St 转苷反应，催化效率提高了 21.7 倍；但微波对 β-半乳糖苷酶催化 St 的水解反应的影响较小。α-CGT 酶的加酶量为 1000 U/g 时，反应 1 min，St 的转化率高达 71.6%，St-Glc1 的产率为 23.7%。王勇等（2015）报道了浓香型大曲中多株芽胞杆菌的分离及鉴定。采用传统微生物分离方法从浓香型白酒大曲中筛选出 8 株优势芽胞杆菌，通过形态学特征观察并结合细菌脂肪酸鉴定技术（MIDI 系统）对其进行鉴定。结果表明，从大曲中分离筛选得到的 8 株芽胞杆菌分属于 5 个种，分别为巨大芽胞杆菌（*Bacillus megaterium*）、浸麻类芽胞杆菌、短小芽胞杆菌（*Bacillus pumilus*）、萎缩芽胞杆菌（*Bacillus atrophaeus*）和地衣芽胞杆菌（*Bacillus licheniformis*）。许乔艳等（2014）报道了亚位点+1 处突变提高浸麻类芽胞杆菌环糊精糖基转移酶底物麦芽糊精的特异性。通过改造来源于浸麻类芽胞杆菌的环糊精糖基转移酶（cyclodextrin glycosyltransferase，CGT 酶）的+1 亚位点，提高其对麦芽糊精的底物特异性，并进一步提高以麦芽糊精为糖基供体催化合成 2-*O*-D-吡喃葡萄糖基-L-抗坏血酸（AA-2G）的效率。首先对+1 亚位点附近的 3 个氨基酸残基 Leu194、Ala230 和 His233 分别进行定点饱和突变，得到 3 个优势突变体 L194N（亮氨酸→天冬酰胺）、A230D（丙氨酸→天冬氨酸）、H233E（组氨酸→谷氨酸），然后以这 3 个优势突变体为模板进一步进行两点和三点复合突变，获得 7 个复合突变体。研究结果表明，突变体 L194N/A230D/H233E 以麦芽糊精为底物合成 AA-2G 的产量最高，达到 1.95 g/L，比野生型 CGT 酶提高了 62.5%。对获得的突变体进行动力学分析，发现高浓度的底物 L-AA 对突变型 CGT 酶催化的酶促反应具有抑制作用。研究确定了突变体酶促反应的最适温度、pH 和反应时间。模拟突变体的三维结构并进行分析，突变体底物特异性的改善可能与 CGT 酶第 194 位、230 位和 233 位的氨基酸残基的亲水性及与底物分子间作用力的改变有关。

谢婷等（2013b）报道了 α-环糊精糖基转移酶活性区域突变提高催化底物选择性形

成γ-环糊精（CD）的能力。探讨α-环糊精糖基转移酶（α-CGT 酶）活性区域–3 亚位点（47 位赖氨酸残基）、–7 亚位点（146～152 位氨基酸残基）及环化中心位点（195 位酪氨酸残基）对其催化底物形成γ-环糊精能力的影响。将α-CGT 酶相应位点分别进行如下突变：K47T、Y195I，以及 146～152 位氨基酸残基替换为异亮氨酸（命名为Δ6），并在大肠杆菌 BL21 中实现异源活性表达。以可溶性淀粉作为底物进行转化，利用 HPLC 分析各种突变酶的催化产物中 3 种环糊精的产量和比例。结果表明，和野生酶相比，所有突变酶的淀粉水解活性和环糊精总生成量都有不同程度的下降。在产物的组成方面，突变酶 Y195I 的催化产物中，α-CD 的含量由 68%降为 30%，β-CD 由 22.2%提高为 33.3%；而γ-CD 由 8.9%提高为 36.7%，含量提高了 4 倍，取代α-CD 成为产物中的主要成分；γ-CD 的实际产量为 1.1 g/L，是野生酶（0.4 g/L）的 3 倍。突变酶 K47T 和Δ6 的转化产物中α-CD 的比例有不同程度的下降，但仍然是产物中的主要组分，β-CD 和γ-CD 的比例都有所增加。由此可见，活性区域中 195 位氨基酸对于α-CGT 酶的活力和催化选择性具有重要的影响，Y195I 突变体酶最有利于选择性形成γ-CD。纯化后突变酶 Y195I 的酶学性质试验表明，其最适反应温度和野生酶相同，但最适反应 pH 有所提高，且比野生酶具有更好的 pH 稳定性。

邓慧媛等（2013）报道了奶牛瘤胃液中浸麻类芽胞杆菌的分离鉴定。采用平板划线分离法从健康奶牛瘤胃液中分离得到 1 株细菌 Y-1，体外模拟瘤胃环境增殖 Y-1，进行形态学观察、生化反应和 16S rDNA 基因同源性比较，并对其进行系统发育树的构建等系统鉴定。结果表明，该细菌为浸麻类芽胞杆菌。吴丹等（2013）报道了不同宿主来源的α-CGT 酶的分离纯化及化学修饰来提高其热稳定性。研究了不同宿主来源的α-CGT 酶经化学修饰后的热稳定变化，首先通过阴离子交换和疏水色谱分离纯化了来源于浸麻类芽胞杆菌的天然α-CGT 酶，以及来源于大肠杆菌和枯草芽胞杆菌的重组α-CGT 酶，再将α-CGT 酶置于 50℃水浴 30 min 测残酶活，发现α-CGT 酶残酶活分别为 28%、30%和 25%。首次采用戊二醛交联的方法研究了化学修饰对提高重组α-CGT 酶稳定性的影响，大肠杆菌重组表达的α-CGT 酶经戊二醛交联成大分子聚合物后，与对照相比 50℃水浴 30 min 后酶的热稳定性明显提高，水浴后仍有 78%的酶活，酶活保有率比未交联的酶提高了 2.9 倍。

李彬等（2011）报道了信号肽对浸麻类芽胞杆菌α-CGT 酶在大肠杆菌中胞外表达的影响。为了筛选得到有利于浸麻类芽胞杆菌α-CGT 酶分泌表达的信号肽，提高α-CGT 酶的分泌表达量，考察了大肠杆菌中外源蛋白分泌表达常用的 OmpA、PelB、OmpT 和 Endoxylanase 4 个信号肽对重组α-CGT 酶在大肠杆菌中胞外表达的影响。在相同的发酵条件下，OmpA 信号肽介导的分泌效果最好，发酵 72 h，胞外酶活达到了 32 U/mL，分别是 PelB、OmpT 介导效率的 2.4 倍和 4.3 倍。Endoxylanase 信号肽介导的分泌效果相对较差，在胞外只能检测到很低的α-CGT 酶活性，大量α-CGT 酶以不可溶性的包涵体形式存在。OmpA 信号肽能够有效地介导浸麻类芽胞杆菌α-CGT 酶在重组大肠杆菌中的分泌表达。

王宁等（2011）报道了利用来源于浸麻类芽胞杆菌的α-CGT 酶突变体 Y89D 制备α-环糊精。对α- CGT 酶突变体 Y89D 制备α-环糊精的影响因素进行初步研究。其因素包括淀粉种类（马铃薯淀粉、玉米淀粉、木薯淀粉、可溶性淀粉）、加酶量、反应时间、pH、有机溶剂（乙醇、异丙醇、正丁醇、正癸醇）和温度。结果表明：选用 5 g/100 mL 马铃薯淀粉、pH 5.0、温度 30℃、加酶量控制在每克淀粉 5 U 左右，反应体系中加入体积分数 5%的正癸醇，反应 6 h 后，淀粉总转化率可达 70%，其中 α-环糊精在产物中质量分数约为 85%，转化产物中含有少量 β-环糊精（15%），而极少生成 γ-环糊精。张佳瑜等（2010）报道了麦芽糖诱导浸麻类芽胞杆菌 α-环糊精葡萄糖基转移酶在枯草杆菌中的表达。通过 PCR 扩增浸麻类芽胞杆菌 α-环糊精葡萄糖基转移酶基因，将基因片段克隆到大肠杆菌-枯草芽胞杆菌穿梭载体 pGJ103 中，转化枯草芽胞杆菌 WB600 得到基因工程菌进行外源表达。在 1.5%的麦芽糖初始发酵培养基上摇瓶培养，48 h 后重组枯草芽胞杆菌产酶活性为 6.1 U/mL。通过单因素分析和响应面分析对重组枯草芽胞杆菌产 CGT 的摇瓶发酵条件进行优化。分析得到培养基关键组分麦芽糖、玉米淀粉和酵母粉三者最佳浓度分别为 15.5 g/L、13 g/L 和 20 g/L。在此条件下，摇瓶培养 36 h 后 α-CGT 酶活性为 17.6 U/mL，5 L 罐分批发酵 30 h 后酶活达到 20 U/mL（水解活性为 $1.4\times10^4$ IU/mL）。程婧等（2010）报道了复合与合成培养基对大肠杆菌胞外生产 α-环糊精葡萄糖基转移酶的影响。为实现来源于浸麻类芽胞杆菌 JFB05-01 的 α-环糊精葡萄糖基转移酶的高效胞外表达，以含分泌型信号肽 OmpA 的大肠杆菌 *E. coli* BL21（DE3）[pET-20b(+)/α-*cgt*] 为研究对象，比较了其在不同诱导条件下复合与合成培养基中生长产酶的规律。结果表明在添加甘氨酸的条件下采用合成培养基，以 0.8 g/(L·h)的乳糖进行流加诱导所得的胞外酶活和生产强度最高。在该条件下发酵 30 h 后胞外 α-CGT 的环化活性达 113.0 U/mL（水解活性为 79 100.0 IU/mL），是复合培养基胞外产酶的 2.3 倍，完全满足工业化生产的需求。姚惟琦等（2010）报道了浓香型白酒酒醅中产乳酸菌的分离及其对模拟固态发酵的影响。从发酵酒醅中分离得到 21 株产乳酸菌株，其中 16 株为芽胞杆菌。它们分别属于干燥棒杆菌（*Corynebacterium xerosis*）、耳葡萄球菌（*Staphylococcus auricularis*）、枯草芽胞杆菌、巨大芽胞杆菌（*Bacillus megaterium*）、蜡样芽胞杆菌（*Bacillus cereus*）、浸麻类芽胞杆菌 6 种产乳酸菌。将 6 株产酸菌进行模拟固态发酵，结果显示所有乳酸菌都不同程度地抑制了己酸、己酸乙酯及乳酸乙酯的产量，其中浸麻类芽胞杆菌、巨大芽胞杆菌属的 2 株产乳酸菌严重抑制了乙醇和己酸乙酯的生成量，巨大芽胞杆菌的一株还严重抑制了己酸的产量。张佳瑜等（2009）报道了来源于浸麻类芽胞杆菌的环糊精葡萄糖基转移酶在毕赤酵母和枯草芽胞杆菌中的表达。通过 PCR 扩增浸麻类芽胞杆菌 α-CGT 酶基因，将基因片段分别克隆到毕赤酵母表达载体 pPIC9K 和大肠杆菌-枯草芽胞杆菌穿梭载体 pMA5 中，分别转化毕赤酵母 KM71 和枯草芽胞杆菌 WB600。结果表明，重组毕赤酵母发酵上清液中 α-CGT 酶活性仅为 0.2 U/mL，重组枯草芽胞杆菌产酶达到 1.9 U/mL。对重组枯草芽胞杆菌发酵条件进行了优化，当以 TB 为出发培养基，初始 pH 6.5，温度为 37℃时，摇瓶培养 24 h 后 α-CGT 酶环化活性达到 4.5 U/mL（水解活性为 3200 IU/mL），是野生菌株浸麻类芽胞杆菌表达量的 9.8 倍。

成成等（2009）报道了利用重组大肠杆菌生产 α-环糊精葡萄糖基转移酶。将来源于浸麻类芽胞杆菌的 α-环糊精葡萄糖基转移酶基因插入含 *pelB* 信号肽的质粒 pET-20b(+) 中，构建了表达载体 pET-20b(+)/*cgt*，并将其转化至表达宿主大肠杆菌 BL21（DE3）中。

对重组大肠杆菌 BL21/pET-*cgt* 进行摇瓶发酵条件的优化，确定了其胞外表达 α-CGT 酶的最适条件：葡萄糖 8 g/L，乳糖 0.5 g/L，蛋白胨 12 g/L，酵母膏 24 g/L，$K_2HPO_4$ 72 mmol/L，$KH_2PO_4$ 17 mmol/L，$CaCl_2$ 2.5 mmol/L；初始 pH 为 7.0，诱导温度为 25℃。在该条件下培养 90 h 后最终 α-CGT 酶的胞外比活达到 22.1 U/mL，与浸麻类芽胞杆菌原始菌株所产天然酶比活相比提高了 42 倍，实现了 α-CGT 酶的高效生产。将基因工程菌在上述条件下于 3 L 发酵罐中发酵，90 h 后胞外酶比活达到 22.6 U/mL，证实了工业化放大的可能性。

张宏武等（2008）报道了混合培养微生物利用甘油补料发酵生产乙醇的研究。采用浸麻类芽胞杆菌和红曲菌 9906 利用甘油混合发酵生产乙醇。结果表明，分批发酵中高浓度的甘油对乙醇发酵有着较强的抑制作用，分批发酵最佳甘油浓度为 0.217 mol/L。在分批发酵的基础上补料发酵，考察了不同甘油浓度的补料液和不同补料时间对乙醇发酵的影响。最终确定乙醇补料发酵较优的工艺条件为：反应器 1 L，装液量 700 mL 红曲发酵液，甘油初始浓度为 0.217 mol/L，以补料方式每隔 60 h 分 5 次补加 0.217 mol/L 甘油浓度的红曲发酵液，每次补加 100 mL，发酵培养 360 h。当乙醇最高浓度达 0.221 mol/L，乙醇总产率为 0.628 mmol/h，乙醇/甘油转化率达 87%。与分批发酵相比，补料发酵很大程度地解除了高浓度甘油的抑制作用，有效地利用了甘油，提高了乙醇的产量，且乙醇产率较为稳定。

浸麻类芽胞杆菌脂肪酸组鉴定图谱。脂肪酸组特征为 15:0 anteiso/15:0 iso=1.95，17:0 anteiso/17:0 iso=1.15。脂肪酸组（71 个生物标记）包括：15:0 anteiso（35.3673%）、15:0 iso（18.1161%）、c16:0（12.9024%）、17:0 anteiso（9.3984%）、17:0 iso（8.1769%）、16:0 iso（5.1263%）、c14:0（1.9820%）、c18:0（1.8467%）、14:0 iso（1.7722%）、16:1ω11c（1.0753%）、18:1ω9c（0.6280%）、17:1 iso ω10c（0.5383%）、c12:0（0.4800%）、16:0 iso 3OH（0.3200%）、feature 4-1（0.3024%）、16:1ω7c alcohol（0.2090%）、feature 5（0.1841%）、17:1 anteiso ω9c（0.1724%）、feature 8（0.1692%）、13:0 iso（0.1639%）、14:0 anteiso（0.1088%）、19:0 iso（0.1063%）、c17:0（0.1008%）、18:3ω(6,9,12)c（0.0824%）、16:0 anteiso（0.0822%）、15:0 iso 3OH（0.0818%）、15:0 2OH（0.0757%）、13:0 anteiso（0.0718%）、feature 3（0.0706%）、feature 7（0.0555%）、c10:0（0.0545%）、17:0 2OH（0.0457%）、16:0 N alcohol（0.0410%）、18:0 iso（0.0353%）、17:1 iso ω5c（0.0308%）、13:0 iso 3OH（0.0271%）、17:0 iso 3OH（0.0267%）、18:1 iso H（0.0229%）、15:1 iso F（0.0196%）、11:0 iso 3OH（0.0192%）、feature 2（0.0157%）、feature 6（0.0151%）、cy19:0 ω8c（0.0141%）、16:0 2OH（0.0139%）、feature 4-2（0.0135%）、c19:0（0.0127%）、11:0 anteiso（0.0112%）、18:0 2OH（0.0096%）、18:1ω5c（0.0086%）、18:1ω7c（0.0082%）、10 Me 18:0 TBSA（0.0082%）、16:0 3OH（0.0080%）、11:0 3OH（0.0076%）、c9:0（0.0069%）、20:4 ω(6,9,12,15)c（0.0067%）、feature 1-1（0.0055%）、c13:0（0.0055%）、15:1 iso G（0.0051%）、c20:0（0.0049%）、20:1ω7c（0.0047%）、20:1ω9c（0.0045%）、12:0 3OH（0.0045%）、17:1ω8c（0.0045%）、16:1ω5c（0.0043%）、c11:0（0.0041%）、feature 1-2（0.0035%）、15:1 anteiso A（0.0031%）、14:0 2OH（0.0029%）、15:0 3OH（0.0029%）、feature 1-3（0.0027%）、12:0 anteiso（0.0018%）（图 8-2-12）。

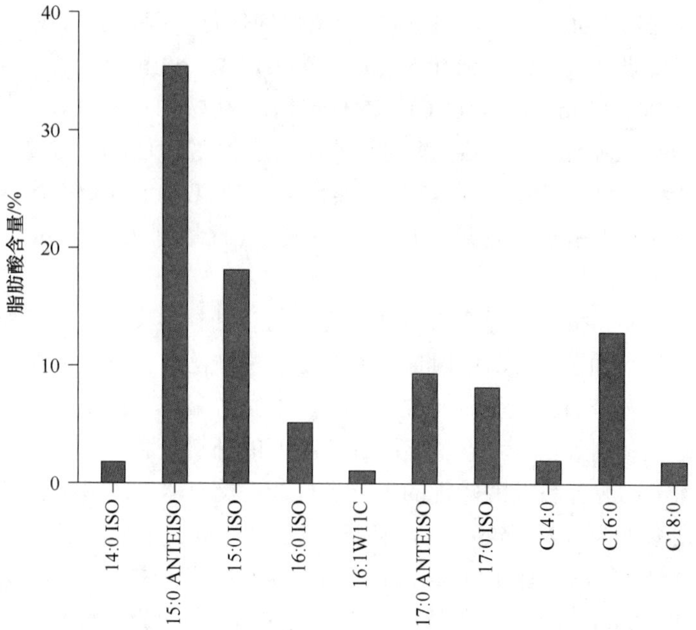


图 8-2-12　浸麻类芽胞杆菌（*Paenibacillus macerans*）主要脂肪酸种类

## 12. 马阔里类芽胞杆菌

马阔里类芽胞杆菌生物学特性。马阔里类芽胞杆菌［*Paenibacillus macquariensis*（Marshall and Ohye 1966）Ash et al. 1994，comb. nov.］由芽胞杆菌属（即 *Bacillus macquariensis*）移到类芽胞杆菌属（即 *Paenibacillus macquariensis*）。模式菌株 ATCC 23464$^T$ 分离自马阔里岛土壤。营养生长期细胞为革兰氏阴性，能运动，杆状（末端圆）［0.5 μm×（4～6）μm］。芽胞椭圆形，次端生。在 NA 培养基平板上 20℃培养 4 d 的菌落小，离散、不透明、光滑、边缘半透明且有毛边，直径为 0.5～1.0 mm。在 NA 培养基斜面上稀少，灰白色-白色，光滑，半透明至微不透明。20℃培养 7 d 后葡萄糖液体培养基的 pH 为 5.4～5.8。在含 2% NaCl 时能生长，但含 5% NaCl 时不能生长。在 1/1 000 000 结晶紫中不能生长。最适生长温度为 15～20℃，30℃时不能生长（Marshall and Ohye，1966）。在国内未见相关研究报道。

马阔里类芽胞杆菌脂肪酸组鉴定图谱。脂肪酸组特征为 15:0 anteiso/15:0 iso=4.56，17:0 anteiso/17:0 iso=3.01。脂肪酸组（48 个生物标记）包括：15:0 anteiso（61.7118%）、15:0 iso（13.5283%）、c16:0（8.1843%）、14:0 iso（3.3155%）、17:0 anteiso（3.1149%）、16:0 iso（2.9261%）、16:1ω11c（2.0465%）、c14:0（1.8213%）、17:0 iso（1.0334%）、16:1ω7c alcohol（0.6326%）、c18:0（0.3638%）、13:0 anteiso（0.3386%）、feature 4-1（0.2855%）、16:0 iso 3OH（0.1900%）、17:1 iso ω10c（0.1350%）、c12:0（0.0757%）、13:0 iso（0.0714%）、feature 4-2（0.0686%）、17:1 anteiso ω9c（0.0573%）、18:1ω9c（0.0436%）、c20:0（0.0279%）、13:0 2OH（0.0278%）、14:0 anteiso（0.0257%）、18:3ω(6,9,12)c（0.0191%）、c17:0（0.0168%）、16:0 anteiso（0.0152%）、20:1ω7c（0.0117%）、18:1ω7c（0.0110%）、16:0 2OH

（0.0108%）、15:1ω5c（0.0092%）、19:0 iso（0.0091%）、18:1 iso H（0.0081%）、16:1 2OH（0.0070%）、15:1 iso G（0.0053%）、feature 3（0.0052%）、feature 1（0.0048%）、feature 8（0.0047%）、15:1 iso F（0.0035%）、c19:0（0.0035%）、15:1 iso ω9c（0.0035%）、15:0 2OH（0.0032%）、20:4ω(6,9,12,15)c（0.0029%）、13:0 iso 3OH（0.0023%）、16:0 N alcohol（0.0017%）、feature 5（0.0014%）、15:1 anteiso A（0.0014%）、c10:0（0.0010%）、c13:0（0.0009%）（图 8-2-13）。

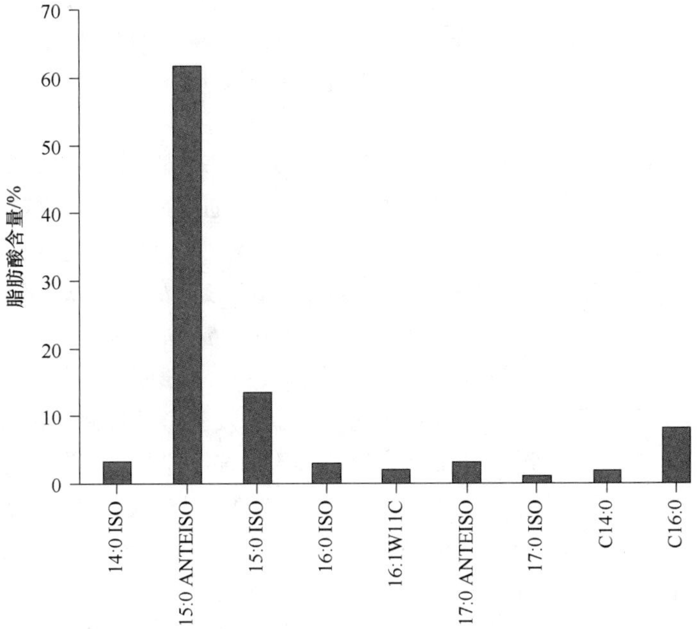


图 8-2-13　马阔里类芽胞杆菌（*Paenibacillus macquariensis*）主要脂肪酸种类

## 13. 饲料类芽胞杆菌

饲料类芽胞杆菌生物学特性。饲料类芽胞杆菌[*Paenibacillus pabuli*(Nakamura 1984) Ash et al. 1994，comb. nov.] 由芽胞杆菌属（即 *Bacillus pabuli*）移到类芽胞杆菌属（即 *Paenibacillus pabuli*）。在国内有过相关研究报道。韦中等（2015）报道了“挂壁”法筛选常温稻秆腐解菌及其降解能力研究。采用“挂壁”法对稻秆高效腐解菌群进行富集，并以稻秆粉为唯一碳源筛选到生长能力强的腐解菌 12 株，进一步复筛从中获得腐解能力较强的细菌 2 株和真菌 2 株，通过 16S rDNA、ITS 序列分析及菌株形态学观察，初步鉴定菌株 GS2-3、ZJA-6 分别为解淀粉芽胞杆菌（*Bacillus amyloliquefaciens*）和饲料类芽胞杆菌，菌株 ZJB-5、ZJC-1 分别为哈茨木霉（*Trichoderma harzianum*）和拟康宁木霉（*Trichoderma koningiopsis*）。细菌 GS2-3、ZJA-6 和真菌 ZJB-5、ZJC-1 均具有较高的纤维素酶和半纤维素酶活性，纤维素酶活力分别达到 21.85 U/mL、13.20 U/mL、106.48 U/mL、187.13 U/mL，半纤维素酶活力分别达到 960.70 U/mL、1879.67 U/mL、100.64 U/mL、6727.30 U/mL；液体培养 7 d 后，菌株 GS2-3、ZJA-6、ZJB-5 和 ZJC-1 对稻秆的相对降解率分别为 22.78%、34.25%、33.32%和 27.99%，显著高于其他降解菌；土培降解试验表明，4 株腐解菌均有较强的腐解稻秆能力，处理 28 d 后菌株 ZJC-1、GS2-3、ZJA-6、ZJB-5 的腐解率分别达到 23.2%、19.2%、17.8%、14.7%。这表明采用“挂壁”法进行优势菌群的富集，为有针对性地获得稻秆还田腐解菌提供了新的思路。魏春等（2013）报道了饲料类芽胞杆菌WZ008的自絮凝及其种子培养基优化对碱性果胶酶发酵的影响。碱性果胶酶生产菌饲料类芽胞杆菌 WZ008 在种子培养基中的生长具有自絮凝特性。研究了种子液中菌体形态及其对碱性果胶酶生产的影响，结果表明絮状种子有利于产酶。种子培养基的优化结果表明，添加可溶性淀粉和 β-环糊精有利于维持自絮凝形态，同时生物量和发酵产酶水平得到提高；种子培养基初始 pH 偏碱性对自絮凝形态及产酶水平有显著影响，添加 pH 缓冲盐 $K_2HPO_4$ 进一步稳定了自絮凝形态。种子培养基优化后，在 5 L 罐上碱性果胶酶产量达 90 U/mL。

汪汉成等（2012）报道了 Biolog GENIII微孔板在烟草青枯病、黑胫病生防细菌鉴定中的应用。采用 Biolog 全自动微生物鉴定系统的 BiologGENIII 微孔板对 24 株烟草青枯病、黑胫病未知生防细菌进行了鉴定。结果表明，鉴定准确率为 100%，其中解淀粉芽胞杆菌 12 株、饲料类芽胞杆菌 3 株、枯草芽胞杆菌（*Bacillus subtilis*）2 株、萎缩芽胞杆菌（*Bacillus atrophaeu*s）2 株、地衣芽胞杆菌（*Bacillus licheniformis*）2 株、短小芽胞杆菌（*Bacillus pumilus*）1 株、亨氏普罗维登斯菌（*Providencia heimbachae*）1 株。于雅琼等（2007）报道了不同生境中芽胞杆菌的分离鉴定及药敏性检测，包含了饲料类芽胞杆菌。孟会生等（2006）报道了纤维素分解菌群的筛选组建与羧甲基纤维素酶活。以滤纸液化度及纤维素酶活性为指标，从土样中筛出 77 株，从粪便中筛出 22 株，从菌库 49 株中进一步筛选出分解滤纸及秸秆能力较强的 3 株菌，通过初步鉴定分别为绿色木霉、哈茨木霉和饲料芽胞杆菌，其中筛选出的单菌株利用纤维素的能力较低，以绿色木酶为最好。但通过各菌株的配合，使其混合发酵，可使纤维素分解能力明显提高，且 3 株菌混合培养的产酶效率最高。

饲料类芽胞杆菌脂肪酸组鉴定图谱。脂肪酸组特征为 15:0 anteiso/15:0 iso=5.50，17:0 anteiso/17:0 iso=1.61。脂肪酸组（47 个生物标记）包括：15:0 anteiso（50.3367%）、c16:0（13.3822%）、15:0 iso（9.1533%）、16:1ω11c（5.4033%）、16:0 iso（4.4656%）、14:0 iso（4.3989%）、c14:0（3.5056%）、17:0 anteiso（3.0467%）、17:0 iso（1.8889%）、16:1ω7c alcohol（1.0367%）、c18:0（0.6656%）、feature 4（0.5489%）、17:1 iso ω10c（0.5056%）、18:1ω9c（0.2856%）、13:0 anteiso（0.2144%）、15:1ω5c（0.1456%）、15:1 iso F（0.1344%）、c12:0（0.0789%）、15:1 iso ω9c（0.0756%）、c17:0（0.0744%）、13:0 iso 3OH（0.0700%）、feature 8（0.0622%）、13:0 iso（0.0522%）、feature 5（0.0500%）、feature 3（0.0422%）、18:0 iso（0.0400%）、c10:0（0.0344%）、15:1 anteiso A（0.0289%）、cy9:0 ω8c（0.0278%）、14:0 anteiso（0.0256%）、17:1 anteiso ω9c（0.0233%）、feature 9（0.0211%）、feature 1-1（0.0189%）、feature 1-2（0.0189%）、10:0 iso（0.0167%）、cy17:0（0.0156%）、16:1ω5c（0.0144%）、13:0 2OH（0.0133%）、18:1ω5c（0.0133%）、c9:0（0.0111%）、19:0 iso（0.0100%）、16:1 2OH（0.0089%）、20:1ω7c（0.0078%）、11:0 anteiso（0.0067%）、15:0 iso 3OH（0.0056%）、16:0 anteiso（0.0044%）、15:0 2OH（0.0044%）（图 8-2-14）。

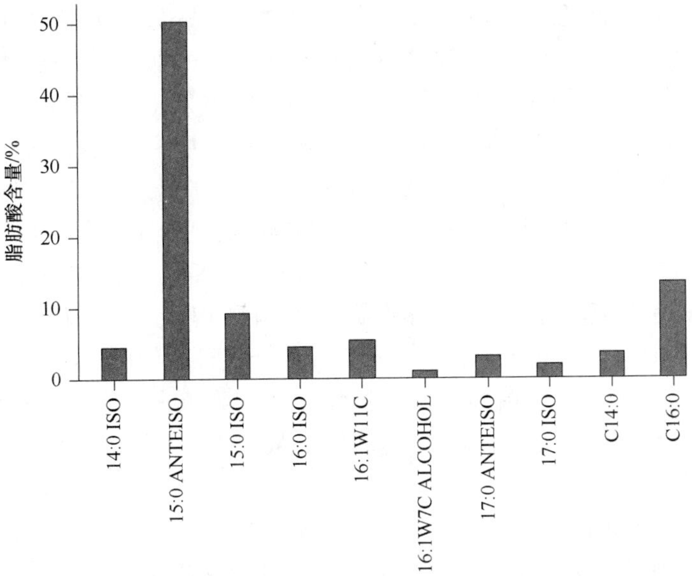


图 8-2-14　饲料类芽胞杆菌（*Paenibacillus pabuli*）主要脂肪酸种类

## 14. 多黏类芽胞杆菌

多黏类芽胞杆菌［*Paenibacillus polymyxa*（Prazmowski 1880）Ash et al. 1994，comb. nov.］由芽胞杆菌属（即 *Bacillus polymyxa*）移到类芽胞杆菌属（*Paenibacillus polymyxa*）。在国内有过大量研究报道，研究文献达 431 篇，多黏类芽胞杆菌国内研究文献年发表数量动态趋势见图 8-2-15。

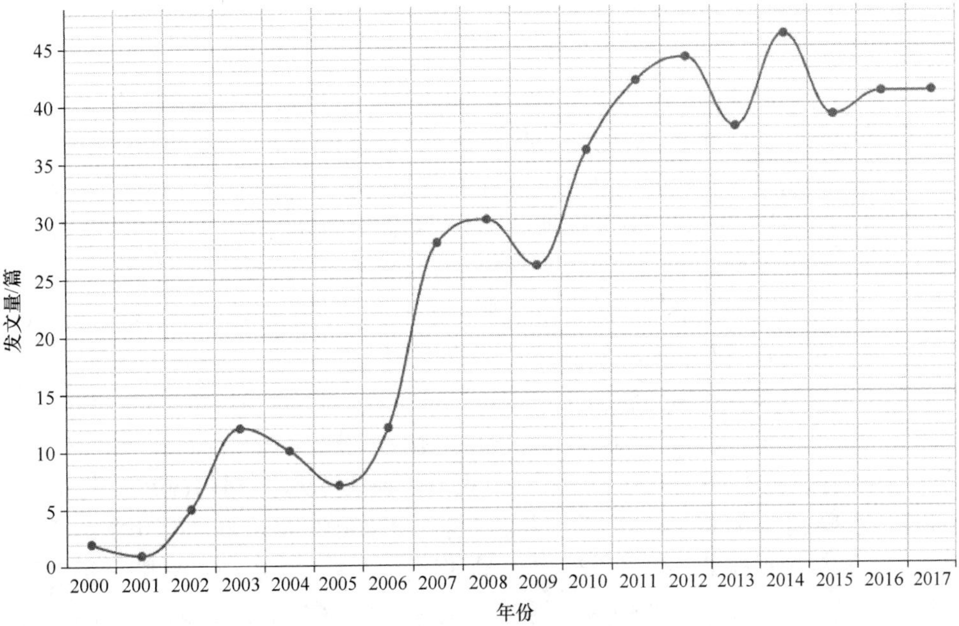


图 8-2-15　多黏类芽胞杆菌国内研究文献年发表数量动态趋势

杨赞等（2017）报道 $NH_4^+$对多黏菌素 4E 产生菌多黏类芽胞杆菌 SIIA-1408 代谢过程的影响；胡飞等（2017）报道了多黏类芽胞杆菌 DN-1 固态发酵条件优化；徐大兵等（2017）报道了辅以多黏类芽胞杆菌堆肥提取液工艺及其对土壤微生物群落结构的影响；宋喜乐等（2016）报道了洛阳地区烟草根际土壤中多黏类芽胞杆菌的分离与鉴定；孙仲奇等（2016）报道了碳源对多黏类芽胞杆菌生长和多黏菌素 E 合成的影响；周荣华等（2016）报道了多黏类芽胞杆菌中 2,3-丁二醇脱氢酶的克隆和表达；王美英等（2016）报道了多黏类芽胞杆菌 JSa-9 发酵培养基优化及其在黄瓜枯萎病中的应用研究；赵国群等（2016）报道了梨渣固态发酵培养多黏类芽胞杆菌的工艺；尹微和江志阳（2015）报道了多黏类芽胞杆菌与腐植酸水溶肥料配合施用在黄瓜上的应用研究初报；马菁华等（2015）报道了多黏类芽胞杆菌 SQR-21 对西瓜根系分泌蛋白的影响；胡飞等（2015）报道了 1 株多黏类芽胞杆菌防治油茶炭疽病初探；周荣华等（2015）报道了多黏类芽胞杆菌发酵放大工艺研究。

蔡元宁等（2015）报道了多黏类芽胞杆菌的保藏及复壮方法研究；徐尤勇等（2015）报道了多黏类芽胞杆菌 ZJ-9 混合发酵菊粉和葡萄糖合成 *R*,*R*-2,3-丁二醇；饶犇等（2014b）报道了溶氧对多黏类芽胞杆菌发酵影响的研究；程爱芳等（2015）报道了多黏类芽胞杆菌 HD-1 产纤维素酶的条件优化；闫冬等（2014）报道了多黏类芽胞杆菌 JSa-9 高产 LI-F 类抗菌脂肽突变株的选育；马桂珍等（2014，2013）报道了海洋多黏类芽胞杆菌 L1-9 发酵液的抗菌谱及稳定性测定，以及抗菌活性产物的分离与结构鉴定；刘振华等（2014）报道了基于极端顶点混料试验设计的多黏类芽胞杆菌可湿性粉剂载体优化；郭芳芳等（2014）报道了 1 株多黏类芽胞杆菌的鉴定及其生防促生效果的初步测定；高玲等（2014）报道了多黏类芽胞杆菌 JSa-9 电转化方法的优化；王刘庆等（2013）综述了多黏类芽胞杆菌生物学特性及其机理研究进展。

范磊等（2012）报道了多黏类芽胞杆菌 HY96-2 产脂肽类抗真菌物质的研究；李波等（2012）报道了多黏类芽胞杆菌对木麻黄青枯病的抑菌防病作用；刘振华等（2011）报道了多黏类芽胞杆菌胞外多糖在微生物农药剂型中的功能研究；宿燕明等（2011）报道了多黏类芽胞杆菌对油菜中硝酸盐含量的影响；张秋霞等（2010）报道了多黏类芽胞杆菌芽胞荧光原位杂交检测技术研究及其在有机肥发酵中的应用；马桂珍等（2010a，2010b）报道了海洋多黏类芽胞杆菌菌株 L1-9 抗菌蛋白的分离纯化及其抗菌作用；彭祎等（2010）报道了 GFP 标记的多黏类芽胞杆菌 1114 在番茄根际的定植；吕风霞等（2010）报道了内生多黏类芽胞杆菌纤溶酶的纯化及其体外溶栓作用；陈海英等（2010，2009）报道了多黏类芽胞杆菌 CP7 对荔枝霜疫霉菌的抗菌活性及其作用机制，以及抗革兰氏阴性菌活性组分的分离和结构分析。

张淑梅等（2010）报道了 1 株抗真菌内生多黏类芽胞杆菌的分离鉴定及其对水稻恶苗病病原菌的抑制作用；龚春燕等（2009）报道了多黏类芽胞杆菌 HY96-2 发酵液化学成分的研究；陈海英等（2009）报道了多黏类芽胞杆菌 CP7 菌抗革兰氏阴性菌活性组分的分离和结构分析；杨少波和刘训理（2008）报道了多黏类芽胞杆菌及其产生的生物活性物质研究进展；朱辉（2008）报道了多黏类芽胞杆菌 SC2 *xynD* 和 *gluB* 的克隆及序列分析；赵爽等（2008）综述了多黏类芽胞杆菌抗菌物质和防病机制的研究进展；陈雪丽

等（2008）报道了多黏类芽胞杆菌 BRF-1 和枯草芽胞杆菌 BRF-2 对黄瓜和番茄枯萎病的防治效果；徐玲等（2006）报道了多黏类芽胞杆菌 HY96-2 对番茄青枯病的防治作用；杨朝晖等（2006）报道了多黏类芽胞杆菌 GA1 产絮凝剂的培养基和分段培养工艺。

多黏类芽胞杆菌脂肪酸组鉴定图谱。脂肪酸组特征为 15:0 anteiso/15:0 iso=8.35，17:0 anteiso/17:0 iso=2.55。脂肪酸组（79 个生物标记）包括：15:0 anteiso（56.5982%）、c16:0（10.3350%）、16:0 iso（7.6850%）、17:0 anteiso（7.0640%）、15:0 iso（6.7744%）、17:0 iso（2.7740%）、14:0 iso（2.4602%）、c14:0（1.7955%）、16:1ω11c（1.2478%）、c18:0（0.8586%）、16:1ω7c alcohol（0.3182%）、16:0 iso 3OH（0.3100%）、18:1ω9c（0.2942%）、c12:0（0.2570%）、feature 4-1（0.2089%）、17:1 iso ω10c（0.1973%）、c17:0（0.1657%）、13:0 anteiso（0.1567%）、11:0 anteiso（0.0709%）、c10:0（0.0679%）、feature 8（0.0620%）、17:1 anteiso ω9c（0.0532%）、13:0 iso（0.0459%）、18:0 iso（0.0425%）、c20:0（0.0413%）、18:1ω7c（0.0401%）、14:0 anteiso（0.0321%）、15:1 anteiso A（0.0301%）、feature 3-1（0.0280%）、15:0 2OH（0.0240%）、feature 3-2（0.0221%）、feature 4-2（0.0218%）、cy19:0 ω8c（0.0197%）、20:1ω7c（0.0172%）、18:1 2OH（0.0151%）、19:0 iso（0.0147%）、13:0 2OH（0.0115%）、13:0 iso 3OH（0.0086%）、15:1 iso G（0.0084%）、feature 1（0.0081%）、18:3ω(6,9,12)c（0.0075%）、c19:0（0.0075%）、feature 9（0.0072%）、16:0 N alcohol（0.0071%）、14:0 2OH（0.0063%）、16:0 anteiso（0.0057%）、10 Me 18:0 TBSA（0.0046%）、11:0 iso（0.0045%）、11:0 2OH（0.0044%）、12:0 3OH（0.0043%）、12:0 iso（0.0043%）、c13:0（0.0039%）、17:0 iso 3OH（0.0039%）、15:1 iso F（0.0038%）、17:0 2OH（0.0035%）、15:0 iso 3OH（0.0034%）、17:1 iso ω5c（0.0033%）、17:1ω6c（0.0032%）、20:0 iso（0.0030%）、16:1ω5c（0.0030%）、feature 6（0.0026%）、feature 2-1（0.0024%）、16:0 2OH（0.0021%）、cy17:0（0.0021%）、c9:0（0.0021%）、11:0 iso 3OH（0.0021%）、19:0 anteiso（0.0021%）、20:1ω9c（0.0019%）、14:1ω5c（0.0018%）、18:0 2OH（0.0013%）、feature 5（0.0012%）、18:0 3OH（0.0012%）、12:0 iso 3OH（0.0011%）、18:1 iso H（0.0008%）、18:1ω5c（0.0007%）、16:1 iso H（0.0006%）、feature 2-2（0.0004%）、14:1 iso E（0.0004%）、14:0 iso 3OH（0.0004%）（图 8-2-16）。

## 15. 丽金龟子类芽胞杆菌

丽金龟子类芽胞杆菌生物学特性。丽金龟子类芽胞杆菌［*Paenibacillus popilliae*（Dutky 1940）Pettersson et al. 1999，comb. nov.］也称日本甲虫芽胞杆菌、乳状芽胞杆菌，由芽胞杆菌属（即 *Bacillus popilliae*）移到类芽胞杆菌属（*Paenibacillus popilliae*）。在国内有过相关研究报道。丁莹等（2008）报道了日本金龟子类芽胞杆菌生长和芽胞生成阶段的特性研究。日本金龟子类芽胞杆菌是一种在活有机体外很难产生芽胞的昆虫病原体。在以可溶性淀粉、酵母膏、磷酸氢二钾、糖类、碳酸钙为主要成分的液态培养基中对影响菌株生长和孢子生成的因素进行研究。结果发现，菌体生长的最佳条件是葡萄糖为糖源、培养温度 30℃、初始 pH 7.6、通气量与菌液体积比 1.5∶1、培养时间 16 h；孢子生成的最佳条件是海藻糖为糖源、温度 30℃、pH 8.0、以硫酸锰和大孔吸附树脂为孢子生成促进剂、培养时间 24 h。在上述条件下，利用两阶段法生产芽胞，成功地使芽胞

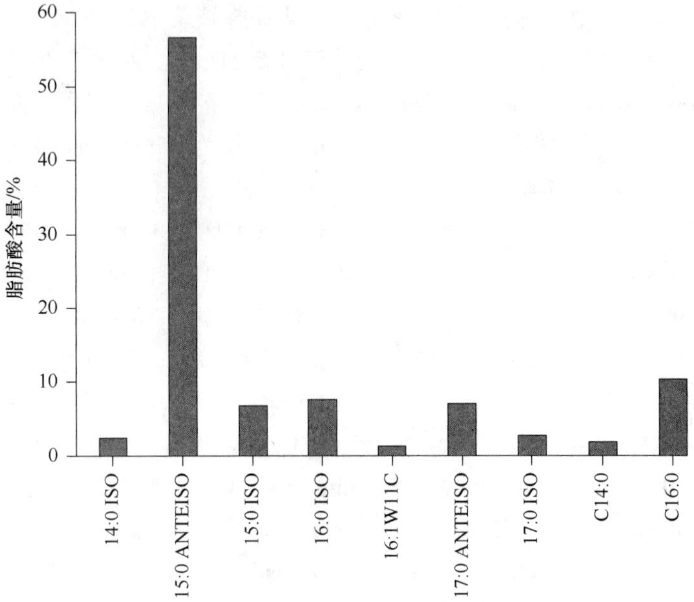


图 8-2-16　多黏类芽胞杆菌（*Paenibacillus polymyxa*）主要脂肪酸种类

在活有机体外的生成率达到 70%以上。刘品贤和李久香（1992）综述了天敌微生物防治害虫的现状和展望。微生物杀虫剂包括病毒、细菌、真菌和原生动物。有人认为昆虫寄生性线虫也应包括在微生物杀虫剂中，但美国国家环境保护局认为应除外。微生物杀虫剂利用昆虫病原微生物防治害虫早在 100 多年前就有记载，但作为农药登记和大规模使用是从 1949 年开始的：丽金龟子类芽胞杆菌和苏云芽胞金杆菌（*Bacillus thuringiensis*）于 1961 年在美国作为农药登记，现已在世界各地使用；1970 年又有 3 种病毒农药登记。1974 年细胞质多角体病毒作为农药登记。

胡明峻（1992）综述了我国在细菌、真菌、病毒、线虫、微孢子虫等微生物杀虫研究与应用的进展情况。我国用于治虫的细菌，主要有苏云金芽胞杆菌（*Bacillus thuringiensis*）、丽金龟子类芽胞杆菌（*Paenibacillus popilliae*）和慢病类芽胞杆菌（*Paenibacillus lentimorbus*）。从大黑鳃金龟幼虫分离出日本金龟乳状芽胞杆菌新变种——山东变种；从蒙古丽金龟幼虫分离出慢病芽胞杆菌蒙古变种，在田间对蛴螬均有一定的防治效果，但不理想。张书方等（1988）报道了蛴螬乳状菌（丽金龟子类芽胞杆菌）形态变化的研究。在研究乳状菌毒力时发现，作为乳状菌传统分类标准的伴胞晶体，其遗传结构是不稳定的，随着寄主变换而存在或消失，从而使其对乳状菌的分类标准提出了疑义。由于形态变化引起了毒力改变，780-1 菌株发生形态变化后，致病力明显提高。说明毒力大小并不取决于伴胞晶体有无，因此人们对伴胞晶体作用有了一个新的认识。

杨明华（1985）报道了华北大黑金龟幼虫对注射细菌的免疫反应。在华北大黑金龟三龄幼虫体腔内分别注射病原菌丽金龟子类芽胞杆菌及非病原菌巨大芽胞杆菌（*Bacillus megaterium*），观察血细胞总数（THC）和血淋巴蛋白质组分的变化。注射后 15 min，两者使 THC 都下降 50%左右，1 h 后开始回升。这时，注射非病原菌的幼虫 THC 上升到最高峰，约超过正常的 86%。此后 10 h 内又经过 3 次下降和回升。李凤珍等（1985）

报道了芽胞杆菌属产生胞外多糖的研究。不同芽胞杆菌能产生不同的胞外多糖，根据多糖中的中性糖组成，可以把产生多糖的芽胞杆菌划分为三大类：第一类为中性糖由甘露糖和葡萄糖组成的菌株，包括枯草芽胞杆菌（*Bacillus subtilis*）、短小芽胞杆菌（*Bacillus pumilus*）、蜂房类芽胞杆菌（*Paenibacillus alvei*）、蜡样芽胞杆菌（*Bacillus cereus*）、球形赖氨酸芽胞杆菌（*Lysinibacillus sphaericus*）、地衣芽胞杆菌（*Bacillus licheniformis*）、侧胞短芽胞杆菌（*Brevibacillus laterosporus*）、生尘芽胞杆菌（*Bacillus pulvifaciens*）、短短芽胞杆菌（*Brevibacillus brevis*）、蕈状芽胞杆菌（*Bacillus mycoides*）、多黏类芽胞杆菌（*Paenibacillus polymyxa*）、丽金龟子类芽胞杆菌、浸麻类芽胞杆菌（*Paenibacillus macerans*）、坚强芽胞杆菌（*Bacillus firmus*）和巨大芽胞杆菌；第二类为中性糖由甘露糖、葡萄糖和半乳糖组成的菌株，包括多黏类芽胞杆菌、幼虫类芽胞杆菌（*Paenibacillus larvae*）、嗜热芽胞杆菌（*Bacillus thermophilus*）和蕈状芽胞杆菌（*Bacillus mycoides*）；第三类为中性糖由 4 种以上单糖组成的菌株，包括巨大芽胞杆菌、凝结芽胞杆菌（*Bacillus coagulans*）和环状芽胞杆菌（*Bacillus circulans*）。多黏类芽胞杆菌和幼虫类芽胞杆菌产生的胞外多糖是一种琼脂型的多糖，它们的水溶液（1%）具有加热熔化、冷却后凝固的特征，这种多糖是酸性多糖，它由甘露糖、葡萄糖、半乳糖和糖醛酸组成。

丽金龟子类芽胞杆菌脂肪酸组鉴定图谱。脂肪酸组特征为 15:0 anteiso/15:0 iso=4.54，17:0 anteiso/17:0 iso=0.95。脂肪酸组（24 个生物标记）包括：15:0 anteiso（38.4300%）、c16:0（27.1300%）、15:0 iso（8.4700%）、16:0 iso（5.0967%）、17:0 iso（4.5600%）、17:0 anteiso（4.3233%）、c14:0（3.6733%）、16:1ω11c（2.7600%）、14:0 iso（1.7100%）、c18:0（1.2067%）、c12:0（0.6433%）、c19:0（0.3300%）、c20:0（0.2900%）、17:1 iso ω10c（0.2567%）、18:1ω9c（0.2367%）、16:1ω7c alcohol（0.1667%）、feature 4（0.1367%）、20:1ω7c（0.1133%）、c17:0（0.0967%）、c10:0（0.0900%）、14:0 anteiso（0.0767%）、16:0 anteiso（0.0700%）、feature 3（0.0667%）、17:1 anteiso ω9c（0.0633%）（图 8-2-17）。

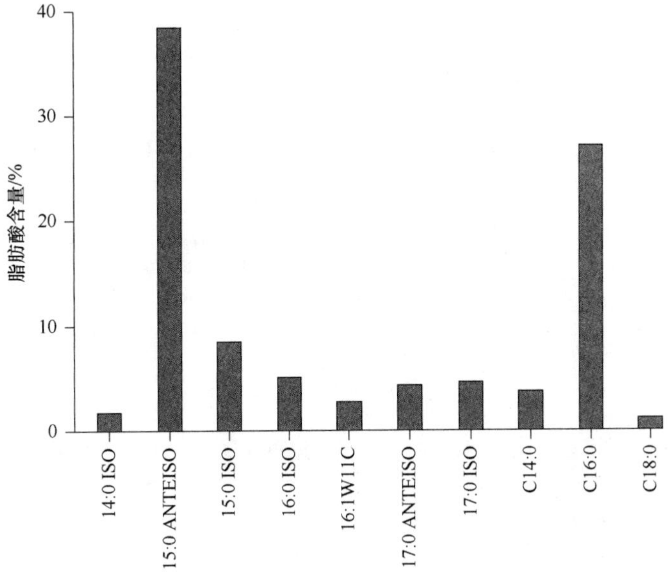


图 8-2-17　丽金龟子类芽胞杆菌（*Paenibacillus popilliae*）主要脂肪酸种类

## 16. 解硫胺素类芽胞杆菌

解硫胺素类芽胞杆菌生物学特性。解硫胺素类芽胞杆菌［*Paenibacillus thiaminolyticus*（Nakamura 1990）Shida et al. 1997，comb. nov.］由芽胞杆菌属（即 *Bacillus thiaminolyticus*）移到类芽胞杆菌属（即 *Paenibacillus thiaminolyticus*）。模式菌株是从人类粪便和蜜蜂幼虫中分离得到的。细胞革兰氏阳性，兼性厌氧，杆状［（0.5～1.0）μm×（2.0～3.0）μm］，能动。芽胞椭圆形，胞囊膨大。琼脂上形成的菌落直径为 1.0～2.0 mm，透明，光滑，圆形，边缘整齐。生长的 pH 为 5.6 或 5.7。大部分菌株在 NaCl 浓度为 5%时能生长，在 7% NaCl 中不能生长。在 0.001%溶菌酶中生长不会受到抑制。最适生长温度为 28℃，最高生长温度为 45℃，最低生长温度为 20℃（Nakamura，1990）。在国内相关研究甚少，王子旋（2012）在芽胞杆菌脂肪酸生物标记测定条件的异质性研究中报道了解硫胺素类芽胞杆菌；刘贯锋（2011）在芽胞杆菌分类学特征及其生防功能菌株筛选中报道了解硫胺素类芽胞杆菌。

解硫胺素类芽胞杆菌脂肪酸组鉴定图谱。脂肪酸组特征为 15:0 anteiso/15:0 iso=7.06，17:0 anteiso/17:0 iso=3.35。脂肪酸组（23 个生物标记）包括：15:0 anteiso（44.4353%）、17:0 anteiso（13.9420%）、c16:0（12.8073%）、16:0 iso（6.4980%）、15:0 iso（6.2900%）、17:0 iso（4.1640%）、16:1ω11c（4.1193%）、c14:0（2.5847%）、feature 4（1.4533%）、14:0 iso（1.1887%）、17:1 iso ω10c（0.7807%）、16:1ω7c alcohol（0.5487%）、c18:0（0.4180%）、c12:0（0.3407%）、c10:0（0.1633%）、c17:0（0.1080%）、13:0 anteiso（0.0600%）、18:0 iso（0.0353%）、13:0 iso（0.0207%）、11:0 anteiso（0.0180%）、feature 5（0.0140%）、18:1ω9c（0.0067%）、11:0 2OH（0.0053%）（图 8-2-18）。

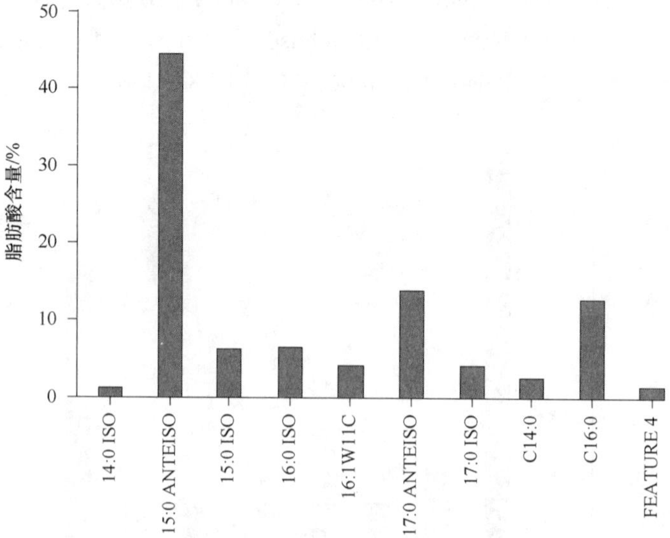


图 8-2-18　解硫胺素类芽胞杆菌（*Paenibacillus thiaminolyticus*）主要脂肪酸种类

## 17. 强壮类芽胞杆菌

强壮类芽胞杆菌生物学特性。强壮类芽胞杆菌［*Paenibacillus validus*（Nakamura

1984）Ash et al. 1994，comb. nov.］由芽胞杆菌属（即 *Bacillus validus*）移到类芽胞杆菌属（即 *Paenibacillus validus*），模式菌株分离自土壤。细胞杆状［（0.5～1.0）μm×（5.0～7.0）μm］。菌株在 NaCl 浓度为 3%和 0.001%溶菌酶中生长受到抑制。在 pH 5.6 时能生长。最适生长温度是 28～30℃，最高生长温度是 45～50℃，最低生长温度是 5～10℃（Nakamura，1984）。在国内相关研究甚少，谭小艳（2005）报道了柑橘溃疡病生防细菌的研究。从广西南宁青秀山和合浦县山口镇山口林场柑橘园采集土壤、柑橘叶片和柑橘幼果，分离到了对柑橘溃疡病病原菌有拮抗作用的 9 个菌株，拮抗菌经盆栽防治试验筛选后，对防治效果好的 4 个生防菌株（Ab8、Bv10、Bp27、Bc51）进行鉴定。经过 16S rDNA 的扩增、电泳检测、纯化、测序及同源性分析后，表明生防菌株 Ab8、Bv10、Bp27、Bc51 分别属于不动杆菌属（*Acinetobacter*）、芽胞杆菌属（*Bacillus*）、短芽胞杆菌属（*Brevibacillus*）、伯克氏菌属（*Burkholderia*），通过形态学和生理生化特征进一步将其鉴定到种：Ab8 为鲍曼不动杆菌（*Acinetobacter baumannii*）、Bv10 为强壮芽胞杆菌（*Bacillus fortis*）、Bp27 为副短短芽胞杆菌（*Brevibacillus parabrevis*）、Bc51 为洋葱伯克氏菌（*Burkholderia cepacia*）。温度、pH 和培养基对生防菌抑菌圈有一定的影响。遗传稳定性测定结果表明，生防菌对柑橘溃疡病病原菌的拮抗作用稳定，移植 8 代，抑菌圈直径变化不大。盆栽试验表明，Ab8、Bv10、Bp27、Bc51 的抑制率分别为 52.6%、42.9%、36.6%、60.3%。Bv10、Bp27、Bc51 的抑菌谱广，其中 Bv10 在平皿内对茄子灰霉病病原菌（*Botryis cinerea*）和草莓轮斑病病原菌（*Phomopsis obscurans*）的抑菌率达 100%。

强壮类芽胞杆菌脂肪酸组鉴定图谱。脂肪酸组特征为 15:0 anteiso/15:0 iso=3.62，17:0 anteiso/17:0 iso=2.07。脂肪酸组（89 个生物标记）包括：15:0 anteiso（49.3141%）、15:0 iso（13.6166%）、c16:0（6.1896%）、16:0 iso（4.1427%）、17:0 anteiso（3.9314%）、14:0 iso（3.4547%）、16:1ω11c（2.9017%）、16:1ω7c alcohol（2.2573%）、17:0 iso（1.8963%）、c18:0（1.8403%）、c14:0（1.6877%）、13:0 anteiso（1.2993%）、feature 4-1（1.0887%）、13:0 iso（0.8523%）、17:1 iso ω10c（0.7874%）、feature 8（0.6659%）、18:1ω9c（0.6319%）、feature 3-1（0.2187%）、c19:0（0.2183%）、15:1ω5c（0.2171%）、c12:0（0.2161%）、feature 5（0.1937%）、11:0 iso 3OH（0.1641%）、17:1 anteiso ω9c（0.1486%）、feature 4-2（0.1349%）、c20:0（0.1314%）、14:0 anteiso（0.1231%）、feature 3-2（0.1229%）、c17:0（0.1164%）、16:0 anteiso（0.0859%）、19:0 iso（0.0723%）、13:0 iso 3OH（0.0721%）、cy19:0 ω8c（0.0670%）、15:1 iso F（0.0664%）、15:1 iso G（0.0589%）、17:0 iso 3OH（0.0579%）、18:1ω7c（0.0457%）、15:0 iso 3OH（0.0451%）、18:3ω(6,9,12)c（0.0443%）、20:2ω(6,9)c（0.0403%）、16:0 iso 3OH（0.0400%）、12:0 iso（0.0396%）、16:0 3OH（0.0394%）、10:0 3OH（0.0353%）、feature 2-1（0.0340%）、12:0 2OH（0.0333%）、15:1 iso ω9c（0.0330%）、18:0 2OH（0.0323%）、16:1 2OH（0.0314%）、18:1 iso H（0.0307%）、18:0 iso（0.0301%）、10 Me 18:0 TBSA（0.0276%）、cy17:0（0.0266%）、17:1 iso ω5c（0.0261%）、13:0 2OH（0.0259%）、c10:0（0.0250%）、18:1ω5c（0.0220%）、12:0 3OH（0.0203%）、17:1ω6c（0.0199%）、17:1ω8c（0.0191%）、15:1 anteiso A（0.0189%）、20:4ω(6,9,12,15)c（0.0186%）、16:0 2OH（0.0179%）、16:0 N alcohol（0.0159%）、20:0 iso（0.0156%）、16:1ω5c（0.0147%）、feature 1-1（0.0124%）、17:1 iso ω9c（0.0120%）、14:0 2OH（0.0094%）、15:1ω6c

（0.0080%）、16:1 iso H（0.0076%）、feature 9（0.0070%）、17:1 anteiso A（0.0069%）、20:1ω7c（0.0064%）、feature 1-2（0.0064%）、17:1ω5c（0.0064%）、15:0 2OH（0.0063%）、unknown 14.959（0.0063%）、10 Me 17:0（0.0046%）、11:0 anteiso（0.0039%）、17:0 2OH（0.0039%）、17:1ω9c（0.0039%）、feature 2-2（0.0037%）、11:0 iso（0.0027%）、feature 7（0.0017%）、18:1 2OH（0.0013%）、c13:0（0.0013%）、feature 6（0.0013%）、17:1ω7c（0.0007%）（图 8-2-19）。

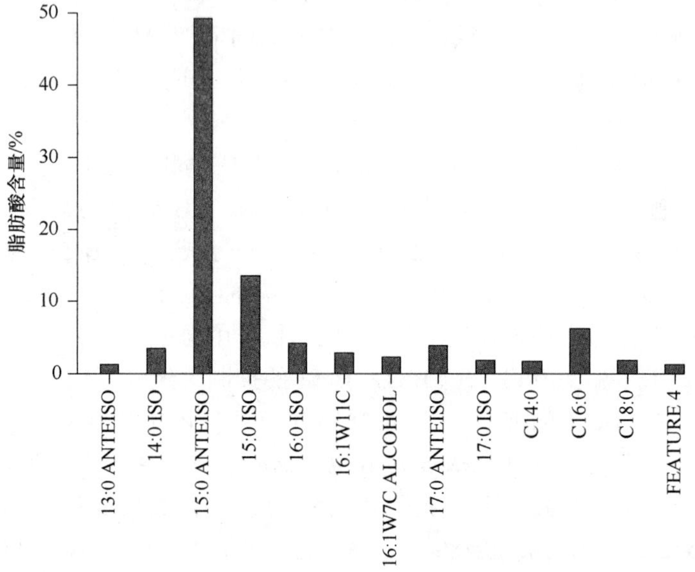


图 8-2-19　强壮类芽胞杆菌（*Paenibacillus validus*）主要脂肪酸种类

## 18. 缓慢类芽胞杆菌

缓慢类芽胞杆菌生物学特性。缓慢类芽胞杆菌（*Paenibacillus lentus* Li et al. 2014，sp. nov.）模式菌株 $CMG1240^T$ 分离自美国采集的混合土样。革兰氏染色可变，好氧，不能运动，形成芽胞，杆状［（0.8～0.9）μm×（2.5～5.0）μm］，单生或成对。芽胞椭圆形，中生或次中生，胞囊膨大。生长温度为 30～50℃，最适温度为 35～41℃。生长 pH 为 6.0～10.0，最适 pH 为 7.5。生长 NaCl 浓度为 1%～4%，但被高浓度的 NaCl 抑制（Li et al.，2014b）。与之相近的迟缓芽胞杆菌［*Bacillus lentus* Gibson 1935（Approved Lists 1980）］是不同属、不同种。尽管迟缓芽胞杆菌在国内有过相关研究报道，但缓慢类芽胞杆菌未见报道。

缓慢类芽胞杆菌脂肪酸组鉴定图谱。脂肪酸组特征为 15:0 anteiso/15:0 iso=2.75，17:0 anteiso/17:0 iso=2.18。脂肪酸组（53 个生物标记）包括：15:0 anteiso（41.4570%）、c16:0（17.4546%）、15:0 iso（15.0505%）、14:0 iso（5.0705%）、16:0 iso（3.7714%）、c14:0（3.5865%）、17:0 anteiso（3.5751%）、c18:0（2.2403%）、16:1ω11c（2.1241%）、17:0 iso（1.6386%）、16:1ω7c alcohol（0.7432%）、18:1ω9c（0.6330%）、feature 3-1（0.4511%）、c12:0（0.4462%）、13:0 anteiso（0.2295%）、13:0 iso（0.1978%）、feature 4（0.1932%）、 feature 8（0.1592%）、17:1 iso ω10c（0.1381%）、feature 5（0.1032%）、c17:0（0.0986%）、feature 3-2（0.0857%）、14:0 anteiso（0.0668%）、19:0 iso（0.0570%）、c10:0（0.0535%）、16:1 2OH（0.0530%）、c20:0（0.0384%）、20:1ω7c（0.0381%）、17:1 anteiso ω9c（0.0341%）、18:3ω(6,9,12)c（0.0238%）、16:0 N alcohol（0.0208%）、15:0 2OH（0.0200%）、c19:0（0.0181%）、15:1 iso ω9c（0.0168%）、16:0 anteiso（0.0168%）、18:1 iso H（0.0143%）、17:1 iso ω5c（0.0114%）、cy19:0 ω8c（0.0092%）、10 Me 18:0 TBSA（0.0086%）、c9:0（0.0078%）、17:0 iso 3OH（0.0057%）、13:0 iso 3OH（0.0051%）、18:0 iso（0.0051%）、18:1 2OH（0.0041%）、feature 6（0.0038%）、15:0 iso 3OH（0.0032%）、15:1 anteiso A（0.0030%）、14:0 2OH（0.0027%）、cy17:0（0.0022%）、20:1ω9c（0.0016%）、10:0 iso（0.0016%）、16:0 2OH（0.0014%）、17:0 3OH（0.0014%）（图 8-2-20）。

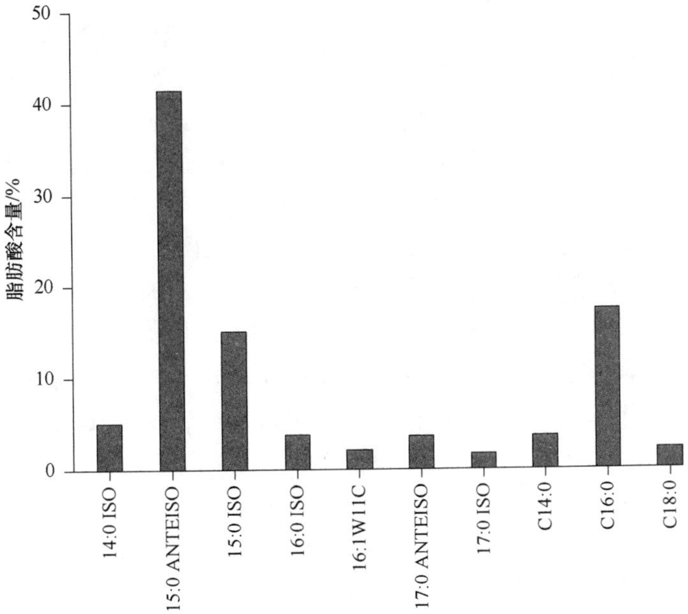


图 8-2-20　缓慢类芽胞杆菌（*Paenibacillus lentus*）主要脂肪酸种类

## 四、短芽胞杆菌属脂肪酸组鉴定图谱

### 1. 概述

短芽胞杆菌属（*Brevibacillus*）Shida et al. 1996，gen. nov.世系：Bacteria；Firmicutes；Bacilli；Bacillales；Paenibacillaceae；*Brevibacillus*。短芽胞杆菌属于 1996 年建立，目前有 20 种，其中有 10 种分别由 *Bacillus agri*、*Bacillus borstelensis*、*Bacillus brevis*、*Bacillus centrosporus*、*Bacillus choshinensis*、*Bacillus formosus*、*Bacillus laterosporus*、*Bacillus parabrevis*、*Bacillus reuszeri* 和 *Bacillus thermoruber* 重分类而转移过来（Shida et al., 1996），模式种为 *Brevibacillus brevis*（Migula 1900）Shida et al. 1996，comb. nov.（短短芽胞杆菌）。

## 2. 土壤短芽胞杆菌

土壤短芽胞杆菌生物学特性。土壤短芽胞杆菌［*Brevibacillus agri*（Nakamura 1993）Shida et al. 1996，comb. nov.］由芽胞杆菌属（即 *Bacillus agri*）移到短芽胞杆菌属（即 *Brevibacillus agri*）。在国内有较多相关研究报道。洪晨等（2017）报道了土壤短芽胞杆菌产胞外聚合物对 $Pb^{2+}$吸附特性的研究。根据与细菌菌体结合的紧密程度，胞外聚合物（EPS）可以分为黏液层 EPS（S-EPS）、松散附着 EPS（LB-EPS）、紧密附着 EPS（TB-EPS），以土壤芽胞杆菌作为实验菌株，研究了各层 EPS 在不同温度、pH 条件下对 $Pb^{2+}$的吸附特性，建立了 EPS 的吸附动力学模型和吸附等温线模型，并采用扫描电子显微镜（SEM）观察各层 EPS 吸附 $Pb^{2+}$前后的表观形态变化。当吸附温度为 35℃、pH 5.5 时，S-EPS、LB-EPS、TB-EPS 对 $Pb^{2+}$的吸附量分别为 91.35 mg/g、100.61 mg/g 和 90.28 mg/g，表明 LB-EPS 对 $Pb^{2+}$的吸附能力更强。各层 EPS 吸附 $Pb^{2+}$的吸附动力学模型和吸附等温线模型均符合准二级动力学模型和朗格缪尔（Langmuir）等温吸附模型，表明吸附过程分别受化学吸附机理控制和单分子层吸附控制，并通过 Langmuir 模型计算得到，S-EPS、LB-EPS、TB-EPS 对 $Pb^{2+}$的最大吸附量分别为 124.224 mg/g、127.389 mg/g 和 119.760 mg/g。同时，扫描电子显微镜结果表明吸附前后各层 EPS 表观形态均差异明显，其中 LB-EPS 呈肺泡状，具有更大的比表面积，因此有更多的 $Pb^{2+}$吸附在其表面。

宗凯等（2016）报道了基于基质辅助激光解析-电离飞行时间质谱（MALDI-TOF-MS）技术对蜂蜜中芽胞杆菌的鉴定与分型。从 44 种不同产地和品种的蜂蜜中分离出 44 株芽胞杆菌，3 株铜绿假单胞菌。采用 MALDI-TOF-MS 条件对分离的芽胞杆菌进行鉴定分型和聚类分析。44 株芽胞杆菌中鉴定出蜡样芽胞杆菌（*Bacillus cereus*）31 株，短小芽胞杆菌（*Bacillus pumilus*）5 株，枯草芽胞杆菌（*Bacillus subtilis*）3 株，地衣芽胞杆菌（*Bacillus licheniformis*）2 株，炭疽芽胞杆菌（*Bacillus anthracis*）1 株，土壤短芽胞杆菌 2 株。通过多次重复试验，表明从同一份样品或同一品牌蜂蜜样品中能稳定分离到芽胞杆菌，获得的蛋白质指纹图谱具有极好的稳定性。

陈峥等（2015a）报道了液相色谱-四极杆飞行时间质谱法筛选产来氟米特芽胞杆菌菌株，包括土壤短芽胞杆菌 FJAT-10018 等。陈峥等（2015b）报道了基于液相色谱-四极杆飞行时间质谱的产非蛋白质氨基酸——今可豆氨酸的芽胞杆菌筛选，包括土壤短芽胞杆菌 FJAT-10018。葛慈斌等（2015）报道了武夷山地衣表生和内生芽胞杆菌种群的多样性。从武夷山自然保护区采集扁枝衣属（*Evernia*）、珊瑚枝属（*Stereocaulon*）、孔叶衣属（*Menegazzia*）等分属于 7 科 9 属的地衣样品 9 份，分离地衣表面附生（表生）和内生芽胞杆菌，并根据 16S rDNA 基因序列同源性对分离得到的芽胞杆菌进行种的鉴定。分离到的芽胞杆菌大部分来自单独的一种地衣；台中类芽胞杆菌（*Paenibacillus taichungensis*）、土壤短芽胞杆菌（*Brevibacillus agri*）等 4 个种存在于 2 或 3 种地衣中；蕈状芽胞杆菌（*Bacillus mycoides*）分布最广，在蜈蚣衣属、珊瑚枝属等 4 种地衣中都有存在。

陈岑（2015）报道了泡菜中腐败微生物的分离、鉴定及其对泡菜品质的影响。从四川眉山某泡菜厂和四川雅安农贸市场共采集 6 份具有不同腐败程度的泡菜样品，从 6 种样品中共分离菌株 51 株，其中真菌 8 株，细菌 43 株。经过菌落形态及显微观察后，筛选出其中的31株菌（真菌4株，细菌27株）进行16S rDNA/18S rDNA基因测序，细菌中有 8 株被鉴定为枯草芽胞杆菌（*Bacillus subtilis*）、2 株菌为甲基营养型芽胞杆菌（*Bacillus methylotrophicus*）、2株为解淀粉芽胞杆菌（*Bacillus amyloliquefaciens*）、3株为空气芽胞杆菌（*Bacillus aerius*）、1株为木糖葡萄球菌（*Staphylococcus xylosus*）、4株为苏云金芽胞杆菌（*Bacillus thuringiensis*）、1株为土壤短芽胞杆菌（*Brevibacillus agri*）、1株为阿氏芽胞杆菌（*Bacillus aryabhattai*）、1株为烟酸芽胞杆菌（*Bacillus niacini*）、1株为火山灰类芽胞杆菌（*Paenibacillus cineris*）。车建美等（2014）报道了产挥发性物质芽胞杆菌对枇杷炭疽病病原菌的抑制作用及其鉴定。筛选得到8株芽胞杆菌菌株，经16S rDNA序列鉴定结合菌落形态观察，确认包括土壤短芽胞杆菌等。刘加聪（2014）报道了延长软包装烟熏鸭翅保质期的工艺研究及茶味鸭翅的开发，包括了土壤短芽胞杆菌、解淀粉芽胞杆菌、西姆芽胞杆菌、地衣芽胞杆菌、甲基营养型芽胞杆菌。

关晓辉等（2014）报道了锰砂滤膜中的细菌鉴定及滤膜组分分析。在进行成熟锰砂表面活性滤膜中细菌分离及16S rDNA测序鉴定的基础上，考察了鉴定菌株催化氧化水中铁锰的能力和菌株经扩大培养并接种后培养成熟的锰砂滤料去除铁锰的情况，并利用X射线光电子能谱（XPS）对锰砂滤膜表面物质进行了分析。研究表明，分离出的细菌分别属于寡养单胞菌、土壤短芽胞杆菌，这 2 株细菌对水中 $Fe^{2+}$和 $Mn^{2+}$都具有较好的催化氧化能力；菌株经扩大培养并接种于锰砂滤料表面培养20 d后滤料趋于成熟，成熟的锰砂滤料可有效去除水中的铁、锰；XPS分析表明，去除水中铁锰的成熟锰砂表面活性滤膜主要由$Fe_2O_3$、$MnO_2$、$Mn_2O_3$和细菌及有机物等构成。张洁等（2014）报道了半夏内生细菌的分离与鉴定。采用研磨法和组织块培养法从贵州健康半夏植株的叶、叶柄、块茎中分离纯化到8株内生细菌，并采用细菌16S rDNA序列分析的分子生物学方法结合传统形态和生理生化鉴定方法进行种属鉴定。结果表明：8株内生细菌被鉴定为5属6 种，即嗜碱芽胞杆菌（*Bacillus alcalophilus*）、产左聚糖微杆菌（*Microbacterium laevaniformans*）、土壤短芽胞杆菌、热红短芽胞杆菌（*Brevibacillus thermoruber*）、嗜麦芽寡养单胞菌（*Stenotrophomonas maltrophilia*）和多黏类芽胞杆菌（*Paenibacillus polymyxa*）。

孙薇等（2014）报道了土壤有机磷降解菌的筛选、鉴定及其生长特性研究。用解磷圈法和液体摇瓶培养法，分别以植酸钙和卵磷脂为唯一磷源，从采自陕西杨凌的农药厂排污渠、棉花地、果园、菜地等不同生态类型土壤中分离筛选有机磷降解菌，对其进行生理生化特征分析和分子生物学鉴定，并确定其最适生长温度和初始 pH。从采集的不同利用类型的土壤中共初筛分离出了25株有机磷降解菌，复筛选出解磷率较高的Z2-3、Z3-5、Z3-8、Z4-14植酸钙降解菌和L5-2、L7-12卵磷脂降解菌。其中Z2-3、Z3-5、Z3-8和Z4-14在植酸钙液体培养基中的解磷率分别达到64.2%、71.5%、67.2%和58.1%，L5-2和L7-12在卵磷脂液体培养基中的解磷率分别为76.7%和84.1%。生理生化特征测定结果和分子生物学分析结果表明，Z2-3 为变形假单胞菌（*Pseudomonas plecoglossicida*）、Z3-5为恶臭假单胞菌（*Pseudomonas putida*）、Z3-8和Z4-14为荧光假单胞菌（*Pseudomonas fluorescens*）、L5-2为成团泛菌（*Pantoea aglomerans*），L7-12为土壤短芽胞杆菌（*Brevibacillus agri*）。植酸钙降解菌和卵磷脂降解菌的最适生长温度分别为28～35℃和28℃，最适初始pH分别为8.0～8.5和7.5。

王枫等（2013）报道了人工快速渗滤系统中亚硝酸细菌的筛选及转化能力研究。从人工快速渗滤系统中分离出 12 株亚硝酸细菌，筛选出氨氮转化效率较高的 6 株菌 Y11、Y14、Y22、Y32、Y41、Y52。结合细菌形态学特征、生理特性和 16S rDNA 测序结果，可确定 6 株菌分别属于中华根瘤菌（*Sinorhizobium* sp.）、有利异杆菌（*Diaphorobacter* sp.）、剑菌（*Ensifer* sp.）、芽胞杆菌（*Bacillus* sp.）、土壤短芽胞杆菌（*Brevibacillus agri*）、环状芽胞杆菌（*Bacillus circulans*）。对上述细菌的氨氮转化效率进行了研究，结果发现 Y11 菌株的氨氮转化速率为 20.0 mg/(L·d)，Y32、Y41、Y52 菌株的氨氮转化速率为 16.6 mg/(L·d)，Y14 菌株的氨氮转化速率为 14.2 mg/(L·d)，Y22 菌株的氨氮转化速率为 12.5 mg/(L·d)。

杨越（2012）报道了云南部分温泉嗜热微生物的多样性及嗜热酶的研究。对云南大理、临沧、德宏、保山和红河地区共 25 个温泉的水样和邻近温泉的高温土样进行采集，分离和鉴定了其中的细菌和真菌。研究结果表明，采用纯培养方法，从 214 份水样和土样中分离纯化获得 106 株嗜热细菌，包含 8 种：地衣芽胞杆菌（*Bacillus licheniformis*）、特基拉芽胞杆菌（*Bacillus teqilensis*）、枯草芽胞杆菌（*Bacillus subtilis*）、高地芽胞杆菌（*Bacillus altitudinis*）、阿萨尔基亚芽胞杆菌（*Bacillus axarquiensis*）、弯曲芽胞杆菌（*Bacillus flexus*）、土壤短芽胞杆菌和短短芽胞杆菌（*Brevibacillus brevis*）。

蒋国彪等（2012）报道了 1 株高效溶磷小麦内生菌的筛选与鉴定。从小麦根、茎、叶分离出 21 株溶磷微生物，筛选出溶磷能力最强的菌株 JG-22，经形态学特征、生理生化分析及 16S rDNA 序列分析，确定其为土壤短芽胞杆菌。研究表明，JG-22 对 $Ca_3(PO_4)_2$ 的溶解能力最强；pH 对菌株 JG-22 的溶磷效果影响最明显，在 34～36℃和弱碱性环境下，溶磷效果较好；培养 72 h 后增加培养时间对有效磷的增量影响不大；$Ca_3(PO_4)_2$ 含量在 5 g/L 以上时加大其含量对有效磷的增量几乎无影响。

孙玉萍等（2011）报道了新疆油污土壤中石油烃降解菌的筛选及鉴定。通过以石油烃为唯一碳源的选择培养基的分离培养，获得能够利用石油烃为碳源的菌株，并通过 16S rDNA 序列测定方法对菌株进行鉴定。分离得到 18 株能以石油作为唯一碳源和能源的石油降解菌株，通过序列分析，初步鉴定为假单胞菌（*Pseudomonas* sp.）、动球菌（*Planococcus* sp.）、节杆菌（*Arthrobacter* sp.）、嗜冷杆菌（*Psychrobacter* sp.）、土壤短芽胞杆菌 5 种。在不同土壤中分离出的降解菌株不同，含油量较高的土壤中种类较多。邓红梅等（2010）报道了几丁质酶高产菌的筛选及其产酶条件的优化研究。利用平板分离法，从土壤中分离出 1 株能产几丁质酶的细菌，经初步鉴定为土壤短芽胞杆菌。研究了菌种在不同温度、pH、氮源、碳源下的产酶情况并进行了产酶条件优化。结果表明，该细菌的最适产酶条件是：30℃、pH 7.0、蛋白胨 10 g/L、细粉几丁质 10 g/L。优化条件下的几丁质酶活力达 1.25 U/mL。罗剑波等（2010）报道了 1 株产脂肽类生物表面活性剂菌株的分离及代谢产物分析。采用多次富集培养、血平板筛选方法，从新疆克拉玛依油田油水样中分离得到产生物表面活性剂菌株 L1。该菌株与已培养的土壤短芽胞杆菌的 16S rDNA 序列同源性达到 99%；其代谢产物具有降低表面张力的作用，可以将发酵液表面张力从最初的 69.56 mN/m 降到 29.36 mN/m；菌株代谢产物经薄层层析分析初步鉴定为脂肽类生物表面活性剂，红外光谱定性该生物表面活性剂属于环脂肽类表面活性剂。李兴丽等（2008）报道了 2 株高效原油降解混合菌的性能分析。从青海花土沟油田分离出 2 株高效原油降解混合菌 bios2-1、bios2-2，经细菌的生理生化和 16S rDNA 基因序列鉴定，发现 bios2-1 与土壤短芽胞杆菌的同源性为 99%，bios2-2 与利氏短芽胞杆菌（*Brevibacillus levickii*）的同源性为 95%，认为是短芽胞杆菌属中的一个新种。当以花土沟原油为唯一碳源时，培养 7 d 后，混合菌对原油的降解率可达 70%左右。气相色谱和族组分分析表明，混合菌作用后，原油的轻质组分含量明显增加，重质组分含量明显降低，同时原油的黏度降低了 30.26%，凝固点降低了 7.5℃。李兴丽等（2006）报道了青海花土沟油田产生物表面活性剂本源菌的实验研究。采用排油圈、血平板等几种方法从青海花土沟油田分离出 4 株产生物表面活性剂菌，通过 L16（45）正交试验，找出最佳菌种和最佳培养基，最佳产表面活性剂菌为 bios682。bios682 经 16S rDNA 基因序列分析鉴定为土壤短芽胞杆菌。bios682 菌的最优培养条件为：花土沟原油 40 mL/L、蛋白胨 6 g/L、pH 7.2、培养温度为 45℃。在此条件下培养 3 d，培养液的表面张力从 71.8251 mN/m 降为 29.8932 mN/m。

土壤短芽胞杆菌脂肪酸组鉴定图谱。脂肪酸组特征为 15:0 anteiso/15:0 iso=0.62，17:0 anteiso/17:0 iso=1.09。脂肪酸组（37 个生物标记）包括：15:0 iso（48.4150%）、15:0 anteiso（30.2483%）、16:1ω7c alcohol（2.6517%）、17:1 iso ω10c（2.4366%）、14:0 iso（2.3283%）、17:0 anteiso（1.6383%）、17:0 iso（1.5000%）、16:0 iso（1.4433%）、c16:0（1.4000%）、16:1ω11c（1.3083%）、feature 4-1（1.1383%）、c14:0（0.7700%）、feature 4-2（0.7650%）、13:0 iso（0.6333%）、c18:0（0.5567%）、15:1 iso ω9c（0.2867%）、15:1 iso at 5（0.2283%）、18:1ω9c（0.1383%）、15:0 iso 3OH（0.1217%）、16:0 3OH（0.1150%）、c10:0（0.1100%）、feature 8（0.1100%）、15:1 iso G（0.1100%）、feature 5（0.1100%）、c12:0（0.0783%）、13:0 2OH（0.0617%）、18:1ω7c（0.0533%）、13:0 anteiso（0.0467%）、feature 1（0.0467%）、15:0 2OH（0.0417%）、17:0 2OH（0.0250%）、17:0 3OH（0.0183%）、20:1ω7c（0.0167%）、feature 3（0.0150%）、19:0 iso（0.0117%）、19:1 iso I（0.0100%）、c9:0（0.0083%）（图 8-2-21）。

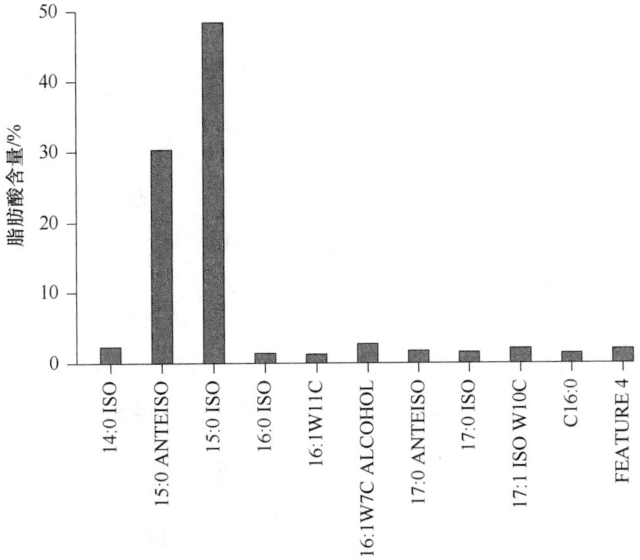


图 8-2-21　土壤短芽胞杆菌（*Brevibacillus agri*）主要脂肪酸种类

## 3. 波茨坦短芽胞杆菌

波茨坦短芽胞杆菌生物学特性。波茨坦短芽胞杆菌［*Brevibacillus borstelensis*（Shida et al. 1995）Shida et al. 1996，comb. nov.］由芽胞杆菌属（即 *Bacillus borstelensis*）移到短芽胞杆菌属（即 *Brevibacillus borstelensis*）。在国内有过相关研究报道。葛启隆（2017）报道了波茨坦短芽胞杆菌异养硝化性能与关键酶活性的研究。以间甲酚和琥珀酸钠同时作为碳源，以氯化铵作为氮源，研究了菌株波茨坦短芽胞杆菌异养硝化性能及关键酶活性。结果表明，该菌株降解间甲酚的同时能有效去除氨氮，其氨单加氧酶（AMO）与羟胺氧化酶（HAO）在一定条件下均表现出较高的活力。李啸乾等（2016）报道了波茨坦短芽胞杆菌降解 4-氯酚和苯酚的特性，考察了波茨坦短芽胞杆菌对 4-氯酚的降解特性及 4-氯酚与苯酚在双底物体系中的相互作用。结果表明，波茨坦短芽胞杆菌能以 4-氯酚为唯一碳源和能源，完全降解 200 mg/L、250 mg/L 及 300 mg/L 的 4-氯酚所需时间分别为 48 h、63 h 和 84 h，但该菌无法降解 350 mg/L 的 4-氯酚，表明较高浓度的 4-氯酚对细胞生长有较强的抑制作用。酶活分析表明，4-氯酚可诱导波茨坦短芽胞杆菌合成氯代邻苯二酚 1,2-加氧酶并通过邻位裂解途径降解。细胞生长动力学过程符合 Haldane 方程，动力学参数为细胞最大比生长速率 $\mu_{max}$=0.145/h，半饱和系数 $K_s$=30.45 mg/L，底物抑制系数 $K_i$=127.62 mg/L，决定系数 $R^2$=0.98。在 4-氯酚和苯酚双底物降解过程中，4-氯酚的存在会抑制苯酚的降解，当 4-氯酚初始质量浓度为 40 mg/L 时，1400 mg/L 苯酚被完全降解耗时更长，菌体优先利用苯酚作为碳源和能源，苯酚被完全降解后大部分 4-氯酚才开始被降解；苯酚对 4-氯酚降解的影响体现为低浓度促进和高浓度抑制，苯酚起促进作用时的质量浓度为 100～300 mg/L，而苯酚质量浓度高于 300 mg/L 会产生抑制作用，当苯酚初始质量浓度为 200 mg/L 时 4-氯酚降解速率最大。采用 Abuhamed 动力学方程可以准确描述 4-氯酚/苯酚双底物降解体系中的细胞生长过程，苯酚对 4-氯酚降解的抑制程度 $I(1,2)$= 1.47，4-氯酚对苯酚降解的抑制程度 $I(2,1)$=2.56，决定系数 $R^2$=0.95。研究表明，4-氯酚对苯酚降解的抑制作用大于苯酚对 4-氯酚。王国英等（2016）报道了波茨坦短芽胞杆菌降解间甲酚和 4-氯酚的特性，研究了波茨坦短芽胞杆菌降解双底物体系过程中间甲酚和 4-氯酚的相互作用及苯酚对间甲酚和 4-氯酚降解的影响。结果表明，在间甲酚-4-氯酚体系中，4-氯酚会抑制间甲酚的降解，4-氯酚初始质量浓度为 40 mg/L 时，160 mg/L 间甲酚的降解时间延长了 8 h；同时间甲酚也抑制 4-氯酚的降解，间甲酚初始质量浓度为 40 mg/L 时，160 mg/L 4-氯酚的降解时间延长了 4 h。采用 Abuhamed 动力学方程可以准确描述间甲酚-4-氯酚双底物降解体系中细胞生长的过程，动力学参数 $I(1,2)$= 1.77，$I(2,1)$= 2.47，决定系数 $R^2$=0.96。拟合参数表明，4-氯酚对间甲酚降解的抑制要强于间甲酚对 4-氯酚降解的抑制。酶活测定表明，底物抑制作用增强时苯酚羟化酶和邻苯二酚 1,2-双加氧酶的活性降低。添加低质量浓度的苯酚会对间甲酚和 4-氯酚的降解产生促进作用，最佳促进质量浓度为 200 mg/L；添加 300 mg/L 以上的苯酚会对间甲酚和 4-氯酚的降解产生抑制作用，抑制作用随苯酚质量浓度升高而增强。

何培新等（2016）报道了浓香型白酒窖泥可培养好氧细菌群落结构分析。从浓香型白酒窖池窖泥中分离到了 1 株无芽胞短杆菌和 18 株芽胞杆菌，其中包括波茨坦短芽胞杆菌。冯红梅等（2016）报道了高温纤维素降解菌群的筛选及产酶特性研究。从园林废弃物鸡粪混合堆肥的高温期堆肥样品中，筛选出 6 株具有高效纤维素降解性的高温菌。通过 16S rDNA 基因序列比对和构建系统发育树分析，初步鉴定这 6 个菌株分别为高温紫链霉菌（*Streptomyces thermoviolaceus*）、嗜热淀粉酶链霉菌（*Streptomyces thermodiastaticus*）、嗜热一氧化碳链霉菌（*Streptomyces thermocarboxydus*）、黄白链霉菌（*Streptomyces albidoflavus*）、热普通链霉菌（*Streptomyces thermovulgaris*）和波茨坦短芽胞杆菌（*Brevibacillus borstelensis*）。目前，国内外对纤维素降解菌群的研究较少，本研究将 6 种菌株 1∶1 等体积混合制成混合菌群 M-1，利用 DNS 法比较混合菌群 M-1 和单一菌株的产羧甲基纤维素酶（CMCase）能力。结果表明，混合菌群 M-1 比单一菌株产 CMCase 能力强。对混合菌群 M-1 产 CMCase 活力特性进行研究，确定混合菌群 M-1 的最佳产酶条件。结果表明，混合菌群 M-1 以体积分数 1%接种量接种于初始 pH 为 4 的以麸皮+淀粉混合物为碳源，以玉米粉为有机氮源，以 $KNO_3$ 为无机氮源的培养基中，45℃条件下培养，能够有最大的酶活，达 135.9 U/mL。条件优化后，产酶能力提高 1.8 倍。

朱育菁等（2016b）报道了基于液相色谱-四极杆飞行时间质谱产莫能菌素芽胞杆菌的筛选。采用液相色谱-四级杆飞行时间质谱的方法结合 Metlin 数据库检索分析 35 株芽胞杆菌菌株的发酵液胞外成分，结果筛选出含莫能菌素的芽胞杆菌菌株为波茨坦短芽胞杆菌 FJAT-10006。其中，莫能菌素的相对含量占其发酵液总代谢物的 1.20%，其匹配得分达到 93.75 分，保留时间为 27.9518 min，精确质量数为 670.4308。贾子龙等（2015）报道了波茨坦短芽胞杆菌降解间甲酚和苯酚的特性。研究了波茨坦短芽胞杆菌降解间甲酚的特性及双底物体系中苯酚和间甲酚的相互作用。结果表明，波茨坦短芽胞杆菌能在 72 h 内降解 400 mg/L 间甲酚，但其降解间甲酚的能力低于苯酚，拟合的 Haldane 方程各动力学参数为：$\mu_{max}$=0.226/h，$K_s$=18.19 mg/L，$K_i$=130.12 mg/L。在苯酚-间甲酚体系中，苯酚抑制间甲酚的降解，同样间甲酚也抑制苯酚的降解；但是低浓度苯酚能促进间甲酚的降解，苯酚浓度为 150～300 mg/L 时，能促进 200 mg/L 间甲酚的降解，苯酚为 200 mg/L 时，间甲酚降解速率最快；动力学参数表明间甲酚对苯酚降解的抑制要强于苯酚对间甲酚降解的抑制。酶活测定表明，苯酚和间甲酚降解都遵循邻位降解途径：生成（取代的）邻苯二酚，然后在邻苯二酚 1,2-双加氧酶作用下邻位开环裂解。

俞思羽等（2015）报道了一株源自海绵的 α-葡萄糖苷酶抑制活性菌的鉴定、培养条件优化及活性物质的分离。为了从海洋微生物中获取天然 α-葡萄糖苷酶抑制活性（α-GI）化合物，对一株前期研究发现具有 α-GI 活性的细菌进行鉴定和培养条件优化，并对其代谢产物进行分离，获取和鉴定其活性化合物。通过形态学观察和 16S rDNA 测序鉴定活性菌株 HY95 为波茨坦短芽胞杆菌；采用单因素分析和正交试验选取菌株的最佳培养条件为：2.5%（*V*/*V*）的接种量，130 r/min 的摇床转速，28℃恒温培养 60 h。经优化后的 MB 培养基中：蛋白胨 5.00 g/L、酵母粉 1.50 g/L、氯化钠 9.725 g/L，pH 7.5；以生物活性测试为导向，用化学方法（薄层层析、高效液相色谱）对其中的活性组分进行分离纯化，并经核磁共振氢谱分析确定得到一个 α-GI 活性的混合物为环（苯丙氨酸-酪氨酸），其对 α-葡萄糖苷酶的抑制率为（53.72±4.92）%。

郝敏娜和杨云龙（2014）报道了高温好氧反硝化菌的分离鉴定及脱氮特性。从太原市某污水处理厂 SBR 活性污泥中分离纯化得到 1 株高温（50℃）好氧反硝化菌，命名为 XF3。通过生理生化特性鉴定及 16S rDNA 序列分析，初步鉴定为波茨坦短芽胞杆菌。通过单因子实验考察碳源、C/N、pH 及接种量对该菌株的生长情况与反硝化性能的影响。结果表明，菌株 XF3 最适碳源为琥珀酸钠，最佳 C/N 为 12∶1，最佳 pH 为 7，最适接种量为 10%（体积分数）。同时该菌株具有良好的异养硝化能力，48 h 可以将 73 mg/L 氨氮几乎全部降解。

车建美等（2014）报道了产挥发性物质芽胞杆菌对枇杷炭疽病病原菌的抑制作用及其鉴定。筛选得到的 8 株芽胞杆菌菌株中，包括波茨坦短芽胞杆菌。葛启隆等（2014）报道了波茨坦短芽胞杆菌降解苯酚的特性及动力学研究。从活性污泥中分离筛选出 1 株高效苯酚降解菌，经形态学特征、生理生化试验及 16S rDNA 鉴定，该菌株为波茨坦短芽胞杆菌。该菌能以苯酚为唯一碳源和能源，最佳降解条件为：温度 30℃，初始 pH 7.0，摇床转速为 160 r/min。苯酚降解试验表明，该菌可在 72 h 内将初始浓度为 1600 mg/L 的苯酚完全降解。随着苯酚浓度的增加，底物抑制作用增强。应用 Haldane 方程对菌株的生长过程进行动力学模拟，拟合曲线与试验测定值的相关性良好，各参数分别为 $\mu_{max}$（最大比增长速率）0.334/h，$K_s$（半饱和常数）为 14.07 mg/L，$K_i$（抑制常数）为 196.89 mg/L，且该菌株苯酚降解动力学与其生长动力学表现出相似的趋势。代谢机制研究表明，苯酚可诱导该菌合成邻苯二酚 1,2-加氧酶降解苯酚。

林红梅等（2013）报道了西洋参病原菌拮抗细菌的分离筛选与鉴定。为了寻找西洋参病原菌的高效生防菌，从多年生西洋参根际土壤中筛选出 7 株对西洋参病原菌有较强拮抗能力的细菌，并对多种西洋参病原菌有良好的拮抗作用，表现出拮抗的广谱性。通过扩增、测序得到 7 株菌的 16S rDNA 序列，运用 Clustal X 进行多重序列对比，并通过 Mega 5.0 方法构建 16S rDNA 系统发育树，结合菌体形态学特征、生理生化特性鉴定，确定菌株 SJF-5、SJF-20 为甲基营养型芽胞杆菌（*Bacillus methylotrophicus*）、菌株 SJF-8 为嗜气芽胞杆菌（*Bacillus aerophilus*）、菌株 SJF-14 为解淀粉芽胞杆菌（*Bacillus amyloliquefaciens*）、菌株 SJF-24 为短小芽胞杆菌（*Bacillus pumilus*）、菌株 SJF-6、SJF-26 为波茨坦短芽胞杆菌。王娜等（2012）报道了 1 株高温型厌氧产氢细菌的分离与鉴定。利用平面夹层和平板培养瓶厌氧法从油田区的岩石中分离到 8 株细菌，经气体组成及产氢能力检测，发现其中 2 株细菌具有产氢能力。在 60℃高温条件下，菌株 ZX-1 的氢转化率最高，为 1.8 mol $H_2$/mol 葡萄糖。该菌为革兰氏阴性、杆菌、有芽胞、无鞭毛，菌体大小为（0.35～0.45）μm×（2～8）μm；菌落特征表现为圆形、乳白色、表面光滑、不透明；生理生化试验结果表明，明胶液化、硝酸盐还原、柠檬酸盐利用、葡萄糖为阳性，氧化酶、淀粉水解、V-P 反应为阴性，初步鉴定为短芽胞杆菌属（*Brevibacillus*）。经 16S rDNA PCR 扩增及测序结果表明，该菌序列与波茨坦短芽胞杆菌的序列同源性达 100%，进一步确定该菌为波茨坦短芽胞杆菌。黄翠等（2010）报道了堆肥嗜热纤维素分解菌的筛选鉴定及其强化堆肥研究。对采集于农业堆肥高温期的微生物样品进行 30 d 的高温驯化，驯化完成后从中筛选得到 15 株嗜热纤维素分解菌，经形态学特征、生理生化反应及 16S rDNA 序列同源性比对鉴定为芽胞杆菌（*Bacillus* sp.）3 株、类芽胞杆菌

（*Paenibacillus* sp.）1 株、地衣芽胞杆菌（*Bacillus licheniformis*）3 株、枯草芽胞杆菌（*Bacillus subtilis*）4 株、波茨坦短芽胞杆菌（*Brevibacillus borstelensis*）1 株、凝结芽胞杆菌（*Bacillus coagulans*）3 株。将筛选得到的菌种添加至高纤维素含量的堆体进行效果验证，结果表明添加嗜热纤维素分解菌对堆肥 pH 变化无显著影响，但可提高堆肥高温期温度、延长高温期并显著地降低堆肥产品的 C/N 和有机质含量，显著降低纤维素和半纤维素含量，加快堆肥腐熟。堆体有机质降解动力学结果表明，堆体接菌和不接菌处理的有机质最大降解度分别为 62.5481%和 61.7101%，速率常数分别为 0.1250/d 和 0.1051/d，接菌处理的堆肥比对照堆肥提前 6 d 达到稳定。研究表明，添加筛选的嗜热纤维素分解菌能缩短堆肥周期。

胡庆松等（2009）报道了年糕腐败菌的鉴定和菌系分析。采用 VITEK-32 自动化微生物分析仪鉴定系统、API 微生物鉴定系统和手工法鉴定年糕中的微生物。研究结果表明，引起年糕腐败的典型菌株有 6 株，所占比例分别如下：波茨坦短芽胞杆菌为 1%、巨大芽胞杆菌（*Bacillus megaterium*）为 21%、解乙酰短杆菌（*Brevibacterium acetylicum*）为 8%、希氏短杆菌（*Brevibacterium healii*）为 7%、曲霉菌属（*Aspergillus*）为 49%、茁芽丝孢酵母（*Trichosporon pullulans*）为 9%。在这些菌株中，曲霉菌属是造成年糕腐败的优势菌株，在生产车间、摊凉板中污染较多。而巨大芽胞杆菌主要来源于原料粳米中，在年糕中主要以芽胞的形式存在，若控制不当，在贮藏后期很容易暴发。汪立平等（2007）报道了变质豆浆中腐败微生物的分离与初步鉴定。从 5 种变质豆浆中分离得到 3 株腐败菌株 S1、S2 和 S3。3 株菌均能在 $1\times10^5$ Pa、30 min 杀菌条件下和添加 300 mg/kg nisin 杀菌条件下存活。对分离菌株进行了菌落形态、生理生化特征和 16S rDNA 序列分析，鉴定结果表明 3 株菌均为革兰氏阴性细菌，分别为地衣芽胞杆菌、短小芽胞杆菌和波茨坦短芽胞杆菌。

波茨坦短芽胞杆菌脂肪酸组鉴定图谱。脂肪酸组特征为 15:0 anteiso/15:0 iso=0.89，17:0 anteiso/17:0 iso=0.80。脂肪酸组（25 个生物标记）包括：15:0 iso（37.7140%）、15:0 anteiso（33.5820%）、17:1 iso ω10c（4.3820%）、16:1ω11c（3.8100%）、16:0 iso（3.6520%）、14:0 iso（3.0860%）、16:1ω7c alcohol（2.9940%）、17:0 iso（2.6000%）、c16:0（2.1220%）、17:0 anteiso（2.0840%）、feature 4（1.2560%）、c14:0（0.9260%）、c10:0（0.5420%）、c18:0（0.2920%）、c12:0（0.2840%）、13:0 iso（0.2080%）、15:1 iso ω9c（0.1800%）、11:0 iso（0.0960%）、feature 3（0.0620%）、18:1ω9c（0.0440%）、13:0 anteiso（0.0240%）、15:0 iso 3OH（0.0220%）、18:3ω(6,9,12)c（0.0220%）、16:1 2OH（0.0160%）、16:0 3OH（0.0080%）（图 8-2-22）。

## 4. 短短芽胞杆菌

短短芽胞杆菌生物学特性。短短芽胞杆菌［*Brevibacillus brevis*（Migula 1900）Shida et al. 1996，comb. nov.］由芽胞杆菌属（即 *Bacillus brevis*）移到短芽胞杆菌属（即 *Brevibacillus brevis*）。在国内有过许多研究报道，研究文献达 197 篇，其中，福建省农业科学院农业生物资源所发表的论文达 32 篇，占了 16.24%。短短芽胞杆菌国内研究文献年发表数量动态趋势见图 8-2-23。

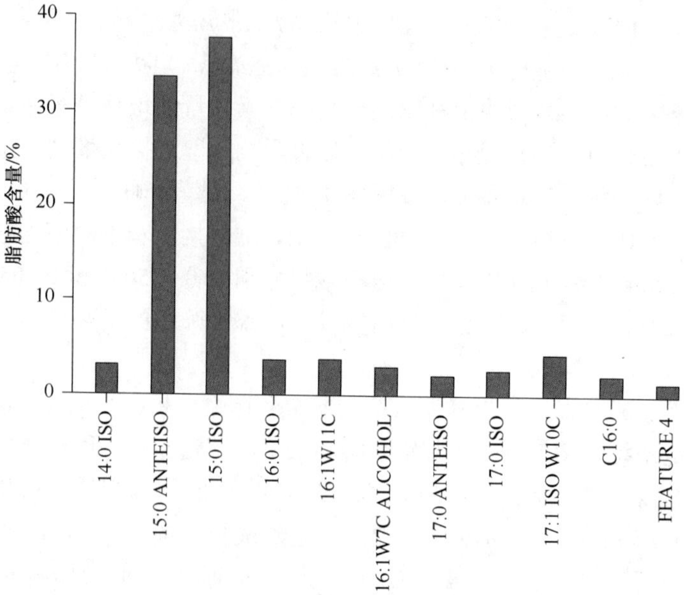


图 8-2-22 波茨坦短芽胞杆菌（*Brevibacillus borstelensis*）主要脂肪酸种类

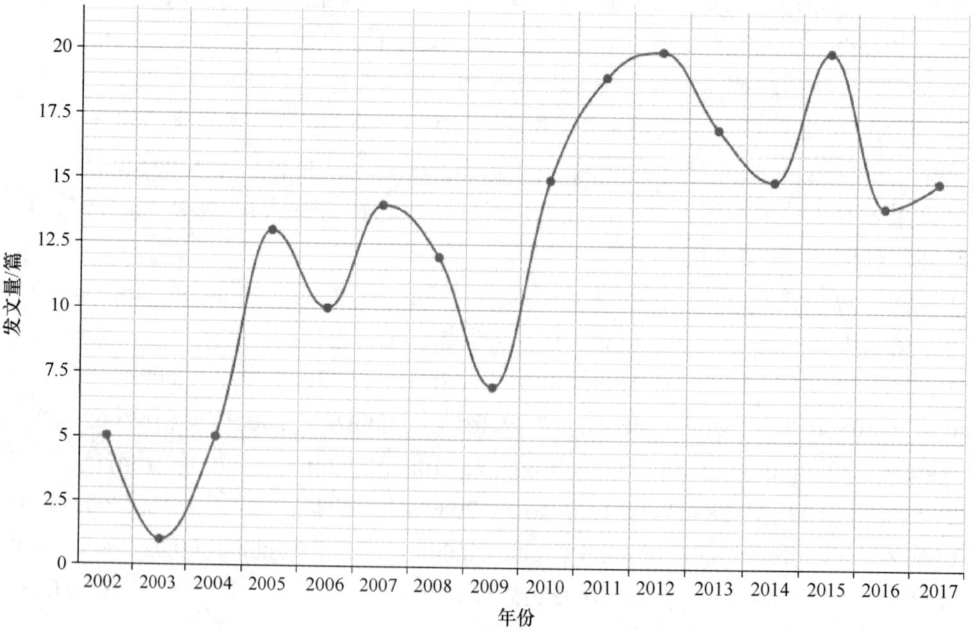


图 8-2-23 短短芽胞杆菌国内研究文献年发表数量动态趋势

车建美等(2017)报道了短短芽胞杆菌产抗菌物质——羟苯乙酯发酵培养基的优化。羟苯乙酯是短短芽胞杆菌 FJAT-0809-GLX 的主要抑菌活性物质,为提高该菌株发酵液中羟苯乙酯的产量，本研究采用响应面法对其发酵培养基成分进行优化。首先通过单因素实验，对发酵培养基中的碳源、氮源和无机盐进行了优化，进一步通过 Plackett-Burman 设计对培养基的影响因素进行筛选，最后采用最陡爬坡路径逼近最大响应区域，通过 Box-Behnken 设计，结合响应面分析，获得短短芽胞杆菌 FJAT-0809-GLX 发酵产生羟苯乙酯的最佳培养基配方。结果表明，培养基最佳碳源、氮源和无机盐分别为 DL-苹果酸、蛋白胨和 NaCl。影响显著的 3 个因素分别为 DL-苹果酸、豆饼粉和 NaCl。最佳培养基配方为可溶性淀粉 8 g/L、DL-苹果酸 29.68 g/L、豆饼粉 25.18 g/L、蛋白胨 2 g/L、NaCl 13.18 g/L，pH 7.0～7.2。采用此培养基配方进行短短芽胞杆菌 FJAT-0809-GLX 发酵，羟苯乙酯平均产量为 8.15 μg/mL，较基础发酵培养基提高了 286.26%。车建美等（2015a）报道了响应面法优化短短芽胞杆菌 FJAT-0809-GLX 胞内代谢物质超声波提取工艺。为了提取短短芽胞杆菌 FJAT-0809-GLX 的胞内代谢物质，利用超声波破碎其细胞，对胞内代谢物质进行优化提取。在对超声波输出功率、超声时间及料液比进行单因素实验的基础上，利用 Design-Expert 进行试验设计，响应面优化得到胞内代谢物质的最佳提取工艺。单因素实验结果表明，当超声时间为 30 min 时，获得的胞内代谢物质较多，胞内代谢物质得率为 11 mg/g；超声波功率为 100 W 时，所得胞内代谢物质得率最高，为 9.33 mg/g；料液比为 1∶25 时所得胞内代谢物质得率最高，为 12.22 mg/g。进一步通过响应面优化发现，超声波破碎时间、超声波功率、料液比 3 个因素对胞内代谢物质得率的影响程度依次为：料液比>超声波破碎时间>超声波功率。最佳超声波提取方法为：超声波功率为 318.68 W，超声波破碎时间为 10 min，料液比为 1∶25，在此条件下提取的胞内代谢物质得率为 12.9878 mg/g。车建美等（2015b）报道了一株短短芽胞杆菌 FJAT-0809-GLX 中羟苯乙酯的高效液相色谱。羟苯乙酯是该菌株发酵液中的主要功能成分之一，为了建立一种快速、简单、有效的纯化分离方法对其进行定量检测，建立了测定短短芽胞杆菌 FJAT-0809-GLX 发酵液羟苯乙酯的高效液相色谱（HPLC）法。以甲醇∶水（65∶35）作为流动相洗脱，在波长 254 nm 处进行检测，进样量为 10 μL。结果表明，羟苯乙酯在 1.0～20 μg/mL 时呈良好的线性关系，相关系数达 0.9987，最低检测浓度为 $1.0\times10^{-15}$ μg/mL。将营养琼脂（NA）培养基发酵液提取的羟苯乙酯样品在不同时间进行检测，结果表明，48 h 内出峰时间和峰面积稳定，说明该方法在 48 h 内检测发酵液均比较稳定。添加不同水平羟苯乙酯的回收率为 96.2%～105.3%，平均相对标准偏差（RSD）为 0.8%，回收率较稳定。利用优化发酵培养基培养短短芽胞杆菌 FJAT-0809-GLX，经该方法检测显示，其羟苯乙酯出峰时间为 3.12 min，峰面积为 136。根据标准曲线计算得出该发酵液中羟苯乙酯含量约为 2.111 μg/mL。该方法简便、快速、灵敏度高，可用于短短芽胞杆菌 FJAT-0809-GLX 发酵液羟苯乙酯的检测分析。

车建美等（2015c）报道了短短芽胞杆菌 FJAT-0809-GLX 对番茄促生长作用的研究。在盆栽条件下，研究喷施短短芽胞杆菌 FJAT-0809-GLX 对番茄植株生长的影响。结果表明，短短芽胞杆菌 FJAT-0809-GLX 的菌体、发酵上清液及发酵液喷施的番茄幼苗叶片数明显增加，茎长和茎粗也显著高于对照组（空白培养基和无菌水处理）。其中，经菌体处理的番茄幼苗茎最长，为 24.18 cm，叶片数最多，经发酵液处理的番茄幼苗茎最粗，为 4.78 mm。短短芽胞杆菌 FJAT-0809-GLX 还可以促进叶绿素和类胡萝卜素含量的增加，其中，发酵上清液处理的番茄幼苗叶绿素 a、b 和类胡萝卜素含量最高，分别比培养基对照提高了 113.3%、136.0%和 102.7%，表明短短芽胞杆菌 FJAT-0809-GLX 对番茄植株具有明显的促生长作用。黄丹丹等（2014）报道了短短芽胞杆菌 FJAT-0809-GLX 几丁质酶基因（*chiD*）的克隆与原核表达。以短短芽胞杆菌 FJAT-0809-GLX 基因组 DNA 为模板，通过 PCR 扩增得到几丁质酶基因 *chiD* 序列，再将 *chiD* 序列连接到 pMD18-T 克隆载体上，形成重组载体 pMD18-T-*chiD*，转化至大肠杆菌 DH5α并测序，经过核苷酸和氨基酸序列分析获得几丁质酶基因 *chiD* 的序列片段为 1524 bp，编码 507 个氨基酸，理论蛋白质分子质量约为 54.55 kDa，其等电点约为 5.77，表明该几丁质酶为酸性几丁质酶。将重组质粒 pMD18-T-*chiD* 双酶切后与表达载体 pET-28a 连接，构建重组表达载体 pET28a-*chiD*，并转入大肠杆菌 BL21 中进行 IPTG 诱导表达，结果表明：重组蛋白质的分子质量约为 55 kDa，与预测的蛋白质分子质量结果一致。为了提高重组蛋白的表达量，对培养时间、IPTG 浓度和温度 3 个参数进行优化，并对表达产物进行 SDS-PAGE 分析，最后得出重组载体 pET28a-*chiD* 的最佳诱导表达参数分别为 8 h、0.5 mmol/L 和 28℃。

陈峥等（2014b）报道了基于顶空-固相微萃取-气质联用的短短芽胞杆菌挥发性抑菌代谢物的鉴定。分析鉴定短短芽胞杆菌的挥发性抑菌代谢物。采用二分隔平板测试短短芽胞杆菌 FJAT-8672 挥发性抑菌代谢物对尖孢镰刀菌的抑菌效果。运用顶空-固相微萃取-气质联用法对短短芽胞杆菌 FJAT-8672 的挥发性成分进行测定。短短芽胞杆菌 FJAT-8672 挥发性抑菌代谢物对尖孢镰刀菌的抑制率为 36.10%。从 FJAT-8672 菌落表面的挥发性抑菌代谢物中，共检测出高匹配度的代谢物 21 种。按照其化学结构不同分为醇类、醛类、酮类、酯类等。其中醛类化合物含量最高。研究发现短短芽胞杆菌挥发性抑菌代谢物的抑菌能力，其中主要生物活性代谢物包括两类，第一类可能是具有抑菌抗癌等活性的代谢物，包括雪松醇、壬醛、癸醛；第二类可能是与微生物代谢有关的代谢物，包括苯甲醛。车建美等（2014）报道了产挥发性物质芽胞杆菌对枇杷炭疽病病原菌（*Colletotrichum acutatum*）的抑制作用及其鉴定。采用二分隔特殊平板研究芽胞杆菌挥发性物质对枇杷炭疽病病原菌的抑制作用。研究结果表明，筛选得到的 8 株芽胞杆菌菌株中，其中包括短短芽胞杆菌。

陈梅春等（2012）报道了短短芽胞杆菌代谢物组测定中代谢终止方式的优化。以短短芽胞杆菌 JK-2 为研究对象，以 LC-MS 测定为评价标准，考察了 5 种代谢终止方式对胞内代谢物的保留程度。结果表明，冷甲醇/水（含 HEPES）代谢终止方式能够保留的代谢物最多、效率最高及重现性好，在 LC-MS 正离子模式下，能够提取出 3000 多种胞内代谢物。同时也考察了样品在正负模式下的测试情况，结果表明正离子模式下能够检测到的代谢物的数目远远超过负离子模式下检测的数目。车建美等（2012）报道了龙眼保鲜功能微生物短短芽胞杆菌 FJAT-0809-GLX 功能成分的分析。从保鲜功能微生物短短芽胞杆菌 FJAT-0809-GLX 乙醇提取物功能成分中共鉴定出 24 种化合物，其中 12 种为匹配度在 90%以上的高匹配度成分，相对含量较高的 2 种成分分别为羟苯乙酯（24.28%）和邻苯二甲酸单(2-乙基己基)酯（19.78%），这 2 种物质成分相对含量总和占所有成分的 44.06%，很有可能是其主要活性成分。保鲜功能微生物的功能成分对大肠杆菌 K88 具有一定的抑菌效果，其中，羟苯乙酯的抑菌圈直径为 17.81 mm。同时对龙眼果皮过氧化物酶活性也具有一定的抑制效果。保鲜功能微生物的功能成分按其功能可以划分为以下 2 种类型：一种为具有防腐杀菌（或抑菌）作用的物质；另一种为挥发性或者芳香类物质。陈峥等（2012b）报道了龙眼微生物保鲜菌 FJAT-0809-GLX 发酵液丙酮萃取物的成分分析。采用气相色谱质谱联用（GC/MS）的方法分析龙眼微生物保鲜菌

FJAT-0809-GLX 发酵液丙酮萃取物的成分，初步鉴定出化合物 38 种。在鉴定出的化合物中，匹配率在 90%以上的成分有 5 种，包括 2-呋喃甲醇、5-甲基呋喃醛、2-甲基-3-羟基-4-吡喃酮、1,4:3,6-二脱水-α-吡喃葡萄糖、六氢吡咯并[1,2-a]吡嗪-1,4-二酮。相对含量较高的成分为六氢吡咯并[1,2-a]吡嗪-1,4-二酮和 5-甲基呋喃醛，其相对含量分别达到了 37.52%和 4.97%。

陈峥等（2012a）报道了 pH 条件对短短芽胞杆菌 FJAT-0809-GLX 次生代谢物产生的影响。应用 GC-MS 对 10 种不同初始 pH 条件下发酵的 FJAT-0809-GLX 发酵液的丙酮萃取液进行初步成分鉴定，从这 10 种发酵液中得到匹配率≥90%的成分 11 种，各发酵液中的成分存在明显差异，其中共有成分 1 种，为六氢吡咯并[1,2-a]吡嗪-1,4-二酮。在匹配率≥90%的成分中，功能性成分按其功能可分为 2 类，一类为挥发性或芳香类物质，与该发酵液具有的特殊香气有关，包括 5-甲基呋喃醛、2-甲基-3-羟基-4-吡喃酮、苯乙醛、棕榈酸、顺式十八碳-9-烯酸、甲基环戊烯醇酮；另一类为防腐或抑菌类成分，包括 2-甲基-3-羟基-4-吡喃酮、2-呋喃甲醇、六氢-吡咯[1,2-a]吡嗪-1,4-二酮和 5-羟甲基糠醛。初始 pH 6～12 的发酵液对大肠杆菌 K88 均有抑制效果，其中初始 pH 为 7 的抑菌效果最佳，抑菌圈直径达到 20.33 mm。不同的初始 pH 影响着发酵终点 pH，进而影响着短短芽胞杆菌 FJAT-0809-GLX 次生代谢物的产生。蓝江林等（2011）报道了短短芽胞杆菌菌株 LPF-1 降解猪粪过程中降解物质的 GS-MS 分析。利用 GS-MS 分析猪粪污降解菌 *Brevibacillus brevis* LPF-1 降解猪粪过程中挥发性物质的变化。以匹配度大于 80（最大为 100）、含量大于 5%为标准，在 3 个处理中共检测到各类物质 23 种，其中菌株 LPF-1 发酵液检测到的物质种类最多，有 16 种；猪粪+水溶液处理检测到 12 种，其中苯类物质 3 种（1,2-二甲苯、对二甲苯、间二甲苯），酚类物质 4 种（2,4-二叔丁基苯酚、苯酚、2,5-二叔丁基苯酚、4-甲基苯酚）；猪粪+LPF-1 发酵液处理检测到 10 种物质，其中苯类物质 1 种（对二甲苯），酚类物质 3 种（2,4-二叔丁基苯酚、苯酚、4-甲基苯酚），菌株 LPF-1 能有效减少猪粪降解过程中苯类和酚类等有害物质种类的产生，具有进一步开发成粪污降解微生物菌剂的潜力。

车建美等（2011a）报道了保鲜功能微生物 FJAT-0809-GLX 对龙眼果实保鲜方法的优化。从施用浓度、贮藏方式和施用方法进行保鲜功能微生物短短芽胞杆菌 FJAT-0809-GLX 对龙眼果实保鲜方法的优化，找到一种合理有效而又低成本的方法对龙眼进行保鲜。结果表明，随着稀释浓度的升高，龙眼果实保鲜率逐渐下降，脱粒率逐渐升高，稀释 10 倍施用时，保鲜率最高，为 75%。将保鲜功能微生物喷施龙眼后，采用纸包裹龙眼进行贮藏，其保鲜率明显高于用树叶直接贮藏的效果，为 53.28%。从喷施方法来看，保鲜功能微生物采前处理龙眼果实，其脱粒率为 24.42%，明显高于采后处理的 12.96%，保鲜功能微生物 FJAT-0809-GLX 采后处理的保鲜率最高，保鲜率为 83.33%。车建美等（2011b）报道了短短芽胞杆菌 FJAT-0809-GLX 菌剂的制备及其对枇杷保鲜效果的研究。将 2‰的琼脂和 2%～5%的 NaCl 添加到具有保鲜功能的微生物短短芽胞杆菌 FJAT-0809-GLX 发酵液中，制成微生物保鲜菌胶悬剂，其活菌含量高，质地均匀，无上下分层，稳定性能良好。将其应用于枇杷保鲜试验的结果表明，该微生物保鲜菌制剂对‘早钟六号’和‘解放钟’枇杷果实具有良好的保鲜效果，在室温条件下（20～25℃）

贮藏 8 d 时，与对照相比，可显著降低失重率，提高好果率。该制剂经动物急性毒性检测分析结果为无毒级。黄素芳等（2011）报道了短短芽胞杆菌 FJAT-0809-GXL 代谢产物活性物质提取方法的优化。为了分析短短芽胞杆菌 FJAT-0809-GLX 代谢产物中的活性物质成分，对其提取方法进行优化，大孔树脂提取法为最佳的提取方法，其活性物质得率为 1.593 g/L，且抑菌活性高于氯仿萃取法所得的活性物质的活性。研究确定了短短芽胞杆菌 FJAT-0809-GLX 代谢产物活性物质收集的最佳方案为：将短短芽胞杆菌 FJAT-0809-GLX 发酵液常温 3600 r/min 离心 30 min，取上清液，按比例与 40 g/L 大孔树脂 Amberlite XAD16 混合，28℃、160 r/min 振荡 4 h 后，填柱，并用水洗柱后，采用 3 倍洗脱体积的丙酮洗脱，收集丙酮洗脱液，40℃旋转蒸发进行浓缩，所得物质即短短芽胞杆菌 FJAT-0809-GLX 代谢产物的活性物质。

车建美等（2011c）报道了保鲜功能微生物对不同鲜切水果保鲜效果的研究。从西瓜根际土壤中分离得到保鲜功能微生物，经中国科学院微生物研究所鉴定为短短芽胞杆菌，生产出微生物保鲜剂“果立鲜”，孢子含量为 $10\times10^8$ CFU/mL，稀释 50 倍后将其喷施于不同水果上进行保鲜效果观察。结果表明，在高温高湿条件下，“果立鲜”对龙眼、台湾大青枣、西瓜、苹果、皇冠梨和草莓具有一定的保鲜效果，降低不同水果的腐烂率，当对照组腐烂率为 100%时，处理组不同水果的腐烂率为 32.67%～72.72%。同时，“果立鲜”可将不同水果的腐烂时间推迟 1～2 d，降低果实失重率，当对照组失重率由大到小为 29.63%～4.8%时，处理组的为 24.90%～1.14%。“果立鲜”还可抑制台湾大青枣、西瓜、草莓和龙眼果实表面霉菌的生长，维持不同水果可溶性固形物含量和果实硬度，保持果实感官品质。

黄素芳等（2010）报道了短短芽胞杆菌 JK-2 胞外物质抗香蕉枯萎病病原菌的稳定性。研究温度、光照、紫外线辐射、蛋白酶 K、pH 对生防菌短短芽胞杆菌 JK-2 胞外物质抗香蕉枯萎病病原菌稳定性的影响，为香蕉枯萎病生防菌剂的研制提供理论依据。在 30℃、170 r/min 的条件下，恒温振荡培养 36 h 采样，制备生防菌短短芽胞杆菌 JK-2 胞外物质，以香蕉枯萎病病原菌为指示菌，对胞外物质的抑菌特性进行研究。结果表明：该胞外物质具有一定的热稳定性，60～80℃温育 1 h 保持 88.5%以上活性，在 100℃放置 1 h 后无抑菌活性；在酸性 pH 3.0～5.0 和碱性 pH 9.0～11.0 条件下，抑菌活性保持在 77.2%以上，对光照、蛋白酶 K、紫外线辐射均不敏感。其抑菌作用的最适温度为 30℃，最适 pH 为 7.0。车建美等（2010b）报道了短短芽胞杆菌 JK-2 的 GFP 标记及其抑菌作用。采用 *gfp* 基因标记枯萎病生防菌短短芽胞杆菌 JK-2。标记菌株菌落圆形，菌体短杆状，与原始菌株相同；荧光显微观察发现菌落和菌体发出绿色荧光。标记菌株起始期生长缓慢，进入对数生长期后生长迅速。在无选择压力条件下连续转接 15 次，GFP 标记仅丢失 11.7%。*gfp* 标记菌株对不同植物枯萎病病原菌具有很强的抑菌能力，与野生型菌株相当。

陈璐等（2009）报道了动物饲用益生菌 LPF-2 对大肠杆菌抑制作用的培养条件优化。对畜禽大肠杆菌具有抑制作用的动物饲用益生菌短短芽胞杆菌 LPF-2 的培养条件进行优化。以抑菌圈为指标，从时间、温度、摇床转速和培养基 pH 研究短短芽胞杆菌 LPF-2 的最适培养条件，以获得短短芽胞杆菌 LPF-2 最佳的抑菌效果。短短芽胞杆菌 LPF-2 培养 24～84 h 的抑菌圈直径为 10.00～13.00 mm，在 24～39℃培养的抑菌圈直径为 9.00～14.00 mm，转速在 90～210 r/min 下培养的抑菌圈为 13.75～15.00 mm，pH 6.0～8.0 下培养的抑菌圈为 10.50～14.50 mm。动物益生菌短短芽胞杆菌 LPF-2 的最适培养条件为培养基 pH 7.5、培养温度 30℃、培养时间 48 h，摇床转速为 90～210 r/min。

郝晓娟等（2009）报道了短短芽胞杆菌菌株 JK-2 抑菌活性物质产生条件的优化。短短芽胞杆菌菌株 JK-2 对多种植物病原真菌和病原细菌具有明显的抑制作用。以 JK-2 发酵液对番茄枯萎病病原菌的抑制作用为活性指标，对其培养基成分和培养条件进行了优化。由正交试验和单因素实验得出的最佳培养基配方为：淀粉 1.0%、牛肉浸膏 0.5%、蛋白胨 0.3%、蔗糖 1.0%、酵母粉 0.5%和 $CaCl_2$ 0.5%，初始 pH 7.0。在 30℃、170 r/min 振荡培养条件下，最佳发酵时间为 48 h，装液量 100 mL/瓶，接种量 1%。葛慈斌等（2009）报道了生防菌 JK-2 对尖孢镰刀菌抑制特性的研究。从福建省永泰、福清、闽侯等 6 个县（市）采集西瓜、番茄和豇豆等作物的根际土壤，用平板稀释法分离到芽胞杆菌 58 株。采用目标病原菌多重菌株平行测定法，测定这 58 株菌株对 6 株枯萎病尖孢镰刀菌的抑制作用，筛选得到拮抗菌株 3 株，其中菌株 JK-2（短短芽胞杆菌）的抑菌效果特别显著。对 JK-2 的抑菌谱调查结果表明，该菌株对大丽轮枝菌（*Verticillium dahliae*）、黑白轮枝菌（*Verticillium alboatrum*）、居真菌轮枝菌（*Verticillium fungicola*）、胶孢炭疽菌（*Colletotrichum gloeosporioides*）、桃褐腐丛梗孢（*Monilia laxa*）和青枯雷尔氏菌（*Ralstonia solanacearum*）都具有较强的抑制作用。JK-2 产生的抗菌物质对热的稳定性较强，对蛋白酶 K 不敏感；盆栽及田间小区试验结果表明，JK-2 对西瓜枯萎病的防效分别可达 83.60%和 78.96%。郝晓娟等（2007a）报道了短短芽胞杆菌菌株 JK-2 抑菌物质特性的研究。研究短短芽胞杆菌菌株 JK-2 产生的抑菌物质特性，对其抑菌物质粗提液的稳定性进行测定，同时对其活性成分进行初步分离。稳定性试验结果表明 JK-2 产生的抑菌物质粗提物对蛋白酶不敏感，耐强酸强碱，紫外线和反复冻融对其活性均无显著影响。从 JK-2 发酵液中初步分离出分子质量约为 4.1 kDa 的活性肽和具有抑制枯萎菌活性的胞外多糖。郝晓娟等（2007b）报道了短短芽胞杆菌菌株 JK-2 对番茄枯萎病的抑菌作用及其小区防效。对分离自土壤的短短芽胞杆菌菌株 JK-2 对番茄枯萎病病原菌的防治效果和抑制作用进行了研究。结果表明：JK-2 对番茄枯萎病病原菌的盆栽防效和田间防效分别为 83.82%、74.70%。该菌株能抑制枯萎病病原菌菌丝的生长，当其无菌滤液终浓度为 15%时，对菌丝生长的抑制率达到 81.69%。菌株 JK-2 对病原菌孢子萌发也有较强的抑制作用。扫描电镜观察结果：菌株 JK-2 可造成菌丝消解、产生泡状物、破坏生长点、引起细胞内含物外溢。

郑雪芳等（2006）报道了瓜类作物枯萎病生防菌 BS-2000 和 JK-2 的分子鉴定。采用生理生化和 16S rDNA 两种不同的方法对生防菌 BS-2000 和 JK-2 进行鉴定。生理生化鉴定显示，BS-2000 属于地衣芽胞杆菌，JK-2 属于短短芽胞杆菌；16S rDNA 基因的测定与分析表明，BS-2000 与地衣芽胞杆菌（*Bacillus licheniformis*）的同源性达 99.9%，JK-2 与短短芽胞杆菌的同源性达 99.9%，故推定 BS-2000 属于地衣芽胞杆菌，JK-2 属于短短芽胞杆菌。Soad 等（2007）报道了利用芽胞杆菌在温室环境中控制番茄青枯病。在离体条件下测试了 81 株芽胞杆菌分离物抑制番茄青枯病病原菌的能力，有 4 个菌株（B2、

B5、B7 和 BS）显示了较好的抑菌效果，经细菌生物学性状、Biolog 和 16S rDNA 序列分析，将 B2 菌株鉴定为短短芽胞杆菌，将 B5、B7 和 B8 鉴定为枯草芽胞杆菌。在温室环境中，4 个菌株都能不同程度地促进灭菌土和自然土的番茄生长，并能减轻番茄青枯病的发生。B2 菌株显示了显著的抑菌作用，在灭菌土和自然土中分别降低了 80.0%和 87.4%的番茄青枯病发生率。

短短芽胞杆菌脂肪酸组鉴定图谱。脂肪酸组特征为 15:0 anteiso/15:0 iso=6.16，17:0 anteiso/17:0 iso=2.64。脂肪酸组（11 个生物标记）包括：15:0 anteiso（60.2400%）、15:0 iso（9.7800%）、feature 4（7.9500%）、17:0 anteiso（6.6200%）、c16:0（3.0000%）、16:1ω11c（2.8700%）、17:0 iso（2.5100%）、16:1ω7c alcohol（2.5000%）、17:1 iso ω10c（1.9200%）、16:0 iso（1.9000%）、c14:0（0.7000%）（图 8-2-24）。

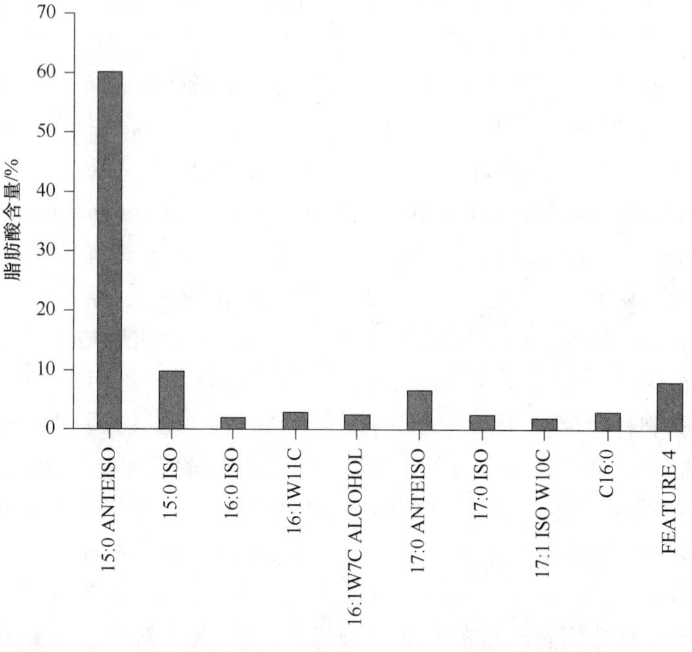


图 8-2-24　短短芽胞杆菌（*Brevibacillus brevis*）主要脂肪酸种类

## 5. 中胞短芽胞杆菌

中胞短芽胞杆菌生物学特性。中胞短芽胞杆菌［*Brevibacillus centrosporus*（Nakamura 1993）Shida et al. 1996，comb. nov.］由芽胞杆菌属（即 *Bacillus centrosporus*）移到短芽胞杆菌属（*Brevibacillus centrosporus*）。1916 年由 Ford 定名“*Bacillus centrosporus* ATCC 51661”，1993 年由 Nakamura 修订 *Bacillus centrosporus*（ex Ford 1916）Nakamura 1993，1996 年，Shida 等将之移到短芽胞杆菌属（*Brevibacillus*）（Nakamura 1993）Shida et al. 1996。在国内研究报道很少。朱宏阳等（2015）报道了菊粉酶产生菌的筛选、鉴定及发酵条件优化。从菊芋根际土壤中筛选分离获得 28 株菊粉酶产生菌株，经进一步复筛获得 1 株产菊粉酶能力较高的菌株 ni-3，在对其常规形态学及生理生化特性鉴定的基础上，对非全长的 16S rDNA 同源性进行了分析，发现 ni-3 菌株与中胞短芽胞杆菌的同源性达

99.5%，命名为中胞短芽胞杆菌 ZF-9。还对其发酵产酶培养基进行了单因素实验及响应面优化，确定了 ZF-9 最佳产酶条件为：菊粉 45 g/L、酵母膏 11 g/L、$Na_2HPO_4$ 20 g/L，在该培养基下，菊粉酶活可达 6.41 U/mL。

中胞短芽胞杆菌脂肪酸组鉴定图谱。脂肪酸组特征为 15:0 anteiso/15:0 iso=2.43，17:0 anteiso/17:0 iso=2.58。脂肪酸组（61 个生物标记）包括：15:0 anteiso（41.4343%）、15:0 iso（17.0243%）、14:0 iso（16.1371%）、16:0 iso（8.4629%）、16:1ω7c alcohol（3.6657%）、c16:0（3.4243%）、17:0 anteiso（1.7900%）、c14:0（1.6614%）、16:1ω11c（1.3229%）、17:0 iso（0.6943%）、c18:0（0.6443%）、feature 4（0.5629%）、13:0 anteiso（0.5214%）、13:0 iso（0.3829%）、17:1 iso ω10c（0.3629%）、16:1 iso H（0.2286%）、18:1ω9c（0.1829%）、c12:0（0.1171%）、17:1 anteiso ω9c（0.1029%）、feature 3（0.1014%）、12:0 iso（0.0886%）、feature 1（0.0857%）、feature 8（0.0657%）、cy19:0 ω8c（0.0657%）、9:0 3OH（0.0629%）、c17:0（0.0557%）、feature 9（0.0514%）、15:1 iso ω9c（0.0500%）、19:0 iso（0.0457%）、14:0 anteiso（0.0429%）、c20:0（0.0414%）、16:0 iso 3OH（0.0400%）、10 Me 18:0 TBSA（0.0386%）、20:0 iso（0.0357%）、15:0 2OH（0.0343%）、17:0 iso 3OH（0.0329%）、18:3ω(6,9,12)c（0.0314%）、20:1ω7c（0.0286%）、16:0 anteiso（0.0286%）、18:0 iso（0.0271%）、18:1ω5c（0.0243%）、c10:0（0.0243%）、18:1 iso H（0.0214%）、14:0 iso 3OH（0.0214%）、15:1ω6c（0.0214%）、16:1 ω5c（0.0171%）、c9:0（0.0157%）、17:1ω9c（0.0114%）、feature 7（0.0114%）、15:1 iso G（0.0114%）、c13:0（0.0100%）、12:0 anteiso（0.0100%）、11:0 iso（0.0086%）、11:0 anteiso（0.0071%）、17:0 3OH（0.0071%）、feature 5（0.0057%）、17:1ω6c（0.0057%）、14:1ω5c（0.0057%）、15:0 iso 3OH（0.0043%）、19:0 anteiso（0.0043%）、18:1 2OH（0.0043%）（图 8-2-25）。

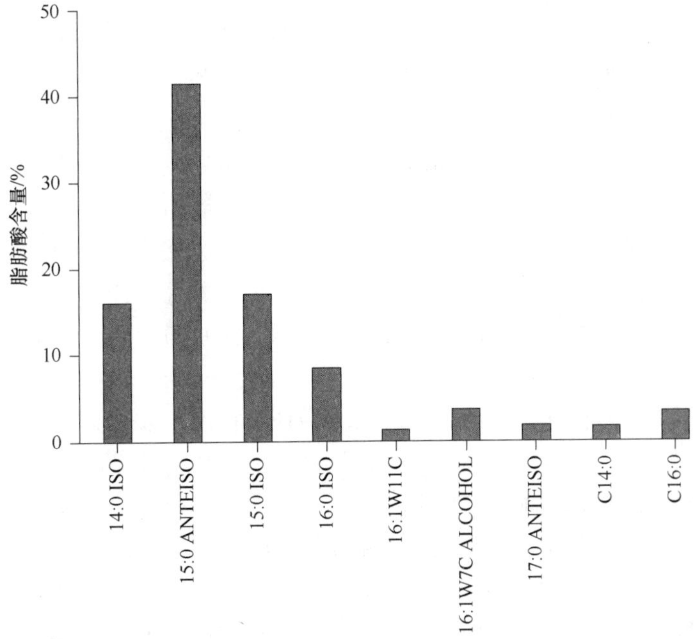


图 8-2-25　中胞短芽胞杆菌（*Brevibacillus centrosporus*）主要脂肪酸种类

## 6. 千叶短芽胞杆菌

千叶短芽胞杆菌生物学特性。千叶短芽胞杆菌（*Brevibacillus choshinensis*）也称桥石短芽胞杆菌，由芽胞杆菌属（即 *Bacillus choshinensis* Takagi et al. 1993）移到短芽胞杆菌属（即 *Brevibacillus choshinensis*）。在国内有过相关研究报道。邹纯（2016）报道了重组 *Bacillus deramificans*（未合格化发表的 1 种，未被 LPSN 收录）普鲁兰酶的高效胞外表达及其应用。研究了普鲁兰酶在千叶短芽胞杆菌中的重组表达和酶学性质，并通过摇瓶优化提高表达量。构建了带有 *Bacillus deramificans* 普鲁兰酶基因 *pulA*-d2 的重组千叶短芽胞杆菌（pNCMO2/*pulA*-d2）。重组千叶短芽胞杆菌在发酵过程中将绝大部分的普鲁兰酶分泌到胞外，胞内可溶重组蛋白和包涵体均很少。在摇瓶上对培养基组成和培养条件进行了优化，使得普鲁兰酶产量提高至 543.4 U/mL，是优化前的 10.8 倍。对比考察了千叶短芽胞杆菌和大肠杆菌表达的重组酶酶学性质，主要在热稳定性和比活上存在一些差异。同时，发现了镁离子具有独特的促进短芽胞杆菌表达“高活性”普鲁兰酶的作用，并对产生这种促进作用的机制进行了研究。结果表明，在不含镁离子的培养基中，短芽胞杆菌合成了大量热不稳定且无活性的“普鲁兰酶”；而添加镁离子合成的普鲁兰酶大部分为热稳定的有生物活性的蛋白质，相比不添加镁离子，纯酶比活提高了 2.9 倍，二级结构也发生了显著的变化。研究了镁离子对短芽胞杆菌形态和相关基因转录水平的影响。结果表明，当短芽胞杆菌培养于不含镁离子的培养基中时，其外壁蛋白 HWP 会在稳定期从细胞表面脱落。HWP 脱落后引发相关机制，解除对 HWP 和普鲁兰酶共同的启动子 P*2* 的阻遏作用，使得相关基因的转录水平显著提高。在此情况下，普鲁兰酶可能由于合成速度过快而来不及折叠，导致大量热不稳定的无活性的普鲁兰酶形成。镁离子可以阻止 HWP 从细胞表面脱落，导致 P*2* 在整个发酵过程都会受到较强的阻遏作用，普鲁兰酶的合成速度较慢，更利于普鲁兰酶的正确折叠。最后，以摇瓶优化的结果为基础，优化了重组短芽胞杆菌 3 L 罐发酵工艺，实现了普鲁兰酶在短芽胞杆菌中的高效分泌表达。通过分批发酵培养发现，低溶氧和酸性条件对短芽胞杆菌生长和产酶都极为不利。在分批补料发酵中考察了 pH 和溶氧对短芽胞杆菌生长和产酶的影响。结果表明，在最适的 pH 为 7.0、溶氧为 30%的条件时，普鲁兰酶活力可达 627.5 U/mL。研究了无机氮源对短芽胞杆菌生长和产酶的影响，发现无机氮源虽然有利于菌体的生长，却对产酶极为不利；短芽胞杆菌在生长过快时，质粒丢失严重并停止产酶，其形态由短杆状变为球状。因此，在发酵过程中需严格控制无机氮源的添加量。研究了牛肉浸膏浓度对短芽胞杆菌产普鲁兰酶的影响。结果表明，当牛肉浸膏为 40 g/L 时，普鲁兰酶活力最高，可达 1164.8 U/mL，是优化前的 5.3 倍。与大肠杆菌相比，以短芽胞杆菌为宿主表达普鲁兰酶具有分泌效率高、单位细胞生产强度高和耗氧较低等优势。朱育菁等（2015b）从千叶短芽胞杆菌上筛选到尼日利亚菌素。慕天阳（2013）报道了基质金属蛋白酶 26 的原核表达和酶学性质鉴定。经过文献查阅发现千叶短芽胞杆菌是一种高效分泌可溶表达重组蛋白的革兰氏阳性菌，这种表达方式使重组蛋白表达产量提高并易于纯化。因为缺少蛋白水解酶，重组蛋白可以在培养基中完整表达，这种表达系统可以促使蛋白质形成二硫键。对于某些特定蛋白，这种表达系统优于大肠杆菌。为此，尝试用千叶短芽胞杆菌表达酶原 MMP-26（ProMMP-26）和 MMP-26 催化结构域（CatMMP-26）。在这两种 MMP-26 蛋白上连接 6×His 纯化标签，可溶性地表达出酶原 MMP-26（ProMMP-26）和 MMP-26 催化结构域（CatMMP-26）。纯化的酶原 MMP-26（ProMMP-26）具有明胶酶谱降解活性，并且可以在高浓度下发生自活化的现象。纯化的 MMP-26 催化结构域（CatMMP-26）具有高的降解肽底物 DQ-gelatin 活性，同时也具有明胶酶谱降解活性。

王雅萍等（2011）报道了重组海带面产品中腐败微生物的分离纯化及种类鉴定。以新型重组海带面产品为研究对象，对其贮藏过程中的腐败微生物进行了分离、纯化，并通过菌落形态观察、生理生化初步鉴别、VITEK 微生物全自动系统分析对其种类进行了鉴定。结果表明，导致重组海带面产品腐败的微生物为产芽胞杆菌，分离到的 6 株菌分别为千叶短芽胞杆菌、普氏枝芽胞杆菌（*Virgibacillus proomii*）、解淀粉类芽胞杆菌（*Paenibacillus amylolyticus*）、环状芽胞杆菌（*Bacillus circulans*）、凝结芽胞杆菌（*Bacillus coagulans*）和缓慢芽胞杆菌（*Bacillus lentus*）。车建美（2011）报道了短短芽胞杆菌对龙眼保鲜机理的研究。龙眼果实腐生细菌和真菌的分离和鉴定结果表明，烂果的真菌和细菌数量及种类均多于好果。腐生细菌主要包括藤黄微球菌（*Micrococcous luteus*）、科氏葡萄球菌（*Staphylococcus cohnii*）、千叶短芽胞杆菌（*Brevibacillus choshinensis*）和多黏类芽胞杆菌（*Paenibacillus polymyxa*）；腐生真菌主要包括粉红聚端孢菌（*Trichothecium roseum*）和小新壳梭孢（*Neofusicoccum parvum*）。从龙眼果实腐生细菌和真菌的鉴定结果看，未分离到龙眼果实采后病原菌，说明采后病原菌的侵染不是龙眼果实腐烂的主要因素。张旭等（2009）报道了青枯菌拮抗菌 2-Q-9 的分子鉴定及抑菌相关基因的克隆。通过 16S rDNA 碱基序列的测定和同源性分析，鉴定青枯菌拮抗菌 2-Q-9 与千叶短芽胞杆菌的亲缘关系最近。根据已测得的该拮抗菌外泌抗菌肽氨基酸序列中的一段设计简并引物，利用染色体步移法得到全长序列为 780 bp，经测序和 Blast 比对分析表明，该基因属于 CodY 家族，与已鉴定的转录因子抑制剂 CodY（ZP_01171531）的同源性最高；表现在氨基酸水平的同源性为 77%。

千叶短芽胞杆菌脂肪酸组鉴定图谱。脂肪酸组特征为 15:0 anteiso/15:0 iso=7.17，17:0 anteiso/17:0 iso=6.70。脂肪酸组（47 个生物标记）包括：15:0 anteiso（68.2248%）、15:0 iso（9.5157%）、14:0 iso（4.5924%）、c16:0（3.3770%）、16:0 iso（3.3535%）、17:0 anteiso（3.3159%）、16:1ω7c alcohol（1.7078%）、16:1ω11c（1.6315%）、c14:0（1.1715%）、feature 4-1（0.5181%）、17:0 iso（0.4952%）、c18:0（0.4211%）、13:0 anteiso（0.3702%）、16:0 iso 3OH（0.1700%）、17:1 iso ω10c（0.1489%）、feature 4-2（0.1430%）、c20:0（0.1307%）、feature 1（0.1081%）、c12:0（0.0957%）、18:1ω9c（0.0931%）、13:0 iso（0.0833%）、16:1 iso H（0.0830%）、15:1 iso G（0.0570%）、c10:0（0.0563%）、17:1 anteiso ω9c（0.0494%）、15:1ω5c（0.0409%）、feature 5（0.0404%）、18:1ω7c（0.0317%）、19:0 anteiso（0.0246%）、feature 3-1（0.0204%）、19:0 iso（0.0187%）、feature 8（0.0178%）、14:0 anteiso（0.0115%）、15:0 2OH（0.0100%）、c17:0（0.0052%）、20:1ω7c（0.0050%）、feature 3-2（0.0046%）、18:0 3OH（0.0044%）、16:0 2OH（0.0041%）、15:1 iso F（0.0030%）、18:3ω(6,9,12)c（0.0020%）、16:0 anteiso（0.0020%）、11:0 anteiso（0.0020%）、feature 6（0.0019%）、16:0 N alcohol（0.0011%）、13:0 iso 3OH（0.0011%）、c19:0（0.0007%）（图 8-2-26）。

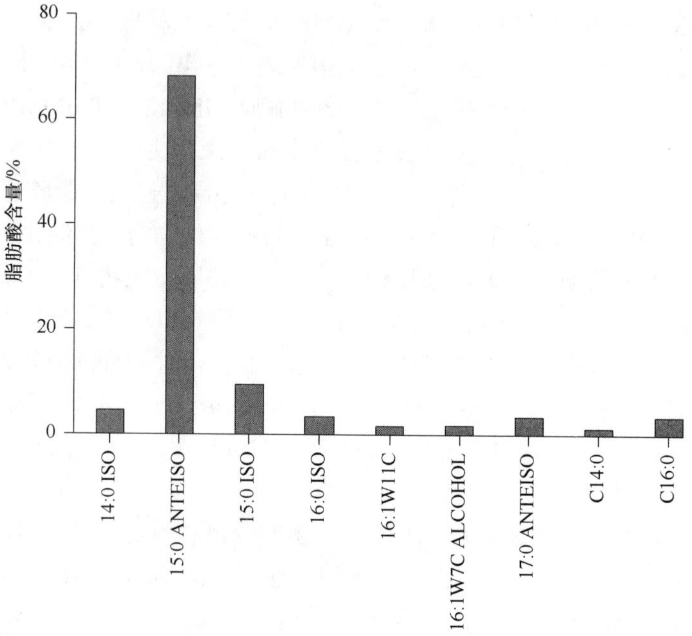


图 8-2-26　千叶短芽胞杆菌（*Brevibacillus choshinensis*）主要脂肪酸种类

## 7. 美丽短芽胞杆菌

美丽短芽胞杆菌生物学特性。美丽短芽胞杆菌［*Brevibacillus formosus*（Shida et al. 1995）Shida et al. 1996，comb. nov.］由芽胞杆菌属（即 *Bacillus formosus*）移到短芽胞杆菌属（即 *Brevibacillus formosus*）。在国内有过相关研究报道。李安琪等（2015a）报道了益生芽胞杆菌的筛选及其性质研究。从保藏的芽胞杆菌中筛选到产蛋白酶且抑制肠道细菌的美丽短芽胞杆菌 FJAT-10011，研究该菌株发酵上清液的蛋白酶酶学性质及抑菌性质。结果表明，上清液中蛋白酶的最适反应温度为 40℃，最适 pH 为 6.0。此外，在 pH 5.0～9.0、低于 40℃的范围内酶稳定性较高。发酵上清液中拮抗大肠杆菌的抑菌物质具有高的热稳定性，80℃处理 30 min 后抑菌活性仅降低 20%。在 pH 6.0～8.0 时抑菌物质稳定性相对较高，且对蛋白酶 K、胃蛋白酶及胰蛋白酶不敏感。除肠道细菌外，FJAT-10011 还能显著抑制尖孢镰刀菌（*Fusarium oxysporum*），其效果相当于 1 mg/mL 的潮霉素。李安琪等（2015b）报道了美丽短芽胞杆菌 FJAT-10011 抑菌效应及其产蛋白酶条件的优化。对筛选到产蛋白酶且抑菌的美丽短芽胞杆菌 FJAT-10011 通过单因素实验和正交试验对该菌株发酵条件进行优化。优化培养基组成：可溶性淀粉 1.25%、蛋白胨 1.25%、牛肉浸粉 0.3%、NaCl 0.5%、硫酸镁 0.05%、磷酸氢二钾 0.05%。优化发酵条件为：发酵初始 pH 5.5、发酵温度 25℃、发酵培养基装液量 30 mL/250 mL、种子液接种量 1%、发酵时间 24 h。在优化条件下，上清液酶活力达到 8.41 U/mL，是初始培养条件的 141 倍。抑菌直径为 15.71 mm，比未优化的提高 35.31%。车建美等（2014）报道了产挥发性物质芽胞杆菌对枇杷炭疽病病原菌的抑制作用及其鉴定，包含美丽短芽胞杆菌。付博等（2014）报道了 1 株拮抗猕猴桃叶枯病的美丽短芽胞杆菌

NF2 的 He-Ne 激光诱变育种。对 1 株拮抗猕猴桃叶枯病的美丽短芽胞杆菌 NF2 进行 He-Ne 激光诱变育种，通过测定菌株的生长曲线确定诱变时的菌龄为摇瓶培养 8 h，此时菌体没有产芽胞；分别设置不同的诱变强度和时间，确定最佳的诱变条件为 5 mW，10 min，此时菌株的拮抗效果提高了 20.63%；SPSS 软件分析诱变后菌株的拮抗能力可至少稳定遗传 15 代。

奚家勤等（2013）报道了烤烟品种‘K326’内生细菌分离、抗黑胫病病原菌菌株筛选及种群组成分析。从烤烟品种‘K326’的不同生长时期分离内生细菌 1000 株，以烟草黑胫病病原菌（*Phytophthora parasitica* var. *nicotianae*）为靶标，共筛选出 168 株拮抗菌，这些内生细菌对黑胫病病原菌的抑菌率为 12.54%～50.14%。苗期和团棵期的内生菌含量较高，但在开花和成熟期时降低了一个数量级，而拮抗菌数量呈上升趋势。对 168 株拮抗菌的 16S rDNA 基因序列进行 RFLP 分析，共产生 10 种带型。根据 RFLP 带型选取 39 株进行 16S rDNA 基因序列测定和系统发育分析。结果表明，这 168 株生防内生细菌归于两大类群：厚壁菌门（Firmicutes）和放线菌门（Actinobacteria）。厚壁菌门类群中的芽胞杆菌属（*Bacillus*）是优势属，共有 6 种 RFLP 带型，150 个菌株，包括解淀粉芽胞杆菌植物亚种（*Bacillus amyloliquefaciens* subsp. *plantarum*）等，其余 18 个菌株分属于 4 个种，即美丽短芽胞杆菌（*Brevibacillus formosus*）、副短短芽胞杆菌（*Brevibacillus parabrevis*）、阴城假单胞菌（*Pseudomonas umsongensis*）和铜绿假单胞菌（*Pseudomonas aeruginosa*）。靳奉理（2011）报道了烟草根际拮抗菌的遗传多样性及系统发育分析。首次发现高地芽胞杆菌（*Bacillus altitudinis*）、都留代尔夫特菌（*Delftia tsuruhatensis*）、湖边代尔夫特菌（*Delftia lacustris*）、浅玫瑰链霉菌（*Streptomyces roseolus*）、树伯克氏菌（*Burkholderia arboris*）、辣椒溶杆菌（*Lysobacter capsici*）、黏连中华根瘤菌（*Sinorhizobium adhaerens*）、嗜麦芽寡养单胞菌（*Stenotrophomonas maltophilia*）、无食陌生菌（*Advenella incenata*）、沼泽考克氏菌（*Kocuria palustris*）、根癌农杆菌（*Agrobacterium tumefaciens*）和类香味拟香气菌（*Myroides odoratimimus*）对烟草黑胫病病原菌具有拮抗作用，而且首次发现高地芽胞杆菌、森林土壤芽胞杆菌（*Solibacillus silvestris*）、堀越氏芽胞杆菌（*Bacillus horikoshii*）、蕈状芽胞杆菌（*Bacillus mycoides*）、假蕈状芽胞杆菌（*Bacillus pseudomycoides*）、美丽短芽胞杆菌（*Brevibacillus formosus*）、田无链霉菌（*Streptomyces tanashiensis*）、不产色链霉菌（*Streptomyces achromogenes*）、多色链霉菌（*Streptomyces polychromogenes*）、沼泽考克氏菌、洛菲不动杆菌（*Acinetobacter lwoffii*）、黏着剑菌（*Ensifer adhaerens*）和都留代尔夫特菌对烟草青枯病病原菌青枯罗尔氏菌具有拮抗作用。

美丽短芽胞杆菌脂肪酸组鉴定图谱。脂肪酸组特征为 15:0 anteiso/15:0 iso=0.66，17:0 anteiso/17:0 iso=1.49。脂肪酸组（45 个生物标记）包括：15:0 iso（41.3964%）、15:0 anteiso（27.2536%）、17:0 anteiso（4.1055%）、16:0 iso（3.1918%）、16:1ω7c alcohol（3.1573%）、16:1ω11c（3.0582%）、17:1 iso ω10c（3.0036%）、c16:0（2.9173%）、14:0 iso（2.7518%）、17:0 iso（2.7500%）、feature 4（2.3200%）、c14:0（1.2764%）、13:0 iso（0.4827%）、c18:0（0.4664%）、13:0 anteiso（0.3482%）、18:1ω9c（0.2764%）、15:1 iso F（0.1436%）、feature 3（0.1209%）、15:0 iso 3OH（0.1164%）、c12:0（0.1082%）、17:1ω9c（0.1055%）、c17:0（0.0882%）、15:1 iso ω9c（0.0736%）、15:0 2OH（0.0618%）、16:0 anteiso（0.0582%）、

13:0 iso 3OH（0.0418%）、c10:0（0.0382%）、20:1ω7c（0.0364%）、19:0 iso（0.0318%）、14:0 anteiso（0.0291%）、c20:0（0.0255%）、18:1 2OH（0.0209%）、18:0 iso（0.0182%）、17:0 3OH（0.0182%）、10 Me 17:0（0.0164%）、18:3ω(6,9,12)c（0.0136%）、feature 5（0.0118%）、16:0 N alcohol（0.0118%）、feature 8（0.0100%）、16:1 iso H（0.0091%）、feature 1（0.0082%）、10 Me 18:0 TBSA（0.0073%）、18:0 3OH（0.0064%）、cy19:0 ω8c（0.0045%）、16:0 3OH（0.0036%）（图 8-2-27）。

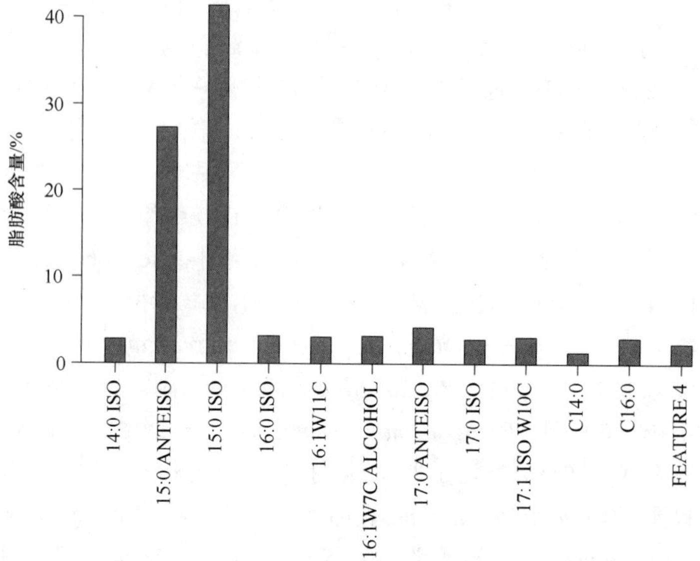


图 8-2-27 美丽短芽胞杆菌（*Brevibacillus formosus*）主要脂肪酸种类

## 8. 副短短芽胞杆菌

副短短芽胞杆菌生物学特性。副短短芽胞杆菌［*Brevibacillus parabrevis*（Takagi et al. 1993）Shida et al. 1996，comb. nov.］由芽胞杆菌属（即 *Bacillus parabrevis*）移到短芽胞杆菌属（即 *Brevibacillus parabrevis*）。在国内有过相关研究报道。周家喜等（2016）报道了陈化烟叶中氨化细菌鉴定及有机氮降解特性。采用富集培养分离法，从烟样湖南 A3B1（2013）、云南 C3F（2013）中分离出 3 株氨化细菌，其中，GZUIFR-YC03 为副短短芽胞杆菌。柯野等（2016）报道了粤北大宝山矿区土壤中抗铅菌株的筛选鉴定。采集大宝山矿区重金属污染的土壤样品，采用稀释涂布平板法对土壤样品中抗铅菌株进行筛选，进一步在含不同铅浓度的培养液中进行驯化；通过对该菌株的形态观察、一系列生理生化试验及 16S rDNA 序列的比对研究进行鉴定；利用原子荧光光度计测定其对发酵液中铅的吸附能力。结果表明，分离获得的抗铅菌株在铅浓度为 500 mg/L 的培养液中长势良好，鉴定为副短短芽胞杆菌，该菌株在含铅浓度为 300 mg/L 的液体培养条件下，培养 20 h 左右，对发酵液中铅的去除效率高，达 30.27%。

张金秋（2015）报道了生物表面活性剂对稠油化学降黏增效作用的研究。通过室内实验从油田污水中筛选出 1 株副短短芽胞杆菌，经研究发现，该菌产生的生物表面活性剂具有高效辅助降黏特性，利用生物与化学的协同效应可显著降低稠油黏度。降黏剂

A/菌株 B-1 发酵液的最佳降黏复配体系为：降黏剂 A 用量为 0.20%，菌株 B-1 发酵液用量为 50%（即体系最佳油水比为 5∶5），降黏率达 96.43%。奚家勤等（2013）报道了烤烟品种‘K326’内生细菌分离、抗黑胫病病原菌菌株筛选及种群组成分析，分离到副短短芽胞杆菌。

包木太等（2012）报道了海藻酸钠包埋固定化微生物处理含油废水研究。采用海藻酸钠固定化包埋活性炭与副短短芽胞杆菌 Bbai-1，制备海藻酸钠-活性炭固定化微球。通过活性炭吸附前后的菌浓变化，测定了 25℃时活性炭对 Bbai-1 的最大吸附量。采用正交试验优化了影响海藻酸钠-活性炭固定化微球的物理性质和微生物活性的 4 个主要因素（海藻酸钠浓度、活性炭含量、种子菌液浓度和交联时间），确定了固定化微球的最佳制备条件：海藻酸钠浓度为 3.5%，活性炭含量为 0.7%，种子菌液浓度为 $6\times10^7$ CFU/mL，交联时间为 24 h。在 25℃，原油含量为 0.2%，固定化微球与含油培养基的体积比为 3∶20 时，以游离菌作对比，考察了固定化微球降解原油的最佳 pH 和盐度。结果表明，固定化菌在 pH 6～9，盐度为 1.5%～3.5%时，原油降解率可达 50%以上，比游离菌提高了 20%，且具有较高的盐度适应能力和较宽的 pH 适应范围。

雷春霞等（2012）报道了拮抗烟草青枯病病原菌的烟草内生细菌系统多样性及趋化性分析。从来自 3 个烤烟品种‘NC297’‘红大’‘K326’的 600 株内生细菌中，以烟草青枯病病原菌青枯雷尔氏菌（*Ralstonia solanacearum*）为靶标，共筛出 55 株拮抗菌，其对烟草青枯病病原菌的抑菌圈直径为 1～16 mm。对这 55 株拮抗性内生细菌的 16S rDNA 基因序列进行 RFLP 分析，共产生 6 种带型。根据 RFLP 带型选取 16 株进行 16S rDNA 基因序列测定和系统发育分析。结果表明这 55 株拮抗性内生细菌属于厚壁菌门（Firmicutes）和变形菌门（Proteobacteria）两大类群的 6 个种，其中包括副短短芽胞杆菌。利用 *cheA* 基因检测方法和平板检测方法共筛选到 3 种具有趋化性的拮抗性内生细菌：副短短芽胞杆菌、短短芽胞杆菌（*Brevibacillus brevis*）和铜绿假单胞菌（*Pseudomonas aeruginosa*）。张宏波等（2010）报道了芘高效降解菌的分离鉴定及其降解特性研究。采用富集培养的方法从多环芳烃污染的土壤中分离到 3 株能高效降解四环芳烃芘的细菌 J1、J2、J3，经形态观察、生理生化和 16S rDNA 鉴定，J1 属于铜绿假单胞菌，J2 属于三田氏黄杆菌（*Flavobacterium mizutaii*），J3 属于副短短芽胞杆菌。3 株细菌均能以芘作为碳源生长，在含芘 50 mg/L、100 mg/L、200 mg/L、500 mg/L、1000 mg/L 的无机盐液体培养基中培养 7 d 后细菌总数达到最高，在含芘 200 mg/L 的无机盐液体培养基中 7 d 的降解效率分别达到 53.04%、65.03%、51.02%。3 株细菌对培养基具有较广泛的 pH 适应范围，在芘浓度为 200 mg/L，pH 为 4～9 的液体条件下均可生长，且对芘有很好的降解作用。秦振平等（2008）报道了处理避孕药废水优势菌的分离鉴定及强化作用。从避孕药生产废水生化处理站的活性污泥中分离得到 10 株能降解避孕药废水的菌株。经过对其形态特征及 16S rDNA 序列分析，该 10 株菌分别为绿脓杆菌、副短短芽胞杆菌、鲁氏不动杆菌、鲍氏不动杆菌、短短芽胞杆菌等 5 个菌种。

副短短芽胞杆菌脂肪酸组鉴定图谱。脂肪酸组特征为 15:0 anteiso/15:0 iso=2.13，17:0 anteiso/17:0 iso=1.82。脂肪酸组（51 个生物标记）包括：15:0 anteiso（51.1018%）、15:0 iso（24.0128%）、16:0 iso（3.1818%）、17:0 anteiso（3.1798%）、16:1ω7c alcohol（2.8548%）、

14:0 iso（2.4022%）、c16:0（1.8632%）、feature 4-1（1.8152%）、13:0 anteiso（1.7526%）、17:0 iso（1.7504%）、17:1 iso ω10c（1.5082%）、13:0 iso（1.3434%）、16:1ω11c（1.0966%）、c14:0（0.7604%）、feature 4-2（0.5272%）、c18:0（0.2486%）、c12:0（0.0892%）、12:0 iso（0.0528%）、13:0 2OH（0.0504%）、18:1ω9c（0.0446%）、15:1 iso ω9c（0.0426%）、c10:0（0.0422%）、18:1ω7c（0.0362%）、feature 8（0.0326%）、13:0 iso 3OH（0.0322%）、14:0 anteiso（0.0238%）、17:1 anteiso ω9c（0.0170%）、feature 3-1（0.0126%）、15:1ω5c（0.0122%）、15:1 iso at 5（0.0100%）、15:1 iso F（0.0098%）、10 Me 18:0 TBSA（0.0098%）、17:1ω6c（0.0080%）、feature 1 3OH（0.0078%）、18:1 iso H（0.0076%）、feature 3-2（0.0058%）、c17:0（0.0050%）、15:0 iso 3OH（0.0046%）、19:0 iso（0.0044%）、16:0 3OH（0.0042%）、c19:0（0.0042%）、18:0 iso（0.0040%）、16:1 iso H（0.0038%）、15:1 anteiso A（0.0038%）、15:1 iso G（0.0034%）、17:0 iso 3OH（0.0032%）、16:1ω5c（0.0032%）、18:3ω(6,9,12)c（0.0030%）、18:1ω5c（0.0030%）、18:1 2OH（0.0022%）、16:0 2OH（0.0014%）（图 8-2-28）。

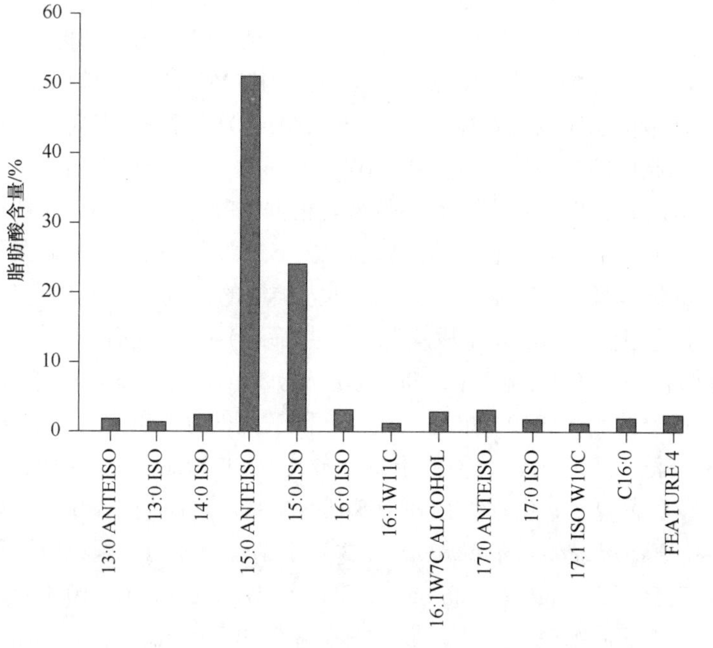


图 8-2-28　副短短芽胞杆菌（*Brevibacillus parabrevis*）主要脂肪酸种类

## 9. 茹氏短芽胞杆菌

茹氏短芽胞杆菌生物学特性。茹氏短芽胞杆菌［*Brevibacillus reuszeri*（Shida et al. 1995）Shida et al. 1996，comb. nov.］由芽胞杆菌属（即 *Bacillus reuszeri*）移到短芽胞杆菌属（即 *Brevibacillus reuszeri*）。在国内有过相关研究报道。李倩等（2015）报道了一种马尾松菌根辅助细菌——短芽胞杆菌的筛选及鉴定。采集马尾松人工林中有外生菌根真菌彩色豆马勃子实体的菌根根际土壤，对分离获得的 74 株细菌进行菌根辅助细菌的筛选。通过干皿对抗法筛选获得 1 株能高效促进外生菌根真菌彩色豆马勃（Pt2）和红绒盖牛肝菌（Xc）生长的菌根辅助细菌 MPt17。MPt17 菌株对 Pt2 和 Xc 菌丝生长的平均增长率分别为 48.6%和 25.0%，其胞外代谢产物对 Pt2 和 Xc 菌丝生长也有明显的促进作用，平均增长率分别为 129.6%和 29.5%，该菌株的胞外代谢产物对 Pt2 和 Xc 的生物量也有显著的影响，生物量增长率分别为 124.2%和 34.2%。盆栽试验结果表明，双接种 Pt2-MPt17 处理、双接种 Xc-MPt17 处理、单接种 Pt2、单接种 Xc 和单接种 MPt17 较未接种处理的马尾松苗高分别提高 78.0%、68.2%、32.7%、39.2%和 53.4%，地径分别提高 46.3%、57.5%、17.5%、23.8%和 25.0%。由此可以确定 MPt17 既是菌根辅助细菌又是根际促生细菌。通过对 MPt17 菌株的菌落形态观察、Biolog 细菌自动鉴定仪鉴定及 16S rDNA 序列测定，初步鉴定该菌株为茹氏短芽胞杆菌。MPt17 菌株与外生菌根真菌 Pt2 和 Xc 双接种马尾松幼苗对苗木的生长都具有明显的促进作用，而且 MPt17 菌株单接种马尾松幼苗也能在一定程度上促进苗木的生长。

黄石（2012）报道了水体脱氮复合菌系的筛选鉴定及其脱氮途径的研究。从底泥中总共分离到芽胞杆菌 311 株，其中亚硝化细菌 103 株，硝化细菌 112 株，反硝化细菌 96 株。经过实验室条件下含氮类物质消解实验、自然水体含氮类消解实验、自然水体菌株组合实验，以及开放水域实地投放实验，获得了由 Y907、X802 和 F512 组合形成的优良复合菌系。3 株菌分别对氨氮、亚硝酸盐氮和硝酸盐氮具有较强的脱除功能，且具有互生性。在室内条件下，48 h 内复合菌系对氨氮、亚硝酸盐氮和硝酸盐氮的消解率分别达到了 54.04%、59.3%和 75.3%，在一周时间内对自然水中的氨氮、亚硝酸盐氮和硝酸盐氮脱除率分别达到了 59.7%、93.3%和 92.7%，对含底泥覆盖水中含氮物质有明显的消解作用。作者对 3 株优良菌株进行了分类鉴定和安全鉴定。Y907 和 X802 均为好氧型细菌，F512 为兼性好氧型菌。经过表型观察、生理生化鉴定和 16S rDNA 测序，鉴定 Y907 为巨大芽胞杆菌（*Bacillus megaterium*），X802 为牛奶类芽胞杆菌（*Paenibacillus lactis*），F512 为茹氏短芽胞杆菌（*Brevibacillus reuszeri*）。3 株菌对小白鼠和三大淡水鱼类安全，未发现任何毒副作用。研究进行了不同环境条件对功能菌株脱氮效果的影响研究，结果表明，Y907、X802 和 F512 具有广泛的环境适应性，可以以碳酸钠、乙酸钠、酒石酸钾钠、葡萄糖、蔗糖等为唯一碳源生长和发挥脱氮功能，3 个菌株的最佳碳源分别为葡萄糖、蔗糖和葡萄糖。3 株菌的最佳 C/N 较为接近，Y907 为 5，X802 和 F512 为 10。最佳温度为 25℃，最适 pH 为 7。在白洋淀水域网箱养殖区进行了为期 30 d 的底泥净化试验，对底泥有机质、全氮、全磷、全钾、可溶磷、速效钾、氨氮有明显的消解作用，其中对氨氮的相对消解率最高，达到了 132%。分别对菌株 Y907、X802 和 F512 进行了氮转移途径研究，结果表明，3 株菌的脱氮途径基本一致，主要包括：一是被菌体生长所利用，转化为菌体自身的生长物质，这也是氮消解的主要途径；二是氨氮、亚硝酸盐氮和硝酸盐氮 3 种氮化物间的相互转化；三是反硝化生成氮气或其他氮氧化物释放到空气中。

厚壁菌门中的芽胞杆菌属（*Bacillus*）是优势属，共有 6 种 RFLP 带型，159 个菌株，包括解淀粉芽胞杆菌植物亚种（*Bacillus amyloliquefaciens* subsp. *plantarum*）等，其余 6 个菌株分别属于 6 个种：茹氏短芽胞杆菌、芬莱氏链霉菌（*Streptomyces finlayi*）、深橄榄色链霉菌（*Streptomyces atroolivaceus*）、大黄欧文氏菌（*Erwinia rhapontici*）、气泡栖水杆菌（*Enhydrobacter aerosaccus*）和嗜根寡养单胞菌（*Stenotrophomonas rhizophila*）。

闫孟红（2004）报道了具有生物防治作用的辣椒内生细菌及根面细菌的分离、筛选和初步鉴定。从辣椒的叶内、根面及根内共分离到 364 株内生细菌和根面细菌，在所测定的 14 株细菌中，KL1 为茹氏短芽胞杆菌。

茹氏短芽胞杆菌脂肪酸组鉴定图谱。脂肪酸组特征为 15:0 anteiso/15:0 iso=1.98，17:0 anteiso/17:0 iso=1.93。脂肪酸组（67 个生物标记）包括：15:0 anteiso（47.4923%）、15:0 iso（24.0198%）、14:0 iso（8.7142%）、16:0 iso（4.4632%）、c16:0（3.2186%）、16:1ω7c alcohol（3.0044%）、17:0 anteiso（2.0930%）、16:1ω11c（1.8400%）、c14:0（1.3135%）、17:0 iso（1.0842%）、17:1 iso ω10c（0.6370%）、feature 4-1（0.5467%）、13:0 iso（0.3212%）、c18:0（0.2230%）、13:0 anteiso（0.2179%）、feature 4-2（0.1488%）、15:1 iso ω9c（0.1100%）、18:1ω9c（0.0928%）、15:1 iso at 5（0.0479%）、c12:0（0.0416%）、feature 8（0.0368%）、14:0 anteiso（0.0344%）、c19:0（0.0316%）、15:0 2OH（0.0258%）、c17:0（0.0249%）、17:1 anteiso ω9c（0.0207%）、19:0 iso（0.0184%）、feature 7（0.0181%）、feature 2（0.0165%）、c10:0（0.0153%）、feature 3-1（0.0153%）、15:1 iso G（0.0137%）、15:0 iso 3OH（0.0135%）、10 Me 18:0 TBSA（0.0119%）、17:0 2OH（0.0118%）、18:1 2OH（0.0116%）、20:1ω7c（0.0100%）、feature 1-1（0.0095%）、c9:0（0.0079%）、13:0 iso 3OH（0.0077%）、18:1 iso H（0.0074%）、18:1ω7c（0.0068%）、13:0 2OH（0.0065%）、17:0 iso 3OH（0.0061%）、c20:0（0.0061%）、feature 9（0.0060%）、feature 5（0.0060%）、11:0 iso 3OH（0.0056%）、15:1 anteiso A（0.0053%）、18:3ω(6,9,12)c（0.0053%）、c13:0（0.0042%）、feature 1-2（0.0040%）、15:1 iso F（0.0039%）、14:0 iso 3OH（0.0039%）、14:0 2OH（0.0039%）、16:0 2OH（0.0035%）、17:1 iso ω9c（0.0035%）、16:1 iso H（0.0035%）、14:1ω5c（0.0028%）、12:0 iso（0.0026%）、16:0 anteiso（0.0026%）、cy19:0 ω8c（0.0021%）、feature 3-2（0.0019%）、16:0 3OH（0.0018%）、18:1ω5c（0.0012%）、11:0 anteiso（0.0011%）、12:0 2OH（0.0011%）（图 8-2-29）。

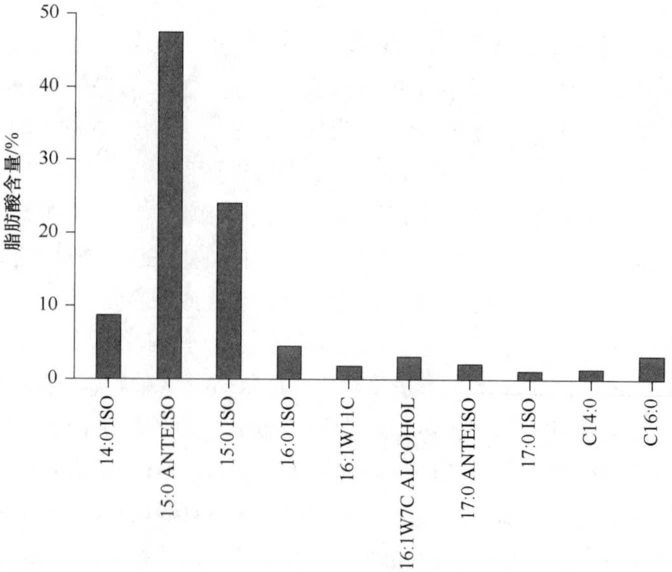


图 8-2-29 茹氏短芽胞杆菌（*Brevibacillus reuszeri*）主要脂肪酸种类

# 第三节　动球菌科脂肪酸组鉴定图谱

## 一、动球菌科种类概况

### 1. 科名

动球菌科（Planococcaceae Krasil'nikov 1949，familia. Type genus：*Planococcus* Migula 1894）。

### 2. 属种类

动球菌科至少包括 16 属，如土壤芽胞杆菌属（*Solibacillus*）、咸海鲜芽胞杆菌属（*Jeotgalibacillus*）、海洋芽胞杆菌属（*Marinibacillus*）、嗜冷芽胞杆菌属（*Psychrobacillus*）、尿素芽胞杆菌属（*Ureibacillus*）、绿芽胞杆菌属（*Viridibacillus*）、哈格瓦氏菌属（*Bhargavaea*）、显核菌属（*Caryophanon*）、金黄微菌属（*Chryseomicrobium*）、线杆菌属（*Filibacter*）、库特氏菌属（*Kurthia*）、类芽胞束菌属（*Paenisporosarcina*）、动球菌属（*Planococcus*）、动微菌属（*Planomicrobium*）、塞氏菌属（*Savagea*）、芽胞束菌属（*Sporosarcina*）等。

### 3. 特性

有 9 属 49 种能形成芽胞。显核菌属、金黄微菌属、线杆菌属、库特氏菌属、动球菌属、动微菌属 6 属不能形成芽胞。

### 4. 资源

2015～2016 年增加 3 个新种，新转入 1 种。

## 二、土壤芽胞杆菌属脂肪酸组鉴定图谱

### 1. 概述

土壤芽胞杆菌属（*Solibacillus*）Krishnamurthi et al. 2009，gen. nov.。世系：Bacteria；Firmicutes；Bacilli；Bacillales；Planococcaceae；*Solibacillus*。土壤芽胞杆菌属于 2009 年建立，*Solibacillus silvestris* 由 *Bacillus silvestris* 重分类转移而来（Krishnamurthi et al.，2009），目前只有 1 种，也是该属模式种。

### 2. 森林土壤芽胞杆菌

森林土壤芽胞杆菌生物学特性。森林土壤芽胞杆菌［*Solibacillus silvestris*（Rheims et al. 1999）Krishnamurthi et al. 2009，comb. nov.］在国内有过相关研究报道。王琳等（2015）报道了双孢蘑菇培养料发酵过程中细菌群落结构分析。利用变性梯度凝胶电泳（DGGE）对不同季节不同发酵阶段样品的细菌进行特异性扩增，并选取主要 DNA 条带进行克隆、测序和生物信息学分析。结果显示，不同发酵时期带谱差异明显。发酵过程

中，培养料中主要有芽胞杆菌属、黄杆菌属、杆菌属、假单胞菌属、土壤芽胞杆菌属、嗜热裂孢菌属、高温双歧菌属和未知分类地位的不可培养细菌。李宛蔓等（2016）报道了底泥中红霉素耐受菌群的多样性分析。采用传统的微生物培养法和分子生物学方法对长期受低浓度红霉素污染的水体底泥中红霉素耐受菌群结构的多样性进行了分析。结果表明：采用传统的培养方法，从底泥中可分离筛选出3株对红霉素有耐受能力的菌株，根据其形态学特征及16S rDNA序列分析，初步鉴定为赖氨酸芽胞杆菌（*Lysinibacillus* sp.）、森林土壤芽胞杆菌及蜡样芽胞杆菌（*Bacillus cereus*），其中敏感菌蜡样芽胞杆菌经低浓度红霉素诱导对红霉素表现出一定的耐药性。

森林土壤芽胞杆菌脂肪酸组鉴定图谱。脂肪酸组特征为15:0 anteiso/15:0 iso=0.10，17:0 anteiso/17:0 iso=0.38。脂肪酸组（27个生物标记）包括：15:0 iso（52.6275%）、16:1ω7c alcohol（11.9075%）、17:1 iso ω10c（6.2850%）、17:0 iso（5.5675%）、15:0 anteiso（5.1950%）、16:0 iso（3.6275%）、16:1ω11c（2.9575%）、14:0 iso（2.2200%）、17:0 anteiso（2.1425%）、c16:0（1.8325%）、feature 4（1.7300%）、c18:0（0.6150%）、15:1 iso ω9c（0.5225%）、c14:0（0.4800%）、18:1ω9c（0.4550%）、10Me 18:0 TBSA（0.3675%）、c12:0（0.2350%）、18:3ω(6,9,12)c（0.2175%）、feature 3（0.2125%）、16:0 2OH（0.1800%）、13:0 iso（0.1525%）、17:1ω9c（0.1300%）、c17:0（0.1125%）、15:0 iso 3OH（0.0725%）、19:0 iso（0.0700%）、feature 8（0.0550%）、16:0 anteiso（0.0375%）（图8-3-1）。

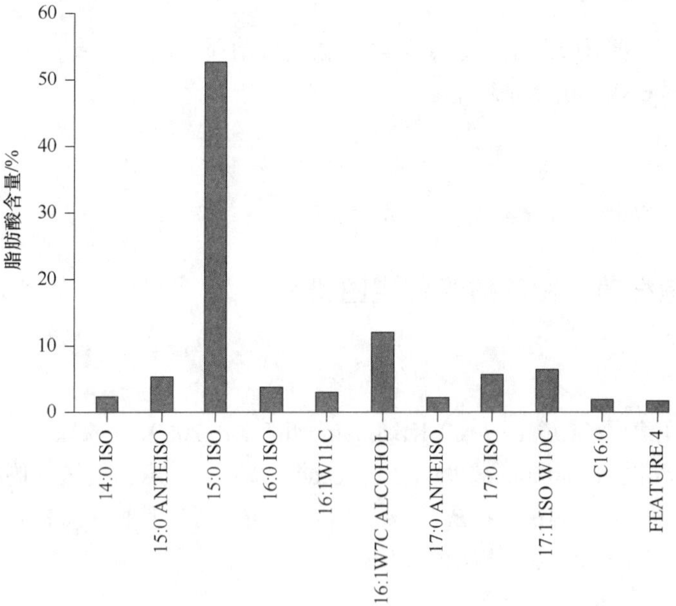


图8-3-1　森林土壤芽胞杆菌（*Solibacillus silvestris*）主要脂肪酸种类

## 三、尿素芽胞杆菌属脂肪酸组鉴定图谱

### 1. 概述

尿素芽胞杆菌属（*Ureibacillus*）Fortina et al. 2001，gen. nov.。世系：Bacteria；

Firmicutes；Bacilli；Bacillales；Planococcaceae；*Ureibacillus*。尿素芽胞杆菌属于 2001 年建立，目前有 6 种，模式种为 *Ureibacillus thermosphaericus*（Andersson et al. 1996）Fortina et al. 2001，comb. nov.（热球状尿素芽胞杆菌），由 *Bacillus thermosphaericus* 重分类而转移过来（Fortina et al.，2001）。

## 2. 热球状尿素芽胞杆菌

热球状尿素芽胞杆菌生物学特性。热球状尿素芽胞杆菌［*Ureibacillus thermosphaericus*（Andersson et al. 1996）Fortina et al. 2001，comb. nov.］由芽胞杆菌属（即 *Bacillus thermosphaericus*）移到尿素芽胞杆菌属（*Ureibacillus thermosphaericus*）。在国内有过相关研究报道。刘建斌等（2015）在不同的污泥高温堆肥过程中分离到 6 株常温细菌，即硫氰副球菌（*Paracoccus thiocyanatus*）、陌生菌（*Advenella* sp.）、节杆菌（*Arthrobacter* sp.）、溶杆菌（*Lysobacter* sp.）、沙雷氏菌（*Serratia* sp.）和食吡啶红球菌（*Rhodococcus pyridinivorans*）；2 株高温细菌，即热球状尿素芽胞杆菌和热脱氮地芽胞杆菌（*Geobacillus thermodenitrificans*）。龚改林（2015）报道了貂粪堆肥微生物复合菌剂的制备及效果评价。旨在制备用于貂粪堆肥的微生物复合菌剂以实现貂粪的快速堆肥无害化处理。研究结果表明，从堆肥过程中的不同阶段样品中筛选到堆肥微生物共 20 余种，经过菌落形态特征方面的比较进行分类合并，最后得到 A1～A8 共 8 种堆肥微生物，进行 16S rDNA 鉴定及其他生理生化功能鉴定，最后确定它们分别与解淀粉芽胞杆菌（*Bacillus amyloliquefaciens*）、弯曲芽胞杆菌（*Bacillus flexus*）、枯草芽胞杆菌（*Bacillus subtilis*）、热球状尿素芽胞杆菌、地芽胞杆菌（*Geobacillus* sp.）、苍白地芽胞杆菌（*Geobacillus pallidus*）、地衣芽胞杆菌（*Bacillus licheniformis*）、尿素芽胞杆菌（*Ureibacillus* sp.）具有很高的同源性，并且都具有各自独特的功能，将其扩大培养后辅以载体制成微生物复合菌剂 ABTNL Ⅱ。将复合菌剂接种于貂粪堆肥中，实验组当天即进入高温期（55℃以上），之后持续 14 d，最高温度达到 64.1℃，显著高于对照组的 59℃；而第 3 天才开始升温的对照组的高温期仅持续了 7 d；实验组第 5 天已基本上没有臭味，但对照组第 7 天仍能闻到臭味；貂粪堆肥过程中，添加微生物复合菌剂的实验组的各项化学指标（pH、C/N、电导率、E4/E6、水溶性氨氮和硝氮）的变化与空白对照组相比均更为明显且更加理想；实验组的发芽指数在第 10 天即达到 80%以上，堆肥结束后达 95%以上，而对照组在堆肥结束后仍未能达到 80%。

王子超（2011）报道了消化污泥和玉米秸秆强制通风堆肥的研究。研究采用强制通风堆肥工艺，对消化污泥和玉米秸秆进行堆肥处理。设置 3 个堆体，初始 C/N 分别为 25、20 和 14。结果表明，3 个堆体均可以实现顺利升温，并分别在 55℃以上维持 12 d、16 d 和 5 d，满足我国《粪便无害化卫生标准》（GB 7959—87）中规定的 50～55℃以上维持 5～7 d 的要求。堆肥过程中随着堆体温度的变化，3 个堆体内微生物群落结构均发生了复杂演替变化，但运动厌氧杆菌（*Anaerobaculum mobile*）、芽胞杆菌（*Bacillus* sp.）SG1、热球状尿素芽胞杆菌和沉积物杆菌（*Sedimentibacter* sp.）B4 在 3 个堆体的堆肥过程中始终存在。而且，堆肥过程中随着堆体温度的变化，微生物群落结构发生了复杂的演替变化，优势菌种也存在很大差异。产乙酸嗜蛋白菌（*Proteiniphilum acetatigenes*）、乌尔蒂纳梭菌

（*Clostridium ultunense*）等 7 种菌种存在于整个堆肥过程中，金黄丁酸梭菌（*Clostridium aurantibutyricum*）随着温度升高而被淘汰，新疆运动球菌（*Kineococcus xinjiangensis*）、恶臭莱西氏菌（*Laceyella putida*）等 5 个菌种随着堆肥过程的进行作为新生菌种出现。

杨龙（2011）报道了氡温泉耐辐射嗜热微生物的分类鉴定及其耐辐射机制的初步研究。结果表明，在 DGGE 指纹图谱中有 12 个明显的主要条带，对其进行回收，并通过序列分析建立文库。再将获得的 16S rDNA 序列登陆 NCBI 与已知序列进行比对，得到了整个氡温泉水样中的群落结构信息，其中 11 株细菌均为芽胞杆菌，归为 5 个不同的属，分别是无氧芽胞杆菌属（*Anoxybacillus*）、地芽胞杆菌属（*Geobacillus*）、尿素芽胞杆菌属（*Ureibacillus*）、短芽胞杆菌属（*Brevibacillus*）和解硫胺素芽胞杆菌属（*Aneurinibacillus*）。同时对不同剂量辐照处理前后的样品进行了 DGGE 指纹图谱分析，结果表明，只有代表短芽胞杆菌属和解硫胺素芽胞杆菌属的条带消失，说明整个氡温泉群落结构主要由耐辐射嗜热菌属构成。氡温泉水样采用 8 kGy 剂量 $^{60}$Co γ 射线辐射预处理后，在 55℃的温度下进行培养并分离得到 35 株耐辐射嗜热菌。运用细菌全蛋白电泳 SDS-PAGE 比较分析和 16S～23S rDNA 间隔区比较分析等分子生物学方法从中筛选得到 8 株种属不同的耐辐射嗜热菌，并进一步运用 16S rDNA 序列分析鉴定其种属关系。结果显示，菌株 S1、S9 和 T9 的序列分别与格嫩泉无氧芽胞杆菌（*Anoxybacillus gonensis*）NCIMB13933$^{T}$、热球状尿素芽胞杆菌 DSM10633$^{T}$ 和就地堆肥地芽胞杆菌（*Geobacillus toebii*）SK-1$^{T}$ 的同源性都达到 99%以上。

王磊（2009）报道了产纤维素酶菌群的筛选及其酶学特性研究。通过好氧、厌氧和兼性厌氧 3 种不同培养条件的初筛和发酵复筛，在兼性厌氧条件下获得了 3 组可以快速、高效降解滤纸的复合菌群，其中菌群 MO 的纤维素酶酶活最高达 1.36 IU。对 MO 菌群纤维素酶酶学特性的研究发现：酶最适反应温度为 60℃，最适 pH 为 7.0，且在 60℃以下和 pH 3～8 具有良好的热稳定性及 pH 稳定性；钴、锌、铜等金属离子对纤维素酶活有显著的抑制作用，最高可达 47%，钠离子和钾离子有激活作用，酶活分别提高 7%和 2%。在最适反应条件下，最高纤维素酶活性可达 2.13 IU（蛋白胨为氮源）。微晶纤维素、发酵料和粉碎甜高粱秆作为碳源能不同程度地提高产酶，而 CMC、粉碎玉米秆和酒糟对产酶有显著抑制作用。以酵母粉和牛肉膏对产酶具有极大的激活作用，分别是蛋白胨产酶量的 2.42 倍和 2.37 倍，而尿素、氯化铵和硫酸铵等无机氮源不利于产酶。通过研究菌群内部不同生长阶段 pH、酶活和失重率的动态变化及其相互关系，初步了解了菌群内部不同功能菌株在不同生长阶段的主导地位的变化。非变性凝胶电泳的酶谱分析共发现了 7 条活性酶谱条带。DGGE 分析初步揭示了降解周期中菌群组成的变化。利用纤维素选择培养基分离得到了 3 株可培养的纤维素降解菌，16S rDNA 序列分析表明它们分别与热球状尿素芽胞杆菌、波茨坦短芽胞杆菌（*Brevibacillus borstelensis*）和芽胞杆菌（*Bacillus* sp.）50LAy-3 的亲缘关系最近，序列同源性分别达到 99%、100%和 99%。

热球状尿素芽胞杆菌脂肪酸组鉴定图谱。脂肪酸组特征为 15:0 anteiso/15:0 iso=0.81，17:0 anteiso/17:0 iso=1.99。脂肪酸组（25 个生物标记）包括：15:0 iso（25.3500%）、15:0 anteiso（20.4100%）、17:0 anteiso（8.4800%）、c16:0（7.9500%）、c18:0（6.6500%）、c20:0（6.6400%）、16:0 iso（4.4900%）、17:0 iso（4.2700%）、c19:0（3.2600%）、c17:0（3.0800%）、 c14:0（3.0400%）、14:0 iso（1.8700%）、16:0 2OH（1.1600%）、14:0 2OH（0.9700%）、feature 2（0.5100%）、16:1ω7c alcohol（0.4300%）、c13:0（0.3800%）、feature 4（0.2400%）、16:1ω11c（0.2300%）、13:0 iso（0.1700%）、17:1 iso ω10c（0.1400%）、15:1ω5c（0.0900%）、13:0 anteiso（0.0800%）、c12:0（0.0700%）、18:1ω9c（0.0600%）（图 8-3-2）。

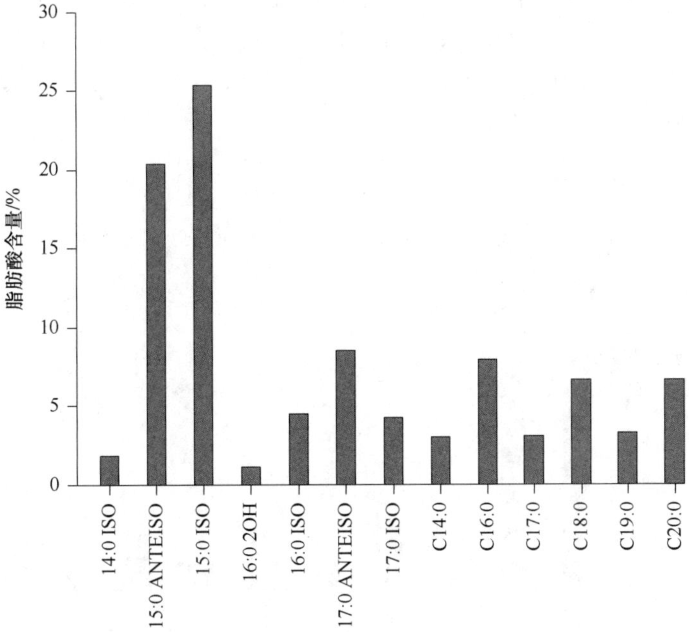


图 8-3-2　热球状尿素芽胞杆菌（*Ureibacillus thermosphaericus*）主要脂肪酸种类

## 四、绿芽胞杆菌属脂肪酸组鉴定图谱

### 1. 概述

绿芽胞杆菌属（*Viridibacillus*）Albert et al. 2007，gen. nov. 世系：Bacteria；Firmicutes；Bacilli；Bacillales；Planococcaceae；*Viridibacillus*。绿芽胞杆菌属于 2007 年建立，目前只有 3 种，它们分别由 *Bacillus arenosi*、*Bacillus arvi* 和 *Bacillus neidei* 重分类而转移过来（Albert et al.，2007），模式种为 *Viridibacillus arvi*（Heyrman et al. 2005）Albert et al. 2007 comb. nov.（田野绿芽胞杆菌）。

### 2. 沙地绿芽胞杆菌

沙地绿芽胞杆菌生物学特性。沙地绿芽胞杆菌［*Viridibacillus arenosi*（Heyrman et al. 2005）Albert et al. 2007，comb. nov.］由芽胞杆菌属（即 *Bacillus arenosi*）移到绿芽胞杆菌属（即 *Viridibacillus arenosi*）。模式菌株 LMG 22166$^T$ 从荷兰农业科研领域 Drentse A 土壤中分离得到。细胞革兰氏染色可变，严格好氧，直或稍弯杆状［（0.8～1.0）μm×（3.0～8.0）μm］，圆端，单生或成对生长。在添加有 $MnSO_4$ 的 NA 培养基上 30℃生长 10 d，缓慢形成芽胞；在 1/2 BFA 培养基上 30℃培养 3 d 会形成大量芽胞。芽胞椭圆形，端生，胞囊略膨大。在 NA 培养基上 30℃培养 24 h 的菌落直径为 1～2 mm，浅黄色，半透明，微凸，边缘不规则，表面光滑。在酪蛋白琼脂上培养的菌落是淡粉色的，色素扩散（Heyrman et al.，2005b）。在国内未见相关研究报道。

沙地绿芽胞杆菌脂肪酸组鉴定图谱。脂肪酸组特征为 15:0 anteiso/15:0 iso=0.67，17:0 anteiso/17:0 iso=2.68。脂肪酸组（10 个生物标记）包括：15:0 iso（35.2100%）、15:0 anteiso（23.5000%）、feature 4（10.5300%）、16:1ω11c（8.2800%）、17:0 anteiso（7.2700%）、17:1 iso ω10c（5.3800%）、16:1ω7c alcohol（3.6100%）、17:0 iso（2.7100%）、c16:0（2.2300%）、16:0 iso（1.2700%）（图 8-3-3）。

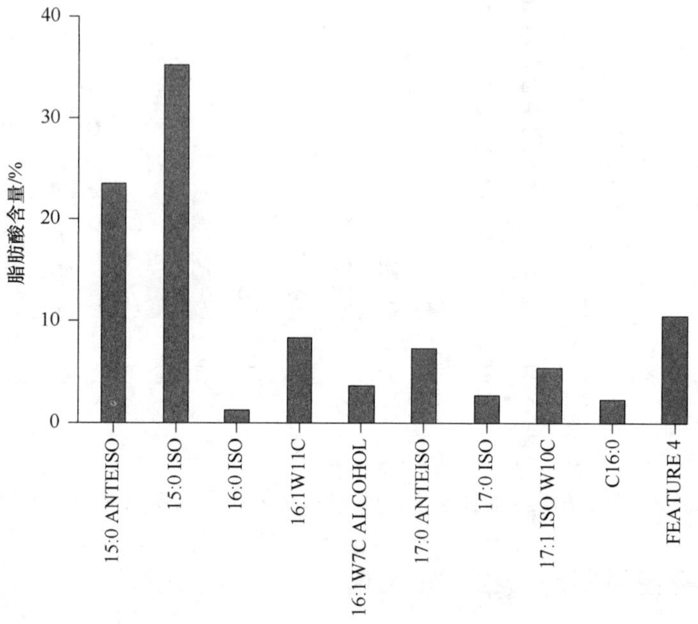


图 8-3-3　沙地绿芽胞杆菌（*Viridibacillus arenosi*）主要脂肪酸种类

## 3. 田野绿芽胞杆菌

田野绿芽胞杆菌生物学特性。田野绿芽胞杆菌［*Viridibacillus arvi*（Heyrman et al. 2005）Albert et al. 2007，comb. nov.］由芽胞杆菌属（即 *Bacillus arvi*）移到绿芽胞杆菌属（即 *Viridibacillus arvi*）。在国内相关研究报道较少。张文龙（2012）报道了自然发酵北方风干香肠主要微生物分离及纯菌接种发酵工艺研究。采用了微生物菌落计数、PCR-DGGE 两种方法对 3 种自然发酵北方风干香肠的微生物组成进行了分析。结果表明，乳酸菌、葡萄球菌和芽胞杆菌是风干香肠中的优势微生物。菌落计数结果表明在风干香肠发酵的第 5 天左右，微生物的生长量达到峰值，乳酸菌与芽胞杆菌最大数量大于 $10^7$ CFU/g，葡萄球菌与微球菌最大数量大于 $10^6$ CFU/g。用 MRS、MSA、MYP 3 种培养基对 3 种自然发酵北方风干香肠中的乳酸菌、葡萄球菌与微球菌、芽胞杆菌进行了分离，得到 12 株符合乳酸菌特征的菌株、11 株符合葡萄球菌与微球菌特征的微生物、12 株符合芽胞杆菌特征的菌株。通过菌株亚硝酸盐耐受性、食盐耐受性、低温耐受性、耐酸性等耐受性试验与蛋白质水解能力、脂肪水解能力、产酸能力、亚硝酸盐还原能力等发酵性能试验对分离得到的 35 株菌进行了筛选。结果表明，33 株菌能够耐受 150 mg/kg 的亚硝酸盐、30 株菌能够耐受 6%的食盐、34 株菌能够耐受 15℃的低温、35 株菌均能在 pH 5.0 的环境中生长、12 株菌具备蛋白质水解能力、9 株菌具备脂肪水解能力；12 株乳酸菌中的 LA2、LC3 的发酵液 24 h 内 pH 可由 7.0 分别降至 4.39 与 3.94，产酸能力显著高于其他菌株；11 株葡萄球菌与微球菌种 SC3 硝酸盐还原酶活力最强，为 4.1 U/mL。根据上述菌株特征，进一步选取 LA2、LB2、LC3、SA1、SA2、SC3、BA1、BA3、BC3 9 株菌用于后续组合发酵验证实验。对筛选得到的 9 株菌进行了最适生长温度、最适生长初始 pH、生长曲线等生物学特性的研究，蛋白酶、脂肪酶活力曲线的测定及种属的鉴定。结果表明这些菌株的最适生长温度均处于 30～37℃；乳酸菌、微球菌与葡萄球菌的最适生长初始 pH 7～7.5，芽胞杆菌的最适宜生长初始 pH 6，在接种量为 3%的条件下，这 9 株菌分别在 2～4 h 进入对数生长期，10～15 h 进入稳定期；9 株菌产蛋白酶与脂肪酶的时间与产量差异性较大；SA2 在 60 h 蛋白酶活力可达 85 U/mL，显著高于其他菌株，SA2、BA1 最大脂肪酶活力分别为 2.69 U/L（60 h）、2.89 U/L（36 h），显著高于其他菌株。16S rDNA 鉴定结果表明 LA2、LB2、LC3、SA1、SA2、SC3、BA1、BA3、BC3 分别为泰国魏斯氏菌（*Weissella thailandensis*）、清酒乳杆菌（*Lactobacillus sakei*）、乳杆菌（*Lactobacillus* sp.）、腐生葡萄球菌（*Staphylococcus saprophyticus*）、木糖葡萄球菌（*Staphylococcus xylosus*）、玫瑰色库克菌（*Kocuria rosea*）、短小芽胞杆菌（*Bacillus pumilus*）、沙福芽胞杆菌（*Bacillus safensis*）、田野绿芽胞杆菌（*Viridibacillus arvi*）。

田野绿芽胞杆菌脂肪酸组鉴定图谱。脂肪酸组特征为 15:0 anteiso/15:0 iso=1.77，17:0 anteiso/17:0 iso=？。脂肪酸组（9 个生物标记）包括：15:0 anteiso（23.7500%）、16:0 iso（15.2400%）、16:1ω11c（13.7300%）、15:0 iso（13.4000%）、14:0 iso（9.4800%）、c16:0（8.9200%）、17:0 anteiso（7.4000%）、c14:0（4.9500%）、16:1ω7c alcohol（3.1400%）（图 8-3-4）。

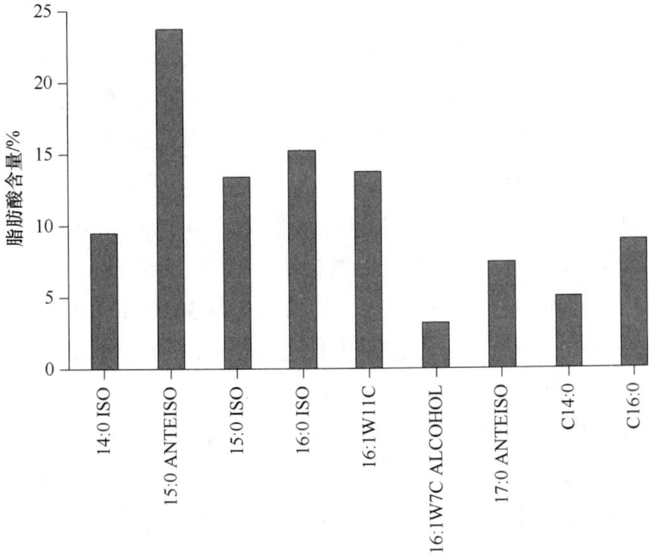


图 8-3-4　田野绿芽胞杆菌（*Viridibacillus arvi*）主要脂肪酸种类

## 五、芽胞束菌属脂肪酸组鉴定图谱

### 1. 概述

芽胞束菌属[*Sporosarcina* Kluyver and van Niel 1936（Approved Lists 1980），genus.]，世系：Bacteria；Firmicutes；Bacilli；Bacillales；*Planococcaceae*；*Sporosarcina*；能形成芽胞。芽胞束菌属于 1936 年建立，目前有 14 种，即 *Sporosarcina aquimarina* Yoon et al. 2001，sp. nov.（海水芽胞束菌）、*Sporosarcina contaminans* Kämpfer et al. 2010，sp. nov.（污染芽胞束菌）、*Sporosarcina globispora*（Larkin and Stokes 1967）Yoon et al. 2001，comb. nov.（球胞芽胞束菌）、*Sporosarcina halophila* Claus et al. 1984，sp. nov.（嗜盐芽胞束菌）、*Sporosarcina koreensis* Kwon et al. 2007，sp. nov.（韩国芽胞束菌）、*Sporosarcina newyorkensis* Wolfgang et al. 2012，sp. nov.（纽约芽胞束菌）、*Sporosarcina pasteurii*（Miquel 1889）Yoon et al. 2001，comb. nov.（巴氏芽胞束菌）、*Sporosarcina psychrophila*（Nakamura 1984）Yoon et al. 2001，comb. nov.（嗜冷芽胞束菌）、*Sporosarcina saromensis* An et al. 2007，sp. nov.、*Sporosarcina siberiensis* Zhang et al. 2014，sp. nov.（佐吕间芽胞束菌）、*Sporosarcina soli* Kwon et al. 2007，sp. nov.（土壤芽胞束菌）、*Sporosarcina thermotolerans* Kämpfer et al. 2010，sp. nov.（耐热芽胞束菌）、*Sporosarcina ureae*（Beijerinck 1901）Kluyver and van Niel 1936，species.（尿素芽胞束菌）、*Sporosarcina luteola* Tominaga et al. 2009，sp. nov.（黄色芽胞束菌）。另有 2 个种移出芽胞束菌属：*Sporosarcina macmurdoensis* Reddy et al. 2003，sp. nov.移到麦克默多类芽胞束菌（*Paenisporosarcina macmurdoensis*）、*Sporosarcina antarctica* Yu et al. 2008，sp. nov.移到南极类芽胞束菌（*Paenisporosarcina antarctica*）。

### 2. 球胞芽胞束菌

球胞芽胞束菌生物学特性。球胞芽胞束菌[*Sporosarcina globispora*（Larkin and Stokes 1967）Yoon et al. 2001，comb. nov.] 由芽胞杆菌属（即 *Bacillus globisporus* Larkin and Stokes 1967，species.）移到芽胞束菌（*Sporosarcina globispora*），属于芽胞杆菌目（Yoon et al.，2001）。在国内未见相关研究报道。

球胞芽胞束菌脂肪酸组鉴定图谱。脂肪酸组特征为 15:0 anteiso/15:0 iso=2.62，17:0 anteiso/17:0 iso=2.30。脂肪酸组（21 个生物标记）包括：15:0 anteiso（49.7950%）、15:0 iso（18.9800%）、17:0 anteiso（9.8900%）、17:0 iso（4.3050%）、c16:0（3.2000%）、16:0 iso（2.8800%）、c14:0（2.6100%）、feature 4-1（2.3850%）、14:0 iso（1.9750%）、18:1 2OH（0.9100%）、c18:0（0.9050%）、unknown 14.959（0.4550%）、13:0 anteiso（0.4050%）、unknown 15.669（0.2650%）、18:0 2OH（0.2500%）、13:0 iso（0.2100%）、17:1 iso ω10c（0.1250%）、16:1ω11c（0.1100%）、11:0 iso（0.0900%）、16:1ω7c alcohol（0.0850%）、15:0 iso 3OH（0.0800%）（图 8-3-5）。

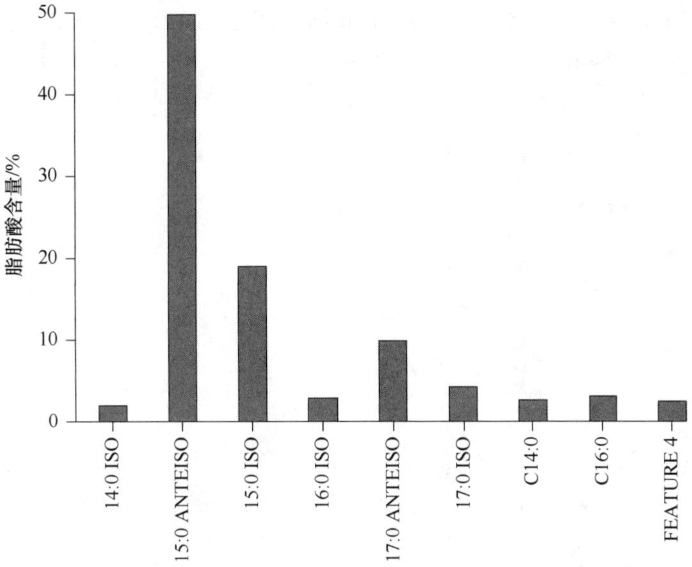


图 8-3-5　球胞芽胞束菌（*Sporosarcina globispora*）主要脂肪酸种类

## 六、嗜冷芽胞杆菌属脂肪酸组鉴定图谱

### 1. 概述

嗜冷芽胞杆菌属（*Psychrobacillus*）Krishnamurthi et al. 2011，gen. nov.，世系：Bacteria；Firmicutes；Bacilli；Bacillales；Planococcaceae；*Psychrobacillus*。嗜冷芽胞杆菌属于 2011 年建立，目前只有 3 种，它们分别由 *Bacillus insolitus*、*Bacillus psychrodurans* 和 *Bacillus psychrotolerans* 重分类而转移过来（Krishnamurthi et al.，2010）。模式种为 *Psychrobacillus insolitus*（Larkin and Stokes 1967）Krishnamurthi et al. 2011，comb. nov.（奇特嗜冷芽胞杆菌）。

### 2. 耐冷嗜冷芽胞杆菌

耐冷嗜冷芽胞杆菌生物学特性。耐冷嗜冷芽胞杆菌［*Psychrobacillus psychrotolerans*（Abd El-Rahman et al. 2002）Krishnamurthi et al. 2011，comb. nov.］由芽胞杆菌属（即 *Bacillus psychrotolerans*）移到嗜冷芽胞杆菌属（*Psychrobacillus psychrotolerans*）（Krishnamurthi et al.，2010），国内未见相关研究报道。

耐冷嗜冷芽胞杆菌脂肪酸组鉴定图谱。脂肪酸组特征为 15:0 anteiso/15:0 iso=1.06，17:0 anteiso/17:0 iso=6.71。脂肪酸组（25 个生物标记）包括：15:0 anteiso（32.2200%）、15:0 iso（30.2900%）、14:0 iso（11.0200%）、16:1ω7c alcohol（8.6400%）、16:1ω11c（3.9800%）、feature 4（2.6500%）、c14:0（2.6100%）、17:0 anteiso（2.2800%）、16:0 iso（1.7700%）、c16:0（1.2300%）、c18:0（0.4100%）、17:0 iso（0.3400%）、17:1 iso ω10c（0.3000%）、13:0 iso（0.2700%）、c12:0（0.2700%）、feature 3（0.2600%）、15:1 iso ω9c（0.2200%）、18:3ω(6,9,12)c（0.2100%）、18:1ω9c（0.2000%）、20:1ω7c（0.1600%）、feature

5（0.1500%）、16:0 2OH（0.1400%）、13:0 anteiso（0.1300%）、feature 8（0.1300%）、16:0 anteiso（0.1200%）（图 8-3-6）。

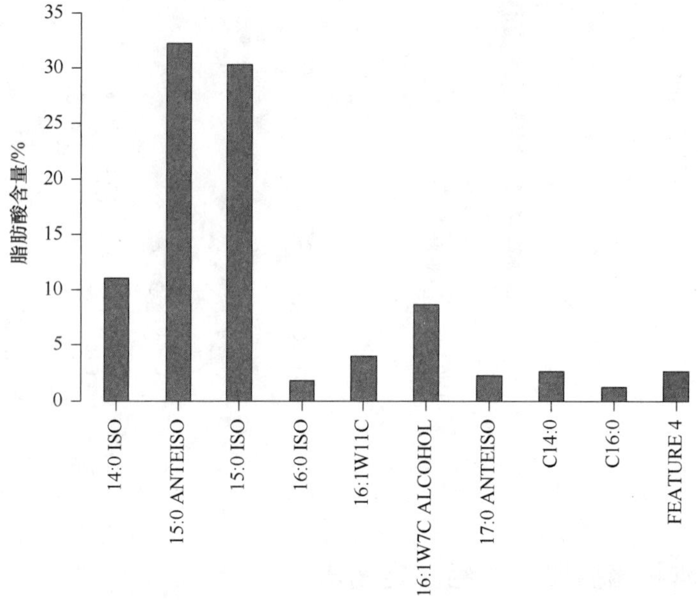


图 8-3-6　耐冷嗜冷芽胞杆菌（*Psychrobacillus psychrotolerans*）主要脂肪酸种类

# 第四节　芽胞乳杆菌科脂肪酸组鉴定图谱

## 一、芽胞乳杆菌科种类概况

### 1. 科名

芽胞乳杆菌科（Sporolactobacillaceae Ludwig et al. 2010，fam. nov. Type genus: *Sporolactobacillus* Kitahara and Suzuki 1963）（Ludwig et al.，2009）。

### 2. 属种类

芽胞乳杆菌科至少有 6 属，包括解支链淀粉芽胞杆菌属（*Pullulanibacillus*）（Hatayama et al.，2006）、火山渣芽胞杆菌属（*Scopulibacillus*）（Lee and Lee，2009）、中华球菌属（*Sinobaca*）（Li et al.，2008）、芽胞乳杆菌属（*Sporolactobacillus*）（Kitahara and Suzuki，1963）、肿块芽胞杆菌属（*Tuberibacillus*）（Hatayama et al.，2006）、土壤乳酸芽胞杆菌属（*Terrilactibacillus*）（Prasirtsak et al.，2016）。

### 3. 特性

除中华球菌属（*Sinobaca*）外，其余 5 属 20 种均能形成芽胞。

### 4. 新种

2015～2016 年建立 1 个新属，共增加 7 个新种，中国学者发表 4 个新种，占该科全部新种的 57.1%。

## 二、乳酸芽胞乳杆菌属脂肪酸组鉴定图谱

### 1. 概述

芽胞乳杆菌属（*Sporolactobacillus* Kitahara and Suzuki 1963 genus.），世系：Bacteria；Firmicutes；Bacilli；Bacillales；Sporolactobacillaceae；*Sporolactobacillus*。芽胞乳杆菌属为该科模式属，目前有 8 种，其中，*Sporolactobacillus inulinus* 由 *Lactobacillus*（subgen. *Sporolactobacillus*）*inulinus*（可形成芽胞）重分类而转移过来；*Sporolactobacillus laevolacticus* 由 *Bacillus laevolacticus* 重分类而转移过来（Hatayama et al.，2006）。模式种为 *Sporolactobacillus inulinus*（Kitahara and Suzuki 1963）Kitahara and Lai 1967（Approved Lists 1980）（菊糖芽胞乳芽胞杆菌）。

### 2. 乳酸芽胞乳杆菌

乳酸芽胞乳杆菌生物学特性。乳酸芽胞乳杆菌［*Sporolactobacillus laevolacticus*（Andersch et al. 1994）Hatayama et al. 2006，comb. nov.］由芽胞杆菌属（即 *Bacillus laevolacticus*）移到芽胞乳杆菌属（即 *Sporolactobacillus laevolacticus*）。在国内有过少量研究报道。宋翔宇等（2015）报道了金红石精矿的生物脱硅提纯与脱硅微生物的群落结构分析。初始菌株 HY-7 是从河南省三门峡矿区的铝土矿矿坑水中分离出来的硅酸盐杆菌。根据试验结果，该菌的最佳生长温度为 30℃，pH 为 7.0，紫外诱变改良时的最佳紫外照射时间为 20 s，此时的正突变率为 23.0%。紫外诱变前后菌株的生长曲线对比表明，诱变后菌株达到稳定状态的时间为 144 h，比诱变前提早 24 h。细菌的序列同源性分析表明，该群落组成主要可以分为两大支，一支与类芽胞杆菌属有较高的同源性，另一支与乳酸芽胞乳杆菌属有较高的同源性。生物脱硅试验结果表明，经过 7 d 的生物浸出脱硅过程后，金红石精矿中 $TiO_2$ 的品位从 78.21%提高到 91.80%，其回收率达到 95.24%。

乳酸芽胞乳杆菌脂肪酸组鉴定图谱。脂肪酸组特征为 15:0 anteiso/15:0 iso=1.27，17:0 anteiso/17:0 iso=1.08。脂肪酸组（60 个生物标记）包括：15:0 anteiso（33.6224%）、15:0 iso（26.5030%）、17:0 anteiso（8.5976%）、17:0 iso（7.9682%）、c16:0（7.6991%）、16:0 iso（4.6882%）、14:0 iso（2.0252%）、18:1ω7c（1.6985%）、c18:0（1.0894%）、feature 3（0.9070%）、c14:0（0.8430%）、16:1ω11c（0.6230%）、18:1ω9c（0.5855%）、17:1 iso ω10c（0.4436%）、feature 4（0.2958%）、16:1ω7c alcohol（0.2909%）、13:0 iso（0.2709%）、feature 2（0.2464%）、cy19:0 ω8c（0.1803%）、15:0 2OH（0.0782%）、unknown 15.669（0.0767%）、13:0 anteiso（0.0761%）、16:1ω9c（0.0755%）、18:1 2OH（0.0697%）、c12:0（0.0655%）、13:0 iso 3OH（0.0652%）、cy17:0（0.0624%）、12:0 3OH（0.0570%）、12:0 2OH（0.0552%）、c20:0（0.0542%）、c17:0（0.0494%）、17:0 iso 3OH（0.0488%）、feature 5（0.0394%）、

17:1 iso ω5c（0.0391%）、15:1 iso G（0.0379%）、16:0 3OH（0.0352%）、17:0 2OH（0.0330%）、10:0 3OH（0.0318%）、15:0 iso 3OH（0.0315%）、19:0 iso（0.0300%）、13:0 2OH（0.0267%）、feature 1（0.0267%）、15:1 iso F（0.0252%）、11:0 iso（0.0230%）、19:0 anteiso（0.0224%）、15:1 anteiso A（0.0179%）、18:3ω(6,9,12)c（0.0176%）、11:0 anteiso（0.0167%）、11:0 iso 3OH（0.0152%）、17:1 anteiso A（0.0145%）、12:0 iso（0.0139%）、18:0 iso（0.0130%）、unknown 14.502（0.0112%）、16:0 N alcohol（0.0109%）、20:1ω9c（0.0097%）、16:0 2OH（0.0094%）、c10:0（0.0055%）、16:1 2OH（0.0052%）、14:1ω5c（0.0045%）、17:1ω8c（0.0033%）（图 8-4-1）。

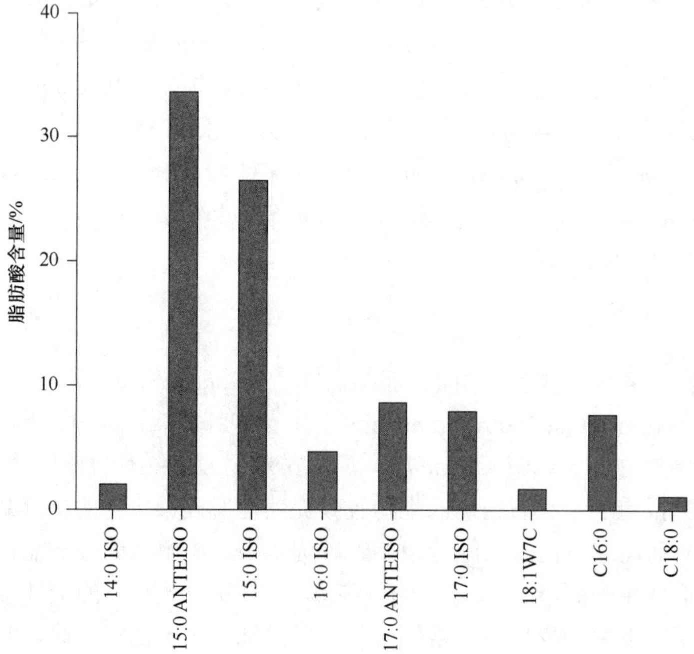


图 8-4-1　乳酸芽胞乳杆菌（*Sporolactobacillus laevolacticus*）主要脂肪酸种类

# 参 考 文 献


阿尔菲娅・安尼瓦尔, 伊萨克・阿卜杜热合曼, 于斯甫・麦麦提敏, 努尔古丽・热合曼. 2017. 吐鲁番传统馕饼酸面团中微生物多样性及挥发性香气成分的分析. 微生物学通报, 44(8): 1908-1917.

艾超. 2015. 长期施肥下根际碳氮转化与微生物多样性研究. 北京: 中国农业科学院博士学位论文.

安俊莹. 2014. 海洋源解淀粉芽孢杆菌细菌素 CAMT2 发酵优化、分离及抗菌机理研究. 湛江: 广东海洋大学硕士学位论文.

安俊莹, 刘颖, 朱雯娟, 胡雪琼, 叶莉珍. 2014. 响应面法优化 *Bacillus amyloliquefaciens* ZJHD-06 产类细菌素发酵培养基. 食品工业科技, 35(1): 9-15.

白震, 何红波, 张威, 解宏图, 张旭东, 王鸽. 2006. 磷脂脂肪酸技术及其在土壤微生物研究中的应用. 生态学报, 26(7): 2387-2394.

班允赫, 张潆月, 史荣久, 赵峰, 梁小龙, 韩斯琴, 张阳, 张颖. 2015. 一株快速产脂肽解淀粉芽孢杆菌的筛选及其产物特性. 生态学杂志, 34(6): 1682-1688.

包木太, 田艳敏, 陈庆国. 2012. 海藻酸钠包埋固定化微生物处理含油废水研究. 环境科学与技术, 35(2): 167-172.

包木太, 张金秋, 张娟, 陈庆国, 李一鸣. 2013. 产糖脂类生物表面活性剂菌株鉴定及发酵条件优化. 环境工程学报, 7(1): 365-370.

包文庆, 罗学刚, 杨圣. 2017. 超富集植物体降解菌枯草芽孢杆菌 BS-C3 产纤维素酶条件研究. 中国农学通报, 33(19): 80-85.

包怡红, 刘伟丰, 董志扬. 2008. 耐碱性木聚糖酶在短小芽孢杆菌中高效分泌表达的研究. 中国食品学报, 8(5): 37-43.

包怡红, 刘伟丰, 何永志, 董志杨. 2009. 耐碱性木聚糖酶基因在巨大芽孢杆菌中的表达及其酶学性质. 微生物学报, 49(10): 1353-1359.

鲍帅帅, 张默, 王新平, 陈守文, 李俊辉, 李冬生, 王志. 2014. 谷氨酸对地衣芽孢杆菌产杆菌肽的影响. 中国酿造, 33(3): 49-51.

鲍王波. 2015. 青霉素菌渣的两种处置方法对环境微生物多样性的影响研究. 南京: 东南大学硕士学位论文.

毕静. 2011. 嗜碱芽孢杆菌产甘露聚糖酶的中试发酵试验. 中国调味品, 36(7): 38-40.

边玉. 2014. 松花江下游沿江湿地土壤微生物特征研究. 长春: 中国科学院东北地理与农业生态研究所硕士学位论文.

卞碧云. 2013. 氮肥用量对设施栽培蔬菜土壤氨氧化微生物及氨氧化作用的影响. 南京: 南京师范大学硕士学位论文.

卜红宇, 张彦斌, 高瑞霞, 滕赟, 岳佳, 刘慧, 周刚. 2016. 2015 年内蒙古地区 3 批保健食品中污染菌的分离与鉴定. 食品安全质量检测学报, 7(4): 1483-1488.

蔡靖. 2010. 同步厌氧脱氮除硫工艺及微生物学特性的研究. 杭州: 浙江大学博士学位论文.

蔡靖, 郑平, 胡宝兰, Mahmood Q. 2007. 脱氮除硫菌株的分离鉴定和功能确认. 微生物学报, 47(6): 1027-1031.

蔡丽, 欧燕清, 陈巧儿, 王金良, 傅力. 2016. 岭头单丛茶树内生细菌的分离与拮抗细菌鉴定. 食品科技, 4: 24-28, 34.

蔡丽蓉, 王雯. 2012. 地衣芽胞杆菌治疗肝硬化并自发性细菌性腹膜炎的临床疗效研究. 中国微生态学杂志, 24(1): 49-51.

蔡全信, 刘俄英, 张用梅, 袁志明. 1995. 温度和 pH 对 B.s. C3-41 菌株生长和毒力的影响. 微生物学杂志, 15(2): 22-24.

蔡元宁, 余志良, 赵春田, 余道福, 陆建卫, 裘娟萍. 2015. 多粘类芽孢杆菌的保藏及复壮方法研究. 浙江农业学报, 27(1): 75-79.

蔡中梅, 王志跃, 杨海明, 丁文骏, 靳世磊, 张艳云. 2016. 巨大芽孢杆菌对 1～70 日龄扬州鹅生长性能、屠宰性能、脏器指数及血清生化指标的影响. 动物营养学报, 28(3): 788-796.

曹凤明, 李俊, 沈德龙, 关大伟, 李力. 2009. 多重 PCR 技术检测微生物肥料中巨大芽孢杆菌和蜡样群芽孢杆菌的研究与应用. 微生物学通报, 32(9): 1436-1441.

曹海鹏, 周呈祥, 何珊, 郑卫东, 杨先乐. 2013. 具有降解亚硝酸盐活性的解淀粉芽孢杆菌的分离与安全性分析. 环境污染与防治, 35(6): 16-21.

曹嫣镔, 刘涛, 李彩风, 胡婧, 巴燕, 吴昕宇. 2015. 一株嗜热脂肪地芽胞杆菌的驱油性能及机理. 应用与环境生物学报, 21(6): 1060-1064.

柴满坤, 张梁, 顾正华, 丁重阳, 石贵阳. 2013. 生物转化产 *d*-伪麻黄碱菌株的筛选及其关键酶基因的验证. 生物加工过程, 11(3): 34-39.

柴鹏程. 2012. 坚强芽孢杆菌 PC465 在凡纳滨对虾养殖中的应用技术及效果评价. 上海: 上海海洋大学硕士学位论文.

畅涛, 王涵琦, 杨成德, 王颖, 杨小利, 薛莉, 陈秀蓉, 徐长林. 2014a. 高寒草地禾草内生细菌 B-401 的鉴定及生物防治潜力评价. 草业学报, 23(3): 282-289.

畅涛, 王涵琦, 杨成德, 薛莉, 陈秀蓉, 任月芹, 王玉琴. 2014b. 马铃薯坏疽病 *Phoma foveata* 生防菌的筛选及鉴定. 中国生物防治学报, 30(2): 247-252.

畅涛, 杨成德, 薛莉, 杨小利, 冯中红, 郝蓉蓉, 张振粉, 陈秀蓉. 2015. 珠芽蓼内生菌 ZA1 对马铃薯的防病促生研究. 草业学报, 24(12): 83-91.

车建美. 2011. 短短芽胞杆菌(*Brevibacillus brevis*)对龙眼保鲜机理的研究. 福州: 福建农林大学博士学位论文.

车建美, 陈峥, 史怀, 刘波. 2012. 龙眼保鲜功能微生物 FJAT-0809-GLX(*Brevibacillus brevis*)功能成分的分析. 福建农业学报, 27(10): 1106-1111.

车建美, 付萍, 刘波, 郑雪芳, 林抗美. 2010a. 保鲜功能微生物 FJAT-0809-GLX 对龙眼保鲜特性的研究. 热带作物学报, 31(9): 1632-1640.

车建美, 郭慧慧, 刘波, 葛慈斌, 刘国红, 刘丹莹, 唐建阳. 2014. 产挥发性物质芽胞杆菌对枇杷炭疽病菌的抑制作用及其鉴定. 福建农业学报, 29(5): 469-474.

车建美, 刘波, 陈冰冰, 刘国红, 葛慈斌, 蓝江林. 2017. 短短芽胞杆菌产抗菌物质——羟苯乙酯发酵培养基的优化. 中国生物防治学报, 33(2): 248-257.

车建美, 刘波, 陈冰冰, 史怀, 唐建阳. 2015b. 一株短短芽胞杆菌中羟苯乙酯高效液相色谱(HPLC)分析. 农业生物技术学报, 23(11): 1524-1530.

车建美, 刘波, 郭慧慧, 刘国红, 葛慈斌, 刘丹莹. 2015c. 短短芽胞杆菌 FJAT-0809-GLX 对番茄促长作用的研究. 福建农业学报, 30(5): 498-503.

车建美, 刘波, 蓝江林. 2010b. 短短芽孢杆菌 JK-2 的 GFP 标记及其抑菌作用. 中国生物防治, 26(2): 230-234.

车建美, 刘波, 马桂美, 刘国红, 唐建阳. 2015a. 响应面法优化短短芽胞杆菌 FJAT-0809-GLX 胞内代谢物质超声波提取工艺. 福建农业学报, 30(11): 1090-1096.

车建美, 苏明星, 郑雪芳, 林抗美, 刘波. 2011a. 保鲜功能微生物 FJAT-0809-GLX 对龙眼果实保鲜方法的优化. 中国农学通报, 27(23): 135-139.

车建美, 郑雪芳, 林抗美, 刘波. 2011c. 保鲜功能微生物对不同鲜切水果保鲜效果的研究. 福建农业学报, 2(2): 260-264.
车建美, 郑雪芳, 刘波, 苏明星, 朱育菁. 2011b. 短短芽胞杆菌 FJAT-0809-GLX 菌剂的制备及其对枇杷保鲜效果的研究. 保鲜与加工, 11(5): 6-9.
车晓曦, 李社增, 李校堃. 2010. 1 株解淀粉芽孢杆菌发酵培养基的设计及发酵条件的优化. 安徽农业科学, 38(18): 9402-9405.
车晓曦, 李校堃. 2010. 解淀粉芽孢杆菌(*Bacillus amyloliquefaciens*)的研究进展. 北京农业, (3): 7-10.
陈岑. 2015. 泡菜中腐败微生物的分离、鉴定及其对泡菜品质的影响. 雅安: 四川农业大学硕士学位论文.
陈琛, 李学英, 杨宪时, 王丽丽. 2015. 环境因子交互作用下蜡样芽孢杆菌生长/非生长界面模型的建立与评价. 现代食品科技, 31(12): 205-213.
陈丹梅, 段玉琪, 杨宇虹, 晋艳, 黄建国, 袁玲. 2014. 长期施肥对植烟土壤养分及微生物群落结构的影响. 中国农业科学, 47(17): 3424-3433.
陈德局, 陈峥, 张海峰, 陈小强, 朱育菁, 刘波. 2016. 基于液相色谱/四极杆飞行时间质谱的产 ATPA 的芽胞杆菌筛选. 氨基酸和生物资源, 38(4): 37-41.
陈法霖, 郑华, 欧阳志云, 张凯, 屠乃美. 2011a. 土壤微生物群落结构对凋落物组成变化的响应. 土壤学报, 48(3): 603-611.
陈法霖, 郑华, 阳柏苏, 欧阳志云, 张凯, 屠乃美. 2011b. 外来种湿地松凋落物对土壤微生物群落结构和功能的影响. 生态学报, 31(12): 3543-3550.
陈凤兰, 母瑞敏, 杨小钰. 2006. 利用栗褐芽胞杆菌除藻的试验研究. 中国环境管理干部学院学报, 16(3): 52-53.
陈光明, 王静, 王莹, 刘建军, 刘爱玲. 2014. 不同检测因素对地衣芽胞杆菌菌落数的影响. 畜牧与饲料科学, 35(11): 25-26.
陈国民. 2007. 从植物根际分离到的 8 株细菌的促生作用及初步鉴定. 武汉: 华中农业大学硕士学位论文.
陈海华, 黄雪峰, 唐欢, 王瑞君, 魏泓. 2006. 地衣芽孢杆菌对肠道致病菌的体内拮抗作用研究. 西南国防医药, 16(2): 127-129.
陈海英, 廖富蘋, 林健荣. 2009. *Paenibacillus polymyxa* CP7 菌抗革兰氏阴性菌活性组分的分离和结构分析. 中国农业科学, 42(6): 2105-2110.
陈海英, 林健荣, 廖富蘋, 林碧敏. 2010. 多粘类芽孢杆菌 CP7 对荔枝霜疫霉菌的抗菌活性及其作用机制. 园艺学报, 37(7): 1047-1056.
陈红漫, 马晶, 訾晓男, 阚国仕. 2008. 耐碱 Mn-SOD 基因克隆与真核表达载体的构建. 江苏农业科学, (3): 80-83.
陈华, 袁成凌, 蔡克周, 郑之明, 余增亮. 2008. 枯草芽胞杆菌 JA 产生的脂肽类抗生素——iturin A 的纯化及电喷雾质谱鉴定. 微生物学报, 48(1): 116-120.
陈欢君, 周泉, 王晓春, 张云开, 王桂文. 2017. 氢氧化钠对苏云金芽孢杆菌芽孢及其萌发的影响. 广西科学, 24(3): 303-310.
陈惠, 胥兵, 廖俊华, 官兴颖, 吴琦. 2008. 内切葡聚糖酶基因在巨大芽孢杆菌中的表达及其酶学性质研究. 遗传, 30(5): 649-654.
陈计, 高鹏, 陆兆新, 吕凤霞, 张充, 赵海珍, 别小妹. 2015. β-1,3-1,4-葡聚糖酶高产菌诱变选育及基因克隆表达. 食品科学, 36(1): 179-184.
陈济琛, 任香芸, 蔡海松, 林新坚. 2008. 嗜热脂肪土芽孢杆菌 CHB1 固体发酵工艺. 农业环境科学学报, 27(6): 2478-2483.
陈继超, 黎金兰, 郭勇. 2009. 两步固态发酵对发酵大豆功能成分的影响研究. 中国酿造, 28(11): 36-38.
陈家祥, 张仁义, 王全溪, 杨贤芳妹, 王长康. 2010. 地衣芽孢杆菌对麻羽肉鸡肠道组织结构及盲肠微生物区系的影响. 动物营养学报, 22(3): 757-761.
陈建华, 张君丽. 2011. 维生素 C 混菌发酵中地衣芽胞杆菌对氧化葡萄糖酸杆菌伴生活性的研究. 中国药科大学学报, 42(2): 160-163.
陈进斌, 谢翼飞, 李旭东, 冯叶, 朱德文. 2015. 一种除臭复合菌剂的功能菌鉴定. 环境工程学报, 9(3): 1507-1512.
陈静宇, 孟利强, 曹旭, 刘宇帅, 李晶. 2017. 马铃薯微生物菌剂的应用效果及对根际土壤微生物的影响. 现代化农业, (7): 11-12.
陈凯, 李纪顺, 杨合同, 张新建, 魏艳丽, 黄玉杰. 2010. 巨大芽孢杆菌 P1 的解磷效果与发酵条件研究. 中国土壤与肥料, (4): 73-76.
陈连民, 罗阳, 李志兵, 喻礼怀, 张艳云. 2016. 巨大芽孢杆菌 1259 对产蛋后期蛋鸡蛋壳质量的影响. 中国农业大学学报, 21(9): 97-104.
陈亮, 周晓见, 董昆明, 董夏伟, 缪莉. 2012. 1 株烟草青枯病生防细菌的分离与鉴定. 江苏农业科学, 40(1): 104-107.
陈林, 赵志瑞, 王菲, 任迪峰, 李祖明, 白志辉. 2012. 浓香型皇台大曲可培养细菌群落结构及其产淀粉酶的研究. 食品工业科技, 33(8): 232-235.
陈路劼. 2008. 降解纤维素嗜热菌的筛选及其功能基因克隆. 福州: 福建农林大学硕士学位论文.
陈璐, 刘波, 肖荣凤, 史怀, 朱育菁, 赖钟雄. 2014. 芭蕉属植物内生细菌种群分布特性研究. 热带作物学报, 35(8): 1619-1624.
陈璐, 苏明星, 刘波, 黄素芳, 葛慈斌, 朱育菁. 2009. 动物饲用益生菌 LPF-2 对大肠杆菌抑制作用的培养条件优化. 中国农业通报, 25(16): 13-16.
陈梅春, 刘波, 朱育菁, 陈峥, 史怀, 刘国红, 潘志针. 2012. 短短芽胞杆菌代谢物组测定中代谢终止方式的优化. 福建农业学报, 27(12): 1352-1359.
陈娜, 生吉萍, 申琳. 2011. 碱性芽胞杆菌木聚糖酶基因的克隆及表达. 食品科学, 32(5): 234-238.
陈倩倩, 刘波, 刘国红, 车建美, 龚海艳. 2015. 华重楼根际土芽胞杆菌多样性研究. 热带农业科学, 35(12): 103-107.
陈强, 杨金先, 俞伏松, 宋铁英. 2011. 鳖致病性蕈状芽孢杆菌的分离鉴定. 福建畜牧兽医, 33(5): 4-7.
陈炜, 何秉旺, 楼晓东, 官菲, 叶忱. 1998. 坚强芽孢杆菌 β-淀粉酶基因的核苷酸序列分析. 微生物学报, 38(2): 142-145.
陈炜, 何秉旺, 张建华, 陈乃用. 1997. 坚强芽孢杆菌三个淀粉酶基因的克隆和表达. 微生物学通报, 24(4): 199-202.
陈文辉, 周映华, 李秋云, 曾艳, 吴胜莲, 缪东. 2007. 复合益生菌制剂对断奶仔猪生产性能和腹泻率的影响. 湖南畜牧兽医, (3): 14-15.
陈晓芬, 李忠佩, 刘明, 江春玉, 吴萌. 2015. 长期施肥处理对红壤水稻土微生物群落结构和功能多样性的影响. 生态学杂志, 34(7): 1815-1822.
陈晓娟, 吴小红, 刘守龙, 袁红朝, 李苗苗, 朱捍华, 葛体达, 童成立, 吴金水. 2013. 不同耕地利用方式下土壤微生物活性及群落结构特性分析: 基于 PLFA 和 MicroResp$^{TM}$ 方法. 环境科学, 34(6): 2375-2382.
陈晓明, 魏宝丽, 张建国. 2008. 短小芽孢杆菌 E601 传代和中子辐照后的菌落形态变化. 核农学报, 22(3): 291-295.
陈雪丽, 王光华, 金剑, 吕宝林. 2008. 多粘类芽孢杆菌 BRF-1 和枯草芽孢杆菌 BRF-2 对黄瓜和番茄枯萎病的防治效果. 中国生态农业学报, 16(2): 446-450.
陈燕萍, 肖荣凤, 刘波, 史怀, 唐建阳, 朱育菁. 2017. 基于发酵床养猪垫料的地衣芽胞杆菌 FJAT-4 固态发酵培养条件的优化. 中国生物防治学报, 33(1): 128-133.
陈易, 程永毅, 郭涛, 申鸿. 2016. 一株具紫色土亲和性解钾菌的筛选及促生效应. 西南大学学报(自然科学版), 38(5): 58-65.
陈永. 2017. 玫瑰茄花萼浸提液抑菌活性研究. 广西民族师范学院学报, 34(3): 152-154.
陈永华, 向捷, 吴晓芙, 冯冲凌, 袁斯文. 2015. 三株耐铅锌菌的分离、鉴定及其吸附能力. 生态学杂志,

34(9): 2665-2672.
陈玉娟, 沈微, 陈献忠, 王正祥. 2011. 解淀粉芽孢杆菌β-1,3-1,4-葡聚糖酶的高效表达. 生物技术, 21(2): 22-26.
陈裕文, 黄淳维. 2007. 蜂蜜中美洲幼虫病原孢子的检测技术及其在防治上的意义. 蜜蜂杂志, (S1): 3-6.
陈泽斌, 夏振远, 雷丽萍, 陈海如. 2011. 烟草黑胫病拮抗内生细菌的分离、鉴定及防效测定. 中国烟草学报, 17(6): 94-99.
陈峥, 刘波, 朱育菁, 胡桂萍, 车建美, 唐建阳. 2012a. pH条件对短短芽孢杆菌FJAT-0809-GLX次生代谢物产生的影响. 福建农业学报, 27(1): 71-76.
陈峥, 刘波, 车建美, 唐建阳, 朱育菁. 2012b. 龙眼微生物保鲜菌FJAT-0809-GLX发酵液丙酮萃取物的成分分析. 福建农业学报, 27(3): 294-298.
陈峥, 刘波, 朱育菁, 潘志针. 2014a. 吉氏芽胞杆菌来源来氟米特分析与检测. 食品安全质量检测学报, 5(11): 3672-3678.
陈峥, 刘波, 陈梅春, 潘志针, 朱育菁, 车建美, 史怀, 唐建阳. 2014b. 基于顶空-固相微萃取-气质联用的短短芽胞杆菌挥发性抑菌代谢物的鉴定. 食品安全质量检测学报, 5(9): 2844-2852.
陈峥, 刘波, 朱育菁, 潘志针. 2015a. 液相色谱-四极杆飞行时间质谱法筛选产来氟米特芽胞杆菌菌株. 食品安全质量检测学报, 6(11): 4605-4612.
陈峥, 刘波, 朱育菁, 郑梅霞, 张连宝, 刘国红, 潘志针. 2015b. 基于液相色谱/四极杆飞行时间质谱的产非蛋白质氨基酸——今可豆氨酸芽胞杆菌筛选. 食品安全质量检测学报, 6(10): 4121-4128.
陈峥, 刘波, 朱育菁, 潘志针, 刘国红. 2016a. 芽胞杆菌中的喷他霉素检测与分析. 中国农学通报, 32(12): 98-102.
陈峥, 刘波, 朱育菁, 陈梅春. 2016b. 基于液相色谱/四极杆飞行时间质谱法的产龙牙草酚A芽胞杆菌的筛选. 食品安全质量检测学报, 7(10): 4001-4009.
陈峥, 刘波, 朱育菁, 刘晓港, 潘志针. 2017. 液相色谱-四级杆飞行时间质谱筛选代谢对羟基苯乙酮的芽胞杆菌. 食品安全质量检测学报, 8(6): 3-8.
陈忠杰, 胡燕. 2013. 枯草芽胞杆菌腐乳发酵过程中主要成分的变化. 中国调味品, 38(7): 40-43.
成成, 李兆丰, 李彬, 刘花, 陈坚, 吴敬. 2009. 利用重组大肠杆菌生产α-环糊精葡萄糖基转移酶. 生物加工过程, 7(3): 56-63.
成堃, 路福平, 黎明, 梁晓梅. 2010. 嗜碱芽孢杆菌电转化方法的优化. 中国酿造, 29(3): 99-101.
成堃, 路福平, 李玉, 王盛楠, 王建玲. 2009. 产碱性蛋白酶菌株的筛选、分子鉴定及其酶学性质的初步研究. 中国酿造, 28(2): 33-36.
程爱芳, 邓政东, 陈文, 周念波, 黄芳一. 2015. 多粘类芽孢杆菌HD-1产纤维素酶的条件优化. 食品工业科技, 36(10): 173-177.
程国军, 胡光济, 李友国. 2008. 抗铬(Ⅵ)细菌的分离、鉴定及其铬(Ⅵ)还原能力. 中南民族大学学报(自然科学版), 27(3): 29-31.
程婧, 吴丹, 陈晟, 吴敬, 陈坚. 2010. 复合与合成培养基对大肠杆菌胞外生产α-环糊精葡萄糖基转移酶的影响. 中国生物工程杂志, 30(9): 36-42.
程文凤, 彭慧, 刘冰, 邓旭, 邢锋. 2016. 混凝土修复功能菌 *Bacillus cohnii* DSM6307芽胞萌发条件探究. 科技通报, 32(5): 219-223.
程雅韵, 郑琳, 李官浩, 金清. 2016. 传统发酵黄豆酱中低营养菌株的筛选及产胞外酶特性分析. 食品科学, 37(11): 97-102.
迟晨. 2015. 海洋巨大芽孢杆菌抑制黄曲霉毒素生物合成及其机制. 青岛: 中国海洋大学硕士学位论文.
出晓铭, 林毅雄, 张珅, 严芬, 林河通. 2014. 生防菌解淀粉芽胞杆菌抗菌蛋白的研究进展. 包装与食品机械, 32(6): 49-54.
褚志义, 周珮, 周家惠. 1985. 环状芽孢杆菌青霉素酰化酶的初步研究. 抗生素, (3): 177-178.

褚忠志. 2008. 产碱性蛋白酶菌株 *Bacillus pumilus* Zk202 的选育与酶学性质研究. 兰州: 甘肃农业大学硕士学位论文.
丛子添. 2014. 产脂肪酶蜡状芽孢杆菌对有机溶剂胁迫的生理应答. 长春: 吉林农业大学硕士学位论文.
崔东良. 2008. 凝结芽孢杆菌和费氏丙酸杆菌发酵及制剂工艺研究. 保定: 河北大学硕士学位论文.
崔凤霞, 王敬臣, 夏梦芸, 田润, 杨毅. 2014. 维生素 C 二步发酵伴生菌的分离鉴定. 四川大学学报(自然科学版), 51(4): 847-850.
崔堂兵, 江利香, 韩倩, 李俊霞. 2014. 碳源对 *Bacillus cereus* CZ 氨肽酶产量及糖代谢酶活性的影响(英文). 现代食品科技, 30(6): 58-67.
崔宗均. 1996. 北方水稻田固氮菌资源的研究. 北京: 中国农业科学院博士后论文.
代萌, 杜立新, 宋健, 曹伟平, 王金耀, 冯书亮. 2013. 五岳寨苏云金芽孢杆菌多样性分析及杀虫基因的鉴定. 中国农学通报, 29(6): 187-190.
戴朝霞, 宋磊, 王冰, 武燕, 陈骏, 张阳. 2009. 地衣芽胞杆菌活菌制剂联合庆大霉素预防伊立替康所致腹泻. 中国微生态学杂志, 21(6): 543-544.
戴莲韵, 王学聘, 杨光滢, 张万儒. 1993. 我国四个自然保护区森林土壤中解木糖赖氨酸芽胞杆菌的分布. 林业科学研究, 6(6): 621-626.
戴莲韵, 王学聘, 杨光滢, 张万儒. 1994. 我国森林土壤中解木糖赖氨酸芽胞杆菌生态分布的研究. 微生物学报, 34(6): 449-456.
戴青. 2008. 凝结芽胞杆菌分离筛选及复合益生菌剂的应用研究. 武汉: 华中农业大学硕士学位论文.
戴顺英, 高梅影, 李小刚, 李荣森. 1996. 我国南北方土壤中解木糖赖氨酸芽孢杆菌的分布及杀虫特性. 微生物学报, 36(4): 295-302.
邓斌, 郑佳佳, 傅罗琴, 张小平, 梁权, 沈文英, 李卫芬. 2013. 一株高效硝化菌的鉴定及其特性. 环境工程学报, 7(9): 3635-3641.
邓红梅, 毕方铖, 叶炬斌, 叶炼佳. 2010. 几丁质酶高产菌的筛选及其产酶条件的优化研究. 化学与生物工程, 27(5): 62-65.
邓慧媛, 李志忠, 张凯, 李建喜. 2013. 奶牛瘤胃液中浸麻类芽孢杆菌的分离鉴定. 中国畜牧兽医, 40(6): 246-249.
邓胜群, 邓茗芝, 陈嘉婷, 郑丽兰, 彭鸿娟. 2017. 表达蝎毒素 AaIT 或苏云金杆菌毒素 Cyt2Ba 的大肠埃希菌杀蚊幼活性及增效剂型测试. 南方医科大学学报, 37(6): 750-754.
邓腾. 2016. 植物饮料提取液中微生物的分离鉴定及耐热性研究. 食品研究与开发, 37(23): 161-164.
邓文, 胡兴明, 于翠, 叶楚华, 李勇, 熊超, 杜寒. 2015. 桑树间作大豆对桑园土壤微生物多样性的影响. 蚕业科学, 41(6): 997-1003.
丁桂玲. 2013. 引发蜜蜂卫生行为的因素. 中国蜂业, 28(8): 56-57.
丁海霞, 牛犇, 范海燕, 李燕, 王琦. 2016. 生防蜡样芽胞杆菌 *Bacillus cereus* 905 基因组测序及分析. 中国农业大学学报, 21(12): 49-57.
丁建, 杨盈, 谢嘉华, 袁建军. 2014. 一株互花米草耐重金属内生菌的分离及其特性分析. 泉州师范学院学报, 32(6): 10-14.
丁梦娇, 黄莺, 李春顺, 宾俊, 李强, 范伟, 张毅, 周冀衡. 2017. 植烟土壤中微生物特性及氨化、亚硝化菌分离鉴定与活性研究. 中国生态农业学报, 25(10): 1444-1455.
丁文骏, 王强, 戴美梅, 张为利, 张艳云. 2015. 巨大芽孢杆菌 1259 对产蛋鸡生产性能及排泄物中含氮物浓度的影响. 动物营养学报, 27(10): 3140-3145.
丁新景, 黄雅丽, 马风云, 杜秉海, 王贝贝, 马海林, 刘方春, 李丽. 2016. 根际促生菌对景天科多肉植物雪莲的促生作用. 东北林业大学学报, 44(12): 26-30.
丁延芹. 2004. 固氮芽孢杆菌的分离、鉴定及其 *glnB* 基因的初步研究. 北京: 中国农业大学博士学位论文.
丁莹, 王若菡, 王劲峰. 2008. 日本金龟子芽孢杆菌生长和孢子生成阶段的特性研究. 农药, 47(2):

105-108.
丁筑红, 刘海, 郑文宇, 李小鑫, 王晓芸. 2014. 红辣椒“花皮”致病菌对果实细胞结构的影响. 园艺学报, 41(3): 479-488.
东秀珠, 蔡妙英. 2001. 常见细菌系统鉴定手册. 北京: 科学出版社.
董丹, 蒋丽, 关统伟, 车振明, 曾雷. 2015. 豆瓣中产磷脂酶菌株的筛选及系统发育分析. 中国酿造, 34(3): 44-47.
董桂秀. 2012. 产普鲁兰酶菌株 *Bacillus cereus* OPF0031 的筛选鉴定及功能基因的克隆. 济南: 山东轻工业学院硕士学位论文.
董红云. 2014. 土壤木栓酮在森林和农田生态系统的生态指示作用. 北京: 中国农业大学博士学位论文.
董惠钧, 姜俊云, 郑立军, 庞俊星. 2010. 新型微生态益生菌凝结芽孢杆菌研究进展. 食品科学, 31(1): 292-294.
董昆明, 陈亮, 周晓见, 靳翠丽, 缪莉. 2011. 1 株抑烟草青枯病生防菌的筛选·鉴定及其活性物质研究. 安徽农业科学, 39(31): 19172-19175.
董明, 宋卫锋, 程亚杰. 2016. 苯胺黑药高效降解菌(*Bacillus vallismortis*)胞外聚合物去除重金属的研究. 环境科学学报, 36(12): 4367-4375.
董明杰. 2016. 大额牛粪便蜂房类芽胞杆菌来源纤维素酶的异源表达及酶学性质研究. 昆明: 云南师范大学硕士学位论文.
董伟, 沈清, 张汉扬, 余水静, 邓扬悟, 潘涛. 2015. 芽孢杆菌芽孢内膜脂质的分离及图谱分析. 有色金属科学与工程, 6(2): 124-129.
董晓明, 王晓飞, 张义正. 1998. 环状芽孢杆菌中具有强启动活性 DNA 片段的结构与功能分析. 四川大学学报(自然科学版), 35(5): 776-780.
董秀娟. 2007. 两株海洋有益菌快速检测方法的建立及其应用. 青岛: 中国海洋大学硕士学位论文.
董艺凝, 陈海琴, 张灏, 陈卫. 2015. 嗜热脂肪芽孢杆菌耐热 β-半乳糖苷酶功能位点的累积进化研究. 食品工业科技, 36(7): 148-153.
董艺凝, 王霁昀, 陈海琴, 张灏, 陈卫. 2011. 耐热 β-半乳糖酶在乳酸克鲁维酵母及毕赤酵母中的表达研究. 食品工业科技, 32(5): 168-175.
窦京娇, 王燕, 孙岳, 林学政, 姜伟. 2013. 温盐变化对北极海冰细菌质膜的影响研究. 海洋科学进展, 31(2): 229-236.
窦明理, 霍贵成. 2012. 环介导等温扩增技术快速检测食品中的耐热芽胞菌. 食品科技, 37(12): 320-326.
窦少华, 周新尚, 迟乃玉, 修志龙. 2017. 海洋低温α-淀粉酶菌株 *Bacillus thuringiensis* dsh 19-1 发酵条件研究. 中国酿造, 36(4): 36-39.
杜传英, 李海涛, 刘荣梅, 谢滨姣, 张金波, 高继国. 2014. 东北地区耐盐芽胞杆菌筛选统计及初步鉴定. 生物技术通报, (10): 179-187.
杜瑾. 2013. 基于基因组分析的 VC 发酵混菌体系共生机制及功能强化. 天津: 天津大学博士学位论文.
杜瑞英, 黄文芳, 赵沛华, 赵迪, 文典. 2016. 铅胁迫对节杆菌(*Arthrobacter* sp.)和芽孢杆菌(*Bacillus* sp.)生理生化特性的影响. 安全与环境学报, 16(6): 9-13.
杜威, 黄琴, 付爱坤, 余东游, 李卫芬. 2014. 解淀粉芽孢杆菌 SC06 对免疫抑制小鼠肠道细菌酶活性和肠黏膜屏障功能的影响. 动物营养学报, 26(3): 819-826.
杜宗敏, 杨瑞馥. 2003. 生物标志物在微生物鉴定和检测中的应用. 微生物学免疫学进展, 31(3): 67-73.
段彦丽, 王晓梅, 李志强, 张寰, 韩振芹, 秦启联. 2017. Bt-NPV 复配剂对蔬菜害虫的田间药效试验. 中国园艺文摘, 33(1): 66-69.
樊竹青, 叶华. 2001. 滇池底泥中的芽孢杆菌. 思茅师范高等专科学校校报, 17(3): 1-4.
范磊, 张道敬, 刘振华, 陶黎明, 罗远婵, 魏鸿刚, 李淑兰, 李元广. 2012. 多粘类芽孢杆菌 HY96-2 产脂肽类抗真菌物质的研究. 天然产物研究与开发, 24(6): 729-735.

范瑞梅. 2007. 产果胶酶菌吸附铅、锌的资源化利用. 昆明: 昆明理工大学硕士学位论文.
范瑞梅, 张保国, 张洪勋, 范家恒, 王谦, 白志辉. 2007. 克劳氏芽孢杆菌(*Bacillus clausii* S-4)吸附 $Zn^{2+}$ 的研究. 环境工程学报, 1(8): 44-47.
范文教, 孙俊秀, 陈云川, 易宇文, 刁潘. 2014. 豆腐中特定腐败菌的生长预测模型研究. 食品科技, 39(10): 334-338.
范晓丹. 2016. 荆州天星观一号楚墓馆藏保存环境下饱水木漆器微生物的分离与鉴定. 荆州: 长江大学硕士学位论文.
方传记, 陆兆新, 孙力军, 别小妹, 吕凤霞, 黄现青. 2008. 淀粉液化芽孢杆菌抗菌脂肽发酵培养基及发酵条件的优化. 中国农业科学, 41(2): 533-539.
方扬. 2006. 天府系列花生内生细菌的分离及种群多样性研究. 雅安: 四川农业大学硕士学位论文.
方元元, 李凤娟, 陈勉华, 李贞景, 王昌禄. 2016. *Bacillus amyloliquefaciens* SY07 产 α-葡萄糖苷酶抑制剂液态发酵条件优化. 中国调味品, 41(9): 10-14.
房一粟. 2015. 凝结芽孢杆菌培养基的优化及其制备工艺的研究. 武汉: 武汉轻工大学硕士学位论文.
封倩, 李翠枝, 郭军. 2009. 抗生素残留检测指示菌的初步筛选. 畜牧与饲料科学, 30(3): 40-42.
冯波. 2008. 一株蜀柏毒蛾无芽孢杆菌病原的生理生化特性与应用研究. 雅安: 四川农业大学硕士学位论文.
冯红梅, 秦永胜, 李筱帆, 周金星, 彭霞薇. 2016. 高温纤维素降解菌群筛选及产酶特性. 环境科学, 37(4): 1546-1552.
冯娟. 2011. 苛求芽孢杆菌尿酸酶的结构对其热稳定性的影响. 重庆: 重庆医科大学硕士学位论文.
冯赛祥, 朱磊, 罗彪, 孙益嵘, 王海洪. 2008. 大肠杆菌(*Escherichia coli*)体外脂肪酸合成反应的重建. 生物化学与生物物理进展, 35(8): 954-963.
冯树, 张舟, 张成刚, 张忠泽. 2000. 混合培养中巨大芽孢杆菌对氧化葡萄糖酸杆菌的作用. 应用生态学报, 11(1): 119-122.
冯涛. 2016. 苛求芽孢杆菌尿酸酶体外定向进化系统及应用. 重庆: 重庆医科大学硕士学位论文.
冯玮, 张蕾, 宣慧娟, 万平, 李艳红, 杨志伟. 2016. 西藏土壤中耐辐射阿氏芽胞杆菌 T61 的分离和鉴定. 微生物学通报, 43(3): 488-494.
冯亚东, 陶妍, 李雯, 崔旭, 王强厚. 2017. 斑点叉尾鮰 C 型溶菌酶在毕赤酵母中的表达及其抑菌活性. 生物技术通报, 33(7): 195-202.
冯玉杰, 李贺, 王鑫, 何伟华, 刘尧兰. 2010. 电化学产电菌的分离及性能评价. 环境科学, 31(11): 2804-2810.
冯云利, 奚家勤, 马莉, 莫明和, 方敦煌, 夏振远, 雷丽萍, 杨发祥, 周峰. 2011. 烤烟品种 NC297 内生细菌中拮抗烟草黑胫病的生防菌筛选及种群组成分析. 云南大学学报(自然科学版), 33(4): 488-496.
冯震, 钟玮, 刘冬玲, 刘浩, 杨美成. 2015. 复方益肝灵制剂中检出微生物的分型溯源与产品质量评价. 药物分析杂志, 35(12): 2083-2088.
冯中红, 畅涛, 杨成德, 薛莉, 李旭, 杨小利. 2016. 一株抗马铃薯坏疽病莫海威芽孢杆菌(*Bacillus mojavensis* ZA1)培养条件的优化. 草业学报, 25(2): 77-86.
俸波, 王蔚. 1999. 常用抗菌药对地衣芽胞杆菌的作用. 右江民族医学院学报, 21(5): 789-790.
付博, 李炎琪, 李忠玲, 马齐, 徐升运, 高平安, 段康民. 2014. 一株拮抗猕猴桃叶枯病的美丽短芽孢杆菌 NF 的 He-Ne 激光诱变育种. 西北大学学报(自然科学版), 44(1): 66-70.
付海燕, 朱勋, 刘春光, 侯跃莹, 杨晶, 杨峰山. 2016. 小菜蛾高毒力 Bt.DBW902 粉剂开发研究. 中国农学通报, 32(36): 170-176.
付建福. 2008. 葡萄糖酸对断奶仔猪生产性能、肠道微生物区系和肠黏膜形态结构的影响. 饲料广角, (15): 27-31.
付军涛, 祁高富, 刘军, 冀志霞, 马昕, 陈守文. 2012. 两种启动子对聚 γ-谷氨酸降解酶基因在地衣芽胞杆菌中的加强表达效果. 应用与环境生物学报, 18(3): 450-454.

付瑞敏, 邢文会, 陈五岭. 2016. *Bacillus amyloliquefaciens* BA-16-8对小鼠的毒性研究. 食品科技, 7: 2-8.

付天玺, 许国焕, 吴月嫦, 龚全, 江永明. 2008. 凝结芽孢杆菌对奥尼罗非鱼消化酶活性、消化率及生长性能的影响. 淡水渔业, 38(4): 30-35.

付岩. 2015. 典型农药在稻田及周围水环境中对微生物群落的影响研究. 杭州: 浙江大学博士学位论文.

甘永琦, 汪辉, 陈向东, 生丽丹, 薛宇醒. 2010. 克劳芽孢杆菌体外益生特性初步研究. 药物生物技术, 17(4): 321-325.

高戈. 2016. 功能益生菌的简易发酵及其在凡纳滨对虾生物絮团工厂化养殖中的应用. 上海: 上海海洋大学硕士学位论文.

高海英, 王占武, 李洪涛, 张翠绵, 田洪涛, 贾楠. 2008. 养殖水体耐盐高效降亚硝酸盐氮和氨氮芽孢杆菌的筛选与鉴定. 河北农业科学, 12(11): 59-61.

高玲, 邓阳, 陆兆新, 吕凤霞, 别小妹. 2014. 多黏类芽孢杆菌 JSa-9 电转化方法的优化. 食品科学, 35(11): 89-94.

高兆建, 唐仕荣, 孙会刚, 侯进慧. 2010. 短小芽孢杆菌XZG33耐高温酸性β-甘露聚糖酶酶学性质研究. 安徽农业科学, 38(18): 9396-9399.

葛慈斌, 刘波, 车建美, 陈梅春, 刘国红, 魏江春. 2015. 武夷山地衣表生和内生芽孢杆菌种群的多样性. 微生物学报, 55(5): 551-563.

葛慈斌, 刘波, 蓝江林, 黄素芳, 朱育菁. 2009. 生防菌 JK-2 对尖孢镰刀菌抑制特性的研究. 福建农业学报, 24(1): 29-34.

葛慈斌, 刘波, 肖荣凤, 朱育菁, 唐建阳. 2013. 枯萎病生防菌 FJAT-4 的生长与抑菌作用的温度效应. 福建农业学报, 28(7): 697-704.

葛飞, 龚倩, 张慧敏, 黄寅, 石贝杰, 桂琳. 2014. *Bacillus cereus* SG03 10L 发酵罐中产胞外胆固醇氧化酶发酵条件优化. 食品工业科技, 35(17): 137-140.

葛启隆. 2017. 波茨坦短芽孢杆菌异养硝化性能与关键酶活性研究. 太原学院学报(自然科学版), 35(2): 31-35.

葛启隆, 王国英, 岳秀萍. 2014. 波茨坦短芽孢杆菌降解苯酚特性及动力学研究. 生物技术通报, 22(3): 117-122.

耿婧. 2013. 巨大芽孢杆菌在土壤中的迁移特性及对菲的生物降解初步研究. 北京: 北京化工大学硕士学位论文.

耿源濛, 孙权, 顾欣, 王锐, 吴宁. 2016. 干旱区土壤中西瓜专化型尖孢镰刀菌拮抗菌的筛选及分类. 河南理工大学学报(自然科学版), 35(4): 526-532.

公玲玲, 张丹丹, 郑曰英, 于佃平, 肖玉涛, 曲爱军. 2017. 棉铃虫 ABC 转运蛋白 ABCG1 的基因克隆、亚细胞定位及其与 Cry1Ac 毒力的关系. 昆虫学报, 60(3): 297-308.

宫秀燕. 2016. 凝结芽孢杆菌对病原菌感染肉鸡肠道粘膜屏障结构与功能影响. 银川: 宁夏大学硕士学位论文.

宫秀燕, 刘顺德, 韦明, 蒋秋斐. 2015a. 凝结芽孢杆菌对感染产气荚膜梭菌肉鸡生长性能、肠道病变及免疫器官指数的影响. 中国畜牧兽医, 42(2): 478-486.

宫秀燕, 韦明, 蒋秋斐, 刘顺德, 王忠. 2015b. 凝结芽孢杆菌对肠炎沙门氏菌感染肉鸡生产性能和抗氧化功能的影响. 中国畜牧杂志, 51(17): 74-79.

龚春燕, 张道敬, 魏鸿刚, 李淑兰, 沈国敏, 李元广. 2009. 多粘类芽孢杆菌 HY96-2 发酵液化学成分研究. 天然产物研究与开发, 21(3): 379-381.

龚改林. 2015. 貂粪堆肥微生物复合菌剂的制备及效果评价. 大连: 大连理工大学硕士学位论文.

龚国淑, 唐志燕, 杨成伟, 张世熔, 邓香洁. 2009. 成都郊区土壤芽孢杆菌的生防潜力. 四川农业大学学报, 27(3): 333-337.

龚皎. 2012. 大肠杆菌中四氢嘧啶合成通路的构建及优化. 兰州: 兰州大学硕士学位论文.
龚丽, 李云霞. 2016. 一种新型 ATP-依赖型 ClpP 家族蛋白水解酶 *PlclpP* 基因的克隆、表达和酶学特性. 江苏农业科学, 45(5): 47-50.
古丽巴哈尔 • 托乎提, 李海芳, 顾金花, 杨玲玲, 张明君, 李小燕, 哈丽旦 • 苏来曼. 2017. 10 种维吾尔药微生物限度检查方法及探讨. 中国医院用药评价与分析, 17(7): 940-943.
顾昌玲, 郭晓军, 李佳, 赵晓瑜, 朱宝成. 2009. 一株产纤溶酶芽孢杆菌的鉴定及纤溶酶的分离纯化与性质分析. 微生物学报, 49(4): 492-497.
顾天天, 朱鹏飞, 王春园, 王梦芝, 张艳云. 2015. 巨大芽孢杆菌 1259 对产蛋鸡不同肠段微生物区系的影响. 动物营养学报, 27(9): 2894-2902.
关珊珊, 杨晓静, 吴鹏飞, 闫震, 闫海. 2009. 短小芽孢杆菌 USTB-06 发酵液治愈大白鼠烧伤的研究. 医学动物防制, 25(4): 241-243, 321-322.
关晓辉, 吴飞飞, 王子闯, 鲁敏, 徐小惠. 2014. 锰砂滤膜中的细菌鉴定及滤膜组分分析. 中国电机工程学报, 34(8): 1285-1290.
关心, 何剑斌, 董双, 臧健, 龙淼. 2016. 黄曲霉毒素 B1 高效降解菌株的筛选鉴定及其降解. 华中农业大学学报, 35(2): 90-96.
官雪芳, 刘波, 林斌, 林抗美, 马丽娜. 2009. 农药厂不同生境中甲胺磷降解细菌的分离、筛选与鉴定. 福建农业学报, 24(1)40-45.
管峰, 徐雯钗, 袁勇军, 张瑞雪, 赵思敏, 陈秋平. 2017. 脉冲强光对枯草芽孢杆菌 NG-2 灭活机理. 食品科学, 38(23): 70-74.
管珺, 杨文革, 王瑞荣, 胡永红, 沈飞. 2010. 蜡样芽孢杆菌 CMCC63305 的促生 • 抑菌及杀虫作用研究. 安徽农业科学, 38(1): 228-230.
郭艾英, 秦玲, 凌云, 张志雯, 关学敏. 2010. 产低温淀粉酶海洋细菌 HYM-7 发酵条件研究. 食品工业科技, 31(11): 235-238.
郭德军, 李岩松, 王欣, 柳增善. 2010. 巨大芽孢杆菌表达系统的特点及其研究进展. 生物技术, 20(6): 92-95.
郭端强, 方改霞, 段敬霞, 曾建, 王曼, 万亚涛, 单林娜. 2014. 河南省白龟山水库下游水体氨化细菌分离鉴定及其降解有机氮条件. 微生物学通报, 41(2): 236-242.
郭端强, 李轶徽, 陈艳艳, 单林娜. 2013. 响应面法优化降解有机氮细菌 N24 的种子培养基. 生物技术通报, (12): 167-172.
郭芳芳, 谢镇, 卢鹏, 郭岩彬, 张立钦, 王勇军. 2014. 一株多粘类芽孢杆菌的鉴定及其生防促生效果初步测定. 中国生物防治学报, 30(4): 489-496.
郭海超. 2009. 磷矿粉在水稻土中的溶解-转化特性及生物有效性研究. 杭州: 浙江大学博士学位论文.
郭建锋, 顾晓波, 王昌禄, 祝嫦巍, 唐如星. 2002. pH 值对 D-核糖发酵的影响及补料发酵的研究. 氨基酸和生物资源, 24(1): 26-28.
郭婧, 王娟, 宋增福, 贾亮, 张永华, 范斌, 张庆华. 2013. 短小芽孢杆菌 X93 及胞外产物抑菌活性的研究. 水产学报, 37(10): 1564-1571.
郭敬斌. 2005. 海绵细菌 B25W 及其产生的抗真菌抗生素的研究. 沈阳: 沈阳药科大学硕士学位论文.
郭敬斌, 马成新, 胡江春, 刘党生. 2005. 海绵细菌 B25W 最佳产抗培养基及发酵条件的研究. 微生物学杂志, 25(2): 23-26.
郭立. 2010. 高盐渗滤液 COD 降解优势菌的筛选及相关基因消减文库的构建. 天津: 天津大学博士学位论文.
郭利伟, 王卫卫, 陈兴都, 李端. 2008. β-环糊精葡萄糖基转移酶高产菌株 MS-UD2 的选育及产酶条件的研究. 食品科学, 29(12): 439-443.
郭青云, 蔡全信, 胡晓敏, 闫建平, 袁志明. 2016. 球形芽胞杆菌 Cry48Aa/Cry49Aa 杀蚊毒素与致倦库蚊中肠上皮细胞复合物的结合特性. 中国生物防治学报, 32(3): 318-325.
郭素环, 周碧君, 文明, 程振涛, 王开功, 夏先林, 吴艳, 李晓丹. 2012. 白酒糟发酵菌种组合的筛选. 饲料工业, 33(15): 17-21.
郭素霞, 张睿, 赵昌明, 张晓昱, 孙明, 喻子牛. 2004. 嗜碱菌 EMB2039 的鉴定. 会议论文汇编: 生命科学与微生物专辑.
郭腾飞. 2015. 施肥对稻麦轮作体系温室气体排放及土壤微生物特性的影响. 北京: 中国农业科学院硕士学位论文.
郭婉萍, 赵晶, 栾春雨, 郭湾, 权春善. 2017. 水产养殖用复合微生物粉剂中菌种的分子生物学鉴定. 中国兽药杂志, 51(6): 9-18.
郭晓军, 袁洪水, 刘慧娟, 张冬冬, 朱宝成. 2011. 假蕈状芽孢杆菌纤溶酶基因的克隆与表达. 中国医药工业杂志, 42(1): 14-16.
郭秀君, 郑平, 王蔚, 于昕. 1994. 蜡质芽孢杆菌(*Bacillus cereus*)芽胞的形成及与 PHB 的关系. 山东大学学报(自然科学版), 29(1): 101-108.
国春菲. 2013. 土壤盐分和 pH 对滨海盐土土壤微生物多样性的影响. 杭州: 浙江农林大学硕士学位论文.
海米代·吾拉木, 阿依米热·毛拉木, 乌斯满·依米提. 2017. 2 株棉酚分解菌对棉籽油脱毒效果的研究. 中国油脂, 42(1): 74-75.
海米代·吾拉木, 布沙热木·阿布力孜, 乌斯满·依米提. 2016. 棉酚分解菌的分离鉴定及其与饲用高效乳酸菌和纤维素分解菌混合培养生长特性研究. 饲料研究, (6): 42-46, 50.
韩唱, 宿玲恰, 吴敬. 2017. *Sulfolobus acidocaldarius* ATCC 33909 麦芽寡糖基海藻糖合成酶在 *Bacillus subtilis* 中的重组表达和发酵优化. 生物技术通报, 33(7): 162-168.
韩世忠, 高人, 李爱萍, 马红亮, 尹云锋, 司友涛, 陈仕东, 蔡献贺, 程清平, 郑群瑞. 2015a. 中亚热带地区米槠天然林土壤微生物群落结构的多样性. 热带亚热带植物学报, 23(6): 653-661.
韩世忠, 高人, 李爱萍, 马红亮, 尹云锋, 司友涛, 陈仕东, 郑群瑞. 2015b. 中亚热带地区两种森林植被类型土壤微生物群落结构. 应用生态学报, 26(7): 2151-2158.
韩松, 张守村, 黄晓艳, 林天兴, 龚明福. 2011. 一株产铁载体内生细菌对尖孢镰刀菌的拮抗作用. 西北植物学报, 31(5): 1039-1044.
韩文炎. 2012. 茶园土壤微生物量、硝化和反硝化作用研究. 杭州: 浙江大学博士学位论文.
韩永霞. 2013. 两株芽孢杆菌产蛋白酶最佳条件研究. 食品工业, 34(3): 131-133.
韩玉竹, 刘恩岐, 李彦岩, 刘丽莎, 范熠, 李平兰. 2014. 芽孢杆菌活性多糖的分离纯化及合成基因研究. 食品科学, 35(11): 179-184.
郝飞, 吴群, 徐岩. 2013. 枯草芽孢杆菌(*Bacillus subtilis*)发酵生产乙偶姻的 pH 调控策略. 微生物学通报, 40(6): 921-927.
郝建国, 薛燕芬, 马延和. 2010. 一株产蛋白酶嗜碱菌株的分离、鉴定及酶学特性. 微生物学报, 50(1): 54-59.
郝捷, 李莉, 陈飞, 李杨, 孙立梅, 王鹤, 侯静, 张海涛. 2011. 菌株 B10 对食用菌木霉病的拮抗作用及菌株鉴定. 微生物学杂志, 31(4): 42-46.
郝捷, 李杨, 陈飞, 王萍, 李莉. 2013. 死谷芽孢杆菌对香菇栽培料中木霉菌的抑制研究. 微生物学通报, 40(2): 228-235.
郝敏娜, 杨云龙. 2014. 高温好氧反硝化菌的分离鉴定及脱氮特性. 环境工程学报, 8(7): 3058-3062.
郝瑞霞, 鲁安怀, 王关玉. 2002. 枯草芽孢杆菌对原油作用的初探. 石油学报(石油加工), 18(5): 14-20.
郝晓娟, 刘波, 葛慈斌, 周先治. 2009. 短短芽胞杆菌 JK-菌株抑菌活性物质产生条件的优化. 河北农业科学, 13(6): 46-49.
郝晓娟, 刘波, 谢关林, 葛慈斌, 林娟. 2007a. 短短芽孢杆菌 JK-2 菌株抑菌物质特性的研究. 浙江大学学报(农业与生命科学版), 33(5): 484-489.

郝晓娟, 刘波, 谢关林, 葛慈斌, 林抗美. 2007b. 短短芽孢杆菌 JK-2 菌株对番茄枯萎病的抑菌作用及其小区防效. 中国生物防治学报, 23(3): 233-236.

郝之奎, 潘勇, 杨甫岳, 陈怡, 董玲玲, 王科, 吴莉萍, 沈泽航. 2015. *Bacillus cereus* MBRH3 的鉴定及以海带为原料生产 SOD. 食品与生物技术学报, 34(1): 54-61.

何浩, 朱颖龄, 迟立庆, 赵子昭, 王婷, 左明星, 张通, 周逢娟, 夏立秋, 丁学知. 2015. 解淀粉芽胞杆菌 BaX030 的分离鉴定及抗菌功能. 微生物学报, 55(9): 1133-1143.

何健源, 林建丽, 刘初钿, 陈鹭真, 李振基. 2004. 武夷山蕨类植物物种多样性与区系的研究. 福建林业科技, 31(4): 40-43.

何琳燕, 殷永娴, 黄为一. 2003. 一株硅酸盐细菌的鉴定及其系统发育学分析. 微生物学报, 43(2): 162-168.

何敏艳. 2010. 高效铬还原菌 *Bacillus cereus* SJ1 和 *Lysinibacillus fusiformis* ZC1 的铬还原特性和全基因组序列分析. 武汉: 华中农业大学博士学位论文.

何木, 李保国, 郭全友, 董艺伟. 2015. 气相色谱在食品微生物鉴定中的研究应用. 工业微生物, 45(5): 29-33.

何培新, 李芳莉, 胡晓龙, 李学思, 郑燕. 2016. 浓香型白酒窖泥可培养好氧细菌群落结构分析. 酿酒科技, (11): 65-68.

何珊, 徐杨洋, 韩兰芝, 贾变桃, 彭于发. 2017. 二化螟 Cry1Ac 汰选品系对不同 Bt 蛋白的敏感性. 植物保护学报, 44(3): 371-376.

何微, 陈晓明, 朱捷, 罗学刚. 2013. 新疆喀什地区盐碱地土壤微生物区系调查. 江苏农业科学, 41(2): 295-299.

何蔚荭, 安明理, 陈国参, 贾彬, 吴晓磊, 王亚南. 2015. 血液杆菌 *Haematobacter* sp.细胞脂肪酸测定的影响因素. 生物技术通报, 31(2): 217-221.

何晓杰, 阿曼吐尔·阿黑哈提, 叶尔保勒, 史秀丽, 齐鑫, 皮志媛, 王振宝. 2015. 美洲幼虫腐臭病二温式 PCR 诊断方法的建立及应用. 新疆农业科学, 52(2): 288-291.

何秀红, 罗学刚, 贾文甫, 焦扬. 2016. 高温快速堆肥处理屠宰废弃物效果研究. 环境科学与技术, 39(1): 171-177,182.

何志兴. 2015. 四氢呋喃(THF)降解菌株 *Rhodococcus* sp. YYL 的代谢组、定殖与 *Bacillus cereus* HZX 互作关系研究. 杭州: 浙江大学博士学位论文.

何志勇, 王洁, 曾茂茂, 秦昉, 陈洁. 2014. 酶法合成麦芽糖醇脂肪酸单酯的抑菌性. 食品与发酵工业, 40(1): 14-18.

贺胜英, 叶华, 游玲. 2014. 大鲵烂鳃病病原菌的分离鉴定及药敏试验. 贵州农业科学, 42(6): 109-112.

洪晨, 李益飞, 司艳晓, 邢奕, 王志强, 张莹莹. 2017. 土壤芽胞杆菌产胞外聚合物对 $Pb^{2+}$吸附特性研究. 中国环境科学, 37(5): 1805-1813.

洪丕征, 刘世荣, 王晖, 于浩龙. 2016. 南亚热带红椎和格木人工幼龄林土壤微生物群落结构特征. 生态学报, 36(14): 4496-4508.

侯堃, 李红梅, 侯立琪. 2014. 嗜热脂肪地芽孢杆菌 NAD 激酶克隆表达及酶学性质研究. 工业微生物, 44(6): 39-44.

侯宁, 李大鹏, 杨基先, 马放, 王金娜. 2010. 高效破乳菌的培养条件优化及破乳效能研究. 中国环境科学, 30(3): 357-361.

侯宁, 马放, 李大鹏, 徐暘, 李旭. 2009. 高效破乳菌的破乳效能及活性成分. 石油学报(石油加工), 3(3): 435-444.

侯颖, 孙军德, 徐建强, 徐超蕾. 2006. 巨大芽孢杆菌对养殖水体氨氮降解特性研究. 沈阳农业大学学报, 37(4): 607-610.

胡飞, 胡本进, 李昌春, 周子燕, 徐丽娜, 李瑞雪. 2015. 一株多粘类芽胞杆菌防治油茶炭疽病初探. 中国森林病虫, 34(4): 1-5.

胡飞, 苏卫华, 胡本进, 周子燕, 徐丽娜, 陈浩梁, 苏贤岩. 2017. 多粘类芽孢杆菌 DN-1 固态发酵条件优化. 安徽农业科学, 45(9): 151-154.

胡桂萍, 尤民生, 刘波, 朱育菁, 郑雪, 林营志. 2010. 水稻茎部内生细菌及根际细菌与水稻品种特性的相关性. 热带作物学报, 31(6): 1026-1030.

胡怀容. 2015. 腌制大头菜中腐败微生物的调查及控制研究. 成都: 西华大学硕士学位论文.

胡怀容, 张庆, 鲜欣言, 唐萍, 张友华, 蒋梦琳, 李明元. 2014a. 低盐腌制大头菜腐败菌的分离与初步鉴定. 食品工业科技, 35(20): 248-251.

胡怀容, 张友华, 唐萍, 鲜欣言, 李明元. 2014b. 防腐剂对低盐腌制大头菜中腐败菌的抑制效果. 食品与发酵工业, 40(10): 103-107.

胡开蕾, 韩剑, 刘伟丰, 王艳萍, 陶勇. 2012. 嗜热脱氮土壤芽孢杆菌 β-葡萄糖苷酶的克隆与重组表达及其酶学性质研究. 微生物学通报, 39(7): 891-900.

胡丽芳, 李欣, 冀志霞, 陈守文. 2012. 地衣芽胞杆菌 WX-02 补糖发酵聚 γ-谷氨酸的工艺优化. 华中农业大学学报(自然科学版), 31(3): 287-292.

胡明峻. 1992. 微生物治虫研究和应用. 河北农业科学, (2): 22-25.

胡庆松, 刘青梅, 杨性民, 郁志芳, 袁勇军. 2009. 年糕腐败菌的鉴定和菌系分析. 食品与生物技术学报, 28(4): 564-568.

胡小加, 江木兰, 张银波. 2004. 巨大芽孢杆菌在油菜根部定殖和促生作用的研究. 土壤学报, 41(6): 945-948.

胡晓璐, 沈新迁, 傅科鹤, 顾振芳, 陈云鹏. 2011. 短小芽孢杆菌(*Bacillus pumilus*)DX01 转座突变株的构建及转化体系的优化. 上海交通大学学报(农业科学版), 29(1): 68-74.

胡志航, 徐士博, 祝飞, 徐铭, 吴石金. 2011. 二氯甲烷高效降解菌株的诱变选育. 浙江工业大学学报, 39(1): 7-12.

胡志明, 谢广发, 吴春, 曹钰, 陆健. 2009. 黄酒大罐发酵醪液中原核微生物的初步研究. 酿酒科技, (8): 58-61.

怀燕. 2010. 水稻稻种相关细菌及其生防种衣剂的研究. 杭州: 浙江大学博士学位论文.

黄灿, 张忠海, 吴淑勤, 张丁, 李思思, 陈孝煊, 吴志新. 2017. 益生芽孢杆菌对草鱼肠黏膜结构的保护作用. 水生生物学报, 41(4): 774-780.

黄翠, 杨朝晖, 肖勇, 曾光明, 石文军, 骆滨. 2010. 堆肥嗜热纤维素分解菌的筛选鉴定及其强化堆肥研究. 环境科学学报, 30(12): 2457-2463.

黄大野, 周婷, 姚经武, 刘晓艳, 曹春霞, 杨妮娜, 胡洪涛, 龙同, 杨自文. 2016. 死亡谷芽孢杆菌 NBIF-001 防治灰霉病研究. 中国蔬菜, 1(10): 63-66.

黄丹丹, 车建美, 刘波, 陈庆河. 2014. 短短芽胞杆菌 FJAT-0809-GLX 几丁质酶基因(*chiD*)的克隆与原核表达. 热带作物学报, 35(9): 1757-1763.

黄海强. 2014. 凝结芽孢杆菌制剂对仔猪生长性能的影响. 福建畜牧兽医, 36(6): 36-37.

黄家骥, 许正宏, 杜宏利, 史劲松, 陶文沂. 2003. *Bacillus pumilus* WL-11 产生木聚糖酶的生物机制. 食品科技, (5): 13-15.

黄键, 陈燕, 全晶晶, 张春丹, 李晔, 裘迪红, 汤海青, 李和生, 苏秀榕, 章超桦, 秦小明. 2011. 瓶装泥螺和蟹糊可培养细菌的分离与鉴定. 食品科学, 32(5): 217-220.

黄静文, 段焰青, 者为, 王明峰, 张克勤, 杨金奎. 2010. 短小芽孢杆菌改善烟叶品质的研究. 烟草科技, (8): 61-64.

黄坤鹏. 2012. 鱼源芽孢杆菌在石斑鱼育苗中的应用及作用机理的初步研究. 厦门: 集美大学硕士学位论文.

黄丽琴, 王芳, 王云峰, 张玉省. 2015. 凝结芽孢杆菌活菌片联合复方谷氨酰胺肠溶胶囊治疗肠功能紊乱疗效观察. 中国微生态学杂志, 27(6): 699-701.

黄梦青. 2013. 土地利用方式及施氮对中亚热带山地土壤微生物生物量和群落结构的影响. 福州: 福建

师范大学硕士学位论文.
黄秋雨. 2012. 崇明岛芦苇湿地土壤微生物性质的环岛特征. 上海: 华东师范大学硕士学位论文.
黄珊珊, 韩雪, 李丽珺, 文景芝. 2008. 大豆根腐病生防菌株的筛选及鉴定. 东北农业大学学报, 39(10): 6-10.
黄石. 2012. 水体脱氮复合菌系的筛选鉴定及其脱氮途径的研究. 石家庄: 河北师范大学硕士学位论文.
黄素芳, 车建美, 刘波, 史怀, 苏明星, 陈峥. 2011. 短短芽胞杆菌 FJAT-0809-GXL 代谢产物活性物质提取方法的优化. 福建农业学报, 26(4): 528-532.
黄素芳, 肖荣凤, 杨述省, 朱育菁, 刘波. 2010. 短短芽孢杆菌 JK-2(*Brevibacillus brevis*)胞外物质抗香蕉枯萎病菌的稳定性. 中国农学通报, 26(18): 284-288.
黄素芳, 朱育菁, 刘波, 阮传清, 林捷. 2006. 苏云金芽孢杆菌 LSZ9408 伴孢晶体的形态特征研究. 武夷科学, 22: 37-40.
黄伟, 俞新玲, 林勇明, 吴承祯, 李键, 陈灿, 范海兰, 洪伟. 2016. 两株球形赖氨酸芽孢杆菌对巨桉幼苗生长及光合特性的影响. 应用与环境生物学报, 22(5): 839-844.
黄小龙, 孙焕良, 孟桂元, 谢达平. 2006. 南方亚麻微生物脱胶技术及其理论研究Ⅵ.酶学特性及脱胶试验. 湖南农业大学学报(自然科学版), 32(6): 599-601.
黄小茉, 陶宏兵, 邱晓颖, 李良秋, 施庆珊. 2016. 基于 16S rDNA 基因文库技术分析水性涂料菌群的多样性. 生物技术进展, 6(4): 295-298.
黄学, 伍晓林, 侯兆伟. 2006. 短短芽孢杆菌和蜡样芽孢杆菌降解原油烃机制研究. 石油学报, 27(5): 92-95.
黄雪蔓. 2013. 南亚热带桉树人工林不同经营模式土壤碳动态变化及其调控机制. 北京: 中国林业科学研究院博士学位论文.
黄雪蔓, 刘世荣, 尤业明. 2014. 固氮树种对第二代桉树人工林土壤微生物生物量和结构的影响. 林业科学研究, 27(5): 612-620.
黄雪泉. 2010. 添加枯草芽孢杆菌制剂对仔猪生长性能的影响. 中国畜牧兽医, 37(7): 212-214.
黄谚谚, 吴华珠, 许旭萍. 2012. 短小芽孢杆菌产碱性纤维素酶的发酵工艺优化. 贵州农业科学, 40(5): 172-175.
黄毅. 2013. 硝化细菌对淡水水族箱水质和异养细菌类群变化的影响. 上海: 上海海洋大学硕士学位论文.
黄瑛, 蔡勇, 杨江科, 闫云君. 2008. 基于易错 PCR 技术的短小芽孢杆菌 YZ02 脂肪酶基因 BpL 的定向进化. 生物工程学报, 24(3): 445-451.
黄莹娜. 2016. 枝江大曲酒窖泥微生物群落结构与多样性分析. 武汉: 华中农业大学硕士学位论文.
黄宇, 孙宝盛, 孙井梅, 张海丰, 齐庚申. 2007. 枯草芽孢杆菌发酵条件的研究. 河南科学, 25(1): 70-72.
黄运霞, 黄荣瑞, 李焜华. 1992. 坚强芽孢杆菌对黄条跳甲的毒效初步试验. 生物防治通报, 8(4): 182.
黄智, 何琳燕, 盛下放, 贺子义. 2013. 矿物分解细菌 *Bacillus* sp. L11 对钾长石的风化作用. 微生物学报, 53(11): 1172-1178.
黄朱梁, 裘迪红. 2011. MIDI Sherlock 微生物自动鉴定系统鉴定方法的建立. 宁波大学学报(理工版), 24(2): 8-13.
霍培元, 陈华红, 姜怡, 韩力, 徐丽华, 黄学石. 2012. 傣药黑面神内生菌 *Bacillus pumilus* 化学成分研究. 中国药物化学杂志, 22(1): 38-43.
霍炜洁. 2008. 生物腐植酸资源化处理猪场废水的应用研究. 北京: 中国农业科学院硕士学位论文.
姬妍茹, 刘宇峰, 高媛, 杨庆丽, 刘玉, 董艳, 石杰, 李广生. 2012. 高效脱硫诱变菌株降硫性能的研究. 生物技术, 22(6): 64-67.
姬妍茹, 许修宏, 杨庆丽, 高媛, 刘宇峰, 董艳, 石杰, 刘玉, 关向军. 2013. 脱硫细菌的筛选及其对硫化钠降解性能的研究. 黑龙江科学, 4(6): 34-36.
纪宏伟, 王小敏, 庞宏伟, 李博文, 张培培, 郝佳腾. 2015. 枯草芽孢杆菌与巨大芽孢杆菌对土壤有效态 Cd 的影响研究. 水土保持学报, 29(3): 325-329.

季超, 任清, 李飞. 2015. 地衣芽孢杆菌代谢燕麦 β-葡聚糖的初步研究. 食品科技, 40(12): 7-14.

季青春, 梅艳珍, 何冰芳. 2008. *Bacillus fordii* MH602 海因酶序列及同源建模分析. 计算机与应用化学, 25(12): 1521-1525.

冀玉良, 韦革宏. 2010. 商洛多花胡枝子根瘤菌 16S rDNA-RFLP 分析及系统发育研究. 西北植物学报, 30(5): 925-932.

贾巍. 2008. 榨菜后熟优势微生物分离鉴定及发酵剂研制. 重庆: 西南大学硕士学位论文.

贾伟. 2010. 入侵菊科植物对根际土壤微生物群落结构的影响. 福州: 福建农林大学硕士学位论文.

贾子龙, 王国英, 岳秀萍, 葛启隆. 2015. 波茨坦短芽孢杆菌降解间甲酚和苯酚的特性. 环境科学与技术, 11: 37-41.

简静仪, 宋卫锋, 李海宇, 杨梓亨, 丁培菲. 2017. 锌铜胁迫对 *Bacillus vallismortis* EPS 组分变化特征及其吸附性能的影响. 环境科学学报, 37(6): 2099-2106.

蹇华丽, 朱明军, 吴振强, 梁世中, 姚朔影, 梁淑娃, 夏枫耿. 2006. 环状芽孢杆菌胞壁溶解酶用于红发夫酵母虾青素提取的研究. 高校化学工程学报, 20(1): 147-151.

江凌玲, 詹艺凌, 韦善君. 2011. 脂肪酸分析技术在土壤微生物多样性研究中的应用现状. 安徽农业科学, 39(17): 10327-10329.

江绪文, 陈嘉斌, 李贺勤, 赵洪海, 张玉梅. 2016. 芽孢杆菌 DY-3 提高烟草幼苗的耐盐性. 植物生理学报, 52(6): 941-947.

江雪飞, 喻子牛, 张翅, 郑世学. 2010. 脂肪酸甲酯和活菌计数法检测氯磺隆对土壤微生物群落结构的影响. 华中农业大学学报, 29(4): 465-468.

姜超, 隋倩雯, 陈梅雪, 柴玉峰, 张岚, 柳蒙蒙, 张兆昌, 杨金, 魏源送. 2017. 耐盐复合菌剂强化生物工艺处理高盐废水的快速启动. 环境工程学报, 11(7): 3929-3935.

姜蒙, 王伟. 2016. 重金属 $Cr^{6+}$耐受细菌的筛选研究. 浙江农业学报, 28(2): 324-329.

姜书贤, 郑富祥, 娄麦兰, 万松华. 2001. 夏玉米应用普利复合生物肥增产效果的初步探讨. 玉米科学, 9(1): 96-97.

蒋德保. 1993. pH 和 $Na^+$对嗜碱性芽孢杆菌发芽的影响. 江苏食品与发酵, (1): 39-43.

蒋高强. 2006. 榨菜腐败微生物的分离、鉴定及其特性的研究. 杭州: 浙江大学硕士学位论文.

蒋国彪, 马沁沁, 方志轩, 雍彬, 刘欣林, 王一丁. 2012. 一株高效溶磷小麦内生菌的筛选与鉴定. 四川师范大学学报(自然科学版), 35(1): 122-126.

蒋雪薇, 周尚庭, 叶菁, 徐一奇, 陈胜, 吴灿. 2016. 成品变质酱油中微生物的分离鉴定及变质原因分析. 食品与机械, 32(2): 46-50.

蒋益林, 易霞. 2007. *Bacillus halodurans* XJU-80 致病性研究. 科技信息(学术研究), (30): 445-447.

蒋志强, 徐刘平, 郭坚华. 2006. 嗜几丁质类芽孢杆菌菌株 CH11 几丁质酶特性研究. 江苏农业科学, (1): 47-49.

焦海华, 刘颖, 金德才, 潘建刚, 黄占斌, 白志辉. 2013. 牵牛花对石油污染盐碱土壤微生物群落与石油烃降解的影响. 环境科学学报, 33(12): 3350-3358.

金河坡. 2016. 分离于酱油渣蜡样芽胞杆菌的耐盐机制研究. 广州: 华南理工大学博士学位论文.

金靓婕, 梁承红, 李荫, 李志勇. 2014. 海绵共附生芽孢杆菌中 bacillamide C 的快速分离. 化学研究与应用, 26(10): 1623-1626.

靳奉理. 2011. 烟草根际拮抗菌的遗传多样性及系统发育分析. 泰安: 山东农业大学硕士学位论文.

居正英. 2008. 茄子内生枯草芽孢杆菌(*Bacillus subtilis*)29-12 防病促生生理生化研究. 福州: 福建农林大学硕士学位论文.

鞠建松, 马宁, 赵冉冉, 刘景伟, 徐书景, 赵宝华. 2013. 假坚强芽胞杆菌中乙醇降解相关酶的克隆、表达及酶学特性. 微生物学报, 53(4): 363-371.

康贻军, 沈敏, 王欢莉, 赵庆新, 殷士学. 2012. 两株植物根际促生菌对番茄青枯病的生物防治效果评价. 中国生物防治学报, 28(2): 255-261.
柯金龙, 彭慧, 刘冰, 邓旭, 邢锋. 2015. 混凝土修复功能菌 *Bacillus cohnii* DSM6307 芽胞发酵条件优化. 深圳大学学报(理工版), 32(2): 145-151.
柯心然, 翁凡, 黄向华, 钟羡芳, 杨玉盛. 2015. 福州城市蕃石榴片林地和马尼拉草坪土壤微生物群落结构特征. 亚热带资源与环境学报, 10(2): 25-31.
柯野, 卢星燕, 曾松荣, 陈韵. 2016. 粤北大宝山矿区土壤中抗铅菌株的筛选鉴定. 安徽农业大学学报, 43(3): 489-493.
孔青, 迟晨, 单世华, 李琦玉. 2015. 花生中巨大芽孢杆菌对黄曲霉毒素合成相关基因的抑制. 浙江大学学报(农业与生命科学版), 41(5): 567-576.
孔青, 刘奇正, 耿娟, 王秀丹, 于方塘. 2010. 海洋巨大芽孢杆菌抑制黄曲霉毒素的生物合成. 食品工业科技, 31(8): 132-134.
孔维光, 吴志新, 李思思, 赵慧, 李锡阁, 陈孝煊. 2017. 益生芽孢杆菌对草鱼肠上皮细胞的黏附及对嗜水气单胞菌的抑制. 华中农业大学学报, 36(5): 67-73.
孔祥君. 2012. 研究了普洱茶渥堆发酵过程中特定高温菌群的动态及其与品质指标变化的相关性. 昆明: 昆明理工大学硕士学位论文.
匡群, 华洵璐, 孙梅, 谢骏, 张一平, 史济筠. 2013a. 凝结芽孢杆菌与酵母核苷酸对团头鲂生长和肠道的影响. 中国微生态学杂志, 25(2): 135-138.
匡群, 孙梅, 张维娜, 陈秋红, 高亮, 施大林, 胡凌. 2013b. 巨大芽孢杆菌 JSSW-JD 的生物学特性及对养殖水体氮磷的影响. 江苏农业科学, 41(4): 222-225.
邝玉斌, 方呈祥, 张珞珍, 郭爱玲, 岳莹玉, 陶天申. 2000. 芽胞杆菌模式菌株细胞脂肪酸组分的气相色谱分析. 分析科学学报, 16(4): 270-273.
蓝江林, 刘波, 陈璐, 肖荣凤, 史怀, 苏明星. 2010. 芭蕉属植物内生细菌脂肪酸生物标记特性的研究. 中国农业科学, 43(10): 2045-2055.
蓝江林, 刘波, 陈峥, 史怀, 栗丰. 2011. 菌株 LPF-1(*Brevibacillus brevis* LPF-1)降解猪粪过程中降解物质的 GS-MS 分析. 福建农业学报, 26(6): 1056-1064.
蓝江林, 刘波, 朱育菁, 唐秋榕, 林抗美, 苏明星, 史怀. 2009. 茄子植物内生细菌群落结构与多样性. 生态环境学报, 18(4): 1433-1442.
蓝江林, 朱育菁, 苏明星, 葛慈斌, 刘芸, 刘波. 2008. 水葫芦内生细菌的分离与鉴定. 农业环境科学学报, 27(6): 2423-2429.
雷春霞, 冯云利, 奚家勤, 曹永红, 李萍, 马莉, 莫明和, 方敦黄, 杨发祥. 2012. 拮抗烟草青枯病菌的烟草内生细菌系统多样性及趋化性分析. 云南大学学报(自然科学版), 34(1): 99-106.
雷海迪, 尹云锋, 刘岩, 万晓华, 马红亮, 高人, 杨玉盛. 2016. 杉木凋落物及其生物炭对土壤微生物群落结构的影响. 土壤学报, 53(3): 790-799.
雷丽萍, 夏振远, 王玥, 魏海雷, 刘杏忠. 2007. 尼古丁降解菌株 L1 的分离与降解特性. 农业生物技术学报, 15(4): 721-722.
雷寿平, 黄梅玲. 2005. 武夷山土壤资源的利用与保护. 山西师范大学学报(自然科学版), 19(3): 104-106.
黎永坚, 杨紫红, 陈远凤, 陈燕红, 程萍, 喻国辉. 2009. 香蕉枯萎病菌粗毒素对地衣芽胞杆菌生长和培养液上清蛋白组成的影响. 微生物学通报, 36(12): 1826-1831.
黎志坤, 朱红惠. 2010. 一株番茄青枯病生防菌的鉴定与防病、定殖能力. 微生物学报, 50(3): 342-349.
李安琪, 蓝江林, 刘波, 黄素芳. 2015a. 益生芽孢杆菌的筛选及其性质研究. 福建农业学报, 30(12): 1184-1192.
李安琪, 蓝江林, 刘波, 黄素芳, 王小英. 2015b. 美丽短芽胞杆菌 *Brevibacillus formosus* FJAT-10011 抑菌效应及其产蛋白酶条件优化. 福建农业学报, 30(10): 958-964.

李骜. 2015. 华石斛根部可培养内生细菌分离鉴定及其促生研究. 海口: 海南大学硕士学位论文.
李彬, 吴敬, 陈坚. 2011. 信号肽对浸麻类芽孢杆菌 α-环糊精葡萄糖基转移酶在大肠杆菌中胞外表达的影响. 工业微生物, 41(3): 54-59.
李斌, 谢关林, 吕意琳, 郝晓娟, 罗金燕, 刘波, 李雯. 2006. 水稻革兰氏阳性细菌的主要种群结构及对纹枯病和恶苗病菌的拮抗性. 中国水稻科学, 20(1): 84-88.
李波, 孙思, 王翠颖, 王军. 2012. 多粘类芽孢杆菌对木麻黄青枯病的抑菌防病作用. 林业科技开发, 26(3): 65-67.
李博. 2001. GDL 豆腐中的主要腐败菌的研究及 HACCP 的建立. 北京: 中国农业大学博士学位论文.
李博, Matthias D, 李艳, 何冰芳. 2010. 内陆土壤冷适应细菌的筛选分类与细胞膜脂肪酸的适冷机制. 微生物学通报, 37(8): 1110-1116.
李博, 籍保平. 2006. 葡萄糖酸内酯豆腐生产过程中微生物的变化及豆腐中主要腐败菌的鉴定. 食品科学, 27(5): 77-82.
李才明, 黄敏, 石建中, 顾正彪, 洪雁, 程力, 李兆丰. 2016. 金属离子协同氨基酸提高重组 β-环糊精葡萄糖基转移酶在枯草芽孢杆菌中的表达. 食品与发酵工业, 42(7): 1-8.
李彩凤, 吴晓玲, 刘涛, 巴燕, 曹嫣镔. 2014. 高温产生物乳化剂菌株 SL-1 的性能评价及物模驱油研究. 安徽大学学报(自然科学版), 38(1): 90-95.
李超, 吴为中, 吴伟龙, 杨璐华, 朱元晴. 2011. 解淀粉芽孢杆菌对鱼腥藻的抑藻效果分析与机理初探. 环境科学学报, 31(8): 1602-1608.
李超敏, 石晓, 窦会娟, 赵永敢. 2008. 一株蛋白酶产生菌的分离鉴定. 食品工程, (3): 48-50.
李朝霞, 牛仙, 何文艺, 仝妍妍, 金辉, 丁成. 2013. 高浓度氯苯优势降解菌的筛选及其降解酶的纯化. 微生物学报, 53(5): 455-463.
李晨晨, 吕杰, 杨瑞娟, 严亮, 季爱兵, 赵远艳, 李艳华, 盛军. 2012. 普洱茶渥堆发酵过程中嗜热细菌的分离和鉴定. 北京化工大学学报(自然科学版), 39(2): 74-78.
李铖璐, 杜鹏飞, 裴晓林, 吴慧丽, 谢开林, 王秋岩. 2010. 嗜热微生物中获取耐乙醛变性醛缩酶. 杭州师范大学学报(自然科学版), 9(5): 372-378.
李传明, 韩光杰, 刘琴, 祁建杭, 徐健. 2016. 苏云金杆菌 Bt-8 的培养特性及杀虫活性分析. 南方农业学报, 47(12): 2072-2077.
李春华, 李翔, 马立新. 2005. 酸性木聚糖酶基因的克隆及其在毕赤酵母中的分泌表达. 微生物学通报, 32(6): 89-95.
李大力, 詹长娟, 郄丽, 柯前进. 2007. 盐浓度对纳豆芽孢杆菌发酵产 γ-聚谷氨酸影响的研究. 化学与生物工程, 24(2): 50-51.
李冬梅, 施雪华, 孙丽欣, 赵贞, 余敏, 欧阳红. 2012. 磷脂脂肪酸谱图分析方法及其在环境微生物学领域的应用. 科技导报, 30(2): 65-69.
李端, 郭利伟, 王卫卫. 2009. 嗜碱芽孢杆菌 MS-5 产环糊精葡萄糖基转移酶发酵工艺研究. 食品科技, 34(12): 15-18.
李峰, 郭瑞雪, 张林普. 1999. 耐盐耐碱芽孢杆菌质粒的分离和电镜观察. 淮北煤师院学报(自然科学版), 20(3): 60-62.
李凤珍, 潘星时, 芦耀波, 刘瑞君, 李琦. 1985. 芽孢杆菌属产生的胞外多糖的研究. 微生物学报, 25(1): 25-30.
李刚, 傅玲琳, 王彦波. 2013. 益生菌凝结芽孢杆菌胞外产物抑菌特性研究. 食品科技, 38(10): 20-24.
李桂英, 宋晓玲, 孙艳, 麦康森, 谢国驷, 黄倢. 2011. 几株肠道益生菌对凡纳滨对虾非特异免疫力和抗病力的影响. 中国水产科学, 18(6): 1358-1367.
李桂英, 孙艳, 宋晓玲, 黄倢, 谢国驷. 2013. 饲料中添加潜在益生菌对凡纳滨对虾肠道消化酶活性和菌群组成的影响. 渔业科学进展, 34(4): 84-90.

李国强, 纪凯华, 李佳斌, 刘云, 梁凤来, 马挺. 2014. 嗜热解烃菌 DM-2 产生的生物乳化剂. 微生物学通报, 41(4): 585-591.

李海龙, 李吕木, 钱坤, 许发芝. 2015. 病死猪堆肥高温降解菌的筛选、鉴定及堆肥效果. 微生物学报, 55(9): 1117-1125.

李浩丽, 马美湖, 陈文成. 2010. *Bacillus pumilus* CN8 菌株降解猪血 Hb 酶的分离纯化及酶学性质研究. 食品工业科技, 31(5): 171-173.

李红晓, 张殿朋, 卢彩鸽, 赵洪新. 2016. 生防解淀粉芽胞杆菌(*Bacillus amyloliquefaciens*)最新研究进展. 微生物学杂志, 36(2): 87-92.

李红亚, 李术娜, 王树香, 王全, 朱宝成. 2014. 产芽胞木质素降解菌 MN-8 的筛选及其对木质素的降解. 中国农业科学, 47(2): 324-333.

李宏彬, 陈三凤. 2012. 富含 12-MTA 的嗜碱芽孢杆菌 X1 的鉴定及其脂肪酸组成分析. 中国油脂, 37(5): 83-87.

李会娜. 2009. 三种入侵菊科植物(紫茎泽兰、豚草、黄顶菊)与土壤微生物的互作关系. 沈阳: 沈阳农业大学博士学位论文.

李会娜, 刘万学, 万方浩. 2011. 紫茎泽兰和黄顶菊入侵对土壤微生物群落结构和旱稻生长的影响. 中国生态农业学报, 19(6): 1365-1371.

李活孙, 陈济琛, 邱宏端, 林新坚. 2009. 应用响应面法优化嗜热脂肪土芽孢杆菌培养基. 生物技术, 19(6): 66-69.

李建光. 2014. 刺参菌群结构的分析及益生菌对刺参的影响. 大连: 大连理工大学博士学位论文.

李洁, 陈华红, 赵国振, 熊智, 徐丽华. 2007. 两株具有抗癌活性内生细菌的分离及分类. 微生物学杂志, 27(1): 1-4.

李津津. 2010. 微宇宙暖化湿地土-水界面磷素生物地球化学循环规律与机制研究. 杭州: 浙江大学硕士学位论文.

李进. 2013. 一株蜡状芽孢杆菌(*Bacillus cereus*)对几种重要植物病原真菌的抑制作用研究. 长沙: 湖南农业大学硕士学位论文.

李京京, 方芳, 张继冉, 刘龙, 堵国成, 陈坚. 2014. 氨基甲酸乙酯水解酶的分离纯化及酶学性质. 食品与生物技术学报, 33(12): 1239-1245.

李立恒, 兰时乐, 曹杏芝, 谢达平. 2005. 环状芽孢杆菌果胶酶及木聚糖酶活性测定条件优化. 湖南农业大学学报(自然科学版), 31(3): 304-306.

李潞滨, 庄彩云, 李术娜, 李佳, 郭晓军, 朱宝成. 2008. 兰花炭疽病拮抗细菌 8-59 菌株的分离与鉴定. 河北农业大学学报, 31(3): 64-68.

李宁, 牛丹丹, 陈献忠, 石贵阳, 王正祥. 2009. 地衣芽孢杆菌 *dif* 序列的功能鉴定. 微生物学杂志, 29(4): 11-15.

李宁, 汪长国, 曾代龙, 刘一兵, 杨军, 雷金山, 贾玉红, 赵敏, 吴艳, 寇明钰, 刘林, 戴亚, 张燕. 2012. 蜡样芽胞杆菌(*Bacillus cereus*)筛选鉴定及在雪茄烟叶发酵中的应用研究. 中国烟草学报, 18(2): 65-69.

李倩, 吴小芹, 叶建仁. 2015. 一种马尾松菌根辅助细菌——短芽孢杆菌的筛选及鉴定. 林业科学, 51(5): 159-164.

李琴, 陈全家, 孟志刚, 张锐, 梁成真, 孙国清, 孟钊红, 翟红红, 张杰, 郭三堆. 2017. *cry2Ah-M* 基因杀虫活性研究. 中国农业科技导报, 19(4): 10-16.

李清华, 王飞, 林诚, 何春梅, 李昱, 钟少杰, 林新坚. 2015. 长期施肥对黄泥田土壤微生物群落结构及团聚体组分特征的影响. 植物营养与肥料学报, 21(6): 1599-1606.

李群, 汪超, 唐明, 程世君, 马丹炜, 王亚男, 卢红. 2015. 灰毡毛忍冬‘渝蕾号’内生菌对其悬浮细胞生物量及绿原酸含量的影响. 植物生理学报, 51(11): 1997-2005.

李儒, 张雅珩, 张宇霞. 2013. 应用 GC-MS 技术测定细菌结构脂肪酸鉴定脂环酸芽孢杆菌的研究. 食品工业, 34(5): 222-224.
李帅, 刘荣梅, 李海涛, 高继国. 2017. 苏云金芽孢杆菌及 *vip* 基因在不同自然环境中分布情况的比较. 江苏农业科学, 45(4): 18-22.
李彤阳, 杨革. 2014. 利用芽孢杆菌混合菌群发酵生产生物有机肥的研究. 曲阜师范大学学报(自然科学版), 40(3): 76-80.
李宛蔓, 杨琛, 郭楚玲, 马天行, 党志. 2016. 底泥中红霉素耐受菌群的多样性分析. 环境科学学报, 36(1): 100-105.
李文, 陈复生, 丁长河, 李盘欣. 2014a. 高地芽孢杆菌碱性蛋白酶酶学性质研究. 河南工业大学学报(自然科学版), 35(4): 27-31.
李文, 陈复生, 丁长河, 李盘欣. 2014b. 高地芽孢杆菌 PY4 碱性蛋白酶纯化. 粮食与油脂, 27(5): 38-40.
李祥勇, 陈向东, 汪辉, 蔡启娟. 2008. 一株嗜碱菌的鉴定及其胞外多糖活性研究. 药物生物技术, 15(5): 370-374.
李想. 2010. 苛求芽孢杆菌尿酸酶的重组表达及其 N 端序列与功能关系的初步探讨. 重庆: 重庆医科大学硕士学位论文.
李想, 冯娟, 张纯, 蒲军, 杨晓兰, 袁拥华, 廖飞. 2011. 反应条件对苛求芽孢杆菌胞内尿酸酶与嘌呤衍生物作用的影响. 应用与环境生物学报, 17(1): 91-94.
李晓刚. 2012. 巨大芽孢杆菌降低蛋鸡排泄物中氨和硫化氢机理的研究. 扬州: 扬州大学硕士学位论文.
李晓刚, 顾欢, 孙龙生, 徐登辉, 张艳云. 2012. 巨大芽孢杆菌 1259 对蛋鸡生产性能、养分消化率及血清指标的影响. 江苏农业科学, 40(3): 171-173.
李晓君, 张鞍灵, 薛泉宏, 高锦明. 2013. 丹参内生细菌抗氧化及抗菌活性. 西北农业学报, 22(6): 158-161.
李晓平, 李元. 1988. 含 Butirosin 产生菌环状芽孢杆菌 NRRL-B33 启动子 DNA 片段的 No44 重组质粒的构建及其性质. 中国抗生素杂志, 13(5): 313-320.
李晓霞. 2016. 汾酒大曲中高产四甲基吡嗪菌株的筛选及其在酿酒中的应用研究. 临汾: 山西师范大学硕士学位论文.
李晓霞, 李晶晶, 张秀红. 2016. 汾酒大曲中高产四甲基吡嗪菌株的筛选与鉴定. 食品与机械, 32(6): 49-51.
李晓舟. 2015. 枯草芽孢杆菌 B504 菌株形态学及生理生化性状研究. 农民致富之友, (20): 75-76.
李啸乾, 王国英, 王慧礼, 李亚男, 葛启隆. 2016. 波茨坦短芽孢杆菌降解 4-氯酚和苯酚的特性. 安全与环境学报, 16(6): 252-256.
李新, 焦燕, 杨铭德. 2014. 用磷脂脂肪酸(PLFA)谱图技术分析内蒙古河套灌区不同盐碱程度土壤微生物群落多样性. 生态科学, 33(3): 488-494.
李兴丽, 佘跃惠, 张忠智, 郑焙文, 李向前, 夏彦渊, 王娟娟. 2006. 青海花土沟油田产生物表面活性剂本源菌的实验研究. 化学与生物工程, 23(2): 31-33.
李兴丽, 佘跃惠, 张忠智. 2008. 两株高效原油降解混合菌的性能分析. 中国石油大学学报(自然科学版), 32(2): 132-134.
李修善. 2016. 阿氏肠杆菌和萎缩芽孢杆菌扫描电镜样品制备观察和分析. 曲阜师范大学学报(自然科学版), 42(1): 102-104.
李雪峰, 王利. 2015. 一株短小芽孢杆菌的 16S rDNA 基因序列分析. 西南民族大学学报(自然科学版), 41(3): 291-294.
李亚娟. 2012. 水分状况与供氮水平对水稻氮素利用效率的影响及其机制研究. 杭州: 浙江大学博士学位论文.
李亚男, 蒋芬, 张杰, 范永义, 陈敬, 彭友林, 胡运高. 2017. 高原土壤中稻瘟病拮抗细菌的抑菌效果及抗菌机理. 应用与环境生物学报, 23(1): 33-40.
李阳, 吴酬飞, 吴小芹, 叶建仁, 张立钦. 2017. Cry3a 杀虫蛋白基因的合成优化及在 JK-SH007 中高效表达. 中国生物工程杂志, 37(6): 70-77.
李杨, 桓明辉, 高晓梅, 刘晓辉, 敖静, 朱巍巍, 池景良. 2017. 一株产纤维素酶菌株的鉴定及其产酶条件优化. 山东农业大学学报(自然科学版), 48(4): 556-561.
李元, 刘伯英. 1992. 环状芽孢杆菌 α-羟基-γ-氨丁酰酰化酶基因的克隆和表达. 遗传学报(英文版), (6): 534-540.
李元, 石莲英, 汪大建. 1984. 丁酰苷菌素产生菌环状芽孢杆菌 3342 和大肠杆菌 C600 电击融合转移质粒 pBCl 的研究. 抗生素, 9(6): 450-454.
李真, 金大勇. 2017a. 高毒力苏云金杆菌 YN1-1 的蛋白质特性及田间防效. 农业科学与技术(英文版), 18(5): 930-932, 947.
李真, 金大勇. 2017b. 长白山区土壤中高毒力苏云金杆菌的分离及生物测定. 农业科学与技术(英文版), 18(3): 506-508.
李振东, 陈秀蓉, 杨成德. 2011. 珠芽蓼内生菌 Z17 抑菌能力测定及其鉴定. 草业科学, 28(12): 2096-2101.
李振基, 陈鹭真, 林清贤, 林建丽, 刘初钿, 何健源, 陈炳华, 黄泽豪, 林文群, 石冬梅. 2002. 武夷山生物多样性研究 1.小叶黄杨矮曲林物种多样性. 厦门大学学报(自然科学版), 41(5): 574-578.
李智卫. 2010. 海藻对不同促生菌生长的影响及应用. 泰安: 山东农业大学硕士学位论文.
李忠佩, 陈晓芬, 李明. 2015. 施肥和添加生物质炭对水稻土有机碳矿化和微生物多样性的影响. 全国土壤生物与生物化学学术研讨会暨全国土壤健康学术研讨会论文集.
李卓佳, 杨莺莺, 陈康德, 陈永青, 丁贤, 杨铿. 2003. 几株有益芽孢杆菌对温度、制粒工艺及 pH 值的耐受性. 湛江海洋大学学报, 23(6): 16-20.
李宗军. 2005. 大肠杆菌生长温度、膜脂肪酸组成和压力抗性之间的关系. 微生物学报, 45(3): 426-430.
李祖明, 范海延, 白志辉, 李鸿玉, 张洪勋, 荣瑞芬, 叶磊. 2008a. 碱性果胶酶诱导黄瓜抗病机理的初步研究. 植物保护, 34(5): 52-57.
李祖明, 李鸿玉, 白志辉, 蒋慧杰, 全菲, 荣瑞芬, 叶磊. 2008c. 高产碱性果胶酶吉氏芽孢杆菌的诱变育种与固态培养条件优化. 食品科技, 1(9): 5-9.
李祖明, 李鸿玉, 何立千, 白志辉, 荣瑞芬, 全菲, 叶磊, 李丽云, 李京霞, 厉重先. 2008b. 高产碱性果胶酶菌株的育种及其发酵条件的研究. 工业微生物, 38(3): 27-32.
李祖明, 李鸿玉, 王德良, 王童, 白志辉, 李丽云. 2009. 短小芽孢杆菌 2080 产碱性蛋白酶的扩大培养. 食品科技, 34(4): 14-17.
利明. 2009. 日粮中添加芽孢杆菌对肉仔鸡生产性能和免疫功能影响的研究. 呼和浩特: 内蒙古农业大学硕士学位论文.
栗丰. 2011. 高温季节微生物发酵床基质垫层微生物群落结构变化动态的研究. 福州: 福建农林大学硕士学位论文.
梁冰, 吴力克, 刘建华, 朱建生, 孙英姿. 1995. 地衣芽胞杆菌(CMCC6S519)及代谢产物对部分细菌的抑菌作用. 中国微生态学杂志, (3): 62-63.
梁果义. 2004. 来源于芽孢杆菌(*Bacillus circulans*)的 β-半乳糖苷酶在毕赤酵母中的高效表达. 北京: 中国农业科学院硕士学位论文.
梁海恬, 何宗均, 高贤彪, 吴迪, 李妍, 李峰, 赵琳娜, 钱姗, 王德芳, 田阳. 2015. 农村污水处理用高效絮凝菌株的筛选与鉴定. 天津农业科学, 21(12): 24-28.
梁建根, 郑经武, 郝中娜, 王连平, 陶荣祥, 张昕. 2011. 生防菌 K-8 对南方根结线虫的防治及其鉴定. 中国农学通报, 27(21): 282-286.
梁净, 张晓波, 赵艳, 许沛冬. 2014. 草地早熟禾根际磷细菌的分离与鉴定. 江苏农业科学, 42(2): 314-317.
梁静娟, 王松柏, 庞宗文, 詹萍, 白先放, 黄日波. 2006. 海洋细菌 *Bacillus pumilus* PLM4 产抗肿瘤多糖的发酵条件优化研究. 广西农业生物科学, 25(3): 256-260.

梁青, 李文茹, 施庆珊, 章卫民. 2015. 山苍子油成分分析及其对日化产品腐败菌的抑制效果研究. 日用化学工业, 45(5): 260-264.

梁晓琳, 孙莉, 张娟, 刘小玉, 赵买琼, 李荣, 华正洪, 沈其荣. 2015. 利用 *Bacillus amyloliquefaciens* SQR9 研制复合微生物肥料. 土壤, 47(3): 558-563.

梁艳丽, 李兴玉, Shin H, Chen R R, 毛自朝. 2009. 嗜碱芽孢杆菌 C-125 木糖苷酶基因的表达与酶特征鉴定(英文). 生物工程学报, 25(9): 1386-1393.

梁运改, 江莹, 金琪, 蔡亚君. 2015. 球形芽孢杆菌 C3-41 菌株铵盐利用特性及铵转运蛋白质分析. 湖北农业科学, 54(21): 5240-5245.

廖庭, 秦健, 袁高庆, 黎起秦, 林纬, 彭好文. 2014. 巨大芽胞杆菌 B196 菌株抑菌物质的分离纯化. 植物保护, 40(2): 16-21.

林聪宏, 主性, 粟朝芝, 李莉娜, 吴仙, 韩勇. 2016. 贵州黑山羊瘤胃一株环状芽孢杆菌的分离鉴定. 贵州畜牧兽医, 40(3): 7-10.

林红梅, 施建飞, 李岳桦, 孙卓, 杨利民. 2013. 西洋参病原菌拮抗细菌的分离筛选与鉴定. 吉林农业科学, 38(6): 62-75.

林加奖. 2013. 土水界面五氯酚的消减行为及其受电子供体/受体影响的机制研究. 杭州: 浙江大学博士学位论文.

林家兴, 马金荣, 于庆, 陶祥令. 2016. 耐盐芽孢杆菌对砂土黏结强度加固作用的影响试验. 中国科技论文, 11(1): 58-61.

林黎, 崔军, 陈学萍, 方长明. 2014. 滩涂围垦和土地利用对土壤微生物群落的影响. 生态学报, 34(4): 899-906.

林丽花, 柯芙容, 詹湉湉, 许丽惠, 王全溪, 王长康, 黄树文. 2014. 凝结芽孢杆菌对黄羽肉鸡生产性能、血清生化指标及抗氧化功能的影响. 动物营养学报, 26(12): 3806-3813.

林司曦, 吴小芹, 丁晓磊, 盛江梅. 2014. 短小芽胞杆菌 *Bacillus pumilus* HR10 增殖扩繁培养基组分优化. 微生物学杂志, 34(6): 22-28.

林天兴, 李超, 龚明福. 2011. 拮抗性苦豆子内生细菌的遗传多样性. 安徽农业科学, 39(24): 14673-14675.

林新坚, 林斯, 邱珊莲, 陈济琛, 王飞, 王利民. 2013. 不同培肥模式对茶园土壤微生物活性和群落结构的影响. 植物营养与肥料学报, 19(1): 93-101.

林新坚, 任香芸, 陈济琛, 蔡海松. 2008. 嗜热脂肪土芽孢杆菌 CHB1 产蛋白酶特性. 生物技术, 18(4): 29-31.

林毅, 洪雪梅, 蔡丽希, 方光伟, 彭锟. 2005. 重金属污染土壤中泛基因组的提取及其细菌种类的免培养法分析. 漳州师范学院学报(自然科学版), 18(1): 56-59.

林毅, 洪雪梅, 关雄. 2004. 利用生物信息学手段获得两个对硫磷水解酶. 江西农业大学学报, 26(1): 6-9.

林英, 司春灿, 赵青松, 杜道林, 李萍萍. 2014. 一株死谷芽孢杆菌的分离、鉴定及抗病促生效果初探. 北方园艺, (13): 88-92.

林营志. 2003. 生防菌 *Bacillus cereus* ANTI-8098A 对青枯雷尔氏菌微生态致弱机理的研究. 福州: 福建农林大学博士学位论文.

林营志, 刘波, 张秋芳, 傅秀荣. 2009. 土壤微生物群落磷脂脂肪酸生物标记分析程序 PLFAEco. 中国农学通报, 25(14): 286-290.

林营志, 刘国红, 刘波, 肖荣凤. 2011. 香蕉枯萎病芽胞杆菌生防菌的筛选及其抑菌特性研究. 福建农业学报, 26(6): 1007-1015.

林营志, 朱育菁, 刘波. 2012. 苏云金芽胞杆菌 LSZ9408 菌株基因型的鉴定. 福建农业学报, 27(3): 283-286.

林宇斌. 2015. 鲜湿米粉中蜡样芽孢杆菌定量风险评估. 长沙: 中南林业科技大学硕士学位论文.

凌泽春, 杨红玲, 孙云章, 叶继丹, 李富东, 马如龙. 2009. 斜带石斑鱼幼鱼消化道与养殖水体中可培养菌群的研究. 大连水产学院学报, 24(6): 497-503.

刘爱英, 宋秀凯, 刘丽娟, 任利华, 靳洋, 刘义豪, 王文杰, 姜芳, 姜会超. 2012. 夏季莱州湾浮游动物群落特征. 海洋科学, 36(10): 61-67.

刘柏宏. 2015. *Bacillus licheniformis* 角蛋白酶的高效表达、热稳定性及底物特异性改造. 无锡: 江南大学博士学位论文.

刘柏宏, 张娟, 堵国成, 陈坚, 廖祥儒. 2014. 地衣芽胞杆菌来源角蛋白酶 N 端对活力及其热稳定性的影响. 微生物学通报, 41(8): 1491-1497.

刘柏宏, 张娟, 方真, 刘文涛, 堵国成, 陈坚, 廖祥儒. 2013. 来源于地衣芽胞杆菌的角蛋白酶在大肠杆菌中的表达、理化性质及其发酵优化. 应用与环境生物学报, 19(6): 997-1002.

刘冰, 彭海燕, 赵瑞, 李谦, 叶波平. 2013. 红海榄根际土壤中短小芽孢杆菌菌株 DH-11 的鉴定及其抗菌活性的分析. 药物生物技术, 20(3): 215-219.

刘冰花, 罗亚雄, 陶雪梅, 谢小英, 马旭攀, 张林. 2014. 产高活性抗凝溶栓双活性蛋白的短小芽孢杆菌的筛选及鉴定. 微生物学报, 54(3): 345-351.

刘冰花, 杨林, 罗亚雄, 蒲小龙, 李俊霖. 2015. 甲基紫精降解菌 XT12 的筛选鉴定及降解特性. 基因组学与应用生物学, 34(4): 781-786.

刘波. 2006. 芽孢杆菌文献研究. 广州: 广东旅游出版社.

刘波. 2011. 微生物脂肪酸生态学. 北京: 中国农业科学技术出版社.

刘波, 胡桂萍, 郑雪芳, 张建福, 谢华安. 2010. 利用磷脂脂肪酸(PLFAs)生物标记法分析水稻根际土壤微生物多样性. 中国水稻科学, 24(3): 278-288.

刘波, 蓝江林, 林营志, 官雪芳, 朱昌雄. 2009. 土壤甲胺磷抗性细菌种群特征脂肪酸生物标记的分析. 生态毒理学报, 4(5): 734-744.

刘波, 刘国红, 林乃铨. 2014. 基于脂肪酸生物标记芽胞杆菌属种类的系统发育. 微生物学报, 54(2): 139-158.

刘波, 刘国红, 林乃铨, 唐建阳. 2012. 秦始皇兵马俑 1 号坑芽胞杆菌的采集与鉴定. 福建农业学报, 27(6): 563-573.

刘波, 王阶平, 陶天申, 喻子牛. 2015. 芽胞杆菌属及其近缘属种名目录. 福建农业学报, 30(1): 38-59.

刘波, 苑宝玲, Sengonca C, 葛慈斌, 朱育菁, 林国宪. 2000. 高效生物杀虫剂 BtA 化学耦合技术研究. 福建农业学报, (S1): 160-164.

刘波, 郑雪芳, 朱昌雄, 蓝江林, 林营志, 林斌, 叶耀辉. 2008. 脂肪酸生物标记法研究零排放猪舍基质垫层微生物群落多样性. 生态学报, 28(11): 5488-5498.

刘波, 朱昌雄. 2009. 微生物发酵床零污染养猪技术的研究与应用. 北京: 中国农业科学技术出版社.

刘波, 朱育菁, Sengonca C, 冒乃和. 2005. 多位点生物杀虫毒素 BtA 形成的 HPLC 分析. 中国农业科学, 38(11): 2246-2253.

刘博, 薛伟明, 张宏亮, 赵彬然, 朱敏莉, 薛美辰. 2009. 壳聚糖/海藻酸钙微胶囊制备工艺对地衣芽胞杆菌生长的影响. 食品与发酵工业, 35(11): 51-55.

刘超齐, 王平, 常娟, 尹清强, 卢富山, 王潇. 2016. 益生菌对温度、pH 及抗生素耐受性的研究. 饲料研究, (12): 19-25.

刘超奇, 向廷生, 陈超, 王彦伟, 宋金龙, 庄严, 郝元福, 卢麦田, 吴进, 阮志勇. 2013. 沼液中一株促沼气发酵的芽孢杆菌的分离与鉴定. 中国沼气, 31(3): 8-11.

刘程程, 刘波, 蓝江林, 王凯. 2014. 产木聚糖酶芽胞杆菌的筛选及产酶条件优化. 福建农业学报, 29(8): 757-767.

刘丁, 秦文. 2013. 萎缩芽孢杆菌处理提高花生黄曲霉抗性的作用机制. 食品科学, 34(23): 266-270.

刘东来, 蔡锦刚, 姚天羽, 王艳平, 孔庆阳, 冯雁. 2008. 长白山温泉无氧芽胞杆菌的分离鉴定. 微生物学报, 48(10): 1285-1289.
刘富平. 2003. 复合拮抗菌对马尾松幼苗立枯病的控制. 雅安: 四川农业大学硕士学位论文.
刘富平, 朱天辉. 2006. 坚强芽孢杆菌 B-305 对 3 种病原真菌抗生现象的研究. 海南大学学报(自然科学版), 24(4): 374-377.
刘贯锋. 2011. 芽胞杆菌分类学特征及其生防功能菌株筛选. 福州: 福建农林大学硕士学位论文.
刘贵明. 2008. 苏云金芽孢杆菌 YBT-1520 全基因组测序和比较基因组学研究. 杭州: 浙江大学博士学位论文.
刘贵友, 王思渊, 袁生. 2016. 碳和氮源以及 pH 对耐有机溶剂葛根素糖基化菌株 *Lysinibacillus fusiformis* CGMCC 493 生长及转化活性的影响. 南京师大学报(自然科学版), 39(2): 61-65.
刘国红, 林营志, 林乃铨, 刘波. 2011. 芽胞杆菌分类研究进展. 福建农业学报, 26(5): 112-113.
刘国红, 林营志, 刘波, 林乃铨. 2012. 芽胞杆菌属种类脂肪酸鉴定与分子鉴定方法的比较. 福建农业学报, 27(2): 173-180.
刘国红, 刘波, 车建美, 唐建阳, 葛慈斌. 2015b. 仙草植物内生芽胞杆菌种群多样性研究. 氨基酸和生物资源, 37(1): 35-40.
刘国红, 刘波, 陈倩倩, 车建美, 阮传清, 陈峥. 2016a. 西藏尼玛县盐碱地嗜碱芽胞杆菌资源采集与鉴定. 福建农业学报, 31(3): 268-272.
刘国红, 刘波, 林乃铨. 2013a. 芽胞杆菌属种类脂肪酸鉴定的可靠性研究. 生物技术通报, (6): 147-154.
刘国红, 刘波, 林乃铨. 2013b. 青枯雷尔氏菌生防芽胞杆菌的快速筛选及其鉴定. 中国生物防治学报, 29(3): 473-480.
刘国红, 刘波, 唐建阳, 车建美, 朱育菁, 陈峥. 2015a. 脂肪酸提取方法对芽胞杆菌种类脂肪酸测定结果的影响. 福建农业学报, 30(1): 60-64.
刘国红, 刘波, 王阶平, 朱育菁, 车建美, 陈倩倩, 陈峥. 2017. 养猪微生物发酵床芽胞杆菌空间分布多样性. 生态学报, 37(20): 6914-6932.
刘国红, 刘波, 朱育菁, 车建美, 葛慈斌, 苏明星, 唐建阳. 2016b. 台湾地区芽胞杆菌物种多样性. 生物多样性, 24(10): 1154-1163.
刘国红, 朱育菁, 刘波, 车建美, 唐建阳, 潘志针, 陈泽辉. 2014. 玉米根际土壤芽胞杆菌的多样性. 农业生物技术学报, 22(11): 1367-1379.
刘国勇, 胡亚平, 石小丹, 聂小倩, 黄应平. 2012. 溶藻细菌 H5 的分离、鉴定及溶藻特性研究. 安徽农业科学, 40(28): 13955-13956, 13959.
刘海, 丁筑红, 郑文宇, 肖治柔, 邓程, 杨茜. 2013. 辣椒“花壳”主要致变细菌的分离及鉴定. 食品科学, 34(1): 160-165.
刘海静. 2012. 小麦秸秆高效降解菌的筛选及应用效果研究. 北京: 中国农业科学院硕士学位论文.
刘和, 刘晓玲, 张晶晶, 陈坚. 2009. 酸碱调控污泥厌氧发酵实现乙酸累积及微生物种群变化. 微生物学报, 49(12): 1643-1649.
刘华丽. 2016. 地衣芽胞杆菌活菌胶囊与双歧杆菌三联活菌胶囊治疗婴幼儿秋季腹泻疗效比较. 中外医疗, 35(1): 128-130.
刘慧兰. 2014. 产乳酸耐高温凝结芽孢杆菌的诱变及进化选育. 上海: 华东理工大学硕士学位论文.
刘加聪. 2014. 延长软包装烟熏鸭翅保质期的工艺研究及茶味鸭翅的开发. 厦门: 集美大学硕士学位论文.
刘建斌, 熊建军, 张淑彬, 刘培财, 殷晓芳, 王幼珊. 2015. 污泥高温堆肥过程中细菌群落动态特征. 中国农学通报, 31(35): 164-171.
刘婕, 杨博. 2010. 一株高效油脂降解菌的分离鉴定及其性能研究. 中国油脂, 35(1): 41-44.
刘金岚, 付刚, 董会娜, 袁向华, 张大伟. 2017. 通过信号肽筛选优化耐高温 α-淀粉酶在枯草芽孢杆菌中的分泌. 工业微生物, 47(1): 17-23.

刘金平, 于晶晶, 牛福星, 滕昆, 覃晓丽, 韦宇拓. 2013. 地衣芽胞杆菌麦芽糖 α-淀粉酶产麦芽糖特性研究. 广西科学院学报, 29(3): 171-175.
刘京兰, 薛雅蓉, 刘常宏. 2014. 内生解淀粉芽孢杆菌 CC09 产 Iturin A 摇瓶发酵条件优化. 微生物学通报, 41(1): 75-82.
刘景圣, 许志超, 刘回民, 蔡丹, 郑明珠. 2013. 一株长白山温泉高温菌的分离鉴定. 食品科学, 34(21): 274-277.
刘婧, 马汇泉, 刘东武, 董瑾, 杨晓. 2008. *Bacillus cereus* B-02 对 *Botrytis cinerea* 拮抗机理的研究. 菌物学报, 27(6): 930-939.
刘娟, 马晓梅, 王关林. 2009. 污水处理芽孢杆菌的抗盐诱变育种技术研究. 辽宁师范大学学报(自然科学版), 32(1): 106-109.
刘亢, 张闪闪, 卢伟东, 闫艳春, 赵百锁. 2016. 一株中度嗜盐芽孢杆菌(*Bacillus* sp. BZ-SZ-XJ39)的微生物学特性. 微生物学通报, 43(5): 917-926.
刘乐冕, 杨军, 余小青, 余正, 张永雨, 田野, 张冬红. 2012. 厦门后溪流域沿城乡梯度浮游细菌多样性及其与环境因子的关系. 应用与环境生物学报, 18(4): 591-598.
刘丽莉, 杨协力, 任广跃, 段续. 2012. *Bacillus cereus* 胞外胶原蛋白酶水解牛骨胶原蛋白的动力学. 食品科学, 33(21): 192-195.
刘利丹. 2015. 巨大芽孢杆菌 LLD-1 胞外电子传递机制及其还原 Cr(Ⅵ)的特性研究. 福州: 福建师范大学硕士学位论文.
刘露, 李丽, 闫洪雪, 张鹏鹏, 梁文辉, 赵宏涛. 2016. 巨大芽孢杆菌的应用研究进展. 北方农业学报, 44(4): 117-120.
刘苗苗, 冯娟, 刘红博, 杨晓兰, 冯丽萍, 李元丽, 廖飞. 2013. 二甲基酚橙法测定尿酸酶活性和识别尿酸酶高活性突变体. 应用与环境生物学报, 19(3): 523-527.
刘品贤, 李久香. 1992. 略谈天敌微生物防治害虫的现状和展望. 植物保护, 18(5): 35-36.
刘强. 2003. 生物滴滤法净化挥发性有机废气(VOCs)的研究. 西安: 西安建筑科技大学硕士学位论文.
刘巧瑜, 张晓鸣. 2010. 麦芽糖单酯和蔗糖单酯的抑菌性研究. 食品工业科技, 31(7): 313-315.
刘全永, 逯昀, 崔保伟, 胡江春, 刘尊英. 2015. 海洋细菌 *Bacillus coagulans* spp. *heishijiaosis* 发酵液抗真菌活性及其工艺优化研究. 食品科技, 40(7): 31-35.
刘荣, 申刚. 2017. 薏苡黑穗病拮抗菌的分离鉴定及其发酵条件优化. 江苏农业科学, 45(13): 97-100.
刘瑞杰, 曹军卫, 苗丽霞. 2004. 枯草芽孢杆菌耐盐突变株 *proA* 基因克隆及 *proBA* 基因渗透压调节功能研究. 微生物学报, 44(4): 452-456.
刘睿, 周园园, 闫继辰, 王媛媛, 朱晓峰, 段玉玺, 陈立杰. 2017. 新型复合型生物种衣剂 SN102 田间防效研究. 大豆科学, 36(3): 435-440.
刘睿杰, 常明, 孙丰芹, 王珊珊, 金青哲, 王兴国. 2013. 响应面优化巨大芽孢杆菌固态发酵去除花生粕中黄曲霉毒素 B1 的研究. 中国油脂, 38(3): 28-30.
刘绍雄, 王娟, 王明月, 王金华, 熊智. 2013. 巨龙竹组培苗污染优势内生菌的分离与鉴定. 南方农业学报, 44(3): 416-421.
刘盛林. 2015. 盐渍化农田调控根层磷生物有效性提高棉花产量和养分效率的研究. 北京: 中国农业大学博士学位论文.
刘顺. 2014. 施肥对毛竹根际土壤养分及微生物群落多样性的影响. 南昌: 江西农业大学硕士学位论文.
刘思雨, 户艳霞, 王新中, 徐发华, 杜广祖, 李秀军, 陈斌, 罗云方. 2017. 金龟子绿僵菌 MAE921 与 Bt 配伍对铜绿丽金龟幼虫侵染致病效应研究. 云南农业大学学报, 32(2): 226-232.
刘笋, 宋晓玲, 黄倢. 2011. 坚强芽胞杆菌主要分泌蛋白的鉴定及其分泌性序列. 微生物学报, 51(7): 941-947.
刘涛, 刘俏, 权春善. 2015. 基于 BP 神经网络的 pH 对解淀粉芽孢杆菌 Q-426 发酵影响的研究. 计算机与应用化学, 32(5): 627-630.
刘通, 陈云鹏, 李琼洁, 顾振芳. 2014. 短小芽胞杆菌抑菌蛋白 TasA 基因克隆及功能分析. 上海交通大学学报(农业科学版), 32(5): 48-52.
刘文海, 邓先余, 向言词, 邱山红. 2009. 一株甲胺磷高效降解菌——巨大芽孢杆菌(*Bacillus megaterium*)的分离及其分子鉴定. 海洋与湖沼, 40(2): 170-175.
刘贤德. 2015. 莫高窟壁画与空气细菌多样性及其对颜料色变的模拟试验分析. 兰州: 兰州大学硕士学位论文.
刘小玉. 2015. 根际促生菌株的筛选及其复合微生物肥料的研制与肥效研究. 南京: 南京农业大学硕士学位论文.
刘晓慧, 方芳, 夏小乐, 堵国成, 陈坚. 2016. 定点突变改造提高纺锤形赖氨酸芽孢杆菌氨基甲酸乙酯水解酶稳定性. 生物工程学报, 32(9): 1233-1242.
刘馨磊. 2002. 芽胞乳酸杆菌(凝结芽孢杆菌 TQ33)的高密度培养. 天津: 天津科技大学硕士学位论文.
刘幸红, 牛赡光, 段春华, 王清海. 2012. 坚强芽孢杆菌 Bf-02 对核桃炭疽病的防治效果. 经济林研究, 30(4): 126-128.
刘秀花, 梁峰, 刘茵, 翟兴礼. 2006. 河南省土壤中芽孢杆菌属资源调查. 河南农业科学, 35(8): 67-71.
刘艳, 胡永红, 杨文革, 梁萌萌, 刘邮洲, 章泳. 2015. 益生凝结芽孢杆菌发酵培养基的优化. 湖北农业科学, 54(8): 1861-1865.
刘艳芳. 2016. 运城盐湖多功能中度嗜盐菌的分离筛选及发酵条件优化. 临汾: 山西师范大学硕士学位论文.
刘燕梅, 王艳丽, 汪文鹏, 李永博, 吴树坤, 刘梅, 黄治国. 2017. 浓香型白酒窖泥中芽孢杆菌的分离鉴定及代谢产物分析. 中国酿造, 36(7): 76-79.
刘阳, 邓静, 吴华昌, 张建军, 龚加路, 郑滨, 陈建. 2015. 盐胁迫对枯草芽孢杆菌发酵代谢产物的影响. 食品与发酵工业, 41(7): 29-33.
刘旸, 陈敏, 庞昕, 梁曼曼, 马路路. 2014. 一株产胞外多糖的山药内生细菌 *Lysinibacillus fusiformis* S-1 的分离和鉴定. 应用与环境生物学报, 20(3): 382-388.
刘洋, 沈微, 石贵阳, 王正祥. 2008. 中温 α-淀粉酶的酶学性质研究. 食品科学, 29(9): 373-377.
刘益国. 2015. 降脂化浊汤联合地衣芽胞杆菌治疗非酒精性脂肪性肝炎临床研究. 河南中医, 35(8): 1833-1835.
刘毅, 姚粟, 李辉, 刘洋, 刘勇, 刘波, 程池. 2015. 三种 DNA 指纹图谱技术在菌株分型中的应用. 生物技术通报, 31(6): 81-86.
刘永建, 郝春雷, 胡绍斌, 赵法军, 闻守斌, 王大威. 2008. 一株聚丙烯酰胺降解菌的降解性能和机理. 环境科学学报, 28(11): 2221-2227.
刘邮洲, 陈夕军, 梁雪杰, 钱亚明, 乔俊卿, 刘永锋. 2017. 一株萎缩芽胞杆菌 YL3 的鉴定及其脂肽类化合物分析. 中国生物防治学报, 33(1): 142-150.
刘友勋, 闫明阳, 耿园园, 黄娟. 2016. 嗜碱芽孢杆菌 *cotA* 基因克隆表达及部分性质研究. 生物技术通报, 32(8): 161-168.
刘云国, 刘帅帅, 周福通, 杨大伟, 王建广. 2010. 凝结芽孢杆菌 PCR 快速检测方法研究. 中国卫生检验杂志, 20(4): 712-713, 717.
刘振华, 魏鸿刚, 李元广, 鲍柳, 李淑兰. 2011. 多粘类芽胞杆菌胞外多糖在微生物农药剂型中的功能研究. 农药学学报, 13(6): 603-607.
刘振华, 张林, 罗远婵, 张道敬, 李元广. 2014. 基于极端顶点混料试验设计的多粘类芽孢杆菌可湿性粉剂载体优化. 农药学学报, 16(4): 445-451.
刘振静, 李潞滨, 庄彩云, 周金星, 杨凯, 韩继刚. 2008. 青藏铁路沿线土壤可培养微生物种群多样性分析. 环境科学研究, 21(6): 176-181.

刘志辉, 蔡杏姗, 竺澎波, 关平, 许婉华, 吴龙章. 2005. 应用气相色谱技术分析全细胞脂肪酸快速鉴定分枝杆菌. 中国结核和呼吸杂志, 28(6): 403-406.

龙彬, 高程海, 潘丽霞, 李菲, 胡丽琴, 文良娟. 2014. 南海深海细菌 *Bacillus amyloliquefaciens* GAS 00152 抗菌代谢产物研究. 天然产物研究与开发, 26(6): 807-812.

龙烈钱, 李华斌, 黄磊, 何荣华, 李晓蔓. 2011. 驱油微生物. 石油化工应用, 30(12): 11-12.

龙苏, 李法峰, 陈明, 林敏. 2000. 固氮球形芽孢杆菌与巨大芽孢杆菌的混合增效作用. 核农学报, 14(6): 337-341.

卢娟, 夏启玉, 顾文亮, 孙建波, 卢雪花, 张欣, 王宇光. 2013. 拮抗香蕉枯萎病菌的解淀粉芽孢杆菌 LX1 菌株的鉴定及其抗菌蛋白基因的克隆. 热带作物学报, 34(1): 117-124.

卢兰兰, 李根保, 沈银武, 刘永定. 2009. 溶藻细菌 DC-L4 的分离、鉴定与溶藻特性. 应用与环境生物学报, 33(5): 860-865.

卢舒娴. 2011. 养猪发酵床垫料微生物群落动态及其对猪细菌病原生防作用的研究. 福州: 福建农林大学硕士学位论文.

卢争辉, 何家亨, 张桂敏. 2013. 一株碱性淀粉酶产生菌的分离及酶学特性分析. 安徽农业科学, 41(7): 2857-2859.

芦志龙, 张穗生, 吴仁智, 陈东, 黄日波. 2014. 产纤维素酶新菌株的筛选及其产酶特性研究. 广西科学, 21(1): 22-27.

鲁珍, 魏姜勉, 谌馥佳, 李恩中, 郭燕芳, 张建设, 郜胜勤. 2016. 高温大曲中高产 α-淀粉酶菌株分离鉴定及其产酶性能研究. 农业研究与应用, (2): 5-11.

陆燕, 易瑞灶, 陈伟珠. 2010. 堀越氏芽孢杆菌 S184 产河豚毒素的发酵条件优化. 食品与生物技术学报, 29(2): 307-311.

鹿秀云, 李社增, 马平, 高胜国, 赵云, 孙瑶. 2006. 黄瓜白粉病拮抗细菌的筛选与鉴定及其防病机理. 中国生物防治, 22(S1): 54-58.

吕风霞, 姚正颖, 别小妹, 赵海珍, 王煜, 郭瑶, 陆兆新. 2010. 内生多黏类芽孢杆菌纤溶酶的纯化及其体外溶栓作用. 食品科学, 31(15): 231-235.

吕刚. 2012. 河南省土壤中芽孢杆菌多样性研究. 南京: 南京农业大学硕士学位论文.

吕浩, 周进, 蔡中华. 2016. 锥状斯氏藻藻华期间群体感应信号菌株的动态变化. 生态科学, 35(4): 23-30.

吕黎, 王蕾, 周佳敏, 罗志威, 丰来. 2014. 巨大芽孢杆菌的研究现状及应用. 农业科学研究, 35(3): 48-52.

吕敏娜, 李克敏, 覃宗华, 刘祖宏, 曾壮升, 李佳静, 余劲术, 吴彩艳, 蔡建平. 2009. 鹅源栗褐芽胞杆菌的分离和鉴定. 中国预防兽医学报, 31(12): 933-935.

吕鹏莉, 陈海燕, 王雅玲, 孙力军, 张春辉, 施琦, 徐德峰, 叶日英. 2015. 低温环境中 T-2 毒素降解菌的分离鉴定及特性研究. 微生物学杂志, 35(2): 31-36.

吕思熠, 方芳, 堵国成, 陈坚. 2014. 氨基甲酸乙酯水解酶在枯草芽孢杆菌中的表达及发酵优化. 过程工程学报, 14(5): 846-852.

伦镜盛, 周新荣, 胡忠, 黄通旺. 2011. 嗜热菌 P4 的筛选、鉴定及其高温蛋白酶性质研究. 韩山师范学院学报, 32(3): 81-85.

罗达. 2014. 南亚热带格木、马尾松幼龄纯林及其混交林碳氮特征研究. 北京: 中国林业科学研究院博士学位论文.

罗达, 史作民, 唐敬超, 刘世荣, 卢立华. 2014. 南亚热带乡土树种人工纯林及混交林土壤微生物群落结构. 应用生态学报, 25(9): 2543-2550.

罗丹, 靳晓, 牛丹丹, 谢银珠, 林娟, 叶秀云. 2017. 地衣芽胞杆菌 α-淀粉酶酸性 pH 稳定性提升突变体的生化特征. 食品与发酵工业, 43(5): 19-24.

罗华东, 严加林, 余洋, 谭万忠. 2012. 马铃薯甲虫病原细菌分离及生防菌的筛选与鉴定. 中国农业科学, 45(18): 3744-3754.

罗剑波, 吴卫霞, 张凡, 佘跃惠. 2010. 一株产脂肽类生物表面活性剂菌株的分离及代谢产物分析. 化学与生物工程, 27(2): 46-49.
罗俊成. 2007. 浓香型白酒糟醅中芽孢杆菌属细菌的分类鉴定和 16S rDNA 序列系统发育分析. 成都: 四川大学硕士学位论文.
罗衎, 符波, 张丽娟, 刘宏波, 刘和. 2014. 筛选生物转化 $H_2/CO_2$ 气体产乙酸的同型产乙酸菌混培物. 生物工程学报, 30(12): 1901-1911.
罗立津, 万立, 陈宏, 温翠莲, 徐福乐, 贾纬, 聂毅磊, 袁红莉. 2015. 耐低温木质纤维素降解菌群的富集培养及其种群结构分析. 农业生物技术学报, 23(6): 727-737.
罗鑫, 张海燕, 邵彪, 刘明元. 2017. 毒死蜱降解菌的筛选、鉴定、降解特性. 安徽农业科学, 45(19): 56-57.
骆灵喜, 刘欢, 王枫, 赵振业, 裴廷权, 李旭宁. 2014. CRI 系统反硝化细菌的筛选及脱氮性能研究. 环境工程, 32(4): 9-13.
马长中, 田广搂, 辜雪冬, 罗章, 杨林. 2011. 林芝产弹性蛋白酶嗜碱芽孢杆菌的分离及鉴定. 食品与发酵科技, 47(5): 52-54.
马春燕, 刘松, 陆豫, 余勃. 2012. 鄱阳湖野生河豚鱼体内河豚毒素产生菌的分离鉴定(英文). 天然产物研究与开发, 24(12): 1766-1771.
马顶虹, 龚海燕, 李萌萌, 李备军, 汤琳, 张明. 2014. 深褐芽胞杆菌生理生化特征与检测鉴定. 安徽农学通报, 20(7): 33-35.
马桂珍, 付泓润, 王淑芳, 暴增海, 吴少杰, 钱俊晖. 2013. 海洋多粘类芽孢杆菌 L1-9 菌株发酵液抗菌谱及稳定性测定. 海洋通报, 32(3): 316-320.
马桂珍, 付泓润, 吴少杰, 暴增海, 王淑芳, 葛平华. 2014. 海洋多粘类芽孢杆菌 L1-9 抗菌活性产物的分离与结构鉴定. 植物病理学报, 44(5): 486-496.
马桂珍, 王淑芳, 暴增海, 吴少杰, 夏振强, 李世东. 2010a. 海洋多黏类芽孢杆菌 L1-9 菌株抗菌蛋白的分离纯化及其抗菌作用. 食品科学, 31(17): 335-339.
马桂珍, 王淑芳, 暴增海, 吴少杰, 夏振强, 李世东. 2010b. 多粘类芽孢杆菌 L1-9 菌株对番茄早疫病的抑菌防病作用. 中国蔬菜, (12): 55-59.
马菁华, 凌宁, 宋阳, 黄启为, 沈其荣. 2015. 多黏芽孢杆菌(*Paenibacillus polymyxa*)SQR-21 对西瓜根系分泌蛋白的影响. 南京农业大学学报, 38(5): 816-823.
马丽娜, 官雪芳, 朱育菁, 林抗美, 刘波. 2008. 乐果降解菌的分离、筛选和鉴定. 中国农学通报, 24(7): 441-444.
马丽霞, 彭琦, Lereclus Didier, 张杰, 郭淑元, 宋福平. 2017. 苏云金芽胞杆菌 LM1212 质粒缺失对细胞分化的影响. 微生物学通报, 44(3): 574-582.
马如龙. 2010. 5 株斜带石斑鱼肠道原籍菌的益生作用研究. 南京: 南京农业大学硕士学位论文.
马瑞. 2012. 凝结芽孢杆菌利用酸爆玉米秸秆酶解液制备 L-乳酸的研究. 南京: 南京林业大学硕士学位论文.
马忠友, 汪建飞, 祝嫦巍, 吴萍. 2012. 活性污泥中 1 株产 PHB 丝状细菌的分离与鉴定. 食品与发酵工业, 38(5): 101-105.
满李阳, 肖国光, 张贤珍, 孙德四. 2015. “硅酸盐”细菌浸出铝土矿及细菌群落结构的变化. 中南大学学报(自然科学版), 46(2): 394-403.
梅文鼎. 2016. *Bacillus coagulans* NL01 L-阿拉伯糖异构酶的理性设计及 D-塔格糖制备. 南京: 南京林业大学硕士学位论文.
孟长纪, 丁轲, 李旺, 李元晓, 孙二刚. 2015. 鸭源高产 L-乳酸凝结芽孢杆菌的分离与鉴定. 河南科技大学学报(自然科学版), 36(6): 67-70.
孟会生, 刘卫星, 洪坚平. 2006. 纤维素分解菌群的筛选组建与羧甲基纤维素酶活初探. 山西农业大学学报(自然科学版), 26(1): 27-28.
孟兆禄. 2009. *Bacillus cereus* B-02 拮抗作用相关基因的克隆及其表达. 淄博: 山东理工大学硕士学位论文.
牟琳, 王红宁, 邹立扣. 2008. 巨大芽孢杆菌表达外源蛋白的特点及其研究进展. 中国生物工程杂志, 28(4): 93-97.
慕天阳. 2013. 基质金属蛋白酶 26 的原核表达和酶学性质鉴定. 长春: 吉林大学博士学位论文.
穆可云. 2013. 大蒜提取物对蜡样芽孢杆菌的抑制研究. 广州: 华南理工大学硕士学位论文.
倪鑫鑫, 龚海燕, 马顶虹, 严剑芳. 2015. 芽孢杆菌生理生化特性分析. 安徽农学通报, 21(7): 47-48, 58.
倪志华, 张玉明. 2016. 微波诱变选育产物耐受型地衣芽胞杆菌以提高杆菌肽发酵水平. 科学技术与工程, 16(1): 119-125.
聂文杰, 王生全, 侯晨涛, 刘丹丹. 2011. 降解甲烷微生物的生物学特性研究. 西安科技大学学报, 31(5): 530-533.
牛红榜, 刘万学, 万方浩, 刘波. 2007. 紫茎泽兰根际土壤中优势细菌的筛选鉴定及拮抗性能评价. 应用生态学, 18(12): 2795-2800.
牛佳, 周小奇, 蒋娜, 王艳芬. 2011. 若尔盖高寒湿地干湿土壤条件下微生物群落结构特征. 生态学报, 31(2): 474-482.
牛舒琪, 何傲蕾, 丁新宇, 韩庆庆, 杨浩, 吕昕培, 赵祺, 冯玉兰, 张金林. 2016. 枯草芽孢杆菌 GB03 与保水剂互作对小花碱茅生长和耐盐性的影响. 植物生理学报, 52(3): 285-292.
牛仙, 丁成, 李朝霞, 杨百忍. 2013. 一株氯苯优势降解菌的降解条件优化. 环境工程, 31(1): 43-46.
努斯热提古丽 • 安外尔, 热孜亚 • 艾肯, 吾尔麦提汗 • 麦麦提明, 布阿依夏姆 • 阿木提, 努丽曼姑 • 司马义, 木合嗒尔 • 阿布都克里木, 艾尔肯 • 热合曼. 2015. 一株分离自胡杨的赖氨酸芽孢杆菌(*Lysinibacillus*)ML-64 的微生物学特性. 微生物学报, 55(9): 1160-1170.
欧阳江华. 2010. 利用微生物发酵床养猪垫料研制生物肥药的研究. 福州: 福建农林大学硕士学位论文.
潘虹, 曹翠玲, 林雁冰, 李旭, 王莉. 2015. 石灰性土壤解磷细菌的鉴定及其对土壤无机磷形态的影响. 西北农林科技大学学报(自然科学版), 43(10): 114-122.
潘响亮, 邓伟, 张道勇. 2003. 磷脂脂肪酸在地下水微生物生态学中的应用及存在的若干问题. 地理科学, 23(6): 740-745.
潘以楼, 朱桂梅, 郭建, 肖婷. 2013. 农药助剂对短小芽孢杆菌 TW-2 菌体及芽孢的影响. 西南农业学报, 26(3): 1001-1005.
裴雪霞. 2010. 典型种植制度下长期施肥对土壤微生物群落多样性的影响. 北京: 中国农业科学院博士学位论文.
彭琳. 2013. 架桥细菌共凝集能力及强化膜反应器效能的研究. 苏州: 苏州大学硕士学位论文.
彭萍, 杨水平, 李品武, 侯渝嘉, 胡翔, 徐进. 2007. 植茶对土壤环境效应分析研究. 茶叶科学, 27(3): 265-270.
彭艳, 毛毳, 朱天辉, 刘洋. 2015. 撑×绿杂交竹叶部细菌多样性. 东北林业大学学报, 43(6): 67-71.
彭祎, 谭悠久, 黄永春. 2010. GFP 标记的多粘芽孢杆菌 1114 在番茄根际的定殖. 中国生物防治, 26(3): 307-311.
平文祥, 侯昭海, 郑蔚红, 郭时杰, 朱尔华, 李玉兰, 马正谭, 周东坡. 1992. 君子兰软腐病病原体及其防治的研究. 齐齐哈尔师范学院学报(自然科学版), 12(3): 40-45.
戚薇, 冯艳蕊, 王海宽, 王建玲, 邵静. 2009. 高产耐热脂肪酶嗜热脂肪地芽孢杆菌的选育. 工业微生物, 39(1): 6-10.
亓秀晔, 谢全喜, 陈振, 于佳民, 徐海燕, 谷巍. 2017. 高效降解游离棉酚并改善棉籽粕营养品质的菌株筛选. 动物营养学报, 29(9): 3258-3266.
齐鸿雁, 薛凯, 张洪勋. 2003. 磷脂脂肪酸谱图分析方法及其在微生物生态学领域的应用. 生态学报, 23(8): 1576-1582.

齐哲, 张伟, 刘卫华, 亢春雨, 张先舟, 陈珊珊, 魏昭, 张亚爽. 2009. FTA 滤膜与环介导等温扩增技术结合快速检测消毒乳中的蜡样芽孢杆菌. 中国食品学报, 9(3): 156-161.

齐哲. 2008. 环介导等温扩增技术快速检测蜡样芽孢杆菌研究. 保定: 河北农业大学硕士学位论文.

钱英, 汪琨, 章小洪, 朱廷恒, 崔志峰. 2012. 解淀粉芽孢杆菌 BW-13 产生的抗真菌物质特性研究与初步分离纯化. 浙江工业大学学报, 40(1): 42-47.

乔文文, 宁欣强, 张蕾, 高旭. 2014. 死谷芽孢杆菌分离鉴定及其污泥减量特性. 环境工程, 1(12): 52-56.

谯天敏. 2004. 绿粘帚霉与坚强芽孢杆菌对松赤枯病生物防治的研究. 雅安: 四川农业大学硕士学位论文.

谯天敏, 朱天辉, 李芳莲. 2006. 绿粘帚霉与坚强芽孢杆菌对松赤枯病的协同生物控制. 林业科技, 31(1): 28-31.

秦韦子, 鲍帅帅, 陈雄, 张凤莲, 高顺清, 张柯芸, 王志. 2013. 柠檬酸盐对秸秆厌氧降解体系产沼气的影响. 中国酿造, 32(1): 97-100.

秦新苗, 高云飞, 景兵, 王中华, 肖恩时. 2015. 土壤微生物中向日葵核盘菌抗性资源的挖掘及分子鉴定. 西北农业学报, 24(5): 157-162.

秦永莲, 代群威, 董发勤, 赵玉连, 赵攀, 唐俊, 陈武, 杨杰, 侯丽华. 2015. 直接/间接作用模式下一株短小芽孢杆菌对蒙脱石层间域特性的影响研究. 矿物学报, 35(2): 203-208.

秦振平, 李巍, 纪树兰, 刘志培, 张宁, 韩磊. 2008. 处理避孕药废水优势菌的分离鉴定及强化作用. 北京工业大学学报, 34(5): 528-533.

邱晶晶, 查鑫垚, 姜薇, 靳翠丽, 周晓见. 2015. 一株海绵附生菌 *Bacillus firmus* 的培养条件优化及 α-GI 活性成分初步分析. 应用海洋学学报, 34(2): 202-208.

邱雪婷, 钱雨婷, 周韧, 周义军, 王艳, 谭佑铭. 2011. 溶藻菌 N25 的筛选及溶藻效果观察. 上海交通大学学报(医学版), 31(10): 1375-1379.

裘迪红, 李改燕. 2011. 糟鱼发酵过程中非挥发性物质的变化. 中国食品学报, 11(8): 183-190.

曲慧东, 孙明, 谷祖敏, 喻子牛, 纪明山. 2005. 辽宁土壤中苏云金芽孢杆菌分布调查. 植物保护, 31(3): 71-74.

曲田丽, 张淑颖, 金玉兰. 2015. 合欢内生菌 H8 的分离、鉴定及其抗菌代谢物质研究. 华北农学报, 30(1): 54-60.

屈野, 杨文博. 2000. 地衣芽胞杆菌产 β-甘露聚糖酶摇瓶发酵条件的研究. 武警后勤学院学报(医学版), (2): 80-81, 86.

瞿佳, 赵玲侠, 陈锐, 路鹏鹏, 孙晓宇, 沈卫荣. 2017. 抗结核海洋放线菌的筛选及菌株 HY286 生物活性研究. 生物技术通报, 33(11): 1-6.

渠飞翔, 李学英, 杨宪时, 刘尊雷. 2016. 软烤贻贝中蜡样芽孢杆菌生长/非生长界面模型建立与评价. 食品与机械, 32(4): 143-147.

权淑静, 马焕, 刘德海, 解复红. 2015. 青藏高原土壤产淀粉酶菌株的分离、鉴定及产酶特性研究. 河南科学, 33(3): 384-388.

冉淦侨, 王楠, 戴佳锟, 赵文娟, 任平, 秦涛. 2013. 枯草芽孢杆菌 BS24 在苹果叶面的定殖及其对叶面菌群的影响. 生物技术通报, 65(10): 131-136.

冉军舰, 徐剑宏, 赫丹, 胡晓丹, 史建荣. 2016. 小麦赤霉病原菌拮抗菌 *Bacillus amyloliquefaciens* 7M1 产抗菌素的研究. 微生物学通报, 43(11): 2437-2447.

饶犇, 王亚平, 李娜, 周荣华, 廖先清, 刘芳, 陈伟, 张光阳, 杨自文. 2014a. 巨大芽孢杆菌发酵培养基的优化. 湖北农业科学, 53(15): 3539-3542.

饶犇, 王亚平, 李娜, 周荣华, 廖先清, 刘芳, 陈伟, 张光阳, 杨自文. 2014b. 溶氧对多粘芽孢杆菌发酵影响的研究. 湖北农业科学, 53(23): 5745-5747.

饶小莉, 沈德龙, 李俊, 姜昕, 李力, 张敏, 冯瑞华. 2007. 甘草内生细菌的分离及拮抗菌株鉴定. 微生物学通报, 34(4): 700-704.

任昶, 张义正. 1995. 环状芽胞杆菌(*Bacillus circulans*)基因表达效率调节DNA片段的研究. 四川大学学报(自然科学版), 32(6): 732-737.
任连海, 李雨桥, 王攀, 李冰心, 周贺. 2016. 巨大芽孢杆菌在餐厨垃圾湿热处理脱出液中生长条件优化研究. 环境工程, 34(10): 44-48.
任清, 侯昌. 2017. 北宗黄酒麦曲微生物的分离鉴定. 食品科学, 38(4): 77-82.
任香芸, 蔡海松, 林新坚, 邱宏端, 陈济琛. 2007a. 嗜热脂肪土芽孢杆菌 CHB1 发酵培养基的优化. 福建农业学报, 22(1): 54-57.
任香芸, 陈济琛, 蔡海松, 林新坚, 邱宏端. 2007b. 一株耐高温细菌CHBl的分离和产酶特性研究. 微生物学杂志, 27(1): 18-21.
任妍君, 陈梅梅, 岳勇, 王磊, 王靖, 王万福. 2012. 高效稠油降解菌 DL1-G 的筛选及降解特性. 中国环境科学, 32(6): 1080-1086.
任羽, 郭文超, 岳明翠, 阿布都热合曼 • 吐尔逊. 2016. Cry8E 亚致死浓度对马铃薯甲虫解毒酶和保护酶的影响. 中国生物防治学报, 32(6): 794-799.
戎映君, 陈盛禄, 陈集双, 苏松坤. 2006. 蜜蜂(*Apis mellifera*)美洲幼虫腐臭病研究进展. 中国蜂业, 57(8): 11-13.
荣勤雷. 2014. 黄泥田有机培肥效应及机理研究. 北京: 中国农业科学院硕士学位论文.
阮传清, 陈建利, 刘波, 苏明星, 余智城. 2013. 杨桃根际土壤理化性质及微生物群落特征分析. 福建农业学报, 28(8): 789-795.
阮传清, 刘波, Sengonca C, 朱育菁. 2001. 分子筛在苏云金芽孢杆菌发酵液浓缩中的应用研究. 武夷科学, 17(1): 30-34.
阮建兵, 潘瑶, 何冰芳. 2006. 离子束诱变中 *Bacillus fordii* MH602 菌体保护剂的研究. 南京师大学报(自然科学版), 29(4): 66-68.
萨仁娜, 张琪, 谷春涛, 佟建明. 2006. TS-01 芽孢杆菌对低 pH 耐受性研究. 饲料研究, (6): 31-32.
邵娟, 尹华, 彭辉, 叶锦韶, 秦华明, 张娜. 2006. 秸秆固定化石油降解菌降解原油的初步研究. 环境污染与防治, 28(8): 565-568.
佘崇梅, 周学永, 郑春阳, 刘慧芬. 2017. 凹凸棒石对 Bt 蛋白的吸附特性及其对生物活性的影响. 矿物学报, 37(1): 67-74.
申丽君, 段冉冉, 张志强, 许倩倩, 吕乐, 刘晓璐, 尹春华, 张海洋, 闫海. 2017. 利用餐厨垃圾渗滤液培养苏云金芽孢杆菌. 化学与生物工程, 34(7): 61-64.
沈敏, 康贻军, 王欢莉, 赵庆新. 2012. 常见重金属和农药对 *Bacillus pumilus* WP8 促生能力的影响. 湖北农业科学, 51(14): 2988-2991.
沈新迁, 胡晓璐, 刘通, 孙文良, 陈云鹏. 2012. GFP 标记的短小芽胞杆菌(*Bacillus pumilus*)转座突变株的构建初探. 上海交通大学学报(农业科学版), 30(4): 15-20.
师磊, 梁志宏, 徐诗涵, 郑浩, 黄昆仑. 2013. 一株地衣芽胞杆菌 S1-1 对赭曲霉毒素 A 的吸附和降解研究. 农业生物技术学报, 21(12): 1420-1425.
施大林, 孙梅, 潘良坤, 刘淮, 胡凌, 陈秋红, 张维娜, 匡群. 2009. 地衣芽胞杆菌培养条件的研究. 微生物学杂志, 29(5): 89-94.
石磊, 杜锦锦, 郭庆港, 李宝庆, 鹿秀云, 李社增, 马平. 2013. 具分泌几丁质酶活性的生防细菌的筛选鉴定及其几丁质酶基因的克隆和表达. 植物病理学报, 43(2): 149-156.
石磊, 郭庆港, 李宝庆, 鹿秀云, 李社增, 王洪港, 马平. 2012. 作物病害高效生防菌株的定向快速筛选及其种类鉴定. 安徽农业科学, 40(24): 12068-12071.
史劲松. 2006. 耐冷菌 *Bacillus cereus* SYP A2-3 产冷适蛋白酶的研究. 无锡: 江南大学博士学位论文.
史琦琪, 程鹏, 王海防, 刘宏美, 郭秀霞, 张崇星, 刘丽娟, 赵玉强, 寇景轩, 王怀位, 公茂庆. 2017. 苏云金杆菌对微山湖湿地中华按蚊幼虫的室内生测效果. 中华卫生杀虫药械, 23(3): 227-229.

史应武. 2009. 内生菌分离筛选及其对甜菜促生增糖效应研究. 石河子: 石河子大学博士学位论文.
史应武, 娄恺, 李春, 王红刚, 江雨丽. 2009. 甜菜褐斑病内生拮抗菌的筛选、鉴定及其防效测定. 植物病理学报, 39(2): 221-224.
司鲁俊, 郭庆元, 王晓鸣. 2011. 浙江东阳玉米细菌性叶斑病病原菌的分离与鉴定. 玉米科学, 19(1): 125-127.
斯贵才, 王建, 夏燕青, 袁艳丽, 张更新, 雷天柱. 2014. 念青唐古拉山沼泽土壤微生物群落和酶活性随海拔变化特征. 湿地科学, 12(3): 340-348.
佀国涵, 王瑞, 袁家富, 谭军, 熊又升, 徐大兵, 赵书军. 2013. 绿肥与化肥配施对植烟土壤微生物群落的影响. 土壤, 45(6): 1070-1075.
宋健, 曹伟平, 王金耀, 冯书亮, 杜立新. 2013. 磁处理水对苏云金芽孢杆菌生长的影响. 华北农学报, 28(S1): 393-396.
宋健, 杜立新, 王容燕, 魏利民, 曹伟平, 宋健, 王金耀, 冯书亮. 2011. 大茂山地区苏云金芽孢杆菌分布与多样性研究. 中国农学通报, 27(1): 166-169.
宋泉颖, 徐俊, 张宇. 2014. 球形赖氨酸芽孢杆菌(*Lysinibacillus sphaericus*)和嗜冷芽孢八叠球菌(*Sporosarcina psychrophila*)介导形成白云石晶体. 微生物学通报, 41(10): 2155-2165.
宋卫锋, 邓琪. 2012. 一株苯胺黑药降解菌的分离鉴定及其降解特性. 中国矿业大学学报, 41(6): 1018-1023.
宋喜乐, 赵世民, 赵云波, 江凯, 康业斌. 2016. 洛阳地区烟草根际土壤中多粘类芽孢杆菌的分离与鉴定. 烟草科技, 49(12): 13-20.
宋翔宇, 邱冠周, 王海东, 谢建平, 徐靖, 王娟. 2015. 金红石精矿的生物脱硅提纯与脱硅微生物的群落结构分析(英文). 中国有色金属学报(英文版), 25(7): 2398-2406.
宋亚军, 杨瑞馥, 郭兆彪, 彭清忠, 张敏丽, 周方. 2001. 若干需氧芽孢杆菌芽孢脂肪酸成分分析. 微生物学报, 28(1): 23-28.
宋益良, 杨敏芝, 杜长喜, 徐庆丰. 1983. 吉林乳状菌的分离与防治大黑金龟幼虫试验初报. 东北农业科学, (2): 64-68.
宋永亭. 2010. 嗜热解烃基因工程菌 SL-21 的构建. 油气地质与采收率, 17(1): 80-82.
宋永亭, 李阳, 高光军, 蒋焱, 包木太. 2012. 高温高矿化度超稠油油藏细菌多样性分析. 西安石油大学学报(自然科学版), 27(4): 82-86.
宋兆齐, 王莉, 刘秀花, 吕刚, 杨清, 梁峰. 2013. 河南省农田土壤芽孢杆菌的遗传多样性分析. 河南农业科学, 42(9): 73-78.
苏连明, 庄彦华, 王加良, 李彦伟. 2013. 凝结芽孢杆菌联合奥沙拉嗪对轻中型溃疡性结肠炎患者血清 TNF-α、IL-8、IL-7 的影响. 中国微生态学杂志, 25(7): 816-818.
苏良湖, 赵秋莹, 孙旭, 张龙江, 汝超杰, 戴传超. 2016. 添加复配菌剂对保温堆肥箱中纤维素垃圾降解的影响. 环境卫生工程, 24(5): 1-7.
苏龙翔. 2014. 空间飞行对蜡状芽孢杆菌影响的初步研究. 天津: 南开大学博士学位论文.
苏婷, 路梅, 周青, 王芳, 王国芬, 谢关林. 2010. 抗不同生化型青枯菌的生防菌筛选鉴定及其活性分析. 植物保护学报, 37(5): 431-435.
苏旭东, 张伟, 袁耀武, 李英军, 马雯, 檀建新. 2007. 河北省部分地区解木糖赖氨酸芽胞杆菌菌株多样性的研究. 安徽农业科学, 35(18): 5540-5541.
苏雪燕, 车程川, 刘金峰, 杨革. 2013. 地衣芽胞杆菌产纤溶酶的分离、纯化及其酶学性质研究. 曲阜师范大学学报(自然科学版), 39(3): 85-88.
宿燕明, 彭霞薇, 吕欣, 张玲, 白志辉. 2011. 多粘类芽孢杆菌对油菜中硝酸盐含量的影响. 中国农学通报, 27(12): 44-148.
孙朝晖, Masoumeh Moradi, 杨丽景, Robabeh Bagheri, 宋振纶, 陈艳霞. 2016. 越南芽孢杆菌对 2507 双

相不锈钢加速腐蚀的影响. 中国腐蚀与防护学报, 36(6): 659-664.
孙崇思, 陈晓敏, 束长龙, 齐放军, 高继国, 张杰. 2014. 对大丽轮枝菌具有拮抗作用的萎缩芽胞杆菌的分离和鉴定. 植物保护, 40(1): 30-37.
孙德四, 张贤珍, 肖国光. 2014. “钾”细菌浸出富钾火成岩及细菌群落结构的变化. 中南大学学报(自然科学版), 45(9): 2941-2951.
孙棣棣. 2010. 应用磷脂脂肪酸方法研究毛竹林土壤微生物群落结构演变规律. 杭州: 浙江农林大学硕士学位论文.
孙锋, 赵灿灿, 何琼杰, 吕会会, 管奕欣, 谷艳芳. 2015. 施肥和杂草多样性对土壤微生物群落的影响. 生态学报, 35(18): 6023-6031.
孙海慧, 吴昊, 权跃, 尹振浩, 尹成日. 2016. 长白山湿地细菌群落结构分析及优势菌株鉴定. 延边大学学报(自然科学版), 42(1): 85-90.
孙会刚, 黄海亮, 郑进, 金鑫. 2012. 蕈状芽孢杆菌 SH-1 抗菌活性物质发酵条件优化. 徐州工程学院学报(自然科学版), 27(2): 45-49.
孙慧洁, 黄惠琴, 朱军, 孙前光, 余中华, 鲍时翔. 2010. 2 株海绵细菌的分离与鉴定. 微生物学杂志, 30(3): 1-4.
孙锦霞, 刘钟滨. 2010. 嗜热脂肪芽孢杆菌羧酸酯酶的异源表达及酶学性质研究. 生物化学与生物物理进展, 37(9): 967-974.
孙静. 2016. 芽孢杆菌发酵豆粕的工艺优化和应用. 上海: 上海海洋大学硕士学位论文.
孙静, 宋晓玲, 黄倢. 2017. 豆粕的坚强芽孢杆菌(*Bacillus firmus*)发酵工艺优化及其营养成分分析. 渔业科学进展, 38(3): 163-171.
孙力军, 陆兆新, 孙德坤. 2008. *Bacillus amyloliquefaciens* ES-2 液体发酵抗菌脂肽培养基及其主要影响因子筛选. 食品工业科技, (5): 60-63.
孙倩倩, 潘瑶, 姚忠, 何冰芳. 2007. 嗜热菌 *Bacillus fordii* 3-2 海因酶的纯化及性质. 生物加工过程, 5(4): 32-36.
孙同毅, 邵伟光, 高志芹, 林维平, 路福平, 于小勇, 王新斌. 2008. 一株产碱性蛋白酶的嗜碱芽孢杆菌的分离和鉴定. 现代生物医学进展, 8(7): 1256-1258.
孙同毅, 殷向彬, 李玉, 路福平, 杜连祥. 2007. 高产碱性蛋白酶菌株 HAP26 选育. 氨基酸和生物资源, 29(2): 20-22.
孙薇, 谷洁, 李玉娣, 钱勋, 王小娟. 2014. 土壤有机磷降解菌的筛选、鉴定及其生长特性研究. 西北农林科技大学学报(自然科学版), 42(2): 199-206.
孙迅, 任昶, 刘德明, 程昌凤, 张义正. 1995. 环状芽胞杆菌基因启动子的分离与鉴定. 四川大学学报(自然科学版), 32(2): 207-212.
孙迅, 王宜磊, 邓振旭, 高庆义, 陈良忠. 1997. 木聚糖酶高产菌株 *Bacillus pumilus* H-101 的筛选及产酶条件的研究. 微生物学杂志, 17(2): 17-22.
孙艳. 2012. 对虾抗病微生物的筛选及其作用机制的研究. 青岛: 中国海洋大学硕士学位论文.
孙艳, 宋晓玲, 刘飞, 李玉宏, 黄倢. 2013. 一株芽孢杆菌 PC024 的鉴定及其抗 WSSV 感染效果的研究. 水产学报, 37(4): 574-583.
孙燕芳, 白成, 龙海波. 2017. 苏云金杆菌 00-50-5 发酵上清液对南方根结线虫杀虫活性研究. 福建农业学报, 32(4): 410-414.
孙玉萍, 王红英, 刘素辉, 倪萍, 马海梅. 2011. 新疆油污土壤中石油烃降解菌筛选及鉴定. 中国公共卫生, 27(10): 1340-1342.
孙仲奇, 裘娟萍, 陆建卫, 赵春田. 2016. 碳源对多粘类芽孢杆菌生长和多粘菌素 E 合成的影响. 浙江农业学报, 28(8): 1343-1350.
孙卓, 杨利民. 2015a. 人参立枯病与黑斑病拮抗细菌的筛选及其促生防病能力. 吉林农业大学学报,

37(6): 664-668.
孙卓, 杨利民. 2015b. 人参病原菌拮抗细菌的分离筛选与鉴定. 植物保护学报, 42(1): 79-86.
谭小艳. 2005. 柑桔溃疡病生防细菌的研究. 南宁: 广西大学硕士学位论文.
檀建新 2000. Bt *cry* 基因克隆和环状芽孢杆菌几丁质酶的研究. 北京: 中国农业科学院博士学位论文.
唐赟, 冯露, 刘沐之, 马挺, 梁凤来, 刘如林. 2006. 嗜热解烃菌 NG80-2 的鉴定及其特性. 南开大学学报(自然科学版), 39(2): 46-50.
唐昭娜, 张翠英, 胡平雄, 易秋分, 杨江丽, 董辉. 2015. 假坚强芽孢杆菌丙氨酸脱氢酶的原核表达纯化与结晶. 天津科技大学学报, 30(4): 21-24.
唐志燕, 龚国淑, 刘萍, 邵宝林, 张世熔. 2005. 成都市郊区土壤芽孢杆菌的初步研究. 西南农业大学学报(自然科学版), 27(2): 188-192.
陶敏, 贺锋, 徐洪, 周巧红, 徐栋, 张丽萍, 吴振斌. 2012. 氧调控下人工湿地微生物群落结构变化研究. 农业环境科学学报, 31(6): 1195-1202.
陶天申, 杨瑞馥, 东秀珠. 2007. 原核生物系统学. 北京: 化学工业出版社.
陶勇, 徐占成, 李东迅, 刘孟华, 樊科权, 姚开. 2011. 窖泥细菌群落结构演替及其与环境因子的相关性. 酿酒科技, (9): 42-46.
陶中云, 谢国雄, 曾红星, 徐福寿, 谢关林. 2013. 一株对西红花种球腐烂病有生防效果的蜂房类芽胞杆菌. 植物保护学报, 40(3): 285-286.
滕春红, 刘永双, 陶波, 李相全, 于海涛, 邱丽娟. 2013. 2,4-滴丁酯抗性细菌球形赖氨酸芽孢杆菌(*Lysinibacillus sphaericus*)的分离鉴定及生长特性研究. 作物杂志, (2): 143-146.
田光明. 2014. 地衣芽胞杆菌谷氨酸脱氢酶和聚 γ-谷氨酸降解酶的研究. 武汉: 华中农业大学博士学位论文.
田光明, 游蕾, 陈守文. 2017. 地衣芽胞杆菌乙醛酸循环对聚谷氨酸合成的影响. 生物技术, 27(1): 78-84.
田佳, 王雪, 卢宝慧, 张钟文, 赵磊, 高洁. 2013. 枯草芽孢杆菌 JN209 及其基因工程菌生理生化特性及抑菌谱比较. 吉林农业大学学报, 35(4): 398-401.
田康明, 石贵阳, 王正祥. 2011. 凝结芽孢杆菌 CICIM B1821 发酵生产 L-乳酸的研究. 食品工业科技, 32(10): 245-248.
田美娟. 2006. 深海重金属抗性菌的分离、鉴定以及菌株 *Brevibacterium sanguinis* NCD-5 铬(Ⅵ)还原机制的初探. 厦门: 厦门大学硕士学位论文.
田倩, 夏汉平, 周丽霞. 2011. 磷脂脂肪酸法分析鹤山针叶林和荷木林的土壤微生物多样性. 热带亚热带植物学报, 19(2): 97-104.
田群, 许瑶, 喻昌燕, 王嘉福, 冉雪琴. 2017. 耐锰细菌鉴定与锰胁迫下的生理响应. 山地农业生物学报, 36(3): 23-28.
田潇娜. 2013. 台湾地区芽胞杆菌种类多样性研究. 福州: 福建农林大学硕士学位论文.
田晓娟, 唐凌天, 彭立娥, 李星洪. 2008. 石油脱硫微生物菌株的筛选及鉴定的研究. 地学前缘, 15(6): 192-198.
涂永勤, 肖崇刚. 2005. 蜡质芽孢杆菌(*Bacillus cereus*)原生质体形成与再生条件研究. 生物学杂志, 22(5): 18-19.
万兵兵, 刘晔, 吴越, 刘世亮, 王国文, 张东艳, 姜瑛. 2016. 烟草根际解磷解钾菌的筛选鉴定及应用效果研究. 河南农业科学, 45(9): 46-51.
万春黎. 2010. 电渗析-微生物技术修复油污土壤的效能及影响因素研究. 哈尔滨: 哈尔滨工业大学博士学位论文.
万欢欢. 2010. 入侵植物紫茎泽兰叶片凋落物的化感作用及其降解动态. 北京: 中国农业科学院硕士学位论文.
万会达. 2015. 微波辅助酶催化甜菊苷的转苷和水解. 食品与生物技术学报, 34(12): 1338-1343.
万晓华, 黄志群, 何宗明, 余再鹏, 王民煌, 刘瑞强, 郑璐嘉. 2016. 改变碳输入对亚热带人工林土壤微生物生物量和群落组成的影响. 生态学报, 36(12): 3582-3590.
汪峰, 蒋瑀霁, 李昌明, 孙波. 2014. 不同气候条件下潮土微生物群落的变化. 土壤, 46(2): 290-296.
汪汉成, 李文红, 黄艳飞, 李凯, 李兴龙, 张恒, 曹毅, 陆宁, 石俊雄, 胡向丹. 2012. Biolog GEN III微孔板在烟草青枯病、黑胫病生防细菌鉴定中的应用. 中国烟草学报, 18(5): 51-55.
汪家社. 2006. 武夷山螟蛾亚科昆虫的物种多样性. 南京林业大学学报(自然科学版), 30(3): 98-100.
汪家社. 2007. 武夷山水螟亚科昆虫物种多样性研究. 华东昆虫学报, 16(1): 59-63.
汪家社, 宋士美, 吴焰玉, 陈铁梅. 2003. 武夷山螟蛾科昆虫志. 北京: 中国科学技术出版社.
汪靖超, 辛宜轩. 2011. 一株抑制浒苔生长海洋细菌的分离与鉴定. 海洋科学, 35(11): 1-3.
汪静杰, 赵东洋, 刘永贵, 敖翔, 范蕊, 段正巧, 刘艳萍, 陈倩茜, 金志雄, 万永继. 2014. 解淀粉芽孢杆菌 SWB16 菌株脂肽类代谢产物对球孢白僵菌的拮抗作用. 微生物学报, 54(7): 778-785.
汪立平, 张庆华, 赵勇, 陈有容, 齐凤兰, 张闻. 2007. 变质豆浆中腐败微生物的分离与初步鉴定. 微生物学通报, 34(4): 621-624.
汪攀, 易敢峰, 孙自博, 王蕊, 陈丽仙, 夏冬梅. 2017. 一株凝结芽孢杆菌的分离鉴定及益生性研究. 中国畜牧兽医, 44(4): 1195-1202.
汪润池. 2011. 有机、常规种植方式下土壤有机碳和微生物特性研究. 南京: 南京农业大学硕士学位论文.
汪帅男, 王璐, 张萍, 魏萍. 2017. 黄芪多糖和枯草芽孢杆菌代谢产物在 PK-15 细胞上对 TGEV 的影响. 吉林农业大学学报, 39(4): 449-453.
汪文鹏, 李永博, 吴树坤, 刘梅, 邓杰, 卫春会, 黄治国. 2017. 高温大曲中产吡嗪芽孢杆菌的分离鉴定及发酵产物分析. 中国酿造, 36(6): 63-66.
王爱军, 柴兆祥, 李金花, 郭庆刚, 王蒂. 2013. 马铃薯干腐病菌和黑痣病菌拮抗芽胞杆菌的筛选及鉴定. 中国生物防治学报, 29(4): 586-594.
王爱丽. 2013. 应用磷脂脂肪酸和聚合酶链式反应-变性梯度凝胶电泳分析技术研究湿地植物根际微生物群落多样性. 植物生态学报, 37(8): 750-757.
王超, 陈晓明, 许燕, 阮晨, 刘小玲, 郝希超, 宋收, 罗学刚, 陈彩霞, 罗宇霞. 2015. 2 株萎缩芽孢杆菌铬去除差异基因的 PFGE 分析. 核农学报, 29(6): 1052-1060.
王程亮, 佟建明, 张潞生, 高微微, 李安英. 2009. 芽胞杆菌 TS01 的扩增核糖体 DNA 限制性分析(ARDRA)评估和遗传分析. 农业生物技术学报, 17(6): 1108-1113.
王聪. 2012. 蜡样芽孢杆菌(*Bacillus cereus*)对草甘膦降解作用的初步研究. 保定: 河北农业大学硕士学位论文.
王大拓. 2009. 一种低温果胶酶的分离纯化及其酶学性质研究. 昆明: 昆明理工大学硕士学位论文.
王大威, 张健, 齐义彬, 马挺. 2012. 稠油降解菌的筛选及其对胶质降解作用. 微生物学报, 52(3): 353-359.
王大欣, 张丹, 初少华, 支月娥, 周培. 2016. 巨大芽孢杆菌 NCT-2 冻干菌剂的制备及冻干保护剂响应面优化. 食品工业科技, 37(11): 156-160.
王丹. 2011. 长期不同施肥条件下太湖地区水稻土团聚体颗粒组的细菌、真菌多样性研究. 南京: 南京农业大学硕士学位论文.
王德培, 孟慧, 管叙龙, 罗学刚. 2010. 解淀粉芽孢杆菌 BI_2 的鉴定及其对黄曲霉的抑制作用. 天津科技大学学报, 25(6): 5-9.
王东胜. 2014. 秦岭主峰太白山北坡 5 种生境中微生物区系及拮抗放线菌资源研究. 咸阳: 西北农林科技大学博士学位论文.
王菲, 袁婷, 谷守宽, 王正银. 2015. 有机无机缓释复合肥对不同土壤微生物群落结构的影响. 环境科学, 36(4): 1461-1467.
王枫, 骆灵喜, 刘欢, 李旭宁, 赵振业, 杨小毛. 2013. 人工快速渗滤系统中亚硝酸细菌的筛选及转化能力研究. 环境污染与防治, 35(12): 6-12.

王凤兰, 王晓东. 2007. 喜热噬油芽胞杆菌代谢产生表面活性剂的研究. 微生物学杂志, 27(5): 23-28.
王福强, 李凤超, 李彦芹, 何炜, 康现江. 2010. 原油降解菌的筛选鉴定及降解特性的研究. 环境科学与技术, 33(12): 45-48.
王刚, 陈光. 2011. 蜡状芽孢杆菌 *Bacillus cereus* SWWL6 产耐有机溶剂脂肪酶发酵条件优化及酶学性质. 食品科学, 32(9): 241-245.
王高学, 付维法, 崔婧, 袁明, 姚璐. 2006. 蕈状芽孢杆菌代谢产物活性成分对小鼠免疫功能的影响. 中国兽医科学, 36(12): 983-987.
王高学, 高鸿涛, 付维法, 崔婧, 袁明. 2009. 蕈状芽孢杆菌代谢产物增强小鼠免疫力活性物质的分离、鉴定. 微生物学通报, 36(6): 858-864.
王国英, 王孟, 崔杰, 岳秀萍, 李亚男. 2016. 波茨坦短芽孢杆菌降解间甲酚和 4-氯酚的特性. 安全与环境学报, 16(5): 227-231.
王海亮. 2013. 坚强芽孢杆菌和短小芽孢杆菌表达载体构建的分析. 青岛: 中国海洋大学硕士学位论文.
王海亮, 李赟, 董萍萍, 宋晓玲, 黄倢. 2013. 坚强芽孢杆菌(*Bacillus firmus*)16S-23S rDNA 间区的克隆及多态性分析. 海洋与湖沼, 44(2): 519-524.
王虎虎, 董洋, 李诺, 徐幸莲, 周光宏. 2017. 真空包装盐水鹅贮藏期菌群多样性动态分析. 中国食品学报, 17(4): 58-64.
王吉, Namir I A Haddad, 杨世忠, 牟伯中. 2009. *Brevibacillus brevis* HOB1 所产脂肽的分离纯化和鉴定. 微生物学通报, 36(8): 1117-1122.
王计伟, 施庆珊, 欧阳友生, 胡文锋, 陈仪本. 2012. 地衣芽胞杆菌 ATCC9945A 中 γ-聚谷氨酸降解酶基因的克隆、表达及降解性能鉴定. 生物技术, 22(1): 13-18.
王继雯, 刘莹莹, 李冠杰, 刘莉, 甄静, 巩涛, 杨文玲, 岳丹丹, 慕琦, 陈国参. 2014. 巨大芽孢杆菌 C2 产芽胞培养条件的优化. 中国农学通报, 30(36): 155-160.
王佳, 易弋, 夏杰, 伍时华, 黎娅. 2014. 嗜热微生物的分离及其产酶特性的初步研究. 食品工业, 35(11): 278-281.
王阶平, 刘波, 刘国红, 喻子牛, 陶天申. 2017. 芽胞杆菌系统分类研究最新进展. 福建农业学报, 32(7): 784-800.
王金玲, 刘晓平, 赵凤艳, 吕长山, 高照亮. 2013. 解磷巨大芽孢杆菌液体发酵培养条件的优化. 中国农学通报, 29(15): 68-72.
王进福, 文才艺, 刘伟成, 董丹, 裘季燕, 刘霆. 2016. 根结线虫生防细菌的筛选及鉴定. 北方园艺, (9): 121-124.
王晶晶, 黎张早, 张彦龙, 邓小恳, 黎健才, 阮云泽. 2013. 木薯渣、桉树渣固体发酵 *Bacillus amyloliquefaciens* WJ22 研制生物有机肥的配方研究. 中国农学通报, 29(22): 192-197.
王静, 黄磊, 陆益梅, 徐敏, 牟海津. 2011. 3 种海洋细菌脂肪酸组成特性的研究. 中国海洋大学学报(自然科学版), 41(S1): 252-258.
王静, 田华, 孔凡玉, 王贻鸿, 张成省, 冯超. 2015. 短小芽孢杆菌 AR03 对烟草赤星病菌和白粉病菌的防治. 应用生态学报, 26(10): 3167-3173.
王娟. 2009. 不同耕作方式对草莓土壤细菌数量和多样性的影响. 兰州: 兰州大学硕士学位论文.
王娟丽, 王以强, 李奠础. 2005. 弹性蛋白酶生产菌种的筛选及发酵条件的研究. 生物技术, 15(5): 24-26.
王君. 2013. 全国食品中蜡样芽孢杆菌的污染分布规律及遗传多样性研究. 广州: 广东工业大学硕士学位论文.
王俊英, 关东明, 钞亚鹏, 张蔚, 钱世钧. 2008. 环糊精葡糖基转移酶的酶学性质及转化特性. 生物技术, 18(2): 26-29.
王琨, 孙云章, 李富东, 叶继丹. 2011. 饲料中添加两种寡糖和一种芽孢杆菌对牙鲆肠道菌群的影响. 大连海洋大学学报, 26(4): 299-305.

王磊. 2009. 产纤维素酶菌群的筛选及其酶学特性研究. 郑州: 河南农业大学硕士学位论文.
王磊. 2012. 固氮芽孢杆菌的筛选及其生物学特性初探. 安徽农学通报, 18(9): 45-47.
王磊. 2013. *Bacillus clarkii* 7364 γ-环糊精葡萄糖基转移酶的重组表达及其应用. 无锡: 江南大学硕士学位论文.
王磊, 冯二梅, 宿红艳. 2010. 烟台海域一株中度嗜盐芽孢杆菌 YTM-5 的鉴定及其耐盐机制研究. 新乡学院学报(自然科学版), 27(3): 50-55.
王磊, 李淑芹, 郑玉莲, 许景钢. 2012. 普施特降解菌 *Bacillus* sp. zx2 和 zx7 生长及降解特性. 农业环境科学学报, 31(2): 351-356.
王丽华. 2014. 高湿度对地衣芽胞杆菌胶囊质量的影响. 生物技术通讯, 25(1): 105-106.
王良桂, 徐晨. 2010. 福建武夷山国家级自然保护区木兰科植物资源初探. 福建林业科技, 37(2): 90-93.
王琳, 李季, 张鹏岩. 2009. 巨大芽孢杆菌对富营养化景观水体的净化效果. 生态环境学报, 18(1): 75-78.
王琳, 李敏, 魏启舜, 张洪海, 周影, 赵荷娟. 2015. 双孢蘑菇培养料发酵过程中细菌群落结构分析. 江苏农业学报, 31(3): 653-658.
王刘庆, 王秋影, 廖美德. 2013. 多粘类芽孢杆菌生物特性及其机理研究进展. 中国农学通报, 29(11): 158-163.
王梅, 刘兆辉, 江丽华, 张文君, 林海涛, 郑福丽. 2009. 巨大芽孢杆菌固定化包埋材料的初步研究. 江西农业学报, 21(12): 57-58.
王美英, 王芳, 韩金志, 陆兆新, 别小妹. 2016. *Paenibacillus polymyxa* JSa-9 发酵培养基优化及其在黄瓜枯萎病中的应用研究. 南京农业大学学报, 39(4): 673-680.
王娜, 肖军, 肇莹, 王红, 陈珣, 龚娜, 杨涛. 2012. 1 株高温型厌氧产氢细菌的分离与鉴定. 沈阳农业大学学报, 43(1): 58-62.
王宁, 孙磊, 邓爱华, 马相汝, 古丽斯玛依 • 艾拜都拉, 艾尔肯 • 热合曼. 2009. *Bacillus pumilus* XJU-13 的分离鉴定及其碱性脂肪酶酶学特性分析(英文). 生物技术, 19(4): 17-22.
王宁, 吴丹, 陈晟, 陈坚, 吴敬. 2011. 利用来源于 *Paenibacillus macerans* 的 α-CGTase 突变体 Y89D 制备 α-环糊精. 食品科学, 32(3): 165-170.
王平宇, 张树华. 2001. 硅酸盐细菌的分离及生理生化特性的鉴定. 南昌航空工业学院学报, 15(2): 78-82.
王萍, 李莉, 李扬, 桓明辉, 张鹏. 2013. 死谷芽胞杆菌 B10 发酵条件的研究与抗菌谱的测定. 微生物学杂志, 33(2): 54-58.
王琴, 高青, 缪卫国, 郑服丛. 2014. 3 种生防细菌种药剂剂型对芒果炭疽病菌的拮抗作用初探. 广东农业科学, 41(11): 82-88.
王琴丹, 李柏林, 欧杰, 罗璟, 严维凌, 陈平. 2010. 中式熟食咸鸡主要细菌的分离与初步鉴定. 食品科学, 31(15): 212-215.
王青. 2013. 凝结芽孢杆菌活菌片联合三联方根除幽门螺杆菌的临床研究. 中国微生态学杂志, 25(4): 418-421.
王青, 周方, 李俐. 1987. 细菌细胞脂肪酸的气相色谱分析. 国外医学(微生物学分册), (6): 241-245.
王清海, 牛赡光, 刘幸红, 刘玉升. 2010. 拮抗菌 Bf-02 菌株鉴定及对几种植物病原真菌抑制活性测定. 山东农业大学学报(自然科学版), 41(4): 513-516.
王秋红, 蓝江林, 朱育菁, 肖荣凤, 葛慈斌, 林营志, 陈亮, 刘波. 2007. 脂肪酸甲酯谱图分析方法及其在微生物学领域的应用. 福建农业学报, 22(2): 212-218.
王秋艳, 蓝袁洋, 李海峰, 张亚丽, 黄黎锋. 2012. 短小芽孢杆菌(*Bacillus pumilus*)糖基转移酶基因的克隆、序列分析及表达. 杭州师范大学学报(自然科学版), 11(4): 364-368.
王全, 王占利, 高同国, 李术娜. 2016. 响应面法对解淀粉芽孢杆菌(*Bacillus amyloliquefaciens*)12-7 产抗菌蛋白条件的优化. 棉花学报, 28(3): 283-290.
王全, 王占利, 李术娜, 李红亚, 朱宝成. 2009. 大丽轮枝菌拮抗细菌的分离筛选及 Bv1-9 菌株鉴定. 湖北农业科学, 48(5): 1146-1149.
王全富, 侯艳华, 缪锦来, 徐仲, 阚光锋, 李光友, 沈继红. 2007. 南极海冰细菌科尔韦尔氏菌低温适应性的初步研究. 中国水产科学, 14(6): 1027-1031.
王瑞荣, 胡永红, 杨文革, 李玲, 沈飞. 2012. 响应面法优化 *Bacillus cereus* CGMCC4348 培养条件的工艺. 南京工业大学学报(自然科学版), 34(5): 76-82.
王舒, 张林平, 郝菲菲, 张扬, 胡冬南. 2015. 油茶根际高效溶磷细菌的筛选、鉴定及其安全性测试. 林业科学研究, 28(2): 166-172.
王曙光, 侯彦林. 2004. 磷脂脂肪酸方法在土壤微生物分析中的应用. 微生物学通报, 31(1): 114-117.
王爽, 杨谦, 孙磊, 王允, Olivia Juba. 2010. 盐碱土中可培养中度嗜盐菌的研究. 东北农业大学学报, 41(8): 37-42.
王堂彪. 2012. 石油集输系统中硫化氢的反硝化生物抑制技术研究. 西安: 西安建筑科技大学硕士学位论文.
王涛, 梅旭荣, 钟秀丽, 李玉中. 2010. 脂质组学研究方法及其应用. 植物学报, 45(2): 249-257.
王陶. 2009. 罗布泊可培养嗜碱细菌多样性及产酶特性研究. 乌鲁木齐: 新疆农业大学硕士学位论文.
王铁媛, 窦森, 胡永哲, 林琛茗. 2016. 油水淹地石油降解菌群的筛选和鉴定及高效菌群的构建. 吉林农业大学学报, 38(6): 716-722.
王婷. 2007. 蜡状芽孢杆菌修复重金属及多溴联苯醚复合污染的研究. 广州: 暨南大学硕士学位论文.
王维. 2011. 地衣芽胞杆菌治疗抗生素相关性腹泻 63 例临床观察. 中国实用内科杂志, 31(5): 372-373.
王伟高, 陈坚, 周景文. 2017. 赖氨酸芽孢杆菌产氨基甲酸乙酯水解酶的发酵条件优化. 食品与生物技术学报, 36(3): 59-65.
王卫霞. 2013. 南亚热带不同树种人工林生态系统碳氮特征研究. 北京: 中国林业科学研究院博士学位论文.
王卫霞, 史作民, 罗达, 刘世荣, 卢立华. 2013. 南亚热带 3 种人工林土壤微生物生物量和微生物群落结构特征. 应用生态学报, 24(7): 1784-1792.
王文杰, 刘洋, 彭珊瑛, 万阜昌, 崔云龙, 李雄彪. 2006. 凝结芽胞杆菌对小鼠免疫功能和粪便胺含量及肠道中氨含量的影响. 中国微生态学杂志, 18(1): 6-8.
王熙涛, 徐永平, 金礼吉, 李淑英, 尤建嵩, 汪将, 李建光, 张美霞, 宋亚雄. 2014. 具有海带褐藻胶降解能力的刺参有益菌筛选及降解条件优化. 中国饲料, (4): 27-31.
王相伟, 邢翔, 马庆林. 2016. 过量表达葡萄糖脱氢酶对 *E. coli* 羟基脂肪酸合成能力的影响. 食品工业科技, 37(5): 163-166.
王向荣, 张旭, 蒋桂韬, 戴求仲. 2013. 凝结芽孢杆菌对蛋鸭产蛋性能、蛋品质及血清生化指标的影响. 家畜生态学报, 34(2): 69-74.
王小敏, 纪宏伟, 刘文菊, 刘微, 李博文. 2014. 巨大芽孢杆菌与印度芥菜对 Cd 污染土壤的联合修复效果研究. 水土保持学报, 28(4): 232-236.
王晓红, 茆军, 博力, 顾美英, 王伟, 段继华. 2007. 低温淀粉酶产生菌的筛选及酶学性质研究. 农产品加工・学刊, (1): 7-9.
王秀华, 赵红立, 周慧, 王海英, 曹卫芳. 2012. 凝结芽孢杆菌活菌片预防小儿肺炎继发性腹泻疗效观察. 中国微生态学杂志, 24(6): 534-536.
王学聘, 戴莲韵, 杨光滢, 张万儒. 1999. 我国西北干旱地区森林土壤中解木糖赖氨酸芽孢杆菌生态分布. 林业科学研究, 12(5): 467-473.
王雪芹. 2011. 毛竹林地土壤养分动态变化及微生物特性研究. 杭州: 浙江大学硕士学位论文.
王雅萍, 曹荣, 江艳华, 刘淇, 殷邦忠, 姜桥. 2011. 重组海带面产品中腐败微生物的分离纯化及种类鉴定. 食品工业科技, 32(12): 251-253.

王岩, 沈锡权, 吴祖芳, 张锐. 2010. 脂肪酸 *Bacillus pumilus* 羟基化调控基因 *fadD*-like 的克隆与序列分析. 中国粮油学报, 25(2): 66-70.

王琰, 李皎, 杨国武, 王军, 邓媛, 万一. 2017a. 多黏(浸麻类)芽孢杆菌产α-环糊精葡萄糖基转移酶在大肠杆菌中的可溶性表达及其转化产物特异性研究. 中国食品添加剂, (2): 81-86.

王琰, 万一, 李皎, 杨国武, 邓媛, 王军. 2017b. *Bacillus clarkii* 7364 γ-环糊精葡萄糖基转移酶的可溶性表达及其催化特性分析. 生物加工过程, 15(2): 7-12.

王彦彦. 2010. 自然发酵酸粥和泡菜中芽孢杆菌的分离及 16S rDNA 序列分析. 呼和浩特: 内蒙古农业大学硕士学位论文.

王焰玲, 郑洪武, 刘旭玲, 张义正. 1998. 环状芽胞杆菌 C-2 几丁酶基因在大肠杆菌中的表达. 生物化学与生物物理学报, 30(4): 352-356.

王雁萍, 王付转, 李宗伟, 吴健, 陈林海, 秦广雍, 霍裕平. 2003. β-环糊精葡萄糖基转移酶高产菌株 02-5-71 的选育及发酵条件研究. 郑州工程学院学报, 24(3): 71-73.

王晔茹, 宋筱瑜, 高芃, 徐海滨, 李宁, 朱江辉. 2016. 凝结芽孢杆菌 GBI 30,6086 的安全性探讨. 生物加工过程, 14(6): 7-11.

王一恬, 沈微, 陈献忠, 樊游, 王正祥. 2013. 一种来源于克劳氏芽孢杆菌的高碱性尿酸氧化酶的异源表达及重组酶性质分析. 生物学杂志, 30(2): 1-4.

王怡, 何奉芹, 罗琳, 李龙彬, 游玲. 2011. 酿造细菌分解纤维素的初步研究. 中国酿造, 30(12): 77-80.

王义良, 罗进贤, 胡晋新, 李文清. 1992. 地衣芽胞杆菌 α-淀粉酶基因的克隆及其表达. 中山大学学报论丛, (3): 8-13.

王颖, 王玉琴, 杨成德, 姚玉玲, 陈秀蓉, 薛莉. 2014. 马铃薯贮藏期主要病害拮抗内生细菌的筛选、鉴定及功能评价. 草业学报, 23(3): 269-275.

王勇, 罗惠波, 刘燕梅, 王艳丽, 叶光斌. 2015. 浓香型大曲中多株芽孢杆菌的分离及鉴定. 四川理工学院学报(自然科学版), 28(2): 5-8.

王禹程, 李云亮, 杨雪, 黄姗芬, 马海乐. 2017. 马铃薯渣枯草芽孢杆菌发酵物毒理学研究. 扬州大学学报(农业与生命科学版), 38(2): 58-61, 68.

王元火, 姚斌, 袁铁铮, 操时树, 张伟, 王亚茹, 范云六. 2003. 环状芽孢杆菌乳糖酶基因在大肠杆菌中的表达及酶学性质分析. 农业生物技术学报, 11(1): 83-88.

王月, 张荣先, 张旦旦, 龚劲松, 李恒, 张晓梅, 许正宏, 史劲松. 2014. 碳氮源对 *Bacillus pumilus* K9 产角蛋白酶的影响. 食品与生物技术学报, 33(10): 1077-1083.

王征征, 陈泽平, 刘艳全, 李明元, 李玉锋. 2016. 响应面法优化防腐剂在腌制大头菜中抑制腐败微生物的效果. 食品工业科技, 37(14): 91-97.

王志勇. 2010. 空心莲子草入侵对土壤微生物群落结构和土壤酶活的影响. 武汉: 华中农业大学硕士学位论文.

王志勇, 江雪飞, 郑慧, 方治伟, 郑世学. 2011. 脂肪酸甲酯法检测空心莲子草入侵影响土壤微生物群落结构的初步研究. 微生物学杂志, 31(6): 6-9.

王智文, 陈海波, 宋福平, 郭淑元. 2017. 苏云金芽胞杆菌分泌蛋白的鉴定及分析. 生物技术通报, 33(4): 169-176.

王子超. 2011. 消化污泥和玉米秸秆强制通风堆肥的研究. 青岛: 中国海洋大学硕士学位论文.

王子旋. 2012. 芽胞杆菌脂肪酸生物标记测定条件的异质性研究. 福州: 福建农林大学硕士学位论文.

王子旋, 刘波, 林营志, 刘国红. 2012. 新疆土壤芽胞杆菌采集鉴定及其分布多样性. 福建农业学报, 27(2): 187-195.

王宗敏, 陆震鸣, 朱青, 史劲松, 许正宏. 2016. 镇江香醋醋醅微生物 *Bacillus circulans* 发酵特性的初步研究. 中国调味品, 41(9): 24-28.

韦露, 陈偿, 龙云映, 蔡奕明, 黄晓纯. 2015. 一株短小芽孢杆菌 B1 的筛选鉴定及其抗菌特性研究. 水产科学, 34(3): 161-168.

韦巧婕, 郑新艳, 邓开英, 王小慧, 高雪莲, 沈其荣, 沈标. 2013. 黄瓜枯萎病拮抗菌的筛选鉴定及其生物防效. 南京农业大学学报, 36(1): 40-46.

韦阳道, 易弋, 石征宇, 邓春, 伍时华, 黎娅. 2015. 嗜热脱氮芽孢杆菌产 α-半乳糖苷酶影响因素的研究. 中国酿造, 34(11): 113-118.

韦中, 徐春淼, 郑海平, 廖汉鹏, 王世梅, 沈其荣, 徐阳春. 2015. “挂壁”法筛选常温稻秆腐解菌及其降解能力研究. 农业环境科学学报, 34(10): 2027-2031.

魏春, 刘洋, 周俊利, 谢丽萍, 俞国伟. 2013. *Paenibacillus pabuli* WZ2008 的自絮凝及其种子培养基优化对碱性果胶酶发酵的影响. 发酵科技通讯, 42(1): 4-7.

魏浩, 陆兆新, 吕凤霞, 翟亚楠, 郭昊, 郝慧, 别小妹. 2011. *Bacillus amyloliquefaciens* ES-2 发酵产抗菌脂肽消泡剂的筛选及脂肽的提取和纯化. 中国生物工程杂志, 31(2): 85-90.

魏红娟, 赵红立, 任尚申, 李晶, 吴春燕, 陈英才. 2012. 凝结芽孢杆菌活菌制剂在手足口病中的应用. 临床儿科杂志, 30(4): 355-357.

魏娇洋, 冯龙, 李亚宁, 刘大群, 赤国彤. 2014. 内生解淀粉芽孢杆菌 X-278 发酵条件的优化. 北方园艺, (5): 106-110.

魏雪生, 陈颖, 牛静怡. 2006. 天津地区土壤中解木糖赖氨酸芽孢杆菌调查. 天津农学院学报, 13(3): 30-32.

温崇庆, 何红, 薛明, 刘慧玲, 周世宁. 2006. 坚强芽孢杆菌对凡纳滨对虾幼体变态的影响. 热带海洋学报, 25(2): 54-58.

温洪宇, 杨柳, 韩宝平, 平文娟, 陈艳红, 马小琛. 2010. 盐度对细菌菌株降解苯酚的影响. 环境科学与技术, 33(11): 39-44.

温少红, 王长海. 2000. 光照和培养时间对紫球藻细胞脂肪酸含量的影响. 中国海洋药物, 19(1): 47-50.

文静, 孙建安, 周绪霞, 李卫芬. 2011. 屎肠球菌对仔猪生长性能、免疫和抗氧化功能的影响. 浙江农业学报, 23(1): 70-73.

文晓凤, 杜春艳, 袁瀚宇, 张金帆, 陈宏, 余关龙, 胡旭跃, 彭向训. 2016. 改性磁性纳米颗粒固定内生菌 *Bacillus nealsonii* 吸附废水中 $Cd^{2+}$的特性研究. 环境科学学报, 36(12): 4376-4383.

乌兰, 夏尔瓦古丽 • 吐尔逊江, 戴爱梅. 2017. 两种生物菌剂对棉花低温抗逆增产的田间试验. 植物医生, (6): 32-34.

邬奇峰, 陆扣萍, 毛霞丽, 秦华, 王海龙. 2015. 长期不同施肥对农田土壤养分与微生物群落结构的影响. 中国农学通报, 31(5): 150-156.

吴丹, 郑贤良, 吴敬. 2013. 不同宿主来源的 α-环糊精葡萄糖基转移酶分离纯化及化学修饰提高其热稳定性. 食品与生物技术学报, 32(3): 287-292.

吴丹阳. 2016. 凝结芽孢杆菌 T4 益生性及功能特性的研究. 大连: 大连工业大学硕士学位论文.

吴海武, 郭聪, 朱彦博, 黄捷畅, 周永灿, 郭伟良, 王世锋, 谢珍玉. 2014. 热带芽孢杆菌的筛选及对人工废水效果研究. 水产科学, 33(11): 723-727.

吴襟, 张树政. 2008. 巨大芽孢杆菌 β-淀粉酶基因的克隆、表达和酶学性质分析. 生物工程学报, 45(10): 1740-1746.

吴立新, 吴祖芳. 2011. 短小芽孢杆菌脂肪酸羟基化发酵特性与培养条件优化. 食品与生物技术学报, 30(4): 602-608.

吴丽娜, 赵小惠, 郭凯晴, 杨宇杰, 方旭波, 陈小娥, 张银照. 2017. 金枪鱼肉降解用高产蛋白酶菌株的筛选及鉴定. 湖北农业科学, 56(13): 2506-2511.

吴民熙, 刘清术, 刘前刚, 单世平. 2014. 降解菜籽饼粗蛋白耐盐菌的筛选、鉴定及固体发酵的初步研究. 天然产物研究与开发, 26(3): 309-313.

吴萍. 2009. 地衣芽胞杆菌思密达治疗婴幼儿腹泻疗效观察. 中国微生态学杂志, 21(1): 68-69.

吴奇凡, 史劲松, 许正宏, 陶文沂. 2005. 耐冷菌 *Bacillus cereus* SYP-A3-2 低温蛋白酶的发酵条件. 微生物学通报, 32(5): 46-50.
吴群, 徐岩. 2012. 高温大曲中地衣芽胞杆菌(*Bacillus licheniformis* CGMCC 3963)的耐高温特征. 微生物学报, 52(7): 90-95.
吴石金. 2009. 二氯甲烷降解菌的分离鉴定、降解特性及关键酶基因克隆与表达研究. 杭州: 浙江工业大学博士学位论文.
吴石金, 张华星, 胡志航, 陈建孟. 2009. 来自 *Bacillus circulans* WZ-12 的二氯甲烷脱卤酶基因 *dcmR* 的克隆和表达. 环境科学, 30(8): 2479-2484.
吴伟, 瞿建宏, 胡庚东, 陈家长. 2008. 巨大芽孢杆菌对池塘微碱性水体中磷的形态和含量的影响. 农业环境科学学报, 27(4): 1508-1513.
吴溪玭. 2015. 南亚热带五种人工林林下植物与土壤微生物群落变化及其环境解释. 南宁: 广西大学硕士学位论文.
吴翔, 甘炳成, 黄忠乾, 彭卫红. 2014. 一株产 IAA 菌株的筛选、鉴定及培养条件优化. 四川农业大学学报, 32(4): 432-435.
吴翔, 甘炳成, 彭卫红, 贾定洪, 谢丽源, 黄忠乾, 高俭. 2013. 一株降解纤维素梭形芽胞杆菌的筛选与鉴定. 环境工程学报, 7(12): 5041-5046.
吴徐建, 吴群, 徐岩. 2014. 一株耐受酒精解淀粉芽孢杆菌(*Bacillus amyloliquefaciens* CGMCC 6262)的研究. 工业微生物, 44(4): 7-12.
吴一晶, 林艺芬, 林河通, 陈艺晖, 陈梦茵, 姜萍. 2012. 生防菌解淀粉芽孢杆菌研究进展. 包装与食品机械, 30(6): 49-52.
吴毅芳, 周常义, 苏国成, 苏文金. 2010. 禽用微生态制剂的研究和应用现状. 饲料研究, (10): 41-44.
吴拥军, 贾东旭, 王嘉福, 詹寿年. 2010. 豆豉芽孢杆菌前发酵条件初探与酶活力测定. 食品工业科技, 27(9): 191-194.
吴愉萍. 2009. 基于磷脂脂肪酸(PLFA)分析技术的土壤微生物群落结构多样性的研究. 杭州: 浙江大学博士学位论文.
吴愉萍, 徐建明, 汪海珍, 胡宝兰, 吴建军. 2006. Sherlock MIS 应用于土壤细菌鉴定的研究. 土壤学报, 43(4): 642-648.
吴振斌, 王亚芬, 周巧红, 梁威, 贺锋. 2006. 利用磷脂脂肪酸表征人工湿地微生物群落结构. 中国环境科学, 26(6): 737-741.
吴祖芳, 翁佩芳, Rakesh K. Bajpai. 2007. 羟基脂肪酸生产菌 *Bacillus pumilus* 对油酸的代谢特性和产物分析. 中国粮油学报, 22(1): 87-90.
伍华雯. 2013. 固定化微生物联合粉绿狐尾藻(*Myriophyllum aquaticum*)净化养殖废水的研究. 宁波: 宁波大学硕士学位论文.
伍晓林. 2005. *Brevibacillus brevis* 和 *Bacillus cereus* MEOR 机制的研究及在大庆油田的应用. 无锡: 江南大学博士学位论文.
伍晓林, 侯兆伟, 陈坚, 伦世仪. 2005. 以石油烃为唯一碳源微生物采油现场试验研究. 哈尔滨工业大学学报, 37(10): 1379-1383.
武凤霞. 2006. 菲降解细菌的分离鉴定及其降解效果研究. 西安: 西北大学硕士学位论文.
武婷婷, 刘万振, 生吉萍, 王正荣, 申琳. 2011. 产 α-葡萄糖苷酶抑制剂的桑树内生细菌分离及鉴定. 食品科学, 32(13): 205-208.
武溪溪. 2011. 嗜热菌几丁质结合域及其在酶固定化中应用的研究. 南京: 南京师范大学硕士学位论文.
奚家勤, 冯云利, 薛超群, 尹启生, 莫明和, 方敦煌, 王广山, 郭建华. 2013. 烤烟品种 K36 内生细菌分离、抗黑胫病菌株筛选及种群组成分析. 烟草科技, (3): 77-82.
夏菁, 丁海燕, 彭朝胜, 曹悦鞍. 2011. 地衣芽胞杆菌制剂治疗航海人员腹泻型肠易激综合征临床观察.

转化医学杂志, 24(2): 71, 125.
夏丽娟, 汪红, 李正辉, 周芳芳, 赵晓清, 葛绍荣. 2009. 苏云金芽孢杆菌在固态和液态基质中的生长差别研究. 四川大学学报(自然科学版), 46(5): 1483-1487.
夏昕, 石坤, 黄欠如, 李大明, 刘满强, 李辉信, 胡锋, 焦加国. 2015. 长期不同施肥条件下红壤性水稻土微生物群落结构的变化. 土壤学报, 52(3): 697-705.
夏彦飞, 李志坤, 周家菊, 刘沛, 苑曼琳. 2017. 4 种杀线虫剂对爪哇根结线虫 2 龄幼虫及卵块孵化的影响. 世界农药, 39(3): 60-62.
夏艳, 徐茜, 董瑜, 林勇, 孔凡玉, 张成省, 王静, 宋毓峰. 2014. 烟草青枯病菌拮抗菌的筛选、鉴定及生防特性研究. 中国生态农业学报, 22(2): 201-207.
夏雨. 2007. 枯草芽孢杆菌食品级表达系统的构建和分泌表达研究. 无锡: 江南大学博士学位论文.
夏雨, 弓紫丰, 成玉梁, 赵莹, 孙震. 2011. 信号肽编码序列库的构建及耐热乳糖酶的分泌. 食品与机械, 27(6): 15-18.
向亚萍, 周华飞, 刘永锋, 陈志谊. 2016. 解淀粉芽孢杆菌 B1619 脂肽类抗生素的分离鉴定及其对番茄枯萎病菌的抑制作用. 中国农业科学, 49(15): 2935-2944.
项鹏, 陈立杰, 朱晓峰, 王媛媛, 段玉玺. 2013. 种子处理诱导大豆抗胞囊线虫病的生防细菌筛选与鉴定. 中国生物防治学报, 29(4): 661-666.
肖博. 2014. 外来入侵植物紫茎泽兰与土壤微生物的互作. 北京: 中国农业科学院硕士学位论文.
肖博, 周文, 刘万学, 蒋智林, 万方浩. 2014. 紫茎泽兰入侵地土壤微生物对紫茎泽兰和本地植物的反馈. 中国农业科技导报, 16(4): 151-158.
肖定福, 胡雄贵, 罗彬, 张彬. 2008. 地衣芽胞杆菌对仔猪生产性能和猪舍氨浓度的影响. 家畜生态学报, 29(5): 74-77.
肖郇明, 张义正. 1996. 环状芽胞杆菌(*Bacillus circulans*)的转化和中性蛋白酶基因的表达. 四川大学学报(自然科学版), 33(1): 106-109.
肖竞. 2003. 环状芽孢杆菌 BC 木聚糖酶基因克隆与表达. 杭州: 浙江大学硕士学位论文.
肖同建. 2011. *Bacillus cereus* X5 的杀线活性及其生物有机肥对南方根结线虫的防治作用研究. 南京: 南京农业大学博士学位论文.
肖伟, 王磊, 李倬锴, 张思维, 任大明. 2008. 六价铬还原细菌 *Bacillus cereus* S5.4 还原机理及酶学性质研究. 环境科学, 29(3): 751-755.
肖相政, 刘可星, 廖宗文. 2009. 短小芽孢杆菌 BX-4 抗生素标记及定殖效果研究. 农业环境科学学报, 28(6): 1172-1176.
肖亚朋, 沈微, 李婷霖, 陈献忠, 樊游. 2017. 嗜热脂肪土芽孢杆菌普鲁兰酶基因的异源表达及重组酶性质. 食品与发酵工业, 43(5): 30-36.
肖彦骏, 曾诚, 马毛毛, 曾哲灵, 余平, 钟卫民. 2015. 用于水酶法提取中碳链油脂菌株的筛选与鉴定. 食品工业科技, 36(22): 173-178.
谢凤行, 张峰峰, 周可, 赵玉洁. 2012. 一株解淀粉芽胞杆菌的分离鉴定及水质净化效果的研究. 环境科学学报, 32(11): 2781-2788.
谢和, 徐际升, 冯冬梅, 马玉清. 1993. 两株高活性环状糊精葡萄糖基转移酶产生菌. 贵州农学院学报, 12(2): 85-89.
谢丽凤. 2011. 固定化微生物与植物联合净化养殖废水的研究. 宁波: 宁波大学硕士学位论文.
谢庆东, 何琳燕, 王琪, 盛下放. 2017. 一株高效溶解钾长石芽孢杆菌的分离鉴定与生物学特性研究. 土壤, 49(2): 302-307.
谢婷, 饶康太, 陈雄, 高顺清, 鲁江, 王志. 2013a. 硝酸盐对畜粪秸秆体系厌氧发酵产沼气的影响. 中国酿造, 32(6): 57-60.
谢婷, 岳洋, 宋炳红, 钞亚鹏, 钱世钧. 2013b. α-环糊精糖基转移酶活性区域突变提高选择形成 γ-环糊精能力. 生物工程学报, 29(9): 1234-1244.
谢永丽, 高学文. 2012. 高寒草甸根围拮抗芽孢杆菌筛选鉴定及脂肽化合物分析. 中国生物防治学报, 28(3): 367-374.
谢永丽, 高学文. 2013. 可可西里低温适生拮抗芽孢杆菌的筛选鉴定及脂肽化合物分析. 应用生态学报, 24(1): 149-155.
谢永丽, 马莉贞, 徐志伟, 杜卓, 高学文. 2012a. 青海柴达木极端干旱沙地分离芽孢杆菌的分子鉴定及拮抗活性分析. 微生物学通报, 39(8): 1079-1086.
谢永丽, 马莉贞, 徐志伟, 张英, 李希来. 2014. 冻土荒漠区分离低温适生PGPR菌的鉴定及其抗菌促生特性. 中国生物防治学报, 30(1): 94-100.
谢永丽, 徐志伟, 马莉贞, 高学文. 2012b. 青海北山林场桦树根围芽胞杆菌分子鉴定及其拮抗活性分析. 植物保护学报, 39(3): 246-252.
谢月霞, 杜立新, 李瑞军, 王容燕, 王金耀, 曹伟平, 宋健, 冯书亮. 2008. 河北省不同生态区的苏云金芽孢杆菌 *cry* 基因多样性研究. 中国农学通报, 24(12): 407-409.
解思泌, 于迎春, 王福万, 胡葆发. 1989. 利用缓病芽孢杆菌 76-1 菌株防治蛴螬的研究. 微生物学杂志, (2): 24-29.
辛海峰, 孟艳艳, 李建宏, 马鸿翔, 张旭. 2013. 一株萎缩芽孢杆菌在小麦中的定植及对赤霉病的防治. 生态学杂志, 32(6): 1490-1496.
辛美丽, 宋爱环, 王志刚, 胡凡光, 逄劭楠, 孙福新. 2016. 芽孢杆菌组合对海水养殖水体 COD 的降解效果. 广西科学院学报, 32(3): 215-220.
辛娜, 刁其玉, 张乃锋, 周盟. 2011. 芽孢杆菌制剂对断奶仔猪生长性能、免疫器官指数及胃肠道 pH 值的影响. 饲料工业, 32(9): 33-36.
辛玉华, 东秀珠, 吴明强. 2000. ITS 序列同源性在苏云金芽孢杆菌分型中的应用研究. 微生物学通报, 27(3): 178-181.
信欣. 2007. 耐盐菌株特性及其在高盐有机废水生物处理中的应用. 武汉: 中国地质大学博士学位论文.
邢丹, 马铭鸿, 吴航伸, 孙海琼, 王珏玉, 汪春蕾, 赵敏. 2017. CotA 漆酶的固定化及其对溴麝香草酚蓝脱色的效果. 东北林业大学学报, 45(10): 40-43.
邢芳芳, 高明夫, 胡兆平, 范玲超. 2017. 1 株生防芽孢杆菌对黄瓜根结线虫的防治、促生作用及其鉴定. 江苏农业科学, 45(8): 101-103.
邢嘉韵, 兰时乐, 李姣, 王惠群. 2017. 巨大芽孢杆菌和枯草芽孢杆菌混合对马铃薯生长及土壤微生物含量的影响. 湖南农业大学学报(自然科学版), 43(4): 377-381.
熊斌, 应向贤, 陈丽娜, 谢丽萍, 魏春, 汪钊. 2013. 类芽胞杆菌碱性果胶裂解酶的纯化与酶学性质表征. 生物加工过程, 11(6): 42-46.
熊欢, 魏雪团, 冀志霞, 孙明, 陈守文. 2008. 透明颤菌血红蛋白在产聚 γ-谷氨酸地衣芽胞杆菌 WX-02 中的表达. 微生物学通报, 35(11): 1703-1707.
熊伟东, 刘晔, 王国文, 汪强, 韩燕来, 姜瑛. 2016. 促生菌剂在砂质潮土麦田的应用效果. 麦类作物学报, 36(7): 945-950.
徐宝刚, 金立建, 刘燕. 2013. 降解石油复合微生物菌剂的筛选研究. 价值工程, 32(13): 296-298.
徐晨光, 张奇春, 侯昌萍. 2014. 外源抗生素对茶园土壤微生物群落结构的影响. 浙江大学学报(农业与生命科学版), 40(1): 75-84.
徐成斌, 王延刚, 马溪平. 2012. 一株中度耐盐硝基苯降解菌的鉴定及降解特性. 环境科学学报, 32(6): 1326-1332.
徐大兵, 佀国涵, 徐祥玉, 彭成林, 熊又升, 袁家富, 赵书军. 2017. 辅以多粘类芽孢杆菌堆肥提取液工艺及其对土壤微生物群落结构的影响. 湖北农业科学, 56(4): 634-639.
徐宏伟, 李慧, 张丽娜, 李莲瑞. 2015. 一株 β-溶血菌的鉴定. 西北农业学报, 24(2): 11-15.
徐鸿斌, 王绍明, 蒋静, 马晓丽, 张霞, 于雄胜. 2014. 新疆栽培红花根际土壤微生物群落磷脂脂肪酸生物标记多样性分析. 江苏农业科学, 42(12): 364-368.
徐鸿斌, 王绍明, 赵维奇, 兰家萍, 杨东伟. 2015. 红花根际微生物群落磷脂脂肪酸(PLFAs)特征分析. 新疆农业科学, 52(1): 72-78.
徐虎. 2011. 耐盐嗜碱芽孢杆菌β-葡萄糖苷酶的原核表达纯化及功能研究. 扬州: 扬州大学硕士学位论文.
徐华勤, 肖润林, 邹冬生, 宋同清, 罗文, 李盛华. 2007. 长期施肥对茶园土壤微生物群落功能多样性的影响. 生态学报, 27(8): 3355-3361.
徐嘉. 2014. 南亚热带两种人工林土壤碳过程对减少降雨的响应. 北京: 中国林业科学研究院博士学位论文.
徐玲, 王伟, 魏鸿刚, 沈国敏, 李元广. 2006. 多粘类芽孢杆菌 HY96-2 对番茄青枯病的防治作用. 中国生物防治, 22(3): 216-220.
徐敏, 王静, 柴子涵, 牟海津. 2013. 海洋细菌脂肪酸的气相色谱分析. 海洋科学, 37(2): 76-83.
徐婷婷. 2013. 长期施肥对土壤产甲烷和氨氧化微生物的影响. 南京: 南京师范大学硕士学位论文.
徐同伟, 周建云, 祖庆学, 文锦涛, 简胜义, 胡勇, 刁朝强, 曾庆宾, 陈德鑫. 2017. 两株烟草黑胫病拮抗菌的筛选、鉴定和促生防病潜力评价. 中国烟草科学, 38(3): 44-50.
徐贤. 2014. 一株益生凝结芽孢杆菌的选育及特性研究. 杭州: 浙江工业大学硕士学位论文.
徐秀丽, 殷婷婷, 温洪宇, 孙怡, 高霞莉. 2016. 徐州北郊鱼塘水体细菌多样性研究及致病菌分析. 水产养殖, 37(1): 19-23.
徐亚飞, 胡浩, 周计丹, 王智刚. 2017. 凝结芽孢杆菌的生物学特性及其在水产养殖中的应用. 盐城工学院学报(自然科学版), 30(1): 52-55.
徐暘, 马放, 代阳, 李旭, 刘畅. 2011. 生物复合型破乳剂破乳特性研究. 哈尔滨工业大学学报, 43(8): 61-64.
徐尤勇, 高健, 徐虹, 曹灿, 黄巍巍. 2015. *Paenibacillus polymyxa* ZJ-9 混合发酵菊粉和葡萄糖合成 R,R-2,3-丁二醇. 食品与发酵工业, 41(3): 8-13.
徐志伟. 1996. 苛求芽孢杆菌尿囊酸酰胺水解酶性质的研究. 微生物学通报, 23(4): 202-205.
许发芝, 李吕木, 徐子伟, 张志才. 2011. 地衣芽胞杆菌碱性蛋白酶基因克隆与表达特性. 中国微生态学杂志, 23(7): 597-599.
许家兴, 李振东, 承龙飞, 何冰芳. 2012. 耐有机溶剂蛋白酶产生菌 *Bacillus cereus* WQ9-2 发酵条件及酶学性质. 生物加工过程, 10(6): 7-11.
许炼, 刘波, 潘志针, 朱育菁, 高焕娟, 陈清西. 2017. 小菜蛾钙黏蛋白 PxCR10-11 结构域的克隆、原核表达及功能分析. 厦门大学学报(自然科学版), 56(1): 59-63.
许乔艳, 韩瑞枝, 李江华, 堵国成, 刘龙, 陈坚. 2014. 亚位点+1 处突变提高软化类芽胞杆菌环糊精糖基转移酶底物麦芽糊精特异性. 生物工程学报, 30(1): 98-108.
许帅, 贾美清, 孟元, 苟娟, 黄静, 张国刚. 2017. 天津海底吹填淤泥中可培养细菌对黑麦草种子萌发及植株生长发育的影响. 河北农业科学, 21(2): 66-71.
许彦芬, 王海亮, 陈大嵘, 宋晓玲, 黄倢. 2015. 基于鞭毛蛋白基因的坚强芽孢杆菌特异性套式 PCR 和荧光定量 PCR 方法的建立. 渔业科学进展, 36(3): 68-73.
许燕, 陈晓明, 王超, 刘小玲, 阮晨, 宋收. 2015. 固定化混合微生物对 Cr(Ⅵ)的去除效应. 安全与环境工程, 22(3): 46-50.
许正宏, 陶文沂. 2005. *Bacillus pumilus* WL-11 木聚糖酶 A 的纯化、鉴定及其底物降解方式. 生物工程学报, 21(3): 407-413.
许正宏, 陶文沂. 2006. *Bacillus pumilus* WL-11 蛋白酶对其木聚糖酶合成的影响. 食品与发酵工业, 32(11): 1-5.
续彦龙. 2015. 抗小麦纹枯病生物有机肥的制备及其效果评价. 大连: 大连理工大学硕士学位论文.
薛冬, 黄向东, 靳朝喜, 杨瑞先. 2016. *Bacillus simplex* 利用啤酒废水产微生物絮凝剂及应用研究. 科学技术与工程, 16(26): 140-145.
薛冬, 黄向东, 靳朝喜. 2012. 简单芽孢杆菌产高效微生物絮凝剂. 环境工程学报, 6(8): 2897-2902.
薛冬, 姚槐应, 黄昌勇. 2007. 茶园土壤微生物群落基因多样性. 应用生态学报, 18(4): 843-847.
薛峰, 刘瑾. 2009. 喜热噬油芽胞杆菌产生的生物乳化剂的组成与性质. 微生物学杂志, 29(1): 50-54.
薛鹏琦, 刘芳, 乔俊卿, 伍辉军, 冯致科, 高学文. 2011. 油菜菌核病生防芽孢杆菌的分离鉴定及其脂肽化合物分析. 植物保护学报, 38(2): 127-132.
薛巧云. 2013. 农艺措施和环境条件对土壤磷素转化和淋失的影响及其机理研究. 杭州: 浙江大学博士学位论文.
薛胜平, 闫洪波, 张瑞平, 赵士豪, 马同锁. 2013. 环状芽孢杆菌产几丁质酶发酵条件的优化. 中国食品学报, 13(7): 110-114.
闫冬, 别小妹, 陆兆新, 吕凤霞, 赵海珍, 张充. 2014. 多粘类芽孢杆菌 JSa-9 高产 LI-F 类抗菌脂肽突变株的选育. 核农学报, 28(10): 1737-1743.
闫洁, 宁丹妮, 梁宇, 周洪友. 2015. 萎缩芽孢杆菌液体发酵条件的优化. 内蒙古农业科技, 43(5): 45-47.
闫孟红. 2004. 具有生物防治作用的辣椒内生细菌及根面细菌的分离、筛选和初步鉴定. 北京: 首都师范大学硕士学位论文.
颜慧, 蔡祖聪, 钟文辉. 2006. 磷脂脂肪酸分析方法及其在土壤微生物多样性研究中的应用. 土壤学报, 43(5): 851-858.
颜林春, 张守财, 马校卫, 汤二将, 黄祖新, 陈由强. 2012. 福矛高温大曲中芽孢杆菌 16S rDNA-RFLP 及系统发育分析. 生物技术, 22(2): 53-58.
颜艳伟, 张红, 刘露, 咸洪泉, 崔德杰. 2011. 连作花生田根际土壤优势细菌的分离和鉴定. 河南农业科学, 40(6): 74-78.
阳洁, 秦莹溪, 王晓甜, 尹坤, 江院, 袁涛, 谭志远. 2015. 广西药用野生稻内生细菌多样性及促生作用. 生态学杂志, 34(11): 3094-3100.
杨朝晖, 陶然, 曾光明, 肖勇, 邓恩建. 2006. 多粘类芽孢杆菌 GA1 产絮凝剂的培养基和分段培养工艺. 环境科学, 27(7): 1444-1449.
杨成德, 畅涛, 薛莉, 冯中红, 姚玉玲, 李婷, 陈秀蓉. 2015. 珠芽蓼内生细菌 ZA1 的抑菌物质产生条件的优化及其稳定性测定. 草业学报, 24(9): 104-112.
杨成德, 王颖, 王玉琴, 姚玉玲, 薛莉, 徐长林, 陈秀蓉. 2014. 东祁连山高寒草地几株醉马草内生细菌的生物功能评价及鉴定. 草业学报, 23(5): 249-255.
杨翠云. 2007. 微囊藻毒素对微生物的生理生态学效应. 武汉: 中国科学院水生生物研究所博士学位论文.
杨东来, 刘丹, 王旭, 彭菲. 2017. 蜂蜜中蜜蜂美洲幼虫腐臭病的检测方法研究. 中国动物检疫, 34(7): 105-107.
杨革, 刘艳, 李桂芝. 2006. 溶氧及 pH 对地衣芽孢杆菌合成聚 γ-谷氨酸的影响. 应用与环境生物学报, 12(6): 850-853.
杨光, 刘俏, 代蕊, 马蓬勃, 刘海霞. 2013. BP 神经网络预测 *Bacillus amyloliquefaciens* Q-426 发酵产物活性. 计算机与应用化学, 30(9): 1055-1058.
杨广锐. 2014. 食品中蜡样芽孢杆菌检测方法的分析及建立改进方法的研究. 石河子: 石河子大学硕士学位论文.
杨焊. 2012. 四种鳞翅目害虫肠道细菌多样性分析. 南京: 南京农业大学硕士学位论文.
杨洪凤, 薛雅蓉, 余向阳, 刘常宏. 2014. 内生解淀粉芽孢杆菌CC09菌株在小麦叶部的定殖能力及其防治白粉病效果研究. 中国生物防治学报, 30(4): 481-488.
杨惠珍. 2013. 植物多样性与零价铁对人工湿地填料微生物群落结构的影响. 甘肃科技, 29(18): 151-154.
杨江丽, 王青青, 徐书景, 关婉怡, 赵宝华, 董辉, 鞠建松. 2015. 假坚强芽孢杆菌四氢嘧啶羟化酶的晶体制备及X-射线衍射研究(英文). 微生物学报, 55(11): 1468-1474.

杨杰, 单岩, 张庆, 林剑, 徐世艾. 2010. 黄原胶降解酶酶学性质的初步研究. 食品科技, 35(4): 25-29.

杨娟, 张明月, 张崎峰, 杨鹏, 刘曲玮, 李永国, 张利辉, 董金皋. 2016. 蜡样芽孢杆菌(*Bacillus cereus*) XG1的分离、鉴定与除草活性研究. 河北农业大学学报, 39(2): 81-86.

杨君珑, 付晓莉, 马泽清, 邸月宝, 刘琪璟, 王辉民. 2015. 中亚热带5种类型森林土壤微生物群落特征. 环境科学研究, 28(5): 720-727.

杨骏达. 2015. 多环芳烃对红树植物及其土壤的生态效应. 深圳: 深圳大学硕士学位论文.

杨柯, 王傲, 吕曼, 辛志宏. 2017. 基于NRPS功能基因筛选鉴定盐生海芦笋内生细菌的研究. 食品工业科技, 38(1): 175-182.

杨龙. 2011. 氡温泉耐辐射嗜热微生物的分类鉴定及其耐辐射机制的初步研究. 杭州: 浙江工商大学硕士学位论文.

杨明华. 1985. 华北大黑金龟幼虫对注射细菌的免疫反应. 昆虫学报, (2): 42-46.

杨宁, 姜芳燕, 黄海. 2014. 血鹦鹉鱼肠道潜在益生菌的分离鉴定和培养条件优化. 热带农业科学, 34(8): 63-67.

杨桥, 韩文菊, 张文俊, 卢小玲, 刘小宇, 许强芝, 焦炳华. 2009. 产Macrolactin A抗生素海洋解淀粉芽孢杆菌的鉴定及发酵条件优化. 药物生物技术, 16(4): 311-315.

杨秋婵, 赵玲, 尹平河, 谭烁, 舒万姣, 侯少玲. 2015. 溶藻活性物质对棕囊藻溶藻及其脂肪酸影响的模拟. 环境科学, 36(9): 3255-3261.

杨少波, 刘训理. 2008. 多粘类芽孢杆菌及其产生的生物活性物质研究进展. 微生物学通报, 35(10): 1621-1625.

杨威, 蒋志强, 郭亚辉, 郭坚华. 2011. *Bacillus cereus* CH2对茄子黄萎病的田间防治效果研究以及对根围微生态群落结构的影响. 微生物学通报, 38(5): 715-721.

杨小帆, 宋丽菊, 齐盼盼, 吴道艳, 闵霞, 李彩云, 彭静珊, 赵建. 2016. *Pyrrosia petiolosa*内生细菌筛选及其抑菌活性物质分析. 中国测试, 42(7): 47-52.

杨晓韬, 李春, 周晓宏. 2012. 7种食品防腐剂对肉制品污染微生物的抑菌效果比较研究. 食品科学, 33(11): 12-16.

杨新建. 2006. 环状芽孢杆菌WXY-100产β-甘露聚糖酶的发酵条件及初步应用研究. 北京: 首都师范大学硕士学位论文.

杨新建, 段素云. 2011. 产β-甘露聚糖酶环状芽孢杆菌发酵罐放大工艺研究. 中国饲料, (11): 34-37.

杨新建, 徐福洲, 王金洛, 周宏专. 2006. 环状芽孢杆菌产β-甘露聚糖酶的产酶条件及粗酶性质研究. 华北农学报, 21(3): 108-111.

杨艳, 刘萍, 马鹏飞, 孙君社. 2007. 巨大芽孢杆菌MPF-906对养鱼水质净化的初步研究. 水产养殖, 28(3): 6-8.

杨艳华, 牛丹丹, 石贵阳, 王正祥. 2009. 过量表达DegQ有利于地衣芽胞杆菌表达高温α-淀粉酶. 微生物学杂志, 29(2): 21-24.

杨艳晶. 2014. 长白山不同海拔湿地微生物多样性分析. 延边: 延边大学硕士学位论文.

杨阳, 张付云, 苍桂璐, 王斌, 卢航. 2013. 地衣芽胞杆菌生物活性物质应用研究进展. 生物技术进展, 3(1): 22-26.

杨宇, 曹颖瑛, 朱臻宇. 2014. 脂质组学在微生物领域中的研究进展. 第二军医大学学报, 35(12): 1368-1372.

杨宇虹, 晋艳, 黄建国, 段玉琪, 徐照丽, 袁玲. 2014. 长期施肥对植烟土壤微生物的影响. 植物营养与肥料学报, 18(5): 1168-1176.

杨越. 2012. 云南部分温泉嗜热微生物的多样性及嗜热酶的研究. 昆明: 云南大学硕士学位论文.

杨赞, 詹良静, 翟龙飞, 张新宜, 王欣荣, 沙菁洲. 2017. $NH_4^+$对多黏菌素E产生菌*Paenibacillus polymyxa* SIIA-1408代谢过程的影响. 中国抗生素杂志, 42(5): 348-352.

姚大伟, 瞿佼, 常培伟, 杨德吉. 2011. 短小芽孢杆菌(*Bacillus pumilus*)WHK4 以羽毛粉为底物产蛋白酶条件的优化. 氨基酸和生物资源, 33(2): 5-8.

姚树林, 陆兆新, 吕凤霞, 王昱沣, 别小妹. 2012. Taguchi 法优化 *Bacillus amyloliquefaciens* fmb50 产 surfactin 工业发酵培养基. 北京化工大学学报(自然科学版), 39(4): 77-83.

姚惟琦, 陈茂彬, 镇达, 郭艺山. 2010. 浓香型白酒酒醅中乳酸菌分离及其对模拟固态发酵的影响. 酿酒, 37(3): 37-41.

姚晓惠, 刘秀花, 梁峰. 2002. 土壤中磷细菌的筛选和鉴定. 河南农业科学, (7): 28-31.

姚玉玲, 王颖, 王玉琴, 杨成德. 2014. 矮生嵩草内生细菌溶磷、抑菌和产 IAA 能力的测定及鉴定. 草地学报, 22(6): 1252-1257.

叶芳挺, 严小军, 郑立, 徐继林, 陈海敏. 2005. 培养条件对海洋假单胞菌脂肪酸的影响应用. 生态学报, 16(5): 967-970.

叶淑林. 2016. 负载型纳米铁-蕈状芽孢杆菌复合体系处理金属铬的研究. 福州: 福建师范大学硕士学位论文.

易成慧. 2017. 3 种生物农药防治稻纵卷叶螟效果研究. 耕作与栽培, (2): 37-38.

易境. 2013. 猪场废弃物堆肥中芽孢杆菌属和梭菌属细菌的分子生态学研究. 武汉: 华中农业大学博士学位论文.

易浪波, 彭清忠, 何齐庄, 彭清静. 2012. 高效钾长石分解菌株的筛选、鉴定及解钾活性研究. 中国微生态学杂志, 24(9): 773-776.

易霞, 孙磊, 刘霞, 陶海红, 木合塔尔 · 阿不都克力木, 艾尔肯 · 热合曼. 2007a. 中国新分离碱性耐热芽孢杆菌的木聚糖酶产酶特征(英文). 生物技术, 17(5): 31-35.

易霞, 孙磊, 陶海燕, 古丽巴哈尔 · 沙吾提, 艾尔肯 · 热合曼. 2007b. *Bacillus halodurans* 菌株 *xynM* 基因的克隆、表达和序列分析(英文). 生物技术, 17(3): 11-15.

易霞, 谢周杰, 邓爱华, 王宁, 艾尔肯 · 热合曼. 2006. 中国吐鲁番两株产木聚糖酶的极端耐碱 *Bacillus halodurans* 的分类鉴定(英文). 微生物学报, 46(6): 951-955.

易子霆, 罗志威, 徐滔明, 周芳如, 丰来. 2016. 1 株耐盐枯草芽孢杆菌 TGBio-1433 发酵工艺优化. 江西农业学报, 28(6): 105-108.

殷博, 赵平, 安琦, 郭立姝, 曹亚彬. 2015. Y12 的微生物菌种鉴定及生物信息学分析. 黑龙江科学, 6(6): 6-7, 12.

殷婷婷, 王国振, 闫妍, 高霞莉, 温洪宇. 2016. 桂竹根际土壤细菌群落多样性的季节变化. 江苏师范大学学报(自然科学版), 34(2): 56-59.

殷晓慧, 王庆国, 张畅, 石晶盈. 2017. 桃果实褐腐病拮抗菌的筛选、鉴定及其拮抗活性. 食品工业科技, 38(9): 8-13.

尹利方, 陈泽斌, 夏体渊, 耿开友, 赵凤, 靳松, 李静雯, 牛燕芬. 2016. 一株铁皮石斛组织培养污染内生细菌的分离与鉴定. 西南农业学报, 29(8): 1982-1986.

尹微, 江志阳. 2015. 多粘类芽孢杆菌与腐植酸水溶肥料配合施用在黄瓜上的应用研究初报. 腐植酸, (6): 21-24.

尤业明. 2014. 宝天曼森林土壤碳转化的微生物调控机制. 北京: 北京林业大学博士学位论文.

於建明, 蔡文吉, 赵士良, 王艳, 陈建孟. 2013. 基于高盐条件下的 *Bacillus circulans* WZ-12 CCTCC M 07006 好氧降解氯化碳氢化合物(英文). 中国化学工程学报(英文版), (7): 781-786.

于江. 2009. 生物腐植酸对新疆甘草种植区产地环境综合作用效果评价. 北京: 中国农业科学院博士学位论文.

于婧. 2015. 人工湿地处理寒区生活污水研究. 长春: 吉林建筑大学硕士学位论文.

于平, 陈益润. 2010. 土壤中高产植酸酶芽孢杆菌菌株的筛选及鉴定. 中国食品学报, 10(6): 116-121.

于平, 陈益润. 2011. 高产耐热型植酸酶菌株 ZJ0702 发酵条件优化. 中国食品学报, 11(3): 98-103.

于雅琼, 陈红艳, 李平兰, 周伟. 2007. 不同生境中芽孢杆菌的分离鉴定及药敏性检测. 食品科学, 28(7): 324-330.

于涌杰. 2012. 土地利用方式对中国东南部红壤微生物特性及氮转化作用的影响. 南京: 南京师范大学博士学位论文.

余彬. 2015. 仿刺参(*Apostichopus japonicas*)肠道再生期巨大芽孢杆菌对生长、免疫、消化及肠道菌群的作用. 青岛: 中国海洋大学硕士学位论文.

余同水. 2016. 巨大芽孢杆菌对泌乳期奶牛生产性能、瘤胃发酵及生化指标的影响. 扬州: 扬州大学硕士学位论文.

余闻静, 杨翔, 刘羽, 赵祥, 林钟劝, 杨柯, 府伟灵. 2017. 不同芽孢杆菌的太赫兹时域光谱特征研究. 第三军医大学学报, 39(13): 1315-1320.

余贤美, 付丽, 王洁, 安淼, 艾呈祥. 2016. 枯草芽胞杆菌 Bs-15 对土壤中草甘膦的降解及土壤微生态的影响. 山东农业科学, 48(3): 66-69.

余贤美, 侯长明, 王洁, 张坤鹏, 艾呈祥. 2017. 枯草芽孢杆菌 Bs-15 对柿树炭疽病的离体防治效果. 山东农业科学, 49(7): 125-127.

余永红, 马建荣, 王海洪. 2016. 细菌脂肪酸合成多样性的研究进展. 微生物学杂志, 36(4): 76-83.

余岳. 2013. 高抗逆性芽孢杆菌的开发及断奶仔猪应用效果研究. 武汉: 武汉轻工大学硕士学位论文.

余子全, 罗辉, 熊静, 尹佳, 胡胜标, 丁学知, 夏立秋. 2012. 对根结线虫高毒力芽胞杆菌的鉴定及其活性测定. 农业生物技术学报, 20(6): 669-675.

俞思羽, 陈毓遒, 姜薇, 夏翊腾, 靳翠丽, 周晓见. 2015. 一株源自海绵的 α-葡萄糖苷酶抑制活性菌的鉴定、培养条件优化及活性物质的分离. 海洋科学, 39(10): 36-44.

袁春红. 2015. 黄水中一株产纤维素酶菌株 *Bacillus endophyticus* N2 的筛选及产酶条件研究. 成都: 西华大学硕士学位论文.

袁春红, 宋菲菲, 林凯, 向文良, 张庆. 2014. 白酒发酵副产物黄水中两株产纤维素酶芽孢杆菌的分离鉴定. 中国酿造, 33(11): 90-93.

袁丰华, 林黑着, 李卓佳, 陆鑫, 陈旭, 杨其彬. 2010. 凝结芽孢杆菌对尖吻鲈的生长、消化酶及非特异性免疫酶的影响. 上海海洋大学学报, 19(6): 792-797.

袁宏伟. 2015. 枯草杆菌二联活菌肠溶胶囊联合地衣芽胞杆菌活菌胶囊治疗老年抗生素相关性腹泻的效果分析. 中国当代医药, 22(2): 103-105.

袁杰利, 赵恕, 苏显英, 韩国柱. 2008. 地衣芽孢杆菌对实验性家兔阴道炎影响的研究. 中国微生态学杂志, 18(3): 170-173.

袁利娟, 姜立春, 彭正松, 阮期平. 2009. 一株高效苯酚降解菌的选育及降酚性能研究. 微生物学通报, 36(4): 587-592.

袁梅, 谭适娟, 孙建光. 2016. 水稻内生固氮菌分离鉴定、生物特性及其对稻苗镉吸收的影响. 中国农业科学, 49(19): 3754-3768.

袁慎亮, 邢德明, 窦少华, 王晓辉, 张庆芳, 迟乃玉. 2014. 一株产纤溶酶菌株的分离鉴定及其纤溶组分分析. 微生物学通报, 41(9): 1843-1849.

袁亚宏, 刘晓珂, 岳田利, 王莹, 赵旭博. 2012. 一株源于果园 *Alicyclobacillus* 的分离、鉴定及其生物学特性. 食品科学, 33(17): 129-135.

苑琳, 戚薇, 路福平, 杜连祥. 2004. 嗜碱性芽孢杆菌产高碱碱性蛋白酶发酵培养基及发酵条件的研究. 食品与发酵工业, 30(6): 32-35.

曾超. 2016. 酱香白酒酿造过程中厌氧细菌的特性研究. 贵阳: 贵州大学硕士学位论文.

曾诚, 马毛毛, 肖彦骏, 曾哲灵, 余平, 钟卫民. 2016. 解淀粉芽孢杆菌 Z16 的产酶条件优化及应用. 食品工业科技, 37(3): 196-200.

曾承露, 李锋, 黄德娜. 2017. 纺锤形赖氨酸芽孢杆菌 P-3 产胞外多糖发酵工艺参数优化. 中国酿造,

36(6): 111-116.
曾驰, 张明春, 刘婷婷, 缪礼鸿, 熊小毛, 向苇. 2010. 兼香型白云边酒高温堆积过程主要细菌的分子鉴定. 中国酿造, 29(4): 39-41.
曾景海, 齐鸿雁, 杨建州, 呼庆, 张洪勋, 庄国强. 2008. 重金属抗性菌 *Bacillus cereus* HQ-1 对银离子的生物吸附-微沉淀成晶作用. 环境科学, 29(1): 225-230.
曾林, 谭霄, 袁春红, 张庆, 杨颖, 赵婷婷, 唐洁. 2016. 白酒黄水中纤维素降解菌的分离鉴定及产酶活性研究. 中国酿造, 35(11): 59-63.
曾嵘, 解燕, 王建光, 闫春丽, 尹忠仁, 陈穗云. 2015. 2 种微生物制剂与有机诱导抗病剂在烤烟生产上的组合应用. 安徽农业科学, 43(35): 199-202.
曾新年, 鲍帅帅, 李洪杰, 陈守文, 李俊辉, 李冬生, 王志. 2013. 双氧水对地衣芽胞杆菌合成杆菌肽的影响. 中国酿造, 32(3): 94-97.
曾云波. 2015. 地衣芽胞杆菌与多烯磷脂酰胆碱联合治疗非酒精性脂肪性肝炎的疗效分析. 航空航天医学杂志, 26(1): 5-7.
查鑫垚, 靳翠丽, 陈毓遒, 缪莉, 朱晓雯, 周晓见. 2012. 海绵共附生微生物中具有 α-葡萄糖苷酶抑制活性菌株的筛选与初步鉴定. 应用海洋学学报, 31(3): 380-386.
翟兴礼. 2009. 苏云金芽孢杆菌四个亚种对温度和 pH 值的耐受性. 商丘师范学院学报, 25(6): 103-105.
翟振亚, 胡小超, 高春起, 严会超, 叶剑, 王修启. 2015. 日粮添加二甲酸钾和凝结芽孢杆菌对断奶仔猪生长性能和免疫指标的影响. 饲料工业, 36(12): 8-11.
翟中和, 王喜忠, 丁明孝. 2011. 细胞生物学. 4 版. 北京: 高等教育出版社.
占杨杨, 高立, 徐迪红, 魏雪团, 陈守文. 2016. 地衣芽胞杆菌 WX-02 联产聚 γ 谷氨酸和 2,3-丁二醇培养基的优化. 生物技术进展, 6(1): 52-58.
张宝俊, 张家榕, 韩巨才, 刘慧平, 王建明. 2010. 内生解淀粉芽孢杆菌 LP-5 抗菌蛋白的分离纯化及特性. 植物保护学报, 37(2): 143-147.
张保国. 2005. 碱性果胶酶的发酵条件研究及酶的分离纯化. 天津: 天津科技大学硕士学位论文.
张保国, 白志辉, 李祖明, 张国政, 张洪勋. 2004. 吉氏芽孢杆菌 S-2 菌株固态发酵制备碱性果胶酶. 食品科技, 1(12): 8-11.
张保国, 白志辉, 李祖明, 张国政, 张洪勋. 2005. 克劳氏芽孢杆菌 S-4 菌株固态发酵产碱性果胶酶. 食品与发酵工业, 31(3): 8-11.
张滨, 马美湖, 万佳蓉. 2008. 短小芽孢杆菌(*Bacillus pumilus*)基因鉴定及畜血 Hb 降解技术. 食品与生物技术学报, 27(3): 68-72.
张常明, 李路胜, 王修启, 冯定远, 谭会泽. 2006. 乳酸菌对断奶仔猪生产性能及免疫力的影响. 华南农业大学学报, 27(3): 81-84.
张晨, 刘倩, 顾宪明, 何川, 黄文, 陈燕, 汤理思, 刘鑫, 王文峰. 2017. 饲料中不同添加剂组合对锦鲤生长和体色的影响. 大连海洋大学学报, 32(4): 410-415.
张春辉. 2009. 应用 PCR-DGGE 分析高温制曲中细菌群落变化的研究. 天津: 天津科技大学硕士学位论文.
张纯. 2011. 尿酸酶的聚乙二醇修饰及其成药性的初步评价. 重庆: 重庆医科大学硕士学位论文.
张翠竹, 张心平, 梁凤来, 贾莹, 刘如林. 2000. 一株地衣芽孢杆菌产生的生物表面活性剂. 南开大学学报(自然科学版), 33(4): 41-45.
张帆. 2007. 产苯基环氧乙烷深海菌的筛选和培养条件优化. 兰州: 兰州大学硕士学位论文.
张凡. 2012. 德国小蠊肠道菌 BGI-17 的鉴定及抗真菌研究. 中国媒介生物学及控制杂志, 23(1): 39-41.
张国赏, 吴文鹃, 潘仁瑞. 2000. 气相色谱-质谱法测定细胞脂肪酸及其在细菌鉴定上的应用. 合肥联合大学学报, 10(4): 92-96.
张国漪, 丁传雨, 任丽轩, 沈其荣, 冉炜. 2012. 菌根真菌和死谷芽孢杆菌生物有机肥对连作棉花黄萎病的协同抑制. 南京农业大学学报, 35(6): 68-74.

张红见, 赵静, 张虎. 2010. 短小芽胞杆菌(*Bacillus pumilus* UN-31-C-42)对青海藏系羊蹄脱毛效果研究. 食品研究与开发, 31(8): 167-169.

张红艳, 岳淑宁, 张强, 李忠玲, 胡云红. 2017. 地衣芽胞杆菌在饲料工业中的应用及研究. 畜牧与饲料科学, 38(6): 26-28.

张宏波, 林爱军, 刘爽, 乔敏, 冯流, Shim Hojae, 金京华. 2010. 芘高效降解菌的分离鉴定及其降解特性研究. 环境科学, 31(1): 243-248.

张宏武, 王璐, 许赣荣, Blanc P J. 2008. 混合培养微生物利用甘油补料发酵生产乙醇研究. 应用与环境生物学报, 14(5): 678-683.

张洪敏, 包洪福, 王树力. 2015. 跌水式人工湿地处理溢流雨污水的效能. 哈尔滨工业大学学报, 47(6): 113-118.

张华勇, 李振高, 王俊华, 潘映华. 2003. 红壤生态系统下芽孢杆菌的物种多样性. 土壤, 35(1): 45-47.

张焕军, 郁红艳, 丁维新. 2011. 长期施用有机无机肥对潮土微生物群落的影响. 生态学报, 31(12): 3308-3314.

张慧, 李活孙, 邱宏端, 林新坚. 2012. 嗜热脂肪土芽孢杆菌 CHB1 的 5L 发酵罐发酵条件初探. 热带作物学报, 33(3): 408-411.

张慧, 杨兴明, 冉炜, 徐阳春, 沈其荣. 2008. 土传棉花黄萎病拮抗菌的筛选及其生物效应. 土壤学报, 45(6): 1095-1101.

张慧超. 2010. 模拟含聚废水降解菌剂构建及对聚丙烯酰胺降解效果研究. 哈尔滨: 哈尔滨工业大学硕士学位论文.

张佳瑜, 吴丹, 陈晟, 陈坚, 吴敬. 2010. 麦芽糖诱导软化芽孢杆菌 α-环糊精葡萄糖基转移酶在枯草杆菌中的表达. 中国生物工程杂志, 30(12): 42-48.

张佳瑜, 吴丹, 李兆丰, 陈晟, 陈坚, 吴敬. 2009. 来源于软化芽孢杆菌的环糊精葡萄糖基转移酶在毕赤酵母和枯草杆菌中的表达. 生物工程学报, 25(12): 1948-1954.

张家恩, 蔡燕飞, 高爱霞, 朱丽霞. 2004. 土壤微生物多样性试验研究方法概述. 土壤, 36(4): 346-350.

张建芬. 2007. 虾青素产生菌红法夫酵母(*Phaffia rhodozyma*)选育及其与环状芽孢杆菌(*Bacillus circulans*)混合培养法细胞破壁. 杭州: 浙江工业大学硕士学位论文.

张建丽, 张娟, 宋飞, 张军, 范蕾, 刘志恒. 2008. 诺卡氏菌型放线菌细胞中脂肪酸的气相色谱分析. 微生物学通报, 35(8): 1219-1223.

张健. 2010. 碱度和碳源对硫酸盐废水处理效能的影响及机制研究. 青岛: 中国海洋大学硕士学位论文.

张洁, 万芬, 李玉权, 胡琨敏, 石建龙, 刘红美. 2014. 半夏内生细菌的分离与鉴定. 贵州农业科学, 42(3): 94-97.

张洁, 张梁, 黄武宁, 石贵阳. 2013. 3 种氨肽酶基因在大肠杆菌中的重组表达与比较研究. 食品科学, 34(23): 200-205.

张金秋. 2015. 生物表面活性剂对稠油化学降黏增效作用的研究. 精细石油化工进展, 16(1): 36-40.

张晶, 徐宏伟, 曾国航, 宋显明, 艾东旭, 李莲瑞. 2016. 米氏硫胺素芽孢杆菌的分离及鉴定. 新疆农业科学, 53(1): 59-67.

张璟晶, 唐劲松, 管远红, 王海波. 2014. 冰鲜银鲳鱼优势腐败菌的分离鉴定及其致腐能力分析. 食品与机械, 30(6): 75-78, 101.

张菊, 韦坤逢, 李灿灿, 王丽, 徐刚, 黄剑. 2017. 小麦内生溶藻细菌 ZB1 的分离鉴定及其溶藻特性. 西南农业学报, 30(5): 1068-1073.

张娟, 杨彩梅, 曹广添, 曾新福, 刘金松. 2014. 解淀粉芽孢杆菌及其作为益生菌的应用. 动物营养学报, 26(4): 863-867.

张科嘉, 张晶晶, 罗晓倩, 连媛媛. 2013. 一株产多不饱和脂肪酸海洋细菌的筛选及鉴定. 安徽农业科学, 41(9): 3774-3776.

张立静, 李术娜, 朱宝成. 2011. 高效纤维素降解菌短小芽孢杆菌(*Bacillus pumilus*)T-7 的筛选、鉴定及降解能力的研究. 中国农学通报, 27(7): 112-118.
张丽, 张艳芬, 雷闪亮, 周雪婷, 张志平, 郁志芳. 2010. ES-2(*Bacillus amyloliquefaciens*)发酵产物对贮藏期间“东方蜜一号”哈密瓜品质和生理特性的影响. 食品工业科技, 31(8): 316-319.
张丽娜, 王桔红, 陈文, 陈学林, 陈晓芸. 2016. 红毛草不同程度入侵区土壤微生物群落结构和部分理化指标的比较及其相关性分析. 植物资源与环境学报, 25(2): 33-40.
张丽霞, 沈华祥, 曹云飞, 冯英, 徐萍, 艾玲. 2016. 小麦纤维素颗粒联合凝结芽孢杆菌活菌片治疗晚期妊娠便秘的临床观察. 中国微生态学杂志, 28(11): 1333-1336.
张莉, 党军, 刘伟, 王启兰, 向泽宇, 王长庭. 2012. 高寒草甸连续围封与施肥对土壤微生物群落结构的影响. 应用生态学报, 23(11): 3072-3078.
张连水, 丁军, 张青松, 孟会贤, 叶国香, 宋建, 张进. 2015. 复合微生态制剂的制备及其脱氮效果分析. 河北渔业, (8): 25-27, 71.
张猛, 王琼, 万东光, 余向阳. 2017. 1 株死谷芽孢杆菌的分离、鉴定及防治西瓜枯萎病的效果. 江苏农业科学, 45(8): 97-100.
张明政, 刘波, 林乃铨, 阮传清, 蓝江林. 2009. 壳聚糖对 Bt 发酵液的絮凝作用. 中国生物防治学报, 25(2): 133-137.
张宁宁, 林白雪, 何柳, 余能富, 刘斌, 谢联辉. 2010. 降解半纤维素嗜热菌的筛选及其酶学性质. 福建农林大学学报(自然科学版), 39(5): 528-533.
张奇春, 王雪芹, 时亚南, 王光火. 2010. 不同施肥处理对长期不施肥区稻田土壤微生物生态特性的影响. 植物营养与肥料学报, 16(1): 118-123.
张琪, 吴光宇, 赵永超, 任俊, 吴金霞. 2014. 角蛋白酶菌株的筛选及其菌株 X6 的鉴定. 北京农业, (12): 6-7.
张秋芳, 刘波, 林营志, 史怀, 杨述省, 周先冶. 2009. 土壤微生物群落磷脂脂肪酸 PLFA 生物标记多样性. 生态学报, 29(8): 4127-4137.
张秋霞, 钟增涛, 徐阳春, 沈其荣. 2010. 多粘芽孢杆菌芽孢荧光原位杂交检测技术研究及其在有机肥发酵中的应用. 植物营养与肥料学报, 16(5): 276-1281.
张荣胜, 王晓宇, 罗楚平, 刘永锋, 刘邮洲, 陈志谊. 2013. 解淀粉芽孢杆菌 Lx-11 产脂肽类物质鉴定及表面活性素对水稻细菌性条斑病的防治作用. 中国农业科学, 46(10): 2014-2021.
张瑞娟, 李华, 李勤保, 张强, 郜春花. 2011. 土壤微生物群落表征中磷脂脂肪酸(PLFA)方法研究进展. 山西农业科学, 39(9): 1020-1024.
张圣喜, 陈法霖, 郑华. 2011. 土壤微生物群落结构对中亚热带三种典型阔叶树种凋落物分解过程的响应. 生态学报, 31(11): 3020-3026.
张书方, 万玉玲, 崔景岳, 王宝升. 1988. 蛴螬乳状菌形态变化的研究. 华北农学报, 3(3): 52-57.
张淑梅, 沙长青, 赵晓宇, 王玉霞, 张先成, 李晶, 孟利强, 于德水. 2010. 一株抗真菌内生多粘芽孢杆菌的分离鉴定及对水稻恶苗病菌的抑制作用. 中国生物工程杂志, 30(2): 84-88.
张婷, 曲凌云, 祝茜. 2008. 一株海洋细菌 HZBN43 的鉴定. 安徽农业科学, 36(33): 14380-14381.
张万祥, 高爱平, 周金友, 杨宏亮. 2007. 含油脂废水中一株栗褐芽胞杆菌的筛选和鉴定. 中国微生态学杂志, 19(5): 424-425.
张薇, 胡跃高, 张力群, 高洪文. 2006. 中度嗜盐菌 DTY1 的鉴定及其耐盐机制的初步分析. 微生物学报, 46(6): 956-960.
张薇, 魏海雷, 高洪文, 黄国和. 2008. 中度嗜盐菌四氢嘧啶合成基因的克隆与功能分析. 生物工程学报, 24(3): 395-400.
张维娜. 2014. 凝结芽孢杆菌对病原菌的拮抗作用及对异育银鲫生长、免疫的影响. 南京: 南京农业大学硕士学位论文.
张维娜, 孙梅, 陈秋红, 施大林, 匡群. 2012. 巨大芽孢杆菌 JD-2 的解磷效果及对土壤有效磷化的研究.

东北农业科学, 37(5): 38-41.
张文飞, 贾璐羽, 龚建如, 吴仲琦, 梅思钰, 晋雪琪, 李小影, 刘娅, 王学智, 邱海芳, 金映虹, 吴红萍, 杨勇, 王锐萍. 2016. 苏云金芽孢杆菌 HS66 的转座因子分析. 基因组学与应用生物学, 35(12): 3419-3424.
张文环, 钱瀚, 宋亚洁, 沈彤. 2017. 蒙古绣线菊六个化合物及其挥发油化学成分和清除 DPPH 自由基活性、抗菌活性的测定分析(英文). 现代食品科技, 33(10): 1-7.
张文君, 严小军, 郑立, 叶芳挺, 徐继林. 2006. 利用脂肪酸组成分析鉴定海洋细菌的初步研究. 科技通报, 22(4): 462-466.
张文蕾, 宿玲恰, 陶秀梅, 吴敬. 2017. 环糊精葡萄糖基转移酶生产 α-熊果苷的反应条件优化及分子改造. 食品与发酵工业, 43(6): 1-6.
张文龙. 2012. 自然发酵北方风干香肠主要微生物分离及纯菌接种发酵工艺研究. 哈尔滨: 哈尔滨工业大学硕士学位论文.
张文学. 2014. 生化抑制剂对稻田氮素转化的影响及机理. 北京: 中国农业科学院博士学位论文.
张霞, 武志芳, 张胜潮, 胡承, 张文学. 2010. 贵州浓香型白酒窖池可培养细菌系统发育分析. 酿酒科技, (12): 23-27.
张晓波. 2008. 草地早熟禾根际促生菌(PGPR)特性及根际微生物区系研究. 北京: 北京林业大学博士学位论文.
张晓玲. 2012. 细菌胞外多糖的制备及特性研究. 大连: 大连工业大学硕士学位论文.
张晓霞, 王直强, 李世贵, 顾金刚, 姜瑞波. 2009. 脂肪酸组分分析在不动杆菌鉴定中的应用. 生物技术通报, (6): 150-153.
张心平, 张蓓, 李翠玲. 1994. 环状糊精葡萄糖基转移酶的性质及环糊精的转化条件. 南开大学学报(自然科学版), (4): 63-67.
张心齐. 2004. 碱性过氧化氢酶产生菌的筛选及其酶的分离纯化与性质研究. 无锡: 江南大学硕士学位论文.
张新武. 2016. 常压室温等离子诱变选育 β-环糊精葡萄糖基转移酶高产菌株及发酵工艺研究. 食品安全质量检测学报, 7(12): 4930-4938.
张旭, 陈武, 杨玉婷, 黎定军, 黄三文. 2009. 青枯菌拮抗菌 2-Q-9 的分子鉴定及抑菌相关基因的克隆. 湖南农业大学学报(自然科学版), 35(3): 233-236.
张雪娇, 石晶晶, 常娜, 马璐璐, 齐永志. 2017. 多功能土壤微生物菌剂在冬小麦上的应用效果. 江苏农业科学, 45(14): 46-49.
张雪琴, 康冀川, 文庭池, 何劲, 雷帮星. 2011. 一株来自蚯蚓的产纤溶酶蜡状芽孢杆菌 *Bacillus cereus* 的筛选及鉴定. 微生物学通报, 38(6): 895-902.
张言周, 王爽, 李韵雅, 蔡宇杰, 廖祥儒. 2017. 蜂粮中芽孢杆菌的分离鉴定及其耐酸耐高糖特性的分析. 食品与生物技术学报, 36(4): 410-415.
张燕, 李梦腊, 张建国. 2017. γ-环糊精糖基转移酶在毕赤酵母中高效表达. 工业微生物, 47(1): 24-30.
张燕, 周巧红, 张丽萍, 王川, 贺锋, 吴振斌. 2013. 冬季湿地植物根际微生物群落结构多样性分析. 环境科学与技术, 36(11): 108-111.
张益焘, 陆东东, 陈靖源, 余斌, 卢英华, 王杰, 米见对, 廖新俤. 2017. 日粮中添加发酵豆粕对仔猪粪便氨气排放量的影响. 家畜生态学报, 38(7): 71-75.
张莹, 孙君社, 张京声, 罗岩, 胡锦蓉, 刘萍. 2011. 溶氧对巨大芽孢杆菌发酵亚硝酸还原酶的影响. 中国酿造, 30(6): 43-47.
张营营, 郭茜, 熊利霞, 张红星, 谢远红, 刘慧, 连正兴. 2017. 凝结芽孢杆菌对油鸡生长性能、血清指标及脏器系数的影响. 北京农学院学报, 32(2): 75-79.
张营营, 郭茜, 熊利霞, 张红星, 谢远红, 刘慧, 梁新贝, 连正兴. 2016. 凝结芽孢杆菌 Liu-g1 产中性蛋白酶的发酵培养基及条件优化. 食品工业科技, 37(21): 50-54.
张宇燕. 2012. 船蛆中纤维素降解菌群筛选与构建、鉴定及酶学性质研究. 大连: 大连交通大学硕士学位论文.
张月, 李海涛, 刘荣梅, 高继国. 2017. 苏云金芽胞杆菌 *cry2Ab34* 基因的克隆、表达和杀虫活性分析. 生物技术通报, 33(4): 185-190.
张志, 张玉玲, 徐云彪, 王志远, 杜海波, 杜凤文. 2017. 生物药剂对榆紫叶甲成虫的防治试验. 吉林林业科技, 46(4): 18-21.
张志刚, 裴小琼, 吴中柳. 2009. 嗜热脂肪土芽孢杆菌木聚糖酶基因的合成及其在大肠杆菌中的表达(英文). 应用与环境生物学报, 15(2): 271-275.
张舟, 朱可丽, 张海宏, 冯树, 张忠泽. 1998. Vc 二步发酵中 $Na^+$、$Ca^{2+}$及 pH 对巨大芽孢杆菌生长作用的影响. 微生物学杂志, 18(3): 24-26.
章燕平. 2010. 环境因素对菜地土壤氮素转化及其生物学特性的影响. 杭州: 浙江大学硕士学位论文.
赵爱杰. 2011. 地衣芽胞杆菌活菌制剂治疗肝病患者肠源性内毒素血症的临床疗效. 职业与健康, 27(15): 1787-1788.
赵柏霞, 刘浩强, 孙丽娜, 肖敏, 郑玮, 赵慧, 潘凤荣. 2017. 甜樱桃根际 IAA 产生菌的筛选、鉴定及最佳产素条件优化. 中国南方果树, 46(3): 23-28.
赵大云, 丁霄霖. 2001. 接种 *Bacillus coagulans* 低盐腌渍雪里蕻腌菜的探讨(Ⅱ). 中国酿造, 20(1): 16-20.
赵更峰, 邱逸敏, 张云霞, 熊国如. 2014. 生防菌株 HJX1 的鉴定和抑菌谱的测定. 农业灾害研究, 4(4): 19-22.
赵国群, 牛梦天, 卢士康, 关军锋. 2016. 梨渣固态发酵培养多粘类芽孢杆菌的工艺. 农业工程学报, 34(7): 303-308.
赵晗旭. 2015. 不同野生动物肠道微生物多样性分析及功能初步研究. 长春: 吉林农业大学硕士学位论文.
赵建. 2008. 两株淀粉酶产生菌的分类鉴定、酶学性质分析及一株果胶酶产生菌的分类鉴定. 乌鲁木齐: 新疆大学硕士学位论文.
赵丽青, 程双, 王英, 陈柳言, 耿贝贝, 吴奕光. 2016. 溶胶凝胶壳聚糖膜促进纺锤形赖氨酸芽孢杆菌转化异丁香酚生成香草醛的研究(英文). 稀有金属材料与工程, 45(S1): 43-46.
赵利娜, 赵运胜, 陶佳, 廖飞. 2006. 不同方法测定黄嘌呤对 *Bacillus fastidiosus* 胞外尿酸酶抑制效力的比较. 重庆医科大学学报, 31(3): 457-458.
赵龙玉. 2012. 烟草根际黑胫病拮抗菌抗生素合成的分子与生化检测. 泰安: 山东农业大学硕士学位论文.
赵娜, 申杰, 魏金涛, 张巍, 陈芳, 杨雪海, 郭万正, 杜金平, 黄少文. 2017. 凝结芽孢杆菌对肉鸡生长性能、免疫器官指数、血清生化指标及肠道菌群的影响. 动物营养学报, 29(1): 49-56.
赵起政, 路宏科, 彭涛, 马文锦, 陈兴叶, 殷欣, 张小燕, 杨旭星, 金红. 2015. 马铃薯淀粉废水高活性絮凝菌的分离鉴定. 中国酿造, 34(2): 76-81.
赵圣国, 王加启, 刘开朗, 李旦, 于萍, 卜登攀. 2010. 荷斯坦奶牛瘤胃微生物脲酶的分离与鉴定. 畜牧兽医学报, 41(6): 692-696.
赵世光, 王陶, 余增亮. 2007. 维生素 C 二步发酵中离子注入诱变巨大芽孢杆菌的生物学效应. 激光生物学报, 16(4): 455-459.
赵恕, 张娅楠, 袁杰利. 2008. 地衣芽胞杆菌对白色念珠菌等的拮抗作用. 中国微生态学杂志, 20(3): 205-206.
赵爽, 刘伟成, 裘季燕, 王敬国, 周立刚. 2008. 多粘类芽孢杆菌抗菌物质和防病机制之研究进展. 中国农学通报, 24(7): 347-350.
赵伟伟, 王秀华, 孙振, 黄倢, 朱岩松, 史秀秀, 付军, 杨从海. 2012. 一株产絮凝剂芽孢杆菌的分离鉴定及絮凝剂特性分析. 中国水产科学, 19(4): 647-653.
赵先锋. 2011. 利用农业副产品发酵坚强芽孢杆菌及其用于加强生物絮团培养的研究. 青岛: 中国海洋

大学硕士学位论文.
赵晓雨. 2015. 菌剂对牛粪堆肥及其氮素转化微生物的影响. 哈尔滨: 东北农业大学硕士学位论文.
赵芯. 2012. 巨大芽孢杆菌产胞外核糖核酸酶的分离纯化及性质和功能基团研究. 重庆: 西南大学硕士学位论文.
赵欣欣, 许燕滨, 屈毛毛, 孙浩, 阮晶晶, 侯毛宇, 陈锦良. 2013. *Bacillus cereus* Cr2 产 NiR 酶能力及其与除 Cr(Ⅵ)效率的相关性. 生物技术, 23(4): 75-78.
赵新民, 叶湘漓, 龙立平, 刘石泉, 邓中日. 2016. 杀蚊苏云金芽胞杆菌毒素 Cry4Ba 柔韧性分析. 基因组学与应用生物学, 35(12): 3430-3436.
赵秀香, 赵柏霞, 马镝, 魏颖颖, 吴元华. 2008. 枯草芽孢杆菌 SN-02 抑菌物质的分离、纯化及结构测定. 植物保护学报, 35(4): 322-326.
赵绪光, 高秀峰, 郑雪妮, 李永生. 2010. 重组嗜碱耐盐芽孢杆菌(XJU-1)乙醛脱氢酶 *aldA* 基因在工程菌 BL21(DE3)中的表达和酶学性质研究. 酿酒科技, (7): 21-23.
赵艳, 张晓波, 郭伟. 2009. 不同土壤胶质芽孢杆菌生理生化特征及其解钾活性. 生态环境学报, 18(6): 2283-2286.
赵诣. 2010. 三株异养硝化细菌的分离、特征及其对水产养殖废水脱氮作用研究. 杭州: 浙江大学硕士学位论文.
赵玉连, 代群威, 董发勤, 许凤琴, 邬琴琴, 王岩. 2015. 短小芽孢杆菌-蒙脱石相互作用实验研究. 岩石矿物学杂志, 34(6): 939-944.
赵钰. 2015. 凝结芽孢杆菌抑菌物质分离鉴定及其对大黄鱼保鲜效果的研究. 杭州: 浙江工商大学硕士学位论文.
赵月明. 2014. 乳制品中蜡样芽孢杆菌的暴露研究. 长沙: 中南林业科技大学硕士学位论文.
郑爱萍, 孙惠青, 李平, 谭芙蓉, 郑秀丽, 李壮. 2005. 水稻优势内生细菌鉴定、定位与重组研究. 实验生物学报, 38(6): 467-473.
郑洪武, 王焰玲, 张义正. 1998. 环状芽孢杆菌 C-2 几丁酶基因的克隆. 生物工程学报, 14(1): 28-32.
郑会娟, 边六交, 董发昕, 郑晓晖. 2009. 盐酸胍诱导的淀粉液化芽孢杆菌 α-淀粉酶去折叠过程的研究. 化学学报, 67(8): 786-794.
郑梅霞, 陈峥, 刘波, 刘程程, 车建美, 蓝江林, 潘志针, 朱育菁, 唐建阳. 2014b. 解几丁质类芽胞杆菌几丁质酶活性及其次生代谢物的测定. 福建农业学报, 29(5): 492-497.
郑梅霞, 潘志针, 刘波, 陈峥, 车建美, 唐建阳, 朱育菁, 陈梅春. 2014a. 苏云金芽胞杆菌挥发性物质的测定. 食品安全质量检测学报, 5(6): 1809-1817.
郑榕, 刘波, 刘国红, 葛慈斌. 2013. 夏枯草内生菌及根际芽胞杆菌种群结构的研究. 福建农业学报, 28(3): 249-261.
郑雪芳, 葛慈斌, 林营志, 刘建, 刘波. 2006. 瓜类作物枯萎病生防菌 BS-2000 和 JK-2 的分子鉴定. 福建农业学报, 21(2): 154-157.
郑雪芳, 刘波, 林营志, 蓝江林, 刘丹莹. 2009. 利用磷脂脂肪酸生物标记分析猪舍基质垫层微生物亚群落的分化. 环境科学学报, 29(11): 2306-2317.
郑雪芳, 苏远科, 刘波, 蓝江林, 杨述省, 林营志. 2010. 不同海拔茶树根系土壤微生物群落多样性分析技术. 中国生态农业学报, 18(4): 866-871.
郑雪妮, 高秀峰, 李永生. 2012. 嗜碱耐盐芽孢杆菌乙醛脱氢酶基因 *aldC* 的克隆及组氨酸融合酶蛋白的表达. 酿酒科技, (3): 34-36.
郑雪松, 杨虹, 李道棠, 韩文卿. 2003. 基因间隔序列(ITS)在细菌分类鉴定和种群分析中的应用. 应用与环境生物学报, 9(6): 678-684.
郑莹, 霍颖异. 2012. 浙江镇海潮间带沉积物中可培养微生物初步研究. 海洋学研究, 30(4): 65-71.
钟书堂, 沈宗专, 孙逸飞, 吕娜娜, 阮云泽, 李荣, 沈其荣. 2015. 生物有机肥对连作蕉园香蕉生产和土壤可培养微生物区系的影响. 应用生态学报, 26(2): 481-489.
钟姝霞, 邓杰, 汪文鹏, 李永博, 卫春会, 黄治国. 2017. 酱香型酒醅产香芽孢杆菌的分离鉴定及其代谢产物分析. 现代食品科技, 33(4): 89-95, 98.
钟顺清. 2009. 湿地植物根表铁膜对磷、铅迁移转化及植物有效性影响的机理探讨. 杭州: 浙江大学博士学位论文.
周长梅, 戴长春, 王晓云, 李颖, 赵奎军. 2011. 四川盆地部分地区土壤中解木糖赖氨酸芽胞杆菌分离与 *cry* 基因鉴定. 植物保护, 37(2): 20-24.
周晨光, 徐圣君, 张茉莉, 吴尚华, 李德生, 白志辉. 2014. 解淀粉芽孢杆菌微生物菌剂对茶叶产量和品质的影响. 中国农学通报, 1(11): 253-257.
周方, 朱厚础, 唐光江, 高树德. 1987. 细胞脂肪酸气相色谱图鉴别细菌的研究. 微生物学报, 27(2): 95-104.
周伏忠, 陈晓飞, 常丽, 孙玉飞, 耿庆锋. 2011. 玉米浆液贮运过程中常见杂菌的鉴定与分析. 河南科学, 29(11): 1327-1330.
周家喜, 张晓敏, 胡大鸣, 惠建权, 余涛, 邹晓. 2016. 陈化烟叶中氨化细菌鉴定及有机氮降解特性. 生态学杂志, 35(11): 3005-3011.
周丽, 邓璨, 崔文璟, 刘中美, 周哲敏. 2015. 温度调节基因开关调控大肠杆菌发酵合成L-丙氨酸. 微生物学通报, 42(11): 2272-2281.
周丽, 邓璨, 崔文璟, 刘中美, 周哲敏. 2016. 利用重组大肠杆菌发酵甘油合成L-丙氨酸. 现代食品科技, 31(12): 163-169.
周冒达. 2012. 巨大芽孢杆菌WSH-002全基因组规模代谢网络模型的构建与分析. 无锡: 江南大学硕士学位论文.
周荣华, 崔怡宁, 饶犇, 廖先清, 杨自文. 2015. 多粘芽孢杆菌发酵放大工艺研究. 湖北农业科学, 54(11): 2634-2636.
周荣华, 饶犇, 刘芳, 陈伟, 廖先清, 胡蔻孜, 杨自文. 2016. 多粘芽孢杆菌中 2,3-丁二醇脱氢酶的克隆和表达. 湖北农业科学, 55(16): 4172-4175.
周赛, 梁玉婷, 张厚喜, 庄舜尧, 孙波. 2015. 我国中亚热带毛竹林土壤微生物群落的空间分布特征及其影响因素. 土壤, 47(2): 369-377.
周婷婷. 2013. 蜡样芽孢杆菌在腐乳中的污染状况及其控制方法研究. 广州: 华南理工大学硕士学位论文.
周通, 徐永平, 王丽丽, 陈岩, 张楠, 王佳宁, 贾藏藏, 曲芳京, 李晓宇. 2017. 地衣芽胞杆菌在植物病害生物防治中的应用. 氨基酸和生物资源, 39(2): 85-92.
周卫川, 林晶, 肖琼. 2011. 武夷山陆生贝类物种多样性研究. 福建林业科技, 38(3): 1-7.
周文. 2012. 土壤微生物对外来植物入侵的反馈: 物种差异性和土壤异质性影响反馈效应. 北京: 中国农业科学院硕士学位论文.
周文杰, 杨建, 张瑞娟, 万茵, 韩蓓. 2014. *Bacillus amyloliquefaciens* C-1 胞外发酵产物对食源性致病菌抑菌活性的初步研究. 天然产物研究与开发, 26(1): 123-127.
周先治, 刘波, 黄素芳, 孙新涛. 2004. 苏云金芽孢杆菌 *Bacillus thuringiensis* LSZ9408 菌株发酵特性的研究. 武夷科学, 20(1): 51-54.
周欣, 吕淑霞, 代义, 林英, 马嫡, 马峥. 2009. 紫外诱变选育木聚糖酶高产菌株及产酶条件初步研究. 生物技术, 19(1): 71-74.
周旋旋. 2008. 枫杨内生菌抑菌与促生作用初探. 大连: 辽宁师范大学硕士学位论文.
周燚, 杨廷宪, 杨佩, 孙正祥, 王斌先, 杨晓秋, 孙明. 2012. 固氮类芽孢杆菌 YUPP-5 中环糊精糖基转移酶基因的克隆与功能分析. 生物技术通报, (3): 128-134.
周燚, 杨廷宪, 赵毓潮, 杨佩. 2012. 大白菜根肿病综合防治新技术研究. 中国蔬菜, 1(1): 83-86.
朱超慧, 刘淑丽, 艾正琳, 李楠, 吴凯. 2014. 地衣芽胞杆菌联合多烯磷脂酰胆碱治疗非酒精性脂肪性肝炎临床观察. 临床消化病杂志, 26(3): 152-155.
朱宏阳, 冯珊, 王金海, 李泳宁, 林伟铃. 2015. 菊粉酶产生菌的筛选、鉴定及发酵条件优化. 海峡药学, 27(1): 214-218.
朱辉. 2008. 辣椒根际拮抗菌筛选、鉴定及多粘类芽孢杆菌 SC2 拮抗相关基因克隆. 泰安: 山东农业大学硕士学位论文.
朱路英, 张学成, 宋晓金, 况成宏, 孙远征. 2007. 碳、氮源浓度和培养时间对裂殖壶菌生长和脂肪酸组成的影响. 中国海洋大学学报, 37(2): 293-298.
朱孟峰, 许伟, 邵荣, 韦萍. 2017. 桑叶中 α-葡萄糖苷酶抑制剂产生菌的分离鉴定及诱变选育. 食品科学, 38(10): 111-116.
朱其瀚. 2008. 镇江香醋发酵过程中微生物分离及其产酸特性. 无锡: 江南大学硕士学位论文.
朱婷婷, 倪晋仁. 2012a. 降解苯并[a]芘的 *Bacillus pumilus strain* Bap9 菌株的分离、鉴定与降解特性. 应用基础与工程科学学报, 20(2): 169-178.
朱婷婷, 倪晋仁. 2012b. 表面活性剂对 *Bacillus pumilus* strain Bap9 降解苯并[a]芘的影响. 环境工程学报, 6(9): 3344-3348.
朱维耀, 田英爱, 汪卫东, 宋智勇, 韩宏彦, 宋永亭, 李彩风. 2016. 油藏内源乳化功能微生物对剩余油的微观驱替机理. 中南大学学报(自然科学版), 47(9): 3280-3288.
朱伟光, 李德葆, 葛起新. 1990. 植物病原细菌拮抗菌及其拮抗物质测定——*Bacillus cereus* G35 的产素特性与质粒关系. 浙江农业大学学报, (4): 345-351.
朱雯, 张莉, 吴跃明, 刘建新. 2011. 中草药添加剂的抗小鼠腹泻效果及其对小鼠肠道微生物菌群的影响. 农业生物技术学报, 19(4): 698-704.
朱五文, 施伟领, 陈晓锋. 2007. 不同剂量芽孢杆菌制剂对断奶仔猪饲养效果试验. 畜牧与兽医, 39(8): 32-33.
朱晓飞, 张晓霞, 牛永春, 胡元森, 闫艳春, 王海胜. 2011. 一株抗水稻纹枯病菌的解淀粉芽胞杆菌分离与鉴定. 微生物学报, 51(8): 1128-1133.
朱玉. 2011. 用于发酵床养殖的细菌分离鉴定及应用效果研究. 雅安: 四川农业大学硕士学位论文.
朱育菁, 陈峥, 刘波, 刘国红, 郑梅霞, 史怀, 潘志针. 2016. 基于液相色谱-四极杆飞行时间质谱产莫能菌素芽胞杆菌筛选. 食品安全质量检测学报, 7(2): 721-729.
朱育菁, 蓝江林, 阮传清, 刘芸, 刘波. 2007. 苏云金芽孢杆菌伴孢晶体的形成及降解. 植物生理科学, 123(9): 282-286.
朱育菁, 刘波, Sengonca C. 2004. 利用 HPLC 测定二硫苏糖醇(DTT)对苏云金芽孢杆菌伴胞晶体降解的影响. 武夷科学, 20(1): 1-7.
朱育菁, 刘波, Sengonca C. 2005b. 苏云金芽孢杆菌 LSZ9408 虫体复壮的研究. 环境昆虫学报, 27(2): 63-67.
朱育菁, 刘波, Sengonca C, 阮传清, 林抗美, 冒乃和. 2005a. 多位点生物杀虫毒素 BtA 害虫敏感性的研究. 中国农学通报, 21(12): 316-320.
朱育菁, 刘波, 郑梅霞, 陈峥, 史怀. 2015b. 芽胞杆菌来源尼日利亚菌素的检测与分析. 福建农业学报, 30(10): 948-953.
朱育菁, 刘波, 郑梅霞, 陈峥. 2015a. 液相色谱/四级杆飞行时间质谱分析烟酸芽胞杆菌发酵产物苯乳酸. 食品安全质量检测学报, 6(12): 4985-4990.
朱育菁, 刘波, 郑梅霞, 陈峥. 2016a. 芽胞杆菌来源沙奎那维的检测与分析. 福建农业学报, 31(9): 981-985.
朱育菁, 苏明星, 黄素芳, 王秋红, 刘波. 2009. 培养条件对青枯雷尔氏菌脂肪酸组成的影响. 微生物学通报, 36(8): 1158-1165.
朱育菁, 肖荣凤, 王秋红, 陈璐, 刘波. 2008. 茄科作物青枯病原菌的脂肪酸鉴定. 中国农学通报, 24(8): 392-395.

朱子薇, 潘丽婷, 周义东, 王燕霞, 史建荣, 洪青, 徐剑宏. 2017. 玉米赤霉烯酮降解菌 *Bacillus amyloliquefaciens* MQ01 突变体文库的构建. 江苏农业学报, 33(2): 456-461.

祝伟, 彭谦, 郭春雷, 张东华, 刘杨. 2003. 高温蛋白酶产生菌株 YMTC1049 的筛选与鉴定. 云南大学学报(自然科学版), (S1): 28-33.

祝亚娇, 宋嘉宾, 陈杨阳, 孙炳刚, 陈敬帮, 魏雪团. 2016. 地衣芽胞杆菌工程菌高产纳豆激酶的发酵罐工艺优化及中试放大. 食品与发酵工业, 42(1): 37-41.

庄铁成, 林鹏, 陈仁华. 1997. 武夷山不同森林类型土壤异养微生物数量与类群组成. 厦门大学学报(自然科学版), 36(2): 293-298.

庄铁成, 林鹏, 陈仁华. 1998. 武夷山不同森林类型土壤细菌、丝状真菌优势菌属的初步研究. 土壤学报, 35(1): 119-123.

宗凯, 周莉质, 李云飞, 陈雪娇, 孙娟娟, 郑海松, 余晓峰. 2016. 基于 MALDI-TOF-MS 质谱技术对蜂蜜中芽孢杆菌的鉴定与分型. 安徽农业科学, 44(8): 107-109.

邹朝晖. 2007. 中药中一种耐辐射微生物分离、鉴定及理化性状研究. 长沙: 湖南农业大学硕士学位论文.

邹纯. 2016. 重组 *Bacillus deramificans* 普鲁兰酶的高效胞外表达及其应用. 无锡: 江南大学博士学位论文.

邹丽洁, 焦念志. 2012. 环境因子对好氧不产氧光合细菌脂肪酸组成的影响. 海洋科学, 36(9): 9-16.

邹艳. 2017. 枯草芽孢杆菌在饲料中的研究与应用. 饲料广角, (7): 38-39.

左冰, 王燕, 王睿, 方淑琴, 卢宝慧, 高洁. 2016. 解淀粉芽孢杆菌(*Bacillus amyloliquefaciens*)FS6 摇瓶发酵条件优化. 农药, 55(6): 408-411.

Abel K, Deschmertzing H, Peterson J I. 1963. Classification of microorganisms by analysis of chemical composition. I. Feasibility of utilizing gas chromatography. J Bacteriol, 85(5): 1039-1044.

Abuhammad A. 2017. Cholesterol metabolism: a potential therapeutic target in *Mycobacteria*. Br J Pharmacol, 174(14): 2194-2208.

Agre C L, Cason J. 1959. Complexity of the mixture of fatty acids from tubercle bacillus. Acids with less than twenty carbon atoms. J Biol Chem, 234(10): 2555-2559.

Aguilar P S, Cronan J E Jr, de Mendoza D. 1998. A *Bacillus subtilis* gene induced by cold shock encodes a membrane phospholipid desaturase. J Bacteriol, 180(8): 2194-2200.

Ahmed I, Yokota A, Fujiwara T. 2007b. A novel highly boron tolerant bacterium, *Bacillus boroniphilus* sp. nov., isolated from soil, that requires boron for its growth. Extremophiles, 11(2): 217-224.

Ahmed I, Yokota A, Yamazoe A, Fujiwara T. 2007a. Proposal of *Lysinibacillus boronitolerans* gen. nov. sp. nov., and transfer of *Bacillus fusiformis* to *Lysinibacillus fusiformis* comb. nov. and *Bacillus sphaericus* to *Lysinibacillus sphaericus* comb. nov. Int J Syst Evol Microbiol, 57(Pt 5): 1117-1125.

Albert R A, Archambault J, Lempa M, Hurst B, Richardson C, Gruenloh S, Duran M, Worliczek H L, Huber B E, Rosselló-Mora R, Schumann P, Busse H J. 2007. Proposal of *Viridibacillus* gen. nov. and reclassification of *Bacillus arvi*, *Bacillus arenosi* and *Bacillus neidei* as *Viridibacillus arvi* gen. nov., comb. nov., *Viridibacillus arenosi* comb. nov. and *Viridibacillus neidei* comb. nov. Int J Syst Evol Microbiol, 57(Pt 12): 2729-3277.

Amoozegar M A, Didari M, Bagheri M, Fazeli S A, Schumann P, Spröer C, Sánchez-Porro C, Ventosa A. 2013. *Bacillus salsus* sp. nov., a halophilic bacterium from a hypersaline lake. Int J Syst Evol Microbiol, 63(Pt 9): 3324-3329.

An S Y, Haga T, Kasai H, Goto K, Yokota A. 2007. *Sporosarcina saromensis* sp. nov., an aerobic endospore-forming bacterium. Int J Syst Evol Microbiol, 57(Pt 8): 1868-1871.

Andersch I, Pianka S, Fritze D, Claus D. 1994. Description of *Bacillus laevolacticus*(ex Nakayama and Yanoshi 1967)sp. nov., nom. rev. Int J Syst Bacteriol, 44(4): 659-664.

Andersson M, Laukkanen M, Nurmiaho-Lassila E L, Rainey F A, Niemela S I, Salkinoja-Salonen M. 1995. *Bacillus thermosphaericus* sp. nov. a new thermophilic ureolytic: bacillus isolated from air. Syst Appl Microbiol, 18(2): 203-220.

Arahal D R, Márquez M C, Volcani B E, Schleifer K H, Ventosa A. 1999. *Bacillus marismortui* sp. nov., a new moderately halophilic species from the Dead Sea. Int J Syst Bacteriol, 49(Pt 2): 521-530.

Ash C, Farrow J A E, Wallbanks S, Collins M D. 1991. Phylogenetic heterogeneity of the genus *Bacillus* revealed by comparative analysis of small-subunit-ribosomal RNA sequences. Lett Appl Microbiol, 13(4): 202-206.

Ash C, Priest F G, Collins M D. 1993. Molecular identification of rDNA group 3 bacilli(Ash, Farrow, Wallbanks and Collins)using a PCR probe test. Proposal for the creation of a new genus *Paenibacillus*. Antonie van Leeuwenhoek, 64(3-4): 253-260.

Atlas R M. 1993. Handbook of Microbiological Media. Boca Raton: CRC Press.

Bååth E, Anderson T H. 2003. Comparison of soil fungal/bacterial ratios in a pH gradient using physiological and PLFA-based techniques. Soil Biol Biochem, 35(7): 955-963.

Bai Q, Gattinger A, Zelles L. 2000. Characterization of microbial consortia in paddy rice soil by phospholipid analysis. Microb Ecol, 39(4): 273-281.

Baik K S, Lim C H, Park S C, Kim E M, Rhee M S, Seong C N. 2010. *Bacillus rigui* sp. nov., isolated from wetland fresh water. Int J Syst Evol Microbiol, 60(Pt 9): 2204-2209.

Baindara P, Mandal S M, Chawla N, Singh P K, Pinnaka A K, Korpole S. 2013. Characterization of two antimicrobial peptides produced by a halotolerant *Bacillus subtilis* strain SK.DU.4 isolated from a rhizosphere soil sample. AMB Express, 3(1): 2.

Batchelor M D. 1919. Aerobic spore-bearing bacteria in the intestinal tract of children. J Bacteriol, 4(1): 23-34.

Beaman T C, Pankratz H S, Gerhardt P. 1974. Chemical composition and ultrastructure of native and reaggregated membranes from protoplasts of *Bacillus cereus*. J Bacteriol, 117(3): 1335-1340.

Beijer L, Nilsson R P, Holmberg C, Rutberg L. 1993. The *glpP* and *glpF* genes of the glycerol regulon in *Bacillus subtilis*. J Gen Microbiol, 139(2): 349-359.

Belenguer A, 姜雅慧, 臧长江. 2011. 奶山羊日粮中添加葵花油和鱼油对瘤胃细菌群落的影响. 中国畜牧兽医, 38(2): 190.

Beranová J, Mansilla M C, de Mendoza D, Elhottová D, Konopásek I. 2010. Differences in cold adaptation of *Bacillus subtilis* under anaerobic and aerobic conditions. J Bacteriol, 192(16): 4164-4171.

Bergstrom S, Theorell H, Davide H. 1946. Effect of some fatty acids on the oxygen uptake of Mycobact. tubercul. hum. in relation to their bactericidal action. Nature, 157: 306.

Berliner E. 1915. Über die Schlaffsucht der Mehlmottenraupe (*Ephestia kühniella* Zell) und ihren Erreger *Bacillus thuringiensis* n. sp. Zeitschrift fur angewandte Entomologie Berlin (Journal of Applied Entomology), 2(1): 29-56.

Bezbaruah R L, Pillai K R, Gogoi B K, Baruah J N. 1988. Effect of growth temperature and media composition on the fatty acid composition of *Bacillus stearothermophilus* AN 002. Antonie van Leeuwenhoek, 54(1): 37-45.

Bibi F, Chung E J, Jeon C O, Chung Y R. 2011. *Bacillus graminis* sp. nov., an endophyte isolated from a coastal dune plant. Int J Syst Evol Microbiol, 61(Pt 7): 1567-1571.

Bishop D G, Rutberg L, Samuelsson B. 1976. The chemical composition of the cytoplasmic membrane of *Bacillus subtilis*. Eur J Biochem, 2(4): 448-453.

Blackwood A C, Epp A. 1957. Identification of beta-hydroxybutyric acid in bacterial cells by infrared spectrophotometry. J Bacteriol, 74(2): 266-267.

Bobbie R J, White D C. 1980. Characterization of benthic microbial community structure by high-resolution gas chromatography of fatty acid methyl esters. Appl Environ Microbiol, 39(6): 1212-1222.

Bossio D A, Scow K M, Gunapala N, Graham K J. 1998. Determinants of soil microbial communities: effects of agricultural management, season, and soil type on phospholipid fatty acid profiles. Microb Ecol, 36(1): 1-12.

Boudreaux D P, Eisenstadt E, Iijima T, Freese E. 1981. Biochemical and genetic characterization of an auxotroph of *Bacillus subtilis* altered in the acyl-CoA: acyl-carrier-protein transacylase. Eur J Biochem, 115(1): 175-181.

Bredemann G, Werner W. 1933. Botanische beschreibung häufinger am buttersäureabbau beteiligter sporenbildender bakterienspezies. Zentralblatt für Bakteriologie, Parasitenkunde, Infektionskrankheiten und Hygiene. Abteilung II, 87: 446-475.

Brillard J, Jéhanno I, Dargaignaratz C, Barbosa I, Ginies C, Carlin F, Fedhila S, Nguyen-the C, Broussolle V, Sanchis V. 2010. Identification of *Bacillus cereus* genes specifically expressed during growth at low temperatures. Appl Environ Microbiol, 76(8): 2562-2573.

Cason J, Allen C F, Deacetis W, Fonken G J. 1956. Fatty acids from the lipides of non-virulent strains of the tubercle bacillus. J Biol Chem, 220(2): 893-904.

Cason J, Sumrell G. 1951. Investigation of a fraction of acids of the phthioic type from the tubercle bacillus. J Biol Chem, 192(1): 405-413.

Cason J, Tavs P. 1959. Separation of fatty acids from tubercle bacillus by gas chromatography: identification of oleic acid. J Biol Chem, 234(6): 1401-1405.

Celik A, Sperandio D, Speight R E, Turner N J. 2005. Enantioselective epoxidation of linolenic acid catalysed by cytochrome P450 (BM3) from *Bacillus megaterium*. Org Biomol Chem, 3(15): 2688-2690.

Chadwick R W, George S E, Claxton L D. 1992. Role of the gastrointestinal mucosa and microflora in the bioactivation of dietary and environmental mutagens or carcinogens. Drug Metab Rev, 24(4): 425-492.

Chak K F, Chao D C, Tseng M Y, Kao S S, Tuan S J, Feng T Y. 1994. Determination and distribution of *cry*-type genes of *Bacillus thuringiensis* isolates from Taiwan. Appl Environ Microbiol, 60(7): 2415-2420.

Chandrasekhar S, Demonte A J, Subramanian T A. 1958. Fatty acids from the lipids of streptomycin resistant tubercle bacilli. Indian J Med Res, 46(5): 643-647.

Chazarreta-Cifré L, Alemany M, de Mendoza D, Altabe S. 2013. Exploring the biosynthesis of unsaturated fatty acids in *Bacillus cereus* ATCC 14579 and functional characterization of novel acyl-lipid desaturases. Appl Environ Microbiol, 79(20): 6271-6279.

Chazarreta-Cifré L, Martiarena L, de Mendoza D, Altabe S G. 2011. Role of ferredoxin and flavodoxins in *Bacillus subtilis* fatty acid desaturation. J Bacteriol, 193(16): 4043-4048.

Chen F C, Tsai M C, Peng C H, Chak K F. 2004. Dissection of cry gene profiles of *Bacillus thuringiensis* isolates in Taiwan. Curr Microbiol, 48(4): 270-275.

Chen Y G, Hao D F, Chen Q H, Zhang Y Q, Liu J B, He J W, Tang S K, Li W J. 2011a. *Bacillus hunanensis* sp. nov., a slightly halophilic bacterium isolated from non-saline forest soil. Antonie van Leeuwenhoek, 99(3): 481-488.

Chen Y G, Hu S P, Tang S K, He J W, Xiao J Q, Zhu H Y, Li W J. 2011b. *Bacillus zhanjiangensis* sp. nov., isolated from an oyster in South China Sea. Antonie van Leeuwenhoek, 99(3): 473-480.

Chen Y G, Peng D J, Chen Q H, Zhang Y Q, Tang S K, Zhang D C, Peng Q Z, Li W J. 2010. *Jeotgalibacillus soli* sp. nov., isolated from non-saline forest soil, and emended description of the genus *Jeotgalibacillus*. Antonie van Leeuwenhoek, 98(3): 415-421.

Chen Y G, Zhang L, Zhang Y Q, He J W, Klenk H P, Tang S K, Zhang Y X, Li W J. 2011c. *Bacillus nanhaiensis* sp. nov., isolated from an oyster. Int J Syst Evol Microbiol, 61(Pt 4): 888-893.

Chen Y G, Zhang Y Q, Chen Q H, Klenk H P, He J W, Tang S K, Cui X L, Li W J. 2011d. *Bacillus xiaoxiensis* sp. nov., a slightly halophilic bacterium isolated from non-saline forest soil. Int J Syst Evol Microbiol, 61(Pt 9): 2095-2100.

Chen Y G, Zhang Y Q, Wang Y X, Liu Z X, Klenk H P, Xiao H D, Tang S K, Cui X L, Li W J. 2009. *Bacillus neizhouensis* sp. nov., a halophilic marine bacterium isolated from a sea anemone. Int J Syst Evol Microbiol, 59(Pt 12): 3035-3039.

Chen Y, Dumont M G, McNamara N P, Chamberlain P M, Bodrossy L, Stralis-Pavese N, Murrell J C. 2008. Diversity of the active methanotrophic community in acidic peatlands as assessed by mRNA and SIP-PLFA analyses. Environ Microbiol, 10(2): 446-459.

Cherniavskaia E N, Vasiurenko Z P. 1983. Fatty acid composition of the lipopolysaccharides of bacteria in the genera *Escherichia*, *Shigella* and *Salmonella* as a taxonomic trait. Zh Mikrobiol Epidemiol Immunobiol, 7: 35-38.

Cheshire F R, Cheyne W W. 1885. The pathogenic history and history under cultivation of a new *Bacillus*

(*B. alvei*), the cause of a disease of the hive bee hitherto known as foul brood. J Royal Microscopic Society, Series II, 5(4): 581-601.

Chester F D.1901. A Manual of Determinative Bacteriology. New York: The Macmillan Co.: 1-401.

Chirala S S, Huang W Y, Jayakumar A, Sakai K, Wakil S J. 1997. Animal fatty acid synthase: functional mapping and cloning and expression of the domain I constituent activities. Proc Natl Acad Sci USA, 94(11): 5588-5593.

Cho K Y, Salton M R. 1966. Fatty acid composition of bacterial membrane and wall lipids. Biochim Biophys Acta, 116(1): 73-79.

Choi J H, Cha C J. 2014. *Bacillus panacisoli* sp. nov., isolated from ginseng soil. Int J Syst Evol Microbiol, 64(Pt 3): 901-906.

Choi K H, Heath R J, Rock C O. 2000. Beta-ketoacyl-acyl carrier protein synthase III(FabH)is a determining factor in branched-chain fatty acid biosynthesis. J Bacteriol, 182(2): 365-370.

Claus D, Fahmy F, Rolf H J, Tosunoglu N. 1983. *Sporosarcina halophila* sp. nov., an obligate, slightly halophilic bacterium from salt marsh soils. Syst Appl Microbiol, 4(4): 496-506.

Cohn F. 1872. Untersuchungen über Bakterien. Beitrage zur Biologie der Pflanzen, 1 Heft 2: 127-224.

Collins M D, Lawson P A, Willems A, Cordoba J J, Fernandez-Garayzabal J, Garcia P, Cai J, Hippe H, Farrow J A E. 1994. The phylogeny of the genus *Clostridium*: proposal of five new genera and eleven new species combinations. Int J Syst Bacteriol, 44(4): 812-826.

Connor N, Sikorski J, Rooney A P, Kopac S, Koeppel A F, Burger A, Cole S G, Perry E B, Krizanc D, Field N C, Slaton M, Cohan F M. 2010. Ecology of speciation in the genus *Bacillus*. Appl Environ Microbiol, 76(5): 1349-1358.

Coorevits A, Dinsdale A E, Halket G, Lebbe L, de Vos P, van Landschoot A, Logan N A. 2011. Taxonomic revision of the genus *Geobacillus*: emendation of *Geobacillus*, *G. stearothermophilus*, *G. jurassicus*, *G. toebii*, *G. thermodenitrificans* and *G. thermoglucosidans* (nom. corrig., formerly '*thermoglucosidasius*'); transfer of *Bacillus thermantarcticus* to the genus as *G. thermantarcticus*; proposal of *Caldibacillus debilis* gen. nov., comb. nov.; transfer of *G. tepidamans* to *Anoxybacillus* as *A. tepidamans* and proposal of *Anoxybacillus caldiproteolyticus* sp. nov. Int J Syst Evol Microbiol, 62(Pt 7): 1470-1485.

Coorevits A, Dinsdale A E, Heyrman J, Schumann P, van Landschoot A, Logan N A, de Vos P. 2012. *Lysinibacillus macroides* sp. nov., nom. rev. Int J Syst Evol Microbiol, 62(Pt 5): 1121-1127.

Cronan J E Jr, Bell R M. 1974. Mutants of *Escherichia coli* defective in membrane phospholipid synthesis: mapping of the structural gene for L-glycerol 3-phosphate dehydrogenase. J Bacteriol, 118(2): 598-605.

Cronan J E, Vagelos P R. 1972. Metabolism and function of the membrane phospholipids of *Escherichia coli*. Biochim Biophys Acta, 265(1): 25-60.

Cunha S, Tiago I, Paiva G, Nobre F, da Costa M S, Veríssimo A. 2012. *Jeotgalibacillus soli* sp. nov., a gram-stain-positive bacterium isolated from soil. Int J Syst Evol Microbiol, 62(Pt 3): 608-612.

Cvačka J, Krafková E, Jiros P, Valterová I. 2006. Computer-assisted interpretation of atmospheric pressure chemical ionization mass spectra of triacylglycerols. Rapid Commun Mass Spectrom, 20(23): 3586-3594.

Cybulski L E, Albanesi D, Mansilla M C, Altabe S, Aguilar P S, de Mendoza D. 2002. Mechanism of membrane fluidity optimization: isothermal control of the *Bacillus subtilis* acyl-lipid desaturase. Mol Microbiol, 45(5): 1379-1388.

da Costa M S, Rainey F A. 2009. Family II. Alicyclobacillaceae fam. nov. *In*: de Vos P, Garrity G M, Jones D, Kring N R, Luding W, Rainey F A, Schleifer K H, Whitman W B. Bergey's Manual of Systematic Bacteriology, vol. 3(The Firmicutes). Second edition. Dordrecht, Heidelberg, London, New York: Springer: 229.

Daron H H. 1973. Nutritional alteration of the fatty acid composition of a thermophilic *Bacillus* species. J Bacteriol, 116(3): 1096-1099.

Davis B D. 1948. Absorption of bacteriostatic quantities of fatty acid from media by large inocula of tubercle bacilli. Public Health Rep, 63(14): 455-459.

Dawyndt P, Vancanneyt M, Snauwaert C, de Baets B, de Meyer H, Swings J. 2006. Mining fatty acid databases for detection of novel compounds in aerobic bacteria. J Microbiol Methods, 66(3): 410-433.

de Bary A. 1884. Vergleichende Morphologie und Biologie der Pilze, Mycetozoen und Bacterien. Leipzig: Wilhelm Engelmann.

de Clerck E, Rodríguez-Díaz M, Vanhoutte T, Heyrman J, Logan N A, de Vos P. 2004. *Anoxybacillus contaminans* sp. nov. and *Bacillus gelatini* sp. nov., isolated from contaminated gelatin batches. Int J Syst Evol Microbiol, 54(Pt 3): 941-946.

de Ley J, Cattoir H, Reynaerts A. 1970. The quantitative measurement of DNA hybridization from renaturation rates. Eur J Biochem, 12(1): 133-142.

de Rosa M, Gambacorta A, Bu'lock J D. 1974. Effects of pH and temperature on the fatty acid composition of *Bacillus acidocaldarius*. J Bacteriol, 117(1): 212-214.

de Sarrau B, Clavel T, Clerté C, Carlin F, Giniès C, Nguyen-The C. 2012. Influence of anaerobiosis and low temperature on *Bacillus cereus* growth, metabolism, and membrane properties. Appl Environ Microbiol, 78(6): 1715-1723.

de Sarrau B, Clavel T, Zwickel N, Despres J, Dupont S, Beney L, Tourdot-Maréchal R, Nguyen-The C. 2013. Unsaturated fatty acids from food and in the growth medium improve growth of *Bacillus cereus* under cold and anaerobic conditions. Food Microbiol, 36(2): 113-122.

de Vos P, Ludwig W, Schleifer K H, Whitman W B. 2010. Family IV. Paenibacillaceae fam. nov. *In*: de Vos P, Garrity G M, Jones D, Krieg N R, Ludwig W, Rainey F A, Schleifer K H, Whitman W B. Bergey's Manual of Systematic Bacteriology, vol. 3(The Firmicutes). Second edition. Dordrecht, Heidelberg, London, New York: Springer.

den Dooren, de Jong L E. 1929. Über *Bacillus fastidiosus*. Zentralblatt für Bakteriologie, Parasitenkunde, Infektionskrankheiten und Hygiene. Abteilung II, 79: 344-353.

Dennis E A, Deems R A, Harkewicz R, Quehenberger O, Brown H A, Milne S B, Myers D S, Glass C K, Hardiman G, Reichart D, Merrill A H Jr, Sullards M C, Wang E, Murphy R C, Raetz C R, Garrett T A, Guan Z, Ryan A C, Russell D W, McDonald J G, Thompson B M, Shaw W A, Sud M, Zhao Y, Gupta S, Maurya M R, Fahy E, Subramaniam S. 2010. A mouse macrophage lipidome. J Biol Chem, 285(51): 39976-39985.

Dinsdale A E, Halket G, Coorevits A, van Landschoot A, Busse H J, de Vos P, Logan N A. 2011. Emended descriptions of *Geobacillus thermoleovorans* and *Geobacillus thermocatenulatus*. Int J Syst Evol Microbiol, 61(Pt 8): 1802-1810.

Diogo A, Veríssimo A, Nobre M F, da Costa M S. 1999. Usefulness of fatty acid composition for differentiation of *Legionella* species. J Clin Microbiol, 37(7): 2248-2254.

Diomandé S E, Nguyenthe C, Guinebretière M H, Broussolle V, Brillard J. 2015. Role of fatty acids in *Bacillus* environmental adaptation. Front Microbiol, 6: 813.

Dirusso C C, Black P N. 2004. Bacterial long chain fatty acid transport: gateway to a fatty acid-responsive signaling system. J Biol Chem, 279(48): 49563-49566.

Donk P J. 1920. A highly resistant thermophilic organism. J Bacteriol, 5(4): 373-374.

Dubos R J. 1948. The effect of sphingomyelin on the growth of tubercle bacilli. J Exp Med, 88(1): 73-79.

Dunkley E A Jr, Guffanti A A, Clejan S, Krulwich T A. 1991. Facultative alkaliphiles lack fatty acid desaturase activity and lose the ability to grow at near-neutral pH when supplemented with an unsaturated fatty acid. J Bacteriol, 173(3): 1331-1334.

Dutky S R. 1940. Two new spore-forming bacteria causing milky diseases of Japanese beetle larvae. J Agricult Res, 61(1): 57-68.

Echigo A, Minegishi H, Mizuki T, Kamekura M, Usami R. 2010. *Geomicrobium halophilum* gen. nov., sp. nov., a moderately halophilic and alkaliphilic bacterium isolated from soil. Int J Syst Evol Microbiol, 60(Pt 4): 990-995.

Ehrenberg C G. 1835. Dritter Beitrag zur Erkenntniss grosser Organisation in der Richtung des kleinsten Raumes. Physikalische Abhandlungen der Koeniglichen Akademie der Wissenschaften zu Berlin aus den Jahren: 143-336.

Ehrhardt C J, Chu V, Brown T, Simmons T L, Swan B K, Bannan J, Robertson J M. 2010. Use of fatty acid methyl ester profiles for discrimination of *Bacillus cereus* T-strain spores grown on different media. Appl Environ Microbiol, 766(6): 1902-1912.

Eisenberg A D, Corner T R. 1978. Effects of growth temperature on protoplast membrane properties in *Bacillus megaterium*. Can J Microbiol, 24(4): 386-396.

Ejsing C S, Sampaio J L, Surendranath V, Duchoslav E, Ekroos K, Klemm R W, Simons K, Shevchenko A. 2009. Global analysis of the yeast lipidome by quantitative shotgun mass spectrometry. Proc Natl Acad Sci USA, 106(7): 2136-2141.

Eroshin V K, Dedyukhina E G. 2002. Effect of lipids from *Mortierella hygrophila* on plant resistance to phytopathogens. World J Microbiol Biotechnol, 18(2): 165-167.

Esser A F, Souza K A. 1974. Correlation between thermal death and membrane fluidity in *Bacillus stearothermophilus*. Proc Natl Acad Sci USA, 71(10): 4111-4115.

Euzéby J P. 2013. LPSN: List of Prokaryotic names with Standing in Nomenclature. http://www.bacterio.net/ [2016-12-5].

Fahy E, Subramaniam S, Murphy R C, Nishijima M, Raetz C R, Shimizu T, Spener F, van Meer G, Wakelam M J, Dennis E A. 2009. Update of the LIPID MAPS comprehensive classification system for lipids. J Lipid Res, 50: S9-14.

Fairbrother J M, Nadeau E, Gyles C L. 2005. *Escherichia coli* in postweaning diarrhea in pigs: an update on bacterial types, pathogenesis, and prevention strategies. Anim Health Res Rev, 6(1): 17-39.

Felsenstein J. 1985. Confidence limits on phylogenies: an approach using the bootstrap. Evolution, 39(4): 783-791.

Filipuzzi I, Cotesta S, Perruccio F, Knapp B, Fu Y, Studer C, Pries V, Riedl R, Helliwell S B, Petrovic K T, Movva N R, Sanglard D, Tao J, Hoepfner D. 2016. High-resolution genetics identifies the lipid transfer protein Sec14p as target for antifungal ergolines. PLoS Genet, 12(11): e1006374.

Findlay R H, King G M, Watling L. 1989. Efficacy of phospholipid analysis in determining microbial biomass in sediments. Appl Environ Microbiol, 55(11): 2888-2893.

Flügge C. 1886. Die Mikroorganismen, F.C.W. Leipzig: Vogel.

Fortina M G, Pukall R, Schumann P, Mora D, Parini C, Manachini P L, Stackebrandt E. 2001. *Ureibacillus* gen. nov., a new genus to accommodate *Bacillus thermosphaericus* (Andersson et al. 1995), emendation of *Ureibacillus thermosphaericus* and description of *Ureibacillus terrenus* sp. nov. Int J Syst Evol Microbiol, 51(Pt 2): 447-455.

Frankland G C, Frankland P F. 1887. Studies on some new microorganisms obtained from air. Royal Society London, Philosophical Transactions, Series B, Biological Sciences, 178: 257-287.

Fujita T, Shida O, Taiulgi H, Kunugita K.1996. Description of *Bacillus carboniphilus* sp. nov. Int J Syst Bacteriol, 46(1): 116-118.

Fulco A J. 1972. The biosynthesis of unsaturated fatty acids by bacilli Ⅲ. Uptake and utilization of exogenous palmitate. J Biol Chem, 247(11): 3503-3510.

Fuller R. 1989. Probiotics in man and animals. J Appl Bacteriol, 66(5): 365-378.

Gao L, Pan Z H, Yang S Y, Wang L W, Xu H, Dong Z Q, Zhang J T, Huang L, Zhao H, Zhang J, Pan Y Y, Han G L, Fan D L, Wang J L, Wu D. 2016. Effects of carbon source and *Bacillus megaterium* on soil microbial environment and $N_2O$, $CH_4$ emission. Chinese J Agrometeorol, 37(6): 645-653.

Gartner A, Blumel M, Wiese J, Imhoff J F. 2011. Isolation and characterisation of bacteria from the Eastern Mediterranean deep sea. Antonie van Leeuwenhoek, 100(3): 421-435.

Gaspar M L, Aregullin M A, Jesch S A, Nunez L R, Villa-García M, Henry S A. 2007. The emergence of yeast lipidomics. Biochim Biophys Acta, 1771(3): 241-254.

Gatson J W, Benz B F, Chandrasekaran C, Satomi M, Venkateswaran K, Hart M E. 2006. *Bacillus tequilensis* sp. nov., isolated from a 2000-year-old Mexican shaft-tomb, is closely related to *Bacillus subtilis*. Int J Syst Evol Microbiol, 56(Pt 7): 1475-1484.

Georg L K, Pine L, Gerencser M A. 1969. *Actinomyces viscosus*, comb. nov., a catalase positive, facultative member of the genus *Actinomyces*. Int J Syst Bacteriol, 19(3): 291-293.

Ghosh A, Bhardwaj M, Satyanarayana T, Khurana M, Mayilraj S, Jain R K. 2007. *Bacillus lehensis* sp. nov., an alkalitolerant bacterium isolated from soil. Int J Syst Evol Microbiol, 57(Pt 2): 238-242.

Giang H H, Viet T Q, Ogle B, Lindberg J E. 2010. Growth performance, digestibility, gut environment and health status in weaned piglets fed a diet supplemented with potentially probiotic complexes of lactic acid bacteria. Livest Sci, 129(1): 95-103.

Gibson T. 1935. The urea-decomposing microflora of soils. I. Description and classification of the organisms. Zentralblatt für Bakteriologie, Parasitenkunde, Infektionskrankheiten und Hygiene. Abteilung II, 92: 364-380.

Glaeser S P, Dott W, Busse H J, Kämpfer P. 2013. *Fictibacillus phosphorivorans* gen. nov., sp. nov. and proposal to reclassify *Bacillus arsenicus*, *Bacillus barbaricus*, *Bacillus macauensis*, *Bacillus nanhaiensis*, *Bacillus rigui*, *Bacillus solisalsi* and *Bacillus gelatini* in the genus *Fictibacillus*. Int J Syst Evol Microbiol, 63(Pt 8): 2934-2944.

Glazunova O O, Raoult D, Roux V. 2006. *Bacillus massiliensis* sp. nov., isolated from cerebrospinal fluid. Int J Syst Evol Microbiol, 56(Pt 7): 1485-1488.

Golovacheva R S, Loginova L G, Salikhov T A, Kolesnikov A A, Zaĭtseva G N. 1975. New species of thermophilic bacilli—*Bacillus thermocatenulatus* nov. sp. Mikrobiologiia, 44(2): 265-268.

Gonzalez J M, Saiz-Jimenez C. 2005. A simple fluorimetric method for the estimation of DNA-DNA relatedness between closely related microorganisms by thermal denaturation temperatures. Extremophiles, 9(1): 75-79.

Goris J, Konstantinidis K T, Klappenbach J A, Coenye T, Vandamme P, Tiedje J M. 2007. DNA-DNA hybridization values and their relationship to whole-genome sequence similarities. Int J Syst Evol Microbiol, 57(Pt 1): 81-91.

Grabner G F, Zimmermann R, Schicho R, Taschler U. 2017. Monoglyceride lipase as a drug target: at the crossroads of arachidonic acid metabolism and endocannabinoid signaling. Pharmacol Ther, 175: 35-46.

Grau R, de Mendoza D. 1993. Regulation of the synthesis of unsaturated fatty acids by growth temperature in *Bacillus subtilis*. Mol Microbiol, 8(3): 535-542.

Gregersen T. 1978. Rapid method for distinction of Gram-negative from Gram-positive bacteria. Eur J Appl Microbiol Biotechnol, 5(2): 123-127.

Gross R W, Han X. 2011. Lipidomics at the interface of structure and function in systems biology. Chem Biol, 18(3): 284-291.

Groth I, Schumann P, Weiss N, Martin K, Rainey F A. 1996. *Agrococcus jenensis* gen. nov., sp. nov., a new genus of actinomycetes with diaminobutyric acid in the cell wall. Int J Syst Bacteriol, 46(1): 234-239.

Guarner F, Malagelada J R. 2003. Gut flora in health and disease. Lancet, 361(9371): 512-519.

Guckert J B, Hood M A, White D C. 1986. Phospholipid ester-linked fatty acid profile changes during nutrient deprivation of *Vibrio cholera*: increase in trans/cis ration and proportions of cyclopropyl fatty acids. Appl Environ Microbiol, 52(4): 794-801.

Guinebretière M H, Auger S, Galleron N, Contzen M, de Sarrau B, de Buyser M L, Lamberet G, Fagerlund A, Granum P E, Lereclus D, de Vos P, Nguyen-The C, Sorokin A. 2013. *Bacillus cytotoxicus* sp. nov. is a new thermotolerant species of the *Bacillus cereus* group occasionally associated with food poisoning. Int J Syst Evol Microbiol, 63(Pt 1): 31-40.

Haimi P, Uphoff A, Hermansson M, Somerharju P. 2006. Software tools for analysis of mass spectrometric lipidome data. Anal Chem, 78(24): 8324-8331.

Hammer B W. 1915. Bacteriological studies on the coagulation of evaporated milk. Iowa Agricultural Experimental Station Research Bulletin, (19): 119-131.

Hao M V, Kocur M, Komagata K. 1984. *Marinococcus* gen. nov., a new genus for motile cocci with meso-diaminopimelic acid in the cell walls; and *Marinococcus albus* sp. nov., and *Marinococcus halophilus* (Novitsky and Kushner) comb. nov. J Gen Appl Microbiol, 30(6): 449-459.

Haque M A, Russell N J. 2004. Strains of *Bacillus cereus* vary in the phenotypic adaptation of their membrane lipid composition in response to low water activity, reduced temperature and growth in rice starch. Microbiology, 150(Pt 5): 1397-1404.

Hasegawa T, Takizawa M, Tanida S. 1983. A rapid analysis for chemical grouping of aerobic actinomycetes. J

Gen Appl Microbiol, 29(4): 319-322.

Hatayama K, Shoun H, Ueda Y, Nakamura A. 2006. *Tuberibacillus calidus* gen. nov., sp. nov., isolated from a compost pile and reclassification of *Bacillus naganoensis* Tomimura et al. 1990 as *Pullulanibacillus naganoensis* gen. nov., comb. nov. and *Bacillus laevolacticus* Andersch et al. 1994 as *Sporolactobacillus laevolacticus* comb. nov. Int J Syst Evol Microbiol, 56(Pt 11): 2545-2551.

He X, Reynolds K A. 2002. Purification, characterization, and identification of novel inhibitors of the beta-ketoacyl-acyl carrier protein synthase III (FabH) from *Staphylococcus aureus*. Antimicrob Agents Chemother, 46(5): 1310-1318.

Heath R J, Rock C O. 1996. Inhibition of beta-ketoacyl-acyl carrier protein synthase III(FabH)by acyl-acyl carrier protein in *Escherichia coli*. J Biol Chem, 271(18): 10996-11000.

Herman P, Konopásek I, Plásek J, Svobodová J. 1994. Time-resolved polarized fluorescence studies of the temperature adaptation in *Bacillus subtilis* using DPH and TMA-DPH fluorescent probes. Biochim Biophys Acta, 1190(1): 1-8.

Heyndrickx M, Lebbe L, Kersters K, de Vos P, Forsyth G, Logen N A. 1998. *Virgibacillus*: a new genus to accommodate *Bacillus pantothenticus* (Proom and Knight 1950). Emended description of *Virgibacillus pantothenticus*. Int J Syst Bacteriol, 48(1): 99-106.

Heyndrickx M, Lebbe L, Vancanneyt M, Kersters K, de Vos P, Logen N A, Forsyth G, Nazli S, Ali N, Berkeley R C W. 1997. A polyphasic reassessment of the genus *Aneurinibacillus*, reclassification of *Bacillus thermoaerophilus* (Meier-Stauffer et al. 1996) as *Aneurinibacillus thermoaerophilus* comb. nov., and emended descriptions of *A. aneurinilyticus* corrig., and *A. migulanus*, and *A. thermoaerophilus*. Int J Syst Bacteriol, 47: 808-817.

Heyndrickx M, Logan N A, Lebbe L, Rodríguez-Díaz M, Forsyth G, Goris J, Scheldeman P, de Vos P. 2004. *Bacillus galactosidilyticus* sp. nov., an alkali-tolerant beta-galactosidase producer. Int J Syst Evol Microbiol, 54(Pt 2): 617-621.

Heyndrickx M, Scheldeman P, Forsyth G, Lebbe L, Rodríguez-Díaz M, Logan N A, de Vos P. 2005. *Bacillus ruris* sp. nov., from dairy farms. Int J Syst Evol Microbiol, 55(Pt 6): 2551-2554.

Heyndrickx M, Vandemeulebroecke K, Hoste B, Janssen P, Kersters K, de Vos P, Logan N A, Ali N, Berkeley R C. 1996b. Reclassification of *Paenibacillus* (formerly *Bacillus*) *pulvifaciens* (Nakamura 1984) Ash et al. 1994, a later subjective synonym of *Paenibacillus* (formerly *Bacillus*) *larvae* (White 1906) Ash et al. 1994, as a subspecies of *P. larvae*, with emended descriptions of *P. larvae* as *P. larvae* subsp. *larvae* and *P. larvae* subsp. *pulvifaciens*. Int J Syst Bacteriol, 46(1): 270-279.

Heyndrickx M, Vandemeulebroecke K, Scheldeman P, Hoste B, Kersters K, de Vos P, Logan N A, Aziz A M, Ali N, Berkeley R C. 1995. *Paenibacillus* (formerly *Bacillus*) *gordonae* (Pichinoty et al. 1986) Ash et al. 1994 is a later subjective synonym of *Paenibacillus* (formerly *Bacillus*) *validus* (Nakamura 1984) Ash et al. 1994: emended description of *P. validus*. Int J Syst Bacteriol, 45(4): 661-669.

Heyndrickx M, Vandemeulebroecke K, Scheldeman P, Kersters K, de Vos P, Logan N A, Aziz A M, Ali N, Berkeley R C. 1996a. A polyphasic reassessment of the genus *Paenibacillus*, reclassification of *Bacillus lautus* (Nakamura 1984) as *Paenibacillus lautus* comb. nov. and of *Bacillus peoriae* (Montefusco et al. 1993) as *Paenibacillus peoriae* comb. nov., and emended descriptions of *P. lautus* and of *P. peoriae*. Int J Syst Bacteriol, 46(4): 988-1003.

Heyrman J, Balcaen A, Rodriguez-Diaz M, Logan N A, Swings J, de Vos P. 2003a. *Bacillus decolorationis* sp. nov., isolated from biodeteriorated parts of the mural paintings at the Servilia tomb (Roman necropolis of Carmona, Spain) and the Saint-Catherine chapel (Castle Herberstein, Austria). Int J Syst Evol Microbiol, 53(Pt 2): 459-463.

Heyrman J, Logan N A, Busse H J, Balcaen A, Lebbe L, Rodriguez-Diaz M, Swings J, de Vos P. 2003b. *Virgibacillus carmonensis* sp. nov., *Virgibacillus necropolis* sp. nov. and *Virgibacillus picturae* sp. nov., three novel species isolated from deteriorated mural paintings, transfer of the species of the genus *Salibacillus* to *Virgibacillus*, as *Virgibacillus marismortui* comb. nov. and *Virgibacillus salexigens* comb. nov., and emended description of the genus *Virgibacillus*. Int J Syst Evol Microbiol, 53(Pt 2): 501-511.

Heyrman J, Logan N A, Rodríguez-Díaz M, Scheldeman P, Lebbe L, Swings J, Heyndrickx M, de Vos P.

2005a. Study of mural painting isolates, leading to the transfer of '*Bacillus maroccanus*' and '*Bacillus carotarum*' to *Bacillus simplex*, emended description of *Bacillus simplex*, re-examination of the strains previously attributed to '*Bacillus macroides*' and description of *Bacillus muralis* sp. nov. Int J Syst Evol Microbiol, 55(Pt 1): 119-131.

Heyrman J, Mergaert J, Denys R, Swings J. 1999. The use of fatty acid methyl ester analysis (FAME) for the identification of heterotrophic bacteria present on three mural paintings showing severe damage by microorganisms. FEMS Microbiol Lett, 181(1): 55-62.

Heyrman J, Rodríguez-Díaz M, Devos J, Felske A, Logan N A, de Vos P. 2005b. *Bacillus arenosi* sp. nov., *Bacillus arvi* sp. nov. and *Bacillus humi* sp. nov., isolated from soil. Int J Syst Evol Microbiol, 55(Pt 1): 111-117.

Heyrman J, Vanparys B, Logan N A, Balcaen A, Rodríguez-Díaz M, Felske A, de Vos P. 2004. *Bacillus novalis* sp. nov., *Bacillus vireti* sp. nov., *Bacillus soli* sp. nov., *Bacillus bataviensis* sp. nov. and *Bacillus drentensis* sp. nov., from the Drentse A grasslands. Int J Syst Evol Microbiol, 54(Pt 1): 47-57.

Hill T C J, Mcpherson E F, Harris J A, Birch P. 1993. Microbial biomass estimated by phospholipid phosphate in soils with diverse microbial communities. Soil Biol Biochem, 25(12): 1779-1786.

Holmes B, Moss C W, Daneshvar M I. 1993. Cellular fatty acid compositions of "*Achromobacter* groups B and E". J Clin Microbiol, 31(4): 1007-1008.

Hou C T. 2005. Effect of environmental factors on the production of oxygenated unsaturated fatty acids from linoleic acids by *Bacillus megaterium* ALA2. Appl Microbiol Biotechnol, 69(4): 463-468.

Hu X F, Li S X, Wu J G, Wang J F, Fang Q L, Chen J S. 2010. Transfer of *Bacillus mucilaginosus* and *Bacillus edaphicus* to the genus *Paenibacillus* as *Paenibacillus mucilaginosus* comb. nov. and *Paenibacillus edaphicus* comb. nov. Int J Syst Evol Microbiol, 60(Pt 1): 8-14.

Huson D H, Bryant D. 2006. Application of phylogenetic networks in evolutionary studies. Mol Biol Evol, 23(2): 254-267.

Huss V A, Festl H, Schleifer K H. 1983. Studies on the spectrophotometric determination of DNA hybridization from renaturation rates. Syst Appl Microbiol, 4(2): 184-192.

Ibekwe A M, Kennedy A C. 1999. Fatty acid methylester (FAME) profiles as a tool to investigate community structure of two agricultural soils. Plant Soil, 206(2): 151-161.

Ibragimova M Y, Salafutdinov I I, Sahin F, Zhdanov R I. 2012. Biomarkers of *Bacillus subtilis* total lipids fame profile under various temperatures and growth phases. Dokl Biochem Biophys, 443: 109-112.

Jahnke K D. 1992. BASIC computer program for evaluation of spectroscopic DNA renaturation data from Gilford System 2600 spectrophotometer on a PC/XT/AT type personal computer. J Microbiol Methods, 15(1): 61-73.

Jiang F, Cao S J, Li Z H, Fan H, Li H F, Liu W J, Yuan H L. 2012. *Salisediminibacterium halotolerans* gen. nov., sp. nov., a halophilic bacterium from soda lake sediment. Int J Syst Evol Microbiol, 62(Pt 9): 2127-2132.

Jiang Z, Zhang D F, Khieu T N, Son C K, Zhang X M, Cheng J, Tian X P, Zhang S, Li W J. 2014. *Bacillus tianshenii* sp. nov., isolated from a marine sediment sample. Int J Syst Evol Microbiol, 64(Pt 6): 1998-2002.

Jordan E O. 1890. A report on certain species of bacteria observed in sewage. *In*: Sedgewick W T. A Report of the Biological Work of the Lawrence Experiment Station, Including an Account of Methods Employed and Results Obtained in the Microscopical and Bacteriological Investigation of Sewage and Water. Report on Water Supply and Sewerage(Part II). Boston: The Report of the Massachusetts Board of Health: 821-844.

Jukes T H, Cantor C R. 1969. Evolution of protein molecules. *In*: Munro H N. Mammalian Protein Metabolism. Vol 3. New York: Academic Press: 21-132.

Jung M Y, Kim J S, Chang Y H. 2009. *Bacillus acidiproducens* sp. nov., vineyard soil isolates that produce lactic acid. Int J Syst Evol Microbiol, 59(Pt 9): 2226-2231.

Jung M Y, Kim J S, Paek W K, Lim J, Lee H, Kim P I, Ma J Y, Kim W, Chang Y H. 2011. *Bacillus manliponensis* sp. nov., a new member of the *Bacillus cereus* group isolated from foreshore tidal flat sediment. J

Microbiol, 49(6): 1027-1032.

Jung M Y, Kim J S, Paek W K, Styrak I, Park I S, Sin Y, Paek J, Park K A, Kim H, Kim H L, Chang Y H. 2012. Description of *Lysinibacillus sinduriensis* sp. nov. and transfer of *Bacillus massiliensis* and *Bacillus odysseyi* to the genus *Lysinibacillus* as *Lysinibacillus massiliensis* comb. nov. and *Lysinibacillus odysseyi* comb. nov. with emended description of the genus *Lysinibacillus*. Int J Syst Evol Microbiol, 62(Pt 10): 2347-2355.

Kämpfer P, Arun A B, Busse H J, Langer S, Young C C, Chen W M, Syed A A, Rekha P D. 2011. *Virgibacillus soli* sp. nov., isolated from mountain soil. Int J Syst Evol Microbiol, 61(Pt 2): 275-280.

Kämpfer P, Blasczyk K, Auling G. 1994. Characterization of *Aeromonas* genomic species by using quinone, polyamine and fatty acid patterns. Can J Microbiol, 40(10): 844-850.

Kämpfer P, Falsen E, Lodders N, Schumann P. 2010. *Sporosarcina contaminans* sp. nov. and *Sporosarcina thermotolerans* sp. nov., two endospore-forming species. Int J Syst Evol Microbiol, 60(Pt 6): 1353-1357.

Kämpfer P. 1994. Limits and possibilities of total fatty acid analysis for classification and identification of *Bacillus* species. Syst Appl Microbiol, 17(1): 86-98.

Kaneda T, Smith E J, Naik D N. 1983. Fatty acid composition and primer specificity of de novo fatty acid synthetase in *Bacillus globispores*, *Bacillus insolitus*, and *Bacillus psychrophilus*. Can J Microbiol, 29(12): 1634-1641.

Kaneda T. 1967. Fatty acids in the genus *Bacillus* I. iso- and anteiso-fatty acids as characteristic constituents of lipids in 10 species. J Bacteriol, 93(3): 894-903.

Kaneda T. 1971. Factors affecting the relative ratio of fatty acids in *Bacillus cereus*. Can J Microbiol, 17(2): 269-275.

Kaneda T. 1977. Fatty acids of the genus *Bacillus*: an example of branched-chain preference. Bacteriol Rev, 41(2): 391-418.

Kaneda T. 1991. Iso- and anteiso-fatty acids in bacteria: biosynthesis, function, and taxonomic significance. Microbiol Rev, 55(2): 288-302.

Kang H, Weerawongwiwat V, Kim J H, Sukhoom A, Kim W. 2013. *Bacillus songklensis* sp. nov., isolated from soil. Int J Syst Evol Microbiol, 63(Pt 11): 4189-4195.

Karlsson A A, Michelsen P, Larsen A. 1996. Normal-phase liquid chromatography class separation and species determination of phospholipids utilizing electrospray mass spectrometry/tandem mass spectrometry. Rapid Commun Mass Spect, 10(7): 775-780.

Katajamaa M, Miettinen J, Oresic M. 2006. MZmine: toolbox for processing and visualization of mass spectrometry based molecular profile data. Bioinformatics, 22(5): 634-636.

Kaur A, Chaudhary A, Kaur A, Choudhary R, Kaushik R. 2005. Phospholipid fatty acid: a bioindicator of environment monitoring and assessment in soil ecosystem. Curr Sci (India), 89(7): 1103-1112.

Kelly D, Conway S. 2005. Bacterial modulation of mucosal innate immunity. Mol Immunol, 42(8): 895-901.

Khelifi N, Ben Romdhane E, Hedi A, Postec A, Fardeau M L, Hamdi M, Tholozan J L, Ollivier B, Hirschler-Réa A. 2010. Characterization of *Microaerobacter geothermalis* gen. nov., sp. nov., a novel microaerophilic, nitrate- and nitrite-reducing thermophilic bacterium isolated from a terrestrial hot spring in Tunisia. Extremophiles, 14(3): 297-304.

Kim K K, Lee K C, Lee J S. 2011a. Reclassification of *Paenibacillus ginsengisoli* as a later heterotypic synonym of *Paenibacillus anaericanus*. Int J Syst Evol Microbiol, 61(Pt 9): 2101-2106.

Kim O S, Cho Y J, Lee K, Yoon S H, Kim M, Na H, Park S C, Jeon Y S, Lee J H, Yi H, Won S, Chun J. 2012. Introducing EzTaxon-e: a prokaryotic 16S rDNA gene sequence database with phylotypes that represent uncultured species. Int J Syst Evol Microbiol, 62(Pt 3): 716-721.

Kim Y H, Kim I S, Moon E Y, Park J S, Kim S J, Lim J H, Park B T, Lee E J. 2011b. High abundance and role of antifungal bacteria in compost-treated soils in a wildfire area. Microb Ecol, 62(3): 725-737.

Kitahara K, Suzuki J. 1963. *Sporolactobacillus* nov. subgen. J Gen Appl Microbiol, 9(1): 59-71.

Kito M, Pizer L I. 1969. Phosphatidic acid synthesis in *Escherichia coli*. J Bacteriol, 97(3): 1321-1327.

Klein W, Weber M H, Marahiel M A. 1999. Cold shock response of *Bacillus subtilis*: isoleucine-dependent switch in the fatty acid branching pattern for membrane adaptation to low temperatures. J Bacteriol,

181(17): 5341-5349.

Kluyver A J, van Niel C B. 1936. Prospects for a natural system of classification of bacteria. Zentralblatt fur Bakteriologie, Parasitenkunde, Infektionskrankheiten und Hygiene. Abteilung II, 94: 369-403.

Köberl M, Müller H, Ramadan E M, Berg G. 2011. Desert farming benefits from microbial potential in arid soils and promotes diversity and plant health. PLoS One, 6(9): e24452.

Könneke M, Widdel F. 2003. Effect of growth temperature on cellular fatty acids in sulphate-reducing bacteria. Environ Microbiol, 5(11): 1064-1070.

Konstantinidis K T, Tiedje J M. 2005. Genomic insights that advance the species definition for prokaryotes. Proc Natl Acad Sci USA, 102(7): 2567-2572.

Kosowski K, Schmidt M, Pukall R, Hause G, Kämpfer P, Lechner U. 2014. *Bacillus pervagus* sp. nov. and *Bacillus andreesenii* sp. nov., isolated from a composting reactor. Int J Syst Evol Microbiol, 64(Pt 1): 88-94.

Kreuzer-Martin H W, Lott M J, Dorigan J, Ehleringer J R. 2003. Microbe forensics: oxygen and hydrogen stable isotope ratios in *Bacillus subtilis* cells and spores. Proc Natl Acad Sci USA, 100(3): 815-819.

Krishnamurthi S, Chakrabarti T, Stackebrandt E. 2009. Re-examination of the taxonomic position of *Bacillus silvestris* Rheims et al. 1999 and proposal to transfer it to *Solibacillus* gen. nov. as *Solibacillus silvestris* comb. nov. Int J Syst Evol Microbiol, 59(Pt 5): 1054-1058.

Krishnamurthi S, Ruckmani A, Pukall R, Chakrabarti T. 2010. *Psychrobacillus* gen. nov. and proposal for reclassification of *Bacillus insolitus* Larkin & Stokes, 1967, *B. psychrotolerans* Abd-El Rahman et al., 2002 and *B. psychrodurans* Abd-El Rahman et al., 2002 as *Psychrobacillus insolitus* comb. nov., *Psychrobacillus psychrotolerans* comb. nov. and *Psychrobacillus psychrodurans* comb. nov. Syst Appl Microbiol, 33(7): 367-373.

Krulwich T A, Clejan S, Falk L H, Guffanti A A. 1987. Incorporation of specific exogenous fatty acids into membrane lipids modulates protonophore resistance in *Bacillus subtilis*. J Bacteriol, 169(10): 4479-4485.

Kuhnigk T, Borst E M, Breunig A, König H, Collins M D, Hutson R A, Kämpfer P. 1995. *Bacillus oleronius* sp.nov., a member of the hindgut flora of the termite *Reticulitermes santonensis* (Feytaud). Can J Microbiol, 41(8): 699-706.

Kuisiene N, Raugalas J, Spröer C, Kroppenstedt R M, Chitavichius D. 2008. *Bacillus butanolivorans* sp. nov., a species with industrial application for the remediation of n-butanol. Int J Syst Evol Microbiol, 58(Pt 2): 505-509.

Kunitsky C, Osterhout G, Sasser M. 2006. Identification of microorganisms using fatty acid methyl ester (FAME) analysis and the MIDI Sherlock microbial identification system. *In*: Miller M. Encyclopedia of rapid microbiological methods. Bethesda, MD, USA: Parenteral Drug Association(PDA).

Kuroshima K I, Sakane T, Takata R, Yokota A. 1996. *Bacillus ehimensis* sp. nov. and *Bacillus chitinolyticus* sp. nov., new chitinolytic members of the genus *Bacillus*. Int J Syst Bacteriol, 46(1): 76-80.

Kwon S W, Kim B Y, Song J, Weon H Y, Schumann P, Tindall B J, Stackebrandt E, Fritze D. 2007a. *Sporosarcina koreensis* sp. nov. and *Sporosarcina soli* sp. nov., isolated from soil in Korea. Int J Syst Evol Microbiol, 57(Pt 8): 1694-1698.

Kwon S W, Lee S Y, Kim B Y, Weon H Y, Kim J B, Go S J, Lee G B. 2007b. *Bacillus niabensis* sp. nov., isolated from cotton-waste composts for mushroom cultivation. Int J Syst Evol Microbiol, 57(Pt 8): 1909-1913.

La Duc M T, Satomi M, Agata N, Venkateswaran K. 2004b. *gyrB* as a phylogenetic discriminator for members of the *Bacillus anthracis-cereus-thuringiensis* group. J Microbiol Methods, 56(3): 383-394.

La Duc M T, Satomi M, Venkateswaran K. 2004a. *Bacillus odysseyi* sp. nov., a round-spore-forming bacillus isolated from the Mars Odyssey spacecraft. Int J Syst Evol Microbiol, 54(Pt 1): 195-201.

Larkin J M, Stokes J L. 1967. Taxonomy of psychrophilic strains of *Bacillus*. J Bacteriol, 94(4): 889-895.

Laser H. 1951. The effect of cis-vaccenic acid on respiration and growth of *Bacillus subtilis*. Biochem J, 48(2): 164-170.

Lattif A A, Mukherjee P K, Chandra J, Roth M R, Welti R, Rouabhia M, Ghannoum M A. 2011. Lipidomics of *Candida albicans* biofilms reveals phase-dependent production of phospholipid molecular classes and role for lipid rafts in biofilm formation. Microbiology, 157(Pt 11): 3232-3242.

Lawrence J R, Korber D R, Hoyle B D, Costerton J W, Caldwell D E. 1991. Optical sectioning of microbial biofilms. J Bacteriol, 173(20): 6558-6567.

Lechevalier M P. 1977. Lipids in bacterial taxonomy: a taxonomist's view. CRC Crit Rev Microbiol, 5(2): 109-210.

Lee F L, Kuo H P, Tai C J, Yokota A, Lo C C. 2007. *Paenibacillus taiwanensis* sp. nov., isolated from soil in Taiwan. Int J Syst Evol Microbiol, 57(Pt 6): 1351-1354.

Lee J C, Lee G S, Park D J, Kim C J. 2008. *Bacillus alkalitelluris* sp. nov., an alkaliphilic bacterium isolated from sandy soil. Int J Syst Evol Microbiol, 58(Pt 11): 2629-2634.

Lee J C, Lim J M, Park D J, Jeon C O, Li W J, Kim C J. 2006. *Bacillus seohaeanensis* sp. nov., a halotolerant bacterium that contains L-lysine in its cell wall. Int J Syst Evol Microbiol, 56(Pt 8): 1893-1898.

Lee J S, Pyun Y R, Bae K S. 2004. Transfer of *Bacillus ehimensis* and *Bacillus chitinolyticus* to the genus *Paenibacillus* with emended descriptions of *Paenibacillus ehimensis* comb. nov. and *Paenibacillus chitinolyticus* comb. nov. Int J Syst Evol Microbiol, 54(Pt 3): 929-933.

Lee J Y, Kim Y S, Shin D H. 2002. Antimicrobial synergistic effect of linolenic acid and monoglyceride against *Bacillus cereus* and *Staphylococcus aureus*. J Agric Food Chem, 50(7): 2193-2199.

Lee K C, Kim K K, Eom M K, Kim J S, Kim D S, Ko S H, Lee J S. 2014. *Aneurinibacillus soli* sp. nov., isolated from mountain soil. Int J Syst Evol Microbiol, 64(Pt 11): 3792-3797.

Lee S D, Lee D W. 2009. *Scopulibacillus darangshiensis* gen. nov., sp. nov., isolated from rock. J Microbiol, 47(6): 710-715.

Lei F, Vandergheynst J S. 2000. The effect of inoculation and pH on microbial community structure changes during composting. Process Biochem, 35(2): 923-929.

Li W J, Zhang Y Q, Schumann P, Tian X P, Zhang Y Q, Xu L H, Jiang C L. 2006. *Sinococcus qinghaiensis* gen. nov., sp. nov., a novel member of the order Bacillales from a saline soil in China. Int J Syst Evol Microbiol, 56(Pt 6): 1189-1192.

Li W J, Zhi X Y, Euzéby J P. 2008. Proposal of *Yaniellaceae* fam. nov., *Yaniella* gen. nov. and *Sinobaca* gen. nov. as replacements for the illegitimate prokaryotic names *Yaniaceae* Li et al. 2005, *Yania* Li et al. 2004, emend Li et al. 2005, and *Sinococcus* Li et al. 2006, respectively. Int J Syst Evol Microbiol, 58(Pt 2): 525-527.

Li X, Peng Y, Ren N, Li B, Chai T, Zhang L. 2014a. Effect of temperature on short chain fatty acids (SCFAs) accumulation and microbiological transformation in sludge alkaline fermentation with $Ca(OH)_2$ adjustment.Water Res, 61(18): 34-45.

Li Y F, Calley J N, Ebert P J, Helmes E B. 2014b. *Paenibacillus lentus* sp. nov., a β-mannanolytic bacterium isolated from mixed soil samples in a selective enrichment using guar gum as the sole carbon source. Int J Syst Evol Microbiol, 64(Pt 4): 1166-1172.

Li Y, Wu S, Wang L, Li Y, Shi F, Wang X. 2010. Differentiation of bacteria using fatty acid profiles from gas chromatography-tandem mass spectrometry. J Sci Food Agric, 90(8): 1380-1383.

Li Z, Kawamura Y, Shida O, Yamagata S, Deguchi T, Ezaki T. 2002. *Bacillus okuhidensis* sp. nov., isolated from the Okuhida spa area of Japan. Int J Syst Evol Microbiol, 52(Pt 4): 1205-1209.

Lim J M, Jeon C O, Lee J C, Ju Y J, Park D J, Kim C J. 2006. *Bacillus koreensis* sp. nov., a spore-forming bacterium, isolated from the rhizosphere of willow roots in Korea. Int J Syst Evol Microbiol, 56(Pt 1): 59-63.

Lim J M, Jeon C O, Lee J R, Park D J, Kim C J. 2007. *Bacillus kribbensis* sp. nov., isolated from a soil sample in Jeju, Korea. Int J Syst Evol Microbiol, 57(Pt 12): 2912-2916.

Lim J M, Jeon C O, Lee S S, Park D J, Xu L H, Jiang C L, Kim C J. 2008. Reclassification of *Salegentibacter catena* Ying et al. 2007 as *Salinimicrobium catena* gen. nov., comb. nov. and description of *Salinimicrobium xinjiangense* sp. nov., a halophilic bacterium isolated from Xinjiang province in China. Int J Syst Evol Microbiol, 58(Pt 2): 438-442.

Liu B, Liu G H, Hu G H, Chen M C. 2014a. *Bacillus mesonae* sp. nov., isolated from the root of *Mesona chinensis*. Int J Syst Evol Microbiol, 64(Pt 10): 3346-5332.

Liu B, Liu G H, Hu G P, Sengonca C, Lin N Q, Tang J Y, Tang W Q, Lin Y Z. 2014b. *Bacillus bingmayongensis* sp. nov., isolated from the pit soil of Emperor Qin's Terra-cotta warriors in China. Antonie van Leeuwenhoek, 105(3): 501-510.

Liu B, Liu G H, Sengonca C, Schumann P, Che J M, Zhu Y J, Wang J P. 2015b. *Bacillus wuyishanensis* sp. nov., isolated from rhizosphere soil of a medical plant, *Prunella vulgaris*. Int J Syst Evol Microbiol, 65(7): 2030-2035.

Liu B, Liu G H, Sengonca C, Schumann P, Ge C B, Wang J P, Cui W D, Lin N Q. 2015a. *Bacillus solani* sp. nov., isolated from rhizosphere soil of a potato field. Int J Syst Evol Microbiol, 65(11): 4066-4071.

Liu B, Liu G H, Sengonca C, Schumann P, Pan Z Z, Chen Q Q. 2016. *Bacillus gobiensis* sp. nov., isolated from a soil sample. Int J Syst Evol Microbiol, 66(1): 3793-3784.

Liu B, Liu G H, Sengonca C, Schumann P, Wang M K, Tang J Y, Chen M C. 2014c. *Bacillus cihuensis* sp. nov., isolated from rhizosphere soil of a plant in the Cihu area of Taiwan. Antonie van Leeuwenhoek, 106(6): 1147-1155.

Liu B, Liu G H, Sengonca C, Schumann P, Wang M K, Xiao R F, Zheng X F, Chen Z. 2015c. *Bacillus taiwanensis* sp. nov., isolated from a soil sample from Taiwan. Int J Syst Evol Microbiol, 65(7): 2078-2084.

Liu B, Liu G H, Zhu Y J, Wang J P, Che J M, Chen Q Q, Chen Z. 2016. *Bacillus loiseleuriae* sp. nov., isolated from rhizosphere soil from a loiseleuria plant in Sichuan province. Int J Syst Evol Microbiol, 66(Pt 7): 2678-2683.

Liu B, Zhu Y J, Sengonca C. 2006. Laboratory studies on the effect of the bioinsecticide GCSC-BtA (*Bacillus thuringiensis*-Abamectin) on mortality and feeding of diamondback moth *Plutella xylostella* L. (Lepidoptera: Plutellidae) larvae on cabbage. J Plant Dis Protec, 113(1): 31-36.

Liu G H, Liu B, Lin N Q, Tang W Q, Tang J Y, Lin Y Z. 2012. Genome sequence of the aerobic bacterium *Bacillus* sp. Strain FJAT-13831. J Bacteriol, 194(23): 6633.

Liu H, Zhou Y, Liu R, Zhang K Y, Lai R. 2009. *Bacillus solisalsi* sp. nov., a halotolerant, alkaliphilic bacterium isolated from soil around a salt lake. Int J Syst Evol Microbiol, 59(Pt 6): 1460-1464.

Liu J, Wang X, Li M, Du Q, Li Q, Ma P. 2015. *Jilinibacillus soli* gen. nov., sp. nov., a novel member of the family Bacillaceae. Arch Microbiol, 197(1): 11-16.

Lobb K. 1992. Fatty acid classification and nomenclature. *In*: Chow C K. Fatty Acids in Foods and Their Health Implications. New York: Marcel Dekker, Inc.: 1-16.

Logan N A, Berkeley R C W. 1984. Identification of *Bacillus* strains using the API system. J Gen Microbiol, 130(7): 1871-1882.

Logan N A, Lebbe L, Verhelst A, Goris J, Forsyth G, Rodriguez-Diaz M, Heyndrickx M, de Vos P. 2002. *Bacillus luciferensis* sp. nov., from volcanic soil on Candlemas Island, South Sandwich archipelago. Int J Syst Evol Microbiol, 52(Pt 6): 1985-1989.

Logan N A, Lebbe L, Verhelst A, Goris J, Forsyth G, Rodríguez-Díaz M, Heyndrickx M, de Vos P. 2004. *Bacillus shackletonii* sp. nov., from volcanic soil on Candlemas Island, South Sandwich archipelago. Int J Syst Evol Microbiol, 54(Pt 2): 373-376.

Lu Y J, Zhang F, Grimes K D, Lee R E, Rock C O. 2007. Topology and active site of PlsY: the bacterial acylphosphate: glycerol-3-phosphate acyltransferase. J Biol Chem, 282(15): 11339-11346.

Lu Y J, Zhang Y M, Rock C O. 2004. Product diversity and regulation of type II fatty acid synthases. Biochem Cell Biol, 82(1): 145-155.

Ludwig W, Schleifer K H, Whitman W B. 2009. Family VII. Sporolactobacillaceae fam. nov. *In*: de Vos P, Garrity G M, Jones D, Krieg N R, Ludwig W, Rainey F A, Schleifer K H, Whitman W B. Bergey's Manual of Systematic Bacteriology, vol. 3 (The Firmicutes). Second edition. Dordrecht, Heidelberg, London, New York: Springer: 386.

MacFabe D F. 2015. Enteric short-chain fatty acids: microbial messengers of metabolism, mitochondria, and mind: implications in autism spectrum disorders. Microb Ecol Health Dis, 26: 28177.

Maguran A E. 1998. Ecological Diversity and Its Measurement. Princeton: Princeton University Press: 141-162.

Manachini P L, Mora D, Nicastro G, Parini C, Stackebrandt E, Pukall R, Fortina M G. 2000. *Bacillus thermodenitrificans* sp. nov., nom. rev. Int J Syst Evol Microbiol, 50(Pt 3): 1331-1337.

Margesin R, Hämmerle M, Tscherko D. 2007. Microbial activity and community composition during bioremediation of diesel-oil-contaminated soil: effects of hydrocarbon concentration, fertilizers, and incubation time. Microb Ecol, 53(2): 259-269.

Márquez M C, Carrasco I J, de la Haba R R, Jones B E, Grant W D, Ventosa A. 2011. *Bacillus locisalis* sp. nov., a new haloalkaliphilic species from hypersaline and alkaline lakes of China, Kenya and Tanzania. Syst Appl Microbiol, 34(6): 424-428.

Marrakchi H, Zhang Y M, Rock C O. 2002. Mechanistic diversity and regulation of Type II fatty acid synthesis. Biochem Soc Trans, 30(Pt 6): 1050-1055.

Marshall B J, Ohye D F. 1966. *Bacillus macquariensis* n.sp., a psychrotrophic bacterium from sub-antarctic soil. J Gen Microbiol, 44(1): 41-46.

Masood A, Stark K D, Salem N Jr. 2005. A simplified and efficient method for the analysis of fatty acid methyl esters suitable for large clinical studies. J Lipid Res, 46(10): 2299-2305.

Medeiros P M, Fernandes M F, Dick R P, Simoneit B R. 2006. Seasonal variations in sugar contents and microbial community in a ryegrass soil. Chemosphere, 65(5): 832-839.

Meyer A, Gottheil O. 1901. *In*: Gottheil O. Botanische beschreibung einiger bodenbakterien. Zentralblatt für Bakteriologie, Parasitenkunde, Infektionskrankheiten und Hygiene. Abteilung II, 7: 680-691.

Meyer A, Neide E. 1904. *In*: Neide E. Botanische beschreibung einiger sporenbildenden bakterien. Zentralblatt für Bakteriologie, Parasitenkunde, Infektionskrankheiten und Hygiene. Abteilung II, 12: 337-352.

Migula W. 1900. System der Bakterien. Vol. 2. Jena: Gustav Fischer.

Mondol M A, Shin H J, Islam M T. 2013. Diversity of secondary metabolites from marine *Bacillus* species: chemistry and biological activity. Mar Drugs, 11(8): 2846-2872.

Moore J D. 1972. Isometric immersions of space forms in space forms. Pacific Journal of Mathematics, 40(1): 157-166.

Morbidoni H R, de Mendoza D, Cronan J E Jr. 1995. Synthesis of sn-glycerol 3-phosphate, a key precursor of membrane lipids, in *Bacillus subtilis*. J Bacteriol, 177(20): 5899-5905.

Moriya T, Hikota T, Yumoto I, Ito T, Terui Y, Yamagishi A, Oshima T. 2011. *Calditerricola satsumensis* gen. nov., sp. nov. and *Calditerricola yamamurae* sp. nov., extreme thermophiles isolated from a high- temperature compost. Int J Syst Evol Microbiol, 61(Pt 3): 631-636.

Moss C W, Lewis V J. 1967. Characterization of clostridia by gas chromatography. I. Differentiation of species by cellular fatty acids. Appl Microbiol, 15(2): 390-397.

Mulks M H, Souza K A, Boylen C W. 1980. Effect of restrictive temperature on cell wall synthesis in a temperature-sensitive mutant of *Bacillus stearothermophilus*. J Bacteriol, 144(1): 413-421.

Mummey D L, Stahl P D, Buyer J S. 2002. Microbial biomarkers as an indicator of ecosystem recovery following surface mine reclamation. Appl Soil Ecol, 21(3): 251-259.

Murínová S, Dercová K, Čertík M, Lászlová K. 2014. The adaptation responses of bacterial cytoplasmic membrane fluidity in the presence of environmental stress factors-polychlorinated biphenyls and 3-chlorobenzoic acid. Biologia, 69(4): 428-434.

Muyzer G, de Waal E C, Uitterlinden A G. 1993. Profiling of complex microbial populations by denaturing gradient gel electrophoresis analysis of polymerase chain reaction-amplified genes coding for 16S rDNA. Appl Environ Microbiol, 59(3): 695-700.

Nagel M, Andreesen J R. 1991. *Bacillus niacini* sp. nov., a nicotinate-metabolizing mesophile isolated from soil. Int J Syst Bacteriol, 41(1): 134-139.

Nakamura L K. 1984. *Bacillus amylolyticus* sp. nov., nom. rev., *Bacillus lautus* sp. nov., nom. rev., *Bacillus pabuli* sp. nov., nom. rev., and *Bacillus validus* sp. nov., nom. rev. Int J Syst Bacteriol, 34(2): 224-226.

Nakamura L K. 1987. *Bacillus alginolyticus* sp. nov. and *Bacillus chondroitinus* sp. nov., two alginate- degrading species. Int J Syst Bacteriol, 37(3): 284-286.

Nakamura L K. 1989. Taxonomic relationship of black-pigmented *Bacillus subtilis* strains and a proposal for *Bacillus atrophaeus* sp. nov. Int J Syst Bacteriol, 39(3): 295-300.

Nakamura L K. 1990. *Bacillus thiaminolyticus* sp. nov., nom. rev. Int J Syst Bacteriol, 40(3): 242-246.

Nakamura L K. 1993. DNA relatedness of *Bacillus brevis* Migula 1900 strains and proposal of *Bacillus agri* sp. nov., nom. rev., and *Bacillus centrosporus* sp. nov., nom. rev. Int J Syst Bacteriol, 43(1): 20-25.

Nakamura L K. 1996. *Paenibacillus apiarius* sp. nov. Int J Syst Bacteriol, 46(3): 688-693.

Nakamura L K. 1998. *Bacillus pseudomycoides* sp. nov. Int J Syst Bacteriol, 48(Pt 3): 1031-1035.

Nakamura L K, Jackson M A. 1995. Clarification of the taxonomy of *Bacillus mycoides*. Int J Syst Bacteriol, 45(1): 46-49.

Nazina T N, Lebedeva E V, Poltaraus A B, Tourova T P, Grigoryan A A, Sokolova D S, Lysenko A M, Osipov G A. 2004. *Geobacillus gargensis* sp. nov., a novel thermophile from a hot spring, and the reclassification of *Bacillus vulcani* as *Geobacillus vulcani* comb. nov. Int J Syst Evol Microbiol, 54(Pt 6): 2019-2024.

Nazina T N, Tourova T P, Poltaraus A B, Novikova E V, Grigoryan A A, Ivanova A E, Lysenko A M, Petrunyaka V V, Osipov G A, Belyaev S S, Ivanov M V. 2001. Taxonomic study of aerobic thermophilic bacilli: descriptions of *Geobacillus subterraneus* gen. nov., sp. nov. and *Geobacillus uzenensis* sp. nov. from petroleum reservoirs and transfer of *Bacillus stearothermophilus*, *Bacillus thermocatenulatus*, *Bacillus thermoleovorans*, *Bacillus kaustophilus*, *Bacillus thermodenitrificans* to *Geobacillus* as the new combinations *G. stearothermophilus*, *G. thermocatenulatus*, *G. thermoleovorans*, *G. kaustophilus*, *G. thermodenitrificans*. Int J Syst Evol Microbiol, 51(Pt 2): 433-446.

Neidhardt F C. 1996. *Escherichia coli* and *Salmonella*: Cellular and Molecular Biology. Washington DC: ASM Press.

Neufeld J D, Dumont M G, Vohra J, Murrell J C. 2007. Methodological considerations for the use of stable isotope probing in microbial ecology. Microb Ecol, 53(3): 435-442.

Nielsen P, Fritze D, Priest F G. 1995. Phenetic diversity of alkaliphilic *Bacillus* strains: proposal for nine new species. Microbiology, 141(7): 1745-1761.

Nogi Y, Takami H, Horikoshi K. 2005. Characterization of alkaliphilic *Bacillus* strains used in industry: proposal of five novel species. Int J Syst Evol Microbiol, 55(Pt 6): 2309-2315.

Noguchi H, Uchino M, Shida O, Takano K, Nakamura L K, Komagata K. 2004. *Bacillus vietnamensis* sp. nov., a moderately halotolerant, aerobic, endospore-forming bacterium isolated from Vietnamese fish sauce. Int J Syst Evol Microbiol, 54(Pt 6): 2117-2120.

Nystrand R. 1984. *Saccharococcus thermophilus* gen. nov., sp. nov., isolated from beet sugar extraction. Syst Appl Microbiol, 5(2): 204-219.

O'Leary W M, Wilkinson S G. 1988. Gram-positive bacteria. *In*: Ratledge C, Wilkinson S G. Microbial Lipids. New York: Academic Press: 155-159.

Odham G, Tunlid A, Westerdahl G, Larsson L, Guckert J B, White D C. 1985. Determination of microbial fatty acid profiles at femtomolar levels in human urine and the initial marine microfouling community by capillary gas chromatography-chemical ionization mass spectrometry with negative ion detection. J Microbiol Methods, 3(5): 331-344.

Odumeru J A, Steele M, Fruhner L, Larkin C, Jiang J, Mann E, McNab W B. 1999. Evaluation of accuracy and repeatability of identification of food-borne pathogens by automated bacterial identification systems. Can J Microbiol, 37(4): 944-949.

Oka N, Hartel P G, Finlay-Moore O, Gagliard I J, Zuberer D A, Fuhrmann J J, Angle J S, Skipper H D. 2000. Misidentification of soil bacteria by fatty acid methyl ester (FAME) and Biolog analyses. Biol Fert Soil, 32(3): 256-258.

Ongena M, Jacques P. 2008. *Bacillus* lipopeptides: versatile weapons for plant disease biocontrol. Trends Microbiol, 16(3): 115-125.

Owen R, Hill L R. 1979. The estimation of base compositions, base pairing and genome size of bacterial deoxyribonucleic acids. *In*: Skinner F A, Lovelock D W. Identification Methods for Microbiologists Society for Applied Bacteriology Technical Series no. 14. 2nd ed. London: Academic Press: 277-296.

Ozbek A, Aktas O. 2003. Identification of three strains of *Mycobacterium* species isolated from clinical samples using fatty acid methyl ester profiling. J Int Med Res, 31(2): 133-140.

Palmisano M M, Nakamura L K, Duncan K E, Istock C A, Cohan F M. 2001. *Bacillus sonorensis* sp. nov., a close relative of *Bacillus licheniformis*, isolated from soil in the Sonoran Desert, Arizona. Int J Syst Evol Microbiol, 51(Pt 5): 1671-1679.

Park M J, Kim H B, An D S, Yang H C, Oh S T, Chung H J, Yang D C. 2007. *Paenibacillus soli* sp. nov., a xylanolytic bacterium isolated from soil. Int J Syst Evol Microbiol, 57(Pt 1): 146-150.

Parsons J B, Rock C O. 2013. Bacterial lipids: metabolism and membrane homeostasis. Prog Lipid Res, 52(3): 249-276.

Paton J C, McMurchie E J, May B K, Elliott W H. 1978. Effect of growth temperature on membrane fatty acid composition and susceptibility to cold shock of *Bacillus amyloliquefaciens*. J Bacteriol, 135(3): 754-759.

Pech-Canul Á, Nogales J, Miranda-Molina A, Álvarez L, Geiger O, Soto M J, López-Lara I M. 2011. FadD is required for utilization of endogenous fatty acids released from membrane lipids. J Bacteriol, 193(22): 6295-6304.

Pettersson B, de Silva S K, Uhlén M, Priest F G. 2000. *Bacillus siralis* sp. nov., a novel species from silage with a higher order structural attribute in the 16S rDNA genes. Int J Syst Evol Microbiol, 50(Pt 6): 2181-2187.

Pettersson B, Rippere K E, Yousten A A, Priest F G. 1999. Transfer of *Bacillus lentimorbus* and *Bacillus popilliae* to the genus *Paenibacillus* with emended descriptions of *Paenibacillus lentimorbus* comb. nov. and *Paenibacillus popilliae* comb. nov. Int J Syst Bacteriol, 49(Pt 2): 531-540.

Pichinoty F, Barjac H D, Mandel M, Asselineau J. 1983. Description of *Bacillus azotoformans* sp. nov. Int J Syst Bacteriol, 33(3): 660-662.

Pielou E C. 1966. Species-diversity and pattern-diversity in the study of ecological succession. J Theor Biol, 10(2): 370-383.

Pielou E C. 1975. Mathematical Ecology. New York: John Wiley & Sons Inc.

Piotrowska S Z, Cyeon M, Kozdro J J. 2005. Metal-tolerant bacteria occurring in heavily polluted soil and mine spoil. Appl Soil Ecol, 28(3): 237-246.

Poli A, Esposito E, Lama L, Orlando P, Nicolaus G, de Appolonia F, Gambacorta A, Nicolaus B. 2006. *Anoxybacillus amylolyticus* sp. nov., a thermophilic amylase producing bacterium isolated from Mount Rittmann (Antarctica). Syst Appl Microbiol, 29(4): 300-307.

Ponder F Jr, Tadros M. 2001. Phospholipid fatty acids in forest soil four years after organic matter removal and soil compaction. Appl Soil Ecol, 19(2): 173-182.

Prasirtsak B, Thongchul N, Tolieng V, Tanasupawat S. 2016. *Terrilactibacillus laevilacticus* gen. nov., sp. nov., isolated from soil. Int J Syst Evol Microbiol, 66(3): 1311-1316.

Prazmowski A. 1880. Untersuchung über die Entwickelungsgeschichte und Fermentwirking einiger Bacterien-Arten. Inaugural Dissertation. Leipzig: Hugo Voigt: 1-58.

Priest F G, Goodfellow M, Shute L A, Berkeley R C W. 1987. *Bacillus amyloliquefaciens* sp. nov., nom. rev. Int J Syst Bacteriol, 37(1): 69-71.

Priest F G, Goodfellow M, Todd C. 1988. A numerical classification of the genus *Bacillus*. J Gen Microbiol, 134(7): 1847-1882.

Proom H, Knight B C J G. 1950. *Bacillus pantothenticus* (n. sp.). J Gen Microbiol, 4(3): 539-541.

Puglisi E, Nicelli M, Capri E, Trevisan M, del Re A A. 2005. A soil alteration index based on phospholipid fatty acids. Chemosphere, 61(11): 1548-1557.

Qiu F, Zhang X, Liu L, Sun L, Schumann P, Song W. 2009. *Bacillus beijingensis* sp. nov. and *Bacillus ginsengi* sp. nov., isolated from ginseng root. Int J Syst Evol Microbiol, 59(Pt 4): 729-734.

Quehenberger O, Dennis E A. 2011. The human plasma lipidome. N Engl J Med, 365(19): 1812-1823.

Ramos J L, Gallegos M T, Marqués S, Ramos-González M I, Espinosa-Urgel M, Segura A. 2001. Responses of Gram-negative bacteria to certain environmental stressors. Curr Opin Microbiol, 4(2): 166-171.

Ray T K, Cronan J E Jr. 1987. Acylation of glycerol 3-phosphate is the sole pathway of de novo phospholipid synthesis in *Escherichia coli*. J Bacteriol, 169(6): 2896-2898.

Rebecca B L, Jeanmarie M, Myron S, Woods M L, Mooney B R, Brinton B G, Newcomb-Gayman P L, Carroll K C. 1995. Comparison of MIDI Sherlock system and pulsed-field gelelectrophoresis in characterizing strains of methicillin resistant *Staphylococcus aureus* from a recent hospital outbreak. J Clin Microbiol, 33(10): 2723-2727.

Reddy G S, Matsumoto G I, Shivaji S. 2003. *Sporosarcina macmurdoensis* sp. nov., from a cyanobacterial mat sample from a pond in the McMurdo Dry Valleys, Antarctica. Int J Syst Evol Microbiol, 53(Pt 5): 1363-1367.

Reddy G S, Uttam A, Shivaji S. 2008. *Bacillus cecembensis* sp. nov., isolated from the Pindari glacier of the Indian Himalayas. Int J Syst Evol Microbiol, 58(Pt 10): 2330-2335.

Reva O N, Smirnov V V, Pettersson B, Priest F G. 2002. *Bacillus endophyticus* sp. nov., isolated from the inner tissues of cotton plants *Gossypium* sp. Int J Syst Evol Microbiol, 52(Pt 1): 101-107.

Rheims H, Frühling A, Schumann P, Rohde M, Stackebrandt E. 1999. *Bacillus silvestris* sp. nov., a new member of the genus *Bacillus* that contains lysine in its cell wall. Int J Syst Bacteriol, 49(Pt 2): 795-802.

Roberts M S, Nakamura L K, Cohan F M. 1994. *Bacillus mojavensis* sp. nov., distinguishable from *Bacillus subtilis* by sexual isolation, divergence in DNA sequence and difference in fatty acid composition. Int J Syst Bacteriol, 44(2): 256-264.

Roberts M S, Nakamura L K, Cohan F M. 1996. *Bacillus vallismortis* sp. nov., a close relative of *Bacillus subtilis*, isolated from soil in Death Valley, California. Int J Syst Bacteriol, 46(2): 470-475.

Rock C O, Cronan J E. 1996. *Escherichia coli* as a model for the regulation of dissociable (type II) fatty acid biosynthesis. Biochim Biophys Acta, 1302(1): 1-16.

Rock C O, Jackowski S. 1982. Regulation of phospholipid synthesis in *Escherichia coli*. Composition of the acyl-acyl carrier protein pool *in vivo*. J Biol Chem, 257(18): 10759-10765.

Romano A, Vitullo D, Senatore M, Lima G, Lanzotti V. 2013. Antifungal cyclic lipopeptides from *Bacillus amyloliquefaciens* strain BO5A. J Nat Prod, 76(11): 2019-2025.

Rosellóo-Mora R, Amann R. 2001. The species concept for prokaryotes. FEMS Microbiol Rev, 25(1): 36-67.

Routledge R D. 1980. The form of species-abundance distributions. J Theor Biol, 82(4): 547-558.

Ruiz-García C, Béjar V, Martínez-Checa F, Llamas I, Quesada E. 2005. *Bacillus velezensis* sp. nov., a surfactant-producing bacterium isolated from the river Velez in Malaga, southern Spain. Int J Syst Evol Microbiol, 55(Pt 1): 191-195.

Saetre P, Baath E. 2000. Spatial variation and patterns of soil microbial community structure in a mixed spruce-birch stand. Soil Biol Biochemm, 32(7): 909-917.

Saito K. 1960. Chromatographic studies on bacterial fatty acids. J Biochem, 47: 699-719.

Saitou N, Nei M. 1987. The neighbor-joining method: a new method for reconstructing phylogenetic trees. Mol Biol Evol, 4(4): 406-425.

Salomonová S, Lamačová J, Rulík M, Barták P. 2003. Determination of phospholipid fatty acids in sediments. X-Ray Spectrometry, 30(1): 49-55.

Sasser M. 1990. Identification of bacteria by gas chromatography of cellular fatty acids. *In*: Klement S, Rudolf K, Sands D. Methods in Phytobacteriology. Budapest: Akademiai Kiado: 199-204.

Satomi M, Kimura B, Hamada T, Harayama S, Fujii T. 2002. Phylogenetic study of the genus *Oceanospirillum* based on 16S rDNA and *gyrB* genes: emended description of the genus *Oceanospirillum*, description of *Pseudospirillum* gen. nov., *Oceanobacter* gen. nov. and *Terasakiella* gen. nov. and transfer of *Oceanospirillum jannaschii* and *Pseudomonas stanieri* to *Marinobacterium* as *Marinobacterium jannaschii* comb. nov. and *Marinobacterium stanieri* comb. nov. Int J Syst Evol Microbiol, 52(Pt 3): 739-747.

Satomi M, Kimura B, Hayashi M, Okuzumi M, Fujii T. 2004. *Marinospirillum insulare* sp. nov., a novel halophilic helical bacterium isolated from kusaya gravy. Int J Syst Evol Microbiol, 54(Pt 1): 163-167.

Satomi M, La Duc M T, Venkateswaran K. 2006. *Bacillus safensis* sp. nov., isolated from spacecraft and assembly-facility surfaces. Int J Syst Evol Microbiol, 56(Pt 8): 1735-1740.

Satomi M, Oikawa H, Yano Y. 2003. *Shewanella marinintestina* sp. nov., *Shewanella schlegeliana* sp. nov. and *Shewanella sairae* sp. nov., novel eicosapentaenoic-acid-producing marine bacteria isolated from sea-animal intestines. Int J Syst Evol Microbiol, 53(Pt 2): 491-499.

Schardinger F. 1905. *Bacillus macerans*, ein Aceton bildender Rottebacillus. Zentralblatt für Bakteriologie,

Parasitenkunde, Infektionskrankheiten und Hygiene. Abteilung II, 14: 772-781.

Scheldeman P, Rodríguez-Díaz M, Goris J, Pil A, de Clerck E, Herman L, de Vos P, Logan N A, Heyndrickx M. 2004. *Bacillus farraginis* sp. nov., *Bacillus fortis* sp. nov. and *Bacillus fordii* sp. nov., isolated at dairy farms. Int J Syst Evol Microbiol, 54(Pt 4): 1355-1364.

Scheuerbrandt G, Goldfine H, Baronowsky P E, Bloch K. 1961. A novel mechanism for the biosynthesis of unsaturated fatty acids. J Biol Chem, 236(10): PC70-PC71.

Schujman G E, Choi K H, Altabe S, Rock C O, de Mendoza D. 2001. Response of *Bacillus subtilis* to cerulenin and acquisition of resistance. J Bacteriol, 183(10): 3032-3040.

Schujman G E, Paoletti L, Grossman A D, de Mendoza D. 2003. FapR, a bacterial transcription factor involved in global regulation of membrane lipid biosynthesis. Dev Cell, 4(5): 663-672.

Seiler H, Wenning M, Schmidt V, Scherer S. 2013. *Bacillus gottheilii* sp. nov., isolated from a pharmaceutical manufacturing site. Int J Syst Evol Microbiol, 63(Pt 3): 867-872.

Shi R, Yin M, Tang S K, Lee J C, Park D J, Zhang Y J, Kim C J, Li W J. 2011. *Bacillus luteolus* sp. nov., a halotolerant bacterium isolated from a salt field. Int J Syst Evol Microbiol, 61(6): 1344-1349.

Shida O, Takagi H, Kadowaki K, Komagata K. 1996. Proposal for two new genera, *Brevibacillus* gen. nov. and *Aneurinibacillus* gen. nov. Int J Syst Bacteriol, 46(4): 939-946.

Shida O, Takagi H, Kadowaki K, Nakamura L K, Komagata K. 1997. Transfer of *Bacillus alginolyticus*, *Bacillus chondroitinus*, *Bacillus curdlanolyticus*, *Bacillus glucanolyticus*, *Bacillus kobensis*, and *Bacillus thiaminolyticus* to the genus *Paenibacillus* and emended description of the genus *Paenibacillus*. Int J Syst Bacteriol, 47(2): 289-298.

Shida O, Takagi H, Kadowaki K, Udaka S, Komagata K. 1994a. *Bacillus galactophilus* is a later subjective synonym of *Bacillus agri*. Int J Syst Bacteriol, 44(44): 172-173.

Shida O, Takagi H, Kadowaki K, Udaka S, Nakamura L K, Komagata K. 1995. Proposal of *Bacillus reuszeri* sp. nov., *Bacillus formosus* sp. nov., nom. rev., and *Bacillus borstelensis* sp. nov., nom. rev. Int J Syst Bacteriol, 45(1): 93-100.

Shida O, Takagi H, Kadowaki K, Yano H, Abe M, Udaka S, Komagata K. 1994b. *Bacillus aneurinolyticus* sp. nov., nom. rev. Int J Syst Bacteriol, 44(1): 143-150.

Shivaji S, Chaturvedi P, Begum Z, Pindi P K, Manorama R, Padmanaban D A, Shouche Y S, Pawar S, Vaishampayan P, Dutt C B, Datta G N, Manchanda R K, Rao U R, Bhargava P M, Narlikar J V. 2009. *Janibacter hoylei* sp. nov., *Bacillus isronensis* sp. nov. and *Bacillus aryabhattai* sp. nov., isolated from cryotubes used for collecting air from the upper atmosphere. Int J Syst Evol Microbiol, 59(Pt 12): 2977-2986.

Shivaji S, Chaturvedi P, Suresh K, Reddy G S, Dutt C B, Wainwright M, Narlikar J V, Bhargava P M. 2006. *Bacillus aerius* sp. nov., *Bacillus aerophilus* sp. nov., *Bacillus stratosphericus* sp. nov. and *Bacillus altitudinis* sp. nov., isolated from cryogenic tubes used for collecting air samples from high altitudes. Int J Syst Evol Microbiol, 56(Pt 7): 1465-1473.

Sikorski J, Brambilla E, Kroppenstedt R M, Tindall B J. 2008. The temperature-adaptive fatty acid content in *Bacillus simplex* strains from 'Evolution Canyon', Israel. Microbiology, 154(Pt 8): 2416-2426.

Simons K, Toomre D. 2000. Lipid rafts and signal transduction. Nat Rev Mol Cell Biol, 1(1): 31-39.

Sinensky M. 1971. Temperature control of phospholipid biosynthesis in *Escherichia coli*. J Bacteriol, 106(2): 449-455.

Singh A, Prasad R. 2011. Comparative lipidomics of azole sensitive and resistant clinical isolates of *Candida albicans* reveals unexpected diversity in molecular lipid imprints. PLoS One, 6(4): e19266.

Skerman V B D, Mcgowan V, Sneath P H A. 1980. Approved lists of bacterial names. Int J Syst Bacteriol, 30: 225-420.

Smibert R M, Krieg N R. 1994. Phenotypic characterization. *In*: Gerhardt P, Murray R G E, Wood W A, Krieg N R. Methods for General and Molecular Bacteriology. Washington DC: American Society for Microbiology: 607-654.

Soad A A, 谢关林, 李斌, 郝晓娟, Coosemans J, 刘波. 2007. 利用芽孢杆菌在温室环境中控制番茄青枯病. 植物病理学报, 36(1): 80-85.

Sorokin A, Candelon B, Guilloux K, Galleron N, Wackerow-Kouzova N, Ehrlich S D, Bourguet D, Sanchis V. 2006. Multiple-locus sequence typing analysis of *Bacillus cereus* and *Bacillus thuringiensis* reveals separate cluster and a distinct population structure of psychrotrophic strains. Appl Environ Microbiol, 72(2): 1569-1578.

Spanka R, Fritze D. 1993. *Bacillus cohnii* sp. nov., a new, obligately alkaliphilic, oval-spore-forming *Bacillus* species with ornithine and aspartic acid instead of diaminopimelic acid in the cell wall. Int J Syst Bacteriol, 43(1): 150-156.

Stackebrandt E, Frederiksen W, Garrity G M, Grimont P A, Kämpfer P, Maiden M C, Nesme X, Rosselló-Mora R, Swings J, Trüper H G, Vauterin L, Ward A C, Whitman W B. 2002. Report of the ad hoc committee for the re-evaluation of the species definition in bacteriology. Int J Syst Evol Microbiol, 52(Pt 3): 1043-1047.

Stackebrandt E, Goebel B M. 1994. Taxonomic note: a place for DNA-DNA reassociation and 16S rDNA sequence analysis in the present species definition in bacteriology. Int J Syst Bacteriol, 39(14): 846-849.

Steger K, Jarvis A, Smårs S, Sundh I. 2003. Comparison of signature lipid methods to determine microbial community structure in compost. J Microbiol Methods, 55(2): 371-382.

Sultanpuram V R, Mothe T. 2016. *Salipaludibacillus aurantiacus* gen. nov., sp. nov. a novel alkali tolerant bacterium, reclassification of *Bacillus agaradhaerens* as *Salipaludibacillus agaradhaerens* comb. nov. and *Bacillus neizhouensis* as *Salipaludibacillus neizhouensis* comb. nov. Int J Syst Evol Microbiol, 66(7): 2747-2753.

Sundh I, Nilsson M, Borga P. 1997. Variation in microbial community structure in two boreal peatlands as determined by analysis of phospholipid fatty acid profiles. Appl Envirol Microbiol, 63(4): 1476-1482.

Suresh K, Prabagaran S R, Sengupta S, Shivaji S. 2004. *Bacillus indicus* sp. nov., an arsenic-resistant bacterium isolated from an aquifer in West Bengal, India. Int J Syst Evol Microbiol, 54(Pt 4): 1369-1375.

Suutari M, Laakso S. 1992. Unsaturated and branched chain-fatty acids in temperature adaptation of *Bacillus subtilis* and *Bacillus megaterium*. Biochim Biophys Acta, 1126(2): 119-124.

Syakti A D, Mazzella N, Torre F, Acquaviva M, Gilewicz M, Guiliano M, Bertrand J C, Doumenq P. 2006. Influence of growth phase on the phospholipidic fatty acid composition of two marine bacterial strains in pure and mixed cultures. Res Microbiol, 157(5): 479-486.

Takagi H, Shida O, Kadowaki K, Komagata K, Udaka S. 1993. Characterization of *Bacillus brevis* with descriptions of *Bacillus migulanus* sp. nov., *Bacillus choshinensis* sp. nov., *Bacillus parabrevis* sp. nov., and *Bacillus galactophilus* sp. nov. Int J Syst Bacteriol, 43(2): 221-231.

Tamura K, Dudley J, Nei M, Kumar S. 2007. MEGA4: Molecular Evolutionary Genetics Analysis (MEGA) software version 4.0. Mol Biol Evol, 24(8): 1596-1599.

Tamura K, Nei M, Kumar S. 2004. Prospects for inferring very large phylogenies by using the neighbor-joining method. Proc Natl Acad Sci USA, 101(30): 11030-11035.

Täubel M, Kämpfer P, Buczolits S, Lubitz W, Busse H J. 2003. *Bacillus barbaricus* sp. nov., isolated from an experimental wall painting. Int J Syst Evol Microbiol, 53(Pt 3): 725-730.

Ten L N, Baek S H, Im W T, Liu Q M, Aslam Z, Lee S T. 2006. *Bacillus panaciterrae* sp. nov., isolated from soil of a ginseng field. Int J Syst Evol Microbiol, 56(Pt 12): 2861-2866.

Ten L N, Im W T, Baek S H, Lee J S, Oh H M, Lee S T. 2006. *Bacillus ginsengihumi* sp. nov., a novel species isolated from soil of a ginseng field in Pocheon Province, South Korea. J Microbiol Biotechnol, 16: 1554-1560.

Thompson J D, Gibson T J, Plewniak F, Jeanmougin F, Higgins D G. 1997. The CLUSTAL_X windows interface: flexible strategies for multiple sequence alignment aided by quality analysis tools. Nucleic Acids Res, 25(24): 4876-4882.

Timmery S, Hu X, Mahillon J. 2011. Characterization of *Bacilli* isolated from the confined environments of the Antarctic Concordia station and the International Space Station. Astrobiology, 11(4): 323-334.

Tominaga T, An S Y, Oyaizu H, Yokota A. 2009. *Sporosarcina luteola* sp. nov. isolated from soy sauce production equipment in Japan. J Gen Appl Microbiol, 55(3): 217-223.

Truper H G. 2003. *Paenibacillus durus* (Collins et al. 1994, formerly *Clostridium durum* Smith and Cato 1974) has priority over *Paenibacillus azotofixans* (Seldin et al. 1984). Opinion 73. Int J Syst Evol Microbiol, 53(Pt 3): 931.

Tunlid A, Barid B H, Trexler M B, Olsson S, Findlay R H, Odham G, White D C. 1985. Determination of phospholipids ester-linked fatty acid and polyβ-hydroxybutyrate for the stimulation of bacterial biomass and activity in the rhizosphere of the rape plant *Brassica napus* (L). Can J Microbiol, 31(12): 1113-1119.

Tunlid A, White D C. 1992. Biochemical analysis of biomass, community structure, nutritional status and metabolic activity of microbial community in soil. *In*: Stotzky G, Bollag J M. Soil Biochem. New York: Dekker: 229-262.

Uetanabaro A P, Wahrenburg C, Hunger W, Pukall R, Spröer C, Stackebrandt E, de Canhos V P, Claus D, Fritze D. 2003. *Paenibacillus agarexedens* sp. nov., nom. rev., and *Paenibacillus agaridevorans* sp. nov. Int J Syst Evol Microbiol, 53(Pt 4): 1051-1057.

Valverde A, Gonzalez-Tirante M, Medina-Sierra M, Santa-Regina I, Garcia Sanchez A, Iqual J M. 2011. Diversity and community structure of culturable arsenic-resistant bacteria across a soil arsenic gradient at an abandoned tungsten-tin mining area. Chemosphere, 85(1): 129-134.

van Schaijk B C, Kumar T R, Vos M W, Richman A, van Gemert G J, Li T, Eappen A G, Williamson K C, Morahan B J, Fishbaugher M, Kennedy M, Camargo N, Khan S M, Janse C J, Sim K L, Hoffman S L, Kappe S H, Sauerwein R W, Fidock D A, Vaughan A M. 2014. Type II fatty acid biosynthesis is essential for *Plasmodium falciparum* sporozoite development in the midgut of *Anopheles mosquitoes*. Eukaryot Cell, 13(5): 550-559.

Vandamme P, Pot B, Gillis M, de Vos P, Kersters K, Swings J. 1996. Polyphasic taxonomy, a consensus approach to bacterial systematics. Microbiol Rev, 60(2): 407-438.

Vasiurenko Z P, Kolisnichenko N I, Khramova N I. 1984. Taxonomic significance of the fatty acid composition of bacteria of the genera *Bordetella* and *Haemophilus*. Zh Mikrobiol Epidemiol Immunobiol, 1(1): 26-31.

Vedder A. 1934. *Bacillus alcalophilus* n. sp.; benevens enkele ervaringen met sterk alcalische voedingsbodems. Antonie van Leeuwenhoek, 1: 141-147.

Venkateswaran K, Dohmoto N, Harayama S. 1998. Cloning and nucleotide sequence of the *gyrB* gene of *Vibrio parahaemolyticus* and its application in detection of this pathogen in shrimp. Appl Environ Microbiol, 64(2): 681-687.

Venkateswaran K, Kempf M, Chen F, Satomi M, Nicholson W, Kern R. 2003. *Bacillus nealsonii* sp. nov., isolated from a spacecraft-assembly facility, whose spores are gamma-radiation resistant. Int J Syst Evol Microbiol, 53(Pt 1): 165-172.

Venkateswaran K, Moser D P, Dollhopf M E, Lies D P, Saffarini D A, MacGregor B J, Ringelberg D B, White D C, Nishijima M, Sano H, Burghardt J, Stackebrandt E, Nealson K H. 1999. Polyphasic taxonomy of the genus *Shewanella* and description of *Shewanella oneidensis* sp. nov. Int J Syst Bacteriol, 49(Pt 2): 705-724.

Verma P, Pandey P K, Gupta A K, Seong C N, Park S C, Choe H N, Baik K S, Patole M S, Shouche Y S. 2012. Reclassification of *Bacillus beijingensis* Qiu et al. 2009 and *Bacillus ginsengi* Qiu et al. 2009 as *Bhargavaea beijingensis* comb. nov. and *Bhargavaea ginsengi* comb. nov. and emended description of the genus *Bhargavaea*. Int J Syst Evol Microbiol, 62(Pt 10): 2495-2504.

Vestal J R, White D C. 1989. Lipid analysis in microbial ecology-quantitative approach to the study of microbial communities. BioSci, 39(8): 535-541.

Wang L T, Lee F L, Tai C J, Yokota A, Kuo H P. 2007. Reclassification of *Bacillus axarquiensis* Ruiz-Garcia et al. 2005 and *Bacillus malacitensis* Ruiz-Garcia et al. 2005 as later heterotypic synonyms of *Bacillus mojavensis* Roberts et al. 1994. Int J Syst Evol Microbiol, 57(Pt 7): 1663-1667.

Ward A R. 1901. *Bacillus lactis viscosus*; a cause of ropiness in milk and cream. J Boston Soc Med Sci, 5(7): 386.

Wayne L G, Brenner D J, Colwell R R, Grimont P A D, Kandler O, Krichevsky M I, Moore L H, Moore W E C, Murray R G E, Stackebrandt E, Starr M P, Trüper H G. 1987. Report of the ad-hoc-committee on rec-

onciliation of approaches to bacterial systematics. Int J Syst Evol Microbiol, 37(4): 463-464.
Weber F J, de Bont J A. 1996. Adaptation mechanisms of microorganisms to the toxic effects of organic solvents on membranes. Biochimica et Biophysica Acta, 1286(3): 225.
Webster G, Watt L C, Rinna J, Fry J C, Evershed R P, Parkes R J, Weightman A J. 2006. A comparison of stable-isotope probing of DNA and phospholipid fatty acids to study prokaryotic functional diversity in sulfate-reducing marine sediment enrichment slurries. Environ Microbiol, 8(9): 1575-1589.
Weerkamp A, Heinen W. 1972. Effect of temperature on the fatty acid composition of the extreme thermophiles, *Bacillus caldolyticus* and *Bacillus caldotenax*. J Bacteriol, 109(1): 443-446.
Wenk M R. 2005. The emerging field of lipidomics. Nat Rev Drug Discov, 4(7): 594-610.
Wenk M R. 2010. Lipidomics: new tools and applications. Cell, 143(6): 888-895.
White D C, Davis W M, Nickels J S, King J D, Bobbie R J. 1979. Determination of the sedimentary microbial biomass by extractible lipid phosphate. Oecologia, 40(1): 51-62.
White G F. 1906. The bacteria of the apiary, with special reference to bee diseases. United States Department of Agriculture, Bureau of Entomology, Technical Series No 14.
White S W, Zheng J, Zhang Y M, Rock C O. 2005. The structural biology of type II fatty acid biosynthesis. Annu Rev Biochem, 74(1): 791-831.
Whittaker P, Day J B, Curtis S K, Fry F S. 2007. Evaluating the use of fatty acid profiles to identify *Francisella tularensis*. J AOAC Int, 90(2): 465-469.
Willecke K, Pardee A B. 1971. Fatty acid-requiring mutant of *Bacillus subtilis* defective in branched chain alpha-keto acid dehydrogenase. J Biol Chem, 246(17): 5264-5272.
Winding A, Hund-Rinke K, Rutgers M. 2005. The use of microorganisms in ecological soil classification and assessment concepts. Ecotoxicol Environ Saf, 62(2): 230-248.
Wolfgang W J, Coorevits A, Cole J A, de Vos P, Dickinson M C, Hannett G E, Jose R, Nazarian E J, Schumann P, van Landschoot A, Wirth S E, Musser K A. 2012. *Sporosarcina newyorkensis* sp. nov. from clinical specimens and raw cow's milk. Int J Syst Evol Microbiol, 62(Pt 2): 322-329.
Wu J, Chan R, Wenk M R, Hew C L. 2010. Lipidomic study of intracellular Singapore grouper iridovirus. Virology, 399(2): 248-256.
Xia J M, Yuan Y J. 2009. Comparative lipidomics of four strains of *Saccharomyces cerevisiae* reveals different responses to furfural, phenol, and acetic acid. J Agric Food Chem, 57(1): 99-108.
Xu D, Côté J C. 2003. Phylogenetic relationships between *Bacillus* species and related genera inferred from comparison of 3′ end 16S rDNA and 5′ end 16S-23S ITS nucleotide sequences. Int J Syst Evol Microbiol, 53(Pt 3): 695-704.
Yamamoto S, Harayama S. 1995. PCR amplification and direct sequencing of *gyrB* gene with universal primers and their application to the detection and taxonomic analysis of *Pseudomonas putida* strains. Appl Environ Microbiol, 61(10): 1104-1109.
Yamamura S, Yamashita M, Fujimoto N, Kuroda M, Kashiwa M, Sei K, Fujita M, Ike M. 2007. *Bacillus selenatarsenatis* sp. nov., a selenate- and arsenate-reducing bacterium isolated from the effluent drain of a glass-manufacturing plant. Int J Syst Evol Microbiol, 57(Pt 5): 1060-1064.
Yang G, Zhou S. 2014. *Sinibacillus soli* gen. nov., sp. nov., a moderately thermotolerant member of the family Bacillaceae. Int J Syst Evol Microbiol, 64(Pt 5): 1647-1653.
Yano Y, Nakayama A, Ishihara K, Saito H. 1998. Adaptive changes in membrane lipids of barophilic bacteria in response to changes in growth pressure. Appl Environ Microbiol, 64(2): 479-485.
Yao M, Walker H W, Lillard D A. 1970. Fatty acids from vegetative cells and spores of *Bacillus stearothermophilus*. J Bacteriol, 102(3): 877-878.
Yazdani M, Naderi-Manesh H, Khajeh K, Soudi M R, Asghari S M, Sharifzadeh M. 2009. Isolation and characterization of a novel gamma-radiation-resistant bacterium from hot spring in Iran. J Basic Microbiol, 49(1): 119-127.
Yoon J H, Kim I G, Kang K H, Oh T K, Park Y H. 2003. *Bacillus marisflavi* sp. nov. and *Bacillus aquimaris* sp. nov., isolated from sea water of a tidal flat of the Yellow Sea in Korea. Int J Syst Evol Microbiol, 53(Pt 5): 1297-1303.

Yoon J H, Lee C H, Oh T K. 2005. *Bacillus cibi* sp. nov., isolated from jeotgal, a traditional Korean fermented seafood. Int J Syst Evol Microbiol, 55(Pt 2): 733-736.

Yoon J H, Lee J S, Shin Y K, Park Y H, Lee S T. 1997. Reclassification of *Nocardioides simplex* ATCC 13260, ATCC 19565 and ATCC 19566 as *Rhodococcus erythropolis*. Int J Syst Bacteriol, 47(3): 904-907.

Yoon J H, Lee K C, Weiss N, Kho Y H, Kang K H, Park Y H. 2001. *Sporosarcina aquimarina* sp. nov., a bacterium isolated from seawater in Korea, and transfer of *Bacillus globisporus* (Larkin and Stokes 1967), *Bacillus psychrophilus* (Nakamura 1984) and *Bacillus pasteurii* (Chester 1898) to the genus *Sporosarcina* as *Sporosarcina globispora* comb. nov., *Sporosarcina psychrophila* comb. nov. and *Sporosarcina pasteurii* comb. nov., and emended description of he genus *Sporosarcina*. Int J Syst Evol Microbiol, 51(Pt 3): 1079-1086.

Yoon J H, Oh T K, Park Y H. 2004. Transfer of *Bacillus halodenitrificans* Denariaz et al. 1989 to the genus *Virgibacillus* as *Virgibacillus halodenitrificans* comb. nov. Int J Syst Evol Microbiol, 54(Pt 6): 2163-2167.

Yoon S H, Huang Y, Edgar J S, Ting Y S, Heron S R, Kao Y, Li Y, Masselon C D, Ernst R K, Goodlett D R. 2012. Surface acoustic wave nebulization facilitating lipid mass spectrometric analysis. Anal Chem, 84(15): 6530-6537.

Yoshimura M, Oshima T, Ogasawara N. 2007. Involvement of the YneS/YgiH and PlsX proteins in phospholipid biosynthesis in both *Bacillus subtilis* and *Escherichia coli*. BMC Microbiol, 7: 69.

Yu Y, Li H R, Zeng Y X, Chen B. 2011. *Bacillus beringensis* sp. nov., a psychrotolerant bacterium isolated from the Bering Sea. Antonie van Leeuwenhoek, 99(3): 551-557.

Yu Y, Xin Y H, Liu H C, Chen B, Sheng J, Chi Z M, Zhou P J, Zhang D C. 2008. *Sporosarcina antarctica* sp. nov., a psychrophilic bacterium isolated from the Antarctic. Int J Syst Evol Microbiol, 58(Pt 9): 2114-2117.

Yu Z, Wang Y, Qin D, Yang G, Zhou S. 2013. *Bacillus sediminis* sp. nov., isolated from an electroactive biofilm. Antonie van Leeuwenhoek, 104(6): 1109-1116.

Zelles L. 1999. Fatty acid patterns of phospholipids and lipopolysaccharides in the characterization of microbial communities in soil: a review. Biol Fert Soils, 29(2): 111-129.

Zhai L, Liao T T, Xue Y F, Ma Y H. 2012. *Bacillus daliensis* sp. nov., an alkaliphilic, Gram-positive bacterium isolated from a soda lake. Int J Syst Evol Microbiol, 62(Pt 4): 949-953.

Zhang G, Ren H, Chen X, Zhang Y, Yang Y, Wang S, Jiang Y. 2014. *Sporosarcina siberiensis* sp. nov., isolated from the East Siberian Sea. Antonie van Leeuwenhoek, 106(3): 489-495.

Zhang L, Wu G L, Wang Y, Dai J, Fang C X. 2011. *Bacillus deserti* sp. nov., a novel bacterium isolated from the desert of Xinjiang, China. Antonie van Leeuwenhoek, 99(2): 221-229.

Zhang L, Xu Z, Patel B K. 2007. *Bacillus decisifrondis* sp. nov., isolated from soil underlying decaying leaf foliage. Int J Syst Evol Microbiol, 57(Pt 5): 974-978.

Zhang Y M, Rock C O. 2008. Membrane lipid homeostasis in bacteria. Nat Rev Microbiol, 6(3): 222-233.

Zhang Y Z, Chen W F, Li M, Sui X H, Liu H C, Zhang X X, Chen W X. 2012. *Bacillus endoradicis* sp. nov., an endophytic bacterium isolated from soybean root. Int J Syst Evol Microbiol, 62(Pt 2): 359-363.

Zhao F, Feng Y Z, Chen R R, Zhang H Y, Wang J H, Lin X G. 2014. *Bacillus fengqiuensis* sp. nov., isolated from a typical sandy loam soil under long-term fertilization. Int J Syst Evol Microbiol, 64(Pt 8): 2849-2856.

# 中文名索引

**D**

**E**



**F**



**G**



**H**

**J**

**M**



**N**

**O**



**P**



**Q**

**R**



**S**

**T**

**W**



**X**

**Y**

**Z**

# 拉丁名索引

**F**



**G**



**H**



**I**



**J**

**T**



**U**



**V**

W



X



Y